Inhaltsübersicht

HÜTTE

Das Ingenieurwissen

HÜTTE

Herausgeber: Akademischer Verein Hütte e.V., Berlin

Das Ingenieurwissen

33., aktualisierte Auflage

Herausgegeben von
Horst Czichos
Manfred Hennecke

Mit 1811 Abbildungen und 340 Tabellen

Springer

Professor Dr.-Ing. Dr. h. c. Horst Czichos
Technische Fachhochschule Berlin
Luxemburger Straße 10
13353 Berlin

horst.czichos@t-online.de

Professor Dr. rer. nat. Manfred Hennecke
Präsident
BAM Bundesanstalt für Materialforschung und -prüfung
Unter den Eichen 87
12200 Berlin

hennecke@bam.de

Wissenschaftlicher Ausschuss des Akademischen Vereins Hütte e.V., Berlin
Dr.-Ing. Karl Feutlinske, Vorsitzender
Carmerstraße 12
10623 Berlin

E-Mail: wa@av-huette.de
Homepage, mit Übersicht zu den HÜTTE-Handbüchern: http://www.av-huette.de

Bibliografische Information der Deutschen Nationalbibliothek
Die Deutsche Bibliothek verzeichnet diese Publikation in der Deutschen Nationalbibliografie; detaillierte bibliografische Daten sind im Internet über http://dnb.d-nb.de abrufbar.

ISBN 978-3-540-71851-2 Springer Berlin Heidelberg New York
ISBN 978-3-540-20325-4 32. Auflage Springer Berlin Heidelberg New York

Springer ist ein Unternehmen von Springer Science+Business Media
springer.de

Satz und Herstellung: LE-TeX Jelonek, Schmidt & Vöckler GbR, Leipzig
Einbandgestaltung: eStudio Calamar S.L., F. Steinen-Broo, Pau/Girona, Spanien

Gedruckt auf säurefreiem Papier 7/3180/YL – 5 4 3 2 1 0

Mitarbeiter

Joachim AHRENDTS, Professor Dr.-Ing., Institut für Thermodynamik, Helmut-Schmidt-Universität/Universität der Bundeswehr Hamburg (F)

Torsten BAHKE, Dr.-Ing., Direktor des Deutschen Instituts für Normung e.V. (DIN), Berlin (O)

Wolfgang BEITZ†, Professor Dr.-Ing., Institut für Maschinenkonstruktion, Technische Universität Berlin (K1–K5)

Jürgen BEYERER, Professor Dr.-Ing., Leiter des Fraunhofer-Instituts für Informations- und Datenverarbeitung (IITB), Karlsruhe; Institut für Technische Informatik, Universität Karlsruhe; (K6)

Carolin BIRK, Dr. rer. nat., Institut für Statik und Dynamik der Tragwerke, Technische Universität Dresden (A1–A37)

Hartmut BUCK, Fraunhofer-Institut für Arbeitswissenschaft und Organisation (IAO), Stuttgart (N5)

Karl BÜHLER, Professor Dr.-Ing. habil., Fachbereich Maschinenbau und Verfahrenstechnik, Fachhochschule Offenburg (E7–E10)

Horst CLAUSERT, Professor Dr.-Ing., Fachbereich Elektrotechnik und Informationstechnik, Technische Universität Darmstadt (G9–G15)

Horst CZICHOS, Professor Dr.-Ing. Dr. h. c., Fachbereich Elektrotechnik und Feinwerktechnik, Technische Fachhochschule Berlin (D)

Frank ENGELMANN, Dr.-Ing., Fakultät für Maschinenbau, Otto-von-Guericke-Universität Magdeburg (K1–K5)

Gerhard FISCHERAUER, Professor Dr.-Ing., Fakultät für Angewandte Naturwissenschaften, Universität Bayreuth (H)

Thomas FLIK, Dr.-Ing., Institut für Technische Informatik und Mikroelektronik, Technische Universität Berlin (J6–J8)

Walter FRENZ, Professor Dr. jur., Fachbereich Georessourcen und Materialtechnik, Rheinisch-Westfälische Technische Universität, Aachen (P)

Karl-Heinrich GROTE, Professor Dr.-Ing., Fakultät für Maschinenbau, Otto-von-Guericke-Universität Magdeburg (K1–K5)

Manfred HENNECKE, Professor Dr. rer. nat., Präsident der Bundesanstalt für Materialforschung und -prüfung, Berlin (C)

Karl HOFFMANN, Professor Dr.-Ing., Fachbereich Elektrotechnik und Informationstechnik, Technische Universität Darmstadt (G19–G27)

Stephan KABELAC, Professor Dr.-Ing., Institut für Thermodynamik, Helmut-Schmidt-Universität/Universität der Bundeswehr, Hamburg (F)

Frank LEY, Professor Dr.-Ing., Fachbereich Informations- und Elektrotechnik, Fachhochschule Dortmund (I14)

Jens LEYH, Fraunhofer-Institut für Arbeitswissenschaft und Organisation (IAO), Stuttgart (N6–N11)

Hans LIEBIG, Professor Dr.-Ing., Institut für Technische Informatik und Mikroelektronik, Technische Universität Berlin (J1–J5)

Wolfgang MATHIS, Professor Dr.-Ing., Fachgebiet Theoretische Elektrotechnik, Universität Hannover (G19–G27)

Hanspeter MÖSSENBÖCK, Professor Dr. Dr. h. c., Institut für Systemsoftware, Johannes Kepler Universität Linz (J9–J13)

Heinz NIEDRIG, Professor Dr.-Ing., Optisches Institut, Technische Universität Berlin (B)

Peter OHLHAUSEN, Dr.-Ing., Fraunhofer-Institut für Arbeitswissenschaft und Organisation (IAO), Stuttgart (N6–N11)

Wilhelm OPPERMANN, Professor Dr. rer. nat., Institut für Physikalische Chemie, Technische Universität Clausthal (C)

Bodo PLEWINSKY, Privatdozent Dr. rer. nat., Berlin (C)

Wulff PLINKE, Professor Dr. rer. oec., European School of Management and Technology, Berlin; Wirtschaftswissenschaftliche Fakultät, Humboldt-Universität zu Berlin, (M)

Peter RECHENBERG, Professor Dr.-Ing., Institut für Pervasive Computing, Johannes Kepler Universität Linz (J1–J2, J9–J13)

Mario RESE, Professor Dr. rer. pol., Fakultät für Wirtschaftswissenschaft, Ruhr-Universität Bochum (M)

Hans Albert RICHARD, Professor Dr.-Ing., Fakultät für Maschinenbau, Universität Paderborn (E1–E6)

Michael RICHTER, Fraunhofer-Institut für Arbeitswissenschaft und Organisation (IAO), Stuttgart (N1–N4)

Peter RUGE, Professor Dr.-Ing. habil., Institut für Statik und Dynamik der Tragwerke, Technische Universität Dresden (A1–A37)

Jürgen SCHADE, Dr. jur., Präsident des Deutsches Patent- und Markenamtes, München (Q)

Franz-Georg SIMON, Dr. rer. nat., Bundesanstalt für Materialforschung und -prüfung, Berlin (D)

Birgit SKROTZKI, Dr.-Ing., Bundesanstalt für Materialforschung und -prüfung, Berlin (D)

Dieter SPATH, Professor Dr.-Ing. Dr.-Ing. E. h., Leiter des Fraunhofer-Instituts für Arbeitswissenschaft und Organisation (IAO), Stuttgart; Institut für Arbeitswissenschaft und Technologiemanagement, Universität Stuttgart; (N)

Günter SPUR, Professor Dr.-Ing. Dr. h. c. mult. Dr.-Ing. E. h., Institut für Werkzeugmaschinen und Fertigungstechnik, Technische Universität Berlin (L)

Martin STERNBERG, Professor Dr.-Ing., Fachbereich Elektrotechnik und Informatik, Fachhochschule Bochum (B)

Max SYRBE, Professor Dr. rer. nat. Dr.-Ing. E. h., Altpräsident der Fraunhofer Gesellschaft, Karlsruhe; Institut für Technische Informatik, Universität Karlsruhe (K6)

Hans-Rolf TRÄNKLER, Professor Dr.-Ing., Institut für Mess- und Automatisierungstechnik, Universität der Bundeswehr München (H)

Heinz UNBEHAUEN, Professor Dr.-Ing., Lehrstuhl für Elektrische Steuerung und Regelung; Ruhr-Universität Bochum (I1–I13)

Joachim WARSCHAT, Professor Dr.-Ing. habil., Fraunhofer-Institut für Arbeitswissenschaft und Organisation (IAO), Stuttgart (N6–N11)

Manfred WERMUTH, Professor Dr. rer. nat., Institut für Verkehr und Stadtbauwesen, Technische Universität Braunschweig (A38–A44)

Gunther WIESEMANN; Professor Dr.-Ing., Fachbereiche Elektrotechnik und Informatik, Fachhochschule Braunschweig/Wolfenbüttel (G1–G8, G25–G27)

Volker WINTERFELDT, Dr. rer. nat., Vorsitzender Richter am Bundespatentgericht, München (Q)

Jens WITTENBURG, Professor Dr.-Ing. Dr.-Ing. h. c., Institut für Technische Mechanik Universität Karlsruhe (E1–E6)

Jürgen ZIEREP, Professor Dr.-Ing. habil., Dr. tech. E. h., Institut für Strömungslehre, Universität Karlsruhe (E7–E10)

Helmut ZÜRNECK, Professor Dr.-Ing., Fachbereich Elektrotechnik und Informationstechnik, Technische Universität Darmstadt (G16–G18)

Die Angaben in Klammern benennen die von dem betreffenden Autor erstellten Kapitel. Die Professorentitel der Autoren wurden aufgrund der unterschiedlichen Regelungen in den Bundesländern undifferenziert angegeben.

Geleitwort des Akademischen Vereins Hütte zur Jubiläumsausgabe

Der Akademische Verein Hütte e.V. Berlin begrüßt zum Jubiläum „150 Jahre HÜTTE" das Erscheinen dieser Jubiläumsausgabe und wünscht als Namens- und Herausgeber der HÜTTE-Handbücher der 33. Auflage eine positive Resonanz bei seinen Nutzern, sowohl im Studium wie auch im Beruf. Den stetig verändernden Anforderungen wird sich der Ingenieur auch in der heutigen Zeit stellen können und ihnen genügen, wenn er die Grundlagen der Ingenieurwissenschaften beherrscht oder zumindest weiß, wo sie stehen – in der HÜTTE.

150 Jahre HÜTTE-Handbuch bedeuten die Weiterentwicklung unseres Erstlingswerks von 1857 „Des Ingenieurs Taschenbuch", seine kontinuierliche Verbesserung im Laufe der Auflagen zum umfassenden Standard-Nachschlagewerk für alle Ingenieurwissenschaften, die stete Aktualisierung seines Inhaltes sowie auch die Arbeiten zu den Übersetzungen in über 10 Sprachen und seine Verbreitung in vielen Ländern der Erde. Die HÜTTE ist damit heute bestimmt das älteste ständig aktualisierte technische Nachschlagewerk der Welt.

Die Grundlage hierfür wurde vom Verein Hütte schon gleich nach seiner Gründung im Jahre 1846 gelegt. Der erste Schritt dazu war die Bildung einer Zeichnungskommission zur Herausgabe nützlicher und ständig erweiterter Sammlungen von Konstruktionszeichnungen ausgeführter technischer Anlagen. Wesentlich wurde damals auch an der Erarbeitung technischer Vorschriften für die preußischen Staatsbahnen mitgewirkt und es entstanden die „Preußischen Normalien". 1856 ging der VDI, der Verein Deutscher Ingenieure, aus der Hütte hervor. Eine Kommission der Hütte stellte in diesen ersten Jahren die Vorträge der Lehrer des damaligen Königlichen Gewerbeinstituts, des Vorgängers der heutigen Technischen Universität Berlin, zusammen; daraus entstand 1857 die 1. Auflage der HÜTTE.

Seit diesen Anfängen ist der heute noch in Berlin und seit 1948 auch in Karlsruhe existierende Akademische Verein Hütte mit der Technik-Geschichte stets eng verbunden gewesen. Die Förderung des studentischen Nachwuchses ist unser vorrangiges Satzungsziel. Das Erreichen eines studentenfreundlichen Preises auch für das vorliegende HÜTTE-Handbuch war daher wesentlich für unsere Bemühungen. Es konnten Sponsoren wie die TÜV Rheinland Group, die Thyssen Krupp AG, die Wirtschaftsvereinigung Stahl und der TÜV Österreich gewonnen werden, die mit ihrer Unterstützung dazu beitragen, dass das aktuelle Handbuch „HÜTTE – Das Ingenieurwissen" auch wieder zu einem für Studenten attraktiven Preis erscheinen kann.

Der Akademische Verein Hütte bedankt sich bei den Bandherausgebern und bei den Autoren aus über 20 Hochschulen und Instituten für ihre geleistete Arbeit, die Verbesserung und die Aktualisierung der HÜTTE. Besonderer Dank gilt auch den Mitarbeitern des Springer-Verlags für die ausgezeichnete Qualität und Ausstattung dieses Jubiläumswerks.

Die HÜTTE wird auch über ihr Jubiläum hinaus weiterentwickelt werden, dazu ist ihre ständige Aktualisierung erforderlich. Neben dem Fachwissen der Autoren und dem ehrenamtlichen Engagement unserer Mitglieder bilden Verbesserungsvorschläge unserer Leser hierzu eine wesentliche Grundlage. Wir bitten Sie daher um ständige Rückäußerungen an unsere vorn im Buch abgedruckte Adresse, hierfür möchten wir uns an dieser Stelle schon im Voraus ganz besonders bedanken.

Berlin, im September 2007

Wissenschaftlicher Ausschuss
des Akademischen Vereins Hütte e. V. Berlin
Dr. Karl Feutlinske

Geleitworte

Ohne Übertreibung darf die HÜTTE als Standardwerk gelten, da sie – in ihrer inzwischen 150-jährigen Tradition – Generationen von jungen ebenso wie erfahrenen Ingenieuren in Ausbildung und Alltag begleitet hat. So vereint das Buch nicht nur das Ingenieurwissen, wie der Titel selbstbewusst zum Ausdruck bringt, sondern ist seinerseits ein Teil der Technikgeschichte und des technischen Fortschritts geworden. Auch die aktuelle Auflage der HÜTTE unterstützen wir als TÜV Rheinland Group, denn wir sind jederzeit in unserem Schaffen bestrebt, für Mensch und Umwelt gleichermaßen die Qualität und die Sicherheit technischer Lösungen zu gewährleisten. Das ist unser Anspruch, dem wir nur durch hochqualifizierte Mitarbeiterinnen und Mitarbeiter gerecht werden können. So wiederum profitieren auch wir als Unternehmen ganz konkret vom umfassenden Wissen, das die HÜTTE pflegt und stets aktuell bereithält.

Die Geschichte des Buches, das Sie in der Hand halten, ist eng mit der Historie des Vereins Deutscher Ingenieure e.V. verbunden, zu dessen Präsident ich 2007 gewählt wurde. HÜTTE und VDI gehen auf die gleichen Wurzeln zurück: den Akademischen Verein Hütte e.V. Berlin. Der VDI trägt mit seiner technisch-wissenschaftlichen Arbeit sowie seinen Weiterbildungen dazu bei, den ingenieurwissenschaftlichen Nachwuchs zu fördern und den Stellenwert der Ingenieure in der Gesellschaft zu erhöhen. Eine maßgebliche Herausforderung der Zukunft ist es, den Technikstandort Deutschland durch die Behebung des Ingenieurmangels sowie mehr technikbezogenen Unterricht an allgemeinbildenden Schulen zu stärken. Vor diesem Hintergrund bedarf es künftig umso mehr eines Werkes wie dem HÜTTE-Handbuch, das in einzigartiger Form Wissen zu bündeln und zu vermitteln weiß.

Köln, im September 2007

Prof. Dr. Bruno O. Braun
Vorstandsvorsitzender
der TÜV Rheinland Group

Technisches Know-how in komprimierter Form, das ist im Standardwerk „HÜTTE“ in der 33. Auflage up to date gegeben. Im Laufe der Jahrzehnte hat das technische Wissen beträchtlich zugenommen, so dass auch die „HÜTTE“ zusehends umfangreicher wurde.

Das Sammeln von Wissen und Erfahrung ist auch eines der Aufgaben des TÜV AUSTRIA, der 1872 gegründet wurde, um den verheerenden Dampfkessel-

Explosionen mit enormen Personen- und Sachschaden ein Ende zu setzen. Gerade die Sammlung von Wissen und Erkenntnissen hat bei der Überwachungstätigkeit, die alsbald zur Eindämmung der katastrophalen Explosionen geführt hat, einen entscheidenden Faktor gebildet.

Heute ist für die Experten im TÜV AUSTRIA die „HÜTTE“ ein Standardwerk, das aus dem Alltag kaum wegzudenken ist.

Wien, im September 2007

Dipl.-Ing. Dr. Hugo Eberhardt
Vorstandsvorsitzender
TÜV AUSTRIA HOLDING AG

Vorwort

Die 33. Auflage der „HÜTTE" ist eine Jubiläumsausgabe. 150 Jahre hat die HÜTTE das Grundlagenwissen der Ingenieure bereitgestellt und die Zeiten der stürmischen Entwicklung der Natur- und Ingenieurwissenschaften begleitet: von den Entwicklungen des Maschinenbaus und der Produktionstechnik, der Elektrotechnik, Elektronik und Computertechnik bis zur heutigen Technischen Informatik, Mikrosystemtechnik und der interdisziplinären Mechatronik.

Die HÜTTE erschien erstmalig im Jahr 1857 als „Des Ingenieurs Taschenbuch" mit folgender Zielsetzung: *Grundlage für das Studium und Unterstützung der praktischen Ingenieurarbeit durch eine geschickte Verbindung wissenschaftlicher Grundlagen mit praktischen Erfahrungen, die starre Rezepte ebenso wie weitschweifige Theorie zu vermeiden weiß*. Die Erstauflage von 1857 enthielt in einem Band drei Teile, Mathematik und Mechanik, Maschinenbau und Technologie sowie Bauwissenschaft. Bereits 1864 erschien die 5. Auflage, 1875 die 10. und 1908 die 20. Auflage. Mit der 25. Auflage im Jahr 1925 betrug die Gesamtauflagenhöhe mehr als 1/3 Million Exemplare.

Die bis heute gültige Konzeption dieses Standardwerks der Ingenieurwissenschaften wurde zum 100-jährigen Jubiläum der HÜTTE im Vorwort der 28. Auflage von 1955 wie folgt dargestellt: *Die HÜTTE bringt mit Grundlagen für Studium und Ingenieurarbeit eine Zusammenfassung des grundsätzlich Wichtigen aus möglichst allen technischen Fachgebieten sowohl für den praktisch als auch für den wissenschaftlich tätigen Ingenieur*.

Mit der 31. Auflage erhielt die HÜTTE im Jahr 2000 eine neue Struktur – inhaltlich orientiert am Stand von Wissenschaft und Technik im 21. Jahrhundert und den Studienplänen der Technischen Universitäten und Fachhochschulen.
Die Jubiläumsauflage zeichnet sich durch eine Reihe von Erweiterungen und Neuerungen aus:

- Aufnahme des neuen Kapitels *Management*, gegliedert in *Personalmanagement, Qualitätsmanagement, Projektmanagement*
- Fachliche Ergänzungen, *Beispiele*: Biochemisch relevante Makromoleküle, Material und Umwelt, Recycling, Mikrosensorik, Binäre Steuerungstechnik, Software Engineering, Mensch-Maschine-Relationen und Antropotechnik

- Neufassung der Kapitel *Normung, Recht, Patente* unter Berücksichtigung neuer Entwicklungen im europäischen Rechts- und Wirtschaftsraum.

Das Ingenieurwissen ist gegliedert in fachübergreifende Themenfelder, um das für die Anwendung in der Technik besonders wichtige interdisziplinäre Systemdenken zu betonen:

- Mathematisch-naturwissenschaftliche Grundlagen
- Technologische Grundlagen
- Grundlagen für Produkte und Dienstleistungen
- Ökonomisch-rechtliche Grundlagen.

Die 33. Auflage der HÜTTE ist wiederum das Werk einer guten Zusammenarbeit der langjährig bewährten und der neuen Autoren mit den Herausgebern. Unser herzlicher Dank gilt allen Kolleginnen und Kollegen, die durch ihre Beiträge das *Ingenieurwissen* aktualisiert und erweitert haben sowie Dr. Angelika Recknagel für die sachkundige Mitarbeit bei der technisch-wissenschaftlichen Koordinierung. Den Mitarbeiterinnen und Mitarbeitern des Springer-Verlages und der Herstellung sei für die redaktionelle Bearbeitung und dem Verlag für die vorzügliche Ausstattung des Buches im neuen Design der internationalen *Springer Handbooks* gedankt.

Berlin, im August 2007

Horst Czichos
Manfred Hennecke

V o r r e d e der 1. Auflage von 1857

Unter den Studirenden des königlichen Gewerbe-Instituts hat sich schon längst das Bedürfniß herausgestellt ein Werk zu besitzen, welches in übersichtlicher Weise Formeln, Tabellen und Resultate aus den Vorträgen der Herren Lehrer zusammenfaßt, und ihnen nicht allein bei den auf dem Gewerbe-Institut angestellten Uebungen im Entwerfen und Berechnen, sondern besonders in ihrer künftigen practischen Lebensstellung bei dem Projectiren und Veranschlagen von Maschinen und baulichen Anlagen als ein sicher und bequem zu gebrauchendes Handbuch dienen und das zeitraubende Nachschlagen in voluminösen Heften ersparen kann.

Der schon seit 1846 unter den Studirenden des Gewerbe-Instituts bestehende wissenschaftliche und gesellige Verein, die Hütte, der durch seine Herausgabe technischer Zeichnungen bereits einer größeren Zahl von Technikern nützlich geworden ist, suchte diesem Bedürfnis dadurch abzuhelfen, daß er eine Vereins-Commission mit der Abfassung des vorliegenden Werks: des Ingenieurs Taschenbuch, beauftragte.

Die Commission hat sich bestrebt, in diesem Werke die sämmtlichen Hauptwissenschaften des Ingenieurs, besonders mit Rücksicht auf ihre Anwendung in der Praxis, zu behandeln, und war dabei bemüht eine übersichtliche Anordnung des Ganzen, gedrängte Kürze und Vollständigkeit des Inhalts möglichst mit einander zu verbinden. Sie rechnet auf die Nachsicht des technischen Publicums, wenn ihr die Lösung dieser vielleicht zu schwierigen Aufgabe nicht überall in gleicher Weise geglückt ist; sie würde es gerne sehen und zu schätzen wissen, wenn ihr von Männern der Technik und andern Sachverständigen Rath ertheilt würde und ihr Verbesserungsvorschläge zugingen, welche bei einer zweiten Auflage benutzt werden könnten. Des Ingenieurs Taschenbuch enthält, seinem Zweck entsprechend, nur Formeln, Tabellen, empirische und theoretische Resultate aus dem Gebiet der elementaren und höheren Mathematik, der Mechanik, des Maschinenbaues, der Bauwissenschaft, der mechanischen und chemischen Technologie. Man erwarte in ihm nicht Entwickelungen von Lehrsätzen und Theorien, sondern nur die Ergebnisse derselben, nicht Vorführung von Constructionen zur Auswahl, sondern nur die Mittel zum Projectiren, nicht Berechnungen specieller Fälle, sondern nur die erforderlichen Angaben und Formeln, dieselben aufzuführen.

Die Bibliothek der technischen Deputation des Ministeriums für Handel, Gewerbe und öffentliche Arbeiten, so wie die der Hütte, die Vorträge der Herren Lehrer des Gewerbe – Instituts, von Sachmännern erbetene Mittheilungen, auch eigene Erfahrungen, lieferten der Commission das Material zu ihrer Arbeit.

Da sich bei der Ausdehnung des zu behandelnden Stoffs ein größeres Volumen des Werks voraussetzen ließ, als zum bequemen Gebrauch desselben als Taschenbuch rathsam erschien, so ist es in drei Theile getheilt, von denen der erste die Mathematik und Mechanik, der zweite die Maschinenbaukunde und in einem Anhange die Eisenhüttenkunde und Gasfabrikation, der dritte die Bauwissenschaft enthält. Da jeder Theil für sich ein abgeschlossenes Ganze bildet, so ist jedem Techniker durch diese Anordnung die Gelegenheit geboten, nur den ihn interessirenden Theil zu benutzen; für die größere Zahl wird indessen der erste Theil ein nothwendiges Supplement zu jedem der beiden folgenden Theile bilden.

Hinsichtlich der Anordnung des Textes wird man bemerken, daß in dem Theil für Bauwissenschaft, abweichend von den beiden ersten Theilen, eine alphabetische Ordnung desselben gewählt ist, welche unstreitig das Nachschlagen wesentlich erleichtert. Eine solche Anordnung auch in den beiden ersten Theilen vorzunehmen, war bei dem einen nicht zulässig, bei dem andern wegen der großen Verschiedenartigkeit des Stoffs nicht wünschenswerth und unterblieb daher. Es war dies unbeschadet der Einheit des ganzen Werks zulässig, weil, wie schon bemerkt, jeder Theil für sich abgeschlossen dasteht.

Für die Maaß- und Gewichts-Angaben ist durchgängig das preußische Maaß und Gewicht zu Grunde gelegt; doch ist Bedacht genommen durch Aufnahme von Reductionstabellen jede Umwandlung von Maaßen und Gewichten leicht vornehmen zu können.

Die Vademecum-Commission, Berlin, 1857

Die erste Auflage der HÜTTE stammt aus dem Jahre 1857.

Herausgegeben von dem Verein „die Hütte" erschien „Des Ingenieurs Taschenbuch", wie es damals hieß, in Berlin beim Verlag von Ernst & Korn, Gropius'sche Buch- und Kunsthandlung.

Das Vorwort nannte man damals Vorrede.

Der Jubiläumsausgabe der HÜTTE ist dieses Vorwort zur 1. Auflage von 1857 im Original vorangestellt.

*

„150 Jahre HÜTTE-Handbuch"

Inhaltsverzeichnis

A

Mathematik und Statistik
P. Ruge, C. Birk, M. Wermuth

Mathematik
P. Ruge, C. Birk

B Physik

H. Niedrig, M. Sternberg

C

Chemie

B. Plewinsky, M. Hennecke, W. Oppermann

D Werkstoffe

H. Czichos, B. Skrotzki, F.-G. Simon

E Technische Mechanik

J. Wittenburg, H.A. Richard, J. Zierep, K. Bühler

Mechanik fester Körper

J. Wittenburg, H.A. Richard

F Technische Thermodynamik

J. Ahrendts, C. Kabelac

G Elektrotechnik

H. Clausert, K. Hoffmann, W. Mathis, G. Wiesemann, H. Zürneck

Netzwerke

G. Wiesemann

H Messtechnik

H.-R. Tränkler, G. Fischerauer

I Regelungs- und Steuerungstechnik
H. Unbehauen, F. Ley

Regelungstechnik
H. Unbehauen

J Technische Informatik

H. Liebig, Th. Flik, P. Rechenberg, H. Mössenböck

Mathematische Modelle

H. Liebig, P. Rechenberg

Digitale Systeme

H. Liebig

K Entwicklung und Konstruktion

K.-H. Grote, F. Engelmann, W. Beitz†, M. Syrbe, J. Beyerer

Produktion
G. Spur

M Betriebswirtschaft

W. Plinke, M. Rese

N Management

H. Buck, J. Leyh, P. Ohlhausen, M. Richter, D. Spath, J. Warschat

Qualitätsmangement

M. Richter, D. Spath

Personalmanagement

H. Buck, D. Spath

P

Recht

W. Frenz

Q Patente

J. Schade, V. Winterfeldt

A Mathematik und Statistik

P. Ruge
C. Birk
M. Wermuth

Mathematik

P. Ruge, C. Birk

1 Mengen, Logik, Graphen

1.1 Mengen

1.1.1 Grundbegriffe der Mengenlehre

Eine *Menge M* ist die Gesamtheit ihrer *Elemente x*. Man schreibt $x \in M$ (x ist Element von M) und fasst die Elemente in geschweiften Klammern zusammen. Eine erste Möglichkeit der Darstellung einer Menge ist die Aufzählung ihrer Elemente:

$$M = \{x_1, x_2, \ldots, x_n\}\ . \qquad (1\text{-}1)$$

Weit reichender ist folgende Art der Darstellung: Eine Menge M im klassischen Sinn ist eine Gesamtheit von Elementen x mit einer bestimmten definierenden Eigenschaft P, die eine eindeutige Entscheidung ermöglicht, ob ein Element a aus einer Klasse („Vorrat") A zur Menge M gehört.

$$a \in M \quad \text{falls} \quad P(a) \quad \text{wahr:} \quad \mu = 1\ ,$$
$$a \notin M \quad \text{falls} \quad P(a) \quad \text{nicht wahr:} \quad \mu = 0\ .$$

Die *Zugehörigkeitsfunktion* $\mu(a)$ ordnet jedem Objekt einen der Werte 0 oder 1 zu. Man schreibt

$$M = \{x \mid x \in A,\ P(x)\}\ . \qquad (1\text{-}2)$$

M ist die Menge aller Elemente aus A, für welche die Eigenschaft P zutrifft. **Beispiel**:

$$M_1 = \{x \mid x \in \mathbb{C},\ x^4 + 4 = 0\}$$
$$= \{1 + \mathrm{j},\ 1 - \mathrm{j},\ -1 + \mathrm{j},\ -1 - \mathrm{j}\}\ . \quad \mathrm{j}^2 = -1\ .$$

Tabelle 1-1. Bezeichnungen der Standard-Zahlenmengen

Natürlich	Ganz	Rational	Reell	Komplex
$\mathbb{N}$	$\mathbb{Z}$	$\mathbb{Q}$	$\mathbb{R}$	$\mathbb{C}$

Gewisse Standard-Zahlenmengen werden durch bestimmte Buchstabensymbole gekennzeichnet.

Leere Menge enthält kein Element $\emptyset = \{\}$

Endliche Menge enthält endlich viele Elemente

Mächtigkeit $|M|$ auch Kardinalität card(M) einer endlichen Menge M ist die Anzahl ihrer Elemente.

Gleichmächtigkeit A ist gleichmächtig B, $A \sim B$, wenn sich jedem Element von A genau ein Element von B zuordnen lässt und umgekehrt. Zum Beispiel:

$$\mathbb{N}\backslash\{0\} = \{1, 2, 3, 4, 5, \ldots\}\ ,$$
$$\mathbb{U} = \{1, 3, 5, 7, 9, \ldots\}\ .$$

Zu jedem Element k aus $\mathbb{N}\backslash\{0\}$ gibt es ein Element $2k - 1$ aus $\mathbb{U}$ und umgekehrt. Zudem sind alle Elemente von $\mathbb{U}$ in $\mathbb{N}\backslash\{0\}$ enthalten.

Unendliche Menge Eine Menge A ist unendlich, falls sich eine echte Teilmenge B von A angeben lässt, die mit A gleichmächtig ist.

Abzählbarkeit Jede unendliche Menge, die mit $\mathbb{N}$ gleichmächtig ist, heißt abzählbar.

Überabzählbarkeit Eine Menge M heißt überabzählbar, falls M nicht abzählbar ist.

Kontinuum Eine überabzählbare Menge hat die Mächtigkeit des Kontinuums.

Fuzzy-Menge (unscharfe Menge). Unter einem Element f einer Fuzzy-Menge versteht man ein Paar aus einem Objekt x und der Bewertung $\mu(x)$ seiner Mengenzugehörigkeit mit Werten aus dem Intervall [0, 1]; d. h., $0 \leq \mu \leq 1$. Die Elemente werden einzeln aufgezählt,

$$\text{Element } f = (x, \mu(x)), \mu \in [0, 1] ,$$
$$F = \{f_1, f_2, \ldots, f_n\} ,$$

oder durch geschlossene Darstellung der Objekte und der Bewertung wie im folgenden **Beispiel**.
Die Fuzzy-Mengen

$$F_1 = \{(x, \mu(x)) | x \in \mathbb{R} \quad \text{und} \quad \mu = (1 + x^2)^{-1}\} ,$$
$$F_2 = \{(x, \mu(x)) | x \in \mathbb{R} \quad \text{und} \quad \mu = (1 + x^4)^{-4}\}$$

können mit den die Unschärfe andeutenden Namen F_1 = NAHENULL, F_2 = SEHRNAHENULL belegt werden.
Weitere Einzelheiten und Anwendungen siehe in der Literatur [1], [2].

1.1.2 Mengenrelationen und -operationen

Mengen und ihre Beziehungen zueinander lassen sich durch Punktmengen in der Ebene, z. B. Ellipsen, veranschaulichen; sog. Venn-Diagramme, siehe Bild 1-1.

Gleichheit, $A = B$
Jedes Element von A ist auch Element von B und umgekehrt.

Teilmenge, $A \subseteq B$
A Teilmenge von B. Jedes Element von A ist auch Element von B. Gleichheit ist möglich.

Echte Teilmenge, $A \subset B$
Gleichheit wird ausgeschlossen.

Potenzmenge, $P(M)$
Potenz von M. Menge aller Teilmengen der Menge M. Zum Beispiel $M = \{a, b\}$, $P(M) = \{\emptyset, \{a\}, \{b\}, \{a, b\}\}$.

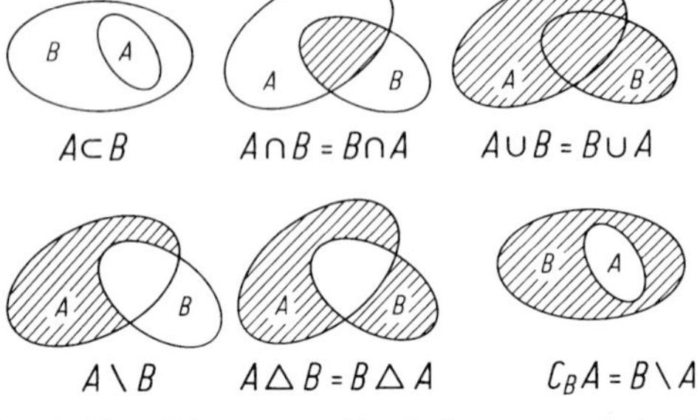

Bild 1-1. Venn-Diagramme. Ergebnismengen sind schraffiert

Durchschnitt, $A \cap B$
A geschnitten mit B. Menge aller Elemente, die sowohl zu A als auch zu B gehören.

Vereinigung, $A \cup B$
A vereinigt mit B. Menge aller Elemente, die zumindest zu A oder B gehören.

Differenz, $B \backslash A$
B ohne A. Menge aller Elemente von B, die nicht gleichzeitig Elemente von A sind.

Komplement, $C_B A$
Komplement von A bezüglich B. Für $A \subseteq B$ ist $C_B A = B \backslash A$.

Symmetrische Differenz, $A \Delta B$
Menge aller Elemente von A oder B außerhalb des Durchschnitts:

$$A \Delta B = (A \backslash B) \cup (B \backslash A)$$
$$= (A \cup B) \backslash (A \cap B) .$$

Produktmenge, $A \times B$
A kreuz B. Menge aller geordneten Paare (a_i, b_j), die sich aus je einem Element der Menge A und der Menge B bilden lassen. Zum Beispiel

$$A = \{a_1, a_2, a_3\}, \quad B = \{b_1, b_2\} ,$$
$$A \times B = \{(a_1, b_1), (a_1, b_2), (a_2, b_1), (a_2, b_2) , (a_3, b_1), (a_3, b_2)\} .$$

Anmerkung: Bei einem geordneten Paar ist die Reihenfolge von Bedeutung: $(x, y) \neq (y, x)$ für $x \neq y$.

$A_1 \times A_2 \times \ldots \times A_n$
Menge aller geordneten n-Tupel $(A_{1i}, A_{2j}, \ldots, A_{nk})$ aus je einem Element der beteiligten Mengen.

1.2 Verknüpfungsmerkmale spezieller Mengen

Charakteristische Eigenschaften von Verknüpfungen und Relationen sind:

Kommutativität, $a \circ b = b \circ a$
a verknüpft mit b. Falls die Reihenfolge der Verknüpfung zweier Elemente a und b einer Menge unerheblich ist, dann ist die betreffende Verknüpfung in der Menge kommutativ.

Assoziativität, $a \circ (b \circ c) = (a \circ b) \circ c$
Gilt dies für alle Tripel (a, b, c) einer Menge, so

ist die betreffende Verknüpfung in der Menge assoziativ.

Distributivität, $a \circ (b \diamond c) = (a \circ b) \diamond (a \circ c)$
Gilt dies für zwei verschiedenartige Verknüpfungen (Kreis und Karo) angewandt auf alle Tripel einer Menge, so sind die Verknüpfungen in der Menge distributiv.

Reflexivität, $a \circ a$
Relation $\circ$ reflektiert a auf sich selbst; z. B. $a = a$, g parallel g (g Gerade).

Symmetrie, $a \circ b \leftrightarrow b \circ a$
Relation ist symmetrisch; z. B. $a = b$, g parallel h (g, h Geraden).

Transitivität, $a \circ b$ und $b \circ c \rightarrow a \circ c$
Zum Beispiel aus $a = b$ und $b = c$ folgt $a = c$. Aus $A \subset B$ und $B \subset C$ folgt $A \subset C$.

Äquivalenz
Eine Relation, die reflexiv, symmetrisch und transitiv ist, heißt Äquivalenzrelation, z. B. die Gleichheitsrelation.

Drei in der modernen Mathematik wichtige algebraische Strukturen sind Gruppen, Ringe und Körper.

Gruppe: Eine Menge $G = \{a_1, a_2, \ldots\}$ heißt Gruppe, wenn in G eine Operation $a_1 \circ a_2 = b$ erklärt ist und gilt:

1. $b \in G$ — Abgeschlossenheit
2. $(a_i \circ a_j) \circ a_k = a_i \circ (a_j \circ a_k)$ — Assoziativität
3. $a_i \circ e = e \circ a_i = a_i,\ e \in G$ — Existenz eines Einselementes
4. $a_i \circ a_i^{-1} = a_i^{-1} \circ a_i = e$ — Existenz von inversen Elementen.

Abel'sche Gruppe. Es gilt zusätzlich:
5. $a_i \circ a_j = a_j \circ a_i$ — Kommutativität.

Ring: Eine Menge $R = \{r_1, r_2, \ldots\}$ heißt assoziativer Ring, wenn in R zwei Operationen $\circ$ und $\diamond$ erklärt sind und Folgendes gilt:

1. R ist eine Abel'sche Gruppe bezüglich der Operation $\circ$
2. $r_i \diamond r_j = c,\ c \in R$ — Abgeschlossenheit
3. $r_i \diamond (r_j \diamond r_k) = (r_i \diamond r_j) \diamond r_k$ — Assoziativität
4. $r_i \diamond (r_j \circ r_k) = (r_i \diamond r_j) \circ (r_i \diamond r_k)$ — Distributivität.
   $(r_i \circ r_j) \diamond r_k = (r_i \diamond r_k) \circ (r_j \diamond r_k)$

Kommutativer Ring: Es gilt zusätzlich
5. $r_i \diamond r_j = r_j \diamond r_i$ — Kommutativität.

Kommutativer Ring mit Einselement: Es gilt zusätzlich
6. $r_i \diamond e = e \diamond r_i = r_i$;
   e Einselement.

Körper: Kommutativer Ring mit Einselement und Division (außer durch $r_i = 0$).
7. $r_i \diamond r_i^{-1} = r_i^{-1} \diamond r_i = e,\ r_i \neq 0$.

1.3 Aussagenlogik

Gegenstand der Aussagenlogik sind die Wahrheitswerte verknüpfter Aussagen (Tabelle 1-2). a heißt eine Aussage, wenn a einen Sachverhalt behauptet. Besonders wichtig ist die Menge A_2 der zweiwertigen Aussagen, die entweder wahr (W, true) oder falsch (F, false) sein können; üblich ist auch eine Codierung durch die Zahlen 1 (wahr) und 0 (falsch).
Die logischen Verknüpfungen in Tabelle 1-3 entsprechen den Verknüpfungen der Boole'schen Algebra (siehe Abschnitt J 1).
Aussagenverknüpfungen, die unabhängig vom Wahrheitswert der Einzelaussagen stets den Wert wahr (1) besitzen, heißen *Tautologien* (Tabelle 1-4).

Tabelle 1-2. Verknüpfungen der Aussagenlogik (Junktoren)

Symbol/Verwendung	Sprechweise: Definition		Benennung
$\neg a$ (auch: $\bar{a}$)	nicht a		Negation
$a \wedge b$	a und b		Konjunktion, UND-Verknüpfung
$a \vee b$	a oder b		Disjunktion, ODER-Verknüpfung
Abgeleitete Verknüpfungen			
$a \rightarrow b$	a impliziert b:	$\bar{a} \vee b$	Implikation, Subjunktion
$a \leftrightarrow b$	a äquivalent b:	$(a \wedge b) \vee (\bar{a} \wedge \bar{b})$	Äquivalenz, Äquijunktion
$a \nleftrightarrow b$	entweder a oder b:	$(a \wedge \bar{b}) \vee (\bar{a} \wedge b)$	Antivalenz, XOR-Funktion
$a \,\overline{\wedge}\, b$	a und b nicht zugleich:	$\overline{a \wedge b} = \bar{a} \vee \bar{b}$	NAND-Funktion
$a \,\overline{\vee}\, b$	weder a noch b:	$\overline{a \vee b} = \bar{a} \wedge \bar{b}$	NOR-Funktion

Tabelle 1-3. Wahrheitswerte von Aussagenverknüpfungen

a	b	$a \wedge b$ UND	$a \vee b$ ODER	$a \to b$ Impliziert	$a \leftrightarrow b$ Äquivalent	$a \bar{\wedge} b$ NAND	$a \bar{\vee} b$ NOR
0	0	0	0	1	1	1	1
0	1	0	1	1	0	1	0
1	0	0	1	0	0	1	0
1	1	1	1	1	1	0	0

Tabelle 1-4. Beispiele von Tautologien

Abtrennungsregel	$(a \wedge (a \to b)) \to b$
Indirekter Beweis	$(a \wedge (\bar{b} \to \bar{a})) \to b$
Fallunterscheidung	$((a \vee b) \wedge (a \to c) \wedge (b \to c)) \to c$
Kettenschluss	$((a \to b) \wedge (b \to c)) \to (a \to c)$
Schluss auf eine Äquivalenz	$((a \to b) \wedge (b \to a)) \to (a \leftrightarrow b)$
Kontraposition	$(a \to b) \to (\bar{b} \to \bar{a})$ $(\bar{b} \to \bar{a}) \to (a \to b)$

Tabelle 1-5. Wahrheitstabelle für den Kettenschluss

a	0	1	0	1	0	1	0	1
b	0	0	1	1	0	0	1	1
c	0	0	0	0	1	1	1	1
$u = a \to b$	1	0	1	1	1	0	1	1
$v = b \to c$	1	1	0	0	1	1	1	1
$w = a \to c$	1	0	1	0	1	1	1	1
$x = u \wedge v$	1	0	0	0	1	0	1	1
$x \to w$	1	1	1	1	1	1	1	1

Mithilfe von Wahrheitstabellen lassen sich die Wahrheitswerte von Aussagenverknüpfungen systematisch ermitteln. Bei Tautologien muss die Schlusszeile (vgl. Tabelle 1-5) überall den Wahrheitswert 1 aufweisen.

Tautologien wie in Tabelle 1-4 liefern die Bausteine für Beweistechniken, so zum Beispiel der *Methode der vollständigen Induktion*, siehe Tabelle 1-6.

1.4 Graphen

Graphen und die Graphentheorie finden als mathematische Modelle für Netze jeder Art Anwendung. Ein Graph G besteht aus einer Menge $X = \{x_1, \ldots, x_n\}$ von n *Knoten* und einer Menge V von *Kanten* als Verbindungen zwischen je 2 Knoten.

Tabelle 1-6. Methode der vollständigen Induktion

Eine Aussage „Für jedes x aus der Menge X gilt $p(x)$ mit $X = \{x|(x \in \mathbb{N}) \wedge (x \geqq a)\}, a \in \mathbb{N}$“ ist wahr, wird in 4 Schritten bewiesen.

1. Induktionsbeginn: Nachweis der Wahrheit von $p(a)$.
2. Induktionsannahme: $p(k)$ mit beliebigem $k > a$ sei wahr.
3. Induktionsschritt: Berechnung von $p(k+1)$ als $P(k+1)$ von $p(k)$ ausgehend.
4. Induktionsschluss: $p(x)$ ist wahr, falls $P(k+1) = p(k+1)$.

Beispiel.

Aussage: $p(x) = 1^2 + 2^2 + \ldots + x^2 = x(x+1)(2x+1)/6$.

1. $a = 1$. $p(1) = 1^2 = 1(1+1)(2+1)/6$.
2. $p(k) = k(k+1)(2k+1)/6$.
3. $P(k+1) = p(k) + (k+1)^2 = (k+1)k(2k+1)/6 + (k+1) = (k+1)(2k^2 + 7k + 6)/6$.
4. $p(k+1) = (k+1)(k+2)(2k+3)/6 = P(k+1)$.

Gerichtete Kanten werden durch ein geordnetes Knotenpaar (x_i, x_k) beschrieben, ungerichtete Kanten durch eine zweielementige Knotenmenge $\{x_i, x_k\}$. *Schlichte Graphen* enthalten keine Schlingen, d. h. keine Kanten $\{x, y\}$ mit $x = y$, und keine Parallelkanten zu Kanten (x, y) oder Mengen $\{x, y\}$.

Ein Graph G mit ungerichteten Kanten lässt sich durch eine symmetrische Verknüpfungsmatrix $\boldsymbol{V}$ mit Elementen

$$v_{ij} = \begin{cases} 1\,, & \text{falls } \{x_i, x_j\} \in G \\ 0\,, & \text{falls } \{x_i, x_j\} \notin G \end{cases} \tag{1-1}$$

beschreiben.

Der Grad $d(x)$ eines Knotens x bezeichnet die Anzahl der Kanten, die sich in x treffen. Bei einem gerichteten Graphen unterscheidet man d^+ und d^-:

$d^+(x)$ Anzahl der vom Knoten abgehenden Kanten,

$d^-(x)$ Anzahl der in den Knoten einlaufenden Kanten,

$$d(x) = d^+(x) + d^-(x)\,.$$

Die Summe aller Knotengrade eines schlichten Graphen ist gleich der doppelten Kantenanzahl. Eine endliche Folge benachbarter Kanten nennt man Kantenfolge. Sind End- und Anfangsknoten identisch, so heißt die Kantenfolge geschlossen, andernfalls offen.

Eine Kantenfolge mit paarweise verschiedenen Kanten heißt *Kantenzug* und speziell *Weg*, falls dabei jeder Knoten nur einmal passiert wird. Geschlossene Wege nennt man *Kreise*. Ein ungerichteter Graph, bei dem je zwei Knoten durch einen Weg verbunden sind, heißt *zusammenhängend*. Einen zusammenhängenden ungerichteten Graphen ohne Kreise nennt man *Baum*.

Beispiel: Verknüpfungsmatrix $\boldsymbol{V}$ sowie spezielle Kantenfolgen für den Graphen in Bild 1-2.

$$\boldsymbol{V} = \begin{bmatrix} 0 & 1 & 0 & 0 & 1 & 0 \\ 1 & 0 & 1 & 0 & 1 & 0 \\ 0 & 1 & 0 & 1 & 1 & 0 \\ 0 & 0 & 1 & 0 & 1 & 1 \\ 1 & 1 & 1 & 1 & 0 & 0 \\ 0 & 0 & 0 & 1 & 0 & 0 \end{bmatrix}, \quad \boldsymbol{V} = \boldsymbol{V}^{\mathrm{T}}.$$

Kantenfolge, geschlossen:	$\{5,2\}$, $\{2,1\}$, $\{1,5\}$, $\{5,3\}$, $\{3,2\}$, $\{2,5\}$
Kantenzug, offen:	$\{5,2\}$, $\{2,1\}$, $\{1,5\}$ $\{5,3\}$, $\{3,2\}$
Weg:	$\{6,4\}$, $\{4,5\}$, $\{5,1\}$
Kreis:	$\{4,3\}$, $\{3,2\}$, $\{2,5\}$, $\{5,4\}$.

2 Zahlen, Abbildungen, Folgen

2.1 Reelle Zahlen

2.1.1 Zahlenmengen, Mittelwerte

Mithilfe der Zahlen können reale Ereignisse quantifiziert und geordnet werden. Rationale Zahlen lassen sich durch ganze Zahlen einschließlich null darstellen.

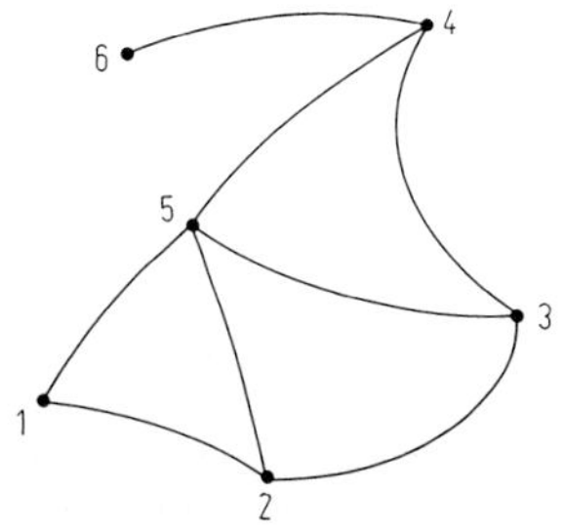

Bild 1-2. Schlichter Graph mit ungerichteten Kanten

Natürliche Zahlen: $\mathbb{N} = \{0, 1, 2, 3, \ldots\}$,
Ganze Zahlen: $\mathbb{Z} = \{\ldots, -2, -1, 0, 1, 2, \ldots\}$,
Rationale Zahlen: $\mathbb{Q} = \left\{\frac{a}{b} | a \in \mathbb{Z} \wedge b \in \mathbb{Z}\backslash\{0\}\right\}$,

a, b teilerfremd . (2-1)

Algebraische und transzendente Zahlen, z. B. als Lösungen x der Gleichungen $x^2 = 2$ bzw. $\sin x = 1$, erweitern die Menge $\mathbb{Q}$ der rationalen Zahlen zur Menge $\mathbb{R}$ der reellen Zahlen. Die Elemente der Menge $\mathbb{R}$ bilden einen Körper bezüglich der Addition und Multiplikation. Für jedes Paar $r_1, r_2 \in \mathbb{R}$ gilt genau eine der drei Ordnungsrelationen:

$$r_1 < r_2 \quad \text{oder} \quad r_1 = r_2 \quad \text{oder} \quad r_1 > r_2 . \tag{2-2}$$

Zur Charakterisierung einer Menge n reeller Zahlen sind gewisse Mittelwerte erklärt:

Arithmetischer Mittelwert:

$$A = (a_1 + \ldots + a_n)/n .$$

Geometrischer Mittelwert:

$$G^n = a_1 \cdot a_2 \cdot \ldots \cdot a_n . \tag{2-3}$$

Harmonischer Mittelwert:

$$H^{-1} = \left(a_1^{-1} + \ldots + a_n^{-1}\right)/n .$$

Für $a_i > 0$, $n \in \mathbb{N}$ gilt:

$$H \leqq G \leqq A .$$

Pythagoreische Zahlen sind gekennzeichnet durch ein Tripel $a, b, c \in \mathbb{Z}$ ganzer Zahlen mit der Eigenschaft

$$a^2 + b^2 = c^2 . \tag{2-4}$$

Ein beliebiges Paar $(m, n) \in \mathbb{Z}$ garantiert mit $a = m^2 - n^2$, $b = 2mn$ die Eigenschaft (2-4).
Beispiel:

$$m = 7,\ n = 1 \rightarrow a = 48,\ b = 14,\ c = 50 .$$

2.1.2 Potenzen, Wurzeln, Logarithmen

Potenzen. Die Potenz a^b (a hoch b) mit der Basis a und dem Exponenten b ist für die drei Fälle $a > 0 \wedge b \in \mathbb{R}$, $a \neq 0 \wedge b \in \mathbb{Z}$, $a \in \mathbb{R} \wedge b \in \mathbb{N}$ reell.
Rechenregeln:

$$\begin{aligned} &a^1 = a , \quad a^0 = 1 \ (a \neq 0) , \quad 1^b = 1 , \\ &a^{-b} = 1/a^b , \quad a^b a^c = a^{b+c} , \\ &(ab)^c = a^c b^c , \quad (a^b)^c = a^{bc} , \quad a^b/a^c = a^{b-c} , \\ &(a/b)^c = a^c/b^c . \end{aligned} \tag{2-5}$$

Wurzeln. Die Wurzel $\sqrt[b]{c} = c^{1/b} = a$ (b-te Wurzel aus c) ist eine Umkehrfunktion zur Potenz $c = a^b$ mit dem „Wurzelexponenten" b und dem Radikanden c. Für $c > 0 \wedge b \neq 0$ ist a reell. Bei der Quadratwurzel schreibt man die 2 in der Regel nicht an: $\sqrt[2]{c} = \sqrt{c}$.

Rechenregeln:

$$\sqrt[1]{c} = c\,, \quad \sqrt[b]{1} = 1\,, \quad \sqrt[b]{c^b} = c\,, \quad \sqrt[b]{c^a} = c^{a/b}\,,$$
$$\sqrt[ab]{d^{ac}} = \sqrt[b]{d^c}\,, \quad \sqrt[ab]{c} = \sqrt[a]{\sqrt[b]{c}} = \sqrt[b]{\sqrt[a]{c}}\,, \qquad (2\text{-}6)$$
$$\sqrt[a]{c}\cdot\sqrt[b]{c} = \sqrt[ab]{c^{a+b}}\,, \quad \sqrt[c]{ab} = \sqrt[c]{a}\cdot\sqrt[c]{b}\,,$$
$$\sqrt[c]{a/b} = \sqrt[c]{a}/\sqrt[c]{b}\,.$$

Logarithmen. Der Logarithmus $\log_a c = b$ (Logarithmus vom Numerus c zur Basis a) ist eine weitere Umkehrfunktion zur Potenz $c = a^b$. Für $a > 0\backslash 1 \wedge c > 0$ is b reell. Bevorzugte Basen sind

$a = 10$, dekadischer (Brigg'scher) Logarithmus $\log_{10} c = \lg c$.
$a = \mathrm{e}$, natürlicher Logarithmus $\log_\mathrm{e} c = \ln c$.

Rechenregeln:

$$\log_a 1 = 0\,, \quad \log_a a^b = b\,, \quad a^{\log_a c} = c\,,$$
$$\log_a(1/b) = -\log_a b\,,$$
$$\log_a(bc) = \log_a b + \log_a c\,, \qquad (2\text{-}7)$$
$$\log_a(b/c) = \log_a b - \log_a c\,,$$
$$\log_a b^c = c\log_a b\,, \quad \log_a \sqrt[c]{b} = c^{-1}\log_a b\,.$$

Umrechnung zwischen verschiedenen Basen:

$$\log_a c = \log_a b \log_b c\,, \quad \log_a b = 1/\log_b a\,,$$
$$\lg c = \ln c \lg \mathrm{e}\,, \quad \ln c = \lg c \ln 10\,,$$
$$\lg \mathrm{e} = 1/\ln 10 = M\,,$$
$$[M] = [0{,}434294,\ 0{,}434295]\,.$$

2.2 Stellenwertsysteme

Natürliche Zahlen $n \in \mathbb{N}$ werden durch Ziffernfolgen dargestellt, wobei jedes Glied einen *Stellenwert* bezüglich einer Basis g besitzt:

$$n = [a_m \ldots a_1 a_0]_g = a_m g^m + \ldots + a_0 g^0$$
$$\text{mit} \quad a_i \in \{0, 1, \ldots, g-1\}\,. \qquad (2\text{-}8)$$

Dezimalsystem $g = 10$. $a_i \in \{0, 1, \ldots, 9\}$.

Beispiel: $n = [5309]_{10} = 5\cdot 10^3 + 3\cdot 10^2 + 0\cdot 10^1 + 9\cdot 10^0$.

Dualsystem $g = 2$. $a_i \in \{0, 1\}$,

Beispiel: $n = [10100]_2 = 1\cdot 2^4 + 0\cdot 2^3 + 1\cdot 2^2 + 0\cdot 2^1 + 0\cdot 2^0 = [20]_{10}$.

2.3 Komplexe Zahlen

2.3.1 Grundoperationen, Koordinatendarstellung

Die Menge $\mathbb{C}$ der komplexen Zahlen z besteht aus geordneten Paaren reeller Zahlen a und b.

$$z = a + \mathrm{j}b\,, \quad \text{auch} \quad z = (a, b)\,,$$
$$\mathrm{j} \ \textit{imaginäre Einheit} \text{ mit } \mathrm{j}^2 = -1\,, \qquad (2\text{-}9)$$
$$a \in \mathbb{R}\,, \quad \text{Realteil von } z,\ \mathrm{Re}(z) = a\,,$$
$$b \in \mathbb{R}\,, \quad \text{Imaginärteil von } z,\ \mathrm{Im}(z) = b\,.$$

Grundoperationen

$$z_1 + z_2 = (a_1 + a_2) + \mathrm{j}(b_1 + b_2)\,,$$
$$z_1 - z_2 = (a_1 - a_2) + \mathrm{j}(b_1 - b_2)\,,$$
$$z_1 \cdot z_2 = (a_1 a_2 - b_1 b_2) + \mathrm{j}(a_1 b_2 + b_1 a_2)\,,$$
$$z_1/z_2 = \frac{a_1 + \mathrm{j}b_1}{a_2 + \mathrm{j}b_2}\cdot\frac{a_2 - \mathrm{j}b_2}{a_2 - \mathrm{j}b_2} \qquad (2\text{-}10)$$
$$= \frac{(a_1 a_2 + b_1 b_2) + \mathrm{j}(b_1 a_2 - a_1 b_2)}{a_2^2 + b_2^2}\,.$$

Konjugiert komplexe Zahl $\bar{z}$ zu z:

$$z = a + \mathrm{j}b\,; \quad \bar{z} = a - \mathrm{j}b$$
$$z\bar{z} = a^2 + b^2\,. \qquad (2\text{-}11)$$

Die Paare (a, b) können als kartesische Koordinaten eines Punktes in einer Zahlenebene aufgefasst werden. Die gerichtete Strecke vom Ursprung $(0, 0)$ zum Punkt $z = (a, b)$ heißt auch *Zeiger*.

$$\text{Zeigerlänge:} \quad r = \sqrt{z\bar{z}} = \sqrt{a^2 + b^2}\,. \qquad (2\text{-}12)$$

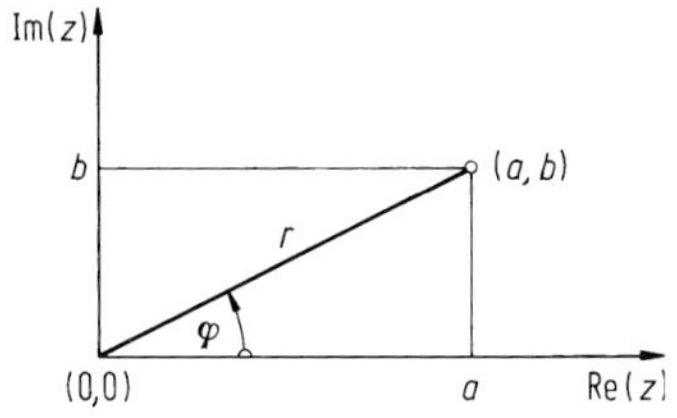

Bild 2-1. Komplexe Zahl z in Polarkoordinaten r, φ

Sinnvoll ist ebenfalls eine Umrechnung in Polarkoordinaten $z = (r, \varphi)$ nach Bild 2-1 mit Zeigerlänge r und Winkel φ.

$$\begin{aligned} a &= r\cos\varphi\,, \quad b = r\sin\varphi\,, \\ r &= +\sqrt{a^2+b^2}\,. \qquad (2\text{-}13) \\ z_1 \cdot z_2 &= r_1 r_2[\cos(\varphi_1+\varphi_2) + \mathrm{j}\sin(\varphi_1+\varphi_2)]\,, \\ z_1/z_2 &= (r_1/r_2)[\cos(\varphi_1-\varphi_2) + \mathrm{j}\sin(\varphi_1-\varphi_2)]\,. \end{aligned}$$

2.3.2 Potenzen, Wurzeln

Potenz. Für Exponenten $a \in \mathbb{Z}$ gilt die *Moivre'sche Formel*:

$$\begin{aligned} z &= r(\cos\varphi + \mathrm{j}\sin\varphi) = r\cdot \mathrm{e}^{\mathrm{j}\varphi} \\ a \in \mathbb{Z}:\ z^a &= r^a[\cos(a\varphi) + \mathrm{j}\sin(a\varphi)]\,. \end{aligned} \qquad (2\text{-}14)$$

Im Allgemeinen ist die Potenz jedoch mehrdeutig:

$$\begin{aligned} a \in \mathbb{R}:\ z^a &= r^a\{\cos[a(\varphi+2k\pi)] \\ &\quad + \mathrm{j}\sin[a(\varphi+2k\pi)]\}\,, \quad k \in \mathbb{Z}\,. \\ &\text{Hauptwert für } k = 0: \\ z^a &= r^a[\cos(a\varphi) + \mathrm{j}\sin(a\varphi)]\,. \end{aligned} \qquad (2\text{-}15)$$

Wurzel. Umkehrfunktion $\sqrt[a]{b} = b^{\frac{1}{a}} = z$ zur Potenz $b = z^a$. Die Wurzeln – auch reeller Zahlen – sind a-fach.

$$\begin{aligned} &a \in \mathbb{N}: \\ &\sqrt[a]{z} = \sqrt[a]{r}\left(\cos\frac{\varphi+2k\pi}{a} + \mathrm{j}\sin\frac{\varphi+2k\pi}{a}\right), \\ &k \in \{0, 1, \ldots, a-1\}\,. \end{aligned} \qquad (2\text{-}16)$$

Beispiel:

$$\begin{aligned} z &= \sqrt[4]{1} = \sqrt[4]{\cos 0 + \mathrm{j}\sin 0}\,, \\ z &= \{1, \mathrm{j}, -1, -\mathrm{j}\}\,. \end{aligned}$$

2.4 Intervalle

Beim Rechnen mit konkreten Zahlen muss man sich mit endlich vielen Stellen begnügen, also mit Näherungszahlen. Aussagekräftiger sind Zahlenangaben durch gesicherte untere und obere Schranken. An die Stelle diskreter reeller Zahlen tritt die Menge I der abgeschlossenen *Intervalle* mit Elementen

$$[u] = [\underline{u}, \overline{u}] = \{u \mid u \in \mathbb{R}\,, \underline{u} \leqq u \leqq \overline{u}\}\,. \qquad (2\text{-}17)$$

Grundrechenarten

$$\begin{aligned} [u]+[v] &= [\underline{u}+\underline{v},\ \overline{u}+\overline{v}]\,, \\ [u]-[v] &= [\underline{u}-\overline{v},\ \overline{u}-\underline{v}]\,, \\ [u]\cdot[v] &= [p_{\min}, p_{\max}],\ p = \{\underline{u}\underline{v},\ \underline{u}\overline{v},\ \overline{u}\underline{v},\ \overline{u}\overline{v}\}\,, \\ [u]/[v] &= [q_{\min}, q_{\max}],\ q = \{\underline{u}/\underline{v},\ \underline{u}/\overline{v},\ \overline{u}/\underline{v},\ \overline{u}/\overline{v}\}\,. \end{aligned} \qquad (2\text{-}18)$$

Runden: $\underline{u}$ abrunden, $\overline{u}$ aufrunden.

Beispiel:

$$\begin{aligned} &A = (a+b)(a-b),\ a^2 = 9{,}9\,,\ b = \pi\,, \\ &[a] = [3{,}146,\ 3{,}147]\,,\ [b] = [3{,}141,\ 3{,}142]\,, \\ &[a]+[b] = [6{,}287,\ 6{,}289]\,, \\ &[a]-[b] = [4{,}000\cdot 10^{-3},\ 6{,}000\cdot 10^{-3}]\,, \\ &[A] = [2{,}514\cdot 10^{-2},\ 3{,}774\cdot 10^{-2}]\,. \end{aligned}$$

In der Menge der Intervalle definiert man *Ordnungsrelationen* nach Bild 2-2.

$$\begin{aligned} &1.\ [u] < [v] \text{ gilt, wenn } \overline{u} < \underline{v}\,. \\ &2.\ [u] \leqq [v] \text{ gilt, wenn } \underline{u} \leqq \underline{v} \text{ und } \overline{u} \leqq \overline{v}\,. \\ &3.\ [u] \subseteq [v] \text{ gilt, wenn } \underline{v} \leqq \underline{u} \text{ und } \overline{u} \leqq \overline{v}\,. \end{aligned} \qquad (2\text{-}19)$$

Weiteres zur Intervallrechnung findet man in [1].

2.5 Abbildungen, Folgen und Reihen

2.5.1 Abbildungen, Funktionen

X und Y seien zwei Mengen. Dann heißt $A \subset X \times Y$ eine Abbildung der Menge X in die Menge Y, falls zu jedem Original $x \in X$ nur ein einziges Bild $y \in Y$ gehört, also eine eindeutige Zuordnung existiert. Statt Abbildung spricht man auch von Funktion oder Operator f:

$$\begin{aligned} &f: x \to y\,. \quad f \text{ bildet } x \text{ in } y \text{ ab}\,. \\ &\text{Auch } x \to y = f(x)\,. \end{aligned} \qquad (2\text{-}20)$$

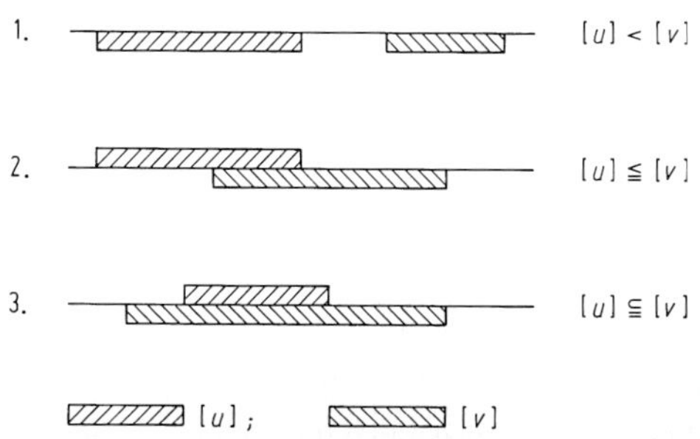

Bild 2–2. Ordnungsrelationen von Intervallen

Tabelle 2-1. Einteilung der Funktionen $y = f(x)$

Name	Darstellung	Beispiel
Algebraisch	$P_n(x)y^n + \ldots + P_1(x)y + P_0(x) = 0, \quad n \in \mathbb{N}$ $P_k(x)$: Polynome in x	$x\sqrt{y} = y + 1$ d. h. $y^2 + y(2 - x^2) + 1 = 0$
Algebraisch ganz rational	$P_n(x)$ bis $P_2(x) = 0$, $P_1(x) = 1$: $y = a_0x^n + a_1x^{n-1} + \ldots + a_{n-1}x + a_n$	$y = 4x^3 - 1$
Algebraisch gebrochen rational	$P_n(x)$ bis $P_2(x) = 0$, $y = \dfrac{a_0x^m + \ldots + a_{m-1}x + a_m}{b_0x^n + \ldots + b_{n-1}x + b_n}$ $m < n$: echt-, sonst unecht gebrochen	$y = \dfrac{x^2 + 7x}{x^3 - 1}$
Algebraisch nicht rational: Irrational		$y = x^{1/n}$
Nicht algebraisch: Transzendent		$y = a^x$, $y = \sin x$

Bei Gültigkeit der Abbildung (2-20) sowie $S \subset X$ und $T \subset Y$ sind die Begriffe

Bildmenge $f(S)$ von S , $\quad f(S) = \{f(x) \mid x \in S\}$,

Urbildmenge $f^{-1}(T)$ von T ,

$f^{-1}(T) = \{x \mid f(x) \in T\}$,

definiert.

Injektiv heißt eine Abbildung (2-20) dann, wenn keine zwei Elemente von X auf dasselbe Element y abgebildet werden.

Surjektiv heißt eine Abbildung (2-20) dann, wenn jedes Element $y \in Y$ Bild eines Originals $x \in X$ ist.

Bijektiv heißt eine Abbildung (2-20) dann, wenn sie injektiv und surjektiv ist. Für diesen Sonderfall hat die inverse Relation f^{-1} den Charakter einer Abbildung und heißt Umkehrfunktion.

2.5.2 Folgen und Reihen

Unter einer Folge mit Gliedern a_k, $k = 1, 2, \ldots$, versteht man eine Funktion f, die auf der Menge $\mathbb{N}$ der natürlichen Zahlen definiert ist.

Arithmetische Folge. Die Differenzen Δ^k k-ter Ordnung von $k + 1$ aufeinander folgenden Gliedern sind konstant.

$$\begin{aligned} k = 1: \Delta_j^1 &= a_{j+1} - a_j = const \\ k = 2: \Delta_j^2 &= \Delta_{j+1}^1 - \Delta_j^1 = const \end{aligned} \qquad (2\text{-}21)$$

Geometrische Folge. Der Quotient q von zwei aufeinander folgenden Gliedern ist konstant.

Reihen. Die Summe der Glieder von Folgen nennt man Reihen.

Einige Reihen. Summation jeweils von $k = 1$ bis $k = n$.

$$\begin{aligned}
&\sum k = n(n+1)/2\,. \\
&\sum k^2 = n(n+1)(2n+1)/6\,. \\
&\sum k^3 = [n(n+1)/2]^2\,. \\
&\sum k^4 = n(n+1) \times (2n+1)(3n^2+3n-1)/30\,. \\
&\sum (2k-1) = n^2\,. \\
&\sum (2k-1)^2 = n(2n-1)(2n+1)/3\,. \qquad (2\text{-}22) \\
&\sum (2k-1)^3 = n^2(2n^2-1)\,. \\
&\sum kx^{k-1} = [1-(n+1)x^n + nx^{n+1}]/(1-x)^2\,, \\
&\quad x \neq 1\,. \\
&\sum \frac{k}{2^k} = 2 - \frac{n+2}{2^n}\,.
\end{aligned}$$

Konvergenz. Eine Folge von Gliedern a_k, $k = 1, 2, \ldots, n$, heißt konvergent und g der Grenzwert der Folge,

$$\lim_{k\to\infty} a_k = g\,, \quad \text{falls} \quad |g - a_n| < \varepsilon\,, \quad n > N\,, \qquad (2\text{-}23)$$

falls bei beliebig kleinem $\varepsilon > 0$ stets ein gewisser Index N angebbar ist, ab dem die Ungleichung (2-23) gilt.

Beispiel:

$$\lim_{k\to\infty} a^k = \begin{cases} \infty & \text{für} \quad a > 1 \\ 1 & \text{für} \quad a = 1 \\ 0 & \text{für} \quad -1 < a < 1 \\ \text{divergent} & \text{für} \quad a \leqq -1 \end{cases}$$

Eine unendliche Reihe

$$r = \sum_{k=1}^{\infty} a_k \, , \quad s_n = \sum_{k=1}^{n} a_k \, , \qquad (2\text{-}24)$$

heißt konvergent, wenn die Folge der Teilsummen s_n konvergiert. Notwendige Bedingung:

$$\lim_{k\to\infty} a_k = 0 \, . \qquad (2\text{-}25)$$

Absolute Konvergenz:

$$r = \sum_{k=1}^{\infty} a_k \quad \text{absolut konvergent} \, ,$$

$$\text{falls} \quad \tilde{r} = \sum_{k=1}^{\infty} |a_k| \quad \text{konvergiert} \, . \qquad (2\text{-}26)$$

Rechenregel:

$$r_1 = \sum_{k=1}^{\infty} a_k \, , \quad r_2 = \sum_{l=1}^{\infty} b_l \quad \text{absolut konvergent} \, ;$$

$$\to r_1 r_2 = \sum_{k=1}^{\infty} \sum_{l=1}^{k} a_{k+1-l} b_l \, . \qquad (2\text{-}27)$$

Majorantenprinzip. Wenn

$$r_1 = \sum_{k=1}^{\infty} |a_k| \quad \text{konvergent und}$$

$$|b_s| \leqq |a_s| \, , \quad \text{für } s \geq N, \; N \in \mathbb{N}\backslash 0 \quad \text{dann ist auch}$$

$$r_2 = \sum_{k=1}^{\infty} |b_k| \; \text{konvergent} \, . \qquad (2\text{-}28)$$

Hinreichende Konvergenzkriterien:

$$\lim_{k\to\infty} \sqrt[k]{|a_k|} < 1 \, , \quad \text{Wurzelkriterium} \, ;$$

$$\lim_{k\to\infty} \left| \frac{a_{k+1}}{a_k} \right| < 1 \, , \quad \text{Quotientenkriterium} \, . \qquad (2\text{-}29)$$

Notwendig und hinreichend für alternierende Reihen (wechselndes Vorzeichen):

$$\lim_{k\to\infty} |a_k| = 0 \, . \qquad (2\text{-}30)$$

Potenzreihen sind ein Spezialfall von Reihen mit veränderlichen Gliedern und vorgegebenen Koeffizienten a_k:

$$p = \sum_{k=1}^{\infty} a_k x^k \, . \qquad (2\text{-}31)$$

Der Konvergenzbereich $|x| < \varrho \neq 0$ einer Potenzreihe wird durch den Konvergenzradius ϱ bestimmt. Für gleichmäßige Konvergenz im Bereich $|x| < \varrho$ darf die n-te Teilsumme $s_n(x)$ ab einem gewissen Index N ($n > N$) eine vorgegebene Differenz $\varepsilon > 0$ zum Grenzwert $p(x)$ der Reihe nicht überschreiten.

$$s_n(x) = \sum_{k=1}^{n} a_k x^k \, , \quad p(x) = \sum_{k=1}^{\infty} a_k x^k \, .$$

$$|p(x) - s_n(x)| \leqq \varepsilon \quad \text{für} \quad n > N \, . \qquad (2\text{-}32)$$

$$\varrho^{-1} = \lim_{k\to\infty} \sqrt[k]{|a_k|} \quad \text{oder} \quad \varrho = \lim_{k\to\infty} \left| \frac{a_k}{a_{k+1}} \right| \, .$$

Potenzreihen dürfen innerhalb des Konvergenzbereiches differenziert und integriert werden.

Beispiel:

$$p(x) = \sum_{k=1}^{\infty} x^k / k \, .$$

$$\left. \begin{aligned} \varrho &= \lim_{k\to\infty} \left| \frac{k+1}{k} \right| = 1 \\ \varrho^{-1} &= \lim_{k\to\infty} \sqrt[k]{\frac{1}{k}} = 1 \end{aligned} \right\} \to |x| < 1 \, .$$

2.5.3 Potenzen von Reihen

Polynomiale Sätze beschreiben die Bildung der Potenzen von Reihen.

$$(a_1 + a_2 + \ldots + a_n)^m \, . \qquad (2\text{-}33)$$

Wichtig ist der Fall $n = 2$ der binomialen Sätze. Mit dem Symbol $n!$ (n Fakultät) und den *Binomialkoeffizienten* b_{ck} (lies: c über k) gilt der *Binomische Satz.*

$$b_{ck} = \binom{c}{k} = \frac{c(c-1)(c-2)\ldots[c-(k-1)]}{k!} \, ,$$

$$k \in \mathbb{N} \, , \quad c \in \mathbb{R} \, , \quad k! = 1 \cdot 2 \cdot \ldots \cdot k \, , \quad 0! = 1 \, , \quad (2\text{-}34)$$

$$(a+b)^n = \sum_{k=0}^{n} \binom{n}{k} a^{n-k} b^k \, , \quad n \in \mathbb{N} \, .$$

Beispiel:

$$(a \pm b)^5 = a^5 \pm 5a^4 b + 10a^3 b^2 \pm 10a^2 b^3 + 5ab^4 \pm b^5 \, .$$

Die Binomialkoeffizienten lassen sich aus dem Pascal'schen Dreieck in Bild 2-3 ablesen.
Rechenregeln:

$$\binom{k}{0} = 1\,, \quad \binom{n}{k} = \binom{n}{n-k}\,,$$
$$\binom{c}{k} + \binom{c}{k+1} = \binom{c+1}{k+1}\,. \tag{2-35}$$

3 Matrizen und Tensoren

3.1 Matrizen

3.1.1 Bezeichnungen, spezielle Matrizen

Eine zweidimensionale Anordnung von $m \times n$ Zahlen a_{ij} in einem Rechteckschema nennt man Matrix $\boldsymbol{A}$, auch genauer (m, n)-Matrix $\boldsymbol{A} = (a_{ij})$. Die Zahlen a_{ij} heißen auch Elemente.

$$\boldsymbol{A} = (a_{ij}) = \begin{bmatrix} a_{11} & \dots & a_{1n} \\ \vdots & & \vdots \\ a_{m1} & \dots & a_{mn} \end{bmatrix}, \tag{3-1}$$

1. Index i: Zeilenindex, m Zeilenanzahl.
2. Index j: Spaltenindex, n Spaltenzahl.

Teilfelder des Rechteckschemas kann man zu Untermatrizen zusammenfassen, so speziell zu n Spalten $\boldsymbol{a}_i$ oder m Zeilen $\boldsymbol{a}^j$.

$$\boldsymbol{A} = [\boldsymbol{a}_1 \dots \boldsymbol{a}_n] = \begin{bmatrix} \boldsymbol{a}^1 \\ \vdots \\ \boldsymbol{a}^m \end{bmatrix}, \quad \boldsymbol{a}_i = \begin{bmatrix} a_{1i} \\ \vdots \\ a_{mi} \end{bmatrix}, \tag{3-2}$$
$$\boldsymbol{a}^j = [a_{j1} \dots a_{jn}]\,.$$

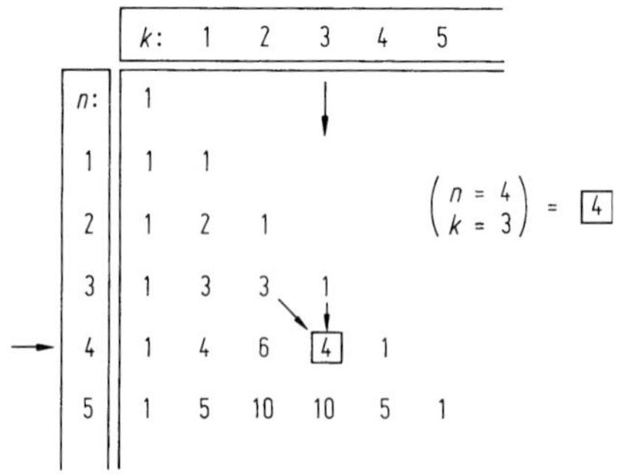

Bild 2-3. Pascal'sches Dreieck. Nicht-Einselemente sind gleich Summe aus darüberstehendem Element und dessen linkem Nachbarn

Durch Vertauschen von Zeilen und Spalten entsteht die sogenannte *transponierte Matrix* $\boldsymbol{A}^{\mathrm{T}}$ (gesprochen: $\boldsymbol{A}$ transponiert) zu $\boldsymbol{A}$.

$$\boldsymbol{A}^{\mathrm{T}} = \begin{bmatrix} a_{11} & \dots & a_{m1} \\ \vdots & & \vdots \\ a_{1n} & \dots & a_{mn} \end{bmatrix} = \begin{bmatrix} \boldsymbol{a}_1^{\mathrm{T}} \\ \vdots \\ \boldsymbol{a}_n^{\mathrm{T}} \end{bmatrix} = \left[\boldsymbol{a}_{\mathrm{T}}^1 \dots \boldsymbol{a}_{\mathrm{T}}^m\right],$$
$$\boldsymbol{a}_{\mathrm{T}}^j = \begin{bmatrix} a_{j1} \\ \vdots \\ a_{jn} \end{bmatrix}, \quad \boldsymbol{a}_i^{\mathrm{T}} = [a_{1i} \dots a_{mi}]\,. \tag{3-3}$$

Durch Vertauschen von Zeilen und Spalten der komplexen Matrix $\boldsymbol{C}$ und zusätzlichem Austausch der Elemente $c_{ik} = a_{ik} + \mathrm{j}\, b_{ik}$ durch die konjugiert komplexen $\bar{c}_{ik} = a_{ik} - \mathrm{j}\, b_{ik}$ entsteht die *konjugiert Transponierte* $\bar{\boldsymbol{C}}^{\mathrm{T}}$ zu $\boldsymbol{C}$.

Beispiel:

$$\boldsymbol{C} = \begin{bmatrix} 3-\mathrm{j} & 2 \\ 5+\mathrm{j} & 1+\mathrm{j} \end{bmatrix}, \quad \bar{\boldsymbol{C}}^{\mathrm{T}} = \begin{bmatrix} 3+\mathrm{j} & 5-\mathrm{j} \\ 2 & 1-\mathrm{j} \end{bmatrix}.$$

Spezielle Matrizen (auch Bild 3-1)

Diagonalmatrix	$\boldsymbol{D}$ mit $d_{ij} = 0$ für $i \neq j$	
	$\boldsymbol{D} = \mathrm{diag}(d_1 \dots d_n)$	
Einheitsmatrix	$\boldsymbol{I} = \mathrm{diag}(1 \dots 1)$, auch $\mathbf{1}$ oder $\boldsymbol{E}$	(3-4)
Nullmatrix	$\boldsymbol{A} = \mathbf{0}$ mit $a_{ij} = 0$	
Rechteckmatrix	Zeilenanzahl ≠ Spaltenanzahl	
Quadratische Matrix	Zeilenanzahl = Spaltenanzahl	

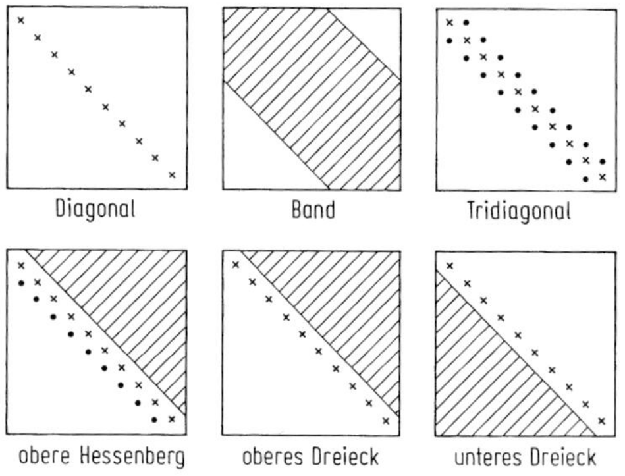

Bild 3-1. Spezielle Matrizen. Kreuze × stehen für Hauptdiagonalelemente

Symmetrische Matrix	$A^T = A\,,\quad a_{ij} = a_{ji}$
Schiefsymmetrische Matrix	$A^T = -A\,,\quad a_{ii} = 0\,,\quad a_{ij} = -a_{ji}$
Hermite'sche Matrix	$\bar{A}^T = A\,,\quad a_{ij} = \bar{a}_{ji}\,.$
Schiefhermite'sche Matrix	$\bar{A}^T = -A\,,\quad a_{ij} = -\bar{a}_{ji}\,.$

3.1.2 Rechenoperationen

Addition $A = B \pm C$ Voraussetzung Zeilenanzahlen $m_B = m_C$ und Spaltenanzahlen $n_B = n_C$ sind gleich: $a_{ij} = b_{ij} \pm c_{ij}$

$B = kA = Ak$ Multiplikation mit Skalar k: $b_{ij} = ka_{ij}$

$A = A_s + A_a$ Aufspaltung einer unsymmetrischen quadratischen Matrix A in symmetrischen und schiefsymmetrischen Teil:
$A_s = (A + A^T)/2,\quad A_a = (A - A^T)/2$

Spur Spur einer Matrix, kurz sp$A$, ist die Summe der Hauptdiagonalelemente sp $A = \sum a_{ii}$

Rang einer Matrix ist die Anzahl der linear unabhängigen Spalten oder Zeilen von A.

Multiplikation

Matrizenprodukt. Das Produkt $C = AB$ (Signifikanz der Reihenfolge) zweier Matrizen ist nur bei passendem Format ausführbar: Spaltenanzahl von A gleich Zeilenanzahl von B.

$$\boxed{(m_A, n_A)\text{-Matrix } A} \cdot \boxed{(m_B, n_B)\text{-Matrix } B} \qquad (3\text{-}5)$$
$$\text{ist gleich } \boxed{(m_A, n_B)\text{-Matrix } C}\,,\ \text{falls } n_A = m_B\,.$$

Für die Zahlenrechnung empfiehlt sich die elementweise Ermittlung der Elemente c_{ij} über Skalarprodukte, $c_{ij} = a^i b_j$. Siehe Tabelle 3-1 und das Beispiel.

Skalarprodukt: Das Produkt einer Zeile a^1 (n_1 Elemente) mit einer Spalte a_2 (n_2 Elemente) ist berechenbar für $n_1 = n_2$ und unabhängig von der Reihenfolge.

$$c = a^1 a_2 = a_2^T a_T^1\,,\quad \text{falls}\quad n_1 = n_2\,. \qquad (3\text{-}6)$$

Dyadisches Produkt. Die Dyade $C = ab^T$ als Anordnung linear abhängiger Spalten $c_k = b_k a$ oder Zeilen $c^k = a_k b$ ist erklärt für beliebige Elementanzahl n_a, n_b und hat den Rang 1.

Tabelle 3-1. Praxis der Matrizenmultiplikation. Vier Versionen zur Berechnung der Matrix $C = AB$ sind praktikabel

1. Elementweise über Skalarprodukte
   $c_{ij} = a^i b_j$.
2. Blockweise über Summation von Dyaden
   $C = \sum_{k=1}^{n} a_k b^k,\quad n = n_A = m_B$.
3. Spaltenweise
   $C = [Ab_1\ Ab_2 \ldots Ab_n]\,,\quad n = n_B$.
4. Zeilenweise
   $C = \begin{bmatrix} a^1 B \\ \vdots \\ a^n B \end{bmatrix},\quad n = m_A$.

Beispiel:

$$A = \begin{bmatrix} 1 & 0 & 1 \\ 2 & 1 & 1 \end{bmatrix},\quad B = \begin{bmatrix} 1 & 3 & 0 \\ 1 & -1 & 0 \\ 1 & 1 & 1 \end{bmatrix}.$$

Typisches Skalarprodukt

$$a^1 b_1 = [1\ 0\ 1]\begin{bmatrix} 1 \\ 1 \\ 1 \end{bmatrix} = 2\,.$$

Typische Dyade

$$a_1 b^1 = \begin{bmatrix} 1 \\ 2 \end{bmatrix}[1\ 3\ 0] = \begin{bmatrix} 1 & 3 & 0 \\ 2 & 6 & 0 \end{bmatrix}.$$

$$AB = \begin{bmatrix} a^1b_1 & a^1b_2 & a^1b_3 \\ a^2b_1 & a^2b_2 & a^2b_3 \end{bmatrix} = \begin{bmatrix} 2 & 4 & 1 \\ 4 & 6 & 1 \end{bmatrix},$$

$$\begin{aligned} AB &= a_1b^1 + a_2b^2 + a_3b^3 \\ &= \begin{bmatrix} 1 & 3 & 0 \\ 2 & 6 & 0 \end{bmatrix} + \begin{bmatrix} 0 & 0 & 0 \\ 1 & -1 & 0 \end{bmatrix} + \begin{bmatrix} 1 & 1 & 1 \\ 1 & 1 & 1 \end{bmatrix} \\ &= \begin{bmatrix} 2 & 4 & 1 \\ 4 & 6 & 1 \end{bmatrix}. \end{aligned}$$

Das Produkt BA ist nicht ausführbar, da Spaltenanzahl von B und Zeilenanzahl von A nicht übereinstimmen.

Falk-Anordnung. Insbesondere für die Handausführung von Mehrfachprodukten, z. B. $D = ABC = (AB)C$, empfiehlt sich das folgende Anordnungsschema. Das Zwischenergebnis $Z = AB$ ist dabei nur einmal hinzuschreiben.

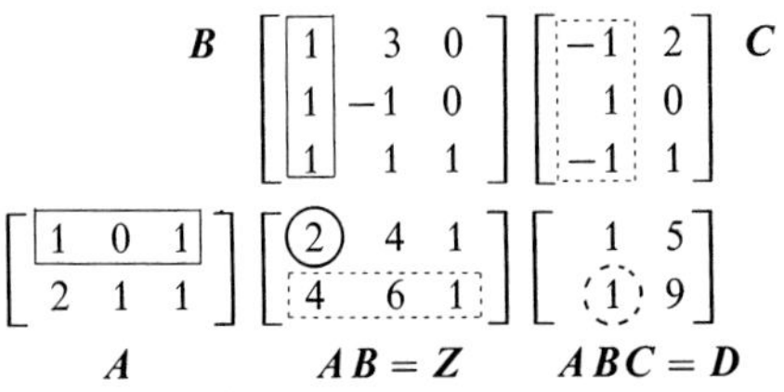

Die durchgezogene Umrahmung zeigt das Skalarprodukt $z_{11} = \boldsymbol{a}^1\boldsymbol{b}_1$, die gestrichelte Umrahmung $d_{21} = \boldsymbol{z}^2\boldsymbol{c}_1$.

Multiplikative Eigenschaften

Orthogonale Matrizen (quadratisch) enthalten Spalten $\boldsymbol{a}_i$ (Zeilen $\boldsymbol{a}^k$), deren Skalarprodukte $\boldsymbol{a}_i^\mathrm{T}\boldsymbol{a}_j$ entweder 1 $(i = j)$ oder 0 $(i \neq j)$ werden:

$$\boldsymbol{A}^\mathrm{T}\boldsymbol{A} = \boldsymbol{A}\boldsymbol{A}^\mathrm{T} = \boldsymbol{I} \qquad (3\text{-}7)$$

Beispiel:

$$\boldsymbol{A} = \begin{bmatrix} c & -s \\ s & c \end{bmatrix}, \quad s = \sin\varphi\,, \quad c = \cos\varphi\,.$$

Unitäre Matrizen (quadratisch) erweitern die reelle Orthogonalität auf komplexe Matrizen:

$$\bar{\boldsymbol{A}}^\mathrm{T}\boldsymbol{A} = \boldsymbol{A}\bar{\boldsymbol{A}}^\mathrm{T} = \boldsymbol{I} \qquad (3\text{-}8)$$

Beispiel:

$$\boldsymbol{A} = \begin{bmatrix} c & \mathrm{j}s \\ \mathrm{j}s & c \end{bmatrix}, \quad \bar{\boldsymbol{A}}^\mathrm{T} = \begin{bmatrix} c & -\mathrm{j}s \\ -\mathrm{j}s & c \end{bmatrix},$$
$$s = \sin\varphi\,, \quad c = \cos\varphi\,.$$

Involutorische Matrizen sind orthogonal und symmetrisch (reell) bez. unitär und hermite'sch (komplex):

$$\boldsymbol{A}^2 = \boldsymbol{I}\,. \qquad (3\text{-}9)$$

Beispiel:

$$\boldsymbol{A} = \begin{bmatrix} c & s \\ s & -c \end{bmatrix}, \quad \boldsymbol{A} = \begin{bmatrix} -c & \mathrm{j}s \\ -\mathrm{j}s & c \end{bmatrix}.$$

Die *Kehrmatrix* oder *inverse Matrix* $\boldsymbol{A}^{-1}$ zu einer gegebenen Matrix $\boldsymbol{A}$ ist erklärt als Faktor zu $\boldsymbol{A}$ derart, dass die Einheitsmatrix entsteht:

$$\boldsymbol{A}\boldsymbol{A}^{-1} = \boldsymbol{A}^{-1}\boldsymbol{A} = \boldsymbol{I}\,. \qquad (3\text{-}10)$$

Bei quadratischen (2,2)-Matrizen gilt

$$\boldsymbol{A} = \begin{bmatrix} a_{11} & a_{12} \\ a_{21} & a_{22} \end{bmatrix}, \quad \boldsymbol{A}^{-1} = A^{-1}\begin{bmatrix} a_{22} & -a_{12} \\ -a_{21} & a_{11} \end{bmatrix},$$

$$\text{falls}\, A = \det(\boldsymbol{A}) = a_{11}a_{22} - a_{12}a_{21} \neq 0\,. \qquad (3\text{-}11)$$

Rechenregeln:

$$\begin{aligned} &\boldsymbol{AB} \neq \boldsymbol{BA}, \text{ von Sonderfällen abgesehen} \\ &\boldsymbol{ABC} = (\boldsymbol{AB})\boldsymbol{C} = \boldsymbol{A}(\boldsymbol{BC}) \\ &(\boldsymbol{A}_1\boldsymbol{A}_2\ldots\boldsymbol{A}_k)^\mathrm{T} = \boldsymbol{A}_k^\mathrm{T}\ldots\boldsymbol{A}_2^\mathrm{T}\boldsymbol{A}_1^\mathrm{T} \\ &(\boldsymbol{A}_1\boldsymbol{A}_2\ldots\boldsymbol{A}_k)^{-1} = \boldsymbol{A}_k^{-1}\ldots\boldsymbol{A}_2^{-1}\boldsymbol{A}_1^{-1} \qquad (3\text{-}12) \\ &\boldsymbol{A}(\boldsymbol{B}+\boldsymbol{C}) = \boldsymbol{AB} + \boldsymbol{AC} \\ &(\boldsymbol{A}+\boldsymbol{B})\boldsymbol{C} = \boldsymbol{AC} + \boldsymbol{BC} \end{aligned}$$

Kronecker-Produkt (auch: direktes Produkt). Das Kronecker-Produkt ist definiert als multiplikative Verknüpfung (Symbol ⊗) zweier Matrizen $\boldsymbol{A}$ (p Zeilen, q Spalten) und $\boldsymbol{B}$ (r Zeilen, s Spalten) zu einer Produktmatrix $\boldsymbol{K}$ (pr Zeilen, qs Spalten) nach folgendem Schema:

$$\boldsymbol{K} = \boldsymbol{A}\otimes\boldsymbol{B} = \begin{vmatrix} a_{11}\boldsymbol{B} & \ldots & a_{1q}\boldsymbol{B} \\ \vdots & & \vdots \\ a_{p1}\boldsymbol{B} & \ldots & a_{pq}\boldsymbol{B} \end{vmatrix}. \qquad (3\text{-}13)$$

Beziehungen:

$$\begin{aligned} &\boldsymbol{A}\otimes\boldsymbol{B} \neq \boldsymbol{B}\otimes\boldsymbol{A}\,, \quad \text{von Sonderfällen abgesehen} \\ &\boldsymbol{A}\otimes(\boldsymbol{B}\otimes\boldsymbol{C}) = (\boldsymbol{A}\otimes\boldsymbol{B})\otimes\boldsymbol{C} \\ &(\boldsymbol{A}\otimes\boldsymbol{B})(\boldsymbol{C}\otimes\boldsymbol{D}) = (\boldsymbol{AC})\otimes(\boldsymbol{BD}) \\ &(\boldsymbol{A}\otimes\boldsymbol{B})^\mathrm{T} = \boldsymbol{A}^\mathrm{T}\otimes\boldsymbol{B}^\mathrm{T} \qquad (3\text{-}14) \\ &(\boldsymbol{A}\otimes\boldsymbol{B})^{-1} = \boldsymbol{A}^{-1}\otimes\boldsymbol{B}^{-1}, \text{ falls } \boldsymbol{A}, \boldsymbol{B} \text{ regulär} \\ &\det(\boldsymbol{A}\otimes\boldsymbol{B}) = (\det\boldsymbol{A})^{n_b}(\det\boldsymbol{B})^{n_a} \\ &\quad \text{für } p = q = n_a,\ r = s = n_b\,. \end{aligned}$$

Man beachte die Unterschiede zu den Rechenregeln (3-12) für gewöhnliche Matrizenprodukte.

3.1.3 Matrixnormen

Bei der Beurteilung und globalen Abschätzung von linearen Operationen sind Normen von großer Bedeutung.

Tabelle 3-2. Notwendige Eigenschaften von Normen

Name	Spaltennorm $\|\|a\|\|$	Matrixnorm $\|\|A\|\|$
	$\|\|a\|\| > 0$ für $a \neq 0$	$\|\|A\|\| > 0$ für $A \neq 0$
Homogenität	$\|\|ca\|\| = \|c\|\,\|\|a\|\|$	$\|\|cA\|\| = \|c\|\,\|\|A\|\|$
Dreiecks-	$\|\|a+b\|\| \leqq \|\|a\|\| + \|\|b\|\|$	$\|\|A+B\|\| \leqq \|\|A\|\|+\|\|B\|\|$
ungleichung	$\|a^T b\| \leqq \|\|a\|\|_j \|\|b\|\|_k$	$\|\|AB\|\| \leqq \|\|A\|\|_j \|\|B\|\|_k$

Abschätzung eines Skalarproduktes

$$|a^T b| \leqq \begin{cases} \|a\|_2 \, \|b\|_1 \\ \|a\|_1 \, \|b\|_2 \\ \|a\|_3 \, \|b\|_3 \end{cases} . \tag{3-15}$$

Abschätzung einer linearen Abbildung

$$\|Ax\|_k \leqq \|A\|_k \|x\|_k \,, \quad k = 1, 2 \text{ oder } 3 \,. \tag{3-16}$$

Beispiele:

$a^T = [1\ 2\ 3\ {-4}]$, $\quad b^T = [1\ 1\ 1\ {-2}]$

mit $a^T b = 14$.

$\|a\|_1 = 4$, $\quad \|a\|_2 = 10$, $\quad \|a\|_3 = \sqrt{30}$.

$\|b\|_1 = 2$, $\quad \|b\|_2 = 5$, $\quad \|b\|_3 = \sqrt{7}$.

$(a^T b = 14) \leqq 10 \cdot 2$, $\quad 4 \cdot 5$, $\quad \sqrt{30 \cdot 7} = 14{,}5$

$$A = \begin{bmatrix} 5 & -1 & 2 \\ -1 & 0 & 2 \\ 3 & -2 & 1 \end{bmatrix}, \quad x = \begin{bmatrix} 1 \\ -\mathrm{j} \\ 2 \end{bmatrix},$$

$$y = Ax = \begin{bmatrix} 9+\mathrm{j} \\ 3 \\ 5+2\mathrm{j} \end{bmatrix}.$$

	$k = 1$	$k = 2$	$k = 3$
$\|\|A\|\|_k$	8	9	$\sqrt{49} = 7$
$\|\|x\|\|_k$	2	4	$\sqrt{6}$
$\|\|A\|\|_k \|\|x\|\|_k$	16	36	17,15
$\|\|y\|\|_k$	$\sqrt{82}$	17,44	$\sqrt{120}$

Für inverse Formen gibt es folgende Abschätzungen, die für alle Normen $k = 1, 2, 3$ gelten: hack

$$\|(A+B)^{-1}\| \leqq \frac{\|A^{-1}\|}{1 - \|A^{-1}B\|}, \quad \text{falls Nenner} > 0 ,$$
$$\|(A+B)^{-1}\| \leqq \frac{\|A^{-1}\|}{1 - \|A^{-1}\|\,\|B\|}, \quad \text{falls Nenner} > 0 . \tag{3-17}$$

Tabelle 3-3. Spezielle Normen und Abschätzungen

Spaltennorm $\|\|a\|\|$	
$\|\|a\|\|_1 = \max_{k=1}^{n} \|a_k\|$	Maximumnorm
$\|\|a\|\|_2 = \sum_{k=1}^{n} \|a_k\|$	Betragssummennorm
$\|\|a\|\|_3 = \sqrt{\bar{a}^T a}$	Euklid'sche Norm
Matrixnorm $\|\|A\|\|$	
$\|\|A\|\|_1 = \max_{k=1}^{n} \|\|a^k\|\|_2$	Zeilennorm
$\|\|A\|\|_2 = \max_{k=1}^{n} \|\|a_k\|\|_2$	Spaltennorm
$\|\|A\|\|_3 = \sqrt{\sum_{i=1}^{n}\sum_{k=1}^{n} \|a_{ik}\|^2} = \sqrt{\mathrm{sp}(\bar{A}^T A)}$	Euklid'sche Norm

3.2 Determinanten

Die Determinante ist eine skalare Kenngröße einer quadratischen Matrix mit reellen oder komplexen Elementen:

$$A = \det(A) = \begin{vmatrix} a_{11} & \dots & a_{1n} \\ \vdots & & \vdots \\ a_{n1} & \dots & a_{nn} \end{vmatrix} = |A| . \tag{3-18}$$

Theoretisch ist $\det(A)$ gleich der Summe der $n!$ Produkte

$$\det(A) = \sum (-1)^r a_{1k_1} a_{2k_2} \dots a_{nk_n} \tag{3-19}$$

mit den $n!$ verschiedenen geordneten Indexketten $k_1, k_2, \dots, k_n$; $\quad k_i \in \{1, 2, \dots, n\}$. Der Exponent $r \in \mathbb{N}$ gibt die Anzahl der Austauschungen innerhalb der Folge $1, 2, \dots, n, k_1, k_2, \dots, k_n$ an. Die praktische Berechnung erfolgt über eine Dreieckszerlegung.

Beispiel: $n = 3$, $n! = 6$

k_1	k_2	k_3	r	Summand
1	2	3	0	$a_{11}\,a_{22}\,a_{33}$
1	3	2	1	$-a_{11}\,a_{23}\,a_{32}$
2	3	1	0	$a_{12}\,a_{23}\,a_{31}$
2	1	3	1	$-a_{12}\,a_{21}\,a_{23}$
3	1	2	0	$a_{13}\,a_{21}\,a_{32}$
3	2	1	1	$-a_{13}\,a_{22}\,a_{31}$

Adjungierte Elemente A_{ij} zu a_{ji} (Indexvertauschung) sind als partielle Ableitungen der Determinante erklärt oder als Unterdeterminanten D_{ji} des Zahlenfeldes der Matrix $\boldsymbol{A}$, das durch Streichen der i-ten Spalte und j-ten Zeile entsteht.

$$A_{ij} = \frac{\partial A}{\partial a_{ji}}, \quad A_{ij} = (-1)^{i+j} D_{ji}. \tag{3-20}$$

Die adjungierte Matrix $\boldsymbol{A}_{\text{adj}} = (A_{ij})$ zu $\boldsymbol{A}$ ist gleich dem A-fachen der Inversen:

$$\boldsymbol{A}_{\text{adj}} = (A_{ij}), \quad \boldsymbol{A}\boldsymbol{A}_{\text{adj}} = \boldsymbol{A}_{\text{adj}}\boldsymbol{A} = A\boldsymbol{I},$$
$$\boldsymbol{A}_{\text{adj}} = A\boldsymbol{A}^{-1}. \tag{3-21}$$

Rechenregeln:

1. $\det(\boldsymbol{A}) = \det(\boldsymbol{A}^{\mathrm{T}}) = A$
2. $\det(\boldsymbol{a}_1, \lambda\boldsymbol{a}_2, \boldsymbol{a}_3, \ldots)$
   $= \lambda \det(\boldsymbol{a}_1, \boldsymbol{a}_2, \boldsymbol{a}_3, \ldots)$
   $\det(\lambda\boldsymbol{A}) = \lambda^n A,\ \boldsymbol{A} = (\boldsymbol{a}_1, \ldots, \boldsymbol{a}_n)$
3. Additivität
   $\det(\boldsymbol{a}_1, \boldsymbol{a}_2 + \boldsymbol{b}_2, \boldsymbol{a}_3, \ldots)$
   $= \det(\boldsymbol{a}_1, \boldsymbol{a}_2, \boldsymbol{a}_3, \ldots) + \det(\boldsymbol{a}_1, \boldsymbol{b}_2, \boldsymbol{a}_3, \ldots)$
4. Vorzeichenänderung pro Austausch
   $\det(\boldsymbol{a}_1, \boldsymbol{a}_3, \boldsymbol{a}_2, \boldsymbol{a}_4, \ldots)$
   $= -\det(\boldsymbol{a}_1, \boldsymbol{a}_2, \boldsymbol{a}_3, \boldsymbol{a}_4, \ldots)$
5. Lineare Kombination von Zeilen und/oder Spalten verändert A nicht. (3-22)
   $\det(\boldsymbol{a}_1, \boldsymbol{a}_2 + \lambda\boldsymbol{a}_1, \boldsymbol{a}_3, \ldots)$
   $= \det(\boldsymbol{a}_1, \boldsymbol{a}_2, \boldsymbol{a}_3, \ldots)$
6. det(Dreiecksmatrix) = Produkt der Hauptdiagonalelemente
7. $\det(\boldsymbol{AB}) = \det(\boldsymbol{A})\det(\boldsymbol{B}) = \det(\boldsymbol{BA})$
8. Regeln 2 bis 5 gelten analog für Zeilen.
9. Hadamard'sche Ungleichung
   $$[\det(\boldsymbol{A})]^2 \leqq \prod_{i=1}^{n} \sum_{k=1}^{n} a_{ik}^2$$
10. $$\det\begin{bmatrix} \boldsymbol{A} & \boldsymbol{B} \\ \boldsymbol{C} & \boldsymbol{D} \end{bmatrix} = \det(\boldsymbol{A})\det(\boldsymbol{D} - \boldsymbol{C}\boldsymbol{A}^{-1}\boldsymbol{B})$$

Entwicklungssatz:
Eine Determinante $\det(\boldsymbol{A})$ lässt sich nach den Elementen einer beliebigen Zeile i oder Spalte k entwickeln.

$$\det(\boldsymbol{A}) = a_{i1}A_{1i} + a_{i2}A_{2i} + a_{i3}A_{3i} + \cdots + a_{in}A_{ni},$$
$$\det(\boldsymbol{A}) = a_{1k}A_{k1} + a_{2k}A_{k2} + a_{3k}A_{k3} + \cdots + a_{nk}A_{kn}. \tag{3-23}$$

A_{ij}: adjungierte Elemente zu a_{ji}

Beispiel: Entwicklung einer Determinante 3. Ordnung nach der 1. Zeile

$$\det(\boldsymbol{A}) = \begin{vmatrix} a_{11} & a_{12} & a_{13} \\ a_{21} & a_{22} & a_{23} \\ a_{31} & a_{32} & a_{33} \end{vmatrix}$$
$$= a_{11}\begin{vmatrix} a_{22} & a_{23} \\ a_{32} & a_{33} \end{vmatrix} - a_{12}\begin{vmatrix} a_{21} & a_{23} \\ a_{31} & a_{33} \end{vmatrix} + a_{13}\begin{vmatrix} a_{21} & a_{22} \\ a_{31} & a_{32} \end{vmatrix}$$

3.3 Vektoren

3.3.1 Vektoreigenschaften

In der Physik treten gerichtete Größen auf, die durch einen Skalar alleine nicht vollständig bestimmt sind; so zum Beispiel das Moment. Zu seiner Charakterisierung benötigt man insgesamt drei Angaben, die zusammengenommen einen Vektor $\boldsymbol{v}$ bestimmen. Bildlich wird $\boldsymbol{v}$ durch einen Pfeil dargestellt, siehe Bild 3-2.
Ein Vektor ist gekennzeichnet durch die drei Größen *Betrag* (Länge, Norm), *Richtung* und *Richtungssinn* (Orientierung).
Im dreidimensionalen Raum unserer Anschauung lassen sich Vektoren als geordnetes Paar eines Anfangspunktes A und eines Endpunktes E darstellen; sog. gerichtete Strecke. Dabei ist die absolute Lage der End- oder Anfangspunkte unerheblich, siehe Bild 3-2. In der Physik kommen Vektoren besonderer Art vor, die

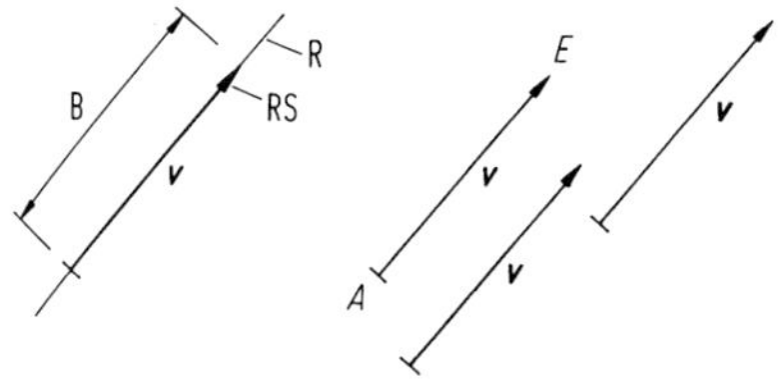

Bild 3-2. Feld gleicher freier Vektoren $\boldsymbol{v}$. B: Betrag; R: Richtung; RS: Richtungssinn

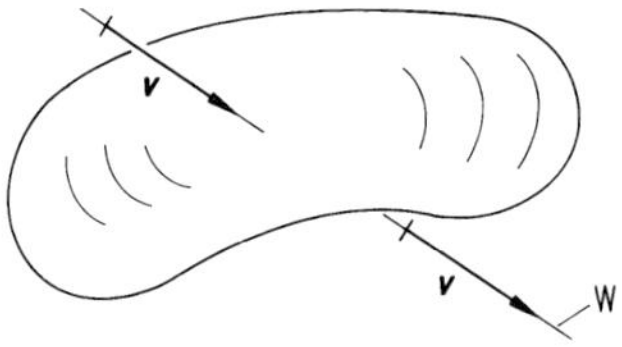

Bild 3-3. Feld gleicher linienflüchtiger Vektoren $\boldsymbol{v}$ beim starren Körper. W: Wirkungslinie

Tabelle 3-4. Merkmale von Vektoren

Merkmale					
Freier Vektor	B	R	RS		
Linienflüchtiger Vektor	B		RS	W	
Gebundener Vektor	B		RS	W	A
B Betrag, R Richtung, RS Richtungssinn, W Wirkungslinie, A Angriffspunkt					

zusätzliche Merkmale aufweisen. Beim starren Körper z. B. verursachen nur solche Kräfte identische Wirkungen, die in Betrag, Wirkungslinie und Richtungssinn übereinstimmen, wobei die Wirkungslinie die Richtung enthält, Bild 3-3.
In der Mathematik versteht man unter einem „Vektor" stets einen *freien Vektor*.
Wird im Raum (mit dem Sonderfall der Ebene) ein Bezugspunkt (auch: Initialpunkt) O ausgezeichnet, so nennt man die gerichtete Strecke von O zu einem beliebigen anderen Punkt P *Ortsvektor*. *Einheitsvektoren* haben den Betrag 1 und werden durch den Exponenten null oder mit dem Buchstaben $\boldsymbol{e}$ bezeichnet.

$$\text{Vektor } \boldsymbol{a}, \quad \text{Betrag } a = |\boldsymbol{a}|, \quad \text{Richtungseinheitsvektor } \boldsymbol{a}^0 \text{ oder } \boldsymbol{e}_a \text{ zu } \boldsymbol{a}: \quad \boldsymbol{e}_a = \boldsymbol{a}^0 = \boldsymbol{a}/a . \tag{3-24}$$

Ein Vektor mit der Länge null heißt Nullvektor $\boldsymbol{o}$. Die Norm (Betrag, Länge) eines Vektors hat die Eigenschaften der Spaltennorm.

Kollineare Vektoren sind einander parallel.
Komplanare Vektoren im Raum haben eine gemeinsame Senkrechte. (3-25)

Addition zweier Vektoren geschieht im Raum unserer Anschauung durch Aneinanderreihung der Vektoren (Vektorzug), wobei der Summenvektor $\boldsymbol{s}$ als gerichtete Strecke vom willkürlichen Anfangspunkt A bis zum abhängigen Endpunkt E unabhängig von der Reihung der Vektorsummanden ist, siehe Bild 3-4.

$$\begin{aligned} &\boldsymbol{a} + \boldsymbol{b} = \boldsymbol{b} + \boldsymbol{a} , \\ &\boldsymbol{a} + \boldsymbol{b} + \boldsymbol{c} = \boldsymbol{a} + (\boldsymbol{b} + \boldsymbol{c}) = (\boldsymbol{a} + \boldsymbol{b}) + \boldsymbol{c} , \\ &\boldsymbol{a} - \boldsymbol{b} = \boldsymbol{a} + (-\boldsymbol{b}) = (-\boldsymbol{b}) + \boldsymbol{a} , \\ &\boldsymbol{a} + (-\boldsymbol{a}) = \boldsymbol{o} . \end{aligned} \tag{3-26}$$

Der negative Vektor $-\boldsymbol{a}$ unterscheidet sich von $\boldsymbol{a}$ nur durch den Richtungssinn. Bezüglich der Multiplikation eines Vektors mit einem Skalar c verhalten sich Vektoren wie Skalare.

$$\begin{aligned} c_1(c_2\boldsymbol{a}) &= (c_1c_2)\boldsymbol{a} , \\ c(\boldsymbol{a} + \boldsymbol{b}) &= c\boldsymbol{a} + c\boldsymbol{b} , \\ (c_1 + c_2)\boldsymbol{a} &= c_1\boldsymbol{a} + c_2\boldsymbol{a} . \end{aligned}$$

3.3.2 Basis

Die Vektoren $\boldsymbol{g}_1$, $\boldsymbol{g}_2$, $\boldsymbol{g}_3$, im Raum sind linear unabhängig voneinander, wenn zwei beliebige von ihnen nicht den dritten darstellen können:

$$c_1\boldsymbol{g}_1 + c_2\boldsymbol{g}_2 + c_3\boldsymbol{g}_3 = \boldsymbol{o} \quad \text{nur für} \quad c_1 = c_2 = c_3 = 0 . \tag{3-27}$$

Dies ist gegeben, falls das Vektortripel nicht komplanar ist, also ein Volumen (*Parallelepiped, Spat*) nach Bild 3-5 aufspannt. Jeder Vektor $\boldsymbol{v}$ des Raumes lässt sich dann eindeutig als Linearkombination des Tripels $\boldsymbol{g}_i$ darstellen. Man spricht in diesem Zusammenhang von einer Koordinatendarstellung des Vektors $\boldsymbol{v}$ bezüglich der Basis $\boldsymbol{g}_i$.

Falls (3-27) für $\boldsymbol{g}_1$, $\boldsymbol{g}_2$, $\boldsymbol{g}_3$ gilt: $\boldsymbol{g}_i$ Basis.

$$\boldsymbol{v} = v^i\boldsymbol{g}_i = v^1\boldsymbol{g}_1 + v^2\boldsymbol{g}_2 + v^3\boldsymbol{g}_3 . \tag{3-28}$$

v^i, auch v_i, *Koordinaten*; $v^i\boldsymbol{g}_i$, auch $v_i\boldsymbol{g}^i$, *Komponenten*.

Der Kopfzeiger $i \in \mathbb{N}$ ist eine Nummerierungsgröße und keine Potenz.

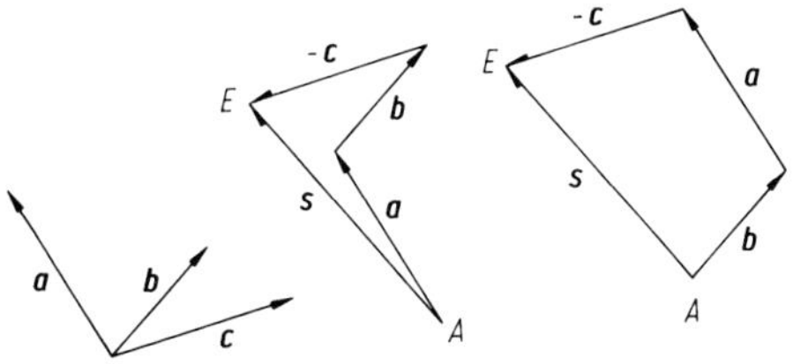

Bild 3-4. Vektoraddition $\boldsymbol{s} = \boldsymbol{a} + \boldsymbol{b} - \boldsymbol{c} = \boldsymbol{b} + \boldsymbol{a} - \boldsymbol{c}$

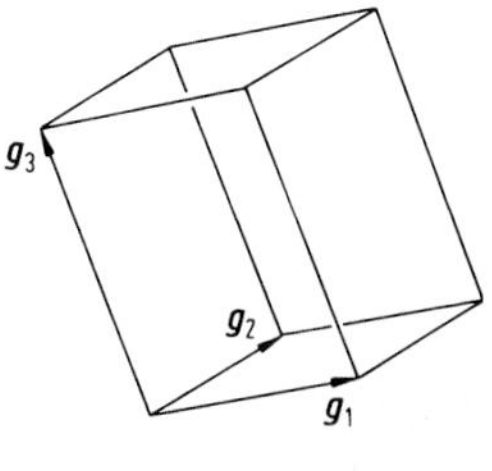

Bild 3-5. Spat eines nicht komplanaren Tripels $\boldsymbol{g}_i$

Tabelle 3-5. Spezielle Basen

Bezeichnung	Darstellung
Allgemein	$\boldsymbol{x} = x^1\boldsymbol{g}_1 + x^2\boldsymbol{g}_2 + x^3\boldsymbol{g}_3 = x^i\boldsymbol{g}_i$
Normiert	$\boldsymbol{x} = x^i\boldsymbol{g}_i, \quad \lvert\boldsymbol{g}_i\rvert = 1$
Orthogonal	$\boldsymbol{g}_1, \boldsymbol{g}_2, \boldsymbol{g}_3$ senkrecht zueinander
Orthonormal	$\boldsymbol{x} = x^i\boldsymbol{e}_i, \quad \lvert\boldsymbol{e}_i\rvert = 1$ und $\boldsymbol{e}_1, \boldsymbol{e}_2, \boldsymbol{e}_3$ senkrecht zueinander; x^i heißen hier kartesische Koordinaten

Summationskonvention: Über gleiche Indizes ist zu summieren.

Eine Basis $\boldsymbol{g}_i$ bildet ein *Rechtssystem*, wenn beim Drehen von $\boldsymbol{g}_1$ nach $\boldsymbol{g}_2$ auf kürzestem Wege eine Rechtsschraube in die Richtung von $\boldsymbol{g}_3$ vorrücken würde oder wenn $\boldsymbol{g}_1$ dem Daumen, $\boldsymbol{g}_2$ dem Zeigefinger und $\boldsymbol{g}_3$ dem Mittelfinger der gespreizten rechten Hand zugeordnet werden kann.

Koordinatendarstellungen für Vektoren ermöglichen das konkrete Rechnen besonders im Fall nur einer einheitlichen Basis $\boldsymbol{g}_i$. Die Addition reduziert sich dann auf die skalare Addition der Koordinaten.

$$\text{Addition } \boldsymbol{s} = \boldsymbol{u} + \boldsymbol{v}\,, \qquad \boldsymbol{u} = u^i\boldsymbol{g}_i\,, \quad \boldsymbol{v} = v^i\boldsymbol{g}_i\,, \qquad \boldsymbol{s} = (u^i + v^i)\boldsymbol{g}_i\,. \tag{3-29}$$

Die Multiplikation zweier Vektoren $\boldsymbol{a}$ und $\boldsymbol{b}$ wird in zweckmäßiger Weise zurückgeführt auf die skalare Multiplikation der Koordinaten. Die Motivation für die zwei eingeführten Multiplikationstypen

inneres (Skalar-, Punkt-)Produkt

$\boldsymbol{a} \cdot \boldsymbol{b} = c\,, \quad c$ Skalar ;

äußeres (Vektor-, Kreuz-)Produkt

$\boldsymbol{a} \times \boldsymbol{b} = \boldsymbol{c}\,, \quad \boldsymbol{c}$ Vektor ;

ergibt sich aus den Anwendungen.

3.3.3 Inneres oder Skalarprodukt

Das Skalarprodukt von zwei Vektoren $\boldsymbol{a}$ und $\boldsymbol{b}$ im Raum ist bei einheitlicher orthonormaler Basis gleich dem Skalarprodukt ihrer Koordinatenspalten.

$$\boldsymbol{a} = a^i\boldsymbol{e}_i\,, \quad \boldsymbol{b} = b^i\boldsymbol{e}_i\,, \quad \boldsymbol{e}_i \text{ orthonormal}\,,$$
$$\boldsymbol{a} \cdot \boldsymbol{b} = \boldsymbol{a}^{\mathrm{T}}\boldsymbol{b} = a^1b^1 + a^2b^2 + a^3b^3 = a^ib^i\,. \tag{3-30}$$

Im Raum unserer Anschauung, Bild 3-6, entspricht das Skalarprodukt der Projektion des Einheitsvektors $\boldsymbol{e}_a$ in die Richtung $\boldsymbol{e}_b$ multipliziert mit dem Produkt der Beträge a, b und umgekehrt.

$$\boldsymbol{a} \cdot \boldsymbol{b} = ab\boldsymbol{e}_a \cdot \boldsymbol{e}_b = ab\cos\varphi\,, \quad a = \lvert\boldsymbol{a}\rvert\,, \quad b = \lvert\boldsymbol{b}\rvert\,, \quad \varphi \text{ Winkel zwischen } \boldsymbol{a} \text{ und } \boldsymbol{b},\ 0 \leqq \varphi \leqq \pi\,. \tag{3-31}$$

Rechenregeln:

$$\begin{aligned} \cos\varphi &= \boldsymbol{a} \cdot \boldsymbol{b}/(ab)\,, \\ \boldsymbol{a} \cdot \boldsymbol{b} &= \boldsymbol{b} \cdot \boldsymbol{a}\,, \\ (c\boldsymbol{a}) \cdot \boldsymbol{b} &= c(\boldsymbol{a} \cdot \boldsymbol{b})\,, \\ \boldsymbol{a} \cdot (\boldsymbol{b} + \boldsymbol{c}) &= \boldsymbol{a} \cdot \boldsymbol{b} + \boldsymbol{a} \cdot \boldsymbol{c}\,, \\ \boldsymbol{a} \cdot \boldsymbol{a} &= a^2 = \lvert\boldsymbol{a}\rvert^2\,. \end{aligned}$$

Beliebige Basis $\boldsymbol{a}_i$, $\boldsymbol{u} = u^i\boldsymbol{a}_i$, $\boldsymbol{v} = v^i\boldsymbol{a}_i$

$$\begin{aligned} \boldsymbol{u} \cdot \boldsymbol{v} &= u^1v^1\boldsymbol{a}_1 \cdot \boldsymbol{a}_1 + u^1v^2\boldsymbol{a}_1 \cdot \boldsymbol{a}_2 + u^1v^3\boldsymbol{a}_1 \cdot \boldsymbol{a}_3 \\ &+ u^2v^1\boldsymbol{a}_2 \cdot \boldsymbol{a}_1 + u^2v^2\boldsymbol{a}_2 \cdot \boldsymbol{a}_2 + u^2v^3\boldsymbol{a}_2 \cdot \boldsymbol{a}_3 \\ &+ u^3v^1\boldsymbol{a}_3 \cdot \boldsymbol{a}_1 + u^3v^2\boldsymbol{a}_3 \cdot \boldsymbol{a}_2 + u^3v^3\boldsymbol{a}_3 \cdot \boldsymbol{a}_3 \\ &= \sum_{j=1}^{3}\sum_{k=1}^{3} u^jv^k\boldsymbol{a}_j \cdot \boldsymbol{a}_k = u^jv^ka_{jk}\,. \end{aligned} \tag{3-32}$$

$$a_{jk} = a_{kj} = \boldsymbol{a}_j \cdot \boldsymbol{a}_k \quad \textit{Metrikkoeffizienten}\,. \tag{3-33}$$

$$v = \sqrt{\boldsymbol{v} \cdot \boldsymbol{v}} = \sqrt{v^jv^ka_{jk}}\,. \tag{3-34}$$

Skalarprodukt orthonormaler Basisvektoren $\boldsymbol{e}_i$

$$\boldsymbol{e}_i \cdot \boldsymbol{e}_j = \delta_{ij} = \begin{cases} 0 \text{ für } i \neq j \\ 1 \text{ für } i = j \end{cases}, \qquad \delta_{ij} \text{ Kronecker-Symbol.} \tag{3-35}$$

Beispiel:

$$\boldsymbol{a} = 5\boldsymbol{e}_1 + 2\boldsymbol{e}_2 + \boldsymbol{e}_3$$
$$\boldsymbol{b} = -\boldsymbol{e}_1 - 4\boldsymbol{e}_2 + 2\boldsymbol{e}_3$$

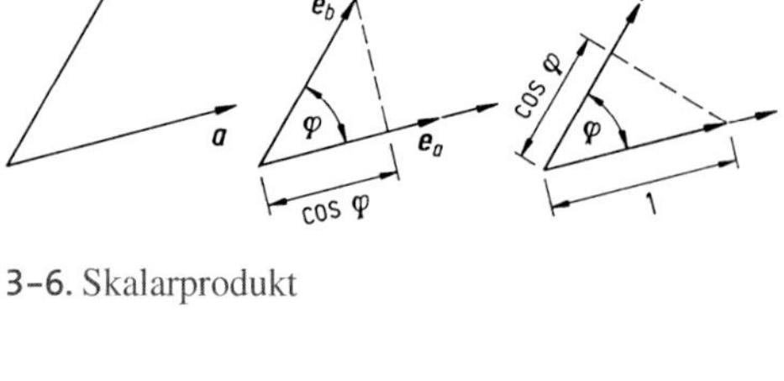

Bild 3-6. Skalarprodukt

Koordinatenspalten

$$a = \begin{bmatrix} 5 \\ 2 \\ 1 \end{bmatrix}, \quad b = \begin{bmatrix} -1 \\ -4 \\ 2 \end{bmatrix}$$

$$\cos\varphi = \frac{a \cdot b}{ab} = \frac{a^{\mathrm{T}} b}{\sqrt{30}\sqrt{21}} = \frac{-11}{\sqrt{630}} = -0{,}438 \,,$$

$$\varphi = 64{,}0^\circ \,.$$

3.3.4 Äußeres oder Vektorprodukt

Das Vektorprodukt von zwei Vektoren $\boldsymbol{a}$ und $\boldsymbol{b}$ im Raum ist bei einheitlicher orthonormaler Basis erklärt als schiefsymmetrische Linearkombination der beteiligten Koordinatenspalten.

$$\boldsymbol{a} = a^i \boldsymbol{e}_i \,, \quad \boldsymbol{b} = b^i \boldsymbol{e}_i \,,$$

$$\boldsymbol{a} \times \boldsymbol{b} = \boldsymbol{c} \,, \quad \boldsymbol{c} = c^i \boldsymbol{e}_i \,,$$

$$\begin{bmatrix} c^1 \\ c^2 \\ c^3 \end{bmatrix} = \begin{bmatrix} b^3 a^2 - b^2 a^3 \\ -b^3 a^1 + b^1 a^3 \\ b^2 a^1 - b^1 a^2 \end{bmatrix} \begin{array}{l} = (\boldsymbol{a} \times)\, \boldsymbol{b} \\ = -(\boldsymbol{b} \times)\, \boldsymbol{a} \,, \end{array} \qquad (3\text{-}36)$$

$$(\boldsymbol{a} \times) = \begin{bmatrix} 0 & -a^3 & a^2 \\ a^3 & 0 & -a^1 \\ -a^2 & a^1 & 0 \end{bmatrix} = \widetilde{\boldsymbol{a}} \,.$$

Im Raum unserer Anschauung, Bild 3-7, entspricht das Vektorprodukt $\boldsymbol{a} \times \boldsymbol{b}$ einem Vektor $\boldsymbol{c}$ mit folgenden Eigenschaften:

$\boldsymbol{c} = \boldsymbol{a} \times \boldsymbol{b}$:

Richtung:	Senkrecht auf $\boldsymbol{a}$ und $\boldsymbol{b}$
Richtungssinn:	$\boldsymbol{a}$, $\boldsymbol{b}$, $\boldsymbol{c}$ bilden in dieser Reihenfolge ein Rechtssystem
Betrag:	$c = ab \sin\varphi$, $0 \leqq \varphi \leqq \pi$ φ Winkel zwischen $\boldsymbol{a}$ und $\boldsymbol{b}$ c gleich der Fläche des Parallelogramms mit den Kanten $\boldsymbol{a}$ und $\boldsymbol{b}$.

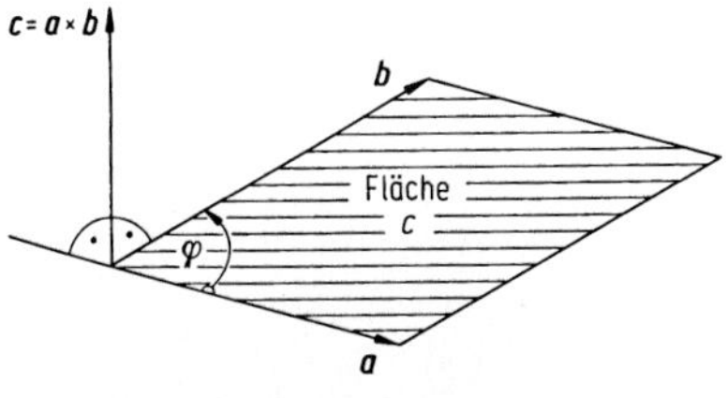

Bild 3-7. Kreuzprodukt $\boldsymbol{c} = \boldsymbol{a} \times \boldsymbol{b}$

Rechenregeln:

$$\boldsymbol{a} \times \boldsymbol{b} = -\boldsymbol{b} \times \boldsymbol{a} \,,$$

$$(c\boldsymbol{a}) \times \boldsymbol{b} = c(\boldsymbol{a} \times \boldsymbol{b}) \,,$$

$$\boldsymbol{a} \times (\boldsymbol{b} + \boldsymbol{c}) = \boldsymbol{a} \times \boldsymbol{b} + \boldsymbol{a} \times \boldsymbol{c} \,,$$

$$\boldsymbol{a} \times \boldsymbol{a} = \boldsymbol{o} \,, \qquad (3\text{-}37)$$

$$\boldsymbol{e}_1 \times \boldsymbol{e}_2 = \boldsymbol{e}_3 \,, \quad \boldsymbol{e}_3 \times \boldsymbol{e}_1 = \boldsymbol{e}_2 \,, \quad \boldsymbol{e}_2 \times \boldsymbol{e}_3 = \boldsymbol{e}_1 \,,$$

$$\sin\varphi = \frac{|\boldsymbol{a} \times \boldsymbol{b}|}{ab} \,.$$

3.3.5 Spatprodukt, Mehrfachprodukte

Das gemischte Produkt $(\boldsymbol{a}_1 \times \boldsymbol{a}_2) \cdot \boldsymbol{a}_3$ eines Vektortripels ist ein Skalar, dessen Betrag bei Priorität des Vektorproduktes unabhängig ist von der Reihung der Vektoren und Verknüpfungen. Bei Veränderung des Zyklus 1, 2, 3 verändert sich lediglich das Vorzeichen. Im Anschauungsraum entspricht das Produkt $(\boldsymbol{a}_1 \times \boldsymbol{a}_2) \cdot \boldsymbol{a}_3$ dem Volumen V des Parallelepipeds mit $\boldsymbol{a}_1$, $\boldsymbol{a}_2$ und $\boldsymbol{a}_3$ als Kanten; es wird deshalb auch *Spatprodukt* genannt.

$$(\boldsymbol{a}_1, \boldsymbol{a}_2, \boldsymbol{a}_3) = (\boldsymbol{a}_i \times \boldsymbol{a}_j) \cdot \boldsymbol{a}_k = \boldsymbol{a}_i \cdot (\boldsymbol{a}_j \times \boldsymbol{a}_k) \,.$$

i, j, k sind zyklisch: $(\boldsymbol{a}_i, \boldsymbol{a}_j, \boldsymbol{a}_k) = V$,

i, j, k antizyklisch: $(\boldsymbol{a}_i, \boldsymbol{a}_k, \boldsymbol{a}_j) = -V$,

Bei einheitlicher orthonormaler Basis für alle 3 Vektoren ist V gleich der Determinante.

$$\boldsymbol{a}_1 = a^{i1} \boldsymbol{e}_i \,, \quad \boldsymbol{a}_2 = a^{i2} \boldsymbol{e}_i \,, \quad \boldsymbol{a}_3 = a^{i3} \boldsymbol{e}_i \,,$$

$$V = \det(\boldsymbol{A}) \,, \quad \boldsymbol{A} = (a^{ij}) \,. \qquad (3\text{-}38)$$

Regeln

$$(\boldsymbol{a}, \boldsymbol{b}, \boldsymbol{c} + \boldsymbol{d}) = (\boldsymbol{a}, \boldsymbol{b}, \boldsymbol{c}) + (\boldsymbol{a}, \boldsymbol{b}, \boldsymbol{d}) \,.$$

$$(\boldsymbol{a}, \boldsymbol{b}, \boldsymbol{c} + \boldsymbol{a}) = (\boldsymbol{a}, \boldsymbol{b}, \boldsymbol{c}) \,. \qquad (3\text{-}39)$$

$(\boldsymbol{a}, \boldsymbol{b}, \boldsymbol{c}) = 0$ heißt, dass $\boldsymbol{a}$, $\boldsymbol{b}$, $\boldsymbol{c}$ komplanar sind.

Doppeltes Kreuzprodukt

$$\boldsymbol{a} \times (\boldsymbol{b} \times \boldsymbol{c}) = (\boldsymbol{a} \cdot \boldsymbol{c})\boldsymbol{b} - (\boldsymbol{a} \cdot \boldsymbol{b})\boldsymbol{c} \,.$$

$$(\boldsymbol{a} \times \boldsymbol{b}) \times (\boldsymbol{c} \times \boldsymbol{d}) = (\boldsymbol{a},\, \boldsymbol{c},\, \boldsymbol{d})\boldsymbol{b} - (\boldsymbol{b},\, \boldsymbol{c},\, \boldsymbol{d})\,\boldsymbol{a} = (\boldsymbol{a},\, \boldsymbol{b},\, \boldsymbol{d})\boldsymbol{c} - (\boldsymbol{a},\, \boldsymbol{b},\, \boldsymbol{c})\,\boldsymbol{d} \,.$$

$$\boldsymbol{d} = [(\boldsymbol{d},\, \boldsymbol{b},\, \boldsymbol{c})\boldsymbol{a} + (\boldsymbol{a},\, \boldsymbol{d},\, \boldsymbol{c})\boldsymbol{b} + (\boldsymbol{a},\, \boldsymbol{b},\, \boldsymbol{d})\boldsymbol{c}]/V \,,$$

falls $V = (\boldsymbol{a},\, \boldsymbol{b},\, \boldsymbol{c}) \neq 0$.

$$(\boldsymbol{a} \times \boldsymbol{b}) \cdot (\boldsymbol{c} \times \boldsymbol{d}) = (\boldsymbol{a} \cdot \boldsymbol{c})(\boldsymbol{b} \cdot \boldsymbol{d}) - (\boldsymbol{a} \cdot \boldsymbol{d})(\boldsymbol{b} \cdot \boldsymbol{c}) \,.$$

$$(\boldsymbol{a} \times \boldsymbol{b}) \cdot (\boldsymbol{a} \times \boldsymbol{b}) = a^2 b^2 - (\boldsymbol{a} \cdot \boldsymbol{b})^2 \,.$$

3.4 Tensoren

3.4.1 Tensoren n-ter Stufe

Vektoren im Raum unserer Anschauung, kurz im $\mathbb{R}^3$, stehen für reale, z. B. physikalische Größen, die drei skalare Einzelinformationen enthalten. Die Beschreibung eines Vektors $\boldsymbol{v}$ in verschiedenen Basen $\boldsymbol{a}_i$ und $\boldsymbol{b}_i$ mit entsprechenden Koordinaten ändert nichts an seinem eigentlichen Wert; man nennt $\boldsymbol{v}$ auch eine invariante Größe.

$$\boldsymbol{v} = v_a^i \boldsymbol{a}_i = v_b^i \boldsymbol{b}_i \,. \qquad (3\text{-}40)$$

Die Menge aller invarianten Größen nennt man Tensor. Ein Skalar ist dann ein Tensor, wenn er als Skalarprodukt $\boldsymbol{u} \cdot \boldsymbol{v}$ von zwei Vektoren gebildet wird.

$$\begin{aligned} &\text{Skalar } T^{(0)} = \boldsymbol{u} \cdot \boldsymbol{v} \quad \text{Tensor 0. Stufe}\,. \\ &\text{Vektor } T^{(1)} = T^i \boldsymbol{g}_i \quad \text{Tensor 1. Stufe}\,. \\ &\quad T^i\text{: Koordinaten des Tensors} \\ &\quad \text{bezüglich der Basis } \boldsymbol{g}_i\,. \end{aligned} \qquad (3\text{-}41)$$

Rein operativ kommt man zu Tensoren höherer Stufe durch Definition des *dyadischen oder tensoriellen Produktes* $T = \boldsymbol{uv}$ von zwei Vektoren. Zwischen den Vektoren ist keine Verknüpfung erklärt. Allgemeiner Tensor n-ter Stufe ist eine invariante Größe $T^{(n)}$, deren Basis ein tensorielles Produkt von n-Grundvektoren ist:

$$\begin{aligned} T^{(0)} &= t\,, \\ T^{(1)} &= t^i \boldsymbol{g}_i\,, \\ T^{(2)} &= t^{ij} \boldsymbol{g}_i \boldsymbol{g}_j\,, \\ T^{(3)} &= t^{ijk} \boldsymbol{g}_i \boldsymbol{g}_j \boldsymbol{g}_k\,, \\ T^{(4)} &= t^{ijkl} \boldsymbol{g}_i \boldsymbol{g}_j \boldsymbol{g}_k \boldsymbol{g}_l \quad \text{usw.} \end{aligned} \qquad (3\text{-}42)$$

Tabelle 3-6. Eigenschaften des tensoriellen Produktes $T = \boldsymbol{uv}$

$\boldsymbol{u},\ \boldsymbol{v},\ \boldsymbol{w}\ \in T^{(1)},\ c \in \mathbb{R}$.
$\boldsymbol{u}(\boldsymbol{v}+\boldsymbol{w}) = \boldsymbol{uv}+\boldsymbol{uw}, \quad (\boldsymbol{u}+\boldsymbol{v})\boldsymbol{w} = \boldsymbol{uw}+\boldsymbol{vw}$ Distributiv
$(c\boldsymbol{u})\boldsymbol{v} = \boldsymbol{u}(c\boldsymbol{v}) = c\boldsymbol{uv}$ Assoziativ bez. Skalar
Koordinatendarstellung $\boldsymbol{u} = u^i \boldsymbol{g}_i, \quad \boldsymbol{v} = v^j \boldsymbol{g}_j$,
$T = u^i v^j \boldsymbol{g}_i \boldsymbol{g}_j = t^{ij} \boldsymbol{g}_i \boldsymbol{g}_j$, t^{ij} Tensorkoordinaten, $\boldsymbol{g}_i \boldsymbol{g}_j$ Basis
Indexnotation $T = t^{ij} \boldsymbol{g}_i \boldsymbol{g}_j$
Matrixnotation $T = \begin{bmatrix} t^{11} & t^{12} & t^{13} \\ t^{21} & t^{22} & t^{23} \\ t^{31} & t^{32} & t^{33} \end{bmatrix} \boldsymbol{g}_i \boldsymbol{g}_j$

Spezielle Tensoren und Tensoreigenschaften:

$$\begin{aligned} &\text{Einheitstensor } E^{(2)} &&= \delta^{ij} \boldsymbol{e}_i \boldsymbol{e}_j = \boldsymbol{I} \boldsymbol{e}_i \boldsymbol{e}_j \\ &\text{Transposition } T &&= \boldsymbol{uv}\,, \quad T^{\mathrm{T}} = \boldsymbol{vu} \\ &\text{Symmetrie } T^{\mathrm{T}} &&= T \\ &\text{Antimetrie } T^{\mathrm{T}} &&= -T \\ &\text{Inverser Tensor } TT^{-1} &&= T^{-1}T = E \end{aligned} \qquad (3\text{-}43)$$

3.4.2 Tensoroperationen

Addition: Erklärt für Tensoren gleicher Stufe. Zum Beispiel

$$\begin{aligned} &T_1^{(3)} + T_2^{(3)} = T_3^{(3)}\,, \\ &T_1^{(3)} = t_1^{ijk} \boldsymbol{g}_i \boldsymbol{g}_j \boldsymbol{g}_k\,, \quad T_2^{(3)} = t_2^{ijk} \boldsymbol{g}_i \boldsymbol{g}_j \boldsymbol{g}_k, \\ &T_3^{(3)} = \left(t_1^{ijk} + t_2^{ijk}\right) \boldsymbol{g}_i \boldsymbol{g}_j \boldsymbol{g}_k\,. \end{aligned} \qquad (3\text{-}44)$$

Tensorielles Produkt:

$$T^{(m)} T^{(n)} = T^{(m+n)}\,, \qquad (3\text{-}45)$$

Zum Beispiel

$$T^{(2)} = t^{ij} \boldsymbol{g}_i \boldsymbol{g}_j\,, \quad T^{(1)} = t^k \boldsymbol{g}_k\,, \qquad (3\text{-}46)$$

$$T^{(2)} T^{(1)} = t^{ij} t^k \boldsymbol{g}_i \boldsymbol{g}_j \boldsymbol{g}_k = t^{ijk} \boldsymbol{g}_i \boldsymbol{g}_j \boldsymbol{g}_k\,.$$

Tabelle 3-7. Skalar- und Kreuzprodukte aus $T^{(1)} = \boldsymbol{u}$ und $T^{(2)} = \boldsymbol{vw}$

Verknüpfung	Umrechnung	Typ des Produktes
$T^{(1)} \cdot T^{(2)}$	$\boldsymbol{u} \cdot (\boldsymbol{vw}) = (\boldsymbol{u} \cdot \boldsymbol{v})\boldsymbol{w}$	$T^{(1)}$
$T^{(2)} \cdot T^{(1)}$	$(\boldsymbol{vw}) \cdot \boldsymbol{u} = \boldsymbol{v}(\boldsymbol{w} \cdot \boldsymbol{u})$	$T^{(1)}$
$T^{(1)} \times T^{(2)}$	$\boldsymbol{u} \times (\boldsymbol{vw}) = (\boldsymbol{u} \times \boldsymbol{v})\boldsymbol{w}$	$T^{(2)}$
$T^{(2)} \times T^{(1)}$	$(\boldsymbol{vw}) \times \boldsymbol{u} = \boldsymbol{v}(\boldsymbol{w} \times \boldsymbol{u})$	$T^{(2)}$

Tabelle 3-8. Skalar- und Kreuzprodukte aus $T_1 = \boldsymbol{ab}$ und $T_2 = \boldsymbol{uv}$, $T_1, T_2 \in T^{(2)}$

Verknüpfung	Umrechnung	Typ des Produktes
$T_1 \cdot T$	$(\boldsymbol{ab}) \cdot (\boldsymbol{uv}) = (\boldsymbol{b} \cdot \boldsymbol{u})(\boldsymbol{av})$	$T^{(2)}$
$T_1 \times T_2$	$(\boldsymbol{ab}) \times (\boldsymbol{uv}) = \boldsymbol{a}(\boldsymbol{b} \times \boldsymbol{u})\boldsymbol{v}$	$T^{(3)}$
$T \cdot\cdot T_2$	$(\boldsymbol{ab}) \cdot\cdot (\boldsymbol{uv}) = (\boldsymbol{a} \cdot \boldsymbol{v})(\boldsymbol{b} \cdot \boldsymbol{u})$	$T^{(0)}$ Doppel-Skalar-Produkt
$E^{(2)} \cdot\cdot T^{(2)}$	$\delta^{ij} t^{kl} (\boldsymbol{e}_i \boldsymbol{e}_j) \cdot\cdot (\boldsymbol{e}_k \boldsymbol{e}_l) = t_{ii}$	Spur von T

Beispiel:

Volumenbezogenes elastisches Potenzial Π.
Verzerrungstensor $\varepsilon \in T^{(2)}$,
Elastizitätstensor $E \in T^{(4)}$,
$2\Pi = \varepsilon \cdot\cdot E \cdot\cdot \varepsilon \in T^{(0)}$.

4 Elementare Geometrie

4.1 Koordinaten

4.1.1 Koordinaten, Basen

Der Lagebeschreibung eines Punktes dienen nach 3.3.2 Ortsvektoren mit bestimmten Koordinaten bezüglich einer vorgegebenen Basis. Die Basen selbst können punktweise verschieden sein (lokale Basis; siehe Differenzialgeometrie), müssen aber vor einer Verknüpfung miteinander auf eine gemeinschaftliche Basis (globale Basis) transformiert werden.

4.1.2 Kartesische Koordinaten

Sie sind bezüglich einer rechtshändigen Orthonormalbasis definiert, siehe Tabelle 3-5, und werden bevorzugt als globales Bezugssystem benutzt.

$$\boldsymbol{x} = x_1\boldsymbol{e}_1 + x_2\boldsymbol{e}_2 + x_3\boldsymbol{e}_3 \quad \text{auch } \boldsymbol{x} = x\boldsymbol{e}_1 + y\boldsymbol{e}_2 + z\boldsymbol{e}_3 \,. \tag{4-1}$$

4.1.3 Polarkoordinaten

Ein Punkt in der Ebene (z.B. $\boldsymbol{e}_1, \boldsymbol{e}_2$-Ebene nach Bild 4-1) wird durch Nullpunktabstand $r \geqq 0$ und Orientierung zur $\boldsymbol{e}_1$-Richtung bestimmt.

$$\textit{Koordinaten } r, \varphi \,. \quad x = r\cos\varphi, \quad y = r\sin\varphi \,. \tag{4-2}$$

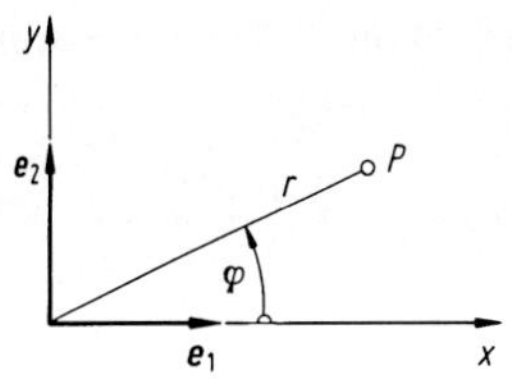

Bild 4-1. Polarkoordinaten

Koordinatenlinien

r = const: Kreise um Koordinatenursprung 0.
φ = const: Halbgeraden durch 0.

4.1.4 Flächenkoordinaten

Für Operationen in Dreiecksnetzen (Bild 4-2) ist ein Koordinatentripel (L_1, L_2, L_3) zweckmäßig. Rein anschaulich entspricht zum Beispiel die L_1-Koordinate des Punktes P dem Verhältnis der schraffierten Fläche A_{P23} zur gesamten A_{123}.

$$L_1 = A_{P23}/A_{123}\,, \quad A_{123} = \text{Fläche } 123\,.$$
$$L_1 + L_2 + L_3 = (A_{P23} + A_{P13} + A_{P12})/A_{123} = 1\,. \tag{4-3}$$

Koordinatenlinien

L_1 = const: Linien parallel zur Dreiecksseite 23.
L_2, L_3 = const: entsprechend.

Die Flächenkoordinaten entstehen durch lineare Transformation der kartesischen Koordinaten x, y mittels der speziellen Paare (x_i, y_i), der 3 Eckpunkte des Dreiecks $i = 1, 2, 3$.

$$\begin{aligned} x &= x_1L_1 + x_2L_2 + x_3L_3\,, \\ y &= y_1L_1 + y_2L_2 + y_3L_3\,, \\ 1 &= L_1 + L_2 + L_3\,. \end{aligned} \tag{4-4}$$

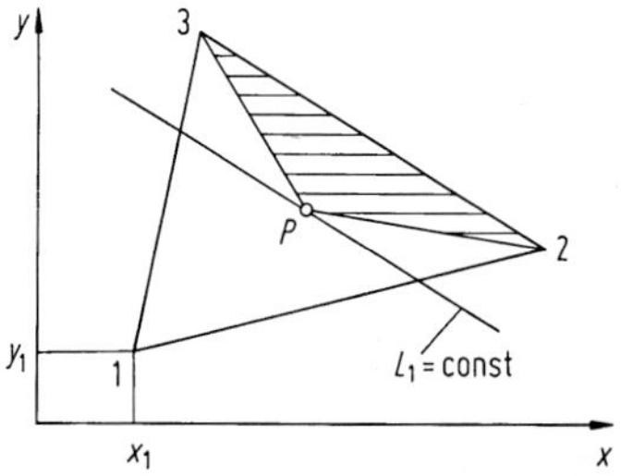

Bild 4-2. Flächenkoordinaten

Die Integration von Flächenkoordinatenpotenzen über der Dreiecksfläche gestaltet sich einfach:

$$\int_{A_{123}} L_1^p L_2^q L_3^r \,\mathrm{d}A = \frac{p!q!r!}{(p+q+r+2)!} \cdot 2A_{123} \,. \qquad (4\text{-}5)$$

4.1.5 Volumenkoordinaten

Für Operationen in räumlichen Tetraedernetzen (Bild 4-3) sind Volumenkoordinaten L_1, L_2, L_3, L_4 zweckmäßig. Rein anschaulich entspricht der L_1-Koordinate des Punktes P das Verhältnis des Teilvolumens V_{P234} zum gesamten.

$$L_1 = V_{P234}/V_{1234}\,, \quad V_{1234} = \text{Volumen } 1234\,.$$

$$L_1 + L_2 + L_3 + L_4 \qquad (4\text{-}6)$$

$$= (V_{P234} + V_{P134} + V_{P124} + V_{P123})/V_{1234} = 1\,.$$

Koordinatenflächen

L_1 = const: Flächen parallel zur Fläche 234 .

L_2, L_3, L_4 = const: entsprechend.

Volumen- und kartesische Koordinaten sind linear verknüpft mittels der Eckpunktkoordinaten (x_i, y_i, z_i), $i = 1, 2, 3, 4$.

$$\begin{aligned} x &= x_1L_1 + x_2L_2 + x_3L_3 + x_4L_4\,,\\ y &= y_1L_1 + y_2L_2 + y_3L_3 + y_4L_4\,,\\ z &= z_1L_1 + z_2L_2 + z_3L_3 + z_4L_4\,,\\ 1 &= L_1 + L_2 + L_3 + L_4\,. \end{aligned} \qquad (4\text{-}7)$$

Die Integration von Volumenkoordinatenpotenzen im Bereich des Tetraedervolumens gestaltet sich einfach:

$$\int_{V_{1234}} L_1^p L_2^q L_3^r L_4^s \,\mathrm{d}V = \frac{p!q!r!s!}{(p+q+r+s+3)!} \cdot 6V_{1234}\,. \qquad (4\text{-}8)$$

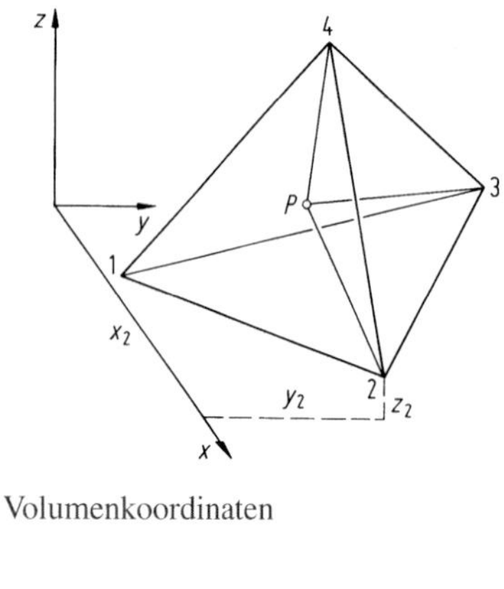

Bild 4-3. Volumenkoordinaten

4.1.6 Zylinderkoordinaten

Ein Punkt P im kartesischen Raum kann nach Bild 4-4 durch seine z-Koordinate und die Polarkoordinaten ϱ, φ seiner Projektion P^* in die $\boldsymbol{e}_1, \boldsymbol{e}_2$-Ebene dargestellt werden.

Koordinaten ϱ, φ, z.

$$\begin{aligned} &x = \varrho\cos\varphi\,, \quad y = \varrho\sin\varphi\,, \quad z = z\,.\\ &r^2 = \varrho^2 + z^2\,. \end{aligned} \qquad (4\text{-}9)$$

Koordinatenflächen

ϱ = const: Zylinder mit $\boldsymbol{e}_3$ als Achse .

φ = const: Ebenen durch die $\boldsymbol{e}_3$-Achse . (4-10)

z = const: Ebenen senkrecht zur $\boldsymbol{e}_3$-Achse .

4.1.7 Kugelkoordinaten

Ein Punkt P im kartesischen Raum kann nach Bild 4-5 durch seine Projektion in die z-Achse und die Polarkoordinaten seiner Projektion P^* in die $\boldsymbol{e}_1, \boldsymbol{e}_2$-Ebene beschrieben werden.

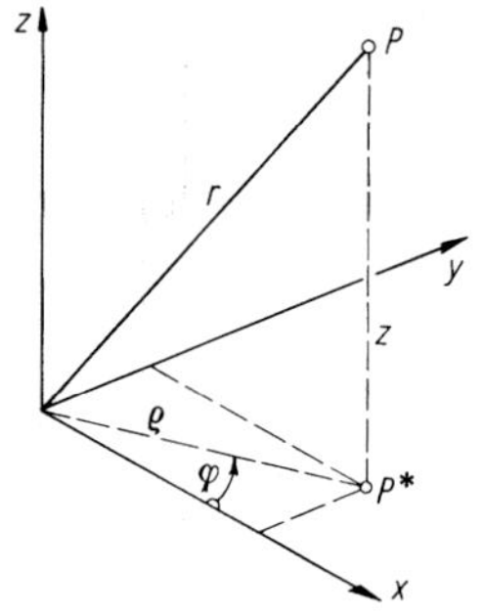

Bild 4-4. Zylinderkoordinaten

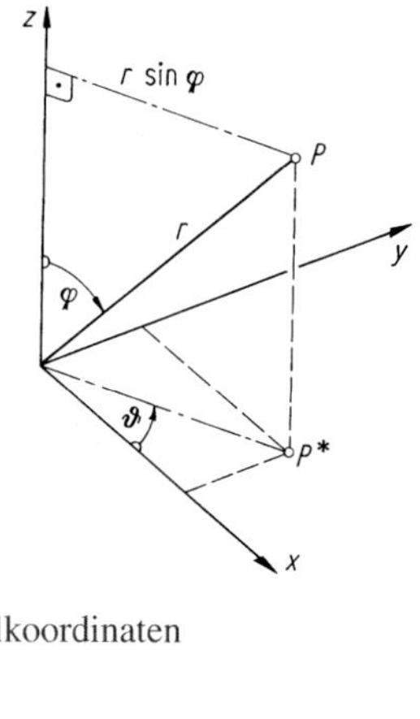

Bild 4-5. Kugelkoordinaten

Koordinaten r, v, φ.

$$x = r\sin\varphi\cos\vartheta\,,\quad y = r\sin\varphi\sin\vartheta\,,\quad z = r\cos\varphi\,. \tag{4-11}$$

Koordinatenflächen

r = const: Kugeln um den Koordinatenursprung O.
ϑ = const: Ebenen durch die $\boldsymbol{e}_3$-Achse. (4-12)
φ = const: Kegel mit $\boldsymbol{e}_3$ als Achse und O als Spitze.

4.2 Kurven, Flächen 1. und 2. Ordnung

4.2.1 Gerade in der Ebene

In einem kartesischen x, y-System nach Bild 4-6 ist jede Gerade der Graph einer linearen Funktion

$$ax + by + c = 0 \quad \text{mit} \quad a^2 + b^2 > 0\,,$$

$a = 0$: Parallele zur x-Achse mit $y = -c/b$,
$b = 0$: Parallele zur y-Achse mit $x = -c/a$, (4-13)
$c = 0$: Gerade durch den Nullpunkt,

wobei ein Koeffizient beliebig zu 1 normiert werden kann. Das Tripel (a, b, c) bestimmt alle charakteristischen Größen einer Gerade.

Achsenabschnitte

$$\hat{x} = -c/a \text{ zu } \hat{y} = 0 \text{ falls } a \neq 0\,,\quad \hat{y} = -c/b \text{ zu } \hat{x} = 0 \text{ falls } b \neq 0\,. \tag{4-14}$$

$$\text{Richtungsvektor } \boldsymbol{v} = \pm\begin{bmatrix} b \\ -a \end{bmatrix}. \quad \text{Normalenvektor } \boldsymbol{n} = \pm\begin{bmatrix} a \\ b \end{bmatrix}. \tag{4-15}$$

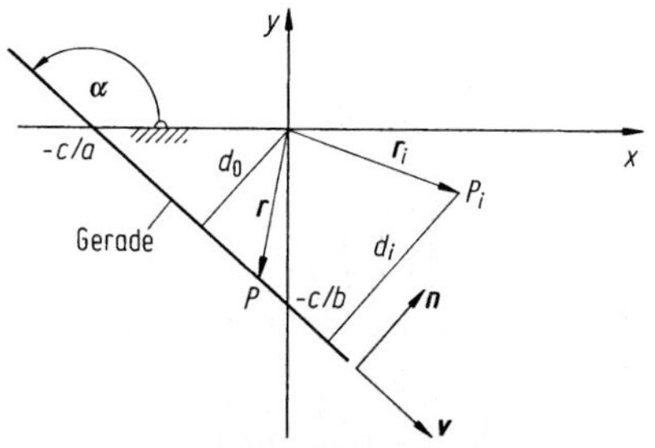

Bild 4-6. Gerade in kartesischer Basis

Tabelle 4-1. Darstellung einer Geraden in der Ebene

Gegeben	Geradengleichung
Achsenabschnitte x_a auf x-Achse, y_a auf y-Achse	$\frac{x}{x_a} + \frac{y}{y_a} = 1$
2 Punkte $P_1 \neq P_2$, $P_i(x_i, y_i)$	$(y - y_1)(x_2 - x_1) = (x - x_1)(y_2 - y_1)$ oder $\begin{vmatrix} x & y & 1 \\ x_1 & y_1 & 1 \\ x_2 & y_2 & 1 \end{vmatrix} = 0$
Punkt P_1, Steigung m	$y - y_1 = m(x - x_1)$
Punkt P_1, Richtung $\boldsymbol{v}$	$\boldsymbol{r} = \boldsymbol{r}_1 + t\boldsymbol{v}$, t beliebiger Skalar; $\boldsymbol{r}_1$ Ortsvektor zum Punkt P_1

Steigung $\quad m = -a/b = \tan\alpha\,,\quad y = mx - c/b\,.$

Abstand Gerade – Ursprung

$$d_0 = |\boldsymbol{r}^{\mathrm{T}}\boldsymbol{n}|/\sqrt{a^2 + b^2} = |c|/\sqrt{a^2 + b^2}\,. \tag{4-16}$$

$\boldsymbol{r}$: Ortsvektor zu einem Punkt P der Geraden.

Abstand d_i eines beliebigen Punktes $P_i(x_i, y_i)$ von der Geraden:

$$d_i = \frac{ax_i + by_i + c}{\sqrt{a^2 + b^2}}(-\operatorname{sgn} c)\,. \tag{4-17}$$

sgn c: Vorzeichen von c.

$d_i > 0$: Gerade zwischen P_i und Ursprung.

Beispiel: Der Punkt $P_1(x_1 = 2, y_1 = 1)$ hat nach (4-17) von der Geraden $3x + 4y + 12 = 0$ den Abstand

$$\frac{3 \cdot 2 + 4 \cdot 1 + 12}{\sqrt{9 + 16}}(-1) = -4{,}4\,,$$

wobei das Minuszeichen anzeigt, dass P_1 und Ursprung gleichseitig zur Geraden liegen.

Drei Punkte P_1, P_2, P_3 liegen auf einer Geraden, falls ihre Koordinatendeterminante D verschwindet; ansonsten ist D gleich dem doppelten Flächeninhalt des Dreiecks A_{123}. Bei positivem Umlaufsinn P_1, P_2, P_3 (x-Achse auf kürzestem Wege in die y-Achse gedreht) ist die Determinante positiv.

$$D = \begin{vmatrix} x_1 & y_1 & 1 \\ x_2 & y_2 & 1 \\ x_3 & y_3 & 1 \end{vmatrix} = 2A_{123}\,. \tag{4-18}$$

Zwei nicht parallele Geraden g_1, g_2 schneiden sich in einem Punkt mit den Koordinaten $(x_\mathrm{s}, y_\mathrm{s})$.

$$g_1\colon a_1x + b_1y + c_1 = 0 \quad \text{oder} \quad y = m_1x + n_1$$
$$g_2\colon a_2x + b_2y + c_2 = 0 \quad \text{oder} \quad y = m_2x + n_2$$

$$x_\mathrm{s} = \frac{b_1c_2 - b_2c_1}{a_1b_2 - a_2b_1} = \frac{n_1 - n_2}{m_2 - m_1} \tag{4-19}$$
$$y_\mathrm{s} = \frac{c_1a_2 - c_2a_1}{a_1b_2 - a_2b_1} = \frac{m_2n_1 - m_1n_2}{m_2 - m_1} .$$

Drei Geraden $a_ix + b_ix + c_i = 0$, $i = 1, 2, 3$, sind parallel oder schneiden sich in einem Punkt, falls ihre Koeffizienten linear abhängig sind:

$$\begin{vmatrix} a_1 & b_1 & c_1 \\ a_2 & b_2 & c_2 \\ a_3 & b_3 & c_3 \end{vmatrix} = 0 . \tag{4-20}$$

Strahlensätze beschreiben die Relationen der Abschnitte a_i auf Parallelen p_1, p_2 und a_{ij} auf nicht parallelen Geraden g_1, g_2 nach Bild 4-7.

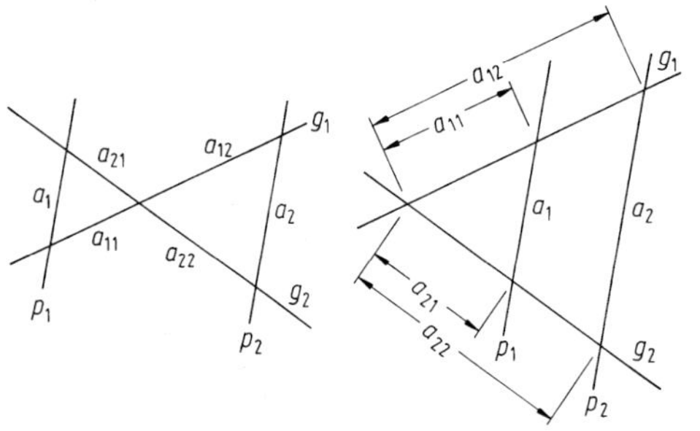

Bild 4-7. Geradenabschnitte für die Strahlensätze

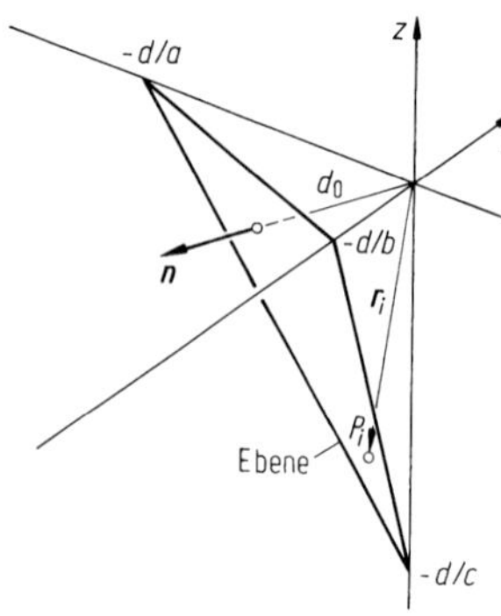

Bild 4-8. Ebene in kartesischer Basis

$$\frac{a_{22}}{a_{21}} = \frac{a_{12}}{a_{11}}, \quad \frac{a_{22} - a_{21}}{a_{21}} = \frac{a_{12} - a_{11}}{a_{11}},$$
$$\frac{a_2}{a_1} = \frac{a_{22}}{a_{21}}, \quad \frac{a_2}{a_1} = \frac{a_{12}}{a_{11}} .$$

4.2.2 Ebene im Raum

In einem kartesischen x, y, z-System nach Bild 4-8 ist jede Ebene der Graph einer linearen Funktion

$$\begin{aligned} &ax + by + cz + d = 0 \quad \text{mit} \quad a^2 + b^2 + c^2 > 0 , \\ &a = 0\colon \text{Ebene parallel zur } x\text{-Achse} , \\ &a = b = 0\colon \text{Ebene parallel zur } x, y\text{-Ebene} , \\ &d = 0\colon \text{Ebene durch den Nullpunkt} , \end{aligned} \tag{4-21}$$

wobei ein Koeffizient beliebig zu 1 normiert werden kann. Das Quadrupel (a, b, c, d) bestimmt alle charakteristischen Größen einer Ebene.

Achsenabschnitte

$$\begin{aligned} &\hat{x} = -d/a \text{ zu } \hat{y} = \hat{z} = 0 \text{ falls } a \neq 0 , \\ &\hat{y} = -d/b \text{ zu } \hat{x} = \hat{z} = 0 \text{ falls } b \neq 0 , \\ &\hat{z} = -d/c \text{ zu } \hat{x} = \hat{y} = 0 \text{ falls } c \neq 0 . \end{aligned} \tag{4-22}$$

Normalenvektor $\boldsymbol{n}^\mathrm{T} = \pm[a \quad b \quad c]$,

Abstand Ebene - Ursprung

$$d_0 = |\boldsymbol{r}^\mathrm{T}\boldsymbol{n}|/n = |d|/n , \quad n^2 = a^2 + b^2 + c^2 . \tag{4-23}$$

Abstand d_i eines beliebigen Punktes $P_i(x_i, y_i, z_i)$ von der Ebene.

$$d_i = \frac{ax_i + by_i + cz_i + d}{\sqrt{a^2 + b^2 + c^2}}(-\mathrm{sgn}\, d) . \tag{4-24}$$

sgn d: Vorzeichen von d.

$d_i > 0$: Ebene zwischen P_i und Ursprung.

Vier Punkte P_1, P_2, P_3, P_4 liegen in einer Ebene, falls ihre Koordinatendeterminante D verschwindet; ansonsten ist D gleich dem sechsfachen Volumen des Tetraeders V_{1234}. Das Vorzeichen ist abhängig vom Umlaufsinn.

$$D = \begin{vmatrix} x_1 & y_1 & z_1 & 1 \\ x_2 & y_2 & z_2 & 1 \\ x_3 & y_3 & z_3 & 1 \\ x_4 & y_4 & z_4 & 1 \end{vmatrix} = 6V_{1234} . \tag{4-25}$$

Der *Flächeninhalt A* dreier Punkte P_i in der Ebene $ax + by + cz + d = 0$ wird für $d \neq 0$ durch die Koordinaten von P_i (x_i, y_i, z_i) und den Abstand d_0 bestimmt. Das Vorzeichen ist abhängig vom Umlaufsinn.

$$A = \frac{1}{2d_0}\begin{vmatrix} x_1 & y_1 & z_1 \\ x_2 & y_2 & z_2 \\ x_3 & y_3 & z_3 \end{vmatrix}, \quad d_0^2 = \frac{d^2}{a^2+b^2+c^2}. \qquad (4\text{-}26)$$

Beispiel. Eine Ebene ist gegeben durch ihre Achsenabschnitte mit den Punkten P_1 $(x_a, 0, 0)$, P_2 $(0, y_a, 0)$, P_3 $(0, 0, z_a)$. Gesucht ist die von P_1, P_2, P_3 aufgespannte Fläche A. Aus der Achsenabschnittsform $x/x_a + y/y_a + z/z_a = 1$ folgt die Normalform $xy_az_a + yx_az_a + zx_ay_a + d = 0$ mit $d = -x_ay_az_a$ und $d_0^2 = x_a^2y_a^2z_a^2/(y_a^2z_a^2 + x_a^2z_a^2 + x_a^2y_a^2)$ nach (4-26). Die Koeffizientendeterminante in (4-26) ist nur in der Hauptdiagonale belegt, und es gilt

$$A = x_ay_az_a/(2d_0) = \sqrt{y_a^2z_a^2 + x_a^2z_a^2 + x_a^2y_a^2}\,/2\,.$$

Der Schnittpunkt P_s (x_s, y_s, z_s) dreier Ebenen E_1 bis E_3 berechnet sich aus einem linearen System.

$$E_i: a_ix + b_iy + c_iz + d_i = 0\,,$$
$$\boldsymbol{A}\boldsymbol{r}_s + \boldsymbol{d} = \boldsymbol{o}\,, \quad \boldsymbol{A} = \left[\boldsymbol{a}\ \boldsymbol{b}\ \boldsymbol{c}\right], \qquad (4\text{-}27)$$
$$\boldsymbol{d}^{\mathrm{T}} = [d_1\ d_2\ d_3]\,.$$

Die Normalenvektoren $\boldsymbol{n}_1$ und $\boldsymbol{n}_2$ zweier Ebenen bestimmen den Winkel α zwischen den Ebenen und einen Vektor $\boldsymbol{v}$ in Richtung der Schnittgerade.

$$\cos\alpha = \boldsymbol{n}_1 \cdot \boldsymbol{n}_2/(n_1n_2)\,, \quad \boldsymbol{n}_i^{\mathrm{T}} = [a_i\ b_i\ c_i]\,,$$
$$n_i^2 = a_i^2 + b_i^2 + c_i^2\,, \quad \boldsymbol{v} = \boldsymbol{n}_1 \times \boldsymbol{n}_2\,. \qquad (4\text{-}28)$$

Tabelle 4-2. Darstellungen einer Ebene

Gegeben	Ebenengleichung
Achsenabschnitte x_a auf x-Achse, y_a auf y-Achse, z_a auf z-Achse	$\frac{x}{x_a} + \frac{y}{y_a} + \frac{z}{z_a} = 1$
3 Punkte nicht auf einer Geraden	$\begin{vmatrix} x & y & z & 1 \\ x_1 & y_1 & z_1 & 1 \\ x_2 & y_2 & z_2 & 1 \\ x_3 & y_3 & z_3 & 1 \end{vmatrix} = 0$
Punkt P_1 Normale $\boldsymbol{n}$	$\boldsymbol{n}^{\mathrm{T}} = [a\ \ b\ \ c]$, $a(x-x_1) + b(y-y_1) + c(z-z_1) = 0$
Punkt P_1, 2 Vektoren $\boldsymbol{a} \neq \boldsymbol{b}$ in der Ebene	$\boldsymbol{r} = \boldsymbol{r}_1 + u\boldsymbol{a} + v\boldsymbol{b}$, u, v beliebige Skalare, $\boldsymbol{r}_1$ Ortsvektor zum Punkt P_1

Tabelle 4-3. Darstellungen einer Geraden im Raum

Gegeben	Geradengleichung
2 Punkte P_1, P_2	$\frac{x-x_1}{x_2-x_1} = \frac{y-y_1}{y_2-y_1} = \frac{z-z_1}{z_2-z_1}$
Punkt P_1 Richtung $\boldsymbol{v}$	$\boldsymbol{r} = \boldsymbol{r}_1 + t\boldsymbol{v}$, t beliebiger Skalar

Tabelle 4-4. Lagebeziehungen zweier räumlicher Geraden g_1, g_2: $g_1: \boldsymbol{r} = \boldsymbol{r}_1 + t_1\boldsymbol{v}_1$, $g_2: \boldsymbol{r} = \boldsymbol{r}_2 + t_2\boldsymbol{v}_2$

Kreuzprodukt $\boldsymbol{v}_1 \times \boldsymbol{v}_2$	Richtungsbeziehung Abstand d
$\boldsymbol{o}$	Geraden parallel $d = \lvert\boldsymbol{v}_i \times (\boldsymbol{r}_1 - \boldsymbol{r}_2)\rvert/\lvert\boldsymbol{v}_i\rvert$, $i = 1$ oder 2
$\neq \boldsymbol{o}$	Geraden nicht parallel $d = \frac{\lvert(\boldsymbol{r}_2 - \boldsymbol{r}_1)(\boldsymbol{v}_1 \times \boldsymbol{v}_2)\rvert}{\lvert\boldsymbol{v}_1 \times \boldsymbol{v}_2\rvert}$ $d = 0$: Geraden schneiden einander $d \neq 0$: windschiefe Geraden

4.2.3 Gerade im Raum

Die Gerade g im Raum entsteht als Schnittlinie $\boldsymbol{v}$ (4-28) zweier Ebenen E_1, E_2 mit den Normalenvektoren $\boldsymbol{n}_1$, $\boldsymbol{n}_2$.
Drei Punkte P_1, P_2, P_3 liegen auf einer Geraden (sind kollinear), falls die von P_1, P_2, P_3 aufgespannte Fläche A in (4-26) verschwindet.

4.2.4 Kurven 2. Ordnung

Sie genügen einer quadratischen Gleichung mit 2 Koordinaten und beschreiben *Kegelschnitte*: *Ellipse, Hyperbel* und *Parabel*.

$$\begin{aligned} &xc_{11}x + xc_{12}y + b_1x \\ &+ yc_{12}x + yc_{22}y + b_2y + a_0 = 0\,, \end{aligned} \qquad (4\text{-}29)$$

$$\text{kurz} \quad \boldsymbol{x}^{\mathrm{T}}\boldsymbol{C}\boldsymbol{x} + \boldsymbol{b}^{\mathrm{T}}\boldsymbol{x} + a_0 = 0,\ \boldsymbol{C}, \boldsymbol{b}, a_0 \in \mathbb{R}\,,$$
$$\boldsymbol{C} = \begin{bmatrix} c_{11} & c_{12} \\ c_{12} & c_{22} \end{bmatrix} = \boldsymbol{C}^{\mathrm{T}}\,, \quad \boldsymbol{b} = \begin{bmatrix} b_1 \\ b_2 \end{bmatrix}, \quad \boldsymbol{x} = \begin{bmatrix} x \\ y \end{bmatrix}.$$

Kegelschnitte entstehen als Schnittkurven von Ebenen und Kreiskegeln. Geht die Ebene durch die Kegelspitze, entstehen entartete Kegelschnitte, Geradenpaare oder auch nur ein Punkt.
Koeffizientenpaarungen $\boldsymbol{C}$, $\boldsymbol{b}$, a_0, die nicht durch reelle Koordinaten erfüllt werden können, nennt man imaginäre Kegelschnitte.

Beispiel: $a^2x^2 + b^2y^2 + 1 = 0$.

Eine globale Klassifikation gelingt durch 2 Koeffizientendeterminanten.

$$C = |\boldsymbol{C}| , \quad D = \begin{vmatrix} \boldsymbol{C} & \boldsymbol{b}/2 \\ \boldsymbol{b}^{\mathrm{T}}/2 & a_0 \end{vmatrix} . \tag{4-30}$$

	$C > 0$	$C < 0$	$C = 0$
$D \neq 0$	Ellipse (reell oder imaginär)	Hyperbel	Parabel
$D = 0$	Punkt	Geradenpaar, nicht parallel	Geradenpaar, parallel (reell oder imaginär)

Mittelpunktform nennt man eine Darstellung von (4-29) ohne linearen Term, wobei der Vektor $\boldsymbol{r}$ (bezogen auf die alte Basis $\boldsymbol{e}_1$, $\boldsymbol{e}_2$) vom Mittelpunkt M (falls vorhanden) ausgeht.

$$\begin{aligned} &\boldsymbol{r}^{\mathrm{T}}\boldsymbol{C}\boldsymbol{r} + d = 0 , \quad \boldsymbol{x} = \boldsymbol{x}_{\mathrm{M}} + \boldsymbol{r} , \\ &2\boldsymbol{x}_{\mathrm{M}} = -\boldsymbol{C}^{-1}\boldsymbol{b} , \quad d = a_0 + \boldsymbol{x}_{\mathrm{M}}^{\mathrm{T}}\boldsymbol{b}/2 . \end{aligned} \tag{4-31}$$

Differenzieren der Mittelpunktform (4-31) ergibt den Normalenvektor $\boldsymbol{n}$, senkrecht zum Vektor $\mathrm{d}\boldsymbol{r}$ in Tangentenrichtung.

$$\mathrm{d}\boldsymbol{r}^{\mathrm{T}}\boldsymbol{C}\boldsymbol{r} + \boldsymbol{r}^{\mathrm{T}}\boldsymbol{C}\mathrm{d}\boldsymbol{r} = 2\mathrm{d}\boldsymbol{r}^{\mathrm{T}}\boldsymbol{C}\boldsymbol{r} = 0 \rightarrow \boldsymbol{n} = \boldsymbol{C}\boldsymbol{r} . \tag{4-32}$$

Hauptachsen $\boldsymbol{h}$ liegen vor, wenn Vektor $\boldsymbol{r} = \boldsymbol{h}$ und Normale $\boldsymbol{n} = \boldsymbol{C}\boldsymbol{h}$ parallel sind mit einem Proportionalitätsfaktor λ.

$$\boldsymbol{C}\boldsymbol{h} = \lambda\boldsymbol{h} , \quad \lambda \text{ aus } |\boldsymbol{C} - \lambda\boldsymbol{I}| = 0 . \tag{4-33}$$

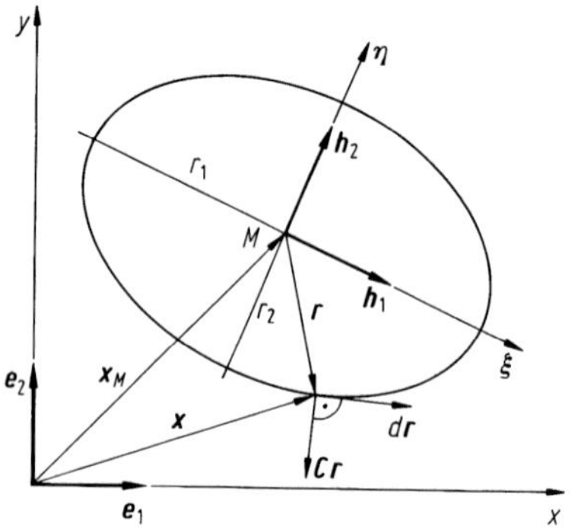

Bild 4-9. Hauptachsen $\boldsymbol{h}_1$ und $\boldsymbol{h}_2$ einer Ellipse

Dieses spezielle Eigenwertproblem hat 2 Lösungspaare $\boldsymbol{h}_i$, λ_i mit zueinander senkrechten *Hauptrichtungen*.

$$\boldsymbol{h}_1^{\mathrm{T}}\boldsymbol{h}_2 = 0 \quad \text{und} \quad \boldsymbol{h}_1^{\mathrm{T}}\boldsymbol{C}\boldsymbol{h}_2 = 0 . \tag{4-34}$$

Normalform der Kegelschnittgleichung ist die Darstellung in Hauptachsenkomponenten mit Koordinaten ξ und η.

$$\boldsymbol{r} = \xi\boldsymbol{h}_1^0 + \eta\boldsymbol{h}_2^0 , \quad |\boldsymbol{h}_i^0| = 1 , \tag{4-35}$$

Ellipse und Hyperbel:

$$\xi^2\lambda_1 + \eta^2\lambda_2 + d = 0 . \tag{4-36}$$

Parabel:

$$\xi^2\lambda_1 + 2h\eta + d = 0 . \tag{4-37}$$

Hauptachsenlängen $\quad r_i = \sqrt{-d/\lambda_i}$. (4-38)

Die Werte λ_1, λ_2, d, h enthalten ähnlich wie (4-30) die Kegelschnittcharakteristik (Tabelle 4-5).

Beispiel:

$$\text{Gegeben } \boldsymbol{C} = \begin{bmatrix} 17 & -6 \\ -6 & 8 \end{bmatrix} , \quad \boldsymbol{b} = \begin{bmatrix} -22 \\ -4 \end{bmatrix} ,$$

$$a_0 = -7 .$$

$$\boldsymbol{x}_{\mathrm{M}} = -\frac{1}{2} \cdot \frac{1}{100} \begin{bmatrix} 8 & 6 \\ 6 & 17 \end{bmatrix} \begin{bmatrix} -22 \\ -4 \end{bmatrix} = \begin{bmatrix} 1 \\ 1 \end{bmatrix} ,$$

$$d = -7 + \frac{1}{2}[1\ 1] \begin{bmatrix} -22 \\ -4 \end{bmatrix} = -20 .$$

Tabelle 4-5. Klassifizierung der Kegelschnitte

λ_1	λ_2	d	Name der Kurve
> 0	> 0	< 0	Ellipse
> 0	> 0	$= 0$	Nullpunkt (entartete Ellipse)
> 0	< 0	$\neq 0$	Hyperbel
> 0	< 0	$= 0$	Paar sich schneidender Geraden
λ_1	h	d	Name der Kurve
> 0	$\neq 0$	beliebig	Parabel
> 0	$= 0$	< 0	zur y-Achse parallele Gerade
> 0	$= 0$	$= 0$	Gerade (y-Achse)
$= 0$	$\neq 0$	beliebig	zur x-Achse parallele Gerade

Eigenwerte aus

$$\begin{vmatrix} 17-\lambda & -6 \\ -6 & 8-\lambda \end{vmatrix} = 0: \ \lambda_1 = 5\,, \quad \lambda_2 = 20\,.$$

$$\boldsymbol{h}_1 = \begin{bmatrix} 1 \\ 2 \end{bmatrix}, \quad \boldsymbol{h}_2 = \begin{bmatrix} 2 \\ -1 \end{bmatrix}, \quad r_1 = \sqrt{\frac{20}{5}} = 2\,,$$
$$r_2 = 1\,.$$

λ_1, $\lambda_2 > 0$, $d < 0$ bestimmen eine Ellipse.

Standardparabel $y^2 = 2px$. *Die Parabel ist die Menge der Punkte $M(x, y)$, die von einem festen Punkt (Brennpunkt $F(p/2, 0)$) und einer festen Gerade (Leitlinie) gleich weit entfernt sind,* siehe Bild 4-10.

Scheitel S im Ursprung.
Konstruktion: Leitlinie $x = -p/2$ zeichnen. Beliebigen Punkt L auf Leitlinie wählen. Mittelsenkrechte auf LF (gleichzeitig Tangente in P) und Parallele zur x-Achse durch L schneiden sich im Parabelpunkt P.

Standardellipse $b^2x^2 + a^2y^2 = a^2b^2$. *Die Ellipse ist die Menge aller Punkte $M(x, y)$, für die die Summe der Abstände von zwei gegebenen Punkten $F_1 = (-e, 0)$, $F_2 = (+e, 0)$ (Brennpunkte) konstant ist,* siehe Bild 4-11.

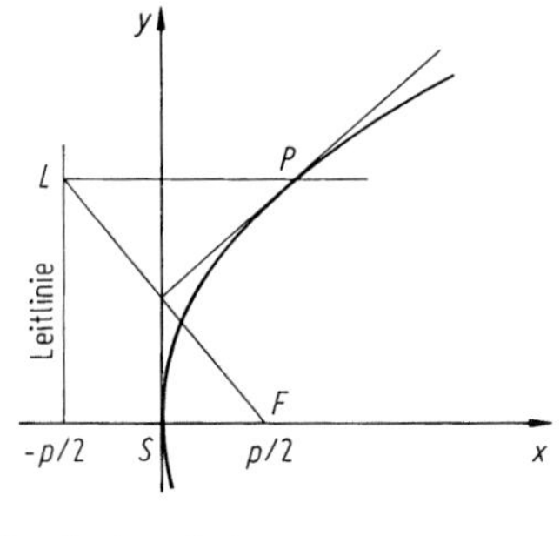

Bild 4-10. Standardparabel

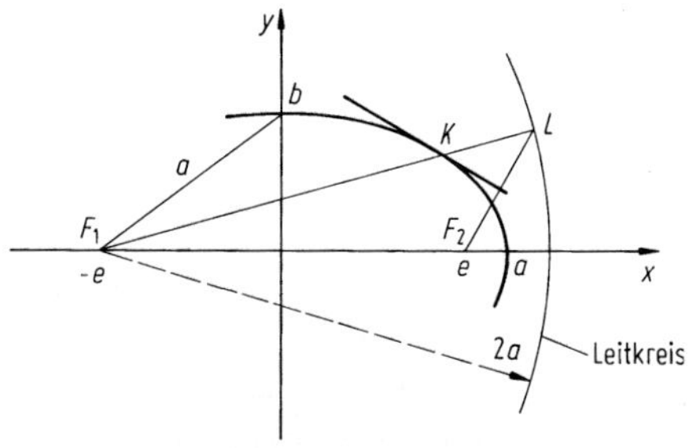

Bild 4-11. Standardellipse

Brennpunkte $F_1\,(-e, 0)$, $F_2\,(e, 0)$. $e^2 = a^2 - b^2$, $a > b$.
Konstruktion: Leitkreis um F_1 mit Radius $2a$ zeichnen. Beliebigen Punkt L auf wählen. Mittelsenkrechte auf LF_2 (gleichzeitig Tangente in K) schneidet Leitstrahl F_1L im Kegelschnittpunkt K.
Speziell: $\overline{F_1K} + \overline{F_2K} = 2a$.

Standardhyperbel $b^2x^2 - a^2y^2 = a^2b^2$. *Die Hyperbel ist die Menge aller Punkte $M(x, y)$, für die die Differenz der Abstände von zwei gegebenen festen Punkten $F_1 = (-e, 0)$, $F_2 = (+e, 0)$ (Brennpunkte) konstant ist,* siehe Bild 4-12.
Brennpunkte und Konstruktion wie bei Ellipse. $e^2 = a^2 + b^2$.
Speziell: $\overline{F_1K} - \overline{F_2K} = 2a$.
Asymptoten $ay = \pm bx$

4.2.5 Flächen 2. Ordnung

Einige entstehen z. B. durch Rotation von Kurven 2. Ordnung um deren Hauptachsen und genügen einer quadratischen Gleichung mit 3 Koordinaten.

$$\begin{aligned} &xc_{11}x + xc_{12}y + xc_{13}z + b_1x \\ &+ yc_{12}x + yc_{22}y + yc_{23}z + b_2y \\ &+ zc_{13}x + zc_{23}y + zc_{33}z + b_3z + a_0 = 0\,, \end{aligned}$$

kurz $\boldsymbol{x}^{\mathrm{T}}\boldsymbol{C}\boldsymbol{x} + \boldsymbol{b}^{\mathrm{T}}\boldsymbol{x} + a_0 = 0\,, \quad \boldsymbol{C}, \boldsymbol{b}, a_0 \in \mathbb{R}\,,$

$$\boldsymbol{C} = \begin{bmatrix} c_{11} & c_{12} & c_{13} \\ c_{12} & c_{22} & c_{23} \\ c_{13} & c_{23} & c_{33} \end{bmatrix}, \quad \boldsymbol{b} = \begin{bmatrix} b_1 \\ b_2 \\ b_3 \end{bmatrix}, \quad \boldsymbol{x} = \begin{bmatrix} x \\ y \\ z \end{bmatrix}. \qquad (4\text{-}39)$$

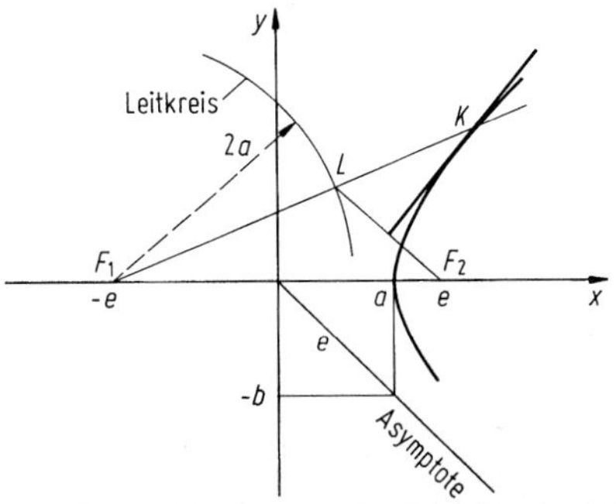

Bild 4-12. Standardhyperbel

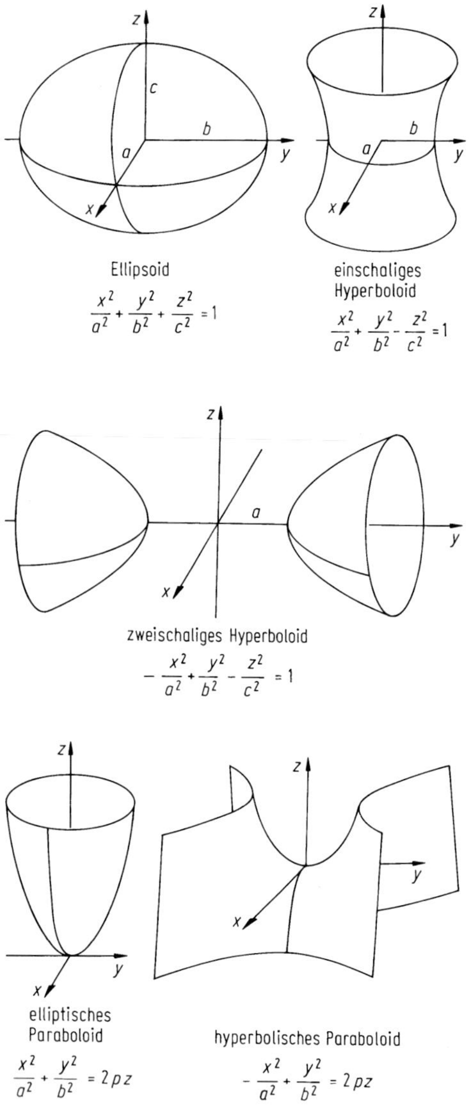

Bild 4-13. Flächen 2. Ordnung, Standardformen

Mittelpunktform (falls $\boldsymbol{C} \neq \boldsymbol{O}$) $\boldsymbol{r}^{\mathrm{T}}\boldsymbol{C}\boldsymbol{r} + d = 0$ entsprechend (4-31).

Hauptrichtungen $\boldsymbol{h}_1$, $\boldsymbol{h}_2$, $\boldsymbol{h}_3$ aus (4-33).

Orthogonalität

$$\boldsymbol{h}_i^{\mathrm{T}}\boldsymbol{h}_j = \boldsymbol{h}_i^{\mathrm{T}}\boldsymbol{C}\boldsymbol{h}_j = 0 , \quad ij = 12,\ 13,\ 23 . \qquad (4\text{-}40)$$

Normalform für Nichtparaboloide in Hauptachsenkomponenten.

Tabelle 4-6. Klassifizierung der Flächen $\lambda_1\xi^2 + \lambda_2\eta^2 + \lambda_3\zeta^2 + d = 0$ im Reellen

λ_1	λ_2	λ_3	d	Name
>0	>0	>0	<0	Ellipsoid
>0	>0	>0	$=0$	Nullpunkt
>0	>0	<0	<0	Einschaliges Hyperboloid
>0	>0	<0	>0	Zweischaliges Hyperboloid
>0	>0	<0	$=0$	Elliptischer Doppelkegel mit Achse $\boldsymbol{e}_3$
>0	>0	$=0$	<0	Elliptischer Zylinder
>0	<0	$=0$	$\neq 0$	Hyperbolischer Zylinder
>0	<0	$=0$	$=0$	Paar sich schneidender Ebenen parallel zur $\boldsymbol{e}_3$-Achse
>0	$=0$	$=0$	$=0$	Koordinatenebene $\boldsymbol{e}_2$, $\boldsymbol{e}_3$

$$\boldsymbol{r} = \xi\boldsymbol{h}_1^0 + \eta\boldsymbol{h}_2^0 + \zeta\boldsymbol{h}_3^0 , \qquad (4\text{-}41)$$

$$\xi^2\lambda_1 + \eta^2\lambda_2 + \zeta^2\lambda_3 + d = 0 .$$

Hauptachsenlängen $r_i = \sqrt{-d/\lambda_i}$. (4-42)

4.3 Planimetrie, Stereometrie

Schiefwinklige ebene Dreiecke besitzen drei ausgezeichnete Punkte nach Bild 4-14.

Schwerpunkt S im Schnittpunkt der Seitenhalbierenden s_i;

Mittelpunkt M_i des Innenkreises im Schnittpunkt der Winkelhalbierenden w_i, Radius r;

Mittelpunkt M_a des Außenkreises im Schnittpunkt der Mittelsenkrechten m_i, Radius R.

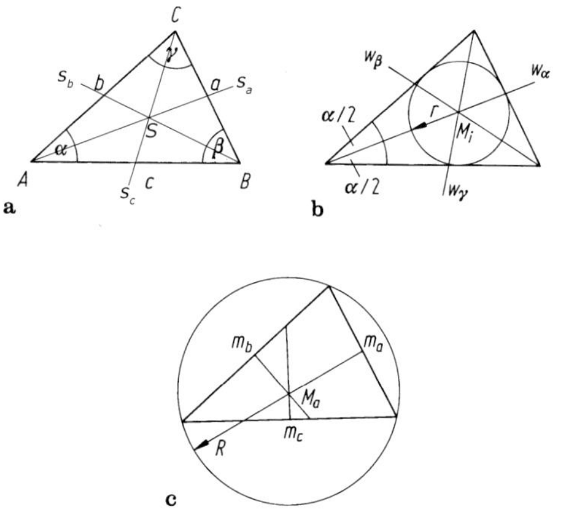

Bild 4-14. Ebenes Dreieck mit Innenkreis und Außenkreis

Tabelle 4-7. Fläche A, Volumen V, Umfang U, Oberfläche S ausgewählter Gebilde

Dreieck

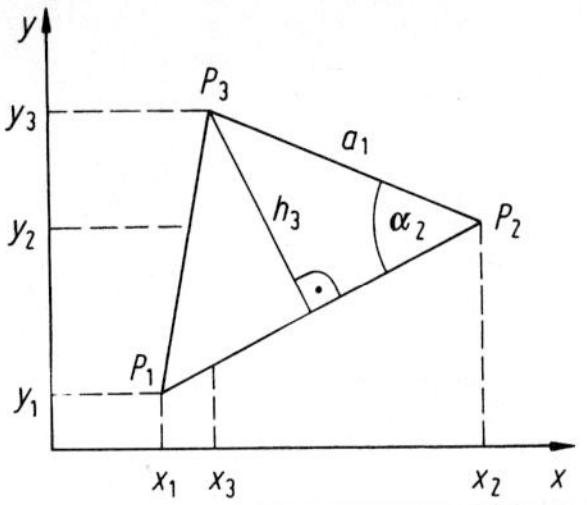

$\alpha_1 + \alpha_2 + \alpha_3 = \pi \triangleq 180°$

$A^2 = s(s - a_1)(s - a_2)(s - a_3)$ mit $2s = a_1 + a_2 + a_3$

$h_i = 2A/a_i$

$2A = (x_2 - x_1)(y_3 - y_1) - (x_3 - x_1)(y_2 - y_1)$

Innenkreis $r_i = s \tan\frac{\alpha_1}{2} \tan\frac{\alpha_2}{2} \tan\frac{\alpha_3}{2} = A/s$

Außenkreis $r_a = \frac{a_1 a_2 a_3}{4A}$ $\quad r_i/r_a = 4 \sin\frac{\alpha_1}{2} \sin\frac{\alpha_2}{2} \sin\frac{\alpha_3}{2}$

Viereck

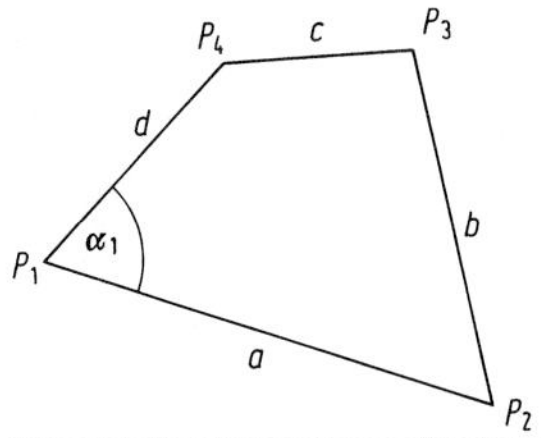

Berechnung durch Aufteilung in 2 Dreiecke

$\alpha_1 + \alpha_2 + \alpha_3 + \alpha_4 = 2\pi \triangleq 360°$

$\left|\cos\frac{\alpha_1 + \alpha_3}{2}\right| = \left|\cos\frac{\alpha_2 + \alpha_4}{2}\right| = w$

$2s = a + b + c + d$

$A^2 = (s - a)(s - b)(s - c)(s - d) - abcdw^2$

Sehnenviereck

Alle Punkte P_i liegen auf einem Kreis; es existiert ein Außenkreis.

$\alpha_1 + \alpha_3 = \alpha_2 + \alpha_4 = \pi \triangleq 180°$

Tangentenviereck

Es existiert ein Innenkreis $a + c = b + d$

Trapez

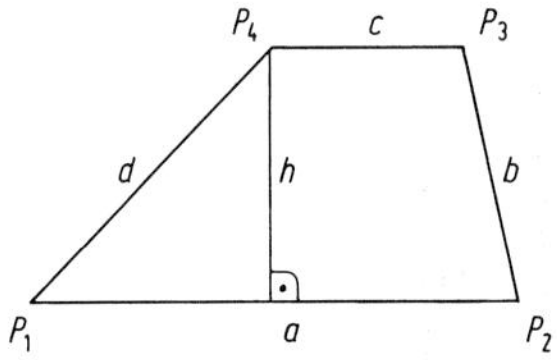

Viereck mit parallelem Seitenpaar a, c.

$A = h\frac{a + c}{2}$

Parallelogramm

Viereck mit zwei parallelen Seitenpaaren.

$a = c,\ a \parallel c,\quad b = d,\ b \parallel d$

$A = ah$

Rhombus

Parallelogramm mit 4 gleichen Seiten.

$a = b = c = d$

n-Eck

Durch n Geraden begrenzte Fläche.

Regelmäßiges n-Eck

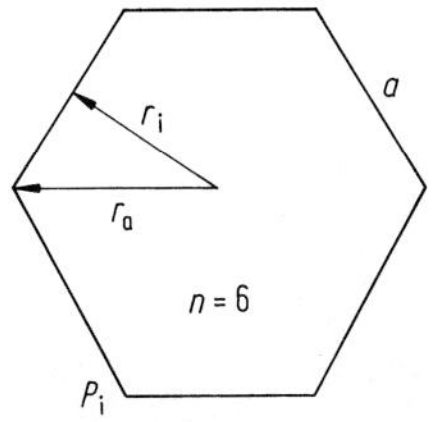

Alle Seiten a_i sind gleich lang $a_i = a$.

Alle Ecken P_i liegen auf einem Kreis.

$a^2 = 4(r_a^2 - r_i^2)$

$A = nar_i/2 = na\sqrt{r_a^2 - a^2/4}\,/2$

Tabelle 4-7. (Fortsetzung)

Kreis 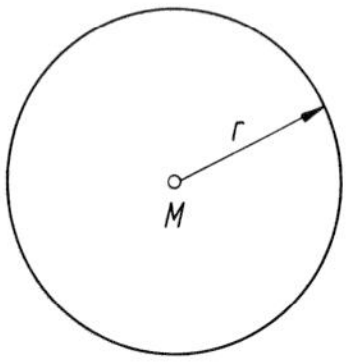	$A = \pi r^2, \quad U = 2\pi r$
Kreisring	$A = \pi(r_a^2 - r_i^2) = \pi(r_a + r_i)(r_a - r_i)$ r_a Außenradius, r_i Innenradius
Kreissektor 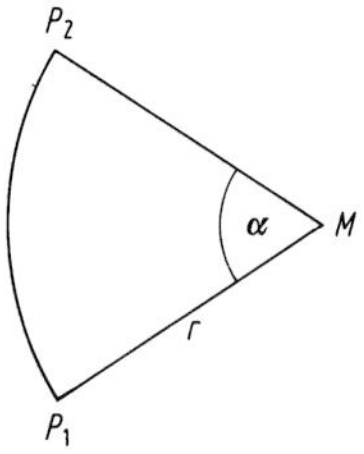	$A = \pi r^2 \alpha°/360° = r^2\alpha/2$ $\alpha°$ Winkel im Gradmaß (rechter Winkel ≙ 90°) α Winkel im Bogenmaß (rechter Winkel ≙ $\pi/2$)
Kreissegment 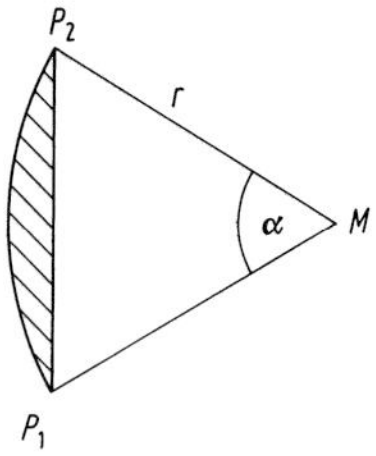	$2A = r^2\ (\alpha - \sin\alpha)$ Bogen $P_1P_2 = \alpha r$
Polynomfläche 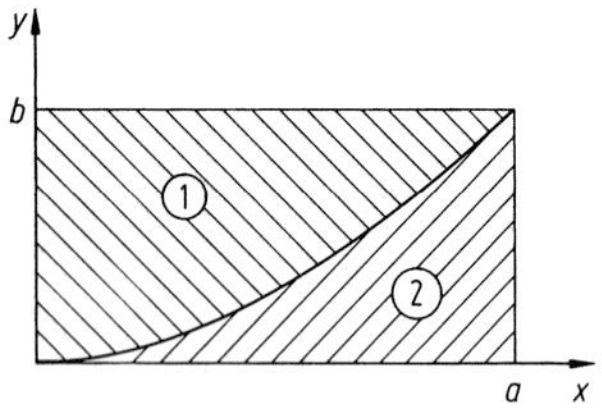	$y = b(x/a)^n$ $A_1 = \frac{n}{n+1} ab$ $A_2 = \frac{1}{n+1} ab$
Ellipse 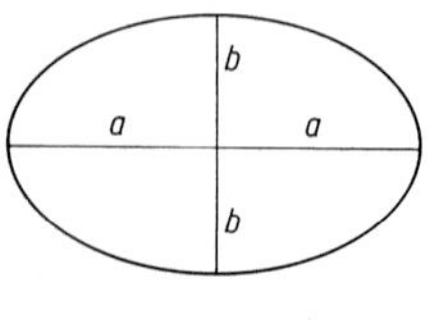	$A = \pi ab$ Exzentrizität $e = \sqrt{1 - b^2/a^2}$ $U = 4aE(e) = 2\pi a\left[1 - \left(\frac{1}{2}\right)^2 e^2 - \left(\frac{1\cdot 3}{2\cdot 4}\right)^2 \frac{e^4}{3} - \left(\frac{1\cdot 3\cdot 5}{2\cdot 4\cdot 6}\right)^2 \frac{e^6}{5} - \ldots\right],$ $E\left(e, \frac{\pi}{2}\right)$ vollständiges elliptisches Integral zweiter Gattung. $U = \pi(a+b)\left[1 + \frac{\lambda^2}{4} + \frac{\lambda^4}{64} + \frac{\lambda^6}{256} + \frac{25\lambda^8}{16384} + \ldots\right], \quad \lambda = \frac{a-b}{a+b}$
Polyeder	Von ebenen Flächen begrenzter Körper

Tabelle 4–7. (Fortsetzung)

Prisma 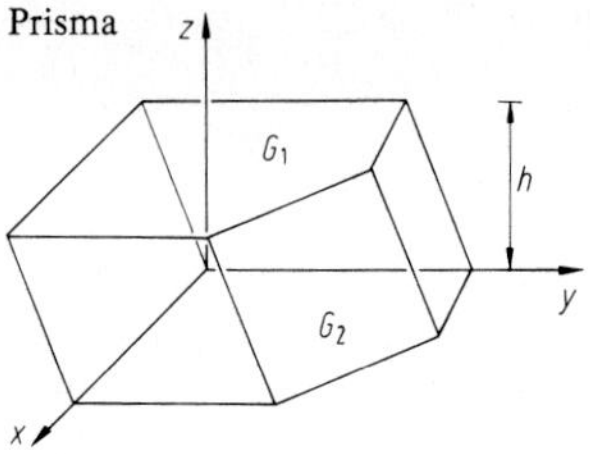	Grundflächen G_1, G_2 sind kongruente Vielecke. Die Mantelflächen sind Parallelogramme. $V = Ah$ falls $G_1 \parallel G_2$ mit $A_1 = A_2 = A$ Für ein Prisma mit nicht parallelen Deckflächen sei l der Abstand der Flächenschwerpunkte von G_1 und G_2, A_3 der Flächeninhalt des zu l senkrechten Schnittes. $V = lA_3$
Gerades Prisma	Mantelkanten sind senkrecht zu den Grundflächen
Reguläres Prisma	Gerades Prisma mit regelmäßigen n-Ecken als Grundflächen
Quader 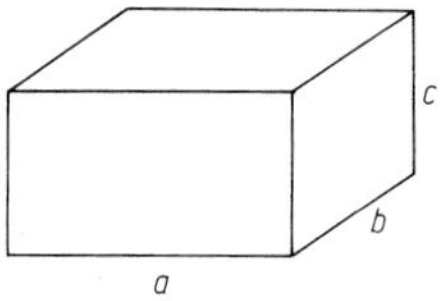	Spezielles reguläres Prisma $V = abc$
Pyramide 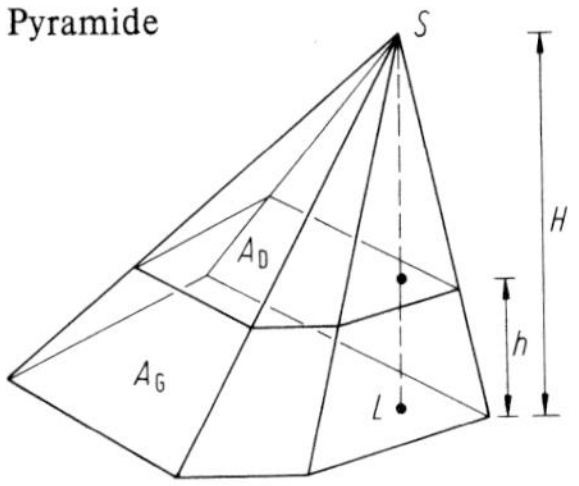	Körper mit n-Eck als ebener Grundfläche A_G und Spitze S, die mit allen Ecken P_i verbunden ist. $V = A_G H/3$, H Abstand von S zu A_G.
Pyramidenstumpf	Entsteht aus Pyramide durch ebenen Schnitt parallel zur Grundfläche A_G mit der Schnitt- gleich Deckfläche A_D. $V = \frac{h}{3}(A_G + \sqrt{A_G A_D} + A_D)$, h Abstand zwischen Grund- und Deckfläche
Reguläre Pyramide	Pyramide mit regelmäßigem n-Eck als Grundfläche und Spitze S lotrecht über dem Mittelpunkt der Grundfläche.
Tetraeder 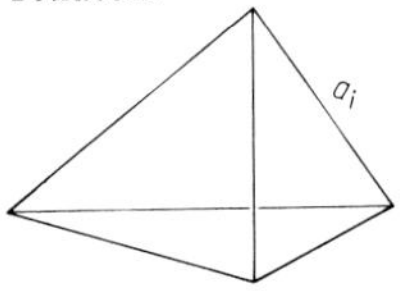	Pyramide mit 4 begrenzenden Dreiecken mit Flächen A_i. Falls alle Kanten $a_i = a$ und damit $A_1 = A_2 = A_3 = A_4 = A$ gilt $V = a^3\sqrt{2}/12$, $S = a^2\sqrt{3}$ $r_a = a\sqrt{6}/4$, $r_i = a\sqrt{6}/12$ r_a Radius Außenkugel, r_i Radius Innenkugel
Oktaeder 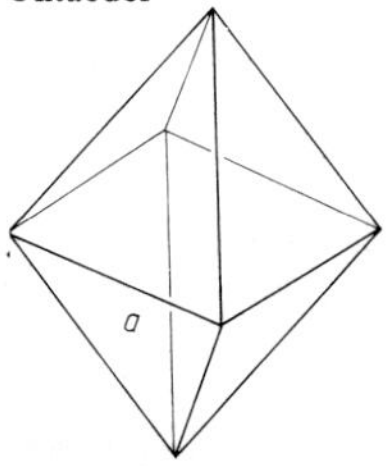	Polyeder mit 8 gleichseitigen Dreiecken, 6 Ecken, 12 Kanten $r_a = a\sqrt{2}/2$, $r_i = a\sqrt{6}/6$ $S = 2a^2\sqrt{3}$, $V = a^3\sqrt{2}/3$

Tabelle 4–7. (Fortsetzung)

Dodekaeder

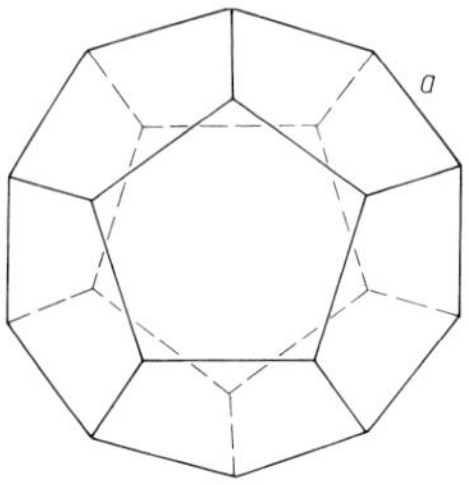

Polyeder mit 12 gleichseitigen Fünfecken, 20 Ecken, 30 Kanten

$$r_a = a\sqrt{6(3+\sqrt{5})}/4, \quad r_i = a\sqrt{\frac{5}{2}+\frac{11}{10}\sqrt{5}}/2$$

$$S = 15a^2\sqrt{1+2\sqrt{5}/5}, \quad V = a^3(15+7\sqrt{5})/4$$

Ikosaeder

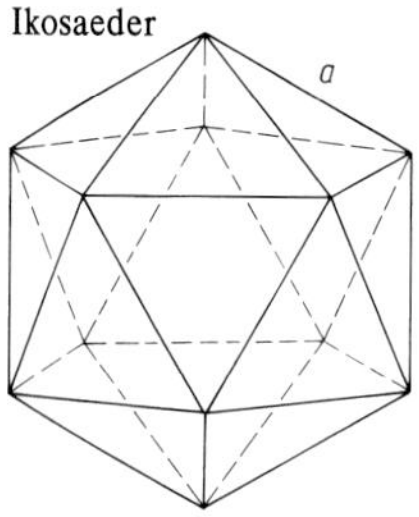

Polyeder mit 20 gleichseitigen Dreiecken, 12 Ecken, 30 Kanten

$$r_a = a\sqrt{10+2\sqrt{5}}/4, \quad r_i = a(3+\sqrt{5})/(4\sqrt{3})$$

$$S = 5a^2\sqrt{3}, \quad V = 5a^3(3+\sqrt{5})/12$$

Keil

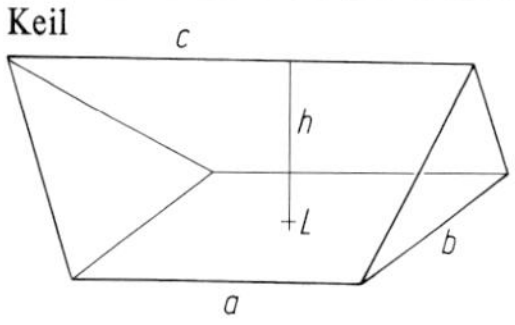

Grundfläche rechteckig. Jeweils zwei gleichschenklige Manteldreiecke und Manteltrapeze. Höhe h, Gratkante c.

$$V = (2a + c)\,bh/6$$

Zylinder

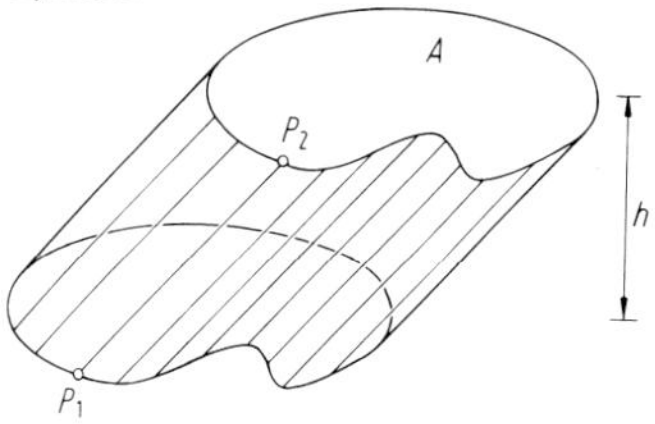

Körper mit identischer Deck- und Mantelfläche in parallelen Ebenen mit parallelen Geraden P_1P_2 entsprechender Punkte.

$$V = Ah$$

Gerader Kreiszylinder

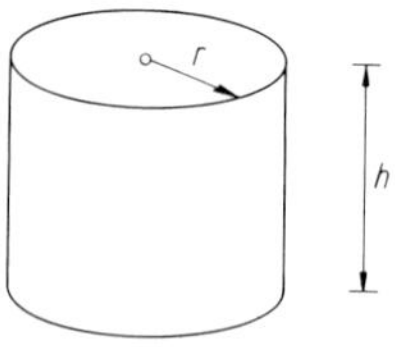

$$V = \pi r^2 h, \quad S = 2\pi r(r+h)$$

Schräg abgeschnittener Kreiszylinder

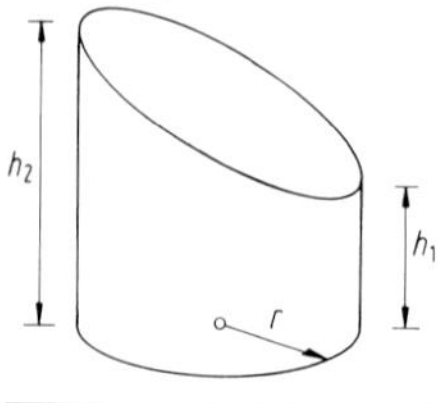

$$V = \pi r^2(h_1 + h_2)/2$$

$$h_1 = h_{\min}, \quad h_2 = h_{\max}$$

$$S = \pi r\left[h_1 + h_2 + r + \sqrt{r^2 + \left(\frac{h_2 - h_1}{2}\right)^2}\,\right]$$

Tabelle 4-7. (Fortsetzung)

Kegel

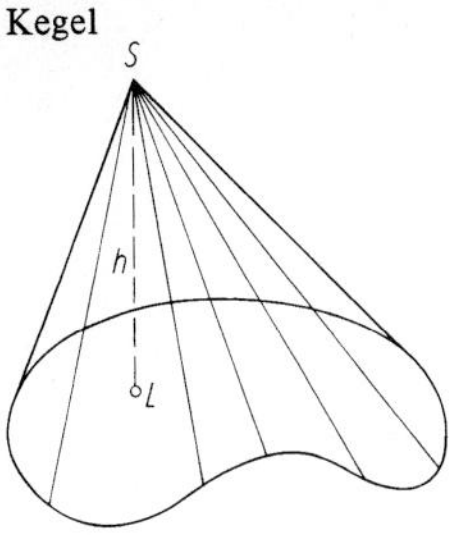

Körper mit ebener Grundfläche A und geraden Mantellinien SP_i

$V = Ah/3$

Gerader Kreiskegel

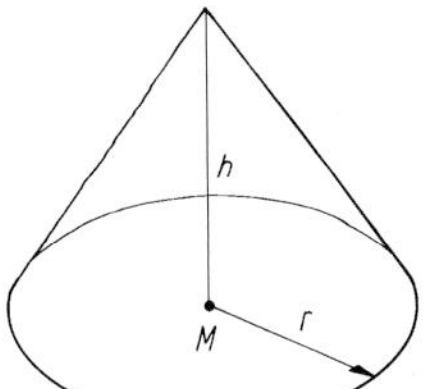

Grundfläche ist ein Kreis. Spitze S liegt lotrecht über Mittelpunkt M.

$V = \pi r^2 h/3$.

$S = \pi r(r + a), \quad a^2 = h^2 + r^2$

Kugel

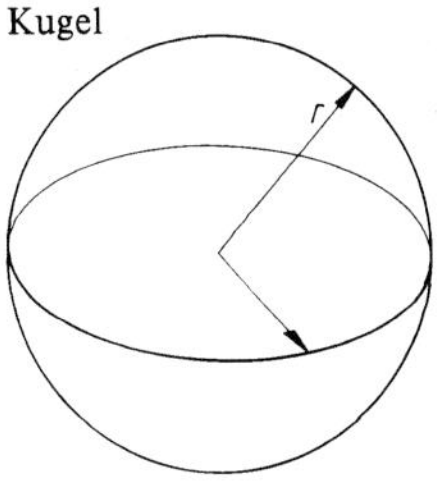

Radius r. Großkreis mit Radius r entsteht bei ebenem Kugelschnitt, der durch den Mittelpunkt geht.

$V = 4\pi r^3/3$

$S = 4\pi r^2$

Kugelkappe

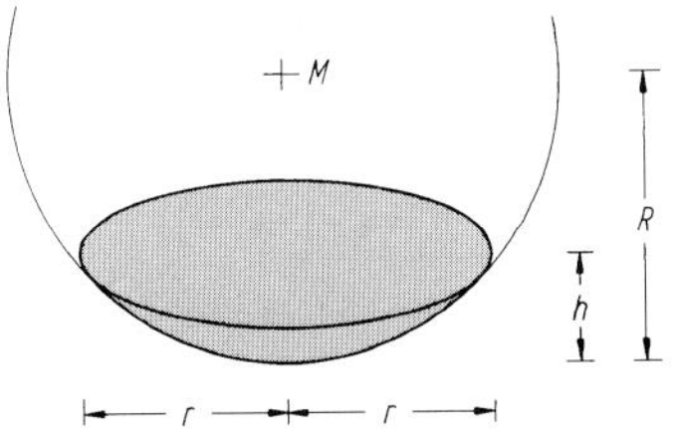

$r^2 = h(2R - h)$

$V = \pi h(3r^2 + h^2)/6 = \pi h^2(3R - h)/3$

$S = \pi(2Rh + r^2) = \pi(h^2 + 2r^2)$

Kugelsektor

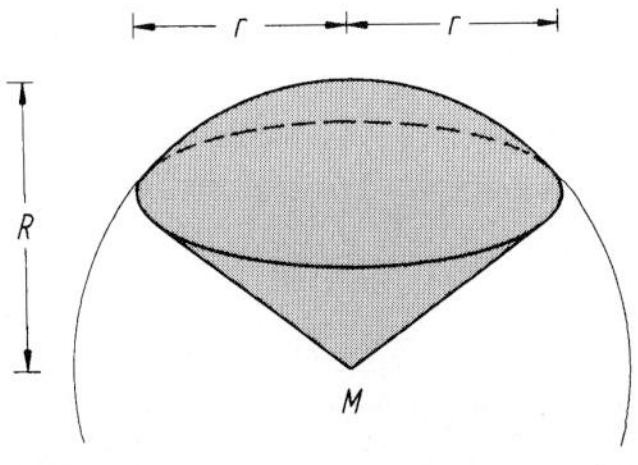

$V = 2\pi R^2 h/3$

$S = \pi R(2h + r)$

Tabelle 4-7. (Fortsetzung)

Kugelschicht

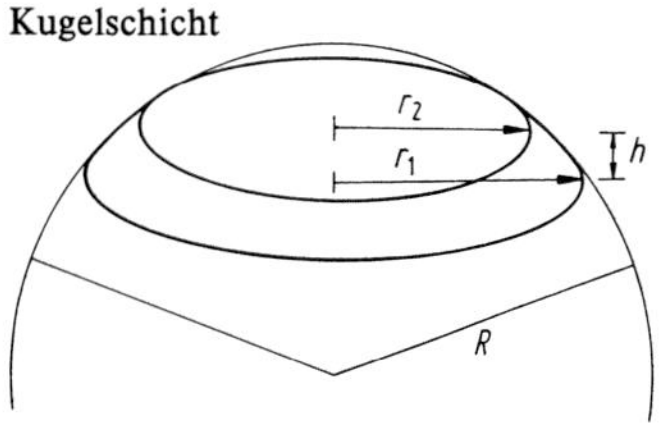

$R^2 = r_1^2 + (r_1^2 - r_2^2 - h^2)^2/(2h)^2$

$V = \pi h(3r_1^2 + 3r_2^2 + h^2)/6$

$S = \pi(2Rh + r_1^2 + r_2^2)$

Ellipsoid

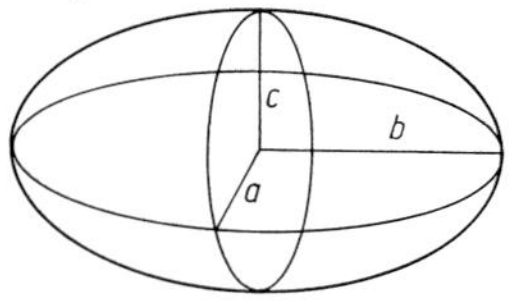

$V = 4\pi abc/3$

Umdrehungsfläche

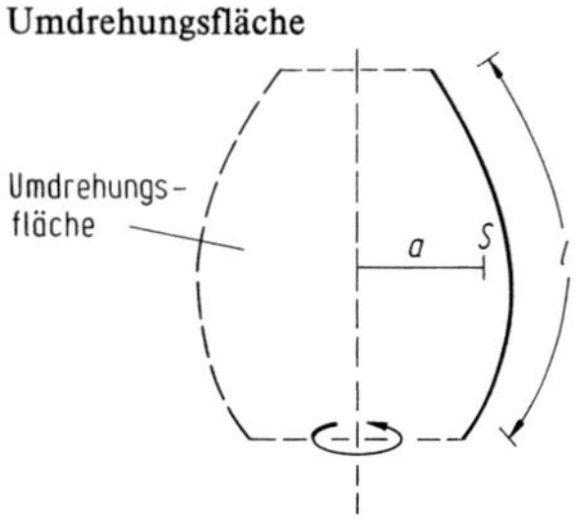

Ebene Kurve der Länge l dreht sich um eine in ihrer Ebene liegende, sie nicht schneidende Achse.

a Abstand des Kurvenschwerpunktes von der Achse

1. Guldinsche Regel: Mantelfläche $S = 2\pi al$

Umdrehungskörper

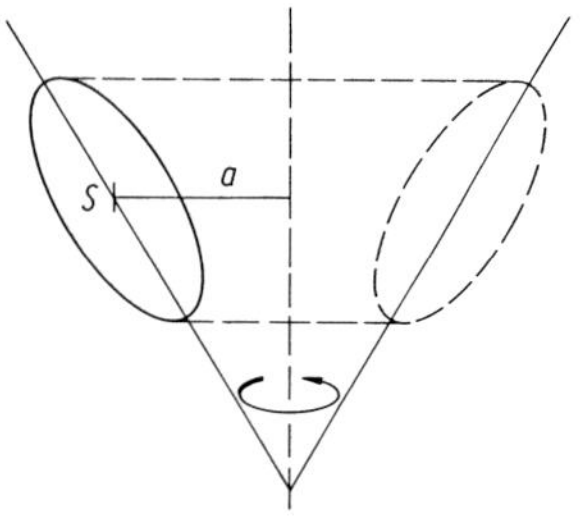

Ebene Fläche mit Inhalt A dreht sich um eine in ihrer Ebene liegende, sie nicht schneidende Achse.

a Abstand des Flächenschwerpunktes von der Achse

2. Guldinsche Regel: Volumen $V = 2\pi aA$

Torus

A speziell Kreisfläche mit Radius r

$V = 2\pi^2 ar^2$

$S = 4\pi^2 ar$

Rotationsparaboloid

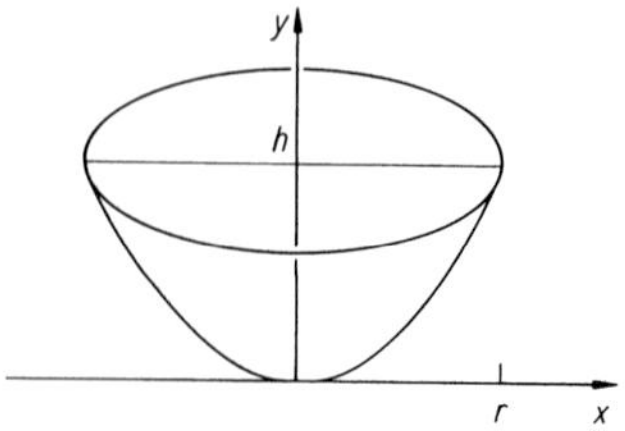

Erzeugende Kurve $y = h(x/r)^2$, Drehung um y-Achse

$V = \pi r^2 h/2$

$$r^2 = (s-a)(s-b)(s-c)/s\,,$$
$$2s = a+b+c\,,$$
$$r = s\tan\frac{\alpha}{2}\tan\frac{\beta}{2}\tan\frac{\gamma}{2}\,, \quad (4\text{-}43)$$
$$R = abc/(4rs)\,,$$
$$r/R = 4\sin\frac{\alpha}{2}\sin\frac{\beta}{2}\sin\frac{\gamma}{2}\,.$$

Beziehungen zwischen Seitenlängen und Winkeln. Formeln für a und α gelten entsprechend zyklisch fortgesetzt für die anderen Größen.

$$\alpha+\beta+\gamma = 180^\circ \mathrel{\hat{=}} \pi\,,$$
$$\sin\alpha = \sin(\beta+\gamma)\,, \quad (4\text{-}44)$$
$$\cos\alpha = -\cos(\beta+\gamma)\,.$$

Sinussatz: (4-45)

$$a/\sin\alpha = b/\sin\beta = c/\sin\gamma = 2R\,.$$

Cosinussatz: $a^2 = b^2 + c^2 - 2bc\cos\alpha$, (4-46)

($\alpha = \pi/2$: Satz des Pythagoras) .

Tangenssatz: (4-47)

$$(a-b)\tan\frac{\alpha+\beta}{2} = (a+b)\tan\frac{\alpha-\beta}{2}\,.$$

Halbwinkelsatz: (4-48)

$$\left(\sin\frac{\alpha}{2}\right)^2 = \frac{(s-b)(s-c)}{bc}\,,$$
$$\left(\cos\frac{\alpha}{2}\right)^2 = \frac{s(s-a)}{bc}\,.$$

Mollweide-Formel:

$$(b+c)\sin(\alpha/2) = a\cos[(\beta-\gamma)/2]\,, \quad (4\text{-}49)$$
$$(b-c)\cos(\alpha/2) = a\sin[(\beta-\gamma)/2]\,.$$

Nichtebene Dreiecke werden mit den Mitteln der Differenzialgeometrie behandelt. Kugeldreiecke sind wichtig für Geografie und Geodäsie. Die Schnittlinie von Kugel und Mittelpunktebene ist ein Großkreis mit dem Kugelradius R. Durch 2 Punkte A, B auf der Kugeloberfläche, die nicht auf einem Durchmesser liegen, lässt sich genau ein Großkreis zeichnen. Der kürzere Bogen ist der kürzeste Weg auf der Oberfläche von A nach B (*geodätische Linie*).

5 Projektionen

Die ebene Abbildung räumlicher Gebilde auf dem Zeichenpapier – der Projektionsebene – soll einen

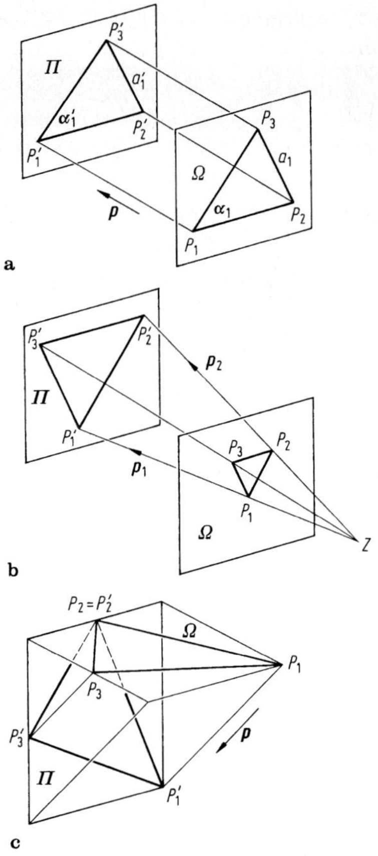

Bild 5-1. Projektionen. **a** Parallelprojektion mit $\Omega \parallel \Pi$; **b** Zentralprojektion mit $\Omega \parallel \Pi$; **c** Parallelprojektion mit $\Omega \nparallel \Pi$

möglichst realistischen Eindruck der Wirklichkeit vermitteln und die eindeutige Reproduktion geometrischer Daten ermöglichen. Typische Merkmale bei der Abbildung eines Dreieckes $P_1P_2P_3$ (Seitenlänge a_i, Winkel α_i) in das Bild $P'_1P'_2P'_3$ (Seitenlänge a'_i, Winkel α'_i) sind

- (S) Strecken $a_i \leftrightarrow a'_i$
- (W) Winkel $\alpha_i \leftrightarrow \alpha'_i$
- (A) Flächen $A_{P_1P_2P_3} \leftrightarrow A_{P'_1P'_2P'_3}$
- (P) Parallelität
- (V) Streckenverhältnis
- (T) Teilungsverhältnis zwischen 3 Punkten einer Geraden
- (I) Inzidenz (Zugehörigkeit von mehr als 2 Punkten zu einer Geraden)

Tabelle 5-1. Parallelprojektionen (PP) eines Körpers auf eine Ebene Π

Typ	Eigenschaften
Orthogonale oder normale PP	Projektionsstrahlen $\boldsymbol{p}$ senkrecht zur Ebene; das Bild in Π heißt auch Riss
Schräge PP	$\boldsymbol{p}$ nicht senkrecht zu Π z. B. Militär- und Kavalierperspektive

Tabelle 5-2. Projektionen einer ebenen Figur in der Originalebene Ω in die Projektionsebene Π nach Bild 5-1

Typ	Invariante Größen (durch Abbildung nicht verändert)
Zentralprojektion $\Omega \parallel \Pi$	W, P, V, T, I Ähnlichkeit
Zentralprojektion $\Omega \nparallel \Pi$	I
Parallelprojektion $\Omega \parallel \Pi$	S, W, A, P, V, T, I Kongruenz
Parallelprojektion $\Omega \nparallel \Pi$	P, T, I

Axonometrische Bilder vermitteln einen anschaulichen Eindruck und liefern zudem alle geometrisch relevanten Daten, indem das Objekt zusammen mit einem Koordinatenkreuz $\boldsymbol{e}_1, \boldsymbol{e}_2, \boldsymbol{e}_3$ dargestellt wird. Bei *normaler Axonometrie* ist die Projektionsrichtung $\boldsymbol{p}$ senkrecht zur Projektionsebene Π, die durch das Spurendreieck der Achsendurchstoßpunkte S_1, S_2, S_3 durch Π bestimmt wird; siehe Bild 5-2.

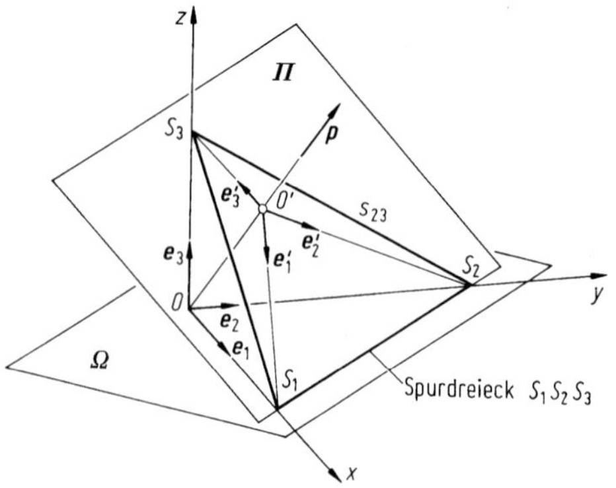

Bild 5-2. Axonometrische Abbildung mit Projektionsrichtung $\boldsymbol{p}$

Durch Klappung um die Spurenachsen $s_{ij} = \overline{S_iS_j}$ erzeugt man nach Bild 5-3 ein unverzerrtes Bild der $\boldsymbol{e}_i, \boldsymbol{e}_j$-Ebene mit den orthogonalen Achsen $\boldsymbol{e}_i, \boldsymbol{e}_j$ und den wahren Längen e im Thaleskreis. Die Längenverhältnisse sind quadratisch gekoppelt.

$$m_i = e_i/e\,, \quad m_1^2 + m_2^2 + m_3^2 = 2\,. \qquad (5\text{-}1)$$

Durch Klappen um das Bild $\overline{O'A_i}$ der Achse $\boldsymbol{e}_i$ in Bild 5-3 erhält man das *Achsenprofil* mit dem typischen Winkel α_i als Funktion des Maßstabes.

$$e_i = e\cos\alpha_i\,, \quad \cos\alpha_i = m_i\,, \quad \alpha_i < \pi/2\,. \qquad (5\text{-}2)$$

Bei vorgegebenen Maßstäben e_i bez. Winkeln α_i zeichnet man wie im Bild 5-4 zunächst die z-Achse mit Winkel α_3 bei S_3 sowie den Ursprung O' in beliebigem Abstand von S_3. Der Ursprung O im Achsenprofil $O'S_3O$ folgt ebenso zwangsläufig wie

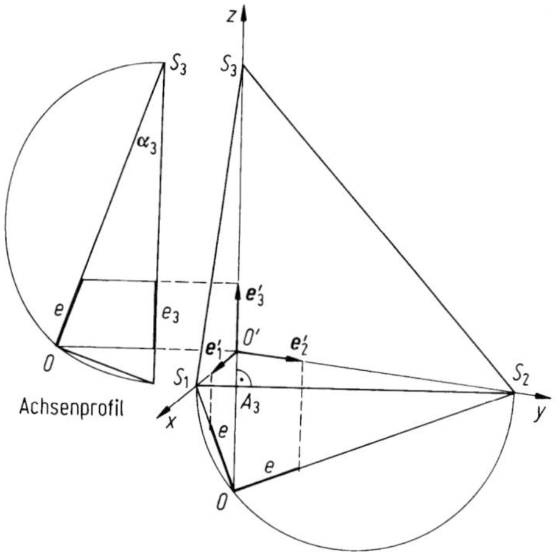

Bild 5-3. Normale Axonometrie

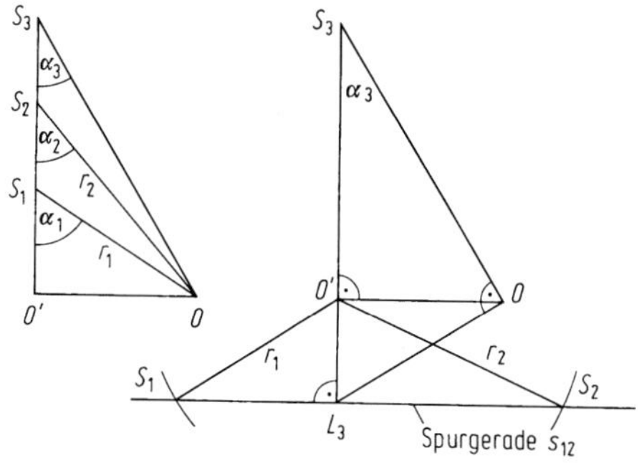

Bild 5-4. Konstruktion des Spurdreieckes bei vorgegebenen Maßstäben $m_i = \cos\alpha_i$

Tabelle 5-3. Axonometrische Abbildungen. Maßstäbe $m_i = e_i/e$ und Winkel α_{ij} zwischen den Bildern $\boldsymbol{e}'_i$ der Achsen

Maßstäbe	Winkel	Typ der Abbildung
$m_1 = m_2 = m_3 = m$	$\alpha_{ij} = 120°$	Isometrie. $m = \sqrt{2/3}$
$m_1 = m/2$, $m_2 = m_3 = m$	$\alpha_{12} = \alpha_{13} = 131{,}42°$ $\alpha_{23} = 97{,}18°$	Sonderfall der Dimetrie; auch Ingenieuraxonometrie genannt. $m = 2\sqrt{2}/3$
$m_1 \neq m_2 \neq m_3$	–	Trimetrie. Alle 3 Maßstäbe verschieden

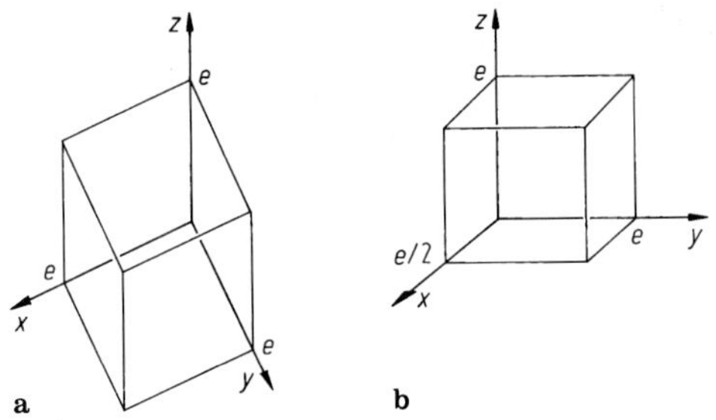

Bild 5-5. Würfel in **a** Militär-, **b** Kavalierperspektive

der Punkt L_3 mit der Senkrechten s_{12} zu $\overline{S_3L_3}$ als Ort für S_1 und S_2. Das Dreieck $S_3O'O$ überträgt man in eine Hilfsskizze, ergänzt die Winkel α_1, α_2 und findet die Radien $r_1 = \overline{O'S_1}$, $r_2 = \overline{O'S_2}$ zweier Kreise, die im Hauptbild um O' geschlagen sowohl S_1 (zu r_1) als auch S_2 (zu r_2) auf der Spurgerade s_{12} markieren.

Militärperspektive ist eine schräge Parallelprojektion mit der $\boldsymbol{e}_1$, $\boldsymbol{e}_2$-Ebene als Projektionsebene Π und der $\boldsymbol{e}_3$-Achse lotrecht nach oben (Projektionsrichtung $\boldsymbol{p}$ unter 45° zu Π). Alle Maßstäbe werden gleich gewählt, wobei Flächen parallel zu Π und Längen parallel $\boldsymbol{e}_3$ unverzerrt erhalten bleiben, siehe Bild 5-5a.

Kavalierperspektive ist eine schräge Parallelprojektion mit der $\boldsymbol{e}_2$, $\boldsymbol{e}_3$-Ebene als Bildebene Π, $\boldsymbol{p}$ unter 45° zu Π und $m_2 = m_3 = m$ sowie $m_1 = m/2$ siehe Bild 5-5b. Der Winkel zwischen den Bildern der $\boldsymbol{e}_1$ und $\boldsymbol{e}_2$-Achsen wird meist zu 30° oder 45° gewählt.

6 Algebraische Funktionen einer Veränderlichen

6.1 Sätze über Nullstellen

Rationale Funktionen enthalten nur die Grundoperationen Addition, Subtraktion, Multiplikation und Division. *Ganzrationale Funktionen*

$$P_n(z) = a_n z^0 + a_{n-1} z^1 + \ldots + a_1 z^{n-1} + a_0 z^n\,, \quad n \in \mathbb{N}\,, \quad a_0 \neq 0\,, \tag{6-1}$$

auch Polynome n-ten Grades genannt, enthalten keine Division. Die Variablen z und die Koeffizienten a_i können auch komplex sein. Die Berechnung von Funktionswerten für spezielle Werte z geschieht effektiv nach dem *Horner-Schema*, siehe 34.2, (34-13).

Algebraische Gleichungen haben die Form $P_n(z) = 0$; in der Normalform ist der Koeffizient $a_0 = 1$. Ihre Lösungen werden auch Wurzeln genannt. Sie entsprechen den Nullstellen z_i des Polynoms $P_n(z)$.

Fundamentalsatz der Algebra. Jede algebraische Gleichung n-ten Grades besitzt n Lösungen z_i, wobei r-fache Wurzeln r-mal zu zählen sind; jedes Polynom n-ten Grades lässt sich als Produkt seiner Linearfaktoren $(z - z_i)$ darstellen:

$$P_n(z) = \sum_{i=0}^{n} a_{n-i} z^i = a_0(z - z_1)\ldots(z - z_n) = a_0 \prod_{i=1}^{n}(z - z_i)\,; \quad z_i,\, a_i \in \mathbb{C}\,. \tag{6-2}$$

Reelle Koeffizienten a_i. Die Nullstellen können weiterhin komplex sein, doch treten sie paarweise konjugiert komplex auf.

$$a_i \in \mathbb{R}:\quad r \text{ Nullstellen reell}\,,\quad t \text{ Paare komplex}\,,\quad z = x \pm \mathrm{j}y\,;$$

$$0 = a_0\left\{\prod_{i=1}^{r}(z - z_i)\right\} \times \left\{\prod_{k=1}^{t}\left(z^2 - 2x_k z + x_k^2 + y_k^2\right)\right\}, \quad r + 2t = n\,. \tag{6-3}$$

Durch Ausmultiplizieren der faktorisierten Normalform $P_n(z) = 0, a_0 = 1$, erhält man die **Vieta'schen Wurzelsätze**.

$$z_1 + z_2 + \ldots + z_n = \sum_{i=1}^{n} z_i = -a_1 ,$$

$$z_1 z_2 + z_1 z_3 + \ldots + z_{n-1} z_n = \sum_{\substack{i,k=1 \\ (i<k)}}^{n} z_i z_k = a_2 ,$$

$$z_1 z_2 z_3 + z_1 z_2 z_4 + \ldots + z_{n-2} z_{n-1} z_n \qquad (6\text{-}4)$$

$$= \sum_{\substack{i,j,k=1 \\ (i<j<k)}}^{n} z_i z_j z_k = -a_3 ,$$

$$\prod_{i=1}^{n} z_i = (-1)^n a_n .$$

Bei *Stabilitätsuntersuchungen* dynamischer Systeme profitiert man von generellen Aussagen über die Realteile x_k der komplexen Nullstellen

$$z_k = x_k + \mathrm{j} y_k .$$

Gegeben: $P(z) = a_n + a_{n-1} z + \ldots + a_1 z^{n-1} + z^n = 0$.
Gesucht: Bedingungen für ausschließlich negative Realteile ($x_k < 0$).

$$\text{Notwendig: } \textit{Stodola}: a_k > 0 , \quad k = 1, 2, \ldots, n . \qquad (6\text{-}5)$$

Hinreichend: *Hurwitz*: $H_k > 0$, $k = 1, 2, \ldots, n$.
H_k sind die Hauptabschnittsdeterminanten der (n,n)-*Hurwitz-Matrix*.

$$\boldsymbol{H} = \begin{bmatrix} a_1 & 1 & 0 & 0 & 0 & 0 & \ldots & 0 \\ a_3 & a_2 & a_1 & 1 & 0 & 0 & \ldots & 0 \\ a_5 & a_4 & a_3 & a_2 & a_1 & 1 & \ldots & 0 \\ \cdot & & & \cdot & & & & \cdot \\ \cdot & & & & \cdot & & & \cdot \\ \cdot & & & & & \cdot & & \cdot \\ 0 & 0 & 0 & 0 & 0 & 0 & \ldots & a_n \end{bmatrix} , \qquad (6\text{-}6)$$

$$H_1 = a_1 , \quad H_2 = a_1 a_2 - a_3 ,$$
$$H_3 = a_3 H_2 - a_1(a_1 a_4 - a_5) \quad \text{usw.}$$

Lienard-Chipart:

$$a_n > 0 , \quad H_{n-1} > 0 , \quad a_{n-2} > 0 , \qquad (6\text{-}7)$$
$$H_{n-3} > 0 , \quad \ldots , \quad H_1 = a_1 > 0 .$$

Routh:

$$R_k > 0 , \quad k = 1, 2, \ldots, n , \qquad (6\text{-}8)$$
$$R_k = H_k / H_{k-1} , \quad H_0 = 1 .$$

6.2 Quadratische Gleichungen

Für die quadratische Gleichung gibt es eine explizite Lösung, wobei zugunsten der numerischen Stabilität der Vieta'sche Satz herangezogen wird.

$$az^2 + bz + c = 0 , \quad a \neq 0 , \quad D = b^2 - 4ac ,$$
$$z_1 = (-b - \operatorname{sgn}(b)\sqrt{D})/2a , \qquad (6\text{-}9)$$
$$z_2 = c/z_1 , \quad b \neq 0 .$$

7 Transzendente Funktionen

7.1 Exponentialfunktionen

Von den Exponentialfunktionen $y = a^x$ mit der allgemeinen Basis a und dem variablen Exponenten $x \in \mathbb{C}$ ist die mit Basis e besonders wichtig.

$$f(x) = \mathrm{e}^x , \quad \text{Umkehrfunktion } f(x) = \ln x . \qquad (7\text{-}1)$$

Die trigonometrischen und hyperbolischen Funktionen lassen sich auf e^x zurückführen:

$$\sin x = (\mathrm{e}^{\mathrm{j}x} - \mathrm{e}^{-\mathrm{j}x})/2\mathrm{j} ,$$
$$\cos x = (\mathrm{e}^{\mathrm{j}x} + \mathrm{e}^{-\mathrm{j}x})/2 ,$$
$$\sinh x = (\mathrm{e}^{x} - \mathrm{e}^{-x})/2 , \qquad (7\text{-}2)$$
$$\cosh x = (\mathrm{e}^{x} + \mathrm{e}^{-x})/2 , \quad x \in \mathbb{R} .$$
$$\mathrm{e}^{\mathrm{j}x} = \cos x + \mathrm{j} \sin x .$$

$$\sin \mathrm{j}x = \mathrm{j} \sinh x , \quad \cos \mathrm{j}x = \cosh x .$$
$$\sinh \mathrm{j}x = \mathrm{j} \sin x , \quad \cosh \mathrm{j}x = \cos x . \qquad (7\text{-}3)$$

Diese Exponentialdarstellungen erlauben die Herleitung von Summen- und Produktformeln.

Beispiel:

$$y = (\sin x)^3 = (\mathrm{e}^{\mathrm{j}x} - \mathrm{e}^{-\mathrm{j}x})^3/(2\mathrm{j})^3$$
$$= (\mathrm{e}^{3\mathrm{j}x} - 3\mathrm{e}^{2\mathrm{j}x}\mathrm{e}^{-\mathrm{j}x} + 3\mathrm{e}^{\mathrm{j}x}\mathrm{e}^{-2\mathrm{j}x} - \mathrm{e}^{-3\mathrm{j}x})/(-8\mathrm{j})$$
$$= (3 \sin x - \sin 3x)/4 .$$

7.2 Trigonometrische Funktionen

Allgemein benutzt werden vier trigonometrische Funktionen (Kreisfunktionen),

Tabelle 7-1. Spezielle Werte trigonometrischer Funktionen

Bogenmaß x / Gradmaß x	0 / $0°$	$\pi/6$ / $30°$	$\pi/4$ / $45°$	$\pi/3$ / $60°$	$\pi/2$ / $90°$
$\sin x$	0	1/2	$\sqrt{2}/2$	$\sqrt{3}/2$	1
$\cos x$	1	$\sqrt{3}/2$	$\sqrt{2}/2$	1/2	0
$\tan x$	0	$\sqrt{3}/3$	1	$\sqrt{3}$	–
$\cot x$	–	$\sqrt{3}$	1	$\sqrt{3}/3$	0

$$\begin{aligned} &\text{Sinus} && f(x) = \sin x = \frac{g}{h}\,, \\ &\text{Cosinus} && f(x) = \cos x = \frac{a}{h}\,, \\ &\text{Tangens} && f(x) = \tan x = \frac{g}{a}\,, \\ &\text{Cotangens} && f(x) = \cot x = \frac{a}{g}\,, \end{aligned} \tag{7-4}$$

die am Kreis nach Bild 7-1 für ein rechtwinkliges Dreieck mit Gegenkathete g, Ankathete a und Hypotenuse h darstellbar sind.
Für die Rechenpraxis sind spezielle Funktionswerte (Vielfache von $\pi/12$) von Nutzen.

Umrechnung zwischen Bogenmaß und Gradmaß:

$$180 x_{\text{Bogen}} = \pi x_{\text{Grad}}\,. \tag{7-5}$$

Periodizität:

$$\begin{aligned} \sin(x + 2\pi k) &= \sin x\,, \\ \cos(x + 2\pi k) &= \cos x\,, \\ \tan(x + \pi k) &= \tan x\,, \\ \cot(x + \pi k) &= \cot x\,; \quad k \in \mathbb{Z}\,. \end{aligned} \tag{7-6}$$

$$\sin(-x) = -\sin x\,, \quad \cos(-x) = \cos x\,, \quad \tan(-x) = -\tan x\,, \quad \cot(-x) = -\cot x\,. \tag{7-7}$$

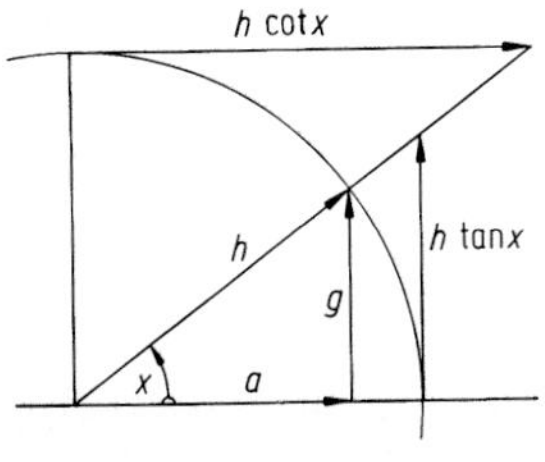

Bild 7-1. Trigonometrische Funktionen am Kreis mit Radius h

Tabelle 7-2. Periodizität bezüglich $\pi/2$

y	$\frac{\pi}{2} + x$	$\pi + x$	$\frac{3}{2}\pi + x$
$\sin y =$	$\cos x$	$-\sin x$	$-\cos x$
$\cos y =$	$-\sin x$	$-\cos x$	$\sin x$
$\tan y =$	$-\cot x$	$\tan x$	$-\cot x$
$\cot y =$	$-\tan x$	$\cot x$	$-\tan x$

Zusammenhang zwischen den trigonometrischen Funktionen bei gleichem Argument:

$$\sin^2 x + \cos^2 x = 1\,, \quad \tan x = \sin x/\cos x\,, \quad \tan x \cdot \cot x = 1\,. \tag{7-8}$$

Additionstheoreme:
Für Summe und Differenz zweier Argumente:

$$\begin{aligned} \sin(x \pm y) &= \sin x \cos y \pm \cos x \sin y\,; \\ \cos(x \pm y) &= \cos x \cos y \mp \sin x \sin y\,; \\ \tan(x \pm y) &= \frac{\tan x \pm \tan y}{1 \mp \tan x \tan y}\,; \\ \cot(x \pm y) &= \frac{\cot x \cot y \mp 1}{\cot y \pm \cot x}\,. \end{aligned} \tag{7-9}$$

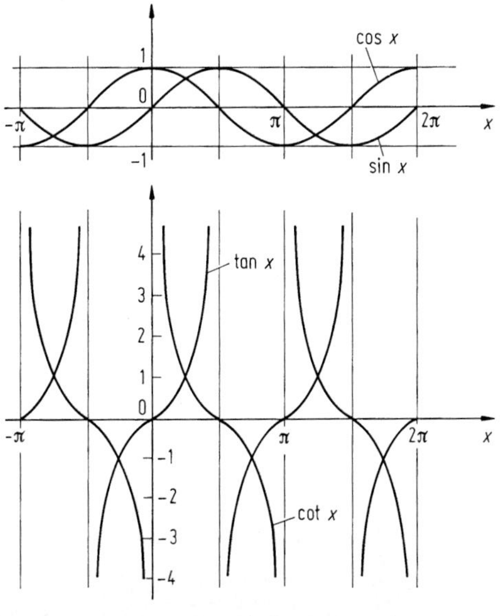

Bild 7-2. Trigonometrische Funktionen

Tabelle 7-3. Beziehungen zwischen trigonometrischen Funktionen gleichen Arguments

	$\sin^2 x$	$\cos^2 x$	$\tan^2 x$	$\cot^2 x$
$\sin^2 x =$	–	$1-\cos^2 x$	$\dfrac{\tan^2 x}{1+\tan^2 x}$	$\dfrac{1}{1+\cot^2 x}$
$\cos^2 x =$	$1-\sin^2 x$	–	$\dfrac{1}{1+\tan^2 x}$	$\dfrac{\cot^2 x}{1+\cot^2 x}$
$\tan^2 x =$	$\dfrac{\sin^2 x}{1-\sin^2 x}$	$\dfrac{1-\cos^2 x}{\cos^2 x}$	–	$\dfrac{1}{\cot^2 x}$
$\cot^2 x =$	$\dfrac{1-\sin^2 x}{\sin^2 x}$	$\dfrac{\cos^2 x}{1-\cos^2 x}$	$\dfrac{1}{\tan^2 x}$	–

Für Vielfache des Argumentes:

$$\sin 2x = 2\sin x\cos x = \frac{2\tan x}{1+\tan^2 x}\ ;$$
$$\sin 3x = 3\sin x - 4\sin^3 x\ ;$$
$$\sin 4x = 8\cos^3 x\sin x - 4\cos x\sin x\ ;$$
$$\cos 2x = \cos^2 x - \sin^2 x = \frac{1-\tan^2 x}{1+\tan^2 x}\ ;$$
$$\cos 3x = 4\cos^3 x - 3\cos x\ ;$$
$$\cos 4x = 8\cos^4 x - 8\cos^2 x + 1\ ;$$
$$\tan 2x = \frac{2\tan x}{1-\tan^2 x} = \frac{2}{\cot x - \tan x}\ ; \qquad (7\text{-}10)$$
$$\tan 3x = \frac{3\tan x - \tan^3 x}{1-3\tan^2 x}\ ;$$
$$\tan 4x = \frac{4\tan x - 4\tan^3 x}{1-6\tan^2 x+\tan^4 x}\ ;$$
$$\cot 2x = \frac{\cot^2 x - 1}{2\cot x} = \frac{\cot x - \tan x}{2}\ ;$$
$$\cot 3x = \frac{\cot^3 x - 3\cot x}{3\cot^2 x - 1}\ ;$$
$$\cot 4x = \frac{\cot^4 x - 6\cot^2 x + 1}{4\cot^3 x - 4\cot x}\ .$$

Für halbe Argumente: (Das Vorzeichen ist entsprechend dem Argument $x/2$ zu wählen.)

$$\sin\frac{x}{2} = \pm\sqrt{\frac{1-\cos x}{2}}\ ;$$
$$\cos\frac{x}{2} = \pm\sqrt{\frac{1+\cos x}{2}}\ ;$$
$$\tan\frac{x}{2} = \pm\sqrt{\frac{1-\cos x}{1+\cos x}} = \frac{\sin x}{1+\cos x} = \frac{1-\cos x}{\sin x}\ ; \qquad (7\text{-}11)$$
$$\cot\frac{x}{2} = \pm\sqrt{\frac{1+\cos x}{1-\cos x}} = \frac{\sin x}{1-\cos x} = \frac{1+\cos x}{\sin x}\ .$$

Produkte von Funktionen:

$$\sin(x+y)\sin(x-y) = \cos^2 y - \cos^2 x\ ;$$
$$\cos(x+y)\cos(x-y) = \cos^2 y - \sin^2 x\ ;$$
$$\left.\begin{matrix}\sin x\sin y\\ \cos x\cos y\end{matrix}\right\} = \frac{1}{2}\left\{\cos(x-y) \mp \cos(x+y)\right.\ ; \qquad (7\text{-}12)$$
$$\left.\begin{matrix}\sin x\cos y\\ \cos x\sin y\end{matrix}\right\} = \frac{1}{2}\left\{\sin(x+y) \pm \sin(x-y)\right.\ .$$

Potenzen:

$$\sin^2 x = \frac{1}{2}(1-\cos 2x)\ ;$$
$$\cos^2 x = \frac{1}{2}(1+\cos 2x)\ ;$$
$$\sin^3 x = \frac{1}{4}(3\sin x - \sin 3x)\ ;$$
$$\cos^3 x = \frac{1}{4}(3\cos x + \cos 3x)\ ; \qquad (7\text{-}13)$$
$$\sin^4 x = \frac{1}{8}(\cos 4x - 4\cos 2x + 3)\ ;$$
$$\cos^4 x = \frac{1}{8}(\cos 4x + 4\cos 2x + 3)\ .$$

Tabelle 7-4. Additionstheoreme für Summe und Differenz zweier trigonometrischer Funktionen

f	g	$f+g$	$(f \pm g)$	$f-g$
$\sin x$	$\sin y$	$2\sin\frac{x+y}{2}\cos\frac{x-y}{2}$;		$2\cos\frac{x+y}{2}\sin\frac{x-y}{2}$
$\cos x$	$\cos y$	$2\cos\frac{x+y}{2}\cos\frac{x-y}{2}$;		$-2\sin\frac{x+y}{2}\sin\frac{x-y}{2}$
$\cos x$	$\sin x$		$\sqrt{2}\sin\left(\frac{\pi}{4}\pm x\right)=\sqrt{2}\cos\left(\frac{\pi}{4}\mp x\right)$	
$\tan x$	$\tan y$		$\frac{\sin(x\pm y)}{\cos x\cos y}$	
$\cot x$	$\cot y$		$\pm\frac{\sin(x\pm y)}{\sin x\sin y}$	
$\tan x$	$\cot y$	$\frac{\cos(x-y)}{\cos x\sin y}$		
$\cot x$	$\tan y$			$\frac{\cos(x+y)}{\sin x\cos y}$

Bezug zu *harmonischen Schwingungen* mit der Frequenz ω, der Zeit t, der Amplitude A und der Phase φ:

$$f(t) = a\sin\omega t + b\cos\omega t = A\sin(\omega t+\varphi)\,,$$
$$A^2 = a^2+b^2\,,\quad \tan\varphi = b/a\,.$$
$$\sum_{i=1}^{n} A_i\sin(\omega t+\varphi_i) = A\sin(\omega t+\varphi_s)\,, \tag{7-14}$$
$$n=2:\quad \tan\varphi_s = (A_1\sin\varphi_1 + A_2\sin\varphi_2)/(A_1\cos\varphi_1 + A_2\cos\varphi_2)\,.$$

Inverse trigonometrische Funktionen

Sie werden auch Arcus- oder zyklometrische Funktionen genannt und ergeben sich durch Spiegelung an der Geraden $y = x$. Allgemein werden vier Arcusfunktionen benutzt, siehe Bild 7-3.

$$\begin{aligned}
&\text{Arcussinus} && f(x) = \arcsin x \ (\text{auch } \sin^{-1} x)\,,\\
&\text{Arcuscosinus} && f(x) = \arccos x \ (\text{auch } \cos^{-1} x)\,,\\
&\text{Arcustangens} && f(x) = \arctan x \ (\text{auch } \tan^{-1} x)\,,\\
&\text{Arcuscotangens} && f(x) = \operatorname{arccot} x \ (\text{auch } \cot^{-1} x)\,.
\end{aligned} \tag{7-15}$$

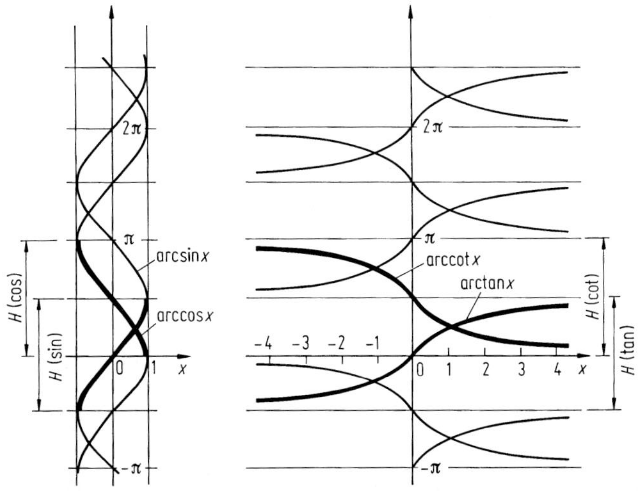

Bild 7-3. Inverse trigonometrische Funktionen. Kennzeichnung der Hauptwerte durch $H()$

Tabelle 7-5. Beziehungen zwischen hyperbolischen Funktionen gleichen Arguments

	$\sinh^2 x$	$\cosh^2 x$	$\tanh^2 x$	$\coth^2 x$
$\sinh^2 x$	–	$\cosh^2 x - 1$	$\dfrac{\tanh^2 x}{1-\tanh^2 x}$	$\dfrac{1}{\coth^2 x - 1}$
$\cosh^2 x$	$\sinh^2 x + 1$	–	$\dfrac{1}{1-\tanh^2 x}$	$\dfrac{\coth^2 x}{\coth^2 x - 1}$
$\tanh^2 x$	$\dfrac{\sinh^2 x}{\sinh^2 x + 1}$	$\dfrac{\cosh^2 x - 1}{\cosh^2 x}$	–	$\dfrac{1}{\coth^2 x}$
$\coth^2 x$	$\dfrac{\sinh^2 x + 1}{\sinh^2 x}$	$\dfrac{\cosh^2 x}{\cosh^2 x - 1}$	$\dfrac{1}{\tanh^2 x}$	–

Die Arcusfunktionen sind mehrdeutig, deshalb werden sogenannte *Hauptwerte* definiert:

$$\begin{aligned}
-\pi/2 &\leqq \arcsin x \leqq +\pi/2\,, && \text{auch Arcsin}\, x\,, \\
0 &\leqq \arccos x \leqq \pi\,, && \text{auch Arccos}\, x\,, \\
-\pi/2 &< \arctan x < +\pi/2\,, && \text{auch Arctan}\, x\,, \\
0 &< \operatorname{arccot} x < \pi\,, && \text{auch Arccot}\, x\,.
\end{aligned} \qquad (7\text{-}16)$$

Beziehungen im Bereich der Hauptwerte:

$$\arcsin x = \pi/2 - \arccos x = \arctan\left(x/\sqrt{1-x^2}\right)\,,$$

$$\arccos x = \pi/2 - \arcsin x = \operatorname{arccot}\left(x/\sqrt{1-x^2}\right)\,,$$

$$\arctan x = \pi/2 - \operatorname{arccot} x = \arcsin\left(x/\sqrt{1+x^2}\right)\,,$$

$$\operatorname{arccot} x = \pi/2 - \arctan x = \arccos\left(x/\sqrt{1+x^2}\right)\,,$$

$$\operatorname{arccot} x = \begin{cases} \arctan(1/x)\,, & \text{für } x > 0\,, \\ \pi + \arctan(1/x) & \text{für } x < 0\,. \end{cases} \qquad (7\text{-}17)$$

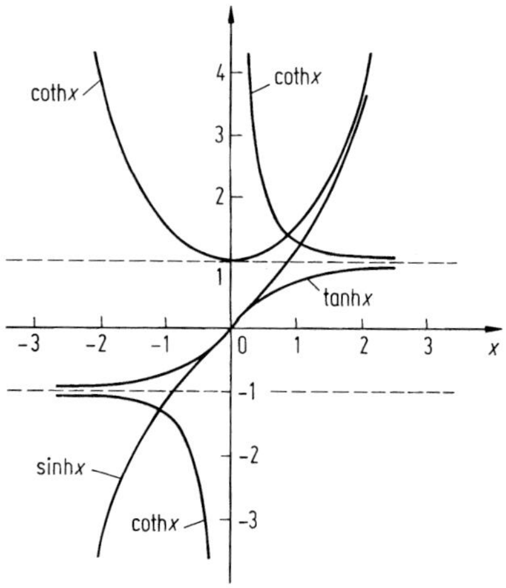

Bild 7-4. Hyperbolische Funktionen

7.3 Hyperbolische Funktionen

Allgemein benutzt werden vier hyperbolische Funktionen, auch *Hyperbelfunktionen* genannt, siehe Bild 7-4.

Hyperbolischer Sinus, Hyperbelsinus

$$\sinh x = (e^x - e^{-x})/2\,,$$

Hyperbolischer Cosinus, Hyperbelcosinus

$$\cosh x = (e^x + e^{-x})/2\,,$$

Hyperbolischer Tangens, Hyperbeltangens

$$\tanh x = (e^x - e^{-x})/(e^x + e^{-x})\,, \qquad (7\text{-}18)$$

Hyperbolischer Cotangens, Hyperbelcotangens

$$\coth x = (e^x + e^{-x})/(e^x - e^{-x})\,.$$

Beziehungen zwischen den hyperbolischen Funktionen entstehen formal aus den entsprechenden trigonometrischen Gleichungen, wenn man $\sin x$ durch $\mathrm{j} \sinh x$ ersetzt und $\cos x$ durch $\cosh x$.

Beispiel:

$$\sin 2x = 2\sin x \cos x \to \mathrm{j}\sinh 2x = 2\mathrm{j}\, \sinh x \cosh x\,,$$

$$\to \quad \sinh 2x = 2\sinh x \cosh x\,.$$

Spezielle Beziehungen bei gleichem Argument:

$$\cosh^2 x - \sinh^2 x = 1\,, \quad \tanh x = \sinh x/\cosh x\,,$$

$$\tanh x \coth x = 1\,.$$

Additionstheoreme für Summe und Differenz zweier Argumente:

$$\sinh(x \pm y) = \sinh x \cosh y \pm \cosh x \sinh y\,;$$

$$\cosh(x \pm y) = \cosh x \cosh y \pm \sinh x \sin y\,;$$

$$\tanh(x \pm y) = \frac{\tanh x \pm \tanh y}{1 \pm \tanh x \tanh y}\,; \tag{7-19}$$

$$\coth(x \pm y) = \frac{1 \pm \coth x \coth y}{\coth x \pm \coth y}\,.$$

Theoreme für doppeltes und halbes Argument:

$$\sinh 2x = 2 \sinh x \cosh x\,;$$

$$\cosh 2x = \sinh^2 x + \cosh^2 x\,;$$

$$\tanh 2x = \frac{2 \tanh x}{1 + \tanh^2 x}\,;$$

$$\coth 2x = \frac{1 + \coth^2 x}{2 \coth x}\,; \tag{7-20}$$

$$\sinh^2 x = (\cosh 2x - 1)/2\,;$$

$$\cosh^2 x = (\cosh 2x + 1)/2\,;$$

$$\tanh x = \frac{\cosh 2x - 1}{\sinh 2x} = \frac{\sinh 2x}{\cosh 2x + 1}\,.$$

Summe und Differenz zweier Funktionen:

$$\sinh x \pm \sinh y = 2 \sinh \frac{1}{2}(x \pm y) \cosh \frac{1}{2}(x \mp y)\,;$$

$$\cosh x + \cosh y$$

$$= 2 \cosh \frac{1}{2}(x + y) \cosh \frac{1}{2}(x - y)\,; \tag{7-21}$$

$$\cosh x - \cosh y = 2 \sinh \frac{1}{2}(x + y) \sinh \frac{1}{2}(x - y)\,;$$

$$\tanh x \pm \tanh y = \sinh(x \pm y)/\cosh x \cosh y\,.$$

Potenzen werden nach (7-2) über e-Funktionen berechnet.

Satz von Moivre:

$$(\cosh x \pm \sinh x)^n = \cosh nx \pm \sinh nx = \mathrm{e}^{\pm nx}\,. \tag{7-22}$$

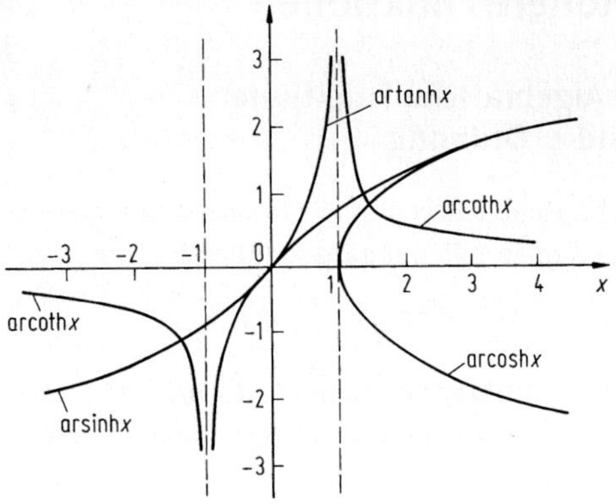

Bild 7-5. Inverse hyperbolische Funktionen

Inverse hyperbolische Funktionen
Sie werden auch *Areafunktionen* genannt (entsprechend der Flächenzuordnung an der Einheitshyperbel) und ergeben sich durch Spiegelung an der Geraden $y = x$, siehe Bild 7-5.

Areasinus	$f(x) = \operatorname{arsinh} x\,;$
Areacosinus	$f(x) = \operatorname{arcosh} x\,;$
Areatangens	$f(x) = \operatorname{artanh} x\,;$
Areacotangens	$f(x) = \operatorname{arcoth} x\,.$

Statt Areasinus usw. sagt man auch Areasinus hyperbolicus oder Areahyperbelsinus.
Explizite Darstellung durch logarithmische Funktionen:

$$y = \operatorname{arcosh} x = \begin{cases} \ln\left(x + \sqrt{x^2 - 1}\right), & x > 1\,, y \geqq 0\,, \\ \ln\left(x - \sqrt{x^2 - 1}\right), & x \geqq 1\,, y \leqq 0\,, \end{cases}$$

$$\operatorname{arsinh} x = \ln\left(x + \sqrt{x^2 + 1}\right),$$

$$\operatorname{artanh} x = \frac{1}{2} \ln \frac{1 + x}{1 - x}, \quad |x| < 1\,, \tag{7-23}$$

$$\operatorname{arcoth} x = \frac{1}{2} \ln \frac{x + 1}{x - 1}, \quad |x| > 1\,.$$

8 Höhere Funktionen

8.1 Algebraische Funktionen 3. und 4. Ordnung

Algebraische Kurven in der Ebene sind Graphen von Potenzfunktionen mit ganzzahligen Exponenten.

$$F(x^m, y^n) = 0\,. \qquad \text{(8-1)}$$

Die Vielfalt ihrer Erscheinungsformen ist sehr groß, und die Hervorhebung spezieller Funktionen ist weitgehend historisch bedingt, siehe Tabelle 8-1.

8.2 Zykloiden, Spiralen

Zykloiden (Rollkurven) entstehen durch Abrollen eines zentrischen Kreises mit Radius r auf einer Kreisscheibe K mit Radius R_S längs einer Leitkurve k_L, indem man die Bahn eines fest gewählten Punktes P

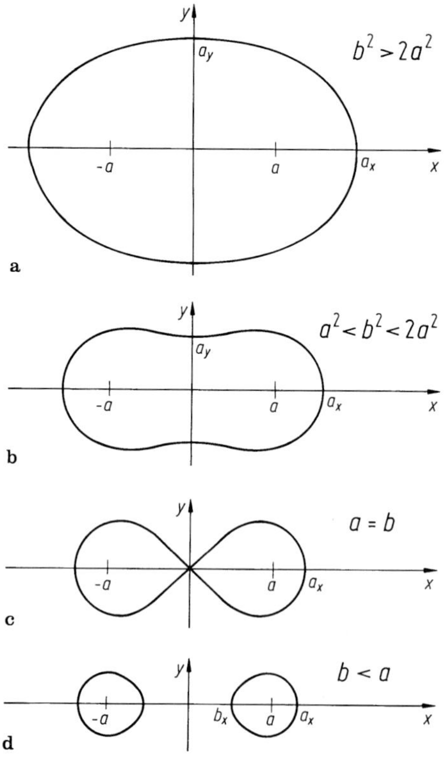

Bild 8-1. Cassini'sche Kurven. $a_x^2 = a^2 + b^2$, $b_x^2 = a^2 - b^2$, $a_y^2 = -a^2 + b^2$. Fall c auch Lemniskate

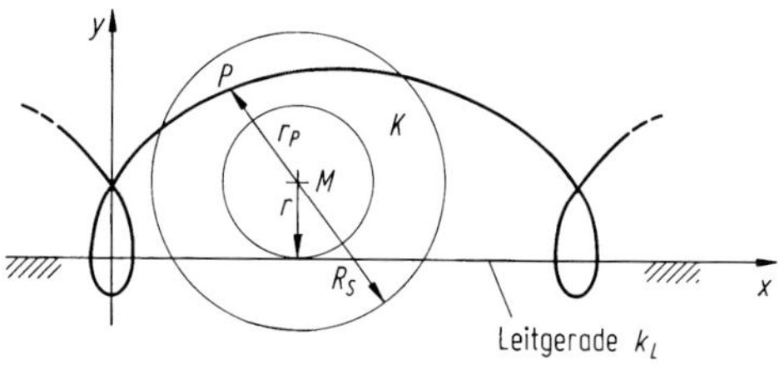

Bild 8-2. Verlängerte Zykloide mit $r_p > r$

auf K mit Mittelpunktabstand r_p aufzeichnet, siehe Bilder 8-2, 8-3 und Tabellen 8-2, 8-3. (Tabelle 8-3 und Bild 8-4 siehe S. A 43.)

8.3 Delta-, Heaviside- und Gammafunktion

Deltafunktion von Dirac. Sie ist definiert über die Integraltransformation einer Funktion $f(x)$, die an einer Stelle $x = x_i$ stetig ist. Bei gleicher Gewichtung der Randwerte $x_i = a$ und $x_i = b$ spricht man von einer symmetrischen Deltafunktion:

$$\int_a^b f(x)\delta(x - x_i)\,\mathrm{d}x = \begin{cases} 0 & \text{für } x_i < a \\ \frac{1}{2}f(a) & \text{für } x_i = a \\ f(x_i) & \text{für } a < x_i < b \\ 0 & \text{für } x_i > b \\ \frac{1}{2}f(b) & \text{für } x_i = b\,. \end{cases} \qquad \text{(8-2)}$$

Für $f(x) \equiv 1$ erhält man die **Sprung-** *oder* **Heaviside-Funktion** mit

$$\frac{\mathrm{d}}{\mathrm{d}x}H(x - x_i) = \delta(x - x_i)\,.$$

$$\text{Symmetrisch} \quad H(x - x_i) = \begin{cases} 0 & \text{für } x < x_i\,, \\ \frac{1}{2} & \text{für } x = x_i\,, \\ 1 & \text{für } x > x_i\,, \end{cases}$$

$$\text{Antimetrisch} \quad H_-(x - x_i) = \begin{cases} 0 & \text{für } x < x_i\,, \\ 1 & \text{für } x \geqq x_i\,, \end{cases} \qquad \text{(8-3)}$$

$$H_+(x - x_i) = \begin{cases} 0 & \text{für } x \leqq x_i\,, \\ 1 & \text{für } x > x_i\,. \end{cases}$$

Eine exakte mathematische Analyse der Deltafunktion erfolgt in der Theorie der *Distributionen*; kontinuierliche Approximationen der Delta- und Sprung-

Tabelle 8-1. Einige Kurven 3. und 4. Ordnung ($a > 0$, $b > 0$)

Name	Kartesische Koordinaten	Polarkoordinaten
Zissoide	$y^2(a-x) = x^3$	$r = a \sin^2 \varphi / \cos \varphi$
Strophoide	$(a-x)y^2 = (a+x)x^2$	$r = -a \cos 2\varphi / \cos \varphi$
Kartesisches Blatt	$x^3 + y^3 = 3axy$	$r = \dfrac{3a \sin \varphi \cos \varphi}{\sin^3 \varphi + \cos^3 \varphi}$
Konchoide	$(x-a)^2(x^2+y^2) = x^2b^2$	$r = b + a/\cos \varphi$
Cassini'sche Kurve	$(x^2+y^2)^2 - 2a^2(x^2-y^2) = b^4 - a^4$	$r^2 = a^2 \cos 2\varphi \pm \sqrt{b^4 - a^4 \sin^2 2\varphi}$ Bild 8-1

Tabelle 8-2. Zykloiden. $r_P = r$ gewöhnliche Form, $r_P > r$ verlängerte Form, $r_P < r$ verkürzte Form

Leitkurve	Name	Parameterdarstellung
Gerade	Zykloide	$x = rt - r_P \sin t$ $y = rt - r_P \cos t$
Kreis K_L mit Radius R	Abrollen auf Außenseite von K_L: Epizykloide	$x = (R+r)\cos\left(\frac{rt}{R}\right) - r_P \cos\left(\frac{R+r}{R}t\right)$ $y = (R+r)\sin\left(\frac{rt}{R}\right) - r_P \sin\left(\frac{R+r}{R}t\right)$
Kreis K_L mit Radius $R > r$	Abrollen auf Innenseite von K_L: Hypozykloide	$x = (R-r)\cos\left(\frac{rt}{R}\right) + r_P \cos\left(\frac{R-r}{R}t\right)$ $y = (R-r)\sin\left(\frac{rt}{R}\right) - r_P \sin\left(\frac{R-r}{R}t\right)$
Kreis $r = R$	Epizykloide: Kardioide (Herzkurve)	Kartesisch/Polar $(x^2 + y^2 - r_P^2)^2 = 4r_P^2[(x - r_P)^2 + y^2]$ $\varrho = 2r_P(1 - \cos \varphi)$, siehe Bild 8-3a
Kreis $r = r_P = R/4$	Hypozykloide: Astroide (Sternkurve)	$(x^2 + y^2 - R^2)^3 + 27R^2x^2y^2 = 0$ siehe Bild 8-3b

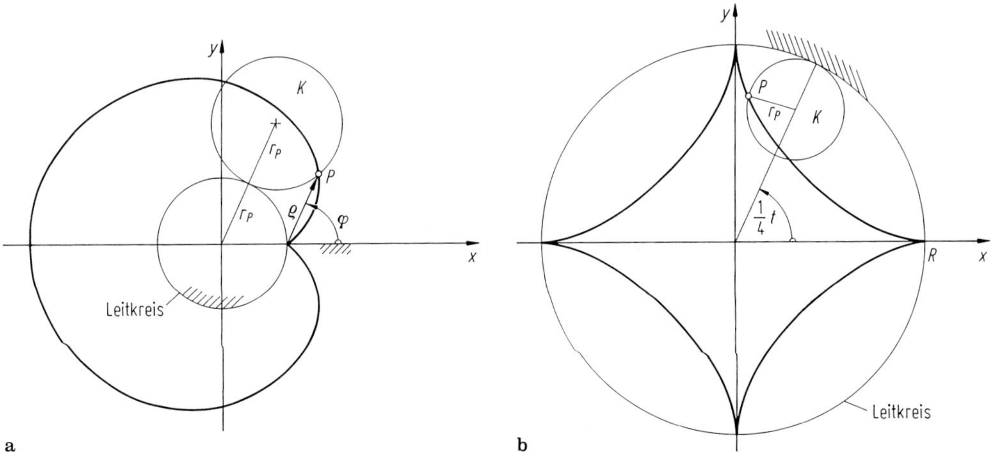

a b

Bild 8-3. a Gewöhnliche Epizykloide mit $r = r_P$, **b** gewöhnliche Hypozykloide mit $r = r_P = R/4$

Tabelle 8-3. Weitere kinematisch begründete Kurven

Name	Entstehung, Darstellung
Kreisresolvente	Bahn des Angriffspunktes A an einem Faden, der straff von einer festen Rolle mit Radius r abgewickelt wird, wobei der jeweils freie „Fadenstrahl" AB die Rolle in B tangiert. $\tau = t/r$. $x = r(\cos\tau + \tau\sin\tau)$, $y = r(\sin\tau - \tau\cos\tau)$. t: abgewickelte Kreisbogenlänge. Siehe Bild 8-4a.
Kettenlinie	Gleichgewichtsform eines Seiles (keine Biegesteifigkeit) mit konstantem Querschnitt, das im Schwerefeld zwischen 2 Punkten aufgehängt ist. $y = a\cosh(x/a)$.
Schleppkurve, auch Traktrix	Evolvente der Kettenlinie. $x = h(t - \tanh t)$, $y = h/\cosh t$. Der Tangentenabschnitt von einem beliebigen Kurvenpunkt P bis zum Schnitt T der Tangente in P mit der x-Achse ist für alle P konstant.
Archimed'sche Spirale	Bahn eines Punktes P, dessen Abstand r zum Nullpunkt 0 proportional ist zum Umlaufwinkel φ, der von einem festen Anfangsstrahl durch 0 gemessen wird, siehe Bild 8-4b. $r = a\varphi$, $0 \leqq \varphi < \infty$.
Hyperbolische Spirale	Gekennzeichnet durch inverse Proportionalität zwischen r und φ. $r = a/\varphi$, $0 < \varphi < \infty$.
Logarithmische Spirale	$r = a\mathrm{e}^{m\varphi}$, $m > 0$, $a > 0$. Die Tangente in einem Spiralenpunkt P bildet mit dem Strahl P einen konstanten Winkel τ. $\tau = \operatorname{arccot} m$
Klothoide (Cornu'sche Spirale)	Ihre Bogenlänge s ist proportional zur Krümmung: $s = a^2\,\mathrm{d}\alpha/\mathrm{d}s$. $x = \int_0^s \cos\left(\frac{\sigma^2}{2a^2}\right)\mathrm{d}\sigma$, $y = \int_0^s \sin\left(\frac{\sigma^2}{2a^2}\right)\mathrm{d}\sigma$. C, S: Fresnel'sche Integrale. $\sigma = ta\sqrt{\pi}$. $C = \int_0^u \cos\left(\frac{\pi}{2}t^2\right)\mathrm{d}t = u - \left(\frac{\pi}{2}\right)^2 \cdot \frac{u^5}{2!5} + \left(\frac{\pi}{2}\right)^4 \cdot \frac{u^9}{4!9} - + \ldots$ $S = \int_0^u \sin\left(\frac{\pi}{2}t^2\right)\mathrm{d}t = \frac{\pi}{2} \cdot \frac{u^3}{1!3} - \left(\frac{\pi}{2}\right)^3 \cdot \frac{u^7}{3!7} + \left(\frac{\pi}{2}\right)^5 \cdot \frac{u^{11}}{5!11} - + \ldots$

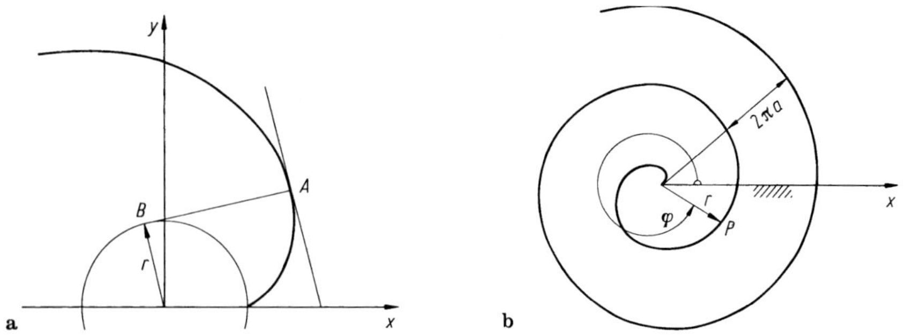

Bild 8-4. **a** Kreisresolvente, **b** Archimed'sche Spirale

funktion beruhen auf einer Kontraktion der wirksamen „Belastungslänge“ a, so zum Beispiel:

$$\begin{aligned}\delta(x-0):&\left[\frac{a}{\pi(x^2+a^2)}\right],\\ &\left[\frac{1}{a\sqrt{\pi}}\exp(-x^2/a^2)\right].\\ H(x-0):&\left[\frac{1}{2}+\frac{1}{\pi}\arctan(x/a)\right]. \qquad (8\text{-}4)\\ &\text{Jeweils}\quad a\to 0\,.\end{aligned}$$

Rechenregeln für $H(x)$ und $\delta(x)$.

$$\frac{\mathrm{d}}{\mathrm{d}x}H(x)=\delta(x)\,,\qquad x\delta(x)=0\,,$$

$$\delta(ax)=(1/a)\delta(x)\quad(a>0)\,,$$

$$\delta[f(x)]=\sum_j\frac{\delta(x-x_j)}{|f'(x_j)|}\ \text{mit}$$

$$f(x_j)=0\quad\text{einfache Nullstelle}\,,$$

$$\frac{\mathrm{d}^n}{\mathrm{d}x^n}\delta(x)=(-1)^n n!\frac{\delta(x)}{x^n}\,,$$

$$\int_{-\infty}^{\infty}\delta(x_i-x)\delta(x-x_j)\,\mathrm{d}x=\delta(x_i-x_j)\,,$$

$$\int_{-\infty}^{\infty}f(x)\delta'(x_j-x)\,\mathrm{d}x=f'(x_j)\quad(\text{falls } f' \text{ in } x_j \text{ stetig})\,,$$

$$H(s)=\frac{1}{2\pi}\int_{-\infty}^{\infty}\frac{\sin st}{t}\mathrm{d}t+\frac{1}{2}\,,$$

$$\delta(x-a)=\frac{1}{2\pi}\int_{-\infty}^{\infty}\mathrm{e}^{(x-a)\mathrm{j}t}\mathrm{d}t\,. \qquad (8\text{-}5)$$

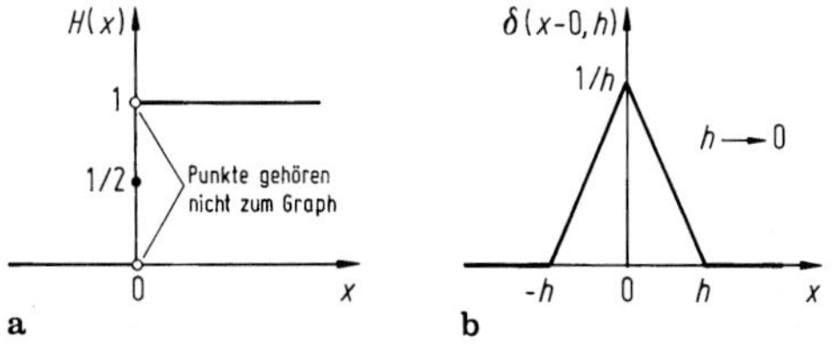

Bild 8-5. **a** Heaviside-Funktion, **b** Approximation der δ-Funktion

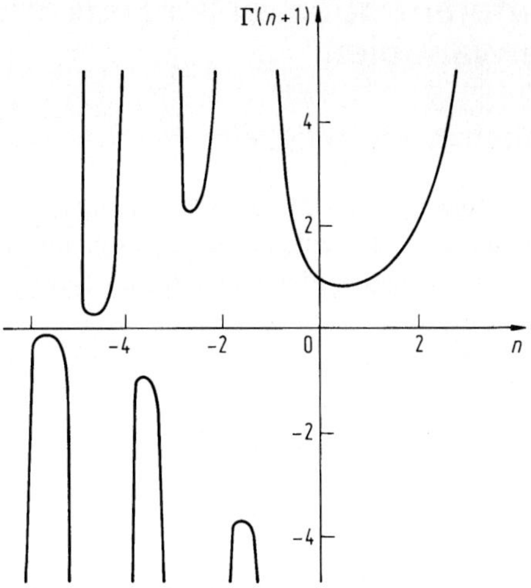

Bild 8-6. Gammafunktion

Gammafunktion $\Gamma(x)$ und *Gauß'sche Pi-Funktion* $\Pi(x)$ sind Erweiterungen der Fakultät-Funktion auf nichtganzzahlige Argumente x, siehe Bild 8-6, es gilt $\Pi(x)=\Gamma(x+1)$.

Formeln für $\Gamma(x)$:

$$\Gamma(x)=\int_0^{\infty}\mathrm{e}^{-t}t^{x-1}\mathrm{d}t\,,\qquad x>0\,.$$

$$\Gamma(x)=\lim_{n\to\infty}\frac{n^x(n-1)!}{x(x+1)(x+2)\ldots(x+n-1)}\,,\quad x\neq-1,\,-2,\,\ldots$$

$$\Gamma(x+1)=x\Gamma(x)\,,$$

$$\Gamma(x)\Gamma(1-x)=\pi/(\sin\pi x)\ \text{für}\ x^2\neq 0,\,1,\,4,\,9,\,\ldots,$$

$$n=0,\,1,\,2,\,\ldots:\ \Gamma(n+1)=\Pi(n)=n!\,,$$

$$\Gamma\left(n+\tfrac{1}{2}\right)=(2n)!\,\sqrt{\pi}/(n!\,2^{2n})\,. \qquad (8\text{-}6)$$

Betafunktion

$$B(x,y)=\int_0^1 t^{x-1}(1-t)^{y-1}\mathrm{d}t=\frac{\Gamma(x)\Gamma(y)}{\Gamma(x+y)}\,. \qquad (8\text{-}7)$$

9 Differenziation reeller Funktionen einer Variablen

9.1 Grenzwert, Stetigkeit

Reellwertige Funktionen beschreiben eindeutige Zuordnungen von Elementen y einer Teilmenge W der reellen Zahlen zu den Elementen x einer Teilmenge D der reellen Zahlen

D: Definitionsbereich (-menge), Argumentmenge der Funktion (Abbildung) f

W: Bildbereich (-menge), Wertebereich der Funktion f $\quad W(f) = \{y | y = f(x) \text{ für } x \in D\}$. (9-1)

Die Eindeutigkeit der Zuordnung ist das kennzeichnende Merkmal von Funktionen. Der Definitionsbereich muss kein Kontinuum sein. Funktionen können z. B. durch Gleichungen mit zwei Variablen x und y erklärt sein oder durch Wertetabellen, die durch graphische Darstellungen veranschaulicht werden können.

Beispiel 1:

$$f_1 : y = (x^2 - x)/x\,, \quad D = \mathbb{R}\backslash\{0\}\,, \quad \text{d.h.,} \quad x \neq 0\,,$$
$$W = \mathbb{R}\backslash\{-1\}\,, \quad \text{d.h.,}\, y \neq -1\,.$$

Beispiel 2:

$$f_2 : y = \begin{cases} (x^2 - x)/x & \text{für} \quad x \neq 0 \\ 1 & \text{für} \quad x = 0\,. \end{cases}$$

Nicht zur Funktion gehörende Paare $\{x, y = f(x)\}$ werden in der Abbildung durch einen leeren Kreis markiert, siehe Bild 9-1.

Grenzwert. Konvergiert bei jeder Annäherung von x gegen einen festen Wert x_0 (das heißt $x \to x_0$ ohne $x = x_0$) die zugehörige Folge der Funktionswerte $f(x)$ gegen einen Grenzwert g_0, so heißt g_0 der Grenzwert der Funktion f an der Stelle $x = x_0$. Hierbei ist vorausgesetzt, dass in der Umgebung von x_0 unendlich viele Werte x aus D für die Annäherung $x \to x_0$ zur Verfügung stehen (x_0 Häufungspunkt).

$$\lim_{x \to x_0} f(x) = g_0(x \in D)\,. \qquad (9\text{-}2)$$

Grenzwert g_0 (falls überhaupt vorhanden) und Funktionswert $f(x_0)$ (falls definiert) sind wohl zu unterscheiden. Man definiert 3 *Grenzwerte*:

Grenzwert, allgemein: $\lim_{x \to x_0} f(x) = g\,,$

Tabelle 9-1. Ableitungen elementarer reeller Funktionen. D: Bereich der Differenzierbarkeit

$f(x)$	f'	D	$f(x)$	f'	D
c	0	$c \in \mathbb{R}$	$x^n (n \in \mathbb{N})$	nx^{n-1}	$x \in \mathbb{R}$
$x^r (r \in \mathbb{R})$	rx^{r-1}	$x > 0$	$x^{1/n} (n \in \mathbb{N})$	$\frac{1}{nx^{1-1/n}}$	$x > 0$
e^x, auch $\exp(x)$	e^x	$x \in \mathbb{R}$	$\ln x$	x^{-1}	$x > 0$
$\sin x$	$\cos x$	$x \in \mathbb{R}$	$\arcsin x$	$\frac{1}{\sqrt{1-x^2}}$	$\|x\| < 1$
$\cos x$	$-\sin x$	$x \in \mathbb{R}$	$\arccos x$	$-\frac{1}{\sqrt{1-x^2}}$	$\|x\| < 1$
$\tan x$	$\frac{1}{\cos^2 x} = 1 + \tan^2 x$	$x \neq \pi/2 + n\pi$	$\arctan x$	$\frac{1}{1+x^2}$	$x \in \mathbb{R}$
$\cot x$	$-\frac{1}{\sin^2 x} = -1 - \cot^2 x$	$x \neq n\pi$	$\operatorname{arccot} x$	$-\frac{1}{1+x^2}$	$x \in \mathbb{R}$
$\sinh x$	$\cosh x$	$x \in \mathbb{R}$	$\operatorname{arsinh} x$	$\frac{1}{\sqrt{1+x^2}}$	$x \in \mathbb{R}$
$\cosh x$	$\sinh x$	$x \in \mathbb{R}$	$\operatorname{arcosh} x$	$\frac{1}{\sqrt{x^2-1}}$	$x > 1$
$\tanh x$	$\frac{1}{\cosh^2 x} = 1 - \tanh^2 x$	$x \in \mathbb{R}$	$\operatorname{artanh} x$	$\frac{1}{1-x^2}$	$\|x\| < 1$
$\coth x$	$-\frac{1}{\sinh^2 x} = 1 - \coth^2 x$	$x \neq 0$	$\operatorname{arcoth} x$	$\frac{1}{1-x^2}$	$\|x\| > 1$

Grenzwert, linksseitig: $\lim\limits_{x\to x_0-0} f(x) = g_l$, (9-3)

Grenzwert, rechtsseitig: $\lim\limits_{x\to x_0+0} f(x) = g_r$.

Beispiel 3:

$$\lim_{x\to 0} f_2 = \lim_{x\to 0}(x-1) = -1 .$$

Grenzwertsätze. Mit lim für $\lim\limits_{x\to x_0}$ und $\lim f_1(x) = g_1$ und $\lim f_2(x) = g_2$ sowie $g_1, g_2, c \in \mathbb{R}$ gilt:

$$\begin{aligned}
&\lim cf = c\lim f = cg ,\\
&\lim(f_1 \pm f_2) = (\lim f_1) \pm (\lim f_2) = g_1 \pm g_2 ,\\
&\lim(f_1 f_2) = (\lim f_1)(\lim f_2) = g_1 g_2 , \qquad (9\text{-}4)\\
&\lim(f_1/f_2) = (\lim f_1)/(\lim f_2) = g_1/g_2 , \quad g_2 \neq 0 .
\end{aligned}$$

Stetigkeit. Eine Funktion $f(x)$ heißt an der Stelle x_0 ihres Definitionsbereiches stetig, wenn dort der Grenzwert g_0 existiert und $g_0 = f(x_0)$ gilt:

$$\lim_{x\to x_0} f(x) = f(x_0) . \qquad (9\text{-}5)$$

Beispiel 4:
f_2 ist bei $x_0 = 0$ nicht stetig, weil $g_0 = -1$ und $f_2(x_0) = 1$ nicht übereinstimmen.

Beispiel 5:

$$f_3 : y = \begin{cases} \dfrac{x^2(x^2-1)}{(x+1)(x-1)} & \text{für} \quad x \neq \pm 1 \\ 1 & \text{für} \quad x = \pm 1 \end{cases} ,$$

f_3 stetig für alle $x \in \mathbb{R}$.

9.2 Ableitung einer Funktion

Eine Funktion f ist in x_0 differenzierbar, wenn der **Differenzenquotient**

$$\frac{f(x)-f(x_0)}{x-x_0} \quad \text{mit} \quad x, x_0 \in D \quad \text{und} \quad x \neq x_0 \quad (9\text{-}6)$$

für x gegen x_0 einen Grenzwert besitzt, den man mit f' (f Strich) oder auch $\dot{f}$ (f Punkt, falls x z. B. für die Zeit steht) bezeichnet und auch *Ableitung der Funktion f* nennt.

$$\begin{aligned}
f'(x_0) &= \lim_{\Delta x\to 0} \frac{f(x_0+\Delta x) - f(x_0)}{\Delta x}\\
&= \lim_{\Delta x\to 0} \frac{\Delta f}{\Delta x}, \quad x = x_0 + \Delta x . \qquad (9\text{-}7)
\end{aligned}$$

Nach Bild 9-2 steht der Differenzenquotient für die Steigung $\tan\alpha = \Delta y/\Delta x$ der Sekante, die für x gegen x_0 gegen die Tangente im Punkt $(x_0, f(x_0))$ konvergiert, falls f' in x_0 existiert. Den Grenzwert des Differenzenquotienten nennt man auch *Differenzialquotient*; sein Zähler $\mathrm{d}f = \mathrm{d}y$ gibt den differenziellen Zuwachs der Funktion beim Fortschreiten um $\mathrm{d}x$ in x-Richtung an.

$$\begin{aligned}
&f' = \lim_{\Delta x\to 0}\frac{\Delta f}{\Delta x} = \frac{\mathrm{d}y}{\mathrm{d}x} \quad \text{oder} \quad \mathrm{d}y = f'\,\mathrm{d}x ,\\
&f(x_0+\mathrm{d}x) = f(x_0) + \mathrm{d}y . \qquad (9\text{-}8)
\end{aligned}$$

Beispiel 1:

$$f(x) = x^2 + x .$$

$$\begin{aligned}
f'(x_0) &= \lim_{\Delta x\to 0}\frac{[(x_0+\Delta x)^2 + x_0 + \Delta x] - [x_0^2 + x_0]}{\Delta x}\\
&= \lim_{\Delta x\to 0}(2x_0 + \Delta x + 1) = 2x_0 + 1 .
\end{aligned}$$

Beispiel 2:

$$f(x) = \sin x .$$

$$f'(x_0) = \lim_{\Delta x\to 0}\frac{\sin(x_0+\Delta x) - \sin x_0}{\Delta x}$$

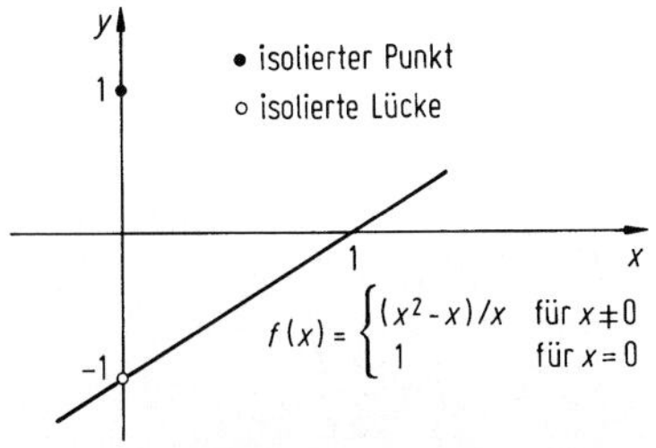

Bild 9–1. Unstetige Funktion

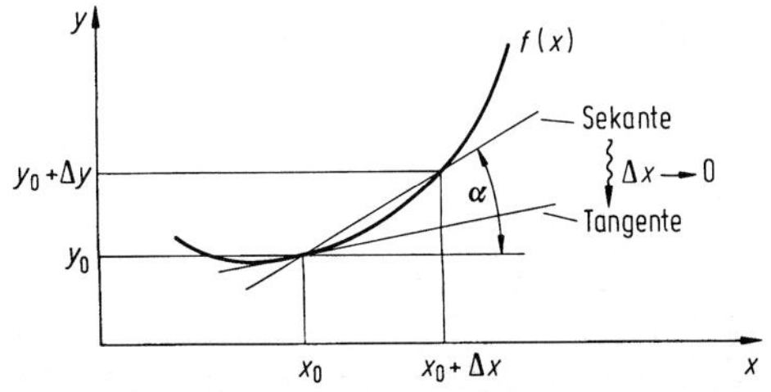

Bild 9–2. Sekante und Tangente

$$= \lim_{\Delta x \to 0} \frac{\sin x_0 \cos \Delta x + \cos x_0 \sin \Delta x - \sin x_0}{\Delta x}$$
$$= \sin x_0 \lim_{\Delta x \to 0} \frac{\cos \Delta x - 1}{\Delta x}$$
$$+ \cos x_0 \lim_{\Delta x \to 0} \frac{\sin \Delta x}{\Delta x} = \cos x_0 \,.$$

Für die Grenzwertberechnung der Quotienten benutze man die Reihenentwicklungen in Tabelle 9-3.

Einseitige Ableitungen in x_0 sind dann von Bedeutung, wenn der Grenzwert des Differenzenquotienten (9-6) nur bei einseitiger Annäherung an den Wert x_0 existiert. Man spricht dann von links- oder rechtsseitiger Ableitung, siehe Bild 9-3.

Ableitungsregeln. Bei Existenz der Ableitungen f' und g' zweier Funktionen $f(x)$ und $g(x)$ gilt:

$$\begin{aligned} (f \pm g)' &= f' \pm g' \,, \\ (fg)' &= f'g + fg' \,, \\ f = \text{const} = c:\ (cg)' &= cg' \,, \\ (f/g) &= (f'g - fg')/g^2, \quad g \neq 0 \,. \end{aligned} \tag{9-9}$$

Kettenregel. Lässt sich eine Funktion als ineinandergeschachtelter Ausdruck von differenzierbaren Teilfunktionen darstellen, dann ist die Kettenregel von Nutzen, wobei die einzelnen Differenzialquotienten als Einheit zu behandeln sind.

$f(x) = f[g(x)]$	$f(x) = f\{g[h(x)]\}$
$f'(x) = \left(\frac{df}{dg}\right) \cdot \left(\frac{dg}{dx}\right)$	$f'(x) = \left(\frac{df}{dg}\right) \cdot \left(\frac{dg}{dh}\right) \cdot \left(\frac{dh}{dx}\right)$

(9-10)

Die Quotientenkette lässt sich beliebig weiterführen.

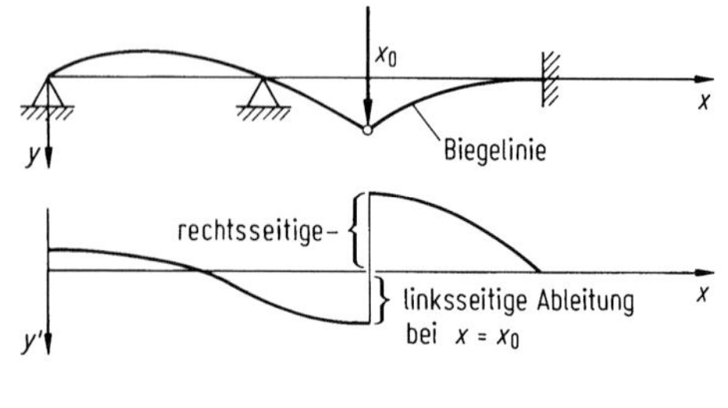

Bild 9-3. Einseitige Ableitungen bei einem Gelenkträger

Beispiel 1:

$$f(x) = \sin(x^2) \,. \quad g(x) = x^2 \,.$$
$$f' = \left[\frac{d(\sin g)}{dg}\right] \left[\frac{d(x^2)}{dx}\right]$$
$$= (\cos g)\, 2x = 2x \cos x^2 \,.$$

Beispiel 2:

$$f(x) = [\sin x^2]^3 \,. \quad g(x) = \sin h \,, \quad h(x) = x^2 \,.$$
$$f' = (3g^2)(\cos h) 2x = 6x [\sin x^2]^2 \cos x^2 \,.$$

Ableitungen von Umkehrfunktionen. Bei Umkehrfunktionen wird die Gleichberechtigung von x und $y = f(x)$ benutzt.

$$\frac{dy}{dx} = \left(\frac{dx}{dy}\right)^{-1} \,. \tag{9-11}$$

Beispiel:

$$f(x) = y = \arcsin x \,. \text{ Umkehrung } x = \sin y \,.$$
$$dx/dy = \cos y = \sqrt{1 - x^2} \,, \quad f' = 1/\sqrt{1 - x^2} \,.$$

Logarithmisches Ableiten. Statt $f(x)$ wird die logarithmierte Hilfsform $h = \ln f(x)$ abgeleitet.

$$h' = f'/f \quad \text{(Kettenregel)} \quad \to f' = h'f \,. \tag{9-12}$$

Beispiel:

$$f(x) = x\sqrt{1 + x}/(1 + x^2) \,.$$
$$h = \ln f(x) = \ln x + \frac{1}{2} \ln(1 + x) - \ln(1 + x^2) \,.$$
$$f' = \left(\frac{1}{x} + \frac{1}{2(1 + x)} - \frac{2x}{1 + x^2}\right) x\sqrt{1 + x}/(1 + x^2) \,.$$

Ableitungen höherer Ordnung. Die n-te Ableitung $f^{(n)}$ einer entsprechend oft differenzierbaren Funktion f ist die einfache Ableitung von $f^{(n-1)}$.

$$f^{(n)} = \frac{df^{(n-1)}}{dx} = \frac{d}{dx}\left[\frac{df^{(n-2)}}{dx}\right]$$
$$= \ldots = \frac{d^n f}{dx^n} \,. \tag{9-13}$$

Man schreibt auch $f^{(0)} = f$, $f^{(1)} = f'$, $f^{(2)} = f''$ usw.

Tabelle 9-2. MacLaurin-Restglieder mit Abschätzung $R_n(x\xi) \leqq \overline{R}_n(x)$

$f(x)$	$R_n(x\xi)$	$\overline{R}_n(x)$
e^x	$\dfrac{e^{\xi x}}{(n+1)!}x^{n+1}$	$\dfrac{e^{\lvert x\rvert}}{(n+1)!}\lvert x\rvert^{n+1}$
$\ln(1+x)$	$\dfrac{(-1)^n}{(1+\xi x)^{n+1}} \cdot \dfrac{x^{n+1}}{n+1}$	$\dfrac{x^{n+1}}{n+1}(x \geqq 0)$
		$\dfrac{\lvert x\rvert^{n+1}}{1+x}(-1 < x < 0)$
$(1+x)^r$	$B(1+\xi x)^{r-n-1}x^{n+1}$	$\lvert B\rvert x^{n+1}(x \geqq 0, r < n+1)$
$x > -1, r \in \mathbb{R}$	$B = \begin{pmatrix} r \\ n+1 \end{pmatrix}$	$\left.\begin{matrix}(n+1)\lvert B\rvert\lvert x\rvert^{n+1} \\ (r \geqq 1, -1 < x < 0)\end{matrix}\right\}$
		$\left.\begin{matrix}(n+1)\lvert B\rvert\dfrac{\lvert x\rvert^{n+1}}{(1+x)^{1-r}} \\ (r < 1, -1 < x < 0)\end{matrix}\right\}$

Mehrfache Ableitung eines Produktes

$$f(x) = u(x)v(x)\ .$$

$$[u(x)v(x)]^{(n)} = \sum_{k=0}^{n} \binom{n}{k} u^{(n-k)}v^{(k)}\ . \qquad (9\text{-}14)$$

Die Binomialkoeffizienten entnimmt man zweckmäßig dem Pascal'schen Dreieck, siehe 2.5.3.

Beispiel:

$$(uv)''' = u'''v + 3u''v' + 3u'v'' + uv'''\ .$$

9.2.1 Funktionsdarstellung nach Taylor

Jedes Polynom n-ten Grades $p(x)$ lässt sich durch seine n Ableitungswerte an einer beliebigen Stelle x_0 darstellen.

Taylor-Formel für Polynome:

$$p(x) = \sum_{k=0}^{n} a_k x^k = \sum_{k=0}^{n} \frac{f^{(k)}(x_0)}{k!}(x - x_0)^k\ . \qquad (9\text{-}15)$$

Für eine beliebige Funktion $f(x)$, die in der Umgebung von x_0 $(n+1)$-fach differenzierbar ist, gilt eine entsprechende Formel, die in der Regel nicht abbricht, sondern ein Restglied R_n hinterlässt.

Allgemeine Taylor-Formel:

$$f(x) = \sum_{k=0}^{n} \frac{f^{(k)}(x_0)}{k!}(x - x_0)^k + R_n(x, x_0)\ ,$$

$$R_n(x, x_0) = \frac{f^{(n+1)}(x_0 + \xi(x - x_0))}{(n+1)!}(x - x_0)^{n+1}\ , \qquad (9\text{-}16)$$

$$0 < \xi < 1\ .$$

Mittelwertsatz. Die Restgliedformel in (9-16) folgt aus dem Mittelwertsatz für eine im abgeschlossenen Intervall $a \leqq x \leqq b$ stetige und im offenen Intervall $a < x < b$ differenzierbare Funktion $f(x)$. Es existiert wenigstens eine Stelle $x = c$ zwischen $x = a$ und $x = b$ mit einer Steigung gleich der der Sekante von $x = a$ nach $x = b$, siehe Bild 9-4.

$$f'(c) = \frac{f(b) - f(a)}{b - a}$$

$$c = a + \xi(b - a)\ , \quad 0 < \xi < 1\ . \qquad (9\text{-}17)$$

MacLaurin-Formel ist eine spezielle Taylor-Form mit $x_0 = 0$.

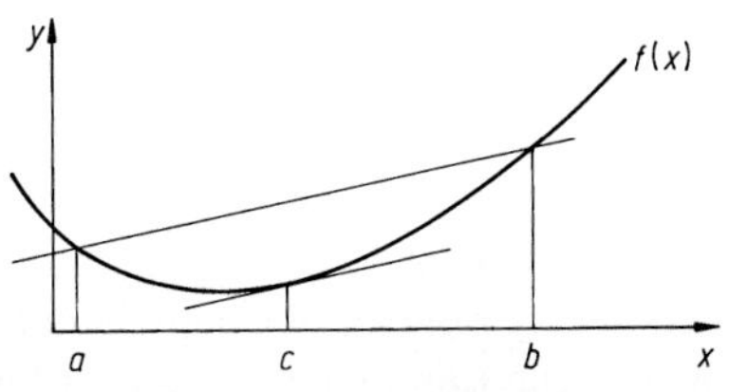

Bild 9-4. Mittelwertsatz

Tabelle 9-3. MacLaurin-Reihen

$f(x)$	Allgemein	Erste 4 Glieder; Konvergenz
$(1+x)^r$	$\sum_{n=0}^{\infty}\binom{r}{n}x^n$	$1+rx+\frac{r(r-1)}{2!}x^2+\frac{r(r-1)(r-2)}{3!}x^3$ $\lvert x\rvert<1,\quad r\in\mathbb{R};\quad -1<x\leqq 1,\quad r>-1$ $x\in\mathbb{R},\quad r\in\mathbb{N};\quad -1\leqq x\leqq 1,\quad r>0$
$\frac{1}{1+x}$	$\sum_{n=0}^{\infty}(-1)^n x^n$	$1-x+x^2-x^3;\quad \lvert x\rvert<1$
$\sqrt{1+x}$	$\sum_{n=0}^{\infty}\binom{1/2}{n}x^n$	$1+\frac{1}{2}x-\frac{1}{8}x^2+\frac{1}{16}x^3;\quad \lvert x\rvert\leqq 1$
$\frac{1}{\sqrt{1+x}}$	$\sum_{n=0}^{\infty}\binom{-1/2}{n}x^n$	$1-\frac{1}{2}x+\frac{3}{8}x^2-\frac{5}{16}x^3;\quad -1<x<1$
e^x	$\sum_{n=0}^{\infty}\frac{x^n}{n!}$	$1+x+\frac{x^2}{2!}+\frac{x^3}{3!};\quad \lvert x\rvert<\infty$ $\to e=2{,}71828\ldots$
$\ln(1+x)$	$\sum_{n=1}^{\infty}(-1)^{n+1}\frac{x^n}{n}$	$x-\frac{x^2}{2}+\frac{x^3}{3}-\frac{x^4}{4};\quad -1<x\leqq 1$ $\ln 2=0{,}693147\ldots$
$\sin x$	$\sum_{n=0}^{\infty}(-1)^n\frac{x^{2n+1}}{(2n+1)!}$	$x-\frac{x^3}{3!}+\frac{x^5}{5!}-\frac{x^7}{7!};\quad \lvert x\rvert<\infty$
$\cos x$	$\sum_{n=0}^{\infty}(-1)^n\frac{x^{2n}}{(2n)!}$	$1-\frac{x^2}{2!}+\frac{x^4}{4!}-\frac{x^6}{6!};\quad \lvert x\rvert<\infty$
$\tan x$	–	$x+\frac{1}{3}x^3+\frac{2}{3\cdot 5}x^5+\frac{17}{9\cdot 5\cdot 7}x^7;\quad \lvert x\rvert<\frac{\pi}{2}$
$x\cot x$	–	$1-\frac{1}{3}x^2-\frac{1}{3^2\cdot 5}x^4-\frac{2}{3^3\cdot 5\cdot 7}x^6;\quad \lvert x\rvert<\pi$
$\arcsin x$	$\sum_{n=0}^{\infty}\frac{(2n)!x^{2n+1}}{4^n(n!)^2(2n+1)}$	$x+\frac{1}{6}x^3+\frac{3}{40}x^5+\frac{5}{112}x^7;\quad \lvert x\rvert<1$
$\arctan x$	$\sum_{n=0}^{\infty}(-1)^n\frac{x^{2n+1}}{2n+1}$	$x-\frac{x^3}{3}+\frac{x^5}{5}-\frac{x^7}{7};\quad \lvert x\rvert\leqq 1$ $\to \arctan 1=\frac{\pi}{4}=1-\frac{1}{3}+\frac{1}{5}-\frac{1}{7}\ldots$
$\sinh x$	$\sum_{n=0}^{\infty}\frac{x^{2n+1}}{(2n+1)!}$	$x+\frac{x^3}{3!}+\frac{x^5}{5!}+\frac{x^7}{7!};\quad \lvert x\rvert<\infty$
$\cosh x$	$\sum_{n=0}^{\infty}\frac{x^{2n}}{(2n)!}$	$1+\frac{x^2}{2!}+\frac{x^4}{4!}+\frac{x^6}{6!};\quad \lvert x\rvert<\infty$

$$f(x)=\sum_{k=0}^{n}\frac{f^{(k)}(0)}{k!}x^k+\frac{f^{(n+1)}(\xi x)}{(n+1)!}x^{n+1}\,,\quad 0<\xi<1\,. \tag{9-18}$$

Mit (9-17) und (9-18) können Funktionen durch Polynome approximiert werden, wodurch auch Entwicklungen für spezielle Konstanten wie $\arctan 1=\pi/4$, e oder ln 2 entstehen (Tabelle 9-3).

Beispiel:

$$f(x)=e^x=1+\frac{x}{1!}+\frac{x^2}{2!}+\frac{x^3}{3!}+R_3\,.$$

Speziell

$$x=1:\ e\leqq 1+1+\frac{1}{2}+\frac{1}{6}+\frac{e}{24}\,.\quad e\leqq 2{,}783\,.$$

9.2.2 Grenzwerte durch Ableitungen

Hat eine Funktion $f(x)$ für $x = x_0$ eine numerisch unbestimmte Form wie

$$\frac{0}{0}\,,\quad \frac{\infty}{\infty}\,,\quad 0\cdot\infty\,,\quad \infty-\infty\,,\quad 0^0\,,\quad \infty^0\,,\quad 1^\infty\,, \tag{9-19}$$

kann dennoch ein Grenzwert $\lim\limits_{x=x_0} f(x)$ existieren. Für die grundlegenden Quotientenformen $0/0$ und ∞/∞ gilt die

Regel von de l'Hospital für $\frac{0}{0}$, $\frac{\infty}{\infty}$:

$$f(x_0) = \frac{u(x_0)}{v(x_0)} = \lim_{x\to x_0}\frac{u(x)}{v(x)} = \lim_{x\to x_0}\frac{u'(x)}{v'(x)}\,. \tag{9-20}$$

Falls erforderlich, ist die Ableitungsordnung zu erhöhen, siehe Beispiel 1.
Die anderen Fälle in (9-19) werden auf (9-20) zurückgeführt.

$$f(x_0) = u(x_0)\cdot v(x_0) = 0\cdot\infty = \frac{u(x_0)}{v^{-1}(x_0)}\,;\quad \text{Typ }\frac{0}{0}\,.$$

$$f(x_0) = u(x_0) - v(x_0) = \infty - \infty$$

$$= \frac{v^{-1}(x_0) - u^{-1}(x_0)}{[u(x_0)v(x_0)]^{-1}}\,;\quad \text{Typ }\frac{0}{0}\,.$$

$$f = [u(x_0)]^{v(x_0)} = \begin{cases} 0^0 \\ \infty^0\,; \\ 1^\infty \end{cases}$$

$$\ln f = v(x_0)\ln[u(x_0)]\,;\quad \text{Typ}\,0\cdot\infty\,. \tag{9-21}$$

Beispiel 1:

$$f(x) = \frac{x^2}{\exp x}\,.\quad \text{Gesucht }\lim_{x\to\infty} f = g\,.\quad \text{Typ }\frac{\infty}{\infty}\,.$$

$$g = \lim_{x\to\infty}\frac{2x}{\exp x}$$

$$\left(\text{immer noch }\frac{\infty}{\infty}\right) = \lim_{x\to\infty}\frac{2}{\exp x} = 0\,.$$

Beispiel 2:

$$f(x) = [\cos x]^{1/x}\,.$$

$$\text{Gesucht }\lim_{x\to 0} f(x) = g\,.\quad \text{Typ }1^\infty\,.$$

$$\ln g = \lim_{x\to 0}\frac{\ln(\cos x)}{x} = \lim_{x\to 0}\frac{\frac{-\sin x}{\cos x}}{1} = 0 \to g = 1\,.$$

Grenzwertberechnungen durch eine Reihenentwicklung nach Taylor oder MacLaurin sind oft nützlich.

Beispiel 3:

$$f(x) = \frac{\tan x - x}{x\cos x - \sin x}\,.$$

$$\text{Gesucht }\lim_{x\to 0} f = g\,.\quad \text{Typ }\frac{0}{0}\,.$$

$$f(x) = \frac{\frac{1}{3}x^3 + \frac{2}{15}x^5 + \ldots}{\left(x - \frac{x^3}{2} + \ldots\right) - \left(x - \frac{x^3}{6} + \ldots\right)}\,,$$

$$\lim_{x\to 0} f(x) = \frac{1/3}{-1/2 + 1/6} = -1\,.$$

9.2.3 Extrema, Wendepunkte

Extrema sind Maxima oder Minima. Strenge oder eigentliche Maxima (Minima) einer Funktion $f(x_0)$ für $x = x_0$ zeichnen sich dadurch aus, dass in ihrer Umgebung kein größerer (kleinerer) Wert existiert. Man nennt sie auch relative oder lokale Extrema.
Der Größtwert (Kleinstwert) der Funktion $f(x)$ innerhalb des vorgegebenen Intervalls $a \leqq x \leqq b$ heißt absolutes oder globales Maximum (Minimum). Ein Wert $f(x_0)$ kann sowohl lokal als auch global extremal sein, siehe Bild 9-5.

Lokale Extrema $f(x_0)$ bei $x = x_0$:

Notwendige Bedingung $f'(x_0) = 0$.
Hinreichende Bedingung aus Vorzeichenverhalten von $f'(x_0 - \delta)$ und $f'(x_0 + \delta)$ bei Differenzierbarkeit in lokaler Umgebung von x_0; $\delta > 0$.

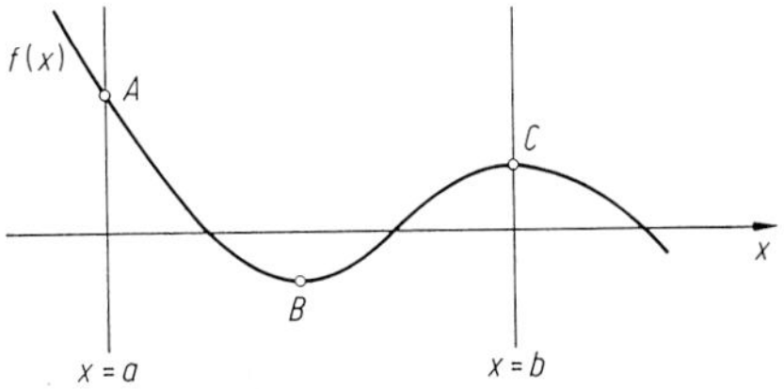

Bild 9-5. Lokale und globale Extrema im Intervall $a \leqq x \leqq b$. A globales Maximum, B lokales und globales Minimum, C lokales Maximum

$f'(x_0-\delta)$	$f'(x_0+\delta)$	
>0	>0	kein relatives
<0	<0	Extremum
<0	>0	Minimum
>0	<0	Maximum

(9-22)

Hinreichende Bedingung aus höheren Ableitungen $f^{(k)}(x_0)$ mit $k>1$.

$$f''(x_0)\begin{matrix} <0: & \text{Maximum} \\ >0: & \text{Minimum}\end{matrix} ,$$

$$f''(x_0)=0: \quad \begin{array}{l}\text{So lange differenzieren und } x=x_0 \\ \text{setzen bis } f^{(k)}(x_0)\neq 0\,, k>2\,. \\ \text{Wenn } k \text{ gerade:} \\ f^{(k)}(x_0)\begin{matrix} <0: & \text{Maximum} \\ >0: & \text{Minimum}\end{matrix} , \\ \text{wenn } k \text{ ungerade: kein Extremum}\,. \end{array} \qquad (9\text{-}23)$$

Wendepunkte: Die Funktion $f(x)$ hat an der Stelle x_0 einen Wendepunkt, wenn die Ableitung f' bei x_0 ein relatives Extremum besitzt mit der notwendigen Bedingung $f''(x_0)=0$.

Sattel- oder Stufenpunkt: $f'(x_0)=0, f''(x_0)=0$.

Beispiel:

$$f(x)=(x-1)^3(x+1)\,, \quad -\infty<x<\infty\,.$$

$$f'=(x-1)^2(4x+2)\,. \quad f'(-1/2)=0\,, \quad f'(1)=0\,.$$

$$f'\left(-\frac{1}{2}=-\delta\right)<0\,, \quad f'\left(-\frac{1}{2}+\delta\right)<0 \rightarrow \text{Minimum}\,.$$

$$f'(1-\delta)>0\,, \quad f'(1+\delta)>0$$

$\rightarrow$ kein relatives Extremum .

$$f''=(x-1)(12x)\,. \quad f''(1)=0\,, \quad f''(0)=0\,.$$

$$f''(0-\delta)>0\,, \quad f''(0+\delta)<0 \rightarrow \text{Wendepunkt}\,.$$

$$f''(1-\delta)<0\,, \quad f''(1+\delta)>0 \rightarrow \text{Wendepunkt}\,.$$

Sattelpunkt bei $x_0=1$.

9.3 Fraktionale Ableitungen

Stoffgesetze in der Strukturdynamik werden u. a. auch durch fraktionale, d. h. nicht ganzzahlige Ableitungen z. B. der Verschiebungsfunktion $u(t)$ nach der Zeit t beschrieben:

$$\frac{\mathrm{d}^\alpha u(t)}{\mathrm{d}t^\alpha}={}_a\mathrm{D}^\alpha[u(t)]\,, \quad \alpha \text{ rational}\,. \qquad (9\text{-}24)$$

Die Definition nach Riemann und Liouville,

$${}_a\mathrm{D}^\alpha[u(t)]=\frac{1}{\Gamma(1-\alpha)}\frac{\mathrm{d}}{\mathrm{d}t}\int_a^t\frac{u(t-\tau)}{\tau^\alpha}\mathrm{d}\tau\,, \quad 0<\alpha<1\,, \qquad (9\text{-}25)$$

kann mithilfe der Verkettungsregel (9-29) auf $\alpha\geq 1$ erweitert werden. Die Definition nach Grünwald,

$${}_a\mathrm{D}^\alpha[u(t)] = \lim_{n\to\infty}\left\{\left(\frac{t-a}{n}\right)^{-\alpha}\sum_{j=0}^{n-1}\frac{\Gamma(j-\alpha)}{\Gamma(-\alpha)\Gamma(j+1)}\cdot u\left(t-j\frac{t-a}{n}\right)\right\}\,, \qquad (9\text{-}26)$$

gilt für alle reellen Zahlen α. Beide Definitionen enthalten die Gammafunktion

$$\Gamma(1-\alpha)=\int_0^\infty x^{-\alpha}\exp(-x)\,\mathrm{d}x \qquad (9\text{-}27)$$

und besitzen die folgenden Eigenschaften:

Linearität:

$$\mathrm{D}^\alpha[c_1f_1(t)+c_2f_2(t)]=c_1\mathrm{D}^\alpha[f_1(t)]+c_2\mathrm{D}^\alpha[f_2(t)]\,, \qquad (9\text{-}28)$$

Verkettung:

$$\mathrm{D}^\alpha\{\mathrm{D}^\beta[f(t)]\}=\mathrm{D}^{\alpha+\beta}[f(t)]\,, \qquad (9\text{-}29)$$

Laplace-Transformation: (vgl. 23.2)

$$\mathrm{L}\left\{\frac{\mathrm{d}^\alpha f(t)}{\mathrm{d}t^\alpha}\right\}=\int_0^\infty\{\ldots\}\mathrm{e}^{-st}\mathrm{d}t = s^\alpha\mathrm{L}\{f(t)\}-\sum_{j=0}^{n-1}s^j\frac{\mathrm{d}^{\alpha-1-j}}{\mathrm{d}t^{\alpha-1-j}}f(0)\,, \quad n-1<\alpha\leq n\,. \qquad (9\text{-}30)$$

Beispiel: Die einhalbte Ableitung ${}_0\mathrm{D}^{\frac{1}{2}}$ der Funktion $f(t)=t^2$ lässt sich mithilfe der Definition

$${}_0\mathrm{D}^{\frac{1}{2}}[t^2]=\frac{1}{\Gamma\left(\frac{1}{2}\right)}\frac{\mathrm{d}}{\mathrm{d}t}\int_0^t\frac{(t-\tau)^2}{\tau^{\frac{1}{2}}}\mathrm{d}\tau$$

und unter Benutzung der Leibniz-Regel (12.1, (9-2))

$$ {}_0D^{\frac{1}{2}}[t^2] = \frac{1}{\Gamma\left(\frac{1}{2}\right)} \int_0^t \frac{\partial}{\partial t}\left[\frac{(t-\tau)^2}{\tau^{\frac{1}{2}}}\right] d\tau + \frac{1}{\Gamma\left(\frac{1}{2}\right)} \frac{(t-t)^2}{t^{\frac{1}{2}}} $$

wie folgt darstellen:

$$ {}_0D^{\frac{1}{2}}[t^2] = \frac{2}{\Gamma\left(\frac{1}{2}\right)} \int_0^t \left(t\tau^{-\frac{1}{2}} - \tau^{\frac{1}{2}}\right) d\tau = \frac{8}{3} \frac{t^{\frac{3}{2}}}{\sqrt{\pi}} ; $$

$$ \Gamma\left(\frac{1}{2}\right) = \sqrt{\pi} . $$

Die Funktion

$$ \tilde{f} = \frac{1}{\sqrt{\pi t}} + \exp(t)[1 - \mathrm{erf}(-\sqrt{t})] \text{ mit } D^{\frac{1}{2}}[\tilde{f}] = \tilde{f} $$

stimmt mit ihrer einhalbten Ableitung überein, sie ist demnach Eigenfunktion $\tilde{f}$ zum Operator $D^{\frac{1}{2}}$. Dabei ist

$$ \mathrm{erf}(z) = \frac{2}{\sqrt{\pi}} \int_0^z \exp(-t^2)\, dt $$

die sog. *error function oder Gauß'sche Fehlerfunktion*. Einzelheiten sind der Spezialliteratur [1]–[3] zu entnehmen.

Tabelle 9-4. Ausgewählte fraktionale Ableitungen für $\alpha = \frac{1}{2}, a = 0$

$f(t)$	${}_0D^{\frac{1}{2}}[f(t)]$
C (beliebige Konstante)	$C/\sqrt{\pi t}$
$\sqrt{t}$	$\frac{1}{2}\sqrt{\pi}$
$1/\sqrt{t}$	0
t	$2\sqrt{t/\pi}$
$t^n; n = 0, 1, 2 \ldots$	$\frac{(n!)^2(4t)^n}{(2n)!\sqrt{\pi t}}$
$\exp(t)$	$1/\sqrt{\pi t} + \exp(t)\mathrm{erf}(\sqrt{t})$; $\mathrm{erf}\, z = \frac{2}{\sqrt{\pi}} \int_0^z e^{-x^2} dx$
$\exp(t)\mathrm{erf}(\sqrt{t})$	$\exp(t)$

10 Integration reeller Funktionen einer Variablen

10.1 Unbestimmtes Integral

Die zum Differenzieren inverse Operation nennt man Integration

Gegeben: $f(x)$.

Gesucht: $F(x) = \int f(x)\, dx$ so, dass

$$ F'(x) = \frac{dF}{dx} = f(x) . $$

$F(x)$: *Stamm- oder Integralfunktion* zu $f(x)$. (10-1)

Beispiel:

Gegeben: $f(x) = \cos x$.

$F(x) = C + \sin x , \quad C \in \mathbb{R} ,$ da

$F'(x) = (C + \sin x)' = 0 + \cos x = f(x)$.

Die Menge aller Stammfunktionen, die sich durch eine reelle Konstante $C \in \mathbb{R}$ unterscheiden, nennt man unbestimmtes Integral.
Tabelle 10-1 wird durch die Umkehrung der Ableitungstabelle 9-1 gewonnen.

Integrationsregeln

$$ \int r f(x)\, dx = r \int f(x)\, dx , \quad r \in \mathbb{R} . $$

$$ \int (f(x) + g(x))\, dx = \int f(x)\, dx + \int g(x)\, dx . \tag{10-2} $$

Integrationstechniken haben das Ziel, eine gegebene Funktion $f(x)$ so umzuformen, dass ein Grundintegral entsteht.
Partielle Integration ist die inverse Differenziation eines Produktes $u(x)v(x)$. Sie ist nur dann sinnvoll, wenn $u'v$ einfacher zu integrieren ist als uv'.

$$ \int uv'\, dx = uv - \int u'v\, dx . \tag{10-3} $$

Beispiel:

$$ \int x \cos x\, dx = x \sin x - \int 1 \cdot \sin x\, dx $$
$$ = x \sin x + \cos x . $$

Tabelle 10-1. Elementare Integralfunktionen $\int f(x)\,dx = F(x) + C$

$f(x)$	$F(x) = \int f(x)\,dx$	$f(x)$	$F(x)$
a	ax	x^r	$\frac{x^{r+1}}{r+1},\ r \neq -1$
e^x	e^x	$\frac{1}{x}$	$\ln\|x\|$
$\cos x$	$\sin x$		
$\sin x$	$-\cos x$	$\frac{1}{\sqrt{1-x^2}}$	$\begin{cases} \arcsin x \\ -\arccos x \end{cases}$
$\frac{1}{\cos^2 x}$	$\tan x$		
$\frac{1}{\sin^2 x}$	$-\cot x$	$\frac{1}{1+x^2}$	$\begin{cases} \arctan x \\ -\operatorname{arccot} x \end{cases}$
$\cosh x$	$\sinh x$	$\frac{1}{\sqrt{1+x^2}}$	$\operatorname{arsinh} x$
$\sinh x$	$\cosh x$	$\frac{1}{\sqrt{x^2-1}}$	$\operatorname{arcosh} x$
$\frac{1}{\cosh^2 x}$	$\tanh x$		
$\frac{1}{\sinh^2 x}$	$-\coth x$	$\frac{1}{1-x^2}$	$\begin{cases} \operatorname{artanh} x, & \|x\| < 1 \\ \operatorname{arcoth} x, & \|x\| > 1 \end{cases}$

Die **Substitutionsmethode** ist das Analogon zur Kettenregel, wobei die geeignete Wahl einer Hilfsfunktion von entscheidender Bedeutung ist; s. Tabelle 10-2.

$$\int f[g(x)]\,dx = \int \frac{f(g)}{g'}\,dg\,. \qquad (10\text{-}4)$$

Tabelle 10-2. Geeignete Hilfsfunktionen zur Substitution

Typ	$f(x)$	$g(x)$
1	$f\left(x, \sqrt[n]{\frac{ax+b}{cx+d}}\right)$	$\sqrt[n]{\frac{ax+b}{cx+d}}$
2	$f(x, \sqrt{1 \pm x^2})$	$\sqrt{1 \pm x^2}$
3	$f(x, \sqrt{ax^2+bx+c})$	$\Delta > 0$: $\frac{2ax+b}{\sqrt{\Delta}} \to$ Typ 2
	$\Delta = b^2 - 4ac$	$\Delta < 0$: $\frac{2ax+b}{\sqrt{-\Delta}} \to$ Typ 2
4	$f(e^x)$	e^x
5	$f(\cos x, \sin x)$	$\tan\frac{x}{2}$ (trigonometrische Umformungen nutzen)
6	$f(\sinh x, \cosh x)$	e^x

Tabelle 10-3. Integralfunktionen $\int f(x)\,dx = F(x) + C$

$f(x)$	$F(x)$
$(ax+b)^n$	$(ax+b)^{n+1}/(a(n+1))\,,\quad n \neq -1$ $\ln\|ax+b\|/a\,,\quad n = -1$
$(a^2+x^2)^{-1}$	$a^{-1}\arctan(x/a)$
$(a^2-x^2)^{-1}$	$\frac{1}{2a}\ln\left\|\frac{a+x}{a-x}\right\|$
$(ax^2+bx+c)^{-1}$, $\Delta^2 = 4ac - b^2$	$\begin{cases} \Delta^2 > 0: & \frac{2}{\Delta}\arctan\frac{2ax+b}{\Delta} \\ \Delta = 0: & -2/(2ax+b) \\ \Delta^2 < 0: & \frac{j}{\Delta}\ln\left\|\frac{2ax+b+j\Delta}{2ax+b-j\Delta}\right\| \end{cases}$
$\frac{x}{ax^2+bx+c} = \frac{x}{q(x)}$	$\frac{1}{2a}\ln\|q(x)\| - \frac{b}{2a}\int\frac{dx}{q(x)}$
$1/\sqrt{a^2-x^2}$	$\arcsin(x/a)$; $-\arccos(x/a)$
$1/\sqrt{a^2+x^2}$	$\ln(x + \sqrt{x^2+a^2})$
$\sqrt{a^2-x^2}$	$(x/2)\sqrt{a^2-x^2}$ $+(a^2/2)\arcsin(x/a)$
$\sqrt{x^2+a^2} = f(x)$	$(x/2)f(x) + (a^2/2)\ln(x + f(x))$
$\sin mx\cos nx$ $(m^2 \neq n^2)$	$-\frac{\cos(m-n)x}{2(m-n)} - \frac{\cos(m+n)x}{2(m+n)}$
$\sin mx\sin nx$ $(m^2 \neq n^2)$	$\frac{\sin(m-n)x}{2(m-n)} - \frac{\sin(m+n)x}{2(m+n)}$
$\cos mx\cos nx$ $(m^2 \neq n^2)$	$\frac{\sin(m-n)x}{2(m-n)} + \frac{\sin(m+n)x}{2(m+n)}$
$e^{ax}\sin bx$	$e^{ax}(a\sin bx - b\cos bx)/(a^2+b^2)$
$e^{ax}\cos bx$	$e^{ax}(a\cos bx + b\sin bx)/(a^2+b^2)$
$1/\sin x$	$\ln\|\tan(x/2)\|$
$1/(1+\cos x)$	$\tan(x/2)$
$\tan x$	$-\ln\|\cos x\|$
$1/\sinh x$	$-2\operatorname{artanh}(e^x)$
$\ln x$	$x\ln x - x$
$\arcsin x$	$x\arcsin x + \sqrt{1-x^2}$
$\arccos x$	$x\arccos x - \sqrt{1-x^2}$
$\arctan x$	$x\arctan x - \ln\sqrt{1+x^2}$
$\operatorname{arccot} x$	$x\operatorname{arccot} x + \ln\sqrt{1+x^2}$
$\sin^2 x$	$(2x - \sin 2x)/4$
$\tan^2 x$	$\tan x - x$
$x\sin x$	$\sin x - x\cos x$
$x^2\sin x$	$2x\sin x - (x^2-2)\cos x$
$1/\cos x$	$\ln\|\tan(x/2 + \pi/4)\|$
$1/(1-\cos x)$	$-\cot(x/2)$
$\cot x$	$\ln\|\sin x\|$

Tabelle 10-3. Fortsetzung

$1/\cosh x$	$2\arctan(e^x)$
$\ln x/x$	$(\ln x)^2/2$
$\operatorname{arsinh} x$	$x \operatorname{arsinh} x - \sqrt{1+x^2}$
$\operatorname{arcosh} x$	$x \operatorname{arcosh} x - \sqrt{x^2-1}$
$\operatorname{artanh} x$	$x \operatorname{artanh} x + \ln\sqrt{1-x^2}$
$\operatorname{arcoth} x$	$x \operatorname{arcoth} x + \ln\sqrt{x^2-1}$
$\cos^2 x$	$(2x+\sin 2x)/4$
$\cot^2 x$	$-\cot x - x$
$x\cos x$	$\cos x + x\sin x$
$x^2\cos x$	$2x\cos x + (x^2-2)\sin x$

Beispiel 1:

$$\int [\cos(3x+1)]\,dx = \int \frac{\cos g}{3}dg = \frac{1}{3}\sin(3x+1) + C\,.$$

Beispiel 2:

$$\int \frac{x\,dx}{\sqrt{x^2+a}}. \quad g = \sqrt{x^2+a}\,,$$

$$g' = x/\sqrt{x^2+a} \to F = \int dg = \sqrt{x^2+a} + C\,.$$

Partialbruchzerlegung. Sie ist anwendbar bei einer echt gebrochen rationalen Funktion $f(x) = u_n(x)/v_m(x)$ (Nennergrad $m >$ Zählergrad n), die sich nach den Regeln der Algebra in eine Summe von Partialbrüchen $P(x)$ zerlegen lässt. Die Zerlegung wird durch die Nullstellen des Nennerpolynoms gesteuert.

k-fache reelle Nullstelle x_0:

$$P(x) = \sum_{i=1}^{k} \frac{A_i}{(x-x_0)^i}$$

k-fache konjugiert komplexe Nullstelle $x_0 = s_0 \pm jt_0$: (10-5)

$$P(x) = \sum_{i=1}^{k} \frac{B_i + xC_i}{\left(x^2 - 2s_0x + s_0^2 + t_0^2\right)^i}\,.$$

Die Koeffizienten A_i, B_i, C_i, werden bestimmt durch Koeffizientenvergleich, Gleichsetzen an den Nullstellen x_0 oder Gleichsetzen an beliebigen Stellen x_i.
Die Darstellbarkeit einer Integralfunktion durch elementare Funktionen ist relativ selten. Beispiele dazu zeigen die Tabellen 10-1 und 10-3. Als Ausweg bleibt die numerische Integration oder die gliedweise Integration einer Reihenentwicklung von $f(x)$; siehe dazu Tabelle 10-4.

Tabelle 10-4. Nichtelementare Integralfunktionen

$f(x)$	$F(x) = \int f(x)\,dx$
	Integralsinus
$\frac{\sin x}{x}$	$\sum_{k=0}^{\infty} \frac{(-1)^k x^{2k+1}}{(2k+1)(2k+1)!} + C$
	Integralcosinus
$\frac{\cos x}{x}$	$\ln x + \sum_{k=1}^{\infty} \frac{(-1)^k x^{2k}}{2k(2k)!} + C\,,\quad 0 < x\,.$
	Hyperbolischer Integralsinus
$\frac{\sinh x}{x}$	$\sum_{k=0}^{\infty} \frac{x^{2k+1}}{(2k+1)(2k+1)!} + C$
	Hyperbolischer Integralcosinus
$\frac{\cosh x}{x}$	$\ln x + \sum_{k=1}^{\infty} \frac{x^{2k}}{2k(2k)!} + C\,,\quad 0 < x\,.$
$(\ln x)^{-1}$	$\ln\lvert\ln x\rvert + \sum_{k=1}^{\infty} \frac{(\ln x)^k}{kk!} + C\,,\quad 0 < x\,.$
	Gauß'sches Fehlerintegral
e^{-x^2}	$\sum_{k=0}^{\infty} \frac{(-1)^k x^{2k+1}}{k!(2k+1)}$

10.2 Bestimmtes Integral

10.2.1 Integrationsregeln

Die Fläche zwischen der x-Achse und dem Bild der Funktion $f(x)$ in Bild 10-1 lässt sich als Flächensumme über- oder unterschießender Rechtecke darstellen, die im Übergang zu unendlich vielen Streifen dem wahren Wert der Fläche A zustrebt.

$$\sum_{i=1}^{n} f_i\,(\text{links})\,\Delta x \leqq A \leqq \sum_{i=1}^{n} f_i\,(\text{rechts})\,\Delta x\,,$$

$$A = \lim_{n\to\infty} \sum_{i=1}^{n} f_i \Delta x = \int_{x_a}^{x_e} f\,dx\,,\quad x_e \geqq x_a\,. \tag{10-6}$$

Für die konkrete Rechnung wesentlich ist der **Hauptsatz der Differenzial- und Integralrechnung**

$$\int_{x_a}^{x_e} f(x)\,dx = F(x_e) - F(x_a)\,,\quad F'(x) = f(x)\,. \tag{10-7}$$

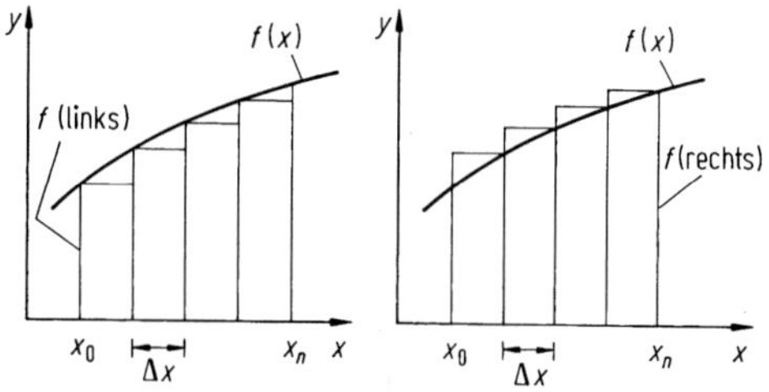

Bild 10-1. Geometrische Interpretation des bestimmten Integrals im Intervall $x_0 \leqq x \leqq x_n$

Das bestimmte Integral ist vorzeichenbehaftet und positiv erklärt für $f(x) > 0$ sowie $x_e \geqq x_a$. Für im Intervall $x_a \leqq x \leqq x_e$ stetige Funktionen gelten folgende *Regeln für bestimmte Integrale* ($x_a = a, x_e = e$):

$$\int_a^a f(x)\,dx = 0\,, \quad \int_a^e f(x)\,dx = -\int_e^a f(x)\,dx\,.$$

$$\int_a^z f(x)\,dx + \int_z^e f(x)\,dx = \int_a^e f(x)\,dx\,,$$

$$a \leqq z \leqq e\,.$$

$$\left|\int_a^e f(x)\,dx\right| \leqq \int_a^e |f(x)|\,dx\,. \qquad (10\text{-}8)$$

$$\int_a^e f(x)\,dx \leqq \int_a^e g(x)\,dx \quad \text{falls}$$

$$f(x) \leqq g(x)\,.$$

$$\begin{cases} \left(\int_a^e f(x)g(x)\,dx\right)^2 \\ \leqq \left(\int_a^e f^2(x)\,dx\right)\left(\int_a^e g^2(x)\,dx\right)\,, \\ \text{Schwarz'sche Ungleichung}\,; \end{cases} \qquad (10\text{-}9)$$

$$\begin{cases} \left|\int_a^e [f(x)+g(x)]\,dx\right| \\ \leqq \int_a^e |f(x)|\,dx + \int_a^e |g(x)|\,dx\,, \\ \text{Dreiecksungleichung}\,; \end{cases} \qquad (10\text{-}10)$$

$$\begin{cases} \int_a^e f(x)\,dx = f(z)(e-a)\,, \quad a \leqq z \leqq e\,, \\ \text{Mittelwertsatz der Integralrechnung}\,. \end{cases} \qquad (10\text{-}11)$$

10.2.2 Uneigentliche Integrale

Bei unbeschränkten Integrationsgrenzen oder unbeschränkten Funktionswerten $f(\xi)$ an einer Stelle $x = \xi$ berechnet man die uneigentlichen Integrale als Grenzwerte bestimmter Integrale.

$$\int_a^\infty f(x)\,dx = \lim_{b\to\infty} \int_a^b f(x)\,dx\,.$$

$$\int_{-\infty}^\infty f(x)\,dx = \lim_{\substack{a\to-\infty\\ b\to\infty}} \int_a^b f(x)\,dx\,, \qquad (10\text{-}12)$$

$a \to -\infty$ und $b \to \infty$ unabhängig voneinander.

$$\int_a^b f(x)\,dx = \lim_{\substack{\varepsilon\to 0\\ \delta\to 0}} \left[\int_a^{\xi-\varepsilon} f(x)\,dx + \int_{\xi+\delta}^b f(x)\,dx\right]\,,$$

$\epsilon \to 0, \delta \to 0$ unabhängig voneinander,

falls $f(\xi)$ unbeschränkt; $\quad \varepsilon, \delta > 0$.

Bei zweiseitiger Annäherung mit gleicher Rate spricht man vom *Cauchy'schen Hauptwert.*

$$\int_{-\infty}^\infty f(x)\,dx = \lim_{a\to\infty} \int_{-a}^a f(x)\,dx$$

$$\int_a^b f(x)\,dx = \lim_{\varepsilon\to 0} \left[\int_a^{\xi-\varepsilon} f(x)\,dx + \int_{\xi+\varepsilon}^b f(x)\,dx\right]\,,$$

$\varepsilon > 0\,,\quad$ falls $f(\xi)$ unbeschränkt. (10-13)

Beispiel 1:

$\int_{-\infty}^{\infty} x\ dx$ ist divergent. Der Cauchy'sche Hauptwert ist bestimmt, und zwar null.

Beispiel 2:

$$\int_0^1 \ln x\ dx = \lim_{\varepsilon\to 0} \int_\varepsilon^1 \ln x\ dx$$

$$= \lim_{\varepsilon\to 0}[x\ln x - x]_\varepsilon^1 = \lim_{\varepsilon\to 0}(-1+\varepsilon-\varepsilon\ln\varepsilon) = -1\,.$$

$$\lim_{\varepsilon\to 0} \varepsilon\ln\varepsilon = \lim \frac{\ln\varepsilon}{\varepsilon^{-1}} = \lim \frac{\varepsilon^{-1}}{-\varepsilon^{-2}} = 0\,.$$

Tabelle 10-5. Einige Werte bestimmter Integrale

$f(x)$	a	e	$F = \int_a^e f(x)\,\mathrm{d}x$
$(\sin x)^{2n}$ $(\cos x)^{2n}$	0	$\frac{\pi}{2}$	$\frac{\pi}{2} \cdot \frac{1 \cdot 3 \cdot 5 \ldots (2n-1)}{2 \cdot 4 \cdot 6 \ldots (2n)}, \quad n \in \mathbb{N} \backslash \{0\}$.
$(\sin x)^{2n+1}$ $(\cos x)^{2n+1}$	0	$\frac{\pi}{2}$	$\frac{2 \cdot 4 \cdot 6 \ldots (2n)}{3 \cdot 5 \cdot 7 \ldots (2n+1)}, \quad n \in \mathbb{N}$.
$\cos mx \cos nx$ $\sin mx \sin nx$	0	π	$\begin{cases} 0 & \text{für} \quad m \neq n \\ \frac{\pi}{2} & \text{für} \quad m = n \end{cases}, \quad m, n \in \mathbb{N}$.
$(\sin x)^{2m+1}(\cos x)^{2n+1}$	0	$\frac{\pi}{2}$	$\frac{\Gamma(m+1)\Gamma(n+1)}{2\Gamma(m+n+2)}; \quad m, n \neq -1$. $\frac{m!n!}{2(m+n+1)!}; \quad m, n \in \mathbb{N} \backslash \{0\}$. Gammafunktion Γ $\Gamma(r) = \lim_{n\to\infty} \frac{n^r n!}{r(r+1)(r+2)\ldots(r+n)}, \quad r > 0$.
$\mathrm{e}^{-x} x^{r-1}$	0	∞	$\begin{cases} \Gamma(r), & r > 0. \\ (r-1)!, & r \in \mathbb{N} \backslash \{0\} . \end{cases}$
$\mathrm{e}^{-ax} \cos bx$	0	∞	$a/(a^2 + b^2)$, $1/a$ für $b = 0$
$\mathrm{e}^{-ax} \sin bx$	0	∞	$b/(a^2 + b^2)$
$\exp(-x^2 a^2)$	0	∞	$\sqrt{\pi}/(2a)$
$\sin mx \cos nx$ $m - n = d$	0	π	$\begin{cases} 0 & d \text{ gerade} \\ \frac{2m}{m^2 - n^2} & d \text{ ungerade} \end{cases}$

11 Differenziation reeller Funktionen mehrerer Variablen

11.1 Grenzwert, Stetigkeit

Reellwertige Funktionen mit mehreren Veränderlichen beschreiben eine eindeutige Zuordnung von Elementen $f(x)$ einer Teilmenge W der reellen Zahlen zu den Elementen x_1 bis x_n ($n \in \mathbb{N}$), (auch zusammengefasst zur Spalte $\boldsymbol{x}$), einer Teilmenge D der reellen Zahlen des $\mathbb{R}^n$.

D: Definitionsbereich (-menge) der Funktion.

W: Wertebereich (-menge) der Funktion.

$$W(f) = \{f(\boldsymbol{x}) \,|\, \boldsymbol{x} \in D\} . \tag{11-1}$$

Übliche Bezeichnung bei $n = 2$ Veränderlichen:

$x_1 = x, \quad x_2 = y; \quad f(x, y) = z$.

Im dreidimensionalen Raum $\mathbb{R}^3$ unserer Anschauung sei jedem Punkt (x, y) ein Wert z eindeutig zugeordnet, vgl. Bild 11-1. Für vorgegebene konstante z-Werte c erhält man sogenannte Niveaulinien $c = f(x, y)$.

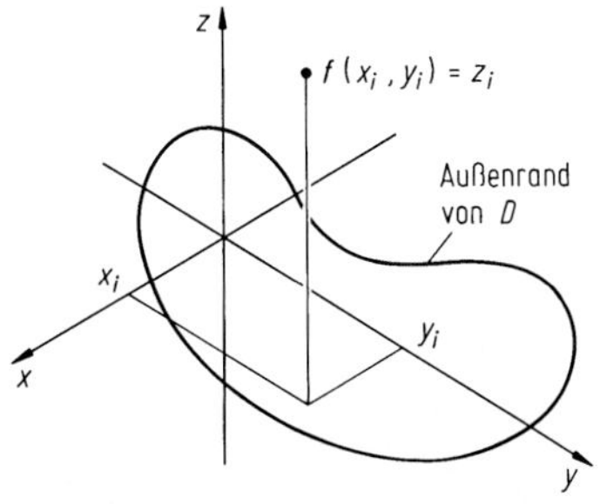

Bild 11-1. Abbildung $z = f(x, y)$ für einen Punkt i im $\mathbb{R}^3$

Beispiel:

$z = f(x, y) = \sqrt{1 - x^2 - y^2}$.
Halbkugel. Niveaulinien mit $0 \leqq c < 1$ sind Kreise mit dem Radius $\sqrt{1 - c^2}$.

Grenzwert. Konvergiert bei jeder Annäherung von $\boldsymbol{x}$ gegen einen festen Wert $\boldsymbol{x}_0$ (das heißt $\boldsymbol{x} \to \boldsymbol{x}_0$ ohne $\boldsymbol{x} = \boldsymbol{x}_0$) die zugehörige Folge der Funktionswerte $f(\boldsymbol{x})$ gegen einen Grenzwert g_0, so heißt g_0 der Grenzwert der Funktion f an der Stelle $\boldsymbol{x}_0$. Hierbei ist vorausgesetzt, dass in jeder Umgebung von $\boldsymbol{x}_0$ unendlich viele Punkte aus D für die Annäherung $\boldsymbol{x} \to \boldsymbol{x}_0$ zur Verfügung stehen (d. h. $\boldsymbol{x}_0$ ist Häufungspunkt).

$$\lim_{\boldsymbol{x} \to \boldsymbol{x}_0} f(\boldsymbol{x}) = g_0(\boldsymbol{x} \in D) . \qquad (11\text{-}2)$$

Grenzwert g_0 (falls überhaupt vorhanden) und Funktionswert $f(\boldsymbol{x}_0)$ (falls definiert) sind wohl zu unterscheiden.

Beispiel:

$$f = (x^2 + y^2)/(xy).$$

$$\lim_{\boldsymbol{x} \to \boldsymbol{0}} f = \lim_{\boldsymbol{x} \to \boldsymbol{0}} \left(\frac{x}{y} + \frac{y}{x} \right) .$$

Ein Grenzwert g_0 existiert nicht ($g_0 = 2$ ist falsch), da beim Annäherungsprozess $\boldsymbol{x} \to \boldsymbol{0}$ das Verhältnis x/y beliebig gewählt werden kann.

Es gelten die Grenzwertsätze und der Stetigkeitsbegriff nach 9.1.

11.2 Ableitungen

Eine reellwertige Funktion $f(x, y)$ ist in einem beliebigen Punkt $(x, y) \in D$ partiell differenzierbar, wenn die Differenzenquotienten beim Grenzübergang

$$\begin{aligned} &\lim_{\Delta x \to 0} \frac{f(x + \Delta x, y) - f(x, y)}{\Delta x} \\ &= f_{,x}(x, y) = \frac{\partial f}{\partial x}(x, y), \\ &\lim_{\Delta y \to 0} \frac{f(x, y + \Delta y) - f(x, y)}{\Delta y} \\ &= f_{,y}(x, y) = \frac{\partial f}{\partial y}(x, y) \end{aligned} \qquad (11\text{-}3)$$

jeweils Grenzwerte besitzen; man nennt diese *partielle Ableitungen*. Bei der Berechnung von $f_{,x}$ ist y als unveränderlich, also wie eine Konstante zu behandeln. Entsprechendes gilt für $f_{,y}$ bzw. x.

Zur Bezeichnung. Statt $f_{,x}$ und $f_{,y}$ schreibt man oft nur f_x und f_y.
Zur Unterscheidung gegenüber Indizes, besonders bei Tensoren und Matrizen, ist das zusätzliche Komma sehr zu empfehlen. (11-4)

Die partiellen Ableitungen entsprechen nach Bild 11-2 den Tangentensteigungen in den Koordinatenflächen.
Entsprechende Differenzierbarkeit vorausgesetzt, sind höhere partielle Ableitungen möglich.

$$\begin{aligned} \frac{\partial}{\partial x}(f_{,x}) &= f_{,xx} = \frac{\partial^2 f}{\partial x^2} , \\ \frac{\partial}{\partial y}(f_{,x}) &= f_{,xy} = \frac{\partial^2 f}{\partial x \partial y} , \\ \frac{\partial}{\partial x}(f_{,y}) &= f_{,yx} = \frac{\partial^2 f}{\partial y \partial x} . \end{aligned} \qquad (11\text{-}5)$$

Wenn $f_{,xy}$ und $f_{,yx}$ stetig in D, dann $f_{,xy} = f_{,yx}$.
Für die partiellen Ableitungen gelten die Ableitungsformeln nach 9-2.

Beispiel. $f = xy^2 \sin(xy)$.

$$\begin{aligned} f_{,x} &= y^2[\sin(xy) + xy\cos(xy)] , \\ f_{,y} &= x[2y\sin(xy) + y^2 x\cos(xy)] , \\ f_{,xy} &= 2y[\sin(xy) + xy\cos(xy)] \\ &\quad + y^2[x\cos(xy) - x^2 y\sin(xy) + x\cos(xy)] , \\ f_{,yx} &= 2y\sin(xy) + y^2 x\cos(xy) \\ &\quad + x[2y^2\cos(xy) - y^3 x\sin(xy) + y^2\cos(xy)] . \end{aligned}$$

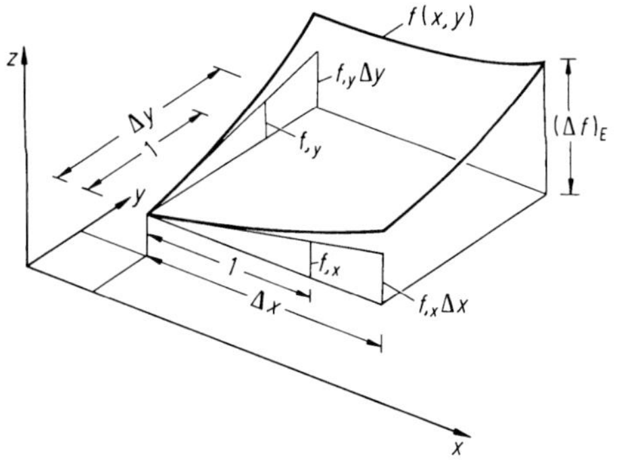

Bild 11-2. Partielle Ableitungen $f_{,x}$ und $f_{,y}$ als Tangentensteigungen in den Koordinatenflächen

Eine reellwertige Funktion ist total differenzierbar, wenn die Differenz der Funktionszuwächse $(\Delta f)_1$ und $(\Delta f)_e$ bei Annäherung der Punkte (x, y) und $(x + \Delta x, y + \Delta y)$ relativ zum Abstand r gegen null strebt (1: lineare Entwicklung, e: exakt).

$$\lim_{r\to 0}[(\Delta f)_e - (\Delta f)_1]/r = 0\,, \quad r^2 = \Delta x^2 + \Delta y^2\,,$$
$$(\Delta f)_e = f(x+\Delta x, y+\Delta y) - f(x,y)\,, \qquad (11\text{-}6)$$
$$(\Delta f)_1 = f_{,x}\,\Delta x + f_{,y}\,\Delta y\,.$$

Dies ist für stetige partielle Ableitungen gewährleistet. Beim Übergang von Differenzen Δx, Δy zu Differenzialen $\mathrm{d}x$, $\mathrm{d}y$ entsteht das **totale Differenzial**

$$\mathrm{d}f = f_{,x}\,\mathrm{d}x + f_{,y}\,\mathrm{d}y\,, \qquad (11\text{-}7)$$

allgemein $\mathrm{d}f = \sum_{k=1}^{n} f_{,k}\,\mathrm{d}x_k\,, \quad f_{,k} = \partial f/\partial x_k\,.$

Gleichung der Tangentialebene im Punkt (x_0, y_0):

$$z(x,y) = f(x_0,y_0) + f_{,x}(x_0,y_0)(x-x_0) + f_{,y}(x_0,y_0)(y-y_0)\,. \qquad (11\text{-}8)$$

Totale Differenziale höherer Ordnung

$$\mathrm{d}^2 f = f_{,xx}(\mathrm{d}x)^2 + 2f_{,xy}\,\mathrm{d}x\,\mathrm{d}y + f_{,yy}(\mathrm{d}y)^2 = (\partial_{,x}\mathrm{d}x + \partial_{,y}\mathrm{d}y)^2 f\,, \quad \partial_{,x} = \partial/\partial x\,,$$
$$\mathrm{d}^k f = (\partial_{,x}\mathrm{d}x + \partial_{,y}\mathrm{d}y)^k f\,, \qquad (11\text{-}9)$$

allgemein $\mathrm{d}^k f = \left(\sum_{r=1}^{n} \partial_{,r}\,\mathrm{d}x_r\right)^k f\,, \quad \partial_{,r} = \partial/\partial x_r.$

Kettenregel. Sind die Argumente x und y in $f(x,y)$ ihrerseits differenzierbare Funktionen $x(t)$, $y(t)$ (Parameterdarstellung in $t \in \mathbb{R}$) oder $x(u,v)$, $y(u,v)$, so gilt für die totalen Differenziale $\mathrm{d}x$, $\mathrm{d}y$ (11-7).

$$x(t),\ y(t):\ \mathrm{d}f = f_{,x}\,x_{,t}\,\mathrm{d}t + f_{,y}\,y_{,t}\,\mathrm{d}t\,. \qquad (11\text{-}10)$$

$x(u,v), y(u,v)$:

$$\mathrm{d}f = f_{,x}(x_{,u}\,\mathrm{d}u + x_{,v}\,\mathrm{d}v) + f_{,y}(y_{,u}\,\mathrm{d}u + y_{,v}\,\mathrm{d}v) = f_{,u}\,\mathrm{d}u + f_{,v}\,\mathrm{d}v\,.$$

$$\to \operatorname*{grad}_{\boldsymbol{u}} f = \boldsymbol{J}\operatorname*{grad}_{\boldsymbol{x}} f,\ \boldsymbol{u} = \begin{bmatrix} u \\ v \end{bmatrix},\ \boldsymbol{x} = \begin{bmatrix} x \\ y \end{bmatrix}, \qquad (11\text{-}11)$$

Jacobi- oder *Funktionalmatrix*: $\boldsymbol{J} = \begin{bmatrix} x_{,u} & y_{,u} \\ x_{,v} & y_{,v} \end{bmatrix}$,

Gradient von f nach $\boldsymbol{x}$: $\operatorname*{grad}_{\boldsymbol{x}} f = \begin{bmatrix} f_{,x} \\ f_{,y} \end{bmatrix}$,

Umkehrung: $\operatorname*{grad}_{\boldsymbol{x}} f = \boldsymbol{J}^{-1}\operatorname*{grad}_{\boldsymbol{u}} f\,.$

Beispiel: Gesucht $F = f^2{}_{,x} + f^2{}_{,y}$ in Polarkoordinaten

$$r \mathrel{\widehat{=}} u \text{ und } \varphi = v\,, \quad x = r\cos\varphi\,, \quad y = r\sin\varphi\,.$$
$$\boldsymbol{J} = \begin{bmatrix} \cos\varphi & \sin\varphi \\ -r\sin\varphi & r\cos\varphi \end{bmatrix},$$
$$\boldsymbol{J}^{-1} = \frac{1}{r}\begin{bmatrix} r\cos\varphi & -\sin\varphi \\ r\sin\varphi & \cos\varphi \end{bmatrix}.$$
$$F = [f_{,x}\, f_{,y}]\begin{bmatrix} f_{,x} \\ f_{,y} \end{bmatrix} = [f_{,u}\, f_{,v}]\boldsymbol{J}^{-\mathrm{T}}\boldsymbol{J}^{-1}\begin{bmatrix} f_{,u} \\ f_{,v} \end{bmatrix}.$$
$$\boldsymbol{J}^{-\mathrm{T}}\boldsymbol{J}^{-1} = \begin{bmatrix} 1 & 0 \\ 0 & 1/r^2 \end{bmatrix} \to F = f^2{}_{,u} + f^2{}_{,v}/r^2\,.$$

Zweite Ableitung.

$$f_{,uu} = (f_{,u})_{,u}\,.$$
$$f_{,uu} = (f_{,xx}\,x_{,u} + f_{,xy}\,y_{,u})x_{,u} + (f_{,yx}\,x_{,u} + f_{,yy}\,y_{,u})y_{,u}\,. \qquad (11\text{-}12)$$

Implizites Differenzieren ist nützlich, wenn eine Funktion $y = f(x)$ nur einer Veränderlichen x in der sogenannten impliziten Form $F(x, y) = 0$ vorliegt. Durch Bilden des totalen Differenzials $\mathrm{d}F/\mathrm{d}x = 0$ nach (11-7) gilt

$$f'(x) = -F_{,x}/F_{,y}\,. \qquad (11\text{-}13)$$

Entsprechend gilt für $z = f(x, y)$ in impliziter Form, $F(x, y, z) = 0$:

$$f_{,x} = -F_{,x}/F_{,z}\,; \quad f_{,y} = -F_{,y}/F_{,z}\,. \qquad (11\text{-}14)$$

Beispiel:

$$F(x,y) = x^2 - xy + y^2 = 0\,,$$
$$f' = \mathrm{d}y/\mathrm{d}x = -(2x-y)/(2y-x)\,,\ x \neq 2y\,.$$

Vollständiges Differenzial. Eine Form $\Delta = g_1(x, y)\mathrm{d}x + g_2(x, y)\mathrm{d}y$ mit 2 gegebenen Funktionen g_1, g_2 hat dann den Charakter eines totalen Differenzials $\mathrm{d}f = f_{,x}\mathrm{d}x + f_{,y}\mathrm{d}y$, wenn g_1 und g_2 auf f rückführbar sind.

$$f_{,x} = g_1,\ f_{,y} = g_2 \quad \text{oder} \quad f_{,xy} = g_{1,y},\ f_{,yx} = g_{2,x}\,.$$

Aus $f_{,xy} = f_{,yx}$ folgt die Bedingung, dass $g_1(x, y)$ und $g_2(x, y)$ ein vollständiges Differenzial bilden:

$$g_{1,y} = g_{2,x}\,. \qquad (11\text{-}15)$$

Beispiel:

$g_1 = 3x^2y$ und $g_2 = x^3$ bilden wegen $g_{1,y} = g_{2,x} = 3x^2$ ein vollständiges Differenzial mit $\mathrm{d}f$. Aus $g_1 = f_{,x}$ und $g_2 = f_{,y}$ folgt $f = x^3y + C$.

11.2.1 Funktionsdarstellung nach Taylor

Für eine reellwertige Funktion $f(x, y)$, die in der Umgebung

$$x = x_0 + th_x\,, \quad y = y_0 + th_y\,, \quad |t| \leqq 1 \text{ von } (x_0, y_0)$$

$(n+1)$-mal differenzierbar ist, gilt eine Entwicklung zunächst im Parameter t

$$f(x, y) = f(t) = \sum \frac{t^k}{k!} \frac{\mathrm{d}^k f(t=0)}{(\mathrm{d}t)^k} + R_n(t, 0)\,, \quad (11\text{-}16)$$

wobei die Zuwächse $\mathrm{d}^k f$ durch partielle Ableitungen bezüglich x und y darstellbar sind.

$$\mathrm{d}f/\mathrm{d}t = f_{,x}\, h_x + f_{,y}\, h_y\,,$$
$$\mathrm{d}^2 f/\mathrm{d}t^2 = f_{,xx}\, h_x^2 + 2f_{,xy}\, h_x h_y + f_{,yy}\, h_y^2\,, \quad (11\text{-}17)$$

allgemein

$$\mathrm{d}^n f/\mathrm{d}t^n = \sum_{r=0}^{n} \binom{n}{r} h_x^{n-r} h_y^r \frac{\partial^n f}{\partial x^{n-r} \partial y^r}\,.$$

Für $t = 1$, also $x = x_0 + h_x$, $y = y_0 + h_y$, entsteht die *Taylor-Formel mit Restglied*:

$$f(x_0 + h_x, y_0 + h_y) = f(x_0, y_0) + \sum_{k=1}^{n} \frac{\mathrm{d}^k f(x_0, y_0)}{(\mathrm{d}t)^k n!} + R_n(\xi, x_0, y_0)\,, \quad (11\text{-}18)$$

$$R_n(\xi, x_0, y_0) = \frac{1}{(n+1)!} \cdot \frac{\mathrm{d}^{n+1} f(x_0 + \xi h_x, y_0 + \xi h_y)}{(\mathrm{d}t)^{n+1}}\,,$$

$0 < \xi < 1$, ξ aus Abschätzung des Restgliedes.

Mittelwertsatz. Das Restglied in (11-18) folgt aus dem Mittelwertsatz für eine im Intervall $x_0 \leqq x \leqq (x_0 + h_x)$ und $y_0 \leqq y \leqq (y_0 + h_y)$ stetige und differenzierbare Funktion. Es gibt wenigstens eine Stelle $x = x_0 + \xi h_x$, $y = y_0 + \xi h_y$ im Intervall, wo Funktionsdifferenz und totaler Zuwachs übereinstimmen:

$$f(1) - f(0) = f_{,x}(\xi) h_x + f_{,y}(\xi) h_y\,,$$
$$f(r) = f(x_0 + rh_x, y_0 + rh_y)\,, \quad r = 0, 1, \xi\,. \quad (11\text{-}19)$$

Für $x_0 = 0$, $y_0 = 0$ sowie $h_x = x$, $h_y = y$ entsteht aus (11-18) die *MacLaurin-Formel*:

$$f(x, y) = f(0, 0) + \sum_{k=1}^{n} \frac{\mathrm{d}^k f(0, 0)}{(\mathrm{d}t)^k n!} + R_n(\xi, 0, 0)\,,$$
$$\mathrm{d}^k f/\mathrm{d}t^k = \sum_{r=0}^{k} \binom{k}{r} x^{n-r} y^r \frac{\partial^k f}{\partial x^{k-r} \partial y^r}\,, \quad (11\text{-}20)$$
$$R_n(\xi, 0, 0) = \frac{1}{(n+1)!} \cdot \frac{\mathrm{d}^{n+1} f(\xi x, \xi y)}{(\mathrm{d}t)^{n+1}}\,,$$
$$0 < \xi < 1\,.$$

Beispiel:
$f(x, y) = (\sin x)(\sin y)$. Gesucht: Entwicklung an der Stelle $x = 0$, $y = 0$ für $n = 2$.

$$f(x, y) = [f_{,x}(0, 0)x + f_{,y}(0, 0)y] + \frac{1}{2}[f_{,xx}(0, 0)x^2 + 2f_{,xy}(0, 0)xy + f_{,yy}(0, 0)y^2] + R_2 = xy + R_2\,.$$

$$R_2 = \frac{1}{6}[f_{,xxx}(\xi x, \xi y)x^3 + 3f_{,xxy}(\xi x, \xi y)x^2 y + 3f_{,xyy}(\xi x, \xi y)xy^2 + f_{,yyy}(\xi x, \xi y)y^3]$$
$$= -\frac{1}{6}[x(x^2 + 3y^2)\cos \xi x \sin \xi y + y(3x^2 + y^2)\sin \xi x \cos \xi y]\,, \quad 0 < \xi < 1\,.$$

Abschätzung:

$$|R_2| \leqq \frac{1}{6}[|x|(x^2 + 3y^2) + |y|(3x^2 + x^2)]\,,$$
$$|R_2| \leqq \frac{1}{6}(|x| + |y|)^3\,.$$

11.2.2 Extrema

Wie in 9.2.3 dargestellt, zeichnen sich relative oder lokale Maxima (Minima) einer Funktion $f(x, y)$ an einer Stelle (x_0, y_0) dadurch aus, dass in ihrer Umgebung kein größerer (kleinerer) Wert existiert. Der Größtwert (Kleinstwert) der Funktion $f(x, y)$ innerhalb eines vorgegebenen Gebietes G, $(x, y) \in G$, heißt absolutes Maximum (Minimum).
Notwendige Bedingung für Extremum bei (x_0, y_0):

$$\mathrm{d}f(x_0, y_0) = 0 \rightarrow f_{,x}(x_0, y_0) = 0,\; f_{,y}(x_0, y_0) = 0\,.$$

$f(x_0, y_0)$ heißt auch stationärer Wert. (11-21)

Durch Diskussion der Taylor-Entwicklung (11-18) an der Stelle (x_0, y_0) mit $n = 2$ entsprechend der Theorie von Flächen 2. Ordnung (4.2.5) klärt man den Charakter des stationären Punktes.

$$D = f_{,xx}(x_0, y_0) f_{,yy}(x_0, y_0) - f^2_{,xy}(x_0, y_0)$$

$$
\begin{aligned}
&D > 0 \quad f_{,xx} > 0 \quad \text{Minimum}\,,\\
&D > 0 \quad f_{,xx} < 0 \quad \text{Maximum}\,,\\
&D < 0 \quad \text{Sattelpunkt}\,, \qquad (11\text{-}22)\\
&D = 0 \quad \text{Untersuchung durch Taylor-Entwicklung}\\
&\qquad\quad \text{mit } n > 2 \text{ im stationären Punkt.}
\end{aligned}
$$

Für eine Funktion $f(\boldsymbol{x})$ endlich vieler Argumente x_1 bis x_n verläuft die Berechnung und Klassifizierung von Extrema ähnlich.
Notwendige Bedingungen für Extremum bei $\boldsymbol{x}_0$:

$$f_{,i}(\boldsymbol{x}_0) = 0 \quad \text{für} \quad i = 1 \text{ bis } n.$$

Charakter des stationären Punktes erkennbar aus der Definitheit der *Hesse-Matrix*.

$$\boldsymbol{H} = \begin{bmatrix} f_{,11} & f_{,12} & \dots & f_{,1n} \\ f_{,21} & f_{,22} & \dots & f_{,2n} \\ \vdots & & & \vdots \\ f_{,n1} & \dots & \dots & f_{,nn} \end{bmatrix}, \quad f_{,ij} = f_{,ji}(\boldsymbol{x}_0)\,. \quad (11\text{-}23)$$

$\boldsymbol{H}$ positiv definit: Minimum,

$\boldsymbol{H}$ negativ definit: Maximum,

$\boldsymbol{H}$ indefinit: kein Extremum.

Extrema mit Nebenbedingungen. Wird die Argumentmenge D einer Funktion $f(\boldsymbol{x})$ mit $\boldsymbol{x} \in D$ durch die Erfüllung zusätzlicher Bedingungen

$$g_1(\boldsymbol{x}) = 0 \text{ bis } g_r(\boldsymbol{x}) = 0\,, \quad \text{kurz} \quad \boldsymbol{g}(\boldsymbol{x}) = \boldsymbol{o}\,,$$

eingeschränkt, so kann man die sogenannten Nebenbedingungen $\boldsymbol{g} = \boldsymbol{o}$ zur Elimination von r Argumenten aus $\boldsymbol{x}$ benutzen oder aber eine Darstellung mithilfe der **Lagrange'schen Multiplikatoren** λ_1 bis λ_r, kurz $\boldsymbol{\lambda}$, verwenden:

$$
\begin{aligned}
&\text{Darstellung 1:} \quad z = f(\boldsymbol{x}) \text{ mit } \boldsymbol{g}(\boldsymbol{x}) = \boldsymbol{o}\,.\\
&\text{Darstellung 2:} \quad F(\boldsymbol{x}, \boldsymbol{\lambda}) = f(\boldsymbol{x}) + \boldsymbol{\lambda}^{\mathrm{T}}\boldsymbol{g}(\boldsymbol{x})\,,\\
&\qquad\qquad\qquad \boldsymbol{g}(\boldsymbol{x}) = \boldsymbol{o}\,.
\end{aligned}
\qquad (11\text{-}24)
$$

Darstellung 1 und Darstellung 2 sind gleichwertig. Notwendige Bedingungen für Extrema von

$$
\begin{aligned}
&F(\boldsymbol{x}_0, \boldsymbol{\lambda}_0) \text{ an der Stelle } \boldsymbol{x}_0, \boldsymbol{\lambda}_0:\\
&F_{,i}(\boldsymbol{x}_0, \boldsymbol{\lambda}_0) = f_{,i}(\boldsymbol{x}_0) + \boldsymbol{\lambda}_0^{\mathrm{T}}\boldsymbol{g}_{,i}(\boldsymbol{x}_0) = 0\,,\\
&i = 1, \dots, n,\ g_k(\boldsymbol{x}_0) = 0\,, \quad k = 1, \dots, r\,. \quad (11\text{-}25)
\end{aligned}
$$

Es gibt insgesamt $n + r$ Gleichungen für n Argumente in $\boldsymbol{x}_0$ und r Multiplikatoren in $\boldsymbol{\lambda}_0$.

Beispiel: Auf einer Halbkugel $z = +\sqrt{1 - x^2 - y^2}$ sind Extrema mit der Nebenbedingung $g = x + y - 1 = 0$ gesucht.

$$
\begin{aligned}
f_{,1} + \lambda_0 g_{,1} &= \frac{-x_0}{z_0} + \lambda_0 = 0\,,\\
f_{,2} + \lambda_0 g_{,2} &= \frac{-y_0}{z_0} + \lambda_0 = 0\,,\\
x_0 + y_0 - 1 &= 0\,,\\
\to x_0 = y_0 = 1/2\,, \quad &\lambda_0 = 1/\sqrt{2}\,; \quad z_0 = 1/\sqrt{2}\,.
\end{aligned}
$$

12 Integration reeller Funktionen mehrerer Variablen

12.1 Parameterintegrale

Eine Funktion $F(x)$ kann als bestimmtes Integral

$$F(x) = \int\limits_{y_1(x)}^{y_2(x)} f(x, y)\,\mathrm{d}y \qquad (12\text{-}1)$$

einer Variablen y dargestellt werden. Bezüglich der Integration ist x ein konstanter Parameter, daher der Name Parameterintegral. Falls Grenzen und Funktion f differenzierbar sind, kann die Ableitung nach x gebildet werden.

Leibniz-Regel

$$
\begin{aligned}
\frac{\mathrm{d}F(x)}{\mathrm{d}x} &= \int\limits_{y_1(x)}^{y_2(x)} f_{,x}\,\mathrm{d}y + f(x, y_2(x))y_{2,x}(x)\\
&\quad - f(x, y_1(x))y_{1,x}(x)\,. \qquad (12\text{-}2)
\end{aligned}
$$

Beispiel: Durch zweifaches Ableiten der Funktion

$$u(t) = \frac{1}{k}\int\limits_0^t f(\tau)\sin k(t - \tau)\,\mathrm{d}\tau:$$

$$\frac{\mathrm{d}}{\mathrm{d}t}u(t) = \frac{1}{k}\int\limits_0^t f(\tau)k\cos k(t - \tau)\,\mathrm{d}\tau + 0\,,$$

$$
\begin{aligned}
\frac{\mathrm{d}^2}{\mathrm{d}t^2}u(t) &= \frac{1}{k}\int\limits_0^t f(\tau)(-k^2)\sin k(t - \tau)\mathrm{d}\tau\\
&\quad + f(t)\cos k(t - t)\cdot 1\\
&= -k^2 u(t) + f(t)\,,
\end{aligned}
$$

stellt man fest, dass $u(t)$ der Schwingungsgleichung

$$\ddot{u}(t) + k^2 u(t) = f(t)$$

genügt und die Partikularlösung für eine beliebige analytische Erregerfunktion $f(t)$ als sog. Duhamel-Integral darstellt.

12.2 Doppelintegrale

Ist in der x, y-Ebene eine stetige Funktion $f(x, y)$ auf einem Definitionsbereich B gegeben, der durch stetige Funktionen $y(x)$ bzw. $x(y)$ begrenzt wird (hierbei sind eventuell Bereichsunterteilungen nach Bild 12-1 erforderlich), so sind folgende Parameterintegrale erklärt:

$$F_y(y) = \int_{x_0(y)}^{x_1(y)} f(x, y)\,\mathrm{d}x\,, \quad F_x(x) = \int_{y_0(x)}^{y_1(x)} f(x, y)\,\mathrm{d}y\,. \tag{12-3}$$

Deren neuerliche Integration ergibt denselben Wert.

$$V = \int_{x_0}^{x_1} \left(\int_{y_0(x)}^{y_1(x)} f(x, y)\,\mathrm{d}y \right) \mathrm{d}x \tag{12-4}$$

$$= \int_{y_0}^{y_1} \left(\int_{x_0(y)}^{x_1(y)} f(x, y)\,\mathrm{d}x \right) \mathrm{d}y = \int_B f(x, y)\,\mathrm{d}B\,.$$

Im Raum $\mathbb{R}^3$ unserer Anschauung entspricht der Wert V dem Volumen zwischen der ebenen Grundfläche des Definitionsbereiches B und der Deckfläche als Darstellung der Funktion $f(x, y)$. Die Mantelfläche steht senkrecht auf der x, y-Ebene. Entsprechend dieser Interpretation kann das Volumen V auch als Summe von Elementarquadern dargestellt werden:

$$V = \lim_{n\to\infty} \sum_{k=1}^{n} f(x_k, y_k)\Delta B_k\,. \tag{12-5}$$

Die Unterteilung des Definitionsbereiches B in Gebiete mit eindeutigen Berandungsfunktionen ist abhängig von der Reihenfolge der Integrationen, sodass diese mit Bedacht festzulegen ist.
Es gelten folgende Regeln:

$$\int_B cf\,\mathrm{d}B = c\int_B f\,\mathrm{d}B\,,$$

$$\int_B (f+g)\,\mathrm{d}B = \int_B f\,\mathrm{d}B + \int_B g\,\mathrm{d}B\,, \tag{12-6}$$

$$\sum_{k=1}^{n} \int_{B_k} f\,\mathrm{d}B = \int_B f\,\mathrm{d}B\,.$$

$$\begin{cases} \int_B f\,\mathrm{d}B = f(\xi, \eta)B (\text{Mittelwertsatz})\,, \\ \text{Punkt } P(\xi, \eta) \in B\,. \end{cases} \tag{12-7}$$

Speziell für $f \equiv 1$:

$$\int_B \mathrm{d}B = B. \quad \text{Fläche des Grundgebietes}\,, \tag{12-8}$$

beschrieben durch den Definitionsbereich $(x, y) \in B$.

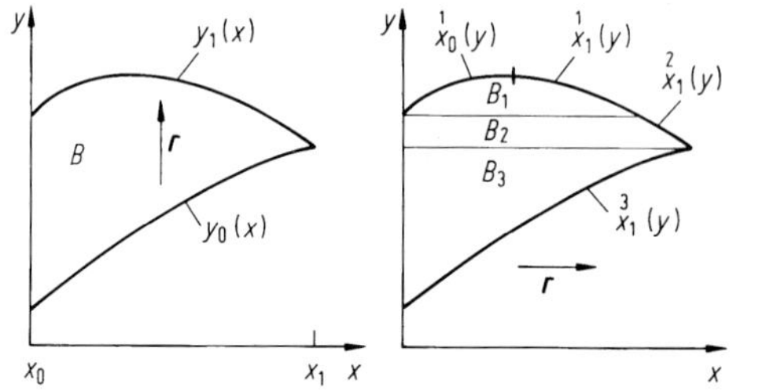

Bild 12-1. Aufteilung der Berandung des Definitionsbereiches B in stetige Funktionen. $\boldsymbol{r}$: Integrationsrichtung

Beispiel: Gesucht ist das Integral $B = \int_B \mathrm{d}B$ über dem schraffierten Gebiet in Bild 12-2.

$$V = \int_0^1 \left(\int_{y^2}^{2-\sqrt{y}} \mathrm{d}x \right) \mathrm{d}y = \int_0^1 (2 - \sqrt{y} - y^2)\,\mathrm{d}y = 1$$

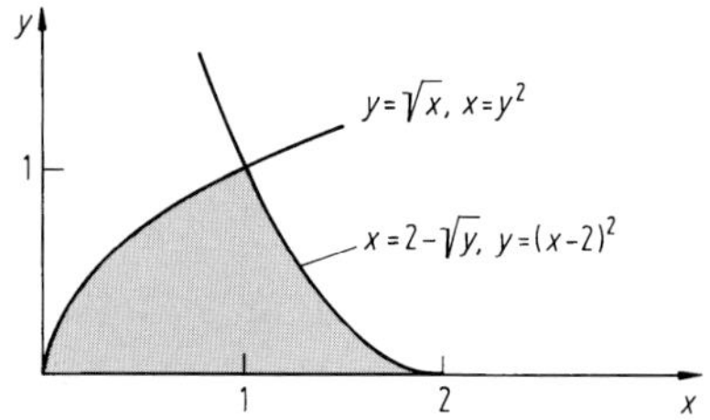

Bild 12-2. Mehrfach berandeter Definitionsbereich in der Ebene

oder

$$V = \int_0^1 \left(\int_0^{\sqrt{x}} \mathrm{d}y \right) \mathrm{d}x + \int_1^2 \left(\int_0^{(x-2)^2} \mathrm{d}y \right) \mathrm{d}x = 1\,.$$

12.3 Uneigentliche Bereichsintegrale

Sie entstehen bei unbeschränktem Integranden $f(x_0, y_0)$ in einem Punkt $P_0(x_0, y_0)$ und/oder bei unbeschränktem Definitionsgebiet B.

Unbeschränktes Gebiet: $B \to B_\infty$. Falls $f > 0$ in B, gilt

$$\int_{B_\infty} f\,\mathrm{d}B = \lim_{n\to\infty} \int_{B_n} f\,\mathrm{d}B\,. \tag{12-9}$$

$B_1, B_2, \ldots$ ist eine Folge mit $\lim\limits_{n\to\infty} B_n = B_\infty$.

Integrand f unbeschränkt (singulär) für $f(x, y) \to f(x_0, y_0)$:

$$\int_{B_0} f\,\mathrm{d}B = \lim_{n\to\infty} \int_{B_n} f\,\mathrm{d}B\,. \tag{12-10}$$

$B_1, B_2, \ldots$ ist eine Folge mit $\lim\limits_{n\to\infty} B_n = B_0 = 0$.

Beispiel 1: Gesucht ist $V = \iint \mathrm{e}^{-(x+y)}\,\mathrm{d}x\,\mathrm{d}y$ im Definitionsbereich $x, y \geqq 0$.

$$V = \int_0^\infty\!\!\int_0^\infty \mathrm{e}^{-(x+y)}\,\mathrm{d}x\,\mathrm{d}y = \lim_{n\to\infty} \int_0^n\!\!\int_0^n \mathrm{e}^{-(x+y)}\,\mathrm{d}x\,\mathrm{d}y$$

$$= \lim_{n\to\infty} \left[\int_0^n \mathrm{e}^{-x}\,\mathrm{d}x \right]^2 = 1\,.$$

Tabelle 10-5: $\int_0^\infty \mathrm{e}^{-x}\,\mathrm{d}x = 1$.

Beispiel 2: Gesucht ist $V = \iint (y/\sqrt{x})\,\mathrm{d}x\,\mathrm{d}y$ über dem Gebiet $0 \leqq x \leqq 1$, $0 \leqq y \leqq 1$. $P(0, y)$ ist unbeschränkt.

$$V = \lim_{\varepsilon\to 0} \int_\varepsilon^1 x^{-1/2} \left(\int_0^1 y\,\mathrm{d}y \right) \mathrm{d}x = \lim_{\varepsilon\to 0} [\sqrt{x}]_\varepsilon^1 = 1\,.$$

12.4 Dreifachintegrale

Ist auf einem räumlichen Definitionsbereich B (z. B. beschrieben durch ein kartesisches x, y, z-System) eine stetige Funktion $f(x, y, z)$ gegeben, so ist das Dreifachintegral erklärt als Grenzwert der mit f gewichteten Elementarvolumina ΔB.

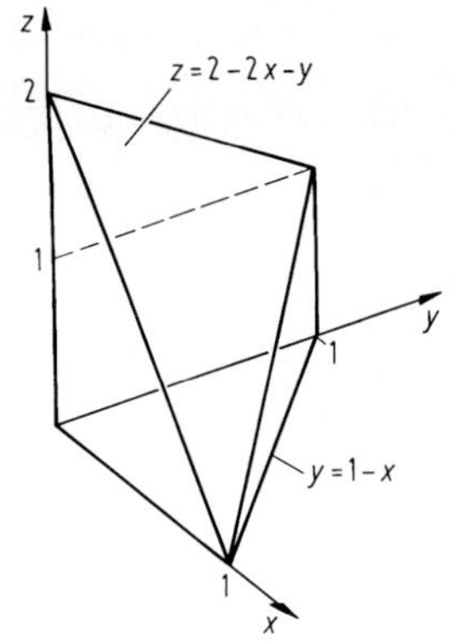

Bild 12-3. Fünffach begrenzter Definitionsbereich im Raum

$$R = \lim_{n\to\infty} \sum_{k=1}^{n} f(x_k, y_k, z_k)\Delta B_k = \int_B f\,\mathrm{d}B\,. \tag{12-11}$$

Der Wert R entspricht einem Volumen im vierdimensionalen Riemann-Raum ($\mathbb{R}^4$). Für die konkrete Berechnung ist das Volumenintegral in Produkte von Parameterintegralen zu zerlegen. Die Reihenfolge der Integration folgt aus einer zweckmäßigen Aufteilung des Definitionsbereiches. Entscheidend sind auch hier eindeutige Berandungsfunktionen.

$$R = \int_B f\,\mathrm{d}B = \int_{z_0}^{z_1} \left(\int_{y_0(z)}^{y_1(z)} \left(\int_{x_0(y,z)}^{x_1(y,z)} f\,\mathrm{d}x \right) \mathrm{d}y \right) \mathrm{d}z = R_{xyz}\,. \tag{12-12}$$

Entsprechend gilt:

$$R = R_{xzy} = R_{yxz} = R_{yzx} = R_{zxy} = R_{zyx} = R_{xyz}\,.$$

Für $f \equiv 1$ entspricht R dem Volumen

$$V = \int_B \mathrm{d}B\,. \tag{12-13}$$

Es gelten entsprechende Regeln wie (12-6), (12-7) bei Doppelintegralen. Uneigentliche Integrale werden entsprechend (12-9), (12-10) behandelt. Günstiger sind hierfür häufig Kugelkoordinaten.

Beispiel: Über dem Fünfflächner nach Bild 12-3 ist das Flächenmoment 2. Grades $R = \int x^2\,\mathrm{d}B$ zu berechnen.

$$R = \int_0^1 \left(\int_0^{1-x} \left(\int_0^{2-2x-y} x^2\,\mathrm{d}z \right) \mathrm{d}y \right) \mathrm{d}x$$

Tabelle 12-1. Krummlinige Koordinaten

Koordinaten	J	$J\,\mathrm{d}u\,\mathrm{d}v\,(\mathrm{d}w)$
Polarkoordinaten (r, φ) (siehe 4.1.3)	$\begin{bmatrix} \cos\varphi & \sin\varphi \\ -r\sin\varphi & r\cos\varphi \end{bmatrix}$	$r\,\mathrm{d}r\,\mathrm{d}\varphi$
Zylinderkoordinaten (z, ϱ, φ) (siehe 4.1.6)	$\begin{bmatrix} 0 & 0 & 1 \\ \cos\varphi & \sin\varphi & 0 \\ -\varrho\sin\varphi & \varrho\cos\varphi & 0 \end{bmatrix}$	$\varrho\,\mathrm{d}z\,\mathrm{d}\varrho\,\mathrm{d}\varphi$
Kugelkoordinaten (r, φ, ϑ) (siehe 4.1.7)	$\begin{bmatrix} \sin\varphi\cos\vartheta & \sin\varphi\sin\vartheta & \cos\varphi \\ r\cos\varphi\cos\vartheta & r\cos\varphi\sin\vartheta & -r\sin\varphi \\ -r\sin\varphi\sin\vartheta & r\sin\varphi\cos\vartheta & 0 \end{bmatrix}$	$r^2\sin\varphi\,\mathrm{d}r\,\mathrm{d}\varphi\,\mathrm{d}\vartheta$

$$= \int_0^1 \left(\int_0^{1-x} x^2(2-2x-y)\,\mathrm{d}y \right) \mathrm{d}x$$

$$= \int_0^1 [2x^2(1-x)^2 - x^2(1-x)^2/2]\,\mathrm{d}x = 1/20\,.$$

12.5 Variablentransformation

Bei der Integration kann eine Transformation der Variablen sehr nützlich sein. Wesentlich ist dabei die Determinante J der *Jacobi- oder Funktionalmatrix*, siehe 11.2, (11-11) und Tabelle 12-1.

Doppelintegrale

$$x = x(u, v)\,, \quad y = y(u, v)\,;$$

$$\iint_B f\,\mathrm{d}x\,\mathrm{d}y = \iint_T fJ\,\mathrm{d}u\,\mathrm{d}v\,, \quad J > 0\,. \qquad \text{(12-14)}$$

B: Originalbereich,
T: transformierter Bereich,

$$J = \begin{vmatrix} x_{,u} & y_{,u} \\ x_{,v} & y_{,v} \end{vmatrix}\,.$$

Dreifachintegrale

$$x = x(u, v, w)\,, \quad y = y(u, v, w)\,, \quad z = z(u, v, w)\,;$$

$$\iiint_B f\,\mathrm{d}x\,\mathrm{d}y\,\mathrm{d}z = \iiint_T f\,J\,\mathrm{d}u\,\mathrm{d}v\,\mathrm{d}w\,, \quad J > 0\,.$$

$$J = \begin{vmatrix} x_{,u} & y_{,u} & z_{,u} \\ x_{,v} & y_{,v} & z_{,v} \\ x_{,w} & y_{,w} & z_{,w} \end{vmatrix}\,. \qquad \text{(12-15)}$$

Transformation in das Einheitsdreieck nach Bild 12-4a. Sie folgt aus einer linearen Transformation mit punktweiser Zuordnung der Eckkoordinaten.

$$x = a_0 + a_1\xi + a_2\eta\,, \qquad y = b_0 + b_1\xi + b_2\eta\,.$$
$$P_1\!: x = x_1\,, \quad y = y_1\,; \quad \xi = 0\,, \quad \eta = 0\,.$$
$$P_2\!: x = x_2\,, \quad y = y_2\,; \quad \xi = 1\,, \quad \eta = 0\,.$$
$$P_3\!: x = x_3\,, \quad y = y_3\,; \quad \xi = 0\,, \quad \eta = 1\,.$$

$$\begin{bmatrix} x_1 \\ x_2 \\ x_3 \end{bmatrix} = \begin{bmatrix} 1 & 0 & 0 \\ 1 & 1 & 0 \\ 1 & 0 & 1 \end{bmatrix} \begin{bmatrix} a_0 \\ a_1 \\ a_2 \end{bmatrix} \quad \text{ergibt} \quad a_i(x_i)\,.$$

$$\begin{bmatrix} x \\ y \end{bmatrix} = \begin{bmatrix} x_1 \\ y_1 \end{bmatrix} + \begin{bmatrix} x_2 - x_1 & x_3 - x_1 \\ y_2 - y_1 & y_3 - y_1 \end{bmatrix} \begin{bmatrix} \xi \\ \eta \end{bmatrix}\,. \qquad \text{(12-16)}$$

$$\text{Jacobi-Matrix } \boldsymbol{J} = \begin{bmatrix} x_2 - x_1 & y_2 - y_1 \\ x_3 - x_1 & y_3 - y_1 \end{bmatrix}\,,$$

$$\rightarrow \iint f\,\mathrm{d}x\,\mathrm{d}y = \iint f\,J\,\mathrm{d}\xi\,\mathrm{d}\eta\,,$$

$$J = 2A_\Delta = (x_2 - x_1)(y_3 - y_1) - (x_3 - x_1)(y_2 - y_1)\,.$$

Transformation zum Einheitstetraeder nach Bild 12-4b.

$$\begin{bmatrix} x \\ y \\ z \end{bmatrix} = \begin{bmatrix} x_1 \\ y_1 \\ z_1 \end{bmatrix} + \begin{bmatrix} x_2 - x_1 & x_3 - x_1 & x_4 - x_1 \\ y_2 - y_1 & y_3 - y_1 & y_4 - y_1 \\ z_2 - z_1 & z_3 - z_1 & z_4 - z_1 \end{bmatrix} \begin{bmatrix} \xi \\ \eta \\ \zeta \end{bmatrix}\,,$$

$$\text{kurz} \quad \boldsymbol{x} = \boldsymbol{x}_1 + \boldsymbol{J}\boldsymbol{\xi}\,, \qquad \text{(12-17)}$$

$$\iiint f\,\mathrm{d}x\,\mathrm{d}y\,\mathrm{d}z = \iiint f\,J\,\mathrm{d}\xi\,\mathrm{d}\eta\,\mathrm{d}\zeta\,, \quad J = 6\,V\,.$$

V Volumen des Originaltetraeders.

Nichtlineare kartesische Transformationen ermöglichen die *Abbildung von krummlinig begrenzten Gebieten* auf gradlinig begrenzte. Für ein krummliniges Dreieck nach Bild 12-4c gilt

$$x = a_0 + a_1\,\xi + a_2\eta + a_3\,\xi^2 + a_4\,\xi\eta + a_5\eta^2\,,$$
$$y = b_0 + b_1\,\xi + b_2\eta + b_3\,\xi^2 + b_4\,\xi\eta + b_5\eta^2\,. \qquad \text{(12-18)}$$

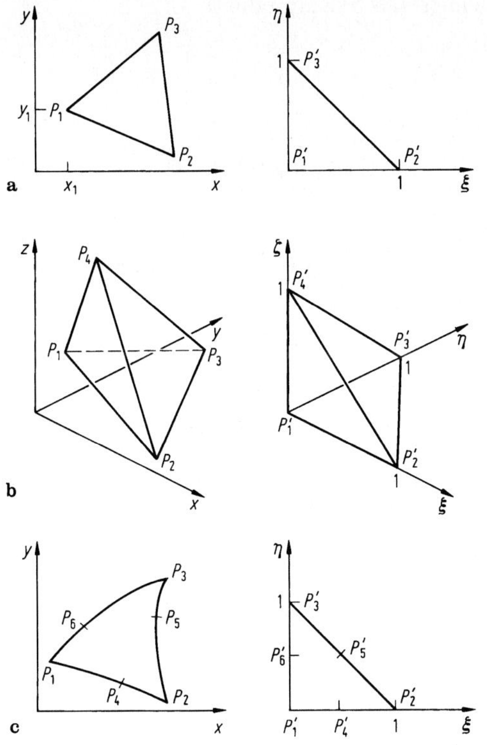

Bild 12-4. Transformationen auf Einheitsgebiete

Aus sechsmaliger Koordinatenzuordnung $(x_i, y_i) \to (\xi_i, \eta_i)$ folgt

$$a = Ax\;,\; b = Ay\;,$$

$$A = \begin{bmatrix} 1 & 0 & 0 & 0 & 0 & 0 \\ -3 & -1 & 0 & 4 & 0 & 0 \\ -3 & 0 & -1 & 0 & 0 & 4 \\ 2 & 2 & 0 & -4 & 0 & 0 \\ 4 & 0 & 0 & -4 & 4 & -4 \\ 2 & 0 & 2 & 0 & 0 & -4 \end{bmatrix}, \qquad (12\text{-}19)$$

$$\begin{aligned} a^{\mathrm{T}} &= [a_0 \quad a_1 \quad a_2 \quad a_3 \quad a_4 \quad a_5]\,, \\ b^{\mathrm{T}} &= [b_0 \quad b_1 \quad b_2 \quad b_3 \quad b_4 \quad b_5]\,, \\ x^{\mathrm{T}} &= [x_1 \quad x_2 \quad x_3 \quad x_4 \quad x_5 \quad x_6]\,, \\ y^{\mathrm{T}} &= [y_1 \quad y_2 \quad y_3 \quad y_4 \quad y_5 \quad y_6]\,. \end{aligned}$$

$$\to \iint f\,\mathrm{d}x\,\mathrm{d}y = \iint fJ\,\mathrm{d}\xi\,\mathrm{d}\eta\,,$$

$$J = J(\xi,\eta) = \begin{vmatrix} a_1 + 2a_3\xi + a_4\eta & b_1 + 2b_3\xi + b_4\eta \\ a_2 + a_4\xi + 2a_5\eta & b_2 + b_4\xi + 2\,b_5\eta \end{vmatrix}.$$

12.6 Kurvenintegrale

Ist über einer Kurve K nach Bild 12-5 eine eindeutige Funktion $f(x)$ gegeben, so sind über dem Definitionsbereich D zwei Kurvenintegrale erklärt.
Nichtorientiert:

$$\int_K f(\boldsymbol{x})\,\mathrm{d}s = \lim_{n\to\infty} \sum_{k=1}^{n} f(\boldsymbol{x}_k)\Delta s_k\,. \qquad (12\text{-}20)$$

Orientiert (als Skalarprodukt):

$$\int_K \boldsymbol{f}(\boldsymbol{x}) \cdot \mathrm{d}\boldsymbol{x} = \lim_{n\to\infty} \sum_{k=1}^{n} \boldsymbol{f}(\boldsymbol{x}_k) \cdot \Delta \boldsymbol{x}_k\,. \qquad (12\text{-}21)$$

Bei einer Parameterdarstellung $\boldsymbol{x} = \boldsymbol{x}(t)$ ergeben sich gewöhnliche Integrale in t.

$$\begin{aligned} &\boldsymbol{x} = \boldsymbol{x}(t): \\ &\mathrm{d}s = \sqrt{\mathrm{d}x^2 + \mathrm{d}y^2 + \mathrm{d}z^2} = \sqrt{\dot{x}^2 + \dot{y}^2 + \dot{z}^2}\,\mathrm{d}t\,, \\ &\mathrm{d}()/\mathrm{d}t = ()^{\boldsymbol{\cdot}} \quad \mathrm{d}\boldsymbol{x} = \dot{\boldsymbol{x}}\,\mathrm{d}t\,. \end{aligned} \qquad (12\text{-}22)$$

Für $f = 1$ folgt aus (12-20) die *Bogenlänge*

$$s = \int_{t_0}^{t_1} \sqrt{\dot{x}^2 + \dot{y}^2 + \dot{z}^2}\,\mathrm{d}t\,. \qquad (12\text{-}23)$$

Beispiel: Für die Kurve

$$\boldsymbol{x}^{\mathrm{T}}(t) = [\sin t,\ \cos t,\ \sin 2t]\,, \quad 0 \leqq t \leqq \pi\,, \quad \text{und}$$
$$\boldsymbol{f}^{\mathrm{T}}(\boldsymbol{x}) = [z,\ 1,\ y]$$

ist das Kurvenintegral (12-21) zu berechnen.

$$\begin{aligned} \int \boldsymbol{f}(\boldsymbol{x}) \cdot \mathrm{d}\boldsymbol{x} &= \int_0^{\pi} \boldsymbol{f}(t) \cdot \dot{\boldsymbol{x}}\mathrm{d}t \\ &= \int_0^{\pi} \begin{bmatrix} \sin 2t \\ 1 \\ \cos t \end{bmatrix} \cdot \begin{bmatrix} \cos t \\ -\sin t \\ 2\cos 2t \end{bmatrix} \mathrm{d}t \\ &= \frac{4}{3} - 2 + 0 = -\frac{2}{3}\,. \end{aligned}$$

Wegunabhängiges Kurvenintegral. Das Kurvenintegral (12-21) zwischen zwei Punkten P_0 und P_1 auf K ist unabhängig vom Integrationsweg, falls $\boldsymbol{f}$ Gradient einer Funktion Φ ist.

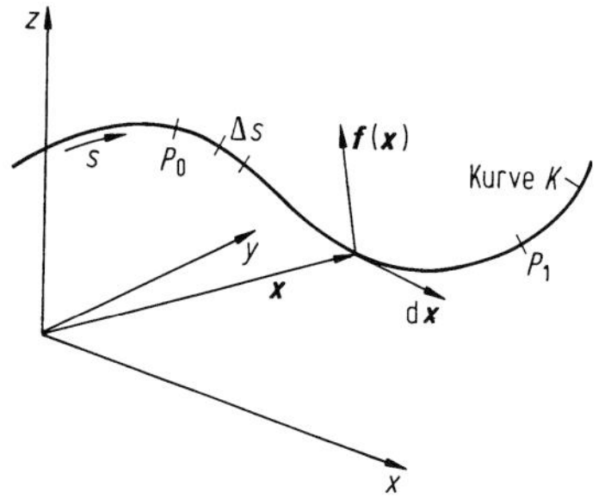

Bild 12-5. Funktion $f(x)$ längs einer Kurve K

$$\boldsymbol{f}^{\mathrm{T}}(\boldsymbol{x}) = [\Phi_{,x}\ \Phi_{,y}\ \Phi_{,z}]\,,$$

$$\int_{P_0}^{P_1} \boldsymbol{f}(\boldsymbol{x}) \cdot \mathrm{d}\boldsymbol{x} = \Phi_1 - \Phi_0\,. \qquad (12\text{-}24)$$

12.7 Oberflächenintegrale

Ist über einer Oberfläche S nach Bild 12-6 eine eindeutige Funktion $f(\boldsymbol{x})$ gegeben, so sind über dem Definitionsbereich D zwei Oberflächenintegrale erklärt. Nichtorientiert:

$$\int_S f(\boldsymbol{x})\,\mathrm{d}S = \iint_S f(\boldsymbol{x}(\boldsymbol{u}))|\boldsymbol{x}_{,u} \times \boldsymbol{x}_{,v}|\mathrm{d}u\,\mathrm{d}v\,.$$

Falls $z(x, y)$ die Oberfläche beschreibt, gilt

$$\int_S f(\boldsymbol{x})\,\mathrm{d}S = \iint_S f(x, y, z(x, y))\sqrt{1 + z_{,x}^2 + z_{,y}^2}\,\mathrm{d}x\,\mathrm{d}y\,. \qquad (12\text{-}25)$$

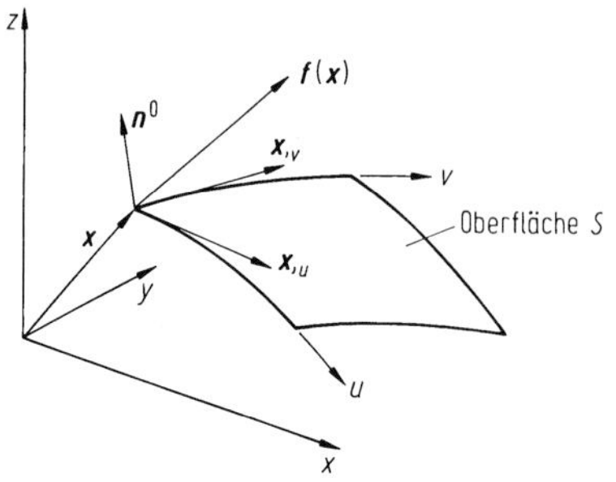

Bild 12-6. Funktion $f(x)$ über einer Oberfläche S

Orientiert (als Skalarprodukt):

$$\int_S \boldsymbol{f}(x) \cdot \mathrm{d}\boldsymbol{S} = \iint_S \boldsymbol{f}(\boldsymbol{x}(\boldsymbol{u})) \cdot (\boldsymbol{x}_{,u} \times \boldsymbol{x}_{,v})\,\mathrm{d}u\,\mathrm{d}v$$
$$= \int_S \boldsymbol{f}(\boldsymbol{x}) \cdot \boldsymbol{n}^0\,\mathrm{d}S\,. \qquad (12\text{-}26)$$

Für $f = 1$ folgt aus (12-25) der Flächeninhalt A der Oberfläche S:

$$A = \iint_S \sqrt{1 + z_{,x}^2 + z_{,y}^2}\,\mathrm{d}x\,\mathrm{d}y\,. \qquad (12\text{-}27)$$

13 Differenzialgeometrie der Kurven

13.1 Ebene Kurven

13.1.1 Tangente, Krümmung

Ist der Ortsvektor $\boldsymbol{x}$ im Raum $\mathbb{R}^2$ unserer Anschauung eine Funktion eines unabhängigen Parameters t, so wird durch $\boldsymbol{x}(t)$ eine ebene Kurve nach Bild 13-1 beschrieben.

$$\boldsymbol{x}(t) = x(t)\boldsymbol{e}_1 + y(t)\boldsymbol{e}_2\,. \qquad (13\text{-}1)$$

Durch Elimination des Parameters t entstehen zwei typische Formen:

Explizit: $y = f(x)$ oder $x = g(y)$,
implizit: $F(x, y) = 0$. (13-2)

Beispiel. Für eine Ellipse (Halbachse a in $\boldsymbol{e}_1$-Richtung, Halbachse b in $\boldsymbol{e}_2$-Richtung) sind die

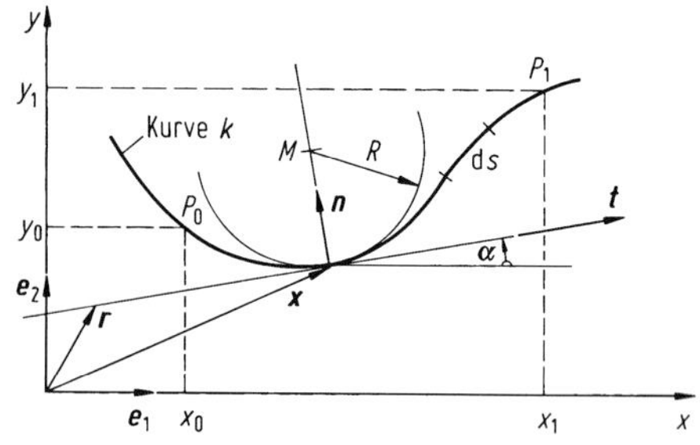

Bild 13-1. Ebene Kurve

Darstellungen (13-1), (13-2) anzugeben. Parameterdarstellung $x = a\cos t$, $y = b\sin t$.
Implizit: $F(x, y) = x^2/a^2 + y^2/b^2 - 1 = 0$. Explizit: $y = b\sqrt{1 - x^2/a^2}$ oder $x = a\sqrt{1 - y^2/b^2}$.
Bei entsprechender Differenzierbarkeit zeigt der Differenzialvektor $\mathrm{d}\boldsymbol{x}$ mit dem Betrag $\mathrm{d}s$ als Bogenlänge in Richtung der Tangente $\boldsymbol{t}$, die in der Regel als Einheitsvektor mit $\boldsymbol{t} \cdot \boldsymbol{t} = 1$ eingeführt wird.

$$\mathrm{d}\boldsymbol{x} = \mathrm{d}s\,\boldsymbol{t} = \mathrm{d}x\,\boldsymbol{e}_1 + \mathrm{d}y\,\boldsymbol{e}_2\,, \quad \mathrm{d}s^2 = \mathrm{d}x^2 + \mathrm{d}y^2\,. \quad (13\text{-}3)$$

Bogenlänge $s = \int_{P_0}^{P_1} \mathrm{d}s$.

Mit Parameter t:

$$s = \int_{t_0}^{t_1} \sqrt{\dot{x}^2 + \dot{y}^2}\,\mathrm{d}t\,, \quad ()^{\bullet} = \mathrm{d}()/\mathrm{d}t\,.$$

Ohne Parameter:

$$s = \begin{cases} \int_{x_0}^{x_1} \sqrt{1 + (\mathrm{d}y/\mathrm{d}x)^2}\,\mathrm{d}x \\ \int_{y_0}^{y_1} \sqrt{(\mathrm{d}x/\mathrm{d}y)^2 + 1}\,\mathrm{d}y \end{cases}. \quad (13\text{-}4)$$

Tangente

$$\boldsymbol{t} = \mathrm{d}\boldsymbol{x}/\mathrm{d}s = \frac{\mathrm{d}\boldsymbol{x}}{\mathrm{d}t} \cdot \frac{\mathrm{d}t}{\mathrm{d}s} = \begin{bmatrix} \dot{x} \\ \dot{y} \end{bmatrix} \frac{1}{\sqrt{\dot{x}^2 + \dot{y}^2}}\,, \quad (13\text{-}5)$$

$$\boldsymbol{t} = \begin{bmatrix} 1 \\ \mathrm{d}y/\mathrm{d}x \end{bmatrix} \frac{1}{\sqrt{1 + (\mathrm{d}y/\mathrm{d}x)^2}} = \begin{bmatrix} \mathrm{d}x/\mathrm{d}y \\ 1 \end{bmatrix} \frac{1}{\sqrt{(\mathrm{d}x/\mathrm{d}y)^2 + 1}}\,.$$

Geradengleichung der Tangente:

$\boldsymbol{r} = \boldsymbol{x} + \tau\boldsymbol{t}$, τ Skalar,

$\boldsymbol{x}$ Ortsvektor zum Kurvenpunkt mit der Tangente $\boldsymbol{t}$. (13-6)

Steigung:

$$\tan\alpha = \mathrm{d}y/\mathrm{d}x = \dot{y}/\dot{x}\,. \quad (13\text{-}7)$$

Normale:

$\boldsymbol{n}$ senkrecht zu $\boldsymbol{t}$, $\quad \boldsymbol{n} \cdot \boldsymbol{t} = 0$.

$$\boldsymbol{n} = \begin{bmatrix} -\dot{y} \\ \dot{x} \end{bmatrix} \frac{1}{\sqrt{\dot{x}^2 + \dot{y}^2}}\,, \quad (13\text{-}8)$$

$$\boldsymbol{n} = \begin{bmatrix} -\mathrm{d}y/\mathrm{d}x \\ 1 \end{bmatrix} \frac{1}{\sqrt{1 + (\mathrm{d}y/\mathrm{d}x)^2}} = \begin{bmatrix} -1 \\ \mathrm{d}x/\mathrm{d}y \end{bmatrix} \frac{1}{\sqrt{(\mathrm{d}x/\mathrm{d}y)^2 + 1}}\,.$$

Bei Vorgabe der Kurve in Polarkoordinaten r, φ mit $r = r(\varphi)$ folgt aus der trigonometrischen Parameterdarstellung $x = r\cos\varphi$, $y = r\sin\varphi$ die Steigung in Polarkoordinaten

$$\tan\alpha = \frac{\dot{y}}{\dot{x}} = \frac{\dot{r}\sin\varphi + r\cos\varphi}{\dot{r}\cos\varphi - r\sin\varphi}\,,$$
$$r = r(\varphi)\,, \quad \dot{r} = \mathrm{d}r/\mathrm{d}\varphi\,. \quad (13\text{-}9)$$

Die *Krümmung* κ ist definiert als Änderung der Tangentenneigung beim Fortschreiten entlang der Bogenlänge.

$$\kappa = \mathrm{d}\alpha/\mathrm{d}s = \frac{\mathrm{d}\alpha}{\mathrm{d}t} \cdot \frac{\mathrm{d}t}{\mathrm{d}s} = \frac{\dot{\alpha}}{\sqrt{\dot{x}^2 + \dot{y}^2}}\,, \quad \tan\alpha = \frac{\dot{y}}{\dot{x}}\,. \quad (13\text{-}10)$$

Jedem Punkt $P(x, y)$ oder $P(r, \varphi)$ der Kurve k kann ein Kreis mit Radius R – der Krümmungskreis – zugeordnet werden, der in P Tangente und Krümmung $\kappa = 1/R$ mit der Kurve k gemeinsam hat.

Evolute einer Kurve k_1 ist die Kurve k_2 als Verbindungslinie aller Krümmungskreis-Mittelpunkte; k_2 ist die Einhüllende der Normalenschar von k_1. Umgekehrt nennt man k_1 die Evolvente zu k_2.

Beispiel. Für eine Kurve k in Parabelform $y^2 = 2ax$ erhält man durch implizites Ableiten $y'y = a$ und $y''y + y'^2 = 0$ und damit die Koordinaten (x_M, y_M) des Krümmungskreis-Mittelpunktes. Wählt man y als Parameter der Kurve k, folgt aus Tabelle 13-1:

$$\begin{bmatrix} x_M \\ y_M \end{bmatrix} = \begin{bmatrix} y^2/2a \\ y \end{bmatrix} + \frac{y^3(1 + a^2/y^2)}{(-a^2)} \begin{bmatrix} -a/y \\ 1 \end{bmatrix}$$

und daraus $x_M = 3y^2/2a + a$, $y_M = -y^3/a^2$. Diese Evolutendarstellung im Parameter y lässt sich durch Elimination von y in eine explizite Form $27ay_M^2 - 8(x_M - a)^3 = 0$ überführen; dies ist die Gleichung einer *Neil'schen Parabel*.

Tabelle 13-1. Krümmungskreis mit Radius $R = 1/|\kappa|$ und Mittelpunkt $M(x_M, y_M)$ zum Kurvenpunkt $\boldsymbol{x}$

Kurven-darstellung	Krümmung κ	Mittelpunkt $\boldsymbol{x}_M$
Invariante Darstellung	$\begin{vmatrix} \mathrm{d}x/\mathrm{d}s & \mathrm{d}y/\mathrm{d}s \\ \mathrm{d}^2x/\mathrm{d}s^2 & \mathrm{d}^2y/\mathrm{d}s^2 \end{vmatrix}$ s Bogenlänge	$\boldsymbol{x}_M = \boldsymbol{x} + \frac{1}{\kappa}\boldsymbol{n}$
$x = x(t)$ $y = y(t)$	$\frac{\dot{x}\ddot{y} - \dot{y}\ddot{x}}{(\dot{x}^2 + \dot{y}^2)^{3/2}}, \quad ()^\bullet = \frac{\mathrm{d}()}{\mathrm{d}t}$	$\boldsymbol{x}_M = \boldsymbol{x} + \frac{\dot{x}^2 + \dot{y}^2}{\dot{x}\ddot{y} - \dot{y}\ddot{x}} \begin{bmatrix} -\dot{y} \\ \dot{x} \end{bmatrix}$
$y = y(x)$	$\frac{y''}{(1 + y'^2)^{3/2}}, \quad ()' = \frac{\mathrm{d}()}{\mathrm{d}x}$	$\boldsymbol{x}_M = \boldsymbol{x} + \frac{1 + y'^2}{y''} \begin{bmatrix} -y' \\ 1 \end{bmatrix}$
$r = r(\varphi)$	$\frac{r^2 + 2\dot{r}^2 - r\ddot{r}}{(r^2 + \dot{r}^2)^{3/2}}, \quad ()^\bullet = \frac{\mathrm{d}()}{\mathrm{d}\varphi}$	$\boldsymbol{x}_M = \boldsymbol{x} - \varrho \begin{bmatrix} r\cos\varphi + \dot{r}\sin\varphi \\ r\sin\varphi - \dot{r}\cos\varphi \end{bmatrix}$ $\varrho = \frac{r^2 + \dot{r}^2}{r^2 + 2\dot{r}^2 - r\ddot{r}}$

13.1.2 Hüllkurve

Eine implizite Kurvengleichung $F(x, y, \lambda) = 0$ mit kartesischen Koordinaten x, y kann zusätzlich von einem Parameter λ abhängen, wodurch eine ganze Kurvenschar beschrieben wird. Unter gewissen notwendigen Voraussetzungen kann die Schar durch eine Hüllkurve (*Enveloppe*) umhüllt werden, die jede Scharkurve in einem Punkt berührt (gemeinsame Tangente) und nur aus solchen Punkten besteht.
Notwendig für Existenz einer Hüllkurve:

$$\partial^2F/\partial\lambda^2 \neq 0\,, \quad \begin{vmatrix} \partial F/\partial x & \partial F/\partial y \\ \partial^2F/(\partial x\partial\lambda) & \partial^2F/(\partial y\partial\lambda) \end{vmatrix} \neq 0\,. \tag{13-11}$$

Parameterdarstellung $x(\lambda)$, $y(\lambda)$ aus der Lösung zweier Gleichungen:

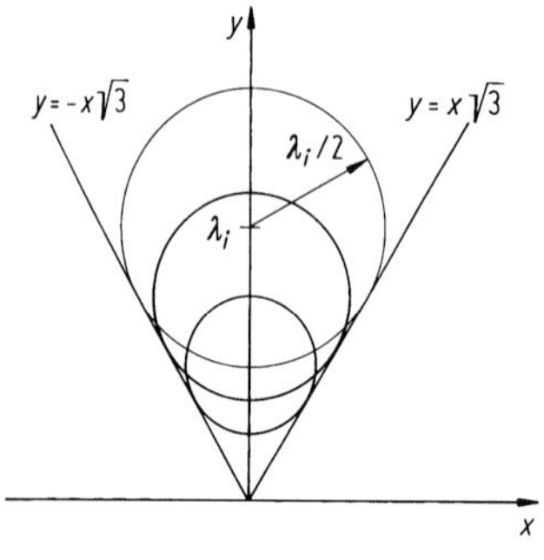

Bild 13-2. Kreisschar mit Hüllkurve

$$\partial F/\partial\lambda = F_{,\lambda}(x, y, \lambda) = 0\,, \quad F(x, y, \lambda) = 0\,. \tag{13-12}$$

Beispiel. Für die Kurvenschar

$$F(x, y, \lambda) = x^2 + (y - \lambda)^2 - \lambda^2/4 = 0$$

nach Bild 13-2 gelten die Voraussetzungen (13-11) und mit $F_{,\lambda} = 2(y - \lambda)(-1) - \lambda/2$ erhält man die Gleichungen (13-12) mit den Lösungen $y = 3\lambda/4$ und $x^2 = 3\lambda^2/16$. Nach Elimination von λ erweist sich die Hüllkurve als Paar $y = \pm x\sqrt{3}$ von Nullpunktgeraden.

13.2 Räumliche Kurven

Ist der Ortsvektor $\boldsymbol{x}$ im Raum $\mathbb{R}^3$ unserer Anschauung eine Funktion einer Veränderlichen t (man kann dabei an die Zeit denken), so wird durch $\boldsymbol{x}(t)$ eine Raumkurve nach Bild 13-3 beschrieben.

$$\boldsymbol{x}(t) = x(t)\boldsymbol{e}_1 + y(t)\boldsymbol{e}_2 + z(t)\boldsymbol{e}_3$$

oder

$$\boldsymbol{x}(t) = \sum_{i=1}^{3} x_i(t)\,\boldsymbol{e}_i \tag{13-13}$$

$$= x_i(t)\,\boldsymbol{e}_i \ \text{(Summationskonvention)}\,.$$

Bei entsprechender Differenzierbarkeit zeigt der Differenzialvektor $\mathrm{d}\boldsymbol{x}$ mit dem Betrag $\mathrm{d}s$ in Richtung der Tangente $\boldsymbol{t}$, mit $\boldsymbol{t} \cdot \boldsymbol{t} = 1$.

$$\mathrm{d}\boldsymbol{x} = \boldsymbol{t}\,\mathrm{d}s\,, \quad \mathrm{d}s^2 = (\mathrm{d}\boldsymbol{x}) \cdot (\mathrm{d}\boldsymbol{x}) \tag{13-14}$$

$$\rightarrow \boldsymbol{t} = \frac{\mathrm{d}\boldsymbol{x}}{\mathrm{d}s} \cdot \frac{\mathrm{d}t}{\mathrm{d}t} = \dot{\boldsymbol{x}}/\sqrt{(\dot{\boldsymbol{x}}) \cdot (\dot{\boldsymbol{x}})}\,, \quad ()^\bullet = \mathrm{d}()\,\mathrm{d}t\,.$$

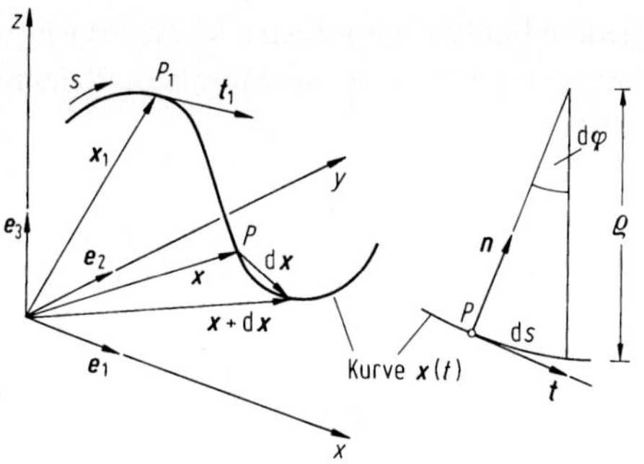

Bild 13-3. Raumkurve als Graph eines Vektors x mit nur einer Variablen s

Die Ableitung $\mathrm{d}(\boldsymbol{t}\cdot\boldsymbol{t}-1)/\mathrm{d}t = 2\mathrm{d}\boldsymbol{t}\cdot\boldsymbol{t} = 0$ erweist $\mathrm{d}\boldsymbol{t}$ als Senkrechte zur Tangente. Die dazugehörige Richtung nennt man Normalenrichtung $\boldsymbol{n}$ mit $\boldsymbol{n}\cdot\boldsymbol{n} = 1$.

$$\boldsymbol{n} = \dot{\boldsymbol{t}} / \sqrt{\dot{\boldsymbol{t}}\cdot\dot{\boldsymbol{t}}} \quad \text{(Normale)}\,. \tag{13-15}$$

Die Einheitsvektoren $\boldsymbol{t}$ und $\boldsymbol{n}$ spannen eine Ebene auf, in die man nach Bild 13-3 einen Kreissektor mit Radius ϱ und Öffnungswinkel $\mathrm{d}\varphi$ einbeschreiben kann. Mit $\varrho\,\mathrm{d}\varphi = \mathrm{d}s$ und $\mathrm{d}\boldsymbol{t} = \boldsymbol{n}\,\mathrm{d}\varphi$ enthält $\mathrm{d}\boldsymbol{t}/\mathrm{d}s$ die *Krümmung* $|\kappa| = 1/\varrho$.

$$\boldsymbol{t}' = \mathrm{d}\boldsymbol{t}/\mathrm{d}s = \boldsymbol{n}/\varrho\,, \quad ()' = \mathrm{d}()/\mathrm{d}s\,. \tag{13-16}$$

Insgesamt bilden $\boldsymbol{t}$, $\boldsymbol{n}$ und die Binormale $\boldsymbol{b} = \boldsymbol{t}\times\boldsymbol{n}$ das *begleitende orthogonale Dreibein*:

$$\boldsymbol{t} = \boldsymbol{x}' = \dot{\boldsymbol{x}} / \sqrt{\dot{\boldsymbol{x}}\cdot\dot{\boldsymbol{x}}}\,,$$

$$\boldsymbol{n} = \varrho\boldsymbol{t}' = \dot{\boldsymbol{t}} / \sqrt{\dot{\boldsymbol{t}}\cdot\dot{\boldsymbol{t}}}\,, \tag{13-17}$$

$$\boldsymbol{b} = \boldsymbol{t}\times\boldsymbol{n}\,; \quad ()' = \mathrm{d}()/\mathrm{d}s\,, \quad ()^{\boldsymbol{\cdot}} = \mathrm{d}()/\mathrm{d}t\,.$$

Die Veränderung $\mathrm{d}\boldsymbol{b}$ der Binormalen beim Fortschreiten in positiver s-Richtung ist ein Vielfaches von $\boldsymbol{n}$, welches man *Windung* $1/\tau$ nennt:

$$\boldsymbol{b}' = \mathrm{d}\boldsymbol{b}/\mathrm{d}s = -\boldsymbol{n}/\tau\,. \tag{13-18}$$

Bei gegebenem Ortsvektor $\boldsymbol{x}(t)$ kann man Krümmung $1/\varrho$ und Windung $1/\tau$ berechnen.

$$x(t) \text{ gegeben } \rightarrow \dot{\boldsymbol{x}}, \ddot{\boldsymbol{x}}\,.$$

$$\dot{s} = \mathrm{d}s/\mathrm{d}t = \sqrt{\dot{\boldsymbol{x}}\cdot\dot{\boldsymbol{x}}}\,,$$

$$\varrho^{-1} = |\dot{\boldsymbol{x}}\times\ddot{\boldsymbol{x}}|/\dot{s}^3\,, \tag{13-19}$$

$$\tau^{-1} = (\dot{\boldsymbol{x}}, \ddot{\boldsymbol{x}}, \dddot{\boldsymbol{x}})/(\dot{\boldsymbol{x}}\times\ddot{\boldsymbol{x}})^2\,.$$

(Spatprodukt, siehe 3.3.5)

Die Differenzialbeziehungen (13-16), (13-18) und $\boldsymbol{n}' = (\boldsymbol{b}\times\boldsymbol{t})' = \boldsymbol{b}'\times\boldsymbol{t} + \boldsymbol{b}\times\boldsymbol{t}' = -\boldsymbol{n}\times\boldsymbol{t}/\tau + \boldsymbol{b}\times\boldsymbol{n}/\varrho$ ergeben zusammen die *Frenet'schen Formeln* der Basis $\boldsymbol{N} = [\boldsymbol{t}\;\boldsymbol{n}\;\boldsymbol{b}]$:

$$\frac{\mathrm{d}}{\mathrm{d}s}[\boldsymbol{t}\;\boldsymbol{n}\;\boldsymbol{b}] = [\boldsymbol{t}\;\boldsymbol{n}\;\boldsymbol{b}]\begin{bmatrix} 0 & -1/\varrho & 0 \\ 1/\varrho & 0 & -1/\tau \\ 0 & 1/\tau & 0 \end{bmatrix},$$

$$\text{kurz} \quad \boldsymbol{N}' = \boldsymbol{N}\tilde{\boldsymbol{\kappa}}\,, \quad \boldsymbol{\kappa}^{\mathrm{T}} = [1/\tau \quad 0 \quad 1/\varrho]\,. \tag{13-20}$$

$\boldsymbol{\kappa}$ *Darboux'scher Vektor*. $\tilde{\boldsymbol{\kappa}}$ vgl. 3.3.4, (3-36).

14 Räumliche Drehungen

Die Drehung eines beliebigen Vektors $\boldsymbol{x} = x_i\boldsymbol{e}_i$ (Summationskonvention für $i = 1, 2, 3$) in sein Bild $\boldsymbol{y} = y_i\,\boldsymbol{e}_i$ ist dann winkel-, richtungs- und längentreu, wenn die Abbildungsmatrix $\boldsymbol{A}$ orthonormal (3.3.2) ist.

Drehung von $\boldsymbol{x}$ in $\boldsymbol{y}$:

$$\boldsymbol{y} = \boldsymbol{A}\boldsymbol{x}\,, \quad \boldsymbol{A}^{\mathrm{T}}\boldsymbol{A} = \boldsymbol{A}\boldsymbol{A}^{\mathrm{T}} = \boldsymbol{I}\,, \quad \det\boldsymbol{A} = 1\,. \tag{14-1}$$

Speziell die Achsen $\boldsymbol{e}_i$ werden in die Achsen $\boldsymbol{a}_i$ (Spalten von $\boldsymbol{A}$) gedreht. Durch die Forderung $\boldsymbol{A}^{\mathrm{T}}\boldsymbol{A} = \boldsymbol{I}$ werden 6 Bestimmungsgleichungen für die 9 Koeffizienten a_{ij} formuliert. Für die Beschreibung der eigentlichen Drehung verbleiben dann noch 3 Parameter. Durch ein gegebenes Paar $(\boldsymbol{x}, \boldsymbol{y})$ wird die Drehung bestimmt.

$$\text{Drehachse: } \boldsymbol{c} = \boldsymbol{x}\times\boldsymbol{y}/|\boldsymbol{x}\times\boldsymbol{y}|\,,$$

$$\text{Drehwinkel } \delta\text{: } \boldsymbol{x}\cdot\boldsymbol{y} = |\boldsymbol{x}|\,|\boldsymbol{y}|\cos\delta\,. \tag{14-2}$$

$$\boldsymbol{A} = \cos\delta\,\boldsymbol{I} + (1-\cos\delta)\boldsymbol{c}\boldsymbol{c}^{\mathrm{T}} + \sin\delta\tilde{\boldsymbol{c}}\,.$$

$$\tilde{\boldsymbol{c}} = (\boldsymbol{c}\times)\,, \quad \text{siehe 3.3.4 (3-36)}\,, \quad \boldsymbol{c}\cdot\boldsymbol{c} = \boldsymbol{c}^{\mathrm{T}}\boldsymbol{c} = 1\,.$$

Man kann unabhängig von einem Paar $(\boldsymbol{x}, \boldsymbol{y})$ diese Matrix $\boldsymbol{A}$ auch als Funktion von vier Parametern mit einer Nebenbedingung auffassen.

Parameter einer Drehung:

$$\text{Drehachse } \boldsymbol{c} \text{ mit } \boldsymbol{c}^{\mathrm{T}}\boldsymbol{c} = 1 \text{ und Drehwinkel } \delta\,. \tag{14-3}$$

Andere Parameter (*Euler, Gibbs* usw.) lassen sich auf $\boldsymbol{c}$ und δ zurückführen.

Bei einer Drehung mit einem beliebig kleinen Winkel $\mathrm{d}\delta \neq 0$ ($\sin \mathrm{d}\delta = \mathrm{d}\delta$, $\cos \mathrm{d}\delta = 1$) spricht man von einer *infinitesimalen Drehung*

$$\boldsymbol{y} = (\boldsymbol{I} + \mathrm{d}\delta\, \tilde{\boldsymbol{c}})\boldsymbol{x} = \boldsymbol{x} + \mathrm{d}\delta\, \boldsymbol{c} \times \boldsymbol{x}\,, \qquad \boldsymbol{c}^{\mathrm{T}}\boldsymbol{c} = \boldsymbol{c} \cdot \boldsymbol{c} = 1\,. \tag{14-4}$$

Die Achsen $\boldsymbol{a}_i$ als Spalten der Matrix $\boldsymbol{A}$ werden speziell in ihre Bilder $\boldsymbol{b}_i$ als Spalten der Matrix $\boldsymbol{B}$ gedreht, wobei $\boldsymbol{B} - \boldsymbol{A}$ zu deuten ist als infinitesimale Basisveränderung infolge Drehung mit $\mathrm{d}\delta$ um die Achse $\boldsymbol{c}$, $\boldsymbol{c}^{\mathrm{T}}\boldsymbol{c} = 1$.

$$\boldsymbol{B} = \boldsymbol{A} + \mathrm{d}\delta\tilde{\boldsymbol{c}}\boldsymbol{A} \rightarrow \boldsymbol{B} - \boldsymbol{A} = \mathrm{d}\delta\tilde{\boldsymbol{c}}\boldsymbol{A} \quad \text{oder} \quad \mathrm{d}\boldsymbol{A}/\mathrm{d}\delta = \tilde{\boldsymbol{c}}\boldsymbol{A} = -\boldsymbol{A}\tilde{\boldsymbol{c}}\,. \tag{14-5}$$

$$\tilde{\boldsymbol{c}} = (\boldsymbol{c}\,\times) = \begin{bmatrix} 0 & -c_3 & c_2 \\ c_3 & 0 & -c_1 \\ -c_2 & c_1 & 0 \end{bmatrix}, \quad \boldsymbol{c} = \begin{bmatrix} c_1 \\ c_2 \\ c_3 \end{bmatrix}.$$

Die schiefsymmetrische Struktur in (14-5) ist von fundamentaler Bedeutung für die räumliche Kinematik.

15 Differenzialgeometrie gekrümmter Flächen

Ist ein Ortsvektor $\boldsymbol{x}$ im Raum $\mathbb{R}^3$ unserer Anschauung Funktion von zwei Veränderlichen u_1, u_2, so wird durch $\boldsymbol{x}(u_1, u_2)$ eine gekrümmte Fläche beschrieben:

$$\boldsymbol{x}(u_1, u_2) = \sum_{i=1}^{3} x_i(u_1, u_2)\boldsymbol{e}_i\,. \tag{15-1}$$

Bei entsprechender Differenzierbarkeit liegt der Differenzialvektor $\mathrm{d}\boldsymbol{x}$ im Flächenpunkt P_{00} in der Tangentialebene in P_{00}, die durch die Vektoren $\boldsymbol{x}_{,1}$ und $\boldsymbol{x}_{,2}$ aufgespannt wird:

$$\mathrm{d}\boldsymbol{x} = \boldsymbol{x}_{,1}\,\mathrm{d}u_1 + \boldsymbol{x}_{,2}\,\mathrm{d}u_2 = \boldsymbol{x}_{,\alpha}\,\mathrm{d}u_\alpha\,. \qquad x_{,\alpha} = \partial x/\partial \boldsymbol{u}_\alpha\,. \tag{15-2}$$

Summationskonvention: Über gleiche Indizes wird summiert. $i, j, k = 1, 2, 3$; $\alpha, \beta = 1, 2$.

Die Richtungsvektoren $\boldsymbol{x}_{,1}(u_1, u_2)$ und $\boldsymbol{x}_{,2}(u_1, u_2)$ bilden ein *Gauß'sches Koordinatennetz* nach Bild 15-1. Es entsteht durch die aufspannenden Vektoren

$$\boldsymbol{g}_1 = \boldsymbol{x}_{,1}\,, \ \boldsymbol{g}_2 = \boldsymbol{x}_{,2}\,,$$

einer jedem Punkt zugeordneten lokalen Basis, wobei die Skalarprodukte $\boldsymbol{g}_\alpha \cdot \boldsymbol{g}_\beta$ als Metrikkoeffizienten $g_{\alpha\beta}$ der Matrix $\boldsymbol{G}$,

$$\boldsymbol{G} = \begin{bmatrix} g_{11} & g_{12} \\ g_{21} & g_{22} \end{bmatrix}, \quad g_{\alpha\beta} = g_\alpha \cdot g_\beta\,, \quad \alpha, \beta = 1, 2\,; \qquad g_{12} = g_{21} \tag{15-3}$$

die Metrik auf der gekrümmten Fläche charakterisieren. Nur im Sonderfall einer Orthonormalbasis wird $\boldsymbol{G}$ zur Einheitsmatrix $\boldsymbol{E}$; in der Regel gilt $\boldsymbol{G} \not\approx \boldsymbol{E}$. Die Fläche $\mathrm{d}S$ des infinitesimalen Vierecks $P_{00}P_{10}P_{11}P_{01}$ in Bild 15-1 wird in erster Näherung durch das Parallelogramm mit den Seiten $\boldsymbol{x}_{,1}\,\mathrm{d}u_1$ und $\boldsymbol{x}_{,2}\,\mathrm{d}u_2$ beschrieben.

$$\mathrm{d}S = |\boldsymbol{x}_{,1} \times \boldsymbol{x}_{,2}|\,\mathrm{d}u_1\mathrm{d}u_2$$

$$\text{mit} \quad |\boldsymbol{x}_{,1} \times \boldsymbol{x}_{,2}| = \sqrt{(\boldsymbol{x}_{,1} \times \boldsymbol{x}_{,2})^2} = \sqrt{g_{11}\,g_{22} - g_{12}^2} = \sqrt{G}\,,$$

$$S = \iint \sqrt{G}\,\mathrm{d}u_1\mathrm{d}u_2\,. \tag{15-4}$$

Das Kreuzprodukt in (15-4) beschreibt auch den Normalenvektor $\boldsymbol{f}$, der senkrecht zur Tangentialfläche steht:

$$\boldsymbol{f} = (\boldsymbol{x}_{,1} \times \boldsymbol{x}_{,2})/\sqrt{G}. \quad \boldsymbol{f} \cdot \boldsymbol{f} = 1\,. \tag{15-5}$$

Durch Reduktion der Variablen $u_1 = u_1(t)$ und $u_2 = u_2(t)$ auf eine einzige unabhängige Größe t werden Kurven $\boldsymbol{x}(t)$ auf der Fläche $\boldsymbol{x}(u_1, u_2)$ beschrieben. Über die Tangente $\boldsymbol{t} = \mathrm{d}\boldsymbol{x}(u_1(t), u_2(t))/\mathrm{d}s$ erhält man auch die Kurvennormale $\boldsymbol{n} = \varrho\,\mathrm{d}\boldsymbol{t}/\mathrm{d}s$.

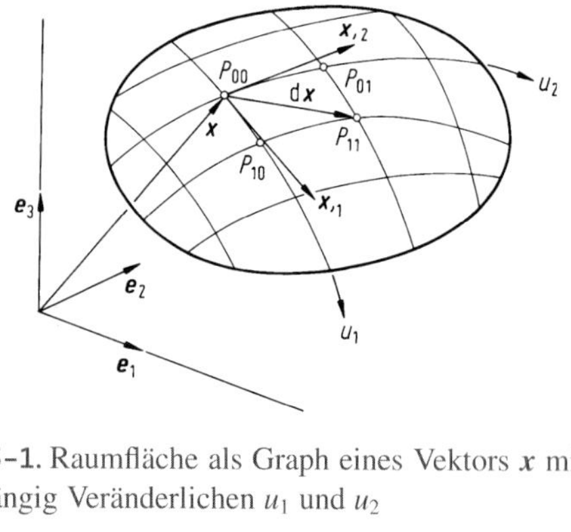

Bild 15-1. Raumfläche als Graph eines Vektors $\boldsymbol{x}$ mit zwei unabhängig Veränderlichen u_1 und u_2

$$t = \frac{\mathrm{d}\boldsymbol{x}\,\mathrm{d}t}{\mathrm{d}t\,\mathrm{d}s} = (\boldsymbol{x},_1 \dot{u}_1 + \boldsymbol{x},_2 \dot{u})\frac{\mathrm{d}t}{\mathrm{d}s}\,, \quad ()^{\bullet} = \mathrm{d}()/\mathrm{d}t\,,$$

$$\boldsymbol{n}/\varrho = \frac{\mathrm{d}\boldsymbol{t}\,\mathrm{d}t}{\mathrm{d}t\,\mathrm{d}s}$$

$$= (\boldsymbol{x},_{\alpha\beta}\,\dot{u}_\alpha\dot{u}_\beta + \boldsymbol{x},_\alpha\,\ddot{\boldsymbol{u}}_\alpha)\left(\frac{\mathrm{d}t}{\mathrm{d}s}\right)^2 + \boldsymbol{x},_\alpha\,\dot{u}_\alpha\frac{\mathrm{d}^2t}{\mathrm{d}s^2}\,. \tag{15-6}$$

Der Winkel γ zwischen Flächennormale $\boldsymbol{f}$ und Kurvennormale $\boldsymbol{n}$ folgt aus ihrem Skalarprodukt:

$$\cos\gamma = \boldsymbol{f}\cdot\boldsymbol{n} = \boldsymbol{f}\cdot\boldsymbol{x},_{\alpha\beta}\,\dot{u}_\alpha\dot{u}_\beta\left(\frac{\mathrm{d}t}{\mathrm{d}s}\right)^2\varrho\,.$$

Aus (15-2) folgt

$$(\mathrm{d}\boldsymbol{x})^2 = \mathrm{d}s^2 = g_{11}\mathrm{d}u_1^2 + 2g_{12}\,\mathrm{d}u_1\mathrm{d}u_2 + g_{22}\,\mathrm{d}u_2^2$$
$$= g_{\alpha\beta}\,\mathrm{d}u_\alpha\,\mathrm{d}u_\beta\,.$$
$$(\mathrm{d}s/\mathrm{d}t)^2 = g_{\alpha\beta}\dot{u}_\alpha\dot{u}_\beta\,. \tag{15-7}$$

Die Skalarprodukte $\boldsymbol{f}\cdot\boldsymbol{x},_{\alpha\beta}$ erklärt man zu Komponenten des *Krümmungstensors* $\boldsymbol{B}$:

$$b_{\alpha\beta} = \boldsymbol{f}\cdot\boldsymbol{x},_{\alpha\beta} = \frac{(\boldsymbol{x},_1\times\boldsymbol{x},_2)\cdot\boldsymbol{x},_{\alpha\beta}}{\sqrt{G}}\,. \tag{15-8}$$

Für $\cos\gamma = 1$ sind $\boldsymbol{f}$ und $\boldsymbol{n}$ parallel. Die dazugehörigen Krümmungen $(1/\varrho_1)$, $(1/\varrho_2)$ nennt man Hauptkrümmungen, die Hauptkrümmungsrichtungen $\dot{\boldsymbol{x}} = \boldsymbol{x},_\alpha\,\dot{u}_\alpha$ ergeben sich aus den Eigenvektoren des zu (15-7) zugeordneten Eigenwertproblems (15-9).

Hauptkrümmungen $1/\varrho = \lambda$,
Koordinaten $\boldsymbol{h}^{\mathrm{T}} = [\dot{u}_1, \dot{u}_2]$ der Hauptkrümmungsrichtungen aus $\cos\gamma = 1$ in (15-7):

$$\lambda = \frac{b_{\alpha\beta}\dot{u}_\alpha\dot{u}_\beta}{g_{\alpha\beta}\dot{u}_\alpha\dot{u}_\beta} = \frac{\boldsymbol{h}^{\mathrm{T}}\boldsymbol{B}\boldsymbol{h}}{\boldsymbol{h}^{\mathrm{T}}\boldsymbol{G}\boldsymbol{h}}\,, \quad \boldsymbol{B}^{\mathrm{T}} = \boldsymbol{B}\,, \quad \boldsymbol{G}^{\mathrm{T}} = \boldsymbol{G}\,.$$

Eigenwertproblem

$$(\boldsymbol{B} - \lambda\boldsymbol{G})\boldsymbol{h} = \boldsymbol{o} \tag{15-9}$$

ergibt Lösungen λ_1, $\boldsymbol{h}_1$; λ_2, $\boldsymbol{h}_2$.
Für die Eigenwerte λ_1, λ_2 gelten die Vieta'schen Wurzelsätze, siehe 6.1, (6-4).

Gauß'sches Krümmungsmaß:

$$K = \frac{1}{\varrho_1\varrho_2} = \frac{B}{G} = \frac{b_{11}b_{22} - b_{12}^2}{g_{11}g_{22} - g_{12}^2}\,. \tag{15-10}$$

Mittlere Krümmung:

$$H = \frac{1}{2}\left(\frac{1}{\varrho_1} + \frac{1}{\varrho_2}\right)$$
$$= \frac{1}{2G}(g_{11}b_{22} - 2g_{12}b_{12} + g_{22}b_{11})\,.$$

Klassifizierung der Flächen:

$K(\boldsymbol{x}_P) > 0$: elliptischer Flächenpunkt P,
$K(\boldsymbol{x}_P) < 0$: hyperbolischer Flächenpunkt P,
$K(\boldsymbol{x}_P) = 0$: parabolischer Flächenpunkt P. (15-11)

16 Differenzialgeometrie im Raum

16.1 Basen, Metrik

Vektoren im Raum $\mathbb{R}^3$ unserer Anschauung werden durch 3 Komponenten in den 3 Richtungen einer Basis $\boldsymbol{g}_1$, $\boldsymbol{g}_2$, $\boldsymbol{g}_3$ dargestellt, wobei man als Bezugssystem gerne eine kartesische Basis $\boldsymbol{e}_1$, $\boldsymbol{e}_2$, $\boldsymbol{e}_3$ benutzt.
Die Basisvektoren müssen einen Raum aufspannen (Spatprodukt $\neq 0$) und sind ansonsten bezüglich Betrag und Richtung zueinander vollkommen beliebig. In der Vektoranalysis und -algebra erweist es sich als nützlich, einer Basis $\boldsymbol{g}_1$, $\boldsymbol{g}_2$, $\boldsymbol{g}_3$ eine andere $\boldsymbol{g}^1$, $\boldsymbol{g}^2$, $\boldsymbol{g}^3$ zuzuordnen, und zwar so, dass die Basen zueinander orthonormal sind.

$$\begin{aligned} &\text{Allgemeine Basis} && \boldsymbol{g}_i\cdot\boldsymbol{g}^j = \delta_i^j\,,\\ &\text{kartesische Basis} && \boldsymbol{e}_j = \boldsymbol{e}^j\,,\\ &\text{Kronecker-Symbol} && \delta_i^j = \begin{cases}1 & \text{für } i = j\\ 0 & \text{für } i \neq j\end{cases}\,. \end{aligned} \tag{16-1}$$

Die willkürlich mit unterem Index bezeichnete Basis nennt man *kovariant*, die mit oberem Index *kontravariant*. Die dazugehörigen Koordinaten x^i bzw. x_i ordnet man „umgekehrt“ den Basen zu, wobei eine besondere Summationsregel gilt.

Summationsregel
Tritt in einem Produkt ein Zeiger sowohl als Kopf als

Tabelle 16–1. Darstellung eines Vektors $\boldsymbol{x} = x^k\boldsymbol{g}_k = x_k\boldsymbol{g}^k$

	Kovariant	Kontravariant
Basis	$\boldsymbol{g}_1, \boldsymbol{g}_2, \boldsymbol{g}_3$	$\boldsymbol{g}^1, \boldsymbol{g}^2, \boldsymbol{g}^3$
Koordinaten	x^1, x^2, x^3	x_1, x_2, x_3
Metrikkoeffizienten	$g_{ij} = \boldsymbol{g}_i\cdot\boldsymbol{g}_j$	$g^{ij} = \boldsymbol{g}^i\cdot\boldsymbol{g}^j$

auch als Fußzeiger auf, ist über ihn im $\mathbb{R}^n$ von 1 bis n zu summieren.

Speziell im $\mathbb{R}^3$: $\boldsymbol{x} = x^k \boldsymbol{g}_k = x^1 \boldsymbol{g}_1 + x^2 \boldsymbol{g}_2 + x^3 \boldsymbol{g}_3$. (16-2)

Durch Einklammerung eines Index wird die Summationsregel blockiert.
Die Beziehungen (16-1) zwischen ko- und kontravarianten Elementen erlauben die Berechnung von x_i und $\boldsymbol{g}^i$ bei gegebenem x^i und $\boldsymbol{g}_i$ (und umgekehrt):

$$x_i = g_{ij} x^j , \quad x^i = g^{ij} x_j ,$$
$$\boldsymbol{g}_i = g_{ij} \boldsymbol{g}^j , \quad \boldsymbol{g}^i = g^{ij} \boldsymbol{g}_j , \quad \text{mit} \quad g^{ij} g_{jk} = \delta^i_k . \quad (16\text{-}3)$$

Die Matrizen der Metrikkoeffizienten sind invers zueinander: $(g_{jk}) = (g^{ij})^{-1}$.
Möglich ist auch eine Berechnung der $\boldsymbol{g}^i$ über Kreuzprodukte.

$$\mathbb{R}^3 : \boldsymbol{g}^i = (\boldsymbol{g}_j \times \boldsymbol{g}_k)/(\boldsymbol{g}_1, \boldsymbol{g}_2, \boldsymbol{g}_3) ,$$

i, j, k zyklisch vertauschen .
(Spatprodukt siehe 3.3.5) . (16-4)

16.2 Krummlinige Koordinaten

Im $\mathbb{R}^3$ ist ein Vektor $\boldsymbol{x} = x^k \boldsymbol{e}_k$ in kartesischen Komponenten gegeben, wobei die Koordinaten x^k ihrerseits Funktionen von 3 allgemeinen Koordinaten Θ^k sind:

$$\boldsymbol{x} = x^k \boldsymbol{e}_k , \quad x^k = x^k(\Theta^1, \Theta^2, \Theta^3) . \quad (16\text{-}5)$$

Das Differenzial $\mathrm{d}\boldsymbol{x}$ ordnet jedem Raumpunkt mit dem Ortsvektor $\boldsymbol{x}$ eine lokale Basis $\boldsymbol{g}_k$ zu.

$$\mathrm{d}\boldsymbol{x} = \boldsymbol{x}_{,k}\, \mathrm{d}\Theta^k , \quad (\;)_{,k} = \partial(\;)/\partial\Theta^k . \quad (16\text{-}6)$$

Lokale Basis $\leftrightarrow$ kartesische Basis

$$\left.\begin{aligned} \boldsymbol{g}_k &= \boldsymbol{x}_{,k} = (\partial x^i/\partial\Theta^k)\boldsymbol{e}_i \\ \boldsymbol{e}_k &= \quad (\partial\Theta^i/\partial x^k)\boldsymbol{g}_i \end{aligned}\right\} \frac{\partial x^i}{\partial\Theta^k} \cdot \frac{\partial\Theta^j}{\partial x^i} = \delta^j_k . \quad (16\text{-}7)$$

Die partiellen Ableitungen $\boldsymbol{g}_{i,j}$ der Basisvektoren $\boldsymbol{g}_i$ aus (16-7) enthalten eine Kette von Differenziationen, für die man spezielle Symbole Γ eingeführt hat:

$$\boldsymbol{g}_{i,j} = \frac{\partial^2 x^k}{\partial\Theta^i \partial\Theta^j} \boldsymbol{e}_k = \Gamma^m_{ij} \boldsymbol{g}_m .$$

Christoffel-Symbole

$$\Gamma^m_{ij} = \frac{\partial^2 x^k}{\partial\Theta^i \partial\Theta^j} \cdot \frac{\partial\Theta^m}{\partial x^k} , \quad \Gamma^m_{ij} = \Gamma^m_{ji} . \quad (16\text{-}8)$$

Entsprechend $\boldsymbol{g}^i{}_{,j} = -\Gamma^i_{jm} \boldsymbol{g}^m$.
Die Christoffel-Symbole lassen sich auf partielle Ableitungen der Metrikkoeffizienten g_{ij} und g^{ij} zurückführen:

$$\Gamma^i_{jk} = \frac{1}{2} g^{im} (g_{km,j} + g_{mj,k} - g_{jk,m}) . \quad (16\text{-}9)$$

Beispiel. Für Kugelkoordinaten nach Bild 16-1 sind die Basen, Metrikkoeffizienten und Christoffel-Symbole als Funktion der Koordinaten Θ^1 bis Θ^3 zu berechnen.

$$x^1 = \Theta^1 \sin\Theta^2 \cos\Theta^3 , \quad x^2 = \Theta^1 \sin\Theta^2 \sin\Theta^3 ,$$
$$x^3 = \Theta^1 \cos\Theta^2 .$$

$$\boldsymbol{g}_k = \frac{\partial x^i}{\partial\Theta^k} \boldsymbol{e}_i = \boldsymbol{E} \begin{bmatrix} \partial x^1/\partial\Theta^k \\ \partial x^2/\partial\Theta^k \\ \partial x^3/\partial\Theta^k \end{bmatrix} , \quad \boldsymbol{E} = [\boldsymbol{e}_1\, \boldsymbol{e}_2\, \boldsymbol{e}_3] .$$

$$[\boldsymbol{g}_1\, \boldsymbol{g}_2\, \boldsymbol{g}_3] = \boldsymbol{E} \begin{bmatrix} \sin\Theta^2 \cos\Theta^3 & \Theta^1 \cos\Theta^2 \cos\Theta^3 & -\Theta^1 \sin\Theta^2 \sin\Theta^3 \\ \sin\Theta^2 \sin\Theta^3 & \Theta^1 \cos\Theta^2 \sin\Theta^3 & \Theta^1 \sin\Theta^2 \cos\Theta^3 \\ \cos\Theta^2 & -\Theta^1 \sin\Theta^2 & 0 \end{bmatrix} ,$$

$$(g_{ij}) = \begin{bmatrix} 1 & 0 & 0 \\ 0 & (\Theta^1)^2 & 0 \\ 0 & 0 & (\Theta^1 \sin\Theta^2)^2 \end{bmatrix} ,$$

$$(g^{ij}) = (g_{ij})^{-1} = \begin{bmatrix} 1 & 0 & 0 \\ 0 & (\Theta^1)^{-2} & 0 \\ 0 & 0 & (\Theta^1 \sin\Theta^2)^{-2} \end{bmatrix} .$$

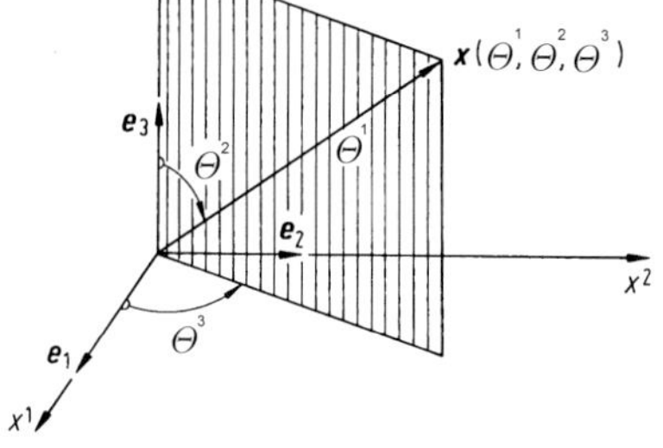

Bild 16-1. Vektor $\boldsymbol{x}$ in Kugelkoordinaten Θ^i

Aus $\boldsymbol{g}^j = g^{ij}\boldsymbol{g}_i$ folgt wegen $g^{ij} = 0$ für $i \neq j$: $\boldsymbol{g}^k = g^{(kk)}\boldsymbol{g}_k$, z. B. $\boldsymbol{g}^2 = \boldsymbol{g}_2/(\Theta^2)^2$.

Christoffel-Symbole. Wegen $g_{ij} = g^{ij} = 0$ für $i \neq j$ gilt speziell $2\Gamma^i_{jk} = g^{ii}(g_{ki},_j + g_{ij},_k - g_{jk},_i)$, z. B.

$$\begin{aligned}2\Gamma^3_{23} &= g^{33}(g_{33},_2 + g_{32},_3 - g_{23},_3) = g^{33} g_{33},_2 \\ &= (\Theta^1 \sin\Theta^2)^{-2}\, 2(\Theta^1 \sin\Theta^2)\Theta^1 \cos\Theta^2 \\ &= 2\cot\Theta^2 \,.\end{aligned}$$

$$\left(\Gamma^1_{ij}\right) = \begin{bmatrix} 0 & 0 & 0 \\ 0 & -\Theta^1 & 0 \\ 0 & 0 & -\Theta^1(\sin\Theta^2)^2 \end{bmatrix},$$

$$\left(\Gamma^2_{ij}\right) = \begin{bmatrix} 0 & 1/\Theta^1 & 0 \\ 1/\Theta^1 & 0 & 0 \\ 0 & 0 & -\sin\Theta^2\cos\Theta^2 \end{bmatrix},$$

$$\left(\Gamma^3_{ij}\right) = \begin{bmatrix} 0 & 0 & 1/\Theta^1 \\ 0 & 0 & \cot\Theta^2 \\ 1/\Theta^1 & \cot\Theta^2 & 0 \end{bmatrix}.$$

17 Differenziation und Integration in Feldern

Wenn z. B. im dreidimensionalen Raum $\mathbb{R}^3$ unserer Anschauung jedem Punkt – mit dem Ortsvektor $\boldsymbol{x}$ – eindeutig ein Skalar, Vektor oder Tensor zugeordnet ist, spricht man von einem Feld. Die Orientierung im Raum erfolgt durch eine kartesische Basis mit orthonormalen Einheitsrichtungen $\boldsymbol{e}_1$, $\boldsymbol{e}_2$, $\boldsymbol{e}_3$ und Koordinaten x_1, x_2, x_3. Bei krummlinigen Koordinaten Θ^1, Θ^2, Θ^3 (Kopfzeiger, keine Exponenten) benutzt man zusätzlich lokale Basen $\boldsymbol{g}_1$, $\boldsymbol{g}_2$, $\boldsymbol{g}_3$.

Global:

$$\boldsymbol{x} = x_1\boldsymbol{e}_1 + x_2\boldsymbol{e}_2 + x_3\boldsymbol{e}_3\,,\quad \boldsymbol{e}_i \cdot \boldsymbol{e}_j = \delta_{ij}\,,$$

$$\delta_{ij} = \begin{cases} 1 & \text{für} \quad i = j \\ 0 & \text{für} \quad i \neq j\,. \end{cases} \qquad (17\text{-}1)$$

Lokal:

$$x_j = x_j(\Theta^1, \Theta^2, \Theta^3)\,.$$

Kovariante Basis $\boldsymbol{g}_k = \partial\boldsymbol{x}/\partial\Theta^k$,

$$\boldsymbol{g}_i \cdot \boldsymbol{g}_j = g_{ij} \neq \delta_{ij}\,.$$

Kontravariante Basis $\boldsymbol{g}^k = (g_{ij})^{-1}\boldsymbol{g}_k$,

$$\boldsymbol{g}^i \cdot \boldsymbol{g}^j = g^{ij} \neq \delta_{ij}\,. \qquad (17\text{-}2)$$

Summation nach 16.1, (16-2).

17.1 Nabla-Operator

In den Anwendungen treten typische Verkettungen partieller Ableitungen auf, für die man besondere Symbole und einen speziellen vektoriellen Operator ∇ (Nabla) eingeführt hat:

Nabla-Operator

$$\nabla(\,) = \frac{\partial(\,)}{\partial x_1}\boldsymbol{e}_1 + \frac{\partial(\,)}{\partial x_2}\boldsymbol{e}_2 + \frac{\partial(\,)}{\partial x_3}\boldsymbol{e}_3 = \boldsymbol{E}\begin{bmatrix} \partial(\,)/\partial x_1 \\ \partial(\,)/\partial x_2 \\ \partial(\,)/\partial x_3 \end{bmatrix},$$

$$\boldsymbol{E} = [\boldsymbol{e}_1\ \boldsymbol{e}_2\ \boldsymbol{e}_3]\,. \qquad (17\text{-}3)$$

Der relative Zuwachs in einer vorgegebenen Einheitsrichtung $\boldsymbol{n}$ wird beschrieben durch die Projektion des *Gradienten* in $\boldsymbol{n}$.

Richtungsableitung:

$$\partial f/\partial n = f,_n = (\operatorname{grad} f)\cdot\boldsymbol{n},\quad \boldsymbol{n}\cdot\boldsymbol{n} = 1\,. \qquad (17\text{-}4)$$

Beziehungen zwischen grad, div und rot:

$$\begin{aligned}
\operatorname{grad}(u+v) &= \operatorname{grad} u + \operatorname{grad} v\,,\\
\operatorname{grad}(u\,v) &= v\operatorname{grad} u + u\operatorname{grad} v\,,\\
\operatorname{grad}(\boldsymbol{u}\cdot\boldsymbol{v}) &= (\nabla\cdot\boldsymbol{v})\boldsymbol{u} + (\nabla\cdot\boldsymbol{u})\boldsymbol{v} + \boldsymbol{u}\times\operatorname{rot}\boldsymbol{v}\\
&\quad +\boldsymbol{v}\times\operatorname{rot}\boldsymbol{u}\,,\\
\operatorname{rot}(\boldsymbol{u}+\boldsymbol{v}) &= \operatorname{rot}\boldsymbol{u} + \operatorname{rot}\boldsymbol{v}\,,\\
\operatorname{rot}(\lambda\boldsymbol{u}) &= \lambda\operatorname{rot}\boldsymbol{u} + (\operatorname{grad}\lambda)\times\boldsymbol{v}\,,\\
\operatorname{rot}(\boldsymbol{u}\times\boldsymbol{v}) &= (\nabla\cdot\boldsymbol{v})\boldsymbol{u} - (\nabla\cdot\boldsymbol{u})\boldsymbol{v} + \boldsymbol{u}\operatorname{div}\boldsymbol{v}\\
&\quad -\boldsymbol{v}\operatorname{div}\boldsymbol{u}\,,\\
\operatorname{div}(\boldsymbol{u}+\boldsymbol{v}) &= \operatorname{div}\boldsymbol{u} + \operatorname{div}\boldsymbol{v}\,,\\
\operatorname{div}\lambda\boldsymbol{u} &= \lambda\operatorname{div}\boldsymbol{u} + \boldsymbol{u}\cdot\operatorname{grad}\lambda\,,\\
\operatorname{div}(\boldsymbol{u}\times\boldsymbol{v}) &= \boldsymbol{v}\cdot\operatorname{rot}\boldsymbol{u} - \boldsymbol{u}\cdot\operatorname{rot}\boldsymbol{v}\,,\\
\operatorname{rot}(\operatorname{grad} u) &= \boldsymbol{0}\,,\quad \operatorname{div}(\operatorname{rot}\boldsymbol{u}) = 0\,.
\end{aligned} \qquad (17\text{-}5)$$

Tabelle 17-1. Ableitungen von Feldgrößen f

Typ der Feldgröße (allg. Tensor n-ter Stufe)	Name der Ableitung	Darstellung mit Nabla-Operator	Typ der Ableitung (allg. Tensor k-ter Stufe)
Skalar v	grad v (Gradient)	$\nabla(v)$	Vektor ($k = n + 1$)
Vektor $\boldsymbol{v}$	div $\boldsymbol{v}$ (Divergenz)	$\nabla\cdot\boldsymbol{v}$	Skalar ($k = n - 1$)
Vektor $\boldsymbol{v}$	rot $\boldsymbol{v}$ (Rotation)	$\nabla\times\boldsymbol{v}$	Vektor ($k = n$)

Tabelle 17-2. Koordinatendarstellungen der Ableitungen

	Kartesische Basis $\boldsymbol{v} = v_1\boldsymbol{e}_1 + v_2\boldsymbol{e}_2 + v_3\boldsymbol{e}_3$; $()_{,i} = \partial()/\partial x_i$	Krummlinige Basis $()_{,i} = \partial()/\partial\Theta^i$
grad v	$v_{,1}\,\boldsymbol{e}_1 + v_{,2}\,\boldsymbol{e}_2 + v_{,3}\,\boldsymbol{e}_3$	$v_{,k}\,\boldsymbol{g}^k$
div $\boldsymbol{v}$	$v_{1,1} + v_{2,2} + v_{3,3}$	$(v^j{}_{,i} + v^k\Gamma^j_{ki})\boldsymbol{g}^i \cdot \boldsymbol{g}_j$
rot $\boldsymbol{v}$	$(v_{3,2} - v_{2,3})\boldsymbol{e}_1 + (v_{1,3} - v_{3,1})\boldsymbol{e}_2 + (v_{2,1} - v_{1,2})\boldsymbol{e}_3$	$(\boldsymbol{g}^j \times \boldsymbol{g}^k)v_{k,j} + (\boldsymbol{g}^j \times \boldsymbol{g}^k{}_{,j})v_k$

Laplace-Operator $\nabla \cdot \nabla = \Delta$ (Delta).

$$\left.\begin{aligned}\Delta() &= ()_{,11} + ()_{,22} + ()_{,33}\,,\\ \Delta u &= \operatorname{div}(\operatorname{grad} u)\,,\\ \Delta\boldsymbol{u} &= \operatorname{grad}(\operatorname{div}\boldsymbol{u}) - \operatorname{rot}(\operatorname{rot}\boldsymbol{u})\,,\\ \Delta(uv) &= u\Delta v + v\Delta u + 2(\operatorname{grad} u)\cdot(\operatorname{grad} v)\,.\end{aligned}\right. \qquad (17\text{-}6)$$

Spezielle Darstellungen in Zylinder- und Kugelkoordinaten:
Die dazugehörigen Basen $\boldsymbol{g}_1$, $\boldsymbol{g}_2$, $\boldsymbol{g}_3$ sind orthogonal ($g^{ij} = g_{ij} = 0$ für $i \neq j$) aber nicht zu Eins normiert. Es ist üblich und zweckmäßig, auf Einheitsrichtungen $\boldsymbol{g}_k/\sqrt{g_{kk}}$ überzugehen, wobei sogenannte *physikalische Koordinaten* X_i auftreten, die hier zur Unterscheidung von Index und Potenz fußindiziert sind.

Zylinderkoordinaten

$$\left.\begin{aligned}&x_1 = \varrho\cos\varphi\,, \quad x_2 = \varrho\sin\varphi\,, \quad x_3 = z\,.\\ &\Theta^1 = \varrho\,, \quad \Theta^2 = \varphi\,, \quad \Theta^3 = z\,.\\ &x = X_1\boldsymbol{g}_1^0 + X_2\boldsymbol{g}_2^0 + X_3\boldsymbol{g}_3^0\,.\\ &\boldsymbol{g}_1^0 = \boldsymbol{g}_1 = \begin{bmatrix}\cos\varphi\\ \sin\varphi\\ 0\end{bmatrix},\\ &\boldsymbol{g}_2^0 = \boldsymbol{g}_2/\varrho = \begin{bmatrix}-\sin\varphi\\ \cos\varphi\\ 0\end{bmatrix},\\ &\boldsymbol{g}_3^0 = \boldsymbol{g}_3 = \begin{bmatrix}0\\ 0\\ 1\end{bmatrix}.\end{aligned}\right\} \qquad (17\text{-}7)$$

$$\left.\begin{aligned}&\textit{Volumenelement}\ \ \mathrm{d}V = \varrho\,\mathrm{d}\varrho\,\mathrm{d}\varphi\,\mathrm{d}z\,.\\ &\textit{Linienelement}\ \mathrm{d}s,\ \mathrm{d}s^2 = \mathrm{d}\varrho^2 + \varrho^2\mathrm{d}\varphi^2 + \mathrm{d}z^2\,.\end{aligned}\right\} \qquad (17\text{-}8)$$

$$\left.\begin{aligned}&(\operatorname{grad} u)^{\mathrm{T}} = \left[\frac{\partial u}{\partial\varrho}, \frac{1}{\varrho}\cdot\frac{\partial u}{\partial\varphi}, \frac{\partial u}{\partial z}\right],\\ &\operatorname{div}\boldsymbol{u} = \frac{\partial U_1}{\partial\varrho} + \frac{U_1}{\varrho} + \frac{1}{\varrho}\cdot\frac{\partial U_2}{\partial\varphi} + \frac{\partial U_3}{\partial z}\,,\\ &\boldsymbol{u} = U_1\boldsymbol{g}_1^0 + U_2\boldsymbol{g}_2^0 + U_3\boldsymbol{g}_3^0\,,\\ &(\operatorname{rot}\boldsymbol{u})^{\mathrm{T}} = \left[\frac{1}{\varrho}\cdot\frac{\partial U_3}{\partial\varphi} - \frac{\partial U_2}{\partial z}, \frac{\partial U_1}{\partial z} - \frac{\partial U_3}{\partial\varrho},\right.\\ &\qquad\qquad \left.\frac{\partial U_2}{\partial\varrho} - \frac{1}{\varrho}\cdot\frac{\partial U_1}{\partial\varphi} + \frac{U_2}{\varrho}\right].\\ &\Delta u = \frac{1}{\varrho}\cdot\frac{\partial u}{\partial\varrho} + \frac{\partial^2 u}{\partial\varrho^2} + \frac{1}{\varrho^2}\cdot\frac{\partial^2 u}{\partial\varphi^2} + \frac{\partial^2 u}{\partial z^2}\,,\end{aligned}\right\} \qquad (17\text{-}9)$$

$$\Delta\boldsymbol{u} = \begin{bmatrix}\dfrac{\partial^2 U_1}{\partial\varrho^2} + \dfrac{1}{\varrho}\cdot\dfrac{\partial U_1}{\partial\varrho} - \dfrac{U_1}{\varrho^2} + \dfrac{1}{\varrho^2}\cdot\dfrac{\partial^2 U_1}{\partial\varphi^2}\\ \quad + \dfrac{\partial^2 U_1}{\partial z^2} - \dfrac{2}{\varrho^2}\cdot\dfrac{\partial U_2}{\partial\varphi}\\ \dfrac{\partial^2 U_2}{\partial\varrho^2} + \dfrac{1}{\varrho}\cdot\dfrac{\partial U_2}{\partial\varrho} - \dfrac{U_2}{\varrho^2} + \dfrac{1}{\varrho^2}\cdot\dfrac{\partial^2 U_2}{\partial\varphi^2}\\ \quad + \dfrac{\partial^2 U_2}{\partial z^2} + \dfrac{2}{\varrho^2}\cdot\dfrac{\partial U_1}{\partial\varphi}\\ \dfrac{\partial^2 U_3}{\partial\varrho^2} + \dfrac{1}{\varrho}\cdot\dfrac{\partial U_3}{\partial\varrho} + \dfrac{1}{\varrho^2}\cdot\dfrac{\partial^2 U_3}{\partial\varphi^2} + \dfrac{\partial^2 U_3}{\partial z^2}\end{bmatrix}. \qquad (17\text{-}10)$$

Kugelkoordinaten

$$\left.\begin{aligned}&x_1 = r\cos\vartheta\sin\varphi\,, \quad x_2 = r\sin\vartheta\sin\varphi\,,\\ &x_3 = r\cos\varphi\,.\\ &\Theta^1 = r\,, \quad \Theta^2 = \varphi\,, \quad \Theta^3 = \vartheta\,.\\ &\boldsymbol{x} = X_1\boldsymbol{g}_1^0 + X_2\boldsymbol{g}_2^0 + X_3\boldsymbol{g}_3^0.\\ &\boldsymbol{g}_1^0 = \boldsymbol{g}_1 = \begin{bmatrix}\sin\varphi\cos\vartheta\\ \sin\varphi\sin\vartheta\\ \cos\varphi\end{bmatrix},\\ &\boldsymbol{g}_2^0 = \boldsymbol{g}_2/r = \begin{bmatrix}\cos\varphi\cos\vartheta\\ \cos\varphi\sin\vartheta\\ -\sin\varphi\end{bmatrix},\\ &\boldsymbol{g}_3^0 = \boldsymbol{g}_3/(r\sin\varphi) = \begin{bmatrix}-\sin\vartheta\\ \cos\vartheta\\ 0\end{bmatrix}.\end{aligned}\right\} \qquad (17\text{-}11)$$

$$\left.\begin{aligned} &\textit{Volumenelement} \\ &\quad \mathrm{d}V = r^2 \sin\varphi\, \mathrm{d}r\, \mathrm{d}\varphi\, \mathrm{d}\vartheta\ . \\ &\textit{Linienelement}\ \mathrm{d}s\ , \\ &\quad \mathrm{d}s^2 = \mathrm{d}r^2 + r^2 \sin^2\varphi\, \mathrm{d}\vartheta^2 + r^2 \mathrm{d}\varphi^2\ . \end{aligned}\right\} \quad (17\text{-}12)$$

$$\left.\begin{aligned} (\operatorname{grad} u)^{\mathrm{T}} &= \left[\frac{\partial u}{\partial r}, \frac{1}{r}\cdot\frac{\partial u}{\partial\varphi}, \frac{1}{r\sin\varphi}\cdot\frac{\partial u}{\partial\vartheta}\right], \\ \operatorname{div}\boldsymbol{u} &= \frac{\partial U_1}{\partial r} + \frac{1}{r}\cdot\frac{\partial U_2}{\partial\varphi} + \frac{1}{r\sin\varphi}\cdot\frac{\partial U_3}{\partial\vartheta} \\ &\quad + \frac{2}{r}U_1 + \frac{\cot\varphi}{r}U_2\ , \\ \operatorname{rot}\boldsymbol{u} &= \begin{bmatrix} \frac{1}{r}\cdot\frac{\partial U_3}{\partial\varphi} - \frac{1}{r\sin\varphi}\cdot\frac{\partial U_2}{\partial\vartheta} + \frac{\cot\varphi}{r}U_3 \\ \frac{1}{r\sin\varphi}\cdot\frac{\partial U_1}{\partial\vartheta} - \frac{\partial U_3}{\partial r} - \frac{1}{r}U_3 \\ \frac{\partial U_2}{\partial r} - \frac{1}{r}\cdot\frac{\partial U_1}{\partial\varphi} + \frac{1}{r}U_2 \end{bmatrix} \end{aligned}\right\} \quad (17\text{-}13)$$

$$\Delta u = \frac{1}{r^2}\cdot\frac{\partial}{\partial r}\left(r^2\frac{\partial u}{\partial r}\right) + \frac{1}{r^2\sin\varphi}\cdot\frac{\partial}{\partial\varphi}\left(\sin\varphi\frac{\partial u}{\partial\varphi}\right) + \frac{1}{(r\sin\varphi)^2}\cdot\frac{\partial^2 u}{\partial\vartheta^2}\ , \quad (17\text{-}14)$$

$$\Delta\boldsymbol{u} = \frac{\partial^2}{\partial r^2}\boldsymbol{U} + \frac{1}{r^2}\cdot\frac{\partial^2}{\partial\varphi^2}\boldsymbol{U} + \frac{1}{(r\sin\varphi)^2}\cdot\frac{\partial^2}{\partial\vartheta^2}\boldsymbol{U} + \frac{2}{r}\cdot\frac{\partial}{\partial r}\boldsymbol{U} + \frac{\cot\varphi}{r^2}\frac{\partial}{\partial\varphi}\boldsymbol{U} \quad (17\text{-}15)$$

$$+ \begin{bmatrix} -\frac{2}{r^2}\cdot\frac{\partial U_2}{\partial\varphi} - \frac{2}{r^2\sin\varphi}\cdot\frac{\partial U_3}{\partial\vartheta} - \frac{2U_1}{r^2} - \frac{2\cot\varphi}{r^2}U_2 \\ -\frac{2\cos\varphi}{(r\sin\varphi)^2}\cdot\frac{\partial U_3}{\partial\vartheta} + \frac{2}{r^2}\cdot\frac{\partial U_1}{\partial\varphi} - \frac{1}{(r\sin\varphi)^2}U_2 \\ \frac{2}{r^2\sin\varphi}\cdot\frac{\partial U_1}{\partial\vartheta} + \frac{2\cos\varphi}{(r\sin\varphi)^2}\cdot\frac{\partial U_2}{\partial\vartheta} - \frac{1}{(r\sin\varphi)^2}U_3 \end{bmatrix},$$

$$\boldsymbol{U} = \begin{bmatrix} U_1 \\ U_2 \\ U_3 \end{bmatrix}\ ,\ \boldsymbol{u} = U_i\boldsymbol{g}_i^0\ . \quad (17\text{-}16)$$

Polarkoordinaten in der Ebene ergeben sich aus Zylinderkoordinaten mit $\varrho = r$, $\vartheta = \varphi$ und $z = 0$.

$$\begin{aligned} (\operatorname{grad} u)^{\mathrm{T}} &= \left[\frac{\partial u}{\partial r}, \frac{1}{r}\cdot\frac{\partial u}{\partial\varphi}, 0\right]\ , \\ \operatorname{div}\boldsymbol{u} &= \frac{\partial U_1}{\partial r} + \frac{U_1}{r} + \frac{1}{r}\cdot\frac{\partial U_2}{\partial\varphi}\ , \\ (\operatorname{rot}\boldsymbol{u})^{\mathrm{T}} &= \left[0, 0, \frac{\partial U_2}{\partial r} - \frac{1}{r}\cdot\frac{\partial U_1}{\partial\varphi} + \frac{U_2}{r}\right]\ , \quad (17\text{-}17) \\ \Delta u &= \frac{1}{r}\cdot\frac{\partial u}{\partial r} + \frac{\partial^2 u}{\partial r^2} + \frac{1}{r^2}\cdot\frac{\partial^2 u}{\partial\varphi^2}\ . \end{aligned}$$

Zweifache Anwendung des Laplace-Operators beschreibt die *Bipotenzialgleichung*

$$\Delta(\Delta u) = \Delta\Delta u.$$

Kartesische Koordinaten x_1, x_2:

$$\Delta\Delta u = \left(\frac{\partial^2}{\partial x_1^2} + \frac{\partial^2}{\partial x_2^2}\right)^2 u = u_{,1111} + 2u_{,1122} + u_{,2222}\ . \quad (17\text{-}18)$$

Polarkoordinaten r, φ:

$$\Delta\Delta u = \left(\frac{\partial^2}{\partial r^2} + \frac{1}{r}\cdot\frac{\partial}{\partial r} + \frac{1}{r^2}\cdot\frac{\partial^2}{\partial\varphi^2}\right)^2 u\ .$$

17.2 Fluss, Zirkulation

Die mit div und rot bezeichneten Ableitungskombinationen lassen sich auf natürliche, koordinatenunabhängige Weise durch Grenzwerte gewisser Integrale darstellen, wobei zwei physikalisch motivierte Begriffe von Belang sind.

Fluss F eines Vektorfeldes $\boldsymbol{f}(\boldsymbol{x})$ durch eine Fläche S:

$$F = \int_S \boldsymbol{f}(\boldsymbol{x})\cdot\mathrm{d}\boldsymbol{S} = \int_S \boldsymbol{f}(\boldsymbol{x})\cdot\boldsymbol{n}\,\mathrm{d}S\ , \quad (17\text{-}19)$$

$\boldsymbol{n}$ Normaleneinheitsvektor auf S .

Zirkulation Z eines Vektorfeldes $\boldsymbol{f}(\boldsymbol{x})$ längs einer geschlossenen Kurve C:

$$Z = \oint_C \boldsymbol{f}(\boldsymbol{x})\cdot\mathrm{d}\boldsymbol{x} = \oint_C \boldsymbol{f}(\boldsymbol{x})\cdot\boldsymbol{t}\,\mathrm{d}k\ , \quad (17\text{-}20)$$

$\oint$ Ringintegral, $\mathrm{d}k$ Kurvendifferenzial ,

$\boldsymbol{t}$ Tangenteneinheitsvektor an C .

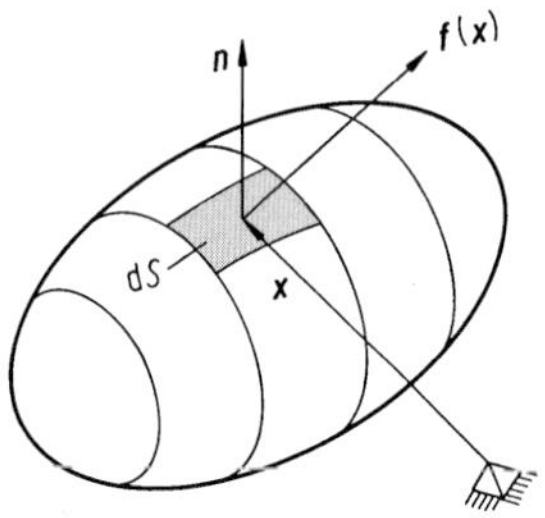

Bild 17-1. Zum Fluss des Vektorfeldes $\boldsymbol{f}(\boldsymbol{x})$ durch ein Oberflächenelement $\mathrm{d}S\boldsymbol{n}$

Divergenz eines Vektorfeldes $\boldsymbol{f}(\boldsymbol{x})$ im Punkt $\boldsymbol{x}$ des $\mathbb{R}^3$ ist definiert über den Fluss $\oint_S \boldsymbol{f}(\boldsymbol{x})\cdot\boldsymbol{n}\,\mathrm{d}S$ durch eine geschlossene Oberfläche S nach Bild 17-1, die ein Volumen V (zum Beispiel Kugel mit Radius r) einschließt, das nach einem Grenzübergang ($r \to 0$) nur noch den Punkt $\boldsymbol{x}$ enthält:

$$\operatorname{div}\boldsymbol{f}(\boldsymbol{x}) = \lim_{V\to 0} \frac{\oint_S \boldsymbol{f}(\boldsymbol{x})\cdot\boldsymbol{n}\,\mathrm{d}S}{V(r)} \,. \tag{17-21}$$

Rotation (hier speziell als Projektion $\boldsymbol{n}\cdot\operatorname{rot}\boldsymbol{f}$ in eine Einheitsrichtung $\boldsymbol{n}$) eines Vektorfeldes $\boldsymbol{f}(\boldsymbol{x}_p)$ im Punkt $\boldsymbol{x}_p$ des $\mathbb{R}^3$ ist definiert über die Zirkulation $\oint_C \boldsymbol{f}(\boldsymbol{x})\cdot\mathrm{d}\boldsymbol{x}$ längs einer eindeutigen ebenen Kurve C um P (zum Beispiel einem Kreis um P mit Radius r), die eine Fläche A einschließt. Der Einheitsvektor $\boldsymbol{n}$ steht dabei senkrecht auf der Ebene E mit der Kurve C.

$$\boldsymbol{n}\cdot\operatorname{rot}\boldsymbol{f}(\boldsymbol{x}) = \lim_{A\to 0} \frac{\oint_C \boldsymbol{f}(\boldsymbol{x})\cdot\mathrm{d}\boldsymbol{x}}{A(r)} \,. \tag{17-22}$$

17.3 Integralsätze

Die Integralsätze erlauben die Reduktion von Volumenintegralen auf Oberflächenintegrale und von Oberflächenintegralen auf Randintegrale. Auch der umgekehrte Weg kann in der Rechenpraxis zweckmäßig sein. Sie gelten bei Stetigkeit der beteiligten partiellen Ableitungen und bei bereichsweise eindeutigen Berandungsfunktionen.

Integralsatz von Gauß im Raum:

$$\int_V \operatorname{div}\boldsymbol{f}\,\mathrm{d}V = \oint_S \boldsymbol{f}\cdot\boldsymbol{n}\,\mathrm{d}S, \quad \boldsymbol{n}\cdot\boldsymbol{n} = 1 \,. \tag{17-23}$$

V ist das Volumen, das von der Oberfläche S eingeschlossen wird. Der Normalenvektor $\boldsymbol{n}$ zeigt zur volumenabgewandten Seite.

Beispiel. Für ein Zentralkraftfeld

$$\boldsymbol{f}^{\mathrm{T}} = r[x_1,\, x_2,\, x_3],\ r^2 = x_1^2 + x_2^2 + x_3^2 \,,$$

ist der Fluss durch eine Kugeloberfläche $x_1^2+x_2^2+x_3^2 = R^2$ zu berechnen.
Mit $\operatorname{div}\boldsymbol{f} = 4r$ gilt in Kugelkoordinaten (12)

$$\oint_S \boldsymbol{f}\cdot\boldsymbol{n}\,\mathrm{d}S = \int\int_V\int 4r\, r^2 \sin\varphi\,\mathrm{d}r\,\mathrm{d}\varphi\,\mathrm{d}\vartheta$$
$$= 4\int_0^R r^3 \int_0^\pi \sin\varphi\,\mathrm{d}\varphi \int_0^{2\pi} \mathrm{d}\vartheta = 4\pi R^4 \,.$$

Integralsatz von Gauß in der Ebene:

$$\int_A \operatorname{div}\boldsymbol{f}\ \mathrm{d}A = \oint_C \boldsymbol{f}\cdot\boldsymbol{n}\,\mathrm{d}k\,, \quad \boldsymbol{n}\cdot\boldsymbol{n} = 1 \,. \tag{17-24}$$

A ist die Fläche, die von der Kurve C eingeschlossen wird. Der Normalenvektor $\boldsymbol{n}$ steht senkrecht zur Kurve C und zeigt zur flächenabgewandten Seite.
Wendet man den Gauß-Satz auf die spezielle Vektorfunktion $\boldsymbol{f} = u$ grad v zweier Skalarfelder $u(\boldsymbol{x})$ und $v(\boldsymbol{x})$ an, so gelangt man über die Umformung

$$\operatorname{div}(u \operatorname{grad} v) = \sum_{i=1}^{3} \frac{\partial u}{\partial x_i}\cdot\frac{\partial v}{\partial x_i} + u\Delta v \,, \tag{17-25}$$
$$\Delta v = v_{,11} + v_{,22} + v_{,33} \,,$$

zu den drei **Green'schen Formeln** (Summation über $i = 1, 2, 3$):

1.
$$\int_V u_{,i}\, v_{,i}\,\mathrm{d}V + \int_V u(\Delta v)\,\mathrm{d}V = \oint_S u\boldsymbol{n}\cdot(\operatorname{grad} v)\,\mathrm{d}S \,. \tag{17-26}$$

2.
$$\int_V (u\Delta v - v\Delta u)\,\mathrm{d}V = \oint_S (u \operatorname{grad} v - v \operatorname{grad} u)\cdot\boldsymbol{n}\,\mathrm{d}S \,. \tag{17-27}$$

3. Speziell für $u = 1$:

$$\int_V \Delta v \, dV = \oint_S (\text{grad } v) \cdot \boldsymbol{n} \, dS . \qquad (17\text{-}28)$$

Weitere Sonderformen des Integralsatzes von Gauß:

$$\int_V \text{grad } f \, dV = \oint_S f \boldsymbol{n} \, dS ,$$

$$\oint_S \boldsymbol{f} \times \boldsymbol{n} \, dS = - \int_V \text{rot} \boldsymbol{f} \, dV . \qquad (17\text{-}29)$$

Der Integralsatz von Stokes stellt eine Beziehung her zwischen Oberflächenintegralen über einer Fläche S und Integralen über deren geschlossene Berandungskurve C, wobei der Umlaufsinn auf der Kurve C im Rechtssystem mit der Richtung der Normalen $\boldsymbol{n}$ übereinstimmen muss; siehe Bild 17-2.

Integralsatz von Stokes:

$$\oint_C \boldsymbol{f}(\boldsymbol{x}) \cdot d\boldsymbol{x} = \int_S (\text{rot } \boldsymbol{f}(\boldsymbol{x})) \cdot \boldsymbol{n} \, dS . \qquad (17\text{-}30)$$

$$\boldsymbol{n} \, dS = \boldsymbol{x}_{,1} \times \boldsymbol{x}_{,2} \, dx_1 \, dx_2 , \quad \text{vgl. Kap. 15 .}$$

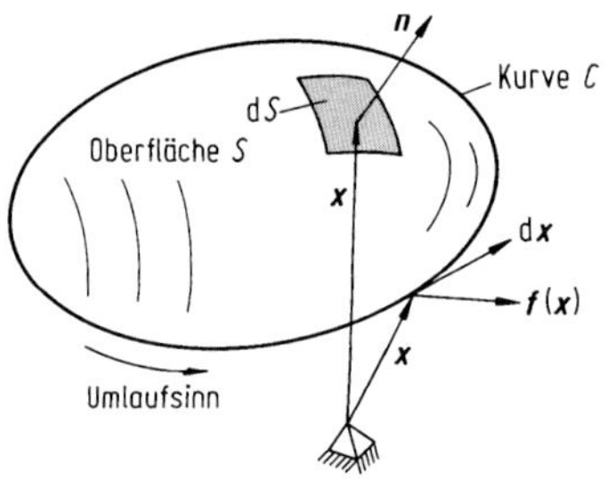

Bild 17-2. Zum Integralsatz von Stokes

Beispiel: Gegeben ist ein Vektorfeld

$$\boldsymbol{f}^{\mathrm{T}}(\boldsymbol{x}) = [x_2 x_3, \; -x_1 x_3, \; x_1 x_2]$$

und die zusammengesetzte Raumkurve k in Bild 17-3 von A über B und C zurück nach A. Gesucht ist die Zirkulation Z von $\boldsymbol{f}$ längs k mithilfe des Satzes von Stokes.

$$(\text{rot} \boldsymbol{f})^{\mathrm{T}} = [2x_1, \; 0, \; -2x_3] .$$

Fläche $\boldsymbol{x}$ mit der gegebenen Randkurve:

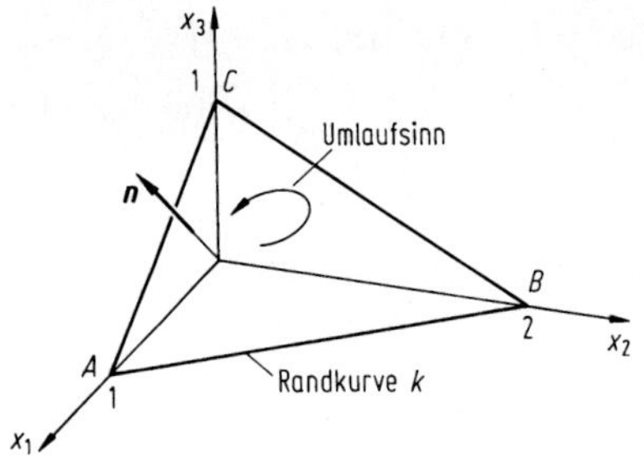

Bild 17-3. Beispiel zum Satz von Stokes

$$\boldsymbol{x}^{\mathrm{T}} = [x_1, \; x_2, \; 1 - x_1 - x_2/2] ; \quad \boldsymbol{x}_{,1}^{\mathrm{T}} = [1, \; 0, \; -1] ,$$

$$\boldsymbol{x}_{,2}^{\mathrm{T}} = [0, \; 1, \; -1/2] .$$

$$\boldsymbol{n}^{\mathrm{T}} dS = [1, \; 1/2, \; 1] dx_1 dx_2 .$$

$$Z = \int_S \int (2x_1 - 2x_3) \, dx_1 \, dx_2$$

$$= 2 \int_0^1 \left(\int_0^{2(1-x_1)} (-1 + 2x_1 + x_2/2) \, dx_2 \right) dx_1 = 0 .$$

18 Differenziation und Integration komplexer Funktionen

18.1 Darstellung, Stetigkeit komplexer Funktionen

Eine komplexe Zahl z kann in dreifacher Form dargestellt werden:

$$z = x + \mathrm{j}y , \qquad (18\text{-}1a)$$

$$z = r(\cos\varphi + \mathrm{j}\sin\varphi) , \qquad (18\text{-}1b)$$

$$z = r\mathrm{e}^{\mathrm{j}\varphi} , \qquad (18\text{-}1c)$$

$$r = |z| = \sqrt{x^2 + y^2} , \quad \tan\varphi = y/x ,$$

wobei x, y Koordinaten in der Gauß'schen Zahlenebene (Bild 18-1) sind und r, φ Länge und Richtung eines *Zeigers*. Die Identität der Formen (1b) und (1c) folgt aus der *Euler-Formel*

$$\mathrm{e}^{\mathrm{j}\varphi} = \cos\varphi + \mathrm{j}\sin\varphi , \qquad (18\text{-}2)$$

die anhand der Taylor-Reihen (9.2.1) für $\exp(\mathrm{j}\varphi)$, $\cos\varphi$ und $\sin\varphi$ bewiesen werden kann:

$$\begin{aligned}\exp(j\varphi) &= 1 + j\varphi + (j\varphi)^2/2! + (j\varphi)^3/3! + \ldots \\ &= (1 - \varphi^2/2! + \ldots) + j(\varphi - \varphi^3/3! + \ldots) \\ &= \cos\varphi + j\sin\varphi \, . \qquad (18\text{-}3)\end{aligned}$$

Die exponentielle Form erlaubt eine einfache Formulierung der Multiplikation und Division:

$$\begin{aligned} z_1 z_2 &= r_1 r_2 e^{j(\varphi_1+\varphi_2)} \, , \\ z_1/z_2 &= (r_1/r_2) e^{j(\varphi_1-\varphi_2)} \, , \qquad (18\text{-}4) \\ 1/z &= (1/r) e^{-j\varphi} \, . \end{aligned}$$

Komplexwertige Funktionen $f(z)$ beschreiben eindeutige Zuordnungen von Elementen z einer Teilmenge D der komplexen Zahlen zu Elementen w als Teilmenge W der komplexen Zahlen.

D: Definitionsbereich der Funktion f, Argumentmenge. (18-5)
W: Wertebereich der Funktion f .

$$W(f) = \{w | \, w = f(z) \quad \text{für} \quad z \in D\} \, .$$

Die kreisförmige ε-Umgebung eines Punktes z_0 in der Gauß'schen Zahlenebene enthält nach Bild 18-1 alle Punkte $z \in D$ innerhalb des Kreises.

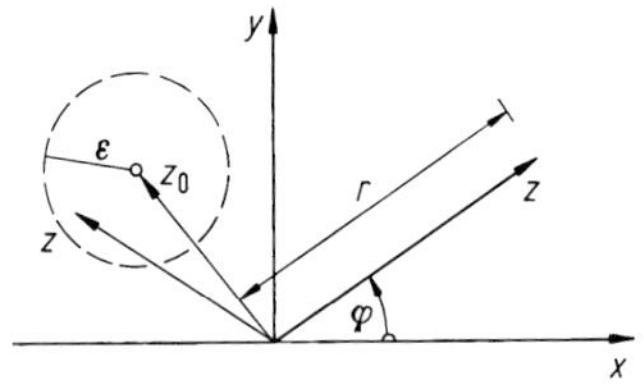

Bild 18-1. Zeiger z in Polarkoordinaten, ε-Umgebung eines Punktes z_0 mit $|z - z_0| < \varepsilon$

Tabelle 18-1. Geometrische Bedeutung von Einheitsmultiplikationen für einen Zeiger z

Faktor	exp-Form	$z_0 z$ Geometrische Deutung
j	$\exp(j\pi/2)$	Zeiger z wird um $\varphi = \pi/2$ gedreht
(−j)	$\exp(j \cdot 3\pi/2)$	Zeiger z wird um $\varphi = 3\pi/2$ gedreht
1	$\exp(j \cdot 0)$	Zeiger z bleibt unverändert
(−1)	$\exp(j\pi)$	Zeiger z wird um $\varphi = \pi$ gedreht

ε-Umgebung $|z - z_0| < \varepsilon$, $\quad z \in D$.

Häufungspunkt z_0 : Jede ε-Umgebung von z_0 enthält mindestens einen Punkt $z \in D$, $z \neq z_0$, und damit unendlich viele Punkte $z_k \in D$. (18-6)
Isolierter Punkt z_0 : ε-Umgebung enthält keine weiteren $z_k \in D$.

Grenzwert. Konvergiert bei jeder Annäherung von $z \in D$ gegen einen festen Wert z_0 (das heißt $z \to z_0$ ohne $z = z_0$) die zugehörige Folge der Funktionswerte $f(z)$ gegen einen Wert g_0, so heißt g_0 der Grenzwert der Funktion f an der Stelle z_0. Hierbei ist z_0 als Häufungspunkt vorausgesetzt.

$$\lim_{z \to z_0} f(z) = g_0 \, , \quad z \in D \, .$$

Stetigkeit einer komplexen Funktion $f(z = x + jx) = w = u(x, y) + jv(x, y)$ im Punkt z_0 liegt vor, wenn der Grenzwert g für $z \to z_0$ existiert und mit dem Funktionswert $f(z_0)$ übereinstimmt. Falls die reellen Funktionen $u(x, y)$ und $v(x, y)$ in z_0 stetig sind, so gilt dies auch für die komplexe Funktion $f(z)$.

18.2 Ableitung

Eine Funktion f ist im Punkt z_0 differenzierbar, wenn der Differenzenquotient

$$\frac{f(z) - f(z_0)}{z - z_0} \quad \text{mit } z, z_0 \in D \quad \text{und} \quad z \neq z_0 \qquad (18\text{-}7)$$

für $z \to z_0$ einen Grenzwert besitzt, der unabhängig von der Annäherungsrichtung an z_0 ist. Man bezeichnet ihn mit f'.

$$f(z) = u(x, y) + jv(x, y) \, .$$

Annäherung parallel zur x-Achse; $\Delta z = \Delta x$.

$$f' = \lim_{\Delta x \to 0} \frac{\Delta f}{\Delta x} = \lim_{\Delta x \to 0} \left(\frac{\Delta u}{\Delta x} + j \frac{\Delta v}{\Delta x} \right) = u,_x + jv,_x \, .$$

Annäherung parallel zur y-Achse; $\Delta z = j\Delta y$.

$$\begin{aligned} f' &= \lim_{\Delta y \to 0} \frac{\Delta f}{j\Delta y} = \lim_{\Delta y \to 0} \left(\frac{\Delta u}{j\Delta y} + j \frac{\Delta v}{j\Delta y} \right) \\ &= -ju,_y + v,_y \, . \end{aligned}$$

Daraus folgt die notwendige und auch hinreichende Bedingung für die Differenzierbarkeit der Funktion $f(z)$:

Cauchy-Riemann'sche Differenzialgleichung:

$$u_{,x} - v_{,y} = 0 \quad \text{und} \quad v_{,x} + u_{,y} = 0\,. \tag{18-8}$$

$$\text{Ableitung } f' = u_{,x} + \mathrm{j}v_{,x} = v_{,y} - \mathrm{j}u_{,y}\,. \tag{18-9}$$

Funktionen mit der Eigenschaft (18-8) heißen *holomorphe Funktionen.*

Durch partielles Ableiten der Gleichungen (18-8) nach x und y erhält man isolierte Gleichungen für $u(x, y)$ und $v(x, y)$, die notwendigerweise erfüllt sein müssen, wenn $u + \mathrm{j}v$ eine holomorphe Funktion sein soll.

$$\Delta() = ()_{,xx} + ()_{,yy} \quad \text{(Laplace-Operator)}\,,$$

$$\Delta u = 0\,, \quad \Delta v = 0\,. \tag{18-10}$$

Die Ableitungsbedingung (18-8) lässt sich auch in Polarkoordinaten formulieren.

Cauchy-Riemann'sche Differenzialgleichung:

$$f(z) = u(r, \varphi) + \mathrm{j}v(r, \varphi)\,,$$

$$ru_{,r} - v_{,\varphi} = 0 \quad \text{und} \quad u_{,\varphi} + rv_{,r} = 0\,. \tag{18-11}$$

Beispiel: Gegeben ist eine Funktion $u(x, y) = x^3 - 3xy^2$. Zunächst ist zu prüfen, ob u Summand einer holomorphen Funktion sein kann. Trifft dies zu, berechne man den Partner $v(x, y)$ und die Ableitung $\mathrm{d}f/\mathrm{d}z = f'$.

Mit $u_{,xx} = 6x$ und $u_{,yy} = -6x$ gilt $\Delta u = 0$. Den Partner $v(x, y)$ liefert die Integration der Cauchy-Riemann-Gleichung:

$$v_{,y} = u_{,x} = 3x^2 - 6y^2$$

$$\rightarrow v = 3x^2y - 2y^3 + f(x) + c_1\,.$$

$$v_{,x} = -u_{,y} = 6xy$$

$$\rightarrow v = 3x^2y + f(y) + c_2\,.$$

Insgesamt $v(x, y) = 3x^2y - 2y^3 + c$.

Ableitungsfunktion

$$f' = u_{,x} + \mathrm{j}v_{,x} = (3x^2 - 6y^2) + \mathrm{j}(6xy)\,.$$

18.3 Integration

Das bestimmte Integral einer Funktion $f(z)$ längs eines vorgegebenen Weges k in der Gauß'schen Zahlenebene von einem Anfangspunkt A bis zu einem Endpunkt E wird an einem zugeordneten n-gliedrigen Polygonzug nach Bild 18–2 erklärt.

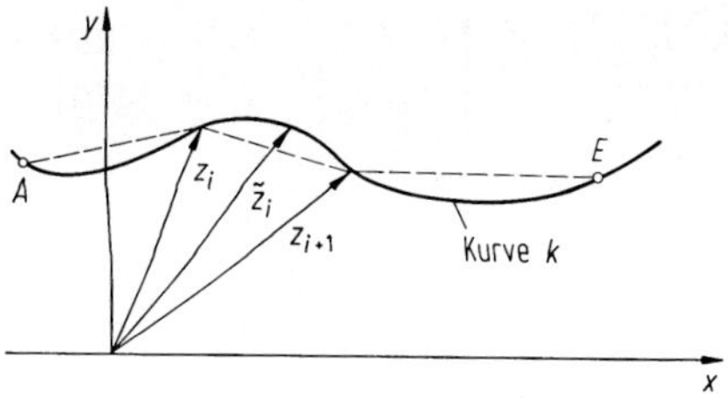

Bild 18–2. Integral längs der Kurve k von A nach E

Die elementweisen Produkte $(z_{i+1} - z_i)f(\tilde{z}_i)$ mit einem beliebigen Zwischenpunkt $\tilde{z}_i$ streben zusammengenommen für $n \rightarrow \infty$ einem Grenzwert zu.

$$\lim_{n\rightarrow\infty} \sum_{i=1}^{n} (z_{i+1} - z_i)f(\tilde{z}_i) = \int_k f(z)\,\mathrm{d}z\,. \tag{18-12}$$

k: vorgegebener Integrationsweg von z_A nach z_E.

Mit $w = f(z) = u(x, y) + \mathrm{j}v(x, y)$, $z = x + \mathrm{j}y$:

$$\int f(z)\,\mathrm{d}z = \int (u\,\mathrm{d}x - v\,\mathrm{d}y) + \mathrm{j}\int (u\,\mathrm{d}y + v\,\mathrm{d}x)\,. \tag{18-13}$$

Parameterdarstellung

$$x = x(t),\ y = y(t),\ \mathrm{d}()/\mathrm{d}t = ()^{\boldsymbol{\cdot}}:$$

$$\int f(z)\,\mathrm{d}z = \int (u\dot{x} - v\dot{y})\,\mathrm{d}t + \mathrm{j}\int (u\dot{y} + v\dot{x})\,\mathrm{d}t\,;$$

$$\text{oder} \int f\mathrm{d}z = \int f\dot{z}\,\mathrm{d}t\,. \tag{18-14}$$

Jede Punktmenge G in der Gauß-Ebene, die nur aus inneren Häufungspunkten besteht, nennt man Gebiet. Gehören die Randpunkte von G zur Punktmenge, spricht man von einem abgeschlossenen Gebiet. Ein n-fach zusammenhängendes Gebiet besitzt n geschlossene Ränder. Ferner gibt es unbeschränkte Gebiete, siehe Bild 18–3.

Es gelten analoge Integrationsregeln wie bei reellen Funktionen.

Beispiel: Das Integral $\int \bar{z}\,\mathrm{d}z$ ist auszurechnen von $z_A = 0$ bis $z_E = 2 + \mathrm{j}$. $\bar{z} = x - \mathrm{j}y$.

1. Weg entlang der Kurve $z = 2t^2 + \mathrm{j}t$.

2. Weg von $z_A = 0$ bis $z_B = 2$ und von $z_B = 2$ bis $z_E = 2 + \mathrm{j}$. $f(z) = \bar{z} = x - \mathrm{j}y$, also $u(x, y) = x$ und $v(x, y) = -y$.

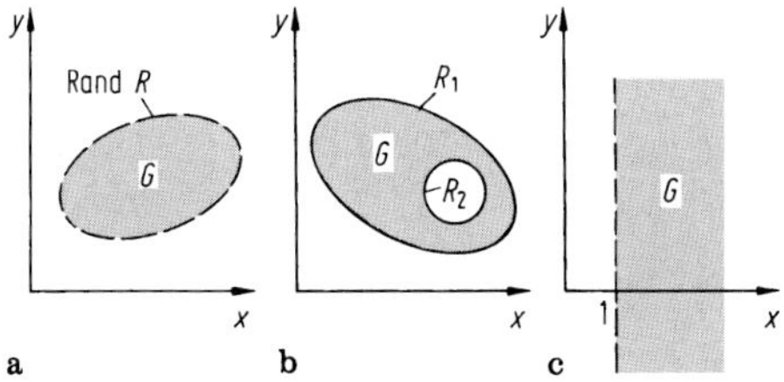

Bild 18-3. Gebiete. **a** einfach zusammenhängend, Rand R gehört nicht zu G; **b** zweifach zusammenhängend, abgeschlossen, R_1 und R_2 gehören zu G; **c** unbeschränktes Gebiet mit $\mathrm{Re}(z) > 1$

1. Weg: $x(t) = 2t^2\,, \quad \dot{x} = 4t\,, \quad y(t) = t\,, \quad \dot{y} = 1.$
$0 \leqq t \leqq 1.$

$$\int \bar{z}\,\mathrm{d}z = \int (x\dot{x} + y\dot{y})\,\mathrm{d}t + \mathrm{j}\int (x\dot{y} - y\dot{x})\,\mathrm{d}t\,.$$

$$\int_0^{2+\mathrm{j}} \bar{z}\,\mathrm{d}z = \int_0^1 (8t^3 + t)\,\mathrm{d}t + \mathrm{j}\int_0^1 (2t^2 - 4t^2)\,\mathrm{d}t = 5/2 - \mathrm{j}2/3\,.$$

2. Weg: Von z_A bis z_B gilt $v = 0, \mathrm{d}y = 0$.
Von z_B bis z_E gilt $u = 2, \mathrm{d}x = 0$.

$$\int_0^{2+\mathrm{j}} \bar{z}\,\mathrm{d}z = \int_0^2 x\,\mathrm{d}x + \int_0^1 (+y)\,\mathrm{d}y + \mathrm{j}\int_0^1 2\,\mathrm{d}y = 5/2 + 2\mathrm{j}\,.$$

Im Allgemeinen ist der Wert des bestimmten Integrals vom Integrationsweg abhängig, doch gilt der *Cauchy'sche Integralsatz*:

Ist die Funktion $f(z)$ in einem einfach zusammenhängenden Gebiet G der Gauß-Ebene holomorph, so hat das Integral

$$\int_A^E f(z)\,\mathrm{d}z \text{ für jeden Integrationsweg in } G$$

von z_A nach Z_E denselben Wert. (18-15)

Ist dieser Weg eine geschlossene, hinreichend glatte Kurve k in G, so gilt

$$\oint_k f(z)\,\mathrm{d}z = 0\,, \quad \text{falls } f(z) \text{ in } G \text{ holomorph}. \tag{18-16}$$

Dies begründet das Konzept der Konturintegration. Eine wesentliche Bedeutung hat das Integral $\int z^{-1}$ dz. Es ist auszurechnen für einen Kreis um den Nullpunkt mit Radius $r > 0$ als Integrationsweg. Bis auf den Nullpunkt $z_0 = 0$ ist $f(z) = z^{-1}$ in der gesamten Zahlenebene holomorph. Der Cauchy'sche Integralsatz (18-16) ist also nicht anwendbar.

$$I = \int f\mathrm{d}z = \int f(z)\dot{z}\,\mathrm{d}t\,, \quad z(t) = r\mathrm{e}^{\mathrm{j}t}\,, \quad 0 \leqq t \leqq 2\pi\,;$$

$$I = \int_0^{2\pi} \frac{1}{z} r\mathrm{j}\mathrm{e}^{\mathrm{j}t}\,\mathrm{d}t = \int_0^{2\pi} \mathrm{j}\,\mathrm{d}t = \mathrm{j}\cdot 2\pi\,,$$

$$\int_0^{2\pi} \frac{1}{z}\,\mathrm{d}z = \mathrm{j}\cdot 2\pi\,. \tag{18-17}$$

Als Konsequenz des Integralsatzes erhält man die *Cauchy'schen Integralformeln*:
$f(z)$ sei in einem n-fach zusammenhängenden beschränkten Gebiet G holomorph. Falls der Integrationsweg k ganz in G liegt, so gilt für einen Punkt z_0 (Bild 18-4) innerhalb des Weges k:

$$f(z_0) = \frac{1}{2\pi\mathrm{j}}\oint_k \frac{f(z)}{z - z_0}\,\mathrm{d}z\,,$$
$$f^{(n)}(z_0) = \frac{n!}{2\pi\mathrm{j}}\oint_k \frac{f(z)}{(z - z_0)^{n+1}}\,\mathrm{d}z\,. \tag{18-18}$$

Ist die Kurve k speziell ein Kreis mit Radius R, so gilt für einen Punkt $z = r\mathrm{e}^{\mathrm{j}\varphi}(r < R)$ innerhalb des Kreises die *Poisson-Formel für einen Kreis in Polarkoordinaten*.

$$f(z_0) = \frac{1}{2\pi}\int_0^{2\pi} \frac{(R^2 - r^2)f(R\mathrm{e}^{\mathrm{j}\varphi})}{R^2 - 2Rr\cos(\varphi_0 - \varphi) + r^2}\mathrm{d}\varphi\,,$$
$$z_0 = r\exp(\mathrm{j}\varphi_0)\,. \tag{18-19}$$

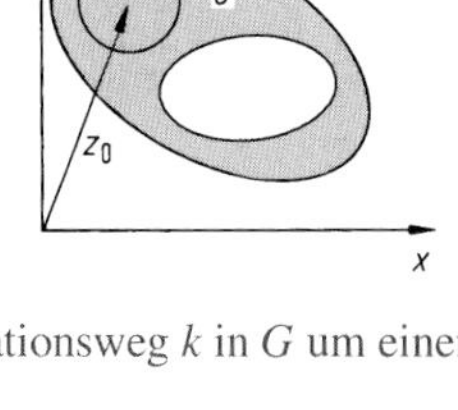

Bild 18-4. Integrationsweg k in G um einen Punkt z_0

Ist $f(z)$ in der oberen Halbebene ($y \geqq 0$) holomorph, so gilt eine entsprechende Formel für jeden Punkt z_0 der oberen Halbebene.

Poisson-Formel für Halbebene $y \geqq 0$.

$$z_0 = x_0 + \mathrm{j}y_0 \,,$$

$$f(z_0) = \frac{1}{\pi}\int_{-\infty}^{\infty} \frac{y_0 f(x)}{(x-x_0)^2 + y_0^2}\,\mathrm{d}x \,. \qquad (18\text{-}20)$$

Entwicklung einer Funktion. In der Umgebung G eines Punktes z_0 nach Bild 18-5 lässt sich jede holomorphe Funktion darstellen als *Taylor-Reihe*

$$f(z) = \sum_{k=0}^{\infty} \frac{1}{k!}[f^{(k)}(z_0)](z-z_0)^k \,. \qquad (18\text{-}21)$$

Sie konvergiert, solange der Kreis um z_0 keine singulären Punkte enthält.
Ist eine Funktion f in der Umgebung des Punktes z_0 nicht holomorph, wohl aber in dem Kreisgebiet nach Bild 18-6 mit Zentrum in z_0, so gibt es eine sogenannte **Laurent-Reihe**

$$f(z) = \sum_{k=1}^{\infty} a_k(z-z_0)^{-k} + \sum_{k=0}^{\infty} b_k(z-z_0)^k$$

kurz

$$f(z) = \sum_{k=-\infty}^{\infty} c_k(z-z_0)^k \,, \quad r < |z-z_0| < R \,. \qquad (18\text{-}22)$$

$$c_k = \frac{1}{2\pi\mathrm{j}} \oint \frac{f(z)\,\mathrm{d}z}{(z-z_0)^{k+1}} \,.$$

Ist $f(z)$ auch im inneren Kreis einschließlich z_0 holomorph, so geht (18-22) in (18-21) über.

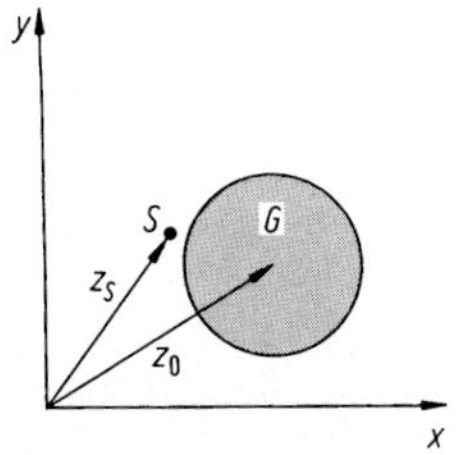

Bild 18-5. Umgebung G eines Punktes z_0 ohne singulären Punkt z_s

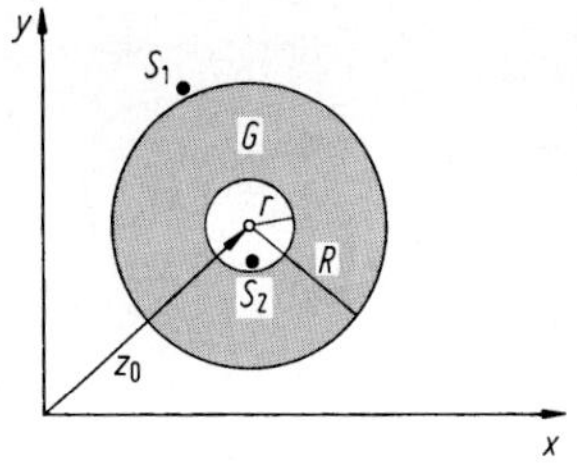

Bild 18-6. Entwicklungsgebiet G mit Zentrum z_0 ohne die singulären Punkte S_i

Beispiel: Gesucht ist die Laurent-Reihe für die Funktion $f(z) = (z-1)^{-1}(z-4)^{-1}$. Sie ist offensichtlich für $z = 1$ und $z = 4$ singulär, also im Ringgebiet $1 < |z| < 4$ holomorph. Durch Partialbruchzerlegung erzeugt man aus $f(z)$ eine Summe einzeln entwickelbarer Teile. Dabei ergibt sich eine Darstellung nach (18-22).

$$f(z) = \left(\frac{-1}{z-1} + \frac{1}{z-4}\right)\frac{1}{3} \,.$$

$$\frac{1}{z-1} = \sum_{k=1}^{\infty} z^{-k}, |z| > 1 \,;$$

$$\frac{1}{1-z/4} = \sum_{k=0}^{\infty} (z/4)^k, \ |z| < 4 \,;$$

also insgesamt

$$f(z) = -\frac{1}{3}\left[\sum_{k=1}^{\infty} z^{-k} + \frac{1}{4}\sum_{k=0}^{\infty}(z/4)^k\right] .$$

Über die Laurent-Reihe kann das Randintegral längs einer Kurve k in G berechnet werden, die nach Bild 18-7 mehrere singuläre Punkte z_1 bis z_s enthält.

$$\begin{aligned} f(z) = &\sum_{k=1}^{\infty} a_{1k}(z-z_1)^{-k} + \sum_{k=0}^{\infty} b_{1k}(z-z_1)^k \\ + &\quad \vdots \quad \vdots \qquad\qquad \vdots \qquad \vdots \qquad (18\text{-}23) \\ + &\sum_{k=1}^{\infty} a_{sk}(z-z_s)^{-k} + \sum_{k=0}^{\infty} b_{sk}(z-z_s)^k \,, \end{aligned}$$

$$\oint f(z)\,\mathrm{d}z = 2\pi\mathrm{j}\sum_{k=1}^{s} a_{k1} \,.$$

Die Koeffizienten a_{k1} nennt man auch *Residuen* der Funktion f an der singulären Stelle z_k.

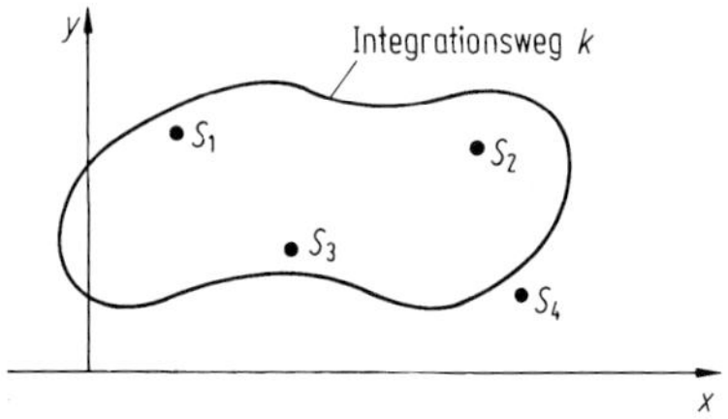

Bild 18-7. Integrationsweg k in G mit drei relevanten singulären Punkten S_1 bis S_3

$$\operatorname{Res} f(z)|_{z_k} = a_{k1}\,. \qquad (18\text{-}24)$$

Für eine singuläre Stelle m-ter Ordnung gilt allgemeiner

$$\operatorname{Res} f(z)|_{z_k} = \frac{1}{(m-1)!}\lim_{z\to z_k}\frac{\mathrm{d}^{m-1}}{\mathrm{d}z^{m-1}}\left[(z-z_k)^m f(z)\right]\,.$$

Speziell für $m = 1$:

$$\operatorname{Res} f(z) = \lim_{z\to z_k}[(z-z_k)f(z)]\,. \qquad (18\text{-}25)$$

Beispiel: $f(z) = \dfrac{z^4-2}{z^2(z-1)}$. Gesucht ist das Ringintegral längs des Kreises $z(t) = 2\mathrm{e}^{\mathrm{j}t}$. $z_1 = 0$ ist doppelter Pol $(m = 2)$, $z_2 = 1$ einfacher Pol.

$$\operatorname{Res} f|_{z_2} = \lim_{z\to 1}\frac{z^4-2}{z^2} = -1,$$

$$\operatorname{Res} f|_{z_1} = \lim_{z\to 0}\left[\frac{z^4-2}{z-1}\right]' = 2\,.$$

Also $\oint f\,\mathrm{d}z = 2\pi\mathrm{j}$.

Stammfunktion $F(z)$ zu $f(z)$ heißt eine in G holomorphe Funktion dann, wenn ihre Ableitung F' gleich f ist.

$$F'(z) = f(z):\ F \text{ Stammfunktion zu } f\,. \qquad (18\text{-}26)$$

Für eine in G holomorphe Funktion $f(z)$ ist das bestimmte Integral in F darstellbar und unabhängig vom Integrationsweg.

$$\int_A^E f(z)\,\mathrm{d}z = F(z_E) - F(z_A) = [F(z)]_A^E\,. \qquad (18\text{-}27)$$

Die entsprechende Tabelle 10-1 für Stamm- oder Integralfunktionen reeller Variablen in 10.1 gilt auch für komplexwertige Argumente.

Exponentialfunktionen mit komplexen Argumenten werden häufig benötigt. Es gelten weiterhin die Additionstheoreme aus 7.2 und 7.3.

$$\sin z = (\mathrm{e}^{\mathrm{j}z} - \mathrm{e}^{-\mathrm{j}z})/(2\mathrm{j})\,,$$
$$\cos z = \left(\mathrm{e}^{\mathrm{j}z} + \mathrm{e}^{-\mathrm{j}z}\right)/2\,,$$
$$\sin \mathrm{j}z = \mathrm{j}\sinh z\,,\quad \cos \mathrm{j}z = \cosh z\,,$$
$$\sinh \mathrm{j}z = \mathrm{j}\sin z\,,\quad \cosh \mathrm{j}z = \cos z\,,$$
$$\arcsin z = (-\mathrm{j})\ln\left[\mathrm{j}z + \sqrt{1-z^2}\right]\,,$$
$$\arccos z = (-\mathrm{j})\ln\left[z + \sqrt{z^2-1}\right]\,,$$
$$\arctan z = \frac{1}{2\mathrm{j}}\ln\frac{1+\mathrm{j}z}{1-\mathrm{j}z}\,, \qquad (18\text{-}28)$$
$$\operatorname{arccot} z = \frac{1}{2\mathrm{j}}\ln\frac{z+\mathrm{j}}{z-\mathrm{j}}\,,$$
$$\operatorname{arsinh} z = \ln\left[z + \sqrt{z^2+1}\right]\,,$$
$$\operatorname{arcosh} z = \ln\left[z + \sqrt{z^2-1}\right]\,,$$
$$\operatorname{artanh} z = \frac{1}{2}\ln\frac{1+z}{1-z}\,,$$
$$\operatorname{arcoth} z = \frac{1}{2}\ln\frac{z+1}{z-1}\,.$$

Beispiel:

$$f(z) = \cos\mathrm{j} = (\mathrm{e}^{-1} + \mathrm{e}^{1})/2 = \cosh 1 = 1{,}54308\ldots$$

Trigonometrische Funktionen Sinus und Cosinus eines komplexen Argumentes können also betragsmäßig größer als 1 werden, was bei reellen Argumenten ausgeschlossen ist.

19 Konforme Abbildung

Die Abbildung einer komplexen Zahl $z = x + \mathrm{j}y$ in ihr Bild $w = u(x,y) + \mathrm{j}v(x,y)$ kann auch durch zugeordnete Vektoren beschrieben werden:

$$\boldsymbol{z} = \begin{bmatrix} x \\ y \end{bmatrix}, \quad \boldsymbol{f}(z) = \boldsymbol{w} = \begin{bmatrix} u(x,y) \\ v(x,y) \end{bmatrix}. \qquad (19\text{-}1)$$

Die totalen Zuwächse spannen in jedem Punkt mit dem Ortsvektor $\boldsymbol{z}$ eine lokale Basis auf,

$$\mathrm{d}\boldsymbol{z} = \boldsymbol{z}_{,x}\,\mathrm{d}x + \boldsymbol{z}_{,y}\,\mathrm{d}y = \begin{bmatrix} 1 \\ 0 \end{bmatrix}\mathrm{d}x + \begin{bmatrix} 0 \\ 1 \end{bmatrix}\mathrm{d}y\,, \qquad (19\text{-}2)$$

$$\mathrm{d}\boldsymbol{f} = \boldsymbol{f}_{,x}\,\mathrm{d}x + \boldsymbol{f}_{,y}\,\mathrm{d}y = \begin{bmatrix} u_{,x} \\ v_{,x} \end{bmatrix} \mathrm{d}x + \begin{bmatrix} u_{,y} \\ v_{,y} \end{bmatrix} \mathrm{d}y\,,$$

die auch für das Bild $\boldsymbol{f}$ orthogonal ist, wenn man die Cauchy-Riemann-Bedingung (19-8) in 18.2 beachtet.

$$\boldsymbol{f}_{,y} = \begin{bmatrix} u_{,y} \\ v_{,y} \end{bmatrix} = \begin{bmatrix} -v_{,x} \\ u_{,x} \end{bmatrix} \rightarrow \boldsymbol{f}_{,x} \cdot \boldsymbol{f}_{,y} = 0\,. \quad (19\text{-}3)$$

Die Längenquadrate $\mathrm{d}z^2$ vom Original und $\mathrm{d}\boldsymbol{f}^2$ vom Bild stehen in jedem Punkt P in einem konstanten Verhältnis zueinander, das unabhängig ist von der Orientierung in P.

$$\mathrm{d}z^2 = \mathrm{d}x^2 + \mathrm{d}y^2\,,$$

$$\mathrm{d}\boldsymbol{f}^2 = (\mathrm{d}x^2 + \mathrm{d}y^2)\left(u_{,x}^2 + v_{,x}^2\right) \rightarrow \mathrm{d}\boldsymbol{f}^2/\mathrm{d}z^2 = |f'|^2\,. \quad (19\text{-}4)$$

Insgesamt ist die Abbildung f von z nach w winkeltreu und lokal maßstabstreu, falls die Funktion f holomorph ist. Diese besondere Abbildung nennt man *konform*.

Inverse Abbildung nennt man die Abbildung $w = 1/z$.

$$z = x + \mathrm{j}y \rightarrow w = (x - \mathrm{j}y)/\sqrt{x^2 + y^2}\,.$$

$$z = r\mathrm{e}^{\mathrm{j}\varphi} \rightarrow w = \mathrm{e}^{-\mathrm{j}\varphi/r}\,. \quad (19\text{-}5)$$

Der längenbezogene Teil $1/r$ dieser Abbildung ist eine sogenannte Spiegelung am Einheitskreis, der richtungsbezogene Teil eine Spiegelung an der reellen Achse.

Beispiel: Das Gebiet $ABCD$ im Bild 19-1 wird begrenzt durch 2 Kreisbögen $\overset{\frown}{AB}, \overset{\frown}{CD}$ und durch 2 Geraden BC, AD jeweils durch den Nullpunkt. Nach Tabelle 19-1 wird das Bildgebiet $w = 1/z$ nur durch Geraden begrenzt.

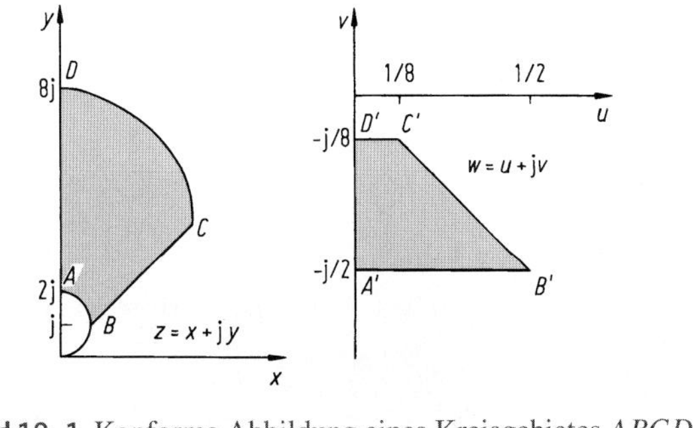

Bild 19-1. Konforme Abbildung eines Kreisgebietes $ABCD$ in ein Trapez $A'B'C'D'$

Tabelle 19-1. Eigenschaften von $w = 1/z$

z-Ebene	w-Ebene
Kreis nicht durch Nullpunkt	Kreis nicht durch Nullpunkt
Gerade nicht durch Nullpunkt	Kreis durch Nullpunkt
Kreis durch Nullpunkt	Gerade nicht durch Nullpunkt
Gerade durch Nullpunkt	Gerade durch Nullpunkt

Lineare Abbildung nennt man $w = a + bz; a, b \in \mathbb{C}$. Geometrisch interpretiert ist dies eine Kombination von Translation und Drehstreckung, also eine Ähnlichkeitsabbildung.

Gebrochen lineare Abbildung nennt man

$$w = \frac{a_0 + a_1 z}{b_0 + b_1 z}\;;\; a_i,\, b_i \in \mathbb{C}\,. \quad (19\text{-}6)$$

Diese Abbildung ist eine Zusammenfassung inverser und linearer Funktionen, wobei eine Umformung nützlich sein kann.

$$w = a_2 + \frac{a_3}{b_0 + b_1 z},\; a_2 = \frac{a_1}{b_1}\,, \quad (19\text{-}7)$$

$$a_3 = \frac{a_0 b_1 - a_1 b_0}{b_1}\,.$$

Durch die Vorgabe von 3 Paaren $(z_k,\, w_k)$ ist die gebrochen lineare Abbildung bestimmt zu

$$\frac{w - w_1}{w - w_3} \cdot \frac{w_2 - w_3}{w_2 - w_1} = \frac{z - z_1}{z - z_3} \cdot \frac{z_2 - z_3}{z_2 - z_1}\,. \quad (19\text{-}8)$$

Die Abbildung eines durch ein Polygon begrenztes Gebiet nach Bild 19-2 in den oberen Teil der z-Ebene bei Vorgabe der Bildpunktkoordinaten x_k zu drei beliebigen Polygonecken w_k leistet die *Schwarz-Christoffel-Abbildung*:

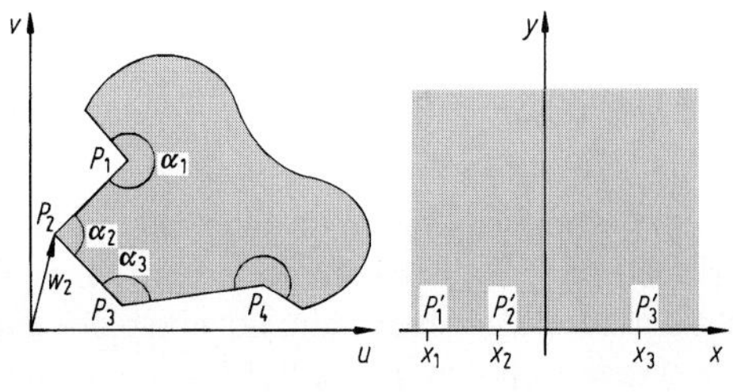

Bild 19-2. Schwarz-Christoffel-Abbildung

$$\frac{\mathrm{d}w}{\mathrm{d}z} = Ap(z)\,,\ p(z) = \prod_{k=1}^{n} (z - x_k)^{-1+a_k/\pi}\,,$$

$$w(z) = A \int p(z)\,\mathrm{d}z + B\,,$$

a_k Innenwinkel im Bogenmaß . (19-9)

Falls $x_n = \infty$ gewählt wird, ist das Produkt nur bis $n - 1$ zu erstrecken.

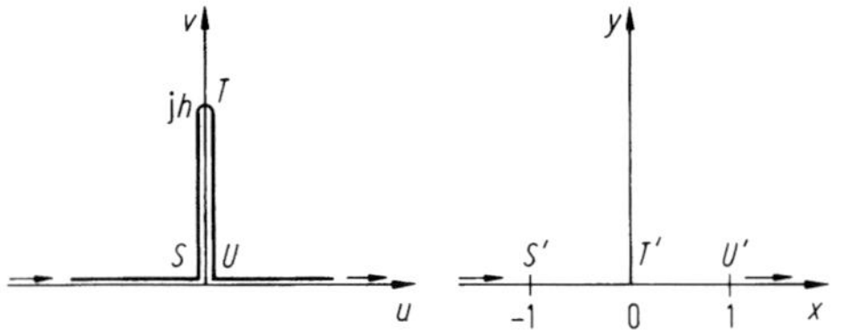

Bild 19-3. Abbildung eines geschlitzten Gebietes in die obere z-Ebene

Beispiel: Das geschlitzte Gebiet in Bild 19-3 ist auf die obere z-Ebene abzubilden. Mit den Winkeln $a_S = a_U = \pi/2$ sowie $a_T = 2\pi$ und den drei vorgegebenen Punkten $x_{S'} = -1$, $x_{T'} = 0$, $x_{U'} = +1$ erhält man das Produkt

$$p = (z+1)^{-1/2} \cdot (z-0)^1 \cdot (z-1)^{-1/2} = z/\sqrt{z^2 - 1}\,.$$

Aus Integration und der Zuordnung

$$\begin{aligned} S \to S'&: \text{ für } w = 0 \text{ ist } z = -1\,,\\ U \to U'&: \text{ für } w = 0 \text{ ist } z = +1\,,\\ T \to T'&: \text{ für } w = \mathrm{j}h \text{ ist } z = 0 \end{aligned}$$

folgt die gesuchte Abbildung $w(z) = h\sqrt{z^2 - 1}$.

20 Orthogonalsysteme

Eine Menge von Funktionen $\beta_k(x)$ mit der besonderen Integraleigenschaft

$$\int_a^b \beta_i(x)\beta_j(x)\,\mathrm{d}x = \begin{cases} 0 & \text{für } i \neq j \\ c_k^2 & \text{für } i = k\,,\ j = k \end{cases} \qquad (20\text{-}1)$$

bildet ein Orthogonalsystem im Intervall $a \leqq x \leqq b$, das speziell für $c_k = 1$ zum normierten Orthogonalsystem wird. Eine gegebene hinreichend glatte Funktion $f(x)$ lässt sich durch eine Reihenentwicklung in den Funktionen $\beta_k(x)$ darstellen,

$$f(x) = \sum_{k=1}^{\infty} a_k\beta_k(x)\,, \qquad (20\text{-}2)$$

wobei die Koeffizienten a_k durch Multiplikation mit $\beta_k(x)$ und Integration im Intervall $a \leqq x \leqq b$ isolierbar sind.

$$\int_a^b f\beta_k\,\mathrm{d}x = a_k \int_a^b \beta_k^2\,\mathrm{d}x = a_k c_k^2 \qquad (20\text{-}3)$$

$$\to f(x) = \sum_{k=1}^{\infty} \frac{\int_a^b f\beta_k\,\mathrm{d}x}{\int_a^b \beta_k\beta_k\,\mathrm{d}x}\beta_k\,, \quad f_n(x) = \sum_{k=1}^{n} ()\,. \qquad (20\text{-}4)$$

Bei vorzeitigem Abbruch der Summation in (20-4) ist die Differenz δ zwischen gegebener Funktion $f(x)$ und deren Approximation $f_n(x)$ theoretisch angebbar:

$$\delta = f(x) - f_n(x) = \sum_{k=n+1}^{\infty} a_k\beta_k(x)\,. \qquad (20\text{-}5)$$

Orthogonalisierung einer gegebenen Menge nicht orthogonaler linear unabhängiger Funktionen $p_k(x)$ ist ein stets möglicher Prozess. Entsprechend der Vorschrift

$$\begin{aligned} \beta_0 &= p_0 \\ \beta_1 &= c_{10}p_0 + p_1 \\ \beta_2 &= c_{20}p_0 + c_{21}p_1 + p_2 \text{ usw.} \end{aligned} \qquad (20\text{-}6)$$

sind die Koeffizienten c_{jk} sukzessive aus der Orthogonalitätsforderung zu berechnen.

Beispiel: Die Polynome $p_k = x^k$, $k = 0, 1, 2$, sind für das Intervall $-1 \leqq x \leqq 1$ in ein Orthogonalsystem zu überführen. Mit der Abkürzung

$$\int_{-1}^{1} f_1(x)f_2(x)\,\mathrm{d}x = (f_1, f_2) \text{ gilt}$$

$$k = 0: \beta_0 = 1\,.$$

$$k = 1: \beta_1 = c_{10} + x\,. \quad (\beta_1, \beta_0) = 0 \to c_{10} = 0\,.$$

$$k = 2: \beta_2 = c_{20} + c_{21}x + x^2\,.$$

$$(\beta_2, \beta_0) = 0 \to c_{20} = -1/3\,,$$

$$(\beta_2, \beta_1) = 0 \to c_{21} = 0\,.$$

Insgesamt: $\beta_0 = 1$; $\beta_1 = x$; $\beta_2 = x^2 - 1/3$.

Führt man die Entwicklung des vorgehenden Beispiels weiter und normiert speziell auf $\beta_k(x = 1) \overset{!}{=} 1$, so entstehen die *Legendre'schen- oder Kugelfunktionen* $P_k(x)$.

Mit $P_0 = 1, P_1 = x$ erhält man alle weiteren aus

$$P_k = [(2k-1)xP_{k-1} - (k-1)P_{k-2}]/k ,$$

$$\int_{-1}^{1} P_k P_k \,\mathrm{d}x = c_k^2 = \frac{2}{2k+1} . \qquad (20\text{-}7)$$

$$P_0 = 1 , \quad P_1 = x ,$$

$$P_2 = (3x^2 - 1)/2 ,$$

$$P_3 = (5x^3 - 3x)/2 \text{ usw..}$$

Ein Funktionssystem in trigonometrischer Parameterdarstellung

$$P_k = \cos kt = P_k(\cos t) \quad \text{mit} \quad \cos t = x , \qquad (20\text{-}8)$$

mit der Rückführung aller k-fachen Argumente auf $\cos t$ und anschließender Abbildung auf $x = \cos t$ erzeugt ein sogenanntes gewichtetes Orthogonalsystem

$$\int_{-1}^{1} w(x)\, P_i(x)\, P_j(x) \,\mathrm{d}x = \begin{cases} 0 & \text{für } i \neq j \\ c_k^2 & \text{für } i = k , \ j = k \end{cases} , \qquad (20\text{-}9)$$

falls man als Gewichtsfunktion $w(x) = (1 - x^2)^{-1/2}$ wählt. Mit der Normierung $P_k(x = 1) \overset{!}{=} 1$ erhält man die *Tschebyscheff- oder T-Polynome*.

$$\int_{-1}^{1} \frac{T_i T_j}{\sqrt{1 - x^2}} \,\mathrm{d}x = 0 \quad \text{für} \quad i \neq j .$$

Mit $T_0 = 1$, $T_1 = \cos t = x$ erhält man alle Weiteren aus

$$T_k = 2xT_{k-1} - T_{k-2} ,$$

$$T_2 = \cos 2t = 2x^2 - 1 ,$$

$$T_3 = \cos 3t = 4x^3 - 3 , \qquad (20\text{-}10)$$

$$T_4 = \cos 4t = 8x^4 - 8x^2 + 1 .$$

Das Bild 20-1 zeigt das auf den Extremalwert $T^2 = 1$ begrenzte Oszillieren der T-Polynome im Intervall, was die gleichmäßige Approximation einer Funktion $f(x)$ nach (20-2) ermöglicht.

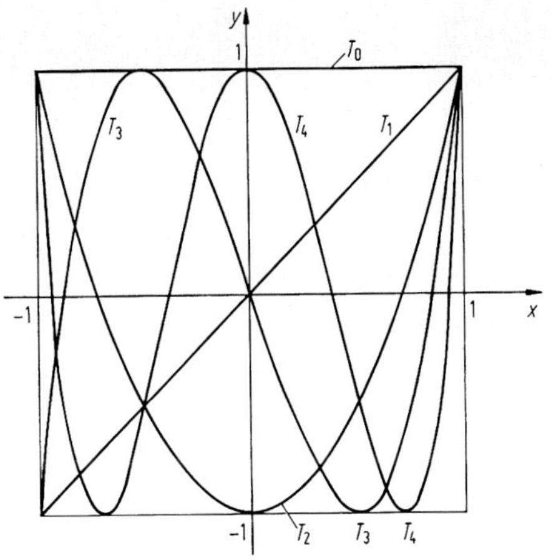

Bild 20-1. Tschebyscheff-Polynome T_0 bis T_4 mit Beschränkung $T^2 \leqq 1$ im Intervall $x^2 \leqq 1$

21 Fourier-Reihen

21.1 Reelle Entwicklung

Ein Orthogonalsystem besonderer Bedeutung bilden die trigonometrischen Funktionen im Intervall $-\pi \leqq \xi \leqq \pi$:

$$\begin{aligned} s_k(\xi) &= \sin k\xi , \quad k = 1, 2, 3 \ldots , \\ c_k(\xi) &= \cos k\xi , \quad k = 0, 1, 2 \ldots . \end{aligned} \qquad (21\text{-}1)$$

$$\int_{-\pi}^{\pi} f_1(\xi)\, f_2(\xi) \,\mathrm{d}\xi = (f_1, f_2) . \qquad (21\text{-}2)$$

$$(s_j, s_k) = (c_j, c_k) = \begin{cases} 0 & \text{für} \quad j \neq k \\ \pi & \text{für} \quad j = k \neq 0 \end{cases} , \qquad (21\text{-}3)$$

$$(s_j, c_k) = 0 .$$

Die Periodizität der trigonometrischen Funktionen lässt sie besonders geeignet erscheinen zur Darstellung periodischer Funktionen der Zeit t oder des Ortes x nach Bild 21-1, wobei eine vorbereitende Normierung der Zeitperiode T oder der Wegperiode l auf das Intervall $-\pi \leqq \xi \leqq \pi$ erforderlich ist.

$f(t)$ mit Periode T im Intervall $t_a \leqq t \leqq t_b$, $T = t_b - t_a$.

$$t = \frac{t_a + t_b}{2} + \frac{T}{2\pi}\xi \rightarrow \xi = \frac{2\pi}{T}\left[t - \frac{t_a + t_b}{2}\right] . \qquad (21\text{-}4)$$

Entsprechend

$$x = \frac{x_a + x_b}{2} + \frac{l}{2\pi}\xi \rightarrow \xi = \frac{2\pi}{l}\left[x - \frac{x_a + x_b}{2}\right] .$$

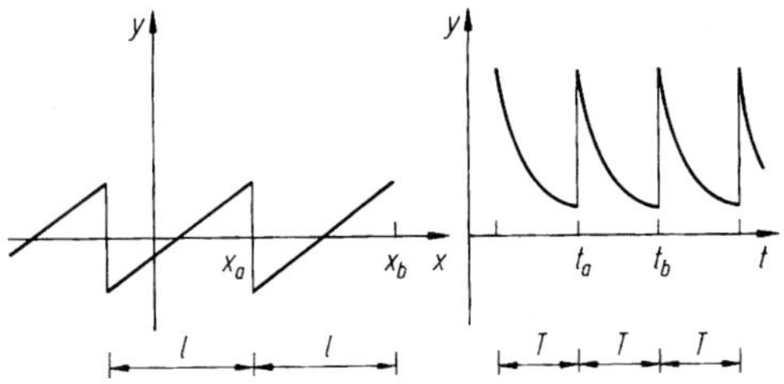

Bild 21-1. Periodische Funktionen in Ort ($l = x_b - x_a$) und Zeit ($T = t_b - t_a$)

Die Koeffizienten a_k, b_k der Fourier-Reihe

$$\mathrm{F}[f(\xi)] = a_0 + \sum_{k=1}^{\infty}(a_k \cos k\xi + b_k \sin k\xi) \qquad (21\text{-}5)$$

erhält man durch Multiplikation von (21-5) mit $\cos k\xi$ sowie $\sin k\xi$ und Integration im Intervall $-\pi \leqq \xi \leqq \pi$:

$$a_0 = \frac{1}{2\pi}\int_{-\pi}^{\pi} f\,\mathrm{d}\xi\,,$$

$$a_k = \frac{1}{\pi}\int_{-\pi}^{\pi} f\cos k\xi\,\mathrm{d}\xi, \quad b_k = \frac{1}{\pi}\int_{-\pi}^{\pi} f\sin k\xi\,\mathrm{d}\xi\,. \qquad (21\text{-}6)$$

Symmetrieeigenschaften der gegebenen Funktion $f(\xi)$ erleichtern die Berechnung.

$f(-\xi) = f(+\xi)$:
gerade; f ist symmetrisch zur y-Achse ; (21-7)
Sinus-Anteile $b_k = 0$.

$f(-\xi) = -f(\xi)$:
ungerade; f ist punktsymmetrisch zum Nullpunkt ;
Cosinus-Anteile $a_k = 0$. (21-8)

Unstetige Funktionen im Punkt ξ_u werden approximiert durch das arithmetische Mittel der beidseitigen Grenzwerte $f(\xi_\mathrm{u} - \delta)$, $f(\xi_\mathrm{u} + \delta)$.

$$F(\xi_\mathrm{u}) = [f(\xi_\mathrm{u} - \delta) + f(\xi_\mathrm{u} + \delta)]/2\,, \quad \delta > 0\,. \qquad (21\text{-}9)$$

Die Integration über unstetige Funktionen im Periodenintervall wird stückweise durchgeführt.

Beispiel: Die punktsymmetrische Funktion $f(x) = A$ für $0 < x \leqq l/2$ und $f(x) = -A$ für $-l/2 \leqq x < 0$ nach Bild 21-2 ist durch eine Fourier-Reihe darzustellen. Nach (21-8) gilt $a_k = 0$.

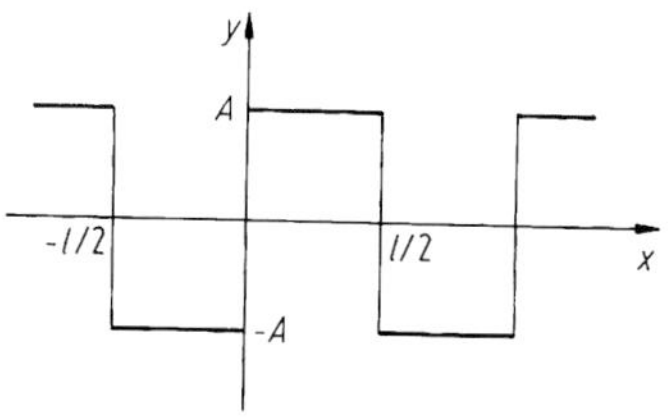

Bild 21-2. Ungerade periodische Funktion

$$\pi b_k = \int_{-\pi}^{0}(-A)\sin k\xi\,\mathrm{d}\xi + \int_{0}^{\pi}(+A)\sin k\xi\,\mathrm{d}\xi\,,$$

$$\xi = 2\pi x/l\,;$$

$$\pi b_k = 2A\int_{0}^{\pi}\sin k\xi\,\mathrm{d}\xi = -2A(\cos k\pi - 1)/k$$

$$\rightarrow b_{2k-1} = \frac{4A}{(2k-1)\pi}\,,$$

$$b_{2k} = 0\,;\; k = 1, 2, \ldots\,,$$

oder

$$\mathrm{F}[f(x)] = \frac{4A}{\pi}\left(\sin\frac{2\pi x}{l} + \frac{1}{3}\sin 3\frac{2\pi x}{l} + \frac{1}{5}\sin 5\frac{2\pi x}{l} + \ldots\right),$$

$$-l/2 \leqq x \leqq +l/2\,;$$

$$\mathrm{F}[f(x=0)] = 0 = [f(-0) + f(+0)]/2 = (-A + A)/2\,.$$

21.2 Komplexe Entwicklung

Mit der exponentiellen Darstellung der trigonometrischen Funktionen in 7.1, (7-2) $\cos x = (\mathrm{e}^{\mathrm{j}x} + \mathrm{e}^{-\mathrm{j}x})/2$, $\sin x = -\mathrm{j}(\mathrm{e}^{\mathrm{j}x} - \mathrm{e}^{-\mathrm{j}x})/2$, lässt sich die Reihe (21-5) umschreiben,

$$\mathrm{F}[f(\xi)] = a_0 + \sum_{k=1}^{\infty}\left\{(a_k - \mathrm{j}b_k)\mathrm{e}^{\mathrm{j}k\xi} + (a_k + \mathrm{j}b_k)\mathrm{e}^{-\mathrm{j}k\xi}\right\}/2$$

und mit komplexen Koeffizienten kompakt formulieren:

$$\mathrm{F}[f(\xi)] = \sum_{-\infty}^{\infty} c_k \mathrm{e}^{\mathrm{j}k\xi}\,,$$

$$c_k = \frac{1}{2\pi}\int_{-\pi}^{\pi} f(\xi)\mathrm{e}^{-\mathrm{j}k\xi}\,\mathrm{d}\xi\,;\; k = 0, \pm 1, \pm 2, \ldots \qquad (21\text{-}10)$$

Tabelle 21-1. Fourier-Reihen

Bild	$f(\xi)$;	$F(\xi) = F[f(\xi)]$
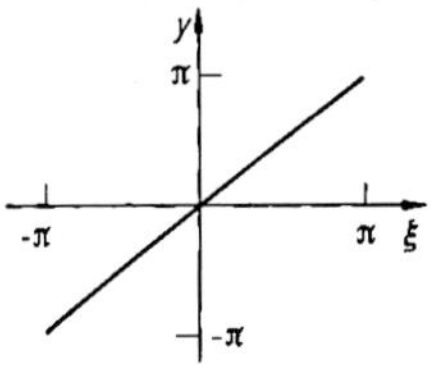	$f = \xi$;	$F = 2\left(\frac{\sin\xi}{1} - \frac{\sin 2\xi}{2} + \frac{\sin 3\xi}{3} - \ldots\right)$
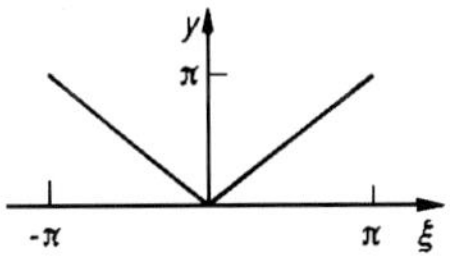	$f = \lvert\xi\rvert$;	$F = \frac{\pi}{2} - \frac{4}{\pi}\left(\cos\xi + \frac{\cos 3\xi}{9} + \frac{\cos 5\xi}{25} + \ldots\right)$
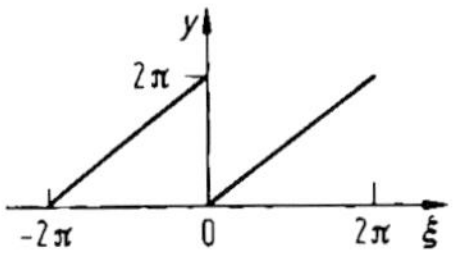	$f = \xi$;	$F = \pi - 2\left(\frac{\sin\xi}{1} + \frac{\sin 2\xi}{2} + \frac{\sin 3\xi}{3} + \ldots\right)$
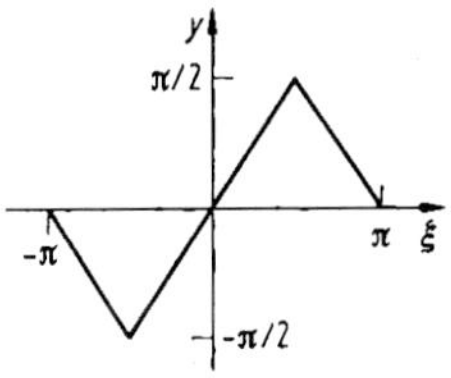		$F = \frac{4}{\pi}\left(\sin\xi - \frac{\sin 3\xi}{9} + \frac{\sin 5\xi}{25} - \ldots\right)$
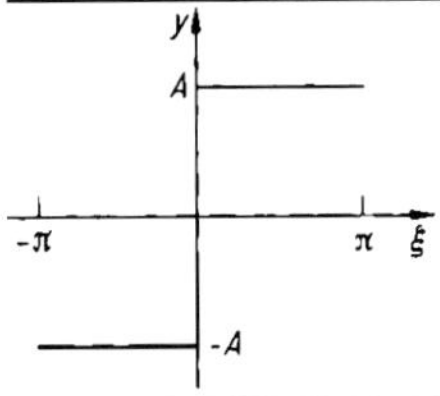		$F = \frac{4A}{\pi}\left(\frac{\sin\xi}{1} + \frac{\sin 3\xi}{3} + \frac{\sin 5\xi}{5} + \ldots\right)$
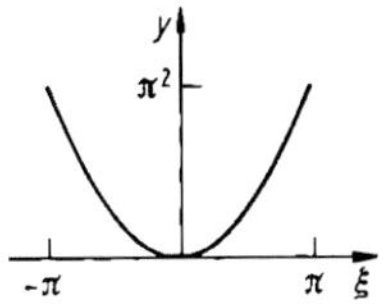	$f = \xi^2$;	$F = \frac{\pi^2}{3} - 4\left(\cos\xi - \frac{\cos 2\xi}{4} + \frac{\cos 3\xi}{9} - \ldots\right)$
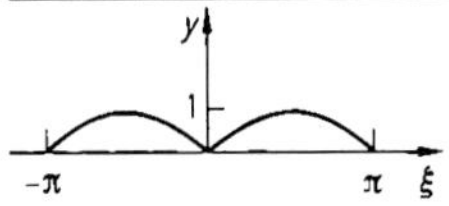	$f = \lvert\sin\xi\rvert$;	$F = \frac{2}{\pi} - \frac{4}{\pi}\left(\frac{\cos 2\xi}{1\cdot 3} + \frac{\cos 4\xi}{3\cdot 5} + \frac{\cos 6\xi}{5\cdot 7} + \ldots\right)$
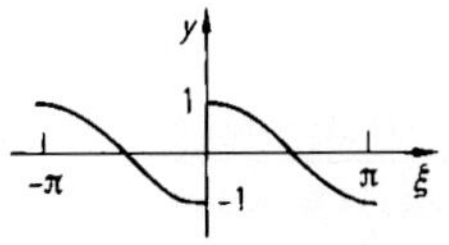	$f = \cos\xi$; $o \leq \xi \leq \pi$ ungerade Fortsetzung	$F = \frac{4}{\pi}\left(\frac{2\sin 2\xi}{1\cdot 3} + \frac{4\sin 4\xi}{3\cdot 5} + \frac{6\sin 6\xi}{5\cdot 7} + \ldots\right)$
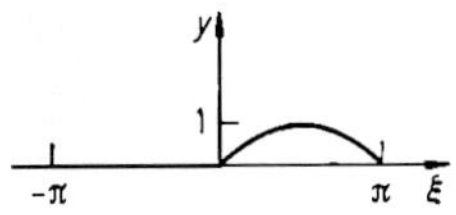	$f = o$ für $-\pi \leq x \leq o$ $f = \sin\xi$ für $o \leq \xi \leq \pi$	$F = \frac{1}{\pi} + \frac{1}{2}\sin\xi - \frac{2}{\pi}\left(\frac{\cos 2\xi}{1\cdot 3} + \frac{\cos 4\xi}{3\cdot 5} + \ldots\right)$

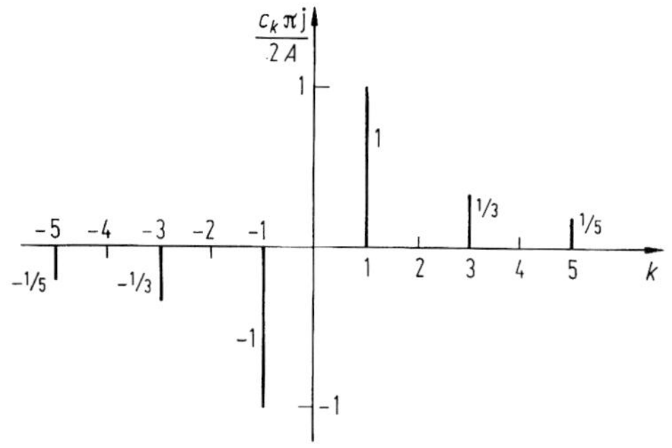

Bild 21-3. Diskretes Fourier-Spektrum

Im Zeitbereich $-T/2 \leqq t \leqq T/2$ erhält man mit

$$\xi = 2\pi \frac{t}{T}\,, \quad \omega = 2\pi/T\,,$$
$$\mathrm{F}[f(t)] = \sum_{-\infty}^{\infty} \frac{1}{T} \left\{ \int_{-T/2}^{T/2} f(t)\mathrm{e}^{-\mathrm{j}\omega k t}\,\mathrm{d}t \right\} \mathrm{e}^{\mathrm{j}\omega k t}\,. \qquad (21\text{-}11)$$

Die Koeffizienten c_k bilden das sogenannte *diskrete Spektrum* der fourierentwickelten Funktion $f(t)$.

Beispiel: Für die Rechteckfunktion nach Bild 21-2 erhält man die Spektralfolge

$$c_k = \frac{1}{2\pi} \int_{-\pi}^{0} (-A)\mathrm{e}^{-\mathrm{j}k\xi}\,\mathrm{d}\xi + \frac{1}{2\pi} \int_{0}^{\pi} (+A)\mathrm{e}^{-\mathrm{j}k\xi}\,\mathrm{d}\xi$$
$$= \frac{\mathrm{j}A}{k\pi}(\cos k\pi - 1)\,.$$

Daraus folgt:

$$c_0 = 0\,;\; k \text{ gerade:} \quad c_k = c_{-k} = 0\,,$$
$$k \text{ ungerade:} \; c_k = \frac{2A}{k\pi\mathrm{j}}\,.$$

Das diskrete Spektrum der c_k-Werte zeigt Bild 21-3.

22 Polynomentwicklungen

Nichtorthogonale Polynomentwicklungen einer Funktion $f(x)$ spielen im Rahmen der Approximationstheorien eine große Rolle. Man unterscheidet folgende Typen:

1. Entwicklung in rationaler Form von einem Punkt (x_k) aus (*Taylor*).
2. Entwicklung in gebrochen rationaler Form von einem Punkt (x_k) aus (*Padé*).
3. Entwicklung in rationaler Form von zwei Punkten (x_0), (x_1) aus (*Hermite*).
4. Entwicklung in rationaler Form von vielen Punkten (Stützstellen x_i) aus (*Lagrange*).

Padé-Entwicklungen $P(m, n)$ sind gebrochen rationale Darstellungen der Taylor-Entwicklung $T(x)$; Tabelle 22-1.

$$P(m, n) = \frac{a_0 + a_1 x + \ldots + a_m x^m}{b_0 + b_1 x + \ldots + b_n x^n} = T(x)\,. \qquad (22\text{-}1)$$

Die Koeffizienten a_k, b_k folgen aus einem Koeffizientenvergleich. Von besonderem Interesse ist die Entwicklung der e-Funktion.

$$T(\mathrm{e}^x) = \left(1 + x + \frac{x^2}{2} + \frac{x^3}{6} + \ldots\right) = P(m, n)\,. \qquad (22\text{-}2)$$

Hermite-Entwicklungen, üblicherweise im normierten Intervall $0 \leqq x \leqq 1$, benutzen die Funktionswerte $f^{(k)}$ an den Intervallrändern; Tabelle 22-2.

$$f(x) = H(m, n) = \sum_{i=0}^{m} h_{0i}(x) f^{(i)}(0) + \sum_{k=0}^{n} h_{1k}(x) f^{(k)}(1)\,,$$
$$f^{(k)} = \frac{\mathrm{d}^k f}{\mathrm{d}x^k}\,. \qquad (22\text{-}3)$$

Lagrange-Entwicklungen benutzen die Funktionswerte $f(x_i)$ an n-Stützstellen x_i; Tabelle 22-3.

$$l_i(x) = \prod_{j=1, j\neq i}^{n} \frac{(x - x_j)}{(x_i - x_j)}\,,$$
$$f(x) = \sum_{i=1}^{n} l_i(x) f(x_i)\,, \qquad (22\text{-}4)$$

$$\text{z. B. } l_3 = \frac{(x - x_1)(x - x_2)1(x - x_4)}{(x_3 - x_1)(x_3 - x_2)1(x_3 - x_4)}$$
für $n = 4$.

Tabelle 22-1. $P(m, n)$-Entwicklungen von e^x

	$m=0$	$m=1$	$m=2$
$n=0$	$\frac{1}{1}$	$\frac{1+x}{1}$	$\frac{1+x+\frac{1}{2}x^2}{1}$
$n=1$	$\frac{1}{1-x}$	$\frac{1+\frac{1}{2}x}{1-\frac{1}{2}x}$	$\frac{1+\frac{2}{3}x+\frac{1}{6}x^2}{1-\frac{1}{3}x}$
$n=2$	$\frac{1}{1-x+\frac{1}{2}x^2}$	$\frac{1+\frac{1}{3}x}{1-\frac{2}{3}x+\frac{1}{6}x^2}$	$\frac{1+\frac{1}{2}x+\frac{1}{12}x^2}{1-\frac{1}{2}x+\frac{1}{12}x^2}$
$n=3$	$\frac{1}{1-x+\frac{1}{2}x^2-\frac{1}{6}x^3}$	$\frac{1+\frac{1}{4}x}{1-\frac{3}{4}x+\frac{1}{4}x^2-\frac{1}{24}x^3}$	$\frac{1+\frac{2}{5}x+\frac{1}{20}x^2}{1-\frac{3}{5}x+\frac{3}{20}x^2-\frac{1}{60}x^3}$

Tabelle 22-2. Hermite-Entwicklungen

$n=m$	$f(x)$
0	$(1-x)f(0)+xf(1)$
1	$(1-3x^2+2x^3)f(0)+(x-2x^2+x^3)f'(0)$ $+(3x^2-2x^3)f(1)+(-x^2+x^3)f'(1)$
2	$(1-10x^3+15x^4-6x^5)f(0)$ $+(x-6x^3+8x^4-3x^5)f'(0)$ $+(x^2-3x^3+3x^4-x^5)/2f''(0)$ $+(10x^3-15x^4+6x^5)f(1)$ $+(-4x^3+7x^4-3x^5)f'(1)$ $+(x^3-2x^4+x^5)/2f''(1)$.

Tabelle 22-3. Lagrange-Entwicklungen in Intervall [0, 1] bei äquidistanten Stützstellen

n	x_1 bis x_n	l_1 bis l_n
2	0, 1	$1-x, x$
3	0, 1/2, 1	$2(x-1/2)(x-1)$, $-4x(x-1)$, $2x(x-1/2)$
4	0, 1/3, 2/3, 1	$-\frac{9}{2}\left(x-\frac{1}{3}\right)\left(x-\frac{2}{3}\right)(x-1)$, $\frac{27}{2}x\left(x-\frac{2}{3}\right)(x-1)$, $-\frac{27}{2}x\left(x-\frac{1}{3}\right)(x-1)$, $\frac{9}{2}x\left(x-\frac{1}{3}\right)\left(x-\frac{2}{3}\right)$

23 Integraltransformationen

23.1 Fourier-Transformation

Periodische Funktionen $f(t+T)=f(t)$ mit der Periode T lassen sich nach Kap. 21 durch ein diskretes Spektrum exponentieller (trigonometrischer) Funktionen $\exp(\mathrm{j}k\cdot 2\pi t/T)$ darstellen.

$$2\pi t = T\xi\,,\quad -T/2 \leqq t \leqq T/2\,,$$

$$f(t) = \sum_{-\infty}^{\infty} \frac{1}{T} c_k \exp\left(\mathrm{j}\frac{2\pi}{T}kt\right)\,, \tag{23-1}$$

$$c_k = \int_{-T/2}^{T/2} f(t)\left[\exp\left(-\mathrm{j}\frac{2\pi}{T}kt\right)\right]\mathrm{d}t\,.$$

Durch den Übergang von diskreten Werten k zum Kontinuum, beschrieben durch Zuwächse $\mathrm{d}k=(k+1)-k=1$, gelangt man heuristisch zu einer kontinuierlichen sogenannten Spektraldarstellung in einem Parameter ω:

$$\omega = (2\pi/T)k\,,\ \mathrm{d}\omega = 2\pi/T\,,\quad \mathrm{d}\omega \to 0 \text{ für } T\to\infty\,. \tag{23-2}$$

Spektralfunktion oder Fourier-Transformierte

$$F(\omega) = \int_{-\infty}^{\infty} f(t)\mathrm{e}^{-\mathrm{j}\omega t}\,\mathrm{d}t = F[f(t)]\,. \tag{23-3}$$

Die Umkehrtransformation überführt $F(\omega)$ zurück in die Originalfunktion $f(t)$:

$$f(t) = \int_{-\infty}^{\infty} \frac{1}{2\pi} F(\omega) e^{j\omega t} \, d\omega \,.$$

Hinreichende Bedingungen für die Fourier-Transformation, denen $f(t)$ genügen muss:

Dirichlet'sche Bedingungen: Endlich viele Extrema und endlich viele Sprungstellen mit endlichen Sprunghöhen in einem beliebigen endlichen Intervall (stückweise Stetigkeit) und

$$\int_{-\infty}^{\infty} |f(t)| \, dt < \infty \,. \qquad (23\text{-}4)$$

23.2 Laplace-Transformation

Die Einschränkung der Fourier-Transformation durch den endlichen Wert des Integrals $\int_{-\infty}^{\infty} |f| \, dt$ lässt sich abschwächen, wenn man die Gewichtsfunktion $\exp(-j\omega t)$ exponentiell dämpft mit $\exp(-\sigma t)$, $\sigma + j\omega = s$, und den Integrationsbereich auf die positive t-Achse beschränkt.

Laplace-Transformierte $L[f(t)]$ von $f(t)$:

$$f(t) \to F(s) = \int_0^{\infty} f(t) e^{-st} dt = L[f(t)] \,.$$

Die Umkehrtransformation reproduziert $f(t)$ aus $F(s)$:

$$f(t) = \frac{1}{2\pi j} \lim_{\omega \to \infty} \int_{\sigma - j\omega}^{\sigma + j\omega} F(s) e^{st} ds \quad \text{für} \quad t \geq 0 \,, \qquad (23\text{-}5)$$

$$f(t) = 0 \quad \text{für} \quad t < 0 \,.$$

$f(t)$ Originalfunktion; Darstellung im Zeitbereich

$F(s)$ Bildfunktion; Darstellung im Frequenzbereich.

Hinreichende Bedingungen für die Laplace-Transformation, denen $f(t)$ genügen muss:

a) Die Dirichlet'schen Bedingungen müssen erfüllt sein.

b) $\int_0^{\infty} |f(t)| e^{-\sigma t} dt < \infty$. (23-6)

Für Operationen mit Laplace-Transformierten gelten folgende Rechenregeln:

Addition

$$L[f_1(t) + f_2(t)] = L[f_1(t)] + L[f_2(t)] \,. \qquad (23\text{-}7)$$

Bei Verschiebung eines Zeitvorganges $f(t)$ um eine Zeitspanne b in positiver Zeitrichtung spricht man von einer *Variablentransformation im Zeitbereich.*

$$L[f(t - b)] = e^{-sb} L[f(t)] \,, \quad s = \sigma + j\omega \,. \qquad (23\text{-}8)$$

(Stauchung und Phasenänderung)

Eine lineare Transformation des Spektralparameters s bewirkt eine Dämpfung der Funktion $f(t)$:

Variablentransformation im Frequenzbereich

$$F(s + a) = \int_0^{\infty} f(t) e^{-(s+a)t} \, dt = L[e^{-at} f(t)] \,. \qquad (23\text{-}9)$$

Differenziation im Zeitbereich setzt voraus, dass die Laplace-Transformierte von $\dot{f} = df/dt$ existiert.

$$L[\dot{f}] = \int_0^{\infty} \frac{df}{dt} e^{-st} dt = [f e^{-st}]_0^{\infty} + s \int_0^{\infty} f \, e^{-st} dt$$
$$= sL[f(t)] - f(0) \,. \qquad (23\text{-}10)$$
$$L[\ddot{f}] = s^2 L[f] - sf(0) - \dot{f}(0) \,.$$

Allgemein:

$$L[d^n f(t)/dt^n] = s^n L[f(t)] - s^{n-1} f(0) - s^{n-2} \dot{f}(0) - \ldots - f^{(n-1)}(0) \,. \qquad (23\text{-}11)$$

Zu gegebenen Paaren $f_1(t)$, $F_1(s)$ und $f_2(t)$, $F_2(s)$ ist das Bildprodukt $F_1(s) \cdot F_2(s)$ ausführbar; gesucht ist das dazugehörige Original, das als symbolisches Produkt $f_1 * f_2$ geschrieben wird. Es gilt der sogenannte *Faltungssatz* (f_1 gefaltet mit f_2):

Es sei F_1 das Bild zum Original f_1 ,
F_2 das Bild zum Original f_2 ,
$f_1 * f_2$ das Original zum Bild $F_1 \cdot F_2$,

dann ist

Tabelle 23-1. Originale $f(t)$ und Bilder $F(\omega)$ der Fourier-Transformation

$f(t)$	$F(\omega) = \mathrm{F}[f(t)]$
$\delta(t)$, Dirac-Distribution	1
Heaviside-, Sprungfunktion $H(t), \varepsilon(t)$	$\frac{1}{\mathrm{j}\omega} + \pi\delta(\omega)$
1	$2\pi\delta(\omega)$
$tH(t)$	$\mathrm{j}\pi\delta(\omega) - \frac{1}{\omega^2}$
$\lvert t\rvert$	$-\frac{2}{\omega^2}$
$\mathrm{e}^{-at}H(t),\ a > 0$	$\frac{1}{a + \mathrm{j}\omega}$
$t\,\mathrm{e}^{-at}H(t), a > 0$	$\frac{1}{(a + \mathrm{j}\omega)^2}$
$\exp(-a\lvert t\rvert),\ a > 0$	$\frac{2a}{(a^2 + \omega^2)}$
$\exp(-at^2),\ a > 0$	$\sqrt{\frac{\pi}{a}}\exp\left(-\frac{\omega^2}{4a}\right)$
$\cos \Omega t$	$\pi[\delta(\omega - \Omega) + \delta(\omega + \Omega)]$
$\sin \Omega t$	$-\mathrm{j}\pi[\delta(\omega - \Omega) - \delta(\omega + \Omega)]$
$H(t) \cos \Omega t$	$\frac{\pi}{2}[\delta(\omega - \Omega) + \delta(\omega + \Omega)] + \frac{\mathrm{j}\omega}{\Omega^2 - \omega^2}$
$H(t) \sin \Omega t$	$-\frac{\mathrm{j}\pi}{2}[\delta(\omega - \Omega) - \delta(\omega + \Omega)] + \frac{\Omega}{\Omega^2 - \omega^2}$
$H(t)\mathrm{e}^{-at} \sin \Omega t$	$\frac{\Omega}{(a + \mathrm{j}\omega)^2 + \Omega^2}$
$1 - \lvert t\rvert/h$ für $\lvert t\rvert < h$ 0 für $\lvert t\rvert > h$	$h\left[\frac{\sin(\omega h/2)}{\omega h/2}\right]^2$

$$f_1 * f_2 = \int_0^t f_1(t - \tau) f_2(\tau) \mathrm{d}\tau = \int_0^t f_2(t - \tau) f_1(\tau)\, \mathrm{d}\tau \qquad (23\text{-}12)$$

Aus dem Faltungssatz folgt mit $f_2 \equiv 1$ der *Integrationssatz*:

$$\mathrm{L}\left[\int_0^t f(\tau)\, \mathrm{d}\tau\right] = \mathrm{L}[f(t)]/s\,, \qquad (23\text{-}13)$$

Ähnlichkeitssatz:

$$\mathrm{L}[f(at)] = \frac{1}{a} F(s/a)\,, \quad a > 0\,, \qquad (23\text{-}14)$$

Multiplikationssatz für $n \in \mathbb{N}$:

$$\mathrm{L}[t^n f(t)] = (-1)^n [F(s)]^{(n)} \qquad (23\text{-}15)$$

Divisionssatz:

$$\mathrm{L}[t^{-1} f(t)] = \int_s^\infty F(r)\, \mathrm{d}r\,. \qquad (23\text{-}16)$$

Transformation einer periodischen Funktion $f(t) = f(t + T)$:

$$\mathrm{L}[f(t)] = (1 - \mathrm{e}^{-sT})^{-1} \int_0^T \mathrm{e}^{-st} f(t) \mathrm{d}t\,, \quad \sigma > 0\,. \qquad (23\text{-}17)$$

Der Nutzen der Integraltransformationen liegt darin, dass sich gegebene Funktionalgleichungen (z. B. Differenzialgleichungen) im Originalbereich nach der

Transformation in den Bildbereich dort einfacher lösen lassen. Abschließend ist die Lösung $F(s)$ dann allerdings in den Originalbereich zurück zu transformieren. Dazu benutzt man Korrespondenztabellen zwischen $f(t)$ und $F(s)$, wobei das Bild $F(s)$ gelegentlich vorweg aufzubereiten ist. So zum Beispiel durch eine Partialbruchzerlegung

$$\begin{aligned} F(s) &= \frac{Z(s)}{N(s)} \\ &= \sum_k \left(\frac{c_{k1}}{s-s_k} + \frac{c_{k2}}{(s-s_k)^2} + \ldots + \frac{c_{kr_k}}{(s-s_k)^{r_k}} \right) , \end{aligned} \tag{23-18}$$

s_k: Nullstellen des Nenners mit Vielfachheit r_k, oder durch eine Reihenentwicklung der Bildfunktion $F(s)$. Bei einfachen Nullstellen s_k des Nenners in (23-18) gilt mit der Korrespondenz $\mathrm{L}[\mathrm{e}^{at}] = 1/(s-a)$ der *Heaviside'sche Entwicklungssatz*

$$f(t) = \sum_k \frac{Z(s_k)}{N'(s_k)} \mathrm{e}^{s_k t} . \quad N' = \mathrm{d}N/\mathrm{d}s . \tag{23-19}$$

Beispiel: Die Lösungsfunktion $u(t)$ der Differenzialgleichung $\dot{u} + cu = P\cos\Omega t$ ist mithilfe der Laplace-Transformation für beliebige Anfangswerte u_0 zu berechnen.

a) Laplace-Transformation

$$\begin{aligned} s\mathrm{L}[u] - u_0 + c\mathrm{L}[u] &= P\frac{s}{s^2+\Omega^2} , \\ \mathrm{L}[u] &= P\frac{s}{(s^2+\Omega^2)(s+c)} + \frac{u_0}{s+c} . \end{aligned}$$

b) Partialbruchzerlegung

$$\begin{aligned} \mathrm{L}[u] = \frac{u_0}{s+c} &- \frac{Pc}{(c^2+\Omega^2)} \cdot \frac{1}{(s+c)} \\ &+ \frac{Pc}{c^2+\Omega^2} \cdot \frac{s}{s^2+\Omega^2} \\ &+ \frac{P\Omega}{c^2+\Omega^2} \cdot \frac{\Omega}{s^2+\Omega^2} . \end{aligned}$$

c) Umkehrtransformation mit Tabelle 23-2

$$\begin{aligned} u(t) = u_0 \mathrm{e}^{-ct} &+ \frac{P}{c^2+\Omega^2} \\ &\cdot [-c\mathrm{e}^{-ct} + c\cos\Omega t + \Omega \sin\Omega t] . \end{aligned}$$

Tabelle 23-2. Originale $f(t)$ und Bilder $F(s)$ der Laplace-Transformation

$f(t) \quad t \geqq 0$	$F(s) = \mathrm{L}[f(t)]$
$\delta(t)$, Dirac-Distribution	$1/2$
$\delta(t-a), a > 0$	$\exp(-as)$
$\delta_+(t)$	1
$H(t) = 1$ für $t \geqq 0$	$\frac{1}{s}$
$t^n, n \in \mathbb{N}$	$\frac{n!}{s^{n+1}}$
$t^n \mathrm{e}^{at}$	$\frac{n!}{(s-a)^{n+1}} \quad (0! = 1)$
$1 - \mathrm{e}^{at}$	$\frac{-a}{s(s-a)}$
$(\mathrm{e}^{at} - 1 - at)\frac{1}{a^2}$	$\frac{1}{s^2(s-a)}$
$(1 + at)\mathrm{e}^{at}$	$\frac{s}{(s-a)^2}$
$\frac{t^2}{2}\mathrm{e}^{at}$	$\frac{1}{(s-a)^3}$
$\sin\Omega t$	$\frac{\Omega}{s^2+\Omega^2}$
$\cos\Omega t$	$\frac{s}{s^2+\Omega^2}$
$t\sin\Omega t$	$\frac{2\Omega s}{(s^2+\Omega^2)^2}$
$t\cos\Omega t$	$\frac{(s^2-\Omega^2}{(s^2+\Omega^2)^2}$
$\mathrm{e}^{at}\sin\Omega t$	$\frac{\Omega}{(s-a)^2+\Omega^2}$
$\mathrm{e}^{at}\cos\Omega t$	$\frac{s-a}{(s-a)^2+\Omega^2}$
$\mathrm{e}^{at} f(t)$	$F(s-a)$
$(-t)^n f(t)$	$\frac{\mathrm{d}^n F(s)}{\mathrm{d}s^n}$

23.3 z-Transformation

Integraltransformationen verknüpfen zeitkontinuierliche Original- und Bildfunktionen. Die z-Transformation überführt eine Folge f_0, f_1, f_2 diskreter Werte in eine Bildfunktion $F(z)$.

$$\begin{aligned} \mathrm{Z}[f_n] &= \sum_{n=0}^{\infty} f_n z^{-n} = F(z) , \\ \mathrm{Z}[f_{k+1} - f_k] &= (z-1)F(z) - zf_0 . \end{aligned} \tag{23-20}$$

Tabelle 23-3. Originale f_n und Bilder $Z[f_n]$ der z-Transformation

f_n $(n = 0, 1, \dots)$	$Z[f_n]$
δ_+	1
$H(n) = 1$ für $n \geqq 0$	$\frac{z}{z-1}$
n	$\frac{z}{(z-1)^2}$
n^2	$\frac{z(z+1)}{(z-1)^3}$
n^3	$\frac{z(z+4z+1)}{(z-1)^4}$
$\binom{n}{k}$	$\frac{z}{(z-1)^{k+1}}$
a^n	$\frac{z}{z-a}$
e^{an}	$\frac{z}{z-e^a}$
$n\,e^{an}$	$\frac{e^a z}{(z-e^a)^2}$
$n^2\,e^{an}$	$\frac{e^a z(z+e^a)}{(z-e^a)^3}$
$1 - e^{an}$	$\frac{(1-e^a)z}{(z-1)(z-e^a)}$
$\sin n\Omega$	$\frac{z\sin\Omega}{z^2-2z\cos\Omega+1}$
$\cos n\Omega$	$\frac{z^2-z\cos\Omega}{z^2-2z\cos\Omega+1}$
$e^{an}\sin n\Omega$	$\frac{e^a z\sin\Omega}{z^2-2e^a z\cos\Omega+e^{2a}}$
$e^{an}\cos n\Omega$	$\frac{z^2-e^a z\cos\Omega}{z^2-2e^a z\cos\Omega+e^{2a}}$
$1-(1-an)e^{an}$	$\frac{z}{z-1}-\frac{z}{z-e^a}+\frac{ae^a z}{(z-e^a)^2}$
$1+\frac{be^{an}-ae^{bn}}{a-b}$	$\frac{z}{z-1}+\frac{bz}{(a-b)(z-e^a)}-\frac{az}{(a-b)(z-e^b)}$

Auf diese Weise werden Differenzengleichungen in algebraische Gleichungen transformiert.

Beispiel 1: Für $f_n = 1$ für alle n gilt

$$Z[1] = 1 + z^{-1} + z^{-2} + \ldots = \frac{z}{z-1}\,.$$

Konvergenz für $|z| > 1$.

Tabelle 23-4. Gebräuchliche Transformationen

Integraltransformationen
Laplace-Transformation
$L[f(t)] = \int\limits_0^\infty f(t)e^{-st}\,dt;$ s komplex
Fourier-Transformation
$F[f(t)] = \int\limits_{-\infty}^\infty f(t)e^{-j\omega t}\,dt;$ ω reell
Mellin-Transformation
$M[f(t)] = \int\limits_0^\infty f(t)t^{s-1}\,dt;$ s komplex
Stieltjes-Transformation
$S[f(t)] = \int\limits_0^\infty \frac{f(t)}{t+s}\,dt;$ s komplex, $\lvert\arg s\rvert < \pi$
Hilbert-Transformation
$H[f(t)] = \frac{1}{\pi}\int\limits_{-\infty}^\infty \frac{f(t)}{t-\omega}\,dt;$ ω reell
Fourier-Cosinus-Transformation
$F_c[f(t)] = \int\limits_0^\infty f(t)\cos(\omega t)\,dt;$ $\omega > 0$, reell
Fourier-Sinus-Transformation
$F_s[f(t)] = \int\limits_0^\infty f(t)\sin(\omega t)\,dt;$ $\omega > 0$, reell
Diskrete Transformationen
z-Transformation
$Z[f_n] = \sum\limits_{n=0}^\infty f_n z^{-n}$
Diskrete Laplace-Transformation
$L[f_n] = \sum\limits_{n=0}^\infty f_n e^{-ns};$ s komplex

Beispiel 2: Aus der Differenzengleichung $u_{k+1} - u_k = 2k$ berechne man mithilfe der z-Transformation die Lösung $u_n = f(n)$ mit der Anfangsbedingung $u_0 = 1$

a) z-Transformation

$$(z-1)F(z) - z \cdot 1 = 2 \cdot \frac{z}{(z-1)^2}$$
$$\rightarrow F(z) = \frac{z}{z-1} + \frac{2z}{(z-1)^3} \, .$$

b) Rücktransformation mit Tabelle 23-3.

$$u_n = 1 + 2\binom{n}{2} = 1 + n(n-1) \, .$$

24 Gewöhnliche Differenzialgleichungen

24.1 Einteilung

Die Bestimmungsgleichung für eine Funktion f heißt gewöhnliche Differentialgleichung (Dgl.) n-ter Ordnung, wenn $f = y(x)$ Funktion nur einer Veränderlichen (hier x) ist und $y^{(n)}$ die höchste in der Gleichung

$$F(x, y, y', \ldots, y^{(n)}) = 0 \, , \quad y^{(n)} = \mathrm{d}^n y / \mathrm{d}x^n \quad (24\text{-}1)$$

vorkommende Ableitung ist. Ist (24-1) nach $y^{(n)}$ auflösbar, spricht man von der *Normal- oder expliziten Form*

$$y^{(n)} = f(x, y, y', \ldots, y^{(n-1)}) \, . \quad (24\text{-}2)$$

Eine gewöhnliche lineare Dgl. n-ter Ordnung

$$a_n(x)y^{(n)} + \ldots + a_0(x)y = r(x) \quad (24\text{-}3)$$

mit nichtkonstanten Koeffizienten $a_k(x)$ wird nach der Existenz der rechten Seite (Störglied) nochmals klassifiziert.

Inhomogene gewöhnliche lineare Dgl., falls $r(x) \not\equiv 0$,
Homogene gewöhnliche lineare Dgl., falls $r(x) \equiv 0$. (24-4)

Periodische Koeffizienten $a_k(x+l) = a_k(x)$ mit der Periode l oder konstante Koeffizienten sind weitere Sonderfälle von (24-3).
Wie auch bei der Berechnung unbestimmter Integrale enthält die Lösungsschar, auch allgemeine Lösung genannt, einer Dgl. n-ter Ordnung n zunächst freie Integrationskonstanten C_i. Durch Vorgabe von n Paaren $[x_i, y(x_i)]$ bis $\{x_j, [y(x_j)]^{(k)}\}$, $k \leqq n-1$, wird die allgemeine zur partikulären oder speziellen Lösung. Je nach Lage der Stellen x_j unterscheidet man 2 Gruppen:

Anfangswertaufgaben:

Alle Vorgaben – hier Anfangsbedingungen – betreffen eine einzige Stelle x_j des Definitionsbereiches der Dgl. (24-5)

Randwertaufgaben:

Die Vorgaben – hier Randbedingungen – betreffen verschiedene Stellen des Definitionsbereiches. (24-6)

Eine homogene Randwertaufgabe heißt *Eigenwertaufgabe*, wenn Dgl. und/oder Randbedingungen einen zunächst freien Parameter λ enthalten. Gibt es für spezielle Werte λ_j nichttriviale Lösungen $y_j(x) \not\equiv 0$, so spricht man von *Eigenpaaren* mit dem *Eigenwert* λ_j und der *Eigenfunktion* $y_j(x)$.

24.2 Geometrische Interpretation

Explizite Differenzialgleichungen erster Ordnung, $y' = f(x, y)$, ordnen jedem Punkt (x, y) der Ebene eine Richtung zu. Durch Vorgabe eines Punktes (x_0, y_0) wird genau eine Kurve bestimmt, die in das Richtungsfeld hineinpasst. Das aufwändige punktweise Zeichnen des Richtungsfeldes erleichtert man sich durch das Eintragen von Linien gleicher Steigung c – Isoklinen – mit mehrfacher Antragung der Steigungen.

Beispiel: Das Isoklinenfeld für die Dgl. $y' = x/(x-y)$ ist zu zeichnen und die Lösungskurven für $x_0 = 0, y_0 = 1$ sowie $x_0 = 0, y_0 = -1$ sind einzutragen.
Isoklinenfeld: $c = x/(x-y) \rightarrow y = x(c-1)/c$.
Für $c = 0, \infty, 1, -1, 1/2$ sind die Geraden $y(x, c)$ und die Lösungsspiralen in Bild 24-1 eingetragen. Ist die Funktion $f(x, y)$ in einem abgeschlossenen Gebiet G um einen Punkt $P_k(x_k, y_k)$ stetig und beschränkt und zudem die *Lipschitz-Bedingung*

$$|f_{,y}| \leqq L \text{ oder}$$
$$|f(x_k, y_k) - f(x_k, y_k + \Delta y)| \leqq |\Delta y| L \, , \quad (24\text{-}7)$$

L Lipschitz-Konstante ,

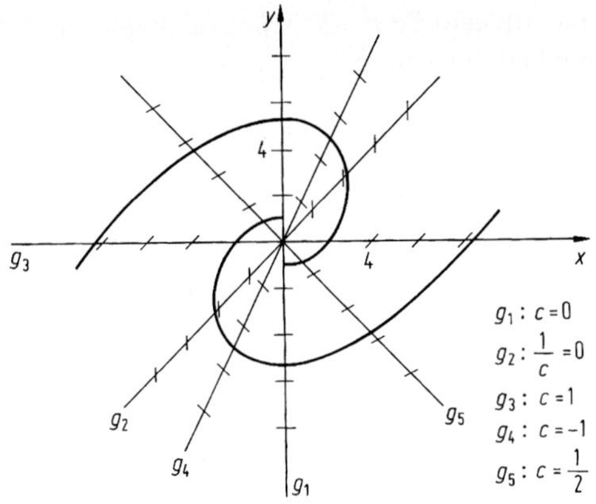

Bild 24-1. Isoklinenfeld $y = x(1 - 1/c)$ für verschiedene Steigungen c

für $y' = f(x, y)$ in G erfüllt, so gibt es genau eine Lösungskurve in G zu dem Startpunkt P_k; ansonsten ist P_k ein singulärer Punkt.

Im Sonderfall $y' = g/f$ mit $f(x_0, y_0) = g(x_0, y_0) = 0$ ist (x_0, y_0) ein isolierter singulärer Punkt, dessen Charakteristik aus den Eigenwerten λ der zugehörigen *Jacobi-Matrix* $\boldsymbol{J}$ folgt.

$$\boldsymbol{J} = \begin{bmatrix} f_{,x} & g_{,x} \\ f_{,y} & g_{,y} \end{bmatrix} \quad \text{zu} \quad y' = \frac{g(x,y)}{f(x,y)} ,$$

$$f_{,x} = \partial f / \partial x .$$

$$\text{Eigenwerte } \lambda \text{ aus } \det |\boldsymbol{J} - \lambda \boldsymbol{I}| = 0 . \tag{24-8}$$

$$\begin{array}{lll} \lambda_1, \lambda_2 \in \mathbb{R}: & \lambda_1 \cdot \lambda_2 > 0 & \text{Knotenpunkt} , \\ & \lambda_1 \cdot \lambda_2 < 0 & \text{Sattelpunkt} . \\ \lambda_1, \lambda_2 = \alpha \pm \mathrm{j}\beta , \alpha \neq 0 & & \text{Strudelpunkt} . \\ \lambda_1, \lambda_2 = \pm \mathrm{j}\beta & & \text{Wirbelpunkt} . \end{array} \tag{24-9}$$

Eine Darstellung der Dgl. $y' = g/f$ mit einem Parameter t (z. B. die Zeit),

$$\begin{aligned} &\dot{x} = f(x, y) , \ \dot{y} = g(x, y) \quad \text{mit} \\ &\dot{y}/\dot{x} = y' = g/f , \ \dot{y} = \mathrm{d}y/\mathrm{d}t , \end{aligned} \tag{24-10}$$

ordnet jedem Wert t einen Punkt (x, y) des sogenannten *Phasenporträts* zu. Falls eine Funktion H mit dem vollständigen Differenzial

$$\mathrm{d}H = H_{,x} \, \mathrm{d}x + H_{,y} \, \mathrm{d}y = \mathrm{d}x(H_{,x} + y' H_{,y}) = 0$$

die Dgl. $y' = g/f$ erzeugt, nennt man H die *Hamilton-Funktion* zu $y' = g/f$:

$$H_{,x} = -g \quad \text{und} \quad H_{,y} = f . \tag{24-11}$$

Beispiel, *Fortsetzung*: Für die Dgl. $y' = x/(x - y)$ mit $g(x, y) = x$ und $f(x, y) = x - y$ ist der Nullpunkt $x_0 = y_0 = 0$ isoliert singulär. Die Eigenwerte $\lambda_{1,2} = (1 \pm \mathrm{j}\sqrt{3})/2$ aus

$$\begin{vmatrix} 1 - \lambda & 1 \\ -1 & -\lambda \end{vmatrix} = \lambda^2 - \lambda + 1 = 0$$

kennzeichnen den Nullpunkt als Strudelpunkt.

25 Lösungsverfahren für gewöhnliche Differenzialgleichungen

25.1 Trennung der Veränderlichen

Lässt sich in $y' = f(x, y)$ die rechte Seite gemäß $f(x, y) = f_1(x) f_2(y)$ mit $f_2(y) \neq 0$ separieren, so verbleiben 2 gewöhnliche Integrale:

$$y' = f_1(x) f_2(y) \rightarrow \int [f_2(y)]^{-1} \, \mathrm{d}y = \int f_1(x) \, \mathrm{d}x + C . \tag{25-1}$$

Ein Sonderfall ist die lineare Dgl. $y' + a(x)y = r(x)$ mit nichtkonstantem Koeffizienten a. Hierfür gilt

$$\begin{aligned} y(x) &= \left[C + \int r\varepsilon(x) \, \mathrm{d}x\right] / \varepsilon(x) , \\ \varepsilon(x) &= \exp\left[\int a(x) \, \mathrm{d}x\right] . \end{aligned} \tag{25-2}$$

Beispiel: Dgl. $y' + y/x = x^2$. $\varepsilon(x) = x$, $y = (C + x^4/4)/x$.

25.2 Totales Differenzial

Aus dem Vergleich von Differenzialgleichung

$$f(x, y) \, \mathrm{d}x + g(x, y) \, \mathrm{d}y = 0$$

und totalem Differenzial

$$F_{,x} \, \mathrm{d}x + F_{,y} \, \mathrm{d}y = \mathrm{d}F = 0$$

folgt:

$$\left.\begin{array}{l}\text{Falls } f = F_{,x} \text{ und } g = F_{,y}\ ,\\ \text{d. h. wenn } f_{,y} = g_{,x} = F_{,xy}\ ,\\ \text{gilt } F(x,y) = C\ , \quad C = \text{const}\ .\end{array}\right\} \tag{25-3}$$

Beispiel:
Dgl. $2x\cos y + 3x^2 + (4y^3 - x^2\sin y)y' = 0$.

a) Prüfung:

$$f = 2x\cos y + 3x^2\ , \quad f_{,y} = -2x\sin y\ ,$$
$$g = 4y^3 - x^2\sin y\ , \quad g_{,x} = -2x\sin y\ .$$

b) Integration:

$$F_{,x} = f \rightarrow F = x^2\cos y + x^3 + h_1(y)\ ,$$
$$F_{,y} = g \rightarrow F = x^2\cos y + y^4 + h_2(x)\ .$$

c) Lösung:

$$x^2\cos y + x^3 + y^4 = C\ .$$

Gilt die Bedingung $f_{,y} - g_{,x} = 0$ eines totalen Differenzials nicht, so kann es einen *integrierenden Faktor* $\varphi(x,y)$ geben, sodass gilt

$$\left.\begin{array}{l}(\varphi f)_{,y} = (\varphi g)_{,x}\ .\\ \text{Sonderfälle:}\\ \quad\text{Falls}\quad (f_{,y} - g_{,x})/g = q(x)\ , \quad \text{gilt}\\ \qquad \varphi(x) = \exp\left[\int q\,\mathrm{d}x\right]\ ;\\ \quad\text{falls}\quad (g_{,x} - f_{,y})/f = q(y)\ , \quad \text{gilt}\\ \qquad \varphi(y) = \exp\left[\int q\,\mathrm{d}y\right]\ .\end{array}\right\} \tag{25-4}$$

25.3 Substitution

Von der Vielzahl der Möglichkeiten wird hier nur eine Auswahl vorgeführt.

Gleichgradige Dgln. $y' = f(x,y)$ zeichnen sich aus durch eine Streckungsneutralität:

$$f(sx, sy) = f(x,y)\ .$$

Durch die Substitution

$$z(x) = y(x)/x \rightarrow y(x) = xz\ , \quad y' = z + xz' \tag{25-5}$$

lässt sich die Form $z' = f_1(x)f_2(z)$ erreichen.
Die *Euler'sche Dgl.* mit nichtkonstanten Koeffizienten lässt sich in eine Dgl. mit konstanten Faktoren überführen.

$$\begin{array}{l}\text{Aus}\quad a_n x^n y^{(n)} + \ldots + a_0 y = 0\ , \quad y^{(n)} = \mathrm{d}^n y/\mathrm{d}x^n\ ,\\ \text{wird mit}\quad x = \mathrm{e}^t\ , \quad \mathrm{d}x = x\,\mathrm{d}t\ ,\\ b_n y^{(n)} + \ldots + b_0 y = 0\ , \quad y^{(n)} = \mathrm{d}^n y/\mathrm{d}t^n\ .\end{array} \tag{25-6}$$

Die nichtlineare *Bernoulli'sche Dgl.* lässt sich in eine lineare Dgl. überführen:

$$\begin{array}{l}\text{Aus}\quad y' + a(x)y + b(x)y^n = 0\\ \text{wird mit}\quad y = z^{1/(1-n)}\ , \quad n \neq 1\ ,\\ z' + (1-n)(az + b) = 0\ .\end{array} \tag{25-7}$$

Das *Verfahren der wiederholten Ableitung* kann zu einfacheren Dgln. führen:

$$\begin{array}{l}\text{Aus}\quad y = F(x, y')\\ \text{wird mit}\quad y' = z\\ y' = \mathrm{d}F/\mathrm{d}x = z = F_{,x} + F_{,z}\ z'\ .\end{array} \tag{25-8}$$

Die nichtlineare *Riccati'sche Dgl.* lässt sich in eine lineare homogene Dgl. 2. Ordnung überführen:

$$\begin{array}{l}\text{Aus}\quad y' + a(x)y^2 + b(x)y = r(x)\\ \text{wird mit}\quad y = z'/(az)\\ a(x)z'' - (a' - ab)z' + a^2rz = 0\ .\end{array} \tag{25-9}$$

Bei Kenntnis einer partikulären Lösung y_1 gilt:

$$\begin{array}{l}\text{Aus}\quad y' + ay^2 + by = r\\ \text{wird mit}\quad y = y_1 + 1/z\ ; \quad y' = y_1' - z'/z^2\\ z' - a(2y_1z + 1) - bz = 0\ .\end{array} \tag{25-10}$$

Beispiel:

Aus der Dgl. $y' + y^2 = 4x + 1/\sqrt{x}$ wird mit $y_1 = 2\sqrt{x}$: $z' = 4\sqrt{x}\,z + 1$.

25.4 Lineare Differenzialgleichungen

Lineare Differenzialgleichungen formuliert man auch abkürzend mithilfe des linearen Differenzialoperators L, der die wichtigen Eigenschaften der *Additivität* und *Homogenität* besitzt:

$$\begin{array}{l}L[y] = a_n(x)y^{(n)} + \ldots + a_0(x)y = r(x)\ .\\ L[y_1 + y_2] = L[y_1] + L[y_2]\ ,\\ L[\alpha y_1] = \alpha L[y_1]\ .\end{array} \tag{25-11}$$

Die homogene Dgl. $L[y] = 0$ n-ter Ordnung besitzt n linear unabhängige Lösungsfunktionen y_1 bis y_n, die man zum *Fundamentalsystem* der Dgl. $L[y] = 0$ zusammenfasst:

$$y_1(x), \ldots, y_n(x)\ . \tag{25-12}$$

Jede Linearkombination ist Lösung:

$$L[y] = 0 \quad \text{für} \quad y = C_1 y_1(x) + \ldots + C_n y_n(x) .$$

Eine Menge von n Funktionen $y_1(x)$ bis $y_n(x)$ ist dann linear abhängig, – also kein Fundamentalsystem – wenn im Definitionsbereich $a \leqq x \leqq b$ der Dgl. ein Wert $x = x_0$ existiert, für den die *Wronski-Determinante*

$$W(x) = \begin{vmatrix} y_1(x) & y_2(x) & \ldots & y_n(x) \\ \vdots & \vdots & & \vdots \\ y_1^{(n-1)}(x) & y_2^{(n-1)}(x) & \ldots & y_n^{(n-1)}(x) \end{vmatrix} \qquad (25\text{-}13)$$

verschwindet.
Fundamentalsystem und eine partikuläre Lösung y_p einer gegebenen rechten Seite $r(x)$ bilden zusammengenommen die

$$\begin{aligned} &\text{Gesamtlösung für } L[y] = 0 + r(x) : \\ &L[y_\text{p}] = r , \quad L[y_k] = 0 , \\ &y(x) = \sum_{k=1}^{n} C_k y_k(x) + y_\text{p}(x) . \; C_k : \text{Konstante} . \end{aligned} \qquad (25\text{-}14)$$

Die Partikularlösung y_p einer Summe $r_1(x)$ bis $r_s(x)$ von rechten Seiten ist gleich der Summe der jeweiligen Partikularlösungen; es gilt das sog. *Superpositionsprinzip*:

$$\begin{aligned} &\text{Gegeben:} \quad L[y] = r_1(x) + \ldots + r_s(x) . \\ &\text{Mit} \quad L[y_{\text{p}1}] = r_1(x), \ldots, L[y_{\text{p}s}] = r_s(x) \qquad (25\text{-}15) \\ &\text{gilt} \quad y_\text{p} = y_{\text{p}1} + \ldots + y_{\text{p}s} . \end{aligned}$$

Variation der Konstanten C in (25-12) ist eine Möglichkeit, bei bekanntem Fundamentalsystem eine partikuläre Lösung von $L[y] = r$ zu bestimmen:

$$\begin{aligned} &L[y] = r, \; L[C_1 y_1 + \ldots + C_n y_n] = 0 , \\ &y_\text{p} = C_1(x) y_1(x) + \ldots + C_n(x) y_n(x) . \end{aligned} \qquad (25\text{-}16)$$

Die neuerliche Integrationsaufgabe zur Berechnung der n Funktionen $C(x)$ eröffnet eine Mannigfaltigkeit weiterer Integrationskonstanten.
Durch $n-1$ Vorgaben

$$C_1' y_1^{(k)} + \ldots + C_n' y_n^{(k)} = 0 \quad \text{für} \quad k = 0 \text{ bis } n-2$$

und Einsetzen des Ansatzes (25-16) in die Dgl. erhält man genau n Gleichungen zur Berechnung der n Funktionen C_k.

$$\begin{bmatrix} y_1(x) & y_2(x) & \ldots & y_n(x) \\ \vdots & \vdots & & \vdots \\ y_1^{(n-1)} & y_2^{(n-1)} & \ldots & y_n^{(n-1)} \end{bmatrix} \begin{bmatrix} C_1'(x) \\ \vdots \\ C_n'(x) \end{bmatrix} = \begin{bmatrix} 0 \\ \vdots \\ 0 \\ r(x)/a_n(x) \end{bmatrix} , \qquad (25\text{-}17)$$

kurz $\boldsymbol{W}(x)\boldsymbol{C}(x) = \boldsymbol{R}(x)$, $\quad \boldsymbol{W}$: Wronski-Matrix.

Speziell $n = 2$:
Dgl. $y'' + f(x)y' + g(x)y = r(x)$.

$$\begin{aligned} &\boldsymbol{C}' \text{ aus } \begin{bmatrix} y_1 & y_2 \\ y_1' & y_2' \end{bmatrix} \begin{bmatrix} C_1' \\ C_2' \end{bmatrix} = \begin{bmatrix} 0 \\ r(x) \end{bmatrix} , \\ &W(x) = y_1 y_2' - y_2 y_1' . \qquad (25\text{-}18) \\ &y_\text{p} = y_2(x) \int y_1(x) \frac{r(x)}{W(x)} \, \text{d}x \\ &\qquad - y_1(x) \int y_2(x) \frac{r(x)}{W(x)} \, \text{d}x . \end{aligned}$$

Beispiel: Gegeben ist eine lineare Euler'sche Dgl. $x^2 y'' + xy' - y = \ln x$ mit dem Fundamentalsystem $y_1 = x$, $y_2 = 1/x$.

$$\begin{aligned} W(x) &= x(-1/x^2) - (1/x) = -2/x , \\ r(x) &= \ln x / x^2 . \\ y_\text{p} &= -1/(2x) \int \ln x \, \text{d}x + (x/2) \int (\ln x / x^2) \, \text{d}x \\ &= -\ln x . \end{aligned}$$

25.5 Lineare Differenzialgleichung, konstante Koeffizienten

Das Fundamentalsystem der homogenen Gleichung dieses Typs lässt sich stets aus e-Funktionen mit noch unbekannten Argumenten λ bilden:

$$L[y] = 0 + r(x) , \quad L[y] = a_n y^{(n)} + \ldots + a_0 y .$$

Homogene Lösung $y = \exp(\lambda x)$. Einsetzen in die Dgl. gibt die charakteristische Gleichung

$$P_n(\lambda) = a_n \lambda^n + \ldots + a_0 = 0 . \qquad (25\text{-}19)$$

Folgende Situationen bezüglich der Wurzeln $\lambda_k \in \mathbb{C}$ sind typisch:

Verschiedene Wurzeln λ_k, die jeweils nur einmal auftreten, korrespondieren mit der Lösung $\exp(\lambda_k x)$.
Mehrfache Wurzeln λ_j, die k-fach auftreten, entsprechen einer Lösungsmenge $\exp(\lambda_j x), x\exp(\lambda_j x)$ bis $x^{k-1}\exp(\lambda_j x)$.
Komplexe Wurzeln treten paarweise konjugiert komplex auf. Aufgrund der Euler-Formel $\exp(\mathrm{j}\varphi) = \cos\varphi + \mathrm{j}\sin\varphi$ korrespondiert ein Wurzelpaar $\lambda = \alpha \pm \mathrm{j}\beta$ mit dem Lösungspaar

$$\exp(\alpha x)\cos(\beta x)\ , \quad \exp(\alpha x)\sin(\beta x)\ .$$

Beispiel: Dgl. des Bernoulli-Balkens mit Biegesteifigkeit EI und Axialdruck H. $EIw'''' + Hw'' = 0$. Charakteristische Gleichung:

$$\lambda^4 + \delta^2\lambda^2 = 0\ , \quad \delta^2 = H/(EI)\ , \quad \lambda_{11} = 0\ ,$$
$$\lambda_{12} = 0\ , \quad \lambda_2 = \pm\mathrm{j}\delta\ .$$

Fundamentalsystem:

$$y_{11} = 1\ , \quad y_{12} = x\ , \quad y_{21} = \cos\delta x\ , \quad y_{22} = \sin\delta x\ .$$

Partikuläre Lösungen der inhomogenen Dgl. erhält man über die Variation der Konstanten oder oft einfacher durch einen *Ansatz nach Art* der *rechten Seite* mit noch freien Faktoren, die aus einem Koeffizientenvergleich folgen.

Beispiel: Eine partikuläre Lösung der Dgl.

$$y'' + ay' + by = \cos\Omega x \quad \text{wird gesucht}\ .$$

Ansatz nach Art der rechten Seite: $y_\mathrm{p} = p\cos\Omega x + q\sin\Omega x$. Einsetzen in die Dgl. gibt 2 Gleichungen für p und q.

$$\begin{bmatrix} b-\Omega^2 & a\Omega \\ -a\Omega & b-\Omega^2 \end{bmatrix}\begin{bmatrix} p \\ q \end{bmatrix} = \begin{bmatrix} 1 \\ 0 \end{bmatrix}\ .$$

25.6 Normiertes Fundamentalsystem

Die Linearkombination des Fundamentalsystems mit Faktoren C_k kann in eine solche mit Faktoren $y(0), y'(0)$ bis $y^{(n-1)}(0)$ umgeschrieben werden.

$$L[y] = a_n y^{(n)} + \ldots + a_0 y = 0\ ,$$
$$y(x) = C_1 y_1(x) + \ldots + C_n y_n(x)\ .$$

Normiertes Fundamentalsystem:

$$y(x) = y(0)f_1(x) + y'(0)f_2(x) + \ldots + y^{(n-1)}(0)f_n(x)\ . \tag{25-20}$$

Die auf Randdaten $y^{(k)}$ an der Stelle $x = 0$ normierten Funktionen f_{k+1} sind selbst Linearkombinationen des nicht normierten Systems. Die konkrete Berechnung erfordert die Lösung eines algebraischen Gleichungssystems der Ordnung n.

Beispiel: Für die Dgl. $y'''' - y = 0$ mit dem Fundamentalsystem $\sin x, \cos x, \sinh x, \cosh x$ bestimme man die normierte Version.
Normierung von

$$y(x) = C_0\sin x + C_1\cos x + C_2\sinh x + C_3\cosh x:$$

$$\begin{bmatrix} y(0) \\ y'(0) \\ y''(0) \\ y'''(0) \end{bmatrix} = \begin{bmatrix} 0 & 1 & 0 & 1 \\ 1 & 0 & 1 & 0 \\ 0 & -1 & 0 & 1 \\ -1 & 0 & 1 & 0 \end{bmatrix}\begin{bmatrix} C_0 \\ C_1 \\ C_2 \\ C_3 \end{bmatrix}$$

kurz $\boldsymbol{y}_0 = \boldsymbol{KC}$.

Umkehrung gibt die Elimination der C_i durch Randdaten

$$\boldsymbol{C} = \frac{1}{2}\begin{bmatrix} 0 & 1 & 0 & -1 \\ 1 & 0 & -1 & 0 \\ 0 & 1 & 0 & 1 \\ 1 & 0 & 1 & 0 \end{bmatrix}\boldsymbol{y}_0$$

und das normierte Fundamentalsystem

$$\begin{aligned} 2y(x) = {} & (\cosh x + \cos x)y(0) \\ & + (\sinh x + \sin x)y'(0) \\ & + (\cosh x - \cos x)y''(0) \\ & + (\sinh x - \sin x)y'''(0)\ . \end{aligned}$$

Das normierte Fundamentalsystem erleichtert die Berechnung einer partikulären Lösung $L[y_\mathrm{p}] = r$. Die Wirkung der rechten Seite $r(\xi)\,\mathrm{d}\xi$ an der Stelle ξ nach Bild 25-1, $0 \leqq \xi \leqq x$, auf die Lösung $y_\mathrm{p}(x)$ an der Stelle x entspricht der Wirkung von $y^{(n-1)}(0)$.
Normiertes Fundamentalsystem:

$$y(x) = y(0)f_1(x) + \ldots + y^{(n-1)}(0)f_n(x)\ .$$

Duhamel-Formel:

$$y_p(x) = \frac{1}{a_n} \int_0^x r(\xi) f_n(x-\xi)\,d\xi\,, \qquad (25\text{-}21)$$

$f_n(x-\xi)$: f_n mit dem Argument $x-\xi$.

Die Duhamel-Formel hat den Charakter eines Faltungsintegrals, wie aus einer entsprechenden Analyse mithilfe der Laplace-Transformation hervorgeht.

Beispiel 1: Für die Dgl. $y'''' - y = x$ ist eine partikuläre Lösung gesucht.
Mit $f_n = (\sinh x - \sin x)/2$ vom vorigen Beispiel gilt

$$y_p(x) = \frac{1}{2} \int_0^x \xi[\sinh(x-\xi) - \sin(x-\xi)]\,d\xi\,,$$

$$y_p(x) = \frac{1}{2}(-x + \sinh x - x + \sin x)$$
$$= (\sin x + \sinh x)/2 - x\,.$$

Beispiel 2: Speziell für die Dgl. des gedämpften Einmassenschwingers

$$m\ddot{x} + b\dot{x} + kx = f(t)\,, \quad ()^{\bullet} = d()/dt\,,$$

gilt mit den Abkürzungen

$$\omega_0^2 = k/m\,, \quad 2D = b/\sqrt{km}$$

und weiter

$$\delta = \omega_0 D\,, \quad \omega = \omega_0\sqrt{1-D^2}:$$

Normiertes Fundamentalsystem:

$$x(t) = e^{-\delta t}\left(\cos\omega t + \frac{\delta}{\omega}\sin\omega t\right)x_0$$
$$+ e^{-\delta t}\frac{\sin\omega t}{\omega}\dot{x}_0\,,$$
$$x_0 = x(t=0)\,, \quad \dot{x}_0 = \dot{x}(t=0)\,.$$

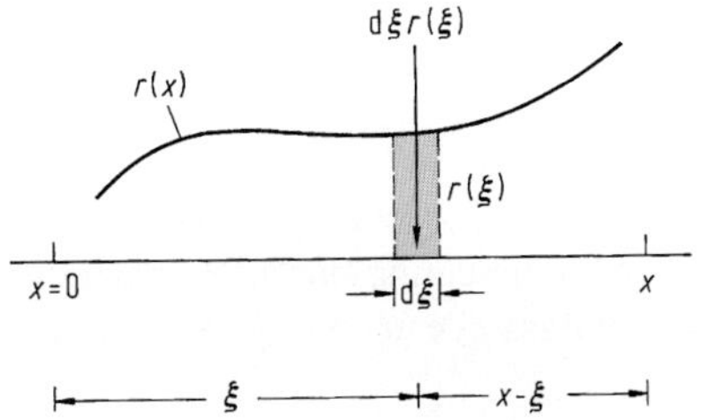

Bild 25-1. Über die Länge $d\xi$ integrierte Wirkung der rechten Seite $r(\xi)$

Partikularlösung über Duhamel-Formel:

$$y_p = \frac{1}{m\omega}\int_0^t e^{-\delta(t-\tau)}[\sin\omega(t-\tau)]f(\tau)d\tau\,.$$

Die normierte Fundamentallösung (25-20) mit ihren $n-1$ Ableitungen beschreibt den Einfluss des Zustandes $z(0)$ an der Stelle $x=0$ auf den Zustand $z(x)$ an einer beliebigen Stelle x mittels der *Übertragungsmatrix* $\boldsymbol{\ddot{U}}$:

$$z(x) = \boldsymbol{\ddot{U}}(x)z_0\,, \quad z = \begin{bmatrix} y \\ y' \\ \vdots \\ y^{(n-1)} \end{bmatrix},$$

$$\boldsymbol{\ddot{U}} = \begin{bmatrix} f_1 & \dots & f_n \\ f_1' & & f_n' \\ \vdots & & \vdots \\ f_1^{(n-1)} & \dots & f_n^{(n-1)} \end{bmatrix}. \qquad (25\text{-}22)$$

$\boldsymbol{\ddot{U}}$ entspricht der Wronski-Matrix .

Aus dem Zusammenhang (25-22) folgen einige *Eigenschaften der Übertragungsmatrix.*

$$\boldsymbol{\ddot{U}}(x=0) = \boldsymbol{I}\,, \quad \text{(Einheitsmatrix)}\,,$$
$$\boldsymbol{\ddot{U}}(x)\boldsymbol{\ddot{U}}(-x) = \boldsymbol{I}\,,$$
$$\boldsymbol{\ddot{U}}(x_2)\boldsymbol{\ddot{U}}(x_1) = \boldsymbol{\ddot{U}}(x_1 + x_2)\,, \qquad (25\text{-}23)$$
allgemein
$$\boldsymbol{\ddot{U}}(x_n)\cdot\ldots\cdot\boldsymbol{\ddot{U}}(x_1) = \boldsymbol{\ddot{U}}(s)\,, \quad s = \sum_{k=1}^{n} x_k\,.$$

25.7 Green'sche Funktion

Während Duhamel-Formel (25-21) und Übertragungsmatrix (25-22) die Lösung vom Nullpunkt aus entwickeln, was dem Vorgehen bei Anfangswertproblemen entspricht, erzeugt die Green'sche Funktion $G(x,\xi)$ die partikuläre Lösung y_p zur rechten Seite $r(x)$ einer Randwertaufgabe im Definitionsbereich $a \leqq x \leqq b$.

$$\text{Dgl. } L[y] = a_n y^{(n)} + \ldots + a_0 y = r(x)\,,$$
$$L[y_p] = r\,, \quad y_p = \int_a^b G(x,\xi)r(\xi)\,d\xi\,. \qquad (25\text{-}24)$$

Randbedingungen $R_a[y] = r_a\,, \quad R_b[y] = r_b\,.$

Durch Ableiten von y_p und Einsetzen in die Randwertaufgabe ergeben sich die notwendigen Eigenschaften von $G(x, \xi)$:

a) $L[G(x, \xi)] = 0$ für $x \neq \xi$.
Ableitungen betreffen nur die Variable x.
b) $G(x, \xi)$ muss die Randbedingung erfüllen.
c) $\partial^k G/\partial x^k (k = 0$ bis $k = n-2)$ muss an der Stelle ξ stetig sein.
d) Die $(n-1)$-te Ableitung muss an der Stelle $x = \xi$ einen Einheitssprung aufweisen

$$[\partial^{n-1} G(x, \xi)/\partial x^{n-1}]_{x=\xi-0}^{x=\xi+0} = \frac{1}{a_n(x)} . \qquad (25\text{-}25)$$

Die praktische Berechnung der Green'schen Funktion geht aus von einer Linearkombination der Lösungsfunktionen $y_1(x)$ bis $y_n(x)$ des Fundamentalsystems, wobei wegen der Unstetigkeit bei $x = \xi$ zwei Bereiche unterschieden werden.

$$G(x,\xi) = \begin{cases} \sum_{k=1}^{n} (c_k + d_k) y_k ; & x \leqq \xi \\ \sum_{k=1}^{n} (c_k - d_k) y_k ; & x \geqq \xi \end{cases} , \qquad (25\text{-}26)$$

$$c_k = c_k(\xi) , \quad d_k = d_k(\xi) , \quad y_k = y_k(x) .$$

Berechnung der n Funktionen d_k:

Stetigkeit $\partial^i G/\partial x^i$ $(i = 0$ bis $n-2)$ für $x = \xi$ gibt $n-1$ Gleichungen.

$$\sum_{k=1}^{n} d_k(\xi) y_k^{(i)}(\xi) = 0 .$$

Einheitssprung von $\partial^{n-1} G/\partial x^{n-1}$ für $x = \xi$, (25-27)

$$\sum_{k=1}^{n} d_k(\xi) y_k^{(n-1)}(\xi) = -\frac{1}{2a_n} .$$

Berechnung der n-Unbekannten c_k:

Erfüllung der jeweils $n/2$ Randbedingungen in $R_a[G]$ und in $R_b[G]$ für $x = a$ und $x = b$ gibt:

$$R_a\left[\sum_{k=1}^{n} (c_k + d_k) y_k\right] = r_a , \qquad (25\text{-}28)$$

$$R_b\left[\sum_{k=1}^{n} (c_k - d_k) y_k\right] = r_b .$$

Beispiel: Zur Dgl. $y'' - \delta^2 y = 0 + r$ berechne man die Green'sche Funktion für das Intervall $0 \leqq x \leqq l$ mit den Randbedingungen $R_0[y] = y'(0) = 0$ und $R_l[y] = y(l) = 0$.
Mit dem Fundamentalsystem $y_1 = \cosh \delta x$, $y_2 = \sinh \delta x$ wird (25-26) zu:

$$G(x,\xi) = \begin{cases} (c_1 + d_1) \cosh \delta x + (c_2 + d_2) \sinh \delta x ; \\ x \leqq \xi \\ (c_1 - d_1) \cosh \delta x + (c_2 - d_2) \sinh \delta x ; \\ x \geqq \xi . \end{cases}$$

Berechnung der d_k nach (25-27):

$$\begin{bmatrix} \cosh \delta\xi & \sinh \delta\xi \\ \delta \sinh \delta\xi & \delta \cosh \delta\xi \end{bmatrix} \begin{bmatrix} d_1 \\ d_2 \end{bmatrix} = \begin{bmatrix} 0 \\ -1/2 \end{bmatrix} ,$$

$$d_1 = \frac{\sinh \delta\xi}{2\delta} , \quad d_2 = \frac{-\cosh \delta\xi}{2\delta} .$$

Berechnung der c_k nach (25-28):

$$(c_1 + d_1) y_1'(0) + (c_2 + d_2) y_2'(0) = 0 ,$$
$$(c_1 - d_1) y_1(l) + (c_2 - d_2) y_2(l) = 0 ,$$
$$\rightarrow \begin{bmatrix} 0 & 1 \\ \cosh \delta l & \sinh \delta l \end{bmatrix} \begin{bmatrix} c_1 \\ c_2 \end{bmatrix} = \begin{bmatrix} -d_2 \\ d_1 \cosh \delta l + d_2 \sinh \delta l \end{bmatrix} .$$

Nach einigen Umformungen erhält man die Green'sche Funktion, wobei oberer und unterer Teil in x und ξ symmetrisch sind.

$$G(x, \xi) = \begin{cases} \frac{\cosh \delta x}{\delta} \cdot \frac{\sinh \delta(\xi - l)}{\cosh \delta l} , & x \leqq \xi \\ \frac{\cosh \delta\xi}{\delta} \cdot \frac{\sinh \delta(x - l)}{\cosh \delta l} , & x \geqq \xi . \end{cases}$$

25.8 Integration durch Reihenentwicklung

Unter gewissen Voraussetzungen kann die Lösung einer Differenzialgleichung durch Potenzreihen an einer Entwicklungsstelle x_0 approximiert werden.

$$y = \sum_{k=0}^{\infty} a_k (x - x_0)^k . \qquad (25\text{-}29)$$

Durch Einsetzen in die Dgl. und Ordnen nach Potenzen erhält man algebraische Gleichungen für die Koeffizienten.
Die explizite Anfangswertaufgabe

$$\begin{aligned} &y^{(n)} = f(x, y, \ldots, y^{(n-1)}) \\ &\text{mit gegebenen Anfangswerten} \\ &y(0) = y_0 \quad \text{bis} \quad y^{(n-1)}(0) = y_0^{(n-1)} \end{aligned} \tag{25-30}$$

ist an der Stelle x_0 nach (25-29) entwickelbar, falls die rechte Seite f in (25-30) als Funktion
$f(y)$ an der Stelle y_0 in y entwickelbar ist,
$\vdots$
$f(y^{(n-1)})$ an der Stelle $y_0^{(n-1)}$ in $y^{(n-1)}$ entwickelbar ist.
Bei linearen Dgln. zweiter Ordnung,

$$y'' + a(x)y' + b(x)y = r\,, \tag{25-31}$$

kann die an der Stelle $x_0 = 0$ nicht mögliche Entwicklung nach (25-29) in einem Pol erster Ordnung von $a(x)$ und einem solchen zweiter Ordnung von $b(x)$ begründet sein, wie es sich in folgender Dgl. darstellt:

$$\begin{aligned} &y'' + \frac{A(x)}{x}y' + \frac{B(x)}{x^2}y = 0\,, \\ &A(x)\,,\ B(x) \text{ in } x_0 = 0 \text{ stetig}\,. \end{aligned} \tag{25-32}$$

Für eine Dgl. nach (25-32) ist $x_0 = 0$ eine Stelle der Bestimmtheit mit einer verallgemeinerten Form der Entwicklung für das Fundamentalsystem.

$$y_1 = x^{\lambda_1}\sum_{k=0}^{\infty} a_k x^k\,, \quad y_2 = x^{\lambda_2}\sum_{k=0}^{\infty} b_k x^k\,. \tag{25-33}$$

$\lambda_1 - \lambda_2 \neq 0, \pm 1, \pm 2, \ldots$

λ_1, λ_2 Wurzeln der determinierenden Gleichung

$\lambda(\lambda - 1) + \lambda A(0) + B(0) = 0\,.$

25.9 Integralgleichungen

Die Green'sche Funktion (25-24) erzeugt die partikuläre Lösung $y(x)$ zu einer beliebigen rechten Seite $r(x)$ für ein Randwertproblem im Definitionsbereich $a \leqq x \leqq b$.

$$y(x) = \int_a^b G(x, \xi)\, r(\xi)\, \mathrm{d}\xi\,,$$

$G(x, \xi)$, $r(\xi)$ gegeben ; $y(x)$ gesucht .

Die Umkehrung dieser Aufgabenstellung, zu einer gegebenen linken Seite die passende „Belastung“ zu finden, definiert die Integralgleichung 1. Art:

$$r(x) = \int_a^b K(x, \xi)\, y(\xi)\, \mathrm{d}\xi\,, \tag{25-34}$$

Kern $K(x, \xi)$, $r(x)$ gegeben ; $y(\xi)$ gesucht .

Verallgemeinerungen von (25-34) enthalten $y(x)$ auch außerhalb des Integrals:

$$\begin{aligned} &g(x)\, y(x) = \int_a^b K(x, \xi)\, y(\xi)\, \mathrm{d}\xi + r(x)\,, \\ &g(x) = 1: \text{ Integralgleichung 2. Art}\,, \\ &g(x) \quad \text{beliebig: Integralgleichung 3. Art}\,. \end{aligned} \tag{25-35}$$

Für feste Integrationsgrenzen spricht man von *Fredholm'schen*, sonst von *Volterra'schen* Integralgleichungen.

26 Systeme von Differenzialgleichungen

Systeme von Differenzialgleichungen – hier werden nur lineare mit konstanten Koeffizienten behandelt – in der kompakten Matrizenschreibweise

$$\begin{aligned} &\dot{z}(t) = \boldsymbol{A}z(t) + \boldsymbol{b}(t)\,, \\ &z^T = [z_1(t) \ldots z_n(t)]\,, \quad ()^{\bullet} = \mathrm{d}()/\mathrm{d}t\,, \\ &\text{homogen:} \quad \dot{z} - \boldsymbol{A}z = \boldsymbol{o}\,, \\ &\text{inhomogen:} \ \dot{z} - \boldsymbol{A}z = \boldsymbol{b}\,, \end{aligned} \tag{26-1}$$

ergeben sich direkt bei Problemen mit mehreren Freiheitsgraden oder durch Umformulierung einer Dgl. n-ter Ordnung in n Dgl. 1. Ordnung. Dazu werden $n - 1$ neue abhängig Veränderliche eingeführt, die möglichst eine physikalische Bedeutung haben sollen.

Beispiel:

Dgl. 4. Ordnung des Biegebalkens:
$EIw'''' = q_z$. Sinnvolle abhängig Veränderliche:
Neigung $\varphi = -w'$, $()' = \mathrm{d}()/\mathrm{d}x$,
Moment $M = EI\varphi'$,

Querkraft $Q = M'$.

Zusammen mit der ursprünglichen Dgl. in neuer Form $Q' = -q_z$ gilt

$$z = \begin{bmatrix} w \\ \varphi \\ M \\ Q \end{bmatrix}, \quad A = \begin{bmatrix} 0 & -1 & 0 & 0 \\ 0 & 0 & 1/(EI) & 0 \\ 0 & 0 & 0 & 1 \\ 0 & 0 & 0 & 0 \end{bmatrix}, \quad (26\text{-}2)$$

$$\boldsymbol{b}^{\mathrm{T}} = [0 \quad 0 \quad 0 \quad -q_z] .$$

Homogene Lösungen zu (26-1) erhält man auf einem ersten möglichen Weg durch einen Exponentialansatz

$z(t) = \boldsymbol{c}\,\mathrm{e}^{\lambda t}$, $\boldsymbol{c}$ konstante Spalte .

Eingesetzt in $\boldsymbol{A}z - \dot{z} = \boldsymbol{o}$ gibt charakteristisches Gleichungssystem (26-3)

$(\boldsymbol{A} - \lambda \boldsymbol{I})\boldsymbol{c} = \boldsymbol{o}$ für λ_1, $\boldsymbol{c}_1$ bis λ_n, $\boldsymbol{c}_n$.

Notwendige Bedingung für Lösungen:

$$|\boldsymbol{A} - \lambda \boldsymbol{I}| = \lambda^n + a_1\lambda^{n-1} + \ldots + a_n = 0 . \quad (26\text{-}4)$$

Die Berechnung der Nullstellen als Eigenwerte λ des speziellen Eigenwertproblems $(\boldsymbol{A} - \lambda \boldsymbol{I})\boldsymbol{c} = \boldsymbol{o}$ erfolgt mit Hilfe bewährter numerischer Verfahren.
Ein alternativer Weg strebt die Lösung in Form einer *Übertragungsmatrix* an:

$$z(t) = \exp[\boldsymbol{A} \cdot (t - t_0)]z(t_0) .$$

Speziell für $t_0 = 0$:

$$\exp(\boldsymbol{A}t) = \boldsymbol{I} + \boldsymbol{A}t + \frac{1}{2!}(\boldsymbol{A}t)^2 + \frac{1}{3!}(\boldsymbol{A}t)^3 + \ldots \quad (26\text{-}5)$$

Mit $\frac{\mathrm{d}}{\mathrm{d}t}\exp(\boldsymbol{A}t) = \boldsymbol{A}\exp(\boldsymbol{A}t) = [\exp(\boldsymbol{A}t)]\boldsymbol{A}$ gilt in der Tat $\dot{z} - \boldsymbol{A}z = \boldsymbol{o}$.
Für die Reihenentwicklung der e-Funktion mit Matrixexponenten gilt eine der skalaren Darstellung entsprechende Form.
In der Regel ist die Reihe nach einem bestimmten Kriterium abzubrechen. Im Sonderfall der Matrix $\boldsymbol{A}$ aus (26-2) verschwindet bereits $\boldsymbol{A}^4$ und damit alle folgenden Potenzen.

Beispiel: Biegebalken nach (26-2) mit dem Verfahren der Reihenentwicklung.

Mit
$$\boldsymbol{A}^2 = \begin{bmatrix} 0 & 0 & -1 & 0 \\ 0 & 0 & 0 & 1 \\ 0 & 0 & 0 & 0 \\ 0 & 0 & 0 & 0 \end{bmatrix} \frac{1}{EI},$$

$$\boldsymbol{A}^3 = \begin{bmatrix} 0 & 0 & 0 & -1 \\ 0 & 0 & 0 & 0 \\ 0 & 0 & 0 & 0 \\ 0 & 0 & 0 & 0 \end{bmatrix} \frac{1}{EI}, \quad \boldsymbol{A}^4 = \boldsymbol{O},$$

gilt $z(x) = \ddot{\boldsymbol{U}}(x)z(0)$,

$$\ddot{\boldsymbol{U}}(x) = \begin{bmatrix} 1 & -x & -\dfrac{x^2}{2EI} & -\dfrac{x^3}{6EI} \\ 0 & 1 & \dfrac{x}{EI} & \dfrac{x^2}{2EI} \\ 0 & 0 & 1 & x \\ 0 & 0 & 0 & 1 \end{bmatrix} .$$

Das charakteristische Polynom (26-4) dient nicht nur der Berechnung der gesuchten Eigenwerte λ. Es gilt darüber hinaus der wichtige *Satz von Cayley-Hamilton*:

Die Matrix $\boldsymbol{A}$ erfüllt ihr eigenes charakteristisches Polynom: $\det(\boldsymbol{A} - \lambda \boldsymbol{I}) = 0$.
Aus (4): $\lambda^n + a_1\lambda^{n-1} + \ldots + a_n 1 = 0$
folgt: $\boldsymbol{A}^n + a_1\boldsymbol{A}^{n-1} + \ldots + a_n\boldsymbol{I} = \boldsymbol{O}$. (26-6)

Damit kann jede ganzzahlige Potenz $\boldsymbol{A}^k$ mit $k \geqq n$ durch ein Polynom mit höchstens $\boldsymbol{A}^{n-1}$ dargestellt werden; dies gilt auch für die Entwicklung

$$\exp(\boldsymbol{A}t) = a_0\boldsymbol{I} + a_1\boldsymbol{A} + a_2\boldsymbol{A}^2 + \ldots + a_{n-1}\boldsymbol{A}^{n-1} ,$$
$$a_k = a_k(t) , \quad (26\text{-}7)$$

mit weiteren Faktorfunktionen $a_k(t)$, die über die Eigenwerte λ_k mit den Basislösungen $\exp(\lambda_k t)$ verknüpft sind. Bei n verschiedenen λ-Werten gilt

$$\begin{bmatrix} 1 & \lambda_1 & \ldots & \lambda_1^{n-1} \\ 1 & \lambda_2 & \ldots & \lambda_2^{n-1} \\ \vdots & \vdots & & \vdots \\ 1 & \lambda_n & & \lambda_n^{n-1} \end{bmatrix} \begin{bmatrix} a_0(t) \\ a_1(t) \\ \vdots \\ a_{n-1}(t) \end{bmatrix} = \begin{bmatrix} \exp(\lambda_1 t) \\ \exp(\lambda_2 t) \\ \vdots \\ \exp(\lambda_n t) \end{bmatrix} . \quad (26\text{-}8)$$

Die auf Anfangswerte $z(0)$ normierte Übertragungsform (26-5) erschließt entsprechend der Duhamel-Formel (25-21) in 25.6 auch die partikuläre Lösung $\dot{z}_{\mathrm{p}} - \boldsymbol{A}z_{\mathrm{p}} = \boldsymbol{b}$,

$$z_p(t) = \int_0^t \exp[A(t-\tau)]b(\tau)d\tau . \qquad (26\text{-}9)$$

Für spezielle rechte Seiten empfiehlt sich die Benutzung der Tabelle 26-1.

Tabelle 26-1. Spezielle Ansätze $z_p(t)$ zur Lösung der Dgl. $\dot{z}_p - Az_p = b$

b	Ansatz	Lösungssystem für die Ansatzkoeffizienten
$b_0 t^m$,	$\sum_{k=0}^{m} a_k t^k$	$Aa_m = -b_0$
$m \in \mathbb{N}$		$Aa_{m-1} = ma_m$
		$\vdots \quad \vdots$
		$Aa_0 = 1\, a_1$
$b_0 e^{\alpha t}$	$a\, e^{\alpha t}$	$(A - \alpha I)a = -b_0$ falls $\alpha \neq$ Eigenwert von A
$c_0 \cos\omega t$ $+s_0 \sin\omega t$	$a \cos\omega t$ $+b \sin\omega t$	$\begin{bmatrix} A & -\omega I \\ \omega I & A \end{bmatrix}\begin{bmatrix} a \\ b \end{bmatrix} = \begin{bmatrix} -c_0 \\ -s_0 \end{bmatrix}$

27 Selbstadjungierte Differenzialgleichung

Bei Bilinearformen Zeile × Matrix × Spalte ist das skalare Ergebnis unabhängig von der links- oder rechtsseitigen Multiplikation mit a oder b, falls die Matrix A symmetrisch ist.
Bilineare Form:

$$\begin{aligned} &\text{allgemein:} && a^T A b = b^T A^T a , \\ &\text{speziell } A^T = A: && a^T A b = b^T A a . \end{aligned} \qquad (27\text{-}1)$$

Die Symmetrieeigenschaft hat weitgehende analytische und numerische Konsequenzen; so sind zum Beispiel die Eigenwerte λ des homogenen Problems $(A - \lambda B)x = o$ für definites B stets reell und die Eigenvektoren x haben *Orthogonalitätseigenschaften*.

Falls $(A - \lambda_k B)x_k = o, k = 1$ bis n, $A = A^T, B = B^T$ gilt

$$x_i^T B x_j = 0 , \quad \text{falls} \quad i \neq j .$$

$$x_i^T A x_j = \begin{cases} 0 , & \text{falls} \quad i \neq j \\ \lambda_k x_k^T B x_k , & \text{falls} \quad i = j = k . \end{cases} \qquad (27\text{-}2)$$

Die letzte Beziehung in (27-2) lässt sich nach λ_k auflösen, wobei der entstehende Quotient für beliebige x infolge seiner Extremaleigenschaft fundamentale Bedeutung hat; es ist dies der *Rayleigh-Quotient*

$$R = \frac{x^T A x}{x^T B x} , \quad A = A^T , \quad B = B^T , \qquad (27\text{-}3)$$

$$R_{\text{extr}} \text{ aus } R_{,i} = 0 , \quad i = 1 \dots n , \quad ()_{,i} = \partial R/\partial x_i .$$

$$\rightarrow (A - R_{\text{extr}} B)x_{\text{extr}} = o \rightarrow R_{\text{extr}} = \lambda_k . \qquad (27\text{-}4)$$

Aus dem Vergleich von (27-4) mit (27-2) erweisen sich die extremalen Werte des Rayleigh-Quotienten als Eigenwerte λ_k des Paares A, B. Sie werden angenommen, wenn für x die Eigenvektoren x_k eingesetzt werden.
Eine Übertragung von Matrizen A auf lineare Differenzialoperatoren L führt zunächst zur Definition des *adjungierten Operators* $\bar{L}$ zu L:

$$\int u(x)\, L[v(x)]\, dx \stackrel{!}{=} \int v(x)\, \bar{L}[u(x)]\, dx \rightarrow \bar{L} , \qquad (27\text{-}5)$$

und zur besonderen Benennung der wichtigen Situation, falls

$$\int u(x)\, L[v(x)]\, dx = \int v(x)\, L[u(x)]\, dx . \qquad (27\text{-}6)$$

$$\bar{L} = L \quad \text{ist selbstadjungierter Operator} .$$

Die Überprüfung von (27-6) bezüglich der Berechnung von $\bar{L}$ aus (27-5) erfolgt durch partielle Integration, wobei die entstehenden Randterme zunächst nicht beachtet werden. Operatoren der Form

$$\begin{aligned} L[y] &= a_0 y - (a_1 y')' + (a_2 y'')'' - \dots \\ &\quad + (-1)^m \left(a_m y^{(m)}\right)^{(m)} , \qquad (27\text{-}7) \\ a_k &= a_k(x) , \quad y = y(x) , \end{aligned}$$

sind für hinreichend oft differenzierbare Funktionen a_k selbstadjungiert.
Für ein homogenes Randwertproblem mit Operatoren M, N,

$$\begin{aligned} &\text{Dgl.} \quad M[y] - \lambda N[y] = 0 , \\ &\text{Randbedingungen} \quad R_0[y] = 0 , \ R_1[y] = 0 , \end{aligned} \qquad (27\text{-}8)$$

gelten für die Eigenwerte λ_k und Eigenlösungen $y_k(x)$ bei selbstadjungierten Operatoren ebenfalls Orthogonalitätsbedingungen:

Falls

$$M[y_k] - \lambda_k N[y_k] = 0\,,\quad R_0[y_k] = 0\,,\quad R_1[y_k] = 0$$

und

$$\bar{M} = M\,,\quad \bar{N} = N \text{ gilt:}$$

$$N_{ij} = \int y_i N[y_i]\,\mathrm{d}x = 0\,,\quad \text{falls}\quad i \neq j\,,$$

$$M_{ij} = \int y_i M[y_j]\,\mathrm{d}x = \begin{cases} 0 \text{ falls} & i \neq j \\ \lambda_k N_{kk}\,, \quad \text{falls} & i = j = k\,. \end{cases} \tag{27-9}$$

Falls in R_0 und R_1 noch diskrete Randelemente (in der Mechanik sind dies Federn und Massen) enthalten sind, ist (27-9) zur sogenannten belasteten Orthogonalität zu erweitern.

Die letzte Aussage in (27-9) führt wie bei Matrizen zum *Rayleigh-Quotienten*:

$$R = \frac{\int yM[y]\,\mathrm{d}x}{\int yN[y]\,\mathrm{d}x}\,,\quad M = \bar{M}\,,\quad N = \bar{N}\,, \tag{27-10}$$

$$R_{\text{extr}} \quad \text{aus} \quad M[y_{\text{extr}}] - R_{\text{extr}} N[y_{\text{extr}}] = 0$$

$$\text{mit} \quad R_0[y_{\text{extr}}] = 0\,,\quad R_1[y_{\text{extr}}] = 0\,. \tag{27-11}$$

$$\rightarrow R_{\text{extr}} = \lambda_k\,.$$

Die extremalen Werte des Rayleigh-Quotienten entsprechen den Eigenwerten λ_k der Randwertaufgabe (27-8), falls zur Extremwertberechnung nur solche Funktionen $y(x)$ zugelassen werden, welche gewissen Randstetigkeiten genügen. Einzelheiten werden im Rahmen der Variationsrechnung (siehe Kapitel 32) behandelt.

Für die konkrete Rechnung ist es vorteilhaft, die Operatoren M und N durch partielle Integration gleichmäßig nach links und rechts aufzuteilen:

$$\int yM[y]\,\mathrm{d}x \rightarrow \int \{P[y]\}\{P[y]\}\,\mathrm{d}x\,,$$

$$\int yN[y]\,\mathrm{d}x \rightarrow \int \{Q[y]\}\{Q[y]\}\,\mathrm{d}x\,. \tag{27-12}$$

Beispiel:

Dgl. des Knickstabes mit

$$w'''' + \lambda^2 w'' = 0\,,\quad \lambda^2 = F/EI\,,$$

$$w(0) = 0\,,\quad w'(0) = 0\,,\quad w(l) = 0\,,\quad w''(l) = 0\,.$$

$$\begin{aligned} \int wM[w]\,\mathrm{d}x &= \int ww''''\mathrm{d}x \\ &= [ww''' - w'w'']_0^l + \int w''w''\mathrm{d}x\,, \\ \int wN[w]\,\mathrm{d}x &= -\int ww''\mathrm{d}x \\ &= -[ww']_0^l + \int w'w'\mathrm{d}x\,. \end{aligned}$$

Alle Randterme sind wegen der Randbedingungen gleich null.

28 Klassische nichtelementare Differenzialgleichungen

Die gewöhnlichen Dgln. 2. Ordnung mit variablen Koeffizienten,

$$y'' + a_1(x)y' + a_0(x)y = 0$$

$$\text{oder } (p(x)y')' + q(x)y = 0 \tag{28-1}$$

$$\text{mit } p(x) = \exp \int a_1\,\mathrm{d}x\,,\quad q(x) = a_0 p(x)$$

sind für spezielle Paare $a_1(x)$, $a_0(x)$ mit traditionellen Namen belegt. Die nachfolgende Aufstellung enthält charakteristische Merkmale einiger klassischer Dgln.

Hypergeometrische Dgl.:

$$x(x-1)y'' + [(a+b+1)x - c]y' + aby = 0\,. \tag{28-2}$$

Eine Lösung ist

$$\begin{aligned} y = F(a,b,c;x) = 1 &+ \frac{ab}{c}x \\ &+ \frac{1}{2!}\cdot\frac{a(a+1)b(b+1)}{c(c+1)}x^2 \\ &+ \frac{1}{3!}\cdot\frac{a(a+1)(a+2)b(b+1)(b+2)}{c(c+1)(c+2)}x^3 \\ &+ \ldots \end{aligned}$$

F : hypergeometrische Funktion.

Fundamentalsysteme:

$$\begin{aligned} y_1 &= F(a,\, b,\, c;\, x) \\ y_2 &= x^{1-c}F(a-c+1,\, b-c+1,\, 2-c;\, x) \\ c &\neq 0, 1, 2, \ldots\,;\quad |x| < 1\,. \\ y_1 &= F(a,\, b,\, a+b-c+1;\, 1-x) \\ y_2 &= (1-x)^{c-a-b} \\ &\quad \cdot F(c-b,\, c-a,\, c-a-b+1;\, 1-x) \\ &a+b-c \text{ nicht ganzzahlig}\,,\quad |x-1| < 1\,. \\ y_1 &= x^{-a}F(a,\, a-c+1,\, a-b+1;\, 1/x) \\ y_2 &= x^{-b}F(b,\, b-c+1,\, b-a+1;\, 1/x) \\ &a-b \text{ nicht ganzzahlig}\,,\ |x| > 1\,. \end{aligned} \tag{28-3}$$

Legendre'sche Dgl.:

$$(1-x^2)y'' - 2xy' + (n+1)ny = 0\,,$$

$$n \geqq 0 \quad \text{ganz}\,.$$

Eine Lösung ist

$$P_n(x) = F\left(-n,\, n+1,\, 1;\, \frac{1-x}{2}\right).$$

$$\int_{-1}^{1} P_m(x)P_n(x)\,\mathrm{d}x = \begin{cases} 0 & m \neq n \\ \dfrac{2}{2n+1} & m = n \end{cases}. \quad (28\text{-}4)$$

Tschebyscheff'sche Dgl.:

$$(1-x^2)y'' - xy' + n^2 y = 0 .$$

Eine Lösung ist

$$T_n(x) = F\left(n,\, -n,\, \frac{1}{2};\, \frac{1-x}{2}\right).$$

$$\int_{-1}^{1} \frac{T_m(x)T_n(x)\,\mathrm{d}x}{\sqrt{1-x^2}} = \begin{cases} 0 & m \neq n \\ \pi/2 & m = n \neq 0 \\ \pi & m = n = 0 \end{cases}. \quad (28\text{-}5)$$

Kummer'sche Dgl.:

$$xy'' + (1-x)y' + ny = 0 . \quad (28\text{-}6)$$

Eine Lösung ist

$$L_n(x) = n!K(-n,\, 1;\, x) \quad \text{mit der}$$

konfluenten hypergeometrischen Reihe:

$$K(a,\, c;\, x) = 1 + \frac{a}{c}x + \frac{1}{2!}\cdot\frac{a(a+1)}{c(c+1)}x^2 + \frac{1}{3!}\cdot\frac{a(a+1)(a+2)}{c(c+1)(c+2)}x^3 + \ldots \quad (28\text{-}7)$$

$$\int_0^\infty \mathrm{e}^{-x}L_m L_n\,\mathrm{d}x = \begin{cases} 0 & n \neq m \\ (n!)^2 & n = m \end{cases}.$$

$$L_{n+1}(x) = (2n+1-x)L_n(x) - n^2 L_{n-1}(x) .$$

Dgl. der Hermite'schen Polynome:

$$y'' - 2xy' + 2ny = 0 . \quad (28\text{-}8)$$

Eine Lösung ist

$$H_n(x) = (-1)^n \exp(x^2)\frac{\mathrm{d}^n}{\mathrm{d}x^n}[\exp(-x)^2] .$$

$$\int_{-\infty}^{\infty} \exp(-x^2)H_m(x)H_n(x)\,\mathrm{d}x = \begin{cases} 0 & m \neq n \\ 2^n n!\sqrt{\pi} & m = n \end{cases}.$$

Bessel'sche Dgl.:

$$x^2y'' + xy' + (x^2 - n^2)y = 0 . \quad (28\text{-}9)$$

Eine Lösung sind die *Zylinderfunktionen 1. Art*

$$J_n(x) = \left(\frac{x}{2}\right)^n \sum_{k=0}^{\infty}(-1)^k \frac{1}{2^{2k}k!(n+k)!}x^{2k} ,$$

$$x > 0 ;$$

auch die *Zylinderfunktionen 2. Art* oder *Neumann'sche Funktionen*

$$N_n(x) = \frac{1}{\sin(n\pi)}[\cos(n\pi)J_n(x) - J_{-n}(x)] ; \quad (28\text{-}10)$$

auch die *Zylinderfunktionen 3. Art* oder *Hankel'sche Funktionen*

$$H_n^1(x) = J_n(x) + \mathrm{j}N_n(x)$$

$$H_n^2(x) = J_n(x) - \mathrm{j}N_n(x) . \quad (28\text{-}11)$$

Eine besondere Bedeutung hat die **Mathieu'sche Dgl.**:

$$\ddot{y} + (\lambda - 2h\cos 2t)y = 0 \quad (28\text{-}12)$$

mit einem periodischen Koeffizienten $\cos 2t = \cos 2(t+\pi)$. Es gibt nach *Floquet* stets Lösungen

$$y(t+\pi) = \mathrm{e}^{\alpha\pi}y(t) , \quad (28\text{-}13)$$

deren Stabilität vom Exponenten α abhängt. Im konkreten Fall wird man von $y(t=0)$ ausgehend durch numerische Integration $y(\pi)$ errechnen, wobei der Quotient $y(\pi)/y(0)$ stabilitätsentscheidend ist. Bei einem System 1. Ordnung mit Periode T,

$$\dot{\boldsymbol{z}} = \boldsymbol{A}(t)\boldsymbol{z} , \quad \boldsymbol{A}(t+T) = \boldsymbol{A}(t) , \quad (28\text{-}14)$$

integriert man über eine Periode (zweckmäßig von $t=0$ bis $t=T$) und erhält die Übertragungsmatrix $\ddot{\boldsymbol{U}}$ (auch *Transitionsmatrix*):

$$z_1 = \ddot{\boldsymbol{U}}z_0 , \quad z_0 = z(t=0) , \quad z_1 = z(t=T) . \quad (28\text{-}15)$$

Der Lösungsansatz $z_k = \alpha^k z_0$ überführt (28-15) in ein Eigenwertproblem.

$$(\ddot{\boldsymbol{U}} - \alpha\boldsymbol{I})z_0 = \boldsymbol{o} \rightarrow \alpha = a + \mathrm{j}b = \sqrt{a^2+b^2}\,\mathrm{e}^{\mathrm{j}\varphi} . \quad (28\text{-}16)$$

Stabilität, falls $a^2 + b^2 \leqq 1$.

29 Partielle Differenzialgleichungen 1. Ordnung

Eine Bestimmungsgleichung für die Funktion $u(x_1, \ldots, x_n)$ von n unabhängig Veränderlichen x_i heißt partielle Differenzialgleichung k-ter Ordnung, falls u in partiell abgeleiteter Form $\partial^j u/\partial x_i^j$ erscheint, wobei die höchste Ableitung $j_{\max} = k$ die Ordnung der Dgl. bestimmt. Das Wesentliche einer linearen Dgl. 1. Ordnung,

$$\sum_{i=1}^{n} a_i(\boldsymbol{x})u_{,i} + b(\boldsymbol{x})u + c(\boldsymbol{x}) = 0\,, \quad \boldsymbol{x} = \begin{bmatrix} x_1 \\ \vdots \\ x_n \end{bmatrix}, \qquad (29\text{-}1)$$

$$\partial()/\partial x_i = ()_{,i}\,,$$

zeigt sich in der verkürzten homogenen Form

$$\sum_{i=1}^{n} a_i(\boldsymbol{x})u_{,i} = 0\,, \quad \text{kurz} \quad \boldsymbol{a}^{\mathrm{T}}(\boldsymbol{x}) \operatorname{grad} u = 0\,. \qquad (29\text{-}2)$$

Mit einer zunächst noch unbekannten Darstellung

$$u[\boldsymbol{x}(t)] = c\,, \quad c = \text{const}\,, \qquad (29\text{-}3)$$

der Lösung in Form eines parametergesteuerten Zusammenhanges zwischen den Variablen (Reduktion der Vielfalt auf $n-1$) ist über den Zuwachs

$$\mathrm{d}c/\mathrm{d}t = 0 = \sum_{i=1}^{n} u_{,i}\ \mathrm{d}x_i/\mathrm{d}t \qquad (29\text{-}4)$$

ein implizites Erfüllen der Dgl. (29-2) garantiert, falls die Koeffizienten von $u_{,i}$ in (29-2) und (29-4) übereinstimmen. Insgesamt gibt dies die *n charakteristischen Gleichungen* für $\boldsymbol{x}(t)$,

$$\begin{aligned} \mathrm{d}x_1/\mathrm{d}t &= a_1(x_1, \ldots, x_n)\,, \\ \mathrm{d}x_n/\mathrm{d}t &= a_n(x_1, \ldots, x_n)\,, \quad x_k = x_k(t)\,. \end{aligned} \qquad (29\text{-}5)$$

die unter Einbeziehung von n Integrationskonstanten zu integrieren sind. Durch Elimination des Parameters t erhält man die *Grundcharakteristiken*

$$\begin{aligned} C_1 &= f_1(x_1, \ldots, x_n) \\ C_{n-1} &= f_{n-1}(x_1, \ldots, x_n)\,, \quad C_k = \text{const}\,, \end{aligned} \qquad (29\text{-}6)$$

die in beliebiger funktioneller Verknüpfung

$$\begin{aligned} \Phi(f_1, \ldots, f_{n-1}) &= u\,, \\ \boldsymbol{a}^{\mathrm{T}}(\boldsymbol{x}) \operatorname{grad} u &= 0\,, \end{aligned} \qquad (29\text{-}7)$$

eine spezielle Lösung der Dgl. (29-2) darstellen, falls nur Φ stetige partielle Ableitungen 1. Ordnung besitzt. Auf diese Weise lassen sich beliebig viele Lösungen $u(x)$ erzeugen.

Beispiel: Für die Dgl. $xu_{,x} + yu_{,y} + 2(x^2+y^2)u_{,z} = 0$ mit $x_1 = x$, $x_2 = y$, $x_3 = z$ berechne man die Grundcharakteristiken f_1, f_2 und weise nach, dass $\Phi(f_1, f_2) = f_1 f_2$ ebenfalls Lösung der Dgl. ist. Durch Integration der Dgln. $\mathrm{d}x/\mathrm{d}t = x, \mathrm{d}y/\mathrm{d}t = y, \mathrm{d}z/\mathrm{d}t = 2(x^2+y^2)$ erhält man zunächst $x(t) = c_1\mathrm{e}^t, y(t) = c_2\mathrm{e}^t$ und daraus über $\mathrm{d}z/\mathrm{d}t = 2\mathrm{e}^{2t}(c_1^2 + c_2^2)$ die Parameterdarstellung $z(t) = (c_1^2+c_2^2)\mathrm{e}^{2t} + c_3$. Elimination von t liefert die Grundcharakteristiken $y/x = c_2/c_1 = C_1$, $C_2 = c_3 = z-(x^2+y^2)$. Die partiellen Ableitungen der Funktion $\Phi = C_1 \cdot C_2$ ergeben in der durch die Dgl. bestimmten Kombination in der Tat die Summe null.

$$\left.\begin{aligned} x|\Phi_{,x} &= -\frac{yz}{x^2} - y\left(1 - \frac{y^2}{x^2}\right) \\ y|\Phi_{,y} &= \frac{z}{x} - \left(x + \frac{3y^2}{x}\right) \\ 2(x^2+y^2)|\Phi_{,z} &= \frac{y}{x} \end{aligned}\right\} \sum = 0\,.$$

30 Partielle Differenzialgleichungen 2. Ordnung

Das Charakteristische einer linearen partiellen Differenzialgleichung 2. Ordnung

$$\begin{aligned} L[u] = {} & a_{11}(\boldsymbol{x})u_{,11} + a_{12}(\boldsymbol{x})u_{,12} + \ldots + a_{1n}(\boldsymbol{x})u_{,1n} \\ & + a_{12}(\boldsymbol{x})u_{,12} + a_{22}(\boldsymbol{x})u_{,22} + \ldots + a_{2n}(\boldsymbol{x})u_{,2n} \\ & + a_{1n}(\boldsymbol{x})u_{,1n} + a_{2n}(\boldsymbol{x})u_{,2n} + \ldots + a_{nn}(\boldsymbol{x})u_{,nn} \\ & + b_1(\boldsymbol{x})u_{,1} + b_2(\boldsymbol{x})u_{,2} + \ldots + b_n(\boldsymbol{x})u_{,n} \\ & + c(\boldsymbol{x})u = r(\boldsymbol{x})\,, \quad \boldsymbol{x}^{\mathrm{T}} = [x_1, x_2, \ldots, x_n]\,, \end{aligned} \qquad (30\text{-}1)$$

mit n Variablen x_i und der gesuchten Funktion $u(\boldsymbol{x})$ zeigt sich in den Eigenwerten $\lambda_1(\boldsymbol{x})$ bis $\lambda_n(\boldsymbol{x})$ der Koeffizientenmatrix $\boldsymbol{A}(\boldsymbol{x})$, die ihrerseits eine Funktion

Tabelle 30-1. Klassifikation von Dgln. 2. Ordnung

Eigenschaften aller λ_i in allen Punkten $\boldsymbol{x}$	Typ der Dgl.
Alle $\lambda_i \neq 0$ und dasselbe Vorzeichen	Elliptisch
Alle $\lambda_i \neq 0$ und genau ein Vorzeichen entgegengesetzt zu allen anderen	Hyperbolisch
Mindestens ein $\lambda_i = 0$	Parabolisch

der Koordinaten $\boldsymbol{x}$ des Definitionsgebietes ist; Tabelle 30-1.

Im Sonderfall $n = 2$ entscheidet die Koeffizientendeterminante

$$A = -\begin{vmatrix} a_{11}(\boldsymbol{x}) & a_{12}(\boldsymbol{x}) \\ a_{12}(\boldsymbol{x}) & a_{22}(\boldsymbol{x}) \end{vmatrix} \tag{30-2}$$

über den Typ der Dgl.:

$$n = 2: A(\boldsymbol{x}) \begin{cases} < 0 & \text{für alle } \boldsymbol{x}: \quad \text{elliptisch} \\ = 0 & \text{für alle } \boldsymbol{x}: \quad \text{parabolisch} \\ > 0 & \text{für alle } \boldsymbol{x}: \quad \text{hyperbolisch} \end{cases} . \tag{30-3}$$

Wie quadratische Formen auf Diagonalform mit $a_{ij} = 0$ für $i \neq j$ transformiert werden können, lassen sich Dgln. auf ihre Normalformen transformieren. Mit neuen Variablen ξ, η anstelle von $x_1 = x$ und $x_2 = y$ sowie entsprechenden Ableitungen nach ξ und η,

$$\xi = \xi(x, y), \quad \eta = \eta(x, y), \tag{30-4}$$

$$u = u[x(\xi, \eta), y(\xi, \eta)] \leftrightarrow u[\xi(x, y), \eta(x, y)],$$

$$u_{,x} = u_{,\xi}\, \xi_{,\eta} + u_{,\eta}\, \eta_{,x} \quad \text{usw.},$$

lässt sich der Übergang zur transformierten Form anschreiben.

$$u = f_1(x, y): a_{11} u_{,xx} + 2a_{12} u_{,xy} + a_{22}\, u_{,yy} + F(x, y, u_{,x}, u_{,y}) = 0,$$

$$u = f_2(\xi, \eta): b_{11}\, u_{,\xi\xi} + 2b_{12}\, u_{,\xi\eta} + b_{22} u_{,\eta\eta} + G(\xi, \eta, u, u_{,\xi}, u_{,\eta}) = 0,$$

$$a_{ij} = f_{ij}(x, y), \quad b_{ij} = g_{ij}(\xi, \eta). \tag{30-5}$$

$$b_{11} = a_{11}\, \xi^2{}_{,x} + 2a_{12}\, \xi_{,x}\, \xi_{,y} + a_{22}\, \xi^2{}_{,y},$$

$$b_{22} = a_{11}\, \eta^2{}_{,x} + 2a_{12}\, \eta_{,x}\, \eta_{,y} + a_{22}\, \eta^2{}_{,y},$$

$$b_{12} = a_{11} \xi_{,x}\, \eta_{,x} + a_{12}(\xi_{,x}\, \eta_{,y} + \xi_{,y}\, \eta_{,x}) + a_{22}\, \xi_{,y}\, \eta_{,}\, .$$

Der Typ der Dgl. und die Eindeutigkeit der Umkehrung $(\xi, \eta) \leftrightarrow (x, y)$ ist gewährleistet durch die Jacobi-Determinante

$$\xi_{,x}\, \eta_{,y} - \xi_{,y}\, \eta_{,x} \neq 0. \tag{30-6}$$

Alle Bedingungen der Tabelle 30-2 lassen sich zu zwei Dgln. für $\xi_{,x}$ und $\xi_{,y}$ bez. $\eta_{,x}$ und $\eta_{,y}$ zusammenführen:

$$a_{11} \varphi_{,x} + (a_{12} + \sqrt{A}) \varphi_{,y} = 0,$$

$$a_{11} \varphi_{,x} + (a_{12} - \sqrt{A}) \varphi_{,y} = 0,$$

$$\varphi = \{\xi(x, y), \eta(x, y)\}.$$

Charakteristische Gleichung:

$$a_{11} y'(x) = a_{12} + \sqrt{A}, \quad a_{11} y' = a_{12} - \sqrt{A}$$

oder zusammengefasst zu

$$a_{11} y'^2 - 2a_{12} y' + a_{22} = 0. \tag{30-7}$$

Aus den Charakteristiken $\varphi_1(x, y)$ und $\varphi_2(x, y)$ folgen die Transformationen

$$C_1 = \varphi_1(x, y) = \xi, \quad C_2 = \varphi_2(x, y) = \eta. \tag{30-8}$$

Beispiel. Die Dgl.

$$2y u_{,xx} + 2(x + y) u_{,xy} + 2x u_{,yy} + u = 0$$

ist im Gebiet ohne $x = y$ auf Normalform zu transformieren.

Der Typ ist zufolge $A = (x + y)^2 - 4xy = (x - y)^2 > 0$ hyperbolisch. Die charakteristische Gleichung

$$2yy'^2 - 2(x + y)y' + 2x = 2(yy' - x)(y' - 1) = 0$$

hat die Lösungen $\varphi_1 = y^2 - x^2 = C_1$ und $\varphi_2 = y - x = C_2$ aus der getrennten Integration der Faktoren. Daraus folgen die Transformation mitsamt der Umkehrung:

$$\xi = y^2 - x^2 = (y + x)(y - x), \quad \eta = y - x;$$

$$2x = (-\eta + \xi/\eta), \quad 2y = \eta + \xi/\eta.$$

Zum Einsetzen in die anfangs gegebene Dgl. werden die partiellen Ableitungen von $u[\xi(x, y), \eta(x, y)]$ benötigt.

$$u_{,x} = u_{,\xi}(-2x) + u_{,\eta}(-1),$$

$$u_{,y} = u_{,\xi}(2y) + u_{,\eta}(1),$$

$$u_{,xx} = 4x^2 u_{,\xi\xi} + 4x u_{,\xi\eta} + u_{,\eta\eta} - 2u_{,\xi},$$

$$u_{,yy} = 4y^2 u_{,\xi\xi} + 4y u_{,\xi\eta} + u_{,\eta\eta} + 2u_{,\xi},$$

$$u_{,xy} = -[4xy u_{,\xi\xi} + 2(x + y) u_{,\xi\eta} + u_{,\eta\eta}].$$

Tabelle 30-2. Normalformen für $n = 2$

Normalform	Bedingungen für b_{ij}	Typ
$u,_{\xi\eta} + G_1(\xi, \eta, u, u,_\xi, u,_\eta) = 0$	$b_{11} = 0, b_{22} = 0, b_{12} \neq 0$	Hyperbolisch
$u,_{\xi\xi} - u,_{\eta\eta} + G_2(\xi, \eta, u, u,_\xi, u,_\eta) = 0$	$b_{11} + b_{22} = 0, b_{12} = 0$	Hyperbolisch
$u,_{\xi\xi} + G(\xi, \eta, u, u,_\xi, u,_\eta) = 0$	$b_{11} \neq 0, b_{12} = b_{22} = 0$	Parabolisch
$u,_{\xi\xi} + u,_{\eta\eta} + G(\xi, \eta, u, u,_\xi, u,_\eta) = 0$	$b_{11} = b_{22} \neq 0, b_{12} = 0$	Elliptisch

Tabelle 30-3. Allgemeine Lösungen für einfachste Normalformen. F, G sind stetig differenzierbare, ansonsten beliebige Funktionen

Einfachste Form	Lösungen
$u,_{xy} = 0$	$u = F(x) + G(y)$
$u,_{xx} = 0$	$u = xF(y) + G(y)$
$u,_{xx} + a^2 u,_{yy} = 0$	$u = F(y + jax) + G(y - jax)$
$u,_{xx} - a^2 u,_{yy} = 0$	$u = F(y + ax) + G(y - ax)$

Mit

$$x = x(\xi, \eta) \quad \text{und} \quad y = y(\xi, \eta)$$

erscheint die Ausgangsdgl. in der Tat in der Normalform:

$$u,_{\xi\eta} + u,_\xi / \eta - u/(4\eta^2) = 0 \, .$$

Im Sonderfall konstanter Koeffizienten a_{ij} werden die Charakteristiken zu Geraden

$$\begin{aligned} C_1 &= a_{11}y - (a_{12} + \sqrt{A})x \, , \\ C_2 &= a_{11}y - (a_{12} - \sqrt{A})x \, , \\ A &= a_{12}^2 - a_{11}a_{22} \, . \end{aligned} \qquad (30\text{-}9)$$

Separationsverfahren in Form von Produktansätzen

$$L[u(\boldsymbol{x})] = r(\boldsymbol{x}) \, , \qquad (30\text{-}10)$$
$$u(x_1, \ldots, x_n) = f_1(x_1) f_2(x_2) \cdot \ldots \cdot f_n(x_n)$$

für die Normalformen können auch bei Dgln. mit nichtkonstanten Koeffizienten erfolgreich sein, wenn es nur gelingt, eine Funktion $f_k(x_k)$ zusammen mit der Variablen x_k zu separieren; so zum Beispiel für $k = 1$:

$$\begin{aligned} &F_1(x_1, f_1, f_{1,1}, f_{1,11}) \\ &\quad = -F(x_2, \ldots, x_n, f_2, \ldots, f_n, f_{2,2}, \ldots) = c_1 \, , \\ &c_1 = \text{const.} \end{aligned} \qquad (30\text{-}11)$$

Beginnend mit der Lösung der gewöhnlichen Dgl. $F_1(x_1, f_1, f_{1,1}, \ldots) = c_1$ gelangt man über eine gleichartige sukzessive Behandlung des Restes zur Gesamtlösung.

Beispiel. Die Dgl. $u,_{xy} + yu,_x - xu,_y = 0$ ist mittels des Ansatzes $u(x, y) = f_1(x) f_2(y)$ zu lösen. Einsetzen und Separation liefert $xf_1/f_{1,x} = 1 + yf_2/f_{2,y}$. Aus der Integration von $xf_1/f_{1,x} = c_1$ zu $f_1 = c_0 \exp\left(\frac{x^2}{2c_1}\right)$ und der Integration der rechten Seite zu $f_2 = c_2 \exp\left(\frac{y^2}{2(c_1-1)}\right)$ folgt die Gesamtlösung

$$u(x, y) = C_0 \exp\left[\frac{C_1}{2}\left(x^2 + \frac{y^2}{1 - C_1}\right)\right] .$$

Beispiel. Man zeige, dass die speziellen Lösungen $u = (y + jax)^n$ die Dgl. $u,_{xx} + a^2 u,_{yy} = 0$ erfüllen. Mit

$$u,_{xx} = n(n-1)(y + jax)^{n-2}(-a^2) \, ,$$
$$u,_{yy} = n(n-1)(y + jax)^{n-2}$$

wird in der Tat die Dgl. befriedigt.

31 Lösungen partieller Differenzialgleichungen

31.1 Spezielle Lösungen der Wellen- und Potenzialgleichung

Mit der *Wellengleichung*

$$\Delta\Phi = \boldsymbol{a}\ddot{\Phi} + 2b\dot{\Phi} + c\Phi \, , \; \dot{()} = \mathrm{d}()/\mathrm{d}t \, , \qquad (31\text{-}1)$$

Δ Laplace-Operator; a, b, c Konstante,

$\Delta\Phi = \Phi,_{xx} + \Phi,_{yy} + \Phi,_{zz}$ in kartesischen Koordinaten,

erfasst man einen weiten Bereich von Schwingungserscheinungen in den Ingenieurwissenschaften. Ein Produktansatz

$$\Phi(\boldsymbol{x}, t) = u(\boldsymbol{x}) v(t) \, , \qquad (31\text{-}2)$$

getrennt für Zeit t und Ort $\boldsymbol{x}$, ermöglicht eine Separation

$$\frac{\Delta u}{u} = \frac{a\ddot{v} + 2b\dot{v} + cv}{v} = -\lambda^2 \qquad (31\text{-}3)$$

mit der Konstanten $(-\lambda^2)$. Die Integration der Zeitgleichung belässt Integrationskonstanten A, B zum Anpassen an gegebene Anfangsbedingungen.

$$a\ddot{v} + 2b\dot{v} + (c + \lambda^2)v = 0\,.$$

$$v(t) = \begin{cases} e^{-\frac{b}{a}t}(A\cos\omega t + B\sin\omega t) \\ \text{mit } \omega^2 = \dfrac{\lambda^2 + c}{a} - \left(\dfrac{b}{a}\right)^2 . \\ b = 0\colon A\cos\omega t + B\sin\omega t \\ \text{mit } \omega^2 = (\lambda^2 + c)/a\,. \\ a = 0\colon A\exp\left(-\dfrac{c + \lambda^2}{2b}t\right) . \end{cases} \qquad (31\text{-}4)$$

Die Integration der Ortsgleichung $\Delta u + \lambda^2 u = 0$, auch *Helmholtz-Gleichung* genannt, hat gegebene Randbedingungen zu berücksichtigen. Für den Sonderfall nur einer unabhängig Veränderlichen x steht dafür ein weiteres Paar D, E von Integrationskonstanten zur Verfügung.

Dgl. $u_{,xx} + \lambda^2 u = 0$.
Lösung $u(x) = D\sin\lambda x + E\cos\lambda x$.
Spezielle Randbedingungen
$u(x = 0) = 0\,, \quad u(x = l) = 0$.

Aus $u(x = 0) = 0$ folgt $E = 0$. (31-5)
Aus $u(x = l) = 0$ folgt $0 = D\sin\lambda l$ mit beliebig vielen Lösungsparametern oder Eigenwerten $\lambda_i l = i\pi\,, \quad i = 1, 2, 3, \ldots$ und Eigenfunktionen $u_i(x) = D\sin(i\pi x/l)$.

Die Gesamtlösung (31-2) setzt sich aus den Anteilen (31-4) und (31-5) zusammen; z. B. für $b = c = 0$:

$$\Phi(x, t) = \sum_i (\sin i\pi x/l)\left(F_i\cos\frac{i\pi}{l\alpha}t + G_i\sin\frac{i\pi}{l\alpha}t\right) ,$$
$$\alpha^2 = a\,. \qquad (31\text{-}6)$$

Die Konstantenpaare F_i, G_i werden durch die gegebene Anfangskonstellation

$$\Phi(x, t = 0) = u_0(x)\,, \quad \Phi^{\boldsymbol{\cdot}}(x, t = 0) = \dot{u}_0(x) \qquad (31\text{-}7)$$

bestimmt, indem man die Orthogonalität der Eigenfunktionen aus (31-5)

$$\int_0^l u_i(x)\,u_j(x)\,\mathrm{d}x = 0 \text{ für } i \neq j \qquad (31\text{-}8)$$

derart ausnutzt, dass man (31-7) jeweils mit $u_k(x)$ multipliziert und über dem Definitionsbereich $0 \leqq x \leqq l$ integriert.

$$\sum_i F_i \sin\frac{i\pi}{l}x = u_0(x)$$
$$\rightarrow F_k = \frac{2}{l}\int_0^l u_0(x)\sin\frac{k\pi}{l}x\,\mathrm{d}x\,, \qquad (31\text{-}9)$$
$$\sum_i G_i\frac{i\pi}{l\alpha}\sin\frac{i\pi}{l}x = \dot{u}_0(x)$$
$$\rightarrow G_k = \frac{2\alpha}{k\pi}\int_0^l \dot{u}_0(x)\sin\frac{k\pi}{l}x\,\mathrm{d}x\,.$$

Die Gleichungsfolge (31-2) bis (31-9) ist typisch für alle eindimensionalen Ortsprobleme in der Zeit.
Für ebene und räumliche Gebiete besteht zwar kein Mangel an Lösungsfunktionen, so zum Beispiel im Raum,

$$u_{,xx} + u_{,yy} + u_{,zz} + \lambda^2 u = 0\,,$$
$$u(x, y, z) = A\exp[\mathrm{j}(\pm\alpha x \pm \beta y \pm \gamma z)] \qquad (31\text{-}10)$$
$$\text{mit } \lambda^2 = \alpha^2 + \beta^2 + \gamma^2\,, \quad \mathrm{j}^2 = -1\,,$$

doch gelingt es damit in aller Regel nicht, vorgegebene Randbedingungen zu erfüllen.
Beispiel. Ein lösbarer Sonderfall betrifft die Helmholtz-Gleichung $\Delta u + \lambda^2 u = 0$ in einem homogenen achsenparallelen Quader mit den Kantenlängen a_x, a_y, a_z und vorgeschriebenen Werten $u = 0$ auf allen 6 Oberflächen.
Eigenfunktionen

$$u_{ijk} = A_{ijk}\sin\frac{i\pi}{a_x}x\sin\frac{j\pi}{a_y}y\sin\frac{k\pi}{a_z}z\,,$$
$$\Delta u_{ijk} = \pi^2\left(-\frac{i^2}{a_x^2} - \frac{j^2}{a_y^2} - \frac{k^2}{a_z^2}\right)u = -\lambda^2 u\,,$$

Eigenwerte

$$\lambda_{ijk}^2 = \pi^2\left(\frac{i^2}{a_x^2} + \frac{j^2}{a_y^2} + \frac{k^2}{a_z^2}\right);\ i, j, k \in \mathbb{N}\,,$$

Tabelle 31-1. Lösungsvielfalt für $\Delta u = 0, \Delta\Delta u = 0$

Differenzialgleichung	Lösungen
$u,_{xx} + u,_{yy} = \Delta u = 0$ Kartesische Koordinaten	Alle holomorphen Funktionen $u = F(x + \mathrm{j}y) + G(x - \mathrm{j}y)$, z. B. Real- und Imaginärteil von $(x \pm \mathrm{j}y)^k$ oder $\exp[\alpha(x \pm \mathrm{j}y)]$.
$u,_{rr} + \frac{1}{r}u,_r + \frac{1}{r^2}u,_{\varphi,\varphi} = 0$ Polarkoordinaten	$u = r^{\pm\alpha}\mathrm{e}^{\mathrm{j}\alpha\varphi}$, α beliebig. $u = A + B\ln\frac{r}{r_0}$, A, B, r_0 beliebig. $r^k\cos k\varphi,\ r^k\sin k\varphi,\ k = \ldots, -2, -1, 0, 1, 2\ldots$
$u,_{xx} + u,_{yy} + u,_{zz} = 0$	$u = [(x - a_x)^2 + (y - a_y)^2 + (z - a_z)^2]^{-\frac{1}{2}}$ a_x, a_y, a_z beliebig. $u = \exp\left[\frac{x}{a_x} + \frac{y}{a_y} + \frac{z}{a_z}\right]$ mit $\left(\frac{1}{a_x}\right)^2 + \left(\frac{1}{a_y}\right)^2 + \left(\frac{1}{a_z}\right)^2 = 0$. $u = A + Bx + Cy + Dz$.
$u,_{rr} + \frac{1}{r}u,_r + \frac{1}{r^2}u,_{\varphi\varphi} + u,_{zz} = 0$ Zylinderkoordinaten	$u = \exp[\pm\mathrm{j}(\alpha z + \beta\varphi)]Z_\beta(\mathrm{j}\alpha r)$, Z: Zylinderfunktion. $u = (Az + B)r^\alpha\mathrm{e}^{\pm\mathrm{j}\alpha\varphi}$. $u = (Az + B)(C\varphi + D)\left(E + F\ln\frac{r}{r_0}\right)$.
$u,_{xxxx} + u,_{yyyy} + 2u,_{xxyy} = \Delta\Delta u = 0$ Kartesische Koordinaten	Mit $\Delta u = 0$ gilt $u = v;\quad xv;\quad yv;\quad (x^2 + y^2)v$ z. B. $\sinh\alpha y\sin\alpha x,\quad x\cos\alpha y\sinh\alpha x$.
$\Delta(\Delta u) = 0$ mit $\Delta() = (),_{rr} + \frac{1}{r}(),_r + \frac{1}{r^2}(),_{\varphi\varphi}$ Polarkoordinaten	z. B. $u = r^2, \ln\frac{r}{r_0},\ r^2\ln\frac{r}{r_0},\quad \varphi,\ r^2\varphi,\ \varphi\ln\frac{r}{r_0},\quad r^2\varphi\ln\frac{r}{r_0}$, $r\ln\frac{r}{r_0}\cos\varphi,\quad r\varphi\cos\varphi,\quad r^k\cos k\varphi$.

$$\text{z. B.}\quad \lambda^2_{\min} = \pi^2\left(\frac{1}{a_x^2} + \frac{1}{a_y^2} + \frac{1}{a_z^2}\right).$$

Besonders augenfällig ist die Lösungsvielfalt für die Potenzialgleichung $\Delta u = 0$ und die Bipotenzialgleichung $\Delta\Delta u = 0$ in der Ebene.

31.2 Fundamentallösungen

Die Vielzahl möglicher Lösungen für lineare partielle Dgln. $LP[u(\boldsymbol{x}, t)] + r = 0$ lässt den Wunsch nach einer charakteristischen oder *Fundamentallösung* aufkommen. Sie ist definiert als Antwort $u(\boldsymbol{x}, t, \boldsymbol{x}_0, t_0)$ des Systems in einem Ort $\boldsymbol{x}$ und zu einer Zeit t auf eine punktuelle Einwirkung entsprechend dem Charakter der Störung r im Raum-Zeit-Punkt $\boldsymbol{x}_0$, t_0, auch Aufpunkt genannt. Die punktuelle Einwirkung wird so normiert, dass ihr Integral im Definitionsgebiet zu eins wird.

$$LP[u(\boldsymbol{x}, t)] + [\delta(\boldsymbol{x} - \boldsymbol{x}_0)[\delta(t - t_0)] = 0 \text{ im Gebiet } G$$
$$\to u(\boldsymbol{x}, t, \boldsymbol{x}_0, t_0) \text{ Fundamentallösung.}$$
$$\delta(\boldsymbol{x} - \boldsymbol{x}_0) = 0 \quad \text{für} \quad \boldsymbol{x} \neq \boldsymbol{x}_0\,,$$
$$\delta(t - t_0) = 0 \quad \text{für} \quad t \neq t_0\,, \tag{31-11}$$
$$\int_G [\delta(\boldsymbol{x} - \boldsymbol{x}_0)][\delta(t - t_0)]\,\mathrm{d}G = 1\,,$$
$$\int_G v(\boldsymbol{x}, t)[\delta(\boldsymbol{x} - \boldsymbol{x}_0)][\delta(t - t_0)]\,\mathrm{d}G = v(\boldsymbol{x}_0, t_0)\,.$$

Im Gegensatz zur Green'schen Funktion wird die Fundamentallösung nicht durch die Randbedingungen bestimmt, sondern allein durch die Forderung

Tabelle 31-2. Fundamentallösungen einiger linearer partieller Dgln. $LP[u] + \delta(x-0)\delta(t-0) = 0$

Operator LP	Fundamentallösungen
$u,_{xx} + \delta(x-0) = 0$	$u = r/2,\ r = \sqrt{x^2}$
$u,_{xx} + \lambda^2 u + \delta(x-0) = 0$	$u = -\dfrac{1}{2\lambda}\sin(\lambda r),\ r = \sqrt{x^2}$
$u,_{xx} - \dfrac{1}{k}u,_t + \delta(x-0)\delta(t-0) = 0$	$u = \dfrac{-H(t)}{\sqrt{4\pi kt}}\exp\left(-\dfrac{x^2}{4kt}\right)$, H: Heaviside-Funktion $H(t<0) = 0,\quad H(t \geqq 0) = 1$
$u,_{xx} + u,_{yy} + \delta(r-0) = 0$	$u = \dfrac{1}{2\pi}\ln\dfrac{R}{r},\ r^2 = x^2 + y^2,$ R: Konstante
$k_1 u,_{xx} + k_2 u,_{yy} + \delta(r-0) = 0$	$u = \dfrac{1}{2\pi\sqrt{k_1 k_2}}\ln\dfrac{R}{r},\ r^2 = \dfrac{x^2}{k_1} + \dfrac{y^2}{k_2}.$
$c^2(u,_{xx} + u,_{yy}) - u,_{tt} + \delta(r-0)\delta(t-0) = 0$	$u = \dfrac{H(ct-r)}{2\pi c\sqrt{c^2t^2 - r^2}},\ r^2 = x^2 + y^2.$
$u,_{tt} - \lambda^2\Delta\Delta u + \delta(r-0)\delta(t-0) = 0$	$u = \dfrac{H(t)}{4\pi\lambda}S\left(\dfrac{r}{4\lambda t}\right),\ S(\xi) = -\displaystyle\int_\xi^\infty \dfrac{\sin z}{z}\,\mathrm{d}z.$
$u,_{xx} + u,_{yy} + u,_{zz} + \delta(r-0) = 0$	$u = \dfrac{1}{4\pi r},\ r^2 = x^2 + y^2 + z^2$
$u,_{xx} + u,_{yy} + u,_{zz} + \lambda^2 u + \delta(r-0) = 0$	$u = \dfrac{1}{4\pi r}\exp(-\mathrm{j}\lambda r)$
$k_1 u,_{xx} + k_2 u,_{yy} + k_3 u,_{zz} + \delta(r-0) = 0$	$u = \dfrac{1}{4\pi r}\cdot\dfrac{1}{\sqrt{k_1 k_2 k_3}},\ r^2 = \dfrac{x^2}{k_1} + \dfrac{y^2}{k_2} + \dfrac{z^2}{k_3}.$
$c^2(u,_{xx} + u,_{yy} + u,_{zz}) - u,_{tt} + \delta(r-0)\delta(t-0) = 0$	$u = \dfrac{\delta\left(t - \dfrac{r}{c}\right)}{4\pi r}$

nach totaler Symmetrie bezüglich des Aufpunktes. Die Berandung des Integrationsgebietes ist durch zusätzliche Maßnahmen in die Lösungsmenge einzuführen, zum Beispiel nach dem Konzept der Randintegralmethoden, mit der numerischen Verwirklichung als Randelementmethode (BEM, Boundary Element Method).

Beispiel. Für die Potenzialgleichung $\Delta u + \delta(r - r_0) = 0$ mit $r_0 = 0$ in Kugelkoordinaten bestimme man die Fundamentallösung. Bei totaler Symmetrie gilt $u,_\varphi = u,_\vartheta = 0$ und es verbleibt eine gewöhnliche Dgl. zunächst für $r \neq r_0 = 0$,

$$\frac{1}{r^2}(r^2 u,_r),_r = u,_{rr} + 2u,_r/r = 0\,,$$

mit der Lösung $u(r) = A/r$. Integration der Dgl. in einem beliebig kleinen Kugelgebiet um den Aufpunkt liefert mithilfe der 3. Green'schen Formel $\int \Delta u\, \mathrm{d}V = \int u,_n\, \mathrm{d}S$ aus 17.3 mit $u,_n = u,_r$ und $\mathrm{d}S = r^2 \sin\varphi\, \mathrm{d}\varphi\, \mathrm{d}\vartheta$ eine Bestimmungsgleichung für die Konstante A.

$$\int(\Delta u + \delta r)\mathrm{d}V = \int_{\varphi=0}^{\pi}\int_{\vartheta=0}^{2\pi} u,_r r^2 \sin\varphi\, \mathrm{d}\varphi\, \mathrm{d}\vartheta + 1$$

$$= -4A\pi + 1 = 0$$

$$\rightarrow A = \frac{1}{4\pi}\,,\qquad u = \frac{1}{4\pi r}\,.$$

32 Variationsrechnung

32.1 Funktionale

Die Lösungsfunktionen $\boldsymbol{y}$ mancher Aufgaben der Angewandten Mathematik lassen sich durch Extremalaussagen charakterisieren mit der Fragestellung,

für welche Funktionen $\boldsymbol{y}(\boldsymbol{x})$ eines oder mehrerer Argumente $\boldsymbol{x}$ ein bestimmtes Integral J als Funktion von $\boldsymbol{y}$ einen zumindest stationären Wert annimmt.
Speziell: Gesucht eine Funktion y einer Veränderlichen x.

$$\text{Gegeben: } J = \int_a^b F(x, y, y' \dots, y^{(n)})\mathrm{d}x\,,\ y^{(n)} = \frac{\mathrm{d}^n y}{\mathrm{d}x^n}\,.$$

Gesucht: Lösungsfunktionen $y_{\mathrm{E}(x)}$, für die J stationär wird.

$$\begin{aligned} &J: \text{ \textit{Funktional}.}\\ &y_\mathrm{E}: \text{ \textit{Extremale} des Variationsproblems.}\end{aligned} \qquad (32\text{-}1)$$

Während die Extremalwerte gewöhnlicher Funktionen $y(x)$ durch die Stelle x_E mit verschwindendem Zuwachs $\mathrm{d}y|x_\mathrm{E} = 0$ markiert werden, bedarf die Ableitung nach Funktionen einer zusätzlichen Idee. Durch Einbettung der Extremalen y_E in eine lineare Vielfalt von Variationsfunktionen $v(x)$ mit einem Parameter ε wird das Funktional unter anderem auch zu einer gewöhnlichen Funktion des Skalars ε, wobei die Lösungsstelle mit verschwindendem Zuwachs $\mathrm{d}J/\mathrm{d}\varepsilon = 0$ durch den besonderen Wert $\varepsilon = 0$ markiert wird.

$$\begin{aligned} &y(x) = y_\mathrm{E}(x) + \varepsilon v(x)\\ &\to J = J\left(x, y_\mathrm{E}, v, \dots, y_\mathrm{E}^{(n)}, v^{(n)}, \varepsilon\right)\,.\\ &y = y_\mathrm{E} \quad \text{für} \quad \varepsilon = 0\,. \end{aligned} \qquad (32\text{-}2)$$

Notwendige Bedingung für stationäres J:

$$\left.\frac{\mathrm{d}J}{\mathrm{d}\varepsilon}\right|_{\varepsilon=0} = \delta J = 0\,. \qquad (32\text{-}3)$$

δJ: Variation des Funktionals

$\delta y = v$: Variation der Extremalen.

Die Ableitung nach ε im Punkt $\varepsilon = 0$ nennt man auch Variation δJ des Funktionals. Mit Hilfe partieller Ableitungen lässt sich der Integrand von δJ als Produkt mit Faktor v formulieren,

$$\delta J = \int_a^b vG\left(x, y_\mathrm{E}, \dots, y_\mathrm{E}^{(2n)}\right)\,\mathrm{d}x + \text{Randterme} = 0\,, \qquad (32\text{-}4)$$

das bei beliebiger Variationsfunktion v nur verschwindet für

$$G\left(x, y_\mathrm{E}, \dots, y_\mathrm{E}^{(2n)}\right) = 0 \qquad (32\text{-}5)$$

(Euler'sche Dgl. der Ordnung $2n$ des Variationsproblems).

Damit erhält man eine Bestimmungsgleichung für die Extremale $y_\mathrm{E}(x)$, die im Zusammenhang mit der Variationsrechnung speziell *Euler'sche Dgl.* genannt wird.
Im Sonderfall $n = 1$ erhält man über das

$$\text{Funktional } J = \int_a^b F(x, y, y')\,\mathrm{d}x\,,\ \text{die}$$

Einbettung $y(x) = y_\mathrm{E}(x) + \varepsilon v(x)$, die Kettenregel

$$\frac{\mathrm{d}F}{\mathrm{d}\varepsilon} = \frac{\partial F}{\partial y}\cdot\frac{\mathrm{d}y}{\mathrm{d}\varepsilon} + \frac{\partial F}{\partial y'}\cdot\frac{\mathrm{d}y'}{\mathrm{d}\varepsilon} = F_{,y}\,v + F_{,y'}\,v' \qquad (32\text{-}6)$$

und durch partielle Integration

$$\frac{\mathrm{d}J}{\mathrm{d}\varepsilon} = \int_a^b \left[F_{,y} - \frac{\mathrm{d}}{\mathrm{d}x}F_{,y'}\right] v\,\mathrm{d}x + [F_{,y'}\,v]_a^b = 0$$

die sogenannte *Euler-Lagrange'sche Gleichung* des Variationsproblems für die Extremale $y_\mathrm{E}(x)$:

$$\left[F_{,y} - \frac{\mathrm{d}}{\mathrm{d}x}F_{,y'}\right]_{\varepsilon=0} = 0\,. \qquad (32\text{-}7)$$

In der Regel ist (32-7) eine Dgl. 2. Ordnung für $y(x)$. In Sonderfällen sind sog. *erste Integrale* angebbar:

$$F = F(x, y'):\ F_{,y'} = \text{const}\,. \qquad (32\text{-}8)$$

$$\begin{aligned} F = F(y, y'):\ &y'\left(F_{,y} - \frac{\mathrm{d}}{\mathrm{d}x}F_{,y'}\right)\\ &= \frac{\mathrm{d}}{\mathrm{d}x}(F - y'F_{,y'}) = 0\\ &\to F - y'F_{,y'} = \text{const}\,. \end{aligned} \qquad (32\text{-}9)$$

Beispiel. In einer vertikalen Ebene im Schwerefeld liege ein Punkt P um ein Stück $y_P = h$ unter dem Ursprung O und um $x_P = a$ horizontal gegenüber O versetzt. Gesucht ist die Kurve $y(x)$ minimaler Fallzeit T von O nach P. Dem Funktional J entspricht hier die Zeitspanne $T = \int_0^P \mathrm{d}t = \int \mathrm{d}s/v$ mit der Bogenlänge $\mathrm{d}s^2 = \mathrm{d}x^2 + \mathrm{d}y^2$ und der Bahngeschwindigkeit $v = \sqrt{2gy}$ nach den Regeln der Mechanik, g ist die Erdbeschleunigung; insgesamt ergibt sich ein Minimalfunktional vom Typ (32-6) mit dem 1. Integral (32-9).

$$T = \int_0^P F\,\mathrm{d}x \to \text{Minimum}\,, \quad F = \sqrt{\frac{1+y'^2}{2gy}}\,.$$

Euler-Lagrange'sche Bestimmungsgleichung:

$$\sqrt{\frac{1+y_\mathrm{E}'^2}{y_\mathrm{E}}} = y_\mathrm{E}' \frac{y_\mathrm{E}'}{\sqrt{y_\mathrm{E}\left(1+y_\mathrm{E}'^2\right)}} + c_1$$

$$\text{oder} \quad y_\mathrm{E}\left(1+y_\mathrm{E}'^2\right) = c_2^2\,.$$

Bei der praktischen Rechnung wird der Index E fortgelassen. Die Lösung der Dgl. ist eine Zykloide als Kurve kürzester Fallzeit, auch *Brachystochrone* genannt.

Quadratische Funktionale (hier für den häufigen Fall $n = 2$ formuliert) führen auf lineare Dgln. mit Randtermen, wobei jeder Summand für sich verschwinden muss.

Gesucht: J_extr von

$$J = \frac{1}{2}\int_a^b \left(f_2 y''^2 + f_1 y'^2 + f_0 y^2 + 2r_1 y + r_0\right)\mathrm{d}x\,.$$

Notwendige Bedingung für Extremale y_E:

$$\begin{aligned}\delta J &= \left.\frac{\mathrm{d}J}{\mathrm{d}\varepsilon}\right|_{\varepsilon=0} = 0 \\ &= \int_a^b \left[(f_2 y_\mathrm{E}'')'' - (f_1 y_\mathrm{E}')' + f_0 y_\mathrm{E} + r_1\right] v\,\mathrm{d}x \quad (32\text{-}10) \\ &\quad + \left[f_2 y_\mathrm{E}'' v' - (f_2 y_\mathrm{E}'')' v + f_1 y_\mathrm{E}' v\right]_a^b\,.\end{aligned}$$

Randterme allgemein: $[R[y_\mathrm{E}] \cdot S[v]]_a^b$.

Falls $R[y_\mathrm{E}] = 0$: R natürliche Randbedingung mit $S[v]$ beliebig ,

Falls $R[y_\mathrm{E}] \neq 0$: S wesentliche Randbedingung mit $S[v] \stackrel{!}{=} 0$. (32-11)

Wenn der Faktor $R[y_\mathrm{E}]$ die Randbedingungen des Randwertproblems darstellt, sind die Randwerte $S[v]$ der Variationsfunktion unbeschränkt. Anderenfalls ist der Extremalpunkt J_extr nur extremal bezüglich einer durch $S[v] \stackrel{!}{=} 0$ beschränkten Variationsvielfalt.

Die Aussage (32-11) ist von wesentlicher Bedeutung für die klassischen Finite-Element-Methoden. Ansatzfunktionen zur Approximation des Funktionals müssen lediglich die sogenannten wesentlichen Randbedingungen in $y^{(0)}$ bis einschließlich $y^{(n-1)}$ erfüllen (sog. zulässige Ansatzfunktionen). Die restlichen Randbedingungen in $y^{(n)}$ bis $y^{(2n-1)}$ sind implizit in der Variationsformulierung enthalten; man spricht deshalb auch von natürlichen Randbedingungen. Ansatzfunktionen, die alle Randbedingungen (wesentliche und restliche) erfüllen, heißen *Vergleichsfunktionen*.

Bei Variationsaufgaben

$$J = \int_a^b F(x, y, y')\,\mathrm{d}x \to \text{Extremum}$$

mit festen Grenzen werden die zwei Konstanten bei der Integration der Dgl.

$$F_{,y} - \frac{\mathrm{d}}{\mathrm{d}x} F_{,y'} = 0$$

durch je eine Bedingung pro Rand bestimmt. Bei Variationsaufgaben mit noch freien Grenzen sind diese in den Variationsprozess einzubeziehen und liefern entsprechende Bestimmungsgleichungen für die Integrationskonstanten.

Variation bei fester unterer Grenze und *freier oberer Grenze*:

$$J = \int_{x_0}^{x_1} F(x, y, y')\,\mathrm{d}x \to \text{Extremum}$$

$$\text{mit} \quad \delta x_0 = 0 \quad \text{und} \quad \delta x_1 \neq 0\,.$$

Notwendige Extremalbedingungen:

$$F_{,y} - \frac{\mathrm{d}}{\mathrm{d}x} F_{,y'} = 0$$

$$\text{und} \quad [F - y' F_{,y'}]_{x_1} \delta x_1 + [F_{,y'}]_{x_1} \delta y_1 = 0\,. \quad (32\text{-}12)$$

Soll die *Variation* des Endpunktes (x_1, y_1) *längs einer vorgeschriebenen Kurve* $y_1 = f(x_1)$ verlaufen, so gilt die *Transversalitätsbedingung*

$$[F + (f' - y')F_{,y'}]_{x_1} = 0 \quad \text{und} \quad F_{,y} = \frac{\mathrm{d}}{\mathrm{d}x} F_{,y'} \ . \tag{32-13}$$

Funktionale mit mehreren gesuchten Extremalen $y_{\mathrm{E}1}(x)$ bis $y_{\mathrm{E}n}(x)$ werden durch voneinander unabhängige Variationen

$$y_j(x) = y_{\mathrm{E}j}(x) + \varepsilon_j v_j(x) \ , \quad j = 1, \ldots, n \ , \tag{32-14}$$

zu gewöhnlichen Funktionen in ε_j, deren lokaler Zuwachs $\mathrm{d}J$ im Extremalpunkt mit $\varepsilon_j = 0$ verschwinden muss.

Gegeben:

$$J = \int_a^b F(x, \boldsymbol{y}, \boldsymbol{y}')\,\mathrm{d}x \to \text{Extremum} \ ,$$

$$\boldsymbol{y}^{\mathrm{T}} = [y_1(x), \ldots, y_n(x)] \ .$$

Notwendige Bedingungen:

$$F_{,y_j} - \frac{\mathrm{d}}{\mathrm{d}x} F_{,y'_j} = 0 \ , \quad j = 1, 2, \ldots, n \ . \tag{32-15}$$

Variationsproblemen mit Nebenbedingungen ordnet man zwei Typen zu. Erster Typ:

Nebenbedingungen $g_k(x, \boldsymbol{y}, \boldsymbol{y}') = 0$, $k = 1, \ldots, m$.

$$\text{Funktional} \quad J = \int_a^b F(x, \boldsymbol{y}, \boldsymbol{y}')\,\mathrm{d}x \to \text{Extremum} \ ,$$

$$\boldsymbol{y}^{\mathrm{T}} = [y_1(x), \ldots, y_n(x)] \ . \tag{32-16}$$

Verknüpft man Funktional und Nebenbedingungen mittels Lagrange'scher Multiplikatoren λ_1 bis λ_m, so ist die Hilfsfunktion F^* wie üblich zu variieren.

$$F^* = F + \boldsymbol{\lambda}^{\mathrm{T}} \boldsymbol{g} \ .$$

Notwendige Bedingungen:

$$F^*_{,y_j} - \frac{\mathrm{d}}{\mathrm{d}x} F^*_{,y'_j} = 0 \ , \quad j = 1, 2, \ldots, n \ ,$$

$$g_k(x, \boldsymbol{y}, \boldsymbol{y}') = 0 \ , \quad k = 1, 2, \ldots, m \ . \tag{32-17}$$

Ingesamt $n + m$ Gleichungen für n Funktionen $y_j(x)$ und m Funktionen $\lambda_k(x)$.
Der zweite Typ, auch *isoperimetrisches* Problem genannt, wird durch Nebenbedingungen in Form konstant vorgegebener anderer Funktionale charakterisiert.

$$\text{Nebenbedingung} \quad \int_a^b G_k(x, \boldsymbol{y}, \boldsymbol{y}')\,\mathrm{d}x = c_k \ ,$$

$$k = 1, \ldots, m \ .$$

$$\text{Funktional} \quad J = \int_a^b F(x, \boldsymbol{y}, \boldsymbol{y}')\,\mathrm{d}x \to \text{Extremum} \ . \tag{32-18}$$

Verknüpft man Funktional und Nebenbedingungen mittels Lagrange'scher Multiplikatoren λ_1 bis λ_m, so ist zunächst deren Konstanz beweisbar und es verbleibt die Variation einer Hilfsfunktion F^*.

$$F^* = F + \boldsymbol{\lambda}^{\mathrm{T}} G \ , \quad \boldsymbol{\lambda} \text{ Konstantenspalte} \ .$$

Notwendige Bedingung für J_{extr}

$$F^*_{,y_j} - \frac{\mathrm{d}}{\mathrm{d}x} F^*_{,y'_j} = 0 \ , \quad j = 1, 2, \ldots, n \ , \tag{32-19}$$

$$\int_a^b G_k\,\mathrm{d}x = c_k \ , \quad k = 1, 2, \ldots, m \ .$$

Insgesamt $n + m$ Gleichungen für n-Funktionen $y_j(x)$ und m-Konstante λ_k.
Funktionale mit mehrdimensionalen Integralen zum Beispiel einer gesuchten Extremalen $u_{\mathrm{E}}(x, y, z)$ führen auf partielle Dgln.:
Gegeben:

$$J = \int_a^b F(x, y, z, u, u_{,x}, u_{,y}, u_{,z})\,\mathrm{d}V \to \text{Extremum}$$

Einbettung der Extremalen u_{E}:

$$u(x, y, z) = u_{\mathrm{E}}(x, y, z) + \varepsilon v(x, y, z) \ .$$

Notwendige Bedingung:

$$\delta J = \left.\frac{\mathrm{d}J}{\mathrm{d}\varepsilon}\right|_{\varepsilon=0} = 0 = \int_a^b E(u) v\,\mathrm{d}V + \text{Randterm}$$

mit der Euler'schen Dgl.

$$E(u) = F_{,u} - \frac{\partial}{\partial x} F_{,u_{,x}} - \frac{\partial}{\partial y} F_{,u_{,y}} - \frac{\partial}{\partial z} F_{,u_{,z}} = 0 \ . \tag{32-20}$$

Die *Potenzialgleichung* in ebenen kartesischen Koordinaten mit der Feldgleichung

$$u_{,xx} + u_{,yy} = r_0(x, y)$$

und den Randbedingungen

$$\begin{aligned} &u_{,n} + r_1(s)u(s) = r_2(s)\ ; \\ &u_{,n} \text{ Normalableitung am Rand}\ , \\ &s \text{ Bogenkoordinate des Randes}\ , \end{aligned} \qquad (32\text{-}21)$$

lässt sich als notwendige Bedingung einer zugeordneten Variationsaufgabe formulieren mit

$$J = \int_G \left[u^2_{,x} + u^2_{,y} + 2r_0 u\right] \mathrm{d}x\,\mathrm{d}y + \int_R \left[r_1 u^2 - 2r_2 u\right] \mathrm{d}s \to \text{Extremum}\ , \qquad (32\text{-}22)$$

G: endliches Gebiet, R: endlicher Rand.

Die *Bipotenzialgleichung* bestehend aus Feldgleichung

$$u_{,xxxx} + 2u_{,xxyy} + u_{,yyyy} = r_0(x, y)$$

und speziellen Randbedingungen

$$u = 0\ , \quad u_{,n} = 0 \quad \text{längs aller Ränder} \qquad (32\text{-}23)$$

lässt sich als notwendige Bedingung einer zugeordneten Variationsaufgabe formulieren mit

$$J = \int_G \left[u^2_{,xx} + u^2_{,yy} + 2u^2_{,xy} - 2r_0 u\right] \mathrm{d}x\,\mathrm{d}y \to \text{Extremum}\ . \qquad (32\text{-}24)$$

Für allgemeinere Randbedingungen ist J entsprechend zu ergänzen.

Rayleigh-Quotient ist ein Extremalfunktional in Quotientenform.

$$R = J_1/J_2\ , \quad J_k = \int_a^b F_k(x, y, y', \ldots, y^{(n)})\,\mathrm{d}x\ .$$

Gesucht:

Lösungsfunktion $y_E(x)$, für die R stationär wird; $R(y_E) = R_{\text{stat}}$.

Notwendige Bedingung

$$\delta R = \delta J_1/J_2 - \left(J_1/J_2^2\right)\delta J_2 = 0\ ,$$
$$0 = (\delta J_1 - R_{\text{stat}}\delta J_2)/J_2\ , \quad J_2 \neq 0\ .$$

Bei quadratischen Funktionalen J_k nach (32-10) erweist sich der stationäre Wert R_{stat} als Eigenwert einer zugeordneten homogenen Variationsgleichung.

32.2 Optimierung

Bei der Bewertung dynamischer Prozesse liegt es nahe, die Systemenergie zu minimieren. Enthält der Zustandsvektor $\boldsymbol{x}$ die Zustandsgrößen und deren zeitliche Ableitungen, ist die quadratische Form $\boldsymbol{x}^{\mathrm{T}}\boldsymbol{x}$ ein Energiemaß. Eine Variante $\boldsymbol{x}^{\mathrm{T}}\boldsymbol{Q}\boldsymbol{x}$ mit symmetrischer positiv definiter Matrix $\boldsymbol{Q}$ erlaubt eine Gewichtung der einzelnen Energieanteile. Ein Prozessablauf $\boldsymbol{x}(t)$ mit linearer Zustandsgleichung $\mathrm{d}\boldsymbol{x}/\mathrm{d}t = \dot{\boldsymbol{x}} = \boldsymbol{A}\boldsymbol{x}$ und der Forderung nach minimaler Prozessenergie wird bestimmt durch die

Ljapunow-Gleichung.
Energieminimierung mit der Prozessgleichung

$$\dot{\boldsymbol{x}} = \boldsymbol{A}\boldsymbol{x} \text{ als Nebenbedingung}\ .$$

$$J = \frac{1}{2}\int_0^\infty \boldsymbol{x}^{\mathrm{T}}\boldsymbol{Q}\boldsymbol{x}\,\mathrm{d}t + \int_0^\infty \boldsymbol{\lambda}^{\mathrm{T}}(\boldsymbol{A}\boldsymbol{x} - \dot{\boldsymbol{x}})\,\mathrm{d}t \to \text{Minimum}\ . \qquad (32\text{-}25)$$

$\delta J = 0$ mit $\boldsymbol{Q} = \boldsymbol{Q}^{\mathrm{T}}$ führt auf

$$\begin{bmatrix} \boldsymbol{A} & \boldsymbol{O} \\ -\boldsymbol{Q} & -\boldsymbol{A}^{\mathrm{T}} \end{bmatrix} \begin{bmatrix} \boldsymbol{x} \\ \boldsymbol{\lambda} \end{bmatrix} = \begin{bmatrix} \dot{\boldsymbol{x}} \\ \dot{\boldsymbol{\lambda}} \end{bmatrix}\ . \qquad (32\text{-}26)$$

Der Ansatz $\boldsymbol{\lambda} = \boldsymbol{P}\boldsymbol{x}$ überführt (32-26) in die Ljapunow-Gleichung

$$\dot{\boldsymbol{P}} + \boldsymbol{Q} + \boldsymbol{A}^{\mathrm{T}}\boldsymbol{P} + \boldsymbol{P}\boldsymbol{A} = \boldsymbol{O}\ . \qquad (32\text{-}27)$$

Bei Systemen mit Stellgrößen $\boldsymbol{u}$ stellt sich die Frage nach deren optimaler Dimensionierung, die ebenfalls über eine Bilanz aus Systemenergie $\boldsymbol{x}^{\mathrm{T}}\boldsymbol{Q}\boldsymbol{x}$ und Stellenergie $\boldsymbol{u}^{\mathrm{T}}\boldsymbol{R}\boldsymbol{u}$ beantwortet werden kann.

Riccati-Gleichung.
Energieminimierung mit der Prozessgleichung $\dot{\boldsymbol{x}} = \boldsymbol{A}\boldsymbol{x} + \boldsymbol{B}\boldsymbol{u}$ als Nebenbedingung.

$$J = \frac{1}{2}\int_0^\infty (\boldsymbol{x}^T \boldsymbol{Q}\boldsymbol{x} + \boldsymbol{u}^T \boldsymbol{R}\boldsymbol{u})\,dt + \int_0^\infty \boldsymbol{\lambda}^T(\boldsymbol{A}\boldsymbol{x} + \boldsymbol{B}\boldsymbol{u} - \dot{\boldsymbol{x}})\,dt \to \text{Minimum} . \quad (32\text{-}28)$$

$\delta J = 0$ mit $\boldsymbol{Q} = \boldsymbol{Q}^T$, $\boldsymbol{R} = \boldsymbol{R}^T$ führt auf

$$\boldsymbol{u} = -\boldsymbol{R}^{-1}\boldsymbol{B}^T\boldsymbol{\lambda} \quad \text{und} \quad (32\text{-}29)$$

$$\begin{bmatrix} \boldsymbol{A} & -\boldsymbol{B}\boldsymbol{R}^{-1}\boldsymbol{B}^T \\ -\boldsymbol{Q} & -\boldsymbol{A}^T \end{bmatrix}\begin{bmatrix} \boldsymbol{x} \\ \boldsymbol{\lambda} \end{bmatrix} = \begin{bmatrix} \dot{\boldsymbol{x}} \\ \dot{\boldsymbol{\lambda}} \end{bmatrix} . \quad (32\text{-}30)$$

Der Ansatz $\boldsymbol{\lambda} = \boldsymbol{P}\boldsymbol{x}$ überführt (32-30) in die Riccati-Gleichung

$$\dot{\boldsymbol{P}} + \boldsymbol{Q} + \boldsymbol{A}^T\boldsymbol{P} + \boldsymbol{P}\boldsymbol{A} - \boldsymbol{P}\boldsymbol{B}\boldsymbol{R}^{-1}\boldsymbol{B}^T\boldsymbol{P} = \boldsymbol{O} . \quad (32\text{-}31)$$

Eine allgemeinere Optimierung aktiver Systeme mit der Systemgleichung

$$\dot{\boldsymbol{x}} = \boldsymbol{f}(\boldsymbol{x}, \boldsymbol{u}, t) ,$$

der Extremalforderung

$$\int_{t_0}^{t_1} G(\boldsymbol{x}, \boldsymbol{u}, t)\,dt \to \text{Extremum}$$

und den Randbedingungen

$$\begin{aligned} &\boldsymbol{x}(t_0) - \boldsymbol{x}_0 = \boldsymbol{o} , \\ &[r_1(\boldsymbol{x}, t)]_{t=t_1} = 0 \\ &\text{bis} \quad [r_\alpha(\boldsymbol{x}, t)]_{t=t_1} = 0 \end{aligned} \quad (32\text{-}32)$$

gelingt über die *Hamilton-Funktion*

$$H = p_0 G + \sum_{i=1}^n p_i f_i , \quad (32\text{-}33)$$

$p_i(t)$ adjungierte Funktionen (Lagrange-Multiplikatoren).

Die Variation $\delta \int_{t_0}^{t_1} H\,dt = 0$ über der Prozessstrecke führt auf Bestimmungsgleichungen für $\boldsymbol{x}$ und $\boldsymbol{p}$,

$$\dot{x}_i = \partial H/\partial p_i \quad \text{plus Randbedingungen} ,$$

$$\dot{p}_i = -p_0\,\partial G/\partial x_i - \sum_{j=1}^n p_j \partial f_j/\partial x_i$$

$$\text{und} \quad p_i(t_1) = -\left[\sum_{j=1}^\alpha \lambda_j \partial r_j/\partial x_i\right]_{t_1} \quad (32\text{-}34)$$

mit noch freien Parametern λ, die aus den Randbedingungen für $\boldsymbol{x}$ zum Zeitpunkt t_1 folgen. Nach dem *Pontrjagin'schen Prinzip* erhält man schließlich die optimale Steuerung $\boldsymbol{u}_{\text{opt}}$ derart, dass die Hamilton-Funktion damit extremal wird.

$$H(\boldsymbol{x}, \boldsymbol{u}_{\text{opt}}, \boldsymbol{p}, t) = \text{Extremum von } H(\boldsymbol{x}, \boldsymbol{u}, \boldsymbol{p}, t) . \quad (32\text{-}35)$$

Dieses Prinzip gilt auch für Systeme mit Stellgrößenbeschränkungen.

Beispiel. Ein lineares System $\dot{\boldsymbol{x}} = \boldsymbol{A}\boldsymbol{x} + \boldsymbol{b}u$ mit den Randbedingungen $\boldsymbol{x}(t_0 = 0) = \boldsymbol{o}$ und $2x_1 + x_2 - 2 = 0$ zum Endzeitpunkt $t_1 = 1$ soll so gesteuert werden, dass die Stellenergie $\int_0^2 \frac{1}{2}u^2 dt$ minimal wird.

Gegeben:

$$\boldsymbol{A} = \begin{bmatrix} 0 & 1 \\ 0 & 0 \end{bmatrix} , \quad \boldsymbol{b} = \begin{bmatrix} 1 \\ 1 \end{bmatrix} , \quad \text{also} \quad \boldsymbol{f} = \begin{bmatrix} x_2 + u \\ u \end{bmatrix} ,$$

$$G = \frac{1}{2}u^2 , \quad r_1 = 2x_1 + x_2 - 2 .$$

Hamilton-Funktion

$$H = p_0 \frac{1}{2}u^2 + p_1(x_2 + u) + p_2 u .$$

Die Integration des adjungierten Systems $\dot{\boldsymbol{p}} = -\boldsymbol{A}^T\boldsymbol{p}$, $\dot{p}_1 = 0$, $\dot{p}_2 = -p_1$, mit den Endbedingungen $p_1(t_1 = 1) = -\lambda_1 2$, $p_2(t_1 = 1) = -\lambda_1$ belässt zunächst den Multiplikator λ_1 : $p_1 = -2\lambda_1, p_2 = \lambda_1(2t - 3)$. Partielles Ableiten der Hamilton-Funktion nach u gibt eine Bestimmungsgleichung $p_0 u + (p_1 + p_2) = 0$ mit einer willkürlichen Skalierungsmöglichkeit für p_0; üblich ist die Wahl $p_0 = -1$ mit der Lösung $u = p_1 + p_2 = \lambda_1(2t - 5)$. Der Multiplikator λ_1 wird durch die Endbedingung für $\boldsymbol{x}$ bestimmt, was die vorherige Lösung der Systemgleichung erfordert. Aus $\dot{x}_1 = x_2 + u$ und $x_2 = u$ erhält man zunächst $x_2 = \lambda_1(t^2 - 5t)$ und $x_1 = \lambda_1(2t^3 - 9t^2 - 30t)/6$ und schließlich über $2x_1 + x_2 = 2$ zum Zeitpunkt $t_1 = 1$ den Parameter $\lambda_1 = -6/49$ mit der endgültigen Stellgrößenfunktion $u = -6(2t - 5)/49$ und dem Endpunkt $\boldsymbol{x}^T(t_1 = 1) = [37, 24]/49$.

32.3 Lineare Optimierung

Die Suche nach Extremwerten linearer Funktionen $z = c_1 x_1 + \ldots + c_n x_n = \boldsymbol{c}^T\boldsymbol{x}$ unter Beachtung gewisser Nebenbedingungen in Form von linearen Ungleichungen $y_1(\boldsymbol{x}) \geqq 0$ bis $y_m(\boldsymbol{x}) \geqq 0$ ist eine Aufgabe der linearen Optimierung, die nicht mithilfe der Differenzialrechnung gelöst werden kann, da die Extremalwerte von z infolge des linearen Charakters nur auf dem Rand des Definitionsgebietes liegen können. Bei realen Problemen sind die Variablen $\boldsymbol{x}$ stets positive Größen.

$$\begin{array}{ll} \boldsymbol{I x} \geqq \boldsymbol{o} & n \text{ Ungleichungen} \\ \boldsymbol{y} = \boldsymbol{A x} + \boldsymbol{b} \geqq \boldsymbol{o} & m \text{ Ungleichungen} \\ \hline z = \boldsymbol{c}^{\mathrm{T}} \boldsymbol{x} \rightarrow \text{Extremum: Zielfunktion} & \end{array} \quad (32\text{-}36)$$

Die Variablen $\boldsymbol{x}$ und $\boldsymbol{y}$ (Schlupfvariable) sind formal gleichberechtigt und werden in der Tat beim bewährten *Simplexverfahren* so ausgetauscht, dass die Zielfunktion stetig gegen ihr Extremum strebt. Grundlage dieses Verfahrens ist die Erkenntnis, dass die Menge der zulässigen Lösungen ein von m-Hyperebenen begrenztes Polyeder P im $\mathbb{R}^n$ darstellt. Die lineare Zielfunktion nimmt ihr Extremum in mindestens einer Ecke von P an. Im Sonderfall $n = 2$ ist der graphische Lösungsweg durchaus konkurrenzfähig.

Beispiel. Drei Verkaufsstellen, V_1 (12), V_2 (18), V_3 (20), sollen von zwei Depots, D_1 (24), D_2 (26), mit Paletten beliefert werden, wobei in Klammern die erwünschten bez. abgebbaren Stückzahlen notiert sind. Die Entfernung in Kilometern zwischen den Depots und Verkaufsstellen ist in einer Tabelle gegeben:

	V_1	V_2	V_3
D_1	3	8	10
D_2	8	4	12

Gesucht ist eine Verteilung derartig, dass die Summe aller Lieferfahrtstrecken von D_i nach V_j minimal wird. Die insgesamt 6 gesuchten Stückzahlen lassen sich auf zwei unabhängig Veränderliche reduzieren, wobei die Zuordnung von x_1, x_2 zu D_1V_1, D_1V_2 willkürlich und ohne Einfluss auf das Extremalergebnis ist.

Die Zielfunktion folgt aus den Stückzahlen x_1, x_2, y_1 bis y_4 multipliziert mit den jeweiligen Entfernungen zu $z = 3x_1 + 8x_2 + 10(-x_1 - x_2 + 24) + 8(-x_1 + 12) + 4(-x_2 + 18) + 12(-4 + x_1 + x_2)$. Im Bild 32-1 umschreiben die Bedingungen $x_i = 0$ und $y_i = 0$ ein zulässiges Lösungsgebiet. Eine spezielle Zielgerade wird für einen zeichentechnisch günstigen Wert (hier

D_1 nach V_1		x_1			$\geqq 0$
D_1 nach V_2			x_2		$\geqq 0$
D_1 nach V_3	$y_1 =$	$-x_1$	$-x_2$	$+24$	$\geqq 0$
D_2 nach V_1	$y_2 =$	$-x_1$		$+12$	$\geqq 0$
D_2 nach V_2	$y_3 =$		$-x_2$	$+18$	$\geqq 0$
D_2 nach V_3	$y_4 =$	x_1	$+x_2$	-4	$\geqq 0$

$$z = -3x_1 + 6x_2 + 360 \rightarrow \text{Minimum}$$

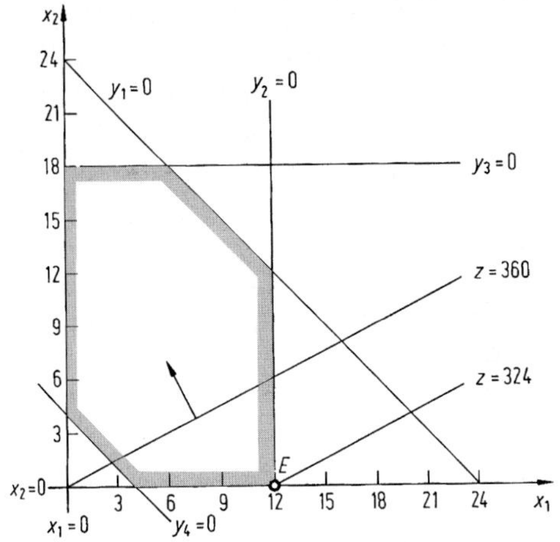

Bild 32-1. Zulässiges Lösungsgebiet mit Minimalpunkt E

$z = 360$) eingetragen; alle Zielgeraden sind parallel zueinander, wobei die Richtung zunehmender z-Werte durch einen Pfeil gekennzeichnet ist. Im Punkt E mit $x_1 = 12, x_2 = 0$ findet man den Minimalwert mit $z_{\mathrm{Min}} = -36 + 360 = 324\,\mathrm{km}$; die dazugehörigen weiteren Stückzahlen sind $y_1 = 12$, $y_2 = 0$, $y_3 = 18$, $y_4 = 8$.

33 Lineare Gleichungssysteme

33.1 Gestaffelte Systeme

Die Lösung von n linearen Gleichungen mit n Unbekannten x_1 bis x_n geht zweckmäßig von einer Matrixdarstellung aus:

$$\boldsymbol{A x} = \boldsymbol{r}\,,$$

$$\boldsymbol{A} = \begin{bmatrix} \boldsymbol{a}^1 \\ \boldsymbol{a}^2 \\ \vdots \\ \boldsymbol{a}^n \end{bmatrix} = \begin{bmatrix} a_{11} & a_{12} & \ldots & a_{1n} \\ a_{21} & a_{22} & \ldots & a_{2n} \\ \vdots & & & \vdots \\ a_{n1} & a_{n2} & \ldots & a_{nn} \end{bmatrix},$$

$$\boldsymbol{r} = \begin{bmatrix} r_1 \\ r_2 \\ \vdots \\ r_n \end{bmatrix}, \quad \boldsymbol{x} = \begin{bmatrix} x_1 \\ x_2 \\ \vdots \\ x_n \end{bmatrix}. \qquad (33\text{-}1)$$

Das Prinzip aller Verfahren besteht darin, das vollbesetzte Koeffizientenschema $\boldsymbol{A}$ durch Transformationen in eine gestaffelte Matrix $\boldsymbol{A}'$ zu überführen derart, dass es eine skalare Gleichung (im folgenden Beispiel die 3.) für nur eine Unbekannte (x_2) gibt, eine zweite Gleichung (im Beispiel die 1.) mit einer weiteren Unbekannten (x_4) und so fort. Durch Umsortieren der Zeilen und Spalten von $\boldsymbol{A}$ tritt die Staffelungsstruktur besonders deutlich hervor, wobei *untere Dreiecksform* $\boldsymbol{L}$ (L steht für lower) und *obere Dreiecksform* $\boldsymbol{U}$ (U steht für upper) gleichermaßen geeignet sind. Für $n = 4$ gilt

$$\boldsymbol{L} = \begin{bmatrix} l_{11} & & & \boldsymbol{O} \\ l_{21} & l_{22} & & \\ l_{31} & l_{32} & l_{33} & \\ l_{41} & l_{42} & l_{43} & l_{44} \end{bmatrix}.$$

$$\boldsymbol{U} = \begin{bmatrix} u_{11} & u_{12} & u_{13} & u_{14} \\ & u_{22} & u_{23} & u_{24} \\ & & u_{33} & u_{34} \\ \boldsymbol{O} & & & u_{44} \end{bmatrix}. \qquad (33\text{-}2)$$

Beispiel. Gestaffeltes Gleichungssystem, $n = 4$.

$$\begin{bmatrix} 0 & 3 & 0 & 5 \\ 1 & -1 & 0 & 2 \\ 0 & 2 & 0 & 0 \\ 2 & 1 & 3 & -1 \end{bmatrix} \begin{bmatrix} x_1 \\ x_2 \\ x_3 \\ x_4 \end{bmatrix} = \begin{bmatrix} 8 \\ 0 \\ 2 \\ 4 \end{bmatrix} = \begin{bmatrix} r_1 \\ r_2 \\ r_3 \\ r_4 \end{bmatrix}.$$

3. Zeile liefert $x_2 = 1$,
1. Zeile liefert $x_4 = (8 - 3x_1)/5 = 1$,
2. Zeile liefert $x_1 = (x_2 - 2x_4) = -1$,
4. Zeile liefert $x_3 = (-2x_1 - x_2 + x_4 + 4)/3 = 2$.

Zeilentausch: $$\begin{bmatrix} 2 & 1 & 3 & -1 \\ 1 & -1 & 0 & 2 \\ 0 & 3 & 0 & 5 \\ 0 & 2 & 0 & 0 \end{bmatrix} \boldsymbol{x} = \begin{bmatrix} r_4 \\ r_2 \\ r_1 \\ r_3 \end{bmatrix}$$

Spaltentausch gibt $\boldsymbol{U}$: $$\begin{bmatrix} 3 & 2 & -1 & 1 \\ 0 & 1 & 2 & -1 \\ 0 & 0 & 5 & 3 \\ 0 & 0 & 0 & 2 \end{bmatrix} \begin{bmatrix} x_3 \\ x_1 \\ x_4 \\ x_2 \end{bmatrix} = \begin{bmatrix} 4 \\ 0 \\ 8 \\ 2 \end{bmatrix};$$

Zeilentausch: $$\begin{bmatrix} 0 & 2 & 0 & 0 \\ 0 & 3 & 0 & 5 \\ 1 & -1 & 0 & 2 \\ 2 & 1 & 3 & -1 \end{bmatrix} \boldsymbol{x} = \begin{bmatrix} r_3 \\ r_1 \\ r_2 \\ r_4 \end{bmatrix}$$

Spaltentausch gibt $\boldsymbol{L}$: $$\begin{bmatrix} 2 & 0 & 0 & 0 \\ 3 & 5 & 0 & 0 \\ -1 & 2 & 1 & 0 \\ 1 & -1 & 2 & 3 \end{bmatrix} \begin{bmatrix} x_2 \\ x_4 \\ x_1 \\ x_3 \end{bmatrix} = \begin{bmatrix} 2 \\ 8 \\ 0 \\ 4 \end{bmatrix}.$$

33.2 Gaußverwandte Verfahren

Bei gegebener Matrix $\boldsymbol{A}$ (1) erhält man die 1. Spalte der $\boldsymbol{U}$-Matrix, indem man in einem 1. Gaußschritt das $(-a_{j1}/a_{11})$-fache der 1. Zeile $\boldsymbol{a}^1$ zur j-ten Zeile $\boldsymbol{a}^j (j = 2$ bis $n)$ hinzufügt. Den Fortschritt der Rechnung für $n = 4$ zeigt Tabelle 33-1.

Die Transformationsmatrizen $\boldsymbol{G}_i$ in Tabelle 33-1 zeichnen sich durch analytisch angebbare Inverse aus,

$$\boldsymbol{G}_i = \boldsymbol{I} - \boldsymbol{q}_i\boldsymbol{e}^i, \quad \boldsymbol{G}_i^{-1} = \boldsymbol{I} + \boldsymbol{q}_i\boldsymbol{e}^i, \qquad (33\text{-}3)$$

da die Produkte $\boldsymbol{q}_i^{\mathrm{T}}\boldsymbol{e}_i$ mit der i-ten Einheitsspalte null sind. Die Transformationskette von $\boldsymbol{A}$ bis $\boldsymbol{U}$ lässt sich demnach durch sukzessive Linksmultiplikation mit $\boldsymbol{G}_k^{-1}$ nach $\boldsymbol{A}$ auflösen, wobei automatisch eine Faktorisierung $\boldsymbol{A} = \boldsymbol{LU}$ auftritt.

Gauß-Transformation von $\boldsymbol{Ax} = \boldsymbol{r}$:

$$\boldsymbol{G}_n \ldots \boldsymbol{G}_1\boldsymbol{A} = \boldsymbol{G}_n \ldots \boldsymbol{G}_1\boldsymbol{r},$$
$$\boldsymbol{G}_n \ldots \boldsymbol{G}_1\boldsymbol{A} = \boldsymbol{U}, \quad \boldsymbol{U} \text{ obere Dreiecksmatrix}. \qquad (33\text{-}4)$$

Auflösen nach $\boldsymbol{A}$ ergibt die *Gauß-Banachiewicz-Zerlegung*:

$$\boldsymbol{A} = \boldsymbol{G}_1^{-1}\boldsymbol{G}_2^{-1} \ldots \boldsymbol{G}_n^{-1}\boldsymbol{U} = \boldsymbol{LU},$$
$$\boldsymbol{L} = \boldsymbol{I} + \sum_{k=1}^{n-1} \boldsymbol{q}_k\boldsymbol{e}^k, \quad \boldsymbol{L} \text{ untere Dreiecksmatrix}. \qquad (33\text{-}5)$$

Tabelle 33-1. Gauß-Transformation für $n = 4$

	Aktuelle Koeffizientenmatrix
Anfangsmatrix $\boldsymbol{A}$	$\boldsymbol{A} = \begin{bmatrix} \boldsymbol{a}^1 \\ \boldsymbol{a}^2 \\ \boldsymbol{a}^3 \\ \boldsymbol{a}^4 \end{bmatrix} = \begin{bmatrix} a_{11} & \dots & a_{14} \\ \vdots & & \vdots \\ a_{41} & \dots & a_{44} \end{bmatrix}.$
Nach 1. Gaußschritt	$\begin{bmatrix} \boldsymbol{a}^1 \\ \boldsymbol{a}^2 - (a_{21}/a_{11})\boldsymbol{a}^1 \\ \boldsymbol{a}^3 - (a_{31}/a_{11})\boldsymbol{a}^1 \\ \boldsymbol{a}^4 - (a_{41}/a_{11})\boldsymbol{a}^1 \end{bmatrix} = \begin{bmatrix} a_{11} & a_{12} & a_{13} & a_{14} \\ 0 & b_{11} & b_{12} & b_{13} \\ 0 & b_{21} & b_{22} & b_{23} \\ 0 & b_{31} & b_{32} & b_{33} \end{bmatrix} = \boldsymbol{G}_1\boldsymbol{A} \quad \text{mit} \quad \boldsymbol{G}_1 = \boldsymbol{I} - \boldsymbol{q}_1\boldsymbol{e}^1.$ $\boldsymbol{q}_1^{\mathrm{T}} = \begin{bmatrix} 0 & \frac{a_{21}}{a_{11}} & \frac{a_{31}}{a_{11}} & \frac{a_{41}}{a_{11}} \end{bmatrix}, \quad \boldsymbol{e}^1 = [1 \quad 0 \quad 0 \quad 0].$
Nach 2. Gaußschritt	$\begin{bmatrix} \boldsymbol{a}^1 & \\ 0 & \boldsymbol{b}^1 \\ 0 & \boldsymbol{b}^2 - (b_{21}/b_{11})\boldsymbol{b}^1 \\ 0 & \boldsymbol{b}^3 - (b_{31}/b_{11})\boldsymbol{b}^1 \end{bmatrix} = \begin{bmatrix} a_{11} & a_{12} & a_{13} & a_{14} \\ 0 & b_{11} & b_{12} & b_{13} \\ 0 & 0 & c_{11} & c_{12} \\ 0 & 0 & c_{21} & c_{22} \end{bmatrix} = \boldsymbol{G}_2\boldsymbol{G}_1\boldsymbol{A} \quad \text{mit} \quad \boldsymbol{G}_2 = \boldsymbol{I} - \boldsymbol{q}_2\boldsymbol{e}^2.$ $\boldsymbol{q}_2^{\mathrm{T}} = \begin{bmatrix} 0 & 0 & \frac{b_{21}}{b_{11}} & \frac{b_{31}}{b_{11}} \end{bmatrix}, \quad \boldsymbol{e}^2 = [0 \quad 1 \quad 0 \quad 0].$
Nach 3. Gaußschritt	$\begin{bmatrix} \boldsymbol{a}^1 & & \\ 0 & \boldsymbol{b}^1 & \\ 0 & 0 & \boldsymbol{c}^1 \\ 0 & 0 & \boldsymbol{c}^2 - (c_{21}/c_{11})\boldsymbol{c}^1 \end{bmatrix} = \begin{bmatrix} a_{11} & a_{12} & a_{13} & a_{14} \\ 0 & b_{11} & b_{12} & b_{13} \\ 0 & 0 & c_{11} & c_{12} \\ 0 & 0 & 0 & d_{11} \end{bmatrix} = \boldsymbol{G}_3\boldsymbol{G}_2\boldsymbol{G}_1\boldsymbol{A} \quad \text{mit} \quad \boldsymbol{G}_3 = \boldsymbol{I} - \boldsymbol{q}_3\boldsymbol{e}^3.$ $\boldsymbol{q}_3^{\mathrm{T}} = \begin{bmatrix} 0 & 0 & 0 & \frac{c_{21}}{c_{11}} \end{bmatrix}, \quad \boldsymbol{e}^3 = [0 \quad 0 \quad 1 \quad 0].$

Die Determinante von $\boldsymbol{A}$ ist das Produkt der Determinanten von $\boldsymbol{L}$ und $\boldsymbol{U}$:

$$\boldsymbol{A} = \boldsymbol{LU} \rightarrow A = \det \boldsymbol{A} = \prod_{k=1}^{n} l_{kk}\, u_{kk} \,. \tag{33-6}$$

Das Wissen von der Existenz der Zerlegung von $\boldsymbol{A}$ hat zu verschiedenen direkten numerischen Zugängen zu $\boldsymbol{L}$ und $\boldsymbol{U}$ geführt.

$$\boldsymbol{A} = \boldsymbol{LDU} \text{ mit } l_{kk} = u_{kk} = 1 \text{ und } \boldsymbol{D} = \operatorname{diag}(d_{kk}) \,. \tag{33-7}$$

Doolittle-Algorithmus: Abwechselndes Berechnen der Zeilen $\boldsymbol{u}^k$ und Spalten $\boldsymbol{l}_k$.

Crout-Zerlegung. $\boldsymbol{A} = \boldsymbol{LU}$ mit $u_{kk} = 1$.

Symmetrische Matrizen $\boldsymbol{A} = \boldsymbol{A}^{\mathrm{T}}$ lassen sich symmetrisch zerlegen:

$$\boldsymbol{A} = \boldsymbol{LDL}^{\mathrm{T}} \text{ mit } l_{kk} = 1 \text{ und } \boldsymbol{D} = \operatorname{diag}(d_{kk}) \,. \tag{33-8}$$

$$\textit{Cholesky-Zerlegung}: \boldsymbol{A} = \boldsymbol{LL}^{\mathrm{T}} \,. \tag{33-9}$$

Die Cholesky-Zerlegung (33-9) erfordert Wurzelziehen und gelingt ohne Modifikation nur bei positiv definiten Matrizen. Die Variante (33-8) vermeidet beide Nachteile.

Determinantenberechnung für $\boldsymbol{A} = \boldsymbol{A}^{\mathrm{T}}$:

$$\boldsymbol{A} = \boldsymbol{LDL}^{\mathrm{T}} \rightarrow A = \prod_{k=1}^{n} d_{kk} \,.$$

Falls alle $d_{kk} > 0$, ist $\boldsymbol{A}$ positiv definit.

$$\boldsymbol{A} = \boldsymbol{LL}^{\mathrm{T}} \rightarrow A = \prod_{k=1}^{n} l_{kk}^2 \,. \tag{33-10}$$

Die Zerlegung $\boldsymbol{A} = \boldsymbol{LDL}^{\mathrm{T}}$ erfolgt zeilenweise, beginnend mit d_{11}, l_{12} bis l_{1n}, d_{22}, l_{23} bis l_{2n} und so fort. Die Zerlegung $\boldsymbol{A} = \boldsymbol{LL}^{\mathrm{T}}$ mit l_{kk} anstelle von d_{kk} geschieht ebenso mit der ersten typischen Wurzel $l_{11} = \sqrt{a_{11}}$.

Beispiel. Für die Matrix $\boldsymbol{A} = \boldsymbol{A}^{\mathrm{T}}$ bestimme man die Zerlegung $\boldsymbol{A} = \boldsymbol{LDL}^{\mathrm{T}}$ und prüfe die Definitheit. Für eine Matrix $\boldsymbol{B} = \boldsymbol{B}^{\mathrm{T}}$ wird die Cholesky-Zerlegung gesucht.

$$\boldsymbol{A} = \begin{bmatrix} 2 & 2 & 4 \\ 2 & 0 & 1 \\ 4 & 1 & 3 \end{bmatrix},$$

$$\boldsymbol{LDL}^{\mathrm{T}} = \begin{bmatrix} 1 & & \\ 1 & 1 & \\ 2 & 1{,}5 & 1 \end{bmatrix} \begin{bmatrix} 2 & & \\ & -2 & \\ & & -0{,}5 \end{bmatrix} \begin{bmatrix} 1 & 1 & 2 \\ & 1 & 1{,}5 \\ & & 1 \end{bmatrix}.$$

Infolge verschiedener Vorzeichen der Elemente d_{kk} von $\boldsymbol{D}$ ist $\boldsymbol{A}$ indefinit.

$$\boldsymbol{B} = \begin{bmatrix} 2 & 2 & 4 \\ 2 & 3 & 3 \\ 4 & 3 & 12 \end{bmatrix} = \boldsymbol{LL}^{\mathrm{T}}, \quad \boldsymbol{L} = \begin{bmatrix} \sqrt{2} & & \\ \sqrt{2} & 1 & \\ 2\sqrt{2} & -1 & \sqrt{3} \end{bmatrix}.$$

Infolge der Möglichkeit der Cholesky-Zerlegung im Reellen ist $\boldsymbol{B}$ positiv definit.

Die unsymmetrische Koeffizientenmatrix $\boldsymbol{A} \neq \boldsymbol{A}^{\mathrm{T}}$ einer Gleichung $\boldsymbol{Ax} = \boldsymbol{r}$ wird durch Linksmultiplikation von links mit $\boldsymbol{A}^{\mathrm{T}}$ symmetrisch:

$$\boldsymbol{A}^{\mathrm{T}}\boldsymbol{Ax} = \boldsymbol{A}^{\mathrm{T}}\boldsymbol{r}, \quad \boldsymbol{S} = \boldsymbol{A}^{\mathrm{T}}\boldsymbol{A} = \boldsymbol{S}^{\mathrm{T}}.$$

Der Aufwand zur Berechnung von $\boldsymbol{S} = \boldsymbol{A}^{\mathrm{T}}\boldsymbol{A}$ und die Konditionsverschlechterung von $\boldsymbol{S}$ gegenüber $\boldsymbol{A}$ sprechen allerdings gegen diese Maßnahme.
Die Zerlegungen $\boldsymbol{A} = \boldsymbol{LDU}$ oder $\boldsymbol{A} = \boldsymbol{LDL}^{\mathrm{T}}$ für $\boldsymbol{A} = \boldsymbol{A}^{\mathrm{T}}$ führen bei der Lösung von Gleichungssystemen auf natürliche Art zu einer Strategie der *Vorwärts- und Rückwärtselimination*:

$\boldsymbol{Ax} = \boldsymbol{r}, \quad \boldsymbol{A} = \boldsymbol{A}^{\mathrm{T}}.$

$\boldsymbol{LDL}^{\mathrm{T}}\boldsymbol{x} = \boldsymbol{r}$ wird aufgeteilt in
$\boldsymbol{Ly} = \boldsymbol{r}$, „Vorwärts"-Berechnung der Hilfsgrößen y_1 bis y_n, und
$\boldsymbol{L}^{\mathrm{T}}\boldsymbol{x} = \boldsymbol{D}^{-1}\boldsymbol{y}$, „Rückwärts"-Berechnung der Unbekannten x_n bis x_1.

$$\boldsymbol{Ax} = \boldsymbol{r}, \quad \boldsymbol{A} \neq \boldsymbol{A}^{\mathrm{T}}. \tag{33-11}$$

$\boldsymbol{LDUx} = \boldsymbol{r}$ wird aufgeteilt in
$\boldsymbol{Ly} = \boldsymbol{r}$, „Vorwärts"-Berechnung y_1 bis y_n, und
$\boldsymbol{Ux} = \boldsymbol{D}^{-1}\boldsymbol{y}$, „Rückwärts"-Berechnung x_n bis x_1.

Pivotstrategien. Die schrittweise Überführung einer Matrix $\boldsymbol{A}$ in die faktorisierte Form weist den Hauptdiagonalelementen a_{kk}, b_{kk}, c_{kk} und so fort in Tabelle 33-1 und damit auch in (33-7) und (33-8) eine besondere Bedeutung zu. Sie sind „Drehpunkte" der Elimination oder auch die sogenannten Pivotelemente. Sind sie numerisch null, bricht die Rechnung zusammen; dabei ist zu beachten, dass der wahre Wert null in der Regel nur sehr unvollkommen durch die Numerik wiedergegeben wird. Zugunsten der numerischen Stabilität sollten die Beträge der Pivotelemente möglichst groß sein. Im 1. Gaußschritt wählt man deshalb das betragsgrößte Element aller a_{ij} zum Drehpunkt, im 2. Gaußschritt das betragsgrößte b_{ij} und so fort.

Zerlegung modifizierter Matrizen. Im Zuge des Entwurfs eines technischen Systems mit der algebraischen Beschreibung $\boldsymbol{Ay} = \boldsymbol{r}$ ist die Änderung des Systems, die zu einer neuen Matrix $\boldsymbol{B}$ und unveränderter rechter Seite führt, ein Standardproblem. Unterscheiden sich $\boldsymbol{A}$ und $\boldsymbol{B}$ nur in einer Dyade $\boldsymbol{bc}^{\mathrm{T}}$, geht man wie folgt vor.

Gegeben:

$$\boldsymbol{Ay} = \boldsymbol{r} \text{ mit } \boldsymbol{A} = \boldsymbol{LDU},\ \boldsymbol{r},\ \boldsymbol{y}. \tag{33-12}$$

Gesucht:

Lösung $\boldsymbol{x}$ für $\boldsymbol{Bx} = \boldsymbol{r}$ mit $\boldsymbol{B} = \boldsymbol{A} - \boldsymbol{bc}^{\mathrm{T}}$.

$$\boldsymbol{x} = \boldsymbol{y} + \frac{\boldsymbol{c}^{\mathrm{T}}\boldsymbol{y}}{1 - \boldsymbol{c}^{\mathrm{T}}\boldsymbol{h}}\boldsymbol{h}, \quad \text{mit Hilfsspalte} \tag{33-13}$$

$\boldsymbol{h}$ aus $\boldsymbol{Ah} = \boldsymbol{b}$ (Zerlegung von $\boldsymbol{A}$ siehe oben).

Gleichung (33-12) kann bei bekannter Matrix $\boldsymbol{A}^{-1}$ auch zur expliziten Darstellung der Inversen von $\boldsymbol{B} = \boldsymbol{A} - \boldsymbol{bc}^{\mathrm{T}}$ genutzt werden:

$$\boldsymbol{B} = \boldsymbol{A} - \boldsymbol{bc}^{\mathrm{T}}. \quad \boldsymbol{B}^{-1} = \boldsymbol{A}^{-1} + \frac{\boldsymbol{A}^{-1}\boldsymbol{bc}^{\mathrm{T}}\boldsymbol{A}^{-1}}{1 - \boldsymbol{c}^{\mathrm{T}}\boldsymbol{A}^{-1}\boldsymbol{b}}. \tag{33-14}$$

Die ist die in der Strukturmechanik wohlbekannte *Morrison-Formel*.

Beispiel. Das Problem $\boldsymbol{Ay} = \boldsymbol{r}$ mit

$$\boldsymbol{A} = \boldsymbol{LL}^{\mathrm{T}} = \begin{bmatrix} 1 & 1 & 1 & 0 \\ 1 & 2 & 0 & 1 \\ 1 & 0 & 3 & 1 \\ 0 & 1 & 1 & 6 \end{bmatrix}, \quad \boldsymbol{L} = \begin{bmatrix} 1 & & & \\ 1 & 1 & & \\ 1 & -1 & 1 & \\ 0 & 1 & 2 & 1 \end{bmatrix},$$

$$\boldsymbol{y} = \begin{bmatrix} 2 \\ 1 \\ 0 \\ -1 \end{bmatrix}, \quad \boldsymbol{r} = \begin{bmatrix} 3 \\ 3 \\ 1 \\ -5 \end{bmatrix},$$

ist gegeben, ebenso die Störung mit

$$c^T = b^T = \begin{bmatrix} 0 & 1 & 0 & -1 \end{bmatrix} .$$

Gesucht ist die Lösung $\boldsymbol{x}$ der modifizierten Aufgabe $(\boldsymbol{A} - \boldsymbol{b}\boldsymbol{b}^T)\boldsymbol{x} = \boldsymbol{r}$. Aus Vorwärtselimination $\boldsymbol{L}\boldsymbol{z} = \boldsymbol{b}$ folgt $\boldsymbol{z}$ und aus Rückwärtselimination $\boldsymbol{L}^T\boldsymbol{h} = \boldsymbol{z}$ folgt $\boldsymbol{h}$.

$$\boldsymbol{z}^T = \begin{bmatrix} 0 & 1 & 1 & -4 \end{bmatrix}, \quad \boldsymbol{h}^T = \begin{bmatrix} -23 & 14 & 9 & -4 \end{bmatrix} .$$

$$\boldsymbol{b}^T\boldsymbol{y} = 2 , \quad \boldsymbol{b}^T\boldsymbol{h} = 18 .$$

$$\boldsymbol{x}^T = \begin{bmatrix} 2 & 1 & 0 & -1 \end{bmatrix} + \frac{2}{-17}\begin{bmatrix} -23 & 14 & 9 & -4 \end{bmatrix} .$$

$$\boldsymbol{x}^T = \begin{bmatrix} 80 & -11 & -18 & -9 \end{bmatrix}/17 .$$

33.3 Überbestimmte Systeme

Stehen für die Berechnung von n Unbekannten x_1 bis x_n mehr als n untereinander gleichberechtigte Bestimmungsgleichungen zur Verfügung, so sind diese nur in einem gewissen ausgewogenen Mittel möglichst gut erfüllbar derart, dass das Defekt oder Residuenquadrat bezüglich $\boldsymbol{x}$ minimal wird.

Gegeben $\boldsymbol{A}$, $\boldsymbol{r}$.
Gesucht $\boldsymbol{x}$.

$$\boldsymbol{x} = \begin{bmatrix} x_1 \\ \vdots \\ x_n \end{bmatrix}, \quad \boldsymbol{A} = \begin{bmatrix} a_{11} & \dots & a_{1n} \\ \vdots & & \vdots \\ a_{m1} & \dots & a_{mn} \end{bmatrix}, \quad \boldsymbol{r} = \begin{bmatrix} r_1 \\ \vdots \\ r_m \end{bmatrix} .$$

$$\boldsymbol{A}\boldsymbol{x} = \boldsymbol{r}, \; m > n .$$

Defekt $\boldsymbol{d} = \boldsymbol{A}\boldsymbol{x} - \boldsymbol{r}$.

Gauß-Ausgleich:

$$\underset{\boldsymbol{x}}{\operatorname{grad}}(\boldsymbol{d}^T\boldsymbol{d}) \overset{!}{=} \boldsymbol{o}$$

bestimmt die *Normalgleichung*:

$$\boldsymbol{A}^T\boldsymbol{A}\boldsymbol{x} = \boldsymbol{A}^T\boldsymbol{r} , \quad \boldsymbol{A}^T\boldsymbol{A} = (\boldsymbol{A}^T\boldsymbol{A})^T . \qquad (33\text{-}15)$$

Die Koeffizientenmatrix $\boldsymbol{A}^T\boldsymbol{A}$ in (33-15) ist symmetrisch, doch ist die Kondition der quasi-quadrierten Matrix schlecht, sodass eine Transformation von $\boldsymbol{A}$ zur oberen Dreiecksform $\boldsymbol{R} = \boldsymbol{Q}\boldsymbol{A}$ nach (33-16) mithilfe einer normerhaltenden Methode – Spiegelung oder *Householder-Transformation* – empfohlen wird.

Gegeben

$$\begin{bmatrix} a_{11} & \dots & a_{1n} \\ \vdots & & \vdots \\ \\ a_{m1} & \dots & a_{mn} \end{bmatrix} \begin{bmatrix} x_1 \\ \vdots \\ x_n \end{bmatrix} = \begin{bmatrix} r_1 \\ \vdots \\ \\ r_m \end{bmatrix}, \quad \boldsymbol{A}\boldsymbol{x} = \boldsymbol{r} . \qquad (33\text{-}16)$$

Gesucht

$$\begin{bmatrix} r_{11} & \dots & r_{1n} \\ & \ddots & \vdots \\ \boldsymbol{O} & & r_{mn} \\ \hline & \boldsymbol{O} & \end{bmatrix} \begin{bmatrix} x_1 \\ \vdots \\ x_n \end{bmatrix} = \begin{bmatrix} c_1 \\ \vdots \\ c_n \\ \hline c_{n+1} \\ c_m \end{bmatrix}, \quad \begin{array}{l} \boldsymbol{R}\boldsymbol{x} = \boldsymbol{c} , \\ \boldsymbol{R} = \boldsymbol{Q}\boldsymbol{A} , \\ \boldsymbol{c} = \boldsymbol{Q}\boldsymbol{r} , \end{array}$$

mit Erhaltung der Spaltennormen

$$r_{11}^2 = \sum_{k=1}^{m} a_{k1}^2 , \quad r_{12}^2 + r_{22}^2 = \sum_{k=1}^{m} a_{k2}^2 \quad \text{usw} . \qquad (33\text{-}17)$$

und der speziellen Transformationseigenschaft

$$\boldsymbol{Q} = \prod_{i=1}^{n} \boldsymbol{Q}_i , \quad \boldsymbol{Q}_k\boldsymbol{Q}_k = \boldsymbol{I} , \qquad (33\text{-}18)$$

Normalgleichung

$$\boldsymbol{R}_{nn}\boldsymbol{x} = \boldsymbol{c}_n , \quad \boldsymbol{R}_{nn} \text{ oberes Dreieck} . \qquad (33\text{-}19)$$

Die Orthogonaleigenschaft $\boldsymbol{Q}_k\boldsymbol{Q}_k = \boldsymbol{I}$ wird erfüllt durch die *Householder-Transformation*.

$$\boldsymbol{Q} = \boldsymbol{I} - 2\frac{\boldsymbol{w}\boldsymbol{w}^T}{\boldsymbol{w}^T\boldsymbol{w}} \quad \text{mit} \quad \boldsymbol{Q}^2 = \boldsymbol{I} . \qquad (33\text{-}20)$$

1. Householder-Schritt $\boldsymbol{Q}_1\boldsymbol{a}_1 \overset{!}{=} r_{11}\boldsymbol{e}_1$.

$$\boldsymbol{a}_1 - 2\frac{\boldsymbol{w}_1^T\boldsymbol{a}_1}{\boldsymbol{w}_1^T\boldsymbol{w}_1}\boldsymbol{w}_1 \overset{!}{=} r_{11}\boldsymbol{e}_1 , \quad r_{11}^2 = \sum_{k=1}^{m} a_{k1}^2 ,$$

Richtung von $\boldsymbol{w}_1 = \boldsymbol{a}_1 - r_{11}\boldsymbol{e}_1$.

Beispiel. Für $\boldsymbol{a}_1^T = [\,1 \;\; 2 \;\; 3 \;\; 1 \;\; 2\,]$ bestimme man $\boldsymbol{Q}_1$.

$$r_{11}^2 = (1 + 4 + 9 + 1 + 4) = 19 .$$

$$\boldsymbol{w}_1^T = [(1 - \sqrt{19}) \quad 2 \quad 3 \quad 1 \quad 2] .$$

$$\boldsymbol{Q}_1 = \boldsymbol{I} - \frac{1}{19 - \sqrt{19}}\boldsymbol{w}_1\boldsymbol{w}_1^T .$$

33.4 Testmatrizen

Zum Test vorliegender Rechenprogramme eignen sich Matrizen mit einfach angebbaren Elementen a_{ij}

und ebensolchen Elementen b_{ij} der zugehörigen Inversen, die man spaltenweise ($\boldsymbol{b}_k$) als Lösung einer rechten Einheitsspalte $\boldsymbol{r} = \boldsymbol{e}_k$ auffassen kann.

$$\boldsymbol{A}\boldsymbol{b}_k = \boldsymbol{e}_k\,, \quad \boldsymbol{B} = [\boldsymbol{b}_1 \ldots \boldsymbol{b}_n] = \boldsymbol{A}^{-1}\,. \tag{33-21}$$

Interessant sind speziell Matrizen mit unangenehmen numerischen Eigenschaften, was sich in einer großen Konditionszahl κ ausdrückt; siehe auch [1] und Tabelle 33-2.

$$\kappa = \frac{|\lambda_{\max}|}{|\lambda_{\min}|}\,, \quad \lambda \quad \text{Eigenwerte der Matrix} \quad \boldsymbol{A}\,,$$
$$\kappa_{\text{optimal}} = 1\,, \quad \det \boldsymbol{A} \neq 0\,. \tag{33-22}$$

Tabelle 33-2. Testmatrizen der Ordnung n

Name	Elemente a_{ij} der Ausgangsmatrix $\boldsymbol{A}$ Elemente b_{ij} der Inversen $\boldsymbol{B} = \boldsymbol{A}^{-1}$.
Dekker $\boldsymbol{A} := \boldsymbol{D}$	$a_{ij} = \frac{n}{i+j-1}\binom{n+i-1}{i-1}\binom{n-1}{n-j}$. $b_{ij} = (-1)^{i+j}a_{ij}\,. \quad \chi > \left(\frac{2^{3n}}{13n}\right)^2$.
Hilbert $\boldsymbol{A} := \boldsymbol{H}$	$a_{ij} = 1/(i+j-1)$ $b_{ij} = (-1)^{i+j}a_{ij}q_i q_j$, $q_k = \frac{(n+k-1)!}{(k-1)!^2(n-k)!}$.
Zielke $\boldsymbol{A} := \boldsymbol{Z}$	$\boldsymbol{A} = \boldsymbol{C} - \boldsymbol{e}_n\boldsymbol{e}^n + \boldsymbol{E}$, $e_{ij}\begin{cases} 1 & \text{für} \quad i+j \leqq n \\ 0 & \text{für} \quad i+j > n \end{cases}$ c beliebiger Skalar, $c_{ij} = c\,. \quad \chi \sim 2nc^2$. $b_{ij}\begin{cases} b_{11} = -c\,, \quad b_{nn} = -c-1 \\ b_{1n} = b_{n1} = c \\ 1 \quad \text{für} \quad i+j=n \\ -1 \quad \text{für} \quad i+j=n+1 \quad \text{mit} \quad i,j \neq n \\ 0 \quad \text{sonst.} \end{cases}$

Beispiel. Für $n = 4$ werden die Testmatrizen explizit angegeben.

$$\boldsymbol{D}_4 = \begin{bmatrix} 4 & 6 & 4 & 1 \\ 10 & 20 & 15 & 4 \\ 20 & 45 & 36 & 10 \\ 35 & 84 & 70 & 20 \end{bmatrix},$$

$$\boldsymbol{D}_4^{-1} = \begin{bmatrix} 4 & -6 & 4 & -1 \\ -10 & 20 & -15 & 4 \\ 20 & -45 & 36 & -10 \\ -35 & 84 & -70 & 20 \end{bmatrix}.$$

$$\boldsymbol{H}_4 = \begin{bmatrix} 1/1 & 1/2 & 1/3 & 1/4 \\ 1/2 & 1/3 & 1/4 & 1/5 \\ 1/3 & 1/4 & 1/5 & 1/6 \\ 1/4 & 1/5 & 1/6 & 1/7 \end{bmatrix},$$

$$\boldsymbol{H}_4^{-1} = \begin{bmatrix} 16 & -120 & 240 & -140 \\ -120 & 1200 & -2700 & 1680 \\ 240 & -2700 & 6480 & -4200 \\ -140 & 1680 & -4200 & 2800 \end{bmatrix}.$$

$$\boldsymbol{Z}_4 = \begin{bmatrix} c+1 & c+1 & c+1 & c \\ c+1 & c+1 & c & c \\ c+1 & c & c & c \\ c & c & c & c-1 \end{bmatrix},$$

$$\boldsymbol{Z}_4^{-1} = \begin{bmatrix} -c & 0 & 1 & c \\ 0 & 1 & -1 & 0 \\ 1 & -1 & 0 & 0 \\ c & 0 & 0 & -c-1 \end{bmatrix}.$$

34 Nichtlineare Gleichungen

34.1 Fixpunktiteration, Konvergenzordnung

Die Berechnung der Nullstellen x nichtlinearer Funktionen $f(x) = 0$ lässt sich stets auch als Abbildung von x mittels einer zugeordneten Funktion $F(x)$ in sich selbst formulieren.

$$x = F(x) \leftrightarrow f(x) = 0\,, \tag{34-1}$$
$$\text{allgemein: } F(x) = x + \lambda(x)f(x)\,, \lambda(x) \neq 0\,.$$

In der Regel gibt es bei gegebenem $f(x)$ mehrere zugeordnete Funktionen $F(x)$.

Beispiel 1: Für $f(x) = x^2 - 4x + 3 = 0$ erhält man über verschiedene Auflösungsmöglichkeiten nach x folgende zugeordnete Darstellungen $x = F(x)$:

$$F_1(x) = (x^2+3)/4\,, \quad F_2(x) = 4 - 3/x\,,$$
$$F_3(x) = 3/(4-x)\,.$$

Fixpunktiteration ist eine Interpretation der Zuordnung (34-1) derart, dass ein Startwert ξ_0 so lange der Abbildung

$$\xi_{k+1} = F(\xi_k)\,, \quad k = 0, 1, 2, \ldots\,, \tag{34-2}$$

unterworfen wird, bis ξ_{k+1} und $F(\xi_{k+1})$ numerisch ausreichend übereinstimmen und mit $\xi_k = x$ eine

Nullstelle $f(x) = 0$ vorliegt; formal spricht man in dieser besonderen Situation von ξ_k als einem Fixpunkt der Abbildung $x \to F(x)$. Die Konvergenz der Folge (34-2) gegen eine Nullstelle $x = \xi_k$ der Funktion $f(x)$ ist gesichert, falls der Betrag der Steigung von F, also $|F' = \mathrm{d}F/\mathrm{d}\xi|$, kleiner ist als der Betrag der Steigung der linken Seite in (34-2), nämlich $\mathrm{d}\xi/\mathrm{d}\xi = 1$; siehe Bild 34-1.

Konvergenz der Iteration

$$\xi_{k+1} = F(\xi_k) \quad \text{für} \quad |F'| < 1 : \tag{34-3}$$

F ist kontrahierende Abbildung .

In der Theorie der Normen hat F' die Bedeutung einer *Lipschitz-Konstanten L.*

$$\frac{\|F(\xi_{k+1}) - F(\xi_k)\|}{\|\xi_{k+1} - \xi_k\|} \leqq L \, . \tag{34-4}$$

Die Konvergenz hängt durchaus ab von der Art der $f(x)$ zugeordneten Funktion $F(x)$.

Beispiel 1, *Fortsetzung*: Die Konvergenzbereiche der Abbildungen F_i sind unterschiedlich.

F_i	$\frac{3+\xi^2}{4}$	$4-\frac{3}{\xi}$	$\frac{3}{4-\xi}$
F_i'	$\xi/2$	$3/\xi^2$	$3/(4-\xi)^2$
$\|F_i'\| < 1$ für	$\xi^2 < 4$	$\xi^2 > 3$	$\xi < 4-\sqrt{3}$ $\xi > 4+\sqrt{3}$

Bei dem Startwert $\xi_0 = 5/2$ kann demnach nur die Version $F_2 = 4-3/\xi$ erfolgreich sein. Folgende Tabelle belegt die, wenn auch langsame, Konvergenz gegen die Nullstelle $x = 3$

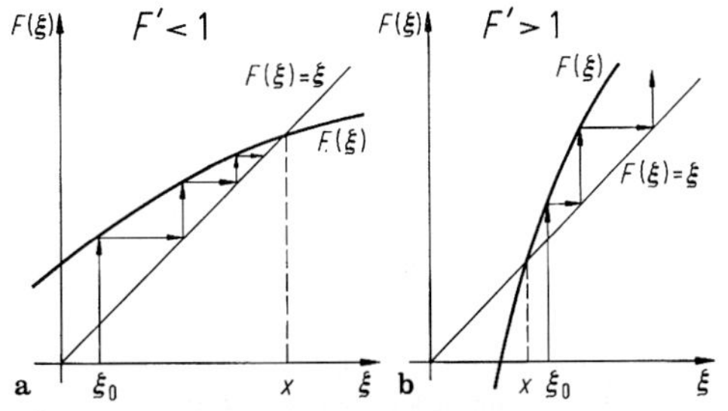

Bild 34-1. Iterationsfolge $\xi_{k+1} = F(\xi_k)$. **a** konvergent; **b** divergent

k	0	1	2	3	4	5
ξ_k	2,500	2,800	2,929	2,976	2,992	2,997
$\boldsymbol{K}_k = \frac{\|\xi_{k+1}-3\|}{\|\xi_k-3\|}$	0,40	0,35	0,34	0,33	0,33	–

Als Maß für die Konvergenzgeschwindigkeit dient der *Konvergenzquotient*

$$\frac{|\xi_{k+1} - x|}{|\xi_k - x|^p} = K_k \, , \tag{34-5}$$

ξ_k Iterierte , x Nullstelle $f(x) = 0$,

p Konvergenzordnung ,

der bei ausreichend hoher Iterationsstufe k und passendem Exponenten p gegen einen Grenzwert K konvergiert. Im Sonderfall $p = 1$ lässt sich $K = K(F')$ als Funktion der Abbildung F formulieren.

$$p = 1 : K = |F'(x)| < 1 \, .$$

$$p > 1 : K \leqq \frac{1}{p!} \max |F^{(p)}(\xi)| \, , \quad |F'(\xi)| < 1 \, . \tag{34-6}$$

Im obigen Beispiel stellt man in der Tat für $p = 1$ eine recht schnelle Konvergenz der Quotienten K_k gegen 0,33 fest; ein Wert, der mit $F' = 3/\xi^2 = 3/9$ hinreichend übereinstimmt.

34.2 Spezielle Iterationsverfahren

In der Regel wird man sich bei der Suche nach Nullstellen x einer Funktion $f(x)$ vorweg einen groben Eindruck vom ungefähren Funktionsverlauf verschaffen, wobei x-Intervalle $I = [a, b]$ mit wechselndem Vorzeichen der Funktionen auftreten werden ($f(a)f(b) < 0$). Aus Stetigkeitsgründen liegt in einem solchen Intervall mindestens eine Nullstelle $f(x) = 0$. **Intervallschachtelung**, auch Bisektion genannt, ist ein Verfahren, das den Funktionswert $f(\xi_k)$ in Intervallmitte $\xi_k = (a + b)/2$ nutzt, um das aktuelle Intervall zu halbieren. Falls $f(a)f(\xi_k) < 0$, wiederholt man die Prozedur für $I = [a, \xi_k]$, ansonsten für $I = [\xi_k, b]$.

Intervallschachtelung.

Startintervall $I = [a, b]$ mit $f(a)f(b) < 0$,

ξ_k Intervallmittelpunkt nach k-Halbierungen.

x gesuchte Nullstelle mit $f(x) = 0$.

A-priori-Fehlerabschätzung:

$$|\xi_k - x| \leqq \frac{b-a}{2^{k+1}}, \quad k = 0, 1, 2, \ldots \tag{34-7}$$

Konvergenzordnung $p = 1$.

Regula falsi ist eine Variante, die ebenfalls ein Startintervall $I = [a, b]$ mit $f(a)f(b) < 0$ benötigt, den Zwischenwert ξ_k des nächstkleineren Intervalls jedoch durch lineare Interpolation bestimmt:

Regula falsi.

Startintervall

$I = [a, b]$ mit $f(a)f(b) < 0$,

Zwischenwert

$$\xi_k = \frac{af(b) - bf(a)}{f(b) - f(a)} . \tag{34-8}$$

Konvergenzordnung

$p = 1$ falls $f'(x), f''(x) \neq 0$.

Durch zusätzliche Entscheidungen lässt sich die Regula falsi in der Form der *Pegasusmethode* zur Konvergenzordnung $p = 1{,}642$ verbessern.

Sekantenmethode heißt eine Alternative zur Intervallschachtelung, die unabhängig von den Vorzeichen $f(a)$, $f(b)$ zweier Startwerte $\xi_{k-1} = a$, $\xi_k = b$ durch lineare Interpolation eine Näherungs-Nullstelle ξ_{k+1} liefert. Durch Wiederholung des Vorganges mit ξ_{k+1} und ξ_k oder ξ_{k-1} gelangt man zu einer Nullstelle x, falls die monotone Abnahme der Folge $|f(\xi_k)|$ garantiert ist.

Sekantenmethode:

Startpaare

$[\xi_{k-1}, f_{k-1} = f(\xi_{k-1})]$, $[\xi_k, f_k = f(\xi_k)]$.

Interpolation

$$\xi_{k+1} = \xi_k - f_k \frac{\xi_k - \xi_{k-1}}{f_k - f_{k-1}} . \tag{34-9}$$

Konvergenzordnung

$p = (1 + \sqrt{5})/2 = 1{,}618$, falls $f'(x), f''(x) \neq 0$.

Newton-Verfahren. Diese Iteration zur Bestimmung einer Nullstelle von f wird gerne benutzt für den Fall, dass die Ableitung $\mathrm{d}f/\mathrm{d}x = f'$ problemlos zu beschaffen ist. Durch lineare Approximation der Funktion $f(\xi_k)$ im aktuellen Näherungswert ξ_k mittels ihrer Tangente (lineare Taylor-Entwicklung im Punkt ξ_k) erhält man eine Folge

$$\xi_{k+1} = \xi_k - \frac{f(\xi_k)}{f'(\xi_k)} . \tag{34-10}$$

Konvergenzordnung $p \geqq 2$, falls $f'(x) \neq 0$.

Falls ξ_n bereits ein guter Näherungswert ist, dann verkürztes *Newton-Verfahren*

mit $p = 1$:

$$\xi_{k+1} = \xi_k - \frac{f(\xi_k)}{f'(\xi_n)} , \quad k \geqq n . \tag{34-11}$$

Deflation. Bei bekanntem x_1 mit $f(x_1) = 0$ möchte man bei der Suche nach einer weiteren Nullstelle x_2 nicht abermals auf x_1 zusteuern.

Mittels Division der Originalfunktion $f(x)$ durch $x - x_1$ erzeugt man eine modifizierte Form $\bar{f} = f/(x - x_1)$, die bei $x = x_1$ eine Polstelle besitzt. Bei Polynomfunktionen ist diese Division us Genauigkeitsgründen auf keinen Fall tatsächlich durchzuführen; vielmehr verbleibt die Differenz $(x - x_1)$ explizit im Iterationsprozess z. B. des Newton-Verfahrens:

Newton-Iteration für die $(n + 1)$-te Nullstelle x_{n+1} bei bekannten Nullstellen x_1 bis x_n:

$$\xi_{k+1} = \xi_k - \left\{ \frac{f'(\xi_k)}{f(\xi_k)} - \sum_{i=1}^{n} (\xi_k - x_i)^{-1} \right\}^{-1} ,$$

$$\xi_k \to x_{n+1} . \tag{34-12}$$

Horner-Schema. Die Berechnung der Funktionswerte $P(\xi)$ und $P'(\xi)$ eines Polynoms $P(x)$, z. B. im Rahmen des Newton-Verfahrens, kann sehr effektiv nach Horner in rekursiver Art erfolgen.

Gegeben:

$$P_n(x) = a_0 x^n + \ldots + a_{n-1}x + a_n, \; a_0 \neq 0 .$$

Gesucht: $P_n(\xi)$, $P_n'(\xi)$, $P_n''(\xi)$ usw.

Startend mit $b_0 = a_0$ gilt

$$b_1 = a_1 + \xi b_0 , \quad b_2 = a_2 + \xi b_1 , \ldots ,$$

$$b_n = a_n + \xi b_{n-1} = P_n(\xi) .$$

$$\begin{aligned} &\text{Start} \quad c_0 = b_0\text{: } c_1 = b_1 + \xi c_0 , \ldots , \\ &\qquad c_{n-1} = b_{n-1} + \xi c_{n-2} = P_n'(\xi) . \\ &\text{Start} \quad d_0 = c_0\text{: } d_1 = c_1 + \xi d_0 , \ldots , \\ &\qquad d_{n-2} = c_{n-2} + \xi d_{n-3} = P_n''(\xi) . \end{aligned} \tag{34-13}$$

Iteration bezüglich	$x_1 = 1$	$x_2 = 1$	$x_3 = 1$	$x_4 = 1$	$x_5 = 1$
	ξ_k:	ξ_k:	ξ_k:	ξ_k:	ξ_k:
$k = 0$	0,0	0,0	0,0	0,0	0,0
$k = 5$	0,672320	0,764967	0,873778	0,979439	1,00050
$k = 10$	0,892626	0,946790	1,02200	1,00541	1,00015
$k = 15$	0,964816	0,987606	1,00487	1,00089	1,00005
$k = 20$	0,988471	0,993692	1,00137	1,00035	1,00002
$\lvert P(\xi_{20})\rvert$	$2{,}04 \cdot 10^{-10}$	$9{,}98 \cdot 10^{-12}$	$4{,}85 \cdot 10^{-15}$	$5{,}13 \cdot 10^{-18}$	$2{,}01 \cdot 10^{-24}$

Beispiel: Der fünffache Eigenwert $x = 1$ des Polynoms

$$P(x) = x^5 - 5x^4 + 10x^3 - 10x^2 + 5x - 1 = (x-1)^5$$

ist mit dem Newton-Verfahren einschließlich Deflation zu berechnen, wobei jeweils 20 Iterationsschritte mit $\xi_0 = 0$ beginnend durchzuführen sind.

Offensichtlich nimmt die Güte der Ergebnisse für gleiche Iterationsstufen k mit fortschreitender Deflation zu. In der Rechenpraxis wird man ein Abbruchkriterium

$$|(\xi_{k+1} - \xi_k)/\xi_k| < \varepsilon \quad \text{für} \quad \xi_k \neq 0 \quad \text{benutzen}\,.$$

34.3 Nichtlineare Gleichungssysteme

Die simultane Lösung n gekoppelter nichtlinearer Gleichungen

$$\begin{matrix} f_1(x_1, \ldots, x_n) = 0 \\ \vdots \\ f_n(x_1, \ldots, x_n) = 0 \end{matrix} \quad , \quad \text{kurz} \quad \boldsymbol{f}(\boldsymbol{x}) = \boldsymbol{o} \qquad (34\text{-}14)$$

für n Unbekannte x_i kann über eine lineare Taylor-Entwicklung der Vektorfunktion $\boldsymbol{f}$ an der Stelle $\boldsymbol{\xi}_k$ einer Näherungslösung für $\boldsymbol{x}$ erfolgen. Ein Startwert $\boldsymbol{\xi}_0$ ist vorzugeben.

$$f_1(\boldsymbol{\xi} + \Delta\boldsymbol{\xi}) = f_1(\boldsymbol{\xi}) + f_{1,1}(\boldsymbol{\xi})\Delta\xi_1 + \ldots + f_{1,n}(\boldsymbol{\xi})\Delta\boldsymbol{\xi}_n \stackrel{!}{=} 0\,,$$

$$\vdots$$

$$f_n(\boldsymbol{\xi} + \Delta\boldsymbol{\xi}) = f_n(\boldsymbol{\xi}) + f_{n,1}(\boldsymbol{\xi})\Delta\xi_1 + \ldots + f_{n,n}(\boldsymbol{\xi})\Delta\boldsymbol{\xi}_n \stackrel{!}{=} 0\,,$$

$$f_{k,i} = \partial f_k / \partial x_i\,. \quad \boldsymbol{\xi} \equiv \boldsymbol{\xi}_k\,.$$

Matrizendarstellung:

$$\boldsymbol{f}(\boldsymbol{\xi}_k) + \boldsymbol{J}(\boldsymbol{\xi}_k)\Delta\boldsymbol{\xi}_k = \boldsymbol{o}\,, \quad \boldsymbol{\xi}_{k+1} = \boldsymbol{\xi}_k + \Delta\boldsymbol{\xi}_k \quad (34\text{-}15)$$

mit der Funktional- oder Jacobi-Matrix

$$\boldsymbol{J} = \begin{bmatrix} f_{1,1} & \cdots & f_{1,n} \\ \vdots & & \vdots \\ f_{n,1} & \cdots & f_{n,n} \end{bmatrix} = [\,\boldsymbol{f}_{,1} \ldots \boldsymbol{f}_{,n}\,]\,. \qquad (34\text{-}16)$$

Die dem Newton-Verfahren entsprechende Iteration (34-15) konvergiert quadratisch, wobei man durch Mitführen der Fehlernorm $\boldsymbol{f}^{\mathrm{T}}(\boldsymbol{\xi}_k)\boldsymbol{f}(\boldsymbol{\xi}_k) = \delta^2$ die Monotonie der Iteration überprüfen sollte. Ist diese nicht gegeben, ist die Rechnung mit neuem Startwert $\boldsymbol{\xi}_0$ zu wiederholen. Zur Verringerung des erheblichen Rechenaufwandes infolge einer ständig neuen Koeffizientenmatrix $\boldsymbol{J}$ in (34-15) empfiehlt es sich, die Jacobi-Matrix für eine gewisse Anzahl von Schritten unverändert beizubehalten. Eine weitere Variante verzichtet auf die simultane Berechnung aller Verbesserungen $\Delta\boldsymbol{\xi}$. Vielmehr wird das Inkrement $\Delta\xi^i$ der i-ten Komponente ξ^i_k der k-ten Iterationsstufe mithilfe schon neuer Werte ξ^1_{k+1} bis ξ^{i-1}_{k+1} und der noch alten Werte ξ^{i+1}_k bis ξ^n_k berechnet. Newton'sches Einzelschrittverfahren:

$$\begin{aligned} \Delta\xi^i &= \xi^i_{k+1} - \xi^i_k \\ &= -\Omega \frac{f_i\left(\xi^1_{k+1}, \xi^2_{k+1}, \ldots, \xi^{i-1}_{k+1}, \xi^i_k, \ldots, \xi^n_k\right)}{f_{i,i}\left(\xi^1_{k+1}, \xi^2_{k+1}, \ldots, \xi^{i-1}_{k+1}, \xi^i_k, \ldots, \xi^n_k\right)}\,. \end{aligned} \qquad (34\text{-}17)$$

Häufig ist es zweckmäßig, die Verbesserung mit einem *Relaxationsfaktor* $\Omega, 0 \leqq \Omega \leqq 2$, zu multiplizieren, also nicht mit dem „an sich richtigen" Wert $\Omega = 1$.

Gradientenverfahren suchen die Lösung x nichtlinearer Gleichungssysteme $\boldsymbol{f}(\boldsymbol{x}) = \boldsymbol{o}$ als Null- und gleichzeitig Minimalpunkte einer zugeordneten quadratischen Form

$$Q = \boldsymbol{f}^{\mathrm{T}}\boldsymbol{f} = 0\,, \quad \operatorname{grad} Q = 2\boldsymbol{J}^{\mathrm{T}}\boldsymbol{f}\,, \qquad (34\text{-}18)$$
$$(\operatorname{grad} Q)^{\mathrm{T}} = [Q_{,1} \quad \ldots \quad Q_{,n}]\,.$$

Bei Vorliegen einer Näherung $\boldsymbol{\xi}_k$ mit dem Wert $Q_k = Q(\boldsymbol{f}_k)$ findet man eine Verbesserung $\Delta\boldsymbol{\xi}$ mit einem besseren Wert $Q_{k+1} = Q_k + (\operatorname{grad} Q)^{\mathrm{T}}\Delta\xi + \ldots = 0$ in Richtung des Gradienten $\Delta\boldsymbol{\xi} = t \operatorname{grad} Q$. Aus der Forderung $Q_{k+1} = 0$ der linearen Entwicklung folgt der Skalar t und damit

$$\Delta\boldsymbol{\xi} = \boldsymbol{\xi}_{k+1} - \boldsymbol{\xi}_k = -\left\{\frac{Q_k}{2(\boldsymbol{J}^{\mathrm{T}}\boldsymbol{f})^{\mathrm{T}}(\boldsymbol{J}^{\mathrm{T}}\boldsymbol{f})}\boldsymbol{J}^{\mathrm{T}}\boldsymbol{f}\right\}_k\,. \qquad (34\text{-}19)$$

Beispiel. Gegeben ist ein System von zwei nichtlinearen algebraischen Gleichungen.

$$f_1 = 3\left(x_1^2 + x_2^2\right) - 10x_1 - 14x_2 + 23 = 0 \quad \text{(Ellipse)}\,,$$
$$f_2 = x_1^2 - 2x_1 - x_2 + 3 = 0 \quad \text{(Parabel)}\,.$$

Mit der Jacobi-Matrix

$$\boldsymbol{J} = \begin{bmatrix} 6x_1 - 10 & 6x_2 - 14 \\ 2x_1 - 2 & -1 \end{bmatrix}$$

konvergiert die Anfangslösung $\boldsymbol{\xi}_0 = \boldsymbol{o}$ gegen eine Lösung $\boldsymbol{x}^{\mathrm{T}} = [1,\,2]$. Folgende Tabelle zeigt den Iterationsverlauf des vollständigen Newton-Verfahrens.

k	0	1	2	3	5	7
ξ_k	0	1,055	0,2038	0,9341	0,9868	1,000
	0	0,8889	1,908	1,471	1,956	2,000

35 Matrizeneigenwertproblem

35.1 Homogene Matrizenfunktionen, Normalformen

Die Eigenwerttheorie fragt nach nichttrivialen Lösungen $\boldsymbol{x}$ für homogene Gleichungssysteme $\boldsymbol{F}\boldsymbol{x} = \boldsymbol{o}$ wobei $\boldsymbol{F}$ zunächst quadratisch und reell sei und einen Parameter λ enthalte.

Gegeben: $\boldsymbol{F}(\lambda)\boldsymbol{x} = \boldsymbol{o}$.

Gesucht Lösungen $\boldsymbol{x} \neq \boldsymbol{o}$.

Notwendige Bedingung: $F = \det \boldsymbol{F} = 0 = f(\lambda)$.

Charakteristische Gleichung $f(\lambda) = 0$ zur (35-1)

Berechnung der Eigenwerte $\lambda_1, \lambda_2, \ldots$

Die Eigenwerte λ_k sind im Allgemeinen konjugiert-komplex, doch gibt es Klassen spezieller Matrizenfunktionen mit stets reellen Eigenwerten; siehe Tabelle 35-1.

Beispiel: Eigenwerte für verschiedene Funktionen $\boldsymbol{F}(\lambda)$.

$$\boldsymbol{F} = \begin{bmatrix} 3 & 2 \\ -1 & 1 \end{bmatrix} - \lambda\boldsymbol{I}\,,$$
$$f(\lambda) = (3-\lambda)(1-\lambda) + 2 = 0\,, \quad \lambda = 2 + \mathrm{j}, 2 - \mathrm{j}\,.$$
$$\boldsymbol{F} = \begin{bmatrix} 4 & 1 \\ 1 & 0 \end{bmatrix} - \lambda\begin{bmatrix} 3 & 2 \\ 2 & 1 \end{bmatrix},$$
$$f(\lambda) = -\lambda^2 - 1 = 0\,, \quad \lambda = \mathrm{j}\,, -\mathrm{j}\,.$$
$$\boldsymbol{F} = \begin{bmatrix} -1 & 1 \\ 0 & 2 \end{bmatrix} + \lambda\begin{bmatrix} 0 & 1 \\ 0 & -2 \end{bmatrix} + \lambda^2\begin{bmatrix} 1 & 4 \\ 0 & 1 \end{bmatrix},$$
$$f(\lambda) = (-1 + \lambda^2)(2 - 2\lambda + \lambda^2) = 0\,,$$
$$\lambda = -1,\, 1,\, 1 + \mathrm{j},\, 1 - \mathrm{j}\,.$$
$$\boldsymbol{F} = \begin{bmatrix} \sin\lambda & \sinh\lambda \\ \cos\lambda & \cosh\lambda \end{bmatrix},$$
$$f(\lambda) = \sin\lambda\cosh\lambda - \sinh\lambda\cos\lambda = 0\,,$$
$$\lambda = 0;\ 3{,}9266;\ 7{,}0686;\ 10{,}210;\ 13{,}352;\ \ldots\,;$$
$$\lambda_{k+1} \approx (k + 0{,}25)\pi\,.$$

Expansion. Ein nichtlineares EWP mit $\boldsymbol{F}$ als Matrizenpolynom kann stets zu einem äußerlich linearen *Hypersystem* expandiert werden; für $k = 2$ gilt:

Aus $(\boldsymbol{A}_0 + \lambda\boldsymbol{A}_1 + \lambda^2\boldsymbol{A}_2)\boldsymbol{x} = \boldsymbol{o}$

wird $(\boldsymbol{H}_0 + \lambda\boldsymbol{H}_1)\boldsymbol{y} = \boldsymbol{o}$ mit

$$\boldsymbol{H}_0 = \begin{bmatrix} \boldsymbol{O} & \boldsymbol{R} \\ \boldsymbol{A}_0 & \boldsymbol{A}_1 \end{bmatrix}, \qquad (35\text{-}2)$$
$$\boldsymbol{H}_1 = \begin{bmatrix} -\boldsymbol{R} & \boldsymbol{O} \\ \boldsymbol{O} & \boldsymbol{A}_2 \end{bmatrix}, \quad \boldsymbol{y} = \begin{bmatrix} \boldsymbol{x} \\ \lambda\boldsymbol{x} \end{bmatrix}.$$

$\boldsymbol{R}$ reguläre Hilfsmatrix, zweckmäßig $\boldsymbol{R} = \boldsymbol{I}$.

Bei symmetrischen, zudem positiv definiten Matrizen $\boldsymbol{A}_k$ werden $\boldsymbol{H}_0$, $\boldsymbol{H}_1$ für $\boldsymbol{R} = \boldsymbol{A}_0$ ebenfalls symmetrisch. Dennoch sind die Eigenwerte λ komplex, da $\boldsymbol{H}_1$ indefinit ist.

Die innere Struktur einer Matrix $\boldsymbol{A}$ kann durch eine Links-rechts-Transformation aufgedeckt werden, wobei drei Typen unterschieden werden.

Tabelle 35-1. Typische Matrizenfunktionen $\boldsymbol{F}(\lambda)$. $\boldsymbol{F}$ quadratisch, f_{ij} reell, n-Zeilen und n-Spalten

Name	Gleichung	Anzahl Eigenwerte	λ reell falls
L EWP speziell	$\boldsymbol{F} = \boldsymbol{A} - \lambda\boldsymbol{I}$	n	$\boldsymbol{A} = \boldsymbol{A}^{\mathrm{T}}$
L EWP allgemein	$\boldsymbol{F} = \boldsymbol{A} - \lambda\boldsymbol{B}$	n	$\boldsymbol{A} = \boldsymbol{A}^{\mathrm{T}}$, $\boldsymbol{B} = \boldsymbol{B}^{\mathrm{T}}$ und $\boldsymbol{B}$ positiv oder negativ definit
NL EWP Matrizen-polynom	$\boldsymbol{F} = \boldsymbol{A}_0 + \lambda\boldsymbol{A}_1 + \ldots + \lambda^k\boldsymbol{A}_k$	nk	–
NL EWP allgemein	Elemente f_{ij} von $\boldsymbol{F}$ sind beliebige Funktionen z. B. $f_{ij} = \exp(\lambda)$	∞	–

L/NL EWP: Lineares/nichtlineares Eigenwertproblem.

Gegeben

$$(\boldsymbol{A} - \lambda\boldsymbol{I})\boldsymbol{x} = \boldsymbol{o} \quad \text{oder} \quad (\boldsymbol{A} - \lambda\boldsymbol{B})\boldsymbol{x} = \boldsymbol{o}\,.$$

Transformation

$$\begin{aligned} &(\widehat{\boldsymbol{A}} - \lambda\boldsymbol{LIR})\boldsymbol{y} = \boldsymbol{o} \quad \text{oder} \quad (\widehat{\boldsymbol{A}} - \lambda\widehat{\boldsymbol{B}})\boldsymbol{y} = \boldsymbol{o} \\ &\boldsymbol{x} = \boldsymbol{R}\boldsymbol{y}\,, \quad \widehat{\boldsymbol{A}} = \boldsymbol{LAR}\,, \quad \widehat{\boldsymbol{B}} = \boldsymbol{LBR}\,, \\ &\boldsymbol{L}, \boldsymbol{R} \quad \text{regulär}\,. \end{aligned} \tag{35-3}$$

Äquivalenz

$$\boldsymbol{LIR} \neq \boldsymbol{I}\,,$$

Ähnlichkeit als spezielle Äquivalenz

$$\boldsymbol{LIR} = \boldsymbol{RIL} = \boldsymbol{I}\,, \quad \boldsymbol{L} = \boldsymbol{R}^{-1}\,, \quad \boldsymbol{R} = \boldsymbol{L}^{-1}\,.$$

Kongruenz als spezielle Ähnlichkeit

$$\boldsymbol{L} = \boldsymbol{R}^{\mathrm{T}} \quad \text{mit} \quad \boldsymbol{R}^{\mathrm{T}}\boldsymbol{IR} = \boldsymbol{I}\,.$$

Für ein Paar $\boldsymbol{A}$, $\boldsymbol{B}$ mit den Eigenschaften

$$\begin{aligned} &\boldsymbol{B} = \boldsymbol{B}^{\mathrm{T}} \quad \text{und definit}, \\ &\boldsymbol{A}^{\mathrm{T}}\boldsymbol{B}^{-1}\boldsymbol{A} = \boldsymbol{A}\boldsymbol{B}^{-1}\boldsymbol{A}^{\mathrm{T}}\,, \\ &\boldsymbol{B} = \boldsymbol{I}: \quad \boldsymbol{A} \quad \text{heißt normal}\,, \\ &\boldsymbol{B} \neq \boldsymbol{I}: \quad \boldsymbol{A} \quad \text{heißt } \boldsymbol{B}\text{-normal}\,, \end{aligned} \tag{35-4}$$

gibt es stets eine Kongruenztransformation auf Diagonalformen $\boldsymbol{D}_k$:

$$\left.\begin{aligned} &\boldsymbol{X}^{\mathrm{T}}\boldsymbol{AX} = \boldsymbol{D}_1\,, \quad \boldsymbol{X}^{\mathrm{T}}\boldsymbol{BX} = \boldsymbol{D}_2\,. \\ &\boldsymbol{X} = [\boldsymbol{x}_1 \ldots \boldsymbol{x}_n] \quad \text{Modalmatrix} \\ &\text{mit Eigenvektoren } \boldsymbol{x} \text{ aus } \boldsymbol{Ax} = \lambda\boldsymbol{Bx}\,. \\ &\text{Falls} \\ &\boldsymbol{X}^{\mathrm{T}}\boldsymbol{BX} = \boldsymbol{I}\,, \quad \text{gilt} \quad \boldsymbol{X}^{\mathrm{T}}\boldsymbol{AX} = \boldsymbol{\Lambda}\,, \\ &\boldsymbol{\Lambda} = \operatorname{diag}(\lambda_k)\,, \quad k = 1 \text{ bis } n\,. \end{aligned}\right\} \tag{35-5}$$

Ferner gilt die *dyadische Spektralzerlegung*

$$\boldsymbol{F}(\lambda) = \sum_{k=1}^{n}(\lambda_k - \lambda)\boldsymbol{S}_k = \boldsymbol{A} - \lambda\boldsymbol{B}\,, \tag{35-6}$$

$$\boldsymbol{S}_k = \frac{(\boldsymbol{Bx}_k)(\boldsymbol{Bx}_k)^{\mathrm{T}}}{\boldsymbol{x}_k^{\mathrm{T}}\boldsymbol{Bx}_k}\,.$$

Bei komplexen Eigenwerten und Eigenvektoren ist $\boldsymbol{x}^{\mathrm{T}}$ durch $\bar{\boldsymbol{x}}^{\mathrm{T}}$ (konjugiert transponiert) zu ersetzen.
Beispiel: Für das Matrizenpaar

$$\boldsymbol{A} = \begin{bmatrix} -1 & -3 & 8 \\ 3 & 15 & 12 \\ 8 & -12 & 26 \end{bmatrix}, \quad \boldsymbol{B} = \operatorname{diag}(1 \;\; 1 \;\; 2)$$

gilt die Normalitätsbedingung (35-4). Mit den Eigenwerten

$$\boldsymbol{\Lambda} = \operatorname{diag}(15 + 9\mathrm{j} \quad 15 - 9\mathrm{j} \quad -3)$$

und der Modalmatrix

$$\boldsymbol{X} = \frac{1}{18}\begin{bmatrix} \mathrm{j} & -\mathrm{j} & 4 \\ 3 & 3 & 0 \\ 2\mathrm{j} & -2\mathrm{j} & -1 \end{bmatrix}$$

verifiziert man

die Diagonaltransformation $\bar{X}^{\mathrm{T}} B X = I$,

$\bar{X}^{\mathrm{T}} A X = \Lambda$ und die Zerlegung (35-6).

Die simultane Diagonaltransformation eines Tripels (A_0, A_1, A_2) mit $A_0 = A_0^{\mathrm{T}}$, und definitem $A_2 = A_2^{\mathrm{T}}$ gelingt nur im Fall der *Vertauschbarkeitsbedingung*

$$A_1 A_2^{-1} A_0 = A_0 A_2^{-1} A_1 \,. \tag{35-7}$$

Typischer Sonderfall (*modale Dämpfung* in der Strukturdynamik):

$$\begin{aligned} &A_1 = a_0 A_0 + a_2 A_2 \,. \\ &\text{Statt} \quad (\lambda^2 A_2 + \lambda A_1 + A_0)x = o \\ &\text{berechnet man} \quad (\sigma A_2 + A_0)x = o \,, \qquad (35\text{-}8) \\ &\lambda_{k1}, \lambda_{k2} \quad \text{aus} \quad \lambda^2 + \lambda(a_2 - \sigma_k a_0) - \sigma_k = 0 \,. \end{aligned}$$

Nichtnormale Matrizen sind bestenfalls durch Ähnlichkeitstransformation zu reduzieren auf die sogenannte Jordan'sche Normalform

$$\begin{aligned} &J = T^{-1} A T \,, \quad j_{kl} = 0 \quad \text{bis auf} \\ &j_{kk}(k = 1 \text{ bis } n) \neq 0 \quad \text{und} \qquad (35\text{-}9) \\ &j_{k,k+1}(k = 1 \text{ bis } n-1) \neq 0 \\ &\text{für wenigstens einen Index } k \,. \end{aligned}$$

35.2 Symmetrische Matrizenpaare

Ein Paar (A, B) reellsymmetrischer Matrizen mit zumindest einem definiten Partner hat nur reelle Eigenwerte.

$$Ax = \lambda Bx \,, \quad A = A^{\mathrm{T}} \,, \quad B = B^{\mathrm{T}} \,, \quad B \quad \text{definit}$$

Faktorisierung 33.2, (33-8) entscheidet über Definitheit:

$$B = LDL^{\mathrm{T}} \,, \quad D = \mathrm{diag}(d_{kk}) \,, \quad l_{kk} = 1 \,.$$

$$\text{alle} \quad d_{kk} \begin{cases} > 0 & B \text{ positiv definit} \\ < 0 & B \text{ negativ definit} \end{cases} . \tag{35-10}$$

Der dem EWP (35-10) zugeordnete *Rayleigh-Quotient*

$$R = \frac{v^{\mathrm{T}} A v}{v^{\mathrm{T}} B v} \,, \quad R_{\mathrm{extr}} = R(x_k) = \lambda_k \,,$$

mit dem reellen Wertebereich

$$\lambda_1 \leqq R \leqq \lambda_n \,, \quad \lambda_1 \leqq \lambda_2 \leqq \ldots \leqq \lambda_n \,, \tag{35-11}$$

nimmt seine lokalen Extrema $R = \lambda_2$ bis λ_{n-1} und globalen Extrema $R = \lambda_1, \lambda_n$, an, wenn man für die an sich beliebigen Vektoren v speziell die Eigenvektoren x_k von (35-10) einsetzt. Die Vielfalt von „Eigenwertlösern" lässt sich in 2 Gruppen einteilen:

Globalalgorithmen.
Wesentlich ist als Vorarbeit eine Transformation des Paares (A, B) auf eine Tridiagonalmatrix T zum Partner I mithilfe des *Lanczos*- oder *Givens-Verfahrens*. Daran anschliessend liefert der *QR-Algorithmus* eine sukzessive Transformation des Paares T, I auf Diagonalform.
Das *Jacobi-Rotationsverfahren* ist ein klassischer Globalalgorithmus ohne Vorarbeit, allerdings mit dem Nachteil der Profil- oder Bandbreitenzerstörung.

Selektionsalgorithmen.
Separate oder gruppenweise Berechnung einiger Eigenwerte unabhängig von den anderen. Typische Vertreter sind die *Vektoriteration* nach v. Mises – auch Potenzmethode genannt – mit der *Spektralverschiebung* nach Wielandt und die *Ritz-Iteration* für den Rayleigh-Quotienten mittels sukzessiver Unterraumprojektion. Neuentwicklungen sind der Spezialliteratur zu entnehmen.
Bei der Eigenwertanalyse technischer Systeme sind in aller Regel nur einige Eigenwerte λ von Interesse, wofür Selektionsalgorithmen besonders geeignet sind; sie arbeiten grundsätzlich iterativ. Die wesentliche Frage nach dem Index k des Eigenwertes λ_k, den ein aktueller Näherungswert Λ ansteuert, beantwortet der *Sylvester-Test*.

Gegeben: $Ax = \lambda Bx, \Lambda$, Ordnung n.
$A = A^{\mathrm{T}}$, $B = B^{\mathrm{T}}$ positiv definit.

Gesucht: Anzahl der Eigenwerte mit $\lambda < \Lambda$.

Verfahren: Zerlegung

$$(A - \Lambda B) = LDL^{\mathrm{T}} \,, \quad l_{ii} = 1 \,, \quad D = \mathrm{diag}(d_{ii}) \,,$$

$$\text{liefert} \quad \begin{cases} k & \text{Werte} \quad d_{ii} < 0 \,, \\ n-k & \text{Werte} \quad d_{ii} > 0 \,. \end{cases} \tag{35-12}$$

Demnach gibt es k-Eigenwerte λ kleiner als Λ.
Der Sylvester-Test erlaubt die Einschließung von Eigenwerten. Gilt für zwei Werte Λ_1, Λ_2:

Tabelle 35-2. Nützliche Beziehungen zwischen Eigenwerten und Eigenvektoren algebraisch verwandter Eigenwertproblem-Paare

Verwandte Paare	Eigenvektoren	Eigenwerte
$\begin{cases} Ax = \lambda x \\ A^k y = \sigma y \end{cases}$	$x = y$	$\sigma = \lambda^k$
$\begin{cases} Ax = \lambda Bx \\ (AB^{-1})^k Ay = \sigma By \end{cases}$	$x = y$	$\sigma = \lambda^{k+1}$
$\begin{cases} Ax = \lambda Bx \\ By = \sigma Ay \end{cases}$	$x = y$	$\sigma\lambda = 1$
$\begin{cases} Ax = \lambda Bx \\ (A - \Lambda B)y = \sigma By \end{cases}$	$x = y$	$\lambda = \Lambda + \sigma$, Λ Konstante
$\begin{cases} Ax = \lambda Bx \\ By = \sigma(A - \Lambda B)y \end{cases}$	$x = y$	$\lambda = \Lambda + \frac{1}{\sigma}$ $\sigma \to \infty: \quad \lambda \to \Lambda$
$\begin{cases} Ax = \lambda Bx \\ A^{\mathrm{T}} y = \sigma B^{\mathrm{T}} y \end{cases}$	$x \neq y$	$\lambda = \sigma$
$\begin{cases} Ax = \lambda Bx \\ LARy = \sigma LBRy \end{cases}$	L, R regulär $x = Ry$	$\lambda = \sigma$
$\begin{cases} Ax = \lambda Bx \\ (AB^{-1}A - sA + pB)y = \sigma By \end{cases}$	$x = y$	$\sigma = (\lambda - \Lambda_0)(\lambda - \Lambda_1)$, $s = \Lambda_0 + \Lambda_1, \quad p = \Lambda_0\Lambda_1$

$$\begin{aligned} &\Lambda_1 && \to k_1 \text{ Eigenwerte } < \Lambda_1 \,, \\ &\Lambda_2 > \Lambda_1 && \to k_2 = k_1 + 1 \text{ Eigenwerte } < \Lambda_2 \,, \end{aligned}$$

dann liegt dazwischen garantiert der k_2-te Eigenwert.

$$\Lambda_1 \le \lambda_{k_2} \le \Lambda_2 \,.$$

Gilt für zwei andere Λ-Werte:

$$\begin{aligned} &\Lambda_3 && \to k_3 \text{ Eigenwerte } < \Lambda_3 \,, \\ &\Lambda_4 > \Lambda_3 && \to k_4 = k_3 \text{ Eigenwerte } < \Lambda_4 \,, \end{aligned}$$

dann liegt zwischen Λ_3 und Λ_4 garantiert kein Eigenwert; dies ist ein Ausschliessungssatz.

Vektoriteration. Beginnend mit einem beliebigen Startvektor v_0 oder u_0 konvergieren die Vektorfolgen

$$\begin{aligned} Av_{k+1} &= Bv_k \,, \quad R_{k+1} = R(v_{k+1}) \to \lambda_{\min} \\ Bu_{k+1} &= Au_k \,, \quad R_{k+1} = R(u_{k+1}) \to \lambda_{\max} \end{aligned}$$

zum Eigenwertproblem

$$Ax = \lambda Bx \,, \quad R = (v^{\mathrm{T}}Av)/(v^{\mathrm{T}}Bv) \qquad (35\text{-}13)$$

gegen die äußeren Eigenwerte und die dazugehörigen Vektoren des Paares (A, B). Die Konvergenzgeschwindigkeit ist proportional der Inversen der Konditionszahl κ:

$$\text{Konvergenzgeschwindigkeit} \sim \kappa^{-1} = |\lambda_{\min}|/|\lambda_{\max}| \,. \qquad (35\text{-}14)$$

Die Nichtkonvergenz signalisiert die Ansteuerung eines Unterraumes mit mehrfachem Eigenwert oder eines Nestes. In diesem Fall hilft eine *Simultaniteration der Ordnung s*:

$$x = V_k n \,, \quad V = \left[\overset{1}{v}\ \overset{2}{v} \dots \overset{s}{v}\right] \,,$$

$$n^{\mathrm{T}} = [n_1 \quad n_2 \dots n_s] \,, \quad AV_{k+1} = BV_k \,,$$

wobei den Rayleigh-Quotienten ein Unterraum-Eigenwertproblem der Ordnung s zugeordnet ist.

$$\begin{aligned} \widehat{A} &= V_{k+1}^{\mathrm{T}} A V_{k+1} \,, \quad \widehat{B} = V_{k+1}^{\mathrm{T}} B V_{k+1} \,. \\ \widehat{A}n &= R\widehat{B}n \to R_1 \dots R_s \,, \qquad (35\text{-}15) \\ N &= [n_1\ n_2 \dots n_s],\ V_{k+1} := V_{k+1} N \,. \end{aligned}$$

Spektralverschiebung. Die nach Abspalten der Anteile x_1 bis x_{r-1} zum nächsten Eigenpaar x_r, λ_r tendierende Iteration kann bei Kenntnis einer Näherung Λ_r für λ_r wesentlich beschleunigt werden durch eine

Spektralverschiebung:

$$\begin{aligned} &\lambda = \Lambda_r + \sigma \quad \text{führt auf} \\ &(A - \Lambda B)v_{k+1} = Bv_k \,. \qquad (35\text{-}16) \end{aligned}$$

Beispiel: Die Eigenwerte $\lambda = 2, 4, 6, 8$ eines speziellen EWP $Ax = \lambda x$ mit

$$A = \begin{bmatrix} 5 & -1 & -2 & 0 \\ -1 & 5 & 0 & 2 \\ -2 & 0 & 5 & 1 \\ 0 & 2 & 1 & 5 \end{bmatrix} \quad \text{seien bekannt .}$$

Beginnend mit $\boldsymbol{v}_0^{\mathrm{T}} = [1 \quad -1 \quad -1 \quad 1]$ zeigt folgende Tabelle die Iteration einmal für $\Lambda = 0$ mit $|\lambda_{\min}/\lambda_{\max}| = 0{,}25$ und dann für $\Lambda = 2{,}1$ mit $|\sigma_{\min}/\sigma_{\max}| = 0{,}1/5{,}9 = 0{,}017$. Die Unterschiede in der Konvergenzgeschwindigkeit sind offensichtlich.

k	1	2	3	4	5	6
R_k für $\Lambda = 0$	3,84	2,2417	2,0818	2,0177	2,0041	2,0010
R_k für $\Lambda = 2{,}1$	1,66	1,9996	2,0000	2,000	2,000	2,000

35.3 Testmatrizen

Zum Test vorhandener Rechenprogramme eignen sich Matrizen mit einfach angebbaren Elementen a_{ij}, b_{ij} und ebensolchen Eigenwerten und Eigenvektoren. Ganzzahlige Eigenwerte mit weitgehender Vielfachheit liefert die Links-rechts-Multiplikation eines Paares $\boldsymbol{D} = \operatorname{diag}(d_{ii})$, $\boldsymbol{I}$ mit regulären Matrizen $\boldsymbol{L}$, $\boldsymbol{R}$.

Vorgabe: Paar diag $(d_{ii})\boldsymbol{x} = \lambda \boldsymbol{x}$ mit vorgegebenen Eigenwerten $\lambda_i = d_{ii}$ und Einheitsvektoren $\boldsymbol{e}_i$ als Eigenvektoren $\boldsymbol{x}_i$.

Konstruktion eines vollbesetzten Paares:

$$\boldsymbol{Ay} = \sigma \boldsymbol{By} \quad \text{mit} \quad \sigma_i = \lambda_i\,, \quad \boldsymbol{Ry}_i = \boldsymbol{e}_i:$$
$$\boldsymbol{A} = \boldsymbol{LDR}\,, \quad \boldsymbol{B} = \boldsymbol{LR}\,, \quad \boldsymbol{L}, \boldsymbol{R} \quad \text{regulär}\,. \tag{35-17}$$
$$\boldsymbol{A} = \boldsymbol{A}^{\mathrm{T}} \quad \text{für} \quad \boldsymbol{L} = \boldsymbol{R}^{\mathrm{T}}\,.$$

Reguläre Matrizen $\boldsymbol{L}$, $\boldsymbol{R}$ mit linear unabhängigen Spalten und Zeilen liefern diskrete Abtastwerte kontinuierlicher Funktionen. Analog zu einer Folge x^j von Polynomen mit kontinuierlicher Argumentmenge x konstruiert man Spalten i^j mit diskreten Argumenten i. Durch Nutzung von Orthogonalsystemen lassen sich mühelos Kongruenztransformationen (35-3) erzeugen.

Polynomtransformation

$$\boldsymbol{R} := \boldsymbol{P}\,, \quad p_{ij} = \begin{cases} i^{j+c}\,, & \left(\dfrac{2i-1}{2}\right)^{j+c} \\ \left(\dfrac{i}{n}\right)^{j+c}, & \left(\dfrac{2i-1}{2n}\right)^{j+c} \end{cases} \tag{35-18}$$

n: Zeilen- und Spaltenzahl von $\boldsymbol{P}$.
$i, j = 1$ bis n, c: beliebige Konstante .

Transzendente Transformation.

$$\boldsymbol{R} := \boldsymbol{S}\,, \quad s_{ij} = \sqrt{\frac{2}{n+1}} \sin\left(\frac{ij}{n+1}\pi\right)\,.$$
$$\boldsymbol{S}^2 = \boldsymbol{I}\,. \tag{35-19}$$

Beispiel: Für $n = 4$ erzeuge man eine $\boldsymbol{P}$-Version mit $c = -1$ und die $\boldsymbol{S}$-Transformation. i, j: 1 bis $n = 4$. Für

$$p_{ij} = \left(\frac{2i-1}{2n}\right)^{j-1} \quad \text{gilt} \quad \boldsymbol{p}_j = \begin{bmatrix} 1/8 \\ 3/8 \\ 5/8 \\ 7/8 \end{bmatrix}^{j-1},$$

$$\boldsymbol{P} = \begin{bmatrix} 1 & 1/8 & 1^2/8^2 & 1^3/8^3 \\ 1 & 3/8 & 3^2/8^2 & 3^3/8^3 \\ 1 & 5/8 & 5^2/8^2 & 5^3/8^3 \\ 1 & 7/8 & 7^2/8^2 & 7^3/8^3 \end{bmatrix}.$$

$$\boldsymbol{S} = \sqrt{\frac{2}{5}} \begin{bmatrix} \sin\beta & \sin 2\beta & \sin 3\beta & \sin 4\beta \\ \sin 2\beta & \sin 4\beta & \sin 6\beta & \sin 8\beta \\ \sin 3\beta & \sin 6\beta & \sin 9\beta & \sin 12\beta \\ \sin 4\beta & \sin 8\beta & \sin 12\beta & \sin 16\beta \end{bmatrix},$$

$$\beta = \frac{\pi}{5}\,.$$

Ein Eigenwertspektrum $-2 < \kappa < +2$ mit Verdichtung an den Rändern erzeugt ein spezielles Paar $\boldsymbol{Ks} = \kappa \boldsymbol{s}$ aus der Theorie der Differenzengleichungen.

Für $\boldsymbol{Ks} = \kappa \boldsymbol{s}$ mit

$$k_{ij} = \begin{cases} 1 & \text{für} \quad (i-j)^2 = 1 \\ 0 & \text{sonst} \end{cases},$$

$$\boldsymbol{K} = \begin{bmatrix} 0 & 1 & & & \\ 1 & \cdot & \cdot & & \boldsymbol{O} \\ & \cdot & \cdot & \cdot & \\ & & \cdot & \cdot & 1 \\ \boldsymbol{O} & & & 1 & 0 \end{bmatrix}, \tag{35-20}$$

gilt $\kappa_j = 2\cos j\beta\,, \quad \beta = \dfrac{\pi}{n+1}\,, \quad j = 1, \ldots, n\,.$

$$s_j^{\mathrm{T}} = \sqrt{\frac{2}{n+1}}[\sin j\beta \quad \sin 2j\beta \ldots \sin nj\beta]\,.$$

Durch Potenzierung, Spektralverschiebung und weitere Operationen gemäß Tabelle 35-2 erhält man aus (35-20) einen ganzen Vorrat an Testpaaren; siehe auch [1], S. 24–28.

$$(\boldsymbol{K} + c\boldsymbol{I})\boldsymbol{x} = \lambda\boldsymbol{x}\,, \quad \boldsymbol{x}_j = \boldsymbol{s}_j\,, \quad \lambda_j = \kappa_j + c\,.$$

$$\boldsymbol{K}^k\boldsymbol{y} = \sigma\boldsymbol{y}\,, \quad \boldsymbol{y}_j = \boldsymbol{s}_j \quad \sigma_j = \kappa_j^k\,. \qquad (35\text{-}21)$$

$\boldsymbol{K}^k$: symmetrisch, mit Bandstruktur.

Bei einem Test auf komplexe Eigenwerte zum Beispiel eines Tripels $(\lambda^2\boldsymbol{A}_2 + \lambda\boldsymbol{A}_1 + \lambda\boldsymbol{A}_0)\boldsymbol{x} = \boldsymbol{o}$ übergibt man einem Programm das Problem in der Hyperform (35-2), wobei man die Matrizen $\boldsymbol{A}_k$ durch Aufblähung einer Diagonalform erzeugt oder die Vertauschbarkeitsbedingung in der einfachen Form (35-8) in Verbindung mit der Differenzenmatrix $\boldsymbol{K}$ aus (35-20) nutzt.

Vorgabe:

$$\text{Tripel} \quad (\lambda^2\boldsymbol{I} + \lambda\boldsymbol{F} + \boldsymbol{G})\boldsymbol{x} = \boldsymbol{o}\,.$$

$$\boldsymbol{F} = \operatorname{diag}(f_{ii})\,, \quad \boldsymbol{G} = \operatorname{diag}(g_{ii})\,.$$

Eigenwerte paarweise als Λ_{j1}, Λ_{j2} vorgebbar.

$$(\lambda - \Lambda_{j1})(\lambda - \Lambda_{j2}) = 0 \rightarrow f_{jj} = -(\Lambda_{j1} + \Lambda_{j2})\,,$$

$$g_{jj} = \Lambda_{j1}\Lambda_{j2}\,. \quad \Lambda_{j1} = \bar{\Lambda}_{j2} \rightarrow f_{jj}\,,\ g_{jj} \quad \text{reell}\,.$$

Konstruktion eines vollbesetzten Tripels.

$$(\sigma^2\boldsymbol{A}_2 + \sigma\boldsymbol{A}_1 + \boldsymbol{A}_0)\boldsymbol{y} = \boldsymbol{o}\,, \quad \boldsymbol{x} = \boldsymbol{R}\boldsymbol{y}\,, \quad \sigma = \lambda\,,$$

$$\boldsymbol{A}_2 = \boldsymbol{L}\boldsymbol{R}\,, \quad \boldsymbol{A}_1 = \boldsymbol{L}\boldsymbol{F}\boldsymbol{R}\,, \quad \boldsymbol{A}_0 = \boldsymbol{L}\boldsymbol{G}\boldsymbol{R}\,. \qquad (35\text{-}22)$$

Beispiel 1: Das Eigenwertproblem $\boldsymbol{A}\boldsymbol{x} = \lambda\boldsymbol{x}$, $n = 4$, mit $\boldsymbol{A} = (\boldsymbol{K} + 3\boldsymbol{I})^2$ hat Eigenwerte nach (35-21).

$$n = 4,\ c = 3:\ \boldsymbol{K} + 3\boldsymbol{I} = \begin{bmatrix} 3 & 1 & 0 & 0 \\ 1 & 3 & 1 & 0 \\ 0 & 1 & 3 & 1 \\ 0 & 0 & 1 & 3 \end{bmatrix},$$

$$(\boldsymbol{K} + 3\boldsymbol{I})^2 = \begin{bmatrix} 10 & 6 & 1 & 0 \\ 6 & 11 & 6 & 1 \\ 1 & 6 & 11 & 6 \\ 0 & 1 & 6 & 10 \end{bmatrix}.$$

$$\left.\begin{matrix} \lambda = \left(3 + 2\cos\dfrac{\pi}{5}\right)^2 ; \left(3 + 2\cos\dfrac{2\pi}{5}\right)^2 ; \\ \lambda = 21{,}326\,; \qquad\qquad 13{,}090\,; \end{matrix}\right\}$$

$$\left.\begin{matrix} \lambda = \left(3 + 2\cos\dfrac{3\pi}{5}\right)^2 ; \left(3 + 2\cos\dfrac{4\pi}{5}\right)^2 . \\ \lambda = 5{,}6738\,; \qquad\qquad 1{,}9098\,. \end{matrix}\right\}$$

Beispiel 2: Mit $\boldsymbol{L} = \boldsymbol{R}^{\mathrm{T}}$ ist nach (35-22) ein Tripel mit $n = 3$ und 3 vorgegebenen Eigenwertpaaren zu konstruieren.

$$\text{Vorgabe:}\ \Lambda = 1,\ 1,\ \mathrm{j},\ -\mathrm{j}\,, \quad -1 + \mathrm{j}\,, \quad -1 - \mathrm{j}\,.$$

$$f_{jj} = -2,\ 0,\ 2\,. \quad g_{jj} = 1,\ 1,\ 2\,.$$

$$\text{Mit} \quad \boldsymbol{R} = \begin{bmatrix} 1 & 1 & 1 \\ 1 & 2 & -1 \\ 1 & 3 & 1 \end{bmatrix}$$

erhält man ein Tripel

$$\boldsymbol{A}_2 = \boldsymbol{R}^{\mathrm{T}}\boldsymbol{I}\boldsymbol{R} = \begin{bmatrix} 3 & 6 & 1 \\ 6 & 14 & 2 \\ 1 & 2 & 3 \end{bmatrix},$$

$$\boldsymbol{A}_1 = \boldsymbol{R}^{\mathrm{T}}\boldsymbol{F}\boldsymbol{R} = \begin{bmatrix} 0 & 4 & 0 \\ 4 & 16 & 4 \\ 0 & 4 & 0 \end{bmatrix},$$

$$\boldsymbol{A}_0 = \boldsymbol{R}^{\mathrm{T}}\boldsymbol{G}\boldsymbol{R} = \begin{bmatrix} 4 & 9 & 2 \\ 9 & 23 & 5 \\ 2 & 5 & 4 \end{bmatrix}.$$

Es gilt: $\sigma = \Lambda$ mit $(\sigma^2\boldsymbol{A}_2 + \sigma\boldsymbol{A}_1 + \boldsymbol{A}_0)\boldsymbol{x} = \boldsymbol{0}$.

Kronecker-Produktmatrix

Die Eigenwerte λ und Eigenvektoren $\boldsymbol{x}$ einer Kronecker-Produktmatrix $\boldsymbol{K} = \boldsymbol{A} \otimes \boldsymbol{B}$ (siehe 3.1.2) lassen sich mithilfe der Eigendaten von $\boldsymbol{A}$ und $\boldsymbol{B}$ darstellen.

Mit $\boldsymbol{A}\boldsymbol{y} = \mu\boldsymbol{y}$, $\boldsymbol{y}^{\mathrm{T}} = [y_1 \ldots y_p]$, $\boldsymbol{B}\boldsymbol{z} = \nu\boldsymbol{z}$ gilt

$$\boldsymbol{x} = \boldsymbol{y} \otimes \boldsymbol{z} = \begin{bmatrix} y_1\boldsymbol{z} \\ \vdots \\ y_p\boldsymbol{z} \end{bmatrix}, \quad \lambda = \mu\nu \text{ für } \boldsymbol{K}\boldsymbol{x} = \lambda\boldsymbol{x}\,. \qquad (35\text{-}23)$$

35.4 Singulärwertzerlegung

Eine symmetrische Matrix $\boldsymbol{A} = \boldsymbol{A}^{\mathrm{T}}$ der Ordnung n lässt sich nach (35-5) auf Diagonalform transformieren.

$$X^{\mathrm{T}}AX = \Lambda \quad \text{mit} \quad X^{\mathrm{T}}X = I\,.$$
$$\Lambda = \mathrm{diag}(\lambda_1 \ldots \lambda_n)\,, \quad X = [x_1 \ldots x_n]\,, \tag{35-24}$$
x_i, λ_i Eigenvektoren und Eigenwerte des speziellen EWP $Ax = \lambda x$.

Durch Multiplikation der Gl. (35-24) von rechts mit X^{T} und von links mit X erhält man die Spektralzerlegung (35-6) für A.

$$A = X\Lambda X^{\mathrm{T}} = \sum_{i=1}^{n} \lambda_i x_i x_i^{\mathrm{T}}\,, \quad x_i^{\mathrm{T}} x_i = 1\,. \tag{35-25}$$

Die Inverse von A folgt aus der Inversion von (35-24).

$$(X^{\mathrm{T}}AX)^{-1} = X^{-1}A^{-1}X^{-\mathrm{T}} = \Lambda^{-1}\,,$$
$$A^{-1} = X\Lambda^{-1}X^{\mathrm{T}} = \sum_{i=1}^{n} \frac{1}{\lambda_i} x_i x_i^{\mathrm{T}}\,. \tag{35-26}$$

Wenn $\lambda = 0$ s-facher Eigenwert ist, definiert man mit $r = n - s$ die Pseudoinverse

$$A^{+} = \sum_{i=1}^{r} \frac{1}{\lambda_i} x_i x_i^{\mathrm{T}}\,, \quad \lambda_i \neq 0\,. \tag{35-27}$$

Entsprechend definiert man die Singulärwertzerlegung

$$A = \sum_{i=1}^{r} \lambda_i x_i x_i^{\mathrm{T}}\,, \quad \lambda_1 \text{ bis } \lambda_r \neq 0\,. \tag{35-28}$$

Die eigentliche Motivation zur Einführung von (35-27) und (35-28) liefern Rechteckmatrizen.

$$R = \begin{bmatrix} r_{11} & \ldots & r_{1n} \\ \vdots & & \vdots \\ r_{m1} & \ldots & r_{mn} \end{bmatrix}\,, \quad m > n\,.$$

Die Eigenwerte $\sigma_i^2 \neq 0$ und die dazugehörigen Eigenvektoren h_i des speziellen EWP

$$R^{\mathrm{T}}Rh = \sigma^2 h\,, \quad \sigma_1^2 \text{ bis } \sigma_r^2 > 0\,, \tag{35-29}$$

bestimmen die spektrale Zerlegung.
Singulärwertzerlegung

$$R = \sum_{i=1}^{r} \sigma_i g_i h_i^{\mathrm{T}} = \sum_{i=1}^{r} R h_i h_i^{\mathrm{T}} \tag{35-30}$$
$$\text{mit } g_i = \frac{1}{\sigma_i} R h_i\,, \quad \sigma_i \neq 0\,.$$

Pseudoinverse

$$R^{+} = \sum_{i=1}^{r} \frac{1}{\sigma_i} h_i g_i^{\mathrm{T}} = \sum_{i=1}^{r} \frac{1}{\sigma_i^2} h_i (R h_i)^{\mathrm{T}}\,. \tag{35-31}$$

Eigenschaften der Pseudoinversen:

$$RR^{+}R = R\,, \quad R^{+}RR^{+} = R^{+}\,, \tag{35-32}$$
$$(RR^{+})^{\mathrm{T}} = RR^{+}\,, \quad (R^{+}R)^{\mathrm{T}} = R^{+}R\,.$$

Beispiel. Die singulären Werte $\sigma_i^2 \neq 0$ der Matrix

$$R^{\mathrm{T}} = \begin{bmatrix} 1 & 2 & 0 & 3 \\ 2 & 1 & 3 & 0 \\ 1 & 1 & 1 & 1 \end{bmatrix}$$

aus $R^{\mathrm{T}}Rh = \sigma^2 h$ sind $\sigma_1^2 = 10$, $\sigma_2^2 = 22$,

$$h_1^{\mathrm{T}} = [-1\ 1\ 0]/\sqrt{2}\,, \quad h_2^{\mathrm{T}} = [3\ 3\ 2]/\sqrt{22}\,,$$
$$(Rh_1)^{\mathrm{T}} = [1\ \ -1\ \ 3\ \ -3]/\sqrt{2}\,,$$
$$(Rh_2)^{\mathrm{T}} = [1\ \ 1\ \ 1\ \ 1]11/\sqrt{22}\,.$$

Pseudoinverse:

$$R^{+} = \frac{1}{110} \begin{bmatrix} 3 & 13 & -9 & 24 \\ 13 & 2 & 24 & -9 \\ 5 & 5 & 5 & 5 \end{bmatrix}\,,$$
$$R^{+}R = \frac{1}{11} \begin{bmatrix} 10 & -1 & 3 \\ -1 & 10 & 3 \\ 3 & 3 & 2 \end{bmatrix}\,.$$

Mit $R^{+}R$ verifiziert man in der Tat $R(R^{+}R) = R$ nach (35-32).

36 Interpolation

Bei der Interpolation bildet man eine Menge von $k = 0$ bis n diskreten Stützpunkten $P_k(x_k, y_k)$ in der Ebene oder $P_k(x_k, y_k, z_k)$ im Raum auf einen kontinuierlichen Bereich ab; dadurch ist man in der Lage, zu differenzieren, zu integrieren und beliebige Zwischenwerte $y(x)$ in der Ebene und $z(x, y)$ im Raum zu berechnen. Hier wird im Wesentlichen die ebene Interpolation behandelt.

36.1 Nichtperiodische Interpolation

Besonders geeignet sind Polynome und gebrochen rationale Funktionen.

Gegeben: $n+1$ Punkte $P_k(x_k, y_k, z_k)$.
Gesucht: Polynome .

$$y = P_n(x) = c_i x^i\,, \quad i = 0 \text{ bis } n \text{ (Ebene)}\,.$$

$$z = P_{n_x n_y}(x, y) = c_{ij} x^i y^j\,, \qquad (36\text{-}1)$$
$$i = 0 \text{ bis } n_x\,, \quad j = 0 \text{ bis } n_y\,,$$
$$(n_x + 1)(n_y + 1) = n + 1 \quad \text{(Raum)}\,.$$

Gesucht: Gebrochen rationale Funktionen.

$$y = P_{km} = \frac{a_0 + a_1 x + \ldots + a_k x^k}{1 + b_1 x + \ldots + b_m x^m}\,,$$
$$k + 1 + m = n + 1\,. \qquad (36\text{-}2)$$

Tabelle 36-1. Typische Interpolationen in der Ebene. Insgesamt $n+1$ Paare (x_k, y_k), (x_k, y'_k), (x_k, y''_k) usw. sind gegeben

Name/Typ	Berechnung der Koeffizienten
Lagrange	Explizite Darstellung $P_n(x) = \sum_{k=0}^{n} y_k l_k(x)$, $l_k = \prod_{i=0,\, i\neq k}^{n} \frac{(x - x_i)}{(x_k - x_i)}$, siehe Kap. (22), Gl. (4).
Newton	$P_n = c_0 + (x - x_0)c_1 + (x - x_0)(x - x_1)c_2 + \ldots + \left[\prod_{i=0}^{n-1}(x - x_i)\right] c_n.$ Die letzte Stützstelle x_n erscheint nicht explizit in $P_n(x)$. Rekursive Berechnung nach (3) aus den Paaren (x_0, y_0) bis (x_n, y_n).
Hermite	Rekursive Berechnung aus den Werten y_k, y'_k, y''_k usw. an verschiedenen Stützstellen x_k.
Splines	Implizite Berechnung aus Paaren (x_k, y_k) mit intern erzwungener Stetigkeit in Neigung y' und „Krümmung" y''.
Padé	Implizite Berechnung in der Regel aus Paaren (x_k, y_k) mittels einer gebrochen rationalen Darstellung (2).
Bézier	Interpolation der Ortsvektoren $\boldsymbol{r}_k$ in parametrischer Form.

Newton-Interpolation. Mit dem Ansatz in Tabelle 36-1 ergeben sich die Koeffizienten c_k als Lösungen eines gestaffelten Gleichungssystems. Bei Hinzunahme eines $(n+2)$-ten Stützpunktes kann die vorhergegangene Rechnung vollständig eingebracht werden.

$$\begin{array}{l} P_n(x_0) = y_0\colon \\ P_n(x_1) = y_1\colon \\ P_n(x_2) = y_2\colon \\ \vdots \\ P_n(x_j) = y_j\colon \\ \vdots \\ P_n(x_n) = y_n\colon \end{array} \begin{bmatrix} 1 & & & & & \\ 1 & a_{11} & & & \boldsymbol{o} & \\ 1 & a_{21} & a_{22} & & & \\ \vdots & \vdots & \vdots & \ddots & & \\ 1 & a_{j1} & a_{j2} & \ldots & a_{jj} & \\ \vdots & & & & & \ddots \\ 1 & a_{n1} & a_{n2} & \ldots & \ldots & a_{nn} \end{bmatrix} \boldsymbol{c} = \boldsymbol{y}\,. \qquad (36\text{-}3)$$

$$\boldsymbol{c}^{\mathrm{T}} = [c_0 \ldots c_n]\,, \quad \boldsymbol{y}^{\mathrm{T}} = [y_0 \ldots y_n]\,,$$

$$a_{jk} = (x_j - x_0)(x_j - x_1)\ldots(x_j - x_{k-1}) = \prod_{i=0}^{k-1}(x_j - x_i)$$

$$j = 1 \text{ bis } n\,, \quad k \leqq j\,,$$

$$\text{z.B.} \quad a_{22} = (x_2 - x_0)(x_2 - x_1)\,.$$

Die Berechnung der Funktion $y(x)$ an einer Zwischenstelle $x \neq x_k$ beginnt mit der inneren Klammer in (36-4) und dringt nach außen vor, ein Verfahren, das dem von Horner (34.2, (34-13)) entspricht.
Horner-ähnliche Berechnung eines Zwischenwertes

$$P_n(x)\,, \quad x \neq x_k\,, \quad \text{für} \quad n = 4\,.$$

$$P_4(x) = c_0 + (x - x_0)$$
$$\times \underset{1}{[}c_1 + (x - x_1) \underset{2}{[}c_2 + (x - x_2) \underset{3}{[}c_3 + (x - x_3)c_4 \underset{3}{]} \underset{2}{]} \underset{1}{]}\,.$$

Start mit Hilfsgröße $b_4 = c_4$: (36-4)

$$b_3 = c_3 + (x - x_3)b_4\,, \quad b_2 = c_2 + (x - x_2)b_3\,,$$
$$b_1 = c_1 + (x - x_1)b_2\,, \quad b_0 = c_0 + (x - x_0)b_1\,.$$
$$P_4(x) = b_0\,.$$

Hermite-Interpolation. Stehen an einer Stützstelle x_k Funktionswert y_k und Ableitungen y'_k, y''_k bis $y_k^{(v)}$ zur Verfügung, ist die Differenz $x - x_k$ im Newton-Ansatz bis zur $(v+1)$-ten Potenz einzubringen. Das letzte Paar $(x_r, y_r^{(\alpha)})$ geht nicht explizit in den Ansatz ein; also ist $(x - x_r)^\alpha$ die höchste Potenz mit x_r.

Beispiel: Hermite-Interpolation der 4 Paare (x_k, y'_k), (x_k, y_k), $k = 0, 1$.

$$P_3(x) = c_0 + (x - x_0)\underset{1}{[}c_1 + (x - x_0)\underset{2}{[}c_2 + (x - x_1)c_3\underset{2}{]}\underset{1}{]}\,.$$

$$P_3(x) = c_0 + (x - x_0)c_1$$
$$+ (x - x_0)^2 c_2 + (x - x_0)^2 (x - x_1) c_3\,,$$
$$P'_3(x) = c_1 + 2(x - x_0)c_2$$
$$+ (x - x_0)[2(x - x_1) + (x - x_0)]c_3\,.$$

Berechnung der c_k-Werte aus $P_k(x_k) = y_k, P'_k(x_k) = y'_k$.

$$\begin{bmatrix} 1 & 0 & 0 & 0 \\ 0 & 1 & 0 & 0 \\ 1 & (x_1 - x_0) & (x_1 - x_0)^2 & 0 \\ 0 & 1 & 2(x_1 - x_0) & (x_1 - x_0)^2 \end{bmatrix} \begin{bmatrix} c_0 \\ c_1 \\ c_2 \\ c_3 \end{bmatrix} = \begin{bmatrix} y_0 \\ y'_0 \\ y_1 \\ y'_1 \end{bmatrix} .$$

Splines. Eine Menge von $n+1$ Stützpunkten $P_k(x_k, y_k)$ in der Ebene wird in jedem Teilintervall $[x_i, x_j]$, $j = i + 1$, durch ein Polynom $s_{ij}(x)$ ungerader Ordnung $p = 3, 5, \ldots$ approximiert.
Durch Stetigkeitsforderungen

$$\left.\begin{aligned} s'_{ij}(x_j) &= s'_{jk}(x_j) \\ &\vdots \\ s_{ij}^{(p-1)}(x_j) &= s_{jk}^{(p-1)}(x_j) \end{aligned}\right\} \begin{aligned} &\text{stetig für } x = x_j\,, \\ &j = 1 \text{ bis } n - 1\,, \end{aligned} \tag{36-5}$$

in den Intervallübergängen wird die Interpolation insgesamt nur durch die y_k-Werte bestimmt. Besonders bewährt haben sich

kubische Polynome $s(x)$ in jedem Intervall $[x_i, x_j]$, $j = i + 1$. Stetigkeit in s' und s''.

$$\begin{aligned} s_{ij}(x) = {} & a_{ij}(x - x_i)^3 + b_{ij}(x - x_i)^2 \\ & + c_{ij}(x - x_i) + d_{ij}\,. \end{aligned} \tag{36-6}$$

Bilanz der Bestimmungsgleichungen:
Unbekannt sind n Quadrupel $(a_{ij}, b_{ij}, c_{ij}, d_{ij})$, also $4n$ Parameter.
Gleichungen folgen

– aus der Interpolation in jedem Intervall:

$$s_{ij}(x_i) = y(x_i) = y_i$$
$$s_{ij}(x_j) = y(x_j) = y_j$$

(Insgesamt $2n$ Gleichungen.)

– aus Stetigkeiten in jedem Innenpunkt:

$$s'_{ij}(x_j) = s'_{jk}(x_j)$$
$$s''_{ij}(x_j) = s''_{jk}(x_j)\,.$$

(Insgesamt $2(n - 1)$ Gleichungen.)

Insgesamt $4n - 2$ Gleichungen für $4n$ Unbekannte.

$$\begin{aligned} &\text{Abhilfe: } y''_0,\ y''_n \text{ vorgeben} \\ &\text{oder} \quad\ \ y'_0,\ y'_n \text{ vorgeben}\,. \end{aligned} \tag{36-7}$$

In der konkreten Rechnung formuliert man pro Intervall die Randgrößen

$$\begin{aligned} s_{ij}(x_i) &= y_i: \\ s_{ij}(x_j) &= y_j: \\ s''_{ij}(x_i) &= y''_i: \\ s''_{ij}(x_j) &= y''_j: \\ s'_{ij}(x_i) &= y'_i: \\ s'_{ij}(x_j) &= y'_j \end{aligned} \quad \begin{bmatrix} 0 & 0 & 0 & 1 \\ h_{ij}^3 & h_{ij}^2 & h_{ij} & 1 \\ 0 & 2 & 0 & 0 \\ 6h_{ij} & 2 & 0 & 0 \\ 0 & 0 & 1 & 0 \\ 3h_{ij}^2 & 2h_{ij} & 1 & 0 \end{bmatrix} \begin{bmatrix} a_{ij} \\ b_{ij} \\ c_{ij} \\ d_{ij} \end{bmatrix} = \begin{bmatrix} y_i \\ y_j \\ y''_i \\ y''_j \\ y'_i \\ y'_j \end{bmatrix}$$

$$h_{ij} = x_j - x_i\,. \tag{36-8}$$

Elimination der a_{ij} bis d_{ij} durch y_i, y_j, y''_i, y''_j mittels der ersten 4 Gleichungen aus (36-8).

$$\begin{bmatrix} 6h_{ij}a_{ij} \\ 2b_{ij} \\ 6h_{ij}c_{ij} \\ d_{ij} \end{bmatrix} = \begin{bmatrix} 0 & 0 & -1 & 1 \\ 0 & 0 & 1 & 0 \\ -6 & 6 & -2h_{ij}^2 & -h_{ij}^2 \\ 1 & 0 & 0 & 0 \end{bmatrix} \begin{bmatrix} y_i \\ y_j \\ y''_i \\ y''_j \end{bmatrix} . \tag{36-9}$$

Die Stetigkeitsforderungen in den Stützpunkten bestimmen schließlich ein Gleichungssystem mit tridiagonaler symmetrischer und diagonal dominanter Koeffizientenmatrix. Die allgemeine Struktur ergibt sich offensichtlich aus dem Sonderfall $n = 5$, also bei 4 inneren Stützpunkten.

$n = 5.\ y''_0, y''_n = y''_5$ vorgegeben.

$$\begin{bmatrix} 2(h_{01} + h_{12}) & h_{12} & & \\ h_{12} & 2(h_{12} + h_{23}) & h_{23} & \\ & h_{23} & 2(h_{23} + h_{34}) & h_{34} \\ & & h_{34} & 2(h_{34} + h_{45}) \end{bmatrix} \begin{bmatrix} y''_1 \\ y''_2 \\ y''_3 \\ y''_4 \end{bmatrix} = \boldsymbol{r}\,,$$

$$\boldsymbol{r} = 6 \begin{bmatrix} -(y_1 - y_0)/h_{01} + (y_2 - y_1)/h_{12} - h_{01}y''_0/6 \\ -(y_2 - y_1)/h_{12} + (y_3 - y_2)/h_{23} \\ -(y_3 - y_2)/h_{23} + (y_4 - y_3)/h_{34} \\ -(y_4 - y_3)/h_{34} + (y_5 - y_4)/h_{45} - h_{45}y''_5/6 \end{bmatrix} . \tag{36-10}$$

$n = 4$. y_0', $y_n' = y_4'$ vorgegeben.

$$\begin{bmatrix} 2h_{01} & h_{01} & & & \\ h_{01} & 2(h_{01}+h_{12}) & h_{12} & & \\ & h_{12} & 2(h_{12}+h_{23}) & h_{23} & \\ & & h_{23} & 2(h_{23}+h_{34}) & h_{34} \\ & & & h_{34} & 2h_{34} \end{bmatrix} \begin{bmatrix} y_0'' \\ y_1'' \\ y_2'' \\ y_3'' \\ y_4'' \end{bmatrix} = \boldsymbol{r} \,,$$

$$\boldsymbol{r} = 6 \begin{bmatrix} (y_1-y_0)/h_{01} & -y_0' \\ (y_2-y_1)/h_{12} & -(y_1-y_0)/h_{01} \\ (y_3-y_2)/h_{23} & -(y_2-y_1)/h_{12} \\ (y_4-y_3)/h_{34} & -(y_3-y_2)/h_{23} \\ y_4' & -(y_4-y_3)/h_{34} \end{bmatrix} . \qquad (36\text{-}11)$$

Padé-Interpolation. Eine gebrochen rationale Interpolation ist besonders dann empfehlenswert, wenn die zu interpolierenden Stützpunkte einen Pol anstreben oder eine Asymptote aufweisen.

Beispiel. 3 Punkte (0, 10), (2, 1) und (10, −4) sind durch eine Funktion

$$P = \frac{a_0 + a_1 x}{1 + b_1 x} \quad \text{zu interpolieren} .$$

Aus $(1 + b_1 x_k) y_k = a_0 + a_1 x_k$ oder $a_0 + a_1 x_k - b_1 x_k y_k = y_k$ für $k = 1, 2, 3$ folgt:

$$\begin{bmatrix} 1 & 0 & 0 \\ 1 & 2 & -2 \\ 1 & 10 & 40 \end{bmatrix} \begin{bmatrix} a_0 \\ a_1 \\ b_1 \end{bmatrix} = \begin{bmatrix} 10 \\ 1 \\ -4 \end{bmatrix} , \quad \boldsymbol{a} = \begin{bmatrix} 10 \\ -3{,}88 \\ 0{,}62 \end{bmatrix} .$$

$$\text{Grenzwert } \lim_{x\to\infty} P = \frac{a_1}{b_1} = -6{,}258 .$$

Bézier-Interpolation. Eine Menge von Stützpunkten $P_k(x_k, y_k)$ in der Ebene mit Ortsvektoren $\boldsymbol{r}_k$ wird in jedem Teilintervall $[\boldsymbol{r}_i, \boldsymbol{r}_j]$, $j = i + 1$, in Parameterform (Parameter t) interpoliert.

Kubische Bézier-Splines in jedem Intervall $[\boldsymbol{r}_i, \boldsymbol{r}_j]$.

$$\boldsymbol{r}_{ij} = f_0(t)\,{}^0\boldsymbol{a}_{ij} + f_1(t)\,{}^1\boldsymbol{a}_{ij} + f_2(t)\,{}^2\boldsymbol{a}_{ij} + f_3(t)\,{}^3\boldsymbol{a}_{ij} .$$

$$f_k(t) = \sum_{l=k}^{3} (-1)^{l+k} \binom{3}{l} \binom{l-1}{l-k} t^l .$$

$$\boldsymbol{r}_{ij} = {}^0\boldsymbol{a}_{ij} + (3t - 3t^2 + t^3)\,{}^1\boldsymbol{a}_{ij} + (3t^2 - 2t^3)\,{}^2\boldsymbol{a}_{ij} + t^3\,{}^3\boldsymbol{a}_{ij} . \qquad (36\text{-}12)$$

$$\boldsymbol{r}_{ij}(t=0) = {}^0\boldsymbol{a}_{ij} \overset{!}{=} \boldsymbol{r}_i .$$

$$\boldsymbol{r}_{ij}(t=1) = {}^0\boldsymbol{a}_{ij} + {}^1\boldsymbol{a}_{ij} + {}^2\boldsymbol{a}_{ij} + {}^3\boldsymbol{a}_{ij} \overset{!}{=} \boldsymbol{r}_j . \qquad (36\text{-}13)$$

Mit Koeffizientenspalten ${}^k\boldsymbol{b}_{ij}$ anstelle von ${}^k\boldsymbol{a}_{ij}$ nach der Vorschrift

$${}^k\boldsymbol{b}_{ij} = \sum_{r=0}^{k} {}^r\boldsymbol{a}_{ij} \qquad (36\text{-}14)$$

transformiert sich die Interpolation (36-12).

$$\boldsymbol{r}_{ij} = {}^0\boldsymbol{b}_{ij}(1-t)^3 + 3\,{}^1\boldsymbol{b}_{ij}(1-t)^2 t + 3\,{}^2\boldsymbol{b}_{ij}(1-t)t^2 + {}^3\boldsymbol{b}_{ij} t^3 . \qquad (36\text{-}15)$$

Die geometrische Bedeutung der „Bézier-Punkte" ${}^k\boldsymbol{b}_{ij}$ folgt aus der Ableitung $\mathrm{d}\boldsymbol{r}_{ij}/\mathrm{d}t = \boldsymbol{r}_{ij}'$.

$$\boldsymbol{r}_{ij}'(t=0) = -3\,{}^0\boldsymbol{b}_{ij} + 3\,{}^1\boldsymbol{b}_{ij} = 3\,{}^1\boldsymbol{a}_{ij} ,$$

$$\boldsymbol{r}_{ij}'(t=1) = -3\,{}^2\boldsymbol{b}_{ij} + 3\,{}^3\boldsymbol{b}_{ij} = 3\,{}^3\boldsymbol{a}_{ij} . \qquad (36\text{-}16)$$

Die Bézier-Interpolation mittels der Ortsvektoren $\boldsymbol{b}_{ij}$ gewährleistet demnach a priori Stetigkeit in $\boldsymbol{r}_{ij}(t = 0)$, $\boldsymbol{r}_{ij}'(t = 0)$, $\boldsymbol{r}_{ij}(t = 1)$, $\boldsymbol{r}_{ij}'(t = 1)$ in jedem Intervall $[\boldsymbol{r}_i, \boldsymbol{r}_j]$, siehe Bild 36-1.

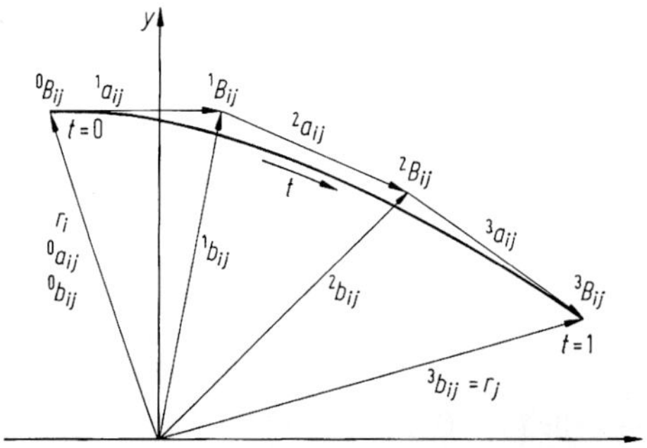

Bild 36-1. Vektoren ${}^k\boldsymbol{b}_{ij}$ zu den Bézier-Punkten ${}^k\boldsymbol{B}_{ij}$ des Intervalls $[\boldsymbol{r}_i, \boldsymbol{r}_j]$. ${}^1\boldsymbol{a}_{ij}$ Tangente in ${}^0\boldsymbol{B}_{ij}$, ${}^3\boldsymbol{a}_{ij}$ Tangente in ${}^3\boldsymbol{B}_{ij}$

36.2 Periodische Interpolation

Für eine Menge von $2N + 1$ äquidistanten Stützpunkten $P_k(x_k, y_k)$, die sich entweder 2π-periodisch wiederholt oder die man sich 2π-periodisch fortgesetzt denkt, eignet sich eine Fourier-Interpolation $F(x)$ nach dem Leitgedanken, die Summe der Differenzen zwischen y_k und $F_k = F(x_k)$, jeweils an den Stützstellen genommen, zum Minimum zu machen:
Gegeben: $2N + 1$ Stützpunkte (x_k, y_k),

$$x_k = k\frac{2\pi}{2N}\,, \text{ äquidistant}$$

$$k = 0, 1, 2, \ldots, 2N\,, \tag{36-17}$$

$$2\pi\text{-Periodizität: } y_0 = y_{2N}\,. \tag{36-18}$$

Gesucht: Koeffizienten a_i, b_i der Fourier-Interpolation

$$F(x) = \frac{1}{2}a_0 + \sum_{j=1}^{N-1}(a_j \cos jx + b_j \sin jx) + \frac{1}{2}a_N \cos Nx \tag{36-19}$$

$$\begin{bmatrix} a_0 & a_1 & a_2 & b_1 & b_2 \\ a_6 & a_5 & a_4 & b_5 & b_4 \end{bmatrix} = \boldsymbol{A}\begin{bmatrix} S_0 + S_2 & D_0 + D_2/2 & S_0 - S_2/2 & \bar{S}_1/2 + \bar{S}_3 & \sqrt{3}\bar{D}_2/2 \\ S_1 + S_3 & \sqrt{3}D_1/2 & S_1/2 - S_3 & \sqrt{3}\bar{S}_2/2 & \sqrt{3}\bar{D}_2/2 \end{bmatrix}\,, \quad \boldsymbol{A} = \frac{1}{6}\begin{bmatrix} 1 & 1 \\ 1 & -1 \end{bmatrix}\,.$$

$$6a_3 = D_0 - D_2\,, \quad 6b_3 = \bar{S}_1 - \bar{S}_3\,. \tag{36-23}$$

aus der Forderung

$$d = \sum_{i=1}^{2N}(F_i - y_i)^2 \to \text{Minimum}\,, \ F_i = F(x_i)\,. \tag{36-20}$$

Durch $2N$ partielle Ableitungen $\partial d/\partial a_j$ ($j = 0$ bis N) und $\partial d/\partial b_j$ ($j = 1$ bis $N - 1$) erhält man die Koeffizienten

$$Na_0 = \sum y_j\,, \quad Na_n = \sum(-1)^j y_j\,,$$

$$Na_k = \sum y_j \cos kx_j\,, \quad Nb_k = \sum y_j \sin kx_j\,,$$

Summation jeweils von

$$j = 1 \ \text{ bis } N\,, \quad k = 1 \text{ bis } N - 1\,. \tag{36-21}$$

Sonderfälle:

Punktmenge (x_k, y_k) symmetrisch zur y-Achse $\longrightarrow$ alle $b_k = 0$.

Punktmenge (x_k, y_k) punktsymmetrisch zum Nullpunkt $\longrightarrow$ alle $a_k = 0$. (36-22)

Tabelle 36-2. Sukzessive Summen/Differenzbildung für $2N = 12$

s_j, d_j: Summen, Differenzen der Ordinaten y_k.
S_j, D_j: Summen, Differenzen der Summen s_k.
$\bar{S}_j, \bar{D}_j$. Summen, Differenzen der Differenzen d_k

	–	y_1	y_2	y_3	y_4	y_5	y_6	
	y_{12}	y_{11}	y_{10}	y_9	y_8	y_7	–	
s_j	s_0	s_1	s_2	s_3	s_4	s_5	s_6	
d_j	–	d_1	d_2	d_3	d_4	d_5	–	
	s_0	s_1	s_2	s_3		d_1	d_2	d_3
	s_6	s_5	s_4	–		d_5	d_4	–
S_j	S_0	S_1	S_2	S_3	$\bar{S}_j$	$\bar{S}_1$	$\bar{S}_2$	$\bar{S}_3$
D_j	D_0	D_1	D_2	–	$\bar{D}_j$	$\bar{D}_1$	$\bar{D}_2$	–

Die Brauchbarkeit der Fourier-Interpolation steht und fällt mit der Ökonomie der numerischen Auswertung, was zur Konzeption der Schnellen Fourier-Transformation (*Fast Fourier Transform, FFT*) geführt hat.
Für $N = 6$ führt die *harmonische Analyse* nach *Runge* über eine Kette von Summen und Differenzen in Tabelle 36-2 zu den Koeffizienten in (36-23).

Das System (36-23) ist so zu verstehen, dass die 1. Spalte links gleich ist der 1. Spalte rechts linksmultipliziert mit der Matrix $\boldsymbol{A}$.

36.3 Integration durch Interpolation

Die Interpolation dient nicht nur zur Verstetigung diskreter Punktmengen, sondern auch zur Abbildung komplizierter Intergranden $f(x)$ auf einfach zu integrierende Ersatzfunktionen, vorzugsweise Polynome, nach Tabelle 36-3. Man spricht auch von „interpolatorischer Quadratur". Alle numerischen Integrationsverfahren basieren auf einer linearen Entwicklung des Integranden in den Funktionswerten

$$f_k = f(\boldsymbol{x}_k)\,, \quad f_{k,i} = f_{,i}(\boldsymbol{x}_k)\,, \quad f_{,i} = \partial f/\partial x_i \quad \text{usw}\,. \tag{36-24}$$

an gewissen Stützstellen $\boldsymbol{x}_k$, die entweder vorgegeben werden oder aus gewissen Optimalitätsgesichtspunkten folgen.

Tabelle 36-3. Integration durch Lagrange'sche Interpolationspolynome mit $n+1$ Paaren (x_k, f_k), $k = 0$ bis n, an äquidistanten Stützstellen x_k, $h = x_{i+1} - x_i$, gibt die Newton-Cotes-Formeln.

Q Näherung für $I = \int_a^b f(x)\,\mathrm{d}x$, $hn = b - a$

Name	Q_n
Trapezregel	$Q_1 = \frac{h}{2}(f_o + f_1)$
Simpson-Regel	$Q_2 = \frac{h}{3}(f_0 + 4f_1 + f_2)$
3/8-Regel von Newton	$Q_3 = \frac{3h}{8}(f_0 + 3f_1 + 3f_2 + f_3)$
4/90-Regel	$Q_4 = \frac{2h}{45}(7f_0+32f_1+12f_2+32f_3+7f_4)$
–	$Q_5 = \frac{5h}{288}(19f_0 + 75f_1 + 50f_2 + 50f_3 +75f_4 + 19f_5)$

Gesucht $\quad I = \int_G f(\boldsymbol{x})\,\mathrm{d}G$,

Annäherung durch

$$Q = \int_G \left\{ \sum f_k p_k(\boldsymbol{x}) + \sum f_{k,\,i} p_{ki}(\boldsymbol{x}) \right\} \mathrm{d}G$$
$$= \sum f_k w_{k0} + \sum f_{k,i} w_{ki} \,. \qquad (36\text{-}25)$$

Die Gewichtsfaktoren w_{k0} der Ordinaten f_k und w_{ki} der partiellen Ableitungen ergeben sich aus der analytischen Integration der Interpolationspolynome $p_k(\boldsymbol{x})$ und $p_{ki}(\boldsymbol{x})$. Zunächst folgen einige Formeln für gewöhnliche Integrale mit einer Integrationsvariablen. Durch Aufteilung des Integrationsgebietes in ganzzahlige Vielfache von n gelangt man zu den summierten *Newton-Cotes-Formeln*.

Tschebyscheff'sche Quadraturformeln sind so konzipiert, dass die Gewichtsfaktoren w_k in (36-25) allesamt gleichgesetzt werden. Die dazu passenden Stützstellen x_k, $k = 0$ bis n folgen aus der Forderung, dass Polynome bis zum Grad $n+1$ exakt integriert werden. Weitere Werte in [1, Tabelle 25-5]

Gauß-Quadraturformeln basieren auf der Einbeziehung von $n+1$ Gewichtsfaktoren w_k und $n+1$ Stützstellen x_k, $k = 0$ bis n, in die numerische Integration derart, dass ein Polynom bis zum Grad $2n+1$ exakt integriert wird. Die Bestimmungsgleichungen sind linear in den w_k und nichtlinear in den x_k.

Der Quadraturfehler $E_{n+1} = I - Q_{n+1}$ bei $n+1$ Stützstellen ist explizit angebbar:

$$E_{n+1} = \frac{2^{2n+3}[(n+1)!]^4}{(2n+3)[(2n+2)!]^3} h^{2n+3} f^{(2n+2)}(\xi) \,,$$
$$-h \leqq \xi \leqq h \,. \qquad (36\text{-}26)$$

$$n = 1: E_2 = \frac{h^5}{135} f^{(4)}(\xi) \,,$$
$$n = 2: E_3 = \frac{h^7}{15\,750} f^{(6)}(\xi) \,. \qquad (36\text{-}27)$$

Hermite-Quadraturformeln entstehen durch Einbeziehung der Ableitungen $f'_k = f'(x_k)$, f''_k usw. an den Stützstellen x_k, $k = 0$ bis n.

Mehrdimensionale Integrationsgebiete in Quader- oder Rechteckform werden auf Einheitskantenlängen transformiert und durch mehrdimensionale Aufweitung der eindimensionalen Quadraturformeln behandelt, siehe auch [2],[3].

Beispiel: Simpson-Integration im Quadrat nach Bild 36-2a für

$$I = \int_{-1}^{1} \int_{-1}^{1} f(x, y)\,\mathrm{d}x\,\mathrm{d}y \,. \qquad (36\text{-}28)$$

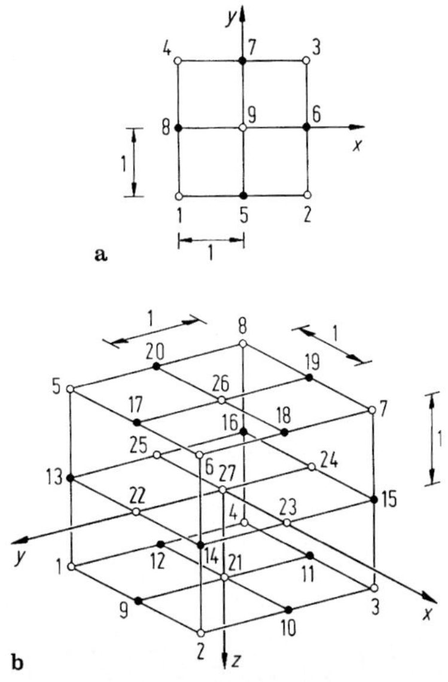

Bild 36-2. Simpson-Integration, **a** im Quadrat und **b** im Würfel

Tabelle 36-4. Quadraturfehler $E_n = I - Q_n$ im Intervall [a, b] für Newton-Cotes Formeln. ξ bezeichnet die Stelle x mit dem Extremum von $f^{(v)}$

n	1	2	3	4	5
E_n	$-\frac{h^3}{12}f''(\xi)$	$-\frac{h^5}{90}f^{(4)}(\xi)$	$-\frac{3}{80}h^5 f^{(4)}(\xi)$	$-\frac{8}{945}h^7 f^{(6)}(\xi)$	$-\frac{275}{12\,096}h^7 f^{(6)}(\xi)$

Tabelle 36-5. Tschebyscheff-Integration
$I = \int_{-h}^{h} f(x)\mathrm{d}x\,,\quad Q_n = \frac{2h}{n+1}\sum_{k=0}^{n} f_k\,,\quad f_k = f(x_k)$

n	x_k/h
1	$\pm\sqrt{3}/3$
2	$\pm\sqrt{2}/2;\quad 0$
3	±0,794654; ±0,187592
4	±0,832498; ±0,374541; 0

Tabelle 36-6. Gauß-Integration
$I = \int_{-h}^{h} f(x)\,\mathrm{d}x,\quad Q_n = \sum_{k=0}^{n} w_k f(x_k)$

n	x_k/h	w_k/h
0	0	2
1	$\pm\sqrt{3/3}$	1
2	$\pm\sqrt{0,6}$	5/9
	0	8/9
3	±0,86113631	0,34785485
	±0,33998104	0,65214515
4	±0,90617985	0,23692689
	±0,53846931	0,47862867
	0	128/225
5	±0,93246951	0,17132449
	±0,66120939	0,36076157
	±0,23861919	0,46791393

Näherung Q:

$$Q = \frac{1}{9}(f_1 + f_2 + f_3 + f_4) + \frac{4}{9}(f_5 + f_6 + f_7 + f_8) + \frac{16}{9}f_9\,.$$

Simpson-Integration im Würfel nach Bild 36-2b für

$$I = \int_{-1}^{1}\int_{-1}^{1}\int_{-1}^{1} f(x, y, z)\,\mathrm{d}x\,\mathrm{d}y\,\mathrm{d}z\,,$$

Näherung Q:

Tabelle 36-7. Hermite-Integration $Q \approx I = \int_0 f(x)\mathrm{d}x$

n	x_k/h	Q	Fehler E
2	0, 1, 2	$\frac{h}{15}(7f_0 + 16f_1 + 7f_2) + \frac{h^2}{15}(f_0' - f_2')$	$\frac{16}{15}\cdot\frac{h^7}{7!}f^{(6)}(\xi)$
1	0, 1	$\frac{h}{2}(f_0 + f_1) + \frac{h^2}{12}(f_0' - f_1')$	$\frac{h^5}{750}f^{(4)}(\xi)$
1	0, 1	$\frac{h}{2}(f_0 + f_1) + \frac{h^2}{10}(f_0' - f_1') + \frac{h^2}{120}(f_0'' - f_1'')$	$-\frac{h^7}{100\,800}f^{(6)}(\xi)$

$$Q = \frac{1}{27}\sum_{i=1}^{8} f_i + \frac{4}{27}\sum_{j=9}^{20} f_j + \frac{16}{27}\sum_{k=21}^{26} f_k + \frac{64}{27}f_{27}\,. \tag{36-29}$$

Singuläre Integranden, wie sie typisch sind für die Randelementmethoden (REM oder BEM), können numerisch regularisiert werden durch eine Aufweitung der singulären Stelle, die zum Beispiel im Nullpunkt des Einheitsdreiecks im Bild 36-3 liegen möge. Durch die *Aufweitungstransformation*

$$x = (1-\xi)x_0 + \xi(1-\eta)x_1 + \xi\eta x_2\,,$$
$$y = (1-\xi)y_0 + \xi(1-\eta)y_1 + \xi\eta y_2\,,$$

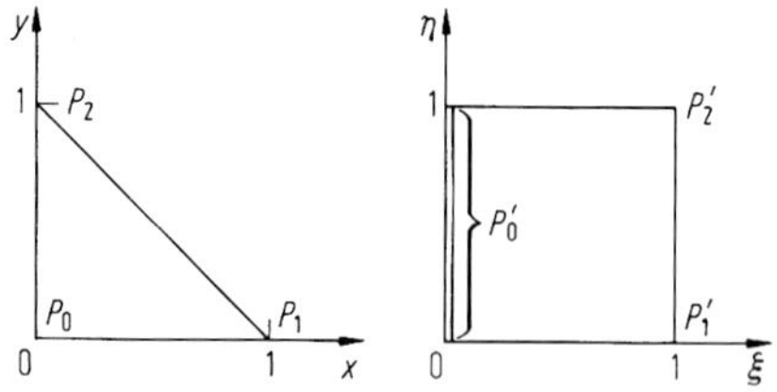

Bild 36-3. Aufweitungstransformation bei Singularität im Punkt P_0

Tabelle 36-8. Gauß-Integration in Dreiecken.

$$I = \int_0^1 \int_0^{1-L_1} f(L_i)\mathrm{d}L_2\mathrm{d}L_3$$

Lage der Punkte	Integrationspunkte in Flächenkoordinaten	Gewichtsfaktoren
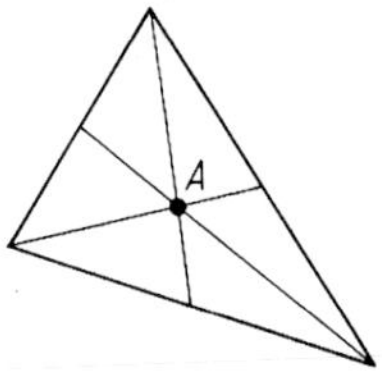	$A: \frac{1}{3}, \frac{1}{3}, \frac{1}{3}$	1
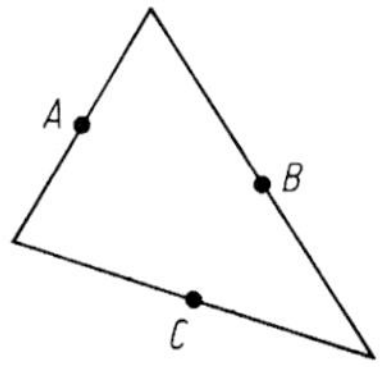	$A: \frac{1}{2}, \frac{1}{2}, 0$ $B: 0, \frac{1}{2}, \frac{1}{2}$ $C: \frac{1}{2}, 0, \frac{1}{2}$	$\frac{1}{3}$
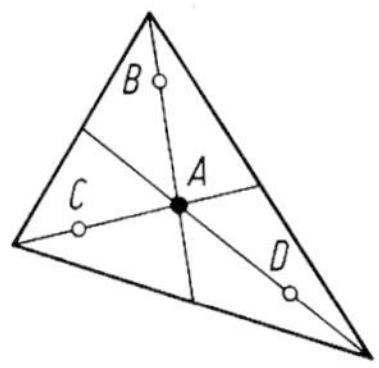	$A: \frac{1}{3}, \frac{1}{3}, \frac{1}{3}$	−27/48
	$B: \frac{3}{5}, \frac{1}{5}, \frac{1}{5}$ $C: \frac{1}{5}, \frac{3}{5}, \frac{1}{5}$ $D: \frac{1}{5}, \frac{1}{5}, \frac{3}{5}$	25/48
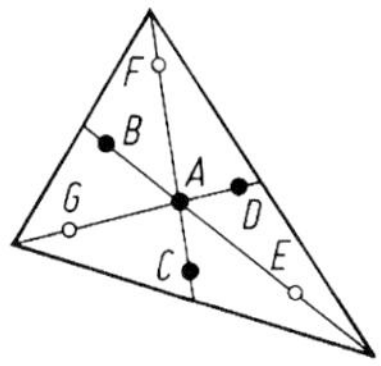	$A: \frac{1}{3}, \frac{1}{3}, \frac{1}{3}$	0,225
	$B: a,\ b,\ b$ $C: b,\ a,\ b$ $D: b,\ b,\ a$	0,132 394 153
	$E: c,\ d,\ d$ $F: d,\ c,\ d$ $G: d,\ d,\ c$	0,125 939 181
	$a = 0{,}059\,715\,871\,7$ $b = 0{,}470\,142\,064$ $c = 0{,}797\,426\,985$ $d = 0{,}101\,286\,507$	

mit der Jacobi-Determinante

$$J = \begin{vmatrix} x_{,\xi} & x_{,\eta} \\ y_{,\xi} & y_{,\eta} \end{vmatrix} = \xi\,.$$

Tabelle 36-9. Gauß-Integration in Tetraedern

Lage der Punkte	Integrationspunkte in Volumenkoordinaten	Gewichtsfaktoren
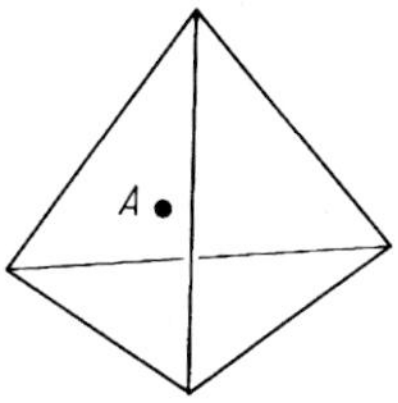	$A: \frac{1}{4}, \frac{1}{4}, \frac{1}{4}, \frac{1}{4}$	1
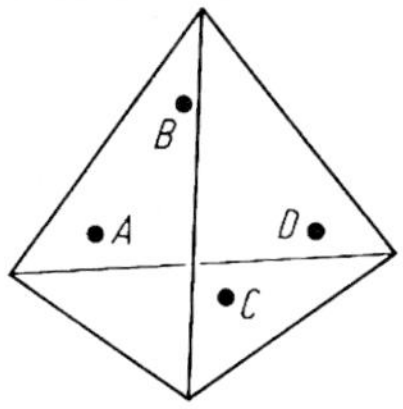	$A: a,\ b,\ b,\ b$ $B: b,\ a,\ b,\ b$ $C: b,\ b,\ a,\ b$ $D: b,\ b,\ b,\ a$	$\frac{1}{4}$
	$a = 0{,}585\,410\,20$ $b = 0{,}138\,196\,60$	
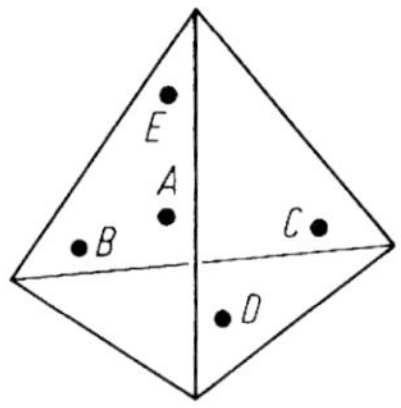	$A: \frac{1}{4}, \frac{1}{4}, \frac{1}{4}, \frac{1}{4}$	−16/20
	$B: \frac{1}{2}, \frac{1}{6}, \frac{1}{6}, \frac{1}{6}$ $C: \frac{1}{6}, \frac{1}{2}, \frac{1}{6}, \frac{1}{6}$ $D: \frac{1}{6}, \frac{1}{6}, \frac{1}{2}, \frac{1}{6}$ $E: \frac{1}{6}, \frac{1}{6}, \frac{1}{6}, \frac{1}{2}$	9/20

wird die Singularität im Punkt ($x = 0$, $y = 0$) um den Grad 1 vermindert.

$$I = \iint\limits_{\text{Dreieck}} f(x, y)\,\mathrm{d}x\,\mathrm{d}y = \iint\limits_{\text{Quadrat}} F(\xi, \eta)J\,\mathrm{d}\xi\,\mathrm{d}\eta\,. \tag{36-30}$$

37 Numerische Integration von Differenzialgleichungen

37.1 Anfangswertprobleme

Anfangswertprobleme, kurz AWP, werden beschrieben durch gewöhnliche Differenzialgleichungen r-ter

Ordnung mit r vorgegebenen Anfangswerten im Anfangspunkt x_0.

$$y^{(r)} = f(x, y, \ldots, y^{(r-1)}), \quad y^{(r)} = \mathrm{d}^r y/\mathrm{d}x^r ,$$

$$\left.\begin{array}{ll} y^{(r-1)}\,(x_0) = y_0^{(r-1)} \\ \vdots \qquad\quad \vdots \\ y \qquad (x_0) = y_0 \end{array}\right\} r \text{ Anfangswerte} . \qquad (37\text{-}1)$$

Durch die Einführung von $r-1$ zusätzlichen Zustandsgrößen lässt sich (37-1) auch stets als System von r Dgln. jeweils 1. Ordnung formulieren, sodass dem Sonderfall $r = 1$,

$$y' = f(x, y), \quad y = y(x), \quad y' = \mathrm{d}y/\mathrm{d}x ,$$
$$y(x_0) = y_0 \text{ vorgegeben} , \qquad (37\text{-}2)$$

eine besondere Bedeutung zukommt. Von x_0 und $y(x_0) = y_0$ ausgehend, liefert z. B. eine abgebrochene Taylor-Entwicklung mit der Schrittweite h einen Näherungswert Y_1 für $y_1 = y(x_0 + h)$.

$$Y_1 = y_0 + \frac{h}{1!}y_0' + \frac{h^2}{2!}y_0'' + \ldots + \frac{h^p}{p!}y_0^{(p)} ,$$
$$y_0' = f(x_0, y_0), \quad y_0'' = y''(x_0) = f'(x_0, y_0), \ldots , \qquad (37\text{-}3)$$
$$y'' = f_{,x} + f_{,y}\, y' = f_{,x} + f_{,y}\, f =: f_2 ,$$
$$f_{,x} = \partial f/\partial x ,$$
$$y''' = f_{,xx} + 2f f_{,xy} + f^2 f_{,yy} + f_2 f_{,y} , \quad \text{usw.}$$

Aus der Differenz d_1 zwischen dem berechneten Näherungswert Y_1 und dem in der Regel unbekannt bleibenden exakten Wert y_1 ergibt sich die *lokale Fehlerordnung* p.

$$d_1 = y_1 - Y_1 = \frac{h^{p+1}}{(p+1)!}y^{p+1}(x_0 + \xi h) , \quad 0 \leqq \xi \leqq 1 .$$

Die Näherung (37-3) besitzt die lokale Fehlerordnung p für einen Fehler d der Größenordnung (O) von h^{p+1}, kurz

$$d_k = y_k - Y_k = O(h^{p+1}) . \qquad (37\text{-}4)$$

Runge-Kutta-Verfahren, kurz RKV, gehen in ihrer Fehlerabschätzung auf die Taylor-Entwicklung zurück, lassen sich jedoch kompakter herleiten über eine (2) zugeordnete Integraldarstellung im Intervall $[x_k, x_{k+1}]$ der Länge h.

$$y_{k+1} - y_k = \int_{x_k}^{x_k+h} f(x, y)\,\mathrm{d}x .$$

Näherung durch numerische Integration:

$$Y_{k+1} = Y_k + h(w_1 f_1 + \ldots + w_m f_m) ,$$
$$f_i = f(x_k + \xi_i h, Y_i) , \quad Y_i = Y(x_k + \xi_i h) ,$$
$$0 \leqq \xi_i \leqq 1 . \quad m \text{ Stufenzahl} . \qquad (37\text{-}5)$$

Die Stützstelle ξ_i im Intervall $[0,1]$ und die Gewichtsfaktoren w_i werden für eine konkrete Stufenzahl m so berechnet, dass die lokale Fehlerordnung p möglichst hoch wird.

Explizite RKV.

Die Zwischenwerte $Y_i = Y(x_k + \xi_i h)$ werden sukzessive beim Fortschreiten von $\xi_1 = 0$ bis ξ_m eliminiert.

Implizite RKV.

Alle Werte Y_i eines Intervalls $[x_k, x_{k+1}]$ sind miteinander gekoppelt. Bei nichtlinearen Dgln. führt dies auf ein nichtlineares algebraisches Gleichungssystem.
Die klassischen RK-Formeln ersetzen die Zwischenwerte Y_i durch Steigungen k_i:

Explizite RK-Schemata, Stufenzahl m.
Gegeben: $y' = f(x, y)$, $y(x_0) = y_0$.
Gesucht: Extrapolation von einem Näherungswert Y_k für $y(x_k)$ auf einen Wert Y_{k+1} für $y(x_k + h)$, sog. *Einschrittverfahren*:

$$Y_{k+1} = Y_k + h\sum_{i=1}^{m} \gamma_i k_i . \qquad (37\text{-}6)$$

$$k_1 = f(x_k + \xi_1 h, Y_k) , \quad \xi_1 = 0 ,$$
$$k_2 = f(x_k + \xi_2 h, Y_2) , \quad Y_2 = Y_k + h\beta_{21} k_1 ,$$
$$k_3 = f(x_k + \xi_3 h, Y_3) , \quad Y_3 = y_k + h(\beta_{31} k_1 + \beta_{32} k_2) ,$$
$$\vdots$$
$$k_m = f(x_k + \xi_m h, Y_m) , \quad Y_m = Y_k + h\sum_{i=1}^{m} \beta_{mi} k_i .$$

Die Koeffizienten ξ_i, β_{ij} und γ_i ordnet man platzsparend in einem Schema an.

$$\begin{array}{l|llll} \xi_1 = 0 & & & & \\ \xi_2 & \beta_{21} & & & \\ \xi_3 & \beta_{31} & \beta_{32} & & \\ \vdots & \vdots & & \ddots & \\ \xi_m & \beta_{m1} & \beta_{m2} & \ldots & \beta_{m,m-1} \\ \hline & \gamma_1 & \gamma_2 & \ldots & \gamma_{m-1} \; \gamma_m \end{array} \qquad (37\text{-}7)$$

Tabelle 37-1. Explizites Runge-Kutta-Verfahren mit $m_1 = 4$, $p_1 = 4$ und $m_2 = 6$, $p_2 = 5$. Lokaler Fehler $d = \frac{h}{336}(-42k_1 - 224k_3 - 21k_4 + 162k_5 + 125k_6) + O(h^6)$

0						$m_1 = 4$ (Zeilen 1–4); $m_2 = 6$ (Zeilen 1–6)
$\frac{1}{2}$	$\frac{1}{2}$					
$\frac{1}{2}$	$\frac{1}{4}$	$\frac{1}{4}$				
1	0	-1	2			
$\frac{2}{3}$	$\frac{7}{27}$	$\frac{10}{27}$	0	$\frac{1}{27}$		
$\frac{1}{5}$	$\frac{28}{625}$	$-\frac{1}{5}$	$\frac{546}{625}$	$\frac{54}{625}$	$-\frac{378}{625}$	
γ_i für $m_1 = 4$	$\frac{1}{6}$	0	$\frac{4}{6}$	$\frac{1}{6}$		
γ_i für $m_2 = 6$	$\frac{14}{336}$	0	0	$\frac{35}{336}$	$\frac{162}{336}$	$\frac{125}{336}$

Tabelle 37-2. Explizites Runge-Kutta-Verfahren mit $m_1 = 6$, $p_1 = 5$ und $m_2 = 8$, $p_2 = 6$. Lokaler Fehler $d \approx \frac{5h}{66}(k_8 + k_7 - k_6 - k_1)$

0								$m_1 = 6$ (Zeilen 1–6); $m_2 = 8$ (Zeilen 1–8)
$\frac{1}{6}$	$\frac{1}{6}$							
$\frac{4}{15}$	$\frac{4}{75}$	$\frac{16}{75}$						
$\frac{2}{3}$	$\frac{5}{6}$	$-\frac{8}{3}$	$\frac{5}{2}$					
$\frac{4}{5}$	$-\frac{8}{5}$	$\frac{114}{25}$	-4	$\frac{16}{25}$				
1	$\frac{361}{320}$	$-\frac{18}{5}$	$\frac{407}{128}$	$-\frac{11}{80}$	$\frac{55}{128}$			
0	$-\frac{11}{640}$	0	$\frac{11}{256}$	$-\frac{11}{160}$	$\frac{11}{256}$	0		
1	$\frac{93}{640}$	$-\frac{18}{5}$	$\frac{803}{256}$	$-\frac{11}{160}$	$\frac{99}{256}$	0	1	
γ_i für $m_1 = 6$	$\frac{31}{384}$	0	$\frac{1125}{2816}$	$\frac{9}{32}$	$\frac{125}{768}$	$\frac{5}{66}$		
γ_i für $m_2 = 8$	$\frac{7}{1408}$	0	$\frac{1125}{2816}$	$\frac{9}{32}$	$\frac{125}{768}$	0	$\frac{5}{66}$	$\frac{5}{66}$

Konsistenzbedingungen:

$$\sum_{i=1}^{m} \gamma_i = 1 \,, \quad \xi_j = \sum_{i=1}^{j-1} \beta_{j,i} \quad \text{für} \quad p \geqq 1 \,. \qquad (37\text{-}8)$$

Interessant für die Schrittweitensteuerung sind Algorithmen, die aus einem Vergleich von 2 Verfahren mit verschiedenen Stufenzahlen m_1 und m_2 auf den lokalen Fehler schließen lassen, wobei die Auswertungen für m_1 vollständig für die Stufe m_2 zu verwerten sind; siehe Tabellen 37-1, 37-2.
Bei impliziten RKV folgen die Werte k_i, $i = 1$ bis m, aus einem nichtlinearen algebraischen System, z. B. für $m = 2$:

$$k_1 = f(x_k + \xi_1 h, Y_1) \,, \quad Y_1 = Y_k + h(\beta_{11} k_1 + \beta_{12} k_2) \,,$$
$$k_2 = f(x_k + \xi_2 h, Y_2) \,, \quad Y_2 = Y_k + h(\beta_{21} k_1 + \beta_{22} k_2) \,.$$
$$Y_{k+1} = Y_k + h(\gamma_1 k_1 + \gamma_2 k_2) \,. \qquad (37\text{-}9)$$

Der große numerische Aufwand kommt einer hohen Fehlerordnung p zugute und ist in Anbetracht einer numerisch stabilen Integration sog. steifer Dgln. unumgänglich. Besonders günstige p-Werte relativ zu der Stufenzahl m erzeugen Gaußpunkte ξ_i; siehe Tabelle 37-3.

Steife Differenzialgleichungen sind erklärt an linearen Systemen über die Realteile der charakteristischen Exponenten λ.

$$\boldsymbol{y}'(x) = \boldsymbol{A}\boldsymbol{y}(x) \,, \quad \boldsymbol{A} = \text{const} \,,$$

Lösungsansatz $\boldsymbol{y}(x) = \mathrm{e}^{\lambda x}\boldsymbol{y}_0$ führt auf

$$(\boldsymbol{A} - \lambda \boldsymbol{I})\boldsymbol{y}_0 = \boldsymbol{0} \rightarrow \lambda_1 \text{ bis } \lambda_n \,.$$

$$\text{Steifheit } S = |\mathrm{Re}(\lambda_j)|_{\max} / |\mathrm{Re}(\lambda_j)|_{\min} \,. \qquad (37\text{-}10)$$

Bei nichtlinearen Dgln. linearisiert man im aktuellen Punkt x_k.
Gegeben

$$\begin{bmatrix} y_1 \\ \vdots \\ y_n \end{bmatrix}' = \begin{bmatrix} f_1(x, \boldsymbol{y}) \\ \vdots \\ f_n(x, \boldsymbol{y}) \end{bmatrix} = \boldsymbol{f} \,.$$

Linearisierung im Punkt $(x_k, \boldsymbol{y}_k)$;

$$\boldsymbol{y} = \boldsymbol{y}_k + \boldsymbol{z} \,,$$
$$\boldsymbol{z}' = \boldsymbol{J}(x_k, \boldsymbol{y}_k)\boldsymbol{z} + \boldsymbol{f}_k + (x - x_k)\boldsymbol{f}'_k \,, \quad ()' = \mathrm{d}()/\mathrm{d}x \,,$$

$$\boldsymbol{J} = \begin{bmatrix} f_{1,1} & \dots & f_{1,n} \\ \vdots & & \vdots \\ f_{n,1} & \dots & f_{n,n} \end{bmatrix} \,, \quad f_{i,j} = \partial f_i / \partial y_j \,. \qquad (37\text{-}11)$$

Bei großer Steifheit S sind in der Regel nur implizite Verfahren brauchbar, da ansonsten die Rechnung zur Divergenz neigt, oder die Zeitschritte irrelevant klein werden. Das Phänomen der numerischen Stabilität dokumentiert sich in folgender Testaufgabe für Stabilität.

Gegeben: $y' + y = 0$ mit $y(x = 0) = y_0$.
Analytische Lösung: $y(x) = y_0 \mathrm{e}^{-x}$, (37-12)

Numerische Lösung:

s-Schritt-Verfahren $a_s Y_{k+s} + \ldots + a_1 Y_{k+1} = a_0 Y_k$.
1-Schritt-Verfahren $a_1 Y_{k+1} = a_0 Y_k$, $a_i = a_i(h)$. (37-13)

Die Differenzengleichungen (37-13) lassen sich wiederum analytisch lösen, wobei die Eigenwerte λ über die numerische Stabilität entscheiden.
Ansatz für (37-13): $Y_k = \lambda^k y_0$.

$$s \text{ beliebig}: a_s \lambda^s + \ldots + a_1 \lambda = a_0 \,, \qquad (37\text{-}14)$$
$$s = 1: a_1 \lambda = a_0 \,.$$

Stabilitätscharakter.

Falls alle $|\lambda_j| < 1$ für beliebige Schrittweite h:
Absolute Stabilität. (37-15)

Falls alle $|\lambda_j| < 1$ für eine spezielle maximal zulässige Schrittweite $h_{\max}$: Bedingte Stabilität .

Für steife Dgln. eignen sich nur absolut stabile Verfahren.

Padé-Approximation. Gebrochen rationale Polynomapproximationen P_{mn} nach Padé in Tabelle 22-1 speziell für die e-Funktion sind offensichtlich besonders geeignete Stabilitätsgaranten, falls nur für den Fall der Dgl. (27-12) $n \leqq m$ gewählt wird.

Beispiel: Die harmonische Schwingung $y'' + y = 0$ mit $y_0 = y(x_0)$, $y'_0 = y'(x_0)$ ist grenzstabil; das heißt, die quadratische Form $y^2 + y'^2 = Q$ bleibt zeitunveränderlich konstant. Die Rechnung geht aus von einem System $\boldsymbol{y}' = \boldsymbol{A}\boldsymbol{y}$ 1. Ordnung mit $y' = v$:

$$\boldsymbol{y} = \begin{bmatrix} y \\ v \end{bmatrix} , \quad \boldsymbol{A} = \begin{bmatrix} 0 & 1 \\ -1 & 0 \end{bmatrix} . \quad \boldsymbol{y}_1 = \exp(\boldsymbol{A}h)\boldsymbol{y}_0 \,.$$

Eine matrizielle P_{22}-Entwicklung nach Tabelle 22-1 mit

Tabelle 37-3. Implizite Runge-Kutta-Gauß-Verfahren

$m=2,\ p=4$			
$(3-\sqrt{3})/6$	$1/4$	$(3-2\sqrt{3})/12$	
$(3+\sqrt{3})/6$	$(3+2\sqrt{3})/12$	$1/4$	
	$1/2$	$1/2$	
$m=3,\ p=6$			
$(5-\sqrt{15})/10$	$5/36$	$(10-3\sqrt{15})/45$	$(25-6\sqrt{15})/180$
$1/2$	$(10+3\sqrt{15})/72$	$2/9$	$(10-3\sqrt{15})/72$
$(5+\sqrt{15})/10$	$(25+6\sqrt{15})/180$	$(10+3\sqrt{15})/45$	$5/36$
	$5/18$	$4/9$	$5/18$

$$\boldsymbol{y}_1 = \boldsymbol{P}_{22}\boldsymbol{y}_0\,, \quad \boldsymbol{y}_2 = \boldsymbol{P}_{22}\boldsymbol{y}_1 \quad \text{usw.}$$

$$\text{und } \boldsymbol{P}_{22} = \left(\boldsymbol{I} - \frac{h}{2}\boldsymbol{A}\right)^{-1}\left(\boldsymbol{I} + \frac{h}{2}\boldsymbol{A}\right)$$

$$= \left(1 + \frac{h^2}{4}\right)^{-1}\begin{bmatrix} 1 - \dfrac{h^2}{4} & h \\ -h & 1 - \dfrac{h^2}{4} \end{bmatrix}$$

garantiert in der Tat mit

$$Q_1 = \boldsymbol{y}_1^{\mathrm{T}}\boldsymbol{y}_1 = \boldsymbol{y}_0^{\mathrm{T}}\boldsymbol{P}_{22}^{\mathrm{T}}\boldsymbol{P}_{22}\boldsymbol{y}_0 = \boldsymbol{y}_0^{\mathrm{T}}\boldsymbol{I}\boldsymbol{y}_0$$

die Erhaltung des Anfangswertes Q_0 unabhängig vom Zeitschritt h.
Die P_{22}-Approximation des obigen Beispiels hat als stabile Variante des sog. *Newmark-Verfahrens* eine große Bedeutung in der Strukturdynamik.

37.2 Randwertprobleme

Randwertprobleme, kurz RWP, werden beschrieben durch gewöhnliche oder partielle Dgln. mit einem Differenzialoperator D_G im abgeschlossenen Definitionsgebiet G und zusätzlichen Vorgaben $D_R[y]+r_R = 0$ in allen Randpunkten.

$$\left.\begin{aligned} &\text{Gebiet } G\colon \mathrm{D}_G[y(\boldsymbol{x})] + \boldsymbol{r}_G = 0 \\ &\text{Rand } R\colon \ \mathrm{D}_R[y(\boldsymbol{x})] + \boldsymbol{r}_R = 0 \end{aligned}\right\}\mathrm{RWP}\,[y,\, r] = 0\,. \tag{37-16}$$

Gewöhnliches Dgl.-System:
Spalte $\boldsymbol{x}$ enthält nur eine unabhängige Veränderliche.

Alle Verfahren zur Approximation der in aller Regel unbekannt bleibenden exakten Lösung $y(\boldsymbol{x})$ basieren auf einer Interpolation mit gegebenen linear unabhängigen Ansatzfunktionen $f_1(\boldsymbol{x})$ bis $f_n(\boldsymbol{x})$, deren Linearkombination $Y(\boldsymbol{x}) = \sum c_i f_i(\boldsymbol{x})$ mit vorerst unbestimmten Koeffizienten c_i so einzurichten ist, dass der Defekt (auch Residuum genannt)

$$d(x) = \mathrm{RWP}[Y,\, r] \tag{37-17}$$

oder ein zugeordnetes Funktional minimal wird. Die physikalisch begründeten Aufgaben in den Ingenieurwissenschaften erfordern gewichtete Defektanteile mit identischen Dimensionen.

Beispiel: Die Längsverschiebung $u(x)$ und die Längskraft $L = EA\ \mathrm{d}u/\mathrm{d}x$ eines Stabes mit Dehnsteifigkeit EA nach Bild 37-1 werden ganz allgemein

Tabelle 37-4. Gebräuchliche Defektfunktionen.
n-Ansatzordnung, G Definitionsgebiet, D_G Differenzialoperator des RWP in G, R Rand des RWP

Typ	Darstellung
Diskrete Defekt-quadrate	$\sum\limits_{k=1}^{m} d^2(\boldsymbol{x}_k) \to \text{Minimum}, \quad m > n\,.$
Integrales Defekt-quadrat	$\int\limits_{G+R} d^2(\boldsymbol{x})(\mathrm{d}G + \mathrm{d}R) \to \text{Minimum}\,.$
Gewichtete Residuen	$\int\limits_{G+R} g_k d(\boldsymbol{x})(\mathrm{d}G + \mathrm{d}R) = 0,\ k = 1 \text{ bis } n\,.$
(Galerkin-Verfahren)	g_k Linear unabhängige Gewichts- oder Projektionsfunktionen $g_k \equiv f_k$ Klassisches Ritz-Verfahren (FEM) $D_G[g_k] = 0$ Trefftz-Ansatz $D_G[g_k] = \delta_k$ Randelementmethode (REM)
Kollokation	$d_k = d(\boldsymbol{x}_k) = 0\,, \quad k = 1 \text{ bis } n.$

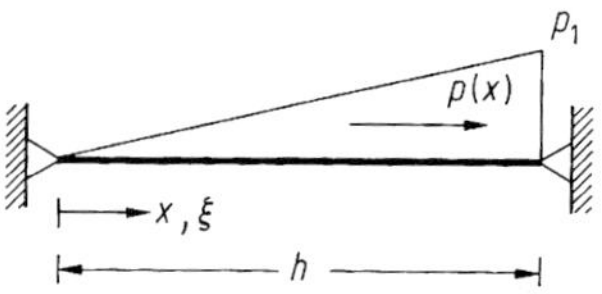

Bild 37-1. Dehnstab mit Längsbelastung $p(x)$

durch Gebiets- und Randgleichungen bestimmt. $(\bullet)' = \mathrm{d}(\bullet)/\mathrm{d}\xi = h\mathrm{d}(\bullet)/\mathrm{d}x$, $x = h\xi$.

Gebiet G:

$$[-EAu''/h^2 - p]_G = 0\ ; \quad \text{hier } p = p_1 x/h\ .$$

Rand R_0 mit vorgegebener Verschiebung $\bar{u}$:

$$[u - \bar{u}]_{R_0} = 0\ ; \quad \text{hier } R_0 = R \text{ und } \bar{u} = 0\ .$$

Rand R_1 mit vorgegebener Längskraft $\bar{L} = EA\bar{u}'/h$:

$$[EAu'/h - EA\bar{u}'/h]_{R_1} = 0\ ; \quad \text{hier kein Rand } R_1\ .$$

Das gewichtete Gebietsresiduum $\int g[\ldots]_G\,\mathrm{d}x$ mit dimensionsloser Gewichtsfunktion g und Länge $\mathrm{d}x = h\,\mathrm{d}\xi$ hat die Dimension einer Kraft.
Der R_1-Anteil wird ebenfalls mit g bewertet (korrespondierend mit der Verschiebung u), der R_0-Anteil hingegen mit $EA\ \mathrm{d}g/\mathrm{d}x$ (korrespondierend mit der Längskraft L).

$$\int_G g[-EAu''/h^2 - p]h\mathrm{d}\xi + \left\{\frac{EA}{h}g'[\bar{u} - u]\right\}_{R_0} + \left\{\frac{g}{h}[EAu' - EA\bar{u}']\right\}_{R_1} = 0\ .$$

Bei spezieller Wahl identischer Ansatz- und Gewichtsfunktionen ($f = g$) ist eine partielle Integration für die numerische Auswertung günstig. Für die Sondersituation im Bild 37-1 mit ausschließlichem Randtyp R_0 und $\bar{u} = 0$ gilt

$$\int_G \left[\frac{EA}{h}g'u' - phg\right]\mathrm{d}\xi - \left[\frac{EA}{h}(g'u + gu')\right]_{R_0=R} = 0\ .$$

Ansatzfunktionen $c_i f_i(\xi)$ für $u(\xi)$ mit verschwindenden Randwerten $u_0 = u_1 = 0$ und identische Gewichtsfunktionen stehen zum Beispiel mit kubischen *Hermite-Polynomen* in Tabelle 22-2 zur Verfügung. Der Randterm $[\ldots]_R$ verschwinded damit identisch, die Integralmatrix $\boldsymbol{H}_{11} = \boldsymbol{f}'\boldsymbol{f}'^T\mathrm{d}\xi$ findet man in (37-20), die Integration des Belastungsterms ist noch durchzuführen.

$$\frac{EA}{A}\frac{1}{30}\begin{bmatrix} 4 & -1 \\ -1 & 4 \end{bmatrix}\begin{bmatrix} u_0' \\ u_1' \end{bmatrix} - \frac{p_1 h}{60}\begin{bmatrix} 2 \\ -3 \end{bmatrix} = \boldsymbol{o}\ .$$

Lösung:

$$\begin{bmatrix} L_0 \\ L_1 \end{bmatrix} = \frac{EA}{h}\begin{bmatrix} u_0' \\ u_1' \end{bmatrix} = \frac{p_1 h}{6}\begin{bmatrix} 1 \\ -2 \end{bmatrix}\ .$$

In der numerischen Praxis bevorzugt man Lagrange'sche Interpolationspolynome sowohl für die Approximation der Zustandsgrößen $y(x)$ als auch für die Transformation eines krummlinig berandeten auf ein geradlinig begrenztes Gebiet. Bei gleicher Ordnung der Transformation und der Approximation spricht man vom *isoparametrischen Konzept*. Für eindimensionale Aufgaben sind auch Hermite-Interpolationen mit Randwerten $y_0 = y(\xi = 0), y_0', y_0''$, sowie $y_1 = y(\xi = 1), y_1', y_1''$ verbreitet. Für Schreibtischtests sehr nützlich sind *Integralmatrizen der Hermite-Polynome*.

Ansatzpolynome Y_k, k = Polynomgrad +1.
$\boldsymbol{n}_k$ Spalte der Hermite-Polynome,
$\boldsymbol{p}_k$ Spalte der Knotenparameter.

$$Y_k = [\boldsymbol{n}^{\mathrm{T}}(\xi)\boldsymbol{p}]_k = [\boldsymbol{p}^{\mathrm{T}}\boldsymbol{n}(\xi)]_k.$$

$$\int_0^1 Y^{(r)}Y^{(r)}\mathrm{d}\xi = \boldsymbol{p}^{\mathrm{T}}\boldsymbol{H}_{rr}\boldsymbol{p}\ , \quad \boldsymbol{H}_{rr} = \int_0^1 [\boldsymbol{n}^{(r)}][\boldsymbol{n}^{(r)}]^{\mathrm{T}}\mathrm{d}\xi\ .$$

$$\int_0^1 Y\mathrm{d}\xi = \boldsymbol{p}^{\mathrm{T}}\boldsymbol{h}\ , \quad \boldsymbol{h} = \int_0^1 \boldsymbol{n}\,\mathrm{d}\xi\ . \tag{37-18}$$

$$k = 2: \begin{array}{l} Y_2 = (1-\xi)y_0 + \xi y_1\ , \\ \boldsymbol{n}_2^{\mathrm{T}} = [(1-\xi)\quad \xi]\ , \quad \boldsymbol{p}_2^{\mathrm{T}} = [y_0\ y_1]\ , \end{array}$$

$$\boldsymbol{H}_{00} = \frac{1}{6}\begin{bmatrix} 2 & 1 \\ 1 & 2 \end{bmatrix}, \quad \boldsymbol{H}_{11} = \begin{bmatrix} 1 & -1 \\ -1 & 1 \end{bmatrix}, \quad \boldsymbol{h} = \frac{1}{2}\begin{bmatrix} 1 \\ 1 \end{bmatrix}\ . \tag{37-19}$$

$k = 4$: Y_4 siehe Tabelle 22-2 für $n = m = 1$,

$\boldsymbol{p}^{\mathrm{T}} = [y_0\ y_0'\ y_1\ y_1'],\quad ()' = \mathrm{d}()/\mathrm{d}\xi$,

$$\boldsymbol{H}_{22} = 2\begin{bmatrix} 6 & 3 & -6 & 3 \\ 3 & 2 & -3 & 1 \\ -6 & -3 & 6 & -3 \\ 3 & 1 & -3 & 2 \end{bmatrix}, \quad \boldsymbol{h} = \frac{1}{12}\begin{bmatrix} 6 \\ 1 \\ 6 \\ -1 \end{bmatrix},$$

$$\boldsymbol{H}_{11} = \frac{1}{30}\begin{bmatrix} 36 & 3 & -36 & 3 \\ 3 & 4 & -3 & -1 \\ -36 & -3 & 36 & -3 \\ 3 & -1 & -3 & 4 \end{bmatrix}, \qquad (37\text{-}20)$$

$$\boldsymbol{H}_{00} = \frac{1}{420}\begin{bmatrix} 156 & 22 & 54 & -13 \\ 22 & 4 & 13 & -3 \\ 54 & 13 & 156 & -22 \\ -13 & -3 & -22 & 4 \end{bmatrix}.$$

37.3 Mehrgitterverfahren (Multigrid method)

Technische Systeme werden häufig durch Differenzialgleichungen beschrieben. Die numerische Lösung hingegen erfolgt in der Regel anhand zugeordneter diskreter Formulierungen. Ersetzt man zum Beispiel in der Gleichgewichtsgleichung $-M'' = q$ des geraden Balkens mit Schnittmoment M und Streckenlast q den Differenzialquotienten $\mathrm{d}^2M/\mathrm{d}x^2$ durch finite Differenzen zwischen den Zustandsgrößen M_{j-1}, M_j, M_{j+1}, in den Knoten $j-1, j, j+1$ eines eindimensionalen Gitters, so erhält man durch Kollokation im Mittelknoten j die zugeordnete Differenzengleichung

$$\frac{1}{h^2}(-M_{j-1} + 2M_j - M_{j+1}) = q_j\,. \qquad (37\text{-}21)$$

Die Idee der Mehrgittermethode besteht darin, die Lösung entsprechend Bild 37-2 für ein feines Gitter darzustellen, den Hauptteil des numerischen Aufwandes dabei jedoch auf ein zugeordnetes grobes Gitter zu verlegen. Auf dem feinen Gitter mit dem System

$$\boldsymbol{A}_{\mathrm{F}}\boldsymbol{x}_{\mathrm{F}} = \boldsymbol{r}_{\mathrm{F}},\ \boldsymbol{x} \mathrel{\hat{=}} \boldsymbol{M},\ \boldsymbol{r} \mathrel{\hat{=}} \boldsymbol{q}\,, \quad \boldsymbol{A}_{\mathrm{F}} = \boldsymbol{A}_{\mathrm{F}}^{\mathrm{T}} \qquad (37\text{-}22)$$

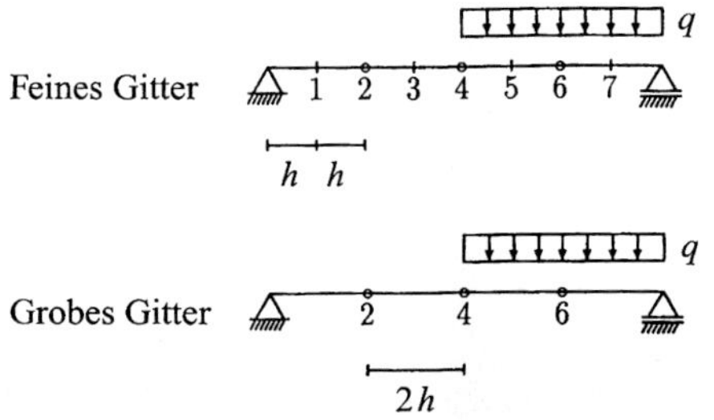

Bild 37-2. Diskretisierungen beim 2-Gitterverfahren

der zusammengefassten Differenzengleichungen (37-21) wird lediglich eine Startlösung $\boldsymbol{v}_0$ für $\boldsymbol{x}_{\mathrm{F}}$ sukzessive in den Koordinatenrichtungen $\boldsymbol{k}_j$ verbessert.

$$\boldsymbol{v}_1 = \boldsymbol{v}_0 + \alpha_1\boldsymbol{k}_1\,, \quad \ldots \quad \boldsymbol{v}_j = \boldsymbol{v}_{j-1} + \alpha_j\boldsymbol{k}_j\,. \quad (37\text{-}23)$$

Der Parameter α_j wird über das Minimum der dem Gleichungssystem (37-22) zugeordneten quadratischen Form Q_{F} bestimmt:

$$Q_{\mathrm{F}} = \frac{1}{2}\boldsymbol{v}^{\mathrm{T}}\boldsymbol{A}_{\mathrm{F}}\boldsymbol{v} - \boldsymbol{v}^{\mathrm{T}}\boldsymbol{r}_{\mathrm{F}} \to \text{Minimum}\,,$$

$$\frac{\partial Q_{\mathrm{F}}}{\partial \alpha_j} = 0 \to \alpha_j = \frac{1}{a_{jj}}\left(\boldsymbol{r}_j - \boldsymbol{v}_{j-1}^{\mathrm{T}}\boldsymbol{a}_j\right). \qquad (37\text{-}24)$$

$$a_{jj} = \boldsymbol{k}_j^{\mathrm{T}}\boldsymbol{A}_{\mathrm{F}}\boldsymbol{k}_j\,, \quad \boldsymbol{a}_j = \boldsymbol{A}_{\mathrm{F}}\boldsymbol{k}_j\,, \quad \boldsymbol{r}_j = \boldsymbol{k}_j^{\mathrm{T}}\boldsymbol{r}_{\mathrm{F}}\,.$$

Einen vollständigen Zyklus von $j = 1$ bis $j = n$ bezeichnet man als eine Tour. Diese Methode – unter den Namen Koordinatenrelaxation und Gauß-Seidel-Verfahren wohlbekannt – konvergiert sehr schleppend. Zur Beschleunigung nimmt man den aktuellen Defekt $\boldsymbol{d}_j^{\mathrm{F}} = \boldsymbol{A}_{\mathrm{F}}\boldsymbol{v}_j - \boldsymbol{r}_{\mathrm{F}}$ des Gleichungssystems, um den Fehler $\boldsymbol{e}_j^{\mathrm{F}} = \boldsymbol{x}_{\mathrm{F}} - \boldsymbol{v}_j$ der Näherung $\boldsymbol{v}_j$ zu berechnen.

$$\boldsymbol{A}_{\mathrm{F}}\left(\boldsymbol{e}_j^{\mathrm{F}} + \boldsymbol{v}_j\right) = \boldsymbol{r}_{\mathrm{F}} \to \boldsymbol{A}_{\mathrm{F}}\boldsymbol{e}_j^{\mathrm{F}} = -\boldsymbol{d}_j^{\mathrm{F}}\,; \quad \boldsymbol{d}_j^{\mathrm{F}} = \boldsymbol{A}_{\mathrm{F}}\boldsymbol{v}_j - \boldsymbol{r}_{\mathrm{F}}\,. \qquad (37\text{-}25)$$

Dieser Fehler $\boldsymbol{e}_j^{\mathrm{F}}$ wird nun allerdings nicht auf dem feinen, sondern auf dem groben Gitter berechnet. Das ist der Kern des Mehrgitterverfahrens. Das folgende Beispiel nach Bild 37-2 zeigt den Ablauf der Rechnung für nur 2 Gitter.
Gleichungssystem $\boldsymbol{A}_{\mathrm{G}}\boldsymbol{x}_{\mathrm{G}} = \boldsymbol{r}_{\mathrm{G}}$ des groben Gitters:

$$\frac{1}{4h^2}\begin{bmatrix} 2 & -1 & 0 \\ -1 & 2 & -1 \\ 0 & -1 & 2 \end{bmatrix}\begin{bmatrix} M_2 \\ M_4 \\ M_6 \end{bmatrix} = q\begin{bmatrix} 0 \\ 1 \\ 1 \end{bmatrix}.$$

Gleichungssystem $\boldsymbol{A}_{\mathrm{F}}\boldsymbol{x}_{\mathrm{F}} = \boldsymbol{r}_{\mathrm{F}}$ des feinen Gitters:

$$\frac{1}{h^2}\begin{bmatrix} 2 & -1 & 0 & 0 & 0 & 0 & 0 \\ -1 & 2 & -1 & 0 & 0 & 0 & 0 \\ 0 & -1 & 2 & -1 & 0 & 0 & 0 \\ 0 & 0 & -1 & 2 & -1 & 0 & 0 \\ 0 & 0 & 0 & -1 & 2 & -1 & 0 \\ 0 & 0 & 0 & 0 & -1 & 2 & -1 \\ 0 & 0 & 0 & 0 & 0 & -1 & 2 \end{bmatrix}\begin{bmatrix} M_1 \\ M_2 \\ M_3 \\ M_4 \\ M_5 \\ M_6 \\ M_7 \end{bmatrix} = q\begin{bmatrix} 0 \\ 0 \\ 0 \\ 1 \\ 1 \\ 1 \\ 1 \end{bmatrix}.$$

Die Startlösung für das feine Gitter wird von der exakten Lösung auf dem groben Gitter geliefert.

$$A_G x_G = r_G \to x_G = qh^2 \begin{bmatrix} 3 \\ 6 \\ 5 \end{bmatrix} .$$

Diese Werte x_G werden auf das feine Gitter interpoliert; dort bilden sie lediglich eine Näherung v_0. Diesen Prozess nennt man Prolongation.

$$v_0 = P x_G , \quad P = \frac{1}{2} \begin{bmatrix} 1 & 0 & 0 \\ 2 & 0 & 0 \\ 1 & 1 & 0 \\ 0 & 2 & 0 \\ 0 & 1 & 1 \\ 0 & 0 & 2 \\ 0 & 0 & 1 \end{bmatrix} , \quad v_0 = \frac{qh^2}{2} \begin{bmatrix} 3 \\ 6 \\ 9 \\ 12 \\ 11 \\ 10 \\ 5 \end{bmatrix} .$$

Diese Startlösung v_0 für das feine Gitter wird einigen Touren auf dem feinen Gitter unterworfen; hier zwei Touren:

$$v^{(1)} = \frac{qh^2}{16} \begin{bmatrix} 24 \\ 48 \\ 72 \\ 88 \\ 92 \\ 74 \\ 45 \end{bmatrix} , \quad \text{nach der 1. Tour} ,$$

$$v^{(2)} = \frac{qh^2}{32} \begin{bmatrix} 48 \\ 96 \\ 136 \\ 176 \\ 178 \\ 150 \\ 91 \end{bmatrix} , \quad \text{nach der 2. Tour} .$$

Der Defekt auf dem feinen Gitter nach 2 Touren

$$d^F = A_F v^{(2)} - r_F ,$$

$$(d^F)^T = \frac{q}{32} [0\ 8\ 0\ 6\ -2\ -1\ 0]$$

wird auf das grobe Gitter reduziert, (dabei empfiehlt sich $\frac{1}{2} P^T$ als Reduktionsmatrix)

$$d^G = \left(\frac{1}{2} P^T \right) d^F = \frac{q}{128} \begin{bmatrix} 16 \\ 10 \\ -4 \end{bmatrix} ,$$

um den Fehler e^G auf dem groben Gitter zu berechnen

$$\frac{1}{4h^2} \begin{bmatrix} 2 & -1 & 0 \\ -1 & 2 & -1 \\ 0 & -1 & 2 \end{bmatrix} e^G = \frac{q}{128} \begin{bmatrix} -16 \\ -10 \\ 4 \end{bmatrix}$$

$$\to e^G = -\frac{qh^2}{16} \begin{bmatrix} 8 \\ 8 \\ 3 \end{bmatrix}$$

und diesen ausschließend auf das feine Gitter zu prolongieren:

$$e^F = P e^G \to (e^F)^T = \left(-\frac{qh^2}{32} \right) [8\ 16\ 16\ 16\ 11\ 6\ 3] ,$$

$$v_F^T := (v^{(2)} + e^F)^T$$
$$= \left(\frac{qh^2}{32} \right) [40\ 80\ 120\ 160\ 167\ 144\ 88] .$$

Dieses Ergebnis v_F wird einem weiteren Rechenzyklus als Startwert zugeführt. Das exakte Ergebnis

$$x_F^T = \frac{qh^2}{32} [40\ 80\ 120\ 160\ 168\ 144\ 88] .$$

wird in wenigen Schritten erreicht. Erweiterungen des Verfahrens auf mehrere Diskretisierungsgitter liegen auf der Hand.

Wahrscheinlichkeitsrechnung und Statistik

M. Wermuth

38 Wahrscheinlichkeitsrechnung

38.1 Zufallsexperiment und Zufallsereignis

Die Wahrscheinlichkeitsrechnung beschreibt die Gesetzmäßigkeiten zufälliger Ereignisse. *Ein Zufallsereignis* ist das Ergebnis eines *Zufallsexperiments*, d. h. eines unter gleichen Bedingungen im Prinzip beliebig oft wiederholbaren Vorganges mit unbestimmtem Ergebnis.

Jedes mögliche, nicht weiter zerlegbare Einzelergebnis eines Zufallsexperiments heißt *Elementarereignis*, die Menge aller Elementarereignisse *Ergebnismenge E*. Jede Teilmenge der Ergebnismenge E definiert ein zufälliges *Ereignis*, die Menge aller möglichen Ereignisse heißt *Ereignisraum G*. Zum Ereignisraum G gehören somit neben allen Elementarereignissen auch alle Vereinigungsmengen von Elementarereignissen (zusammengesetzte Ereignisse) sowie die beiden unechten Teilmengen von E, nämlich die leere Menge $\emptyset$ und die Ergebnismenge E selbst.

Beispiel 1: In einer Urne befinden sich drei Lose mit den Nummern 1, 2 und 3. Es wird jeweils ein Los gezogen und wieder zurückgelegt.

Zufallsexperiment: Ziehen eines Loses.

Elementarereignisse: Ziehen der Losnummern $\{1\}, \{2\}, \{3\}$.

Ergebnismenge: $E = \{1, 2, 3\}$.

Ereignisse: Zum Beispiel Ziehen der Losnummer $\{3\}$, Ziehen einer ungeraden Losnummer $\{1, 3\}$, Ziehen einer Losnummer kleiner 3 $\{1, 2\}$.

Ereignisraum:

$G = \{\emptyset, \{1\}, \{2\}, \{3\}, \{1, 2\}, \{1, 3\}, \{2, 3\}, \{1, 2, 3\}\}$.

Zufallsereignisse werden mit Großbuchstaben $A, B, \ldots$ bezeichnet. Durch Anwendung der bekannten Mengenoperationen entstehen neue Zufallsereignisse:

Vereinigung der Ereignisse A und B: das Ereignis $A \cup B$ tritt ein, wenn das Ereignis A *oder* das Ereignis B eintritt (Bild 38-1a).

Durchschnitt der Ereignisse A und B: Das Ereignis $A \cap B$ tritt ein, wenn die Ereignisse A *und* B eintreten (Bild 38-1b).

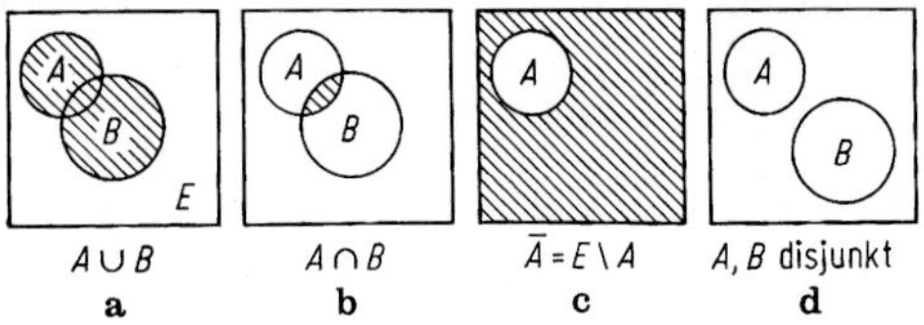

Bild 38-1. Venn-Diagramme

Sicheres Ereignis E: Das sichere Ereignis ist das Ereignis, das immer eintritt, d. h. die Ergebnismenge E.

Unmögliches Ereignis $\emptyset$: Das unmögliche Ereignis ist das Ereignis, das nie eintritt, d. h. die leere Menge $\emptyset$.

Komplementärereignis $\bar{A}$: Das zum Ereignis A (bezüglich E) komplementäre Ereignis $\bar{A}$ tritt ein, wenn A nicht eintritt. Es gilt $\bar{A} = E \backslash A$, und demzufolge $A \cup \bar{A} = E$, $A \cap \bar{A} = \emptyset$ (Bild 38-1c).

Disjunkte (unvereinbare) Ereignisse: Zwei Ereignisse A und B heißen disjunkt (unvereinbar), wenn ihr Durchschnitt die leere Menge ist: $A \cap B = \emptyset$. Disjunkte Ereignisse enthalten keine gemeinsamen Elementarereignisse. Elementarereignisse sind disjunkte Ereignisse (Bild 38-1d).

Beispiel 2: Für das Zufallsexperiment von Beispiel 1 gilt: Für die Ereignisse $A = \{1, 2\}$ und $B = \{2, 3\}$ ist die Vereinigung $A \cup B = \{1, 2, 3\}$, der Durchschnitt $A \cap B = \{2\}$ und die Komplementärereignisse sind $\bar{A} = \{3\}$ und $\bar{B} = \{1\}$. Die Ereignisse $\bar{A}$ und $\bar{B}$ sind disjunkt, da $\bar{A} \cap \bar{B} = \emptyset$.

38.2 Kombinatorik

Permutationen

Unter der Anzahl der Permutationen einer endlichen Zahl n von Elementen versteht man die Anzahl der möglichen verschiedenen Anordnungen, in denen jeweils sämtliche Elemente genau einmal vorkommen. Die Anzahl P_n der Permutationen von n verschiedenen Elementen ist

$$P_n = n! = 1 \cdot 2 \cdot \ldots \cdot (n-1) \cdot n\,,$$

von n-Elementen, von denen $n_1, n_2, \ldots, n_m$ jeweils gleich sind ($n_1 + n_2 + \ldots + n_m \leq n$), ist

$$P_{n;n_1,n_2,\ldots,n_m} = \frac{n!}{n_1!\,n_2! \cdot \ldots \cdot n_m!}\,.$$

Beispiel 3:

- Die Permutationen der Elemente A, B, C sind die Anordnungen ABC, ACB, BAC, BCA, CAB, CBA. Ihre Anzahl ist

$$P_3 = 1 \cdot 2 \cdot 3 = 6 \,.$$

- Die Permutationen der Elemente A, A, B, B sind die Anordnungen AABB, ABAB, ABBA, BAAB, BABA, BBAA. Ihre Anzahl ist

$$P_{4;2,2} = \frac{4!}{2! \cdot 2!} = 6 \,.$$

Beispiel 4: Wie viele fünfzifferige Zahlen lassen sich aus den Ziffern 0, 0, 1, 1, 2 bilden?
Die gesuchte Zahl ist die Anzahl der Permutationen der 5 Ziffern abzüglich der Anzahl der Permutationen mit einer führenden Null, d. h.,

$$P_{5;2,2} - P_{4;2} = \frac{5!}{2! \cdot 2!} - \frac{4!}{2!} = 30 - 12 = 18 \,.$$

Kombinationen
Die Anzahl der Kombinationen k-ter Klasse von n-Elementen ist die Anzahl aller möglichen Gruppen von k-Elementen ($k < n$), die sich aus den n-Elementen bilden lassen, wobei die Anordnung der Elemente innerhalb der Gruppen unberücksichtigt bleibt.
Man unterscheidet Kombinationen ohne Wiederholung und Kombinationen mit Wiederholung, je nachdem, ob die k-Elemente einer Kombination voneinander verschieden sein müssen oder nicht.
Die Anzahl $K_{n;k}$ der **Kombinationen ohne Wiederholung** ist

$$K_{n;k} = \binom{n}{k} = \frac{n!}{k!(n-k)!} \,,$$

die Anzahl $K'_{n;k}$ der **Kombinationen mit Wiederholung**

$$K'_{n;k} = \binom{n+k-1}{k} = \frac{(n+k-1)!}{k!(n-1)!} \,.$$

Beispiel 5:

- Die möglichen Kombinationen 2. Klasse *ohne* Wiederholung der 4 Elemente A, B, C, D sind AB, AC, AD, BC, CD. Ihre Anzahl ist

$$K_{4;2} = \binom{4}{2} = \frac{4!}{2!\,2!} = \frac{3 \cdot 4}{1 \cdot 2} = 6 \,.$$

- Die Anzahl der Kombinationen 2. Klasse *mit* Wiederholung ist um die 4 Gruppen AA, BB, CC, DD größer, ihre Anzahl somit

$$K'_{4;2} \binom{5}{2} = \frac{5!}{2!\,3!} = \frac{4 \cdot 5}{2 \cdot 1} = 10 \,.$$

Beispiel 6: Wie viele verschiedene Möglichkeiten gibt es beim Zahlenlotto „6 aus 49“ 6 Zahlen anzukreuzen? Die Zahl der Möglichkeiten ist die Anzahl der Kombinationen 6-ter Klasse von 49 Elementen ohne Wiederholung, d. h.,

$$K_{49;6} = \binom{49}{6} = \frac{49!}{6!\,43!} = 13\,983\,816 \,.$$

Variationen
Die Anzahl der Variationen k-ter Klasse von n-Elementen ist die Anzahl aller Gruppen zu k-Elementen ($k < n$) und deren Permutationen, die sich aus n-Elementen bilden lassen.
Man unterscheidet Variationen ohne Wiederholung und Variationen mit Wiederholung, je nachdem, ob die k-Elemente einer Variation voneinander verschieden sein müssen oder nicht.
Die Anzahl $V_{n;k}$ der **Variationen ohne Wiederholung** ist

$$V_{n;k} = n \cdot (n-1) \cdot (n-2) \ldots (n-k+1) = \frac{n!}{(n-k)!}$$

die Anzahl $V'_{n;k}$ der **Variationen mit Wiederholung**

$$V'_{n;k} = n^k \,.$$

Beispiel 7:

- Die Variationen 2. Klasse *ohne* Wiederholung der 4 Elemente A, B, C, D sind AB, BA, AC, CA, AD, DA, BC, CB, BD, DB, CD, DC. Ihre Anzahl ist

$$V_{4;2} = \frac{4!}{2!} = \frac{2 \cdot 3 \cdot 4}{2} = 12 \,.$$

- Die Anzahl der Variationen 2. Klasse *mit* Wiederholung ist um die 4 Variationen AA, BB, CC, DD größer als $V_{4;2}$:

$$V'_{4;2} = 4^2 = 16 \,.$$

38.3 Wahrscheinlichkeit von Zufallsereignissen

Jedem Zufallsereignis A kann ein Zahlenwert zugeordnet werden, der *Wahrscheinlichkeit des Zufallsereignisses A* genannt und mit $P(A)$ bezeichnet wird (vgl. engl. *probability*).
Es gibt keine gleichzeitig anschauliche wie umfassende und exakte Definition der Wahrscheinlichkeit. Im Folgenden sind drei Definitionen mit unterschiedlichen Anwendungsvorteilen in der Reihenfolge ihrer historischen Entstehung angegeben.

Klassische Definition (P. S. de Laplace, 1812). Die Wahrscheinlichkeit für das Eintreten des Ereignisses A ist gleich dem Verhältnis aus der Zahl m der für das Eintreten des Ereignisses A günstigen Fälle zur Zahl n der möglichen Fälle:

$$P(A) = \frac{m}{n} = \frac{\text{Zahl der günstigen Fälle}}{\text{Zahl der möglichen Fälle}} . \qquad (38\text{-}1)$$

Diese Definition ist zwar anschaulich, aber nicht umfassend, da sie von der Annahme ausgeht, dass alle Elementarereignisse (alle möglichen Fälle) gleich wahrscheinlich sind. Die Gleichwahrscheinlichkeit setzt zugleich eine endliche Anzahl von Elementarereignissen voraus. Diese Voraussetzung ist bei vielen Problemen in der Praxis nicht erfüllt. Die Definition von Laplace ist jedoch bei den Problemen von Nutzen, für welche die Zahlen der günstigen bzw. möglichen Fälle als die Zahlen von gleichwahrscheinlichen Kombinationen berechnet werden können.

Beispiel 8: Gemäß Beispiel 6 gibt es beim Zahlenlotto „6 aus 49" 13 983 816 verschiedene Kombinationen mit 6 Zahlen. Da von diesen nur eine die 6 Treffer enthält, ist die Wahrscheinlichkeit hierfür 1/13 983 816.

Statistische Definition (R. v. Mises, 1919). Bei einem Zufallsexperiment ist die Wahrscheinlichkeit $P(A)$ eines Ereignisses gleich dem Grenzwert der relativen Häufigkeit $h_n(A)$ des Auftretens des Ereignisses A, wenn die Zahl n der Versuche gegen unendlich geht. Es ist

$$P(A) = \lim_{n\to\infty} h_n(A) = \lim_{n\to\infty} \frac{m}{n} , \qquad (38\text{-}2)$$

wenn n die Anzahl aller Versuche bezeichnet und m die Zahl derjenigen, bei denen das Ereignis A eintritt.

Diese Wahrscheinlichkeitsdefinition ist zwar anschaulich, jedoch formal nicht exakt, da die Existenz des angegebenen Grenzwertes sich analytisch nicht beweisen lässt. Die Definition von v. Mises hat dennoch große praktische Bedeutung, da man in der Realität oft nur relative Häufigkeiten kennt, die man als Wahrscheinlichkeiten interpretiert.

Axiomatische Definition (A. N. Kolmogoroff, 1933). Zur axiomatischen Definition der Wahrscheinlichkeit wird für den Ereignisraum die Struktur einer *σ-Algebra* vorausgesetzt, die dadurch definiert ist, dass sie bezüglich der Komplementbildung und der Bildung von *abzählbar unendlich vielen* Vereinigungen und Durchschnitten ein geschlossenes Mengensystem darstellt.
Unter dieser Voraussetzung wird jedem Zufallsereignis A aus dem Ereignisraum G eine reelle Zahl $P(A)$ mit folgenden Eigenschaften zugeordnet:

Axiom 1 (Nichtnegativität): Für jedes Zufallsereignis gilt: $P(A) \geqq 0$.
Axiom 2 (Normiertheit): Für das sichere Ereignis E gilt: $P(E) = 1$.
Axiom 3 (σ-Additivität): Für abzählbar unendlich viele paarweise disjunkte Ereignisse A_i gilt:

$$P(A_1 \cup A_2 \cup \ldots) = P(A_1) + P(A_2) + \ldots$$

Die Eigenschaft der σ-Additivität umfasst auch die endliche Additivität bei n disjunkten Ereignissen. Für den Fall $n = 2$ gilt für die disjunkten Ereignisse A und B : $P(A \cup B) = P(A) + P(B)$. Nur das Axiomensystem von Kolmogoroff erlaubt eine exakte und umfassende Definition der Wahrscheinlichkeit.

38.4 Bedingte Wahrscheinlichkeit

Unter der bedingten Wahrscheinlichkeit $P(B|A)$ (in Worten: Wahrscheinlichkeit für B unter der Bedingung A) versteht man die Wahrscheinlichkeit für das Eintreten des Ereignisses B unter der Voraussetzung, dass das Ereignis A bereits eingetreten ist. Sie ist für $P(A) > 0$ definiert als

$$P(B|A) = \frac{P(A \cap B)}{P(A)} . \qquad (38\text{-}3)$$

Bei gleichwahrscheinlichen Elementarereignissen ist die bedingte Wahrscheinlichkeit $P(B|A)$ also der relative Anteil der Elementarereignisse, die sowohl zum

Ereignis A als auch zum Ereignis B gehören, an allen Elementarereignissen des Ereignisses A.

Beispiel 9: Drei Maschinen eines Betriebs stellen 100 Werkstücke her, und zwar die erste 50, die zweite 30 und die dritte 20. Davon sind bei der ersten Maschine 4, bei der zweiten und dritten jeweils 3 Stücke Ausschuss. Greift man zufällig ein Werkstück heraus und betrachtet man die Ereignisse

A_i: Das Werkstück wurde von der i-ten Maschine produziert ($i = 1, 2, 3$) und

B: das Werkstück ist Ausschuss, so sind deren Wahrscheinlichkeiten:

$$P(A_1) = 50/100 = 0{,}5\ ,$$
$$P(A_2) = 30/100 = 0{,}3\ ,$$
$$P(A_3) = 20/100 = 0{,}2 \quad \text{und}$$
$$P(B) = (4+3+3)/100 = 0{,}1\ .$$

Die bedingten Wahrscheinlichkeiten, dass das Werkstück fehlerhaft ist unter der Voraussetzung, von der ersten, zweiten bzw. dritten Maschine zu stammen, betragen:

$$P(B|A_1) = 4/50 = 0{,}08\ , \quad P(B|A_2) = 3/30 = 0{,}10\ ,$$
$$P(B|A_3) = 3/20 = 0{,}15\ .$$

Die bedingten Wahrscheinlichkeiten, dass das Werkstück von der ersten, zweiten bzw. dritten Maschine stammt, unter der Voraussetzung, Ausschuss zu sein, berechnen sich zu

$$P(A_1|B) = 4/10 = 0{,}4\ , \quad P(A_2|B) = 1/30 = 0{,}3\ ,$$
$$P(A_3|B) = 3/10 = 0{,}3\ .$$

38.5 Unabhängigkeit von Ereignissen

Zwei Zufallsereignisse A und B heißen stochastisch unabhängig, wenn gilt

$$P(B) = P(B|A) \quad \text{oder} \quad P(A) = P(A|B)\ . \qquad (38\text{-}4)$$

Dann gilt auch:

$$P(A \cap B) = P(A) \cdot P(B)$$

Zur Prüfung der Unabhängigkeit reicht die Prüfung einer der beiden Bedingungen (38-4) aus.

Beispiel 10: Im Beispiel 9 ist

$$P(B) = 0{,}10 \neq P(B|A_1) = 0{,}08\ .$$

Demzufolge ist das Ereignis B („Werkstück ist Ausschuss") nicht unabhängig von Ereignis A_1 („Produzierende Maschine ist Maschine 1").

Bei mehr als zwei Ereignissen impliziert die Unabhängigkeit von jeweils zwei Ereignissen noch nicht die (vollständige) Unabhängigkeit aller Ereignisse. Die (vollständige) Unabhängigkeit von $n > 2$ Ereignissen $A_1, A_2, \ldots, A_n$ liegt vor, wenn für jede Indexkombination $i_1, i_2, \ldots, i_k$ mit $k \leqq n$ aus der Indexmenge $1, 2, \ldots, n$ gilt:

$$P(A_{i_1} \cap A_{i_2} \cap \ldots \cap A_{i_k}) = P(A_{i_1}) \cdot P(A_{i_2}) \cdot \ldots \cdot P(A_{i_k})\ . \qquad (38\text{-}5)$$

Bei drei Ereignissen ist die (vollständige) Unabhängigkeit erst dann gegeben, wenn neben den Bedingungen der paarweisen Unabhängigkeit

$$P(A_1 \cap A_2) = P(A_1) \cdot P(A_2)\ ,$$
$$P(A_1 \cap A_3) = P(A_1) \cdot P(A_3) \text{ und}$$
$$P(A_2 \cap A_3) = P(A_2) \cdot P(A_3)\ ,$$

auch gilt

$$P(A_1 \cap A_2 \cap A_3) = P(A_1) \cdot P(A_2) \cdot P(A_3)\ .$$

38.6 Rechenregeln für Wahrscheinlichkeiten

Zufallsereignis A. Es gilt $0 \leqq P(A) \leqq 1$.
Unmögliches Ereignis $\emptyset$. Es gilt $P(\emptyset) = 0$.
Komplementäres Ereignis $\bar{A}$. Es gilt $P(\bar{A}) = 1 - P(A)$.

Additionssatz. Für die Vereinigung von *paarweise disjunkten* Ereignissen $A_1, \ldots, A_n$ (d. h., $A_i \cap A_j = \emptyset$ für $i \neq j$) gilt gemäß Axiom 3:

$$P(A_1 \cup \ldots \cup A_n) = P(A_1) + \ldots + P(A_n)\ . \qquad (38\text{-}6)$$

Für zwei *nicht disjunkte* Ereignisse A_1 und A_2 gilt:

$$P(A_1 \cup A_2) = P(A_1) + P(A_2) - P(A_1 \cap A_2)\ . \qquad (38\text{-}7)$$

Die Verallgemeinerung auf $n > 2$ nicht disjunkte Ereignisse liefert die Formel

$$\begin{aligned} P(A_1 \cup \ldots \cup A_n) &= \sum_{i=1}^{n} P(A_i) - \sum_{i=1}^{n-1} \sum_{j=i+1}^{n} P(A_i \cap A_j) \\ &\quad + \sum_{i=1}^{n-2} \sum_{j=i+1}^{n-1} \sum_{k=j+1}^{n} P(A_i \cap A_j \cap A_k) \\ &\quad - + \ldots + (-1)^{n-1} P(A_1 \cap \ldots \cap A_n)\ . \qquad (38\text{-}8) \end{aligned}$$

Beispiel 11: Beim Werfen eines homogenen Würfels seien folgende Ereignisse definiert: A: Die Augenzahl ist ungerade; B: Die Augenzahl ist kleiner als 2; C: Die Augenzahl ist größer als 4. Die Wahrscheinlichkeit, dass die Augenzahl bei einem bestimmten Wurf ungerade oder kleiner als 2 oder größer als 4 ist, beträgt dann gemäß (38-8)

$$\begin{aligned} P(A \cup B \cup C) &= P(A) + P(B) + P(C) - P(A \cap B) \\ &\quad - P(A \cap C) - P(B \cap C) \\ &\quad + P(A \cap B \cap C) \\ &= 1/2 + 1/6 + 1/3 - 1/6 - 1/6 - 0 \\ &\quad + 0 = 2/3 \,. \end{aligned}$$

Multiplikationssatz. Aus der Definition (38-3) der bedingten Wahrscheinlichkeit eines Ereignisses B unter der Bedingung A folgt für die Wahrscheinlichkeit des Durchschnitts zweier beliebiger Ereignisse A und B

$$P(A \cap B) = P(A) \cdot P(B|A) \,. \qquad (38\text{-}9)$$

Die Verallgemeinerung, die mittels vollständiger Induktion bewiesen werden kann, liefert den Multiplikationssatz für n beliebige Ereignisse:

$$\begin{aligned} &P(A_1 \cap \ldots \cap A_n) \\ &= P(A_1) \cdot P(A_2|A_1) \cdot P(A_3|A_1 \cap A_2) \\ &\quad \cdot \ldots \cdot P(A_n|A_1 \cap \ldots \cap A_{n-1}) \,. \end{aligned} \qquad (38\text{-}10)$$

Für *unabhängige* Ereignisse A und B gilt

$$P(A \cap B) = P(A) \cdot P(B) \,, \qquad (38\text{-}11)$$

ebenso für *vollständig unabhängige* Ereignisse $A_1, \ldots, A_n$

$$P(A_1 \cap \ldots \cap A_n) = P(A_1) \cdot \ldots \cdot P(A_n) \,. \qquad (38\text{-}12)$$

Beispiel 12: Beim Zahlenlotto „6 aus 49" sei das Ereignis, mit dem i-ten Kreuz einen Treffern zu haben, mit A_i bezeichnet.
Dann ist die Wahrscheinlichkeit für 6 Treffer in einem Spiel:

$$\begin{aligned} &P(A_1 \cap \ldots \cap A_6) \\ &= P(A_1) \cdot P(A_2|A_1) \cdot \ldots \cdot P(A_6|A_1 \cap \ldots \cap A_5) \\ &= 6/49 \cdot 5/48 \cdot \ldots \cdot 1/44 \\ &= 1/13\,983\,816 \,. \end{aligned}$$

Dabei sind die Ereignisse A_i jeweils abhängig von den Ereignissen $A_1, A_2, \ldots, A_{i-1}$.

Beispiel 13: In einer Urne befinden sich 6 Lose mit 3 Treffen und 3 Nieten. Wie groß ist die Wahrscheinlichkeit bei dreimaligem Ziehen jedes Mal einen Treffer zu haben, wenn (a) die gezogenen Lose nicht zurückgelegt werden bzw. (b) wenn das gezogene Los jedes Mal zurückgelegt wird?
Es sei A_i das Ereignis, beim i-ten Ziehen einen Treffer zu haben. Dann gilt

(a) für den Fall „ohne Zurücklegen":

$$\begin{aligned} P(A_1 \cap A_2 \cap A_3) &= P(A_1) \cdot P(A_2|A_1) \cdot P(A_3|A_1 \cap A_2) \\ &= 3/6 \cdot 2/5 \cdot 1/4 = 1/20 \,, \end{aligned}$$

da z. B. die Wahrscheinlichkeit für das Eintreten des Ereignisses A_2 vom Ergebnis der ersten Ziehung abhängt: Sie ist $2/5$, wenn A_1 eingetreten ist, aber $3/5$, wenn A_1 nicht eingetreten ist;
(b) für den Fall „mit Zurücklegen" gilt

$$\begin{aligned} P(A_1 \cap A_2 \cap A_3) &= P(A_1) \cdot P(A_2) \cdot P(A_3) \\ &= 3/6 \cdot 3/6 \cdot 3/6 = 1/8 \,, \end{aligned}$$

da hierbei bei allen drei Ziehungen dieselben Gegebenheiten vorliegen, unabhängig vom Ausgang der vorausgegangenen Ziehungen.

Totale Wahrscheinlichkeit. Die Ereignisse $A_1, A_2, \ldots, A_n$ seien eine vollständige Ereignismenge, d. h. $A_1 \cup \ldots \cup A_n = E$ und $A_i \cap A_j = \emptyset (i \neq j)$. B sei ein beliebiges Ereignis.
Wegen

$$\begin{aligned} B = B \cap E &= B \cap (A_1 \cup \ldots \cup A_n) \\ &= (B \cap A_1) \cup (B \cap A_2) \cup \ldots \cup (B \cap A_n) \end{aligned}$$

gilt

$$P(B) = \sum_{i=1}^{n} P(B \cap A_i) = \sum_{i=1}^{n} P(A_i) \cdot P(B|A_i) \,. \qquad (38\text{-}13)$$

Bayes'sche Formel. Für die umgekehrte Fragestellung, nämlich die nach der Wahrscheinlichkeit für das Eintreten von A_i aus einer vollständigen Ereignismenge unter der Bedingung, dass Ereignis B eingetreten ist, gilt für alle $i = 1, \ldots, n$:

$$P(A_i|B) = \frac{P(A_i \cap B)}{P(B)} = \frac{P(A_i) \cdot P(B|A_i)}{\sum\limits_{i=1}^{n} P(A_i) \cdot P(B|A_i)} \,. \qquad (38\text{-}14)$$

Beispiel 14: Im Beispiel 9 bilden die Ereignisse A_1, A_2, A_3 eine vollständige Ereignismenge. Die totale Wahrscheinlichkeit für B ist gemäß (38-13)

$$P(B) = 0{,}5 \cdot 0{,}08 + 0{,}3 \cdot 0{,}10 + 0{,}2 \cdot 0{,}15 = 0{,}10$$

und mit (38-14) gilt

$$P(A_1|B) = 0{,}5 \cdot 0{,}08/0{,}10 = 0{,}4$$
$$P(A_2|B) = 0{,}3 \cdot 0{,}10/0{,}10 = 0{,}3$$
$$P(A_3|B) = 0{,}2 \cdot 0{,}15/0{,}10 = 0{,}3\,.$$

Diese Ergebnisse stimmen mit den entsprechenden von Beispiel 9 überein.

39 Zufallsvariable und Wahrscheinlichkeitsverteilung

39.1 Zufallsvariablen

In der Praxis ist häufig das Elementarereignis als Ergebnis eines Zufallsexperiments (z. B. Zufallsauswahl eines Bolzens aus einer Produktionsmenge) von geringerem Interesse als vielmehr ein dadurch bestimmter reeller Zahlenwert (z. B. Bolzendurchmesser 32,7 mm).

Eine eindeutige Abbildung der Elementarereignisse E_i in die Menge der reellen Zahlen, $\mathbb{R}$,

$$X : E_i \to X(E_i) \in \mathbb{R} \tag{39-1}$$

definiert eine *Zufallsgröße* X. Die Zufallsgröße wird mit einem Großbuchstaben (z. B. X), ihre Zahlenwerte (Realisationen) werden mit kleinen Buchstaben (z. B. x_1, x_2, ...) bezeichnet.

Eine Zufallsgröße heißt *diskret*, wenn sie endlich viele Werte $x_1, x_2, \ldots, x_n$ oder abzählbar unendlich viele Werte x_i ($i \in \mathbb{N}$) annehmen kann. Eine Zufallsgröße heißt *stetig*, wenn sie alle Werte eines gegebenen endlichen oder unendlichen Intervalls der rellen Zahlenachse annehmen kann.

Beispiel 1: Beim Würfeln ist die Augenzahl eine diskrete Zufallsgröße, die nur die Zahlen $1, 2, \ldots, 6$ annehmen kann. Der Durchmesser von Bolzen kann theoretisch, d. h. beliebige Messgenauigkeit vorausgesetzt, beliebig viele Werte annehmen und ist somit eine stetige Zufallsgröße.

39.2 Wahrscheinlichkeits- und Verteilungsfunktion einer diskreten Zufallsvariablen

Durch die Abbildung (39-1), welche die Zufallsvariable definiert, kann verschiedenen Elementarereignissen derselbe reelle Zahlenwert x_i zugeordnet werden. Bezeichnet A_i die Menge aller Elementarereignisse E_j, für die $X(E_j) = x_i$ gilt, so ist auf diese Weise die gesamte Ergebnismenge E in disjunkte Teilmengen A_i zerlegt. Da durch ein auf der Ergebnismenge E definiertes Wahrscheinlichkeitsmaß P den Elementarereignissen E_j Wahrscheinlichkeiten $P(E_j)$ zugeordnet sind, ist damit auch die Wahrscheinlichkeit bestimmt, mit der die Zufallsgröße X einen Wert x_i annimmt.

Unter der *Wahrscheinlichkeitsfunktion* einer *diskreten* Zufallsgröße X versteht man eine Abbildung

$$f : x_i \to P(A_i) = P\left(\bigcup_{E_j \in A_i} E_j\right) = \sum_{E_j \in A_i} P(E_j) = P(X = x_i) \tag{39-2}$$

die den Realisationen x_i der diskreten Zufallsgröße X Wahrscheinlichkeiten zuordnet.

Es gilt somit für die *Wahrscheinlichkeitsfunktion* $f(x)$ einer diskreten Zufallsgröße X:

$$f(x) = \begin{cases} f(x_i) = P(X = x_i) & \text{für} \quad x = x_i \\ 0 & \text{sonst}\,. \end{cases} \tag{39-3}$$

Da die Teilmengen A_i disjunkt sind und ihre Vereinigung den Ergebnisraum E darstellt, gilt

$$\sum_i f(x_i) = 1\,.$$

Die *Verteilungsfunktion* $F(x)$ einer Zufallsgröße X gibt die Wahrscheinlichkeit dafür an, dass die Zufallsgröße Werte annimmt, die kleiner oder gleich dem Wert x sind. Für eine *diskrete* Zufallsgröße gilt:

$$F(x) = P(X \leqq x) = \sum_{x_i \leqq x} f(x_i)\,. \tag{39-4}$$

Die Verteilungsfunktion ist eine nicht fallende monotone Funktion.

Beispiel 2: Beim Werfen von jeweils zwei Würfeln wird jedem der 36 gleichwahrscheinlichen Zahlenpaare (j, k) als Elementarereignisse $(j, k = 1, \ldots, 6)$

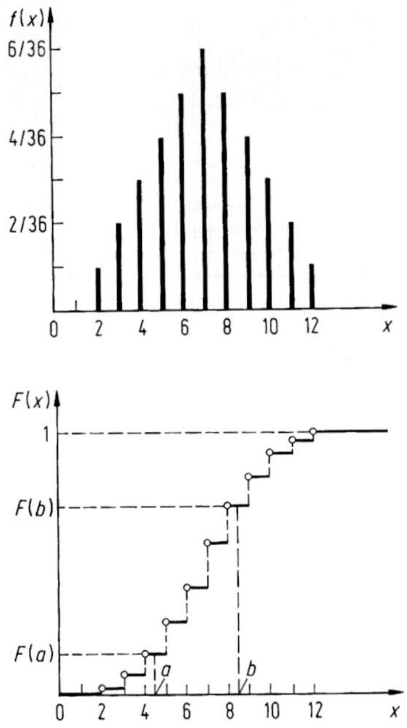

Bild 39-1. Wahrscheinlichkeits- und Verteilungsfunktion der diskreten Zufallsgröße „Augensumme zweier Würfel"

die Augensumme $X((j, k)) = j + k$ zugeordnet und damit eine Zufallsgröße definiert. Die möglichen Realisationen x_i der Zufallsgröße „Augensumme" X die entsprechenden Teilmengen A_i, die Werte $f(x_i)$ und $F(x_i)$ zeigt Bild 39-1.

Die Tabelle 39-1 enthält wichtige diskrete Wahrscheinlichkeitsverteilungen.

39.3 Wahrscheinlichkeitsdichte- und Verteilungsfunktion einer stetigen Zufallsvariablen

Die Anzahl der möglichen Realisationen einer stetigen Zufallsvariablen ist nicht abzählbar. Es kann daher einem bestimmten Wert x keine von null verschiedene Wahrscheinlichkeit $P(X = x)$ zugeordnet werden, sondern nur einem Intervall $I(x, x + \Delta x)$. Das Intervall kann dabei abgeschlossen, halboffen oder offen sein.

Die *Verteilungsfunktion* $F(x)$ einer *stetigen* Zufallsgröße X besitzt eine im Intervall $-\infty < x < \infty$ bis auf höchstens endlich viele Punkte überall stetige Ableitung

$$\frac{\mathrm{d}F}{\mathrm{d}x} = f(x)\,.$$

Es gilt

$$F(x) = P(X \leqq x) = \int_{-\infty}^{\infty} f(t)\mathrm{d}t\,. \tag{39-5}$$

Die Funktion $f(x)$ heißt *Wahrscheinlichkeitsdichte* oder *Dichtefunktion*.

Im Gegensatz zur diskreten Zufallsgröße, die als Verteilungsfunktion eine Treppenfunktion mit abzählbar vielen Sprungstellen besitzt, ist die Verteilungsfunktion einer stetigen Zufallsgröße eine stetige Funktion. Da $F(x)$ eine nicht fallende monotone Funktion ist, folgt für die Ableitung $f(x) \geqq 0$.

Die Tabelle 39-2 enthält wichtige stetige Wahrscheinlichkeitsverteilungen, Tabelle 39-3 sog. Prüfverteilungen, die für die Prüf- und Schätzstatistik (siehe Kapitel 41 bis 44) von großer Bedeutung sind.

39.4 Kenngrößen von Wahrscheinlichkeitsverteilungen

Zu Wahrscheinlichkeitsverteilungen gibt es charakteristische Kennzahlen, von denen in der Praxis meist wenige zur Beschreibung der jeweiligen Verteilung ausreichen. Sie sind zum größten Teil Erwartungswerte bestimmter Funktionen der Zufallsvariablen X.

39.4.1 α-Quantil

Als α-Quantil bezeichnet man den Wert x_α, der Zufallsvariablen X, für den $P(X \leq x_\alpha) \geq \alpha$ und $P(X \geq x_\alpha) \leq 1 - \alpha$ gilt.

Besitzt eine Zufallsgröße X eine stetige Verteilung, so gilt für das α-Quantil x_α

$$F(x_\alpha) = P(X \leq x_\alpha) = \alpha\,.$$

Ist die Verteilung von X dagegen diskret, so gilt für das α-Quantil x_α

$$F(x_\alpha) \geq \alpha\,.$$

und für jedes $x < x_\alpha$

$$F(x) < \alpha\,.$$

39.4.2 Erwartungswert einer Funktion einer Zufallsgröße

Der Erwartungswert $E(g(X))$ einer Funktion $g(X)$ einer diskreten oder stetigen Zufallsgröße X ist definiert als

Tabelle 39–1. Wichtige diskrete Wahrscheinlichkeitsverteilungen

Zufallsgröße Parameter	Wahrscheinlichkeitsfunktion $f(x)=P(X=x)$ Verteilungsfunktion $F(x)=P(X \leqq x)$	Erwartungswert $E(X)$ Varianz $\mathrm{Var}(X)$	Additionssätze Approximationssätze	Wahrscheinlichkeitsfunktion
1. *Hypergeometrische Verteilung* $H(n, N_A, N)$ In einer Grundgesamtheit von N Elementen befinden sich N_A Elementes mit einer bestimmten Eigenschaft A. *Zufallsgröße X:* Anzahl der Elemente mit Eigenschaft A in einer Zufallsstichprobe von n Elementen „ohne Zurücklegen" der gezogenen Elemente. *Parameter:* $n, N_A, N \in \mathbb{N}$ $(n < N, N_A < N)$ *Beispiele:* Zahl der Treffer bei Zahlenlotto „6 aus 49"	$f(x)=\begin{cases} \dfrac{\binom{N_A}{x}\binom{N-N_A}{n-x}}{\binom{N}{n}} & \max(0, n+N_A-N) \leq x \leq \min(n, N_A) \\ 0 & \text{sonst} \end{cases}$ $F(x)=\begin{cases} \sum_{i=0}^{i \leq x} f(i) & x \geq 0 \\ 0 & x < 0 \end{cases}$	$E(X)=n\dfrac{N_A}{N}$ $\mathrm{Var}(X)=$ $n\dfrac{N_A}{N}\left(1-\dfrac{N_A}{N}\right)\dfrac{N-n}{N-1}$	Ist $n > 30$, $n/N \leq 0{,}05$, $N_A/N \leq 0{,}1$ oder $N_A/N \geq 0{,}9$, so kann die $H(n, N_A, N)$-durch eine $\mathrm{Ps}(\lambda)$-Verteilung mit $\lambda = n \cdot N_A/N$ ersetzt werden. Ist $N > 10$, $n/N \leq 0{,}05$ und $0{,}1 < N_A/N < 0{,}9$, so kann die $H(n, N_A, N)$- durch eine $B(n, p)$-Verteilung mit $p = n \cdot N_A/N$ ersetzt werden.	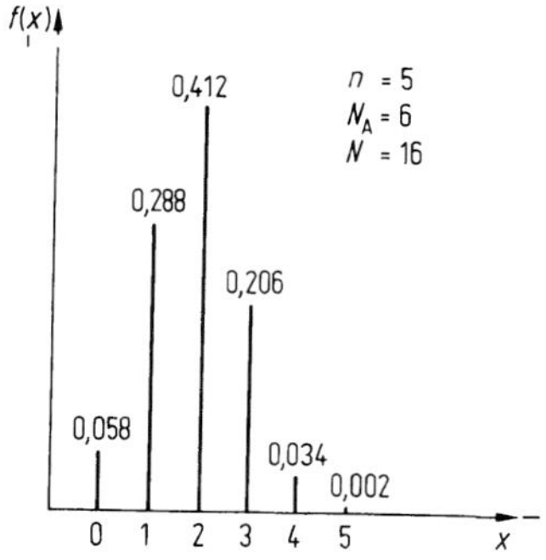
2. *Binomialverteilung* $B(n, p)$ Bei einem Zufallsexperiment tritt das Ereignis A mit der Wahrscheinlichkeit $P(A) = p$ auf. *Zufallsgröße X:* Anzahl des Auftretens des Ereignisses A bei n-maliger unabhängiger Durchführung des Experiments *Parameter:* $0 < p < 1$ *Beispiele:* Augenzahl „6" beim Würfeln, Anzahl der Elemente mit Eigenschaft A in einer Stichprobe „mit Zurücklegen" (vgl. 1)	$f(x)=\begin{cases} \binom{n}{x} p^x(1-p)^{n-x} & \text{für } x=0,1,\ldots,n \\ 0 & \text{sonst} \end{cases}$ $F(x)=\begin{cases} 0 & \text{für } x<0 \\ \sum_{i=0}^{m} \binom{n}{i} p^i(1-p)^{n-i} & \text{für } m \leqq x < m+1 \text{ mit } m=0,1,\ldots,n-1 \\ 1 & \text{für } n \leqq x \end{cases}$	$E(X) = np$ $\mathrm{Var}(X) = np(1-p)$	Sind X_1, X_2 unabhängig $B(n_1, p)$- bzw. $B(n_2, p)$-verteilt, so ist $X = X_1 + X_2$ $B(n, p)$-verteilt mit $n = n_1 + n_2$. Für $np \leqq 10$ und $n \geqq 1\,500\,p$ kann die $B(n, p)$- durch die $\mathrm{Ps}(\lambda)$-Verteilung ersetzt werden mit $\lambda = n \cdot p$. Für $np(1-p) \geqq 10$ kann die $B(n, p)$- durch die $N(\mu, \sigma^2)$-Verteilung ersetzt werden mit $\mu = np$ und $\sigma^2 = np(1-p)$.	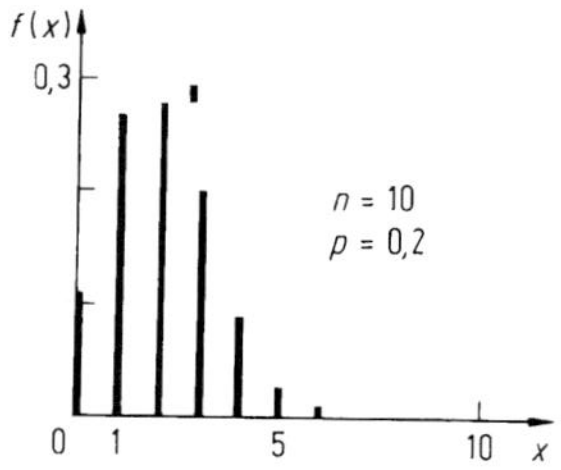

Tabelle 39-1. (Fortsetzung)

Zufallsgröße Parameter	Wahrscheinlichkeitsfunktion $f(x) = P(X=x)$ Verteilungsfunktion $F(x) = P(X \leqq x)$	Erwartungswert $E(x)$ Varianz $\mathrm{Var}(X)$	Additionssätze Approximationssätze	Wahrscheinlichkeitsfunktion
3. *Negative Binomialverteilung* NB(r, p) *und Geometrische Verteilung* NB$(1, p)$				
Wie 2. *Zufallsgröße X:* Zahl der Durchführungen des Zufallsexperiment bis zum r-ten Mal das Ereignis A auftritt. *Parameter:* $0 < p < 1,\ r \in \mathbb{N}$ *Beispiel:* Zahl der Passanten, die abgewartet werden müssen, um 10 Personen einer bestimmten Altersklasse interviewen zu können. Die Negative Binominalverteilung für $r = 1$ heißt Geometrische Verteilung.	$f(x) = \binom{x-1}{r-1}(1-p)^{x-r}p^r \quad x = r, r+1, \ldots$ $F(x) = \sum_{i \leq x} f(i) \quad x > 0$	$E(X) = \frac{r}{p}$ $\mathrm{Var}(X) = \frac{r(1-p)}{p^2}$		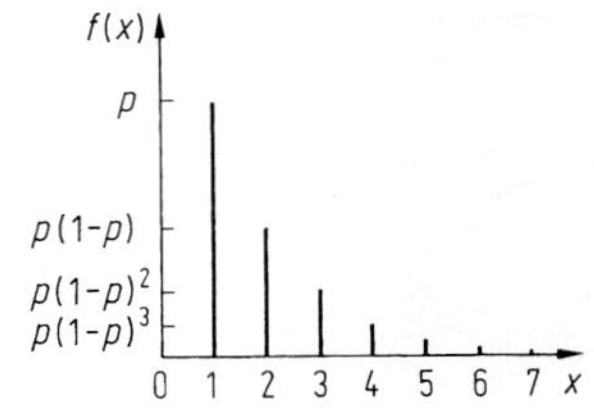
4. *Poisson-Verteilung* Ps(λ)				
Wie 2; jedoch p sehr klein und n sehr groß, so daß $np = \lambda = \mathrm{const}$. *Parameter:* $\lambda > 0$ *Beispiel:* Zahl seltener Ereignisse in einem großen Zeitintervall, z. B. Unfälle.	$f(x) = \begin{cases} \frac{\lambda^x}{x!}e^{-\lambda} & \text{für } x = 0, 1, 2, \ldots \\ 0 & \text{sonst} \end{cases}$ $F(x) = \begin{cases} 0 & \text{für } x < 0 \\ \sum_{i=0}^{m} \frac{\lambda^x}{x!}e^{-\lambda} & \text{für } m \leqq x < m+1; \\ & m = 0, 1, 2, \ldots \end{cases}$	$E(X) = \lambda$ $\mathrm{Var}(X) = \lambda$	Sind X_1, X_2 unabhängig Ps(λ_1)- bzw. Ps(λ_2)-verteilt, so ist $X = X_1 + X_2$ *Ps*(λ)-verteilt mit $\lambda = \lambda_1 + \lambda_2$. Für $\lambda \geqq 10$ kann Ps(λ) durch eine $N(\lambda, \lambda)$-Verteilung ersetzt werden.	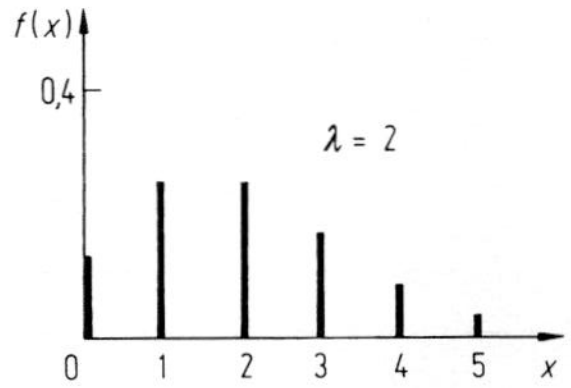

Tabelle 39–2. Wichtige stetige Wahrscheinlichkeitsverteilungen

Zufallsgröße Parameter	Wahrscheinlichkeitsdichte $f(x) = \mathrm{d}F/\mathrm{d}x$ Verteilungsfunktion $F(x) = P(X \leqq x)$	Erwartungswert $E(x)$ Varianz $\mathrm{Var}(X)$	Wahrscheinlichkeitsdichte
1. *Gleichverteilung* $U(a, b)$ *Zufallsgröße X:* Die Wahrscheinlichkeit für jeden Wert der Zufallsgröße X im Intervall $a \leq x \leq b$ ist gleich. *Parameter:* $a, b \in \mathbb{R}$, $b > a$. *Beispiel:* Zeitpunkt des Eintreffens eines Fahrzeugs innerhalb einer Messdauer von einer Stunde.	$f(x) = \begin{cases} \frac{1}{b-a} & a \leq x \leq b \\ 0 & \text{sonst} \end{cases}$ $F(x) = \begin{cases} 0 & x < a \\ \frac{x-a}{b-a} & a \leq x \leq b \\ 1 & x > b \end{cases}$	$E(X) = \frac{a+b}{2}$ $\mathrm{Var}(X) = \frac{(b-a)^2}{12}$	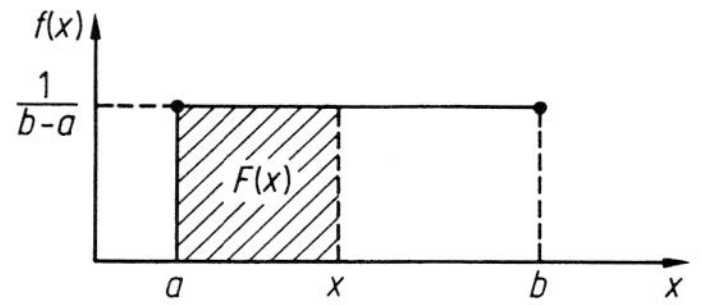
2. *Normalverteilung* $N(\mu, \sigma^2)$ ***Zufallsgröße X***: Die Summe vieler beliebig verteilter Zufallsgrößen liefert eine normalverteilte Zufallsgröße (Zentraler Grenzwertsatz). *Parameter:* $\mu, \sigma \in \mathbb{R}$; $\sigma > 0$. ***Beispiel:*** Messfehler.	$f(x) = \frac{1}{\sqrt{2\pi}\,\sigma} \exp\left(-\frac{1}{2}\left(\frac{x-\mu}{\sigma}\right)^2\right)$ $F(x) = \frac{1}{\sqrt{2\pi}\,\sigma} \int_{-\infty}^{x} \exp\left(-\frac{1}{2}\left(\frac{t-\mu}{\sigma}\right)^2\right) \mathrm{d}t$ Den Funktionswert $F(x)$ erhält man nach Transformation $z = (x - \mu)/\sigma$ aus der Tabelle $F(z)$ der Standardnormalverteilung.	$E(X) = \mu$ $\mathrm{Var}(X) = \sigma^2$	Sind X_1, X_2 unabhängig $N(\mu_1, \sigma_1^2)$ bzw. $N(\mu_2, \sigma_1^2)$-verteilt, so ist $X = X_1 + X_2$ $N(\mu, \sigma_1^2)$-verteilt mit $\mu = \mu_1 + \mu_2$ und $\sigma^2 = \sigma_1^2 + \sigma_2^2$. 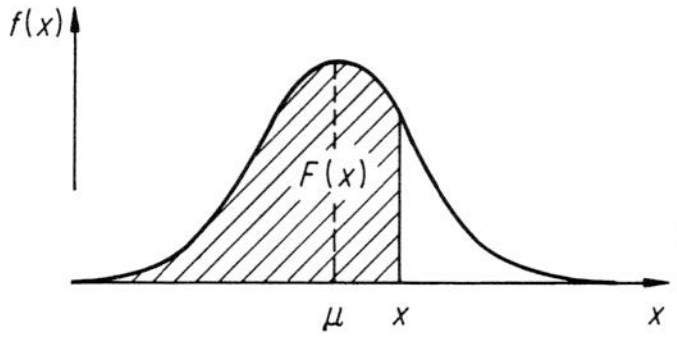
3. *Standardnormalverteilung* $N(0, 1)$ ***Zufallsgröße Z***: Eine standardnormalverteilte Zufallsgröße entsteht aus einer (μ, σ)-normalverteilten Zufallsgröße X durch die Transformation $Z = \frac{X-\mu}{\sigma}$. *Parameter*: keine.	$\varphi(z) = \frac{1}{\sqrt{2\pi}} \exp\left(-\frac{z^2}{2}\right)$ $\Phi(z) = \frac{1}{\sqrt{2\pi}} \int_{-\infty}^{z} \exp\left(-\frac{t^2}{2}\right) \mathrm{d}t$ Die Funktionswerte $\Phi(z)$ liegen als Tabelle vor (s. Tabelle 39.4).	$E(Z) = 0$ $\mathrm{Var}(Z) = 1$	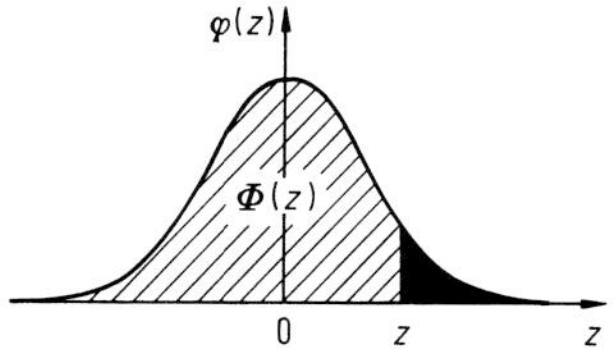

Tabelle 39–2. (Fortsetzung)

Zufallsgröße Parameter	Wahrscheinlichkeitsdichte $f(x) = \mathrm{d}F/\mathrm{d}x$ Verteilungsfunktion $F(x) = P(X \leqq x)$	Erwartungswert $E(x)$ Varianz $\mathrm{Var}(X)$	Wahrscheinlichkeitsdichte
4. *Lognormalverteilung* ***Zufallsgröße** X*: $\ln X$ ist $N(\mu, \sigma^2)$-normalverteilt. Das Produkt $X = X_1 \cdot \ldots \cdot X_n$ vieler beliebig verteilter Zufallsgrößen X_i $(i = 1, \ldots, n)$ liefert eine (annähernd) lognormalverteilte Zufallsgröße, da nach Ziffer 2, Tabelle 39-2, $\ln X = \ln X_1 + \ldots + \ln X_n$ $N(\mu, \sigma^2)$-verteilt ist. ***Parameter***: $\mu, \sigma \in \mathbb{R}$; $\sigma > 0$. ***Beispiele***: Umsatzzahlen von Unternehmen, Lebensdauer nach Extrembelastungen usw.	$f(x) = \begin{cases} 0 & \text{für } x \leqq 0 \\ \dfrac{1}{\sqrt{2\pi}\,\sigma x} \exp[-(\ln x - \mu)^2/(2\sigma^2)] & \text{für } x > 0 \end{cases}$ $F(x) = \begin{cases} 0 & \text{für } x \leqq 0 \\ \displaystyle\int_{-\infty}^{x} \frac{1}{\sqrt{2\pi}\,\sigma t} \exp[-(\ln t - \mu)^2/(2\sigma^2)]\,\mathrm{d}t & \text{für } x > 0 \end{cases}$	$E(X) = \exp[\mu + \sigma^2/2]$ $\mathrm{Var}(X) = \exp[2\mu + \sigma^2](\exp[\sigma^2] - 1)$	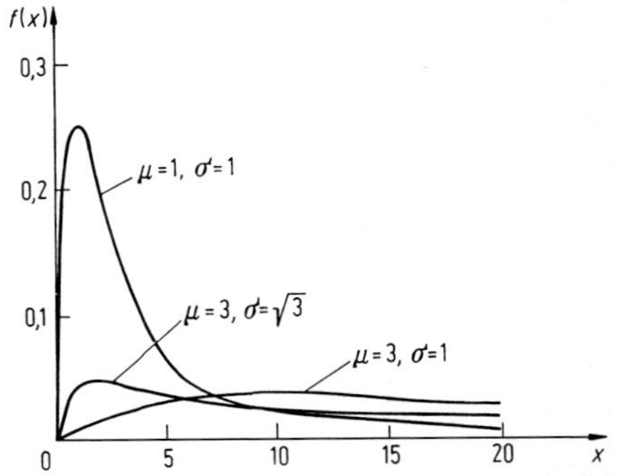
5. *Exponentialverteilung* $\mathrm{Ex}(\lambda)$ ***Zufallsgröße** X*: Die Lebensdauer von Objekten, die nicht altern, ist exponentialverteilt. ***Parameter***: $\lambda > 0$. ***Beispiel***: Länge der Zeitlücken zwischen poissonverteilten Ereignissen.	$f(x) = \begin{cases} 0 & \text{für } x < 0 \\ \lambda \exp(-\lambda x) & \text{für } x \geqq 0;\ \lambda > 0 \end{cases}$ $F(x) = \begin{cases} 0 & \text{für } x < 0 \\ 1 - \exp(-\lambda x) & \text{für } x \geqq 0;\ \lambda > 0 \end{cases}$	$E(X) = 1/\lambda$ $\mathrm{Var}(X) = 1/\lambda^2$	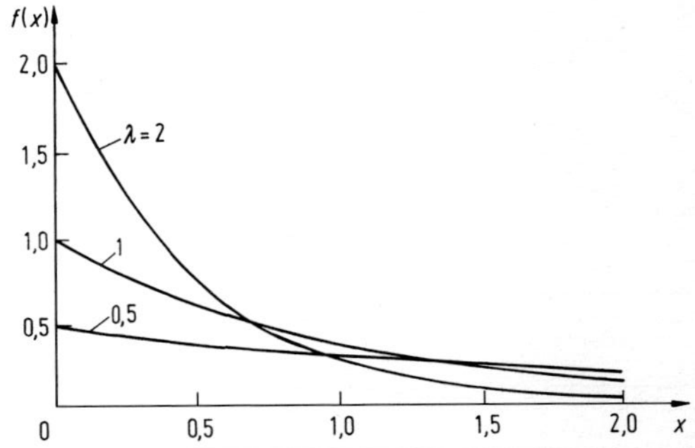

Tabelle 39–2. (Fortsetzung)

Zufallsgröße Parameter	Wahrscheinlichkeitsdichte $f(x) = \mathrm{d}F/\mathrm{d}x$ Verteilungsfunktion $F(x) = P(X \leqq x)$	Erwartungswert $E(x)$ Varianz Var(X)	Wahrscheinlichkeitsdichte
6. *Erlang-n-Verteilung* ER (λ, n)			
Zufallsgröße X: $X = \sum_{i=1}^{n} X_i$ mit $X_1, \ldots, X_n$ unabhängige Zufallsgrößen mit $X_i \sim \mathrm{Ex}(\lambda)$ *Parameter:* $\lambda > 0, n \in \mathbb{N}$ *Beispiel:* Lebensdauer eines Reihensystems von n Komponenten, die jeweils eine exponentialverteilte Lebensdauer mit Parameter λ aufweisen und nacheinander in Betrieb sind, sodass immer nur eines arbeitet.	$f(x) = \begin{cases} 0 & x < 0 \\ \dfrac{\lambda^n n^{n-1} \mathrm{e}^{-\lambda x}}{(n-1)!} & x \geq 0 \end{cases}$ $F(x) = \begin{cases} 0 & x < 0 \\ 1 - \mathrm{e}^{-\lambda x} \sum_{i=1}^{n} \dfrac{(\lambda x)^{i-1}}{(i-1)!} & x \geq 0 \end{cases}$	$E(X) = \dfrac{n}{\lambda}$ $\mathrm{Var}(X) = \dfrac{n}{\lambda^2}$	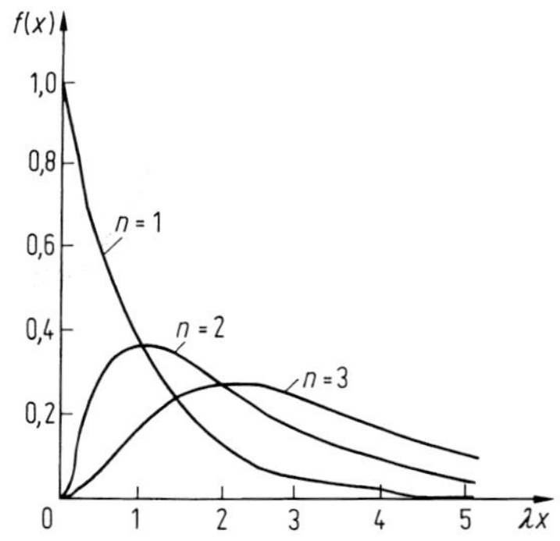
7. *Gammaverteilung* $G(\lambda, k)$			
Zufallsgröße X: Erweiterung der Erlang-*n*-Verteilung auf kontinuierliche Parameterwerte k $(k > 0)$ *Parameter:* $\lambda > 0$ (Maßstab) $k > 0$ (Gestalt). *Beispiel:* Lebensdauer von Systemen	$f(x) = \begin{cases} 0 & x < 0 \\ \dfrac{\lambda^k x^{k-1} \mathrm{e}^{-\lambda x}}{\Gamma(k)} & x \geq 0 \end{cases}$ $F(x) = \begin{cases} 0 & x < 0 \\ \dfrac{\Gamma(k, \lambda x)}{\Gamma(k)} & x \geq 0 \end{cases}$	$E(X) = \dfrac{k}{\lambda}$ $\mathrm{Var}(X) = \dfrac{k}{\lambda^2}$	Gammafunktion $\Gamma(k) = \int_0^\infty x^{k-1} \mathrm{e}^{-x} \mathrm{d}x$ 1. $\Gamma(k) = (k-1) \cdot \Gamma(k-1)$ für alle $k > 0$ 2. $\Gamma(n) = (n-1)!$ $n = 1, 2, \ldots$ 3. $\Gamma(0{,}5) = \sqrt{\pi}$ Unvollständige Gammafunktion $\Gamma(k, x) = \int_0^x t^{k-1} \mathrm{e}^{-t} \mathrm{d}t$ 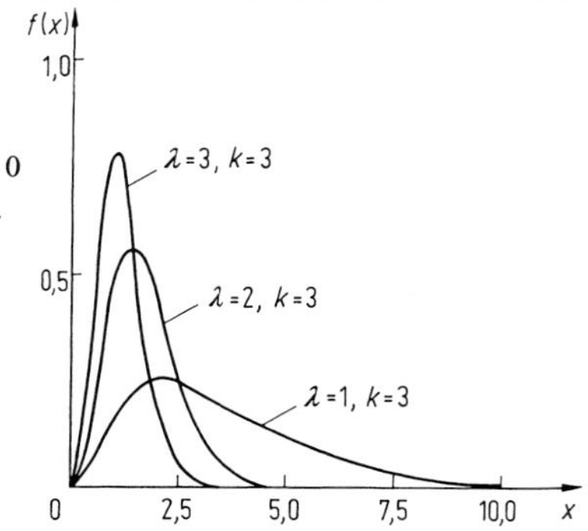

Tabelle 39–2. (Fortsetzung)

Zufallsgröße Parameter	Wahrscheinlichkeitsdichte $f(x) = \mathrm{d}F/\mathrm{d}x$ Verteilungsfunktion $F(x) = P(X \leqq x)$	Erwartungswert $E(x)$ Varianz $\mathrm{Var}(X)$	Wahrscheinlichkeitsdichte
8. *Weibull-Verteilung* $W(\lambda, \alpha)$ *Zufallsgröße X:* Die Lebensdauer von Objekten, die einem Alterungsprozess unterliegen (z. B. Materialermüdung), kann durch die Weibull-Verteilung beschrieben werden. Für sie gilt $(\lambda X)^\alpha \sim \mathrm{Ex}(1)$ *Parameter:* $\lambda > 0$ (Maßstab) $\alpha > 0$ (Gestalt) *Beispiel:* Lebensdauer von Werkzeugen, Elektronenröhren, Kugellagern usw.	$f(x) = \begin{cases} 0 & x < 0 \\ \alpha\lambda^\alpha x^{\alpha-1}\exp(-(\lambda x)^\alpha) & x \geq 0 \end{cases}$ $F(x) = \begin{cases} 0 & x < 0 \\ 1 - \exp(-(\lambda x)^\alpha) & x \geq 0 \end{cases}$	$E(X) = \frac{1}{\lambda}\Gamma\left(1+\frac{1}{\alpha}\right)$ $\mathrm{Var}(X) = \frac{1}{\lambda^2}\left\{\Gamma\left(1+\frac{2}{\alpha}\right) - \left[\Gamma\left(1+\frac{1}{\alpha}\right)\right]^2\right\}$	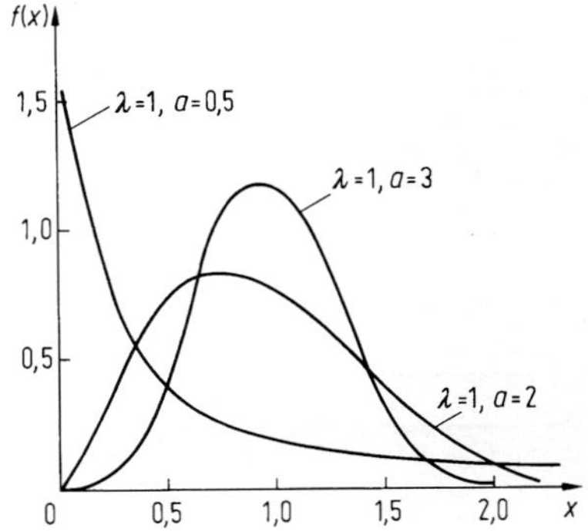
9. *Betaverteilung* BT (α, β, a, b) *Zufallsgröße X:* Die Betaverteilung eignet sich zur Beschreibung empirischer Verteilungen in einem Intervall $a \leq x \leq b$. *Parameter:* $\alpha, \beta > 0$, $a, b \in \mathbb{R}$ *Beispiel:* Relativer Anteil $(0 \leq x \leq 1)$, Windrichtung $(0° \leq x \leq 360°)$	$f(x) = \begin{cases} \frac{\Gamma(\alpha+\beta)}{\Gamma(\alpha)\Gamma(\beta)}\frac{1}{(b-a)^{\alpha+\beta-1}}(x-a)^{\alpha-1}(b-x)^{\beta-1} & a \leq x \leq b \\ 0 & \text{sonst} \end{cases}$ $F(x) = \begin{cases} 0 & x < a \\ \int_0^x f(t)\,\mathrm{d}t & a \leq x \leq b \\ 1 & x > b \end{cases}$	$E(X) = a + \frac{\alpha}{\alpha+\beta}(b-a)$ $\mathrm{Var}(X) = \frac{\alpha\beta}{(\alpha+\beta)^2(\alpha+\beta+1)}(b-a)^2$	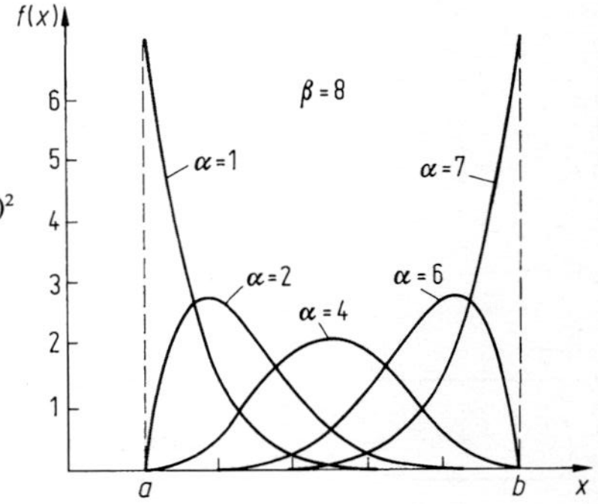

Tabelle 39-3. Wichtige Prüfverteilungen

Zufallsgröße Parameter	Erwartungswert $E(X)$ Varianz $\mathrm{Var}(X)$	Tabelle der Quantilen	Wichtige Eigenschaften	Wahrscheinlichkeitsdichte
1. *χ^2-Verteilung* $\chi^2(m)$ *Zufallsgröße:* $Y = \sum_{i=1}^{m} X_i^2$ mit $X_1, \dots, X_m$ unabhängige $N(0,1)$-verteilte Zufallsgrößen. *Parameter:* $m = 1, 2, \dots$ (Zahl der Freiheitsgrade der χ^2-Verteilung)	$E(Y) = m$ $\mathrm{Var}(Y) = 2m$	Die Quantile $y_{1-\alpha}$, für die gilt $P(Y \leqq y_{1-\alpha}) = 1 - \alpha$, liegen als Tabellenwerte (bezeichnet mit $\chi^2_{m;1-\alpha}$) für einzelne $m = 1, 2, \dots$ und α-Werte vor (siehe Tabelle 39-5).	Für $m \geqq 100$ kann die $\chi^2(m)$-Verteilung näherungsweise durch die $N(m, 2m)$-Verteilung ersetzt werden. Für $m \geqq 30$ ist die Zufallsgröße $Z = \sqrt{2Y} - \sqrt{2m-1}$ näherungsweise $N(0,1)$-verteilt.	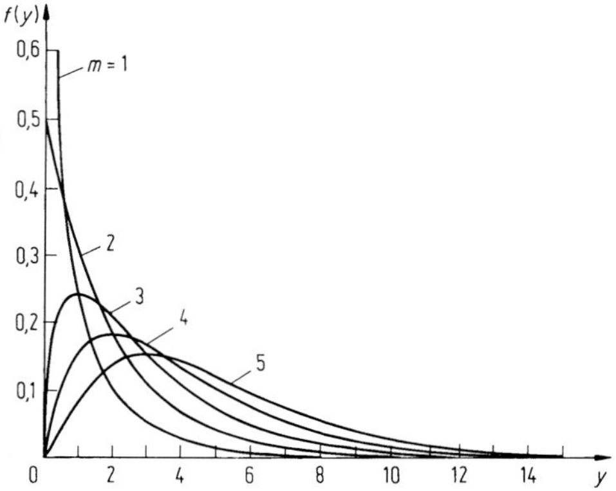
2. *t-Verteilung* (Student-Verteilung) $t(m)$ *Zufallsgröße:* $T = Z/\sqrt{Y/m}$ *mit* Z $N(0;1)$-verteilte und Y davon unabhängige $X^2(m)$-verteilte Zufallsgröße. *Parameter:* $m = 1, 2, \dots$ (Freiheitsgrade der t-Verteilung)	$E(T) = 0$ für $m \geqq 2$ $\mathrm{Var}(T) = \frac{m}{m-2}$ für $m \geqq 3$	Die Quantile $t_{m;1-\alpha}$, für die gilt $P(T \leqq t_{m;1-\alpha}) = 1 - \alpha$ liegen als Tabellenwerte für einzelne $m = 1, 2, \dots$ und α-Werte vor (siehe Tabelle 39-6).	Für $m \geqq 30$ kann die $t(m)$-Verteilung näherungsweise durch die $N(0,1)$-Verteilung ersetzt werden.	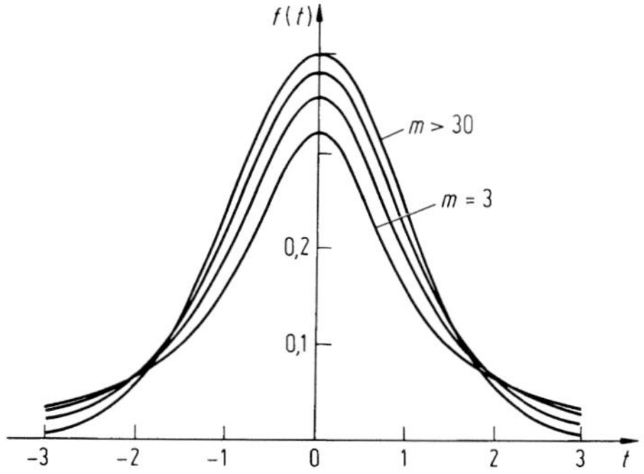

Tabelle 39-3. (Fortsetzung)

Zufallsgröße Parameter	Erwartungswert $E(X)$ Varianz $\mathrm{Var}(X)$	Tabelle der Quantilen	Wichtige Eigenschaften	Wahrscheinlichkeitsdichte
3. *F-Verteilung* (Fisher-Verteilung) $F(m_1, m_2)$				
Zufallsgröße: $X = \dfrac{Y_1/m_1}{Y_2/m_2}$ mit Y_1 und Y_2 voneinander unabhängige $\chi^2(m_1)$- bzw. $\chi^2(m_2)$-verteilte Zufallsgrößen. *Parameter:* $m_1, m_2 = 1, 2, \ldots$ (Freiheitsgrade der F-Verteilung)	$E(X) = \dfrac{m_2}{m_2 - 2}$ für $m_2 \geqq 3$ $\mathrm{Var}(X) = \dfrac{2m_2^2(m_1 + m_2 - 2)}{m_1(m_2 - 2)^2(m_2 - 4)}$ für $m_2 \geqq 5$	Die Quantile $x_{1-\alpha}$, für die gilt $P(X \leqq x_{1-\alpha}) = 1 - \alpha$, liegen als Tabellenwerte (bezeichnet mit $F_{m_1, m_2; \alpha}$) für einzelne Kombinationen $m_1, m_2 = 1, 2, \ldots$ und α-Werte in der angegebenen Literatur vor. Für $\alpha = 0{,}05$ siehe Tabelle 39-7.	Für $m_1 = 1, m_2 = m$ ist $\sqrt{X}$ $t(m)$-verteilt. Für $m_1 = m$, $m_2 \geqq 200$ ist mX asymptotisch $\chi^2(m)$-verteilt. Ist X $F(m_1, m_2)$-verteilt, so ist $1/X$ $F(m_2, m_1)$-verteilt.	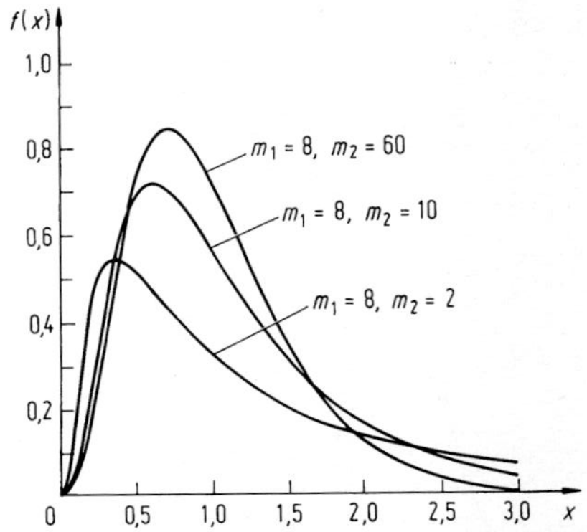

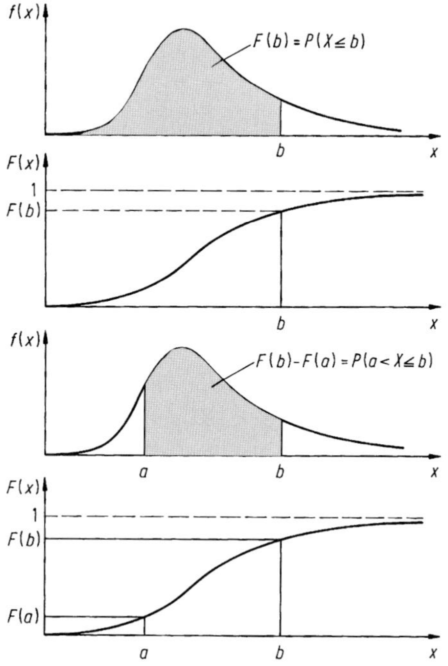

Bild 39–2. Wahrscheinlichkeitsdichte und Verteilungsfunktion einer stetigen Zufallsgröße

$$E(g(X)) = \sum_i g(x_i)f(x_i) \quad \text{bzw.}$$

$$= -\int_{-\infty}^{\infty} g(x)f(x)\,\mathrm{d}x\,, \qquad (39\text{-}6)$$

wenn die Summe bzw. das Integral absolut konvergieren.

39.4.3 Lageparameter einer Verteilung

Erwartungswert. Der Erwartungswert $\mu = E(X)$ einer diskreten oder stetigen Zufallsgröße X selbst lautet mit $g(X) = X$ gemäß (39-6)

$$\mu = E(x) = \sum_i x_i f(x_i) \quad \text{bzw.} \qquad (39\text{-}7)$$

$$= \int_{-\infty}^{\infty} x f(x)\,\mathrm{d}x\,.$$

Es gelten folgende *Rechenregeln für Erwartungswerte* (a, b Konstante):

$$E(a) = a \qquad (39\text{-}8)$$

$$E(aX + b) = aE(X) + b \qquad (39\text{-}9)$$

$$E(aX + bY) = aE(X) + bE(Y)\,. \qquad (39\text{-}10)$$

Für stochastisch *unabhängige* Zufallsgrößen gilt zudem (vgl. 39.5):

$$E(X \cdot Y) = E(X) \cdot E(Y)\,. \qquad (39\text{-}11)$$

Median. Als Median $x_{0,5}$ wird das 0,5 Quantil bezeichnet. Es stellt bei einer stetigen Zufallsgröße den Wert dar, auf dessen linker und rechter Seite die Flächen unter der Verteilungsdichte $f(x)$ genau gleich sind, d. h. $F(x_{0,5}) = 0{,}5$, und bei einer diskreten Verteilung die kleinste aller Realisationen x_i, für die gilt $F(x_i) \geqq 0{,}5$.

Modalwert. Der Modalwert x_D ist bei diskreten Zufallsgrößen der Wert mit der größten Wahrscheinlichkeit und bei stetigen Zufallsgrößen der Wert mit der maximalen Verteilungsdichte, d. h., $f(x_\mathrm{D}) \geqq f(x)$ für alle $x \neq x_\mathrm{D}$.

39.4.4 Streuungsparameter einer Verteilung

Varianz und Standardabweichung. Die Varianz $\sigma^2 = \mathrm{Var}(X)$ der diskreten bzw. stetigen Zufallsgröße X ist der Erwartungswert des Quadrates der Abweichung vom Mittelwert μ, also der Funktion $g(X) = (X - \mu)^2$, und berechnet sich gemäß (39-6) zu

$$\sigma^2 = \mathrm{Var}(X) = E[(X-\mu)^2]$$
$$= \sum_i (x_i - \mu)^2 f(x_i) = \sum_i x_i^2 f(x_i) - \mu^2 \ \text{bzw.}$$
$$= \int_{-\infty}^{\infty} (x-\mu)^2 f(x)\mathrm{d}x = \int_{-\infty}^{\infty} x^2 f(x)\mathrm{d}x - \mu^2\,.$$
$$(39\text{-}12)$$

Die Quadratwurzel aus der Varianz heißt *Standardabweichung* $\sigma = \sqrt{\mathrm{Var}(X)}$.
Es gelten folgende *Rechenregeln für Varianzen* (a, b Konstanten):

$$\mathrm{Var}(X) = E(X^2) - \mu^2 \qquad (39\text{-}13)$$

$$\mathrm{Var}(X) = E[(X-a)^2] - (\mu - a)^2 \qquad (39\text{-}14)$$

$$\mathrm{Var}(aX + b) = a^2\,\mathrm{Var}(X)\,. \qquad (39\text{-}15)$$

Für stochastisch unabhängige Zufallsgrößen X und Y gilt:

$$\mathrm{Var}(aX + bY) = a^2\,\mathrm{Var}(X) + b^2\,\mathrm{Var}(Y)\,. \qquad (39\text{-}16)$$

Tabelle 39-4. Werte der Verteilungsfunktion $\Phi(z)$ der Standardnormalverteilung

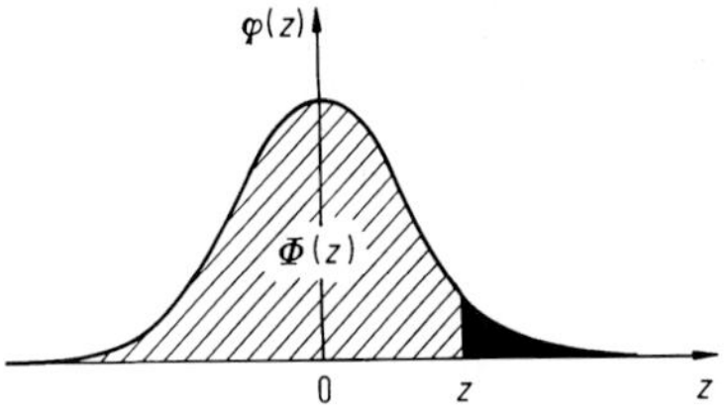

$$\Phi(z) = P(Z \leq z) = \int_{-\infty}^{z} \varphi(t)\,dt$$

$$\Phi(-z) = 1 - \Phi(z)$$

z	0	1	2	3	4	5	6	7	8	9
0,0	0,5000	0,5040	0,5080	0,5120	0,5160	0,5199	0,5239	0,5279	0,5319	0,5339
0,1	5398	5438	5478	5517	5557	5596	5636	5675	5714	5753
0,2	5793	5832	5871	5910	5948	5987	6026	6064	6103	6141
0,3	6179	6217	6255	6293	6331	6368	6406	6443	6480	6517
0,4	6554	6591	6628	6664	6700	6736	6772	6808	6844	6879
0,5	6915	6950	6985	7019	7054	7088	7123	7157	7190	7224
0,6	7257	7291	7324	7357	7389	7422	7454	7486	7517	7549
0,7	7580	7611	7642	7673	7704	7734	7764	7794	7823	7852
0,8	7881	7910	7939	7967	7995	8023	8051	8078	8106	8133
0,9	8159	8186	8212	8238	8264	8289	8315	8340	8365	8389
1,0	8413	8438	8461	8485	8508	8531	8554	8577	8599	8621
1,1	8643	8665	8686	8708	8729	8749	8770	8790	8810	8830
1,2	8849	8869	8888	8907	8925	8944	8962	8980	8997	9015
1,3	9032	9049	9066	9082	9099	9115	9131	9147	9162	9177
1,4	9192	9207	9222	9236	9251	9265	9279	9292	9306	9319
1,5	9332	9345	9357	9370	9382	9394	9406	9418	9429	9441
1,6	9452	9463	9474	9484	9495	9505	9515	9525	9535	9545
1,7	9554	9564	9573	9582	9591	9599	9608	9616	9625	9633
1,8	9641	9649	9656	9664	9671	9678	9686	9693	9699	9706
1,9	9713	9719	9726	9732	9738	9744	9750	9756	9761	9767
2,0	9772	9778	9783	9788	9793	9798	9803	9808	9812	9817
2,1	9821	9826	9830	9834	9838	9842	9846	9850	9854	9857
2,2	9861	9864	9868	9871	9875	9878	9881	9884	9887	9890
2,3	9893	9896	9898	9901	9904	9906	9909	9911	9913	9916
2,4	9918	9920	9922	9925	9927	9929	9931	9932	9934	9936
2,5	9938	9940	9941	9943	9945	9946	9948	9949	9951	9952
2,6	9953	9955	9956	9957	9959	9960	9961	9962	9963	9964
2,7	9965	9966	9967	9968	9969	9970	9971	9972	9973	9974
2,8	9974	9975	9976	9977	9977	9978	9979	9979	9980	9981
2,9	9981	9982	9982	9983	9984	9984	9985	9985	9986	9986
3,0	9987	9987	9987	9988	9988	9989	9989	9989	9990	9990

Variationskoeffizient. Zum Vergleich der Standardabweichungen von Zufallsgrößen mit unterschiedlichen Mittelwerten eignet sich der *Variationskoeffizient*

$$v = \frac{\sigma}{\mu}\,. \qquad (39\text{-}17)$$

39.5 Stochastische Unabhängigkeit von Zufallsgrößen

Analog zur Unabhängigkeit von Ereignissen in 38.4 lässt sich auch die Unabhängigkeit von Zufallsgrößen definieren. Dazu betrachtet man zuden Zufallsgrößen $X_1, X_2, \ldots, X_n$ die Ereignisse $X_i \leqq x_i$ $(i = 1, 2, \ldots, n)$. Gemäß dem Multiplikationssatz für unabhängige Ereignisse (vgl. 38.5) gilt für stochastisch unabhängige Zufallsgrößen $X_1, X_2, \ldots, X_n$ mit den Verteilungsfunktionen $F_i(x_i) = P(X_i \leqq x_i)$ und mit der gemeinsamen Verteilungsfunktion $F(x_1, \ldots, x)$

$$\begin{aligned} F(x_1, \ldots, x_n) &= P[(X_1 \leqq x_1) \cap \ldots \cap (X_n \leqq x_n)] \\ &= P(X_1 \leqq x_1) \cdot \ldots \cdot P(X_n \leqq x_n) \\ &= F_1(x_1) \cdot \ldots \cdot F_n(x_n)\,. \qquad (39\text{-}18) \end{aligned}$$

Tabelle 39-5. Quantile der χ^2-Verteilung

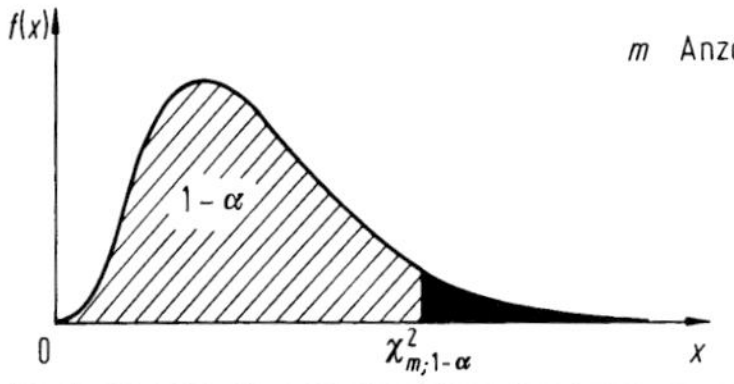

m Anzahl der Freiheitsgrade

m	$\chi^2_{0,01}$	$\chi^2_{0,025}$	$\chi^2_{0,05}$	$\chi^2_{0,10}$	$\chi^2_{0,90}$	$\chi^2_{0,95}$	$\chi^2_{0,975}$	$\chi^2_{0,99}$
1	0,000	0,000	0,004	0,016	2,71	3,84	5,02	6,63
2	0,020	0,051	0,103	0,211	4,61	5,99	7,38	9,21
3	0,115	0,216	0,352	0,584	6,25	7,81	9,35	11,35
4	0,297	0,484	0,711	1,064	7,78	9,49	11,14	13,28
5	0,554	0,831	1,15	1,61	9,24	11,07	12,83	15,08
6	0,872	1,24	1,64	2,20	10,64	12,59	14,45	16,81
7	1,24	1,69	2,17	2,83	12,01	14,06	16,01	18,47
8	1,65	2,18	2,73	3,49	13,36	15,51	17,53	20,09
9	2,09	2,70	3,33	4,17	14,68	16,92	19,02	21,67
10	2,56	3,25	3,94	4,87	15,99	18,31	20,48	23,21
11	3,05	3,82	4,57	5,58	17,27	19,67	21,92	24,72
12	3,57	4,40	5,23	6,30	18,55	21,03	23,34	26,22
13	4,11	5,01	5,89	7,04	19,81	22,36	24,74	27,69
14	4,66	5,63	6,57	7,79	21,06	23,68	26,12	29,14
15	5,23	6,26	7,26	8,55	22,31	25,00	27,49	30,58
16	5,81	6,91	7,96	9,31	23,54	26,30	28,85	32,00
17	6,41	7,56	8,67	10,09	24,77	27,59	30,19	33,41
18	7,01	8,23	9,39	10,86	25,99	28,87	31,53	34,81
19	7,63	8,91	10,12	11,65	27,20	30,14	32,85	36,19
20	8,26	9,59	10,85	12,44	28,41	31,41	34,17	37,57
25	11,52	13,12	14,61	16,47	34,38	37,65	40,65	44,31
30	14,95	16,79	18,49	20,60	40,26	43,77	46,98	50,89
35	18,51	20,57	22,46	24,80	46,06	49,80	53,20	57,34
40	22,17	24,43	26,51	29,05	51,81	55,76	59,34	63,69
45	25,90	28,37	30,61	33,35	57,51	61,66	65,41	69,96
50	29,71	32,36	34,76	37,69	63,17	67,51	71,42	76,15
60	37,49	40,48	43,19	46,46	74,40	79,08	83,30	88,38
70	45,44	48,76	51,74	55,33	85,53	90,53	95,02	100,4
80	53,54	57,15	60,39	64,28	96,58	101,9	106,6	112,3
90	61,75	65,65	69,13	73,29	107,6	113,2	118,1	124,1
100	70,07	74,22	77,93	82,36	118,5	124,3	129,6	135,8

Sind die Zufallsgrößen $X_1, \ldots, X_n$ stochastisch unabhängig, so gilt für ihre Dichtefunktionen $f_i(x_i)$ und die gemeinsame Dichtefunktion $f(x_1, \ldots, x_n)$

$$f(x_1, \ldots, x_n) = f_1(x_1) \cdot \ldots \cdot f_n(x_n) . \quad (39\text{-}19)$$

Umgekehrt folgt aus (39-18) oder (39-19) die Unabhängigkeit der n-Zufallsgrößen.
Aus der Unabhängigkeit der n-Zufallsgrößen folgt auch die Unabhängigkeit von $k(k < n)$ beliebig ausgewählten Zufallsgrößen; diese Aussage gilt jedoch nicht umgekehrt.

39.6 Korrelation von Zufallsgrößen

Ein Maß für den Grad des linearen Zusammenhangs zwischen zwei Zufallsgrößen X und Y liefert die Korrelationsrechnung.
Die *Kovarianz* der Zufallsgrößen X und Y ist definiert als

$$\mathrm{Cov}(X, Y) = \sigma_{XY} = E[(X - E(X))(Y - E(Y))] . \quad (39\text{-}20)$$

Die normierte Kovarianz heißt *Korrelationskoeffizient*

Tabelle 39-6. Quantile der t-Verteilung

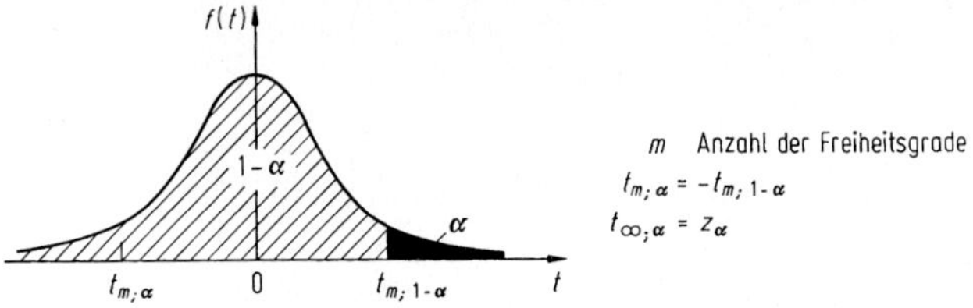

m	$t_{0,90}$	$t_{0,95}$	$t_{0,975}$	$t_{0,99}$	$t_{0,995}$
1	3,078	6,314	12,71	31,82	63,66
2	1,886	2,920	4,303	6,965	9,925
3	1,638	2,353	3,182	4,541	5,841
4	1,533	2,132	2,776	3,747	4,604
5	1,476	2,015	2,571	3,365	4,032
6	1,440	1,943	2,447	3,143	3,707
7	1,415	1,895	2,365	2,998	3,499
8	1,397	1,860	2,306	2,896	3,355
9	1,383	1,833	2,262	2,821	3,250
10	1,372	1,812	2,228	2,764	3,169
11	1,363	1,796	2,201	2,718	3,106
12	1,356	1,782	2,179	2,681	3,055
13	1,350	1,771	2,160	2,650	3,012
14	1,345	1,761	2,145	2,624	2,977
15	1,341	1,753	2,131	2,602	2,947
16	1,337	1,746	2,120	2,583	2,921
17	1,333	1,740	2,110	2,567	2,898
18	1,330	1,734	2,101	2,552	2,878
19	1,328	1,729	2,093	2,539	2,861
20	1,325	1,725	2,086	2,528	2,845
25	1,316	1,708	2,060	2,485	2,787
30	1,310	1,697	2,042	2,457	2,750
35	1,306	1,690	2,030	2,438	2,724
40	1,303	1,684	2,021	2,423	2,704
45	1,301	1,679	2,014	2,412	2,690
50	1,299	1,676	2,009	2,403	2,678
100	1,290	1,660	1,984	2,364	2,626
200	1,286	1,653	1,972	2,345	2,601
500	1,283	1,648	1,965	2,334	2,586
∞	1,282	1,645	1,960	2,326	2,576

$$\varrho(X, Y) = \frac{\mathrm{Cov}(X, Y)}{\sqrt{\mathrm{Var}(X) \cdot \mathrm{Var}(Y)}} = \frac{\sigma_{XY}}{\sigma_X \cdot \sigma_Y} . \quad (39\text{-}21)$$

Es gilt stets: $-1 \leqq \varrho(X, Y) \leqq 1$. Zwei Zufallsgrößen, deren Korrelationskoeffizient $\varrho = 0$ ist, heißen *unkorreliert*. Da für stochastisch unabhängige Zufallsgrößen X und Y gilt

$$\mathrm{Cov}(X, Y) = E[(X - E(X))] \cdot E[(Y - E(Y))] = 0 ,$$

sind unabhängige Zufallsgrößen unkorreliert. Die Umkehrung dieser Aussage gilt nicht immer.

40 Deskriptive Statistik

40.1 Aufgaben der Statistik

Drei wichtige Aufgaben des Ingenieurs sind: (1) die Ermittlung bestimmter Eigenschaften einer begrenzten Zahl von Untersuchungseinheiten in einer Stichprobe, (2) die Beschreibung von Zusammenhängen zwischen verschiedenen Eigenschaften und (3) die

Tabelle 39–7. 95%-Quantile $F_{m_1,m_2;0,95}$ der F-Verteilung (m_1 Freiheitsgrade der größeren Varianz)

		$\alpha = 0{,}05$ m_1																		
		1	2	3	4	5	6	7	8	9	10	12	15	20	24	30	40	60	120	∞
m_2	1	161,44	199,50	215,69	224,57	230,16	233,98	236,78	238,89	240,55	241,89	243,91	245,97	248,02	249,04	250,07	251,13	252,18	253,27	254,31
	2	18,51	19,00	19,16	19,25	19,30	19,33	19,35	19,37	19,39	19,40	19,41	19,43	19,45	19,45	19,46	19,47	19,48	19,49	19,50
	3	10,13	9,55	9,28	9,12	9,01	8,94	8,89	8,85	8,81	8,79	8,74	8,70	8,66	8,64	8,62	8,59	8,57	8,55	8,53
	4	7,71	6,94	6,59	6,39	6,20	6,16	6,09	6,04	6,00	5,96	5,91	5,86	5,80	5,77	5,75	5,72	5,69	5,66	5,63
	5	6,61	5,79	5,41	5,19	5,05	4,95	4,88	4,82	4,77	4,74	4,68	4,62	4,56	4,53	4,50	4,46	4,43	4,40	4,36
	6	5,99	5,14	4,76	4,53	4,39	4,28	4,21	4,15	4,10	4,06	4,00	3,94	3,87	3,84	3,81	3,77	3,74	3,70	3,67
	7	5,59	4,74	4,35	4,12	3,97	3,87	3,79	3,73	3,68	3,64	3,57	3,51	3,44	3,41	3,38	3,34	3,30	3,27	3,23
	8	5,52	4,46	4,07	3,84	3,69	3,58	3,50	3,44	3,39	3,35	3,28	3,22	3,15	3,12	3,08	3,04	3,01	2,97	2,93
	9	5,12	4,26	3,86	3,63	3,48	3,37	3,29	3,23	3,18	3,14	3,07	3,01	2,94	2,90	2,86	2,83	2,79	2,75	2,71
	10	4,96	4,10	3,71	3,48	3,33	3,22	3,14	3,07	3,02	2,98	2,91	2,85	2,77	2,74	2,70	2,66	2,62	2,58	2,54
	11	4,84	3,98	3,59	3,36	3,20	3,09	3,01	2,95	2,90	2,85	2,79	2,72	2,65	2,61	2,57	2,53	2,49	2,45	2,40
	12	4,75	3,89	3,49	3,26	3,11	3,00	2,91	2,85	2,80	2,75	2,69	2,62	2,54	2,51	2,47	2,43	2,38	2,34	2,30
	13	4,67	3,81	3,41	3,18	3,03	2,92	2,83	2,77	2,71	2,67	2,60	2,53	2,46	2,42	2,38	2,34	2,30	2,25	2,21
	14	4,60	3,74	3,34	3,11	2,96	2,85	2,76	2,70	2,65	2,60	2,53	2,46	2,39	2,35	2,31	2,27	2,22	2,18	2,13
	15	4,54	3,68	3,29	3,06	2,90	2,79	2,71	2,64	2,59	2,54	2,48	2,40	2,33	2,29	2,25	2,20	2,16	2,11	2,07
	16	4,49	3,63	3,24	3,01	2,85	2,74	2,66	2,59	2,54	2,49	2,42	2,35	2,28	2,24	2,19	2,15	2,11	2,06	2,01
	17	4,45	3,59	3,20	2,96	2,81	2,70	2,61	2,55	2,49	2,45	2,38	2,31	2,23	2,19	2,15	2,10	2,06	2,01	1,96
	18	4,41	3,55	3,16	2,93	2,77	2,66	2,58	2,51	2,46	2,41	2,34	2,27	2,19	2,15	2,11	2,06	2,02	1,97	1,92
	19	4,38	3,52	3,13	2,90	3,74	2,63	2,54	2,48	2,42	2,38	2,31	2,23	2,16	2,11	2,07	2,03	1,98	1,93	1,88
	20	4,35	3,49	3,10	2,87	2,71	2,60	2,51	2,45	2,30	2,35	2,28	2,20	2,12	2,08	2,04	1,99	1,95	1,90	1,84
	21	4,32	3,47	3,07	2,84	2,68	2,57	2,49	2,42	2,37	2,32	2,25	2,18	2,10	2,05	2,01	1,96	1,92	1,87	1,81
	22	4,30	3,44	3,05	2,82	2,66	2,55	2,46	2,40	2,34	2,30	2,23	2,15	2,07	2,03	1,98	1,94	1,89	1,84	1,78
	23	4,28	3,42	3,03	2,80	2,64	2,53	2,44	2,37	2,32	2,27	2,20	2,13	2,05	2,01	1,96	1,91	1,86	1,81	1,76
	24	4,26	3,40	3,01	2,78	2,62	2,51	2,42	2,36	2,30	2,25	2,18	2,11	2,03	1,98	1,94	1,89	1,84	1,79	1,73
	25	4,24	3,39	2,99	2,76	2,60	2,49	2,40	2,34	2,28	2,24	2,16	2,09	2,01	1,96	1,92	1,87	1,82	1,77	1,71
	26	4,23	3,37	2,98	2,74	2,59	2,47	2,39	2,32	2,27	2,22	2,15	2,07	1,99	1,95	1,90	1,85	1,80	1,75	1,69
	27	4,21	3,35	2,96	2,73	2,57	2,46	2,37	2,31	2,25	2,20	2,13	2,06	1,97	1,93	1,88	1,84	1,79	1,73	1,67
	28	4,20	3,34	2,95	2,71	2,56	2,45	2,36	2,29	2,24	2,19	2,12	2,04	1,96	1,91	1,87	1,82	1,77	1,71	1,65
	29	4,18	3,33	2,93	3,70	2,55	2,43	2,35	2,28	2,22	2,18	2,10	2,03	1,94	1,90	1,85	1,81	1,75	1,70	1,64
	30	4,17	3,32	2,92	2,69	2,53	2,42	2,33	2,27	2,21	2,16	2,09	2,01	1,93	1,89	1,84	1,79	1,74	1,68	1,62
	40	4,08	3,23	2,84	2,61	2,45	2,34	2,25	2,18	2,12	2,08	2,00	1,92	1,84	1,79	1,74	1,69	1,64	1,58	1,51
	60	4,00	3,15	2,76	2,53	2,37	2,25	2,17	2,10	2,04	1,99	1,92	1,84	1,75	1,70	1,65	1,59	1,53	1,47	1,39
	120	3,92	3,09	2,68	2,45	2,29	2,18	2,09	2,02	1,96	1,91	1,83	1,75	1,66	1,61	1,55	1,50	1,43	1,35	1,25
	∞	3,84	3,00	2,60	2,37	2,21	2,10	2,01	1,94	1,88	1,83	1,75	1,67	1,57	1,52	1,46	1,39	1,32	1,22	1,00

Verallgemeinerung der Ergebnisse aus der Stichprobe auf die Grundgesamtheit. Die *deskriptive* (beschreibende) Statistik stellt Methoden für die ersten beiden Tätigkeiten bereit, mit deren Hilfe Beobachtungsdaten möglichst effektiv charakterisiert und zusammenfassend beschrieben werden können. Sie ist eine Vorstufe der *induktiven* (schließenden) Statistik, deren Methoden sich auf den dritten Tätigkeitsbereich beziehen, d. h. auf die Fragen der Auswahl von Untersuchungseinheiten (Stichprobentheorie) und auf die Generalisierung der Ergebnisse.

40.2 Grundbegriffe

Untersuchungseinheit. Die Untersuchungseinheit oder statistische Einheit ist das Einzelobjekt der statistischen Untersuchung. Untersuchungseinheiten können z. B. Personen oder Gegenstände sein, über die man Informationen gewinnen will.

Grundgesamtheit und Stichprobe. Die Grundgesamtheit (Population) ist die Menge aller Untersuchungseinheiten. Eine Stichprobe ist eine Teilmenge der Grundgesamtheit.

Merkmale und Ausprägungen. Die interessierenden *Daten* werden durch die *Datenerhebung*, d. h. durch eine statistische Untersuchung der *Stichprobenelemente* gewonnen. Die Datenerhebung kann in Form von Befragungen, Zählungen, Messungen oder Beobachtungen erfolgen. Die Eigenschaften, auf die sich die Erhebungen beziehen, heißen (Untersuchungs-) *Merkmale*. Bei der Datenerhebung – allgemein auch „Messen" genannt – stellt man die *Merkmalsausprägungen* der Untersuchungseinheiten auf der Basis einer zugrundegelegten Skala fest. Merkmale können in *quantitative* und *qualitative* Merkmale eingeteilt werden, je nachdem ob sich die Ausprägungen einer metrischen Skala (Ratio- oder Intervallskala) oder einer Nominal- oder Ordinalskala zuordnen lassen.

Wie Zufallsgrößen (vgl. 39.1) können quantitative (auch: messbare, metrisch skalierbare, metrische) Merkmale *stetig* oder *diskret* sein, je nachdem, ob sie beliebige Werte in einem Intervall der reellen Zahlenachse oder nur endlich oder abzählbar unendlich viele Werte annehmen können. Die Ausprägungen qualitativer Merkmale unterscheiden sich entweder nur durch ihre Bezeichnung (*nominal skalierbare, nominale* Merkmale) oder durch eine Rangstufe (*ordinal skalierbare, ordinale* Merkmale).

Beispiel 1: Das qualitative Merkmal „Geschlecht" mit den Ausprägungen „männlich" und „weiblich" ist ein nominales, das Merkmal „schuliche Leistung" nach Zensurnoten ein ordinales Merkmal. Das quantitative Merkmal „Kinderzahl" ist ein diskretes, das Merkmal „Körpergröße" ein stetiges Merkmal.

Quantitative Merkmale werden auch als *Größen* (oder *Variablen*) bezeichnet. Wenn den Ausprägungen eines qualitativen Merkmals Zahlen zugeordnet werden (z. B. 1=männlich, 2=weiblich), so liegt auch hier eine Größe vor, wenngleich ihre Zahlenwerte nur eine willkürlich vereinbarte Bedeutung haben. Der Begriff „Zufallsvariable" wird auf diese Weise auch auf qualitative Merkmale ausgedehnt.

40.3 Häufigkeit und Häufigkeitsverteilung

Urliste. Die aus einer Erhebung gewonnenen Daten x_i $(i = 1, 2, \ldots, n)$ über ein bestimmtes Untersuchungsmerkmal liegen zunächst ungeordnet in der sog. Urliste vor. Die x_i können – i. Allg. mit Zahlen bezeichnete – Ausprägungen qualitativer Merkmale sein oder Messwerte (diskreter oder stetiger) quantitativer Variablen.

Beispiel 2: Druckfestigkeit von Beton. Bei einer Materialprüfung wurde die Druckfestigkeit von 25 Betonwürfeln untersucht. Die 25 Druckfestigkeitswerte in der Urliste lagen in einem Bereich von 29,8 bis 47,9 N/mm^2 (Tabelle 40-1).

Klasseneinteilung. Bei größeren Datenmengen ist es zur Verbesserung der Übersichtlichkeit notwendig, die in der Urliste enthaltenen Daten in Klassen einzuteilen und deren Besetzungszahlen durch Tabellen oder Diagramme zu veranschaulichen. Die Klassen müssen den gesamten Bereich der vorliegenden

Tabelle 40-1. Urliste der Messwerte x_i $(i = 1, 2, \ldots, 25)$: Druckfestigkeiten in N/mm^2

40,7	39,6	29,8	38,7	43,6
36,6	43,5	37,5	46,3	38,1
38,9	47,9	43,8	41,1	33,1
32,1	39,8	42,1	33,4	46,7
41,2	39,6	40,0	36,9	39,8

Ausprägungen überdecken und es sollte keine Klasse unbesetzt sein. Bei quantitativen Merkmalen sollten die Klassen möglichst gleich breit sein. Als Anhalt für die zu wählende *Klassenanzahl* k kann in Abhängigkeit vom Datenumfang n folgende Faustregel dienen: $k = 5$ für $n \leqq 25$, $k \approx \sqrt{n}$ für $25 \leqq n \leqq 100$ und $k \approx 1 + 4{,}5 \lg n$ für $n > 100$.

Absolute und relative Häufigkeit. $\tilde{x}_j$ ($j = 1, 2, \ldots, k$) bezeichnen bei qualitativen und diskreten Merkmalen die möglichen Ausprägungen, bei einem stetigen Merkmal die Klassenmitten, d. h. in jeder Klasse das arithmetische Mittel von Ober- und Untergrenze. Die Besetzungszahl $h(\tilde{x}_j)$ der Beobachtungswerte aus der Urliste, die in die Klasse j fallen, heißt absolute Häufigkeit der Merkmalsausprägung $\tilde{x}_j$, ihr relativer Anteil $f(\tilde{x}_j)$ an der Gesamtzahl n der erhobenen Werte relative Häufigkeit. Es gilt:

$$f(\tilde{x}_j) = h(\tilde{x}_j)/n \quad \text{mit} \quad \sum_{j=1}^{k} h(\tilde{x}_j) = n \quad \text{und}$$

$$\sum_{j=1}^{k} f(\tilde{x}_j) = 1 \,. \tag{40-1}$$

Häufigkeitsverteilung. Die geordneten Merkmalsklassen mit den zugehörenden (absoluten oder relativen) Häufigkeiten definieren die Häufigkeitsverteilung des Merkmals. Die tabellarische oder graphische Darstellung einer Häufigkeitsverteilung heißt *Häufigkeitstabelle* (vgl. Beispiel 2, Tabelle 40-2) bzw. *Histogramm* (vgl. Bild 40-1a).

Summenhäufigkeit. Die einer Merkmalsausprägung $\tilde{x}_j$ eines ordinalen oder diskreten Merkmals zugeordnete Häufigkeit aller Beobachtungswerte aus der Urliste, die diese Merkmalsausprägung bzw. Klassengrenze nicht überschreiten, heißt Summenhäufigkeit. Für

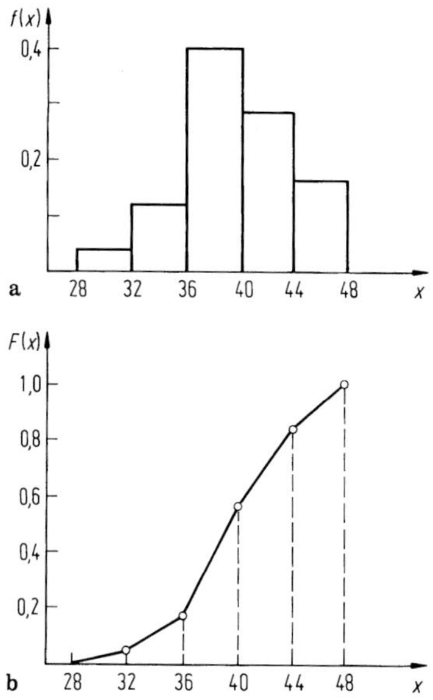

Bild 40-1. Histogramm und Summenhäufigkeitskurve (stetiges Merkmal)

die *absolute Summenhäufigkeit* gilt:

$$H(\tilde{x}_j) = \sum_{\tilde{x}_i \leqq \tilde{x}_j} h(\tilde{x}_i) = \sum_{i=1}^{j} h(\tilde{x}_i) \,, \tag{40-2}$$

und für die *relative Summenhäufigkeit*

$$F(\tilde{x}_j) = \frac{H(\tilde{x}_j)}{n} = \sum_{\tilde{x}_i \leqq \tilde{x}_j} f(\tilde{x}_i) = \sum_{i=1}^{j} f(\tilde{x}_i) \,. \tag{40-3}$$

Bei einem stetigen Merkmal kennzeichnet hierbei $\tilde{x}_j$ die Obergrenze der betreffenden Klasse j.

Summenhäufigkeitsverteilung. Die geordneten Merkmalsausprägungen mit den zugehörenden Summen-

Tabelle 40-2. Häufigkeits- und Summenhäufigkeitstabelle

Klasse j	Klassengrenzen	Klassenmitte	Absolute Häufigkeit	Relative Häufigkeit	Relative Summenhäufigkeit
1	28,1 – 32,0	30	1	0,04	0,04
2	32,1 – 36,0	34	3	0,12	0,16
3	36,1 – 40,0	38	10	0,40	0,56
4	40,1 – 44,0	42	7	0,28	0,84
5	44,1 – 48,0	46	4	0,16	1,00

häufigkeiten definieren die Summenhäufigkeitsverteilung. Die tabellarische oder graphische Darstellung einer Summenhäufigkeitsverteilung heißt *Summenhäufigkeitstabelle*, vgl. Beispiel 2, Tabelle 40-2, bzw. *Summenhäufigkeitskurve*. Bei diskreten Merkmalen ist die Darstellung der Summenhäufigkeit eine (linksseitig stetige) Treppenkurve, bei stetigen Merkmalen eine stückweise lineare Kurve (Polygonzug), deren Knickpunkte an den Klassenobergrenzen liegen (Bild 40-1b).

40.4 Kenngrößen empirischer Verteilungen

Wie bei den Wahrscheinlichkeitsverteilungen gibt es auch für empirische Häufigkeitsverteilungen Kenngrößen ihrer Lage und Streuung.

40.4.1 Lageparameter

Arithmetischer Mittelwert $\bar{x}$: Nur für quantitative Merkmalsausprägungen lässt sich der arithmetische Mittelwert

$$\bar{x} = \frac{1}{n}\sum_{i=1}^{n} x_i \approx \frac{1}{n}\sum_{j=1}^{k} \tilde{x}_j h(\tilde{x}_j) = \sum_{j=1}^{k} \tilde{x}_j f(\tilde{x}_j) \qquad (40\text{-}4)$$

definieren. Der arithmetische Mittelwert besitzt folgende wichtige Eigenschaften: Die Summe der Abweichungen vom arithmetischen Mittelwert ist Null

$$\sum_{i=1}^{n}(x_i - \bar{x}) = \sum_{i=1}^{n} x_i - n\bar{x} = 0\,. \qquad (40\text{-}5)$$

Die quadratische Abweichung ist kleiner als jede auf einen von $\bar{x}$ verschiedenen Wert $\bar{\bar{x}}$ bezogene quadratische Abweichung:

$$\sum_{i=1}^{n}(x_i - \bar{x})^2 < \sum_{i=1}^{n}(x_i - \bar{\bar{x}})^2 \quad \text{für} \quad \bar{\bar{x}} \neq \bar{x}\,. \qquad (40\text{-}6)$$

Beispiel 3: Für Beispiel 2 ergibt sich

$$\bar{x} = \sum_{i=1}^{25} x_i/25 = 990{,}8/25\,\text{N/mm}^2 = 39{,}63\,\text{N/mm}^2$$

$$\bar{x} \approx \sum_{j=1}^{5} \tilde{x}_j f(\tilde{x}_j) = 39{,}6\,\text{N/mm}^2\,.$$

Empirischer Median $\tilde{x}_{0,5}$: Stichprobendaten eines quantitativen Merkmals können in eine geordnete Reihe x_i $(i = 1, 2, \ldots, n)$ gebracht werden mit $x_i \leqq x_{i+1}$, wobei i die Ordnungsnummer darstellt. Ein Wert, der diese geordnete Reihe in zwei gleiche Hälften teilt, heißt empirischer Median $\tilde{x}_{0,5}$. Dieser ist ein bestimmter Messwert, wenn n ungerade ist, und liegt zwischen zwei Messwerten bei geradem n. Es gilt:

$$\tilde{x}_{0,5} = \begin{cases} x_{(n+1)/2} & \text{wenn } n \text{ ungerade} \\ (x_{n/2} + x_{n/2+1})/2 & \text{wenn } n \text{ gerade}\,. \end{cases} \qquad (40\text{-}7)$$

Beispiel 4: Im Beispiel 2 ist $n = 25$ ungerade und somit $\tilde{x}_{0,5}$ gleich dem 13. Wert in der nach Größe geordneten Reihe:

$$\tilde{x}_{0,5} = 39{,}8\,\text{N/mm}^2\,.$$

Empirischer Modalwert $\tilde{x}_D$: Die Merkmalsausprägung, die am häufigsten vorkommt, ist der Modalwert $\tilde{x}_D$. Für ihn gilt: $h(\tilde{x}_D) = \max_j h(\tilde{x}_j)$. Liegen mehrere Ausprägungen mit der größten Häufigkeit vor, so gibt es ebenso viele Modalwerte.

Beispiel 5: Im Beispiel 2 ist $\tilde{x}_D = 38{,}0\,\text{N/mm}^2$.

40.4.2 Streuungsparameter

Die folgenden wichtigen Streuungsparameter haben nur bei quantitativen Merkmalen eine Bedeutung.

Varianz s^2 und Standardabweichung s. Das am häufigsten verwendete Streuungsmaß ist die (empirische) Varianz, definiert als

$$s^2 = \frac{1}{n-1}\sum_{i=1}^{n}(x_i - \bar{x})^2 = \frac{1}{n-1}\left[\sum_{i=1}^{n} x_i^2 - \frac{1}{n}\left(\sum_{i=1}^{n} x_i\right)^2\right]. \qquad (40\text{-}8)$$

Mit den Klassenmitten $\tilde{x}_j$ und den relativen Häufigkeiten $f(\tilde{x}_j)$ gilt annähernd:

$$s^2 \approx \sum_{j=1}^{k}(\tilde{x}_j - \bar{x})^2 f(\tilde{x}_j) = \sum_{j=1}^{k} \tilde{x}_j^2 f(\tilde{x}_j) - \bar{x}^2\,. \qquad (40\text{-}9)$$

Beispiel 6: Für Beispiel 2 erhält man:

$$s^2 = \frac{1}{24}\left(\sum_{i=1}^{25} x_i^2 - 25\,\bar{x}^2\right) = \frac{1}{24}\cdot(39\,750{,}14 - 25\cdot 39{,}63^2) = 20{,}11\,\text{N}^2/\text{mm}^4$$

bzw. $s = 4{,}49\,\mathrm{N/mm^2}$.
Die Näherungsformel (40-9) liefert

$$s^2 \approx \sum_{j=1}^{5} \tilde{x}_j^2 f(\tilde{x}_j) - \bar{x}^2 = 14{,}10\,\mathrm{N^2/mm^4}$$

bzw. $s \approx 3{,}86\,\mathrm{N/mm^2}$.

Empirischer Variationskoeffizient $\hat{v}$. Er lautet:

$$\hat{v} = s/\bar{x}\,.$$

Beispiel 7: Im Beispiel 2 ist $\hat{v} = 4{,}49/39{,}63 = 0{,}113$.

40.5 Empirischer Korrelationskoeffizient

Werden an den n-Untersuchungseinheiten einer Stichprobe jeweils zwei Merkmale X und Y gemessen, so kann eine sog. *Mehrfeldertafel* oder *Kontingenztabelle*, aufgestellt werden, deren *Randverteilungen* die Häufigkeitsverteilungen der Merkmale X bzw. Y angeben. Bei zwei quantitativen Merkmalen X und Y kann jedes Messwertepaar auch in einem sog. *Streuungsdiagramm* als Punkt dargestellt werden (vgl. Bild 40-2).
Ein Maß für den linearen Zusammenhang der beiden Merkmale X und Y in der Stichprobe liefert ähnlich wie in Abschnitt 39.6 die *empirische Kovarianz*

$$s_{xy} = \frac{1}{n-1}\sum_{i=1}^{n}(x_i - \bar{x})(y_i - \bar{y}) = \left(\sum_i x_i y_i - n\overline{xy}\right)/(n-1) \qquad (40\text{-}10)$$

bzw. der *empirische Korrelationskoeffizient*

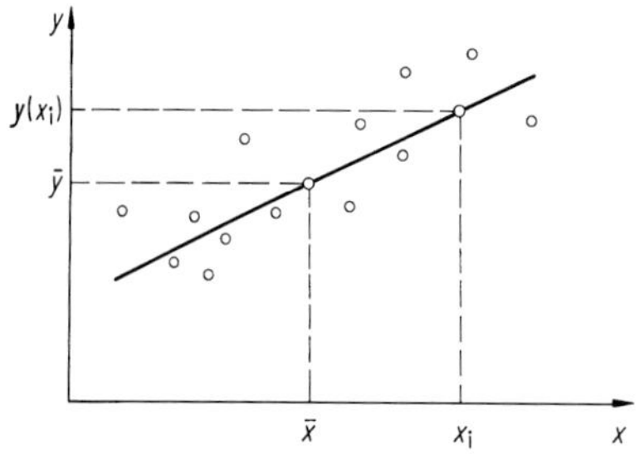

Bild 40-2. Streuungsdiagramm

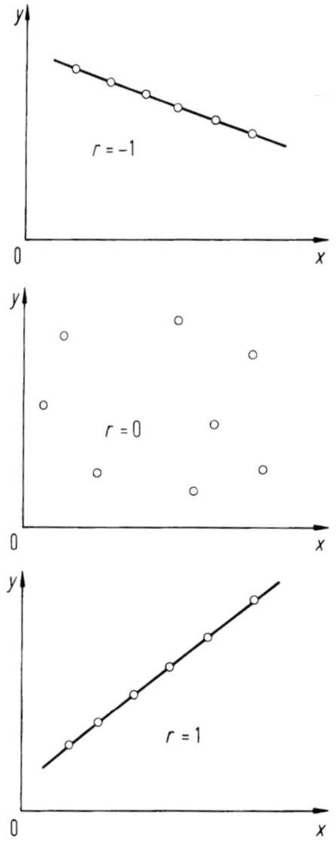

Bild 40-3. Streuungsdiagramme für verschiedene Werte des Korrelationskoeffizienten r

$$r = \frac{s_{xy}}{s_x \cdot s_y} = \frac{\sum_i (x_i - \bar{x})(y_i - \bar{y})}{\sqrt{\sum_i (x_i - \bar{x})^2 \sum_i (y_i - \bar{y})^2}} = \frac{n\sum x_i y_i - \sum x_i \sum y_i}{\sqrt{\left[n\sum x_i^2 - (\sum x_i)^2\right]\left[n\sum y_i^2 - (\sum y_i)^2\right]}}, \qquad (40\text{-}11)$$

der die auf $-1 \leqq r \leqq 1$ normierte Kovarianz darstellt. Liegen die Stichprobenwertepaare alle auf einer Geraden, so ist der Korrelationskoeffizient +1 bzw. −1 (vgl. Bild 40-3).

41 Induktive Statistik

Die Methoden der induktiven (schließenden, beurteilenden) Statistik ermöglichen Schlüsse von den Ergebnissen einer Stichprobe auf die Grundgesamtheit. Dieser „statistische Rückschluss" ist auf zweierlei Arten möglich: erstens als Schätzen von Parametern von Verteilungen (Schätzverfahren) und

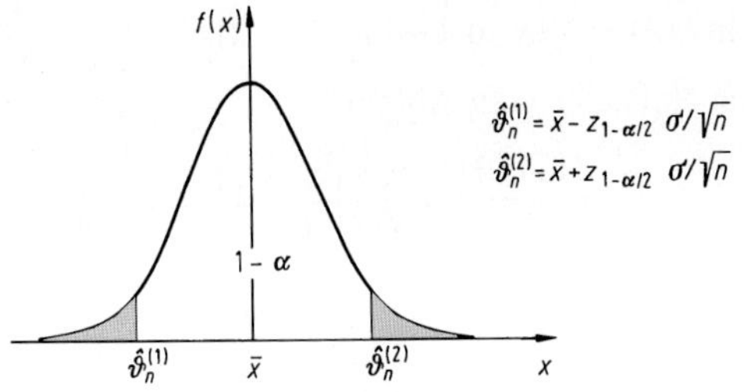

Bild 41-1. Konfidenzintervall für den Mittelwert μ

zweitens als Prüfen von Hypothesen (Prüfverfahren).

41.1 Stichprobenauswahl

Der statistische Rückschluss von der Stichprobe auf die Grundgesamtheit ist nur dann möglich, wenn die Stichprobenauswahl nach einem Zufallsverfahren erfolgt, in dem jedes Element der Grundgesamtheit eine berechenbare, von null verschiedene Wahrscheinlichkeit besitzt, in die Stichprobe zu gelangen.

Unter den Zufallsstichproben sind uneingeschränkte, geschichtete, mehrstufige und mehrstufige geschichtete Stichproben zu unterscheiden. Im Folgenden wird die *uneingeschränkte Zufallsauswahl* vorausgesetzt, bei der für alle Elemente der Grundgesamtheit die Wahrscheinlichkeit, in die Stichprobe zu gelangen, gleich und unabhängig davon ist, welche Elemente bereits ausgewählt worden sind.

41.2 Stichprobenfunktionen

Werden aus einer Grundgesamtheit n-Untersuchungseinheiten entnommen, so sind die n-Ausprägungen bzw. Werte des zu messenden Merkmals X Zufallsgrößen $X_1, \ldots, X_n$, für die nach der Messung die Realisationen $x_1, \ldots, x_n$ vorliegen. Eine Funktion $g(X_1, \ldots, X_n)$ der Zufallsgrößen $X_1, \ldots, X_n$ heißt *Stichprobenfunktion*. Sie ist ihrerseits eine Zufallsvariable, für die eine Stichprobe mit den Messwerten $x_1, \ldots, x_n$ eine Realisation $g(x_1, \ldots, x_n)$ liefert.

42 Statistische Schätzverfahren

Statistische Schätzverfahren dienen dazu, aus den Stichprobenwerten möglichst genaue Schätzwerte für die Parameter einer Verteilung (z. B. Erwartungswert, Varianz) eines Merkmals zu ermitteln.

42.1 Schätzfunktion

Eine Stichprobenfunktion, deren Realisation Schätzwerte für einen Parameter einer Verteilung liefern, heißt *Schätzfunktion*. Eine Schätzfunktion $\hat{\Theta}_n = g(X_1, \ldots, X_n)$ für den Parameter ϑ heißt *erwartungstreu*, wenn sie den Parameter ϑ als Erwartungswert besitzt:

$$E(\hat{\Theta}_n) = \vartheta\,.$$

42.2 Punktschätzung

Ist $\hat{\Theta}_n = g(X_1, \ldots, X_n)$ eine Schätzfunktion für den Parameter ϑ einer Verteilung, so liefern die Stichprobenwerte $x_1, \ldots, x_n$ eine Realisation $\hat{\vartheta}_n = g(x_1, \ldots, x_n)$ der Schätzfunktion, d. h. einen *Schätzwert* für den Parameter ϑ. Für einen Parameter sind mehrere Schätzfunktionen möglich, z. B. für den Mittelwert μ das arithmetische Mittel $\bar{x}$, der Median $\tilde{x}_{0,5}$ und der Modalwert $\bar{x}_{\mathrm{D}}$ (vgl. 40.4.1). Deshalb ist es wichtig, wenn möglich eine erwartungstreue Schätzfunktion zu verwenden.

Beispiel 1: Für ein Merkmal X mit $E(X) = \mu$ in der Grundgesamtheit ist das arithmetische Mittel $\bar{X} = \frac{1}{n}\sum_i X_i$ eine erwartungstreue Schätzfunktion für den Mittelwert μ, da mit (39-9) und (39-10) in 39.4.2 gilt:

$$E(\bar{X}) = \frac{1}{n}E\left(\sum_i X_i\right) = \frac{1}{n}\sum_i E(X_i) = \frac{1}{n}\sum_i \mu = \mu\,.$$

Somit ist das arithmetische Mittel $\bar{x} = \sum_i x_i/n$ ein erwartungstreuer Schätzwert des Mittelwerts μ. Ebenso ist

$$S^2 = \frac{1}{n-1}\sum_{i=1}^{n}\left(X_i - \bar{X}\right)^2 = \frac{1}{n-1}\left(\sum_{i=1}^{n} X_i^2 - n\bar{X}^2\right) \qquad (42\text{-}1)$$

eine erwartungstreue Schätzungsfunktion und die in Gl. (40-8) in 40.4.2 beschriebene Streuung s^2 ein erwartungstreuer Schätzwert der Varianz σ^2.

Maximum-Likelihood-Methode. Ein sehr allgemein anwendbares Verfahren zur Bestimmung von Schätzfunktionen und somit zum Schätzen von Parametern einer Verteilung, deren Typ bekannt ist, ist das Maximum-Likelihood-Verfahren (Verfahren der größten Mutmaßlichkeit).

Es sei $f(x|\vartheta)$ die Wahrscheinlichkeits- bzw. Dichtefunktion einer vom Parameter ϑ abhängenden Verteilung einer Zufallsgröße X in der Grundgesamtheit, aus der eine Stichprobe von n Stichprobenwerten $x_i (i = 1, \ldots, n)$ entnommen wurde. Die Funktion des Parameters ϑ

$$L(\vartheta) = f(x_1|\vartheta) \cdot f(x_2|\vartheta) \cdot \ldots \cdot f(x_n|\vartheta)$$

heißt *Likelihood-Funktion.*

Für ein diskretes Merkmal X ist die Likelihood-Funktion $L(\vartheta)$ die (zusammengesetzte) Wahrscheinlichkeit für das Auftreten der vorliegenden Stichprobe, für ein stetiges Merkmal das Produkt der entsprechenden Werte der Wahrscheinlichkeitsdichte. Der Maximum-Likelihood-Schätzwert (ML-Schätzwert) $\hat{\vartheta}$ für den Parameter ist der Wert, für den die Likelihood-Funktion $L(\vartheta)$ ihren größten Wert annimmt. Die Berechnung des Schätzwerts $\hat{\vartheta}$ ist einfacher am Logarithmus der Likelihood-Funktion $L(\vartheta)$ vorzunehmen. Da der Logarithmus eine streng monoton wachsende Funktion ist, liegen die Maxima von $L(\vartheta)$ und In $L(\vartheta)$ an derselben Stelle. Wegen

$$\ln L(\vartheta) = \sum_{i=1}^{n} \ln f(x_i)$$

erhält man den Schätzwert $\hat{\vartheta}$ aus der notwendigen Extremwertbedingung

$$\frac{\mathrm{d} \ln L(\vartheta)}{\mathrm{d}\vartheta} = \sum_{i=1}^{n} \frac{\mathrm{d} \ln f(x_i|\vartheta)}{\mathrm{d}\vartheta} = 0 \,.$$

Bei Verteilungen mit mehreren Parametern ϑ_j ($j = 1, \ldots, m$) lassen sich die Parameterschätzwerte ermitteln aus dem System von m Gleichungen $j = 1, \ldots, m$

$$\frac{\partial}{\partial \vartheta_j} \ln L(\vartheta_1, \ldots, \vartheta_m) = 0 \,.$$

Beispiel 2: Den ML-Schätzwert $\hat{\lambda}$ des Parameters λ einer Poisson-Verteilung (vgl. Tabelle 39-2) mit der Wahrscheinlichkeitsfunktion

$$f(x|\lambda) = \frac{\lambda^x}{x!} \mathrm{e}^{-\lambda}$$

erhält man aus der Likelihood-Funktion

$$L(\lambda) = \prod_i \frac{\lambda^{x_i}}{x_i!} \mathrm{e}^{-\lambda}$$

mit $\ln L(\lambda) = \sum_i [x_i \ln \lambda - \ln(x_i!) - \lambda]$ durch Nullsetzen der Ableitung

$$\frac{\mathrm{d} \ln L(\lambda)}{\mathrm{d}\lambda} = \sum_i \left[\frac{x_i}{\lambda} - 1 \right] = 0$$

zu $\hat{\lambda} = \frac{1}{n} \sum_i x_i = \bar{x}$.

Momentenmethode. Ein meist einfacheres Verfahren zur Schätzung von Parametern einer Verteilung besteht darin, den Parameter direkt aus den Kennwerten der empirischen Verteilung (vgl. 40.4) des Merkmals X aus der Stichprobe zu berechnen.

Beispiel 3: Für eine poissonverteilte Zufallsgröße X gilt gemäß Tabelle 39-1 $E(X) = \lambda$. Gemäß Beispiel 1 ist der arithmetische Mittelwert $\bar{x} = \sum_i x_i/n$ einer Stichprobe ein erwartungstreuer Schätzwert für $E(X)$ und somit für den Parameter λ der Poisson-Verteilung. Wie mit der Maximum-Likelihood-Methode im Beispiel 2 erhält man $\hat{\lambda} = \bar{x}$.

42.3 Intervallschätzung

Aus der Verteilung der Zufallsgröße in der Grundgesamtheit kann die Verteilung der Schätzfunktion, die selbst eine Zufallsvariable ist, bestimmt werden. Daraus lassen sich Intervalle ableiten, in denen der gesuchte Parameter ϑ mit einer vorgegebenen Wahrscheinlichkeit liegt:

$$P\left(\hat{\Theta}_n^{(1)} \leqq \vartheta \leqq \hat{\Theta}_n^{(2)}\right) = 1 - \alpha \,. \qquad (42\text{-}2)$$

Das Zufallsintervall $[\hat{\Theta}_n^{(1)}, \hat{\Theta}_n^{(2)}]$ heißt *Konfidenzschätzer* für den Parameter ϑ, eine Realisation $[\hat{\vartheta}_n^{(1)}, \hat{\vartheta}_n^{(2)}]$ des Konfidenzschätzers heißt *Konfidenzintervall.* Man schreibt deshalb auch

$$\mathrm{Konf}\left(\hat{\vartheta}_n^{(1)} \leqq \vartheta \leqq \hat{\vartheta}_n^{(2)}\right) = 1 - \alpha \,. \qquad (42\text{-}3)$$

Beispiel 4: Für eine $N(\mu, \sigma^2)$-verteilte Zufallsgröße X ist die Schätzfunktion $\bar{X} = \left(\sum_i X_i\right)/n$ eine $N(\mu, \sigma^2/n)$-verteilte Zufallsgröße und somit die Zufallsgröße $Z = (\bar{X} - \mu)\sqrt{n}/\sigma$ standardnormalverteilt. Es gilt

$$P\left\{-z_{1-\alpha/2} \leqq (\bar{X} - \mu)\sqrt{n}/\sigma \leqq z_{1-\alpha/2}\right\} = 1 - \alpha$$

und umgeformt

$$P\left\{\bar{X} - z_{1-\alpha/2}\sigma/\sqrt{n} \leqq \mu \leqq \bar{X} + z_{1-\alpha/2}\sigma/\sqrt{n}\right\} = 1 - \alpha$$

mit dem $(1-\alpha/z)$-Quantil aus Tab. 39-4.
Bei einer Stichprobe mit den Messwerten $x_1, \ldots, x_n$ lautet das Konfidenzintervall (vgl. Bild 41-1)

$$\operatorname{Konf}\left\{\bar{x} - z_{1-\alpha/2}\sigma/\sqrt{n} \leqq \mu \leqq \bar{x} + z_{1-\alpha/2}\sigma/\sqrt{n}\right\} = 1-\alpha\,. \quad (42\text{-}4)$$

43 Statistische Prüfverfahren (Tests)

43.1 Ablauf eines Tests

Neben dem Schätzen von Parametern ist das Prüfen von Hypothesen (Testen) über die *Größe eines Parameters einer Verteilung* (*Parametertest*) oder über den *Typ einer Verteilung* (*Anpassungstest*) eines Merkmals bzw. einer Zufallsgröße X in einer bestimmten Grundgesamtheit eine wichtige Aufgabe von Stichprobenerhebungen. Ein Test erfolgt nach folgendem generellen Ablauf in mehreren Schritten:

1. Formulierung der Nullhypothese:
   Zunächst wird die Hypothese als prüfbare mathematische Aussage (*Nullhypothese* H_0, auch *Prüfhypothese*) formuliert. Diese soll dann mittels einer aus der Grundgesamtheit entnommenen Stichprobe bei einer vorzugebenden zulässigen *Irrtumswahrscheinlichkeit* α (auch: *Signifikanzniveau* oder *Testniveau*) überprüft werden.
   Es gibt grundsätzlich zwei Arten von Nullhypothesen:
   – *zweiseitige Nullhypothesen* (*Punkthypothesen*):
   Hier ist die Nullhypothese eine Gleichung, z. B. $H_0 : \mu = \mu_0$), d. h., der Erwartungswert μ ist gleich einem vorgegebenen Wert μ_0. Die Alternativhypothese $H_1 : \mu \neq \mu_0$ umfasst also die *zwei* getrennten Bereiche $\mu < \mu_0$ und $\mu > \mu_0$.
   – *einseitige Nullhypothesen* (*Bereichshypothesen*):
   Hier ist die Nullhypothese eine Ungleichung, z. B. $H_0 : \mu \leqq \mu_0$ d. h., die Alternativhypothese $H_1 : \mu > \mu_0$ ist ebenfalls eine Ungleichung, beschreibt also nur *einen* Bereich $\mu > \mu_0$.
   Der jeweils zugehörige Test wird als *zweiseitiger* bzw. *einseitiger Test* bezeichnet.
2. Festlegung des Signifikanzniveaus α:
   Die zulässige Irrtumswahrscheinlichkeit α wird i. Allg. zwischen 0,001 und höchstens 0,10 – je nach erforderlicher Sicherheit der Testentscheidung – festgelegt.
3. Bildung der Prüfgröße:
   Zur Testentscheidung wird eine geeignete Stichprobenfunktion U (*Prüfgröße*, auch: *Testgröße*) gebildet, die selbst eine Zufallsgröße ist, da sie von dem Stichprobenergebnis abhängt. Auch bei zutreffender Nullhypothese unterliegt die Prüfgröße daher zufallsbedingten Schwankungen, d. h. einer bestimmten Wahrscheinlichkeitsverteilung.
   Im Allgemeinen versucht man eine Prüfgröße zu finden, deren Verteilung bekannt ist und in Tabellenform vorliegt (z. B. Standardnormalverteilung, t-, F-, χ^2-Verteilung).
   Die Festlegung der *Prüfgröße* U und Bestimmung ihrer *Verteilung* erfolgen unter der Annahme, die Nullhypothese H_0 sei richtig (bei zweiseitiger Nullhypothese) bzw. „gerade noch" richtig (bei einseitiger Nullhypothese). Beispiel: $H_0 : \mu \geqq \mu_0$ ist für $\mu = \mu_0$ „gerade noch" richtig.
4. Bestimmung des kritischen Bereiches:
   Man bestimmt dann ein Intervall (*Annahmebereich*), in dem die Realisationen der Prüfgröße – bei richtiger Nullhypothese – mit der Wahrscheinlichkeit $1-\alpha$ liegen. Das bedeutet
   – bei zweiseitiger Nullhypothese H_0:
   Bestimmung einer unteren Annahmegrenze c_u *und* einer oberen Annahmegrenze c_o, sodass gilt
   $$P(c_u \leqq U \leqq c_o) = 1-\alpha \quad \text{(Bild 43-1a)}\,. \quad (43\text{-}1)$$
   – bei einseitiger Nullhypothese H_0:
   Bestimmung einer unteren Annahmegrenze c_u bzw. einer oberen Annahmegrenze c_o, sodass gilt
   a) $P(U \leqq c_o) = 1-\alpha$ (Bild 43-1b), (43-2)
   b) $P(U \geqq c_u) = 1-\alpha$ (Bild 43-1c). (43-3)

   Der Bereich außerhalb des Annahmebereiches wird als *kritischer Bereich* bezeichnet.
5. Ermittlung des Prüfwertes:
   Mit den Werten einer Stichprobe wird dann eine Realisation der Prüfgröße U, der Prüfwert u, berechnet.

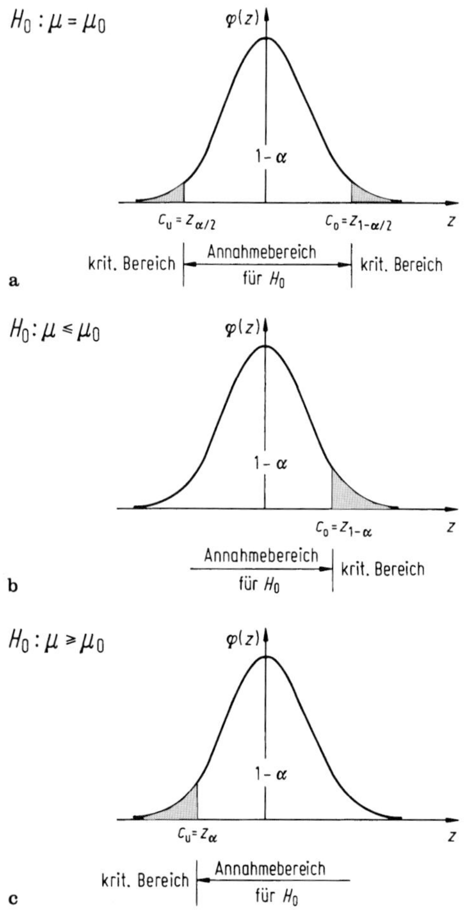

Bild 43-1. Annahme- und kritische Bereiche für ein- und zweiseitige Tests des Erwartungswertes mit standartnormalverteilter Prüfgröße.

6. Testentscheidung:
   Für die Testentscheidung sind zwei Fälle möglich:
   Fall 1: Der Prüfwert u liegt im *kritischen Bereich*:
   Die Zufälligkeit der Stichprobenziehung wird in diesem Fall nicht mehr als einziger Grund der Abweichung des Prüfwertes von dem – *bei richtiger Nullhypothese* – erwarteten Wert akzeptiert.
   Die Abweichung heißt dann auch *signifikant* (deutlich) bei dem gegebenen Signifikanzniveau α. Folglich lehnt man die Nullhypothese zugunsten des logischen Gegenteils (*Alternativhypothese* H_1) ab.
   Die Wahrscheinlichkeit einer Fehlentscheidung (*Fehler 1. Art, α-Fehler*) ist dann höchstens gleich der vorgegebenen Irrtumswahrscheinlichkeit α.
   Fall 2: Der Prüfwert u liegt *nicht* im kritischen Bereich: In diesem Fall ist nicht mit „hinreichender" Sicherheit auszuschließen, dass die Abweichung des Prüfwertes von dem – *bei richtiger Nullhypothese* – zu erwartenden Wert nur durch die Zufälligkeit der Stichprobenziehung bedingt ist.
   Die Abweichung ist dann nicht signifikant bei dem gegebenen Signifikanzniveau α. Die Nullhypothese wird daher *nicht* abgelehnt, *womit ihre Richtigkeit jedoch nicht bewiesen ist!*
   Die Wahrscheinlichkeit einer Fehlentscheidung (*Fehler 2. Art, β-Fehler*) ist in diesem Falle nicht ohne Weiteres zu bestimmen.

Bei *Parametertests* wird daher i. Allg. die Nullhypothese als Gegenteil der zu prüfenden Annahme bzw. der Vermutung, die man logisch bestätigen („beweisen") möchte, formuliert. Da α i. Allg. sehr klein gewählt wird ($\alpha = 0{,}05$ oder $\alpha = 0{,}01$), entspricht die Ablehnung der Nullhypothese dann dem *statistischen Nachweis* der Alternativhypothese H_1 mit der hohen *statistischen Sicherheit* $1 - \alpha$.
Die folgenden Abschnitte behandeln Beispiele für Tests verschiedener Hypothesen. In allen Beispielen gilt die Testentscheidung: Die Nullhypothese H_0 wird abgelehnt, wenn der jeweilige Prüfwert im kritischen Bereich liegt, anderenfalls wird sie nicht abgelehnt (ohne jedoch damit bewiesen zu sein).

43.2 Test der Gleichheit des Erwartungswerts μ eines quantitativen Merkmals mit einem gegebenen Wert μ_0 (Parametertest)

Grundgesamtheit: Erwartungswert μ, Varianz σ^2, Umfang N.

Stichprobe: $x_1, \ldots, x_n$ (Stichprobenumfang: n) Arithmetischer Mittelwert: $\bar{x}$.

Voraussetzung: $n > 30$ oder Zufallsgröße X normalverteilt.

Es werden zwei Fälle unterschieden:

Fall 1: Die Varianz σ^2 ist bekannt:

– *Zweiseitiger Test*:

Nullhypothese H_0: $\mu = \mu_0$

Prüfgröße: $U = \dfrac{\bar{X} - \mu_0}{\sigma_{\bar{X}}} \sim N(0,1)$ (43-4)

mit

$$\sigma_{\bar{X}} = \begin{cases} \dfrac{\sigma}{\sqrt{n}} & \text{bei Stichprobe mit Zurücklegen oder } n/N < 0{,}05 \text{ (z. B. bei „sehr großer" Grundgesamtheit)} \\ \dfrac{\sigma}{\sqrt{n}} \cdot \dfrac{N-n}{N-1} & \text{bei Stichprobe ohne Zurücklegen } \textit{und } n/N \geqq 0{,}05 \end{cases}$$

Annahmebereich:

$(c_u = z_{\alpha/2} = -z_{1-\alpha/2}\ ,\ c_o = z_{1-\alpha/2})$:

$|u| \leqq z_{1-\alpha/2}$

Kritischer Bereich:

$|u| > z_{1-\alpha/2}$ (Bild 43-1a) (43-5)

Prüfwert: $u = \dfrac{\bar{x} - \mu_0}{\sigma_{\bar{X}}}$ (43-6)

– *Einseitiger Test*:

Nullhypothese H_0: $\mu \leqq \mu_0$ oder
H_0: $\mu \geqq \mu_0$

Prüfgröße und Prüfwert: Wie bei zweiseitigem Test

Kritischer Bereich: $u > z_{1-\alpha}$ (Bild 43-1b)
bzw. $u < Z_\alpha$ (Bild 43-1c) .

Fall 2: Die Varianz σ^2 ist unbekannt:

– *Zweiseitiger Test*:

Nullhypothese H_0: $\mu = \mu_0$

Prüfgröße: $U = \dfrac{\bar{X} - \mu_0}{S_{\bar{X}}} \sim t_{n-1}$ (43-7)

mit

$$S_{\bar{X}} = \begin{cases} \dfrac{S}{\sqrt{n}} & \text{bei Stichprobe mit Zurücklegen oder } n/N < 0{,}05 \text{ (z. B. bei „sehr großer" Grundgesamtheit)} \\ \dfrac{S}{\sqrt{n}} \cdot \dfrac{N-n}{N-1} & \text{bei Stichprobe ohne Zurücklegen und } n/N \geqq 0{,}05 \end{cases}$$

und S^2 aus Gl.(42-1) in 42.2.

Annahmebereich:

$(c_u = t_{n-1;\alpha/2}\ ;\ c_o = t_{n-1;\,1-\alpha/2})$:

$|u| \leqq t_{n-1;\,1-\alpha/2}$

Kritischer Bereich:

$|u| > t_{n-1;\,1-\alpha/2}$. (43-8)

Prüfwert: $u = \dfrac{\bar{x} - \mu_0}{\sigma_{\bar{X}}}$. (43-9)

– *Einseitiger Test*:

Nullhypothese $H_0 : \mu \leqq \mu_0$ oder
$H_0 : \mu \geqq \mu_0$

Prüfgröße und Prüfwert: Wie bei zweiseitigem Test

Kritischer Bereich: $u > t_{n-1;\,1-\alpha}$
bzw. $u < t_{n-1;\,\alpha}$
$= -t_{n-1;\,1-\alpha}$

43.3 Test der Gleichheit des Anteilswerts p eines qualitativen Merkmals mit einem gegebenen Wert p_0 (Parametertest)

Grundgesamtheit:

N Elemente, jeweils mit der Ausprägung A oder $\bar{A}$ des qualitativen Merkmals.

p Anteil der Elemente mit der Ausprägung A.

Stichprobe:

n Anzahl der zufällig entnommenen Elemente; wenn $n/N \geqq 0{,}05$, muss jedes entnommene Element vor Entnahme des nächsten wieder in die Grundgesamtheit zurückgelegt werden.

x Anzahl der Elemente mit Ausprägung A.

$h = \dfrac{x}{h}$ relative Häufigkeit der Elemente mit Ausprägung A.

Voraussetzung: $np_0(1 - p_0) > 9$

– *Zweiseitiger Test*:
Nullhypothese H_0: $p = p_0$
Prüfgröße:

$$U = \frac{H - p_0}{\sqrt{p_0(1 - p_0)}}\sqrt{n} \sim N(0,1) \qquad (43\text{-}10)$$

Annahmebereich:

$(c_u = z_{\alpha/2}\,, \quad c_o = z_{1-\alpha/2})\colon |u| \leqq z_{1-\alpha/2}$

Kritischer Bereich: $|u| > z_{1-\alpha/2}$ (43-11)

Prüfwert:

$$u = \frac{p - p_0}{\sqrt{p_0(1 - p_0)}} \sqrt{n}\,. \quad (43\text{-}12)$$

- *Einseitiger Test*:
  Nullhypothese $H_0\colon\ p \leqq p_0$ oder $H_0\colon\ p \geqq p_0$
  Prüfgröße und Prüfwert: Wie bei zweiseitigem Test.
  Kritischer Bereich:
  $u > z_{1-\alpha}$ bzw. $u < z_\alpha = -z_{1-\alpha}$.

43.4 Test der Gleichheit einer empirischen mit einer theoretischen Verteilung (Anpassungstest)

Die Stichprobenwerte $x_1, \ldots, x_n$ werden als Realisierungen einer Zufallsgröße X mit einer unbekannten Verteilungsfunktion $F(x)$ angesehen. Es wird geprüft, ob sich diese Verteilungsfunktion $F(x)$ von einer vorgegebenen (theoretischen) Verteilungsfunktion $F_0(x)$ unterscheidet bzw. wie gut die empirische Verteilung der Stichprobe an $F_0(x)$ „angepasst“ ist.
Ein für diese Problemstellung gebräuchlicher Test ist der sog. *χ^2-Anpassungstest*:

Voraussetzung: $n \geqq 50$.

Nullhypothese $H_0\colon\ F(x) = F_0(x)$.

Vorbereitung: Unterteilung des Wertebereichs der Stichprobe in k Klassen gleicher Breite, sodass für jede Klasse $j = 1, \ldots, k$ gilt:

$$np_j \geqq 5\,.$$

p_j ist die Wahrscheinlichkeit, dass bei richtiger Nullhypothese die Zufallsgröße X einen Wert der Klasse j annimmt, d. h., falls X stetig und x_{ju}, x_{jo} die Unter- bzw. Obergrenze der Klasse j bezeichnen:

$$p_j = F_0(x_{jo}) - F_0(x_{ju})\,.$$

Prüfgröße: $$U = \sum_{j=1}^{k} \frac{(h_{bj} - h_{ej})^2}{h_{ej}} \sim \chi_m^2 \quad (43\text{-}13)$$

mit h_{bj} beobachtete Häufigkeit der Stichprobenwerte in Klasse j

h_{ej} erwartete Häufigkeit in Klasse j bei richtiger Nullhypothese : $h_{ej} = np_j$

$m = k - q - 1$.

q ist die Anzahl der aus der Stichprobe geschätzten Parameter der Verteilungsfunktion $F_0(x)$, z. B. $q = 2$ für die Parameter μ und σ^2 einer Normalverteilung.

Annahmebereich: $\left(c_o = \chi^2_{m;\,1-\alpha}\right)\colon u \leqq \chi^2_{m;\,1-\alpha}$

Kritischer Bereich: $u > \chi^2_{m;\,1-\alpha}$ (43-14)

$$\text{Prüfwert: } u = \sum_{j=1}^{k} \frac{(h_{bj} - h_{ej})^2}{h_{ej}} \quad (43\text{-}15)$$

43.5 Prüfen der Unabhängigkeit zweier Zufallsgrößen (Korrelationskoeffizient)

Gleichung (43-11) in 40.5 liefert einen Schätzwert r für den Korrelationskoeffizienten ϱ zweier Zufallsgrößen X und Y (siehe 39.6). Die Unabhängigkeit von X und Y kann als Nullhypothese $H_0\colon \varrho = 0$ gegen die Alternativhypothese $H_1\colon\ \varrho \neq 0$ geprüft werden anhand des Wertes

$$t = r\sqrt{n-2}/\sqrt{1-r^2}\,,$$

der eine Realisation einer t-verteilten Zufallsgröße T als Prüffunktion mit $n - 2$ Freiheitsgraden ist. Die Nullhypothese wird demzufolge bei einem Signifikanzniveau von α abgelehnt, wenn t im kritischen Bereich liegt:

$$|t| > t_{n-2;\,1-\alpha/2}\,. \quad (43\text{-}16)$$

Beispiel: Die Untersuchung des Zusammenhangs zwischen der oberen Streckgrenze und der Zugfestigkeit einer Stahlsorte lieferte an 18 Proben einen empirischen Korrelationskoeffizienten $r = 0{,}69$. Bei einem Signifikanzniveau von $\alpha = 0{,}05$ ist

$$t = 0{,}69\ \sqrt{18-2}/\sqrt{1-0{,}69^2}$$
$$= 3{,}81 > t_{16;\,0{,}975} = 2{,}12$$

und somit die Nullhypothese abzulehnen, d. h. der Zusammenhang ist bei einer Irrtumswahrscheinlichkeit von 0,05 als gegeben nachgewiesen.

44 Regression

44.1 Grundlagen

Eine Vielzahl praktischer Probleme bezieht sich auf die Frage nach der Abhängigkeit einer Zufallsgröße Y von einer praktisch fehlerfrei messbaren Zufallsgröße X, wobei anders als bei der Korrelation Y eindeutig als die abhängige Variable feststeht. Zu jedem festen $X = x$ weist die abhängige Zufallsgröße Y eine Wahrscheinlichkeitsverteilung auf mit einem von x abhängigen Erwartungswert $\mu(x) = E(Y|X = x)$.
Der von x abhängige Erwartungswert $\mu(x)$ heißt *Regressionsfunktion* des Merkmals Y bezüglich des Merkmals X. Eine lineare Regressionsfunktion heißt *Regressionsgerade*

$$\mu(x) = \alpha + \beta x\,, \tag{44-1}$$

die Steigung β der Geraden *Regressionskoeffizient*.
Wenn die zufällige Abweichung Z des Merkmals Y vom entsprechenden Erwartungswert $\mu(x)$ als stochastisch unabhängig von X und Y und als normalverteilt mit konstanter Varianz σ^2 angesehen werden kann, d. h. wenn gilt $Z \sim N(0, \sigma^2)$, so ist die abhängige Zufallsgröße Y darstellbar als

$$Y = \alpha + \beta x + Z = \mu(x) + Z \tag{44-2}$$

und Y ist $N(\mu(x), \sigma^2)$-verteilt.

44.2 Schätzwerte für α, β und σ^2

Anhand einer Stichprobe von n Messwertepaaren (x_i, y_i) lassen sich für die Parameter α, β und σ^2 erwartungstreue Schätzwerte a, b bzw. s^2 durch Minimierung der Summe der Abweichungsquadrate

$$\begin{aligned} Q(a, b) &= \sum_i [y_i - y(x_i)]^2 \\ &= \sum_i (y_i - a - bx_i)^2 = \text{Min} \end{aligned} \tag{44-3}$$

der Messwerte y_i von den entsprechenden Werten $y(x_i)$ der empirischen Regressionsfunktion

$$y(x) = a + bx \tag{44-4}$$

an den Stellen x_i ermitteln. Nullsetzen der partiellen Ableitung $\partial Q/\partial a$ und $\partial Q/\partial b$ liefert die Schätzwerte

$$\begin{aligned} a &= \frac{\sum y_i \sum x_i^2 - \sum x_i \sum x_i y_i}{n \sum x_i^2 - (\sum x_i)^2} \\ b &= \frac{n \sum x_i y_i - \sum x_i \sum y_i}{n \sum x_i^2 - (\sum x_i)^2} = \frac{s_{xy}}{s_x^2} \end{aligned} \tag{44-5}$$

mit den Schätzwerten s_{xy} für die Kovarianz von X und Y sowie s_x^2 für die Varianz von X gemäß (40-10) in 40.5 bzw. (40-8) in 40.4.2. Daraus erhält man als Schätzwert für die Varianz σ^2

$$s^2 = \frac{1}{n-2} \sum_i (y_i - a - bx_i)^2\,. \tag{44-6}$$

Da die Regressionsgerade $y(x)$ durch den Schwerpunkt mit den Koordinaten $\bar{x}$ und $\bar{y}$ geht, gilt auch

$$y(x) = \bar{y} + b(x - \bar{x})\,. \tag{44-7}$$

Ein normiertes Maß für die Güte der Anpassung der empirischen Regressionsfunktion $y(x)$ an die Beobachtungswerte liefert das
Bestimmtheitsmaß

$$B = \frac{\sum_i [y(x_i) - \bar{y}]^2}{\sum_i [y_i - \bar{y}]^2} = \frac{b^2 \cdot \sum_i (x_i - \bar{x})^2}{\sum_i (y_i - \bar{y})^2} = b^2 \frac{S_x^2}{S_y^2}\,, \tag{44-8}$$

wobei mit (44-8) in 40.4.2 gilt

$$S_x^2 = (n-1)s_x^2 = \sum_i (x_i - \bar{x})^2 = \sum_i x_i^2 - n\bar{x}^2 \tag{44-9}$$

$$S_y^2 = (n-1)s_y^2 = \sum_i (y_i - \bar{y})^2 = \sum_i y_i^2 - n\bar{y}^2\,. \tag{44-10}$$

Mit (44-5) folgt

$$B = \frac{s_{xy}^2}{s_x^2 s_y^2} = r^2 \tag{44-11}$$

und somit auch $0 \leqq B \leqq 1$, wobei $B = 1$ nur dann möglich ist, wenn alle Stichprobenwerte auf der Regressionsgeraden liegen.

44.3 Konfidenzintervalle für die Parameter β, σ^2 und $\mu(\chi)$

Als Konfidenzintervalle ergeben sich

(a) für den *Regressionskoeffizienten* β

$$\begin{aligned}&\mathrm{Konf}(b - t_{n-2;\,1-\alpha/2} \cdot s/S_x \leqq \beta\\ &\leqq b + t_{n-2;\,1-\alpha/2} \cdot s/s_x) = 1 - \alpha\end{aligned} \quad (44\text{-}12)$$

mit s aus (44-6) und S_x aus (44-9) ,

(b) für die *Varianz* σ^2

$$\mathrm{Konf}\left[\frac{(n-2)s^2}{\chi^2_{n-2;\,1-\alpha/2}} \leqq \sigma^2 \leqq \frac{(n-2)s^2}{\chi^2_{n-2;\,\alpha/2}}\right] = 1 - \alpha\,, \quad (44\text{-}13)$$

(c) für den *Funktionswert* $\mu(x) = \alpha + \beta x$ an der Stelle x

$$\begin{aligned}&\mathrm{Konf}\Big(y(x) - t_{n-2;\,1-\alpha/2} s\sqrt{g(x)} \leqq \mu(x) \leqq\\ &\qquad y(x) + t_{n-2;\,1-\alpha/2} s\sqrt{g(x)}\Big) = 1 - \alpha\end{aligned} \quad (44\text{-}14)$$

mit

$$g(x) = \frac{1}{n} + \frac{(x-\bar{x})^2}{\sum_i (x_i - \bar{x})^2} = \frac{1}{n} + \frac{(x-\bar{x})^2}{S_x^2}\,.$$

Dabei kennzeichnen $t_{n-2;\,1-\alpha/2}$, $\chi^2_{n-2;\,1-\alpha/2}$ und $\chi^2_{n-2;\,\alpha/2}$ die entsprechenden Quantile der t- bzw. χ^2-Verteilung mit $n-2$ Freiheitsgraden (vgl. Tabelle 39-5 bzw. 39-4). Da die Funktion g(x) mit zunehmendem Abstand von $\bar{x}$ zunimmt, stellt sich das Konfidenzintervall als ein nach beiden Seiten vom Schwerpunkt breiter werdender Konfidenzstreifen dar.

44.4 Prüfen einer Hypothese über den Regressionskoeffizienten

Eine Hypothese über den Regressionskoeffizienten β kann mithilfe einer t-verteilten Prüffunktion geprüft werden. Man erhält bei einem Signifikanzniveau von α als kritischen Bereich für die Prüfgröße t bezüglich der *Nullhypothese* $H_0: \beta = \beta_0 (H_1: \beta \neq \beta_0)$:

$$\begin{aligned}t &= |b - \beta_0| \sqrt{\sum_i (x_i - \bar{x})^2} / s\\ &= |b - \beta_0| S_x / s > t_{n-2;\,1-\alpha/2}\,,\end{aligned} \quad (44\text{-}15)$$

bezüglich der Nullhypothesen $H_0: \beta \leqq \beta_0 (H_1: \beta > \beta_0)$ bzw. $H_0: \beta \geqq \beta_0\ (H_1: \beta < \beta_0)$:

$$\begin{aligned}t &= |b - \beta_0| \sqrt{\sum_i (x_i - \bar{x})^2} / s\\ &= |b - \beta_0| S_x / s > t_{n-2;\,1-\alpha}\end{aligned} \quad (44\text{-}16)$$

jeweils mit S_x aus (44-9) und s aus (44-6).

44.5 Beispiel zur Regressionsrechnung

Zur Untersuchung der Abhängigkeit des Elastizitätsmoduls von der Prismenfestigkeit β_P bei Beton wurden 8 Messwertepaare ermittelt vgl. Tab. 44-1. Mit Hilfe der Rechentabelle in Tab. 44-1 lassen sich folgende Berechnungen durchführen:

Schätzwerte für α, β *und* σ^2:

$$\begin{aligned}a &= \frac{255{,}5 \cdot 9291{,}29 - 262{,}1 \cdot 8624{,}05}{8 \cdot 9291{,}29 - (262{,}1)^2}\\ &= 20{,}16\,\mathrm{kN/mm^2}\\ b &= \frac{8 \cdot 8624{,}05 - 262{,}1 \cdot 255{,}5}{8 \cdot 9291{,}29 - (262{,}1)^2} = 0{,}3596\\ s^2 &= 13{,}6613/(8-2) = 2{,}2769\,\mathrm{kN^2/mm^4}\\ s &= 1{,}509\,\mathrm{kN/mm^2}\,.\end{aligned}$$

Empirische Regressionsgerade:

$$y(x) = 20{,}16 + 0{,}3596\,x\,.$$

Bestimmtheitsmaß und Korrelationskoeffizient:

$$\begin{aligned}S_x^2 &= 9291{,}29 - (262{,}1)^2/8 = 704{,}239\\ S_y^2 &= 8264{,}75 - (255{,}5)^2/8 = 104{,}719\\ B &= 0{,}3596^2 \cdot 704{,}24/104{,}719 = 0{,}8696\\ r &= \sqrt{0{,}8696} = 0{,}9325\,.\end{aligned}$$

Konfidenzintervalle für β, σ^2 *und* $\mu(x)$

Für $\alpha = 0{,}05$ sind die Intervallgrenzen nach (44-12)

$$\begin{aligned}\beta_\mathrm{u} &= 0{,}3596 - 2{,}447 \cdot 1{,}509/26{,}54 = 0{,}221\\ \beta_\mathrm{o} &= 0{,}3596 + 2{,}447 \cdot 1{,}509/26{,}54 = 0{,}499\end{aligned}$$

und somit

$$\mathrm{Konf}(0{,}221 \leqq \beta \leqq 0{,}499) = 0{,}95\,.$$

Analog berechnet sich nach (44-13)

$$\begin{aligned}\sigma_\mathrm{u}^2 &= (8-2) \cdot 2{,}2769/14{,}45 = 0{,}945\\ \sigma_\mathrm{o}^2 &= (8-2) \cdot 2{,}2769/1{,}24 = 11{,}017\end{aligned}$$

Tabelle 44-1. Messwerte und Rechentabelle

Messwertpaare								
x_i in N/mm^2	22,0	28,0	36,8	28,5	42,6	23,0	30,2	51,0
y_i in kN/mm^2	27,0	31,5	35,0	31,5	34,0	26,5	32,0	38,0

Rechentabelle

i	x_i	y_i	x_i^2	y_i^2	$x_i y_i$	$y(x_i) = a + bx_i$	$[y_i - y(x_i)]^2$
1	22,0	27,0	484,00	729,00	594,00	28,07	1,1404
2	28,0	31,5	784,00	992,25	882,00	30,23	1,6243
3	36,8	35,0	1354,24	1225,00	1288,00	33,39	2,5921
4	28,5	31,5	812,25	992,25	897,75	30,41	1,1983
5	42,5	34,0	1814,76	1156,00	1448,40	35,48	2,1776
6	23,0	26,5	529,00	702,25	609,50	28,43	3,7153
7	30,2	32,0	912,04	1024,00	966,40	31,02	0,9670
8	51,0	38,0	2601,00	1444,00	1938,00	38,50	0,2463
Σ	262,1	255,5	9291,29	8264,75	8624,05		13,6613

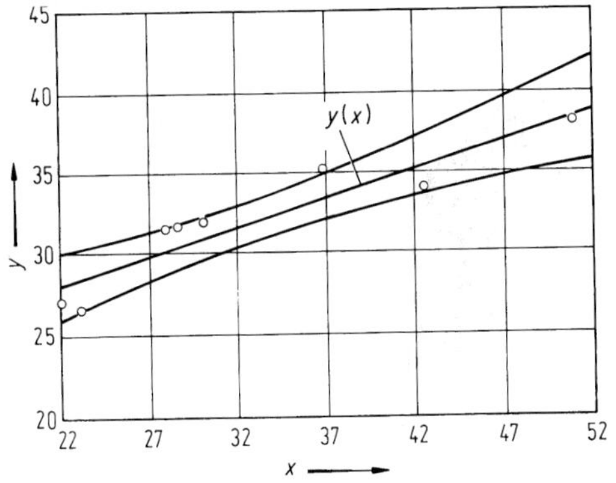

Bild 44-1. Empirische Regressionsgerade und Konfidenzstreifen

und somit

$$\mathrm{Konf}(0{,}945 \leqq \sigma^2 \leqq 11{,}017) = 0{,}95\,.$$

Für die Regressionsfunktion $\mu(x)$ gilt nach (14), siehe Bild 44-1:

$$\mathrm{Konf}[26{,}08 \leqq \mu(22) \leqq 30{,}06] = 0{,}95$$
$$\mathrm{Konf}[30{,}35 \leqq \mu(32) \leqq 32{,}97] = 0{,}95$$
$$\mathrm{Konf}[33{,}43 \leqq \mu(42) \leqq 37{,}09] = 0{,}95$$
$$\mathrm{Konf}[35{,}88 \leqq \mu(52) \leqq 41{,}84] = 0{,}95\,.$$

Prüfen der Nullhypothese $H_0: \beta = 0$.
Bei einem Signifikanzniveau von $\alpha = 0{,}05$ ist nach (44-15)

$$t = |0{,}3596 - 0| \cdot 26{,}537/1{,}509 = 6{,}32$$

größer als der Tabellenwert $t_{6;\,0{,}975} = 2{,}447$.
Somit ist die Nullhypothese abzulehnen d. h. β signifikant größer als null, und eine Abhängigkeit des Elastizitätsmoduls von der Prismenfestigkeit bei einer statistischen Sicherheit von 0,95 als nachgewiesen anzusehen.

Formelzeichen der Wahrscheinlichkeitsrechnung und Statistik

$A, B, \ldots$	Zufallsereignisse
$P(A)$	Wahrscheinlichkeit von A
$\cup$	Vereinigung
$\cap$	Durchschnitt
$X, Y, \ldots$	Zufallsvariablen
$x_i, y_i, \ldots$	Realisationen von Zufallsvariablen
$f(x)$	Wahrscheinlichkeits(dichte)-funktion, relative Häufigkeit
$F(x)$	Verteilungsfunktion, relative Summenhäufigkeit
$E(X)$	Erwartungswert der Zufallsgröße X
μ	arithmetischer Mittelwert einer Grundgesamtheit
$x_{0,5}$	Median einer Zufallsgröße
X_D	Modalwert einer Zufallsgröße
σ^2, Var(X)	Varianz der Zufallsgröße X
σ	Standardabweichung
v	Variationskoeffizient

σ_{XY}, Cov(X, Y)	Kovarianz zwischen X und Y
$\varrho(X, Y)$	Korrelationskoeffizient zwischen X und Y
h	absolute Häufigkeit
H	absolute Summenhäufigkeit
$\bar{x}$	arithmetischer Mittelwert einer Stichprobe
$\tilde{x}_{0,5}$	Median einer Stichprobe (empirischer Median)
$\bar{x}_D$	Modalwert einer Stichprobe (empirischer Modalwert)
s^2	(empirische) Varianz
s, s_x, s_y	(empirische) Standardabweichung
s_{xy}	(empirische) Kovarianz
$\boldsymbol{r}_{xy}$	(empirischer) Korrelations koeffizient
$\hat{\Theta}_n$	Schätzfunktion
$\hat{\vartheta}_n$	Realisation der Schätzfunktion
T	Testfunktion
B	Bestimmtheitsmaß
$X \sim Y$	„X unterliegt der Y-Verteilung"
$H(n, N_A, N)$	Hypergeometrische Verteilung
$B(n, p)$	Binominalverteilung
NB(r, p)	Negative Binominalverteilung
NB(1, p)	Geometrische Verteilung
Ps(λ)	Poisson-Verteilung
$U(a, b)$	Gleichverteilung (auch: Rechteckverteilung)
$N(\mu, \sigma^2)$	Normalverteilung
$N(0, 1)$	Standardnormalverteilung
LN(μ, σ^2)	Lognormalverteilung
Ex(λ)	Exponentialverteilung
ER(λ, n)	Erlang-n-Verteilung
$G(\lambda, k)$	Gammaverteilung
$W(\lambda, \alpha)$	Weibull-Verteilung
BT(α, β, a, b)	Betaverteilung
χ^2_m	χ^2-Verteilung
t_m	t-Verteilung
$F_{m1,m2}$	F-Verteilung
$\Phi(z)$	Verteilungsfunktion der Standardnormalverteilung
$\varphi(z)$	Dichtefunktion der Standardnormalverteilung
Z	standardnormalverteilte Zufallsgröße
z_α	α-Quantil der Standardnormalverteilung
$t_{m;\alpha}$	α-Quantil der t-Verteilung mit Freiheitsgrad m
$\chi^2_{m;\alpha}$	α-Quantil der χ^2-Verteilung mit Freiheitsgrad m
$F_{m_1,m_2;\alpha}$	α-Quantil der F-Verteilung mit Freiheitsgraden m_1 und m_2

Literatur

Allgemeine Literatur

Handbücher, Formelsammlungen

Bartsch, H.-J.: Taschenbuch mathematischer Formeln. 19. Aufl. Leipzig: Fachbuchverl. 2001

Bosch, K.: Mathematik Taschenbuch. 5. Aufl. Oldenbourg 1998

Bronstein, I.N.; Semendjajew, K.A.: Taschenbuch der Mathematik. 2. Aufl. Leipzig: Teubner 2003

Joos, G.; Richter, E.: Höhere Mathematik. 13. Aufl. Frankfurt: Deutsch 1994

Netz, H.: Formeln der Mathematik. 7. Aufl. München: Hanser 1992

Råde, L.; Westergren, B.; Vachenauer, P.: Springers mathematische Formeln. Taschenbuch für Ingenieure, Naturwissenschaftler, Wirtschaftswissenschaftler. 3. Aufl. Berlin: Springer 2000

Rottmann, K.: Mathematische Formelsammlung. 4. korr. Aufl. Mannheim: BI-Wiss.-Verl. 1993

Spiegel, M.R.: Einführung in die höhere Mathematik. Hamburg: McGraw-Hill 1999

Wörle, H.; Rumpf, H.: Taschenbuch der Mathematik. 12. Aufl. München: Oldenbourg 1994

Umfassende Darstellungen

Baule, B.: Die Mathematik des Naturforschers und Ingenieurs. 2 Bde. Frankfurt: Deutsch 1979

Brauch; Dreyer; Haacke: Mathematik für Ingenieure. 10. Aufl. Stuttgart: Teubner 2003

Böhme, G.: Anwendungsorientierte Mathematik. 4 Bde. Berlin: Springer 1992, 1990, 1991, 1989

Burg, K.; Haf, H.; Wille, F.: Höhere Mathematik für Ingenieure. 5 Bde. Stuttgart: Teubner 1992–1997

Mangoldt, H. von; Knopp, K.; Höhere Mathematik. Rev. von Lösch, F. 4 Bde. Stuttgart: Hirzel 1990

Meyberg, K.; Vachenauer, P.: Höhere Mathematik. Bd. 1 und 2. 6. und 4. Aufl. Berlin: Springer 2001, 2002

Papula, L.: Mathematik für Ingenieure und Naturwissenschaftler. Bde. 1 bis 3. 10., 10. und 4. Aufl. Wiesbaden: Vieweg 2001, 2001, 2001

Sauer, R.; Szabo, I.: Mathematische Hilfsmittel des Ingenieurs. Teile I–IV. Berlin: Springer 1967, 1969, 1968, 1970

Smirnow, W.I.: Lehrgang der höheren Mathematik. 5 Teile. Berlin: Dt. Verl. d. Wiss. 1990, 1990, 1995, 1995, 1991

Kapitel 1

Asser, G.: Einführung in die mathematische Logik. 3 Teile. Frankfurt: Deutsch 1983, 1976, 1981

Klaua, D.: Allgemeine Mengenlehre. Teil 1. Berlin: Akademie-Verlag 1968

Schorn, G.: Mengen und algebraische Strukturen. München: Oldenbourg 1985

Kapitel 2

Böhme, G.: Anwendungsorientierte Mathematik. Bde. 1 und 2. 6. Aufl. Berlin: Springer 1990, 1991

Mangoldt, H. von; Knopp, K.: Höhere Mathematik. Bd. 1. 17. Aufl. Rev. von Lösch, F. Stuttgart: Hirzel 1990

Smirnow, W.I.: Lehrgang der höheren Mathematik. Teil 1. 16. Aufl. Berlin: Dt. Verl. d. Wiss. 1990

Kapitel 3

Aitken, A.C.: Determinanten und Matrizen. Mannheim: Bibliogr. Inst. 1969

Dietrich, G.; Stahl, H.: Matrizen und Determinanten. 5. Aufl. Frankfurt: Deutsch 1978

Duschek, A.; Hochrainer, A.: Grundzüge der Tensorrechnung in analytischer Darstellung. Bd. 1–3. Wien: Springer 1965, 1968, 1970

Gantmacher, F.R.: Matrizentheorie. Berlin: Springer 1986

Gerlich, G.: Vektor- und Tensorrechnung für die Physik. Braunschweig: Vieweg 1977

Jänich, K.: Lineare Algebra. 7. Aufl. Berlin: Springer 2003

Klingbeil, E.: Tensorrechnung für Ingenieure. 2. Aufl. Berlin: Springer 1995

Maess, G.: Vorlesungen über numerische Mathematik I. Basel: Birkhäuser 1985

Zurmühl, R.; Falk, S.: Matrizen und ihre Anwendungen. Bd. 1. 7. Aufl., Bd. 2. 5. Aufl. Berlin: Springer 1997, 1986

Kapitel 4

Andrie; Meier: Lineare Algebra & Geometrie für Ingenieure. 3. Aufl. Berlin: Springer 1996

Baule, B.: Die Mathematik des Naturforschers und Ingenieurs. Frankfurt: Deutsch 1979

Mangoldt, H. von; Knopp, K.: Höhere Mathematik. Bd. 1. 17. Aufl. Rev. von Lösch, F. Stuttgart: Hirzel 1990

Peschl, E.: Analytische Geometrie und lineare Algebra. Mannheim: Bibliogr. Inst. 1982

Kapitel 5

Rehbock, F.: Darstellende Geometrie. Berlin: Springer 1969

Wunderlich, W.: Darstellende Geometrie. Mannheim: Bibliogr. Inst. 1966, 1967

Kapitel 8

Abramowitz, M.; Stegun, I.A.: Handbook of mathematical functions. New York: Dover 1993

Erdélyi, A.; Magnus, W.; Oberhettinger, F.; Tricomi, F.: Higher transcendental functions. 3 Bde. New York: McGraw-Hill 1981

Gradstein, I.S.; Ryshik, I.W: Summen-, Produkt- und Integraltafeln. 5. Aufl. Frankfurt: Deutsch 1981

Jahnke, E.; Emde, F.; Lösch, F.: Tafeln höherer Funktionen. 7. Aufl. Stuttgart: Teubner 1966

Lighthill, M.J.: Einführung in die Theorie der Fourier-Analysis und der verallgemeinerten Funktionen. Mannheim: Bibliogr. Inst. 1985

Walter, W.: Einführung in die Theorie der Distributionen. 3. Aufl. Mannheim: BI-Wiss.-Verl. 1994

Kapitel 9 bis 12

Andrie; Meier: Analysis für Ingenieure. 3. Aufl. Berlin: Springer 1996

Courant, R.: Vorlesungen über Differential- und Integralrechnung. 2 Bde. 4. Aufl. Berlin: Springer 1971; 1972

Fichtenholz, G.M.: Differential- und Integralrechnung. 3 Bde. Berlin: Dt. Verl. d. Wiss. 1997, 1990, 1992

Jänich, K.: Analysis für Physiker und Ingenieure. 4. Aufl. Berlin: Springer 2001

Meyer zur Capellen, W.: Integraltafeln. Sammlung unbestimmter Integrale elementarer Funktionen. Berlin: Springer 1950

Kapitel 13 bis 17

Basar, Y.; Krätzig, W.B.: Mechanik der Flächentragwerke. Braunschweig: Vieweg 1985

Behnke, H.; Holmann, H.: Vorlesungen über Differentialgeometrie. 7. Aufl. Münster: Aschaffendorf 1966

Grauert, H.; Lieb, I.: Differential- und Integralrechnung III: Integrationstheorie. Kurven- und Flächenintegrale. Vektoranalysis. 2. Aufl. Berlin: Springer 1977

Klingbeil, E.: Tensorrechnung für Ingenieure. Berlin: Springer 1995

Laugwitz, D.: Differentialgeometrie. 3. Aufl. Stuttgart: Teubner 1977

Kapitel 18 bis 19

Betz, A.: Konforme Abbildung. 2. Aufl. Berlin: Springer 1964
Bieberbach, L.: Einführung in die konforme Abbildung. 6. Aufl. Berlin: de Gruyter 1967
Gaier, D.: Konstruktive Methoden der konformen Abbildung. Berlin: Springer 1964
Heinhold, J.; Gaede, K.W.: Einführung in die höhere Mathematik. Teil 4. München: Hanser 1980
Knopp, K.: Elemente der Funktionentheorie. 9. Aufl. Berlin: de Gruyter 1978
Knopp, K.: Funktionentheorie. 2 Bde. 13. Aufl. Berlin: de Gruyter 1987, 1981
Koppenfels, W.; Stallmann, F.: Praxis der konformen Abbildung. Berlin: Springer 1959
Peschl, E.: Funktionentheorie. 2. Aufl. Mannheim: Bibliogr. Inst. 1983

Kapitel 20

(Siehe auch Literatur zu Kap. 8)
Zurmühl, R.: Praktische Mathematik für Ingenieure und Physiker. Nachdr. d. 5. Aufl. Berlin: Springer 1991

Kapitel 23

Ameling, W.: Laplace-Transformationen. 3. Aufl. Braunschweig: Vieweg 1984
Doetsch, G.: Anleitung zum praktischen Gebrauch der Laplace-Transformation und der Z-Transformation. 6. Aufl. München: Oldenbourg 1989
Föllinger, O.: Laplace- und Fourier-Transformation. Heidelberg: Hüthig 1993
Weber, H.: Laplace-Transformation für Ingenieure der Elektrotechnik. 6. Aufl. Stuttgart: Teubner 1990

Kapitel 24 bis 28

Arnold, V.I.: Gewöhnliche Differentialgleichungen. 2. Aufl. Berlin: Dt. Verl. d. Wiss. 2001
Collatz, L.: Differentialgleichungen. 7. Aufl. Stuttgart: Teubner 1990
Collatz, L.: Eigenwertaufgaben mit technischen Anwendungen. 2. Aufl. Leipzig: Akad. Verlagsges. 1968
Courant, R.; Hilbert, D.: Methoden der mathematischen Physik. 2 Bde. 4. Aufl. Berlin: Springer 1993
Duschek, A.: Vorlesungen über höhere Mathematik. Bd. III. 2. Aufl. Wien: Springer 1960
Frank, P.; Mises, R.: Die Differential- und Integralgleichungen der Mechanik und Physik. 2 Bde. Nachdruck der 2. Aufl. Braunschweig: Vieweg 1961
Grauert, Lieb, Fischer: Differential- und Integralrechnung. Bd. II. 3. Aufl. Berlin: Springer 1978
Gröbner, W.: Differentialgleichungen. Bd. I. Mannheim: Bibliogr. Inst. 1977
Jänich, K.: Analysis für Physiker und Ingenieure. 4. Aufl. Berlin: Springer 2001
Kamke, E.: Differentialgleichungen. Bd. 1. 10. Aufl. Stuttgart: Teubner 1983
Knobloch, H.W.; Kappel, F.: Gewöhnliche Differentialgleichungen. Stuttgart: Teubner 1974
Walter, W.: Gewöhnliche Differentialgleichungen. 7. Aufl. Berlin: Springer 2000

Kapitel 29 bis 31

(Siehe auch Literatur zu Kap. 24 bis 28)
Gröbner. W.: Partielle Differentialgleichungen. Mannheim: Bibliogr. Inst. 1977
Hackbusch, W.: Theorie und Numerik elliptischer Differentialgleichungen. 2. Aufl. Stuttgart: Teubner 1997
Hellwig, G.: Partielle Differentialgleichungen. Stuttgart: Teubner 1960
Leis, R.: Vorlesungen über partielle Differentialgleichungen zweiter Ordnung. Mannheim: Bibliogr. Inst. 1967
Michlin, S.G.: Partielle Differentialgleichungen in der mathematischen Physik. Frankfurt: Deutsch 1978
Petrovskij, G.I.: Vorlesungen über partielle Differentialgleichungen. Leipzig: Teubner 1955
Sommerfeld, A.: Partielle Differentialgleichungen der Physik. Frankfurt: Harri Deutsch/BRO 1997
Wloka, J.: Partielle Differentialgleichungen, Sobolevräume und Randwertaufgaben. Stuttgart: Teubner 1982

Kapitel 32

Courant, R.; Hilbert, D.: Methoden der Mathematischen Physik. 4. Aufl. Berlin: Springer 1993
Elsgolc, L.E.: Variationsrechnung. Mannheim: Bibliogr. Inst. 1984
Funk, P.: Variationsrechnung und ihre Anwendung in Physik und Technik. 2. Aufl. Berlin: Springer 1970
Klingbeil, E.: Variationsrechnung. 2. Aufl. Mannheim: BI-Wiss.-Verl. 1988
Lawrynowicz, J.: Variationsrechnung und Anwendungen. Berlin: Springer 1986
Michlin, S.G.: Variationsmethoden der Mathematischen Physik. Berlin: Dt. Verl. d. Wiss. 1962
Pontrjagin, L.S.; Boltjanskij, V. G.; Gamkrelidze, R. V.: Mathematische Theorie optimaler Prozesse. 2. Aufl. München: Oldenbourg 1967
Schwarz, H.: Optimale Regelung linearer Systeme. Mannheim: Bibliogr. Inst. 1976
Tolle, H.: Optimierungsverfahren für Variationsaufgaben mit gewöhnlichen Differentialgleichungen als Nebenbedingungen. Berlin: Springer 1971

Velte, W.: Direkte Methoden der Variationsrechnung. Stuttgart: Teubner 1976

Kapitel 33 bis 37

Bathe, K.J.: Finite-Element-Methoden. 2. Aufl. Berlin: Springer 2001
Böhmer, K.: Spline-Funktionen. Stuttgart: Teubner 1974
Collatz, L.: Eigenwertaufgaben mit technischen Anwendungen. 2. Aufl. Leipzig: Akad. Verlagsges. 1968
Davis, P.J.; Rabinokwitz, P.: Method of numerical integration. 2. Aufl. New York: Academic Press 1984
Deuflhard; Hohmann: Numerische Mathematik. Bd. 1. und Bd. 2. Berlin: de Gruyter 2002, 2002
Engeln-Müllges. G.; Reuter, F.: Numerische Mathematik für Ingenieure. Berlin: Springer 2003
Faddejew, D.K.; Faddejewa, W.N.: Numerische Methoden der linearen Algebra. München: Oldenbourg 1984
Forsythe, G.E.; Malcolm, M.A.; Moler, C.B.: Computer Methods for mathematical computations. Englewood Cliffs: Prentice-Hall 1977
Golub, G.H.; Van Loan, Ch. F: Matrix computations. 2. Ed. Baltimore: The John Hopkins University Press 1989
Hairer, E.; Nørsett, S.P.; Wanner, G.: Solving ordinary differential equations, I: Nonstiff problems. Berlin: Springer 1987
Hairer, E.; Wanner, G.: Solving ordinary differential equations, II: Stiff and differential-algebraic problems. Berlin: Springer 1991
Hämmerlin, G.; Hoffmann, K.-H.: Numerische Mathematik. Berlin: Springer 1989
Heitzinger, W.; Troch, I.; Valentin, G.: Praxis nichtlinearer Gleichungen. München: Hanser 1984
Jennings, A.: Matrix computation for engineers and scientists. New York: John Wiley 1977
Kielbasinski, A.; Schwetlick, H.: Numerische lineare Algebra. Thun/Frankfurt a. M.: Harri Deutsch 1988
Maess, G.: Vorlesungen über numerische Mathematik I. Basel: Birkhäuser 1985
Meis, Th.; Marcowitz, U.: Numerische Behandlung partieller Differentialgleichungen. Berlin: Springer 1978
Parlett, B. N.: The symmetric eigenvalue problem. Englewood Cliffs: Prentice-Hall 1980
Rutishauser, H.: Vorlesungen über numerische Mathematik. Basel: Birkhäuser 1998
Schwarz, H.R.: Numerische Mathematik. 4. Aufl. Stuttgart: Teubner 1997
Schwarz, H.R.: Methode der finiten Elemente. 3. Aufl. Stuttgart: Teubner 1991
Shampine, L.F.; Gordon, M.K.: Computer-Lösungen gewöhnlicher Differentialgleichungen. Das Anfangswertproblem. Braunschweig: Vieweg 1984
Stiefel, E.: Einführung in die numerische Mathematik. 5. Aufl. Stuttgart: Teubner 1976
Stoer, J.: Numerische Mathematik 1. 8. Aufl. Berlin: Springer 1999
Stoer, J., Bulirsch, R.: Numerische Mathematik 2. 3. Aufl. Berlin: Springer 1990
Törnig, W.; Spellucci, P.: Numerische Mathematik für Ingenieure und Physiker. Bd. 1: Numerische Methoden der Algebra, 2. Aufl. Berlin: Springer 1988
Törnig, W.; Spellucci, P.: Numerische Mathematik für Ingenieure und Physiker. Bd. 2: Numerische Methoden der Analysis, 2. Aufl. Berlin: Springer 1990
Varga, R.S.: Matrix iterative analysis. 3. Ed. Berlin: Springer 1999
Young, D.M.; Gregory, R.T.: A survey of numerical mathematics. Vols. I + II. Reading: Addison-Wesley 1973
Zienkiewicz, O.C.: Methode der finiten Elemente. 2. Aufl. München: Hanser 1984
Zurmühl, R.: Praktische Mathematik. Nachdr. d. 5. Aufl. Berlin: Springer 1984
Zurmühl, R.; Falk, S.: Matrizen und ihre Anwendungen. Bd. 1. 7. Aufl., Bd. 2. 5. Aufl. Berlin: Springer 1997, 1986

Literatur zur Wahrscheinlichkeitsrechnung und Statistik (Kapitel 38 bis 44)

Graf, U.; Henning, H.-J.; u.a.: Formeln und Tabellen der angewandten mathematischen Statistik. 3. Aufl. Berlin: Springer 1987
Hartung, J.: Statistik. 11. Aufl. München: Oldenbourg 1998
Heinhold, J.; Gaede, K.W.: Ingenieurstatistik. 4. Aufl. München: Oldenbourg 1979
Herz, R.; Schlichter, H.G.; Siegener, W.: Angewandte Statistik für Verkehrs- und Regionalplaner. 2. Aufl. Düsseldorf: Werner 1992
Sachs, L.: Angewandte Statistik. 8. Aufl. Berlin: Springer 1997
Weber, H.: Einführung in die Wahrscheinlichkeitsrechnung und Statistik für Ingenieure. 3. Aufl. Stuttgart: Teubner 1992

Kapitel 38

Fisz, M.: Wahrscheinlichkeitsrechnung und mathematische Statistik. 11. Aufl. Berlin: Deutscher Verl. d. Wiss. 1989
Rosanow, J.A.: Wahrscheinlichkeitstheorie. Braunschweig: Vieweg 1970
Weber, H.: Einführung in die Wahrscheinlichkeitsrechnung und Statistik für Ingenieure. 3. Aufl. Stuttgart: Teubner 1992

Kapitel 39

Graf, U.; Henning, H.-J.; u.a.: Formeln und Tabellen der angewandten mathematischen Statistik. 3. Aufl. Berlin: Springer 1987

Kapitel 40

Benninghaus, H.: Deskriptive Statistik. 8. Aufl. Stuttgart: Teubner 1998

Kapitel 41

Cochran, W.G.: Stichprobenverfahren. Berlin: de Gruyter 1972

Sachs, L.: Statistische Methoden. 7. Aufl. Berlin: Springer 1993

Sahner, H.: Schließende Statistik (Statistik für Soziologen, 2). 4. Aufl. Stuttgart: Teubner 1997

Stenger, H.: Stichproben. Heidelberg: Physica-Verl. 1986

Spezielle Literatur

Kapitel 1

1. Böhme, G.: Algebra. Anwendungsorientierte Mathematik. 7. Aufl. Berlin: Springer 1996
2. Klir, G.J.; Folger, T.A.: Fuzzy sets. Englewood Cliffs, N.J.: Prentice Hall 1988
3. Kruse, R.; Gebhardt, J.; Klawonn, F.: Fuzzy-Systeme. 2. Aufl. Braunschweig: Teubner 1995

Kapitel 9

1. Oldham, K.B.; Spanier, J.: The fractional calculus. San Diego, Calif.: Academic Press 1974
2. Oustaloup, A.: La derivation non entiere. Paris: Hermes 1995
3. Miller, K.S.; Ross, B.: An introduction to the fractional calculus and fractional differential equations. New York: Wiley 1993

Kapitel 33

1. Zielke, G.: Testmatrizen mit maximaler Konditionszahl. Computing 13 (1974) 33–54

Kapitel 35

1. Zurmühl, R.; Falk, S.: Matrizen und ihre Anwendungen. Bd. 1. 7. Aufl., Bd. 2. 5. Aufl. Berlin: Springer 1997, 1986

Kapitel 36

1. Abramowitz, M.; Stegun, I.A.: Handbook of mathematical functions. New York: Wiley 1993
2. Stroud, A.H.: Approximate calculation of multiple integrals. Englewood Cliffs: Prentice-Hall 1981
3. Hammer, P.C.; Marlowe, O.P.; Stroud, A.H.: Numerical integration over simplexes and cones. Math. Tables Aids Comp. 10 (1956) 130–137

B Physik

H. Niedrig, M. Sternberg

0 Übersicht

Die Grundlagen der Physik wurden traditionell ungefähr entsprechend der historischen Entwicklung der einzelnen Teilgebiete dargestellt, also etwa in der Reihenfolge:

- Mechanik
- Schwingungen und Wellen
- Akustik
- Wärmelehre
- Elektrizitätslehre
- Optik
- Elektromagnetische Strahlung
- Atomphysik
- Kerne und Elementarteilchen
- Relativitätsprinzip.

In dieser Abfolge von Teilgebieten werden übergeordnete Prinzipien der Physik, wie z. B. das Feldkonzept, die vier grundlegenden Wechselwirkungsarten, oder die Wellenausbreitung, nicht sehr deutlich.

Deshalb wurde in der vorliegenden Darstellung der Physik eine andere Systematik gewählt, die – ähnlich wie in den Feynman Lectures und in den Büchern von Alonso und Finn oder von Stroppe, vgl. den Abschnitt Literatur – von nur wenigen Grundkonzepten ausgeht, und hier zu einer Gliederung in drei Teile führt:

* Teil I: Teilchen und Teilchensysteme
  - Kinematik
  - Kraft und Impuls
  - Dynamik starrer Körper
  - Statistische Mechanik – Thermodynamik
  - Transporterscheinungen
  - Hydro- und Aerodynamik
* Teil II: Wechselwirkungen und Felder
  - Gravitationswechselwirkung
  - Elektrische Wechselwirkung
  - Magnetische Wechselwirkung
  - Zeitveränderliche elektromagnetische Felder
  - Elektrische Stromkreise
  - Transport elektrischer Ladung: Leitungsmechanismen
  - Starke und schwache Wechselwirkung: Atomkerne und Elementarteilchen
* Teil III: Wellen und Quanten
  - Wellenausbreitung
  - Elektromagnetische Wellen
  - Wechselwirkung elektromagnetischer Strahlung mit Materie
  - Reflexion und Brechung, Polarisation
  - Geometrische Optik
  - Interferenz und Beugung
  - Wellenaspekte bei der optischen Abbildung
  - Materiewellen.

Hier können die systematischen Zusammenhänge in den verschiedenen Bereichen der Physik leichter als in der traditionellen Darstellung deutlich gemacht werden.

Beispielsweise werden bei der Mechanik des Massenpunktes und der Teilchensysteme in Teil I die Relativitätsprinzipen (Galilei- und Lorentz-Transformation) bereits mitbehandelt, ebenso die Schwingungen. Starre Körper, Fluide und Gase werden als Teilchensysteme aufgefasst, und die Thermodynamik wird mithilfe der kinetischen Gastheorie als statistische Mechanik dargestellt. Die Transporterscheinungen (Diffusion, Wärmeleitung, Viskosität) werden als Nichtgleichgewichtsvorgänge im Anschluss an die thermodynamischen Gleichgewichtsprozesse (Kreisprozesse) behandelt.

In Teil II werden die vier bekannten fundamentalen Wechselwirkungsarten (Gravitations-, elektromagnetische, starke und schwache Wechselwirkung) mit ihren Kraftfeldern im Zusammenhang besprochen, wobei das Schwergewicht naturgemäß bei der Elektrodynamik liegt. Die Atomstruktur wird einführend bei den elektrischen Leitungsmechanismen erläutert. Kernstruktur, -zerfall und -energiegewinnung finden

sich unter dem Stichwort Starke Wechselwirkung. Die Elementarteilchensystematik wird einschließlich des Standardmodells unter dem Stichwort Schwache Wechselwirkung behandelt.
Teil III geht zunächst von der allgemeinen Beschreibung von Wellenbewegungen und der daraus resultierenden Wellengleichung aus, um dann elastische Wellen, akustische Wellen (inklusive Doppler-Prinzip) und vor allem elektromagnetische Wellen zu behandeln. Es schließen sich die Wechselwirkung elektromagnetischer Strahlung mit Materie, die Strahlungsgesetze, das Quantenkonzept des Lichtes und die Spektroskopie an bis hin zur induzierten Emission und dem Laser. Die Optik wird zunächst im Grenzfall der (unendlich) kleinen Wellenlänge betrachtet (Strahlenoptik, geometrische Optik). Der entgegengesetzte Fall führt zur Interferenz und Beugung (Huygens, Fresnel, Fraunhofer), zur Abbe'schen Mikroskoptheorie und zur Holografie. Als letzter Aspekt werden Elektronen als Materiewellen (de Broglie) betrachtet: Schrödinger-Gleichung, Elektronenbeugung und Elektronenoptik.
Dem Ganzen vorgeschaltet ist ein Abschnitt über physikalische Größen und Einheiten und das Internationale Einheitensystem, das hier durchgängig verwendet wird.

1 Physikalische Größen und Einheiten

Physik ist die Wissenschaft von den Eigenschaften, der Struktur und der Bewegung der (unbelebten) Materie, und von den Kräften oder Wechselwirkungen, die diese Eigenschaften, Strukturen und Bewegungen hervorrufen. Aufgabe der Physik ist es, solche physikalischen Vorgänge in Raum und Zeit zu verfolgen (zu beobachten) und in logische Beziehungen zueinander zu setzen. Die Sprache, in der das geschieht, ist die der Mathematik. Die Beobachtungsergebnisse müssen daher in messbaren, d. h. zahlenmäßig erfassbaren Werten (Vielfachen oder Teilen von festgelegten Einheiten) ausgedrückt werden, um physikalische Gesetzmäßigkeiten erkennen zu können. Der Vergleich mit der Einheit stellt einen *Messvorgang* dar. Er ist stets mit einem *Messfehler* verknüpft, der die Genauigkeit der Messung begrenzt.

1.1 Physikalische Größen

Physikalische Gesetzmäßigkeiten sind mathematische Zusammenhänge zwischen *physikalischen Größen*. Physikalische Größen G kennzeichnen (im Prinzip) *messbare* Eigenschaften und Zustände von physikalischen Objekten oder Vorgängen. Sie werden ihrer Qualität nach bestimmten *Größenarten* (z. B. Länge, Zeit, Kraft, Ladung usw.) zugeordnet. Der Wert einer physikalischen Größe ist das Produkt aus einem *Zahlenwert* $\{G\}$ (früher: Maßzahl) und einer *Einheit* $[G]$ (früher: Maßeinheit):

$$G = \{G\}[G] \,. \tag{1-1}$$

Außerdem haben Größen und Einheiten eine *Dimension*, z. B. haben Kreisumfang und die Einheit Femtometer beide die Dimension Länge. Formal kann man einen Ausdruck für die Dimension aus der SI-Einheit ableiten, indem man im Potenzprodukt der Basiseinheiten diese durch die entsprechenden Basisdimensionen ersetzt.

1.2 Basisgrößen und -einheiten

Man unterscheidet heute zwischen Basisgrößenarten und abgeleiteten Größenarten. Letztere können als Potenzprodukte mit ganzzahligen Exponenten der Basisgrößenarten dargestellt werden (z. B. Geschwindigkeit = Länge · Zeit^{-1}). Welche Größenarten als Basisgrößenarten gewählt werden, ist in gewissem Maße willkürlich und geschieht nach Gesichtspunkten der Zweckmäßigkeit. In den verschiedenen Gebieten der Physik kommt man mit unterschiedlich vielen Basisgrößenarten aus (Tabelle 1-1).

1.3 Das Internationale Einheitensystem, Konstanten und Einheiten

Die neben den SI-Einheiten üblichen und zugelassenen Einheiten sind heute definitorisch sämtlich an das SI (Système International d'Unités) angeschlossen. Die sieben Basisgrößen und -einheiten des SI sind in Tabelle 1-2 aufgeführt. Alle anderen physikalischen Größen lassen sich als Potenzprodukte der Basisgrößen darstellen (abgeleitete Größen). Bei wichtigen abgeleiteten Größen werden die zugehörigen Po-

Tabelle 1-1. Schema der Basisgrößenarten, auf denen das SI basiert

Teilgebiete der Physik			Anzahl der Basisgrößen
Geometrie: Länge l			1
Kinematik: l, Zeit t			2
Dynamik: l, t, Masse m			3
Elektrodynamik: l, t, m, Ladung Q	*Phänomenologische Thermodynamik*: l, t, m, Temperatur T	*Atomistik*: l, t, m, Stoffmenge ν	4
Elektrothermik: l, t, m, Q, T	*Statistische Physik*: l, t, m, T, ν	*Elektrische Transportphänomene*: l, t, m, Q, ν	5
Physik der Materie: l, t, m, Q, T, ν			6

tenzprodukte der Basiseinheiten durch weitere Einheitennamen abgekürzt, z. B. für die elektrische Spannung: $\text{kg} \cdot \text{m}^2 \cdot \text{A}^{-1} \cdot \text{s}^{-3} = \text{V}$ (Volt). Anstelle der sich als Basisgröße natürlich anbietenden elektrischen Ladung wird die besser messbare elektrische Stromstärke verwendet.

Definitionen der *Basiseinheiten* (in Klammern die Größenordnung der relativen Unsicherheiten der Realisierungen):

- 1 *Meter* (m) ist die Länge der Strecke, die Licht im Vakuum während der Dauer von 1/299 792 458 Sekunden durchläuft (10^{-14}).
- 1 *Sekunde* (s) ist das 9 192 631 770-fache der Periodendauer der dem Übergang zwischen den beiden Hyperfeinstrukturniveaus des Grundzustands von Atomen des Nuklids ^{133}Cs entsprechenden Strahlung (10^{-14}).
- 1 *Kilogramm* (kg) ist die Masse des internationalen Kilogrammprototyps (10^{-9}).
- 1 *Ampere* (A) ist die Stärke eines zeitlich unveränderlichen Stroms, der, durch zwei im Vakuum parallel im Abstand von 1 Meter angeordnete, geradlinige, unendlich lange Leiter von vernachlässigbar kleinem kreisförmigem Querschnitt fließend, zwischen diesen Leitern je 1 Meter Leiterlänge die Kraft $2 \cdot 10^{-7}$ Newton hervorruft (10^{-6}).
- 1 *Kelvin* (K) ist der 273,16-te Teil der thermodynamischen Temperatur des Tripelpunktes des Wassers (10^{-6}).
- 1 *Mol* (mol) ist die Stoffmenge eines Systems, das aus ebenso viel Teilchen besteht, wie Atome in 0,012 Kilogramm des Kohlenstoff-Nuklids ^{12}C enthalten sind (10^{-6}).
- 1 *Candela* (cd) ist die Lichtstärke in einer bestimmten Richtung einer Strahlungsquelle, die monochromatische Strahlung der Frequenz 540 THz aussendet und deren Strahlstärke in dieser Richtung 1/683 W/sr beträgt ($5 \cdot 10^{-3}$).

Tabelle 1-2. Basisgrößen und Basiseinheiten des SI

Basisgröße	Basiseinheit	
	Name	Zeichen
Länge	Meter	m
Zeit	Sekunde	s
Masse	Kilogramm	kg
elektr. Stromstärke	Ampere	A
Temperatur	Kelvin	K
Stoffmenge	Mol	mol
Lichtstärke	Candela	cd

Aufgrund der Fortschritte in der Messgenauigkeit insbesondere der Zeitmessung wurde auf der XVII. Generalkonferenz für Maß und Gewicht am 20. 10. 1983 der Zahlenwert der *Vakuumlichtgeschwindigkeit* als Naturkonstante genau festgelegt:

$$c_0 = 299\,792\,458\ \text{m/s}\,. \qquad (1\text{-}2)$$

Damit ist das Meter seit dieser Festlegung metrologisch von der Sekunde abhängig geworden.

Es ist Aufgabe der staatlichen Mess- und Eichlaboratorien, in der Bundesrepublik Deutschland der Physikalisch-Technischen Bundesanstalt, für die experimentelle Realisierung der Basiseinheiten in *Normalen* mit größtmöglicher Genauigkeit zu sorgen, da hiervon die Messgenauigkeiten physikalischer

Tabelle 1-3. Vorsätze zur Bildung dezimaler Vielfacher und Teile von Einheiten

Faktor	Vorsatz	Vorsatzzeichen
10^{24}	Yotta	Y
10^{21}	Zetta	Z
10^{18}	Exa	E
10^{15}	Peta	P
10^{12}	Tera	T
10^{9}	Giga[a]	G
10^{6}	Mega[a]	M
10^{3}	Kilo[a]	k
10^{2}	Hekto[b]	h
10^{1}	Deka[b]	da
10^{-1}	Dezi[b]	d
10^{-2}	Zenti[b]	c
10^{-3}	Milli	m
10^{-6}	Mikro	µ
10^{-9}	Nano	n
10^{-12}	Piko	p
10^{-15}	Femto	f
10^{-18}	Atto	a
10^{-21}	Zepto	z
10^{-24}	Yocto	y

[a] Die Vorsätze Kilo (K), Mega (M) und Giga (G) sind in der Informatik abweichend wie folgt definiert: $K = 2^{10} = 1024$, $M = 2^{20} = 1\,048\,576$, $G = 2^{30} = 1\,073\,741\,824$.

[b] Die Vorsätze c, d, da und h werden heute im Wesentlichen nur noch in folgenden 9 Einheiten angewandt: cm, dm; ha; cl, dl, hl; dt, hPa sowie (in Österreich) dag.

Beobachtungen und die Herstellungsgenauigkeiten technischer Geräte abhängen.

Zur Vervielfachung bzw. Unterteilung der Einheiten sind international vereinbarte Vorsätze und Vorsatzzeichen zu verwenden (Tabelle 1-3).

Aus der theoretischen Beschreibung der physikalischen Gesetzmäßigkeiten, d. h. der mathematischen Zusammenhänge zwischen den physikalischen Größen, ergeben sich universelle Proportionalitätskonstanten, die sog. *Naturkonstanten*, die entsprechend den Fortschritten der physikalischen Messtechnik von der CODATA Task Group on Fundamental Constants als konsistenter Satz von Naturkonstanten empfohlen und hier verwendet werden (P.J. Mohr, B.N. Taylor: CODATA Recommended Values of the Fundamental Physical Constants: 2002, http://www.physicstoday.org/guide/fundconst.pdf; Reviewed 2005 by P.J. Mohr and B.N. Taylor, Rev. Mod. Phys. **77**, 1, 2005).

In der älteren Literatur sind verschiedene andere Einheitensysteme verwendet, aus denen man manche Einheiten noch antrifft. Tabelle 1-4 enthält daher einige Umrechnungen heute ungültiger und sonstiger Einheiten.

International vereinbarte Normwerte von Kenngrößen der Erde sowie von Luft, Wasser und Sonnenstrahlung enthält Tabelle 1-5.

Tabelle 1-4. Einheiten außerhalb des SI

Einheit	Einheitenzeichen, Definition, Umrechnung in das SI	Anwendung
Gesetzliche Einheiten		
Gon	gon = $(\pi/200)$ rad	ebener Winkel
Grad	° = $(\pi/180)$ rad	ebener Winkel
Minute	′ = $(1/60)°$	ebener Winkel
Sekunde	″ = $(1/60)'$	ebener Winkel
Liter	l = L = $1\ \mathrm{dm}^3 = 10^{-3}\ \mathrm{m}^3$	Volumen
Minute	min = 60 s	Zeit
Stunde	h = 60 min	Zeit
Tag	d = 24 h	Zeit
Tonne	t = 10^3 kg	Masse
Bar	bar (= $10^6\ \mathrm{dyn/cm}^2) = 10^5$ Pa	Druck
– mit beschränktem Anwendungsbereich		
Dioptrie	dpt = 1/m	Brechwert opt. Systeme
Ar	a = $100\ \mathrm{m}^2$ [1 ha = 100 a]	Fläche von Grundstücken
Barn	b = $10^{-28}\ \mathrm{m}^2 = 100\ \mathrm{fm}^2$	Wirkungsquerschnitt in der Kernphysik

Tabelle 1-4. Fortsetzung

Einheit	Einheitenzeichen, Definition, Umrechnung in das SI	Anwendung
atomare Masseneinheit	u = $kg/(10^3 \cdot N_A \cdot mol)$ = $1{,}66053886 \cdot 10^{-27}$ kg	Masse in der Atomphysik
metrisches Karat	(Kt = ct) = 0,2 g	Masse von Edelsteinen
mm Quecksilbersäule	mmHg = 133,322 Pa	Blutdruck in der Medizin
Elektronenvolt	eV = $e \cdot (1\,V) = 1{,}60217653 \cdot 10^{-19}$ J	Energie in der Atomphysik
Englische und US-amerikanische Einheiten mit verbreiteter Anwendung		
inch (vereinheitl.)	in = 0,0254 m	Länge
— imperial inch (U.K.)	imp. in = 25,399978 mm	Länge
— US inch	= (1/39,37) m = 25,4000508 mm	Länge
foot	ft = 12 in = 0,3048 m	Länge
yard	yd = 3 ft = 0,9144 m	Länge
mile	mile = 1760 yd = 1609,344 m	Länge
gallon (U.K.)	imp. gallon = 277,42 in^3 = 4,54609 l	Volumen (Hohlmaß)
gallon (US)	gal = 231 in^3(US) = 3,7854345 l	Volumen (Hohlmaß) f. Flüss.
petroleum gallon (US)	ptr. gal = 230,665 in^3(US) = 3,779949 l	Volumen von Erdöl
petroleum barrel (US)	ptr. bbl = 42 ptr. gal = 158,7579 l	Volumen von Erdöl
pound (vereinheitl.)	lb = 0,45359237 kg	Masse
ounce	oz = (1/16) lb = 28,349523 g	Masse
troy ounce	ozt = oztr = (480/7000) lb = 31,1034768 kg	Masse von Edelmetallen
pound-force (U.K.)	lbf = lb $\cdot g_n$ = 4,4482216 N	Kraft
horse-power (U.K.)	h.p. = 550 ft · lbf/s = 745,700 W	Leistung
International übliche SI-fremde Einheiten für besondere Gebiete		
internationale Seemeile	sm = 1852 m	Länge in der Seefahrt
international nautical air mile	NM = NAM = 1 sm	Länge in der Luftfahrt
Knoten	kn = sm/h = 1,852 km/h = $0{,}514\bar{4}$ m/s	Geschw. in der Seefahrt
Knoten	kt = NM/h = $0{,}514\bar{4}$ m/s	Geschw. in der Luftfahrt
astronom. Einheit	AE = $149{,}597870 \cdot 10^9$ m	Länge in der Astronomie
Lichtjahr	ly = $c_0 \cdot a_{tr}(a_{tr} = 365{,}24219878\,d)$ = $9{,}460528 \cdot 10^{15}$ m	Länge in der Astronomie
Parsec	pc = AE/ sin 1″ = $30{,}856776 \cdot 10^{15}$ m	Länge in der Astronomie
Nicht mehr gesetzliche abgeleitete CGS-Einheiten mit besonderem Namen und verwandte		
Dyn	dyn = $g \cdot cm/s^2 = 10^{-5}$ N	Kraft
Erg	erg = $dyn \cdot cm = 10^{-7}$ J	Energie
Poise	P = $g/(cm \cdot s) = 10^{-1}\,Pa \cdot s$	dynamische Viskosität
Stokes	St = $cm^2/s = 10^{-4}\,m^2/s$	kinematische Viskosität
Gal	Gal = $cm/s^2 = 10^{-2}\,m/s^2$	Fallbeschleunigung
Stilb	sb = $cd/cm^2 = 10^4\,cd/m^2$	Leuchtdichte
Phot	ph = $cd \cdot sr/cm^2 = 10^4$ lx (lux)	Beleuchtungsstärke
Oersted	Oe = $(10/4\pi)A/cm = (1000/4\pi)A/m$	magnetische Feldstärke
Gauß	G = 10^{-4} T (Tesla)	magnetische Flussdichte
Maxwell	M = $G \cdot m^2 = 10^{-8}$ Wb (Weber)	magnetischer Fluss
Sonstige nicht mehr gesetzliche Einheiten		
Kilopond	kp = $kg \cdot g_n$ = 9,80665 N	Kraft
Kalorie	cal = $c_{H_2O} \cdot K \cdot g$ = 4,1868 J	Wärmemenge, (Energie)

Tabelle 1-4. Fortsetzung

Einheit	Einheitenzeichen, Definition, Umrechnung in das SI	Anwendung
Pferdestärke	PS = 75 m · kp/s = 735,49875 W	Leistung
Apostilb	asb = $(10^{-4}/\pi)$ sb = $1/\pi$ cd/m^2	Leuchtdichte
Röntgen	R = $2{,}58 \cdot 10^{-4}$ C/kg	Ionendosis
Rad	rd = 10^{-2} J/kg = 10^{-2} Gy (Gray)	Energiedosis
Rem	rem = 10^{-2} J/kg = 10^{-2} Sv (Sievert)	Äquivalentdosis
Curie	Ci = $3{,}7 \cdot 10^{10}$ s^{-1} = $37 \cdot 10^9$ Bq (Becquerel)	Aktivität eines Radionuklids
Ångstrom	Å = 10^{-10} m	Länge in der Spektroskopie und Elektronenmikroskopie
X-Einheit	XE = $(1{,}00202 \pm 3 \cdot 10^{-5}) \cdot 10^{-13}$ m	Länge in der Röntgenspektr.

Tabelle 1-5. Genormte Werte von physikalischen Umweltdaten

Größe (Quelle)	Formelzeichen	Wert
Sonnenstrahlung		
Solarkonstante (DIN 5031-8)	E_{e0}	1,37 kW/m^2
Erde (Geodätisches Referenzsystem, 1980)		
Äquatorradius	a	6 378 137 m
Polradius	b	6 356 752 m
mittlerer Erdradius (der volumengleichen Kugel)	$R_E = (a^2 \cdot b)^{1/3}$	6 371 000 m
Oberfläche	S_E	$510{,}0656 \cdot 10^6$ km^2
Volumen	$V_E = (4\pi/3)a^2 b$	$1083{,}207 \cdot 10^9$ km^3
Masse	M_E	$5{,}9742 \cdot 10^{24}$ kg
Normfallbeschleunigung	g_n	9,80665 m/s^2
Breitenabhängigkeit der Fallbeschleunigung auf NN	$g(\varphi)$	$9{,}780327(1 + 0{,}00530244 \sin^2 \varphi - 0{,}00000582 \sin^2 2\varphi)$
Luft im Normzustand (DIN ISO 2533, basiert auf älteren Werten der Fundamentalkonstanten)		
Normdruck	p_n	101 325 Pa
Normtemperatur (anders DIN 1343!)	T_n	228,15 K = 15°C
Dichte der trockenen Luft	ϱ_n	1,225 kg/m^3
molare Masse der trockenen Luft	$M_L = \varrho_n R T_n / p_n$	28,964420 kg/kmol
spezifische Gaskonstante der trockenen Luft	$R_L = R/M_L = p_n/(\varrho_n T_n)$	287,05287 J/(kg · K)
Schallgeschwindigkeit	$a_n = c_{a.n} = (1{,}4 p_n/\varrho_n)$	340,294 m/s
Druckskalenhöhe	$H_{pn} = p_n/(g_n \varrho_n)$	8434,5 m
mittlere freie Weglänge der Luftteilchen	l_n	66,328 nm
Teilchendichte	$n_n \approx n_0 T_0 / T_n$	$25{,}471 \cdot 10^{24}$ m^{-3}
mittlere Teilchengeschwindigkeit	$\bar{v}_n$	458,94 m/s
Wärmeleitfähigkeit	λ_n	25,383 mW/(m · K)
dynamische Viskosität	μ_n	17,894 µPa · s
Brechzahl (DIN 5030-1) im sichtb. Spektralber.	$n(\lambda)$	1,00021 ... 1,00029
Wasser		
Dichte bei 4 °C und p_n (DIN 1306)	ϱ	999,972 kg/m^3
Eispunkttemperatur bei p_n	T_0	273,15 K ≙ 0 °C
dyn. Viskosität bei 20 °C (DIN 51 550)	η	1,002 mPa · s
Verdampfungsenthalpie bei 25 °C, spezifische –,	$r(= h_{lg})$	2442,5 kJ/kg
molare	r_m	44,002 kJ/mol

I. Teilchen und Teilchensysteme

In den folgenden Abschnitten 2 bis 7 werden die physikalischen Grundlagen der Mechanik dargestellt, die später in der Technischen Mechanik E im Hinblick auf technische Anwendungen spezieller behandelt werden.

2 Kinematik

Die *Kinematik* (Bewegungslehre) behandelt die Gesetzmäßigkeiten, die die Bewegungen von Körpern rein geometrisch beschreiben, ohne Rücksicht auf die Ursachen der Bewegung. Die die Bewegung erzeugenden bzw. dabei auftretenden Kräfte werden erst in der Dynamik behandelt. Es wird zunächst die Kinematik des Massenpunktes besprochen.
Definition des *Massenpunktes*: Der Massenpunkt ist ein idealisierter Körper, dessen gesamte Masse in einem mathematischen Punkt vereinigt ist. Jeder reelle Körper, dessen Größe und Form bei dem betrachteten physikalischen Problem ohne Einfluss bleiben, kann als Massenpunkt behandelt werden (Beispiele: Planetenbewegung, Satellitenbahnen, H-Atom). Die Lage oder der Ort eines Massenpunktes zur Zeit t in einem vorgegebenen Bezugssystem (Bild 2-1) kann durch einen (bei Bewegung des Massenpunktes zeitabhängigen) *Ortsvektor*

$$\boldsymbol{r}(t) = (x(t), y(t), z(t))$$

mit

$$r(t) = |\boldsymbol{r}(t)| = \sqrt{x^2(t) + y^2(t) + z^2(t)} \qquad (2\text{-}1)$$

oder durch die entsprechenden Ortskoordinaten $x(t), y(t), z(t)$ beschrieben werden.
Kinematische Operationen: Hierunter wird die Durchführung bestimmter Bewegungsoperationen verstanden, die zu einer Veränderung der Lage ausgedehnter Körper im Raum führen (Translation, Rotation, Spiegelung). Die Lageveränderung einzelner Massenpunkte wird allein durch die Translation ausreichend beschrieben.

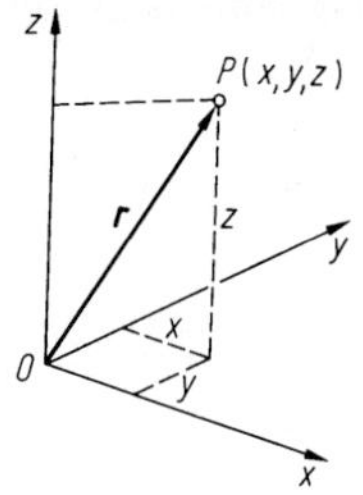

Bild 2-1. Ortsvektor eines Massenpunktes P

2.1 Geradlinige Bewegung

Die die geradlinige Bewegung eines Massenpunktes beschreibenden Größen sind der Weg $\boldsymbol{s}$, die Zeit $\boldsymbol{t}$, die Geschwindigkeit $\boldsymbol{v}$, die Beschleunigung $\boldsymbol{a}$.
Definitionen der Geschwindigkeit:

$$\text{mittlere Geschwindigkeit } \bar{\boldsymbol{v}} = \frac{\Delta \boldsymbol{s}}{\Delta t} = \frac{\Delta \boldsymbol{r}}{\Delta t}, \qquad (2\text{-}2)$$

$$\text{Momentangeschwindigkeit} \quad \boldsymbol{v} = \lim_{\Delta t \to 0} \frac{\Delta \boldsymbol{s}}{\Delta t} = \frac{\mathrm{d}\boldsymbol{s}}{\mathrm{d}t} = \dot{\boldsymbol{s}} = \frac{\mathrm{d}\boldsymbol{r}}{\mathrm{d}t} = \dot{\boldsymbol{r}}. \qquad (2\text{-}3)$$

SI-Einheit: $[v] = \mathrm{m/s}$.

Für die *gleichförmig geradlinige Bewegung* gilt:

$$\boldsymbol{v} = \text{const}$$

Ist zum Zeitpunkt t_0 der Ort des Massenpunktes $\boldsymbol{s}_0$ (Bild 2-2), so ergibt sich sein Ort $\boldsymbol{s}$ zu einem späteren Zeitpunkt t durch Integration von $\mathrm{d}\boldsymbol{s} = \boldsymbol{v}\mathrm{d}t$ aus (2-3):

$$\int_{s_0}^{s} \mathrm{d}\boldsymbol{s} = \int_{t_0}^{t} \boldsymbol{v}\mathrm{d}t ,$$

$$\boldsymbol{s} = \boldsymbol{s}_0 + \boldsymbol{v}(t - t_0) . \qquad (2\text{-}4)$$

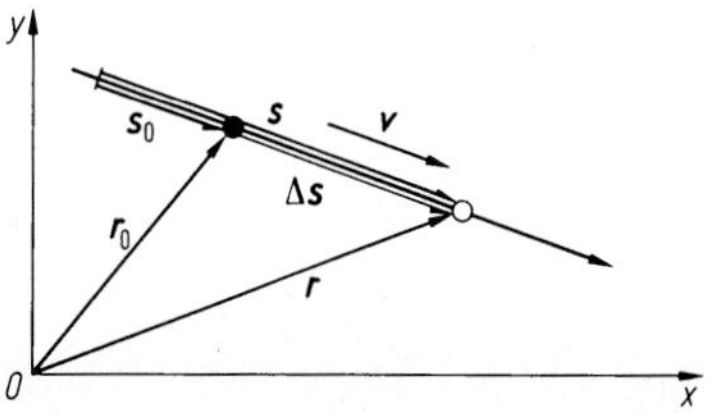

Bild 2-2. Geradlinige Bewegung eines Massenpunktes

Definitionen der Beschleunigung:

$$\text{mittlere Beschleunigung } \bar{\boldsymbol{a}} = \frac{\Delta \boldsymbol{v}}{\Delta t}\,, \tag{2-5}$$

$$\begin{aligned}\text{Momentan-beschleunigung} \quad \boldsymbol{a} &= \lim_{\Delta t\to 0}\frac{\Delta \boldsymbol{v}}{\Delta t} = \frac{\mathrm{d}\boldsymbol{v}}{\mathrm{d}t} = \dot{\boldsymbol{v}} \\ &= \frac{\mathrm{d}^2\boldsymbol{s}}{\mathrm{d}t^2} = \ddot{\boldsymbol{s}} = \frac{\mathrm{d}^2\boldsymbol{r}}{\mathrm{d}t^2} = \ddot{\boldsymbol{r}}\,.\end{aligned} \tag{2-6}$$

SI-Einheit: $[a] = \mathrm{m/s^2}$.

Verzögerung liegt vor, wenn $a < 0$ ist, d. h. der Betrag der Geschwindigkeit mit t abnimmt. Verzögerung ist also *negative Beschleunigung*.
Bemerkung: Für die geradlinige Bewegung ist eine skalare Schreibweise ausreichend. In der hier gewählten vektoriellen Schreibweise sind die Definitionen (2-3) und (2-6) auch für *krummlinige Bewegungen* gültig. In diesem Fall ist die Geschwindigkeitsänderung $\mathrm{d}\boldsymbol{v}$ und damit die Beschleunigung $\boldsymbol{a}$ i. Allg. nicht parallel zu $\boldsymbol{v}$ (Bild 2-3).
Sonderfälle:

a) Ändert sich nur der Geschwindigkeitsbetrag, nicht aber die Richtung, so handelt es sich um eine geradlinige Bewegung mit $\boldsymbol{a} \parallel \boldsymbol{v}$: *Bahnbeschleunigung*.
b) Ändert sich nur die Geschwindigkeitsrichtung, nicht aber der Betrag, so handelt es sich um eine krummlinige Bewegung mit $\boldsymbol{a} \perp \boldsymbol{v}$: *Normalbeschleunigung*.

Für die *gleichmäßig beschleunigte, geradlinige Bewegung* gilt

$$\boldsymbol{a} = \text{const}\,,\ \text{Anfangsgeschwindigkeit } \boldsymbol{v}_0 \parallel \boldsymbol{a}\,.$$

Ist zum Zeitpunkt t_0 der Ort des Massenpunktes s_0 und seine Geschwindigkeit v_0 (Anfangsgeschwindigkeit), so ergibt sich für einen späteren Zeitpunkt t durch Integration von $\mathrm{d}v = a\,\mathrm{d}t$ aus (2-6)

$$\int_{v_0}^{v} \mathrm{d}v = \int_{t_0}^{t} a\mathrm{d}t$$

$$v = v_0 + a(t - t_0)\,, \tag{2-7}$$

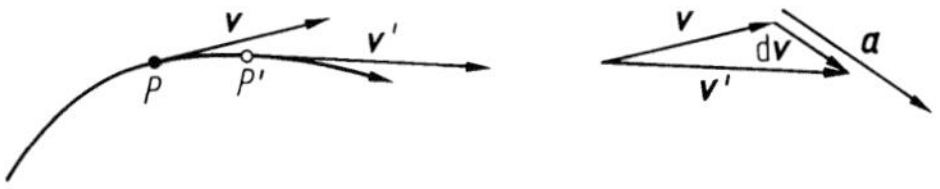

Bild 2-3. Änderung von Geschwindigkeitsbetrag und -richtung bei krummliniger Bewegung

und durch Integration von $\mathrm{d}s = v\mathrm{d}t$ aus (2-3)

$$\int_{s_0}^{s} \mathrm{d}s = \int_{t_0}^{t} v\mathrm{d}t = \int_{t_0}^{t} [v_0 + a(t - t_0)]\mathrm{d}t$$

$$s = s_0 + v_0(t - t_0) + \frac{a}{2}(t - t_0)^2\,. \tag{2-8}$$

Für die Anfangswerte $s_0 = 0$ und $t_0 = 0$ folgt aus (2-7) und (2-8)

$$v = v_0 + at \tag{2-9}$$

$$s = v_0 t + \frac{a}{2}t^2 \tag{2-10}$$

und durch Elimination von t aus (2-9) und (2-10)

$$v = \sqrt{v_0^2 + 2\,as}\,. \tag{2-11}$$

Freier Fall:
Im Schwerefeld der Erde unterliegen Massen der Fallbeschleunigung $\boldsymbol{g}$, deren Betrag in der Nähe der Erdoberfläche näherungsweise konstant etwa mit dem Wert $g = 9{,}81\ \mathrm{m/s^2}$ angesetzt werden kann (vgl. 3.2.1). Für die Fallhöhe $h\ (= s)$ und $a = g$ folgt aus (2-9) bis (2-11)

$$v = v_0 + gt\,, \tag{2-12}$$

$$h = v_0 t + \frac{g}{2}t^2, \tag{2-13}$$

$$v = \sqrt{v_0^2 + 2gh}\,, \tag{2-14}$$

wobei v_0 die Fallgeschwindigkeit zur Zeit $t = 0$ ist. Dieselben Gleichungen gelten auch für den *senkrechten Wurf* nach *unten* mit der Anfangsgeschwindigkeit v_0.
Der *senkrechte Wurf* nach *oben* ist in der Steigphase (bis zur maximalen Steighöhe $h_{\max}$) eine gleichmäßig verzögerte Bewegung mit der Anfangsgeschwindigkeit v_0 und der Beschleunigung $a = -g$. Aus (2-9) bis (2-11) folgt dann:

$$v = v_0 - gt \tag{2-15}$$

$$h = v_0 t - \frac{g}{2}t^2 \tag{2-16}$$

$$v = \sqrt{v_0^2 - 2gh}\,. \tag{2-17}$$

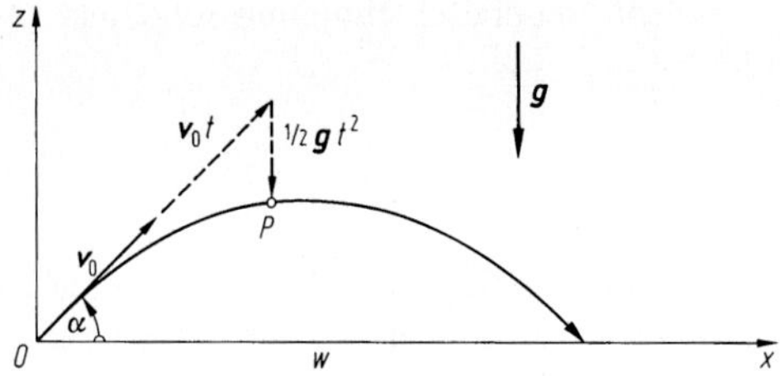

Bild 2-4. Schräger Wurf unter dem Winkel α

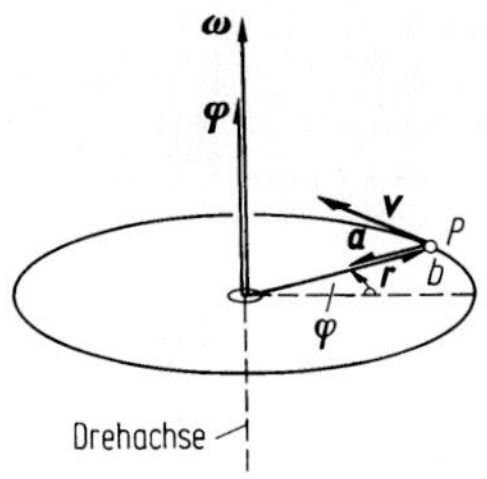

Bild 2-5. Gleichförmige Kreisbewegung

Aus (2-17) ergibt sich die maximale Steighöhe $h_{\max}$ für $v = 0$:

$$h_{\max} = \frac{v_0^2}{2g} . \qquad (2\text{-}18)$$

Aus (2-15) folgt für $v = 0$ die Steigzeit

$$t_{\mathrm{m}} = \frac{v_0}{g} . \qquad (2\text{-}19)$$

Schräger Wurf im Erdfeld:
Die Bahnkurve $\boldsymbol{r}(t)$ beim schrägen Wurf unter dem Winkel α zur Horizontalen (Bild 2-4) ergibt sich analog zu (2-8) oder (2-10) aus der Vektorgleichung

$$\boldsymbol{r} = \boldsymbol{v}_0 t + \frac{\boldsymbol{g}}{2} t^2 , \qquad (2\text{-}20)$$

lässt sich also interpretieren als zusammengesetzt aus zwei geradlinigen Bewegungen:

1. einer gleichförmigen Translation in Richtung der Anfangsgeschwindigkeit $\boldsymbol{v}_0$,
2. dem freien Fall in senkrechter Richtung; siehe Bild 2-4.

Aus (2-20) folgen die Koordinaten des Massenpunktes zur Zeit t:

$$x = v_0 t \cos\alpha$$

$$z = v_0 t \sin\alpha - \frac{g}{2} t^2 . \qquad (2\text{-}21)$$

Durch Elimination von t ergibt sich als Bahnkurve eine Parabel:

$$z = x \tan\alpha - \frac{g}{2 v_0^2 \cos^2\alpha} x^2 . \qquad (2\text{-}22)$$

Die Wurfweite w lässt sich aus der Koordinate des zweiten Schnittpunktes der Bahnkurve mit der Horizontalen berechnen:

$$w = v_0^2 \frac{\sin 2\alpha}{g} . \qquad (2\text{-}23)$$

Die maximale Wurfweite ergibt sich für $\sin 2\alpha = 1$, d. h. für $\alpha = 45°$, und beträgt

$$w_{\max} = \frac{v_0^2}{g} . \qquad (2\text{-}24)$$

2.2 Kreisbewegung

Die die Kreisbewegung eines Massenpunktes beschreibenden Größen sind:

– der Drehwinkel $\boldsymbol{\varphi}$, die Zeit t, die Winkelgeschwindigkeit $\boldsymbol{\omega}$, die Winkelbeschleunigung $\boldsymbol{\alpha}$.

Diese Größen beschreiben die Kreisbewegung in analoger Weise wie die Größen Weg, Zeit, Geschwindigkeit und Beschleunigung die geradlinige Bewegung. Der Drehwinkel $\boldsymbol{\varphi}$ und die Winkelgeschwindigkeit $\boldsymbol{\omega}$ sind axiale Vektoren, die senkrecht auf der Ebene der Kreisbewegung stehen und deren Richtung sich aus der Rechtsschraubenregel in Bezug auf den Drehsinn der Bewegung ergeben (Bild 2-5). Winkelbeträge können in der Einheit Grad (°) oder im Bogenmaß (Einheit: rad) angegeben werden. Der Winkel im Bogenmaß ist definiert als die Länge des von den Winkelschenkeln eingeschlossenen Kreisbogens im Einheitskreis. Der Zusammenhang zwischen Winkel φ im Bogenmaß, zugehöriger Bogenlänge b auf einem Kreis und dessen Radius r ist dann (Bild 2-5)

$$\varphi = \frac{b}{r}\,\mathrm{rad} .$$

Umrechnungen:

$$\frac{\varphi/\mathrm{rad}}{\varphi/°} = \frac{\pi}{180} , \quad 1\,\mathrm{rad} = 57{,}29\ldots° ,$$

$$1° = 0{,}01745\ldots\mathrm{rad} = 17{,}45\ldots\mathrm{mrad} .$$

Definitionen:

Winkel-geschwindigkeit $$\omega = \frac{d\varphi}{dt} = \dot{\varphi}\,, \qquad (2\text{-}25)$$

Winkel-beschleunigung $$\alpha = \frac{d\omega}{dt} = \dot{\omega} = \frac{d^2\varphi}{dt^2} = \ddot{\varphi}\,. \qquad (2\text{-}26)$$

SI-Einheiten:

$[\omega] = \mathrm{rad/s} = 1/\mathrm{s}$, $[\alpha] = \mathrm{rad/s^2} = 1/\mathrm{s}^2$.

Für die *gleichförmige Kreisbewegung* gilt

$$\omega = \mathrm{const}\,.$$

Ist zum Zeitpunkt t_0 die Lage des Massenpunktes auf der Kreisbahn durch den Winkel φ_0 gegeben, so ergibt sich seine Lage φ zu einem späteren Zeitpunkt t durch Integration von $d\varphi = \omega\, dt$ aus (2-25) zu

$$\varphi = \varphi_0 + \omega(t - t_0)\,. \qquad (2\text{-}27)$$

Nennen wir die Dauer eines vollständigen Umlaufs T (Umlaufzeit, Periodendauer) und die auf die Zeit bezogene Zahl der Umläufe Drehzahl (Umdrehungsfrequenz) n, so gelten die Zusammenhänge

$$n = \frac{1}{T} \quad \text{und} \quad \omega = 2\pi n = \frac{2\pi}{T}\,. \qquad (2\text{-}28)$$

Die Winkelgeschwindigkeit ω bei der Kreisbewegung wird auch Drehgeschwindigkeit genannt. Zwischen den Vektoren $\boldsymbol{\omega}$, $\boldsymbol{v}$ und $\boldsymbol{r}$ bei der Kreisbewegung (Ursprung von $\boldsymbol{r}$ auf der Drehachse, Bild 2-5, jedoch nicht notwendig in der Kreisebene) besteht der Zusammenhang

$$\boldsymbol{v} = \boldsymbol{\omega} \times \boldsymbol{r}\,. \qquad (2\text{-}29)$$

Durch Einsetzen in (2-6) und Ausführen der Differenziation unter Beachtung von $\boldsymbol{\omega} = \mathrm{const}$ ergibt sich für die Beschleunigung bei der gleichförmigen Kreisbewegung

$$\boldsymbol{a} = \boldsymbol{\omega} \times \boldsymbol{v} = \boldsymbol{\omega} \times (\boldsymbol{\omega} \times \boldsymbol{r})\,. \qquad (2\text{-}30)$$

Demnach ist $\boldsymbol{a} \parallel -\boldsymbol{r}$ (Bild 2-5), also eine reine Normalbeschleunigung ($\boldsymbol{a} \perp \boldsymbol{v}$), bei der Kreisbewegung auch *Zentripetalbeschleunigung* genannt. Für den Betrag der Zentripetalbeschleunigung folgt aus (2-29) und (2-30)

$$a = \omega v = \omega^2 r = \frac{v^2}{r}\,. \qquad (2\text{-}31)$$

Wenn ω zeitabhängig ist, also eine Tangentialbeschleunigung auftritt, so ergibt sich aus (2-6), (2-26) und (2-29) für die Kreisbewegung die Gesamtbeschleunigung

$$\boldsymbol{a} = \boldsymbol{\alpha} \times \boldsymbol{r} + \boldsymbol{\omega} \times \boldsymbol{v} \qquad (2\text{-}32)$$

mit der Tangentialbeschleunigung

$$\boldsymbol{a}_\mathrm{t} = \boldsymbol{\alpha} \times \boldsymbol{r} \qquad (2\text{-}33)$$

und der Normalbeschleunigung

$$\boldsymbol{a}_\mathrm{n} = \boldsymbol{\omega} \times \boldsymbol{v}\,. \qquad (2\text{-}34)$$

2.3 Gleichförmig translatorische Relativbewegung

Die Angaben der kinematischen Größen einer Bewegung gelten stets für ein vorgegebenes *Bezugssystem.* Soll die Bewegung in einem anderen Bezugssystem beschrieben werden, so müssen die kinematischen Größen umgerechnet (transformiert) werden. Ruhen beide Bezugssysteme relativ zueinander, so sind lediglich die Ortskoordinaten zu transformieren, während die zurückgelegten Wege, die Geschwindigkeiten und Beschleunigungen in beiden Systemen gleich bleiben. Das wird anders, wenn sich beide Bezugssysteme gegeneinander bewegen. Nicht beschleunigte, relativ zueinander mit konstanter Geschwindigkeit sich bewegende Bezugssysteme werden *Inertialsysteme* genannt. Ist die Relativgeschwindigkeit v der beiden Inertialsysteme klein, so kann die *Galilei-Transformation* verwendet werden. Bei großer Relativgeschwindigkeit ist die *Lorentz-Transformation* zu benutzen.

2.3.1 Galilei-Transformation

Die Galilei-Transformation drückt das Relativitätsprinzip der klassischen Mechanik aus. Sie ist gültig, wenn für die Relativgeschwindigkeit $\boldsymbol{v} = (v_x, v_y, v_z)$ der beiden Bezugssysteme S und S′ gilt: $v \ll c_0$ (c_0 Vakuumlichtgeschwindigkeit).

Die Koordinaten eines betrachteten Massenpunktes P (Bild 2-6) seien durch die Ortsvektoren

$$\boldsymbol{r} = (x, y, z) \text{ im System S und}$$
$$\boldsymbol{r}' = (x', y', z') \text{ im System S' gegeben .}$$

Das System S′ bewege sich nur in x-Richtung gegenüber dem System S ($v = v_x$). Zur Zeit $t = 0$ mögen sich die Ursprünge 0 und 0′ der beiden Systeme decken. Aus Bild 2-6 lässt sich die Transformation der Ortskoordinaten ablesen:

$$x' = x - vt\,, \quad y' = y\,, \quad z' = z\,. \tag{2-35}$$

Für die Zeitkoordinate wird in der klassischen Mechanik angenommen, dass in beiden Inertialsystemen die Zeit in gleicher Weise abläuft:

$$t' = t\,. \tag{2-36}$$

Zusammengefasst lautet die *Galilei-Transformation für Koordinaten*:

$$\boldsymbol{r}' = \boldsymbol{r} - \boldsymbol{v}t\,, \quad t' = t\,. \tag{2-37}$$

Die Geschwindigkeit des Massenpunktes P sei

$$\boldsymbol{u} = (u_x, u_y, u_z) \text{ im System S und}$$
$$\boldsymbol{u}' = \left(u'_x, u'_y, u'_z\right) \text{ im System S' .}$$

Bei Übergang von S nach S′ transformieren sich die Geschwindigkeiten im Falle der Relativgeschwindigkeit mit alleiniger x-Komponente (Bild 2-6) gemäß

$$u'_x = u_x - v_x\,, \quad u'_y = u_y\,, \quad u'_z = u_z\,, \tag{2-38}$$

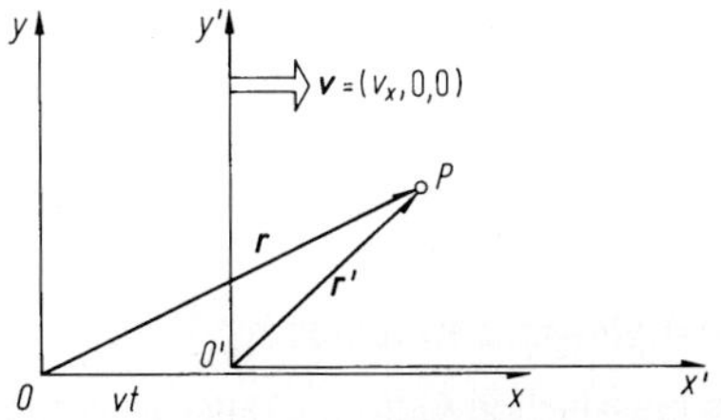

Bild 2-6. Zwei Inertialsysteme, die sich gegeneinander mit der Relativgeschwindigkeit v bewegen

oder zusammengefasst und allgemeiner (*Galilei-Transformation für Geschwindigkeiten*)

$$\boldsymbol{u}' = \boldsymbol{u} - \boldsymbol{v} \quad \text{bzw.} \quad \boldsymbol{u} = \boldsymbol{u}' + \boldsymbol{v}\,, \tag{2-39}$$

wie sich durch zeitliche Differenziation von (2-35) bzw. (2-37) ergibt. In der klassischen Galilei-Transformation verhalten sich also Geschwindigkeiten additiv. Sie können sich nach Betrag und Richtung ändern.

Die Beschleunigung des Massenpunktes P sei

$$\boldsymbol{a} = (a_x, a_y, a_z) \text{ im System S und}$$
$$\boldsymbol{a}' = \left(a'_x, a'_y, a'_z\right) \text{ im System S' .}$$

Durch Differenziation nach der Zeit folgt aus (2-38) bzw. (2-39)

$$a'_x = a_x\,, \quad a'_y = a_y\,, \quad a'_z = a_z \tag{2-40}$$

oder zusammengefasst (*Galilei-Transformation für Beschleunigungen*)

$$\boldsymbol{a}' = \boldsymbol{a}\,. \tag{2-41}$$

Die Umkehrungen der Galilei-Transformation (Transformation von S′ nach S) lauten

$$\boldsymbol{r} = \boldsymbol{r}' + \boldsymbol{v}t\,, \quad \boldsymbol{u} = \boldsymbol{u}' + \boldsymbol{v}\,, \quad \boldsymbol{a} = \boldsymbol{a}'\,. \tag{2-42}$$

Bei kleinen Relativgeschwindigkeiten ändern sich demnach die Beschleunigungen nicht, wenn von einem Inertialsystem zu einem anderen übergegangen wird. Sie sind invariant gegen die Galilei-Transformation, ebenso wie allgemein die Gesetze der klassischen Mechanik, denen das die Beschleunigung enthaltende 2. Newton'sche Axiom (vgl. 3.2) zugrundeliegt.

2.3.2 Lorentz-Transformation

Die Anwendung der Galilei-Transformation auf die Lichtausbreitung parallel und senkrecht zur Richtung der Relativgeschwindigkeit zweier Inertialsysteme ergibt unterschiedliche Vakuumlichtgeschwindigkeiten im gegenüber dem System S mit $v = v_x$ bewegten System S′:

$$c_0 - v \text{ bzw. } c_0 + v \quad \text{für} \quad \boldsymbol{c}_0 \parallel \boldsymbol{v} \text{ bzw. } \boldsymbol{c}_0 \parallel -\boldsymbol{v} \text{ und}$$
$$\sqrt{c_0^2 - v^2} \quad \text{für} \quad \boldsymbol{c}_0 \perp \boldsymbol{v}\,.$$

Michelson (1881) und später Morley und Miller versuchten diesen sich aus der Galilei-Transformation ergebenden Unterschied experimentell mit einem Interferometer nachzuweisen (Bild 2-7). Das Licht einer monochromatischen Lichtquelle wird durch einen halbdurchlässigen Spiegel (gestrichelt in Bild 2-7) aufgespalten und über die Wege s_1 oder s_2 geleitet. Die Teilstrahlen werden wieder zusammengeführt und interferieren im Detektor B, d. h., je nach Phasendifferenz der beiden Teilwellen verstärken bzw. schwächen diese sich. Die Phasendifferenz durch Wegunterschiede $s_2 - s_1$ ist konstant. Eine weitere Phasendifferenz könnte durch Laufzeitunterschiede infolge unterschiedlicher Ausbreitungsgeschwindigkeit des Lichtes längs s_1 und s_2 auftreten (s. o.), wenn das Interferometer z. B. in Richtung von s_2 bewegt wird (Bild 2-7a). Als bewegtes System hoher Geschwindigkeit benutzten sie die Erde selbst, die sich mit $v \approx 30\,\text{km/s}$ um die Sonne bewegt. Während einer Drehung des Interferometers um 90° müsste dann die Interferenzintensität sich ändern, da s_1 und s_2 gegenüber v_{Erde} ihre Rollen vertauschen (Bild 2-7b).

Das *Michelson-Morley-Experiment* ergab jedoch trotz ausreichender Messempfindlichkeit, dass die Lichtgeschwindigkeit in jeder Richtung des bewegten Systems Erde im Rahmen der Messgenauigkeit gleich ist. Diese Erfahrung führte zur Annahme des Prinzips von der

Konstanz der Lichtgeschwindigkeit: Der Betrag der Vakuumlichtgeschwindigkeit ist in allen Inertialsystemen unabhängig von der Richtung gleich groß.

Dieses Prinzip und die daraus folgende Lorentz-Transformation sind die Grundlage der *speziellen Relativitätstheorie* (Einstein).

Im Folgenden werden die gleichen Bezeichnungen wie in 2.3.1 verwendet, vgl. auch Bild 2-6.

Lorentz-Transformation für Koordinaten und ihre Umkehrung:

$$x' = \frac{x - vt}{\sqrt{1-\beta^2}}\,, \qquad x = \frac{x' + vt'}{\sqrt{1-\beta^2}}\,; \qquad (2\text{-}43)$$

$$y' = y\,, \qquad y = y'\,;$$

$$z' = z\,, \qquad z = z'\,;$$

$$t' = \frac{t - \frac{v}{c_0^2}x}{\sqrt{1-\beta^2}}\,, \qquad t = \frac{t' + \frac{v}{c_0^2}x'}{\sqrt{1-\beta^2}} \qquad (2\text{-}44)$$

$$\text{mit} \quad \beta = \frac{v}{c_0} \quad \text{und} \qquad v = v_x\,. \qquad (2\text{-}45)$$

Für $v \ll c_0$, d. h. $\beta \ll 1$ geht die Lorentz-Transformation (2-43) und (2-44) über in die Galilei-Transformation (2-35) und (2-36). Die klassische Mechanik erweist sich damit als Grenzfall der relativistischen Mechanik für kleine Geschwindigkeiten. Es erweist sich ferner, dass die Grundgesetze der Elektrodynamik, die Maxwell-Gleichungen (siehe 14.5), invariant gegen die Lorentz-Transformation, nicht aber gegen die Galilei-Transformation sind.

Das *Relativitätsprinzip* der speziellen Relativitätstheorie: In Bezugssystemen, die sich gegeneinander gleichförmig geradlinig bewegen (Inertialsysteme), sind die physikalischen Zusammenhänge dieselben, d. h., *alle physikalischen Gesetze sind invariant* gegen die *Lorentz-Transformation.* Wesentliches Merkmal ist, dass nach (2-44) $t' \neq t$ ist, d. h., dass jedes System seine *Eigenzeit* hat.

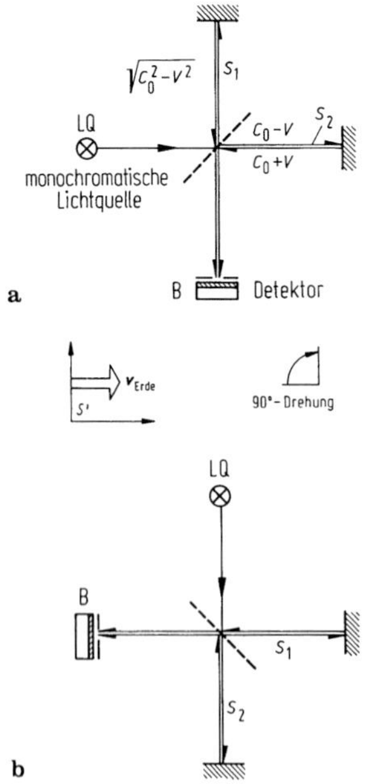

Bild 2-7. Das Michelson-Morley-Experiment

2.3.3 Relativistische Kinematik

Nach der klassischen Galilei-Transformation bleiben Längen $\Delta x = x_2 - x_1$ und Zeiträume $\Delta t = t_2 - t_1$ beim Übergang vom System S zum System S' gleich.

Nach der Lorentz-Transformation ändern sich jedoch Längen und Zeiträume beim Übergang S → S′: Längenkontraktion und Zeitdilatation.

Längenkontraktion:
Eine Länge $l' = x'_2 - x'_1$ im System S′ erscheint im System S verändert. Aus der Lorentz-Transformation (2-43) folgt für die Koordinaten x'_2 und x'_1 zur Zeit t'

$$x'_2 = x_2\sqrt{1-\beta^2} - vt' , \quad x'_1 = x_1\sqrt{1-\beta^2} - vt' .$$

Für die Länge l' im System S′ ergibt sich damit in Koordinaten des Systems S

$$l' = (x_2 - x_1)\sqrt{1-\beta^2} . \tag{2-46}$$

Umgekehrt ergibt sich für eine Länge l im System S in Koordinaten des Systems S′ in entsprechender Weise

$$l = (x'_2 - x'_1)\sqrt{1-\beta^2} . \tag{2-47}$$

Das heißt, in jedem System erscheinen die in Bewegungsrichtung liegenden Abmessungen eines sich dagegen bewegenden Körpers (zweites System) verkürzt. Seine Abmessungen senkrecht zur Bewegungsrichtung erscheinen unverändert.

Zeitdilatation:
Eine Zeitspanne $\Delta t = t_2 - t_1$, die durch zwei Ereignisse am gleichen Ort im System S definiert wird, erscheint im System S′ als Zeitspanne $\Delta t' = t'_2 - t'_1$, für die sich aus (2-44) ergibt

$$\Delta t' = \frac{\Delta t}{\sqrt{1-\beta^2}} \geqq \Delta t . \tag{2-48}$$

Eine Zeitspanne $\Delta t'$ im System S′ erscheint andererseits im System S als Zeitspanne Δt, für den sich entsprechend ergibt

$$\Delta t = \frac{\Delta t'}{\sqrt{1-\beta^2}} \geqq \Delta t' . \tag{2-49}$$

Das heißt, in jedem System erscheinen Zeitspannen eines anderen Inertialsystems gedehnt: Eine gegenüber dem Beobachter bewegte Uhr scheint langsamer zu gehen. Der mitbewegte Beobachter merkt nichts davon. Dies gilt auch umgekehrt: Uhrenparadoxon.

Geschwindigkeitstransformation:
Die Geschwindigkeit eines Massenpunktes P sei

$$u = (u_x, u_y, u_z) = \left(\frac{\mathrm{d}x}{\mathrm{d}t}, \frac{\mathrm{d}y}{\mathrm{d}t}, \frac{\mathrm{d}z}{\mathrm{d}t}\right)$$

im System S und

$$u' = \left(u'_x, u'_y, u'_z\right) = \left(\frac{\mathrm{d}x'}{\mathrm{d}t'}, \frac{\mathrm{d}y'}{\mathrm{d}t'}, \frac{\mathrm{d}z'}{\mathrm{d}t'}\right)$$

im System S′ (Bild 2-8).
Durch Differenziation der Koordinatentransformation (2-43) nach t und Verwendung von $\mathrm{d}t/\mathrm{d}t'$ aus (2-44) folgt für die Geschwindigkeitskomponenten im System S′

$$u'_x = \frac{u_x - v}{1 - \dfrac{\beta u_x}{c_0}} , \quad u'_y = \frac{u_y\sqrt{1-\beta^2}}{1 - \dfrac{\beta u_x}{c_0}} , \quad u'_z = \frac{u_z\sqrt{1-\beta^2}}{1 - \dfrac{\beta u_x}{c_0}} \tag{2-50}$$

mit $v = v_x$. Für die Umkehrung ergibt sich in analoger Weise

$$u_x = \frac{u'_x + v}{1 + \dfrac{\beta u'_x}{c_0}} , \quad u_y = \frac{u'_y\sqrt{1-\beta^2}}{1 + \dfrac{\beta u'_x}{c_0}} , \quad u_z = \frac{u'_z\sqrt{1-\beta^2}}{1 + \dfrac{\beta u'_x}{c_0}} . \tag{2-51}$$

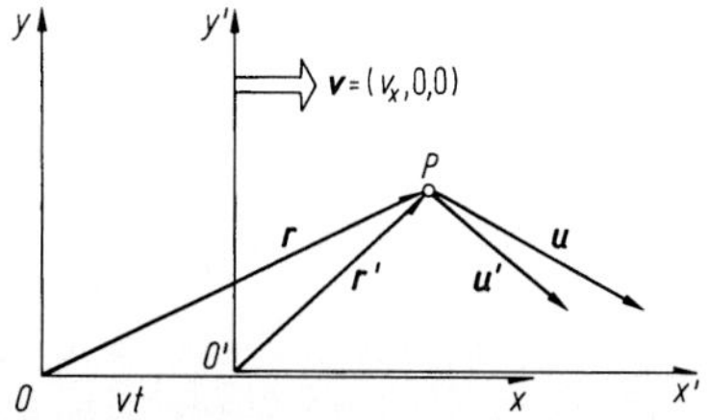

Bild 2-8. Zur relativistischen Geschwindigkeitstransformation

Dies ist die *Lorentz-Transformation für Geschwindigkeiten*. Im Gegensatz zur Galilei-Transformation sind hier auch Geschwindigkeiten senkrecht zur Relativgeschwindigkeit der beiden Systeme S und S′ nicht invariant gegenüber einer Lorentz-Transformation. Für $u, v \ll c_0$, also $\beta \ll 1$ geht auch die Lorentz-Transformation für Geschwindigkeiten (2-50) u. (2-51) über in die entsprechende Galilei-Transformation (2-38).

Sonderfall: Ist in einem der Systeme die betrachtete Geschwindigkeit gleich der Lichtgeschwindigkeit c_0, so hat der Vorgang auch im zweiten System die Geschwindigkeit c_0: In jedem Inertialsystem ist die Vakuumlichtgeschwindigkeit gleich groß, unabhängig von der Richtung. Daraus folgt, dass sie auch unabhängig von der Bewegung der Lichtquelle ist.

Aus (2-50) oder (2-51) lässt sich diese Aussage leicht für $u_x = c_0$ $(u_y = u_z = 0)$ oder $u'_x = c_0$ $(u'_y = u'_z = 0)$ verifizieren. Für z. B. $u_y = c_0$ $(u_x = u_z = 0)$ ist dagegen zu beachten, dass die Bewegungsrichtung im System S′ nicht mehr genau in y'-Richtung erfolgt, sondern auch eine x'-Komponente auftritt.

Auf die relativistische Dynamik wird in den Kapiteln 3 und 4 eingegangen.

2.4 Geradlinig beschleunigte Relativbewegung

Es werden zwei gegeneinander konstant beschleunigte Bezugssysteme betrachtet, bei denen die Relativgeschwindigkeit jederzeit so klein bleibt, dass die Galilei-Transformation anstelle der Lorentz-Transformation angewendet werden kann: $v(t) \ll c_0$ $(\beta \ll 1)$. Wegen des Bezuges zum freien Fall wählen wir für die betrachteten Beschleunigungen hier die z-Richtung (Bild 2-9). Das System S′ werde gegenüber dem System S mit $\boldsymbol{a}_\mathrm{r} = (0, 0, -a_\mathrm{r})$ beschleunigt. Für $t = 0$ mögen die Ursprünge 0 und 0′ zusammenfallen und die Anfangs-Relativgeschwindigkeit gleich null sein (o. B. d. A.).

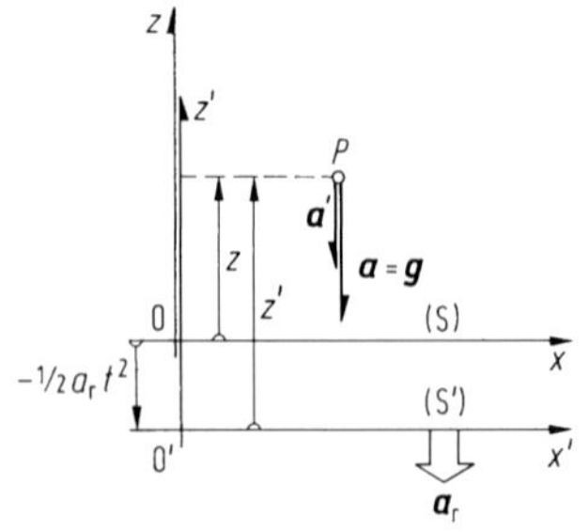

Bild 2-9. Vertikal beschleunigtes System

Ein Massenpunkt P werde im ruhenden System S mit $\boldsymbol{a} = (0, 0, a_z)$, z. B. mit der Fallbeschleunigung $\boldsymbol{a} = \boldsymbol{g} = (0, 0, -g)$ nach unten beschleunigt. Die Beschleunigung $\boldsymbol{a}'$ des Massenpunktes P im selbst mit $\boldsymbol{a}_\mathrm{r}$ beschleunigten System S′ errechnet sich durch zeitliche Differenziation der Ortskoordinaten (Bild 2-9):

$$z = z' - \frac{a_\mathrm{r}}{2}t^2 ,$$

Mit $a = \mathrm{d}^2z/\mathrm{d}t^2$, $a' = \mathrm{d}^2z'/\mathrm{d}t^2$ und $\boldsymbol{a}_\mathrm{r} = (0, 0, -a_\mathrm{r})$ folgt daraus

$$\boldsymbol{a} = \boldsymbol{a}' + \boldsymbol{a}_\mathrm{r} , \quad \boldsymbol{a}' = \boldsymbol{a} - \boldsymbol{a}_\mathrm{r} , \tag{2-52}$$

$$\text{bzw. mit } \boldsymbol{a} = \boldsymbol{g}: \quad \boldsymbol{a}' = \boldsymbol{g} - \boldsymbol{a}_\mathrm{r} . \tag{2-53}$$

Das heißt, die Beschleunigung, der ein Körper in einem ruhenden (oder gleichförmig bewegten) System S unterliegt, ändert sich beim Übergang zu einem beschleunigten System S′ um dessen Beschleunigung. Entsprechendes gilt für die mit der Beschleunigung des Körpers verbundenen Kräfte (siehe 3), es treten *Trägheitskräfte* auf, die in ruhenden oder gleichförmig bewegten Systemen nicht vorhanden sind.

Ist insbesondere die Beschleunigung $\boldsymbol{a}_\mathrm{r}$ des Systems S′ gleich der des beschleunigten Körpers $\boldsymbol{a}$ im System S, so verschwindet dessen Beschleunigung im System S′:

$$\boldsymbol{a}' = 0 \quad \text{für} \quad \boldsymbol{a}_\mathrm{r} = \boldsymbol{a} .$$

In einem Labor, das z. B. im Erdfeld frei fällt ($\boldsymbol{a}_\mathrm{r} = \boldsymbol{g}$), herrscht demzufolge „Schwerelosigkeit", was nur bedeutet, dass der Körper gegenüber seiner Umgebung keine Beschleunigung erfährt.

2.5 Rotatorische Relativbewegung

In zueinander gleichförmig translatorisch bewegten Bezugssystemen treten keine durch die Systembewegung bedingten Beschleunigungen auf. Ein Beobachter in einem geschlossenen, gleichförmig geradlinig bewegten Labor könnte die Bewegung nicht feststellen.

Anders bei beschleunigten Systemen: Hier treten Trägheitsbeschleunigungen und -kräfte sowohl bei

geradlinig beschleunigten (vgl. 2.4) als auch bei rotierenden Systemen auf, die durch die Systembewegung bedingt sind.
Bei *gleichförmig rotierenden Systemen* tritt einerseits die

$$\text{Zentripetalbeschleunigung } \boldsymbol{a}_{\text{zp}} = \boldsymbol{\omega} \times (\boldsymbol{\omega} \times \boldsymbol{r})$$

auf (2-30), die einen Massenpunkt auf der Kreisbahn mit dem Radius r hält. Ein Beobachter im rotierenden System S′ registriert die entsprechende Trägheitsbeschleunigung (Bild 2-10), die radial gerichtete Zentrifugalbeschleunigung

$$\boldsymbol{a}_{\text{zf}} = -\boldsymbol{\omega} \times (\boldsymbol{\omega} \times \boldsymbol{r}) \,. \tag{2-54}$$

Im rotierenden System Erde ist die Zentrifugalbeschleunigung neben der (ebenfalls durch die Zentrifugalbeschleunigung bzw. -kraft bedingten) Abplattung der Erde für die Abhängigkeit der effektiven Erdbeschleunigung vom geografischen Breitengrad verantwortlich. Die lokale Fallbeschleunigung variiert von etwa 9,78 m/s^2 am Äquator bis 9,83 m/s^2 an den Polen.
Eine weitere Trägheitsbeschleunigung in rotierenden Systemen tritt auf, wenn ein Massenpunkt sich mit einer Geschwindigkeit $\boldsymbol{v}$ bewegt: *Coriolis-Beschleunigung* (Bild 2-11).
Ein im ruhenden System S sich mit konstanter Geschwindigkeit $\boldsymbol{v}$ bewegender Massenpunkt P sei zur Zeit $t = 0$ im rotierenden System S′ z. B. gerade im Drehpunkt ($r = 0$). Der Beobachter im System S stellt dann eine mit t zunehmende Abweichung von der geraden Bahn fest, die offenbar von einer senkrecht zu $\boldsymbol{v}$ (und zu $\boldsymbol{\omega}$) wirkenden Beschleunigung $\boldsymbol{a}'_{\text{C}}$, der Coriolis-Beschleunigung, herrührt. Hat der Massenpunkt nach der Zeit t den radialen Weg $r = vt$ zurückgelegt, so ist die Abweichung von der geraden Bahn im rotierenden System S′ das Bogenstück

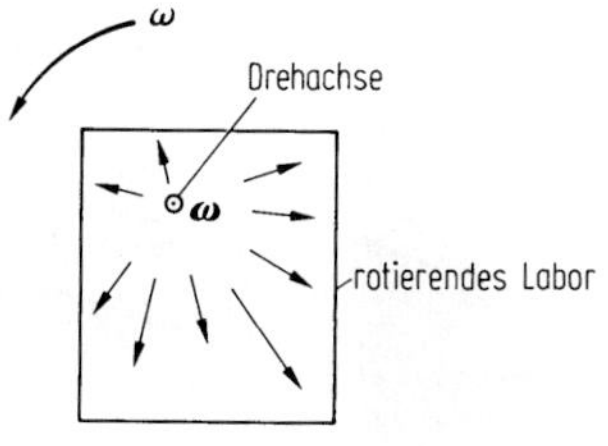

Bild 2-10. Zentrifugalbeschleunigung im rotierenden Labor

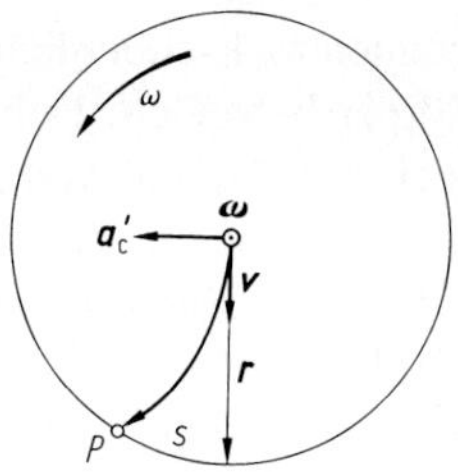

Bild 2-11. Zur Coriolis-Beschleunigung

$s = r\omega t = v\omega t^2$, das wegen $s \sim t^2$ offensichtlich beschleunigt zurückgelegt wurde. Für die gleichmäßig beschleunigte Bewegung gilt andererseits nach (2-10) $s = at^2/2$, sodass aus dem Vergleich $a'_{\text{C}} = 2v\omega$ folgt, oder in vektorieller Schreibweise für die *Coriolis-Beschleunigung*:

$$\boldsymbol{a}'_{\text{C}} = 2\boldsymbol{v} \times \boldsymbol{\omega} \,. \tag{2-55}$$

Die experimentelle Bestimmung der Coriolis-Beschleunigung auf der Erdoberfläche ermöglicht die Berechnung der Winkelgeschwindigkeit der Erde unabhängig von der Beobachtung des Sternenhimmels: Die Drehung der Schwingungsebene des Foucault-Pendels durch die Coriolis-Beschleunigung ist ein Nachweis für die Drehung der Erde um ihre Achse (Foucault, 1851).
Die Komponente des Winkelgeschwindigkeitsvektors der Erdrotation senkrecht zur Erdoberfläche liegt auf der Nordhalbkugel in positiver z-Richtung, auf der Südhalbkugel in negativer z-Richtung. Die Coriolis-Beschleunigung führt daher auf der Nordhalbkugel zu einer Rechtsabweichung von der Bewegungsrichtung, auf der Südhalbkugel zu einer Linksabweichung. Tiefdruckzyklone, bei denen die Luftbewegung zum Zentrum gerichtet ist, zeigen als Folge der Coriolis-Beschleunigung in der nördlichen Hemisphäre einen Drehsinn entgegengesetzt zum Uhrzeigersinn, in der südlichen Hemisphäre einen Drehsinn im Uhrzeigersinn.

3 Kraft und Impuls

Kräfte (allgemeiner: Wechselwirkungen) als Ursache der Bewegung von Körpern werden in der *Dynamik* behandelt. Zunächst wird (in 3 bis 5) die Dynamik des Massenpunktes, später (in 6) die Dynamik von Teilchensystemen und schließlich (in 7) die Dynamik starrer Körper behandelt. Dabei werden vorerst nur die Folgen des Wirkens von Kräften auf die Bewegung betrachtet, ohne auf die Natur der unterschiedlichen Kräfte einzugehen (hierzu siehe Einleitung von Teil B II, Übersicht über die fundamentalen Wechselwirkungen). Grundlage dafür sind die *Newton'schen Axiome* (1686): Trägheitsgesetz, Kraftgesetz und Reaktionsgesetz. Außerdem gehört hierzu das Superpositionsprinzip (Überlagerungsprinzip) für Kräfte.

3.1 Trägheitsgesetz

Erstes Newton'sches Axiom: Jeder Körper mit konstanter Masse m verharrt im Zustand der Ruhe oder der gleichförmig geradlinigen Bewegung, falls er nicht durch äußere Kräfte $\boldsymbol{F}$ gezwungen wird, diesen Zustand zu ändern:

$$\boldsymbol{v} = \text{const} \quad \text{für} \quad m = \text{const} \quad \text{und} \quad \boldsymbol{F} = 0\,. \tag{3-1}$$

Diese Eigenschaft aller Körper wird Trägheit oder Beharrungsvermögen genannt. Die Trägheit eines Körpers ist mit seiner Masse m verknüpft. Ein Maß für die Trägheitswirkung ist der *Impuls* oder die *Bewegungsgröße*

$$\boldsymbol{p} = m\boldsymbol{v}\,. \tag{3-2}$$

SI-Einheit: $[\boldsymbol{p}] = \text{kg} \cdot \text{m/s}$.

Aus (3-1) folgt damit

$$\boldsymbol{p} = m\boldsymbol{v} = \text{const} \quad \text{für} \quad \boldsymbol{F} = 0\,. \tag{3-3}$$

Dies ist die einfachste Form des Impulserhaltungssatzes (für einen Massenpunkt oder Teilchen), siehe auch 3.3 und 6.1.

3.2 Kraftgesetz

Die experimentelle Untersuchung der Beziehungen zwischen der wirkenden Kraft und der daraus sich ergebenden Änderung des Bewegungszustandes (Beschleunigung) einer Masse m zeigt:

1. Die Beschleunigung ist der wirkenden Kraft proportional und erfolgt in Richtung der Kraft:

$$\boldsymbol{F} \sim \boldsymbol{a}\,.$$

2. Das Verhältnis zwischen wirkender Kraft und erzielter Beschleunigung ist für jeden Körper eine konstante Größe: seine Masse $m = F/a$.

Das heißt, jeder Körper setzt seiner Beschleunigung Widerstand entgegen durch seine *träge Masse*. Zusammengefasst ergibt sich daraus das *Newton'sche Kraftgesetz*:

$$\boldsymbol{F} = m\boldsymbol{a} = m\frac{\mathrm{d}\boldsymbol{v}}{\mathrm{d}t}\,. \tag{3-4}$$

Bei sich während der Bewegung ändernder Masse (z. B. bei einer Rakete, oder bei relativistischen Geschwindigkeiten) ist stattdessen die allgemeinere Formulierung des Kraftgesetzes anzuwenden:

Zweites Newton'sches Axiom: Die zeitliche Änderung des Impulses ist der bewegenden Kraft proportional und erfolgt in Richtung der Kraft:

$$\boldsymbol{F} = \frac{\mathrm{d}}{\mathrm{d}t}(m\boldsymbol{v}) = \frac{\mathrm{d}\boldsymbol{p}}{\mathrm{d}t}\,. \tag{3-5}$$

Für $m = \text{const}$ geht (3-5) in (3-4) über.

SI-Einheit: $[\boldsymbol{F}] = \text{kg} \cdot \text{m/s}^2 = \text{N}$ (Newton) .

Überlagerungsgesetz:
Eine Kraft, die an einem Punkt P angreift, verhält sich wie ein ortsgebundener Vektor $\boldsymbol{F}$, der nur entlang der Wirkungslinie der Kraft verschoben werden darf. Greifen mehrere Kräfte $\boldsymbol{F}_i$ in einem Punkt P an, so addieren sich die Kräfte wie Vektoren zu einer Gesamtkraft (Bild 3-1)

$$\boldsymbol{F}_\Sigma = \sum_{i=1}^{n} \boldsymbol{F}_i\,. \tag{3-6}$$

3.2.1 Gewichtskraft

Die Gewichtskraft $\boldsymbol{F}_\mathrm{G}$ eines Körpers (früher: Gewicht) ist die im Schwerefeld eines Himmelskörpers auf den Körper wirkende Schwerkraft.

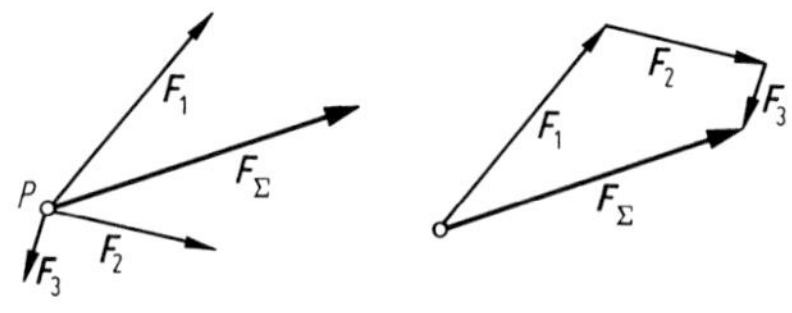

Bild 3-1. Kräfteaddition

Kann der Körper der Kraft folgen, so ruft sie eine Beschleunigung $\boldsymbol{g}$ hervor, die *Fallbeschleunigung* oder Schwerebeschleunigung genannt wird, im Fall der Erde auch Erdbeschleunigung (vgl. 2.1). Entsprechend (3-4) gilt

$$\boldsymbol{F}_\mathrm{G} = m\boldsymbol{g} \,. \qquad (3\text{-}7)$$

Für die Erde gilt: Die Normfallbeschleunigung $g_\mathrm{n} = 9{,}80665\,\mathrm{m/s^2}$ beruht auf ungenauen älteren Messungen für 45° nördl. Br. auf Meereshöhe. Die internationale Formel in Tabelle 1-5 ergibt für 45° $9{,}80620\,\mathrm{m/s^2}$, den Normwert aber für die Breite 45,497°, am Äquator $9{,}78033\,\mathrm{m/s^2}$ und an den Polen $9{,}83219\,\mathrm{m/s^2}$.
Für den Mond gilt: $g_\mathrm{Mond} \approx 0{,}167\, g_\mathrm{Erde} \approx 1{,}64\,\mathrm{m/s^2}$.
Kräfte lassen sich wie Vektoren auch in Komponenten zerlegen. Bild 3-2 zeigt dies am Beispiel der Gewichtskraft eines Körpers auf einer geneigten (schiefen) Ebene, die sich in eine Hangabtriebskraft $\boldsymbol{F}_\mathrm{t}$ tangential zur geneigten Ebene und in eine Normalkraft $\boldsymbol{F}_\mathrm{n}$, die auf die Bahnebene drückt, zerlegen lässt:

$$F_\mathrm{t} = F_\mathrm{G} \sin\alpha \,, \quad F_\mathrm{n} = F_\mathrm{G} \cos\alpha \,. \qquad (3\text{-}8)$$

3.2.2 Federkraft

Kräfte können neben Beschleunigungen eines Körpers auch Formänderungen des Körpers hervorrufen, wenn der Körper an der Bewegung gehindert wird. Zum Beispiel können einseitig befestigte Schraubenfedern durch einwirkende Kräfte gedrückt oder gedehnt werden (Bild 3-3).
Bei im Vergleich zur Federlänge kleinen Längenänderungen s sind Kraft und Dehnung proportional (Hooke'sches Gesetz, vgl. D 9.2.1), der Proportionalitätsfaktor $c = F/s$ wird Federsteife, Richtgröße oder Federkonstante genannt. Die um die Strecke s gedehnte Feder erzeugt eine *rücktreibende Kraft* der Größe

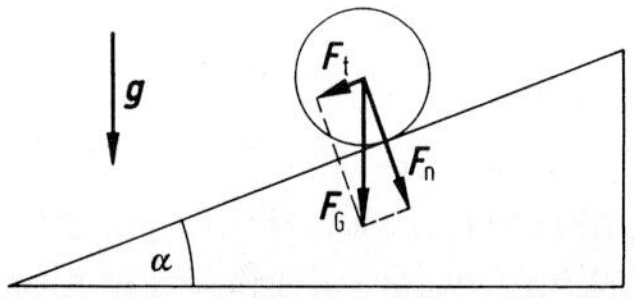

Bild 3-2. Zerlegung der Gewichtskraft auf einer geneigten Ebene

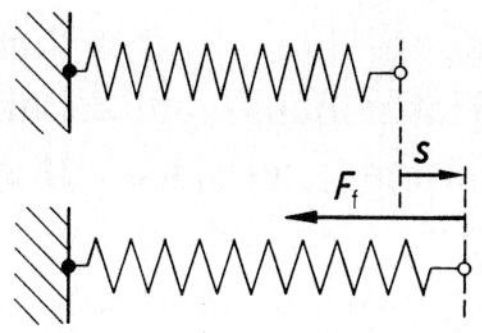

Bild 3-3. Rücktreibende Kraft einer gedehnten Feder

$$\boldsymbol{F}_\mathrm{f} = -c\boldsymbol{s} \qquad (3\text{-}9)$$

Federanordnungen gemäß Bild 3-3 sind als Kraftmesser geeignet.

3.2.3 Reibungskräfte

Reibungskräfte treten auf, wenn sich berührende Körper (Festkörper, Flüssigkeiten, Gase) relativ zueinander bewegt werden. Reibungskräfte wirken der bewegenden Kraft entgegen und müssen stets auf das betreffende Reibungssystem (allg. tribologisches System, siehe D 10.6) bezogen interpretiert werden.

Festkörperreibung

Die Reibungskraft F_R ist unabhängig von der Größe der Berührungsfläche und in erster Näherung von der Normalkraft auf die Berührungsfläche (Bild 3-4) sowie von der Reibungszahl μ abhängig:

$$F_\mathrm{R} = \mu F_\mathrm{n} \,. \qquad (3\text{-}10)$$

Es muss zwischen Haftreibung (Ruhereibung) und Bewegungsreibung, z. B. Gleitreibung, unterschieden werden:
Haftreibung tritt zwischen gegeneinander ruhenden Körpern auf, die zueinander in Bewegung gesetzt werden sollen. Bei kleinen Tangentialkräften $\boldsymbol{F}$ ist die Reibungskraft zunächst entgegengesetzt gleich $\boldsymbol{F}$, sodass der Körper weiterhin ruht. Die Reibungskraft steigt mit der Tangentialkraft $\boldsymbol{F}$ an bis zu einem Maximalwert, bei dem der Körper

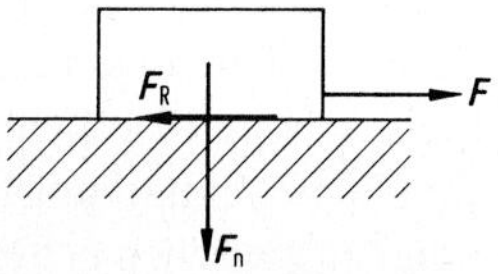

Bild 3-4. Reibung zwischen festen Körpern

anfängt zu gleiten. Für diesen Punkt gilt (3-10) mit $\mu = \mu_0$: Haftreibungszahl. Dabei muss die Haftung (Adhäsion) an den Berührungsstellen der Grenzflächen (bei Metallen häufig kaltverschweißt) aufgebrochen werden. Danach, d. h. bei bereits bestehender Gleitbewegung, wirkt die i. Allg. niedrigere *Gleitreibung* μ ($<\mu_0$). Dabei treten stoßförmige Deformationen an den Berührungspunkten der Grenzflächen auf und (dadurch bedingt) Anregung elastischer Wellen, Temperaturerhöhung (Reibungswärme). An der Energiedissipation bei der Festkörperreibung können daneben elastisch-plastische Kontaktdeformationen (elastische Hysterese, Erzeugung von Versetzungen) sowie reibungsinduzierte Emissionsprozesse (Schallabstrahlung, Triboluminineszenz, Exoelektronen) beteiligt sein. Die Gleitreibungskraft ist i. Allg. kleiner als die Normalkraft ($\mu < 1$). Je nach Materialkombination liegt μ bei trockener Reibung in folgenden Bereichen:

$$\text{Haftreibungszahlen } \mu_0 \approx (0{,}15 \ldots 0{,}8)\,,$$
$$\text{Gleitreibungszahlen } \mu \approx (0{,}1 \ldots 0{,}6) < \mu_0\,.$$

Reibungszahlen sind tribologische Systemkenngrößen und müssen experimentell, z. B. durch Gleitversuche auf einer geneigten Ebene (vgl. 3.2.1) mit veränderlichem Neigungswinkel α, ermittelt werden (vgl. D 10.6.1 und D 11.7.3).

Bei Körpern, die auf einer Unterlage rollen, tritt *Rollreibung* auf. Sie ist durch Deformationen der aufeinander abrollenden Körper bedingt. Der Rollreibungswiderstand ist sehr viel kleiner als der Gleitreibungswiderstand:

$$\text{Rollreibungszahlen } \mu' \approx (0{,}002 \ldots 0{,}04) \ll \mu$$

Flüssigkeitsreibung

Befindet sich eine Flüssigkeit zwischen den aneinander gleitenden Körpern, so bilden sich gegenüber den Körpern ruhende Grenzschichten aus. Die Reibung findet nur noch innerhalb der tragenden Flüssigkeitsschicht statt und führt zu deren Temperaturerhöhung. Flüssigkeitsreibung ist erheblich kleiner als Haft- und Gleitreibung (Schmierung!) und von der Relativgeschwindigkeit zwischen beiden Körpern abhängig (vgl. 9.4).

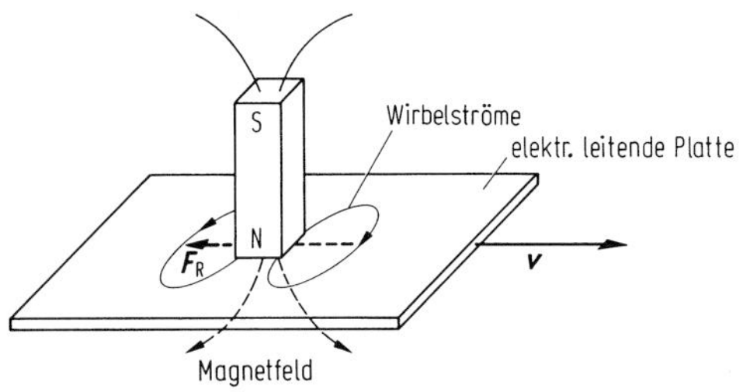

Bild 3-5. Wirbelstrombremsung

Näherungsweise gilt bei

kleinen Geschwindigkeiten

$$F_R \sim v \quad \text{(laminare Strömung)}\,,$$

größeren Geschwindigkeiten

$$F_R \sim v^2 \quad \text{(turbulente Strömung)}\,.$$

Gasreibung

Gasreibung liegt vor, wenn sich eine tragende Gasschicht zwischen den aneinander gleitenden Flächen ausbildet. Der Mechanismus ist ähnlich wie bei der Flüssigkeitsreibung, der Reibungswiderstand ist noch geringer (Ausnutzung: Gaslager, Luftkissenfahrzeug).

Elektromagnetische „Reibung" (Wirbelstrombremsung)

Bewegt sich ein Metallkörper im Felde eines Magneten (Bild 3-5), so treten durch elektromagnetische Induktion energieverzehrende Wirbelströme im Metall auf, deren Effekt eine bremsende Wirkung auf die Bewegung ist (vgl. 14.1). Für die Reibungskraft gilt dabei streng

$$\boldsymbol{F}_R \sim -\boldsymbol{v}\,.$$

3.3 Reaktionsgesetz

Drittes Newton'sches Axiom:

Übt ein Körper 1 auf einen Körper 2 eine Kraft $\boldsymbol{F}_{12}$ aus, so reagiert der Körper 2 auf den Körper 1 mit einer Gegenkraft $\boldsymbol{F}_{21}$. Kraft und Gegenkraft bei der Wechselwirkung zweier Körper sind einander entgegengesetzt gleich („actio = reactio"):

$$\boldsymbol{F}_{21} = -\boldsymbol{F}_{12} \,. \qquad (3\text{-}11)$$

Beispiele für das Reaktions- oder Wechselwirkungsgesetz:

3.3.1 Kräfte bei elastischen Verformungen

Bei der Dehnung einer Feder (Bild 3-6) durch Ziehen mit einer Kraft $\boldsymbol{F}_M = c\boldsymbol{x}$ reagiert die Feder mit der Gegenkraft $\boldsymbol{F}_f = -\boldsymbol{F}_M = -c\boldsymbol{x}$ (vgl. 3.2.2).
Eine auf eine Unterlage durch ihre Gewichtskraft $\boldsymbol{F}_{KU} = m_K\boldsymbol{g}$ drückende Kugel erfährt durch die auftretenden elastischen Deformationen (Bild 3-7) eine Gegenkraft $\boldsymbol{F}_{UK} = -\boldsymbol{F}_{KU} = -m_K\boldsymbol{g}$.

3.3.2 Kräfte zwischen freien Körpern („innere Kräfte")

Bei Körpern, die sich in Kraftrichtung frei bewegen können (z. B. Massen auf reibungsfrei rollenden Wagen, Bild 3-8), wirkt sich das Auftreten „innerer Kräfte" nach dem Reaktionsgesetz gemäß (3-5) durch entgegengesetzt gleiche Impulsänderungen aus:

$$\boldsymbol{F}_{12} = \frac{\mathrm{d}(m_2\boldsymbol{v}_2)}{\mathrm{d}t} = -\boldsymbol{F}_{21} = -\frac{\mathrm{d}(m_1\boldsymbol{v}_1)}{\mathrm{d}t} \,. \qquad (3\text{-}12)$$

Aus (3-12) folgt

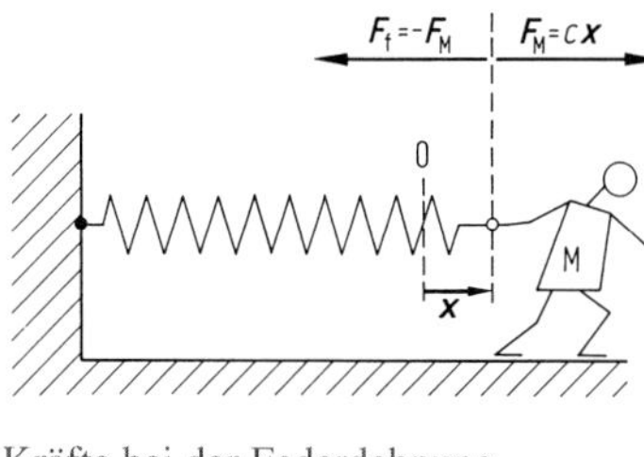

Bild 3-6. Kräfte bei der Federdehnung

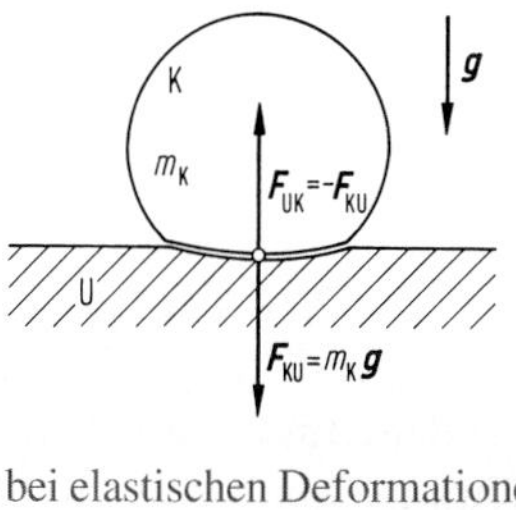

Bild 3-7. Kräfte bei elastischen Deformationen zwischen einer Kugel und ihrer Unterlage

$$\frac{\mathrm{d}}{\mathrm{d}t}(m_1\boldsymbol{v}_1 + m_2\boldsymbol{v}_2) = 0$$

und daraus für den Gesamtimpuls

$$m_1\boldsymbol{v}_1 + m_2\boldsymbol{v}_2 = \text{const} \,. \qquad (3\text{-}13)$$

Wenn keine äußeren, nur innere Kräfte wirken, bleibt der Gesamtimpuls zeitlich konstant: Impulserhaltungssatz (für zwei Teilchen). Dies lässt sich auf n Teilchen verallgemeinern:
Impulserhaltungssatz:

$$\sum_{i=1}^{n} m_i\boldsymbol{v}_i = \sum_{i=1}^{n} \boldsymbol{p}_i = \boldsymbol{p}_{\text{tot}} = \text{const}^{(t)} \qquad (3\text{-}14)$$

(äußere Kräfte null).

> Der Gesamtimpuls eines Systems von n Teilchen bleibt zeitlich konstant, wenn keine äußeren Kräfte wirken. Der Impulserhaltungssatz gilt unabhängig von der Art der inneren Wechselwirkung immer.

Im Falle abstoßender Kräfte zwischen zwei Massen (Bild 3-9) ergibt sich, wenn ursprünglich der Gesamtimpuls null war, aus (3-13)

$$\frac{v_1}{v_2} = (-)\frac{m_2}{m_1} \,. \qquad (3\text{-}15)$$

Gleichung (3-15) gestattet den Vergleich zweier Massen allein aus den Trägheitseigenschaften, indem nach einer bestimmten Zeit das Geschwindigkeitsverhältnis gemessen wird. Diese Beziehung ist auch die Grundlage des *Rückstoßprinzips* (Bild 3-9): Stößt ein Körper eine Masse m_2 mit einer Geschwindigkeit $\boldsymbol{v}_2$ aus, so erhält der Körper mit der verbleibenden Masse m_1 eine Geschwindigkeit $\boldsymbol{v}_1 = \boldsymbol{v}_2 m_2/m_1$ in entgegengesetzter Richtung. Das Rückstoßprinzip liegt auch dem Raketenantrieb zugrunde.

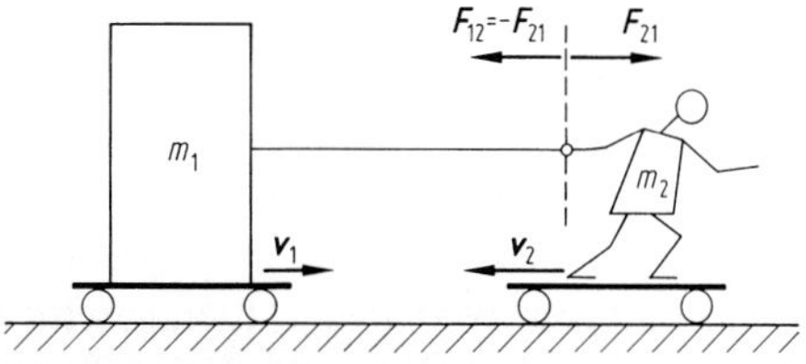

Bild 3-8. Impulsänderung bei Wirken innerer Kräfte

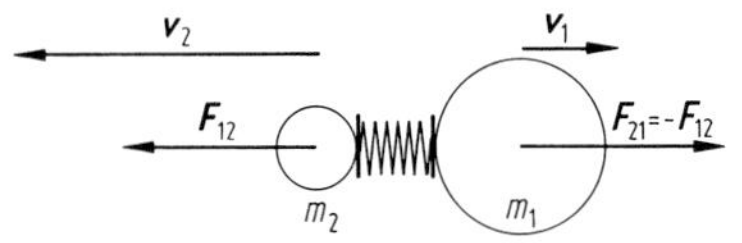

Bild 3-9. Rückstoßprinzip

3.4 Äquivalenzprinzip: Schwer- und Trägheitskräfte

Die Masse eines Körpers ist für sein Trägheitsverhalten maßgebend. Im Newton'schen Kraftgesetz (3-4) und im Reaktionsgesetz, z. B. (3-12) u. (3-15) ist daher die *träge Masse* m_t anzusetzen, die zugehörigen Kräfte sind *Trägheitskräfte*. Die Masse ist jedoch gleichzeitig auch Ursache für die *Schwerkraft* (Gewichtskraft), z. B. in (3-7). Hier ist die *schwere Masse* m_s anzusetzen. Im Sinne der klassischen Physik sind dies durchaus phänomenologisch verschiedene Eigenschaften der Masse. Schwere Masse und träge Masse treten jedoch in allen Beziehungen gleichwertig auf, und alle Experimente zeigen:

$$\text{schwere Masse} = \text{träge Masse}\,,$$

$$m_{\text{schwer}} = m_{\text{träge}}\,. \qquad (3\text{-}16)$$

Dementsprechend sind auf eine Masse m wirkende Schwer- und Trägheitskräfte in einem geschlossenen Labor nicht prinzipiell unterscheidbar. Sie sind äquivalent. Die Wirkung einer Beschleunigung $\boldsymbol{a}$ auf physikalische Vorgänge in einem Labor, z. B. in einer durch Rückstoß angetriebenen Rakete im Weltraum, ist dieselbe wie die einer Schwerebeschleunigung $\boldsymbol{g}$ $(= -\boldsymbol{a})$ auf die Vorgänge in einem ruhenden Labor auf einer Planetenoberfläche (Bild 3-10).

> Das *Äquivalenzprinzip* (Einstein, 1915) postuliert die Ununterscheidbarkeit (Äquivalenz) von schwerer und träger Masse (bzw. von Schwer- und Trägheitskräften) bei allen physikalischen Gesetzen (allgemeines Relativitätsprinzip).

Daraus folgt z. B., dass auch die Lichtfortpflanzung der Schwerkraftablenkung unterliegt (Bild 3-11). Wegen des großen Wertes der Lichtgeschwindigkeit macht sie sich jedoch nur bei sehr großen Schwerkraftbeschleunigungen bemerkbar, z. B. als Lichtablenkung dicht an der Sonnenoberfläche durch

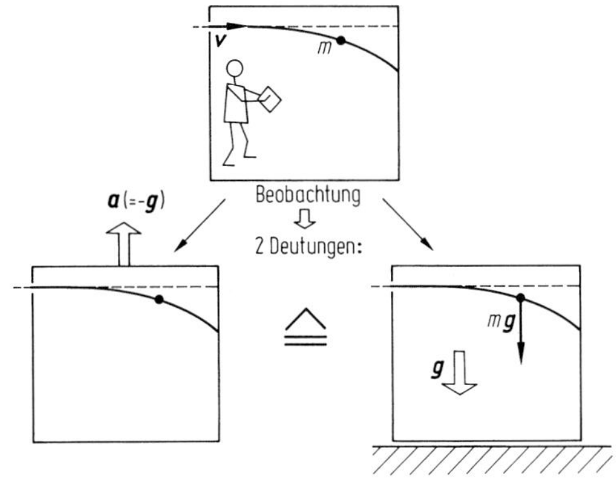

Bild 3-10. Äquivalenzprinzip bei der Parabelbahn einer Masse

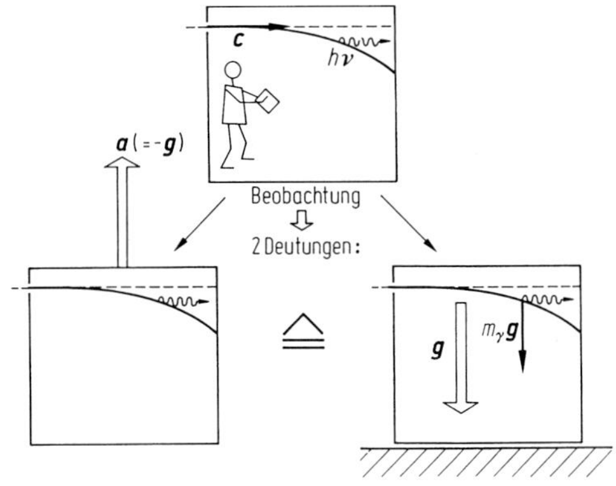

Bild 3-11. Äquivalenzprinzip bei der Parabelbahn eines Lichtquants

eine Schwerkraft $m_\gamma \boldsymbol{g}_{\text{sonne}}$, die auf die Masse m_γ eines Lichtquants (siehe 20.3) wirkt.

3.5 Trägheitskräfte bei Rotation

3.5.1 Zentripetal- und Zentrifugalkraft

Um einen Massenpunkt auf einer kreisförmigen Bahn zu halten, muss eine Kraft in Richtung Bahnmittelpunkt auf die Masse m wirken, die gerade die

$$\text{Zentripetalbeschleunigung } \boldsymbol{a}_{\text{zp}} = \boldsymbol{\omega} \times (\boldsymbol{\omega} \times \boldsymbol{r})$$

hervorruft, vgl. (2-30), und den Massenpunkt hindert, seiner Trägheit folgend, tangential weiterzufliegen. Nach (3-4) folgt dann für die Radialkraft $\boldsymbol{F}_{\text{zp}} = m\boldsymbol{a}_{\text{zp}}$ die Zentripetalkraft

$$\boldsymbol{F}_{\text{zp}} = m\boldsymbol{\omega} \times (\boldsymbol{\omega} \times \boldsymbol{r})\,. \qquad (3\text{-}17)$$

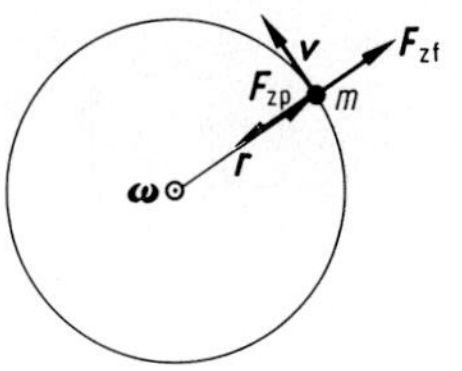

Bild 3-12. Zentripetal- und Zentrifugalkraft bei der Kreisbewegung

Der Massenpunkt m selbst übt infolge seiner Trägheit nach dem Reaktionsgesetz (siehe 3.3) eine entgegengesetzt gleich große Kraft in Radialrichtung auf die haltende Bahn oder den haltenden Faden aus (Bild 3-12), die *Zentrifugalkraft*

$$\boldsymbol{F}_{zf} = -m\boldsymbol{\omega} \times (\boldsymbol{\omega} \times \boldsymbol{r}) \,. \tag{3-18}$$

Der Betrag der Zentrifugalkraft ergibt sich mit (2-29) und (3-2) zu

$$F_{zf} = mr\omega^2 = mv\omega = p\omega = m\frac{v^2}{r} \,. \tag{3-19}$$

3.5.2 Coriolis-Kraft

Der in rotierenden Systemen bei Massenpunkten mit einer Geschwindigkeit $\boldsymbol{v}$ auftretenden Coriolis-Beschleunigung (2-55) $\boldsymbol{a}'_C = 2\boldsymbol{v} \times \boldsymbol{\omega}$ entspricht gemäß (3-4) eine Coriolis-Kraft

$$\boldsymbol{F}_C = 2m\boldsymbol{v} \times \boldsymbol{\omega} \,, \tag{3-20}$$

die stets senkrecht zu $\boldsymbol{v}$ und $\boldsymbol{\omega}$ wirkt (Bild 3-13).

3.6 Drehmoment und Gleichgewicht

Ein drehbarer starrer Körper (siehe 3.7) kann durch eine Kraft $\boldsymbol{F}$, deren Wirkungslinie nicht durch die Drehachse geht, in Drehung versetzt werden (Bild 3-14). Ein geeignetes Maß für diese Wirkung der Kraft ist das folgendermaßen definierte *Drehmoment* oder *Kraftmoment*

$$\boldsymbol{M} = \boldsymbol{r} \times \boldsymbol{F} \,, \tag{3-21}$$

wo $\boldsymbol{r}$ der Abstand des Angriffspunktes der Kraft vom Drehpunkt ist. Der Betrag des Drehmomentes ist mit $r_\perp = r \sin\alpha$ (senkrechter Abstand der Kraftwirkungslinie vom Drehpunkt)

$$M = rF \sin\alpha = r_\perp F \,. \tag{3-22}$$

$\boldsymbol{M}$ ist ein Vektor parallel zur Drehachse und steht senkrecht auf $\boldsymbol{r}$ und $\boldsymbol{F}$. Seine Richtung ergibt sich aus dem Rechtsschraubensinn.

SI-Einheit: $[M] = \mathrm{N \cdot m}$ (Newtonmeter) .

Kräftepaar: Zwei gleich große, entgegengesetzt gerichtete Kräfte, deren parallele Wirkungslinien einen Abstand $\boldsymbol{a}_\perp$ haben, werden ein Kräftepaar genannt (Bild 3-15). Sie üben ein Drehmoment aus von der Größe

$$\boldsymbol{M} = \boldsymbol{a} \times \boldsymbol{F} = \boldsymbol{a}_\perp \times \boldsymbol{F} \,. \tag{3-23}$$

Die auf einen ausgedehnten Körper wirkenden Kräfte können sowohl eine Translation als auch eine Rotation hervorrufen. Notwendige Bedingungen für das Gleichgewicht eines Körpers sind das Verschwinden der Summe aller Kräfte und der Summe aller Drehmomente:

Gleichgewichtsbedingungen:

$$\sum_{i=1}^{m} \boldsymbol{F}_i = 0 \,, \quad \sum_{j=1}^{n} \boldsymbol{M}_j = 0 \,. \tag{3-24}$$

Ein Körper befindet sich in einer Gleichgewichtslage, wenn die Gleichgewichtsbedingungen (3-24) erfüllt

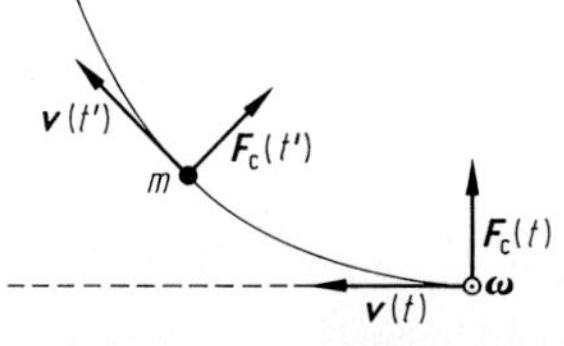

Bild 3-13. Richtung der Coriolis-Kraft

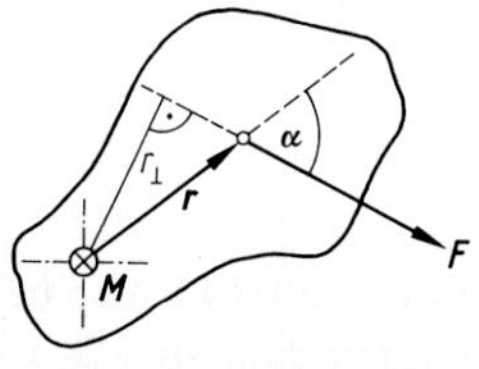

Bild 3-14. Zur Definition des Drehmomentes

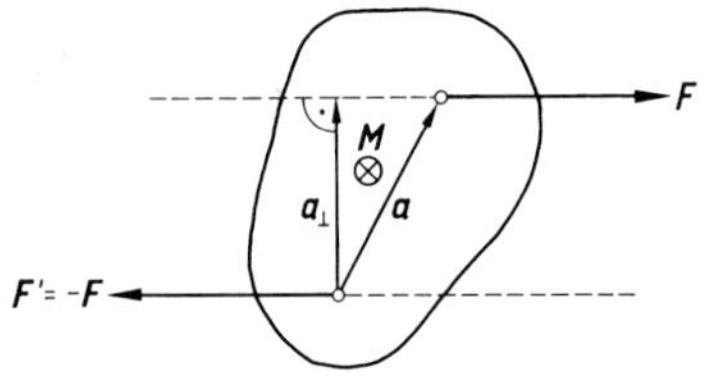

Bild 3-15. Drehmoment eines Kräftepaars

Bild 3-16. Gleichgewichtslagen

sind. Die potenzielle Energie (vgl. 4.2) hat dann einen Extremwert. Man spricht von stabilem, labilem oder indifferentem Gleichgewicht, je nachdem, ob bei Auslenkung des Körpers aus der Gleichgewichtslage die potenzielle Energie E_p (siehe 4.2) steigt, fällt oder konstant bleibt (Bild 3-16).

3.7 Drehimpuls (Drall)

Eine ähnliche Rolle wie der Impuls bei der geradlinigen Bewegung (z. B. Erhaltungsgröße bei fehlenden Kräften) spielt der Drehimpuls bei der Kreisbewegung, er ist Erhaltungsgröße bei fehlenden Drehmomenten, siehe 3.8.

Definition des *Drehimpulses* eines Massenpunktes m mit dem Impuls $\boldsymbol{p} = m\boldsymbol{v}$ im Abstande $\boldsymbol{r}$ von einem Drehpunkt (Bild 3-17):

$$\boldsymbol{L} = \boldsymbol{r} \times \boldsymbol{p} = \boldsymbol{r} \times m\boldsymbol{v} . \qquad (3\text{-}25)$$

Betrag des Drehimpulses:

$$L = rp \sin\alpha = r_\perp p . \qquad (3\text{-}26)$$

Der Drehimpuls $\boldsymbol{L}$ ist ein Vektor und steht senkrecht auf $\boldsymbol{r}$ und $\boldsymbol{v}$, seine Richtung ergibt sich aus dem Rechtsschraubsinn.

$$\text{SI-Einheit: } [L] = \text{kg} \cdot \text{m}^2/\text{s} = \text{N} \cdot \text{m} \cdot \text{s} .$$

Nach der Definition (3-25) tritt auch bei der geradlinigen Bewegung ein Drehimpuls auf, wenn die Bewegung nicht durch die Bezugsachse geht. Die Angabe

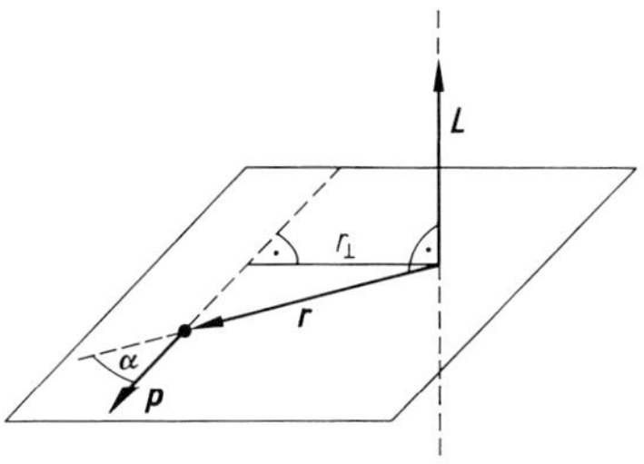

Bild 3-17. Zur Definition des Drehimpulses

eines Drehimpulses erfordert immer die Angabe der Bezugsachse!

Der Drehimpuls eines Teilchens in einer Kreisbahn wird in der Atomphysik häufig *Bahndrehimpuls* genannt und beträgt bezüglich des Kreiszentrums

$$L = mrv = m\omega r^2 , \qquad (3\text{-}27)$$

bzw., da $\boldsymbol{L}$ in die Richtung der Winkelgeschwindigkeit $\boldsymbol{\omega}$ zeigt (Bild 3-18),

$$\boldsymbol{L} = mr^2\boldsymbol{\omega} . \qquad (3\text{-}28)$$

Die zeitliche Änderung des Drehimpulses ergibt sich durch zeitliche Differenziation von (3-25) und liefert einen Zusammenhang mit dem Drehmoment (3-21)

$$\frac{\mathrm{d}\boldsymbol{L}}{\mathrm{d}t} = \boldsymbol{r} \times \boldsymbol{F} = \boldsymbol{M} , \qquad (3\text{-}29)$$

d. h., die zeitliche Änderung des Drehimpulses ist dem wirkenden Drehmoment gleich. Wirkt das Drehmoment während einer Zeit $\Delta t = t_2 - t_1$, so ergibt sich die dadurch bewirkte Änderung des Drehimpulses $\Delta\boldsymbol{L}$ durch Integration von (3-29):

$$\Delta\boldsymbol{L} = \int_{t_1}^{t_2} \boldsymbol{M}\,\mathrm{d}t \quad (= \boldsymbol{M}\Delta t \text{ bei } \boldsymbol{M} = \text{const}) . \qquad (3\text{-}30)$$

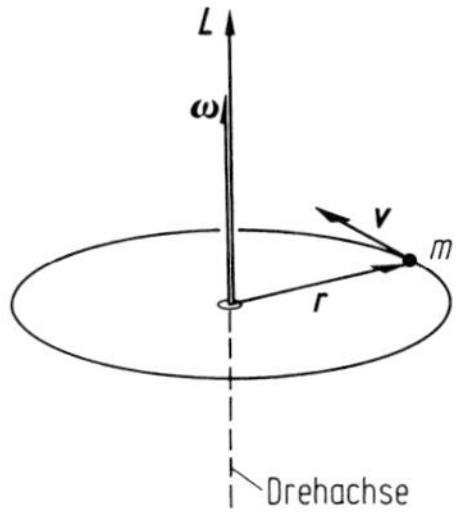

Bild 3-18. Bahndrehimpuls eines Massenpunktes in einer Kreisbahn

$M\Delta t$ heißt Drehmomentenstoß oder Antriebsmoment. Ist das Drehmoment zeitlich konstant, so ist die Drehimpulsänderung nach (3-30) der Zeit proportional.

3.8 Drehimpulserhaltung

Wenn kein Drehmoment wirkt ($\boldsymbol{M} = 0$), folgt aus (3-29), dass der Drehimpuls zeitlich konstant bleibt:

$$\boldsymbol{L} = \text{const} \quad \text{für} \quad \boldsymbol{M} = 0 \,. \tag{3-31}$$

Dies ist der *Drallsatz* oder Drehimpulserhaltungssatz, der sich auch auf Teilchensysteme (siehe 6) und starre Körper (siehe 7) verallgemeinern lässt.
Beispiele für die Drehimpulserhaltung bei der Bewegung eines Einzelpartikels:

- Bei der gleichförmig geradlinigen Bewegung eines Massenpunktes gemäß Bild 3-17 bleibt der Drehimpuls bezüglich einer beliebigen Achse nach (3-26) wegen $r_\perp = \text{const}$ konstant ($\boldsymbol{M} = 0$, da keine Kräfte wirken).
- Bei reinen Zentralkräften (Gravitation, siehe 11; Coulomb-Kraft, siehe 12) ist $\boldsymbol{F} \parallel \boldsymbol{r}$ und demzufolge nach (3-21) $\boldsymbol{M} = 0$, somit nach (3-29) $\boldsymbol{L} = \text{const}$. Dies gilt z. B. für die gleichförmige Kreisbewegung, für die Bewegung von Planeten im Gravitationsfeld einer schweren Sonne (Kepler-Problem) oder auch für die Streuung geladener Elementarteilchen im Coulombfeld von Atomkernen (Rutherford-Streuung, siehe 16.1.1).

4 Arbeit und Energie

Bei der Verschiebung eines Körpers (Massenpunktes) P längs eines Weges $\boldsymbol{s}$ durch eine Kraft $\boldsymbol{F}$ wird eine Arbeit verrichtet. Die physikalische Größe *Arbeit* ist definiert als das Skalarprodukt aus Kraft und Weg. Bei konstanter Kraft und geradliniger Verschiebung (Bild 4-1) ergibt sich die Arbeit zu

$$W = \boldsymbol{F} \cdot \boldsymbol{s} = Fs\cos\alpha \,. \tag{4-1}$$

Sind Kraft und Weg parallel ($\alpha = 0$), so ist $W = Fs$. Steht die Kraft senkrecht auf dem Weg ($\alpha = 90°$), wird keine Arbeit verrichtet.

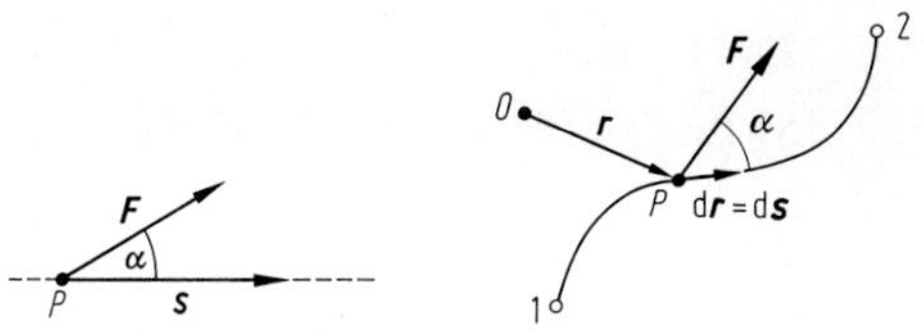

Bild 4-1. Zur Definition der Arbeit

SI-Einheit:

$$[W] = \text{kg} \cdot \text{m}^2/\text{s}^2 = \text{N} \cdot \text{m} = \text{W} \cdot \text{s} = \text{J (Joule)} \,.$$

Bei einem beliebigen Weg und/oder einer ortsveränderlichen Kraft kann (4-1) nur auf ein differenziell kleines Wegelement $\mathrm{d}\boldsymbol{s} = \mathrm{d}\boldsymbol{r}$ angewendet werden (Bild 4-1):

$$\mathrm{d}W = \boldsymbol{F}(\boldsymbol{r}) \cdot \mathrm{d}\boldsymbol{s} = \boldsymbol{F}(\boldsymbol{r}) \cdot \mathrm{d}\boldsymbol{r} = F(s)\cos\alpha(s)\,\mathrm{d}s \,. \tag{4-2}$$

Die Gesamtarbeit bei Verschiebung von 1 nach 2 ergibt sich dann aus (4-2) durch Integration längs des Weges (Bild 4-1):

$$W_{12} = \int_1^2 \boldsymbol{F}(\boldsymbol{r}) \cdot \mathrm{d}\boldsymbol{s} = \int_1^2 F(s)\cos\alpha(s)\,\mathrm{d}s \,. \tag{4-3}$$

Allgemein gilt also: Die *Arbeit* ist das *Wegintegral der angewandten Kraft*.
Die einem Körper oder einem System geeignet zugeführte Arbeit erhöht dessen Fähigkeit, seinerseits Arbeit zu verrichten. Diese Fähigkeit, Arbeit zu verrichten, wird als Energie bezeichnet und in denselben Einheiten wie die Arbeit gemessen.
Wird die Arbeit W in einer Zeit t verrichtet, so wird der Quotient beider Größen als *Leistung* bezeichnet. Man definiert als *mittlere Leistung*

$$\bar{P} = \frac{W}{t} \,, \tag{4-4}$$

und als *Momentanleistung*

$$P(t) = \frac{\mathrm{d}W(t)}{\mathrm{d}t} \,. \tag{4-5}$$

Mit (4-2) und der Definition (2-3) der Geschwindigkeit folgt daraus

$$P = \boldsymbol{F} \cdot \boldsymbol{v} \,. \tag{4-6}$$

$$\text{SI-Einheit:}[P] = \text{J/s} = \text{W (Watt)} \,.$$

Eine wichtige Rolle bei den Integralprinzipien der Mechanik und in der Quantenmechanik spielt ferner die Größe *Wirkung* mit der Dimension

$$\begin{aligned} \text{Wirkung} &= \text{Arbeit} \cdot \text{Zeit} = \text{Impuls} \cdot \text{Länge} \\ &= \text{Länge}^2 \cdot \text{Zeit}^{-1} \cdot \text{Masse} \end{aligned}$$

SI-Einheit:

$$[\text{Wirkung}] = \text{N} \cdot \text{m} \cdot \text{s} = \text{J} \cdot \text{s} = \text{kg} \cdot \text{m}^2/\text{s} \,.$$

4.1 Beschleunigungsarbeit, kinetische Energie

Beim Beschleunigen eines Körpers (Massenpunktes) der Masse m gegen seine Trägheit muss Arbeit verrichtet werden, die dann als Bewegungsenergie oder *kinetische Energie* E_k im Körper steckt. Das Arbeitsintegral (4-3) liefert mit (3-4) und (2-3)

$$W = \int_0^s \boldsymbol{F} \cdot \mathrm{d}\boldsymbol{s} = \int_0^v m\boldsymbol{v} \cdot \mathrm{d}\boldsymbol{v} = \frac{m}{2} v^2 = E_k \,. \tag{4-7}$$

Die durch die Beschleunigungsarbeit dem Körper erteilte kinetische Energie E_k hängt eindeutig von seiner Masse m und dem Betrag seiner Geschwindigkeit v bzw. seines Impulses p ab:

$$E_k = \frac{m}{2} v^2 = \frac{p^2}{2m} \,. \tag{4-8}$$

Bei Beschleunigung eines Massenpunktes von $\boldsymbol{v}_1$ auf $\boldsymbol{v}_2$ (Bild 4-2) ergibt sich die erforderliche Beschleunigungsarbeit analog zu (4-7)

$$W_{12} = \int_1^2 \boldsymbol{F} \cdot \mathrm{d}\boldsymbol{s} = \frac{m}{2} v_2^2 - \frac{m}{2} v_1^2 \,, \tag{4-9}$$

$$W_{12} = E_{k2} - E_{k1} \,. \tag{4-10}$$

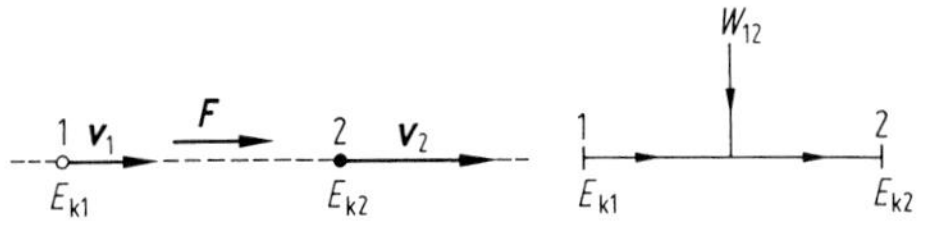

Bild 4-2. Beschleunigungsarbeit und Energieflussdiagramm

Die an einem Körper geleistete Beschleunigungsarbeit ist gleich der Änderung seiner kinetischen Energie (vgl. Energieflussdiagramm Bild 4-2).

4.2 Potenzielle Energie, Hub- und Spannungsarbeit

Die Arbeit W_{12}, die durch eine räumlich und zeitlich konstante Kraft $\boldsymbol{F}$ an einem Körper verrichtet wird, der sich infolge dieser Kraft lediglich gegen seine Trägheit längs verschiedener Wege (z. B. auf den Wegen s_1 oder s_2 in Bild 4-3) von 1 nach 2 bewegt, ergibt sich aus dem Wegintegral der Kraft zu

$$W_{12} = \int_1^2 \boldsymbol{F} \cdot \mathrm{d}\boldsymbol{r} = \boldsymbol{F} \cdot \boldsymbol{r}_2 - \boldsymbol{F} \cdot \boldsymbol{r}_1$$

$$\text{für} \quad \boldsymbol{F} = \text{const} \,. \tag{4-11}$$

Das Ergebnis ist nur von der Lage der Punkte 1 und 2 bzw. von deren Ortsvektoren $\boldsymbol{r}_1$ und $\boldsymbol{r}_2$ abhängig, nicht dagegen von der Wahl der Wegkurve; für die Wege s_1 und s_2 in Bild 4-3 ist das Ergebnis (4-11) dasselbe:

> Bei konstanter Kraft ist die Arbeit unabhängig vom Wege. Kräfte, für die eine Unabhängigkeit der Arbeit vom Wege gegeben ist, werden *konservative Kräfte* genannt.

Da W_{12} in (4-11) nur von der Differenz zweier gleichartiger Größen $\boldsymbol{F} \cdot \boldsymbol{r}_i$ von der Dimension einer Energie abhängt, ist es sinnvoll, jedem Ort dieses Kraftfeldes eine entsprechende, nur vom Orte $\boldsymbol{r}$ (der „Lage") abhängige Energiegröße zuzuordnen, sodass sich durch Differenzbildung dieser Größen für zwei Punkte stets

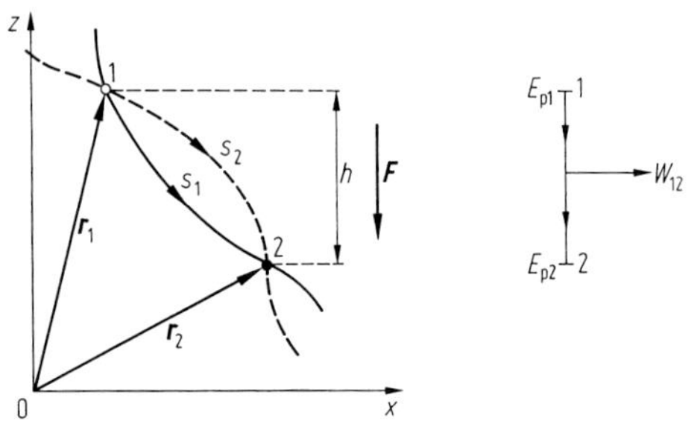

Bild 4-3. Potenzielle Energie bei konstanter Kraft, Energieflussdiagramm

sofort die Arbeit ergibt, die bei der Bewegung eines Körpers zwischen den beiden Punkten verrichtet wird. Diese Größe wird Energie der Lage oder *potenzielle Energie* E_p genannt. In unserem Falle ist

$$E_\mathrm{p}(\boldsymbol{r}) = -\boldsymbol{F} \cdot \boldsymbol{r} \quad \text{für} \quad \boldsymbol{F} = \text{const} . \qquad (4\text{-}12)$$

Das Vorzeichen ist so gewählt, dass die potenzielle Energie E_p sinkt, wenn der Körper der Kraft folgt, also vom Kraftfeld Arbeit an dem Körper verrichtet wird ($W > 0$; vgl. Energieflussdiagramm, Bild 4-3). Man kann das so auffassen, dass der Körper potenzielle Energie „verzehrt", z. B. als Reibungsarbeit an seine Umgebung abgibt oder in kinetische Energie umwandelt. Gleichung (4-12) in (4-11) eingesetzt ergibt die Beziehung

$$W_{12} = E_{\mathrm{p}1} - E_{\mathrm{p}2} , \qquad (4\text{-}13)$$

die allgemein für *konservative Kräfte* gilt:

> Die Differenz der potenziellen Energien eines Körpers an zwei Punkten 1 und 2 ist gleich der Arbeit, die von der wirkenden konservativen Kraft an dem Körper geleistet wird, wenn sie ihn von 1 nach 2 bringt.

Ist das Kraftfeld konservativ, aber $\boldsymbol{F} = \boldsymbol{F}(\boldsymbol{r})$, so gilt analog zu (4-12) für differenziell kleine Verschiebungen $\mathrm{d}\boldsymbol{r}$:

$$\mathrm{d}E_\mathrm{p} = -\boldsymbol{F}(\boldsymbol{r}) \cdot \mathrm{d}\boldsymbol{r} . \qquad (4\text{-}14)$$

Wird das Wegelement $\mathrm{d}\boldsymbol{r}$ parallel zu $\boldsymbol{F}(\boldsymbol{r})$ gewählt, so lässt sich der Betrag von $\boldsymbol{F}(\boldsymbol{r})$ aus der örtlichen Änderung der potenziellen Energie längs $\boldsymbol{F}(\boldsymbol{r})$ berechnen:

$$F = -\left(\frac{\mathrm{d}E_\mathrm{p}}{\mathrm{d}\boldsymbol{r}}\right)_{\mathrm{d}\boldsymbol{r}\|\boldsymbol{F}} . \qquad (4\text{-}15)$$

Allgemein lautet dieser Zusammenhang bei Verwendung des Operators Gradient (vgl. A 17.1)

$$\boldsymbol{F} = -\operatorname{grad} E_\mathrm{p} . \qquad (4\text{-}16)$$

Potenzielle Energie im Erdfeld, Hubarbeit

In hinreichend kleinen Bereichen an der Erdoberfläche kann die Schwerebeschleunigung als konstant angesehen werden, es gilt also $\boldsymbol{F} = \boldsymbol{F}_\mathrm{G} = m\boldsymbol{g} = \text{const}$. Da $\boldsymbol{g} = (0, 0, -g)$ nur eine z-Komponente hat, folgt aus (4-12) für die potenzielle Energie im Erdfeld

$$E_\mathrm{p} = -m\boldsymbol{g} \cdot \boldsymbol{r} = mgz . \qquad (4\text{-}17)$$

Wird ein Körper der Masse m auf einer Bahn (z. B. s_1 in Bild 4-3) durch die Schwerkraft von 1 nach 2 bewegt, so ist die lediglich gegen seine Trägheit verrichtete Arbeit nach (4-13) und (4-17)

$$W_{12} = mg(z_1 - z_2) = mgh , \qquad (4\text{-}18)$$

d. h., die Arbeit hängt nur von der Höhendifferenz $z_1 - z_2 = h$ (vgl. Bild 4-3) ab. Wie die Höhendifferenz durchlaufen wird, ob schräg, vertikal oder auf einer beliebigen Kurve, spielt keine Rolle. Wenn der Körper um eine Höhe h angehoben wird, so wird an ihm von einer äußeren Kraft F^a Arbeit gegen die Schwerkraft verrichtet. Hierfür sind die Richtungen im Energieflussdiagramm Bild 4-3 umzukehren. In diesem Falle ergibt sich für die Hubarbeit der äußeren Kraft

$$W_{21}^\mathrm{a} = -W_{21} = W_{12} = E_{\mathrm{p}1} - E_{\mathrm{p}2} = mgh . \qquad (4\text{-}19)$$

Potenzielle Energie der Deformation, Verformungsarbeit

Die bei der Verformung elastischer Körper, z. B. bei der Dehnung einer Feder (Bild 3-6), aufzuwendende *Verformungsarbeit* ergibt sich aus (4-3) mit $\boldsymbol{F} = c\boldsymbol{x}$ (vgl. 3.3.1)

$$W = \int_0^x c\boldsymbol{x} \cdot \mathrm{d}\boldsymbol{x} = \frac{1}{2}cx^2 . \qquad (4\text{-}20)$$

Die Verformungsarbeit wird als potenzielle Energie (*Spannungsenergie*) gespeichert:

$$E_\mathrm{p} = \frac{1}{2}cx^2 . \qquad (4\text{-}21)$$

Da sich gemäß (4-13) die Arbeit als Differenz zweier nur vom Ort abhängiger potenzieller Energien ergibt, lässt sich zu E_p stets eine beliebige, aber für alle $\boldsymbol{r}$ gleiche Konstante hinzufügen, da sie bei der Arbeitsberechnung herausfällt. Dies lässt sich ausnutzen, um den Nullpunkt der Energieskala geeignet zu wählen.

> Die potenzielle Energie ist nur bis auf eine beliebige, vom Ort unabhängige Konstante bestimmt.

4.3 Energieerhaltung bei konservativen Kräften

Wirkt eine konservative Kraft auf einen Körper (Massenpunkt), so ist die Arbeit für die durch die Kraft bewirkte Änderung der kinetischen Energie durch (4-10) gegeben. Die potenzielle Energie ändert sich dabei gleichzeitig um den durch (4-13) gegebenen Betrag. Gleichsetzung beider Beziehungen liefert

$$E_{k1} + E_{p1} = E_{k2} + E_{p2} \, . \tag{4-22}$$

Führt man die Summe aus kinetischer und potenzieller Energie als *Gesamtenergie*

$$E = E_k + E_p$$

ein, so bleibt nach (4-22) bei der Bewegung des Körpers von 1 nach 2 die Gesamtenergie E offenbar ungeändert. Das ist die Aussage des *Energieerhaltungssatzes der Mechanik*:

$$E = E_k + E_p = \text{const} \, . \tag{4-23}$$

> Bei konservativen Kräften bleibt die Gesamtenergie (Summe aus kinetischer und potenzieller Energie) konstant.

Die kinetische Energie kann auch Rotationsenergie (bei ausgedehnten Körpern, vgl. 7.1) enthalten.

Beispiele für die Anwendung des Energiesatzes:

Freier Fall eines Körpers im Erdfeld

Für den freien Fall einer Masse m aus einer Höhe $z_{max} = h$ lautet der Energiesatz mit (4-8) und (4-17) für eine Höhe z (Bild 4-4)

$$\frac{1}{2}mv^2 + mgz = E = mgz_{max} \, , \tag{4-24}$$

woraus sich die Geschwindigkeit in der Höhe z zu

$$v = \sqrt{2g(z_{max} - z)} \tag{4-25}$$

und die Aufprallgeschwindigkeit bei $z = 0$ zu

$$v_{max} = \sqrt{2gh} \tag{4-26}$$

ergibt, vgl. (2-14). Beim Fall von $z_{max} = h$ bis $z = 0$ wird also potenzielle Energie $E_p = mgh$ vollständig in kinetische Energie $E_k = mv_{max}^2/2$ umgewandelt.

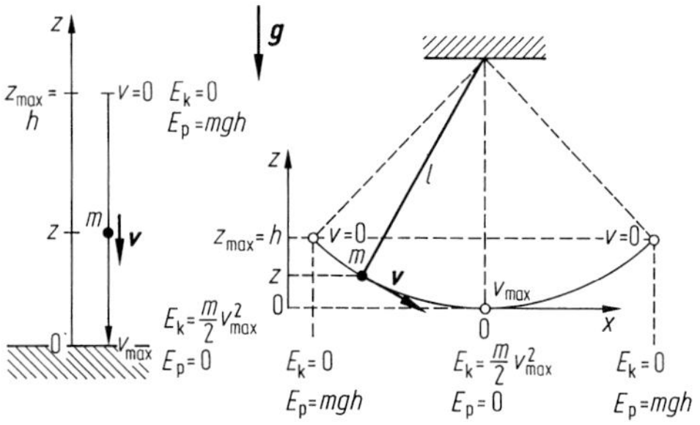

Bild 4-4. Energieerhaltung beim freien Fall und beim Pendel

Kugeltanz

Ist der fallende Körper in Bild 4-4 eine Stahlkugel und die Unterlage bei $z = 0$ eine Stahlplatte, so verformen sich beide Körper elastisch (Bild 3-7). Dabei wird die kinetische Energie der Kugel in potenzielle Energie der Verformung (Spannungsenergie) umgewandelt. Die dadurch auftretende rücktreibende Kraft bewirkt eine Rückwandlung der Spannungsenergie in kinetische Energie, die Kugel prallt ab und bewegt sich wieder aufwärts bis $z_{max} = h$ (bei vernachlässigter Reibung), worauf sich der Vorgang periodisch wiederholt.

Fadenpendel im Erdfeld

In den Umkehrpunkten eines schwingenden Fadenpendels (Bild 4-4) ist $v = 0$ und damit $E_k = 0$, jedoch E_p maximal. Umgekehrt ist es im Nulldurchgang. Es wird also periodisch potenzielle Energie $E_p = mgh$ in kinetische Energie $E_k = mv_{max}^2/2$ und wieder in potenzielle Energie umgewandelt. Die Rechnung ist identisch mit der im ersten Beispiel, die Geschwindigkeit im Nulldurchgang ist durch (4-26) gegeben. Durch Taylor-Entwicklung (vgl. A 9.2.1) findet man $z \approx x^2/(2l)$ und damit aus $E_p = mgz$

$$E_p \approx \frac{mg}{2l}x^2 \, , \tag{4-27}$$

also eine parabolische Abhängigkeit ($\sim x^2$) der potenziellen Energie des Pendels von der horizontalen Auslenkung. Dieser wichtige Fall liegt allgemein bei harmonischen Schwingungen (vgl. 5.2) vor.

4.4 Energiesatz bei nichtkonservativen Kräften

In Umkehrung der Definition konservativer Kräfte in 4.2 hängt bei nichtkonservativen Kräften die Arbeit

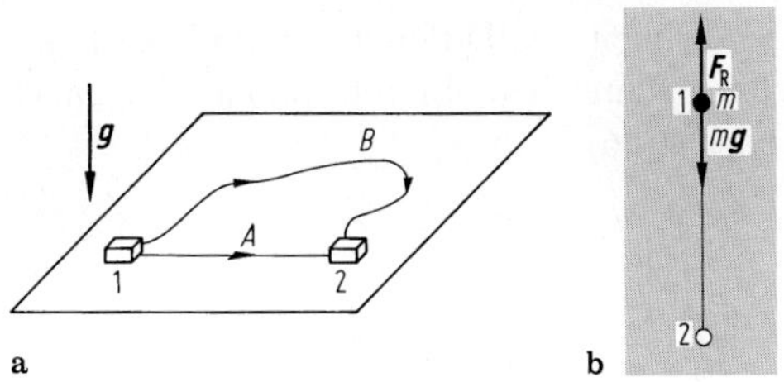

Bild 4-5. Zum Energiesatz beim Auftreten von Reibungskräften

meistens vom Wege ab. Wird z. B. Arbeit allein gegen Reibungskräfte verrichtet, etwa beim Verschieben eines Klotzes auf einer horizontalen Unterlage (Bild 4-5a), so ist die Arbeit gemäß (4-3) offensichtlich davon abhängig, ob die Verschiebung von 1 nach 2 über A oder B erfolgt:

$$W_{12,\mathrm{A}} < W_{12,\mathrm{B}} .$$

Die verrichtete Arbeit dient hier nicht zur Erzeugung oder Änderung von $E = E_\mathrm{k} + E_\mathrm{p}$, sodass (4-10) und (4-13) nicht gültig sind.
Allgemein gilt der Energieerhaltungssatz der Mechanik gemäß (4-23) bei Auftreten von Reibungskräften nicht mehr, sondern muss durch weitere Energieterme ergänzt werden.
Sinkt z. B. ein Körper in einer zähen Flüssigkeit unter Wirkung des Erdfeldes von 1 nach 2 (Bild 4-5b), so wird ein Teil der bei 1 vorhandenen Energie $E_1 = E_{\mathrm{k}1} + E_{\mathrm{p}1}$ in Reibungsarbeit W_R umgesetzt, sodass bei 2 die Summe aus kinetischer und potenzieller Energie E_2 kleiner als bei 1 ist. Der Energiesatz muss daher durch W_R ergänzt werden:

$$E_{\mathrm{k}1} + E_{\mathrm{p}1} = E_{\mathrm{k}2} + E_{\mathrm{p}2} + W_\mathrm{R} . \tag{4-28}$$

Die Reibungsarbeit äußert sich letztlich in Wärmeenergie. Der Energieerhaltungssatz in allgemeiner Form ist der I. Hauptsatz der Wärmelehre (vgl. 8.5.3 und F 1.1.1).

4.5 Relativistische Dynamik

Die Grundgleichung der klassischen Dynamik (klassische Bewegungsgleichung) ist das Newton'sche Kraftgesetz (3-5)

$$\boldsymbol{F} = \frac{\mathrm{d}}{\mathrm{d}t}(m_0\boldsymbol{v}) = m_0\frac{\mathrm{d}\boldsymbol{v}}{\mathrm{d}t} = m_0\boldsymbol{a} , \tag{4-29}$$

wobei gegenüber (3-5) bei der Masse m der Index 0 hinzugefügt wurde, um die im Sinne der klassischen Mechanik zeit- und geschwindigkeitsunabhängige Masse m_0 von der noch einzuführenden relativistischen Masse m zu unterscheiden. Diese klassische Grundgleichung ist nun so zu ändern, dass sie dem Relativitätsprinzip der speziellen Relativitätstheorie genügt, nämlich, dass alle physikalischen Gesetze invariant gegen die Lorentz-Transformation sind (vgl. 2.3.2). Dazu werde das bewegte System S′ in den Massenpunkt mit der Geschwindigkeit $\boldsymbol{v}$ gelegt. Aufgrund der für einen sog. Vierervektor der Geschwindigkeit (der hier nicht behandelt wird), zu fordernden Eigenschaften (Unabhängigkeit des Zeitdifferenzials vom Bewegungszustand des Beobachters) folgt für die Raumkomponente der „relativistischen" Geschwindigkeit des Massenpunktes

$$\boldsymbol{u} = \frac{\mathrm{d}\boldsymbol{r}}{\mathrm{d}\tau} , \tag{4-30}$$

worin $\boldsymbol{r}$ der Ortsvektor im System des Beobachters und $\mathrm{d}\tau$ das Differenzial der Eigenzeit des Massenpunktes ist. Letzteres hängt mit dem Zeitdifferenzial $\mathrm{d}t$ des Beobachters gemäß (2-49) zusammen:

$$\mathrm{d}\tau = \sqrt{1-\beta^2}\,\mathrm{d}t \quad \text{mit} \quad \beta = v/c_0 , \tag{4-31}$$

sodass mit $\boldsymbol{v} = \mathrm{d}\boldsymbol{r}/\mathrm{d}t$ für die Raumkomponente der „relativistischen" Geschwindigkeit folgt

$$\boldsymbol{u} = \frac{\boldsymbol{v}}{\sqrt{1-\beta^2}} , \tag{4-32}$$

und entsprechend für die Raumkomponente des relativistischen Impulses

$$\boldsymbol{p} = m_0\boldsymbol{u} = \frac{m_0\boldsymbol{v}}{\sqrt{1-\beta^2}} . \tag{4-33}$$

m_0 wird hier als die Ruhemasse des bewegten Massenpunktes bezeichnet, d. h., m_0 ist die Masse in seinem eigenen Koordinatensystem ($\beta = 0$). Damit lautet die Grundgleichung der relativistischen Dynamik:

$$\boldsymbol{F} = \frac{\mathrm{d}}{\mathrm{d}t}\left(\frac{m_0\boldsymbol{v}}{\sqrt{1-\beta^2}}\right) . \tag{4-34}$$

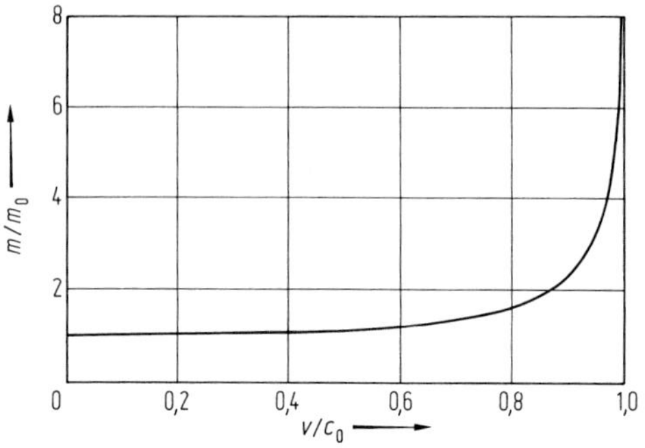

Bild 4-6. Relativistische Abhängigkeit der Masse von der Geschwindigkeit

Für kleine Geschwindigkeiten geht (4-34) in die klassische Bewegungsgleichung (4-29) über. In (4-34) lässt sich der Gesamtkoeffizient von $\boldsymbol{v}$ als nunmehr geschwindigkeitsabhängige relativistische Masse m auffassen:

$$m = m(v) = \frac{m_0}{\sqrt{1-\beta^2}} . \qquad (4\text{-}35)$$

Für $v \to c_0$ geht m nach unendlich (Bild 4-6). Daraus folgt: Für Partikel mit endlicher Ruhemasse m_0 ist die Lichtgeschwindigkeit nicht zu erreichen, denn wegen $m \to \infty$ für $v \to c_0$ müsste die beschleunigende Kraft $\boldsymbol{F}$ unendlich werden, d. h.:

> Die Vakuumlichtgeschwindigkeit ist die obere Grenze für Partikelgeschwindigkeiten.

Die kinetische Energie im relativistischen Fall lässt sich wie im klassischen Fall aus der Arbeit berechnen, die bei Beschleunigung eines Massenpunktes der Ruhemasse m_0 von 0 auf die Geschwindigkeit $\boldsymbol{v}$ verrichtet wird:

$$E_\text{k} = W = \int \boldsymbol{F} \cdot \mathrm{d}\boldsymbol{r} = \int \boldsymbol{F} \cdot \boldsymbol{v}\,\mathrm{d}t . \qquad (4\text{-}36)$$

Für den Integranden ergibt sich mit (4-34)

$$\boldsymbol{F} \cdot \mathrm{d}\boldsymbol{r} = \boldsymbol{v} \cdot \boldsymbol{F}\,\mathrm{d}t = \boldsymbol{v} \cdot \frac{\mathrm{d}}{\mathrm{d}t}\left(\frac{m_0 \boldsymbol{v}}{\sqrt{1-\beta^2}}\right)\mathrm{d}t$$

$$= \frac{m_0 \boldsymbol{v}}{(1-\beta^2)^{3/2}}\mathrm{d}\boldsymbol{v} = \mathrm{d}\left(\frac{m_0 c_0^2}{\sqrt{1-\beta^2}}\right) .$$

Die Gleichheit der Differenzialausdrücke lässt sich durch Ausführen der Differenziationen zeigen. Damit folgt aus (4-36)

$$E_\text{k} = \int_0^v \mathrm{d}\left(\frac{m_0 c_0^2}{\sqrt{1-\beta^2}}\right) = \frac{m_0 c_0^2}{\sqrt{1-\beta^2}} - m_0 c_0^2 , \qquad (4\text{-}37)$$

bzw. mit (4-35) für die *relativistische kinetische Energie*

$$E_\text{k} = mc_0^2 - m_0 c_0^2 = (m - m_0)c_0^2 . \qquad (4\text{-}38)$$

Für kleine Geschwindigkeiten geht (4-38) in den klassischen Ausdruck für die kinetische Energie über, wie sich durch Reihenentwicklung der Wurzel in (4-37) zeigen lässt:

$$E_\text{k} = m_0 c_0^2\left[1 + \frac{1}{2}\beta^2 + \frac{3}{8}\beta^4 + \ldots - 1\right]$$

$$= \frac{1}{2}m_0 v^2\left[1 + \frac{3}{4}\beta^2 + \ldots\right] . \qquad (4\text{-}39)$$

In erster Näherung ergibt sich also der klassische Wert $E_\text{k} = m_0 v^2/2$. Die Beziehung (4-38) lässt sich auch in der Form schreiben

$$E = E_0 + E_\text{k} , \qquad (4\text{-}40)$$

worin

$$E_0 = m_0 c_0^2 \qquad (4\text{-}41)$$

die Bedeutung einer *Ruheenergie* hat und

$$E = mc_0^2 \qquad (4\text{-}42)$$

die *Gesamtenergie* des bewegten freien Teilchens entsprechend (4-40) darstellt. Bewegt sich das Teilchen in einem konservativen Kraftfeld, so tritt noch die potenzielle Energie hinzu. Unter Berücksichtigung der Ruheenergie lautet also der Energiesatz der Mechanik nunmehr

$$E = mc_0^2 + E_\text{p} = m_0 c_0^2 + E_\text{k} + E_\text{p} = \text{const} . \qquad (4\text{-}43)$$

Nach (4-42) entspricht der Energie E eine träge Masse

$$m = \frac{E}{c_0^2} . \qquad (4\text{-}44)$$

Die hier für die kinetische Energie abgeleiteten Beziehungen (4-41), (4-42) und (4-44) haben nach Einsteins Relativitätstheorie allgemeine Gültigkeit:

Für alle Energieformen gilt die Äquivalenz von Energie und Masse.

Wegen des großen Wertes von c_0 können Massen als gewaltige Energieanhäufungen betrachtet werden. Der Zusammenhang zwischen Gesamtenergie $E = mc_0^2$ und Impuls $\boldsymbol{p} = m\boldsymbol{v}$ folgt aus (4-35) zu

$$E = c_0 \sqrt{m_0^2 c_0^2 + p^2} \, . \qquad (4\text{-}45)$$

5 Schwingungen

Schwingungen sind z. B. zeitperiodische Änderungen einer physikalischen Größe. Mechanische Schwingungen sind wiederholte, spezieller periodische Bewegungen eines Körpers um eine Ruhelage, bei denen sich jeder auftretende Bewegungszustand (Auslenkung, Geschwindigkeit, Beschleunigung) nach einer Schwingungsdauer T (Periodendauer) näherungsweise oder exakt wiederholt. Eine Schwingung entsteht durch Zufuhr von Energie an ein schwingungsfähiges System, das bei mechanischen Schwingern aus einem trägen Körper und einer rücktreibenden Kraft besteht, die bei Auslenkung aus der Ruhelage auftritt (Beispiele siehe 5.2). Die zeitliche Darstellung einer beliebigen periodischen Bewegung, z. B. die Auslenkung (Elongation) $x = f(t)$ zeigt Bild 5-1.

Periodizität einer Schwingung $f(t)$ liegt dann vor, wenn stets gilt

$$f(t) = f(t + T) \, . \qquad (5\text{-}1)$$

Die Amplitude $\hat{x}$ (Maximalwert der Auslenkung) bleibt bei periodischen Bewegungen zeitlich konstant

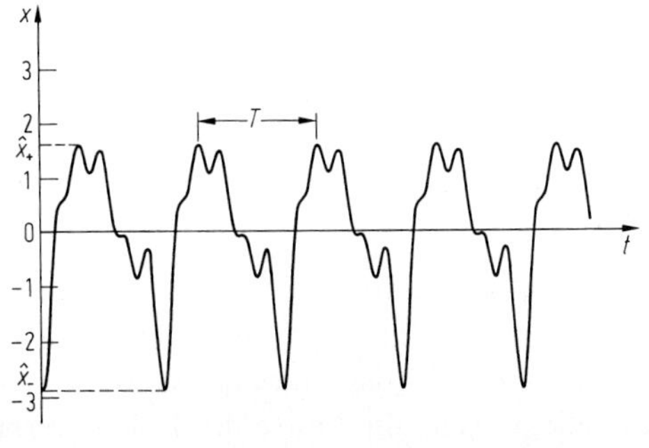

Bild 5-1. Periodische Bewegung

(Bild 5-1): *ungedämpfte Schwingungen.* Hierbei bleibt die zugeführte Energie erhalten (siehe 5.2.2). In realen Schwingungssystemen bleibt auch bei sehr kleinen Energieverlusten die Amplitude nur angenähert während kurzer Beobachtungszeiten konstant, es sei denn, dass der Energieverlust durch periodische Energiezufuhr ausgeglichen wird.

Ist dies nicht der Fall, so liegen in realen Schwingungssystemen immer *gedämpfte Schwingungen* mit zeitlich abnehmender Amplitude $\hat{x}$ vor, die dem Kriterium der Periodizität (5-1) nicht mehr genügen.

5.1 Kinematik der harmonischen Bewegung

Eine besonders wichtige periodische Bewegung ist die *harmonische Bewegung*, bei der die Auslenkung sinus- oder cosinusförmig von der Zeit abhängt (Bild 5-2). Sie tritt z. B. bei der gleichförmigen Kreisbewegung auf, wenn die Projektion des Massenpunktes auf eine der Koordinatenachsen betrachtet wird.

Mathematische Darstellung der harmonischen Bewegung:

$$x = \hat{x} \sin(\omega t + \varphi_0) \, . \qquad (5\text{-}2)$$

Hierin sind (vgl. Bild 5-2):

x	Auslenkung (Elongation) zur Zeit t
$\hat{x}$	Amplitude, Maximalwert der Auslenkung
t	Zeit
$\varphi = \omega t + \varphi_0$	Phase, kennzeichnet den momentanen Zustand der Schwingung
φ_0	Nullphasenwinkel (Anfangsphase), zur Zeit $t = 0$
$\omega = 2\pi\nu = 2\pi/T$	Kreisfrequenz
$\nu = 1/T$	Frequenz, Zahl der Schwingungen durch die Zeitdauer
$T = 1/\nu$	Schwingungsdauer, Periodendauer

Differenziation von (5-2) nach der Zeit liefert die Geschwindigkeit, nochmalige Differenziation die Beschleunigung bei der harmonischen Bewegung, die ebenfalls einen harmonischen Zeitverlauf haben, jedoch um den Phasenwinkel $\pi/2$ bzw. π gegenüber

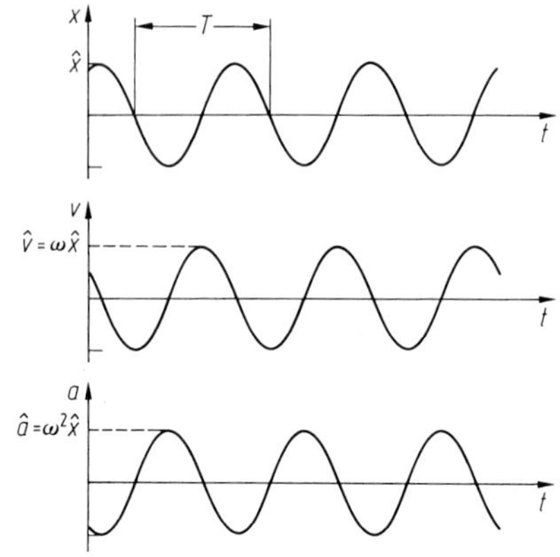

Bild 5-2. Auslenkung, Geschwindigkeit und Beschleunigung als Funktion der Zeit bei der harmonischen Schwingung

der Auslenkung phasenverschoben sind (Bild 5-2):

$$v = \hat{v}\cos(\omega t + \varphi_0) \quad \text{mit} \quad \hat{v} = \omega\hat{x}\,, \tag{5-3}$$

$$a = -\hat{a}\sin(\omega t + \varphi_0) = -\omega^2 x \quad \text{mit} \quad \hat{a} = \omega^2\hat{x}\,. \tag{5-4}$$

Die Beschleunigung ist nach (5-4) stets entgegengesetzt zur Auslenkung gerichtet, wirkt also immer in Richtung zur Ruhelage.

5.2 Der ungedämpfte, harmonische Oszillator

Der harmonische Oszillator ist ein physikalisches Modell zur generalisierten Beschreibung von harmonischen Bewegungen. Solche Bewegungen treten immer dann auf, wenn in einem trägen physikalischen System kleine Auslenkungen aus einer stabilen Gleichgewichtslage lineare rücktreibende Kräfte erzeugen.

5.2.1 Mechanische harmonische Oszillatoren

Beispiele für Schwingungssysteme, die bei Vernachlässigung von Reibungseinflüssen (d. h. ohne Dämpfung) nach Energiezufuhr harmonische Schwingungen durchführen:

Federpendel, linearer Oszillator

Eine Auslenkung um x (Bild 5-3), d. h., Zufuhr von Spannungsenergie (siehe 4.2), ruft gemäß (3-9) eine

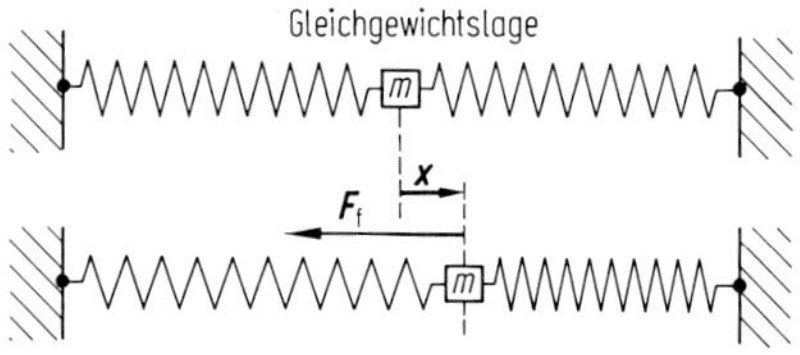

Bild 5-3. Federpendel

rücktreibende Kraft $F_f = -cx$ hervor, die bei Freigeben der Masse m zu einer Beschleunigung a führt:

$$ma = -cx\,.$$

Daraus ergibt sich die Differenzialgleichung der Federpendelschwingung:

$$m\frac{d^2x}{dt^2} = -cx\,. \tag{5-5}$$

Die Lösung dieser Differenzialgleichung, d. h., die Berechnung von $x = x(t)$ erfolgt durch einen harmonischen Ansatz, z. B. $x = \hat{x}\cos\omega t$. Einsetzen in (5-5) ergibt für ω:

$$\omega = \sqrt{\frac{c}{m}}\,, \tag{5-6}$$

und daraus mit (2-28) für die Schwingungsfrequenz

$$\nu = \frac{1}{2\pi}\sqrt{\frac{c}{m}}$$

SI-Einheit: $[\nu] = 1/\text{s} = \text{Hz}$ (Hertz)

und für die Schwingungsdauer

$$T = 2\pi\sqrt{\frac{m}{c}}\,. \tag{5-7}$$

Frequenz und Schwingungsdauer hängen nicht von der Schwingungsamplitude $\hat{x}$ ab, ein wichtiges Kennzeichen harmonischer Schwingungssysteme (Oszillatoren), das diese besonders zur Zeitmessung geeignet macht. Beim Federpendel gilt dies nur, solange $F_f \sim x$ (Hooke'sches Gesetz, vgl. E 5.3) gültig ist, d. h., solange die Federdehnung klein gegen die Federlänge bleibt.

Fadenpendel (mathematisches Pendel)

Ein Fadenpendel (Bild 5-4) verhält sich wie ein mathematisches Pendel (punktförmige Masse an masselosem Faden), wenn die Masse des Fadens vernachlässigbar klein gegenüber der Pendelmasse m ist, und wenn deren Abmessung vernachlässigbar klein gegenüber der Fadenlänge l ist.

Eine Auslenkung um das Bogenstück s aus der Ruhelage bedeutet im Erdfeld Zufuhr potenzieller Energie (vgl. 4.3 und Bild 4-4). Die Gewichtskraft $m\boldsymbol{g}$ wirkt sich als fadenspannende Normalkraft F_n und als rücktreibende Tangentialkraft $F_t = -m\boldsymbol{g}\sin\vartheta$ in $-s$-Richtung aus. Diese führt bei Freigabe der Pendelmasse zu einer Bahnbeschleunigung $a = \mathrm{d}^2s/\mathrm{d}t^2$. Für kleine Auslenkungswinkel ϑ gilt $\sin\vartheta \approx \vartheta = s/l$ und damit

$$ma \approx -\frac{mg}{l}s \quad \text{mit der Richtgröße} \quad c = \frac{mg}{l}\,. \tag{5-8}$$

Daraus ergibt sich die Differenzialgleichung der Fadenpendelschwingung (bzw. des mathematischen Pendels):

$$\frac{\mathrm{d}^2 s}{\mathrm{d}t^2} = -\frac{g}{l}s\,. \tag{5-9}$$

Diese Differenzialgleichung hat die gleiche mathematische Struktur wie (5-5). Eine Lösung erhält man durch einen entsprechenden harmonischen Ansatz, z. B. $s = \hat{s}\cos\omega t$, und Einsetzen in (5-9) oder einfach durch Vergleich mit (5-5) bis (5-7). Daraus folgt für die Kreisfrequenz

$$\omega = \sqrt{\frac{g}{l}}\,, \tag{5-10}$$

und daraus mit (2-28) für die Schwingungsfrequenz

$$\nu = \frac{1}{2\pi}\sqrt{\frac{g}{l}}$$

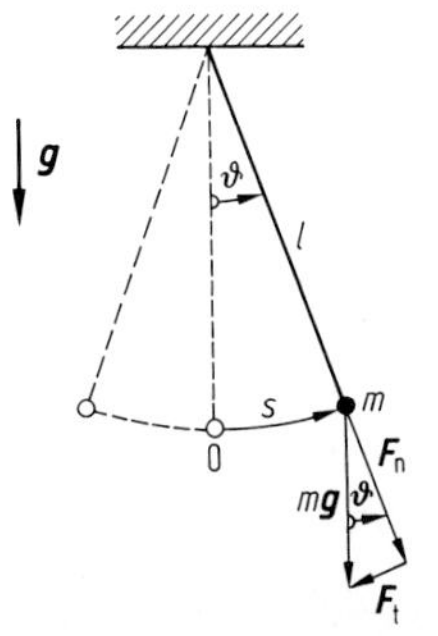

Bild 5-4. Fadenpendel

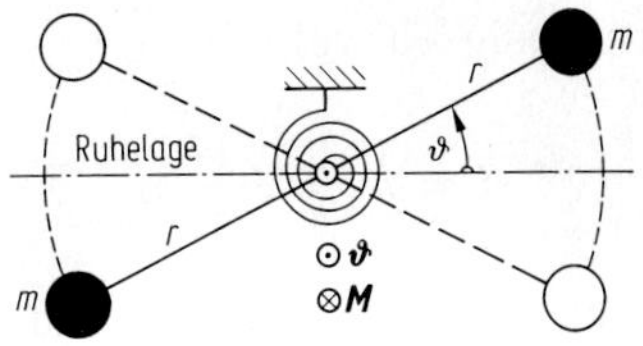

Bild 5-5. Drehpendel

und für die Schwingungsdauer

$$T = 2\pi\sqrt{\frac{l}{g}}\,. \tag{5-11}$$

Da die rücktreibende Kraft in (5-8) hier ebenso wie die Trägheitskraft die Masse enthält, fällt diese in der Differenzialgleichung heraus, sodass (anders als beim Federpendel) die Schwingungsdauer unabhängig von der Pendelmasse ist. Wegen der Näherung in (5-8) sind die Pendelschwingungen nur bei kleinen Amplituden ($\hat{\vartheta}$ unter ungefähr 8°) harmonisch.

Drehpendel, Rotationsoszillator

Drehschwingungen können bei um eine Achse drehbaren Körpern auftreten, wenn eine Auslenkung um einen Drehwinkel ϑ ein rücktreibendes Drehmoment $\boldsymbol{M} = -D\boldsymbol{\vartheta}$ hervorruft, das bei Freigeben des Oszillators zu einer Winkelbeschleunigung $\boldsymbol{\alpha}$ bzw. einem zunehmenden Drehimpuls $\boldsymbol{L}$ führt. Das rücktreibende Drehmoment kann z. B. durch einen Torsionsstab oder eine Spiralfeder bewirkt werden (Drehsteife, Direktionsmoment oder Winkelrichtgröße D). Der rotationsfähige Körper sei z. B. eine Hantel mit zwei Massen m im Abstand r von der Drehachse mit vernachlässigbarer Masse der Hantelachse (Bild 5-5). Der Hantelkörper hat bei Drehung um seine Symmetrieachse senkrecht zur Hantelachse (Bild 5-5) einen Bahndrehimpuls gemäß (3-28)

$$\boldsymbol{L} = 2mr^2\boldsymbol{\omega}\,. \tag{5-12}$$

Mit

$$J = 2m^2\,, \tag{5-13}$$

dem Trägheitsmoment des Hantelkörpers bezüglich der gegebenen Drehachse (vgl. 7.2), folgt aus (5-12) der für beliebige Körper mit dem Trägheitsmoment J gültige Zusammenhang zwischen Drehimpuls und

Winkelgeschwindigkeit (vgl. 7.3)

$$\boldsymbol{L} = J\omega = J\frac{\mathrm{d}\boldsymbol{\vartheta}}{\mathrm{d}t}\,. \qquad (5\text{-}14)$$

Mit (3-29) folgt $\boldsymbol{M} = \mathrm{d}\boldsymbol{L}/\mathrm{d}t = -D\boldsymbol{\vartheta}$ und daraus mit (5-14) die Differenzialgleichung der Drehschwingung

$$J\frac{\mathrm{d}^2\vartheta}{\mathrm{d}t^2} = -D\vartheta\,. \qquad (5\text{-}15)$$

Wie in den vorher behandelten Beispielen folgt mithilfe eines harmonischen Lösungsansatzes, z. B. $\vartheta = \hat{\vartheta}\cos 2\pi\nu t$, durch Einsetzen in (5-15) für die Frequenz ν

$$\nu = \frac{1}{2\pi}\sqrt{\frac{D}{J}}$$

und für die Schwingungsdauer

$$T = 2\pi\sqrt{\frac{J}{D}}\,. \qquad (5\text{-}16)$$

(Beachte: ω ist hier die Winkelgeschwindigkeit des schwingenden Körpers, nicht – wie in den vorangehenden Beispielen – die Kreisfrequenz der Schwingung.)

Physikalisches Pendel

Wird ein beliebiger Körper an einer Drehachse außerhalb seines Schwerpunktes (Massenzentrum, vgl. 6.1) im Schwerefeld aufgehängt (Bild 5-6), so kann dieser ebenfalls Pendelschwingungen durchführen. Die rücktreibende Kraft wird hier wie beim Fadenpendel von der Tangentialkomponente der Gewichtskraft

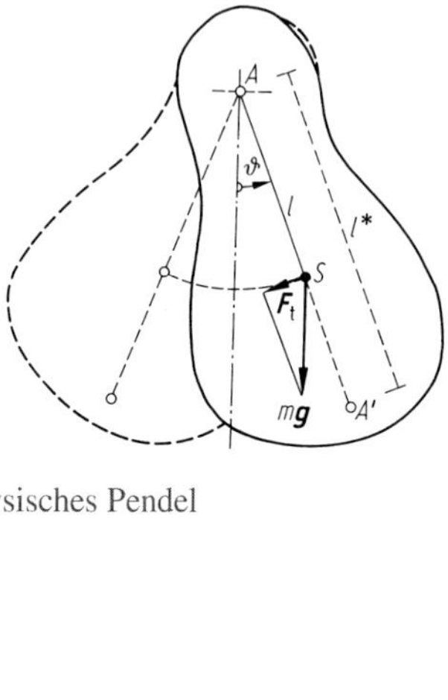

Bild 5-6. Physisches Pendel

$F_\mathrm{t} = -mg\sin\vartheta \approx -mg\vartheta$ an die Bahn des Schwerpunktes S geliefert. Sie erzeugt ein rücktreibendes Drehmoment

$$M = lF_\mathrm{t} = -D\vartheta \quad \text{mit} \quad D = mgl \qquad (5\text{-}17)$$

als Winkelrichtgröße.
Damit folgt aus (5-16) für die Frequenz

$$\nu = \frac{1}{2\pi}\sqrt{\frac{mgl}{J_\mathrm{A}}}\,,$$

und für die Schwingungsdauer des physikalischen (oder physischen) Pendels

$$T = 2\pi\sqrt{\frac{J_\mathrm{A}}{mgl}}\,. \qquad (5\text{-}18)$$

Wegen der verwendeten Näherung $\sin\vartheta \approx \vartheta$ gilt (5-18) nur für Winkel unter ungefähr 8°. J_A ist das Trägheitsmoment des Körpers bezüglich der Drehachse A (vgl. 7.2). Ein mathematisches Pendel gleicher Schwingungsdauer müsste eine Länge

$$l^* = \frac{J_\mathrm{A}}{ml}\,, \quad \text{die sog. reduzierte Pendellänge}\,, \qquad (5\text{-}19)$$

haben. Die in Bild 5-6 von A über S aufgetragene reduzierte Pendellänge definiert den Schwingungs- oder Stoßmittelpunkt A'. Wie beim mathematischen Pendel der Länge l^* müssen schwingungsanregende Stöße gegen diesen Punkt gerichtet sein, um Stoßkräfte auf den Aufhängepunkt zu vermeiden.
Es lässt sich zeigen, dass die reduzierte Pendellänge l^* und damit die Schwingungsdauer

$$T = 2\pi\sqrt{\frac{l^*}{g}} \qquad (5\text{-}20)$$

sich nicht ändern, wenn statt A der Punkt A' als Drehpunkt gewählt wird. Dies wird bei den *Reversionspendeln* ausgenutzt, die zur Präzisionsbestimmung der Erdbeschleunigung g verwendet werden.

5.2.2 Schwingungsgleichung und Schwingungsenergie des harmonischen Oszillators

Die Differenzialgleichungen der verschiedenen Pendelschwingungen in 5.2.1 (5-5), (5-9), (5-15) haben alle dieselbe mathematische Struktur. Ersetzt man darin die lineare Auslenkung x, die Bogenauslenkung s, die Winkelauslenkung ϑ usw. durch eine generalisierte Koordinate ξ, die auch Druck p, elektrische Feldstärke $\boldsymbol{E}$, magnetische Feldstärke $\boldsymbol{H}$ usw. bedeuten kann, sowie die Konstanten mithilfe von (5-6), (5-10) und (5-16) durch die Kreisfrequenz $\omega = \omega_0$, so folgt für die generalisierte Schwingungsgleichung des harmonischen Oszillators

$$\frac{\mathrm{d}^2\xi}{\mathrm{d}t^2} + \omega_0^2\xi = 0\,. \tag{5-21}$$

Sie hat die allgemeine Lösung

$$\xi = \hat{\xi}\sin(\omega_0 t + \varphi_0) \tag{5-22}$$

mit den beiden wählbaren Konstanten $\hat{\xi}$ und φ_0. Sie lassen sich z. B. durch die *Anfangsbedingungen* festlegen, d. h. durch Vorgabe von Auslenkung und Geschwindigkeit bei $t = 0$. Wird z. B. der Oszillator bei $t = 0$ mit der Auslenkung $\xi(0) = \xi_0$ freigegeben, ohne ihm gleichzeitig eine Geschwindigkeit zu erteilen, d. h., $v(0) = \dot{\xi}(0) = 0$, so folgt aus den beiden Bedingungen: $\varphi_0 = \pi/2$ und $\xi_0 = \hat{\xi}$, sodass die spezielle Lösung für diesen Fall $\xi = \hat{\xi}\cos\omega_0 t$ lautet. Die Lösung der Schwingungsgleichung (5-21) ist also eine harmonische Schwingung mit zeitlich konstanter Amplitude $\hat{\xi}$ (ungedämpfte Schwingung).

Der *Energieinhalt des harmonischen Oszillators* wird am Beispiel des Federpendels berechnet (vgl. 5.2.1). Auslenkung x und Geschwindigkeit v sind bei der Federpendelschwingung durch (5-2) und (5-3) und (5-6) gegeben:

$$x = \hat{x}\sin(\omega_0 t + \varphi_0) \quad \text{und}$$
$$v = \omega_0\hat{x}\cos(\omega_0 t + \varphi_0) \tag{5-23}$$

mit

$$\omega_0 = \sqrt{c/m} \quad \text{bzw.} \quad c = m\omega_0^2\,. \tag{5-24}$$

Damit folgt für die kinetische Energie nach (4-8) zu einem Zeitpunkt t

$$E_\mathrm{k} = \frac{1}{2}mv^2 = \frac{1}{2}m\omega_0^2(\hat{x}^2 - x^2)\,. \tag{5-25}$$

Für die potenzielle Energie ergibt sich gemäß (4-21) und mit (5-24) ein parabelförmiger Verlauf über der Auslenkung x (Bild 5-7):

$$E_\mathrm{p} = \frac{1}{2}cx^2 = \frac{1}{2}m\omega_0^2x^2\,. \tag{5-26}$$

Die Gesamtenergie ist damit

$$E = E_\mathrm{k} + E_\mathrm{p} = \frac{1}{2}m\omega_0^2\hat{x}^2 = \frac{1}{2}c\hat{x}^2 = \text{const}\,, \tag{5-27}$$

also zeitlich konstant, da die Federkraft eine konservative Kraft ist.

Es findet eine periodische Umwandlung von potenzieller in kinetische Energie statt und umgekehrt (vgl. 4.3).

Die zeitliche Mittelung über eine Periodendauer T

$$\bar{E} = \frac{1}{T}\int_0^T E(t)\,\mathrm{d}t \tag{5-28}$$

ergibt durch Einsetzen von (5-25), (5-26) und (5-23) in (5-28) und Ausführen der Integration, dass die zeitlichen Mittelwerte von kinetischer und potenzieller Energie gleich groß und gleich dem halben Wert der Gesamtenergie sind:

$$\bar{E}_\mathrm{k} = \bar{E}_\mathrm{p} = \frac{1}{2}E\,. \tag{5-29}$$

Eine verallgemeinerte Form dieser Aussage ist der sog. Gleichverteilungssatz (siehe 8.3).

Quantenmechanischer harmonischer Oszillator

In der klassischen Mechanik kann die Amplitude $\hat{x}$ jeden beliebigen Wert annehmen und damit dem Oszillator jede beliebige Gesamtenergie erteilt werden. In der Quantenmechanik, die hier nicht

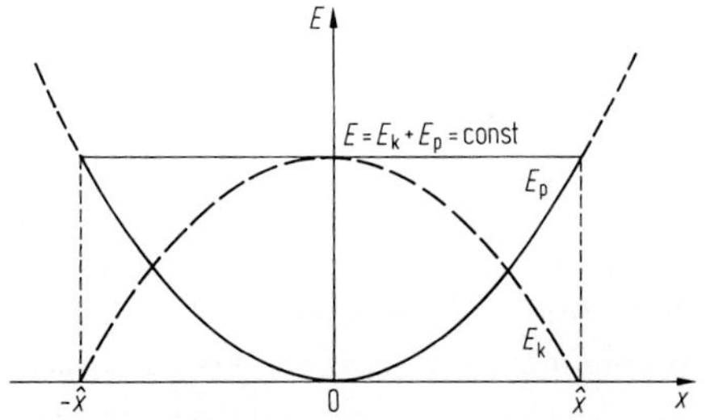

Bild 5-7. Potenzielle und kinetische Energie des harmonischen Oszillators als Funktion der Auslenkung

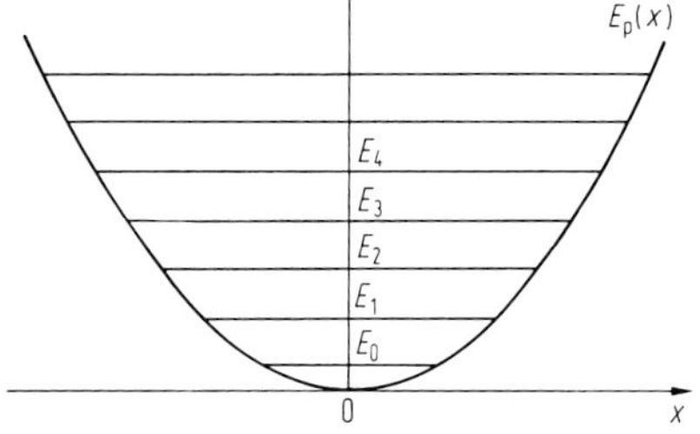

Bild 5-8. Erlaubte Energiewerte beim quantenmechanischen harmonischen Oszillator

behandelt werden kann, ist diese Aussage nicht mehr gültig. Der quantenmechanische harmonische Oszillator kann danach nur diskrete Energiewerte E_n für die Gesamtenergie annehmen, die sich z. B. mit der Schrödinger-Gleichung der Wellenmechanik (siehe 25.3) berechnen lassen. Dieses Verhalten ist dadurch bedingt, dass Materie auch Welleneigenschaften zeigt und in begrenzten Schwingungsbereichen stehende Wellen (vgl. 18) ausbilden muss.
Für ein Parabelpotenzial, wie beim harmonischen Oszillator, erhält man als mögliche Energiewerte (Bild 5-8)

$$E_n = \left(n + \frac{1}{2}\right) h\nu_0 = \left(n + \frac{1}{2}\right) \hbar\omega_0 \qquad (5\text{-}30)$$

$$\text{mit} \quad n = 0, 1, 2, \ldots$$

Hierin ist

$h = 6{,}62606896\ldots \cdot 10^{-34}\,\mathrm{J \cdot s}$

Planck'sches Wirkungsquantum,

Planck-Konstante,

$\hbar = h/2\pi = 1{,}05457168\ldots \cdot 10^{-34}\,\mathrm{J \cdot s}$.

Der Energieunterschied zwischen benachbarten Energiewerten („Energieniveaus“) beträgt nach (5-30)

$$\Delta E = h\nu_0 = \hbar\omega_0 \quad \text{für} \quad \Delta n = 1\ . \qquad (5\text{-}31)$$

Für Frequenzen makroskopischer Oszillatoren ist ΔE praktisch nicht messbar klein, die möglichen Energiewerte liegen so dicht, dass die „Quantelung“ der Oszillatorenergien praktisch nicht bemerkbar ist. Die klassische Mechanik erweist sich hier als Grenzfall der Quantenmechanik. Anders bei Oszillatoren im atomaren Bereich: Ein Atom, das bei Frequenzen $\nu_0 \approx 10^{14}\,\mathrm{s^{-1}} = 100\,\mathrm{THz}$ schwingt (Lichtfrequenzen), zeigt gut messbare diskrete Energieniveaus.

5.3 Freie gedämpfte Schwingungen

Bei realen Schwingungssystemen bleibt die anfängliche Gesamtenergie des Systems nicht erhalten, sondern geht durch das zusätzliche Wirken nichtkonservativer Kräfte (Luftreibung, Lagerreibung, inelastische Deformationen u.a.) allmählich auf die Umgebung über. Die Amplitude einer freien, d. h. nach einer einmaligen Anregung ungestört bleibenden Schwingung nimmt daher zeitlich ab: *Dämpfung*. Abweichend vom ungedämpften harmonischen Oszillator als idealisiertem Grenzfall gilt daher für reale Oszillatoren $\mathrm{d}E/\mathrm{d}t < 0$. Mit der plausiblen, empirisch gerechtfertigten Annahme, dass die Abnahme der Energie proportional der im Schwingungssystem vorhandenen Energie ist, folgt der Ansatz:

$$\frac{\mathrm{d}E}{\mathrm{d}t} = -\delta^* E\ . \qquad (5\text{-}32)$$

Variablentrennung und Integration liefert die zeitliche Änderung der Energie in einem solchen nichtkonservativen System:

$$E(t) = E_0 \mathrm{e}^{-\delta^* t}\ . \qquad (5\text{-}33)$$

E_0 ist die Energie des Oszillators zur Zeit $t = 0$. Die Konstante δ^* heißt Abklingkoeffizient (hier der Energie). Der exponentielle Abfall mit der Zeit ist charakteristisch für gedämpfte Systeme.
Als Beispiel eines solchen Schwingungssystems werde das Federpendel (vgl. 5.2) betrachtet. Ein häufig vorkommender Fall und mathematisch leicht zu behandeln ist die Dämpfung durch eine Reibungskraft, die der Geschwindigkeit proportional und ihr entgegengesetzt gerichtet ist (vgl. 3.2.3):

$$F_\mathrm{R} = -rv = -r\frac{\mathrm{d}x}{\mathrm{d}t}\ . \qquad (5\text{-}34)$$

r heißt Dämpfungskonstante. Die Kraftgleichung des ungedämpften harmonischen Oszillators (5-5) muss jetzt durch die Reibungskraft (5-34) ergänzt werden:

$$ma = -cx - rv\ , \qquad (5\text{-}35)$$

woraus sich die Differenzialgleichung des gedämpften Federpendels ergibt:

$$m\frac{\mathrm{d}^2x}{\mathrm{d}t^2} + r\frac{\mathrm{d}x}{\mathrm{d}t} + cx = 0\,. \qquad (5\text{-}36)$$

Durch Ersetzen der speziellen Koeffizienten m, r und c durch generalisierte Koeffizienten gemäß

$$\frac{r}{m} = 2\delta\,, \qquad (5\text{-}37)$$

δ *Abklingkoeffizient* (der Amplitude)

$$\frac{c}{m} = \omega_0^2\,, \qquad (5\text{-}38)$$

ω_0 Kreisfrequenz des ungedämpften Oszillators, vgl. (5-6) ,

ergibt sich die generalisierte Schwingungsgleichung des freien gedämpften Oszillators

$$\frac{\mathrm{d}^2x}{\mathrm{d}t^2} + 2\delta\frac{\mathrm{d}x}{\mathrm{d}t} + \omega_0^2 x = 0\,. \qquad (5\text{-}39)$$

Diese Differenzialgleichung lässt sich durch einen Exponentialansatz analog (5-33)

$$x = c_i \exp(\gamma_i t) \qquad (5\text{-}40)$$

lösen. Einsetzen in (5-39) ergibt die allgemeine Lösung

$$x = c_1 \exp(\gamma_1 t) + c_2 \exp(\gamma_2 t) \qquad (5\text{-}41)$$

$$\text{mit} \quad \gamma_{1,2} = -\delta \pm \sqrt{\delta^2 - \omega_0^2}\,. \qquad (5\text{-}42)$$

Die Integrationskonstanten $c_{1,2}$ sind aus den Anfangsbedingungen zu bestimmen. Wichtige Spezialfälle der allgemeinen Lösung ergeben sich je nachdem, wie groß δ gegenüber ω_0 ist, ob also die Wurzel in (5-42) imaginär, null oder reell ist. Mit steigender Dämpfung (wachsendem Abklingkoeffizienten δ) unterscheidet man:

1. $\delta^2 - \omega_0^2 < 0 : \rightarrow$ periodischer Fall,
2. $\delta^2 - \omega_0^2 = 0 : \rightarrow$ aperiodischer Grenzfall,
3. $\delta^2 - \omega_0^2 > 0 : \rightarrow$ aperiodischer Fall.

Als Anfangsbedingungen nehmen wir wie in 5.2.2 an, dass der gedämpfte Oszillator bei $t = 0$ mit der Auslenkung $x(0) = x_0$ freigegeben wird, ohne ihm gleichzeitig eine Geschwindigkeit zu erteilen, d. h. $v(0) = \dot{x}(0) = 0$. Für die Integrationskonstanten folgt dann

$$c_{1,2} = \frac{x_0}{2}\left(1 \mp \frac{\delta}{\sqrt{\delta^2 - \omega_0^2}}\right). \qquad (5\text{-}43)$$

5.3.1 Periodischer Fall (Schwingfall)

Dieser Fall liegt bei geringer Dämpfung vor:

$$\delta^2 < \omega_0^2\,.$$

Aus (5-41), (5-42) und (5-43) ergibt sich dann unter Beachtung der Exponentialdarstellung der trigonometrischen Funktionen (vgl. A 7.1)

$$x = x_0 \mathrm{e}^{-\delta t}\left(\frac{\delta}{\omega}\sin\omega t + \cos\omega t\right) \qquad (5\text{-}44)$$

$$\text{mit} \quad \omega = \sqrt{\omega_0^2 - \delta^2}\,. \qquad (5\text{-}45)$$

Für sehr geringe Dämpfung, d. h. $\delta \ll \omega_0$, wird $\omega \approx \omega_0$ bzw. $\omega \gg \delta$, womit sich aus (5-44) näherungsweise ergibt

$$x \approx x_0 \mathrm{e}^{-\delta t}\cos\omega t\,, \qquad (5\text{-}46)$$

also eine Cosinusschwingung, deren Amplitude $\hat{x} = x_0 \mathrm{e}^{-\delta t}$ mit dem Abklingkoeffizienten δ zeitlich exponentiell abnimmt (Bild 5-9). Nach (5-27) ist die Schwingungsenergie $E \sim \hat{x}^2$, d. h., sie klingt exponentiell mit $\delta^* = 2\delta$ ab, zeigt also das gemäß (5-33) erwartete Verhalten. Mit steigender Dämpfungskonstante r bzw. steigendem Abklingkoeffizienten δ nimmt die Amplitude $\hat{x}$ zunehmend schneller zeitlich ab. Das Verhältnis zweier im zeitlichen Abstand einer Schwingungsdauer T aufeinander folgender Amplituden ist

$$\frac{\hat{x}_i}{\hat{x}_{i+1}} = \mathrm{e}^{\delta T}\,. \qquad (5\text{-}47)$$

Der Exponent δT wird als *logarithmisches Dekrement* Λ der gedämpften Schwingung bezeichnet:

$$\Lambda = \delta T = \ln\frac{\hat{x}_i}{\hat{x}_{i+1}}\,. \qquad (5\text{-}48)$$

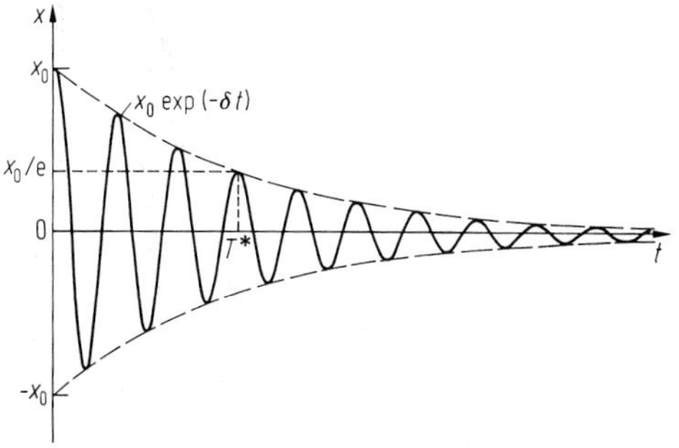

Bild 5-9. Zeitliches Abklingen einer gedämpften Schwingung (Schwingfall)

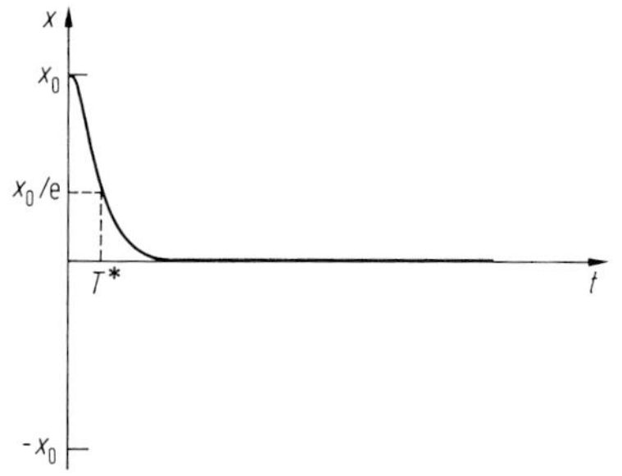

Bild 5-10. Zeitliches Abklingen im aperiodischen Grenzfall

5.3.2 Aperiodischer Grenzfall

Dieser Fall liegt bei mittlerer Dämpfung dann vor, wenn die Wurzel in (5-42) und (5-43) verschwindet: $\delta^2 = \omega_0^2$.
Die Lösung für die vorgegebenen Anfangsbedingungen ergibt sich aus (5-44) durch Grenzübergang $\omega \to 0$ zu

$$x = x_0 \mathrm{e}^{-\delta t}(\delta t + 1)\,. \tag{5-49}$$

Es findet kein periodischer Nulldurchgang mehr statt (Bild 5-10), das Schwingungssystem reagiert nach der Anfangsauslenkung mit der schnellstmöglichen Annäherung an die Ruhelage.

5.3.3 Aperiodischer Fall (Kriechfall)

Dieser Fall liegt bei großer Dämpfung vor: $\delta^2 > \omega_0^2$.
Mit den gleichen Anfangsbedingungen wie in 5.3.1 ergibt sich unter Beachtung der Exponentialdarstellung der hyperbolischen Funktionen aus (5-41) bis (5-43) oder unter Verwendung der Beziehungen zwischen trigonometrischen und hyperbolischen Funktionen aus (5-44) und (5-45)

$$x = x_0 \mathrm{e}^{-\delta t}\left(\frac{\delta}{\beta}\sinh\beta t + \cosh\beta t\right) \tag{5-50}$$

$$\text{mit}\quad \beta = \sqrt{\delta^2 - \omega_0^2}\,. \tag{5-51}$$

Für sehr große Dämpfung, d. h. $\delta \gg \omega_0$, wird

$$\beta \approx \delta - \frac{\omega_0^2}{2\delta} \tag{5-52}$$

und damit aus (5-50)

$$x \approx x_0 \exp\left(-\frac{\omega_0^2}{2\delta}t\right)\,. \tag{5-53}$$

Nach der Anfangsauslenkung „kriecht" das Schwingungssystem exponentiell mit der Zeit in die Ruhelage zurück. Da δ hier im Nenner des Exponenten steht, geht dieser Vorgang umso langsamer vor sich, je größer die Dämpfungskonstante r bzw. der Abklingkoeffizient δ ist (Bild 5-11).

5.3.4 Abklingzeit

Als Maß für die Zeit, die ein Schwingungssystem benötigt, um sich der Endlage zu nähern, wird die Abklingzeit T^* als diejenige Zeit eingeführt, in der die Amplitude $\hat{x} = x_0 \mathrm{e}^{-\delta t}$ (im Schwingfall) bzw. die Auslenkung x (im Kriechfall) von x_0 auf den Wert x_0/e gesunken ist. Aus (5-46) und mit (5-37) folgt bei sehr kleiner Dämpfung für den Schwingfall:

$$T^* = \frac{1}{\delta} = \frac{2m}{r} \sim \frac{1}{r}\,. \tag{5-54}$$

Aus (5-53) und mit (5-37) und (5-38) folgt bei sehr großer Dämpfung für den Kriechfall:

$$T^* = \frac{2\delta}{\omega_0^2} = \frac{r}{c} \sim r\,. \tag{5-55}$$

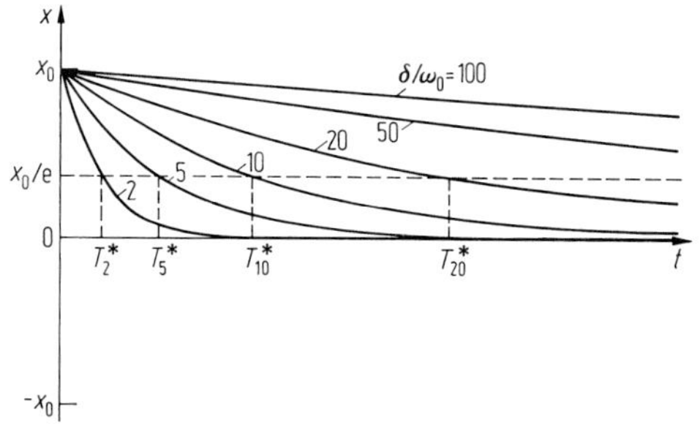

Bild 5-11. Zeitliches Abklingen im Kriechfall

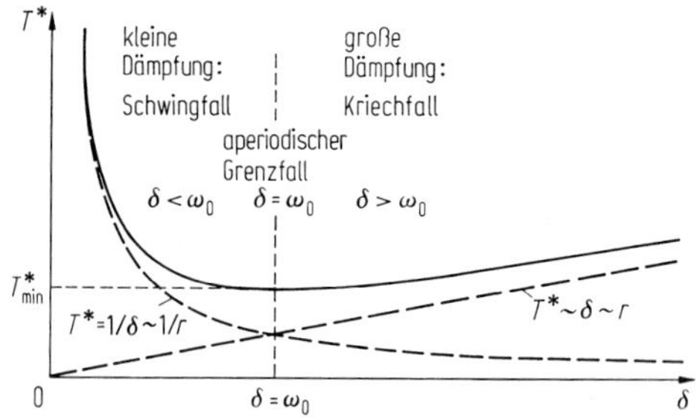

Bild 5-12. Abklingzeit eines Schwingungssystems als Funktion der Dämpfung

Mit steigender Dämpfung r nimmt die Abklingzeit T^* zunächst im Schwingfall ab und nimmt dann im Kriechfall wieder zu (Bild 5-12). Das Minimum der Abklingzeit liegt etwa im aperiodischen Grenzfall vor, der deshalb für viele technische Systeme von Bedeutung ist, bei denen einerseits Schwingungen, andererseits zu große Abklingzeiten vermieden werden sollen. Er kann nach 5.3.2 durch Einstellung der Dämpfung auf $\delta = \omega_0$ bzw. gemäß (5-37) und (5-38) auf

$$r = 2\sqrt{mc} \tag{5-56}$$

erreicht werden.

5.4 Erzwungene Schwingungen, Resonanz

Wirkt auf das schwingungsfähige System von außen über eine Kopplung eine periodisch veränderliche Kraft ein, z. B.

$$F(t) = \hat{F}\sin\omega t\,, \tag{5-57}$$

so wird das System zum Mitschwingen gezwungen: erzwungene Schwingungen. Wählen wir als Beispiel wieder das Federpendel (mit Dämpfung), so ist dessen Kraftgleichung (5-36) nun durch die periodische Kraft (5-57) zu ergänzen:

$$m\frac{\mathrm{d}^2x}{\mathrm{d}t^2} + r\frac{\mathrm{d}x}{\mathrm{d}t} + cx = F(t) = \hat{F}\sin\omega t\,. \tag{5-58}$$

Durch Einführung der generalisierten Koeffizienten $\delta = r/2m$ und $\omega_0^2 = c/m$ aus (5-37) und (5-38) folgt daraus die Differenzialgleichung der erzwungenen Schwingung:

$$\frac{\mathrm{d}^2x}{\mathrm{d}t^2} + 2\delta\frac{\mathrm{d}x}{\mathrm{d}t} + \omega_0^2x = \frac{\hat{F}}{m}\sin\omega t\,. \tag{5-59}$$

Die allgemeine Lösung dieser inhomogenen Differenzialgleichung ergibt sich als Summe zweier Anteile:

1. der Lösung der homogenen Differenzialgleichung ($\hat{F} = 0$), die der freien gedämpften Schwingung entspricht und durch (5-41) und (5-42) gegeben ist. Sie beschreibt den zeitlich abklingenden Einschwingvorgang.
2. der stationären Lösung der inhomogenen Gleichung (5-59) für den eingeschwungenen Zustand ($t \gg 1/\delta$).

Für den stationären Fall ist ein geeigneter Lösungsansatz

$$x = \hat{x}\sin(\omega t + \varphi)\,. \tag{5-60}$$

Einsetzen in die Differenzialgleichung (5-59) und Anwendung der Additionstheoreme trigonometrischer Funktionen für Argumentsummen liefert

$$\begin{aligned}&\left[\left(\omega^2 - \omega_0^2\right)\sin\varphi - 2\delta\omega\cos\varphi\right]\hat{x}\cos\omega t\\ &+ \left[\left(\omega^2 - \omega_0^2\right)\cos\varphi + 2\delta\omega\sin\varphi\right]\hat{x}\sin\omega t\\ &= -\frac{\hat{F}}{m}\sin\omega t\,.\end{aligned}$$

Diese Gleichung ist nur dann für alle t gültig, wenn die Koeffizienten der linear unabhängigen Zeitfunktionen sin ωt und cos ωt auf beiden Seiten der Gleichung übereinstimmen, das heißt unter anderem, dass der Koeffizient von cos ωt verschwinden muss. Aus diesen beiden Bedingungen ergibt sich für die stationäre *Amplitude* der erzwungenen Schwingung mit der Kreisfrequenz ω der anregenden periodischen Kraft $F = \hat{F}\sin\omega t$

$$\hat{x} = \frac{\hat{F}}{m\sqrt{\left(\omega^2 - \omega_0^2\right)^2 + 4\delta^2\omega^2}}\,, \tag{5-61}$$

und für die Phasendifferenz φ zwischen der Phase der Auslenkung und der Phase der periodischen äußeren Kraft

$$\tan\varphi = \frac{2\delta\omega}{\omega^2 - \omega_0^2}\,. \tag{5-62}$$

Anders als bei der freien Schwingung (vgl. 5.2.2 und 5.3) sind Amplitude und Phasenwinkel der erzwungenen Schwingung nicht mehr von den Anfangsbedingungen abhängig, sondern von der Frequenz bzw. Kreisfrequenz ω und der Amplitude $\hat{F}$ der erregenden äußeren Kraft sowie von der Dämpfung (Abklingkoeffizient δ) des Schwingungssystems.

5.4.1 Resonanz

Die Amplitude der erzwungenen Schwingung zeigt aufgrund der Differenz $(\omega^2 - \omega_0^2)$ im Nenner von (5-61) eine ausgeprägte Frequenzabhängigkeit.

Bei konstanter, zeitunabhängiger Erregerkraft ($\omega = 0$) ist die statische Auslenkung

$$\hat{x}_{st} = \frac{\hat{F}}{m\omega_0^2} = \frac{\hat{F}}{c} \,. \quad (5\text{-}63)$$

Mit steigender Erregerfrequenz ω und niedriger Dämpfung δ erreicht die Amplitude besonders hohe Werte bei $\omega \approx \omega_0$: *Resonanz* (Bild 5-13). Die Lage des Resonanzmaximums $\hat{x}_r = \hat{x}(\omega_r)$ (ω_r *Resonanzkreisfrequenz*) ergibt sich aus (5-61) durch Bildung von $\mathrm{d}\hat{x}/\mathrm{d}\omega = 0$:

$$\omega_r = \sqrt{\omega_0^2 - 2\delta^2} < \omega_0 \quad (5\text{-}64)$$

Die *Resonanzamplitude* $\hat{x}_r$ ergibt sich damit aus (5-61) zu

$$\hat{x}_r = \frac{\hat{F}}{2m\delta\sqrt{\omega_0^2 - \delta^2}} \,. \quad (5\text{-}65)$$

Sie ist stets etwas größer als die Amplitude $\hat{x}_0$ bei $\omega = \omega_0$:

$$\hat{x}_0 = \frac{\hat{F}}{2m\delta\omega_0} \,. \quad (5\text{-}66)$$

Für kleine Dämpfungen ($\delta \ll \omega_0$) gilt $\omega_r \approx \omega_0$ und $\hat{x}_r \approx \hat{x}_0$. Das Verhältnis von Resonanzamplitude $\hat{x}_r$ zur statischen Auslenkung $\hat{x}_{st}$ wird als *Resonanzüberhöhung* oder *Güte Q* bezeichnet. Mit (5-63) und (5-65) bzw. (5-66) folgt

$$Q = \frac{\hat{x}_r}{\hat{x}_{st}} = \frac{\omega_0^2}{2\delta\sqrt{\omega_0^2 - \delta^2}} \approx \frac{\hat{x}_0}{\hat{x}_{st}} = \frac{\omega_0}{2\delta} \quad (5\text{-}67)$$

für $\delta \ll \omega_0$.

Mit steigender Dämpfung, d. h. sinkender Güte Q, wird $\omega_r < \omega_0$, die Resonanzamplitude sinkt, bis schließlich $\omega_r = 0$ wird bei $\delta = \omega_0/\sqrt{2}$ (Bild 5-13). Für Dämpfungen $\delta > \omega_0/\sqrt{2}$ verschwindet das Resonanzverhalten völlig, die stationäre Schwingungsamplitude $\hat{x}$ ist dann bei allen Frequenzen kleiner als die statische Auslenkung $\hat{x}_{st}$.

Umgekehrt wird mit verschwindender Dämpfung ($\delta \to 0$) die Resonanzamplitude beliebig groß. Da fast jedes mechanisches System (z. B. Brücken, Gebäudedecken, rotierende Maschinen) durch periodische Kräfte zu Schwingungen erregt werden kann, können im Resonanzfalle die Schwingungsamplituden größer werden als es die Festigkeitsbedingungen erlauben, sodass das System zerstört wird: *Resonanzkatastrophe*. Dies muss vermieden werden durch hohe Dämpfung, Umgehung periodischer Kräfte oder große Differenz zwischen Erreger- und Resonanzfrequenz.

Als Maß für den Frequenzbereich, in dem sich die Resonanzerscheinung bei geringer Dämpfung ($\delta \ll \omega_0$, $\omega_r \approx \omega_0$) besonders stark auswirkt, kann die Halbwertsbreite $2\Delta\omega$ benutzt werden (Bild 5-14). Werden die Kreisfrequenzen, bei denen die Amplitude auf den halben Wert der Resonanzamplitude gefallen ist, mit $\omega_{-1/2}$ bzw. $\omega_{+1/2}$ bezeichnet, sowie

$$\Delta\omega = \omega_{+1/2} - \omega_0 \approx \omega_0 - \omega_{-1/2} \quad (5\text{-}68)$$

eingeführt, so kann $\Delta\omega$ gemäß der Bedingung

$$\hat{x}(\omega_{1/2}) = \frac{\hat{x}_0}{2}$$

aus (5-61) und (5-66) näherungsweise berechnet werden:

$$\Delta\omega \approx 2\delta = 2/T^* \,. \quad (5\text{-}69)$$

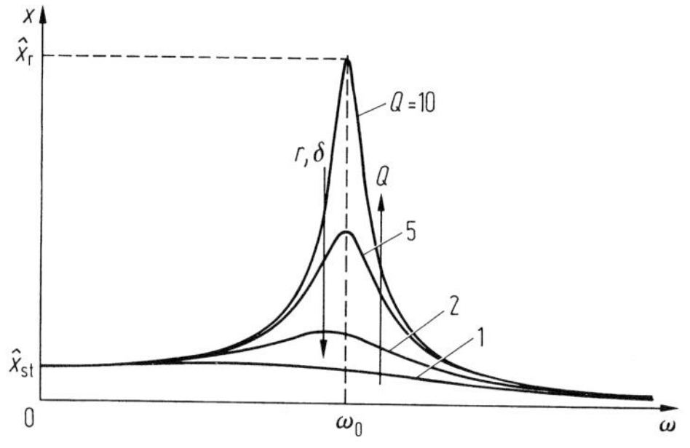

Bild 5-13. Resonanzkurven bei verschiedenen Güten Q

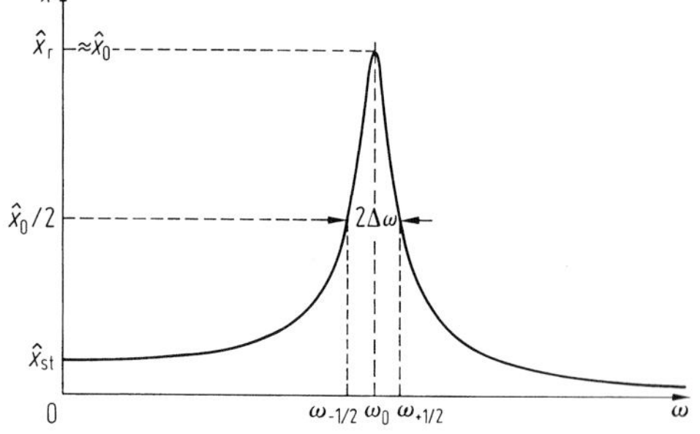

Bild 5-14. Halbwertsbreite der Resonanzkurve

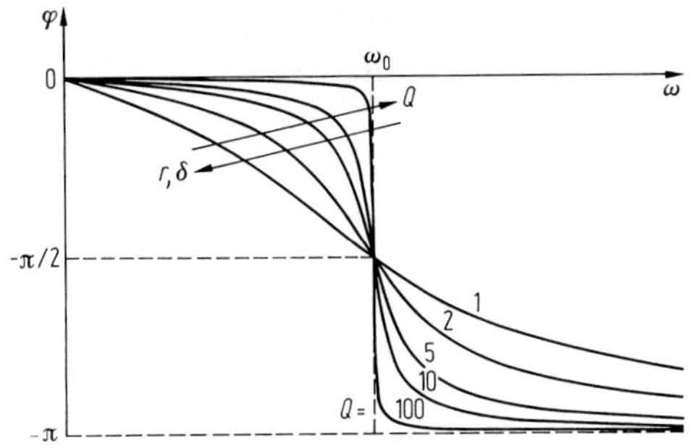

Bild 5-15. Phasenkurven der Auslenkung erzwungener Schwingungen bei verschiedenen Güten Q

T^* ist die Abklingzeit des freien, gedämpften Schwingungssystems, vgl. 5.3.4. Daraus folgt die generell für Schwingungssysteme gültige Beziehung

$$\Delta\omega/\delta = \Delta\omega T^* = \text{const} . \tag{5-70}$$

Mit (5-69) folgt für die Güte aus (5-67)

$$Q = \frac{\omega_0}{\Delta\omega} . \tag{5-71}$$

Der Phasenwinkel zwischen einander entsprechenden Phasen der Auslenkung und der Erregerkraft beträgt nach (5-62)

$$\varphi = \arctan\frac{2\delta\omega}{\omega^2 - \omega_0^2} . \tag{5-72}$$

Für verschwindende Dämpfung ($\delta = 0$) ist das eine Sprungfunktion, die unterhalb der Resonanz ($\omega < \omega_0$) den Wert $\varphi = 0$, oberhalb ($\omega > 0$) den Wert $\varphi = -\pi$ annimmt (Bild 5-15).

Mit zunehmender Dämpfung (abnehmende Güte) wird der Übergang stetig und zunehmend breiter, wobei $\varphi(\omega_0) = -\pi/2$ ist. Das heißt, bei tiefen Erregerfrequenzen schwingt das System nahezu in gleicher Phase mit der Erregerkraft, bei hohen Erregerfrequenzen dagegen gegenphasig.

Im Resonanzfall ($\omega = \omega_0$) läuft die Phase der Auslenkung der der Erregerkraft um $\pi/2$ nach. Die Zeitfunktionen sind dann:

$$\begin{aligned} &\text{Auslenkung} && x(\omega_0) = \hat{x}\sin(\omega_0 t - \pi/2) , \\ &\text{Geschwindigkeit} && \dot{x}(\omega_0) = \omega_0\hat{x}\cos(\omega_0 t - \pi/2) \\ & && \qquad\;\; = \omega_0\hat{x}\sin\omega_0 t , \\ &\text{Erregerkraft} && F(\omega_0) = \hat{F}_0\sin\omega_0 t . \end{aligned}$$

Erregerkraft und Geschwindigkeit sind also im Resonanzfall phasengleich: die Kraft wirkt während der gesamten Periode in die gleiche Richtung wie die Geschwindigkeit, d. h. stets beschleunigend. Bei anderen Frequenzen ist das nicht der Fall. Daraus folgt die hohe Amplitude bei Resonanz.

5.4.2 Leistungsaufnahme des Oszillators

Die Leistung, die von der Erregerkraft auf den Oszillator übertragen wird, ergibt sich aus (4-6) zu $P = F\dot{x} = \hat{F}\sin(\omega t)\,\omega\hat{x}\cos(\omega t + \varphi)$. Zeitliche Mittelung über eine ganze Periode und Einsetzen von (5-61) und (5-62) liefert

$$\bar{P} = \frac{\hat{F}_2}{m\delta} \cdot \frac{\delta^2\omega^2}{\left(\omega^2 - \omega_0^2\right)^2 + 4\delta^2\omega^2} . \tag{5-73}$$

Einführung der Güte $Q = \omega_0/2\delta$ nach (5-67) und einer normierten Frequenz

$$\Omega = \omega/\omega_0 \tag{5-74}$$

ergibt weiter

$$\bar{P} = \frac{\hat{F}^2}{2m\omega_0} \cdot \frac{Q\Omega^2}{Q^2(\Omega^2 - 1)^2 + \Omega^2} . \tag{5-75}$$

Im Gegensatz zur Amplitudenresonanzkurve hat die Leistungsresonanzkurve ihr Maximum exakt bei $\omega = \omega_0$ ($\Omega = 1$), unabhängig von der Dämpfung bzw. Güte (Bild 5-16). Analog zu (5-68) kann hier eine Leistungshalbwertsbreite definiert werden, die sich als halb so groß wie die Amplitudenhalbwertsbreite erweist:

$$(\Delta\omega)_P \approx \delta \approx \Delta\omega/2 . \tag{5-76}$$

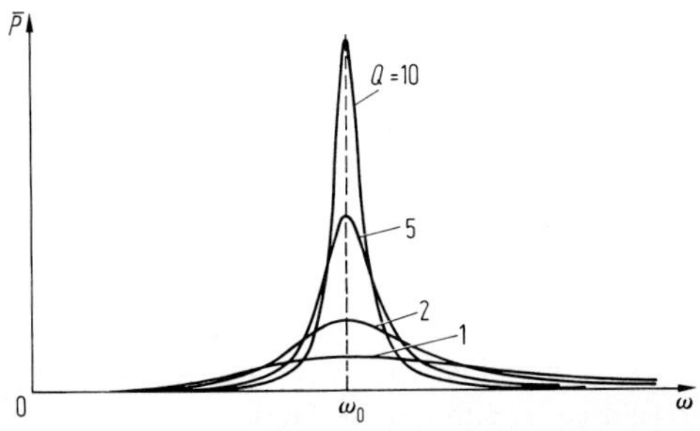

Bild 5-16. Leistungsresonanzkurven bei verschiedener Güte Q

Die Halbwertsbreite $\Delta\omega$ entspricht also der vollen Breite der Leistungsresonanzkurve bei halber Leistung.

5.5 Überlagerung von harmonischen Schwingungen

Oszillatoren können zu mehreren, gleichzeitigen Schwingungen angeregt werden, die sich zu einer resultierenden Schwingung überlagern. Solange die resultierenden Amplituden die Grenze des linearen Verhaltens (z. B. (3-9)) nicht überschreiten, gilt das *Prinzip der ungestörten Superposition*:

> Wird ein Körper zu mehreren Schwingungen angeregt, so überlagern (addieren) sich deren Auslenkungen ohne gegenseitige Störung.

5.5.1 Schwingungen gleicher Frequenz

Zwei Schwingungen gleicher Richtung und gleicher Frequenz

$$x_1 = \hat{x}_1 \sin(\omega t + \varphi_1) \quad \text{und}$$
$$x_2 = \hat{x}_2 \sin(\omega t + \varphi_2)$$

überlagern sich zu einer resultierenden harmonischen Schwingung derselben Frequenz

$$x = x_1 + x_2 = \hat{x}\sin(\omega t + \varphi)\,. \qquad (5\text{-}77)$$

Anwendung der Additionstheoreme auf (5-77) und Vergleich der Koeffizienten von $\sin \omega t$ und $\cos \omega t$ liefert Amplitude und Anfangsphase der resultierenden Schwingung:

$$\hat{x} = \sqrt{\hat{x}_1^2 + \hat{x}_2^2 + 2\hat{x}_1\hat{x}_2\cos(\varphi_1 - \varphi_2)}\,, \qquad (5\text{-}78)$$

$$\tan\varphi = \frac{\hat{x}_1 \sin\varphi_1 + \hat{x}_2 \sin\varphi_2}{\hat{x}_1 \cos\varphi_1 + \hat{x}_2 \cos\varphi_2}\,. \qquad (5\text{-}79)$$

Bei gleichen Amplituden $\hat{x}_1 = \hat{x}_2$ und gleichen Anfangsphasen $\varphi_1 = \varphi_2$ überlagern sich beide Schwingungen zur doppelten resultierenden Amplitude (gegenseitige maximale Verstärkung beider Schwingungen); bei der Anfangsphasendifferenz $\varphi_1 - \varphi_2 = \pi$ heben sich beide Schwingungen auf (gegenseitige Auslöschung beider Schwingungen). Diese Sonderfälle spielen bei der *Interferenz* zweier Schwingungen eine wichtige Rolle.

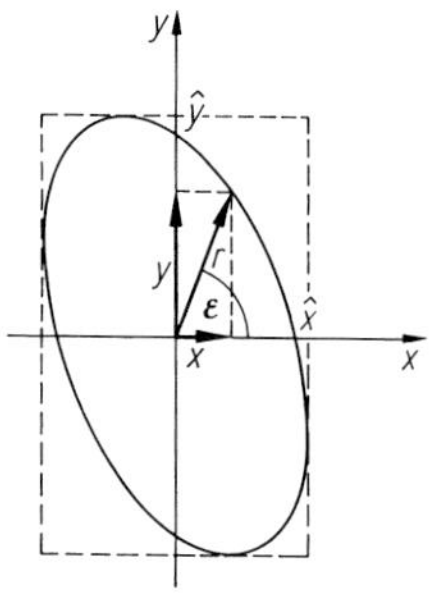

Bild 5-17. Bahnkurve der resultierenden Schwingung aus zwei zueinander senkrechten linearen Schwingungen gleicher Frequenz

Die Auslenkungen zweier Schwingungen, die zueinander senkrecht bei Kreisfrequenzen ω_x und ω_y erfolgen, z. B.

$$x = \hat{x}\sin(\omega_x t + \varphi_x) \quad \text{und}$$
$$y = \hat{y}\sin(\omega_y t + \varphi_y)\,,$$

müssen vektoriell addiert werden (Bild 5-17). Die Polarkoordinaten der resultierenden Auslenkung zur Zeit t sind

$$r = \sqrt{x^2 + y^2} \quad \text{und} \quad \tan\varepsilon = \frac{y}{x}\,. \qquad (5\text{-}80)$$

Im Falle gleicher Frequenzen $\omega_x = \omega_y$ ergeben sich als Bahnkurven der resultierenden Auslenkung Ellipsen (Bild 5-17), deren Exzentrizität und Lage von den Amplituden und Anfangsphasen der Einzelschwingungen abhängen. Bei ungleichen Frequenzen ergeben sich kompliziertere Bahnkurven, sog. *Lissajous-Figuren.*

5.5.2 Schwingungen verschiedener Frequenz

Die Überlagerung von linearen harmonischen Schwingungen mit gleicher Schwingungsrichtung, aber verschiedener Frequenz ergibt eine nichtharmonische oder anharmonische Schwingung. Wir betrachten einige wichtige Sonderfälle:

Schwebungen

Schwebungen treten bei Überlagerung zweier Schwingungen mit *geringem Frequenzunterschied* auf. Im einfachen Fall gleicher Amplituden beider

Schwingungen folgt für eine beliebige Auslenkungskoordinate ξ

$$\xi = \xi_1 + \xi_2 = \hat{\xi} \sin 2\pi\nu_1 t + \hat{\xi} \sin 2\pi\nu_2 t$$

$$\text{mit} \quad \nu_1 - \nu_2 = \Delta\nu \ll \nu_{1,2} \, .$$

$\Delta\nu$ ist die Differenzfrequenz. Die Anwendung der Additionstheoreme ergibt daraus

$$\xi = 2\hat{\xi} \cos 2\pi \frac{\Delta\nu}{2} t \; \sin 2\pi\nu t \qquad (5\text{-}81)$$

mit der Mittenfrequenz

$$\frac{\nu_1 + \nu_2}{2} = \nu \, .$$

Es ergibt sich also eine Schwingung mit der Mittenfrequenz ν, deren Amplitude periodisch zwischen $2\hat{\xi}$ und 0 schwankt: die Schwingung ist „moduliert" mit einer Frequenz $\nu_{\text{mod}} = \Delta\nu/2 = 1/T_{\text{mod}}$ (Bild 5-18). Die langsam zeitveränderliche Funktion $2\hat{\xi} \cos(2\pi\Delta\nu t/2)$ stellt die Amplitudenhüllkurve dar. Als *Schwebungsdauer* T_s wird der zeitliche Abstand zweier benachbarter Amplitudenmaxima oder Nullstellen der Amplitude bezeichnet. Sie ist gleich der halben Modulationsperiodendauer T_{mod} und damit

$$T_s = \frac{1}{\Delta\nu} \, . \qquad (5\text{-}82)$$

Die Erscheinung der Schwebung wird häufig zum Frequenzvergleich ausgenutzt: Die Schwebungsdauer wird ∞, wenn $\nu_2 = \nu_1$ ist.

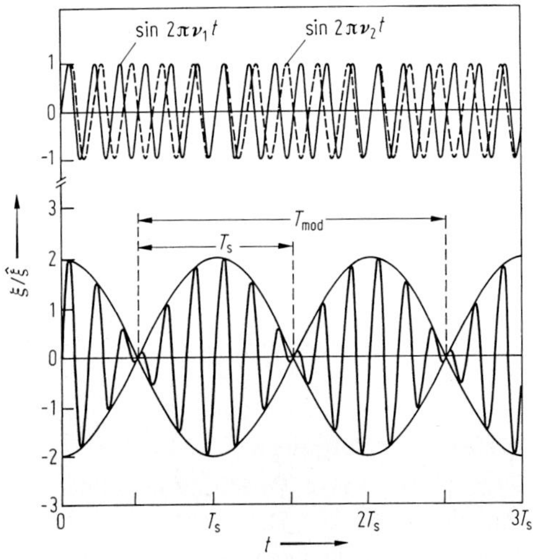

Bild 5-18. Überlagerung zweier Schwingungen mit geringem Frequenzunterschied: Schwebung

Amplitudenmodulation

Wird die Amplitude einer Schwingung der hohen Frequenz Ω periodisch mit einer niedrigeren Modulationsfrequenz ω_{mod} verändert, so spricht man von Amplitudenmodulation. Die Schwebung stellt bereits einen Spezialfall der Amplitudenmodulation dar. Deren allgemeine Beschreibung (Bild 5-19) lautet

$$\xi = \hat{\xi}(1 + m \cos \omega_{\text{mod}} t) \sin \Omega t \quad \text{mit} \quad m \leqq 1 \, , \qquad (5\text{-}83)$$

m wird *Modulationsgrad* genannt.

Nach Anwendung der Additionstheoreme lässt sich (5-83) auch in folgender Form schreiben:

$$\xi = \hat{\xi} \Big[\sin \Omega t + \frac{m}{2} (\sin(\Omega - \omega_{\text{mod}})t + \sin(\Omega + \omega_{\text{mod}})t) \Big] \, . \qquad (5\text{-}84)$$

Die Amplitudenmodulation einer Schwingung der Frequenz Ω mit einer Modulationsfrequenz ω_{mod} ist also gleichbedeutend mit einer Überlagerung dreier Schwingungen konstanter Amplitude und den Frequenzen Ω (sog. Trägerfrequenz), $(\Omega - \omega_{\text{mod}})$ und $(\Omega + \omega_{\text{mod}})$, den unteren und oberen sog. Seitenfrequenzen, vgl. Frequenzspektrum Bild 5-19b, ein für die Nachrichtenübertragung mit modulierten elektrischen Schwingungen äußerst wichtiger Befund, vergleiche Nachrichtentechnik G 22.3.

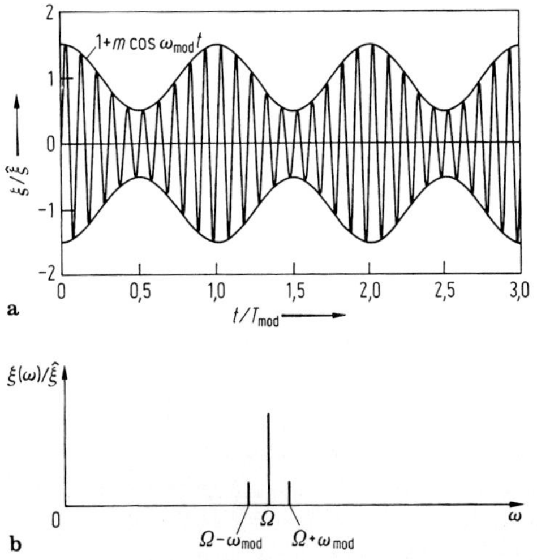

Bild 5-19. Amplitudenmodulierte Schwingung und deren Frequenzspektrum

Anharmonische Schwingungen, Fourier-Darstellung

Die Schwebung und die amplitudenmodulierte Schwingung sind bereits Beispiele für anharmonische Schwingungen, die als Überlagerung harmonischer Schwingungen mit konstanter Amplitude und unterschiedlichen Frequenzen dargestellt werden konnten. Zwei weitere Beispiele zeigt Bild 5-20.

Allgemein lassen sich beliebige anharmonische periodische Vorgänge als Überlagerung von (im Grenzfall unendlich vielen) harmonischen Schwingungen auffassen und als *Fourier-Reihe* darstellen:

$$\xi(t) = \xi_0 + \sum_{n=1}^{\infty} \xi_n \sin(n\omega_1 t + \delta_n)\,. \qquad (5\text{-}85)$$

Dabei legt die Periode $T_1 = 2\pi/\omega_1$ der anharmonischen Schwingung die *Grundfrequenz* ω_1 fest, während die Feinstruktur der anharmonischen Schwingung durch die Amplituden ξ_n und die Anfangsphasen δ_n der *Oberschwingungen* $n\omega_1$ bestimmt wird.

Bei akustischen Schwingungen („Klängen") entsprechen dem der „Grundton" und die „Obertöne", wobei die Frequenz des Grundtones die Klanghöhe bestimmt und die Amplituden- und Phasenverteilung der Obertöne die Klangfarbe festlegt. Die

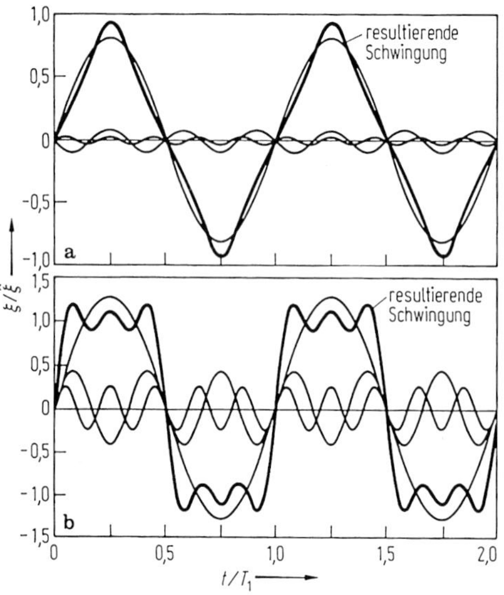

Bild 5-20. Entstehung anharmonischer Schwingungen durch Überlagerung harmonischer Schwingungen (jeweils die ersten drei Terme von (5-86) und (5-87))

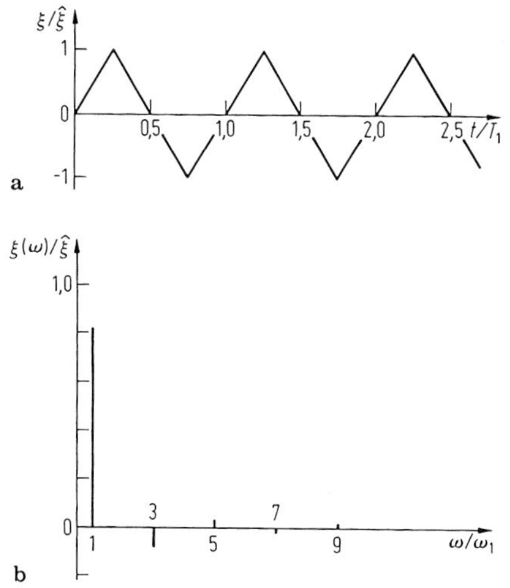

Bild 5-21. Dreieckschwingung und zugehöriges Frequenzspektrum

Bestimmung der Koeffizienten ξ_n der einzelnen Teilschwingungen, aus denen sich eine vorgegebene anharmonische Schwingung zusammensetzt, auf mathematischem Wege wird *Fourier*-Analyse genannt (siehe A 21.1). Experimentell kann sie durch einen Satz Frequenzfilter mit unterschiedlichen Durchlassfrequenzen erfolgen.

Beispiele für anharmonische Schwingungen:

Dreieckschwingung (Bild 5-21), vgl. auch Bild 5-20a:

$$\xi = \hat{\xi}\frac{8}{\pi^2}\left(\sin\omega_1 t - \frac{1}{3^2}\sin 3\omega_1 t + \frac{1}{5^2}\sin 5\omega_1 t - + \ldots\right)\,. \qquad (5\text{-}86)$$

Rechteckschwingung (Bild 5-22), vgl. Bild 5-20b:

$$\xi = \hat{\xi}\frac{4}{\pi}\left(\sin\omega_1 t + \frac{1}{3}\sin 3\omega_1 t + \frac{1}{5}\sin 5\omega_1 t + \ldots\right)\,. \qquad (5\text{-}87)$$

Nichtperiodische Vorgänge

Vorgänge, denen keine Periode zugeordnet werden kann (in der Akustik z. B. Zischlaute, Knalle, oder auch begrenzte, nicht unendlich lange harmonische Wellenzüge), lassen sich nicht durch eine Fourier-Reihe mit diskreten Frequenzen $n\omega$ darstellen.

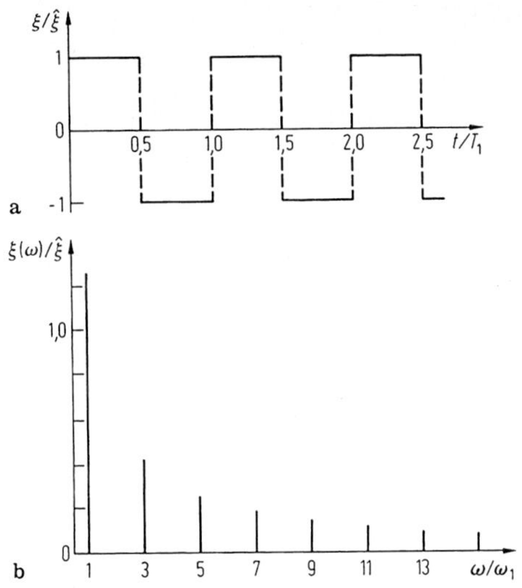

Bild 5-22. Rechteckschwingung und zugehöriges Frequenzspektrum

Stattdessen ist dies möglich durch Überlagerung unendlich vieler, kontinuierlich verteilter Frequenzen. Die Summe über ein diskretes Frequenzspektrum bei der Fourier-Reihe (5-85) ist dann durch das *Fourier-Integral* über ein kontinuierliches Frequenzspektrum zu ersetzen:

$$\xi(t) = \int_0^\infty \xi_A(\omega) \sin[\omega t + \delta(\omega)] d\omega\,. \qquad (5\text{-}88)$$

Aufgabe der Fourier-Analyse (siehe A 21) ist hier die

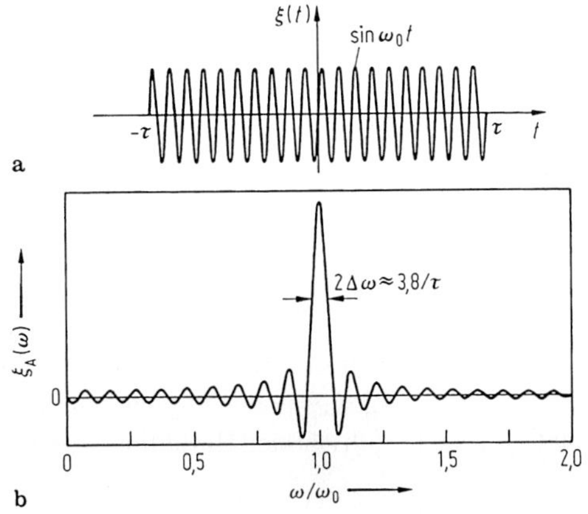

Bild 5-23. Zeitlich begrenzte Sinusschwingung und zugehöriges Frequenzspektrum

Bestimmung der Amplitudenfunktion $\xi_A(\omega)$. Als Beispiel sei eine Sinusschwingung der begrenzten zeitlichen Länge 2τ betrachtet (Bild 5-23a). Als Teilschwingungen kommen dann nur Sinusschwingungen mit der Anfangsphase 0 in Frage. Das Fourier-Integral lautet für diesen Fall:

$$\xi(t) = \int_0^\infty \xi_A(\omega) \sin \omega t \, d\omega$$

$$= \begin{cases} \sin \omega_0 t & \text{für } -\tau < t < +\tau \\ 0 & \text{sonst} \end{cases} \qquad (5\text{-}89)$$

Die Amplitudenfunktion $\xi_A(\omega)$ ergibt sich dann (vgl. A 21) zu

$$\xi_A(\omega) = \frac{1}{\pi} \int_{-\infty}^{+\infty} \xi(t') \sin \omega t' \, dt'$$

$$= \frac{1}{\pi} \int_{-\tau}^{+\tau} \sin \omega_0 t' \sin \omega t' \, dt'$$

$$\xi_A(\omega) = \frac{\sin(\omega_0 - \omega)\tau}{\pi(\omega_0 - \omega)} - \frac{\sin(\omega_0 + \omega)\tau}{\pi(\omega_0 + \omega)}\,. \qquad (5\text{-}90)$$

Diese Amplitudenfunktion hat, wie anschaulich zu erwarten, ihr Maximum bei $\omega = \omega_0$ (Bild 5-23b) und eine Halbwertsbreite

$$2\Delta\omega \approx \frac{3{,}8}{\tau}\,. \qquad (5\text{-}91)$$

Je größer die Dauer 2τ der Sinusschwingung ist, desto mehr engt sich das Frequenzspektrum auf ω_0 ein. Es liegt ein ganz ähnliches Verhalten vor wie bei der Resonanz, vgl. (5-69).

5.6 Gekoppelte Oszillatoren

Oszillatoren werden dann als gekoppelt bezeichnet, wenn sie über eine *Kopplung* Energie austauschen können. Bei mechanischen Schwingern kann der Kopplungsmechanismus z. B. auf elastischer Deformation des Kopplungselementes (Feder zwischen zwei Pendeln), auf Reibung zwischen zwei Schwingern oder auf Trägheit beruhen (Aufhängung eines Fadenpendels an der Masse eines zweiten).

5.6.1 Gekoppelte Pendel

Als Beispiel zweier linearer, gekoppelter Oszillatoren werde ein System aus zwei identischen Pendeln mit starren Pendelstangen von vernachlässigbarer Masse betrachtet, die über eine Kopplungsfeder verbunden sind (Bild 5-24).

Wird eines der Pendel angestoßen und ihm damit Schwingungsenergie übertragen, so regt es über die Kopplungsfeder das zweite Pendel zu erzwungenen Schwingungen an (mit $\pi/2$ Phasenverzögerung, vgl. Bild 5-25), bis der Energievorrat des ersten Pendels erschöpft, d. h. vollständig an das zweite Pendel übertragen worden ist. Dann übernimmt dieses die Rolle des Erregers für das erste Pendel und so fort. Die Oszillatoren führen Schwebungen durch, die zeitlich um eine halbe Schwebungsdauer T_s gegeneinander versetzt sind.

Die Schwingungsenergie pendelt dabei periodisch zwischen den beiden Oszillatoren hin und her (Bild 5-25). Die Eigenkreisfrequenz der isolierten Pendel (ohne Kopplung) ist durch (5-10) und (5-8) gegeben:

$$\omega_0 = \sqrt{\frac{c}{m}} \quad \text{mit} \quad c = \frac{mg}{l} \,. \tag{5-92}$$

Mit Kopplung wird die (hier durch die Schwerkraft bedingte) Richtgröße c der Pendel durch die Richtgröße $c_\mathbf{K}$ der Kopplungsfeder verändert, sodass sich gemäß Bild 5-24 folgende Kraftgleichungen für die beiden Pendel ergeben:

$$\begin{aligned} \text{Pendel 1:} \quad m\frac{\mathrm{d}^2 x_1}{\mathrm{d}t^2} &= -c x_1 + c_\mathbf{K}(x_2 - x_1) \,, \\ \text{Pendel 2:} \quad m\frac{\mathrm{d}^2 x_2}{\mathrm{d}t^2} &= -c x_2 - c_\mathbf{K}(x_2 - x_1) \,, \end{aligned} \tag{5-93}$$

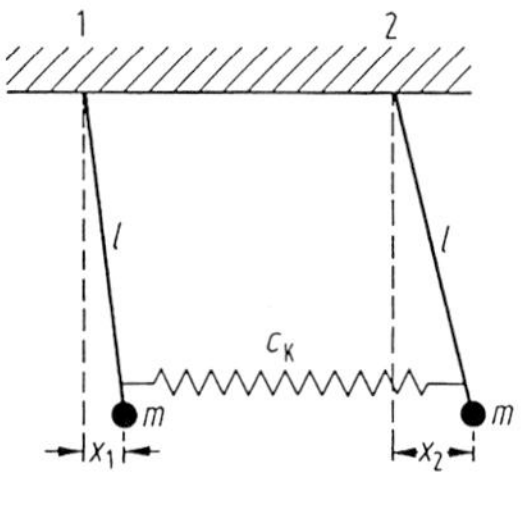

Bild 5-24. Gekoppelte Pendel

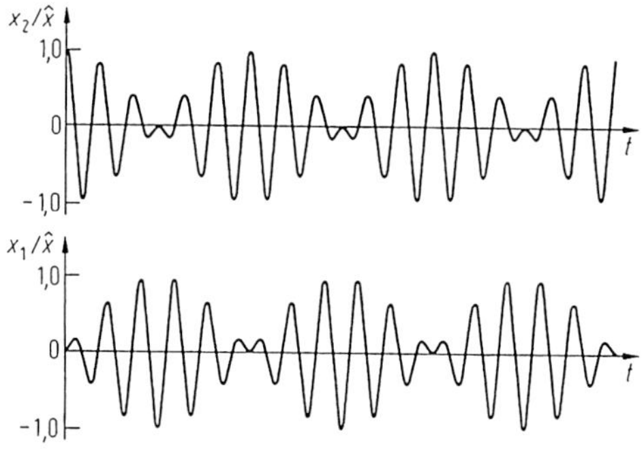

Bild 5-25. Schwebungen gekoppelter Pendel

Daraus folgen die *Differenzialgleichungen der gekoppelten Schwingungen*

$$\begin{aligned} &\frac{\mathrm{d}^2 x_1}{\mathrm{d}t^2} + \omega_0^2 x_1 + K(x_1 - x_2) = 0 \,, \\ &\frac{\mathrm{d}^2 x_2}{\mathrm{d}t^2} + \omega_0^2 x_2 - K(x_1 - x_2) = 0 \end{aligned} \tag{5-94}$$

mit dem *Kopplungsparameter*

$$K = \frac{c_\mathbf{K}}{m} \,. \tag{5-95}$$

Es handelt sich um zwei gekoppelte Differenzialgleichungen mit x_1 und x_2 als gekoppelte, zeitabhängige Variable. Durch Addition und Subtraktion der beiden Gleichungen und Einführung von *Normalkoordinaten*

$$q_1 = x_1 + x_2 \,, \qquad q_2 = x_1 - x_2 \tag{5-96}$$

lassen sich (5-94) zu normalen Schwingungsgleichungen eines harmonischen Oszillators (vgl. (5-21)) entkoppeln:

$$\begin{aligned} &\frac{\mathrm{d}^2 q_1}{\mathrm{d}t^2} + \Omega_1^2 q_1 = 0 \,, \\ &\frac{\mathrm{d}^2 q_2}{\mathrm{d}t^2} + \Omega_2^2 q_2 = 0 \,. \end{aligned} \tag{5-97}$$

Die Frequenzen dieser *Normalschwingungen* (auch *Fundamentalschwingungen* oder Fundamentalmoden genannt) sind, wie sich bei der Herleitung von (5-97) zeigt,

$$\Omega_1 = \omega_0 \quad \text{und} \quad \Omega_2 = \sqrt{\omega_0^2 + 2K} \,. \tag{5-98}$$

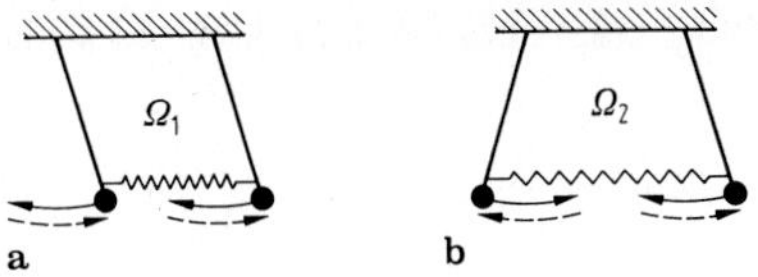

Bild 5-26. Normalschwingungen gekoppelter Pendel

Die allgemeinen Lösungen von (5-97) lassen sich aus (5-22) übernehmen, woraus sich mit (5-96) die allgemeinen Lösungen von (5-94) bzw. (5-93) ergeben. Sie setzen sich aus einer Linearkombination von Normalschwingungen zusammen:

$$\begin{aligned} x_1(t) &= \hat{x}_1 \sin(\Omega_1 t + \varphi_{01}) + \hat{x}_2 \sin(\Omega_2 t + \varphi_{02}) \\ x_2(t) &= \hat{x}_1 \sin(\Omega_1 t + \varphi_{01}) - \hat{x}_2 \sin(\Omega_2 t + \varphi_{02}) \end{aligned} \tag{5-99}$$

Die Konstanten $\hat{x}_i$ und φ_{0i} sind aus den Anfangsbedingungen zu bestimmen. So ist z. B. die isolierte Anregung der Normalschwingungen durch folgende Wahl der Anfangsbedingungen möglich:

1. Normalschwingung: Die Anfangsbedingungen $x_1(0) = x_2(0) = \hat{x}$, $\dot{x}_1(0) = \dot{x}_2(0) = 0$ liefern eine gleichsinnige Schwingung (Bild 5-26a):

$$x_2(t) = x_1(t) = \hat{x} \cos \Omega_1 t\,. \tag{5-100}$$

Hierbei wird die Kopplung überhaupt nicht beansprucht, die Pendel schwingen mit ihrer Eigenfrequenz

$$\Omega_1 = \omega_0\,. \tag{5-101}$$

2. Normalschwingung: Die Anfangsbedingungen $x_1(0) = -x_2(0) = -\hat{x}$, $\dot{x}_1(0) = \dot{x}_2(0) = 0$ liefern eine gegensinnige Schwingung (Bild 5-26b):

$$x_2(t) = -x_1(t) = \hat{x} \cos \Omega_2 t\,. \tag{5-102}$$

Hierbei wird die Kopplung maximal beansprucht, die Pendel schwingen symmetrisch zur Ruhelage und wegen der um c_K erhöhten Richtgröße mit der gemäß (5-98) erhöhten Eigenfrequenz

$$\Omega_2 = \omega_0 \sqrt{1 + 2\frac{K}{\omega_0^2}} = \omega_0 \sqrt{1 + 2\frac{c_\mathrm{K}}{c}}\,. \tag{5-103}$$

Für die beiden Normalschwingungen Ω_1 und Ω_2 sind die beiden Differenzialgleichungen (5-93) wegen $x_2 = x_1$ bzw. $x_2 = -x_1$ entkoppelt und können auch direkt gelöst werden.

Aus (5-101) und (5-103) folgt, dass die Frequenzaufspaltung, d. h. der Abstand der beiden Normalfrequenzen, mit steigender Kopplung zunimmt (Bild 5-27). Für $K = 0$ ($c_\mathrm{K} = 0$: keine Kopplung) fallen die Frequenzen der Normalschwingungen zusammen („Entartung“):

$$\Omega_1 = \Omega_2 = \omega_0 \quad \text{für} \quad K = 0\,. \tag{5-104}$$

Schwebung:

Die Anfangsbedingungen $x_2(0) = \hat{x}$, $\dot{x}_2(0) = x_1(0) = \dot{x}_1(0) = 0$ als Beispiel liefern

$$\begin{aligned} x_1(t) &= \frac{\hat{x}}{2}(\cos \Omega_1 t - \cos \Omega_2 t) \\ x_2(t) &= \frac{\hat{x}}{2}(\cos \Omega_1 t + \cos \Omega_2 t)\,. \end{aligned} \tag{5-105}$$

Mit

$$\Omega = \frac{1}{2}(\Omega_1 + \Omega_2) \quad \text{und} \quad \Delta\Omega = \Omega_2 - \Omega_1 \tag{5-106}$$

folgt durch Anwendung der Additionstheoreme auf (5-105) die Beschreibung der eingangs erwähnten Schwebungen (Bild 5-25, vgl. auch 5.5.2)

$$\begin{aligned} x_1(t) &= \hat{x} \sin \frac{\Delta\Omega}{2} t \sin \Omega t\,, \\ x_2(t) &= \hat{x} \cos \frac{\Delta\Omega}{2} t \cos \Omega t\,, \end{aligned} \tag{5-107}$$

sofern die Frequenzaufspaltung $\Delta\Omega \ll \Omega$, d. h. die Kopplung schwach ($K \ll \omega_0^2$) ist.

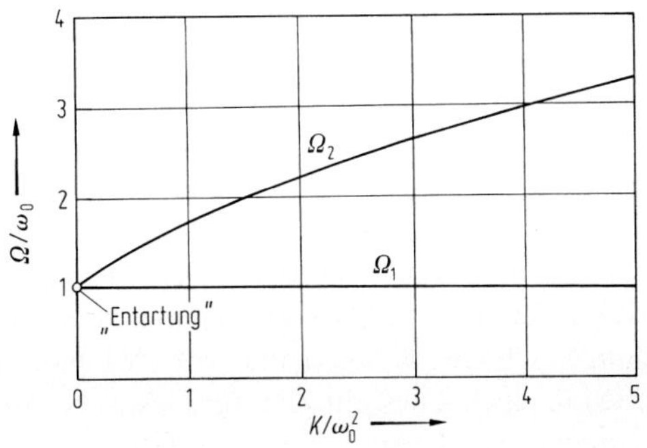

Bild 5-27. Normalfrequenzaufspaltung als Funktion der Kopplung

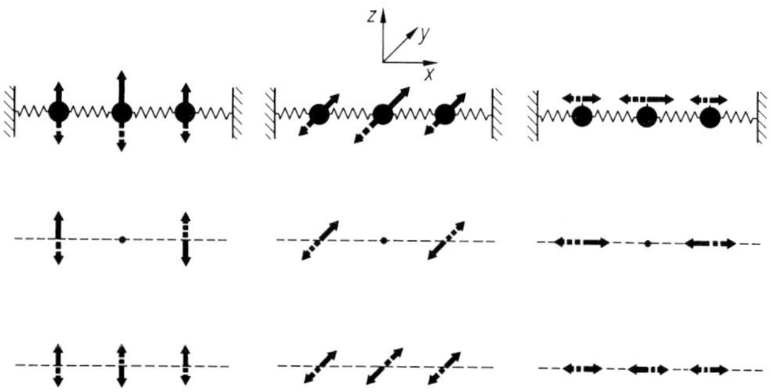

Bild 5-28. Fundamentalmoden einer Federkette

5.6.2 Mehrere gekoppelte Oszillatoren

Ein System von N gekoppelten eindimensionalen Oszillatoren besitzt im Allgemeinen N Freiheitsgrade der Bewegung (d. h., es sind N voneinander unabhängige Koordinaten zur Beschreibung der einzelnen Auslenkungen notwendig). Analog dem Beispiel für $N = 2$ im vorigen Abschnitt wird es durch ein System von N gekoppelten Differenzialgleichungen beschrieben:

$$\frac{\mathrm{d}^2 x_i(t)}{\mathrm{d}t^2} = \sum_j A_{ij} x_j(t) \quad \text{mit } i, j = 1, 2, \ldots, N \,. \tag{5-108}$$

Durch eine lineare Variablentransformation und Einführung der Normalkoordinaten $q_1, q_2, \ldots, q_N$ kann eine Entkopplung der N Differenzialgleichungen (5-108) erreicht werden: Man erhält N kopplungsfreie Systeme mit je einem Freiheitsgrad:

$$\frac{\mathrm{d}^2 q_i(t)}{\mathrm{d}t^2} = -\Omega_i^2 q_i(t) \quad \text{mit } i = 1, 2, \ldots, N \,, \tag{5-109}$$

worin die Ω_i die Eigenfrequenzen der Fundamentalmoden sind. Eine solche Entkopplung lässt sich in jedem System gekoppelter Oszillatoren durchführen, solange die Kräfte linear oder näherungsweise linear von den Auslenkungen abhängen. Die tatsächlichen Schwingungen des gekoppelten Schwingungssystems lassen sich stets als lineare Überlagerung der so gewonnenen Fundamentalschwingungen darstellen. Kann der einzelne Oszillator in allen drei Raumrichtungen schwingen, so erhalten wir $3N$ Fundamentalschwingungen. Dies gilt z. B. für elastische Atomschwingungen im Kristallgitter des Festkörpers. Auch eine Federkette mit z. B. 3 Massen (Bild 5-28) hat demnach $3 \times 3 = 9$ Fundamentalmoden.

Die Anregung einzelner Fundamentalschwingungen lässt sich durch geeignete Wahl der Anfangsbedingungen erreichen (siehe 5.6.1). Die 9 Fundamentalmoden einer Federkette mit 3 Massen sind in Bild (5-28) angedeutet. Ähnliche Fundamentalschwingungen treten bei Molekülen auf, jedoch fallen wegen der fehlenden Einspannung hier u. a. diejenigen mit gleichsinniger Schwingungsrichtung aller Atommassen aus.

5.7 Nichtlineare Oszillatoren. Chaotisches Schwingungsverhalten

Bei der mathematischen Beschreibung der in 5.2 bis 5.4 behandelten Oszillatoren werden Näherungen (kleine Federdehnungen, kleine Winkelauslenkungen) benutzt, sodass die rücktreibenden Größen proportional zur Auslenkung angesetzt werden konnten. Die die Schwingungssysteme beschreibenden Differenzialgleichungen sind dadurch linear bezüglich der Auslenkungsvariablen ξ und leicht lösbar. Tatsächlich sind physikalische Systeme i. Allg. nichtlinear. Für nichtlineare Gleichungen gibt es aber kaum allgemeine analytische Lösungsverfahren, sodass die Approximation nichtlinearer Vorgänge durch lineare Gesetze in den meisten Fällen ein notwendiger Kompromiss bei der mathematischen Beschreibung ist. Bei den Schwingungssystemen kommt hinzu, dass im Gültigkeitsbereich der linearen Näherung das für die Anwendungen besonders wichtige *harmonische* Schwingungsverhalten vorliegt. Wenn die Schwingung jedoch den Gültigkeitsbereich der linearen Näherung verlässt, so muss man auch für die in 5.2 bis 5.4 behandelten Oszillatoren die genaueren nichtlinearen Differenzialgleichungen heranziehen.

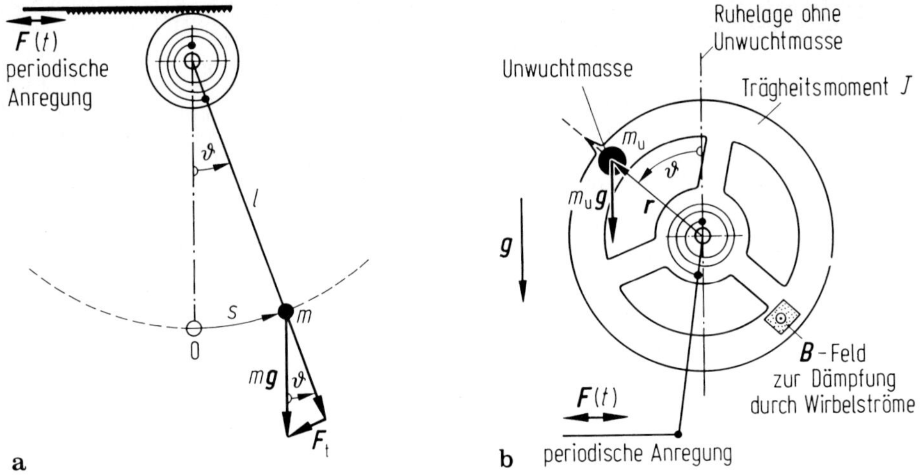

Bild 5-29. Nichtlineare Oszillatoren: **a** periodisch zu größeren Amplituden angeregtes Stabpendel, **b** periodisch angeregtes Drehpendel mit Unwucht

So erhält man für das periodisch angeregte Stabpendel (Bild 5-29a) unter Berücksichtigung einer Dämpfung rv die Kraftgleichung (vgl. 5.2.1 und 5.4)

$$m\frac{\mathrm{d}^2 s}{\mathrm{d}t^2} + r\frac{\mathrm{d}s}{\mathrm{d}t} + mg\,\sin\frac{s}{l} = \hat{F}\sin\omega t\,, \qquad (5\text{-}110)$$

die durch den Sinusterm in s nichtlinear ist. Eine ähnliche Differenzialgleichung erhält man für die Drehmomente beim periodisch angeregten Drehpendel in Bild 5-29b, bei dem eine Unwuchtmasse m_u angebracht ist. Dadurch tritt bei Auslenkung aus der ursprünglichen Ruhelage ein zusätzliches, auslenkendes Drehmoment $\boldsymbol{r}\times(m_\mathrm{u}\boldsymbol{g})$ auf, das erst bei größerer Auslenkung ϑ durch das von der Spiralfeder ausgeübte rücktreibende Drehmoment $-D\vartheta$ kompensiert wird:

$$J\frac{\mathrm{d}^2\vartheta}{\mathrm{d}t^2} + d\frac{\mathrm{d}\vartheta}{\mathrm{d}t} + D\vartheta - m_\mathrm{u}g|\boldsymbol{r}|\sin\vartheta = \hat{M}\sin\omega t\,. \qquad (5\text{-}111)$$

Die Unwuchtmasse m_u bewirkt zwei Gleichgewichtslagen $\overline{\vartheta}$ und $\overline{\vartheta'}$ links bzw. rechts von der ursprünglichen Ruhelage $\vartheta = 0$ des Drehpendels ohne Unwuchtmasse. Die Potenzialkurve des Drehpendels (ursprünglich eine Parabel, siehe Bild 5-7) hat nun zwei Minima (Bild 5-30a). Solche Systeme neigen bei bestimmten Parametern zu völlig unregelmäßigen (nichtperiodischen) *chaotischen* Schwingungen, deren Ablauf nicht ohne Weiteres vorhersehbar ist (Bild 5-30b).

Charakteristisch für solche chaotischen Vorgänge ist, dass kleinste Veränderungen der Anfangsbedingungen ein völlig anderes Schwingungsverhalten zur Folge haben können. Hier ist das sonst meist geltende Prinzip außer Kraft, dass kleine stetige Änderungen der Anfangsbedingungen auch stetige Änderungen der Reaktion eines Systems zur Folge haben. Seitdem leistungsfähige Rechner zur Verfügung stehen, mit denen Differenzialgleichungen wie (5-110) und (5-111) numerisch gelöst werden können, kann man Vorgänge wie in Bild 5-30 auch berechnen, und zwar für genau definierte Anfangsbedingungen, wie sie experimentell gar nicht einzuhalten wären. Dabei erhält man tatsächlich bei nur minimal veränderten Bedingungen völlig andere Kurven $\vartheta(t)$, bei exakt gleichen Bedingungen aber natürlich immer dieselben Kurven. Die scheinbar regellose Bewegung ist also in der Theorie wohl determiniert, man spricht deshalb auch von *deterministischem Chaos.*

Ein weiteres Beispiel für ein System, das chaotisches Verhalten zeigen kann, ist ein Planet in einem Doppelsternsystem (Dreikörperproblem). Während ein Planet eines einzelnen Zentralsterns Kepler-Ellipsen durchläuft (siehe 11.2), also eine periodische Bewegung ausführt, durchläuft ein Planet in einem Doppelsternsystem i. Allg. sehr komplizierte Bahnen, die sich zeitweise um das eine, zeitweise um das andere Kraftzentrum bewegen, in gewisser Analogie zum Drehpendel mit Unwucht

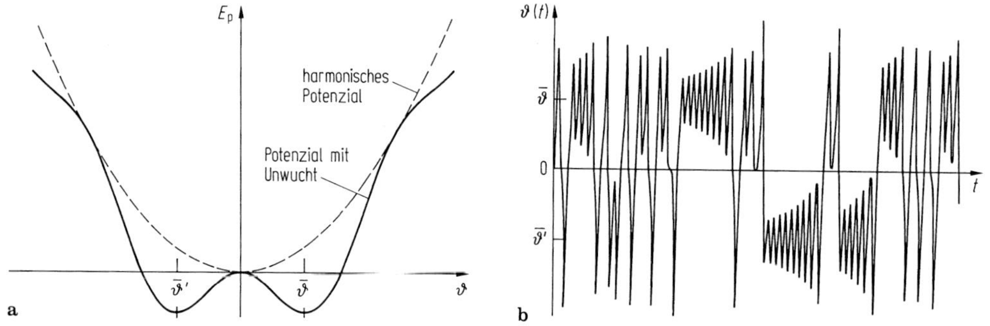

Bild 5-30. **a** Potenzialkurve des Drehpendels mit Unwucht (Bild 5-29b); **b** Chaotische Schwingung des Drehpendels mit Unwuchtmasse, die teilweise um die beiden Ruhelagen $\bar{\vartheta}$ bzw. $\bar{\vartheta}'$ erfolgt (nach P. Bergé, Phys. Bl. **46** (1990) 209)

(Bilder 5-29b und 5-30). Auch hier gilt, dass eine minimale Änderung der Anfangsbedingungen u. U. zu völlig veränderten Bahnkurven führen kann.
Die Theorie des deterministischen Chaos (kurz: *Chaostheorie*) ist gegenwärtig Gegenstand einer intensiven Forschung, wie sie erst durch die heutigen Rechner möglich geworden ist. Man versucht beispielsweise, das turbulente Strömungsverhalten (siehe 9.4 und 10.2) und viele andere Phänomene mithilfe der Chaostheorie zu verstehen.

6 Teilchensysteme

Reale Materie kann stets als Vielteilchensystem aufgefasst werden, dessen Bestandteile (die Teilchen des Systems) z. B. die Atome oder Moleküle der betrachteten Materiemenge sind, oder auch fiktive „Massenelemente", d. h. differenziell kleine Bruchteile dm der gesamten Masse m des Vielteilchensystems. Materiemengen können in unterschiedlichen Aggregatzuständen auftreten, die charakteristische Eigenschaften als Vielteilchensysteme aufweisen:

1. *Gase*: Die Teilchen (Atome, Moleküle) haben beliebige, stochastisch wechselnde Abstände (Brown'sche Bewegung). Zwischen ihnen gibt es weder Fern- noch Nahordnung. Gase füllen jedes verfügbare Volumen aus. Der mittlere Teilchenabstand und damit die Dichte hängen von äußeren Kräften (Druck) ab (hohe Kompressibilität).

2. *Flüssigkeiten*: Die Teilchen einer Flüssigkeit haben ebenfalls zeitlich variierende Abstände (Brown'sche Bewegung), jedoch eine ausgeprägte Nahordnung (keine Fernordnung). Angreifende Kräfte und Drehmomente verformen eine Flüssigkeit ohne dauerhafte Rückstellkräfte zu erzeugen. Der mittlere Teilchenabstand ($\sim$ Dichte$^{-1/3}$) hängt kaum von äußeren Kräften (Druck) ab (geringe Kompressibilität), Flüssigkeiten haben ein definiertes Volumen.

3. *Festkörper*: Die Teilchen besitzen feste Abstände untereinander, es besteht eine feste Nah- und Fernordnung (Kristallstruktur). Unter Einwirkung äußerer Kräfte und Drehmomente können sich Festkörper unter Ausbildung von Rückstellkräften elastisch verformen. Unterhalb bestimmter Grenzwerte sind die Deformationen bei Entlastung reversibel, die Festkörper nehmen dann ihre vorherige Form wieder an. Oberhalb dieser Grenzwerte verhalten sich Festkörper plastisch oder brechen. Die Kompressibilität ist noch geringer als bei Flüssigkeiten.

Als weiterer Aggregatzustand der Materie wird nach Langmuir der Plasmazustand (siehe 16.6.3) angesehen:

4. *Plasmen*: Kollektive aus neutralen und einer großen Anzahl elektrisch geladener Teilchen, die quasineutral sind (gleich viele positiv und negativ geladene Teilchen), und deren Verhalten durch kollektive Phänomene aufgrund der starken elektromagnetischen Wechselwirkung zwischen den geladenen Teilchen bestimmt ist. Die geladenen Teilchen können z. B. positive oder negative Ionen und freie Elektronen (oder Löcher beim Halbleiter) sein. Plasmen können hochionisierte Gase, elektrolytische Flüssigkeiten oder elektrisch leitende Festkörper sein.

Viele Eigenschaften solcher Vielteilchensysteme lassen sich durch idealisierte Modelle beschreiben, wovon in den folgenden Abschnitten mehrfach Gebrauch gemacht wird, z. B.:

Gase: Modell des *idealen Gases* (Teilchen punktförmig, keine Wechselwirkungen usw.), siehe 8 (Statistische Mechanik).

Flüssigkeiten: Modell der *idealen Flüssigkeit* (Inkompressibilität, keine innere Reibung), siehe 10 (Hydro- und Aerodynamik).

Festkörper: Modell des *starren Körpers*. In diesem Modell bleiben die Abstände aller Elemente des Körpers untereinander konstant, auch wenn äußere Kräfte oder Drehmomente angreifen (siehe 7).

In mancher Hinsicht kann ein Teilchensystem wie ein Massenpunkt behandelt werden, dessen Masse gleich der Summe der Massen aller Teilchen im System ist, in anderer Hinsicht nicht. Die Massen der Teilchen in den betrachteten Teilchensystemen werden als konstant angenommen.

6.1 Schwerpunkt (Massenzentrum), Impuls und Drehimpuls von Teilchensystemen

Wir betrachten ein System von Teilchen der Masse m_i (Gesamtmasse $m = \sum m_i$) bei den Ortskoordinaten $\boldsymbol{r}_i$ in einem Kraftfeld mit konstanter Beschleunigung $\boldsymbol{a}$ (z. B. Erdfeld: $\boldsymbol{a} = \boldsymbol{g}$), sodass auf jedes Teilchen eine Kraft $\boldsymbol{F}_i = m_i\boldsymbol{a}$ wirkt (Bild 6-1a). Bezüglich des vorgegebenen Bezugssystems treten dann Drehmomente

$$\boldsymbol{M}_i = \boldsymbol{r}_i \times \boldsymbol{F}_i = \boldsymbol{r}_i \times m_i\boldsymbol{a}$$

auf. Das Gesamtdrehmoment $\boldsymbol{M} = \sum \boldsymbol{M}_i$ lässt sich nun darstellen als Vektorprodukt zwischen einer Schwerpunktskoordinate $\boldsymbol{r}_\mathrm{S}$ und der resultierenden Gesamtkraft $\boldsymbol{F} = \sum \boldsymbol{F}_i = \sum m_i\boldsymbol{a}$:

$$\boldsymbol{M} = \sum_i \boldsymbol{r}_i \times m_i\boldsymbol{a} = \boldsymbol{r}_\mathrm{S} \times \sum_i m_i\boldsymbol{a}\,,$$

$$\left(\sum_i \boldsymbol{r}_i m_i\right) \times \boldsymbol{a} = \left(\boldsymbol{r}_\mathrm{S} \sum_i m_i\right) \times \boldsymbol{a}\,. \qquad (6\text{-}1)$$

Aus der Gleichheit der Klammerterme folgt für die Schwerpunktskoordinate in dem betrachteten Bezugssystem (meist als Laborsystem bezeichnet)

$$\boldsymbol{r}_\mathrm{S} = \frac{\sum m_i\boldsymbol{r}_i}{\sum m_i} = \frac{1}{m}\sum_i m_i\boldsymbol{r}_i\,. \qquad (6\text{-}2)$$

Für kontinuierliche Massenverteilungen (starre Körper) müssen die Summierungen durch Integration ersetzt werden (vgl. 7).

Beispiel: System aus zwei Massen. Aus (6-2) folgt

$$\boldsymbol{r}_\mathrm{S} = \frac{m_1\boldsymbol{r}_1 + m_2\boldsymbol{r}_2}{m_1 + m_2} \qquad (6\text{-}3)$$

und weiter $m_1(\boldsymbol{r}_\mathrm{S} - \boldsymbol{r}_1) = m_2(\boldsymbol{r}_2 - \boldsymbol{r}_\mathrm{S})$. Dies bedeutet, dass $(\boldsymbol{r}_\mathrm{S} - \boldsymbol{r}_1) \parallel (\boldsymbol{r}_2 - \boldsymbol{r}_\mathrm{S})$ ist und der Schwerpunkt auf der Verbindungslinie der beiden Massen liegt (Bild 6-1b). Wegen

$$\frac{|\boldsymbol{r}_\mathrm{S} - \boldsymbol{r}_1|}{|\boldsymbol{r}_2 - \boldsymbol{r}_\mathrm{S}|} = \frac{m_2}{m_1} \qquad (6\text{-}4)$$

teilt der Schwerpunkt die Verbindungslinie im umgekehrten Verhältnis der Massen.

Die Schwerpunktskoordinate $\boldsymbol{r}_\mathrm{S}$ ist nach (6-2) eine mittlere Koordinate der mit den Massen m_i gewichteten Teilchenkoordinaten $\boldsymbol{r}_i$. Der dadurch definierte *Schwerpunkt S* wird daher auch als *Massenzentrum* bezeichnet. In einem Bezugssystem mit S als Ursprung (*Schwerpunktsystem*) verschwindet nach (6-1) das resultierende Drehmoment, weil hierin $\boldsymbol{r}_\mathrm{S} = 0$ wird.

Für den Gesamtimpuls eines Teilchensystems, in dem die einzelnen Teilchen i Geschwindigkeiten $\boldsymbol{v}_i = \mathrm{d}\boldsymbol{r}_i/\mathrm{d}t$ haben, folgt

$$\boldsymbol{p} = \sum \boldsymbol{p}_i = \sum m_i \frac{\mathrm{d}\boldsymbol{r}_i}{\mathrm{d}t} = \frac{\mathrm{d}}{\mathrm{d}t}\sum m_i\boldsymbol{r}_i\,,$$

und daraus mit (6-2)

$$\boldsymbol{p} = \frac{\mathrm{d}}{\mathrm{d}t}(m\boldsymbol{r}_\mathrm{S}) = m\frac{\mathrm{d}\boldsymbol{r}_\mathrm{S}}{\mathrm{d}t}\,.$$

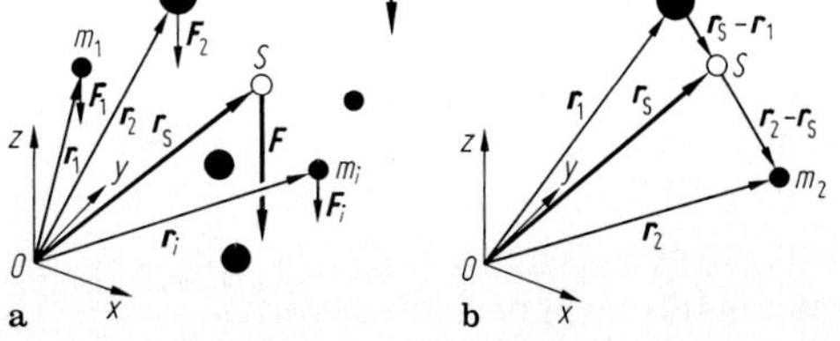

Bild 6-1. **a** Zur Definition des Schwerpunktes eines Teilchensystems, **b** Schwerpunkt eines Systems aus zwei Massen

$\mathrm{d}\boldsymbol{r}_S/\mathrm{d}t = \boldsymbol{v}_S$ ist die Geschwindigkeit des Schwerpunktes (Systemgeschwindigkeit), sodass sich für den *Gesamtimpuls des Teilchensystems* im Laborsystem

$$\boldsymbol{p} = m\boldsymbol{v}_S \qquad (6\text{-}5)$$

ergibt. Gleichung (6-5) entspricht der Impulsdefinition (3-2) für einen einzelnen Massenpunkt. Hinsichtlich des Impulses verhält sich also das Teilchensystem so, als ob die gesamte Masse des Systems im Massenzentrum (Schwerpunkt) vereinigt ist und sich mit dessen Geschwindigkeit bewegt. Im Schwerpunktsystem verschwindet $\boldsymbol{p} = \boldsymbol{p}_{\text{int}}$ wegen $\boldsymbol{v}_S = 0$:

$$\boldsymbol{p}_{\text{int}} = \sum_i \boldsymbol{p}_{\text{int},i} = 0 \,. \qquad (6\text{-}6)$$

$\boldsymbol{p}_{\text{int},i}$ ist hierin der Impuls des i-ten Teilchens, $\boldsymbol{p}_{\text{int}}$ der Gesamtimpuls des Teilchensystems, beide gemessen im Schwerpunktsystem. Im Folgenden muss zwischen „inneren" („internen") und „äußeren" („externen") Kräften unterschieden werden:

Innere Kräfte $\boldsymbol{F}_{\text{int}}$: Kräfte zwischen den Teilen eines betrachteten Systems.

Äußere Kräfte $\boldsymbol{F}_{\text{ext}}$: Kräfte, die zwischen dem System oder Teilen davon und der Umgebung wirken.

6.1.1 Schwerpunktbewegung ohne äußere Kräfte

Ohne äußere Kräfte bleibt der Gesamtimpuls eines Teilchensystems erhalten.

$$\boldsymbol{p} = m\boldsymbol{v}_S = \text{const}$$

und damit

$$\boldsymbol{v}_S = \text{const} \quad \text{für } \boldsymbol{F}_{\text{ext}} = 0 \,. \qquad (6\text{-}7)$$

Der Schwerpunkt (das Massenzentrum) des Teilchensystems beschreibt also eine geradlinige Bahn. Eventuell auftretende innere Kräfte ändern daran nichts: Wegen „actio = reactio" (vgl. 3.3.2) ändern sich Impulse von Teilchen, zwischen denen innere Kräfte wirken, um entgegengesetzt gleiche Werte, sodass der Gesamtimpuls nicht beeinflusst wird.

Beispiel: Das Massenzentrum eines Raumfahrzeugs, das sich fern von Gravitationseinwirkungen ohne Antrieb geradlinig bewegt, beschreibt auch dann weiter dieselbe geradlinige Bahn, wenn z. B. durch Federkraft eine Raumsonde ausgestoßen wird (Bild 6-2). Das Raumfahrzeug selbst weicht dann von der Bahn des gemeinsamen Massenzentrums S ab!

6.1.2 Schwerpunktbewegung bei Einwirkung äußerer Kräfte

Unterliegen die Teilchen des betrachteten Systems äußeren Kräften $\boldsymbol{F}_{\text{ext},i}$, so gilt nach (3-5) z. B. für das i-te Teilchen

$$\boldsymbol{F}_{\text{ext},i} = \frac{\mathrm{d}\boldsymbol{p}_i}{\mathrm{d}t} \,.$$

Für die resultierende Gesamtkraft auf das System ergibt sich damit wegen $\sum \boldsymbol{p}_i = \boldsymbol{p}$

$$\boldsymbol{F}_{\text{ext}} = \sum_i \boldsymbol{F}_{\text{ext},i} = \sum_i \frac{\mathrm{d}\boldsymbol{p}_i}{\mathrm{d}t} = \frac{\mathrm{d}}{\mathrm{d}t}\sum_i \boldsymbol{p}_i = \frac{\mathrm{d}\boldsymbol{p}}{\mathrm{d}t} \,,$$

und mit (6-5)

$$\boldsymbol{F}_{\text{ext}} = \frac{\mathrm{d}\boldsymbol{p}}{\mathrm{d}t} = \frac{\mathrm{d}(m\boldsymbol{v}_S)}{\mathrm{d}t} \,. \qquad (6\text{-}8)$$

Gleichung (6-8) entspricht wiederum dem Kraftgesetz (3-5) für einen einzelnen Massenpunkt. Die Bahn des Schwerpunktes (Massenzentrum) eines Teilchensystems verläuft also so, als ob die resultierende äußere Kraft $\boldsymbol{F}_{\text{ext}}$ auf die im Massenzentrum vereinigte Gesamtmasse m des Teilchensystems wirkt. Voraussetzung ist nach 6.1 ein äußeres Kraftfeld mit konstanter Beschleunigung $\boldsymbol{a}$.

Beispiel: Stößt eine Raumfähre, die sich im Schwerefeld der Erde auf einer Kreisbahn bewegt, durch Federkraft einen schweren Satelliten oder eine Raumstation aus, so bewegt sich das gemeinsame

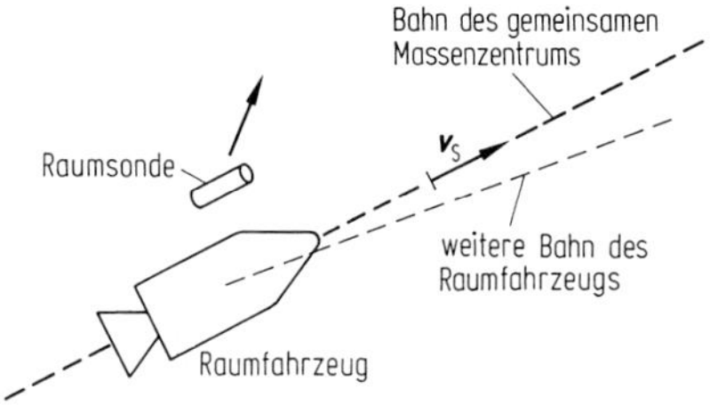

Bild 6-2. Geradlinige Bahn des gemeinsamen Massenzentrums eines Raumfahrzeuges und einer von ihm ausgestoßenen Raumsonde bei fehlender Gravitation

Massenzentrum beider Raumkörper weiterhin auf der ursprünglichen Bahn, solange die Schwerebeschleunigung noch als konstant betrachtet werden kann (Bild 6-3). Die Raumfähre weicht danach von der ursprünglichen Kreisbahn ab. (Wegen der tatsächlichen Ortsabhängigkeit der Schwerebeschleunigung im Radialfeld gilt die Aussage über die Schwerpunktbahn für den weiteren Flugverlauf nicht mehr).

6.1.3 Drehimpuls eines Teilchensystems

Der Drehimpuls eines *einzelnen Teilchens* mit der Ortskoordinate $\boldsymbol{r}$, der Masse m und der Geschwindigkeit $\boldsymbol{v}$, d. h. mit dem Impuls $\boldsymbol{p} = m\boldsymbol{v}$, ist in (3-25) definiert als

$$\boldsymbol{L} = \boldsymbol{r} \times \boldsymbol{p} = \boldsymbol{r} \times m\boldsymbol{v} \,. \qquad (6\text{-}9)$$

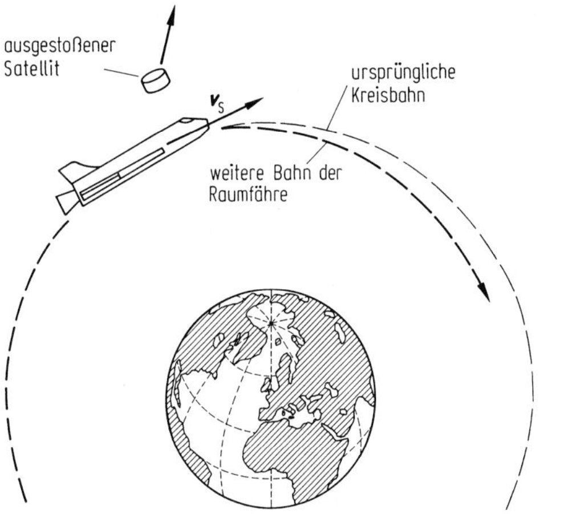

Bild 6-3. Die Bahnkurve des gemeinsamen Massenzentrums einer Raumfähre und eines von ihr ausgestoßenen Satelliten ist anfänglich mit der ursprünglichen Kreisbahn identisch

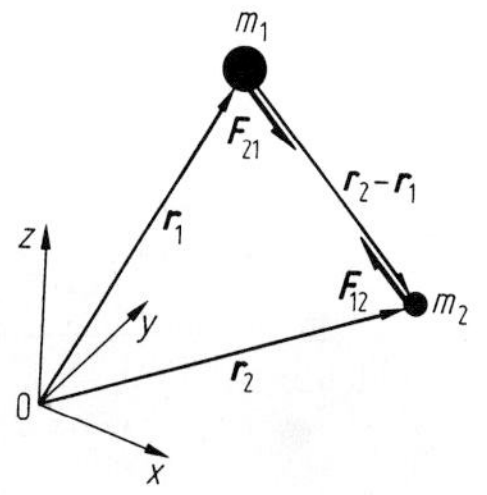

Bild 6-4. Zur Berechnung von Drehmomenten durch innere Kräfte

Durch Einwirkung einer Kraft $\boldsymbol{F}$, die gemäß (3-21) ein Drehmoment $\boldsymbol{M} = \boldsymbol{r} \times \boldsymbol{F}$ erzeugt, wird nach (3-29) eine zeitliche Änderung des Drehimpulses $\boldsymbol{L}$ bewirkt:

$$\frac{\mathrm{d}\boldsymbol{L}}{\mathrm{d}t} = \boldsymbol{M} = \boldsymbol{r} \times \boldsymbol{F} \,. \qquad (6\text{-}10)$$

Bei *Teilchensystemen* kompensieren sich Drehmomente, die durch innere Kräfte zwischen den Teilchen des Systems hervorgerufen werden, zu null (Bild 6-4): Da wegen „actio = reactio" (vgl. 3.3) innere Kräfte zwischen zwei Teilchen 1 und 2 entgegengesetzt gleich groß sind, d. h. $\boldsymbol{F}_{21} = -\boldsymbol{F}_{12}$, gilt für die dadurch bewirkten Drehmomente $\boldsymbol{M}_{\text{int}}$

$$\begin{aligned}\boldsymbol{M}_{\text{int},\,12} &= \boldsymbol{M}_{\text{int},1} + \boldsymbol{M}_{\text{int},\,2} = \boldsymbol{r}_1 \times \boldsymbol{F}_{21} + \boldsymbol{r}_2 \times \boldsymbol{F}_{12} \\ &= (\boldsymbol{r}_2 - \boldsymbol{r}_1) \times \boldsymbol{F}_{12} = 0 \,,\end{aligned}$$

weil die beiden Faktoren parallele Vektoren sind (Bild 6-4). Dabei ist vorausgesetzt, dass die inneren Kräfte $\boldsymbol{F}_{12}$ und $\boldsymbol{F}_{21}$ längs der Verbindungslinie $\boldsymbol{r}_2 - \boldsymbol{r}_1$ wirken.
Verallgemeinert auf viele Teilchen ergibt sich dann

$$\sum_{i,j} \boldsymbol{M}_{\text{int},\,ij} = 0 \,. \qquad (6\text{-}11)$$

Der Gesamtdrehimpuls eines Teilchensystems $\boldsymbol{L} = \sum \boldsymbol{L}_i$ wird daher durch innere Kräfte und die dadurch erzeugten Drehmomente nicht verändert. Fehlen ferner äußere Kräfte $\boldsymbol{F}_{\text{ext},\,i}$ und dadurch hervorgerufene äußere Drehmomente $\boldsymbol{M}_{\text{ext},\,i}$, so gilt

$$\boldsymbol{L} = \sum_i \boldsymbol{L}_i = \text{const} \quad \text{für} \quad \boldsymbol{M}_{\text{ext}} = 0 \,. \qquad (6\text{-}12)$$

Dies ist die allgemeine Form des Drehimpulserhaltungssatzes (vgl. 3.8):

> Wirken keine äußeren Drehmomente, so bleibt der Gesamtdrehimpuls eines Teilchensystems zeitlich konstant.

Unterliegen die Teilchen des betrachteten Systems jedoch äußeren Kräften $\boldsymbol{F}_{\text{ext},i}$ und dadurch hervorgerufenen äußeren Drehmomenten $\boldsymbol{M}_{\text{ext},i} = \boldsymbol{r}_i \times \boldsymbol{F}_{\text{ext},i}$, so gilt für den Gesamtdrehimpuls $\boldsymbol{L}$ des Teilchensystems im selben Bezugssystem, in dem auch die Drehmomente definiert sind, unter Beachtung von (6-10)

$$\frac{\mathrm{d}\boldsymbol{L}}{\mathrm{d}t} = \frac{\mathrm{d}}{\mathrm{d}t}\sum_i \boldsymbol{L}_i = \sum_i \frac{\mathrm{d}\boldsymbol{L}_i}{\mathrm{d}t} = \sum_i \boldsymbol{M}_i \,.$$

In der letzten Summe können die Drehmomentanteile, die durch innere Kräfte bedingt sind, wegen (6-11) weggelassen werden:

$$\sum_i \boldsymbol{M}_i = \sum_i \boldsymbol{M}_{\text{ext},i} + \sum_{i,j} \boldsymbol{M}_{\text{int},ij} = \sum_i \boldsymbol{M}_{\text{ext},i} = \boldsymbol{M}_{\text{ext}} \,. \tag{6-13}$$

Damit ergibt sich für die zeitliche Änderung des Gesamtdrehimpulses eines Teilchensystems unter Einwirkung eines äußeren Gesamtdrehmomentes $\boldsymbol{M}_{\text{ext}}$ ganz entsprechend wie beim einzelnen Massenpunkt, vgl. (3-29),

$$\frac{\mathrm{d}\boldsymbol{L}}{\mathrm{d}t} = \boldsymbol{M}_{\text{ext}} \,. \tag{6-14}$$

Drehimpuls und Drehmoment hängen von der Wahl des Bezugssystems ab. Um von dieser Willkürlichkeit wegzukommen, kann als Bezugssystem das Schwerpunktsystem gewählt werden. Der Gesamtdrehimpuls des Teilchensystems bezogen auf das Massenzentrum werde innerer Drehimpuls $\boldsymbol{L}_{\text{int}}$ genannt:

$$\boldsymbol{L}_{\text{int}} = \sum_i \boldsymbol{r}_{\text{int},i} \times \boldsymbol{p}_{\text{int},i} \,. \tag{6-15}$$

Im Falle von Elementarteilchen wird der innere Drehimpuls auch *Spin S* genannt. Bezüglich eines anderen Bezugssystems kann ferner ein *Bahndrehimpuls* $\boldsymbol{L}_{\text{Bahn}}$ definiert werden:

$$\boldsymbol{L}_{\text{Bahn}} = \boldsymbol{r}_{\text{S}} \times \boldsymbol{p} = \boldsymbol{r}_{\text{S}} \times m\boldsymbol{v}_{\text{S}} \,, \tag{6-16}$$

worin $\boldsymbol{p}$ der Gesamtimpuls und m die Gesamtmasse des Teilchensystems sind, und $\boldsymbol{r}_{\text{S}}$ die Koordinate des Massenzentrums und $\boldsymbol{v}_{\text{S}}$ seine Geschwindigkeit. Der Gesamtdrehimpuls des Teilchensystems kann als Summe beider dargestellt werden (ohne Ableitung):

$$\boldsymbol{L} = \boldsymbol{L}_{\text{Bahn}} + \boldsymbol{L}_{\text{int}} \,. \tag{6-17}$$

6.2 Energieinhalt von Teilchensystemen

Die folgenden Betrachtungen enthalten vor allem für Zweiteilchensysteme (z. B. Stöße, siehe 6.3) und für die statistische Mechanik (Gase als Vielteilchensysteme: Thermostatik bzw. -dynamik, siehe 8) benötigte Festlegungen und Folgerungen.

Die Geschwindigkeit $\boldsymbol{v}_i$ des Teilchens i eines Teilchensystems in einem beliebigen Bezugssystem (Laborsystem) lässt sich zerlegen in die Geschwindigkeit $\boldsymbol{v}_{\text{S}}$ des Massenzentrums und in die Geschwindigkeit $\boldsymbol{v}_{\text{int},i}$ des i-ten Teilchens im Schwerpunktsystem (Bild 6-5):

$$\boldsymbol{v}_i = \boldsymbol{v}_{\text{S}} + \boldsymbol{v}_{\text{int},i} \,; \ \boldsymbol{v}_i^2 = \boldsymbol{v}_{\text{S}}^2 + \boldsymbol{v}_{\text{int},i}^2 + 2\boldsymbol{v}_{\text{S}}\boldsymbol{v}_{\text{int},i} \,. \tag{6-18}$$

Für die gesamte kinetische Energie eines Teilchensystems folgt mit (6-18)

$$E_{\text{k}} = \sum_i \frac{1}{2} m_i \boldsymbol{v}_i^2 = \sum_i \frac{1}{2} m_i \boldsymbol{v}_{\text{S}}^2 + \sum_i \frac{1}{2} m_i \boldsymbol{v}_{\text{int},i}^2 + \sum_i m_i \boldsymbol{v}_{\text{S}} \boldsymbol{v}_{\text{int},i} = \frac{1}{2} m \boldsymbol{v}_{\text{S}}^2 + E_{\text{k, int}} + \boldsymbol{v}_{\text{S}} \sum_i \boldsymbol{p}_{\text{int},i} \,. \tag{6-19}$$

In (6-19) bedeutet der erste Term die kinetische Energie der im Massenzentrum vereinigten Gesamtmasse im Laborsystem, der zweite Term stellt die kinetische Energie im Schwerpunktsystem dar, während der dritte Term verschwindet, weil $\sum \boldsymbol{p}_{\text{int},i} = \boldsymbol{p}_{\text{int}} = 0$ im Schwerpunktsystem, vgl. (6-6). Damit gilt für die *kinetische Energie eines Teilchensystems* in einem beliebigen Laborsystem

$$E_{\text{k}} = \sum_i \frac{1}{2} m_i \boldsymbol{v}_i^2 = \frac{1}{2} m \boldsymbol{v}_{\text{S}}^2 + E_{\text{k, int}} \,. \tag{6-20}$$

Bei Stoßvorgängen (siehe 6.3) interessieren beide Terme, während z. B. in der statistischen Mechanik (siehe 8) die Schwerpunktsbewegung und damit der erste Term in (6-20) meist ohne Interesse ist.

Die potenzielle Energie aufgrund innerer konservativer Kräfte (*innere potenzielle Energie des*

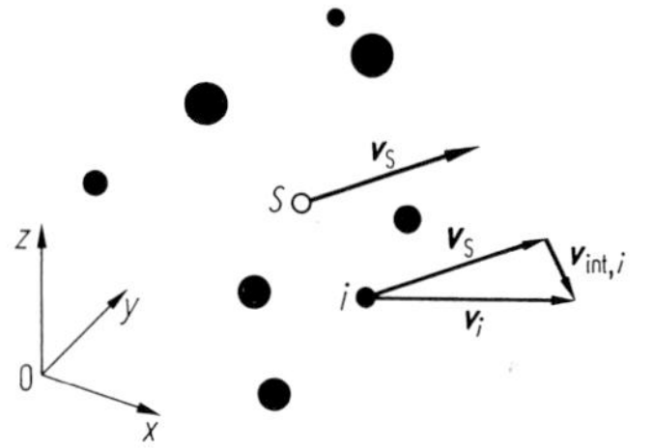

Bild 6-5. Teilchengeschwindigkeit im Laborsystem und im Schwerpunktsystem

Teilchensystems) lässt sich als Summe der potenziellen Energien $E_{p,ij}$ der nichtgeordneten Teilchenpaare $\{i, j\}$ aufgrund der Kräfte zwischen den Teilchen i und j (unabhängig vom Bezugssystem, Paare (i, j) und (j, i) nur einfach gezählt) darstellen:

$$E_{p,\,int} = \sum_{\{i,j\}} E_{p,ij}\,. \tag{6-21}$$

E_k und $E_{p,\,int}$ hängen nicht von äußeren Kräften ab (obwohl sich E_k durch äußere Kräfte zeitlich ändern kann). Als *Eigenenergie* des Teilchensystems sei daher definiert

$$U = E_k + E_{p,\,int} = \frac{1}{2}mv_S^2 + E_{k,\,int} + E_{p,\,int}\,. \tag{6-22}$$

Im Schwerpunktsystem fällt der erste Term weg und man erhält die sogenannte *innere Energie*

$$U_{int} = E_{k,\,int} + E_{p,\,int}\,. \tag{6-23}$$

Damit ergibt sich für die Eigenenergie im Laborsystem

$$U = U_{int} + \frac{1}{2}mv_S^2\,. \tag{6-24}$$

6.2.1 Energieerhaltungssatz in Teilchensystemen

Wenn an einem Teilchensystem keine äußere Arbeit W durch äußere Kräfte geleistet wird, oder äußere Kräfte überhaupt fehlen, so bleibt die Eigenenergie des Systems nach dem Energieerhaltungssatz zeitlich konstant:

$$U = E_k + E_{p,\,int} = \text{const} \quad \text{für} \quad W = 0\,. \tag{6-25}$$

Dabei können sich durch innere Kräfte E_k und $E_{p,\,int}$ durchaus ändern, ihre Summe bleibt dennoch erhalten.

Wenn dagegen dem Teilchensystem durch äußere Kräfte äußere Arbeit W_{12} zugeführt wird (ohne dass sonstige Energien zwischen dem System und der Umgebung ausgetauscht werden, vgl. 8.5), so erhöht sich dessen Eigenenergie um W_{12} von U_1 auf U_2 (Energieflussdiagramm Bild 6-6):

$$U_2 - U_1 = W_{12}\,. \tag{6-26}$$

Wird die äußere Arbeit durch eine äußere Kraft geleistet, die ebenfalls konservativ ist, so existiert zusätzlich zur inneren potenziellen Energie

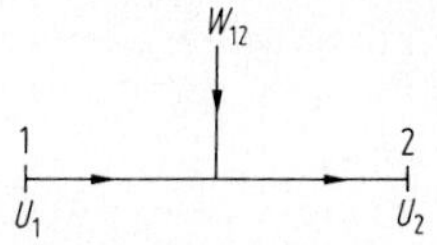

Bild 6-6. Energieflussdiagramm zur Leistung äußerer Arbeit an einem Teilchensystem

auch eine äußere potenzielle Energie, und es gilt entsprechend (4-13)

$$W_{12} = E_{p,\,ext,\,1} - E_{p,\,ext,\,2}\,. \tag{6-27}$$

Gleichsetzung von (6-26) und (6-27) liefert

$$U_2 + E_{p,\,ext,\,2} = U_1 + E_{p,\,ext,\,1}\,. \tag{6-28}$$

Daraus folgt, dass die Gesamtenergie E des Teilchensystems sich nicht ändert. Der Energieerhaltungssatz für Teilchensysteme lautet demnach bei konservativen äußeren Kräften analog zu (4-23)

$$E = U + E_{p,\,ext} = \text{const}\,. \tag{6-29}$$

6.2.2 Bindungsenergie eines Teilchensystems

Es werde ein Teilchensystem (der Einfachheit halber im Schwerpunktsystem) betrachtet, dessen Teilchen zunächst ∞ weit voneinander entfernt ruhen. Die innere Energie des Systems werde für diesen Fall auf $U_\infty = 0$ normiert, was wegen der beliebigen Normierbarkeit von $E_{p,\,int}$ immer möglich ist (vgl. 4.2). Werden die Teilchen nun durch irgendeinen Mechanismus zusammengebracht, so hat das Teilchensystem die innere Energie

$$U_{int} = E_{k,\,int} + E_{p,\,int}\,. \tag{6-30}$$

E_k ist immer positiv. $E_{p,\,int}$ kann positiv oder negativ sein, je nachdem, ob beim Zusammenbringen Arbeit zugeführt werden muss (abstoßende Kräfte: $dE_p > 0$) oder frei wird (anziehende Kräfte: $dE_p < 0$). U_{int} kann daher positiv oder negativ sein. Nach (6-26) gilt für den Vorgang des Zusammenbringens der Teilchen

$$U_{int} - U_\infty = U_{int} = W\,. \tag{6-31}$$

Ist die innere Energie des Teilchensystems nach dem Zusammenbringen positiv ($U_{int} > 0$), so musste hierfür äußere Arbeit aufgebracht werden ($W > 0$). Es herrschen abstoßende Kräfte, die Teilchen trennen

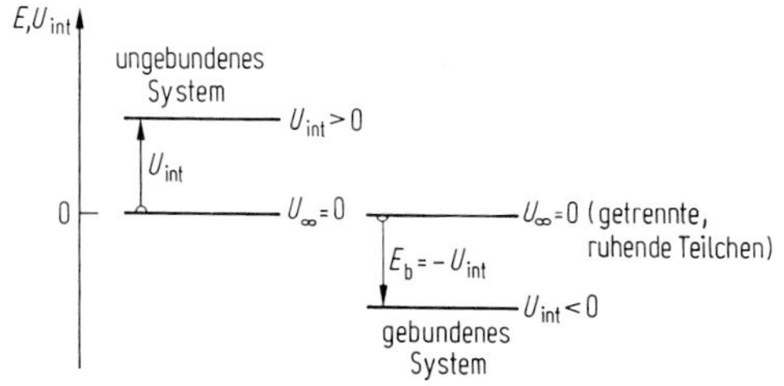

Bild 6-7. Energietermschema eines ungebundenen und eines gebundenen Systems

sich wieder. Das System ist nicht stabil (ungebunden). Beispiel: Streuung eines positiv geladenen α-Teilchens an einem positiv geladenen Atomkern.

Ist dagegen die innere Energie nach dem Zusammenbringen negativ ($U_{int} < 0$), so ist bei der Formierung des Systems Energie (Arbeit) nach außen abgegeben worden ($W < 0$), das System hat weniger Energie als die getrennten Teilchen. Um das System wieder aufzulösen, muss der Energiebetrag $-U_{int}$ wieder von außen zugeführt werden. Ein System mit negativer innerer Energie ist daher stabil oder „gebunden". Beispiel: Planetensystem der Sonne. $-U_{int}$ ist die *Bindungsenergie des Systems*:

$$-U_{int} = E_b \,. \qquad (6\text{-}32)$$

Bild 6-7 zeigt die beiden Fälle in einer Energieskala als sog. Termschemata.

6.3 Stöße

Es sei als einfachstes Vielteilchensystem ein solches mit zwei Teilchen betrachtet, die sich mit in großer Entfernung voneinander vorgegebenen Impulsen einander nähern, dabei Kräfte aufeinander ausüben und infolgedessen ihren Bewegungszustand ändern („Stoß"), und schließlich mit geänderten Impulsen wieder auseinander fliegen.

Definierte Stoßexperimente sind in der Physik besonders wichtig, weil aus deren Ergebnissen (z. B. Häufigkeit einer bestimmten Ablenkung oder Energieänderungen der Stoßpartner) auf die Art der Wechselwirkung zwischen den stoßenden Teilchen geschlossen werden kann (Kraftfeld der Teilchen, innere Energiezustände). Bei atomaren und elementaren Teilchen sind Stoßversuche oft die einzige Möglichkeit zur Untersuchung dieser Größen. Hier sollen nur die einfachen dynamischen Grundlagen des Stoßvorganges betrachtet werden.

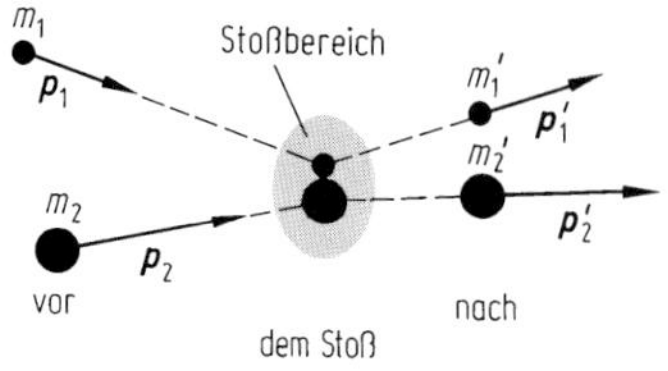

Bild 6-8. Stoß zwischen zwei Teilchen

Aus dem Kraftgesetz (3-5) folgt für eine während der Stoßzeit $\Delta t = t_2 - t_1$ wirkende Kraft $\boldsymbol{F}(t)$, dass sie eine Impulsänderung $\Delta \boldsymbol{p} = \boldsymbol{p}_2 - \boldsymbol{p}_1$ hervorruft:

$$\Delta \boldsymbol{p} = \boldsymbol{p}_2 - \boldsymbol{p}_1 = \int_{t_1}^{t_2} \boldsymbol{F}(t)\,\mathrm{d}t \,. \qquad (6\text{-}33)$$

Das Integral über den Zeitverlauf der Kraft wird Kraftstoß genannt. Gleichung (6-33) zeigt, dass es für die Impulsänderung nicht auf den zeitlichen Verlauf der Kraft im Einzelnen ankommt, sondern nur auf das Zeitintegral, den Kraftstoß. Wir zerlegen nun den Stoßvorgang in drei Phasen (Bild 6-8):

1. die Phase vor dem Stoß mit vernachlässigbaren Wechselwirkungen zwischen den Teilchen,
2. die Stoßphase mit Wechselwirkungskräften zwischen den stoßenden Teilchen im Stoßbereich, und
3. die Phase nach dem Stoß mit wieder vernachlässigbaren Wechselwirkungen.

Der experimentellen Messung am einfachsten zugänglich sind die Phasen vor und nach dem Stoß. Ohne den Ablauf im Stoßbereich genauer zu kennen, folgt allein daraus, dass nur innere Kräfte beim Stoß wirken, bereits, dass sowohl der Gesamtimpuls als auch die Gesamtenergie erhalten bleiben (die gestrichenen Größen gelten für die Phase nach dem Stoß, die ungestrichenen für die Phase vor dem Stoß): *Impulserhaltung* für den Gesamtimpuls beider Teilchen:

$$\boldsymbol{p}_1 + \boldsymbol{p}_2 = \boldsymbol{p}_1' + \boldsymbol{p}_2' \,,$$
$$m_1\boldsymbol{v}_1 + m_2\boldsymbol{v}_2 = m_1'\boldsymbol{v}_1' + m_2'\boldsymbol{v}_2' \,. \qquad (6\text{-}34)$$

Ist E_k bzw. E_k' die Summe der kinetischen Energien vor bzw. nach dem Stoß und U_{int} bzw. U_{int}' die Summe der inneren Energien vor bzw. nach dem Stoß, so fordert die *Energieerhaltung* für die Gesamtenergie beider Teilchen:

$$E_k + U_{int} = E'_k + U'_{int} \,. \qquad (6\text{-}35)$$

Ändert sich beim Stoß die innere Energie der Teilchen (z. B. bei Atomen als Stoßpartner durch Anregung höherer Energiezustände, oder beim Stoß bereits vorher angeregter Atome durch Übergang zu niedrigeren Energiezuständen) um die sog. Reaktionsenergie

$$Q = U_{int} - U'_{int} \,, \qquad (6\text{-}36)$$

so muss sich nach (6-35) auch die kinetische Energie ändern:

$$Q = E'_k - E_k = \left(\frac{1}{2}m'_1\boldsymbol{v}'^2_1 + \frac{1}{2}m'_2\boldsymbol{v}'^2_2\right) - \left(\frac{1}{2}m_1\boldsymbol{v}^2_1 + \frac{1}{2}m_2\boldsymbol{v}^2_2\right) . \qquad (6\text{-}37)$$

Aus Stoßversuchen, bei denen die kinetischen Energien der Stoßpartner vor und nach dem Stoß gemessen werden, lassen sich daher nach (6-37) die Reaktionsenergien berechnen und z. B. bei Atomen oder Molekülen als Stoßpartner deren Anregungsenergien bestimmen. Das ist das Prinzip der Teilchenspektroskopie bzw. *Energieverlustspektroskopie* (siehe 20.4). Fallunterscheidung:

$Q \neq 0$: *unelastischer Stoß*, siehe oben.

$Q = 0$: *elastischer Stoß*, keine Änderung der inneren Energien: Die gesamte kinetische Energie bleibt nach (6-37) erhalten.

6.3.1 Zentraler elastischer Stoß

Der zentrale elastische Stoß ist der einfachste Stoßvorgang. Die Stoßpartner bewegen sich vor und nach dem Stoß auf einer gemeinsamen Geraden (Bild 6-9), und die gesamte kinetische Energie bleibt

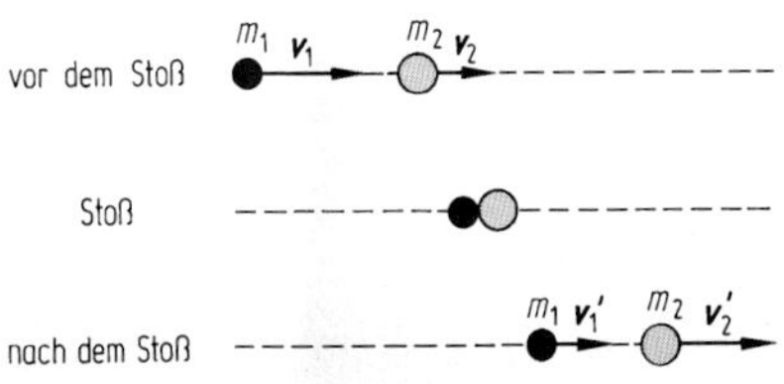

Bild 6-9. Zentraler elastischer Stoß

erhalten (Ferner wird angenommen, dass die Teilchenmassen sich nicht ändern.). Die Erhaltungssätze liefern für diesen eindimensionalen Stoßvorgang: Impulserhaltung:

$$m_1\boldsymbol{v}_1 + m_2\boldsymbol{v}_2 = m_1\boldsymbol{v}'_1 + m_2\boldsymbol{v}'_2 \,, \qquad (6\text{-}38)$$

Energieerhaltung:

$$m_1 v_1^2 + m_2 v_2^2 = m_1 v'^2_1 + m_2 v'^2_2 \,. \qquad (6\text{-}39)$$

Wegen des eindimensionalen Vorganges können die Geschwindigkeitsvektoren $\boldsymbol{v}_i$ in (6-38) durch ihre Beträge v_i ersetzt werden. Ohne Beschränkung der Allgemeingültigkeit kann ferner durch geeignete Wahl des Koordinatensystems $v_2 = 0$ gesetzt werden (Ursprung vor dem Stoß in m_2). Dann folgt aus (6-38) und (6-39)

$$v'_2 = \frac{2m_1}{m_1 + m_2} v_1 \,, \qquad v'_1 = \frac{m_1 - m_2}{m_1 + m_2} v_1 \quad \text{für} \quad v_2 = 0 \,. \qquad (6\text{-}40)$$

Aus (6-40) ergeben sich folgende Sonderfälle (Bild 6-10):

1. $m_1 \ll m_2$: $v'_1 \approx -v_1$, $v'_2 \approx 2\frac{m_1}{m_2}v_1 \ll v_1$: Impulsumkehr des stoßenden Teilchens, nur geringe Energieabgabe.
2. $m_1 = m_2$: $v'_1 = 0$, $v'_2 = v_1$: Vollständige Impuls- und Energieübertragung.
3. $m_1 \gg m_2$: $v'_1 \approx v_1$, $v'_2 \approx 2v_1$: Impuls des stoßenden Teilchens fast ungeändert, nur geringe Energieabgabe.

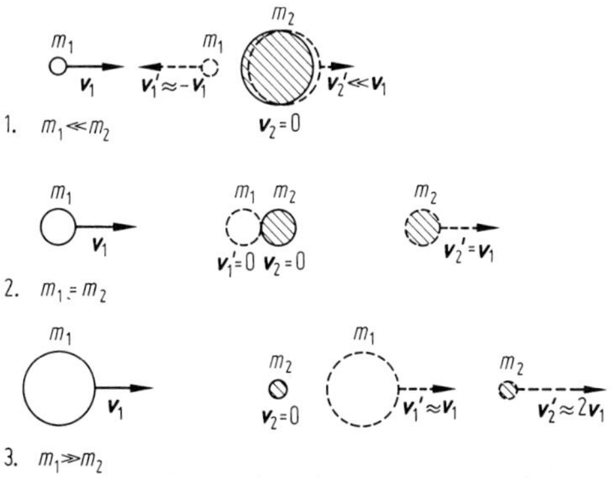

Bild 6-10. Sonderfälle des zentralen elastischen Stoßes. Gestrichelt: Massen und Geschwindigkeiten nach dem Stoß

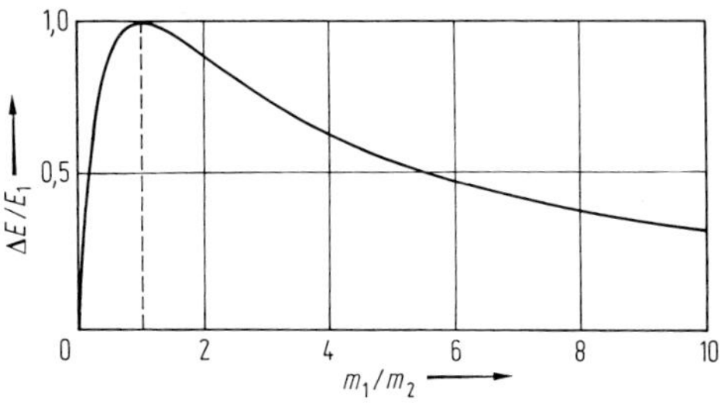

Bild 6-11. Relativer Bruchteil der beim zentralen elastischen Stoß übertragenen Energie als Funktion des Massenverhältnisses der Stoßpartner

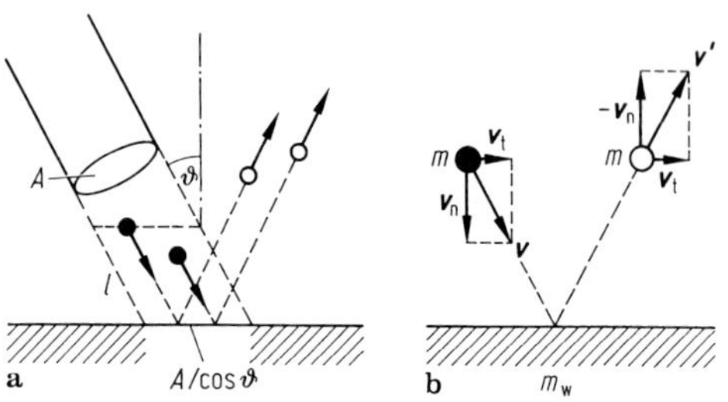

Bild 6-12. Elastische Reflexion **a** eines Teilchenstroms **b** eines einzelnen Teilchens an einer Wand

Für den betrachteten Fall $\boldsymbol{v}_2 = 0$ ist die Energie des gestoßenen Teilchens nach dem Stoß E_2' gleich der vom stoßenden Teilchen übertragenen Energie ΔE, seinem Energieverlust, mit (6-40) demnach:

$$\Delta E = E_2' = \frac{1}{2} m_2 v_2'^2 = \frac{2m_1^2 m_2}{(m_1 + m_2)^2} v_1^2 \,. \qquad (6\text{-}41)$$

Bezogen auf die Energie des stoßenden Teilchens vor dem Stoß $E_1 = m_1 v_1^2/2$ ergibt sich daraus der Anteil der beim Stoß übertragenen Energie (relativer Energieverlust des stoßenden Teilchens):

$$\frac{\Delta E}{E_1} = \frac{4m_1 m_2}{(m_1 + m_2)^2} = \frac{4m_1/m_2}{(1 + m_1/m_2)^2} \,. \qquad (6\text{-}42)$$

In Abhängigkeit vom Massenverhältnis m_1/m_2 zeigt der relative Energieverlust ein Maximum bei $m_1/m_2 = 1$, d. h. für $m_1 = m_2$ (Bild 6-11).
Die Abbremsung von schnellen Teilchen durch Stoß mit anderen Teilchen ist daher am wirkungsvollsten mit Stoßpartnern von etwa gleicher Masse. Anwendung: Abbremsung schneller Neutronen im Kernreaktor durch Neutronenmoderator. Da Neutronen die Massenzahl 1 haben, werden als Moderatorsubstanzen solche mit möglichst niedrigen Massenzahlen ihrer Atome verwendet, z. B. schwerer Wasserstoff oder Grafit. Zu beachtende Nebenbedingung: Moderatoratome dürfen Neutronen nicht absorbieren (unelastischer Stoß).
Als Beispiel für den elastischen Stoß werde die Impulsübertragung von aus einem Rohr des Querschnitts A mit hoher Geschwindigkeit $\boldsymbol{v}$ strömenden Teilchen der Masse m betrachtet, die an einer Wand elastisch reflektiert werden (Bild 6-12a). Die Teilchengeschwindigkeit lässt sich in eine Normalkomponente $\boldsymbol{v}_n$ und eine Tangentialkomponente $\boldsymbol{v}_t$ zerlegen. Der Stoßvorgang ist dann darstellbar als zentraler Stoß der kleinen Masse m mit der Geschwindigkeit $\boldsymbol{v}_n$ gegen die sehr große Wandmasse m_w, wobei eine Tangentialgeschwindigkeit $\boldsymbol{v}_t$ überlagert ist, die durch den Stoß nicht beeinflusst wird. Die Normalkomponente des Teilchenimpulses wird dabei entsprechend dem oben beschriebenen Sonderfall 1 in der Richtung umgekehrt, sodass der pro Teilchen an die Wand übertragene Impulsbetrag

$$\Delta p = |m\boldsymbol{v}_n - (-m\boldsymbol{v}_n)| = 2mv_n = 2mv \cos\vartheta \qquad (6\text{-}43)$$

ist (Bild 6-12b).
In einer Zeit Δt treffen alle im Strahlvolumen $V = Al$ der Länge $l = v\Delta t$ befindlichen Teilchen auf die Wand. Ist die Teilchenzahldichte im Teilchenstrahl n, so sind dies

$$Z = nV = nAv\Delta t \qquad (6\text{-}44)$$

Teilchen. In der Zeit Δt wird daher insgesamt der Impuls

$$\Delta p_{tot} = Z\Delta p = 2nmv^2 A\,\Delta t \cos\vartheta \qquad (6\text{-}45)$$

an die Wand übertragen. Nach dem 2. Newton'schen Axiom (3-5) entspricht dem eine zeitlich gemittelte Normalkraft auf die Wand

$$\overline{F}_n = \frac{\Delta p_{tot}}{\Delta t} = 2nmv^2 A \cos\vartheta \,. \qquad (6\text{-}46)$$

Der Quotient aus Normalkraft F_n und beaufschlagter Wandfläche A_w wird als Druck p bezeichnet:

$$p = \frac{F_n}{A_w} \qquad (6\text{-}47)$$

$$\text{SI-Einheit: } [p] = \text{N/m}^2 = \text{Pa (Pascal)} \,.$$

(Weitere Druckeinheiten siehe 8.1.)

Der Druck p darf nicht mit dem Impuls $\boldsymbol{p}$, insbesondere nicht mit dessen Betrag p verwechselt werden.
Die vom Teilchenstrom getroffene Wandfläche ist $A_\mathrm{w} = A/\cos\vartheta$. Mit $v\cos\vartheta = v_\mathrm{n}$ folgt aus (6-46) und (6-47) für den durch den gerichteten Teilchenstrom auf die Wand ausgeübten Druck

$$p = 2nmv_\mathrm{n}^2\,. \tag{6-48}$$

Dieses Ergebnis wird später für die Berechnung des Gasdruckes (siehe 8.1) sowie des Strahlungsdruckes elektromagnetischer Strahlung (siehe 20.3) benötigt.

6.3.2 Nichtzentraler elastischer Stoß

Der zentrale Stoß, bei dem stoßendes und gestoßenes Teilchen auf derselben Bahngeraden bleiben, ist der einfachste Fall des Stoßes zwischen zwei Teilchen. Im Allgemeinen stoßen die Teilchen nicht zentral aufeinander, es existiert ein Stoßparameter b, der den Abstand des (hier wieder als ruhend angenommenen) gestoßenen Teilchens m_2 von der Bahn des stoßenden Teilchens m_1 angibt (Bild 6-13a). Dann bilden die Bahnen der Teilchen m_1 und m_2 nach dem Stoß Winkel ϑ_1 und ϑ_2 mit der Bahn des stoßenden Teilchens m_1 vor dem Stoß, die von der Größe des Stoßparameters und vom Massenverhältnis m_1/m_2 abhängen.
In Impulsvektoren ausgedrückt lauten Impuls- und Energieerhaltungssatz (5-38) und (5-39) für $\boldsymbol{v}_2 = 0$

$$\boldsymbol{p}_1 = \boldsymbol{p}'_1 + \boldsymbol{p}'_2 \tag{6-49}$$

$$\frac{p_1^2}{2m_1} = \frac{p_1'^2}{2m_1} + \frac{p_2'^2}{2m_2}\,. \tag{6-50}$$

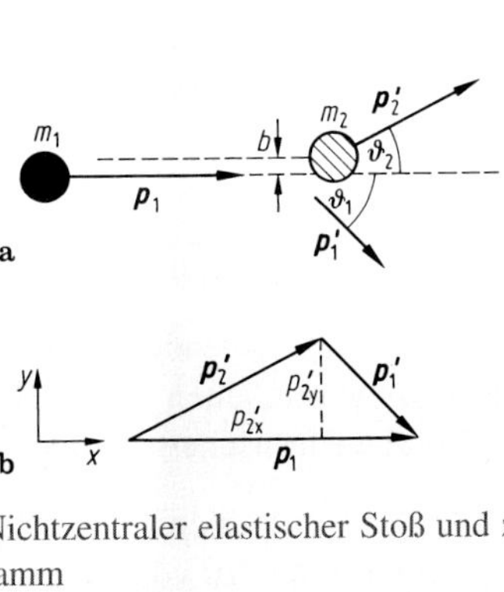

Bild 6-13. Nichtzentraler elastischer Stoß und zugehöriges Vektordiagramm

Aus dem Impulsdiagramm Bild 6-13b folgt für die Quadrate der Impulse nach dem Stoß

$$p_2'^2 = p_{2x}'^2 + p_{2y}'^2 \tag{6-51}$$

$$p_1'^2 = \left(p_1 - p'_{2x}\right)^2 + p_{2y}'^2\,, \tag{6-52}$$

worin p'_{2x} und p'_{2y} die x- bzw. y-Komponente des Impulses des gestoßenen Teilchens nach dem Stoß sind. Durch Einsetzen in den Energiesatz (6-50) folgt nach einiger Umrechnung

$$\left(p'_{2x} - \mu v_1\right)^2 + p_{2y}'^2 = (\mu v_1)^2$$

mit der *reduzierten Masse*

$$\mu = \frac{m_1 m_2}{m_1 + m_2}\,. \tag{6-53}$$

Dies ist die Gleichung eines Kreises in den Impulskoordinaten p'_{2x} und p'_{2y}, des sog. *Stoßkreises*

$$\left(p'_{2x} - R\right)^2 + p_{2y}'^2 = R^2\,. \tag{6-54}$$

Er ist um den Stoßkreisradius

$$R = \mu v_1 = \frac{m_1 m_2}{m_1 + m_2} v_1 = \frac{p_1}{1 + m_1/m_2} \tag{6-55}$$

in positiver x-Richtung verschoben (Bild 6-14). Bei vorgegebenen Werten m_1, m_2, v_1 ($v_2 = 0$) ist der Stoßkreis der geometrische Ort der Spitzen aller möglicher Impulsvektoren des gestoßenen Teilchens nach dem Stoß, vgl. (6-51) und Bild 6-14.
Aus Bild 6-14 folgt, dass das gestoßene Teilchen nur Impulse $\boldsymbol{p}'_2$ in Richtungen des Winkelbereichs $\vartheta_2 = (0 \ldots \pm 90)°$ erhalten kann. Der Winkelbereich

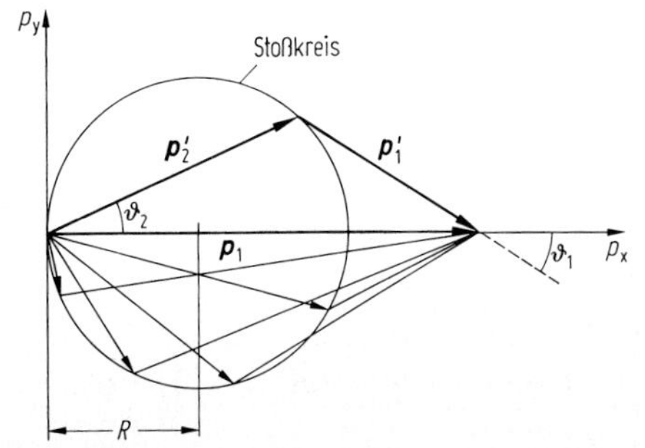

Bild 6-14. Stoßkreis und Lage der möglichen Impulsvektoren für $m_2 < m_1$

Tabelle 6-1. Charakteristische Fälle elastischer Stöße

Massen-verhältnis	Stoßkreisradius	Streuwinkel-bereich $\|\vartheta_1\|$	Bemerkungen
1. $m_1/m_2 < 1$	$\frac{p_1}{2} < R < p_1$	0°...180°	Vor- oder Rückwärtsstreuung von m_1
2. $m_1/m_2 = 1$	$R = \frac{p_1}{2}$	0°...90°	Nach dem Stoß fliegen beide Teilchen unter 90° auseinander
3. $m_1/m_2 > 1$	$m_2 v_1 < R < \frac{p_1}{2}$	0°... < 90°	Nur Vorwärtsstreuung von m_1

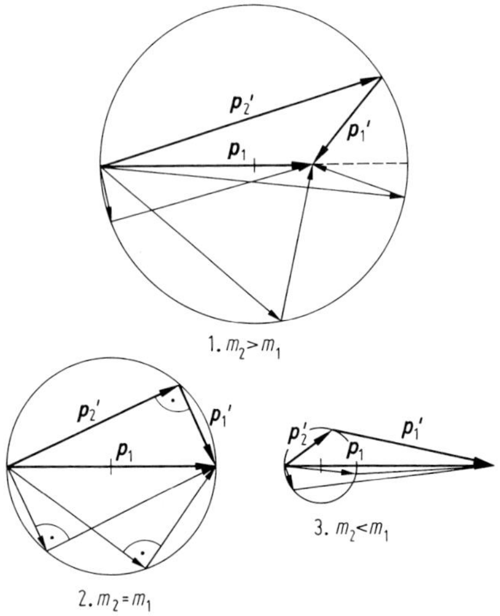

Bild 6-15. Charakteristische Fälle elastischer Stöße

des Impulses $\boldsymbol{p}_1'$ des stoßenden Teilchens nach dem Stoß hängt von der Größe des Stoßkreisradius R im Vergleich zum Anfangsimpuls p_1 ab, d. h. nach (6-55) von m_1/m_2 (Tabelle 6-1 und Bild 6-15).

6.3.3 Unelastischer Stoß

Beim unelastischen Stoß geht mechanische, d. h. kinetische Energie verloren und wird in eine andere Energieform (z. B. Wärme, oder innere Energie durch Vermittlung elektronischer Anregung, Kernanregung) umgewandelt. Der Energieverlust $Q' = -Q$ (vgl. (6-37)) muss daher in der Energiebilanz berücksichtigt werden, wobei wir wieder durch geeignete Wahl des Koordinatensystems $v_2 = 0$ setzen:

$$E_1 = \frac{p_1^2}{2m_1} = \frac{p_1'^2}{2m_1} + \frac{p_2'^2}{2m_2} + Q' \,. \qquad (6\text{-}56)$$

Der Impulssatz gilt unverändert:

$$\boldsymbol{p}_1 = \boldsymbol{p}_1' + \boldsymbol{p}_2' \,, \qquad (6\text{-}57)$$

damit ebenso das Impulsdiagramm Bild 6-13b und die Zerlegung nach (6-51) und (6-52). Diese eingesetzt in den Energiesatz (6-56) liefern

$$\left(p_{2x}' - \mu v_1\right)^2 + p_{2y}'^2 = (\mu v_1)^2 - 2\mu Q' \,. \qquad (6\text{-}58)$$

Hierin ist μ die reduzierte Masse gemäß (6-53). Gleichung (6-58) ist wiederum die Gleichung eines Kreises in den Impulskoordinaten p_{2x}' und p_{2y}':

$$\left(p_{2x}' - R\right)^2 + p_{2y}'^2 = R_\text{u}^2 \qquad (6\text{-}59)$$

Stoßkreis (unelastischer Stoß).

$R = \mu v_1$ ist der Stoßkreisradius für den elastischen Stoß (6-55), während der für den unelastischen Stoß geltende Stoßkreisradius

$$R_\text{u} = R\sqrt{1 - \frac{Q'}{E_1}\left(1 + \frac{m_1}{m_2}\right)} \qquad (6\text{-}60)$$

kleiner als R ist. Für $Q' = 0$ geht R_u in R über. Aus der Forderung, dass der Stoßkreisradius reell sein muss, folgt, dass der Radikand in (6-60) $\geqq 0$ sein muss. Für den möglichen Energieverlust ergibt sich daraus die Bedingung

$$Q' \leqq \frac{E_1}{1 + m_1/m_2} \,. \qquad (6\text{-}61)$$

Aus (6-61) ergeben sich folgende Sonderfälle für den in Wärme usw. umgewandelten maximalen Energieverlust Q_max' (total unelastischer zentraler Stoß):

1. $m_1 \ll m_2$: $Q_\text{max}' \approx E_1$: kinetische Energie des stoßenden Teilchens wird fast vollständig vernichtet.

2. $m_1 = m_2$: $Q'_{max} = \frac{E_1}{2}$: kinetische Energie wird zur Hälfte vernichtet.
3. $m_1 \gg m_2$: $Q'_{max} \approx \frac{m_2}{m_1} E_1 \ll E_1$: kinetische Energie bleibt nahezu ganz erhalten.

Beim *total unelastischen zentralen Stoß* wird durch die auftretende Deformation keine auseinandertreibende elastische Kraft erzeugt, beide Stoßpartner bewegen sich nach dem Stoß gemeinsam mit derselben Geschwindigkeit v' (Bild 6-16). Der Impulssatz lautet dann ($v_2 = 0$)

$$m_1 v_1 = (m_1 + m_2) v' : v' = \frac{m_1}{m_1 + m_2} v_1 . \qquad (6\text{-}62)$$

Beispiel 1: Für gleiche Massen $m_1 = m_2$ z. B. aus Blei als unelastischem Material reduziert sich die Geschwindigkeit nach dem Stoß gemäß (6-62) auf die Hälfte:

$$v' = \frac{v_1}{2} . \qquad (6\text{-}63)$$

Beispiel 2: Ballistisches Pendel zur Bestimmung hoher Teilchengeschwindigkeiten (Bild 6-17).
Ein schnelles Projektil mit unbekanntem Impuls $\boldsymbol{p} = m\boldsymbol{v}$ trifft horizontal auf die Masse m_p ($m_p \gg m$) eines Fadenpendels der Länge l und bleibt dort stecken. Die

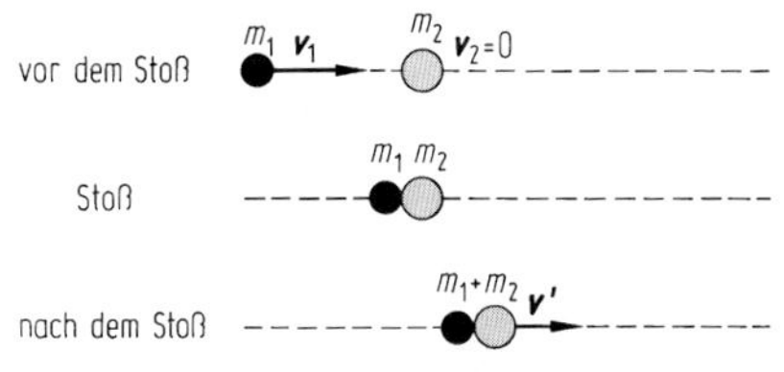

Bild 6-16. Total unelastischer zentraler Stoß

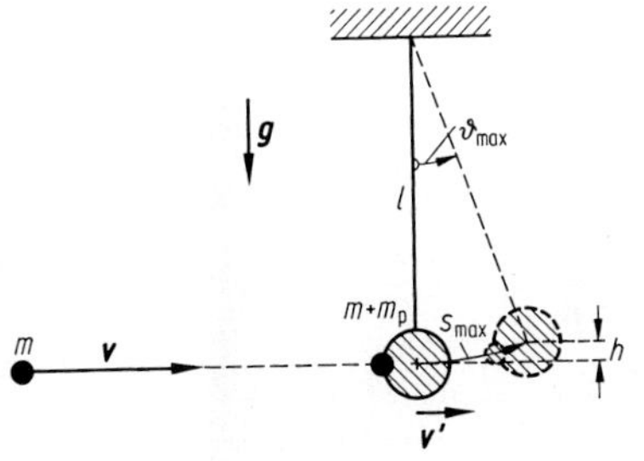

Bild 6-17. Ballistisches Pendel

Impulserhaltung fordert

$$mv = (m + m_p) v', \text{d. h. },$$
$$v' = \frac{m}{m + m_p} v \approx \frac{m}{m_c} v . \qquad (6\text{-}64)$$

Die Geschwindigkeit v des Projektils wird also etwa im Verhältnis der Massen auf v' herabgesetzt. Die Geschwindigkeit v' der Pendelmasse im Moment des Stoßes lässt sich nach (4-26) aus der Hubhöhe h bei maximalem Pendelausschlag s_{max} bzw. ϑ_{max} bestimmen. Mit $s_{max} = l\vartheta_{max}$ und $h \approx s_{max}\vartheta_{max}/2$ (Bild 6-17) folgt für kleine Ausschläge:

$$v' = \sqrt{2gh} \approx \sqrt{gl}\, \vartheta_{max} = \sqrt{\frac{g}{l}}\, s_{max} . \qquad (6\text{-}65)$$

Aus den Messwerten ϑ_{max} oder s_{max} lässt sich dann über (6-65) und (6-64) der Impuls des Projektils bzw. bei bekannter Masse m dessen Geschwindigkeit v berechnen.

7 Dynamik starrer Körper

Ein starrer Körper ist dadurch definiert, dass seine N Massenelemente konstante Abstände untereinander haben und unter der Wirkung äußerer Kräfte keine gegenseitigen Verschiebungen erleiden. Für viele Fälle, vor allem bei Bewegungen, stellt dieses Modell eine ausreichende Näherung für die Beschreibung des Verhaltens eines festen Körpers dar, insbesondere wenn Deformationen des Körpers dabei keine wesentliche Rolle spielen.

7.1 Translation und Rotation eines starren Körpers

Kräfte, die an einem starren Körper angreifen, bewirken beschleunigte Translationen und beschleunigte Rotationen. Deformationen sind beim starren Körper ausgeschlossen.
Die Anzahl f der Parameter (*Freiheitsgrade*), die die räumliche Lage von N Massenpunkten eindeutig festlegen, beträgt im allgemeinen Falle der gegenseitigen Verschiebbarkeit der Massenpunkte

$$f = 3N .$$

Im Falle des starren Körpers reduziert sich die Zahl der Freiheitsgrade der Bewegung wegen der untereinander festen Abstände der Massenelemente auf

3 Freiheitsgrade der Translation (in 3 Raumrichtungen) und
3 Freiheitsgrade der Rotation (um 3 Achsen im Raum).

Als *Translation* wird eine solche Bewegung eines starren Körpers bezeichnet, bei der eine beliebige, mit dem Körper fest verbundene Gerade ihre Richtung im Raum nicht verändert. Alle Punkte eines sich in Translationsbewegung befindlichen Körpers haben in jedem beliebigen, festen Zeitpunkt dieselbe Geschwindigkeit und Beschleunigung, ihre Bahnkurven s können durch Parallelverschiebung zur Deckung gebracht werden (Bild 7-1a). Daher kann die Betrachtung der Translation eines starren Körpers auf die Untersuchung der Bewegung irgendeines Punktes (z. B. des Schwerpunktes) reduziert werden.

Bei der *Rotation* eines starren Körpers ändert eine mit dem Körper fest verbundene Gerade ihre Richtung im Raum um einen zeitabhängigen Winkel α. Alle Punkte des Körpers beschreiben kreisförmige Bahnen mit der *Rotationsachse* als Zentrum (Bild 7-1b).

Die *allgemeine Bewegung* eines starren Körpers kann stets als Überlagerung einer Translations- und einer Rotationsbewegung beschrieben werden (Bild 7-1c).

Der Ortsvektor des Schwerpunktes (des Massenzentrums) eines starren Körpers ergibt sich durch Summation über alle Massenelemente

$$\mathrm{d}m = \varrho \mathrm{d}V \tag{7-1}$$

des starren Körpers gemäß der Vorschrift (6-2), wobei die Summation hier durch eine Integration über den gesamten Körper K zu ersetzen ist:

$$\boldsymbol{r}_\mathrm{S} = \frac{\int \boldsymbol{r}\,\mathrm{d}m}{\int \mathrm{d}m} = \frac{1}{m}\int_K \boldsymbol{r}\,\mathrm{d}m = \frac{1}{m}\int_K \varrho(\boldsymbol{r})\boldsymbol{r}\,\mathrm{d}V\,. \tag{7-2}$$

$\mathrm{d}V$ ist das zum Massenelement $\mathrm{d}m$ gehörige Volumenelement. ϱ ist die (im Allgemeinen Fall ortsabhängige) *Dichte*

$$\varrho(\boldsymbol{r}) = \frac{\mathrm{d}m}{\mathrm{d}V}\,. \tag{7-3}$$

$$\text{SI-Einheit: } [\varrho] = \mathrm{kg/m^3}\,.$$

Der Translationsanteil einer allgemeinen Bewegung eines starren Körpers, z. B. beim Wurf (Bild 7-2), kann nun durch die Bewegung des Schwerpunktes beschrieben werden, der gemäß (6-8)

$$\boldsymbol{F}_\mathrm{ext} = \frac{\mathrm{d}\boldsymbol{p}}{\mathrm{d}t} = \frac{\mathrm{d}(m\boldsymbol{v}_\mathrm{s})}{\mathrm{d}t} \tag{7-4}$$

beispielsweise die aus Bild 2-4 bekannte Wurfparabel durchläuft. Dieser Bewegungsanteil erfolgt also nach den Regeln der Einzelteilchendynamik und braucht hier nicht weiter behandelt zu werden. Gleichzeitig kann der Körper eine Rotationsbewegung ausführen (Bild 7-2), die durch die Erhaltungssätze für Energie (7.2) und Drehimpuls (7.3) bestimmt ist, und auf die im Folgenden eingegangen wird.

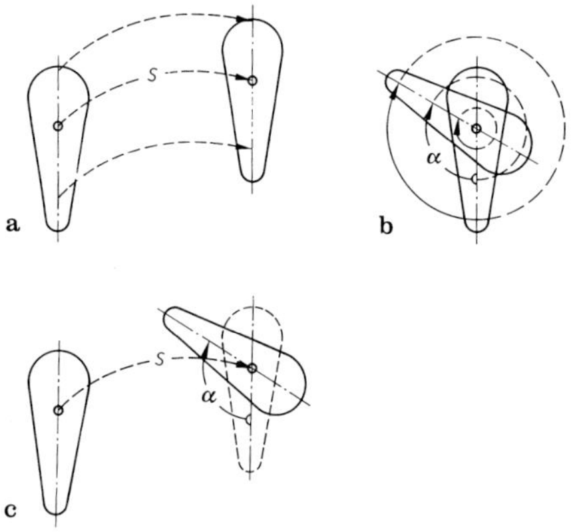

Bild 7-1. **a** Translation, **b** Rotation und **c** allgemeine Bewegung eines starren Körpers

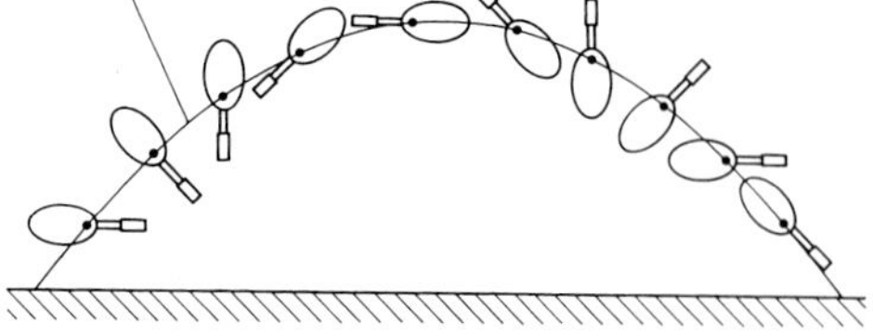

Bild 7-2. Wurfbewegung eines starren Körpers im Erdfeld

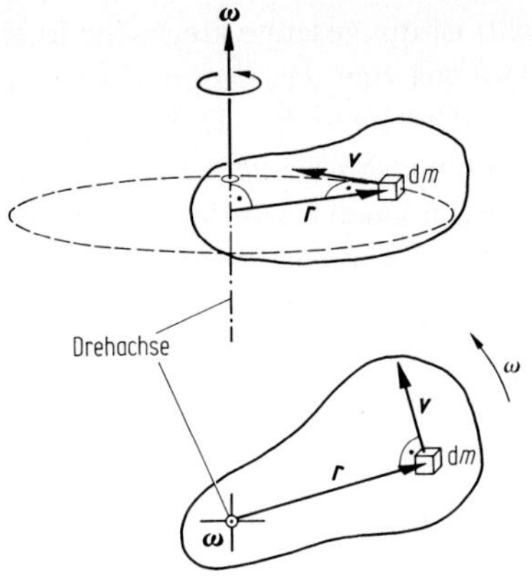

Bild 7-3. Zu Rotationsenergie und Trägheitsmoment eines rotierenden starren Körpers

7.2 Rotationsenergie, Trägheitsmoment

Wenn ein starrer Körper um eine Achse mit der Winkelgeschwindigkeit ω rotiert, so ist ω für alle seine Massenelemente dm gleich. Jedes Massenelement im Abstand $\boldsymbol{r}$ von der Drehachse bewegt sich dann mit einer Geschwindigkeit $\boldsymbol{v}(\boldsymbol{r}) = \boldsymbol{\omega} \times \boldsymbol{r}$ senkrecht zu $\boldsymbol{r}$ (Bild 7-3), hat also eine kinetische Energie

$$\mathrm{d}E_\mathrm{k} = \frac{1}{2}v^2(r)\mathrm{d}m = \frac{1}{2}\omega^2 r^2 \mathrm{d}m\,. \qquad (7\text{-}5)$$

Die gesamte kinetische Energie des rotierenden starren Körpers (Rotationsenergie) folgt aus (7-5) durch Integration über den ganzen Körper K unter Beachtung von $\omega = \mathrm{const}$:

$$E_\mathrm{k} = \frac{1}{2}\omega^2 \int_K r^2 \mathrm{d}m = E_\mathrm{rot}\,. \qquad (7\text{-}6)$$

Der Integralausdruck in (7-6), der nicht von der aufgeprägten Winkelgeschwindigkeit ω abhängt, sondern eine Trägheitseigenschaft bezogen auf die Rotation um die Drehachse darstellt, wird als *Trägheitsmoment*

$$J = \int_K r^2 \mathrm{d}m = \int_K \varrho(\boldsymbol{r}) r^2 \mathrm{d}V \qquad (7\text{-}7)$$

des Körpers bezüglich der vorgegebenen Drehachse bezeichnet. Damit schreibt sich die *Rotationsenergie*

$$E_\mathrm{rot} = \frac{1}{2}J\omega^2 \qquad (7\text{-}8)$$

in völliger Analogie zur kinetischen Energie (4-7) bei der Translation. Das Trägheitsmoment J und die Winkelgeschwindigkeit ω bei der Rotationsbewegung entsprechen darin der Masse m und der Geschwindigkeit v bei der Translationsbewegung. Das Trägheitsmoment eines Körpers ist jedoch im Gegensatz zur Masse von der Lage der Drehachse abhängig (Bild 7-4)!

SI-Einheit des Trägheitsmomentes :
$[J] = \mathrm{kg} \cdot \mathrm{m}^2$.

Das Trägheitsmoment J_S eines Körpers bezüglich einer Achse, die durch den Schwerpunkt S geht, lautet in kartesischen Koordinaten des Schwerpunktsystems:

$$J_\mathrm{S} = \int_K r^2 \mathrm{d}m = \int_K (x^2 + y^2)\,\mathrm{d}m\,. \qquad (7\text{-}9)$$

Hat die Drehachse bei einem rotierenden Körper einen Abstand s von einer parallelen Achse durch den Schwerpunkt (Bild 7-5), so lässt sich das Trägheitsmoment J_A des Körpers bezüglich der vorgegebenen Drehachse A in folgender Weise darstellen:

$$J_\mathrm{A} = \int_K [(x+s)^2 + y^2]\,\mathrm{d}m$$
$$= J_\mathrm{S} + s^2 m + 2s \int_K x\,\mathrm{d}m\,. \qquad (7\text{-}10)$$

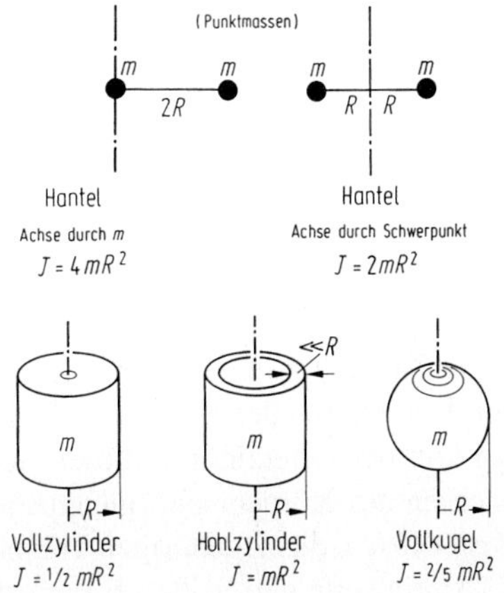

Bild 7-4. Trägheitsmomente einfacher Körper

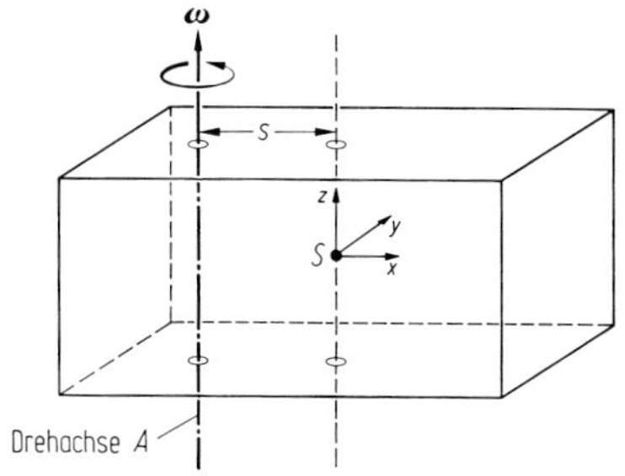

Bild 7-5. Zum Satz von Steiner

x ist die x-Koordinate von $\mathrm{d}m$ im Schwerpunktsystem. Nach (7-2) ist $\int x\,\mathrm{d}m = mx_S$ mit x_S als x-Koordinate des Schwerpunktes. Im Schwerpunktsystem ist $x_S = 0$, sodass der letzte Integralterm in (7-10) verschwindet. Es resultiert der *Satz von Steiner*

$$J_A = J_S + ms^2 \,. \tag{7-11}$$

Der Bewegungsablauf bei der Rotation um die Achse A kann in die folgenden Teilbewegungen zerlegt werden:

1. Translation der im Schwerpunkt S vereinigten Masse m des Körpers auf einer Kreisbahn mit dem Radius s und der Geschwindigkeit $v = \omega s$ (Winkelgeschwindigkeit ω).
2. Rotation des Körpers mit der gleichen Winkelgeschwindigkeit ω um die zu A parallele Achse durch seinen Schwerpunkt S.

Die Rotationsenergie setzt sich dann aus der kinetischen Energie der Schwerpunktbewegung und aus der Energie der Körperrotation um die Schwerpunktachse zusammen:

$$E_{rot} = \frac{1}{2}mv^2 + \frac{1}{2}J_S\omega^2 = \frac{1}{2}ms^2\omega^2 + \frac{1}{2}J_S\omega^2 \,,$$
$$E_{rot} = \frac{1}{2}[ms^2 + J_S]\omega^2 \,. \tag{7-12}$$

Durch Vergleich mit (7-8) folgt auch hieraus der Satz von Steiner.

Das Trägheitsmoment eines starren Körpers bezüglich einer Achse durch den Schwerpunkt hängt im Allgemeinen von der Orientierung dieser Achse ab. Symmetrieachsen des Körpers sind gleichzeitig sog. *Hauptträgheitsachsen*; die zugehörigen Trägheitsmomente sind Extremwerte und heißen *Hauptträgheitsmomente* (Näheres siehe E 3.1.6).

Nach (6-20) ist die gesamte kinetische Energie eines Teilchensystems, hier des starren Körpers, gleich der Summe aus der kinetischen Energie der im Schwerpunkt vereinigten Masse gemessen im Laborsystem und der inneren kinetischen Energie des Systems gemessen im Schwerpunktsystem:

$$E_k = \frac{1}{2}mv_S^2 + E_{k,\,int} \,. \tag{7-13}$$

Der erste Term stellt die kinetische Energie der Translationsbewegung dar, während der zweite Term beim starren Körper identisch mit der Rotationsenergie ist, da die Rotation die einzige Bewegungsmöglichkeit des starren Körpers im Schwerpunktsystem darstellt:

$$E_k = E_{trans} + E_{rot} = \frac{1}{2}mv_S^2 + \frac{1}{2}J_S\omega^2 \,. \tag{7-14}$$

Der Energiesatz für die Bewegung eines starren Körpers in einem konservativen Kraftfeld lautet daher

$$E = E_k + E_p = \frac{1}{2}mv_S^2 + \frac{1}{2}J_S\omega^2 + E_p$$
$$= \text{const} \,. \tag{7-15}$$

Beispiel: Rollender Zylinder auf einer geneigten Ebene im Erdfeld (Bild 7-6).
Die potenzielle Energie im Erdfeld ist nach (4-17) $E_p = mgz$. Mit abnehmender Höhe z wird potenzielle Energie in kinetische Energie der Translation und der Rotation umgewandelt. Bei einer nicht gleitenden Rollbewegung ist die Schwerpunktgeschwindigkeit mit der Winkelgeschwindigkeit gemäß $v_S = \omega r$ (Abrollbedingung) gekoppelt. Der Energiesatz lautet damit

$$E = \frac{1}{2}mv_S^2 + \frac{1}{2}J_S\omega^2 + mgz = \text{const} \quad \text{mit} \quad v_S = \omega r \,. \tag{7-16}$$

Wegen der Kopplung $v_S = \omega r$ hängt das Verhältnis von Translations- zu Rotationsenergie und damit die

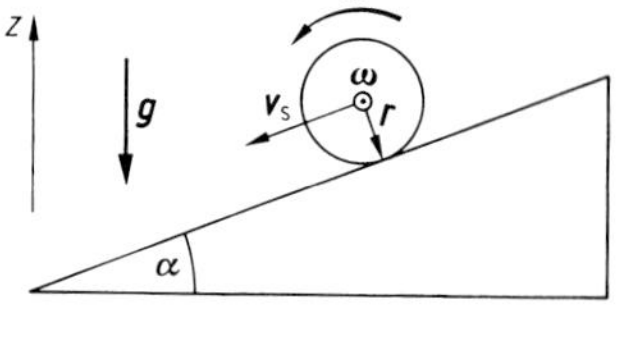

Bild 7-6. Rollender Zylinder auf geneigter Ebene

Translationsgeschwindigkeit v_S bei der jeweiligen Höhe z von der Größe des Rollradius r des Zylinders ab.

7.3 Drehimpuls eines starren Körpers

Der Drehimpuls wurde zunächst für einen Massenpunkt durch (3-26) definiert. Entsprechend gilt für ein Massenelement $\mathrm{d}m$ eines starren Körpers

$$\mathrm{d}\boldsymbol{L} = (\boldsymbol{r} \times \boldsymbol{v})\,\mathrm{d}m\,. \qquad (7\text{-}17)$$

Wählen wir für r den senkrechten Abstand von der Drehachse ($\boldsymbol{r} \perp \boldsymbol{\omega}$, vgl. Bild 7-7), so folgt aus (7-17) mit $\boldsymbol{v} = \boldsymbol{\omega} \times \boldsymbol{r}$ für den Drehimpuls von $\mathrm{d}m$ in Richtung von $\boldsymbol{\omega}$

$$\mathrm{d}L_\omega = \omega r^2\,\mathrm{d}m\,, \qquad (7\text{-}18)$$

und daraus durch Integration über den ganzen Körper K und unter Beachtung von $\omega = \text{const}$ sowie der Definition des Trägheitsmomentes (7-7) der Drehimpuls des starren Körpers

$$L_\omega = \omega \int\limits_K r^2\,\mathrm{d}m = J\omega\,. \qquad (7\text{-}19)$$

Anmerkung: In (7-18) und (7-19) bedeutet L_ω die Drehimpulskomponente in Richtung der Rotationsachse $\boldsymbol{\omega}$, die sich in der obigen Ableitung deshalb ergab, weil für $\boldsymbol{r}$ der senkrechte Abstand von der Drehachse gewählt wurde. Der Drehimpuls eines Massenelementes ist jedoch nach (3-25) bezüglich eines Punktes definiert. Wird für alle Massenelemente des starren Körpers der gleiche Bezugspunkt auf der Drehachse gewählt, so zeigt $\mathrm{d}\boldsymbol{L}$ gemäß (7-17) für jedes $\mathrm{d}m$ i. Allg. (außer für $\boldsymbol{r} \perp \boldsymbol{\omega}$) nicht in die Richtung

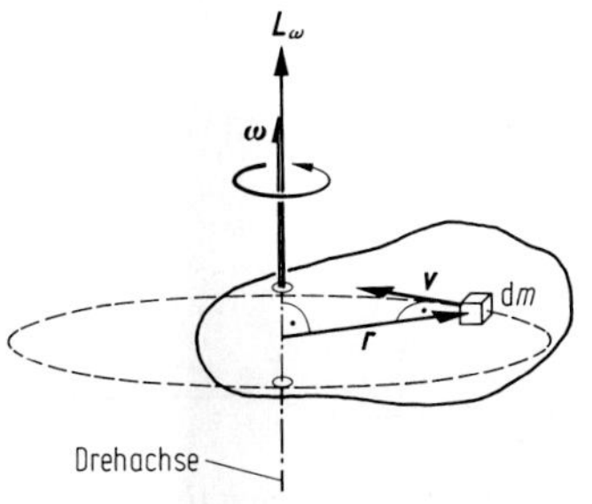

Bild 7–7. Zum Drehimpuls eines starren Körpers

von $\boldsymbol{\omega}$, sondern rotiert mit $\boldsymbol{\omega}$ um die Drehachse. Bei der Integration über den ganzen Körper kompensieren sich die verschiedenen $\mathrm{d}L$-Komponenten senkrecht zur Drehachse nur dann, wenn diese identisch mit einer Hauptträgheitsachse (vgl. 7.2) des Körpers ist, z. B. bei einer Symmetrieachse. Anderenfalls haben der resultierende Drehimpuls $\boldsymbol{L}$ und die Winkelgeschwindigkeit $\boldsymbol{\omega}$ eines starren Körpers nicht die gleiche Richtung, und der Verknüpfungsoperator zwischen beiden ist ein Tensor: *Trägheitstensor* (Näheres siehe E 3.1.6). $\boldsymbol{L}$ rotiert („präzediert“, auch: „präzessiert“) dann mit der Winkelgeschwindigkeit ω um die Richtung von $\boldsymbol{\omega}$. Es lässt sich jedoch zeigen, dass es für jeden Körper (mindestens) drei zueinander senkrechte Hauptträgheitsachsen gibt, für die der Drehimpuls parallel zur Rotationsachse ist. Dann ist das Trägheitsmoment ein Skalar und es gilt für die Hauptträgheitsachsen

$$\boldsymbol{L} = J\boldsymbol{\omega}\,. \qquad (7\text{-}20)$$

In 6.1.3 wurde gezeigt, dass für ein Teilchensystem die zeitliche Änderung des Gesamtdrehimpulses $\boldsymbol{L}$ gleich dem einwirkenden äußeren Gesamtdrehmoment $\boldsymbol{M}_{\text{ext}}$ ist (6-14). Dasselbe gilt für den starren Körper, der sich als System von Massenelementen $\mathrm{d}m$ mit starren Abständen beschreiben lässt. Analog zum Newton'schen Kraftgesetz der Translation gilt also für die Rotation des starren Körpers das Bewegungsgesetz

$$\frac{\mathrm{d}\boldsymbol{L}}{\mathrm{d}t} = \boldsymbol{M}_{\text{ext}}\,. \qquad (7\text{-}21)$$

Wenn keine äußeren Drehmomente wirken, folgt aus (7-21) die Drehimpulserhaltung

$$\boldsymbol{L} = \text{const} \quad \text{für} \quad \boldsymbol{M}_{\text{ext}} = 0\,. \qquad (7\text{-}22)$$

Dieser Fall liegt auch vor, wenn der Körper einem konstanten Kraftfeld ausgesetzt ist, z. B. dem Schwerefeld. Die Gewichtskraft greift am Schwerpunkt an, erzeugt aber kein resultierendes Drehmoment, wenn die Drehachse durch den Schwerpunkt geht. Ist die Drehachse gleichzeitig eine Hauptträgheitsachse, so folgt aus (7-20) und (7-22)

$$J\boldsymbol{\omega} = \text{const} \quad \text{für} \quad \boldsymbol{M}_{\text{ext}} = 0\,. \qquad (7\text{-}23)$$

Ein starrer Körper, der sich um eine Hauptträgheitsachse bei konstantem Trägheitsmoment dreht, rotiert bei fehlendem äußeren Gesamtdrehmoment mit konstanter Winkelgeschwindigkeit. Ein Beispiel ist in Bild 7-2 dargestellt.

Wenn bei einem nichtstarren Körper während der Rotation durch innere Kräfte das Trägheitsmoment J geändert wird, so ändert sich nach (7-23) die Winkelgeschwindigkeit im entgegengesetzten Sinne. Beispiel: Die Pirouettentänzerin erhöht die Winkelgeschwindigkeit ihrer Rotation durch Verringerung ihres Trägheitsmomentes, indem sie die Arme eng an den Körper legt.

Drehimpuls von atomaren Systemen und Elementarteilchen

Die Erhaltungsgröße Energie ist beim quantenmechanischen harmonischen Oszillator gequantelt, kann also nur diskrete Energiewerte annehmen, die sich um $\Delta E = \hbar\omega_0$ unterscheiden (vgl. 5.2.2, (5-31)), was sich besonders in atomaren Systemen beobachten lässt.

Ähnliches gilt für den *Bahndrehimpuls* in Atomen und den *Eigendrehimpuls* von Elementarteilchen. Auch diese sind, wie die Quantenmechanik zeigt, gequantelt (vgl. 16.1), d. h., sie können nur diskrete Werte

$$L = \sqrt{l(l+1)}\,\hbar \quad (l = 0, 1, \ldots, n-1) \qquad (7\text{-}24)$$

mit der Komponente $L_z = l\hbar$ in einer physikalisch (z. B. durch ein Magnetfeld) ausgezeichneten Richtung z annehmen (vgl. 16.1), die sich jeweils um

$$\Delta L_z = \hbar \qquad (7\text{-}25)$$

unterscheiden. h ist das Planck'sche Wirkungsquantum (vgl. 5.2.2) und hat die gleiche Dimension wie der Drehimpuls ($\hbar = h/2\pi$). Auch hier gilt der Drehimpulserhaltungssatz. Bei makroskopischen Systemen wird die Drehimpulsquantelung wegen der Kleinheit von $\hbar$ im Allgemeinen nicht bemerkt.

7.4 Kreisel

Ein Kreisel ist ein rotierender starrer Körper. Wir betrachten als einfachen Fall einen symmetrischen Kreisel, dessen Masse rotationssymmetrisch um eine Drehachse verteilt ist. Durch eine Aufhängung im Schwerpunkt, die eine freie Drehbarkeit in alle Richtungen erlaubt (sog. „kardanische" Aufhängung), wird der Kreisel *kräftefrei* (Bild 7-8 ohne das Gewicht m). Nach (7-22) und (7-23, Drehimpulserhaltung) ist dann $\boldsymbol{L} = \text{const} \parallel \boldsymbol{\omega} = \text{const}$, die Kreiselachse behält ihre einmal eingestellte Richtung bei. Anwendung: Kreiselstabilisierung. Lässt man dagegen ein äußeres Drehmoment $\boldsymbol{M}$ dauernd angreifen, z. B. durch Anbringen eines Gewichtes der Masse m im Abstand $\boldsymbol{r}$ vom Lagerpunkt ($\boldsymbol{M} = \boldsymbol{r} \times \boldsymbol{F} = \boldsymbol{r} \times m\boldsymbol{g}$, Bild 7-8), so weicht der Kreisel (die Spitze des Vektors $\boldsymbol{\omega}$) senkrecht zur angreifenden Kraft $\boldsymbol{F}$ aus. Ursache hierfür ist das Bewegungsgesetz der Rotation (7-21), wonach ein angreifendes Drehmoment eine zeitliche Änderung des Drehimpulses bewirkt,

$$\mathrm{d}\boldsymbol{L} = \boldsymbol{M}\mathrm{d}t\,. \qquad (7\text{-}26)$$

Die Änderung $\mathrm{d}\boldsymbol{L}$ erfolgt in Richtung des Drehmomentes $\boldsymbol{M}$, steht also senkrecht auf dem Drehimpulsvektor $\boldsymbol{L}$. Während der Zeit $\mathrm{d}t$ dreht sich daher der Drehimpulsvektor um den Winkel

$$\mathrm{d}\varphi = \frac{\mathrm{d}L}{L} = \frac{M\,\mathrm{d}t}{L} \qquad (7\text{-}27)$$

in die Richtung von $\boldsymbol{L}'$ (Bild 7-8): Präzessionsbewegung des Kreisels. Für die *Winkelgeschwindigkeit der Präzession* $\omega_\mathrm{p} = \mathrm{d}\varphi/\mathrm{d}t$ folgt aus (7-27) mit (7-20)

$$\omega_\mathrm{p} = \frac{M}{L} = \frac{rF}{J\omega} = \frac{rmg}{J\omega}\,, \qquad (7\text{-}28)$$

in vektorieller Schreibweise:

$$\boldsymbol{\omega}_\mathrm{p} \times \boldsymbol{L} = \boldsymbol{M} = \boldsymbol{r} \times \boldsymbol{F}\,. \qquad (7\text{-}29)$$

Anmerkung: Die Beziehung (7-28) gilt nur näherungsweise, solange $\omega \gg \omega_\mathrm{p}$. Anderenfalls hat die resul-

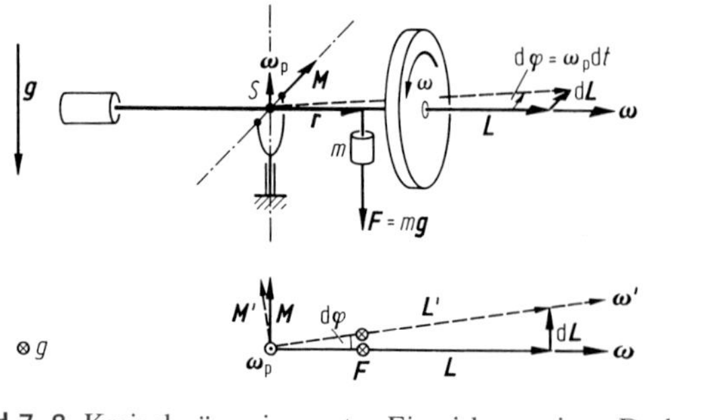

Bild 7-8. Kreiselpräzession unter Einwirkung eines Drehmomentes

Tabelle 7-1. Kinematische und dynamische Größen von Translation und Rotation

Größen der Translation		Verknüpfung	Größen der Rotation	
Weg	s	$s = \varphi r$	Winkel	φ
Geschwindigkeit	$\boldsymbol{v} = \dot{\boldsymbol{s}}$	$\boldsymbol{v} = \boldsymbol{\omega} \times \boldsymbol{r}$	Winkelgeschwindigkeit	$\boldsymbol{\omega} = \dot{\boldsymbol{\varphi}}$
Beschleunigung	$\boldsymbol{a} = \dot{\boldsymbol{v}} = \ddot{\boldsymbol{s}}$	$\boldsymbol{a} = \boldsymbol{\alpha} \times \boldsymbol{r} + \boldsymbol{\omega} \times \boldsymbol{v}$	Winkelbeschleunigung	$\boldsymbol{\alpha} = \dot{\boldsymbol{\omega}} = \ddot{\boldsymbol{\varphi}}$
Masse	m	$J = \int r^2 \mathrm{d}m$	Trägheitsmoment	J
Kraft	$\boldsymbol{F}$	$\boldsymbol{M} = \boldsymbol{r} \times \boldsymbol{F}$	Drehmoment	$\boldsymbol{M}$
Kraftstoß	$\boldsymbol{I} = \Delta \boldsymbol{p} = \int \boldsymbol{F}\,\mathrm{d}t$	$\boldsymbol{H} = \boldsymbol{r} \times \boldsymbol{I}$	Drehstoß	$\boldsymbol{H} = \Delta \boldsymbol{L} = \int \boldsymbol{M}\,\mathrm{d}t$
Bewegungsgröße, Impuls	$\boldsymbol{p} = m\boldsymbol{v}$	$\boldsymbol{L} = \boldsymbol{r} \times \boldsymbol{p}$	Drall, Drehimpuls	$\boldsymbol{L} = J\boldsymbol{\omega}$ [a]

[a] gilt nur für Rotation um eine Hauptträgheitsachse

Tabelle 7-2. Gesetze der Translation und Rotation

Translation		Rotation	
Kraft	$\boldsymbol{F} = \frac{\mathrm{d}}{\mathrm{d}t}\boldsymbol{p}$	Drehmoment	$\boldsymbol{M} = \frac{\mathrm{d}}{\mathrm{d}t}\boldsymbol{L}$
$m = \text{const}$:	$\boldsymbol{F} = m\frac{\mathrm{d}^2\boldsymbol{s}}{\mathrm{d}t^2}$	$J = \text{const}$:	$\boldsymbol{M} = J\frac{\mathrm{d}^2\boldsymbol{\varphi}}{\mathrm{d}t^2}$ [a]
kinetische Energie, Transl.	$E_{\mathrm{k,trl}} = \frac{1}{2}mv^2 = \frac{p^2}{2m}$	Rotationsenergie	$E_{\mathrm{k,rot}} = \frac{1}{2}J\omega^2 = \frac{L^2}{2J}$
Leistung	$P = \boldsymbol{F} \cdot \boldsymbol{v}$	Leistung	$P = \boldsymbol{M} \cdot \boldsymbol{\omega}$
rücktreibende Kraft	$\boldsymbol{F} = -c\boldsymbol{x}$	rücktreibendes Drehmoment	$\boldsymbol{M} = -D\boldsymbol{\varphi}$
Federpendel	$\omega_0 = \sqrt{c/m}$	Drehpendel	$\omega_0 = \sqrt{D/J}$

[a] gilt nur für Rotation um eine Hauptträgheitsachse

tierende Winkelgeschwindigkeit nicht mehr die Richtung von $\boldsymbol{L}$, sodass (7-20) nicht anwendbar ist. Wird ω zu klein, so wird die Präzessionsbewegung instabil. Wird auf einen kräftefreien Kreisel ein dauerndes Drehmoment $\boldsymbol{M}$ mit konstanter Richtung ausgeübt (also anders als in Bild 7-8, wo die Richtung des Drehmomentes sich mit der Präzession mitdreht), so richtet sich aufgrund von (7-26) $\boldsymbol{L}$ in Richtung von $\boldsymbol{M}$ aus. Dieser Effekt wird beim *Kreiselkompass* ausgenutzt: Lässt man einen kräftefreien Kreisel z. B. durch eine schwimmende Lagerung sich nur in einer horizontalen Ebene frei bewegen, so übt die Erddrehung ein Drehmoment auf den Kreisel aus, das parallel zur Winkelgeschwindigkeit der Erde wirkt. Dadurch richtet sich der Kreiselkompass stets in Richtung des geografischen Nordpols aus: *Trägheitsnavigation.*

Bahndrehimpulse von Atomen und Eigendrehimpulse von Atomkernen und Elementarteilchen erfahren infolge ihrer meist existierenden magnetischen Momente in Magnetfeldern Drehmomente, die wie beim Kreisel zu Präzessionsbewegungen führen: *Elektronenspinresonanz, Kernresonanz.*

7.5 Vergleich Translation — Rotation

Ein Massenpunkt kann nur Translationsbewegungen durchführen. Ein starrer Körper kann dagegen neben der Translation auch Rotationsbewegungen ausführen. Die einander entsprechenden Größen beider Bewegungsarten und ihre Verknüpfungen zeigt Tabelle 7-1, die wichtigsten Gesetze für beide Bewegungsarten sind in Tabelle 7-2 aufgeführt.

8 Statistische Mechanik — Thermodynamik

Bei Ein- und Zweiteilchensystemen können die individuellen kinematischen und dynamischen Größen der Teilchen aus den Anfangsvorgaben und den wirkenden Kräften (Bewegungsgleichungen $\boldsymbol{F}_i = m_i\ddot{\boldsymbol{r}}_i$)

bzw. Energie- und Impulserhaltungssatz für jeden Zeitpunkt berechnet werden. Dasselbe gilt für die Massenelemente des starren Körpers, da mit dessen Bewegung auch diejenige seiner Massenelemente bekannt ist.

Die Situation ist völlig anders bei Systemen aus einer großen Zahl von Teilchen, die nicht starr gekoppelt sind, etwa die N Atome oder Moleküle eines Gases (Teilchendichte $n \approx 10^{26}/\mathrm{m}^3$) oder einer Flüssigkeit ($n \approx 10^{29}/\mathrm{m}^3$). Die Lösung eines Systems von N Bewegungsgleichungen ist bei solchen Zahlen unmöglich, zumal dazu die Anfangsbedingungen für alle N Teilchen bekannt sein müssten. Als Ausweg werden statistische Methoden angewandt, die Aussagen über repräsentative Mittelwerte ergeben. Diese sind umso genauer, je größer die Zahl N der Teilchen des Systems ist. In der *kinetischen Theorie der Gase* werden so makrophysikalische Eigenschaften (z. B. der Druck einer Gasmenge) aus mikroskopischen Modellvorstellungen berechnet. Im Gegensatz dazu wird in der *phänomenologischen Thermodynamik* der Makrozustand eines solchen Vielteilchensystems durch makrophysikalische Eigenschaften (sog. Zustandsgrößen wie Druck, Temperatur, Volumen usw.) beschrieben, ohne auf die mikrophysikalischen Ursachen Bezug zu nehmen.

Die in diesem Abschnitt 8 darzustellenden Gesetzmäßigkeiten über Vielteilchensysteme bilden die Grundlage für die weiterführende Behandlung in der Technischen Thermodynamik, Kap. F. Die in 8.5 bis 8.9 formulierten Hauptsätze der Thermodynamik sind ferner die Basis für die Thermodynamik chemischer Reaktionen (C 8.1 – 8.3).

8.1 Kinetische Theorie der Gase

Als Modellvorstellung eines Gases wird das *ideale Gas* benutzt. Es soll folgende Eigenschaften haben:

- Atome bzw. Moleküle werden als *Massenpunkte* betrachtet.
- *Keine Wechselwirkungskräfte* zwischen den Molekülen, außer beim Stoß.
- Stöße zwischen den Molekülen untereinander oder mit der Wand werden als *ideal elastisch* behandelt.

Insbesondere die ersten beiden Annahmen sind umso besser erfüllt, je größer der Molekülabstand gegenüber den Moleküldimensionen ist, also bei stark verdünnten Gasen (niedriger Druck bei hoher Temperatur).

Die Atome bzw. Moleküle sind statistisch im betrachteten Volumen des Gases verteilt und bewegen sich mit nach Betrag und Richtung statistisch verteilten Geschwindigkeiten. Diese Vorstellung wird durch die Beobachtung der *Brown'schen Bewegung* gestützt, einer Wimmelbewegung von im Mikroskop gerade noch sichtbaren Teilchen (z. B. Rauchteilchen in Luft, oder suspendierte Teilchen in Wasser) infolge sich nicht genau kompensierender Stoßimpulse durch die umgebenden, im Mikroskop nicht sichtbaren Moleküle.

Das Teilchensystem befinde sich ferner im sog. statistischen Gleichgewicht, d. h., die individuellen Größen, wie die Teilchengeschwindigkeit oder die Teilchenenergie, sollen in der wahrscheinlichsten Verteilung vorliegen, sodass die jeweilige Verteilung ohne äußeren Eingriff zeitlich gleich bleibt.

Auf dieser Basis lassen sich durch wahrscheinlichkeitstheoretische Überlegungen Vorhersagen z. B. über die Geschwindigkeitsverteilung der N Teilchen eines Gases machen. Ohne genauere Betrachtung lassen sich sofort folgende Aussagen machen:

- Die Geschwindigkeit v bestimmter Teilchen ist nicht bekannt, liegt aber sicher zwischen 0 und ∞.
- Ist $\mathrm{d}N$ die Zahl der Teilchen mit Geschwindigkeiten zwischen v und $v + \mathrm{d}v$, also im Intervall $\mathrm{d}v$, so ist
$$\mathrm{d}N \sim N\,\mathrm{d}v\,.$$
- Insbesondere geht $\mathrm{d}N \to 0$ für $\mathrm{d}v \to 0$, d. h., die Wahrscheinlichkeit, ein Teilchen mit genau einer Geschwindigkeit anzutreffen, ist gleich null.
- Ferner wird $\mathrm{d}N$ von v selbst abhängen:
$$\mathrm{d}N = Nf(v)\,\mathrm{d}v\,. \tag{8-1}$$

Hierin ist $f(v) = (1/N) \cdot \mathrm{d}N/\mathrm{d}v$ die Verteilungsfunktion für den Betrag der Teilchengeschwindigkeit, für die hinsichtlich ihrer Grenzwerte sicher gilt: $f(0) = 0$, $f(\infty) = 0$. Zwischen $v = 0$ und $v = \infty$ wird ein Maximum vorliegen. Maxwell hat diese Verteilung unter Zugrundelegung einfacher, klassischer Wahrscheinlichkeitsannahmen berechnet (Bild 8-1): *Maxwell'sche Geschwindigkeitsverteilung*

$$f(v) = 4\pi\left(\frac{m}{2\pi kT}\right)^{3/2} v^2 \exp\left(-\frac{mv^2/2}{kT}\right) \tag{8-2}$$

mit

m Teilchenmasse ,
$k = 1{,}3806504 \cdot 10^{-23}$ J/K, Boltzmann-Konstante (siehe 8.2) ,
T Temperatur (siehe 8.2) .

Der Exponentialfaktor in (8-2) wird auch Boltzmann-Faktor genannt (siehe 8.2). Das Maximum der Verteilungskurve ergibt sich mit $\mathrm{d}f(v)/\mathrm{d}v = 0$ aus (8-2). Es liegt dann vor, wenn die kinetische Energie der Teilchen $mv^2/2 = kT$ ist, d. h., wenn der Boltzmann-Faktor den Wert $1/\mathrm{e}$ hat, und liefert die *wahrscheinlichste Geschwindigkeit*

$$\hat{v} = \sqrt{2\frac{kT}{m}} . \qquad (8\text{-}3)$$

Da die Verteilung unsymmetrisch ist, besteht keine Übereinstimmung mit der *mittleren Geschwindigkeit*

$$\overline{v} = \int_0^\infty f(v) v \,\mathrm{d}v = \frac{2}{\sqrt{\pi}}\hat{v} = 1{,}128\ldots\hat{v} . \qquad (8\text{-}4)$$

Das mittlere Geschwindigkeitsquadrat $\overline{v^2}$ ist für die Berechnung der mittleren kinetischen Energie wichtig. Aus der Maxwell-Verteilung (8-2) ergibt sich

$$\overline{v^2} = \int_0^\infty f(v) v^2 \,\mathrm{d}v = 3\frac{kT}{m} = \frac{3}{2}\hat{v}^2 = (1{,}2247\ldots\hat{v})^2 . \qquad (8\text{-}5)$$

Für die mittlere kinetische Energie erhält man daraus die Beziehung $m\overline{v^2}/2 = (3/2)kT$ (vgl. 8.2).

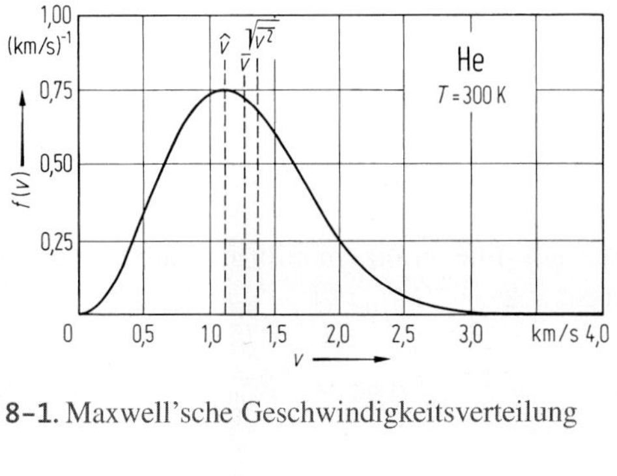

Bild 8-1. Maxwell'sche Geschwindigkeitsverteilung

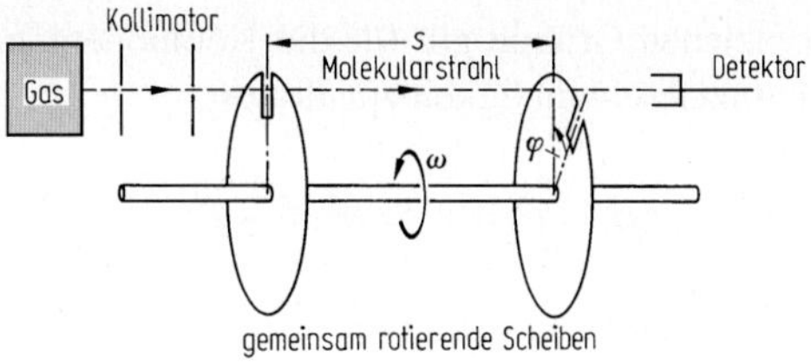

Bild 8-2. Geschwindigkeitsselektor für Molekularstrahlen

Zur experimentellen Bestimmung der Gültigkeit der Maxwell'schen Geschwindigkeitsverteilung lässt man Gas aus einer Öffnung in einen hochevakuierten Raum strömen, blendet einen Molekülstrahl mittels Kollimatorblenden aus, und lässt den Strahl nacheinander durch zwei gemeinsam rotierende Scheiben mit versetzten Schlitzen treten (Bild 8-2). Je nach Abstand s, Winkelgeschwindigkeit ω und Winkelversatz der Schlitze φ gelangen nur Moleküle eines bestimmten Geschwindigkeitsintervalls $\mathrm{d}v$ in den Detektor. Mit Anordnungen dieser Art konnte die Maxwell'sche Geschwindigkeitsverteilung durch Variation von ω sehr gut bestätigt werden. Umgekehrt kann eine Anordnung nach Bild 8-2 als Geschwindigkeitsselektor (Monochromator) für Molekularstrahlen benutzt werden.

Berechnung des Gasdruckes auf eine Wand: Der Gasdruck p (nicht zu verwechseln mit dem Impuls!) entsteht durch elastische Reflexion der Gasmoleküle an der Wand und lässt sich aus dem Impulsübertrag an die Wand berechnen. Für einen gerichteten Teilchenstrom ergab sich nach (6-47) und (6-48)

$$p = 2nmv_n^2 .$$

In einem Gas sind dagegen die Molekülgeschwindigkeiten und ihre Richtungen isotrop verteilt, sodass bei einer Moleküldichte n nur $n/2$ Moleküle in die Richtung der betrachteten Wand fliegen (Bild 8-3). Aus

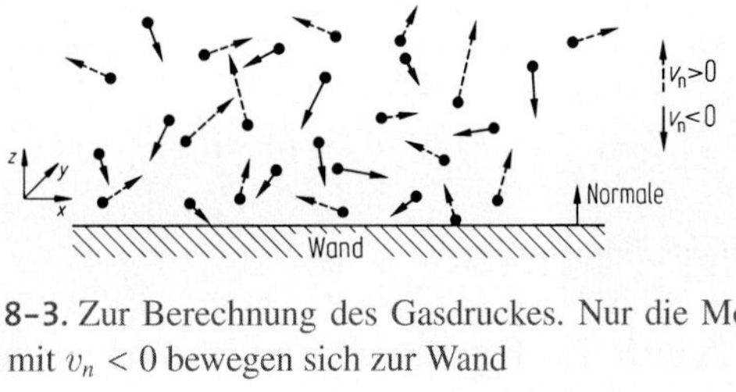

Bild 8-3. Zur Berechnung des Gasdruckes. Nur die Moleküle mit $v_n < 0$ bewegen sich zur Wand

dem gleichen Grunde gilt für die Komponenten des mittleren Geschwindigkeitsquadrates

$$\overline{v_n^2} = \overline{v_x^2} = \overline{v_y^2} = \overline{v_z^2} = \frac{1}{3}\overline{v^2} , \qquad (8\text{-}6)$$

sodass für den Gasdruck folgt:

$$p = \frac{1}{3} nm\overline{v^2} . \qquad (8\text{-}7)$$

SI-Einheit : $[p]$ = Pa = N/m^2. Weitere Druckeinheiten siehe Tabelle 8-1 .

Mit der mittleren kinetischen Energie eines Teilchens

$$\bar{\varepsilon}_\mathrm{k} = \frac{1}{2} m\overline{v^2} \qquad (8\text{-}8)$$

lässt sich der Gasdruck (8-7) darstellen durch

$$p = \frac{2}{3} n\,\bar{\varepsilon}_\mathrm{k} . \qquad (8\text{-}9)$$

Definition der Stoffmenge und einiger darauf bezogenen Größen:
Die *Stoffmenge* ν ist die Menge gleichartiger Teilchen (z. B. Atome, Moleküle, Ionen, Elektronen oder sonstige Teilchen), die in einem System enthalten sind. Sie ist eine Basisgröße im Internationalen Einheitensystem (SI):

$$\text{SI-Einheit}: \ [\nu] = \text{mol (Mol)} .$$

Tabelle 8-1. Druckeinheiten

Name (Zeichen)	Definition, Umrechnung in Pascal
Pascal (Pa)	1 Pa = 1 N/m^2 = 1 kg/(m · s^2)
Bar (bar)	1 bar = 10^6 dyn/cm^2 = 10^5 Pa
physikalische Atmosphäre (atm)	1 atm = 101 325 Pa
Torr	1 Torr = (1/760) atm = 133,322... Pa
technische Atmosphäre (at)	1 at = 1 kp/cm^2 = 98 066,5 Pa
pound per square inch (psi)	1 psi = 1 (lb wt)/in^2 = 6894,75... Pa
Für den Normdruck gilt p_n = 101 325 Pa = 1,01325 bar = 1 atm = 760 Torr = 1,03322... at = 14,6959... psi	

Ein *Mol* ist die Stoffmenge eines Systems, in dem so viel Teilchen enthalten sind wie Atome in 12 g des Kohlenstoffnuklids ^{12}C, das sind 6,02214179 · 10^{23} Teilchen.
Avogadro-Konstante:

$$N_\mathrm{A} = (6{,}02214179 \pm 3 \cdot 10^{-7}) \cdot 10^{23}\,\mathrm{mol}^{-1} .$$

Anmerkung: In der deutschsprachigen Literatur wird N_A gelegentlich noch Loschmidt-Zahl L genannt. Dieser Name bezeichnet jedoch heute die Zahl der Moleküle im Volumen 1 m^3 des idealen Gases im *Normzustand* ($p = p_\mathrm{n} = 101\,325$ Pa, $T = T_0 = 273{,}15$ K $\widehat{=}$ 0°C, vgl. 8.2 und Tabelle 8-1), die *Loschmidt-Konstante*:

$$n_0 = \frac{N_\mathrm{A}}{V_\mathrm{m,0}} = 2{,}6867774 \cdot 10^{25}/\mathrm{m}^3 .$$

Die *molare Masse* M (Molmasse) ist die Masse der Stoffmenge 1 mol. Der Zahlenwert der molaren Masse ist gleich der relativen Molekülmasse M_r (Molekülmasse bezogen auf die Atommassenkonstante m_u = 1 u).
Das *molare Volumen* V_m (Molvolumen) ist das Volumen der Stoffmenge 1 mol. Insbesondere bei Gasen ist es stark von Druck und Temperatur abhängig. Im Normzustand beträgt das Molvolumen eines idealen Gases $V_\mathrm{m} = V_\mathrm{m,0}$ = 22,413996 l/mol. Es gilt

$$V_\mathrm{m} = \frac{V}{\nu} . \qquad (8\text{-}10)$$

Ist m die Masse eines Teilchens des betrachteten Stoffes und n die Teilchenzahldichte, so gilt

$$N_\mathrm{A} = \frac{M}{m} = nV_\mathrm{m} . \qquad (8\text{-}11)$$

Durch Multiplikation von (8-9) mit V_m folgt unter Beachtung von (8-11)

$$p\,V_\mathrm{m} = \frac{2}{3} N_\mathrm{A}\bar{\varepsilon}_\mathrm{k} . \qquad (8\text{-}12)$$

$$N_\mathrm{A}\bar{\varepsilon}_\mathrm{k} = \bar{E}_\mathrm{k,m} \qquad (8\text{-}13)$$

ist die gesamte in einem Mol enthaltene kinetische Energie, d. h.,

$$p\,V_\mathrm{m} = \frac{2}{3}\bar{E}_\mathrm{k,m} . \qquad (8\text{-}14)$$

Solange $\bar{E}_{k,m}$ sich nicht ändert (das ist für T = const der Fall, siehe 8.2), gilt demnach das *Gesetz von Boyle und Mariotte*:

$$p\,V_m = \text{const} \quad \text{bzw.} \quad pV = \text{const}\,, \qquad (8\text{-}15)$$

das experimentell gefunden worden ist.

8.2 Temperaturskalen, Gasgesetze

Die Temperatur T einer Materiemenge ist ein Maß für die Bewegungsenergie seiner Moleküle. Sie kennzeichnet einen Zustand der Materiemenge, der von ihrer Masse und stofflichen Zusammensetzung unabhängig ist. Die Temperatur wird deshalb als Zustandsgröße bezeichnet. Wie noch gezeigt werden wird (8-27), gilt für das ideale Gas der folgende Zusammenhang zwischen mittlerer kinetischer Energie der Teilchen und der Temperatur:

$$\overline{E_k} = CT\,. \qquad (8\text{-}16)$$

C ist eine noch zu bestimmende Konstante. Für T=0 findet danach keine Wärmebewegung mehr statt. Dieser Punkt stellt die tiefste mögliche Temperatur dar und dient als Nullpunkt der absoluten oder thermodynamischen Temperatur (Kelvin-Skala). Die Temperatur ist eine Basisgröße des Internationalen Einheitensystems (SI).

SI-Einheit : $[T] = \text{K}$.
1 Kelvin ist der 273,16te Teil der thermodynamischen Temperatur des Tripelpunktes von Wasser : $1\,\text{K} = T_{tr}(H_2O)/273{,}16$.

Der Tripelpunkt einer reinen Substanz ist der durch charakteristische, feste Werte von Temperatur und Druck definierte Punkt, an dem allein alle drei Phasen koexistieren (vgl. 8.4). Der Zahlenwert 273,16 folgt aus der früher festgelegten, auf der Temperaturausdehnung des Quecksilbers basierenden Celsius-Skala mit den Fixpunkten $\vartheta = 0\,°\text{C}$ (0 Grad Celsius) für den Eispunkt und $\vartheta = 100\,°\text{C}$ für den Siedepunkt des reinen, luftgesättigten Wassers beim Normdruck $p_n = 101\,325\,\text{Pa}$, wenn man für Temperaturdifferenzen fordert

$$\Delta T_{[\text{K}]} = \Delta\vartheta_{[°\text{C}]}\,. \qquad (8\text{-}17)$$

Die Werte der Celsius-Temperatur und die der thermodynamischen (Kelvin-) Temperatur sind miteinander verknüpft durch

$$T = T_0 + \vartheta \quad \text{mit} \quad T_0 = 273{,}15\,\text{K}\,. \qquad (8\text{-}18)$$

T_0 ist die Temperatur des Eispunktes $\vartheta = 0\,°\text{C}$. T und ϑ dürfen in einer Formel nicht gegeneinander gekürzt werden! In angelsächsischen Ländern ist ferner die Fahrenheit-Skala noch üblich, Umrechnung:

$$\vartheta_{[°\text{C}]} = (\vartheta_{[°\text{F}]} - 32) \cdot 5/9\,. \qquad (8\text{-}19)$$

Viele physikalische Größen sind temperaturabhängig, z. B. die Linearabmessungen fester Körper, das Volumen von Flüssigkeiten, der elektrische Widerstand von Metallen und Halbleitern, die Temperaturstrahlung von erhitzten Körpern, die elektrische Spannung von Thermoelementen, der Druck von Gasen (bei konstantem Volumen), usw. Sie können zur Temperaturmessung mit Thermometern ausgenutzt werden. Tabelle 8-2 führt einige Prinzipien und Messbereiche absoluter und praktischer Thermometer auf.

Gasgesetze

Die experimentelle Untersuchung der Temperaturabhängigkeit des Druckes und des Volumens einer Gasmenge ergibt das Gasgesetz:

$$pV = p_0V_0(1 + \alpha\vartheta)\,; \qquad (8\text{-}20)$$

Tabelle 8-2. Methoden der Temperaturmessung

Temperatur T(K)	Absolute Thermometer	Praktische Thermometer (müssen geeicht werden)
10^4	Pyrometer (Strahlungsgesetze, Planck-Formel)	
10^3		Thermoelement
10^2	Gasthermometer (Zustandsgleichung)	Pt-Widerstandsthermometer
10		Hg-Thermometer
1	Dampfdruckthermometer (Clausius-Clapeyron-Gl.)	
10^{-1}		Ge-, C-Widerstandsthermometer
10^{-2}	Paramagnetische Suszeptibilität (Curie-Gesetz)	
10^{-3}		
10^{-4}	Kernsuszeptibilität	

p_0 und V_0 sind Druck und Volumen bei $\vartheta = 0\,°\text{C}$ ($T = T_0$). Dieses Gasgesetz enthält die folgenden empirischen Einzelgesetze:
Gesetz von Boyle und Mariotte (vgl. (8-15)):

$$pV = \text{const} \quad \text{für} \quad \vartheta = \text{const}\,,$$

1. Gesetz von Gay-Lussac:

$$V = V_0(1 + \alpha\vartheta) \quad \text{für} \quad p = \text{const} = p_0\,, \tag{8-21}$$

2. Gesetz von Gay-Lussac:

$$p = p_0(1 + \alpha\vartheta) \quad \text{für} \quad V = \text{const} = V_0\,. \tag{8-22}$$

Für die meisten Gase (insbesondere in Zuständen fern vom Kondensationsgebiet, vgl. 8.4) gilt für die Konstante α:

$$\alpha = \frac{1}{273{,}15\,\text{K}} = \frac{1}{T_0}\,. \tag{8-23}$$

Mit (8-18) lässt sich daher (8-20) umformen in

$$pV = \frac{p_0 V_0}{T_0} T\,. \tag{8-24}$$

Der Quotient $p_0 V_0 / T_0$ ist für eine feste Gasmenge konstant, da $p_0 V_0$ nach (8-15) für $T = T_0$ konstant ist. Ferner besagt das empirisch gefundene Gesetz von Avogadro (vgl. C 5.1.2), dass die Molvolumina verschiedener Gase bei gleichem Druck und gleicher Temperatur gleich sind. Für die Gasmenge 1 mol ist dann der Quotient $p_0 V_{m,0} / T_0$ eine universelle Konstante, deren Wert sich aus dem Normdruck p_n, dem Molvolumen bei Normbedingungen und T_0 berechnen lässt, die *universelle (molare) Gaskonstante*

$$R = \frac{p_0 V_{m,0}}{T_0} = 8{,}314472\,\text{J/(mol} \cdot 0\text{K)}\,. \tag{8-25}$$

Das Gasgesetz (8-24) bekommt damit die Form der *allgemeinen Gasgleichung (Zustandsgleichung des idealen Gases)*

$$pV = \nu RT\,. \tag{8-26}$$

Mit (8-10) gilt

$$pV_m = RT\,.$$

Die allgemeine Gasgleichung gilt in guter Näherung für reale Gase, deren Zustand fern vom Kondensationsgebiet ist (siehe 8.4), exakt gilt sie für das ideale Gas.

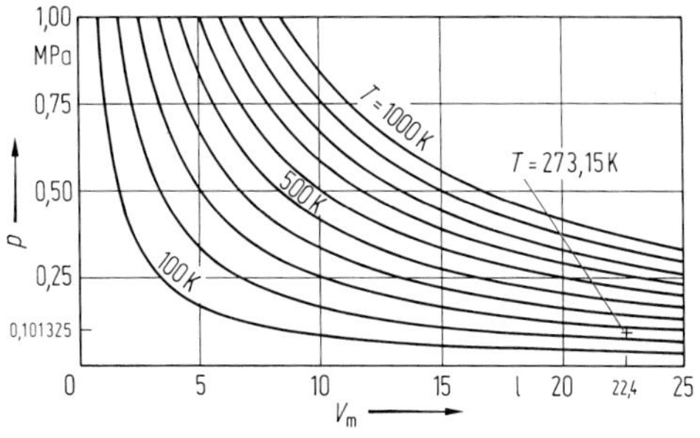

Bild 8-4. Isothermen des idealen Gases im p, V-Diagramm

Bild 8-4 zeigt die Abhängigkeit $p(V_m)$ für $T = \text{const}$, sog. Isothermen, nach (8-26) im p, V-Diagramm. Wie die Temperatur sind auch Druck und Volumen Zustandsgrößen.
Die kinetische Gastheorie ergibt für das Modell des idealen Gases, dass pV_m proportional zur gesamten mittleren kinetischen Energie der Gasmoleküle ist (8-14). Der Vergleich mit (8-26) ergibt für die mittlere molare kinetische Energie

$$\bar{E}_{k,m} = \frac{3}{2} RT\,. \tag{8-27}$$

Nach Division durch die Avogadro-Konstante N_A (vgl. (8-13)) folgt daraus die mittlere kinetische Energie pro Molekül

$$\bar{\varepsilon}_k = \frac{3}{2} \cdot \frac{R}{N_A} T = \frac{3}{2} kT\,, \tag{8-28}$$

mit der *Boltzmann-Konstanten*

$$k = \frac{R}{N_A} = 1{,}3806504 \cdot 10^{-23}\,\text{J/K}\,. \tag{8-29}$$

Gleichung (8-27) und (8-28) stellen die Begründung für die in (8-16) angenommene Proportionalität zwischen der im Gas enthaltenen mittleren kinetischen Energie und der Temperatur dar. Die zunächst empirisch-experimentell definierte Größe *Temperatur* stellt sich hiermit als Maß für die *Energie der statistisch ungeordneten Bewegung* der Moleküle heraus und ist heute auf dieser Basis definiert. Die thermodynamische Temperaturskala hängt damit nicht mehr von speziellen Stoffeigenschaften ab (z. B. von dem Ausdehnungsverhalten des Quecksilbers, wie bei der ursprünglichen Celsius-Skala). Für Flüssigkeiten und Festkörper gibt es zu (8-27) und (8-28) entsprechende Beziehungen.

Die *innere Energie* U eines idealen Gases aus N Atomen (bezogen auf das Schwerpunktsystem, vgl. (6-23); der Index int wird hier weggelassen) ist nach (8-28)

$$U = N\bar{\varepsilon}_k = \frac{3}{2} NkT \, . \qquad (8\text{-}30a)$$

Die molare (stoffmengenbezogene) innere Energie $U_m = U/\nu$ ergibt sich mit $\nu = N/N_A$ und (8-29) zu

$$U_m = \frac{3}{2}RT \qquad (8\text{-}30b)$$

und ist allein von der Temperatur abhängig. Für mehratomige Molekülgase ergibt sich anstatt 3/2 ein anderer Zahlenfaktor, siehe 8.3. Aus (8-8) und (8-28) ergibt sich die *gaskinetische Molekülgeschwindigkeit*

$$v_m = \sqrt{\overline{v^2}} = \sqrt{\frac{3kT}{m}} \, . \qquad (8\text{-}31)$$

Sie steigt mit $\sqrt{T}$, wie auch aus Bild 8-5 zu entnehmen ist.
Für den *Druck* eines idealen Gases bei der Teilchendichte n ergibt sich aus (8-9) mit (8-28)

$$p = nkT \, . \qquad (8\text{-}32)$$

Unter der Einwirkung äußerer Kräfte wird der Gasdruck ortsabhängig, im Gravitationsfeld also höhenabhängig. Zur Berechnung werde eine vertikale Gassäule vom Querschnitt A betrachtet (Bild 8-6).

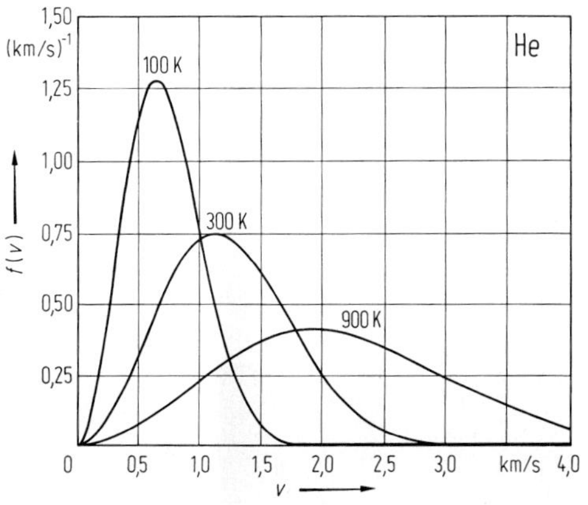

Bild 8-5. Maxwell'sche Geschwindigkeitsverteilungen für Helium bei T = 100, 300 und 900 K

Zwischen den Höhen h und $h + \mathrm{d}h$ entsteht eine Druckdifferenz dp, die gleich der an den Teilchen im Volumenelement $A\mathrm{d}h$ angreifenden Kraft $nA\mathrm{d}h\, mg$, dividiert durch die Querschnittsfläche A ist:

$$\mathrm{d}p = -\frac{nA \, \mathrm{d}h \, mg}{A} = -nmg \, \mathrm{d}h \, . \qquad (8\text{-}33)$$

Unter Beachtung von (8-32) folgt daraus

$$\frac{\mathrm{d}p}{p} = -\frac{mg \, \mathrm{d}h}{kT} \, . \qquad (8\text{-}34)$$

Die Integration unter der Annahme T = const liefert

$$p = p_0 \, \mathrm{e}^{-\frac{mgh}{kT}} \quad \text{bzw.} \quad n = n_0 \, \mathrm{e}^{-\frac{mgh}{kT}} \, . \qquad (8\text{-}35)$$

Mit (8-32) und durch Einführen der Dichte (7-3)

$$\varrho = \frac{\mathrm{d}m}{\mathrm{d}V} = nm \qquad (8\text{-}36)$$

ergibt sich

$$\frac{m}{kT} = \frac{nm}{p} = \frac{\varrho}{p} = \frac{\varrho_0}{p_0} \, . \qquad (8\text{-}37)$$

Damit folgt aus (8-35) die *barometrische Höhenformel*

$$p = p_0 \cdot \exp(-h \cdot \varrho_0 g / p_0) = p_0 \cdot \exp(-h/H) \, . \qquad (8\text{-}38)$$

Die sog. Druckhöhe $H = p_0/(\varrho_0 g)$ wird für die Normatmosphäre mit $p_0 = p_n = 1013{,}25\,\mathrm{hPa}$, $\varrho_0 = \varrho_n = 1{,}225\,\mathrm{kg/dm^3}$ und $g = g_n = 9{,}80665\,\mathrm{m/s^2}$ (vgl. Tabelle 1-5) leicht gerundet zur international vereinbarten *Druckskalenhöhe* $H_{p_n} = p_n/(\varrho_n g_n) = 8434{,}5\,\mathrm{m}$. Bei etwa konstanter Temperatur ist demnach in 8 km Höhe der Luftdruck auf den e-ten Teil gefallen, (8-38) kann für nicht zu große Höhen

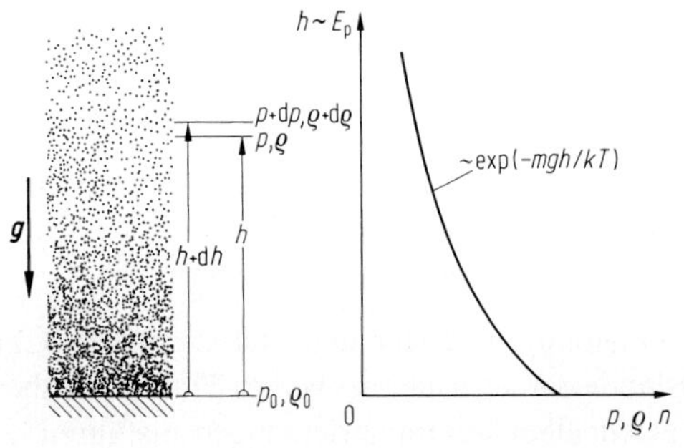

Bild 8-6. Ideales Gas im Schwerefeld (zur barometrischen Höhenformel)

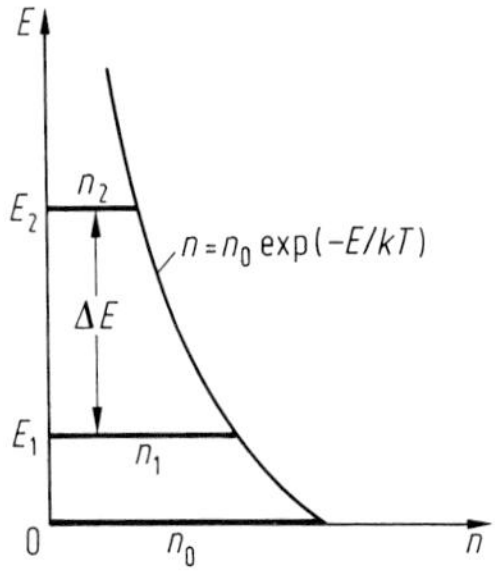

Bild 8-7. Zusammenhang zwischen Teilchenenergie und Teilchenzahldichte (zum Boltzmann'schen e-Satz)

zur näherungsweisen Höhenbestimmung aus dem Luftdruck benutzt werden.

Der Zähler im Exponenten von (8-35) stellt die potenzielle Energie $E_\mathrm{p} = mgh$ der Teilchen im Erdfeld dar (4-17), sodass für die Teilchenzahldichte folgt (Bild 8-7)

$$n = n_0 \mathrm{e}^{-\frac{E_\mathrm{p}}{kT}} . \qquad (8\text{-}39)$$

Aus (8-39) folgt für das Verhältnis der Teilchenzahldichten bei Energien, die sich um $\Delta E = E_2 - E_1$ unterscheiden (Bild 8-7) der sog. *Boltzmann'sche e-Satz*

$$\frac{n_2}{n_1} = \mathrm{e}^{-\frac{\Delta E}{kT}} . \qquad (8\text{-}40)$$

Dieses Gesetz stellt eine wichtige Beziehung von allgemeiner Gültigkeit für Vielteilchensysteme im thermischen Gleichgewicht ($T = \mathrm{const}$) dar. Der Boltzmann-Faktor (rechte Seite von (8-40)) ist auch bereits im Maxwell'schen Geschwindigkeitsverteilungsgesetz (8-2) aufgetreten.

8.3 Freiheitsgrade, Gleichverteilungssatz

Freiheitsgrade der Bewegung eines Teilchens:

> Die Zahl f der Freiheitsgrade ist gleich der Anzahl der Koordinaten, durch die der Bewegungszustand eindeutig bestimmt ist.

Ein einatomiges Gasmolekül hat demnach 3 Freiheitsgrade der Translation, weil es Translationsbewegungen in allen drei Raumrichtungen ausführen kann. Mehratomige Moleküle haben außerdem Freiheitsgrade der Rotation und der Schwingung.

In einem Vielteilchensystem, in dem keine Raumrichtung ausgezeichnet ist, ist die Geschwindigkeitsverteilung isotrop, und es gilt nach (8-6)

$$\overline{v_x^2} = \overline{v_y^2} = \overline{v_z^2} = \frac{1}{3}\overline{v^2} . \qquad (8\text{-}41)$$

Das lässt sich auf die Moleküle eines Gases übertragen. Nach Multiplikation mit $m/2$ folgt mit der mittleren kinetischen Energie pro Molekül (8-28) im thermischen Gleichgewicht

$$\frac{m}{2}\overline{v_x^2} = \frac{m}{2}\overline{v_y^2} = \frac{m}{2}\overline{v_z^2} = \frac{1}{3}\cdot\frac{m}{2}\overline{v^2} = \frac{1}{2}kT . \qquad (8\text{-}42)$$

Auf jede der drei möglichen Richtungen der Translationsbewegung eines Moleküls, d. h. auf jeden der drei Translationsfreiheitsgrade, entfällt danach im Mittel der Energiebetrag $kT/2$. Verallgemeinert wird dies im

Gleichverteilungssatz (Äquipartitionsprinzip):

> Auf jeden Freiheitsgrad eines Moleküls entfällt im Mittel die gleiche Energie: die mittlere Energie pro Freiheitsgrad und Molekül ist
>
> $$\bar{\varepsilon}_\mathrm{f} = \frac{1}{2}kT , \qquad (8\text{-}43)$$
>
> die mittlere molare (innere) Energie pro Freiheitsgrad ist
>
> $$\bar{E}_\mathrm{m,f} = \frac{1}{2}RT = U_\mathrm{m,f} . \qquad (8\text{-}44)$$

Bei mehratomigen Molekülen können durch Stoß auch Rotationsbewegungen angeregt werden, sodass kinetische Energie auch als Rotationsenergie aufgenommen werden kann. Bei zweiatomigen Molekülen (H_2, N_2, O_2) sowie bei gestreckten (linearen) dreiatomigen Molekülen (CO_2) können zwei Rotationsfreiheitsgrade angeregt werden, nämlich

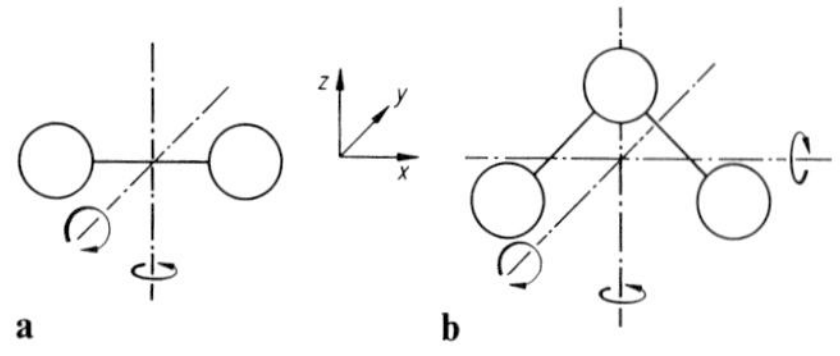

Bild 8-8. Rotationsfreiheitsgrade bei **a** zwei- und **b** dreiatomigen Molekülen

Tabelle 8-3. Zahl der anregbaren Freiheitsgrade. Die eingeklammerten Schwingungsfreiheitsgrade sind bei Raumtemperatur meist nicht angeregt

Stoff	Freiheitsgrade			
	Translation	Rotation	Schwingung	Summe
Gas (einatomig)	3	–	–	3
Gas (zweiatomig)	3	2	(2)	5 (7)
Gas (dreiatomig, gestreckt)	3	2	(8)	5 (13)
Gas (dreiatomig, gewinkelt)	3	3	(6)	6 (12)
Festkörper	–	–	6	6

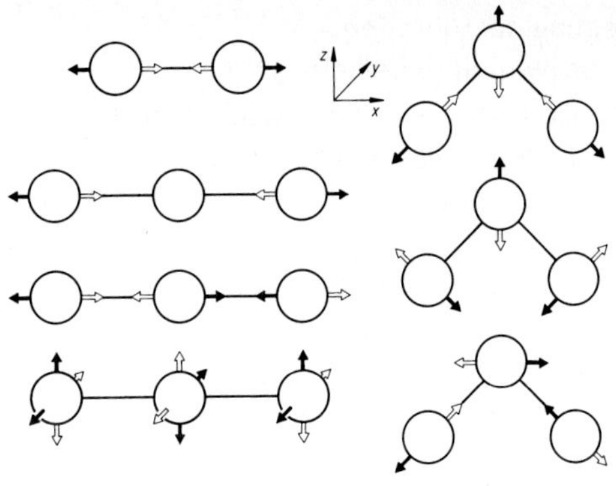

Bild 8-9. Schwingungsmoden zwei- und dreiatomiger Moleküle

Rotationen um die beiden Symmetrieachsen senkrecht zur Molekülachse (Bild 8-8a). Eine Rotation um die Molekülachse ist durch Stoß nicht anregbar. Bei drei- und mehratomigen (nicht gestreckten) Molekülen sind alle drei möglichen Rotationsfreiheitsgrade anregbar (Bild 8-8b).

Schließlich können bei mehratomigen Molekülen durch Stoß auch Schwingungen angeregt werden, wobei je Fundamentalschwingung (Schwingungsmodus, vgl. 5.6) Energie in Form von kinetischer und potenzieller Energie aufgenommen werden kann, sodass je Fundamentalschwingung zwei Schwingungsfreiheitsgrade zu rechnen sind (für die eindeutige Festlegung des Bewegungszustandes bei der Schwingung sind zwei Angaben notwendig, z. B. Auslenkung und Geschwindigkeit; das ergibt zwei Freiheitsgrade). Die Zahl der Fundamentalschwingungen bei Molekülen ergibt sich ähnlich wie bei der Federkette (Bild 5-28), jedoch fallen einige Schwingungsmoden wegen der fehlenden Einspannung weg (Bild 8-9).

Bei Festkörpern haben die an ihre Ruhelagen gebundenen Atome allein die Möglichkeit der Schwingung in drei Raumrichtungen, sodass hier 6 Schwingungsfreiheitsgrade auftreten. Eine Übersicht über die Zahl der anregbaren Freiheitsgrade gibt Tabelle 8-3.

Nach dem Gleichverteilungssatz hängt demnach die molare innere Energie eines Gases von der Zahl f der angeregten Freiheitsgrade ab:

$$U_{\mathrm{m}} = \frac{1}{2} fRT \,. \tag{8-45}$$

Da sowohl der Rotationsdrehimpuls (und damit die Rotationsenergie) als auch die Schwingungsenergie gequantelt sind (vgl. 7.3 und 5.2.2), muss die mittlere thermische Energie pro Freiheitsgrad mindestens für die Anregung der ersten Quantenstufe der Rotations- bzw. Schwingungsenergie pro Freiheitsgrad ausreichen. Bei tieferen Temperaturen werden daher Schwingungs- und Rotationsfreiheitsgrade nicht angeregt.

Berechnung der Grenztemperaturen am Beispiel des Wasserstoffmoleküls:

Anregung der Rotationsfreiheitsgrade

Die Rotationsenergie beträgt nach (7-8) mit (7-20)

$$E_{\mathrm{rot}} = \frac{1}{2} J\omega^2 = \frac{(J\omega)^2}{2J} = \frac{L^2}{2J} \,. \tag{8-46}$$

Nach (7-25) ist der Drehimpuls L in einer physikalisch ausgezeichneten Richtung z durch $L_z = l\hbar$ (l Drehimpuls-Quantenzahl) gegeben. Der kleinste mögliche Wert für den Drehimpuls (außer 0) ist derjenige für $l = 1$. Daraus folgt als Bedingung für die Anregung eines Rotationsfreiheitsgrades

$$\frac{1}{2} kT \geqq \frac{\hbar^2}{2J} \,, \tag{8-47}$$

und die Grenztemperatur ergibt sich zu

$$T_{\mathrm{rot}} = \frac{\hbar^2}{kJ} \,. \tag{8-48}$$

Die H-Atome im Wasserstoffmolekül haben den Abstand $r_0 = 77\,\mathrm{pm}$ und die Masse $m_{\mathrm{p}} = 1.67 \cdot 10^{-27}\,\mathrm{kg}$. Das Trägheitsmoment ist $J = m_{\mathrm{p}} r_0^2/2 = 4{,}95 \cdot 10^{-48}\,\mathrm{kg \cdot m^2}$. Damit folgt für die Grenztemperatur $T_{\mathrm{rot}} = 163\,\mathrm{K}$. Die Rotationsfreiheitsgrade sind demnach bei Zimmertemperatur angeregt.

Anregung der Vibrations- oder Schwingungsfreiheitsgrade

Die Energie des quantenmechanischen Oszillators ist nach (5-30) gegeben durch

$$E_n = \left(n + \frac{1}{2}\right) h\nu_0 \,. \qquad (8\text{-}49)$$

Um mindestens eine Stufe anzuregen (von $n = 0$ nach $n = 1$), muss eine Energie von $\Delta E = h\nu_0$ aufgebracht werden, für jeden der beiden Schwingungsfreiheitsgrade also $h\nu_0/2$. Die Bedingung für die Anregung der Schwingungsfreiheitsgrade lautet also

$$\frac{1}{2}kT \geqq \frac{h\nu_0}{2} \,. \qquad (8\text{-}50)$$

Die Grenztemperatur ergibt sich daraus zu

$$T_{\text{vib}} = \frac{h\nu_0}{k} \,. \qquad (8\text{-}51)$$

Experimentell findet man für das Wasserstoffmolekül $\Delta E \approx 0{,}3\,\text{eV}$, d. h., $\nu_0 = 73\,\text{THz}$. Aus (8-51) ergibt sich damit die Grenztemperatur $T_{\text{vib}} \sim 3500\,\text{K}$. Bei Zimmertemperatur sind daher die Schwingungsfreiheitsgrade (anders als die Rotationsfreiheitsgrade) bei Wasserstoff nicht angeregt.

Diese Grenztemperaturen bestimmen die Temperaturabhängigkeit der Wärmekapazität von Gasen, siehe 8.6. Die bei der Rotations- und Schwingungsanregung auftretenden Quanteneffekte treten grundsätzlich auch bei der Translation auf: Wegen der experimentell unvermeidlichen Beschränkung auf endliche Volumina ist auch die Translationsenergie gequantelt. Infolgedessen können auch die Translationszustände von Gasen bei sehr tiefen Temperaturen nicht mehr angeregt werden.

8.4 Reale Gase, tiefe Temperaturen

Zur Beschreibung des Phasenüberganges vom gasförmigen in den flüssigen Zustand und umgekehrt (Kondensation und Verdampfung) ist die Zustandsgleichung des idealen Gases (8-26) nicht geeignet, da sie Wechselwirkungskräfte zwischen den Molekülen nach der Definition des idealen Gases nicht berücksichtigt. Gerade diese bewirken jedoch die Bindung zwischen den Molekülen im flüssigen Zustand. Bei hoher Gasdichte, wie sie in der Nähe der Verflüssigungstemperatur herrscht, müssen daher die *Van-der-Waals-Kräfte* zwischen den Molekülen und ferner das Eigenvolumen der Moleküle in einer Zustandsgleichung realer Gase berücksichtigt werden. Interpretiert man das ideale Gasgesetz $p/RT = 1/V_{\text{m}}$ als 1. Näherung einer sogenannten *Virialentwicklung* der Form

$$\frac{p}{RT} = \frac{1}{V_{\text{m}}}\left[1 + \frac{B_1(T)}{V_{\text{m}}} + \frac{B_2(T)}{V_{\text{m}}^2} + \ldots\right] \qquad (8\text{-}52)$$

für den Grenzfall sehr großer molarer Volumina V_{m}, so erhält man eine bessere Näherung für reale Gase unter Berücksichtigung von $B_1(T)$. Experimentell ergibt sich für die Temperaturabhängigkeit von B_1

$$B_1(T) = b - \frac{a}{RT} \,. \qquad (8\text{-}53)$$

Eingesetzt in (8-52) ergibt sich unter Vernachlässigung höherer Glieder als eine in weiten Bereichen brauchbare *Zustandsgleichung für reale Gase* die *Van-der-Waals-Gleichung*

$$\left(p + \frac{a}{V_{\text{m}}^2}\right)(V_{\text{m}} - b) = RT \,, \qquad (8\text{-}54)$$

bzw. für eine beliebige Stoffmenge ν:

$$\left(p + \frac{a\nu^2}{V^2}\right)(V - \nu b) = \nu RT \,. \qquad (8\text{-}55)$$

a/V_{m}^2 *Binnendruck* oder *Kohäsionsdruck*, berücksichtigt die Wechselwirkung der Moleküle und wirkt wie eine Vergrößerung des Außendrucks. Der Binnendruck ist proportional dem inversen Abstand und der Anzahl der benachbarten Moleküle und damit $\sim n^2$, also $\sim V_{\text{m}}^{-2}$, vgl. (8-54).

b *Covolumen*, berücksichtigt das Eigenvolumen der Moleküle, das das freie Bewegungsvolumen der Gasmoleküle, etwa zwischen zwei Stößen, reduziert. Es stellt den unteren Grenzwert von V_{m} bei hohem Druck dar (flüssiger Zustand). Bei kugelförmigen Teilchen mit dem Radius r_{P} ist der Stoßradius $r_{\text{S}} = 2r_{\text{P}}$ (vgl. 9.1), das Stoßvolumen des stoßenden Teilchens also $V_{\text{S}} = 8\,V_{\text{P}}$, das des gestoßenen ist dann gleich 0 zu setzen. Im Mittel ist daher das Stoßvolumen gleich $4\,V_{\text{P}}$ und bezogen auf ein Mol

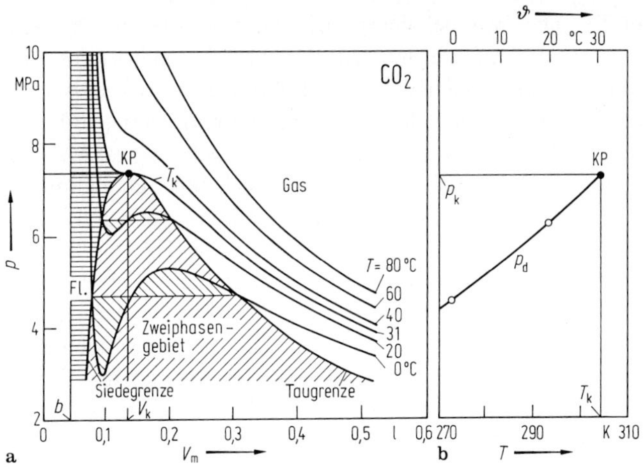

Bild 8-10. **a** Isothermen eines realen Gases (CO_2) im p, V-Diagramm, berechnet aus (8-54). **b** Dampfdruckkurve für das Zweiphasengebiet

$$b = 4\,N_{\mathrm{A}}\frac{4\pi r_{\mathrm{P}}^3}{3}\,. \tag{8-56}$$

Für hohe Temperaturen und große Molvolumina sind die Korrekturen vernachlässigbar und (8-54) geht in die Zustandsgleichung des idealen Gases (8-26) über. Die Isothermen eines Van-der-Waals-Gases im p, V-Diagramm sind in Bild 8-10 dargestellt.

Die zu höheren Temperaturen gehörenden Isothermen entsprechen erwartungsgemäß denen des idealen Gases (vgl. Bild 8-4). Unterhalb einer *kritischen Temperatur* T_{k} bilden die Isothermen Maxima und Minima aus, zwischen denen der Kurvenverlauf eine Druckabnahme bei Volumenverringerung bedeuten würde. Derartige Zustandsänderungen treten jedoch nicht auf. Stattdessen werden innerhalb des in Bild 8-10a als *Zweiphasengebiet* gekennzeichneten Bereiches horizontale Geraden durchlaufen, d. h., der Druck bleibt bei Volumenverringerung (für $T = \text{const}$) unverändert. Dies geschieht durch Kondensation eines Teils des Gases in den flüssigen Zustand, einsetzend an der Taugrenze (Bild 8-10a) und fortschreitend bis zur vollständigen Kondensation an der Siedegrenze. Dann steigt der Druck steil an, da Flüssigkeiten nur eine geringe Kompressibilität besitzen. Der Flüssigkeitsbereich links von der Siedegrenze ist zu kleinen Volumina hin durch das Covolumen b begrenzt. Die Fläche unter einer Isotherme entspricht der Volumenarbeit $\int p\,\mathrm{d}V$ (siehe 8.5.1) bei der Kompression. Die Lage der horizontalen Isothermenstücke regelt sich so, dass die Volumenarbeit bei der Kompression über das ganze Zweiphasengebiet hinweg dieselbe ist wie beim Durchlaufen der Kurve. Daraus folgt, dass die Flächenstücke im Zweiphasengebiet (Bild 8-10a) paarweise gleichen Flächeninhalt haben. Die gasförmige Phase unterhalb der kritischen Isotherme wird auch Dampf genannt. Oberhalb der kritischen Temperatur ist eine Verflüssigung allein durch Kompression bei konstanter Temperatur nicht möglich.

Der kritische Punkt KP (Bild 8-10a) ist durch einen Wendepunkt der kritischen Isotherme mit horizontaler Tangente gekennzeichnet. Die kritischen Größen $T_{\mathrm{k}}, p_{\mathrm{k}}, V_{\mathrm{m,k}}$ lassen sich daher aus der Van-der-Waals-Gleichung (8-54) mittels der Bedingungen $\mathrm{d}p/\mathrm{d}V = 0$ und $\mathrm{d}^2p/\mathrm{d}V^2 = 0$ berechnen:

$$\begin{aligned} T_{\mathrm{k}} &= \frac{8a}{27Rb} \\ p_{\mathrm{k}} &= \frac{a}{27b^2}\,, \quad p_{\mathrm{k}}V_{\mathrm{m,k}} = \frac{3}{8}RT_{\mathrm{k}} \\ V_{\mathrm{m,k}} &= 3b\,. \end{aligned} \tag{8-57}$$

Werte für die kritischen Größen und Van-der-Waals-Konstanten finden sich in Tabelle 8-4.

Innerhalb des Zweiphasengebietes ist im Gleichgewicht der *Sättigungsdampfdruck* p_{d} allein eine Funktion der Temperatur. Die zugehörige *Dampfdruckkurve* ist in Bild 8-10b dargestellt. Ihr Verlauf lässt sich mittels eines Kreisprozesses (siehe 8.8) berechnen. Dazu werde zunächst 1 mol einer Flüssigkeit bei der Temperatur $T + \mathrm{d}T$ und dem Sättigungsdampfdruck $p_{\mathrm{d}} + \mathrm{d}p_{\mathrm{d}}$ verdampft, wobei sich das Volumen von $V_{\mathrm{m,l}}$ auf $V_{\mathrm{m,g}}$ vergrößert.

Anschließend wird der Dampf bei der Temperatur T wieder kondensiert. Die dabei insgesamt geleistete Volumenarbeit $(V_{m,g} - V_{m,l})dp_d$ entspricht der schraffierten Fläche in Bild 8-11 und hängt mit der beim Verdampfen erforderlichen molaren Verdampfungsenthalpie $\Delta H_{m,lg}$ (vgl. 8.6.2) über den Wirkungsgrad des Carnot-Prozesses (siehe 8.9) zusammen:

$$\eta = \frac{(V_{m,g} - V_{m,l})dp_d}{\Delta H_{m,lg}} = \frac{dT}{T} . \qquad (8\text{-}58)$$

Daraus folgt für den Anstieg der Dampfdruckkurve die *Clausius-Clapeyron'sche Gleichung*

$$\frac{dp_d}{dT} = \frac{\Delta H_{m,lg}}{(V_{m,g} - V_{m,l})T} . \qquad (8\text{-}59)$$

Wird das vergleichsweise kleine Molvolumen der flüssigen Phase gegen das des Dampfes vernachlässigt, ebenso die Temperaturabhängigkeit der molaren Verdampfungswärme, und wird der gesättigte Dampf näherungsweise als ideales Gas behandelt, so folgt aus (8-59) durch Integration

$$p_d = C \exp\left(-\frac{\Delta H_{m,lg}}{RT}\right)$$

$$\text{mit} \quad C = p_k \exp\left(\frac{\Delta H_{m,lg}}{RT_k}\right) . \qquad (8\text{-}60)$$

Vorrichtungen, die in einem festen Volumen teilweise kondensierte Flüssigkeiten enthalten, und deren Dampfdruck mit einem angeschlossenen Manometer gemessen werden kann, werden als Dampfdruckthermometer zur Temperaturmessung verwendet (vgl. Tabelle 8-2).

Die Van-der-Waals-Gleichung erfasst neben dem gasförmigen auch den flüssigen Zustand (Bild 8-10), nicht jedoch den festen Zustand. Dieser muss bei sehr kleinen Molvolumina auftreten. Das vollständige Zustandsdiagramm zeigt Bild 8-12: An den Flüssigkeitsbereich schließt sich links ein schmales Zweiphasengebiet an, in dem Flüssigkeit und fester Zustand gleichzeitig existieren können. Das Durchlaufen dieses Gebietes etwa auf einer Isothermen ist wiederum mit einer Volumenveränderung bei konstantem Druck verbunden. Bei noch kleineren Molvolumina schließt sich der Bereich des festen Zustandes an. Unterhalb des Zweiphasengebietes, in dem Dampf und Flüssigkeit koexistieren, liegt der Bereich der Sublimation, in dem Dampf und fester Zustand koexistieren. Beide sind durch die Tripellinie getrennt. An dieser Linie im p,V-Diagramm können alle drei Phasen (fest, flüssig, gasförmig) gleichzeitig existieren. Im p,T-Diagramm entspricht dem ein einziger Punkt, der *Tripelpunkt*. Der Tripelpunkt von reinen Substanzen wird gern als Temperaturfixpunkt benutzt, da er genau definiert ist und sich wegen der mit Phasenänderungen verbundenen Umwandlungsenthalpien (siehe 8.6.2) experimentell leicht über längere Zeit halten lässt.

Die *Verflüssigung* ist bei Gasen, deren kritische Temperatur oberhalb der Raumtemperatur liegt (z. B. CO_2 oder H_2O, vgl. Tabelle 8-4), allein durch Kompression möglich. Gase mit kritischen Temperaturen unterhalb der Raumtemperatur (z. B. Luft,

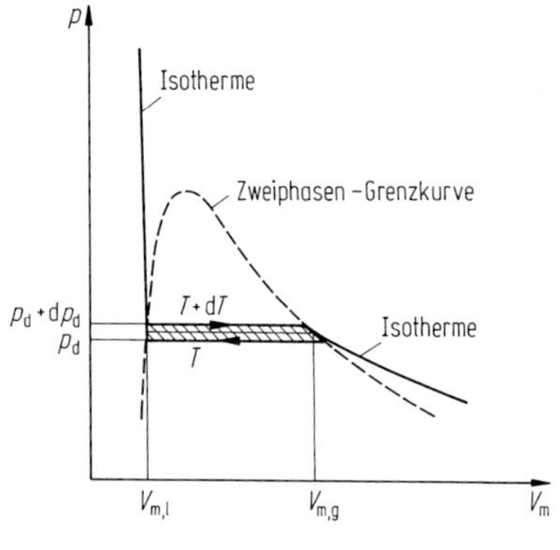

Bild 8-11. Carnot-Prozess mit einer verdampfenden Flüssigkeit als Arbeitssubstanz (zur Clausius-Clapeyron-Gleichung)

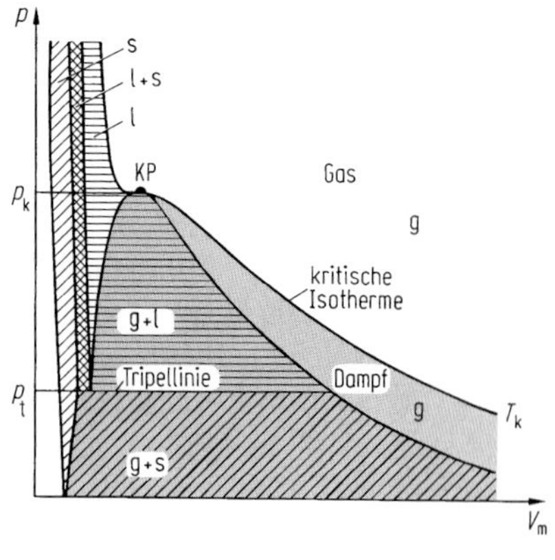

Bild 8-12. Vollständiges Zustandsdiagramm einer realen Substanz (nicht maßstabsgerecht). s fester, l flüssiger, g gasförmiger Zustand

Tabelle 8-4. Van-der-Waals-Konstanten, kritische Temperatur und kritischer Druck

	a Pa · m^6/mol^2	b cm^3/mol	T_k K	P_k MPa
Ammoniak	0,423	37,1	405,5	11,35
Argon	0,136	32,0	150,9	4,90
Butan	1,39	116,4	425,1	3,80
Chlor	0,634	54,2	416,9	7,99
Ethan	0,558	65,1	305,3	4,87
Helium	0,00346	23,8	5,19	0,227
Kohlendioxid	0,366	42,9	304,1	7,38
Krypton	0,519	10,6	209,4	5,50
Luft			132,5	3,77
Methan	0,230	43,1	190,6	4,50
Neon	0,0208	16,7	44,4	2,76
Propan	0,0939	90,5	369,8	4,25
Sauerstoff	0,138	31,9	154,6	5,04
Schwefeldioxid	0,686	56,8	430,8	7,88
Stickstoff	0,137	38,7	126,2	3,39
Wasserstoff	0,0245	26,5	32,97	1,29
Wasserdampf	0,5537	30,5	647,1	22,06
Xenon	0,419	51,6	289,7	5,84

H_2, He, vgl. Tabelle 8-4) müssen jedoch zunächst unter die kritische Temperatur abgekühlt werden. Dies kann z. B. durch adiabatische Entspannung unter Arbeitsleistung geschehen (siehe 8.7; auch bei idealen Gasen möglich) oder durch adiabatische gedrosselte Entspannung.

Joule-Thomson-Effekt. Hierbei handelt es sich um die adiabatische (d. h. wärmeaustauschfreie, siehe 8.7), gedrosselte Entspannung eines realen Gases bei der Strömung durch eine Drosselstelle in einer Anordnung z. B. nach Bild 8-13. Mittels langsam bewegter Kolben wird links der Druck p_1 und rechts der Druck $p_2 < p_1$ aufrecht erhalten. Dabei strömt Gas durch

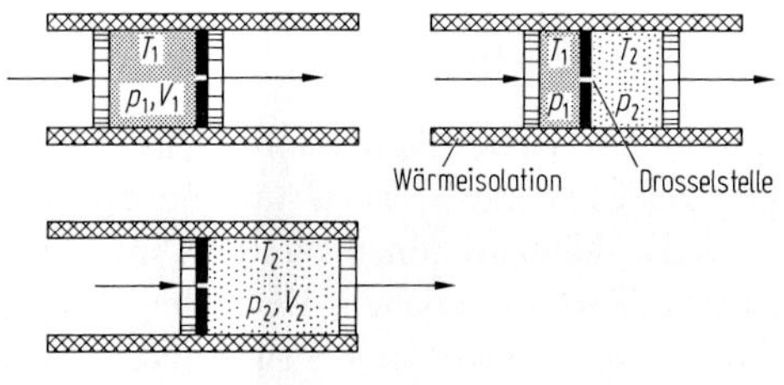

Bild 8-13. Schema des Joule-Thomson-Prozesses: Gedrosselte Entspannung

die Drosselstelle von der linken in die rechte Kammer und ändert dabei sein Volumen von V_1 auf $V_2 > V_1$. Bei diesem Vorgang bleibt die Enthalpie $H = U + pV$ (vgl. F, C 8.2; U innere Energie, siehe 8.5) konstant. Bei idealen Gasen sind innere Energie U nach (8-30) und pV aufgrund der Gasgleichung (8-26) allein von der Temperatur abhängig, damit auch die Enthalpie. Bei idealen Gasen ändert sich daher die Temperatur für H = const nicht. Bei realen Gasen ist dagegen die innere Energie volumen- bzw. druckabhängig. Bei der gedrosselten Entspannung ($\Delta p < 0$) ist wegen der damit verbundenen Abstandsvergrößerung zwischen den Molekülen Arbeit gegen die zwischenmolekularen Kräfte bzw. gegen den Binnendruck zu verrichten: die mittlere kinetische Energie sinkt. Die eintretende Temperaturerniedrigung $\Delta T < 0$ (Joule-Thomson-Effekt) beträgt für kleine Druckunterschiede Δp in erster Näherung

$$\frac{\Delta T}{\Delta p} \approx \frac{1}{C_{mp}} \left(\frac{2a}{RT} - b \right) . \tag{8-61}$$

C_{mp} ist die molare Wärmekapazität bei konstantem Druck (vgl. 8.6.1). Bei Temperaturen oberhalb der aus

(8-61) folgenden *Inversionstemperatur*, für die sich mit (8-57) ergibt

$$T_{\text{inv}} = \frac{2a}{Rb} = \frac{27}{4}T_{\text{k}} = 6{,}75\,T_k\,, \tag{8-62}$$

überwiegt in (8-61) der Einfluss des Covolumens b, d. h., abstoßende Kräfte dominieren. Dann steigt die innere Energie bei der gedrosselten Entspannung, die Temperatur wird höher. Unterhalb der Inversionstemperatur ist der Joule-Thomson-Effekt positiv, es tritt Abkühlung auf.

Linde'sches Gegenstromverfahren zur Luftverflüssigung: Wird hochkomprimierte Luft (z. B. $p = 200$ bar $= 20$ MPa) durch ein Drosselventil entspannt (auf z. B. 20 bar), und die durch den Joule-Thomson-Effekt abgekühlte Luft ($\Delta T = -45$ K) zur Vorkühlung der Hochdruckluft verwendet (Gegenstromkühlung), so führt dies bei fortgesetztem Kreislauf zu einer sukzessiven Absenkung der Temperatur bis zur Verflüssigung (Bild 8-14). Die rückströmende, entspannte Luft wird jeweils erneut komprimiert und muss wegen der dabei auftretenden Erwärmung vorgekühlt werden.

Tabelle 8-5 enthält die Siedetemperaturen einiger für die Tieftemperaturtechnik (Kryotechnik) wichtiger Gase.

Tiefere Temperaturen lassen sich durch Verflüssigung z. B. von Helium erreichen (^{4}He: $T_{\text{lg}} = 4{,}2$ K, vgl. Tabelle 8-5). Wegen der niedrigen Inversionstemperatur von ^{4}He von 47 K reicht jedoch die Vorkühlung des komprimierten Gases selbst mit flüssigem Stickstoff ($T_{\text{lg}} = 77{,}4$ K) nicht aus. Es muss daher durch

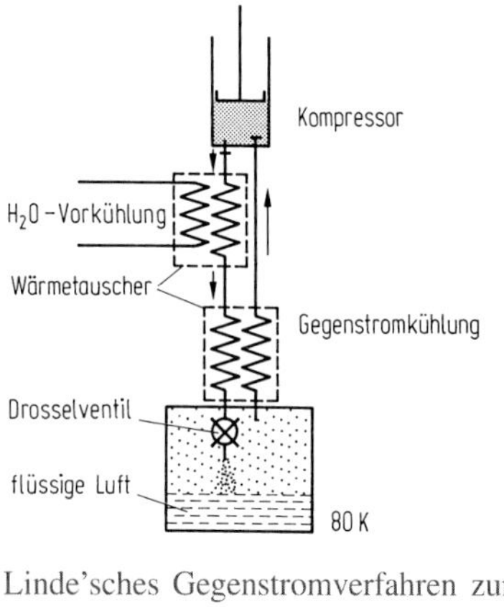

Bild 8-14. Linde'sches Gegenstromverfahren zur Luftverflüssigung

Tabelle 8-5. Siedetemperatur kryogener Flüssigkeiten bei Normdruck $p_{\text{n}} = 101\,325$ Pa

	ϑ_{lg} in °C	T_{lg} in K
Helium (^{4}He)	– 268,9279	4,2221
Wasserstoff	– 252,87	20,28
Neon	– 246,08	27,07
Stickstoff	– 195,80	77,35
Sauerstoff	– 182,962	90,188
Luft	– 194,48	78,67

adiabatische Expansion des vorgekühlten Gases unter Arbeitsleistung (siehe 8.7) in einer Expansionsmaschine eine weitere Abkühlung bewirkt werden, ehe die Joule-Thomson-Entspannung nach Gegenstromvorkühlung gemäß Bild 8-14 zur Verflüssigung führt. Weitere Ausführungen und Daten über reale Gase finden sich in C 5.2 und F 2.1.3.

8.5 Energieaustausch bei Vielteilchensystemen

In 6.2.1 ist der Energieerhaltungssatz für den Fall formuliert, dass ein Vielteilchensystem Energie mit der Umgebung austauscht, z. B. durch äußere Arbeit W. Dabei ändert sich die Eigenenergie gemäß (6-26) um

$$\Delta U = U_2 - U_1 = W\,, \tag{8-63}$$

wenn sonst kein weiterer Energieaustausch (z. B. als Wärme, siehe 8.5.2) stattfindet. Die Schwerpunktbewegung des Teilchensystems möge vernachlässigbar sein. Die Eigenenergie U ist dann identisch mit der inneren Energie U_{int}. Für U wird daher im Weiteren die üblichere Bezeichnung innere Energie benutzt.

Vorzeichenfestlegung: Dem Teilchensystem zugeführte Energien (z. B. Arbeit und Wärme) werden positiv gerechnet.

8.5.1 Volumenarbeit

Die von einem Vielteilchensystem, z. B. einer Gasmenge, geleistete (d. h. nach außen abgegebene) Arbeit setzt sich zusammen aus den individuellen Arbeiten aller Einzelteilchen. Bei einer Gasmenge, die in einem Zylinder mit beweglichem Kolben eingeschlossen ist (Bild 8-15), üben die Moleküle durch impulsübertragende Stöße auf die Kolbenfläche

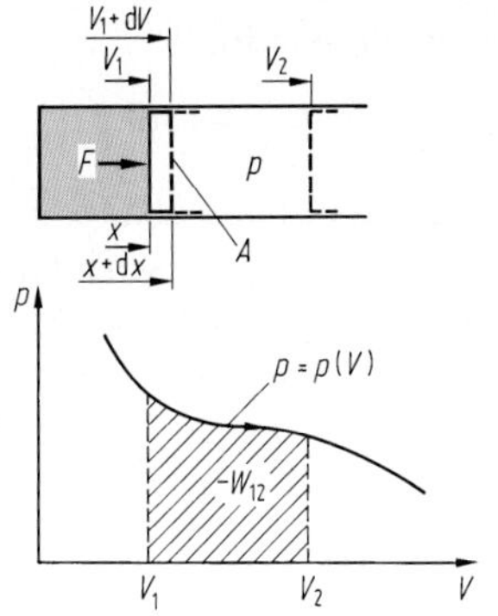

Bild 8-15. Volumenarbeit bei Expansion einer Gasmenge

A eine mittlere Normalkraft $F = pA$ aus (p Druck). Folgt der Kolben der Kraft (dazu muss die durch den Außendruck bedingte Gegenkraft nur differenziell kleiner sein), so lässt sich die dabei abgegebene Arbeit $-\mathrm{d}W$ aus der Kolbenversetzung $\mathrm{d}x$ berechnen (Bild 8-15):

$$-\mathrm{d}W = F\,\mathrm{d}x = pA\,\mathrm{d}x = p\,\mathrm{d}V\,,$$
$$-\mathrm{d}W = p\,\mathrm{d}V \quad \text{differenzielle Volumenarbeit}\,. \tag{8-64}$$

Erfolgt die Expansion von einem Anfangsvolumen V_1 auf das Endvolumen V_2, so beträgt die dabei nach außen geleistete Volumenarbeit

$$-W_{12} = \int_{V_1}^{V_2} p\,\mathrm{d}V\,. \tag{8-65}$$

Sie entspricht im p,V-Diagramm (Bild 8-15) der Fläche unter der Kurve $p = p(V)$, deren Verlauf von der Prozessführung abhängt und zur Berechnung des Integrals in (8-65) bekannt sein muss.
Volumenarbeiten bei der Expansion einer Stoffmenge ν eines idealen Gases für verschiedene Prozessführungen:

Volumenarbeit bei *isobarer Expansion*:
Ein isobarer Prozess erfolgt bei konstantem Druck $p = \text{const}$ (Bild 8-16). Aus (8-65) folgt dann

$$-W_{12} = p(V_2 - V_1) = p\Delta V\,. \tag{8-66}$$

Volumenarbeit bei *isothermer Expansion*:
Ein isothermer Prozess erfolgt bei konstanter Temperatur $T = \text{const}$ (Bild 8-16). Mit der Zustandsgleichung des idealen Gases (8-26) folgt aus (8-65)

$$-W_{12} = \nu RT \ln \frac{V_2}{V_1}\,. \tag{8-67}$$

Volumenarbeit bei *adiabatischer Expansion*:
Bei einem adiabatischen Prozess wird außer Arbeit keine andere Energieform mit der Umgebung ausgetauscht (insbesondere keine Wärme, siehe 8.5.2). Für diesen Fall gilt der Energiesatz in der Form (8-63), und mit der inneren Energie (8-30) des idealen (einatomigen) Gases folgt

$$-W_{12} = -\Delta U = U_1 - U_2 = \frac{3}{2}\nu R(T_1 - T_2)\,. \tag{8-68}$$

Für mehratomige Gase muss der Faktor $3R/2$ nach 8.6.1 durch die dann geltende molare Wärmekapazität $C_{\mathrm{m}V}$ ersetzt werden:

$$-W_{12} = \nu C_{\mathrm{m}V}(T_1 - T_2)\,. \tag{8-69}$$

Bemerkung: Gleichung (8-68) lässt sich auch durch direkte Berechnung des Arbeitsintegrals (8-65) mithilfe der Funktion $p = p(V)$ für die adiabatische Zustandsänderung (Bild 8-16)

$$pV^{\gamma} = \text{const} \tag{8-70}$$
$$\text{mit} \quad \gamma = C_{\mathrm{m}p}/C_{\mathrm{m}V}: \text{Adiabatenexponent}$$

(Adiabatengleichung, siehe 8.7) gewinnen. $C_{\mathrm{m}p}$, $C_{\mathrm{m}V}$: Molare Wärmekapazität bei konstantem Druck bzw. bei konstantem Volumen (vgl. 8.6.1).

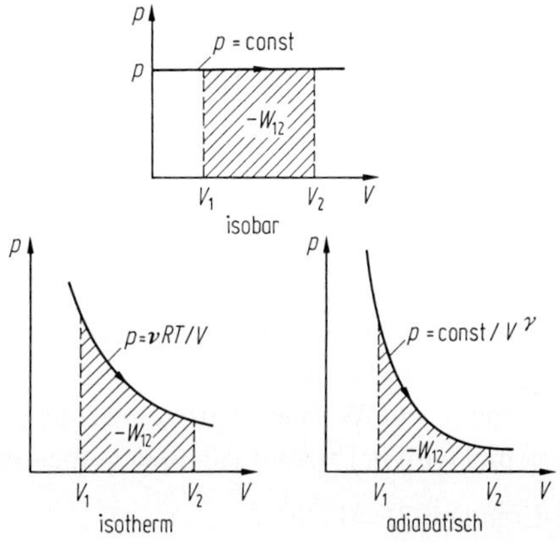

Bild 8-16. Isobare, isotherme und adiabatische Expansion im p,V-Diagramm

Bei der isobaren und bei der isothermen Expansion gilt der Energiesatz in der Form (8-63) nicht, da bei diesen Prozessführungen auch Wärme ausgetauscht werden muss (vgl. 8.7).

8.5.2 Wärme

Ein Energieaustausch zwischen einem Vielteilchensystem und seiner Umgebung, etwa zwischen einer Gasmenge und der einschließenden Zylinderwand (Bild 8-15), kann auch dann stattfinden, wenn z. B. das Verschieben eines beweglichen Kolbens und dadurch geleistete Volumenarbeit nicht möglich sind: So können z. B. Stöße von Gasmolekülen auf die Wand Schwingungen von Wandatomen anregen, wobei die Gasmoleküle kinetische Energie (d. h. innere Energie) verlieren. Umgekehrt können Gasmoleküle bei der Reflexion an der Wand von schwingenden Wandatomen auch kinetische Energie aufnehmen, wobei die Schwingungsenergie der Wandatome abnimmt. Es findet daher ein Energieaustausch in beiden Richtungen durch die Systemgrenzfläche statt. Da die Temperatur eines Gases durch dessen innere Energie, d. h. durch die kinetische Energie der statistisch ungeordneten Bewegung der Gasmoleküle, bestimmt ist (siehe 8.2), und Entsprechendes für die Schwingungsenergie der Festkörperatome gilt (siehe 8.3 u. 8.6), ändern sich die Temperaturen von Teilchensystem und Umgebung, wenn die mittleren Energieströme in beiden Richtungen verschieden sind. Bei gleicher Temperatur von System und Umgebung sind die Energieströme in beiden Richtungen gleich und der resultierende Energiefluss verschwindet: *thermisches Gleichgewicht.*
Zur phänomenologischen Erfassung des resultierenden Energieflusses wird der Begriff der Wärme Q eingeführt:

> Die *Wärme* Q ist der mittlere Wert der Summe der mikroskopischen, individuellen Teilchenarbeiten bzw. der dadurch übertragenen Energien zwischen dem System und seiner Umgebung. Die Wärme ist also eine *Energieform* und wird in Energieeinheiten gemessen.
>
> SI-Einheit: $[Q] = \text{J}$ (Joule).

Für die Wärme wurde früher als besondere Einheit die Kalorie (cal) verwendet (Definition siehe 8.6). Der Zusammenhang mit dem Joule

$$1\ \text{cal} = 4{,}1868\ \text{J} \qquad (8\text{-}71)$$

wurde experimentell bestimmt und je nach Erzeugung der Wärmemenge aus mechanischer oder elektrischer Energie das *mechanische* oder *elektrische Wärmeäquivalent* genannt. Bei Verwendung der Kalorie als Energieeinheit nimmt die universelle Gaskonstante (vgl. (8-25)) einen besonders einfachen Zahlenwert an:

$$\begin{aligned} R &= 8{,}314472\ \text{J}/(\text{mol}\cdot\text{K}) \\ &= 1{,}99\ \text{cal}/(\text{mol}\cdot\text{K}) \approx 2\ \text{cal}/(\text{mol}\cdot\text{K})\,. \end{aligned} \qquad (8\text{-}72)$$

8.5.3 Energieerhaltungssatz für Vielteilchensysteme

Der Energieaustausch eines Vielteilchensystems mit seiner Umgebung kann nach 8.5.1 und 8.5.2 u. a. durch (am oder vom System verrichtete) Arbeit (z. B. Volumenarbeit) und durch (Aufnahme oder Abgabe von) Wärme geschehen. Beide Energieformen führen beim Austausch zu einer Änderung der inneren Energie des Systems und müssen bei der Formulierung des Energieerhaltungssatzes berücksichtigt werden. Gleichung (6-26) bzw. (8-63) muss daher ergänzt werden: Zufuhr von Arbeit W oder Wärme Q führen zu einer Erhöhung der inneren Energie des Systems um $\Delta U = U_2 - U_1$ (Bild 8-17). Das ist der Inhalt des

1. Hauptsatzes der Thermodynamik

$$\Delta U = Q + W\,. \qquad (8\text{-}73)$$

> Ein abgeschlossenes thermodynamisches System enthält eine bestimmte, zeitlich unveränderliche innere Energie U, die den thermodynamischen Zustand des Systems eindeutig kennzeichnet. U ändert sich nur dann, wenn dem System von außen Energie in Form von Wärme Q oder Arbeit W zugeführt wird.

Zur inneren Energie tragen im allgemeinen Falle noch weitere Energieformen bei, die einem thermodynamischen System zugeführt werden können, so die elektrische, die magnetische, die chemische und sonstige Energieformen.
Differenzielle Form des 1. Hauptsatzes:

$$\text{d}U = \delta Q + \delta W\,. \qquad (8\text{-}74)$$

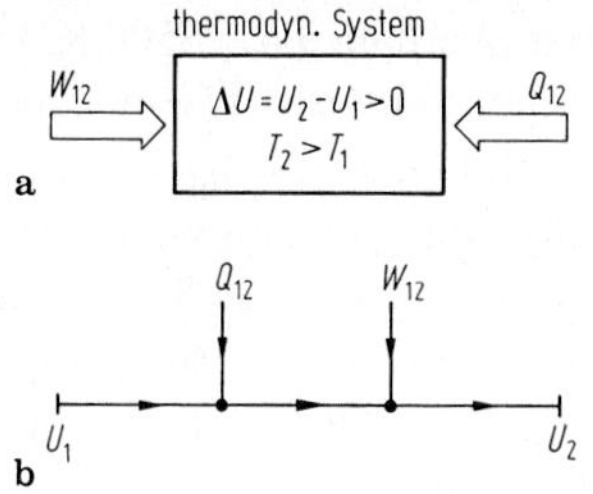

Bild 8-17. Zum 1. Hauptsatz der Thermodynamik: **a** Vorzeichenvereinbarung und **b** Energieflussdiagramm

Bemerkung: Q und W sind keine Zustandsgrößen des Systems, die differenziellen Größen δQ und δW für sich genommen sind daher keine totalen Differenziale. Deshalb wird statt des gewöhnlichen Differenzialzeichens das Zeichen δ verwendet.
Wenn man beachtet, dass z. B. gemäß (8-30) die innere Energie eines abgeschlossenen Systems beschränkt ist, kann der 1. Hauptsatz auch als Unmöglichkeitsaussage formuliert werden:

> Es ist unmöglich, ein Perpetuum mobile erster Art, d. h. eine periodisch arbeitende Maschine, die ohne Energiezufuhr permanent Arbeit verrichtet, zu konstruieren.

8.6 Wärmemengen bei thermodynamischen Prozessen

Thermodynamische Prozesse (Zustandsänderungen) sind mit dem Austausch von Wärme zwischen dem betrachteten System und seiner Umgebung verbunden (außer beim adiabatischen Prozess, siehe 8.7). Hier sollen Wärmemengen betrachtet werden, die zur Änderung der Temperatur eines betrachteten Systems erforderlich sind (Wärmekapazitäten), oder zur Änderung des Aggregatzustandes oder auch des kristallinen Ordnungszustandes bei Festkörpern (Umwandlungswärmen oder auch Umwandlungsenthalpien).

8.6.1 Spezifische und molare Wärmekapazitäten

Die zur Erhöhung der Temperatur eines Körpers zuzuführende Wärme Q ist proportional zu dessen Masse m und zu der zu erzielenden Temperaturdifferenz ΔT:

$$Q = cm\,\Delta T \quad \text{bzw.}\ \delta Q = cm\,\mathrm{d}T\,. \tag{8-75}$$

Hierin ist c die spezifische Wärmekapazität

$$c = \frac{1}{m} \cdot \frac{\delta Q}{\mathrm{d}T}\,. \tag{8-76}$$

$$\text{SI-Einheit: } [c] = \mathrm{J/(kg \cdot K)}\,.$$

Die bis 1977 für die Wärmemenge zugelassene Einheit Kalorie (cal) war dadurch definiert, dass für Wasser von $\vartheta = 15\,°\mathrm{C}$ die spezifische Wärmekapazität $c = 1\,\mathrm{cal/(g \cdot K)} = 1\,\mathrm{kcal/(kg \cdot K)}$ gesetzt wurde. Umrechnung siehe (8-71).
Die auf das Mol einer Substanz bezogene Wärmekapazität ist die *molare Wärmekapazität*

$$C_\mathrm{m} = \frac{1}{\nu} \cdot \frac{\delta Q}{\mathrm{d}T}\,. \tag{8-77}$$

$$\text{SI-Einheit: } [C_\mathrm{m}] = \mathrm{J/(mol \cdot K)}\,.$$

Der Zusammenhang zwischen beiden Wärmekapazitäten ergibt sich aus (8-76) und (8-77) zu

$$C_\mathrm{m} = \frac{m}{\nu} c\,. \tag{8-78}$$

Wärmemischung: Werden zwei Körper von verschiedener Temperatur in Berührung gebracht, so erfolgt ein Wärmeaustausch, wobei die Temperaturdifferenz verschwindet und sich eine gemeinsame Mischungstemperatur T_x einstellt. Für die abgegebene bzw. aufgenommene Wärmemenge gilt die Richmann'sche Mischungsregel

$$c_1 m_1 (T_1 - T_\mathrm{x}) = c_2 m_2 (T_\mathrm{x} - T_2)\,, \tag{8-79}$$

bzw. für n Körper

$$\sum_{i=1}^{n} c_i m_i T_i = T_\mathrm{x} \sum_{i=1}^{n} c_i m_i\,. \tag{8-80}$$

Diese Mischungsregeln können zur Bestimmung unbekannter spezifischer Wärmekapazitäten von Körpern mithilfe von Kalorimetern angewendet werden. Als zweite Substanz von bekannter spezifischer Wärmekapazität wird meist Wasser verwendet.
Bei Festkörpern und Flüssigkeiten sind die spezifischen und die molaren Wärmekapazitäten (Tabelle 8-6) nur wenig von den Zustandsgrößen Volumen, Druck und Temperatur abhängig. Allgemein gilt das nicht, da nach dem 1. Hauptsatz (8-74) die für

eine bestimmte Temperaturerhöhung erforderliche Wärmemenge von der Prozessführung abhängt:

$$\frac{\delta Q}{\mathrm{d}T} = \frac{\mathrm{d}U}{\mathrm{d}T} - \frac{\delta W}{\mathrm{d}T} \,. \tag{8-81}$$

Der Wert von $\delta Q/\mathrm{d}T$ bzw. von c und C_m (8-76) und (8-77) hängt also davon ab, ob bei der Erwärmung Arbeit *nach außen* abgegeben wird, z. B. durch Volumenausdehnung (Volumenarbeit (8-64)). Bei Festkörpern und Flüssigkeiten ist diese gering.

Molare Wärmekapazitäten von Gasen:
Die Erwärmung eines Gases bei konstantem Volumen (isochorer Prozess, siehe 8.7) erfolgt wegen $\mathrm{d}V = 0$ ohne Volumenarbeit, sodass der 1. Hauptsatz (8-74) sich zu $\delta Q = \mathrm{d}U$ reduziert. Aus (8-77) folgt daher für die molare Wärmekapazität bei konstantem Volumen

$$C_{\mathrm{m}V} = \frac{1}{\nu}\left(\frac{\delta Q}{\mathrm{d}T}\right)_V = \frac{1}{\nu} \cdot \frac{\mathrm{d}U}{\mathrm{d}T} \,. \tag{8-82}$$

Mit (8-45) folgt daraus bei f angeregten Freiheitsgraden

$$C_{\mathrm{m}V} = f\frac{R}{2} \,. \tag{8-83}$$

Nach Tabelle 8-3 sind für einatomige Gase $f = 3$ Freiheitsgrade der Translation angeregt, d. h. theoretisch, $C_{\mathrm{m}V} = 3R/2 = 12{,}47\ldots \mathrm{J/(mol \cdot K)}$.
Für zweiatomige Gase sind bei Zimmertemperatur zwei Freiheitsgrade der Rotation zusätzlich angeregt, sodass hier $f = 5$ und theoretisch $C_{\mathrm{m}V} = 5R/2 = 20{,}78\ldots \mathrm{J/(mol \cdot K)}$ sind (vgl. Tabelle 8.7). Bei Wasserstoff (H_2) zum Beispiel werden die Rotationsfreiheitsgrade nach (8-48) oberhalb $T_\mathrm{rot} \approx 163\,\mathrm{K}$ angeregt, die beiden Schwingungsfreiheitsgrade

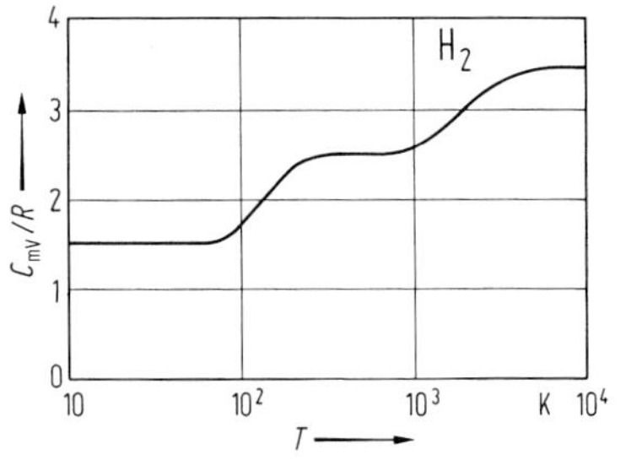

Bild 8-18. Temperaturabhängigkeit der molaren Wärmekapazität $C_{\mathrm{m}V}$ von Wasserstoff

nach (8-51) erst oberhalb $T_\mathrm{vib} \approx 3500\,\mathrm{K}$. Daraus ergibt sich der Verlauf der molaren Wärmekapazität mit der Temperatur in Bild 8-18.
Die Erwärmung eines idealen Gases bei konstantem Druck (isobarer Prozess, siehe 8.5) erfolgt nach dem Gasgesetz (8-26) mit einer Volumenvergrößerung $\mathrm{d}V = \nu R\,\mathrm{d}T/p$, es wird also eine Volumenarbeit $-\mathrm{d}W = p\,\mathrm{d}V = \nu R\,\mathrm{d}T$ geleistet, die durch erhöhte Wärmezufuhr aufgebracht werden muss. Der 1. Hauptsatz (8-74) lautet damit

$$\mathrm{d}Q = \mathrm{d}U + \nu R\,\mathrm{d}T \quad \text{für} \quad p = \text{const} \,. \tag{8-84}$$

Aus (8-77) folgt dann mit (8-82) die molare Wärmekapazität bei konstantem Druck

$$C_{\mathrm{m}p} = \frac{1}{\nu}\left(\frac{\delta Q}{\mathrm{d}T}\right)_p = C_{\mathrm{m}V} + R \tag{8-85}$$

$$\text{und} \quad C_{\mathrm{m}p} - C_{\mathrm{m}V} = R \,. \tag{8-86}$$

Mit (8-83) ergibt sich für f angeregte Freiheitsgrade

$$C_{\mathrm{m}p} = (f+2)\frac{R}{2} \,. \tag{8-87}$$

Für einatomige Gase ($f = 3$) ist demnach $C_{\mathrm{m}p} = 5R/2 = 20{,}78\ldots \mathrm{J/(mol \cdot K)}$ und für zweiatomige Gase ($f = 5$) der Wert $C_{\mathrm{m}p} = 7R/2 = 29{,}1\ldots \mathrm{J/(mol \cdot K)}$ (vgl. Tabelle 8-7).
Das Verhältnis $C_{\mathrm{m}p}/C_{\mathrm{m}V}$ wird *Adiabatenexponent* genannt (vgl. 8.7):

$$\frac{C_{\mathrm{m}p}}{C_{\mathrm{m}V}} = \gamma \,. \tag{8-88}$$

Molare Wärmekapazitäten von Festkörpern:
Bei Festkörpern kann sich die Temperaturbewegung nicht als Translations- oder Rotationsbewegung, sondern nur in Form von Schwingungen der gebundenen Atome äußern. Nach 8.3 (Tabelle 8-3) ergeben sich für die drei linear unabhängigen Schwingungsrichtungen $f = 6$ Schwingungsfreiheitsgrade. Da sich Festkörper bei Erwärmung nur wenig ausdehnen, gilt ferner $C_{\mathrm{m}p} \approx C_{\mathrm{m}V} = C_\mathrm{m}$. Aus (8-83) folgt daher für die molare Wärmekapazität einatomiger Festkörper (Atomwärme) die experimentell gefundene Regel von *Dulong-Petit*:

$$C_\mathrm{m} \approx 3R = 24{,}94\,\mathrm{J/(mol \cdot K)} \approx 6\,\mathrm{cal/(mol \cdot K)} \,, \tag{8-89}$$

Tabelle 8-6. Spezifische Wärmekapazität c und molare Wärmekapazität C_m einiger fester und flüssiger Stoffe bei 20 °C

Stoff	c $\frac{kJ}{kg \cdot K}$	C_m $\frac{J}{mol \cdot K}$
Feste Stoffe:		
Aluminium	0,897	24,4
Beryllium	1,825	16,5
Beton	0,84	
Blei	0,129	26,85
Diamant	0,502	6,03
Graphit	0,708	8,50
Eis (0 °C)	2,1	37,7
Eisen	0,449	25,15
Fette	2	
Glas, Flint-	0,481	
Glas, Kron-	0,666	
Gold	0,129	25,4
Grauguss	0,540	
Kupfer	0,385	24,3
Marmor	≈ 0,80	
Messing	0,385	
Natriumchlorid	0,867	50,7
Nickel	0,444	26,3
Platin	0,133	26,0
Sand (trocken)	0,84	
Schwefel	0,73	22,8
Silber	0,235	25,4
Silicium	0,703	20,0
Stahl(X5CrNi1810)	0,50	
Teflon (PTFE)	1,0	
Wolfram	0,139	24,3
Zink	0,388	25,5
Zinn	0,228	26,9
Flüssigkeiten:		
Aceton	2,18	
Benzol	1,74	134,7
Brom	0,46	36,8
Ethanol	2,44	
Glyzerin	2,38	
Methanol	2,53	80,0
Nitrobenzol	1,51	
Olivenöl	1,97	
Petroleum	2,14	
Quecksilber	0,139	27,7
Silikonöl	1,45	

Tabelle 8-6. Forsetzung

Stoff	c $\frac{kJ}{kg \cdot K}$	C_m $\frac{J}{mol \cdot K}$
Terpentinöl	1,80	
Tetrachlorkohlenstoff	0,861	
Toluol	1,70	
Trichlorethylen	0,95	
Wasser	4,1818	75,3

Tabelle 8-7. Molare Wärmekapazitäten und Adiabatenexponent von Gasen

Gas	C_{mp} $\frac{J}{mol \cdot K}$	C_{mV} $\frac{J}{mol \cdot K}$	C_{mp}/C_{mV}	$C_{mp} - C_{mV}$ $\frac{J}{mol \cdot K}$
Ar	20,9	12,7	1,65	8,2
He	20,9	12,7	1,63	8,2
Ne	20,8	12,7	1,64	8,1
Xe	20,9	12,6	1,67	8,3
Cl_2	52,8	39,2	1,35	13,6
CO	29,2	20,9	1,40	8,3
O_2	29,3	21,0	1,40	8,3
N_2	29,1	20,8	1,40	8,3
H_2	28,9	20,5	1,41	8,4
CO_2	36,9	28,6	1,29	8,3
NH_3	34,9	26,6	1,32	8,3
CH_4	35,6	27,2	1,31	8,4
O_3	38,2	27,3	1,40	10,9
SO_2	41,0	32,2	1,27	8,8

die für viele Festkörper gut erfüllt ist (Tabelle 8-6). Abweichungen zeigen sich vor allem bei sehr harten Festkörpern (z. B. Be, Diamant, Si), bei denen die Schwingungsfrequenzen sehr hoch sind und nach (8-51) die Schwingungsfreiheitsgrade bei Zimmertemperatur noch nicht voll angeregt sind. Dies wird durch Messungen der Temperaturabhängigkeit der molaren Wärmekapazität bestätigt (Graphit in Bild 8-19).

8.6.2 Phasenumwandlungsenthalpien

Hierunter seien die Wärmemengen oder genauer Enthalpien ΔH verstanden, die bei den sogenannten Phasenübergängen 1. Art auftreten, z. B. beim Schmelzen bzw. Erstarren, Verdampfen bzw. Kondensieren und

Tabelle 8-8. Thermische Kenngrößen einiger Stoffe.
Molare Masse M, Schmelztemperatur ϑ_{sl} und molare Schmelzenthalpie ΔH_{sl} sowie Verdampfungstemperatur ϑ_{lg} und molare Verdampfungsenthalpie ΔH_{lg}. Die Verdampfungsgrößen gelten für den Normdruck p_n = 101 325 Pa. In einigen Fällen ist anstatt der Schmelztemperatur die Tripelpunkttemperatur angegeben und durch tp gekennzeichnet. Temperaturen, die mit einem Sternchen bezeichnet sind, dienen als Fixpunkte der Internationalen Temperaturskala von 1990 (ITS-90)

Stoff	M g/mol	ϑ_{sl} °C	ΔH_{sl} kJ/mol	ϑ_{lg} °C	ΔH_{lg} kJ/mol
Aluminium	26,982	660,323*	10,71	2519	294
Ammoniak NH_3	17,031	−77,73	5,66	−33,33	23,33
Argon	39,948	−189,3442* tp	1,18	−185,85	6,43
Benzol C_6H_6	78,112	5,49	9,87	80,09	30,72
Blei	207,2	327,46	4,77	1749	179,5
Brom Br_2	159,808	−7,2	10,57	58,8	29,96
Calcium	40,078	842	8,54	1484	153
Chlor Cl_2	70,905	−101,5	6,40	−34,04	20,41
Eisen	55,845	1538	13,81	2861	354
Ethanol C_2H_5OH	46,068	−114,14	4,931	78,3	38,56
Fluor F_2	37,997	−219,66	0,51	−188,12	6,62
Gallium	69,723	29,76	5,59	2204	254
Germanium	72,61	938,25	36,94	2833	334
Gold	196,967	1064,18*	12,55	2856	324
Helium	4,0026			−268,93	0,08
Indium	114,818	156,60	3,28	2072	226,4
Iod I_2	253,809	113,7	15,52	184,4	41,57
Iridium	192,217	2446	41,12	4428	563,6
Kalium	39,098	63,38	2,33	759	79,16
Kohlendioxid CO_2	44,010	−56,56 tp	9,02	−78,4	6,02
Kohlenmonoxid CO	28,010	−205,02	0,833	−191,5	6,04
Kohlenstoff, Diamant	12,011	3550[a]			
–, Graphit	12,011	3825[b]			
Krypton	83,80	−157,38 tp	1,64	−153,22	9,08
Kupfer	63,546	1084,62*	13,26	2562	304,6
Magnesium	24,305	650	8,48	1090	131,8
Methan CH_4	16,042	−182,47	0,94	−161,48	8,19
Methanol CH_3OH	32,042	−97,53	3,215	64,6	35,21
Natrium	22,990	97,80	2,60	883	89,1
Natriumchlorid NaCl	58,442	800,7	28,16	1465	170,75
Neon	20,180	−248,59	0,328	−246,08	1,71
Nickel	58,693	1455	17,48	2913	381
Ozon O_3	47,998	−193		−111,35	15,17
Platin	195,078	1768,4	22,17	3825	469
Quecksilber	200,59	−38,83	2,29	356,73	59,11
Sauerstoff O_2	31,9988	−218,7916* tp	0,44	−182,95	6,82
Schwefelkohlenstoff CS_2	76,143	−112,1	4,39	46,3	26,74
Schwefelwasserstoff H_2S	34,082	−85,5	2,38	−59,55	18,67
Silber	107,868	961,78*	11,30	2162	254
Silicium	28,086	1414	50,21	3265	394,6
Stickstoff N_2	28,013	−210,0	0,71	−195,79	5,57
Wasser H_2O	18,015	0,00	6,01	100,00	40,65
Wasserstoff H_2	2,016	−259,34	0,12	−252,87	0,90

Tabelle 8-8. Fortsetzung

Stoff	M g/mol	ϑ_{sl} °C	ΔH_{sl} kJ/mol	ϑ_{lg} °C	ΔH_{lg} kJ/mol
Wismut	208,980	271,40	11,30	1564	151
Wolfram	183,84	3422	52,31	5555	799
Wood'sches Metall		71,7			
Xenon	131,29	−111,79 tp	2,27	−108,11	12,57
Zink	65,39	419,527*	7,32	907	114,8
Zinn	118,710	231,928*	7,03	2602	290,4

[a] Zersetzungstemperatur   tp Tripelpunkttemperatur
[b] Sublimationstemperatur

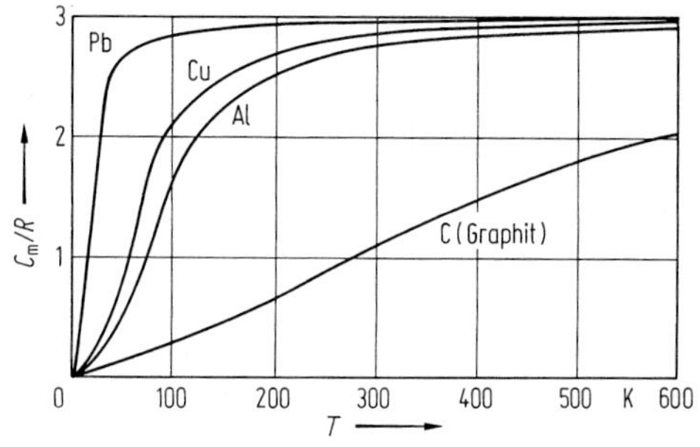

Bild 8-19. Temperaturabhängigkeit der molaren Wärmekapazität von Festkörpern

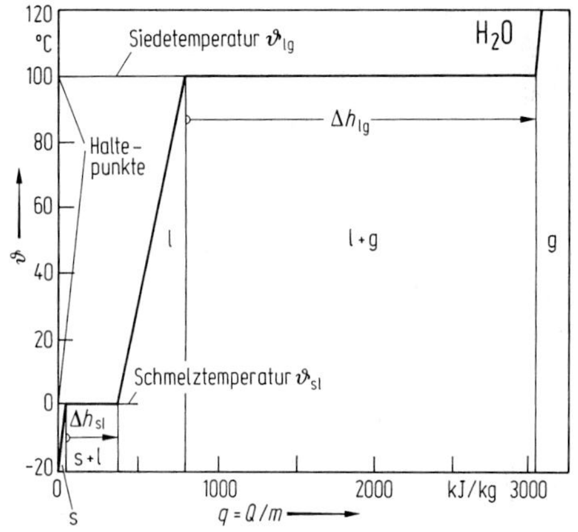

Bild 8-20. Erwärmungsverlauf für 1 kg H_2O: Haltepunkte bei Schmelz- und Siedetemperatur. s: fester, l: flüssiger und g: gasförmiger Zustand

Sublimieren, aber z. B. auch bei Änderungen der Kristallstruktur im festen Zustand (Strukturumwandlung). Bei diesen Phasenumwandlungen findet der Wärmeaustausch ohne Temperaturänderung statt, bis die Umwandlung vollständig ist. Beim Schmelzen und Verdampfen muss Arbeit gegen die anziehenden Bindungskräfte geleistet werden, sowie, wegen der Volumenausdehnung vor allem beim Verdampfen, außerdem Volumenarbeit gegen den äußeren Druck. Bei $\mathrm{d}T = 0$ muss daher eine bestimmte massenbezogene Energie in Form von *Schmelzenthalpie* Δh_{sl} bzw. *Verdampfungsenthalpie* Δh_{lg} zugeführt werden. Die Verdampfungs- bzw. Schmelzenthalpien werden beim Kondensieren bzw. Erstarren wieder frei. Da die Volumenarbeit vom äußeren Druck abhängt, ist vor allem die Verdampfungsenthalpie etwas vom äußeren Druck abhängig. Einige spezifische Schmelz- und Verdampfungsenthalpien sind in Tabelle 8-8 angegeben (Enthalpie siehe 8.4, C 8.2.1, F 1.2).

Beim Erwärmen einer definierten Stoffmenge, ausgehend vom festen Zustand, steigt deren Temperatur entsprechend der zugeführten Wärmemenge nach Maßgabe der spezifischen Wärmekapazität (Bild 8-20). Die Schmelz- und die Siedetemperatur machen sich dabei als sogenannte Haltepunkte bemerkbar, bei denen die kontinuierlich zugeführte Wärme zunächst zur Phasenumwandlung dient, und erst nach vollständiger Umwandlung die Temperatur weiter erhöht (Bild 8-20).

Das Beobachten von Haltepunkten bei Erwärmungsvorgängen wird daher zur experimentellen Bestimmung von Schmelztemperaturen benutzt, aber auch zur Entdeckung anderer Phasenumwandlungen wie etwa Kristallstrukturänderungen.

8.7 Zustandsänderungen bei idealen Gasen

Der Zustand eines idealen Gases ist durch die drei Zustandsgrößen Druck p, Volumen V und Temperatur T bestimmt (anstelle des Volumens V kann auch das spezifische Volumen $v = V/m$ oder das molare (stoffmengenbezogene) Volumen $V_m = V/\nu$ als Zustandsgröße gewählt werden). Davon können zwei unabhängig gewählt werden, die dritte ergibt sich dann aus der Zustandsgleichung $f(p, V, T) = 0$. Im Falle des idealen Gases ist dies die allgemeine Gasgleichung (8-26). Die einem Gas zugeführte Wärme Q und Arbeit W sind sog. Prozessgrößen, keine Zustandsgrößen, wohl aber die innere Energie $U = U(T)$, vgl. (8-30), und die Enthalpie $H = U + pV$, die beim idealen Gas wegen $pV = \nu RT$ ebenfalls eine Funktion allein der Temperatur ist. Der Zustand eines thermodynamischen Systems heißt stationär, wenn er sich nicht mit der Zeit ändert. Ein stationärer Zustand wird Gleichgewichtszustand genannt, wenn er ohne äußere Eingriffe besteht.

Jede thermodynamische Zustandsänderung wird Prozess genannt. Als Kreisprozess wird eine Zustandsänderung eines thermodynamischen Systems bezeichnet, in deren Verlauf das System wieder seinen Anfangszustand erreicht. Bei Zustandsänderungen, z. B. Volumenänderungen (Kompression, Expansion), muss grundsätzlich zwischen zwei Arten der Prozessführung unterschieden werden, die bei Vielteilchensystemen möglich sind:

Reversible Zustandsänderungen: Prozesse, die sehr langsam, in infinitesimal kleinen Schritten durchgeführt werden, sodass das System jeweils nur sehr wenig aus dem statistischen Gleichgewicht gebracht wird. Im Grenzfall ist also jeder Zwischenzustand zwischen zwei betrachteten Endzuständen ein Gleichgewichtszustand. Nach Umkehrung des Prozesses und Wiedererreichung des Ausgangszustandes oder nach Ablauf eines Kreisprozesses sind keine Änderungen im System oder in seiner Umgebung zurückgeblieben. (Dieses Verhalten entspricht dem von Bewegungsvorgängen von Einzelteilchen in der Mechanik, z. B. lässt sich kinetische Energie vollständig in potenzielle Energie umwandeln und umgekehrt.)

Irreversible Zustandsänderungen sind demnach solche, bei denen das thermodynamische System nicht in den Ausgangszustand zurückkehren kann, ohne dass in der Umgebung Änderungen eintreten. Reale Prozesse spielen sich mit endlicher Geschwindigkeit ab. Sie sind daher nicht im Gleichgewicht und wegen der immer stattfindenden Ausgleichsvorgänge irreversibel. Im Folgenden werden nur reversible (also idealisierte) Zustandsänderungen betrachtet.

Prozesse, bei deren Ablauf eine der Zustandsgrößen konstant bleibt (Tabelle 8-9):

- bei konstantem Volumen V: isochore Prozesse
- bei konstantem Druck p: isobare Prozesse
- bei konstanter Temperatur T: isotherme Prozesse
- bei konstanter Entropie S: isentropische Prozesse
- bei konstanter Enthalpie H: isenthalpische Prozesse

Tabelle 8-9. Zustandsänderungen idealer Gase

Prozess	Zustandsfunktion	Abgegebene Arbeit	Zugeführte Wärme	Innere Energie
Isochor $V = \text{const}$ 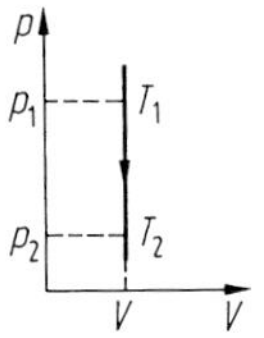	$p/T = c_{ic}$	$-\delta W = 0$ $-W_{12} = 0$	$\delta Q = \nu C_{mV}\,dT$ $Q_{12} = \nu C_{mV}(T_2 - T_1)$	$dU = \nu C_{mV}\,dT$
Isobar $p = \text{const}$ 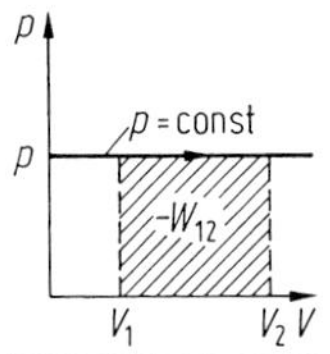	$V/T = c_{ib}$	$-\delta W = p\,dV$ $-W_{12} = p(V_2 - V_1)$	$\delta Q = \nu C_{mp}\,dT$ $Q_{12} = \nu C_{mp}(T_2 - T_1)$	$dU = \nu C_{mV}\,dT$
Isotherm $T = \text{const}$ 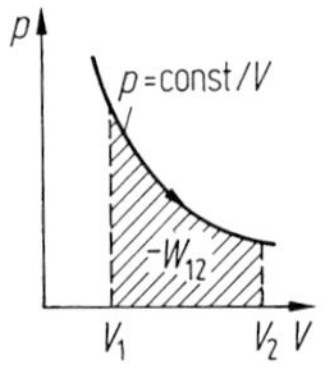	$pV = c_{it}$	$-\delta W = p\,dV$ $-W_{12} = \nu RT\ln(V_2/V_1)$ $= \nu RT\ln(p_1/p_2)$	$\delta Q = -\delta W = p\,dV$ $Q_{12} = -W_{12}$	$dU = 0$
Adiabatisch $\delta Q = 0$ 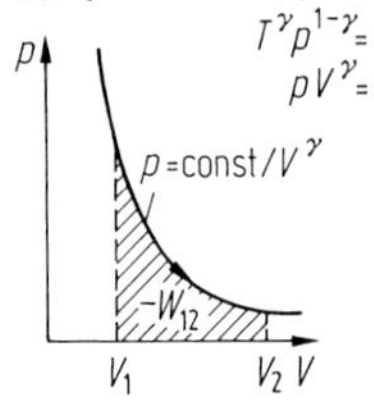	$TV^{\gamma-1} = c_{ad,1}$ $T^{\gamma}p^{1-\gamma} = c_{ad,2}$ $pV^{\gamma} = c_{ad,3}$	$-\delta W = -dU$ $= p\,dV$ $= -\nu C_{mV}\,dT$ $-W_{12} = \nu C_{mV}(T_1 - T_2)$	$\delta Q = 0$ $Q_{12} = 0$	$dU = \delta W$ $= \nu C_{mV}\,dT$

Prozesse, bei denen das System keine Wärme mit der Umgebung austauscht, werden adiabatische Prozesse genannt.

Es werden diejenigen Zustandsänderungen der Stoffmenge ν eines idealen Gases betrachtet, die für die in 8.8 behandelten Kreisprozesse wichtig sind. Dabei interessieren die jeweils umgesetzten Energien (Wärme Q, Arbeit W, Änderung der inneren Energie ΔU), die sich aus dem 1. Hauptsatz der Thermodynamik, (8-73) oder (8-74), ergeben.

Isochore Zustandsänderung:
Bei konstantem Volumen V wird keine Volumenarbeit geleistet, demnach ist $W = 0$. Der 1. Hauptsatz ergibt dann in Verbindung mit (8-82)

$$\Delta U = Q = \nu C_{mV} \Delta T = \nu C_{mV}(T_2 - T_1) . \qquad (8\text{-}90)$$

Die zugeführte Wärme Q wird vollständig in innere Energie überführt, die um ΔU erhöht wird (Temperaturzunahme um ΔT). Die Zustandsfunktion für die isochore Zustandsänderung folgt aus der Zustandsgleichung des idealen Gases (8-26) für $V = \text{const}$:

$$\frac{p}{T} = c_{ic} \quad \text{mit} \quad c_{ic} = \text{const} = \frac{\nu R}{V} . \qquad (8\text{-}91)$$

Isotherme Zustandsänderung:
Bei konstanter Temperatur bleibt nach (8-30) die innere Energie konstant, also $\Delta U = 0$. Dann folgt aus dem 1. Hauptsatz

$$Q = -W . \qquad (8\text{-}92)$$

Die zugeführte Wärme wird vollständig in abgegebene Arbeit umgewandelt und umgekehrt. Die Zustandsfunktion für die isotherme Zustandsänderung folgt aus der Zustandsgleichung des idealen Gases (8-26) für $T = \text{const}$:

$$pV = c_{it} \quad \text{mit} \quad c_{it} = \text{const} = \nu RT . \qquad (8\text{-}93)$$

Bei einer isothermen Expansion eines idealen Gases muss die nach außen abgegebene Volumenarbeit W_{12} (vgl. 8.5.1) durch Zufuhr von Wärme aus einem Wärmereservoir der Temperatur T ausgeglichen werden, damit die Temperatur des Gases konstant gehalten werden kann (Bild 8-21). Nach (8-67) betragen die umgesetzten Energien

$$-W_{12} = Q_{12} = \nu RT \ln \frac{V_2}{V_1} = \nu RT \ln \frac{p_1}{p_2} . \qquad (8\text{-}94)$$

Der für diesen Prozess zu definierende Wirkungsgrad ist $\eta = -W_{12}/Q_{12} = 1$.

Adiabatische Zustandsänderung:
Bei einem adiabatischen Prozess wird der Wärmeaustausch zwischen Arbeitsgas und Umgebung unterbunden, d. h. $Q = 0$ bzw. $\delta Q = 0$, z. B. durch Wärmeisolation des Arbeitszylinders und -kolbens (Bild 8-22). Der 1. Hauptsatz lautet dann

$$\Delta U = W \quad \text{bzw.} \quad \mathrm{d}U = \mathrm{d}W = -p\mathrm{d}V . \qquad (8\text{-}95)$$

Mit (8-82) folgt weiter (vgl. (8-69))

$$-W_{12} = -\Delta U = -\nu C_{mV} \Delta T = \nu C_{mV}(T_1 - T_2)$$
$$\text{bzw.} \quad \mathrm{d}U = \nu C_{mV} \mathrm{d}T = -p\,\mathrm{d}V . \qquad (8\text{-}96)$$

Arbeit kann wegen der Unterbindung des Wärmeaustausches nur unter entsprechender Verringerung der inneren Energie nach außen abgegeben werden, wobei die Temperatur abnimmt. Der hierfür zu definierende Wirkungsgrad ist $\eta = (-W)/(-\Delta U) = 1$.

Die Zustandsfunktion für die adiabatische Zustandsänderung ergibt sich mithilfe der Zustandsgleichung des idealen Gases (8-26) durch Integration von (8-96) zu

$$TV^{\gamma-1} = c_{ad,1} , \quad T^{\gamma} p^{1-\gamma} = c_{ad,2} ,$$
$$pV^{\gamma} = c_{ad,3} . \qquad (8\text{-}97)$$

In diesen *Adiabatengleichungen* (auch *Poisson'sche Gleichungen*) bedeuten die $c_{ad,i}$ Konstanten und $\gamma = C_{mp}/C_{mV}$ den Adiabatenexponenten (vgl. (8-88)). γ ist wegen (8-85) stets größer als 1, z. B. für ein-

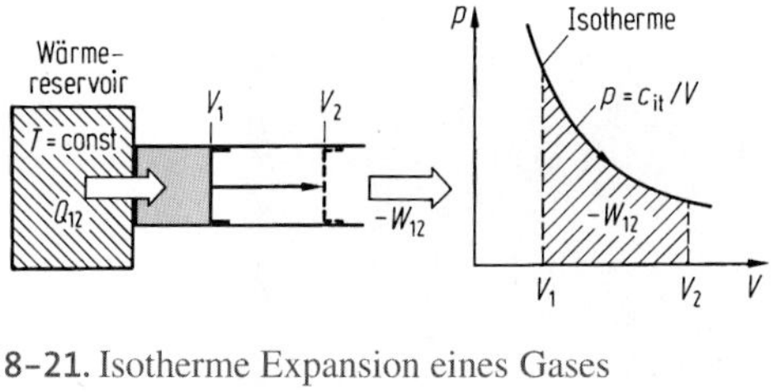

Bild 8-21. Isotherme Expansion eines Gases

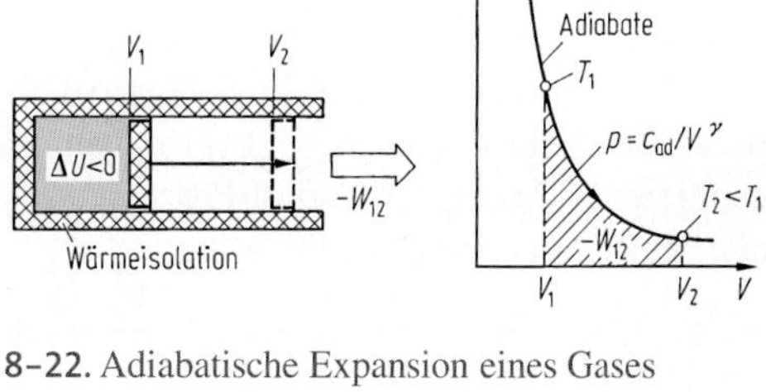

Bild 8-22. Adiabatische Expansion eines Gases

atomige Gase $5/3 \approx 1{,}67$, für zweiatomige Gase $7/5 = 1{,}40$, siehe 8.6.1. Im p,V-Diagramm verlaufen Adiabaten $p(V)_{\text{ad}}$ daher steiler als Isothermen $p(V)_{\text{it}}$, vgl. Bild 8-16.

Adiabatische Zustandsänderungen treten typisch bei Vorgängen auf, die einerseits so schnell verlaufen, dass kein Wärmeausgleich mit der Umgebung möglich ist, andererseits so langsam, dass innerhalb des Systems zu jedem Zeitpunkt die Einstellung des thermischen Gleichgewichts möglich ist. Beispiele: Schallausbreitung (adiabatische Kompression), Dieselmotor (Zündung durch adiabatische Kompression), Detonation (Explosionsausbreitung durch Stoßwelle mit adiabatischer Kompression).

8.8 Kreisprozesse

Zur kontinuierlichen Umwandlung von Wärme in mechanische Arbeit sind periodisch arbeitende Maschinen notwendig, in denen Kreisprozesse (siehe 8.7) ablaufen. Beim Kreisprozess nach Carnot (1824) werden vier verschiedene, abwechselnd isotherme und adiabatische Prozesse zyklisch wiederholt (Bild 8-23). Die dazu benutzte Maschine besteht aus einem Zylinder mit Kolben gemäß Bild 8-21, der als Arbeitssubstanz eine konstante Menge (z. B. 1 mol) eines idealen Gases enthält. Durch Kontakt mit Wärmereservoirs sehr großer Wärmekapazität mit den Temperaturen T_1 und $T_2 < T_1$ kann das Arbeitsgas isotherm auf T_1 oder T_2 gehalten werden (Bild 8-23a). Der Carnot-Prozess ist ein idealisierter Kreisprozess, der reversibel geführt wird (vgl. 8.7) und demzufolge auch umkehrbar ist. Reibungs- und Wärmeleitungsverluste werden vernachlässigt. Er hat nur theoretische Bedeutung zur Berechnung des bestmöglichen Wirkungsgrades η bei der Umwandlung von Wärme in mechanische Arbeit. Eine technische Realisierung dieses Kreisprozesses existiert nicht.

Nach 8.7 ergeben sich die in Tabelle 8-10 angegebenen Energieumsetzungen bei den Einzelprozessen der Carnot-Maschine. Die Volumenarbeiten der adiabatischen Teilprozesse heben sich gegenseitig auf. Aus der Anwendung von (8-97) auf die beiden Adiabaten in Bild 8-23b ergibt sich $V_2/V_1 = V_3/V_4$. Damit folgt als resultierende Arbeit des Carnot-Prozesses aus der Summe der Teilarbeiten (Tabelle 8-10)

$$-W_{\square} = -W_{12} - W_{34} = \nu R(T_1 - T_2) \ln \frac{V_2}{V_1} . \quad (8\text{-}98)$$

Ferner wird während der isothermen Expansion die Wärme Q_{12} bei der Temperatur T_1 aufgenommen und die Wärme $-Q_{34}$ bei der niedrigeren Temperatur T_2 abgegeben:

$$Q_{12} = \nu RT_1 \ln \frac{V_2}{V_1} , \quad -Q_{34} = \nu RT_2 \ln \frac{V_2}{V_1} . \quad (8\text{-}99)$$

Zur Berechnung des Wirkungsgrades muss die gewonnene (d. h. vom Prozess abgegebene) Arbeit $-W_{\square}$ nur zur aufgewendeten Wärme Q_{12} in Beziehung gesetzt werden, da die bei der Temperatur T_2 freiwerdende Wärme $-Q_{34}$ für den Carnot-Prozess nicht nutzbar ist. Aus (8-98) und (8-99) folgt

$$\eta = \frac{-W_{\square}}{Q_{12}} = \frac{T_1 - T_2}{T_1} . \quad (8\text{-}100)$$

Der Wirkungsgrad des Carnot-Kreisprozesses als Wärmekraftmaschine ist demnach immer kleiner als 1 und geht nur im Grenzfall $T_2 \to 0$ gegen 1. Wie später mithilfe des 2. Hauptsatzes der Thermodynamik gezeigt wird, stellt (8-100) den maximal möglichen Wirkungsgrad einer periodisch arbeitenden Wärmekraftmaschine bei der Umwandlung von Wärme in Arbeit dar. Im Gegensatz zu allen anderen Energieformen lässt sich Wärme infolge ihrer statistisch

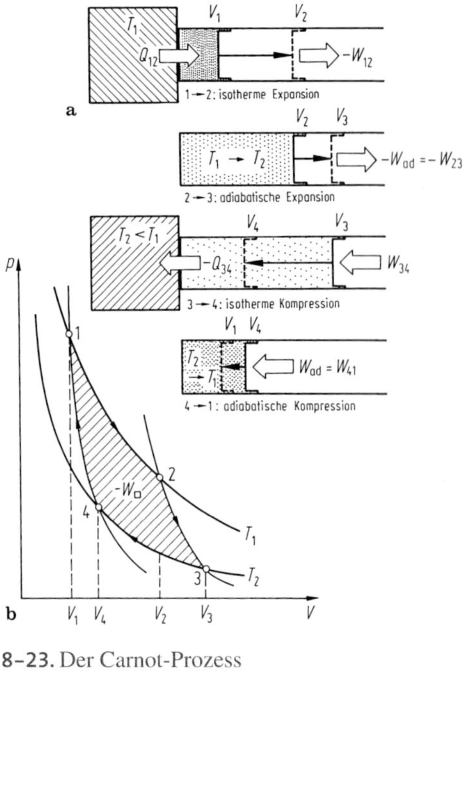

Bild 8-23. Der Carnot-Prozess

Tabelle 8-10. Energieumsetzungen beim Carnot-Prozess

Teilprozess	$i \to j$	T	V	$-W_{ij}$	Q_{ij}
isotherme Expansion	$1 \to 2$	T_1	$V_1 \to V_2$	$\nu RT_1 \ln \frac{V_2}{V_1}$	$\nu RT_1 \ln \frac{V_2}{V_1}$
adiabatische Expansion	$2 \to 3$	$T_1 \to T_2$	$V_2 \to V_3$	$\nu C_{mV}(T_1 - T_2)$	0
isotherme Kompression	$3 \to 4$	T_2	$V_3 \to V_4$	$-\nu RT_2 \ln \frac{V_3}{V_4}$	$-\nu RT_2 \ln \frac{V_3}{V_4}$
adiabatische Kompression	$4 \to 1$	$T_2 \to T_1$	$V_4 \to V_1$	$-\nu C_{mV}(T_1 - T_2)$	0

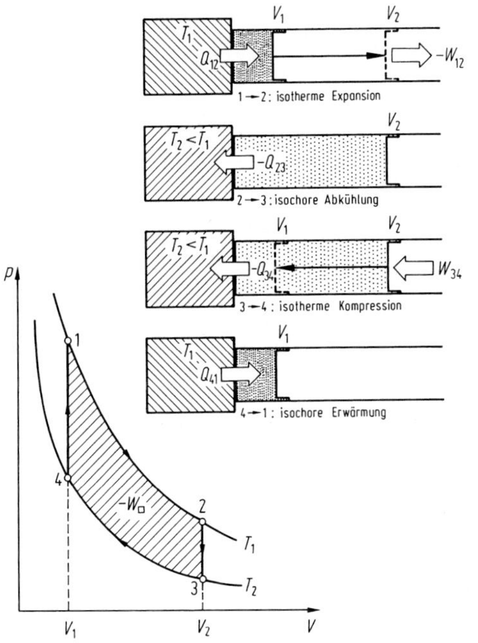

Bild 8-24. Der Stirling-Prozess

ungeordneten Natur nicht vollständig in andere Energieformen überführen (außer theoretisch für $T_2 \to 0$). Die von den stofflichen Eigenschaften einer Thermometersubstanz unabhängige *thermodynamische Temperaturskala* kann mithilfe der Carnot-Maschine definiert werden. Lässt man zwischen zwei Wärmereservoirs der Temperaturen T_1 und T_2 einen Carnot-Prozess ablaufen und bestimmt dessen Wirkungsgrad, so ergibt sich bei Festlegung eines Temperaturwertes, z. B. des Eispunktes des Wassers auf 273,15 K, aus dem gemessenen Wirkungsgrad mit (8-100) der zweite Temperaturwert.

Im Gegensatz zum Carnot-Kreisprozess lässt sich der *Stirling-Kreisprozess* technisch ausnutzen (Stirling-Motor). Beim Stirling-Prozess werden die adiabatischen Teilprozesse durch isochore Prozesse ersetzt (Bild 8-24). Deren Gesamteffekt ist nach Tabelle 8-11 zunächst die Überführung der Wärmemenge $-Q_{23} = Q_{41} = \nu C_{mV}(T_1 - T_2)$ von T_1 nach T_2. Durch Zwischenspeicherung der bei der isochoren Abkühlung ($2 \to 3$) freiwerdenden Wärme $-Q_{23}$ (z. B. im Verdrängerkolben, Bild 8-25) und Wiederverwendung bei der isochoren Erwärmung ($4 \to 1$) lässt sich jedoch dieser Verlust beliebig klein halten. Für die Bilanz verbleiben dann die isothermen Prozesse, für die sich dieselben Beziehungen (8-98) und (8-99) ergeben, wie für den originalen Carnot-Prozess. Daher ergibt sich derselbe Wirkungsgrad (8-100) auch für den Stirling-Prozess.

Eine technische Form stellt der Heißluftmotor (Stirling-Motor, Bild 8-25) dar. Dabei wird das Arbeitsgas mithilfe eines Verdrängerkolbens, der auch als Wärmezwischenspeicher dient, zwischen einem geheizten und einem gekühlten Bereich des Arbeitszylinders bewegt. Eine über das Schwungrad gekoppelte, um 90° phasenverschobene Steuerung von Arbeits- und Verdrängerkolben bewirkt eine näherungsweise Realisierung der Teilprozesse des Stirling-Prozesses nach Bild 8-24.

8.8.1 Wärmekraftmaschine

Kreisprozesse wie der Carnot-Prozess oder der Stirling-Prozess können als Wärmekraftmaschinen genutzt werden. Die dabei auftretenden Energieflüsse lassen sich in einem vereinfachten Schema (Bild 8-26) darstellen, aus dem sich der Wirkungsgrad ablesen lässt. Die Wärmekraftmaschine (im Schema: Kreis) arbeitet zwischen einem Wärmereservoir höherer Temperatur T_1 (Beispiel: Dampfkessel) und einem weiteren Wärmereservoir

Tabelle 8-11. Energieumsetzungen beim Stirling-Prozess

Teilprozess	$i \to j$	T	V	$-W_{ij}$	Q_{ij}
isotherme Expansion	$1 \to 2$	T_1	$V_1 \to V_2$	$\nu RT_1 \ln \frac{V_2}{V_1}$	$\nu RT_1 \ln \frac{V_2}{V_1}$
isochore Abkühlung	$2 \to 3$	$T_1 \to T_2$	V_2	0	$-\nu C_{\mathrm{m}V}(T_1 - T_2)$
isotherme Kompression	$3 \to 4$	T_2	$V_2 \to V_1$	$-\nu RT_2 \ln \frac{V_2}{V_1}$	$-\nu RT_2 \ln \frac{V_2}{V_1}$
isochore Erwärmung	$4 \to 1$	$T_2 \to T_1$	V_1	0	$\nu C_{\mathrm{m}V}(T_1 - T_2)$

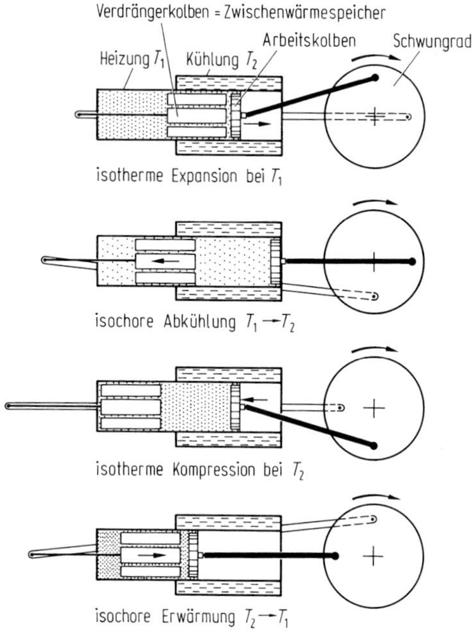

Bild 8-25. Die vier Arbeitsphasen des Stirling-Motors

tieferer Temperatur T_2 (Beispiel: Kühlwasser), im Schema als Kästen dargestellt. Gemäß (8-98) bis (8-100) und mit $Q_{12} = Q_1$ beträgt der *Wirkungsgrad der Wärmekraftmaschine*

$$\eta = \frac{-W_\square}{Q_1} = \frac{T_1 - T_2}{T_1}, \qquad (8\text{-}101)$$

d. h., es ist stets $\eta < 1$.

Der ideale Wirkungsgrad hängt allein von den Arbeitstemperaturen ab.

8.8.2 Kältemaschine und Wärmepumpe

Die reversibel geführten Kreisprozesse können auch im entgegengesetzten Umlaufsinn durchlaufen

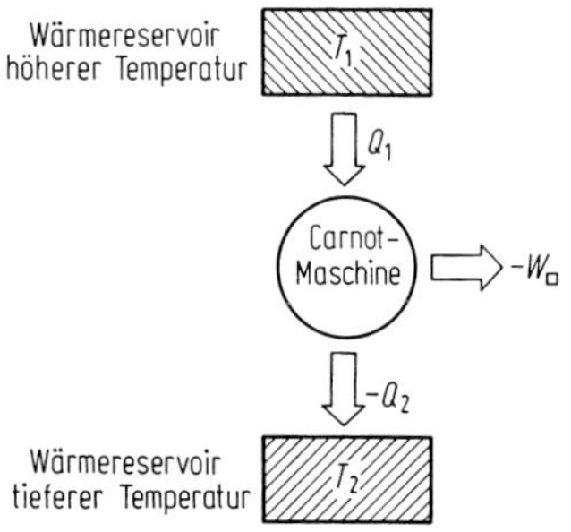

Bild 8-26. Wärmekraftmaschine (Energiefluss)

werden. Beim Stirling-Motor (Bild 8-25) lässt sich das durch eine Umkehrung der Drehrichtung des Schwungrades erreichen. Dann kehren sich die Energieflussrichtungen um (Bild 8-27), d. h., es muss Arbeit $W_\square$ zugeführt werden. Dabei wird die Wärme Q_2 $(= Q_{43})$ dem Wärmereservoir tieferer Temperatur entnommen und eine um $W_\square$ vergrößerte Wärme $-Q_1$ $(= -Q_{21})$ dem Wärmereservoir höherer Temperatur zugeführt.

Beim Betrieb als *Kältemaschine* interessiert die dem kälteren Wärmereservoir entnommene Wärme Q_2. Für den dementsprechend gemäß Bild 8-27 definierten Wirkungsgrad ergibt sich mit (8-98) und (8-99) der *Wirkungsgrad der Kältemaschine*

$$\eta = \frac{Q_2}{W_\square} = \frac{T_2}{T_1 - T_2} \lesseqgtr 1, \qquad (8\text{-}102)$$

d. h., je nach der Temperaturdifferenz der Wärmereservoire (z. B. Kühlfach eines Kühlschrankes bei T_2, Umgebung bei T_1) im Vergleich zur tieferen Temperatur T_2 kann hier der Wirkungsgrad auch größer als 1 sein. In der Technik werden Stirling-Maschinen (Bild 8-25) als Kältemaschinen zur Erzeugung flüssiger Luft eingesetzt.

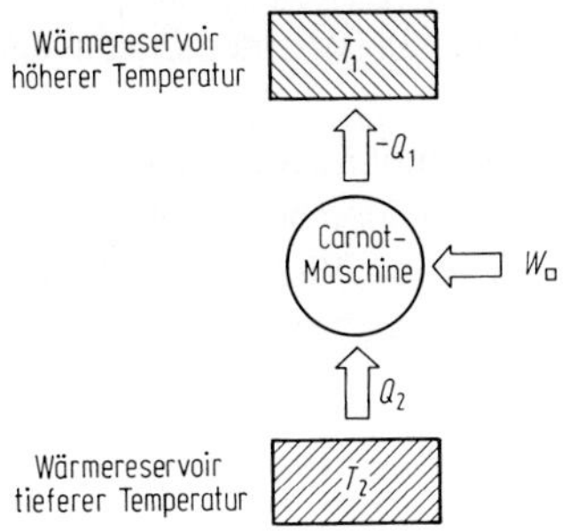

Bild 8-27. Kältemaschine und Wärmepumpe (Energiefluss)

Beim Betrieb als *Wärmepumpe* interessiert dagegen die bei der höheren Temperatur T_1 abgegebene Wärme $-Q_1$, die etwa zur Raumheizung eingesetzt werden soll, während die bei tieferer Temperatur T_2 aufgenommene Wärme Q_2 z. B. dem Erdboden, einem Fluss, oder der Umgebungsluft entnommen werden kann. Der dementsprechend gemäß Bild 8-27 definierte *Wirkungsgrad der Wärmepumpe* beträgt mit (8-98) und (8-99)

$$\eta = \frac{-Q_1}{W_\square} = \frac{T_1}{T_1 - T_2} > 1 , \qquad (8\text{-}103)$$

ist also immer größer als 1, wie auch aus dem Energieflussschema Bild 8-27 sofort entnommen werden kann. Beträgt die Temperaturdifferenz zwischen geheiztem Raum und Umgebung nicht mehr als 25 K, so ergeben sich theoretische Wirkungsgrade von mehr als 10! Im Gegensatz dazu beträgt der Wirkungsgrad einer elektrischen Heizung mittels Joule'scher Wärme lediglich 1.

8.9 Ablaufrichtung physikalischer Prozesse (Entropie)

Reversibel geführte thermodynamische Prozesse sind umkehrbar, laufen jedoch nicht von allein ab, da sie voraussetzungsgemäß jederzeit im Gleichgewicht sind. Von selbst laufen hingegen Vorgänge ab, die einen endlichen Unterschied, z. B. der Dichte oder der Temperatur, ausgleichen (Diffusion, Wärmeleitung usw.). Solche Prozesse, bei denen Systemteile nicht im Gleichgewicht sind, laufen jedoch nur in der Richtung von selbst ab, in der die vorhandenen Unterschiede ausgeglichen werden, d. h. die Diffusion in Richtung der niedrigeren Teilchenkonzentration

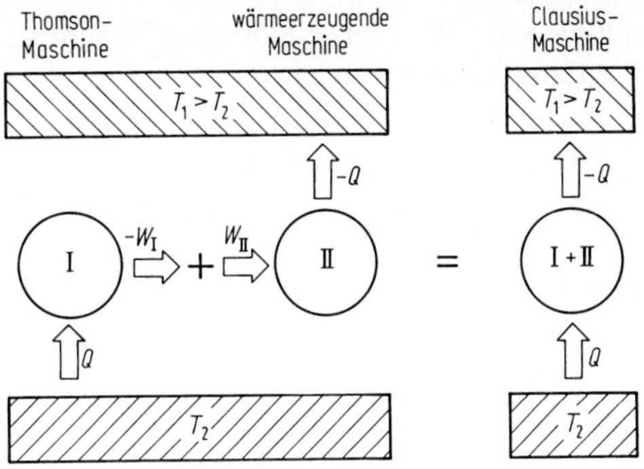

Bild 8-28. Zum Theorem von Thomson

oder die Wärmeleitung in Richtung der niedrigeren Temperatur usw.: irreversible Prozesse.

Der umgekehrte Prozess, also etwa ein von selbst ablaufender Wärmetransport von einem Wärmespeicher tieferer Temperatur zu einem mit höherer Temperatur wird nicht beobachtet, obwohl er dem 1. Hauptsatz der Thermodynamik, der Energieerhaltung, nicht widersprechen würde. Er ist jedoch bei einem Vielteilchensystem (z. B. einer makroskopischen Gasmenge) extrem unwahrscheinlich. Diese Aussage ist der Inhalt des

2. *Hauptsatzes der Thermodynamik*:

> Wärme fließt nie von selbst von einem Körper tieferer Temperatur zu einem Körper höherer Temperatur (Theorem von Clausius, 1850).

Eine andere Formulierung des 2. Hauptsatzes stammt von Carnot:

> Es gibt keine periodisch arbeitende Maschine, die nur einem Körper Wärme entzieht und in Arbeit umwandelt: Unmöglichkeit des perpetuum mobile zweiter Art (auch: Theorem von Thomson).

Beide Theoreme sind äquivalent. Dies kann durch den Nachweis gezeigt werden, dass beide Theoreme gegenseitig auseinander folgen. So folgt das Theorem von Thomson aus dem von Clausius: Nimmt man zunächst an, das Theorem von Thomson gelte nicht, dann wäre eine Maschine möglich, die nur bei T_2 Wärme entzieht und dafür Arbeit abgibt (I in Bild 8-28). Die Kombination mit einer (in jedem Falle möglichen) Maschine II, die bei $T_1 > T_2$ die gleiche Arbeit in Wärme umwandelt (z. B. durch Reibung oder Joule'sche Wärme), ergibt eine Maschine, die ohne Zufuhr von Arbeit Wärme von T_2 nach $T_1 > T_2$ transportiert (I + II in Bild 8-28), und damit dem Theorem von Clausius widerspricht. Also war die Voraussetzung falsch, dass das Theorem von Thomson nicht gelte.

In ähnlicher Weise lässt sich zeigen, dass das Theorem von Clausius aus dem von Thomson folgt.

Der 2. Hauptsatz der Thermodynamik ist wie der 1. Hauptsatz eine reine Erfahrungstatsache. Mit seiner Hilfe lässt sich zeigen, dass der Carnot-Kreisprozess den größtmöglichen Wirkungsgrad besitzt. Dazu wird in einem Gedankenexperiment eine Wärmekraftmaschine (I) mit einer Wärmepumpe (II) gekoppelt. Beide sollen zwischen den gleichen Wärmereservoirs arbeiten (Bild 8-29). Die von der Wärmekraftmaschine (I) geleistete Arbeit $-W_\mathrm{I}$ werde vollständig dazu verwendet, die Wärmepumpe (II) zu betreiben, d. h., es sei

$$-W_\mathrm{I} = W_\mathrm{II} = -W\,. \tag{8-104}$$

Zunächst seien beide Maschinen Carnot-Maschinen mit den Wirkungsgraden (8-101) bzw. (8-103):

$$\eta_{\mathrm{C,I}} = \frac{-W_\mathrm{I}}{Q_{1,\mathrm{I}}} = \frac{T_1 - T_2}{T_1}$$

$$\text{und}\quad \eta_{\mathrm{C,II}} = \frac{-Q_{1,\mathrm{II}}}{W_\mathrm{II}} = \frac{T_1}{T_1 - T_2}\,. \tag{8-105}$$

Aus den beiden reziproken Wirkungsgraden (8-105) folgt $Q_{1,\mathrm{I}} = -Q_{1,\mathrm{II}}$ und damit auch $-Q_{2,\mathrm{I}} = Q_{2,\mathrm{II}}$. Der Gesamteffekt der beiden gekoppelten Carnot-Maschinen ist also null, da den beiden Wärmereservoirs die gleichen Wärmemengen entzogen und zugeführt werden.

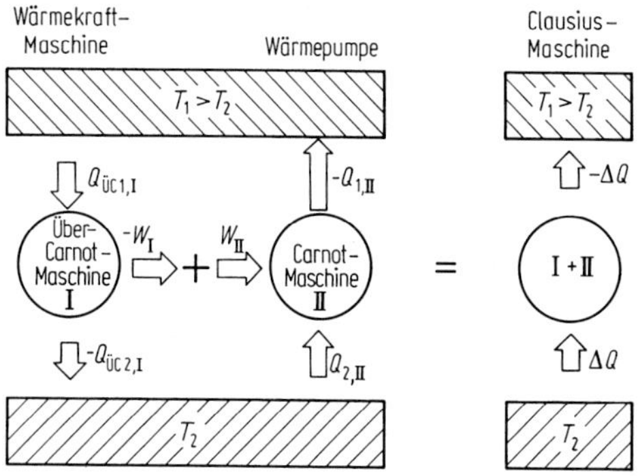

Bild 8-29. Effekt der Kopplung einer „Übercarnot-Maschine" mit einer Carnot-Maschine

Nun werde angenommen, dass die Wärmekraftmaschine (I) bei gleicher Arbeit $-W_\mathrm{I}$ einen größeren als den Carnot-Wirkungsgrad habe, also eine „Übercarnot-Maschine" darstelle:

$$\eta_{\mathrm{ÜC,I}} = \frac{-W_\mathrm{I}}{Q_{\mathrm{ÜC1,I}}} > \eta_{\mathrm{C,I}} = \frac{-W_\mathrm{I}}{Q_{1,\mathrm{I}}}\,. \tag{8-106}$$

Damit wird die für die Erzeugung der Arbeit $-W_\mathrm{I}$ aufgewendete Wärme $Q_{\mathrm{ÜC1,I}}$ kleiner als die entsprechende Wärmemenge $Q_{1,\mathrm{II}}$. Wegen $W = |Q_{\mathrm{ÜC1,I}}| - |Q_{\mathrm{ÜC2,I}}|$ (1. Hauptsatz) gilt dann auch $|Q_{\mathrm{ÜC2,I}}| < |Q_{2,\mathrm{II}}|$. Da nun die durch die Übercarnot-Maschine (I) von T_1 nach T_2 transportierten Wärmen kleiner sind als die durch die Carnot-Maschine (II) von T_2 nach $T_1 > T_2$ transportierten Wärmen, wäre der Gesamteffekt der beiden gekoppelten Maschinen nicht mehr null, sondern es würde periodisch ohne Arbeitsaufwand Wärme vom Wärmereservoir tieferer Temperatur zum Wärmereservoir höherer Temperatur transportiert werden. Das ist jedoch nach dem 2. Hauptsatz der Thermodynamik (Theorem von Clausius) nicht möglich. Die Voraussetzung, die Existenz einer „Übercarnot-Maschine", trifft also nicht zu, der Carnot-Wirkungsgrad ist der größtmögliche.

Daraus folgt ferner, dass der thermische Wirkungsgrad des Carnot-Prozesses (8-100) für jeden reversibel geführten Kreisprozess zwischen den gleichen Temperaturen gilt. Technische Kreisprozesse sind jedoch mehr oder weniger irreversibel und haben stets einen kleineren Wirkungsgrad als der Carnot-Prozess:

$$\eta_\mathrm{irr} < \eta_\mathrm{rev} = \frac{-W}{Q_1} = \frac{T_1 - T_2}{T_1}\,. \tag{8-107}$$

Für den reversibel geführten Carnot-Prozess gilt nach (8-98) und (8-99) die Energiebilanz $-W = Q_1 + Q_2$ mit $Q_2 < 0$. Damit folgt aus (8-106)

$$\frac{Q_2}{Q_1} = -\frac{T_2}{T_1} \quad \text{bzw.} \quad \frac{Q_1}{T_1} + \frac{Q_2}{T_2} = 0\,. \tag{8-108}$$

Danach sind die reversibel ausgetauschten Wärmen Q_i den Temperaturen T_i während des Austausches proportional. Die Betrachtung des Carnot-Prozesses hat gezeigt, dass Wärmeenergie bei höherer Temperatur besser nutzbar ist als bei tieferer

Temperatur. Ein (reziprokes) Maß für die „Nutzbarkeit" ist die reduzierte Wärme Q/T. Nach (8-108) ist für *reversible Kreisprozesse* die Summe der reduzierten Wärmen gleich 0:

$$\sum \frac{Q_{\mathrm{rev}}}{T} = 0 \quad \text{bzw.} \quad \oint \frac{\mathrm{d}Q_{\mathrm{rev}}}{T} = 0\,. \qquad (8\text{-}109)$$

Bei *irreversiblen Kreisprozessen* folgt dagegen aus (8-107)

$$\sum \frac{Q}{T} < 0 \quad \text{bzw.} \quad \oint \frac{\mathrm{d}Q}{T} < 0\,. \qquad (8\text{-}110)$$

Für zwei Punkte 1 und 2 eines beliebigen, reversiblen Kreisprozesses (Bild 8-30), der sich z. B. aus differenziell kleinen isothermen und adiabatischen Zustandsänderungen zusammensetzen lässt, gilt dann nach (8-109) für die beiden Prozessteilwege (a) und (b)

$$\underset{(a)}{\int_1^2} \frac{\mathrm{d}Q_{\mathrm{rev}}}{T} + \underset{(b)}{\int_2^1} \frac{\mathrm{d}Q_{\mathrm{rev}}}{T} = 0 \quad \text{bzw.}$$

$$\underset{(a)}{\int_1^2} \frac{\mathrm{d}Q_{\mathrm{rev}}}{T} = \underset{(b)}{\int_1^2} \frac{\mathrm{d}Q_{\mathrm{rev}}}{T}\,. \qquad (8\text{-}111)$$

Gleichung (8-111) zeigt, dass bei reversibler Prozessführung das Integral über die reduzierten Wärmen allein vom Anfangs- und Endzustand abhängig ist, nicht aber vom Wege, längs dessen die Zustandsänderung erfolgt. Das Integral der reduzierten Wärmen bei reversibler Zustandsänderung stellt daher eine Zustandsfunktion dar, die als Entropie S bezeichnet wird. Die differenzielle *Entropieänderung* $\mathrm{d}S$ und die *Entropiedifferenz* ΔS zwischen zwei Zuständen betragen dann

$$\mathrm{d}S = \frac{\mathrm{d}Q_{\mathrm{rev}}}{T}$$

$$\text{bzw.} \quad \Delta S = S_2 - S_1 = \int_1^2 \frac{\mathrm{d}Q_{\mathrm{rev}}}{T}\,. \qquad (8\text{-}112)$$

Für die *Zustandsfunktion* Entropie lässt sich allgemein schreiben

$$S = \int \frac{\mathrm{d}Q_{\mathrm{rev}}}{T} + S_0\,. \qquad (8\text{-}113)$$

Die Konstante S_0 kann frei gewählt und damit der Nullpunkt der Entropie beliebig festgelegt werden, da physikalisch nur Entropieänderungen von Bedeutung sind. In der Technik wird daher der Nullpunkt der Entropie meist willkürlich auf die Temperatur $T_0 = 273{,}15\,\mathrm{K} = 0\,°\mathrm{C}$ gelegt.

$$\text{SI-Einheit: } [S] = \mathrm{J/K}\,.$$

Bei reversibel geführten adiabatischen Prozessen ist $\mathrm{d}Q_{\mathrm{rev}} = 0$, d. h., $\Delta S = 0$ oder $S = \text{const}$: Die Entropie bleibt konstant. *Reversible adiabatische Prozesse* sind daher gleichzeitig *isentropische Prozesse*. Für irreversible Zustandsänderungen folgt aus (8-110) und (8-112)

$$\int_1^2 \frac{\mathrm{d}Q}{T} < \int_1^2 \frac{\mathrm{d}Q_{\mathrm{rev}}}{T} = S_2 - S_1 = \Delta S\,. \qquad (8\text{-}114)$$

d. h., der Entropiezuwachs ist größer als das Integral der reduzierten Wärme. Für abgeschlossene Systeme ist $\mathrm{d}Q = 0$. Ist das System nicht im thermischen Gleichgewicht, so laufen die Prozesse in ihm insgesamt irreversibel ab, das System strebt dem thermischen Gleichgewicht zu. Aus (8-114) ergibt sich wegen $\mathrm{d}Q = 0$ für *abgeschlossene Systeme*

$$S_2 - S_1 = \Delta S > 0 \quad \text{oder} \quad S_2 > S_1\,. \qquad (8\text{-}115)$$

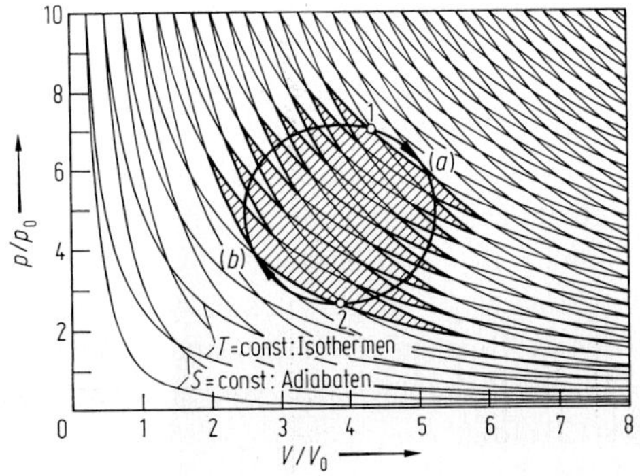

Bild 8-30. Beliebiger Kreisprozess aus Isothermen- und Adiabatenstücken

Daraus folgt eine andere Formulierung des 2. Hauptsatzes der Thermodynamik:

> *Entropiesatz*: In einem endlichen, abgeschlossenen System nimmt die Entropie stets zu und strebt einem Maximalwert zu. Nur solche Prozesse, bei denen die Entropie wächst, laufen von selbst ab.

Beispiele für Entropieänderungen:

Entropie des idealen Gases:
Besteht die bei einer reversiblen Expansion eines idealen Gases geleistete Arbeit aus Volumenarbeit $-\mathrm{d}W = p\,\mathrm{d}V$, so lautet der 1. Hauptsatz (8-74)

$$\mathrm{d}Q_{\mathrm{rev}} = \mathrm{d}U + p\,\mathrm{d}V\,. \qquad (8\text{-}116)$$

Mit (8-111) folgt daraus für die Entropieänderung

$$\mathrm{d}S = \frac{\mathrm{d}U + p\,\mathrm{d}V}{T}\,. \qquad (8\text{-}117)$$

Durch Einsetzen der Zustandsgleichung für die Stoffmenge ν eines idealen Gases (8-26) und von $\mathrm{d}U = \nu C_{\mathrm{m}V}\mathrm{d}T$ (8-82) ergibt sich nach Integration für die Entropiedifferenz eines idealen Gases zwischen den Zuständen (V_1, T_1) und (V_2, T_2)

$$\Delta S = S_2 - S_1 = \nu C_{\mathrm{m}V} \ln\frac{T_2}{T_1} + \nu R \ln\frac{V_2}{V_1}\,. \qquad (8\text{-}118)$$

Sonderfälle:
Isochore Zustandsänderung: $V_2 = V_1 = \mathrm{const}$, d. h.,

$$\Delta S = \nu C_{\mathrm{m}V} \ln\frac{T_2}{T_1}\,. \qquad (8\text{-}119)$$

Isotherme Zustandsänderung: $T_2 = T_1 = \mathrm{const}$, d. h.,

$$\Delta S = \nu R \ln\frac{V_2}{V_1}\,. \qquad (8\text{-}120)$$

Die Entropiezunahme (8-120) gilt auch für die irreversible Expansion eines idealen Gases in das Vakuum (Gay-Lussac-Versuch). Der hierbei ausbleibende Wärmeaustausch mit der Umgebung bedeutet nicht, dass die Entropie konstant bliebe.

Phasenübergänge von Stoffen
Beim Schmelzen (Erstarren) oder Verdampfen (Kondensieren) der Stoffmenge ν eines Stoffes muss die Umwandlungsenthalpie $\nu\Delta H_{\mathrm{mu}}$ zugeführt (freigesetzt) werden, wobei die Umwandlungstemperatur T_{u} konstant bleibt (ΔH_{mu} molare Umwandlungsenthalpie, siehe 8.6.2). Die Entropiezunahme (-abnahme) beträgt demnach

$$\Delta S = \frac{1}{T_{\mathrm{u}}}\int_1^2 \mathrm{d}Q_{\mathrm{rev}} = \nu\frac{\Delta H_{\mathrm{mu}}}{T_{\mathrm{u}}}\,. \qquad (8\text{-}121)$$

Wärmeleitung:
Die Entropiezunahme beim Übergang einer Wärmemenge Q von einem wärmeren Körper der Temperatur T_1 auf einen kälteren Körper der Temperatur T_2 beträgt nach (8-112)

$$\Delta S = S_2 - S_1 = \frac{Q}{T_2} - \frac{Q}{T_1} = Q\frac{T_1 - T_2}{T_1 T_2}\,. \qquad (8\text{-}122)$$

Entropie und Wahrscheinlichkeit

Wahrscheinlichkeitsbetrachtung: Ein Volumen V_2 enthalte 1 mol eines idealen Gases (d. h. $N_{\mathrm{A}*} = N_{\mathrm{A}} \cdot (1\,\mathrm{mol}) = 6{,}022\ldots \cdot 10^{23}$ Moleküle). Die Wahrscheinlichkeit W, dass sich davon ein bestimmtes Molekül in einem bestimmten, kleineren Teilvolumen V_1 befinde, ist $W_{1,1} = V_1/V_2$. Die Wahrscheinlichkeit dafür, dass sich zwei Moleküle gleichzeitig in V_1 befinden, ist $W_{1,2} = (V_1/V_2)^2$, usw., entsprechend für alle $N_{\mathrm{A}*}$ Moleküle in V_1: $W_{1,N_{\mathrm{A}*}} = (V_1/V_2)^{N_{\mathrm{A}*}}$. Wegen der Größe der Avogadro-Konstante N_{A} (siehe 8.1) ist diese Wahrscheinlichkeit sehr klein. Hingegen ist es gewiss, dass sich alle $N_{\mathrm{A}*}$ Moleküle in V_2 befinden: $W_{2,N_{\mathrm{A}*}} = 1$. Das Verhältnis der Wahrscheinlichkeiten dafür, dass sich alle Moleküle in V_2 bzw. in V_1 befinden, ist demnach

$$\frac{W_{2,N_{\mathrm{A}*}}}{W_{1,N_{\mathrm{A}*}}} = \left(\frac{V_2}{V_1}\right)^{N_{\mathrm{A}*}}\,. \qquad (8\text{-}123)$$

Wegen der großen Teilchenzahl $N_{\mathrm{A}*}$ ist dieses Verhältnis sehr groß. Die Wahrscheinlichkeit dafür, dass sich das Gas gleichmäßig in dem Gesamtvolumen V_2 verteilt, ist also außerordentlich viel größer als die Wahrscheinlichkeit, dass es sich in dem kleineren Teilvolumen V_1 konzentriert, obwohl dies vom 1. Hauptsatz nicht ausgeschlossen wird. Nur wenn sehr wenige Teilchen vorhanden sind, ist die letztere Wahrscheinlichkeit merklich von null verschieden. Aus (8-123) folgt

$$\ln\frac{W_2}{W_1} = N_{\mathrm{A}*} \ln\frac{V_2}{V_1}\,, \qquad (8\text{-}124)$$

und weiter aus dem Vergleich mit der Entropieänderung (8-120) bei der Expansion $V_1 \rightarrow V_2$ in das Vakuum und bei Beachtung von $R/N_A = k$

$$\Delta S = k \ln \frac{W_2}{W_1}, \quad (8\text{-}125)$$

oder allgemein die Boltzmann-Beziehung

$$S = k \ln W. \quad (8\text{-}126)$$

Die Entropie ist demnach ein Maß für die Wahrscheinlichkeit eines Zustandes. Die Entropie nimmt zu mit steigender Wahrscheinlichkeit des erreichten Zustandes. Prozesse, bei denen der Endzustand wahrscheinlicher ist als der Anfangszustand ($\Delta S > 0$), laufen in abgeschlossenen Systemen von selbst ab (z. B. Diffusion, Wärmeleitung, vgl. 9 Transporterscheinungen). Vorgänge, bei denen $\Delta S < 0$ ist, sind nur unter Energiezufuhr von außen möglich. Auch reversible Prozesse (z. B. Carnot-Prozess) laufen nicht von allein ab, da hier $\Delta S = 0$ bzw. in jedem Stadium Gleichgewicht vorausgesetzt ist.

9 Transporterscheinungen

Atome bzw. Moleküle in Gasen, Flüssigkeiten und Festkörpern oder auch elektrische Ladungsträger (Elektronen, Löcher bzw. Defektelektronen, Ionen) in Gasplasmen, Elektrolyten, Halbleitern und Metallen sind nach 8 in ständiger thermischer Bewegung. Ist außerdem ein räumliches Ungleichgewicht vorhanden, z. B. ein Teilchenkonzentrationsgefälle, ein Temperaturgefälle, ein Geschwindigkeitsgefälle oder (bei elektrischen Ladungsträgern) ein elektrisches Potenzialgefälle, so entstehen Ströme von Teilchen, Ladungen usw., die so gerichtet sind, dass das Gefälle (der Gradient) abgebaut wird. Es handelt sich also um irreversible Ausgleichsvorgänge in Vielteilchensystemen, die unter dem gemeinsamen Oberbegriff „Transporterscheinungen" behandelt werden können. Insbesondere gehören dazu

- Diffusion: Transport von *Teilchen* (*Materie*),
- Wärmeleitung: Transport von *Energie*,
- innere Reibung (Viskosität) bei Strömungen: Transport von *Impuls*,
- elektrische Leitung: Transport von *Ladung* (siehe 16).

Die folgenden Betrachtungen insbesondere zur Wärmeleitung, Diffusion und Viskosität sind die Grundlage für die weitergehende Behandlung des Energie- und Stofftransports in Abschnitt F 4 und der reibungsbehafteten Strömungen in den Abschnitten E 8.3 und E 8.4.

9.1 Stoßquerschnitt, mittlere freie Weglänge

Eine wichtige Größe bei Transportvorgängen ist die „mittlere freie Weglänge" l_c, das ist der Weg, der im Mittel von einem Teilchen zwischen zwei Stößen mit anderen Teilchen zurückgelegt werden kann. Sie hängt vor allem vom „Stoßquerschnitt" ab, der sich beim Modell der starren Kugeln mit endlichem Radius r für die Teilchen wie folgt berechnen lässt:
Bewegt sich ein Strom von Teilchen (Radius r_1) durch ein System von anderen Teilchen (Radius r_2), so gilt mit $R = r_1 + r_2$ und dem Stoßparameter b als Abstand des Mittelpunktes des Teilchens 2 von der ungestörten Bahn des Mittelpunktes des Teilchens 1 (Bild 9-1):

$$\text{Es erfolgt ein Stoß, wenn } b < R, \quad \text{kein Stoß, wenn } b > R.$$

Stöße erfolgen also dann, wenn innerhalb eines Zylinders vom Radius $R = r_1 + r_2$ um die Bewegungsrichtung des stoßenden Teilchens Mittelpunkte anderer Teilchen liegen (Bild 9-2). Die Querschnittsfläche σ dieses Zylinders heißt *Stoßquerschnitt* oder *gaskinetischer Wirkungsquerschnitt*:

$$\sigma = \pi R^2 = \pi (r_1 + r_2)^2$$
$$\text{bzw.} \quad \sigma = 4\pi r^2 \quad \text{für} \quad r_1 = r_2 = r. \quad (9\text{-}1)$$

Die mittlere Stoßzahl $\bar{Z}$ während der Zeit t ergibt sich aus dem vom stoßenden Teilchen mit seinem Stoß-

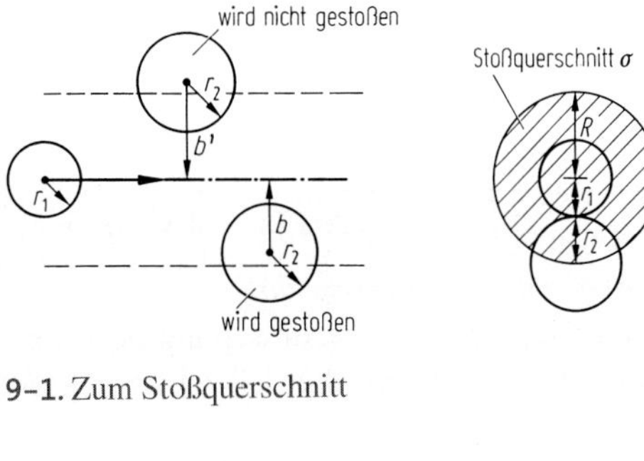

Bild 9-1. Zum Stoßquerschnitt

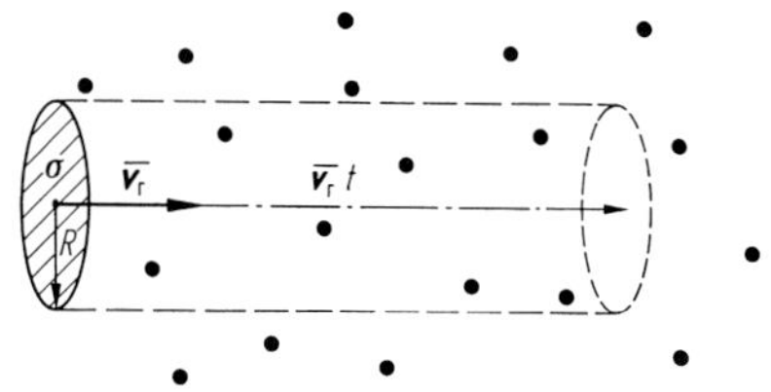

Bild 9–2. Zur Berechnung der Stoßzahl

querschnitt σ in der Zeit t im Mittel überstrichenen Zylindervolumen der Länge $\bar{v}_r t$ (Bild 9–2) sowie aus der Teilchenzahldichte n:

$$\bar{Z} = \sigma \bar{v}_r t n \; ; \qquad (9\text{-}2a)$$

mittlere Stoßfrequenz:

$$\nu_c = \frac{\bar{Z}}{t} = \sigma \bar{v}_r n \; . \qquad (9\text{-}2b)$$

Hierin ist $\bar{v}_r$ die mittlere Relativgeschwindigkeit zwischen stoßendem und gestoßenen Teilchen. Da sich auch die gestoßenen Teilchen bewegen, ist $\bar{v}_r$ nicht gleich der mittleren Teilchengeschwindigkeit $\bar{v}$, sondern ergibt sich aus den Einzelgeschwindigkeiten $\boldsymbol{v}_1$ und $\boldsymbol{v}_2$ gemäß

$$\overline{\boldsymbol{v}_r^2} = \overline{(\boldsymbol{v}_1 - \boldsymbol{v}_2)^2} = \overline{\boldsymbol{v}_1^2} + \overline{\boldsymbol{v}_2^2}, \quad \text{da} \quad \overline{\boldsymbol{v}_1 \cdot \boldsymbol{v}_2} = 0 \; . \qquad (9\text{-}3)$$

Vernachlässigt man den Unterschied zwischen $\overline{v^2}$ und $\bar{v}^2$, so gilt, wenn beide Stoßpartner Teilchen gleicher Sorte sind ($\bar{v}_1 = \bar{v}_2 = \bar{v}$),

$$\bar{v}_r \approx \bar{v}\sqrt{2} \; . \qquad (9\text{-}4)$$

$\bar{v}$ kann bei Gasmolekülen aus (8-4) oder näherungsweise aus (8-31) berechnet werden. Damit folgt für die mittlere Flugzeit zwischen zwei Stößen

$$\tau_c = \frac{1}{\nu_c} = \frac{1}{\sqrt{2}\,\sigma \bar{v} n} \qquad (9\text{-}5)$$

und für die *mittlere freie Weglänge* zwischen zwei Stößen

$$l_c = \bar{v}\tau_c = \frac{1}{\sqrt{2}\,\sigma n} = \frac{1}{\sqrt{2}\pi R^2 n} = \frac{1}{4\sqrt{2}\pi r^2 n} \; . \qquad (9\text{-}6)$$

Mittlere quadratische Verrückung:
Die statistische thermische Bewegung der Moleküle führt zu einer Versetzung, die sich z. B. in x-Richtung

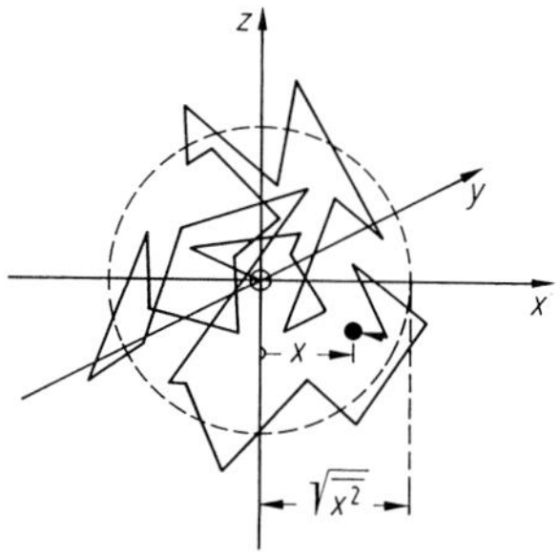

Bild 9–3. Bereich der mittleren quadratischen Verrückung bei der statistischen Molekularbewegung

aus den x-Komponenten $s_{x,i}$ der statistischen Einzelversetzungen zwischen jeweils zwei Stößen zusammensetzen (Bild 9–3), bei Z Stößen also:

$$x = \sum_{i=1}^{Z} s_{x,i} \; . \qquad (9\text{-}7)$$

Im zeitlichen Mittel wird die Versetzung wegen der statistischen Unabhängigkeit der Einzelversetzungen verschwinden, jedoch wird die Schwankung (Streuung) von x mit der Zeit zunehmen. Für das mittlere Verrückungsquadrat folgt

$$\overline{x^2} = \sum_i \overline{s_{x,i}^2} = Z\overline{s_x^2} \; , \qquad (9\text{-}8)$$

da die gemischten Glieder ebenfalls wegen der statistischen Unabhängigkeit der Einzelversetzungen verschwinden. Mit $\overline{s_x} = \overline{v_x}\tau_c$ und mit (8-6) wird aus (9-8)

$$Z\overline{s_x^2} \approx Z\overline{v_x^2}\tau_c^2 = \frac{1}{3}\overline{v^2}\tau_c^2 Z \; , \qquad (9\text{-}9)$$

worin τ_c die mittlere freie Flugdauer zwischen zwei Stößen ist. Wegen $Z\tau_c = t$ ergibt sich schließlich als *mittlere quadratische Verrückung* näherungsweise

$$\overline{x^2} \approx \frac{1}{3}\overline{v^2}\tau_c t \; . \qquad (9\text{-}10)$$

Der Schwankungsbereich $\Delta x = \sqrt{\overline{x^2}} \sim \sqrt{t}$ wird also mit der Beobachtungszeit t größer.

9.2 Molekulardiffusion

Der durch die thermische Bewegung bewirkte Transport von Atomen und Molekülen in Gasen,

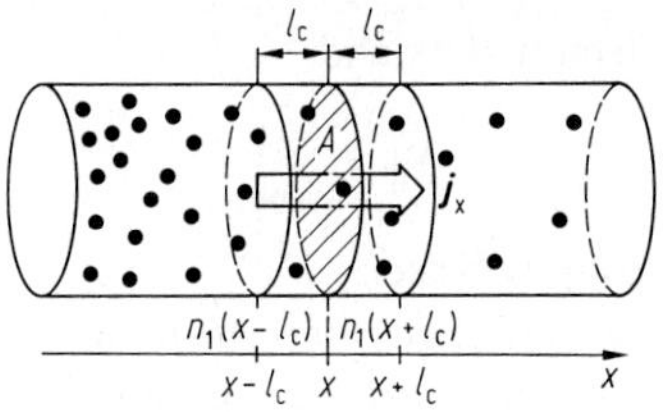

Bild 9-4. Zum Fick'schen Gesetz der Diffusion

Flüssigkeiten und Festkörpern wird Diffusion genannt. Bei der Diffusionsbewegung von Molekülen in einem Stoff, der aus Molekülen derselben Art besteht, spricht man von Eigen- oder Selbstdiffusion, im anderen Falle von Fremddiffusion.

Ist ein räumliches Gefälle der Teilchenkonzentration n vorhanden, so führt die Diffusion zu einem gerichteten Massentransport, einem Teilchenstrom in Richtung der geringeren Teilchenkonzentration. Bei einem eindimensionalen Konzentrationsgefälle $\mathrm{d}n/\mathrm{d}x$ in x-Richtung (Bild 9-4) gilt im stationären (zeitunabhängigen) Fall für die Teilchenstromdichte j das 1. *Fick'sche Gesetz*

$$j \equiv \frac{\mathrm{d}N}{A\,\mathrm{d}t} = -D\frac{\mathrm{d}n}{\mathrm{d}x}\,, \qquad (9\text{-}11)$$

$\mathrm{d}N$: effektive Teilchenzahl, die in der Zeit $\mathrm{d}t$ durch einen Querschnitt A geht (Bild 9-4).
D Diffusionskoeffizient, temperaturabhängig.

$$\text{SI-Einheit:}[D] = \mathrm{m^2/s}\,.$$

Selbstdiffusion in Gasen

Trotz der hohen mittleren thermischen Geschwindigkeit $\bar{v}$ (Bild 8-1 und 8-5) geht die Diffusion zweier Gase ineinander verhältnismäßig langsam vonstatten, wie bei farbigen Gasen, z. B. Bromdampf in Luft, leicht beobachtet werden kann. Das liegt an der ständigen Richtungsumlenkung der Moleküle durch Stöße (Bild 9-3) und wird vor allem durch die mittlere freie Weglänge bestimmt. Die Selbstdiffusion von Molekülen in einem Gas gleichartiger Moleküle kann experimentell nur durch Markierung einer Zahl von Molekülen, deren Diffusion verfolgt werden soll, untersucht werden. Die Markierung der Moleküle kann z. B. darin bestehen, dass ihre Atomkerne radioaktiv sind. Ihre Konzentration sei n_1 und in x-Richtung ortsabhängig: $n_1 = n_1(x)$. Die Gesamtkonzentration n der Moleküle sei jedoch ortsunabhängig. Dann gilt nach (9-11) für die Diffusionsstromdichte j_x der markierten Moleküle das Fick'sche Gesetz

$$j_x = -D_\mathrm{s}\frac{\mathrm{d}n_1}{\mathrm{d}x}\,, \qquad (9\text{-}12)$$

worin D_s der Selbstdiffusionskoeffizient ist. Er lässt sich durch eine Teilchenstrombilanz über die mittlere freie Weglänge berechnen. Im Mittel bewegen sich etwa 1/6 der markierten Moleküle in $+x$-Richtung und 1/6 in $-x$-Richtung. Durch eine Querschnittsfläche A an der Stelle $x = \text{const}$ (Bild 9-4) bewegen sich in $+x$-Richtung Moleküle, die im Durchschnitt in der Ebene $x - l_\mathrm{c} = \text{const}$ den letzten Stoß erlitten haben und daher eine Teilchenkonzentration $n_1(x - l_\mathrm{c})$ haben (kein Produkt!). Ihre Teilchenstromdichte ist also $\bar{v}n_1(x - l_\mathrm{c})/6$. Entsprechendes gilt für die $-x$-Richtung. Die Netto-Teilchenstromdichte beträgt daher

$$\begin{aligned} j_x &= \frac{1}{6}\bar{v}n_1(x - l_\mathrm{c}) - \frac{1}{6}\bar{v}n_1(x + l_\mathrm{c}) \\ &= \frac{1}{6}\bar{v}\left[-2l_\mathrm{c}\frac{\partial n_1}{\partial x}\right]. \end{aligned} \qquad (9\text{-}13)$$

Der Vergleich mit (9-12) liefert für den Selbstdiffusionskoeffizienten

$$D_\mathrm{s} = \frac{1}{3}\bar{v}l_\mathrm{c}\,. \qquad (9\text{-}14)$$

Mit (8-31) und (8-32) und (9-6) folgt daraus

$$D_\mathrm{s} = \frac{1}{\sqrt{6}}\cdot\frac{1}{n\sigma}\sqrt{\frac{kT}{m}} = \frac{1}{\sqrt{6}}\cdot\frac{1}{p\sigma}\sqrt{\frac{(kT)^3}{m}}\,, \qquad (9\text{-}15)$$

d. h., es gilt für

$$T = \text{const:}\quad D_\mathrm{s} \sim \frac{1}{n} \sim \frac{1}{p}\,, \qquad (9\text{-}16\text{a})$$

und für

$$p = \text{const:}\quad D_\mathrm{s} \sim T^{3/2}\,. \qquad (9\text{-}16\text{b})$$

Ferner diffundieren leichte Moleküle (z. B. He, H_2) wegen $D_\mathrm{s} \sim 1/\sqrt{m}$ schneller als schwere.

9.3 Wärmeleitung

Thermische Energie wird durch Wärmeleitung, durch Konvektion und durch Wärmestrahlung transportiert. Die *Wärmestrahlung* (Transport von Energie durch elektromagnetische Strahlung) wird in 20.2 behandelt. *Konvektion* ist die durch unterschiedliche Massendichte als Folge von Temperaturunterschieden in Flüssigkeiten oder Gasen hervorgerufene Auftriebsströmung im Schwerefeld, die hier nicht weiter behandelt wird. *Wärmeleitung* bezeichnet den Wärmestrom in Materie, der im Gegensatz zur Konvektion nicht durch einen Massenstrom vermittelt wird, sondern durch Weitergabe der thermischen Energie, z. B. in Gasen durch Stoß von Molekül zu Molekül, in Festkörpern über elastische Wellen (Phononen), in Metallen zusätzlich durch Stöße zwischen den Elektronen des quasifreien Leitungselektronengases, in Richtung der niedrigeren Temperatur, d. h. der niedrigeren Energiekonzentration.

Bei Vorhandensein eines Temperaturgefälles $\mathrm{d}T/\mathrm{d}z$ in z-Richtung (Bild 9-5) gilt im stationären Fall für die Wärmestromdichte q analog zum Fick'schen Gesetz der Diffusion das *Fourier'sche Gesetz*

$$q \equiv \frac{\mathrm{d}Q}{A\,\mathrm{d}t} = -\lambda \frac{\mathrm{d}T}{\mathrm{d}z} \,. \tag{9-17}$$

($\mathrm{d}Q$ Wärmemenge, die in der Zeit $\mathrm{d}t$ effektiv durch einen Querschnitt A geht (Bild 9-5), λ Wärmeleitfähigkeit), Werte für die Wärmeleitfähigkeit von Werkstoffen siehe Tabelle D 9-5.

$$\text{SI-Einheit: } [\lambda] = \mathrm{J/(s \cdot m \cdot K)} = \mathrm{W/(m \cdot K)} \,.$$

Für einen homogenen Zylinder der Länge l folgt aus (9-17) für den *Wärmestrom* Φ bei einer Temperaturdifferenz $\Delta T = T_1 - T_2$ (in Analogie zum Ohm'schen Gesetz des elektrischen Stromes, vgl. 12-6) das sog. *Ohm'sche Gesetz der Wärmeleitung*

$$\Phi = \frac{\mathrm{d}Q}{\mathrm{d}t} = \frac{\Delta T}{R_{\mathrm{th}}}$$

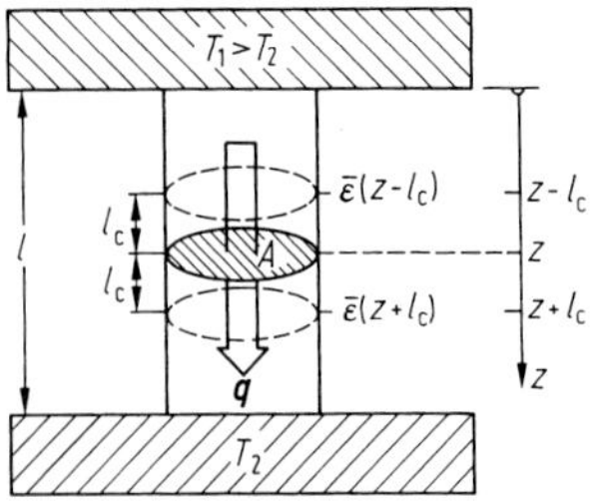

Bild 9-5. Zum Fourier'schen Gesetz der Wärmeleitung

mit dem Wärmewiderstand

$$R_{\mathrm{th}} = \frac{l}{\lambda A} \,. \tag{9-18}$$

Wärmeleitung in Gasen

Die Wärmeleitfähigkeit von Gasen kann in ähnlicher Weise wie der Selbstdiffusionskoeffizient durch eine Wärmestrombilanz über die mittlere freie Weglänge berechnet werden. Im Mittel bewegen sich 1/6 der Moleküle in $+z$-Richtung und 1/6 in $-z$-Richtung. Durch eine Querschnittsfläche A an der Stelle z = const (Bild 9-5) bewegen sich in $+z$-Richtung Moleküle, die im Durchschnitt in der Ebene $z - l_c$ = const den letzten Stoß erlitten haben und daher eine mittlere thermische Energie $\bar{\varepsilon}(z - l_c)$ haben (kein Produkt!). Die zugehörige Wärmestromdichte ist also $\bar{v}n\bar{\varepsilon}(z-l_c)/6$. Entsprechendes gilt für die $-z$-Richtung. Für die Netto-Wärmestromdichte folgt daher analog zu (9-13)

$$q_z = \frac{1}{6}\bar{v}n\left[-2l_c\frac{\partial\bar{\varepsilon}}{\partial z}\right] = -\frac{1}{3}\bar{v}nl_c\frac{\partial\bar{\varepsilon}}{\partial T}\cdot\frac{\partial T}{\partial z} \,. \tag{9-19}$$

Der Vergleich mit (9-17) liefert für die *Wärmeleitfähigkeit von Gasen*

$$\lambda = \frac{1}{3}\bar{v}nl_c\frac{\partial\bar{\varepsilon}}{\partial T} \,. \tag{9-20}$$

$\partial\bar{\varepsilon}/\partial T$ ist die Wärmekapazität bei konstantem Volumen pro Molekül, siehe 8.6.1. Sie hängt von der Zahl der angeregten Freiheitsgrade ab. Für einatomige Gase ist gemäß (8-28) die mittlere thermische Energie pro Molekül $\bar{\varepsilon} = 3\mathrm{k}T/2$ und damit die *Wärmeleitfähigkeit einatomiger Gase*

$$\lambda = \frac{1}{2}k\bar{v}nl_c \,. \tag{9-21}$$

Da nach (9-6) die mittlere freie Weglänge $l_c \sim n^{-1} \sim p^{-1}$ ist, bleibt die Wärmeleitfähigkeit von Gasen unabhängig vom Druck p. Wenn jedoch bei niedrigen Drücken die mittlere freie Weglänge größer als die Dimension d des Vakuumgefäßes wird, in dem das Gas eingeschlossen ist, so ist in (9-20) und (9-21) l_c durch d (= const) zu ersetzen. In diesem Druckbereich wird die Wärmeleitfähigkeit wegen des verbleibenden Faktors n proportional zum Druck (Anwendung im Pirani-Manometer).

Sowohl $\bar{v}$ als auch l_c nehmen mit steigender Molekülmasse bzw. -größe ab. Daher ist die Wärmeleitfähigkeit für leichte Atome bzw. Moleküle größer als für schwere. Dieser Effekt wird z. B. für Gasdetektoren zum Nachweis von Wasserstoff (im Stadtgas enthalten) ausgenutzt.

9.4 Innere Reibung: Viskosität

Bei strömenden Flüssigkeiten und Gasen tritt neben dem Massentransport der Strömung noch ein weiteres Transportphänomen auf, bei dem die transportierte Größe nicht so deutlich zutage liegt: Die Viskosität (Zähigkeit) als Folge der inneren Reibung, die zu beobachten ist, wenn benachbarte Schichten des Mediums unterschiedliche Strömungsgeschwindigkeiten v haben, also ein Geschwindigkeitsgefälle vorhanden ist.
Molekularkinetisch lässt sich die innere Reibung als *Impulstransport* quer zur Strömungsrichtung deuten. Durch die thermische Bewegung der Moleküle tauschen benachbarte, mit unterschiedlicher Geschwindigkeit strömende Flüssigkeitsschichten Moleküle aus (Bild 9-6). Dadurch gelangen aus der langsamer strömenden Schicht Moleküle mit entsprechend niedrigem Strömungsimpuls in die benachbarte, schneller strömende Schicht und erniedrigen damit dort die mittlere Strömungsgeschwindigkeit. In umgekehrter Richtung gelangen Moleküle mit höherem Strömungsimpuls aus der schneller strömenden in die langsamer strömende Schicht und erhöhen dort die mittlere Strömungsgeschwindigkeit. Um die ursprüngliche Geschwindigkeitsdifferenz aufrecht zu erhalten und die Wirkung des Impulsaustausches zu kompensieren, muss daher eine dementsprechende Schubspannung τ_x angewendet werden. Die Impulsstromdichte j_{xz}, d. h. der auf Fläche und Zeit bezogene, effektiv in z-Richtung transportierte Strömungsimpuls, ist nach dem Newton'schen Kraftgesetz (3-5) gleich der erzeugten Schub- oder

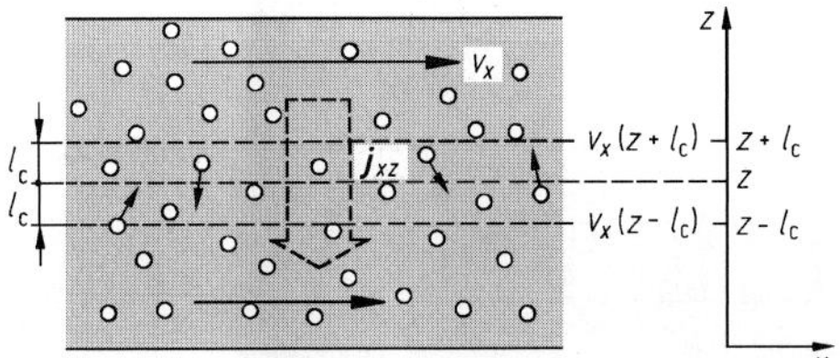

Bild 9-6. Impulstransport senkrecht zur Strömungsrichtung bei viskoser Strömung

Scherspannung τ_x:

$$j_{xz} \equiv \frac{\mathrm{d}p_x}{A\,\mathrm{d}t} = \tau_x\,. \qquad (9\text{-}22)$$

Andererseits ist die Impulsstromdichte analog zu den schon behandelten Transportvorgängen proportional zum Geschwindigkeitsgefälle $\mathrm{d}v_x/\mathrm{d}z$ anzusetzen:

$$j_{xz} \sim -\frac{\mathrm{d}v_x}{\mathrm{d}z}\,. \qquad (9\text{-}23)$$

Aus (9-22) und (9-23) folgt das *Newton'sche Reibungsgesetz* der viskosen Strömung:

$$\tau_x = -\eta\frac{\mathrm{d}v_x}{\mathrm{d}z}\,. \qquad (9\text{-}24)$$

η *dynamische Viskosität* (früher auch Zähigkeit)

SI-Einheit : $[\eta] = \mathrm{N \cdot s/m^2 = Pa \cdot s}$.

Bis 1977 gültige CGS-Einheit :
1 Poise = 1 P = 1 g/(cm · s) = 0,1 Pa · s .
Üblich: 1 cP = 1 mPa · s .

Gelegentlich wird auch die auf die Dichte ϱ bezogene *kinematische Viskosität* $\nu = \eta/\varrho$ benutzt.
Flüssigkeiten, für die der Ansatz (9-24) streng gilt, werden *Newton'sche* bzw. rein oder linear viskose *Flüssigkeiten* genannt (vgl. E 7.2). Die Viskosität ist stark temperaturabhängig (Motorenöle!). Bei manchen zähen Medien hängt die Viskosität auch von der Geschwindigkeit v ab: η steigt (Honig, spezielle Polymerkitte) oder sinkt mit v (Margarine, thixotrope Farben).

Viskosität von Gasen

In analoger Weise wie bei der Selbstdiffusion und bei der Wärmeleitung von Gasen kann die Viskosität von Gasen mithilfe der obigen Vorstellung des thermischen Impulstransportes senkrecht zur Strömungsrichtung durch eine Impulsstrombilanz über die mittlere freie Weglänge berechnet werden. Im Mittel bewegen sich 1/6 der Moleküle thermisch in $+z$-Richtung und 1/6 in $-z$-Richtung. Durch eine Ebene z = const (Bild 9-6) bewegen sich in $+z$-Richtung Moleküle (Teilchenstromdichte $n\bar{v}/6$; $\bar{v}$ mittlere thermische Geschwindigkeit), die im Durchschnitt in der Ebene $z - \lambda_c$ = const den letzten

Stoß erlitten haben und daher einen Strömungsimpuls $mv_x(z - \lambda_c)$ haben. Die mit diesem Teilchenstrom in $+z$-Richtung verbundene Impulsstromdichte ist also $n\bar{v}mv_x(z - \lambda_c)/6$. Entsprechendes gilt für die $-z$-Richtung. Für die Netto-Impulsstromdichte senkrecht zur Strömungsrichtung folgt daher analog zu (9-13) und (9-19)

$$j_{xz} = \frac{1}{6}n\bar{v}m\left[-2l_c\frac{\partial v_x}{\partial z}\right]. \qquad (9\text{-}25)$$

Der Vergleich mit (9-24) ergibt für die dynamische Viskosität von Gasen

$$\eta = \frac{1}{3}n\bar{v}ml_c\,. \qquad (9\text{-}26)$$

Da $l_c \sim n^{-1} \sim p^{-1}$ ist, ist die Viskosität von Gasen ebenso wie die Wärmeleitfähigkeit unabhängig vom Druck p, steigt aber wegen $\bar{v} \sim \sqrt{T}$ mit der Temperatur an. Auch hier gilt die Einschränkung, dass die Unabhängigkeit vom Druck nur so lange zutrifft, wie die mittlere freie Weglänge klein gegen die Abstände der begrenzenden Flächen ist. Für sehr kleine Gasdrücke geht dagegen die Viskosität nach null.

Zum anderen gilt für alle drei Transportkoeffizienten für Gase, dass die obigen Herleitungen nur gelten, solange die mittlere freie Weglänge groß gegen den Molekülradius ist, sodass nur Zweiteilchenstöße eine Rolle spielen. Trifft dies nicht mehr zu, etwa bei Flüssigkeiten, so sind die oben abgeleiteten Ausdrücke für die Transportkoeffizienten nicht mehr richtig. Beispielsweise nimmt die Viskosität bei Flüssigkeiten mit steigender Temperatur nicht zu (wie bei Gasen), sondern ab.

Für den Quotienten aus Wärmeleitfähigkeit und Viskosität von Gasen ergibt sich aus (9-21) und (9-26) nach Erweiterung mit der Avogadro-Konstanten N_A und unter Berücksichtigung von (8-43), (8-83) sowie von $kN_A = R$ und $mN_A = M$

$$\frac{\lambda}{\eta} = \frac{C_{mV}}{M}\,, \qquad (9\text{-}27)$$

die experimentell näherungsweise bestätigt wird. Abweichungen ergeben sich vor allem bei der Wärmeleitfähigkeit dadurch, dass bei der Ableitung in 9.3 die Verteilung der Molekülgeschwindigkeiten nicht berücksichtigt wurde, obwohl die schnellen Moleküle in der Verteilung für die Wärmeleitung besonders wichtig sind.

Laminare Strömung viskoser Flüssigkeiten an festen Grenzflächen

Strömungen ohne Wirbelbildung, bei denen die einzelnen Flüssigkeitsschichten sich nebeneinander bewegen, und die vorwiegend durch die Viskosität der Flüssigkeit bestimmt sind, werden *laminare* oder *schlichte Strömungen* genannt. Bei viskosen Strömungen entlang festen Grenzflächen kann angenommen werden, dass die an die festen Flächen angrenzenden Flüssigkeitsschichten an diesen haften. Für eine Flüssigkeitsschicht der Dicke D zwischen zwei Platten mit Lineardimensionen $L \gg D$ bildet sich nach (9-24) ein lineares Geschwindigkeitsgefälle aus, wenn die eine Platte parallel zur anderen mit einer Geschwindigkeit v_0 bewegt wird (Bild 9-7, siehe auch E 8.3.4).

Aus (9-24) folgt für die zur Aufrechterhaltung der Geschwindigkeit v_0 der oberen Platte gegen die Reibungskraft $\boldsymbol{F}_R = -\boldsymbol{F}$ notwendige Schubkraft $F = \tau_x A$

$$F = \eta A\frac{v_0}{D}\,. \qquad (9\text{-}28)$$

Bei einer gemäß Bild 9-7 bewegten Platte der Fläche A mit Abmessungen L (z. B. Schleppkahn der Länge L), die vergleichbar oder kleiner als D sind, wird die Dicke der Schicht mit etwa linearem Geschwindigkeitsgefälle begrenzt sein. Die bewegte Platte schleppt dann eine Grenzschicht mit sich, deren Dicke δ sich nach Prandtl mit folgender Überlegung abschätzen lässt: Für eine vorwiegend durch Reibung kontrollierte Strömung lässt sich annehmen, dass die Reibungsarbeit W_R größer als die kinetische Energie E_k der bewegten Flüssigkeit ist. Um eine Platte der Fläche A um ihre eigene Länge L zu verschieben, muss die Reibungsarbeit

$$W_R = \eta A\frac{v_0}{\delta}L \qquad (9\text{-}29)$$

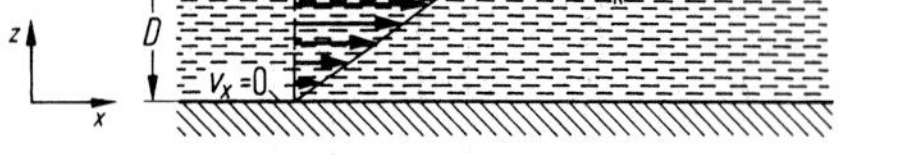

Bild 9-7. Lineares Geschwindigkeitsgefälle in einem fluiden Medium zwischen zwei gegeneinander bewegten Grenzflächen

aufgebracht werden. Die kinetische Energie der mitbewegten Flüssigkeitsmenge lässt sich durch Integration über alle schichtförmigen Massenelemente $dm = \varrho A\,dz$ mit der Geschwindigkeit $v = v_0 z/\delta$ zwischen $z = 0$ und $z = \delta$ bestimmen zu

$$E_k = \frac{1}{6} A\varrho\delta v_0^2 \,. \qquad (9\text{-}30)$$

Aus der Bedingung $W_R > E_k$ folgt dann für die Dicke der Grenzschicht der laminaren Strömung

$$\delta < \sqrt{6\frac{\eta L}{\varrho v_0}} \,. \qquad (9\text{-}31)$$

Außerhalb der Grenzschicht kann die Strömung in erster Näherung als ungestört (im betrachteten Falle also als ruhend) angenommen werden. Mit steigender Geschwindigkeit v_0 nimmt die Dicke der Grenzschicht ab. Zur Abschätzung des Strömungswiderstandes eines Schiffes oder eines Flugzeuges der Länge L kann angenommen werden, dass der umströmte Körper von einer Grenzschicht der Dicke $\delta \approx (\eta L/\varrho v_0)^{0,5}$ umgeben ist, innerhalb der die Strömungsgeschwindigkeit sich von v_0 etwa linear auf 0 ändert (vgl E 8.3.6).

Die Grenzschicht spielt eine wichtige Rolle bei realen Strömungen, wo sie die Bereiche angenähert idealer Strömung mit der Grenzbedingung der viskosen Strömung verknüpft, dass die unmittelbar an einem umströmten Körper angrenzende Flüssigkeit an diesem haftet (siehe 10.2).

Auch *Rohrströmungen* lassen sich mithilfe des Newton'schen Reibungsgesetzes (9-24) berechnen (siehe auch E 8.3.4):

Die durch die Viskosität bei an der Rohrwand haftender Flüssigkeit auftretende Reibungskraft muss im stationären Fall durch ein Druckgefälle $\Delta p = p_1 - p_2$ überwunden werden. Durch Integration von (9-24) ergibt sich ein parabelförmiges Strömungsgeschwindigkeitsprofil (Bild 9-8):

$$v = \frac{\Delta p}{4\eta l}(R^2 - r^2) \,. \qquad (9\text{-}32)$$

Die über die Querschnittsfläche des Rohres gemittelte Strömungsgeschwindigkeit ergibt sich aus (9-32) zu

$$\bar{v}_{\text{Rohr}} = \frac{\Delta p}{8\eta l} R^2 \,, \qquad (9\text{-}33)$$

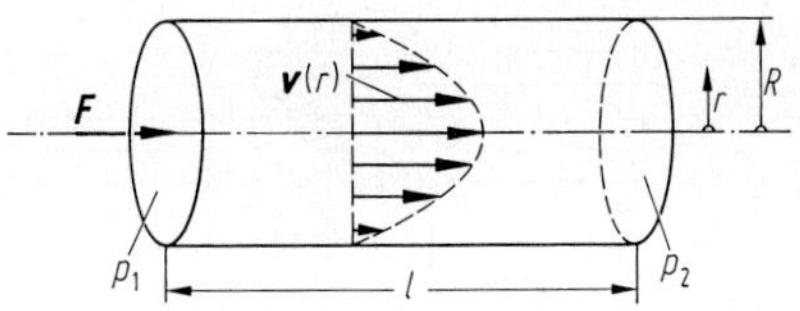

Bild 9-8. Laminare Strömung durch ein Rohr

die demnach halb so groß ist wie die sich aus (9-32) für $r = 0$ ergebende maximale Strömungsgeschwindigkeit. Daraus erhält man das in der Zeit t durch das Rohr strömende Flüssigkeitsvolumen, den Volumendurchsatz

$$Q = \frac{V}{t} = \frac{\pi\Delta p R^4}{8\eta l} \,, \qquad (9\text{-}34)$$

das *Gesetz von Hagen und Poiseuille* ,

das durch den starken Anstieg mit der 4. Potenz des Rohrradius R gekennzeichenet ist. Aus der Druckdifferenz Δp in (9-33) lässt sich der Reibungswiderstand bestimmen:

$$F_R = -8\pi\eta l \bar{v}_{\text{Rohr}} \,. \qquad (9\text{-}35)$$

Der Druckabfall in einem Rohr mit konstantem Querschnitt ist daher proportional zur Länge, wie sich experimentell leicht mittels Steigrohrmanometern zeigen lässt (Bild 9-9).

Bei der *laminaren Umströmung einer Kugel* durch eine viskose Flüssigkeit möge die Strömungsgeschwindigkeit im ungestörten Bereich v betragen. Die an die Kugeloberfläche angrenzende Flüssigkeitsschicht haftet an der Kugel, wodurch in einem Störungsbereich der Größenordnung r ein Geschwindigkeitsgefälle $dv/dz \approx v/r$ auftritt (Bild 9-10). An der Oberflä-

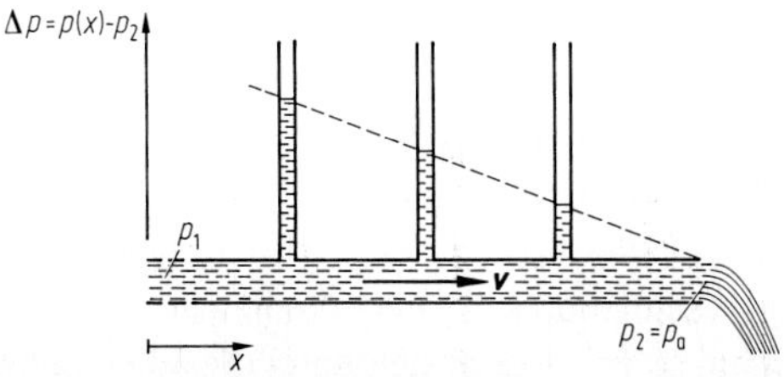

Bild 9-9. Linearer Druckabfall in einem Rohr mit konstantem Querschnitt

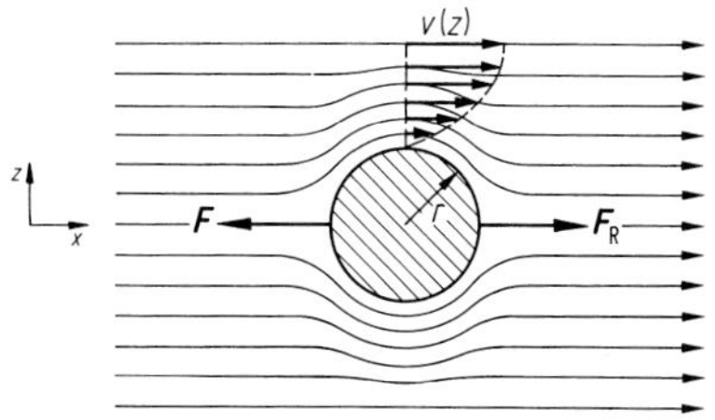

Bild 9-10. Viskose Umströmung einer Kugel

che $4\pi r^2$ der Kugel greift also nach (9-28) eine Reibungskraft

$$F_R \approx \eta 4\pi r^2 \frac{v}{r} = 4\pi\eta r v \qquad (9\text{-}36)$$

an, die durch eine entgegengesetzte äußere Kraft gleichen Betrages kompensiert werden muss, um die Kugel am Ort zu halten (Bild 9-10).

Da die Kugel in ihrer Umgebung den Strömungsquerschnitt für die Flüssigkeit einengt, ist in der Realität die Strömungsgeschwindigkeit in der Nachbarschaft der Kugel größer (Kontinuitätsgleichung, siehe 10.1), d. h., direkt angrenzend an die Kugel ist das Geschwindigkeitsgefälle größer als für (9-36) angenommen wurde. Die exakte, aufwändigere Theorie liefert daher einen etwas größeren Wert (vgl. E 8.3.4):

$$F_R = 6\pi\eta r v \qquad (9\text{-}37)$$

(*Stokes'sches Widerstandsgesetz* für die Kugel).

Laminare und turbulente Rohrströmung

Anstelle der laminaren Hagen-Poiseuille-Strömung (9-32) kann in einem Rohr auch ein anderer Strömungszustand auftreten, der durch unregelmäßige makroskopische Geschwindigkeitsschwankungen quer zur Hauptströmungsrichtung gekennzeichnet ist: *Turbulenz*. Reynolds hat dies durch Anfärbung eines Stromfadens in einer Rohrströmung gezeigt (Bild 9-11, siehe auch E 8.3.5):

Laminare Strömung: Bei niedrigen mittleren Strömungsgeschwindigkeiten $\bar{v}_{\text{Rohr}}$ strömt die Flüssigkeit in Schichten, die sich nicht vermischen.

Turbulente Strömung: Wird bei steigender Strömungsgeschwindigkeit ein Grenzwert $\bar{v}_{\text{crit}}$ überschritten, so überlagern sich unregelmäßige Schwankungen, benachbarte Schichten verwirbeln sich, die Strömung wird stärker vermischt. Das Strömungsprofil ändert sich von einem parabolischen bei der laminaren Strömung zu einem ausgeglicheneren bei der turbulenten Strömung, bei der nur in der Nähe der Wand die Strömungsgeschwindigkeit stark abfällt (Bild 9-11), siehe auch E 8.3.5.

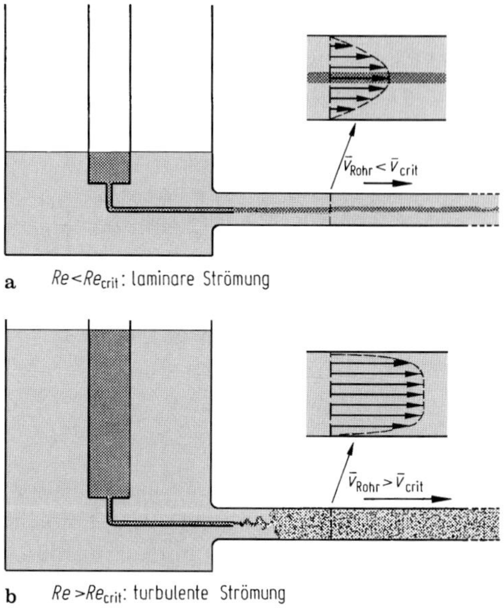

Bild 9-11. Reynolds'scher Strömungsversuch: **a** laminare und **b** turbulente Strömung

Der Umschlagpunkt zwischen laminarer und turbulenter Strömung hängt nicht nur von der Strömungsgeschwindigkeit $\bar{v}_{\text{Rohr}}$, sondern auch vom Radius R und von der kinematischen Viskosität $\nu = \eta/\varrho$ in der Weise ab, dass die dimensionslose Kombination dieser drei Größen ein Kriterium für den Strömungszustand darstellt (siehe auch E 8.3.2), die sog. *Reynolds-Zahl*

$$Re \equiv \frac{\bar{v}_{\text{Rohr}} R}{\nu} = \frac{\varrho \bar{v}_{\text{Rohr}} R}{\eta} . \qquad (9\text{-}38)$$

Für andere Strömungsgeometrien muss der Rohrradius R durch eine andere charakteristische Länge L ersetzt werden. Damit lautet das *Reynolds'sche Turbulenzkriterium*:

$$Re < Re_{\text{crit}} : \text{ laminare Strömung} , \qquad (9\text{-}39)$$
$$Re > Re_{\text{crit}} : \text{ turbulente Strömung} .$$

Die kritische Reynolds-Zahl Re_{crit} muss experimentell bestimmt werden. Für die Rohrströmung gilt $Re_{\text{crit}} \approx 1200$. Bei besonders sorgfältiger Vermeidung jeglicher Strömungsstörungen sind jedoch auch wesentlich höhere kritische Reynolds-Zahlen möglich. Die Reynolds-Zahl Re bestimmt ferner das Ähnlichkeitsgesetz für Strömungen (siehe 10.2).

Das Reynolds'sche Kriterium lässt sich anschaulich begründen aus dem Verhältnis zwischen Trägheitseinfluss (kinetische Energie $\sim \varrho v^2$) und Viskositätseinfluss (Reibungsarbeit $\sim \eta v/R$): Bei Störungen der laminaren Strömung treten Druckänderungen aufgrund des Trägheitseinflusses (Bernoulli-Gleichung, siehe 10.1) auf, die die Störung verstärken. Die allein trägheitsbestimmte Strömung ist daher instabil. Dem wirkt jedoch die Viskosität entgegen. Das Einsetzen der Turbulenz hängt danach vom Verhältnis der beiden Einflüsse ab, d. h. von

$$\frac{\text{Trägheitseinfluss}}{\text{Reibungseinfluss}} \sim \frac{\varrho v^2}{\eta v/R} = \frac{\varrho R v}{\eta} = Re\,. \quad (9\text{-}40)$$

Nach dem Umschlag zur Turbulenz wächst der Strömungswiderstand nicht mehr linear zur Strömungsgeschwindigkeit v an, wie bei der laminaren Strömung (z. B. (9-35) oder (9-37)) sondern mit v^2 (siehe 10.2), also wesentlich stärker. Turbulente Strömung muss also dort vermieden werden, wo es auf minimalen Strömungswiderstand ankommt (Blutkreislauf, Pipelines). Bei Heizungs- oder Kühlröhren ist dagegen Turbulenz erwünscht wegen des besseren Wärmeaustausches zwischen Flüssigkeit und Wand.

10 Hydro- und Aerodynamik

In der Hydro- bzw. Aerodynamik werden die Bewegungsgesetze von Flüssigkeiten und Gasen, d. h. der sogenannten *Fluide* behandelt, sowie die Wechselwirkung der strömenden Fluide mit umströmten festen Körpern oder mit berandenden festen Wänden. Die Fluide werden dabei als kontinuierliche Medien betrachtet, die den verfügbaren Raum erfüllen. Flüssigkeiten und Gase unterscheiden sich im Sinne der Hydrodynamik lediglich durch die Druckabhängigkeit ihrer Dichte: Flüssigkeiten sind praktisch inkompressibel (z. B. Wasser ca. 4% Volumenverringerung bei Druckerhöhung um 1000 bar), bei Gasen ist die Dichte eine Funktion des Druckes.

Für jedes Massenelement gilt die Newton'sche Bewegungsgleichung (3-4) bzw. (3-5), wonach die Beschleunigung aus der Summe der angreifenden Kräfte resultiert. Dazu zählen

- Volumenkräfte, das sind äußere Kräfte, die dem Volumen (der Masse) des Flüssigkeitselementes proportional sind (z. B. Schwerkraft),
- Druckkräfte, die auf ein Flüssigkeitselement durch benachbarte Elemente infolge eines Druckgefälles ausgeübt werden, und die senkrecht auf die Oberfläche des betrachteten Elementes wirken,
- Reibungskräfte, die tangential zur Oberfläche des betrachteten Flüssigkeitselementes wirken (Schub- bzw. Scherkräfte, siehe 9.4).

Unter Berücksichtigung dieser Anteile erhält man aus der Newton'schen Bewegungsgleichung die *Navier-Stokes'schen Gleichungen* (vgl. E 8.3.1, E 8.3.3). Hier sollen nur einige Sonderfälle betrachtet werden, bei denen zum leichteren Verständnis der Grundphänomene und zur Vereinfachung bestimmte Vernachlässigungen vorgenommen werden:

1. *Laminare Strömungen*: Hier werden äußere Volumenkräfte und Massenträgheitskräfte vernachlässigt. Das Strömungsverhalten wird allein durch die Reibungskräfte bestimmt. Die stationäre viskose Strömung wurde bereits in 9.4 behandelt.
2. *Turbulente Strömungen*: Hier sind die Massenträgheitskräfte von größerem Einfluss als die Reibungskräfte, siehe 9.4, Reynolds-Kriterium. Über einzelne Aspekte der Wirbelbildung siehe 10.2.
3. *Strömungen idealer Flüssigkeiten*: Hier werden die Reibungskräfte vernachlässigt. Auf diesen Fall lassen sich viele Gesetze der Potenzialtheorie übertragen: *Potenzialströmung* = wirbel- und quellenfreie Strömung. Potenzialströmungen in inkompressiblen Medien lassen sich beliebig überlagern. Aus den Navier-Stokes'schen Gleichungen werden dann die *Euler'schen Bewegungsgleichungen* (siehe E 8.2.2). Durch Integration der Euler'schen Bewegungsgleichung längs einer Stromlinie erhält man die *Bernoulli-Gleichung*, die sich auch aus einfachen Grundannahmen herleiten lässt und viele Strömungsphänomene erklärt (10.1). Über die Änderungen, die durch die Viskosität bei der Beschreibung von Strömungen realer Flüssigkeiten bedingt sind, siehe 10.2.

Das Strömungsfeld kann durch Stromlinien und durch Bahnlinien beschrieben werden. Die Tangenten der Stromlinien geben die Geometrie des Geschwindigkeitsfeldes wieder. Die Bahnlinien beschreiben den

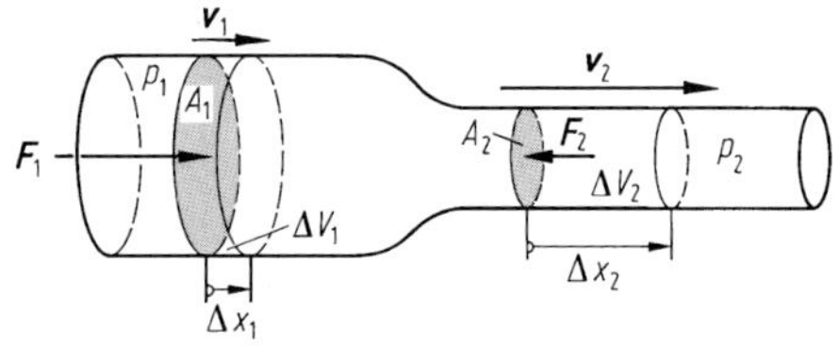

Bild 10-1. Zur Herleitung der Kontinuitätsgleichung und der Bernoulli-Gleichung

Weg der einzelnen Flüssigkeitselemente. Für stationäre Strömungen sind Strom und Bahnlinien identisch (E 8.1.1). Sie können in Flüssigkeiten durch Anfärben oder in Gasen mittels Rauchinjektionen sichtbar gemacht werden.

10.1 Strömungen idealer Flüssigkeiten

Um bestimmte Gesetzmäßigkeiten strömender Flüssigkeiten einfacher zu erkennen, werde zunächst von der Reibung, d. h. von der Viskosität ganz abgesehen und die stationäre Strömung einer idealen Flüssigkeit der Dichte ϱ durch ein Rohr mit örtlich variablem Querschnitt A betrachtet (Bild 10-1).

Für den stationären Zustand fordert die Massenerhaltung, dass der Massendurchsatz für jeden Querschnitt (z. B. für A_1 und A_2) gleich ist, sofern zwischen A_1 und A_2 keine Quellen oder Senken vorhanden sind. Daraus folgt die *Kontinuitätsgleichung*

$$\varrho_1 A_1 v_1 = \varrho_2 A_2 v_2 \qquad (10\text{-}1)$$

und für inkompressible Flüssigkeiten ($\varrho_1 = \varrho_2 = \varrho$)

$$A_1 v_1 = A_2 v_2 \quad \text{bzw.} \quad \Delta V_1 = \Delta V_2 = \Delta V\,. \qquad (10\text{-}2)$$

In engeren Querschnitten ist also die Strömungsgeschwindigkeit größer als in weiten Querschnitten. Zwischen A_1 und A_2 findet daher eine Beschleunigung, eine Erhöhung der kinetischen Energie E_k statt, die durch ein Druckgefälle mit $p_1 > p_2$ bewirkt werden muss. Die Arbeit ΔW, die dabei zur Beschleunigung aufgewandt werden muss, beträgt unter Berücksichtigung der Kontinuitätsgleichung (10-2)

$$\Delta W = F_1 \Delta x_1 - F_2 \Delta x_2 = (p_1 - p_2)\Delta V\,. \qquad (10\text{-}3)$$

Der Energiesatz $\Delta W = E_{k2} - E_{k1}$ liefert dann mit (4-8) und (10-3) entlang einer Stromlinie:

$$p_1 + \frac{1}{2}\varrho v_1^2 = p_2 + \frac{1}{2}\varrho v_2^2 = \text{const}\,. \qquad (10\text{-}4)$$

Bei einem im Schwerefeld geneigt stehenden Rohr muss außerdem die Änderung der potenziellen Energie mgz aufgebracht werden, wodurch als weiteres Glied in (10-4) der hydrostatische Druck ϱgz auftritt. Die Druckbilanz für jeden Punkt einer Stromlinie lautet damit (*Bernoulli-Gleichung*)

$$p + \frac{1}{2}\varrho v^2 + \varrho gz = \text{const} = p_{\text{tot}}\,. \qquad (10\text{-}5)$$

> Entlang einer Stromlinie ist die Summe aus statischem Druck p, dynamischem Druck (Staudruck) $p_{\text{dyn}} = \varrho v^2/2$ und Schweredruck ϱgz konstant und gleich dem Gesamtdruck p_{tot}. (Die Koordinate z kann auch durch $-h$ ersetzt werden, wenn h die Tiefe unter der Flüssigkeitsoberfläche darstellt.)

Obwohl für inkompressible ideale Flüssigkeiten hergeleitet, gilt die Bernoulli-Gleichung näherungsweise auch für reale Flüssigkeiten, und in Grenzen auch für Gase, da deren Kompressibilität sich erst für Strömungsgeschwindigkeiten in der Nähe der Schallgeschwindigkeit erheblich bemerkbar macht. Längs einer Stromlinie gilt sie sowohl für wirbelfreie als auch für wirbelhafte Strömungen. Der Gesamtdruck p_{tot} ist jedoch nur bei wirbelfreien Strömungen für alle Stromlinien gleich.

Die Messung von Gesamtdruck p_{tot}, statischem Druck p und dynamischem (Stau-)Druck $p_{\text{dyn}} = \varrho v^2/2$ lässt sich z. B. mit U-Rohr-Manometern durchführen (vgl. E 8.1.3). Dabei wird der Gesamtdruck gemessen, wenn die Strömung senkrecht auf die Messöffnung trifft und $v = 0$ wird (Pitotrohr, Bild E 8.6c), der statische Druck, wenn die Messöffnung tangential an einer Stelle ungestörter Strömung liegt (Drucksonde, Bild E 8-6b). Die Differenz dieser beiden Drucke ergibt den dynamischen Druck und wird mit dem Prandtl'schen Staurohr gemessen (Bild E 8-6d, Anwendung: Geschwindigkeitsbestimmung).

Einige Beispiele für die Anwendung der Bernoulli-Gleichung (weitere in E 8.1.3):

Ausfluss aus einem Druckgefäß

Die Ausflussgeschwindigkeit v aus einer engen Öffnung (Querschnitt A) eines Gefäßes, in dem durch einen Kolben (Querschnitt A_K) ein Überdruck Δp gegenüber dem Außendruck p_a aufrechterhalten wird (Bild 10-2), lässt sich mithilfe des Energiesatzes oder

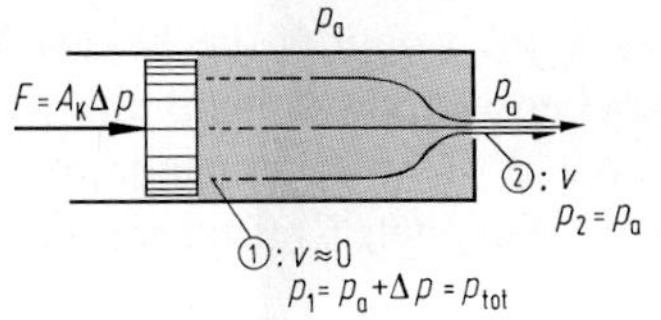

Bild 10-2. Ausströmung aus einem Druckgefäß

einfacher aus der Bernoulli-Gleichung berechnen. Aufgrund der Kontinuitätsgleichung (10-2) und wegen $A_K \gg A$ kann die Strömungsgeschwindigkeit in Kolbennähe vernachlässigt werden. Für eine Stromlinie, die in Kolbennähe (1: statischer Druck $p_1 = p_a + \Delta p$) beginnt und durch die Ausflussöffnung (2: statischer Druck $p_2 = p_a$) geht, gilt dann nach Bernoulli (10-4)

$$p_a + \Delta p = p_a + \frac{1}{2}\varrho v^2 \quad \text{bzw.} \quad v = \sqrt{\frac{2\Delta p}{\varrho}} \,. \qquad (10\text{-}6)$$

Für zwei verschiedene Gase bei gleichem Druck und gleicher Temperatur folgt aus der allgemeinen Gasgleichung (8-26) und mit $V_m = M/\varrho$, dass die molare Masse $M \sim \varrho$ ist. Aus (10-6) ergibt sich damit

$$\frac{v_1}{v_2} = \sqrt{\frac{\varrho_2}{\varrho_1}} = \sqrt{\frac{M_2}{M_1}} \,. \qquad (10\text{-}7)$$

Anwendung: Effusiometer von Bunsen zur Molmassenbestimmung.

Wird der Druck im Gefäß nicht durch einen Kolben erzeugt, sondern durch die Schwerkraft (Bild E 8-8), so muss Δp in (10-6) durch den hydrostatischen Druck ϱg ersetzt werden:

$$v = \sqrt{2gh} \,, \qquad (10\text{-}8)$$

d. h., bei Vernachlässigung der Viskosität strömt die Flüssigkeit in der Tiefe h unter der Flüssigkeitsoberfläche aus einer Öffnung mit der gleichen Geschwindigkeit aus, als ob sie die Strecke h frei durchfallen hätte, vgl. (4-26): Torricelli'sches Ausströmgesetz, vgl. E 8.1.3.

Strömung durch Querschnittsverengungen

In Querschnittseinschnürungen von Rohren ($A_0 \to A_e$) erhöht sich nach der Kontinuitätsgleichung (10-2) die Strömungsgeschwindigkeit von v_0 auf $v_e = v_0 A_0 / A_e$. Infolgedessen ist nach der Bernoulli-Gleichung dort der statische Druck p_e geringer als im Normalquerschnitt des Rohres (p_0). Dies lässt sich experimentell durch Steigrohrmanometer zeigen (Bild 10-3), wobei bei realen Flüssigkeiten der lineare Druckabfall aufgrund der inneren Reibung überlagert ist (Bild 9-9). Sieht man in der unmittelbaren Nachbarschaft der Verengung vom Druckabfall durch die innere Reibung ab, so ergibt sich aus der Bernoulli'schen Gleichung (10-4) für die lokale Druckerniedrigung

$$\Delta p = p_0 - p_e = \frac{1}{2}\varrho\left(v_e^2 - v_0^2\right) = \frac{1}{2}\varrho v_0^2\left[\left(\frac{A_0}{A_e}\right)^2 - 1\right] . \qquad (10\text{-}9)$$

Für $A_e \ll A_0$ folgt daraus

$$p_e \approx p_0 - \frac{1}{2}\varrho v_0^2\left(\frac{A_0}{A_e}\right)^2 , \qquad (10\text{-}10)$$

d. h., bei genügend großem Querschnittsverhältnis A_0/A_e kann der statische Druck p_e in der Verengung auch kleiner als der Außendruck p_a werden. Dann verschwindet die Flüssigkeitssäule über der Verengung (Bild 10-3) völlig und es entsteht ein Unterdruck, das Steigrohr saugt aus der Umgebung Gas oder Flüssigkeit an, es wirkt als Pumpe. Das ist das Prinzip der *Wasser-* und *Dampfstrahlpumpen*, der Zerstäuber und Spritzpistolen, des Bunsenbrenners usw.

Eine Differenzmessung der statischen Drücke in und außerhalb der Verengung z. B. mit einem U-Rohrmanometer erlaubt mit (10-9) auch die Bestimmung der Strömungsgeschwindigkeit v_0 im Rohr: *Venturirohr* (vgl. E 8.1.3, Bild E 8-7).

Kavitation

Sinkt bei einer Strömung durch eine Rohrverengung (oder bei einem sehr schnell durch eine Flüssigkeit bewegten Körper) der statische Druck p_e lokal unter den Dampfdruck der Flüssigkeit p_d (siehe 8.4),

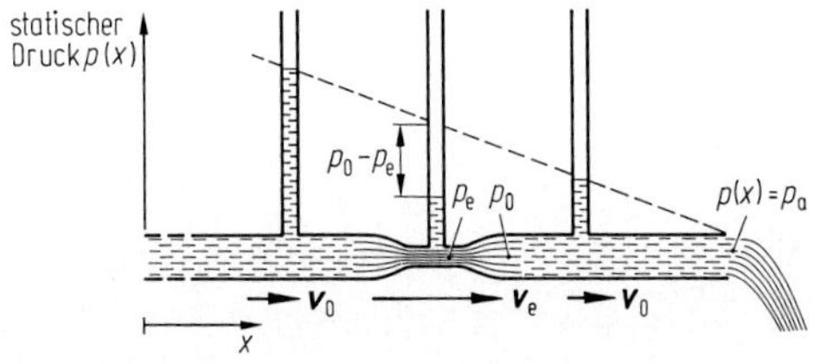

Bild 10-3. Druckerniedrigung in Rohrverengung

so treten Dampfblasen auf, die in dahinterliegenden Strömungsbereichen mit höherem Druck implosionsartig wieder in sich zusammenfallen. Die entstehenden Druckstöße führen zu Zerstörungen angrenzender Oberflächen (Schiffsschrauben, Turbinen). Zur Vermeidung der Kavitation muss die Bedingung

$$p_e = p_{tot} - \frac{\varrho}{2} v_e^2 > p_d \qquad (10\text{-}11)$$

eingehalten werden. Daraus ergibt sich als kritische Geschwindigkeit, oberhalb der Kavitation auftritt,

$$v_{crit} = \sqrt{\frac{2(p_{tot} - p_d)}{\varrho}} \, . \qquad (10\text{-}12)$$

Wandkräfte in Strömungen

Der statische Druck p_0 in freien Strömungen ist etwa gleich dem Druck p_a des umgebenden, ruhenden Mediums. Wird eine solche Strömung durch Wände eingeengt, so hat der dadurch dort verringerte statische Druck p_e oft unerwartete Kräfte auf die strömungsbegrenzenden Wände zur Folge. Wird z. B. eine Strömung durch bewegliche, gewölbte Flächen eingeengt (Bild 10-4), so entsteht eine Druckdifferenz Δp zwischen dem verringerten statischen Druck p_e und dem äußeren Druck p_a, wodurch die beiden Wände zusammengetrieben werden. Solche unerwarteten Seitenkräfte sind z. B. bei nebeneinander mit hoher Geschwindigkeit fahrenden Kraftfahrzeugen zu beachten.

Ähnlich unerwartet ist der als hydrodynamisches Paradoxon bezeichnete Effekt: Ein Gas- oder Flüssigkeitsstrahl, der aus einem Rohr gegen eine quergestellte, bewegliche Platte strömt (Bild 10-5), drückt diese nicht weg, sondern zieht sie im Gegenteil sogar an, weil die im zentralen Bereich hohe Strömungsgeschwindigkeit einen kleineren statischen Druck p_i erzeugt als die geringe Strömungsgeschwindigkeit am Rande, wo der dort höhere statische Druck p_0 etwa dem Außendruck p_a entspricht. Im zentralen Bereich entsteht daher eine Druckdifferenz $\Delta p = p_a - p_i$, die die bewegliche Platte auf die Rohröffnung zutreibt.

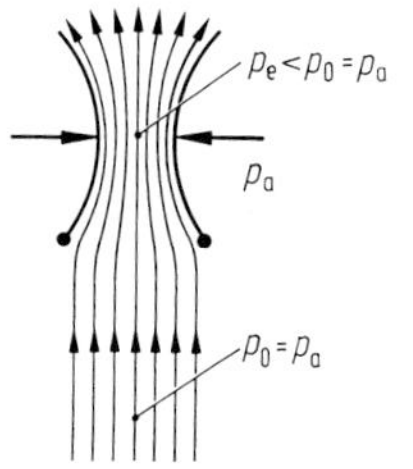

Bild 10-4. Seitenkräfte auf strömungseinengende Flächen

Umströmte Körper in idealer Flüssigkeit

Bei der Umströmung eines Körpers, der symmetrisch zu einer Ebene parallel zu den ungestörten Stromlinien geformt ist (Kugel, Zylinder, Platte quer oder längs usw., Bilder 10-6 und 10-7), weichen die Stromlinien symmetrisch zu dieser Ebene aus. Die Stromlinie, die die Trennungslinie zwischen den beiden Strömungsbereichen darstellt, die den Körper auf entgegengesetzten Seiten umströmen, heißt Staulinie. Sie stößt auf der Anströmseite senkrecht auf die Körperoberfläche und startet auf der Rückseite ebenfalls senkrecht von der Körperoberfläche (Bild 10-6). An diesen Stellen, den Staupunkten, ist die Strömungsgeschwindigkeit $v = 0$, der dynamische Druck verschwindet demzufolge, und der statische Druck p_{stat} wird gleich dem Gesamtdruck p_{tot}: $p = p_{stat} = p_{tot}$. Am Äquator (Kugel, Bild 10-6) ist hingegen die Strömungsgeschwin-

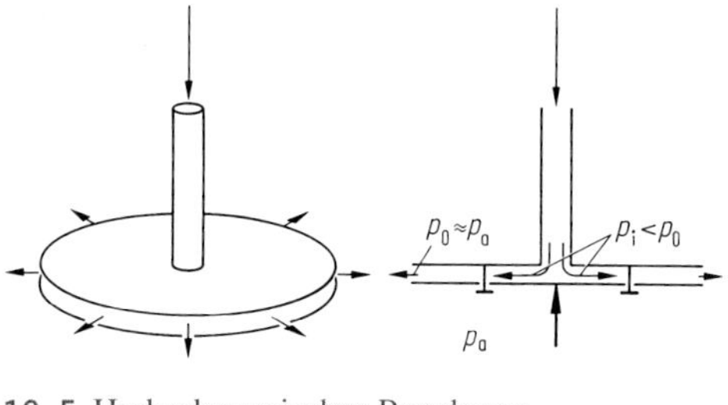

Bild 10-5. Hydrodynamisches Paradoxon

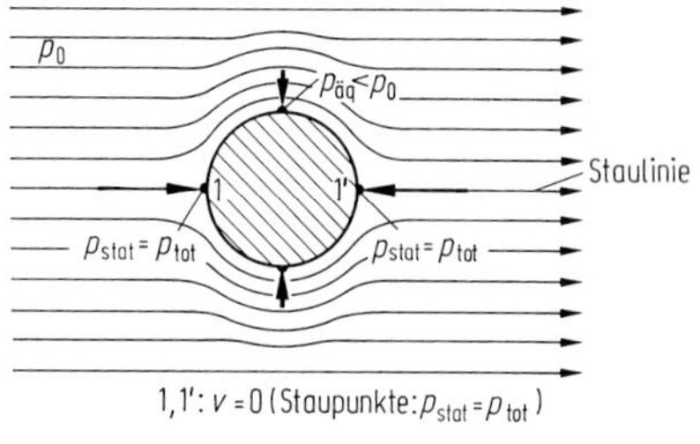

Bild 10-6. Umströmung einer Kugel (ähnlich Zylinder)

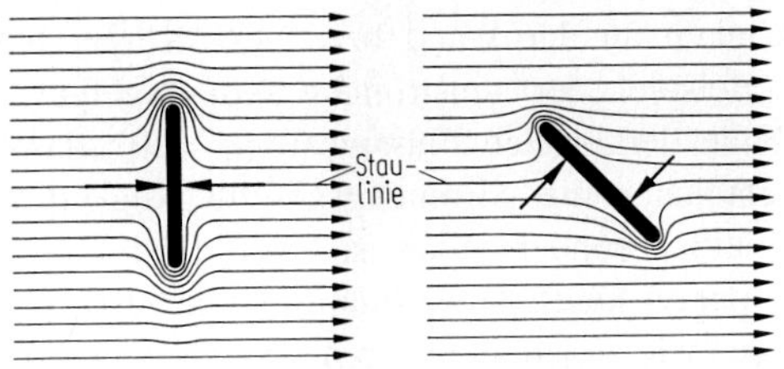

Bild 10-7. Symmetrische und unsymmetrische Umströmung einer Platte

digkeit maximal und der statische Druck $p_{äq}$ ein Minimum, kleiner als der statische Druck p_0 im ungestörten Strömungsbereich. Bei symmetrischer Umströmung liegen die Staupunkte gegenüber, ebenso die Stellen niedrigsten Druckes. Die Druck- und Kraftverteilung ist daher vollständig symmetrisch, die resultierende Kraft auf den umströmten Körper verschwindet. Das heißt, symmetrisch geformte und orientierte Körper erfahren in einer Strömung einer idealen Flüssigkeit keine resultierende Kraft, bzw. sie lassen sich widerstandslos durch eine ideale Flüssigkeit ziehen. Dieses im Widerspruch zur Erfahrung bei realen Flüssigkeiten stehende Ergebnis muss deshalb modifiziert werden (siehe 10.2).

Bei unsymmetrisch geformten und/oder orientierten Körpern, z. B. einer schräg in der Strömung orientierten Platte (Bild 10-7), verschieben sich die Staupunkte gegeneinander. Die aus der Asymmetrie folgende Druckverteilung bewirkt das Auftreten eines resultierenden Kräftepaars und damit eines Drehmomentes, das den Körper soweit dreht, bis das Drehmoment verschwindet, d. h. die Platte senkrecht zur Strömung orientiert ist. Dieser Effekt lässt sich zur Bestimmung der Teilchengeschwindigkeit in Longitudinalwellen (Schallschnelle) durch Messen des Drehmomentes ausnutzen (Rayleigh-Scheibe).

Wirbel in idealen Flüssigkeiten

Wirbel sind rotierende Flüssigkeitsbewegungen mit in sich geschlossenen Stromlinien. Sie bestehen aus einem Wirbelkern mit dem Radius r_0, in dem im Idealfall (Rankine-Wirbel) die Flüssigkeit wie ein fester Körper mit einheitlicher Winkelgeschwindigkeit ω rotiert. Er ist umgeben von einer sog. Zirkulationsströmung, in der die Geschwindigkeit nach außen abnimmt, z. B. umgekehrt proportional

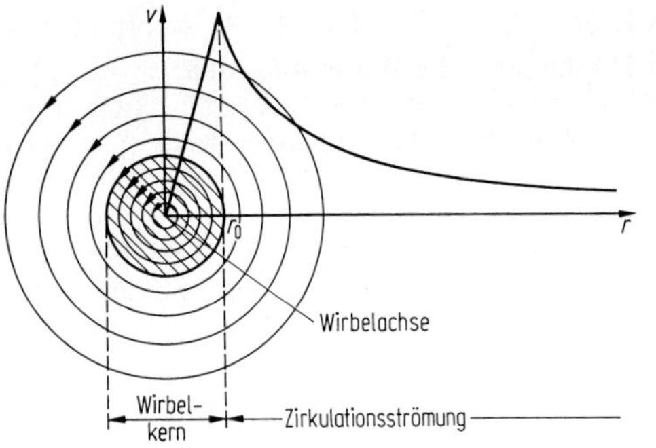

Bild 10-8. Aufbau eines Wirbels

zum Abstand r von der Wirbelachse (Bild 10-8, siehe auch E 8.1.3):

$$\text{Wirbelkern}: \quad r < r_0: \; v = \omega r\,, \qquad (10\text{-}13)$$

$$\text{Zirkulationsströmung}: r > r_0: \; v = \frac{k}{r} = \frac{\omega r_0^2}{r}\,. \qquad (10\text{-}14)$$

Das Produkt aus Querschnittsfläche $A = \pi r_0^2$ des Wirbelkerns und seiner Winkelgeschwindigkeit ω heißt

$$\text{Wirbelintensität}: \quad J = A\omega = \pi\omega r_0^2\,. \qquad (10\text{-}15)$$

Eine Größe, die eine Aussage über Wirbelzustände in einer Strömung macht, ist die *Zirkulation*

$$\Gamma \equiv \oint_C \boldsymbol{v} \cdot \mathrm{d}\boldsymbol{s}\,. \qquad (10\text{-}16)$$

Schließt der Integrationsweg auch Wirbelkerne oder Teile davon ein, so ist die Zirkulation $\Gamma \neq 0$. Das trifft z. B. auch für viskose laminare Strömungen zu, etwa bei Bild 9-7. Solche Strömungen sind also wirbelbehaftet. Dagegen ist die Zirkulation in Strömungen idealer Flüssigkeiten außerhalb von Wirbelkernen null, wenn der Integrationsweg den Wirbelkern nicht umschließt, also auch in der Zirkulationsströmung, die den Wirbelkern umgibt. Die Aussage $\Gamma = 0$ ist gleichbedeutend mit der Aussage, dass die Rotation von $\boldsymbol{v}$ (vgl. A 17.3) verschwindet (rot $\boldsymbol{v} = 0$). Eine solche Strömung wird daher als wirbelfrei oder rotationsfrei bezeichnet. Da man sie dann mit Methoden der Potenzialtheorie beschreiben kann, wird sie auch *Potenzialströmung* genannt.

Wird die Zirkulation längs einer Linie gebildet, die den Wirbelkern vollständig umschließt, z. B. längs eines Kreises mit $r > r_0$ (Bild 10-8), so ergibt sich mit (10-15) die doppelte Wirbelintensität:

$$\Gamma = \oint_C \boldsymbol{v} \cdot \mathrm{d}\boldsymbol{s} = 2\Delta\omega r_0^2 = 2J \,. \qquad (10\text{-}17)$$

Der Zirkulationsbegriff ist wichtig zur Beschreibung von Kräften auf umströmte Körper, die quer zur Strömungsrichtung wirken (Magnus-Effekt, Flugauftrieb usw., siehe E 8.2.4).

Auf Helmholtz gehen die folgenden allgemeinen Aussagen über Wirbelströmungen in idealen Flüssigkeiten zurück (*Helmholtz'sche Wirbelsätze*):

1. Satz von der räumlichen Konstanz der Wirbelintensität: Die Zirkulation Γ ist für jeden Querschnitt A senkrecht zur Wirbelachse konstant. Im Innern der Flüssigkeit können daher keine Wirbel beginnen oder enden: Wirbelachsen enden stets an Grenzflächen der Flüssigkeit (Wände, freie Oberflächen) oder sind in sich geschlossen (Wirbelringe).
2. Eine Wirbelröhre besteht dauernd aus denselben Flüssigkeitsteilchen: Wirbel haften an der Materie.
3. Satz von der zeitlichen Konstanz der Wirbelintensität: Die Zirkulation einer Wirbelröhre bleibt zeitlich konstant. In idealer, reibungsfreier Flüssigkeit können daher Wirbel weder entstehen noch verschwinden.

Die Wirbelsätze gelten angenähert auch für Fluide mit geringer Viskosität (z. B. für die Atmosphäre). Ändert sich der Wirbelquerschnitt A örtlich oder zeitlich, so ändert sich wegen der Konstanz der Wirbelintensität die Winkelgeschwindigkeit ω gemäß (10-15) und (10-17) umgekehrt proportional zu A. Die Einschnürung eines atmosphärischen Tiefdruckwirbels kann daher zu sehr hohen Windstärken führen.

10.2 Strömungen realer Flüssigkeiten

Strömungen realer Flüssigkeiten können näherungsweise umso besser durch die Bernoulli-Gleichung (10-4) oder (10-5) als Strömung idealer Flüssigkeiten beschrieben werden, je kleiner die dynamische Viskosität η ist. Diese Näherung versagt jedoch in der unmittelbaren Nachbarschaft einer angrenzenden Wand oder eines umströmten Körpers wegen der Grenzbedingung der viskosen Strömung, wonach die unmittelbar angrenzende Flüssigkeit an der Wand bzw. dem Körper haftet. Am Beispiel der umströmten Kugel zeigte sich im Falle der idealen Flüssigkeit ($\eta = 0$), dass am Kugeläquator die Strömungsgeschwindigkeit nach Bernoulli besonders hoch ist (10.1, Bild 10-6). Im Falle der viskosen Umströmung (siehe 9.4) ist hier dagegen wie an jedem anderen Oberflächenpunkt die Strömungsgeschwindigkeit 0!

Dieser Widerspruch löst sich nach Prandtl durch Berücksichtigung der Viskosität innerhalb einer Grenzschicht (siehe 9.4), in der die lokale Strömungsgeschwindigkeit von null an der Wand bzw. am Körper mit steigendem Abstand anfangs etwa linear bis auf den Wert in der daran angrenzenden Potenzialströmung ansteigt (Bild 10-9). Die Dicke dieser Grenzschicht kann nach (9-31) abgeschätzt werden. Sie ist umso dünner, je kleiner die Viskosität und je größer die Strömungsgeschwindigkeit in der Potenzialströmung ist.

Die Änderung der Strömungsverhältnisse beim Übergang von der reibungsfreien, idealen Strömung zur Strömung in einer realen (nicht zu zähen) Flüssigkeit sei am Beispiel der Zylinderumströmung betrachtet (Bild 10-10).

Auf der Anströmseite entspricht das Strömungsbild qualitativ demjenigen der Potenzialströmung (ähnlich Bild 10-6), wobei zusätzlich die viskose Grenzschicht zwischen der Zylinderoberfläche und der Potenzialströmung anzunehmen ist. Ein Flüssigkeitselement, das dicht an der Staulinie entlangströmt und in die Grenzschicht gelangt, wird von dem Druckgefälle zwischen Staupunkt und dem Punkt maximaler Strömungsverdrängung beschleunigt. Aufgrund der Viskosität in der Grenzschicht erreicht es jedoch nicht die kinetische Energie, die erforderlich wäre, um das Flüssigkeitselement gegen den Druckanstieg

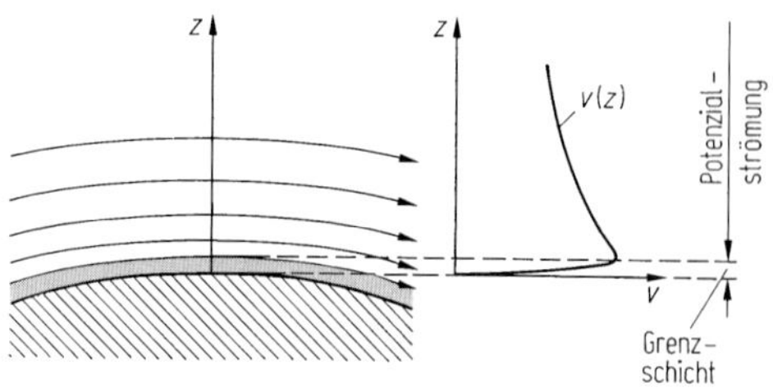

Bild 10-9. Prandtl'sche Grenzschicht als Übergang zwischen viskoser Wandhaftung und idealer Strömung

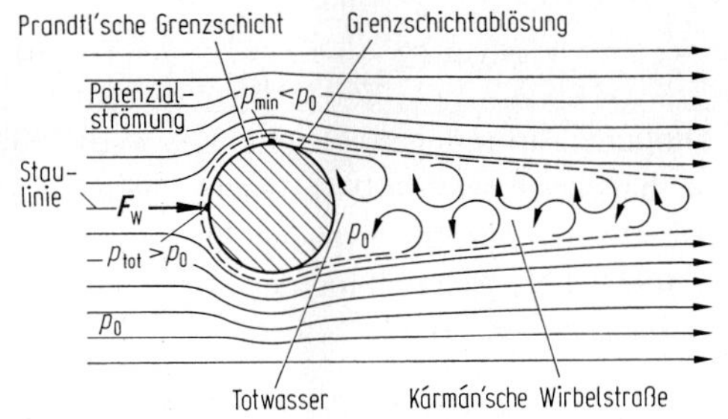

Bild 10-10. Umströmung eines Zylinders in einer realen Flüssigkeit

auf der Rückseite des Zylinders wieder bis in die Nähe des hinteren Staupunktes zu bringen, es kommt vielmehr schon vorher zur Ruhe bzw. wird von weiter außen liegenden Stromfäden mitgenommen: *Grenzschichtablösung* (siehe auch E 8.3.6). Die abgelösten Grenzschichten auf beiden Seiten umschließen das *Totwassergebiet* direkt hinter dem umströmten Körper, in dem die Bernoulli-Gleichung nicht angewandt werden kann. Zwischen Totwasser und äußerer Potenzialströmung bilden sich Wirbel aus, wobei mit zunehmender Reynolds-Zahl (9-38) sich zunächst zwei Wirbel entgegengesetzten Drehsinns (Drehimpulserhaltung) hinter dem Körper ausbilden. Bei höheren Reynolds-Zahlen werden diese Wirbel abwechselnd von der Strömung mitgenommen, es entsteht die *Kármán'sche Wirbelstraße* (Bild 10-10). Die Wirbel sorgen auch für einen Druckausgleich zwischen dem statischen Druck p_0 der ungestörten Strömung und der hinteren, an das Totwasser angrenzenden Körperoberfläche. Auf der Anströmseite herrscht dagegen der Gesamtdruck P_{tot} der Potenzialströmung, sodass auf einen beliebigen umströmten Körper eine maximale Druckdifferenz

$$\Delta p = p_{tot} - p_0 = \frac{1}{2}\varrho v_0^2 \qquad (10\text{-}18)$$

wirkt, die zu einer Widerstandskraft

$$F_W = c_W A \Delta p = \frac{1}{2} c_W A \varrho v_0^2 \qquad (10\text{-}19)$$

führt (siehe auch E 8.4.2). Hierin ist A die der Strömung dargebotene Querschnittsfläche des Körpers und c_W ein dimensionsloser Widerstandsbeiwert, der von der Form des umströmten Körpers abhängt (Bild 10-11). Er berücksichtigt einerseits, dass der statische Druck auf der Anströmseite nur am Staupunkt gleich dem Gesamtdruck ist, und andererseits die von der Körperform abhängige Stärke der Wirbelbildung, deren Energie der Strömungsenergie entnommen werden muss und ebenfalls zu einem Strömungswiderstandsanteil führt. Bei gleichem Querschnitt A ist der Strömungswiderstand am kleinsten, wenn die Wirbelbildung unterdrückt wird. Dies kann dadurch geschehen, dass das Totwasser- und Wirbelgebiet durch den Körper selbst ausgefüllt wird: „Stromlinienkörper". Hierfür ist daher der Widerstandsbeiwert besonders klein (Bild 10-11; weitere Werte in Tabelle E 8-2). Im Gegensatz zur linearen Abhängigkeit des Strömungswiderstandes von der Geschwindigkeit bei der laminaren Strömung für kleine v_0, (9-28), (9-35) und (9-37), ist nach (10-19) bei der turbulenten Strömung für größere v_0 der Strömungswiderstand proportional zum Quadrat der Strömungsgeschwindigkeit.

Bild 10-11. Widerstandsbeiwerte verschiedener Strömungskörper

Hydrodynamisch ähnliche Strömungen

Die exakte Berechnung des Strömungswiderstandes ist bereits bei einfachen Körpern mathematisch extrem aufwändig, sodass Strömungswiderstände im Allgemeinen experimentell bestimmt werden müssen. Bei extremen Abmessungen der zu untersuchenden Körper (Flugzeuge, Schiffe, Kühltürme) müssen solche Messungen an verkleinerten Modellen durchgeführt werden. Die geometrische Ähnlichkeit zwischen Original- und Modellkörper reicht jedoch hinsichtlich des Strömungsverhaltens noch nicht. Es müssen auch die auftretenden Energieformen (kinetische Energie, Reibungsarbeit) bei der Originalströmung und bei der Modellströmung im gleichen Verhältnis zueinander stehen. Dieses Verhältnis wird aber gerade durch die Reynolds-Zahl (9-38) gekennzeichnet. Daher gilt: Zwei Strömungsvorgänge sind hydrodynamisch ähnlich, wenn ihre Reynolds-Zahlen

$$Re = \frac{\varrho L v}{\eta} \qquad (10\text{-}20)$$

gleich sind. L ist hierin eine charakteristische Länge der Strömungsgeometrie, etwa der Rohrradius bei der

Strömung durch ein Rohr oder der Kugelradius bei der Kugelumströmung.
Setzt man beispielsweise für die Reibungskraft bei der laminaren Kugelumströmung gemäß (9-37) formal die Beziehung (10-19) an, so erhält man aus dem Vergleich ($L = r =$ Kugelradius) für den Widerstandsbeiwert der Kugel

$$c_W = 12\,\frac{\eta}{\varrho r v} = \frac{12}{Re}\,. \qquad (10\text{-}21)$$

Da ähnliche Strömungen gleiche Reynolds-Zahlen haben, haben sie nach (10-21) auch gleiche Widerstandsbeiwerte. Das gilt nicht nur für die Kugel. Eine ausführlichere Behandlung der Strömungsmechanik findet sich in E 7-10.

II. Wechselwirkungen und Felder

Im Teil BI über Teilchen und Teilchensysteme wurden die Bewegungsgesetze von Teilchen und Teilchensystemen unter der Einwirkung von Kräften (allgemeiner: Wechselwirkungen) behandelt, ohne die Art dieser Kräfte und ihre Quellen genauer zu untersuchen. Das soll in diesem Teil II geschehen.

Übersicht über die fundamentalen Wechselwirkungen

Nach dem Stand unseres Wissens lassen sich alle bekannten Kräfte auf vier fundamentale Wechselwirkungen zurückführen:
Gravitationswechselwirkung: Sie wirkt zwischen Massen und manifestiert sich z. B. in der Planetenbewegung und in der Gewichtskraft (siehe 3.2.1). Obwohl die schwächste der bekannten Wechselwirkungen (Tabelle 11-0), ist sie als erste quantitativ untersucht worden (Fallgesetze, Kepler-Gesetze, Newton'sches Gravitationsgesetz). Das Kraftgesetz $F \sim r^{-2}$ (siehe 11.3) hat eine unendliche Reichweite zur Folge.
Elektromagnetische Wechselwirkung: Sie wirkt zwischen elektrischen Ladungen und ist die heute am besten verstandene Wechselwirkung. Chemische und biologische Prozesse, die Struktur kondensierter Materie, der überwiegende Teil der Technik beruhen auf elektromagnetischen Wechselwirkungen zwischen Elektronen und Atomkernen und zwischen Atomen untereinander. Das Kraftgesetz (Coulomb-Gesetz, siehe 12.1) zeigt, wie bei der Gravitation, die Abstandsabhängigkeit $F \sim r^{-2}$, die wiederum zu einer unendlichen Reichweite führt.
Starke Wechselwirkung oder Kernwechselwirkung: Sie ist verantwortlich für die Bindungskräfte zwischen den Teilchen im Atomkern (Protonen, Neutronen: Nukleonen, siehe 17). Sie ist die Grundlage der Kernenergie und damit auch Ursache der Strahlungsenergie der Sonne. Die Reichweite der Kernkräfte ist von der Größenordnung des Kernradius.
Schwache Wechselwirkung: Leptonen (Elektronen, Positronen, siehe 17.5) zeigen keine starke Wechselwirkung, sondern eine um 14 Größenordnungen schwächere Wechselwirkung. Die schwache Wechselwirkung ist maßgebend bei Umwandlungen von Elementarteilchen, u. a. beim β-Zerfall, bei dem ein Neutron n ein Elektron e^- und ein Antineutrino $\bar{\nu}_e$ emittiert und sich in ein Proton p verwandelt, siehe (17-16).
Der schwache Prozess (17-29), bei dem aus zwei Protonen ein Deuteron d (Deuteriumkern $^2D^+$), ein Positron e^+ und ein Neutrino ν_e entstehen, steuert den Brennzyklus der Sonne, insbesondere deren gleichmäßiges und langsames Brennen.
Die Reichweite der schwachen Wechselwirkung ist noch geringer als die der Kernkräfte.
Bei der Gravitationswechselwirkung und bei der elektromagnetischen Wechselwirkung können sich wegen der bis ins Unendliche gehenden Reichweite die Kräfte vieler Teilchen zu makroskopisch messbaren Kräften überlagern. Bei der starken und bei der schwachen Wechselwirkung ist das nicht möglich, da diese kaum über das erzeugende Teilchen hinausreichen. Das Kraftgesetz kann hier nur durch Teilchensonden (Streuexperimente, siehe 16.1.1) erschlossen werden.

Tabelle 11-0. Die fundamentalen Wechselwirkungen

Wechselwirkung	Reichweite	relative Stärke	Beispiel
Gravitationswechselwirkung	∞	10^{-38}	Kräfte zwischen Himmelskörpern, z. B. Planetenbewegung
elektromagnetische Wechselwirkung	∞	10^{-2}	Kräfte zwischen Ladungen, z. B. im Atom, im Molekül, in Festkörpern
starke Wechselwirkung	$10^{-16} \dots 10^{-15}$ m	1	Kräfte zwischen Nukleonen, z. B. im Atomkern
schwache Wechselwirkung	$< 10^{-16}$ m	10^{-14}	Wechselwirkungen zwischen Elementarteilchen, z. B. beim Betazerfall

11 Gravitationswechselwirkung

11.1 Der Feldbegriff

Die Kraftgesetze für die Gravitationswechselwirkung zwischen zwei Punktmassen (Newton'sches Gravitationsgesetz, 11.3) oder für die elektrische Wechselwirkung zwischen zwei Punktladungen (Coulomb-Gesetz, 12.1) sind typische Fernwirkungsgesetze, die keine Aussagen über die Vermittlung der Kraft machen. Nach der Nahwirkungstheorie (Faraday) geschieht hingegen die Kraftvermittlung mithilfe des Feldbegriffes: Eine Punktmasse oder eine elektrische Ladung verändern den umgebenden Raum, indem sie ein (Gravitations- oder ein elektrisches) Feld erzeugen. Eine zweite Masse oder Ladung erfährt dann eine Kraft, die sich aus der lokalen Stärke des Feldes am Ort der zweiten Masse oder Ladung ergibt: Feldstärke. Im Falle der Gravitation ergibt sich die Kraft $\boldsymbol{F}$ in diesem Bild aus der Masse m und der Gravitationsfeldstärke $\boldsymbol{A}$ am Ort der Masse:

$$\boldsymbol{F} = m\boldsymbol{A} \,. \tag{11-1}$$

Die räumliche Richtungsverteilung der Kraft bzw. der Feldstärke in einem solchen Vektorfeld lässt

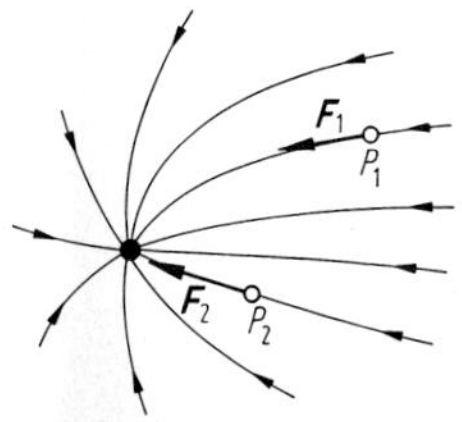

Bild 11-1. Feldliniendarstellung eines Kraftfeldes, das von einer Punktquelle ausgeht

sich besonders anschaulich durch das Feldlinienbild beschreiben: Kraftlinien oder *Feldlinien* sind Raumkurven, deren Tangenten an jeder Stelle P mit der Richtung der Kraft $\boldsymbol{F}$ bzw. des Feldstärkevektors $\boldsymbol{A}$ an dieser Stelle übereinstimmt (Bild 11-1).

11.2 Planetenbewegung: Kepler-Gesetze

Die Beobachtung der Gestirnbahnen und insbesondere der Planetenbahnen durch den Menschen favorisierte das *geozentrische Weltsystem* (Aristoteles, 384–322 v. Chr.), das die zentrale Stellung der Erde auch philosophisch festlegte. Eine einigermaßen genaue Beschreibung der Planetenbahnen war in diesem System allerdings nur durch komplizierte Epizykloiden möglich (Ptolemäus, um 100–160 n. Chr.).

Eine einfachere Beschreibung der Planetenbahnen gelang Kopernikus (1473–1543) durch Einführung des *heliozentrischen Weltsystems*, dessen Ursprünge auf Heraklid (4. Jh. v. Chr.) und Aristarch von Samos (3. Jh. v. Chr.) zurückgehen. Danach ließen sich die Planetenbahnen näherungsweise auf Kreisbahnen um die Sonne zurückführen. Gestützt auf die astronomischen Beobachtungen von Kopernikus und vor allem auf die noch ohne Fernrohr durchgeführten, sehr sorgfältigen Messungen von Tycho Brahe (1546–1601) konnte Kepler (1571–1630) drei empirische Gesetzmäßigkeiten über die Bewegung der Planeten gewinnen, die *Kepler'schen Gesetze*:

1. *Kepler'sches Gesetz* (*Astronomia nova*, 1609):
   Die Planetenbahnen sind Ellipsen, in deren gemeinsamen Brennpunkt die Sonne steht (Bild 11-2a).

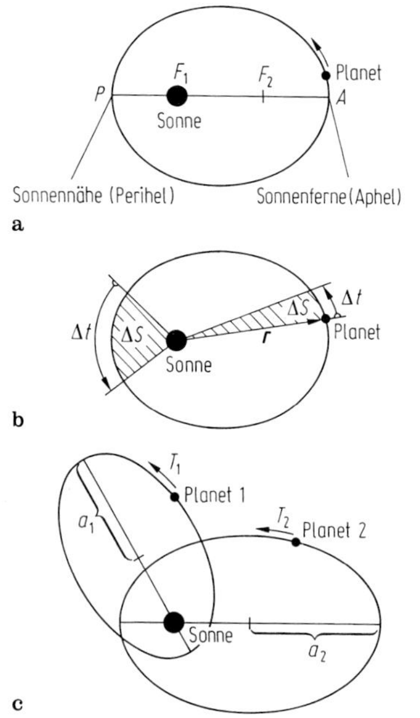

Bild 11-2. Kepler-Gesetze: **a** 1. über die Planetenbahnen, **b** 2. über den Flächensatz, **c** 3. über die Umlaufzeiten

2. *Kepler'sches Gesetz* (*Astronomia nova*, 1609): Der Radiusvektor $\boldsymbol{r}$ des Planeten überstreicht in gleichen Zeiten Δt gleiche Flächen ΔS (*Flächensatz*) (Bild 11-2b):

$$\frac{\mathrm{d}\boldsymbol{S}}{\mathrm{d}t} = \text{const} . \qquad (11\text{-}2)$$

3. *Kepler'sches Gesetz* (*Harmonices mundi*, 1619): Die Quadrate der Umlaufzeiten T_i der Planeten verhalten sich wie die Kuben ihrer großen Bahnhalbachsen a_i (Bild 11-2c):

$$\frac{T_1^2}{T_2^2} = \frac{a_1^3}{a_2^3} \quad \text{oder} \quad T_i^2 = \text{const} \cdot a_i^3 , \qquad (11\text{-}3)$$

wobei die Konstante für alle Planeten derselben Sonne gleich ist.

Das vom Radiusvektor $\boldsymbol{r}$ in der Zeit $\mathrm{d}t$ überstrichenen Flächenelement ist $\mathrm{d}\boldsymbol{S} = \boldsymbol{r} \times \mathrm{d}\boldsymbol{r}/2$ (Bild 11-3). Der Drehimpuls $\boldsymbol{L}$ des Planeten der Masse m lässt sich damit ausdrücken durch die Flächengeschwindigkeit $\mathrm{d}\boldsymbol{S}/\mathrm{d}t$:

$$\boldsymbol{L} = \boldsymbol{r} \times (m\boldsymbol{v}) = m\left(\boldsymbol{r} \times \frac{\mathrm{d}\boldsymbol{r}}{\mathrm{d}t}\right) = 2m\frac{\mathrm{d}\boldsymbol{S}}{\mathrm{d}t} . \qquad (11\text{-}4)$$

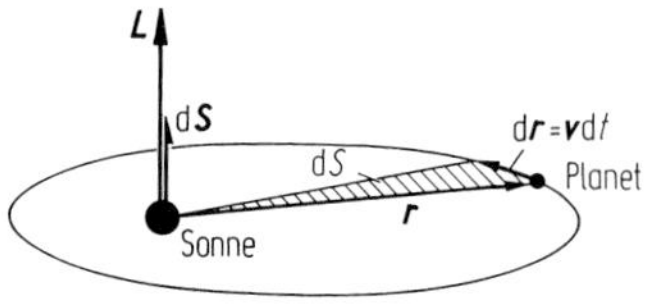

Bild 11-3. Zum Flächensatz (2. Kepler-Gesetz)

Der Flächensatz ist daher eine Folge der Drehimpulserhaltung.

11.3 Newton'sches Gravitationsgesetz

Kepler hatte bereits die Vorstellung einer Anziehungskraft zwischen Planeten und Sonne entwickelt, die die Planeten entgegen ihrer Trägheit auf Ellipsenbahnen hält, und den Namen Gravitation hierfür eingeführt. Für den Fall der kreisförmigen Planetenbahn lässt sich die Gravitationskraft leicht aus den Kepler'schen Gesetzen (siehe 11.2) herleiten:
Wegen der Gültigkeit des Flächensatzes (2. Kepler'sches Gesetz), d. h. der Drehimpulserhaltung, handelt es sich um eine Zentralkraft (vgl. 3.8). Die Zentripetalkraft auf den Planeten der Masse m in der Kreisbahn (Sonderfall des 1. Kepler'schen Gesetzes) mit dem Radius r

$$F_\mathrm{g} = m\omega^2 r = \frac{4\pi^2 mr}{T^2} \qquad (11\text{-}5)$$

wird durch die Gravitationsanziehung ausgeübt (Bild 11-4). Mit dem 3. Kepler'schen Gesetz (11-3) und $a = r$ folgt daraus

$$F_\mathrm{g} = \text{const}\frac{m}{r^2} , \qquad (11\text{-}6)$$

wobei die Konstante für alle Planeten einer Sonne der Masse M gleich ist (vgl. 11.2). Nach dem Reaktionsgesetz (3-11) ziehen sich die Massen M und m

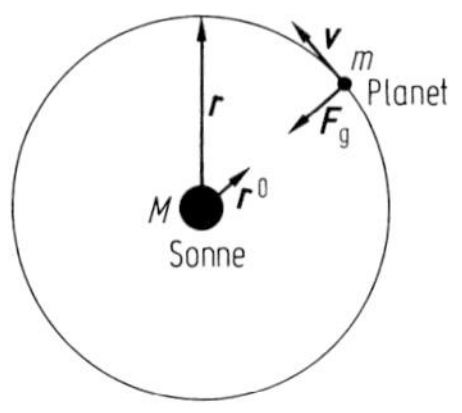

Bild 11-4. Zur Herleitung des Newton'schen Gravitationsgesetzes

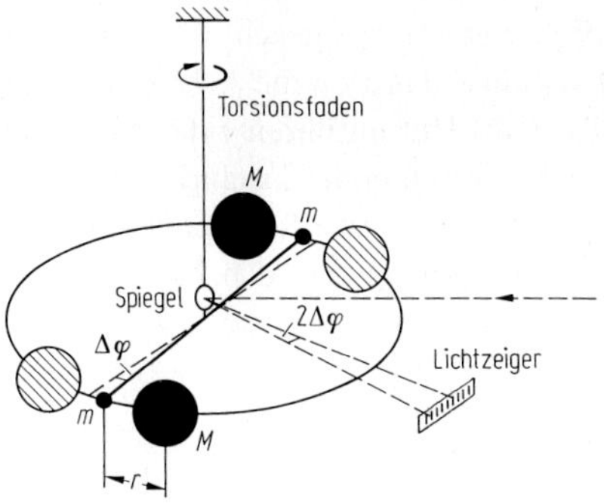

Bild 11-5. Gravitationsdrehwaage nach Cavendish. Die Massen M können in zwei symmetrische Positionen gebracht werden

gegenseitig an, sodass F_g auch $\sim M$ sein muss. Aus (11-6) folgt dann in vektorieller Schreibweise das *Newton'sche Gravitationsgesetz*

$$\boldsymbol{F}_g = -G\frac{Mm}{r^2}\boldsymbol{r}^0 , \qquad (11\text{-}7)$$

$\boldsymbol{r}^0$ Einsvektor in Richtung des Radiusvektor (Bild 11-4).

$G = (6{,}67428 \pm 0{,}00067) \cdot 10^{-11}\ \mathrm{N \cdot m^2/kg^2}$ Gravitationskonstante.

Newton hat 1665 gezeigt, dass aus dem Kraftgesetz $F \sim r^{-2}$ (11-7) die elliptischen Umlaufbahnen des 1. Kepler'schen Gesetzes folgen, siehe 11.5 (*Philosophiae naturalis principia mathematica*, 1687).

Die Gravitationskonstante G selbst ist nicht aus den Planetenbewegungen bestimmbar, sondern nur GM. Sie muss deshalb durch die direkte Messung der Anziehungskraft zwischen zwei bekannten Massen bestimmt werden. Obwohl die Gravitationsanziehung zwischen zwei wägbaren Massen außerordentlich klein ist, sodass sie normalerweise nicht bemerkt wird, kann sie mit der Drehwaage nach Cavendish (1798) gemessen werden (Bild 11-5). Im Prinzip wird dabei die Beschleunigung a einer kleinen Masse m infolge der Massenanziehung durch eine größere Masse M im Abstand r mithilfe eines langen Lichtzeigers gemessen und daraus die Gravitationskraft bestimmt.

11.4 Das Gravitationsfeld

Die Geometrie eines Gravitationsfeldes lässt sich durch Feldlinien beschreiben, die die Richtung der *Gravitationsfeldstärke* $\boldsymbol{A}$ (11-1) in jedem Punkt angeben. Der Vergleich von (11-1) mit dem Newton'schen Kraftgesetz (3-4) zeigt, dass im Falle der Gravitation die Feldstärke gleich der durch sie bewirkten Gravitationsbeschleunigung a_g auf eine Punktmasse m ist:

$$A \equiv \frac{F_g}{m} = a_g , \qquad (11\text{-}8)$$

$$\text{SI-Einheit: } [A] = [a_g] = \mathrm{m/s^2} .$$

Aus dieser Definition von $\boldsymbol{A}$ und dem Gravitationsgesetz (11-7) folgt für die von einer Punktmasse M erzeugte Gravitationsfeldstärke

$$\boldsymbol{A} = \boldsymbol{a}_g = -G\frac{M}{r^2}\boldsymbol{r}^0 . \qquad (11\text{-}9)$$

Dieselbe Gravitationsfeldstärke herrscht im Außenraum einer kugelsymmetrischen, ausgedehnten Masse M vom Radius R, die demnach für $r > R$ dieselbe Gravitationsfeldstärke oder -beschleunigung erzeugt wie eine gleich große Punktmasse im Abstand r. Dies wird später im analogen Fall der homogen elektrisch geladenen Kugel gezeigt (12.2). Eine näherungsweise kugelsymmetrische Massenverteilung wie die Erde (Masse M_E, Erdradius $R_E = 6371$ km) zeigt daher an der Erdoberfläche eine Gravitationsbeschleunigung

$$\boldsymbol{a}_g = \boldsymbol{A} = -G\frac{M_E}{R_E^2}\boldsymbol{r}^0 = \boldsymbol{g} , \qquad (11\text{-}10)$$

die den Betrag der Fallbeschleunigung $g \approx 9{,}81\ \mathrm{m/s^2}$ hat. Aus (11-10) folgt dann sofort für die *Masse der Erde* (ohne Atmosphäre) die Abschätzung

$$M_E = \frac{gR_E^2}{G} = 5{,}9675 \cdot 10^{24}\ \mathrm{kg} . \qquad (11\text{-}11)$$

(Als richtiger Wert gilt (IAU, 1984) $M_E = 5{,}9742 \cdot 10^{24}$ kg).

Aufgrund der Kenntnis der Gravitationskonstante G kann auch die Masse anderer Himmelskörper aus dem Abstand r und der Umlaufzeit T ihrer Satelliten bestimmt werden, z. B. im System Sonne – Planet oder Planet – Mond. Einige Daten unseres Sonnensystems zeigt Tabelle 11-1. Für Kreisbahnen folgt aus

$$F_g = G\frac{Mm}{r^2} = mr\omega^2 = mr\frac{4\pi^2}{T^2} \qquad (11\text{-}12)$$

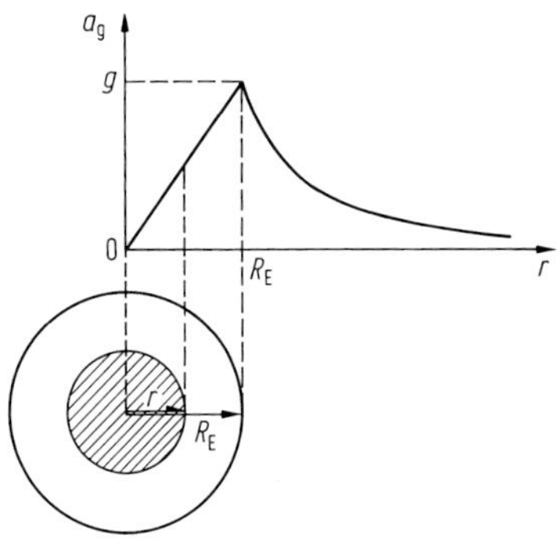

Bild 11-6. Gravitationsfeldstärke bzw. -beschleunigung innerhalb und außerhalb der als homogen angenommenen Erdkugel

für die Masse des Zentralkörpers ($M \gg m$)

$$M = \frac{4\pi^2 r^3}{GT^2} \ . \qquad (11\text{-}13)$$

Aus (11-9) und (11-11) ergibt sich ferner für den Betrag der Gravitationsfeldstärke bzw. -beschleunigung in größerer Entfernung r vom Erdmittelpunkt

$$A_a = a_g = G\frac{M_E}{r^2} = g\frac{R_E^2}{r^2} \quad \text{für} \quad r > R_E \ . \qquad (11\text{-}14)$$

Es lässt sich zeigen, dass Massen im Innern einer homogen mit Masse erfüllten Kugelschale keine Kraft erfahren, da sich die Gravitationswirkungen aller Massenelemente der Kugelschale im Inneren gegenseitig aufheben. Die Gravitationsfeldstärke an einer Stelle r im Innern einer Vollkugel (Bild 11-6), z. B. der Erde, ergibt sich daher allein aus der Gravitationswirkung der Masse $m = 4\pi r^3 \varrho/3$ innerhalb des Radius r (konstante Dichte ϱ angenommen):

$$A_i = a_g = \frac{4}{3}\pi\varrho G r = G\frac{M_E}{R_E^3} r \quad \text{für} \quad r < R_E \ . \qquad (11\text{-}15)$$

Gravitationspotenzial und potenzielle Energie

Zur Bewegung einer Masse m in einem Gravitationsfeld $\boldsymbol{A}(\boldsymbol{r})$ von $\boldsymbol{r}_1$ nach $\boldsymbol{r}_2$ (Bild 11-7) gegen die Feldkraft $\boldsymbol{F}_g$ ist eine Arbeit

$$W_{12} = -\int_1^2 \boldsymbol{F}_g \cdot d\boldsymbol{r} = -m\int_1^2 \boldsymbol{A} \cdot d\boldsymbol{r} \qquad (11\text{-}16)$$

erforderlich. Längs eines geschlossenen Weges $s_1 + s_2$ (Bild 11-7) muss dagegen die Arbeit null sein, da anderenfalls beim Herumführen einer Masse auf einer geschlossenen Bahn ohne Zustandsänderung des Feldes Arbeit gewonnen werden könnte (Verstoß gegen den Energieerhaltungssatz), d. h.,

$$\oint \boldsymbol{A} \cdot d\boldsymbol{r} = 0 \ . \qquad (11\text{-}17)$$

Aus (11-17) folgt weiter, dass die Arbeit längs zweier verschiedener Wege s_1 und $-s_2$ zwischen 1 und 2 gleich ist, da

$$\int_{s_1} \boldsymbol{A} \cdot d\boldsymbol{r} = \int_{-s_2} \boldsymbol{A} \cdot d\boldsymbol{r} \qquad (11\text{-}18)$$

d. h., die Arbeit im Gravitationsfeld ist unabhängig vom Wege: die Gravitationskraft ist eine *konservative Kraft* (vgl. 4.2).

W_{12} hängt daher nur von $\boldsymbol{r}_1$ und $\boldsymbol{r}_2$ ab. Analog zu 4.2 lässt sich dann eine nur vom Ort abhängige *potenzielle Energie* $E_p(\boldsymbol{r})$ so angeben, dass die für die Verschiebung aufzuwendende Arbeit als Differenz zweier potenzieller Energien darzustellen ist:

$$W_{12} = E_p(\boldsymbol{r}_2) - E_p(\boldsymbol{r}_1) \ . \qquad (11\text{-}19)$$

Da nach (11-16) die Größe der bewegten Masse m in die potenzielle Energie eingeht, ist es sinnvoll, die massenunabhängige Größe des *Gravitationspotenzials* $V_g(\boldsymbol{r})$ einzuführen:

$$V_g(\boldsymbol{r}) \equiv \frac{E_p(\boldsymbol{r})}{m} \qquad (11\text{-}20)$$
$$\text{SI-Einheit: } [V_g] = \text{J/kg} = \text{m}^2/\text{s}^2 \ .$$

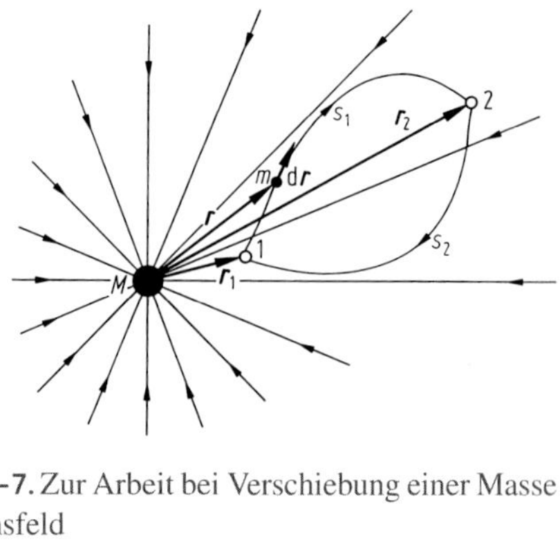

Bild 11-7. Zur Arbeit bei Verschiebung einer Masse im Gravitationsfeld

Die Arbeit W_{12} gemäß (11-16) für die Verschiebung der Masse m von $\boldsymbol{r}_1$ nach $\boldsymbol{r}_2$ lässt sich mit (11-20) auch durch eine Potenzialdifferenz ausdrücken:

$$W_{12} = -m \int_1^2 \boldsymbol{A} \cdot \mathrm{d}\boldsymbol{r} = m[V_g(\boldsymbol{r}_2) - V_g(\boldsymbol{r}_1)] \,. \quad (11\text{-}21)$$

Da es zur Berechnung der Arbeit oder der Feldstärke (bzw. der Kraft) stets nur auf Differenzen der potenziellen Energie (11-19) und (11-24) oder des Potenzials (11-21) und (11-23) ankommt, kann der Nullpunkt der potenziellen Energie bzw. des Potenzials frei gewählt werden. Bei *Zentralfeldern* ist es üblich, den Nullpunkt in die Entfernung $\boldsymbol{r}_2 = \infty$ zu legen, d. h., $E_p(\infty) = 0$ und $V_g(\infty) = 0$. Dann folgt aus (11-21) für das Gravitationspotenzial an der Stelle $\boldsymbol{r}$

$$V_g(\boldsymbol{r}) = \frac{W_{\infty r}}{m} = -\int_\infty^r \boldsymbol{A} \cdot \mathrm{d}\boldsymbol{r} \quad (11\text{-}22)$$

als auf die Masse bezogene Verschiebungsarbeit aus dem Unendlichen an die Stelle $\boldsymbol{r}$ bzw. als Wegintegral der Gravitationsfeldstärke. Die Umkehrung des Zusammenhanges (11-22) zwischen Gravitationspotenzial und -feldstärke lautet (vgl. 4.2)

$$\boldsymbol{A} = -\mathrm{grad}\, V_g(\boldsymbol{r}) \,. \quad (11\text{-}23)$$

Durch Multiplikation mit der Masse m folgt daraus mit (11-1) und (11-13) der bereits bekannte Zusammenhang (4-16) zwischen Kraft und potenzieller Energie

$$\boldsymbol{F}_g = -\mathrm{grad}\, E_p(\boldsymbol{r}) \,. \quad (11\text{-}24)$$

Aus dem differenziell geschriebenen Zusammenhang (11-22)

$$\mathrm{d}V_g(\boldsymbol{r}) = -\boldsymbol{A} \cdot \mathrm{d}\boldsymbol{r} \quad (11\text{-}25)$$

folgt, dass Flächen, die überall senkrecht zur Gravitationsfeldstärke sind, Flächen konstanten Gravitationspotenzials (Äquipotenzialflächen) darstellen, weil Wegelemente $\mathrm{d}\boldsymbol{r}$, die in solchen Flächen liegen, stets senkrecht zu $\boldsymbol{A}$ sind. Aus (11-25) folgt dann weiter $\mathrm{d}V_g(\boldsymbol{r}) = 0$, d. h., $V_g(\boldsymbol{r}) = \mathrm{const}$:

> *Äquipotenzialflächen* stehen senkrecht auf Feldlinien.

Potenzialflächen kugelsymmetrischer Massen sind demnach konzentrische Kugelflächen.

Für das Gravitationspotenzial der Erde ergibt sich aus (11-11), (11-14) und (11-22) nach Integration

$$V_g(r) = -G\frac{M_E}{r} = -\frac{gR_E^2}{r} \,, \quad (11\text{-}26)$$

und daraus an der Erdoberfläche, $r = R_E$,

$$V_g(R_E) = -gR_E \,. \quad (11\text{-}27)$$

Die Arbeit im Gravitationsfeld der Erde ist nach (11-21) mit (11-26)

$$W_{12} = GM_E m\left(\frac{1}{r_1} - \frac{1}{r_2}\right) = mgR_E^2\left(\frac{1}{r_1} - \frac{1}{r_2}\right) . \quad (11\text{-}28)$$

Die Beziehungen (11-26) bis (11-28) gelten sinngemäß auch für andere Himmelskörper.

Fluchtgeschwindigkeit

Wird einem Körper (z. B. einem Raumfahrzeug) in der Nähe der Erdoberfläche $r \approx R_E$ eine kinetische Energie erteilt, die ausreicht, um die Arbeit (11-28)

$$\begin{aligned} W_{R\infty} &= m[V_g(\infty) - V_g(R_E)] \\ &= E_k(R_E) = \frac{m}{2}v_f^2 \end{aligned} \quad (11\text{-}29)$$

gegen die Gravitationsanziehung zu leisten, so bewegt er sich ohne weiteren Antrieb bis $r \to \infty$. Die dazu erforderliche Geschwindigkeit ergibt sich aus (11-27) und (11-29) unter Beachtung von $V_g(\infty) = 0$ zu

$$v_f = \sqrt{2gR_E} \approx 11{,}2\,\mathrm{km/s} \approx 40\,200\,\mathrm{km/h} \,, \quad (11\text{-}30)$$

Fluchtgeschwindigkeit der Erde oder *2. astronautische Geschwindigkeit* genannt (vgl. 11.5, (11-49)).

11.5 Satellitenbahnen im Zentralfeld

Im Folgenden soll die Bahngleichung der Bewegung eines Körpers der Masse m im Feld einer ruhenden Zentralmasse $\boldsymbol{M}$ ($\gg m$), d. h. unter Einwirkung einer Zentralkraft, berechnet werden. Übergang zu Polarkoordinaten ergibt für die Geschwindigkeit (Bild 11-8)

$$\boldsymbol{v} = \dot{\boldsymbol{\varphi}} \times \boldsymbol{r} + \dot{r}\boldsymbol{r}^0 \quad \text{und daraus}$$

$$v^2 = \dot{r}^2 + r^2\dot{\varphi}^2 \,. \quad (11\text{-}31)$$

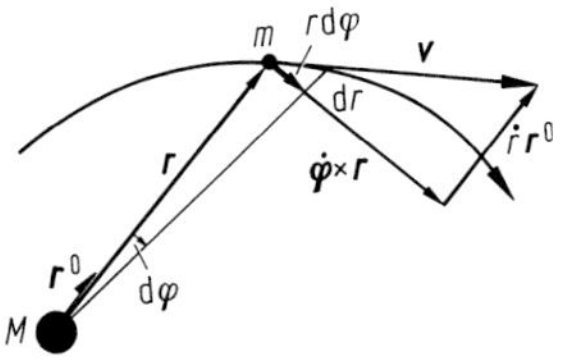

Bild 11-8. Zur Berechnung der Geschwindigkeit in Polarkoordinaten

Der bei Zentralkräften geltende Drehimpulserhaltungssatz liefert

$$L = mr^2\dot{\varphi} = \text{const} \quad \text{und daraus}$$

$$\mathrm{d}\varphi = \frac{L}{mr^2}\mathrm{d}t\,. \qquad (11\text{-}32)$$

Der Energieerhaltungssatz lautet mit (11-31) und (11-32)

$$E = E_\mathrm{k} + E_\mathrm{p} = \frac{m}{2}\dot{r}^2 + \frac{L^2}{2mr^2} + E_\mathrm{p} = \text{const}\,. \quad (11\text{-}33)$$

Durch Auflösen nach dt und Ersetzen durch dφ aus (11-32) erhält man die allgemeine Bahngleichung in Polarkoordinaten für die Bewegung im Zentralfeld:

$$\varphi(r) = \int \frac{L/r^2}{\sqrt{2m(E-E_\mathrm{p}) - (L/r)^2}}\mathrm{d}r + \text{const}\,. \qquad (11\text{-}34)$$

Im vorliegenden Fall einer Zentralkraft von der allgemeinen Form

$$\boldsymbol{F} = -\frac{\Gamma}{r^2}\boldsymbol{r}^0\,, \qquad (11\text{-}35)$$

wie sie bei der Gravitationskraft ($\Gamma = GMm$) oder bei der Coulomb-Kraft ($\Gamma = -Qq/4\pi\varepsilon_0$, siehe 11-12) zutrifft, hat entsprechend 11.4 die potenzielle Energie die Form

$$E_\mathrm{p} = -\frac{\Gamma}{r}\,. \qquad (11\text{-}36)$$

Nach Einsetzen von E_p in die allgemeine Bahngleichung (11-34) und Anwendung der Substitution $1/r = -w$ und $\mathrm{d}r = r^2\,\mathrm{d}w$ lässt sich die Integration ausführen mit dem Ergebnis

$$\varphi(r) = \arcsin\frac{1 - \dfrac{L^2}{m\Gamma r}}{\sqrt{1 + \dfrac{2EL^2}{m\Gamma^2}}} + \text{const}\,. \qquad (11\text{-}37)$$

Durch Einführung der Abkürzungen

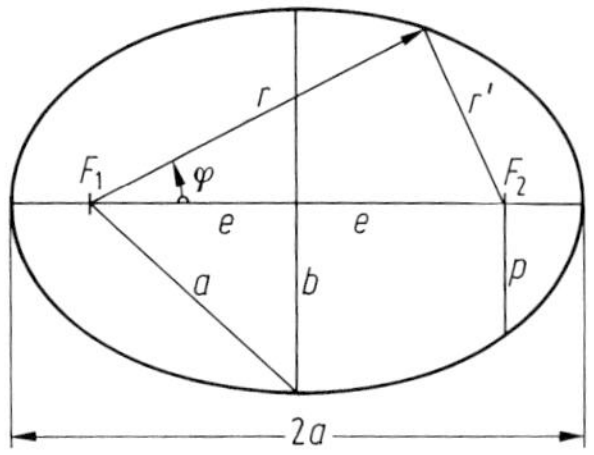

Bild 11-9. Zur Geometrie der Ellipse.
$r + r' = 2a$ Definition der Ellipse, a halbe Hauptachse, b halbe Nebenachse, F_1, F_2 Brennpunkte, $e = \sqrt{a^2 - b^2}$ Brennweite, $\varepsilon = e/a < 1$ Exzentrizität, $p = b^2/a$ Bahnparameter, $R_\mathrm{a} = p$ Hauptachsenscheitel-Krümmungsradius, $R_\mathrm{b} = a^2/b$ Nebenachsenscheitel-Krümmungsradius

$$p = \frac{L^2}{m\Gamma} \quad \text{und} \quad \varepsilon = \sqrt{1 + \frac{2EL^2}{m\Gamma^2}} \qquad (11\text{-}38)$$

und geeignete Wahl des Nullpunktes für φ ergibt sich schließlich aus (11-37) als Bahngleichung die Polarkoordinatendarstellung eines Kegelschnittes

$$r = \frac{p}{1 - \varepsilon\cos\varphi} \qquad (11\text{-}39)$$

mit der Exzentrizität ε und dem Bahnparameter p (Bild 11-9).
Je nach Größe der Gesamtenergie E ergeben sich nach (11-38) unterschiedliche Bahnformen:

$$E < 0\,,\ \varepsilon < 1: \ \text{Ellipse}$$
$$E = 0\,,\ \varepsilon = 1: \ \text{Parabel}$$
$$E > 0\,,\ \varepsilon > 1: \ \text{Hyperbel}\,.$$

Eine geschlossene Bahn (gebundener Zustand) erhält man also nur für negative Gesamtenergie, d. h., wenn die kinetische Energie überall auf der Bahn kleiner ist als der Betrag der negativen potenziellen Energie. Bei positiver potenzieller Energie, d. h. bei abstoßender Zentralkraft (z. B. zwischen elektrischen Ladungen gleichen Vorzeichens, siehe 11-12), sind nur Hyperbelbahnen möglich (ungebundener Zustand), da bei $E > 0$ nach (11-38) die Exzentrizität $\varepsilon > 1$ ist.

Kreisbahngeschwindigkeit von Satelliten

Für einen Satelliten auf einer Kreisbahn im Abstand r vom Erdmittelpunkt bzw. in der Höhe h über der Erdoberfläche (Bild 11-11) erhält man aus der

Gleichsetzung des Ausdruckes für die Zentripetalkraft (3-19) mit der Gravitationskraft (11-7) unter Beachtung von (11-11)

$$v_{\bigcirc} = \sqrt{\frac{GM_E}{r}} = R_E\sqrt{\frac{g}{r}} = R_E\sqrt{\frac{g}{R_E + h}} . \qquad (11\text{-}40)$$

Die Kreisbahngeschwindigkeit hängt nicht von der Satellitenmasse, sondern allein von der Höhe h ab, wodurch antriebsfreie Gruppenflüge von Raumschiffen in der gleichen Bahn möglich sind. Satelliten in geringer Höhe (z. B. $h = 100\,\text{km} \ll R_E \approx 6371\,\text{km}$) haben nach (11-40) eine Kreisbahngeschwindigkeit

1. astronautische Geschwindigkeit

$$v_{\bigcirc}(R_E) = \sqrt{gR_E} = 7{,}9\,\text{km/s} \approx 28\,500\,\text{km/h} \qquad (11\text{-}41)$$

und benötigen daher knapp 1,5 h für eine Erdumkreisung.

Synchronsatelliten haben die gleiche Winkelgeschwindigkeit wie die Erdrotation (ω_E). Wenn ihre Bahnebene in der Äquatorebene der Erde liegt, bewegen sie sich stationär über einem Punkt des Äquators (Fernsehsatelliten!). Mit der Bedingung $v_{\bigcirc} = \omega_E(R_E + h)$ folgt für die Bahnhöhe der Synchronsatelliten aus (11-40)

$$h = \sqrt[3]{\frac{gR_E^2}{\omega_E^2}} - R_E \approx 36\,000\,\text{km} . \qquad (11\text{-}42)$$

Bahnenergie

Für die Diskussion der möglichen Bahnformen von Satellitenbahnen ist es zweckmäßig, die Gesamtenergie E zu betrachten. Aus (11-38) erhält man zusammen mit den Beziehungen zwischen den Ellipsenparametern (Bild 11-9)

$$E = -\frac{\Gamma}{2a} , \qquad (11\text{-}43)$$

d. h., die Gesamtenergie ist durch die Länge der Ellipsen-Hauptachse $2a$ bestimmt.
Im Fall der Gravitationsanziehung durch die Erde ist $\Gamma = GM_E m > 0$. Zu einer endlich langen, positiven halben Hauptachse a (Ellipse, $\varepsilon < 1$) gehört nach (11-43) eine negative Gesamtenergie (Bild 11-10)

$$E = -\frac{1}{2}G\frac{M_E m}{a} , \qquad (11\text{-}44)$$

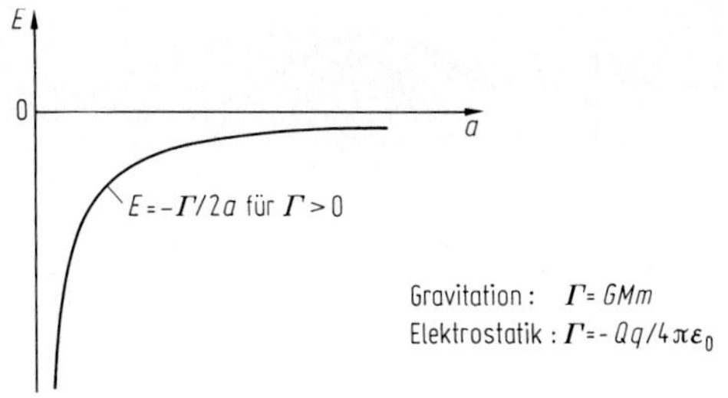

Bild 11-10. Gesamtenergie bei Ellipsenbahnen als Funktion der großen Bahnachse

d. h., die stets positive kinetische Energie bleibt in jedem Bahnpunkt kleiner als der Betrag der negativen potenziellen Energie (11-36)

$$E_p = -G\frac{M_E m}{r} = -\frac{gR_E^2 m}{r} . \qquad (11\text{-}45)$$

Im Fall der Kreisbahn wird $a = r$ und $\varepsilon = 0$. Für die kinetische Energie ergibt sich dann mit (11-40)

$$E_k = \frac{m}{2}v_{\bigcirc}^2 = \frac{1}{2}G\frac{M_E m}{r} = -\frac{1}{2}E_p , \qquad (11\text{-}46)$$

und die *Gesamtenergie* bei der *Kreisbahn* beträgt

$$E = E_k + E_p = -\frac{1}{2}G\frac{M_E m}{r} = \frac{1}{2}E_p . \qquad (11\text{-}47)$$

Lässt man in (11-44) $a \to \infty$ gehen, so wird $E = 0$ und die Ellipse geht in eine Parabel ($\varepsilon = 1$) über. In diesem Fall ist die kinetische Energie $E_k = -E_p$ (d. h., $E_k(\infty) = 0$), und für die Geschwindigkeit des Satelliten folgt mit (11-45)

$$v = R_E\sqrt{\frac{2g}{r}} . \qquad (11\text{-}48)$$

Im Scheitelpunkt der Parabel $r = R_E + h$ (Bild 11-11) ergibt sich daraus als notwendige Einschussgeschwindigkeit in die Parabelbahn und damit als Fluchtgeschwindigkeit für die Starthöhe h das $\sqrt{2}$ -fache der Kreisbahngeschwindigkeit (11-40)

$$v_f = R_E\sqrt{\frac{2g}{R_E + h}} = v_{\bigcirc}\sqrt{2} . \qquad (11\text{-}49)$$

Bei niedriger Starthöhe $h \ll R_E$ folgt daraus der schon aus einer einfacheren Energiebetrachtung

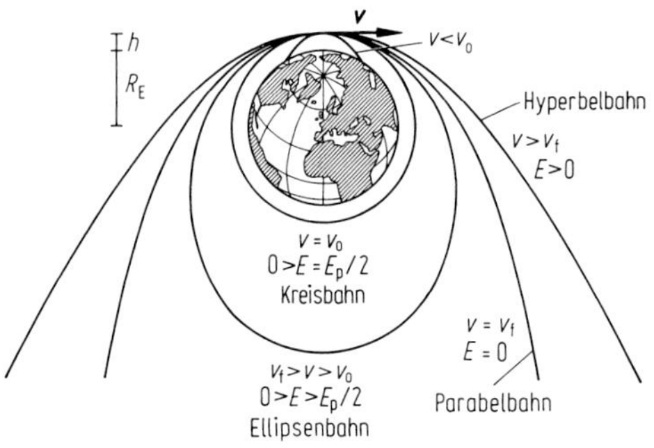

Bild 11-11. Satellitenbahntypen bei verschiedenen Bahneinschussgeschwindigkeiten v bzw. Gesamtenergien E

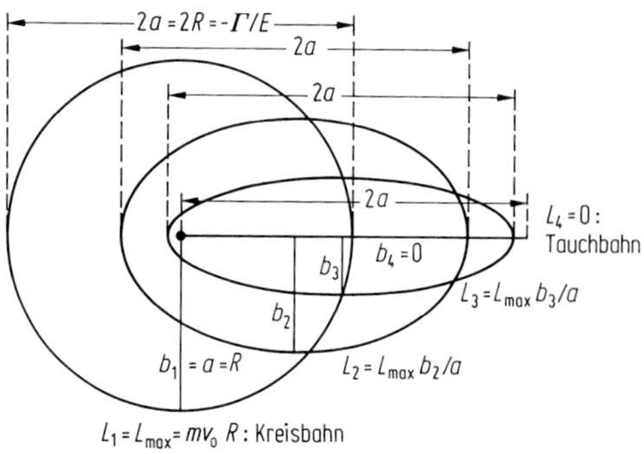

Bild 11-12. Ellipsenbahnen gleicher Energie mit unterschiedlichen Drehimpulsen

erhaltene Wert $v_f(R_E) = \sqrt{2gR_E} = 11{,}2\,\text{km/s}$ für die 2. astronautische Geschwindigkeit (11-30).
Für die Sonne als Zentralkörper und die Erde als Startpunkt für eine Parabelbahn um die Sonne ergibt sich analog die 3. astronautische Geschwindigkeit $v_3 \approx 16\,\text{km/s}$.
Bei Einschussgeschwindigkeiten $v > v_f$ gemäß (11-47) wird $E > 0$, das entspricht formal einem negativen Wert der großen Bahnachse $2a$ in (11-43). Eine positive Gesamtenergie bedeutet nach (11-38) $\varepsilon > 1$, also Hyperbelbahnen (Bild 11-11). In diesem Fall hat die kinetische Energie selbst für $r \to \infty$ einen nicht verschwindenden Wert.

Drehimpuls bei Ellipsenbahnen

Während die Bahnenergie E nach (11-43) allein von der Länge der Hauptachse $2a$ der Bahnellipse abhängt, ist der Bahndrehimpuls L zusätzlich von der Länge der Nebenachse $2b$ abhängig. Aus (11-38) und (11-43) sowie $p = b^2/a$ (Bild 11-9) folgt

$$L = \frac{b}{a}\sqrt{am\Gamma} = b\sqrt{-2mE}\,. \qquad (11\text{-}50)$$

Der Maximalwert des Drehimpulses liegt für die Kreisbahn $b = a$ vor:

$$L_{\max} = \sqrt{am\Gamma}: \quad L = \frac{b}{a}L_{\max}\,. \qquad (11\text{-}51)$$

Im Grenzfall der linearen Tauchbahn ($b = 0$) verschwindet der Drehimpuls. Ellipsenbahnen gleicher Bahnenergie können also verschiedene Drehimpulse haben. Dies ist ein wesentlicher Aspekt des Bohr-Sommerfeld'schen Atommodells (siehe 16.1.1). Bild 11-12 zeigt einige Beispiele.

12 Elektrische Wechselwirkung

12.1 Elektrische Ladung, Coulomb'sches Gesetz

Materielle Körper lassen sich in einen „elektrisch geladenen" Zustand versetzen (z. B. durch Reiben von manchen nichtmetallischen Stoffen), in dem sie Kräfte auf andere „elektrisch geladene" Körper ausüben, die nicht auf Gravitationsanziehung zurückzuführen sind. Auf den gleichen Stoffen gleichartig erzeugte *elektrische Ladungen* stoßen sich ab. Es existieren jedoch zwei verschiedene Arten der elektrischen Ladung (du Fay, 1733), die sich gegenseitig anziehen: Positive und negative Ladungen. Die Definition der Vorzeichen ist willkürlich und ist historisch bedingt (Lichtenberg, 1777): Harze, z. B. Bernstein, mit Katzenfell gerieben: (+); Glas mit Leder gerieben: (–). Nach heutiger Auffassung ist die elektrische Ladung neben Ruhemasse und Spin eine grundlegende Eigenschaft der Elementarteilchen. In der uns umgebenden Materie sind die geladenen Elementarteilchen normalerweise die negativ geladenen Elektronen und die positiv geladenen Protonen (siehe 16.1).
Das Kraftgesetz für die Abstoßung bzw. Anziehung zwischen zwei Ladungen Q und q gleichen bzw. entgegengesetzten Vorzeichens wurde experimentell von Coulomb (1785) mithilfe der von ihm erfundenen Torsionswaage gefunden. Das Prinzip der Torsionswaage wurde später auch von Cavendish für die Gravitationsdrehwaage (Bild 11-5) eingesetzt, wobei dort die elektrisch geladenen Körper durch elektrisch neutrale Massen ersetzt wurden. Das Kraftgesetz ent-

Tabelle 11–1. Daten unseres Sonnensystems. (Werte nach Gerthsen/Vogel, 20. Aufl.)

Körper	Masse	mittlerer Äquator-radius	siderische Rotations-periode[a]	große Bahn-halbachse	Exzentri-zität	siderische Umlaufzeit
	M	R	T_r	a	ε	T
	10^{24} kg	km	d	10^6 km		a = 365 d
Sonne	$1{,}989 \cdot 10^6$	696 000	27	–	–	–
Merkur	0,3302	2 440	58,65	57,91	0,206	0,240
Venus	4,869	6 052	−243	108,21	0,007	0,616
Erde	5,9742	6 378.137	0,99726968	149,598	0,016751	1,000702
Erdmond	0,07348	1 738	27,322	0,3844	0,0549	0,075
Mars	0,6419	3 397	1,026	227,94	0,093	1,88
Jupiter	1 898.8	71 492	0,4135	778,3	0,048	11,86
Saturn	568,5	60 268	0,4375	1 427	0,056	29,46
Uranus	86,62	25 559	−0,65	2 871	0,046	84,02
Neptun	102,8	24 764	0,678	4 497	0,010	164,79
Pluto	0,015	1 151	−6,387	5 914	0,249	247,69

[a] negative Werte kennzeichnen entgegengesetzten Rotationssinn.

spricht hinsichtlich Form und Abstandsverhalten völlig dem Gravitationsgesetz und heißt *Coulomb'sches Gesetz:*

$$\boldsymbol{F}_C = \frac{1}{4\pi\varepsilon_0} \cdot \frac{Qq}{r^2}\boldsymbol{r}^0 . \tag{12-1}$$

Wie bei der Gravitationskraft handelt es sich um eine Zentralkraft, die längs der Verbindungslinie zwischen den beiden Ladungen wirkt (Bild 12–1).
Die Einheit der Ladungsmenge Q ist das Coulomb und kann über das Coulomb-Gesetz festgelegt werden, wird jedoch aus Genauigkeitsgründen über die noch einzuführende Stromstärke I (12.6) definiert:

$$\text{SI-Einheit: } [Q] = \text{A} \cdot \text{s} = \text{C (Coulomb)}.$$

Die Proportionalitätskonstante wird aus praktisch-rechnerischen Gründen in der Form $1/4\pi\varepsilon_0$ geschrieben und muss im Prinzip experimentell bestimmt werden. Mit der heute gültigen Definition der Vakuumlichtgeschwindigkeit c_0 (siehe 1.3

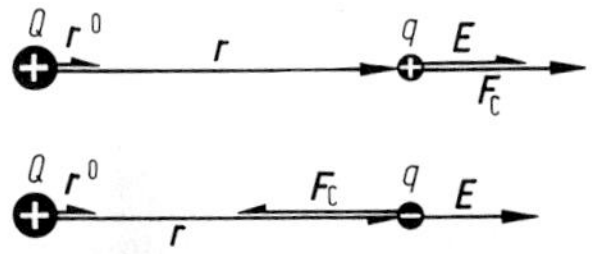

Bild 12–1. Kraftwirkung zwischen zwei Ladungen Q und q gleichen bzw. verschiedenen Vorzeichens

und 19.1) und der magnetischen Feldkonstante $\mu_0 = 4\pi \cdot 10^{-7}$ Vs/Am (siehe 13.1) ergibt sich die elektrische Feldkonstante

$$\varepsilon_0 = \frac{1}{\mu_0 c_0^2} = 8{,}854187817\ldots \cdot 10^{-12}\,\text{A} \cdot \text{s}/(\text{V} \cdot \text{m}) . \tag{12-2}$$

Die hier verwendete Einheit Volt (V) ist die Einheit des elektrischen Potenzials (12.3).
Zur Messung elektrischer Ladungsmengen können Geräte verwendet werden, die die Abstoßungskräfte zwischen gleichartig geladenen Körpern anzeigen (Elektrometer). Empfindlicher sind Geräte, in denen durch periodische Bewegung der zu messenden Ladung eine periodische Potenzialänderung erzeugt wird, die als Wechselspannung verstärkt und gemessen werden kann (Schwingkondensator-Verstärker, siehe 12.3).

12.2 Das elektrostatische Feld

Das Coulomb-Gesetz (12-1) ist ein Fernwirkungsgesetz, das eine Kraft beschreibt, die von einer Ladung Q über eine Entfernung r auf eine zweite Ladung q ausgeübt wird. Im Sinne der Nahwirkungstheorie (Faraday, 1852) sind positive und negative elektrische Ladungen Quellen und Senken eines elektrischen Feldes, dessen *Feldstärke* durch die lokale

Kraft auf eine Probeladung q definiert wird:

$$\boldsymbol{E} = \lim_{q\to 0} \frac{\boldsymbol{F}}{q} \qquad (12\text{-}3)$$

SI-Einheit: $[E] = \text{N/C} = \text{V/m}$.

Der Betrag E der elektrischen Feldstärke darf nicht mit der Energie E verwechselt werden. Die Vorschrift $q \to 0$ ist nur dann von Bedeutung, wenn durch die Kraftwirkung der Probeladung Verschiebungen der felderzeugenden Ladungen (z. B. auf elektrisch leitenden Körpern: Influenz, 12.7) auftreten können. Die Kraft auf die Probeladung folgt daraus zu

$$\boldsymbol{F} = q\boldsymbol{E} \,, \qquad (12\text{-}4)$$

wobei die Richtung sich aus dem Vorzeichen der Ladung q ergibt (Bild 12-1). Wie beim Gravitationsfeld lässt sich die Geometrie des elektrischen Feldes durch Feldlinien beschreiben, die die Richtung der elektrischen Feldstärke (12-3) in jedem Punkt angeben.
Das elektrostatische Feld wird durch ruhende elektrische Ladungen erzeugt. Das einfachste Feld ist das *homogene Feld*, in dem $\boldsymbol{E}$ überall gleich ist. Es ist in guter Näherung realisierbar durch parallele, verschieden geladene Platten, deren Ausdehnung groß gegen den Abstand ist (Bild 12-2a). (Anmerkung: ein homogenes Gravitationsfeld ist in entsprechender Weise nicht erzeugbar.)

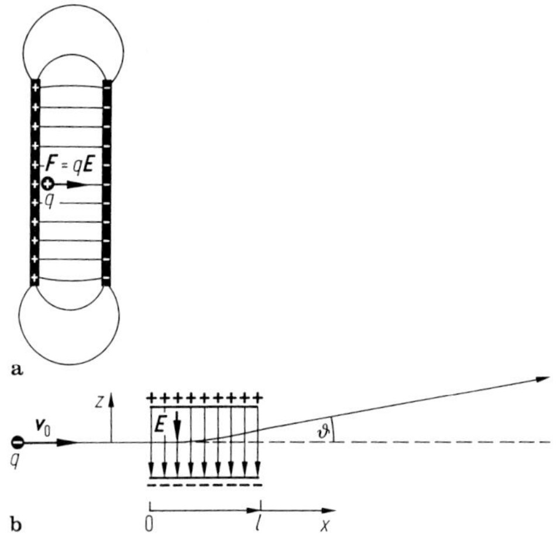

Bild 12-2. Bewegung von Ladungen im homogenen elektrischen Feld. **a** Plattenkondensator, **b** Ablenkplatten

Bewegung von Ladungen im homogenen Feld

Nach (12-4) erfährt eine Ladung q im elektrischen Feld eine Beschleunigung

$$\boldsymbol{a} = \frac{\boldsymbol{F}}{m} = \frac{q}{m}\boldsymbol{E} \,. \qquad (12\text{-}5)$$

Im homogenen Feld ist daher $\boldsymbol{a} = \text{const}$, sodass frei bewegliche positive Ladungen eine Fallbewegung in, negative Ladungen entgegen der Richtung des elektrischen Feldvektors durchführen. Zur Beschreibung können die Beziehungen für die gleichmäßig beschleunigte Bewegung (2.1) zusammen mit (12-5) herangezogen werden. So folgt für eine senkrecht in ein elektrisches Feld mit der Anfangsgeschwindigkeit v_0 eingeschossene negative Ladung $-q$ (Bild 12-2b) als Bahnkurve aus (2-22) eine Parabel ($\alpha = 0$)

$$z = \frac{qE}{2mv_0^2}x^2 \,. \qquad (12\text{-}6)$$

Der Ablenkwinkel ϑ nach Durchfliegen des Feldes der Länge l lässt sich nach Differenzieren aus der Steigung an der Stelle l gewinnen:

$$\tan\vartheta = \frac{ql}{mv_0^2}E \,. \qquad (12\text{-}7)$$

Anwendung: Ablenkung des Elektronenstrahls in der Oszillographenröhre mittels Ablenkplatten.

Felder von Punktladungen

Die Feldstärke einer einzelnen Punktladung ergibt sich durch Einsetzen der Coulomb-Kraft (12-1) in die Feldstärke-Definition (12-3):

$$\boldsymbol{E} = \frac{Q}{4\pi\varepsilon_0 r^2}\boldsymbol{r}^0 \,. \qquad (12\text{-}8)$$

Die zugehörigen Feldlinien haben also überall radiale Richtung (Bild 12-3).
Feldlinienbilder mehrerer Punktladungen lassen sich durch vektorielle Addition der von den Einzelladungen am jeweiligen Ort erzeugten Feldstärken konstruieren. Während die Feldstärke des aus zwei entgegengesetzt gleichgroßen Ladungen bestehenden Dipols (Bild 12-4) mit der Entfernung schnell abnimmt, nähert sich das Feld zweier gleicher Ladungen Q (Bild 12-5) mit zunehmender Entfernung demjenigen

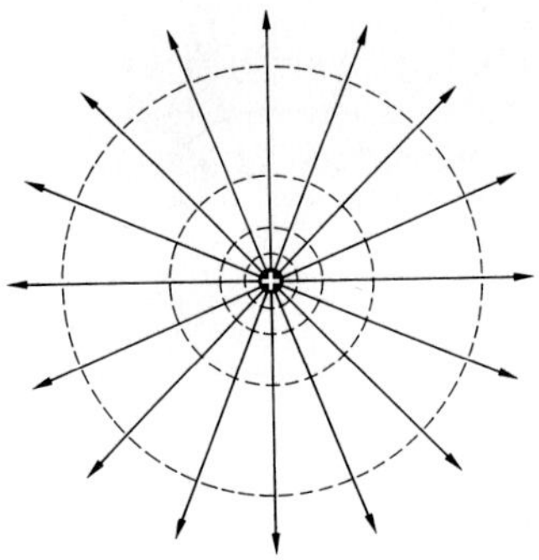

Bild 12-3. Feldlinienbild einer Punktladung (gestrichelt: Äquipotenziallinien)

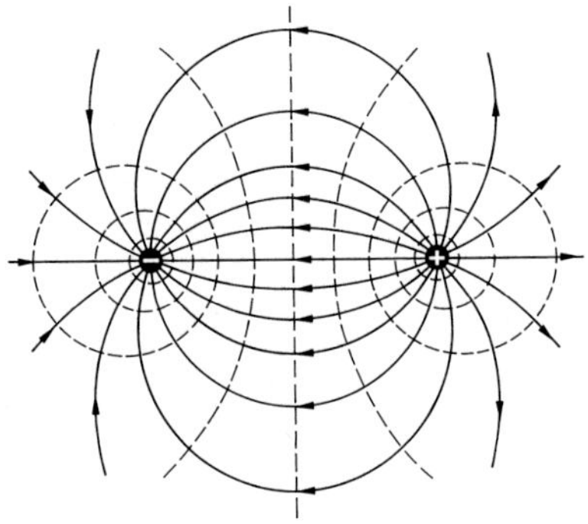

Bild 12-4. Feldlinienbild zweier entgegengesetzt gleichgroßer Ladungen: Dipol (gestrichelt: Äquipotenziallinien)

einer Punktladung $2Q$. An dem hier auftretenden Sattelpunkt des Potenzials in der Mitte zwischen beiden Ladungen, wo zwei Feldlinien frontal aufeinanderstoßen, zwei andere senkrecht dazu abgehen, ist die Feldstärke null. Dies gilt generell für Sattelpunkte des Potenzials.

Im allgemeinen Fall von N Punktladungen an den Stellen $\boldsymbol{r}_i$ erhält man die resultierende Feldstärke $\boldsymbol{E}(\boldsymbol{r})$ durch vektorielle Addition (lineare Superposition) aller Punktladungsfeldstärken $\boldsymbol{E}_i(\boldsymbol{r}_i)$ aus (12-8):

$$\boldsymbol{E}(\boldsymbol{r}) = \sum_{i=1}^{N} \boldsymbol{E}_i(\boldsymbol{r}) = \sum_{i=1}^{N} \frac{Q_i}{4\pi\varepsilon_0} \cdot \frac{\boldsymbol{r} - \boldsymbol{r}_i}{|\boldsymbol{r} - \boldsymbol{r}_i|^3} . \qquad (12\text{-}9)$$

Liegt statt diskreter Punktladungen eine kontinuierliche Ladungsverteilung im Volumen V vor mit der Raumladungsdichte

$$\varrho(\boldsymbol{r}) = \frac{\mathrm{d}Q}{\mathrm{d}V} , \qquad (12\text{-}10)$$

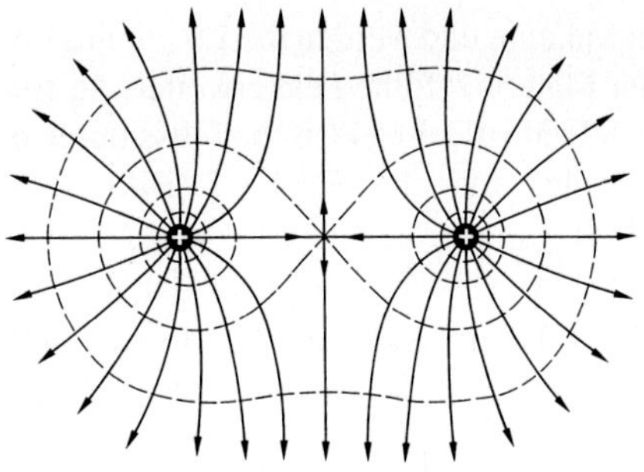

Bild 12-5. Feldlinienbild zweier gleicher Ladungen (gestrichelt: Äquipotenziallinien)

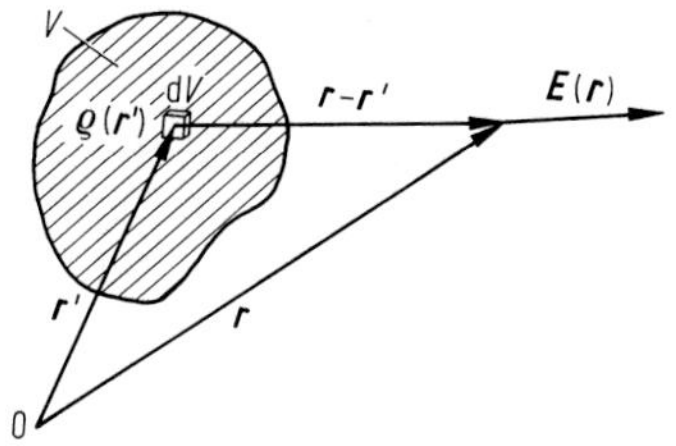

Bild 12-6. Zur Berechnung der von einer kontinuierlichen Raumladungsverteilung erzeugten elektrischen Feldstärke

so erhält man die resultierende Feldstärke durch Integration über die von jedem Ladungselement $\mathrm{d}Q$ im Volumen V erzeugte Feldstärke $\mathrm{d}\boldsymbol{E}$ (Bild 12-6):

$$\boldsymbol{E}(\boldsymbol{r}) = \frac{1}{4\pi\varepsilon_0} \int_V \varrho(\boldsymbol{r}') \frac{\boldsymbol{r} - \boldsymbol{r}'}{|\boldsymbol{r} - \boldsymbol{r}'|^3} \mathrm{d}V . \qquad (12\text{-}11)$$

Experimentell lässt sich der Verlauf elektrischer Feldlinien mittels kleiner, länglicher Kristalle (Gips, Hydrochinon o. ä.) sichtbar machen, die – z. B. auf einer Glasplatte im Feld – sich durch Dipolkräfte (12.9) in Feldrichtung ausrichten.

Elektrischer Fluss

Im elektrostatischen Feld beginnen und enden elektrische Feldlinien stets auf Ladungen: Die Gesamtheit der Feldlinien, die von einer Ladungsmenge ausgehen, oder besser: das von der Ladungsmenge Q erzeugte Feld ist daher auch ein Maß für die Ladung Q. Eine geeignete Größe zur Beschreibung eines allgemeinen Zusammenhangs zwischen Ladung Q und Feld $\boldsymbol{E}$ ist der elektrische Fluss Ψ. Die folgenden Betrachtungen gelten zunächst für das elektrostatische

Feld im Vakuum und werden in 12.9 auf das mit nichtleitender Materie erfüllte Feld erweitert. In einem homogenen Feld ist der elektrische Fluss durch eine zur Feldrichtung senkrechte Fläche A (Bild 12-7a) definiert durch

$$\Psi = \varepsilon_0 E A\,, \qquad (12\text{-}12)$$

und entsprechend die *elektrische Flussdichte* (im Vakuum)

$$D_0 = \frac{\Psi}{A} = \varepsilon_0 E\,. \qquad (12\text{-}13)$$

D_0 wird auch *elektrische Verschiebungsdichte* (im Vakuum) genannt und ist ein Vektor in Richtung der Feldstärke $\boldsymbol{E}$:

$$\boldsymbol{D}_0 = \varepsilon_0 \boldsymbol{E}\,. \qquad (12\text{-}14)$$

In Verallgemeinerung von (12-12) ist der *elektrische Fluss* Ψ eines beliebigen (inhomogenen) Feldes durch eine beliebig orientierte Fläche A (Bild 12-7b) im Vakuum

$$\Psi = \int_A \varepsilon_0 \boldsymbol{E} \cdot \mathrm{d}\boldsymbol{A} = \int_A \boldsymbol{D}_0 \cdot \mathrm{d}\boldsymbol{A}\,. \qquad (12\text{-}15)$$

$$\text{SI-Einheit: } [\Psi] = \mathrm{A \cdot s = C}\,,$$
$$\text{SI-Einheit: } [D] = \mathrm{C/m^2}\,.$$

Der von einer Ladung Q insgesamt ausgehende elektrische Fluss ergibt sich durch Integration gemäß (12-15) über eine geschlossene Oberfläche S, z. B. über eine zu Q konzentrische Kugeloberfläche (Bild 12-8a):

$$\Psi = \oint_S \boldsymbol{D}_0 \cdot \mathrm{d}\boldsymbol{A} = \varepsilon_0 E 4\pi r^2\,. \qquad (12\text{-}16)$$

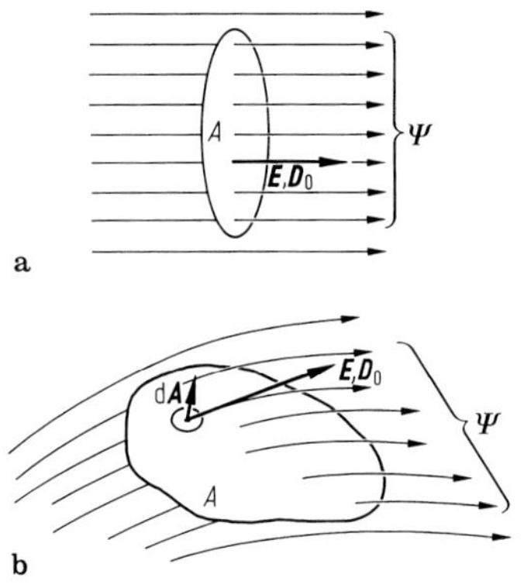

Bild 12-7. Zur Definition des elektrischen Flusses (im Vakuum). **a** homogenes, **b** inhomogenes Feld

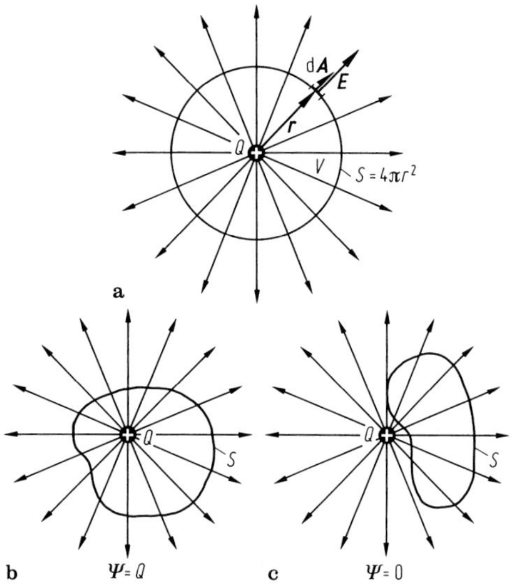

Bild 12-8. Zum Gauß'schen Gesetz im elektrischen Feld

Mit der Feldstärke (12-8) für die Punktladung folgt daraus als eine der *Feldgleichungen des elektrischen Feldes* das allgemein gültige *Gauß'sche Gesetz* (im Vakuum):

$$\Psi = \oint_S \boldsymbol{D}_0 \cdot \mathrm{d}\boldsymbol{A} = \oint_S \varepsilon_0 \boldsymbol{E} \cdot \mathrm{d}\boldsymbol{A} = Q\,, \qquad (12\text{-}17)$$

d. h., der gesamte elektrische Fluss Ψ durch eine geschlossene Oberfläche ist gleich der eingeschlossenen Ladung Q (Bild 12-8b). In (12-17) geht weder die Geometrie der geschlossenen Fläche S noch die Lage der Ladung Q ein. Q kann daher auch aus mehreren Punktladungen q_i oder aus einer Ladungsverteilung der Ladungsdichte $\varrho(\boldsymbol{r})$ bestehen:

$$Q = \sum q_i = \int_V \varrho(\boldsymbol{r})\,\mathrm{d}V\,, \qquad (12\text{-}18)$$

wobei das Integrationsvolumen V innerhalb der geschlossenen Fläche S liegen muss. Enthält die geschlossene Fläche keine Ladung (Bild 12-8c), so ist der Gesamtfluss durch die Oberfläche null.

Beispiele für die Anwendung des Gauß'schen Gesetzes:

Homogen geladene Kugeloberfläche

Eine z. B. metallische Kugel des Radius R trage eine Gesamtladung Q, die sich im statischen Fall

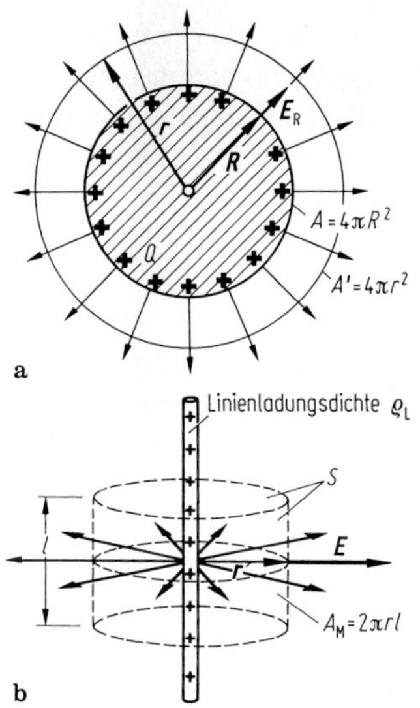

Bild 12-9. Außenfeld **a** einer geladenen Kugel und **b** einer Linienladung

gleichmäßig auf der Oberfläche $A = 4\pi R^2$ verteilt (siehe 12.7), sodass die *Flächenladungsdichte*

$$\sigma = \frac{\mathrm{d}Q}{\mathrm{d}A} \tag{12-19}$$

$\sigma = Q/4\pi R^2$ beträgt. Wird als Integrationsfläche die Oberfläche der Metallkugel gewählt (Bild 12-9a), so folgt aus dem Gauß'schen Gesetz (12-17) wie in (12-16) für die Oberflächenfeldstärke

$$E_\mathrm{R} = \frac{Q}{4\pi\varepsilon_0 R^2} = \frac{\sigma}{\varepsilon_0}\,, \tag{12-20}$$

und entsprechend für einen Radius $r > R$ im Außenraum der geladenen Kugel

$$E(r) = \frac{Q}{4\pi\varepsilon_0 r^2}\,. \tag{12-21}$$

Die Feldstärke im Außenraum der geladenen Kugel ist also identisch mit der Feldstärke einer gleichgroßen Punktladung im Zentrum der Kugel.

Linienladung

Die Feldlinien im Außenraum einer homogen geladenen Linie (Draht, Linienladungsdichte q_L) verlaufen aus Symmetriegründen senkrecht und radial von der Linie weg. Zur Berechnung der Feldstärke benutzen wir eine Integrationsfläche S nach Bild 12-9b. Von der Zylinderoberfläche trägt nur die Mantelfläche $A_\mathrm{M} = 2\pi rl$ zum Oberflächenintegral über die Feldstärke bei, da in den Stirnkreisflächen die Feldstärke senkrecht auf der Flächennormalen steht. Die von der Zylinderoberfläche eingeschlossene Ladung ist $Q = q_\mathrm{L} l$. Das Gauß'sche Gesetz (12-17) ergibt dann für den Betrag der elektrischen Feldstärke im Abstand r von der Linienladung (Rechnung siehe G 10.3)

$$E = \frac{q_\mathrm{L}}{2\pi\varepsilon_0 r}\,. \tag{12-22}$$

Geladener Plattenkondensator

Zwei parallele Metallplatten der Fläche A mögen die Ladungen $+Q$ und $-Q$ tragen (Bild 12-10). Sind die linearen Abmessungen der Platten groß gegen den Plattenabstand d, so ist das Feld zwischen den Platten homogen (Bild 12-2) und außen vernachlässigbar klein. Zur Berechnung der Feldstärke $\boldsymbol{E}$ im Innern werde eine Platte mit einer geschlossenen Fläche S umhüllt, von der das homogene Feld die Fläche A durchsetzt (Bild 12-10, gestrichelte Berandung). Zum Gauß'schen Gesetz (12-17) angewandt auf die Fläche S liefert dann nur der Fluss durch die Fläche A einen Beitrag

$$\Psi = Q = \oint_S \boldsymbol{D}_0\cdot\mathrm{d}\boldsymbol{A} = \int_A \varepsilon_0\boldsymbol{E}\cdot\mathrm{d}\boldsymbol{A} = \varepsilon_0 EA\,. \tag{12-23}$$

Daraus errechnet sich die *Feldstärke im Plattenkondensator* mit (12-19) zu

$$E = \frac{Q}{\varepsilon_0 A} = \frac{\sigma}{\varepsilon_0}\,. \tag{12-24}$$

E ist gleichzeitig die Oberflächenfeldstärke auf den Platten, für die sich demnach der gleiche Zusammenhang mit der Flächenladungsdichte σ ergibt wie für die geladene Kugel (12-20). Da die Geometrie der geladenen Körper hierbei nicht eingeht, gilt offenbar für geladene (leitende) Flächen generell der Zusammenhang

$$\sigma = \varepsilon_0 E = D_0\,, \tag{12-25}$$

der sich auch allgemein aus (12-17) und (12-19) herleiten lässt.

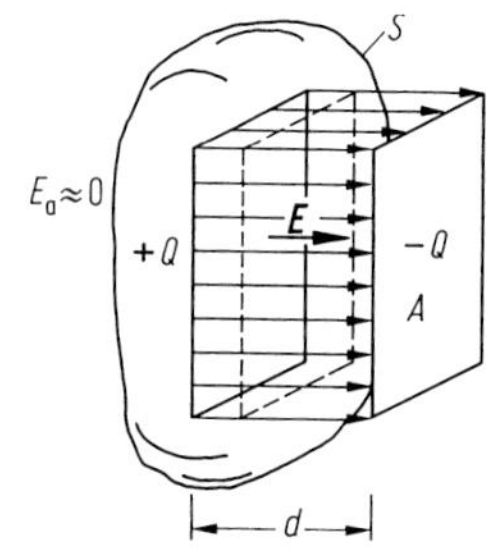

Bild 12-10. Zur Berechnung der Feldstärke im Plattenkondensator mit dem Gauß'schen Gesetz

12.3 Elektrisches Potenzial, elektrische Spannung

Eine Ladung q in einem elektrostatischen Feld der Feldstärke $\boldsymbol{E}$ erfährt eine Kraft $\boldsymbol{F} = q\boldsymbol{E}$ und besitzt daher eine potenzielle Energie E_p, die z. B. in kinetische Energie umgewandelt wird, wenn die Ladung im Vakuum der Kraft ungebremst folgen kann. Die zur Verschiebung der im Bild 12-11 negativen Ladung q von $\boldsymbol{r}_1$ nach $\boldsymbol{r}_2$ mit einer Kraft $-q\boldsymbol{E}(\boldsymbol{r})$ gegen die Feldkraft in einem beliebigen elektrostatischen Feld (Bild 12-11) aufzuwendende äußere Arbeit ist nach dem Energiesatz

$$W_{12}^\text{a} = -\int_1^2 \boldsymbol{F}(\boldsymbol{r}) \cdot \mathrm{d}\boldsymbol{r} = -q \int_1^2 \boldsymbol{E}(\boldsymbol{r}) \cdot \mathrm{d}\boldsymbol{r}$$

$$= E_\text{p}(\boldsymbol{r}_2) - E_\text{p}(\boldsymbol{r}_1)\,. \qquad (12\text{-}26)$$

So wie beim Gravitationsfeld die potenzielle Energie proportional zur Masse ist, gilt für das elektrostatische Feld nach (12-26), dass die potenzielle Energie

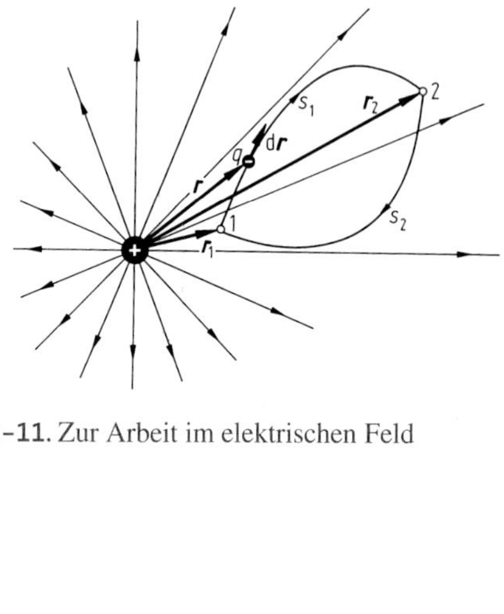

Bild 12-11. Zur Arbeit im elektrischen Feld

proportional zur Ladung q ist. Wie in 11.4 ist es daher sinnvoll, eine dem Gravitationspotenzial (11-20) entsprechende, ladungsunabhängige Größe $V(\boldsymbol{r})$ (auch $\varphi(\boldsymbol{r})$) einzuführen: das *elektrische Potenzial*

$$V(\boldsymbol{r}) = \frac{E_\text{p}(\boldsymbol{r})}{q}\,. \qquad (12\text{-}27)$$

SI-Einheit: $[V]$ = J/C = V (Volt). Hieraus folgt die für die Umrechnung zwischen mechanischen und elektrischen Einheiten im SI-System wichtige Beziehung

$$1\,\text{J} = 1\,\text{V} \cdot \text{A} \cdot \text{s}\,. \qquad (12\text{-}28)$$

Die äußere Arbeit (12-26) zur Verschiebung von einem Punkt 1 nach einem Punkt 2 beträgt mit (12-27)

$$W_{12}^\text{a} = E_\text{p}(\boldsymbol{r}_2) - E_\text{p}(\boldsymbol{r}_1) = q[V(\boldsymbol{r}_2) - V(\boldsymbol{r}_1)]\,. \quad (12\text{-}29)$$

Ebenso wie die potenzielle Energie ist auch das Potenzial nur bis auf eine willkürliche additive Konstante bestimmt, die bei der Berechnung der Arbeit aufgrund der Differenzbildung herausfällt. Häufig ist es zweckmäßig, die potenzielle Energie bzw. das Potenzial im Unendlichen null zu setzen:

$$E_\text{p}(\infty) = 0\,, \quad V(\infty) = 0\,. \qquad (12\text{-}30)$$

Aus (12-26) folgt dann mit $\boldsymbol{r}_1 \longrightarrow \infty$ und $\boldsymbol{r}_2 = \boldsymbol{r}$ für das Potenzial

$$V(\boldsymbol{r}) = \frac{E_\text{p}(\boldsymbol{r})}{q} = \frac{W_{\infty,\text{r}}^\text{a}}{q} = -\int_\infty^r \boldsymbol{E} \cdot \mathrm{d}\boldsymbol{r}\,, \qquad (12\text{-}31)$$

das also der Arbeit zur Verschiebung der Probeladung q aus dem Unendlichen an die Stelle $\boldsymbol{r}$, dividiert durch die Probeladung, entspricht.
Die Potenzialdifferenz zwischen zwei Punkten 1 und 2 wird die *elektrische Spannung*

$$-U_{12} = V(\boldsymbol{r}_1) - V(\boldsymbol{r}_2) \quad \text{bzw.}$$
$$U_{21} = V(\boldsymbol{r}_2) - V(\boldsymbol{r}_1) = -U_{12} \qquad (12\text{-}32)$$

genannt. Sie hat natürlich dieselbe Einheit Volt wie das elektrische Potenzial. Damit folgt aus (12-29) der Zusammenhang für die äußere Arbeit bei Bewegung der Ladung gegen die Feldkräfte von 1 nach 2:

$$W_{12}^\text{a} = q\,U_{21} = -q\,U_{12}\,,$$

für die Arbeit durch die Feldkräfte bei Bewegung der Ladung q von 2 nach 1:

$$W_{12} = q\,U_{21} = -q\,U_{12}\,,$$

allgemein:

$$W = q\,U\,. \qquad (12\text{-}33)$$

Für die auf die Ladung bezogene erforderliche äußere Arbeit W_{12}^{a} zur Bewegung der Ladung q von 1 nach 2 längs des Weges s_1 (Bild 12-11) folgt aus (12-26) mit (12-27) und (12-32)

$$\frac{W_{12}^{\mathrm{a}}}{q} = V(\boldsymbol{r}_2) - V(\boldsymbol{r}_1) = U_{21} = -\int_1^2 \boldsymbol{E}(\boldsymbol{r})\cdot \mathrm{d}\boldsymbol{r}\,. \qquad (12\text{-}34)$$

Längs eines geschlossenen Weges $C = s_1 + s_2$ (Bild 12-11) ist im elektrostatischen Feld die Arbeit null, da andernfalls beim Herumführen einer Ladung auf dem geschlossenen Weg ohne Zustandsänderung des Feldes Arbeit gewonnen werden könnte (Verstoß gegen den Energieerhaltungssatz), d. h.,

$$-\oint_C \boldsymbol{E}\cdot \mathrm{d}\boldsymbol{r} = 0 \quad \text{im elektrostatischen Feld}\,. \qquad (12\text{-}35)$$

Dies ist neben (12-17) eine weitere *Feldgleichung des elektrostatischen Feldes.* Das geschlossene Linienintegral über die elektrische Feldstärke wird *elektrische Umlaufspannung* genannt. Sie verschwindet im statischen Fall. Aus (12-35) folgt weiter, dass die Arbeit längs zweier verschiedener Wege s_1 und $-s_2$ zwischen 1 und 2 (Bild 12-11) gleich ist,

$$\int_{s_1} \boldsymbol{E}(\boldsymbol{r})\cdot \mathrm{d}\boldsymbol{r} = \int_{-s_2} \boldsymbol{E}(\boldsymbol{r})\cdot \mathrm{d}\boldsymbol{r}\,, \qquad (12\text{-}36)$$

d. h., die Arbeit ist unabhängig vom Wege, das elektrostatische Feld ist ein *konservatives Kraftfeld.* Mit dem Stokes'schen Integralsatz (vgl. A 17.3; Gl. (17-29)) lässt sich zeigen, dass (12-35) auch bedeutet, dass

$$\operatorname{rot} \boldsymbol{E}(\boldsymbol{r}) = 0\,, \qquad (12\text{-}37)$$

d. h., das *elektrostatische Feld* ist wirbelfrei. Für das Coulomb-Feld lässt sich dies auch direkt durch Einsetzen von (12-8) zeigen. Die verschiedenen Formulierungen (12-35) bis (12-37) sind gleichwertig Die Umkehrung des Zusammenhangs (12-31) zwischen elektrischem Potenzial und Feldstärke lautet (vgl. 4.2 und 11.4, sowie G 10.2)

$$\boldsymbol{E}(\boldsymbol{r}) = -\operatorname{grad} V(\boldsymbol{r})\,. \qquad (12\text{-}38)$$

Aus der differenziellen Formulierung von (12-31)

$$\mathrm{d}V(\boldsymbol{r}) = -\boldsymbol{E}(\boldsymbol{r})\cdot \mathrm{d}\boldsymbol{r} \qquad (12\text{-}39)$$

folgt analog zu 11.4, dass Flächen, die überall senkrecht zur elektrischen Feldstärke sind, Flächen konstanten elektrischen Potenzials (*Potenzialflächen*) darstellen. Schnitte solcher Potenzialflächen (Potenziallinien) sind in Bild 12-3 bis 12-5 und 12-12 gestrichelt eingezeichnet.

Für ein *homogenes Feld* in x-Richtung erhält man durch Integration von (12-39) eine lineare Ortsabhängigkeit des Potenzials ($V = 0$ bei $x = 0$ vereinbart)

$$V = -Ex \qquad (12\text{-}40)$$

und Ebenen $x = \mathrm{const}$ als Potenzialflächen (Bild 12-12). Die *Feldstärke im Plattenkondensator* ergibt sich daraus mit (12-32) zu

$$E = \frac{U}{d}\,. \qquad (12\text{-}41)$$

Zusammen mit (12-24) erhält man aus (12-41)

$$U = Q\frac{d}{\varepsilon_0 A}\,. \qquad (12\text{-}42)$$

Bei konstanter Ladung Q ist $U \sim d$. Dies wird im Schwingkondensator-Verstärker zur empfindlichen Messung von Ladungsmengen ausgenutzt (siehe 12.1).

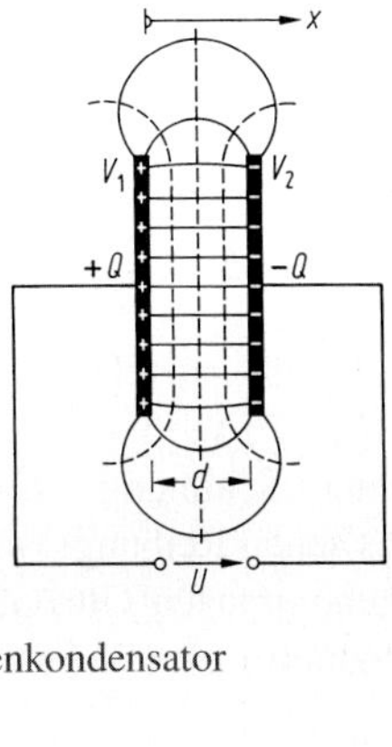

Bild 12-12. Plattenkondensator

Das *Potenzial* im Feld *einer Punktladung* ergibt sich durch Integration über die Feldstärke (12-8) gemäß (12-31) zu

$$V(r) = \frac{Q}{4\pi\varepsilon_0 r} . \qquad (12\text{-}43)$$

Potenzialflächen bei der Punktladung sind demnach konzentrische Kugelflächen r = const (Bild 12-3). Auch das Potenzial im Außenfeld einer geladenen Kugel (vgl. 12.2, Bild 12-9) wird durch (12-43) beschrieben, da die Feldstärken (12-21) und (12-8) in beiden Fällen gleich sind. Mit (12-21) ergibt sich ein einfacher Zusammenhang zwischen Feldstärke und Potenzial im Zentralfeld:

$$E(r) = \frac{V(r)}{r} . \qquad (12\text{-}44)$$

Entsprechend beträgt die Oberflächenfeldstärke einer auf das Potenzial V geladenen leitenden Kugel (Radius R, Bild 12-9)

$$E_R = \frac{V}{R} . \qquad (12\text{-}45)$$

12.4 Quantisierung der elektrischen Ladung

Aus vielen experimentellen Untersuchungen hat sich gezeigt, dass die elektrische Ladung nicht in beliebigen Werten auftritt: Es gibt eine kleinste Ladungsmenge, die Elementarladung. Die absolute Messung des Betrages der Elementarladung erfolgte erstmals durch Vergleich der elektrischen Kraft auf geladene Teilchen mit ihrem Gewicht im Schwerefeld (Millikan-Versuch): Geladene feine Öltröpfchen werden unter mikroskopischer Beobachtung in einem Kondensatorfeld durch Einstellung der richtigen Feldstärke mittels der am Kondensator angelegten Spannung zum Schweben gebracht (Bild 12-13).

Aus der Gleichsetzung von Gewichtskraft F_G (3-7) und elektrischer Kraft F_e (12-4) folgt für die unbekannte Ladung q eines Öltröpfchens

$$q = \frac{mg}{E} = \frac{mgd}{U} . \qquad (12\text{-}46)$$

Die zunächst ebenfalls unbekannte Masse m des Öltröpfchens (Dichte ϱ) wird aus einem Fallversuch bei ausgeschalteter Spannung ($E = 0$) bestimmt. Wegen der Stokes'schen Reibungskraft (9-37) der als kugelförmig angenommenen Öltröpfchen beim Fall in dem zähen Medium Luft (Viskosität η) stellt sich

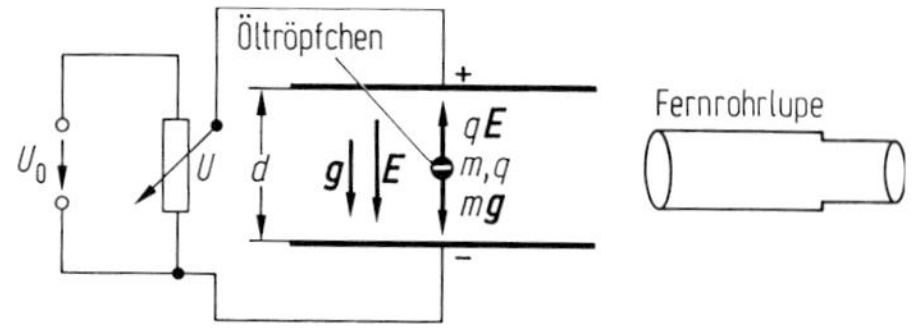

Bild 12-13. Millikan-Versuch zur Bestimmung der Elementarladung

eine konstante Fallgeschwindigkeit v der Tröpfchen ein, die unter dem Mikroskop gemessen wird. Die Gleichsetzung von Gewichtskraft und Reibungskraft ergibt

$$F_G = mg = \frac{4}{3}\pi r^3 \varrho g = F_R = 6\pi\eta r v . \qquad (12\text{-}47)$$

Hieraus kann der Tröpfchenradius r und damit m berechnet werden (genaugenommen muss noch der Auftrieb des Öltröpfchens in Luft berücksichtigt werden). Aus vielen Einzelmessungen mit verschiedenen Öltröpfchen ergab sich, dass nur ganzzahlige Vielfache einer kleinsten Ladung e auftreten:

$$q = \pm ne \; (n = 0, 1, 2, \ldots) \qquad (12\text{-}48)$$

mit der *Elementarladung*

$$e = (1{,}602176487 \pm 40 \cdot 10^{-9}) \cdot 10^{-19}\,\mathrm{C}$$

> Die elektrische Ladung ist gequantelt in Einheiten der Elementarladung. Alle in der Natur beobachteten Ladungsmengen sind gleich oder ganzzahlige Vielfache der Elementarladung e. Die Beträge der positiven und negativen Elementarladungen sind exakt gleich.

Die meisten Elementarteilchen sind Träger einer Elementarladung (Tabelle 12-1). Die nur gebunden als Bausteine der Hadronen (Mesonen und Baryonen, vgl. Tabelle 12-1) auftretenden *Quarks* haben jedoch die Ladung $\pm e/3$ oder $\pm 2e/3$ (siehe 17.5).

Bausteine der Atome der uns umgebenden Materie sind die positiv geladenen Protonen, die negativ geladenen Elektronen und die Neutronen, die keine Ladung tragen.

Erhaltungssatz für die *elektrische Ladung*:

> Die gesamte elektrische Ladung – d. h. die algebraische Summe der positiven und negativen Ladungen – in einem elektrisch isolierten System ändert sich zeitlich nicht.

Beispiele: Ionisation neutraler Atome durch Photonen; Paarerzeugung; Elementarteilchenumwandlungen.
Eine mathematische Formulierung des Erhaltungssatzes der elektrischen Ladung ist die Kontinuitätsgleichung für die elektrische Ladung (12-64).

12.5 Energieaufnahme im elektrischen Feld

Ein Teilchen der Ladung q, der Masse m und der Geschwindigkeit $\boldsymbol{v}$ besitzt in einem elektrischen Feld am Ort $\boldsymbol{r}$ mit dem elektrischen Potenzial $V(\boldsymbol{r})$ die Gesamtenergie

$$E = E_\mathrm{k} + E_\mathrm{p} = \frac{1}{2}mv^2 + qV\,. \tag{12-49}$$

Kann das Teilchen zwischen den Orten 1 und 2 der elektrischen Feldstärke folgen, so folgt aus dem Energiesatz (12-29)

$$\frac{1}{2}mv_2^2 - \frac{1}{2}mv_1^2 = q(V_1 - V_2) = qU_{12}\,. \tag{12-50}$$

Ein Teilchen, das eine Spannung U durchläuft, erfährt also einen Zuwachs seiner kinetischen Energie um qU. Wenn q bekannt ist, dann ist auch die durchlaufene Spannung U ein Maß für die Energie. Dies trifft z. B. bei der Beschleunigung von geladenen Elementarteilchen zu, deren Ladung stets $+e$ oder $-e$ ist (Tabelle 12-1). Die Multiplikation der Spannung U mit dem Wert der Ladung in A · s = C kann dann unterbleiben, und die Energieänderung kann in *Elektronenvolt* (eV) angegeben werden. Umrechnung in die SI-Einheit:

$$\begin{aligned} 1\,\mathrm{eV} &= (1{,}60217653 \pm 14 \cdot 10^{-8}) \cdot 10^{-19}\,\mathrm{V \cdot C} \\ &= 1{,}602\ldots 10^{-19}\,\mathrm{J}\,. \end{aligned} \tag{12-51}$$

Ist die Anfangsgeschwindigkeit des geladenen Teilchens $v_1 = 0$, so ergibt sich seine Endgeschwindigkeit $v_2 = v$ aus (12-50) zu

$$v = \sqrt{\frac{2qU}{m}}\,. \tag{12-52}$$

Die Masse von Elektronen lässt sich z. B. aus ihrer Ablenkung im Magnetfeld bestimmen (13.2) und beträgt für kleine Geschwindigkeiten

$$m_\mathrm{e} = (9{,}1093826 \pm 16 \cdot 10^{-7}) \cdot 10^{-31}\,\mathrm{kg}\,.$$

Aufgrund dieser geringen Masse wird die Geschwindigkeit von Elektronen im Vakuum schon bei Durchlaufen von nur mäßigen Spannungen sehr hoch:

$$U = 1\,\mathrm{V}\colon\ v_\mathrm{e} \approx 593\,\mathrm{km/s}\,.$$

Die Anwendung von (12-52) auf Elektronen ist daher nur gültig, solange die Geschwindigkeit im nichtrelativistischen Bereich bleibt (4.5):

$$v_\mathrm{e} = \sqrt{\frac{2eU}{m_\mathrm{e}}} \quad \text{für} \quad U < (10^4 \ldots 10^5)\,\mathrm{V}\,. \tag{12-53}$$

Für höhere Beschleunigungsspannungen U muss statt (12-50) der relativistische Energiesatz (4-43) angewendet werden. Mit (4-38) lautet dieser

$$mc_0^2 - m_\mathrm{e}c_0^2 = \Delta E_\mathrm{p} = eU \tag{12-54}$$

mit m_e Ruhemasse des Elektrons.
Mithilfe der Beziehung (4-35) für die geschwindigkeitsabhängige relativistische Masse folgt daraus anstelle von (12-53) für die Elektronengeschwindigkeit

$$v_\mathrm{e} = \sqrt{\frac{2eU}{m_\mathrm{e}}} \cdot \frac{\sqrt{1 + \dfrac{eU}{2m_\mathrm{e}c_0^2}}}{1 + \dfrac{eU}{m_\mathrm{e}c_0^2}}\,. \tag{12-55}$$

Für kleine U geht (12-55) in (12-53) über. Für $U \longrightarrow \infty$ wird dagegen $v_\mathrm{e} \longrightarrow c_0$, d. h., die Vakuumlichtgeschwindigkeit stellt auch hier die Grenzgeschwindigkeit dar. Gleichung (12-55) wird durch Messungen genauestens bestätigt (Bild 12-14).
Elektronen und andere geladene Elementarteilchen können im Vakuum durch elektrische Felder

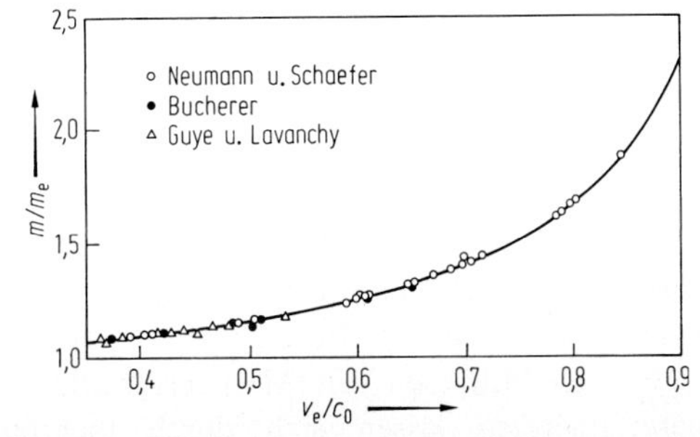

Bild 12-14. Zunahme der Elektronenmasse mit steigender Geschwindigkeit: Theorie (12-55) und Messungen

Tabelle 12-1. Eigenschaften von Elementarteilchen (nach Gerthsen/Vogel: Physik. 20. Aufl. Berlin: Springer 1999). m_e Elektronenmasse, e Elementarladung, $\hbar = h/2\pi$, $\hbar$ Planck'sches Wirkungsquantum

Teilchen-familie	Teilchen-name	Symbol		Ruhe-masse	Ladung Q	mittlere Lebensdauer	Spin J
		Teil-chen	Anti-teilchen	m_e	e	τ s	$\hbar$
	Photon	γ	γ	0	0	∞	1
Leptonen	Elektron-Neutrino	ν_e	$\bar{\nu}_e$	0?(<29 · 10^{-6})	0	∞	1/2
	My-Neutrino	ν_μ	$\bar{\nu}_\mu$	0?(<0,33)	0	∞	1/2
	Tau-Neutrino	ν_τ	$\bar{\nu}_\tau$	0?(<35,6)	0	∞	1/2
	Elektron/Positron	e (e^-)	e^+	1	∓ 1	∞	1/2
	Myon	μ^-	μ^+	207	∓ 1	2,2 · 10^{-6}	1/2
	Tau-Lepton	τ^-	τ^+	3491	∓ 1	5 · 10^{-13}	1/2
Mesonen	Pion (π-Meson)	π^-	π^+	273	∓ 1	2,6 · 10^{-8}	0
		π^0	π^0	264	0	0,8 · 10^{-16}	0
	Kaon (K-Meson)	K^-	K^+	967	∓ 1	1,24 · 10^{-8}	0
		K^0	K^0	974	0	0,89 · 10^{-10}/5,2 · 10^{-8}	0
Baryonen	Proton	p (p^+)	$\bar{p}$ (p^-)	1836	± 1	∞?	1/2
	Neutron	n	$\bar{n}$	1839	0	918	1/2
	Λ-Hyperon	Λ^0	$\overline{\Lambda^0}$	2183	0	2,6 · 10^{-10}	1/2
	Σ-Hyperon	Σ^+	$\overline{\Sigma^+}$	2328	+1	0,8 · 10^{-10}	1/2
		Σ^0	$\overline{\Sigma^0}$	2334	0	< 10^{-14}	1/2
		Σ^-	$\overline{\Sigma^-}$	2343	−1	1,5 · 10^{-10}	1/2
	Ξ-Hyperon	Ξ^0	$\overline{\Xi^0}$	2573	0	3,0 · 10^{-10}	1/2
		Ξ^-	Ξ^+	2586	∓ 1	1,7 · 10^{-10}	1/2
	Ω-Hyperon	Ω^-	Ω^+	3272	∓ 1	1,3 · 10^{-10}	3/2

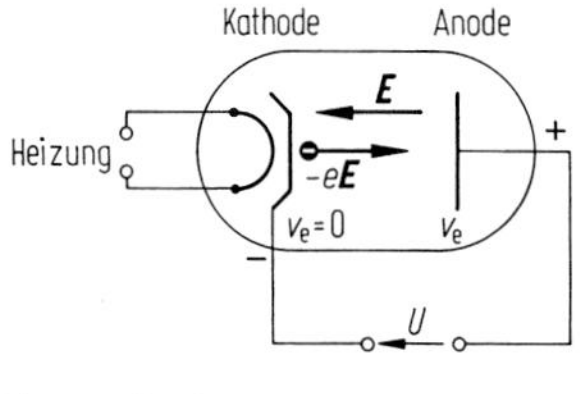

Bild 12-15. Vakuumdiode

beschleunigt werden, die durch Anlegen einer Spannung U zwischen zwei Elektroden erzeugt werden, z. B. in einer Vakuumdiode (Bild 12-15) oder im Beschleunigerrohr eines Van-de-Graaf-Generators. Die auf diese Weise maximal erreichbare Energie entspricht der angelegten Spannung: $E_k = eU$. Aus Isolationsgründen sind die Beschleunigungsspannungen auf einige Millionen Volt (MV) beschränkt.

Höhere Energien lassen sich durch mehrfache Ausnutzung derselben Beschleunigungsspannung z. B. im Hochfrequenzlinearbeschleuniger (Wideroe, 1930) erreichen (Bild 12-16). Dabei durchlaufen die Ladungsträger (z. B. Elektronen) nacheinander zunehmend längere Driftröhren, die abwechselnd mit den beiden Polen einer periodisch das Vorzeichen wechselnden Spannung $U_\approx$ verbunden sind. Wird die halbe Periodendauer der Wechselspannung gleich der Driftdauer durch eine Röhre gemacht, so finden phasenrichtig startende Elektronen zwischen zwei Driftröhren immer ein beschleunigendes Feld vor. Bei einer Anzahl von N Driftröhren lässt sich eine Beschleunigungsenergie $E_k = NeU$ erreichen,

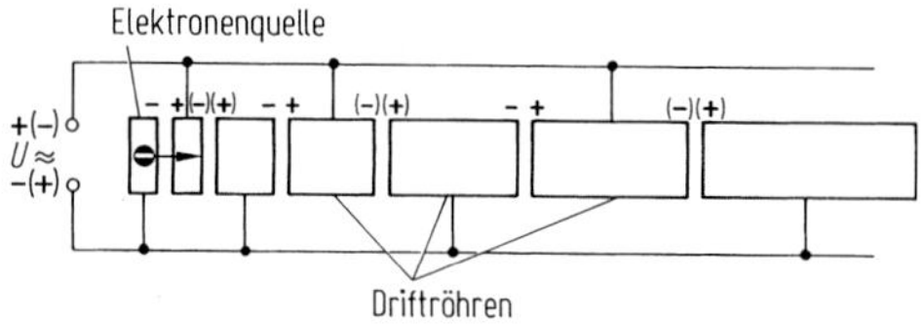

Bild 12-16. Hochfrequenz-Linearbeschleuniger

allerdings ist der Teilchenstrom gepulst. Es sind Linearbeschleuniger bis zu mehreren Kilometern Länge gebaut worden.
Hochenergetische Teilchen können auch in Kreisbeschleunigern erzeugt werden (13.2).

12.6 Elektrischer Strom

Bewegte elektrische Ladungsträger, wie sie z. B. durch Beschleunigung in elektrischen Feldern erzeugt werden können (12.5), stellen einen elektrischen Strom dar. Elektrische Ströme können in leitfähiger Materie (Metallen, Halbleitern, elektrolytischen Flüssigkeiten, ionisierten Gasen) oder auch im Vakuum erzeugt werden. Die während eines Zeitintervalls dt durch einen beliebigen Querschnitt transportierte elektrische Ladungsmenge dQ definiert die *elektrische Stromstärke*

$$I = \frac{\mathrm{d}Q}{\mathrm{d}t} \,. \tag{12-56}$$

SI-Einheit: $[I] = \mathrm{C/s} = \mathrm{A}$ (Ampere) .

Zur Definition und Realisierung des Ampere siehe 1.3 und 13.3, Bild 13-16.
Die Stromstärke I ist kein Vektor. Das Vorzeichen des elektrischen Stromes ist positiv definiert, wenn positive Ladungen in Richtung des elektrischen Feldes fließen bzw. wenn negative Ladungen entgegen der Feldrichtung fließen (Bild 12-17). Anderenfalls ist I negativ.
Die räumliche Verteilung der Stromstärke wird durch die *elektrische Stromdichte* $\boldsymbol{j}$ (oder $\boldsymbol{J}$) beschrieben, mit

$$j = \frac{\mathrm{d}I}{\mathrm{d}A} \,, \tag{12-57}$$

worin dA ein Flächenelement senkrecht zum Vektor der Stromdichte $\boldsymbol{j}$ ist. Bei räumlich konstanter Stromdichte gilt z. B. für Bild 12-17: $I = jA$. Zeigt der

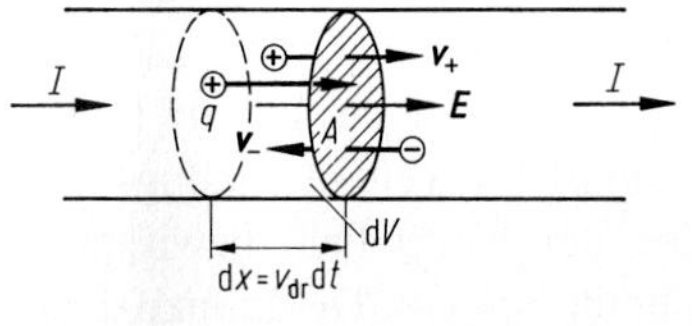

Bild 12-17. Zur Definition der Stromrichtung

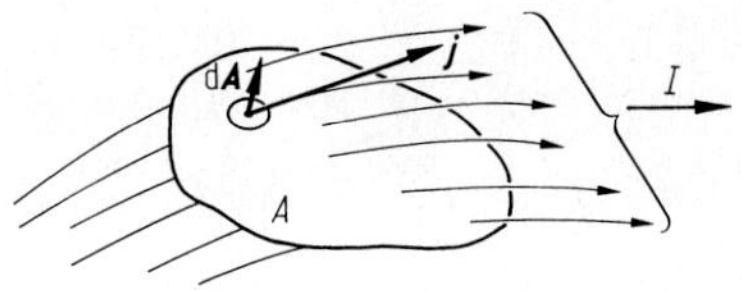

Bild 12-18. Zur Definition der Stromdichte

Flächennormalenvektor $\boldsymbol{A}$ nicht in die Richtung des Stromdichtevektors $\boldsymbol{j}$, so gilt

$$I = \boldsymbol{j} \cdot \boldsymbol{A}$$

bzw. allgemein

$$I = \int_A \boldsymbol{j} \cdot \mathrm{d}\boldsymbol{A} \,, \tag{12-58}$$

wenn die Stromdichte $\boldsymbol{j}$ örtlich unterschiedlich ist (Bild 12-18).
Zusammenhang zwischen Stromdichte und Ladungsträger-Driftgeschwindigkeit: Der Einfachheit halber sei angenommen, dass nur eine Sorte Ladungsträger mit der Ladung q vorhanden sei, die sich mit einer mittleren Geschwindigkeit, der Driftgeschwindigkeit v_{dr} (vgl. 16.2) bewegen. Dann durchqueren in der Zeit dt alle Ladungsträger dN, die sich in dem Volumenelement

$$\mathrm{d}V = A\,\mathrm{d}x = A\,v_{\mathrm{dr}}\,\mathrm{d}t$$

befinden, den Querschnitt A, also insgesamt die Ladungsmenge

$$\mathrm{d}Q = n\,\mathrm{d}Vq$$

(n Teilchenkonzentration der Ladungsträger). Mit (12-56) ergibt sich daraus die Stromstärke

$$I = nqv_{\mathrm{dr}}A \tag{12-59}$$

bzw. mit (12-57) die Stromdichte

$$\boldsymbol{j} = nq\boldsymbol{v}_{\mathrm{dr}} \,. \tag{12-60}$$

Für Elektronen als Ladungsträger z. B. in Metall gilt mit $q = -e$

$$\boldsymbol{j} = -ne\boldsymbol{v}_{\mathrm{dr}} \,. \tag{12-61}$$

Als **Beispiel** werde die Driftgeschwindigkeit der Leitungselektronen in Kupfer berechnet.

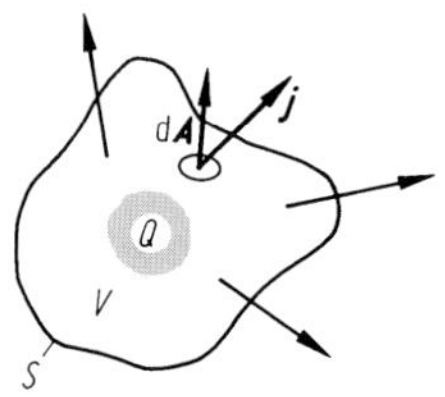

Bild 12-19. Zur Kontinuitätsgleichung für die elektrische Ladung

Wird die Dichte der Leitungselektronen abgeschätzt mit der Annahme, dass jedes Kupferatom ein Elektron in das Leitungsband (siehe 16) abgibt, so beträgt $n_{\text{Cu}} = 84 \cdot 10^{27}\,/\text{m}^3$. Mit den Vorgaben $I = 10\,\text{A}$, $A = 1\,\text{mm}^2$, $e = 1{,}6 \cdot 10^{-19}\,\text{As}$ folgt aus (12-61) für die Driftgeschwindigkeit der Elektronen $v_{\text{dr}} = 0{,}74\,\text{mm/s} = 2{,}7\,\text{m/h} = 64\,\text{m/d}$. Für die Strecke Berlin–München benötigen die Elektronen daher etwa 25 Jahre. Allein daraus folgt, dass die Driftgeschwindigkeit der Elektronen nichts mit der Ausbreitungsgeschwindigkeit elektrischer Signale zu tun hat.

Kontinuitätsgleichung

Wird das Flächenintegral in (12-58) bei der Berechnung der Stromstärke aus der Stromdichte über eine geschlossene Fläche S erstreckt (Bild 12-19), so erhält man den insgesamt aus dem von S umschlossenen Volumen V abfließenden Strom

$$I = \oint_S \boldsymbol{j} \cdot \mathrm{d}\boldsymbol{A} = \frac{\mathrm{d}Q_{\text{tr}}}{\mathrm{d}t}\,, \qquad (12\text{-}62)$$

worin Q_{tr} die dabei durch die Oberfläche transportierte Ladung ist.

Die durch die geschlossene Oberfläche S in der Zeit $\mathrm{d}t$ tretende Ladungsmenge $\mathrm{d}Q_{\text{tr}}$ ist gleich der Abnahme $-\mathrm{d}Q$ der in V enthaltenen Ladung Q (Ladungserhaltung, siehe 12.4):

$$\frac{\mathrm{d}Q_{\text{tr}}}{\mathrm{d}t} = -\frac{\mathrm{d}Q}{\mathrm{d}t} = -\dot{Q}\,. \qquad (12\text{-}63)$$

Aus (12-62) ergibt sich damit die Kontinuitätsgleichung für die elektrische Ladung

$$\oint_S \boldsymbol{j} \cdot \mathrm{d}\boldsymbol{A} = -\frac{\mathrm{d}}{\mathrm{d}t}\int_V \varrho\,\mathrm{d}V = -\dot{Q}\,, \qquad (12\text{-}64)$$

die eine mathematische Formulierung für die Ladungserhaltung (12.4) darstellt, ϱ Raumladungsdichte (12-10).

Stromarbeit und Leistung

Die Energie, die ein konstanter elektrischer Strom I im elektrischen Feld infolge der Beschleunigung der Ladung beim Durchlaufen der Spannung U aufnimmt, beträgt pro Ladungsträger qU, für N Ladungsträger $NqU = QU$. Mit $Q = It$ (12-56) ergibt sich daher die vom Feld aufzubringende Beschleunigungsarbeit

$$W = QU = UIt\,. \qquad (12\text{-}65)$$

Die damit verknüpfte elektrische Leistung (4-5) beträgt

$$P = \frac{\mathrm{d}W}{\mathrm{d}t} = UI\,. \qquad (12\text{-}66)$$

$$\text{SI-Einheit: } [P] = \text{V} \cdot \text{A} = \text{W (Watt)}\,.$$

Gleichungen (12-65) und (12-66) gelten auch, wenn bei Strömen in leitender Materie die Energie der Ladungsträger fortlaufend durch Stöße z. B. an das Kristallgitter abgegeben wird (16.2).

Für leitende Materie gilt in den meisten Fällen eine von Ohm (1825) gefundene lineare Beziehung, das *Ohm'sche Gesetz*

$$U = IR\,, \qquad (12\text{-}67)$$

worin R, der *elektrische Widerstand*, eine Bauteilkenngröße ist, die für viele leitende Stoffe bei konstanter Temperatur näherungsweise unabhängig von U und I ist. Eine modellmäßige Begründung für das Ohm'sche Gesetz folgt in 16.

$$\text{SI-Einheit: } [R] = \text{V/A} = \Omega\ \text{(Ohm)}\,.$$

12.7 Elektrische Leiter im elektrostatischen Feld, Influenz

In elektrisch leitender Materie (elektrische Leiter) können sich Ladungen q unter Einfluss der elektrischen Kraft $\boldsymbol{F} = q\boldsymbol{E}$ bewegen, z. B. Elektronen in Metallen. Unter Einwirkung eines elektrischen Feldes verschieben sich daher die Ladungen im Leiter so lange, bis das Innere des Leiters feldfrei wird und damit der Anlass für weitere Ladungsverschiebungen entfällt. Die durch das Feld bewirkte Ladungsverschiebung heißt *Influenz*. Die Influenzladungen treten an den äußeren Oberflächen des leitenden Körpers

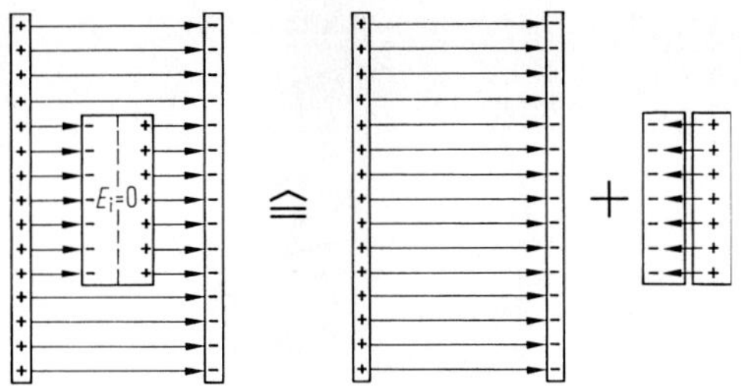

Bild 12-20. Zur Wirkung der Influenz

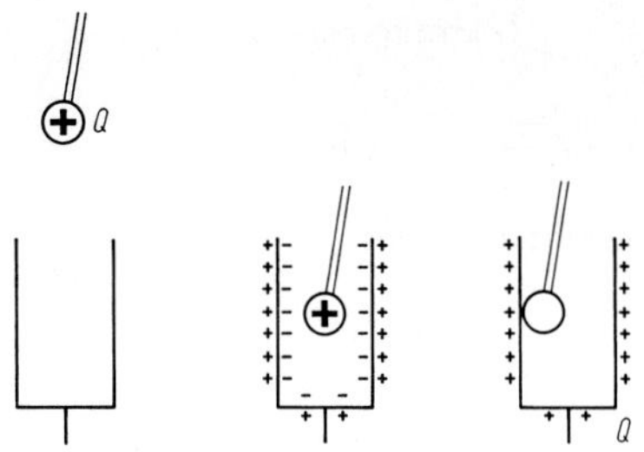

Bild 12-21. Faraday-Becher zur Ladungsübertragung

auf (Bild 12-20) und erzeugen ein dem äußeren Feld entgegengesetztes Influenzfeld, das das äußere Feld exakt kompensiert.

Das Auftreten von Influenzladungen lässt sich auch dadurch zeigen, dass als leitender Körper in Bild 12-20 zwei zunächst im Kontakt befindliche Teilkörper (z. B. zwei an der Strichlinie in Bild 12-20 aneinanderliegende Platten) verwendet werden. Werden diese ungeladen in das Feld gebracht, im Feld getrennt und dann herausgeführt, so tragen sie beide entgegengesetzt gleich große Ladungen.

Auch für elektrisch geladene Leiter im Feld der eigenen Ladungen (z. B. Bild 12-9) gilt, dass die Ladungen sich im Felde der umgebenden Ladungen so lange verschieben, bis die Feldstärke im Innern des Leiters verschwindet. Auch hier verteilt sich die Ladung auf der äußeren Oberfläche.

> Das Innere von elektrisch leitenden Körpern in elektrostatischen Feldern ist feldfrei. Das elektrische Potenzial im Körper ist daher konstant, insbesondere ist seine Oberfläche eine Potenzialfläche. Die Feldstärke steht deshalb senkrecht auf der Leiteroberfläche (siehe 12.3), auf der sich die aufgebrachten Ladungen oder die Influenzladungen verteilen.

$$\boldsymbol{E}_{\mathrm{i}} = 0\,, \quad V_{\mathrm{i}} = \mathrm{const}\,. \tag{12-68}$$

Gleichung (12-68) gilt auch für das Innere metallischer Hohlräume, sofern sich darin keine isolierten Ladungen befinden. Zur Abschirmung vor äußeren elektrischen Feldern können daher metallisch umschlossene Räume verwendet werden: *Faraday-Käfig*. In das Innere eines metallischen Hohlraumes gebrachte Ladungen fließen bei Kontakt vollständig auf die Außenfläche der Metallumhüllung ab: *Faraday-Becher* zur vollständigen Ladungsübertragung (Bild 12-21).

Oberflächenfeldstärke und Krümmung

Der Einfluss der Krümmung einer leitenden Oberfläche auf die Oberflächenladungsdichte σ bzw. auf die Oberflächenfeldstärke $\boldsymbol{E}$ lässt sich mit einer Anordnung aus zwei leitenden Kugeln 1 und 2 (Radius R_1 und R_2) abschätzen, die miteinander leitend verbunden sind und dadurch das gleiche Potenzial V besitzen (Bild 12-22).

Feldstärke und Flächenladungsdichte können auf den äußeren Kugelseiten, wo die Störung durch die leitende Verbindung und die zweite Kugel gering ist, in guter Näherung wie bei einzelnen Kugeln berechnet werden. Aus (12-20) und (12-44) folgt dann

$$\frac{E_2}{E_1} = \frac{\sigma_2}{\sigma_1} \approx \frac{R_1}{R_2} \quad \text{für} \quad V_1 = V_2\,. \tag{12-69}$$

Auf beliebig geformte leitende Körper übertragen bedeutet das, dass an Stellen mit kleinen Krümmungsradien R bei Aufladung des Körpers auf ein Potenzial V bzw. eine Spannung U gegenüber der Umgebung besonders hohe Oberflächenfeldstärken

$$E_{\mathrm{R}} \approx \frac{V}{R} \tag{12-70}$$

auftreten (12-44). Das ist bei hochspannungsführenden Teilen zu beachten: An Spitzen, dünnen Drähten und scharfen Kanten treten bereits bei mäßigen Spannungen U Glimmentladungen oder sogar

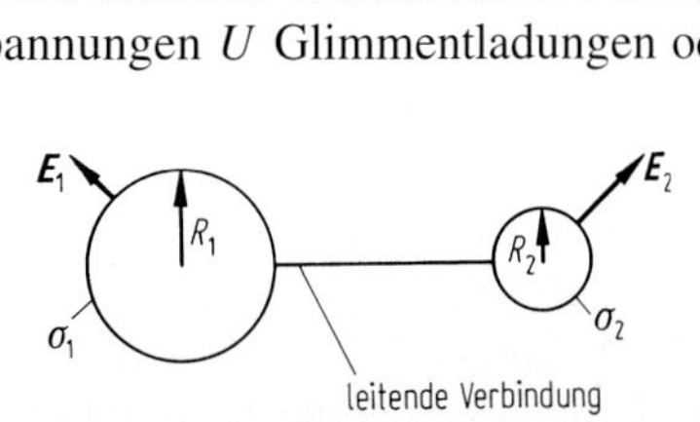

Bild 12-22. Zur Abhängigkeit der Oberflächenfeldstärke eines geladenen leitenden Körpers von dessen Oberflächenkrümmungsradius

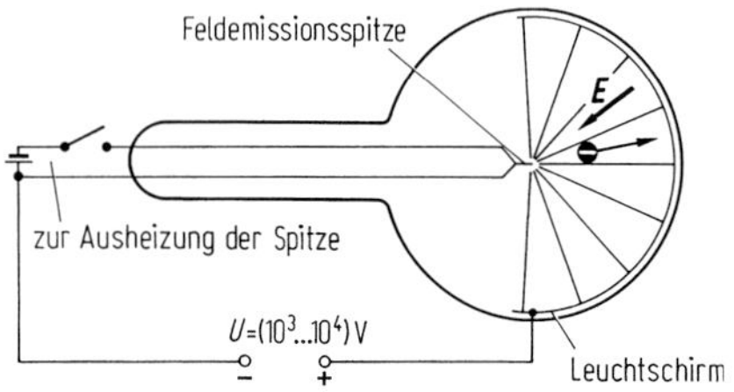

Bild 12-23. Feldemissions-Elektronenmikroskop

Feldemission (16.7) auf und führen zu Überschlägen. Kleine Krümmungsradien sind daher zu vermeiden. Ausgenutzt wird dagegen dieser Effekt beim Feldemissions-Elektronenmikroskop (Bild 12-23) und beim Feldionenmikroskop (Müller, 1936 und 1951).

Hierbei werden chemisch geätzte Metallspitzen mit Krümmungsradien von 0,1 bis 1 μm verwendet, sodass bei einer Spannung von 1000 V Feldstärken von 10^9 bis 10^{10} V/m (1 bis 10 MV/mm) erzeugt werden. Bei solchen Feldstärken werden aus der Spitze Elektronen durch Feldemission (16.7) freigesetzt und im umgebenden Radialfeld auf den Leuchtschirm zu beschleunigt. Strukturen auf der Spitze, z. B. örtliche Variationen der Austrittsarbeit (16.7) oder angelagerte Moleküle, werden dann auf dem Leuchtschirm per Zentralprojektion mit einer Vergrößerung von 10^5 bis 10^6 sichtbar.

Elektrische Bildkraft

Ladungen vor ungeladenen, leitenden Oberflächen bewirken durch Influenz eine Ladungsverschiebung in der Weise, dass die Feldlinien senkrecht auf der Leiteroberfläche enden (Bild 12-24). Der entstehende Feldlinienverlauf vor einer ebenen Leiteroberfläche kann durch gedachte Spiegelladungen entgegengesetzten Vorzeichens im gleichen Abstand d hinter der Leiteroberfläche (das „Bild" der felderzeugenden Ladung) beschrieben werden (siehe auch Bild 12-4).

Daraus resultiert eine Kraft zwischen Ladung Q und ungeladener Leiteroberfläche, die sich aus dem Coulomb-Gesetz (12-1) berechnen lässt und senkrecht auf die Leiteroberfläche gerichtet ist:

$$F_B = \frac{Q^2}{4\pi\varepsilon_0(2d)^2} \,. \qquad (12\text{-}71)$$

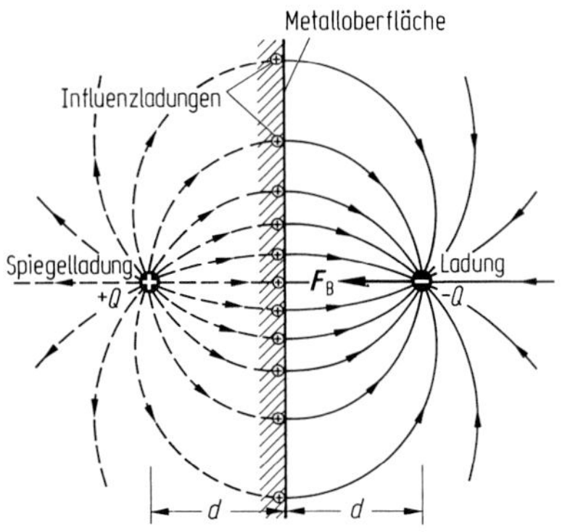

Bild 12-24. Zur Entstehung der Bildkraft: Spiegelladungen durch Influenz an leitenden Flächen

12.8 Kapazität leitender Körper

Das Potenzial V einer leitenden Kugel (Radius R) ist nach (12-43) proportional zur Ladung Q auf der Kugel. Der Quotient beträgt

$$\frac{Q}{V} = 4\pi\varepsilon_0 R \qquad (12\text{-}72)$$

und hängt nur von der Geometrie der Kugel (Radius R) ab. Das gilt entsprechend für jeden leitenden Körper. Der Quotient Q/V wird Kapazität C des leitenden Körpers,

$$C = \frac{Q}{V} \,, \qquad (12\text{-}73)$$

genannt und stellt das Aufnahmevermögen des Körpers für elektrische Ladung Q bei gegebenem Potenzial V dar.

SI-Einheit: $[C] = \mathrm{A \cdot s/V = C/V = F}$ (Farad) .

Aus dem Vergleich mit (12-72) ergibt sich die Kapazität der Kugel zu

$$C = 4\pi\varepsilon_0 R \,. \qquad (12\text{-}74)$$

Kondensatoren

Der Begriff der Kapazität lässt sich auch übertragen auf Systeme aus zwei leitenden Körpern (den Elektroden), die entgegengesetzt gleiche Ladungen tragen (Bild 12-25): Kondensator.

An die Stelle des Potenzials V tritt dann die Potenzialdifferenz (Spannung) $U = V_1 - V_2$, und die *Kapa-*

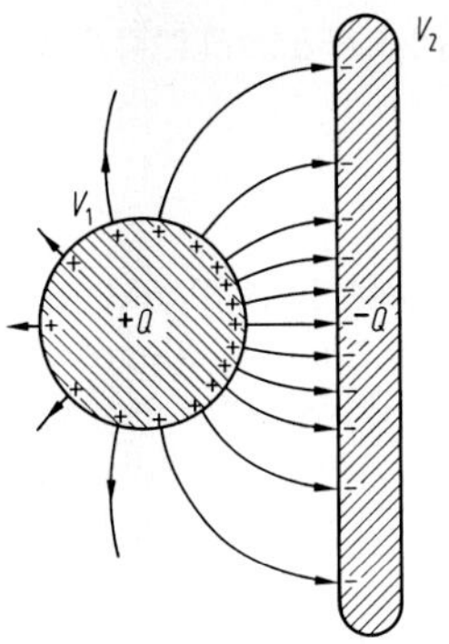

Bild 12-25. Kondensator aus zwei leitenden Körpern

zität des Kondensators beträgt

$$C = \frac{Q}{U} . \quad (12\text{-}75)$$

Für den *Plattenkondensator* ergibt sich daraus mit (12-42)

$$C = \varepsilon_0 \frac{A}{d} . \quad (12\text{-}76)$$

Zur Kapazität geometrisch anders geformter Kondensatoren (Zylinderkondensator, Kugelkondensator) vgl. G 10.7. Zur Berechnung der resultierenden Kapazität von parallel oder in Reihe geschalteten Kondensatoren siehe G 10.6.

Nichtleitende Materie im Kondensatorfeld

Wird ein elektrisch isolierendes Material (*Dielektrikum*) in einen Plattenkondensator geschoben (Bild 12-26), so sinkt die am Kondensator mit einem statischen Instrument (Elektrometer) gemessene Spannung von $U_0 = Q/C_0$ auf den kleineren Wert U_ϵ.

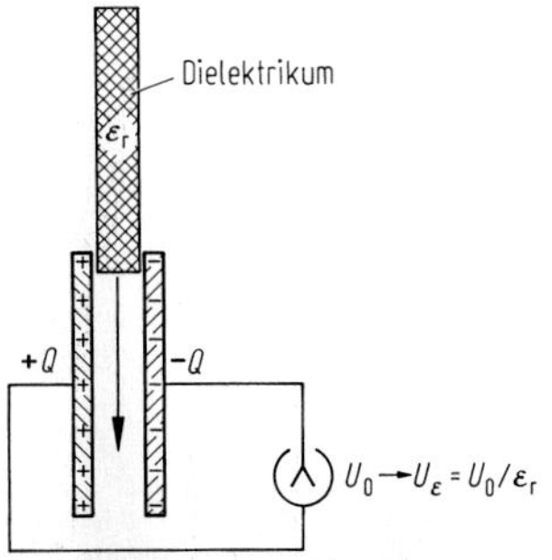

Bild 12-26. Zur Wirkung eines Dielektrikums im Kondensator

Tabelle 12-2. Permittivitätszahl ϵ_r einiger Stoffe

Stoff	ε_r
Feste Stoffe:	
Bariumtitanat	1000...9000
Bernstein	2,2...2,9
Diamant	5,68
Eis	3,2
Gläser	3...15
Glimmer	5...9
Hartpapier	5
Hartporzellan	5...6,5
Kochsalz	5,8
Kunstharze	3,5...4,5
Marmor	8,4...14
Ölpapier	5
Papier	1,2...3
Paraffin	2,2
Polyethylen (PE)	2,2...2,7
Polypropylen (PP)	2,2...2,6
Polystyrol (PS)	2,3...2,8
Polytetrafluorethylen (PTFE)	2,1
Polyvinylchlorid (PVC, z. B. Vinidur)	3,3...4,6
Quarz	3,5...4,5
Quarzglas	4
Schwefel	3,6...4,3
Ziegel	2,3
Flüssigkeiten:	
Benzol	2,28
Ethanol	25,3
Glycerin	46,5
Kabelöl	2,25
Methanol	33,5
Petroleum	2,2
Transformatorenöl	2,2...2,5
Wasser	80,1
Gase(0 °C; 101 325 Pa):	
Argon	1,0005172
Helium	1,0000650
Kohlendioxid	1,000922
Luft, trocken	1,0005364
Sauerstoff	1,0004947
Stickstoff	1,0005480
Wasserstoff	1,0002538

Da sich die gespeicherte Ladung Q dabei nicht geändert hat, wie sich durch Entfernen des Dielektrikums zeigen lässt, ist durch das Dielektrikum offenbar die Kapazität von C_0 auf $C_\epsilon > C_0$ gestiegen, sodass $U_\epsilon = Q/C_\epsilon < U_0$. Ursache hierfür ist die Polarisation des Dielektrikums (siehe 12.9). Bei vollständiger Ausfüllung des felderfüllten Volumens durch das Dielektrikum wird das Verhältnis

$$\frac{C_\epsilon}{C_0} = \frac{U_0}{U_\epsilon} = \epsilon_r > 1 \qquad (12\text{-}77)$$

Permittivitätszahl (Dielektrizitätszahl) ϵ_r genannt. Sie ist eine charakteristische Größe des Dielektrikums (Tabelle 12-2).

Für das Vakuum gilt $\varepsilon_r = 1$. Aus $C_\epsilon = \varepsilon_r C_0$ folgt mit (12-76) für die Kapazität des *Plattenkondensators mit Dielektrikum*

$$C = \varepsilon_r \varepsilon_0 \frac{A}{d} \,. \qquad (12\text{-}78)$$

An die Stelle der elektrischen Feldkonstante ε_0 des Vakuums tritt also die *Permittivität* (Dielektrizitätskonstante)

$$\varepsilon = \varepsilon_r \varepsilon_0 \qquad (12\text{-}79)$$

des Dielektrikums im Feld. Das gilt generell für elektrische Felder in Dielektrika.

Energieinhalt eines geladenen Kondensators

Die differenzielle Arbeit zur weiteren Aufladung eines Kondensators der Kapazität C um die Ladung $\mathrm{d}q$ bei der Spannung u ist nach (12-29) und mit (12-75)

$$\mathrm{d}W = u \,\mathrm{d}q = \frac{1}{C} q \,\mathrm{d}q \,. \qquad (12\text{-}80)$$

Die gesamte Aufladearbeit W und damit die im Kondensator gespeicherte Energie E_C erhält man daraus durch Integration ($q = 0$ bis Q, $u = 0$ bis U) und Umformung mit (12-75):

$$W = E_C = \frac{1}{2} \cdot \frac{Q^2}{C} = \frac{1}{2} QU = \frac{1}{2} CU^2 \qquad (12\text{-}81)$$

(vgl. auch G 10.8). Die im Kondensator gespeicherte Energie manifestiert sich als Feldenergie des elektrostatischen Feldes zwischen den Elektroden des Kondensators.

Energiedichte des elektrostatischen Feldes

Die Dichte der elektrischen Feldenergie w_e lässt sich für den Fall des Plattenkondensators leicht aus dem Quotienten W/V berechnen, worin $V = Ad$ das Volumen des homogenen Feldes zwischen den Kondensatorplatten ist (vgl. G 10.8). Durch Einsetzen der Kapazität des Plattenkondensators (12-78) und Einführen der Feldstärke $\boldsymbol{E}$ nach (12-41) ergibt sich für die *Energiedichte*

$$w_e = \frac{1}{2} \varepsilon \boldsymbol{E}^2 = \frac{1}{2} \boldsymbol{D} \cdot \boldsymbol{E} \,. \qquad (12\text{-}82)$$

$\boldsymbol{D}$ ist die elektrische Flussdichte gemäß (12-14), hier allerdings bereits für den allgemeinen Fall des Dielektrikums im Feld geschrieben (siehe 12.9). Gleichung (12-82) enthält keine kondensatorspezifischen Größen und gilt für beliebige elektrostatische Felder.

12.9 Nichtleitende Materie im elektrischen Feld, elektrische Polarisation

Wird Materie in ein elektrisches Feld gebracht, so wird der elektrische Zustand der Materie infolge der elektrischen Kraft auf die in der Materie vorhandenen Ladungen verändert. Im bereits in 12.7 behandelten Falle elektrisch leitender Materie können sie der Kraft folgen, Ladungen entgegengesetzten Vorzeichens sammeln sich daher an gegenüberliegenden Oberflächen: Influenz (Bild 12-20). Bei einem Leiter im Feld bildet sich also eine makroskopische Ladungsverteilung aus, die qualitativ der eines elektrischen Dipols (Bild 12-4) entspricht.

In Nichtleitern (Dielektrika) ist eine makroskopische Ladungsverschiebung nicht möglich. Dennoch bilden sich auch hier im Feld Dipolzustände aus, allerdings im molekularen Maßstab, die Materie wird polarisiert.

Der elektrische Dipol

Der elektrische Dipol ist ein elektrisch neutrales Gebilde. Er besteht aus zwei gleich großen Punktladungen entgegengesetzten Vorzeichens (Bild 12-4), die im Abstand l auf dem Verbindungsvektor $\boldsymbol{l}$ sitzen (Bild 12-27).

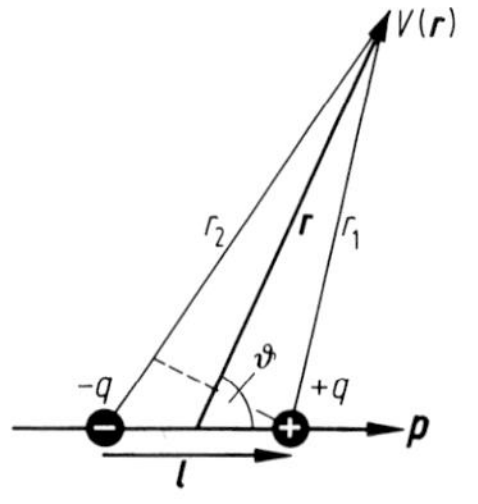

Bild 12-27. Elektrischer Dipol

Seine Eigenschaften werden durch das *elektrische Dipolmoment* $\boldsymbol{p}$ beschrieben:

$$\boldsymbol{p} = q\boldsymbol{l} \,. \tag{12-83}$$

SI-Einheit: $[p] = \mathrm{C \cdot m = A \cdot s \cdot m}$.

Anmerkungen: In der Chemie wird das Vorzeichen des Dipolmoments meist entgegengesetzt definiert. $\boldsymbol{p}$ darf nicht mit dem Impuls verwechselt werden.

Das Potenzial eines Dipols lässt sich durch Überlagerung der Potenziale zweier Punktladungen darstellen (Bild 12-27):

$$V(\boldsymbol{r}) = \frac{1}{4\pi\varepsilon_0}\left(\frac{q}{r_1} - \frac{q}{r_2}\right) = \frac{q}{4\pi\varepsilon_0} \cdot \frac{r_2 - r_1}{r_1 r_2} \,. \tag{12-84}$$

Für Entfernungen r, die groß gegen die Dipollänge l sind, gilt

$$r_1, r_2 \gg l: \quad r_2 - r_1 = l\cos\vartheta \,, \quad r_1 r_2 = r^2 \,. \tag{12-85}$$

Mit (12-83) und (12-84) folgt dann für das Potenzial einer Probeladung im Feld eines Dipols

$$V(\boldsymbol{r}) = \frac{p\cos\vartheta}{4\pi\varepsilon_0 r^2} = \frac{\boldsymbol{p}\cdot\boldsymbol{r}^0}{4\pi\varepsilon_0 r^2} \,. \tag{12-86}$$

Das Potenzial eines Dipols nimmt danach mit $1/r^2$ ab, während das Potenzial der einzelnen Punktladung nach (12-42) nur mit $1/r$ abnimmt. Der schnellere Abfall beim Dipol rührt daher, dass mit steigender Entfernung die beiden Ladungen sich in ihrer Wirkung immer mehr kompensieren. Die Feldgeometrie eines elektrischen Dipols zeigt Bild 12-4.

Im *homogenen elektrischen Feld* wirkt ein Kräftepaar auf die beiden Ladungen des Dipols (Bild 12-28). Die resultierende Kraft auf den Dipol ist null. Das Kräftepaar bewirkt jedoch ein *Drehmoment* $\boldsymbol{M}$, das sich nach (3-23) mit $\boldsymbol{F} = q\boldsymbol{E}$ ergibt zu

$$\boldsymbol{M} = \boldsymbol{p} \times \boldsymbol{E} \tag{12-87}$$

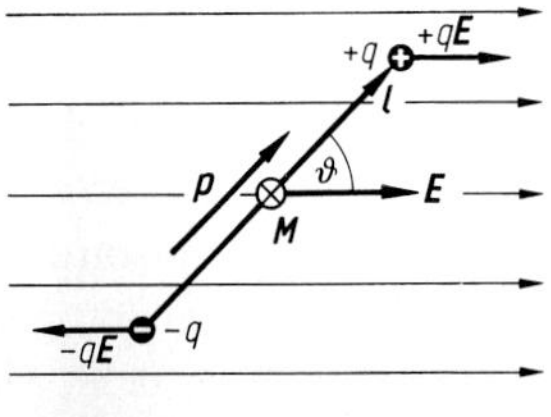

Bild 12-28. Drehmoment auf einen elektrischen Dipol im homogenen elektrischen Feld

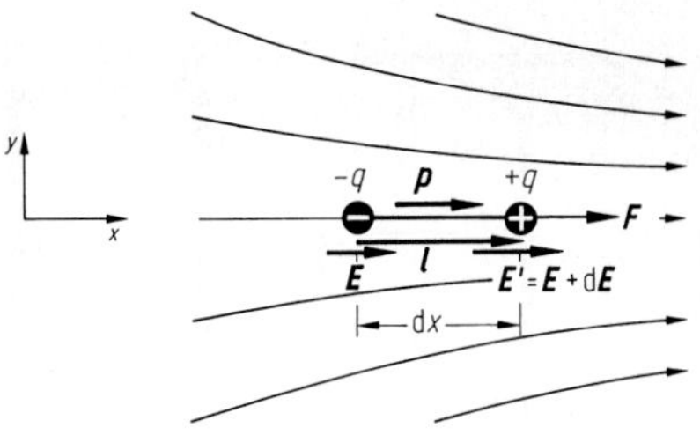

Bild 12-29. Resultierende Kraft auf einen elektrischen Dipol im inhomogenen elektrischen Feld

und den Dipol in Feldrichtung zu drehen versucht. Der Dipol im Feld besitzt daher eine potenzielle Energie, die sich aus den potenziellen Energien seiner Einzelladungen zusammensetzt:

$$\begin{aligned} E_{\mathrm{p,\,dp}} &= qV_+ + (-qV_-) \\ &= -ql\frac{\Delta V}{l} = -pE\cos\vartheta \,. \end{aligned} \tag{12-88}$$

Daraus folgt für die potenzielle Energie eines elektrischen Dipols im elektrischen Feld

$$E_{\mathrm{p,\,dp}} = -\boldsymbol{p}\cdot\boldsymbol{E} \,. \tag{12-89}$$

Sie ist minimal, wenn der Dipolvektor $\boldsymbol{p}$ in Feldrichtung zeigt, und maximal für die entgegengesetzte Richtung.

Im *inhomogenen Feld* sind die Kräfte auf die beiden Ladungen eines Dipols vom Betrag verschieden, sodass neben dem Drehmoment auch eine resultierende Kraft auftritt. Für einen in Feldrichtung ausgerichteten Dipol mit differenziell kleiner Länge $l = \mathrm{d}x$ (Bild 12-29) ist die *resultierende Kraft* proportional zum Feldgradienten $\mathrm{d}E/\mathrm{d}x$:

$$F = p\frac{\mathrm{d}E}{\mathrm{d}x} \,. \tag{12-90}$$

Elektrische Polarisation eines Dielektrikums

Wie in Bild 12-26 betrachten wir einen Plattenkondensator mit Dielektrikum. Bei geladenem Kondensator bewirkt das elektrische Feld eine Polarisation des Dielektrikums: Durch Verschiebungspolarisation in den Atomen und bei polaren Molekülen durch Orientierungspolarisation (siehe unten) wird ein System elektrisch wirksamer Dipole (Bild 12-30) mit Dipolmomenten einer mittleren Größe p erzeugt. Als Pola-

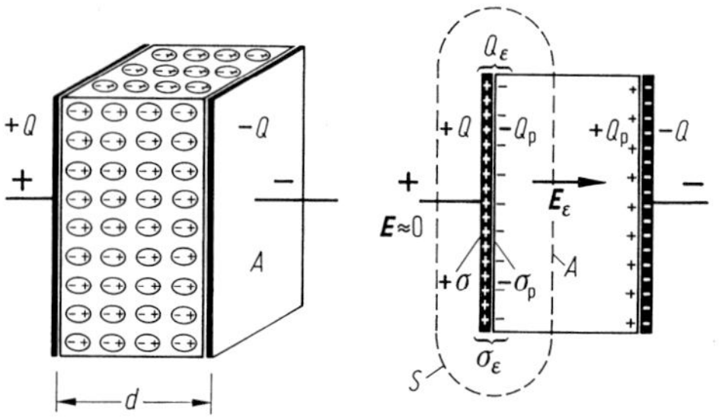

Bild 12-30. Polarisation eines Dielektrikums: Entstehung von Polarisationsladungen an den Grenzflächen

risation $\boldsymbol{P}$ ist das auf das Volumen bezogene Dipolmoment definiert, also der Quotient aus dem Gesamtdipolmoment $\boldsymbol{p}_\Sigma$ des Dielektrikums, das sich durch vektorielle Addition aller Einzeldipole $\boldsymbol{p}$ ergibt, und seinem Volumen V. Ist n die Dipolzahldichte, so folgt für die *elektrische Polarisation*

$$\boldsymbol{P} = \frac{\boldsymbol{p}_\Sigma}{V} = n\boldsymbol{p} \,. \tag{12-91}$$

Als Folge der Polarisation entstehen Polarisationsladungen $Q_\text{p} = \boldsymbol{\sigma}_\text{p} \cdot \boldsymbol{A}$ an den Grenzflächen A mit der Flächenladungsdichte $\boldsymbol{\sigma}_\text{p}$ (Bild 12-30). $\boldsymbol{\sigma}_\text{p}$ ist ein Vektor parallel zum Flächennormalenvektor $\boldsymbol{A}$. Für das Gesamtdipolmoment ergibt sich hieraus

$$\boldsymbol{p}_\Sigma = Q_\text{p}\boldsymbol{d} = \boldsymbol{\sigma}_\text{p}Ad = \boldsymbol{\sigma}_\text{p}V \,. \tag{12-92}$$

Mit (12-91) und (12-24) folgt weiter

$$\boldsymbol{P} = n\boldsymbol{p} = \boldsymbol{\sigma}_\text{p} = -\varepsilon_0\boldsymbol{E}_\text{p} \,, \tag{12-93}$$

worin $\boldsymbol{E}_\text{p}$ die durch die Polarisationsladungen erzeugte Polarisationsfeldstärke ist, die dem Polarisationsvektor $\boldsymbol{P}$ entgegengerichtet ist.

Die resultierende Feldstärke $\boldsymbol{E}_\varepsilon$ im dielektrikumerfüllten Feld ergibt sich aus der Überlagerung der Feldstärke $\boldsymbol{E}$ ohne Dielektrikum (bei vorgegebener Ladung Q auf den Kondensatorplatten) und der Polarisationsfeldstärke $\boldsymbol{E}_\text{p}$ des eingeschobenen Dielektrikums

$$\boldsymbol{E}_\varepsilon = \boldsymbol{E} + \boldsymbol{E}_\text{p} = \boldsymbol{E} - \frac{\boldsymbol{P}}{\varepsilon_0} \,. \tag{12-94}$$

Sie ist kleiner als die Vakuumfeldstärke, da die Ladungen Q auf den Platten durch die Polarisationsladungen Q_p des Dielektrikums teilweise kompensiert werden. Es bleibt lediglich die Ladung $Q_\varepsilon = Q - Q_\text{p} = \sigma_\varepsilon A = \varepsilon_0 E_\varepsilon A$ wirksam. Damit ist die in Bild 12-26 dargestellte Beobachtung erklärt. Für die Permittivitätszahl ε_r in (12-77) ergibt sich mit (12-94) für kleine Polarisationen

$$\varepsilon_\text{r} = \frac{U_0}{U_\epsilon} = \frac{Q_0}{Q_\epsilon} = \frac{E}{E_\epsilon} = \frac{E}{E - \dfrac{P}{\varepsilon_0}} \approx 1 + \frac{P}{\varepsilon_0 E} = 1 + \frac{np}{\varepsilon_0 E} \,. \tag{12-95}$$

Die Abweichung von ε_r von 1 wird *elektrische Suszeptibilität* χ_e genannt und ist gleich dem Quotienten aus Polarisation P und elektrischer Vakuumflussdichte $D_0 = \varepsilon_0 E$:

$$\chi_\text{e} = \frac{P}{\varepsilon_0 E} = \frac{np}{\varepsilon_0 E} \,, \quad \boldsymbol{P} = \chi_\text{e}\varepsilon_0\boldsymbol{E} \,. \tag{12-96}$$

Suszeptibilität und Permittivitätszahl beschreiben die elektrischen Eigenschaften eines Dielektrikums gleichwertig und sind verknüpft durch

$$\varepsilon_\text{r} = 1 + \chi_\text{e} \,. \tag{12-97}$$

Multiplikation von (12-97) mit $\varepsilon_0\boldsymbol{E} = \boldsymbol{D}_0$ führt mit (12-96) zu der Größe

$$\varepsilon_\text{r}\varepsilon_0\boldsymbol{E} = \boldsymbol{D}_0 + \boldsymbol{P} \,, \tag{12-98}$$

die als *dielektrische Verschiebung* oder *elektrische Flussdichte* (in Materie) bezeichnet wird:

$$\boldsymbol{D} = \varepsilon_\text{r}\varepsilon_0\boldsymbol{E} = \varepsilon\boldsymbol{E} \,, \tag{12-99}$$

und sich aus der Flussdichte im Vakuum und der Polarisation der Materie zusammensetzt:

$$\boldsymbol{D} = \boldsymbol{D}_0 + \boldsymbol{P} = (1 + \chi_\text{e})\varepsilon_0\boldsymbol{E} \,. \tag{12-100}$$

In (12-99) und (12-100) ist $\boldsymbol{E}$ die Feldstärke, die sich beispielsweise aus der am Kondensator liegenden Spannung U und dem Plattenabstand d gemäß (12-41) ergibt.

Der Name „dielektrische Verschiebung" wurde in Hinblick auf den Vorgang der Verschiebungspolarisation gewählt (siehe unten). In isotropen Dielektrika sind ε_r und χ_e Skalare, in anisotropen Dielektrika (Kristallen) dagegen Tensoren, d. h., Verschiebungsvektor $\boldsymbol{D}$ und Feldstärkevektor $\boldsymbol{E}$ haben dann i. Allg. nicht dieselbe Richtung.

Wir wenden nun das Gauß'sche Gesetz in der Formulierung (12-17) ähnlich wie in Bild 12-10 auf eine geschlossene Fläche S an, die eine der Elektroden des mit Dielektrikum gefüllten Plattenkondensators umschließt (Bild 12-30). Das Volumen dieser Fläche enthält dann die wirksame Ladung

$$Q_\epsilon = Q - Q_\text{p} = \frac{Q}{\varepsilon_\text{r}} . \quad (12\text{-}101)$$

Da außerhalb des Plattenkondensators die Feldstärke als vernachlässigbar klein angenommen werden kann, wenn die linearen Abmessungen der Plattenfläche A groß gegen den Plattenabstand d sind, trägt von der Gesamtfläche S nur der Flächenausschnitt A im Kondensatordielektrikum zum Gauß-Integral bei:

$$\oint_S \varepsilon_0 \boldsymbol{E} \cdot \text{d}\boldsymbol{A} = \int_A \varepsilon_0 \boldsymbol{E}_\varepsilon \cdot \text{d}\boldsymbol{A} = Q_\epsilon = \frac{Q}{\varepsilon_\text{r}} . \quad (12\text{-}102)$$

Wir bilden nun das entsprechende Integral über die elektrische Flussdichte in Materie (12-99), und erhalten analog

$$\oint_S \varepsilon_\text{r}\varepsilon_0 \boldsymbol{E} \cdot \text{d}\boldsymbol{A} = \int_A \varepsilon_\text{r}\varepsilon_0 \boldsymbol{E}_\epsilon \cdot \text{d}\boldsymbol{A} . \quad (12\text{-}103)$$

Das Integral der rechten Seite wird nur über den homogenen Feldbereich im Kondensator erstreckt, wo ε_r konstant ist und vor das Integral gezogen werden kann. Mit (12-99) und (12-102) folgt dann die allgemein gültige Form des *Gauß'schen Gesetzes* für das elektrische Feld in Materie:

$$\oint_S \boldsymbol{D} \cdot \text{d}\boldsymbol{A} = \oint_S \varepsilon_\text{r}\varepsilon_0 \boldsymbol{E} \cdot \text{d}\boldsymbol{A} = Q , \quad (12\text{-}104)$$

worin Q die tatsächlich in das von der geschlossenen Fläche S berandete Volumen eingebrachte Ladung ist.

Verschiebungspolarisation

Makroskopische Materie ist aus Atomen aufgebaut. Diese bestehen aus der negativen Elektronenhülle und dem positiven Atomkern (siehe 16.1). Die Schwerpunkte der positiven und negativen Ladungsverteilungen im Atom fallen normalerweise zusammen. In einem äußeren elektrischen Feld $\boldsymbol{E}$ wirken jedoch auf die atomaren Ladungen verschiedenen Vorzeichens entgegengesetzt gerichtete Kräfte $\boldsymbol{F} = \pm q\boldsymbol{E}$, sodass eine Verschiebung der Ladungsschwerpunkte gegeneinander erfolgt, bis die Coulombanziehungskraft der äußeren Kraft entgegengesetzt gleich ist: Es sind *induzierte Dipole* in Richtung des äußeren Feldes entstanden (Bild 12-31): *Verschiebungspolarisation.* Neben dieser elektronischen Verschiebungspolarisation, die bei allen Substanzen auftritt, gibt es z. B. in Ionenkristallen auch eine ionische Verschiebungspolarisation.
Das pro Atom induzierte elektronische Dipolmoment $\boldsymbol{p} = Q\delta\boldsymbol{l} = Ze\delta\boldsymbol{l}$ kann für nicht zu große Feldstärken proportional zu $\boldsymbol{E}$ angesetzt werden, mit der Polarisierbarkeit α gemäß

$$\boldsymbol{p} = \alpha \boldsymbol{E} . \quad (12\text{-}105)$$

Um eine Größenordnung für α abzuschätzen, kann als Modell für die Verschiebungspolarisation eines kugelsymmetrischen Atoms eine leitende Kugel angenommen werden, deren Radius dem Atomradius r_0 entspricht. Das äußere Feld $\boldsymbol{E}$ induziert in einer solchen Kugel Influenzladungen, deren Feld außerhalb der Kugel durch das Feld eines Dipols im Kugelzentrum mit dem Dipolmoment (ohne Ableitung)

$$\boldsymbol{p} = 4\pi r_0^3 \varepsilon_0 \boldsymbol{E} \quad (12\text{-}106)$$

wiedergegeben wird. Ein Vergleich mit (12-105) liefert eine nach diesem Modell mit dem Atomvolumen V_0 steigende Polarisierbarkeit

$$\alpha = 3\varepsilon_0 \frac{4}{3}\pi r_0^3 = 3\varepsilon_0 V_0 . \quad (12\text{-}107)$$

Die Polarisation aufgrund der induzierten Dipole beträgt nach (12-91) und (12-105)

$$\boldsymbol{P} = n\boldsymbol{p} = n\alpha \boldsymbol{E} . \quad (12\text{-}108)$$

Der Vergleich mit (12-96) liefert für Suszeptibilität und Permittivitätszahl

$$\chi_\text{e} = \frac{n\alpha}{\varepsilon_0} , \quad \varepsilon_\text{r} = 1 + \frac{n\alpha}{\varepsilon_0} . \quad (12\text{-}109)$$

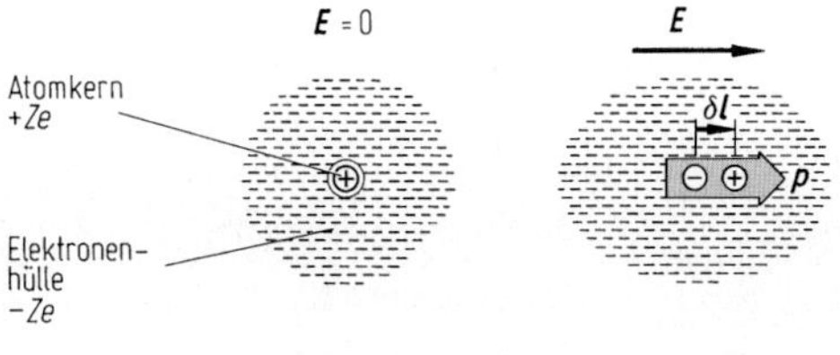

Bild 12-31. Induzierter atomarer Dipol im elektrischen Feld

Diese Beziehungen gelten für dünne Medien (Dipolzahldichte n klein), z. B. Gase, in denen die gegenseitige Wechselwirkung der Dipole noch keine Rolle spielt. In dichten Medien muss für die Polarisation eines induzierten Dipols das von der Polarisation des umgebenden Mediums erzeugte zusätzliche Feld (etwa die ausrichtende Wechselwirkung innerhalb einer Dipolkette) berücksichtigt werden. Das führt (ohne Ableitung) zu den Clausius-Mosotti-Formeln

$$\chi_e = \frac{\dfrac{n\alpha}{\varepsilon_0}}{1 - \dfrac{1}{3}\dfrac{n\alpha}{\varepsilon_0}} ,$$

$$\varepsilon_r = 1 + \frac{\dfrac{n\alpha}{\varepsilon_0}}{1 - \dfrac{1}{3}\dfrac{n\alpha}{\varepsilon_0}} , \qquad (12\text{-}110)$$

die die Beziehungen (12-109) als Grenzfall für kleine n enthalten. Sie gestatten die Berechnung der Dielektrizitätszahl einer dichten nichtpolaren Flüssigkeit aus den Daten ihres Gases.

Orientierungspolarisation

Viele Moleküle besitzen auch bei Abwesenheit eines äußeren elektrischen Feldes bereits ein elektrisches Dipolmoment, sie stellen *permanente elektrische Dipole* dar. Dies trifft bei nahezu allen Molekülen zu, die nicht aus gleichen Atomen aufgebaut sind: polare Moleküle (z. B. HCl, H_2O, NH_3, Bild 12-32). Lediglich symmetrisch aufgebaute Moleküle, wie CO_2 oder CH_4, haben kein permanentes Dipolmoment.

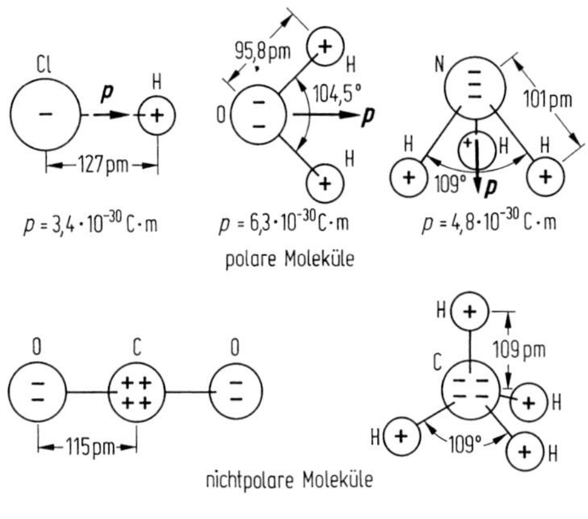

Bild 12-32. Beispiele für molekulare Dipole

Eine Stoffportion aus polaren Molekülen (Molekülzahldichte n) zeigt ohne äußeres Feld kein resultierendes Dipolmoment, da die thermische Energie für eine statistische Gleichverteilung der Dipolorientierungen sorgt, d. h., je $n/6$ der molekularen Dipole sind in die 6 Raumrichtungen orientiert und heben sich daher in ihrer Wirkung gegenseitig auf. In einem äußeren elektrischen Feld erfahren die Dipole jedoch gemäß (12-84) Drehmomente, die für eine mit $\boldsymbol{E}$ zunehmende Ausrichtung in Feldrichtung gegen die Temperaturbewegung sorgen (Bild 12-33): *Orientierungspolarisation.*

Anmerkung: Voraussetzung dafür ist eine gegenseitige Wechselwirkung der Moleküle, die einen Energieaustausch ermöglichen. Anderenfalls würde das äußere Feld allein zu Drehschwingungen der Moleküle Anlass geben, vgl. Bild 5-5.

Im Feld sind daher mehr als $n/6$ Dipole in Feldrichtung orientiert (potenzielle Energie E_{p+}) und entsprechend weniger als $n/6$ entgegengesetzt der Feldrichtung (potenzielle Energie E_{p-}). Die senkrecht zur Feldrichtung orientierten Dipole heben sich weiterhin in ihrer Wirkung auf. Die Polarisation ergibt sich aus der Differenz der $n_+ \gtrsim n/6$ in und $n_- \lesssim n/6$ gegen die Feldrichtung orientierten Dipole. Sie lässt sich mithilfe des Boltzmann'schen e-Satzes aus der Differenz der potenziellen Energien (12-89) berechnen:

$$\Delta E_p = E_{p^-} - E_{p^+} = 2pE , \qquad (12\text{-}111)$$

E ist hierin die angelegte elektrische Feldstärke. Der Boltzmann'sche e-Satz (8-40) liefert dann

$$\frac{n_-}{n_+} = \mathrm{e}^{-\frac{2pE}{kT}} . \qquad (12\text{-}112)$$

Für $E = 0$ und endliche Temperatur $T > 0$ ist demnach die Orientierung gleichverteilt, ebenso für

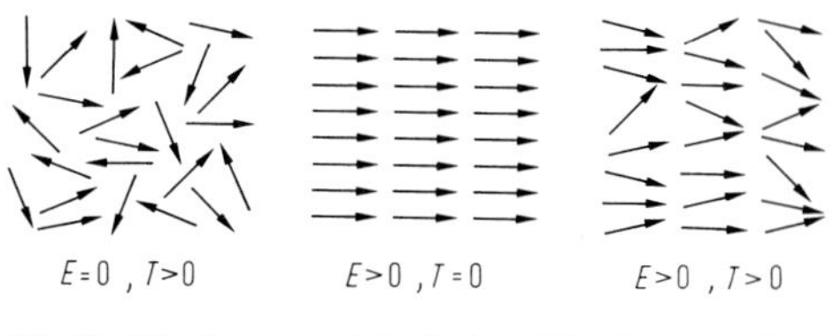

Bild 12-33. Ein System elektrischer Dipole unter dem Einfluss von Temperaturbewegung und äußerem elektrischen Feld

$T \to \infty$. Für $T \to 0$ und $E > 0$ sind dagegen alle Dipole in Feldrichtung ausgerichtet (Bild 12-33). Bei Zimmertemperatur ist $2pE \ll kT$ und $n_- \approx n_+ \approx n/6$, sodass (12-112) entwickelt werden kann:

$$\frac{n_-}{n_+} \approx 1 - \frac{2pE}{kT} . \qquad (12\text{-}113)$$

Die resultierende Polarisation ergibt sich aus der Differenz der in und gegen die Feldrichtung ausgerichteten Dipole

$$n_E = n_+ - n_- \approx \frac{n}{6}\left(1 - \frac{n_-}{n_+}\right) \approx \frac{npE}{3kT} \qquad (12\text{-}114)$$

zu

$$P = n_E p = \frac{np^2E}{3kT} . \qquad (12\text{-}115)$$

Mit (12-96) folgt daraus die *paraelektrische Suszeptibilität* und Permittivitätszahl

$$\chi_e = \frac{np^2}{3\varepsilon_0 kT} ,$$
$$\varepsilon_r = 1 + \frac{np^2}{3\varepsilon_0 kT} . \qquad (12\text{-}116)$$

Das Temperaturverhalten $\chi_e \sim 1/T$ wird entsprechend dem Curie-Gesetz der magnetischen Suszeptibilität (13.4) als Curie-Verhalten bezeichnet. Es tritt nur bei Vorhandensein permanenter Dipole, also polarer Moleküle auf.
Allgemein lässt sich die elektrische Suszeptibilität unter Zusammenfassung von (12-109) und (12-110) und (12-116) darstellen durch

$$\chi_e = A + \frac{B}{T} , \qquad (12\text{-}117)$$

worin A den temperaturunabhängigen Anteil der Verschiebungspolarisation und B den eventuell vorhandenen Anteil einer Orientierungspolarisation kennzeichnet.

Ferroelektrizität

Kristalline Substanzen mit polarer Struktur können unterhalb einer kritischen Temperatur T_C (Curie-Temperatur) ohne angelegtes äußeres Feld eine spontane Polarisation zeigen. Solche Substanzen werden in Analogie zur entsprechenden Erscheinung bei Ferromagnetika (vgl. 13.4) *Ferroelektrika*

Tabelle 12-3. Curie-Temperatur einiger Ferroelektrika

Name	Formel	T_C/K	C/K
Bariumtitanat	$BaTiO_3$	383	$1{,}8 \cdot 10^5$
KDP	KH_2PO_4	123	$3{,}3 \cdot 10^3$
Kaliumniobat	$KNbO_3$	707	
Seignettesalz	$KNaC_4H_4O_6 \cdot 4\,H_2O$	297[a]	

[a] Seignettesalz hat ferner einen unteren Curie-Punkt bei 255 K und ist nur zwischen den beiden Curie-Temperaturen ferroelektrisch.

genannt. Die Polarisation ist durch eine entgegengesetzte äußere elektrische Feldstärke $E > E_c$ (= Koerzitivfeldstärke) umkehrbar. Es liegt eine Domänenstruktur vor, wobei eine Domäne einen Bereich mit paralleler Ausrichtung der Dipole darstellt und durch die Summation der Wirkung aller seiner Dipole ein gegenüber dem Einzeldipol sehr großes Dipolmoment hat. Das Drehmoment zur Umorientierung einer solchen Domäne erfordert daher nach (12-87) nur eine im Vergleich zu paraelektrischen Substanzen geringe äußere Feldstärke: Suszeptibilität χ_e und Permittivitätszahl ε_r sind sehr hoch (z. B. $BaTiO_3$, Tabelle 12-2). Sie sind außerdem von der Feldstärke und von der vorherigen Polarisation abhängig. Der Zusammenhang zwischen Polarisation und angelegtem elektrischem Feld ist bei einem Ferroelektrikum daher nicht linear, sondern folgt einer Hysteresekurve (vgl. 13.4). Die parallele Ausrichtung der Dipole innerhalb einer Domäne ist durch die Dipol-Dipol-Wechselwirkung bedingt. Diese Ordnung wird mit steigender Temperatur durch die Wärmebewegung gestört und bricht mit Erreichen der Curie-Temperatur T_C völlig zusammen.
Oberhalb der Curie-Temperatur T_C verhalten sich manche Ferroelektrika (z. B. $BaTiO_3$) paraelektrisch mit einem Temperaturverhalten gemäß

$$\chi_e = \frac{C}{T - T_C} , \qquad (12\text{-}118)$$

das dem Curie-Weiss'schen Gesetz (siehe 13.4) entspricht.
Andere Ferroelektrika werden für $T > T_C$ piezoelektrisch (siehe unten), z. B. Seignettesalz (Kaliumnatriumtartrat $KNaC_4H_4O_6 \cdot 4\,H_2O$) oder KDP (Kaliumdihydrogenphosphat KH_2PO_4).

Piezoelektrizität

Elektrische Polarisation kann bei manchen polaren Kristallen auch durch mechanischen Druck erzeugt werden, sofern sie kein Symmetriezentrum besitzen. Dabei werden die positiven und negativen Ionen so gegeneinander verschoben, dass ein elektrisches Dipolmoment entsteht. Beispiele sind Quarz, Seignettesalz, Bariumtitanat. Einen besonders hohen piezoelektrischen Effekt zeigen speziell entwickelte Piezokeramiken wie Bleizirkonattitanat. Der piezoelektrische Effekt ist umkehrbar: Die Anlegung einer elektrischen Spannung bewirkt eine Längenänderung.

Anwendungen: Frequenznormale mit Schwingquarzen, Frequenzfilter für die Nachrichtentechnik, piezoelektrische Druckmesser und Stellglieder, Erzeugung von Ultraschall, Erzeugung von Hochspannungspulsen.

13 Magnetische Wechselwirkung

13.1 Das magnetostatische Feld, stationäre Magnetfelder

Magnetische Wechselwirkungen sind seit dem Altertum bekannt, z. B. die Kraftwirkungen des als Erz vorkommenden Magneteisensteins Fe_3O_4 auf Eisen. Der Name Magnetismus ist abgeleitet von der kleinasiatischen Stadt Magnesia, wo der Überlieferung nach das Phänomen erstmals beobachtet wurde. Die magnetische Wechselwirkung tritt im Gegensatz zur Gravitation nicht bei allen Körpern auf, und im Gegensatz zur elektrischen Wechselwirkung wirkt sie nicht auf normale Isolatoren. Bei natürlich vorkommenden oder künstlich erzeugten *Magneten* konzentriert sich die magnetische Wechselwirkung auf bestimmte Gebiete: Magnetpole. Jeder Magnet hat mindestens zwei Pole (magnetischer Dipol): Nordpol und Südpol. Magnetische Einzelpole (Monopole) sind bisher nicht beobachtet worden. Auch das Durchtrennen eines Dipols (z. B. Zerbrechen eines Stabmagneten) ergibt keine magnetischen Monopole, sondern erneut zwei Dipole. Gleichnamige Magnetpole stoßen sich ab, ungleichnamige ziehen sich an. Im Magnetfeld der Erde richten sich drehbar gelagerte Stabmagnete (Magnetnadeln) so aus, dass der Nordpol nach Norden zeigt. Der Nordpol der Erde ist daher ein magnetischer Südpol (und umgekehrt).

Die Geometrie des Feldes eines magnetischen Dipols lässt sich wie beim elektrischen Feld durch Feldlinien beschreiben, deren Verlauf durch die ausrichtende Wirkung des Magnetfeldes auf längliche magnetische Teilchen (z. B. Eisenfeilspäne) erkennbar gemacht werden kann (Bild 13-1). Sie entspricht der des elektrischen Dipols (Bild 12-4). Der positive Richtungssinn der magnetischen Feldlinien wurde von Nord nach Süd festgelegt.

Magnetfelder können außer von Permanentmagneten (*magnetostatische Felder*) auch durch elektrische Ströme erzeugt werden (Ørsted, 1820). Zeitlich und örtlich konstante Ströme erzeugen *stationäre Magnetfelder*. Ursache sind die bewegten elektrischen Ladungen. Die magnetischen Feldlinien eines geraden, stromdurchflossenen Leiters sind konzentrische Kreise mit dem Leiter als Achse (Bild 13-2). Der Richtungssinn der magnetischen Feldlinien ergibt sich aus der Stromrichtung mithilfe der *Rechtsschraubenregel* und ist verträglich mit der Festlegung in Bild 13-1. Die Feldlinien geben die Richtung der *magnetischen Feldstärke H* an.

Die magnetische Feldstärke wird üblicherweise durch das Feld im Innern einer langen, stromdurchflossenen

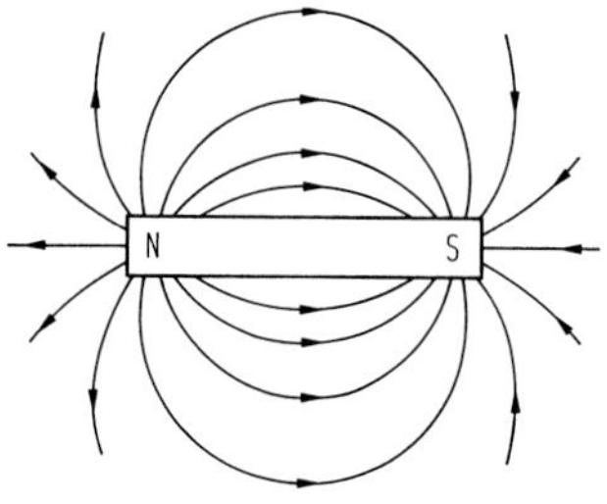

Bild 13-1. Feld eines magnetischen Dipols

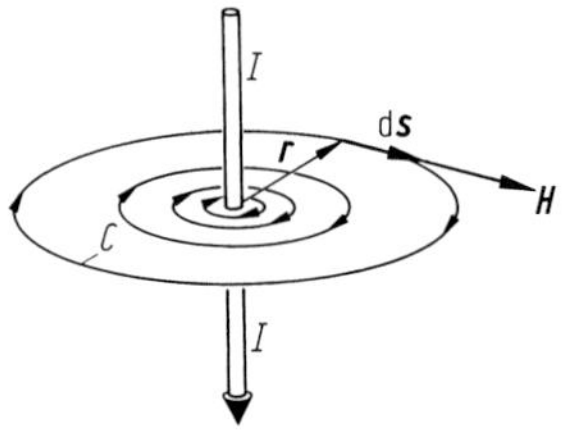

Bild 13-2. Magnetisches Feld eines geraden, stromdurchflossenen Leiters

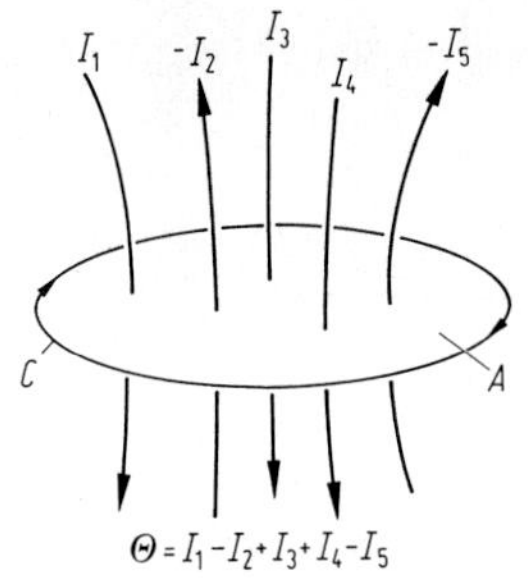

Bild 13-3. Zum Begriff der Durchflutung

Zylinderspule definiert ((13-5), Bild 13-4). Wir wollen stattdessen vom allgemeineren Zusammenhang zwischen magnetischer Feldstärke $\boldsymbol{H}$ und felderzeugendem Strom I ausgehen, dem *Ampère'schen Gesetz* oder *Durchflutungssatz*:

$$\oint_C \boldsymbol{H} \cdot \mathrm{d}\boldsymbol{s} = \Theta = \int_A \boldsymbol{j} \cdot \mathrm{d}\boldsymbol{A} \,. \qquad (13\text{-}1)$$

Das Ampère'sche Gesetz ist eine der Feldgleichungen des stationären magnetischen Feldes. Das Linienintegral über die magnetische Feldstärke längs des geschlossenen Weges C wird *magnetische Umlaufspannung* genannt. Θ ist die gesamte elektrische Stromstärke, die durch die von C berandete Fläche A geht: *Durchflutung*. Bei mehreren Einzelströmen berechnet sich diese durch Summation unter Berücksichtigung der Vorzeichen. Ströme werden positiv gerechnet, wenn ihre Richtung mit der sich aus der Rechtsschraubenregel ergebenden Richtung gemäß dem gewählten Umlaufsinn des Integrationsweges C übereinstimmt (Bild 13-3). Bei räumlich ausgedehnten Ladungsströmen berechnet sich die Durchflutung gemäß (12-58) aus der Stromdichte $\boldsymbol{j}$ durch A.

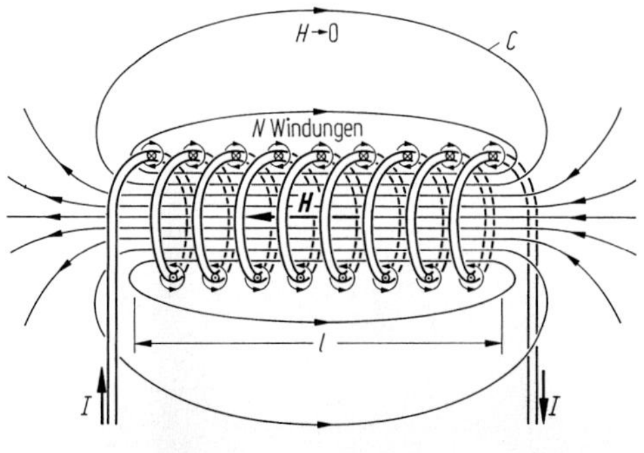

Bild 13-4. Homogenes Magnetfeld im Inneren und Dipolfeld im Außenraum einer stromdurchflossenen Zylinderspule

Die Formulierung des Durchflutungssatzes (13-1) in differenzieller Form, die sich durch Anwendung des Stokes'schen Satzes (siehe A 17.3, (17-29)) gewinnen lässt, lautet

$$\operatorname{rot} \boldsymbol{H}(\boldsymbol{r}) = \boldsymbol{j} \,. \qquad (13\text{-}2)$$

Im Gegensatz zum elektrostatischen Feld ist also das stationäre magnetische Feld *nicht wirbelfrei*. Für den geraden, stromdurchflossenen Leiter (Bild 13-2) liefert das Ampère'sche Gesetz bei Wahl einer kreisförmigen Feldlinie als Integrationsweg (Abstand r vom Leiter) den Betrag der magnetischen Feldstärke

$$H = \frac{I}{2\pi r} \,. \qquad (13\text{-}3)$$

Das Feld einer Zylinderspule (Bild 13-4) ist im Innern weitgehend homogen, während das Feld im Außenraum dem eines Dipols (Bild 13-1) entspricht und klein gegen die Feldstärke im Innern ist, sofern die Länge l der Zylinderspule groß gegen den Spulendurchmesser ist. Die Feldstärke im homogenen Bereich lässt sich ebenfalls mit dem Ampère'schen Gesetz berechnen. Wird als Integrationsweg z. B. die Feldlinie C gewählt, so liefert nur der Weg der Länge l im Spuleninnern einen wesentlichen Beitrag zum Integral. Die Durchflutung ist andererseits NI (N Windungszahl der Spule, I Stromstärke):

$$\oint_C \boldsymbol{H} \cdot \mathrm{d}\boldsymbol{s} = \int_l \boldsymbol{H} \cdot \mathrm{d}\boldsymbol{s} = Hl = \Theta = NI \,. \qquad (13\text{-}4)$$

Für das homogene Feld der *langen Zylinderspule* gilt daher

$$H = \frac{IN}{l} \,. \qquad (13\text{-}5)$$

Mithilfe der Zylinderspule lässt sich leicht ein definiertes homogenes Magnetfeld erzeugen, dessen Feldstärke sich sehr einfach aus (13-5) berechnen lässt. Hieraus lässt sich auch die Einheit der magnetischen Feldstärke $\boldsymbol{H}$ ablesen:

$$\text{SI-Einheit: } [H] = \mathrm{A/m} \,.$$

Zum Magnetfeld eines stromdurchflossenen Leiters tragen alle Elemente des Stromes bei. Jedes einzelne Element der Länge d$\boldsymbol{l}$ (Bild 13-5) erzeugt im Abstand $\boldsymbol{r}$ einen differenziellen Anteil d$\boldsymbol{H}$ der magnetischen Feldstärke (vgl. G 12.2) gemäß dem *Biot-Savart'schen Gesetz*:

$$\mathrm{d}\boldsymbol{H} = \frac{I}{4\pi} \cdot \frac{\boldsymbol{r} \times \mathrm{d}\boldsymbol{l}}{r^3} ,$$

$$\text{Betrag: } \mathrm{d}H = \frac{I}{4\pi} \cdot \frac{\mathrm{d}l}{r^2} \sin\alpha . \qquad (13\text{-}6)$$

Die gesamte magnetische Feldstärke $\boldsymbol{H}$ ergibt sich aus (13-6) durch Integration über den ganzen Stromfaden C:

$$\boldsymbol{H} = \frac{I}{4\pi} \int_C \frac{\boldsymbol{r} \times \mathrm{d}\boldsymbol{l}}{r^3} . \qquad (13\text{-}7)$$

Diese Form des Biot-Savart'schen Gesetzes stellt eine spezielle Form des allgemeineren Durchflutungssatzes (13-1) dar. Je nach Geometrie der Anordnung ist (13-1) oder (13-7) zur Berechnung der Feldstärke besser geeignet. Die Anwendung von (13-7) auf das Magnetfeld eines geraden, stromdurchflossenen Leiters liefert dasselbe Ergebnis wie (13-3), jedoch ist hier die Berechnung über (13-1) einfacher. Für die Berechnung des Magnetfeldes einer Stromschleife (Bild 13-6) ist dagegen (13-7) zweckmäßiger.
Für das Magnetfeld im Zentrum der kreisförmigen Stromschleife (Radius R) ergibt sich aus (13-7) nach Integration über den gesamten Kreisstrom

$$H = \frac{I}{2R} . \qquad (13\text{-}8)$$

Magnetischer Fluss

Nach dem Gauß'schen Gesetz des elektrischen Feldes (12-17) bzw. (12-104) ist der von einer elektrischen Ladung Q ausgehende elektrische Fluss

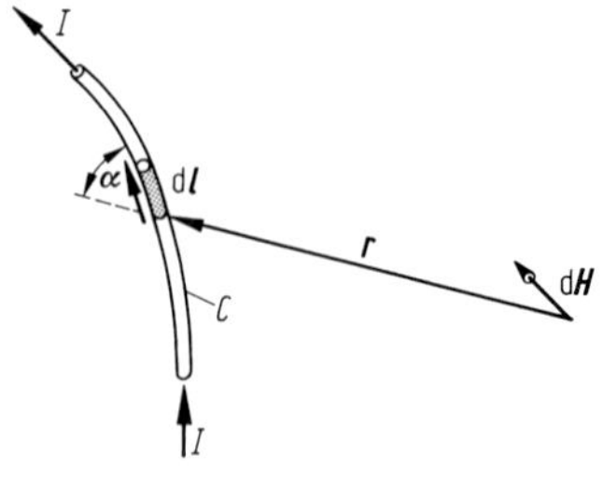

Bild 13-5. Zum Biot-Savart'schen Gesetz

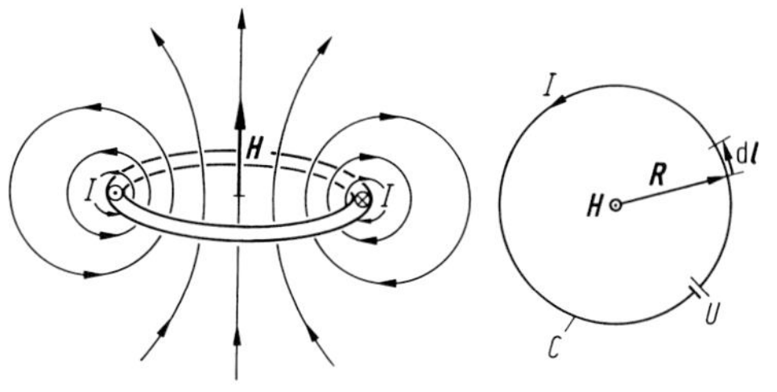

Bild 13-6. Das Magnetfeld einer Stromschleife (links stromerzeugende Spannungsquelle U nicht eingezeichnet)

$\Psi = Q$, wobei der elektrische Fluss durch (12-12) bzw. (12-15) definiert wurde. Obwohl im magnetischen Feld magnetische Einzelladungen (Monopole) nicht existieren, lässt sich analog zu (12-12) bzw. (12-15) ein magnetischer Fluss Φ sowie analog zu (12-13) eine magnetische Flussdichte $\boldsymbol{B}$ definieren. Diese beiden Größen werden es gestatten, die Wirkungen des magnetischen Feldes auch in Materie zu beschreiben (vgl. 13.4).
In einem homogenen Magnetfeld sei der magnetische Fluss durch eine zur Feldrichtung senkrechte Fläche A (Bild 13-7a) definiert durch

$$\Phi = \mu H A , \qquad (13\text{-}9)$$

und entsprechend der Betrag der magnetischen Flussdichte

$$B = \frac{\Phi}{A} = \mu H . \qquad (13\text{-}10)$$

Hierin wird μ die Permeabilität des Stoffes genannt, in dem das Magnetfeld vorliegt. Wie die Permittivi-

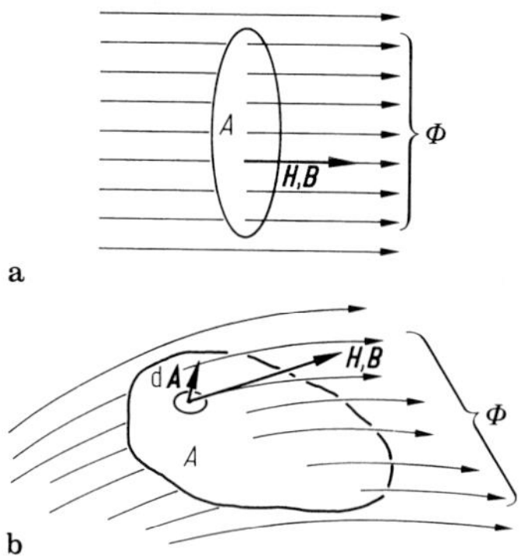

Bild 13-7. Zur Definition des magnetischen Flusses. **a** homogenes, **b** inhomogenes Feld

tät $\varepsilon = \varepsilon_r \varepsilon_0$ (12-79) wird auch die *Permeabilität* als Produkt

$$\mu = \mu_r \mu_0 \tag{13-11}$$

geschrieben, worin nach internationaler Vereinbarung (9. CGPM (1948), Definition des Ampere)

$$\begin{aligned} \mu_0 &= 4\pi \cdot 10^{-7}\ \mathrm{V\,s/A\,m} \\ &= 1{,}2566370614\ldots \cdot 10^{-6}\ \mathrm{V\,s/A\,m} \end{aligned} \tag{13-12}$$

die *magnetische Feldkonstante* (Permeabilität des Vakuums) ist. $\mu_r = \mu/\mu_0$ wird Permeabilitätszahl des Stoffes genannt und ist dimensionslos. Für das Vakuum ist $\mu_r = 1$. Weiteres zur Permeabilitätszahl siehe 13.4.

Die *magnetische Flussdichte* $\boldsymbol{B}$ wird auch *magnetische Induktion* genannt und ist in magnetisch isotropen Stoffen ein Vektor in Richtung der magnetischen Feldstärke $\boldsymbol{H}$:

$$\boldsymbol{B} = \mu_0 \mu_r \boldsymbol{H} = \mu \boldsymbol{H}\,. \tag{13-13}$$

In Verallgemeinerung von (13-9) ist der *magnetische Fluss* Φ eines beliebigen (inhomogenen) Magnetfeldes durch eine beliebig orientierte Fläche A (Bild 13-7b)

$$\Phi = \int_A \mu \boldsymbol{H} \cdot \mathrm{d}\boldsymbol{A} = \int_A \boldsymbol{B} \cdot \mathrm{d}\boldsymbol{A}\,, \tag{13-14}$$

SI-Einheit: $[\Phi] = \mathrm{V\,s} = \mathrm{Wb}$ (Weber) ,

SI-Einheit: $[B] = \mathrm{V\,s/m^2} = \mathrm{Wb/m^2} = \mathrm{T}$ (Tesla) .

Im elektrischen Feld ergibt das Flächenintegral der elektrischen Flussdichte über eine geschlossene Oberfläche nach (12-17) bzw. (12-104) gerade die eingeschlossene Ladung Q als Quellen des elektrischen Feldes und Ausgangspunkt elektrischer Feldlinien.

Im magnetischen Feld gibt es dagegen keine magnetischen Einzelladungen als Quellen des magnetischen Feldes bzw. als Ausgangspunkt magnetischer Feldlinien. Magnetische Feldlinien sind daher stets geschlossene Linien, auch im Falle der Permanentmagnete (Bild 12-1), wo man sich die äußeren Feldlinien im Innern des Magneten geschlossen denken kann. Dies wird durch Zerbrechen des Magneten bestätigt, wobei zwei neue magnetische Dipole entstehen. Wegen der Nichtexistenz magnetischer Monopole muss das Flächenintegral der

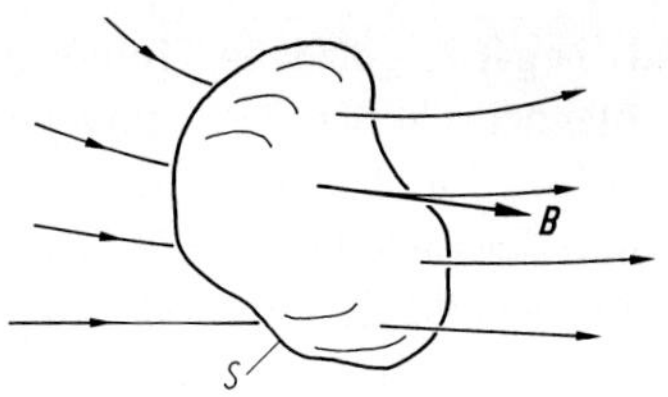

Bild 13-8. Zum Gauß'schen Gesetz im magnetischen Feld; eindringende magnetische Feldlinien enden nicht im von S umschlossenen Volumen: Der gesamte magnetische Fluss durch eine geschlossene Oberfläche ist stets null

magnetischen Flussdichte über eine geschlossene Oberfläche S (Bild 13-8) null ergeben (*Gauß'sches Gesetz des magnetischen Feldes*):

$$\oint_S \boldsymbol{B} \cdot \mathrm{d}\boldsymbol{A} = 0\,. \tag{13-15}$$

Feldlinien, die in das von der Oberfläche eingeschlossene Volumen eintreten, müssen an anderer Stelle wieder austreten (Bild 13-8). Gleichung (13-15) stellt die zweite *Feldgleichung* des magnetischen Feldes dar und drückt die *Quellenfreiheit des magnetischen Feldes* aus.

13.2 Die magnetische Kraft auf bewegte Ladungen

Teilchen, die eine elektrische Ladung q tragen und sich mit einer Geschwindigkeit $\boldsymbol{v}$ durch ein Magnetfeld $\boldsymbol{B} = \mu \boldsymbol{H}$ bewegen (Bild 13-9), z. B. die Elektronen im Elektronenstrahl einer Fernsehbildröhre durch das Magnetfeld der Ablenkspulen, erfahren eine ablenkende Kraft $\boldsymbol{F}_m$, die senkrecht zu $\boldsymbol{v}$ und zu $\boldsymbol{B}$ wirkt:

$$\boldsymbol{F}_m = q\boldsymbol{v} \times \boldsymbol{B} = \mu q \boldsymbol{v} \times \boldsymbol{H}\,. \tag{13-16}$$

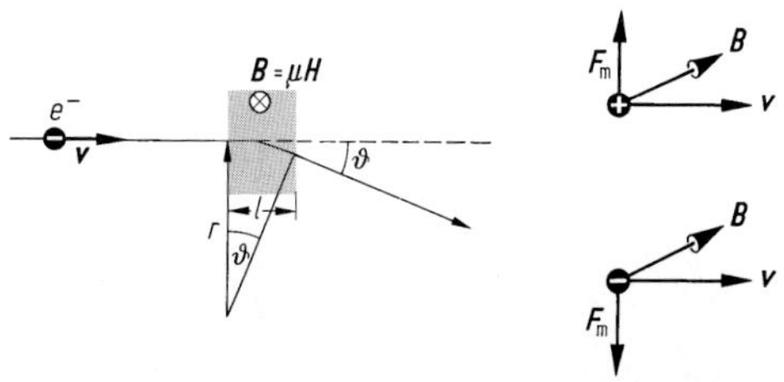

Bild 13-9. Ablenkung von bewegten Ladungsträgern im Magnetfeld

Positiv und negativ geladene Teilchen erfahren ablenkende magnetische Kräfte in entgegengesetzten Richtungen (Bild 13-9). Die magnetische Kraft leistet keine Arbeit an der Ladung q, da die Kraft $\boldsymbol{F}_\mathrm{m}$ stets senkrecht auf der Wegrichtung $\mathrm{d}\boldsymbol{s}$ bzw. auf der Geschwindigkeit $\boldsymbol{v}$ steht, und das Wegintegral der Kraft daher verschwindet:

$$W = \int \boldsymbol{F}_\mathrm{m} \cdot \mathrm{d}\boldsymbol{s} = \int \boldsymbol{F}_\mathrm{m} \cdot \boldsymbol{v}\mathrm{d}t = 0 \,. \qquad (13\text{-}17)$$

Anders als im elektrischen Feld erfährt daher eine elektrische Ladung im Magnetfeld keine Änderung des Geschwindigkeitsbetrages. Liegt neben dem magnetischen Feld $\boldsymbol{B}$ auch ein elektrisches Feld $\boldsymbol{E}$ vor, so wirkt insgesamt auf die Ladung q die *Lorentz-Kraft*

$$\boldsymbol{F} = q(\boldsymbol{E} + \boldsymbol{v} \times \boldsymbol{B}) \,. \qquad (13\text{-}18)$$

Hinweis: Oft wird der 2. Term in (13-18) allein als Lorentz-Kraft bezeichnet.

Die magnetische Kraft als relativistische Korrektur der elektrischen Kraft

Die elektrostatische Kraft $\boldsymbol{F}_\mathrm{e} = q\boldsymbol{E}$ und die magnetische Kraft $\boldsymbol{F}_\mathrm{m} = q\boldsymbol{v} \times \boldsymbol{B}$ sind keine grundlegend verschiedenen Wechselwirkungen. Vielmehr lässt sich zeigen, dass die magnetische Kraft als relativistische Korrektur der elektrostatischen Kraft aufgefasst werden kann. Dies sei am Beispiel der Kraft auf eine Ladung gezeigt, die sich mit der Geschwindigkeit $\boldsymbol{v}$ parallel zu einem stromdurchflossenen Leiter bewegt (Bild 13-10). Der Strom I im Leiter erzeugt nach (13-3) im Abstand r ein Magnetfeld $H = I/(2\pi r)$. Daraus ergibt sich nach (13-16) eine magnetische Kraft auf die bewegte Ladung q (im Vakuum) vom Betrag

$$F_\mathrm{m} = \mu_0 q v \frac{I}{2\pi r} \,. \qquad (13\text{-}19)$$

Der Strom I im Leiter wird durch Elektronen der Driftgeschwindigkeit v_dr (siehe 12.6) im Laborsystem erzeugt, während die im Leiter ortsfesten positiven Ionen im Laborsystem die Geschwindigkeit 0 besitzen (Bild 13-10a). Wir wollen nun die Verhältnisse im Bezugssystem der mit $\boldsymbol{v}$ bewegten Ladung q betrachten (Bild 13-10b). In diesem System hat q die Geschwindigkeit 0, erfährt also keine magnetische Kraft. Die real auf q wirkende Kraft (13-19) kann jedoch nicht von der Wahl des Koordinatensystems abhängen. Tatsächlich wird sie im mit $\boldsymbol{v}$ bewegten System in derselben Größe durch die Coulomb-Kraft geliefert: Im bewegten System haben die positiven Ionen die Geschwindigkeit $|-\boldsymbol{v}|$, die Elektronen die größere Geschwindigkeit $|-\boldsymbol{v}'| \approx |-\boldsymbol{v} + \boldsymbol{v}_\mathrm{dr}| = v + v_\mathrm{dr}$ (vgl. (2-50) für $\beta \ll 1$). Infolgedessen ist die unterschiedliche relativistische Längenkontraktion (Lorentz-Kontraktion, vgl. 2.3.3) zu berücksichtigen, wonach die Längen in Richtung der Bewegung sich um den Lorentz-Faktor $\sqrt{1 - v^2/c_0^2}$ für die Ionen bzw. um $\sqrt{1 - (v + v_\mathrm{dr})^2/c_0^2}$ für die Elektronen verkürzen. Dadurch erhöhen sich die Ladungsträgerkonzentrationen n_- und n_+ unterschiedlich stark gegenüber n_0 (bei $v = 0$). Die Gesamtladung ist daher nicht mehr null, der stromführende Leiter erscheint negativ geladen und übt eine elektrostatische Coulomb-Kraft auf die Ladung q aus. In der Näherung $c_0 \gg v \gg v_\mathrm{dr}$ ergibt sich ein Überschuss der Konzentration der negativen Ladungsträger

$$\Delta n = \frac{n_0}{\sqrt{1 - (v + v_\mathrm{dr})^2/c_0^2}} - \frac{n_0}{\sqrt{1 - v^2/c_0^2}} \approx \frac{n_0 v v_\mathrm{dr}}{c_0^2} \,. \qquad (13\text{-}20)$$

Für die resultierende Linienladungsdichte $q_\mathrm{L} = -Ae\Delta n$ des stromdurchflossenen Leiters (Querschnitt A, Elektronenladung $-e$) erhält man aus (13-20) mit $c_0^2 = 1/\varepsilon_0\mu_0$ (vgl. 12) und (19.1) und mit $I = -n_0 e v_\mathrm{dr} A$ gemäß (12-59)

$$q_\mathrm{L} = -\varepsilon_0\mu_0 v n_0 e v_\mathrm{dr} A = \varepsilon_0\mu_0 v I \,. \qquad (13\text{-}21)$$

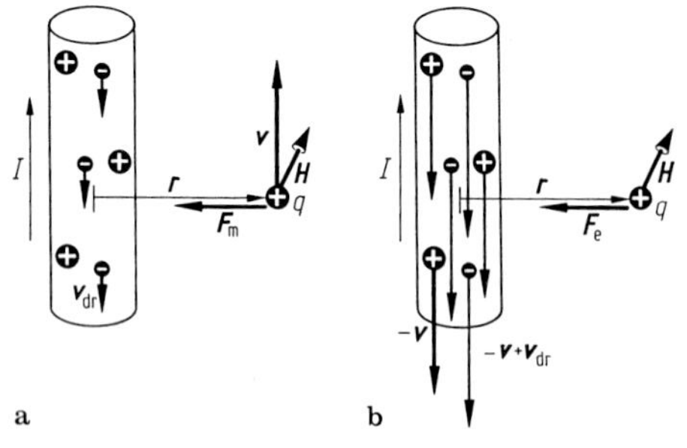

Bild 13-10. Magnetische Kraft auf eine bewegte Ladung im Feld eines Stromes: Beschreibung **a** im Laborsystem und **b** im Bezugssystem der bewegten Ladung q

Daraus ergibt sich gemäß (12-22) eine elektrische Feldstärke

$$E = \frac{q_L}{2\pi\varepsilon_0 r} = \frac{\mu_0 vI}{2\pi r} \qquad (13\text{-}22)$$

und weiter eine anziehende elektrische Kraft $F_e = qE$ auf die Ladung q, mit (13-8)

$$F_e = \mu_0 qv\frac{I}{2\pi r} = \mu_0 qvH\ , \qquad (13\text{-}23)$$

die identisch mit der im Laborsystem berechneten magnetischen Kraft (13-19) ist. Je nach dem gewählten Bezugssystem kommt daher der magnetische oder der elektrische Term der Lorentz-Kraft zur Wirkung, beide sind Ausdruck derselben elektromagnetischen Kraft. In dem betrachteten Beispiel ist zwar wegen der geringen Driftgeschwindigkeit der Elektronen (Größenordnung mm/s, siehe 12.6) der aus der Lorentz-Kontraktion folgende relative Unterschied in den Ladungsträgerkonzentrationen der Gitterionen und der Leitungselektronen extrem klein. Das wird hinsichtlich der elektrostatischen Wirkung jedoch ausgeglichen durch die gewaltige Ladungsmenge, die sich durch den Leiter bewegt.

Bewegung von Ladungsträgern im homogenen Magnetfeld

Elektrische Ladungen q, die sich senkrecht zu den Feldlinien eines homogenen Magnetfeldes $\boldsymbol{B}$ bewegen, z. B. der Elektronenstrahl, der mit einer Vakuumdiode (ähnlich Bild 12-15, mit durchbohrter Anode) im Magnetfeld erzeugt wird (Bild 13-11), erfahren nach (13-16) eine magnetische Kraft senkrecht zur Ladungsgeschwindigkeit $\boldsymbol{v}$ und zum Magnetfeld $\boldsymbol{B}$. Ihr Betrag

$$F_m = qvB \qquad (13\text{-}24)$$

bleibt konstant, da – wie weiter oben bereits erläutert – der Betrag v der Geschwindigkeit der Ladungsträger sich durch eine stets senkrecht wirkende Kraft nicht ändert. Das führt zu einer Kreisbahn der Ladungsträger mit der Masse m. Die magnetische Kraft (13-24) wirkt hierbei als Zentralkraft (3-19)

$$\frac{mv^2}{r} = qvB\ , \qquad (13\text{-}25)$$

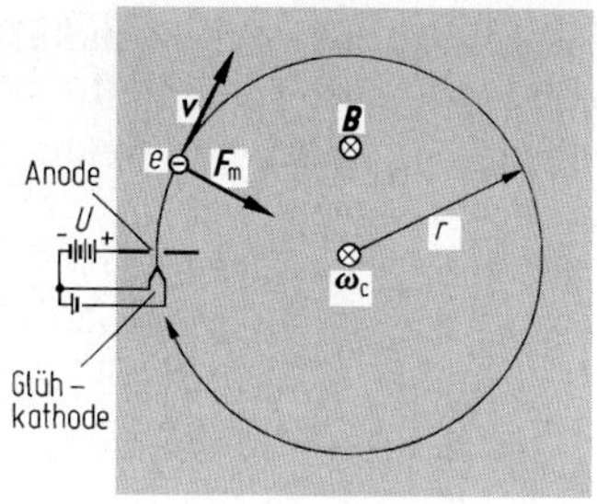

Bild 13-11. Kreisbahn einer Ladung im homogenen Magnetfeld

woraus für den Kreisbahnradius folgt

$$r = \frac{mv}{qB}\ . \qquad (13\text{-}26)$$

Die in Bild 13-9 gezeigte Ablenkung eines Elektrons, das ein begrenztes Magnetfeld der Länge l auf einem Kreisbogenstück durchläuft, lässt sich mit (13-26) berechnen zu

$$\vartheta \approx \frac{l}{r} \approx \frac{eB}{m_e v}l \quad \text{für} \quad l \ll r\ . \qquad (13\text{-}27)$$

(Anwendung bei der magnetischen Ablenkung des Elektronenstrahls in der Fernsehbildröhre.)
Mit $v = \omega r$ (2-29) folgt für die Winkelgeschwindigkeit der Ladung der Betrag $\omega_c = qB/m$, bzw. unter Berücksichtigung der Vektorrichtungen in Bild 13-11 die *Zyklotronfrequenz*

$$\omega_c = -\frac{q}{m}\boldsymbol{B}\ . \qquad (13\text{-}28)$$

Die Zyklotronfrequenz ist unabhängig von der Geschwindigkeit $\boldsymbol{v}$ der Ladung sowie vom Bahnradius r. Diese Eigenschaften ermöglichen den Bau von Kreisbeschleunigern nach dem Zyklotronprinzip. Ferner ermöglicht die *Zyklotronresonanz* die Messung der effektiven Massen $m^* = qB/\omega_c$ der Ladungsträger in Halbleitern (siehe 16.4).
Bei Ladungsträgern, deren Geschwindigkeit $\boldsymbol{v}$ parallel zur magnetischen Flussdichte $\boldsymbol{B}$ gerichtet ist, tritt nach (13-16) keine magnetische Kraft auf, da das Vektorprodukt paralleler Vektoren verschwindet. In diesem Fall bewegt sich die Ladung geradlinig mit konstanter Geschwindigkeit. Bei schiefer Geschwindigkeitsrichtung der Ladungsträger im Magnetfeld erhält man eine Überlagerung von geradliniger Bewegung für die Parallelkomponente und Kreisbewegung für

die Normalkomponente der Geschwindigkeit, sodass eine *Schraubenbewegung* resultiert.
Diese verschiedenen Situationen treten auch beim Einfall geladener Teilchen von der Sonne („Sonnenwind") auf die Magnetosphäre der Erde auf. Das magnetische Dipolfeld der Erde hat an den Polen eine Feldrichtung senkrecht zur Erdoberfläche, am Äquator parallel zur Erdoberfläche. Die Bahn von Sonnenwindteilchen, die in der Äquatorebene einfallen, wird durch die magnetische Kraft zu Schraubenbahnen aufgewickelt. Sie treffen daher meist nicht auf die Erdatmosphäre, haben aber eine erhöhte Aufenthaltsdauer in diesem Gebiet: *Van-Allen-Strahlungsgürtel*. Anders an den Polen: Dort auftreffende Teilchen bewegen sich etwa parallel zu den Erdfeldlinien und gelangen daher nahezu ungehindert bis zur oberen Erdatmosphäre, wo sie u. a. durch Stoßanregung (siehe 20.4) Moleküle zum Leuchten anregen können: *Polarlichter*.

Kreisbeschleuniger

Die Anwendung der magnetischen Kraft erlaubt es, die großen Längen der Linearbeschleuniger (12.5, Bild 12-16) zur Teilchenbeschleunigung zu vermeiden, indem durch ein Magnetfeld die Teilchenflugbahn zu Kreis- oder Spiralbahnen aufgewickelt wird. Dieses Prinzip wurde zuerst beim Zyklotron (E. O. Lawrence, 1930) angewendet. Es besteht aus einer flachen Metalldose, die zu zwei D-förmigen Drifträumen aufgeschnitten ist (Bild 13-12) und

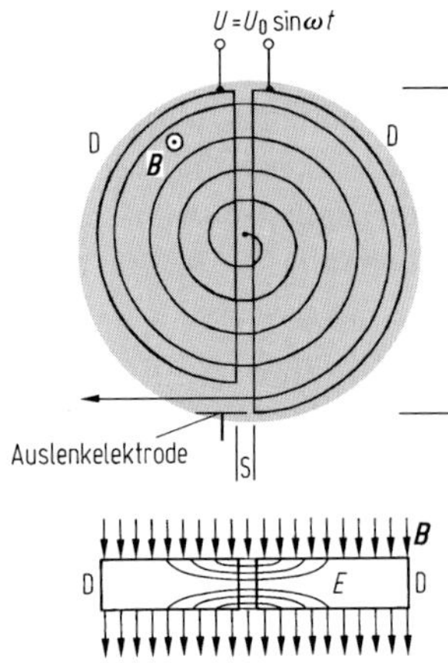

Bild 13-12. Kreisbeschleuniger für geladene Teilchen: Zyklotron

senkrecht zur Dosenebene von einem Magnetfeld $\boldsymbol{B}$ durchsetzt wird.
Eine im Zentrum des Spaltes S angeordnete Ionenquelle (z. B. ein durch Elektronenstoß ionisierter Dampfstrahl) emittiert Ionen der Ladung q, die durch die zwischen den beiden Ds angelegte Spannung U in das eine D beschleunigt werden. Im Magnetfeld $\boldsymbol{B}$ laufen die Ionen mit einer Winkelgeschwindigkeit entsprechend der Zyklotronfrequenz (13-28) auf Kreisbahnen mit einem Radius nach (13-26) um. Wird die Spannung U während jedes halben Umlaufes umgepolt, so werden die Ionen bei jedem Passieren des Spaltes S entsprechend der Spannung $U = U_0$ beschleunigt, und v und r nehmen entsprechend zu. Da die Winkelgeschwindigkeit nach (13-28) unabhängig von r ist, lässt sich die periodische Umpolung durch Anlegen einer Hochfrequenzwechselspannung

$$U = U_0 \sin\omega t \quad \text{mit} \quad \omega = \omega_c = \frac{q}{m}B \qquad (13\text{-}29)$$

erreichen. Die Grenze der Beschleunigung ist bei $r = R_0$ erreicht. Die Endenergie $E_{k,\,max} = mv^2/2$ beträgt dann mit (13-26)

$$E_{k,\,max} = \frac{q^2B^2}{2m}R_0^2 < m_0c_0^2\,. \qquad (13\text{-}30)$$

Die Resonanzbedingung $\omega = \omega_c$ (13-29) ist beim Zyklotron nicht mehr erfüllt, wenn relativistische Geschwindigkeitsbereiche erreicht werden (siehe 4.5). Das ist der Fall, wenn die kinetische Energie vergleichbar oder größer als die Ruheenergie $m_0c_0^2$ wird. Wegen der mit der Umlaufzahl steigenden Masse (Bild 12-14) sinkt dann die Zyklotronfrequenz, und die Resonanzbedingung bleibt nur erhalten, wenn mit der Umlaufzahl die Hochfrequenz ω gesenkt oder das Magnetfeld B erhöht wird: *Synchrozyklotron*. Wird das Magnetfeld mit zunehmender Umlaufzahl entsprechend der steigenden Teilchenenergie in der Weise erhöht, dass der Bahnradius (13-26) konstant bleibt (Sollkreis), so lassen sich sehr hohe Energien erreichen: *Synchrotron*.

Massenspektrometer

Die magnetische Kraft kann auch zur Bestimmung der Masse geladener Teilchen im magnetischen Massenspektrometer verwendet werden (Bild 13-13). Durch eine Spannung U beschleunigte Ionen werden

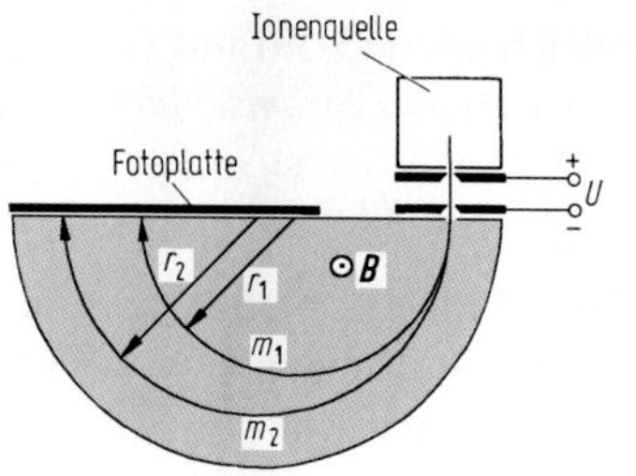

Bild 13-13. Magnetisches Massenspektrometer

in ein Magnetfeld $\boldsymbol{B}$ eingeschossen. Der Kreisbahnradius berechnet sich aus (13-26) mit (12-53) zu

$$r = \frac{1}{B}\sqrt{2\frac{m}{q}U}\,, \qquad (13\text{-}31)$$

woraus die *spezifische Ladung* q/m bestimmt werden kann:

$$\frac{q}{m} = \frac{2U}{r^2B^2}\,. \qquad (13\text{-}32)$$

Der Bahnradius r kann aus den Schwärzungsmarken auf der Fotoplatte bestimmt werden. Bei bekannter Ladung (meist $\pm e$) ist daraus die Masse der Ionen zu berechnen.

13.3 Die magnetische Kraft auf stromdurchflossene Leiter

In einem stromdurchflossenen Draht im Magnetfeld (Bild 13-14) wirkt auf jeden den Strom bildenden Ladungsträger (d. h. auf die Leitungselektronen bei Metallen) die Lorentz-Kraft (13-18). Der elektrische Anteil $-e\boldsymbol{E}$ bewirkt die Driftgeschwindigkeit $\boldsymbol{v}_{\mathrm{dr}}$ der Elektronen. Infolge der Driftgeschwindigkeit wirkt auf jedes einzelne Elektron die magnetische Kraft

$$\boldsymbol{F}_{\mathrm{e}} = -e\boldsymbol{v}_{\mathrm{dr}} \times \boldsymbol{B}\,. \qquad (13\text{-}33)$$

Die Zahl N der Leitungselektronen (Ladungsträgerkonzentration n) im Leiterstück der Länge l und vom Querschnitt A beträgt $N = nlA$. Insgesamt wirkt auf das Leiterstück eine Kraft vom Betrage

$$\boldsymbol{F} = N\boldsymbol{F}_{\mathrm{e}} = -nlAe\boldsymbol{v}_{\mathrm{dr}} \times \boldsymbol{B} = nev_{\mathrm{dr}}A\boldsymbol{l} \times \boldsymbol{B}\,, \qquad (13\text{-}34)$$

wobei zu beachten ist, dass die Länge $\boldsymbol{l}$ in Richtung des Stromes I zeigt, d. h. bei Elektronen entgegengesetzt zur Driftgeschwindigkeit $\boldsymbol{v}_{\mathrm{dr}}$. Der Faktor $nev_{\mathrm{dr}}A$ ist nach (12-59) gleich der Stromstärke I, und somit

$$\boldsymbol{F} = I\boldsymbol{l} \times \boldsymbol{B}\,, \qquad \text{Betrag: } F = IlB\sin\alpha\,. \qquad (13\text{-}35)$$

Nach (13-35) wirkt auf einen stromdurchflossenen Draht als Folge der magnetischen Kraft auf die Ladungsträger eine Kraft senkrecht zur Drahtrichtung und zur magnetischen Feldrichtung. Dies ist die Grundlage der elektromechanischen Krafterzeugung, insbesondere des Elektromotors.

Stromschleife im Magnetfeld, magnetischer Dipol

Eine z. B. rechteckige, stromdurchflossene Leiterschleife, die in einem Magnetfeld drehbar angeordnet ist (Bild 13-15), erfährt bezüglich der einzelnen Schleifenstücke nach (13-35) unterschiedliche Kräfte. Auf die Stirnstücke (Länge $\boldsymbol{b}$) wirken entgegengesetzt

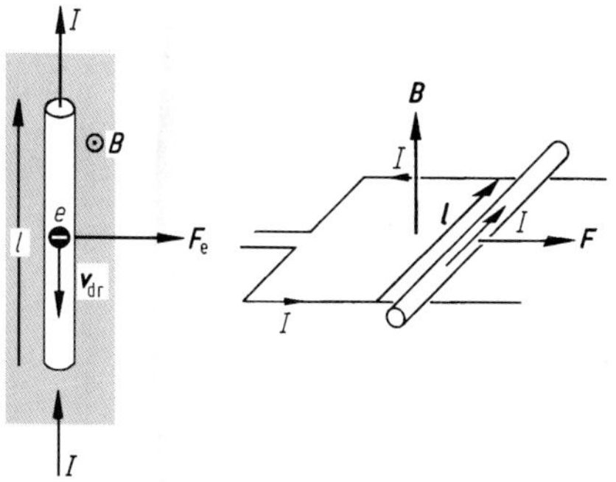

Bild 13-14. Kraft auf stromdurchflossene Leiter im Magnetfeld

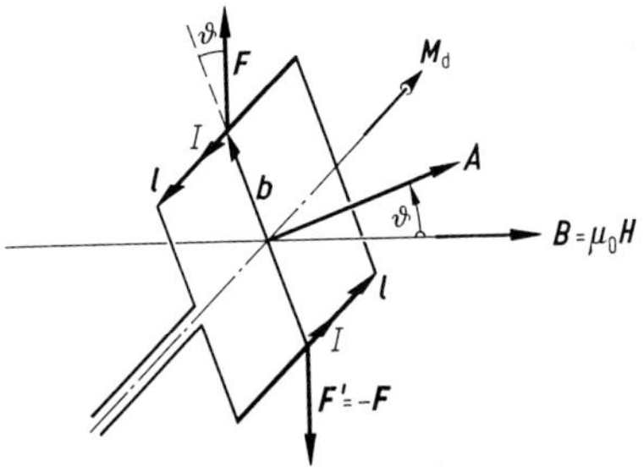

Bild 13-15. Drehmoment einer stromdurchflossenen Leiterschleife im Magnetfeld

gleichgroße Kräfte in Drehachsenrichtung, die sich kompensieren. Auf die beiden Längsseiten $\boldsymbol{l}$ wirkt ein Kräftepaar, das nach (3-23) ein Drehmoment (zur Unterscheidung von der Magnetisierung $\boldsymbol{M}$ in diesem Abschnitt mit dem Index d versehen)

$$\boldsymbol{M}_\mathrm{d} = \boldsymbol{b} \times \boldsymbol{F} \tag{13-36}$$

in Drehachsenrichtung erzeugt. Mit (13-35) folgt daraus ein doppeltes Vektorprodukt, dessen Berechnung mittels des Entwicklungssatzes (siehe A 3.3.5) unter Verwendung des Flächennormalenvektors $\boldsymbol{A}$ der Stromschleife (Betrag $A = bl$) das Drehmoment

$$\boldsymbol{M}_\mathrm{d} = I\boldsymbol{A} \times \boldsymbol{B}$$

$$\text{Betrag } M_\mathrm{d} = IAB \sin\vartheta \tag{13-37}$$

ergibt. Die Richtung des Flächennormalenvektors $\boldsymbol{A}$ ist so festgelegt, dass sie sich aus der Stromflussrichtung mit der Rechtsschraubenregel ergibt. Eine stromdurchflossene Leiterschleife erfährt daher im homogenen Magnetfeld ein Drehmoment, das deren Flächennormale in Feldrichtung auszurichten sucht. Sie verhält sich also wie ein magnetischer Dipol (siehe 13.1) und analog zum elektrischen Dipol im homogenen elektrischen Feld (vgl. 12.9). Zur Beschreibung des Verhaltens eines magnetischen Dipols im Feld analog zum elektrischen Fall (12-87) führen wir durch

$$\boldsymbol{M}_\mathrm{d} = \boldsymbol{m} \times \boldsymbol{B} \tag{13-38}$$

das *magnetische Dipolmoment* $\boldsymbol{m}$ ein (Anmerkung: Anders als bei der Einführung des elektrischen Dipolmoments $\boldsymbol{p}$ wird hier nicht die Feldstärke, sondern die Flussdichte $\boldsymbol{B}$ zur Berechnung des Drehmoments benutzt. Deshalb unterscheiden sich die weiter berechneten Ausdrücke für das Dipolmoment im elektrischen und im magnetischen Fall um die jeweilige Feldkonstante. Ferner ist wegen der Nichtexistenz magnetischer Ladungen (Monopole) die Einführung des magnetischen Dipolmomentes über eine Definitionsgleichung entsprechend (12-83) nicht sinnvoll). In entsprechender Weise können die Ausdrücke für die potenzielle Energie im homogenen Feld (12-89) und für die Kraft auf den Dipol im inhomogenen Feld (12-90) übernommen werden (Tabelle 13-1).

$$\text{SI-Einheit: } [m] = \mathrm{A \cdot m^2} = \mathrm{J/T}\,.$$

Durch Vergleich von (13-38) mit (13-37) erhält man das *Dipolmoment einer Stromschleife als*

$$\boldsymbol{m} = I\boldsymbol{A}\,. \tag{13-39}$$

Schaltet man N Stromschleifen zu einer Zylinder- oder Flachspule mit N Windungen zusammen, so ergibt sich für das magnetische *Dipolmoment einer Spule*

$$\boldsymbol{m}_\mathrm{Sp} = NI\boldsymbol{A}\,. \tag{13-40}$$

Wird eine drehbar gelagerte Spule im Magnetfeld nach Bild 13-15 z. B. durch eine Spiralfeder mit einem rücktreibenden Drehmoment versehen, so stellt sich bei Stromfluss im Drehmomentengleichgewicht ein Ausschlag $\Delta\vartheta$ ein, der mit I ansteigt: Prinzip des *Drehspulmessinstrumentes.*
Die gleiche Anordnung ohne rücktreibende Feder, aber mit einer Schleifkontakteinrichtung zur Umpolung der Stromrichtung bei $\vartheta = 0°$ und $\vartheta = 180°$ („Kommutator") stellt die Grundanordnung eines elektrischen Gleichstrommotors dar. Das hierbei wirkende Drehmoment hat durch die Umpolung bei allen Drehwinkeln die gleiche Richtung.

Tabelle 13-1. Vergleich: elektrischer Dipol – magnetischer Dipol

	Drehmoment	Potenzielle Energie	Kraft im inhomogenen Feld (Dipol ‖ Feld ‖ x)
elektrischer Dipol	$\boldsymbol{M}_\mathrm{d} = \boldsymbol{p} \times \boldsymbol{E}$	$E_\mathrm{p,\,dp} = -\boldsymbol{p} \cdot \boldsymbol{E}$	$F = p\dfrac{\mathrm{d}E}{\mathrm{d}x}$
magnetischer Dipol	$\boldsymbol{M}_\mathrm{d} = \boldsymbol{m} \times \boldsymbol{B}$	$E_\mathrm{p,\,dp} = -\boldsymbol{m} \cdot \boldsymbol{B}$	$F = m\dfrac{\mathrm{d}B}{\mathrm{d}x}$

Kräfte zwischen benachbarten Strömen

Zwei stromdurchflossene, parallele Drähte üben aufeinander Kräfte aus, da sich jeder der beiden Ströme im Magnetfeld des jeweils anderen befindet (Bild 13-16).

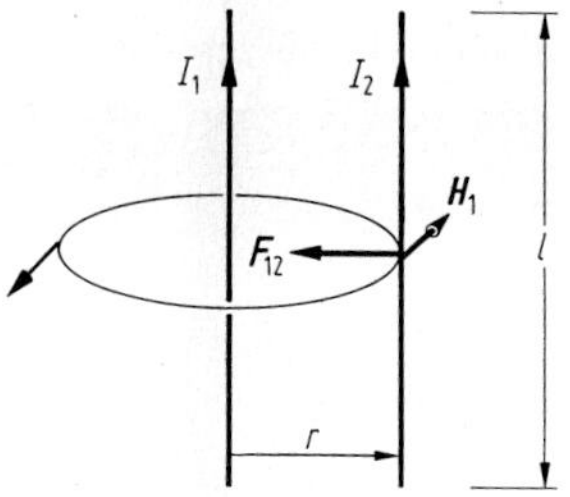

Bild 13-16. Kraftwirkung zwischen benachbarten Strömen

Die von I_1 im Abstand r erzeugte magnetische Feldstärke beträgt nach (13-3)

$$H_1 = \frac{I_1}{2\pi r} . \quad (13\text{-}41)$$

Dadurch erfährt der von I_2 durchflossene Leiter auf der Länge $\boldsymbol{l}$ nach (13-35) eine Kraft

$$\boldsymbol{F}_{12} = \mu_0 I_2 (\boldsymbol{l} \times \boldsymbol{H}_1) ,$$

$$\text{Betrag } F_{12} = \mu_0 \frac{l}{2\pi r} I_1 I_2 . \quad (13\text{-}42)$$

Nach dem Reaktionsgesetz (3.3) wirkt auf I_1 eine gleich große, entgegengesetzt gerichtete Kraft $\boldsymbol{F}_{21}$. Aus (13-42) folgt, dass gleichgerichtete Ströme einander anziehen, während antiparallele Ströme einander abstoßen. Dieser Effekt wird zur Darstellung der Einheit der Stromstärke, des Ampere, ausgenutzt (siehe 1). Benachbarte Windungen in Spulen, die vom Strom gleichsinnig durchflossen werden, ziehen sich demnach an, während sich die gegenüberliegenden Teile einer Windung abstoßen. Eine stromdurchflossene Spule sucht sich daher zu verkürzen und gleichzeitig aufzuweiten. Solche Kräfte können ganz erhebliche Beträge annehmen und müssen bei der Konstruktion von Spulen berücksichtigt werden.

13.4 Materie im magnetischen Feld, magnetische Polarisation

Wird Materie in ein magnetisches Feld gebracht, so bilden sich magnetische Dipolzustände aus: Die Materie erfährt eine magnetische Polarisation bzw. eine Magnetisierung; dabei bezeichnen diese beiden Ausdrücke sowohl den Vorgang der magnetischen Ausrichtung als auch zwei vektorielle Größen, die den resultierenden Zustand der Materie beschreiben. Phänomenologisch wird das nach (13-11) durch die Einführung der *Permeabilitätszahl* (relativen Permeabilität) μ_r im Zusammenhang (13-13) zwischen magnetischer Feldstärke $\boldsymbol{H}$ und magnetischer Flussdichte $\boldsymbol{B}$ beschrieben:

$$\boldsymbol{B} = \mu_0 \mu_r \boldsymbol{H} = \mu \boldsymbol{H} . \quad (13\text{-}43)$$

Bei materieerfüllten Magnetfeldern wird also die magnetische Feldkonstante μ_0 durch die *Permeabilität* $\mu = \mu_0 \mu_r$ ersetzt. Analog zur Einführung der elektrischen Polarisation (12-100) kann die Änderung der magnetischen Flussdichte in Materie auch durch eine additive Größe zur Flussdichte $\boldsymbol{B}_0 = \mu_0 \boldsymbol{H}$ im Vakuum beschrieben werden, die *magnetische Polarisation* $\boldsymbol{J}$ gemäß

$$\boldsymbol{B} = \boldsymbol{B}_0 + \boldsymbol{J} = \mu_0 \boldsymbol{H} + \boldsymbol{J} . \quad (13\text{-}44)$$

Anstelle der magnetischen Polarisation $\boldsymbol{J}$ kann auch eine zur Feldstärke $\boldsymbol{H}$ additive Größe, die *Magnetisierung* $\boldsymbol{M}$ zur Beschreibung der magnetischen Materieeigenschaften benutzt werden:

$$\boldsymbol{B} = \mu_0 (\boldsymbol{H} + \boldsymbol{M}) \quad (13\text{-}45)$$

$$\text{mit} \quad \boldsymbol{M} = \boldsymbol{J}/\mu_0 . \quad (13\text{-}46)$$

Die Magnetisierung hängt von der magnetischen Feldstärke $\boldsymbol{H}$ ab. In vielen Fällen (Diamagnetismus, Paramagnetismus) gilt die Proportionalität

$$\boldsymbol{M} = \chi_m \boldsymbol{H} , \quad (13\text{-}47)$$

worin χ_m die sog. *magnetische Suszeptibilität* ist. Suszeptibilität und Permeabilitätszahl beschreiben gleichermaßen die magnetischen Eigenschaften eines Stoffes und sind verknüpft durch

$$\mu_r = 1 + \chi_m , \quad (13\text{-}48)$$

wie sich durch Einsetzen von (13-47) in (13-45) und Vergleich mit (13-43) zeigen lässt.
Der Zusammenhang zwischen der Magnetisierung $\boldsymbol{M}$ eines zylindrischen Stabes und seinem magnetischen Moment $\boldsymbol{m}_\Sigma$ in einem äußeren Magnetfeld $\boldsymbol{H}$ lässt sich durch Vergleich mit einer Zylinderspule gleicher Abmessungen herstellen, die so erregt wird, dass das durch sie erzeugte zusätzliche Magnetfeld $\boldsymbol{H}_z$ gerade der Magnetisierung $\boldsymbol{M}$ entspricht (Bild 13-17):

$$H_z = \frac{NI}{l} \equiv M . \quad (13\text{-}49)$$

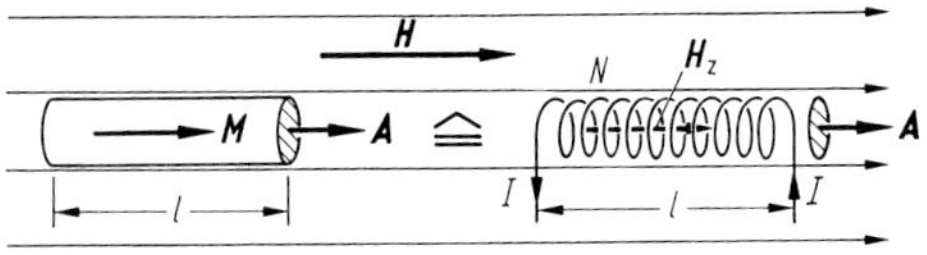

Bild 13-17. Zur Berechnung des magnetischen Moments eines magnetisierten Stabes

Das magnetische Moment $\boldsymbol{m}_\Sigma$ des magnetisierten Stabes mit dem Volumen $V = lA$ ist dann gleich dem der Spule gleichen Volumens und beträgt gemäß (13-40) mit (13-49)

$$\boldsymbol{m}_\Sigma = NI\boldsymbol{A} = \boldsymbol{M}V\,. \qquad (13\text{-}50)$$

Die Magnetisierung $\boldsymbol{M} = \boldsymbol{J}/\mu_0$ ist demnach gleich dem auf das Volumen bezogenen magnetischen Moment und ist damit der elektrischen Polarisation (12-91) analog:

$$\boldsymbol{M} = \frac{\boldsymbol{J}}{\mu_0} = \frac{\boldsymbol{m}_\Sigma}{V}\,. \qquad (13\text{-}51)$$

Für das magnetische Moment $\boldsymbol{m}_\Sigma$ eines magnetisierten Körpers gilt nach (13-50) mit (13-47) $\boldsymbol{m}_\Sigma \sim \chi_\mathrm{m}\boldsymbol{H}$. Je nach Vorzeichen von χ_m (Tabelle 13-2) erfährt daher ein magnetisierter Körper in einem inhomogenen Magnetfeld eine Kraft (Tabelle 13-1), die ihn in den Bereich größerer Feldstärke (für $\chi_\mathrm{m} > 0$) oder kleinerer Feldstärke (für $\chi_\mathrm{m} < 0$) treibt, d. h. in das Magnetfeld hineinzieht oder aus ihm herausdrängt (Bild 13-18).

Je nach Wert der magnetischen Suszeptibilität χ_m werden die folgenden Fälle unterschieden:

$\chi_\mathrm{m} < 0,\ \mu_\mathrm{r} < 1$: Diamagnetismus

$\chi_\mathrm{m} > 0,\ \mu_\mathrm{r} > 1$: Paramagnetismus

$\chi_\mathrm{m} \gg 0,\ \mu_\mathrm{r} \gg 1$: Ferro-, Ferri- und Antiferromagnetismus.

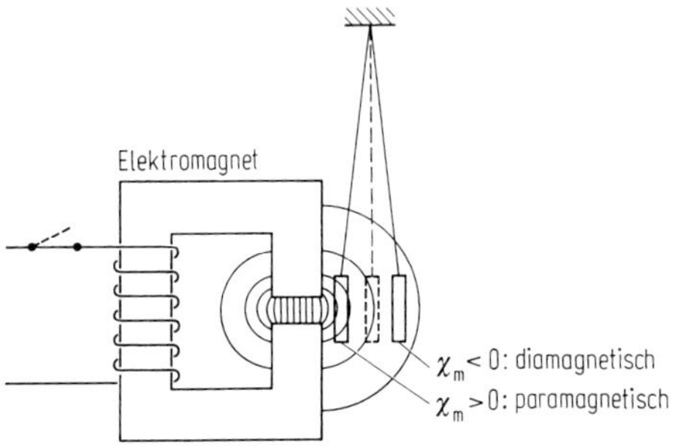

Bild 13-18. Kraftwirkung auf dia- und paramagnetische Körper im inhomogenen Magnetfeld eines Elektromagneten

Tabelle 13-2. Magnetische Suszeptibilität einiger Stoffe

Stoff	$\chi_\mathrm{m} = \mu_\mathrm{r} - 1$
Diamagnetische Stoffe:	
Helium	$-1{,}05 \cdot 10^{-9}$
Wasserstoff	$-2{,}25 \cdot 10^{-9}$
Methan	$-6{,}88 \cdot 10^{-9}$
Stickstoff	$-8{,}60 \cdot 10^{-9}$
Argon	$-1{,}09 \cdot 10^{-8}$
Kohlendioxid	$-1{,}19 \cdot 10^{-8}$
Methanol	$-6{,}97 \cdot 10^{-6}$
Benzol	$-7{,}82 \cdot 10^{-6}$
Wasser	$-9{,}03 \cdot 10^{-6}$
Kupfer	$-9{,}65 \cdot 10^{-6}$
Glycerin	$-9{,}84 \cdot 10^{-6}$
Petroleum	$-1{,}09 \cdot 10^{-5}$
Aluminiumoxid	$-1{,}37 \cdot 10^{-5}$
Aceton	$-1{,}37 \cdot 10^{-5}$
Kochsalz	$-1{,}39 \cdot 10^{-5}$
Wismut	$-1{,}57 \cdot 10^{-4}$
Paramagnetische Stoffe:	
Sauerstoff	$1{,}86 \cdot 10^{-6}$
Barium	$6{,}94 \cdot 10^{-6}$
Magnesium	$1{,}74 \cdot 10^{-5}$
Aluminium	$2{,}08 \cdot 10^{-5}$
Platin	$2{,}57 \cdot 10^{-4}$
Chrom	$2{,}78 \cdot 10^{-4}$
Mangan	$8{,}71 \cdot 10^{-4}$
flüssiger Sauerstoff	$3{,}62 \cdot 10^{-3}$
Dysprosiumsulfat	$6{,}32 \cdot 10^{-1}$
Ferromagnetische Stoffe: [a]	
Gusseisen	50 ... 500
Baustahl	100 ... 2000
Übertragerblech	500 ... 10 000
Permalloy	6000 ... 70 000
Ferrite	10 ... 1000

[a] Maximalwerte aus größter Steigung der Hysteresekurve

Atomistische Deutung der magnetischen Eigenschaften von Materie

Die magnetischen Eigenschaften von Materie sind durch die Wechselwirkung des Magnetfeldes in erster Linie mit den Elektronen der Atomhülle und deren magnetischen Momenten bedingt. Die Eigenschaften atomarer magnetischer Momente sind quantenmechanischer Natur. Eine anschauliche Behandlung ist problematisch. Dennoch können bestimmte magnetische

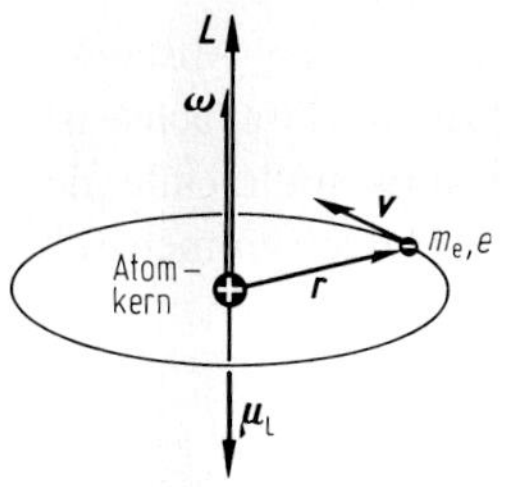

Bild 13-19. Drehimpuls und magnetisches Moment eines kreisenden Atomelektrons

Eigenschaften gemäß dem Rutherford-Bohr'schen Atommodell (siehe 16.1, Behandlung der Atomelektronen als Kreisstrom mit dem positiven Atomkern im Zentrum) anschaulich gemacht und teils richtig, teils nur qualitativ zutreffend berechnet werden.

Im Bohr'schen Bild ist der Bahnmagnetismus eines um den Atomkern kreisenden Elektrons leicht richtig zu berechnen (Bild 13-19).

In Bezug auf den Atomkern hat das kreisende Elektron einen Bahndrehimpuls (3-28)

$$\boldsymbol{L} = m_e \boldsymbol{r} \times \boldsymbol{v} = m_e \omega r^2 \,. \qquad (13\text{-}52)$$

Das rotierende Elektron mit der Umlauffrequenz $\nu = \omega/2\pi$ stellt ferner einen Kreisstrom dar:

$$I = \frac{\mathrm{d}Q}{\mathrm{d}t} = -\nu e = -\frac{\omega e}{2\pi} \,. \qquad (13\text{-}53)$$

Nach (13-39) ist damit ein magnetisches Moment $\mu_L = IA$ verknüpft, für das sich mit (13-52) und (13-53) ergibt

$$\boldsymbol{\mu}_L = -\frac{e}{2m_e}\boldsymbol{L} \,. \qquad (13\text{-}54)$$

(Bei atomaren Teilchen werden magnetische Momente mit $\boldsymbol{\mu}$ anstatt mit $\boldsymbol{m}$ bezeichnet.) Dass atomare Drehimpulse mit magnetischen Momenten

$$\boldsymbol{\mu}_L = -\gamma \boldsymbol{L} \qquad (13\text{-}55)$$

verknüpft sind, wird als *magnetomechanischer Parallelismus* bezeichnet und wurde durch den *Einstein-de-Haas-Effekt* makroskopisch nachgewiesen. γ heißt *gyromagnetisches Verhältnis* und hat demnach für den Bahnmagnetismus des Elektrons den Wert

$$\gamma = \frac{e}{2m_e} \,. \qquad (13\text{-}56)$$

Nach Bohr hat der Bahndrehimpuls für die Haupt-Quantenzahl $n = 1$ den Wert $L = \hbar$ (siehe 16.1.1; $\hbar = h/2\pi$ Drehimpulsquantum, h Planck-Konstante). Damit folgt für das magnetische Moment der 1. Bohr'schen Bahn, das *Bohr-Magneton*:

$$\mu_B = \frac{e\hbar}{2m_e} = (9{,}27400899 \pm 37 \cdot 10^{-8}) \cdot 10^{-24}\,\mathrm{J/T} \,. \qquad (13\text{-}57)$$

Neben dem Bahndrehimpuls und dem damit verbundenen magnetischen Moment besitzt das Elektron außerdem einen *Eigendrehimpuls* oder *Spin S* vom Betrage $S = \hbar/2$. Auch der Spin ist mit einem magnetischen Moment verknüpft, dessen Betrag ebenfalls durch das Bohr'sche Magneton gegeben ist.

Je nach Aufbau der atomaren Elektronenhülle und der chemischen Bindungsstruktur in Molekülen und Festkörpern und der daraus resultierenden Gesamtwirkung der mit den Bahn- und Eigendrehimpulsen verknüpften magnetischen Momente ergeben sich unterschiedliche magnetische Eigenschaften, deren Grundzüge kurz besprochen werden sollen.

Diamagnetismus

Die meisten anorganischen und fast alle organischen Verbindungen sind diamagnetisch, d. h., sie schwächen das äußere Feld: $\chi_m < 0$, $\mu_r < 1$. Ursache des Diamagnetismus sind die durch das Einschalten des äußeren Magnetfeldes in den Atomen (Molekülen, Ionen) des Stoffes induzierten magnetischen Momente. Diamagnetika sind daher magnetische Analoga zu den unpolaren Dielektrika (siehe 12.9, Verschiebungspolarisation).

Es werde zunächst eine einzelne Elektronenkreisbahn um den Atomkern betrachtet (z. B. die des i-ten Elektrons der Elektronenhülle), deren Flächennormalenvektor senkrecht zum äußeren Magnetfeld $\boldsymbol{H}$ stehen möge (Bild 13-20). Das magnetische Moment $\boldsymbol{\mu}_L$ erfährt dadurch nach (13-38) ein Drehmoment $\boldsymbol{M}_d = \boldsymbol{\mu}_L \times \boldsymbol{B}$. Wegen des nach (13-54) mit $\boldsymbol{\mu}_L$ gekoppelten Bahndrehimpulses $\boldsymbol{L}$ wirkt $\boldsymbol{M}_d$ auch auf $\boldsymbol{L}$ und erzeugt eine Kreiselpräzession mit der Präzessionskreisfrequenz $\omega_L = M_d/L$ (vgl. 7.4). Mit (13-54) folgt daraus die *Larmor-Frequenz*

$$\omega_L = \mu_0 \frac{e}{2m_e}\boldsymbol{H} = \frac{e}{2m_e}\boldsymbol{B} \,. \qquad (13\text{-}58)$$

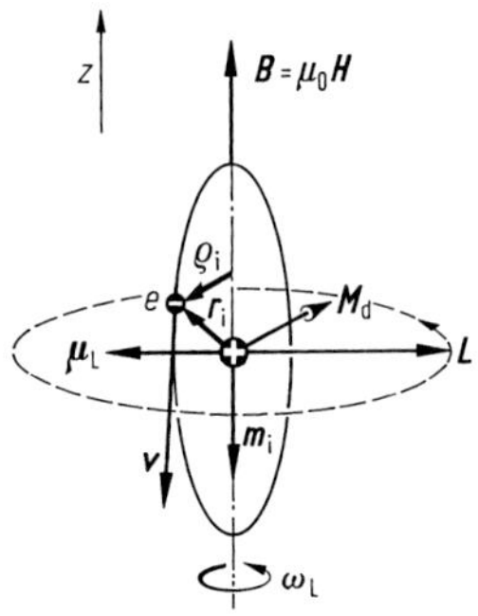

Bild 13-20. Präzessionswirkung eines äußeren Magnetfeldes auf atomare Elektronenbahnen

Die Präzession der Elektronenbahn mit der Frequenz ν_L um die Feldrichtung $\boldsymbol{B}$ bedeutet einen zusätzlichen Kreisstrom I senkrecht zur Elektronenkreisbahn, für den sich mit (13-58) ergibt:

$$I = -\nu_L e = -\frac{e^2}{4\pi m_e} B\,. \tag{13-59}$$

Daraus folgt ein durch das Einschalten des äußeren Feldes $\boldsymbol{B}$ induziertes magnetisches Moment, das sich nach (13-39) mit $A = \pi\bar{\varrho}_i^2$ berechnen lässt. Die Präzession ist langsam gegen die Umlaufzeit des Elektrons i auf seiner Kreisbahn. Für die Fläche A des Präzessionskreisstromes I muss daher ein mittlerer Abstand $\bar{\varrho}_i$ von der Präzessionsdrehachse angesetzt werden. Mit $m = IA$ (13-39) und (13-59) folgt für das induzierte magnetische Moment des i-ten Elektrons

$$\boldsymbol{m}_i = -\frac{e^2\bar{\varrho}_i^2}{4m_e}\boldsymbol{B}\,, \tag{13-60}$$

das dem äußeren Feld $\boldsymbol{B}$ entgegengerichtet ist, dieses also schwächt. Ein Atom der Ordnungszahl Z (siehe 16.1) enthält Z Elektronen in der Hülle. Bei Einschalten des Magnetfeldes liefert jedes Elektron einen Beitrag $\boldsymbol{m}_i$. Das gesamte induzierte magnetische Moment eines Atoms beträgt daher

$$\boldsymbol{m} = \sum_{i=1}^{Z} \boldsymbol{m}_i = -\frac{Ze^2\bar{\varrho}^2}{4m_e}\boldsymbol{B}\,, \tag{13-61}$$

worin

$$\bar{\varrho}^2 \approx \overline{\varrho^2} = \overline{x^2} + \overline{y^2} \tag{13-62}$$

der mittlere quadratische Abstand aller Z Elektronen von der Präzessionsdrehachse ist, wenn diese mit der z-Achse zusammenfällt. Unter der Annahme, dass die Z Elektronen kugelsymmetrisch um den Atomkern verteilt sind, gilt für den mittleren Kernabstand $\bar{r}$ der Elektronen

$$\frac{1}{3}\bar{r}^2 \approx \frac{1}{3}\overline{r^2} = \overline{x^2} = \overline{y^2} = \overline{z^2} \quad \text{und} \quad \bar{\varrho}^2 \approx \frac{2}{3}\bar{r}^2\,. \tag{13-63}$$

Damit folgt für das *induzierte magnetische Moment eines Atoms* aus (13-61)

$$\boldsymbol{m} = -\frac{Ze^2\bar{r}^2}{6m_e}\boldsymbol{B}\,, \tag{13-64}$$

und bei einer Atomzahldichte n für die *Magnetisierung diamagnetischer Stoffe* (13-47)

$$\boldsymbol{M} = n\boldsymbol{m} = -n\frac{Ze^2\bar{r}^2}{6m_e}\mu_0\boldsymbol{H} = \chi_{\text{dia}}\boldsymbol{H}\,, \tag{13-65}$$

die dem äußeren Magnetfeld proportional ist. Die *magnetische Suszeptibilität für Diamagnetika* beträgt daher

$$\chi_{\text{dia}} = -\mu_0\frac{Ze^2\bar{r}^2}{6m_e}n < 0 \tag{13-66}$$

und ist <0, da alle Größen in (13-66) positiv sind. Diese diamagnetische Eigenschaft haben die Atome aller Substanzen. Die in (13-54) berechneten magnetischen Bahnmomente μ_L der einzelnen Elektronenbahnen spielen außer als Ursache der Präzession normalerweise keine Rolle, da sie sich in der Summe aller Elektronenbahnen meist gegenseitig kompensieren, wenn nicht bereits im Atom, dann im Molekül oder im Festkörper. Bei manchen Substanzen trifft dies jedoch nicht zu, dann wird der Diamagnetismus durch nichtkompensierte permanente magnetische Momente überdeckt, die vom Bahn- oder Spinmagnetismus herrühren: Paramagnetismus.

Der oben hergeleitete Diamagnetismus kann auch als Induktionseffekt (siehe 14.1) beim Einschalten des äußeren Magnetfeldes gedeutet werden. Die Durchrechnung liefert dasselbe Ergebnis (13-66).

Bei Metallen liefert das Elektronengas (vgl. 16.2) nach Landau einen zusätzlichen Beitrag zum Diamagnetismus (Landau-Diamagnetismus). Sowohl die diamagnetische Suszeptibilität χ_{dia} nach (13-66) als auch in guter Näherung der Landau-Diamagnetismus sind unabhängig von Feldstärke und Temperatur.

Paramagnetismus

Sind permanente, nicht kompensierte magnetische Momente $\boldsymbol{m}$ vorhanden, z. B. durch nichtkompensierte Bahn- oder Spinmomente (nicht abgeschlossene Elektronenschalen, ungerade Elektronenzahlen), so zeigt sich ein magnetisches Verhalten analog zum elektrischen Verhalten eines Systems polarer Moleküle (vgl. 12.9, Orientierungspolarisation). Ohne äußeres Magnetfeld sind die Orientierungen der magnetischen Momente durch die thermische Bewegung statistisch gleichverteilt, sodass keine makroskopische Magnetisierung resultiert. Ein eingeschaltetes äußeres Feld sucht die Dipole aufgrund des dann wirkenden Drehmomentes (13-38) gegen die Temperaturbewegung in Feldrichtung auszurichten, es entsteht eine makroskopische Magnetisierung. Der Ausrichtungsgrad lässt sich wie bei der elektrischen Orientierungspolarisation aus der potenziellen Energie E_p der Dipole im Magnetfeld (Tabelle 13-1) mithilfe des Boltzmann'schen e-Satzes (8-40) abschätzen. Wegen $E_\mathrm{p} \ll kT$ ergibt sich analog zu (12-111) bis (12-116) für die paramagnetische Suszeptibilität das *Curie'sche Gesetz*

$$\chi_\mathrm{para} = \frac{C_\mathrm{m}}{T} \tag{13-67}$$

und die Permeabilitätszahl

$$\mu_\mathrm{r} = 1 + \frac{C_\mathrm{m}}{T}$$

mit der Curie-Konstanten

$$C_\mathrm{m} = \mu_0 \frac{m^2}{3k} n \,. \tag{13-68}$$

Für die paramagnetische Suszeptibilität gilt also die gleiche Temperaturabhängigkeit wie für die paraelektrische Suszeptibilität (12-116).

Zum Paramagnetismus tragen bei Metallen nach Pauli ferner die magnetischen Momente des Leitungselektronengases bei. Der Pauli-Paramagnetismus ist um einen Faktor 3 größer als der Landau-Diamagnetismus und wie dieser temperaturunabhängig.

Magnetisch geordnete Zustände: Ferro-, Antiferro- und Ferrimagnetismus

Kristalline Substanzen, die permanente magnetische Momente enthalten, können unterhalb einer kritischen Temperatur in einen magnetisch geordneten Zustand, d. h. eine *spontane Magnetisierung* ohne äußeres Feld, übergehen. Ursache hierfür ist die gegenseitige Wechselwirkung zwischen den magnetischen Momenten der Atome bzw. zwischen den damit verknüpften Elektronenspins. Die Bahnmomente sowie die Momente des Atomkerns sind dagegen zu vernachlässigen. Die direkte magnetische Wechselwirkung zwischen den magnetischen Momenten ist vergleichsweise klein und führt nur bei sehr tiefen Temperaturen zu spontaner Magnetisierung. Bei Zimmertemperatur sind magnetisch geordnete Zustände nach Heisenberg auf die quantenmechanische Austauschwechselwirkung (aufgrund der Überlappung von Elektronenwellenfunktionen) zwischen den nicht abgesättigten Elektronenspins benachbarter Atome zurückzuführen, die zu Parallel- oder Antiparallelstellung der benachbarten Spins führt. Demzufolge treten folgende charakteristische Ordnungszustände der Spins auf (Bild 13-21):

- *Ferromagnetismus*: Parallele Ausrichtung aller Spins. Große Sättigungsmagnetisierung ohne äußeres Magnetfeld unterhalb der Curie-Temperatur T_C. Beispiele: Eisen, Nickel, Kobalt.
- *Antiferromagnetismus*: Antiparallele Ausrichtung benachbarter Spins unterhalb der Néel-Temperatur T_N mit gegenseitiger Kompensation der magnetischen Momente. Trotz geordneten Zustands der Spins ist daher die Magnetisierung ohne äußeres Magnetfeld null. Beispiele: MnO, FeO, CoO, NiO.
- *Ferrimagnetismus*: Antiferromagnetische Ordnung, bei der sich die magnetischen Momente wegen unterschiedlicher Größe nur teilweise kompensieren. Unterhalb der Néel-Temperatur bleibt

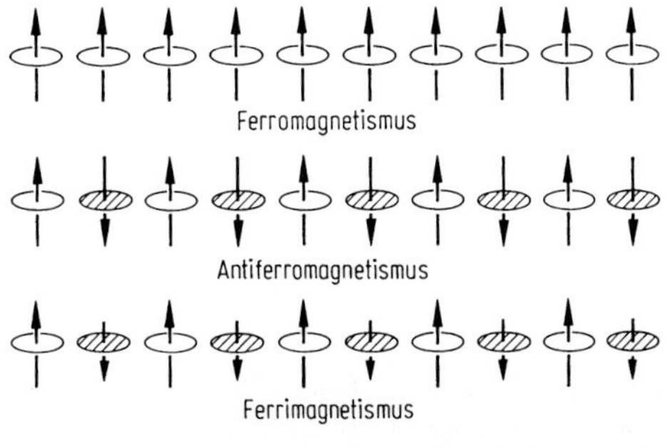

Bild 13-21. Ordnung der magnetischen Dipolmomente in ferro-, antiferro- und ferrimagnetischen Stoffen

daher ohne äußeres Feld eine endliche Sättigungsmagnetisierung übrig, die typischerweise kleiner ist als beim Ferromagnetismus. Beispiele sind die Ferrite der Zusammensetzung $MO \cdot Fe_2O_3$, wobei M z. B. für Mn, Co, Ni, Cu, Mg, Zn, Cd oder Fe (ergibt Magnetit Fe_3O_4) steht.

Die Eigenschaften der spontanen Magnetisierung seien anhand der Ferromagnetika betrachtet. Ein einheitlich bis zur Sättigung magnetisierter ferromagnetischer Kristall (alle Spinmomente parallel in eine Richtung ausgerichtet) würde ein großes magnetisches Moment und eine große magnetische Streufeldenergie im Außenraum besitzen. Ohne äußeres Feld zerfällt daher die Magnetisierung des Kristalls in eine energetisch günstigere Anordnung verschieden orientierter ferromagnetischer Domänen: *Weiss'sche Bezirke* (Bild 13-22, Abmessungen ca. $(1\ldots100\,\mu m)^3$), die in sich selbst bis zur Sättigung magnetisiert und so orientiert sind, dass der magnetische Fluss sich weitgehend innerhalb des Kristalls schließt (unmagnetisierter Zustand, Bild 13-22a). In wenig gestörten Einkristallen haben die Weiss'schen Bezirke eine geometrisch regelmäßige Form.

Die Magnetisierung der Domänen erfolgt in den sog. *leichten Kristallrichtungen*. Das sind z. B. im kubischen Eisenkristall die Würfelkanten. Die Sättigungsmagnetisierung lässt sich nur durch Anlegen eines starken äußeren Feldes aus den leichten Richtungen herausdrehen. In den Wänden zwischen verschieden orientierten Domänen springt die Spinrichtung nicht unstetig von der einen in die andere Orientierung, sondern ändert sich allmählich über einen Bereich von etwa 300 Gitterkonstanten: Bloch-Wände.

Die Bloch-Wände können durch das *Bitter-Verfahren* markiert werden: Bei Aufbringen kleiner ferromagnetischer Kristalle auf die polierte Oberfläche des Ferromagnetikums (z. B. durch Aufschlämmen aus kolloidaler Lösung, oder durch Aufdampfen von Eisen in einer Gasatmosphäre) sammeln diese sich durch Dipolkräfte im inhomogenen Streufeld der Grenzen zwischen den verschieden orientierten Weiss'schen Bezirken, d. h. an den Bloch-Wänden, und machen sie dadurch sichtbar. Zur Sichtbarmachung verschieden orientierter Weiss'scher Bezirke können magnetooptische Effekte ausgenutzt werden: Die Drehung der Polarisationsebene von Licht durch magnetisierte Stoffe (in Transmission: Faraday-Effekt; in Reflexion: magnetooptischer Kerr-Effekt).

Beim Magnetisieren des Materials durch ein äußeres Magnetfeld wird vom unmagnetisierten Zustand ausgehend zunächst die sog. „Neukurve" durchlaufen (Bild 13-23). Dabei wachsen die Domänen mit Komponenten in Feldrichtung auf Kosten der anderen durch Bloch-Wand-Verschiebungen (Bild 13-22b bis d). Die Bloch-Wände bleiben dabei teilweise an Kristallinhomogenitäten und Störstellen hängen und reißen sich erst nach weiterer Magnetfelderhöhung los (irreversible Wandverschiebungen). Ist durch Wandverschiebung keine weitere Magnetisierungserhöhung mehr zu erreichen (Bild 13-22d), so dreht das weiter steigende Magnetfeld die Spins aus leichten Kristallrichtungen heraus in die Feldrichtung (Bild 13-22e). Dabei können andere leichte Kristallrichtungen überstrichen werden, die wiederum plötzliche Magnetisierungsänderungen zur Folge haben (irreversible Drehprozesse). Schließlich stehen alle Spins parallel zum Magnetfeld, die Sättigungsmagne-

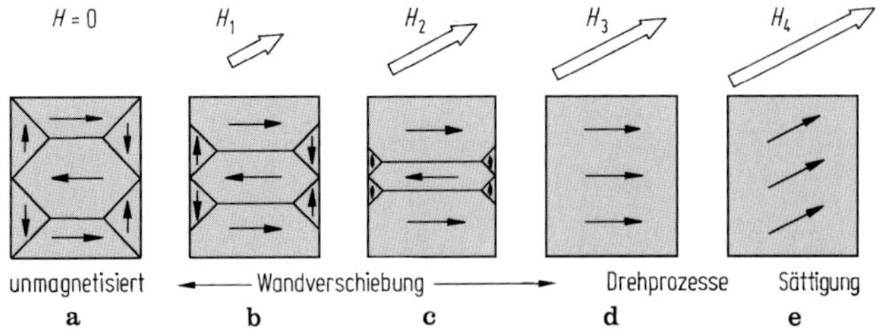

Bild 13-22. Zerfall der spontanen Magnetisierung eines wenig gestörten ferromagnetischen Einkristalls in Weiss'sche Bezirke und Magnetisierungsablauf: **a** unmagnetisierter Zustand. **b–d** Magnetisierung etwa in äußerer Feldrichtung durch Wachsen der richtig orientierten Bereiche (Wandverschiebung); **d** magnetischer Einbereich in leichter Kristallrichtung. Durch Drehprozesse Übergang zur Sättigungsmagnetisierung: **e** magnetischer Einbereich in Feldrichtung

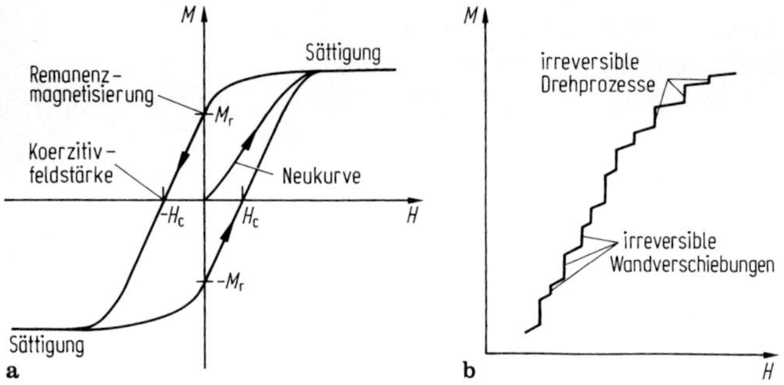

Bild 13-23. **a** Hysteresekurve eines Ferromagnetikums, **b** Teil der Magnetisierungskurve höher aufgelöst

tisierung in Feldrichtung ist erreicht (Bild 13-22e). Eine weitere Felderhöhung ändert die Magnetisierung nicht mehr. Die Magnetisierungskurve ist daher nicht stetig, sondern enthält eine Vielzahl von kleinen Sprüngen (Bild 13-23). Die damit verbundenen plötzlichen Magnetisierungsänderungen lassen sich mit einer Induktionsanordnung nachweisen: *Barkhausen-Sprünge*. Die äußere Feldstärke, die erforderlich ist, um die Magnetisierung eines Weiss'schen Bezirks in die äußere Feldrichtung zu schwenken, ist sehr viel kleiner als diejenige, die bei ungekoppelten Einzeldipolen zur völligen Ausrichtung gegen die Temperaturbewegung erforderlich ist. Ursache dafür – und damit für die große Permeabilitätszahl von Ferromagnetika, vgl. Tabelle 13-2 – ist das gegenüber dem Einzeldipol vielfach höhere magnetische Moment eines Weiss'schen Bezirks und das damit verbundene große Drehmoment im äußeren Feld.

Bei Reduzierung der äußeren Feldstärke bis auf Null verschwindet die Magnetisierung nicht vollständig, sondern es bleibt eine Restmagnetisierung bestehen, diese Erscheinung heißt Remanenz. Sie kann durch die Remanenzmagnetisierung $\boldsymbol{M}_r$, ebenso gut auch durch die Remanenzinduktion $\boldsymbol{B}_r$ oder die Remanenzpolarisation $\boldsymbol{J}_r$ beschrieben werden, wobei gilt: $\boldsymbol{B}_r = \boldsymbol{J}_r = \mu_0 \boldsymbol{M}_r$, siehe Bild 13-23a. Diese verschwindet erst bei Anlegen eines entgegengerichteten Feldes in Höhe der *Koerzitivfeldstärke* $-H_c$. Bei weiterer Variation der äußeren Feldstärke kann die ganze Magnetisierungskurve durchfahren werden, deren beide Äste bei negativer bzw. bei positiver Feldänderung nicht identisch sind: *Hysterese*.

Die Magnetisierung bei einer bestimmten Feldstärke ist daher nicht eindeutig, sondern hängt von der Vorgeschichte ab: Gedächtnis-Effekt. Je nach Richtung der vorherigen Sättigungsmagnetisierung liegt bei $H = 0$ eine Remanenz $+M_r$ oder $-M_r$ vor: Prinzip der magnetischen Informationsspeicherung.

Für Permanentmagnete ist eine hohe Remanenz und eine hohe Koerzitivfeldstärke erwünscht (*hartmagnetische* Werkstoffe). Damit verbunden ist eine große Fläche der Hysteresekurve. Diese ist ein Maß für die Ummagnetisierungsverluste pro Volumeneinheit bei einem vollen Durchlauf. Bei Anwendungen mit ständig wechselndem Magnetfeld (Wechselstrom-Transformatoren, Generatoren, Motoren) sind deshalb *weichmagnetische* Werkstoffe mit niedriger Remanenz und geringer Koerzitivfeldstärke erforderlich.

Die spontane Magnetisierung hat bei $T = 0$ K ihren Höchstwert (Sättigungsmagnetisierung M_s). Mit zunehmender Temperatur verringert die thermische Bewegung die Sättigungsmagnetisierung (Bild 13-24), insbesondere durch das Auftreten von *Spinwellen* im System der parallelen Spins.

Die Spinwellen sind – wie auch die elastischen Schwingungen des quantenmechanischen Oszillators (siehe 5.2.2) oder elastische Wellen im Festkörper – gequantelt, die Quanten heißen *Magnonen*.

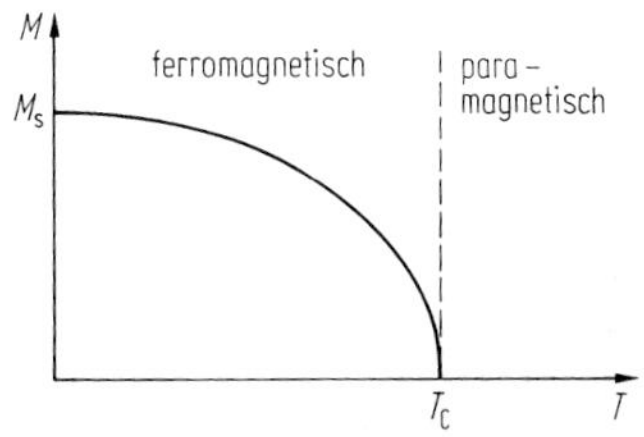

Bild 13-24. Temperaturabhängigkeit der spontanen Magnetisierung

Tabelle 13-3. Curie-Temperatur einiger Ferromagnetika

Material	$\vartheta_C/°C$	T_C/K
Eisen	770	1043
Kobalt	1115	1388
Nickel	354	627
AlNiCo	720...760	993...1033

Oberhalb der Curie-Temperatur (Tabelle 13-3) verschwindet die spontane Magnetisierung. Das Material verhält sich dann paramagnetisch mit einer Temperaturabhängigkeit der paramagnetischen Suszeptibilität, die dem Curie'schen Gesetz (13-67) entspricht, jedoch mit einer um T_C verschobenen Temperaturabhängigkeit (*Curie-Weiss'sches Gesetz*):

$$\chi_m = \frac{C}{T - T_C} \quad \text{für} \quad T > T_C \,. \tag{13-69}$$

14 Zeitveränderliche elektromagnetische Felder

Statische, d. h. zeitunabhängige, elektrische und magnetische Felder folgen teilweise sehr ähnlichen Gesetzen (vgl. 13 u. 14). Eine Verknüpfung beider Felder geschah bisher jedoch allein über das dem Ørsted-Versuch zugrunde liegende Phänomen der Erzeugung eines statischen Magnetfeldes durch einen stationären elektrischen Strom (13.1), das durch das Ampère'sche Gesetz (Durchflutungssatz (13-1) beschrieben wird. Ferner wirkt auf bewegte elektrische Ladungen und auf elektrische Ströme die magnetische Kraft (13-16) bzw. (13-35), die in 13.2 bereits als relativistische Ergänzung der elektrostatischen Kraft erkannt wurde. Der innere Zusammenhang beider Felder wird jedoch erst bei der Betrachtung zeitveränderlicher magnetischer und elektrischer Felder deutlich.

14.1 Zeitveränderliche magnetische Felder: Induktion

Die elektromagnetische Induktion (Faraday, 1831; Henry, 1832) ist das Arbeitsprinzip des Generators, des Transformators und vieler anderer Einrichtungen, auf denen die heutige Elektrotechnik beruht, siehe Kap. G.

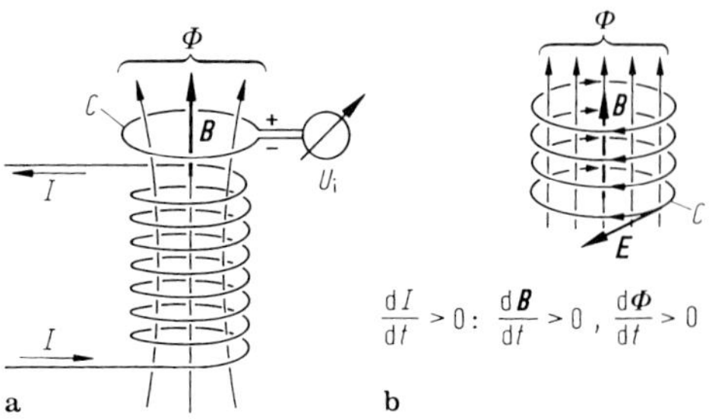

Bild 14-1. Induktion durch zeitliche Änderung des magnetischen Flusses

Induktion durch zeitveränderliche Magnetfelder

Wird z. B. durch eine stromdurchflossene Spule (Bild 14-1) oder mittels eines Permanentmagneten ein magnetisches Feld erzeugt, das gleichzeitig mit einem Fluss Φ eine Leiterschleife durchsetzt, so wird mit einem an die Leiterschleife angeschlossenen Spannungsmessinstrument (z. B. Drehspulmessinstrument, siehe 13.3) dann eine induzierte Spannung beobachtet, wenn der durch die Leiterschleife gehende magnetische Fluss Φ sich zeitlich ändert, etwa durch Änderung des Stromes in der felderzeugenden Spule, oder durch Abstandsänderung des Permanentmagneten, oder durch Kippung des induzierenden Feldes gegen die Schleifenfläche: *Induktion*. Experimentell ergibt sich das *Induktionsgesetz*

$$u_i = -N\frac{d\Phi}{dt} \,, \tag{14-1}$$

worin N die Zahl der Windungen der Leiterschleife ist, in Bild 14-1a also $N = 1$. Das Minuszeichen kennzeichnet, dass die Richtung des induzierten elektrischen Feldes bzw. der induzierten Spannung sich aus der Feldänderungsrichtung entgegengesetzt dem Rechtsschraubensinn ergibt.

Ein zeitlich veränderliches Magnetfeld erzeugt also offenbar ein elektrisches Feld, das den magnetischen Fluss umschließt (Bild 14-1b). Es ist nicht an einen vorhandenen Leiter geknüpft, sondern auch im Vakuum vorhanden (wie z. B. die Anwendung zur Elektronenbeschleunigung im Betatron nachweist).

Induktion in bewegten Leitern im Magnetfeld

In einem zeitlich konstanten Magnetfeld lassen sich induzierte Spannungen dadurch erzeugen, dass die

Leiterschleife oder Teile davon im Magnetfeld bewegt werden. In diesem Fall lässt sich die induzierte Spannung mithilfe der magnetischen Kraft auf die Leitungselektronen berechnen. Dazu werde die in Bild 14-2 dargestellte, besonders einfache Geometrie betrachtet, wobei nur das Leiterstück der Länge $\boldsymbol{l}$ senkrecht zum homogenen Magnetfeld $\boldsymbol{B}$ mit einer Geschwindigkeit $\boldsymbol{v}$ bewegt wird.
Auf die Elektronen im bewegten Leiter wirkt die magnetische Kraft (13-16). Das entspricht einer durch die Bewegung induzierten elektrischen Feldstärke

$$\boldsymbol{E}_\mathrm{i} = \frac{\boldsymbol{F}_\mathrm{m}}{-e} = \boldsymbol{v} \times \boldsymbol{B}\,. \tag{14-2}$$

Die im bewegten Leiterstück $\boldsymbol{l}$ induzierte Spannung $u_\mathrm{i} = \boldsymbol{E}_\mathrm{i} \cdot \boldsymbol{l}$ ist daher

$$u_\mathrm{i} = (\boldsymbol{v} \times \boldsymbol{B}) \cdot \boldsymbol{l} = Blv\,. \tag{14-3}$$

Dies ist die gesamte in der Leiterschleife induzierte Spannung, da die anderen Leiterschleifenteile ruhen. Auch bei dieser Induktionsanordnung ändert sich durch die Vergrößerung der Schleifenfläche A

$$\frac{\mathrm{d}A}{\mathrm{d}t} = \frac{l\mathrm{d}x}{\mathrm{d}t} = lv \tag{14-4}$$

der magnetische Fluss $\Phi = \boldsymbol{B} \cdot \boldsymbol{A} = BA$ in der Leiterschleife (Flächennormalenvektor $\boldsymbol{A} \| \boldsymbol{B}$), obwohl $\boldsymbol{B} = \text{const}$ ist:

$$\frac{\mathrm{d}\Phi}{\mathrm{d}t} = \frac{\mathrm{d}(\boldsymbol{B} \cdot \boldsymbol{A})}{\mathrm{d}t} = B\frac{\mathrm{d}A}{\mathrm{d}t} = Blv\,. \tag{14-5}$$

Mit (14-3) ergibt sich daraus wiederum das Induktionsgesetz (14-1) für $N = 1$, wenn mit einem negativen Vorzeichen der in Bild 14-2 eingezeichnete Richtungssinn für u_i im Hinblick auf die positive Flussänderung und den Rechtsschraubensinn berücksichtigt wird:

$$u_\mathrm{i} = -\frac{\mathrm{d}\Phi}{\mathrm{d}t}\,. \tag{14-6}$$

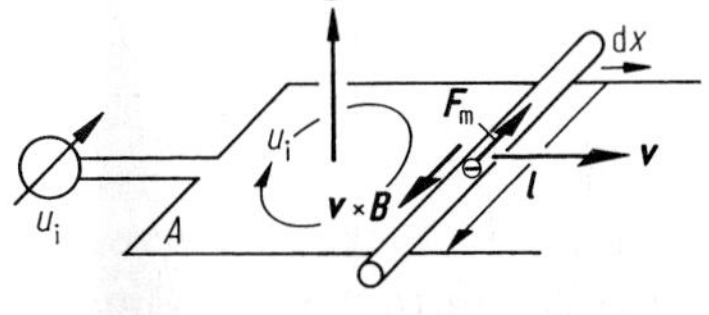

Bild 14-2. Induktion in einem bewegten Leiter im Magnetfeld

Dieser Zusammenhang gilt also offenbar unabhängig davon, auf welche Weise der magnetische Fluss in der Leiterschleife geändert wird, ob durch Änderung des Magnetfeldes $\boldsymbol{B}$ bei stationärer Leiterschleife, oder durch Änderung der Schleifenfläche $\boldsymbol{A}$ bei konstantem Magnetfeld. Im ersten Fall werden die Elektronen im Leiter durch die induzierte elektrische Kraft $-e\boldsymbol{E}$, im zweiten Fall durch die geschwindigkeitsinduzierte magnetische Kraft $-e\boldsymbol{v} \times \boldsymbol{B}$ in Bewegung gesetzt. Auch hierdurch wird deutlich, dass die Kraft auf Ladungen q in voller Allgemeinheit durch die Lorentz-Kraft (13–18)

$$\boldsymbol{F} = q(\boldsymbol{E} + \boldsymbol{v} \times \boldsymbol{B}) \tag{14-7}$$

gegeben ist. Wählen wir die Schleifenkurve C als Integrationsweg (Bild 14-1), so folgt aus (14-6) mit

$$u_\mathrm{i} = \oint_C \boldsymbol{E} \cdot \mathrm{d}\boldsymbol{s} \tag{14-8}$$

und mit der Definition (13-14) des magnetischen Flusses für eine beliebige, von C berandete Fläche A die allgemeinere Formulierung des *Induktionsgesetzes (Faraday-Henry-Gesetzes)*:

$$\oint_C \boldsymbol{E} \cdot \mathrm{d}\boldsymbol{s} = -\frac{\mathrm{d}}{\mathrm{d}t} \int_A \boldsymbol{B} \cdot \mathrm{d}\boldsymbol{A}\,. \tag{14-9}$$

Dies ist die allgemein gültige Form einer der beiden Feldgleichungen des elektrischen Feldes, die sich vom elektrostatischen Fall (12-35) dadurch unterscheidet, dass die rechte Seite nicht verschwindet.

Weitere Induktionseffekte

Ist das die Leiterschleife mit dem Flächennormalenvektor $\boldsymbol{A}$ durchsetzende Magnetfeld $\boldsymbol{B}$ homogen, so lässt sich (14-1) mit $\Phi = \boldsymbol{B} \cdot \boldsymbol{A}$ auch schreiben

$$u_\mathrm{i} = -N\frac{\mathrm{d}(\boldsymbol{B} \cdot \boldsymbol{A})}{\mathrm{d}t}\,. \tag{14-10}$$

Wird eine Leiterschleife gemäß Bild 13-15 mit einer Winkelgeschwindigkeit $\omega = \vartheta/t$ im homogenen Magnetfeld gedreht, so wird darin nach (14-10) eine Spannung

$$u_\mathrm{i} = -N\frac{\mathrm{d}(BA\cos\vartheta)}{\mathrm{d}t} = NAB\omega\sin\omega t = \hat{u}\sin\omega t \tag{14-11}$$

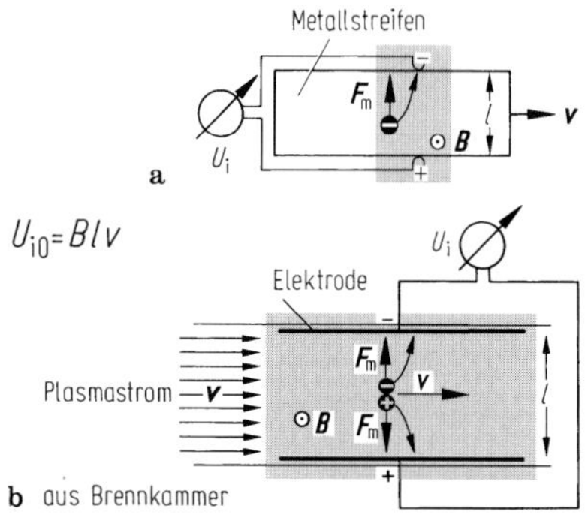

Bild 14-3. **a** Induktion in einem ausgedehnten bewegten Leiter und **b** Prinzip des magnetohydrodynamischen Generators

erzeugt: Prinzip des Wechselstromgenerators. Die Spannung ändert mit t periodisch ihr Vorzeichen, d. h. ihre Richtung: *Wechselspannung*. Der Maximalwert (Amplitude) ist $\hat{u} = NAB\omega$.

Der bewegte Leiter im Induktionsversuch Bild 14-2 muss nicht die Form eines Drahtes haben: Ein bewegter Metallstreifen zwischen Schleifkontakten (Bild 14-3a) zeigt aufgrund der auftretenden magnetischen Kraft den gleichen Induktionseffekt. Benutzt man anstelle des Metallstreifens einen ionisierten Gasstrom (Plasma; Bild 14-3b), so erhält man das Grundprinzip des *magnetohydrodynamischen Generators* (sog. MHD-Generator), dessen prinzipieller Vorteil darin besteht, keine bewegten Bauteile zu besitzen. Das Plasma wird in einer Brennkammer erzeugt. Da beim MHD-Generator die Umwandlung von thermischer in elektrische Energie direkt erfolgt, kommt der Wirkungsgrad näher an den thermodynamischen Wirkungsgrad (8-100) heran als bei herkömmlichen Verfahren der Energiewandlung. Die induzierte Spannung U_{i0} (im Leerlauf) ergibt sich aus (14-3).

Hall-Effekt

Wird die Bewegung von Ladungsträgern in einem Magnetfeld $\boldsymbol{B}$ nicht durch die Bewegung eines Leiters infolge einer äußeren Kraft erzwungen, sondern durch einen elektrischen Strom in einem ruhenden Leiter, so wirkt auch in diesem Falle die magnetische Kraft (13-16) senkrecht zur Ladungsträgergeschwindigkeit $\boldsymbol{v}_{dr}$ und zu $\boldsymbol{B}$. Im Falle eines metallischen Bandleiters werden die Leitungselektronen seitlich

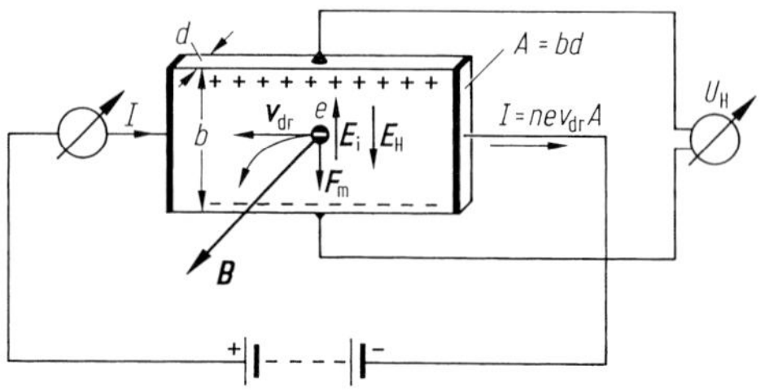

Bild 14-4. Hall-Effekt an einem Bandleiter im Magnetfeld

abgedrängt (Bild 14-4), sodass eine Seite des Leiters einen Elektronenüberschuss, also eine negative Ladung erhält, während die gegenüberliegende Seite infolge Elektronendefizits eine positive Ladung durch die ortsfesten Gitterionen erhält. Der Wirkung der magnetischen Kraft

$$\boldsymbol{F}_m = -e(\boldsymbol{v}_{dr} \times \boldsymbol{B}) = -e\boldsymbol{E}_i \tag{14-12}$$

entspricht eine induzierte Feldstärke

$$\boldsymbol{E}_i = \boldsymbol{v}_{dr} \times \boldsymbol{B} = -\boldsymbol{E}_H \,. \tag{14-13}$$

Die dadurch bewirkte Ladungstrennung erzeugt eine entgegengerichtete Coulomb-Feldstärke, die Hall-Feldstärke $\boldsymbol{E}_H$. Mithilfe des Zusammenhangs (12-59) zwischen Stromstärke I und Driftgeschwindigkeit v_{dr} folgt daraus ($\boldsymbol{B}$ senkrecht zum Bandleiter)

$$E_H = -\frac{IB}{nebd} = \frac{U_H}{b}\,, \tag{14-14}$$

(b, d Breite und Dicke des Bandleiters, Bild 14-4) und für die *Hall-Spannung*

$$U_H = A_H \frac{IB}{d} \tag{14-15}$$

mit dem *Hall-Koeffizienten für Elektronenleitung*

$$A_H = -\frac{1}{ne}\,. \tag{14-16}$$

In Halbleitern (16.4) ist neben der Leitung durch Elektronen (N-Leitung) auch Leitung durch sog. Defektelektronen oder Löcher möglich. Bei einem Defektelektron oder Loch handelt es sich um eine durch ein fehlendes Elektron hervorgerufene positive Ladung des betreffenden Gitterions. Diese positive Ladung ist durch Platzwechsel benachbarter Elektronen in das Loch beweglich, verhält sich also wie ein realer, beweglicher positiver Ladungsträger: P-Leitung. Bei reiner P-Leitung (Löcherkonzentration p) kehrt sich das Vorzeichen des *Hall-Koeffizienten für Löcherleitung* (14-16) um:

$$A_\mathrm{H} = \frac{1}{pe} \qquad (14\text{-}17)$$

und damit auch das Vorzeichen der Hall-Spannung. Aus Vorzeichen und Betrag der experimentell gewonnenen Hall-Koeffizienten eines Halbleiters lässt sich daher die Art und die Konzentration der vorhandenen Ladungsträger bestimmen, eine wichtige Messmethode zur Bestimmung von Halbleitereigenschaften.
Bei gemischter Leitung (Elektronen und Löcher) erhält man

$$A_\mathrm{H} = \frac{1}{e(p-n)} \,. \qquad (14\text{-}18)$$

Anmerkung: Die Ausdrücke für den Hall-Koeffizienten (14-16) bis (14-18) gelten korrekt nur bei starkem Magnetfeld $\boldsymbol{B}$ (bzw. $\mu_\mathrm{e}B \gg 1$; μ_e Beweglichkeit, siehe 15.1). Bei schwachen Magnetfeldern $\mu_\mathrm{e}B \ll 1$ muss die Streuung der Ladungsträger an Kristallfehlern berücksichtigt werden, was zu leicht veränderten Formeln für den Hall-Koeffizienten führt.
Bei bekanntem Hall-Koeffizienten A_H, Dicke d des Bandleiters und Stromstärke I kann aus der Messung der Hall-Spannung U_H nach (14-15) die magnetische Flussdichte B bestimmt werden: Prinzip der *Hall-Generatoren* bzw. *Hall-Sonden* zur Ausmessung von Magnetfeldern. Wegen des größeren Hall-Effekts werden Hall-Sonden aus Halbleitern hergestellt: ihre gegenüber Metallen niedrigere Ladungsträgerkonzentration (vgl. 16.4) hat nach (14-16) und (14-17) einen größeren Hall-Koeffizienten zur Folge.

Lenz'sche Regel

Die Bedeutung des negativen Vorzeichens im Induktionsgesetz (14-1) bzw. (14-6) manifestiert sich in der Lenz'schen Regel:

> Induzierte Ströme sind stets so gerichtet, dass der Vorgang, durch den sie erzeugt werden, gehemmt wird.

Beispiele für die Anwendung der Lenz'schen Regel: Wird in der Anordnung Bild 14-2 das Messgerät für die induzierte Spannung durch einen Belastungswiderstand R ersetzt, sodass ein Strom $I = U_\mathrm{i}/R$ fließt (Bild 14-5), so erfährt der mit $\boldsymbol{v}$ bewegte Leiter nach (13-35) eine hemmende Kraft

$$\boldsymbol{F} = I(\boldsymbol{l} \times \boldsymbol{B}) \parallel -\boldsymbol{v} \,, \qquad (14\text{-}19)$$

deren Betrag sich mit (14-3) zu

$$F = IlB = \frac{B^2 l^2}{R} v \qquad (14\text{-}20)$$

ergibt. Es tritt also eine die Bewegung hemmende Kraft auf, die der Geschwindigkeit des Leiters proportional ist.
Wird statt des Leiters ein leitendes Blech durch ein Magnetfeld bewegt (Bild 3-5), so führt die induzierte Spannung zu Strömen, die sich innerhalb des Bleches schließen: *Wirbelströme*. Auch diese erzeugen eine bremsende Kraft (*Wirbelstrombremsung*):

$$\boldsymbol{F}_\mathrm{R} \sim -B^2 \boldsymbol{v} \,. \qquad (14\text{-}21)$$

Die Lenz'sche Regel kann für diese Fälle so formuliert werden: Induzierte Ströme suchen die sie erzeugende Bewegung zu hemmen.
Die Wirbelstrombremsung wird technisch angewandt. Dort, wo der Effekt störend ist, muss die Wirbelstrombildung innerhalb des Leiters durch Einschnitte oder Isolierschichten, die den Stromfluss verhindern, vermieden werden (Demonstrationsbeispiel: Waltenhofen'sches Pendel).
Wirbelströme treten auch auf, wenn der leitende Körper ruht und das Magnetfeld dagegen bewegt wird. Es kommt nur auf die Relativbewegung an. In diesem Falle bewirken die Wirbelströme eine mitnehmende Kraft auf den Leiter, die die Relativgeschwindigkeit zwischen Leiter und Magnetfeld zu verringern

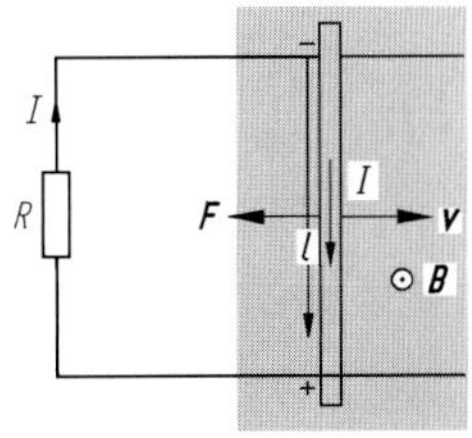

Bild 14-5. Zur Lenz'schen Regel: Hemmende Kraft durch induzierte Ströme bei Bewegung eines Leiters im Magnetfeld

sucht (Demonstrationsbeispiel: Arago-Rad). Anwendung z. B. Wirbelstromtachometer, Drehstrommotor.

Die in einer geschlossenen Leiterschleife oder in einem flächenhaft ausgedehnten Leiter (Blech) durch ein sich zeitlich änderndes Magnetfeld induzierten Ströme bzw. Wirbelströme sind ebenfalls so gerichtet, dass ihr Magnetfeld die Änderung des induzierenden Magnetfeldes zu verringern sucht: Steigt das induzierende Magnetfeld an, so ist das induzierte Magnetfeld entgegengesetzt gerichtet. Sinkt das induzierende Magnetfeld, so ist das induzierte Magnetfeld gleichgerichtet (Bild 14-6).
Für solche Fälle kann die Lenz'sche Regel so formuliert werden: Induzierte Ströme suchen durch ihr Magnetfeld die Änderung des bestehenden Magnetfeldes zu hemmen.
Demonstrationsbeispiel: Versuch von Elihu Thomson (Bild 14-7). Bei Einschalten des Stromes I und damit des von 0 ansteigenden Magnetfeldes $\boldsymbol{B}$ werden in dem Aluminiumring Ströme I_i so induziert, dass ihr Magnetfeld $\boldsymbol{B}_i$ dem ansteigenden Feld $\boldsymbol{B}$ entgegengerichtet ist. Als Folge treten Kräfte $\boldsymbol{F}_i$ auf, die den Ring nach oben beschleunigen.
Der Effekt tritt in entsprechender Weise auch bei Wechselstrom auf, siehe 15.3.2 Transformator.

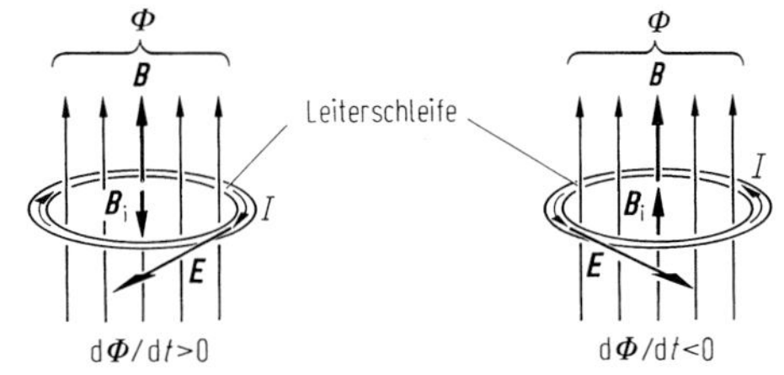

Bild 14-6. Zur Lenz'schen Regel: Feldänderungshemmende Wirkung induzierter Ströme

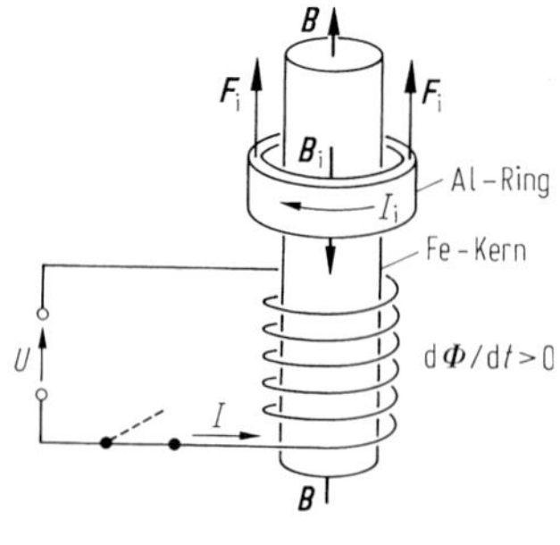

Bild 14-7. Lenz'sche Regel: Versuch von Elihu Thomson

14.2 Selbstinduktion

Ein zeitlich veränderlicher Strom i in einer Leiterschleife oder einer Spule erzeugt ein zeitlich veränderliches Magnetfeld. Nach dem Induktionsgesetz (14-1) bzw. (14-6) hat das veränderliche Magnetfeld auch an der felderzeugenden Schleife oder Spule selbst eine induzierte Spannung u_i zur Folge: Selbstinduktion. Die induzierte Spannung u_i wirkt derart auf den zeitveränderlichen Strom i zurück, dass der ursprünglichen Strom- und Feldänderung entgegengewirkt wird (Lenz'sche Regel, siehe 14.1). Die Spule zeigt daher ein ähnlich träges Verhalten wie die Masse in der Mechanik.
Beispiel: Lange *Zylinderspule* im Vakuum oder in Luft. Aus (13-9) und (13-5) folgt für den magnetischen Fluss in der Spule der Länge l

$$\Phi = \mu_0 \frac{NA}{l} i \,. \tag{14-22}$$

Mit dem Induktionsgesetz (14-1) folgt daraus die durch Selbstinduktion entstehende Spannung in der Spule

$$u_i = -N\frac{\mathrm{d}\Phi}{\mathrm{d}t} = -\mu_0 \frac{N^2 A}{l} \cdot \frac{\mathrm{d}i}{\mathrm{d}t} \,. \tag{14-23}$$

Die Spulenwerte werden zu einer Spuleneigenschaft, der Selbstinduktivität oder kurz Induktivität L, zusammengefasst, womit sich die für beliebige Spulen geltende Beziehung

$$u_i = -L\frac{\mathrm{d}i}{\mathrm{d}t} \tag{14-24}$$

ergibt.
Für eine lange Zylinderspule ergibt sich durch Vergleich von (14-23) und (14-24) die *Induktivität*

$$L = \mu_0 \frac{N^2 A}{l} \,. \tag{14-25}$$

Allgemein beträgt die Induktivität einer Spule mit N Windungen nach (14-23) und (14-24)

$$L = N\frac{\Phi}{I} = \frac{N}{I}\int\limits_A \boldsymbol{B} \cdot \mathrm{d}\boldsymbol{A} \,. \tag{14-26}$$

SI-Einheit: $[L] = \mathrm{V \cdot s/A = Wb/A = H}$ (Henry) .

Umfassen die verschiedenen Windungen einer Spule unterschiedliche Teilflüsse, so ist nach (G 13-5) und

(G 13-6) zu verfahren. Zur Berechnung der Induktivität anderer Spulengeometrien vgl. G 13.3.3.
Das Selbstinduktionsgesetz (14-24) zeigt, dass die induzierte Spannung der Stromänderungsgeschwindigkeit $\mathrm{d}i/\mathrm{d}t$ proportional ist. Wird insbesondere ein Spulenstrom i ausgeschaltet, d. h. ein sehr schneller Stromabfall erzwungen, so kann bei großen Induktivitäten eine sehr hohe Induktionsspannung entstehen, die zu Überschlägen und zur Zerstörung der Spule führen kann. Hier ist durch Einschaltung von Vorwiderständen für ein kleines $\mathrm{d}i/\mathrm{d}t$ zu sorgen. Zu Ein- und Ausschaltvorgängen vgl. G 18.1.

14.3 Energieinhalt des Magnetfeldes

Um das Magnetfeld einer Spule (Bild 14-8) aufzubauen, muss der Spulenstrom i von 0 auf den Endwert I gebracht werden. Der Strom i muss dabei durch eine äußere Spannung u gegen die selbstinduzierte Spannung u_{i} (14-24) getrieben werden (Lenz'sche Regel):

$$u = -u_{\mathrm{i}} = L\frac{\mathrm{d}i}{\mathrm{d}t} . \qquad (14\text{-}27)$$

Die in der Zeit $\mathrm{d}t$ dafür aufzubringende Arbeit $\mathrm{d}W$ beträgt nach (12-66) damit

$$\mathrm{d}W = ui\,\mathrm{d}t = Li\,\mathrm{d}i . \qquad (14\text{-}28)$$

Die Gesamtarbeit W ist nach dem Energiesatz gleich der im Magnetfeld gespeicherten Energie E_{L}. Sie ergibt sich aus (14-28) durch Integration für i von 0 bis I zu

$$E_{\mathrm{L}} = \frac{1}{2}LI^2 , \qquad (14\text{-}29)$$

vgl. G 13.3.4.

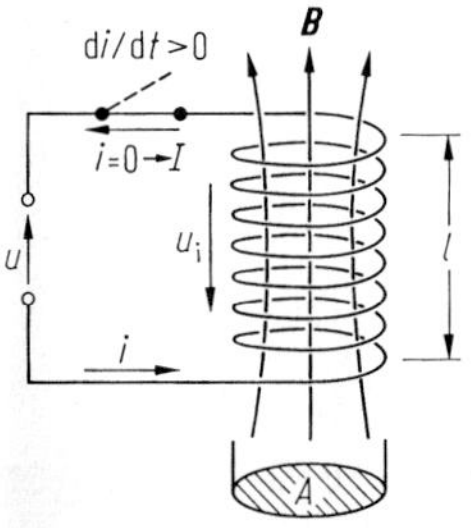

Bild 14-8. Zur Berechnung der magnetischen Feldenergie einer Spule

Bei einer langen Zylinderspule ist das Außenfeld gegenüber dem Feld im Inneren der Spule näherungsweise vernachlässigbar. Für diesen Fall lässt sich die *Energiedichte des magnetischen Feldes* $w_{\mathrm{m}} = E_{\mathrm{L}}/V$ der Spule leicht aus (14-29) und dem Spulenvolumen $V = lA$ mithilfe der Feldstärke (13-5) und der Induktivität (14-25) der Zylinderspule berechnen zu

$$w_{\mathrm{m}} = \frac{1}{2}\mu H^2 = \frac{1}{2}\boldsymbol{B}\cdot\boldsymbol{H} . \qquad (14\text{-}30)$$

Diese Beziehung ist nicht auf das Spulenfeld beschränkt, sondern allgemein für alle magnetischen Felder gültig (vgl. G 13-2).

14.4 Wirkung zeitveränderlicher elektrischer Felder

Ein zeitveränderliches magnetisches Feld $\boldsymbol{B}$ bzw. ein zeitveränderlicher magnetischer Fluss Φ erzeugt eine elektrische Umlaufspannung $U = \oint_C \boldsymbol{E}\cdot\mathrm{d}\boldsymbol{s}$ (Bilder 14-1 und 14-6), die durch das *Induktionsgesetz* oder das *Faraday-Henry-Gesetz* (14-6) bzw. (14-9) beschrieben wird:

$$\oint_C \boldsymbol{E}\cdot\mathrm{d}\boldsymbol{s} = -\frac{\mathrm{d}}{\mathrm{d}t}\int_A \boldsymbol{B}\cdot\mathrm{d}\boldsymbol{A} = -\frac{\mathrm{d}\Phi}{\mathrm{d}t} . \qquad (14\text{-}31)$$

Maxwell erkannte 1864, dass der *Durchflutungssatz* oder das *Ampère'sche Gesetz* (13-1)

$$\oint_C \boldsymbol{H}\cdot\mathrm{d}\boldsymbol{s} = \int_A \boldsymbol{j}\cdot\mathrm{d}\boldsymbol{A} = \Theta = i_{\mathrm{L}} \qquad (14\text{-}32)$$

durch einen Term zu ergänzen ist, der eine Analogie zum Induktionsgesetz darstellt. Damit lautet das *Ampère-Maxwell'sche Gesetz*:

$$\oint_C \boldsymbol{H}\cdot\mathrm{d}\boldsymbol{s} = \int_A \boldsymbol{j}\cdot\mathrm{d}\boldsymbol{A} + \frac{\mathrm{d}}{\mathrm{d}t}\int_A \boldsymbol{D}\cdot\mathrm{d}\boldsymbol{A} . \qquad (14\text{-}33)$$

Der zweite Term der rechten Seite von (14-33) heißt Maxwell'sche Ergänzung. In einem elektrisch nicht leitenden Gebiet, in dem keine freien elektrischen Ladungen und damit kein Leitungsstrom i_{L} vorhanden sind, also die Stromdichte $\boldsymbol{j} = 0$ ist, wird die Analogie zum Induktionsgesetz (14-31) vollständig:

$$\oint_C \boldsymbol{H}\cdot\mathrm{d}\boldsymbol{s} = \frac{\mathrm{d}}{\mathrm{d}t}\int_A \boldsymbol{D}\cdot\mathrm{d}\boldsymbol{A} = \frac{\mathrm{d}\Psi}{\mathrm{d}t} = i_{\mathrm{V}} \quad (\text{für}\quad \boldsymbol{j} = 0) . \qquad (14\text{-}34)$$

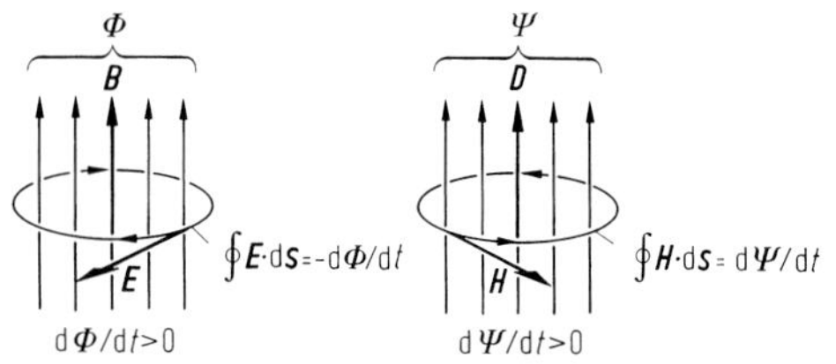

Bild 14-9. Elektrische und magnetische Umlaufspannung bei zeitveränderlichen magnetischen und elektrischen Feldern

Diese Gleichung sagt aus, dass ein zeitveränderliches elektrisches Feld $\boldsymbol{E}$ bzw. ein zeitveränderlicher elektrischer Fluss Ψ eine magnetische Umlaufspannung $\oint \boldsymbol{H} \cdot \mathrm{d}\boldsymbol{s}$ erzeugt (Bild 14-9), sich also genauso wie ein Leitungsstrom $i_\mathrm{L} = \int \boldsymbol{j} \cdot \mathrm{d}\boldsymbol{A}$ verhält, vgl. (14-32). Der zeitliche Differenzialquotient des elektrischen Flusses bzw. der dielektrischen Verschiebung Ψ (siehe 12.2 und 12.9) wird daher Verschiebungsstrom i_V genannt. Zeitveränderliche elektrische und magnetische Felder verhalten sich also ganz entsprechend (Bild 14-9).

Der Ausdruck für die Maxwell'sche Ergänzung lässt sich plausibel machen durch die Betrachtung des Aufladevorganges eines Plattenkondensators (Bild 14-10). Der Ladestrom i bewirkt einen Anstieg der elektrischen Feldstärke $\boldsymbol{E}$ im Kondensator und

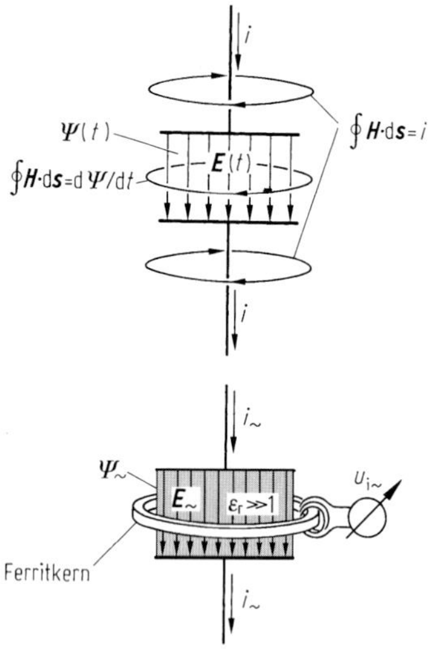

Bild 14-10. Magnetische Umlaufspannung um ein zeitveränderliches Kondensatorfeld und deren experimenteller Nachweis

damit eine zeitliche Änderung $\mathrm{d}\Psi/\mathrm{d}t$ des elektrischen Flusses Ψ. Aus der Definition der Kapazität $C = Q/U$ gemäß (12-75) folgt durch zeitliche Differenziation unter Berücksichtigung der Stromdefinition (12-56)

$$\frac{\mathrm{d}Q}{\mathrm{d}t} = i = C\frac{\mathrm{d}u}{\mathrm{d}t} . \qquad (14\text{-}35)$$

Daraus ergibt sich mit der Feldstärke (12-41) und der Kapazität (12-78) des Plattenkondensators folgender Zusammenhang zwischen Ladestrom i und zeitlicher Änderung des elektrischen Flusses im Kondensator:

$$i = \varepsilon A\frac{\mathrm{d}E}{\mathrm{d}t} = \frac{\mathrm{d}}{\mathrm{d}t}(AD) = \frac{\mathrm{d}\Psi}{\mathrm{d}t} . \qquad (14\text{-}36)$$

i und $\mathrm{d}\Psi/\mathrm{d}t$ sind also korrespondierende Größen. Da $\mathrm{d}\Psi/\mathrm{d}t$ gewissermaßen die Fortsetzung des Ladestroms i innerhalb des Kondensators darstellt (Bild 14-10 oben), ist es aus Kontinuitätsgründen plausibel anzunehmen, dass die nach dem Durchflutungssatz (14-32) um den Ladestrom i bestehende magnetische Umlaufspannung $\oint \boldsymbol{H} \cdot \mathrm{d}\boldsymbol{s}$ sich auch im Bereich des sich zeitlich ändernden elektrischen Flusses im Kondensator fortsetzt, d. h., dass dort

$$\oint\limits_s \boldsymbol{H} \cdot \mathrm{d}\boldsymbol{s} = \frac{\mathrm{d}\Psi}{\mathrm{d}t} \qquad (14\text{-}37)$$

ist, entsprechend der Maxwell'schen Ergänzung (14-34).

Zum experimentellen Nachweis einer magnetischen Umlaufspannung um ein zeitveränderliches Kondensatorfeld lässt man dieses sich zeitlich periodisch ändern, indem als Ladestrom ein Wechselstrom (15.3) verwendet wird. Dann ist auch die entstehende magnetische Umlaufspannung zeitlich periodisch veränderlich. Mithilfe einer das Kondensatorfeld umschließenden Ringspule oder einem Ferritring mit Spule (Bild 14-10 unten) lässt sich dann das mit der magnetischen Umlaufspannung verknüpfte zeitperiodische magnetische Ringfeld durch Induktion nachweisen. Um dabei eine vernünftig messbare Induktionswechselspannung zu erhalten, muss eine möglichst hohe Wechselstromfrequenz verwendet und das Kondensatorfeld durch ein Dielektrikum mit hohem ε_r verstärkt werden.

14.5 Maxwell'sche Gleichungen

Die bisher gefundenen Feldgleichungen (14-9), (14-33), (12-104) und (13-15) stellen das Axiomensystem der phänomenologischen Elektrodynamik in integraler Form dar. Da in diesen vier Gleichungen fünf vektorielle Größen $(\boldsymbol{E}, \boldsymbol{H}, \boldsymbol{D}, \boldsymbol{B}, \boldsymbol{j})$ und eine skalare Größe (q) als Unbekannte auftreten, werden zur Lösbarkeit des Gleichungssystems noch die sogenannten Materialgleichungen (12-99), (13-43) und das Ohm'sche Gesetz (12-67) benötigt. Das Ohm'sche Gesetz lässt sich in den lokalen Größen $\boldsymbol{j}$ und $\boldsymbol{E}$ ausdrücken (siehe 15.1):

$$\boldsymbol{j} = \gamma \boldsymbol{E} \tag{14-38}$$

mit γ elektrische Leitfähigkeit (Konduktivität) (15-5).

Damit erhalten wir das folgende Gleichungssystem der phänomenologischen Elektrodynamik (Maxwell'sche Gleichungen):
Faraday-Henry-Gesetz (*Induktionsgesetz*):

$$\oint_C \boldsymbol{E} \cdot \mathrm{d}\boldsymbol{s} = -\frac{\mathrm{d}}{\mathrm{d}t} \int_A \boldsymbol{B} \cdot \mathrm{d}\boldsymbol{A} = -\frac{\mathrm{d}\Phi}{\mathrm{d}t} . \tag{14-39}$$

Die zeitliche Änderung des magnetischen Flusses durch eine Fläche A erzeugt in der Randkurve C der Fläche eine elektrische Umlaufspannung von gleichem Betrag und entgegengesetztem Vorzeichen.
Ampère-Maxwell'sches Gesetz (*Durchflutungssatz* für $\mathrm{d}\Psi/\mathrm{d}t = 0$):

$$\oint_C \boldsymbol{H} \cdot \mathrm{d}\boldsymbol{s} = \int_A \boldsymbol{j} \cdot \mathrm{d}\boldsymbol{A} + \frac{\mathrm{d}}{\mathrm{d}t} \int_A \boldsymbol{D} \cdot \mathrm{d}\boldsymbol{A}$$

$$= i_\mathrm{L} + \frac{\mathrm{d}\Psi}{\mathrm{d}t} = i_\mathrm{L} + i_\mathrm{V} : \tag{14-40}$$

Der Gesamtstrom aus Leitungsstrom und Verschiebungsstrom (bzw. zeitlicher Änderung des elektrischen Flusses) durch eine Fläche A erzeugt in der Randkurve C der Fläche eine magnetische Umlaufspannung von gleicher Größe.
Zusatzaxiome über die *Quellen der Felder* (Gauß'sche Gesetze), S ist eine beliebige geschlossene Oberfläche:

$$\oint_S \boldsymbol{D} \cdot \mathrm{d}\boldsymbol{A} = Q : \tag{14-41}$$

Die elektrischen Ladungen Q sind Quellen der elektrischen Flussdichte $\boldsymbol{D}$.

$$\oint_S \boldsymbol{B} \cdot \mathrm{d}\boldsymbol{A} = 0 : \tag{14-42}$$

Es gibt keine magnetischen Ladungen (magnetische Monopole) als Quellen der magnetischen Flussdichte $\boldsymbol{B}$ (und damit auch keinen dem elektrischen Leitungsstrom entsprechenden magnetischen Strom in (14-39)).
Materialgleichungen:

$$\boldsymbol{D} = \varepsilon_\mathrm{r}\varepsilon_0 \boldsymbol{E} , \tag{14-43}$$

$$\boldsymbol{B} = \mu_\mathrm{r}\mu_0 \boldsymbol{H} , \tag{14-44}$$

$$\boldsymbol{j} = \gamma \boldsymbol{E} . \tag{14-45}$$

Die Materialgleichungen beschreiben den Einfluss von Stoffen auf das elektrische bzw. das magnetische Feld sowie auf den Stromfluss im elektrischen Feld. Die Verknüpfung zwischen den elektrischen und magnetischen Feldgrößen und der Kraft auf elektrische Ladungen Q wird nach (12-5) geleistet durch die *Lorentz-Kraft*:

$$\boldsymbol{F} = Q(\boldsymbol{E} + \boldsymbol{v} \times \boldsymbol{B}) . \tag{14-46}$$

Mit diesem Gleichungssystem lassen sich die makroskopischen Eigenschaften von elektrischen Ladungen und elektrischen und magnetischen Feldern in voller Übereinstimmung mit der experimentellen Erfahrung beschreiben. Insbesondere aus der Verknüpfung der beiden Phänomene, die durch die Maxwell'schen Gleichungen (14-39) und (14-42) für $\boldsymbol{j} = 0$ beschrieben werden, hatte Maxwell bereits erkannt, dass elektromagnetische Wellen möglich sind (siehe 14-19).
Anmerkung: Für die Lösung mancher Probleme der Elektrodynamik ist die integrale Form der Maxwell'schen Gleichungen und der Zusatzaxiome (14-39) bis (14-42) weniger geeignet als die differenzielle Form, die in G 14.1 behandelt ist.

15 Elektrische Stromkreise

Die Zusammenschaltung von elektrischen Stromquellen und Verbrauchern (z. B. Widerstände, Kondensatoren, Spulen, Gleichrichter, Transistoren) wird als Stromkreis bezeichnet. In einem geschlossenen Stromkreis ist ein Stromfluss möglich, in einem offenen Stromkreis ist der Stromfluss, z. B. durch einen nicht geschlossenen Schalter, unterbrochen. Stromkreise können mithilfe des Ohm'schen Gesetzes und der Kirchhoff'schen Gesetze berechnet werden, vgl. auch Kap. G Elektrotechnik.

15.1 Ohm'sches Gesetz

Für elektrische Leiter gilt in den meisten Fällen in mehr oder weniger großen Bereichen der elektrischen Feldstärke $\boldsymbol{E}$ und bei konstanter Temperatur T als Erfahrungsgesetz eine lineare Beziehung zwischen Strom i und Spannung u (Ohm, 1825), das *Ohm'sche Gesetz*:

$$i = Gu \quad \text{bzw.} \quad u = Ri\,, \qquad (15\text{-}1)$$

vgl. (12-67). *Elektrischer Leitwert G* und *elektrischer Widerstand R* sind definitionsgemäß einander reziprok:

$$G = \frac{1}{R}\,. \qquad (15\text{-}2)$$

$$\text{SI Einheiten: } [G] = \text{A/V} = \text{S (Siemens)}\,,$$
$$[R] = \text{V/A} = \Omega\ \text{(Ohm)}\,.$$

Für ein homogenes zylindrisches Leiterstück der Länge l und vom Querschnitt A (Bild 15-1) gilt der aus $u = El$ sowie aus der Stromdefinition (12-56) plausible Zusammenhang

$$i = \frac{A}{\varrho l}u\,, \qquad (15\text{-}3)$$

aus dem sich durch Vergleich mit (15-1) für den elektrischen Widerstand des Leiterstücks ergibt:

$$R = \frac{\varrho l}{A}\,. \qquad (15\text{-}4)$$

Der *spezifische Widerstand* (Resistivität) ϱ ist eine Materialeigenschaft (Tabelle 15-1), die ebenso gut

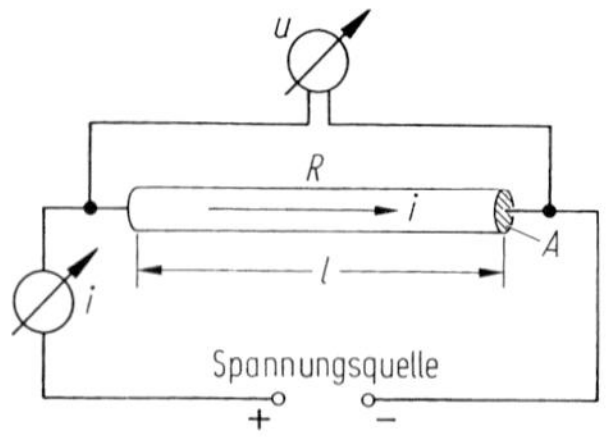

Bild 15-1. Zum Ohm'schen Gesetz: Widerstand eines zylindrischen Leiterstücks

Tabelle 15-1. Spezifischer Widerstand ϱ_{20} und Temperaturkoeffizient α_{20} von Leitermaterialien bei 20 °C

Leitermaterial	ϱ_{20} nΩ · m[a]	α_{20} 10^{-3}/K
Aluminium[b]	28,264	4,03
Blei	208	4,2
Eisen	100	6,1
Gold	22	3,9
Kupfer[b]	17,241	3,93
Nickel	87	6,5
Platin	107	3,9
Silber	16	3,8
Wismut	1170	4,5
Wolfram	55	4,5
Zink	61	4,1
Zinn	110	4,6
Graphit	8000	−0,2
Kohle (Bürsten-)	40 000	
Quecksilber	960	0,99
Chromnickel (80Ni, 20Cr)	1120	0,2
Konstantan	500	0,03
Manganin	430	0,02
Neusilber	300	0,4
Resistin	510	0,008

(vgl. auch Tabellen D 9-10 und G 1-1)
[a] 1 nΩ · m = 1 Ω · mm²/km
[b] Normwerte der Elektrotechnik (IEC)

durch ihren Kehrwert, die *elektrische Leitfähigkeit* γ, beschrieben werden kann:

$$\varrho = R\frac{A}{l} \equiv \frac{1}{\gamma}\,. \qquad (15\text{-}5)$$

$$\text{SI-Einheiten: } [\varrho] = \Omega \cdot \text{m}\,,$$
$$[\gamma] = \text{S/m}\,.$$

Führt man R aus (15-4) in (15-1) ein, so folgt mit $u = El$ und $i = jA$ das in Feldgrößen ausgedrückte *Ohm'sche Gesetz* (14-38), vektoriell geschrieben:

$$\boldsymbol{j} = \gamma \boldsymbol{E}\,. \qquad (15\text{-}6)$$

Bei Annahme von Elektronen als Ladungsträger des elektrischen Stromes lautet der Zusammenhang zwischen Stromdichte j und Driftgeschwindigkeit $\boldsymbol{v}_{\text{dr}}$ nach (12-61)

$$\boldsymbol{j} = -ne\boldsymbol{v}_{\text{dr}}\,. \qquad (15\text{-}7)$$

Für die Driftgeschwindigkeit folgt damit

$$\boldsymbol{v}_{\mathrm{dr}} = -\frac{\gamma}{ne}\boldsymbol{E} = -\mu_{\mathrm{e}}\boldsymbol{E} \qquad (15\text{-}8)$$

mit der *Beweglichkeit des Elektrons*

$$\mu_{\mathrm{e}} = \frac{|\boldsymbol{v}_{\mathrm{dr}}|}{E}\,, \qquad (15\text{-}9)$$

$$\text{SI-Einheit: } [\mu_{\mathrm{e}}] = \mathrm{m}^2/(\mathrm{V}\cdot\mathrm{s})\,.$$

Die Beweglichkeit gibt die auf die Feldstärke bezogene Driftgeschwindigkeit der Elektronen an. Für die Beweglichkeit der Leitungselektronen gilt

$$\mu_{\mathrm{e}} = \frac{\gamma}{ne} \quad \text{und} \quad \gamma = ne\mu_{\mathrm{e}}\,. \qquad (15\text{-}10)$$

Beispiel: Für Kupfer ist $\mu_{\mathrm{e}} \approx 4{,}3\cdot 10^{-3}\mathrm{m}^2/\mathrm{Vs}$, d. h., bei einer Feldstärke von 1 V/m beträgt die Driftgeschwindigkeit 4,3 mm/s (siehe auch 12.6).

Ursache für die Bewegung der Ladungsträger ist die elektrische Kraft $\boldsymbol{F} = -e\boldsymbol{E}$ (12-4). Gleichung (15-8) bedeutet demnach, dass die Kraft geschwindigkeitsproportional ist ($\boldsymbol{v}_{\mathrm{dr}} \sim F$), ein für Reibungskräfte typisches Verhalten (siehe 3.2.3). In Leitern wird dieses Reibungsverhalten durch unelastische Stöße mit Gitterstörungen verursacht (siehe 16.2), bei denen die Leitungselektronen die im elektrischen Feld aufgenommene Beschleunigungsenergie immer wieder per Stoß an das Kristallgitter abgeben und dieses damit aufheizen: *Joule'sche Wärme*. Nach dem Energiesatz ist die Joule'sche Wärme gleich der vom elektrischen Feld geleisteten Beschleunigungsarbeit (12-65), woraus sich mit dem Ohm'schen Gesetz (15-1) für die elektrische Arbeit zur Erzeugung Joule'scher Wärme im Widerstand ergibt:

$$\mathrm{d}W = ui\,\mathrm{d}t = \frac{u^2}{R}\mathrm{d}t = i^2R\,\mathrm{d}t\,. \qquad (15\text{-}11)$$

Für konstante Spannungen U und Ströme I folgt daraus

$$W = UIt = \frac{U^2}{R}t = I^2Rt\,.$$

Mit steigender Temperatur wird auch die Zahl der Gitterstörungen größer, an denen die Elektronen gestreut werden (unelastische Stöße erleiden). Daher ist es verständlich, dass der elektrische Widerstand temperaturabhängig ist (Näheres in 16.2). In den meisten Fällen sind lineare Ansätze für die Temperaturabhängigkeit des Widerstandes ausreichend:

$$R = R_0[1 + \alpha_0\vartheta] \text{ bzw. } R = R_{20}[1 + \alpha_{20}(\vartheta - 20\,^\circ\mathrm{C})]\,. \qquad (15\text{-}12)$$

Hierin ist ϑ die Celsius-Temperatur, α_0 bzw. α_{20} der Temperaturkoeffizient des Widerstandes (Tabelle 15-1) und R_0 bzw. R_{20} der Widerstandswert bei 0 bzw. 20 °C.

15.2 Gleichstromkreise, Kirchhoff'sche Sätze

Die Aufrechterhaltung eines elektrischen Stromes in einem Leiter erfordert eine Energiezufuhr durch eine *Spannungsquelle* (Bild 15-1). Die Spannungsquelle enthält die von ihr gelieferte elektrische Energie in Form chemischer Energie (Batterie, Akkumulator, Brennstoffzelle), oder sie wird ihr in Form von Strahlungsenergie (Fotozellen, Solarzellen) oder mechanischer Energie (magnetodynamische oder elektrostatische Generatoren) zugeführt.

Wir betrachten zunächst einen geschlossenen Stromkreis wie in Bild 15-2, auch *Masche* genannt. Bei stationären, d. h. zeitlich konstanten Verhältnissen, bei denen die Potenziale in den verschiedenen Punkten des Stromkreises sich nicht ändern, folgt aus (12-35), dass die elektrische Umlaufspannung null ist. Legt man einen Umlaufsinn beliebig fest, und gibt man den Teilspannungen in der Masche dann ein positives Vorzeichen, wenn sie von + nach − durchlaufen werden (anderenfalls ein negatives Vorzeichen), so gilt z. B. für die Masche in Bild 15-2:

$$-U_0 + IR_{\mathrm{i}} + IR = 0\,. \qquad (15\text{-}13)$$

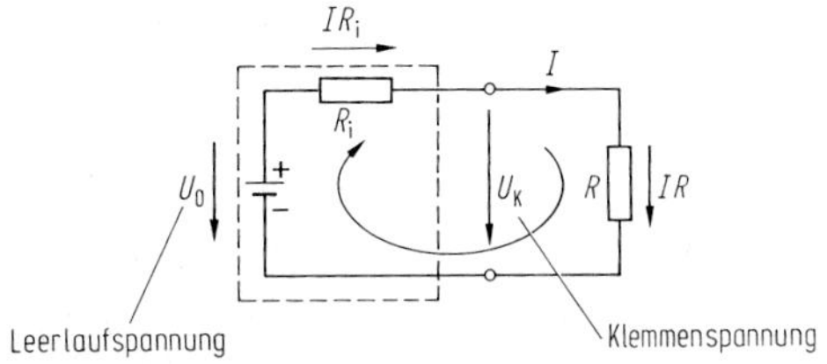

Bild 15-2. Zum 2. Kirchhoff'schen Satz: Stromkreis (Masche) aus Spannungsquelle U_0 mit Innenwiderstand R_{i} und Verbraucherwiderstand R

Im allgemeinen Fall von m Spannungsquellen und n Widerständen in einer einfachen Masche gilt sinngemäß der *2. Kirchhoff'sche Satz* (Maschenregel):

$$\sum_{i=1}^{m} u_{0i} + \sum_{j=1}^{n} iR_j = 0 \,. \qquad (15\text{-}14)$$

Im Falle der Masche Bild 15-2 ist der Spannungsabfall am Widerstand R nach dem Ohm'schen Gesetz (15-1) gegeben durch $U_\mathrm{K} = IR$. Spannungsquellen haben i. Allg. einen nicht vernachlässigbaren inneren Widerstand R_i. Die von der Spannungsquelle gelieferte sog. Leerlaufspannung U_0 kann daher nur dann an den Anschlussklemmen gemessen werden, wenn der Strom $I = 0$ ist, d. h. kein Verbraucherwiderstand R angeschlossen ist (bzw. $R \to \infty$). Anderenfalls tritt an den Anschlussklemmen die sog. Klemmenspannung U_K auf, für die sich nach (15-13) ergibt:

$$U_\mathrm{K} = U_0 - IR_\mathrm{i} \,. \qquad (15\text{-}15)$$

Die Klemmenspannung ist daher bei Belastung der Quelle ($I \neq 0$) stets kleiner als die Leerlaufspannung. Die Spannungsquelle kann für $R = 0$ ($U_\mathrm{K} = 0$) den maximalen sog. Kurzschlussstrom

$$I_\mathrm{k} = \frac{U_0}{R_\mathrm{i}} \qquad (15\text{-}16)$$

liefern. Sowohl für $R = 0$ als auch für $R = \infty$ ist die im Verbraucher umgesetzte Leistung null. Die maximale Leistung im Verbraucher erhält man für $R = R_\mathrm{i}$, sog. Leistungsanpassung.

Bei komplizierteren Netzwerken mit Stromverzweigungen lassen sich stets so viele Maschen definieren, dass jeder Zweig des Netzes in mindestens einer Masche enthalten ist. Aus (15-14) erhält man dann entsprechend viele Maschengleichungen für die Spannungen.

Bei Stromverzweigungen wird jedoch noch eine zusätzliche Bedingung benötigt, die sich aus der Kontinuitätsgleichung für die elektrische Ladung (12-64) ergibt. Bei stationären Verhältnissen ist die innerhalb einer geschlossenen Oberfläche S befindliche elektrische Ladung Q konstant, d. h., $\mathrm{d}Q/\mathrm{d}t = 0$, und damit

$$\oint_S \boldsymbol{j} \cdot \mathrm{d}\boldsymbol{A} = 0 \,. \qquad (15\text{-}17)$$

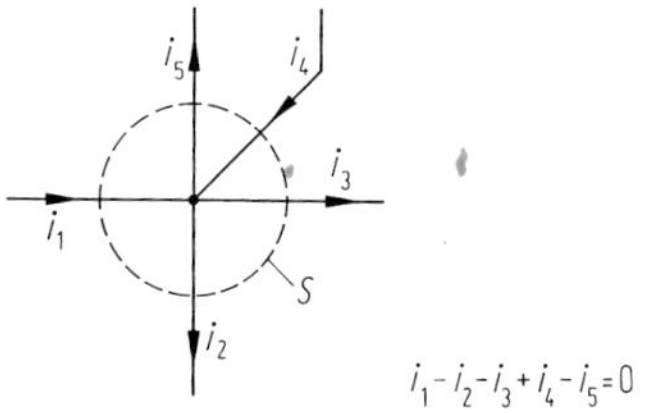

Bild 15-3. Zum 1. Kirchhoff'schen Satz: Stromverzweigung (Knoten)

Umschließt die Oberfläche S einen Stromverzweigungspunkt, auch *Knotenpunkt* genannt, von n Zweigen (Bild 15-3), so folgt daraus der *1. Kirchhoff'sche Satz* (Knotenregel):

$$\sum_{z=1}^{n} i_z = 0 \,, \qquad (15\text{-}18)$$

d. h., in einem Verzweigungspunkt oder Knoten ist die Summe der zufließend gerechneten Ströme gleich null. Ströme mit abfließender Bezugsrichtung müssen in (15-18) mit negativem Vorzeichen eingesetzt werden, vgl. Bild 15-3.

Allgemein ist zu beachten:

Man unterscheidet bei Netzwerkuntersuchungen den (willkürlichen) *Bezugssinn* von Strömen und Spannungen, der erforderlich ist, um die Beziehungen sinnvoll formulieren zu können und den (physikalischen) *Richtungssinn*, der sich aus Rechnung (und/oder Messung) ergibt und sich im Vorzeichen vom Bezugssinn unterscheiden kann.

Mit den beiden Kirchhoff'schen Sätzen lassen sich auch Parallel- und Reihenschaltungen von Widerständen oder kompliziertere Netzwerke berechnen, vgl. G 3.1.

15.3 Wechselstromkreise

Wechselstromgeneratoren erzeugen nach (14-11) Induktionsspannungen

$$u = \hat{u} \sin(\omega t + \alpha) \qquad (15\text{-}19)$$

mit dem Spitzenwert $\hat{u}$, deren Vorzeichen zeitlich periodisch wechselt: *Wechselspannung*. Der Nullphasenwinkel α hängt von der Wahl des Zeitnullpunktes ab. Ein an einen solchen Generator angeschlossener Verbraucher wird dann von einem ebenfalls zeitperiodischen *Wechselstrom* durchflossen, der die gleiche *Kreisfrequenz* ω, aber – je nach Verbraucher (vgl.

15.3.3) – meist einen anderen Wert des Nullphasenwinkels hat:

$$i = \hat{\imath}\sin(\omega t + \beta)\ . \qquad (15\text{-}20)$$

Zwischen den entsprechenden Phasen von u und i herrscht die *Phasenverschiebung*

$$\beta - \alpha = \varphi\ . \qquad (15\text{-}21)$$

Obwohl Wechselströme zeitlich veränderliche Größen sind, lassen sich Gleichstrombeziehungen, wie die für die elektrische Arbeit oder die Kirchhoff'schen Sätze, auch auf Wechselstromkreise anwenden, wenn sie auf differenziell kleine Zeiten $\mathrm{d}t$ beschränkt werden, in denen sich Spannungen und Ströme nicht wesentlich ändern, d. h., wenn sie auf die Momentanwerte von Spannungen und Strömen bezogen werden.

15.3.1 Wechselstromarbeit

Phasenverschiebungen φ zwischen Strom und Spannung (Bild 15-4) treten vor allem dann auf, wenn neben Ohm'schen Widerständen auch Induktivitäten (Spulen) und Kapazitäten (Kondensatoren) im Wechselstromkreis vorhanden sind. Zur Vereinfachung wird durch geeignete Wahl des Zeitnullpunktes $\alpha = 0$ und gemäß (15-21) $\beta = \varphi$ gesetzt:

$$u = \hat{u}\sin\omega t\ , \quad i = \hat{\imath}\sin(\omega t + \varphi)\ . \qquad (15\text{-}22)$$

Die Arbeit $\mathrm{d}W$ in der Zeit $\mathrm{d}t$ beträgt nach (15-11)

$$\mathrm{d}W = ui\,\mathrm{d}t\ , \qquad (15\text{-}23)$$

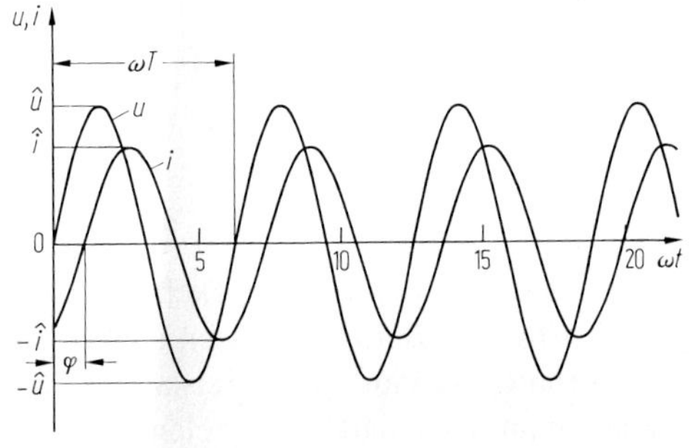

Bild 15-4. Spannungs- und phasenverschobener Stromverlauf in einem Wechselstromkreis

worin u und i die Momentanwerte nach (15-22) sind. Die Stromarbeit während einer endlichen Zeit, z. B. einer Periodendauer $T = 2\pi/\omega = 1/\nu$, ergibt sich daraus durch Integration

$$W = \int_0^T \hat{u}\sin\omega t\,\hat{\imath}\sin(\omega t + \varphi)\,\mathrm{d}t\ . \qquad (15\text{-}24)$$

Nach Umformung des Integranden mittels der Produktenregel trigonometrischer Funktionen lässt sich das Integral lösen:

$$W = \frac{1}{2}\hat{u}\,\hat{\imath}\,T\cos\varphi\ . \qquad (15\text{-}25)$$

Für $t \neq nT$ $(n = 1, 2, \ldots)$ gilt (15-25) nicht exakt, da dann über eine Periode nur unvollständig integriert wird. Für $t \gg T$ ist dieser Fehler jedoch zu vernachlässigen, und es gilt

$$W = \frac{1}{2}\hat{u}\,\hat{\imath}\,t\cos\varphi\ . \qquad (15\text{-}26)$$

Anstelle der Spitzenwerte $\hat{u}$ und $\hat{\imath}$ werden üblicherweise die *Effektivwerte* U (oder U_{eff}) und I (oder I_{eff}) verwendet. Diese sind als quadratische Mittelwerte

$$U = \sqrt{\frac{1}{T}\int_0^T u^2\,\mathrm{d}t}\ ,$$

$$I = \sqrt{\frac{1}{T}\int_0^T i^2\,\mathrm{d}t} \qquad (15\text{-}27)$$

definiert und ergeben im zeitlichen Mittel dieselbe Arbeit wie Gleichspannungen und -ströme gleichen Betrages. Für harmonisch zeitveränderliche u bzw. i ergeben sich aus (15-22) und (15-27) die Effektivwerte

$$U = \frac{\hat{u}}{\sqrt{2}} \quad \text{und} \quad I = \frac{\hat{\imath}}{\sqrt{2}}\ . \qquad (15\text{-}28)$$

Damit folgt aus (15-26) für die Arbeit im Wechselstromkreis

$$W = UIt\cos\varphi\ , \qquad (15\text{-}29)$$

d. h. formal dasselbe Ergebnis wie bei der Gleichstromarbeit (15-11), wenn $\varphi = 0$ ist, was bei

Ohm'schen Verbrauchern der Fall ist (15.3.3). Entsprechend gilt für die *Leistung im Wechselstromkreis*, die *Wirkleistung*

$$P = UI\cos\varphi\,. \qquad (15\text{-}30)$$

Wegen der weiteren Begriffe *Blindleistung* und *Scheinleistung* siehe G 5.2.1.

15.3.2 Transformator

Zwei oder mehr induktiv, z. B. über einen Eisenkern, gekoppelte Spulen stellen einen *Transformator* dar, mit dessen Hilfe Wechselspannungen und -ströme induktiv auf andere Spannungs- und Stromwerte übersetzt werden können (Bild 15-5).
Hier wird nur der *ideale Transformator* behandelt (zum verlustbehafteten Transformator siehe G 6). Der ideale Transformator ist gekennzeichnet durch Verlustfreiheit, Streuungsfreiheit und ideale magnetische Eigenschaften:

- Keine Stromwärmeverluste in den Spulenwicklungen, da deren elektrischer Widerstand verschwindet.
- Keine Ummagnetisierungsverluste, da keine Hysterese vorhanden ist (Zweige der Hystereseschleifen, vgl. Bild 13-23a, fallen zusammen).
- Keine Wirbelstromverluste, da die Leitfähigkeit des Kernmaterials verschwindet (bei Eisen angenähert durch Lamellierung und Isolierung).
- Die Spulen sind magnetisch fest gekoppelt, d. h. der von einer Spule erzeugte magnetische Fluss geht vollständig durch die andere (kein Streufluss).
- Bei sekundärem Leerlauf ($i_2 = 0$) ist der Eingangsstrom i_1 null, da die Permeabilität des Kernmaterials unendlich ist.
- Die Beziehung $\Phi(i)$ ist (im betrachteten Betriebsbereich) linear, d. h. insbesondere, es tritt keine Sättigung der magnetischen Polarisation auf.

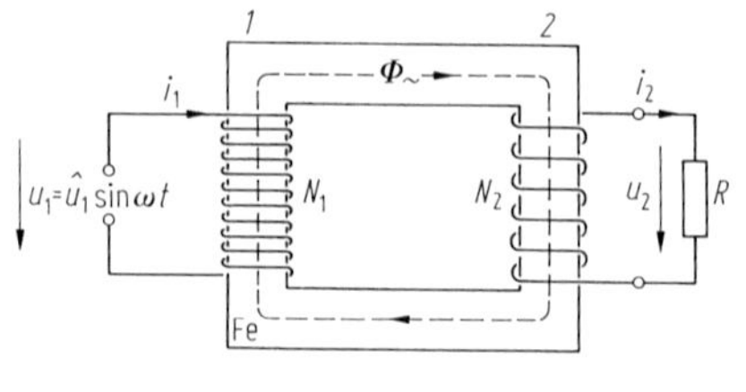

Bild 15-5. Prinzipaufbau eines Transformators

Wird an die Wicklung 1 eine Wechselspannung $u_1 = \hat{u}_1 \sin\omega t$ angelegt (Bild 15-5), so fließt ein Wechselstrom i_1, der im Eisenkern einen magnetischen Wechselfluss $\Phi_\sim$ erzeugt. Nach dem 2. Kirchhoff'schen Satz (15-14) gilt für u_1 und für die durch den Wechselfluss $\Phi_\sim$ in der Wicklung 1 (Windungszahl N_1) induzierte Spannung u_i

$$u_1 + u_\mathrm{i} = 0\,. \qquad (15\text{-}31)$$

Mit dem Induktionsgesetz (14-1) folgt daraus:

$$u_1 = N_1 \frac{\mathrm{d}\Phi_\sim}{\mathrm{d}t}\,. \qquad (15\text{-}32)$$

Da derselbe magnetische Wechselfluss $\Phi_\sim$ auch die Wicklung 2 (Windungszahl N_2) durchsetzt, wird dort eine Induktionsspannung u_2 erzeugt:

$$u_2 = (-)N_2 \frac{\mathrm{d}\Phi_\sim}{\mathrm{d}t}\,. \qquad (15\text{-}33)$$

Da das Vorzeichen von u_2 auch vom Wicklungssinn abhängt, lassen wir es im Weiteren fort. Aus (15-32) und (15-33) folgt

$$\frac{u_1}{u_2} = \frac{U_1}{U_2} = \frac{N_1}{N_2} = n\,. \qquad (15\text{-}34)$$

n ist das *Windungszahlverhältnis*. Die Spannungen transformieren sich also entsprechend dem Windungszahlverhältnis.
Anwendungen: Spannungswandlung, z. B. Hochspannungserzeugung für die Fernübertragung elektrischer Energie (Minimierung der Leitungsverluste), Niederspannungserzeugung für elektronische Anwendungen u. ä.
Ist an die Sekundärwicklung ein Verbraucher angeschlossen, sodass ein Strom i_2 (Effektivwert I_2) fließt, so gilt beim idealen Transformator für die primär- und sekundärseitige Leistung

$$P_1 = U_1 I_1 = P_2 = U_2 I_2 \qquad (15\text{-}35)$$

und damit für das Verhältnis der Ströme

$$\frac{I_2}{I_1} = \frac{U_1}{U_2} = n\,. \qquad (15\text{-}36)$$

Ströme transformieren sich umgekehrt zum Windungszahlverhältnis. Bei $n \gg 1$ lassen sich daher bei mäßigen Stromstärken im Primärkreis u. U. sehr hohe Stromstärken im Sekundärkreis erzielen.
Anwendungen: Schweißtransformator, Induktions-Schmelzofen u. a.

Auch die Anordnung Bild 14-7 stellt einen Transformator dar, allerdings mit einem großen Streufluss, da der Eisenkern nicht geschlossen ist. Der Ring kann als Sekundärwicklung mit einer einzigen, kurzgeschlossenen Windung aufgefasst werden. Wird an die Primärwicklung eine Wechselspannung angeschlossen, so wird der Ring als Folge der Lenz'schen Regel wie beim Einschalten einer Gleichspannung nach oben beschleunigt, bzw. je nach Stärke des Primärstromes gegen die Schwerkraft in der Schwebe gehalten. Wird statt des Ringes über dem Eisenkern eine metallische Platte (nicht ferromagnetisch) angebracht, so werden auch darin Kurzschlussströme (Wirbelströme!) induziert, die ebenfalls abstoßende Kräfte bewirken: Prinzip der Magnet(schwebe)bahn.

15.3.3 Scheinwiderstand von R, L und C

Neben dem Spannungsabfall an einem nach (15-4) zu berechnenden Ohm'schen Widerstand, der seine Ursache im Leitungsmechanismus des Leitermaterials hat (16.2), treten in Wechselstromkreisen auch Spannungsabfälle an Spulen (Induktivitäten L) und Kondensatoren (Kapazitäten C) auf. Induktivitäten und Kapazitäten stellen damit ähnlich wie der Ohm'sche Widerstand sog. Scheinwiderstände Z dar, die entsprechend dem Ohm'schen Gesetz (15-1) und mit (15-28) aus

$$Z = \frac{\hat{u}}{\hat{\imath}} = \frac{U}{I} \qquad (15\text{-}37)$$

zu berechnen sind. Ferner gilt in einem Wechselstromkreis nach Bild 15-6 der 2. Kirchhoff'sche Satz (15-14) in der Form

$$u - u_Z = 0 \quad \text{bzw.} \quad u_Z = u = \hat{u}\,\sin \omega t \qquad (15\text{-}38)$$

für die Momentanwerte der Spannung.

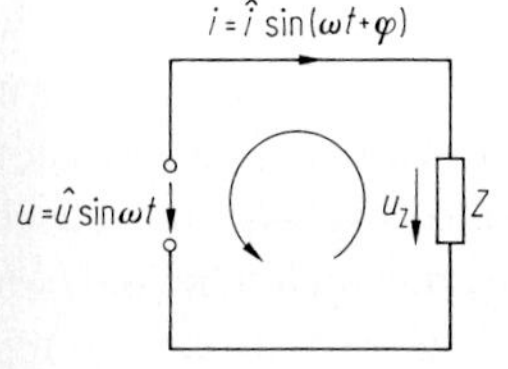

Bild 15-6. Scheinwiderstand in einem einfachen Wechselstromkreis

Ohm'scher Widerstand im Wechselstromkreis

Aus dem Ohm'schen Gesetz (15-1) folgt mit (15-38) für den Strom im Ohm'schen Widerstand (Bild 15-7a)

$$i = \frac{u}{R} = \frac{\hat{u}}{R}\sin \omega t = \hat{\imath}\sin \omega t \quad \text{mit} \quad \hat{\imath} = \frac{\hat{u}}{R} \qquad (15\text{-}39)$$

und damit aus (15-37) der Scheinwiderstand des Ohm'schen Widerstandes

$$Z_{\mathrm{R}} = R\,, \qquad (15\text{-}40)$$

der mit seinem Gleichstromwiderstand identisch und frequenzunabhängig ist. Aus (15-38) und (15-39) folgt ferner, dass zwischen Spannung und Strom die Phasenverschiebung (15-21) $\varphi = \varphi_{\mathrm{R}} = 0$ ist (Bild 15-7a). Damit folgt aus (15-30) die Wirkleistung im Ohm'schen Widerstand

$$P = UI\,. \qquad (15\text{-}41)$$

Der Ohm'sche Widerstand ist ein sog. Wirkwiderstand (oder Resistanz). Das Umgekehrte gilt nicht: Es gibt (nichtlineare) Wirkwiderstände, die nicht Ohm'sch sind.

Induktivität im Wechselstromkreis

Bei einer Spule mit der Induktivität L und vernachlässigbarem Ohm'schem Widerstand im Wechselstrom-

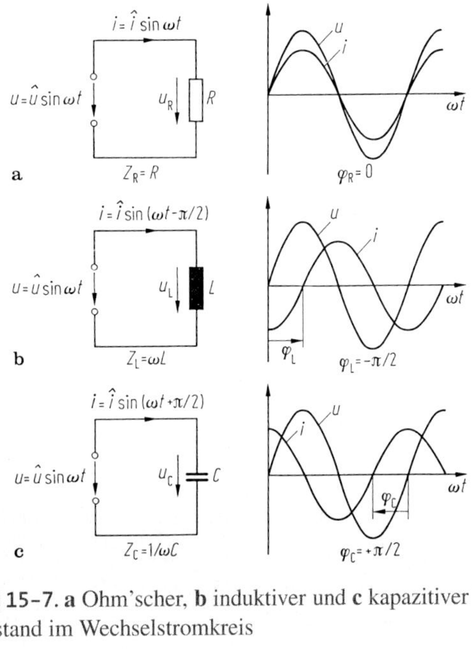

Bild 15-7. **a** Ohm'scher, **b** induktiver und **c** kapazitiver Widerstand im Wechselstromkreis

kreis (Bild 15-7b) muss die angelegte Spannung $u = u_L$ die nach der Lenz'schen Regel induzierte Gegenspannung u_i überwinden. Aus (15-38) ergibt sich mit der Selbstinduktion nach (14-24)

$$u = \hat{u} \sin \omega t = u_L = -u_i = L \frac{di}{dt} . \quad (15\text{-}42)$$

Durch Integration folgt daraus für den Strom

$$i = \frac{\hat{u}}{\omega L} \sin\left(\omega t - \frac{\pi}{2}\right) = \hat{i} \sin\left(\omega t - \frac{\pi}{2}\right)$$

$$\text{mit} \quad \hat{i} = \frac{\hat{u}}{\omega L} \quad (15\text{-}43)$$

und mit (15-37) für den *Scheinwiderstand einer Induktivität*

$$Z_L = \omega L . \quad (15\text{-}44)$$

Z_L steigt mit der Frequenz des Wechselstroms linear an. Der Strom i hat nach (15-43) bei der Induktivität eine Phasennacheilung, d. h. eine Phasenverschiebung von

$$\varphi_L = -\frac{\pi}{2} \quad (15\text{-}45)$$

gegenüber der Spannung u (Bild 15-7b). Im Lauf einer Periode T ist daher das Produkt ui genauso lange positiv wie negativ und verschwindet im zeitlichen Mittel. Deshalb ist für eine Induktivität die Wirkleistung nach (15-30) mit (15-45) null. Aus diesem Grunde zählt Z_L zu den sog. Blindwiderständen (Reaktanzen).

Kapazität im Wechselstromkreis

Bei einem Kondensator der Kapazität C im Wechselstromkreis (Bild 15-7c) lädt der infolge der angelegten Spannung u fließende Strom i den Kondensator gemäß (12-75) und (12-56) auf die Spannung

$$u = \hat{u} \sin \omega t = u_C = \frac{q}{C} = \frac{1}{C} \int i \, dt \quad (15\text{-}46)$$

auf. Die Differenziation nach der Zeit liefert für den Strom

$$i = \omega C \hat{u} \sin\left(\omega t + \frac{\pi}{2}\right) = \hat{i} \sin\left(\omega t + \frac{\pi}{2}\right)$$

$$\text{mit} \quad \hat{i} = \omega C \hat{u} \quad (15\text{-}47)$$

und daraus mit (15-37) für den *Scheinwiderstand einer Kapazität*

$$Z_C = \frac{1}{\omega C} . \quad (15\text{-}48)$$

Z_C ändert sich umgekehrt proportional mit der Frequenz. Der Strom i hat nach (15-47) eine Phasenvoreilung von

$$\varphi_C = \frac{\pi}{2} \quad (15\text{-}49)$$

gegenüber der Spannung u (Bild 15-7c). Auch für die Kapazität ist daher die Wirkleistung zeitlich gemittelt nach (15-30) null und Z_C stellt einen *Blindwiderstand* (Reaktanz) dar.

15.4 Elektromagnetische Schwingungen

In Zusammenschaltungen von Induktivitäten, Kapazitäten und Ohm'schen Widerständen können freie und erzwungene elektromagnetische Schwingungen angeregt werden. Die zugehörigen Differenzialgleichungen können aus den Kirchhoff'schen Sätzen gewonnen werden und entsprechen denjenigen der mechanischen Schwingungssysteme (5.3, 5.4). Die Lösungen werden daher aus 5.3 und 5.4 übernommen, wobei lediglich die Variablen und Konstanten entsprechend umbenannt werden. Auf die zur Beschreibung derartiger Kombinationen von Schaltelementen ebenfalls sehr geeignete komplexe Schreibweise bzw. Zeigerdarstellung wird an dieser Stelle unter Hinweis auf Kap. G verzichtet.

15.4.1 Freie, gedämpfte elektromagnetische Schwingungen

Lässt man einen zuvor auf die Spannung U_0 aufgeladenen Kondensator der Kapazität C sich über eine Spule der Induktivität L und einen Ohm'schen Widerstand R entladen (Reihenschaltung von R,L und C, Bild 15-8), so wird durch den über L fließenden Entladungsstrom i während des Zerfalls des elektrischen Feldes des Kondensators ein Magnetfeld in der Spule aufgebaut. Nach Absinken der Kondensatorspannung u_C auf null wird jedoch der Strom i durch die Spule durch Selbstinduktion weitergetrieben (Lenz'sche Regel), was zu einem erneuten Aufbau des elektrischen Feldes im Kondensator in umgekehrter Richtung führt, bis das magnetische Feld in der Spule abgeklungen ist. Nun beginnt der beschriebene Vorgang erneut, jedoch in entgegengesetzter Richtung. Die Energie des Systems pendelt also zwischen elektrischer und magnetischer Feldenergie hin und

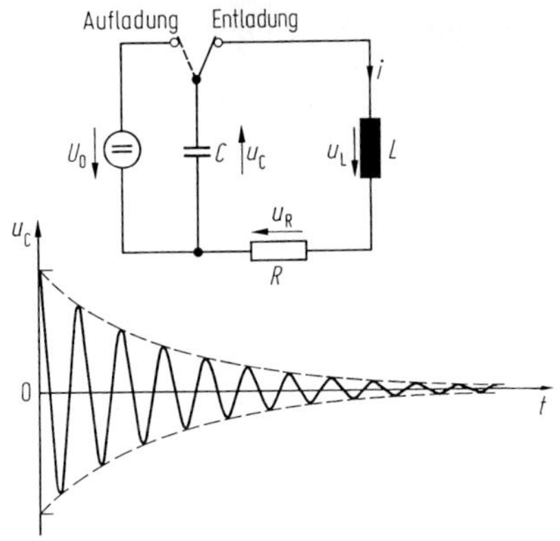

Bild 15-8. Anregung gedämpfter elektromagnetischer Schwingungen in einer Reihenschaltung von R, L und C

her. Bei kleinem Widerstand R führt das zu gedämpften elektromagnetischen Schwingungen, wobei die Dämpfung durch den Energieverlust im Ohm'schen Widerstand bedingt ist (Joule'sche Wärme).

Zur Berechnung des Systems werde von der Energie ausgegangen. Zu einem beliebigen Zeitpunkt t ist die Feldenergie im Kondensator nach (12-81)

$$E_C = \frac{1}{2}Cu_C^2 = \frac{1}{2}\cdot\frac{q^2}{C}\,, \qquad (15\text{-}50)$$

und in der Spule nach (14-29)

$$E_L = \frac{1}{2}Li^2\,. \qquad (15\text{-}51)$$

Die Gesamtenergie $E = E_C + E_L$ bleibt zeitlich nicht konstant, sondern wird durch den Strom i im Widerstand R allmählich in Joule'sche Wärme umgesetzt. Die zeitliche Abnahme der Energie E ergibt sich aus der umgesetzten Leistung:

$$\frac{\mathrm{d}E}{\mathrm{d}t} = -u_R i = -Ri^2\,. \qquad (15\text{-}52)$$

Durch Einsetzen von (15-50) und (15-51) und Beachtung der Stromdefinition (12-56) folgt daraus die Spannungsbilanz entsprechend dem 2. Kirchhoff'schen Satz:

$$L\frac{\mathrm{d}i}{\mathrm{d}t} + Ri + \frac{q}{C} = u_L + u_R + u_C = 0\,. \qquad (15\text{-}53)$$

Mit $i = \mathrm{d}q/\mathrm{d}t$ (12-56) ergibt sich schließlich eine Differenzialgleichung vom Typ der Schwingungsgleichung (5-36) für die Ladung q:

$$L\frac{\mathrm{d}^2q}{\mathrm{d}t^2} + R\frac{\mathrm{d}q}{\mathrm{d}t} + \frac{1}{C}q = 0\,. \qquad (15\text{-}54)$$

Die Einführung von allgemeinen Kenngrößen entsprechend (5-37) und (5-38)

$$\frac{R}{2L} = \delta: \text{ Abklingkoeffizient der Amplitude} \qquad (15\text{-}55)$$

$$\frac{1}{LC} = \omega_0^2: \begin{array}{l}\text{Kreisfrequenz } \omega_0\\ \text{des ungedämpften Oszillators}\end{array} \qquad (15\text{-}56)$$

führt zu der (5-39) entsprechenden Form der Schwingungsgleichung

$$\frac{\mathrm{d}^2q}{\mathrm{d}t^2} + 2\delta\frac{\mathrm{d}q}{\mathrm{d}t} + \omega_0^2 q = 0\,. \qquad (15\text{-}57)$$

Für geringe Dämpfung $\delta \ll \omega_0$, d. h. $R \ll 2\sqrt{L/C}$, lautet die Lösung entsprechend (5-46) bei den Anfangsbedingungen $q(0) = q_0$ und $\dot{q}(0) = i(0) = 0$:

$$q \approx q_0\mathrm{e}^{-\delta t}\cos\omega t\,. \qquad (15\text{-}58)$$

Es ergibt sich also eine gedämpfte Schwingung der Ladung q mit der Kreisfrequenz (5-45)

$$\omega = \sqrt{\omega_0^2 - \delta^2} \approx \omega_0 = \frac{1}{\sqrt{LC}} \qquad (15\text{-}59)$$

und damit auch z. B. der Spannung $u_C = q/C$ am Kondensator (Bild 15-8):

$$u_C \approx U_0\,\mathrm{e}^{-\delta t}\cos\omega t \quad \text{mit} \quad U_0 = \frac{q_0}{C}\,. \qquad (15\text{-}60)$$

Durch Variation der Dämpfung $\delta \lesseqgtr \omega_0$, also $R \lesseqgtr 2\sqrt{L/C}$, lassen sich hier in gleicher Weise wie beim mechanischen Schwingungssystem (5.3) neben dem gedämpften Schwingfall auch der aperiodische Grenzfall und der Kriechfall einstellen. Der RLC-Kreis stellt daher ein schwingungsfähiges elektromagnetisches System dar: *Schwingkreis*.

15.4.2 Erzwungene elektromagnetische Schwingungen, Resonanzkreise

Reihenschwingkreis

Ein elektromagnetischer Schwingkreis, z. B. aus einer Reihenschaltung von Induktivität L, Widerstand R und Kapazität C wie in Bild 15-8, kann durch periodische Anregung, etwa durch Einspeisung einer Wechselspannung $u = \hat{u}\sin\omega t$ (Bild 15-9), zu erzwungenen Schwingungen veranlasst werden.

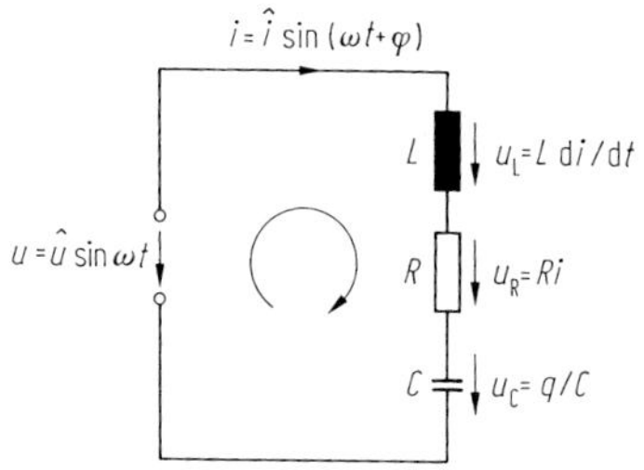

Bild 15-9. Reihenschwingkreis mit Wechselspannungsanregung

Die Spannungsbilanz (15-53) ist hierfür um die Spannungsquelle u zu ergänzen:

$$L\frac{\mathrm{d}i}{\mathrm{d}t} + Ri + \frac{q}{C} = u_{\mathrm{L}} + u_{\mathrm{R}} + u_{\mathrm{C}}$$
$$= u = \hat{u}\sin\omega t\ . \qquad (15\text{-}61)$$

Mit $i = \mathrm{d}q/\mathrm{d}t$ (12-56) und den Kenngrößen δ und ω_0 (15-55) bzw. (15-56) folgt daraus die Differenzialgleichung der erzwungenen Schwingung für die Ladung q

$$\frac{\mathrm{d}^2q}{\mathrm{d}t^2} + 2\delta\frac{\mathrm{d}q}{\mathrm{d}t} + \omega_0^2 q = \frac{\hat{u}}{L}\sin\omega t\ , \qquad (15\text{-}62)$$

die vollständig analog zur Differenzialgleichung des entsprechenden mechanischen Schwingungssystems (5-59) ist. Als Lösung für den stationären Fall (nach Abklingen von Einschwingvorgängen, siehe 5.4) kann wie in (5-60) angesetzt werden:

$$q = \hat{q}\sin(\omega t + \vartheta) = \hat{q}\sin\left(\omega t + \varphi - \frac{\pi}{2}\right) \qquad (15\text{-}63)$$
$$\text{mit}\quad \varphi = \vartheta + \frac{\pi}{2}\ .$$

Für den Strom i folgt daraus durch Differenzieren nach der Zeit

$$i = \hat{i}\sin(\omega t + \varphi) \quad \text{mit} \quad \hat{i} = \omega\hat{q}\ . \qquad (15\text{-}64)$$

ϑ und φ sind die zunächst willkürlich angesetzten Phasenverschiebungen (Phasenwinkel) zwischen der Ladung $q(t)$ bzw. dem Strom $i(t)$ und der Spannung $u(t)$. Sowohl die Amplituden $\hat{q}$ und $\hat{i}$ als auch die Phasenwinkel ϑ und φ sind Funktionen der anregenden Kreisfrequenz ω. Die mathematische Form dieser funktionalen Abhängigkeit lässt sich durch den Vergleich mit den Beziehungen (5-60) bis (5-62) für das mechanische Schwingungssystem gewinnen. Dabei entsprechen sich folgende mechanische und elektrische Größen:

$$m \mathrel{\hat{=}} L\ ,\ r \mathrel{\hat{=}} R\ ,\ c \mathrel{\hat{=}} 1/C\ ,\ \ \hat{F} \mathrel{\hat{=}} \hat{u}\ ,$$
$$x \mathrel{\hat{=}} q\ ,\ v \mathrel{\hat{=}} i\ ,\ a \mathrel{\hat{=}} \mathrm{d}i/\mathrm{d}t\ ,\ \varphi \mathrel{\hat{=}} \vartheta\ . \qquad (15\text{-}65)$$

Anmerkung: Der hier über (15-63) eingeführte Phasenwinkel φ entspricht also nicht dem gleichbenannten Phasenwinkel beim mechanischen Schwingungssystem, sondern ϑ.

Durch Vergleich mit (5-61) und (5-62) erhalten wir nun für die Frequenzabhängigkeit der Ladungsamplitude

$$\hat{q}(\omega) = \frac{\hat{u}}{L\sqrt{\left(\omega^2 - \omega_0^2\right)^2 + 4\Delta^2\omega^2}} \qquad (15\text{-}66)$$

und für die Frequenzabhängigkeit des Phasenwinkels ϑ

$$\tan\vartheta = \frac{2\Delta\omega}{\omega^2 - \omega_0^2}\ . \qquad (15\text{-}67)$$

Mit $\hat{i} = \omega\hat{q}$ nach (15-64) und durch Ersatz der Kenngrößen δ und ω_0 nach (15-55) bzw. (15-56) folgt aus (15-66) für die Frequenzabhängigkeit des Stromes das sog. *Ohm'sche Gesetz des Wechselstromkreises*

$$\hat{i}(\omega) = \frac{\hat{u}}{\sqrt{R^2 + \left(\omega L - \dfrac{1}{\omega C}\right)^2}}\ , \qquad (15\text{-}68)$$

wobei anstelle der Spitzenwerte $\hat{u}$ und $\hat{i}$ ebenso gut die Effektivwerte gemäß (15-37) geschrieben werden können. Gleichung (15-68) hat die Form des Ohm'schen Gesetzes, worin der Wurzelterm den Scheinwiderstand Z der Reihenschaltung der Blindwiderstände von L und C und des Ohm'schen Widerstandes R darstellt:

$$Z(\omega) = \sqrt{R^2 + \left(\omega L - \frac{1}{\omega C}\right)^2}\ . \qquad (15\text{-}69)$$

Für die *Resonanzfrequenz* gilt die *Thomson'sche Schwingungsformel*

$$\omega_0 = \frac{1}{\sqrt{LC}}\ , \qquad (15\text{-}70)$$

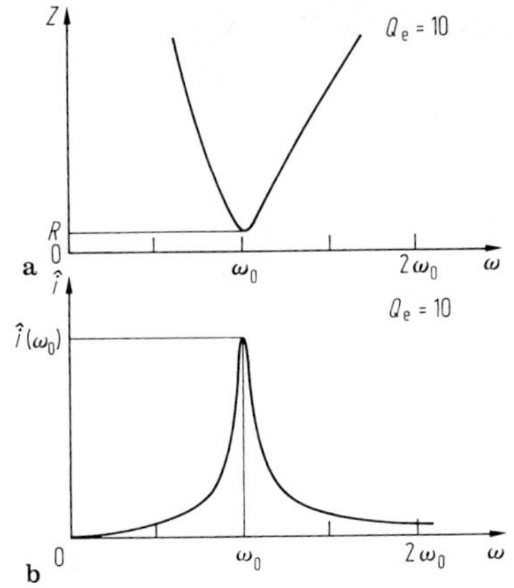

Bild 15-10. a Frequenzabhängigkeit des Scheinwiderstandes und **b** Resonanzverhalten des Stromes beim Reihenresonanzkreis aus R, L und C

für $\omega = \omega_0$ hat Z den kleinsten, rein Ohm'schen Wert (Bild 15-10)

$$Z(\omega_0) = R \tag{15-71}$$

und der Strom nach (15-68) den maximalen Wert (*Stromresonanz*, Bild 15-10):

$$\hat{i}(\omega_0) = \frac{\hat{u}}{R} . \tag{15-72}$$

Dabei ist vorausgesetzt, dass u von einer Konstantspannungsquelle geliefert wird, deren Klemmenspannung sich durch die erhöhte Strombelastung bei Resonanz nicht ändert. Es liegen also (nach der mathematischen Struktur der Differenzialgleichung (15-62) zwangsläufig) ganz analoge Resonanzmaxima vor (Bild 15-10) wie bei den erzwungenen Schwingungen der mechanischen Schwingungssysteme (5.4.1).

In (5.4.1) wurde die Güte Q eines Schwingungssystems als Resonanzüberhöhung (5-67) der Auslenkungsamplitude $\hat{x}$ definiert. Entsprechend können wir hier die Resonanzüberhöhung der Ladungsamplitude $\hat{q}$ als Güte Q einführen (die Güte Q ist nicht zu verwechseln mit der Ladung Q) und erhalten aus (15-66):

$$Q = \frac{\hat{q}(\omega_0)}{\hat{q}(0)} = \frac{\omega_0}{2\delta} = \frac{\omega_0 L}{R} = \frac{1}{\omega_0 C R} . \tag{15-73}$$

Die Güte bestimmt gleichzeitig nach (5-71) die Halbwertsbreite der Resonanzkurve. Die Konstanten ω_0 und δ wurden aus (15-56) bzw. (15-55) eingesetzt. Im Resonanzfall erhält man mit (15-72) sowie mit (15-44) und (15-48) für die Spannungen an der Spule bzw. am Kondensator

$$\hat{u}_L(\omega_0) = \hat{i}(\omega_0) Z_L = \frac{\omega_0 L}{R}\hat{u} = Q\hat{u} , \tag{15-74}$$

$$\hat{u}_C(\omega_0) = \hat{i}(\omega_0) Z_C = \frac{1}{\omega_0 C R}\hat{u} = Q\hat{u} . \tag{15-75}$$

Die Spitzenspannungen an Spule und Kondensator sind daher im Resonanzfall gleich groß und übersteigen die insgesamt an die Reihenschaltung angelegte Spannungsamplitude $\hat{u}$ um den Gütefaktor Q. Dass die Gesamtspannung u im Resonanzfall dennoch nur dem Spannungsabfall u_R am Ohm'schen Widerstand entspricht, liegt daran, dass u_L und u_C gegenüber dem gemeinsamen Strom i nach (15-45) und (15-49) um $\pi/2$ bzw. $-\pi/2$, also gegeneinander um π phasenverschoben sind, sich also gegenseitig kompensieren.

Den Phasenwinkel φ zwischen Strom i und Gesamtspannung u erhalten wir aus (15-67), indem wir beachten, dass wegen (15-63) $\tan\varphi = -1/\tan\vartheta$ ist. Nach Einsetzen von δ und ω_0 aus (15-55) bzw. (15-56) folgt

$$\varphi = \arctan \frac{\frac{1}{\omega C} - \omega L}{R} . \tag{15-76}$$

Der Phasenverlauf als Funktion der Frequenz (Bild 15-11) zeigt, dass bei niedrigen Frequenzen ($\omega \ll \omega_0$) $\varphi \approx \pi/2$ ist, der Reihenschwingkreis sich also nach (15-49) kapazitiv verhält. Bei hohen Frequenzen ($\omega \gg \omega_0$) wird $\varphi \approx -\pi/2$, der Reihenschwingkreis wirkt nach (15-45) wie eine Induktivität. Bei Resonanz ($\omega = \omega_0$) liegt rein Ohm'sches Verhalten vor ($\varphi = 0$).

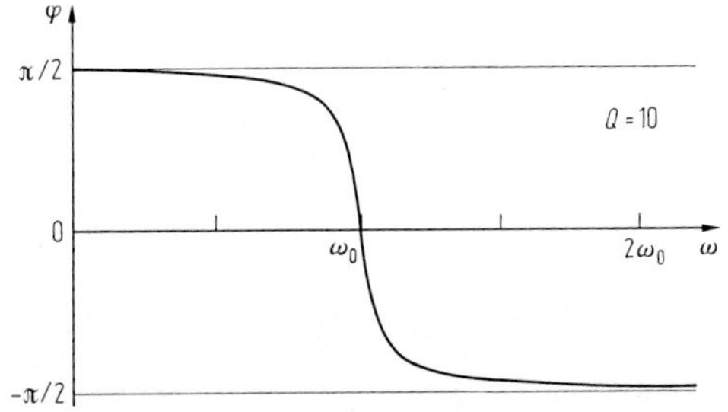

Bild 15-11. Phasenverschiebung zwischen Strom und Spannung im Reihenresonanzkreis

Die Leistung im Resonanzkreis ist bei Resonanz ein Maximum, da u und i dann phasengleich sind und das Produkt ui wegen der Stromresonanz maximal wird.

Parallelschwingkreis

Auch eine Parallelschaltung von Kapazität C, Widerstand R und Induktivität L (Parallelschwingkreis, Bild 15-12), z. B. mit einer amplitudenkonstanten Einströmung $i = \hat{i} \sin \omega t$ zeigt Resonanzverhalten. Ausgehend von der Strombilanz z. B. im oberen Knotenpunkt (1. Kirchhoff'scher Satz (15-18))

$$C\frac{\mathrm{d}u}{\mathrm{d}t} + \frac{1}{R}u + \frac{1}{L}\int u\,\mathrm{d}t = i_\mathrm{C} + i_\mathrm{R} + i_\mathrm{L} = \hat{i}\sin\omega t \qquad (15\text{-}77)$$

gelangt man zu einer Differenzialgleichung für den Spulenfluss $\Phi = \int u\,\mathrm{d}t$

$$C\frac{\mathrm{d}^2\Phi}{\mathrm{d}t^2} + \frac{1}{R}\cdot\frac{\mathrm{d}\Phi}{\mathrm{d}t} + \frac{1}{L}\Phi = \hat{i}\sin\omega t\,, \qquad (15\text{-}78)$$

die wiederum die Differenzialgleichung der erzwungenen Schwingung darstellt. Analog dem Vorgehen beim Reihenschwingkreis wird als Lösung für den stationären (eingeschwungenen) Fall angesetzt

$$\Phi = \hat{\Phi}\sin\left(\omega t + \varphi - \frac{\pi}{2}\right), \qquad (15\text{-}79)$$

woraus durch Differenzieren nach der Zeit folgt

$$u = \hat{u}\sin(\omega t + \varphi) \quad \text{mit} \quad \hat{u} = \omega\hat{\Phi}\,. \qquad (15\text{-}80)$$

Für die Frequenzabhängigkeit der Spannungsamplitude ergibt sich analog zu (15-68)

$$\hat{u} = \frac{\hat{i}}{\sqrt{\frac{1}{R^2} + \left(\omega C - \frac{1}{\omega L}\right)^2}}\,, \qquad (15\text{-}81)$$

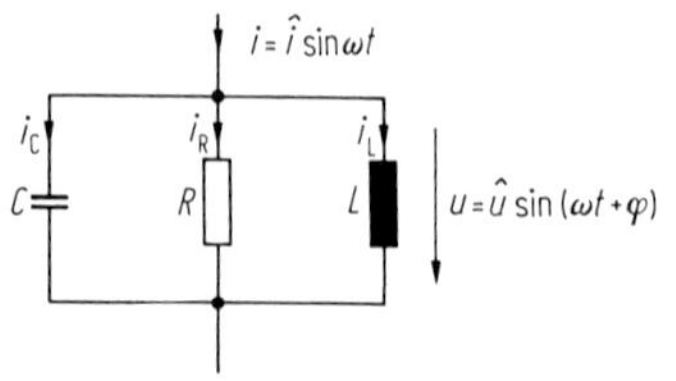

Bild 15-12. Parallelschwingkreis mit Wechseleinströmung

worin der Wurzelterm den Scheinleitwert Y (auch: Betrag der Admittanz) der Parallelschaltung von L, R und C darstellt:

$$Y = \sqrt{\frac{1}{R^2} + \left(\omega C - \frac{1}{\omega L}\right)^2}\,. \qquad (15\text{-}82)$$

Hieraus folgt, dass der Parallelschwingkreis bei gleichen L und C dieselbe, durch die Thomson'sche Schwingungsformel gegebene *Resonanzfrequenz*

$$\omega_0 = \frac{1}{\sqrt{LC}} \qquad (15\text{-}83)$$

wie der Reihenschwingkreis (15-70) hat. Bei Resonanz hat der Scheinleitwert einen rein Ohm'schen Minimalwert

$$Y(\omega_0) = Y_\mathrm{min} = \frac{1}{R}\,, \qquad (15\text{-}84)$$

die Spannungsamplitude $\hat{u}$ demzufolge ein Maximum (*Spannungsresonanz*)

$$\hat{u}(\omega_0) = \hat{i}R\,. \qquad (15\text{-}85)$$

Für den Phasenwinkel φ zwischen Spannung u und Gesamtstrom i ergibt sich analog zu (15-76)

$$\varphi = \arctan\left[R\left(\frac{1}{\omega L} - \omega C\right)\right]. \qquad (15\text{-}86)$$

Die Einzelströme i_C und i_L sind bei Resonanz aufgrund der Spannungsresonanz maximal und um den Gütefaktor höher als der Gesamtstrom i, jedoch gegenphasig. Der Gütefaktor Q beim Parallelkreis ergibt sich als Resonanzüberhöhung aus der Frequenzabhängigkeit des Flusses Φ (hier nicht behandelt) zu

$$Q = \frac{\hat{\Phi}(\omega_0)}{\hat{\Phi}(0)} = \frac{R}{\omega_0 L} = R\omega_0 C\,. \qquad (15\text{-}87)$$

Anders als beim Reihenschwingkreis (15-73) steigt also beim Parallelschwingkreis die Güte mit dem Widerstand R.

15.4.3 Selbsterregung elektromagnetischer Schwingungen durch Rückkopplung

Reale Schwingungssysteme sind stets gedämpft. Eine angestoßene Schwingung klingt daher mit dem

durch die Dämpfung bestimmten Abklingkoeffizienten δ zeitlich ab (5-46) oder (15-60).
Ungedämpfte Schwingungen eines Schwingungssystems lassen sich dadurch erreichen, dass die Dämpfungsverluste durch periodische Energiezufuhr ausgeglichen werden. Das kann durch eine äußere periodische Anregung geschehen (*Fremderregung*) und führt zu erzwungenen Schwingungen (vgl. 5.4 und 15.4.2). Eine andere Möglichkeit besteht darin, die periodische Anregung durch das Schwingungssystem selbst zu steuern. Das kann mithilfe des *Rückkopplungsprinzips* erreicht werden und führt zur *Selbsterregung* von Schwingungen.
Im Falle der elektromagnetischen Schwingungen wird dazu ein Verstärker benötigt, an dessen Ausgang ein Schwingkreis geschaltet ist (Bild 15-13). Ferner ist ein Rückkopplungsweg erforderlich, mit dessen Hilfe ein Bruchteil der Schwingungsenergie des Schwingkreises auf den Eingang des Verstärkers zurückgekoppelt werden kann. Dies kann durch direkten Abgriff von der Schwingkreisspule geschehen (Dreipunktschaltung), oder durch induktive Rückkopplung (Bild 15-13). Wird nun der Schwingkreis etwa durch den Einschaltstromstoß der Stromversorgung des Verstärkers zu einer gedämpften Schwingung der Eigenfrequenz $\omega_0 = 1/\sqrt{LC}$ angeregt, so wird in der Rückkopplungsspule eine Spannung gleicher Frequenz induziert, die verstärkt wieder auf den Schwingkreis am Verstärkerausgang gelangt. Die Phasenlage der rückgekoppelten Spannung muss dabei so sein, dass der Schwingungsvorgang unterstützt wird (Mitkopplung). Ist die Phase dagegen um π verschoben, so wird die Schwingung unterdrückt (Gegenkopplung).
Zur Vereinfachung wird angenommen, dass die Phasenverschiebung zwischen Schwingkreisspannung U_s und der Rückkopplungsspannung U_r null ist, und dass ferner die Phasenverschiebung zwischen Eingangsspannung U_e des Verstärkers und seiner Ausgangsspannung U_a ebenfalls null ist (oder beide Phasenverschiebungen π betragen). Dann lassen sich die Verhältnisse folgendermaßen quantitativ beschreiben:

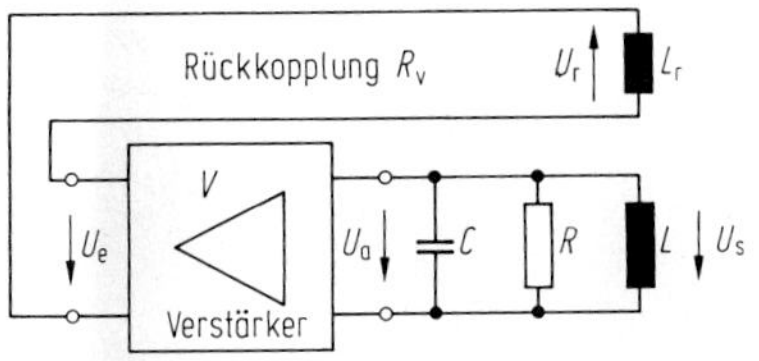

Bild 15-13. Rückkopplungsgenerator zur Erzeugung elektromagnetischer Schwingungen

$$\text{Verstärkungsfaktor:}\quad V = \frac{U_a}{U_e}$$

$$\text{Rückkopplungsfaktor:}\quad R_v = \frac{U_r}{U_s} \qquad (15\text{-}88)$$

Da der Schwingkreis am Verstärkerausgang liegt, ist $U_s = U_a$. Ist nun die Rückkopplungsspannung U_r gerade gleich der Verstärkereingangsspannung U_e, die verstärkt gleich der ungeänderten Schwingkreisspannung U_s ist, so ist offensichtlich ein stationärer Zustand erreicht, bei dem die Schwingkreisverluste durch Rückkopplung und Verstärkung ausgeglichen werden. Für diesen gilt

$$VR_v = \frac{U_a}{U_e}\frac{U_r}{U_s} = 1\,. \qquad (15\text{-}89)$$

Für die *Selbsterregungsbedingung*

$$VR_v > 1 \qquad (15\text{-}90)$$

führt jede Störung (Stromschwankung) zur Aufschaukelung von Schwingungen der Frequenz $\omega = \omega_0 = 1/\sqrt{LC}$. Im Allgemeinen ist sowohl die Rückkopplung als auch die Verstärkung mit Phasenverschiebungen verbunden, die in der Selbsterregungsbedingung berücksichtigt werden müssen.
Der erste Rückkopplungsgenerator als Oszillator für elektromagnetische Schwingungen wurde von Alexander Meißner 1913 mithilfe einer verstärkenden Elektronenröhre aufgebaut. Heute werden hierfür allgemein Halbleiterverstärker verwendet.

16 Transport elektrischer Ladung: Leitungsmechanismen

16.1 Elektrische Struktur der Materie

16.1.1 Atomstruktur

Das Phänomen der elektrolytischen Abscheidung z. B. von Metallen durch Stromfluss in wässrigen Metallsalzlösungen oder in Metallsalzschmelzen (siehe 16.5 und C 9.8 oder der Ionisierbarkeit von Gasen (vgl. 16.6) zeigt, dass die Bestandteile der Materie, die Atome, unter geeigneten Bedingungen elektrisch geladen sein, d. h. „Ionen" bilden können. Aus dem Vergleich chemischer Bindungsenergien (Größenordnung 10 eV) mit der elektrostatischen potenziellen Energie zweier Elementarladungen im Abstand von Atomen in kompakter Materie (aus Beugungsuntersuchungen, siehe 23: Größenordnung 10^{-10} m) lässt sich folgern, dass die strukturbestimmenden Kräfte in kompakter Materie, im Molekül und vermutlich auch im Atom elektrostatischer Natur sein dürften. Da ferner die Materie im Allgemeinen elektrisch neutral ist, müssen pro Atom im Normalfall gleich viele positive und negative Elementarladungen vorhanden sein. Die relativ leicht abstreifbaren Elektronen (z. B. durch Reiben von Kunststoffen) besitzen nicht genügende Masse, um die Masse der Atome zu erklären. Der Hauptteil der Atommasse muss deshalb durch schwerere Teilchen, z. B. positiv geladene Protonen und ungeladene Neutronen gebildet sein.

Die Größe der atomaren Bestandteile lässt sich durch *Streuversuche* mit Teilchensonden bestimmen. Lenard (1903) hatte aus der Durchdringungsfähigkeit von Elektronenstrahlen bei dünnen Metallfolien geschlossen, dass das Atominnere weitgehend materiefreier, leerer Raum ist. Rutherford, Geiger und Marsden (1911–1913) haben Streuexperimente mit α-Teilchen (17.3) an dünnen Folien durchgeführt, bei denen aus der Winkelverteilung der gestreuten α-Teilchen auf das Kraftgesetz zwischen diesen und den streuenden Atomen geschlossen werden kann. Dabei ergab sich die Coulomb-Kraft als maßgebende Wechselwirkung: Rutherford-Streuung. Aus Abweichungen vom so gefundenen Streugesetz bei höheren Energien ließ sich schließlich der Radius der streuenden, massereichen positiven Teilchen des Atoms zu etwa 10^{-15} m (= 1 fm) ermitteln.

Solche Beobachtungen und die Tatsache, dass die Coulomb-Kraft (12-1) dieselbe Abstandabhängigkeit (11-35) wie die Gravitationskraft (11-7) hat, legten ein Planetenmodell für den Atomaufbau nahe: Protonen (und die erst 1932 durch Chadwick entdeckten Neutronen) bilden den positiv geladenen, massereichen Atomkern (Ladung $+Ze$), um den die Z Elektronen auf Bahnen der Größenordnung 10^{-10} m kreisen.

Rutherford-Streuung

Als Messmethode zur Untersuchung atomarer Dimensionen sind Streuexperimente in der Atom- und Kernphysik außerordentlich wichtig. Als Beispiel werde die von Rutherford behandelte Streuung am Coulomb-Potenzial betrachtet. Wird ein Strom von leichten Teilchen der Masse m und der Ladung $Z_1 e$ (α-Teilchen: $Z_1 = 2$) auf ein ruhendes, schweres Teilchen der Masse $M \gg m$ und der Ladung Ze geschossen, so findet aufgrund der Coulomb-Kraft (12-1) eine Ablenkung statt, deren Winkel ϑ vom Stoßparameter b (siehe 6.3.2 und Bild 16-1a) abhängt.

Die Primärenergie der gestreuten Teilchen sei $E_0 = mv_0^2/2 > 0$. Da die Coulomb-Kraft (12-1) eine Zentralkraft der Form $F \sim r^{-2}$ (vgl. (11-35)) darstellt, sind die Bahnkurven für $E > 0$ Hyperbeln (siehe 11.5), deren Asymptoten den Streuwinkel ϑ einschließen. Aus dem Zusammenhang zwischen Coulomb-Kraft und Impulsänderung des gestreuten Teilchens folgt unter Berücksichtigung der Drehimpulserhaltung nach Integration über die Bahnkurve die Beziehung

$$\cot\frac{\vartheta}{2} = \frac{2b}{r_0} \quad \text{mit} \quad r_0 = \frac{Z_1 Z e^2}{4\pi\varepsilon_0 E_0}\,. \qquad (16\text{-}1)$$

Die Konstante r_0 ist der Minimalabstand (Umkehrpunkt, Bild 16-1b) für den zentralen Stoß ($\vartheta = 180°$, $b = 0$), bei dem die gesamte kinetische Energie E_0 des gestreuten Teilchens in potenzielle Energie im

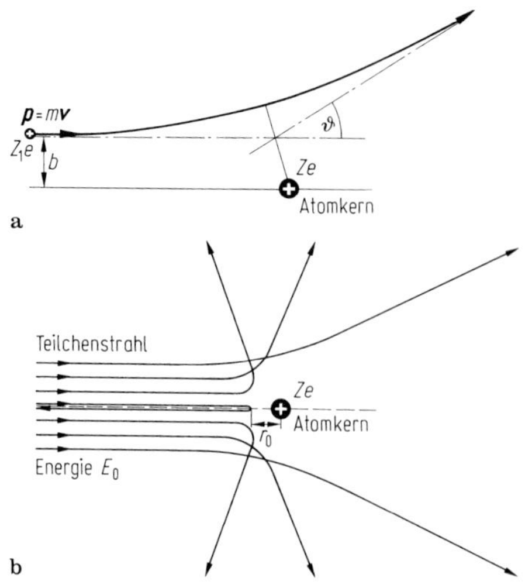

Bild 16-1. Streuung am Coulomb-Feld eines schweren geladenen Teilchens

Coulomb-Feld des streuenden Teilchens umgesetzt ist, wie sich durch Vergleich mit (12-43) erkennen lässt.

Gleichung (16-1) lässt sich experimentell nicht im Einzelfall prüfen, da in atomaren Dimensionen der zu einem bestimmten Streuwinkel gehörende Stoßparameter b nicht gemessen werden kann. Deshalb wird bei Streuversuchen ein statistisches Konzept angewendet: Durch einen im Vergleich zu den Atomdimensionen breiten, gleichmäßigen Teilchenstrahl wird dafür gesorgt, dass alle Stoßparameter (< Strahlradius) gleichmäßig vorkommen (Bild 16-1b). In diesem Fall ist die Winkelverteilung, d. h. die Zahl der in ein Raumwinkelelement $\mathrm{d}\Omega = 2\pi \sin\vartheta\, \mathrm{d}\vartheta$ (mittlerer Streuwinkel ϑ, Bild 16-2) gestreuten Teilchen, eine eindeutige und messbare Funktion des streuenden Potenzials.

In einen Streuwinkelbereich $\mathrm{d}\vartheta$ bei einem mittleren Streuwinkel ϑ werden offensichtlich alle diejenigen Teilchen des primären Strahls gestreut, die ein ringförmiges Flächenstück $\mathrm{d}\sigma = 2\pi b \mathrm{d}b$ des Strahlquerschnitts durchsetzen (Bild 16-2). Diese Fläche $\mathrm{d}\sigma$ wird differenzieller Streuquerschnitt genannt. Aus $b(\vartheta)$ gemäß (16-1) erhält man durch Differenzieren nach ϑ den differenziellen *Rutherford-Streuquerschnitt*

$$\mathrm{d}\sigma(\vartheta) = r_0^2 \frac{\mathrm{d}\Omega}{16\sin^4\dfrac{\vartheta}{2}} = \left(\frac{Z_1 Z e^2}{4\pi\varepsilon_0 E_0}\right)^2 \frac{\mathrm{d}\Omega}{16\sin^4\dfrac{\vartheta}{2}}\,. \tag{16-2}$$

Gleichung (16-2) ist hier in klassischer Rechnung für das reine, punktsymmetrische Coulomb-Potenzial des Atomkerns gewonnen worden. Dasselbe Ergebnis liefert die erste Näherung der quantenmechanischen Rechnung („1. Born'sche Näherung"), die hier nicht dargestellt wird. Eine Einschränkung der Gültigkeit besteht ferner darin, dass die Abschirmung des Coulomb-Potenzials des streuenden Atomkerns durch die Elektronenhülle nicht berücksichtigt ist. Diese macht sich vor allem in den Randbereichen des Atoms bemerkbar, also bei großen Stoßparametern b, d. h. nach (16-1) bei kleinen Streuwinkeln ϑ.

Bei Streuversuchen wird meistens nicht an einzelnen Atomen gestreut, sondern z. B. an dünnen Schichten mit einer Flächendichte n_s der Atome in der Schicht. Wegen der im Vergleich zur Atomgröße sehr geringen Kerngröße überdecken sich die Streuquerschnitte der Atomkerne in dünnen Schichten nur sehr selten. In großer Entfernung von der streuenden Schicht summieren sich dann die Streuintensitäten entsprechend der Zahl der streuenden Atomkerne. Ist N die Zahl der auf die streuende Schicht fallenden Streuteilchen, so ergibt sich aus (16-2) für die Zahl der in den Raumwinkel $\mathrm{d}\Omega$ gestreuten Teilchen $\mathrm{d}N$ die *Rutherford'sche Streuformel*

$$\frac{\mathrm{d}N}{\mathrm{d}\Omega} = N n_s \left(\frac{Z_1 Z e^2}{4\pi\varepsilon_0 E_0}\right)^2 \frac{1}{16\sin^4\dfrac{\vartheta}{2}}\,. \tag{16-3}$$

Bei der Streuung von α-Teilchen an Folien aus verschiedenen Metallen fanden Geiger und Marsden die Rutherford-Streuformel für nicht zu kleine Streuwinkel ϑ gut bestätigt.

Bei hohen Energien können die Streuteilchen dem Atomkern sehr nahe und in den Bereich der Kernkräf-

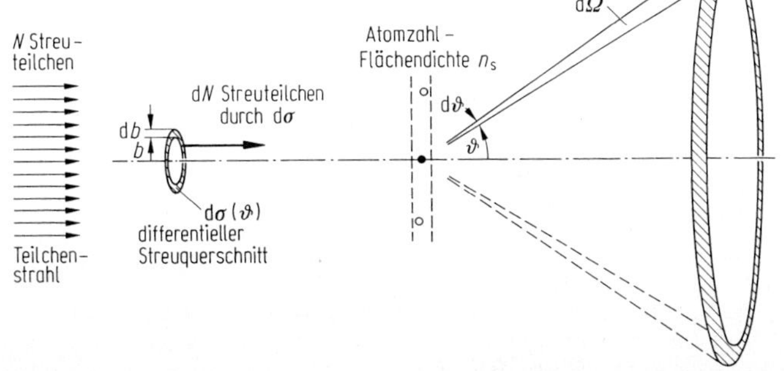

Bild 16-2. Zum Begriff des Streuquerschnitts

te kommen. Dann wird das Kraftgesetz verändert und die Rutherford-Streuformel gilt nicht mehr. Der Kernradius kann daher mithilfe von (16-1) aus der Energie ermittelt werden, bei der bei Streuwinkeln $\vartheta \approx 180°$ zuerst Abweichungen von (16-3) beobachtet werden. Zur Erläuterung des *Rutherford'schen Planetenmodells* des Atoms werde als einfachstes das Wasserstoffatom ($Z = 1$) betrachtet (Bild 16-3a). Der Kern des Wasserstoffatoms besteht aus einem einzelnen Proton der Masse $m_\mathrm{p} = 1{,}67262171 \cdot 10^{-27}$ kg (vgl. 17.1) und der Ladung $+e$. Die Elektronenhülle enthält ein Elektron (Ladung $-e$). Die elektrostatische Wechselwirkung zwischen Elektron und Kern ergibt mit (12-1) als Radius r der Kreisbahn des Elektrons mit der Geschwindigkeit v

$$r = \frac{e^2}{4\pi\varepsilon_0 m_\mathrm{e} v^2} \,. \qquad (16\text{-}4)$$

Die Gesamtenergie des Elektrons auf einer Kreisbahn ergibt sich aus der kinetischen Energie E_k des Elektrons und seiner potenziellen Energie E_p im Feld des Protons aus ((12-43): $Q = e$) in gleicher Weise wie bei der Gravitation (11-47) zu

$$E = E_\mathrm{k} + E_\mathrm{p} = \frac{1}{2}E_\mathrm{p} = -\frac{1}{2} \cdot \frac{e^2}{4\pi\varepsilon_0 r} \,. \qquad (16\text{-}5)$$

Nach der klassischen Mechanik ist jeder Bahnradius (16-4) und damit jeder Wert <0 der Gesamtenergie (16-5) des Atoms möglich (Bild 16-3b; vgl.

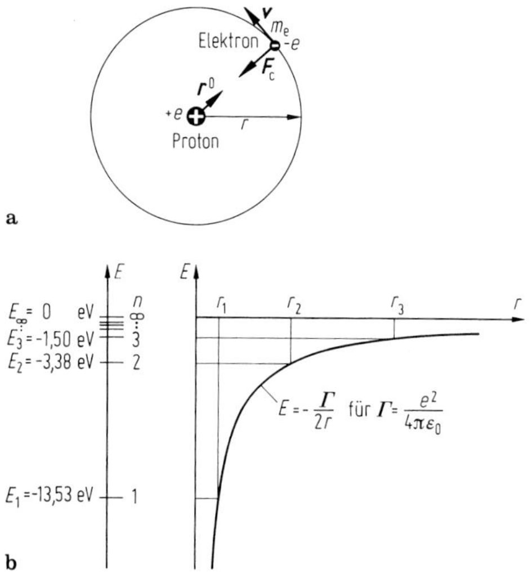

Bild 16-3. Zum Rutherford-Bohr'schen Modell des Wasserstoffatoms: **a** Elektronenkreisbahn, und **b** Gesamtenergie

Bild 11-10). Dies führt jedoch zu Widersprüchen hinsichtlich der beobachteten Existenz diskreter, stationärer Energiezustände (20.4), sowie hinsichtlich der Stabilität der Atome: Positiver Atomkern und umlaufendes Elektron bilden einen zeitveränderlichen elektrischen Dipol, der nach den Gesetzen der Elektrodynamik (siehe 16-19) elektromagnetische Wellen abstrahlt, damit dem Atom Energie entzieht und so zu einer stetigen Annäherung des Elektrons an den Kern führt. Die Durchrechnung ergibt einen „Zusammenbruch" des Atoms in ca. 10^{-8} s. Das Rutherford'sche Atommodell ist daher nicht ausreichend.

Bohr'sches Modell des Atoms

Niels Bohr hat das Rutherford'sche Planetenmodell des Atoms weiter entwickelt und dessen Unzulänglichkeiten dadurch zu beseitigen versucht, dass er annahm, dass die oben genannten, zu Widersprüchen führenden Gesetze der klassischen Makrophysik für das Mikrosystem des Atoms nicht gelten. So postulierte er die Existenz *diskreter, strahlungsfreier Bahnen* im Atom, als deren Auswahlprinzip er für das *Phasenintegral* $\oint p\,\mathrm{d}q$ die Quantenbedingung (*1. Bohr'sches Postulat*)

$$\oint p\,\mathrm{d}q = nh \quad \text{mit} \quad n = 1, 2, \ldots \qquad (16\text{-}6)$$

fand. Hierin bedeuten $p = mv$ den Impuls des Elektrons und $q = r$ seine Ortskoordinate. h ist die Planck-Konstante (siehe 5.2.2).

Anmerkung: Dieselbe Quantenbedingung (16-6) stellt auch das Auswahlprinzip für die möglichen Energiewerte des quantenmechanischen harmonischen Oszillators (5.2.2) dar.

Für Kreisbahnen folgt aus (16-6) für den Drehimpuls des Elektrons

$$L = m_\mathrm{e} v_n r_n = n\frac{h}{2\pi} = n\hbar \,. \qquad (16\text{-}7)$$

Das 1. Bohr'sche Postulat stellt also eine Drehimpulsquantelung dar (vgl. 7.3). Die genauere Quantenmechanik liefert eine ähnliche, nur für kleinere n abweichende Beziehung. Mit (16-4) folgt daraus für die möglichen Kreisbahnradien

$$r_n = \frac{4\pi\varepsilon_0 \hbar^2}{m_\mathrm{e} e^2} n^2 \,. \qquad (16\text{-}8)$$

Für $n = 1$ erhält man den Radius des Wasserstoffatoms im Grundzustand, den sog. Bohr'schen Radius

$$r_1 = a_0 = (52{,}91772108 \pm 18 \cdot 10^{-8})\,\text{pm}\,. \qquad (16\text{-}9)$$

Aus (16-5) und (16-8) folgen schließlich die *stationären Energieniveaus des Wasserstoffatoms* nach Bohr

$$E_n = -\frac{m_e e^4}{8\varepsilon_0^2 h^2} \cdot \frac{1}{n^2} \qquad (16\text{-}10)$$

$$(n = 1, 2, \dots;\ \text{Haupt-Quantenzahl})\,.$$

Die gleichen Energiewerte ergeben sich auch aus der Quantentheorie (als Eigenwerte der Schrödinger-Gleichung, siehe 25.3 sowie C 1.4). Da genau genommen das Elektron sich nicht um den Kern, sondern um das Massenzentrum (siehe 6.1) des Systems Elektron – Kern bewegt, muss die Elektronenmasse $m_e = 9{,}10938215 \cdot 10^{-31}\,\text{kg}$ in (16-10) durch die reduzierte Masse (6-53) von Kern und Elektron ersetzt werden, im Falle des Wasserstoffatoms:

$$m_e \rightarrow \frac{m_e}{1 + m_e/m_p} = 0{,}99945568\,m_e\,. \qquad (16\text{-}11)$$

Die im Rutherford'schen Atommodell beliebigen, kontinuierlich verteilten „erlaubten" Energiewerte werden also im Bohr'schen Atommodell mithilfe einer Drehimpulsquantelung auf bestimmte diskrete Energieterme gemäß (16-10) eingeschränkt, die stationär und nichtstrahlend sind. Das Energieschema eines Atoms (*Termschema*) lässt sich daher durch Markierung der „erlaubten" Energiewerte auf der Energieskala darstellen (Bild 16-3b).

Anmerkung: Eine gewisse anschauliche Deutung des Auftretens der Drehimpulsquantelung stellt die Behandlung der Welleneigenschaften von Elektronen (Materiewellen, siehe 25.2) dar.

Eine weitere Annahme von Bohr betrifft den Übergang des Atoms von einem Energiezustand in einen anderen. Analog zur Beschreibung des Verhaltens mikroskopischer harmonischer Oszillatoren (siehe 5.2.2) in der zeitlich vorangegangenen Planck'schen Strahlungstheorie (1900, siehe 20.2) postuliert Bohr, dass ein solcher Übergang nur zwischen stationären Energiezuständen E_m und E_n möglich ist, wobei die Energiedifferenz $\Delta E = E_m - E_n$ je nach Richtung des Übergangs absorbiert oder emittiert wird. Die Absorption kann z. B. aus einem äußeren elektromagnetischen Strahlungsfeld erfolgen, wobei die Energie des Atoms erhöht wird (das Atom wird „angeregt"). Umgekehrt kann ein „angeregtes" Atom durch Emission von elektromagnetischer Strahlung der Frequenz ν in einen Zustand geringerer Energie übergehen. Beide Fälle werden durch die Bedingung *(2. Bohr'sches Postulat, Bohr'sche Frequenzbedingung)*

$$\Delta E = E_m - E_n = h\nu \qquad (16\text{-}12)$$

beschrieben (weiteres siehe 20.4, 20.5 und C 2.2).

Der Erfolg des Bohr'schen Atommodells zeigte sich in der außerordentlich genauen Übereinstimmung der aus den Bohr'schen Postulaten berechneten Emissions- und Absorptionsfrequenzen mit den experimentell beobachteten Spektren des Wasserstoffs (20.4). Auch wasserstoffähnliche Systeme (ein- bzw. mehrfach ionisierte Atome der Kernladungszahl Z mit einem einzigen Elektron in der Hülle) lassen sich in analoger Weise aus (16-10) berechnen, wenn die erhöhte Kernladung durch einen zusätzlichen Faktor Z^2 im Zähler berücksichtigt wird. Mehrelektronensysteme lassen sich dagegen durch das Bohr'sche Modell nicht mehr beschreiben. Sommerfeld versuchte, das Bohr'sche Atommodell durch Annahme von (wiederum diskreten) Ellipsenbahnen der Elektronen zu erweitern. Danach sollten zu jeder Energie E_n mehrere Ellipsenbahnen gleicher Hauptachsenlänge, aber mit unterschiedlicher Nebenachsenlänge und daher mit unterschiedlichem Drehimpuls (Bild 11-12) erlaubt sein. Das Auswahlprinzip ist wiederum die Drehimpulsquantelung entsprechend (16-7). Das liefert eine weitere Quantenzahl, die Neben- oder Drehimpuls-Quantenzahl. Ihre nach diesem Modell möglichen Werte stimmten jedoch nicht mit den spektroskopischen Daten überein.

Trotz des Erfolges des Bohr'schen Atommodells hinsichtlich der wasserstoffähnlichen Systeme ist der Begriff der Elektronen„bahn" im Bohr'schen Sinne jedoch nicht aufrecht zu erhalten. Er würde nämlich eine Lokalisierung des Elektrons zumindest im Bereich des Atoms (ca. 10^{-10} m) erfordern. Aus der Heisenberg'schen Unschärferelation (vgl. 25.1) lässt sich dann eine Mindestimpulsunschärfe und daraus wiederum eine Energieunschärfe berechnen, die in der gleichen Größenordnung liegt wie die sich aus (16-5) ergebenden Energiewerte des Atoms. Der Begriff einer Elektronenbahn im Atom mit definiertem Ort und Impuls des Elektrons verliert daher jeglichen Sinn.

Quantenzahlen

Das heutige *wellenmechanische* oder *quantenmechanische Atommodell* nach Schrödinger bzw. Heisenberg setzt an die Stelle des Bahnbegriffs die (komplexe) Zustands- oder *Wellenfunktion* Ψ des Elektrons, auf die später bei der Behandlung der Materiewellen nochmals eingegangen wird (vgl. 25). Das Betragsquadrat der Ψ-Funktion kann als Dichte der *Aufenthaltswahrscheinlichkeit* des Elektrons gedeutet werden. Die Wellenfunktion erhält man als Lösung der *Schrödinger-Gleichung* des betrachteten atomaren Systems (vgl. 25.3 und C 1.4), die auch die zugehörigen Energieniveaus als Eigenwerte liefert. Wegen des erheblichen mathematischen Aufwandes kann darauf in diesem Rahmen nicht im Einzelnen eingegangen werden. Die Lösungsfunktionen der Schrödinger-Gleichung enthalten die Quantenzahlen n, l und m als Parameter, die unterschiedliche Elektronenzustände beschreiben. Die räumliche Verteilung der Aufenthaltswahrscheinlichkeitsamplitude der Elektronen im Atom (nicht ganz korrekt auch „Elektronenwolke" genannt) lässt sich durch die *Orbitale* darstellen (vgl. C 1.4.3). Sie zeigt für unterschiedliche Quantenzahl-Kombinationen ganz verschiedene Symmetrien (vgl. C, Bild 1-2).

n wurde bereits als *Haupt-Quantenzahl* eingeführt und bestimmt beim Wasserstoffatom die Eigenwerte der Energie (Bindungsenergie des Elektrons je nach Anregungszustand)

$$E_n = -\frac{m_e e^4}{8\varepsilon_0^2 h^2} \cdot \frac{1}{n^2} = \frac{E_1}{n^2} \qquad \text{(vgl. (16-10))}$$

mit dem unbeschränkten Wertevorrat

$$n = 1, 2, \ldots ,$$

ein Ergebnis, das auch aus der Bohr'schen Rechnung (16-10) erhalten wurde. Bei Mehrelektronenatomen hängen die Energieniveaus auch von den anderen Quantenzahlen ab.

Die *Neben-* oder *Bahndrehimpuls-Quantenzahl* l bestimmt den Betrag des gequantelten Bahndrehimpulses L eines Elektronenzustandes

$$L = \sqrt{l(l+1)}\,\hbar\,, \qquad (16\text{-}13)$$

wobei seine maximale Komponente in einer physikalisch ausgezeichneten Richtung (etwa durch ein Magnetfeld z. B. in z-Richtung definiert) durch

$$L_{z,\max} = l\hbar \qquad (16\text{-}14)$$

mit dem Wertevorrat

$$l = 0, 1, \ldots, (n-1)$$

(das sind n mögliche Werte) gegeben ist. Da der Betrag des Drehimpulses L nach (16-13) stets etwas größer als $L_{z,\max}$ ist, bildet der Drehimpulsvektor $\boldsymbol{L}$ einen Winkel φ mit der physikalisch ausgezeichneten Richtung (Bild 16-4). Dieser Winkel kann verschiedene Werte annehmen (Richtungsquantelung, siehe unten). Die *magnetische Quantenzahl* m legt die gequantelte Orientierung des Bahndrehimpulses hinsichtlich einer physikalisch vorgegebenen Richtung fest, indem seine Projektion auf die ausgezeichnete Raumrichtung z wiederum nur Beträge

$$L_z = m\hbar \qquad (16\text{-}15)$$

mit dem Wertevorrat

$$m = 0, \pm 1, \pm 2, \ldots, \pm l$$

(das sind $2l + 1$ Werte) annehmen kann: *Richtungsquantelung*. Deren erster experimenteller Nachweis erfolgte durch den *Stern-Gerlach-Versuch* (1921). Bild 16-4a zeigt die möglichen Orientierungen des Bahndrehimpulses für $n = 3$ in den Fällen $l = 2$ und $l = 1$. Im ferner möglichen Fall $l = 0$ verschwindet der Bahndrehimpuls.

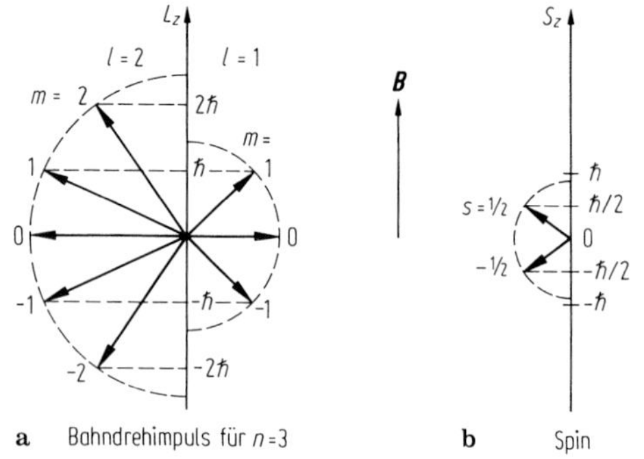

Bild 16-4. Richtungsquantelung: Mögliche Orientierungen **a** des Bahndrehimpulses $\boldsymbol{L}$ für $n = 3$ und **b** des Eigendrehimpulses $\boldsymbol{S}$ des Elektrons (Spin) zu einer physikalisch ausgezeichneten Richtung (Magnetfeld $\boldsymbol{B}$)

Der Bahndrehimpuls ist mit einem magnetischen Dipolmoment $\boldsymbol{\mu}_L$ verknüpft (magnetomechanischer Parallelismus, siehe 13.4). In einem Magnetfeld wird daher ein Drehmoment auf den Bahndrehimpuls ausgeübt, das zu einer Präzession des Drehimpulses um die Feldrichtung und zu einer zusätzlichen potenziellen Energie $E_\mathrm{p} = -\boldsymbol{\mu}_\mathrm{L} \cdot \boldsymbol{B} = -\mu_L B \cos\varphi$ (Tabelle 13-1) führt. Je nach der Orientierung des Bahndrehimpulses bzw. des damit verbundenen magnetischen Momentes zur Feldrichtung (Bild 16-4) haben daher die durch unterschiedliche Quantenzahlen gekennzeichneten Elektronenzustände etwas unterschiedliche Energien im Magnetfeld: Mit zunehmender Magnetfeldstärke $\boldsymbol{H}$ oder Flussdichte $\boldsymbol{B}$ spalten Energiezustände gleicher Haupt-Quantenzahl n auf in mehrere Energieniveaus, deren Anzahl durch den Wertevorrat der magnetischen Quantenzahl m gegeben ist.

Eine weitere Eigenschaft des Elektrons neben Masse und Ladung ist sein *Eigendrehimpuls* oder *Spin*, der sich nicht auf eine Bahnbewegung zurückführen lässt. Der Spin des Elektrons wurde zunächst hypothetisch von Goudsmit und Uhlenbeck (1925) zur Erklärung der Feinstruktur der Spektrallinien eingeführt. Diese Eigenschaft wird in der Schrödinger-Gleichung nicht berücksichtigt, sondern erst in deren relativistischer Verallgemeinerung (z. B. von Dirac). Der Betrag des Spinvektors $\boldsymbol{S}$ ist analog zu (16-13)

$$S = \sqrt{l_\mathrm{s}(l_\mathrm{s}+1)}\,\hbar = \frac{\sqrt{3}}{2}\hbar \quad \text{mit} \quad l_\mathrm{s} = \frac{1}{2}\,. \qquad (16\text{-}16)$$

Auch der Spin unterliegt der Richtungsquantelung (Bild 16-4b). Er kann zwei Orientierungen annehmen, die durch die Spinquantenzahl s beschrieben werden. Seine Projektion auf eine physikalisch ausgezeichnete Richtung z ist durch

$$S_z = s\hbar \quad \text{mit} \quad s = \pm\frac{1}{2} \qquad (16\text{-}17)$$

gegeben. Auch der Spin des Elektrons ist mit einem magnetischen Dipolmoment verknüpft (Bohr'sches Magneton, siehe 13.4).

Elektronenschalen-Aufbau des Atoms

Zur Erklärung des Periodensystems der Elemente (vgl. C 3) führte Pauli 1925 das folgende Ausschließungsprinzip ein:

Pauli-Prinzip:

> Ein durch eine räumliche Wellenfunktion mit einer gegebenen Kombination von Quantenzahlen n, l und m sowie durch eine Spinquantenzahl s charakterisierter Quantenzustand in einem Atom kann höchstens durch *ein* Teilchen besetzt werden.

Danach müssen sich alle Elektronen eines Atoms voneinander um mindestens eine der vier Quantenzahlen unterscheiden. Aufgrund der oben genannten Wertevorräte für die verschiedenen Quantenzahlen lässt sich für jede Haupt-Quantenzahl n eine Anzahl von $2n^2$ verschiedenen Quantenzahlkombinationen angeben. Jeder Zustand n kann also maximal $2n^2$ Elektronen aufnehmen. Das System von Elektronen mit der gleichen Haupt-Quantenzahl n wird *Elektronenschale* genannt. Diese wiederum gliedern sich in Unterschalen, deren Elektronen die gleiche Neben-Quantenzahl l aufweisen.

In einem Atom der Ordnungszahl Z (Protonenzahl gleich Hüllenelektronenzahl) nehmen die Elektronen im Grundzustand die niedrigsten Energiezustände ein. Mit steigender Ordnungszahl werden die einzelnen Elektronenschalen aufgefüllt. Ab $n = 3$ bleiben einige Unterschalen aus energetischen Gründen zunächst frei, um erst bei höheren Z aufgefüllt zu werden. Wie sich daraus mit zunehmendem Z die Elektronenkonfigurationen der verschiedenen Atome des *Periodensystems der Elemente* ergeben, ist in C 1.5 bis C 2.1 dargestellt.

Chemische Bindungsvorgänge zwischen zwei oder mehreren Atomen zu *Molekülen* spielen sich in den äußersten Elektronenschalen ab, die noch Elektronen enthalten:

Valenzelektronen. Dabei zeigen Atome mit voll gefüllten (abgeschlossenen) äußeren Elektronenschalen eine besonders hohe Energie zum Abtrennen eines Valenzelektrons (Ionisierungsenergie). Sie sind daher stabil und chemisch inaktiv (z. B. Edelgase). Valenzelektronenschalen, die nur ein oder zwei Elektronen enthalten, oder denen nur ein oder zwei Elektronen zur abgeschlossenen Schale fehlen, sind dagegen chemisch besonders aktiv. Bei der chemischen Bindung zweier Atome werden meist abgeschlossene Elektronenschalen dadurch erreicht, dass z. B. Valenzelektronen von einem Atom abgegeben und vom anderen aufgenommen werden (*Ionenbindung*), oder dass Elektronenpaare beiden Atomen gemeinsam angehören (*Atombindung*). Einzelheiten siehe C 4.1–4.4.

16.1.2 Elektronen in Festkörpern

Dieselben Bindungsarten, die zu Molekülen führen, können auch makroskopische raumperiodische Strukturen erzeugen: kristalline Festkörper. Die Ionenbindung (heteropolare Bindung) führt zu *Ionenkristallen*, die aus mindestens zwei Atomsorten bestehen (z. B. NaCl, CaF_2, MgO). Die Atombindung (homöopolare oder kovalente Bindung) liegt z. B. bei nichtmetallischen Kristallen vor, die nur aus einer einzigen Atomsorte bestehen (*kovalente Kristalle*, z. B. B, C, Si, P, As, S, Se).
Zusätzlich können bei Festkörpern noch weitere Bindungsarten auftreten. Dipolkräfte zwischen permanenten oder induzierten elektrischen Dipolmomenten der beteiligten Atome oder Moleküle (Van-der-Waals-Kräfte) führen zu *Van-der-Waals-Kristallen* (z. B. bei sehr tiefen Temperaturen auftretende feste Edelgase, oder Molekülgitterkristalle wie fester Wasserstoff oder alle Kristalle organischer Verbindungen).
Atome, die nur wenige Valenzelektronen in der äußersten Schale haben (z. B. Na, K, Mg, Ca und andere Metalle), lassen sich bis zur „Berührung" der inneren abgeschlossenen Schalen zusammenbringen. Die Bereiche der maximalen Aufenthaltswahrscheinlichkeit der Valenzelektronen überlappen sich dann so stark, dass die Valenzelektronen nicht mehr einem bestimmten Atom zuzuordnen sind. Sie gehören allen Gitterionen gemeinsam an („*freies Elektronengas*") und können sich im Metall quasi frei bewegen: *Metallische Leitfähigkeit*. Die Bindung der sich abstoßenden Gitterionen durch die freien Elektronen (*metallische Bindung*) ähnelt der kovalenten Bindung, ist jedoch nicht lokalisiert.

Energiebändermodell des Festkörpers

Das Energietermschema eines einzelnen Atoms weist scharf definierte Terme auf (Bild 16-3b links). Im Festkörper (Kristall) beeinflussen sich die Elektronen benachbarter Atome gegenseitig, die Festkörperatome stellen gekoppelte Systeme dar. Bei den Schwingungen haben wir kennen gelernt, dass N gleiche Schwingungssysteme auf eine Kopplung in der Weise reagieren, dass die Eigenfrequenz in $3N$ Eigenfrequenzen aufspaltet (siehe 5.6.2), wobei die Aufspaltung zwischen zwei benachbarten Frequenzen umso größer ist, je stärker die Kopplung zwischen den Oszillatoren ist (Bild 5-27).
Ein dazu analoges Verhalten zeigen die diskreten Eigenenergien der Atome. Bei der Kopplung von N Atomen im Festkörper spalten die Energieterme der Atome in sehr viele (N ist bei einer Stoffmenge von 1 mol von der Größenordnung 10^{23}!) benachbarte Energiewerte auf, die bei einem Festkörper von makroskopischer Größe praktisch beliebig dicht liegen: Es entstehen quasikontinuierliche *Energiebänder* (Bild 16-5). Für die Diskussion elektrischer Leitungsphänomene wird oft horizontal noch eine Ortskoordinate aufgetragen.
Da die höheren Energieniveaus des Atoms zu weiter außen liegenden Bereichen der Elektronenhülle gehören, die die Kopplung mit den Nachbaratomen stärker spüren, als die zu inneren Elektronenschalen gehörenden, tiefer liegenden Energieniveaus, werden die höheren Niveaus (höhere Quantenzahlen) zu breiteren Energiebändern aufgespalten. Die Aufspaltung der Energieniveaus von ganz innen liegenden Elektronenschalen (niedrige Quantenzahlen) bleibt insbesondere bei Atomen mit höherer Ordnungszahl Z gering. Dies ist wichtig bei der Anregung atomspezifischer, charakteristischer Röntgenstrahlung (siehe 19.1).
Die Elektronen des Festkörpers besetzen Energiezustände innerhalb der Energiebänder, die durch sog. verbotene Zonen (Energielücken) voneinander getrennt sind. Entsprechend der Zahl der vorhandenen Elektronen (Z für jedes Atom) sind bei einem nicht

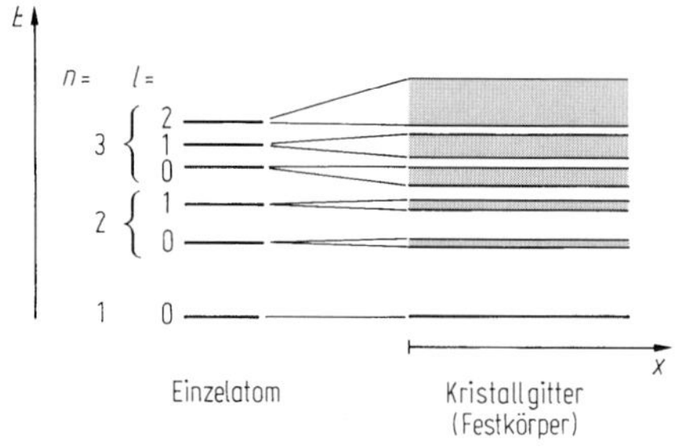

Bild 16-5. Übergang von diskreten Energieniveaus eines einzelnen Atoms zu Energiebändern im Festkörper (Kristallgitter)

angeregten Festkörper die unteren Energiebänder mit Elektronen vollständig gefüllt. In vielen Fällen, z. B. bei den Ionenkristallen, sind die äußersten, die Valenzelektronen enthaltenden Schalen der Gitterbausteine (Ionen) voll besetzt (damit wird ja gerade die Bindung erreicht). Das überträgt sich auf die Energiebänder: Das oberste, noch Elektronen enthaltende Band ist voll besetzt: *Valenzband*. Das nächsthöhere Band ist leer (Bild 16-6). Es wird wegen seiner Bedeutung für elektrische Leitungsvorgänge bei energetischer Anregung (siehe 16.4) *Leitungsband* genannt. Dazwischen liegt eine „verbotene Zone" (*Energielücke*), in der keine Elektronenzustände vorhanden sind. Elektronen in vollbesetzten (abgeschlossenen) Schalen bzw. Bändern sind besonders fest an ihre Ionen gebunden, können sich daher auch bei Anlegung eines elektrischen Feldes nicht ohne Weiteres bewegen. Die äquivalente Betrachtung im Bändermodell ergibt ebenfalls keine Bewegungsmöglichkeit: Die Aufnahme von Bewegungsenergie würde die Besetzung eines etwas höheren Zustandes im Valenzband erfordern. Diese sind jedoch alle ebenfalls durch Elektronen besetzt, und eine Mehrfachbesetzung von Energiezuständen durch Elektronen ist nach dem Pauli-Verbot (vgl. Pauli-Prinzip, siehe oben) nicht möglich. In einem voll besetzten Energieband können Elektronen daher keine Bewegungsenergie aufnehmen. Ein Festkörper mit einem Bänderschema gemäß Bild 16-6 stellt daher (insbesondere bei $T = 0\,\mathrm{K}$, vgl. 16.4) einen elektrischen Isolator dar.

In einem Metallkristall (z. B. Elemente der I. Hauptgruppe des Periodensystems) sind dagegen die Valenzelektronen in nicht abgeschlossenen Schalen, das entsprechende Energieband ist nur teilweise gefüllt (Bild 16-7). Wie oben bei der metallischen

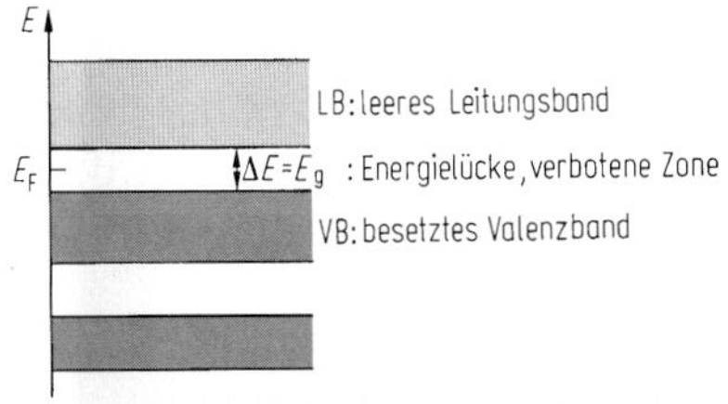

Bild 16-6. Valenzband VB, Leitungsband LB und verbotene Zone $\Delta E = E_g$ im Energiebänderschema eines Festkörpers (Isolator)

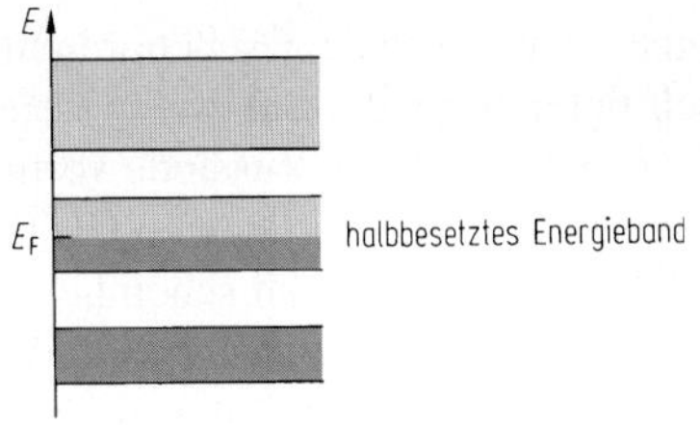

Bild 16-7. Energiebänderschema eines elektrischen Leiters (Metall)

Bindung diskutiert, sind solche Elektronen nicht mehr an ein bestimmtes Gitterion gebunden, sie sind vielmehr quasifrei beweglich (energetisch allerdings auf die Energiebänder beschränkt). Bei Anlegen eines elektrischen Feldes nehmen sie Bewegungsenergie auf und stellen einen elektrischen Strom dar. Im Bändermodell bedeutet dies, dass sie durch die Energieaufnahme etwas höhere Zustände im vorher unbesetzten Teil des Bandes einnehmen. Metalle sind daher elektrische Leiter. Teilweise unbesetzte Energiebänder können auch dadurch auftreten, dass Valenz- und Leitungsband einander überlappen (z. B. Elemente der II. Hauptgruppe des Periodensystems).

E_F wird *Fermi-Energie* oder Fermi-Niveau genannt und kennzeichnet die Grenze zwischen besetztem und unbesetztem Energiebereich. E_F ist eine charakteristische Größe der *Fermi-Dirac-Verteilungsfunktion*

$$f_{FD}(E) = \frac{1}{e^{(E-E_F)/kT} + 1}\,, \qquad (16\text{-}18)$$

die die Wahrscheinlichkeit beschreibt, mit der ein bestimmter Energiezustand mit Elektronen besetzt ist. Die Fermi-Dirac-Statistik gilt für Teilchen mit halbzahligem Spin, zu denen die Elektronen nach 17 gehören.

Für $T = 0\,\mathrm{K}$ stellt (16-18) eine Sprungfunktion dar (*Fermi-Kante* bei $E = E_F$):

$$f_{FD}(E) = \begin{cases} 1 & \text{für} \quad E < E_F \\ 0 & \text{für} \quad E > E_F \end{cases}\,, \qquad (16\text{-}19)$$

d. h., unterhalb der Fermi-Kante sind alle Zustände mit Elektronen besetzt, oberhalb E_F leer (Bild 16-8). Bei Temperaturen $T > 0$ können Elektronen in einem Bereich der Größenordnung kT (k Boltzmann-Konstante, vgl. (8-29)) unterhalb der Fermi-Kante thermisch angeregt werden, d. h., ihre Energie erhöht sich um einen Betrag von der Größenordnung kT. Für energetisch tiefer liegende Elektronen ist dies nicht möglich, da sie keine freien Zustände vorfinden. Die Fermi-Kante wird daher mit steigender Temperatur weicher: Die Besetzungswahrscheinlichkeit dicht unterhalb der Fermi-Kante sinkt auf Werte <1, d. h., es sind nicht alle vorhandenen Zustände mit Elektronen besetzt. Die dort fehlenden Elektronen besetzen nun Zustände dicht oberhalb der Fermi-Kante, die Besetzungswahrscheinlichkeit ist jetzt dort >0 (Bild 16-8). Die Breite des Übergangsbereiches ist von der Größenordnung der thermischen Energie kT und bei normalen Temperaturen sehr klein im Vergleich zur Fermi-Energie. Dies ändert sich erst bei Temperaturen T in der Größenordnung der *Fermi-Temperatur*

$$T_\mathrm{F} = \frac{E_\mathrm{F}}{k}\,, \qquad (16\text{-}20)$$

(vgl. z. B. Bild 16-8 für $T = 0{,}5T_\mathrm{F}$). Da die Fermi-Temperatur bei Metallen $T_\mathrm{F} > 10^4$ K beträgt (Tabelle 16-1), tritt dieser Fall bei Festkörpern nicht auf.

Der höherenergetische Teil der Fermi-Dirac-Verteilung (16-18) geht in die Boltzmann-Verteilung über (vgl. (8-40)):

$$f_\mathrm{FD}(E) \to \mathrm{e}^{-(E-E_\mathrm{F})/kT} = f_\mathrm{B}(E-E_\mathrm{F})$$
$$\text{für} \quad (E-E_\mathrm{F}) \gg kT\,. \qquad (16\text{-}21)$$

Die Fermi-Dirac-Verteilung ist auch gültig für den Fall, dass zwischen besetztem und unbesetztem Bandbereich eine Energielücke auftritt (Bild 16-6). Die Fermi-Kante liegt dann in der Mitte der Energielücke zwischen Valenzband VB und Leitungsband LB.

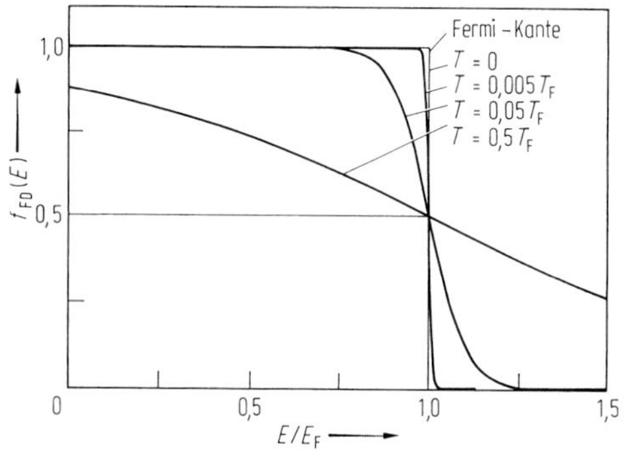

Bild 16-8. Fermi-Dirac-Verteilung der Besetzungswahrscheinlichkeit

Tabelle 16-1. Parameter des Fermi-Niveaus von Metallen

Metall	n 10^{27} /m³	E_F eV	T_F $10^3 \cdot$ K
Li	46	4,7	54
Na	25	3,1	36
K	13,4	2,1	24
Cu	85,0	7,0	81
Ag	57,6	5,5	64
Au	59,0	5,5	64

16.2 Metallische Leitung

Die elektrischen Leitungseigenschaften der Metalle lassen sich weitgehend durch das Modell des *freien Elektronengases* verstehen. Es beschreibt die Leitungselektronen ähnlich wie die frei beweglichen Moleküle eines Gases. Dabei wird die Wechselwirkung der Leitungselektronen mit den gitterperiodisch angeordneten Atomrümpfen vernachlässigt, es wird lediglich die Begrenzung des metallischen Körpers für die Bewegung der Elektronen berücksichtigt. Wird z. B. ein Würfel der Kantenlänge L (Volumen $V = L^3$) betrachtet, so können im Sinne der Wellenmechanik (siehe 25) nur solche Wellenfunktionen für die Aufenthaltswahrscheinlichkeit der Elektronen im Würfel existieren, für die in jeder der drei Würfelkantenrichtungen eine ganzzahlige Anzahl von Materiewellenlängen hineinpasst. Zählt man die Möglichkeiten hierfür ab, so erhält man die Zahl der möglichen Elektronenzustände als Funktion der zugehörigen Energie. Die hier nicht dargestellte Rechnung ergibt für diese *Zustandsdichte*

$$Z(E) = \frac{1}{V}\cdot\frac{\mathrm{d}N}{\mathrm{d}E} = \frac{1}{2\pi^2}\left(\frac{2m_\mathrm{e}}{\hbar^2}\right)^{3/2}\sqrt{E}\,, \qquad (16\text{-}22)$$

die nur von der Energie der Zustände, nicht aber von der gewählten Geometrie des Metallkörpers abhängt. Sind N Leitungselektronen im Volumen V enthalten, beträgt ihre Dichte also $n = N/V$, so ergibt sich (ohne Rechnung) als energetische Grenze der mit Elektronen besetzten Zustände, also für die *Fermi-Energie* (siehe 16.1)

$$E_\mathrm{F} = \frac{\hbar^2}{2m_\mathrm{e}}(3\pi^2 n)^{2/3}\,. \qquad (16\text{-}23)$$

Daraus berechnete Werte für die Fermi-Energie verschiedener Metalle zeigt Tabelle 16-1. Die Dichte der besetzten Zustände im Bänderschema (Bild 16-7) ergibt sich nun aus dem Produkt der Zustandsdichte $Z(E)$ nach (16-22) und der Fermi-Dirac-Verteilung $f_{\mathrm{FD}}(E)$ nach (16-18) zu

$$Z(E)f_{\mathrm{FD}}(E) = \frac{1}{2\pi^2}\left(\frac{2m_e}{\hbar^2}\right)^{3/2}\sqrt{E} \times \frac{1}{\exp[(E-E_{\mathrm{F}})/kT]+1} \,. \qquad (16\text{-}24)$$

Bei Zimmertemperatur ist demnach nur ein sehr geringer Anteil der Leitungselektronen thermisch angeregt (Bild 16-9). Das ist auch der Grund dafür, dass das freie Elektronengas im Metall praktisch nicht zu dessen Wärmekapazität beiträgt, obwohl dies vom Gleichverteilungssatz her eigentlich zu erwarten wäre (vgl. 8.6).

Dass sich die Leitungselektronen im Metall etwa wie freie Teilchen verhalten, kann mit dem *Tolman-Versuch* gezeigt werden. Wird ein Metall beschleunigt oder abgebremst (Beschleunigung $\boldsymbol{a}$), so zeigen freie Elektronen träges Verhalten, d. h., hinsichtlich des Metallkörpers als Bezugssystem tritt eine Beschleunigung der Elektronen der Größe $-\boldsymbol{a}$ auf. Der zugehörigen Trägheitskraft $-m_e\boldsymbol{a}$ entspricht eine elektrische Feldstärke $\boldsymbol{E} = m_e\boldsymbol{a}/q$ bzw. eine spezifische Ladung

$$\frac{q}{m} = \frac{a}{E} \,. \qquad (16\text{-}25)$$

Tolman hat $\boldsymbol{a}$ und $\boldsymbol{E}$ bei Drehschwingungen eines Metallringes gemessen. Die elektrische Feldstärke $\boldsymbol{E}$ erzeugt dabei einen oszillierenden Ringstrom, dessen magnetisches Wechselfeld induktiv gemessen werden kann. Er erhielt Werte für die spezifische Ladung der Leitungselektronen, die im Rahmen der Messgenauigkeit mit der *spezifischen Ladung freier Elektronen*

$$\frac{e}{m_e} = (1{,}75882012 \pm 15 \cdot 10^{-8}) \cdot 10^{11}\ \mathrm{A\,s/kg} \,, \qquad (16\text{-}26)$$

wie sie im Vakuum durch Versuchsanordnungen gemäß Bild 13-11 bestimmt werden kann, übereinstimmten. Damit ist nachgewiesen, dass die Ladungsträger des elektrischen Stromes in Metallen quasifreie Elektronen sind.

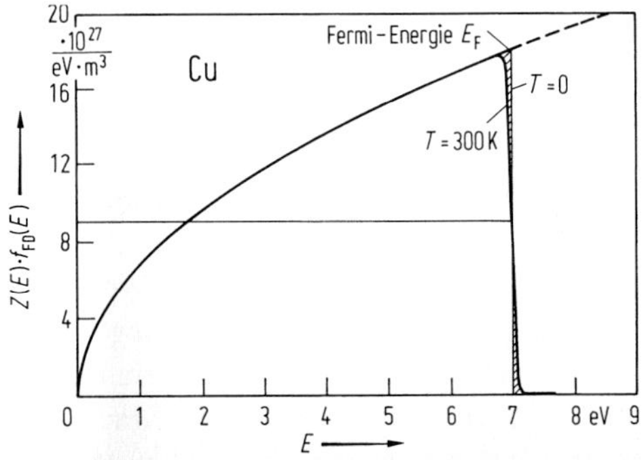

Bild 16-9. Dichte der mit Leitungselektronen besetzten Energiezustände in Kupfer bei $T = 300$ K

Klassische Theorie des Elektronengases

Nach P. Drude und H. A. Lorentz wird die Bewegung der freien Elektronen im Metall wie die Bewegung der Moleküle eines Gases behandelt. Die Leitungselektronen bewegen sich statistisch ungeordnet, tauschen durch Stöße Energie und Impuls mit dem Kristallgitter aus und nehmen daher dessen Temperatur T an. Bei Anlegen eines elektrischen Feldes $\boldsymbol{E}$ erhalten sie eine Beschleunigung $\boldsymbol{a} = -e\boldsymbol{E}/m_e$, die ihnen in der Zeit τ zwischen zwei unelastischen Zusammenstößen mit dem Gitter eine Geschwindigkeit $\boldsymbol{v}_{\mathrm{E}} = \boldsymbol{a}\tau = -e\tau\boldsymbol{E}/m_e$ in (negativer) Feldrichtung erteilt. Ferner sei angenommen, dass die Elektronen bei den unelastischen Stößen mit dem Gitter alle im Feld auf der mittleren freien Weglänge $l_e = \bar{v}\tau$ aufgenommene Energie als Gitterschwingungsenergie (Phononen), d. h. als Joule'sche Wärme, an das Gitter abgeben und nach jedem solcher Stöße erneut im Feld starten müssen. Dann ergibt sich als mittlere, durch die Feldstärke $\boldsymbol{E}$ verursachte *Driftgeschwindigkeit* der Leitungselektronen (vgl. 12.6)

$$\boldsymbol{v}_{\mathrm{dr}} = -\frac{1}{2}\tau\frac{e}{m_e}\boldsymbol{E} = -\frac{el_e}{2m_e\bar{v}}\boldsymbol{E} \,. \qquad (16\text{-}27)$$

Die Driftgeschwindigkeit $\boldsymbol{v}_{\mathrm{dr}}$ überlagert sich der viel höheren thermischen Geschwindigkeit $\bar{v}$, jedoch führt nur $\boldsymbol{v}_{\mathrm{dr}}$ zu einem resultierenden elektrischen Strom. Gleichung (16-27) hat die Form der Definitionsgleichung (15-8) bzw. (15-9) der Beweglichkeit. Durch Vergleich erhält man für die *Beweglichkeit* der Elektronen

$$\mu_e = \frac{1}{2}\tau\frac{e}{m_e} = \frac{el_e}{2m_e\bar{v}} \,. \qquad (16\text{-}28)$$

Der Zusammenhang (15-7) zwischen Stromdichte $\boldsymbol{j}$ und Driftgeschwindigkeit liefert schließlich mit (16-27)

$$\boldsymbol{j} = \frac{1}{2}\tau\frac{ne^2}{m_e}\boldsymbol{E} = \frac{ne^2 l_e}{2m_e\bar{v}}\boldsymbol{E}\,. \qquad (16\text{-}29)$$

Für Metalle ist $v_{dr} \ll \bar{v}$ (siehe 12.6), sodass $\bar{v}$ bei konstanter Temperatur durch das Anlegen des Feldes praktisch nicht geändert wird. Auch die anderen Faktoren vor der Feldstärke sind von $\boldsymbol{E}$ unabhängig. Damit stellt (16-29) das aus dem Drude-Lorentz-Modell hergeleitete *Ohm'sche Gesetz* dar. Durch Vergleich mit (15-6) ergibt sich für die *elektrische Leitfähigkeit*

$$\gamma = \frac{1}{2}\tau\frac{ne^2}{m_e} = \frac{ne^2 l_e}{2m_e\bar{v}}\,. \qquad (16\text{-}30)$$

Anmerkung: Bei der elektrischen Leitung in verdünnten ionisierten Gasen (16.6) kann v_{dr} in die Größenordnung der mittleren thermischen Geschwindigkeit $\bar{v}$ kommen, sodass diese durch $\boldsymbol{E}$ verändert wird. Dann treten Abweichungen vom Ohm'schen Gesetz auf.

Es liegt nahe anzunehmen, dass die besonders große Wärmeleitfähigkeit der Metalle ebenfalls auf das freie Elektronengas zurückzuführen ist. Wir können dazu die Beziehung für die Wärmeleitfähigkeit einatomiger Gase (9-21) übernehmen:

$$\lambda = \frac{1}{2}k\bar{v}nl_e\,. \qquad (16\text{-}31)$$

Bilden wir nun den Quotienten λ/γ und setzen gemäß (8-42) $m\bar{v}^2 \approx 3kT$, so erhalten wir das von Wiedemann und Franz 1853 empirisch gefundene, von Lorenz 1872 ergänzte Gesetz (*Wiedemann-Franz'sches Gesetz*):

$$\frac{\lambda}{\gamma} = LT \quad \text{mit} \quad L = \frac{3k^2}{e^2}\,. \qquad (16\text{-}32)$$

Die korrektere Berechnung unter Berücksichtigung der Fermi-Dirac-Verteilung (16-18) bzw. (16-24) liefert für die Konstante L (Sommerfeld, 1928) den nur wenig abweichenden Wert für alle Metalle (und für Temperaturen weit oberhalb der Debye-Temperatur Θ_D, die hier nicht erläutert werden kann)

$$L = \frac{\pi^2 k^2}{3e^2} = 2{,}443\ldots\cdot 10^{-8}\,\mathrm{V^2/K^2}\,. \qquad (16\text{-}33)$$

Experimentelle Werte liegen bei 2,2 bis $2{,}6\cdot 10^{-8}\,\mathrm{V^2/K^2}$ für verschiedene reine Metalle ($T \gtrsim 200\,\mathrm{K}$). Die relativ gute Übereinstimmung der klassischen Rechnung mit (16-33) liegt mit daran, dass sowohl für die elektrische Leitung als auch für die Wärmeleitung vor allem die schnellen Elektronen maßgebend sind, deren Energieverteilung sich der klassischen Boltzmann-Verteilung annähert (16-21). Dagegen versagt die klassische Vorstellung bei der Berechnung der Wärmekapazität des Elektronengases. Hier muss die Fermi-Dirac-Verteilung beachtet werden, die bewirkt, dass bei normalen Temperaturen nur ein sehr geringer Anteil der Leitungselektronen thermisch angeregt ist.

Temperaturabhängigkeit des elektrischen Widerstandes von Metallen

Reine Metalle zeigen empirisch nach (15-12) und Tabelle 15-1 einen von der Temperatur abhängigen spezifischen Widerstand

$$\varrho = \varrho_0(1 + \alpha\vartheta) = \varrho_0(1 - \alpha T_0 + \alpha T)\,, \qquad (16\text{-}34)$$

worin $\vartheta = T - T_0$ die Celsius-Temperatur und $T_0 = 273{,}15\,\mathrm{K}$ bedeuten. Für reine Metalle ist nach Tabelle 15-1 in den meisten Fällen $\alpha \approx 0{,}004\,\mathrm{K^{-1}} \approx 1/T_0$, sodass $\alpha T_0 \approx 1$ ist. Damit erhalten wir für reine Metalle aus (16-34) in grober Näherung das empirische Ergebnis

$$\varrho \approx \varrho_0\alpha T \approx \frac{\varrho_0}{T_0}T\,, \qquad (16\text{-}35)$$

das anhand des Modells des freien Elektronengases zu interpretieren ist. Aus (16-30) ergibt sich für den spezifischen Widerstand

$$\varrho = \frac{2m_e\bar{v}}{ne^2 l_e}\,. \qquad (16\text{-}36)$$

Als temperaturabhängige Größen kommen hierin die Leitungselektronendichte n, die mittlere Geschwindigkeit $\bar{v}$ und die mittlere freie Weglänge l_e in Frage. n ist jedoch nach der Vorstellung vom freien Elektronengas in Metallen nicht temperaturabhängig. Für $\bar{v}$ trifft aufgrund der Fermi-Dirac-Verteilung (Bild 16-9) praktisch das gleiche zu. Als einzige temperaturabhängige Größe bleibt l_e als mittlere freie Weglänge zwischen zwei unelastischen Stößen

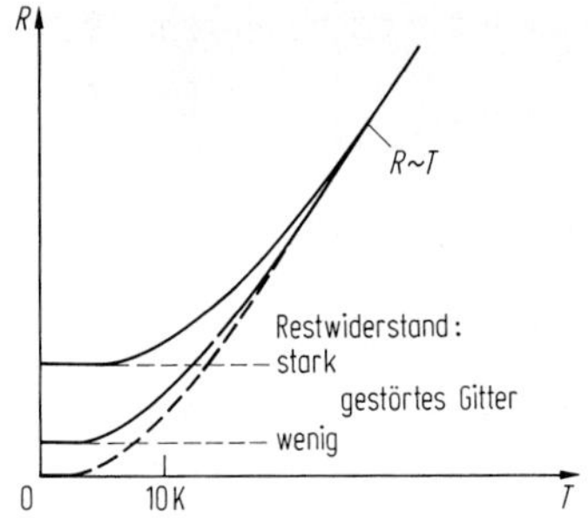

Bild 16-10. Temperaturabhängigkeit des elektrischen Widerstandes verschieden stark gestörter Metallkristalle

der Elektronen mit dem Gitter. Solche unelastischen Stöße treten an Störungen des periodischen Aufbaues des Kristallgitters auf, während das regelmäßige, periodische Gitter (aus wellenmechanischen Gründen) von den Leitungselektronen frei durchlaufen werden kann. Solche Störungen sind z. B. die thermischen Gitterschwingungen. Mit steigender Temperatur nimmt daher die freie Weglänge l_e ab, der Widerstand steigt mit T gemäß (16-35). Bei tiefen Temperaturen sind dagegen die temperaturunabhängigen Gitterstörungen (wie Fremdatome, Leerstellen, Korngrenzen zwischen verschiedenen Kristalliten usw.) maßgebend für l_e bzw. ϱ. Der temperaturproportionale Widerstand geht daher bei tiefen Temperaturen ($T \lesssim 10\,\mathrm{K}$) in einen konstanten *Restwiderstand* über, dessen Wert ein Maß für die Reinheit und Ungestörtheit des Metallkristalls ist (Bild 16-10).
Metallegierungen sind stark gestörte Kristalle, in denen l_e klein und damit ϱ groß ist und beide kaum von der Temperatur abhängen: Widerstandslegierungen (Tabelle 15-1).

16.3 Supraleitung

Der elektrische Widerstand von Metallen nimmt nach 16.2 mit sinkender Temperatur ab, geht aber für $T \to 0$ in den konstanten Restwiderstand über (Bild 16-10), der durch die Gitterstörungen bestimmt ist. Mit abnehmender Konzentration der Gitterstörungen nähert sich der Widerstand dem Wert 0, verschwindet jedoch nicht vollständig, da absolute Fehlerfreiheit und $T = 0$ nicht erreichbar sind. Einige Metalle, z. B. Quecksilber oder Blei, zeigen jedoch bei Unterschreiten einer materialabhängigen *kritischen Temperatur* T_c von wenigen

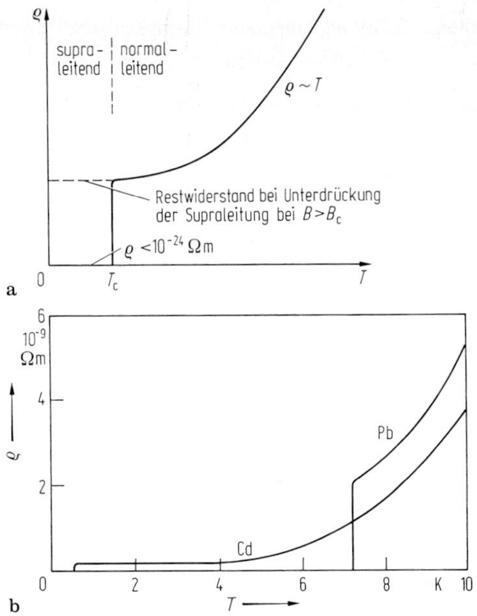

Bild 16-11. Kritische Temperatur und Sprungkurve des spezifischen Widerstandes von Supraleitern. **a** schematisch, **b** für Blei und Cadmium

Kelvin (Bild 16-11) einen unmessbar kleinen Widerstand: *Supraleitung* (Kamerlingh Onnes, 1911). Für Elementsupraleiter liegen die *Sprungtemperaturen* durchweg unter 10 K (Tabelle 16-2), bei Verbindungs- und Legierungssupraleitern bisher maximal bei 23 K. Für die Nutzung der idealen Leitfähigkeit von Supraleitern ist daher die Kühlung mit flüssigem Helium (Siedetemperatur 4,2 K, Tabelle 8-5) Voraussetzung. Erst 1986 wurden höhere Sprungtemperaturen entdeckt (Bednorz und Müller): Bestimmte keramische Stoffe mit Perowskit-Struktur zeigen Supraleitung bei 37 K, bei 93 K und sogar bei über 100 K (Tabelle 16-2): *Hochtemperatur-Supraleiter.*
Für solche Supraleiter genügt die Kühlung mit flüssigem Stickstoff (Siedetemperatur 77,4 K, Tabelle 8-5), ein enormer technischer Vorteil.
Die in Tabelle 16-2 angegebenen Sprungtemperaturen T_c gelten für den Fall, dass keine äußere magnetische Feldstärke anliegt. Für eine äußere magnetische Flussdichte $B_a > 0$ wird dagegen die Sprungtemperatur kleiner, der supraleitende Zustand wird oberhalb einer kritischen äußeren magnetischen Flussdichte B_c zerstört. Der Zusammenhang zwischen der *kritischen*

Tabelle 16-2. Sprungtemperatur T_c und kritische Flussdichte B_c verschiedener Supraleiter, vgl. auch G 1-2

Stoff	T_c K	$B_c(T \to 0)$ mT	$B_{c2}(T \to 0)$ T
Supraleiter 1. Art:			
Al	1,18	9,9	
Cd	0,52	5,3	
Hg(α)	4,15	41,2	
In	3,41	29,3	
Pb	7,20	80,3	
Sn	3,72	30,9	
Supraleiter 2. Art:			
Nb	9,46		0,198
Ta	4,48		0,108
V	5,30		0,132
Zn	0,9		0,0053
Supraleiter 3. Art:			
Nb_3Al	17,5		
Nb_3Ge	23		
Nb_3Sn	18		≈ 25
NbTi (50%)	10,5		≈ 14
NbZr (50%)	11		
V_3Ga	16,8		≈ 21
V_3Si	17		$\approx 23,5$
Keramische Supraleiter (Hochtemperatursupraleiter):			
$La_{1,85}Sr_{0,15}CuO_4$	37		
$YBa_2Cu_3O_7$	93		≈ 350 ($B_{c2\parallel}$)
$Bi_2Sr_2Ca_2Cu_3O_{10}$	110		
$Tl_2Ba_2Ca_2Cu_3O_{10}$	125		
$HgBa_2Ca_2Cu_3O_8$	133		

Flussdichte B_c und der Temperatur T lässt sich in den meisten Fällen in guter Näherung durch die empirische Beziehung

$$B_c = B_{c0}\left[1 - \left(\frac{T}{T_c}\right)^2\right] \qquad (16\text{-}37)$$

darstellen. Die Bilder 16-12 und 16-13 zeigen diesen Zusammenhang für einige Supraleiter 1. Art und 3. Art.

Diese Erscheinung hängt mit dem zweiten wichtigen Phänomen der Supraleitung neben der idealen Leitfähigkeit, dem *Meißner-Ochsenfeld-Effekt* (1933) zusammen. Danach wird ein Magnetfeld aus dem Inneren eines Supraleiters verdrängt, solange die Ener-

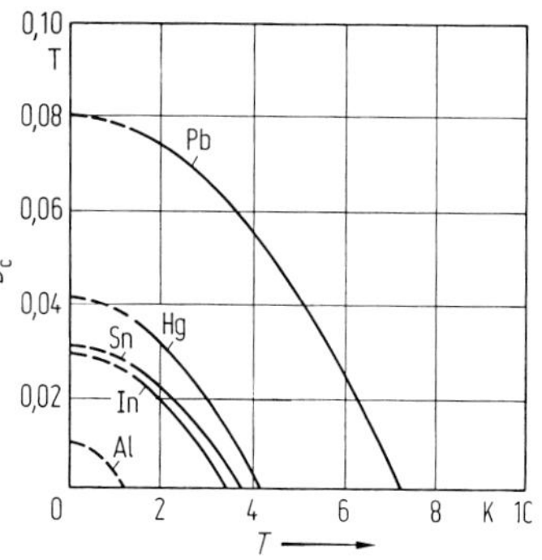

Bild 16-12. Kritische Flussdichte B_c als Funktion der Temperatur für einige Elementsupraleiter 1. Art

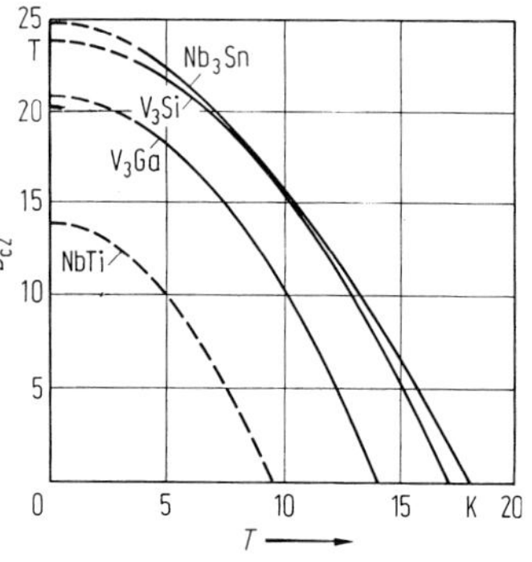

Bild 16-13. Kritische Flussdichte B_{c2} als Funktion der Temperatur für einige Supraleiter 3. Art (Hochfeldsupraleiter)

gie hierfür kleiner ist, als der Energiegewinn durch den Eintritt des supraleitenden Zustandes. Das erfolgt unabhängig davon, ob das Magnetfeld nach oder vor der Abkühlung unter T_c eingeschaltet wird. Im ersten Fall könnte die ideale Leitfähigkeit allein zur Erklärung der Feldfreiheit des Supraleiters herangezogen werden (Induktion von Abschirmströmen nach der Lenz'schen Regel, siehe 14.1). Im zweiten Fall ist das nicht möglich.

Ein Supraleiter, aus dem das äußere Magnetfeld $\boldsymbol{B}_a$ verdrängt wird ($\boldsymbol{B}_i = \mu_r\mu_0\boldsymbol{H} = 0$), zeigt damit einen *idealen Diamagnetismus*:

$$\mu_r = 0 \quad \text{für} \quad T < T_c\,. \qquad (16\text{-}38)$$

Derselbe Sachverhalt lässt sich auch durch die Magnetisierung $\boldsymbol{M}$ ausdrücken (13-45): $\boldsymbol{B}_i = \boldsymbol{B}_a + \mu_0\boldsymbol{M} = 0$. Die Magnetisierung eines Supraleiters mit vollständigem Meißner-Effekt ergibt sich daher aus

$$-\mu_0\boldsymbol{M} = \boldsymbol{B}_a \quad \text{für} \quad T < T_c\,. \qquad (16\text{-}39)$$

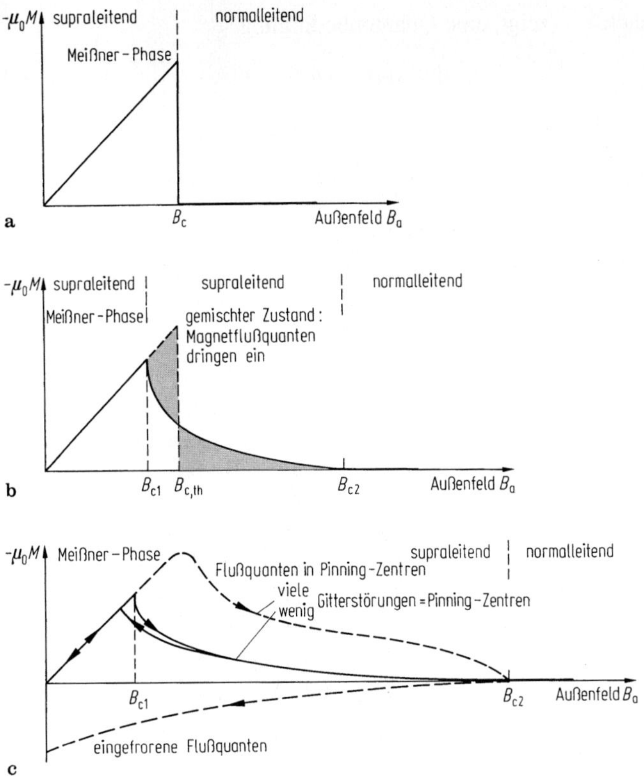

Bild 16-14. Magnetisierungskurven von Supraleitern (lange Stäbe parallel zu B_a). Supraleiter **a** 1. Art, **b** 2. Art, **c** 3. Art

Vollständigen Meißner-Effekt zeigen nur die *Supraleiter 1. Art* (Tabelle 16-2), deren Magnetisierungskurve (für einen langen Zylinder parallel zu $\boldsymbol{B}_a$) Bild 16-14a zeigt. Für $B_a < B_c$ fließen dabei in einer dünnen Oberflächenschicht (Eindringtiefe $\lambda \approx (10^{-7} \dots 10^{-8})$ m, siehe unten) des supraleitenden Körpers Abschirmströme, deren Feld das äußere Feld (bis auf die Oberflächenschicht) exakt kompensiert. Für $B_a \geqq B_c$ bricht die Supraleitung sprunghaft zusammen.

Stromführende supraleitende Drähte erzeugen selbst ein Magnetfeld (13-3), das schließlich die Supraleitung zerstören kann. Die *Stromtragfähigkeit* ist daher begrenzt und umso geringer, je größer ein von außen angelegtes Feld ist.

Phänomenologisch lassen sich die beiden Haupteigenschaften der Supraleiter durch die London'sche Theorie (F. und H. London, 1935) mit den *London'schen Gleichungen* beschreiben:

$$(I) \qquad \frac{\mathrm{d}}{\mathrm{d}t}(\Lambda \boldsymbol{j}_s) = \boldsymbol{E}$$
$$(II) \qquad \mathrm{rot}(\Lambda \boldsymbol{j}_s) = -\boldsymbol{B} \qquad (16\text{-}40)$$

$\boldsymbol{j}_s = -n_s e_s \boldsymbol{v}_s$ ist die Suprastromdichte. Die I. London'sche Gleichung beschreibt daher einen idealen Leiter mit verschwindendem Ohm'schen Widerstand, in dem die Ladungen in einem elektrischen Feld beschleunigt werden, sodass $\dot{\boldsymbol{v}}_s \sim \boldsymbol{E}$ (im Gegensatz zum Ohm'schen Gesetz mit $\boldsymbol{v} \sim \boldsymbol{E}$). Ferner ist

$$\Lambda = \frac{m_s}{n_s e_s^2} \,. \qquad (16\text{-}41)$$

n_s, m_s, e_s und $\boldsymbol{v}_s$ sind Anzahldichte, Masse, Ladung und Geschwindigkeit der supraleitenden Ladungsträger. Die II. London'sche Gleichung liefert für das Magnetfeld an einer supraleitenden Oberfläche (Ebene $x = 0$, supraleitend für $x > 0$)

$$B_z(x) = B_z(0)\mathrm{e}^{-x/\lambda} \,. \qquad (16\text{-}42)$$

Das äußere Magnetfeld klingt also innerhalb des supraleitenden Bereiches exponentiell ab. Seine Eindringtiefe λ ist nach der London'schen Theorie

$$\lambda = \sqrt{\Lambda/\mu_0} \,. \qquad (16\text{-}43)$$

Damit beschreibt die II. London'sche Gleichung den idealen Diamagnetismus. Bei *Supraleitern 2. Art* (Tabelle 16-2) gibt es bei niedrigem Außenfeld zunächst ebenfalls eine Meißner-Phase (Bild 16-14b).

Bei einer ersten kritischen Flussdichte B_{c1} beginnt das äußere Magnetfeld in Form von normalleitenden magnetischen Flussschläuchen in den Supraleiter einzudringen, sodass die Magnetisierung $-\boldsymbol{M}$ wieder kleiner wird (bei nach wie vor verschwindendem elektrischen Widerstand!), bis schließlich bei einer sehr viel höheren zweiten kritischen Flussdichte B_{c2} die gesamte Probe normalleitend geworden ist. Für theoretische Betrachtungen kann eine fiktive kritische Flussdichte $B_{c,th}$ definiert werden derart, dass die getönten Flächen in Bild 16-14b gleich sind. Die Magnetisierungskurve der Supraleiter 2. Art ist reversibel, sie kann in beiden Richtungen durchlaufen werden.

Der supraleitende Zustand im Außenfeldbereich $B_{c1} < B_a < B_{c2}$ heißt *gemischter Zustand*. Im gemischten Zustand von supraleitenden Proben aus reinen, ungestörten Kristallen bilden die normalleitenden magnetischen Flussschläuche reguläre trigonale oder rechteckige Flussliniengitter (je nach Orientierung der Kristallstruktur zum Magnetfeld). Die Flussliniengitter wurden erstmals 1966 von Essmann und Träuble durch Dekoration mittels eines Bitter-Verfahrens (siehe 13.4) sichtbar gemacht.

Der gemischte Zustand kann durch die phänomenologische Ginsburg-Landau-Theorie (1950) beschrieben werden, indem für die Grenzfläche zwischen normal- und supraleitendem Bereich eine *Grenzflächenenergie* eingeführt wird. Je nach deren Vorzeichen wird die Bildung solcher Grenzflächen energetisch begünstigt (Supraleiter 2. Art im gemischten Zustand) oder behindert (Supraleiter 1. Art).

Anmerkung: Der gemischte Zustand ist vom *Zwischenzustand* zu unterscheiden, der in Supraleitern 1. und 2. Art bei solchen Probengeometrien auftritt, bei denen durch die Feldverdrängung lokal am Probenrand B_c (bzw. B_{c1}) überschritten wird, obwohl im entfernteren, ungestörten Außenfeld noch $B_a < B_c$ (bzw. $B_a < B_{c1}$) gilt. Im Zwischenzustand ist die supraleitende Probe von makroskopischen, normalleitenden magnetischen Bereichen durchzogen.

Die normalleitenden, magnetischen Flussschläuche sind vollständig von supraleitendem Material umschlossen. Für einen magnetischen Fluss Φ in einem zweifach zusammenhängenden, supraleitenden Gebiet gilt, wie die Wellenmechanik der Supraleitung zeigt, eine Quantenbedingung

$$\Phi = n\Phi_0 \quad (n = 0, 1, 2, \ldots) \qquad (16\text{-}44)$$

mit

$$\Phi_0 = \frac{h}{2e} = 2{,}067\ldots \cdot 10^{-15}\,\mathrm{Wb} \qquad (16\text{-}45)$$

(*magnetisches Flussquant*) .

Die *Flussquantisierung* wurde 1961 von Doll und Näbauer sowie von Deaver und Fairbank (mittels sehr empfindlicher magnetischer Messmethoden) und später von Boersch und Lischke (mittels elektroneninterferometrischer Methoden) nachgewiesen. Das Auftreten der Ladung $2e$ im Nenner von (16-45) ist ein Hinweis auf die Existenz von Elektronenpaaren im Supraleiter, siehe unten.

Im gemischten Zustand des Supraleiters 2. Art enthalten die Flussschläuche gerade ein Flussquant, also den kleinsten, von null verschiedenen Wert. Damit wird ein maximaler Wert der Grenzfläche zwischen supraleitender und normalleitender Phase geschaffen. Bei Supraleitern 2. Art ist dieser Zustand für $B_a > B_{c1}$ energetisch günstig, da hier die Grenzflächenenergie negativ ist. Bei Supraleitern 1. Art ist hingegen die Grenzflächenenergie positiv, weshalb ein gemischter Zustand dort nicht auftritt.

Stark gestörte Supraleiter 2. Art werden *Supraleiter 3. Art* genannt (Tabelle 16-2). Die Kristallstörungen wirken als sogenannte Pinning-Zentren, an denen die Flussquanten haften bleiben. Das hat Hystereseeffekte zur Folge, wobei nach Durchlaufen der Magnetisierungskurve bis $B_a > B_{c2}$ bei verschwindendem Außenfeld eine Restmagnetisierung durch eingefrorene, haftende Flussquanten bestehen bleibt (Bild 16-14c). Die Pinning-Zentren sind für die Stromtragfähigkeit der Supraleiter von großer Bedeutung, da ein von außen aufgeprägter Strom gemäß (13-35) eine Kraft auf die Flussschläuche ausübt. Ohne Pinning-Zentren würde dies zum Wandern der Flussschläuche, das heißt, zum Auftreten einer Induktionsspannung und damit zu Ohm'schen Verlusten führen.

Supraleiter 3. Art haben sehr hohe kritische Flussdichten (Tabelle 16-2) bei gleichzeitig großer Stromtragfähigkeit. Sie sind deshalb von technischer Bedeutung vor allem für die Erzeugung großer Magnetfelder im sogenannten *Dauerstrombetrieb*: In einer supraleitend kurzgeschlossenen, supraleitenden Spule fließt der Strom zeitlich konstant beliebig lange ohne Spannungsquelle weiter, und das erzeugte Magnetfeld bleibt ohne weitere Energiezufuhr erhalten, wenn man von der Energie für die Kühlung gegen äußere Wärmezufuhr durch flüssiges Helium absieht. Während des Hochfahrens des Stromes durch die supraleitende Spule wird der eingebaute supraleitende Kurzschluss durch eine kleine Heizwicklung normalleitend gehalten (Bild 16-15). Nach Einstellung des erforderlichen Stromes wird die Heizung ausgeschaltet, die Spule arbeitet im Dauerstrombetrieb und die Stromzufuhr kann abgeschaltet werden.

Die mikrophysikalische Begründung der Supraleitung erfolgte 1957 durch Bardeen, Cooper und Schrieffer (*BCS-Theorie*). Diese mathematisch sehr anspruchsvolle Theorie geht von folgenden Grundgedanken aus: Für $T < T_c$ besteht das Leitungselektronensystem des Supraleiters aus normalen freien Elektronen, die sich wie bei der metallischen Leitung (16.2) verhalten, und aus Elektronenpaaren mit antiparallelem Impuls und Spin (*Cooper-Paare*), die den reibungsfreien Suprastrom tragen. Die Kopplung zweier Elektronen zu einem Cooper-Paar erfolgt über die Wechselwirkung mit dem Gitter (Austausch von Phononen, Nachweis durch den *Isotopeneffekt*, d. h. die Abhängigkeit der Sprungtemperatur von der Masse der Gitterionen). Anschauliche Vorstellung: Ein sich durch das Metallgitter bewegendes Elektron polarisiert das Gitter in seiner Nähe, d. h., es zieht die positiven Ionen etwas an. Entfernt es sich schneller, als die Gitterionen zurückschwingen können, so wirkt diese lokale Gitterdeformation als positive Ladung

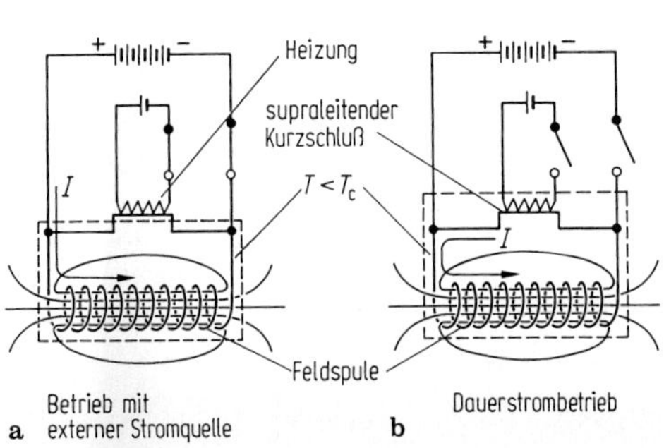

Bild 16-15. Magnetfelderzeugung durch Supraleitungsspulen: Kurzgeschlossene supraleitende Spule **a** im Lade- und **b** im Dauerstrombetrieb

anziehend auf ein weiteres Elektron in der Nähe. Dieser dynamische Vorgang kann zu einer zeitweisen Bindung beider Elektronen zu einem Cooper-Paar führen, wobei die Reichweite (*Kohärenzlänge*) bis etwa 10^{-6} m betragen kann. Die Bindungsenergie liegt bei 10^{-3} eV. Dies führt für $T < T_c$ zur Bildung einer *Energielücke* 2Δ von der Breite der Bindungsenergie symmetrisch zur Fermi-Energie im Energieschema der Elektronen. Die thermische Energie muss klein gegen Δ sein, deshalb tritt Supraleitung vorwiegend bei sehr tiefen Temperaturen auf (Tabelle 16-2). Bei Hochtemperatursupraleitern scheint die Cooper-Paar-Bildung von Löchern (16.4) eine Rolle zu spielen.

Wegen des antiparallelen Spins sind Cooper-Paare Quasiteilchen mit dem Spin 0. Sie unterliegen daher nicht der Fermi-Dirac-Statistik (16-18), sondern der hier nicht behandelten Bose-Einstein-Statistik, sie sind Bose-Teilchen. Diese unterliegen nicht dem Pauli-Verbot (siehe 16.1) und können daher alle in einen untersten Energiezustand übergehen. Alle Cooper-Paare können dann durch eine einzige Wellenfunktion beschrieben werden, sie sind zueinander kohärent. Dieser Zustand kann nur durch Zuführung einer Mindestenergie gestört werden (2Δ pro Cooper-Paar). Dadurch kommt es zum verlustlosen Fließen des Stromes bei Anlegen eines elektrischen Feldes.

16.4 Halbleiter

Halbleiter unterscheiden sich insbesondere durch zwei Eigenschaften von metallischen Leitern:

1. Ihre Leitfähigkeit γ liegt in einem weiten Bereich zwischen etwa 10^{-7} S/m und 10^5 S/m, also zwischen der Leitfähigkeit von Metallen (10^7 bis 10^8 S/m) und derjenigen von Isolatoren (10^{-17} bis 10^{-10} S/m).
2. Die Temperaturabhängigkeit des Widerstandes von Halbleitern ist entgegengesetzt zu derjenigen von Metallen (Bild 16-16).

16.4.1 Eigenleitung

Ein Halbleiter ist bei tiefen Temperaturen fast ein Isolator und wird erst bei höheren Temperaturen elektrisch leitend. Anders als bei Metallen gibt es bei tiefen Temperaturen kein quasifreies Elektronengas,

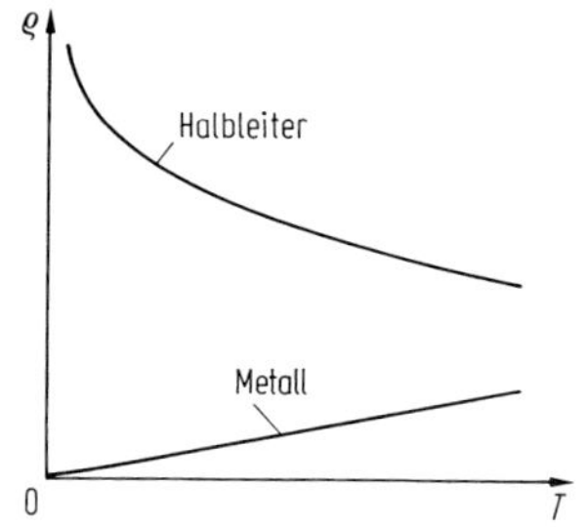

Bild 16-16. Temperaturabhängigkeit des spezifischen Widerstandes ϱ von Metallen und Halbleitern (schematisch)

die Elektronen sind weitgehend gebunden. Die Bindungsenergie liegt unter 1 bis 2 eV. Die Verteilung der thermischen Energie reicht bei Zimmertemperatur aus, um einige Elektronen von ihren Atomen zu trennen, die sich nun im elektrischen Feld bewegen können. Die daraus resultierende elektrische Leitfähigkeit steigt mit der Temperatur aufgrund der zunehmenden Anzahldichte n der nicht mehr gebundenen Elektronen, vgl. (16-30). Dieser Temperatureffekt übersteigt bei weitem den auch bei Halbleitern vorhandenen Effekt der Verringerung der mittleren freien Weglänge l_c bzw. der mittleren Stoßzeit τ (auch: Relaxationszeit) mit steigender Temperatur. Die Relaxationszeit τ und gemäß (16-28) die Beweglichkeit μ zeigen nach der (nicht dargestellten) Theorie aufgrund der Wechselwirkung mit den Gitterschwingungen in reinen Halbleitern eine Temperaturabhängigkeit

$$\mu(T) = \text{const} \cdot T^{-3/2} \,. \qquad (16\text{-}46)$$

Im Bändermodell des Halbleiters (Bild 16-6, mit einer schmaleren Energielücke $\Delta E = E_g$ als beim Isolator, Tabelle 16-4) bedeutet die thermische Anregung der Elektronen, dass entsprechend der Besetzungswahrscheinlichkeit gemäß der Fermi-Dirac-Verteilung (Bild 16-8) mit einer bei höheren Temperaturen stärker verrundeten Fermi-Kante einige Valenzelektronen in das Leitungsband gehoben werden, wo sie für die elektrische Leitung zur Verfügung stehen. Im Valenzband entstehen dadurch unbesetzte Zustände, die sich wegen des Ionenhintergrundes wie positive Ladungen verhalten. Sie werden *Löcher* oder *Defektelektronen* genannt. Durch Platzwechsel von benachbarten gebundenen Elektronen kann ein Loch an deren Ort wandern (Bild 16-17). Im elektrischen Feld bewegen sich

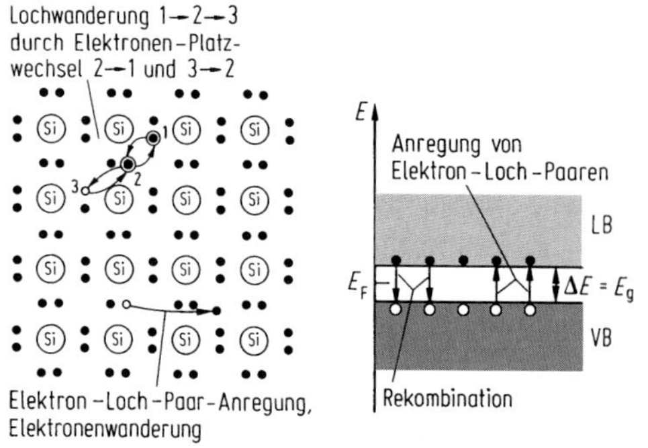

Bild 16-17. Elektron-Loch-Paar-Anregung im planaren Gittermodell und im Bänderschema (Eigenleitung)

Löcher wie positive Ladungen $+e$ in Feldrichtung und tragen als solche zur Stromstärke bei.
Wegen der paarweisen Anregung von Elektronen und Löchern in reinen Halbleitern, d. h. bei reiner *Eigenleitung*, sind die Anzahldichte n der Elektronen im Leitungsband und die Anzahldichte p der Löcher im Valenzband gleich der sog. *Eigenleitungsträgerdichte* (auch: intrinsische Trägerdichte):

$$n = p = n_i \,. \qquad (16\text{-}47)$$

Die Leitfähigkeit beliebiger Halbleiter ergibt sich in Erweiterung von (15-10) zu

$$\gamma = e(p\mu_p + n\mu_n) \,, \qquad (16\text{-}48)$$

bzw. für Eigenleitung

$$\gamma = en_i(\mu_p + \mu_n) \,, \qquad (16\text{-}49)$$

wobei μ_n und μ_p die Beweglichkeiten von Elektronen und Löchern sind (Tabelle 16-3).
Die Zustandsdichten in der Nähe der Bandkanten E_c des Leitungsbandes und E_v des Valenzbandes (Bild 16-18) ergeben sich analog zu (16-22) für die Elektronenzustände

Tabelle 16-3. Beweglichkeit von Elektronen und Löchern für einige wichtige Halbleiter ($T = 300$ K)

Halbleiter	μ_n in cm²/V s	μ_p in cm²/V s
Ge	3900	1900
Si	1350	480
GaAs	8500	435

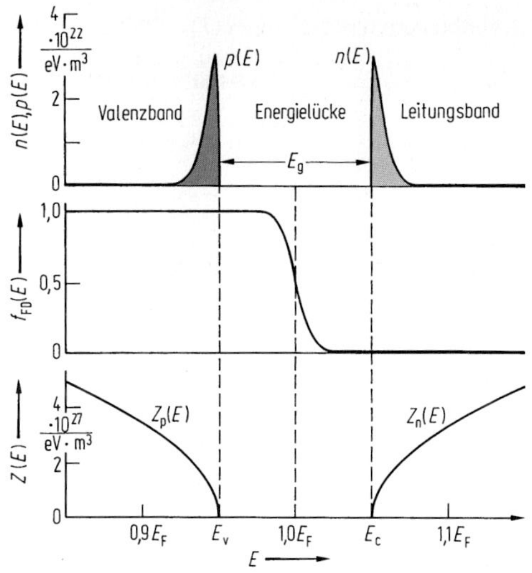

Bild 16-18. Zustandsdichten $Z(E)$, Besetzungswahrscheinlichkeit $f(E)$ und Elektronendichte $n(E)$ bzw. Löcherdichte $p(E)$ im Valenz- und Leitungsband (berechnet für $E_F = 5\,\text{eV}$, $E_g = 0{,}5\,\text{eV}$, $T = 300\,\text{K}$)

$$Z_n(E) = \frac{1}{2\pi^2}\left(\frac{2m_n^*}{\hbar^2}\right)^{3/2}\sqrt{E - E_c} \qquad (16\text{-}50)$$

im Leitungsband

und für Löcherzustände

$$Z_p(E) = \frac{1}{2\pi^2}\left(\frac{2m_p^*}{\hbar^2}\right)^{3/2}\sqrt{E_v - E} \qquad (16\text{-}51)$$

im Valenzband.

m_n^* und m_p^* sind die *effektiven Massen* der Leitungselektronen und Löcher in der Nähe der jeweiligen Bandkanten, die durch den Einfluss des Kristallpotenzials von der Masse der freien Elektronen abweichen können. Wie bei der metallischen Leitung (16.2) ergibt sich auch hier die Besetzungsdichte durch Multiplikation mit der Besetzungswahrscheinlichkeit, die durch die Fermi-Dirac-Verteilung $f_{FD}(E)$ nach (16-18) gegeben ist. Für die Elektronen nahe der unteren Leitungsbandkante folgt

$$n(E) = Z_n(E) f_{FD}(E) \qquad (16\text{-}52)$$

und für die Löcher an der oberen Valenzbandkante

$$p(E) = Z_p(E)[1 - f_{FD}(E)]\,. \qquad (16\text{-}53)$$

Ist die thermische Energie kT klein gegen die Breite der Energielücke $\Delta E = E_c - E_v = E_g$, so liegt die Fermi-Energie E_F in der Mitte der Energielücke, d. h., $E_F = E_c - E_g/2 = E_v + E_g/2$. Ferner gilt dann für das Leitungsband $E - E_F \gg kT$, d. h., anstelle der Fermi-Dirac-Verteilung kann innerhalb des Bandes die Boltzmann-Näherung (16-21) verwendet werden. Die Gesamtdichte der Leitungselektronen im Leitungsband folgt aus

$$n = \int_{E_c}^{\infty} Z_n(E) f_{FD}(E)\,\mathrm{d}E\,. \qquad (16\text{-}54)$$

Gleichung (16-54) kann in der Näherung $f_{FD}(E) \approx f_{MB}(E)$ als bestimmtes Integral geschlossen angegeben werden und liefert

$$n(T) = a_n T^{3/2} \mathrm{e}^{-E_g/2kT} \qquad (16\text{-}55)$$

mit

$$a_n = 2\left(\frac{2\pi m_n^* k}{h^2}\right)^{3/2}. \qquad (16\text{-}56)$$

Entsprechend ergibt sich wegen der Symmetrie der Zustandsdichten und der Fermi-Dirac-Verteilung für die Gesamtdichte der Löcher im Valenzband

$$p(T) = a_p T^{3/2} \mathrm{e}^{-E_g/2kT}\,, \qquad (16\text{-}57)$$

worin a_p sich wie (16-56) mit $m_n^* \to m_p^*$ berechnet. Das Produkt von freier Elektronen- und Löcherdichte beträgt nach (16-55) bis (16-57) und (16-47)

$$n(T)p(T) = n_i^2(T) \qquad (16\text{-}58)$$
$$= 4\left(\frac{2\pi kT}{h^2}\right)^3 \left(m_n^* m_p^*\right)^{3/2} \mathrm{e}^{-E_g/kT}\,.$$

Für einen gegebenen Halbleiter ist np bei fester Temperatur eine Konstante, die sich auch bei Dotierung (16.4.2) nicht ändert.

Aus (16-46), (16-48), (16-55) und (16-57) folgt für die *Temperaturabhängigkeit* des spezifischen Widerstandes von Halbleitern

$$\varrho(T) = \text{const} \cdot \mathrm{e}^{E_g/2kT}\,. \qquad (16\text{-}59)$$

Wegen der starken, exponentiellen Abhängigkeit besonders bei tiefen Temperaturen (Bild 16-16) sind

Tabelle 16-4. Energielücke E_g zwischen Valenz- und Leitungsband in Halbleitern und Isolatoren ($T = 300$ K)

Kristall	E_g/eV	Kristall	E_g/eV	Kristall	E_g/eV	Kristall	E_g/eV
C (Diamant)	5,4	InSb	0,165	CdO	2,5	ZnO	3,2
Si	1,107	InAs	0,36	CdS	2,42	ZnS	3,6
Ge	0,67	InP	1,27	CdSe	1,74	ZnSe	2,58
Te	0,33	GaSb	0,67	CdTe	1,44	ZnTe	2,26
Se	1,6...2,5	GaAs	1,35	PbS	0,37	ZnSb	0,50
As (amorph)	1,18	GaP	2,24	PbSe	0,526	Cu_2O	2,06
		BN	4,6	PbTe	0,25	CuO	0,6
		SiC	2,8	MgO	7,4	NaCl	8,97
		Al_2O_3	7,0	BaO	4,4	TiO_2	3,05

Halbleiterwiderstände (C, Ge) gut zur Messung tiefer Temperaturen geeignet.
Die Breite der verbotenen Zone E_g (Energielücke, Tabelle 16-4) lässt sich aus der Frequenzabhängigkeit der Lichtabsorption bestimmen. Nach der Lichtquantenhypothese (20.3) beträgt die Energie eines Lichtquants $E = h\nu$. Von einem Halbleiter kann die Energie eines Lichtquants erst dann durch Erzeugung eines Elektron-Loch-Paares absorbiert werden, wenn

$$E = h\nu \geqq E_g \tag{16-60}$$

(*Fotoleitung*). Bei angelegtem elektrischen Feld setzt dann ein Fotostrom bei Bestrahlung mit Licht der Frequenz $\nu \geqq \nu_c = E_g/h$ ein. Für Licht unterhalb der Grenzfrequenz ν_c bleibt der Halbleiter durchsichtig und nichtleitend.
Kristalle mit Energielücken $E_g > 2$ eV werden zu den Isolatoren gerechnet. Nach der Breite der Energielücke lassen sich damit die Leitungseigenschaften von Metallen, Halbleitern und Isolatoren gemäß Bild 16-19 charakterisieren:

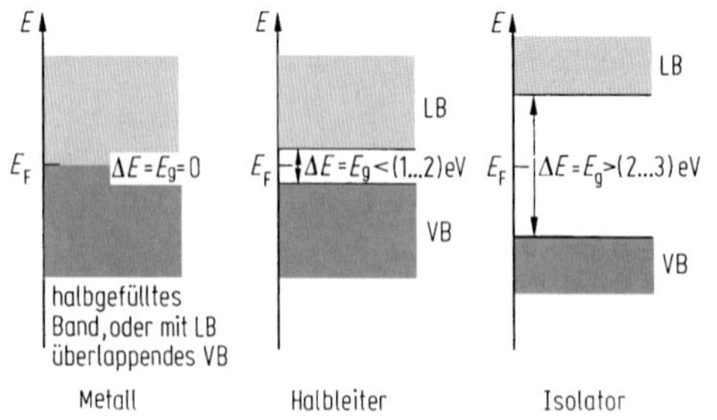

Bild 16-19. Energielücke zwischen Valenz- und Leitungsband bei Metallen, Halbleitern und Isolatoren

Metalle: Energielücke zwischen besetztem und unbesetztem Bandbereich nicht vorhanden, elektrische Leitung ist immer möglich.

Halbleiter: Kleine Energielücke zwischen Valenz- und Leitungsband, elektrische Leitung ist erst nach Energiezufuhr (thermisch, Licht) durch Elektron-Loch-Paarbildung möglich.

Isolatoren: Keine Leitung möglich, da Energielücke zwischen Valenz- und Leitungsband zu groß für thermische oder andere Anregung.

16.4.2 Störstellenleitung

Durch den Einbau von anderswertigen Fremdatomen (Dotierung) in den Halbleiterkristall kann die Leitfähigkeit etwa bei $T = 300$ K um Größenordnungen erhöht werden: Störstellenleitung. Werden z. B. 5-wertige Arsenatome in das 4-wertige Grundgitter (Ge, Si) eingebaut, so sind die überzähligen 5. Valenzelektronen nicht innerhalb von Elektronenpaaren an den nächsten Gitternachbar gebunden, sondern können durch geringe Energiezufuhr E_d (10^{-2} bis 10^{-1} eV) von ihren Atomen abgetrennt werden (Bild 16-20a). Solche höherwertigen Fremdatome, die Elektronen liefern, heißen *Donatoren*. Im Bänderschema befinden sich die Donatorniveaus energetisch dicht unterhalb der Leitungsbandkante (Bild 16-20b). Im ionisierten Zustand (d. h. bei abgetrenntem Elektron) sind die ortsfesten Donatoren positiv geladen.
Bei Zimmertemperaturen ($kT = 0{,}026$ eV) haben die meisten Donatorniveaus ihre Elektronen durch

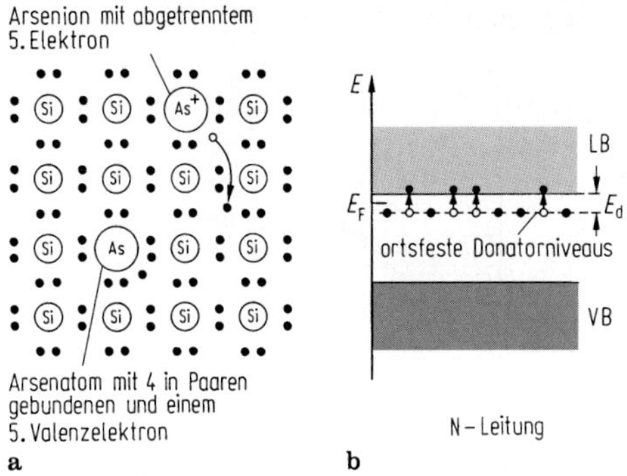

Bild 16-20. N-Leitung in Halbleitern mit Donatorstörstellen

thermische Anregung an das Leitungsband abgegeben. Die elektrische Leitung in solchen Halbleitern erfolgt daher fast ausschließlich durch Elektronen im Leitungsband: *N-Leiter*. Eigenleitung durch Elektronen-Loch-Paaranregung wird gegenüber der Störstellenleitung je nach Dotierungsdichte erst bei höheren Temperaturen merklich.

Wird mit geringerwertigen Fremdatomen dotiert, z. B. mit 3-wertigen Boratomen im 4-wertigen Si-Gitter, so ist jeweils eine Elektronenpaarbindung nicht vollständig (Bild 16-21a). Unter geringem Energieaufwand E_a (10^{-2} bis 10^{-1} eV) können solche Fremdatome benachbarte Elektronen aus dem Valenzband aufnehmen (*Akzeptoren*) und damit dort Löcher erzeugen. Im Bänderschema befinden sich die Akzeptorniveaus energetisch dicht oberhalb der Valenzbandkante (Bild 16-21b).

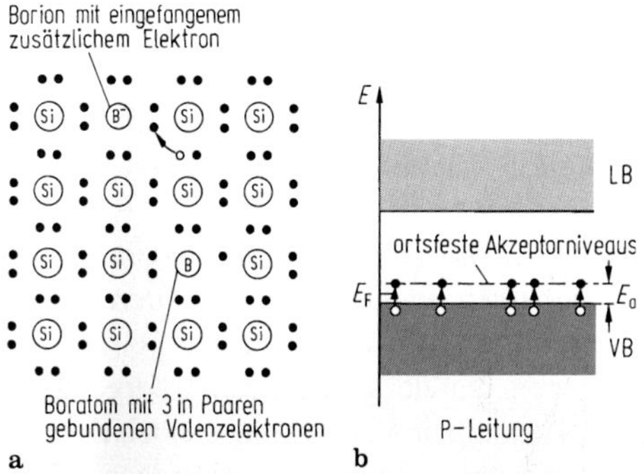

Bild 16-21. P-Leitung in Halbleitern mit Akzeptorstörstellen

Auch hier sind bei Zimmertemperatur die Störstellen weitgehend ionisiert, d. h., sie haben durch thermische Anregung Elektronen aus dem Valenzband aufgenommen. Die ortsfesten Akzeptoren sind dann negativ geladen. Die elektrische Leitung erfolgt fast ausschließlich durch die erzeugten Löcher im Valenzband: *P-Leiter*.

Die Fermi-Kante liegt bei dotierten Halbleitern in der Mitte zwischen den Störstellenniveaus und der zugehörigen Bandkante. Für die Gesamtdichten n, p der Leitungselektronen bzw. Löcher ist nunmehr nicht mehr die Breite E_g der Energielücke zwischen Valenz- und Leitungsband maßgebend, sondern die Anregungsenergie E_d bzw. E_a. Demzufolge ergibt sich für die Temperaturabhängigkeit des spezifischen Widerstandes

$$\varrho(T) \sim [n(T)]^{-1} \sim \mathrm{e}^{E_d/2kT} \qquad (16\text{-}61)$$

für N-Leitung und

$$\varrho(T) \sim [p(T)]^{-1} \sim \mathrm{e}^{E_a/2kT} \qquad (16\text{-}62)$$

für P-Leitung.

16.4.3 Hall-Effekt in Halbleitern

Die experimentelle Feststellung, welche Art von Majoritätsladungsträgern vorliegt, kann mittels des Hall-Effekts erfolgen (14.1). Die Hall-Spannung U_H senkrecht zum Strom I in einem Bandleiter im transversalen Magnetfeld B (Bild 14-4) ist nach (14-15) gegeben durch

$$U_H = A_H \frac{IB}{d} \qquad (16\text{-}63)$$

mit dem Hall-Koeffizienten (14-18)

$$A_H = \frac{1}{e(p-n)} \,. \qquad (16\text{-}64)$$

Für reine Löcherleitung (P-Leitung) bzw. reine Elektronenleitung (N-Leitung) folgt daraus

$$A_{HP} = \frac{1}{ep} \,, \quad A_{HN} = -\frac{1}{en} \,. \qquad (16\text{-}65)$$

N- und P-Leitung sind daher durch die entgegengesetzten Vorzeichen der Hall-Spannung zu erkennen.

Aus der Größe der Hall-Spannung bzw. des Hall-Koeffizienten (16-65) können ferner die Ladungsträgerdichten n und p bestimmt werden.
Aufgrund der formalen Ähnlichkeit von (16-63) mit dem Ohm'schen Gesetz $U = RI$ wird

$$R_{\mathrm{H}} = \frac{A_{\mathrm{H}}B}{d} \tag{16-66}$$

Hall-Widerstand genannt. Der klassische Hall-Widerstand steigt linear mit der magnetischen Flussdichte B an. Die Hall-Spannung ergibt sich daraus zu

$$U_{\mathrm{H}} = R_{\mathrm{H}}I\,. \tag{16-67}$$

In geeigneten Halbleiteranordnungen (Silizium-Metalloxid-Oberflächen-Feldeffekttransistor: MOSFET) lassen sich bei bestimmten Betriebsbedingungen nahezu zweidimensionale Leitergeometrien erzeugen (Dicke $d = (5\ldots10)\,\mathrm{nm}$). Das Elektronengas in einer solchen Anordnung kann in guter Näherung als zweidimensional behandelt werden, d. h., dass die Dicke d der leitenden Schicht keinen Einfluss mehr auf die Leitung hat. Der Hall-Widerstand R_{H} wird dann unabhängig von der Geometrie gleich dem spezifischen Hall-Widerstand ϱ_{H}. Der Hall-Widerstand im zweidimensionalen Elektronengas zeigt bei tiefen Temperaturen und hohen Magnetfeldern eine Quantisierung in ganzzahligen Bruchteilen eines größten Wertes R_{H0} (von Klitzing, 1980), den *Quanten-Hall-Effekt* (Klitzing-Effekt)

$$R_{\mathrm{H}} = \varrho_{\mathrm{H}} = \frac{R_{\mathrm{H0}}}{i} \quad (i = 1,2,\ldots) \tag{16-68}$$

mit dem allein durch Naturkonstanten bestimmten Wert des elementaren *Quanten-Hall-Widerstandes*

$$R_{\mathrm{H0}} = \frac{h}{e^2} = 25\,812{,}807557\,\Omega\,. \tag{16-69}$$

Der Hall-Widerstand steigt unter diesen Bedingungen nicht mehr linear, sondern stufenförmig mit dem Magnetfeld B an, wobei die Plateaus konstanten Hall-Widerstandes durch (16-68) gegeben sind (Bild 16-22). Die Lagen der Plateaus sind unabhängig vom Material und sehr genau $(3{,}7 \cdot 10^{-9})$ reproduzierbar. Sie eignen sich daher hervorragend als Widerstandnormal.

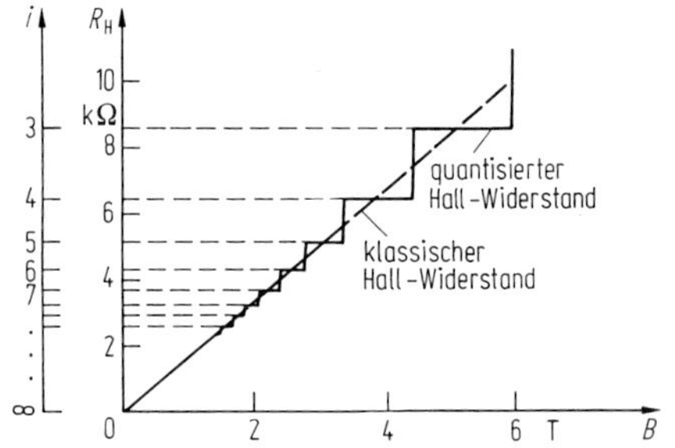

Bild 16-22. Abhängigkeit des Hall-Widerstandes eines zweidimensionalen Elektronengases vom transversalen Magnetfeld: klassischer Verlauf und nach dem Quanten-Hall-Effekt ($T = 0{,}008\,\mathrm{K}$)

16.4.4 PN-Übergänge

Grenzt ein P-Halbleiter an einen N-Halbleiter (z. B. durch unterschiedliche Dotierung auf beiden Seiten einer Grenzfläche), so diffundieren im Bereich der Grenzfläche (Diffusionszone) Löcher und Elektronen in das jeweils andere Dotierungsgebiet und rekombinieren dort. Die ortsfesten positiven Donator-Störstellen und negativen Akzeptor-Störstellen bilden schließlich eine Raumladungs-Doppelschicht, deren Feldstärke eine weitere Diffusion unterbindet. Die Diffusionszone eines solchen *PN-Überganges* zeigt daher eine Ladungsträgerverarmung. Durch Anlegen einer elektrischen Spannung U zwischen N- und P-leitendem Bereich eines solchen Überganges kann die Feldstärke im Verarmungsbereich erhöht werden, die Verarmungszone wird breiter. Wegen der fehlenden Ladungsträger in dieser *Sperrschicht* fließt trotz angelegter Spannung kein Strom: Der PN-Übergang ist in *Sperrrichtung* gepolt. Wird die äußere Spannung in umgekehrter Richtung angelegt, so wird die Verarmungszone schmaler, bis sie mit steigender Spannung (ab 0,1 bis 0,5 V) ganz verschwindet und der Strom steil mit U ansteigt: Der PN-Übergang ist in *Flussrichtung* gepolt. Der PN-Übergang stellt daher einen Gleichrichter dar: *Halbleiterdiode*.
Eine Anordnung aus sehr dicht (ca. 50 µm) benachbarten, gegeneinander geschalteten Übergängen (PNP oder NPN) kann zur Verstärkung elektrischer Signale benutzt werden: *Transistor* (Bardeen, Brattain, Shockley, 1948). Näheres zu den Schaltelementen Diode und Transistor siehe G 27 und auch G 25.

16.5 Elektrolytische Leitung

Elektrolyte sind Stoffe, deren Lösung oder Schmelzen den elektrischen Strom leiten. Elektrolytische Leitung tritt bei Substanzen mit Ionenbindung (16.1 und C 4) auf, wenn diese durch thermische Anregung aufgebrochen wird (*Dissoziation*) und die Ionen beweglich sind. Das kann bei hohen Temperaturen in Salzschmelzen der Fall sein. Bei Zimmertemperatur reicht die thermische Energie $kT \approx 0{,}026\,\text{eV}$ dazu i. Allg. nicht aus. Bei Lösung in einem Lösungsmittel wird jedoch die Coulomb-Kraft (12-1) zwischen den Ionen um den Faktor der Permittivitätszahl ε_r des Lösungsmittels reduziert (Wasser: $\varepsilon_r = 81$, siehe Tabelle 12-2). Die Dissoziationsarbeit (12-26)

$$W_{\text{diss}} = -\int_{r_0}^{\infty} F_C\,\mathrm{d}r = \frac{1}{\varepsilon_r}\cdot\frac{(ze)^2}{4\pi\varepsilon_0 r_0} \qquad (16\text{-}70)$$

kann dann teilweise durch die thermische Energie aufgebracht werden (z Wertigkeit; r_0 Bindungsabstand der Ionen). Beispiel: Kochsalzmolekül NaCl ($r_0 \approx 0{,}2\,\text{nm}$) in Luft: $W_{\text{diss}} = 7{,}2\,\text{eV}$, in Wasser: $W_{\text{diss}} = 0{,}09\,\text{eV}$. Mit steigender Temperatur erhöht sich die Leitfähigkeit der Elektrolyte durch Zunahme der Ladungsträgerdichte und Abnahme der Viskosität.

Ein Salz der Zusammensetzung MeA (Me Metall, A Säurerest) dissoziiert in Lösung in die Ionen

$$\text{MeA} \rightarrow \text{Me}^{(z^+)} + \text{A}^{(z^-)}\,,$$

$$\text{Beispiele: NaCl} \rightarrow \text{Na}^+ + \text{Cl}^-$$

$$\text{CuSO}_4 \rightarrow \text{Cu}^{2+} + \text{SO}_4^{2-}\,.$$

Beim Ladungstransport im angelegten elektrischen Feld wandern die positiven Ionen (Kationen) zur Kathode, die negativen Ionen (Anionen) zur Anode (Bild 16-23). Dort geben sie ihre Ladung ab und werden an den Elektroden abgeschieden (*Elektrolyse*, vgl. C 9.8) oder unterliegen chemischen Sekundärreaktionen. Im Gegensatz zu den Metallen und Halbleitern, die durch den elektrischen Ladungstransport nicht verändert werden, findet bei der elektrolytischen Leitung eine Zersetzung des Leiters statt.

Reine Lösungsmittel haben in der Regel eine sehr geringe Leitfähigkeit. Für die Leitfähigkeit gilt daher bei kleinen Konzentrationen c_B eines gelösten Salzes B die Proportionalität $\gamma \sim c_B$, da mit zunehmender Konzentration die Ladungsträgerdichte erhöht wird. Bei hohen Konzentrationen tritt infolge Abschirmung des äußeren Feldes durch Anlagerung entgegengesetzt geladener Ionen eine Sättigung der Konzentrationsabhängigkeit der Leitfähigkeit ein (Debye-Hückel-Theorie).

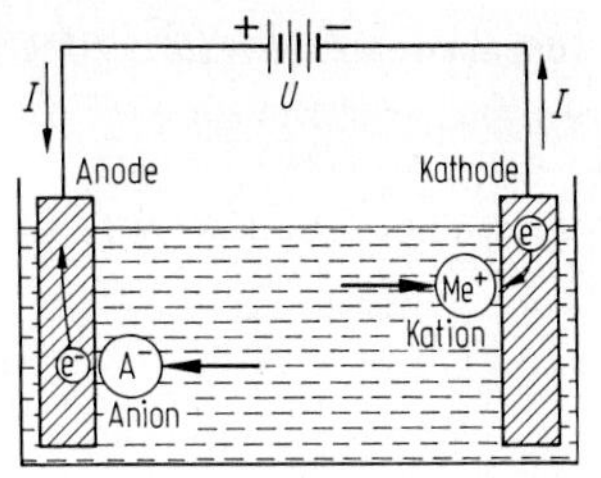

Bild 16-23. Elektrolytische Leitung durch Kationen und Anionen

Geschwindigkeit des Ionentransports

Ähnlich wie bei den Halbleitern und anders als bei den Metallen übernehmen bei den Elektrolyten zwei Sorten von Ladungsträgern mit i. Allg. unterschiedlichen Beweglichkeiten μ_+ (Kationen) und μ_- (Anionen) den Stromtransport. Die Leitfähigkeit ist daher analog zu (16-48)

$$\gamma = n_+ze\mu_+ + n_-ze\mu_- = nze(\mu_+ + \mu_-)\,. \qquad (16\text{-}71)$$

Die Größenordnung der Ionenbeweglichkeit lässt sich abschätzen aus dem Gleichgewicht zwischen viskoser Reibungskraft einer Kugel gemäß (9-37) und der elektrischen Feldkraft auf die Ionen:

$$6\pi\eta r_i v = zE\,. \qquad (16\text{-}72)$$

η ist die dynamische Viskosität (9.4) des Lösungsmittels (z. B. von Wasser bei $\vartheta = 20\,°\text{C}$: $\eta = 1{,}002\,\text{mPa}\cdot\text{s}$). Der Ionenradius r_i beträgt etwa 100–200 pm. Daraus ergibt sich eine Ionenbeweglichkeit in Wasser

$$\mu_i = \frac{|v|}{E} = \frac{ze}{6\pi\eta r_i} \approx 5\cdot 10^{-8}\,\text{m}^2/\text{V s}\,, \qquad (16\text{-}73)$$

die damit um etwa 5 Größenordnungen kleiner als die der Elektronen in Metallen ist (vgl. 15.1 und Tabelle 16-5).

Tabelle 16-5. Ionenbeweglichkeit ($\vartheta = 20\,°C$)

Ionensorte	μ_i $10^{-8}\,m^2/V\,s$
Na^+	4,6
Cl^-	6,85
OH^-	18,2
H^+	33

Elektrolytische Abscheidung

Die beim Ladungstransport durch einen Elektrolyten an den Elektroden abgeschiedene Masse m ist proportional zur transportierten Ladung Q:

$$m = CQ = CIt \quad (1.\ \textit{Faraday-Gesetz}) \qquad (16\text{-}74)$$

C elektrochemisches Äquivalent ,

SI-Einheit: $[C] = \text{kg/As} = \text{kg/C}$.

Die abgeschiedene Stoffmenge ν (in Mol, siehe 8.1) ist ferner durch die transportierte Ladung und die Ladung pro Mol gegeben:

$$\nu = \frac{Q}{zF} \,. \qquad (16\text{-}75)$$

Hierin ist die Ladung pro Mol, die *Faraday-Konstante*

$$F = N_A e = (96\,485{,}3399 \pm 0{,}0024)\,\text{C/mol} \qquad (16\text{-}76)$$

mit $N_A = 6{,}02214179 \cdot 10^{23}\,/\text{mol}$, Avogadro-Konstante (siehe 8.1).

Die abgeschiedene Masse ergibt sich daraus mit der molaren Masse M zu (vgl. C 9.8)

$$m = \nu M = \frac{MIt}{zF} \quad (2.\ \textit{Faraday-Gesetz}) \,. \qquad (16\text{-}77)$$

16.6 Stromleitung in Gasen

Den elektrischen Stromtransport durch ein Gas nennt man *Gasentladung*. Luft und andere Gase sind bei nicht zu hohen Temperaturen Isolatoren. Eine Gasentladung kann daher nur entstehen, wenn Ladungsträger in das Gas injiziert oder in ihm durch Ionisation der Gasmoleküle erzeugt werden. Das kann z. B. geschehen durch Elektronenemission aus einer Glühkathode (siehe 16.7.1), durch thermische Ionisierung (Flamme, Glühdraht) oder durch eine ionisierende Strahlung (Ultraviolett-, Röntgen-, radioaktive Strahlung). Bei der Ionisation werden Elektronen abgetrennt, sodass positive Ionen entstehen. Beide tragen zum Ladungstransport bei.

16.6.1 Unselbstständige Gasentladung

Wenn die Stromleitung nach Ende des ladungsträgerliefernden Vorganges (siehe oben) abbricht, so spricht man von einer *unselbstständigen Gasentladung*. Die Strom-Spannungs-Charakteristik (Kennlinie) einer unselbstständigen Gasentladung, wie man sie etwa mit einer Gasflamme als Ionisationsquelle zwischen zwei Metallplatten als Elektroden in Luft messen kann (Bild 16-24a), zeigt ein ausgeprägtes Plateau (Bild 16-24b).

Im Bereich des Plateaus zwischen den Spannungen U_1 und U_2 werden alle je Zeiteinheit von der Ionisationsquelle erzeugten Ladungsträger abgesaugt. Bei steigender Spannung ist daher zunächst kein weiterer Stromanstieg möglich: *Sättigung*. Für $U < U_1$ ist die Driftgeschwindigkeit der Ladungsträger so klein, dass die Wahrscheinlichkeit der Wiedervereinigung von Elektronen und Ionen zu neutralen Molekülen beachtlich wird: *Rekombination*. Sie fallen für den Stromtransport aus. Für $U > U_2$ ist dagegen die Feldstärke E so groß, dass die Energieaufnahme der Elektronen zwischen zwei Stößen mit Gasmolekülen ausreicht, um die Gasmoleküle bei den Stößen zu ionisieren: *Stoßionisation*. Dadurch werden zusätzliche Ladungsträger erzeugt, und der Strom steigt oberhalb des Sättigungsbereiches wieder an. Ist l_e die mittlere

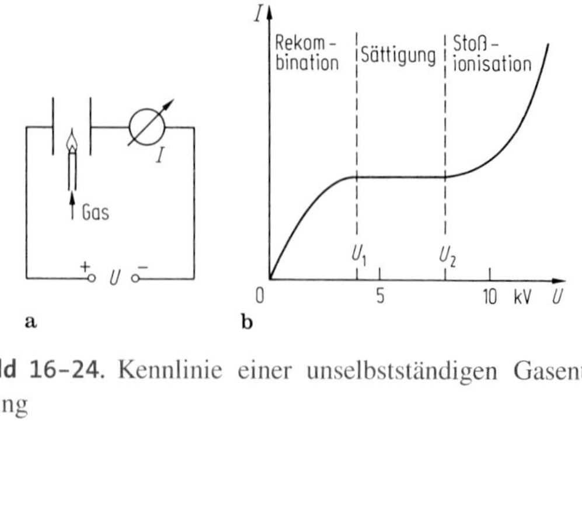

Bild 16-24. Kennlinie einer unselbstständigen Gasentladung

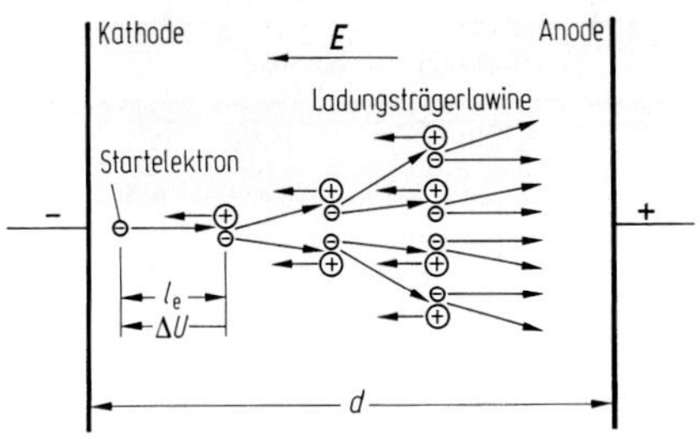

Bild 16-25. Entwicklung von Ladungsträgerlawinen bei Stoßionisation durch Elektronen

freie Weglänge der Elektronen, so lautet die Ionisierungsbedingung für Elektronen

$$e\Delta U = eEl_e \geqq E_i \qquad (16\text{-}78)$$

mit E_i Ionisierungsenergie. Die entsprechende Bedingung für die Ionisation durch Ionen wird erst bei höheren Feldstärken erreicht, da die mittlere freie Weglänge der Ionen l_i kleiner als die der Elektronen ist. Die Stoßionisation durch Elektronen führt zu *Ladungsträgerlawinen*, die von jedem „Startelektron" in Kathodennähe ausgelöst werden (Bild 16-25), bei Ankunft an den Elektroden aber wieder erlöschen.

Die unselbstständige Gasentladung wird u. a. bei der *Ionisationskammer* zur Strahlungsmessung eingesetzt, da der Strom (in allen drei Bereichen) proportional zur Zahl und Energie von in den Feldraum eindringenden ionisierenden Teilchen ist.

16.6.2 Selbstständige Gasentladung

Bei weiterer Erhöhung der Spannung bzw. Feldstärke kann die Gasentladung in eine selbstständige Entladung umschlagen, die auch ohne Fremdionisation weiterläuft. Das tritt dann ein, wenn die Energieaufnahme auch der Ionen innerhalb ihrer freien Weglänge l_i so groß wird, dass durch Ionisation von Gasmolekülen neue Elektronen in Kathodennähe erzeugt werden:

$$e\Delta U = eEl_i \geqq E_i\,. \qquad (16\text{-}79)$$

Daraus lässt sich eine Beziehung für die *Zündspannung* U_z gewinnen. Die mittlere freie Weglänge l_i hängt nach (9-6) von der Molekülzahldichte und damit vom Druck p ab: $l_i \sim 1/p$. Ferner gilt für die Feldstärke bei der Zündspannung $E = U_z/d$ mit d Elektrodenabstand. Dann folgt aus (16-79)

$$U_z = \text{const} \cdot pd\,. \qquad (16\text{-}80)$$

Die Zündspannung hängt danach nur vom Produkt aus Gasdruck und Elektrodenabstand ab:

$$U_z = f(pd) \quad \text{(Paschen'sches Gesetz)}\,. \qquad (16\text{-}81)$$

In der Form (16-80) gilt das Paschen'sche Gesetz allerdings nur für große Werte von pd. Für niedrige Drücke oder kleine Abstände wird $d < l_i$, die Häufigkeit der Stoßionisation nimmt ab. Die Zündspannung erhöht sich, bis durch Ionenstoß an der Kathode hinreichend Sekundärelektronen (siehe 16.7.1) zur Aufrechterhaltung der Entladung ausgelöst werden. Die Theorie von *Townsend* ergibt für diesen Fall die *Townsend'sche Zündbedingung*

$$U_z = \frac{C_1 pd}{\ln(pd) - C_2}\,, \qquad (16\text{-}82)$$

die das Paschen'sche Gesetz mit enthält und bei großen pd näherungsweise in (16-80) übergeht (Bild 16-26). Für jede Spannung oberhalb einer Minimumspannung gibt es danach bei konstantem Druck einen kleinen und einen großen Elektrodenabstand, für den bei vorgegebener Spannung die Entladungsstrecke zündet: Nah- und Weitdurchschlag.

Anmerkung: Bei großen Schlagweiten ($pd >$ 1000 Pa · m) wird der Zündmechanismus des Lawinenaufbaus abgelöst vom Kanalaufbau, bei dem sich ein Plasmaschlauch hoher Leitfähigkeit zwischen den Elektroden bildet. An dessen Aufbau ist die bei der Stoßanregung auftretende Lichtstrahlung wesentlich beteiligt.

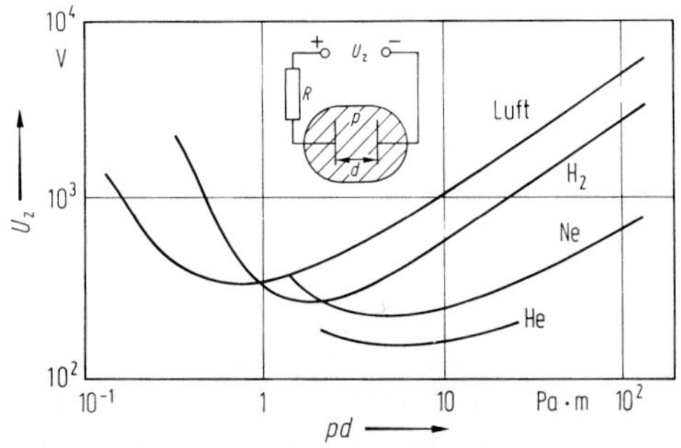

Bild 16-26. Zündspannungen verschiedener Gase für ebene Elektroden

Selbstständig brennende Gasentladungen haben über weite Bereiche eine *fallende Kennlinie*, d. h., die Entladungsstromstärke kann aufgrund der Ladungsträgervermehrung durch Stoßionisation unter Absinken der Brennspannung sehr große Werte annehmen, die zur Zerstörung des Entladungsgefäßes führen können. Gasentladungen müssen daher immer mit einem *strombegrenzenden Vorwiderstand* (oder bei Wechselspannung auch mit einer Vorschaltdrossel) betrieben werden. Die vollständige Kennlinie einer Gasentladung zeigt Bild 16-27. Sie besteht aus dem Vorstrombereich der unselbstständigen Gasentladung, dem sich nach Erreichen der Zündspannung die fallende Kennlinie des selbstständigen Entladungsbereiches anschließt. Der obere Schnittpunkt der durch den Vorwiderstand R festgelegten Arbeitsgeraden $I = (U_z - U)/R$ mit der Entladungskennlinie kennzeichnet den sich einstellenden Arbeitspunkt. Der untere Schnittpunkt ist nicht stabil.

Leuchterscheinungen in Gasentladungen treten dadurch auf, dass neben der Stoßionisation auch Stoßanregung der Gasatome erfolgt. Die energetisch um ΔE angeregten Gasatome gehen meist nach sehr kurzer Zeit ($\approx 10^{-8}$ s) unter Aussendung von Lichtquanten der Energie $\Delta E = h\nu$ wieder in den Grundzustand über (siehe 20.1). Die Leuchterscheinungen sind sehr verwickelt und von den Entladungsparametern abhängig, in der Farbe aber charakteristisch für das verwendete Gas. Bild 16-28a zeigt ein typisches Erscheinungsbild einer Gasentladung bei vermindertem Druck (ca. 100 Pa). Der Potenzial- und Feldstärkeverlauf wird durch die auftretenden Raumladungen gegenüber dem Verlauf ohne Entladung stark verändert

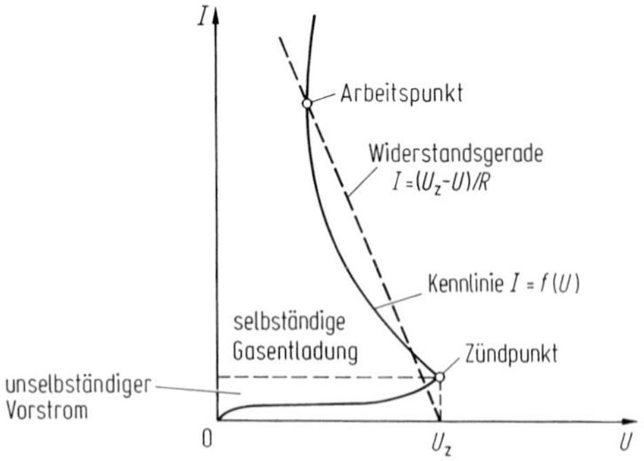

Bild 16-27. Vollständige Kennlinie einer selbstständigen Gasentladung

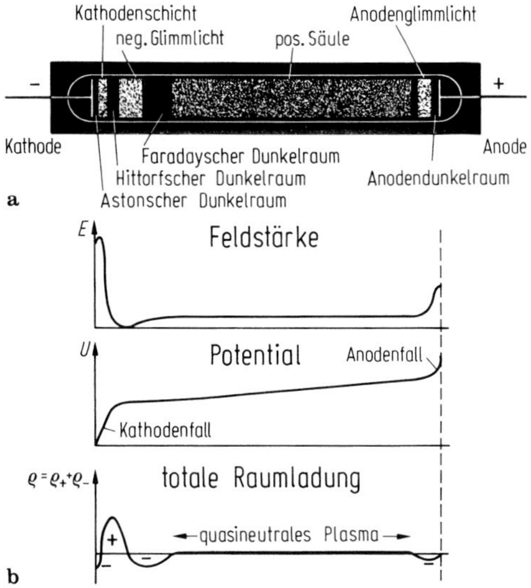

Bild 16-28. Leuchterscheinungen, Feldstärke-, Potenzial- und Raumladungsverteilung in einer Gasentladung bei vermindertem Druck

(Bild 16-28b): Die Feldstärken sind besonders groß im Gebiet vor der Kathode (Kathodenfall) und (weniger groß) im Gebiet vor der Anode (Anodenfall). Im Bereich der positiven Säule mit konstanter Feldstärke sind Elektronen und positive Ionen in gleicher Dichte vorhanden: quasineutrales *Plasma*.

Gasentladungslampen gemäß Bild 16-28a mit Edelgasfüllung werden als Glimmlampen mit kleinen Elektrodenabständen (positive Säule unterdrückt) für Anzeigezwecke, als sog. Neonröhren mit großen Elektrodenabständen für Reklamezwecke verwendet. Leuchtstoffröhren haben eine Quecksilberdampfatmosphäre, deren Emission im Ultravioletten durch den auf der Innenwand des Glasrohres aufgebrachten Leuchtstoff in sichtbares Licht umgewandelt wird.

Bei großen Entladungsströmen werden die Elektroden durch die aufprallenden Elektronen (Anode) bzw. Ionen (Kathode) stark erwärmt und können dadurch Elektronen emittieren (Thermoemission, siehe 16.7.1). Die Folge ist eine erhebliche Verringerung der Brennspannung, da die Ionen nicht mehr zur Elektronenerzeugung durch Stoßionisation beitragen müssen: *Bogenentladung* (Lichtbogen). Beispiele: Quecksilberhochdrucklampe, Kohlelichtbogen. Bei letzterem wird die Anodenkohle besonders heiß (ca. 4200 K) und wird deshalb als Lichtquelle kleiner

Ausdehnung für Projektionszwecke verwendet. Weitere Anwendung: Lichtbogenschweißen.
Funken sind rasch erlöschende Bogenentladungen in hochohmigen Stromkreisen, bei denen die Spannung an der Funkenstrecke durch den einsetzenden Entladungsstrom zusammenbricht. Bei gegebener Elektrodenform und Druck ist die Zündspannung U_Z recht genau definiert: Anwendung als *Kugelfunkenstrecke* zur Hochspannungsbestimmung aus der Schlagweite.
Zum Nachweis ionisierender Teilchen (radioaktive Strahlung, Höhenstrahlung) wird das *Zählrohr* (Geiger u. Müller) verwendet. Es besteht meist aus einem metallischen Zylinder und einem axial ausgespannten Draht als Elektroden in einer geeigneten Gasfüllung. Eine über einen sehr großen Vorwiderstand (10^8 bis $10^9\ \Omega$) angelegte Spannung (500 bis 2000 V) sorgt für eine hohe Feldstärke in Drahtnähe. Eindringende ionisierende Teilchen lösen Ladungsträgerlawinen aus, die als Spannungsimpulse verstärkt und gemessen werden können. Bei niedrigerer Spannung (unselbstständige Entladung) arbeitet das Zählrohr im Proportionalbereich, d. h., die Höhe des Spannungsimpulses ist der Zahl der primär erzeugten Ionen proportional und gestattet damit eine Aussage über die Ionisationseigenschaften des einfallenden Teilchens. Bei höherer Spannung wird eine selbstständige Entladung ausgelöst (Auslösebereich), die jedoch durch den Zusammenbruch der Spannung am Zählrohr infolge des hohen Vorwiderstandes wieder gelöscht wird. Hiermit wird allein die Zahl der einfallenden Teilchen gemessen.

16.6.3 Der Plasmazustand

Der in Gasentladungen (insbesondere in der positiven Säule) auftretende Plasmazustand, in den auch ohne elektrisches Feld jedes Gas bei sehr hohen Temperaturen übergeht, unterscheidet sich durch das Auftreten frei beweglicher Ladungen (Elektronen und positive Ionen) grundsätzlich von den anderen Aggregatzuständen: vierter Aggregatzustand. Thermisches Gleichgewicht kann sich hier oftmals nur innerhalb der einzelnen Teilchensorten einstellen, sodass man zwischen Neutralteilchentemperatur, Ionentemperatur und Elektronentemperatur unterscheiden muss. Bei hohen Entladungsströmen wirkt das entstehende Magnetfeld komprimierend auf das Plasma: *Pincheffekt*. Durch die Einschnürung erhöht sich die Temperatur des Plasmas, ein wichtiger Effekt der Plasmaphysik, der bei Kernfusionsanlagen ausgenutzt wird (vgl. 17.4).
Plasmen können auch zu elektrostatischen Schwingungen angeregt werden: *Plasmaschwingungen* (Rompe u. Steenbeck). Durch Coulomb-Wechselwirkung mit eingeschossenen, schnellen geladenen Teilchen können lokale Ladungstrennungen des quasineutralen Plasmas herbeigeführt werden, oder auch spontan durch Schwankungserscheinungen entstehen. Dadurch ergibt sich bei einer Ladungsträgerdichte n lokal eine elektrische Polarisation (12-91) $\boldsymbol{P} = n\boldsymbol{p} = -ne\boldsymbol{r}$, bzw. nach (12-94) eine Polarisationsfeldstärke $\boldsymbol{E}_\mathrm{p} = -ne\boldsymbol{r}/\varepsilon_0$, was zu einer rücktreibenden Kraft

$$e\boldsymbol{E}_\mathrm{p} = -\frac{ne^2}{\varepsilon_0}\boldsymbol{r} = m\ddot{\boldsymbol{r}} \qquad (16\text{-}83)$$

führt. Gleichung (16-83) stellt eine Schwingungsgleichung dar. Durch Vergleich mit (5-21) ergeben sich als Eigenfrequenzen für Elektronen (Dichte n_e, Masse m_e) bzw. Ionen (Dichte n_i, Masse m_i) die *Elektronen-Plasmakreisfrequenz*

$$\omega_\mathrm{pe} = \sqrt{\frac{n_\mathrm{e}e^2}{\varepsilon_0 m_\mathrm{e}}} \qquad (16\text{-}84)$$

bzw. die *Ionen-Plasmakreisfrequenz*

$$\omega_\mathrm{pi} = \sqrt{\frac{n_\mathrm{i}e^2}{\varepsilon_0 m_\mathrm{i}}}\,. \qquad (16\text{-}85)$$

Bei einer Elektronendichte von $n_\mathrm{e} \approx 5 \cdot 10^{18}\,/\mathrm{m}^3$ ergibt sich eine Plasmafrequenz $\nu_\mathrm{pe} = \omega_\mathrm{pe}/2\pi = 20 \cdot 10^9$ Hz.
Das freie *Elektronengas in Metallen* stellt unter Berücksichtigung des positiven Gitterionen-Hintergrundes ebenfalls ein Plasma dar, in dem allerdings die Dichten n_e wesentlich höher sind.

Beispiel: Die Atomzahldichte von Aluminium ist $n_\mathrm{Al} = 60{,}3 \cdot 10^{27}\,/\mathrm{m}^3$. Drei Leitungselektronen je Atom ergeben eine Elektronendichte $n_\mathrm{e} = 181 \cdot 10^{27}\,/\mathrm{m}^3$ und daraus eine Plasmafrequenz $\nu_\mathrm{pe} = 3{,}82 \cdot 10^{15}$ Hz. Den Plasmaschwingungen lassen sich Quasiteilchen (*Plasmonen*) der Energie $E_\mathrm{p} = h\nu_\mathrm{p} = 2{,}53 \cdot 10^{-18}\ \mathrm{J} = 15{,}8\ \mathrm{eV}$ zuordnen (Bohm u. Pines). Tatsächlich lassen sich beim Durchgang schneller Elektronen durch dünne Al-Schichten Energieverluste dieser Größe nachweisen, die durch Anregung solcher Plasmonen entstehen.

16.7 Elektrische Leitung im Hochvakuum

Im Vakuum stehen keine potenziellen Ladungsträger zur Verfügung. Zur Stromleitung müssen daher Ladungsträger von außen in das Vakuum hineingebracht werden (Ladungsträgerinjektion). Dies kann z. B. durch Elektronenemission aus einer Metallelektrode erreicht werden.

16.7.1 Elektronenemission

Obwohl die Leitungselektronen innerhalb eines Metalls sich quasi frei bewegen können (freies Elektronengas, siehe 16.2), können sie unter normalen Bedingungen nicht aus dem Metall austreten. Dies ist nur möglich bei Aufwendung einer *Austrittsarbeit* Φ, die bei Metallen etwa zwischen 1 und 5 eV beträgt (Tabelle 16-6). Dem entspricht das *Austrittspotenzial*

$$\varphi = \frac{\Phi}{e}\,, \qquad (16\text{-}86)$$

das die Höhe des Potenzialwalles an der Oberfläche des Metalls kennzeichnet, den die Leitungselektronen überwinden müssen, wenn sie aus dem Metall in das Unendliche gebracht werden sollen. Die Kraft, gegen die die Austrittsarbeit geleistet werden muss, hat zweierlei Ursachen: (1.) Bei Austritt eines Elektrons aus der Metalloberfläche wird die Ladungsneutralität gestört, es treten rücktreibende Coulomb-Kräfte auf, die durch die Bildkraft (siehe 12.7) beschrieben werden können. (2.) Durch die infolge der thermischen Bewegung austretenden, aber am Potenzialwall sofort wieder reflektierten Elektronen bildet sich eine dünne Ladungsdoppelschicht an der Oberfläche, die selbst zum Potenzialwall beiträgt und weitere Elektronen am Austritt hindert. Das Innere eines Metalls hat also ein niedrigeres Potenzial als das Vakuum, es stellt einen *Potenzialtopf* dar, an dessen Boden sich die Elektronen mit der Fermi-Energie befinden (Fermi-See). Die energetische Darstellung zeigt Bild 16-29. Nur Elektronen mit der Energie $E > E_F + \Phi$ im Metall können die Austrittsarbeit Φ aufbringen und in das Vakuum gelangen. Die notwendige Mindestenergie Φ kann z. B. aufgebracht werden durch

Tabelle 16-6. Austrittsarbeit Φ einiger Metalle, Halbleiter und Oxide

Material	Φ in eV
Aluminium	4,20
Barium	2,52
Caesium	1,95
Eisen	4,67
Germanium	5,02
Gold	5,47
Lithium	2,93
Kohlenstoff	≈ 5,0
Kupfer	5,10
Natrium	2,35
Molybdän	4,53
Nickel	5,09
Palladium	5,22
Platin	5,64
Selen	5,9
Silber	4,43
Silicium	4,85
Thorium	3,45
Wolfram	4,55
Ba auf BaO	1,0
Cs auf W	1,4
Th auf W	2,60
LaB_6	2,7
WO	≈ 10,4

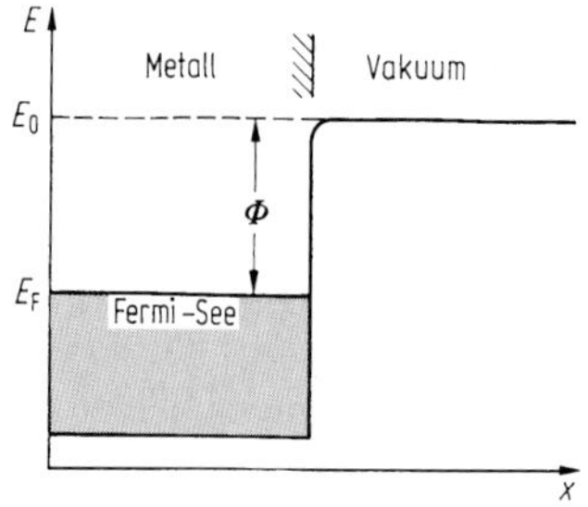

Bild 16-29. Energieschema an der Oberfläche eines Metalls (Potenzialtopfmodell)

1. Wärmeenergie: Thermoemission,
2. elektromagnetische Strahlungsenergie (Licht): Fotoemission,
3. elektrostatische Feldenergie: Feldemission,
4. kinetische Stoßenergie: Sekundäremission.

Thermoemission (Glühemission)

Bei $T > 0$ ist die Dichte der besetzten Zustände durch die Zustandsdichte $Z(E)$ und die Fermi-Dirac-Verteilung $f_{FD}(E)$ gegeben (siehe 16.2). Bei Zimmertemperatur und $E > E_F + \Phi$ hat die Fermi-Verteilung extrem kleine Werte (Bild 16-9), sodass keine Elektronen emittiert werden. Bei höheren Temperaturen kann jedoch der Thermoemissionsstrom merkliche Werte annehmen und in folgender Weise berechnet werden.

Bei einer Energie $E = E_F + \Phi$ im Metall haben die Leitungselektronen nach Austritt durch die Metalloberfläche in das Vakuum die kinetische Energie 0. Ihre Zustandsdichte beträgt im Vakuum entsprechend (16-22)

$$Z_0(E) = \frac{1}{2\pi^2}\left(\frac{2m_e}{\hbar^2}\right)^{3/2}\sqrt{E - E_F - \Phi} \qquad (16\text{-}87)$$

für $E \geqq E_F + \Phi$.

Die Elektronenkonzentration im Vakuum ergibt sich durch Integration über E gemäß

$$n = \int_{E_F+\Phi}^{\infty} Z_0(E) f_{FD}(E)\,dE = 2\frac{(2\pi m_e kT)^{3/2}}{h^3}e^{-\Phi/kT} , \qquad (16\text{-}88)$$

wobei für $E \geqq E_F + \Phi$ wie in 16.4 die Fermi-Dirac-Verteilung durch die Boltzmann-Näherung (16-21) ersetzt werden kann. Im thermischen Gleichgewicht ist die Stromdichte j_s der aus dem Metall austretenden Elektronen gleich der Stromdichte j_x der aus dem Vakuum auf das Metall treffenden Elektronen

$$j_s = j_x = \frac{1}{2}en\overline{|v_x|} . \qquad (16\text{-}89)$$

Die mittlere absolute Geschwindigkeitskomponente senkrecht zur Metalloberfläche $\overline{|v_x|}$ lässt sich durch Mittelung von $|v_x|$ gewichtet mit der eindimensionalen Boltzmann-Verteilung errechnen zu

$$\overline{|v_x|} = \sqrt{\frac{2kT}{\pi m_e}} . \qquad (16\text{-}90)$$

Aus (16-88) bis (16-90) folgt schließlich für die thermische Elektronenemission bei der Temperatur T die *Richardson-Dushman-Gleichung*

$$j_s = A_R T^2 e^{-\Phi/kT} \qquad (16\text{-}91)$$

mit der universellen Richardson-Konstante

$$A_R = \frac{4\pi m_e e k^2}{h^3} = 1{,}2\cdot 10^6\ \mathrm{A/(m^2\cdot K^2)} . \qquad (16\text{-}92)$$

Die thermische Emissionsstromdichte hängt also exponentiell von der Temperatur und von der Austrittsarbeit ab. Bei $T = 3000\,\mathrm{K}$ ergibt sich eine Emissionsstromdichte von $j_s = 13{,}5\ \mathrm{A/cm^2}$. Für A_R werden experimentell Werte im Bereich $(0{,}2\ldots 0{,}6)\cdot 10^6\ \mathrm{A/(m^2\cdot K^2)}$ gefunden.

Fotoemission

Die Energie zur Aufbringung der Austrittsarbeit für Elektronen im Fermi-See eines Festkörpers kann auch durch äußere Einstrahlung von Energie in Form elektromagnetischer Strahlung (Licht, Röntgenstrahlung) zugeführt werden: *Fotoeffekt (lichtelektrischer Effekt*, H. Hertz 1887, Hallwachs 1888). Die experimentelle Untersuchung (Hallwachs, Lenard) ergab für den Fotoeffekt:

1. Die Fotoemissions-Stromdichte ist proportional zur eingestrahlten Lichtintensität.
2. Die maximale kinetische Energie der emittierten Elektronen $E_{k,\,max}$ ist bei monochromatischer Lichteinstrahlung eine lineare Funktion der Frequenz ν des Lichtes, aber unabhängig von der Lichtintensität. Unterhalb einer Grenzfrequenz ν_c tritt keine Fotoemission auf (Bild 16-30b).
3. Die Fotoemission setzt auch bei geringster Bestrahlungsstärke ohne Verzögerung praktisch trägheitslos ein.

Die Erklärung des Fotoeffektes erfolgte durch die *Lichtquantenhypothese* (Einstein, 1905): Die Fotoelektronenauslösung erfolgt durch Einzelprozesse zwischen je einem *Lichtquant der Energie*

$$E = h\nu \qquad (16\text{-}93)$$

und einem Leitungselektron. Dabei wird das Lichtquant absorbiert. Seine Energie gemäß (16-93) liefert die Austrittsarbeit, einen eventuellen Überschuss erhält das Fotoelektron als kinetische Energie $E_{k,\,max}$ mit, von der ein Teil $E_{i,\,coll}$ durch unelastische Stöße im Innern des Metalls verloren gehen kann. Die Energiebilanz lautet damit

$$h\nu = \Phi + E_{i,\,coll} + E_k . \qquad (16\text{-}94)$$

Die maximal mögliche kinetische Energie eines ausgelösten Fotoelektrons ergibt sich daraus nach der *Lenard-Einstein'schen Gleichung* zu

$$E_{\mathrm{k,\,max}} = h\nu - \Phi\,, \qquad (16\text{-}95)$$

was dem experimentellen Befund entspricht (Bild 16-30b). Die *Grenzfrequenz des Fotoeffekts* ergibt sich daraus für $E_{\mathrm{k,\,max}} = 0$ zu

$$\nu_{\mathrm{c}} = \frac{\Phi}{h} \qquad (16\text{-}96)$$

und gestattet in einfacher Weise die Bestimmung der Austrittsarbeit Φ. Aus der Steigung der Geraden in Bild 16-30b kann ferner das Planck'sche Wirkungsquantum h bestimmt werden. Die maximale kinetische Energie $E_{\mathrm{k,max}}$ lässt sich mit der Anordnung Bild 16-30a messen: Die ausgelösten Fotoelektronen treffen auf die gegenüberliegende Elektrode und laden sie auf, bis das so aufgebaute, stromlos zu messende Gegenpotenzial $U_{\mathrm{max}} = E_{\mathrm{k,\,max}}/e$ eine weitere Aufladung verhindert.

Die Einstein'sche Erklärung des Fotoeffektes führte die *Quantisierung des elektromagnetischen Strahlungsfeldes* ein, wobei die Quanten (Lichtquanten, Photonen) als räumlich begrenzte elektromagnetische Wellenzüge (*Wellenpakete*, siehe 18.1) zu denken sind, mit einer durch (16-93) gegebenen Energie.

Schottky-Effekt und Feldemission

Wird an eine Metallkathode ein starkes elektrisches Feld angelegt, so wird die Potenzialschwelle Φ auf eine effektive Austrittsarbeit $\Phi' = \Phi - \Delta\Phi$ erniedrigt, die sich durch die Überlagerung des durch die äußere Feldstärke $\boldsymbol{E}$ bedingten Abfalls der potenziellen Energie $(E_0 - e|\boldsymbol{E}|x)$ mit der durch die Bildkraft verrundeten Potenzialschwelle der Austrittsarbeit ergibt (Bild 16-31). Für den Korrekturterm $\Delta\Phi$ erhält man

$$\Delta\Phi = \sqrt{\frac{e^3|\boldsymbol{E}|}{4\pi\varepsilon_0}}\,. \qquad (16\text{-}97)$$

Diese Absenkung der Austrittsarbeit kann, da sie in den Exponenten der Richardson-Gleichung (16-91) eingeht, eine erhebliche Erhöhung der Thermoemission zur Folge haben: *Schottky-Effekt* (Thermofeldemission).

Nicht thermisch angeregte Elektronen im Fermi-See des Metalls (Bild 16-31) können die auch bei großer Feldstärke $\boldsymbol{E}$ noch vorhandene Potenzialschwelle der Höhe Φ' und der Breite Δx nach den Gesetzen der klassischen Physik nicht überwinden. Die Wellenmechanik zeigt jedoch, dass die Wellenfunktionen der Elektronen, wenn auch stark gedämpft, in die Potenzialschwelle eindringen. Wenn die Schwellenbreite Δx sehr klein ist (einige nm bei Feldstärken $|\boldsymbol{E}| = 10^9$ V/m = 1 V/nm), ist die Amplitude der Wellenfunktionen auf der Vakuumseite der Potenzialschwelle noch merklich, d. h., die Metallelektronen haben auch außerhalb der Austrittspotenzialschwelle noch eine gewisse Aufenthaltswahrscheinlichkeit. Die Elektronen können demnach mit einer gewissen Wahrscheinlichkeit den Potenzialberg wie durch einen Tunnel durchlaufen: *quantenmechanischer Tunneleffekt*. Die Durchtrittswahrscheinlichkeit D für ein Elektron der Energie E_{e} durch einen Potenzialberg $E(x)$ der Höhe $\Delta E = E_{\mathrm{max}} - E_{\mathrm{e}}$ und der Breite

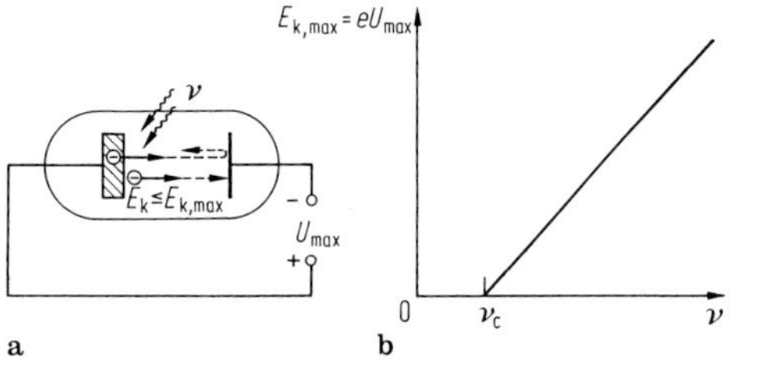

Bild 16-30. Fotoeffekt: Emission von Elektronen bei Lichteinstrahlung

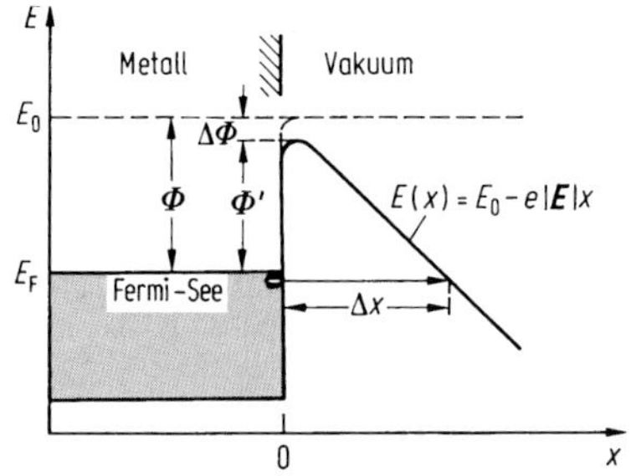

Bild 16-31. Absenkung der Austrittsarbeit durch den Schottky-Effekt bei Anlegung eines äußeren elektrischen Feldes $\boldsymbol{E}$, und dadurch bedingte Umformung der Austrittsenergiestufe $\boldsymbol{\Phi}$ in eine Potenzialschwelle endlicher Breite Δx

$\Delta x = x_2 - x_1$ ergibt sich näherungsweise zu

$$D \approx \exp\left\{-\frac{2}{\hbar}\int_{x_1}^{x_2}\sqrt{2m_e(E(x)-E_e)}\,dx\right\}$$
$$\approx \exp\left\{-\frac{\alpha\Delta x}{\hbar}\sqrt{2m_e\Delta E}\right\} \quad (16\text{-}98)$$

mit $\alpha \approx (1\ldots2)$ je nach der Form des Potenzialberges. Die Energie E ist hier nicht mit dem Betrag der Feldstärke $|\boldsymbol{E}|$ zu verwechseln.

Der Tunneleffekt ermöglicht eine Elektronenemission auch bei kalter Kathode allein durch hohe Feldstärken $|\boldsymbol{E}| \geqq 10^9$ V/m. Bei einem homogenen Feld nach Bild 16-31 ergibt die Rechnung, die ähnlich wie für die Thermoemission verläuft (unter Berücksichtigung der Durchlasswahrscheinlichkeit (16-98)), für die Feldemissionsstromdichte bei nicht zu hohen Temperaturen (*Fowler-Nordheim-Gleichung*)

$$j_F = A_F\frac{|\boldsymbol{E}|^2}{\Phi}e^{-\beta\Phi^{3/2}/|\boldsymbol{E}|} \quad (16\text{-}99)$$

mit

$$A_F = \frac{e^3}{8\pi h} = 2{,}5\cdot10^{-25}\,A^2\cdot s/V \quad (16\text{-}100)$$

und

$$\beta = \frac{4\sqrt{2m_e}}{3\hbar e} = 1{,}06\cdot10^{38}\,kg^{0,5}/(V\cdot A^2\cdot s^3)\,. \quad (16\text{-}101)$$

Die Abhängigkeit der Feldemissions-Stromdichte von der Feldstärke entspricht genau der Abhängigkeit der Thermoemissions-Stromdichte von der Temperatur (16-91).

Ausreichend hohe elektrische Feldstärken lassen sich nach (12-70) besonders leicht an feinen Spitzen mit Krümmungsradien von 0,1 bis 1 µm erzeugen. Anwendungen: Feldemissions-Elektronenmikroskop (Bild 12-23), Raster-Tunnelmikroskop (Bild 25-9).

Sekundärelektronenemission

Die Austrittsarbeit kann schließlich auch durch die kinetische Energie primärer Teilchen (Elektronen, Ionen), die auf die Festkörperoberfläche fallen, aufgebracht werden. Die so ausgelösten Elektronen werden *Sekundärelektronen* genannt. Der Sekundärelektronen-Emissionskoeffizient für Elektronen

$$\delta = \frac{j_{sec}}{j_0} \quad (16\text{-}102)$$

(j_{sec} Emissionsstromdichte der Sekundärelektronen; j_0 Stromdichte der auffallenden Primärelektronen) hängt von der Energie der Primärelektronen ab (Bild 16-32) und hat bei Metallen Werte um 1, bei Halbleitern und Isolatoren bis über 10. Dieser Unterschied hängt damit zusammen, dass aus Impulserhaltungsgründen (vgl. 6.3.2) beim Stoß äußerer Primärelektronen auf freie Leitungselektronen eine Rückwärtsstreuung sehr viel unwahrscheinlicher ist als beim Stoß auf gebundene Elektronen in Halbleitern oder Isolatoren.

Die Energie der ausgelösten Sekundärelektronen beträgt $\lesssim$20 eV. Mit steigender Primärelektronenenergie nimmt δ zunächst zu, um nach Durchlaufen eines maximalen Wertes ($E_{p\,max} \approx (500\ldots1500)$ eV) wieder abzusinken, da wegen der steigenden Eindringtiefe der Primärelektronen die Auslösung in so großen Tiefen erfolgt, dass die Austrittswahrscheinlichkeit der Sekundärelektronen abnimmt (siehe Tabelle 16-7).

Tabelle 16-7. Maximaler Sekundärelektronen-Emissionskoeffizient δ_{max} und zugehörige Energie $E_{p\,max}$ für einige Festkörper

Stoff	δ_{max}	$E_{p\,max}$/eV
Eisen	1,3	400
Germanium	1,15	500
Graphit	1,0	300
Kupfer	1,3	600
Molybdän	1,25	375
Nickel	1,3	550
Platin	1,8	700
Silber	1,5	800
Wolfram	1,4	650
NaCl	6	600
BaO	6	400
MgO	2,4	1500
Al_2O_3	4,8	1300
Glimmer	2,4	350
Ag-Cs_2O-Cs	8,8	550

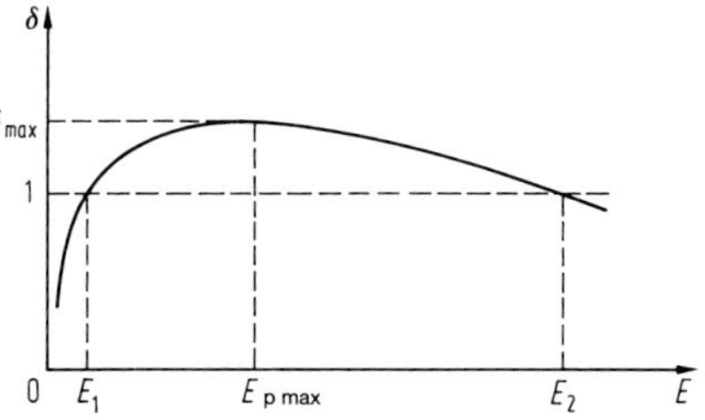

Bild 16-32. Sekundärelektronen-Emissionskoeffizient als Funktion der Energie der Primärelektronen (schematisch)

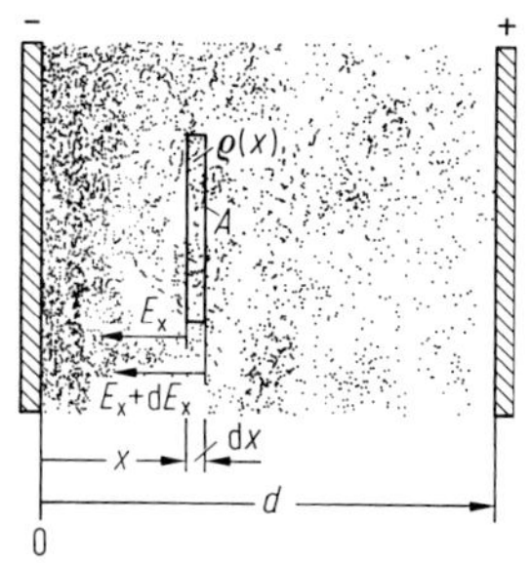

Bild 16-33. Zur Herleitung der Potenzialgleichung

Im Energiebereich zwischen E_1 und E_2 (Bild 16-32), wo δ vor allem bei mit Caesium (sehr kleine Austrittsarbeit, Tabelle 16-6) versetzten Materialien Werte $\gg 1$ annehmen kann, ist demnach die Zahl der Sekundärelektronen u. U. erheblich höher als die Zahl der auslösenden Primärelektronen. Dieser Effekt wird u. a. bei den Sekundärelektronenvervielfachern und Kanalmultipliern ausgenutzt. Die material- und winkelabhängige Sekundärelektronenemission wird ferner als Bildsignal im Rasterelektronenmikroskop verwendet (vgl. 25.5).
Auch Ionen können Sekundärelektronen auslösen, z. B. 1 bis 5 Elektronen pro auftreffendes Ion. Beginnend bei einer Ionenenergie von etwa 2 keV steigt die Ausbeute etwa linear an. Ein Maximum der Ausbeute wie bei Elektronen gibt es bei Ionen bis 20 keV nicht. Die Auslösung von Elektronen durch Ionen spielt eine wichtige Rolle bei der selbstständigen Gasentladung (16.6.2).

16.7.2 Bewegung freier Ladungsträger im Vakuum

Die Bewegung von freien Ladungsträgern q mit der Geschwindigkeit $\boldsymbol{v}$ im Vakuum, in dem nur elektrische und/oder magnetische Felder $\boldsymbol{E}$ bzw. $\boldsymbol{B}$ auftreten, wird durch die Lorentz-Kraft (13-18)

$$\boldsymbol{F} = q(\boldsymbol{E} + \boldsymbol{v} \times \boldsymbol{B}) \qquad (16\text{-}103)$$

beschrieben. Die Bewegung einzelner geladener Teilchen in solchen Feldern wurde bereits früher besprochen: Beschleunigung und Ablenkung im elektrischen Längs- und Querfeld (12.2), Energieaufnahme im elektrischen Feld (12.5), Ablenkung im magnetischen Feld (13.2).
Treten viele geladene Teilchen als *Raumladung* der Dichte $\varrho(\boldsymbol{r}) = n(\boldsymbol{r})q$ auf, so werden die von außen vorgegebenen Feldstärken und Potenziale durch die Raumladung verändert, da von den Ladungen selbst ein elektrischer Fluss Ψ ausgeht. Für den Fall einer ebenen Geometrie ergibt sich nach dem Gauß'schen Gesetz (12-17) aus der Bilanz für den elektrischen Fluss durch die Oberfläche einer raumladungserfüllten, flachen Scheibe im Vakuum (Bild 16-33)

$$\frac{\mathrm{d}E_x}{\mathrm{d}x} = \frac{\varrho(x)}{\varepsilon_0} \,. \qquad (16\text{-}104)$$

Die Feldstärke ergibt sich aus der Änderung des Potenzials $V(x)$ mit x gemäß (12-39), und somit

$$\frac{\mathrm{d}^2 V(x)}{\mathrm{d}x^2} = -\frac{\varrho(x)}{\varepsilon_0} \,. \qquad (16\text{-}105)$$

Dies ist der eindimensionale Sonderfall der allgemein gültigen Potenzialgleichung

$$\Delta V \equiv \frac{\partial^2 V}{\partial x^2} + \frac{\partial^2 V}{\partial y^2} + \frac{\partial^2 V}{\partial z^2} = -\frac{\varrho}{\varepsilon_r \varepsilon_0} \,, \qquad (16\text{-}106)$$

(*Poisson-Gleichung*) .

Vakuumdiode

Der Effekt der Raumladung soll anhand des von der Kathode in einer Vakuumdiode (Bild 16-34a) ausgehenden Thermoemissions-Elektronenstroms diskutiert werden. Die Kennlinie $i_A = f(u_{AK})$ zeigt drei charakteristisch verschiedene Bereiche (Bild 16-34b):

1. $u_{AK} < 0$: Die aus der Kathode entsprechend der Kathodentemperatur T_K austretenden Elektronen (16-91) müssen gegen ein Anodenpotenzial $-|u_{AK}|$ anlaufen. Sie finden also eine gegenüber der Austrittsarbeit Φ um eu_{AK} erhöhte Energieschwelle vor, die nur von den Elektronen mit $E_k > eu_{AK}$ überwunden wird.

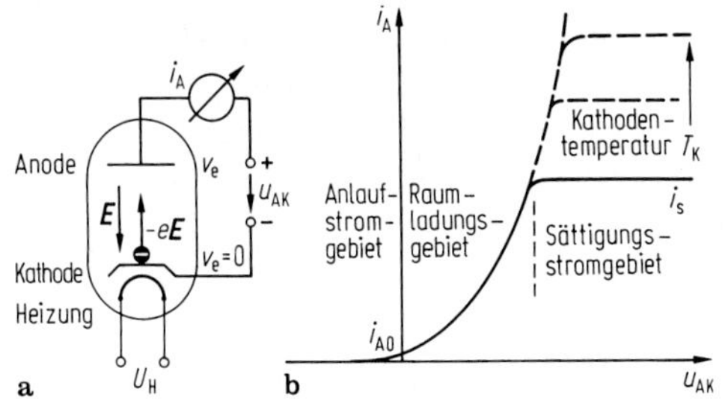

Bild 16-34. **a** Vakuumdiode und **b** deren Kennlinien für verschiedene Kathodentemperaturen

Analog zur Richardson-Gleichung (16-91) ergibt sich daher für den Anodenstrom im *Anlaufstromgebiet*

$$i_A = i_{A0} e^{-e|u_{AK}|/kT_K} , \qquad (16\text{-}107)$$

worin T_K die Kathodentemperatur ist.

2. $u_{AK} > 0$: Die Elektronen werden zur Anode beschleunigt. Der Anodenstrom i_A steigt dennoch nicht sofort auf den durch die Richardson-Gleichung (16-91) gegebenen Wert, da bei niedrigen Spannungen die durch den Anodenstrom $i_A = -nevA$ hervorgerufene negative Raumladung $\varrho = -ne = i_A/vA$ in Kathodennähe besonders groß ist (v klein), und die Elektronen geringerer kinetischer Energie von der Raumladung zur Kathode reflektiert werden: *Raumladungsgebiet*. Die Potenzialgleichung (16-105) lautet für diesen Fall

$$\frac{d^2V(x)}{dx^2} = -\frac{\varrho(x)}{\varepsilon_0} = -\frac{i_A}{\varepsilon_0 vA} . \qquad (16\text{-}108)$$

Die Integration ergibt mit (12-53)

$$\frac{1}{2}\left(\frac{dV}{dx}\right)^2 - \frac{1}{2}\left(\frac{dV}{dx}\right)^2_{x=0} = \frac{2i_A}{\varepsilon_0 A}\sqrt{\frac{m_e}{2e}}\sqrt{V} . \qquad (16\text{-}109)$$

Wir nehmen nun an, dass die Elektronenemission aus der Kathode raumladungsbegrenzt sei, d. h., dass durch die negative Raumladung vor der Kathode die Feldstärke dort fast 0 sei (tatsächlich ist sie etwas negativ). Dann ist $(dV/dx)_{x=0} \approx 0$ und (16-109) kann weiter integriert werden ($x = (0 \ldots d)$, $V = (0 \ldots u_{AK})$) mit dem Ergebnis

$$i_A = \frac{4}{9}\varepsilon_0 A \sqrt{\frac{2e}{m_e}} \cdot \frac{u_{AK}^{3/2}}{d^2} , \qquad (16\text{-}110)$$

(*Schottky-Langmuir'sche Raumladungsgleichung*) ,

dem sog. $U^{3/2}$-Gesetz. Mit steigender Anodenspannung steigt auch die Geschwindigkeit v der Elektronen, sodass die Raumladung $\varrho = ne \sim 1/v$ abgebaut wird und i_A entsprechend der Schottky-Langmuir-Gleichung ansteigt.

3. $u_{AK} \gg 0$: Eine Grenze für das Ansteigen des Anodenstromes mit u_{AK} ist durch die Richardson-Gleichung (16-91) gegeben. Bei hinreichend großer Anodenspannung verschwindet die Raumladungsbegrenzung, und alle von der Kathodenoberfläche A emittierten Elektronen werden abgesaugt. Für das *Sättigungsstromgebiet* gilt dann

$$i_s = A \cdot A_R T_K^2 e^{-\Phi/kT_K} , \qquad (16\text{-}111)$$

wonach der Sättigungsstrom nur von der Kathodentemperatur T_K abhängt. Aus der Kennlinie (Bild 16-34b) folgt, dass die Vakuumdiode den elektrischen Strom praktisch nur für positive Anodenspannung leitet. (Anwendung zur Gleichrichtung von Wechselströmen.)

Triode

Im Raumladungsgebiet der Vakuumdiode bestimmt die Größe der Raumladung vor der Kathode den Anodenstrom i_A. Durch Einführung eines negativ vorgespannten Steuergitters G zwischen Kathode und Anode erhält man eine künstliche, regelbare Raumladung mit der Möglichkeit, durch kleine Steuergitterspannungsänderungen Δu_{GK} entsprechende Anodenstromänderungen Δi_A zu erzeugen (Bild 16-35). Für konstante Spannung u_{AK} wird das Verhältnis

$$\left(\frac{\Delta i_A}{\Delta u_{GK}}\right)_{u_{AK}} = S \quad \textit{Steilheit} \qquad (16\text{-}112)$$

genannt. Übliche Elektronenröhren haben Steilheiten $S = (1 \ldots 10)\,mA/V$.

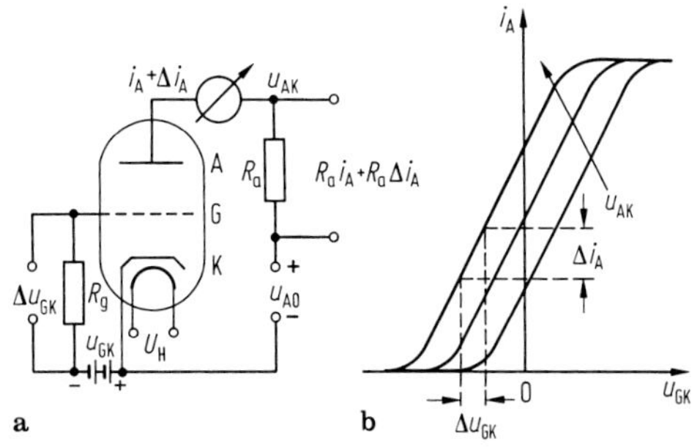

Bild 16-35. **a** Triode in Verstärkerschaltung und **b** zugehörige Kennlinien (schematisch)

Bei Einschaltung eines Arbeitswiderstandes R_a in den Anodenstromkreis bewirkt Δu_{GK} eine Änderung des Spannungsabfalls an R_a von $\Delta u_{AK} = R_a \Delta i_A \approx S R_a \Delta u_{GK}$. Daraus folgt ein *Spannungsverstärkungsfaktor*

$$\frac{\Delta u_{AK}}{\Delta u_{GK}} \approx S R_a \,, \qquad (16\text{-}113)$$

der erheblich größer als 1 sein kann. Da bei negativer Steuergitterspannung u_{GK} praktisch kein Gitterstrom fließt, erfolgt die Spannungsverstärkung mit Elektronenröhren nahezu leistungslos.

17 Starke und schwache Wechselwirkung: Atomkerne und Elementarteilchen

Die Kern- und Elementarteilchenphysik wird in der Hauptsache durch die starke und die schwache Wechselwirkung bestimmt, vgl. Einleitung zum Teil B II Wechselwirkungen und Felder (vor 11). Die zugehörigen Kräfte haben eine extrem kurze Reichweite $\approx 10^{-15}$ m und spielen daher in der sonstigen Physik gegenüber den elektromagnetischen und Gravitationskräften mit ihrer langen Reichweite keine Rolle. Im Bereich der Atomkerne und Elementarteilchen sind sie jedoch die bestimmenden Kräfte: Die starke Wechselwirkung bewirkt den Zusammenhalt der Atomkerne, indem die anziehenden Kernkräfte zwischen unmittelbar benachbarten Nukleonen die abstoßenden Coulomb-Kräfte übersteigen. Dagegen nehmen die Leptonen (Tabelle 12-1) nicht an der starken Wechselwirkung teil. Bei der Streuung schneller Elektronen an Atomkernen beispielsweise wird daher der Hauptteil des Streuquerschnittes (vgl. 16.1.1) durch die Coulomb-Wechselwirkung mit den positiven Ladungen der Protonen (Tabelle 12-1) im Atomkern verursacht. Zerfälle bzw. Umwandlungen von Elementarteilchen schließlich werden durch die schwache Wechselwirkung geregelt.

17.1 Atomkerne

Aus den Streuversuchen von Rutherford, Geiger und Marsden mit α-Teilchen 16.1.1) zeigte sich, dass der Atomkern so viel positive Elementarladungen enthält, wie die Ordnungszahl Z des Atoms im Periodensystem der Elemente (C 1.5–C 2.1) angibt. Massenspektrometrische Untersuchungen (Bild 13-13) ermöglichen ferner die Bestimmung der Massen der verschiedenen Elemente. Dabei zeigt sich, dass die *Protonen*, die positiv geladenen Kerne der Wasserstoffatome als leichtestem aller Elemente, zur Erklärung der Atomkernmassen nicht ausreichen, sondern dass dazu elektrisch neutrale Teilchen, die *Neutronen* hinzugenommen werden müssen (Chadwick, 1932).

Bestandteile der Atomkerne sind demnach die *Nukleonen*

Proton (p) mit der Ladung $+e$ und der Ruhemasse

$$m_p = (1{,}672621637 \pm 83 \cdot 10^{-9}) \cdot 10^{-27}\ \text{kg}$$

und *Neutron* (n) mit der Ladung 0 und der Ruhemasse

$$m_n = (1{,}674927211 \pm 84 \cdot 10^{-9}) \cdot 10^{-27}\ \text{kg}\,.$$

Die Ruhemasse der Nukleonen ist damit etwa 1840-mal größer als die Ruhemasse des Elektrons, siehe 12.4. Ein beliebiger Atomkern enthält A Nukleonen, davon Z Protonen und N Neutronen:

$$A = Z + N \quad (\textit{Nukleonenzahl} \text{ oder } \textit{Massenzahl})\,. \qquad (17\text{-}1)$$

Die Massenzahl A ist gleich der auf ganze Zahlen gerundeten relativen Atommasse A_r. Z heißt *Protonenzahl* oder *Kernladungszahl* und ist mit der *Ordnungszahl* im Periodensystem identisch. Schreibweise zur Kennzeichnung eines Atomkerns eines chemischen Elementes X:

$$^{A}_{Z}\text{X}\,, \quad \text{z. B.} \quad ^{1}_{1}\text{H},\ ^{4}_{2}\text{He},\ ^{235}_{92}\text{U}, \ldots$$

Der Index Z (Protonenzahl) wird häufig auch weggelassen, da diese durch das chemische Symbol X eindeutig bestimmt ist. Atomkernarten werden auch *Nuklide* genannt. Unterschiedliche Nuklide unterscheiden sich in mindestens zwei der Zahlen A, Z, N.

Die *relative Atommasse* A_r ist das Verhältnis der Atommasse m_a zur sog. vereinheitlichten Atommassenkonstante m_u:

$$A_r = \frac{m_a}{m_u}\,. \qquad (17\text{-}2)$$

Entsprechend wird die *relative Molekülmasse* M_r (siehe 8.1) eines Moleküls der Masse m_m definiert:

$$M_r = \frac{m_m}{m_u} . \qquad (17\text{-}3)$$

Die vereinheitlichte *Atommassenkonstante* m_u ist definiert als 1/12 der Masse eines Kohlenstoffnuklids der Massenzahl 12 und beträgt

$$m_u = \frac{1}{12} m\,(^{12}\mathrm{C}) = (1{,}66053886 \pm 28 \cdot 10^{-8}) \cdot 10^{-27}\,\mathrm{kg} .$$

Die Masse dieses Betrages wird als sog. *atomare Masseneinheit* verwendet und dann mit u bezeichnet. Aus Streuversuchen mit α-Teilchen hinreichend hoher Energie (16.1.1) erhält man auch Aussagen über den Kernradius, für den sich die empirische Beziehung

$$R \approx r_0 \sqrt[3]{A} \quad \text{mit} \quad r_0 \approx 1{,}2\,\mathrm{fm} \qquad (17\text{-}4)$$

ergibt. r_0 entspricht dem Radius eines Nukleons. Gleichung (17-4) bedeutet, dass das Kernvolumen ($\sim R^3$) proportional zur Nukleonenzahl A ansteigt, die Dichte der Kernsubstanz also etwa konstant ist für alle Kerne:

$$\varrho_N \approx \frac{A m_p}{\frac{4\pi}{3} R^3} \approx \frac{m_p}{\frac{4\pi}{3} r_0^3} \approx 2 \cdot 10^{17}\,\mathrm{kg/m^3} . \qquad (17\text{-}5)$$

Die Kerndichte ist also etwa um den Faktor 10^{14} größer als die Dichte von Festkörpern!

Atome gleicher Ordnungszahl Z, aber verschiedener Neutronenzahl N und damit auch verschiedener Massenzahl A werden *Isotope* des chemischen Elements mit der Ordnungszahl Z genannt. Die meisten in der Natur vorkommenden Elemente sind Mischungen aus mehreren Isotopen. Dadurch erklärt sich, dass die relativen Atommassen A_r oft von der Ganzzahligkeit relativ stark abweichen.

Sowohl Protonen als auch Neutronen haben wie die Elektronen (16.1) einen Eigendrehimpuls oder Spin der Größe $\hbar/2$. Ferner muss angenommen werden, dass Nukleonen Bahnbewegungen im Atomkern durchführen, die zu einem Bahndrehimpuls führen. Der resultierende Drehimpuls eines Atomkerns, der *Kernspin* $\boldsymbol{J}$, ist wie der Drehimpuls der Elektronenhülle gequantelt, wobei die zugehörige Quantenzahl J den Betrag des Kernspins $\hbar\sqrt{J(J+1)}$ kennzeichnet. Auch hier gilt eine Richtungsquantelung (vgl. 16.1). Kerne mit geraden Zahlen von Protonen und Neutronen (gg-Kerne) haben eine Spinquantenzahl $J = 0$, d. h., die Spins der Nukleonen sind offenbar paarweise antiparallel angeordnet. Mit dem Kernspin ist schließlich auch ein magnetisches Dipolmoment verknüpft.

Bei der Wechselwirkung zwischen zwei Protonen sind die Kernkräfte (starke Wechselwirkung) für Abstände $r > 0{,}7$ fm anziehend und übersteigen die abstoßende Coulomb-Kraft um einen Faktor $>10^2$. Bereits bei $r \geqq 2$ fm sind die Kernkräfte abgeklungen. Für $r < 0{,}7$ fm wirken die Kernkräfte abstoßend, halten also die Nukleonen in entsprechenden Abständen. Das steht im Einklang mit der von der Nukleonenzahl unabhängigen, etwa konstanten Kerndichte. Aufgrund der Spinwechselwirkung gibt es ferner nichtzentrale Anteile der Kernkraft. Sieht man von solchen Kraftanteilen ab, so lässt sich qualitativ ein Verlauf des Kernpotenzials annehmen, wie er in Bild 17-1 dargestellt ist (Energie-Nullpunkt bei getrennten Nukleonen angenommen: Bei gebundenen Nukleonen ist die innere Energie U_{int} bzw. die potenzielle Energie E_p dann negativ, vgl. Bild 6-7). Für die Wechselwirkung zwischen zwei Neutronen oder zwischen einem Neutron und einem Proton ist dabei allein das Potenzial aufgrund der Kernkraft wirksam, für die Wechselwirkung zwischen zwei Protonen wird dieses noch vom Coulomb-Potenzial überlagert.

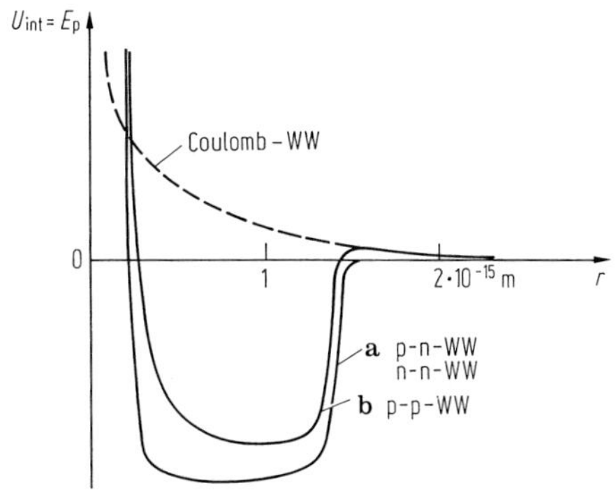

Bild 17-1. Potenzielle Energie von Nukleonen (schematisch, Coulomb-Wechselwirkung stark überhöht dargestellt): **a** p-n- und n-n-Wechselwirkung, **b** p-p-Wechselwirkung

17.2 Massendefekt, Kernbindungsenergie

Die zur Zerlegung eines Atomkerns gegen die anziehenden Kernkräfte aufzubringende Arbeit stellt die Kernbindungsenergie E_B dar, die meist je Nukleon angegeben wird (E_b, Bild 17-2). Bei der Zusammenlagerung von mehreren Nukleonen zu einem Atomkern wird die entsprechende Energie frei. Aufgrund der Einstein'schen Masse-Energie-Beziehung (4-42) ist daher die Masse eines Atomkerns m_N stets kleiner als die Masse aller beteiligten Nukleonen im ungebundenen Zustand ($Zm_p + Nm_n$). Aus der experimentell bestimmbaren Differenz

$$\Delta m = Zm_p + Nm_n - m_N \quad \text{(Massendefekt)} \qquad (17\text{-}6)$$

lässt sich die *Bindungsenergie je Nukleon* berechnen:

$$E_b = \frac{\Delta m c_0^2}{A} \, . \qquad (17\text{-}7)$$

Einem Massendefekt von der Größe der atomaren Masseneinheit 1 u entspricht eine Bindungsenergie von 931,49 MeV. Für Atomkerne mit Nukleonenzahlen $A > 20$ beträgt die Bindungsenergie je Nukleon ungefähr 8 MeV (Bild 17-2). Bei Atomkernen mit Nukleonenzahlen um 60 hat die Energie je Nukleon ein flaches Minimum (maximale Bindungsenergie).

Die Abhängigkeit der Kernbindungsenergie je Nukleon von der Nukleonenzahl des Kerns lässt sich durch *Kernmodelle* deuten.

Beim *Tröpfchenmodell* wird der Atomkern mit einem makroskopischen Flüssigkeitstropfen verglichen, der ebenfalls eine konstante Dichte unabhängig von seiner Größe aufweist, sowie schnell mit der Entfernung abnehmende Bindungskräfte. So, wie beim Flüssigkeitstropfen die Oberflächenspannung für die kugelförmige Gestalt sorgt, muss auch beim Atomkern eine Oberflächenspannung angenommen werden, die eine etwa kugelförmige Gestalt des Kerns bewirkt. Die Bindung an der Oberfläche ist jedoch geringer als im Volumen. Die Zunahme der Bindungsenergie je Nukleon mit der Nukleonenzahl bei leichten Atomkernen rührt daher vom steigenden Verhältnis der Zahl der Nukleonen im Volumen zu derjenigen an der Oberfläche. Bei schweren Kernen bewirkt hingegen die Zunahme der elektrostatischen Abstoßung der Protonen untereinander aufgrund ihrer steigenden Anzahl eine Verringerung der Bindungsenergie je Nukleon. Die Folge ist eine Verschiebung des Energieminimums (Bindungsenergiemaximums) zugunsten eines Neutronenüberschusses. Andererseits scheint, wie sich bei leichten Kernen zeigt, ein energetischer Vorteil für symmetrische Kerne (Protonenzahl = Neutronenzahl) zu existieren.

Beim *Schalenmodell* des Atomkerns wird davon ausgegangen, dass der Kern ähnlich wie die Elektronenhülle in Schalen unterteilt ist, innerhalb derer die Nukleonen gruppiert und diskreten Energiezuständen zugeordnet sind. Dabei sättigen sich die Drehimpulse je zweier Protonen oder zweier Neutronen gegenseitig ab. Kerne mit gerader Protonenzahl und gerader Neutronenzahl (*gg-Kerne*) enthalten nur gepaarte Protonen und Neutronen und sind deshalb stabiler als

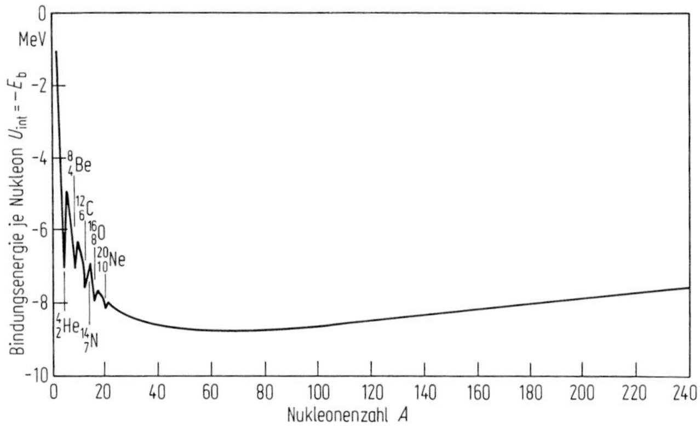

Bild 17-2. Bindungsenergie je Nukleon als Funktion der Nukleonenzahl des Kerns (berechnet nach der Weizsäcker-Formel (17-9) sowie (17-11))

gu- oder *ug-Kerne*. Die Bindungsenergie je Nukleon ist bei gg-Kernen besonders hoch. Das Gegenteil ist bei *uu-Kernen* der Fall, die sowohl ein ungepaartes Proton als auch ein ungepaartes Neutron enthalten. Dieser Effekt wirkt sich besonders bei den leichten Atomkernen aus und erklärt die dort starken Schwankungen der Bindungsenergie je Nukleon (Bild 17-2). Kerne mit abgeschlossenen Schalen enthalten 2, 8, 20, (28), 50, 82 oder 128 Protonen oder Neutronen (*magische Zahlen*) und sind überdurchschnittlich stabil. Beispiele sind ${}^{4}_{2}\mathrm{He}$, ${}^{16}_{8}\mathrm{O}$, ${}^{40}_{20}\mathrm{Ca}$ und ${}^{208}_{82}\mathrm{Pb}$.

Die verschiedenen Einflüsse auf die gesamte Kernbindungsenergie E_B lassen sich in der Weizsäcker-Formel zusammenfassen:

$$E_\mathrm{B} = a_\mathrm{V}A - a_O A^{2/3} - a_\mathrm{C}\frac{Z^2}{A^{1/3}} - a_\mathrm{as}\frac{(A-2Z)^2}{A} + a_\mathrm{p}\frac{\delta}{A^{3/4}}\,, \qquad (17\text{-}8)$$

mit $a_\mathrm{V} = 15{,}75\,\mathrm{MeV}$, $a_O = 17{,}8\,\mathrm{MeV}$, $a_\mathrm{C} = 0{,}71\,\mathrm{MeV}$, $a_\mathrm{as} = 23{,}7\,\mathrm{MeV}$, $a_\mathrm{p} = 34\,\mathrm{MeV}$ und

$$\delta = \begin{cases} +1 \text{ für gg-Kerne} \\ 0 \text{ für gu- und ug-Kerne} \\ -1 \text{ für uu-Kerne}\,. \end{cases}$$

Der erste Term beschreibt die Zunahme der Bindungsenergie mit der Anzahl der Nukleonen (Volumenenergie). Der zweite Term berücksichtigt die geringere Bindung der Oberflächen-Nukleonen. Der dritte Term beschreibt die Coulomb-Abstoßung der Protonen $\sim Z^2/r$. Der vierte Term stellt die bindungslockernde Asymmetrieenergie dar, die bei $N = Z = A/2$ verschwindet. Bei großen Nukleonenzahlen liegt jedoch wegen der Coulomb-Abstoßung der Protonen untereinander das Energieminimum (Bindungsenergiemaximum) bei $N > Z$. Der fünfte Term berücksichtigt die Paarenergie der Nukleonen-Spins, er hat bei gg-Kernen einen positiven, bei uu-Kernen einen negativen Wert. Die Kernbindungsenergie je Nukleon E_b ergibt sich daraus zu

$$E_\mathrm{b} = \frac{E_\mathrm{B}}{A} = a_\mathrm{V} - a_\mathrm{O}\frac{1}{A^{1/3}} - a_\mathrm{C}\frac{Z^2}{A^{4/3}} - a_\mathrm{as}\frac{(A-2Z)^2}{A^2} + a_\mathrm{p}\frac{\delta}{A^{7/4}}\,. \qquad (17\text{-}9)$$

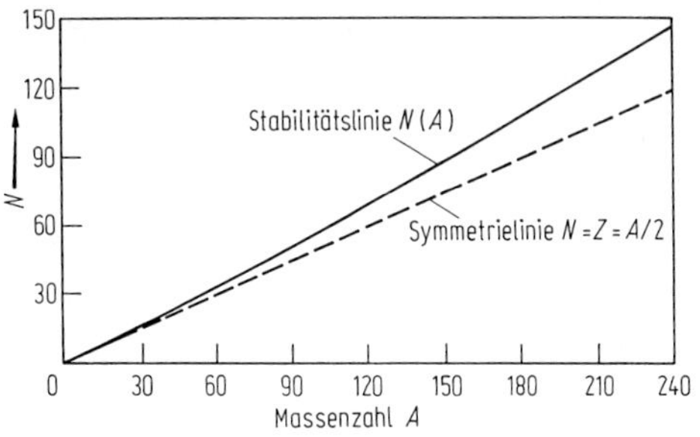

Bild 17-3. Stabilitätslinie $N(A)$ nach der Weizsäcker-Formel

Für jede Massenzahl A zeigt die Energie des Kerns bei einer bestimmten Protonenzahl Z ein Minimum (Maximum der Kernbindungsenergie), dessen Lage sich aus (17-8) mit der Bedingung

$$\left(\frac{\partial E_\mathrm{B}}{\partial Z}\right)_{A=\mathrm{const}} = 0 \qquad (17\text{-}10)$$

berechnen lässt. Daraus ergibt sich eine *Stabilitätslinie* (Linie der β-Stabilität, siehe 17.3.2)

$$Z = \frac{A}{2 + 0{,}015A^{2/3}} < \frac{A}{2}$$

bzw.

$$N = A - \frac{A}{2 + 0{,}015A^{2/3}} > \frac{A}{2}\,, \qquad (17\text{-}11)$$

die bei schweren Kernen zunehmend von der Linie $N = Z = A/2$ der symmetrischen Atomkerne abweicht (Bild 17-3). Mit (17-11) folgt aus (17-9) der in Bild 17-2 dargestellte Verlauf der Bindungsenergiekurve.

Die stabilen Elemente (siehe 17.3) liegen auf bzw. dicht an der Stabilitätslinie.

17.3 Radioaktiver Zerfall

Atomkerne, die nicht dicht an der Stabilitätslinie (Bild 17-3) liegen, oder die große Massenzahlen A aufweisen, können Strahlung emittieren und dabei in einen stabileren Zustand übergehen. Solche instabilen Atomkerne heißen *radioaktiv*. Bei der zuerst an Uransalzen entdeckten (Becquerel, 1896), dann an Polonium, Radium, Aktinium, Thorium, Kalium, Rubidium, Samarium, Lutetium u. a. gefundenen und untersuchten *natürlichen Radioaktivität* (Marie und Pierre Curie ab 1898, u. a.) werden verschiedenartige Strahlungen beobachtet:

1. Die α-*Strahlung* besteht aus zweifach positiv geladenen Teilchen der Massenzahl 4, also He-Kernen.
2. Die β-*Strahlung* besteht aus schnellen Elektronen.
3. Die γ-*Strahlung* besteht aus energiereichen elektromagnetischen Strahlungsquanten.

Die radioaktive Strahlung hängt nicht von äußeren Bedingungen wie Temperatur, Druck, chemische Bindung usw. ab.

17.3.1 Alphazerfall

Bei der Emission eines α-Teilchens (He-Kern), das als gg-Kern mit abgeschlossenen Schalen eine besonders stabile Kernstruktur darstellt, aus einem schweren Atomkern X (der sich dabei in einen anderen Atomkern Y umwandelt) wird eine Reaktionsenergie

$$Q = \Delta E = (m_X - m_Y - m_\alpha)c_0^2 = \Delta m c_0^2 > 0 \quad (17\text{-}12)$$

frei, sofern die Massenzahl A_X des Ausgangskerns hinreichend groß ist, wie sich aus dem Verlauf der Bindungsenergie pro Nukleon (Bild 17-2) schließen lässt. α-Strahlung wird in erster Linie für $A_X > 208$ beobachtet. Die Nukleonenzahl des Ausgangskerns reduziert sich beim α-Zerfall um 4, die Protonenzahl um 2, sodass ein anderes chemisches Element (im Periodensystem gegenüber dem Ausgangselement zwei Plätze zurück) entsteht:

$${}^{A}_{Z}\mathrm{X} \rightarrow {}^{A-4}_{Z-2}\mathrm{Y} + {}^{4}_{2}\mathrm{He} + \Delta E\,,$$

z. B.:

$${}^{238}_{92}\mathrm{U} \xrightarrow{4{,}5\cdot 10^9\,\mathrm{a}} {}^{234}_{90}\mathrm{Th} + {}^{4}_{2}\mathrm{He}\,. \quad (17\text{-}13)$$

Der Zerfall erfolgt bei den natürlich radioaktiven Elementen von selbst (spontan), allerdings sehr langsam, anderenfalls würden sie nicht mehr existieren. Bei der Emission des α-Teilchens muss daher offenbar eine Energieschwelle überwunden werden, die höher ist, als die bei der Emission verfügbare Energie ΔE, die sich wiederum gemäß Energie- und Impulssatz (Rückstoß, siehe 3.3.2) auf den neuen Kern Y und das α-Teilchen (E_α) verteilt. Die Energieschwelle wird aus dem Potenzialtopf der Kernkräfte und

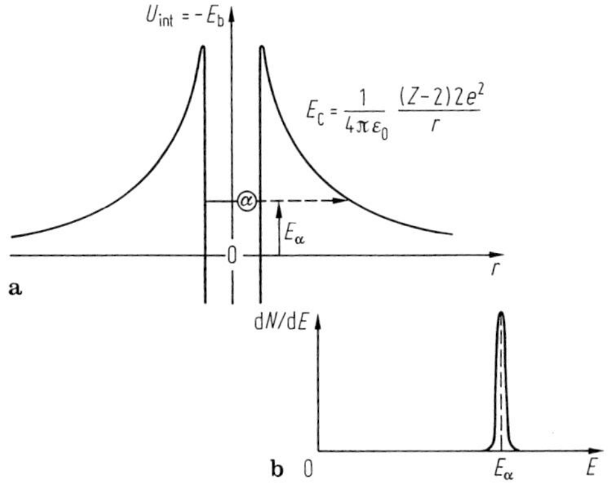

Bild 17-4. α-Zerfall: **a** Zu durchtunnelnde Energieschwelle des Kernpotenzials, **b** diskretes Energiespektrum der α-Strahlung

der Coulomb-Abstoßung zwischen Kern Y und dem α-Teilchen gebildet (Bild 17-4a). Das Energiespektrum der α-Strahlung einer Kernsorte mit diskreten Linien (Bild 17-4b) ist ein Hinweis auf die Existenz diskreter Quantenzustände im Kern mit entsprechenden Energieniveaus.

Die Wahrscheinlichkeit des Zerfalls wird dann durch den quantenmechanischen Tunneleffekt (16-98) geregelt (Gamow, 1938), der auch die Feldemission von Elektronen aus Metallen bestimmt (16.7.1). Dementsprechend gibt es eine (zunächst empirisch gefundene) gleichsinnige Beziehung zwischen der Zerfallswahrscheinlichkeit und der Energie E_α des emittierten α-Teilchens:

$$\log\lambda = A + B\log E_\alpha\,, \quad (17\text{-}14)$$

die Geiger-Nuttall'sche Regel ,

mit für alle α-Strahler annähernd gleichen Konstanten A und B. λ ist die Zerfallskonstante des Zerfallsgesetzes (17-20).

Anmerkung: Üblicherweise wird die Geiger-Nuttall'sche Regel mithilfe der hier nicht eingeführten Reichweite R der α-Teilchen in Materie (z. B. in Luft) formuliert. Diese ist jedoch einer Potenz von E_α proportional, sodass sich nur die Konstante B ändert.

17.3.2 Betazerfall

Nuklide, die nicht dicht an der Linie der β-Stabilität (Bild 17-3) liegen, können durch Emission eines

Elektrons oder eines Positrons (eines positiv geladenen Elektrons) dieser Linie der minimalen Energie näherkommen. Dabei bleibt die Nukleonenzahl A ungeändert, jedoch ändern sich Neutronenzahl N und Protonenzahl Z gegensinnig um je 1.

Der β^-*-Zerfall* tritt bei Nukliden mit Neutronenüberschuss oberhalb der Stabilitätslinie (Bild 17-3) auf. Es entsteht ein Element mit einer um 1 höheren Ordnungszahl:

$$^{A}_{Z}\mathrm{X} \rightarrow {}^{A}_{Z+1}\mathrm{Y} + {}^{0}_{-1}\mathrm{e} + \Delta E\,,$$

z. B.:

$$^{234}_{90}\mathrm{Th} \xrightarrow{24{,}1\,\mathrm{d}} {}^{234}_{91}\mathrm{Pa} + \mathrm{e}^- \,. \qquad (17\text{-}15)$$

Zugrunde liegt diesem Prozess die Umwandlung eines Neutrons in ein Proton und ein Elektron. Im Gegensatz zur α-Strahlung ist das Energiespektrum der β-Strahlung jedoch nicht diskret (linienhaft), sondern kontinuierlich zwischen 0 und einer maximalen Energie E_β verteilt (Bild 17-5). Ferner ergibt sich aus Nebelkammer- oder Blasenkammer-Aufnahmen des β-Zerfalls, dass scheinbar der Impulserhaltungssatz meist nicht erfüllt ist: Der Fall entgegengesetzter Impulse von Rückstoßkern und emittiertem Elektron (Fall a in Bild 17-5) tritt nur selten auf. Viel häufiger ist der Fall b, bei dem scheinbar die Impulssumme nicht verschwindet. Außerdem ist scheinbar auch der Drehimpulserhaltungssatz verletzt: Beim β-Zerfall wird der Kernspin (ganz- oder halbzahlig) nicht geändert, dennoch nimmt das Elektron einen Spin $\hbar/2$ mit. All diese Widersprüche ließen sich durch die Annahme eines weiteren Elementarteilchens, des *Elektron-Neutrinos* ν_e (hier genauer des Antiteilchens $\bar{\nu}_e$ wegen der Erhaltung der Leptonenzahl, siehe 17.5) beseitigen (Pauli, 1931). Die Neutrinos besitzen keine elektrische Ladung (ionisieren daher nicht), eine nur sehr kleine Ruhemasse ($<3 \cdot 10^{-5}\, m_e$, vielleicht 0) und einen Spin $\hbar/2$. Neutrinos zeigen wegen der fehlenden Ladung und Ruhemasse nur eine extrem geringe Wechselwirkung mit anderer Materie und wurden deshalb erst 1956 direkt nachgewiesen (Reines u. Cowan). Wird beim β-Zerfall gleichzeitig mit dem Elektron ein Neutrino emittiert, so nimmt dieses einen vom Emissionswinkel abhängigen Anteil der Energie und des Impulses (Bild 17-5c) mit und gleicht den Spin des emittierten Elektrons aus. Damit

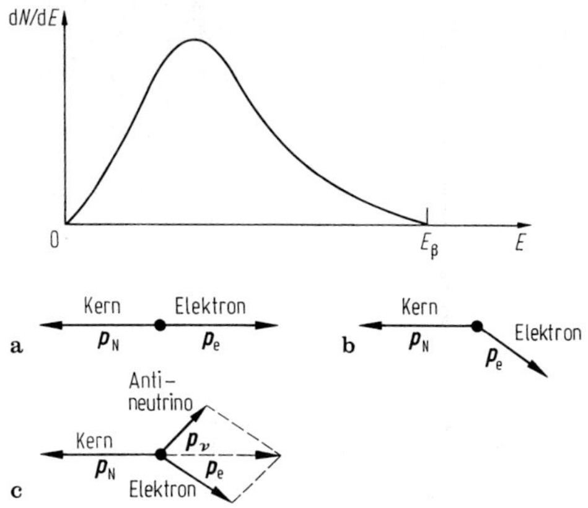

Bild 17-5. Kontinuierliches Energiespektrum der β-Strahlung, Impulsdiagramme zum Impulserhaltungssatz beim β-Zerfall

sind Energie-, Impuls- und Drehimpulssatz erfüllt und das kontinuierliche β-Spektrum wird erklärbar. Dem β^--Zerfall liegt daher folgende Neutronenumwandlung zugrunde:

$$\mathrm{n} \rightarrow \mathrm{p} + \mathrm{e}^- + \bar{\nu}_e\,. \qquad (17\text{-}16)$$

Die Reaktionsgleichungen (17-15) müssen demnach durch ein Antineutrino $\bar{\nu}_e$ ergänzt werden.

Der β^+*-Zerfall* tritt bei Nukliden auf, die eine geringere Neutronenzahl aufweisen, als es der Linie der β-Stabilität (Bild 17-3) entspricht. Es entsteht ein Element mit einer um 1 niedrigeren Ordnungszahl:

$$^{A}_{Z}\mathrm{X} \rightarrow {}^{A}_{Z-1}\mathrm{Y} + {}^{0}_{1}\,\mathrm{e} + \Delta E\,,$$

$$\text{z. B.:}\quad {}^{10}_{6}\mathrm{C} \rightarrow {}^{10}_{5}\,\mathrm{B} + \mathrm{e}^+\,. \qquad (17\text{-}17)$$

Der β^+-Zerfall legt die Annahme der Umwandlung eines Protons in ein Neutron nahe unter gleichzeitiger Aussendung eines positiven Elektrons (eines Positrons) e^+ und eines Elektron-Neutrinos ν_e. Dies kann jedoch nicht zutreffen, da die Masse des Protons kleiner ist als die des Neutrons. Statt dessen muss angenommen werden, dass aus überschüssiger Kernbindungsenergie zunächst ein Elektronenpaar (Elektron und Positron) entsteht und das Proton sich mit dem Elektron zu einem Neutron verbindet:

$$\mathrm{p} + \mathrm{e}^- + \mathrm{e}^+ \rightarrow \mathrm{n} + \mathrm{e}^+ + \nu_e\,. \qquad (17\text{-}18)$$

Dementsprechend müssen auch hier die Reaktionsgleichungen (17-17) ergänzt werden durch ein

Neutrino ν_e. Statt der Aussendung eines Positrons kann der instabile Atomkern auch ein Hüllenelektron einfangen (meist ein K-Elektron): *Elektroneneinfang* oder K-Einfang (K-Elektronen besitzen eine gewisse Aufenthaltswahrscheinlichkeit auch im Kern). Anschließend tritt charakteristische Röntgenstrahlung (siehe 20.4) durch Auffüllung der Elektronenlücke in der K-Schale auf.

Umwandlungen der Art (17-16) und (17-18), bei denen Elektronen und Neutrinos als Ausgangs- oder Endteilchen auftreten, stellen einen speziellen Fall der *schwachen Wechselwirkung* dar (17.5).

γ-Emission

Nach Emission von α- oder β-Teilchen verbleiben die Atomkerne meist in einem energetisch mehr oder weniger angeregten Zustand. Beim Übergang in den energieärmeren Grundzustand wird die Energiedifferenz in Form von elektromagnetischer Strahlung mit großem Durchdringungsvermögen, der γ-Strahlung abgegeben. Dabei ändert sich die Stellung des Atomkerns im Periodensystem nicht.

Das Gesetz des radioaktiven Zerfalls

Der radioaktive Zerfall ist rein statistischer Natur, d. h., die Atomkerne wandeln sich unabhängig voneinander mit einer für alle gleichartigen Kerne gleichen Zerfallswahrscheinlichkeit um. Der innerhalb eines Zeitintervalls $\mathrm{d}t$ zerfallende Bruchteil $\mathrm{d}N$ der Atomkerne eines Nuklids bzw. die *Aktivität* $A = -\mathrm{d}N/\mathrm{d}t$ ist deshalb proportional zur Anzahl N der noch vorhandenen, nicht umgewandelten radioaktiven Kerne:

$$A = -\frac{\mathrm{d}N}{\mathrm{d}t} = \lambda N \qquad (17\text{-}19)$$

mit der *Zerfallskonstante* λ.

SI-Einheit: $[A]$ = Bq (Becquerel) = $\mathrm{s}^{-1} = 1/\mathrm{s}$.

Früher übliche Einheit: Curie (Ci), die Aktivität von etwa 1 g Radium. 1 Ci = $37 \cdot 10^9$ Bq.

Durch Integration von (17-19) folgt das *Zerfallsgesetz*

$$N = N_0 \mathrm{e}^{-\lambda t} , \qquad (17\text{-}20)$$

wobei N_0 die anfangs vorhandene Zahl der radioaktiven Kerne ist. Aus (17-19) oder (17-20) folgt, dass in gleichen Zeitintervallen stets der gleiche Bruchteil der vorhandenen Kerne zerfällt. Die Zeit in der jeweils die Hälfte zerfällt, wird *Halbwertszeit* $T_{1/2}$ genannt. Sie folgt aus (17-20) für $N = N_0/2$ zu

$$T_{1/2} = \frac{\ln 2}{\lambda} = \frac{0{,}693\ldots}{\lambda} . \qquad (17\text{-}21)$$

Gelegentlich wird auch die *mittlere Lebensdauer* $\tau = 1/\lambda$ benutzt. Das für die Altersbestimmung nach der Radiokarbonmethode ausgenutzte Kohlenstoffnuklid ^{14}C hat eine Halbwertszeit $T_{1/2} = (5730 \pm 40)$ a.

Ersetzt man die Zahl N der vorhandenen Ausgangskerne durch die Masse m der Substanz, so folgt mit der Avogadro-Konstanten N_A und der Molmasse M aus (17-19) die für die praktische Anwendung geeignetere Beziehung

$$A = \lambda \frac{m N_\mathrm{A}}{M} . \qquad (17\text{-}22)$$

17.4 Künstliche Kernumwandlungen, Kernenergiegewinnung

Hochangeregte Atomkerne können bei Neutronenüberschuss unter Emission eines Neutrons, bei Protonenüberschuss unter Emission eines Protons zerfallen. Der hochangeregte Zustand (gekennzeichnet durch ein Sternchen *) kann z. B. aus einem instabilen Kern bei vorausgegangener β-Emission entstanden sein:

$$\begin{aligned} {}^{17}_{7}\mathrm{N} &\to {}^{17}_{8}\mathrm{O}^* + {}^{0}_{-1}\mathrm{e} + \bar{\nu}_\mathrm{e} \\ {}^{17}_{8}\mathrm{O}^* &\to {}^{16}_{8}\mathrm{O} + {}^{1}_{0}\mathrm{n} . \end{aligned} \qquad (17\text{-}23)$$

In Fällen dieser Art emittiert der hochangeregte Kern das Neutron sehr schnell, sodass die Halbwertszeit für das Abklingen der Neutronenstrahlung durch diejenige des vorangegangenen β-Zerfalls gegeben ist (*verzögerte Neutronen*). Die Tatsache der Emission verzögerter Neutronen eröffnet eine wichtige Möglichkeit zur Regelung eines Kernreaktors (siehe unten).

Hochangeregte Atomkerne können auch durch Einschuss von energiereichen Teilchen wie Protonen, Neutronen, Deuteronen (Kerne des Schweren Wasserstoffs: 1 Proton + 1 Neutron), Tritonen (Kerne des überschweren Wasserstoffs: 1 Proton + 2 Neutronen), α-Teilchen oder hochenergetische γ-Quanten erzeugt werden. Wird als Folge ein Teilchen anderer Ladung emittiert, so ist eine *künstliche Kernumwandlung*

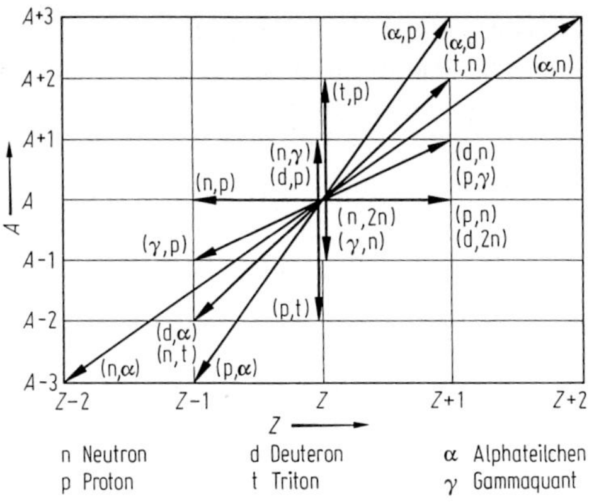

Bild 17-6. Übersicht über mögliche künstliche Kernumwandlungen

erfolgt. Die erste künstliche Kernumwandlung wurde von Rutherford beim Beschuss von Stickstoffatomen mit α-Teilchen beobachtet (1919):

$$^{14}_{7}\mathrm{N} + ^{4}_{2}\alpha \rightarrow ^{17}_{8}\mathrm{O} + ^{1}_{1}\mathrm{p}\,. \qquad (17\text{-}24)$$

Eine kürzere Schreibweise setzt die Symbole für Einschuss- und emittiertes Teilchen in Klammern zwischen die Symbole von Ausgangs- und Tochterkern:

$$^{14}_{7}\mathrm{N}(\alpha, \mathrm{p})^{17}_{8}\mathrm{O}\,.$$

Die bekannten Möglichkeiten für Umwandlungen eines Nuklids bei Beschuss mit energiereichen Teilchen (Austauschreaktionen) zeigt Bild 17-6.

Kernspaltung

Statt der Umwandlung durch Emission einzelner Nukleonen oder eines kleinen Aggregats von Nukleonen (Deuteronen, α-Teilchen) können instabile oder hochangeregte Kerne großer Massenzahl auch in zwei Kerne mittlerer Massenzahlen zerfallen (Bild 17-7): *Kernspaltung* oder *Fission* (Hahn u. Straßmann, 1938). Dabei wird nach der Weizsäcker-Kurve (Bild 17-2) Bindungsenergie frei.

Die Spaltung eines Atomkerns kann durch Einschuss eines langsamen (thermischen) Neutrons ausgelöst (induziert) werden. Im Tröpfchenmodell lässt sich dieser Vorgang verstehen, wenn angenommen wird, dass durch den Einschuss des Neutrons eine Kerndeformation erfolgt, die – infolge der gegenüber

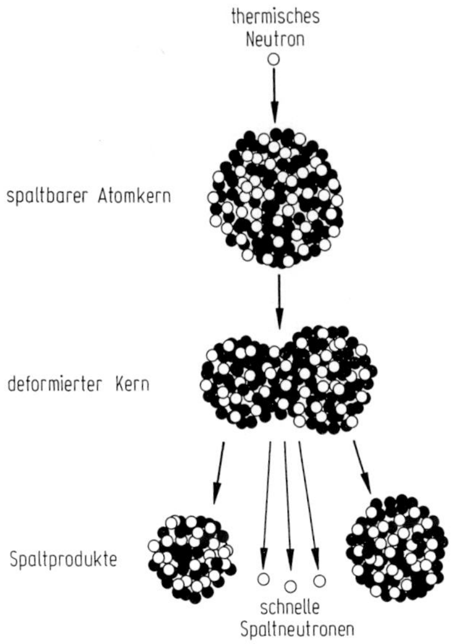

Bild 17-7. Neutroneninduzierte Spaltung eines Atomkerns

den kurzreichweitigen anziehenden Kernkräften dann zur Auswirkung kommenden langreichweitigen Coulomb-Abstoßung zwischen den beiden positiven Ladungsschwerpunkten – zu einem Zerplatzen in hauptsächlich zwei Teilkerne führt. Eine solche neutroneninduzierte Kernspaltung wird z. B. durch die folgende Reaktionsgleichung dargestellt:

$$^{235}_{92}\mathrm{U} + \mathrm{n} \rightarrow ^{145}_{56}\mathrm{Ba}^{*} + ^{88}_{36}\mathrm{Kr}^{*} + 3\mathrm{n} + \Delta E\,. \qquad (17\text{-}25)$$

Es sind auch eine ganze Reihe anderer Spaltungen möglich, wobei eine Häufung von Spaltprodukten mit Massenzahlen um 90 bis 100 und um 145 beobachtet wird.

Eine grobe Abschätzung der dabei freiwerdenden Bindungsenergie ΔE lässt sich aus der potenziellen Energie der Coulomb-Abstoßung (12-43) gewinnen unter der Annahme, dass die beiden Spaltprodukte als näherungsweise kugelförmige Ladungen $Z_1 e$ und $Z_2 e$ zu Beginn der Trennung entsprechend den beiden Kernradien dicht aneinander liegen (Bild 17-8):

$$\Delta E \approx E_\mathrm{p} = Z_1 e V(Z_2 e) = \frac{Z_1 Z_2 e^2}{4\pi\varepsilon_0 d}\,. \qquad (17\text{-}26)$$

Benutzt man als Abstand der Ladungsschwerpunkte $d = R_\mathrm{Ba} + R_\mathrm{Kr} \approx 11{,}6\,\mathrm{fm}$ aus (17-4), so ergibt sich aus (17-26) $\Delta E \approx 250\,\mathrm{MeV}$ an freiwerdender Bindungsenergie. Dieser Betrag stimmt in der Größenordnung

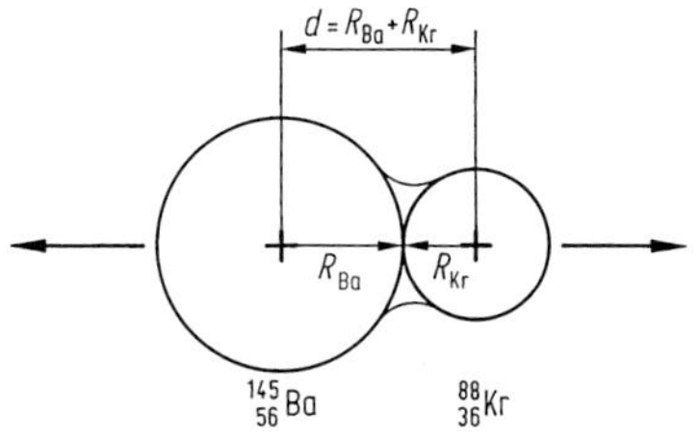

Bild 17-8. Zur Berechnung der Spaltenergie aus der potenziellen Energie der Coulomb-Abstoßung

überein mit dem Wert, der sich aus der Kurve für die Bindungsenergie je Nukleon (Bild 17-2) abschätzen lässt: Für einen schweren Kern wie Uran beträgt die Bindungsenergie ca. 7,5 MeV je Nukleon, für Kerne mittlerer Massenzahl ca. 8,4 MeV je Nukleon. Bei einem Spaltvorgang gemäß (17-25) werden daher etwa 0,9 MeV je Nukleon frei, oder etwa 210 MeV für alle Nukleonen des Urankerns. Diese Energie ist um den Faktor 10^7 größer als die chemische Bindungsenergie zweier Atome! Sie wird zu >80% von den Spaltprodukten einschließlich der Spaltneutronen als kinetische Energie übernommen.

Das Auftreten der Spaltneutronen erklärt sich aus dem relativen Neutronenüberschuss, der bei schweren Kernen höher ist als bei mittelschweren (Bild 17-3), und der daher bei der Spaltung abgebaut wird. Die Spaltneutronen ermöglichen den Vorgang der *Kettenreaktion*, da sie in einer nächsten Generation wiederum Spaltreaktionen hervorrufen können. Die Zahl N_{i+1} der Spaltreaktionen der $(i + 1)$-ten Generation ergibt sich aus der Zahl N_i der Spaltreaktionen der i-ten Generation entsprechend dem Multiplikationsfaktor

$$k = \frac{N_{i+1}}{N_i} \quad (i = 1, 2, \ldots)\,. \qquad (17\text{-}27)$$

Für $k < 1$ nimmt die Zahl der Spaltreaktionen je Generation ab, und die Kettenreaktion bricht schließlich ab. Kann dagegen für eine gewisse Zeit $k > 1$ aufrechterhalten werden, so nimmt die Zahl der Kernspaltungen zeitlich exponentiell zu. Bei kurzer Generationsdauer und großem k (bei stark angereichertem oder reinem ^{235}U und überkritischer Masse, siehe unten) kommt es zur Kernexplosion: *Atombombe*.

Kernreaktor

Für eine zeitlich konstante Kernspaltungsrate muss $k = 1$ gehalten werden: Kontrollierte Kettenreaktion im *Kernreaktor* (Fermi, 1942). (Die präzisere Benennung „Kernspaltungsreaktor" ist nicht üblich.) Für die Kernenergiegewinnung mittels Kernreaktoren ist daher die Regelung des Multiplikationsfaktors k von entscheidender Bedeutung. Sie wird dadurch erleichtert, dass bei der Spaltung von ^{235}U etwa 1% der Spaltneutronen aus dem β-Zerfall von Spaltprodukten stammen mit einer Halbwertszeit von der Größenordnung einer Sekunde (verzögerte Neutronen, siehe oben). Wird die Vermehrungsrate der prompten Neutronen bei 0,99 gehalten und der Multiplikationsfaktor durch die verzögerten Neutronen zu 1 ergänzt, so bleibt im Falle einer Abweichung genügend Zeit zur Nachregelung.

Im Uranreaktor treten aufgrund mehrerer möglicher Kernspaltungsreaktionen ähnlich (17-25) im Mittel 2,43 Spaltneutronen je ^{235}U-Kern mit einer kinetischen Energie von 1 bis 2 MeV auf. Bei geringer Größe des Uranvolumens gehen jedoch die meisten Spaltneutronen durch die Oberfläche verloren. Das Verhältnis Volumen zu Oberfläche muss daher hinreichend groß gemacht werden, damit mindestens ein Neutron je Spaltreaktion eine weitere Spaltung hervorruft, das führt auf den Begriff der *kritischen Masse* des Spaltmaterials. Die kritische Masse hängt stark von der Anreicherung des Isotops ^{235}U ab, da natürliches Uran im Wesentlichen das neutronenabsorbierende Isotop ^{238}U enthält und nur zu 0,7% das spaltbare ^{235}U. Die schnellen Spaltneutronen haben nur eine geringe Wahrscheinlichkeit, im ^{235}U-Kern angelagert zu werden und eine Spaltung zu bewirken, sie werden vorwiegend gestreut. Eine hohe Spaltwahrscheinlichkeit tritt erst bei thermischen Geschwindigkeiten auf. Die Neutronen müssen daher abgebremst werden, z. B. durch elastische Stöße mit Kernen vergleichbarer Masse (vgl. (6-42) und Bild 6-11). Hierzu werden *Moderatorsubstanzen* verwendet, das sind Substanzen mit Kernen möglichst niedriger Massenzahl, die jedoch Neutronen nur schwach absorbieren dürfen, z. B. Deuterium (im schweren Wasser) oder Graphit. Zur Regelung des Multiplikationsfaktors werden hingegen Substanzen mit hohem Neutroneneinfangquerschnitt verwendet, z. B. Cadmiumstäbe, die mehr oder weniger in den Reaktorkern eingefahren werden (Bild 17-9).

Die Spaltprodukte geben ihre kinetische Energie durch Stöße an die umgebenden Atome des Kern-

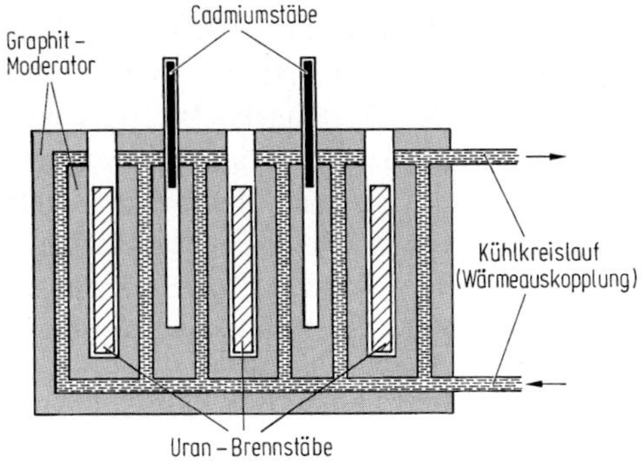

Bild 17-9. Prinzipieller Aufbau eines Kernspaltungsreaktors

brennstoffs und des Moderatormaterials in Form von Wärme ab, die durch ein zirkulierendes Kühlmittel, z. B. Wasser oder flüssiges Natrium aus dem Kernreaktor abgeführt und z. B. zur Erzeugung elektrischer Energie ausgenutzt wird.

Das im Uran-Kernbrennstoff enthaltene Isotop ^{238}U wandelt sich unter Beschuss mit schnellen Neutronen über zwei Zwischenstufen in Plutonium um:

$$\begin{aligned} &{}^{238}_{92}\text{U} + {}^{1}_{0}\text{n} \rightarrow {}^{239}_{92}\text{U} + \gamma \\ &{}^{239}_{92}\text{U} \rightarrow {}^{239}_{93}\text{Np} + \text{e}^- \\ &{}^{239}_{93}\text{Np} \rightarrow {}^{239}_{94}\text{Pu} + \text{e}^- \,. \end{aligned} \tag{17-28}$$

Im Uranreaktor entsteht daher auch das ebenfalls spaltbare Plutonium: *Brutprozess*. Problematisch ist beim Kernspaltungsreaktor das Entstehen zahlreicher radioaktiver Spaltprodukte.

Kernfusion

Wie die Bindungsenergiekurve Bild 17-2 ausweist, wird auch beim Aufbau mittelschwerer Kerne aus sehr leichten Kernen bis zu Massenzahlen um 20 Bindungsenergie frei: Kernfusion. Energetisch besonders ergiebig sind Kernverschmelzungen, die als Endprodukt $^4_2$He-Kerne mit ihrer großen Bindungsenergie (Bild 17-2) ergeben. Solche Fusionsreaktionen liefern die Energie der Sterne und auch der Sonne. Auf der Erde konnte eine Energiefreisetzung auf dieser Basis bisher nur in Form der unkontrollierten Kernfusion in der *Wasserstoffbombe* realisiert werden.

Der Grund dafür sind die hohen Schwellenenergien dieser Prozesse: Die Fusion setzt voraus, dass sich zwei Kerne gegen die Coulomb-Abstoßung einander soweit nähern, dass die kurzreichweitige Kernkraft die Oberhand gewinnt. Für zwei Protonen beispielsweise ist dafür nach (17-26) eine kinetische Energie der Größenordnung 1 MeV erforderlich. Sie sind zwar durch Beschleuniger leicht zu erreichen, jedoch sind so nur vereinzelt Fusionen zu erzielen, da die Reaktionsquerschnitte gegenüber den Streuquerschnitten sehr klein sind. Zur Energiegewinnung muss eine große Anzahl von Kernen eine hinreichend hohe thermische Energie besitzen, damit trotz des kleinen Reaktionsquerschnittes hinreichend viele Fusionsprozesse erfolgen. Im Sonneninnern werden Temperaturen von 10^7 bis 10^8 K angenommen. Die daraus gemäß (8-18) zu berechnende mittlere thermische Energie beträgt 1 bis 10 keV, reicht also nicht aus, um den MeV-Wall zu übersteigen. Da es sich jedoch sowohl um eine Verteilung (Bild 8-1) mit auch höherenergetischen Kernen handelt, als auch der Potenzialwall (Bild 16-31 und 17-4) dann bereits aufgrund des Tunneleffekts (16-98) durchdrungen werden kann, setzt die Kernfusion bereits bei diesen Temperaturen ein. Bei der Wasserstoffbombe wird eine Uranbombe als Zünder zur Erzeugung der erforderlichen Temperaturen benutzt.

Die *Sonne* und ähnliche Sterne beziehen ihre Energie vorwiegend aus dem sog. *Deuterium-Zyklus* (Bethe, 1939):

$$\begin{aligned} &{}^1_1\text{p} + {}^1_1\text{p} \rightarrow {}^2_1\text{D} + \text{e}^+ + \nu_\text{e} + 1{,}4\,\text{MeV (langsam)} \\ &{}^2_1\text{D} + {}^1_1\text{p} \rightarrow {}^3_2\text{He} + \gamma + 5{,}5\,\text{MeV (schnell)} \\ &{}^3_2\text{He} + {}^3_2\text{He} \rightarrow {}^4_2\text{He} + 2\,{}^1_1\text{p} + 12{,}9\,\text{MeV (schnell)}\,. \end{aligned} \tag{17-29}$$

Darin bestimmt der erste Prozess als langsamster die Brenngeschwindigkeit der Sonne. Der Bruttoprozess dieser drei Reaktionen lautet:

$$4\,{}^1_1\text{p} \rightarrow {}^4_2\text{He} + 2\text{e}^+ + 2\nu_\text{e} + 2\gamma + 26{,}7\,\text{MeV}\,. \tag{17-30}$$

Etwa 7% der insgesamt freiwerdenden Energie (≈1,9 MeV) geht auf die Neutrinos über und wird mit diesen nicht ausnutzbar weggeführt.

Bei Sternen mit etwas höheren Temperaturen läuft bevorzugt ein weiterer Zyklus ab, der ebenfalls zur Fusion von 4 Protonen zu einem He-Kern führt, der *Bethe-Weizsäcker-Zyklus* oder CN-Zyklus:

$$
\begin{aligned}
{}^{12}_{6}\mathrm{C} + {}^{1}_{1}\mathrm{p} &\rightarrow {}^{13}_{7}\mathrm{N} + \gamma && + 1{,}95\,\mathrm{MeV}\,,\\
{}^{13}_{7}\mathrm{N} &\rightarrow {}^{13}_{6}\mathrm{C} + \mathrm{e}^{+} + \nu_{\mathrm{e}} && + 2{,}22\,\mathrm{MeV}\,,\\
{}^{13}_{6}\mathrm{C} + {}^{1}_{1}\mathrm{p} &\rightarrow {}^{14}_{7}\mathrm{N} + \gamma && + 7{,}54\,\mathrm{MeV}\,,\\
{}^{14}_{7}\mathrm{N} + {}^{1}_{1}\mathrm{p} &\rightarrow {}^{15}_{8}\mathrm{O} + \gamma && + 7{,}35\,\mathrm{MeV}\,,\\
{}^{15}_{8}\mathrm{O} &\rightarrow {}^{15}_{7}\mathrm{N} + \mathrm{e}^{+} + \nu_{\mathrm{e}} && + 2{,}71\,\mathrm{MeV}\,,\\
{}^{15}_{7}\mathrm{N} + {}^{1}_{1}\mathrm{p} &\rightarrow {}^{12}_{6}\mathrm{C} + {}^{4}_{2}\mathrm{He} && + 4{,}96\,\mathrm{MeV}\,.
\end{aligned}
\tag{17-31}
$$

Die Bruttoreaktion ist identisch mit der des Deuterium-Zyklus (17-30). Die Menge des Kohlenstoffs, der quasi als Katalysator wirkt, ändert sich dabei nicht.
Bei etwa 10^8 K geht das sog. Wasserstoffbrennen in das sog. Heliumbrennen über, z. B. nach dem *Salpeter-Prozess*, dessen Bruttoreaktion

$$3\,{}^{4}_{2}\mathrm{He} \rightarrow {}^{12}_{6}\mathrm{C} + \gamma + 7{,}28\,\mathrm{MeV} \tag{17-32}$$

in der Verschmelzung von He-Kernen zu Kohlenstoff-Kernen besteht.
Die *kontrollierte Kernfusion* zur irdischen Fusionsenergiegewinnung ist bisher nicht gelungen. In Betracht gezogen werden z. B. die folgenden Fusionsreaktionen:

$$
\begin{aligned}
{}^{2}_{1}\mathrm{D} + {}^{2}_{1}\mathrm{D} &\rightarrow {}^{3}_{2}\mathrm{He} + {}^{1}_{0}\mathrm{n} + 3{,}2\,\mathrm{MeV}\,,\\
{}^{2}_{1}\mathrm{D} + {}^{2}_{1}\mathrm{D} &\rightarrow {}^{3}_{1}\mathrm{T} + {}^{1}_{1}\mathrm{p} + 4{,}2\,\mathrm{MeV}\,,\\
{}^{2}_{1}\mathrm{D} + {}^{3}_{1}\mathrm{T} &\rightarrow {}^{4}_{2}\mathrm{He} + {}^{1}_{0}\mathrm{n} + 17{,}6\,\mathrm{MeV}\,.
\end{aligned}
\tag{17-33}
$$

Die potenzielle Bedeutung der Fusionsenergie ist durch die praktische Unerschöpflichkeit des Brennstoffs Deuterium (zu 0,015% im Wasser enthalten) und durch die fehlende Radioaktivität der Fusionsprodukte bedingt. Allerdings tritt Neutronenstrahlung auf, die in einem Fusionsreaktor abgeschirmt werden müsste, sodass künstliche Radioaktivität aufgrund von Sekundärreaktionen nicht vollständig vermeidbar ist.

Fusionsreaktor-Experimente

Wegen der erwähnten hohen Schwellenenergie von Fusionsreaktionen sind Temperaturen von 10^7 bis 10^8 K erforderlich. Der Fusionsbrennstoff wird dabei zum vollionisierten Plasma. Das Plasma muss bei diesen Temperaturen mit möglichst großer Teilchendichte n möglichst lange zusammengehalten werden (Energieeinschlusszeit τ). Das kann nicht mit materiellen Wänden geschehen. Statt dessen wird versucht, z. B. kleine Mengen (Pellets) aus festem Deuterium oder Tritium durch Beschuss mit Hochleistungslasern (*Laserfusion*) oder Teilchenstrahlen schnell aufzuheizen und zu komprimieren, um bei hoher Dichte die Teilchen aufgrund ihrer Massenträgheit eine gewisse Zeit τ zusammenzuhalten (*Trägheitseinschluss*), damit durch Fusionsreaktionen ein Energieüberschuss gegenüber der Aufheizenergie erzielt werden kann. Eine andere Möglichkeit für Fusionsreaktoren stellt der *magnetische Einschluss* von Plasmen dar, z. B. durch den Pincheffekt (siehe 16.6.3), der in den im Pulsbetrieb arbeitenden *Tokamaks* ausgenutzt wird. Hierbei bildet ein Plasma-Ringstrom die Sekundärwindung eines Transformators. Die *Stellaratoren* arbeiten dagegen mit externen Magnetfeldern und können kontinuierliche Ringplasmen erzeugen. Neben der Temperatur ist daher der *Einschlussparameter* $n\tau$ wichtig. Die Fusion wird energetisch lohnend, wenn das sog. *Lawson-Kriterium* (1957) erfüllt ist, das z. B. für die Deuterium-Tritium-Reaktion eine Temperatur von 10^8 K und einen Einschlussparameter $n\tau > 10^{14}$ s/cm^3 fordert (Bild 17-10).

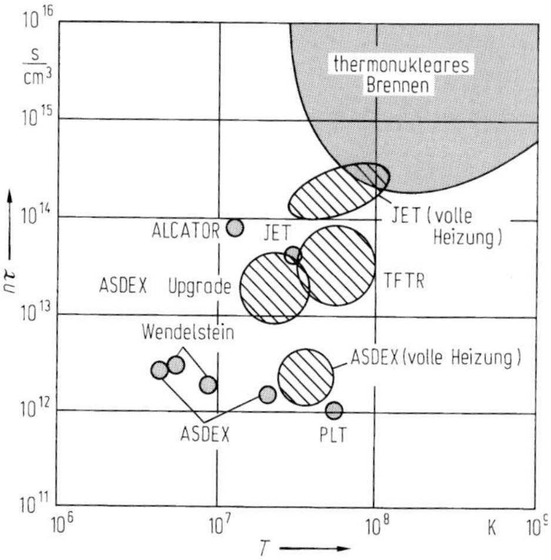

Bild 17-10. Lawson-Diagramm mit bisherigen und projektierten Fusionsexperimenten. Graue Kreise: bisher erreichte Werte; schraffierte Flächen: erwartete Bereiche der laufenden Experimente. Stellarator-Anlage: Wendelstein (Garching). Tokamak-Anlagen: ASDEX (Axial Symmetric Divertor Experiment, Garching), Nachfolger: ASDEX Upgrade; PLT (Princeton Large Torus); ALCATOR (MIT, Cambridge); TFTR (Tokamak Fusion Test Reactor); JET (Joint European Torus, Culham)

Bisher konnte der Brennbereich für zwei Sekunden bei einer Fusionsleistung von 1,8 MW (JET, 1991) und für knapp eine Sekunde bei einer Fusionsleistung von 6,4 MW (TFTR, 1993) bzw. 12 MW (JET, 1997) erreicht werden. Mit dem geplanten International Thermonuclear Experimental Reactor ITER soll zum ersten Mal ein brennendes und für längere Zeit energielieferndes Plasma erzeugt werden.

17.5 Elementarteilchen

Die Untersuchung des Aufbaus der stofflichen Materie führt auf die Frage nach den Elementarbausteinen, aus denen sich alle bekannten Teilchen, Atomkerne, Atome und Moleküle als Grundbausteine der chemischen Elemente und Verbindungen zusammensetzen. Einige solcher Elementarteilchen wurden bereits in Tabelle 12-1 aufgezählt. Entsprechend ihren Massen werden die Elementarteilchen in drei Familien eingeteilt, in der Reihenfolge steigender Massen: *Leptonen, Mesonen* und *Baryonen*. Baryonen und Mesonen unterliegen allen vier bekannten Wechselwirkungen (Tabelle 11-0) einschließlich der starken (Kern-)Wechselwirkung, während Leptonen der starken Wechselwirkung nicht unterliegen, sondern nur der schwachen, der elektromagnetischen und der Gravitationswechselwirkung. Mit hochenergetischen Elektronen (als Leptonen) oder Protonen (als Baryonen) werden daher bei Streuversuchen an Atomkernen ganz unterschiedliche Kerneigenschaften untersucht: im ersten Falle z. B. die Ladungsverteilung, im zweiten Falle zusätzlich die Verteilung der Kernkräfte. Die der starken Wechselwirkung unterliegenden Mesonen (ganzzahliger Spin, meist 0) und Baryonen (halbzahliger Spin) werden zusammen als *Hadronen* bezeichnet (Bild 17-11). Die Hadronen sind nach derzeitigen Erkenntnissen aus jeweils zwei oder drei *Quarks* (s. u.) zusammengesetzt, die jedoch offenbar nicht als isolierte, freie Teilchen existieren können.

Zu jedem Teilchen existiert ein *Antiteilchen* mit entgegengesetzter elektrischer Ladung, entgegengesetztem magnetischen Moment und entgegengesetzten Werten aller ladungsartigen Quantenzahlen (z. B. Baryonenzahl B, Leptonenzahl L, Strangeness S, Charm C, Bottom B^*, Isospinkomponente I_3, siehe unten). Teilchen und zugehörige Antiteilchen (z. B. Elektron und Positron) können sich beim

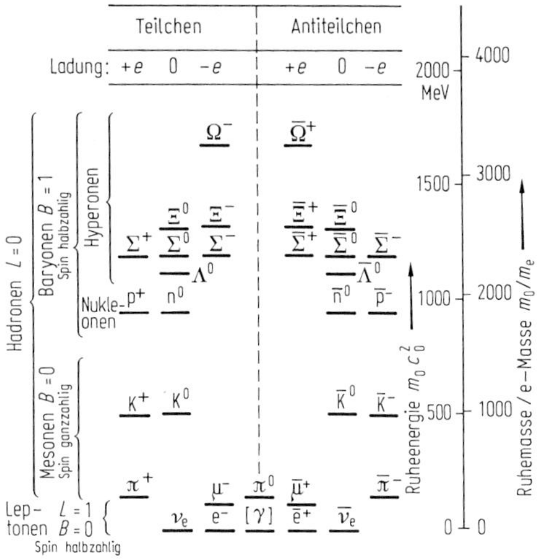

Bild 17-11. Teilchen und Antiteilchen mit mittleren Lebensdauern $>10^{-16}$ s, angeordnet nach Ladung und Ruheenergie bzw. Ruhemasse. (Das γ-Quant ist kein Lepton)

Zusammentreffen gegenseitig vernichten, wobei die den Ruhemassen entsprechende Energie als γ-Strahlung in Erscheinung tritt: *Paarvernichtung* (Zerstrahlung, Annihilation). Aus Gründen der Impulserhaltung entstehen dabei gewöhnlich zwei γ-Quanten mit entgegengesetztem Impuls. Auch der umgekehrte Prozess wird beobachtet: Aus hinreichend energiereicher γ-Strahlung (γ-Quanten der Energie $E_\gamma = h\nu > 2m_0c_0^2$) kann im Kernfeld ein Teilchenpaar, bestehend aus Teilchen und Antiteilchen gebildet werden: *Paarbildung*. Die Überschussenergie

$$\Delta E = h\nu - 2m_0c_0^2 = E_k = 2\left(mc_0^2 - m_0c_0^2\right) \quad (17\text{-}34)$$

(mit (4-38)) wird von den entstandenen Teilchen als kinetische Energie übernommen (hier für beide Teilchen gleich angesetzt). Der Impulserhaltungssatz ist nicht auf diese Weise erfüllbar: Der Impuls eines γ-Quants ist nach (20.3) und mit dem Energiesatz (17-34)

$$p_\gamma = \frac{h\nu}{c_0} = 2mc_0 > 2mv = p_{+-}\,, \quad (17\text{-}35)$$

d. h. immer größer als der Impuls $p_{+-} = 2mv$ des Teilchenpaars. Es muss daher stets ein drittes Teilchen (z. B. ein Atomkern) anwesend sein, das den überschüssigen Impuls übernehmen kann. Für die Erzeugung eines Elektron-Positron-Paars ist eine Energie des γ-Quants von $E_\gamma > 1{,}02$ MeV, für die Erzeugung eines Proton-Antiproton- oder eines Neutron-Antineutron-Paars eine Energie von $E_\gamma > 1{,}9$ GeV erforderlich. Dass bei der Paarbildung stets Teilchen mit entgegengesetzten Ladungen oder der Ladung 0 entstehen, folgt aus dem Erhaltungssatz für die elektrische Ladung (12.4), da das erzeugende γ-Quant keine Ladung trägt.

Baryonenladung, Leptonenladung

Neben den klassischen Erhaltungssätzen (Energie, Impuls, Drehimpuls, elektrische Ladung) gelten für die Elementarteilchen noch weitere *Erhaltungssätze*, z. B. für die *Baryonenladung* und die *Leptonenladung*, die beide nichts mit der elektrischen Ladung zu tun haben. Den Baryonen wird die Baryonenzahl $B = +1$ (Antiteilchen: $B = -1$), den Mesonen und Leptonen die Baryonenzahl $B = 0$ zugeordnet. Den Leptonen wird die Leptonenzahl $L = +1$ (Antiteilchen $L = -1$), den Hadronen die Leptonenzahl $L = 0$ zugeordnet.

> Bei Reaktionen zwischen Elementarteilchen bleibt die Summe der Baryonenladungen und die Summe der Leptonenladungen erhalten.

Beispielsweise lautet die Gleichung für die Erzeugung eines π^+-Mesons (Pion)

$$\mathrm{p} + \mathrm{p} \longrightarrow \mathrm{p} + \mathrm{n} + \pi^+ \,. \qquad (17\text{-}36)$$

Die Baryonenladungsbilanz lautet hierfür $1 + 1 = 1 + 1 + 0$, die Leptonenladung ist auf beiden Seiten 0, da kein Lepton beteiligt ist. Für den β^--Zerfall des Neutrons (17-16) lautet die Baryonenladungsbilanz $1 = 1 + 0 + 0$ und die Leptonenladungsbilanz $0 = 0 + 1 - 1$, d. h., das entstehende Elektron-Neutrino muss ein Antiteilchen sein.

Zeitlich stabile Elementarteilchen gibt es nur sehr wenige (Tabelle 12-1): Elektron-Neutrino (es gibt auch andere Neutrinos, z. B. die beim Zerfall des Myons auftretenden μ-Neutrinos), Elektron, Proton, Neutron (dieses ist nur im Kernverband völlig stabil) und die dazugehörigen Antiteilchen. Alle anderen zerfallen mit einer Halbwertszeit $<2 \cdot 10^{-6}$ s in andere Elementarteilchen mit geringerer Ruhemasse, wobei sich u. U. Folgezerfälle anschließen. Die Erhaltung der Baryonenzahl bedingt dann, dass das leichteste Baryon, das Proton, stabil sein muss. Ebenso muss das leichteste ladungstragende Lepton, das Elektron, aufgrund der Erhaltung der elektrischen Ladung stabil sein.

Neben den in Tabelle 12-1 und in Bild 17-11 aufgeführten Elementarteilchen wurde eine Vielzahl weiterer Teilchen gefunden, die meist extrem kurzlebig sind (10^{-22} bis 10^{-23} s) und die z. T. als Anregungszustände anderer Teilchen interpretiert werden.

Strangeness, Hyperladung

Hyperonen und K-Mesonen, die stets gemeinsam entstehen, wie z. B. beim Zusammenstoß eines Pions mit einem Proton:

$$\pi^- + \mathrm{p} \longrightarrow \Lambda^0 + \mathrm{K}^0 \,, \qquad (17\text{-}37)$$

haben eine im Vergleich zur theoretischen Erwartung bzw. zu ihrer Erzeugungsdauer (10^{-23} s) sehr lange mittlere Lebensdauer der Größenordnung 10^{-10} s. Zur Kennzeichnung dieses seltsamen Verhaltens wurde eine weitere Quantenzahl, die *Strangeness* (Seltsamkeit) S eingeführt. Für in diesem Sinne normale Teilchen ist $S = 0$, während für die seltsamen Teilchen gilt:

$$\begin{aligned} &\mathrm{K}^+, \mathrm{K}^0: && S = +1 \\ &\mathrm{K}^-, \Lambda^0: && S = -1 \\ &\Sigma^+, \Sigma^0, \Sigma^-: && S = -1 \,. \end{aligned} \qquad (17\text{-}38)$$

> Die Summe der Quantenzahlen S bleibt bei Prozessen der starken und der elektromagnetischen Wechselwirkung erhalten, nicht aber bei der schwachen Wechselwirkung.

Im Beispiel (17-37) lautet die Bilanz für die Strangeness: $0 + 0 = -1 + 1$.

Der entsprechende Erhaltungssatz gilt wegen der Erhaltung der Baryonenladung auch für die zur *Hyperladung* Y zusammengefassten Baryonenladung B und Strangeness S

$$Y = B + S \,. \qquad (17\text{-}39)$$

Isospin

Bei den Hadronen (Baryonen und Mesonen) existieren verschiedene Gruppen von Teilchen, die jeweils nahezu gleiche Masse haben, sich aber in der

Ladung unterscheiden. Solche Teilchen (z. B. Proton und Neutron) können als verschiedene Zustände ein und desselben Teilchens (hier des Nukleons) aufgefasst werden. Unter anderem zur Unterscheidung dieser Zustände wurde der *Isospin* $\boldsymbol{I}$ als Quantenzahl eingeführt. Es handelt sich um einen Vektor mit drei Komponenten im abstrakten Isospinraum, der wie der Drehimpulsvektor $(2I + 1)$ verschiedene Orientierungen annehmen kann (siehe 16.1). Die dritte Komponente I_3 des Isospins liefert eine Aussage über die Ladung. Sie kann entsprechend den möglichen Orientierungen $(2I + 1)$ Werte annehmen. Für $I = 1/2$ ergeben sich demnach 2 Werte für I_3, und zwar $+1/2$ für das Proton und $-1/2$ für das Neutron. Pionen ist dagegen der Isospin $I = 1$ zuzuordnen, entsprechend den drei I_3-Werten +1 für das π^+-Meson. 0 für das π^0-Meson und -1 für das π^--Meson. Bei Umwandlungen von Teilchen mit starker Wechselwirkung gilt auch für den Isospin ein Erhaltungssatz ($\Delta I = 0$), während bei der elektromagnetischen Wechselwirkung nur I_3 erhalten bleibt ($\Delta I = 0, 1;\ \Delta I_3 = 0$).

Die dritte Komponente I_3 des Isospins, die Hyperladung Y und die Quantenzahl $Q^* = Q/e$ der elektrischen Ladung sind über die Formel von *Gell-Mann* und *Nishijima*

$$Q^* = I_3 + \frac{Y}{2} \tag{17-40}$$

miteinander verknüpft. Für das Proton ergibt sich damit $Q^* = +1$ ($Q = +e$), für das Neutron $Q^* = 0$.

Parität

Die Parität P kennzeichnet den Symmetriecharakter der Wellenfunktion des Teilchens bezüglich der räumlichen Spiegelung: Ändert die Wellenfunktion bei Spiegelung ihr Vorzeichen, so ist $P = -1$ (ungerade Parität); bleibt das Vorzeichen erhalten, so ist $P = +1$ (gerade Parität). Bei Prozessen der schwachen Wechselwirkung kann sich die Parität ändern. Das heißt, dass eine Reaktion der schwachen Wechselwirkung in ihrer räumlich gespiegelten Form nicht in genau derselben Weise (z. B. mit der gleichen Häufigkeit) abläuft und bedeutet eine grundlegende Rechts-links-Asymmetrie.

Quarks

In die Vielfalt der heute bekannten „Elementar"-teilchen brachte das *Quarkmodell* (Gell-Mann, 1964) eine gewisse Ordnung. Nach diesem Modell lassen sich alle bekannten Hadronen aus jeweils drei bzw. zwei Quarks aufbauen. Die Quarks, die gedrittelte elektrische Ladungen haben, scheinen nur in gebundenem Zustand vorzukommen: Die Baryonen bauen sich aus drei Quarks auf (Quarktripletts), die Mesonen aus einem Quark und einem Antiquark (Quarkdoubletts). Aus Streuexperimenten mit hochenergetischen Elektronen und mit Neutrinos lässt sich auf drei Streuzentren in der inneren Struktur des Protons schließen, was als Bestätigung für das Quarkmodell gelten kann. Quarks q treten in sechs Typen oder „Flavours" auf, die die Namen Up (u), Down (d), Charm (c), Strange (s), Top (t) sowie Bottom (b) erhalten haben und in drei Generationen eingeteilt werden:

$$\begin{array}{lccc} & Q^*: & & \\ \text{Quarks:} & \begin{array}{c}+2/3\\-1/3\end{array} & \begin{pmatrix}\mathrm{u}\\\mathrm{d}\end{pmatrix}\begin{pmatrix}\mathrm{c}\\\mathrm{s}\end{pmatrix}\begin{pmatrix}\mathrm{t}\\\mathrm{b}\end{pmatrix} \\ \text{Generation:} & & 1 \quad 2 \quad 3 \end{array} \tag{17-41}$$

Dazu kommen ferner die Antiteilchen (Antiquarks) $\bar{\mathrm{q}}$. Die Spinquantenzahl aller Quarks und Antiquarks ist $J = 1/2$. Die Baryonenzahl aller Quarks ist $B = 1/3$, die der Antiquarks $B = -1/3$. Um alle Quarks durch Quantenzahlen beschreiben zu können, werden außer den bereits aufgeführten noch die Quantenzahlen *Charm C* und *Bottom B^** benötigt, die bei elektromagnetischer und starker Wechselwirkung erhalten bleiben. Bei den Antiquarks sind sämtliche Quantenzahlen (außer Spin J und Isospin I) entgegengesetzt zu denjenigen der entsprechenden Quarks. Tabelle 17-1 gibt eine Übersicht über die Quarks und die zugehörigen Quantenzahlen.

Nach Gell-Mann (1971) müssen die Quarks sogar mit einer zusätzlichen Eigenschaft versehen werden, die „Colour" (Farbe) genannt wird und eine Art Ladung der starken Kraft darstellt. Jedes Quark kann danach mit drei verschiedenen *Farbladungen* auftreten, wobei die Quarks als Bestandteile z. B. der Baryonen nur solche Kombinationen bilden können, bei denen sich die Farbladungen insgesamt aufheben, ähnlich wie die additive Mischung von Rot, Grün und Blau das farblose Weiß ergibt.

Die Notwendigkeit der Farbladung und einer entsprechenden Quantenzahl ergibt sich daraus, dass

Tabelle 17-1. Quantenzahlen von Quarks und Antiquarks

Name	Symbol q, $\bar{q}$	Spin	Baryonen-zahl	Isospin		Strangeness	Charm	Bottom	Ladung
		J	B	I	I_3	S	C	B^*	Q^*
Up	u	1/2	+1/3	1/2	+1/2	0	0	0	+2/3
	$\bar{u}$	1/2	−1/3	1/2	−1/2	0	0	0	−2/3
Down	d	1/2	+1/3	1/2	−1/2	0	0	0	−1/3
	$\bar{d}$	1/2	−1/3	1/2	+1/2	0	0	0	+1/3
Charm	c	1/2	+1/3	0	0	0	+1	0	+2/3
	$\bar{c}$	1/2	−1/3	0	0	0	−1	0	−2/3
Strange	s	1/2	+1/3	0	0	−1	0	0	−1/3
	$\bar{s}$	1/2	−1/3	0	0	+1	0	0	+1/3
Top	t	1/2	+1/3	0	0	0	0	0	+2/3
	$\bar{t}$	1/2	−1/3	0	0	0	0	0	−2/3
Bottom	b	1/2	+1/3	0	0	0	0	−1	−1/3
	$\bar{b}$	1/2	−1/3	0	0	0	0	+1	+1/3

die Quarks Fermionen mit dem Spin 1/2 sind, und sich nach dem Pauli-Prinzip (siehe 16.1.1) innerhalb eines Systems in mindestens einer Quantenzahl unterscheiden müssen. Bei bestimmten Quarktripletts ließe sich ohne die Existenz der Quantenzahl der Farbladung diese Bedingung nicht erfüllen.
Gewöhnliche Materie baut sich nur aus Quarks und Leptonen der 1. Generation auf (vgl. Bild 17-12), z. B. die Nukleonen nur aus u- und d-Quarks:

$$\text{Proton:}\quad p = 2u + d\,,$$
$$\text{Neutron:}\ n = u + 2d\,. \qquad (17\text{-}42)$$

Mit Tabelle 17-1 ergibt sich daraus die elektrische Ladungszahl $Q^* = +1$ bzw. 0, die Baryonenzahl $B = 1$ und der Isospin $I_3 = 1/2$ bzw. $-1/2$, sowie ein halbzahliger Spin (bei paarweise antiparalleler Spinanordnung).
Die Pionen setzen sich aus je einem Quark und einem Antiquark der 1. Generation zusammen:

$$\pi^+\text{-Meson:}\ \pi^+ = u + \bar{d}\,,$$
$$\pi^-\text{-Meson:}\ \pi^- = \bar{u} + d\,. \qquad (17\text{-}43)$$

Das ergibt die elektrische Ladungszahl $Q^* = +1$ bzw. -1, die Baryonenzahl $B = 0$ und den Isospin $I_3 = +1$ bzw. -1, sowie einen ganzzahligen Spin (0).

Die schwereren Teilchen haben als Bestandteile auch Quarks der 2. und 3. Generation.

Standardmodell

Eine ähnliche Systematik wie in (17-41) hat sich auch für die *Leptonen* herausgestellt, die entweder ganzzahlig geladen oder neutral sind. Neben dem Elektron e und dem Elektron-Neutrino ν_e zählen zu den Leptonen das *Myon* μ, das *Tau-Lepton* τ, dazu das *My-Neutrino* ν_μ bzw. das *Tau-Neutrino* ν_τ (Nachweis erst 2000) sowie die jeweiligen Antiteilchen.
Man kennt heute also zwei Klassen von wirklich elementaren Teilchen: Die Quarks, die die Bestandteile der Hadronen sind, und die Leptonen. Nach dem sog. *Standardmodell* der Elementarteilchensystematik lassen sich alle diese Elementarteilchen in drei Generationen oder Familien einordnen, siehe Bild 17-12 (wobei die Antiteilchen nicht mit dargestellt sind).
Die normale Materie setzt sich nur aus Teilchen der 1. Generation zusammen, z. B. bestehen die Atome aus Elektronen e und den Nukleonen Proton p und Neutron n, die sich wiederum aus Up-Quarks u und Down-Quarks d zusammensetzen (Bild 17-12).
Zur gewöhnlichen Materie kann auch das Elektron-Neutrino ν_e gerechnet werden, das beim radioaktiven Zerfall entsteht (siehe 17.3.2). Die kurzlebigen

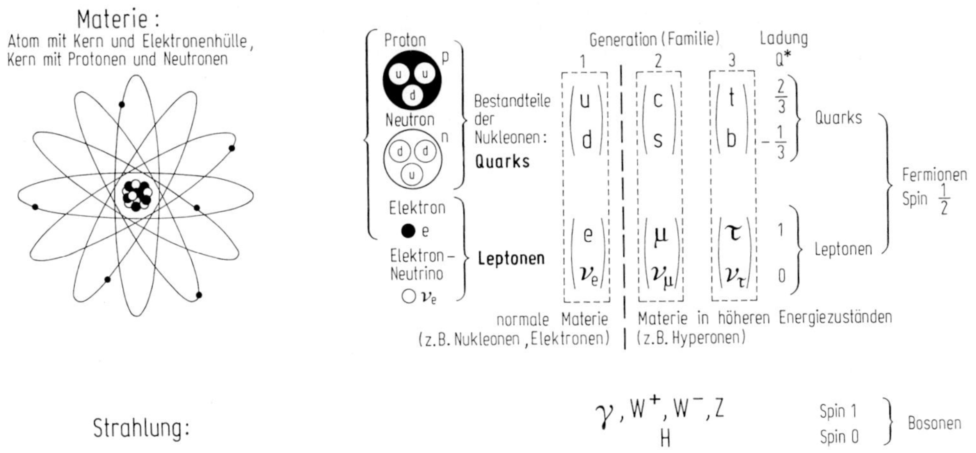

Bild 17-12. Elementarteilchensystematik nach dem Standardmodell (ohne Antiteilchen) (Nach M. Davier, Phys. Bl. 50 (1994) 687, vgl. auch Physik J. **2** (2003) Nr. 7/8, S. 57). Neben den Elementarteilchen, die die Materie aufbauen (Quarks und Leptonen), sind die Strahlungsteilchen aufgezählt, die bei Wechselwirkungen zwischen Elementarteilchen ausgetauscht werden. Gegenwärtig ist das Higgs-Boson H noch nicht nachgewiesen

Hyperonen stellen dagegen Materie in höheren Energiezuständen dar, die als Bestandteile auch Quarks der höheren Generationen enthalten. Quarks und Leptonen sind Fermi-Teilchen (Fermionen), d. h. Teilchen mit halbzahligem Spin.

In Bild 17-12 sind ferner die Strahlungsteilchen aufgeführt, die als Bosonen einen ganzzahligen Spin (1 oder 0) haben. Sie werden bei Wechselwirkungsprozessen zwischen den Elementarteilchen ausgetauscht. Das bekannteste ist das *Gammaquant* γ oder *Photon* der elektromagnetischen Wechselwirkung, das die Ruhemasse 0 hat. Andere sind die ruhemassebehafteten *Bosonen* (Bosonen sind Teilchen mit ganzzahligem Spin) der schwachen Wechselwirkung („*Weakonen*": das positiv geladene W^+-Boson, das negativ geladene W^--Boson und das neutrale Z- (oder Z^0-) Boson) und das bisher nicht nachgewiesene schwere *Higgs-Boson* H, das mit Beschleunigern heutiger Leistung nicht erzeugt werden kann. Die hypothetischen Higgs-Bosonen können nach dem von Higgs vorgeschlagenen Mechanismus nur unter extremen Energiebedingungen existieren, wie sie unmittelbar nach der vermuteten Entstehung des Universums im „Urknall" geherrscht haben mögen, und sind dann in der sog. Inflationsphase des Universums sehr schnell in Quarks und Leptonen zerfallen.

In Bild 17-12 nicht aufgeführt sind die vermuteten Austauschteilchen der starken Wechselwirkung zwischen Quarks, die *Gluonen* (Ruhemasse 0, Ladung 0, Spin 1) und der Gravitationswechselwirkung, die hypothetischen *Gravitonen* (Ruhemasse 0, Ladung 0, Spin 2).

III. Wellen und Quanten

Wellen sind zeitperiodische Vorgänge, die sich räumlich ausbreiten. Sie werden meist durch im mathematischen Sinne periodische Funktionen beschrieben. Solche Funktionen sind streng genommen unendlich ausgedehnt. Dies stört bei der Beschreibung vieler Welleneigenschaften nicht. Reale Wellenvorgänge sind jedoch zeitlich und räumlich begrenzt. Wo es auf diese Begrenztheit ankommt, es sich also um endliche Wellenzüge handelt, spricht man von Wellengruppen bzw. Wellenpaketen (siehe 18.1) oder auch von *Quanten*, denen, wie sich zeigt, wiederum Teilcheneigenschaften zugeordnet werden können (siehe z. B. 20.3).

18 Wellenausbreitung

In einem Medium, in dem die Abweichung des physikalischen Zustandes vom Gleichgewicht an einem betrachteten Ort über einen Kopplungsmechanismus eine entsprechende, aber zeitlich verzögerte Zustandsabweichung an den benachbarten Orten hervorruft, können sich Wellen ausbreiten. Eine solche Abweichung kann z. B. die Auslenkung eines Massenpunktes in einem elastischen Medium sein (z. B. Seilwellen, Wasserwellen), oder der Druck in einem Gas (Schallwellen), die elektrische oder magnetische Feldstärke in Materie oder im Vakuum (z. B. Radiowellen, Lichtwellen), die Aufenthaltswahrscheinlichkeit eines sich bewegenden Teilchens im Raum (Materiewellen).

18.1 Beschreibung von Wellenbewegungen, Wellengleichung

Der Begriff *Welle* ist meist mit harmonischen, d. h. sinusförmigen Wellen verknüpft; jedoch gibt es auch anharmonische Wellen und sogar nichtperiodische „Störungen", die sich wie Wellen ausbreiten. Zunächst werden harmonische Wellen betrachtet.

Fortschreitende Wellen

Eine (eindimensionale) *harmonische Welle* kann mathematisch dargestellt werden als örtlich sinusförmige Verteilung (z. B. der Auslenkung ξ eines Seiles am Orte x), bei der die Ortskoordinate x durch das orts- und zeitabhängige Argument $(x \mp v_\mathrm{p}t)$ ersetzt wird:

$$\xi = \hat{\xi} \sin \frac{2\pi}{\lambda}(x \mp v_\mathrm{p}t)\,. \qquad (18\text{-}1)$$

Hierin bedeuten: $\hat{\xi}$ Amplitude (der Auslenkung), λ Wellenlänge (örtliche Periodenlänge), $2\pi(x \mp v_\mathrm{p}t)/\lambda = \Phi$ Phase, v_p Phasengeschwindigkeit, Ausbreitungsgeschwindigkeit der Welle, genauer der Phase Φ. Gleichung (18-1) beschreibt die mit der Zeit t zunehmende Verschiebung der örtlich sinusförmigen Verteilung (Bild 18-1).

Die zu einer bestimmten Auslenkung (Elongation, z. B. $\xi = 0$ oder $\xi = \hat{\xi}$) gehörende Phase (im Beispiel $\Phi = 0$ bzw. $\Phi = \pi/2$) bewegt sich mit der Geschwindigkeit $v_\mathrm{p} = \pm x/t$ in $+x$- bzw. $-x$-Richtung. Nach Ablauf einer Schwingungsdauer T (zeitliche Periodendauer) hat sich die Welle um eine Wellenlänge λ verschoben und jeder Punkt x hat eine vollständige Schwingung durchgeführt. Es gilt daher

$$v_\mathrm{p} = \frac{\lambda}{T}\,. \qquad (18\text{-}2)$$

Durch Einführung der Frequenz $\nu = 1/T$ und der Kreisfrequenz $\omega = 2\pi\nu = 2\pi/T$ (siehe 5.1) sowie der *Kreiswellenzahl* (oder *Kreisrepetenz*) $k = 2\pi/\lambda$ erhält man aus (18-2) die *Phasengeschwindigkeit*

$$v_\mathrm{p} = \nu\lambda = \frac{\omega}{k}\,. \qquad (18\text{-}3)$$

Die Benennung *Repetenz* (Wellenzahl) bezeichnet die Größe $\sigma = 1/\lambda$, wird aber oft für $k = 2\pi\sigma = 2\pi/\lambda$ verwendet. Die Darstellung (18-1) einer eindimensionalen, laufenden harmonischen Welle lautet damit

$$\xi = \hat{\xi} \sin(kx \mp \omega t)\,. \qquad (18\text{-}4)$$

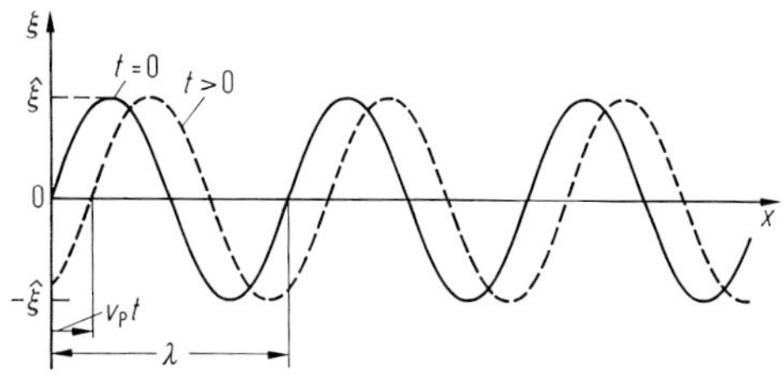

Bild 18-1. Eindimensionale laufende Welle

Wellengleichung

Die harmonische laufende Welle (18-4) stellt sowohl eine zeitliche Sinusverteilung (Schwingung) $\xi(t)$ an einem festem Ort x dar, als auch eine räumliche Sinusverteilung $\xi(x)$ zu einer festen Zeit t. Die Welle $\xi(x,t)$ muss demnach zwei Differenzialgleichungen vom Typ der Schwingungsgleichung (5-21) gehorchen:

$$\frac{\partial^2\xi}{\partial t^2} + \omega^2\xi = 0 \quad \text{für festes } x \text{ und} \qquad (18\text{-}5)$$

$$\frac{\partial^2\xi}{\partial x^2} + k^2\xi = 0 \quad \text{für festes } t\,. \qquad (18\text{-}6)$$

Eliminierung des in ξ linearen Gliedes führt mit (18-3) zu der *eindimensionalen Wellengleichung*

$$\frac{\partial^2\xi}{\partial x^2} - \frac{1}{v_\mathrm{p}^2}\cdot\frac{\partial^2\xi}{\partial t^2} = 0\,. \qquad (18\text{-}7)$$

Die Wellengleichung beschreibt allgemein Wellenausbreitungsvorgänge. Neben den harmonischen Wellen sind auch beliebige Funktionen der Form

$$\xi = f(x \mp v_\mathrm{p}t)\,, \qquad (18\text{-}8)$$

also z. B. auch impulsartige Störungen, Lösungen der Wellengleichung, wie sich durch Einsetzen in (18-7) verifizieren lässt. Sie breiten sich wie harmonische Wellen aus.

Neben Wellen in linearen Medien gibt es auch räumlich ausgedehnte Wellen. Eine Fläche in einer Welle, deren sämtliche Punkte zum gleichen Zeitpunkt die gleiche Phase besitzen, wird *Phasenfläche, Wellenfläche* oder *Wellenfront* genannt. Nach der Form der Wellenflächen werden *ebene Wellen, Zylinder-* oder *Kreiswellen* und *Kugelwellen* unterschieden. Während ebene Wellen bei geeigneter Wahl des Koordinatensystems (x-Richtung = Wellenflächennormale) ebenfalls durch (18-1) bzw. (18-4) beschrieben werden können, gelten für vom Erregerzentrum bei $r = 0$ weglaufende Zylinder- und Kugelwellen die Gleichungen

$$\xi_\mathrm{Z} = \frac{\xi_1}{\sqrt{r}}\sin(kr - \omega t) \quad (\textit{Zylinderwelle}) \qquad (18\text{-}9)$$

$$\xi_\mathrm{K} = \frac{\xi_1}{r}\sin(kr - \omega t) \quad (\textit{Kugelwelle})\,. \qquad (18\text{-}10)$$

ξ_1 ist die Amplitude bei $r = 1$. Sie nimmt mit steigendem Abstand r entsprechend der größer werdenden Wellenfläche ab. Solche räumlich ausgedehnten Wellen sind Lösungen der gegenüber (18-7) erweiterten *dreidimensionalen Wellengleichung*

$$\Delta\xi - \frac{1}{v_\mathrm{p}^2}\cdot\frac{\partial^2\xi}{\partial t^2} = 0\,. \qquad (18\text{-}11)$$

Hierin bedeutet

$$\Delta = \frac{\partial^2}{\partial x^2} + \frac{\partial^2}{\partial y^2} + \frac{\partial^2}{\partial z^2}$$

den Deltaoperator (siehe A 17.1). In Kugelkoordinaten (vgl. A 16.2) lässt sich die dreidimensionale Wellengleichung in der Form

$$\frac{\partial^2(r\xi)}{\partial r^2} - \frac{1}{v_\mathrm{p}^2}\cdot\frac{\partial^2(r\xi)}{\partial t^2} = 0 \qquad (18\text{-}12)$$

schreiben, aus der die Lösung für die Kugelwelle (18-10) durch Vergleich mit (18-4) und (18-7) direkt ablesbar ist.

Beispiele: Von einem punktförmigen Erregungszentrum in einer Wasseroberfläche ausgehende Wasserwellen sind Kreiswellen. Von einem Lautsprecher ausgehende Schallwellen in Luft oder von einer Punktlampe ausgehende Lichtwellen sind Kugelwellen.

Energietransport

Wie sich etwa bei einer Seilwelle sofort erkennen lässt, ist die Wellenausbreitung nicht mit der Fortbewegung von Elementen des die Welle tragenden Mediums (hier des Seils) verbunden, sondern stellt die Ausbreitung eines Bewegungszustandes dar, der mit dem *Transport von Energie* verbunden ist. Bei den mechanischen (elastischen) Wellen werden zwar die materiellen Elemente des Mediums bewegt, sie schwingen jedoch nur periodisch um die Ruhelage. Ein schwingendes Volumenelement $\mathrm{d}V$ mit der Masse $\mathrm{d}m = \varrho\mathrm{d}V$ hat nach (5-27) die Energie

$$\mathrm{d}E = \frac{1}{2}\varrho\omega^2\hat{\xi}^2\mathrm{d}V \qquad (18\text{-}13)$$

und die *Energiedichte*

$$w = \frac{\mathrm{d}E}{\mathrm{d}V} = \frac{1}{2}\varrho\omega^2\hat{\xi}^2 \sim \hat{\xi}^2\,. \qquad (18\text{-}14)$$

Die *Energiestromdichte* oder *Intensität S* einer mechanischen Welle ergibt sich wie jede Stromdichte aus dem Produkt von Dichte und Strömungsgeschwindigkeit, hier also von Energiedichte w und Ausbreitungsgeschwindigkeit v_p

$$S = wv_p = \frac{1}{2} v_p \varrho \omega^2 \hat{\xi}^2 \sim \hat{\xi}^2 \; . \tag{18-15}$$

Die Intensität einer Kugelwelle (18-10) nimmt demnach mit $1/r^2$ ab, in Übereinstimmung mit der Tatsache, dass die Wellenfläche mit r^2 zunimmt.

Steht der Vektor $\boldsymbol{\xi}$ der schwingenden Größe (z. B. Auslenkung $\boldsymbol{\xi}$ oder elektrische Feldstärke $\boldsymbol{E}$) senkrecht auf der Ausbreitungsrichtung $\boldsymbol{v}_p$ der Welle, so wird diese als *Transversalwelle* oder Querwelle bezeichnet. Liegt der Vektor $\boldsymbol{\xi}$ der schwingenden Größe parallel zu $\boldsymbol{v}_p$ (wie etwa die Auslenkung bei Schallwellen in Gasen, oder allgemein Dichte- bzw. Druckschwingungen), so handelt es sich um eine *Longitudinalwelle* oder Längswelle. Ist bei Transversalwellen die durch $\boldsymbol{\xi}$ und $\boldsymbol{v}_p$ definierte Schwingungsebene fest oder dreht sie sich definiert um die Ausbreitungsrichtung, so spricht man von einer *polarisierten* Welle. Ändert sich die Schwingungsebene statistisch (wie z. B. beim natürlichen Licht), so heißt die Welle *unpolarisiert.* Bei longitudinalen Wellen gibt es keine Polarisation.

Stehende Wellen

Durch Überlagerung von gegeneinander laufenden Wellen mit gleicher Frequenz und Wellenlänge

$$\xi = \hat{\xi} \sin(kx - \omega t) + \hat{\xi} \sin(kx + \omega t) \tag{18-16}$$

gemäß Bild 18-2 ergeben sich *stehende Wellen* mit ortsfesten *Schwingungsknoten* (Amplitude ständig 0) und *-bäuchen* mit der Amplitude $2\hat{\xi}$ (Bild 18-3).

Trigonometrische Umformung von (18-16) ergibt eine nur ortsabhängige sinusförmige Auslenkungsverteilung $\sin kx$ mit der zeitperiodischen Amplitude $2\hat{\xi} \cos \omega t$ (Bild 18-3):

$$\xi = 2\hat{\xi} \cos \omega t \sin kx \; . \tag{18-17}$$

Stehende Wellen lassen sich durch Reflexion einer laufenden Welle an der Grenze des Mediums erzeugen, in dem sich die Welle ausbreitet. Die Reflexion kann mit einem Phasensprung verknüpft sein. Dazu werde die Reflexion eines sehr kurzen Wellenzuges, einer Halbwelle, am Seilende betrachtet.

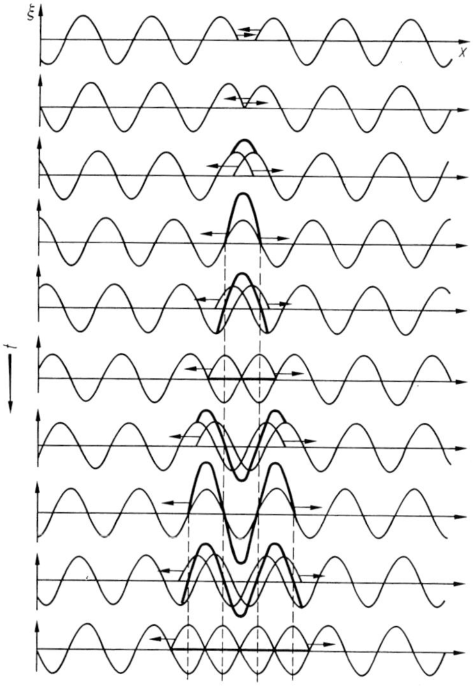

Bild 18-2. Entstehung einer stehenden Welle durch Überlagerung von zwei entgegengerichtet laufenden Wellen. Gestrichelt: Knotenlinien

Ist das Seilende fest eingespannt (Bild 18-4a), so erfolgt die Reflexion mit einem Phasensprung $\Delta\Phi = \pi$ der reflektierten Welle gegenüber der ankommenden Welle am Seilende, da nur so die Auslenkungen von ankommender und reflektierter Welle sich am Seilende zur Amplitude 0 überlagern, wie es die feste Einspannung erfordert. Bei einem losen Seilende (Bild 18-4b) wird dagegen die ankommende Welle ohne Phasensprung ($\Delta\Phi = 0$) reflektiert. Dann über-

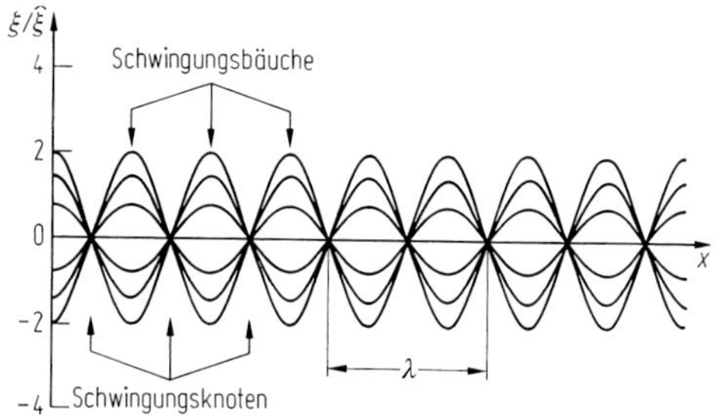

Bild 18-3. Stehende Welle: Auslenkungsverteilung zu verschiedenen Zeitpunkten

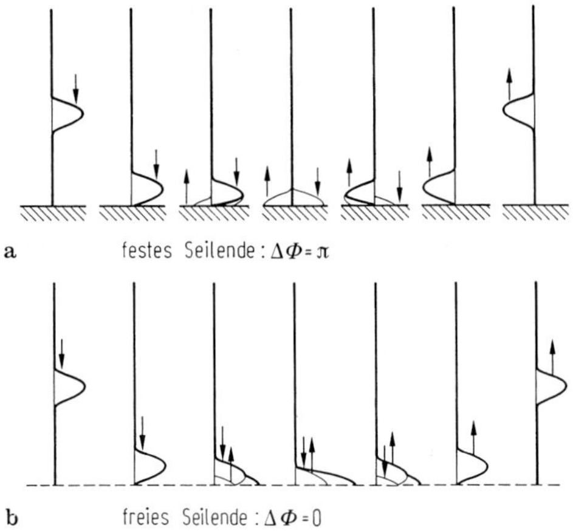

Bild 18-4. Reflexion einer Welle **a** am eingespannten Seilende ($\Delta\Phi = \pi$), **b** am losen Seilende ($\Delta\Phi = 0$)

lagern sich ankommende und reflektierte Welle am Seilende zu maximaler Amplitude: Am Seilende liegt ein Schwingungsbauch. Das geschilderte Phasenverhalten tritt generell bei der Reflexion von Wellen an Grenzen zwischen Wellenausbreitungsmedien auf, in denen die Ausbreitungsgeschwindigkeit geringer (dichteres Medium) bzw. höher (dünneres Medium) als im jeweils anderen Medium ist. Der *Phasensprung* beträgt

$\Delta\Phi = \pi$ bei Reflexion am dichteren Medium mit geringerer Phasengeschwindigkeit,

$\Delta\Phi = 0$ bei Reflexion am dünneren Medium mit höherer Phasengeschwindigkeit.

Ist ein Medium beidseitig (Seil, Saite, Stab, Luftsäule) oder allseitig (Membran, Platte, in Behälter eingeschlossenes Gasvolumen) begrenzt, so sind nur bestimmte, *diskrete Frequenzen stationär* als (ein-, zwei- oder dreidimensionale) stehende Wellen anregbar. Ist die Begrenzung durch eine feste Einspannung bedingt, so müssen an den Einspannungen Schwingungsknoten vorliegen.

Für ein eindimensionales System der Länge L gilt dann mit (18-3)

$$L = n\frac{\lambda_n}{2}: \quad \lambda_n = \frac{2L}{n}, \qquad \nu_n = n\frac{v_p}{2L}, \quad n = 1,2,\dots . \qquad (18\text{-}18)$$

Die gleiche Bedingung gilt, wenn beide Enden frei schwingen können (z. B. Luftsäule in einem offenen Rohr: offene Pfeife). Dann liegen an den Enden Schwingungsbäuche. Sind die Begrenzungen (wie bei der gedackten Pfeife) so, dass ein Ende fest liegt (Knoten), das andere aber frei schwingen kann (Bauch), so gilt

$$L = (2n-1)\frac{\lambda_n}{4}: \quad \lambda_n = \frac{4L}{(2n-1)}, \qquad \nu_n = (2n-1)\frac{v_p}{4L}, \quad n = 1,2,\dots . \qquad (18\text{-}19)$$

Durch die vorgegebenen Randbedingungen können also nur stehende Wellen mit bestimmten, diskreten Frequenzen und Wellenlängen auftreten, die durch die Quantenbedingungen (18-18) und (18-19) gegeben sind. Die diskreten Frequenzen der stehenden Wellen (18-18) entsprechen den Fundamentalfrequenzen der Federkette (vgl. 5.6.2).

Wellenpakete, Gruppengeschwindigkeit

Bisher wurden Wellen einer bestimmten, diskreten Frequenz ν bzw. Kreisfrequenz ω betrachtet (in der Optik: monochromatische Wellen). Solche Wellen kommen in der Natur nicht vor: Es handelt sich stets um örtlich und zeitlich begrenzte Wellenzüge, sie haben eine bestimmte Länge und Dauer. Begrenzte Wellenzüge lassen sich nach dem Fourier-Theorem (5-88) als Überlagerung eines kontinuierlichen Spektrums unendlich langer Wellen auffassen, deren Amplitudenverteilung (ähnlich wie bei der zeitlich begrenzten Schwingung Bild 5-23) sich um eine Mittenfrequenz ν_0 bzw. ω_0 gruppiert. Die Frequenzbreite $2\Delta\omega$ der Spektralverteilung ist umso kleiner, je länger der Wellenzug ist. In erster Näherung kann daher meist allein mit der Mittenfrequenz als der Frequenz des (langen) Wellenzuges gerechnet werden.

In anderen Fällen, z. B. im Zusammenhang mit der Lokalisierbarkeit von Lichtquanten (20.3) und vor al-

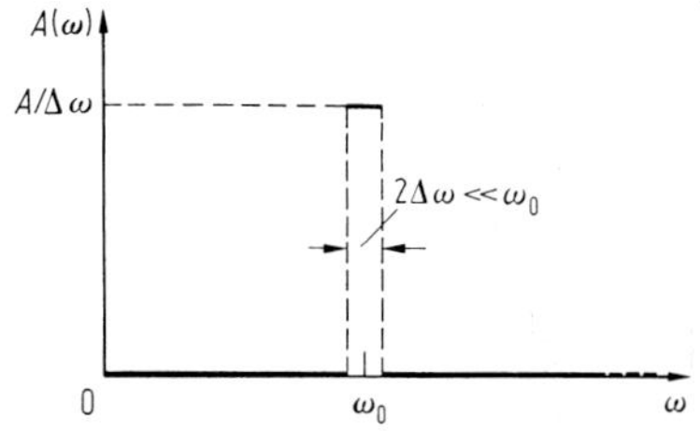

Bild 18-5. Frequenzspektrum des Wellenpakets in Bild 18-6

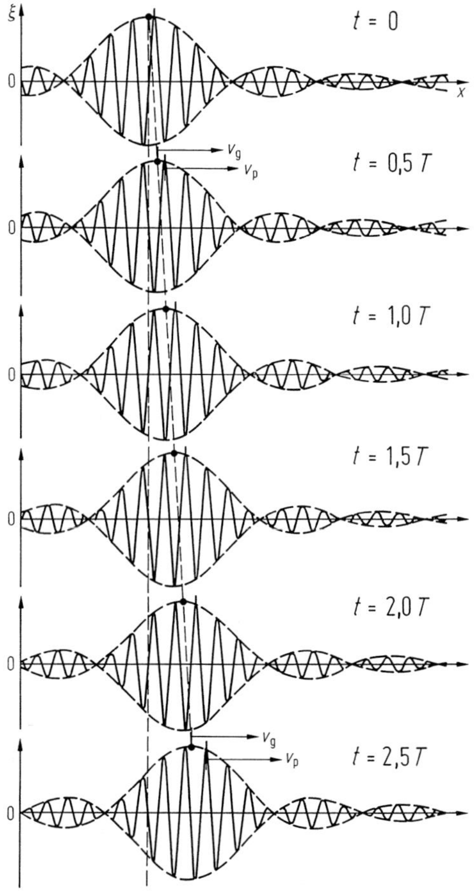

Bild 18-6. Ausbreitung einer Wellengruppe bei normaler Dispersion: Phasengeschwindigkeit > Gruppengeschwindigkeit ($v_g = 0{,}8 v_p$)

lem von Teilchen bei deren Beschreibung durch Materiewellen in der Wellenmechanik (siehe 25), kommt es jedoch auf die besonderen Eigenschaften von begrenzten Wellenzügen, sogenannten Wellengruppen oder Wellenpaketen, an. Um diese kennenzulernen, betrachten wir eine Wellengruppe mit einem schmalen Frequenzspektrum $(\omega_0 - \Delta\omega) < \omega < (\omega_0 + \Delta\omega)$ mit konstanter Amplitude $A/\Delta\omega$ (Bild 18-5). Die Fourier-Darstellung lautet dann:

$$\xi(x,t) = \frac{A}{\Delta\omega} \int\limits_{\omega_0-\Delta\omega}^{\omega_0+\Delta\omega} \sin[k(\omega)x - \omega t]\,\mathrm{d}\omega\,. \quad (18\text{-}20)$$

Die Kreiswellenzahl k hängt über (18-3) von der Kreisfrequenz ω ab. Wir entwickeln k nach Taylor (vgl. A 11.2.1) in der Umgebung von ω_0:

$$k(\omega) = k_0 + (\omega - \omega_0)\left(\frac{\mathrm{d}k}{\mathrm{d}\omega}\right)_{\omega_0} + \ldots. \quad (18\text{-}21)$$

Bei hinreichend kleinem Intervall $\Delta\omega \ll \omega_0$ kann nach dem 2. Glied abgebrochen werden. Das Fourier-Integral (18-20) mit (18-21)

$$\xi(x,t) = \frac{A}{\Delta\omega} \int\limits_{\omega_0-\Delta\omega}^{\omega_0+\Delta_0} \sin\left[k_0 x + (\omega - \omega_0)\left(\frac{\mathrm{d}k}{\mathrm{d}\omega}\right)_{\omega_0} x - \omega t\right] \mathrm{d}\omega \quad (18\text{-}22)$$

lässt sich direkt integrieren und ergibt mit (18-21)

$$\left(\frac{\mathrm{d}k}{\mathrm{d}\omega}\right)_{\omega_0} = \frac{k - k_0}{\omega - \omega_0} = \frac{\Delta k}{\Delta\omega} \quad (18\text{-}23)$$

die Darstellung

$$\xi(x,t) = 2A \frac{\sin(\Delta k x - \Delta\omega t)}{\Delta k x - \Delta\omega t} \sin(k_0 x - \omega_0 t)\,. \quad (18\text{-}24)$$

Das Argument $(k_0 x - \omega_0 t)$ stellt die Phase einer Welle dar, die sich mit der Phasengeschwindigkeit $v_p = \omega_0/k_0$ ausbreitet. Diese Welle ist moduliert durch eine langsamer veränderliche Amplitudenfunktion $\sin \Phi/\Phi$, die ihr Hauptmaximum bei $\Phi = \Delta k x - \Delta\omega t = 0$ hat und sich im Wesentlichen zwischen den Nullstellen $\Phi = -\pi$ und $+\pi$ erstreckt. Sie bewegt sich mit der *Gruppengeschwindigkeit*

$$v_g = \frac{\Delta\omega}{\Delta k} = \left(\frac{\mathrm{d}\omega}{\mathrm{d}k}\right)_{\omega_0} \quad (18\text{-}25)$$

in $+x$-Richtung weiter (Bild 18-6):

$$\xi(x,t) = 2A \frac{\sin \Delta k(x - v_g t)}{\Delta k(x - v_g t)} \sin k_0(x - v_p t) \quad (18\text{-}26)$$

(*Wellenpaket*) .

Phasen- und Gruppengeschwindigkeit können verschieden sein. Durch Differenzieren von (18-3) und von $k = 2\pi/\lambda$ folgt

$$v_g = \frac{\mathrm{d}\omega}{\mathrm{d}k} = v_p + k\frac{\mathrm{d}v_p}{\mathrm{d}k} = v_p - \lambda\frac{\mathrm{d}v_p}{\mathrm{d}\lambda}\,. \quad (18\text{-}27)$$

Die Gruppengeschwindigkeit ist demnach nur dann gleich der Phasengeschwindigkeit, wenn die Phasengeschwindigkeit nicht von der Wellenlänge λ (bzw. der Kreiswellenzahl k) abhängt, d. h., wenn keine Dispersion vorliegt (Beispiel: Lichtausbreitung im Vakuum). Anderenfalls gilt:

$$\frac{\mathrm{d}v_\mathrm{p}}{\mathrm{d}\lambda} > 0 \quad (\textit{normale Dispersion}): \quad v_\mathrm{g} < v_\mathrm{p}\,,$$
$$\frac{\mathrm{d}v_\mathrm{p}}{\mathrm{d}\lambda} < 0 \quad (\textit{anomale Dispersion}): \quad v_\mathrm{g} > v_\mathrm{p}\,. \tag{18-28}$$

Im Gruppenmaximum der Wellengruppe sind die Amplituden maximal, daher bilden die Gruppenmaxima den Sitz der Energie der Welle. Ferner kann eine Information (Signal) nur mit einem begrenzten Wellenzug bzw. einer Wellengruppe oder einer modulierten Welle übertragen werden. Damit gilt:

> Die Ausbreitung der Energie einer Welle erfolgt mit der Gruppengeschwindigkeit. Sie ist gleich der *Signalgeschwindigkeit.*

18.2 Elastische Wellen, Schallwellen

Schallwellen sind elastische Wellen in deformierbaren Medien (Festkörpern, Flüssigkeiten, Gasen). Für den Menschen hörbarer Schall umfasst etwa den Frequenzbereich von 16 Hz bis 16 kHz.
Wellen in deformierbaren Medien werden durch die elastischen Eigenschaften des Mediums (vgl. D 9.2.1, E 5.3) bestimmt, die durch die folgenden Beziehungen beschrieben werden:

Festkörper: Relative Längenänderung oder Dehnung $\varepsilon = \Delta L/L$ eines Stabes mit der Länge L, dem Querschnitt A und dem *Elastizitätsmodul* E unter Einwirkung einer Zugspannung $\sigma = F/A$ (Hooke'sches Gesetz):

$$\frac{\Delta L}{L} = \frac{1}{E}\cdot\frac{F}{A}\,, \quad \text{d.h.,} \quad \varepsilon = \frac{\sigma}{E}\,. \tag{18-29}$$

Scherung γ eines quaderförmigen Volumens des Festkörpers mit dem *Schubmodul* G unter Einwirkung einer auf die Querschnittsfläche A tangential wirkenden Schub- oder Scherspannung $\tau = F/A$:

$$\gamma = \frac{1}{G}\cdot\frac{F}{A}\,, \quad \text{d.h.,} \quad \gamma = \frac{\tau}{G}\,. \tag{18-30}$$

Kompression $-\vartheta = -\Delta V/V$ eines Körpers des Volumens V mit dem Kompressionsmodul K unter allseitigem Druck p bei der Druckänderung Δp:

$$\frac{-\Delta V}{V} = \frac{\Delta p}{K}\,, \quad \text{d.h.,} \quad -\vartheta = \frac{\Delta p}{K}\,. \tag{18-31}$$

Flüssigkeiten: Bei Flüssigkeiten ist anstelle des Kompressionsmoduls K dessen Kehrwert, die *Kompressibilität* $\varkappa$ gebräuchlicher:

$$\varkappa = \frac{1}{K} = -\frac{1}{V}\left(\frac{\partial V}{\partial p}\right)_T \approx \frac{-\Delta V}{V}\cdot\frac{1}{\Delta p}\,. \tag{18-32}$$

Für eine Flüssigkeitssäule der Länge L ergibt sich daraus bei konstantem Querschnitt A unter Einwirkung einer Drucksteigerung $\Delta p = -F/A$ eine relative Längenänderung

$$-\frac{\Delta L}{L} = -\frac{\Delta V}{V} = -\vartheta = \varkappa\Delta p = \varkappa\frac{F}{A} = \frac{1}{K}\cdot\frac{F}{A}\,. \tag{18-32a}$$

Der Vergleich von (18-29) mit (18-32a) zeigt, dass für den Fall der Flüssigkeitssäule der Kompressionsmodul $K = 1/\varkappa$ dem Elastizitätsmodul E von Festkörpern entspricht. Dies benötigen wir unten für die Berechnung der Schallgeschwindigkeit in Flüssigkeiten (18-44) und in Gasen (18-45) aus (18-42).

Gase: Gleichung (18-31) gilt auch für Gase, wobei der Kompressionsmodul K mithilfe der allgemeinen Gasgleichung (8–26) berechnet werden kann. Für die schnellen Druckänderungen bei Schallwellen kann ein Wärmeausgleich nicht stattfinden, sodass K unter adiabatischen Bedingungen aus (18-31) berechnet werden muss. Mithilfe der Adiabatengleichung (8–97) erhält man dann

$$K = \frac{1}{\varkappa} = \gamma p = \gamma\frac{RT}{V_\mathrm{m}} \quad \text{mit} \quad \gamma = \frac{C_{\mathrm{m}p}}{C_{\mathrm{m}V}}\,. \tag{18-33}$$

V_m molares Volumen; $C_{\mathrm{m}p}, C_{\mathrm{m}V}$ molare Wärmekapazitäten bei konstantem Druck bzw. konstantem Volumen (vgl. 8.6.1).

Ausbreitung transversaler Wellen auf gespannten Seilen und Saiten

Nach einer vorausgegangenen transversalen Auslenkung eines mit einer Kraft F_0 bzw. der Zugspannung $\sigma = F_0/A$ gespannten Seils bzw. einer Saite (Querschnitt A) wirkt auf jedes Saitenelement der Länge $\mathrm{d}x$ (Bild 18-7) eine rücktreibende Kraft

$$F_\xi = F_0\sin(\alpha + \mathrm{d}\alpha) - F_0\sin\alpha \approx F_0\mathrm{d}\alpha\,. \tag{18-34}$$

Aus $\alpha \approx \tan\alpha = \partial\xi/\partial x$ folgt $\mathrm{d}\alpha \approx \mathrm{d}x(\partial^2\xi/\partial x^2)$ und damit für die rücktreibende Kraft

$$F_\xi = F_0\,\mathrm{d}x\frac{\partial^2\xi}{\partial x^2}\,. \qquad (18\text{-}35)$$

Die Masse des Saitenelements $\mathrm{d}x$ beträgt $\mathrm{d}m = \varrho A\mathrm{d}x$ (ϱ Dichte). Damit lautet die Bewegungsgleichung für $\mathrm{d}m$

$$F_\xi = \mathrm{d}m\frac{\partial^2\xi}{\partial t^2}\,. \qquad (18\text{-}36)$$

Aus (18-35) und (18-36) folgt die *Wellengleichung der transversalen Saitenwelle*:

$$\frac{\partial^2\xi}{\partial x^2} - \frac{\varrho}{\sigma}\cdot\frac{\partial^2\xi}{\partial t^2} = 0\,. \qquad (18\text{-}37)$$

Durch Vergleich mit (18-7) ergibt sich die *Phasengeschwindigkeit der transversalen Saitenwelle*

$$v_\mathrm{p} = \sqrt{\frac{\sigma}{\varrho}}\,. \qquad (18\text{-}38)$$

Ausbreitung longitudinaler Wellen in elastischen Medien

Die periodische longitudinale Auslenkung von Massenelementen in einem kontinuierlichen elastischen Medium bewirkt eine periodische Dichteverteilung: Longitudinale elastische Wellen sind *Dichtewellen*. Die zur Behandlung der transversalen Saitenwelle analoge Betrachtung eines Volumenelementes der Masse $\mathrm{d}m$ und der Länge $\mathrm{d}x$ in einem zylindrischen Stab (Massendichte ϱ, Querschnitt A), das durch eine vorausgegangene longitudinale Auslenkung ξ und die dadurch bedingte ortsabhängige Spannung $\sigma = F/A$ um $\mathrm{d}\xi$ gedehnt wird, liefert unter Zuhilfenahme des Hooke'schen Gesetzes (18-29) und der Bewegungsgleichung für $\mathrm{d}m$ die *Wellengleichung*

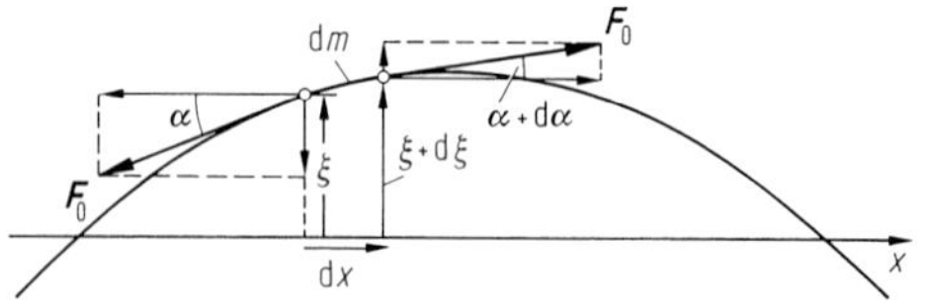

Bild 18-7. Zur Herleitung der Wellengleichung für transversale Saitenwellen

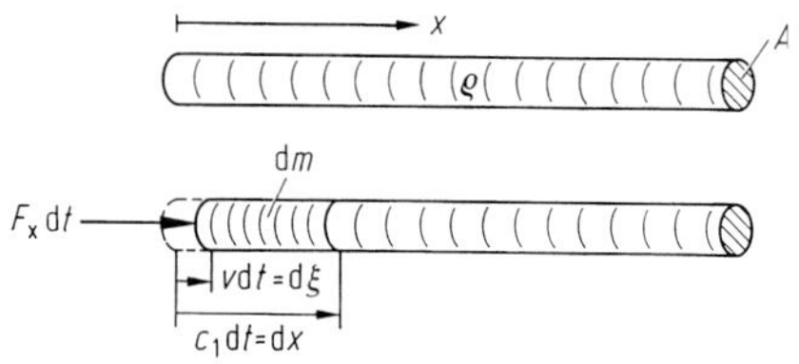

Bild 18-8. Ausbreitung einer Longitudinalstörung in einem Stab

longitudinaler Wellen im Festkörper:

$$\frac{\partial^2\xi}{\partial x^2} - \frac{\varrho}{E}\cdot\frac{\partial^2\xi}{\partial t^2} = 0\,, \qquad (18\text{-}39)$$

aus der sich durch Vergleich mit (18-7) die Phasengeschwindigkeit longitudinaler Wellen (18-42) ergibt. Sie ist auch für ausgedehnte Festkörper gültig.

Die Berechnung der Phasengeschwindigkeit c_l longitudinaler Wellen (und damit der Ausbreitungsgeschwindigkeit von Schall) kann auch auf direkterem Wege erfolgen. Dazu betrachten wir die Ausbreitung einer Störung (Verdichtungsstoß) in einem zylindrischen Stab der Dichte ϱ, die durch einen Stoß mit der Kraft F_x während der Zeit $\mathrm{d}t$ auf das linke Stabende erzeugt wird (Bild 18-8).

Dadurch wird das linke Ende des Stabes mit einer Geschwindigkeit v um $\mathrm{d}\xi = v\mathrm{d}t$ nach rechts verschoben. Die Kompressionsstörung läuft mit der Phasengeschwindigkeit c_l nach rechts, die Teilchen im Kompressionsbereich erreichen in der Zeit $\mathrm{d}t$ nacheinander die Geschwindigkeit v. Das Massenelement $\mathrm{d}m = \varrho A\mathrm{d}x$, das durch den Kompressionsbereich $\mathrm{d}x = c_\mathrm{l}\mathrm{d}t$ definiert werde, erfährt damit eine Impulsänderung $\mathrm{d}p_x = v\mathrm{d}m$ als Folge der einwirkenden Kraft

$$F_x = \frac{\mathrm{d}p_x}{\mathrm{d}t} = \varrho A v c_\mathrm{l}\,. \qquad (18\text{-}40)$$

Durch die Kraft F_x wird ferner das Massenelement $\mathrm{d}m$ der Länge $\mathrm{d}x$ um $\mathrm{d}\xi = v\mathrm{d}t$ komprimiert. Den Zusammenhang liefert das Hooke'sche Gesetz (18-29):

$$\frac{\mathrm{d}\xi}{\mathrm{d}x} = \frac{v}{c_\mathrm{l}} = \frac{1}{E}\cdot\frac{F_x}{A} = \frac{1}{E}\varrho v c_\mathrm{l}\,. \qquad (18\text{-}41)$$

Daraus folgt für die *Phasengeschwindigkeit longitudinaler Wellen (Schallgeschwindigkeit) in Festkörpern*

$$c_\mathrm{l} = \sqrt{\frac{E}{\varrho}}\,. \qquad (18\text{-}42)$$

Festkörper können auch tangentiale Scherkräfte aufnehmen, wie sie bei Scherschwingungen auftreten. Deshalb können in Festkörpern auch transversale Wellen auftreten. Die elastische Deformation bei Scherung wird durch (18-30) beschrieben. Statt des Elastizitätsmoduls E tritt hier der Schubmodul G auf. Entsprechend ergibt sich für die *Phasengeschwindigkeit* von *transversalen Scherwellen* und von *Torsionswellen* (die auch auf Scherung beruhen) in Festkörpern

$$c_t = \sqrt{\frac{G}{\varrho}} \,. \qquad (18\text{-}43)$$

Flüssigkeiten und Gase können keine statischen Tangentialkräfte (Scherkräfte) aufnehmen. Demzufolge können sich hier nur Longitudinalwellen über längere Strecken ausbreiten. Transversale Wellen können nur direkt angrenzend an transversal schwingende Erregerflächen auftreten und klingen mit wachsendem Abstand davon schnell exponentiell ab.

Die Schallgeschwindigkeit in Flüssigkeiten, etwa in einer Flüssigkeitssäule, deren elastische Eigenschaften durch (18-32a) beschrieben werden, lässt sich analog zur Berechnung der Schallgeschwindigkeit im festen Stab bestimmen. Im Ergebnis (18-42) ist dazu der Elastizitätsmodul E durch den Kompressionsmodul K oder die Kompressibilität $\varkappa$ (18-32) zu ersetzen, um die *Schallgeschwindigkeit in Flüssigkeiten* zu erhalten:

$$c_l = \sqrt{\frac{K}{\varrho}} = \sqrt{\frac{1}{\varkappa\varrho}} \,. \qquad (18\text{-}44)$$

Für Gase erhält man die Schallgeschwindigkeit unter Berücksichtigung der elastischen Eigenschaften bei *adiabatischer* Kompression. Mit (18-33) und der Molmasse $M = \varrho V_m$ folgt dann aus (18-44) die *Schallgeschwindigkeit in Gasen*

$$c_l = \sqrt{\gamma\frac{p}{\varrho}} = \sqrt{\gamma\frac{RT}{M}} \,. \qquad (18\text{-}45)$$

In Gasen ist daher die Schallgeschwindigkeit stark temperaturabhängig. Sie ist am größten für die Gase mit der kleinsten molaren Masse, Wasserstoff und Helium (Tabelle 18-1).

Physiologische Akustik

Schall führt in Gasen dazu, dass sich zu dem statischen Druck ein Schallwechseldruck addiert. Der

Tabelle 18-1. Longitudinale Schallgeschwindigkeit c_l in verschiedenen Stoffen

Stoff	c_l in m/s
Feste Stoffe (20 °C):	
Aluminium	5110
Basalt	≈ 5080
Blei	1200
Eis (−4 °C)	3200
Eisen	5180
Flintglas	≈ 4000
Granit	≈ 4000
Gummi	≈ 54
Hartgummi	≈ 1570
Holz: Buche	≈ 3300
Eiche	≈ 3800
Tanne	≈ 4500
Kronglas	≈ 5300
Kupfer	3800
Marmor	≈ 3800
Messing	≈ 3500
Paraffin	≈ 1300
Porzellan	≈ 4880
Quarzglas	≈ 5400
Stahl	≈ 5100
Ziegel	≈ 3650
Zink	3800
Zinn	2700
Flüssigkeiten (20 °C)	
Aceton	1190
Benzol	1320
Ethanol	1170
Glycerin	1923
Methanol	1123
Nitrobenzol	1470
Paraffinöl	≈ 1420
Petroleum	≈ 1320
Propanol	1220
Quecksilber	1421
Schwefelkohlenstoff	1158
Schweres Wasser	1399
Tetrachlorkohlenstoff	943
Toluol	1308
Xylol	1357
Wasser (dest.) 0 °C	1403
20 °C	1483
40 °C	1529
60 °C	1551

Tabelle 18-1. Fortsetzung

Stoff	c_l in m/s
80 °C	1555
100 °C	1543
Meerwasser[a]	1400...1650
Gase (0 °C, 101 325 Pa):	
Acetylen	327
Ammoniak	415
Argon	308
Brom	135
Chlor	206
Helium	971
Kohlendioxid	258
Kohlenmonoxid	337
Luft, trocken −20 °C	319
0 °C	332
+20 °C	344
+40 °C	355
Methan	430
Neon	433
Sauerstoff	315
Schwefeldioxid	212
Stadtgas	≈ 450
Stickstoff	334
Wasserstoff	1286
Xenon	170

[a] abhängig von Temperatur, Salzgehalt und Druck.

Effektivwert des Schallwechseldrucks p_{eff} (der quadratische Mittelwert, siehe 15.3.1 (15-27)) liefert den *Schalldruckpegel*:

$$L_p = 20 \cdot \lg\left(\frac{p_{eff}}{p_0}\right), \qquad (18\text{-}45a)$$

wobei der Bezugsschalldruck nach DIN 45630 festgelegt ist als $p_0 = 2 \cdot 10^{-5}$ Pa und etwa den für einen Menschen gerade noch wahrnehmbaren effektiven Schallwechseldruck angibt. Zur Kennzeichnung des Schalldruckpegels wird die Einheit Dezibel (dB) verwendet (0 dB ist bei 2 kHz gerade noch hörbar, ein Presslufthammer erzeugt in 1 m Entfernung 100 dB). Die Empfindlichkeit des menschlichen Ohres ist allerdings stark frequenzabhängig, so dass der Schalldruckpegel keine angemessene Größe für das Lautheitsempfinden ist. Als *Lautstärke* L_s legt man daher mit der Einheit Phon (phon) denjenigen Zahlenwert fest, den ein 1 kHz Sinuston als Schalldruckpegel haben müsste, um die gleiche Lautstärkeempfindung hervorzurufen. Der Zusammenhang zwischen Schalldruckpegel und Lautstärke ist in DIN 45630 festgelegt. In der akustischen Messtechnik wird allerdings als Maß für das Lautheitsempfinden meist der *bewertete Schalldruckpegel* verwendet. Dabei wird das gesamte hörbare Frequenzspektrum in Terzintervalle (Frequenzverhältnis zwischen Ober- und Untergrenze: $\sqrt[3]{2}$) oder Oktavintervalle (Frequenzverhältnis zwischen Ober- und Untergrenze: 2) aufgeteilt. Der im jeweiligen Frequenzintervall i gemessene Schalldruckpegel L_i wird dann mit einem frequenzabhängigen Faktor $\Delta^*_{X,i}$ bewertet. Den bewerteten Schalldruckpegel erhält man dann mit:

$$L_X = 10 \cdot \lg\left(\sum_{i=1}^{n} 10^{\frac{L_i+\Delta^*_{X,i}}{10\,\text{dB}}}\right) dB(X)\,. \qquad (18\text{-}45b)$$

Das X steht für den Satz verwendeter Bewertungsfaktoren, z. B. A, B oder C, die in der akustischen Messtechnik durch in den Messsignalweg eingeschaltete standardisierte Bewertungsfilter realisiert werden. Überwiegend wird der Satz A nach DIN-IEC 651 verwendet, der für Lautstärken unter 90 phon den Verlauf der Schallempfindung näherungsweise wiedergibt.

18.3 Doppler-Effekt, Kopfwellen

Bewegen sich Wellenerzeuger (Quelle Q mit der Frequenz ν_Q) und Beobachter B relativ zueinander, so wird vom Beobachter eine andere Frequenz ν_B registriert, als im Fall ruhender Quelle und Beobachter (Doppler, 1842). Je nachdem, ob sich Quelle oder Beobachter relativ zum Übertragungsmedium der Welle (z. B. Luft bei Schallwellen, Wasseroberfläche bei Wasserwellen) bewegen, oder ob ein solches Medium nicht existiert (Lichtwellen im Vakuum), sind verschiedene Fälle zu unterscheiden.

Doppler-Effekt bei mediengetragenen Wellen: Bewegter Beobachter

Die in ruhender Luft von einer ebenfalls ruhenden Schallquelle mit der Frequenz $\nu_Q = c_s/\lambda$ erzeugten Schallwellen breiten sich in Form von Kugelwellen

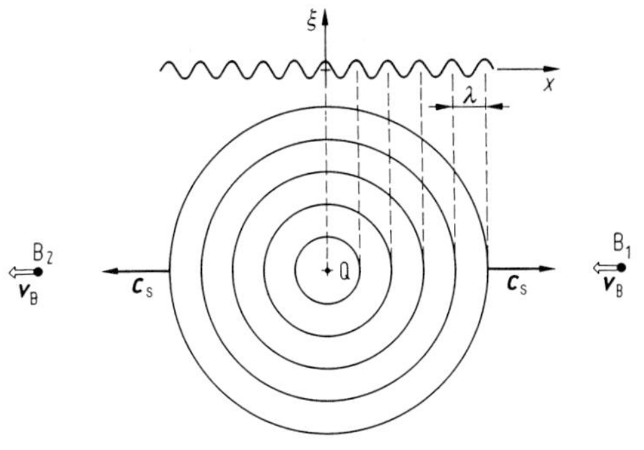

Bild 18-9. Zum Doppler-Effekt bei bewegtem Beobachter

mit der Schallgeschwindigkeit c_s aus, deren Wellenberge einen radialen Abstand λ (Wellenlänge) haben (Bild 18-9). Bewegt sich ein Beobachter B mit der Geschwindigkeit v_B auf die Quelle Q zu (bzw. von ihr weg), so registriert der Beobachter eine Geschwindigkeit $c_s \pm v_B$ der auf ihn zukommenden Wellenberge und demzufolge gemäß (18-3) eine erhöhte (erniedrigte) Frequenz

$$\nu_B = \frac{c_s \pm v_B}{\lambda} = \nu_Q\left(1 \pm \frac{v_B}{c_s}\right) . \qquad (18\text{-}46)$$

Doppler-Effekt bei mediengetragenen Wellen: Bewegte Quelle

Bewegt sich bei relativ zum Übertragungsmedium (Luft) ruhendem Beobachter die Schallquelle auf den Beobachter zu (bzw. weg), so verkürzen sich vor der Quelle die Wellenlängen, während sie sich hinter der Quelle verlängern (Bild 18-10). Ursache dafür ist, dass sich die von der Quelle mit der Frequenz ν_Q erzeugten Wellen nach wie vor im ruhenden Medium

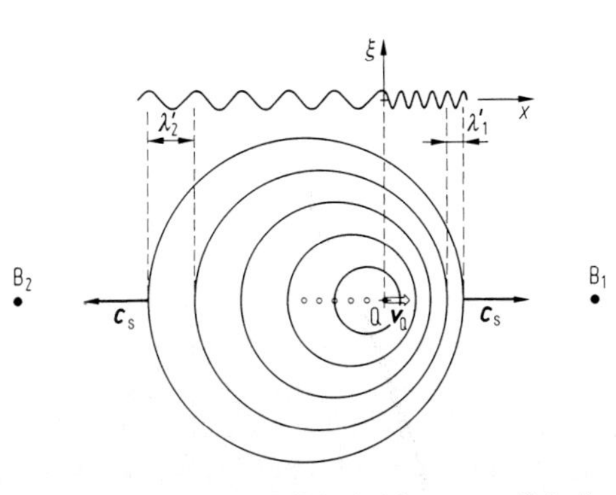

Bild 18-10. Zum Doppler-Effekt bei bewegter Schallquelle

mit der Schallgeschwindigkeit c_s ausbreiten, gegenüber der bewegten Quelle jedoch dann eine (je nach Richtung) andere Geschwindigkeit haben. Auf den Beobachter bewegen sich die Wellen mit der Phasengeschwindigkeit c_s zu, der aufgrund der geänderten Wellenlänge $\lambda' = (c_s \mp v_Q)/\nu_Q$ eine erhöhte (erniedrigte) Frequenz registriert:

$$\nu_B = \frac{c_s}{\lambda'} = \frac{\nu_Q}{1 \mp \dfrac{v_Q}{c_s}} . \qquad (18\text{-}47)$$

Bewegt sich die Schallquelle an einem Beobachter vorbei, so schlägt die Frequenz im Moment des Passierens von einem höheren auf einen niedrigeren Wert um.

Der akustische Doppler-Effekt (18-46) bzw. (18-47) zeigt also bei bewegtem Beobachter ein etwas anderes Ergebnis als bei bewegter Quelle. Bewegen sich sowohl die Schallquelle als auch der Beobachter, so gilt

$$\nu_B = \nu_Q \frac{c_s \pm v_B}{c_s \mp v_Q} . \qquad (18\text{-}48)$$

Das jeweils obere Vorzeichen von v_B bzw. v_Q gilt für eine Bewegung in Richtung auf die Quelle bzw. auf den Beobachter zu, das jeweils untere Vorzeichen für eine Bewegung von der Quelle bzw. vom Beobachter weg.

Doppler-Effekt elektromagnetischer Wellen (Licht)

Aus dem Prinzip der Konstanz der Vakuumlichtgeschwindigkeit c_0 in zueinander bewegten Inertialsystemen (siehe 2.3.2) folgt, dass für die Lichtausbreitung kein Übertragungsmedium wie bei der Schallausbreitung existiert. Dann sollte der Doppler-Effekt allein von der Relativgeschwindigkeit v_r zwischen Lichtquelle und Beobachter abhängen. Tatsächlich ergibt sich für den *relativistischen Doppler-Effekt* (ohne Ableitung)

$$\nu_B = \nu_0 \sqrt{\frac{c_0 \pm v_r}{c_0 \mp v_r}} . \qquad (18\text{-}49)$$

Der relativistische Doppler-Effekt wird als Rotverschiebung der Spektrallinien von sich schnell entfernenden Sternen beobachtet (untere Vorzeichen), bei umeinander rotierenden Doppelsternen auch als periodisch abwechselnde Rot- und Blauverschiebung.

Für $v_r \ll c_0$ geht der relativistische Doppler-Effekt (18-49) in den klassischen Doppler-Effekt (18-48) über. Für diesen Fall ergibt sich die *Doppler-Verschiebung* der Frequenz zu

$$\frac{\Delta \nu}{\nu_Q} \approx \frac{v_r}{c} \quad \text{für} \quad v_r \ll c\,. \tag{18-50}$$

Anwendung: Geschwindigkeitsmessung an Licht oder Radiowellen emittierenden Sternen oder Satelliten; Radar-Geschwindigkeitsmessung durch Reflexion an bewegten Körpern.

Kopfwellen, Mach-Kegel

Nähert sich die Geschwindigkeit v_Q einer Schallquelle (z. B. ein Flugzeug) der Schallgeschwindigkeit c_s, so überlagern sich alle bereits emittierten Wellenberge in Vorwärtsrichtung direkt an der Schallquelle (Bild 18-11a) und erzeugen sehr hohe Druckamplituden und -gradienten. Nach Durchstoßen dieser sog. Schallmauer fliegt die Quelle mit *Überschallgeschwindigkeit* $v_Q > c_s$ und erzeugt ein Wellenfeld gemäß Bild 18-11b: Die nacheinander ausgelösten Kugelwellenberge durchdringen einander und überlagern sich zu einer kegelförmigen *Kopfwelle (Schockwelle, Mach-Kegel)*, in deren Spitze sich die Schallquelle bewegt.
Die Quelle muss dazu gar keine Schallwellen in üblicher Weise aussenden. Die durch die Bewegung des Körpers in Luft erzeugte Druckstörung breitet sich ebenfalls in der beschriebenen Weise aus und ist dann an der Erdoberfläche als Überschallknall zu hören. Der Öffnungswinkel α des Mach-Kegels (Bild 18-11b) wird durch das Verhältnis von Schall- zu Quellengeschwindigkeit bestimmt:

$$\sin\alpha = \frac{c_s}{v_Q} = \frac{1}{Ma}\,. \tag{18-51}$$

Das Größenverhältnis $Ma = v_Q/c_s$ wird als *Mach-Zahl* bezeichnet. Sie hängt nicht nur von der Quellengeschwindigkeit v_Q, sondern wegen (18-45) auch von der Temperatur der Luft ab.
Kopfwellen können auch bei elektromagnetischen Wellen erzeugt werden. Schnell bewegte, elektrisch geladene Teilchen strahlen elektromagnetische Wellen ab. In Substanzen mit der optischen Brechzahl $n > 1$ (siehe 21.1) ist die Phasengeschwindigkeit des Lichtes $c_n = c_0/n < c_0$. Geladene Teilchen, die

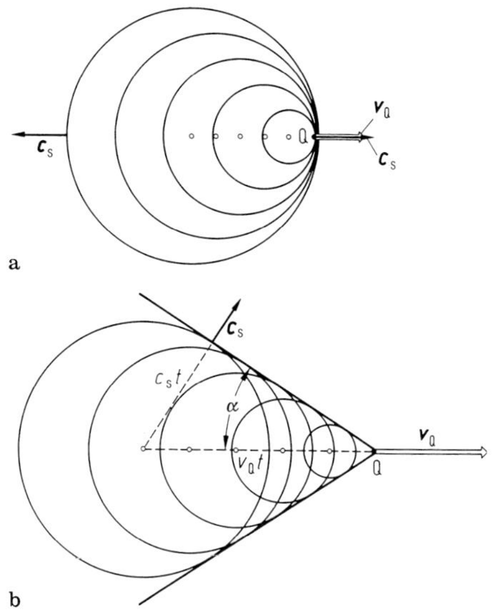

Bild 18-11. Wellenfelder einer bewegten Schallquelle, **a** bei $v_Q \approx c_s$, **b** bei $v_Q > c_s$

mit Geschwindigkeiten $v > c_n$ in solche Substanzen geschossen werden, erzeugen dann elektromagnetische Kopfwellen: *Čerenkov-Strahlung*. Für den Öffnungswinkel folgt aus (18-51)

$$\sin\alpha = \frac{c_0}{nv}\,. \tag{18-52}$$

Durch Messung von α kann die Teilchengeschwindigkeit bestimmt werden: Čerenkov-Detektoren.

19 Elektromagnetische Wellen

Zeitveränderliche elektrische und magnetische Felder sind untrennbar miteinander verknüpft, sie erzeugen einander gegenseitig (Bild 14-9): Ein zeitveränderliches elektrisches Feld erzeugt ein magnetisches Feld (Maxwell'sches Gesetz (14-34)), und ein zeitveränderliches magnetisches Feld erzeugt ein elektrisches Feld (Faraday-Henry-Gesetz bzw. Induktionsgesetz (14-31)). Die Kombination beider Prinzipien legt daher die Existenz elektromagnetischer Wellen nahe (Maxwell, 1865): Die zeitperiodische Änderung eines lokalen elektrischen (oder magnetischen) Feldes erzeugt ein ebenfalls zeitperiodisches, das erzeugende Feld umschlingendes magnetisches (bzw. elektri-

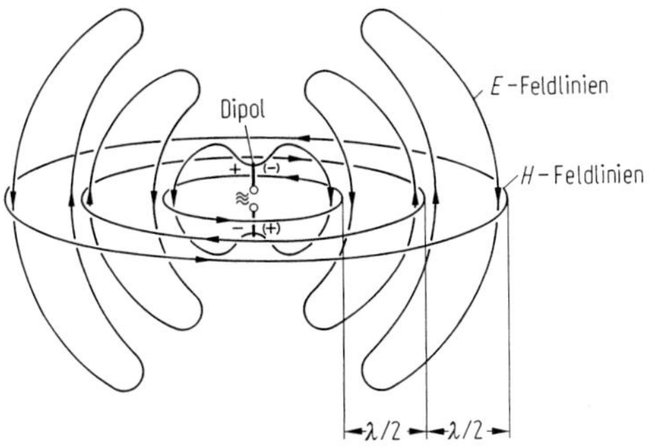

Bild 19-1. Elektrische und magnetische Feldlinien um einen schwingenden elektrischen Dipol

sches) Feld. Dieses wiederum induziert um sich herum ein weiteres zeitperiodisches elektrisches (bzw. magnetisches) Feld und so fort (Bild 19-1). Der periodische Vorgang breitet sich daher wellenartig im Raum aus und stellt eine elektromagnetische Welle dar. Die experimentelle Bestätigung erfolgte 1888 durch H. Hertz.

19.1 Erzeugung und Ausbreitung elektromagnetischer Wellen

Ein zeitperiodisches elektrisches Feld (Wechselfeld) als Quelle einer sich frei ausbreitenden elektromagnetischen Welle kann z. B. durch eine Dipolantenne erzeugt werden, in die eine hochfrequente Wechselspannung eingespeist wird (Bild 19-1 u. 19-2). Die Dipolantenne stellt dann einen elektrischen Dipol mit periodisch wechselnder Richtung und Betrag des Dipolmoments (12-83) dar. Die erzeugte elektromagnetische Welle ist linear polarisiert, wobei (in der Äquatorebene) die elektrische Feldstärke $\boldsymbol{E}$ parallel zur Dipolachse orientiert ist und die magnetische Feldstärke senkrecht zu $\boldsymbol{E}$ und zur Ausbreitungsrichtung $\boldsymbol{c}$ (Bild 19-2a). Der Nachweis kann wiederum mit einer Dipolantenne erfolgen, an die ein Messinstrument (oder im Laborexperiment eine Glühlampe) angeschlossen ist. Die Lampe leuchtet maximal, wenn der Empfangsdipol parallel zum Sendedipol und damit parallel zum elektrischen Feldstärkevektor ausgerichtet ist (Nachweis der Polarisation). Ein magnetischer Empfangsdipol muss dagegen senkrecht dazu, d. h. parallel zum magnetischen Feldstärkevektor, orientiert werden (Bild 19-2b).
Aus diesen Beobachtungen folgt:

> Bei elektromagnetischen Wellen stehen elektrischer und magnetischer Feldstärkevektor senkrecht aufeinander und auf der Ausbreitungsrichtung: Elektromagnetische Wellen sind *Transversalwellen*.

Eine Dipolantenne erzeugt elektromagnetische Kugelwellen, bei denen in unmittelbarer Dipolnähe (*Nahfeld*: $l \ll r \ll \lambda$) ein Gangunterschied von $\lambda/4$ (Phasendifferenz $\pi/2$) zwischen elektrischem und magnetischem Feld besteht, wie es für die quasistationäre elektrische Schwingung im Dipol anschaulich zu erwarten ist (hier macht sich die endliche Ausbreitungsgeschwindigkeit der Welle noch nicht bemerkbar). Im *Fernfeld* ($r \gg \lambda$) schwingen dagegen elektrisches und magnetisches Feld gleichphasig. In sehr großer Entfernung r kann die Kugelwelle näherungsweise als ebene Welle betrachtet werden (Bild 19-3).

Wellengleichung elektromagnetischer Wellen

Einen Ausschnitt der Feldverteilung in einer elektromagnetischen Welle (Bild 19-3) zeigt Bild 19-4.

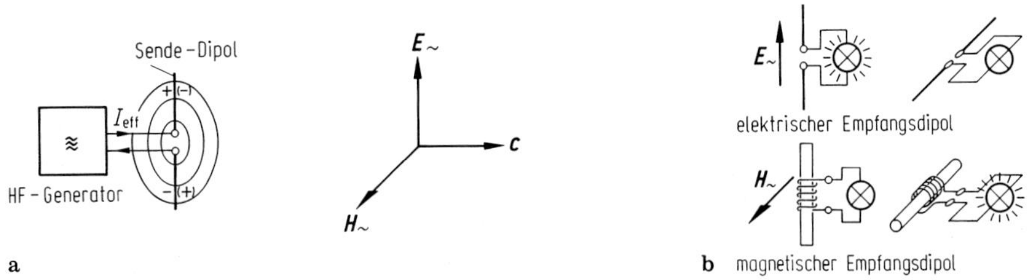

Bild 19-2. a Abstrahlung polarisierter elektromagnetischer Wellen durch einen elektrischen Sendedipol. **b** Nachweis durch einen elektrischen oder magnetischen Empfangsdipol mit Glühlampe. Der elektrische Dipol muss parallel zum elektrischen Feldstärkevektor, der magnetische Dipol parallel zum magnetischen Feldstärkevektor ausgerichtet sein

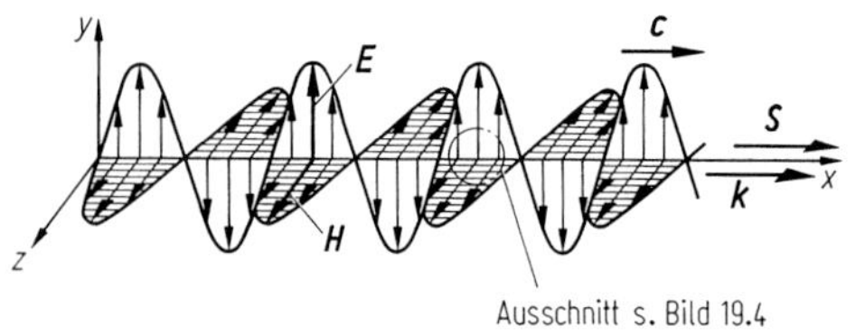

Bild 19-3. Linear polarisierte elektromagnetische Welle, die sich in x-Richtung ausbreitet

Im nichtleitenden freien Raum ist die Stromdichte $\boldsymbol{j} = 0$. Die Anwendung des Faraday-Henry-Gesetzes (Induktionsgesetz (14-31))

$$\oint_{c_1} \boldsymbol{E} \cdot \mathrm{d}\boldsymbol{s} = -\frac{\mathrm{d}}{\mathrm{d}t} \int \boldsymbol{B} \cdot \mathrm{d}\boldsymbol{A} \qquad (19\text{-}1)$$

auf einen geschlossenen Weg c_1 in der x,y-Ebene mit den Abmessungen $\mathrm{d}x$ und $\mathrm{d}y$ (Fläche $\mathrm{d}A = \mathrm{d}x\,\mathrm{d}y$) liefert mit $\boldsymbol{B} = \mu \boldsymbol{H}$ (14-45)

$$\frac{\partial E_y}{\partial x} = -\mu \frac{\partial H_z}{\partial t} \,. \qquad (19\text{-}2)$$

Entsprechend liefert die Anwendung des Maxwell'schen Gesetzes (14-34)

$$\oint_{c_2} \boldsymbol{H} \cdot \mathrm{d}\boldsymbol{s} = \frac{\mathrm{d}}{\mathrm{d}t} \int \boldsymbol{D} \cdot \mathrm{d}\boldsymbol{A} \qquad (19\text{-}3)$$

auf einen geschlossenen Weg c_2 in der x, z-Ebene mit den Abmessungen $\mathrm{d}x$ und $\mathrm{d}z$ (Fläche $\mathrm{d}A = \mathrm{d}x\,\mathrm{d}z$) und mit $\boldsymbol{D} = \varepsilon \boldsymbol{E}$ (14-44)

$$\frac{\partial H_z}{\partial x} = -\varepsilon \frac{\partial E_y}{\partial t} \,. \qquad (19\text{-}4)$$

Partielle Differenziation von (19-2) nach x und von (19-4) nach t und Eliminierung von $\partial^2 H_z / \partial x\, \partial t$ ergibt

$$\frac{\partial^2 E_y}{\partial x^2} - \varepsilon\mu \frac{\partial^2 E_y}{\partial t^2} = 0 \,. \qquad (19\text{-}5)$$

Entsprechend ergibt die partielle Differenziation von (19-2) nach t und von (19-4) nach x und Eliminierung von $\partial^2 E_y / \partial x\, \partial t$

$$\frac{\partial^2 H_z}{\partial x^2} - \varepsilon\mu \frac{\partial^2 H_z}{\partial t^2} = 0 \,. \qquad (19\text{-}6)$$

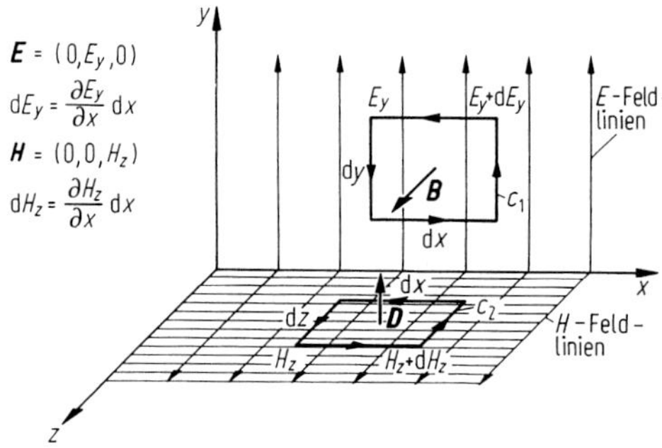

Bild 19-4. Zur Herleitung der Wellengleichung elektromagnetischer Wellen

Gleichung (19-5) und (19-6) stellen eindimensionale Wellengleichungen für in x-Richtung sich ausbreitende elektromagnetische Wellen dar. Die Verallgemeinerung auf den dreidimensionalen Fall (18-11) und auf Wellen mit beliebiger Polarisationsrichtung lautet

$$\Delta \boldsymbol{E} - \frac{1}{c^2} \cdot \frac{\partial^2 \boldsymbol{E}}{\partial t^2} = 0 \,,$$

$$\Delta \boldsymbol{H} - \frac{1}{c^2} \cdot \frac{\partial^2 \boldsymbol{H}}{\partial t^2} = 0 \,. \qquad (19\text{-}7)$$

Hierin ist c die *Phasengeschwindigkeit* der elektromagnetischen Wellen, für die sich aus dem Vergleich mit (19-5) und (19-6) ergibt:

$$c = \frac{1}{\sqrt{\varepsilon\mu}} = \frac{1}{\sqrt{\varepsilon_r \mu_r \varepsilon_0 \mu_0}} \,. \qquad (19\text{-}8)$$

Im Vakuum ist $\varepsilon_r = \mu_r = 1$. Mit experimentellen Werten von ε_0 und μ_0 folgt daraus für die *Phasengeschwindigkeit elektromagnetischer Wellen im Vakuum:*

$$c_{\text{vac}} = \frac{1}{\sqrt{\varepsilon_0 \mu_0}} = 3{,}00 \cdot 10^8\ \text{m/s} \,, \qquad (19\text{-}9)$$

unabhängig von der Frequenz bzw. der Wellenlänge (d. h.: keine Dispersion). Der Wert von c_{vac} ist identisch mit der Vakuumlichtgeschwindigkeit c_0, die heute auf den Wert $c_0 = 299\,792\,458$ m/s festgelegt ist (siehe (1.2)). Daher liegt die Annahme nahe, die von Maxwell in seiner elektromagnetischen Lichttheorie aufgestellt wurde:

Licht ist eine *elektromagnetische Welle.*

Diese Annahme wurde bestätigt durch zahlreiche Experimente (z. T. bereits von Heinrich Hertz durchgeführt), die für elektromagnetische Wellen dieselben

Eigenschaften ergeben, wie sie für Licht aus der Optik bekannt sind, insbesondere:
Reflexion an Metallflächen; stehende elektromagnetische Wellen im Raum vor der reflektierenden Fläche; Bündelung durch metallische Hohlspiegel.
Brechung an großen Prismen (Abmessungen $\gg \lambda$) aus dielektrischem Material [Pech (Heinrich Hertz), Paraffin]; Fokussierung durch Paraffin-Linsen (vgl. 21.1).
Lineare *Polarisation* und Transversalität der von Dipolen abgestrahlten elektromagnetischen Wellen: Nachweis durch „Polarisationsfilter" (vgl. 21.2), hier aus Metallstab-Gittern mit Stababständen $\ll \lambda$, die für elektromagnetische Wellen undurchlässig sind, wenn die Gitterstäbe parallel zum Feldstärkevektor $\boldsymbol{E}$ orientiert sind (Kurzschluss des elektrischen Feldes durch leitende Stäbe), und durchlässig bei senkrechter Orientierung (Gitterstäbe ohne leitende Verbindung miteinander).
Beugung elektromagnetischer Wellen an Doppel- und Mehrfachspalten in Metallschirmen (siehe 23).
Die ebene elektromagnetische Welle im Fernfeld eines Dipols (Bild 19-3) lässt sich beschreiben durch

$$E_y = \hat{E}\sin(kr - \omega t + \varphi_0)\,,$$
$$H_z = \hat{H}\sin(kr - \omega t + \varphi_0)\,, \qquad (19\text{-}10)$$

wobei die Amplituden $\hat{E}$ und $\hat{H}$ eine gegenseitige Abhängigkeit zeigen, die sich aus der Kopplung zwischen $\boldsymbol{E}$- und $\boldsymbol{H}$-Feld gemäß (19-2) und (19-4) ergibt. Einsetzen von E_y und H_z liefert mit (19-8) den Zusammenhang

$$\hat{E} = \sqrt{\frac{\mu}{\varepsilon}}\hat{H} = Z_F\hat{H}\,. \qquad (19\text{-}11)$$

Hierin hat Z_F die Dimension eines elektrischen Widerstandes und heißt der *Feldwellenwiderstand*:

$$Z_F = \sqrt{\frac{\mu}{\varepsilon}}\,. \qquad (19\text{-}12)$$

Der Feldwellenwiderstand des Vakuums ist

$$Z_0 = \sqrt{\frac{\mu_0}{\varepsilon_0}} = 376{,}73\ldots\Omega \qquad (19\text{-}13)$$
$$= \mu_0 c_0 \approx 4\pi\cdot 10^{-7}\,\text{Vs/Am}\cdot 3\cdot 10^8\,\text{m/s}$$
$$= 120\,\pi\,\Omega\,.$$

Wegen der Gleichphasigkeit von $\boldsymbol{E}$ und $\boldsymbol{H}$ im Fernfeld gilt (19-11) auch für jeden Augenblickswert der Feldstärken

$$E = Z_F H \quad \text{(Fernfeld)}\,. \qquad (19\text{-}14)$$

Energiestromdichte, Strahlungscharakteristik

Die Energiedichte des elektromagnetischen Wellenfeldes w setzt sich aus der Energiedichte w_e des elektrischen Feldes (12-82) und der Energiedichte w_m des magnetischen Feldes (14-30) zusammen:

$$w = w_e + w_m = \frac{1}{2}\varepsilon E^2 + \frac{1}{2}\mu H^2\,. \qquad (19\text{-}15)$$

Wegen der Kopplung (19-12) und (19-14) zwischen $\boldsymbol{E}$- und $\boldsymbol{H}$-Feld bei der elektromagnetischen Welle sind die Energiedichten w_e und w_m gleich und damit

$$w = \varepsilon E^2 = \mu H^2 = \frac{EH}{c}\,. \qquad (19\text{-}16)$$

Die *Energiestromdichte* oder *Strahlungsintensität* einer elektromagnetischen Welle ergibt sich analog (18–15) aus Energiedichte w und Ausbreitungsgeschwindigkeit c zu

$$S = wc = EH \qquad (19\text{-}17)$$

oder vektoriell geschrieben als sog. *Poynting-Vektor*:

$$\boldsymbol{S} = w\boldsymbol{c} = \boldsymbol{E}\times\boldsymbol{H} \qquad (19\text{-}18)$$
$$\text{SI-Einheit: } [\boldsymbol{S}] = \text{W/m}^2\,.$$

Der Poynting-Vektor gibt Betrag und Richtung der elektromagnetischen Feldenergie an, die 1 m² Fläche in 1 s senkrecht durchströmt. Betrachtet man eine geschlossene Oberfläche A, die einen Raumbereich V umschließt, so lässt sich der *Energieerhaltungssatz* in *elektromagnetischen Feldern* in folgender Weise formulieren:

$$-\frac{\partial}{\partial t}\int_V w\,\mathrm{d}V = \int_V \varphi\,\mathrm{d}V + \oint_A \boldsymbol{S}\cdot\mathrm{d}\boldsymbol{A}\,. \qquad (19\text{-}19)$$

φ ist die räumliche Dichte der Joule'schen Leistung.

Satz von Poynting:

> Die zeitliche Abnahme der Gesamtenergie eines elektromagnetischen Feldes ist gleich der pro Zeiteinheit im Volumen erzeugten Joule'schen Wärme und der durch die Oberfläche abgestrahlten Strahlungsleistung.

Anmerkung: Der Poynting-Vektor ist für sich genommen nicht eindeutig hinsichtlich der Energieströmung, da z. B. auch gekreuzte statische $\boldsymbol{E}$- und $\boldsymbol{H}$-Felder einen Beitrag zu $\boldsymbol{S}$ liefern, aber natürlich keine Energieströmung bedeuten. Erst die Betrachtung des geschlossenen Oberflächenintegrals in (19-19) liefert bei statischen Feldern als eindeutige Aussage die Gesamtausstrahlung 0, da die geschlossenen Magnetfeldlinien gleich große Beiträge entgegengesetzten Vorzeichens zu $\oint \boldsymbol{S} \cdot \mathrm{d}\boldsymbol{A}$ ergeben.
Die Hertz'sche Theorie ergibt für die Strahlungsintensität eines kurzen Dipols ($l \ll \lambda$, Hertz'scher Oszillator) mit dem maximalen Dipolmoment $\hat{\boldsymbol{p}}$ die *Dipolcharakteristik*

$$S = \frac{\hat{p}^2 \omega^4}{32\pi^2 \varepsilon_0 c_0^3} \cdot \frac{\sin^2 \vartheta}{r^2} . \qquad (19\text{-}20)$$

ϑ ist der Winkel zur Dipolachse. Maximale Intensität wird demnach in der Äquatorebene abgestrahlt, in Richtung der Dipolachse ist hingegen die Intensität null (Bild 19-5).
Die *Gesamtausstrahlung Φ des Hertz'schen Dipols* (Strahlungsleistung) erhält man aus (19-20) durch Integration über eine den Dipol einschließende geschlossene Oberfläche zu

$$\Phi = \frac{\hat{p}^2 \omega^4}{12\pi \varepsilon_0 c_0^3} . \qquad (19\text{-}21)$$

Mit der effektiven Ladung $q(t)$ an den Enden des Dipols der Länge l beträgt das Dipolmoment des periodisch erregten Dipols nach (12-83) $p = q(t)l = \hat{p} \sin \omega t$ und daraus der im Dipol fließende Strom

$$i = \frac{\mathrm{d}q}{\mathrm{d}t} = \frac{1}{l} \cdot \frac{\mathrm{d}p}{\mathrm{d}t} = \frac{\omega \hat{p}}{l} \cos \omega t , \qquad (19\text{-}22)$$

bzw. der Effektivwert des Stromes (15-28)

$$I = \frac{\omega \hat{p}}{\sqrt{2}\, l} . \qquad (19\text{-}23)$$

Dem Antennenstromkreis geht Energie in Form der abgestrahlten elektromagnetischen Wellen verloren. Die Strahlungsleistung Φ der Antenne (19-21) ist gleich der durch die Abstrahlung bedingten elektrischen Verlustleistung P der Antenne, die durch die eingespeiste effektive Stromstärke I wie bei den Wechselstromkreisen (siehe 15.3) ausgedrückt

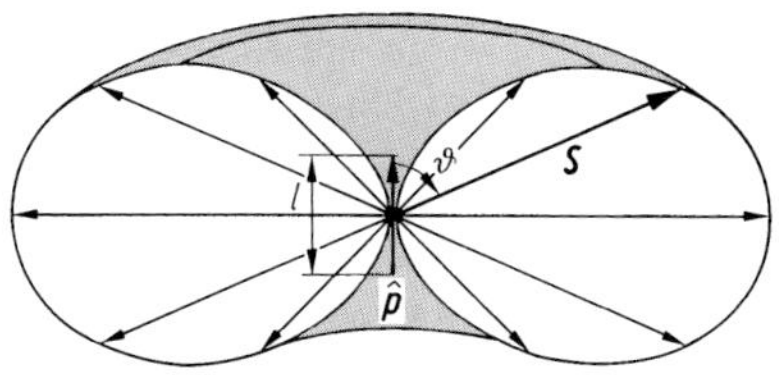

Bild 19-5. Schnitt durch die Strahlungsintensitätscharakteristik eines Hertz'schen Dipols (rotationssymmetrisch um die Dipolachse)

werden kann:

$$\Phi = P = R_{\mathrm{rd}} I^2 . \qquad (19\text{-}24)$$

R_{rd} wird Strahlungswiderstand der Antenne genannt und hat die Dimension eines Ohm'schen Widerstandes.
Einsetzen von (19-9), (19-13), (19-21) und (19-23) in (19-24) ergibt für den *Strahlungswiderstand eines Hertz'schen Dipols*

$$R_{\mathrm{rd}} = \frac{2\pi}{3} \sqrt{\frac{\mu_0}{\varepsilon_0}} \left(\frac{l}{\lambda}\right)^2 = \frac{2\pi}{3} Z_0 \left(\frac{l}{\lambda}\right)^2$$
$$\approx 789 \left(\frac{l}{\lambda}\right)^2 \Omega \quad \text{für} \quad l \ll \lambda . \qquad (19\text{-}25)$$

Der Strahlungswiderstand einer auf leitender Erde stehenden (halben) Dipolantenne ist doppelt so groß, da nur das halbe Wellenfeld (Erdoberfläche wirkt als Spiegelebene) und damit die halbe Energie ausgestrahlt wird.
Bei technischen Wechselstromfrequenzen ist $\lambda \gg l$ und demzufolge R_{rd} gegenüber dem Ohm'schen Leitungswiderstand R zu vernachlässigen. Die Abstrahlung steigt jedoch mit steigender Frequenz ν (sinkender Wellenlänge λ) stark an (19-21). Der Strahlungswiderstand erreicht ein Maximum bei $l = \lambda/2$ (Standardform der Antenne) und beträgt $R_{\mathrm{rd}} \approx 70\,\Omega$ für den $\lambda/2$-Dipol ((19-25) ist dann nicht mehr gültig).

Abstrahlung elektromagnetischer Wellen durch beschleunigte Ladungen

Das Dipolmoment des schwingenden Hertz'schen Dipols $p(t) = \hat{p} \sin \omega t$ wurde bei konstanter Dipollänge l durch eine zeitperiodische Ladung $q(t)$ gebildet, die vom eingespeisten, hochfrequenten Wechselstrom erzeugt wurde. Derselbe Sachverhalt kann auch dargestellt werden durch eine schwingende konstante Ladung q mit zeitperiodisch veränderlicher Dipollänge

$l = \hat{l} \sin \omega t$:

$$p(t) = ql(t) = q\hat{l} \sin \omega t \, . \tag{19-26}$$

Zweifache zeitliche Ableitung ergibt einen Zusammenhang zwischen dem Dipolmoment p und der Beschleunigung $a = \ddot{l}$ der Ladung, für die Maximalwerte geschrieben:

$$\hat{p}^2 \omega^4 = q^2 \hat{a}^2 \, . \tag{19-27}$$

Wird dies in (19-20) und (19-21) eingeführt unter Verwendung des quadratischen Mittelwertes der Beschleunigung $\overline{a^2} = \hat{a}^2/2$, so erhalten wir für die *Strahlungscharakteristik einer beschleunigten Ladung q*

$$S = \frac{q^2 \overline{a^2}}{16\pi^2 \varepsilon_0 c_0^3} \cdot \frac{\sin^2 \vartheta}{r^2} \, , \tag{19-28}$$

wobei ϑ der Winkel zwischen dem Poynting-Vektor $\boldsymbol{S}$ und der Beschleunigung $\boldsymbol{a}$ ist. Für die *Gesamtausstrahlung einer beschleunigten Ladung q* folgt entsprechend die *Larmor'sche Formel*

$$\Phi = \frac{q^2 \overline{a^2}}{6\pi \varepsilon_0 c_0^3} \, . \tag{19-29}$$

Gleichungen (19-28) und (19-29) gelten nicht nur für den betrachteten Fall der schwingenden Ladung, sondern generell für eine mit $\boldsymbol{a}$ beschleunigte Ladung:

Eine beschleunigte Ladung strahlt elektromagnetische Energie ab.

Die Strahlungscharakteristik entspricht (im nichtrelativistischen Fall) derjenigen eines Dipols (19-28) mit der Achse in Beschleunigungsrichtung. Die beschleunigte Ladung strahlt also vorwiegend senkrecht zur Beschleunigungsrichtung.

Leitungsgeführte elektromagnetische Wellen

Bei Frequenzen $\nu \geqq 100\,\text{MHz}$ (UKW- und Fernsehfrequenzen) wird die Wellenlänge elektromagnetischer Wellen $\lambda \leqq 3\,\text{m}$. Für Leitungslängen dieser Größenordnung kann daher die endliche Ausbreitungsgeschwindigkeit elektromagnetischer Wellen nicht mehr vernachlässigt werden. Es werde eine Doppelleitung (Lecher-System) betrachtet, die keine Ohm'schen Leitungsverluste habe (ideale Doppelleitung). Dann wird das elektromagnetische Verhalten

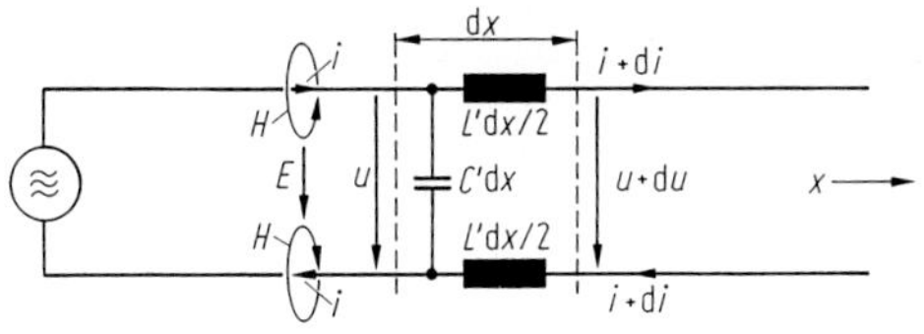

Bild 19-6. Doppelleitung (Lecher-System) mit Ersatzschaltbild für die Länge dx

durch die längenbezogene Induktivität, den Induktivitätsbelag L' der Doppelleitung und durch die längenbezogene Kapazität, den Kapazitätsbelag C' zwischen den Leitern bestimmt (Bild 19-6). Hinsichtlich der verlustbehafteten Doppelleitung siehe G 9. Beträgt der Abstand der beiden Leiter d und der Drahtradius r, so erhält man für Induktivitäts- und Kapazitätsbelag näherungsweise (ohne Ableitung)

$$L' = \frac{\mu}{\pi} \ln \frac{d}{r} \, , \quad C' = \frac{\pi \varepsilon}{\ln \frac{d}{r}} \, . \tag{19-30}$$

Für einen differenziell kleinen Leitungsabschnitt der Länge dx ist eine quasistatische Betrachtung möglich, und die Kirchhoff'schen Sätze (15-14) und (15-18) sind auf die Momentanwerte von Strömen und Spannung anwendbar. Die in einem Ersatzschaltbild (Bild 19-6) zu berücksichtigenden Induktivitäten und Kapazitäten betragen $\mathrm{d}L = L'\,\mathrm{d}x$, $\mathrm{d}C = C'\,\mathrm{d}x$. Die Anwendung der Kirchhoff'schen Sätze auf das Ersatzschaltbild liefert

$$\frac{\partial u}{\partial x} + L' \frac{\partial i}{\partial t} = 0 \, , \quad \frac{\partial i}{\partial x} + C' \frac{\partial u}{\partial t} = 0 \, . \tag{19-31}$$

Durch partielle Differenziation nach x bzw. t und Eliminierung des jeweiligen gemischten Differenzialquotienten ergibt sich die *Wellengleichung für Leitungswellen*

$$\frac{\partial^2 i}{\partial x^2} - L'C' \frac{\partial^2 i}{\partial t^2} = 0 \, ,$$

$$\frac{\partial^2 u}{\partial x^2} - L'C' \frac{\partial^2 u}{\partial t^2} = 0 \, . \tag{19-32}$$

Für die *Phasengeschwindigkeit c_L der Leitungswellen* erhält man durch Vergleich mit (19-7) sowie nach Einsetzen von (19-30)

$$c_\text{L} = \frac{1}{\sqrt{L'C'}} = \frac{1}{\sqrt{\varepsilon \mu}} = c \, , \tag{19-33}$$

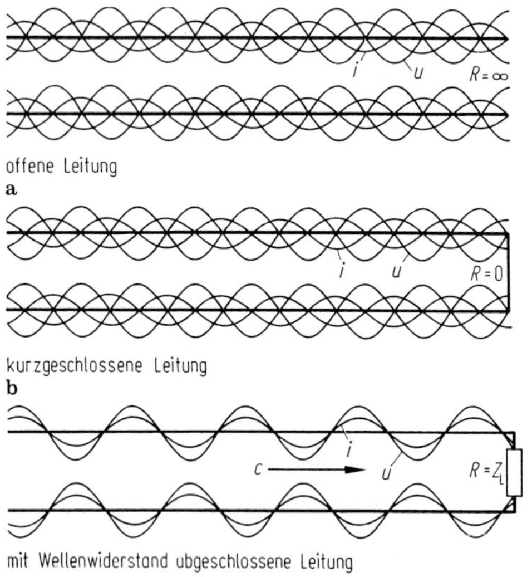

Bild 19-7. Stehende und laufende Wellen auf der Doppelleitung (Lecher-System)

die sich damit als identisch erweist mit der Phasengeschwindigkeit freier elektromagnetischer Wellen.
Elektromagnetische Wellen breiten sich daher auf Leitungen ähnlich aus wie elastische Wellen auf Seilen, Drähten oder Stäben. Insbesondere werden sie an den Enden der Leitung reflektiert und bilden stehende Wellen (vgl. 18.1). Bei offenem Ende der Doppelleitung wird die Spannungswelle ohne Phasensprung reflektiert, d. h., am Leitungsende liegt ein Spannungsbauch und ein Stromknoten, da hier ständig $i = 0$ sein muss (Bild 19-7a). Bei kurzgeschlossenem Ende der Doppelleitung wird die Spannungswelle mit einem Phasensprung von π reflektiert, da durch den Kurzschluss ein Spannungsknoten erzwungen wird. Die Stromwelle zeigt einen Strombauch (Bild 19-7b). In beiden Fällen besteht zwischen Spannungsbäuchen und Strombäuchen eine Phasendifferenz von $\pi/2$ (Wegdifferenz $\lambda/4$). Dies lässt sich durch einen elektrischen (für Spannungsbäuche) oder magnetischen Nachweisdipol (für Strombäuche) zeigen.
Spannung und Strom einer in $+x$-Richtung laufenden Welle auf der idealen Doppelleitung sind darstellbar durch

$$u = \hat{u}\sin(kx - \omega t + \varphi_u)\,,$$
$$i = \hat{i}\sin(kx - \omega t + \varphi_i)\,, \qquad (19\text{-}34)$$

wobei die Kopplung zwischen u und i durch (19-31) $\varphi_u = \varphi_i$ erzwingt. Mit (19-33) folgt der *Wellenwiderstand der Doppelleitung*

$$Z_\mathrm{L} = \sqrt{\frac{L'}{C'}} = \frac{\hat{u}}{\hat{i}} = \frac{U}{I}\,. \qquad (19\text{-}35)$$

Wird diese Bedingung, die auch für unsymmetrische Doppelleitungen (z. B. Koaxialkabel) gilt, auch am Leitungsende eingehalten durch Abschluss mit einem Ohm'schen Widerstand R von der Größe des Wellenwiderstandes (Bild 19-7c), so wird die Welle vollständig vom Abschlusswiderstand absorbiert und nicht reflektiert (wichtig u. a. bei Antennenleitungen). Mit (19-30) folgt für die symmetrische Doppelleitung näherungsweise

$$Z_\mathrm{L} = \frac{1}{\pi}\ln\left(\frac{d}{r}\right)\sqrt{\frac{\mu}{\varepsilon}}\,, \qquad (19\text{-}36)$$

$$\text{im Vakuum} \quad Z_{\mathrm{L}0} \approx 120\ln\left(\frac{d}{r}\right)\Omega\,.$$

19.2 Elektromagnetisches Spektrum

Nach (19-29) werden elektromagnetische Wellen bei allen Vorgängen erzeugt, bei denen elektrische Ladungen beschleunigt (oder abgebremst) werden. Der elektrische Feldstärkevektor schwingt dabei wie bei der Dipolcharakteristik in der durch die Ausbreitungsrichtung $\boldsymbol{k}$ und den Beschleunigungsvektor $\boldsymbol{a}$ definierten Ebene senkrecht zum Wellenvektor $\boldsymbol{k}$. Beispiele für die Erzeugung kurzwelliger elektromagnetischer Strahlung durch beschleunigte oder abgebremste elektrische Ladungen sind:

Wärmestrahlung

Die Wärmebewegung in Materie bedeutet, dass die Bestandteile der Atome, die Elektronen und Ionen, mit einer Vielzahl von Frequenzen schwingen (vgl. 5.6.2 Mehrere gekoppelte Oszillatoren), d. h. periodisch beschleunigt werden, und damit elektromagnetische Wellen ausstrahlen, die wir als Wärmestrahlung (*Ultrarot-* oder *Infrarotstrahlung*) registrieren. Bei hohen Temperaturen treten höhere Frequenzen auf, die Materie „glüht", d. h., das Spektrum der erzeugten elektromagnetischen Strahlung reicht bis in das Gebiet der sichtbaren *Lichtstrahlung*, bei sehr hohen Temperaturen (Lichtbogen,

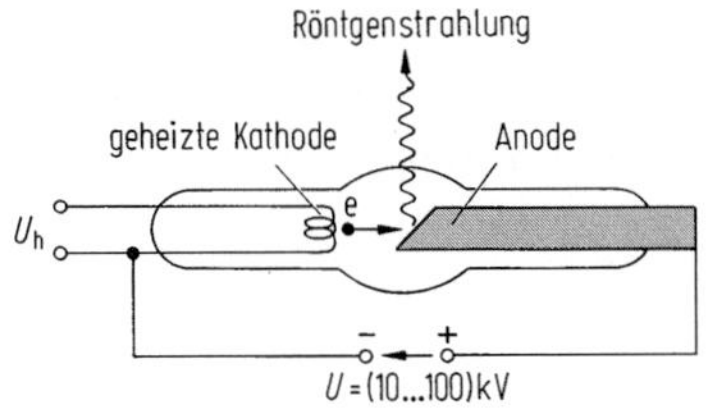

Bild 19-8. Röntgenröhre

Sonnenoberfläche) darüber hinaus in den Bereich der *Ultraviolettstrahlung*. Da die Beschleunigungsrichtungen bei der Wärmebewegung statistisch verteilt sind, ist die Wärmestrahlung unpolarisiert (siehe auch 20.2).

Röntgenbremsstrahlung

Schnelle geladene Teilchen, etwa Elektronen, die in einem elektrischen Feld auf eine Energie von z. B. 10 keV beschleunigt wurden, haben nach (12-53) eine Geschwindigkeit von $v \approx 60\,000\,\text{km/s}$. Treffen sie dann auf einen Festkörper, wie die Anode einer Röntgenröhre (Bild 19-8), so werden sie innerhalb einer Strecke von 10 bis 100 nm auf die Driftgeschwindigkeit von Leitungselektronen ((12-61), ca. 1 mm/s) abgebremst. Der weit überwiegende Teil der Teilchenenergie wird dabei in Wärmeenergie des Festkörpers umgewandelt. Ein kleiner Teil der Energie geht jedoch in eine elektromagnetische Strahlung über: *Röntgenbremsstrahlung* (Röntgen, 1895). Diese Strahlung, deren Wellencharakter erst später durch Interferenzexperimente an Kristallen nachgewiesen wurde (v. Laue, 1912), ist sehr durchdringend (Anwendung: Röntgendurchleuchtung).

Da es sich bei der Teilchenabbremsung nicht um periodische, sondern um pulsartige Vorgänge handelt, ist das Frequenzspektrum der Röntgenbremsstrahlung nicht diskret, sondern zeigt nach dem Fourier-Theorem (siehe 5.5.2) eine breite, kontinuierliche Verteilung (Bild 19-9).

Die Spektren zeigen eine von der Beschleunigungsspannung U abhängige obere Grenzfrequenz ν_c bzw. eine untere Grenzwellenlänge λ_c (Bild 19-9). Die Erklärung hierfür ergibt sich aus der schon u. a. bei der Fotoleitung (16.4) und bei der Fotoemission (16.7.1) verwendeten Lichtquantenhypothese (20.3). Hiernach tritt auch die Röntgenbremsstrahlung in Form von Lichtquanten oder Photonen der Energie $E = h\nu$ (16-93) auf, hier auch Röntgenquanten genannt, die durch Einzelprozesse bei der Abbremsung eines Elektrons entstehen. Die höchste Quantenenergie, die auf diese Weise entstehen kann, ergibt sich bei vollständiger Umwandlung der Elektronenenergie eU in ein einziges Röntgenquant:

$$eU = h\nu_c\,. \tag{19-37}$$

Der im Grunde zu berücksichtigende Energiegewinn der Austrittsarbeit von einigen eV durch die in das Anodenmetall eindringenden Elektronen (Tabelle 16-6) kann gegenüber der Beschleunigungsenergie der Elektronen vernachlässigt werden. Für die *Grenzfrequenz des Röntgenspektrums* folgt aus (19-37)

$$\nu_c = \frac{e}{h}U\,. \tag{19-38}$$

Mit $\nu = c/\lambda$ folgt weiter das Duane-Hunt'sche Gesetz

$$U\lambda_c = \frac{hc}{e} = \text{const}\,. \tag{19-39}$$

Dem kontinuierlichen Spektrum der Röntgenbremsstrahlung überlagert tritt eine linienhafte Röntgenstrahlung auf, die aufgrund von Übergängen zwischen diskreten Energieniveaus der Anodenatome

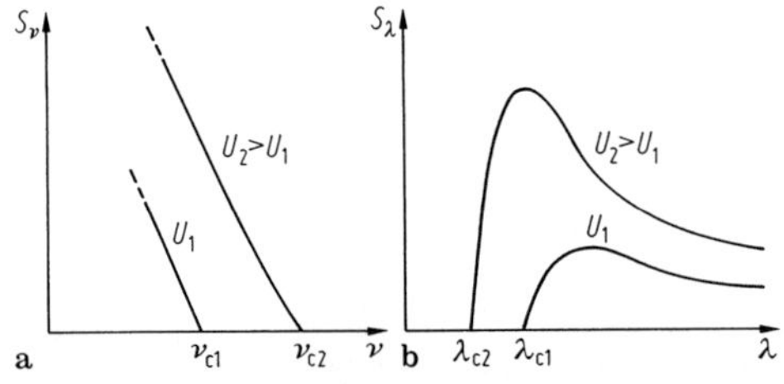

Bild 19-9. **a** Frequenz- und **b** Wellenlängenspektrum der Röntgenbremsstrahlung

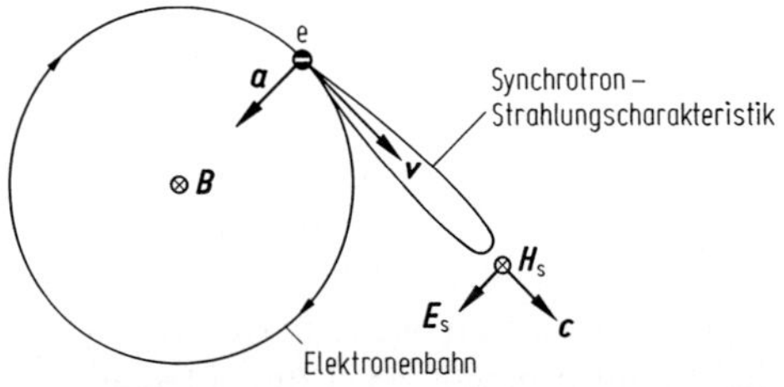

Bild 19-10. Synchrotronstrahlung bei Kreisbeschleunigern

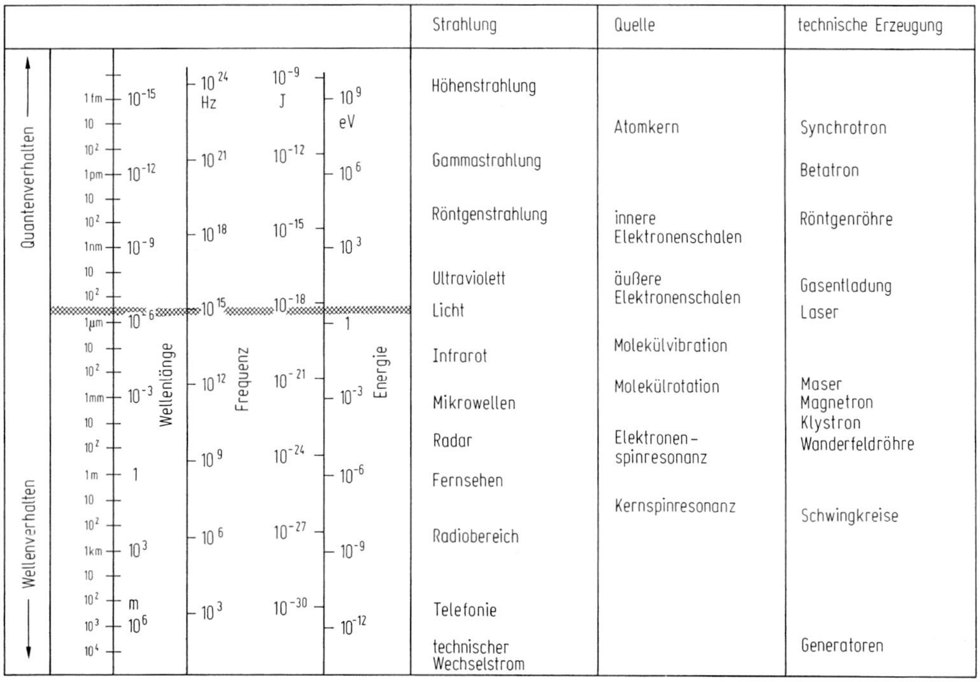

Bild 19-11. Spektrum der elektromagnetischen Strahlung

emittiert wird und spezifisch für jede Ordnungszahl Z ist: *charakteristische Röntgenstrahlung* (siehe 20.4).

Synchrotronstrahlung

Geladene Teilchen, die sich auf gekrümmten Bahnen bewegen (z. B. infolge von einwirkenden Magnetfeldern $\boldsymbol{B}$), unterliegen einer Normalbeschleunigung $\boldsymbol{a}$. Dies ist u. a. bei Hochenergie-Kreisbeschleunigern (z. B. Synchrotrons) der Fall und führt dort ebenfalls zur Emission von elektromagnetischer Strahlung: *Synchrotronstrahlung* (Bild 19-10).

Die Synchrotronstrahlung ist eine Dipolstrahlung, bei der allerdings die Strahlungscharakteristik des Dipols (Bild 19-5) durch relativistische Effekte zu einer schmalen, intensiven Strahlungskeule in Vorwärtsrichtung deformiert ist. In Richtung der Beschleunigung $\boldsymbol{a}$ wird wie beim Dipol keine Strahlung emittiert. Die Synchrotronstrahlung ist wie die Dipolstrahlung polarisiert (Richtung der Feldvektoren $\boldsymbol{E}_\mathrm{s}$ und $\boldsymbol{H}_\mathrm{s}$, vgl. Bild 19-10) und hat ein kontinuierliches Frequenzspektrum, das je nach Beschleunigungsenergie im Ultravioletten und im weichen oder harten Röntgengebiet liegen kann.

Eine Übersicht über das gesamte Spektrum der elektromagnetischen Strahlung mit Hinweisen auf weitere Erzeugungsmechanismen zeigt Bild 19-11. Das sichtbare Licht nimmt darin nur einen sehr schmalen Frequenzbereich ein.

20 Wechselwirkung elektromagnetischer Strahlung mit Materie

20.1 Ausbreitung elektromagnetischer Wellen in Materie, Dispersion

Für die Phasengeschwindigkeit elektromagnetischer Wellen in Materie folgt aus (19-8) und (19-9)

$$c = \frac{c_0}{\sqrt{\varepsilon_\mathrm{r}\mu_\mathrm{r}}} < c_0 \,. \qquad (20\text{-}1)$$

Da sowohl die Permittivitätszahl ε_r als auch die Permeabilitätszahl μ_r bis auf ganz spezielle Fälle stets $\geqq 1$ sind, ist die Phasengeschwindigkeit elektromagnetischer Wellen in Materie kleiner als die Vakuum-

lichtgeschwindigkeit. So erweist sich z. B. bei gleicher Frequenz ν die Wellenlänge λ stehender Wellen auf einem Lecher-System (Bild 19-7), das in Wasser getaucht ist, um einen Faktor 9 kleiner als in Luft oder Vakuum, d. h., $c_{H_2O} \approx c_0/9$.
Das Verhältnis $c_0/c_n > 1$ wird als *Brechzahl* n des Ausbreitungsmediums bezeichnet, wobei c_n die Phasengeschwindigkeit im Medium der Brechzahl n sei. Aus (20-1) folgt dann die *Maxwell'sche Relation*

$$n = \frac{c_0}{c_n} = \sqrt{\varepsilon_r \mu_r} \, . \tag{20-2}$$

Für nichtferromagnetische Stoffe ist $\mu_r \approx 1$, sodass sich (20-2) vereinfacht zu

$$n \approx \sqrt{\varepsilon_r} \, . \tag{20-3}$$

Die Maxwell'sche Relation wurde experimentell an vielen Stoffen, z. B. an Gasen, bestätigt. Auch für Wasser mit der aufgrund des permanenten Dipolmoments seiner Moleküle (Bild 12-32) hohen Permittivitätszahl $\varepsilon_r = 81$ (Tabelle 12-2) ergibt sich $n = \sqrt{81} = 9$ für elektromagnetische Wellen nicht zu hoher Frequenz (siehe oben). Bei Frequenzen des sichtbaren Lichtes allerdings ist die Brechzahl des Wassers $n = 1{,}33$ (vgl. Tabelle 21-1). Hier liegt offenbar eine Abhängigkeit von der Frequenz bzw. Wellenlänge vor: $n = n(\lambda)$, die Dispersion genannt wird.
Die Dispersion von Materie für elektromagnetische Wellen lässt sich als Resonanzerscheinung deuten. Die positiven und negativen Ladungen q im Atom können bei kleinen Auslenkungen als quasielastisch gebunden angesehen werden. Eine äußere elektrische Feldstärke $\boldsymbol{E}$ in x-Richtung induziert ein elektrisches Dipolmoment $\boldsymbol{p} = q\boldsymbol{x} = \alpha\boldsymbol{E}$: Verschiebungspolarisation (α Polarisierbarkeit, siehe 12.9). Eine elektromagnetische Welle regt die Ladungen q zu periodischen Schwingungen an und erzeugt damit periodisch schwingende Dipole. Wird die Dämpfung (z. B. durch Abstrahlung sekundärer elektromagnetischer Wellen, vgl. 19.1, oder durch Absorption) zunächst vernachlässigt, so folgt aus der für erzwungene Schwingungen berechneten Amplitudenresonanzkurve der Auslenkung x (5-61) bis auf einen Phasenfaktor für die Polarisierbarkeit

$$\alpha = \frac{q^2}{m\left(\omega_0^2 - \omega^2\right)} \, . \tag{20-4}$$

ω_0 ist die Resonanzfrequenz der Ladungen q.
Für Materie geringer Dichte, z. B. für Gase, gilt nach (12-109) mit der Ladungsträgerdichte n_q

$$n^2 = \varepsilon_r = 1 + \frac{n_q}{\varepsilon_0}\alpha = 1 + \frac{n_q}{\varepsilon_0} \cdot \frac{q^2}{m\left(\omega_0^2 - \omega^2\right)} \, . \tag{20-5}$$

Im Allgemeinen gibt es mehrere Sorten j unterschiedlich stark gebundener Ladungen mit entsprechenden Resonanzfrequenzen ω_j im Atom (Elektronen in verschiedenen Schalen, bei Ionenkristallen müssen auch die positiven Ionen berücksichtigt werden). Mit $n_q = \sum n_j$ und der Einführung von *Oszillatorenstärken* $f_j = n_j/N$ (N Atomzahldichte, anstelle von n zur Vermeidung von Konfusion mit der Brechzahl) erhalten wir die *Dispersionsformel*

$$n^2 = 1 + \frac{N}{\varepsilon_0} \sum_j \frac{f_j q_j^2}{m_j\left(\omega_j^2 - \omega^2\right)} \, . \tag{20-6}$$

Gleichung (20-6) wurde ohne Berücksichtigung von Dämpfung (Absorption) hergeleitet, gilt daher nur außerhalb der Resonanzbereiche (gestrichelt in Bild 20-1). Für dichtere Materie als Gas ist n deutlich größer als 1. Hier ist entsprechend den Clausius-Mosotti-Formeln (12-110) $(n^2 - 1)$ zu ersetzen durch $3(n^2 - 1)/(n^2 + 2)$. Für die Elektronenresonanzen ist $q = e$. Bei durchsichtigen Stoffen kommt man meist mit der Annahme von zwei Resonanzstellen aus, von denen eine im Ultravioletten liegt (Elektronen), die andere im Ultraroten (Ionen). Für sehr hohe Frequenzen jenseits der höchsten Eigenfrequenz ω_j wird nach (20-6) jedenfalls $n < 1$. Das führt dazu, dass Röntgenstrahlen bei sehr streifendem Einfall totalreflektiert werden (vgl. 21.1).
Die Quantenmechanik liefert eine entsprechende Dispersionsformel, bei der lediglich ω_j durch die Übergangsfrequenz $\omega_{ji} = (E_j - E_i)/\hbar$ für den Übergang vom Grundzustand der Energie E_i zum angeregten Zustand E_j und f_j durch f_{ji} zu ersetzen ist.
Die Dämpfung lässt sich am einfachsten durch Verwendung der komplexen Schreibweise in der Theorie der Ausbreitung elektromagnetischer Wellen in absorbierenden bzw. leitenden Medien beschreiben, die hier nicht im Einzelnen dargestellt wird. Dabei wird die Brechzahl komplex angesetzt (j imaginäre Einheit, $\mathrm{j}^2 = -1$):

$$\tilde{n} = n(1 + \mathrm{j}\kappa) \, . \tag{20-7}$$

Als Folge muss, wenn $n = \sqrt{\varepsilon_r}$ weitergelten soll, auch die Permittivitätszahl komplex angesetzt werden:

$$\tilde{\varepsilon}_r = \tilde{n}^2 = n^2(1 + j\kappa)^2 = n^2(1 - x^2) + j\,2n^2\kappa\,. \quad (20\text{-}7a)$$

Weiterhin erhält man mit $E(\boldsymbol{r}, t) = E(\boldsymbol{r})\exp(-j\omega t)$ aus der Differenzialgleichung für die durch die einfallende Welle erzwungene, gedämpfte Polarisationsschwingung (nicht dargestellt) anstelle von (20-6)

$$\tilde{n}^2 = \tilde{\varepsilon}_r = 1 + \frac{N}{\varepsilon_0}\sum_j \frac{f_j q_j^2}{m_j} \cdot \frac{1}{\left(\omega_j^2 - \omega^2\right) - j\,2\delta\omega}\,. \quad (20\text{-}8)$$

δ ist der Abklingkoeffizient (vgl. 5.3). Trennung von Real- und Imaginärteil und Vergleich mit (20-7a) liefert schließlich den Brechzahlverlauf und den durch die Dämpfung bewirkten Absorptionsverlauf

$$\mathrm{Re}\,\tilde{\varepsilon}_r = n^2(1 - \kappa^2) \quad (20\text{-}9)$$

$$= 1 + \frac{N}{\varepsilon_0}\sum_j \frac{f_j q_j^2}{m_j} \cdot \frac{\omega_j^2 - \omega^2}{\left(\omega_j^2 - \omega^2\right)^2 + 4\delta^2\omega^2}\,,$$

$$\mathrm{Im}\,\tilde{\varepsilon}_r = 2n^2\kappa$$

$$= \frac{N}{\varepsilon_0}\sum_j \frac{f_j q_j^2}{m_j} \cdot \frac{2\delta\omega}{\left(\omega_j^2 - \omega^2\right)^2 + 4\delta^2\omega^2}\,. \quad (20\text{-}9a)$$

Die Größe κ bestimmt den Amplitudenabfall beim Eindringen der elektromagnetischen Welle in das dämpfende Medium. Bild 20-1 zeigt, dass zwischen den Resonanzstellen der Brechzahlverlauf durch die absorptionsfreie Dispersionsformel (20-6) recht gut wiedergegeben wird. Hier ist $\mathrm{d}n/\mathrm{d}\omega > 0$, d. h., es liegt *normale Dispersion* vor (vgl. auch (18-28)). Im Absorptionsgebiet ist dagegen $\mathrm{d}n/\mathrm{d}\omega < 0$: *anomale Dispersion* (Bild 20-1). Die Absorptionskurve $n^2\kappa(\omega)$ entspricht im Wesentlichen der Funktion für die Leistungsaufnahme des gedämpften Oszillators (5-73) und Bild 5-16.

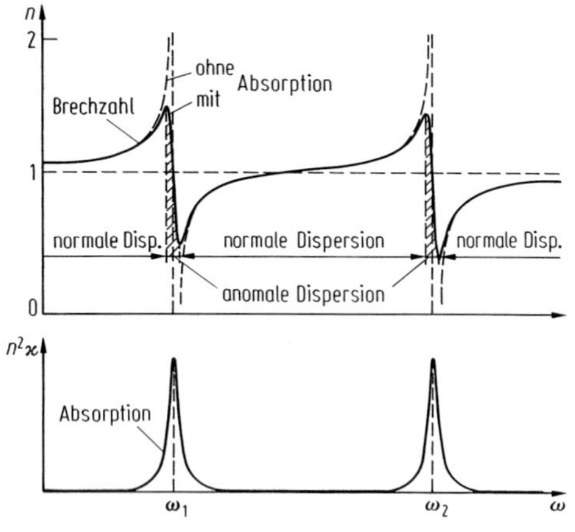

Bild 20-1. Brechzahl- und Absorptionsverlauf in einem dispergierenden Medium mit zwei Resonanzfrequenzen

Die Ursache für die Beobachtung, dass in Materie $c_n < c_0$ ist, ist demnach die Anregung von Schwingungen der die Atome bildenden Ladungsträger durch die einfallende elektromagnetische Welle. Dadurch werden sekundäre Streuwellen gleicher Frequenz erzeugt, die sich den primären Wellen überlagern, aber gemäß den Eigenschaften der erzwungenen Schwingungen phasenverzögert sind (Bild 5-15). Da dies bei der weiteren Ausbreitung ständig und stetig erfolgt, resultiert eine Verringerung der Phasengeschwindigkeit gegenüber der Ausbreitung im Vakuum.

Für frei bewegliche Elektronen, etwa im Plasma eines ionisierten Gases (siehe 16.6.3), fehlt die Rückstellkraft. Demzufolge ist hier $\omega_0 = 0$ zu setzen. Berücksichtigen wir nur diese Elektronen, so wird aus (20-6) die *Dispersionsrelation im Plasma*:

$$n^2 = 1 - \frac{Ne^2}{\varepsilon_0 m_e \omega^2} = 1 - \frac{\omega_p^2}{\omega^2}\,, \quad (20\text{-}10)$$

worin ω_p die *Plasmafrequenz* nach (16-84) ist. Auch hier ist $n < 1$ mit der Möglichkeit der Totalreflexion (z. B. von Radiowellen an der Ionosphäre), vgl. die Bemerkung über Totalreflexion von streifend einfallender Röntgenstrahlung im Anschluss an (20-6).

Spektralanalyse, Emissions- und Absorptionsspektren

Atome unterschiedlicher Ordnungszahl Z haben wegen der unterschiedlichen Kernladungszahl verschiedene Eigenfrequenzen, die charakteristisch sind für die betreffende Atomsorte. Durch Stoß- oder thermische Anregung können die Atome zu Resonanzschwingungen angeregt werden. Sie senden dann elektromagnetische Wellen der Resonanzfrequenz als Dipolstrahlung aus. Wird diese Strahlung durch einen Spektralapparat mit einem Dispersionselement (Prisma, siehe 21.1; Beugungsgitter, siehe 23.2) räumlich zerlegt (Spektrum), so erscheint die Resonanzstrahlung als diskrete Emissionslinie im Spektrum. Das ergibt die Möglichkeit der *Spektralanalyse*, d. h. der chemischen Analyse von nach Anregung lichtemittierenden Substanzen durch Messung der Wellenlängen λ_j der charakteristischen Linien im *Emissionsspektrum*, siehe auch 20.4.

Dieselben Resonanzstellen absorbieren umgekehrt aus einem angebotenen kontinuierlichen Frequenzgemisch das Licht mit den Frequenzen der Resonanzstellen. Das Spektrum des verbleibenden Frequenzgemisches weist dann dunkle Linien auf: *Absorptionsspektrum* (siehe auch Bild 20-11). Fraunhofer hat 1814 solche Absorptionslinien zuerst im Sonnenspektrum gefunden: Analysemöglichkeit von Sternatmosphären.

Die Behandlung von Atomen als Resonanzsysteme mit einer oder mehreren diskreten Resonanzfrequenzen ist geeignet für Materie geringer Dichte, z. B. für Gase. Bei hoher Materiedichte, z. B. in Festkörpern, sind die Resonanzsysteme der Atome stark gekoppelt mit der Folge der Aufspaltung der Atomfrequenzen entsprechend der Zahl der gekoppelten Atome (Größenordnung 10^{23} /mol; vgl. 5.6.2 und 16.1.2). Das diskrete *Linienspektrum* geht dann in ein *kontinuierliches Spektrum* über, das seine charakteristischen Eigenschaften weitgehend verliert: Glühende Körper hoher Temperatur emittieren weißes Licht, dessen Spektrum kontinuierlich verteilt ist (vgl. dazu aber 20.4, charakteristische Röntgenlinien), und dessen vom menschlichen Auge sichtbarer Bereich sich von Violett ($\lambda = 380\,\text{nm}$, $\nu \approx 790\,\text{THz}$) bis Rot ($\lambda = 780\,\text{nm}$, $\nu \approx 385\,\text{THz}$) erstreckt. Bei diesen Grenzwerten geht die Empfindlichkeit des menschlichen Auges gegen null, während sie ein Maximum im Grüngelben bei $\nu_{\max} = 540\,\text{THz}$ und $\lambda_{\max} \approx 555\,\text{nm}$ aufweist und damit dem Strahlungsmaximum der Sonne optimal angepasst ist, vgl. 20.2, Bild 20-5a.

20.2 Emission und Absorption des schwarzen Körpers, Planck'sches Strahlungsgesetz

In jedem Körper der Temperatur $T > 0$ schwingen die Atome des Körpers bzw. deren elektrisch geladene Bestandteile (Elektronen, Ionen) mit statistisch verteilten Amplituden, Phasen und Richtungen (siehe 19-8). Nach 19.1 hat dies die Abstrahlung elektromagnetischer Wellen zur Folge: *Temperaturstrahlung*. Bei höheren Temperaturen als ungefähr $T_0 \approx 273\,\text{K}$ wird sie als *Wärmestrahlung* empfunden. Bei sehr hohen Temperaturen $T \gg T_0$ tritt dabei auch *Lichtstrahlung* auf: der Körper *glüht.*

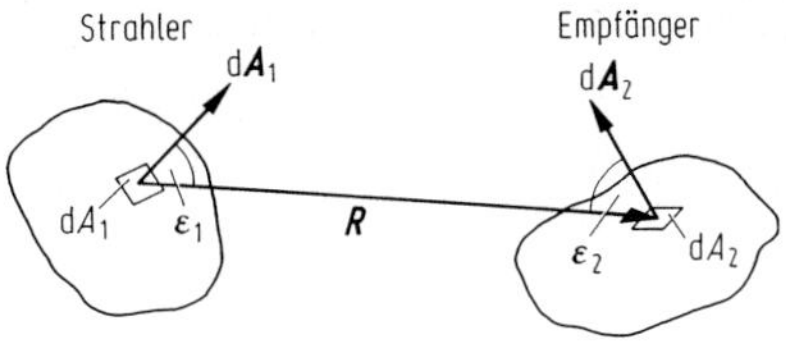

Bild 20-2. Zum Grundgesetz der Strahlungsübertragung

Zur Beschreibung des Strahlungsaustausches eines Körpers der Temperatur T („Strahler") mit seiner Umgebung („Empfänger") werden folgende Größen eingeführt (*Strahlergrößen* werden mit dem Index 1, *Empfängergrößen* mit dem Index 2 gekennzeichnet, Bild 20-2):

Strahlungsleistung Φ: Quotient der emittierten Strahlungsenergie $\mathrm{d}Q$ durch die Zeitspanne $\mathrm{d}t$

$$\Phi = \frac{\mathrm{d}Q}{\mathrm{d}t}\,, \qquad (20\text{-}11)$$

$$\text{SI-Einheit: } [\Phi] = \text{W}\,.$$

Strahlstärke I: Auf das Raumwinkelelement $\mathrm{d}\Omega_2$ (Raumwinkel, unter dem eine Empfängerfläche $\mathrm{d}A_2$ von $\mathrm{d}A_1$ aus erscheint) entfallende Strahlungsleistung $\mathrm{d}\Phi$

$$I = \frac{\mathrm{d}\Phi}{\mathrm{d}\Omega_2}\,, \qquad (20\text{-}12)$$

$$\text{SI-Einheit: } [I] = \text{W/sr}\,.$$

Die Strahlstärke einer Strahlungsquelle ist i. Allg. von der Abstrahlungsrichtung bzw. deren Winkel ε_1 zur Flächennormalenrichtung $\mathrm{d}A_1$ (Bild 20-2) abhängig. Besonders für den Fall der Gültigkeit des *Lambert'schen Cosinusgesetzes* (diffuse Emission bzw. Reflexion) ist es zweckmäßig, eine neue Größe L einzuführen durch

$$\mathrm{d}I = L \cos \varepsilon_1 \mathrm{d}A_1\,. \qquad (20\text{-}13)$$

L wird *Strahldichte* genannt:

$$L = \frac{1}{\cos \varepsilon_1} \cdot \frac{\mathrm{d}I}{\mathrm{d}A_1}\,, \qquad (20\text{-}14)$$

$$\text{SI-Einheit: } [L] = \text{W/(m}^2 \cdot \text{sr)}\,.$$

Im Falle der diffusen Emission bzw. Reflexion ist L konstant, unabhängig von der Abstrahlungsrichtung (Beispiel: Emission der Sonnenoberfläche). In allen anderen Fällen gilt $L = L(\varepsilon_1)$.

Spezifische Ausstrahlung M: Auf ein Flächenelement dA_1 des Strahlers bezogene abgestrahlte Strahlungsleistung $d\Phi$

$$M = \frac{d\Phi}{dA_1}, \qquad (20\text{-}15)$$

$$\text{SI-Einheit: } [M] = \text{W/m}^2 .$$

Bei einem *Lambert'schen Strahler* ergibt sich für die spezifische Ausstrahlung in den Halbraum mit (20-12) bis (20-15) und Wahl des Polarkoordinatensystems mit $d\boldsymbol{A}_1$ als φ-Achse ($\varepsilon_1 = \vartheta$)

$$M = L \int_{\Omega_2} \cos\varepsilon_1 \, d\Omega_2 = L \int_0^{2\pi} \int_0^{\pi/2} \sin\vartheta \, \cos\vartheta \, d\vartheta \, d\varphi = \pi L . \qquad (20\text{-}16)$$

Aus (20-12) und (20-13) sowie mit $d\Omega_2 = \cos\varepsilon_2 \, dA_2/R^2$ folgt ferner das *Grundgesetz der Strahlungsübertragung* im Vakuum

$$d^2\Phi = L \frac{\cos\varepsilon_1 \cos\varepsilon_2}{R^2} dA_1 dA_2 , \qquad (20\text{-}17)$$

das auch für den Fall $L = L(\varepsilon_1)$ gilt.

Bestrahlungsstärke E: Auf ein Flächenelement dA_2 des Empfängers auftreffender Strahlungsfluss $d\Phi$:

$$E = \cos\varepsilon_2 \frac{d\Phi}{dA_2} . \qquad (20\text{-}18)$$

Die langjährig gemittelte extraterrestrische Sonnenbestrahlungsstärke der Erde heißt *Solarkonstante* E_{e0}. In DIN 5031-8 (03.82) ist der Wert $E_{e0} = 1{,}37 \text{ kW/m}^2$ angegeben.

Bezieht man die Strahlungsgrößen auf einen Wellenlängenbereich $d\lambda$ oder ein Frequenzintervall $d\nu$, so erhält man die entsprechenden spektralen Größen und kennzeichnet sie durch einen Index λ oder ν. Bezogen auf $d\lambda$ erhält man die *spezifische spektrale Ausstrahlung*

$$M_\lambda = \frac{dM}{d\lambda}, \qquad (20\text{-}19)$$

$$\text{SI-Einheit: } [M_\lambda] = \text{W/m}^3 ,$$

und auf $d\nu$ bezogen

$$M_\nu = \frac{dM}{d\nu}, \qquad (20\text{-}20)$$

$$\text{SI-Einheit: } [M_\nu] = \text{W/(Hz} \cdot \text{m}^2) .$$

Entsprechendes gilt für die *spektralen Strahldichten* L_λ und L_ν.

Die Emission von Strahlung von der Oberfläche eines Körpers der Temperatur T kann durch die spektrale Strahldichte $L_\lambda = L_\lambda(\lambda, T)$ oder auch durch die spezifische spektrale Ausstrahlung in den Halbraum $M_\lambda = M_\lambda(\lambda, T)$ angegeben werden. Für diffuse Strahler gilt nach (20-16) $M_\lambda = \pi L_\lambda$.

Jeder Körper nimmt andererseits Strahlungsleistung Φ_e aus der Umgebung auf und absorbiert einen Anteil Φ_a. Der *Absorptionsgrad* α (integriert über alle Wellenlängen) ist

$$\alpha = \frac{\Phi_a}{\Phi_e} \leqq 1 , \qquad (20\text{-}21)$$

und der *spektrale Absorptionsgrad*

$$\alpha(\lambda) = \frac{\Phi_{\lambda,a}}{\Phi_{\lambda,e}} \leqq 1 . \qquad (20\text{-}22)$$

Sowohl α als auch $\alpha(\lambda)$ haben die Dimension eins. Schwarz gefärbte Körper haben einen Absorptionsgrad dicht bei 1, z. B. gilt für Ruß $\alpha \approx 0{,}99$. Ein ideal absorbierender Körper mit $\alpha = 1$, der also sämtliche auftreffende Strahlung bei allen Wellenlängen und Temperaturen vollständig absorbiert, wird als *schwarzer Körper* bezeichnet. Der *Absorptionsgrad des schwarzen Körpers* ist

$$\alpha = (\lambda, T) = \alpha_s = 1 . \qquad (20\text{-}23)$$

Ein solcher schwarzer Körper kann näherungsweise als Hohlraum mit einer kleinen Öffnung realisiert werden (Bild 20-3). Durch die Öffnung einfallende

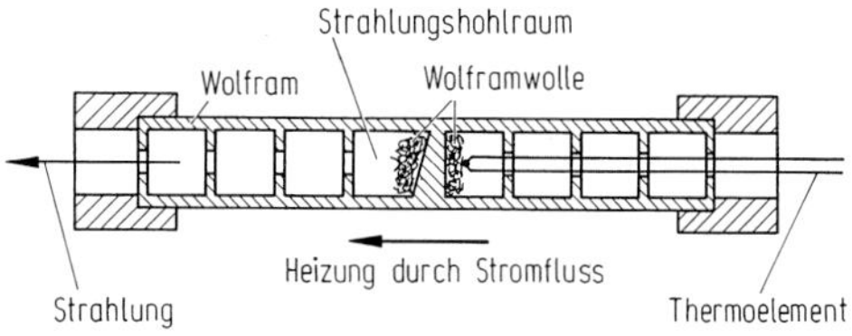

Bild 20-3. Realisierung eines schwarzen Körpers als Hohlraumstrahler

Strahlung wird vielfach diffus reflektiert und dabei nahezu vollständig absorbiert, sodass durch die Öffnung keine reflektierte Strahlung wieder nach außen dringt. Die Öffnung erscheint (bei mäßigen Temperaturen) absolut schwarz.

Die experimentelle Erfahrung zeigt, dass Körper mit hohem spektralen Absorptionsgrad $\alpha(\lambda)$ auch eine hohe Emission, d. h. eine hohe spezifische spektrale Ausstrahlung M_λ bzw. eine hohe spektrale Strahldichte L_λ, bei höheren Temperaturen aufweisen. Das Verhältnis beider Größen ist für alle Körper bei gegebener Wellenlänge und Temperatur konstant, bzw. allein eine Funktion von λ und T, vollkommen unabhängig von den individuellen Körpereigenschaften:

$$\frac{L_\lambda(\lambda, T)}{\alpha(\lambda, T)} = \text{const}\,(\lambda, T) \qquad (20\text{-}24)$$

(Kirchhoff 1860). Das gilt auch für den schwarzen Körper. Wegen (20-23) folgt daraus

$$\frac{L_\lambda(\lambda, T)}{\alpha(\lambda, T)} = L_{\lambda s}(\lambda, T) \qquad (20\text{-}25)$$

(Kirchhoff'sches Strahlungsgesetz).

Bei gegebener Wellenlänge und Temperatur ist daher die spektrale Strahldichte des schwarzen Körpers, die *schwarze Strahlung* oder *Hohlraumstrahlung* (z. B. aus einem Hohlraumstrahler gemäß Bild 20-3) die maximal mögliche. Sie hängt nicht von der Oberflächenbeschaffenheit und dem Material des strahlenden Hohlraums ab.

Für die spektrale Strahldichte eines *nichtschwarzen Körpers* ($\alpha(\lambda) < 1$) ergibt sich aus (20-25)

$$L_\lambda(\lambda, T) = \alpha(\lambda, T) \cdot L_{\lambda s}(\lambda, T) \qquad (20\text{-}26)$$

Entsprechendes ergibt sich für die spezifische spektrale Ausstrahlung, d. h., wegen $\alpha(\lambda) < 1$ ist die Ausstrahlung M_λ bzw. die Strahldichte L_λ von nichtschwarzen Körpern stets kleiner als die Ausstrahlung $M_{\lambda s}$ bzw. die Strahldichte $L_{\lambda s}$ des schwarzen Körpers bei gleicher Wellenlänge und Temperatur.

Sehr genaue Messungen der Hohlraumstrahlung (Lummer, Pringsheim, 1899) zeigten, dass seinerzeit existierende theoretische Ansätze nicht bestätigt werden konnten: Die sog. *Wien'sche Strahlungsformel* (1896) erwies sich für kleine λ als richtig, zeigt aber Abweichungen bei großen λ. Die sog. *Rayleigh-Jeans'sche Strahlungsformel* wiederum gab die experimentellen Werte nur bei sehr großen Wellenlängen wieder, um bei kleinen λ über alle Grenzen zu wachsen (sog. *Ultraviolettkatastrophe*): Bild 20-4.

Max Planck konnte eine zunächst noch nicht theoretisch begründete Interpolation beider Strahlungsformeln angeben (19.10.1900), die mit den Messungen von Lummer und Pringsheim sehr genau übereinstimmte. Die theoretische Deutung seiner Interpolationsformel gelang Planck kurz danach (14.12.1900) unter folgenden Annahmen:

1. Die Hohlraumstrahlung ist eine *Oszillatorstrahlung* von den Wänden des Hohlraums, die mit dem (durch die Maxwell'schen Gleichungen beschriebenen) Strahlungsfeld im Hohlraum im Gleichgewicht steht.
2. Die *Energie der Oszillatoren* ist *gequantelt* gemäß

$$E_n = nh\nu = n\hbar\omega \; (n = 0, 1, 2, \ldots)\,. \qquad (20\text{-}27)$$

3. Die Oszillatoren strahlen nur bei Änderung ihres Energiezustandes, z. B. für $\Delta n = 1$. Dabei wird die Energie in *Quanten* der Größe

$$\Delta E = h\nu \qquad (20\text{-}28)$$

in das Strahlungsfeld emittiert oder aus dem Strahlungsfeld absorbiert.

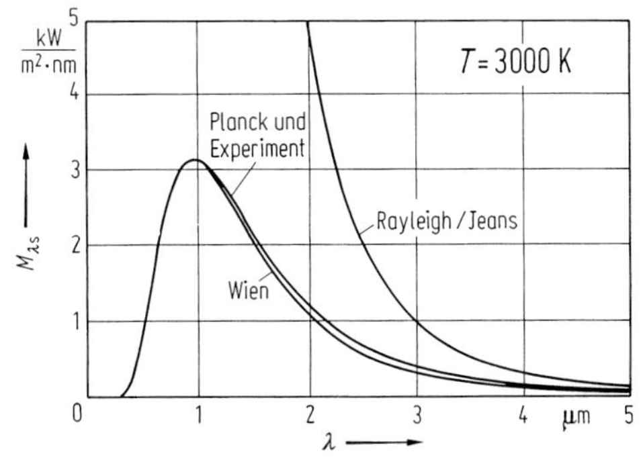

Bild 20-4. Spezifische spektrale Ausstrahlung eines schwarzen Körpers bei $T = 3000$ K nach Messungen von Lummer und Pringsheim, die sich mit der Planck'schen Strahlungsformel decken, sowie nach der Wien'schen und der Rayleigh-Jeans'schen Strahlungsformel

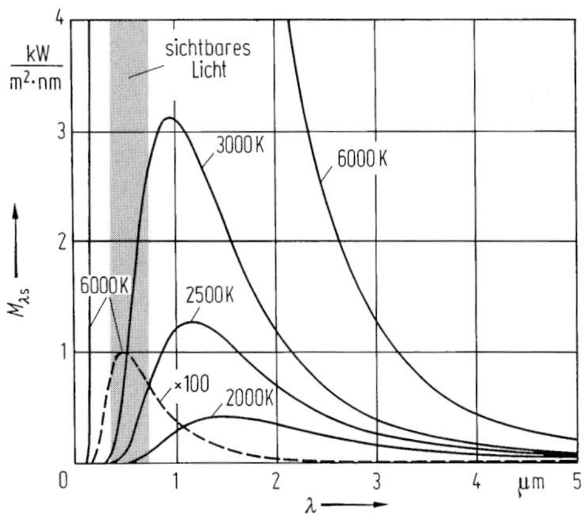

Bild 20-5. Strahlungsisothermen des schwarzen Körpers berechnet nach der Planck'schen Strahlungsformel

Die Annahmen 2 und 3 sind aus der klassischen Physik nicht begründbar: Beginn der *Quantentheorie.*

Anmerkung: Nach der heutigen Quantenmechanik ergibt sich genauer (5-30) anstelle von (20-27). h ist das Planck'sche Wirkungsquantum (vgl. 5.2.2 u. 25.3).

Für die zeit- und flächenbezogen von einem schwarzen Strahler im Wellenlängenintervall $\mathrm{d}\lambda$ unpolarisiert in den Halbraum 2π emittierte Energie (spezifische spektrale Ausstrahlung in den Halbraum) ergibt sich mithilfe der Planck'schen Annahmen (ohne Ableitung, Bild 20-5) das *Planck'sche Strahlungsgesetz*

$$M_{\lambda s}\,\mathrm{d}\lambda = \pi L_{\lambda s}\,\mathrm{d}\lambda = \pi\frac{2hc_0^2}{\lambda^5}\cdot\frac{\mathrm{d}\lambda}{\exp(hc_0/\lambda kT)-1}\,, \tag{20-29}$$

bzw. mit $|\mathrm{d}\lambda/\mathrm{d}\nu| = c_0/\nu^2$

$$M_{\nu s}\mathrm{d}\nu = \pi L_{\nu s}\,\mathrm{d}\nu = \pi\frac{2h\nu^3}{c_0^2}\cdot\frac{\mathrm{d}\nu}{\exp(h\nu/kT)-1}\,. \tag{20-30}$$

Das Wien'sche Strahlungsgesetz ergibt sich daraus als Grenzfall des Planck'schen Strahlungsgesetzes (20-29) bzw. (20-30) für kleine Wellenlängen, das Rayleigh-Jeans'sche Strahlungsgesetz als Grenzfall für große Wellenlängen (Bild 20-4).

Bild 20-5 zeigt, dass das Maximum der spektralen Ausstrahlung eines schwarzen Strahlers sich mit steigender Temperatur zu kürzeren Wellenlängen verschiebt. Aus (20-29) folgt durch Bildung von $\mathrm{d}M_{\lambda s}/\mathrm{d}\lambda = 0$ das *Wien'sche Verschiebungsgesetz*

$$\lambda_{\max}T = b \tag{20-31}$$

mit $b = 2897{,}7685\,\mu\mathrm{m}\cdot\mathrm{K}$: Wien-Konstante. Beispiel: Die Oberflächentemperatur der Sonne beträgt ca. 6000 K. Daraus folgt ein Strahlungsmaximum bei $\lambda_{\max} \approx 500\,\mathrm{nm}$, dem die Empfindlichkeitskurve des menschlichen Auges optimal angepasst ist (siehe 20.1). Glühlampen haben dagegen Temperaturen $T \lesssim 3000\,\mathrm{K}$, ihr Strahlungsmaximum demnach bei $\lambda_{\max} \approx 1\,\mu\mathrm{m}$. Der größte Teil der elektrischen Energie zum Betreiben von Glühlampen geht daher als Infrarot-, d. h. als Wärmestrahlung verloren (Bild 20-5).

Durch Integration des Planck'schen Strahlungsgesetzes (20-29) über alle Wellenlängen erhält man die spezifische Ausstrahlung des schwarzen Körpers in den Halbraum

$$M_s = \int_0^\infty M_{\lambda s}\,\mathrm{d}\lambda = \sigma T^4\,. \tag{20-32}$$

Das ist das *Stefan-Boltzmann'sche Gesetz* mit der *Stefan-Boltzmann-Konstante*

$$\sigma = \frac{2\pi^5k^4}{15c_0^2h^3} = \frac{\pi^2k^4}{60c_0^2\hbar^3} = 5{,}670400\cdot10^{-8}\,\mathrm{W}/\left(\mathrm{m}^2\cdot\mathrm{K}^4\right)\,. \tag{20-33}$$

Die insgesamt von der Fläche A_1 eines schwarzen Strahlers der Temperatur T_1 abgegebene Ausstrahlung (Strahlungsleistung) beträgt mit (20-15) unter Berücksichtigung der Zustrahlung durch eine Umgebung der Temperatur T_2

$$\Delta\Phi_s = \sigma A_1\left(T_1^4 - T_2^4\right)\,. \tag{20-34}$$

Nichtschwarze Körper strahlen nach (20-26) geringer, da ihr Absorptionsgrad $\alpha < 1$ ist:

$$\Delta\Phi = \alpha\sigma A_1\left(T_1^4 - T_2^4\right) \tag{20-35}$$

(Strahlungsleistung eines Körpers).

Fotometrie

Zusätzlich zu den auf der Strahlungsenergie aufbauenden Größen wie der Strahlungsleistung, der Strahlstärke oder der Bestrahlungsstärke, werden für ingenieurwissenschaftliche Zwecke solche Größen

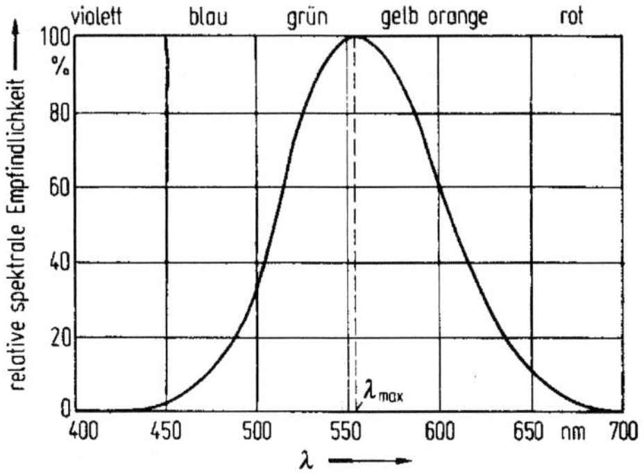

Bild 20-5 a. Spektrale Empfindlichkeit des helladaptierten Auges (photopisches Sehen), gemittelt über viele Testpersonen ($V(\lambda)$-Kurve)

benötigt, die die Lichtwahrnehmung des menschlichen Auges berücksichtigen (fotometrische Größen). Evolutionsbedingt hat das menschliche Auge bei Tageslicht eine spektrale Empfindlichkeit entwickelt, dessen Maximum etwa bei einer Wellenlänge von 555 nm liegt und zu größeren und kleineren Wellenlängen hin stark abnimmt. Die auf empirischen Messungen an vielen Testpersonen basierende normierte *Hellempfindlichkeitskurve* $V(\lambda)$ bei Tageslicht (photopischer Bereich) ist in DIN 5031 festgelegt (Bild 20-5a).

Ebenso festgelegt sind Empfindlichkeiten für das Dämmerungs- und Nachtsehen: skotopisches Sehen. Die folgenden Ausführungen beziehen sich auf den photopischen Bereich. Die fotometrische SI-Basiseinheit (siehe 1.3) ist das Candela (cd) für die Lichtstärke, deren Definition gerade beim Maximum der Hellempfindlichkeitskurve erfolgt mit $V(555\,\text{nm}) = 1$. (Eine haushaltsübliche Kerze hat eine Lichtstärke von etwa 1 cd, eine 60 W-Glühlampe von 70 cd.) Soll nun eine Strahlstärke I_e (12) in die entsprechende Lichtstärke I_v umgerechnet werden (der Index $_e$ kennzeichnet die energetischen Größen, $_v$ die visuellen bzw. fotometrischen), so muss das Produkt aus der spektralen Strahlstärke $I_{e,\lambda}$ und der Hellempfindlichkeitskurve über den sichtbaren Spektralbereich integriert werden:

$$I_v = K_m \int_{380\,\text{nm}}^{780\,\text{nm}} I_{e,\lambda}(\lambda)\, V(\lambda)\, d\lambda\,. \qquad \text{(20-35a)}$$

Hierin ist $K_m = 683\,\text{cd} \cdot \text{sr/W}$ bzw. lm/W das fotometrische Strahlungsäquivalent. Zur Bestimmung des *Lichtstroms* Φ_v, der fotometrischen Größe, die der Strahlungsleistung Φ_e (11) entspricht, muss das Produkt aus der spektralen Strahlungsleistung und der Hellempfindlichkeitskurve über den sichtbaren Spektralbereich integriert werden:

$$\Phi_v = K_m \int_{380\,\text{nm}}^{780\,\text{nm}} \Phi_{e,\lambda}(\lambda)\, V(\lambda)\, d\lambda\,, \qquad \text{(20-35b)}$$

SI-Einheit: $[\Phi_v] = \text{cd} \cdot \text{sr} = \text{lm}$ (Lumen).

(Ein Videoprojektor liefert z.B. einen Lichtstrom von 1000 lm, etwa vergleichbar mit dem einer 70 W-Glühlampe.) Die fotometrische Entsprechung der Strahldichte L_e (14) ist die *Leuchtdichte* L_v, die die vom Menschen wahrgenommene Helligkeit einer strahlenden Fläche angibt. Ihre Einheit ist cd/m^2. Von technischer Bedeutung ist auch die *Beleuchtungsstärke* E_v, die fotometrische Entsprechung der Bestrahlungsstärke E_e (20-18). Während die Leuchtdichte eine strahlende Fläche beschreibt (Strahlergröße), dient die Bestrahlungsstärke der Charakterisierung einer bestrahlten Fläche (Empfängergröße). Wie bei (20-18) ergibt sich die Beleuchtungsstärke als Quotient aus dem Lichtstrom Φ_v und der bestrahlten Fläche unter Berücksichtigung des Winkels zur Flächennormalen. Die Einheit der Beleuchtungsstärke ist lx (Lux) mit $\text{lx} = \text{lm/m}^2$. (Sommerliches Sonnenlicht erzeugt eine Beleuchtungsstärke von etwa $70 \cdot 10^3$ lx, eine als angenehm empfundene Beleuchtungsstärke für Büroarbeitsplätze ist 500 lx.)

20.3 Quantisierung des Lichtes, Photonen

Die Strahlungsverteilung des schwarzen Körpers (Hohlraumstrahlers) konnte nach Planck nur erklärt werden durch die Quantisierung der Energie der Hertz'schen Oszillatoren auf der Hohlraumwandung, sodass die Emission und Absorption von Licht nur in Energiemengen einer Mindestgröße $\Delta E = h\nu = \hbar\,\omega$ erfolgen kann (vgl. 20.2). Das legt die Vermutung nahe, dass das Wellenfeld des von einer Lichtquelle ausgestrahlten Lichtes selbst im Ausbreitungsraum nicht kontinuierlich verteilt ist, sondern sich in diskreten „Portionen“, *Quanten* genannt, ausbreitet: *Lichtquanten* oder *Photonen*, die als räumlich begrenztes *Wellenpaket*, z. B. wie in Bild 18-6, darstellbar sind (18-26). Damit bekommt das elektromagnetische

Wellenfeld auch Teilcheneigenschaften in Form der Lichtquanten, die räumlich begrenzt sind und denen Energie, Impuls und Drehimpuls zugeschrieben werden können (Einsteins Lichtquantentheorie, 1905).

Photonenenergie

Zur Erklärung des lichtelektrischen Effektes (Fotoeffekt, siehe 16.7) hatte Einstein angenommen, dass das Licht einen Strom von Lichtquanten (Photonen) der Energie

$$E = h\nu = \hbar\omega \qquad (20\text{-}36)$$

darstellt ($h = 6{,}626\ldots \cdot 10^{-34}$ Js: Planck'sches Wirkungsquantum; $\hbar = h/2\pi = 1{,}0545\ldots \cdot 10^{-34}$ Js). Für die Frequenz ν bzw. ω kann dabei die Mittenfrequenz des Frequenzspektrums der Wellenpakete (Bild 18-5) angesetzt werden.
Dieselbe Annahme lieferte auch die Erklärung für einige andere hier bereits behandelte Phänomene, wie z. B. für die Frequenzgrenze bei der Fotoleitung in Halbleitern (16-60), oder für die kurzwellige Grenze des Röntgen-Bremsspektrums (19-37, Bild 19-9). In Bild 20-6 sind die diesen Erscheinungen zu Grunde liegenden energetischen Effekte zusammengestellt.

Photonenimpuls

Strahlungsquanten (Photonen) transportieren neben ihrer Energie $E = h\nu$ auch einen Impuls p_γ. Er

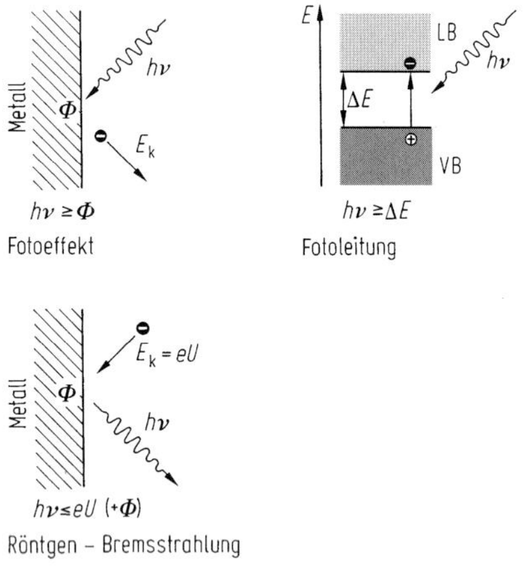

Bild 20-6. Zur Deutung von Fotoeffekt, Fotoleitung und Röntgen-Bremsstrahlung durch die Lichtquantenhypothese (Φ Austrittsarbeit; $\Delta E = E_g$ Energielücke zwischen Valenzband VB und Leitungsband LB eines Halbleiters)

lässt sich berechnen, indem dem Photon über die Einstein'sche Masse-Energie-Beziehung (4-42) eine Masse m_γ zugeordnet wird: $E = h\nu = m_\gamma c_0^2$. Mit $\nu = c_0/\lambda$ ergibt sich die *Photonenmasse*

$$m_\gamma = \frac{h\nu}{c_0^2} = \frac{h}{c_0\lambda}\,. \qquad (20\text{-}37)$$

Daraus folgt der *Impuls eines Photons* durch Multiplikation mit der Ausbreitungsgeschwindigkeit c_0:

$$p_\gamma = m_\gamma c_0 = \frac{h}{\lambda}\,. \qquad (20\text{-}38)$$

Da das Photon der Masse m_γ sich mit Lichtgeschwindigkeit bewegt, ist die relativistische Massenbeziehung (4-35) anzuwenden. Mit (20-37) und $v = c_0$ erhält man dann für die Ruhemasse $m_{\gamma 0}$ des Photons

$$m_{\gamma 0} = \frac{h\nu}{c_0^2}\sqrt{1 - \frac{c_0^2}{c_0^2}} = 0\,. \qquad (20\text{-}39)$$

Das *Photon* hat also die *Ruhemasse null*, es ist im Ruhezustand nicht existent.
Mithilfe des Photonenimpulses p_γ lässt sich der *Strahlungsdruck des Lichtes* p_{rd} sehr einfach berechnen. Dazu wenden wir die Beziehung (6-48) über den durch die elastische Reflexion eines gerichteten Teilchenstromes auf eine Wand ausgeübten Druck $p = 2nmv^2\cos^2\vartheta$ auf einen Photonenstrom der Teilchendichte n an, der an einer Spiegelfläche vollständig reflektiert wird. Mit (20-36), (20-37) und $v = c_0$ folgt

$$p_{\mathrm{rd}} = 2n\frac{h\nu}{c_0^2}c_0^2\cos^2\vartheta = 2nh\nu\cos^2\vartheta\,. \qquad (20\text{-}40)$$

nhν ist jedoch gerade die räumliche Energiedichte des Photonenstromes, dem entspricht im klassischen Bild der elektromagnetischen Welle die Energiedichte w (19-16). Bei senkrechtem Einfall ($\vartheta = 0$) beträgt daher der Lichtdruck auf eine vollständig reflektierende Fläche

$$p_{\mathrm{rd}} = 2w = 2\frac{|\boldsymbol{S}|}{c_0}\,, \qquad (20\text{-}41)$$

auf eine vollständig absorbierende Fläche dagegen

$$p_{\mathrm{rd}} = w = \frac{|\boldsymbol{S}|}{c_0}\,, \qquad (20\text{-}42)$$

$\boldsymbol{S}$: Poynting-Vektor (19-18). Bei einer vollständig absorbierenden Fläche wird nicht der doppelte, sondern nur der einfache Photonenimpuls auf die Fläche übertragen, dadurch halbiert sich der Strahlungsdruck. Bei diffuser Beleuchtung gilt eine Betrachtung analog zu (8-6) und (8-7), die statt 2 und 1 die Faktoren 2/3 und 1/3 für reflektierende bzw. absorbierende Flächen ergibt.

Das Photon, dem wir nun eine Energie $E = h\nu$ und einen Impuls $p_\gamma = h/\lambda$ zuschreiben, also typische Teilcheneigenschaften, zeigt diese noch deutlicher beim Stoß mit klassischen Teilchen, z. B. freien Elektronen. Dabei gelten Energie- und Impulssatz in gleicher Weise wie beim Stoß zwischen klassischen Teilchen (vgl. 6.3.2, Bild 6-13): *Compton-Effekt* (1923). Lässt man monochromatische Röntgenstrahlung der Frequenz ν und der Wellenlänge λ an einem Körper streuen, der quasifreie Elektronen enthält (z. B. aus Graphit), so wird in der Streustrahlung neben einem Anteil mit derselben Frequenz ν ein weiterer Anteil mit niedrigerer Frequenz ν' bzw. größerer Wellenlänge λ' beobachtet (Bild 20-7). Während die Streustrahlung mit derselben Frequenz durch Dipolstrahlung der durch die einfallende Welle zu Schwingungen angeregten gebundenen Elektronen zustande kommt, lässt sich der frequenz- bzw. wellenlängenverschobene Anteil nur durch nichtzentralen, elastischen Stoß (siehe 6.3.2) zwischen den einfallenden Röntgenquanten und freien Elektronen quantitativ erklären, wenn für die Röntgenquanten Energie und Impuls gemäß (20-36) bzw. (20-38) angesetzt werden.

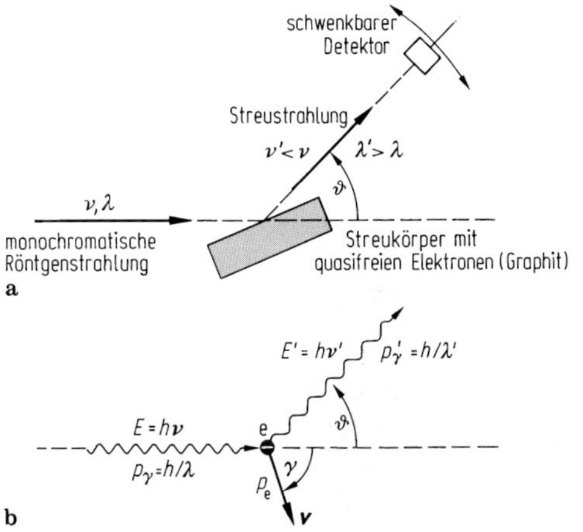

Bild 20-7. **a** Compton-Streuung und **b** zugehöriges Impulsdiagramm

Unter der Annahme, dass das gestoßene Elektron ursprünglich in Ruhe ist, liefert der Energiesatz mit der relativistischen kinetischen Energie (4-38) und mit (20-36)

$$h\nu = E_\mathrm{k} + h\nu' = (m_\mathrm{e} - m_\mathrm{e0})\, c_0^2 + h\nu' \,. \qquad (20\text{-}43)$$

Mit dem relativistischen Zusammenhang zwischen Gesamtenergie und Impuls eines Teilchens (4-45) erhält man durch Eliminierung von $m_\mathrm{e} c_0^2$ für den Impuls $p_\mathrm{e} = m_\mathrm{e} v$ des Elektrons nach dem Stoß

$$p_\mathrm{e}^2 = \frac{1}{c_0^2}\left[(h\nu - h\nu')^2 + 2(h\nu - h\nu')m_\mathrm{e0}c_0^2\right] \,. \qquad (20\text{-}44)$$

Der Impulssatz liefert für die beiden zueinander senkrechten Impulsanteile (Bild 20-7)

$$x\text{-Komponente: } \frac{h\nu}{c_0} = m_\mathrm{e} v \cos\gamma + \frac{h\nu'}{c_0}\cos\vartheta \,, \qquad (20\text{-}45)$$

$$y\text{-Komponente: } 0 = -m_\mathrm{e} v \sin\gamma + \frac{h\nu'}{c_0}\sin\vartheta \,. \qquad (20\text{-}46)$$

Durch Eliminierung von γ folgt hieraus für den Impuls des Elektrons

$$p_\mathrm{e}^2 = \frac{1}{c_0^2}[h^2\nu^2 + h^2\nu'^2 - 2h^2\nu\nu'\cos\vartheta] \,. \qquad (20\text{-}47)$$

Gleichsetzung von (20-44) und (20-47) liefert schließlich für die *Wellenlängenänderung bei Compton-Streuung* in Übereinstimmung mit der experimentellen Beobachtung (Index 0 bei der Ruhemasse des Elektrons ab jetzt wieder weggelassen):

$$\lambda' - \lambda = \frac{h}{m_\mathrm{e} c_0}(1 - \cos\vartheta) \,, \qquad (20\text{-}48)$$

mit der *Compton-Wellenlänge* des Elektrons:

$$\lambda_{\mathrm{C,e}} = \frac{h}{m_\mathrm{e} c_0} = 2{,}42631\ldots \cdot 10^{-12}\,\mathrm{m} \,. \qquad (20\text{-}49)$$

Die Wellenlängenverschiebung ist danach am größten für 180°-Streuung und verschwindet für $\vartheta = 0°$. Die Compton-Streuung ist ein wichtiger Energieverlustprozess von elektromagnetischer Strahlung höherer Energie in Materie.

Anmerkungen: Der klassische Ausdruck für die kinetische Energie $E_\mathrm{k} = mv^2/2$ in (20-43) liefert das Ergebnis (20-48) nur näherungsweise.

Das zur Compton-Wellenlänge gehörige Lichtquant hat nach (20-37) gerade die Masse des ruhenden Elektrons.

Ein weiterer Effekt des Impulses von elektromagnetischen Strahlungsquanten lässt sich bei der γ-Emission von Atomkernen (vgl. 17.3) beobachten. Ist $E_\gamma = h\nu$ die Energie des emittierten γ-Quants, so beträgt nach (20-37) und (20-38) sein Impuls $p_\gamma = E_\gamma/c_0 = -p_\mathrm{N}$, worin p_N der nach dem Impulssatz dem Kern übertragene Rückstoßimpuls ist. Das bedeutet einen Energieübertrag an den Kern, die *Rückstoßenergie*

$$\Delta E_\gamma = \frac{p_\mathrm{N}^2}{2m_\mathrm{N}} = \frac{E_\gamma^2}{2m_\mathrm{N}c_0^2}\,, \qquad (20\text{-}50)$$

die der Energie des γ-Quants entnommen wird. Bei der 14,4-keV-γ-Linie des Eisennuklids ^{57}Fe beträgt die Rückstoßenergie $\Delta E_\gamma \approx 2\cdot 10^{-3}$ eV und die relative „Verstimmung" des γ-Quants $\Delta E_\gamma/E_\gamma = \Delta\nu/\nu \approx 10^{-7}$. Die Energieniveaus der Atomkerne haben jedoch eine außerordentliche Schärfe, in diesem Falle eine relative Breite von $\Delta E/E_\gamma = 3\cdot 10^{-13}$! Das bedeutet, dass die durch die abgegebene Rückstoßenergie „verstimmten" γ-Quanten nicht mehr von anderen ^{57}Fe-Kernen absorbiert werden können. Baut man die ^{57}Fe-Atome jedoch in einen Kristall ein, so besteht eine gewisse Wahrscheinlichkeit dafür (besonders bei tiefen Temperaturen), dass der Rückstoß nicht vom emittierenden Atom, sondern vom ganzen Kristall aufgenommen wird (*Mößbauer-Effekt*, 1958). In (20-50) ist dann statt m_N die um einen Faktor von ca. 10^{23} größere Kristallmasse einzusetzen, womit die Rückstoßenergie praktisch vernachlässigbar wird und das rückstoßfreie γ-Quant von anderen (ähnlich eingebauten) ^{57}Fe-Atomen nunmehr absorbiert werden kann: *rückstoßfreie Resonanzabsorption.*

Wegen der außerordentlichen Resonanzschärfe rückstoßfreier γ-Quanten können mit dem Mößbauer-Effekt kleinste Energie- bzw. Frequenzänderungen gemessen werden, z. B. die Frequenzänderung durch den Doppler-Effekt (18-49) bei einer Relativgeschwindigkeit zwischen γ-Strahler und Absorber von nur wenigen mm/s. Auf diese Weise gelang es auch, die nach dem Einstein'schen Äquivalenzprinzip (allgemeines Relativitätsprinzip, siehe 3.4) zu erwartende, äußerst geringe Frequenzänderung von γ-Quanten durch den Energiegewinn oder -verlust beim Durchlaufen einer vertikalen Strecke im Erdfeld zu messen.

Photonendrehimpuls

Licht kann in verschiedener Weise polarisiert sein (siehe 21.2), z. B. linear (der elektrische Vektor schwingt in einer Ebene, Bild 19-3) oder zirkular (der elektrische Vektor rotiert um die Ausbreitungsrichtung, seine Spitze beschreibt eine Schraubenbahn). Zirkular polarisiertes Licht ist mit einem Drehimpuls verknüpft, der sich experimentell durch Absorption zirkular polarisierten Lichtes durch eine schwarze Scheibe nachweisen lässt, die in ihrem Schwerpunkt an einem Torsionsfaden drehbar aufgehängt ist: Die Scheibe übernimmt den Drehimpuls des absorbierten Lichtes (Beth, 1936). Statt der geschwärzten Scheibe kann auch ein Glimmerblättchen verwendet werden, das als $\lambda/4$-Blättchen wirkt und zirkular polarisiertes in linear polarisiertes Licht umwandelt. Die quantitative Messung ergibt die Größenordnung von $\hbar$ für den Drehimpuls (Spin) des Photons. Der genaue Wert $\hbar$ für den Photonendrehimpuls ergibt sich aus spektroskopischen Beobachtungen (siehe 20.4). Hier ist der Spin $\hbar$ des emittierten oder absorbierten Photons zur Drehimpulserhaltung bei Übergängen zwischen zwei Energieniveaus eines Atoms zwingend notwendig, da sich bei solchen Übergängen i. Allg. der Drehimpuls des Atoms um $\hbar$ ändert.

Für die Orientierung des Spins der Photonen gilt:

Rechtszirkular polarisiertes Licht: Photonenspin parallel zur Ausbreitungsrichtung,

linkszirkular polarisiertes Licht: Photonenspin antiparallel zur Ausbreitungsrichtung.

Linear polarisiertes Licht: Gleich viele Photonenspins in beiden Richtungen.

Elektromagnetische Strahlungsquanten verhalten sich also wie Teilchen mit Energie, Impuls und Drehimpuls, wobei sich der Teilchencharakter der Photonen mit steigender Frequenz, d. h. mit steigender Energie zunehmend deutlicher bemerkbar macht.

20.4 Stationäre Energiezustände, Spektroskopie

Die theoretische Beschreibung der Hohlraumstrahlung (Planck, 1900) erzwang die Annahme von quantisierten Oszillatoren, die nur diskrete (stationäre) Energiezustände annehmen und elektromagnetische Strahlung nur „portionsweise" entsprechend den Energiedifferenzen der stationären Zustände emittieren oder absorbieren können (vgl. 20.2). Zur

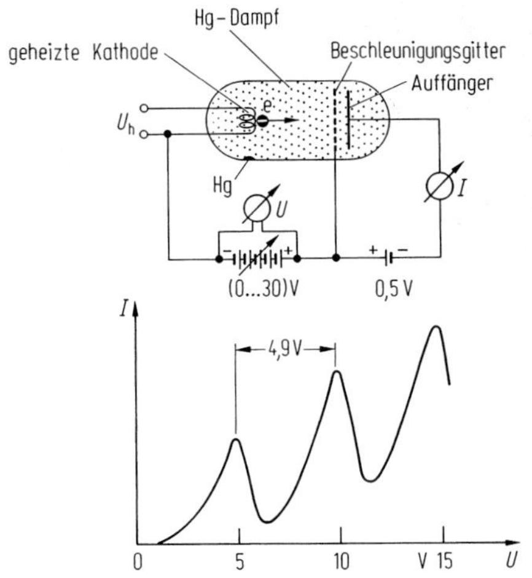

Bild 20-8. Franck-Hertz-Versuch: Anregung eines diskreten Energiezustandes in Quecksilberatomen durch Elektronenstoß

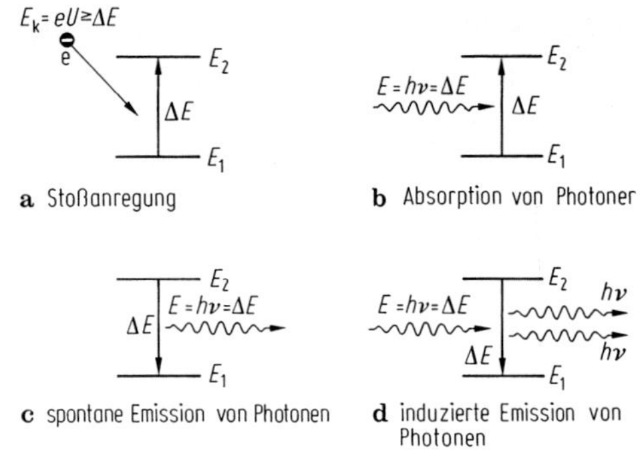

Bild 20-9. Übergangsmechanismen zwischen Energieniveaus in Atomen (zur induzierten Emission vgl. 20.5)

Erklärung des Fotoeffektes (siehe 16.7) wurde in Weiterführung dieser Vorstellung angenommen, dass das Licht selbst quantisiert ist: Lichtquantenhypothese (Einstein, 1905), später durch den Compton-Effekt (1923) untermauert (20.3). Zur Beschreibung der diskreten Emissions- und Absorptionslinien in den Spektren von Gasatomen wurde schließlich das Bohr'sche Atommodell formuliert (1913; siehe 16.1), dessen Kernstück die Annahme diskreter, nichtstrahlender Energiezustände im Atom ist. Mithilfe der Drehimpulsquantelung (16-7) ließen sich die Energiezustände des H-Atoms mit großer Genauigkeit berechnen (16-10).

Ein sehr direkter Nachweis für die Existenz diskreter Energiezustände von Atomen ist der *Franck-Hertz-Versuch* (1914). Hierbei werden Elektronen zwischen einer Glühkathode und einer Gitterelektrode durch eine Spannung U beschleunigt und gelangen durch das Gitter hindurch auf eine Auffangelektrode. Im Vakuumgefäß dieser Elektrodenanordnung befindet sich Quecksilberdampf (Bild 20-8). Die Auffangelektrode wird schwach negativ gegen das positive Gitter vorgespannt. Mit steigender Spannung U steigt zunächst der Auffängerstrom I entsprechend der Kennlinie der Vakuumdiode (Bild 16-34b) an. Bei $U = 4{,}9$ V geht I jedoch sehr stark zurück, um bei weiterer Spannungserhöhung wieder anzusteigen. Dieselbe Erscheinung wiederholt sich bei 9,8 V, 14,7 V usw. $\Delta E = 4{,}9$ eV entspricht der Quantenenergie $E = h\nu$ der ultravioletten Quecksilberlinie der Wellenlänge $\lambda = 253{,}7$ nm. Die Deutung erfolgt durch die Annahme zweier um $\Delta E = 4{,}9$ eV differierender Energiezustände im Hg-Atom: Wenn die Energie der Elektronen diesen Wert erreicht hat, können sie die Hg-Atome anregen, verlieren durch diesen unelastischen Stoß die Anregungsenergie und können dann zunächst nicht mehr die Gegenspannung des Auffängers überwinden. Dasselbe wiederholt sich bei entsprechend höheren Beschleunigungsspannungen U nach zweifacher, dreifacher usw. Stoßanregung.

Durch *Stoßanregung* wird also ein Übergang von einem niedrigen Energiezustand E_1 zu einem höheren Zustand E_2 bewirkt (Bild 20-9a). Dieselbe Anregung kann auch durch *Absorption* eines Lichtquants passender Energie $E = h\nu = \Delta E = E_2 - E_1$ bewirkt werden (Bild 20-9b).

Der angeregte Zustand E_2 geht meist innerhalb sehr kurzer Zeit (ca. 10^{-8} s) wieder in den Grundzustand E_1 über, wobei entsprechend der *Bohr'schen Frequenzbedingung* gewöhnlich ein Lichtquant der Energie

$$E = h\nu = \Delta E = E_2 - E_1 \qquad (20\text{-}51)$$

emittiert wird: *Spontane Emission* (Bild 20-9c; vgl. 16.1). Die Wechselwirkung zwischen dem elektromagnetischen Strahlungsfeld und einem Atom kann in folgender Weise zusammengefasst werden:

> Der Übergang zwischen zwei Energieniveaus E_1 und E_2 eines Atoms kann durch Absorption oder Emission eines Photons der Energie $E = h\nu = \Delta E = E_2 - E_1$ erfolgen.

In diesem Bild entsprechen die Frequenzen der Emissionslinien denjenigen der Absorptionslinien, da es sich jeweils um Übergänge zwischen den gleichen Energieniveaus handelt. Rückstoßeffekte brauchen bei den Übergangsenergien in der Elektronenhülle (anders als bei den Kernniveaus, vgl. 20.3) im Normalfall nicht berücksichtigt zu werden, da die Rückstoßenergien klein gegen die energetischen Linienbreiten sind. Insoweit kommt das Bohr'sche Bild zum gleichen Ergebnis wie die klassische Vorstellung des Atoms als Resonanzsystem (vgl. 20.1).

Für das Wasserstoffatom erhält man aus den Energietermen (16-10) mit der Bohr'schen Frequenzbedingung (20-51) die *Frequenzen des Wasserstoffspektrums*:

$$\nu = \frac{E_m - E_n}{h} = R_\nu \left(\frac{1}{n^2} - \frac{1}{m^2} \right) \qquad (20\text{-}52)$$

mit der *Rydberg-Frequenz*

$$R_\nu = \frac{m_e e^4}{8\varepsilon_0^2 h^3} = 3{,}289842 \cdot 10^{15}\ \mathrm{s}^{-1}\ . \qquad (20\text{-}53)$$

n und m sind die Haupt-Quantenzahlen (vgl. 16.1) des unteren und des oberen Energieniveaus, zwischen denen der Übergang stattfindet. Die Linien, die zu einer vorgegebenen unteren Quantenzahl n gehören, wobei m die Werte $n + 1, \ldots, \infty$ durchlaufen kann, bilden *Serien*: Lyman- ($n = 1$), Balmer- ($n = 2$), Paschen- ($n = 3$), Brackett- ($n = 4$), Pfund-Serie ($n = 5$) usw. (Bild 20-10). Jeder Differenz zweier Energieterme m, n entspricht demnach eine definierte Spektrallinie (*Ritz'sches Kombinationsprinzip*).

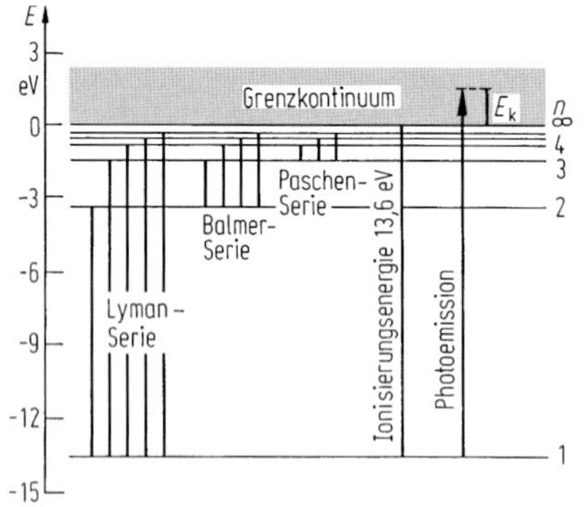

Bild 20-10. Termschema des Wasserstoff-Atoms mit eingezeichneten Serienübergängen

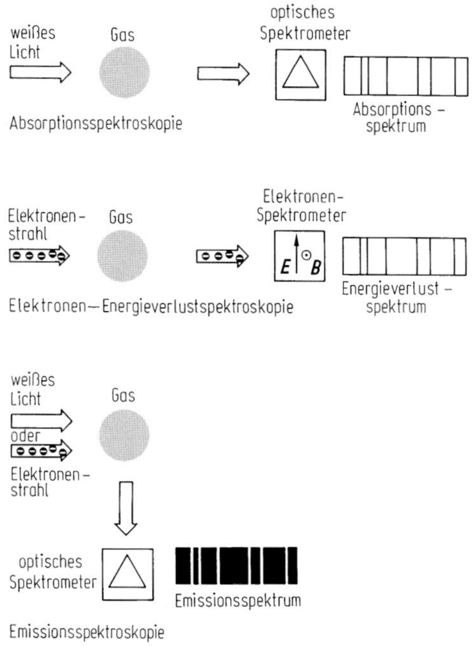

Bild 20-11. Verschiedene Arten der Spektroskopie

Bei Anregung mit Photonenenergien $h\nu > E_\infty - E_n = E_i$ (Ionisierungsenergie) findet *Ionisierung* (Fotoeffekt) statt, d. h., ein Elektron aus dem Niveau n wird völlig aus dem Atomverband gelöst. Die Überschussenergie $E_k = h\nu - E_i$ nimmt das Elektron als kinetische Energie mit. Da E_k nicht quantisiert ist, schließt sich an die Seriengrenzen des Absorptionsspektrums jeweils ein *Grenzkontinuum* an.

Die experimentelle Bestimmung der Übergangsenergien und damit die Bestimmung der relativen energetischen Lage der Energieniveaus der Atome erfolgt mittels verschiedener Formen der *Spektroskopie* (Bild 20-11), wobei für die jeweilige Strahlung geeignete Dispersionselemente (Spektrometer) die Strahlung nach der Wechselwirkung mit dem Untersuchungsobjekt (meist in Gasform) örtlich nach Frequenzen oder Energieverlusten zerlegen: Spektrum.

Bei Atomen mittlerer und höherer Ordnungszahlen Z sind die Anregungsenergien innerer Elektronen bereits so groß, dass sie in das Röntgengebiet fallen. *Charakteristische Röntgenstrahlung* tritt daher neben der Bremsstrahlung (Bild 19-9) bei Anregung von Elektronen in inneren Schalen durch Stoß mit hochenergetischen Elektronen auf, wenn

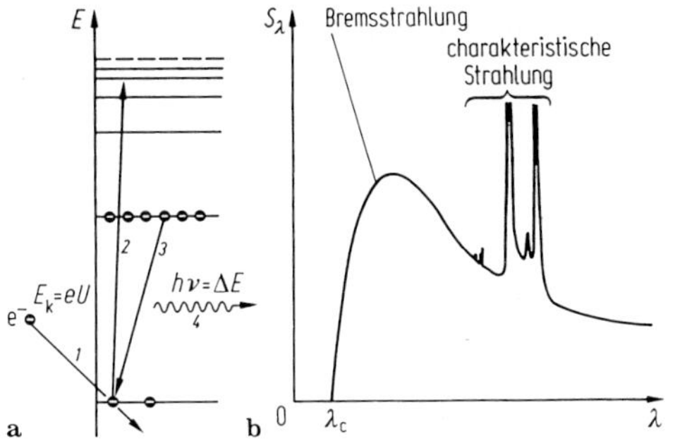

Bild 20-12. Anregung charakteristischer Röntgenlinien durch Elektronenstoß. **a** Vorgänge im Termschema: *1*: Eingeschossenes Elektron höherer Energie; *2*: Stoßanregung eines Elektrons einer inneren Schale; *3*: Auffüllung der entstandenen Lücke durch ein Elektron einer höheren Schale; dabei *4*: Emission eines Röntgenquants; **b** Röntgenspektrum

der dadurch freigewordene Platz der inneren Schale durch ein Elektron aus einer weiter außen liegenden Schale aufgefüllt wird (Bild 20-12). Das dabei emittierte Röntgenquant ergibt eine scharfe, für das Material charakteristische Röntgenlinie, die dem Bremsspektrum überlagert ist (Bild 20-12).
Die Röntgenlinien innerer Schalen sind auch bei Atomen im Festkörperverband scharfe Linien, da die Kopplung mit den Nachbaratomen wegen der Abschirmung durch die besetzten äußeren Schalen gering und die dementsprechende Niveauaufspaltung (vgl. Bild 16-5) klein ist.
Charakteristische Röntgenlinien können zur Analyse chemischer Elemente genutzt werden: *Röntgenspektroskopie.* Die Anregung charakteristischer Röntgenlinien kann auch durch ein kontinuierliches Röntgenspektrum erfolgen: *Röntgenfluoreszenzanalyse.*

20.5 Induzierte Emission, Laser

Als Übergangsmöglichkeiten zwischen zwei Energieniveaus E_1 und E_2 eines Atoms wurden bisher neben der Stoßanregung die Anregung des Atoms durch Absorption von Photonen aus einem elektromagnetischen Strahlungsfeld und der Übergang aus dem angeregten in den unteren Energiezustand durch spontane Emission von Photonen betrachtet (Bild 20-9a,b,c). Für eine einfache Herleitung des Planck'schen Strahlungsgesetzes (20-29) bzw. (20-30) hat Einstein (1917) einen weiteren Übergangsprozess angenommen: Erzwungene oder stimulierte oder *induzierte Emission.* Diese stellt die Umkehrung der Absorption aus dem elektromagnetischen Strahlungsfeld dar: Ein angeregtes, d. h. im Zustand E_2 befindliches Atom kann durch ein Strahlungsfeld aus Lichtquanten der Energie $E = h\nu = \Delta E$ zur induzierten Emission eines Lichtquants $h\nu = \Delta E$ zum Zeitpunkt der Wechselwirkung mit dem Strahlungsfeld veranlasst werden, wobei das Atom in den unteren Zustand E_1 übergeht (Bild 20-9d).
In einem System von N Atomen wird die Wahrscheinlichkeit der Übergänge der Zahl der Atome im jeweiligen Ausgangszustand (E_1 oder E_2) proportional sein. Außerdem wird die Übergangswahrscheinlichkeit bei der Absorption und der induzierten Emission der Energiedichte w des elektromagnetischen Feldes (19-16) proportional sein. Sind N_1 Atome im Energiezustand E_1 und N_2 Atome im Energiezustand E_2, so ergibt sich die Zahl dZ der Übergänge in der Zeit dt für

$$\begin{aligned} &\text{Absorption:} && \mathrm{d}Z_{\mathrm{abs}} = B\,w\,N_1\,\mathrm{d}t \\ &\text{spontane Emission:} && \mathrm{d}Z_{\mathrm{em,\,sp}} = A\,N_2\,\mathrm{d}t \\ &\text{induzierte Emission:} && \mathrm{d}Z_{\mathrm{em,\,ind}} = B\,w\,N_2\,\mathrm{d}t \end{aligned} \quad (20\text{-}54)$$

A, B sind die die Übergangswahrscheinlichkeit bestimmenden Einstein-Koeffizienten, wobei angenommen ist, dass die durch das elektromagnetische Feld der Energiedichte w hervorgerufenen Übergänge in beiden Richtungen gleich wahrscheinlich sind. Im Strahlungsgleichgewicht des Hohlraumstrahlers (vgl. 20.2) muss die Bilanz gelten:

$$\mathrm{d}Z_{\mathrm{em,\,sp}} + \mathrm{d}Z_{\mathrm{em,\,ind}} = \mathrm{d}Z_{\mathrm{abs}}\,. \quad (20\text{-}55)$$

Durch Einsetzen von (20-54) erhält man

$$w = \frac{A}{B}\cdot\frac{1}{N_1/N_2 - 1}\,. \quad (20\text{-}56)$$

Das Verhältnis der Besetzungsdichten N_2/N_1 regelt sich im thermischen Gleichgewicht nach der Boltzmann-Statistik (20-8-20-40):

$$\frac{N_2}{N_1} = \mathrm{e}^{-\frac{-\Delta E}{kT}} = \mathrm{e}^{-\frac{h\nu}{kT}}\,. \quad (20\text{-}57)$$

Zwischen der auf den Raumwinkel 1 bezogenen Strahldichte L und der Energiedichte w besteht der

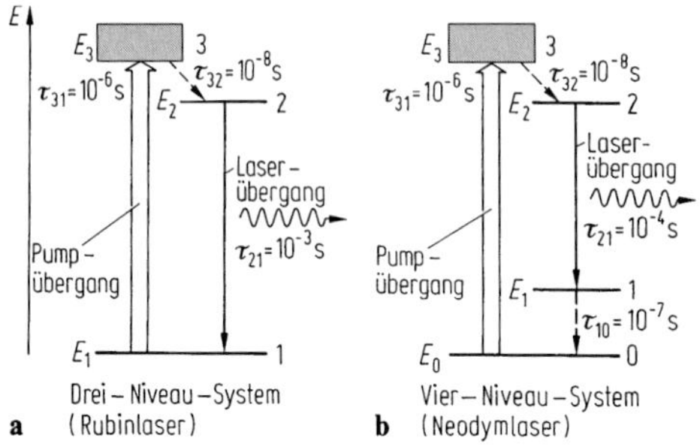

Bild 20-13. Energetische Vorgänge beim Laserprozess: **a** Drei-Niveau-System (z. B. Rubin-Laser) und **b** Vier-Niveau-System (z. B. Nd-Glas- oder Nd-YAG-Laser (Neodym-dotierter Yttrium-Aluminium-Granat-Laser), Gaslaser)

Zusammenhang (ohne Herleitung)

$$L_\nu = \frac{c_0}{4\pi} w \,, \tag{20-58}$$

sodass für die spezifische Ausstrahlung $M_{\nu s} = \pi L_{\nu s}$ (20-16) eines schwarzen Körpers schließlich die Beziehung folgt

$$M_{\nu s} = \frac{A}{B} \cdot \frac{c_0}{4} \cdot \frac{1}{e^{h\nu/kT} - 1} \,, \tag{20-59}$$

die bereits die Form des Planck'schen Strahlungsgesetzes (20-30) hat. Hierin stammt die 1 im Nenner vom Anteil der induzierten Emission, der bei niedrigeren Frequenzen von Bedeutung ist, wo der Wellencharakter stärker hervortritt. Der Faktor A/B lässt sich durch Vergleich mit dem Rayleigh-Jeans'schen Strahlungsgesetz erhalten, das sich im Grenzfall niedriger Frequenzen ν durch Abzählung der möglichen stehenden Wellen in einem Hohlraum und Anwendung des Gleichverteilungssatzes (vgl. 8.3) gewinnen lässt:

$$\frac{A}{B} = \frac{8\pi h \nu^3}{c_0^3} \,. \tag{20-60}$$

Da die Einstein-Koeffizienten A die spontane Emission und B die induzierte Emission beschreiben, folgt daraus, dass die spontane Emission gegenüber der induzierten mit ν^3 ansteigt.

Maser, Laser

Es zeigt sich, dass die durch induzierte Emission erzeugten Photonen kohärent zu den Photonen sind, die den Übergang $E_2 \to E_1$ angeregt haben, d. h., sie stimmen in Ausbreitungsrichtung, Schwingungsebene und Phase überein. Trifft daher ein Photon der Energie $E = h\nu = \Delta E = E_2 - E_1$ nacheinander auf mehrere angeregte Atome im oberen Energiezustand E_2, so kann es durch nacheinander induzierte Emissionen entsprechend verstärkt werden (z. B. Bild 20-14). Da bei gleichen Besetzungszahlen die Absorption nach (20-54) genauso wahrscheinlich wie die induzierte Emission ist, muss zur Erreichung einer effektiven Verstärkung die Zahl N_2 der Atome im oberen Niveau E_2 größer sein als die Zahl N_1 der Atome im unteren Niveau E_1: *Besetzungszahl-Inversion* $N_2 > N_1$. Im thermischen Gleichgewicht ist das nach der Boltzmann-Statistik nicht der Fall, da die Besetzungszahlen sich nach (20-57) regeln. Eine Besetzungszahl-Inversion lässt sich nur durch ein System mit mindestens drei Niveaus (Bild 20-13) erreichen. Solche Systeme gestatten die kohärente Verstärkung von Mikrowellen (*Maser*, *m*icrowave *a*mplification by *s*timulated *e*mission of *r*adiation, Townes u. a., 1954) oder Lichtwellen (*Laser*, *l*ight *a*mplification by *s*timulated *e*mission of *r*adiation, Schawlow u. Townes, 1958; Maiman, 1960).

Drei-Niveau-System

Eine Möglichkeit, eine Überbesetzung des oberen Niveaus E_2 eines Laserüberganges zu erreichen, ist die Anregung von höheren Niveaus, hier in E_3

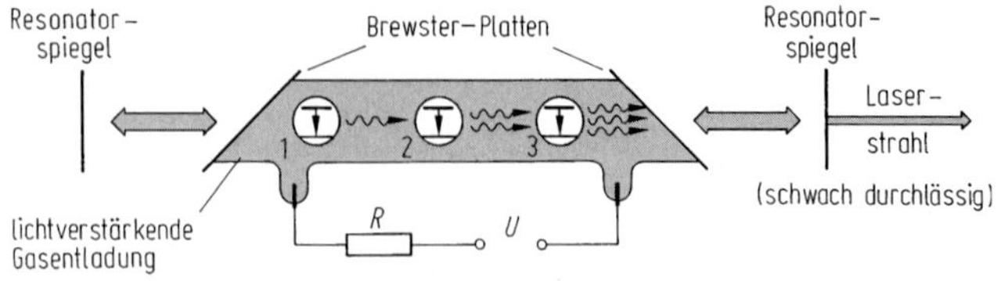

Bild 20-14. Elektronenstoßgepumpter Gaslaser

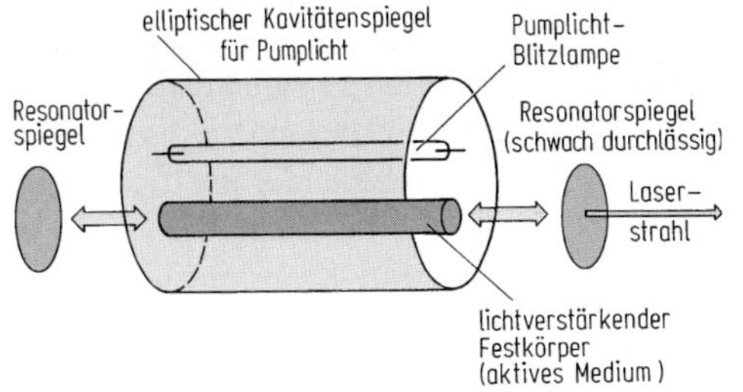

Bild 20-15. Optisch gepumpter Festkörperlaser

zusammengefasst dargestellt (Bild 20-13a), vom unteren Laserniveau E_1 aus (*Pumpvorgang*) durch Elektronenstoßanregung (z. B. in einer Gasentladung, Bild 20-14) oder durch optische Pumpstrahlung (z. B. durch eine Blitzlampe, Bild 20-15). Dadurch kann eine Besetzungszahlangleichung zwischen E_1 und E_3 erreicht werden. Wenn für die Übergangszeiten $\tau_{31} \gg \tau_{32}$ gilt, gehen die Atome überwiegend durch spontane Emission oder durch strahlungslose Übergänge (Energieabgabe an das Gitter: Wärme) in das benachbarte Niveau E_2 über. Bei langer Lebensdauer τ_{21} dieses Niveaus (metastabiles Niveau mit nur geringer spontaner Emission) und fortgesetztem Pumpen entsteht hier schließlich eine Überbesetzung oder Besetzungszahl-Inversion gegenüber dem Grundniveau E_1: $N_2 > N_1$.

Vier-Niveau-System

Sehr viel günstiger arbeitet das Vier-Niveau-System (Bild 20-13b). Hier ist das untere Laserniveau E_1 nicht identisch mit dem Grundzustand E_0 des Atoms. Ist der energetische Abstand $E_1 - E_0$ nicht zu klein, so ist im thermischen Gleichgewicht die Besetzungszahl N_1 sehr klein. Ist ferner die Übergangszeit $\tau_{10} \ll \tau_{21}$, so bleibt das Niveau E_1 auch bei Übergängen $E_2 \to E_1$ praktisch leer. Eine Überbesetzung von E_2 gegenüber E_1 durch den Pumpvorgang wird daher sehr leicht erreicht.

Dem Aufbau der Überbesetzung von E_2 gegenüber E_1 wirkt die spontane Emission $E_2 \to E_1$ entgegen. Da diese nach (20-60) mit ν^3 ansteigt, ist das Erreichen einer Besetzungszahl-Inversion bei höheren Frequenzen entsprechend schwieriger.

Laser-Anordnungen

In einem Medium, in dem durch einen geeigneten Pumpprozess eine Besetzungszahl-Inversion erzeugt worden ist, etwa in einer Gasentladung eines geeigneten Helium-Neon-Gemisches (Bild 20-14), wird ein Lichtquant der Energie $h\nu = \Delta E$, das z. B. durch spontane Emission eines angeregten Atoms entstanden ist, durch induzierte Emission weiterer angeregter Atome verstärkt. Jedoch beträgt die Verstärkung je Meter Länge nur wenige Prozent. Deshalb wird das verstärkte Licht durch parallele Spiegel, die einen optischen Resonator bilden, immer wieder durch das aktive Medium geschickt und weiter verstärkt. Sind die Verluste geringer als die Gesamtverstärkung, so hat diese Rückkopplung eine Selbsterregung zur Folge: Die Anordnung emittiert kohärentes, polarisiertes Licht, in dem die einzelnen Photonen phasengerecht mit gleicher Schwingungsebene gekoppelt sind. (Ein glühender Körper sendet dagegen völlig unkorrelierte Photonen mit statistisch wechselnden Schwingungsebenen aus: unpolarisiertes, natürliches Licht.) Die das Gasentladungsrohr abschließenden Glasplatten sind unter dem Brewster-Winkel (siehe 21.2) geneigt, um Reflexionsverluste zu vermeiden. Sie legen damit gleichzeitig die Polarisationsebene des vom *Gaslaser* emittierten Laserlichtes fest.

Festkörperlaser (Bild 20-15) werden optisch gepumpt. Der lichtverstärkende Festkörper (z. B. Rubin, Neodymglas, Nd-YAG-Kristalle) wird beispielsweise in der einen Brennlinie eines elliptischen Spiegels (Pumplicht-Kavität) angeordnet, in dessen zweiter Brennlinie sich die Pumplichtquelle (Blitzlampe) befindet, sodass das von der Pumplichtquelle ausgehende Licht weitgehend in das aktive Medium überführt wird.

Der Laserprozess kommt zum Erliegen, wenn die Besetzungsinversion abgebaut ist. Blitzlichtgepumpte Laser arbeiten daher im Pulsbetrieb, während kontinuierlich gepumpte Gaslaser im Dauerstrichbetrieb arbeiten können.

Ein Laserlichtstrahl lässt sich mit einer optischen Linse (22.1) nahezu ideal fokussieren. Der Fokusfleckdurchmesser d ist im Wesentlichen durch die Beugung infolge der Strahlbegrenzung bestimmt (vgl. 23 u. 24) und ergibt sich in erster Näherung zu

$$d \approx \frac{\lambda f}{D} . \qquad (20\text{-}61)$$

(λ Wellenlänge des Laserlichtes, f Brennweite der Fokussierungslinse, D Durchmesser des Laserstrahls.) Es sind daher Fokusfleckdurchmesser in der Größenordnung der Wellenlänge erreichbar und dementsprechend extrem hohe Leistungsdichten ($10\,\mathrm{MW}/\mu\mathrm{m}^2$ und mehr) im Fokus.

Bei Anwendungen des Lasers wird z. B. ausgenutzt:

Extreme Leistungsdichte: nichtlineare Optik, Materialbearbeitung (Bohren, Schneiden, Härten); Fusionsexperimente.

Hohe Kohärenz: kohärente Optik, Holographie (vgl. 24.2), Interferometrie (vgl. 23).

Extrem kleine Divergenz: Entfernungsmessung über große Strecken, Satellitenvermessung, Vermessungswesen (z. B. Tunnelbau).

21 Reflexion und Brechung, Polarisation

Zur Beschreibung des makroskopischen geometrischen Verlaufes der Ausbreitung elektromagnetischer Wellen (Licht) in Materie lassen sich zu den Wellenflächen (Flächen konstanter Phase, siehe 18.1) senkrechte (orthogonale) Linien verwenden: Lichtstrahlen (Bild 21-1). In isotropen Medien stimmen die Lichtstrahlen mit der Richtung des Poynting-Vektors (19-18) überein und kennzeichnen den Weg der Lichtenergie im Raum. Satz von Malus:

> Die Orthogonalität zwischen Strahlen und Wellenflächen (Orthotomie) bleibt bei der Wellenausbreitung, d. h. auch bei Reflexion und Brechung, erhalten.

Der Zeitabstand zwischen korrespondierenden Punkten zweier Wellenflächen ist gleich für alle Paare von korrespondierenden Punkten A und A′, B und B′, C und C′ usw. (Bild 21-1).

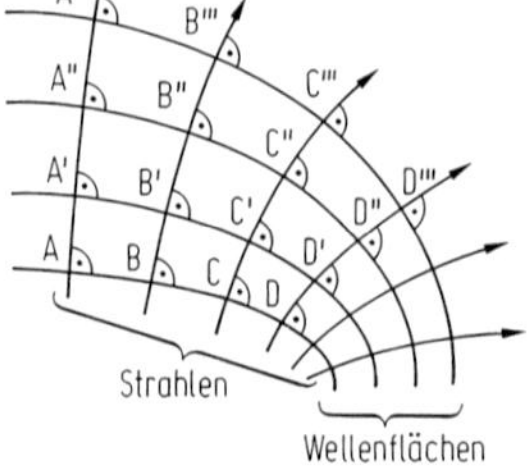

Bild 21-1. Strahlen und Wellenflächen stehen überall aufeinander senkrecht

Für viele Zwecke genügt es, die Lichtausbreitung anhand des Strahlenverlaufes zu betrachten (siehe 22 Geometrische Optik), insbesondere wenn die das Lichtwellenfeld begrenzenden Geometrien (Schirme, Blenden) Dimensionen besitzen, die groß gegen die Wellenlänge sind. Ein Kriterium hierfür ist die Fresnel-Zahl (siehe 23.1).

21.1 Reflexion, Brechung, Totalreflexion

Unter *Reflexion* und *Brechung* von Licht versteht man die Ausbreitung von Lichtwellen in optisch inhomogener Materie, d. h. in Materie mit örtlich variabler Lichtgeschwindigkeit, insbesondere die Ausbreitung an Grenzflächen zwischen zwei (sonst homogenen) Materiegebieten verschiedener Lichtgeschwindigkeit. Hierüber existieren folgende Erfahrungsgesetze (Bild 21-2): Für die Reflexion von Lichtstrahlen an einer solchen Grenzfläche gilt das *Reflexionsgesetz*

$$\alpha' = \alpha \,. \qquad (21\text{-}1)$$

Für die Brechung (Refraktion) von Lichtstrahlen beim Durchgang durch die Grenzfläche gilt (Snellius 1621)

$$\sin\alpha = \mathrm{const}\cdot\sin\beta \,. \qquad (21\text{-}2)$$

Die Konstante setzt sich aus den optischen Materialeigenschaften beider Medien zusammen. Führt man für jedes Material eine eigene Konstante, die optische Brechzahl n ein, so folgt das *Snellius'sche Brechungsgesetz*

$$n_1 \sin\alpha = n_2 \sin\beta$$

oder (21-3)

$$\frac{\sin\alpha}{\sin\beta} = \frac{n_2}{n_1} = \mathrm{const} \,.$$

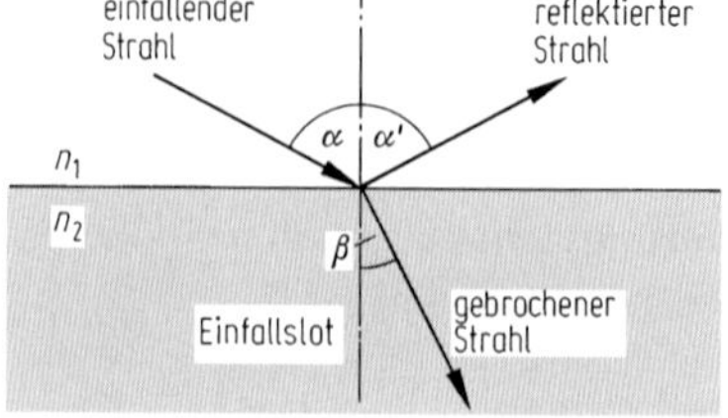

Bild 21-2. Reflexion und Brechung von Licht an einer Grenzfläche

Für Vakuum wird gesetzt:

$$n_0 = 1\,. \tag{21-4}$$

Die empirischen Gesetze der Reflexion und Brechung lassen sich mit dem Konzept der Wellenausbreitung, insbesondere des *Huygens'schen Prinzips* (siehe 23.1) verifizieren. Danach werden von jeder Wellenfläche (Phasenfläche) Kugelwellen (Elementarwellen) phasengleich angeregt, deren Überlagerung (tangierende Hüllfläche) eine neue Wellenfläche der ursprünglichen Welle ergibt.

Wir betrachten eine ebene Welle, die unter dem Einfallswinkel α gegen das Einfallslot (Bild 21-3) auf eine Grenzfläche zwischen zwei Medien mit den Brechzahlen n_1 und n_2 sowie den Lichtgeschwindigkeiten c_1 und c_2 fällt. Die Phasenfläche AB löst beim weiteren Fortschreiten auf der Grenzfläche AB′ Elementarwellen sowohl im Medium 1 als auch im Medium 2 aus, die sich zu neuen ebenen Phasenflächen A′B′ im Medium 1 bzw. A″B′ im Medium 2 überlagern. Deren unterschiedliche Neigungen ergeben sich aus den unterschiedlich angenommenen Lichtgeschwindigkeiten c_1 im Medium 1 bzw. c_2 im Medium 2 (hier: $c_2 < c_1$). Nach dem *Satz von Malus* sind die Laufzeiten τ zwischen den korrespondierenden Phasenflächenpunkten A und A′, B und B′ sowie A und A″ gleich.

Geometrisch ergibt sich aus Bild 21-3:

$$\overline{\mathrm{BB'}} = c_1\tau = \overline{\mathrm{AB'}}\sin\alpha\,, \tag{21-5a}$$

$$\overline{\mathrm{AA'}} = c_1\tau = \overline{\mathrm{AB'}}\sin\alpha'\,, \tag{21-5b}$$

$$\overline{\mathrm{AA''}} = c_2\tau = \overline{\mathrm{AB'}}\sin\beta\,. \tag{21-5c}$$

Aus (21-5a) und (21-5b) folgt $\sin\alpha = \sin\alpha'$ und damit das Reflexionsgesetz (21-1). Für das Brechungsgesetz (21-3) ergibt sich aus (21-5a) und (21-5c)

$$\frac{\sin\alpha}{\sin\beta} = \frac{n_2}{n_1} = \frac{c_1}{c_2} = \text{const}\,, \tag{21-6}$$

d. h., die Brechzahlen verhalten sich umgekehrt wie die Lichtgeschwindigkeiten. Ist das Medium 1 Vakuum, d. h., $n_1 = 1$, so gilt mit $n_2 = n$ sowie mit $c_1 = c_0$ (Vakuumlichtgeschwindigkeit) und $c_2 = c_n$ für die *Brechzahl n* eines an Vakuum grenzenden Stoffes

$$n = \frac{c_0}{c_n} \tag{21-7}$$

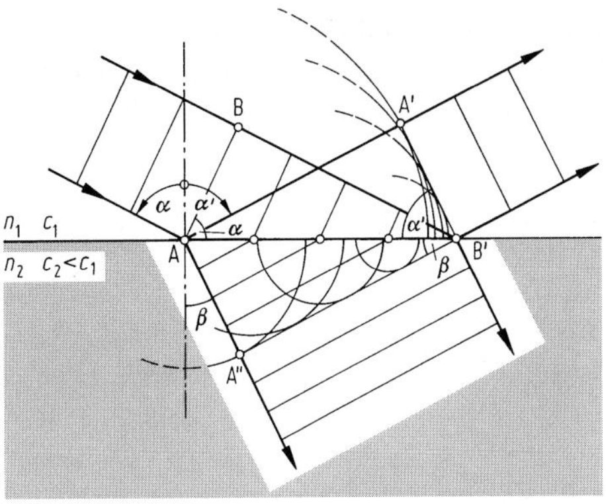

Bild 21-3. Reflexion und Brechung einer ebenen Welle an der Grenzfläche zweier Ausbreitungsmedien mit unterschiedlichen Brechzahlen n bzw. Lichtgeschwindigkeiten c

in Übereinstimmung mit (20-2). Im Normalfall ist $n > 1$ (Tabelle 21-1), d. h., die Lichtgeschwindigkeit c_n in einem Stoff der Brechzahl n ist kleiner als die Vakuumlichtgeschwindigkeit, was durch Messungen der Lichtgeschwindigkeit in durchsichtigen Stoffen, z. B. von Foucault, bestätigt wurde. In Grenzfällen, z. B. bei Röntgenstrahlen, kann n geringfügig kleiner als 1 werden (siehe 20.1). Das bedeutet, dass die Phasengeschwindigkeit des Lichtes hier $>c_0$ wird. In solchen Fällen bleibt jedoch, wie genauere Überlegungen zeigen, die Gruppengeschwindigkeit (siehe 18.1) und damit die Signalgeschwindigkeit stets kleiner als c_0. Wie aus der Betrachtung zur Brechung (Bild 21-3) erkennbar ist, ist für die Ausbreitung einer Lichtwelle in einer vorgegebenen Zeit τ nicht der geometrische Weg s allein maßgebend, sondern eine Größe ns, die bei gleichem Betrag von der Lichtwelle in gleicher Zeit durchlaufen wird. Man definiert daher als *optische Weglänge*

$$L = \int_{\mathrm{P}}^{\mathrm{P'}} n\,\mathrm{d}s\,. \tag{21-8}$$

Mithilfe der optischen Weglänge lassen sich Reflexions- und Brechungsgesetz auch aus einem Extremalprinzip gewinnen (hier nicht durchgeführt), das *Fermat'sche Prinzip*:

$$L = \int_{\mathrm{P}}^{\mathrm{P'}} n\,\mathrm{d}s = \text{Extremum}\,. \tag{21-9}$$

> Das Licht verläuft zwischen zwei Punkten P und P′ so, dass die optische Weglänge einen Extremwert, meist ein Minimum, annimmt.

In der Formulierung der Variationsrechnung (vgl. A 32) lautet (21-9):

$$\delta L = \delta \int_{P}^{P'} n \, \mathrm{d}s = c_0 \, \delta \int_{P}^{P'} \frac{\mathrm{d}s}{c_n} = c_0 \, \delta \int_{P}^{P'} \mathrm{d}t = 0 \,. \quad (21\text{-}10)$$

Aus (21-10) folgt:

> Laufzeit und optische Länge der physikalisch realisierten Wege des Lichtes sind Minimalwerte.

Das Fermat'sche Prinzip (1650) lässt sich als Grenzfall für $\lambda \to 0$ aus der Wellengleichung (19-7) herleiten und kann auch in der Form der sog. *Eikonalgleichung*

$$(\text{grad}\, L)^2 = n^2 \quad (21\text{-}11)$$

geschrieben werden. Die Eikonalgleichung stellt die Grundgleichung der *geometrischen Optik* (siehe 22) dar.

Aus dem Fermat'schen Prinzip folgen unmittelbar die drei Grundsätze der geometrischen Optik:

- Geradlinigkeit der Lichtstrahlen im homogenen Medium,
- Umkehrbarkeit des Strahlenganges (in der zeitfreien Formulierung),
- Eindeutigkeit und Unabhängigkeit der Lichtstrahlen.

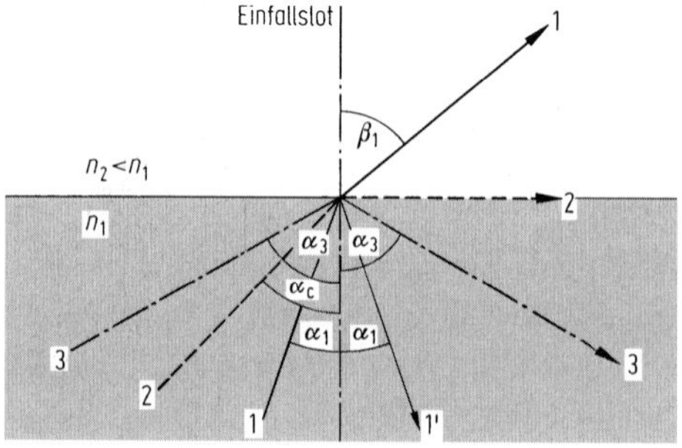

Bild 21-4. Lichtübergang vom optisch dichteren in ein optisch dünneres Medium: Partielle Reflexion (1) und Totalreflexion (3)

Totalreflexion

Geht eine Lichtwelle aus einem Medium mit höherer Brechzahl n_1 (optisch dichteres Medium) in ein Medium mit niedrigerer Brechzahl $n_2 < n_1$ (optisch dünneres Medium) über, so ist $\beta > \alpha$ und es lassen sich drei Fälle unterscheiden (Bild 21-4):

1. $\alpha = \alpha_1 < \alpha_c$: Lichtstrahl 1 wird gemäß Brechungsgesetz (21-3) und Reflexionsgesetz (21-1) gebrochen und reflektiert.
2. $\alpha = \alpha_c$: Lichtstrahl 2 verläuft nach der Brechung genau entlang der Grenzfläche: $\beta = 90°$.
3. $\alpha = \alpha_3 > \alpha_c$: Lichtstrahl 3 kann nach dem Brechungsgesetz nicht mehr in das optisch dünnere Medium übertreten. Stattdessen wird das Licht an der Grenzfläche vollständig reflektiert: Totalreflexion.

Der *Grenzwinkel der Totalreflexion* α_c ergibt sich aus dem Brechungsgesetz (21-3) und mit $\beta = \pi/2$ gemäß

$$\sin \alpha_c = \frac{n_2}{n_1} \,. \quad (21\text{-}12)$$

Grenzt das Medium an das Vakuum ($n_2 = 1, n_1 = n$), so vereinfacht sich (21-12) zu

$$\sin \alpha_c = \frac{1}{n} \,. \quad (21\text{-}13)$$

Die Totalreflexion wird z. B. in den Umkehrprismen (Bild 21-5) ausgenutzt (Prismenferngläser, Rückstrahler).

Von großer technischer Bedeutung für die Nachrichtentechnik (optische Signalübertragung) ist die Ausnutzung der Totalreflexion in dünnen Glasfasern, die bei einem Durchmesser von 10 bis 50 μm flexibel sind: Lichtleiterfasern (Bild 21-6).

Das an einem Ende der Glasfaser eingekoppelte Licht wird durch vielfache Totalreflexion bis an das andere Ende geleitet. Das funktioniert (bei etwas einge-

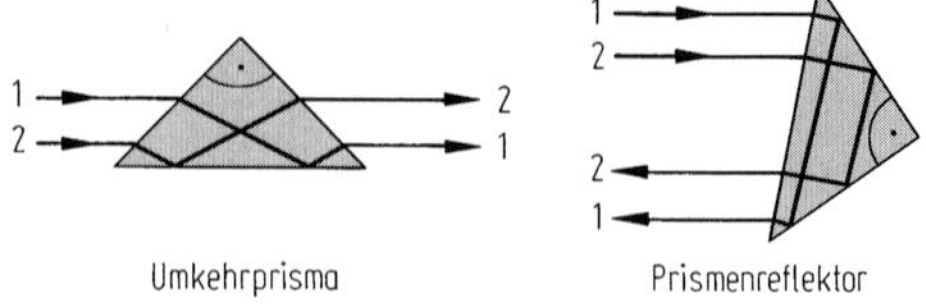

Bild 21-5. Totalreflexion im Umkehrprisma und im Rückstrahler

Tabelle 21-1. Brechzahlen einiger Stoffe für Licht bei den Wellenlängen wichtiger Fraunhofer'scher Linien

Stoff	Fraunhofer-Linie (Bezeichnung und Wellenlänge in nm):							
	A (O)	B (O)	C (H)	D (Na)[a]	E (Fe)	F (H)	G (Fe)	H (Ca)
	760,8	686,7	656,3	589,3	527,0	486,1	430,8	396,8
	Brechzahl n gegen Luft							
Wasser	1,3289	1,3304	1,3312	1,3330	1,3352	1,3371	1,3406	1,3435
Ethanol	1,3579	1,3593	1,3599	1,3617	1,3641	1,3662	1,3703	1,3738
Quarzglas	1,4544	1,4560	1,4568	1,4589	1,4614	1,4636	1,4676	1,4709
Benzol	1,4910	1,4945	1,4963	1,5013	1,5077	1,5134	1,5243	1,5340
Borkronglas BK1	1,5049	1,5067	1,5076	1,5100	1,5130	1,5157	1,5205	1,5246
Kanadabalsam				1,542				
Steinsalz	1,5368	1,5393	1,5406	1,5443	1,5491	1,5533	1,5614	1,5684
Schwerkronglas SK1	1,6035	1,6058	1,6070	1,6102	1,6142	1,6178	1,6244	1,6300
Flintglas F3	1,6029	1,6064	1,6081	1,6128	1,6190	1,6246	1,6355	1,6542
Schwefelkohlenstoff	1,6088	1,6149	1,6182	1,6277	1,6405	1,6523	1,6765	1,6994
Diamant				2,4173				

[a] D_1(Na): $\lambda_{D1} = 589{,}5932$ nm; D_2(Na): $\lambda_{D2} = 588{,}9965$ nm ($\rightarrow \bar{\lambda}_D = 589{,}29$ nm)

schränktem Akzeptanzwinkel ϑ'_m) auch bei gekrümmten Lichtleiterfasern.

Geordnete Bündel solcher Lichtleiterfasern leiten ein auf die eine Stirnfläche projiziertes Bild zur anderen Stirnfläche weiter: Glasfaseroptik (medizinische Anwendung: endoskopische Untersuchung des Körperinneren).

Brechung am Prisma

Lichtstrahlen werden durch Prismen von der Prismen-Dachkante weggebrochen (Bild 21-7). Für kleine Dachwinkel γ und senkrechten Einfall auf die erste Prismenfläche ergibt sich für den Ablenkwinkel δ aus dem Brechungsgesetz (21-3) näherungsweise

$$\delta \approx \gamma(n-1)\,. \qquad (21\text{-}14)$$

Der Ablenkwinkel δ steigt also mit dem Dachwinkel γ und der Brechzahl n des Prismas an. Qualitativ gilt das auch für größere Dachwinkel und schrägen Einfall.

Da die Brechzahl $n(\lambda)$ eine Funktion der Wellenlänge ist (Dispersion, siehe 20.1 und Tabelle 21-1), wird bei normaler Dispersion kurzwellige Strahlung durch ein Prisma stärker gebrochen als langwellige Strahlung (Bild 21-8).

Prismen können daher zur spektralen Analyse von Lichtstrahlung angewendet werden: *Prismenspektrographen*. Bei voller Ausleuchtung beträgt das spek-

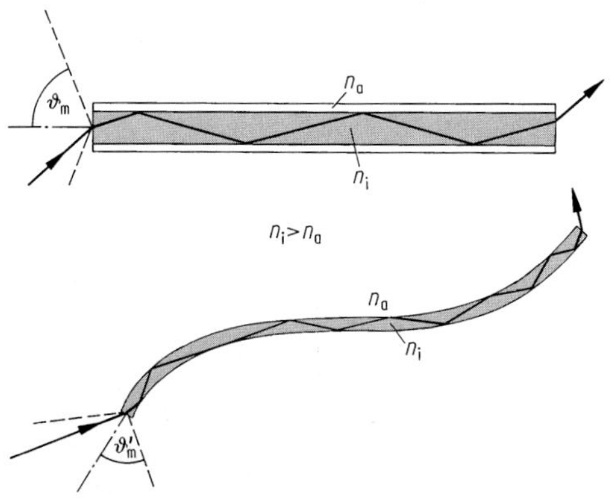

Bild 21-6. Lichtleitung mittels Vielfach-Totalreflexion in Glasfasern

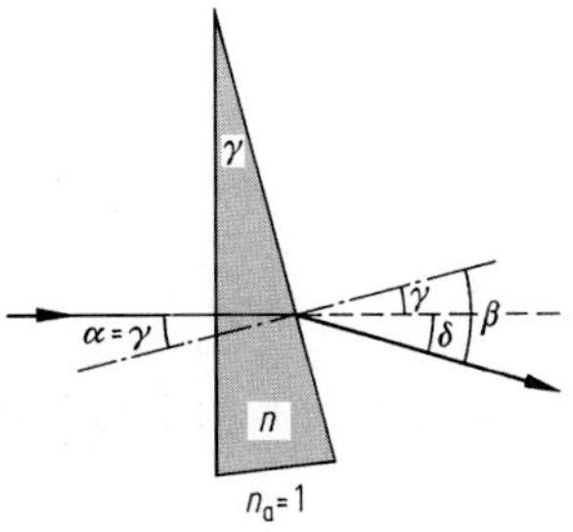

Bild 21-7. Ablenkung eines Lichtstrahls durch ein Prisma

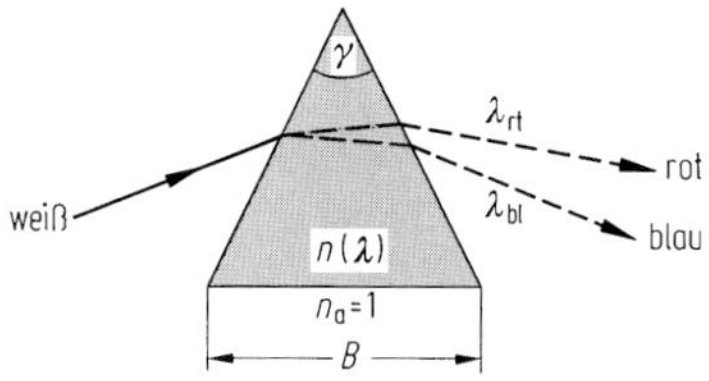

Bild 21-8. Dispersion eines Prismas

trale Auflösungsvermögen (ohne Ableitung):

$$\frac{\lambda}{\Delta\lambda} = B\frac{dn}{d\lambda} . \qquad (21\text{-}15)$$

Das spektrale Auflösungsvermögen eines Prismas hängt nur von seiner Basislänge B und der Dispersion $dn/d\lambda$ des Prismenmaterials, nicht aber vom Prismenwinkel γ ab.

21.2 Optische Polarisation

Bei longitudinalen Wellen (z. B. Schallwellen) ist die Schwingungsrichtung mit der Ausbreitungsrichtung identisch (siehe 18.1 und 18.2) und damit eindeutig festgelegt. Bei transversalen Wellen (z. B. elektromagnetische Wellen) ist die Schwingungsrichtung senkrecht zur Ausbreitungsrichtung und muss zur eindeutigen Beschreibung zusätzlich angegeben werden. Eine Welle, die nur in einer, durch die Schwingungs- und die Ausbreitungsrichtung aufgespannten Ebene schwingt, heißt *linear polarisiert.* Bei elektromagnetischen Wellen (z. B. Licht) wird die Schwingungsebene des elektrischen Feldstärkevektors (vgl. Bild 19-3) als Schwingungsebene, die des magnetischen Feldstärkevektors als Polarisationsebene bezeichnet. Rotieren die Feldstärkevektoren während des Ausbreitungsvorganges um die Ausbreitungsrichtung, so handelt es sich um *elliptisch* oder *zirkular polarisierte* Wellen.

Bei der Erzeugung elektromagnetischer Wellen durch einen Sendedipol (Bild 19-2) ist die Schwingungsebene durch die Orientierung des Sendedipols festgelegt. Zum Nachweis muss auch der Empfängerdipol in der gleichen Richtung orientiert sein. Die Beobachtung solcher Polarisationserscheinungen beweist daher die Transversalität des betreffenden Wellenvorganges. Die Beobachtung von Polarisationserscheinungen bei Licht ist dementsprechend ein Nachweis dafür, dass Licht ein transversaler Wellenvorgang ist.

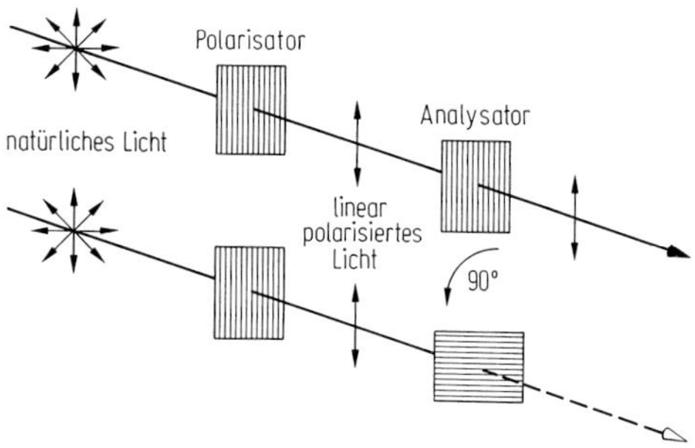

Bild 21-9. Erzeugung und Nachweis linear polarisierten Lichtes aus natürlichem Licht mittels Polarisatoren

Die von den Atomen eines glühenden Körpers oder einer normalen Gasentladung (nicht beim Laser) emittierten Lichtquanten haben beliebige Schwingungsebenen. So entstehendes, natürliches Licht ist daher unpolarisiert: Alle Schwingungsebenen kommen gleichmäßig verteilt vor. Durch sog. Polarisatoren, die nur Licht mit einer bestimmten Schwingungsebene passieren lassen (siehe unten), kann aus natürlichem Licht linear polarisiertes Licht erzeugt werden. Durch einen weiteren Polarisator, den Analysator, können die Tatsache der Polarisation und die Lage der Polarisationsebene festgestellt werden (Bild 21-9).

Beim schrägen Einfall einer elektromagnetischen Welle S auf eine ebene Grenzfläche zwischen zwei durchsichtigen Medien unterschiedlicher Brechzahlen n_1 und n_2 hängen sowohl der Reflexionsgrad ϱ (= reflektierte Intensität / einfallende Strahlungsintensität) als auch der Transmissionsgrad τ (= Intensität der gebrochenen Welle / einfallende Strahlungsintensität) von der Lage der Schwingungsebene zur Einfallsebene ab. Reflexions- und Transmissionsgrad seien $\varrho_\perp$ und $\tau_\perp$ für eine einfallende Welle $S_\perp$, bei der der elektrische Feldstärkevektor $\boldsymbol{E}_\perp$ senkrecht zur Einfallsebene schwingt (d. h. parallel zur Grenzfläche), und $\varrho_\parallel$ und $\tau_\parallel$ für eine einfallende Welle $S_\parallel$, deren elektrischer Feldstärkevektor $\boldsymbol{E}_\parallel$ in der Einfallsebene schwingt.

Aufgrund des Huygens'schen Prinzips (siehe 21.1 und 23.1) sowie der Strahlungscharakteristik des Dipols (Bild 19-5) ist es anschaulich verständlich, dass die Anregung der Elementarwellen, die sich von der Grenzfläche ausgehend zum reflektierten Strahl überlagern, bevorzugt durch $S_\perp$ erfolgt ($\boldsymbol{E}_\perp \perp$ Einfallsebene, d. h. $\parallel$ Grenzfläche). Die Elemen-

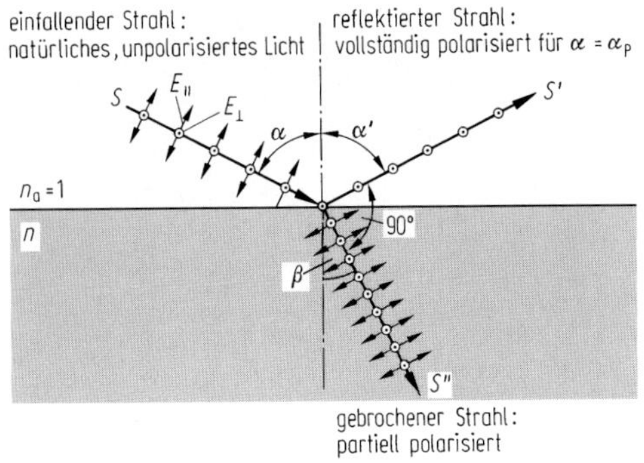

Bild 21-10. Polarisation durch Reflexion unter dem Brewster-Winkel $\alpha = \alpha_P$

tarwellen, die durch $S_{\|}(\boldsymbol{E}_{\|} \parallel$ Einfallsebene) in der Grenzfläche angeregt werden, haben aufgrund der Dipol-Strahlungscharakteristik nur eine geringe Amplitude in Reflexionsrichtung. Für einen Einfallswinkel $\alpha = \alpha_P$, bei dem gebrochener und reflektierter Strahl einen Winkel von 90° bilden (Bild 21-10), wird die Amplitude von $S_{\|}$ null: Das von einem einfallenden Strahl S unpolarisierten, natürlichen Lichtes an einer Grenzfläche reflektierte Licht S' ist partiell, im Falle $\alpha = \alpha_P$ vollständig linear polarisiert. Der gebrochene Strahl S'' ist stets nur partiell polarisiert (Bild 21-11).

Der Winkel α_P (Brewster-Winkel) lässt sich unter Beachtung von $\alpha_P + \beta = 90°$ aus dem Brechungsgesetz (21-3) berechnen. Mit $n_1 = n_a = 1$ (Vakuum) und $n_2 = n$ folgt das *Brewster'sche Gesetz*:

$$\tan \alpha_P = n\,. \tag{21-16}$$

Aus den Maxwell'schen Gleichungen (14-41) und (14-42) lassen sich Grenzbedingungen für die elektrische und magnetische Feldstärke an der

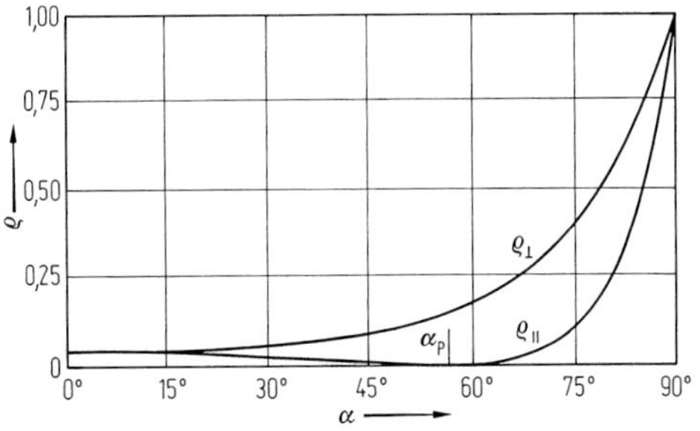

Bild 21-11. Reflexionsgrad der Grenzfläche Vakuum/Glas (bzw. Luft/Glas) für linear polarisiertes Licht

Grenzfläche zwischen den beiden Medien herleiten, und aus diesen wiederum Beziehungen für das Reflexionsvermögen $\varrho = 1 - \tau$ (durchsichtige Medien, Absorptionsgrad $\alpha = 0$), die *Fresnel'schen Formeln*:

$$\varrho_{\perp} = 1 - \tau_{\perp} = \frac{\sin^2(\alpha - \beta)}{\sin^2(\alpha + \beta)} \tag{21-17}$$

$$\varrho_{\|} = 1 - \tau_{\|} = \frac{\tan^2(\alpha - \beta)}{\tan^2(\alpha + \beta)}\,. \tag{21-18}$$

Für $\alpha + \beta = 90°$ wird $\varrho_{\|} = 0$, in Übereinstimmung mit dem Brewster'schen Gesetz (21-16). Zusammen mit dem Brechungsgesetz (21-3) ergibt sich aus (21-17) und (21-18) für $\varrho_{\perp}(\alpha)$ und $\varrho_{\|}(\alpha)$ der in Bild 21-11 dargestellte Verlauf für die Reflexion an Glas.

Für Glas ($n = 1{,}50$) erhält man für den Brewster-Winkel $\alpha_P = 56{,}3°$. Wird das unter diesem Winkel von Glasflächen reflektierte, polarisierte Licht durch ein Polarisationsfilter (siehe unten) betrachtet, so lässt es sich durch geeignete Filterstellung (Durchlassebene $\perp$ Polarisationsebene) stark abschwächen: $\varrho_{\|} \to 0$ (Anwendung bei der Fotografie durch Fensterscheiben hindurch).

Linear polarisiertes Licht mit der Schwingungsebene in der Einfallsebene ($E_{\|}$ in Bild 21-10) wird unter dem Brewster-Winkel α_P ohne Reflexionsverluste gebrochen: Für $\varrho_{\|} \to 0$ wird nach (21-18) das Durchlassvermögen $\tau_{\|} = 1$ (Anwendung bei den Brewster-Platten des Gaslasers, Bild 20-14).

Bei Übergang zu senkrechtem Einfall wird $\varrho_{\perp} = \varrho_{\|} = \varrho$ (Bild 21-11). Aus (21-17) bzw. (21-18) folgt durch Grenzübergang für kleine Winkel

$$\varrho = 1 - \tau = \left(\frac{n-1}{n+2}\right)^2\,. \tag{21-19}$$

Für Glas erhält man mit $n = 1{,}50$ einen Reflexionsgrad $\varrho = 0{,}04$, d. h., an jeder Grenzfläche Vakuum/Glas oder Luft/Glas gehen 4% der Lichtintensität durch Reflexion verloren, sofern nicht durch geeignete Aufdampfschichten („Entspiegelung" bzw. „Vergütung") für eine Verminderung des Reflexionsvermögens gesorgt wird.

Doppelbrechung

Manche durchsichtigen Einkristalle (z. B. Quarz, Kalkspat, Glimmer, Gips) sind *optisch anisotrop*,

d. h., die Phasengeschwindigkeit elektromagnetischer Wellen hängt von der Ausbreitungsrichtung ab. Bei optisch einachsigen Kristallen stimmen die Phasengeschwindigkeiten lediglich in einer Richtung, der optischen Achse, überein.
Bei Auftreffen eines Strahlenbündels natürlichen Lichtes auf einen optisch einachsigen Kristall treten im Allgemeinen zwei senkrecht zueinander linear polarisierte Teilbündel auf, die sich mit unterschiedlicher Phasengeschwindigkeit ausbreiten: Der *ordentliche Strahl* folgt dem Brechungsgesetz, der *außerordentliche Strahl* nicht, er wird unter anderem Winkel gebrochen. Diese Erscheinung wird *Doppelbrechung* genannt.
Manche Kristalle (z. B. Turmalin) haben die Eigenschaft, den außerordentlichen Strahl sehr viel stärker zu absorbieren als den ordentlichen Strahl: **Dichroismus**. Geht ein Strahl natürlichen Lichtes durch eine dünne Platte eines solchen dichroitischen Materials, so wird im Wesentlichen der ordentliche Strahl mit nur geringer Schwächung durchgelassen. Solche Stoffe sind als Polarisationsfilter (siehe oben) geeignet.

22 Geometrische Optik

Das in 21.1 eingeführte Strahlenkonzept für die makroskopische Beschreibung der Wellenausbreitung hat sich insbesondere bei Problemen der praktischen Optik (optische Abbildung) bewährt und sich zu einem besonderen Zweig der Optik entwickelt: *geometrische* oder *Strahlenoptik*. Hier geht es um die Bestimmung des Lichtweges in optischen Geräten und um die Klärung der Grundlagen zur optimalen Konstruktion solcher Geräte. Die Grundannahmen des Strahlenkonzeptes (gradlinige Ausbreitung im homogenen Medium, Unabhängigkeit sich überlagernder Strahlen, Umkehrbarkeit des Strahlenganges, Reflexionsgesetz, Brechungsgesetz) bedeuten eine starke Vereinfachung der Realität, da Beugungserscheinungen (vgl. 23) und nichtlineare Erscheinungen (bei Laserstrahlen sehr hoher Intensität in Materie) nicht berücksichtigt werden. Die Grenzen der geometrischen Optik liegen daher dort, wo Abbildungsdetails oder die den Strahlengang begrenzenden Abmessungen (Schirme, Blenden usw.) in den Bereich der Wellenlänge des Lichtes kommen (siehe 23 u. 24).

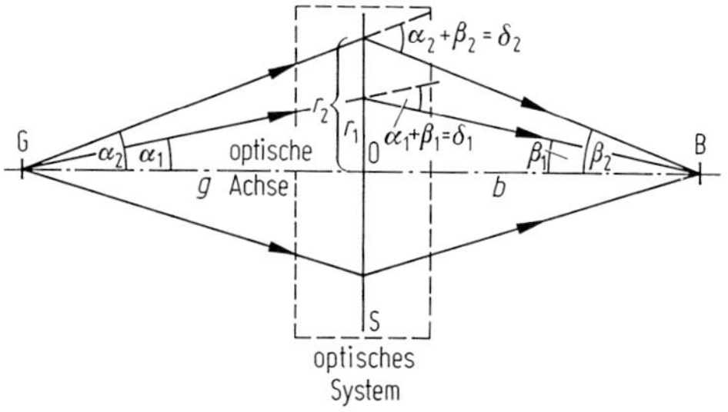

Bild 22-1. Zur Herleitung der Abbildungsbedingung

22.1 Optische Abbildung

Eine Abbildung im Gauß'schen Sinne der geometrischen Optik liegt dann vor, wenn Lichtstrahlen, die von einem Gegenstandspunkt ausgehen, in einem Bildpunkt wieder vereinigt werden, und wenn verschiedene Punkte eines ausgedehnten ebenen Gegenstandes in einer Bildebene derart abgebildet werden, dass das Bild dem Gegenstand geometrisch ähnlich ist. Ein *optisches System*, das eine derartige Abbildung bewirkt, muss folgende Bedingungen erfüllen (Bild 22-1):
Das abbildende optische System sei in seiner Wirkung auf eine Ebene S senkrecht zur optischen Achse GOB konzentriert. Ein von G unter dem Winkel α_1 gegen die optische Achse ausgehender Strahl möge in S so gebrochen werden, dass er die optische Achse hinter dem brechenden System in B unter dem Winkel β_1 schneidet. Eine Abbildung von G nach B liegt dann vor, wenn auch unter anderen Winkeln α_2 von G ausgehende Strahlen so gebrochen werden, dass sie durch B gehen.
Nach Bild 22-1 gilt $r/g = \tan\alpha \approx \alpha$ und $r/b = \tan\beta \approx \beta$ für achsennahe Strahlen. Die zur Abbildung notwendige Strahlablenkung δ ergibt sich dann zu

$$\delta = \alpha + \beta \approx r\left(\frac{1}{g} + \frac{1}{b}\right) . \qquad (22\text{-}1)$$

Bei gegebener Gegenstandsweite g muss die Bildweite b für alle von G ausgehenden Strahlen gleich sein, darf also nicht von r abhängen. Das ist nach (22-1) dann erfüllt, wenn die Ablenkung proportional zu r erfolgt:

$$\delta = \alpha + \beta = \text{const} \cdot r . \qquad (22\text{-}2)$$

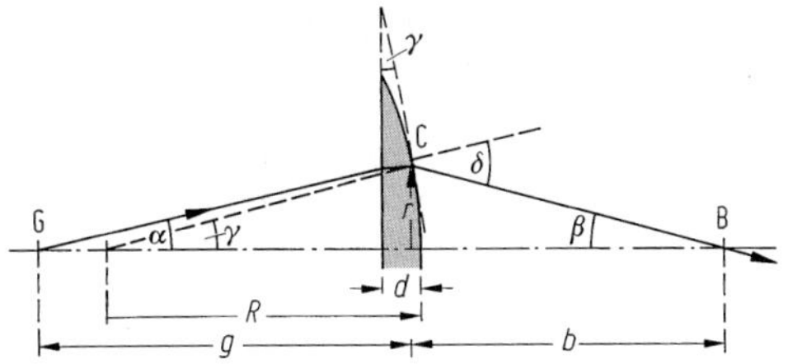

Bild 22-2. Zur Berechnung der Linsenformel

Eine analoge Betrachtung für nicht auf der optischen Achse liegende, aber achsennahe Gegenstandspunkte führt zu derselben Beziehung. Die geometrische Ähnlichkeit folgt ebenfalls aus (22-2): Für Strahlen die durch den Mittelpunkt O des optischen Systems gehen, ist $r = 0$ und damit $\delta = 0$, d. h., diese Strahlen werden nicht abgelenkt. Anhand solcher Strahlen lässt sich aber die geometrische Ähnlichkeit zwischen Bild und Gegenstand sofort einsehen. Gleichung (22-2) ist daher die zur Erzielung einer Abbildung notwendige Bedingung.

Die Realisierung einer derartigen Eigenschaft ist z. B. durch um die optische Achse rotationssymmetrische, konvexe Glas- oder Kunststoffkörper möglich, die durch Kugelflächen begrenzt sind. Wegen ihrer Form werden sie *optische Linsen* genannt. Die Abbildung eines Punktes in endlicher Entfernung durch eine dünne *Sammellinse* (z. B. eine Plankonvexlinse mit der Brechzahl n und dem Krümmungsradius R, Bild 22-2) kann mithilfe der Ablenkformel (21-14) für das dünne Prisma berechnet werden, da die Linse als ablenkendes Prisma mit vom Achsenabstand r abhängigen Dachwinkel γ aufgefasst werden kann (Bild 22-2). Der Begriff dünne Linse bedeutet, dass der optische Weg (vgl. 21-8) in der Linse $L = nd$ klein gegen die Gegenstandsweite g und die Bildweite b ist.

Für das Dreieck GBC mit dem Ablenkwinkel δ als Außenwinkel zu den Dreieckswinkeln α und β gilt unter Berücksichtigung von (21-14)

$$\alpha + \beta = \delta = \gamma(n-1)\,. \qquad (22\text{-}3)$$

Für achsennahe Strahlen (kleine Winkel) ist $\alpha \approx r/g$ und $\beta \approx r/b$. Ferner liefert $\gamma \approx r/R$ zusammen mit (22-3) die erforderliche Abbildungsbedingung (22-2). Damit folgt aus (22-3)

$$\frac{1}{g} + \frac{1}{b} = \frac{n-1}{R} = \text{const}\,. \qquad (22\text{-}4)$$

$b(g)$ ist hiernach unabhängig von α, eine notwendige Voraussetzung für die optische Abbildung. Für $g \to \infty$ (parallel einfallende Strahlen) wird die zugehörige Bildweite b_∞ als *Brennweite* f bezeichnet. Die reziproke Brennweite heißt *Brechkraft* D, sie ist für eine dünne Sammellinse

$$\frac{1}{b_\infty} = \frac{1}{f} = D = \frac{n-1}{R}\,. \qquad (22\text{-}5)$$

Gesetzliche Einheit:

$$[D] = 1\ \text{m}^{-1} = 1\ \text{dpt (Dioptrie)}\,.$$

Damit folgt aus (22-4), immer für achsennahe Strahlen, die Abbildungsgleichung (Linsenformel)

$$\frac{1}{g} + \frac{1}{b} = \frac{1}{f}\,. \qquad (22\text{-}6)$$

Bildkonstruktion

Die beiden Brechungen eines Lichtstrahls an den Oberflächen einer Linse können bei dünnen Linsen in guter Näherung durch eine einzige an der Mittelebene, der *Hauptebene* H, der Linse ersetzt werden. Zur geometrischen Konstruktion der Lage des Bildes ist nach (22-6) lediglich die Kenntnis der Brennweite f der abbildenden Linse und die Vorgabe der Gegenstandsweite g erforderlich. Die Konstruktion selbst kann dann mittels zweier von drei ausgezeichneten Strahlen erfolgen (Bilder 22-3 bis 22-5):

- Parallelstrahl (1), geht nach der Brechung durch den Brennpunkt F′ (1′);
- Mittelpunktsstrahl (2), durchdringt die Linse ungebrochen (2′);
- Brennpunktsstrahl (3), verläuft nach der Brechung parallel zur optischen Achse (3′).

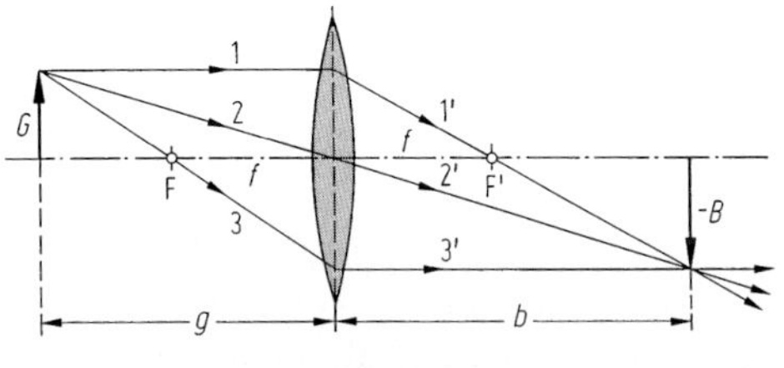

Bild 22-3. Bildkonstruktion bei der Sammellinse

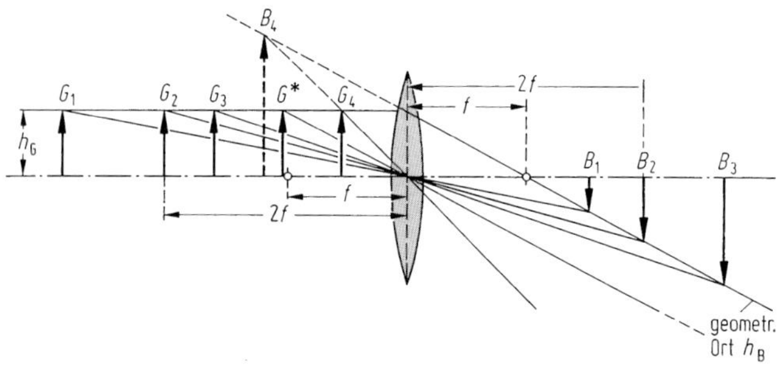

Bild 22-4. Zuordnung von Bild und Gegenstand bei der Abbildung durch Sammellinsen

Tabelle 22-1. Die verschiedenen Abbildungsfälle bei der Sammellinse

Gegen-stand	Lage	Bild	β_m	Bildlage und -art		Anwendungen
G_1	$g > 2f$	B_1	< 1	$f < b < 2f$	(reell)	Fernrohr, Kamera
G_2	$g = 2f$	B_2	$= 1$	$b = 2f$	(reell)	Korrelator
G_3	$2f > g > f$	B_3	> 1	$b > 2f$	(reell)	Projektion
G^*	$g \simeq f$	B^*	$\to \infty$	$b \to \infty$	(reell)	Projektor, Mikroskop
G_4	$g < f$	B_4	> 1	$b < 0$	(virtuell)	Lupe

Für die *Sammellinse* (plankonvexe oder bikonvexe Linsenflächen) erhält man aus der Linsenformel (22-6) für die Bildweite

$$b = \frac{fg}{g - f} . \qquad (22\text{-}7)$$

Für $g > f$ ist $b > 0$, es erfolgt eine reelle Abbildung, wobei das Bild umgekehrt erscheint (Bildhöhe $B < 0$, Bild 22-3). Reelle Abbildung bedeutet, dass das Bild auf einem Schirm an dieser Stelle sichtbar wird. Für $g < f$ wird $b < 0$, das Bild scheint nach dem verlängerten Strahlenverlauf hinter der Linse an einem Ort auf der Gegenstandsseite aufrecht aufzutreten, ohne dass ein Schirm dort das Bild zeigen würde: Virtuelle Abbildung. Der *Abbildungsmaßstab* ergibt sich mittels des Strahlensatzes aus Bild 22-3 bzw. 22-4 zu

$$\beta_m = \left|\frac{B}{G}\right| = \frac{h_B}{h_G} = \frac{b}{g} = \frac{b}{f} - 1 . \qquad (22\text{-}8)$$

Die verschiedenen Fälle der Abbildung bei einer Sammellinse sind in Bild 22-4 und Tabelle 22-1 dargestellt.

Bei der *Zerstreuungslinse* (plankonkave oder bikonkave Linsenflächen) entsteht stets ein aufrechtes, verkleinertes, virtuelles Bild (Bild 22-5).

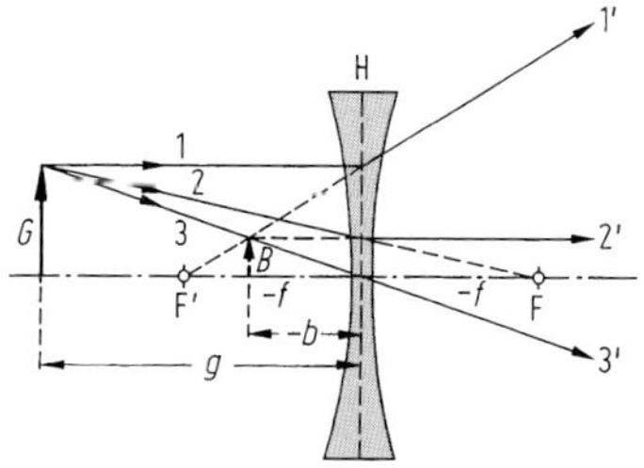

Bild 22-5. Bildkonstruktion bei der Zerstreuungslinse

Kombination dünner Linsen

Systeme aus dünnen Linsen der Brennweiten f_1 und f_2 mit geringem Abstand d ($\ll f_1, f_2$) voneinander wirken wie eine Linse mit der Brechkraft

$$\frac{1}{f} = \frac{1}{f_1} + \frac{1}{f_2} - \frac{d}{f_1 f_2}$$

bzw. (22-9)

$$D = D_1 + D_2 - dD_1D_2 .$$

Bei sehr kleinen Abständen d kann das letzte Glied vernachlässigt werden. Für diesen Fall lässt sich (22-9) sofort anhand des Verlaufs des Brennpunktstrahls herleiten.

Dicke Linsen

Bei dicken Linsen gelten die Abbildungsgesetze (22-6) bis (22-8) nur dann, wenn man zwei Hauptebe-

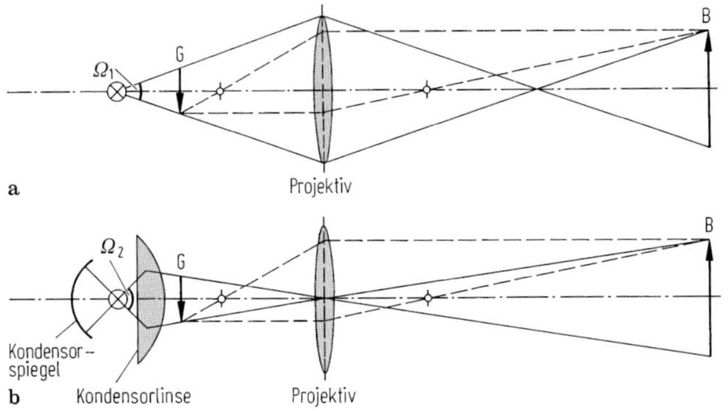

Bild 22-7. Projektionsstrahlengang und Projektoranordnung

nen H und H′ einführt, zwischen denen alle Strahlen als achsenparallel laufend angenommen werden (Bild 22-6). Brennweiten, Gegenstands- und Bildweiten beziehen sich dann stets auf die zugehörige Hauptebene.

Zusammengesetzte optische Geräte

Optische Geräte bestehen meist aus mehreren Linsen oder Linsensystemen, die verschiedene Abbildungs- oder Beleuchtungsfunktionen haben.

Projektor. Bild 22-7a zeigt einen Strahlengang zur vergrößerten Projektion, z. B. eines Diapositivs auf eine Leinwand. Dabei wird jedoch der von der Lichtquelle ausgehende Lichtstrom nur zu einem geringen Teil ausgenutzt ($\Omega_1/4\pi$), während der Anteil $(4\pi-\Omega_1)/4\pi$ verloren geht. Deshalb setzt man zwischen Lichtquelle und Gegenstand eine Kondensorlinse, die den ausgenutzten Raumwinkel auf $\Omega_2 > \Omega_1$ vergrößert, sowie einen Kondensorspiegel ein (Bild 22-7b).

Die Kondensorlinse bewirkt ferner, dass der Lichtstrom im Wesentlichen durch den achsennahen Projektivbereich geht, wo die Abbildungsfehler (siehe 22.2) am geringsten sind. Beim Projektor ist i. Allg. $b \gg g$, sodass aus (22-8) für den Abbildungsmaßstab folgt

$$\beta_m \approx \frac{b}{f} . \qquad (22\text{-}10)$$

Mikroskop. Zur Beobachtung sehr kleiner Gegenstände wird eine zweistufige Abbildung benutzt (Bild 22-8). In der ersten Stufe wird mit dem Objektiv ein stark vergrößertes reelles Bild B des Gegenstandes G hergestellt ($g \approx f_1$). In der zweiten Stufe wird das reelle Zwischenbild B mit dem Okular, das als Lupe wirkt, weiter vergrößert. Es entsteht ein virtuelles Bild B'.

Fernrohre benutzen wie Mikroskope eine mindestens zweistufige Abbildung. Hier wird ein weit entfernter Gegenstand ($g \to \infty : b \approx f$) durch das Objektiv in der Nähe des bildseitigen Brennpunktes reell abgebildet. Dieses Zwischenbild wird dann wiederum durch ein Okular als virtuelles, vergrößertes Bild betrachtet.

Auf die das Reflexionsgesetz (21-1) ausnutzende Abbildung mit Spiegeln wird hier aus Platzgründen nicht

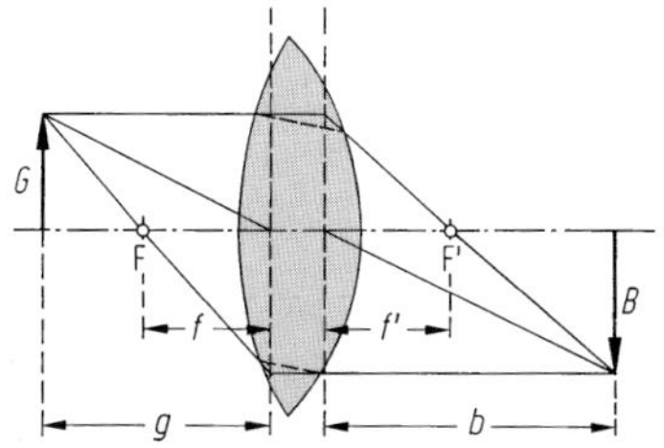

Bild 22-6. Bildkonstruktion bei einer dicken Linse

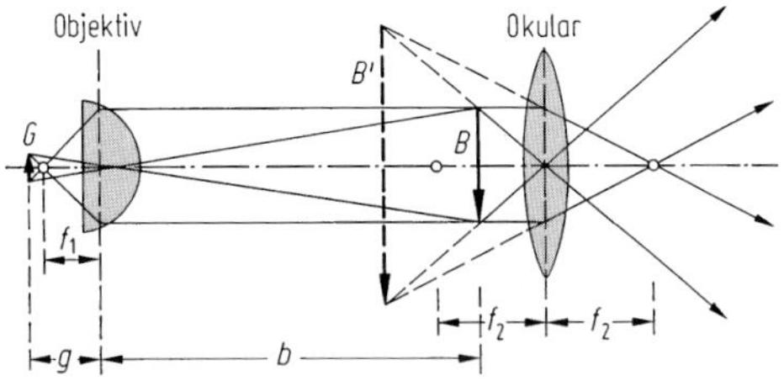

Bild 22-8. Strahlengang im Mikroskop

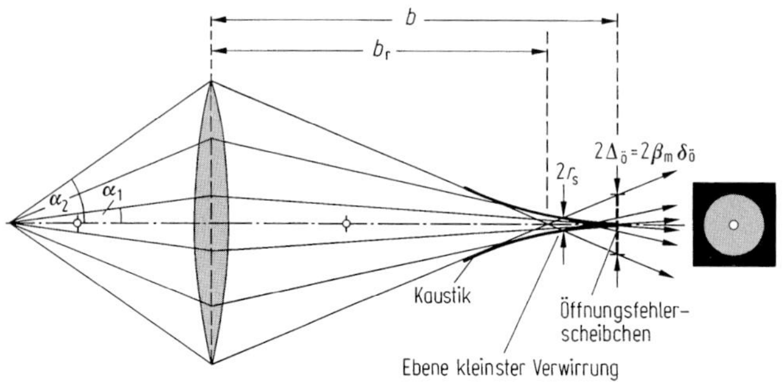

Bild 22-9a. Öffnungsfehler einer sphärischen Linse

eingegangen. Man erhält jedoch für die Abbildung mit gekrümmten Spiegeln grundsätzlich analoge Beziehungen wie für die Abbildung mit Linsen.

22.2 Abbildungsfehler

Sphärische Linsen erzeugen nur näherungsweise eine fehlerfreie Abbildung, in der jeder Bildpunkt eindeutig einem Gegenstandspunkt zugeordnet ist, und in der die geometrische Ähnlichkeit zwischen Bild und Gegenstand gewahrt ist. Die folgend geschilderten Abbildungsfehler (Linsenfehler, Aberrationen) können teilweise durch Kombinationen geeigneter Linsen (und heute auch durch Verwendung asphärischer Linsen) reduziert (korrigiert) werden.

Öffnungsfehler (sphärische Aberration)

Die Gültigkeit der Abbildungsgleichung (22-6) ist auf achsennahe Strahlen begrenzt (Bereich der Gauß'schen Abbildung). Achsenferne Strahlen in den Randbereichen einer sphärischen Linse werden stärker gebrochen, als es der Abbildungsbedingung (22-2) entspricht. Die zugehörige Bildweite (bei Abbildung eines ∞ fernen Gegenstandpunktes: Brennweite) ist daher kürzer als die der achsenahen Strahlen (Bild 22-9a). Die Differenz der Bildweiten (bzw. der Brennweiten $\delta_f = f - f_r$) wird im engeren Sinne als Öffnungsfehler bezeichnet.

Die Einhüllende des bildseitigen Strahlenbündels heißt *Kaustiklinie*. Ihr Schnitt mit dem gegenüberliegenden Randstrahl definiert die Ebene kleinster Verwirrung (Radius r_s). Infolge des Öffnungsfehlers wird ein Gegenstandspunkt nicht als Punkt abgebildet, sondern am Ort des Gauß'schen Bildes als Fehlerscheibchen vom Radius $\Delta_Ö$. Der mithilfe des Abbildungsmaßstabes β_m auf die Gegenstandsseite zurückgerechnete Radius des Fehlerscheibchens $\delta_Ö$ steigt mit der 3. Potenz des Linsenaperturwinkels α (ohne Ableitung; Seidel'sche Fehlertheorie):

$$\delta_Ö = \frac{\Delta_Ö}{\beta_m} = C_Ö \alpha^3 \qquad (22\text{-}11)$$

Je nach Linsenform liegt der Öffnungsfehlerkoeffizient $C_Ö$ in der Größenordnung mehrerer Brennweiten f. Er ist am kleinsten, wenn die gegenstandsseitigen und die bildseitigen Randstrahlen etwa die gleichen Winkel zur Linsenoberfläche haben. Das erfordert je nach Abbildungsproblem meist eine asymmetrische Linsenform (z. B. plankonvex, vgl. Mikroskopobjektiv, Bild 22-8). Der Öffnungsfehler kann durch Abblendung auf kleine Aperturwinkel α reduziert werden. Dem stehen jedoch die damit verbundene Lichtschwächung und der steigende Beugungsfehler (siehe unten) entgegen.

Eine spezielle Form des Öffnungsfehlers ist die *Koma:* Das Öffnungsfehlerscheibchen wird asymmetrisch, wenn die Linse seitlich ausgeleuchtet wird (Bild 22-9b). Komafiguren werden daher bei schlechter Linsenzentrierung beobachtet.

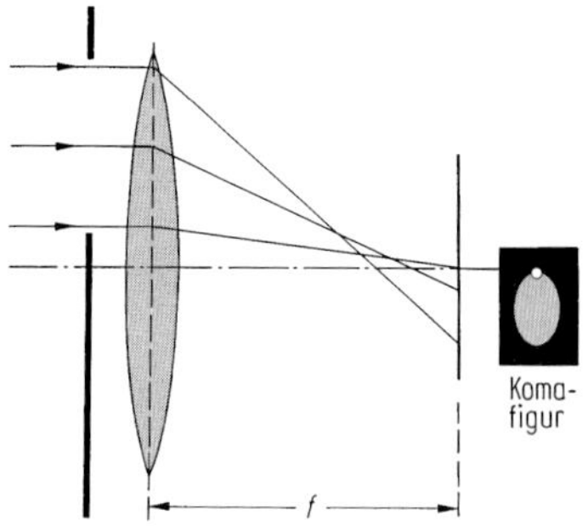

Bild 22-9b. Zur Entstehung der Komafigur

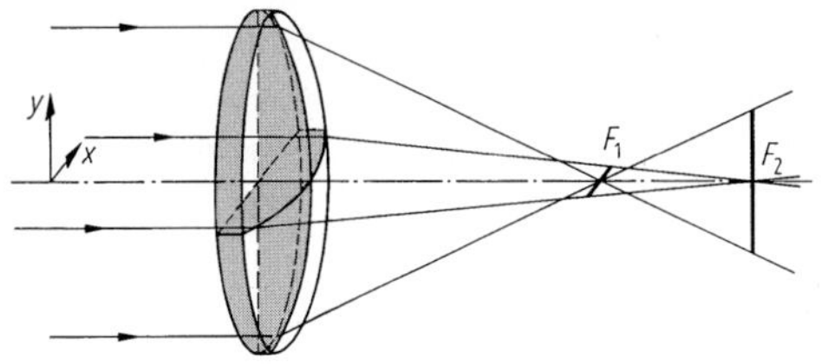

Bild 22-10. Astigmatismus einer Linse mit unterschiedlichen Krümmungen: anstelle eines Brennpunktes treten zwei zueinander senkrechte Brennlinien auf

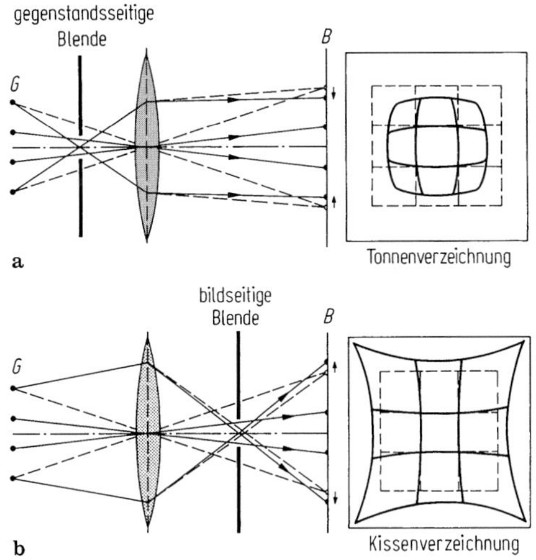

Bild 22-11. Zur Entstehung von Tonnen- und Kissenverzeichnung

Astigmatismus

Linsen mit nicht ganz sphärischen Flächen zeigen in zueinander senkrechten, die optische Achse enthaltenden Schnittflächen unterschiedliche Zylinderlinsenwirkung, d.h., die Brennweiten sind für solche Schnittflächen verschieden. Ein Gegenstandspunkt kann dann bestenfalls in zwei unterschiedlichen Bildebenen als Strich abgebildet werden, wobei die beiden Strichbilder aufeinander senkrecht stehen (Bild 22-10). Derselbe Effekt tritt an sphärischen Linsen bei schiefer Durchstrahlung auf. Für den Astigmatismus korrigierte Linsensysteme: Anastigmate.

Kissen- und Tonnenverzeichnung

Zu geometrischen Verzeichnungen infolge des Öffnungsfehlers kommt es, wenn das abbildende Strahlenbündel außerhalb der abbildenden Linse durch Blenden eingeengt wird. Eine Blende im Gegenstandsraum bewirkt, dass für die Abbildung der äußeren Gegenstandsbereiche Randbereiche der

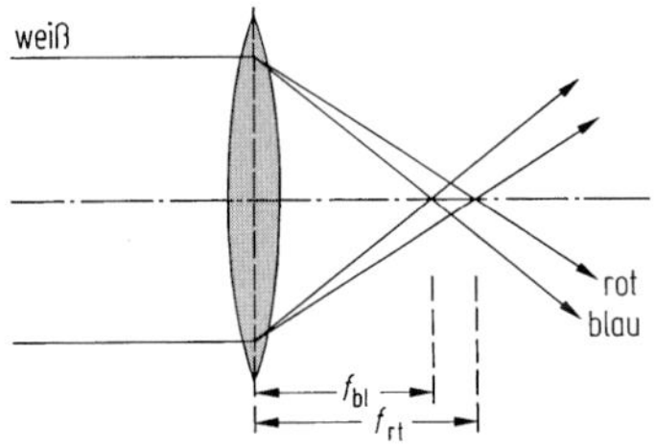

Bild 22-12. Zur Entstehung des Farbfehlers

Linse genutzt werden. Das führt zu kleineren Abbildungsmaßstäben im Randbildbereich als im zentralen Bildbereich: *Tonnenverzeichnung* (Bild 22-11a).

Eine Blende im Bildbereich bewirkt das Gegenteil: äußere Bildbereiche werden stärker vergrößert wiedergegeben als innere Bildbereiche: *Kissenverzeichnung* (Bild 22-11b).

Farbfehler (chromatische Aberration)

Die Dispersion des Linsenmaterials bewirkt, dass vor allem im Linsenrandbereich blaues Licht stärker gebrochen wird als rotes Licht (vgl. Bilder 21-8 und 22-12). Mit weißem Licht erzeugte Bilder bekommen dann Farbsäume. Der Farbfehler kann für zwei Wellenlängen durch Kombination einer Konvexlinse aus Kronglas und einer Konkavlinse aus Flintglas, die unterschiedliche Dispersion haben (Tabelle 21-1), korrigiert werden: Achromat.

Bildfeldwölbung

Ein ebener Gegenstand wird durch eine Linse in einer gewölbten Fläche scharf abgebildet. Auf einem ebenen Bildschirm werden dann die Randbereiche unscharf. In dieser Hinsicht korrigiertes Linsensystem: Aplanat.

Beugungsfehler

Die Berücksichtigung der Welleneigenschaften des Lichtes zeigt, dass Lichtbündel von begrenztem Durchmesser D durch Beugung (siehe 23 und 24) aufgeweitet werden. Bei der Abbildung eines fernen

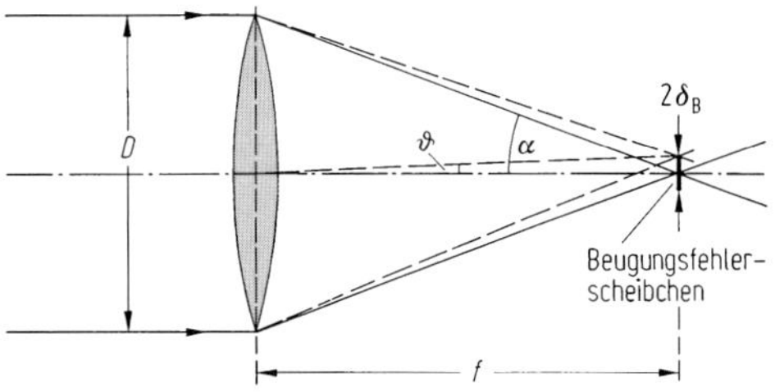

Bild 22-13. Zur Berechnung des Beugungsfehlers

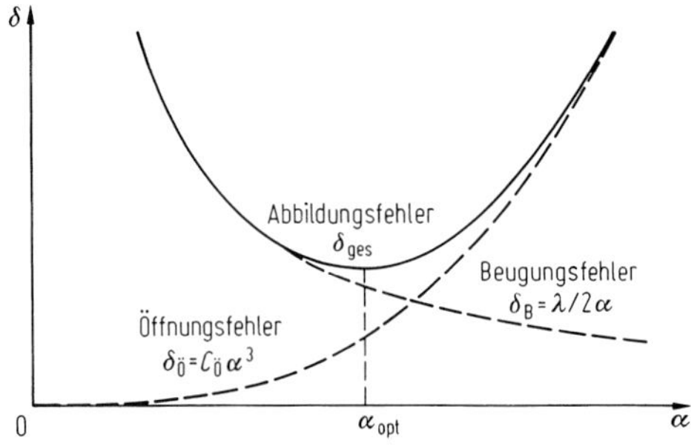

Bild 22-14. Abbildungsunschärfe als Funktion des Öffnungswinkels (qualitativ)

Gegenstandspunktes durch eine Linse des Durchmessers D entsteht daher ein Beugungsfehlerscheibchen vom Radius δ_B (Bild 22-13).

Der Beugungswinkel beträgt nach (23-13) $\vartheta \approx \lambda/D$ mit λ = Wellenlänge des verwendeten Lichtes. Mit $D \approx 2\alpha f$ folgt für den Radius des Beugungsfehlerscheibchens

$$\delta_B \approx \vartheta f \approx \frac{\lambda f}{D} \approx \frac{\lambda}{2\alpha} . \qquad (22\text{-}12)$$

Beugungsunschärfe δ_B und Öffnungsfehlerunschärfe $\delta_Ö$ (22-11) hängen also gegensinnig vom Öffnungswinkel (Aperturwinkel) α ab. Die geringste Unschärfe ist daher für einen optimalen Öffnungswinkel α_{opt} zu erwarten, der nahe bei $\delta_Ö \approx \delta_B$ liegt (Bild 22-14).

23 Interferenz und Beugung

Unter *Interferenz* versteht man die Erscheinungen, die durch Überlagerung von am gleichen Ort zusammentreffenden Wellenzügen gleicher Art (elastische, elektromagnetische, Materiewellen, Gravitationswellen usw.) hervorgerufen werden, z. B. gegenseitige Verstärkung oder Auslöschung, stehende Wellen usw. (bei Wellen gleicher Frequenz, vgl. 18), oder Schwebungen (bei Wellen von etwas verschiedener Frequenz) usw.

Bringt man in das Feld einer fortschreitenden Welle ein Hindernis (Schirm, Blendenöffnung), so gelangt z. B. auch in den geometrischen Schattenraum eine Wellenerregung: *Beugung*. Die Beugungserscheinungen lassen sich durch die Interferenz der von der primären Welle nach dem Huygens'schen Prinzip ausgelösten Elementarwellen (siehe unten) beschreiben.

23.1 Huygens'sches Prinzip

Die Ausbreitung von Wellen beliebiger Form kann auf die Ausbreitung von Kugelwellen, sogenannten Elementarwellen, und deren phasenrichtige Überlagerung (Interferenz) zurückgeführt werden (*Huygens'sches Prinzip*, ca. 1680):

> Jeder Punkt einer Wellenfläche (Phasenfläche) ist Ausgangspunkt einer neuen Elementarwelle (Kugelwelle), die sich im gleichen Medium mit der gleichen Geschwindigkeit wie die ursprüngliche Welle ausbreitet. Die tangierende Hüllfläche aller Elementarwellen gleicher Phase ergibt eine neue Lage der Phasenfläche der ursprünglichen Welle.

Beispiele für die Anwendung dieses Prinzips zeigt Bild 23-1.

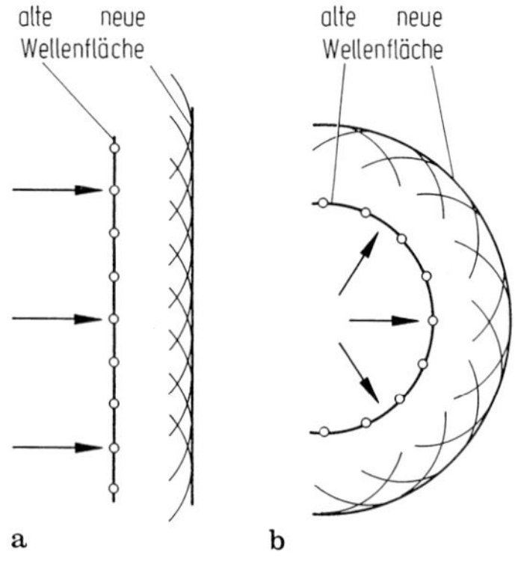

Bild 23-1. Entstehung neuer Wellenflächen nach dem Huygens'schen Prinzip **a** für ebene Wellen, **b** für Kugelwellen

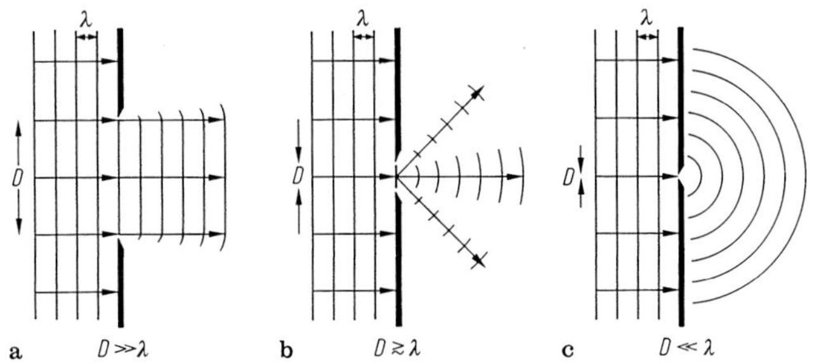

Bild 23-2. Durchgang einer Welle durch eine Spaltöffnung bei verschiedenen Spaltbreiten D im Vergleich zur Wellenlänge λ

Die Anwendung des Huygens'schen Prinzips werde für den Durchgang einer ebenen Welle durch eine Schirmöffnung der Breite D betrachtet (Bild 23-2):
Sind die Abmessungen der Schirmöffnung groß gegenüber der Wellenlänge ($D \gg \lambda$, Bild 23-2a), so erhält man hinter dem Schirm ein nahezu ungestörtes Wellenfeld von der Breite der Schirmöffnung. Für diesen Fall ist das Strahlenkonzept offenbar brauchbar. Es treten lediglich geringe Randstörungen auf, die daher rühren, dass im Schattenbereich keine Elementarwellen vom hier ausgeblendeten primären Wellenfeld angeregt werden.
Kommt hingegen die Spaltbreite D in die Nähe der Wellenlänge λ ($D \gtrsim \lambda$, Bild 23-2b), so wird die Intensitätsverteilung zunehmend stärker durch Interferenzmaxima und -minima strukturiert, sowohl innerhalb als auch außerhalb des geometrischen Strahlbereichs.
Wird schließlich $D \ll \lambda$ (Bild 23-2c), so wird gewissermaßen nur noch eine einzelne Elementarwelle von der Schirmöffnung freigegeben. Das Strahlenkonzept ist hier völlig unbrauchbar, während das Huygens'sche Prinzip die zu beobachtenden Beugungsphänomene richtig beschreibt.
Das Huygens'sche Prinzip, insbesondere in der Erweiterung von Fresnel (siehe unten) ist die Grundlage der quantitativen Theorie der Beugung.

Huygens-Fresnel'sches Prinzip:

> Die Amplitude einer Welle in einem beliebigen Raumpunkt ergibt sich aus der Überlagerung aller dort eintreffenden Elementarwellen unter Berücksichtigung ihrer Phase.

Bei der Beugung von elektromagnetischen Wellen, insbesondere von Lichtwellen, ist es für viele Zwecke ausreichend, den vektoriellen Charakter des elektromagnetischen Feldes zu vernachlässigen, d. h. eine skalare Wellentheorie zu betreiben. Zur Vereinfachung der mathematischen Schreibweise werden cos- und sin-Wellen nach der Euler'schen Formel (vgl. A 7.1) komplex zusammengefasst:

$$\begin{aligned} u(r,t) &= \hat{u}[\cos(\omega t - kr) + \mathrm{j}\sin(\omega t - kr)] \\ &= \hat{u}\mathrm{e}^{\mathrm{j}(\omega t - kr)} = \hat{u}\mathrm{e}^{-\mathrm{j}kr}\mathrm{e}^{\mathrm{j}\omega t}\,. \end{aligned} \tag{23-1}$$

u ist hierin die Erregung. Das kann z. B. der Betrag der elektrischen oder der magnetischen Feldstärke sein. Eine auslaufende Kugelwelle (vgl. (18-10) lautet in dieser Schreibweise

$$u(r,t) = \frac{u_1}{r}\mathrm{e}^{-\mathrm{j}kr}\mathrm{e}^{\mathrm{j}\omega t}\,. \tag{23-2}$$

Für die Berechnung der Beugungsintensitäten durch phasenrichtige Überlagerung der elementaren Kugelwellen ist der Zeitfaktor $\mathrm{e}^{\mathrm{j}\omega t}$ nicht wesentlich und wird daher abgespalten. Im Schlussergebnis der Beugungsrechnung kann, wenn nötig, der Realteil der Lichterregung u wiedergewonnen werden durch Addition der konjugiert komplexen Erregung u^*.
Die mathematische Ausformulierung des Huygens-Fresnel'schen Prinzips durch Kirchhoff berechnet die Lichterregung $u(\mathrm{P})$ in einem beliebigen Punkt P als Integral der Lichterregung u über eine den Punkt P einschließende Fläche. Handelt es sich um die Beugung an einer Öffnung in einem Schirm (Fläche A), so wird man als Integrationsfläche den Schirm einschließlich Öffnung wählen. Da die Erregung auf dem Schirm jedoch nicht bekannt ist, wird nach Kirchhoff angenommen, dass in der freien Öffnung die Erregung vorliegt, die auch ohne Vorhandensein des Schirmes dort auftreten würde, während die Erregung (und deren Gradient) auf dem Schirm selbst gleich null gesetzt wird. Da die Materialeigenschaften des Schirms dann gar nicht mehr in die Rechnung eingehen, muss das Ergebnis für die unmittelbare Nähe des Schirmrandes nicht in jedem Falle zutreffen. Davon

abgesehen ist jedoch die Kirchhoff'sche Beugungstheorie außerordentlich erfolgreich.
Für einen ebenen Schirm an der Stelle $z = 0$ (Bild 23-3) lautet die *Kirchhoff'sche Beugungsformel* in der Formulierung von Sommerfeld

$$u(\mathrm{P}) = \frac{\mathrm{j}}{\lambda} \iint_A u(\xi,\eta) \frac{\mathrm{e}^{-\mathrm{j}kr}}{r} \cos(\boldsymbol{n},\boldsymbol{r})\, \mathrm{d}\xi\, \mathrm{d}\eta\,. \quad (23\text{-}3)$$

$u(\mathrm{P})$ und $u(\xi,\eta)$ sind die Erregungen im Beobachtungspunkt $\mathrm{P}(x,y,z)$ bzw. in der Schirmöffnung (Schirmkoordinaten ξ und η), $\boldsymbol{n}$ ist die Flächennormale des Schirms. Gleichung (23-3) formuliert genau die Huygens'sche Vorstellung: Die resultierende Erregung ergibt sich als Überlagerung aller von der beugenden Öffnung ausgehenden Kugelwellen. Der Faktor $\cos(\boldsymbol{n},\boldsymbol{r})$ entspricht dabei dem Lambert'schen Cosinusgesetz (siehe 20.2). Ferner ist $r \gg \lambda$ vorausgesetzt. Die Erregungsverteilung $u(\xi,\eta)$ in der Schirmöffnung kann z. B. durch eine Lichtquelle $\mathrm{Q}(x_0,y_0,z_0)$ im Abstand $\boldsymbol{R}_0$ erzeugt werden.
Sind die linearen Abmessungen der beugenden Öffnung $D \ll r, R$, so kann r im Nenner durch den mittleren Wert R ersetzt werden und zusammen mit dem dann wenig veränderlichen Faktor $\cos(\boldsymbol{n},\boldsymbol{r})$ aus dem Integral herausgezogen werden. Wegen $R \gg \xi,\eta$ kann dann r im Exponenten entwickelt werden:

$$r = R - \alpha\xi - \beta\eta + \frac{1}{2R}[\xi^2 + \eta^2 - (\alpha\xi + \beta\eta)^2 + \ldots]\,. \quad (23\text{-}4)$$

Hierbei sind

$$\alpha = \frac{x}{R} \quad \text{und} \quad \beta = \frac{y}{R} \quad (23\text{-}5)$$

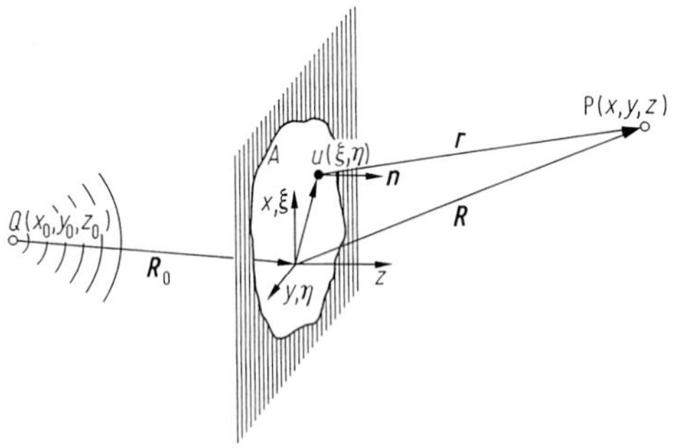

Bild 23-3. Zur Beugung an einer Schirmöffnung nach Kirchhoff

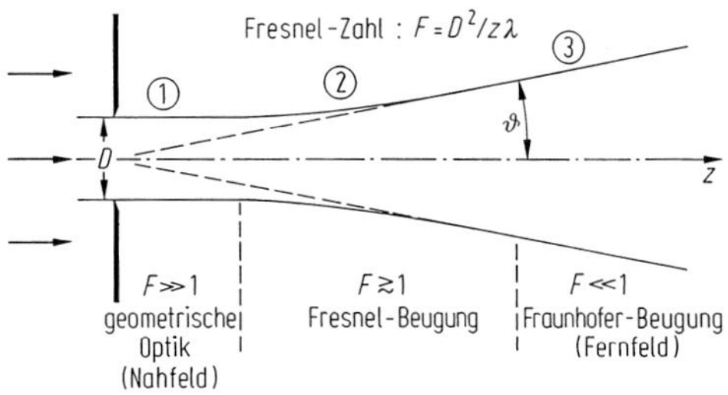

Bild 23-4. Zur Einteilung der Beugungserscheinungen hinter einer Öffnung der Breite $D > \lambda$ in charakteristische Bereiche mithilfe der Fresnel-Zahl

die Richtungscosinus von $\boldsymbol{R}$ gegen die ξ- bzw. η-Achse. Diese Entwicklung gestattet eine Einteilung der Beugungserscheinungen:

Fraunhofer-Beugung. Für große Entfernungen von Lichtquelle Q und Beobachtungspunkt P vom Schirm, d. h. $R, R_0 \to \infty$, können die quadratischen Glieder vernachlässigt werden. Aus (23-3) ergibt sich dann unter Weglassung des konstanten Phasenfaktors $\exp(-\mathrm{j}kR)$

$$u(\mathrm{P}) = \frac{\mathrm{j}\cos(\boldsymbol{n},\boldsymbol{R})}{\lambda R} \iint_A u(\xi,\eta)\, \mathrm{e}^{\mathrm{j}k(\alpha\xi+\beta\eta)}\, \mathrm{d}\xi\, \mathrm{d}\eta\,. \quad (23\text{-}6)$$

Fresnel-Beugung. In Fällen, in denen die Bedingung für Fraunhofer-Beugung nicht erfüllt ist, müssen mindestens die quadratischen Glieder in (23-4) berücksichtigt werden.
Entsprechend den genannten Einschränkungen lassen sich die verschiedenen Beugungsbereiche mithilfe der *Fresnel-Zahl*

$$F = \frac{D^2}{z\lambda} \quad (23\text{-}7)$$

(D lineare Abmessung des beugenden Objekts) charakterisieren (Bild 23-4):

1. Bereich der geometrischen Optik, $F \gg 1 (F \to \infty)$: Die Ausbreitung erfolgt entsprechend der von der Lichtquelle ausgehenden geometrischen Projektion des Schirms. Kennzeichen sind: Geradlinigkeit der Ausbreitung in homogenen Medien (siehe 22), scharfe Schattengrenzen, Einfluss der Wellenlänge vernachlässigbar.
2. Bereich der Fresnel-Beugung, $F \approx 1$ $(10^{-2} < F < 10^2)$:

Die Ausbreitung erfolgt nur näherungsweise im Bereich der geometrischen Schattenprojektion. Mit abnehmenden Werten von F steigt die seitliche Abströmung der Strahlungsenergie und geht in den Beugungswinkel ϑ (siehe 23.2) über. Die Intensitätsverteilung hinter der Öffnung ist stark strukturiert und zeigt eine ausgeprägte z-Abhängigkeit in der Zahl der Interferenzmaxima.

3. Bereich der Fraunhofer-Beugung, $F \ll 1$ ($F \to 0$):
   Die Ausbreitung erfolgt hauptsächlich innerhalb des Beugungswinkels $\vartheta = \arcsin(\lambda/D)$. Die Form der Intensitätsverteilung hängt nicht mehr von z ab.

23.2 Fraunhofer-Beugung an Spalt und Gitter

Die Beobachtung der Fraunhofer-Beugung setzt voraus, dass Lichtquelle Q und Beobachtungspunkt P sehr weit von der beugenden Öffnung entfernt sind ($R_0, R \to \infty$). Im Experiment lässt sich dies durch eine Parallelstrahl-Beleuchtung (z. B. mithilfe einer Linse vor dem Objekt, in deren gegenstandsseitigem Brennpunkt sich eine Punktlichtquelle befindet) und eine hinter dem Beugungsobjekt angeordnete Linse erreichen, in deren hinterer Brennebene das Fraunhofer-Beugungsbild auftritt (Bild 23-5).

Nimmt man an, dass die Erregung direkt hinter dem Schirm durch eine konstante Primärerregung u_e erzeugt wird (etwa durch eine Punktquelle $Q(0, 0, -\infty)$, sodass die Schirmebene eine Phasenfläche ist), die durch den Schirm (und seine Öffnung) örtlich moduliert wird, so lässt sich die Erregung auch durch eine Objektfunktion $O(\xi, \eta)$ beschreiben:

$$u(\xi, \eta) = u_e\, O(\xi, \eta)\,. \qquad (23\text{-}8)$$

Das Kirchhoff'sche Integral (23-6) lautet dann bis auf nur langsam mit x und y variierende Vorfaktoren

$$u(\mathrm{P}) = \mathrm{const} \iint\limits_A O(\xi, \eta)\, \mathrm{e}^{\mathrm{j}k(\alpha\xi + \beta\eta)} \mathrm{d}\xi\, \mathrm{d}\eta \qquad (23\text{-}9)$$

und stellt mathematisch eine Fourier-Transformation (A 23.1) dar.

Beugung am Einfachspalt

Die Objektfunktion für einen in η-Richtung ∞-lang ausgedehnten Spalt der Breite s lautet

$$O(\xi, \eta) = O(\xi) = \begin{cases} 1 \text{ für } & -s/2 < \xi < s/2 \\ 0 \text{ sonst} & \end{cases}\,. \qquad (23\text{-}10)$$

Mit dieser Objektfunktion ergibt das leicht auszuführende Kirchhoff'sche Integral (23-9) für den Intensitätsverlauf $I(X) \sim u^2(X)$ in der Beugungsebene die *Spaltbeugungsfunktion*

$$I(X) = I_0 \frac{\sin^2 X}{X^2}\,. \qquad (23\text{-}11)$$

I_0 ist die Intensität an der Stelle $X = 0$, also in Geradeausrichtung. $X = k\alpha s/2 = \pi\alpha s/\lambda = \pi s x_f/\lambda f$ ist eine normierte Koordinate in der Bildebene (Brennebene der nachgeschalteten Linse) mit $x_f \approx \alpha f$ und $\alpha = \sin\vartheta$ (Bild 23-5):

$$X = \frac{\pi s}{\lambda} \sin\vartheta\,. \qquad (23\text{-}12)$$

Bild 23-6 zeigt die Intensitätsverteilung $I(X)$. Sie hat Nullstellen bei $X = \pi, 2\pi, \ldots, n\pi, \ldots$. Hier interferieren alle von der Spaltfläche ausgehenden Elementarwellen so miteinander, dass sie sich insgesamt auslöschen. Die zu den Minima gehörenden Beugungswinkel beim Einfachspalt ergeben sich aus (23-12) zu

$$\sin\vartheta_{\min} = \pm n \frac{\lambda}{s} \quad (n = 1, 2, \ldots)\,. \qquad (23\text{-}13)$$

Wird die Spaltbreite s verringert, so wird die Verteilung umgekehrt proportional zu s breiter (die Intensität dabei geringer), bis schließlich eine einfache Kugelwelle mit nahezu richtungsunabhängiger Intensität übrigbleibt (vgl. auch Bild 23-2c).

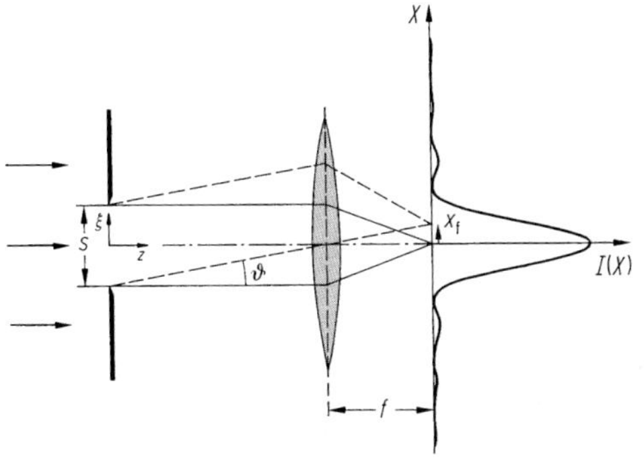

Bild 23-5. Erzeugung des Fraunhofer-Beugungsbildes eines Spaltes in der Brennebene einer Linse

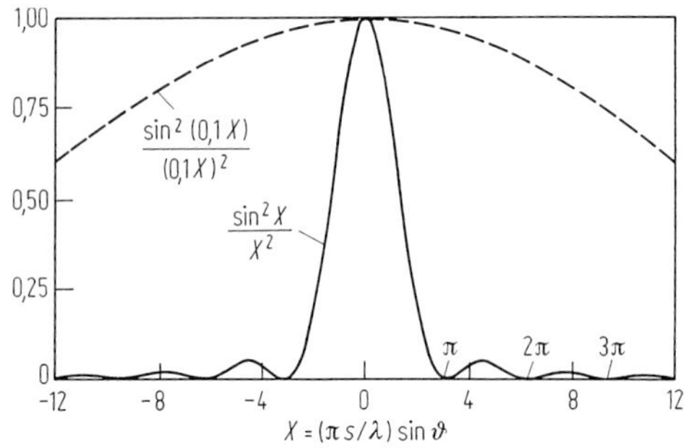

Bild 23-6. Spaltfunktion: Fraunhofer-Beugungsintensität hinter Einfachspalten verschiedener Breite s_1 und $s_2 = 0{,}1\,s_1$

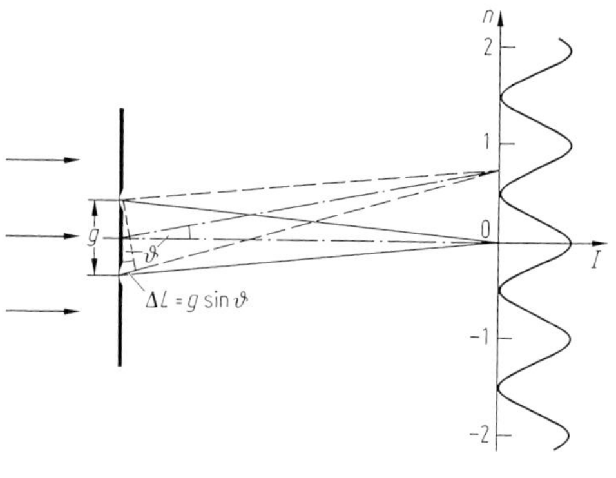

Bild 23-7. Beugung am unendlich dünnen Doppelspalt

Beugung am Doppelspalt

Die Beugungsintensität hinter zwei oder mehr unendlich dünnen Spalten mit dem Abstand g lässt sich auf direktem Wege berechnen. Die Interferenzamplitude der Erregung auf einem weit entfernten Schirm, die durch Überlagerung der an zwei Spalten gebeugten Wellen entsteht (Bild 23-7), ergibt sich aus dem Gangunterschied (Differenz der optischen Weglängen, siehe 21.1) $\Delta L = g \sin\vartheta$ bzw. der daraus resultierenden Phasendifferenz

$$\Delta\varphi = k\Delta L = \frac{2\pi}{\lambda}\, g \sin\vartheta\,. \qquad (23\text{-}14)$$

Die Interferenzamplitude der beiden Wellen mit der Einzelamplitude u_e beträgt in der Beugungsrichtung ϑ aufgrund der Phasendifferenz gemäß (23-14)

$$u_\vartheta = 2u_e \cos\frac{\Delta\varphi}{2}\,. \qquad (23\text{-}15)$$

Daraus ergibt sich für die Beugungsintensität $I_\vartheta \sim u_\vartheta^2$ (siehe 19.1) des Doppelspaltes (Bild 23-7)

$$I_\vartheta = 4I_e \cos^2\left(\frac{\pi g}{\lambda}\sin\vartheta\right)\,. \qquad (23\text{-}16)$$

Diese Beugungsintensitätsverteilung hat Maxima an den Stellen

$$\sin\vartheta_{\max} = \pm n\frac{\lambda}{g} \quad (n = 0, 1, \ldots) \qquad (23\text{-}17)$$

und Minima bei

$$\sin\vartheta_{\min} = \pm\left(n + \frac{1}{2}\right)\frac{\lambda}{g} \quad (n = 0, 1, \ldots)\,. \qquad (23\text{-}18)$$

Die $\cos^2$-förmige Beugungsintensitätsverteilung beim Doppelspalt ist die typische Erscheinungsform der Zweistrahlinterferenz, die sehr häufig z. B. auch bei Interferometern ausgenutzt wird. Da man es in praxi mit endlichen Wellenzügen zu tun hat (vgl. 18.1), treten Interferenzerscheinungen zwischen beiden Wellenzügen nur dann auf, wenn der Weglängenunterschied ΔL nicht größer ist als die Länge der Wellenzüge, die in diesem Zusammenhang als *Kohärenzlänge* bezeichnet wird.

Zweistrahlinterferenzen treten u. a. bei zwei vom gleichen Verstärker angesteuerten Lautsprechern auf, bei zwei Antennen eines Senders usw.

Beugung am Gitter

Erhöht man die Zahl N der Spalte über 2 hinaus, so gilt die Bedingung (23-17) für das Auftreten für Maxima weiterhin, da bei dem Beugungswinkel $\vartheta_{\max}$ auch die weiteren Spalten phasenrichtig zur Beugungsintensität beitragen (Bild 23-8):

$$\sin\vartheta_{\max} = \pm\, n\frac{\lambda}{g}, \quad n = 0, 1 \ldots\,. \qquad (23\text{-}19)$$

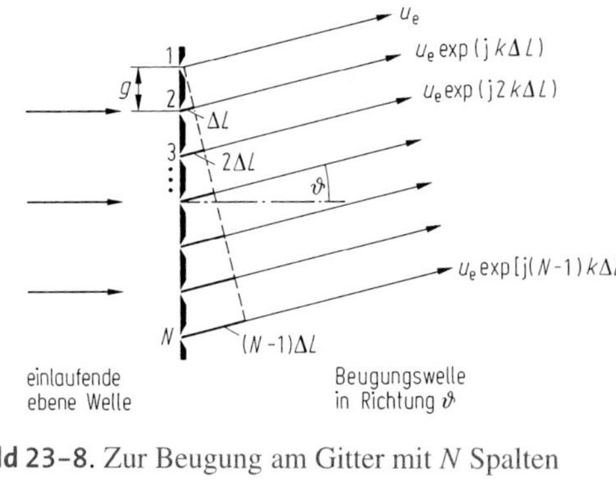

Bild 23-8. Zur Beugung am Gitter mit N Spalten

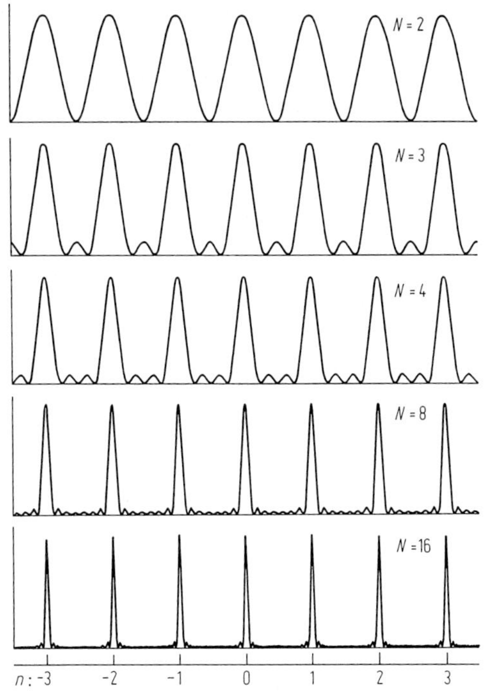

Bild 23-9. Verteilung der Fraunhofer-Beugungsintensität eines Gitters mit zunehmender Spaltzahl N

Der Abstand g der Gitterspalte wird auch Gitterkonstante genannt.

Zwischen den Hauptmaxima verteilt sich die Beugungsintensität jedoch anders als beim Doppelspalt, da bei diesen Richtungen jeweils viele unterschiedliche Phasen auftreten, die zur destruktiven Interferenz führen. Die Überlagerung der von den einzelnen Spalten ausgehenden Teilwellen in Richtung ϑ ergibt

$$u_\vartheta = u_e[1 + e^{jk\Delta L} + \ldots + e^{jk(N-1)\Delta L}] . \qquad (23\text{-}20)$$

Mit der Summenformel für geometrische Reihen ergibt sich daraus

$$u_\vartheta = u_e \frac{1 - e^{jkN\Delta L}}{1 - e^{jk\Delta L}} = u_e \frac{\sin(kN\Delta L/2)}{\sin(k\Delta L/2)} \, e^{jk(N-1)\Delta L/2} . \qquad (23\text{-}21)$$

Der Exponentialterm ist ein Phasenfaktor mit dem Betrag 1. Die Fraunhofer-Beugungsintensität eines Gitters mit N unendlich dünnen Spalten, die sog. Gitterbeugungsfunktion, beträgt demnach mit $k\Delta L/2 = (\pi g/\lambda)\sin\vartheta$

$$I_\vartheta = I_e N^2 \frac{\sin^2\left(N\dfrac{\pi g}{\lambda}\sin\vartheta\right)}{N^2\sin^2\left(\dfrac{\pi g}{\lambda}\sin\vartheta\right)} . \qquad (23\text{-}22)$$

Der Bruchausdruck hat in den durch (23-19) gegebenen Hauptmaxima den Wert 1. Hier wächst demnach die Intensität quadratisch mit der Zahl N der Spaltöffnungen des Gitters. Gleichzeitig sinkt die Halbwertsbreite mit N (Bild 23-9). Für $N \to \infty$ erhält man eine Folge von Deltafunktionen (vgl. A 8.3) an den Stellen der Hauptmaxima: „Delta"-Kamm.

Reale Gitterspalte haben immer eine endliche Breite s. Daher überlagert sich der Gitterbeugungsfunktion (23-22) stets die Spaltbeugungsfunktion (23-11) als Intensitätsfaktor (Bild 23-10).

Kreuzgitter sind Beugungsschirme mit Gitterstrukturen in zwei verschiedenen Richtungen. Sie erzeugen dementsprechend ein zweidimensionales Beugungspunktmuster. Bei der Beugung an vielen, in einer Ebene liegenden, statistisch orientierten Kreuzgittern ordnen sich die Beugungspunkte gleicher Ordnung zu ringförmigen Beugungsstrukturen um die 0. Ordnung als Zentrum. Dies ist das Analogon zu den Debye-Scherrer-Ringen bei der Beugung von Röntgen- und Elektronenstrahlen an Kristallpulvern oder polykristallinen Schichten (siehe unten und 25.4).

Gitter-Dispersion

Nach (23-19) ist der Beugungswinkel für das Auftreten von Beugungsmaxima von der Wellenlänge λ des gebeugten Lichtes abhängig. Bei der Gitterbeugung von weißem Licht sind danach die Beugungswinkel

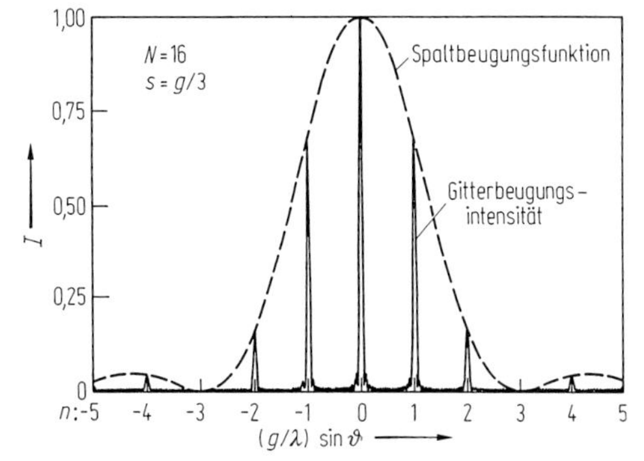

Bild 23-10. Beugungsintensitätsverteilung eines Gitters mit der Gitterkonstante g und der Spaltbreite $s = g/3$

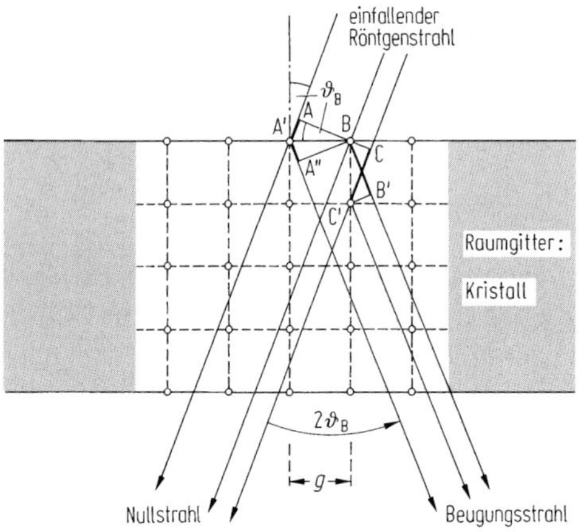

Bild 23-11. Röntgenbeugung am Raumgitter

des blauen Strahlungsanteils kleiner als die des roten Anteils. Jede Beugungsordnung spreizt sich daher zu einem Spektrum auf. Anwendung bei der Spektralanalyse: Gitterspektrograf.

Beugung an Raumgittern

Licht wird (wie jede Welle) nicht nur an Öffnungen gebeugt, sondern ebenso an Hindernissen wie kleinen Kugeln o. ä. Sind solche beugenden Objekte dreidimensional periodisch angeordnet, so liegt ein Raumgitter vor. Fällt eine ebene Welle auf ein solches Raumgitter (Bild 23-11; die Gitterperiodizität ist senkrecht zur Zeichenebene fortgesetzt zu denken), so lässt sich die Beugung daran als sukzessive Beugung an hintereinander angeordneten Flächengittern darstellen (im Bild 23-11 untereinander liegende Kreuzgitter). Während das Entstehen von Beugungsstrahlen an einem einzelnen Flächengitter nicht an bestimmte Einfallswinkel geknüpft ist, tritt bei einem Raumgitter durch die Periodizität auch in der dritten Raumrichtung noch eine dritte Bedingung für die phasenrichtige Überlagerung aller Beugungswellen zu Beugungsmaxima hinzu. Das hat zur Folge, dass Beugungsmaxima von bestimmten Netzebenen des Raumgitters nur bei Einstrahlung unter dem Bragg-Winkel ϑ_B auftreten (Bild 23-11). Phasenrichtig überlagern sich Beugungswellen dann in der Richtung $2\vartheta_B$.

Der Bragg-Winkel ergibt sich aus der *Bragg'schen Gleichung:*

$$2g \sin \vartheta_B = n\lambda \quad (n = 1, 2, \ldots)\,. \tag{23-23}$$

Die Bragg'sche Gleichung folgt aus der Forderung, dass der durch die Strecke AA′A″ gegebene Gangunterschied ein ganzzahliges Vielfaches n der Wellenlänge λ sein muss. Der Beugungsstrahl tritt dann unter dem Winkel $2\vartheta_B$ auf, wird also gewissermaßen an den vertikalen Netzebenen „gespiegelt". Auch die unter dem obersten Flächengitter liegenden beugenden Objekte, z. B. bei C′, liefern dann phasenrichtige Beugungswellen in Richtung $2\vartheta_B$, wie aus Bild 23-11 sofort abzulesen ist (die Strecken BB′ und CC′ sind gleich lang).

Solche Raumgitter liegen als Atomgitter in den Kristallen vor. Mit Lichtwellen ($\lambda \approx 500\,\text{nm}$) sind daran jedoch keine Beugungsmaxima zu erzielen, da die Gitterkonstanten g in der Größenordnung 0,1 bis 1 nm liegen und (23-23) nicht erfüllbar ist. Hingegen lassen sich mit Röntgenstrahlen (siehe 19.2) oder mit Elektronenstrahlen (vgl. 25.4) an Kristallen Beugungsmaxima beobachten, da in beiden Fällen $\lambda < g$ gemacht werden kann.

Durch *Röntgenstrahlbeugung an Kristallen* haben v. Laue, Friedrich und Knipping (1912) erstmals zugleich den Gitteraufbau von Kristallen als auch die Welleneigenschaften der Röntgenstrahlung durch fotografische Registrierung der Laue-Diagramme

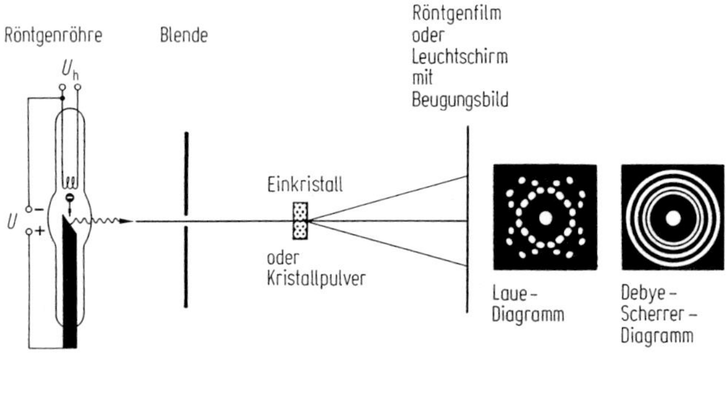

Bild 23-12. Röntgenbeugung an Einkristallen (Laue-Diagramm) und an polykristallinen Materialien oder Kristallpulvern (Debye-Scherrer-Diagramm)

nachgewiesen. Seitdem hat sich die Röntgenbeugung als wichtiges Hilfsmittel zur Strukturuntersuchung entwickelt, da durch Messung der Beugungswinkel ϑ_B über die Bragg'sche Gleichung (23-23) die zugehörigen Gitterkonstanten bestimmt werden können. Bei der Röntgenbeugung an polykristallinen Stoffen oder an Kristallpulvern erhält man (analog zur oben erwähnten Beugung an vielen statistisch orientierten Kreuzgittern) statt der Laue-Punktdiagramme ringförmige Beugungsdiagramme: Debye-Scherrer-Diagramme (Bild 23-12).

24 Wellenaspekte bei der optischen Abbildung

Die optische Abbildung ist in 22 im Rahmen der geometrischen Optik behandelt, d. h. unter Verwendung des Strahlenkonzeptes ohne Berücksichtigung der Welleneigenschaften der zur Abbildung verwendeten Lichtstrahlung (Vernachlässigung der Beugung). Nach Behandlung der Beugung in 23 wird die optische Abbildung hier nochmals vom Standpunkt der Wellenausbreitung aus dargestellt.

24.1 Abbe'sche Mikroskoptheorie

Wie ähnlich ist bei der optischen Abbildung die geometrische Struktur des Bildes derjenigen des abgebildeten Gegenstandes (Objektes)? Dazu werde die Abbildung eines Beugungsgitters (Gitterkonstante d) mittels einer Linse betrachtet (Bild 24-1).

Die vom Objektgitter ausgehenden Beugungsstrahlen werden in der hinteren Brennebene der Abbildungslinse (Objektiv) fokussiert, hier entsteht das Fraunhofer-Beugungsbild des Objekts (siehe 23.2, Bild 23-5), im Falle eines Gitters ein System von hellen Punkten, die die verschiedenen Beugungsordnungen repräsentieren. Das im Verlauf der weiteren Wellenausbreitung von den Beugungspunkten ausgehende Licht interferiert in der Bildebene zur Lichtverteilung des Bildes. Im dargestellten Beispiel (Bild 24-1) werden von der Objektivöffnung die −1., 0. und +1. Beugungsordnung erfasst und in der Brennebene abgebildet. Dementsprechend ergibt sich in der Bildebene eine Intensitätsverteilung, die der Beugungsintensitätsverteilung eines Dreifachspaltes entspricht (Bild 23-9 für $N = 3$). Ersichtlich ist die Ähnlichkeit der Bildintensitätsverteilung mit der des Objekts nur sehr gering. Im Wesentlichen kann aus dem Bild in diesem Falle nur die Gitterkonstante des Objekts (um den Vergößerungsmaßstab gedehnt) entnommen werden. Um eine größere Ähnlichkeit des Bildes mit dem Objekt zu erzielen, müssen offenbar mehr Beugungsordnungen vom Objektiv erfasst und damit zur Abbildung zugelassen werden. Dann verbessert sich die Wiedergabe gemäß Bild 23-9 mit zunehmender Zahl der Quellpunkte in der Brennebene des Objektivs.

Demnach erfolgt vom Beugungsstandpunkt her die Abbildung in zwei Schritten: Zunächst entsteht in der Brennebene das Fraunhofer-Beugungsbild des Objekts. Im zweiten Schritt entsteht in der Bildebene das Bild des Objekts als Beugungsbild der Lichtverteilung in der Brennebene. Beide Schritte lassen sich mathematisch durch das Kirchhoff'sche Integral (23-9) beschreiben, das formal eine Fourier-Transformation (vgl. A 23.1) darstellt. Das Bild entsteht also aus der Objekt-Lichtverteilung durch zweifache Fourier-Transformation. Dies sind die Grundgedanken der *Abbe'schen Mikroskoptheorie* (Ernst Abbe, 1890).

Die Abbe'sche Vorstellung lässt sich durch künstliche Eingriffe in das Beugungsbild in der Objektivbrennebene experimentell überprüfen: Werden alle Beugungsordnungen bis auf eine am weiteren Bildaufbau gehindert (gestrichelte Blende in Bild 24-1), so entsteht lediglich die breite Helligkeitsverteilung auf dem Schirm, die durch eine einzelne Kugelwelle erzeugt wird, ohne jede Strukturinformation über das abzubildende Objekt. Eine Mindestinformation über das abgebildete Objekt ergibt sich offenbar erst dann, wenn mindestens zwei Beugungsordnungen zum Bildaufbau beitragen und eine $\cos^2$-Verteilung in der Bildebene erzeugen (vgl. (23-16)).

Beträgt der Öffnungswinkel des Objektivs ϑ_0, so ist der größte noch vom Objektiv zu erfassende Beugungswinkel $\vartheta \approx \vartheta_0$ (bei schräger Beleuchtung des Objektgitters, sodass 0. und 1. Ordnung gerade noch durch die Objektivlinse gehen, vgl. Bild 24-2). Dem entspricht ein kleinster, noch abzubildender Gitterspaltabstand $d \approx \lambda / \sin \vartheta_0$, den man für $n = 1$ aus der Beugungsformel (23-19) erhält. Da dieselbe Beugungsformel auch für den Doppelspalt gilt (23-17),

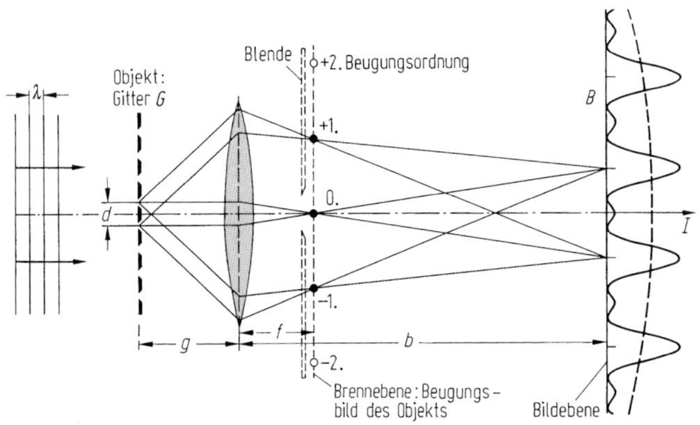

Bild 24-1. Zur Abbildung eines Gitterobjekts nach der Abbe'schen Mikroskoptheorie

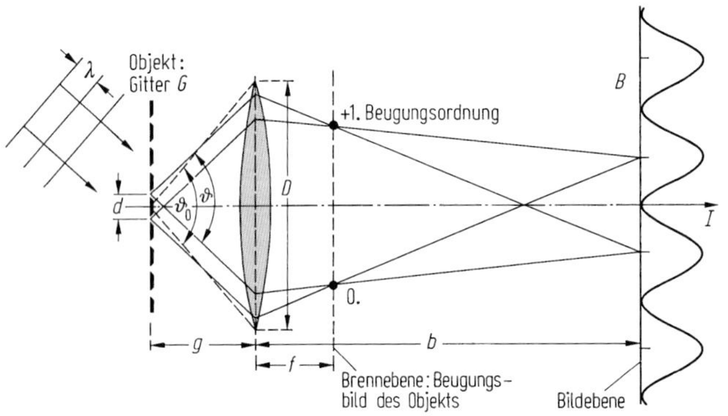

Bild 24-2. Zur Auflösungsgrenze bei der optischen Abbildung

gilt offenbar generell für den kleinsten bei gegebenem Objektiv-Öffnungswinkel ϑ_0 noch abzubildenden Abstand, die sog. *Abbe'sche Auflösungsgrenze*,

$$d_{\min} \approx \frac{\lambda}{\sin\vartheta_0} \,. \tag{24-1}$$

Für das *Mikroskop* ist als untere Grenze $\sin\vartheta_0 = 1$ zu erreichen, d. h., die Auflösungsgrenze des Mikroskops ist

$$d_{\min} \approx \lambda \,. \tag{24-2}$$

Das Lichtmikroskop kann daher prinzipiell keine Strukturen auflösen, deren Abstand kleiner als die Wellenlänge des Lichtes von etwa 0,5 μm ist. Höhere Auflösungen lassen sich nur mit Strahlungen kleinerer Wellenlänge erzielen (Elektronenmikroskop, siehe 25.5).

Beim *Fernrohr* ist die Gegenstandsweite g sehr groß gegen den Objektivdurchmesser D. Dann ist $\vartheta_0 \approx D/g \approx \sin\vartheta_0$, womit aus (24-1) für die Auflösungsgrenze des Fernrohrs folgt:

$$d_{\min} \approx \frac{\lambda}{D}\, g \,. \tag{24-3}$$

Beispiel: Bei einer sonst störungsfreien Abbildung mit einem Fernrohrobjektiv von $D = 5$ cm Durchmesser beträgt die Auflösungsgrenze für Gegenstände in $g = 100$ km Entfernung $d_{\min} \approx 1$ m.

24.2 Holografie

Die Abbe'sche Theorie (24.1) stellt die optische Abbildung als zweistufigen Vorgang dar, bei dem zunächst das Beugungsbild des Objekts in der Brennebene des Objektivs erzeugt wird. Anschließend entsteht durch Interferenz aus der Lichtverteilung des Beugungsbildes das Bild in der Bildebene. Diese Vorstellung legt nahe, dass im Grunde die Lichtverteilung nicht nur in der Brennebene des Objektivs, sondern in jeder Ebene zwischen Objekt und Bild die vollständige Objektinformation enthält.

Gelingt es, diese Lichtverteilung nach Betrag und Phase z. B. fotografisch zu speichern (*Holografie*, von griech. hólos = ganz und gráphein = schreiben), so muss im Prinzip das Bild daraus rekonstruiert werden können (Gabor, 1948).

Wird danach einfach eine Fotoplatte in die vom Objekt ausgehende Objektwelle gestellt und anschließend entwickelt, so erhält man eine vom Objekt bestimmte Schwärzung, die jedoch nur den Betrag der Amplitude (bzw. deren Quadrat) der Objektwelle am Orte der Fotoplatte wiedergibt, während die Phase nicht registriert wird. Eine Rekonstruktion der Objektwelle, z. B. durch Beleuchtung der (zur Erhaltung eines Positivs umkopierten) Fotoplatte, ist daher so i. Allg. nicht möglich.

Eine gleichzeitige Registrierung von Betrag und Phase der Objektwelle in einem *Hologramm* ist durch zusätzliche Überlagerung einer Referenzwelle erreichbar (Bild 24-3).

Die Objektwelle in der Ebene der Fotoplatte (x, y), die hier durch Beleuchtung eines teiltransparenten Gegenstandes (Objekt) erzeugt wird, werde nach Abspaltung des Zeitfaktors $\exp(-\mathrm{j}\omega t)$ dargestellt durch

$$u_\mathrm{G}(x, y) = |u_\mathrm{G}(x, y)|\,\mathrm{e}^{\mathrm{j}\varphi_\mathrm{G}(x, y)}\,, \qquad (24\text{-}4)$$

worin der Betrag der Erregung $|u_\mathrm{G}(x, y)|$ sich als Beugungserregung aus der Lichtverteilung im Objekt durch Anwendung des Kirchhoff'schen Integrals (für ein ebenes Objekt z. B. aus (23-9)) bestimmen lässt. Bei einiger Entfernung vom Objekt ist $u_\mathrm{G}(x, y)$ dem Objekt i. Allg. nicht mehr erkennbar ähnlich. $\varphi_\mathrm{G}(x, y)$ ist die Phase in der Registrierebene (x, y).

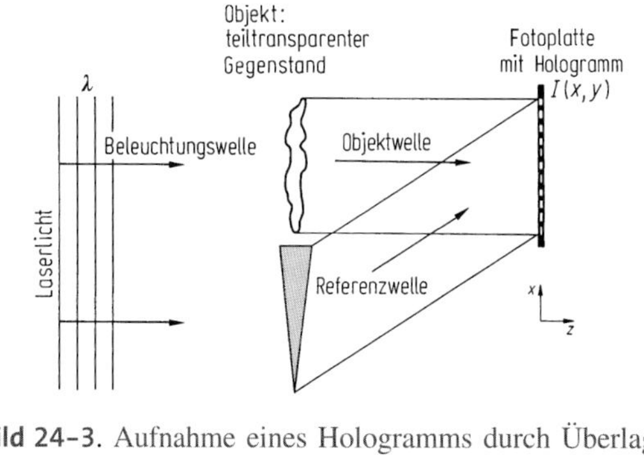

Bild 24-3. Aufnahme eines Hologramms durch Überlagerung der Objektwelle mit einer kohärenten Referenzwelle

Eine gleichzeitig auf die Registrierebene (Hologrammebene) eingestrahlte, zur Objektwelle kohärente Referenzwelle (gemeinsame Erzeugung von Beleuchtungs- und Referenzwelle mittels eines Lasers, Bild 24-3)

$$u_\mathrm{R}(x, y) = |u_\mathrm{R}(x, y)|\,\mathrm{e}^{\mathrm{j}\varphi_\mathrm{R}(x, y)} \qquad (24\text{-}5)$$

interferiert mit der Objektwelle und ergibt eine Intensität in der Hologrammebene

$$\begin{aligned} I(x, y) &\sim |u_\mathrm{G} + u_\mathrm{R}|^2 \\ &= |u_\mathrm{G}|^2 + |u_\mathrm{R}|^2 + 2|u_\mathrm{G}|\,|u_\mathrm{R}|\cos(\varphi_\mathrm{G} - \varphi_\mathrm{R})\,. \end{aligned} \qquad (24\text{-}6)$$

Hierin sind

$|u_\mathrm{G}|^2$, $|u_\mathrm{R}|^2$: Intensitäten der Objektwelle bzw. der Referenzwelle ohne Interferenz,
$2|u_\mathrm{G}|\,|u_\mathrm{R}|\cos(\varphi_\mathrm{G} - \varphi_\mathrm{R})$: Interferenzglied, beschreibt ein Interferenzstreifensystem im Hologramm, dessen Amplitude durch den Betrag der Objektwelle $|u_\mathrm{G}|$ und dessen örtliche Streifenlage durch die Phasendifferenz $\varphi_\mathrm{G} - \varphi_\mathrm{R}$ zur Referenzwelle bestimmt ist.

Das im Hologramm registrierte Interferenzstreifensystem enthält daher die vollständige Objektwelleninformation.

Nach fotografischer Entwicklung der Hologrammplatte ist deren Amplitudentransmission $t(x, y) \sim I(x, y)$. Nunmehr werde das Hologramm in derselben Anordnung allein durch die Referenzwelle beleuchtet (Bild 24-4). Die Lichtverteilung unmittelbar hinter dem Hologramm ist dann mit (24-6) unter Weglassung des Imaginärteils

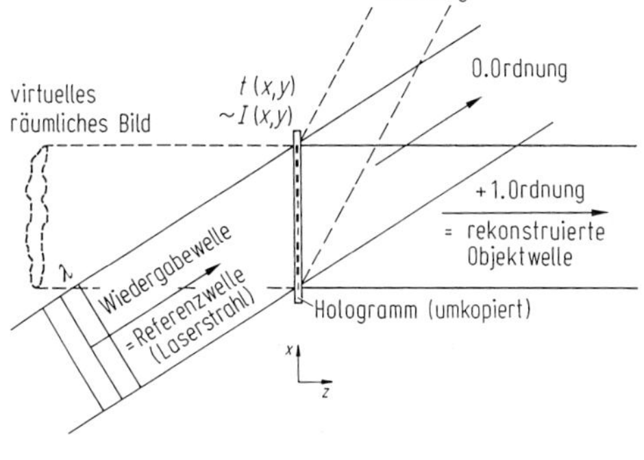

Bild 24-4. Rekonstruktion der Objektwelle aus dem Hologramm: +1. Ordnung der Beugung des Beleuchtungsstrahls an den Gitterstrukturen des Hologramms

$$\begin{aligned} u(x,y) &= t(x,y)\, u_{\mathrm{R}}(x,y) \\ &\sim [|u_{\mathrm{G}}|^2 + |u_{\mathrm{R}}|^2 + 2|u_{\mathrm{G}}||u_{\mathrm{R}}| \cos(\varphi_{\mathrm{G}} - \varphi_{\mathrm{G}})] \\ &\quad \times |u_{\mathrm{R}}| \cos \varphi_{\mathrm{R}} \end{aligned}$$

$$\begin{aligned} u(x,y) \sim{} & |u_{\mathrm{R}}|[|u_{\mathrm{G}}|^2 + |u_{\mathrm{R}}|^2] \cos \varphi_{\mathrm{R}} && \text{transmittierte Referenzwelle} \\ & + |u_{\mathrm{R}}|^2 |u_{\mathrm{G}}| \cos(\varphi_{\mathrm{G}} - 2\varphi_{\mathrm{R}}) && \text{Zwillingsbild} \\ & + \underline{|u_{\mathrm{R}}|^2 |u_{\mathrm{G}}| \cos(\varphi_{\mathrm{G}})} && \text{Objektwelle} \end{aligned} \tag{24-7}$$

Bis auf einen konstanten Faktor $|u_{\mathrm{R}}|^2$ stellt der dritte Term die gesuchte Lichtverteilung der ursprünglichen Objektwelle dar, die jetzt nicht mehr durch die Beleuchtung des Objekts, sondern des Hologramms erzeugt (rekonstruiert) wird. Damit ist aber nach dem Huygens'schen Prinzip die sich von dieser Lichtverteilung weiter nach rechts ausbreitende neue Objektwelle identisch mit der ursprünglichen, sodass beim Blicken durch das so beleuchtete Hologramm das Objekt an der ursprünglichen Stelle (und zwar räumlich) gesehen wird, ohne dass das Objekt dort vorhanden sein muss. Im Bild der Gitterbeugung ist die rekonstruierte Objektwelle die 1. Ordnung der Beugung der Referenzwelle am Hologrammgitter. Der erste Term in (24-7) stellt die 0. Ordnung, der zweite Term die −1. Ordnung dar, die hier nicht weiter betrachtet wird.

Achtung: Beim Betrachten eines Hologramms darf zur Vermeidung von Augenschäden nicht in die 0. Ordnung des beleuchtenden Laserstrahls geblickt werden!

Die Holografie ist demnach ein zweistufiges Verfahren zur Aufzeichnung und räumlichen Wiedergabe von Bildern beliebiger Gegenstände, das im Prinzip keine Linsen erfordert. Insbesondere bei der Aufnahme der Hologramme werden Wellen zur Interferenz gebracht, die sehr unterschiedliche Wege zurückgelegt haben. Die Anforderungen an die Kohärenz des verwendeten Lichtes sind daher sehr hoch, sodass im Normalfall Laserlicht verwendet werden muss (siehe 20.5). Die hier dargestellte Form der Holografie wird aufgrund der Art der Referenzstrahlführung als Off-axis-Holografie bezeichnet (Leith u. Upatnieks, 1963).

25 Materiewellen

25.1 Teilchen, Wellen, Unschärferelation

Es gibt zwei physikalische Phänomene, die Erhaltungsgrößen wie Energie, Impuls und Drehimpuls speichern und transportieren können (Tabelle 25-1): Teilchen (Partikel) und Wellen.

Die *Teilchen* und ihr Verhalten können im Wesentlichen durch die Erhaltungsgesetze für Energie, Impuls und Drehimpuls beschrieben werden (vgl. 3 und 4). Im makroskopischen Bereich der Physik sind daher keine Einschränkungen hinsichtlich der Werte dieser Größen erkennbar. Solche Einschränkungen werden jedoch im mikroskopischen Bereich der Physik (Atomphysik, Kernphysik) beobachtet, wo die experimentellen Ergebnisse dazu zwangen, Quantenhypothesen für Energie und Impuls bzw. Drehimpuls einzuführen: Quantisierte Oszillatoren in der Planck'schen Strahlungstheorie (siehe 20.2), quantisierte Energien und Drehimpulse in der Atomtheorie (vgl. 16.1). Viel länger akzeptiert sind Quantenvorstellungen, soweit es die Grundbausteine der Materie, die Elementarteilchen, die elektrische Ladung usw. betreffen. Schließlich ist es ein Merkmal der Partikel in der klassischen Mechanik, dass ihr Ort, Impuls usw. im Prinzip zu jedem Zeitpunkt genau angegeben werden kann: Partikel sind lokalisiert.

Bei der Ausbreitung von *Wellen* handelt es sich dagegen um die räumliche Fortpflanzung eines Schwingungsvorganges, der typischerweise ausgedehnt, nicht lokalisiert ist. Es handelt sich nicht wie bei den Teilchen um einen Materietransport, dennoch wird auch hier Energie und Impuls transportiert (vgl. 18.1 und 19.1). Quantisierungsvorschriften gibt es hier bereits im makroskopischen Bereich der klassischen Physik: Ist das Medium, in dem sich Wellen ausbreiten, räumlich begrenzt, so gibt es stehende Wellen, die nur für diskrete Wellenlängen, die durch die Abmessungen des Mediums bestimmt sind, stationär existieren können (vgl. 18.1). Im mikroskopischen, atomphysikalischen Bereich musste jedoch auch das Wellenbild modifiziert werden. Die Erklärung der Planck'schen Strahlungsformel (siehe 20.2), des Fotoeffektes (siehe 16.7 und 20.3) und des Compton-Effektes (siehe 20.3) erforderte die Einführung partikelähnlicher Wellenpakete (siehe 18.1): Quantisierung des Lichtes (siehe 20.3).

Tabelle 25-1. Charakteristika von Teilchen und Wellen im makroskopischen und im mikroskopischen Bereich

	Makroskopischer Bereich	Mikroskopischer Bereich	
Teilchen (Partikel)	räumlich lokalisiert; Energie, Impuls, Drehimpuls,... können beliebige Werte annehmen	Wellenverhalten: Materiewellen, nicht streng lokalisiert	Energie, Impuls, Drehimpuls, ... quantisiert
Welle	räumlich ausgedehnt; Energie, Impuls,... können beliebige Werte annehmen, aber: Quantelung bei stehenden Wellen	Partikelverhalten: Lichtquanten, nicht beliebig ausgedehnt	

Damit erhebt sich die Frage der Lokalisierbarkeit von Wellen. Bei einem klassischen Partikel ist die Ortsbestimmung im Prinzip kein Problem, der Ort eines Partikels lässt sich angeben. Eine Welle hingegen erfüllt immer ein gewisses Gebiet, das beliebig groß sein kann. Dann wird eine Ortsangabe für die Welle unmöglich. Erst der Übergang zu einer endlich langen Welle, einem örtlich begrenzten Wellenpaket (18.1), lässt eine Ortsangabe mit einer gewissen Unschärfe Δx zu, die etwa der Länge des Wellenpakets entspricht (Ausbreitung in x-Richtung angenommen):

$$\Delta x = v_\text{p}\tau \,. \tag{25-1}$$

v_p Phasengeschwindigkeit der Welle,

τ zeitliche Dauer des Wellenzuges.

Mit der Ortsunschärfe ist eine weitere Unschärfe verknüpft. Nach dem Fourier-Theorem ist ein zeitlich begrenzter Wellenzug der Zeitdauer τ als Überlagerung eines kontinuierlichen Spektrums von unbegrenzten Wellen anzusehen, deren spektrale Amplitudenverteilung (Bild 5-23) die Halbwertsbreite

$$\Delta\nu \approx \frac{1}{\tau} \tag{25-2}$$

aufweist: Frequenzunschärfe. Die Frequenz eines Lichtquants hängt gemäß (20-38) mit seinem Impuls $p_\gamma = h/\lambda$ zusammen:

$$\nu = \frac{v_\text{p}}{\lambda} = \frac{v_\text{p}}{h} p_\gamma \,. \tag{25-3}$$

Aus der Frequenzunschärfe $\Delta\nu$ folgt danach eine Impulsunschärfe

$$\Delta p_x = \frac{h}{v_\text{p}}\Delta\nu = \frac{h}{v_\text{p}\tau} \,, \tag{25-4}$$

woraus sich mit (25-1) ergibt:

$$\Delta p_x \, \Delta x = h \,. \tag{25-5}$$

Eine genauere Ableitung ergibt die *Heisenberg'sche Unschärferelation* (Heisenberg, 1927):

$$\Delta p_x \, \Delta x \geqq \hbar \,. \tag{25-6}$$

Die Unschärferelation verknüpft die aufgrund der Struktur von Wellenpaketen entstehenden prinzipiellen Messungenauigkeiten korrespondierender physikalischer Größen (Kennzeichen: das Produkt korrespondierender Größen hat die Dimension einer Wirkung) miteinander:

> Ort und Impuls eines Wellenpakets sind nicht gleichzeitig genau messbar. Je genauer der Ort bestimmt wird, desto weniger genau lässt sich sein Impuls bestimmen und umgekehrt.

Wegen der Verwendung von (20-38) gilt die obige Ableitung der Unschärferelation zunächst für elektromagnetische Wellen (Lichtquanten), erweist sich aber auch für Materiewellen (25.2), elastische Wellen usw. als zutreffend. Dass man in der makroskopischen Physik von der Unschärferelation nichts bemerkt, liegt daran, dass das Planck'sche Wirkungsquantum $h = 6{,}62606896 \cdot 10^{-34}\,\text{J} \cdot \text{s}$ so außerordentlich klein ist.

25.2 Die De-Broglie-Beziehung

Die Zuordnung von im Sinne der klassischen Physik typischen Teilcheneigenschaften, wie Lokalisierbarkeit, Energie, Impuls usw., zu Wellen legt aus Symmetriegründen die Idee nahe (vgl. Tabelle 25-1), umgekehrt den Materieteilchen auch Welleneigenschaften zuzuordnen: *Materiewellen* (de Broglie, 1924). Zwischen dem Impuls $p = mv$ der Teilchen und der Wellenlänge λ der den Teilchen zugeordneten Materiewelle wurde derselbe Zusammenhang wie beim Licht (20-38) vermutet:

$$p = \frac{h}{\lambda} . \qquad (25\text{-}7)$$

Mit (12-53) folgt daraus für die Materiewellenlänge die *De-Broglie-Beziehung*:

$$\lambda = \frac{h}{p} = \frac{h}{mv} = \frac{h}{\sqrt{2emU}} . \qquad (25\text{-}8)$$

Für Elektronen gilt (25-8) nur für Beschleunigungsspannungen $U < (10^4 \ldots 10^5)$ V (vgl. 12.5). Bei relativistischen Geschwindigkeiten muss (12-55) verwendet werden. Werte für die De-Broglie-Wellenlänge von Elektronen finden sich in Tabelle 25-2 (siehe 25.4).

Natürlich wird man hier wie bei den Lichtquanten annehmen, dass die den Teilchen zugeordneten Materiewellen eine begrenzte Länge haben, sodass es sich um Wellenpakete (18.1) handelt, die etwa am Ort des betreffenden Teilchens ihr Zentrum haben. Damit gilt aber die Heisenberg'sche Unschärferelation (25-6), die aus den Wellengruppeneigenschaften und $p = h/\lambda$ resultierte, auch für Materiewellen.

In weiterer Verfolgung der Analogie zur Lichtquantenvorstellung lässt sich die Energie bewegter Teilchen mit einer Frequenz ν entsprechend (20-36) verknüpfen. Nehmen wir ferner die Äquivalenz von Masse und Energie hinzu, so folgt mit (4-42) für die Frequenz einer Materiewelle

$$\nu = \frac{mc_0^2}{h} . \qquad (25\text{-}9)$$

Damit ergibt sich für die Phasengeschwindigkeit einer Materiewelle mithilfe der De-Broglie-Beziehung (25-8)

$$v_\text{p} = \nu\lambda = \frac{mc_0^2\lambda}{h} = \frac{c_0^2}{v} . \qquad (25\text{-}10)$$

Da die Teilchengeschwindigkeit v die Vakuumlichtgeschwindigkeit c_0 nicht übersteigen kann (vgl. 4.5), ist offenbar die Phasengeschwindigkeit einer Materiewelle immer größer als c_0. Weil nach (10) die Phasengeschwindigkeit von der Wellenlänge λ abhängt, liegt auch Dispersion vor. Für diesen Fall bestimmt sich die Gruppengeschwindigkeit v_g, also die Ausbreitungsgeschwindigkeit des dem Teilchen zugeordneten Wellenpaketes (siehe 18.1) aus (18-27)

$$v_\text{g} = v_\text{p} - \lambda\frac{\mathrm{d}v_\text{p}}{\mathrm{d}\lambda} = \frac{\mathrm{d}\nu}{\mathrm{d}(1/\lambda)} . \qquad (25\text{-}11)$$

Beschränken wir uns zur Vereinfachung der Rechnung auf nichtrelativistische Teilchen ($v \ll c_0$), so ist nach (4-36) bis (4-38)

$$mc_0^2 = m_0c_0^2 + \frac{1}{2}m_0v^2 \quad \text{und} \quad \frac{1}{\lambda} = \frac{m_0v}{h} . \qquad (25\text{-}12)$$

Damit folgt aus (25-9), (25-11) und (25-12)

$$v_\text{g} = \frac{\mathrm{d}\left(c_0^2 + \frac{1}{2}v^2\right)}{\mathrm{d}v} = v , \qquad (25\text{-}13)$$

d. h., die Teilchengeschwindigkeit ist gleich der Gruppengeschwindigkeit der dem Teilchen zugeordneten Wellengruppe (de Broglie), ein Ergebnis, das befriedigend zur Beschreibung eines Teilchens durch eine Wellengruppe passt. Mit (25-10) ergibt sich schließlich die für *Materiewellen* gültige Beziehung

$$v_\text{g}v_\text{p} = c_0^2 , \qquad (25\text{-}14)$$

die nicht auf elektromagnetische Wellen (Lichtquanten) übertragen werden darf.

Anmerkung: Da die Energie mc_0^2 in (25-9) nicht eindeutig ist, sondern durch eine potenzielle Energie $E_\text{p} = \text{eV}$ mit frei wählbarem Nullpunkt ergänzt werden kann, ist die Phasengeschwindigkeit (25-10) willkürbehaftet. Andere Rechnungen liefern z. B. $v_\text{p} = v_\text{g}/2$. Dies zeigt, dass die Phasengeschwindigkeit von Materiewellen unbestimmt und eine nicht direkt beobachtbare Größe ist. Beobachtet wird stets nur die Gruppengeschwindigkeit.

Der erste Erfolg des Materiewellenkonzepts war eine Deutung der stationären Bohr'schen Bahnen im Atom (siehe 16.1) als stehende Materiewelle der Bahnelektronen auf dem Bahnumfang. Dazu betrachten wir zwei Fälle: Bild 25-1a zeigt den instationären Fall, in dem der Bahnumfang $2\pi r$ nicht durch die Materiewellenlänge λ teilbar ist. Bei weiterer Verfolgung der Amplitudenverteilung der Materiewelle über den gezeichneten Bereich hinaus wird deutlich, dass sich

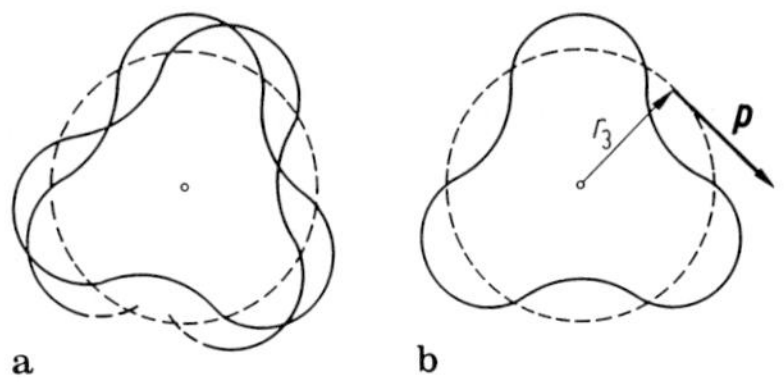

Bild 25-1. Materiewellen auf einer Bohr'schen Bahn. **a** instationärer Fall, **b** stationärer Fall für $n = 3$

die Welle durch Interferenz selbst auslöscht. Mit der in der Zeichnung angenommenen Wellenlänge kann sie auf der vorgegebenen Bahn nicht stationär existieren.

Ein stationärer Fall ist nur dann möglich, wenn die Bedingung

$$2\pi r_n = n\lambda \quad (n = 1, 2, \ldots) \qquad (25\text{-}15)$$

erfüllt ist. Mit der De-Broglie-Beziehung (25-8) folgt dann sofort die Bohr'sche Quantenbedingung (16-7) für den Drehimpuls

$$L = r_n p = n\frac{h}{2\pi} = n\hbar\,, \qquad (25\text{-}16)$$

die sich hier ganz zwanglos aus der Forderung stationärer, stehender Materiewellen ergibt.

Mit den den Elektronen im Atom zugeordneten Materiewellen lässt sich auch die im Bohr'schen Atommodell postulierte Strahlungslosigkeit der stationären Bohr'schen Bahnen deuten (vgl. 16.1): Eine längs der klassischen Elektronenbahn schwingende Materiewelle bedeutet, dass das Elektron (besser: seine Aufenthaltswahrscheinlichkeit bzw. die Wellenfunktion, vgl. 25.3) gewissermaßen über den Bahnumfang verschmiert ist. In diesem Bild stellt das System Atomkern – Elektron keinen schwingenden elektrischen Dipol mehr dar, und die Strahlungsnotwendigkeit entfällt.

Noch deutlicher zeigt dies die Unschärferelation (25-6), wenn wir sie z. B. auf das Wasserstoffatom anwenden. Legt man den Ort des Elektrons nur etwa auf den Bereich des Atoms fest, wählt man also als Ortsunschärfe den Durchmesser der ersten Bohr'schen Bahn $\Delta x = 2r_1 = 106$ pm (siehe 16-9), so ergibt sich eine aus der Impulsunschärfe folgende Geschwindigkeitsunschärfe, die von gleicher Größenordnung wie die klassisch nach (16-4) zu berechnende Umlaufgeschwindigkeit des Elektrons ist! Die klassische Rechnung verliert hier also völlig ihren Sinn, d. h., ein solches System darf nicht wie ein klassischer elektromagnetischer Dipol behandelt werden.

25.3 Die Schrödinger-Gleichung

Über die physikalische Größe, die bei einer Materiewelle schwingt, ist bisher nichts ausgesagt worden. Zur mathematischen Beschreibung wird daher zunächst eine allgemeine *Wellenfunktion* Ψ eingeführt, die z. B. für ein sich in x-Richtung bewegendes Elektron lauten kann

$$\Psi(x,t) = \hat{\Psi} e^{j(kx-\omega t)} = \psi(x) e^{-j\omega t}\,. \qquad (25\text{-}17)$$

Das Quadrat der Wellenfunktion eines Teilchens $|\Psi(x,t)|^2 = \Psi\Psi^*$ gibt die Wahrscheinlichkeitsdichte dafür an, das Teilchen zur Zeit t am Ort x anzutreffen. Demgemäß wird Ψ auch als Wahrscheinlichkeitsamplitude bezeichnet (genauer: deren Dichte). Handelt es sich um viele Teilchen, die durch dieselbe Wellenfunktion beschrieben werden können, so ist $|\Psi|^2 \sim n$ (n Teilchenzahlkonzentration).

Die Wellenfunktion muss der Wellengleichung (18-7) genügen

$$\frac{\partial^2 \Psi}{\partial x^2} - \frac{1}{v_p^2} \cdot \frac{\partial^2 \Psi}{\partial t^2} = 0\,. \qquad (25\text{-}18)$$

Einsetzen der Wellenfunktion (25-17) liefert für den ortsabhängigen Teil $\psi(x)$ der Wellenfunktion

$$\frac{d^2\psi}{dx^2} + \frac{\omega^2}{v_p^2}\psi = 0\,. \qquad (25\text{-}19)$$

Mit der de-Broglie'schen Beziehung $p = h/\lambda$ und mit $v_p = \nu\lambda$ wird

$$\frac{\omega^2}{v_p^2} = \frac{p^2}{\hbar^2}\,. \qquad (25\text{-}20)$$

Aus dem Energiesatz folgt

$$p^2 = 2m(E - E_p)\,, \qquad (25\text{-}21)$$

und aus (25-19) bis (25-21) schließlich die *eindimensionale zeitfreie Schrödinger-Gleichung* (1926):

$$\frac{d^2\psi}{dx^2} + \frac{2m}{\hbar^2}(E - E_p)\psi = 0\,. \qquad (25\text{-}22)$$

Wird für E_p die potenzielle Energie des Elektrons in dem jeweiligen System eingesetzt, so beschreibt die Schrödinger-Gleichung dieses System. Beispiele sind (ohne Durchrechnung im Einzelnen):

Freies Elektron: $E_p = 0$.

Hierfür ergibt sich aus (25-22) eine räumliche Schwingungsgleichung. Mit dem Lösungsansatz

$$\psi(x) = \hat{\psi}\, e^{jkx} \tag{25-23}$$

erhält man

$$E = \frac{\hbar^2 k^2}{2m} = \frac{p^2}{2m}\,, \tag{25-24}$$

d. h. die kinetische Energie eines freien Elektrons. Dabei ist eine Lösung für jeden Wert von E möglich, die Energie des freien Elektrons ist demnach nicht quantisiert.

Harmonische Bindung: $E_p = \frac{m\omega_0^2}{2}x^2$ (vgl. (5-26)).

Bei diesem Potenzial ergeben sich stationäre Lösungen für ψ nur bei bestimmten Eigenwerten der Energie:

$$E = E_n = \left(n + \frac{1}{2}\right)h\nu\,. \tag{25-25}$$

Dies sind die schon bei der Behandlung des harmonischen Oszillators angegebenen möglichen Energiewerte (vgl. 5.2.2). Die Energiequantelung erhält man hier also als Lösung des Eigenwertproblems der Schrödinger-Gleichung. Berechnet man die zugehörigen Wellenfunktionen für die verschiedenen Quantenzahlen $n = 0, 1, \ldots$, so zeigt sich, dass es sich auch hier um eine Art stehender Wellen im Parabelpotenzial des harmonischen Oszillators (Bild 25-2, vgl. auch Bild 5-8) handelt.

Coulomb-Potenzial des H-Atoms:

$$E_p = -\frac{e^2}{4\pi\varepsilon_0 r} \quad \text{(siehe 16.1)}\,.$$

In diesem Falle erhält man stationäre Lösungen für die Wellenfunktion der Elektronen im Wasserstoffatom nur für die Energie-Eigenwerte

$$E_n = -\frac{m_e e^4}{8\varepsilon_0^2 h^2}\cdot\frac{1}{n^2}\,. \tag{25-26}$$

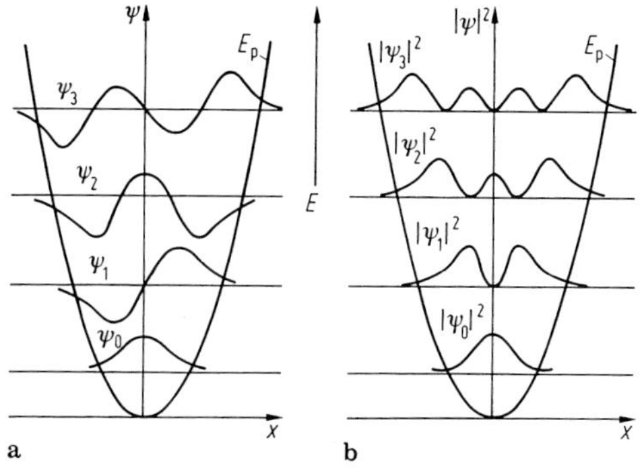

Bild 25-2. **a** Wellenfunktion (Wahrscheinlichkeitsamplitude), **b** Aufenthaltswahrscheinlichkeitsdichte für ein Teilchen im Parabelpotenzial der harmonischen Bindung (harmonischer Oszillator)

Dies sind die stationären Energiewerte des Wasserstoff-Atoms, wie sie sich auch aus der Bohr'schen Theorie ergeben haben (16-10).

Die Schrödinger'sche *Wellenmechanik*, deren Grundgleichung die Schrödinger-Gleichung z. B. in der Form (25-22) ist, hat sich in der Atomphysik und in der Chemie (vgl. C 1.4) als außerordentlich erfolgreich erwiesen.

25.4 Elektronenbeugung, Elektroneninterferenzen

Der Erfolg der Materiewellenhypothese von de Broglie bei der Deutung der stationären Elektronenzustände im Atom wäre unvollständig ohne einen direkten experimentellen Nachweis für die Welleneigenschaften von Teilchen. Dieser Nachweis wurde ähnlich wie bei den Röntgenstrahlen (vgl. 23.2) durch Beugung am Atomgitter von Kristallen erbracht, und zwar einerseits durch Reflexionsbeugung langsamer Elektronen ($E = (30\ldots300)$ eV) an Nickel-Einkristallen (Davisson u. Germer, 1927) und andererseits durch Beugung mittelschneller Elektronen ($E = (10\ldots100)$ keV) bei der Durchstrahlung (Transmission) dünner kristalliner Schichten (G.P. Thomson, 1927). Bild 25-3a zeigt im Prinzip die Anordnung nach Thomson. Dünne einkristalline Schichten verhalten sich dabei ähnlich wie Kreuzgitter (vgl. 23.2), d. h., sie ergeben ein zweidimensionales Beugungsmuster (Bild 25-3b). Trifft dagegen der Elektronenstrahl auf viele kleine, statistisch

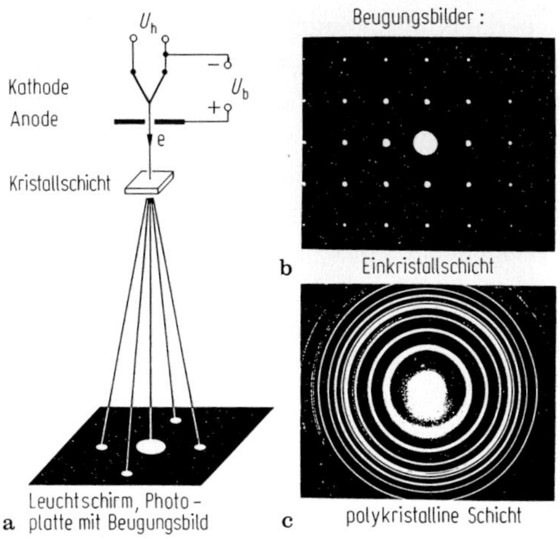

Bild 25-3. Elektronenbeugung an kristallinen Schichten (in Transmission): Beugung von 100-keV-Elektronen an Zinnschichten (Dicke: 80 nm). **a** Prinzip der Anordnung, **b** einkristalline Schicht, **c** polykristalline Schicht. (Aufnahmen: G. Jeschke, I. Phys. Inst. TU Berlin)

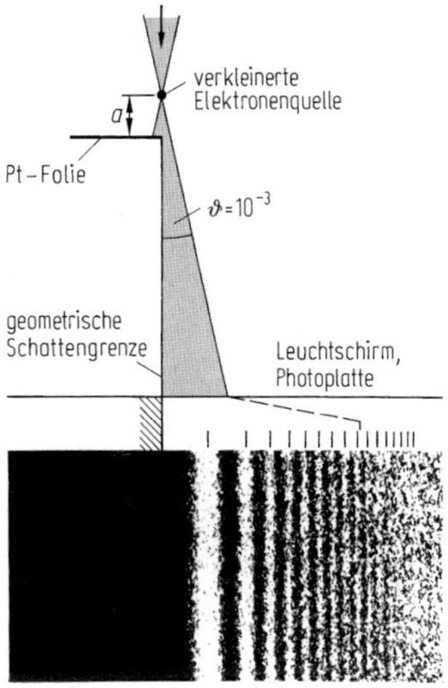

Bild 25-4. Fresnel'sche Elektronenbeugung an der Kante nach Boersch. $E = 38$ keV, $a = 140\,\mu$m (H. Boersch: Naturwiss. **28** (1940) 909; Phys. Z. **44** (1943) 202)

orientierte Kristallite, wie sie in einer polykristallinen Schicht vorliegen, so überlagern sich die von den einzelnen Kristalliten stammenden Beugungsreflexe zu Beugungsringen (Bild 25-3c), ganz entsprechend den Debye-Scherrer-Beugungsdiagrammen bei der Röntgenbeugung an Kristallpulvern (vgl. 23.2).

Aus den Beugungswinkeln ϑ_B der beobachteten Reflexe lassen sich über die auch hier gültige Bragg'sche Gleichung (23-23)

$$2g \sin \vartheta_B = n\lambda \tag{25-27}$$

die zugehörigen Netzebenenabstände g bzw. Gitterkonstanten bestimmen, wenn man für λ die De-Broglie-Wellenlänge ((25-8), Tabelle 25-2) einsetzt. Ähnlich wie die Röntgenbeugung ist daher die Elektronenbeugung heute ein wichtiges Hilfsmittel der Kristallstruktur- und Substanzanalyse, und jedes (Transmissions-)Elektronenmikroskop (vgl. 25.5) ist heute auch für Elektronenbeugungsaufnahmen eingerichtet.

Die aus der Elektronenbeugung an Kristallen resultierenden Beugungsdiagramme (Bild 25-3) stellen Fraunhofer'sche Beugungsdiagramme an atomaren Strukturen dar. Letzte mögliche Zweifel an der Aussagekraft solcher Wechselwirkungen von Elektronen mit atomaren Abständen als Nachweis für die Wellennatur der Elektronen können durch die Fresnel'sche Beugung von Elektronen an einer makroskopischen Kante, wie Bild 25-4 zeigt (Boersch, 1940), als beseitigt gelten.

In der Lichtoptik ist es möglich, das Licht einer Lichtquelle mittels zweier mit den Basisflächen gegeneinandergesetzter Prismen (Fresnel'sches Biprisma) in zwei kohärente Teilbündel aufzuteilen und diese damit gegenseitig zu überlagern. Im Überlagerungsbereich beobachtet man auf einem Schirm Zweistrahlinterferenzen.

Das entsprechende Experiment lässt sich auch mit kohärenten Elektronenstrahlbündeln durchführen (Möllenstedt u. Düker, 1956). Zur Überlagerung

Tabelle 25-2. De-Broglie-Wellenlängen von Elektronen

Beschleunigungsspannung	Wellenlänge λ/pm
1V	1200
10 V	390
100 V	120
1 kV	39
10 kV	12
100 kV	3,7[a]
1 MV	0,87[a]
10 MV	0,12[a]

[a] relativistisch korrigiert

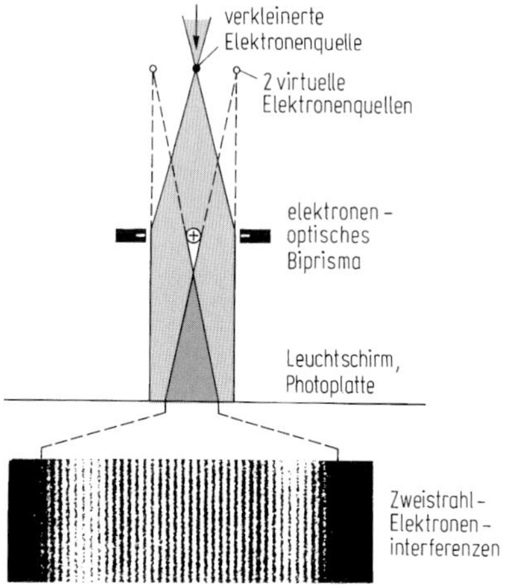

Bild 25-5. Zweistrahl-Elektroneninterferenzen am elektronenoptischen Biprisma nach Möllenstedt (G. Möllenstedt, H. Düker: Z. Phys. **145** (1956) 377)

beider Teilbündel wird ein elektronenoptisches Biprisma (Bild 25-5) verwendet, das im Wesentlichen aus einem sehr dünnen Draht (1 bis 10 μm Durchmesser) besteht, der gegenüber der Umgebung positiv aufgeladen wird und die Umlenkung der Elektronenbündel bewirkt. Im Überlagerungsbereich erhält man Zweistrahlinterferenzen der beiden Elektronenwellenbündel (Bild 25-5).

Mit einer solchen Anordnung kann im Prinzip auch *Elektronenholografie* betrieben werden. Die beiden Teilbündel des elektronenoptischen Biprismas können nämlich als Objektwelle einerseits und als Referenzwelle andererseits benutzt werden, in völliger Analogie zur lichtoptischen Holografie (vgl. 24.3). Dazu wird das Untersuchungsobjekt (z. B. eine sehr dünne Schicht) in das eine Teilbündel gebracht. Das im Überlagerungsbereich unter dem Biprisma (gegebenenfalls nach elektronenoptischer Vergrößerung fotografisch) aufgezeichnete Interferenzmuster stellt das Elektronenhologramm dar, das die Amplituden- und Phaseninformation der Objektwelle enthält (vgl. 24.2). Die Rekonstruktion des Objektbildes aus dem aufgezeichneten Hologramm kann nun beispielsweise mit Licht oder rechnerisch per Computer erfolgen. Da sich hierbei die Abbildungsfehler elektronenoptischer Linsen (25.5) kompensieren lassen, hat dieses Verfahren eine besondere Bedeutung bei der modernen Höchstauflösungs-Elektronenmikroskopie (Lichte, 1986).

25.5 Elektronenoptik

Das Auflösungsvermögen des Lichtmikroskops ist auf die Wellenlänge des Lichtes von etwa 500 nm begrenzt (vgl. 24.1). Ein besseres Auflösungsvermögen ist nach Abbe (24-1) nur durch Verwendung einer Strahlung kleinerer Wellenlänge erreichbar. Elektromagnetische Strahlung wesentlich kleinerer Wellenlänge bzw. höherer Frequenz (z. B. Röntgenstrahlung) scheidet praktisch aus, da die Brechzahl der Stoffe bei solchen Frequenzen sehr nahe bei 1 liegt (siehe 20.1), sodass sich keine Linsen für derartige Strahlungen herstellen lassen.

Dagegen haben Elektronen bei Energien um 100 keV Wellenlängen von etwa 4 pm (Tabelle 25-2), die damit weit kleiner als die Atomabstände in kondensierter Materie sind. Außerdem lassen sich Elektronen durch elektrische oder magnetische Felder (wie Licht durch ein Prisma) ablenken, sodass eine Elektronenoptik z. B. mit rotationssymmetrischen elektrischen oder magnetischen Feldern als Elektronenlinsen mög-

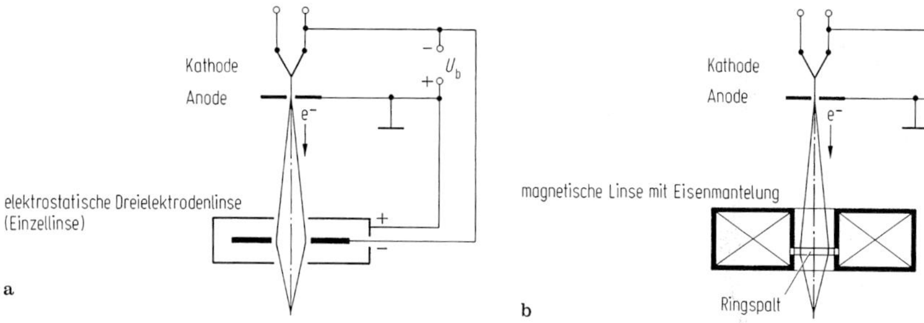

Bild 25-6. Elektronenlinsen. **a** elektrische Einzellinse; **b** magnetische Linse

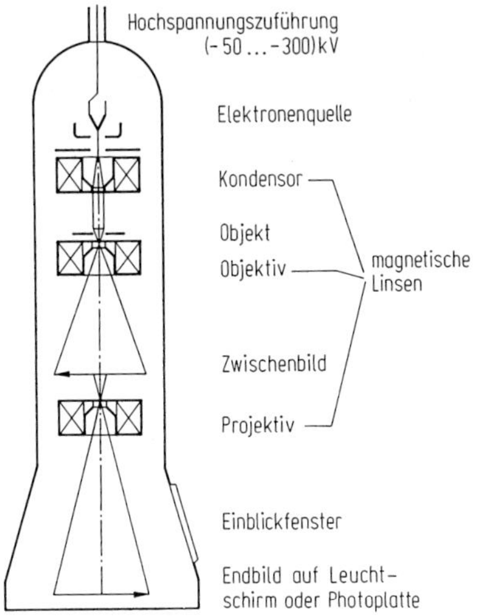

Bild 25-7. Prinzipieller, stark vereinfachter Aufbau eines abbildenden Transmissions-Elektronenmikroskops

lich ist (Hans Busch, 1926). Bild 25-6 zeigt Ausführungsformen solcher Elektronenlinsen, und zwar eine elektrostatische Dreielektrodenlinse (a) sowie eine eisengekapselte magnetische Linse mit Ringspalt (b).
Die Brechkräfte solcher Linsen berechnen sich nach Busch für achsennahe Elektronenstrahlen folgendermaßen (ohne Ableitung):
Brechkraft der elektrischen Einzellinse:

$$\frac{1}{f} \approx \frac{1}{8\sqrt{U_\mathrm{b}}} \int \left(\frac{\mathrm{d}U}{\mathrm{d}z}\right)^2 U^{-3/2}\,\mathrm{d}z\,. \qquad (25\text{-}28)$$

Brechkraft der magnetischen Linse:

$$\frac{1}{f} \approx \frac{e}{8mU_\mathrm{b}} \int B_z^2\,\mathrm{d}z\,. \qquad (25\text{-}29)$$

Die Integrale sind längs der optischen Achsen zu erstrecken, soweit die Achsenfeldstärken $E_z = \mathrm{d}U/\mathrm{d}z$ oder B_z von 0 verschieden sind. U_b ist die Beschleunigungsspannung der Elektronen, und $U = U(z)$ das variable Potenzial auf der optischen Achse (bei der elektrischen Linse). Zur Erzielung kurzer Brennweiten muss der Feldbereich kurz, aber von hoher Feldstärke sein. Es kommt daher z. B. bei den magnetischen Linsen sehr auf geeignete Formung der Polschuhe am Ringspalt an.
Entsprechend den beiden Linsentypen hat man zwei Entwicklungslinien von Elektronenmikroskopen verfolgt: *magnetische Elektronenmikroskope* (Knoll u. Ruska, 1931, Bild 25-7) und *elektrostatische Elektronenmikroskope* (Brüche u. Johannson, 1932). Aus technischen Gründen haben sich heute die magnetischen Elektronenmikroskope weitgehend durchgesetzt.
Elektronenlinsen haben sehr große Öffnungsfehlerkoeffizienten $C_\mathrm{Ö}$ (siehe 22.2) im Vergleich zu lichtoptischen Linsen. Für eine minimale Unschärfe (vgl. Bild 22-14) muss daher die Objektivöffnung bei Elektronenlinsen auf einen Aperturwinkel $\vartheta_0 \approx 4 \cdot 10^{-2}$ rad ($\approx 2°$) beschränkt werden, sodass die der Wellenlänge entsprechende Grenzauflösung nicht erreicht wird. Die Abbe'sche Auflösungsgrenze (24-1) beträgt dabei etwa $d_\mathrm{min} \approx 0{,}1$ nm, sodass dennoch eine atomare Auflösung heute möglich ist.
Ein ganz anderes elektronenmikroskopisches Verfahren stellt das Rasterelektronenmikroskop (Knoll, 1935; v. Ardenne, 1938) dar. Hierbei werden die Objektpunkte durch eine sehr feine elektronenoptisch verkleinerte Elektronensonde von 1 bis 10 nm Durchmesser nacheinander rasterförmig abgetastet (Bild 25-8). In der getroffenen Objektstelle werden Elektronen rückgestreut (RE) und Sekundärelektronen (SE) ausgelöst und von Elektronendetektoren registriert. Das daraus entstehende elektrische Signal wird verstärkt und zur Helligkeitssteuerung des Elektronenstrahls einer Fernsehbildröhre verwendet, der synchron mit dem Abtaststrahl im Rastermikroskop zeilenweise über den Leuchtschirm geführt wird, auf dem dadurch das Bild der abgetasteten Objektfläche erscheint. Dieses Verfahren gestattet damit auch die elektronenmikroskopische Direktabbildung von Oberflächen massiver Objekte. Bei dünnen Schichten als Objekt können auch die transmittierten Elektronen (TE) als Bildsignal dienen.
Eine vom Prinzip her extrem einfache Art der Abbildung durch Oberflächenabtastung ist die *Raster-Tunnelmikroskopie* (Binnig u. Rohrer, 1982). Eine mittels piezoelektrischer Verstellelemente dreidimensional verschiebbare, feine Metallspitze wird der zu untersuchenden Oberfläche auf ca. 1 nm genähert (Bild 25-9). Wird zwischen Spitze und Objektoberfläche eine elektrische Spannung U_T angelegt, so fließt ein Strom I_T, obwohl keine metallisch leitende Verbindung vorliegt. Ursache ist der quantenmechanische Tunneleffekt, der auch für die Feldemission (siehe 16.7) maßgebend ist. Der „Tunnelstrom“ I_T

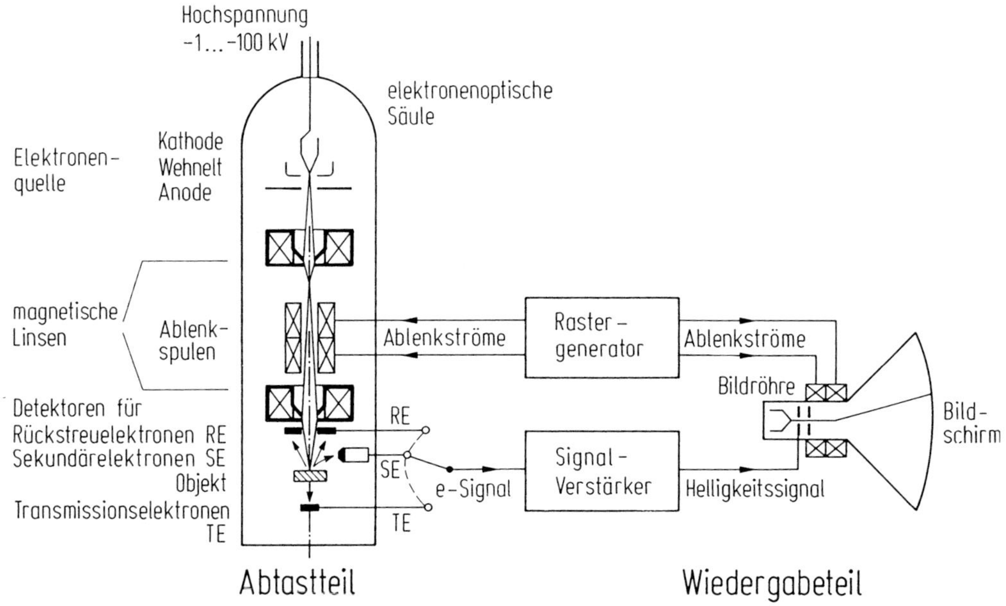

Bild 25-8. Prinzipieller Aufbau eines Raster-Elektronenmikroskops zur Abbildung von Oberflächen mit Rückstreuelektronen (RE) oder Sekundärelektronen (SE), bzw. von dünnen Schichten mit transmittierten Elektronen (TE)

hängt exponentiell vom Abstand s zwischen Spitze und Objektoberfläche ab. Man erhält nach Binnig und Rohrer für den Tunnelstrom die Beziehung

$$I_\mathrm{T} \sim \frac{U_\mathrm{T}}{s} \sqrt{\Phi}\, \mathrm{e}^{-\beta \sqrt{\Phi} s}\,, \qquad (25\text{-}30)$$

mit Φ mittleres Austrittspotenzial von Spitze und Objektoberfläche für Elektronen und $\beta = 2\sqrt{2m_\mathrm{e}e/\hbar} = 10{,}25\ \mathrm{V}^{-0{,}5}\ \mathrm{nm}^{-1}$.

Beim rasternden Abtasten der Objektoberfläche mittels der piezoelektrischen y- und x-Verstellung (P_y und P_x) werden mithilfe einer Rückkopplung auf die Abstandsverstellung P_z der Tunnelstrom I_T und damit der Abstand s der Spitze von den Oberflächenstrukturen konstant gehalten. Die Spitze folgt dann allen Höhenveränderungen der Objektoberfläche. Wird das Regelsignal U_p als Bildsignal über der x, y-Ebene aufgezeichnet, so erhält man ein Rasterbild der Objekt-

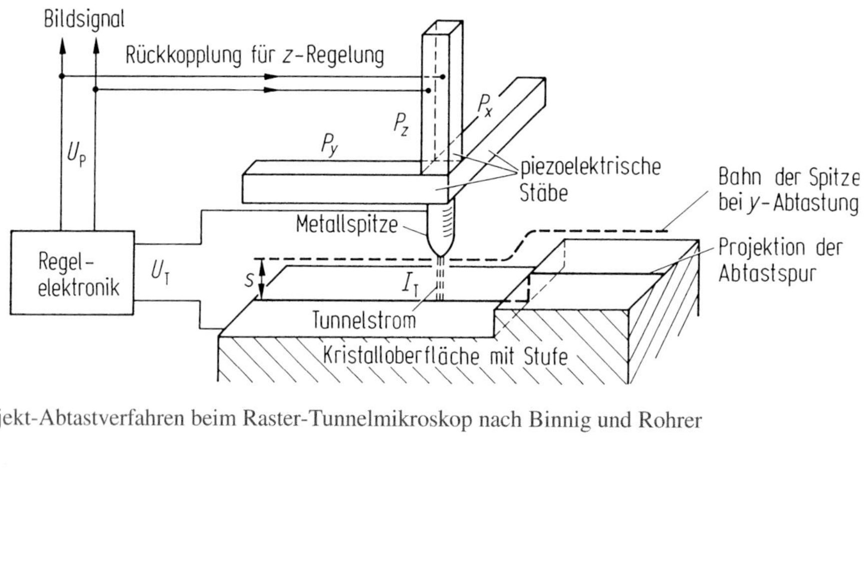

Bild 25-9. Objekt-Abtastverfahren beim Raster-Tunnelmikroskop nach Binnig und Rohrer

oberfläche. Der Raster- und Wiedergabeteil entspricht dabei demjenigen im Raster-Elektronenmikroskop (Bild 25-8). Die Auflösung konnte mit sehr feinen Spitzen soweit getrieben werden, dass einzelne Atome aufgelöst werden können.

Literatur

Handbücher und Nachschlagewerke

Bergmann/Schaefer: Lehrbuch der Experimentalphysik (8 Bde.) Versch. Aufl. Berlin: de Gruyter 1999–2006

Greulich, W. [Hrsg.]: Lexikon der Physik (6 Bde.). Heidelberg: Spektrum Akad. Verl. 2003

Hering, E.; Martin, R.; Stohrer, M.: Taschenbuch der Mathematik und Physik. 4. Aufl. Berlin: Springer 2005

Kuchling, H.: Taschenbuch der Physik. 18. Aufl. Hanser Fachbuchverlag München; Fachbuchverlag Leipzig 2001

Lide, D. R.: CRC Handbook of Chemistry and Physics. 86th ed. Boca Raton, Fla.: CRC Press 2005

Paul, H. [Hrsg.]: Lexikon der Optik (2 Bde.) Berlin: Springer 2003

Stöcker, H. (Hrsg.): Taschenbuch der Physik. 5. Aufl. Frankfurt/M.: Deutsch 2004

Westphal, W. H.: Physikalisches Wörterbuch. Berlin: Springer 1952

Allgemeine Lehrbücher

Alonso, M.; Finn, E. J.: Physik. 3. durchges. Aufl. München: Oldenbourg 2000

Berkeley Physik-Kurs (5 Bde.). Versch. Aufl. Wiesbaden: Vieweg 1989–1991

Demtröder, W.: Experimentalphysik I-IV. Versch. Aufl. Berlin: Springer 2005–2006

Feynman, R. P.; Leighton, R. B.; Sands, M.: Vorlesungen über Physik. (3 Bde.). Versch. Aufl. München: Oldenbourg 1999–2001

Gerthsen, C., Meschede, D.: Physik. 23. Aufl. Berlin:Springer 2006

Halliday, D.; Resnick, R.; Walker, J.: Physik. Weinheim: Wiley VCH 2005

Hänsel, H.; Neumann, W.: Physik I-IV. Heidelberg: Spektrum Akad. Verl. 2000–2002

Hering, E.; Martin, R.; Stohrer, M.: Physik für Ingenieure. 9. Aufl. Berlin: Springer 2004

Niedrig, H.: Physik. Berlin: Springer 1992

Orear, J.: Physik. 4. Aufl. München: Hanser 1989

Stroppe, H.: Physik. 13. Aufl. Fachbuchverlag Leipzig/Hanser Fachbuchverlag München; 2005

Tipler, P. A.: Physik. 5. Aufl. Heidelberg: Spektrum Akad. Verl. 2004

Darstellungen von Einzelgebieten

Born, M.: Optik. 4. Aufl. Berlin: Springer 2006

Bucka, H.: Atomkerne und Elementarteilchen. Berlin: de Gruyter 1973

Buckel, W., Kleiner, R.: Supraleitung. 6. Aufl. Weinheim: Wiley-VCH 2004

Eichler, J.; Eichler, H. J.: Laser. 5. Aufl. Berlin: Springer 2003

Ibach, H.; Lüth, H.: Festkörperphysik. 6. Aufl. Berlin: Springer 2002

Kittel, Ch.: Einführung in die Festkörperphysik. 14. Aufl. München: Oldenbourg 2005

Mayer-Kuckuk, T.: Atomphysik. 5. Aufl. Stuttgart: Teubner 1997

Mayer-Kuckuk, T.: Kernphysik. 7. Aufl. Stuttgart: Teubner 2002

Oertel, H. [Hrsg,],Prandtl, L.: Führer durch die Strömungslehre. 11. Aufl. Wiesbaden: Vieweg 2002

Schade, H.; Kunz, E.: Strömungslehre. 2. Aufl. Berlin: de Gruyter 2000

Schuster, H. G.: Deterministisches Chaos. 3. Aufl. Weinheim: Wiley-VCH 1995

Stierstadt, K.: Physik der Materie. Weinheim: Wiley-VCH 2000

Weber, H.; Herziger, G.: Laser. 3. Aufl. Weinheim: Physik-Verl. 1985

Chemie

B. Plewinsky
M. Hennecke
W. Oppermann

Chemie ist die Wissenschaft von chemischen Reaktionen und den physikalisch-chemischen Eigenschaften von Stoffen. Chemie befasst sich mit der Zusammensetzung und der Struktur von Substanzen ebenso wie mit den Bedingungen und Auswirkungen von Reaktionen.
Im Hochschulbereich wird die Chemie häufig in die Anorganische Chemie, die Organische Chemie und die Physikalische Chemie unterteilt; daneben sind als Teilfächer die Analytische Chemie, die Technische Chemie, die Makromolekulare Chemie und die Theoretische Chemie verbreitet.
Chemie hat Übergangsgebiete zur Physik (Atom- und Molekülphysik, Thermodynamik, Halbleiterphysik), Biologie (Biochemie, Molekularbiologie), den Geowissenschaften (Kristallographie) und den Ingenieurwissenschaften (Verfahrenstechnik, Werkstoffkunde, Umwelttechnik).

1 Atombau

1.1 Das Atommodell von Rutherford

Lenard (1903) untersuchte die Streuung von Elektronen an Metallfolien. Die Ergebnisse dieser Messungen ermöglichten Rückschlüsse auf die Größe der streuenden Metallatome. Bei der Verwendung langsamer (energiearmer) Elektronen ergab sich ein Atomradius von etwa 10^{-10} m. Wurden schnelle Elektronen verwendet, so führten die Versuchsergebnisse zu einem Radius von ca. 10^{-14} m. Rutherford führte mit α-Teilchen (das sind zweifach positiv geladene Heliumatome) ähnliche Streuversuche an dünnen Goldfolien durch.
In Übereinstimmung mit den Versuchsergebnissen, die Lenard mit schnellen Elektronen erhielt, ergaben Rutherfords Experimente einen Teilchenradius von etwa 10^{-14} m.

Folgerungen Rutherfords: Ein Atom besteht demnach aus einer Hülle und einem Kern. Der Durchmesser des Atomkerns beträgt etwa 10^{-14} m, der der Hülle ungefähr 10^{-10} m. Im Kern des Atoms muss praktisch die gesamte Masse des Atoms vereinigt sein, da sonst eine Ablenkung der relativ schweren α-Teilchen nicht möglich ist. Um den positiv geladenen Kern kreisen die fast masselosen, negativ geladenen Elektronen (Ruhemasse eines Elektrons $m_e = 9{,}1093897 \cdot 10^{-31}$ kg) mit einer solchen Geschwindigkeit, bei der die Zentrifugalkraft durch die Coulomb'sche Anziehungskraft gerade kompensiert wird (Planetenmodell des Atoms).
Kritik des Rutherford'schen Atommodells:

- Dieses Atommodell steht im Widerspruch zu den Gesetzen der klassischen Elektrodynamik, wonach elektrisch geladene Teilchen, die eine beschleunigte Bewegung ausführen, Energie in Form von elektromagnetischer Strahlung abgeben müssen. Deshalb können Elektronen in Atomen, die nach Rutherfords Vorstellungen aufgebaut sind, den Kern nicht mit konstantem Abstand umkreisen, sondern müssten sich spiralförmig dem Atomkern nähern, um schließlich auf ihn zu stürzen.
- Eine Erklärung der Linienstruktur der Atomspektren (vgl. B 20.4) ist mit diesem Atommodell nicht möglich.

1.2 Das Bohr'sche Atommodell

Um die unter 1.1 erwähnten Widersprüche der Rutherford'schen Theorie zu beseitigen, stellte Niels Bohr die folgenden zwei Postulate als Grundlagen seines Atommodells auf:

1. Es gibt Elektronenbahnen, auf denen die Elektronen den Atomkern umkreisen können, ohne Energie durch Strahlung zu verlieren (so genannte stationäre Zustände). Es existiert eine diskontinuier-

liche Schar solcher Bahnen. Für sie gilt die Bedingung, dass der Drehimpuls des Elektrons ein ganzzahliges Vielfaches des Drehimpulsquantums $\hbar = h/2\pi$ sein muss ($h = 6{,}62606896 \cdot 10^{-34}$ J s Planck-Konstante):

$$m_e \, v_n \, r_n = n\hbar$$

m_e Ruhemasse des Elektrons,
v_n Geschwindigkeit des Elektrons auf der n-ten Bahn,
r_n Radius der n-ten Bahn.

Die Zahl n, die als Haupt-Quantenzahl bezeichnet wird, kann ganzzahlige Werte von 1 bis unendlich annehmen.

2. Beim Übergang eines Elektrons zwischen zwei stationären Zuständen wird rein monochromatische Strahlung emittiert bzw. absorbiert. Ihre Frequenz ν ist durch die Energiedifferenz ΔE der stationären Zustände gegeben:

$$h\nu = \Delta E \, .$$

Leistung und Grenzen des Bohr'schen Atommodells

- *Atomspektren*: Das Linienspektrum des Wasserstoffatoms (vgl. B 20.4) lässt sich, wie Balmer empirisch fand, durch die folgende Gleichung darstellen:

$$v = R_v \left(\frac{1}{n_i^2} - \frac{1}{n_a^2} \right) , \quad n_a > n_i \, .$$

  $R_v = 3{,}28984195 \cdot 10^{15}$ Hz Rydberg-Frequenz, n_i, n_a Haupt-Quantenzahlen.
  Mithilfe der Bohr'schen Theorie ist es möglich, die Rydberg-Frequenz und damit das Spektrum des Wasserstoffatoms zu berechnen. Anschaulich lässt sich nach Bohr das Zustandekommen des Linienspektrums des Wasserstoffatoms folgendermaßen interpretieren: Durch Energiezufuhr wird das Elektron vom Grundzustand ($n = 1$) auf einen angeregten Zustand ($n_a > 1$) angehoben. Wenn das Elektron dann wieder auf eine energieärmere (kernnähere) Bahn ($n_i < n_a$) zurückfällt, gibt es Energie in Form eines Photons ab. Die Energie des Photons ist gleich der Energiedifferenz der beiden stationären Zustände (vgl. Bild 1-1).
  Die Spektren von Atomen mit mehr als einem Elektron können mit Hilfe der Bohr'schen Theorie nicht mehr quantitativ beschrieben werden.

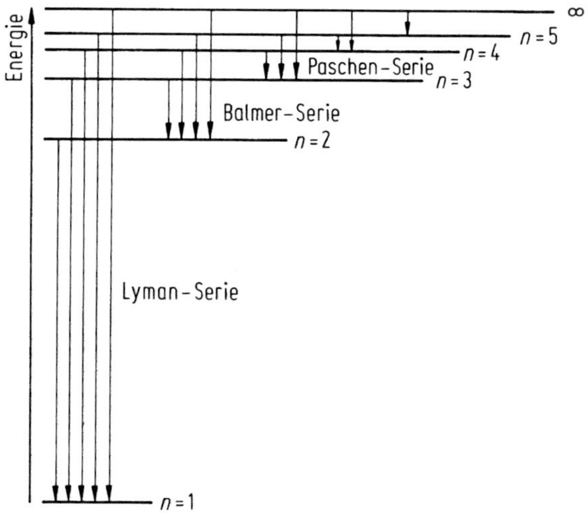

Bild 1-1. Termschema des Wasserstoffatoms

- *Periodensystem*: Das Bohr'sche Atommodell wurde besonders von Sommerfeld verfeinert.
  Diese erweiterte Theorie ermöglichte es, die Systematik des Periodensystems (siehe 2) mithilfe weiterer Quantenzahlen (siehe 1.4.2) zu deuten.
- *Heisenberg'sche Unschärferelation*: Nach Heisenberg ist es nicht möglich, gleichzeitig genaue Angaben über Ort und Geschwindigkeit von Partikeln zu machen. Es gilt (vgl. B 25.1):

$$\Delta p_x \Delta x \geq h/2\pi = \hbar \, .$$

  Δp_x, Δx Unbestimmtheit von Impuls- bzw. Ortskoordinaten derselben Raumrichtung.
  Als Folge dieser Theorie muss die Vorstellung einer Teilchenbahn von Mikroobjekten – z. B. von Elektronen – aufgegeben werden.

1.3 Ionisierungsenergie, Elektronenaffinität

Als *Ionisierungsenergie* wird die Energie bezeichnet, die zur Abtrennung eines Elektrons aus einem Atom A erforderlich ist. Dieser Vorgang kann durch folgende Gleichung beschrieben werden:

$$A \rightarrow A^+ + e^- \, .$$

Von dem einfach positiv geladenen Ion A^+ können weitere Elektronen abgegeben werden. Auf diese Weise entstehen mehrfach geladene Ionen, z. B.:

$$A^+ \rightarrow A^{2+} + e^- \, .$$

Tabelle 1-1. Elektronenaffinität E_A einiger Atome

Vorgang					E_A/eV
F	+	e^-	→	F^-	−3,401
Cl	+	e^-	→	Cl^-	−3,613
Br	+	e^-	→	Br^-	−3,364
I	+	e^-	→	I^-	−3,059
H	+	e^-	→	H^-	−0,754
O	+	e^-	→	O^-	−1,461
O	+	$2\,e^-$	→	O^{2-}	+7,20

Die Ionisierungsenergie für die Abtrennung des ersten Elektrons ist für die Hauptgruppenelemente in den Tabellen 10-1 bis 10-8 zusammengefasst.

Elektronenaffinität heißt die bei der Bildung negativ geladener Ionen aus Atomen freiwerdende oder benötigte Energie entsprechend der folgenden Reaktion:

$$A + e^- \rightarrow A^- .$$

An einfach negativ geladene Ionen können weitere Elektronen angelagert werden, z. B.:

$$A^- + e^- \rightarrow A^{2-} .$$

Tabelle 1-1 enthält einige Werte der Elektronenaffinität.

1.4 Das quantenmechanische Atommodell

1.4.1 Die Ψ-Funktion

In der Quantenmechanik wird jedem Zustand eines Atoms eine Funktion Ψ der Ortskoordinaten (x,y,z) seiner sämtlichen Elektronen zugeordnet (vgl. B 25.3). Aus diesen sog. Zustands- oder Wellenfunktionen lassen sich im Prinzip sämtliche Informationen über das System mathematisch errechnen. Die Wellenfunktion Ψ selbst hat keine anschauliche physikalische Bedeutung (Ψ nimmt in der Regel komplexe Werte an). Ihr Betragsquadrat $|\Psi|^2$ jedoch kann als Wahrscheinlichkeitsdichte bzw. Elektronendichte interpretiert werden. Beim Wasserstoffatom, das nur ein Elektron besitzt, gibt

$$|\Psi|^2(x, y, z)\, \mathrm{d}x\, \mathrm{d}y\, \mathrm{d}z$$

die Wahrscheinlichkeit an, das Elektron im Volumenelement $\mathrm{d}x\, \mathrm{d}y\, \mathrm{d}z$ anzutreffen. Entsprechend ist das Produkt

$$\mathrm{e}|\Psi|^2(x, y, z)\,, \qquad \mathrm{e}\ \textit{Elementarladung}\,,$$

die Elektronendichte an der Stelle x, y, z.

1.4.2 Die Schrödinger-Gleichung für das Wasserstoffatom

Die Wellenfunktionen der stationären Zustände können durch Lösen der Schrödinger-Gleichung (vgl. B 25.3) ermittelt werden. Für das Elektron im Wasserstoffatom nimmt die zeitunabhängige Schrödinger-Gleichung die folgende Form an:

$$\nabla^2 \Psi + \frac{8\pi^2 m_e}{h^2}\left(E - \frac{e^2}{r}\right)\Psi = 0 .$$

∇^2 Laplace-Operator, m_e Ruhemasse des Elektrons, h Planck-Konstante, E Gesamtenergie, e Elementarladung, r Radius.

Zur Lösung der Schrödinger-Gleichung für das Wasserstoffatom ist es – wie auch bei der Behandlung anderer zentralsymmetrischer Probleme – zweckmäßig, eine Transformation der kartesischen Koordinaten (x, y, z) in Kugelkoordinaten (Radius r, Winkel θ und φ) vorzunehmen. Die Schrödinger-Gleichung hat nur für ganz bestimmte Werte der Energie E Lösungen Ψ. Diese Energiewerte heißen Eigenwerte, die zugehörenden Lösungen werden Eigenfunktionen oder Eigenzustände genannt.

Gehört zu jedem Energieeigenwert nur eine einzige Eigenfunktion, so bezeichnet man diesen Eigenwert als nicht entartet. Gehören dagegen mehrere Eigenfunktionen zum gleichen Energiewert, so spricht man von Entartung.

Die Lösungen der Schrödinger-Gleichung für das Wasserstoffatom haben die allgemeine Form

$$\Psi_{n,l,m}(r, \theta, \varphi) = R_{n,l}(r) Y_{l,m}(\theta, \varphi) .$$

$R_{n,l}(r)$ ist der Radialteil und $Y_{l,m}(\theta, \varphi)$ der Winkelteil der Wellenfunktion. Die Radialfunktion enthält nur die Parameter n und l, die Winkelfunktion nur l und m. Diese und ähnliche Funktionen, die die Zustände eines Elektrons in einem Atom beschreiben, werden häufig als Atomorbitale oder kurz Orbitale bezeichnet. Die Parameter n, l, m sind *Quantenzahlen*. Sie werden folgendermaßen benannt (vgl. Tabelle 1-2):

Haupt-Quantenzahl n

$n = 1, 2, 3, \ldots$

Tabelle 1-2. Besetzungsmöglichkeiten der Elektronenzustände für die ersten vier Haupt-Quantenzahlen n; l Bahndrehimpuls-Quantenzahl, s Spin-Quantenzahl, Z_e maximale Zahl von Elektronen gleicher Haupt-Quantenzahl

n	Schale	l	Symbol	magnetische Quantenzahl	s	Z_e
1	K	0	1s	0	±1/2	2
2	L	0	2s	0	±1/2	
		1	2p	−1, 0, +1	±1/2	8
3	M	0	3s	0	±1/2	
		1	3p	−1, 0, +1	±1/2	
		2	3d	−2, −1, 0, +1, +2	±1/2	18
4	N	0	4s	0	±1/2	
		1	4p	−1, 0, +1	±1/2	
		2	4d	−2, −1, 0, +1, +2	±1/2	
		3	4f	−3, −2, −1, 0, +1, +2, +3	±1/2	32

Bahndrehimpuls-Quantenzahl (Neben-Quantenzahl) l
$l = 0, 1, 2, \ldots, n-1$
Magnetische Quantenzahl m
$m = -l, -l+1, \ldots, -1, 0, +1, \ldots, l-1, l.$
Aus historischen Gründen bezeichnet man Zustände mit $l = 0, 1, 2$ und 3 als s-, p-, d- bzw. f-Zustände.
Zustände gleicher Haupt-Quantenzahl bilden eine so genannte Schale. Hierbei gelten folgende Bezeichnungen: Zustände mit $n = 1, 2, 3, 4$ oder 5 heißen K-, L-, M-, N- bzw. O-Schale. Beim Wasserstoffatom hängen die Eigenwerte der Energie nur von der Haupt-Quantenzahl n ab, d. h., innerhalb einer Schale sind alle Zustände entartet. Der Zustand niedrigster Energie (beim Wasserstoffatom bei $n = 1$) wird als Grundzustand bezeichnet.
Spin-Quantenzahl s: Elektronen haben drei fundamentale Eigenschaften: Masse, Ladung und Spin (Eigendrehimpuls). Der Spin kann durch die Spin-Quantenzahl s charakterisiert werden. Bei Elektronen kann s die Werte $+\frac{1}{2}$ und $-\frac{1}{2}$ annehmen.

1.4.3 Darstellung der Wasserstoff-Orbitale

Die Darstellung der Wellenfunktion erfordert mit den drei unabhängigen Variablen x, y, z bzw. r, θ, φ (vgl. 1.4.2) ein vierdimensionales Koordinatensystem.
Zweidimensionale Teildarstellungen sind:

– Quasi-dreidimensionale Wiedergabe der Winkelfunktion $Y_{l,m}$. Die in Bild 1-2 dargestellten Flächen entstehen, indem man in jeder Raumrichtung den Betrag abträgt, den die jeweilige Winkelfunktion für diese Richtung liefert.

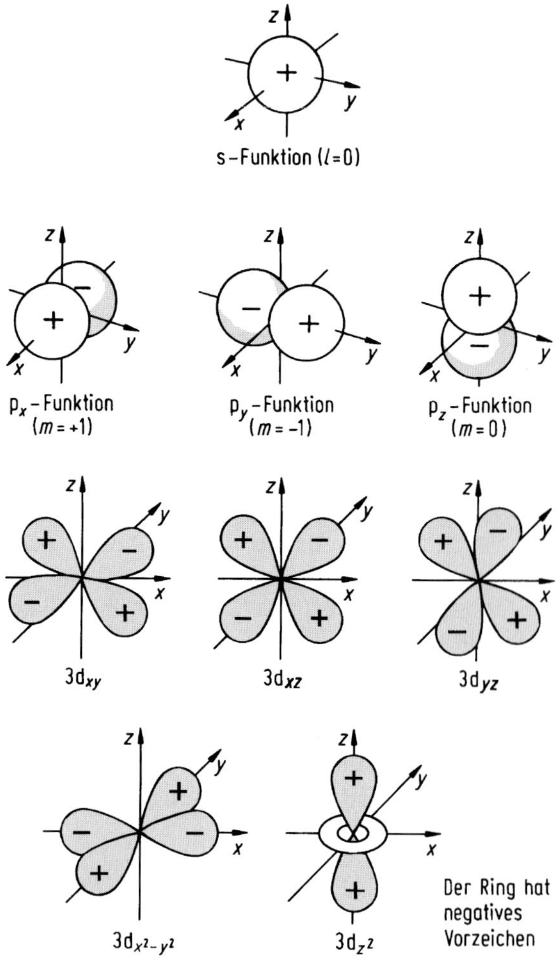

Bild 1-2. Graphische Darstellung der Winkelfunktion von Orbitalen des Wasserstoffatoms

– Darstellung des Radialteils der Wellenfunktion $R_{n,l}$ bzw. der Radialverteilung $4\pi r^2 R^2_{n,l}$ als Funktion des Radius r.

1.4.4 Mehrelektronensysteme

Infolge der Wechselwirkung zwischen den Elektronen ist die Schrödinger-Gleichung für Atome mit mehreren Elektronen nicht mehr exakt lösbar. Ein verbreitetes Näherungsverfahren besteht darin, die Wechselwirkung eines jeden Elektrons mit den anderen durch ein effektives Potential zu ersetzen, das dem elektrostatischen Potential der Anziehung durch den Atomkern überlagert wird. Auf diese Weise gelingt es, ein Mehrelektronensystem näherungsweise in lauter Einelektronensysteme zu entkoppeln, deren Schrödinger-Gleichungen dann separat gelöst werden können. Die resultierenden Orbitale ähneln weitgehend denen des Wasserstoffatoms. Sie haben dieselben Winkelanteile, jedoch andere Radialanteile als die entsprechenden Wellenfunktionen des Wasserstoffatoms. Wie beim Wasserstoffatom wird der Zustand eines Elektrons vollständig durch die Angabe der Werte der vier Quantenzahlen n, l, m und s beschrieben. Die Energieeigenwerte hängen nun jedoch von n und l ab, d. h., gegenüber dem Wasserstoffatom ist die l-Entartung aufgehoben.
Energien und Wellenfunktionen eines Atoms mit mehreren Elektronen werden nun aus denen der einzelnen Elektronen aufgebaut: die Energien als Summe, die Wellenfunktionen als Produkte der entsprechenden Einelektronenbeiträge.

1.5 Besetzung der Energieniveaus

Für ein Atom mit mehreren Elektronen erhält man den Grundzustand (in der oben beschriebenen Näherung) durch Besetzung der einzelnen Orbitale nach folgenden drei Regeln (häufig spricht man in diesem Zusammenhang auch von der Besetzung der Energieniveaus):

Energieregel: Die Besetzung der Niveaus mit Elektronen geschieht in der Reihenfolge zunehmender Energie. Für diese Reihenfolge gilt in der Regel folgendes Schema:
1s < 2s < 2p < 3s < 3p < 4s < 3d < 4p < 5s < 4d < 5p < 6s < 4f < 5d < 6p < 7s < 6d ...

Pauli-Prinzip: In einem Atom können niemals zwei oder mehr Elektronen in allen vier Quantenzahlen übereinstimmen.

Hund'sche Regel: Atomorbitale, deren Energieeigenwerte entartet sind, werden zunächst mit Elektronen parallelen Spins besetzt.
Die Zahl der Elektronen, die die gleiche Haupt-Quantenzahl haben können, beträgt $2n^2$. Diese Verhältnisse sind in Tabelle 1-2 dargestellt.

1.6 Darstellung der Elektronenkonfiguration

Die Zusammensetzung eines Atomzustandes aus Zuständen seiner einzelnen Elektronen wird auch als Elektronenkonfiguration bezeichnet. Die Elektronenkonfiguration kann entweder symbolisch formelartig oder graphisch in der sog. *Pauling-Symbolik* angegeben werden. Die formelartige Darstellung verläuft nach folgendem Schema: Der Haupt-Quantenzahl folgt die Angabe der Neben-Quantenzahl in der historischen Bezeichnungsart. Als Exponent der Neben-Quantenzahl erscheint die Zahl der Elektronen, die das betrachtete Energieniveau besetzen.
Bei der Pauling-Symbolik wird jeder durch die Quantenzahlen n, l und m charakterisierte Zustand durch einen waagerechten Strich (oder durch ein Kästchen) markiert. Die Wiedergabe des Spinzustandes erfolgt mit einem Pfeil.
Die Elektronenkonfiguration der Elemente ist in den Tabellen 10-1 bis 10-8 enthalten.

Beispiel: Elektronenkonfiguration des Phosphoratoms im Grundzustand (Ordnungszahl 15).

$(1s)^2\ (2s)^2\ (2p)^6\ (3s)^2\ (3p)^3$
meist kürzer:
$1s^2 2s^2 2p^6 3s^2 3p^3$
oder:
[Ne] $3s^2 3p^3$

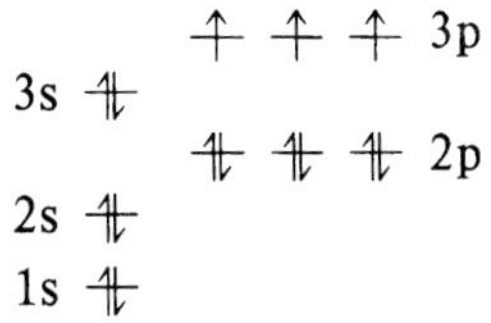

symbolische Darstellung, Pauling-Symbolik

1.7 Aufbau des Atomkerns

Der Atomkern besteht aus *Nukleonen* (Einzelheiten vgl. B 17). Darunter versteht man positiv geladene *Protonen* und elektrisch neutrale *Neutronen*. Die Massen von Protonen und Neutronen sind annähernd gleich groß ($m_p = 1{,}672623 \cdot 10^{-27}$ kg, $m_n = 1{,}674929 \cdot 10^{-27}$ kg). Bei einem elektrisch neutralen Atom ist die Zahl der Protonen oder die Kernladungszahl gleich der Zahl der Elektronen in der Atomhülle und gleich der Ordnungszahl im Periodensystem (vgl. 2). Durch diese Zahl werden die chemischen Elemente definiert:

Chemische Elemente bestehen aus Atomen gleicher Kernladungszahl.

Als *Massenzahl* wird die Anzahl der in einem Atomkern enthaltenen Protonen und Neutronen bezeichnet. Kernarten, die durch eine bestimmte Zahl von Protonen und Neutronen charakterisiert sind, werden allgemein *Nuklide* genannt. *Isotope* sind Nuklide, die die gleiche Zahl von Protonen, aber eine unterschiedliche Anzahl von Neutronen enthalten. Nuklide gleicher Massenzahl heißen *Isobare*.
Chemische Elemente können als *Reinelemente* oder als *Mischelemente* vorliegen. Reinelemente sind dadurch gekennzeichnet, dass alle Atome die gleiche Zahl von Neutronen und damit auch die gleiche Massenzahl aufweisen. Bei Mischelementen kommen Nuklide mit unterschiedlicher Anzahl von Neutronen vor. Es ist üblich, die Ordnungszahl unten und die Massenzahl oben vor das Elementsymbol zu setzen.

Beispiele: Fluor ist ein Reinelement. Es existiert in der Natur ausschließlich in Form des Nuklides $^{19}_{9}F$. Kohlenstoff ist ein Mischelement. Die natürlich vorkommenden Isotope sind $^{12}_{6}C$, $^{13}_{6}C$ und $^{14}_{6}C$ (Häufigkeiten: 98,89%, 1,11%, Spuren). $^{14}_{6}C$ ist radioaktiv (Halbwertszeit $T_{1/2} = 5730$ a, vgl. 7.4.1) und zerfällt als β-Strahler in $^{14}_{7}N$.

2 Das Periodensystem der Elemente

Das Periodensystem wurde erstmals 1869 von L. Meyer und D. Mendelejew als Ordnungssystem der Elemente aufgestellt. In diesem System wurden die chemischen Elemente nach steigenden Werten der molaren Masse der Atome (vgl. 4.5) angeordnet. Das geschah schon damals in der Art, dass chemisch ähnliche Elemente, wie z. B. die Alkalimetalle (vgl. 10.2) oder die Halogene (vgl. 10.8), untereinander standen und eine Gruppe bildeten. In einigen Fällen war es aufgrund der Eigenschaften der Elemente oder ihrer Verbindungen erforderlich, dieses Ordnungsprinzip durch Umstellungen zu durchbrechen, da sich sonst chemisch nicht verwandte Elemente in einer Gruppe befunden hätten. So steht z. B. das Element Tellur vor dem Iod, obwohl die molare Masse des Iods (126,9 g/mol) kleiner ist als die des Tellurs (127,6 g/mol).

2.1 Aufbau des Periodensystems

Die verbreitetste Form des Periodensystems (vgl. Tabelle 2-1) besteht aus 7 Perioden mit 18 Gruppen bzw. 8 Haupt- und 8 Nebengruppen sowie den Lanthanoiden und Actinoiden. Als Perioden werden die horizontalen, als Gruppen die vertikalen Reihen bezeichnet. Die Reihenfolge der Elemente wird durch ihre Ordnungszahl (Kernladungszahl, vgl. 1.7) bestimmt. Die Besetzung der einzelnen Energieniveaus geschieht mit wachsender Ordnungszahl nach den in 1.5 angegebenen Regeln. Die Periodennummer gibt die Haupt-Quantenzahl des höchsten im Grundzustand mit Elektronen besetzten Energieniveaus an. Innerhalb einer Gruppe des Periodensystems stehen Elemente, die ähnliches chemisches Verhalten zeigen. Die freien Atome dieser Elemente haben in der Regel die gleiche Elektronenkonfiguration in der äußersten Schale.
Nach ihrer Elektronenkonfiguration werden die Elemente folgendermaßen eingeteilt:

- *Hauptgruppenelemente* (s- und p-Elemente) Bei diesen Elementen werden die s- und p-Niveaus der äußersten Schale mit Elektronen besetzt. Unter den Hauptgruppenelementen befinden sich sowohl Metalle als auch Nichtmetalle. Die Eigenschaften dieser Elemente und ihrer Verbindungen sind in den Abschnitten 10.1 bis 10.9 behandelt. Nach der traditionellen Nummerierung der Gruppen haben die Hauptgruppen den Kennbuchstaben a.
- *Nebengruppenelemente* (d-Elemente)
  Bei den Elementen dieser Gruppen werden die d-Niveaus der zweitäußersten Schale mit Elektronen aufgefüllt. Die Nebengruppenelemente sind ausnahmslos Metalle, siehe Abschnitt 10.10 bis 10.17. Nach der traditionellen Nummerierung haben die Nebengruppen den Kennbuchstaben b.
- *Lanthanoide* und *Actinoide* (f-Elemente) sind in 10.18 und 10.19 besprochen. Bei diesen Elementgruppen werden die 4f- (bei den Lantha-

Tabelle 2-1. Das Periodensystem der Elemente

IUPAC1988	1	2	3	4	5	6	7	8	9	10	11	12	13	14	15	16	17	18
IUPAC1970	I A	II A	III A	IV A	V A	VI A	VII A	VIII A			I B	II B	III B	IV B	V B	VI B	VII B	VIII B
traditionell	I a	II a	III b	IV b	V b	VI b	VII b	VIII b			I b	II b	III a	IV a	V a	VI a	VII a	VIII a
	1 1,0079 H Wasserstoff																	2 4,003 He Helium
	3 6,941 Li Lithium	4 9,012 Be Beryllium											5 10,81 B Bor	6 12,011 C Kohlenstoff	7 14,0067 N Stickstoff	8 15,9994 O Sauerstoff	9 18,9984 F Fluor	10 20,16 Ne Neon
	11 22.99 Na Natrium	12 24,31 Mg Magnesium											13 26,98 Al Aluminium	14 28,0855 Si Silicium	15 30,9738 P Phosphor	16 32,066 S Schwefel	17 35,453 Cl Chlor	18 39,95 Ar Argon
	19 39,10 K Kalium	20 40,08 Ca Calcium	21 44,95 Sc Scandium	22 47,87 Ti Titan	23 50,94 V Vanadium	24 52,00 Cr Chrom	25 54,94 Mn Mangan	26 55,845 Fe Eisen	27 58,93 Co Cobalt	28 58,69 Ni Nickel	29 63,55 Cu Kupfer	30 65,39 Zn Zink	31 69,72 Ga Gallium	32 72,61 Ge Germanium	33 74,92 As Arsen	34 78,96 Se Selen	35 79,904 Br Brom	36 83,80 Kr Krypton
	37 85,47 Rb Rubidium	38 87,62 Sr Strontium	39 88,91 Y Yttrium	40 91,22 Zr Zirconium	41 92,91 Nb Niob	42 95,94 Mo Molybdän	43 (98) Tc Technetium	44 101,1 Ru Ruthenium	45 102,9 Rh Rhodium	46 106,4 Pd Palladium	47 107,9 Ag Silber	48 112,4 Cd Cadmium	49 114,8 In Indium	50 118,7 Sn Zinn	51 121,8 Sb Antimon	52 127,6 Te Tellur	53 126,9 I Iod	54 131,3 Xe Xenon
	55 132,9 Cs Caesium	56 137,3 Ba Barium	57 138,9 La Lanthan	72 178,5 Hf Hafnium	73 180,9 Ta Tantal	74 183.8 W Wolfram	75 186,2 Re Rhenium	76 190,2 Os Osmium	77 192,2 Ir Iridium	78 195,1 Pt Platin	79 197,0 Au Gold	80 200,6 Hg Quecksilber	81 204,4 Tl Thallium	82 207,2 Pb Blei	83 209,0 Bi Bismut	84 (209) Po Polonium	85 (210) At Astat	86 (222) Rn Radon
	87 (223) Fr Francium	88 (226) Ra Radium	89 (227) Ac Actinium	104 (251) Rf Rutherfordium	105 (262) Db Dubnium	106 (266) Sg Seaborgium	107 (264) Bh Bohrium	108 (269) Hs Hassium	109 (268) Mt Meitnerium	110 (269) Ds Darmstadtium	111 (272) Uuu Element 111	112 (277) Uub Element 112						

Ordnungszahl → 29 63,55 ← molare Masse in glmol
Cu ← Atomsymbol
deutscher Name → Kupfer

Lantha-noide	58 140,1 Ce Cer	59 140,9 Pr Praseodym	60 144,2 Nd Neodym	61 147,0 Pm Promethium	62 150,4 Sm Samarium	63 152,0 Eu Europium	64 157,3 Gd Gadolinium	65 158,9 Tb Terbium	66 162,5 Dy Dysprosium	67 164,9 Ho Holmium	68 167,3 Er Erbium	69 168,9 Tm Thulium	70 173,0 Yb Ytterbium	71 175,0 Lu Lutetium
Acti-noide	90 232,0 Th Thorium	91 231,0 Pa Protactinium	92 238,0 U Uran	93 (237) Np Neptunium	94 (244) Pu Plutonium	95 (243) Am Americium	96 (247) Cm Curium	97 (247) Bk Berkelium	98 (251) Cf Californium	99 (252) Es Einsteinium	100 (257) Fm Fermium	101 (258) Md Mendelevium	102 (259) No Nobelium	103 (262) Lr Lawrencium

Die Zahlen in Klammern sind die Massenzahlen des längstlebigen Nuklids von radioaktiven Elementen noiden) bzw. die 5f-Niveaus (bei den Actinoiden) aufgefüllt. Sämtliche Elemente der beiden Elementgruppen sind Metalle.

2.2 Periodizität einiger Eigenschaften

Alle vom Zustand der äußeren Elektronenhülle abhängigen physikalischen und chemischen Eigenschaften der Elemente ändern sich periodisch mit der Ordnungszahl. Für die Hauptgruppenelemente gelten z. B. folgende Periodizitäten (vgl. Tabelle 2-1):

- *Atomradien*. Innerhalb jeder Gruppe nehmen die Atomradien von oben nach unten zu (vgl. Tabellen 10-1 bis 10-16). Innerhalb einer Periode nehmen sie mit steigender Ordnungszahl ab.

  Beispiel: Atomradien der Elemente der 2. Periode: $_3$Li: 152 pm, $_4$Be: 112 pm, $_5$B: 79 pm, $_6$C: 77 pm, $_7$N: 55 pm, $_8$O: 60 pm, $_9$F: 71 pm.
- *Ionisierungsenergie*. Innerhalb jeder Gruppe nimmt die Ionisierungsenergie (vgl. 1.3) von oben nach unten ab, innerhalb einer Periode von links nach rechts zu. Die Alkalimetalle weisen besonders kleine, die Edelgase besonders große Werte der Ionisierungsenergie auf (vgl. Tabellen 10-1 bis 10-18).
- *Metallischer und nichtmetallischer Charakter. Reaktivität*. Der metallische Charakter nimmt von oben nach unten und von rechts nach links zu, der nichtmetallische Charakter entsprechend in umgekehrter Richtung. In der I. und II. Hauptgruppe (Alkalimetalle und Erdalkalimetalle) sind nur Metalle, in der VII. und VIII. Hauptgruppe (Halogene und Edelgase) nur Nichtmetalle enthalten. In der III. bis VI. Hauptgruppe finden sich sowohl Metalle als auch Nichtmetalle.

  Die Reaktivität der Metalle wie der Nichtmetalle wächst entsprechend ihrem metallischen bzw. nichtmetallischen Charakter. Die reaktionsfähigsten Metalle sind die Alkalimetalle (vgl. 10.2), die reaktionsfähigsten Nichtmetalle die Halogene (vgl. 10.8). Die Elemente der VIII. Hauptgruppe, die Edelgase, sind außerordentlich reaktionsträge.

3 Chemische Bindung

Freie, isolierte Atome werden auf der Erde nur selten angetroffen (Ausnahmen sind z. B. die Edelgase).Meist treten die Atome vielmehr in mehr oder weniger fest zusammenhaltenden Atomverbänden auf. Dies können unterschiedlich große Moleküle, Flüssigkeiten oder Festkörper sein (Beispiele: molekularer Wasserstoff H_2, Methan CH_4; flüssige Edelgase, flüssiges Wasser H_2O, flüssiges Quecksilber Hg; Diamant C, festes Natriumchlorid NaCl, metallisches Wolfram W).

Die mit der Ausbildung von Atomverbänden zusammenhängenden Fragen behandelt die Theorie der chemischen Bindung. Folgende vier Grenztypen der chemischen Bindung werden unterschieden:

- *Atombindung (kovalente Bindung)*,
- *Ionenbindung*,
- *metallische Bindung*
- *van-der-Waals'sche Bindung* mit *Wasserstoffbrückenbindung*.

Häufig müssen zur Beschreibung des Bindungszustandes von Stoffen die Eigenschaften von zwei Grenztypen – meist mit unterschiedlicher Gewichtung – herangezogen werden.

3.1 Atombindung (kovalente Bindung)

3.1.1 Modell nach Lewis

Nach den Vorstellungen von G. N. Lewis, die vor der Formulierung der Quantenmechanik entwickelt wurden, soll eine kovalente Bindung durch ein zwei Atomen gemeinsam angehörendes, bindendes Elektronenpaar bewirkt werden. Die Bildung des gemeinsamen Elektronenpaares führt beim Wasserstoff zur Vervollständigung eines Elektronenduetts und bei den übrigen Bindungspartnern zur Ausbildung eines Elektronenoktetts. Die Vereinigung einzelner spinantiparalleler Elektronen zu einem bindenden Elektronenpaar führt stets zur Spinabsättigung. Die bindenden Elektronenpaare werden als Bindestriche zwischen die Atome eines Moleküls gesetzt. Die anderen Valenzelektronen (Elektronen der äußersten Schale) können so genannte einsame Elektronenpaare bilden, die als Striche um das jeweilige Atom angeordnet werden.

Beispiele: Chlorwasserstoff $\mathrm{H{-}\overline{\underline{Cl}}|}$,

Ammoniak $\begin{array}{c}\mathrm{H}\\ |\\ \mathrm{N{-}H|}\\ |\\ \mathrm{H}\end{array}$.

In einigen Fällen können auch zwei oder drei bindende Elektronenpaare vorhanden sein.

Beispiele:

Stickstoff |N≡N|, Ethylen

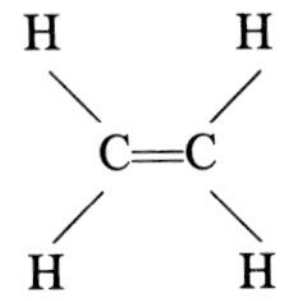

(vgl. 11.3.1)

Wenn ein Partner beide Elektronen des bindenden Elektronenpaares zur Verfügung stellt, spricht man von *koordinativer Bindung*.

Beispiel: Bildung des Ammoniumions aus Ammoniak durch Anlagerung eines Wasserstoffions:

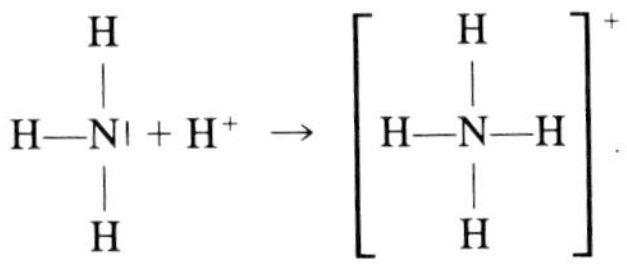

Die Zahl der kovalenten Bindungen, die von einem Atom ausgehen, wird als dessen Bindigkeit bezeichnet.

3.1.2 Molekülorbitale

Die Beschreibung der Elektronenstruktur von Molekülen erfordert die Lösung der Schrödinger-Gleichung (vgl. 1.4.2). Diese ist nur für das einfachste Molekül, das H_2^+-Molekülion, exakt lösbar. Für die Behandlung von Molekülen mit mehreren Elektronen müssen daher – ähnlich wie bei der Beschreibung von Atomen mit mehreren Elektronen (vgl. 1.4.4) – geeignete Näherungsverfahren angewendet werden. Das am weitesten verbreitete Näherungsverfahren ist die *Molekülorbital-Theorie* (*MO-Theorie*).

In der MO-Theorie beschreibt man die Elektronenzustände eines Moleküls durch Molekülorbitale. Im Gegensatz zu den Atomen haben Moleküle Mehrzentrenorbitale. Molekülorbitale werden – ähnlich wie die Atomorbitale – durch Quantenzahlen charakterisiert. Die Besetzung der einzelnen Orbitale im Grundzustand erhält man unter Berücksichtigung der Energieregel, des Pauli-Prinzips und der Hund'schen Regel (siehe 1.5). Die Elektronenkonfiguration von Molekülen kann entweder durch ein Zahlenschema oder durch die in Bild 3-1 und 3-2 dargestellte Symbolik angegeben werden.

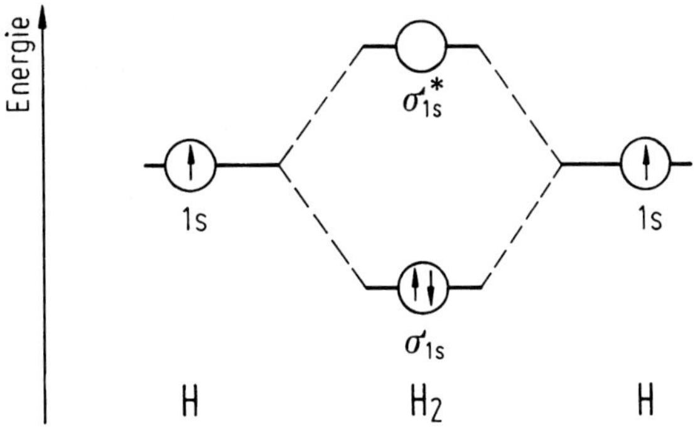

Bild 3-1. MO-Energieniveauschema eines A_2-Moleküls der 1. Periode, Elektronenbesetzung für H_2

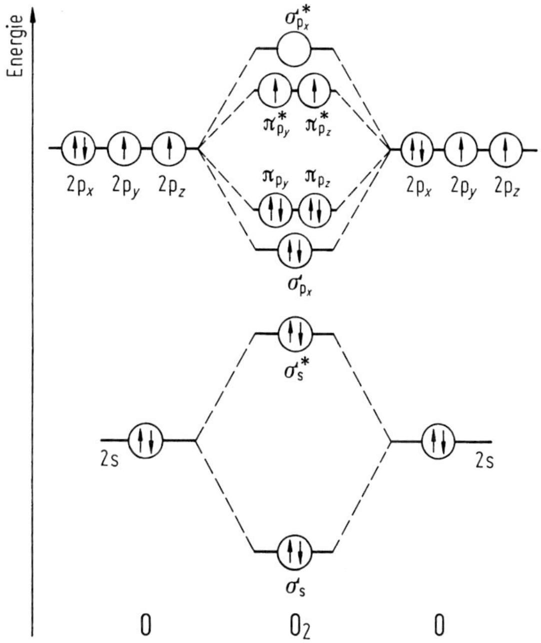

Bild 3-2. MO-Energieniveauschema eines A_2-Moleküls der 2. Periode, Elektronenbesetzung für O_2

Molekülorbitale können in guter Näherung aus Orbitalen der am Bindungssystem beteiligten Atome durch lineare Kombination aufgebaut werden. Man unterscheidet grob zwischen bindenden und lockernden („antibindenden") Molekülorbitalen, je nachdem, ob ihre Besetzung im Vergleich zu den Energien der beteiligten Atomorbitale eine Energieabsenkung und damit eine Stabilisierung des Moleküls oder aber eine Energieerhöhung zur Folge hat.

Besonders übersichtlich ist diese Beschreibung bei Molekülen aus zwei gleichen Atomen, wie z. B. beim Wasserstoffmolekül H_2. Aus den beiden 1s-Orbitalen der Wasserstoffatome H_a und H_b lassen sich zwei Linearkombinationen herstellen: die symmetrische

$$\sigma_{1s} = (1s)_a + (1s)_b$$

und die antisymmetrische

$$\sigma^*_{1s} = (1s)_a - (1s)_b \ .$$

Die umgekehrten Vorzeichenkombinationen (−−) und (−+) ergeben lediglich äquivalente Darstellungen derselben Orbitale. Das σ-MO ist das bindende, σ^* das lockernde MO; beide Orbitale sind rotationssymmetrisch zur Molekülachse.

Bild 3-1 zeigt das entsprechende Energieniveauschema. Im Grundzustand des H_2-Moleküls besetzen beide Elektronen den bindenden σ-Zustand.

Die damit verbundene Energieabsenkung gegenüber den Grundzuständen der freien Atome (um die sog. Bindungsenergie) erklärt die Stabilität des Wasserstoffmoleküls.

Beim *molekularen Sauerstoff* O_2 steuert jedes Atom sechs Valenzelektronen bei. Die Valenzschale der Atome besteht aus den 2s-Orbitalen und den drei entarteten 2p-Orbitalen. Kombiniert werden Atomorbitale derselben Energie; die energetische Lage der resultierenden Molekülorbitale zeigt schematisch Bild 3-2. Aus den kugelsymmetrischen 2s-Orbitalen sowie den zylindersymmetrischen $2p_x$-Orbitalen, deren Achse mit der Molekülachse zusammenfällt, entstehen rotationssymmetrische, bindende und lockernde σ- bzw. σ^*-MOs. Die restlichen 2p-Orbitale ergeben je zwei entartete bindende π- und lockernde π^*-Zustände; bei diesen Orbitalen ist die Rotationssymmetrie gebrochen. Nach der Hund'schen Regel werden die beiden π^*-Zustände im Grundzustand des O_2-Moleküls mit einzelnen Elektronen parallelen Spins besetzt. Molekularer Sauerstoff ist daher paramagnetisch.

Bei *größeren Molekülen*, wie z. B. beim Methan CH_4 (vgl. 11.3.1), erhält man bei der MO-theoretischen Behandlung des Bindungssystems Resultate, die zunächst der chemischen Erfahrung zu widersprechen scheinen. An den im Grundzustand besetzten Molekülorbitalen sind alle fünf Atome beteiligt, d. h., statt vier äquivalenter und lokalisierbarer C–H-Bindungen scheint die MO-Theorie vier über das ganze Molekül delokalisierte Bindungen zu liefern. Mit sog. Hybridorbitalen (vgl. 3.1.3) lassen sich die Bindungsverhältnisse beim Methan wie auch bei vielen anderen mehratomigen Molekülen in Übereinstimmung mit den klassischen Valenzstrichformeln der Chemie beschreiben.

Es gibt jedoch auch Moleküle mit delokalisierten Bindungen, wie z. B. 1,3-Butadien (vgl. 11.3.1) oder Benzol C_6H_6 (vgl. 11.3.3). Einen Extremfall delokalisierter Bindungen trifft man in Metallen an (vgl. 3.3).

Die Lage der Energieniveaus in Molekülen lässt sich experimentell z. B. mithilfe der Photoelektronenspektroskopie bestimmen. Die gemessenen Werte zeigen gute Übereinstimmung mit den nach der MO-Theorie berechneten. Die Übereinstimmung bestätigt, dass die in der MO-Theorie gemachten Näherungen brauchbar sind.

3.1.3 Hybridisierung

Die Begriffe Hybridisierung und Hybridorbitale wurden von L. Pauling eingeführt. Hybridorbitale (q-Orbitale) ergeben sich – im Gegensatz zu den Molekülorbitalen – durch Linearkombination von Orbitalen *eines* Atoms. Sie werden mit Vorteil anstelle der Atom-Eigenfunktionen bei der Beschreibung gerichteter Bindungen verwendet. Folgende Hybridorbitale haben sich dabei besonders bewährt:

Hybrid-orbital	räumliche Anordnung	Beispiele
sp	linear	Acetylen $HC\equiv CH$ (vgl. 11.3.1)
sp^2	eben trigonal	Ethylen $H_2C=CH_2$ (vgl. 11.3.1)
sp^3	tetraedrisch	Methan CH_4, Ammoniak NH_3, Wasser H_2O, Diamant C

Beispiele:

Methan CH_4: Das Kohlenstoffatom hat im Grundzustand die Elektronenkonfiguration $1s^22s^22p^2$ und in einem angeregten Zustand $1s^22s2p^3$. Die für diese Anregung notwendige Energie heißt Promotionsenergie. Ein weiterer Energiebetrag ist zur Bildung der vier sp^3-Hybridorbitale notwendig. Die Elektronen befinden sich jetzt im sog. Valenzzustand. Dieser Zustand ist spektroskopisch nicht beobachtbar. Das

bedeutet, dass isolierte Kohlenstoffatome nicht im Valenzzustand vorkommen können. Die sp^3-Hybridorbitale sind nach den Ecken eines Tetraeders ausgerichtet. Die Energieeigenwerte sind entartet.
Zustandekommen der Bindung: Im CH_4-Molekül überlappen die vier Hybridorbitale des C-Atoms mit den s-Orbitalen von vier H-Atomen. H–C–H-Bindungswinkel im CH_4-Molekül: 109°28′ (Tetraederwinkel).
Ammoniak NH_3: Das Stickstoffatom ist in dieser Verbindung sp^3-hybridisiert. Die Hybridorbitale überlappen mit den s-Orbitalen von drei H-Atomen. Das vierte Hybridorbital ist durch das einsame Elektronenpaar des N-Atoms besetzt. H–N–H-Bindungswinkel des NH_3-Moleküls (im Gaszustand): 107°.
Wasser H_2O: Analoges Verhalten wie beim NH_3. Zwei Hybridorbitale überlappen mit den s-Orbitalen von zwei H-Atomen, die beiden anderen Hybridorbitale sind durch einsame Elektronenpaare besetzt. H–O–H-Bindungswinkel des H_2O-Moleküls (im Gaszustand): 105°.

3.1.4 Elektronegativität

Kovalente zweiatomige Moleküle mit Übergang zur Ionenbindung weisen keine symmetrische Ladungsverteilung auf. Daher haben solche Moleküle ein permanentes elektrisches Dipolmoment. Neben dieser Größe ist nach L. Pauling die Elektronegativität zur Erfassung der Polarität von Atombindungen geeignet.

Erklärung: Die Elektronegativität ist ein Maß für das Bestreben eines kovalent gebundenen Atoms, Elektronen an sich zu ziehen.

Zur Bestimmung der (dimensionslosen Größe) Elektronegativität χ sind verschiedene Vorschläge gemacht worden. Viel benutzt wird die folgende Beziehung nach Pauling:

$$\chi = f\frac{E_\mathrm{I} + E_\mathrm{A}}{2} \,. \tag{3-1}$$

f ($\approx 0{,}56/eV$) Proportionalitätsfaktor, E_I Ionisierungsenergie, E_A Elektronenaffinität.
Die Elektronegativität der Hauptgruppenelemente ist in den Tabellen 10-1 bis 10-7 angegeben. Im Periodensystem nimmt die Elektronegativität innerhalb einer Periode von links nach rechts zu, innerhalb einer Gruppe in der Regel von oben nach unten ab. Das Element mit dem größten Wert der Elektronegativität ist das Fluor ($\chi = 4$).

3.2 Ionenbindung

Verbinden sich Elemente mit starken Elektronegativitätsunterschieden, so können vollständige Elektronenübergänge stattfinden. Elektronen des Atoms mit der kleineren Elektronegativität gehen vollständig auf das Atom mit der größeren Elektronegativität über. Eine derartige Reaktion wird als Redoxreaktion bezeichnet (siehe 9). Das sich dabei bildende positive Ion heißt *Kation*, das negativ geladene *Anion*. Aufgrund der ungerichteten elektrostatischen Anziehungskräfte kommt es zur Bildung von Ionenkristallen.

Ionenkristalle werden auch als Ionenverbindungen oder als Salze bezeichnet.

Strukturen und Eigenschaften von Ionenkristallen sind in 5.3.2 näher beschrieben.

Beispiel: Metallisches Natrium Na reagiert mit molekularem Chlor Cl_2 unter Bildung von Natriumchlorid NaCl. Dabei findet ein Elektronenübergang vom Natrium zum Chlor statt:

$$2\,\mathrm{Na(s)} + \mathrm{Cl_2(g)} \rightarrow 2\,\mathrm{NaCl(s)} \,.$$

$\chi = 1{,}0 \quad \chi = 3{,}0$
χ Elektronegativität.

Als Redoxgleichung formuliert (vgl. 9) wird der Elektronenübergang augenfällig:

$$\begin{aligned} 2\,\mathrm{Na} &\rightarrow 2\,\mathrm{Na^+} + 2\,\mathrm{e^-} \\ \mathrm{Cl_2} + 2\,\mathrm{e^-} &\rightarrow 2\,\mathrm{Cl^-} \\ \hline 2\,\mathrm{Na(s)} + \mathrm{Cl_2(g)} &\rightarrow 2\,\mathrm{NaCl(s)} \,. \end{aligned}$$

3.2.1 Gitterenergie

Unter der Gitterenergie eines Ionenkristalls versteht man die Energie, die bei der Bildung der kristallinen Substanz aus den gasförmigen (bereits vorgebildeten) Ionen abgegeben wird.

Die Gitterenergie kann nur in wenigen Fällen direkt gemessen werden. In der Regel wird sie mithilfe des

Tabelle 3-1. Molare Gitterenergie E_{mG} einiger Salze

Substanz	E_{mG}/(kJ/mol)
NaF	−907
NaCl	−776
NaBr	−722
NaI	−662
CsF	−722
CsCl	−649
CsBr	−624
CsI	−588

Born-Haber'schen Kreisprozesses aus thermodynamischen Daten ermittelt. Tabelle 3-1 zeigt einige repräsentative Werte der Gitterenergie.

3.2.2 Born-Haber'scher Kreisprozess

Die Bildung eines Salzes aus den Elementen kann nach Born und Haber in folgende Teilschritte unterteilt werden (am Beispiel der Bildung von NaCl):

Bildung der gasförmigen Na^+-Ionen:

$$Na(s) \rightarrow Na(g) \qquad \Delta_{subl}H_m = 109\,kJ/mol$$

$$Na(g) \rightarrow Na^+(g) + e^- \qquad E_{mI} = 496\,kJ/mol$$

Bildung der gasförmigen Cl^--Ionen:

$$1/2\,Cl_2 \rightarrow Cl(g) \quad 1/2\,\Delta_D H_m = 121\,kJ/mol$$

$$Cl(g) + e^- \rightarrow Cl^-(g) \qquad E_{mA} = -361\,kJ/mol$$

Kombination der gasförmigen Ionen zum Ionengitter:

$Na^+(g) + Cl^-(g) \rightarrow NaCl(s)$ $E_{mG} = -776\,kJ/mol$ Bildung von festem NaCl aus den Elementen:

$Na(s) + 1/2\,Cl(g) \rightarrow NaCl(s)$ $\Delta_r H = -411\,kJ/mol$

$\Delta_{subl}H_m$ molare Sublimationsenthalpie, E_{mI} molare Ionisierungsenergie, $\Delta_D H_m$ molare Dissoziationsenthalpie, E_{mA} molare Elektronenaffinität, E_{mG} molare Gitterenergie, $\Delta_r H$ Reaktionsenthalpie.

(Molare Größen werden dadurch gebildet, dass die entsprechenden extensiven Größen durch die Stoffmenge dividiert werden, Vorzeichen energetischer Größen vgl. 6.2.3).

Das folgende Schema zeigt die Reihenfolge der Einzelschritte beim Ablauf des Born-Haber'schen Kreisprozesses:

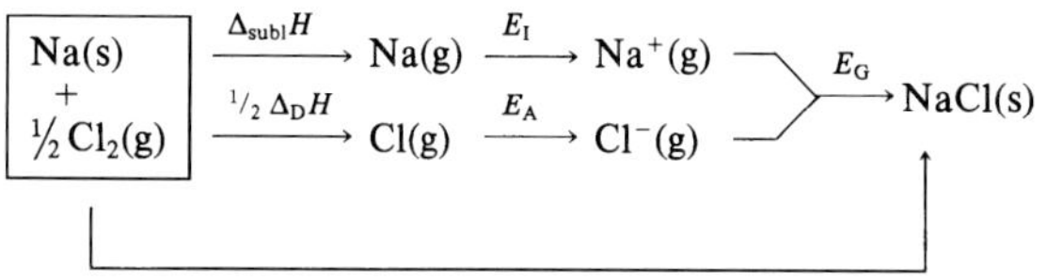

Wie den Zahlenwerten entnommen werden kann, ist zur Bildung der gasförmigen Kationen eine hohe Energie ($\Delta_{subl}H + E_I$) aufzuwenden, die durch die Energie, die bei der Entstehung der gasförmigen Cl^--Ionen frei wird ($1/2\Delta_D H + E_A$), nicht kompensiert werden kann. Bei der Bildung des Ionengitters wird jedoch eine beträchtliche Energie, die Gitterenergie, frei. Sie übertrifft die Energie, die zur Bildung der entgegengesetzt geladenen gasförmigen Ionen notwendig ist, bei weitem. Daher verlaufen sehr viele Reaktionen, bei denen Salze gebildet werden, stark exotherm (vgl. 6.2.3).

3.2.3 Atom- und Ionenradien

Aus der quantenmechanischen Beschreibung (vgl. 1.4) folgt, dass Atome und Ionen keine streng definierte Größe haben können. Dennoch werden sie näherungsweise als starre Kugeln mit konstantem Radius aufgefasst. Setzt man den Kernabstand von Nachbarn als Summe der Radien der beteiligten Atome oder Ionen an, so zeigen die daraus ermittelten Radien i. Allg. eine bemerkenswert gute Konstanz.

Die Atom- und einige Ionenradien der Hauptgruppenelemente sind in den Tabellen 10-1 bis 10-8 aufgeführt. Durch Vergleich der Ionenradien mit den entsprechenden Atomradien folgt, dass die Kationen stets beträchtlich kleiner und die Anionen immer sehr viel größer als die entsprechenden Atome sind.

3.3 Metallische Bindung

Das klassische Elektronengasmodell der metallischen Bindung geht davon aus, dass die Valenzelektronen in Metallen nicht mehr einem einzelnen Atom zugeordnet werden können, sondern dem Kristallgitter als Ganzem angehören. Jedes Metallatom kann eine bestimmte Zahl dieser Elektronen abspalten. Das Metall besteht also aus positiv geladenen Metallionen und einem frei beweglichen „Elektronengas", das das Gitter zusammenhält. Dieses Modell erklärt z. B. die hohe elektrische und thermische Leitfähigkeit sowie die mechanischen Eigenschaften der Metalle, versagt aber bei der Beschreibung des Elektronenanteils der molaren Wärmekapazität. Quantenmechanisch können die Bindungsverhältnisse in Metallen mit Hilfe der MO-Theorie interpretiert werden. Dabei tritt an die Stelle eines einzelnen Moleküls der Kristall als

Ganzes. Nach dieser Theorie entstehen in einem Metallkristall delokalisierte Orbitale, die über den gesamten Kristall ausgedehnt sind. Die Energiedifferenzen zwischen benachbarten Kristallorbitalen sind außerordentlich klein. Die dicht aufeinander folgenden Energieniveaus sind in Energiebändern angeordnet (Energiebändermodell, vgl. B 16.1.2).
Die Struktureigenschaften von Metallkristallen werden im Abschnitt 5.3.2 beschrieben.

3.4 Van-der-Waals'sche Bindung und Wasserstoffbrückenbindung (Nebenvalenzbindungen)

Folgende zwischenmolekulare Kräfte verursachen die van-der-Waals'sche Bindung:

- *Orientierungskräfte*, das sind Anziehungskräfte zwischen permanenten elektrischen Dipolen; sie wirken zwischen polaren Molekülen, d. h. zwischen Molekülen mit einem permanenten elektrischen Dipolmoment, und
- *Dispersionskräfte*, das sind Anziehungskräfte zwischen induzierten elektrischen Dipolen; sie wirken zwischen Atomen sowie zwischen polaren und unpolaren Molekülen.

Der Zusammenhalt von Flüssigkeiten und Festkörpern, die aus unpolaren Molekülen aufgebaut sind, wird praktisch vollständig durch Dispersionskräfte bewirkt (Beispiele: feste und flüssige Edelgase bzw. Kohlenwasserstoffe). Bei wasserstoffhaltigen Verbindungen mit SH-, OH- oder NH-Gruppen sind neben den Orientierungskräften stets auch Wasserstoffbrückenbindungen am Zusammenhalt des Molekülverbandes beteiligt. Wasserstoffbrückenbindungen sind z. B. für die Struktur und die Eigenschaften des festen und flüssigen Wassers (vgl. 5.2.3) und für die Struktur und die biologische Funktion von Proteinen und Nucleinsäuren von großer Bedeutung.

4 Chemische Gleichungen und Stöchiometrie

4.1 Chemische Formeln

Jeder chemischen Formel können sowohl qualitative Angaben über die Atomsorten, die in einer bestimmten chemischen Verbindung enthalten sind, als auch quantitative Informationen entnommen werden. Die quantitative Information kann für eine Substanz, die durch die Formel $A_a\,B_b$ charakterisiert ist, folgendermaßen zusammengefasst werden:

$$N(\mathrm{A})/N(\mathrm{B}) = n(\mathrm{A})/n(\mathrm{B}) = a/b\,. \qquad (4\text{-}1)$$

In einem Molekül, das durch die Formel A_aB_b, gekennzeichnet ist, verhält sich die Zahl der Atome der Sorte A zur Zahl der Atome der Sorte B wie a zu b.

Gleichung (4-1) bildet die Grundlage der Ermittlung von chemischen Formeln aus den Ergebnissen qualitativer und quantitativer Analysen.
Beispiel: Ein bestimmtes Antimonoxid (chemische Formel Sb_xO_y) weist einen Sauerstoffmassenanteil von 24,73% auf, $M(\mathrm{Sb}) = 121{,}8\,\mathrm{g/mol}$, $M(\mathrm{O}) = 16{,}0\,\mathrm{g/mol}$. Für das Stoffmengenverhältnis gilt:
$n(\mathrm{O})/n(\mathrm{Sb}) = y/x$. Mit $n_\mathrm{B} = m_\mathrm{B}/M_\mathrm{B}$ erhält man:

$$\frac{m(\mathrm{O})\,M(\mathrm{Sb})}{M(\mathrm{O})\,m(\mathrm{Sb})} = \frac{24{,}73\,\mathrm{g}\cdot 121{,}8\,\mathrm{g/mol}}{16{,}0\,\mathrm{g/mol}\,(100-24{,}73)\,\mathrm{g}} = \frac{y}{x} = \frac{2{,}5}{1} = \frac{5}{2}\,.$$

Das Antimonoxid hat also die chemische Formel $(Sb_2O_5)_k$. Der Faktor k (positive ganze Zahl) kann allein aufgrund der Ergebnisse quantitativer Analysen nicht ermittelt werden. Hierzu sind z. B. Bestimmungen der molaren Masse (bei Gasen: Zustandsgleichung idealer Gase, bei gelösten Stoffen: Messung des osmotischen Druckes, der Lichtstreuung, Ultrazentrifugation) oder röntgenstrukturanalytische Verfahren notwendig. Im Falle des Antimonoxids nimmt k sehr große Werte an, da die Verbindung polymer ist.

4.2 Chemische Gleichungen

Chemische Reaktionen können qualitativ und quantitativ durch Umsatzgleichungen beschrieben werden. So kann z. B. der Gleichung

$$\mathrm{Zn} + 2\,\mathrm{HCl} \rightarrow \mathrm{ZnCl_2} + \mathrm{H_2(g)}$$

entnommen werden, dass das Metall Zink (Zn) mit Salzsäure (wässrige Lösung von HCl) unter Bildung des Salzes Zinkchlorid ($ZnCl_2$) und gasförmigem Wasserstoff ($H_2(g)$) reagiert. Quantitativ folgt z. B., dass die Zahl der Zinkatome, die bei der Reaktion verbraucht werden, gleich der Zahl der Wasserstoffmoleküle ist, die bei der Reaktion gebildet werden. Mit der Formel

$$N(\mathrm{Zn}) = N(\mathrm{H_2})$$

kann dieser Sachverhalt wesentlich kürzer dargestellt werden. Da die Teilchenzahl N der Stoffmenge n proportional ist, gilt ferner:

$$n(\mathrm{Zn}) = n(\mathrm{H_2} .$$

Verallgemeinert man diesen Sachverhalt, so gilt für die vollständig (oder „quantitativ") ablaufende Reaktion

$$\nu_\mathrm{A}\mathrm{A} + \nu_\mathrm{B}\mathrm{B} + \ldots \rightarrow \nu_\mathrm{X}\mathrm{X} + \nu_\mathrm{Y}\mathrm{Y} + \ldots$$

$$\frac{n\,(\mathrm{A})}{n\,(\mathrm{X})} = \frac{\nu_\mathrm{A}}{\nu_\mathrm{X}}\,; \quad \frac{n\,(A)}{n\,(\mathrm{Y})} = \frac{\nu_\mathrm{A}}{\nu_\mathrm{Y}}\,; \quad \text{usw.}$$

ν_A, ν_B, ν_X und ν_Y heißen *stöchiometrische Zahlen.*

Bei vollständig ablaufenden Reaktionen verhalten sich die Stoffmengen wie die stöchiometrischen Zahlen in den Umsatzgleichungen.

Beziehungen der obigen Art können als Grundgleichungen für stöchiometrische Rechnungen angesehen werden.

4.3 Grundgesetze der Stöchiometrie

Die Stöchiometrie befasst sich mit der quantitativen Behandlung chemischer Vorgänge und Sachverhalte, soweit ihnen Umsatzgleichungen bzw. chemische Formeln zugrunde liegen.

4.3.1 Gesetz von der Erhaltung der Masse

Bei allen (molekular)chemischen Reaktionen bleibt die Gesamtmasse der Reaktionspartner unverändert. Da chemische Reaktionen praktisch immer mit Energieänderungen verbunden sind, ist dieses Gesetz aufgrund der Einstein'schen Gleichung

$$\Delta E = \Delta m\, c_0^2 \,, \tag{4-2}$$

E Energie, m Masse, c_0 Vakuumlichtgeschwindigkeit, nur eine Näherung. Bisher ist es jedoch bei keiner (molekular)chemischen Reaktion gelungen, eine die Messunsicherheit überschreitende Änderung der Gesamtmasse der Reaktionspartner messtechnisch nachzuweisen.

Bei den mit sehr großen Energieänderungen verknüpften Kernreaktionen (siehe B 17.4) hat das Gesetz von der Erhaltung der Masse keine Gültigkeit, und die Bilanz der Massen und Energien wird dort durch die Einstein'sche Gleichung (4-2) beschrieben.

4.3.2 Gesetz der konstanten Proportionen

Für die Mehrzahl chemischer Verbindungen trifft folgender Satz zu:

Die Massenverhältnisse der Elemente in einer bestimmten chemischen Verbindung sind konstant.

Das bedeutet: Unabhängig davon, auf welchem Wege eine solche Verbindung entstanden ist, enthält sie die betreffenden Elemente in einem konstanten Massenverhältnis. Je nachdem ob das Gesetz der konstanten Proportionen befolgt wird oder nicht, können chemische Verbindungen in zwei Gruppen eingeteilt werden:

1. Stöchiometrische Verbindungen.
   Darunter fasst man alle Verbindungen zusammen, die das Gesetz der konstanten Proportionen streng befolgen. Die überwiegende Mehrzahl aller chemischen Substanzen gehört in diese Kategorie.
2. Nichtstöchiometrische Verbindungen.
   Für diese Gruppe von Verbindungen gilt das Gesetz der konstanten Proportionen nicht. Die Zusammensetzung dieser Substanzen variiert innerhalb eines bestimmten Stabilitätsbereiches kontinuierlich. Besonders zahlreiche Beispiele dafür findet man bei Verbindungen zwischen verschiedenen Metallen (intermetallische Phasen). Aber auch viele Oxide, Sulfide sowie Substanzen, die Mischkristalle bilden können, gehören hierzu. So kann beispielsweise Eisen(II)-oxid in allen Zusammensetzungen innerhalb der durch die Formeln $Fe_{0,90}O$ und $Fe_{0,95}O$ angegebenen Grenzen vorkommen.

4.3.3 Gesetz der multiplen Proportionen

Die Massenverhältnisse zweier sich zu verschiedenen chemischen Verbindungen vereinigender Elemente stehen im Verhältnis einfacher ganzer Zahlen zueinander.

Beispiel: Wasserstoff und Sauerstoff bilden zwei verschiedene Verbindungen: Wasser (H_2O) und Wasserstoffperoxid (H_2O_2). Die Massenverhältnisse in diesen Verbindungen sind:

Wasser	Wasserstoffperoxid
$m(\mathrm{O})/m(\mathrm{H}) = 7{,}937$	$m(\mathrm{O})/m(\mathrm{H}) = 15{,}874$.

Die Massenverhältnisse verhalten sich also wie 1:2.

4.4 Stoffmenge, Avogadro-Konstante

Die Stoffmengen n_B eines Stoffes B ist als Quotient aus Teilchenzahl N_B und Avogadro-Konstante N_A definiert:

$$n_\mathrm{B} = N_\mathrm{B}/N_\mathrm{A} \,. \tag{4-3}$$

(Der Index B bezieht sich auf beliebige Stoffe oder Teilchenarten.)
Die Stoffmenge – eine Basisgröße des internationalen Einheitensystems SI – ist eine einheitenbehaftete Größe. Folglich hat die Avogadro-Konstante die Dimension einer reziproken Stoffmenge. Die SI-Einheit der Stoffmenge ist das Mol, das folgendermaßen definiert ist:

Ein Mol ist die Stoffmenge eines Systems, das aus ebensoviel Einzelteilchen besteht, wie Atome in 0,012 kg *des Kohlenstoffnuklids* ${}^{12}_{6}\mathrm{C}$ *enthalten sind.*

Anmerkung: Als Nuklide bezeichnet man alle Atomarten, die durch eine bestimmte Anzahl von Protonen und Neutronen in ihrem Kern charakterisiert sind. Der Kern des Nuklides ${}^{12}_{6}\mathrm{C}$ besteht aus 6 Protonen und 6 Neutronen.
Mit dem Wert der Avogadro-Konstanten

$$N_\mathrm{A} = 6{,}02214179 \cdot 10^{23}\,\mathrm{mol}^{-1}$$

folgt unter Verwendung der Beziehung $N_\mathrm{B} = n_\mathrm{B} \cdot N_\mathrm{A}$, dass ein Mol einer beliebigen Substanz $6{,}02214179 \cdot 10^{23}$ Teilchen enthält.

4.5 Die molare Masse

Die *molare Masse* (früher: Molmasse, Molekulargewicht) M_B eines Stoffes B ist durch folgende Beziehung definiert:

$$M_\mathrm{B} = m_\mathrm{B}/n_\mathrm{B} \,, \tag{4-4}$$

m_B Masse (einer Portion des Stoffes B).

SI-Einheit kg/mol, häufig verwendete Einheit g/mol. Die Bezeichnung molare Masse wird auch auf Atome angewendet. Die Beziehungen (4-4) und (4-3) liefern den Zusammenhang zwischen der Masse eines Teilchens $m_\mathrm{TB} = m_\mathrm{B}/N_\mathrm{B}$ und der molaren Masse: $m_\mathrm{TB} = M_\mathrm{B}/N_\mathrm{A}$. Danach ist also die molare Masse gleich dem Produkt aus der Masse eines Teilchens und der Avogadro-Konstanten.
Beispiel: Die Masse m_H eines Wasserstoffatoms soll aus der molaren Masse $M(\mathrm{H}) = 1{,}008\,\mathrm{g/mol}$ dieses Atoms berechnet werden:

$$\begin{aligned} m_\mathrm{H} &= M(\mathrm{H})/N_\mathrm{A} \\ &= (1{,}008\,\mathrm{g/mol})/(6{,}022 \cdot 10^{23}\,\mathrm{mol}^{-1}) \\ &= 1{,}674 \cdot 10^{-24}\,\mathrm{g} \,. \end{aligned}$$

Die molare Masse einer Verbindung kann durch Addition der molaren Massen der in der Verbindung enthaltenen Atome berechnet werden. Voraussetzung hierfür ist die Gültigkeit des Gesetzes von der Erhaltung der Masse für chemische Reaktionen (siehe 4.3.1).

Beispiel: Gesucht sei die molare Masse des Natriumsulfats, $M(\mathrm{Na_2SO_4})$. Es gilt:

$$\begin{aligned} M(\mathrm{Na_2SO_4}) &= 2M(\mathrm{Na}) + M(\mathrm{S}) + 4M(\mathrm{O}) \,. \\ &= 2 \cdot 23{,}0\,\mathrm{g/mol} + 32{,}1\,\mathrm{g/mol} \\ &\quad + 4 \cdot 16{,}0\,\mathrm{g/mol} = 142{,}1\,\mathrm{g/mol} \,. \end{aligned}$$

4.6 Quantitative Beschreibung von Mischphasen

4.6.1 Der Massenanteil

Der Massenanteil (früher: Massenbruch) w_B des Stoffes B ist definiert als

$$w_\mathrm{B} = m_\mathrm{B}/m \,. \tag{4-5a}$$

Die Gesamtmasse m setzt sich additiv aus den einzelnen Teilmassen m_i zusammen:

$$m = \sum m_i = m_1 + m_2 + \ldots + m_n \; . \qquad \text{(4-5b)}$$

Der Massenanteil eines Stoffes ist eine reine Zahl: $w_{\mathrm{B}} \leq 1$. Die Summe der Massenanteile aller Stoffe in einem gegebenen System ist gleich 1:

$$\sum w_i = 1 \qquad \text{(4-5c)}$$

Häufig wird der Massenanteil auch in Prozent ($1‰ = 10^{-2}$), Promille ($1 = 10^{-3}$), parts per million ($1\,\mathrm{ppm} = 10^{-6}$) und parts per billion ($1\,\mathrm{ppb} = 10^{-9}$) angegeben.

Beispiel: Eine Legierung enthält 1,990 g Au, 0,010 g Ag und $1 \cdot 10^{-5}$ g As. Daraus ergibt sich: $w(\mathrm{Au}) = 0{,}995 = 99{,}5\%$; $w(\mathrm{Ag}) = 0{,}005 = 5‰$ und $w(\mathrm{As}) = 5 \cdot 10^{-6} = 5\,\mathrm{ppm}$.

4.6.2 Der Stoffmengenanteil

Der Stoffmengenanteil (früher: Molenbruch) x_{B} ist in Analogie zum Massenanteil folgendermaßen definiert:

$$x_{\mathrm{B}} = n_{\mathrm{B}}/n \; , \qquad \text{(4-6a)}$$

$$n = \sum n_i = n_1 + n_2 + \ldots + n_n \qquad \text{(4-6b)}$$

$$\sum x_i = 1 \; , \qquad \text{(4-6c)}$$

n Stoffmenge.

Auch der Stoffmengenanteil wird häufig in %, ‰, ppm und ppb angegeben. Für eine vorgegebene Stoffmischung sind der Stoffmengenanteil und der Massenanteil einer bestimmten Komponente i. Allg. verschieden.

Zum Massen- und Stoffmengenanteil analoge Beziehungen existieren auch für den Volumenanteil. Bei idealen Gasen (siehe 5.1.1) sind Volumen- und Stoffmengenanteil gleich.

4.6.3 Die Konzentration (oder Stoffmengenkonzentration)

Die Konzentration c_{B} eines Stoffes B ist definiert als der Quotient aus Stoffmenge n_{B} dieses Stoffes und dem Volumen V:

$$c_{\mathrm{B}} = n_{\mathrm{B}}/V \; . \qquad \text{(4-7)}$$

SI-Einheit: $\mathrm{mol/m^3}$, häufig verwendete Einheit: mol/l.

Beispiel: Eine Salzsäure (Lösung von Chlorwasserstoff HCl in Wasser, vgl. Tabelle 8-2) enthält einen HCl-Massenanteil von 40,0%. Die Dichte der Säure beträgt $\varrho = 1{,}198\,\mathrm{g/cm^3}$, $M(\mathrm{HCl}) = 36{,}46\,\mathrm{g/mol}$. Gesucht ist die Konzentration des Chlorwasserstoffs $c(\mathrm{HCl})$.

Lösung: Durch den Vergleich von (4-5a) und (4-7),

$$w(\mathrm{HCl}) = m(\mathrm{HCl})/m, \; c(\mathrm{HCl}) = n(\mathrm{HCl})/V$$

erkennt man, dass in (4-5a) im Zähler die Masse der HCl durch die Stoffmenge dieser Verbindung und im Nenner die (Gesamt)Masse durch das Volumen ersetzt werden muss. Dies geschieht durch die Gleichungen $n_{\mathrm{B}} = m_{\mathrm{B}}/M_{\mathrm{B}}$ und $\varrho = m/V$. Mit

$$w(\mathrm{HCl}) = m(\mathrm{HCl})/m$$

erhält man auf diese Weise:

$$\begin{aligned} w(\mathrm{HCl}) &= n(\mathrm{HCl})M(\mathrm{HCl})/V\varrho \\ &= c(\mathrm{HCl})M(\mathrm{HCl})/\varrho \end{aligned}$$

oder $c(\mathrm{HCl}) = w(\mathrm{HCl})\;\varrho/M(\mathrm{HCl})$.

Die Zahlenrechnung liefert:

$$\begin{aligned} c(\mathrm{HCl}) &= 0{,}400\,\frac{1{,}198\,\mathrm{g/cm^3}}{36{,}46\,\mathrm{g/mol}} \\ &= 0{,}01314\,\mathrm{mol/cm^3} = 13{,}14\,\mathrm{mol/l} \; . \end{aligned}$$

4.7 Stöchiometrische Berechnungen

4.7.1 Gravimetrische Analyse

Häufig liegen Stoffe als eine Mischung in flüssiger Phase vor. Gegenstand der gravimetrischen Analyse ist die Ermittlung der Masse eines der Stoffe in dieser Lösung. Dazu wird die Substanz, die gravimetrisch untersucht werden soll, durch Zugabe einer Reagenzlösung in eine schwerlösliche Verbindung überführt. Die Masse der schwerlöslichen Verbindung wird (nach Abfiltrieren und Trocknen) durch Wägung ermittelt. Bei gravimetrischen Analysen muss die Reagenzlösung stets im Überschuss zugeführt werden, damit eine vollständige (oder „quantitative") Ausfällung des zu untersuchenden Stoffes erfolgen kann.

Beispiel: Eine Stoffmischung besteht aus Chlorwasserstoff (HCl) und Wasser. Die Masse des Chlorwasserstoffs in dieser Mischung soll ermittelt werden. Dazu werden die Chloridionen durch Zugabe von Silbernitratlösung ($AgNO_3$ in H_2O) als Silberchlorid (AgCl) gefällt. Das Silberchlorid wird abfiltriert, getrocknet und seine Masse durch Wägung ermittelt.

Berechnung:

1. Die Fällungsreaktion wird durch folgende Umsatzgleichung beschrieben:

$$\mathrm{HCl} + \mathrm{AgNO_3} \rightarrow \mathrm{AgCl(s)} + \mathrm{HNO_3}\ .$$

   (Anmerkung: In Umsatzgleichungen werden schwerlösliche Verbindungen mit dem Buchstaben s (lat. solidus: fest) gekennzeichnet.)
2. Entsprechend der Umsatzgleichung gilt folgende Stoffmengenbeziehung:

$$n(\mathrm{HCl}) = n(\mathrm{AgCl})\ .$$

3. Die gesuchte Masse des Chlorwasserstoffs erhält man aus der durch Wägung bestimmten Masse des Silberchlorids mit $n_\mathrm{B} = m_\mathrm{B}/M_\mathrm{B}$ aus der Stoffmengenbeziehung (Gleichung 3):

$$\frac{m(\mathrm{HCl})}{M(\mathrm{HCl})} = \frac{m(\mathrm{AgCl})}{M(\mathrm{AgCl})}\ ,$$

$$m(\mathrm{HCl}) = m(\mathrm{AgCl})\,\frac{M(\mathrm{HCl})}{M(\mathrm{AgCl})}\ .$$

4.7.2 Maßanalyse

Auch die maßanalytischen Verfahren dienen zur Bestimmung der Masse eines Stoffes in einer aus mehreren Bestandteilen bestehenden Lösung. Hier wird ebenfalls mit dem maßanalytisch zu untersuchenden Stoff eine chemische Reaktion durchgeführt. Die dazu notwendige Substanz befindet sich in einer Reagenzlösung. Im Gegensatz zur Gravimetrie wird hier jedoch nur soviel Reagenzlösung zugefügt, wie zur vollständigen Umsetzung gerade erforderlich ist. Die Konzentration der Reagenzlösung muss hierbei genau bekannt sein. Substanzen oder apparative Einrichtungen, die die Vollständigkeit der Umsetzung – den Reaktionsend- oder Äquivalenzpunkt – anzeigen, heißen Indikatoren.

Beispiel: Es soll die Masse von Natriumthiosulfat ($Na_2S_2O_3$) in einer wässrigen Natriumthiosulfatlösung durch sog. Titration mit einer Iodlösung der Konzentration $c(I_2)$ ermittelt werden. Das Volumen der verbrauchten Iodlösung sei $V(I_2)$.

Berechnung:

1. Der Reaktion liegt die folgende Umsatzgleichung zugrunde:

$$2\,\mathrm{Na_2S_2O_3} + \mathrm{I_2} \rightarrow 2\,\mathrm{NaI} + \mathrm{Na_2S_4O_6}\ .$$

2. Der Umsatzgleichung entnehmen wir, dass am Reaktionsendpunkt (oder Äquivalenzpunkt) die folgende Stoffmengenbeziehung gilt:

$$n\,(\mathrm{Na_2S_2O_3}) = 2\,n\,(\mathrm{I_2})\ .$$

3. Die Stoffmenge in der verbrauchten Iodlösung wird aus der Konzentration und dem verbrauchten Volumen berechnet:

$$n\,(\mathrm{I_2}) = c\,(\mathrm{I_2}) \cdot V\,(\mathrm{I_2})\ .$$

4. Damit wird unter Heranziehen der Stoffmengenbeziehung $n(Na_2S_2O_3) = 2n(I_2)$ die Stoffmenge des Thiosulfates ermittelt:

$$n\,(\mathrm{Na_2S_2O_3}) = 2 \cdot c\,(\mathrm{I_2}) \cdot V\,(\mathrm{I_2})\ .$$

5. Mithilfe der Beziehung $n_\mathrm{B} = m_\mathrm{B}/M_\mathrm{B}$ kann dann die Masse des Natriumthiosulfates berechnet werden:

$$m\,(\mathrm{Na_2S_2O_3}) = 2M\,(\mathrm{Na_2S_2O_3}) \cdot c\,(\mathrm{I_2}) \cdot V\,(\mathrm{I_2})\ .$$

4.7.3 Verbrennungsvorgänge

Beispiel: Kohlenstoff soll in Luft verbrannt werden (vgl. 9.3.1). Das zur Verbrennung von 1 kg Kohlenstoff notwendige Luftvolumen ist bei einer Temperatur von 25 °C und bei einem Druck von 1 bar zu berechnen.

$$M(\mathrm{C}) = 12\ \mathrm{g/mol}\ , \quad R = 0{,}08314\ \mathrm{bar \cdot l/(mol \cdot K)}$$

1. Der Verbrennungsvorgang wird durch folgende Umsatzgleichung beschrieben:

$$\mathrm{C\,(s)} + \mathrm{O_2\,(g)} \rightarrow \mathrm{CO_2\,(g)}\ .$$

2. Aufgrund dieser Umsatzgleichung gilt bei vollständiger Verbrennung folgende Stoffmengenbeziehung:

$$n(\mathrm{C}) = n(\mathrm{O_2}) \ .$$

3. In obiger Beziehung wird mit der Gleichung $n_\mathrm{B} = m_\mathrm{B}/M_\mathrm{B}$ die Stoffmenge des Kohlenstoffs durch die Masse ersetzt. Man erhält auf diese Weise:

$$m(\mathrm{C}) = M(\mathrm{C}) \cdot n(\mathrm{O_2}) \ .$$

4. Unter Anwendung der Zustandsgleichung idealer Gase (siehe 5.1.1) wird die Stoffmenge des Sauerstoffs durch das Gasvolumen dieses Elementes ersetzt:

$$p \cdot V(\mathrm{O_2}) = n(\mathrm{O_2}) \cdot RT \ ,$$

$$m(\mathrm{C}) = M(\mathrm{C}) \cdot \frac{p \cdot V(\mathrm{O_2})}{RT}$$

$$\text{oder} \quad V(\mathrm{O_2}) = \frac{m(\mathrm{C}) \cdot RT}{M(\mathrm{C}) \cdot p} \ .$$

Trockene atmosphärische Luft enthält einen Sauerstoffvolumenanteil von 20,95% (vgl. Tabelle 5-1), d. h.

$$V(\mathrm{O_2}) = 0{,}2095 \cdot V(\mathrm{Luft}) \ .$$

Mit obiger Beziehung folgt:

$$V(\mathrm{Luft}) = \frac{m(\mathrm{C}) \cdot RT}{0{,}2095 \cdot M(\mathrm{C}) \cdot p}$$

$$V(\mathrm{Luft}) = 9861\,\mathrm{l} = 9{,}861\,\mathrm{m^3}$$

5 Zustandsformen der Materie

5.1 Gase

Die zwischen den Gasteilchen wirkenden Anziehungskräfte (hauptsächlich Orientierungs- und Dispersionskräfte, vgl. 3.4) sind nicht groß genug, um Zusammenballungen der Teilchen zu verursachen und um Translationsbewegungen zu verhindern. Bei nicht zu hohen Drücken ist der Abstand zwischen den Gasteilchen groß gegenüber ihrem Durchmesser. Demzufolge füllen die Gase jeden ihnen angebotenen Raum vollständig aus. Auch die große Kompressibilität von Stoffen in diesem Aggregatzustand kann hiermit erklärt werden. Mit steigendem Druck und sinkender Temperatur wird der Einfluss der Anziehungskräfte gegenüber der thermischen Bewegung immer größer. Dies führt schließlich zur Verflüssigung aller Gase.

5.1.1 Ideale Gase

– Phänomenologische Definition:
  Als ideal werden die Gase bezeichnet, deren Verhalten durch die Gleichung $pV = nRT$ beschrieben werden kann.
– Atomistische Definition:
  Ideale Gase sind dadurch charakterisiert, dass zwischen den Teilchen, aus denen diese Gase bestehen, keine Anziehungskräfte wirken. Außerdem haben diese Teilchen kein Eigenvolumen; sie sind also Massenpunkte.

5.1.2 Zustandsgleichung idealer Gase

Das Verhalten idealer Gase kann mithilfe der folgenden thermischen Zustandsgleichung idealer Gase (universelle Gasgleichung, „ideales Gasgesetz") beschrieben werden:

$$pV = nRT \tag{5-1}$$

p Druck, V Volumen, n Stoffmenge, T Temperatur, R wird als universelle Gaskonstante bezeichnet. Diese Konstante hat die Dimension Energie/(Stoffmenge · Temperatur) oder Druck · Volumen/(Stoffmenge · Temperatur). Für die universelle Gaskonstante hat man folgenden Wert ermittelt:

$$R = 8{,}314472\,\mathrm{J/(K \cdot mol)}$$

$$R = 8{,}314472\,\mathrm{Pa \cdot m^3/(K \cdot mol)}$$

Die Gültigkeit der Zustandsgleichung ist – unter Berücksichtigung der in 5.1.1 genannten Bedingungen – unabhängig von der chemischen Natur des Gases. Durch drei der vier Variablen wird der Zustand eines idealen Gases vollständig beschrieben.

Beispiel: Eine Druckgasflasche ist mit Sauerstoff gefüllt. Das Volumen der Druckgasflasche ist 50 l, der Druck beträgt bei einer Temperatur von 25 °C 200 bar. Gesucht ist die Masse m des in der Druckgasflasche vorhandenen Sauerstoffs; molare Masse des Sauerstoffs $M(O_2) = 32{,}0\,\text{g/mol}$.

$$pV = n(O_2)RT = m(O_2)/M(O_2)RT$$

$$m(O_2) = pVM(O_2)/(R \cdot T)$$

$$= \frac{200\,\text{bar} \cdot 50\,\text{l} \cdot 32{,}0\,\text{g/mol}}{0{,}0831\,\text{bar} \cdot \text{l}/(\text{mol} \cdot \text{K}) \cdot 298{,}15\,\text{K}}$$

$$= 12{,}9\,\text{kg}$$

Die Zustandsgleichung idealer Gase ist ein Grenzgesetz, das von realen Gasen nur bei hohen Temperaturen und bei kleinen Drücken angenähert befolgt wird. Unter sonst gleichen Bedingungen sind die Abweichungen dann besonders groß, wenn die Gasmoleküle polarisiert sind oder wenn sie beträchtliche Eigenvolumina aufweisen. Gase mit polaren Molekülen sind z. B. Kohlendioxid CO_2, Chlorwasserstoff HCl und Ammoniak NH_3. Im Gegensatz dazu werden bei sehr kleinen Atomen oder Molekülen (Bedingung: Aufbau aus Atomen gleicher Elektronegativität, siehe 3.1.4) nur geringe Abweichungen vom idealen Verhalten beobachtet. Beispiele sind Helium He, Neon Ne, und Wasserstoff H_2.

5.1.3 Spezialfälle der Zustandsgleichung idealer Gase

In der Zustandsgleichung idealer Gase (5-1) sind als Spezialfälle das Boyle-Mariottesche Gesetz, das Gesetz von Gay-Lussac und der Satz von Avogadro enthalten:

Gesetz von Boyle und Mariotte

$$pV = \text{const} \quad \text{bei} \quad T,\ n = \text{const}\,. \qquad (5\text{-}2)$$

Stellt man bei verschiedenen Temperaturen den Druck als Funktion des Volumens graphisch dar, so erhält man als Isothermen eine Schar von Hyperbeln, siehe Bild 5-1.

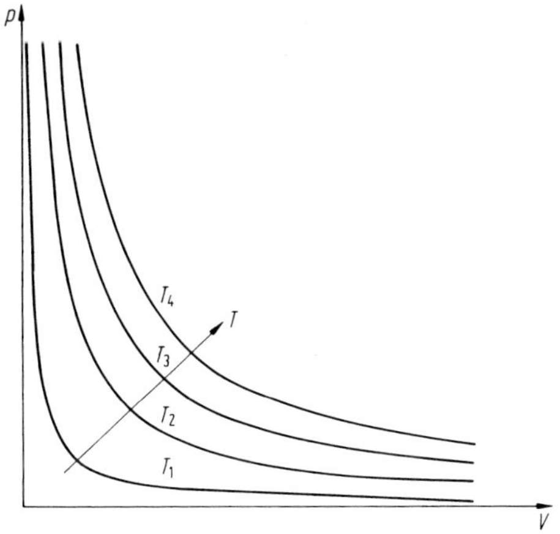

Bild 5-1. Der Druck p eines idealen Gases als Funktion des Volumens V (Boyle-Mariotte'sches Gesetz), T Temperatur

Gesetz von Gay-Lussac

Bei konstantem Druck und vorgegebener Stoffmenge ist das Volumen der thermodynamischen Temperatur direkt proportional:

$$V = (nR/P)T = \text{const} \cdot T \qquad (5\text{-}3)$$

$$\text{oder} \quad V_1/T_1 = V_2/T_2 \quad \text{bei} \quad p,\ n = \text{const}.$$

Ein analoges Gesetz für den Druck erhält man bei konstantem Volumen und vorgegebener Stoffmenge. Auch diese Beziehung wird meist als Gay-Lussac'sches Gesetz bezeichnet:

$$P = (nR/V)T = \text{const} \cdot T \qquad (5\text{-}4)$$

$$\text{oder} \quad p_1/T_1 = p_2/T_2 \quad \text{bei} \quad V,\ n = \text{const}\,.$$

Satz von Avogadro

Gleiche Volumina verschiedener idealer Gase enthalten bei gleichem Druck und gleicher Temperatur (V, p, T = const) stets dieselbe Zahl von Teilchen.

$$n = pV/(RT) = \text{const} \qquad (5\text{-}5)$$

$$\text{oder} \quad N = \text{const bei } p,\ V,\ T = \text{const}$$

N Teilchenzahl.

5.1.4 Reale Gase

Anders als bei den idealen Gasen wirken zwischen den Teilchen eines realen Gases Anziehungskräfte. Die Wirkung dieser Kräfte ist umso stärker, je kleiner die Abstände der Teilchen voneinander sind, je größer also der Druck des Gases ist. Außerdem haben die Teilchen eines realen Gases ein mehr oder weniger großes Eigenvolumen. Als Folge hiervon kann ein reales Gas nicht beliebig komprimiert werden.
Kein natürlich vorkommendes Gas verhält sich wie ein ideales Gas.

Zur quantitativen Beschreibung des Verhaltens realer Gase ist eine Vielzahl empirischer Gleichungen vorgeschlagen worden (vgl. z. B. G. Kortüm und H. Lachmann, 1981, siehe Literatur zu Kap. 6). In diesen Beziehungen werden die Anziehungskräfte der Partikel untereinander sowie das Eigenvolumen der Gasteilchen durch eine unterschiedliche Anzahl empirischer Konstanten berücksichtigt. Im Folgenden werden die Virialgleichung und die van-der-Waals'sche Gleichung beschrieben.

5.1.5 Die Virialgleichung

Bei realen Gasen ist das Produkt aus Druck und Volumen bei vorgegebener Temperatur keine Konstante, sondern vielmehr eine Funktion des Druckes. In der Virialgleichung wird diese Abhängigkeit durch eine Potenzreihe von p dargestellt. Die notwendige Zahl von Korrekturgliedern richtet sich nach der gewünschten Genauigkeit bei der Beschreibung des Verhaltens eines bestimmten realen Gases.

$$pV_m = RT + Bp + Cp^2 + Dp^3 + \ldots \qquad (5\text{-}6)$$

V Volumen (extensive Größe), $V_m = V/n$ molares Volumen (intensive Größe).
Die temperaturabhängigen Konstanten B, C, D heißen Virialkoeffizienten. Sie müssen mithilfe numerischer Methoden aus Messwerten ermittelt werden.
Eine Beziehung ähnlicher Form wird auch zur Beschreibung der Konzentrationsabhängigkeit des osmotischen Druckes herangezogen (vgl. 8.2.3).

5.1.6 Die van-der-Waals'sche Gleichung. Der kritische Punkt

Die van-der-Waals'sche Gleichung beschreibt näherungsweise den Zusammenhang der Zustandsgrößen für reale Gase. Qualitativ wird auch das Verhalten von Flüssigkeiten charakterisiert. Diese Beziehung lautet:

$$\left(p + n^2a/V^2\right)(V - nb) = nRT \qquad (5\text{-}7a)$$

oder

$$\left(p + a/V_m^2\right)(V_m - b) = RT\ . \qquad (5\text{-}7b)$$

Die Stoffkonstanten a und b müssen für jedes Gas empirisch ermittelt werden. Der Term a/V_m^2 heißt Kohäsionsdruck. Er beschreibt die Auswirkungen der Anziehungskräfte zwischen den Gasteilchen. Die Konstante b wird als Covolumen bezeichnet. Nimmt man an, dass die Gasteilchen kugelförmig sind, kann der Zusammenhang zwischen b und dem Radius r der Gasteilchen durch folgende Gleichung beschrieben werden:

$$b = 4N_A(4\pi/3)r^3$$

N_A Avogadro-Konstante.
In Tabelle 5-1 sind die Konstanten a und b der van-der-Waals'schen Gleichung für einige Gase angegeben.
Bild 5-2 gibt die mithilfe der van-der-Waals'schen Gleichung für CO_2 berechneten Isothermen wieder. Oberhalb der kritischen Temperatur $T_k = 304$ K (siehe unten) ist der Verlauf der Isothermen ähnlich wie bei einem idealen Gas. Bei Temperaturen unterhalb von T_k zeigen alle Isothermen dagegen eine S-förmige Gestalt. Bei der kritischen Temperatur ist die Isotherme durch einen Wendepunkt mit waagerechter Tangente gekennzeichnet. Dieser Wendepunkt wird als *kritischer Punkt P* bezeichnet.
Der kritische Punkt kann experimentell bestimmt werden. Er ist durch die Stoffkonstanten kritische Temperatur, kritischer Druck und kritisches molares Volumen charakterisiert (vgl. Tabelle 5-2).
Im Folgenden sollen einige Aspekte der Stabilität (vgl. 6.3.5) von Gasen und Flüssigkeiten anhand von Bild 5-2 diskutiert werden. Oberhalb der Temperatur T_k ist ausschließlich die Gasphase stabil.

Flüssigkeiten können oberhalb der kritischen Temperatur nicht existieren.

Bei Temperaturen, die kleiner als die kritische Temperatur sind, können reine Gas- bzw. Flüssigkeitsphasen stabil, metastabil oder instabil sein. So ist z. B. bei einer Temperatur von $T = 290$ K, für die die

Tabelle 5-1. Konstanten a und b der van-der-Waals'schen Gleichung für einige Gase

Gas	$\frac{a}{\text{bar}\cdot\text{l}^2/\text{mol}^2}$	$\frac{b}{\text{l/mol}}$
Helium	0,0346	0,0238
Neon	0,208	0,0167
Argon	1,36	0,0320
Wasserstoff	0,2452	0,0265
Stickstoff	1,370	0,0387
Sauerstoff	1,382	0,0319
Kohlendioxid	3,658	0,0429

Tabelle 5-2. Eigenschaften einiger technisch wichtiger Gase
T_s Siedepunkt (bezogen auf Normdruck $p_N = 101\,325$ Pa), T_k kritische Temperatur, p_k kritischer Druck,
MAK-Wert: maximale Arbeitsplatzkonzentration, Volumenanteil in ppm $= 10^{-6} = \text{cm}^3/\text{m}^3$

Name	Formel	T_s/°C	T_k/°C	p_k/bar	Bemerkungen
Luft					Zusammensetzung der trockenen Luft (Volumenanteil): N_2: 78,09%, O_2: 20,95%, Ar: 0,92%, CO_2: 0,03%, Ne: 0,002%, He: 0,0005%, Spuren von Kr, H_2 und Xe
Ammoniak	NH_3	−33,3	132,4	113,0	farblos, brennbar, stechender Geruch, giftig, MAK-Wert: 50 ppm, sehr große Löslichkeit in Wasser, mit Luft bilden sich explosionsfähige Gemische
Chlor	Cl_2	−34,0	144	77,0	gelbgrün, erstickend stechender Geruch, hochgiftig, MAK-Wert: 0,5 ppm, sehr starkes Oxidationsmittel
Chlorwasserstoff	HCl	−85,0	51,5	83,4	farblos, stechender Geruch, giftig, MAK-Wert: 5 ppm, sehr große Löslichkeit in Wasser (Bildung von Salzsäure)
Distickstoffmonoxid	N_2O	−88,5	36,4	72,7	„Lachgas", farblos, schwach süßlicher Geruch, narkotisch wirkend, starkes Oxidationsmittel, unter bestimmten Bedingungen explosionsartiger Zerfall in die Elemente
Edelgase					farblos, geruchlos, sehr wenig oder überhaupt nicht reaktionsfähig
Helium	He	−268,9	−267,9	2,3	
Neon	Ne	−246,1	−228,8	26,5	
Argon	Ar	−185,9	−122,3	49,0	
Krypton	Kr	−153,2	−63,8	54,9	
Xenon	Xe	−108,1	16,6	59,0	
Kohlendioxid	CO_2	−78,4	31,1	73,8	Sublimationstemperatur (bezogen auf 101 325 Pa): −78,5 °C, farblos, etwas säuerlicher Geruch und Geschmack, MAK-Wert: 5000 ppm, Anhydrid der Kohlensäure
Kohlenmonoxid	CO	−191,5	−140,2	35,0	farblos, brennbar, geruchlos, hochgiftig, MAK-Wert: 30 ppm, mit Luft bilden sich explosionsfähige Gemische
Sauerstoff	O_2	−183,0	−118,4	50,8	farblos, geruchlos, sehr starkes Oxidationsmittel
Schwefeldioxid	SO_2	−10,0	157,5	78,8	farblos, stechender Geruch, giftig, MAK-Wert: 2 ppm, gute Löslichkeit in Wasser, Anhydrid der schwefligen Säure
Stickstoff	N_2	−195,8	−147,0	34,0	farblos, geruchlos, nicht brennbar, sehr wenig reaktionsfähig
Wasserstoff	H_2	−252,9	−239,9	13,0	farblos, geruchlos, brennbar, mit Luft bilden sich explosionsfähige Gemische
Kohlenwasserstoffe					farblos, mit Luft bilden sich explosionsfähige Gemische
Methan	CH_4	−161,5	−82,6	46,0	geruchlos
Ethan	C_2H_6	−88,6	32,3	48,8	geruchlos
Propan	C_3H_8	−42,1	96,8	42,6	geruchlos, MAK-Wert: 1000 ppm
Butan	C_4H_{10}	−0,5	152,0	38,0	geruchlos, MAK-Wert: 1000 ppm
Ethylen (Ethen)	C_2H_4	−103,7	9,2	50,2	leicht süßlicher Geruch
Acetylen (Ethin)	C_2H_2		35,2	61,9	Sublimationstemperatur (bezogen auf 101 325 Pa): −84,0 °C, schwach ätherisch riechend, narkotisch wirkend, neigt zu explosivem Zerfall in die Elemente
Ethylenoxid	C_2H_4O	10,4	195,8	71,9	farblos, etherähnlicher Geruch, brennbar, giftig, MAK-Wert: 1 ppm, neigt spontan zur Polymerisation (z. T. explosionsartig), neigt zu explosiven Zerfallsreaktionen
Dichlordifluormethan	CCl_2F_2	−29,8	112,0	41,2	„R 12", farblos, schwacher Geruch, narkotisch wirksam, MAK-Wert: 1000 ppm, chemisch sehr beständig, die Freisetzung von Fluorchlorkohlenwasserstoffen (FCKW) verursacht Umweltschäden (Zerstörung der Ozonschicht der Erdatmosphäre)

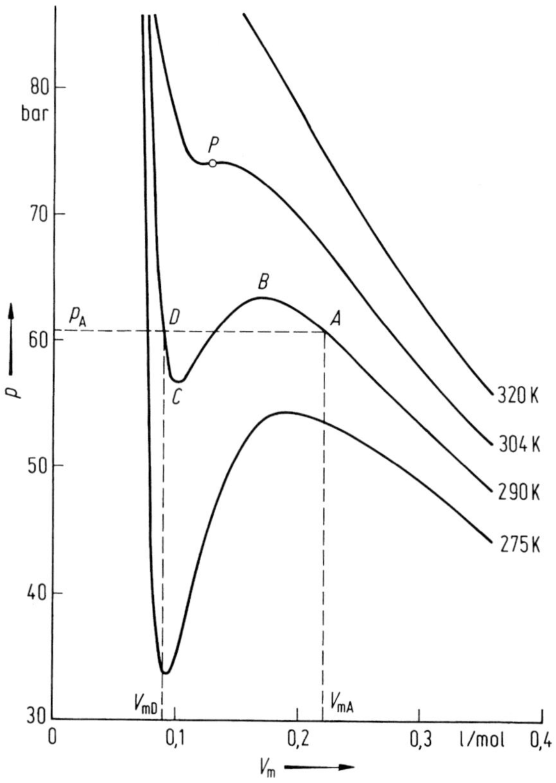

Bild 5-2. Der Druck p eines realen Gases als Funktion des molaren Volumens V_m. Die Isothermen wurden für Kohlendioxid nach der van-der-Waals'schen Gleichung berechnet

Bedingung $T < T_k$ gilt, die reine Gasphase bei allen molaren Volumina, die größer als V_{mA} sind, stabil. Der Bereich AB der Kurve entspricht übersättigtem Dampf. Hier ist eine reine Gasphase metastabil. Die Zufuhr oder die spontane Bildung eines Keimes führt zur Ausbildung einer flüssigen Phase und zum Absinken des Gasdruckes auf den Sättigungswert p_A. Im Bereich BC ist sowohl die reine Gasphase als auch die reine Flüssigkeitsphase instabil. Entsprechende Zustände sind daher nicht realisierbar. Zwischen C und D liegt eine überexpandierte Flüssigkeit vor. Dieser Bereich ist wiederum metastabil. Die Zufuhr eines Keimes oder seine spontane Bildung führt zur (teilweise explosionsartig ablaufenden) Bildung einer Gasphase und Erhöhung des Druckes auf den Sättigungswert p_A. Bei molaren Volumina, die kleiner als V_{mD} sind, ist bei 290 K nur die reine flüssige Phase existenzfähig.

5.2 Flüssigkeiten

Flüssigkeiten nehmen in ihren Eigenschaften eine Mittelstellung zwischen den Festkörpern und den Gasen ein. Im Gegensatz zu den Festkörpern können Flüssigkeiten beliebige Formen annehmen. Einer Änderung des Volumens wird dagegen ein sehr großer Widerstand entgegengesetzt, d. h., die Kompressibilität von Flüssigkeiten ist mit der von Festkörpern, aber nicht mit der von Gasen vergleichbar.

5.2.1 Einteilung der Flüssigkeiten

Flüssigkeiten können nach der Art der Bindung, die zwischen den einzelnen Teilchen wirksam ist, folgendermaßen eingeteilt werden:

- *Unpolare Flüssigkeiten.* Die Atome bzw. Moleküle werden im Wesentlichen durch Dispersionskräfte zusammengehalten. Beispiel: Tetrachlorkohlenstoff CCl_4.
- *Polare Flüssigkeiten.* Zwischen den Teilchen wirken Dipolkräfte, teilweise zusätzlich auch Wasserstoffbrückenbindungen. Beispiel: Methanol CH_3OH, Wasser (vgl. Abschnitt 5.2.3).
- *Flüssige Metalle.* Der Zusammenhalt der Teilchen in diesen Flüssigkeiten wird durch die metallische Bindung bewirkt. Beispiel: flüssiges Quecksilber.
- *Salzschmelzen.* Zwischen den Ionen in einer Salzschmelze wirken wie bei den Ionenkristallen elektrostatische Anziehungskräfte.

5.2.2 Struktur von Flüssigkeiten

In (idealen) Festkörpern sind die atomaren Bausteine bis in makroskopische Bereiche periodisch angeordnet (Fernordnung) und zwar sowohl hinsichtlich ihrer Position als auch (bei mehratomigen Bausteinen) hinsichtlich ihrer Orientierung. Im Gegensatz dazu sind Flüssigkeiten durch einen als Nahordnung bezeichneten Zustand charakterisiert. Diese Nahordnung, die sich auf den Abstand und die Orientierung der Atome bzw. Moleküle bezieht, erfasst in erster Linie die nächsten Nachbarn eines beliebig herausgegriffenen Teilchens. Als Folge der Temperaturbewegung ist sie schon bei den zweitnächsten Nachbarn wesentlich geringer ausgeprägt; nach einigen Teilchendurchmessern ist sie überhaupt nicht mehr erkennbar. Bei der

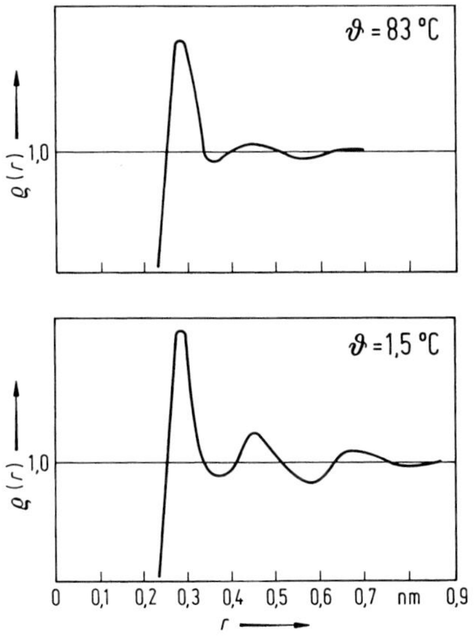

Bild 5-3. Radiale Verteilungsfunktion $\varrho(r)$ für Wasser bei 1,5 °C und 83 °C (nach Robinson, R. A.; Stokes, R. H.: Electrolyte solutions)

Annäherung an den Gefrierpunkt werden die Nahordnungsbereiche vergrößert. Der geschilderte Sachverhalt ist in Bild 5-3 verdeutlicht. Die dort dargestellte radiale Dichte-Verteilungsfunktion wurde mit Röntgenbeugungsuntersuchungen an flüssigem Wasser ermittelt.

5.2.3 Eigenschaften des flüssigen Wassers

Unter den kovalenten Hydriden nimmt Wasser aufgrund seiner physikalischen und chemischen Eigenschaften (vgl. Tabellen 5-3 und 5-4) eine Sonderstellung ein. Dies zeigt sich besonders deutlich, wenn man die Schmelz- und Siedepunkte des Wassers mit den anderen Wasserstoffverbindungen der Elemente der VI. Hauptgruppe sowie mit Ammoniak NH_3 und Fluorwasserstoff HF vergleicht:

Substanz	Schmelzpunkt °C	Siedepunkt °C
H_2O	0	100
H_2S	−85,5	−60,7
H_2Se	−65,7	−41,3
H_2Te	−49	−2
NH_3	−77,7	−33,4
HF	−83,1	19,5

Tabelle 5-3. Physikalische Eigenschaften des Wassers

Schmelzpunkt	0 °C
Siedepunkt	100 °C
kritische Temperatur	374,1 °C
kritischer Druck	221,2 bar
molare Schmelzenthalpie	6,007 kJ/mol
molare Verdampfungsenthalpie (100 °C)	40,66 kJ/mol
dynamische Viskosität (bei 25 °C)	0,8903 mPa s
elektrische Leitfähigkeit (bei 18 °C)	$4 \cdot 10^{-6}$ S/m
Dichte, Eis (bei 0 °C)	0,9168 kg/dm^3

Tabelle 5-4. Dichte des flüssigen Wassers bei verschiedenen Celsius-Temperaturen

T in °C	ϱ in kg/dm^3
0	0,99987
4	1,00000
10	0,99973
15	0,99913
20	0,99823
25	0,99707

Im Eis ist jedes Wassermolekül tetraedrisch von vier anderen H_2O-Teilchen umgeben, d. h., die Wassermoleküle haben in diesem Festkörper die Koordinationszahl 4. Über kurze Entfernungen bleibt auch in flüssigem Wasser die Tetraederstruktur erhalten. Das zeigen die Ergebnisse von Röntgenbeugungsuntersuchungen. Danach vergrößert sich die Koordinationszahl mit steigender Temperatur von 4,4 bei 1,5 °C auf 4,9 bei 83 °C. Bei fast allen anderen Flüssigkeiten ist die Koordinationszahl wesentlich größer und hat meist Werte zwischen 8 und 11.

Die tetraedrische Nahordnungsstruktur des flüssigen Wassers wird – genau wie beim Eis – hauptsächlich durch Wasserstoffbrückenbindung (vgl. 3.4) verursacht. Viele Eigenschaften des Wassers können mit dieser Struktur erklärt werden, so z. B.:

- Der im Vergleich mit den anderen kovalenten Hydriden ungewöhnlich hohe Schmelz- und Siedepunkt. Dieser Effekt kann auf die Wasserstoffbrückenbindung und die Dipoleigenschaften der H_2O-Moleküle zurückgeführt werden.

- Die Ausdehnung des Wassers beim Gefrieren. Diese Volumenvergrößerung ist eine Folge der Verkleinerung der Koordinationszahl beim Übergang vom flüssigen in den festen Aggregatzustand. Im Gegensatz hierzu wird bei fast allen anderen Substanzen beim Gefrieren eine Vergrößerung der Koordinationszahl beobachtet. So ist z. B. im flüssigen Gold die Koordinationszahl 11. Das kubisch flächenzentriert kristallisierende feste Gold hat dagegen die Koordinationszahl 12 (vgl. 5.3.2).
- Das Dichtemaximum des flüssigen Wassers bei 4 °C (vgl. Tabelle 5-4). Diese Eigenschaft wird durch zwei gegenläufige Effekte bewirkt: Dem allmählichen Aufbrechen der eisähnlichen Tetraederstruktur (erkennbar an der mit steigender Temperatur einhergehenden Vergrößerung der Koordinationszahl) und der normalen Zunahme des mittleren Teilchenabstandes bei Erhöhung der Temperatur.

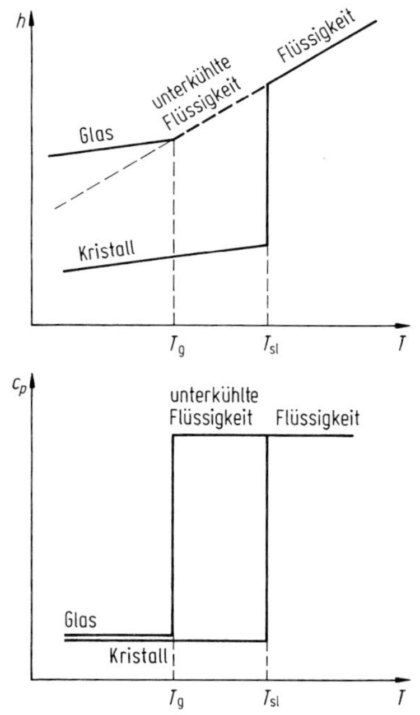

Bild 5-4. Der Temperaturverlauf der spezifischen Enthalpie h und der spezifischen Wärmekapazität c_p bei der Glasbildung, T Temperatur, T_s Schmelzpunkt, T_g Glastemperatur

5.2.4 Gläser

Definition

Gläser sind eingefrorene, unterkühlte Flüssigkeiten.

Eine unterkühlte Flüssigkeit ist metastabil (vgl. 6.3.5), befindet sich aber oberhalb der Glastemperatur (siehe unten) im inneren Gleichgewicht, d. h., dass die thermodynamischen Eigenschaften einer vorgegebenen Stoffmenge durch Angabe der Variablen Druck und Temperatur eindeutig bestimmt sind. Bei einer eingefrorenen unterkühlten Flüssigkeit – also bei einem Glas – ist dies jedoch nicht mehr der Fall. Bei der Glasumwandlung ist der Temperaturverlauf einiger Größen – so z. B. der Freien Enthalpie, der Entropie und des Volumens – stetig. Dagegen erfahren bei dieser Umwandlung z. B. die spezifische Wärmekapazität, der thermische Ausdehnungskoeffizient und die Kompressibilität sprunghafte Änderungen. Am Beispiel des Temperaturverlaufs der spezifischen Enthalpie und des spezifischen Volumens ist dies in Bild 5-4 schematisch dargestellt. Die Temperaturabhängigkeit der spezifischen Wärmekapazität wurde hierbei vernachlässigt. Wie dieser Darstellung entnommen werden kann, sinkt der Wert der spezifischen Enthalpie mit einer durch die spezifische Wärmekapazität vorgegebenen Steigung (vgl. F 1.2.3). Wenn unterhalb des Gefrierpunktes keine Kristallisation stattfindet, verringert sich die spezifische Enthalpie der (metastabilen) unterkühlten Flüssigkeit mit einer praktisch unveränderten Steigung. Wird die Abkühlung unterhalb der mit T_g bezeichneten Temperatur fortgesetzt, so nimmt die spezifische Enthalpie zwar weiterhin ab, jetzt aber mit einem geringeren Temperaturkoeffizienten. Die Temperatur T_g wird als Glastemperatur bezeichnet. Eine unterkühlte Flüssigkeit ist erst unterhalb dieser Temperatur ein Glas.

Glastemperatur

Die Glastemperatur ist die niedrigste Temperatur, bei der eine unterkühlte Flüssigkeit im Rahmen einer normalen Versuchsdauer das innere Gleichgewicht erreichen kann. Unterhalb dieser Temperatur wird die Relaxationszeit groß im Vergleich zur Dauer eines Experimentes. Aus dem Gesagten folgt, dass die Glastemperatur keine Stoffkonstante ist, sondern je nach der Art und dem Zeitbedarf der ausgeführten Versuche unterschiedliche Werte annehmen kann.

Glasbildende Substanzen

Im Prinzip kann jede Substanz durch Abschrecken der Schmelze in ein Glas überführt werden, wenn es gelingt, die Kristallisation zu vermeiden. Da die experimentell erreichbare Abkühlungsgeschwindigkeit jedoch begrenzt ist, konnte die Glasbildung nur bei einer eingeschränkten Zahl von Stoffen beobachtet werden. Als wichtige Beispiele seien angeführt:

Oxide. In dieser Verbindungsgruppe befinden sich die wichtigsten glasbildenden Substanzen, so z. B. reines SiO_2 (Quarzglas oder Kieselglas) und SiO_2-haltige Mischoxide (Silicatgläser) (vgl. D 4.4).

Metallische Legierungen (metallische Gläser)

Einfache organische Verbindungen (z. B. Zuckerwatte, das ist Glas aus Rohrzucker).

Organische Polymerverbindungen, so z. B. Polymethacrylate, Polystyrol, Polycarbonate (vgl. 12 und D 5.5).

5.2.5 Flüssige Kristalle oder Flüssigkristalle

Flüssigkristalle stellen eine Zustandsform der Materie dar, die zwischen dem kristallinen und dem flüssigen Zustand auftreten kann. Sie werden deshalb auch *Mesophasen* genannt. Beobachtet wird diese Zustandsform vor allem bei stark anisometrischen (stäbchen- oder scheibenförmigen) organischen Molekülen. Flüssigkristalle weisen einerseits typische Flüssigkeitseigenschaften wie z. B. Fließfähigkeit auf, andererseits auch typische Festkörpereigenschaften wie optische Anisotropie. Diese Eigenschaftskombination wird dadurch hervorgerufen, dass die Ordnungsmerkmale eines Kristalls (Positionsfernordnung und Orientierungsfernordnung) beim Erhitzen nicht gleichzeitig bei einer Temperatur verschwinden, sondern sukzessive bei unterschiedlichen Temperaturen.

Viele stäbchenförmige Moleküle, die flüssigkristalline Phasen ausbilden, sind aus starren Mittelstücken und flexiblen Endgruppen aufgebaut; Beispiele dafür sind das 4-Methoxybenzyliden-4′-butylanilin (MBBA) sowie das Pentylcyanobiphenyl (5CB).

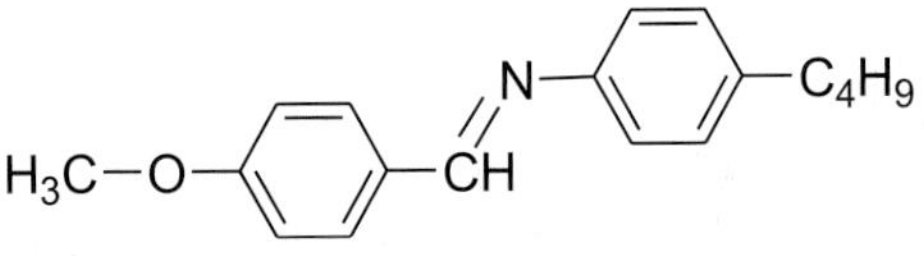

MBBA k 21 °C n 45 °C i

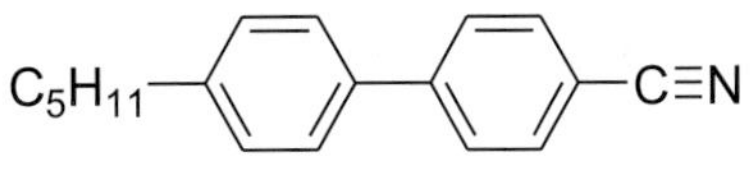

5CB k 23 °C n 35 °C i

Diese beiden Moleküle gehen bei den angegebenen Temperaturen von der kristallinen (k) in die nematische (n) bzw. die isotrope flüssige (i) Phase über. *Nematische Phasen* sind Mesophasen, in denen keine Positionsfernordnung auftritt, die aber eine Orientierungsfernordnung mit relativ großer Fluktuation (mehrere 10°) der Moleküllängsachsen um eine Vorzugsrichtung aufweisen (Bild 5-5).

Sofern die anisometrischen Moleküle chiral sind, kommt es zu einer übermolekularen Verdrillung der nematischen Struktur. Man spricht dann von *cholesterischen Phasen* (Bild 5-6).

Höher geordnete Flüssigkristalle sind die *smektischen Phasen*, bei denen neben der Orientierungsfernordnung eine Positionsfernordnung in einer Raumrichtung erhalten bleibt. Die Moleküle sind in Schichten angeordnet, innerhalb einer Schicht liegt jedoch keine Positionsfernordnung vor. Es gibt eine Reihe unterschiedlicher smektischer Strukturen (Bild 5-7).

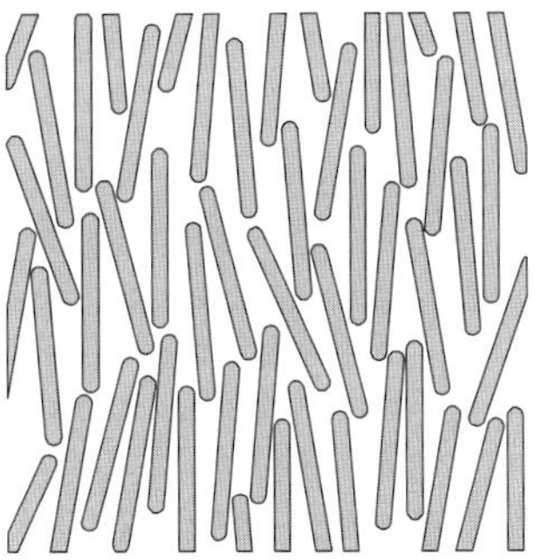

Bild 5-5. Struktur einer nematischen Phase

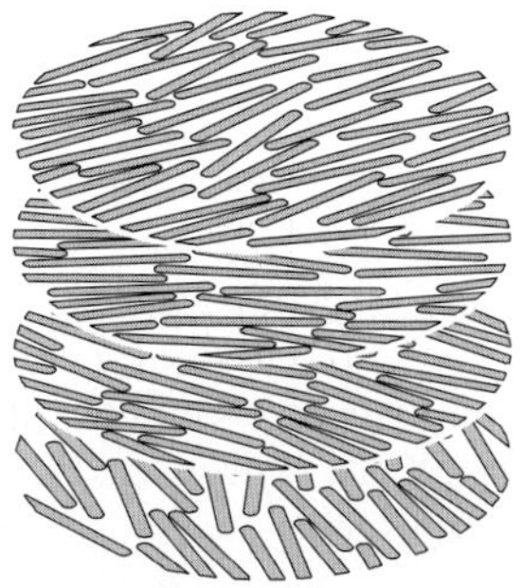

Bild 5-6. Struktur einer cholesterischen Phase

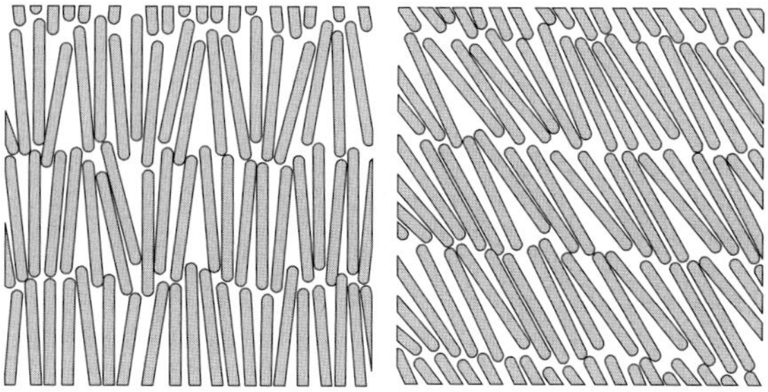

Bild 5-7. Strukturen einer smektischen *A* Phase (links) und einer smektischen *C* Phase (rechts)

Kolumnare Phasen werden vor allem von scheibenförmigen Molekülen ausgebildet: Die Moleküle werden in Säulen gestapelt, innerhalb derer eine ungeordnete, flüssigkeitsähnliche Abstandsverteilung vorliegt. Die Säulen selbst können zweidimensionale Gitter ausbilden.

Die Moleküle einer flüssigkristallinen Phase lassen sich durch ein elektrisches Feld reorientieren, so dass die Transmission von polarisiertem Licht verändert wird. Dies wird in der Optoelektronik bei Flüssigkristall-Anzeigen ausgenutzt.

5.3 Festkörper

Im allgemeinen Sprachgebrauch werden Substanzen, die volumenkonstant und formelastisch sind, Festkörper genannt. Festkörper im engeren Sinne sind definitionsgemäß jedoch nur solche Stoffe, bei denen die atomaren oder molekularen Bausteine in einem regelmäßigen Gitter angeordnet sind, also Stoffe, die einen kristallinen Aufbau haben. Amorphe Substanzen und Gläser (vgl. 5.2.4) werden nach dieser Definition nicht zu den Festkörpern gerechnet.

5.3.1 Kristalle

Kristalle sind Festkörper mit periodisch in einem dreidimensionalen Gitter (Raumgitter, Kristallgitter) angeordneten Bausteinen (Atome, Ionen oder Moleküle).

Kristalle haben zwei wesentliche Eigenschaften: Sie sind homogen und anisotrop. Ein Körper wird als homogen bezeichnet, wenn er in parallelen Richtungen gleiches Verhalten zeigt. Er ist anisotrop, wenn bestimmte Eigenschaften, wie z. B. Spaltbarkeit, Härte, Lichtgeschwindigkeit und Kristallwachstumsgeschwindigkeit, in verschiedenen Raumrichtungen unterschiedliche Werte haben (z. B. Graphit, vgl. D 4.2). Im Gegensatz hierzu sind bei isotropen Körpern die physikalischen Eigenschaften unabhängig von der Raumrichtung. Isotrop verhalten sich alle Gase, Flüssigkeiten (mit Ausnahme der flüssigen Kristalle) und Gläser.

Elementarzelle

Bei der Translation der Gitterbausteine um ein Vielfaches der drei unabhängigen Translationsvektoren $\boldsymbol{a}$, $\boldsymbol{b}$ und $\boldsymbol{c}$ erhält man ein dreidimensionales Gitter (Raumgitter).Hierbei können die Längen der Translationsvektoren unterschiedlich groß sein und die Winkel außer 90° auch beliebig andere Werte annehmen. Das durch die drei Vektoren aufgespannte Parallelepiped heißt Elementarzelle. Als Gitterkonstanten werden die Längen a, b und c der drei Vektoren sowie die Achsenwinkel α, β und γ bezeichnet. Aus einer Elementarzelle lässt sich durch Translation das gesamte Raumgitter aufbauen.

Kristallsysteme

Nach dem Verhältnis der Kantenlängen in den Elementarzellen sowie nach den Achsenwinkeln kann man sieben verschiedene Kristallsysteme voneinander unterscheiden, siehe D 2.1, Bild D 2-2.

5.3.2 Bindungszustände in Kristallen

Kristallgitter können nach mehreren Gesichtspunkten eingeteilt werden, so z. B. nach Art der Gitterbausteine oder nach der Art der in den Kristallen vorherrschenden Bindung (vgl. D 2.1). Wählt man das zuletzt erwähnte Einteilungsprinzip, kann man folgende vier Gittertypen unterscheiden:

- *Metallkristalle*, Bindungsart: metallische Bindung (vgl. 3.3). Gitterbausteine: Atome. Deren positiv geladene Ionen bilden ein Raumgitter, in dem frei bewegliche Elektronen vorhanden sind. Die Bindungskräfte sind ungerichtet. *Eigenschaften*: Gute thermische und elektrische Leitfähigkeit, metallischer Glanz, dehnbar, schmiedbar, duktil. Beispiele: Kupfer, Natrium, Eisen.
- *Ionenkristalle*, Bindungsart: Ionenbindung (vgl. 3.2). Gitterbausteine: Kugelförmige Ionen

definierter Ladung. Die Bindungskräfte sind ungerichtet. Eigenschaften: hart, spröde, hohe Schmelz- und Siedepunkte, nur in polaren Lösungsmitteln löslich, sehr geringe elektrische Leitfähigkeit. Beispiele: Natriumchlorid, Caesiumiodid.

- *Kovalente Kristalle*, Bindungsart: Kovalente Bindung (vgl. 3.1), Gitterbausteine: Atome der IV. Hauptgruppe. *Eigenschaften*: hart, sehr hohe Schmelz- und Siedetemperaturen, Isolatoren. Beispiel: Diamant.
- *Molekülkristalle*, Bausteine: Moleküle und Edelgasatome. Bindungsart: Van-der-Waals'sche Bindung und Wasserstoffbrückenbindung (Beispiele: feste Edelgase, festes Kohlendioxid; Eis, vgl. 5.2.3). *Eigenschaften*: weich, tiefe Schmelz- und Siedetemperaturen.

Struktur von Metallkristallen

Die meisten Metalle kristallisieren in einer der folgenden Strukturen:

- hexagonal dichteste Kugelpackung (Koordinationszahl 12),
- kubisch dichteste Kugelpackung (kubisch flächenzentriertes Gitter) (Koordinationszahl 12),
- kubisch raumzentriertes Gitter (Koordinationszahl 8).

Als Koordinationszahl wird die Zahl der nächsten Nachbarn, die ein bestimmtes Teilchen umgeben, bezeichnet.

In Tabelle 5-5 sind neben der Angabe des Strukturtyps die Schmelz- und Siedepunkte einiger Metalle aufgeführt; weitere Angaben siehe D 9.3.3, Tabelle 9-7.

Dichteste Kugelpackungen

Für eine zweidimensionale Schicht dichtest gepackter Kugeln gibt es nur eine Möglichkeit der Anordnung. Hierbei ist jede Kugel von sechs anderen umgeben. Die dreidimensionalen dichtesten Kugelpackungen entstehen durch Übereinanderlagerung derartiger Schichten. Dabei müssen die Atome der neuen Schicht in den Lücken der bereits vorhandenen liegen. Für zwei dichtest gepackte Kugelschichten ist dies in Bild 5-8 schematisch dargestellt. Die Zahl der theoretisch möglichen Kugelpackungen ist nahezu unbegrenzt.

Tabelle 5-5. Strukturtypen, Schmelz- und Siedepunkte einiger metallischer Elemente.
kd kubisch dichteste Kugelpackung, hd hexagonal dichteste Kugelpackung, krz kubisch raumzentriert, T_{sl} Schmelzpunkt, T_{lg} Siedepunkt. Die Angaben in Klammern sind Phasenumwandlungstemperaturen

Element	Struktur	$T_{sl}/°C$	$T_{lg}/°C$
Cu	kd	1084,62[a]	2562
Ag	kd	961,78[a]	2162
Au	kd	1064,18[a]	2856
Al	kd	660,323[a]	2519
Pb	kd	327	1749
γ-Fe	kd	(1401)	–
Be	hd	1287	2471
Mg	hd	650	1090
Zn	hd	419,527[a]	907
Ti	hd	1668	3287
Zr	hd	1855	4409
Li	krz	180	1342
Na	krz	97,8	883
K	krz	63,4	759
V	krz	1910	3407
Ta	krz	3017	5458
W	krz	3422	5555
α-Fe	krz	(906)	–
δ-Fe	krz	1538	2750

[a] Fixpunkt der Internationalen Temperaturskala von 1990 (ITS-90).

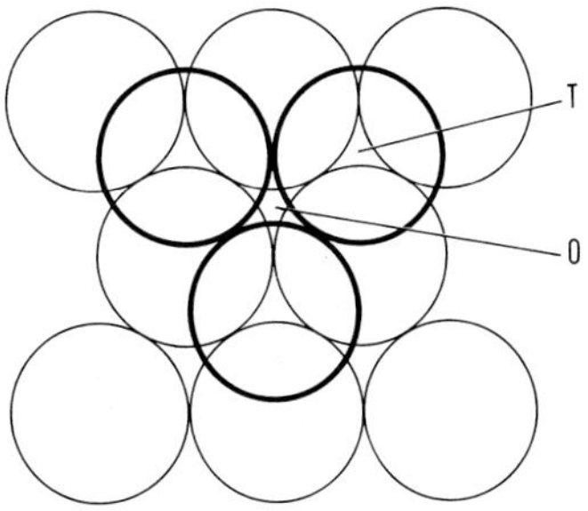

Bild 5-8. Dichteste Kugelpackungen, zwei Kugelschichten mit Tetraeder- (T) und Oktaederlücken (O)

Verwirklicht werden hauptsächlich die folgenden beiden:

- *Hexagonal dichteste Kugelpackung*
  Die Folge der dichtest gepackten zweidimensionalen Schichten ist hier ABAB..., d. h., die Kugeln

der 3. Schicht sind unmittelbar über der ersten angeordnet. (Elementarzelle der hexagonal dichtesten Kugelpackung siehe Bild 5-9.)

– *Kubisch dichteste Kugelpackung*
  Bei dieser Struktur ist die Stapelfolge ABCABC..., d.h., die Kugeln der 4. Schicht befinden sich unmittelbar über der ersten. Nach ihrer Elementarzelle wird diese Struktur auch als kubisch flächenzentriert bezeichnet (vgl. Bild 5-10).

Bei den dichtesten Kugelpackungen beträgt die Packungsdichte 74%, d.h., 26% des Gesamtvolumens entfallen auf die zwischen den Kugeln befindlichen Lücken. Es existieren zwei unterschiedliche Arten von Lücken: a) *Tetraederlücken*, die von vier Atomkugeln in tetraedrischer Anordnung begrenzt sind (vgl. Bild 5-8). Die Zahl dieser Lücken ist doppelt so groß wie die Zahl der Metallatome. b) *Oktaederlücken*, das sind von acht Atomkugeln in oktaedrischer Anordnung eingefasste Lücken. Ihre Zahl ist gleich der der atomaren Bausteine (vgl. Bild 5-8).
Die Packungsdichte beim kubisch raumzentrierten Gitter (vgl. Bild 5-11) ist geringer als bei den dichtesten Kugelpackungen, sie beträgt 68%.

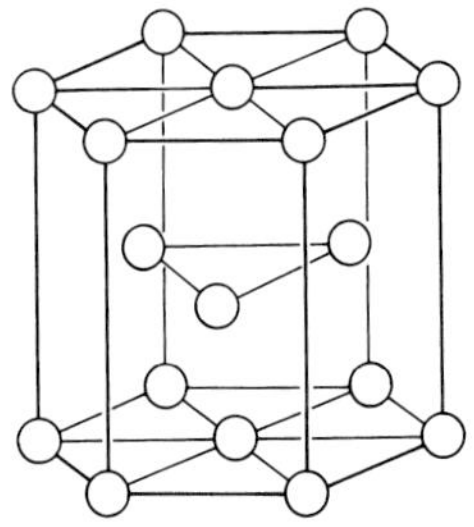

Bild 5-9. Elementarzelle der hexagonal dichtesten Kugelpackung

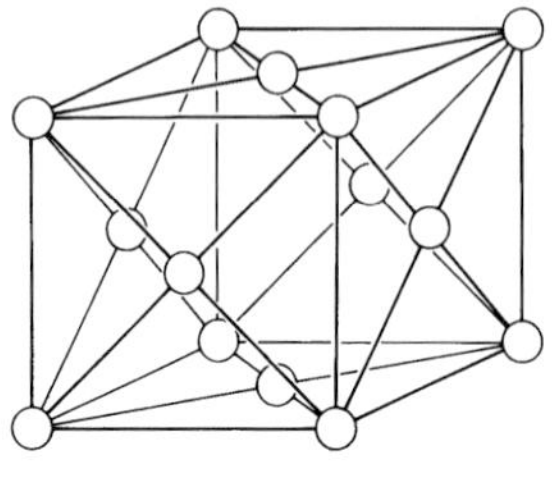

Bild 5-10. Elementarzelle der kubisch dichtesten Kugelpackung, kubisch flächenzentriertes Gitter

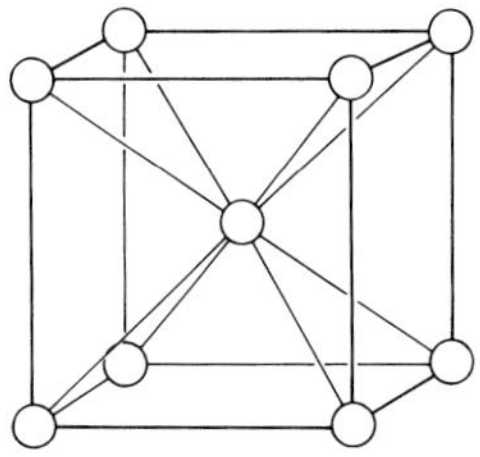

Bild 5-11. Kubisch raumzentriertes Gitter

Struktur von Ionenkristallen
Die Struktur von Ionenkristallen hängt im Wesentlichen von folgenden Faktoren ab:

– Von der quantitativen Zusammensetzung des Salzes und
– vom Radienverhältnis der Kationen (A) und Anionen (B).

Für Ionenkristalle des Formeltyps AB treten abhängig vom Radienverhältnis folgende Gitterstrukturen am häufigsten auf:

– *Caesiumchlorid-Gitter.*
  Grenzradienquotient $r_{A^+}/r_{B^-} \geq 0{,}732$. Gitterstruktur: Sowohl die Cs^+-Ionen als auch die Cl^--Ionen bilden kubisch primitive Teilgitter, die um eine halbe Raumdiagonale gegeneinander verschoben sind (vgl. Bild 5-12). Jedes Cs^+-Ion ist von acht Cl^--Ionen und jedes Cl^--Ion von acht Cs^+- Ionen umgeben (Koordinationszahl 8). Beispiele: Caesiumchlorid CsCl, CsBr, CsI.
– *Natriumchlorid-Gitter.*
  Grenzradienquotient $0{,}414 \leq r_{A^+}/_{B^-} \leq 0{,}732$. Gitterstruktur: Die Na^+- und die Cl^--Ionen bilden kubisch flächenzentrierte Teilgitter aus, die um eine halbe Kantenlänge in einer Koordinatenachse verschoben sind (vgl. Bild 5-13). Die Cl^--Ionen ($r(Na^+)/r(Cl^-) = 0{,}56$) bilden eine kubisch dich-

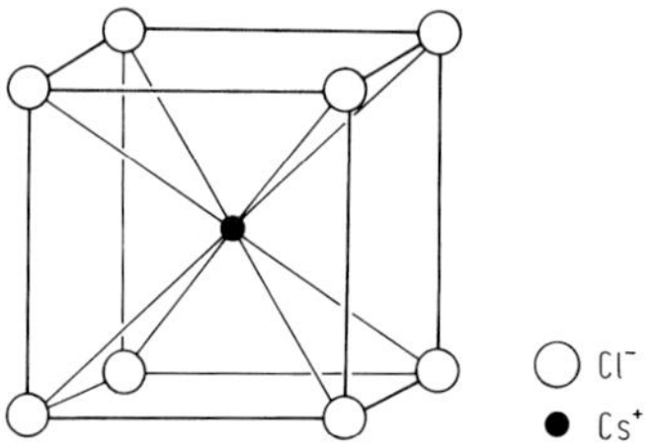

Bild 5-12. Elementarzelle der Caesiumchlorid-Struktur

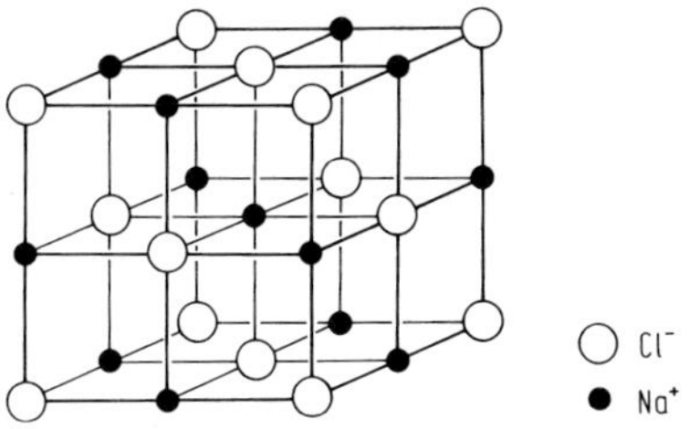

Bild 5-13. Elementarzelle der Natriumchlorid-Struktur

teste Kugelpackung, in deren Oktaederlücken sich die Kationen befinden. Jedes Na^+-Ion ist von sechs Cl^--Ionen und jedes Cl^--Ion von sechs Na^+-Ionen umgeben (Koordinationszahl 6). Beispiele: NaCl, NaF, NaBr, NaI, KF, KCl, KBr, KI, CaO, MgO.

- *Zinkblende-Gitter.*
  Grenzradienquotient $0{,}225 \leq r_{A^+}/r_{B^-} \leq 0{,}414$. (Zinkblende ist eine Modifikation des Zinksulfids ZnS. ZnS kommt noch in einer weiteren Modifikation als Wurtzit vor.) Gitterstruktur: Die S^{2-}-Ionen bilden eine kubisch dichteste Kugelpackung, deren Tetraederlücken die Zinkionen alternierend besetzen; Koordinationszahl 4.

Kovalente Kristalle

Der wichtigste Vertreter dieses Gittertyps ist der Diamant. In dieser Kohlenstoffmodifikation sind die Elektronenzustände sp^3-hybridisiert (vgl. 3.1.3). Jedes C-Atom ist daher tetraedrisch von vier anderen C-Atomen umgeben. Die C-Atome bilden gewinkelte Sechsringe aus, die in parallelen Schichten angeordnet sind (vgl. Bild 5-14). Im Gegensatz zum Graphit werden die Schichten beim Diamanten jedoch durch Atombindungen fest zusammengehalten.

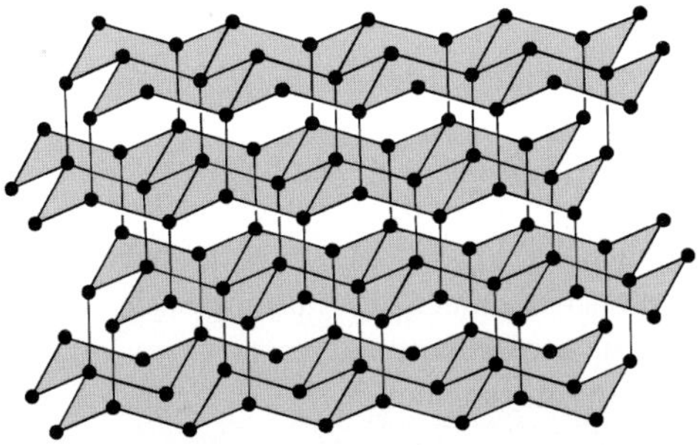

Bild 5-14. Diamantstruktur

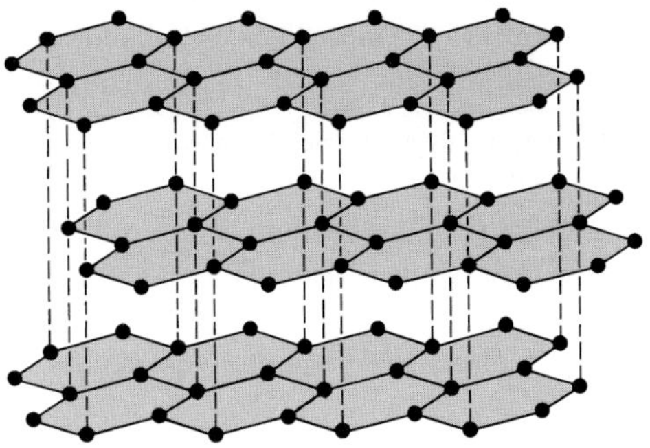

Bild 5-15. Graphitstruktur

Die skizzierte Struktur bedingt die große Härte des Diamanten.

Kristalle mit komplexen Bindungsverhältnissen

In sehr vielen Fällen können Kristalle durch die Angabe einer der vier Grenztypen der chemischen Bindung nicht ausreichend beschrieben werden. Vielmehr sind Übergänge zwischen den verschiedenen Grenzbindungsarten vorhanden. So werden z. B. bei vielen Schwermetallsulfiden Mischformen von ionischer und metallischer Bindung beobachtet. Es ist auch möglich, dass in verschiedenen Raumrichtungen unterschiedliche Bindungsarten wirksam sind (Beispiel Graphit, vgl. Bild 5-15 und D 4.2).

5.3.3 Reale Kristalle

In diesem Kapitel wurden ausschließlich Idealkristalle behandelt. Hierunter versteht man Kristalle, die sowohl im makroskopischen wie auch im mikroskopischen Bereich einen mathematisch strengen Aufbau zeigen. In der Natur gibt es jedoch nur reale Kristalle, die sich von den Idealkristallen durch die Anwesenheit von Kristallbaufehlern unterscheiden; siehe D 2.2.

5.3.4 Grenzflächen

Bei elementaren Betrachtungen (auch in der Thermodynamik, vgl. 6) sieht man davon ab, dass das Volumen von Festkörpern endlich ist. Reale Festkörper besitzen Grenzflächen, z. B. zu anderen Festkörpern, zu Flüssigkeiten oder zu Gasen (in den beiden letzten Fällen Oberflächen genannt). Chemische und physikalische Prozesse an Grenzflächen sind von entscheidender Bedeutung für

- das Kristallwachstum bzw. die Auflösung von Kristallen;
- die geschwindigkeitsbestimmenden Schritte chemischer Reaktionen (heterogene Katalyse, vgl. 7.9);
- Korrosion, Bruch, Reibung und Verschleiß.

Die chemische Zusammensetzung und die Struktur einer Grenzfläche können erheblich von den Verhältnissen im Inneren des Festkörpers abweichen. Beispielsweise besitzen unedle Metalle Oxid- oder Hydroxidschichten (s. z. B. 10.13.1) an der Metall-Luft-Grenzfläche; bei der Adsorption werden Teilchen durch van-der-Waals-Wechselwirkungen an einer Oberfläche gebunden. Zur Bestimmung der Struktur und der chemischen Zusammensetzung an Oberflächen dienen die rasterkraftmikroskopischen Methoden (z. B. atomic force microscopy AFM) und oberflächenspektroskopische Methoden (z. B. electronic spectroscopy for chemical analysis ESCA s. D 11.2).

5.4 Plasmen

Der *Plasmazustand* (vgl. B 16.6) wird häufig als vierter Aggregatzustand der Materie bezeichnet. Oberhalb einer Temperatur von 10 000 K liegt die dann ausnahmslos gasförmige Materie vollständig ionisiert vor, sodass sie aus positiv oder negativ geladenen Ionen, Elektronen und (je nach Temperatur noch auftretenden) Neutralteilchen besteht. Während die Materie des Universums ganz überwiegend (> 99%) im Plasmazustand vorliegt, kommt er auf der Erde selten vor, z. B. in thermonuklearen Reaktionen, im Nordlicht oder im Lichtbogen. Bei Niedertemperaturplasmen, die u.a. durch Mikrowelleneinwirkung auf Gase bei geringem Druck (im mbar-Bereich) erzeugt werden können, besitzen nur die Elektronen extrem hohe Temperaturen, nicht aber die (schweren) Ionen oder Neutralteilchen (sogenannte nichtisotherme Plasmen). Technische Anwendungen für Plasmen sind Synthesen im Lichtbogen (z. B. von Acetylen), die Reinigung, Modifizierung und Beschichtung von Oberflächen sowie das Plasmaschneiden.

6 Thermodynamik chemischer Reaktionen. Das chemische Gleichgewicht

6.1 Grundlagen

6.1.1 Einteilung der thermodynamischen Systeme

Stoffliche Systeme können folgendermaßen eingeteilt werden:

- Nach den Transportmöglichkeiten von Energie und/oder Materie über die Systemgrenzen werden unterschieden:
  abgeschlossene Systeme (weder Materie- noch Energieaustausch möglich), *geschlossene Systeme* (nur Energieaustausch möglich) und *offene Systeme* (sowohl Materie- als auch Energieaustausch möglich).
- Nach der stofflichen Zusammensetzung unterscheidet man zwischen *Einstoff*- und *Mehrstoffsystemen*.
- Nach der Zahl der anwesenden Phasen unterscheidet man zwischen *homogenen* und *heterogenen Systemen*. Homogene Systeme weisen überall dieselben physikalischen und chemischen Eigenschaften auf. Sie bestehen aus nur einer Phase. Ein homogenes Einstoffsystem wird auch als reine Phase bezeichnet. Ein System, das aus mehr als einer Phase aufgebaut ist, heißt heterogen.

Beispiele von homogenen Systemen: Mischungen von Gasen, flüssiges Wasser, wässrige Lösungen von Salzen (vgl. 8), Metalle und manche Metalllegierungen.
Beispiele von heterogenen Systemen: Gemisch aus Eisen und Schwefel, Nebel, Gemisch aus flüssigem und festem Wasser, Granit, Kolloide (vgl. 8.1.1).

6.1.2 Die Umsatzvariable

Die in einer Reaktionsgleichung vor dem Stoffsymbol stehenden Zahlen werden als stöchiometrische Zahlen ν_B bezeichnet. Vereinbarungsgemäß haben die stöchiometrischen Zahlen der Ausgangsstoffe ein negatives und die der Endprodukte ein positives Vorzeichen. Für die Umsatzgleichung

$$N_2 + 3\,H_2 \rightarrow 2\,NH_3$$

gilt also:

$$\nu(N_2) = -1$$
$$\nu(H_2) = -3 \quad \text{und} \quad \nu(NH_3) = +2\,.$$

Die Angabe von stöchiometrischen Zahlen ist nur bei unmittelbarem Bezug auf eine Reaktionsgleichung sinnvoll. Zur Beschreibung des Verlaufs einer chemischen Reaktion benötigt man nur eine einzige Variable, die *Umsatzvariable* ξ. Diese Größe wird auch als Reaktionslaufzahl bezeichnet und ist folgendermaßen definiert:

$$d\xi = dn_i/\nu_i \tag{6-1}$$

n_i Stoffmenge.
Die Umsatzvariable hat die Dimension einer Stoffmenge.
Wendet man diese Definitionsgleichung auf die oben genannte Reaktionsgleichung an, so erhält man:

$$d\xi = -dn(N_2) = -1/3\,dn(N_2) = 1/2\,dn(NH_3)$$

Die Umsatzvariable kann nicht nur auf chemische Reaktionen und Phasenumwandlungen, sondern auch auf Vorgänge, die nicht mehr mit Umsatzgleichungen beschrieben werden können (z. B. Ordnungs-Unordnungs-Übergänge in Legierungen), angewendet werden.

6.2 Anwendung des 1. Hauptsatzes der Thermodynamik auf chemische Reaktionen

6.2.1 Der 1. Hauptsatz der Thermodynamik

Für ein geschlossenes System kann der 1. Hauptsatz der Thermodynamik folgendermaßen formuliert werden (vgl. F 1.5.2):

$$\Delta U = U_2 - U_1 = Q_{12} + W_{12}\,, \tag{6-2}$$

U innere Energie (Index 2: Endzustand, Index 1: Anfangszustand). Q_{12} Wärme bzw. W_{12} Arbeit, die mit der Umgebung ausgetauscht wird. Die innere Energie ist der Messung nicht zugänglich. Es können nur Differenzen dieser Größe ermittelt werden. Im Gegensatz zur Wärme und zur Arbeit ist die innere Energie eine extensive Zustandsgröße (vgl. F 1.2.1). Die drei Größen U, Q und W haben die Dimension einer Energie. Vorausgesetzt, dass zwischen dem System und der Umgebung nur Volumenarbeit ($W_{12} = -p\Delta V$) (vgl. F 1.1.2) ausgetauscht wird, erhält man für den 1. Hauptsatz:

$$\Delta U = Q_{12} - p\Delta V \quad \text{oder} \quad dU = dQ - p dV \tag{6-3}$$

Bei isochoren Vorgängen vereinfacht sich die obige Beziehung zu:

$$\Delta U = Q_{12}; \quad V = \text{const}\,. \tag{6-4}$$

Bei isochoren Vorgängen ist die mit der Umgebung ausgetauschte Wärme gleich der Änderung der inneren Energie.

Die *Enthalpie H* eines einfachen Bereiches ist folgendermaßen definiert (vgl. F 1.2.3):

$$H = U + pV \tag{6-5}$$

Die Enthalpie ist eine Zustandsgröße. Sie ist eine extensive Größe und hat die Dimension einer Energie. Genau wie bei der inneren Energie ist es auch bei der Enthalpie nicht möglich, ihren Absolutwert zu bestimmen.
Mit $\Delta U = Q_{12} - p\Delta V$ und $\Delta(pV) = V\Delta p + p\Delta V$ folgt aus obiger Beziehung:

$$\Delta H = Q_{12} + V\Delta p \tag{6-6}$$

Bei isobaren Vorgängen vereinfacht sich diese Gleichung zu

$$\Delta H = Q_{12}; \quad p = \text{const}\,. \tag{6-7}$$

Bei isobaren Vorgängen ist die mit der Umgebung ausgetauschte Wärme gleich der Änderung der Enthalpie.

6.2.2 Die Reaktionsenergie

Anhand der Modellreaktion

$$\nu_A A + \nu_B B + \ldots \rightarrow \nu_N N + \nu_M M + \ldots$$

kann folgende Beziehung für die *Reaktionsenergie* $\Delta_r U$ angegeben werden:

$$\Delta_r U = (\nu_N U_m(N) + \nu_M U_m(M) + \ldots) - (\nu_A U_m(A) + \nu_B U_m(B) + \ldots)$$

oder allgemein

$$\Delta_r U = \sum \nu_i U_{mi}\,; \quad V, T = \text{const}\,. \tag{6-8}$$

ν_i stöchiometrische Zahl, U_{mi} molare innere Energie des Stoffes i, also $U_{mi} = U_i/n_i$.
Die Reaktionsenergie ist eine Zustandsgröße. Für die Reaktionsenergie gilt auch die Beziehung

$$\Delta_r U = (\partial U/\partial \xi)_{V,T} \, .$$

(Hinweis: Zwischen differenziellen und integralen Reaktionsgrößen, wie sie in ausführlichen Darstellungen der chemischen Thermodynamik verwendet werden, wird im Folgenden nicht unterschieden; eigentlich gilt

$$\Delta_r U = \int (\partial U/\partial \xi)_{V,T} \, \mathrm{d}\xi = \int \sum \nu_i U_{mi} \, \mathrm{d}\xi$$

mit Integration über einen Formelumsatz.)

Messung der Reaktionsenergie

Die Messung der Reaktionsenergie kann mit einem Kalorimeter erfolgen. Besonders häufig werden derartige Untersuchungen bei Verbrennungsreaktionen (vgl. 9.3.1) durchgeführt. Hierbei wird eine Substanz mit Sauerstoff in einer kalorimetrischen Bombe verbrannt und die dabei freiwerdende Wärme ($Q < 0$) gemessen. Da bei diesem Vorgang das Volumen konstant gehalten wird, ist die freiwerdende Wärme gleich der Reaktionsenergie, vgl. (6-4).
Ein bei der Kalorimetrie von Verbrennungsreaktionen häufig verwendeter Begriff ist der *Brennwert* eines Stoffes (vgl. DIN 51900-1:2000):
Als Brennwert wird der Quotient aus dem Betrag der bei der Verbrennung freiwerdenden Wärme und der Masse des eingesetzten Brennstoffs bezeichnet. Das dabei gebildete Wasser soll in flüssiger Form vorliegen (CO_2 und eventuell gebildetes SO_2 müssen als Gas vorhanden sein; Temperatur 25 °C). Da die Bestimmung des Brennwertes in einer kalorimetrischen Bombe vorgenommen wird (V = const), ist der Brennwert gleich der negativen spezifischen Reaktionsenergie.

6.2.3 Die Reaktionsenthalpie

Die Reaktionsenthalpie $\Delta_r H$ ist analog zur Reaktionsenergie 6.2.2 durch folgende Beziehungen definiert:

$$\Delta_r H = \sum \nu_i H_{mi} \; ; \quad p, T = \text{const} \, . \tag{6-9}$$

$$\Delta_r H = (\partial H/\partial \xi)_{p,T} \, ,$$

ν_i stöchiometrische Zahl, ξ Umsatzvariable, $H_{mi} = H_i/n_i$ ist die molare Enthalpie der Substanz i.
Wie die Reaktionsenergie ist auch die Reaktionsenthalpie eine Zustandsgröße.

Zusammenhang zwischen Reaktionsenergie und -enthalpie

Für den Zusammenhang zwischen Reaktionsenergie $\Delta_r U$ und Reaktionsenthalpie $\Delta_r H$ gilt näherungsweise

$$\Delta_r H = \Delta_r U + p\Delta_r V \, . \tag{6-10}$$

$\Delta_r V$ ist das Reaktionsvolumen, das folgendermaßen definiert ist:
$\Delta_r V = \sum \nu_i V_{mi}$ mit $V_{mi} = V_i/n_i$ dem molaren Volumen des Stoffes i.
Laufen Reaktionen ausschließlich in kondensierten Phasen ab, so fällt in (6-10) der Term $p\Delta_r V$ numerisch kaum ins Gewicht. Es gilt

$$\Delta_r H \approx \Delta_r U \, .$$

Sind Gase an einer chemischen Reaktion beteiligt, so wird die Änderung des Reaktionsvolumens praktisch nur durch die Änderung des Gasvolumens bewirkt. Unter Anwendung der Zustandsgleichung idealer Gase erhält man in diesem Fall:

$$\Delta_r H = \Delta_r U + p\Delta_r V \approx \Delta_r U + RT \sum \nu_i \, . \tag{6-11}$$

Beispiele:

1. Bei der homogenen Gasreaktion
   $N_2(g) + O_2(g) \rightarrow 2\,NO(g)$ ist $\sum \nu_i = 0$, d. h., $\Delta_r H = \Delta_r U$.
2. Für die heterogene Reaktion
   $2\,H_2(g) + O_2(g) \rightarrow 2\,H_2O(l)$ gilt $\sum \nu_i = -3$, da bei der Anwendung der obigen Beziehung Stoffe in kondensierten Phasen nicht zu berücksichtigen sind.

Exotherme und endotherme Reaktionen

Nach dem Vorzeichen der Reaktionsenthalpie wird zwischen exothermen und endothermen Reaktionen unterschieden:
$\Delta_r H < 0$ exotherme Reaktion,
$\Delta_r H > 0$ endotherme Reaktion.
Diese Unterscheidung wird auch auf Phasenumwandlungen angewandt.

Beim Ablauf exothermer Reaktionen wird (bei konstantem Druck) Wärme an die Umgebung abgegeben. Als Folge hiervon tritt eine Temperaturerhöhung auf (Beispiel: Verbrennungsvorgänge). Entsprechend führt der Ablauf endothermer Prozesse zu einer Temperaturerniedrigung (Beispiel: Verdampfen einer Flüssigkeit).

Das Berthelot-Thomsen'sche Prinzip

Nach einem von Thomsen und Berthelot 1878 aufgestellten Prinzip sollten nur exotherme Reaktionen bzw. Vorgänge freiwillig ablaufen. Die Erfahrung zeigt, dass in der Tat exotherme Reaktionen (z. B. Verbrennungsreaktionen) spontan verlaufen können. Dieser Sachverhalt trifft aber auch auf eine große Zahl endothermer Reaktionen zu. So läuft z. B. die Verdampfung von Flüssigkeiten (endothermer Vorgang) freiwillig ab. Dieses Beispiel zeigt deutlich, dass das Vorzeichen von Reaktions- bzw. Phasenumwandlungsenthalpien nicht als alleiniges Kriterium für den freiwilligen Ablauf von Reaktionen bzw. Vorgängen dienen kann, vgl. 6.3.4.

6.2.4 Der Heß'sche Satz

Da die Reaktionsenthalpie eine Zustandsgröße ist, folgt, dass sie nur vom Anfangs- und Endzustand des Systems abhängt, also unabhängig vom Reaktionsweg ist. Lässt man daher ein System einmal direkt und einmal über verschiedene Zwischenstufen von einem Anfangszustand in einen Endzustand übergehen, so sind die Reaktionsenthalpien in beiden Fällen gleich groß. Diese Aussage wird als Heßscher Satz bezeichnet. Er dient zur Berechnung von Reaktionsenthalpien, die nicht direkt messbar sind.

Beispiel: Die Reaktionsenthalpie $\Delta_r H_1$ der Reaktion

$$C(s) + 1/2\,O_2(g) \rightarrow CO(g)$$

soll ermittelt werden. $\Delta_r H_1$ ist auf direktem Wege nicht messbar, weil die Verbrennung des Kohlenstoffs nicht so durchgeführt werden kann, dass dabei ausschließlich Kohlenmonoxid CO entsteht. Messbar sind hingegen die Reaktionsenthalpien der folgenden Reaktionen:

$$C(s) + O_2(g) \rightarrow CO_2(g) \quad \text{mit} \quad \Delta_r H_2$$
$$CO(g) + 1/2\,O_2(g) \rightarrow CO_2(g) \quad \text{mit} \quad \Delta_r H_3$$

Zur Bildung des gasförmigen Kohlendioxids aus festem Kohlenstoff sind zwei Reaktionsfolgen möglich: Die erste führt direkt zum CO_2 (2. der hier angegebenen Reaktionen), die zweite benutzt den Umweg der CO-Bildung (1. und 3. der hier genannten Reaktionen). Für die Reaktionsenthalpien gilt daher folgender Zusammenhang:

$$\Delta_r H_2 = \Delta_r H_1 + \Delta_r H_3 \,.$$

Überprüfung dieser Beziehung mithilfe der Definitionsgleichung der Reaktionsenthalpie (vgl. 6.2.3):

$$\begin{aligned} \Delta_r H_2 &= H_m(CO_2) - H_m(C) - H_m(O_2) \\ \Delta_r H_1 + \Delta_r H_3 &= H_m(CO) - H_m(C) - 1/2 H_m(O_2) \\ &\quad + H_m(CO_2) - H_m(CO) - 1/2 H_m(O_2) \\ &= H_m(CO_2) - H_m(C) - H_m(O_2)\,. \end{aligned}$$

6.2.5 Die Standardbildungsenthalpie von Verbindungen

Die Reaktionsenthalpie, die zur Bildung eines Mols einer chemischen Verbindung aus den Elementen notwendig ist, bezeichnet man als molare Bildungsenthalpie.

So ist z. B. die Reaktionsenthalpie der Reaktion $1/2\,N_2 + 3/2\,H_2 \rightarrow NH_3$ gleich der molaren Bildungsenthalpie $\Delta_B H_m$ des Ammoniaks. Da die Reaktionsenthalpie druck- und temperaturabhängig (vgl. 6.2.6) ist, muss der Zustand, in dem sich die Elemente befinden sollen, festgelegt werden. Als Standardzustand wählt man

- für kondensierte Stoffe den Zustand des reinen Stoffes bei 25 °C und 101 325 Pa und
- für Gase den Zustand idealen Verhaltens bei ebenfalls 25 °C und 101 325 Pa.

Findet die Bildung eines Mols einer Verbindung aus den Elementen unter Standardbedingungen statt, so heißt die entsprechende Reaktionsenthalpie molare Standardbildungsenthalpie. Die molare Standardbildungsenthalpie einer großen Zahl von Verbindungen ist experimentell ermittelt worden und in Tabellenwerken aufgeführt. Für einige Stoffe ist sie in Tabelle 6-1 angegeben. Die Bedeutung der molaren Standardbildungsenthalpie beruht darauf, dass unter Anwendung des Heß'schen Satzes nach folgender Beziehung Reaktionsenthalpien berechnet

Tabelle 6-1. Molare Standardbildungsenthalpien $\Delta_B H_m^0$ und molare Standardentropien S_m^0 einiger Stoffe

Stoff	Formel	$\Delta_B H_m^0$ in kJ/mol	S_m^0 in J/(mol · K)
Graphit		0	5,7
Diamant		1,9	2,4
Kohlenmonoxid	CO	−110,5	197,75
Kohlendioxid	CO_2	−393,5	213,78
Stickstoff	N_2	0	191,6
Wasserstoff	H_2	0	130,7
Ammoniak	NH_3	−45,9	192,8
Stickstoffmonoxid	NO	91,3	210,8
Stickstoffdioxid	NO_2	33,2	240,1
Wasser	$H_2O(g)$	−241,8	188,8
Wasser	$H_2O(l)$	−285,8	69,9
Methan	$CH_4(g)$	−74,6	186,3
Ethan	$C_2H_6(g)$	−84,0	229,2
Propan	$C_3H_8(g)$	−103,8	270,3
Acetylen	$C_2H_2(g)$	227,4	200,9
Benzol	$C_6H_6(g)$	82,9	269,2
Benzol	$C_6H_6(l)$	49,1	173,4
Tetrafluormethan	$CF_4(g)$	−933,6	261,6
Tetrafluorethylen	$C_2F_4(g)$	−658,9	300,1

werden können (Reaktionsgrößen unter Standardbedingungen sind mit dem Zeichen ^{0} gekennzeichnet):

$$\Delta_r H^0 = \sum \nu_i \Delta_B H_{mi}^0 \qquad (6\text{-}12)$$

$$(p = 101\,325\ \text{Pa},\ T = 298{,}15\ \text{K})\,.$$

Beispiele:

– Berechnung der Reaktionsenthalpie des Acetylenzerfalls unter Standardbedingungen (vgl. 11.3.1):

$$HC \equiv CH(g) \rightarrow 2\ C(s) + H_2(g)$$

Für die obige Reaktion erhält man:

$$\Delta_r H^0 = \sum \nu_i \Delta_B H_{mi}^0 - \Delta_B H_m^0(H_2C_2)$$
$$= -226{,}7\ \text{kJ/mol (vgl. Tabelle 6-1)}$$

(Hinweis: Die Standardbildungsenthalpien der Elemente sind null.)

– Berechnung der Reaktionsenthalpie für die Verbrennung von Acetylen unter Standardbedingungen (vgl. 11.3.1):

$$HC \equiv CH(g) + 5/2\ O_2(g) \rightarrow H_2O(l) + 2\ CO_2(g)$$

Für die Reaktionsenthalpie unter Standardbedingungen erhält man:

$$\Delta_r H^0 = 2\ \Delta_B H_m^0(CO_2) + \Delta_B H_m^0(H_2O(l)) - \Delta_B H_m^0(H_2C_2)$$
$$= (-2 \cdot 393{,}5 - 285{,}8 - 226{,}7)\ \text{kJ/mol}$$
$$= -1299{,}5\ \text{kJ/mol}\,.$$

6.2.6 Temperatur- und Druckabhängigkeit der Reaktionsenthalpie

Die Wärmekapazität C_p (extensiv) und die molare Wärmekapazität C_{mp} (intensiv) sind durch folgende Gleichungen definiert:

$$(\partial H/\partial T)_P = C_p \qquad (6\text{-}13a)$$

$$\text{und} \quad (\partial H_m/\partial T)_P = C_{mp} = C_p/n \qquad (6\text{-}13b)$$

n Stoffmenge.
Differenziert man die Definitionsgleichung (6-9) der Reaktionsenthalpie nach der Temperatur, so erhält man unter Verwendung von (6-13b)

$$(\partial \Delta_r H/\partial T)_P = \sum \nu_i (\partial H_{mi}/\partial T)_P = \sum \nu_i C_{mpi}\,.$$

Durch Integration folgt

$$\Delta_r H(T_2) = \Delta_r H(T_1) + \int_{T1}^{T2} \sum \nu_i C_{mpi}\, dT \qquad (6\text{-}14)$$

Diese Beziehung, die die Temperaturabhängigkeit der Reaktionsenthalpie beschreibt, wird als *Kirchhoff'sches Gesetz* bezeichnet.
Im Gegensatz zur Temperaturabhängigkeit der Reaktionsenthalpie ist der Einfluss des Druckes auf $\Delta_r H$ sehr gering und kann i. allg. vernachlässigt werden.

Beispiel: Der Ausdruck

$$\int_{T1}^{T2} \sum \nu_i C_{mpi}\, dT$$

soll für die Gasreaktion $N_2 + 3\ H_2 \rightarrow 2\ NH_3$ berechnet werden.
Die Temperaturabhängigkeit der molaren Wärmekapazität kann durch folgende Potenzreihe beschrieben werden:

$$C_{mp} = a_0 + a_1 T + a_2 T^2 + \ldots\,,$$

wobei häufig eine Entwicklung bis T^2 ausreicht. Bei dem gewählten Beispiel erhält man für

$$\sum \nu_i C_{\mathrm{m}pi} :$$

$$\begin{aligned}\sum \nu_i C_{\mathrm{m}pi} &= 2\, C_{\mathrm{m}p}\,(\mathrm{NH_3}) - C_{\mathrm{m}p}\,(\mathrm{N_2}) - 3\, C_{\mathrm{m}p}\,(\mathrm{H_2}) \\ &= 2\, a_0\,(\mathrm{NH_3}) + 2\, a_1\,(\mathrm{NH_3})\, T + 2\, a_2\,(\mathrm{NH_3})\, T^2 \\ &\quad - a_0\,(\mathrm{N_2}) - a_1\,(\mathrm{N_2})\, T - a_2\,(\mathrm{N_2})\, T^2 \\ &\quad - 3\, a_0\,(\mathrm{H_2}) - 3\, a_1\,(\mathrm{H_2})\, T - 3\, a_2\,(\mathrm{H_2})\, T^2\end{aligned}$$

Mit den Abkürzungen

$$2\, a_0\,(\mathrm{NH_3}) - a_0\,(\mathrm{N_2}) - 3\, a_0\,(H_2) = A_0\,,$$
$$2\, a_1\,(\mathrm{NH_3}) - a_1\,(\mathrm{N_2}) - 3\, a_1\,(H_2) = A_1 \quad \text{und}$$
$$2\, a_2\,(\mathrm{NH_3}) - a_2\,(\mathrm{N_2}) - 3\, a_2\,(H_2) = A_2\,,$$

erhält man

$$\sum \nu_i C_{\mathrm{m}pi} = A_0 + A_1 T + A_2 T^2\,.$$

Damit folgt für

$$\int_{T1}^{T2} \sum \nu_i C_{\mathrm{m}pi}\, \mathrm{d}T = A_0(T_2 - T_1) + 1/2\, A_1\left(T_2^2 - T_1^2\right) + 1/3\, A_2\left(T_2^3 - T_1^3\right).$$

6.3 Anwendung des 2. und 3. Hauptsatzes der Thermodynamik auf chemische Reaktionen

6.3.1 Grundlagen

Die Entropie wird thermodynamisch durch den 2. Hauptsatz definiert (Einzelheiten siehe F 1.1.2). Sie ist eine extensive Zustandsgröße der Dimension Energie/Temperatur.

Die Entropie eines Systems kann sich nur auf zwei Arten ändern: Entweder durch Energieaustausch mit der Umgebung ($\mathrm{d_e}S$) oder durch Entropieerzeugung infolge der im System ablaufenden irreversiblen Vorgänge ($\mathrm{d_i}S$):

$$\mathrm{d}S = \mathrm{d_e}S + \mathrm{d_i}S \qquad (6\text{-}15)$$

Beim Ablauf irreversibler Vorgänge kann sich die Entropie in einem abgeschlossenen System ($\mathrm{d_e}S = 0$, $\mathrm{d}S = \mathrm{d_i}S$) nur vergrößern; finden dagegen ausschließlich reversible Vorgänge statt, so bleibt die Entropie konstant:

$$\mathrm{d}S = \mathrm{d_i}S \geq 0\,,$$

$\mathrm{d_i}S > 0$: irreversibler Vorgang,
$\mathrm{d_i}S = 0$: reversibler Vorgang.

Zu den irreversiblen Vorgängen gehören Ausgleichsvorgänge (z. B. chemische Reaktionen, Mischungen, Temperatur- und Druckausgleich) sowie dissipative Effekte (z. B. Reibung, Deformation).

Der 3. Hauptsatz der Thermodynamik, das *Nernst'sche Wärmetheorem*, kann folgendermaßen formuliert werden:

Die Entropie einer reinen Phase im inneren Gleichgewicht ist am absoluten Nullpunkt null:

$$S\,(T = 0) = 0\,.$$

Für reine Phasen, die sich, wie z. B. die Gläser, nicht im inneren Gleichgewicht befinden, gilt

$$S\,(T = 0) > 0\,.$$

Der 3. Hauptsatz ermöglicht die Ermittlung von Absolutwerten der Entropie für die verschiedensten Stoffe aus rein kalorischen Daten. Bei Kenntnis der Temperaturabhängigkeit der molaren Wärmekapazität kann die *molare Entropie eines reinen Gases* nach folgender Formel berechnet werden:

$$S_{\mathrm{m}} = S/n = \int_0^{T_{\mathrm{sl}}} \frac{C_{\mathrm{m}p}\,(\mathrm{s})}{T}\mathrm{d}T + \frac{\Delta_{\mathrm{sl}}H_{\mathrm{m}}}{T_{\mathrm{s}}} + \int_{T_{\mathrm{sl}}}^{T_{\mathrm{lg}}} \frac{C_{\mathrm{m}p}\,(\mathrm{l})}{T}\mathrm{d}T + \frac{\Delta_{\mathrm{lg}}H_{\mathrm{m}}}{T_{\mathrm{Sd}}} + \int_{T_{\mathrm{lg}}}^{T} \frac{C_{\mathrm{m}p}\,(\mathrm{g})}{T}\mathrm{d}T \qquad (6\text{-}16)$$

$C_{\mathrm{m}p}(\mathrm{s})$, $C_{\mathrm{m}p}(\mathrm{l})$, $C_{\mathrm{m}p}(\mathrm{g})$ molare Wärmekapazität des Feststoffes, der Flüssigkeit bzw. des Gases; T_{sl}, T_{lg} Schmelz- bzw. Siedetemperatur; $\Delta_{\mathrm{sl}}H_{\mathrm{m}}$, $\Delta_{\mathrm{lg}}H_{\mathrm{m}}$ molare Schmelz- bzw. molare Verdampfungsenthalpie.

Eventuelle Phasenumwandlungen des Feststoffes sind in dieser Beziehung nicht berücksichtigt. Zur Berechnung der Entropie von Feststoffen bzw. Flüssigkeiten muss die obige Formel sinngemäß vereinfacht werden.

In Tabelle 6-1 sind die molaren Standardentropien einiger Stoffe aufgeführt. Der Standardzustand entspricht dem in 6.2.5 angegebenen.

6.3.2 Reaktionsentropie

Die Reaktionsentropie $\Delta_r S$ ist durch folgende Beziehungen definiert:

$$\Delta_r S = \sum \nu_i S_{mi} \; ; \qquad (6\text{-}17a)$$

$$\Delta_r S = (\partial S / \partial \xi)_{p,T} \qquad (6\text{-}17b)$$

$S_{mi} = S_i / n_i$ molare Entropie der Reaktionsteilnehmer, ν_i Stöchiometrische Zahl, ξ Umsatzvariable.
Als Standardreaktionsentropie $\Delta_r S^0$ wird die Reaktionsentropie unter Standardbedingungen (vgl. 6.2.5) bezeichnet.
Bei konstantem Druck kann die Temperaturabhängigkeit der Reaktionsentropie durch folgende Beziehung beschrieben werden (vgl. auch (6-16):

$$\Delta_r S(T_2) = \Delta_r S(T_1) + \int_{T_1}^{T_2} \sum \nu_i C_{mpi} \, \mathrm{d}T / T \qquad (6\text{-}18)$$

6.3.3 Die Freie Enthalpie und das chemische Potential

Die Freie Enthalpie G ist durch die folgende Gleichung definiert:

$$G = H - TS \; . \qquad (6\text{-}19)$$

G ist eine extensive Zustandsgröße.
Für das *chemische Potential* μ_B der Komponente B in einer Mischphase gilt folgende Definitionsgleichung:

$$\mu_B = (\partial G / \partial n_B)_{p,T,nj} \; . \qquad (6\text{-}20)$$

Danach ist das chemische Potential die partielle molare Freie Enthalpie der Komponente B in dieser Mischphase. (Einzelheiten über partielle molare Größen s. F 1.2.2). Vom chemischen Potential einer Komponente in einer Mischphase kann daher gesprochen werden wie z. B. von der Konzentration oder dem Stoffmengenanteil dieser Komponente. Bei Einkomponentensystemen ist μ_i gleich der molaren Freien Enthalpie des reinen Stoffes. Das chemische Potential ist eine intensive Zustandsgröße der Dimension Energie/Stoffmenge und kann somit auch eine Funktion des Ortes sein. Die Absolutwerte des chemischen Potentials können nicht ermittelt werden. Man kann jedoch Differenzen des chemischen Potentials zwischen dem interessierenden Zustand und einem willkürlich gewählten Standardzustand (siehe unten) bestimmen.
Die Bedeutung des chemischen Potentials veranschaulichen folgende Beispiele:
Eine frei bewegliche Substanz wandert stets zum Zustand niedrigeren chemischen Potentials.
Ein Gas löst sich so lange in einer Flüssigkeit auf, bis das chemische Potential des Gases in der Gasphase gleich dem in der Flüssigkeit ist (vgl. 8.3).
Die Bedingung für das chemische Gleichgewicht (Einzelheiten vgl. 6.4.1) kann elegant mit Hilfe des chemischen Potentials formuliert werden. So gilt z. B. für das Iod-Wasserstoff-Gleichgewicht:

$$H_2(g) + I_2(g) \rightleftharpoons 2\,HJ(g) \; ,$$

$$\mu(H_2) + \mu(I_2) = 2\,\mu(HJ) \; .$$

Die Abhängigkeit des chemischen Potentials von der Zusammensetzung wird durch die folgenden Beziehungen beschrieben. In den angeführten Gleichungen werden die Wechselwirkungen der Teilchen untereinander nicht berücksichtigt:

$$\begin{aligned} \mu_B &= \mu^0_{Bc} + RT \ln\{c_B\} \; , \\ \mu_B &= \mu^0_{Bp} + RT \ln\{p_B\} \; , \qquad (6\text{-}21) \\ \mu_B &= \mu^0_{Bx} + RT \ln x_B \; . \end{aligned}$$

c_B Konzentration, p_B (Partial-)Druck, x_B Stoffmengenanteil. Die beiden erstgenannten Beziehungen beschreiben auch die Konzentrations bzw. die Druckabhängigkeit des chemischen Potentials reiner Gase μ^0_{Bc}, μ^0_{Bp}, μ^0_{Bx} werden als chemische Standardpotentiale bezeichnet. Unter $\ln\{c_B\}$ bzw. $\ln\{p_B\}$ soll hier und im Folgenden $\ln(c_B/c^*)$ bzw. $\ln(p_B/p^*)$ mit $c^* = 1$ mol/l und $p^* = 1$ bar verstanden werden.

6.3.4 Die Freie Reaktionsenthalpie. Die Gibbs-Helmholtzsche Gleichung

Aus der Definitionsgleichung (6-19) der Freien Enthalpie folgt durch Differenzieren nach der Umsatzvariablen ξ

$$(\partial G / \partial \xi)_{p,T} = (\partial H / \partial \xi)_{p,T} - T(\partial S / \partial \xi)_{p,T}$$

$$\Delta_r G = \Delta_r H - T \Delta_r S \; . \qquad (6\text{-}22)$$

$\Delta_r G$ wird als Freie Reaktionsenthalpie bezeichnet. Die Beziehung (6-22) heißt auch Gibbs-Helmholtz'sche Gleichung.

Der Zusammenhang zwischen der Freien Reaktionsenthalpie und dem chemischen Potential μ_i der an einer Reaktion beteiligten Stoffe wird durch folgende Beziehung beschrieben:

$$\Delta_r G = \sum \nu_i \mu_i \quad p, T = \text{const} . \qquad (6\text{-}23)$$

Berücksichtigt man die Abhängigkeit des chemischen Potentials von der Zusammensetzung, vgl. (6-21), so erhält man:

$$\Delta_r G = \Delta_r G_c^0 + RT \sum \nu_i \ln \{c_i\} ,$$
$$\Delta_r G = \Delta_r G_p^0 + RT \sum \nu_i \ln \{p_i\} , \qquad (6\text{-}24)$$
$$\Delta_r G = \Delta_r G_x^0 + RT \sum \nu_i \ln x_i .$$

Die Größen $\Delta_r G_c^0$, $\Delta_r G_p^0$, und $\Delta_r G_x^0$ werden als Standardwerte der Freien Reaktionsenthalpie bezeichnet (Freie Standardreaktionsenthalpie). Bei Redoxreaktionen kann $\Delta_r G$ leicht durch Messung der elektromotorischen Kraft EMK bestimmt werden (vgl. 9.4). Voraussetzung hierfür ist eine geeignete elektrochemische Zelle, in der bei Stromfluss die interessierende Redoxreaktion ungehindert ablaufen kann.

Die Freie Reaktionsenthalpie ist ein Ausdruck für die beim Ablauf einer chemischen Reaktion maximal gewinnbare Arbeit. Der Wert dieser Größe entscheidet darüber, ob eine chemische Reaktion (bzw. ein physikalisch-chemischer Vorgang) freiwillig oder aber nur unter Zwang ablaufen kann oder ob Gleichgewicht vorhanden ist. Es gelten folgende Kriterien (p, T = const):

freiwilliger Ablauf	$\Delta_r G < 0$,	
Gleichgewicht	$\Delta_r G = 0$,	
Reaktion nur unter Zwang	$\Delta_r G > 0$,	(6-25)

Ein Beispiel für unter Zwang ablaufende chemische Reaktionen stellen Elektrolysen (vgl. 9.8) dar. Hierbei werden durch Zufuhr elektrischer Arbeit Reaktionen erzwungen, bei denen $\Delta_r G > 0$ ist.

Die Gibbs-Helmholtz'sche Gleichung besteht aus zwei Termen, dem Enthalpieterm $\Delta_r H$ und dem Entropieterm $T\Delta_r S$. Bei niedrigen Temperaturen ist der Einfluss des Entropieterms gering, sodass in erster Linie der Enthalpieterm über die Möglichkeit des Ablaufs chemischer Reaktionen (bzw. physikalisch-chemischer Vorgänge) entscheidet. Bei diesen Temperaturen laufen praktisch nur exotherme Reaktionen freiwillig ab; das Berthelot-Thomsen'sche Prinzip (vgl. 6.2.3) gilt nahezu uneingeschränkt. Bei höheren Temperaturen gewinnt der Entropieterm in steigendem Maße an Bedeutung. Endotherme Reaktionen können nur dann freiwillig ablaufen, wenn die Bedingung $T\Delta_r S > \Delta_r H$ erfüllt ist, wenn also die Entropie beim Ablauf der Reaktion vergrößert wird. Beispiele hierfür sind alle Schmelz- und Verdampfungsvorgänge. Beides sind endotherme Prozesse mit $\Delta_r S > 0$. $\Delta_r S$ ist hierbei positiv, da die molare Entropie (oder, umgangssprachlich ausgedrückt, die „Unordnung" eines Systems) in der Reihenfolge fest – flüssig – gasförmig ansteigt.

Beispiele:

Es soll festgestellt werden, ob Tetrafluorethylen unter Standardbedingungen (25 °C, 1,01325 bar) gemäß der Gleichung

$$F_2C{=}CF_2\,(g) \rightarrow CF_4\,(g) + 2C\,(s)$$

in Tetrafluormethan CF_4 und Kohlenstoff zerfallen kann.

$$\Delta_r H^0 = \Delta_B H_m^0\,(CF_4) - \Delta_B H_m^0\,(F_4C_2)$$
$$= (-933{,}2 + 648{,}5)\ \text{kJ/mol}$$
$$= -284{,}7\ \text{kJ/mol}$$
$$\Delta_r S^0 = 2S_m^0\,(C) + S_m^0\,(CF_4) - S_m^0\,(F_4C_2)$$
$$= (2 \cdot 5{,}7 + 261{,}3 - 299{,}9)\ \text{J/(mol} \cdot \text{K)}$$
$$= -27{,}2\ \text{J/(mol} \cdot \text{K)}$$
$$\Delta_r G^0 = \Delta_r H^0 - T\Delta_r S^0 = -284{,}7\ \text{kJ/mol}$$
$$+\ 298{,}2\ \text{K} \cdot 27{,}2\ \text{J/(mol} \cdot \text{K)}$$
$$= -276{,}6\ \text{kJ/mol}$$

Ergebnis: $\Delta_r G^0 < 0$. Daraus folgt, dass die Reaktion unter Standardbedingungen möglich ist, siehe auch 11.4.1.

Ist die Umwandlung von Graphit in Diamant unter Standardbedingungen möglich?

C (Graphit) → C (Diamant)

$$\Delta_r H^0 = \Delta_B H_m^0\,(\text{Diamant}) = +1{,}9\ \text{kJ/mol}$$
$$\Delta_r S^0 = S_m^0\,(\text{Diamant}) - S_m^0\,(\text{Graphit})$$
$$= (2{,}4 - 5{,}7)\ \text{J/(mol} \cdot \text{K)}$$
$$= -3{,}3\ \text{J/(K} \cdot \text{mol)}$$
$$\Delta_r G^0 = \Delta_r \text{H}^0 - T\Delta_r S^0$$
$$= 1{,}9\ \text{kJ/mol} + 298{,}2\ \text{K} \cdot 3{,}3\ \text{J/(mol} \cdot \text{K)}$$
$$= +2{,}9\ \text{kJ/mol}$$

Ergebnis: $\Delta_r G^0 > 0$. Daraus folgt, dass die Reaktion unter Standardbedingungen (auch in Gegenwart von Katalysatoren) unmöglich ist. Bei 25 °C sind erst bei Drücken von ca. 15 kbar Diamant und Graphit miteinander im Gleichgewicht, d. h., $\Delta_r G$ wird dann null. Unter diesen Bedingungen ist aber die Geschwindigkeit der Umwandlung wesentlich zu klein, sodass man technisch höhere Temperaturen und Drücke anwenden muss, um Diamanten in Gegenwart von Metallkatalysatoren zu synthetisieren (1500 bis 1800 °C und 53 bis 100 kbar).

6.3.5 Phasenstabilität

Man unterscheidet stabile, metastabile und instabile Phasen:

- *Stabile Phasen*
  Wenn ein Stoff oder eine Stoffmischung in mehreren Phasen auftreten kann und wenn alle anderen möglichen Phasen gegenüber der ursprünglichen einen höheren Wert der Freien Enthalpie aufweisen, dann nennt man die ursprüngliche Phase stabil. Ändern sich die äußeren Parameter, wie z. B. Druck und Temperatur nicht, so liegt eine stabile Phase zeitlich unbegrenzt vor. Die überwiegende Mehrzahl aller chemischen Verbindungen ist bei natürlichen Umgebungsbedingungen stabil. So ist z. B. unter den genannten Bedingungen Graphit die stabile Kohlenstoffmodifikation.
- *Metastabile Phasen*
  Bei metastabilen Phasen gibt es mindestens eine Phase, die einen niedrigeren Wert der Freien Enthalpie aufweist. Auch metastabile Phasen können zeitlich unbegrenzt vorliegen, ohne dass eine neue Phase auftritt. Werden jedoch Keime einer neuen stabileren Phase zugeführt oder entstehen diese durch ein statistisches Ereignis spontan, so geht das System in die stabilere Phase über. Diese stabilere Phase ist dadurch gekennzeichnet, dass sie einen kleineren Wert der Freien Enthalpie aufweist. Zur Umwandlung in die stabilere Phase ist die Überwindung einer Energiebarriere erforderlich.

  Beispiele:
  Diamant und weißer Phosphor sind bei Raumbedingungen metastabile Kohlenstoff- bzw. Phosphormodifikationen. Unterkühlte Flüssigkeiten, übersättigte Lösungen (vgl. 8.7.7), überhitzte Flüssigkeiten sind weitere Beispiele für metastabile Phasen. Die Umwandlung metastabiler Phasen kann, wie am Beispiel des Siedeverzuges überhitzter Flüssigkeiten gezeigt werden soll, oft mit großer Heftigkeit erfolgen. Staub- und gasfreie Flüssigkeiten lassen sich in sauberen Gefäßen z. T. erheblich über ihren Siedepunkt erwärmen. Diese Erscheinung heißt Siedeverzug. So gelingt es z. B., Wasser in sorgfältig gereinigten Gefäßen bis auf 220 °C zu erhitzen. Durch geringe Erschütterung oder Zufuhr von Keimen (Gasbläschen) kann auf den Siedeverzug ein explosionsartiger Siedevorgang folgen.
- *Instabile Phasen*
  Instabile Phasen sind unbeständig gegenüber molekularen Schwankungen. Zur Bildung neuer Phasen ist die Anwesenheit von Keimen nicht notwendig (spinodale Zersetzung).

6.4 Das Massenwirkungsgesetz

6.4.1 Chemisches Gleichgewicht

Die meisten chemischen Reaktionen verlaufen nicht vollständig, sondern führen zu einem Gleichgewichtszustand. In diesem Zustand findet makroskopisch kein Stoffumsatz mehr statt (vgl. 7.5). Die Bedingung für das chemische Gleichgewicht ist (vgl. (6-25)): $\Delta_r G = 0$.
Mit $\Delta_r G = \sum \nu_i \mu_i$ folgt

$$\Delta_r G = \sum \nu_i \mu_i = 0\,, \quad p, T = \text{const}\,.$$

Unter Anwendung der in (6-21) angegebenen Beziehungen, die die Abhängigkeit des chemischen Potentials von der Zusammensetzung beschreiben, erhält man:

$$\begin{aligned} 0 &= \Delta_r G_p^0 + RT \sum \nu_i \ln\{p_i\} \\ 0 &= \Delta_r G_c^0 + RT \sum \nu_i \ln\{c_i\} \\ 0 &= \Delta_r G_x^0 + RT \sum \nu_i \ln x_i \end{aligned} \qquad (6\text{-}26)$$

oder

$$\begin{aligned} K_p &= \exp\left(-\frac{\Delta_r G_p^0}{RT}\right) = \prod p^{\nu_i} \\ K_c &= \exp\left(-\frac{\Delta_r G_c^0}{RT}\right) = \prod c^{\nu_i} \\ K_x &= \exp\left(-\frac{\Delta_r G_x^0}{RT}\right) = \prod x^{\nu_i} \end{aligned} \qquad (6\text{-}27)$$

Diese Beziehungen werden als Massenwirkungsgesetz bezeichnet. Die Größen K_p, K_c und K_x heißen *Gleichgewichts-* oder *Massenwirkungskonstanten*.
Aus historischen Gründen werden K_p und K_c meist als dimensionsbehaftete Größen formuliert. Das bedeutet, dass in das Massenwirkungsgesetz dimensionsbehaftete Partialdrücke und Konzentrationen anstelle von normierten Größen eingesetzt werden.
Nach diesem Formalismus wird die Dimension von K_p und K_c von der Art der chemischen Reaktion bestimmt. K_x ist stets dimensionslos.

Beispiel: Für die homogene Gasreaktion (Einzelheiten siehe 6.4.2)

$$N_2\,(g) + 3\,H_2\,(g) \Leftrightarrow 2\,NH_3\,(g)$$

soll das Massenwirkungsgesetz formuliert werden. Die stöchiometrischen Zahlen des Stickstoffs, Wasserstoffs und Ammoniaks sind bei dieser Reaktionsgleichung: $\nu(NH_3) = 2$, $\nu(N_2) = -1$, $\upsilon(H_2) = -3$. Damit erhält man für K_p:

$$K_p = \prod p^{\nu} = p^2\,(NH_3) \cdot p^{-3}\,(H_2) \cdot p^{-1}\,(N_2)$$

oder

$$K_p = \frac{p^2\,(NH_3)}{p^3\,(H_2) \cdot p\,(N_2)}$$

Bei dieser Reaktion hat K_p die Dimension Druck^{-2}. Da die Gleichgewichtskonstante durch die obige Reaktionsgleichung mit dem Standardwert der Freien Reaktionsenthalpie verknüpft ist (siehe oben), dürfen Zähler und Nenner im ausformulierten Massenwirkungsgesetz nicht vertauscht werden!

6.4.2 Homogene Gasreaktionen

Homogene Gasreaktionen laufen ausschließlich in der Gasphase ab. Die Zusammensetzung der Gasmischung wird meist durch Angabe der Partialdrücke (vgl. F 2.2) charakterisiert. Teilweise werden hierzu jedoch auch die Konzentrationen bzw. die Stoffmengenanteile verwendet. Daher ergibt sich häufig die Notwendigkeit, K_p, K_c und K_x ineinander umrechnen zu müssen. Dies geschieht mit folgenden Beziehungen:

$$K_p = K_x p^{\sum \nu_i}\,, \qquad (6\text{-}28)$$
$$K_p = K_c\,(RT)^{\sum \nu_i}\,,$$
$$K_x = K_c\,(RT/p)^{\sum \nu_i}\,.$$

Ist bei homogenen Gasreaktionen $\sum \nu_i = 0$, so gilt: $K_p = K_e = K_x$. Beispiel für eine derartige Reaktion ist das Iod-Wasserstoff-Gleichgewicht:

$$H_2\,(g) + I_2\,(g) \rightleftharpoons 2\,HI\,(g)\ .$$

Beispiel: Für die Gleichgewichtsreaktion

$CO\,(g) + Cl_2\,(g) \rightleftharpoons COCl_2\,(g)$

($COCl_2$ Phosgen, CO Kohlenmonoxid)

gilt:

$\nu(COCl_2) = -1\,,\quad \nu(CO) = -1\,,\quad \nu(Cl_2) = -1$

und

$\sum \nu_i = \nu(COCl_2) + \nu(CO) + \nu(Cl_2) = -1$.

Damit erhält man:

$$K_p = K_x \cdot p^{-1}\,,\quad K_p = K_c\,(RT)^{-1}\,,$$
$$K_x = K_c\,(p/RT)\ .$$

6.4.3 Heterogene Reaktionen

Bei heterogenen Reaktionen ist mehr als eine Phase am Umsatz beteiligt. Ein Beispiel stellt der thermische Zerfall des Calciumcarbonats $CaCO_3$ dar, der durch folgende Gleichung beschrieben wird:

$$CaCO_3\,(s) \rightleftharpoons CaO\,(s) + CO_2\,(g)\ .$$

$CaCO_3$ und Calciumoxid CaO bilden keine Mischkristalle. In diesem Fall muss das Massenwirkungsgesetz folgendermaßen formuliert werden:

$$K_p = p\,(CO_2)\ .$$

Calciumcarbonat und Calciumoxid als reine kondensierte Phasen treten im Massenwirkungsgesetz nicht auf, da das chemische Potential reiner kondensierter Phasen gleich dem Standardpotential ist (vgl. 6.3.3).

Bei heterogenen Reaktionen bleiben reine kondensierte Phasen bei der Formulierung des Massenwirkungsgesetzes unberücksichtigt.

6.4.4 Berechnung von Gleichgewichtskonstanten aus thermochemischen Tabellen

Die Gleichgewichtskonstanten können leicht mit (6-27) unter Hinzuziehung der Gibbs-Helmholtz'schen Beziehung (6-22) aus thermochemischen Daten berechnet werden. Wird der in 6.2.5 beschriebene Standardzustand gewählt, so erhält man bei Gasreaktionen auf diese Weise die Gleichgewichtskonstante K_p :

$$\ln \frac{K_p}{(p^*)^m} = \frac{\Delta_r S^0}{R} - \frac{\Delta_r H^0}{RT} \qquad (6\text{-}29)$$

p^* Standarddruck.

Der Exponent m ist gleich der Summe der stöchiometrischen Zahlen.

6.4.5 Temperaturabhängigkeit der Gleichgewichtskonstante

Die Temperaturabhängigkeit der Gleichgewichtskonstante wird durch folgende Gleichung beschrieben:

$$\left(\frac{\partial \ln K}{\partial T}\right)_p = \frac{\Delta_r H}{RT^2} \, . \qquad (6\text{-}30)$$

Gleichung (6-30) wird als *van't-Hoff'sche Reaktionsisobare* bezeichnet. Diese Beziehung beschreibt die Verschiebung der Lage des chemischen Gleichgewichtes infolge von Temperaturänderungen. So vergrößert sich K bei endothermen Reaktionen ($\Delta_r H > 0$) mit steigender Temperatur. Das bedeutet, dass sich die Lage des chemischen Gleichgewichtes in diesem Fall zur Seite der Reaktionsprodukte verschiebt.

In einem kleinen Temperaturintervall kann $\Delta_r H$ angenähert als temperaturunabhängig angesehen werden. Unter dieser Voraussetzung erhält man durch Integration von (6-30) die Beziehung

$$\ln K = -\frac{\Delta_r H}{RT} + C \, . \qquad (6\text{-}31)$$

Danach ist $\ln K$ eine lineare Funktion der reziproken Temperatur.

6.4.6 Prinzip des kleinsten Zwanges

Qualitativ kann die Änderung der Lage eines chemischen Gleichgewichtes durch äußere Einflüsse mit dem Prinzip von Le Chatelier und Braun, das auch das *Prinzip des kleinsten Zwanges* genannt wird, beschrieben werden:

> *Wird auf ein im Gleichgewicht befindliches System ein äußerer Zwang ausgeübt, so verschiebt sich das Gleichgewicht derart, dass es versucht, diesen Zwang zu verringern.*

Unter einem äußeren Zwang versteht man Änderungen von Temperatur, Druck oder Volumen bzw. der Zusammensetzung.

Beispiel: Die Folgerungen aus diesem Prinzip sollen am Beispiel des Ammoniakgleichgewichtes diskutiert werden (vgl. 7.9.4).

$$N_2\,(g) + 3\,H_2\,(g) \rightleftharpoons 2\,NH_3\,(g)\,, \quad \Delta_r H < 0\,.$$

- Temperaturerhöhung (durch Zufuhr von Wärme)
  Ein Teil der zugeführten Wärme kann dadurch verbraucht werden, dass sich die Lage des chemischen Gleichgewichtes zur Seite der Ausgangsstoffe (also nach links) verschiebt.
- Druckerhöhung
  Nach der Zustandsgleichung idealer Gase ist der Druck der Stoffmenge und damit auch der Teilchenzahl proportional. Ein Teil der Druckerhöhung kann dadurch kompensiert werden, dass sich die Lage des Gleichgewichtes zur Seite des Ammoniaks (nach rechts) verschiebt, da auf diese Weise die Teilchenzahl verringert werden kann.

6.4.7 Gekoppelte Gleichgewichte

Wenn sich in einem System zwei oder mehrere Gleichgewichte gleichzeitig einstellen und ein oder mehrere Stoffe des Systems an verschiedenen Gleichgewichten teilnehmen, spricht man von gekoppelten Gleichgewichten. Über die Zusammensetzungsvariablen der gemeinsamen Stoffe stehen auch die anderen Reaktionsteilnehmer im Gleichgewicht miteinander. Gekoppelte Gleichgewichte sind besonders bei der Chemie der Verbrennungsvorgänge von großer Bedeutung.

Beispiel:

Werden Stickstoff-Sauerstoff-Gemische auf höhere Temperaturen erwärmt, so müssen bei Vernachlässigung der Dissoziation der Stickstoff- und Sauerstoffmoleküle folgende Gleichgewichte berücksichtigt werden:

$$1/2\,N_2 + O_2 \rightleftharpoons NO_2\,,$$
$$1/2\,N_2 + 1/2\,O_2 \rightleftharpoons NO\,.$$

Formuliert man für diese Gleichgewichte das Massenwirkungsgesetz, so erhält man:

$$K_{p,1} = \frac{p\,(NO_2)}{p^{1/2}\,(N_2)\,p\,(O_2)}\,, \quad K_{p,2} = \frac{p\,(NO)}{p^{1/2}\,(N_2)\,p^{1/2}\,(O_2)}\,.$$

Zur Berechnung der vier Partialdrücke ($p(NO_2)$, $p(NO)$, $p(N_2)$ und $p(O_2)$) muss zusätzlich zu den oben genannten Massenwirkungsgesetzen und dem Massenerhaltungssatz (vgl. 4.3.1) auch die Tatsache berücksichtigt werden, dass der Gesamtdruck gleich der Summe der Partialdrücke ist (Einzelheiten des Rechenweges: siehe z. B. Strehlow, R.A., 1985).
Die Rechnung liefert für die isobare Erwärmung von Stickstoff-Sauerstoff-Gemischen bei einem Druck von 1 bar folgendes Resultat:

T/K	$p(O_2)$/bar	$p(N_2)$/bar
1000	0,212	0,791
1500	0,212	0,791
2000	0,208	0,787
2500	0,197	0,777
T/K	$p(NO)$/mbar	$p(NO_2)$/μbar
1000	0,0355	1,88
1500	1,33	6,82
2000	8,09	12,9
2500	23,2	18,1

Dieses Ergebnis zeigt, dass bei der Erhitzung von N_2-O_2-Gemischen Stickoxide NO_x gebildet werden, die sich aus Stickstoffmonoxid und Stickstoffdioxid zusammensetzen. Ein derartiger Prozess findet natürlich auch bei jedem Verbrennungsvorgang statt. Werden nun die erhitzten Gasgemische plötzlich abgekühlt, so bleiben die Stickoxide als metastabile Verbindungen weitgehend erhalten, obwohl sie nach der Lage der chemischen Gleichgewichte in N_2 und O_2 zerfallen sollten. Dies ist wegen der Umweltschäden, die diese Verbindungen verursachen, sehr unerwünscht. Durch geeignete Katalysatoren gelingt es beim Abkühlungsprozess, die bei tieferen Temperaturen im Gleichgewicht stehenden niedrigeren Stickoxidpartialdrücke einzustellen.

7 Geschwindigkeit chemischer Reaktionen. Reaktionskinetik

Die Geschwindigkeiten chemischer Reaktionen unterscheiden sich außerordentlich stark voneinander. Das soll anhand einiger Beispiele verdeutlicht werden:

1. Die schnellste bisher gemessene Ionenreaktion ist die Neutralisation starker Säuren mit starken Basen in wässriger Lösung (vgl. 8.7.1):
   $H^+(aq) + OH^-(aq) \rightarrow H_2O$.
   (Der Zusatz (aq) kennzeichnet hydratisierte Teilchen, vgl. 8.5.)
   Diese Reaktion ist in ca. 10^{-10} s abgeschlossen.
2. Die Detonation des Sprengstoffs Glycerintrinitrat (Nitroglycerin) verläuft im Mikrosekundenbereich.
3. Beim Mischen von Lösungen, die Ag^+- und Cl^--Ionen enthalten, bildet sich ein AgCl-Niederschlag. Hierzu sind Zeiten im Sekundenbereich erforderlich.

Dagegen hat im Bereich der Kernchemie der radioaktive Zerfall des Uranisotops $^{238}_{92}U$ in Thorium und Helium

$$^{238}_{92}U \rightarrow {}^{234}_{90}Th + {}^{4}_{2}He ,$$

eine Halbwertszeit (vgl. 7.4.1) von $4{,}47 \cdot 10^9$ Jahren.

7.1 Reaktionsgeschwindigkeit und Freie Reaktionsenthalpie

Chemische Reaktionen können nur dann ablaufen, wenn die Freie Reaktionsenthalpie kleiner als null ist (vgl. 6.3.4):

$$\Delta_r G < 0 .$$

Einen Zusammenhang zwischen dem Wert der Freien Reaktionsenthalpie und der Geschwindigkeit der entsprechenden chemischen Reaktion gibt es jedoch – von einigen Spezialfällen abgesehen – nicht. Außerdem sind viele Reaktionen bekannt, die zwar thermodynamisch möglich sind, die aber aufgrund von Reaktionshemmungen dennoch nicht ablaufen (Beispiel: Reaktion von Wasserstoff mit Sauerstoff bei Raumbedingungen). Diese Reaktionshemmungen können häufig durch Energiezufuhr oder durch Zusatz eines Katalysators (vgl. 7.9) beseitigt werden.

7.2 Reaktionsgeschwindigkeit und Reaktionsordnung

Am Beispiel der Modellreaktion

$$\nu_A A + \nu_B B + \ldots \rightarrow \nu_N N + \nu_M M + \ldots$$

soll die Definitionsgleichung der *Reaktionsgeschwindigkeit* (*Reaktionsrate*) r vorgestellt werden

$$r = 1/V \cdot \mathrm{d}\xi/\mathrm{d}t = 1/\nu_i \cdot \mathrm{d}c_i/\mathrm{d}t\,, \qquad (7\text{-}1)$$

ξ Umsatzvariable, V Volumen, c_i Konzentration. Die stöchiometrischen Zahlen ν_i müssen für die verschwindenden Stoffe mit negativem und für die entstehenden Stoffe mit positivem Vorzeichen versehen werden.

Danach erhält man z. B. für die Reaktion

$$N_2 + 3\,H_2 \rightarrow 2\,NH_3$$

folgenden Ausdruck für die Reaktionsgeschwindigkeit:

$$r = -\mathrm{d}c(N_2)/\mathrm{d}t = -1/3\,\mathrm{d}c(H_2)/\mathrm{d}t = 1/2\,\mathrm{d}c(NH_3)/\mathrm{d}t\,.$$

Die Reaktionsgeschwindigkeit ist keine Konstante. Sie hängt im Wesentlichen von folgenden Parametern ab:

- Von der Konzentration der Stoffe, die in der entsprechenden Umsatzgleichung auftreten.
- Von der Konzentration c_K von Stoffen, die nicht in der Umsatzgleichung enthalten sind. Man nennt derartige Stoffe *Katalysatoren* (siehe 7.9).
- Von der Temperatur.

Es gilt also:

$$r = r(c_A,\ c_B,\ \ldots c_K; T)\,. \qquad (7\text{-}2)$$

Diese Funktion wird als Zeitgesetz bezeichnet. Zeitgesetze haben häufig folgende einfache Form:

$$r = k(T)c_A^a c_B^b\,, \qquad (7\text{-}3)$$

$k(T)$ ist hierbei die Geschwindigkeitskonstante.

Die Summe der Exponenten, $a + b$, wird als *Reaktionsordnung* bezeichnet. Häufig spricht man auch von der Ordnung einer Reaktion in Bezug auf einen einzelnen Stoff. Darunter versteht man den Exponenten, mit dem die Konzentration dieses Stoffes im Zeitgesetz erscheint. Beispielsweise ist die Reaktion, die durch (8-3) beschrieben wird, von a-ter Ordnung bezüglich des Stoffes A.

7.3 Elementarreaktion. Reaktionsmechanismus und Molekularität

Eine molekularchemische Reaktion (Gegensatz: Kernreaktion) läuft in der Regel nicht in der einfachen Weise ab, wie es die (stöchiometrische) Umsatzgleichung vermuten lässt. Bei der Umwandlung der Ausgangsstoffe in die Endprodukte werden in den meisten Fällen Zwischenprodukte gebildet. Diese Zwischenprodukte werden in weiteren Reaktionsschritten wieder verbraucht und schließlich zu den Endprodukten umgesetzt. Die durch die Umsatzgleichung beschriebene Gesamtreaktion ist also eine Folge von Teilreaktionen. (In vielen Fällen laufen auch unterschiedliche Folgen von Teilreaktionen gleichzeitig ab.) Diese Teilreaktionen werden als *Elementarreaktionen* bezeichnet. Sie kennzeichnen unmittelbar die Partner, durch deren Zusammenstoß ein bestimmtes Zwischenprodukt gebildet wird.

Die Gesamtheit der Elementarreaktionen einer zusammengesetzten Reaktion heißt *Reaktionsmechanismus*.

Die *Molekularität* gibt die Anzahl der Teilchen an, die als Stoßpartner an einer Elementarreaktion beteiligt sind. Man unterscheidet mono-, bi- und tri-molekulare Elementarreaktionen, je nachdem, ob ein, zwei oder drei Teilchen miteinander reagieren. Eine höhere Molekularität kommt wegen der Unwahrscheinlichkeit gleichzeitiger Zusammenstöße von mehr als drei Teilchen praktisch nicht vor.

Für Elementarreaktionen stimmen Molekularität und Reaktionsordnung überein, d. h., ein bimolekularer Vorgang muss auch 2. Ordnung sein. Umgekehrt darf man aber keinesfalls schließen, dass eine beliebige Reaktion, die nach den Versuchsergebnissen 2. Ordnung ist, bimolekular verläuft.

Beispiele:

1. Reaktionsmechanismus
   Bildung von Bromwasserstoff, HBr, aus den Elementen nach folgender Umsatzgleichung:

   $$H_2 + Br_2 \rightarrow 2\,HBr\,.$$

   Der erste Reaktionsschritt besteht in einer Spaltung des Br_2-Moleküls:

   $$Br_2 + M \rightarrow 2\,Br + M\,.$$

   In dieser bimolekularen Reaktion überträgt ein beliebiger Stoßpartner M dem Br_2-Molekül die für die Dissoziation notwendige Energie. Weitere bimolekulare Elementarreaktionen, durch die HBr gebildet wird, sind:

$$Br + H_2 \rightarrow HBr + H\ ,$$
$$H + Br_2 \rightarrow HBr + Br\ .$$

2. Molekularität einer Elementarreaktion
   - *Monomolekulare Reaktionen*
     Dieser Reaktionstyp wird z. B. beim thermischen Zerfall kleiner Moleküle (bei hohen Temperaturen) sowie bei strukturellen Umlagerungen beobachtet:

     $$O_3 \rightarrow O_2 + O$$

     O_3 Ozon, O_2 molekularer Sauerstoff, O atomarer Sauerstoff

     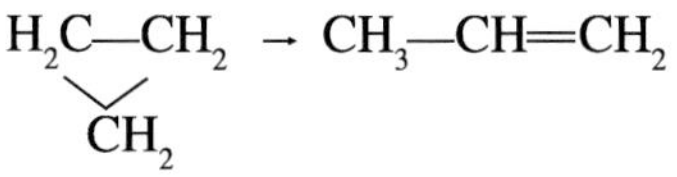

     Cyclopropan Propen
   - *Bimolekulare Reaktionen*
     Dieser Reaktionstyp tritt am häufigsten auf. Beispiele wurden bereits oben vorgestellt.
   - *Trimolekulare Reaktionen*
     Die am besten untersuchten trimolekularen Reaktionen sind Rekombinationsreaktionen der Art

     $$2\,I + M \rightarrow I_2 + M\ .$$

     I_2 molekulares Iod, I atomares Iod

     M ist hierbei ein beliebiger Stoßpartner, der einen Teil der Energie der Reaktionspartner (der I-Atome) aufnehmen muss.

7.4 Konzentrationsabhängigkeit der Reaktionsgeschwindigkeit

Die folgenden Ausführungen beziehen sich auf die in 7.2 vorgestellte Modellreaktion; die Temperatur wird als konstant angesehen.

7.4.1 Zeitgesetz 1. Ordnung

In diesem Fall ist die Reaktionsgeschwindigkeit r der 1. Potenz der Konzentration des Ausgangsstoffes A proportional:

$$r = 1/\nu_A \mathrm{d}c_A/\mathrm{d}t = kc_A \qquad (7\text{-}4)$$

Für den Spezialfall $\nu_A = -1$ erhält man:

$$r = -\mathrm{d}c_A/\mathrm{d}t = kc_A\ . \qquad (7\text{-}4a)$$

Die Geschwindigkeitskonstante k hat bei Reaktionen 1. Ordnung die Dimension einer reziproken Zeit. Die Integration von (7-4a) liefert mit der Anfangsbedingung $c_A\,(t = 0) = c_{0A}$:

$$c_A = c_{0A}\exp(-kt) \quad \text{oder} \quad \ln c_A = \ln c_{0A} - kt\ , \qquad (7\text{-}5a)$$
$$N_A = N_{0A}\exp(-kt) \quad \text{oder} \quad \ln N_A = \ln N_{0A} - kt\ , \qquad (7\text{-}5b)$$

N Teilchenzahl.

Die Funktionen $c_A = c_A(t)$ und $\ln c_A = \ln c_A(t)$ sind in Bild 7-1 graphisch dargestellt. Die experimentelle Ermittlung von k nach obiger Gleichung kann aus dem Anstieg der beim Auftragen von $\ln c_A$ über t erhaltenen Geraden erfolgen.

Halbwertszeit

> *Die Halbwertszeit $T_{1/2}$ ist die Zeit, in der die Konzentration des Ausgangsstoffes auf die Hälfte des Anfangswertes gesunken ist.*

Es gilt also: $c_A(T_{1/2}) = c_{0A}/2$. Aus (7-5a) folgt für diesen Fall

$$T_{1/2} = \ln 2/k\ . \qquad (7\text{-}6)$$

Die Halbwertszeit ist bei Reaktionen 1. Ordnung von der Anfangskonzentration unabhängig.

Beispiele:

- Der radioaktive Zerfall verläuft wie eine Reaktion 1. Ordnung. So zerfällt das radioaktive Kohlenstoffisotop $^{14}_{6}C$ als β-Strahler nach folgender Gleichung:

$$^{14}_{6}C \rightarrow {}^{14}_{7}N + e^-\ ,$$
$$r = -\mathrm{d}N\left(^{14}_{6}C\right)/\mathrm{d}t = kN\left(^{14}_{6}C\right)\ .$$

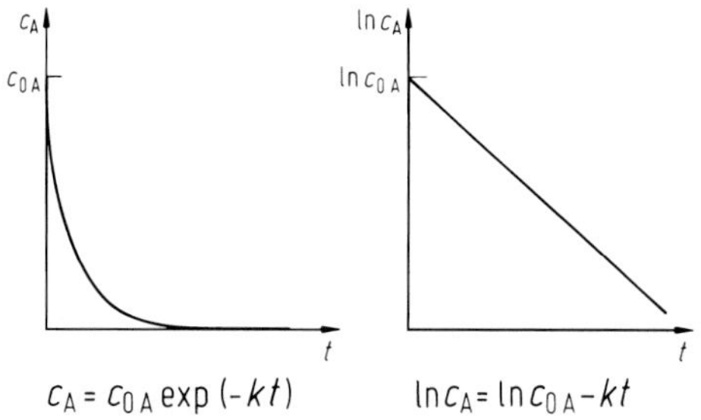

Bild 7-1. Zeitlicher Konzentrationsverlauf bei einer Reaktion erster Ordnung, c_A Konzentration, c_{0A} Anfangskonzentration, t Zeit

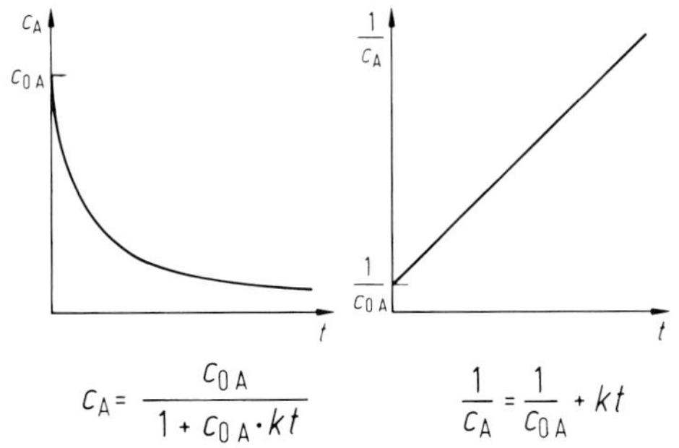

Bild 7-2. Zeitlicher Konzentrationsverlauf bei einer Reaktion zweiter Ordnung, c_A Konzentration, c_{0A} Anfangskonzentration, t Zeit

Die Halbwertszeit dieser Reaktion ist 5730 ± 40 Jahre (Anwendung zur Altersbestimmung archäologischer Objekte, Radiocarbonmethode).

– Distickstoffpentoxid N_2O_5 reagiert in der Gasphase nach einem Zeitgesetz 1. Ordnung zu Stickstoffdioxid NO_2 und O_2:

$$2\,N_2O_5 \rightarrow 4\,NO_2 + O_2\,,$$
$$r = -1/2 \cdot dc(N_2O_5)/dt = k \cdot c(N_2O_5)\,.$$

7.4.2 Zeitgesetz 2. Ordnung

Folgender Spezialfall soll betrachtet werden: Die Reaktionsgeschwindigkeit r sei dem Quadrat der Konzentration des Ausgangsstoffes A proportional; die stöchiometrische Zahl dieses Stoffes sei $\nu_A = -1$. Man erhält dann:

$$r = -dc_A/dt = k \cdot c_A^2\,. \tag{7-7}$$

Bei Reaktionen 2. Ordnung hat die Reaktionsgeschwindigkeitskonstante die Dimension Volumen/(Stoffmenge · Zeit). Eine häufig verwendete Einheit dieser Größe ist l/(mol · s). Die Integration von (7-7) ergibt mit der Anfangsbedingung $c_A(t = 0) = c_{0A}$:

$$c_A = c_{0A}/(1 + c_{0A}kt) \text{ oder } 1/c_A = 1/c_{0A} + kt\,. \tag{7-8}$$

Beide Funktionen sind in Bild 7-2 dargestellt.

Halbwertszeit

Unter den in 7.4.1 dargestellten Bedingungen erhält man für die Halbwertszeit $T_{1/2}$ einer Reaktion 2. Ordnung:

$$T_{1/2} = 1/(k\,c_{0A})\,.$$

Im Gegensatz zu Reaktionen 1. Ordnung ist hier die Halbwertszeit der Anfangskonzentration umgekehrt proportional.

Beispiel: Stickstoffdioxid NO_2 zerfällt in der Gasphase nach einem Zeitgesetz 2. Ordnung in Stickstoffmonoxid NO und O_2:

$$2\,NO_2 \rightarrow 2\,NO + O_2\,,$$
$$r = -1/2 \cdot dc(NO_2)/dt = k\,c^2(NO_2)\,.$$

7.5 Reaktionsgeschwindigkeit und Massenwirkungsgesetz

Molekularchemische Reaktionen verlaufen im Allgemeinen nicht vollständig. Sie führen zu einem Gleichgewicht, bei dem makroskopisch kein Umsatz mehr beobachtet wird (vgl. 6.4.1). Mikroskopisch finden jedoch auch im Gleichgewicht Reaktionen statt. Im zeitlichen Mittel werden aus den Ausgangsstoffen genauso viele Moleküle der Endprodukte gebildet, wie Moleküle der Endprodukte zu den Ausgangsstoffen reagieren. Am Beispiel der Reaktionen

$$A_2 + B_2 \underset{k''}{\overset{k'}{\rightleftharpoons}} 2AB\,,$$

bei denen Reaktionsordnung und Molekularität übereinstimmen sollen, werden diese Aussagen verdeutlicht. Für die Reaktionsgeschwindigkeiten der Bildung und des Zerfalls von AB ergibt sich, wobei ein Strich die Hinreaktion, zwei Striche die Rückreaktion kennzeichnen:

$$r' = k'c(A_2)\,c(B_2)$$

bzw.

$$r'' = k''c^2(AB)\,.$$

Beim Erreichen des Gleichgewichtes wird die makroskopisch messbare Reaktionsgeschwindigkeit null, d. h., die Reaktionsgeschwindigkeiten der Bildung und des Zerfalls von AB müssen gleich sein:

$$r' = r''\,. \tag{7-9}$$

Daraus folgt:

$$k'/k'' = K_c = c^2(AB)/(c(A_2) \cdot c(B_2))\,, \tag{7-10}$$

K_c Gleichgewichtskonstante.

Die Gleichgewichtskonstante ist der Quotient der Geschwindigkeitskonstanten der Hin- und Rückreaktion.

Diese Aussage gilt für jedes chemische Gleichgewicht.

7.6 Temperaturabhängigkeit der Reaktionsgeschwindigkeit

Die Temperaturabhängigkeit der Reaktionsgeschwindigkeitskonstante wird durch die *Arrhenius-Gleichung* beschrieben:

$$k = A \exp(-E_A/RT)\,, \qquad (7\text{-}11)$$

A Frequenz- oder Häufigkeitsfaktor, E_A (Arrhenius'sche) Aktivierungsenergie (SI-Einheit: J/mol; E_A ist eine molare Größe, die Kennzeichnung molar wird jedoch häufig weggelassen), R universelle Gaskonstante.

Aus der differenzierten Form der Arrhenius-Gleichung $\mathrm{d}\ln k/\mathrm{d}T = E_A/(RT^2)$, der Beziehung (7-10) und der van't-Hoff'schen Reaktionsisobaren (vgl. 6.4.5) folgt, dass die Differenz der Aktivierungsenergien von Hin- und Rückreaktion (E'_A bzw. E''_A) gleich der Reaktionsenthalpie ($\Delta_r H$) ist:

$$E'_A - E''_A = \Delta_r H\,. \qquad (7\text{-}12)$$

Die Beziehung zwischen den Aktivierungsenergien und der Reaktionsenthalpie ist in Bild 7-3 dargestellt.

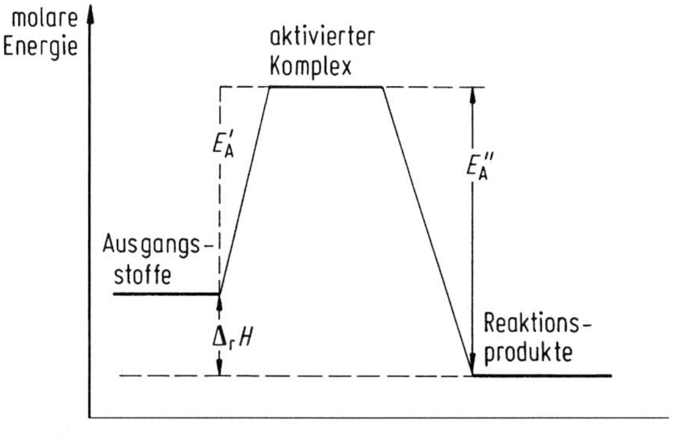

Bild 7-3. Schema des Energieverlaufs bei einer Elementarreaktion

Die Arrhenius-Gleichung gilt nicht nur für Elementarreaktionen, sondern auch für die meisten zusammengesetzten Reaktionen. Im zuletzt erwähnten Fall wird die Größe E_A der Arrhenius-Gleichung als scheinbare Aktivierungsenergie bezeichnet.

7.7 Kettenreaktionen

Unter den komplizierteren molekularchemischen Reaktionen haben vor allem die Kettenreaktionen große Bedeutung. Dieser Reaktionstyp ist dadurch gekennzeichnet, dass zu Beginn der Reaktion reaktive Zwischenprodukte gebildet werden. Diese aktiven Teilchen reagieren in Folgereaktionen sehr schnell mit den Ausgangsstoffen. Die reaktiven Zwischenprodukte werden dabei ständig regeneriert, sodass der Reaktionszyklus erneut durchlaufen werden kann. Die Reaktionskette endet, wenn die Kettenträger durch Abbruchreaktionen verbraucht sind (vgl. 12.1).

Man unterscheidet einfache und verzweigte Kettenreaktionen. Bei einer verzweigten Kettenreaktion wird innerhalb eines Reaktionszyklus mehr als ein aktives Teilchen erzeugt. Beispiele für einfache Kettenreaktionen sind Polymerisationen; verzweigte Kettenreaktionen haben in der Chemie der Verbrennungsvorgänge größte Bedeutung. Als Beispiel für diesen Reaktionstyp sei die Knallgasreaktion ($H_2 + 1/2\,O_2 \rightarrow H_2O$) angeführt. Für den Mechanismus dieser Reaktion kann folgendes Schema gelten (OH, H, O sind *Radikale*):

Startreaktion

$$H_2 + O_2 \rightarrow 2\,OH$$

Reaktionskette

$$OH + H_2 \rightarrow H_2O + H \quad \text{(ohne Verzweigung)}$$
$$H + O_2 \rightarrow OH + O \quad \text{(mit Verzweigung)}$$
$$O + H_2 \rightarrow OH + H \quad \text{(mit Verzweigung)}$$

Kettenabbruch

$$H + H + M \rightarrow H_2 + M\,.$$

M ist ein beliebiger Reaktionspartner (auch Wand des Reaktionsgefäßes), der einen Teil der Energie aufnimmt.

Kettenreaktionen mit Verzweigung laufen häufig sehr schnell (explosionsartig) ab (vgl. 7.8).

7.8 Explosionen

Explosionen sind schnell ablaufende exotherme chemische Reaktionen, die mit einer erheblichen Drucksteigerung verbunden sind. (vgl. hierzu EN 1127-1:1997)

Explosionen werden in Deflagrationen und Detonationen unterteilt. Bei *Deflagrationen* ist die Geschwindigkeit des Umsatzes durch Transportvorgänge (z. B. Konvektion, Wärmeleitung) begrenzt. Daher sind die Fortpflanzungsgeschwindigkeiten hier relativ gering; 10 m/s werden in gasförmigen Systemen selten überschritten. Bei *Detonationen* ist die Zone, in der die chemische Umsetzung abläuft, eng an eine sich mit Überschallgeschwindigkeit ausbreitende Stoßwelle gekoppelt. Die Detonationsgeschwindigkeiten liegen in gasförmigen Systemen bei ca. 2000 bis 3000 m/s und erreichen in kondensierten Systemen Werte bis ca. 9400 m/s (Nitroglycerin 7600 m/s, Octogen 9100 m/s, Hexanitro-Isowurtzitan 9400 m/s). Die bei den Detonationen auftretenden Druckgradienten sind denen von Stoßwellen analog. Das bedeutet, dass der Druck in außerordentlich kurzen Zeitspannen ansteigt (Größenordnung kleiner als eine Nanosekunde). Auch in anderen Eigenschaften gleichen sich Detonationen und Stoßwellen. So tritt bei Reflexion der Detonationsfront erneut ein Drucksprung auf (der Druckerhöhungsfaktor nimmt in der Regel Werte zwischen 2 und 3 an, teilweise werden jedoch wesentlich höhere Werte erreicht).
Deflagrationen und Detonationen können in gasförmigen, flüssigen und festen Systemen auftreten. Aber auch feinverteilte Flüssigkeitströpfchen bzw. Feststoffpartikel in Gasen können explosiv reagieren.

Beispiele

1. Bei Normaldruck reagieren H_2-O_2-Gemische im Bereich des nachfolgend angegebenen H_2-Volumenanteils, $x(H_2)$, explosiv: $4{,}0\% \leq x(H_2) \leq 94\%$. Diese Grenzzusammensetzungen, bei denen gerade noch Deflagrationen zu beobachten sind, werden als untere bzw. obere Explosionsgrenze bezeichnet. Analog sind die Detonationsgrenzen definiert. Im System H_2/O_2 liegen sie bei $x(H_2) = 15\,\%$ (untere Detonationsgrenze) und $x(H_2) = 90\,\%$ (obere Detonationsgrenze). Die Explosionsgrenzen von Wasserstoff und von einigen Kohlenwasserstoffen in Luft sind in Tabelle 11-3 aufgeführt.
2. Nitroglycerin (Glycerintrinitrat) ist einer der wichtigsten und meistgebrauchten Sprengstoffbestandteile. Alfred Nobel bereitete aus ihm das sog. Gur-Dynamit (Nitroglycerin-Kieselgur-Mischung mit einem Nitroglycerin-Massenanteil von 75 %).
3. Als Beispiel für eine Deflagration in einem heterogenen System sei die sog. Staubexplosion angeführt. Eine derartige Deflagration kann auftreten, wenn brennbarer Staub (z. B. Mehl, mittlerer Teilchendurchmesser < 0,5 mm) in Luft oder Sauerstoff aufgewirbelt und gezündet wird. Ungewollt ablaufende Staubexplosionen können in Betrieben – ebenso wie z. B. Gasexplosionen – beträchtlichen Schaden verursachen.

7.9 Katalyse

7.9.1 Grundlagen

Unter dem Begriff Katalyse versteht man die Veränderung der Geschwindigkeit einer chemischen Reaktion unter der Einwirkung einer Substanz, des Katalysators. Beschleunigen Katalysatoren die Reaktionsgeschwindigkeit, so spricht man von positiver Katalyse, vermindern Stoffe die Reaktionsgeschwindigkeit, so nennt man diesen Vorgang negative Katalyse, den entsprechenden Wirkstoff bezeichnet man als *Inhibitor*. Katalysatoren in lebenden Zellen (Biokatalysatoren) werden als *Enzyme* bezeichnet.
Katalysatoren sind durch folgende Eigenschaften charakterisiert:

Sie sind Stoffe, die die Reaktionsgeschwindigkeit ändern, ohne selbst in der Umsatzgleichung aufzutreten. Vor und nach der Umsetzung liegen sie in unveränderter Menge vor.

Sie haben keinen Einfluss auf den Wert der Freien Reaktionsenthalpie, können also weder die Gleichgewichtskonstante noch die Lage des chemischen Gleichgewichtes verändern. Dagegen ist die Geschwindigkeit der Einstellung des Gleichgewichtes von ihrer Anwesenheit abhängig. Die Geschwindigkeiten der Hin- und Rückreaktion werden dabei in gleicher Weise beeinflusst.

Katalysatoren verringern die Aktivierungsenergie einer Reaktion (Vernachlässigung der negativen Katalyse). Das ist nur möglich, wenn die Reaktion in Gegenwart des Katalysators nach einem anderen Mechanismus verläuft als in seiner Abwesenheit. Intermediär bilden sich zwischen den Ausgangsstoffen und dem Katalysator unbeständige Zwischenverbindungen, die dann in die Endprodukte und den Katalysator zerfallen.

7.9.2 Homogene Katalyse

Die homogene Katalyse ist dadurch gekennzeichnet, dass Katalysator und Reaktionspartner in der gleichen Phase vorliegen. Eine homogen katalysierte Gasreaktion findet z. B. beim klassischen Bleikammerverfahren statt, das zur Herstellung von Schwefelsäure dient. Hierbei wird Schwefeldioxid SO_2 durch Sauerstoff zu Schwefeltrioxid SO_3 oxidiert. Als Katalysator dienen Stickoxide. Schematisch kann der Vorgang folgendermaßen beschrieben werden:

$$N_2O_3 + SO_2 \rightarrow 2\,NO + SO_3$$
$$2\,NO + 1/2\,O_2 \rightarrow N_2O_3$$
$$\overline{SO_2 + 1/2\,O_2 \rightarrow SO_3\,.}$$

Anschließend reagiert das gebildete Schwefeltrioxid mit Wasser unter Bildung von Schwefelsäure H_2SO_4.

7.9.3 Heterogene Katalyse

Bei der heterogenen Katalyse liegen Katalysator und Reaktionspartner in verschiedenen Phasen vor. Von großer technischer Bedeutung sind die Systeme fester Katalysator und flüssige bzw. gasförmige Reaktionspartner. Der Hauptvorteil gegenüber der homogenen Katalyse besteht in der leichteren Abtrennbarkeit des Katalysators von den Reaktionsprodukten und in der Möglichkeit kontinuierlicher Prozessführung. Aus diesen Gründen werden heute im technischen Bereich fast ausschließlich heterogene Katalysen durchgeführt.

Beispiel: Für die Reaktion mit der Umsatzgleichung

$$A \rightarrow B + C$$

können folgende Teilschritte formuliert werden:

$$A + K \rightarrow AK\,,$$
$$AK \rightarrow K + B + C$$

Dabei ist K der Katalysator.

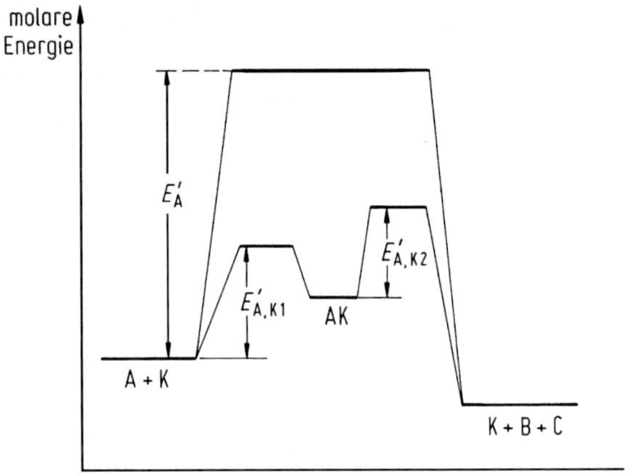

Bild 7-4. Schema des Energieverlaufs einer katalysierten und einer nicht katalysierten Reaktion

In Bild 7-4 sind die Energieprofile der katalysierten und der nichtkatalysierten Reaktion dargestellt. Man erkennt, dass die Reaktion in Gegenwart des Katalysators hier über zwei Energiestufen verläuft, von denen jede eine niedrigere Aktivierungsenergie hat, als dies beim nichtkatalysierten Verlauf der Reaktion der Fall ist.

7.9.4 Haber-Bosch-Verfahren

Ein Beispiel für einen großtechnischen Prozess, dem eine heterogene Katalyse zugrunde liegt, ist das Haber-Bosch-Verfahren zur Herstellung von Ammoniak NH_3 aus den Elementen (vgl. 6.4.6):

$$N_2 + 3\,H_2 \rightleftharpoons 2\,NH_3\,,\quad \Delta_r H < 0\,.$$

Dieses Verfahren wird bei einem Druck von 200 bar und bei einer Temperatur von 500 °C in Gegenwart eines Eisenkatalysators durchgeführt.

Zur Auswahl der Verfahrensparameter

Nach dem Prinzip von Le Chatelier und Braun (vgl. 6.4.6) wird die Lage des oben erwähnten exothermen Gleichgewichtes durch Verringerung der Temperatur und Erhöhung des Druckes auf die Seite des Ammoniaks verschoben. Bei den von der Thermodynamik geforderten tiefen Temperaturen erfolgt aber die Einstellung des chemischen Gleichgewichtes nicht mehr in einem technisch vertretbaren Zeitraum. Darüber hinaus wird die

Reaktion durch Katalysatoren erst bei höheren Temperaturen in ausreichendem Maße beschleunigt. Die Optimierung dieser Effekte führte zu den genannten Versuchsparametern.

Mechanismus der Ammoniaksynthese

Der Reaktionsablauf bei der Ammoniaksynthese kann wie jede andere durch einen Feststoff katalysierte Gasphasenreaktion in folgende Einzelschritte unterteilt werden:

1. Transport der Ausgangsstoffe durch Konvektion und Diffusion an die innere Oberfläche des Katalysators.
2. Adsorption der Reaktionsteilnehmer an der Oberfläche des Katalysators.
3. Reaktion der adsorbierten Teilchen auf der Katalysatoroberfläche.
4. Desorption des gebildeten Ammoniaks in die Gasphase.
5. Abtransport des Ammoniaks (durch Diffusion und Konvektion).

Der Mechanismus der Ammoniakbildung an der Katalysatoroberfläche kann durch folgendes Schema wiedergegeben werden (die adsorbierten Teilchen sind mit dem Zusatz ad, Moleküle in der Gasphase mit g gekennzeichnet):

$$
\begin{aligned}
H_2(g) &\rightleftharpoons 2\,H(ad)\\
N_2(g) &\rightleftharpoons N_2(ad) \rightleftharpoons 2\,N(ad)\\
N(ad) + H(ad) &\rightleftharpoons 2\,NH(ad)\\
NH(ad) + H(ad) &\rightleftharpoons NH_2(ad)\\
NH_2(ad) + H(ad) &\rightleftharpoons NH_3(ad) \rightleftharpoons NH_3(g)\,.
\end{aligned}
$$

Die Geschwindigkeit der Gesamtreaktion wird im Wesentlichen durch die Geschwindigkeit der dissoziativen Stickstoff-Adsorption (Reaktionsschritt 2) bestimmt.

8 Stoffe und Reaktionen in Lösung

8.1 Disperse Systeme

Ein *disperses System* ist eine Stoffmischung, die aus zwei oder mehreren Komponenten zusammengesetzt ist. Bei einem derartigen System liegen ein oder mehrere Bestandteile, die als disperse oder dispergierte Phasen bezeichnet werden, fein verteilt in dem so genannten Dispersionsmittel vor. Disperse Systeme können aus einer oder aber auch aus mehreren Phasen bestehen.

Nach der Teilchengröße d der dispersen Phase unterscheidet man

- grobdisperse Systeme ($d > 10^{-6}$ m),
- kolloiddisperse Systeme ($10^{-9} < d/\mathrm{m} < 10^{-6}$) und
- molekulardisperse Systeme ($d < 10^{-9}$ m).

8.1.1 Kolloide

In kolloiden Systemen sind die Teilchen der dispersen Phase zwischen 10^{-9} m und 10^{-6} m groß. Das entspricht etwa 10^3 bis 10^{12} Atomen pro Teilchen. Kolloide nehmen eine Zwischenstellung zwischen den molekulardispersen und den grobdispersen Systemen ein. Aufgrund ihrer geringen Teilchengröße sind Kolloide im Lichtmikroskop nicht sichtbar. In Wasser dispergierte Kolloide werden von Membranfiltern – nicht aber von Papierfiltern – zurückgehalten.

Kolloide können nach dem Aggregatzustand der dispersen Phase und dem des Dispersionsmittels eingeteilt werden, siehe Tabelle 8-1. Haben die Teilchen der dispersen Phase alle die gleiche Größe, so spricht man von monodispersen Kolloiden, andernfalls liegen polydisperse Kolloide vor.

Tabelle 8-1. Einteilung der Kolloide

Dispersionsmittel	disperser Bestandteil	Bezeichnung
		Aerosole:
gasförmig	flüssig	Nebel
gasförmig	fest	Staub, Rauch
		Lyosole:
flüssig	gasförmig	Schaum
flüssig	flüssig	Emulsion
flüssig	fest	Suspension
		Xerosole:
fest	gasförmig	fester Schaum, Gasxerosol
fest	flüssig	feste Emulsion
fest	fest	feste Kolloide, Vitreosole

8.1.2 Lösungen

Unter einer Lösung versteht man eine homogene Mischphase, die aus verschiedenen Stoffen zusammengesetzt ist. Die Komponenten müssen molekulardispers verteilt sein. Der Bestandteil, der im Überschuss vorhanden ist, wird in der Regel als Lösungsmittel bezeichnet; die anderen Komponenten werden gelöste Stoffe genannt. Der Begriff Lösung wird üblicherweise auf flüssige und feste Mischphasen beschränkt.
Im Folgenden werden ausschließlich homogene flüssige Mischphasen behandelt. Derartige Lösungen werden in *Elektrolytlösungen* und *Nichtelektrolytlösungen* unterteilt.
Während Elektrolytlösungen gelöste Elektrolyte (siehe 8.1.3) enthalten, die in polaren Lösungsmitteln in Ionen dissoziieren (z. B. wässrige Lösung von Natriumchlorid), sind in Nichtelektrolytlösungen (z. B. wässrigen Lösungen von Rohrzucker) praktisch keine Ionen vorhanden.

8.1.3 Elektrolyte, Elektrolytlösungen

Als Elektrolyt wird eine chemische Verbindung bezeichnet, die im festen oder flüssigen (geschmolzen oder in Lösung) Zustand ganz oder teilweise aus Ionen besteht. Man unterscheidet zwischen:

- *Festen Elektrolyten.* Alle in Ionengittern kristallisierenden Stoffe, also sämtliche Salze (z. B. festes NaCl, dessen Gitter aus Na^+- und Cl^--Ionen aufgebaut ist) und salzartigen Verbindungen (z. B. NaOH) gehören hierzu.
- *Elektrolytschmelzen.* Geschmolzene Salze bzw. geschmolzene salzartige Verbindungen bestehen im flüssigen Zustand weitgehend aus Ionen.
- *Elektrolytlösungen.* Die Lösungen von echten und/oder potentiellen Elektrolyten (siehe unten) in einem polaren Lösungsmittel (dessen Moleküle ein permanentes elektrisches Dipolmoment haben) werden als Elektrolytlösungen bezeichnet. Elektrolytlösungen enthalten stets Ionen in hoher Menge.

Im Hinblick auf ihr Verhalten beim Lösen in polaren Lösungsmitteln werden die Elektrolyte in zwei Gruppen unterteilt:

- *Echte Elektrolyte.* Diese Substanzen sind bereits als Festkörper aus Ionen aufgebaut. Salze und salzartige Verbindungen gehören hierzu. Beim Lösungsvorgang in einem polaren Lösungsmittel wird das Kristallgitter zerstört und die Ionen gehen solvatisiert (siehe 8.5) in Lösung.
- *Potentielle Elektrolyte.* Diese Verbindungsgruppe ist als reine Phase (vgl. 6.1.1) nicht aus Ionen aufgebaut. Erst durch eine chemische Reaktion mit einem polaren Lösungsmittel werden Ionen gebildet.

Beispiele für potentielle Elektrolyte: Chlorwasserstoff HCl und Ammoniak NH_3 sind bei Raumbedingungen Gase, die mit flüssigem Wasser unter Bildung der hydratisierten Ionen $H^+(aq)$ und $Cl^-(aq)$ bzw. $NH_4^+(aq)$ und $OH^-(aq)$ reagieren:

$$HCl(g) + xH_2O(l) \rightarrow H^+(aq) + Cl^-(aq)$$

$$NH_3(g) + yH_2O(l) \rightarrow NH_4^+(aq) + OH^-(aq)$$

8.2 Kolligative Eigenschaften von Lösungen

Zu den kolligativen Eigenschaften gehören die Dampfdruckerniedrigung, die Gefrierpunktserniedrigung, die Siedepunktserhöhung sowie der osmotische Druck. Diese Eigenschaften hängen bei starker Verdünnung nur von der Zahl (d. h. der Stoffmenge) der gelösten Teilchen, nicht aber von deren chemischer Natur ab. Im Folgenden werden ausschließlich Zweikomponentensysteme betrachtet. Das Lösungsmittel wird durch den Index 1, der gelöste Stoff durch den Index 2 gekennzeichnet. Ferner wird vorausgesetzt, dass der gelöste Stoff keinen messbaren Dampfdruck hat.

8.2.1 Dampfdruckerniedrigung

Durch Zusatz eines Stoffes mit den oben geschilderten Eigenschaften zu einem Lösungsmittel wird dessen Dampfdruck erniedrigt. Es gilt

$$p_1 = x_1 \cdot p_{01} \,, \quad T = \text{const} \,, \qquad (8\text{-}1)$$

p_1 Dampfdruck über der Lösung, p_{01} Dampfdruck des reinen Lösungsmittels, $x_1 = n_1/(n_1 + n_2)$ Stoffmengenanteil des Lösungsmittels, T Temperatur.
Mit $x_1 + x_2 = 1$ und $\Delta p = p_{01} - p_1$ folgt aus (8-1) für die relative Dampfdruckerniedrigung

$$\Delta p / p_{01} = x_2 \,, \qquad (8\text{-}2)$$

Die relative Dampfdruckerniedrigung des Lösungsmittels ist gleich dem Stoffmengenanteil des gelösten Stoffes.

Die hier angegebenen Beziehungen gelten nur bei verdünnten Lösungen unter der Voraussetzung, dass der gelöste Stoff ein Nichtelektrolyt (z. B. Rohrzucker) ist.

8.2.2 Gefrierpunktserniedrigung und Siedepunktserhöhung

Fügt man zu einem reinen Lösungsmittel einen gelösten Stoff, so führt dies, wie in 8.2.1 dargelegt wurde, stets zu einer Dampfdruckerniedrigung. Diese bewirkt einerseits, dass über der Lösung der Normalluftdruck (101 325 Pa) erst bei einer höheren Temperatur erreicht wird als über dem reinen Lösungsmittel. Die Dampfdruckerniedrigung führt also zu einer Siedepunktserhöhung. Andererseits bewirkt der Zusatz des gelösten Stoffes, dass die Dampfdruckkurve der Lösung die des festen Lösungsmittels schon bei einer tieferen Temperatur schneidet als die entsprechende Kurve des reinen Lösungsmittels, d. h., der Gefrierpunkt wird durch den Zusatz des gelösten Stoffes erniedrigt. Dies ist schematisch in Bild 8-1 dargestellt. Für die *Gefrierpunktserniedrigung* gilt:

$$\Delta T_{sl} = T_{sl1} - T_{sl} = k_G\, b_2\,, \quad p = \text{const}\,, \qquad (8\text{-}3)$$

T_{sl1} Schmelzpunkt des reinen Lösungsmittels, T_{sl} Schmelztemperatur der Lösung, $b_2 = n_1/m_1$ *Molalität* des gelösten Stoffes, n_2 Stoffmenge des gelösten Stoffes, m_1 Masse des Lösungsmittels, p Druck.

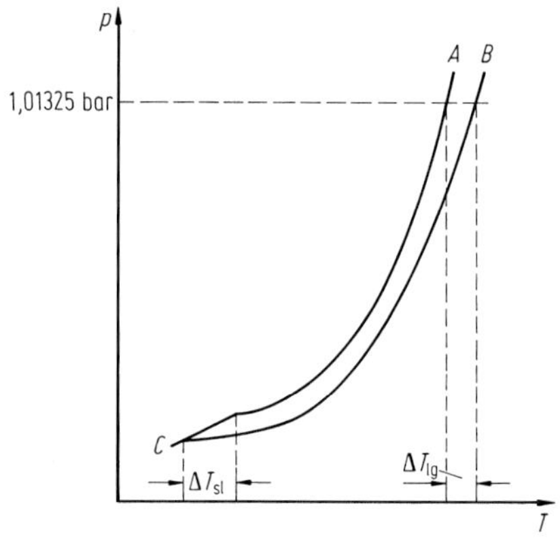

Bild 8-1. Schema der Dampfdruckkurve einer Lösung (Kurve B) und des entsprechenden Lösungsmittels (Kurve A). ΔT_{lg} Siedepunktserhöhung, ΔT_{sl} Gefrierpunktserniedrigung

Die Größe k_G, die nur von den Eigenschaften des reinen Lösungsmittels abhängt, heißt *kryoskopische Konstante*. Ihr Wert für Wasser ist bei 101 325 Pa

$$k_G = 1{,}860\,\text{K kg/mol}\,.$$

Eine analoge Beziehung besteht für die Siedepunktserhöhung:

$$\Delta T_{lg} = T_{lg} - T_{lg1} = k_S\, b_2 \quad p = \text{const}\,, \qquad (8\text{-}4)$$

T_{lg} Siedetemperatur der Lösung, T_{lg1} Siedetemperatur des reinen Lösungsmittels, k_S *ebullioskopische Konstante*.
Für Wasser ist

$$k_S = 0{,}513\,\text{K kg/mol}\,.$$

Die Beziehungen, die für den Zusammenhang zwischen der Siedepunktserhöhung bzw. der Gefrierpunktserniedrigung und der Molalität des gelösten Stoffes angegeben sind, gelten nur für sehr verdünnte Lösungen unter der Voraussetzung, dass der gelöste Stoff ein Nichtelektrolyt ist. Messungen der Gefrierpunktserniedrigung wurden früher häufig zur Bestimmung der molaren Masse eines gelösten Stoffes benutzt. Hierzu wird (8-3) folgendermaßen umgeformt;

$$\Delta T_{sl} = k_G\, b_2 = k_G\, m_2/(M_2 m_1)\,,$$
$$\mathrm{M}_2 = k_G\, m_2/(\Delta T_{sl}\, m_1) \qquad (8\text{-}5)$$

M_2 molare Masse des gelösten Stoffes, m_2 Masse des gelösten Stoffes.
Bei Elektrolytlösungen wird die Abhängigkeit der Gefrierpunktserniedrigung bzw. der Siedepunktserhöhung von der Molalität des gelösten Stoffes durch folgende Beziehungen beschrieben:
Gefrierpunktserniedrigung

$$\Delta T_{sl}/b_2 = \nu\, k_G + a\sqrt{b_2} \qquad (8\text{-}6)$$

Siedepunktserhöhung

$$\Delta T_{lg}/b_2 = \nu\, k_S + b\sqrt{b_2} \qquad (8\text{-}7)$$

b_2 Molalität.

Hierbei sind a und b Konstanten, die auch von den Eigenschaften des gelösten Stoffes abhängen. ν ist die Summe der Zerfallszahlen. Diese Größe ist durch die Zahl der Ionen gegeben, in die die Formeleinheit des Elektrolyten zerfällt.

Beispiel: Natriumsulfat Na_2SO_4 zerfällt in zwei Na^+-Ionen und ein SO_4^{2-}-Ion, daher ist $\nu = 3$.

Messungen der Gefrierpunktserniedrigung und der Siedepunktserhöhung von Elektrolytlösungen können als Nachweis dafür dienen, dass Elektrolyte in wässriger Lösung dissoziiert vorliegen.

8.2.3 Osmotischer Druck

In Bild 8-2 ist ein System dargestellt, in dem eine semipermeable Membran zwei flüssige Teilsysteme trennt. Eine derartige Membran ist nur für bestimmte Teilchenarten durchlässig, in diesem Fall nur für die Moleküle des Lösungsmittels (Index 1), nicht aber für den gelösten Stoff (Index 2). Im Teilsystem I befindet sich nur das Lösungsmittel, im Teilsystem II zusätzlich ein gelöster Stoff (z. B. Rohrzucker). Im Gleichgewicht muss auf den Kolben II zusätzlich zum Druck p, der auch auf den Kolben I wirkt, der Druck π ausgeübt werden. Ein derartiges Gleichgewicht heißt *osmotisches Gleichgewicht*. Der Zusatzdruck π wird als *osmotischer Druck* bezeichnet.
Wirkt auf den Kolben II kein Zusatzdruck, so wandern Lösungsmittelmoleküle vom Teilsystem I ins Teilsystem II und verdünnen dadurch die Lösung. Als Folge dieses Vorganges wird der Flüssigkeitsspiegel im Zylinder II erhöht und im Zylinder I gesenkt. Dieser Vorgang wird so lange fortgesetzt, bis die hydrostatische Druckdifferenz den osmotischen Druck der Lösung erreicht hat. Die Konzentrationsabhängigkeit des osmotischen Druckes π eines gelösten Nichtelektrolyten wird durch folgende Beziehung beschrieben:

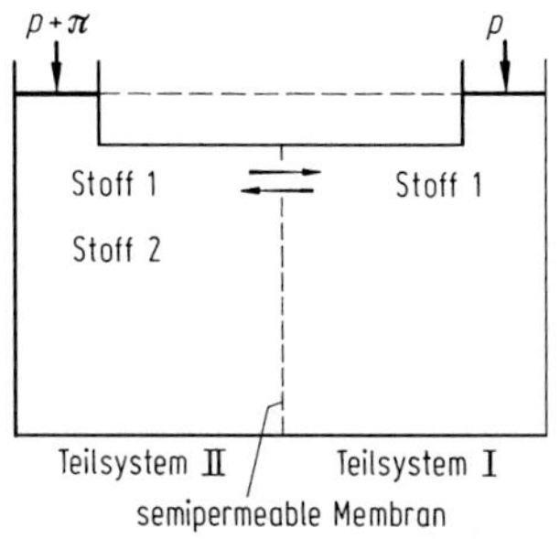

Bild 8-2. Osmotisches Gleichgewicht, die semipermeable Membran ist für den Stoff 2 undurchlässig (nach Tombs, M.P.; Peacocke, A.R.: The osmotic pressure of biological macromolecules)

$$\pi = c_2RT + Bc_2^2 + Cc_2^3 + \ldots \qquad (8\text{-}8a)$$

$$\pi/\varrho_2 = RT/M_2 + B'\varrho_2 + C'\varrho_2^2 + \ldots \qquad (8\text{-}8b)$$

c_2 Konzentration des gelösten Stoffes, $\varrho_2 = m_2/V$ Massenkonzentration (Partialdichte), R universelle Gaskonstante. Die Konstanten B, C, B' und C' werden als Virialkoeffizienten bezeichnet.
Diese Gleichung stimmt formal mit der Virialform der Zustandsgleichung realer Gase überein (vgl. 5.1.5).
Für sehr verdünnte Nichtelektrolytlösungen vereinfacht sich die obige Beziehung.
Es gilt näherungsweise

$$\pi = c_2\,RT\ . \qquad (8\text{-}9)$$

Diese Beziehung gleicht der Zustandsgleichung idealer Gase.
Elektrolytlösungen weisen bei gleichen Konzentrationen einen höheren osmotischen Druck auf als Nichtelektrolytlösungen. Für stark verdünnte Lösungen von Elektrolyten gilt:

$$\pi = \nu\,c_2\,RT\ , \qquad (8\text{-}10)$$

ν Summe der Zerfallszahlen.

Umkehrosmose

Wirkt auf den linken Kolben des in Bild 8-2 dargestellten Systems ein äußerer Druck, der größer als der osmotische Druck π ist, so geschieht folgendes: Lösungsmittelmoleküle wandern durch die semipermeable Membran vom Teilsystem II (Lösungsseite) zum Teilsystem I (Seite des Lösungsmittels). Dieser Vorgang wird als Umkehrosmose bezeichnet und technisch zur Meerwasserentsalzung eingesetzt.

Anwendungen und Beispiele

1. Bestimmung der molaren Masse gelöster Nichtelektrolyte. Hierzu wird π/ϱ_2 als Funktion der Massenkonzentration ϱ_2 aufgetragen und die molare Masse unter Anwendung obiger Beziehung aus dem Ordinatenabschnitt der graphischen Darstellung bestimmt.

2. Im menschlichen Blut besitzen sowohl das Blutplasma als auch der Inhalt der roten Blutkörperchen den gleichen osmotischen Druck (7,7 bar bei 37 °C). Eine Zufuhr von reinem Wasser bewirkt eine Verringerung des osmotischen Druckes des Blutplasmas und führt durch Quellung zum Platzen der roten Blutkörperchen (Hämolyse). Wird der Wassergehalt des Blutplasmas erniedrigt und damit der osmotische Druck erhöht, so schrumpfen die roten Blutkörperchen. Bei intravenösen Injektionen muss daher darauf geachtet werden, dass der osmotische Druck der injizierten Flüssigkeiten gleich dem des Blutplasmas ist.

8.3 Löslichkeit von Gasen in Flüssigkeiten

Die Löslichkeit von Gasen in Flüssigkeiten wird quantitativ durch das Gesetz von Henry und Dalton beschrieben:

$$x_2 = k\, p_2\,, \quad T = \text{const} \qquad \text{(8-11)}$$

Bei konstanter Temperatur ist der Stoffmengenanteil x_2 eines Gases in einer Flüssigkeit seinem Partialdruck p_2 in der Gasphase proportional.

k ist eine von der chemischen Natur des Gases und des Lösungsmittels sowie von der Temperatur abhängige Stoffkonstante.

8.4 Verteilung gelöster Stoffe zwischen zwei Lösungsmitteln

Zwei (praktisch) unmischbare Flüssigkeiten enthalten beide einen dritten Stoff (Index B). Wenn sich das Verteilungsgleichgewicht eingestellt hat, gilt das *Nernst'sche Verteilungsgesetz*:

$$c_B^{I}/c_B^{II} = k,\ T,\ p = \text{const}\,. \qquad \text{(8-12)}$$

(Kennzeichnung der beiden flüssigen Phasen durch I und II.)

Das Verhältnis der Konzentrationen eines sich zwischen zwei nicht mischbaren Lösungsmitteln verteilenden Stoffes ist konstant, d. h. unabhängig von der ursprünglich eingesetzten Stoffportion.

Die Konstante k wird als *Verteilungskoeffizient* des Stoffes B bezeichnet. Sie ist von der Natur der Lösungsmittel sowie von Druck und Temperatur abhängig. Voraussetzung für die Gültigkeit von (8-12) ist, dass der molekulare Zustand des Stoffes B in beiden flüssigen Phasen gleich ist.

8.5 Wasser als Lösungsmittel

Die Löslichkeit von Ionenkristallen (Salzen) oder Molekülkristallen in einem Lösungsmittel wird durch zwei unterschiedliche energetische Faktoren bestimmt. Beim Auflösen des Kristalls muss dessen Gitter zerstört werden. Dazu ist eine Energie notwendig, die größenordnungsmäßig gleich der Gitterenergie ist. Diese Energie wird durch die Wechselwirkung zwischen den Lösungsmittelmolekülen und den gelösten Teilchen geliefert und heißt *Solvatationsenergie* (beim Lösungsmittel Wasser: *Hydratationsenergie*). Die Wechselwirkung der gelösten Teilchen mit den Lösungsmittelmolekülen wird *Solvatation* (beim Lösungsmittel Wasser: *Hydratation*) genannt.
Es gilt folgende Beziehung zwischen der Gitterenthalpie $\Delta_G H$, der Solvatationsenthalpie $\Delta_S H$ und der Lösungsenthalpie $\Delta_L H$ (der Unterschied zwischen der Energie und der Enthalpie soll hier vernachlässigt werden):

$$\Delta_L H = |\Delta_G H| - |\Delta_S H|\,. \qquad \text{(8-13)}$$

Folgende drei Fälle sollen diskutiert werden:

1. $|\Delta_G H| > |\Delta_S H|$. Hier ist $\Delta_L H > 0$, d. h., beim Auflösen des Kristalls kühlt sich die Lösung ab (endothermer Vorgang). Die endotherme Auflösung eines Kristalls ist nur möglich, wenn die Bedingung $T\Delta_r S > \Delta_r H$ erfüllt ist (vgl. 6.3.4), da nur in diesem Fall $\Delta_r G < 0$ sein kann (die Reaktionsgrößen beziehen sich auf den Gesamtvorgang der Auflösung).
2. $|\Delta_G H| < |\Delta_S H|$. In diesem Fall ist $\Delta_L H < 0$, d. h., die Lösung erwärmt sich (exothermer Vorgang).
3. $|\Delta_G H| \gg |\Delta_S H|$. Die energetischen Voraussetzungen für eine Auflösung des Kristalls sind jetzt nicht mehr gegeben.

Hydratation von Ionen

Die direkte Ion-Dipol-Wechselwirkung führt zur Hydratation in der unmittelbaren Umgebung des Ions (primäre Hydratation). In dieser Hydrathülle sind die

Wassermoleküle relativ fest gebunden. Die primäre Hydrathülle bleibt sowohl bei der thermischen Eigenbewegung als auch bei der Bewegung unter dem Einfluss eines elektrischen Feldes erhalten. Kleine und hochgeladene Ionen sind besonders stark hydratisiert. Die Zahl der Wassermoleküle in der primären Hydrathülle liegt je nach Ionensorte meist zwischen 1 und 10. Die äußere, locker gebundene Hülle entsteht durch Wechselwirkung der Wassermoleküle mit dem bereits in erster Sphäre hydratisierten Ion (sekundäre Hydratation).

8.6 Eigendissoziation des Wassers, Ionenprodukt des Wassers

Auch chemisch reines Wasser besitzt eine elektrische Leitfähigkeit. So fanden Kohlrausch und Heydweiler (1894) für die Leitfähigkeit γ von Wasser bei 18 °C einen Wert von

$$\gamma = 4{,}4 \cdot 10^{-6}\,\mathrm{S/m}\,.$$

Ursache dieser Restleitfähigkeit ist die Bildung von Ionen durch die Eigendissoziation von Wassermolekülen, die durch folgende Gleichung beschrieben werden kann:

$$H_2O \rightleftharpoons H^+(aq) + OH^-(aq)\,.$$

Die Wasserstoff- und die Hydroxidionen sind hydratisiert, was durch den Zusatz (aq) gekennzeichnet ist. Wendet man auf die obige Umsatzgleichung das Massenwirkungsgesetz an, so folgt

$$c(H^+)\,c(OH^-) = K_W\,,$$
$$K_W = 1{,}01 \cdot 10^{-14}\,\mathrm{mol^2/l^2} \quad (25\,°C)\,.$$

K_W wird als Ionenprodukt des Wassers bezeichnet. K_W ist, wie die nachfolgende Tabelle zeigt, stark von der Temperatur abhängig:

T in °C	K_W in (mol²/l²)
0	$0{,}115 \cdot 10^{-14}$
5	$0{,}188 \cdot 10^{-14}$
25	$1{,}006 \cdot 10^{-14}$
40	$2{,}83 \cdot 10^{-14}$
55	$6{,}85 \cdot 10^{-14}$
70	$14{,}7 \cdot 10^{-14}$
85	$28{,}3 \cdot 10^{-14}$
100	$49{,}9 \cdot 10^{-14}$

In reinem Wasser ist die Konzentration der H^+(aq)- und OH^-(aq)-Ionen gleich. Daher gilt:

$$c(H^+) = c(OH^-) = \sqrt{K_W}\,.$$

Bei 25 °C erhält man mit dieser Beziehung:

$$c(H^+) = c(OH^-) = 1 \cdot 10^{-7}\,\mathrm{mol/l}\,.$$

Da die Konzentration des undissoziierten Wassers 55,5 mol/l beträgt, folgt, dass lediglich ein Bruchteil von $1{,}8 \cdot 10^{-9}$ der Wassermoleküle dissoziiert ist.

8.7 Säuren und Basen

8.7.1 Definitionen von Arrhenius und Brønsted

Nach *Arrhenius* werden Säuren und Basen folgendermaßen definiert:

> *Säuren sind wasserstoffhaltige Verbindungen, die in wässriger Lösung in positiv geladene Wasserstoffionen (H^+) und negativ geladene Säurerest-Ionen dissoziieren.*
> *Basen sind hydroxidgruppenhaltige Verbindungen, die in wässriger Lösung in negative Hydroxidionen (OH^-) und positive Baserest-Ionen dissoziieren.*

Beispiele: Die Säure Chlorwasserstoff HCl dissoziiert in wässriger Lösung gemäß folgender Gleichung: $HCl \rightleftharpoons H^+(aq) + Cl^-(aq)$. Im Gegensatz zur HCl kann ein Schwefelsäuremolekül H_2SO_4 zwei Wasserstoffionen abgeben:
$H_2SO_4 \rightleftharpoons H^+(aq) + HSO_4^-(aq)$ (1. Dissoziationsstufe) und
$HSO_4^-(aq) \rightleftharpoons H^+(aq) + SO_4^{2-}(aq)$ (2. Dissoziationsstufe).
Die Base Natriumhydroxid NaOH dissoziiert in wässriger Lösung in Natrium- und Hydroxidionen:

$$NaOH \rightleftharpoons Na^+(aq) + OH^-(aq)\,.$$

Nach Arrhenius bildet sich bei der Reaktion einer Säure mit einer Base ein Salz und undissoziiertes Wasser. Dieser Reaktionstyp wird als Neutralisation bezeichnet.

Beispiele:

$$HCl + NaOH \rightleftharpoons NaCl + H_2O$$
$$H_2SO_4 + 2\,NaOH \rightleftharpoons Na_2SO_4 + 2\,H_2O\,.$$

Das Wesentliche der Neutralisation besteht in der Reaktion von Wasserstoffionen und Hydroxidionen zu undissoziiertem Wasser:

$$H^+(aq) + OH^-(aq) \rightleftarrows H_2O$$

J.N. Brønsted (dt.: Brönsted) erweiterte 1923 die Definition von Arrhenius folgendermaßen:

Säuren sind Protonendonatoren, d. h. Stoffe, die Protonen abgeben können.
Basen sind Protonenakzeptoren, d. h. Stoffe, die Protonen aufnehmen können.

Diese Definition von Brönsted ist unabhängig vom verwendeten Lösungsmittel.
Arrhenius-Säuren sind stets auch Brönsted-Säuren. Brönsted-Basen sind z. B. OH^-, NH_3, Cl^- und SO_4^{2-}. Durch Protonenanlagerung werden diese Verbindungen zu H_2O, NH_4^+, HCl und HSO_4^-. Die zuletzt genannten Moleküle bzw. Ionen sind, da sie die aufgenommenen Protonen wieder abspalten können, Brönsted-Säuren.

8.7.2 Starke und schwache Säuren und Basen

Säuren wie auch Basen unterscheiden sich durch das Ausmaß, in dem die Aufspaltung in Ionen, die Dissoziation, erfolgt. Die zuverlässigste Größe, die die Dissoziation quantitativ beschreibt, ist die Dissoziationskonstante. Für die Dissoziation einer Säure (HA) bzw. Base (BOH) gilt:

$$HA \rightleftharpoons H^+(aq) + A^-(aq) .$$
$$BOH \rightleftharpoons B^+(aq) + OH^-(aq) .$$

Wendet man auf diese Gleichgewichte das Massenwirkungsgesetz an, so folgt:

$$K_S = \frac{c(H^+) \cdot c(A^-)}{c(HA)} \quad K_B = \frac{c(B^+) \cdot c(OH^-)}{c(BOH)} .$$

Hierbei sind $c(H^+)$, $c(A^-)$, $c(HA)$, $c(OH^-)$, $c(B^+)$ und $c(BOH)$ die Konzentrationen der im Gleichgewicht vorliegenden Teilchen. K_S und K_B werden als Dissoziationskonstanten bezeichnet. $c(HA)$ bzw. $c(BOH)$ unterscheiden sich von der analytischen oder der Gesamtkonzentration c_0. Die zuletzt genannten Größen setzen sich additiv aus der Konzentration der dissoziierten und der undissoziierten Säure bzw. Base zusammen. Es gilt:

$$c_0 = c(H^+) + c(HA) \quad \text{bzw.}$$
$$c_0 = c(OH^-) + c(BOH) .$$

Häufig wird das Ausmaß der Dissoziation durch den Dissoziationsgrad α ausgedrückt. Hierunter versteht man den Quotienten aus der Zahl der dissoziierten Moleküle und der Gesamtzahl der Moleküle, α kann Werte zwischen 0 (undissoziierte Verbindung) und 1 (vollständige Dissoziation) annehmen.
Säuren und Basen werden als stark bezeichnet, wenn die Dissoziationskonstante größer oder gleich 1 mol/l ist. In diesem Fall dissoziiert die Säure bei allen Konzentrationen praktisch vollständig, d. h., α ist bei allen Konzentrationen nahezu 1.

Beispiele für starke Säuren und Basen:
Salzsäure (HCl in Wasser), Salpetersäure HNO_3, Schwefelsäure H_2SO_4 und Perchlorsäure $HClO_4$ sind starke Säuren.
Starke Basen sind die Alkalimetallhydroxide (NaOH, KOH usw.) und die meisten Erdalkalimetallhydroxide ($Ca(OH)_2$, $Ba(OH)_2$, vgl. 10.3).
Säuren und Basen, die Dissoziationskonstanten aufweisen, die kleiner als 1 mol/l sind, werden als schwache Säuren bzw. Basen bezeichnet. Das Ausmaß der Dissoziation ändert sich hier sehr stark mit der Konzentration der Säure bzw. Base. Die Dissoziationskonstanten einiger schwacher Säuren bzw. Basen gibt die folgende Tabelle wieder (Temperatur 25 °C):

Salpetrige Säure	HNO_2	$4,6 \cdot 10^{-4}$ mol/l
Essigsäure	CH_3COOH	$1,75 \cdot 10^{-5}$ mol/l
Ameisensäure	HCOOH	$1,77 \cdot 10^{-4}$ mol/l
Kohlensäure	H_2CO_3	
1. Stufe		$1,32 \cdot 10^{-4}$ mol/l
2. Stufe		$4,69 \cdot 10^{-11}$ mol/l
Silberhydroxid	AgOH	$1,1 \cdot 10^{-4}$ mol/l
Ammoniak	$NH_3 \cdot H_2O$	$1,77 \cdot 10^{-5}$ mol/l

Namen und Formeln wichtiger anorganischer Säuren sind in Tabelle 8-2 aufgeführt.

8.7.3 Der pH-Wert

Häufig verwendet man anstelle der Wasserstoffionenkonzentration den pH-Wert, der durch folgende Beziehung definiert ist:

$$pH = -\log(c(H^+)/(\text{mol/l})) . \qquad (8\text{-}14)$$

Tabelle 8-2. Wichtige anorganische Säuren

Name	Formel	Anion (Säurerestion) Formel	Name	Bemerkungen
Bromwasserstoff	HBr	Br^-	Bromid	
Chlorwasserstoff	HCl	Cl^-	Chlorid	unter Normalbedingungen farbloses Gas, wässrige Lösungen heißen Salzsäure
Fluorwasserstoff	HF	F^-	Fluorid	bei 19,5 °C siedende Flüssigkeit, wässrige Lösungen heißen Flusssäure
Schwefelwasserstoff	H_2S	HS^- S^{2-}	Hydrogensulfid Sulfid	farbloses, übelriechendes (wie faule Eier), sehr giftiges Gas
Hypochlorige Säure	HClO	ClO-	Hypochlorit	
Chlorige Säure	$HClO_2$	ClO_2^-	Chlorit	
Chlorsäure	$HClO_3$	ClO_3^-	Chlorat	
Perchlorsäure	$HClO_4$	ClO_4^-	Perchlorat	
Kohlensäure	H_2CO_3	HCO_3^- CO_3^{2-}	Hydrogencarbonat Carbonat	Kohlensäure ist nur in wässriger Lösung beständig, CO_2 ist das Anhydrid der Kohlensäure (Oxid reagiert mit Wasser unter Bildung von Kohlensäure)
Phosphorsäure	H_3PO_4	$H_2PO_4^-$ HPO_4^{2-} PO_4^{3-}	Dihydrogenphosphat Hydrogenphosphat Phosphat	Anhydrid der Phosphorsäure: Phosphorpentoxid P_4O_{10}
Salpetrige Säure	HNO_2	NO_2^-	Nitrit	Stickstoffdioxid NO_2 ist das gemischte Anhydrid
Salpetersäure	HNO_3	NO_3^-	Nitrat	der Salpetrigen und der Salpetersäure
Schweflige Säure	H_2SO_3	SO_3^{2-}	Sulfit	Anhydrid der schwefligen Säure: Schwefeldioxid SO_2
Schwefelsäure	H_2SO_4	SO_4^{2-}	Sulfat	Anhydrid der Schwefelsäure: Schwefeltrioxid SO_3

Der pH-Wert ist der negative dekadische Logarithmus des Zahlenwertes der Wasserstoffionenkonzentration in mol/l.

Reines Wasser hat bei 25 °C wegen $K_W = 10^{-14}\,mol^2/l^2$ und $c(H^+) = 10^{-7}\,mol/l$ den pH-Wert 7. Durch Säurezusatz kann eine höhere Wasserstoffionenkonzentration erreicht werden. Derartige Lösungen haben einen pH-Wert, der kleiner als 7 ist. Sie werden als sauer bezeichnet. Ist durch Zusatz einer Base zu Wasser die Hydroxidionenkonzentration erhöht worden, so muss wegen der Gleichgewichtsbedingung

$$K_W = c(H^+)\,c(OH^-)$$

die Wasserstoffionenkonzentration entsprechend kleiner geworden sein. Derartige alkalische oder basische Lösungen haben einen pH-Wert, der größer als 7 ist:

$pH < 7$ saure Lösungen
$pH = 7$ neutrale Lösungen
$pH > 7$ alkalische Lösungen.

8.7.4 pH-Wert der Lösung einer starken Säure bzw. Base

Nach der in 8.7.2 angegebenen Definition sind *starke Säuren* bei allen Konzentrationen praktisch vollständig dissoziiert. Daraus folgt, dass die Wasserstoffionenkonzentration $c(H^+)$ bei starken Säuren gleich der analytischen oder Gesamtkonzentration c_0 der Säure ist: $c(H^+) = c_0$.

Beispiel: Der pH-Wert einer Salzsäure der Konzentration $c(HCl) = 2\,mol/l$ ist zu berechnen. Mit $c(H^+) = c_0(HCl) = 2\,mol/l$ folgt: $pH = -0{,}3$. Man erkennt, dass der pH-Wert der Lösung einer starken Säure auch kleinere Werte als 0 (bei $c(H^+) > 1\,mol/l$) annehmen kann.

Bei Lösungen *starker Basen* gilt infolge der vollständigen Dissoziation dieser Verbindungen, dass die

Konzentration der Hydroxidionen gleich der analytischen Konzentration der Base ist: $c(OH^-) = c_0$. Die Wasserstoffionen-Konzentration ist durch das Ionenprodukt des Wassers festgelegt:

$$c(H^+) = \frac{K_W}{c(OH^-)} = \frac{K_W}{c_0} .$$

Beispiel: Der pH-Wert einer Natriumhydroxidlösung der Konzentration $c_0(NaOH) = 0{,}1$ mol/l ist gesucht (25 °C).
Ergebnis: $c(OH^-) = 0{,}1$ mol/l, $c(H^+) = 10^{-13}$ mol/l, pH = 13.

8.7.5 pH-Wert der Lösung einer schwachen Säure bzw. Base

Gegeben sei die wässrige Lösung einer schwachen Säure HA (z. B. Essigsäure CH_3COOH) mit der analytischen Konzentration c_0. Das Dissoziationsgleichgewicht von HA wird durch die Dissoziationskonstante K_S beschrieben (vgl. 8.7.2):

$$HA \rightleftharpoons H^+(aq) + A^-(aq) , \quad K_S = \frac{c(H^+) \cdot c(A^-)}{c(HA)} . \tag{8-15}$$

Bei Lösungen, die außer dem Lösungsmittel Wasser nur die schwache Säure enthalten, gilt $c(H^+) = c(A^-)$. Ersetzt man in der obigen Beziehung $c(HA)$ durch die analytische Konzentration c_0, so folgt:

$$K_S = \frac{c^2(H^+)}{c_0 - c(H^+)} . \tag{8-16}$$

Diese Gleichung bildet die Grundlage der Berechnung der Wasserstoffionenkonzentration und damit des pH-Wertes von Lösungen schwacher Säuren.
Für den Fall, dass $c_0 \gg c(H^+)$ ist, wovon bei nicht zu verdünnten Lösungen der schwachen Säure ausgegangen werden kann, vereinfacht sich (8-16) zu folgender Näherungsbeziehung:

$$K_S = \frac{c^2(H^+)}{c_0} . \tag{8-17}$$

Beispiel: Der pH-Wert einer wässrigen Essigsäurelösung der Konzentration $c_0 = 0{,}057$ mol/l ist zu berechnen (25 °C).
Mit $K_S = 1{,}75 \cdot 10^{-5}$ mol/l erhält man mit obiger Näherungsgleichung $c(H^+) = 10^{-3}$ mol/l und pH = 3.

Zur Ermittlung des pH-Wertes der wässrigen Lösung einer schwachen Base können die folgenden Bestimmungsgleichungen herangezogen werden (Gleichgewichtsreaktion

$$BOH \rightleftharpoons B^+(aq) + OH^-(aq) \;) :$$

$$K_B = \frac{c(B^+) \cdot c(OH^-)}{c(BOH)} ,$$

$$K_W = c(H^+) \cdot c(OH^-) \quad \text{und} \quad c(B^+) = c(OH^-) .$$

Auch hier kann bei nicht zu verdünnten Lösungen die Konzentration der undissoziierten Base, $c(BOH)$, gleich der analytischen oder Gesamtkonzentration c_0 gesetzt werden.
Unter dieser Bedingung folgt:

$$c(H^+) = \sqrt{\frac{K_W^2}{K_B \cdot c_0}} .$$

8.7.6 pH-Wert von Salzlösungen (Hydrolyse)

Nach Arrhenius werden Salze durch Neutralisation einer Säure mit einer Base gebildet (vgl. 8.7.1). Dabei können nun die Säure und/oder die Base stark oder schwach sein. Ist bei der Salzbildung eine schwache Säure und/oder Base beteiligt, so muss sich in der Lösung das Dissoziationsgleichgewicht dieser Verbindung mit dem des Wassers überlagern. Als Folge davon reagiert die Lösung nicht mehr neutral, sondern alkalisch oder sauer.

Beispiele: *1. Salz aus schwacher Säure und starker Base. (Wässrige Lösung reagiert alkalisch.)*
Natriumacetat $NaCH_3COO$ ist ein Beispiel für ein derartiges Salz. In wässriger Lösung reagiert das Acetation (CH_3COO^-) als Salz der schwachen Essigsäure teilweise mit den Ionen des Wassers unter Bildung undissoziierter Essigsäure. Dadurch bildet sich ein Überschuss an Hydroxidionen, die Lösung reagiert alkalisch:

$$CH_3COO^- + Na^+ + H_2O \rightleftharpoons CH_3COOH + Na^+ + OH^-(aq)$$

2. Salz aus starker Säure und schwacher Base. (Wässrige Lösung reagiert sauer.)
Ammoniumchlorid (NH_4Cl) ist ein Salz, das derartig aufgebaut ist. In wässriger Lösung dissoziiert es in Ammonium- und Chloridionen. Die Ammoniumio-

nen reagieren mit den Hydroxidionen des Wassers teilweise unter Bildung von undissoziiertem Ammoniumhydroxid (NH_4OH). Dadurch entsteht ein Überschuss an Wasserstoffionen und die wässrige Lösung dieses Salzes reagiert sauer:

$$NH_4^+ + Cl^- + H_2O \rightleftharpoons NH_4OH + Cl^- + H^+ \text{(aq)} \ .$$

3. Salz aus starker Säure und starker Base.
(Beispiel NaCl, wässrige Lösung reagiert neutral.)

4. Salz aus schwacher Säure und schwacher Base.
Ein derartiges Salz reagiert abhängig vom Wert der Dissoziationskonstanten der schwachen Säure bzw. Base neutral, alkalisch oder sauer. Ammoniumacetat (NH_4CH_3COO) ist ein Beispiel für diesen Salztyp. Da in diesem Falle die Dissoziationskonstanten der Essigsäure und des Ammoniumhydroxids praktisch gleich groß sind (vgl. 8.7.2), reagiert die wässrige Lösung dieses Salzes neutral.

8.7.7 Löslichkeitsprodukt

Wir betrachten die Lösung eines (schwerlöslichen) Elektrolyten in Wasser. Die Lösung sei bei konstanter Temperatur und bei konstantem Druck mit der festen Phase des Elektrolyten, dem Bodenkörper, im Gleichgewicht. Unter diesen Bedingungen spricht man von einer gesättigten Lösung. Für einen Elektrolyten des Formeltyps AB (Beispiel Silberchlorid AgCl) kann dieser Vorgang durch die folgende Umsatzgleichung beschrieben werden:

$$AgCl(s) \rightleftharpoons Ag^+(aq) + Cl^-(aq) \ .$$

Wendet man auf das vorstehende heterogene Gleichgewicht das Massenwirkungsgesetz an, so erhält man:

$$c(Ag^+) \cdot c(Cl^-) = K = L \ .$$

Die Massenwirkungskonstante heißt in diesem Fall Löslichkeitsprodukt. In der Tabelle 8-3 sind die Löslichkeitsprodukte einiger Elektrolyte (in Wasser) bei 20 °C und 1 bar aufgeführt.
Aus dem Wert des Löslichkeitsprodukts lässt sich die Sättigungskonzentration (oder die Löslichkeit) c_S einer Verbindung berechnen. Bei Elektrolyten des Formeltyps AB erhält man für den Zusammenhang zwischen c_S und dem Löslichkeitsprodukt die folgende Beziehung (Beispiel Silberchlorid):

$$c_S = c(Ag^+) = c(Cl^-) = c(AgCl) = \sqrt{L} \ .$$

Tabelle 8-3. Löslichkeitsprodukte schwerlöslicher Elektrolyte bei 20 °C und 1 bar (Lösungsmittel Wasser)

Elektrolyt	L
AgCl	$1{,}8 \cdot 10^{-10}$ mol²/l²
AgBr	$5{,}4 \cdot 10^{-13}$ mol²/l²
AgI	$8{,}5 \cdot 10^{-17}$ mol²/l²
$BaSO_4$	$1{,}7 \cdot 10^{-10}$ mol²/l²
$PbSO_4$	$2{,}3 \cdot 10^{-8}$ mol²/l²
Hg_2Cl_2[a]	$1{,}4 \cdot 10^{-18}$ mol³/l³
$PbCl_2$	$1{,}7 \cdot 10^{-5}$ mol³/l³
$Mg(OH)_2$	$5{,}6 \cdot 10^{-12}$ mol³/l³

[a] Das Löslichkeitsgleichgewicht von Quecksilber (I)- Chlorid wird durch folgende Umsatzgleichung beschrieben: $Hg_2Cl_2\,(s) \rightleftharpoons Hg_2^{2+}\,(aq) + 2\,Cl^-\,(aq)$.

In der vorstehenden Gleichung ist $c(AgCl)$ die Konzentration des Silberchlorids. Der Begriff Silberchlorid ist hierbei formal stöchiometrisch zu verstehen. Die Tatsache, dass Silberchlorid – wie auch fast alle anderen Salze bei hinreichend kleinen Konzentrationen – vollständig dissoziiert ist, wird hierbei nicht berücksichtigt. Analoge Überlegungen gelten für den Begriff Sättigungskonzentration.

Beispiel: Fügt man zu einer Silberchlorid-Lösung, die sich im Gleichgewicht mit dem Bodenkörper befindet, eine Lösung, die Cl^--Ionen enthält (z. B. in Form einer Kochsalzlösung), so stellt man eine Verringerung der Konzentration der Ag^+-Ionen fest, da auch in diesem Fall das Produkt der Ionenkonzentrationen von Ag^+ und Cl^- gleich dem Löslichkeitsprodukt sein muss. Es kommt also zu einer Ausscheidung von festem Silberchlorid aus der Lösung.
Aus diesem Grunde sollte die Ausfällung eines schwerlöslichen Salzes zu Zwecken der quantitativen Analyse (vgl. 4.7.1) mit einem Überschuss des Fällungsmittels geschehen.

Übersättigte Lösungen

In Abwesenheit des festen Bodenkörpers sind auch Konzentrationen des Elektrolyten möglich, die größer als die Sättigungskonzentration sind:

$$c > c_S \text{ (übersättigte Lösung)} \ .$$

Auch in diesem Falle kann das System zeitlich unbegrenzt als übersättigte Lösung vorliegen, ohne dass eine neue Phase, der feste Bodenkörper, gebildet wird. Werden jedoch zu der flüssigen Phase Keime des Bodenkörpers hinzugefügt, oder entstehen diese spontan, so wachsen die Keime auf Kosten der Konzentration der gelösten Substanz, bis die momentane Konzentration den für den jeweiligen Druck und die jeweilige Temperatur charakteristischen Wert der Sättigungskonzentration erreicht hat. Übersättigte Lösungen sind metastabil (vgl. 6.3.5).

8.8 Härte des Wassers

Natürlich vorkommendes Wasser ist im chemischen Sinne niemals rein, sondern enthält verschiedene Verunreinigungen. Zu diesen gehören in erster Linie gelöste Gase (Kohlendioxid, Stickstoff, Sauerstoff) und Salze. Besonders wichtig für die Qualität von technisch nutzbarem Wasser ist sein Gehalt an Erdalkalimetallsalzen. Nutzwasser, das einen geringen bzw. hohen Gehalt dieser Salze aufweist, wird als weich bzw. hart bezeichnet.
Nach dem Verhalten der gelösten Erdalkalimetallsalze beim Kochen unterscheidet man zwei Arten der Härte des Wassers:

1. *temporäre* (*vorübergehende*) Härte und
2. *permanente* (*bleibende*) Härte.

Die temporäre Härte, die durch die Hydrogenkarbonate des Calciums und des Magnesiums hervorgerufen wird, kann durch Kochen beseitigt werden. Dabei bildet sich unlösliches Erdalkalimetallcarbonat, z. B.:

$$Ca^{2+} + 2\,HCO_3^- \rightarrow CaCO_3(s) + CO_2(g) + H_2O\ .$$

Im Gegensatz dazu wird die permanente Härte, die durch einen hohen Gehalt an Erdalkalimetallsulfaten und Chloriden verursacht wird, durch Kochen nicht beseitigt.
Die Härte des Wassers kann sich in der Technik vor allem durch Bildung von *Kesselstein* negativ auswirken.

9 Redoxreaktionen

9.1 Oxidationszahl

Eine zur Beschreibung von Redoxvorgängen nützliche, wenn auch künstlich konstruierte Größe ist die Oxidationszahl. Man versteht darunter diejenige Ladungszahl, die ein Atom in einem Molekül aufweisen würde, das nur aus Ionen aufgebaut wäre. Die Oxidationszahl ist eine positive oder negative Zahl.
Die Oxidationszahl wird nach folgenden Regeln ermittelt:

1. Ein chemisches Element hat die Oxidationszahl null.
2. Für ein einatomiges Ion ist die Oxidationszahl gleich dessen (vorzeichenbehafteter) Ladungszahl.
3. Für eine kovalente Verbindung ist die Oxidationszahl gleich der Ladungszahl, die ein Atom erhält, wenn die bindenden Elektronenpaare vollständig dem elektronegativeren Atom zugeordnet werden. Bei gleichen Atomen werden die Elektronenpaare zwischen diesen aufgeteilt.

Die Oxidationszahl wird in Formeln als römische Zahl rechts oben neben das betreffende Elementsymbol gesetzt. Nur negative Vorzeichen werden geschrieben und vor die römischen Ziffern gesetzt.

Beispiele:
Elemente: O_2, N_2, Cl_2, H_2, S_8. Die Oxidationszahl der Elementmoleküle ist null.
Einatomige Ionen: Na^+, Cl^-, Fe^{3+}, Sn^{4+}. Die Oxidationszahlen dieser Ionen sind I, – I, III, IV.
Moleküle: Ammoniak $N^{-III}H_3$, H_2O^{-II}, Wasserstoffperoxid $H_2O_2^{-I}$, Methanol $HO^{-II}{-}C^{-II}H_3$, Formaldehyd $HC^{\circ}HO^{-II}$ (Oxidationszahl des Wasserstoffs in diesen Verbindungen: I).
Molekülionen: Permanganation $Mn^{-VII}O_4^-$, Sulfation $S^{VI}O_4^{2-}$, Nitrition $N^{III}O_2^-$, Nitration $N^{V}O_3^-$ (Oxidationszahl des Sauerstoffs in diesen Verbindungen: -II).

9.2 Oxidation und Reduktion, Redoxreaktionen

> *Die Abgabe von einen oder mehreren Elektronen aus einem Atom, Molekül oder Ion wird als Oxidation bezeichnet.*

Bei diesem Vorgang wird die Oxidationszahl erhöht. (Ursprüngliche Definition: Oxidation ist die Aufnahme von Sauerstoff.)

Oxidationsvorgänge:

$$Zn \qquad \rightarrow Zn^{2+} + 2\,e^-$$

$$Fe^{2+} \rightarrow Fe^{3+} + e^-$$
$$NO_2^- + H_2O \rightarrow NO_3^- + 2\,H^+ + 2\,e^-$$
$$Cl^- \rightarrow 1/2\,Cl_2 + e^- \,.$$

Als Reduktion definiert man die Aufnahme von einem oder mehreren Elektronen durch ein Atom, Molekül oder Ion.

Hierbei wird die Oxidationszahl erniedrigt. (Ursprüngliche, historische Definition: Reduktion ist die Abgabe von Sauerstoff.)

Reduktionsvorgänge:

$$Cu^{2+} + 2\,e^- \rightarrow Cu$$
$$Fe^{3+} + e^- \rightarrow Fe^{2+}$$
$$H^+ + e^- \rightarrow 1/2\,H_2$$
$$MnO_4^- + 8\,H^+ + 5\,e^- \rightarrow Mn^{2+} + 4\,H_2O\,.$$

Freie Elektronen sind in chemischen Systemen i. Allg. nicht beständig. Daher müssen die Elektronen, die von einer Substanz (z. B. Zn, Fe^{2+}, NO) abgegeben werden, von einem anderen Stoff (z. B. Cu^{2+}, Fe^{3+}, H^+, MnO_4^-) aufgenommen werden.

Oxidation und Reduktion können also nie allein, sondern müssen stets gekoppelt als Redoxreaktion ablaufen.

Substanzen, die andere Stoffe oxidieren können, d. h. mehr oder weniger leicht Elektronen aufnehmen können, werden *Oxidationsmittel* genannt (Cu^+, Fe^+, H^+, MnO_4^-). *Reduktionsmittel* sind dagegen Substanzen, die Elektronen abgeben können (Zn, Fe^{2+}, metallisches Na und K).

Beispiele:

- Metallisches Zink reagiert in wässriger Lösung mit Kupfersulfat $CuSO_4$ unter Bildung von Zinksulfat $ZnSO_4$ und metallischem Kupfer:

$$CuSO_4 + Zn \rightarrow ZnSO_4 + Cu\,.$$

In einer Teilreaktion (I) wird hierbei Zn zu Zn^{2+} oxidiert:

(I) Oxidation: $Zn \rightarrow Zn^{2+} + 2\,e^-$,

während in einer Teilreaktion (II) die Cu^{2+}-Ionen zu metallischem Kupfer reduziert werden:

(II) Reduktion: $Cu^{2+} + 2\,e^- \rightarrow Cu$.

Die Summation beider Teilreaktionen ergibt die Redoxreaktion:

$$\text{(I)}\quad Zn \rightarrow Zn^{2+} + 2\,e^-$$
$$\text{(II)}\quad Cu^{2+} + 2\,e^- \rightarrow Cu$$
$$\overline{Zn + Cu^{2+} \rightarrow Zn^{2+} + Cu}$$

(Bei dieser Summation muss – wie erwähnt – die Zahl der abgegebenen Elektronen gleich der der aufgenommenen sein.) Berücksichtigt man zusätzlich die Sulfationen, so erhält man schließlich:

$$CuSO_4 + Zn \rightarrow ZnSO_4 + Cu\,.$$

- Kaliumchlorid KCl wird in saurer Lösung (Zusatz von verdünnter Schwefelsäure H_2SO_4) durch Kaliumpermanganat $KMnO_4$ oxidiert. Das Permanganation wird dabei zu Mn^{2+} reduziert:

Oxidation

$2\,Cl^- \rightarrow Cl_2 + 2\,e^-$ $\quad\times 5$

Reduktion

$MnO_4^- + 8\,H^+ + 5\,e^- \rightarrow Mn^{2+} + 4\,H_2O$ $\quad\times 2$

Summe

$10\,Cl^- + 2\,MnO_4^- + 16\,H^+ \rightarrow 5\,Cl_2 + 2\,Mn^{2+} + 8\,H_2O$

Berücksichtigt man die Begleitionen, so erhält man:

$$10\,KCl + 2\,KMnO_4 + 8\,H_2SO_4$$
$$\rightarrow 5\,Cl_2 + 2\,MnSO_4 + 8\,H_2O\,.$$

Derartige Gleichungen geben selbstverständlich nur die stöchiometrischen Verhältnisse wieder. Sie gestatten keinesfalls Rückschlüsse auf den wirklichen Ablauf der Reaktion.

9.3 Beispiele für Redoxreaktionen

9.3.1 Verbrennungsvorgänge

Als Verbrennung (im engeren Sinn) wird die in der Regel stark exotherme Reaktion von Substanzen, wie z. B. von Kohlenstoff, Kohlenwasserstoffen, Wasserstoff oder Metallen, mit Sauerstoff bezeichnet. Der Sauerstoff kann hierbei in reiner Form oder als Bestandteil von Gasmischungen (z. B. Luft) vorliegen. Sämtliche Verbrennungsvorgänge sind Redoxreaktionen. Der molekulare Sauerstoff wird hierbei von der Oxidationsstufe 0 in die Oxidationsstufe −II überführt, wird also reduziert. Der Brennstoff wird oxidiert.

Beispiele für Verbrennungsvorgänge:

– Kohlenstoffverbrennung

$$C + O_2 \rightarrow CO_2\,,$$
$$C + 1/2\,O_2 \rightarrow CO\,.$$

Die vollständige Verbrennung des Kohlenstoffs führt bis zum Kohlendioxid CO_2. Bei unvollständiger Verbrennung entsteht neben CO_2 auch das giftige Kohlenmonoxid CO.

– Verbrennung von Kohlenwasserstoffen (Beispiel Benzol)

$$C_6H_6 + 15/2\,O_2 \rightarrow 6\,CO_2 + 3\,H_2O\,.$$

Die Reaktionsprodukte bei vollständiger Verbrennung von Kohlenwasserstoffen sind CO_2 und Wasser. Bei unvollständiger Verbrennung werden zusätzlich Kohlenmonoxid und teilweise auch Ruß gebildet. Ruß ist eine grafitische Form des Kohlenstoffs, die wechselnde Mengen an Wasserstoff und Sauerstoff enthält.

– Verbrennung von Schwefel

$$S + O_2 \rightarrow SO_2\,.$$

Schwefel – auch wenn er in organischen Molekülen gebunden ist oder als Sulfid (vgl. Tabelle 8-2) vorliegt – liefert bei der Verbrennung Schwefeldioxid SO_2. SO_2 ist neben den Stickoxiden (siehe 10.7.1), Kohlenmonoxid und Kohlenwasserstoffen einer der giftigen Bestandteile des sog. Smog. SO_2 entsteht bei der Verbrennung fossiler Brennstoffe, da diese, mit Ausnahme von Erdgas, stets mehr oder weniger große Mengen Schwefel enthalten. In der Atmosphäre wird SO_2 langsam zu Schwefeltrioxid SO_3 oxidiert. SO_3 reagiert mit Wasser unter Bildung von Schwefelsäure H_2SO_4 (vgl. 8-2). Daher ist Schwefeldioxid der Hauptverursacher des umweltschädlichen sauren Regens.

Wird anstelle von reinem Sauerstoff Luft verwendet, so entstehen bei der Verbrennung stets auch Stickoxide (Stickstoffmonoxid NO und Stickstoffdioxid NO_2), da diese bereits bei der Erwärmung von Stickstoff-Sauerstoff-Gasmischungen auf die Flammentemperatur gebildet werden (vgl. 6.4.7). Stickoxide sind Smogbestandteile und für viele Umweltschäden mitverantwortlich.

9.3.2 Auflösen von Metallen in Säuren

Unedle Metalle können sich in wässrigen Lösungen von Säuren (teilweise auch in reinem Wasser und in wässrigen Lösungen von Basen) auflösen. Diese Reaktionen sind ebenfalls Redoxvorgänge. Als Beispiel wird die Auflösung von Aluminium in Salzsäure (wässrige Lösung von Chlorwasserstoff HCl) als Redoxvorgang formuliert:

$$\begin{array}{lll} Al & \rightarrow Al^{3+} + 3\,e^- & \times 2 \\ 2\,H^+ + 2\,e^- & \rightarrow H_2(g) & \times 3 \\ \hline 2\,Al + 6\,H^+ & \rightarrow 2\,Al^{3+} + 3\,H_2(g) & \end{array}$$

Berücksichtigt man die Anionen, so erhält man:

$$2\,Al + 6\,HCl \rightarrow 2\,AlCl_3 + 3\,H_2(g)$$

9.3.3 Darstellung von Metallen durch Reduktion von Metalloxiden

Als Reduktionsmittel werden unedle Metalle, Wasserstoff und Koks verwendet.
Auf diese Weise wird z. B. Roheisen durch Reduktion oxidischer Eisenerze mit Koks im Hochofen dargestellt (Hochofenprozess), vgl. D 3.1. Die Reduktion der Eisenoxide erfolgt bei diesem Verfahren im Wesentlichen durch Kohlenmonoxid (CO):

$$3\,Fe_2O_3 + CO \rightarrow 2\,Fe_3O_4 + CO_2$$
$$Fe_3O_4 + CO \rightarrow 3\,FeO + CO_2$$
$$FeO + CO \rightarrow Fe + CO_2\,.$$

Das für die Reduktion der Eisenoxide notwendige CO bildet sich durch Reaktion von Kohlendioxid mit Kohlenstoff nach folgender Gleichung:

$$CO_2 + C(s) \rightarrow 2\,CO(g)\,.$$

9.4 Redoxreaktionen in elektrochemischen Zellen

Als Beispiel einer elektrochemischen Zelle sei das Daniell-Element angeführt (vgl. Bild 9-1). In dieser Zelle taucht ein Kupferstab in eine Kupfersulfatlösung und ein Zinkstab in eine Zinksulfatlösung. Beide Lösungen sind durch ein Diaphragma D (poröse Wand) an der Vermischung weitgehend gehindert. Die Redoxvorgänge finden hier an den beiden

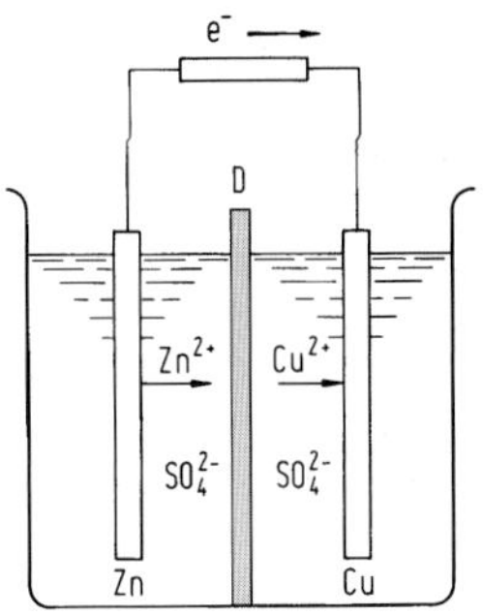

Bild 9-1. Schematischer Aufbau des Daniell-Elementes. D Diaphragma

Phasengrenzflächen Zn/Zn^{2+} und Cu/Cu^{2+} statt. Die chemische Reaktion wird durch folgende Umsatzgleichung beschrieben (vgl. 9.2):

$$Zn + CuSO_4 \rightarrow ZnSO_4 + Cu \,.$$

Sie kann jedoch nur stattfinden, wenn die vom Zink abgegebenen Elektronen durch einen metallischen Leiter zum Kupfer befördert werden, um dort die Cu^{2+}-Ionen zu entladen (zu reduzieren). Ursache, dass sich zwischen der Cu- und Zn-Elektrode eine Spannung aufbaut, die den erwähnten Elektronenstrom treibt, ist der negative Wert der Freien Reaktionsenthalpie $\Delta_r G$ (vgl. 6.3.4).

Die bei Stromlosigkeit an einer elektrochemischen Zelle gemessene Leerlaufspannung heißt auch elektromotorische Kraft (EMK). Quantitativ gilt folgender Zusammenhang zwischen der Freien Reaktionsenthalpie und der EMK E:

$$\Delta_r G = -n^* F E \,, \qquad (9\text{-}1)$$

n^* Anzahl der in der jeweiligen Umsatzgleichung enthaltenen Elektronen.

Beispiel:

$$Zn + CuSO_4 \rightarrow Cu + ZnSO_4 : \quad n^* = 2 \,;$$

$F = N_A \; e = 96\,485{,}34\,\mathrm{C/mol}$ Faraday-Konstante, N_A Avogadro-Konstante, e Elementarladung.

9.5 Elektrodenpotenziale, elektrochemische Spannungsreihe

Potenziale von Einzelelektroden (Halbzellen) kann man nicht direkt messen, doch ist ein paarweiser Vergleich der verschiedenen Elektrodenpotenziale anhand der Potenzialdifferenzen, d. h. der Spannungen zwischen den Elektroden möglich. Für einen solchen Vergleich ist die Festlegung einer Bezugselektrode erforderlich. Als Bezugselektrode wird die *Standardwasserstoffelektrode* verwendet.

Diese Elektrode besteht aus einem Platinblech, das von gasförmigem Wasserstoff ($p(H_2)$ = 101 325 Pa) bei einer Temperatur von 25 °C umspült wird und das in eine Lösung der Wasserstoffionenkonzentration $c(H^+) = 1$ mol/l taucht.

Elektrodenreaktion: $1/2\ H_2 \rightleftharpoons H^+ + e^-$.

Schaltet man eine Standardwasserstoffelektrode mit einer beliebigen Halbzelle zusammen, so wird die bei Stromlosigkeit gemessene Spannung als Elektrodenpotenzial der Halbzelle oder als Halbzellenpotenzial bezeichnet. Die unter Standardbedingungen (T = 25 °C, p = 101 325 Pa, sämtliche Konzentrationen c_i = 1 mol/l) gemessene Spannung heißt Standardelektrodenpotenzial (Standardhalbzellenpotenzial). Dem Standardelektronenpotenzial der Wasserstoffelektrode hat man durch Vereinbarung den Wert null zugeordnet. Die Potenziale der Elektroden haben ein negatives Vorzeichen, wenn sie bei Stromfluss der Standardwasserstoffelektrode Elektronen abgeben, wenn also an diesen Elektroden Oxidationsvorgänge stattfinden. Finden unter den genannten Bedingungen an den Halbzellen Reduktionsvorgänge statt, so wird dem Potenzial dieser Elektroden ein positives Vorzeichen zugeordnet. Zur besseren Übersicht werden die den verschiedenen Elektroden (Halbzellen) zugeordneten Elektrodenreaktionen nach dem Zahlenwert der Halbzellenstandardpotenziale geordnet. Man erhält auf diese Weise die elektrochemische Spannungsreihe (siehe Tabelle 9-1). Je kleiner (negativer) das Standardelektrodenpotenzial ist, umso stärker wirkt ein Redoxpaar als Reduktionsmittel und umso leichter wird es selbst oxidiert. Starke Oxidationsmittel müssen dagegen möglichst große Werte des Standardelektrodenpotenzials aufweisen.

9.5.1 Definition von Anode und Kathode

In der Elektrochemie werden die Bezeichnungen Anode und Kathode in Zusammenhang mit den Begriffen Oxidation und Reduktion verwendet. An der An-

Tabelle 9–1. Standardelektrodenpotenziale φ_0 (wässrige Lösungen, 25 °C)

Kurzbezeichnung der Elektrode	Elektrodenreaktion		φ_0 in V
K/K^+	K^+	$+ e^- \rightleftharpoons K$	−2,931
Ca/Ca^{2+}	Ca^{2+}	$+ 2\,e^- \rightleftharpoons Ca$	−2,868
Na/Na^+	Na^+	$+ e^- \rightleftharpoons Na$	−2,71
Mg/Mg^{2+}	Mg^{2+}	$+ 2\,e^- \rightleftharpoons Mg$	−2,372
Al/Al^{3+}	Al^{3+}	$+ 3\,e^- \rightleftharpoons Al$	−1,662
Mn/Mn^{2+}	Mn^{2+}	$+ 2\,e^- \rightleftharpoons Mn$	−1,185
Zn/Zn^{2+}	Zn^{2+}	$+ 2\,e^- \rightleftharpoons Zn$	−0,7618
Cr/Cr^{3+}	Cr^{3+}	$+ 3\,e^- \rightleftharpoons Cr$	−0,744
Fe/Fe^{2+}	Fe^{2+}	$+ 2\,e^- \rightleftharpoons Fe$	−0,447
Pb/Pb^{2+}	Pb^{2+}	$+ 2\,e^- \rightleftharpoons Pb$	−0,1262
$Pt/H_2/H^+$	$2\,H^+$	$+ e^- \rightleftharpoons H_2(g)$	0
$Pt/Cu^+, Cu^{2+}$	Cu^{2+}	$+ e^- \rightleftharpoons Cu^+$	+0,153
Cu/Cu^{2+}	Cu^{2+}	$+ 2\,e^- \rightleftharpoons Cu$	+0,3419
$Pt/O_2/OH^-$	$O_2(g) + 2\,H_2O$	$+ 4\,e^- \rightleftharpoons 4\,OH^-$	+0,401
$Pt/I_2/I^-$	I_2	$+ 2\,e^- \rightleftharpoons 2\,I^-$	+0,5355
$Pt/Fe^{2+}, Fe^{3+}$	Fe^{3+}	$+ e^- \rightleftharpoons Fe^{2+}$	+0,771
Ag/Ag^+	Ag^+	$+ e^- \rightleftharpoons Ag$	+0,7996
$Pt/Cl_2/Cl^-$	$Cl_2(g)$	$+ 2\,e^- \rightleftharpoons 2\,Cl^-$	+1,3583
$Pt/Mn^{2+}, MnO_4^-$	$MnO_4^- + 8\,H^+$	$+ 5\,e^- \rightleftharpoons Mn^{2+} + 4H_2O$	+1,507
$Pt/F_2/F^-$	$F_2(g)$	$+ 2\,e^- \rightleftharpoons 2\,F^-$	+2,866

ode werden Stoffe oxidiert, an der Kathode reduziert. Bei galvanischen Zellen ist die Elektrode mit dem niedrigeren Potenzial die Anode.

9.5.2 Konzentrations- bzw. Partialdruckabhängigkeit des Elektrodenpotenzials einer Halbzelle

Das Elektrodenpotenzial einer Halbzelle ist von der Konzentration bzw. vom Partialdruck der an der Elektrodenreaktion beteiligten Stoffe abhängig. Diese Abhängigkeit wird durch die *Nernst'sche Gleichung* beschrieben. Für die Elektrodenreaktion $aR_1 + bR_2 \rightleftharpoons xO_1 + yO_2 + ze^-$ gilt:

$$\varphi = \varphi^0 + \frac{RT}{zF} \frac{c^x(O_1)\,c^y(O_2)}{c^a(R_1)\,c^b(R_2)} \qquad (9\text{-}2)$$

Sind an der Elektrodenreaktion Gase beteiligt, so wird ihr Gehalt in der Nernst'schen Gleichung durch Angabe der Partialdrücke berücksichtigt.
Reine kondensierte Phasen und Stoffe, deren Konzentration beim Ablauf der Elektrodenreaktion praktisch unverändert bleibt, werden in der Nernst'schen Gleichung nicht berücksichtigt.
Beispiele für die Formulierung der Nernst'schen Gleichung:
1. Elektrodenreaktion:

$$Zn \rightleftharpoons Zn^{2+} + 2\,e^-$$

Nernst'sche Gleichung:

$$\varphi = \varphi^0 + \frac{RT}{2F} \ln c\left(Zn^{2+}\right)$$

2. Elektrodenreaktion:

$$H_2\,(g) \rightleftharpoons 2\,H^+ + 2\,e^-$$

Nernst'sche Gleichung:

$$\varphi = \frac{RT}{F} \ln \frac{c(H^+)}{\sqrt{p(H_2)}}\,.$$

Hinweis: Das Standardpotenzial der Wasserstoffelektrode ist definitionsgemäß null. In reinem Wasser ($c(H^+) = 10^{-7}$ mol/l) nimmt das Halbzellenpotenzial bei einem Wasserstoffpartialdruck von $p(H_2) = 1$ bar den Wert $\varphi = -0{,}41$ V an.

9.5.3 Berechnung der EMK elektrochemischer Zellen aus Elektrodenpotenzialen

Die Berechnung der EMK galvanischer Ketten aus den Elektrodenpotenzialen erfolgt derart, dass man das Potenzial der Anode (φ_A), also der Elektrode, an der eine Oxidation stattfindet, von dem Potenzial der Kathode (φ_K) subtrahiert:

$$E = \varphi_K - \varphi_A \,. \qquad (9\text{-}3)$$

Beispiel: Daniell-Element
Bei Stromfluss findet an der Kupferelektrode eine Reduktion der Kupferionen zu metallischem Kupfer und an der Zinkelektrode eine Oxidation des Zinks zu Zn^{2+}-Ionen statt. Die Kupferelektrode ist in diesem Fall Kathode und die Zinkelektrode Anode, da $\varphi^0_{Cu} > \varphi^0_{Zn}$. Mit den aus Tabelle 9-1 entnommenen Werten der Elektrodenpotenziale folgt für die EMK:

$$E^0 = \varphi^0_K - \varphi^0_A = 0{,}3419\,V - (-0{,}7613\,V)\,.$$
$$= 1{,}1032\,V\,.$$

9.5.4 Edle und unedle Metalle

Je größer die Tendenz von Metallionen ist, aus dem Metallzustand in den hydratisierten Zustand überzugehen, umso kleiner sind die Standardelektrodenpotenziale. Unedle Metalle haben Standardpotenziale, die kleiner als null sind. Entsprechend gilt für edle Metalle, dass ihr Standardpotenzial größer als null ist. Im Gegensatz zu edlen Metallen lösen sich unedle Metalle in Säuren (Wasserstoffionenkonzentration 1 mol/l) auf, wenn sich das chemische Gleichgewicht ungehemmt einstellen kann.
Dagegen können sich im reinem Wasser nur solche Metalle lösen, deren Halbzellenpotenzial kleiner als −0,41 V ist (vgl. 9.5.2, Beispiel 2). Einige Metalle, z. B. Aluminium und Zink, werden in reinem Wasser nicht gelöst, obwohl die Halbzellenpotenziale kleiner als −0,41 V sind. Man bezeichnet diese Eigenschaft als Passivität. Ihre Ursache liegt in der Ausbildung unlöslicher, fest haftender Metalloxidschichten auf der Metalloberfläche, die das Metall vor weiterem Angriff der Wasserstoffionen schützen. In stark sauren und in stark alkalischen Lösungen sind diese Schichten löslich, sodass diese Metalle unter diesen Bedingungen von Wasserstoffionen angegriffen werden.

9.6 Elektrochemische Korrosion

Die elektrochemische Korrosion von Metallen besteht in einer von der Oberfläche ausgehenden Zerstörung des Metallgefüges. Sie beruht auf einer Oxidation des Metalls. Notwendig ist hierbei die Anwesenheit eines zweiten, edleren Metalls, dessen Standardpotenzial also höher ist als das des korrodierenden Metalls. Die elektrochemische Korrosion findet an der Anode einer elektrochemischen Korrosionszelle (eines Korrosionselementes bzw. Lokalelementes) statt und kann nur in Gegenwart eines Elektrolyten (z. B. eines Feuchtigkeitsfilmes) erfolgen. Ein Korrosionselement ist also nichts anderes als eine kurzgeschlossene elektrochemische Zelle, vgl. D 10.4.

9.7 Erzeugung von elektrischem Strom durch Redoxreaktionen

Prinzipiell kann jede elektrochemische Zelle als Spannungsquelle dienen. Handelsübliche elektrochemische Zellen, die zur Stromerzeugung Verwendung finden, werden auch als galvanische Elemente bezeichnet. Kann die freiwillig ablaufende Zellreaktion durch Elektrolyse (vgl. 9.8) vollständig rückgängig gemacht werden, so spricht man von Sekundärelementen oder von Akkumulatoren. Im anderen Falle liegen Primärelemente vor.

Primärelemente

Das älteste technisch wichtige Primärelement ist das Leclanché-Element, das folgendermaßen aufgebaut ist: In einem Zinkbecher, der gleichzeitig als Anode dient, befindet sich eine wässrige ammoniumchloridhaltige Elektrolytpaste. Als Gegenelektrode dient ein Graphitstab, der von Mangandioxid (Braunstein) MnO_2 umgeben ist. Diesem sog. Trockenelement liegt folgende Zellreaktion zugrunde:

$$Zn + 2\,MnO_2 + 2\,H^+ \rightarrow Zn^{2+} + Mn_2O_3 + H_2O\,.$$

Sekundärelemente

Im *Bleiakkumulator* wird folgende chemische Reaktion ausgenutzt:

$$PbO_2(s) + Pb(s) + 2\,H_2SO_4 \underset{\text{Ladung}}{\overset{\text{Entladung}}{\rightleftarrows}} PbSO_4(s) + 2\,H_2O\,.$$

Im *Nickel-Cadmium-Akkumulator* läuft folgende Reaktion ab:

$$Cd(s) + 2\,NiOOH(s) + 2\,H_2O \underset{\text{Ladung}}{\overset{\text{Entladung}}{\rightleftarrows}} 2\,Cd(OH)_2(s) + 2\,Ni(OH)_2 \ .$$

Brennstoffzellen

In Brennstoffzellen werden die Reaktionspartner für die Redoxreaktion kontinuierlich zugeführt und die Reaktionsprodukte fortwährend entfernt. Für Spezialanwendungen (Raumfahrt, U-Boote) hat sich die *Wasserstoff-Sauerstoff-Zelle*, die auch als *Knallgaselement* bezeichnet wird, bewährt. Als Elektrolytlösungen kommen sowohl Laugen als auch Säuren in Betracht. Platin, Nickel und Graphit werden hauptsächlich (auch in Kombination) als Elektrodenmaterial eingesetzt. In dieser Zelle laufen die folgenden Reaktionen ab:

$H_2 \rightarrow 2\,H^+ + 2\,e^-$ (Anodenreaktion)

$1/2\,O_2 + H_2O + 2\,e^- \rightarrow 2\,OH^-$ (Kathodenreaktion)

$H_2 + 1/2\,O_2 \rightarrow 2\,H_2O$ (Zellreaktion)

9.8 Elektrolyse, Faraday-Gesetz

Galvanische Zellen ermöglichen durch den Übergang von Elektronen den freiwilligen Ablauf der Zellreaktion. Solange sich das System noch nicht im thermodynamischen Gleichgewicht befindet, gilt für die Zellreaktion $\Delta_r G < 0$. Die Spannung zwischen den Elektroden verschwindet und der Stromfluss endet, wenn durch die Konzentrationsänderungen der Reaktionsteilnehmer $\Delta_r G = 0$ wird (thermodynamisches Gleichgewicht) oder wenn einer der Reaktionsteilnehmer vollständig verbraucht ist.
Durch Anlegen einer äußeren Spannung und Zufuhr elektrischer Arbeit kann ein Elektronenstrom in umgekehrter Richtung erzwungen werden. In diesem Fall finden Redoxreaktionen statt, bei denen $\Delta_r G > 0$ ist. Einen derartigen Vorgang nennt man Elektrolyse. So ist es z. B. beim Daniell-Element durch Anlegen einer Spannung von mehr als 1,1 V möglich, Zink abzuscheiden und Kupfer aufzulösen.

Faraday-Gesetz

Die Stoffmenge n der an den Elektroden bei einer Elektrolyse umgesetzten Stoffe ist der durch den Elektrolyten geflossenen Elektrizitätsmenge Q direkt und der Ladungszahl z der Ionen umgekehrt proportional:

$$n = \frac{Q}{z \cdot F} = \frac{m}{M} \quad \text{oder} \quad m = \frac{M \cdot Q}{z \cdot F}\,, \qquad (9\text{-}4)$$

F Faraday-Konstante, M molare Masse, m Masse.

9.8.1 Technische Anwendungen elektrolytischer Vorgänge

Darstellung unedler Metalle

Unedle Metalle, wie z. B. Aluminium, Magnesium und die Alkalimetalle, können durch Elektrolyse wasserfreier geschmolzener Salze (Schmelzflusselektrolyse) dargestellt werden. In diesen Salzen müssen die erwähnten Metalle als Kationen enthalten sein.
Bei der Gewinnung von Aluminium geht man von Aluminiumoxid Al_2O_3 aus. Da dessen Schmelzpunkt sehr hoch liegt (2045 °C) elektrolysiert man eine Lösung von Al_2O_3 in geschmolzenem Kryolith Na_3AlF_6 bei ca. 950 °C. Die an den Elektroden stattfindenden Prozesse können schematisch durch die folgenden Gleichungen beschrieben werden:

$2\,Al^{3+} + 6\,e^- \rightarrow 2\,Al$ (Kathodenreaktion)

$3\,O^{2-} \rightarrow 3/2\,O_2 + 6\,e^-$ (Anodenreaktion)

$Al_2O_3 \rightarrow 2\,Al + 3/2\,O_2$

Die Dichte der Salzschmelze ist bei der Temperatur, bei der die Elektrolyse durchgeführt wird, kleiner als die des flüssigen Aluminiums. Daher kann sich das flüssige Metall am Boden des Reaktionsgefäßes ansammeln und wird so vor der Oxidation durch den Luftsauerstoff geschützt.

Reinigung von Metallen (elektrolytische Raffination)

Dieses Verfahren wird z. B. zur Gewinnung von reinem Kupfer (Cu-Massenanteil 99,95%) und von reinem Gold eingesetzt. Zur Reindarstellung von Kupfer werden eine Rohkupferanode und eine Reinkupferkathode verwendet. Als Elektrolyt dient eine schwefelsaure (H_2SO_4 enthaltende) Kupfersulfatlösung. Bei Stromfluss wird metallisches Kupfer an der Anode zu Cu^{2+}-Ionen oxidiert ($Cu \rightarrow Cu^{2+} + 2\,e^-$). Die unedlen Verunreinigungen des Rohkupfers (wie Eisen,

Nickel, Kobalt, Zink) gehen ebenfalls in Lösung, die edlen Bestandteile (Silber, Gold, Platin) bleiben als Anodenschlamm ungelöst zurück. An der Kathode wird praktisch nur das Kupfer wieder abgeschieden, während die unedlen Begleitelemente in Lösung bleiben und sich dort allmählich anreichern.

Anodische Oxidation von Aluminium (Eloxal-Verfahren)

Beim Lagern von Aluminium an der Luft überzieht sich die Oberfläche des Metalls mit einer dünnen, festhaftenden Oxidschicht. Sie schützt das Aluminium vor weiterer Korrosion durch atmosphärische Einflüsse. Durch anodische Oxidation lässt sich die Dicke der Oxidschicht und damit die Schutzwirkung ganz erheblich verstärken (Dicke ca. 0,02 mm).

Chloralkali-Elektrolyse

Dieses Verfahren dient zur Darstellung von Chlor und Natronlauge durch Elektrolyse einer wässrigen Natriumchloridlösung. Der Gesamtvorgang kann durch folgende Umsatzgleichung beschrieben werden:

$$2\,H_2O + 2\,NaCl \rightarrow H_2 + 2\,NaOH + Cl_2\ .$$

Bei diesem Verfahren muss verhindert werden, dass die im Kathodenraum entstehenden Hydroxidionen zum Anodenraum gelangen, da sonst das Chlor mit der Lauge unter Bildung von Chlorid und Hypochlorit ClO^- reagieren würde:

$$Cl_2 + 2\,OH^- \rightarrow Cl^- + ClO^- + H_2O\ .$$

Derartige Redoxvorgänge, bei denen eine Verbindung mittlerer Oxidationszahl gleichzeitig in eine Substanz mit größerer und kleinerer Oxidationszahl übergeht, werden als *Disproportionierungen* bezeichnet.

10 Die Elementgruppen

10.1 Wasserstoff

Elementarer Wasserstoff

Wasserstoff ist ein Mischelement und besteht aus drei Isotopen: ^1H, ^2H und ^3H (Häufigkeiten: 99,985%, 0,015% und 10^{-5}%). Die Isotope ^2H und ^3H werden auch als Deuterium D und Tritium T bezeichnet. Tritium ist radioaktiv und zerfällt als ß-Strahler in ^3_2He (Halbwertszeit $t_{1/2}$ = 12,346 a).

Gewinnung:

1. Elektrolyse von Wasser, vgl. 9.8.
2. Reaktion von Säuren mit unedlen Metallen, vgl. 9.5.4, z. B.:
$Zn + 2\,H^+(aq) \rightarrow Zn^{2+} + H_2$.
3. Umsetzung von Wasserdampf mit glühendem Koks: $H_2O(g) + C \rightleftharpoons CO + H_2$. Eine Mischung von Kohlenmonoxid CO und Wasserstoff wird als Wassergas bezeichnet.

Eigenschaften:
Siehe Tabelle 5-2; Elektronegativität $\chi = 2{,}1$.

Wasserstoffverbindungen

Wasserstoffverbindungen heißen auch *Hydride*. Nach der Art der Bindung unterscheidet man:

- *Ionische (salzartige) Hydride*. Solche Verbindungen bildet Wasserstoff mit den Elementen der I. und II. Hauptgruppe. Sie werden durch das negativ geladene Hydridion H^- charakterisiert (Oxidationszahl des Wasserstoffs in diesem Ion: –I). Beispiele: Lithiumhydrid LiH, Calciumhydrid CaH_2. Alkalimetallhydride kristallisieren im NaCl-Gitter, vgl. 5.3.2. Hydridionen reagieren mit Verbindungen, die Wasserstoffionen enthalten, unter Bildung von molekularem Wasserstoff, z. B.

$$H^- + H_2O \rightarrow OH^-\,(aq) + H_2\ .$$

- *Kovalente Hydride.* Verbindungen dieses Typs entstehen bei der Reaktion des Wasserstoffs mit den Elementen der III. bis VII. Hauptgruppe. Beispiele: Methan CH_4, Wasser H_2O, Schwefelwasserstoff H_2S.
- *Metallartige Hydride.* Derartige Einlagerungsverbindungen bildet Wasserstoff mit den meisten Übergangsmetallen. Der Wasserstoff besetzt häufig die Oktaeder- und/oder Tetraederlücken in kubisch bzw. hexagonal dichtesten Kugelpackungen, die von den Metallatomen ausgebildet werden (vgl. 5.3.2). Beispiele $TiH_{1,0-2,0}$ und $ZrH_{1,5-2,0}$.
- *Komplexe Hydride.* Hierunter versteht man Wasserstoffverbindungen der Art $LiAlH_4$ (Lithiumaluminiumhydrid), an denen außer Alkalimetallen die Elemente Bor, Aluminium oder Gallium beteiligt sind.

10.2 I. Hauptgruppe: Alkalimetalle

Zu den Alkalimetallen gehören die Elemente Lithium Li, Natrium Na, Kalium K, Rubidium Rb, Caesium Cs und Francium Fr. Francium ist radioaktiv und kommt in der Natur nur in sehr geringen Mengen als Zerfallsprodukt des Actiniums vor. Die Elemente der I. Hauptgruppe sind silbrig glänzende, kubisch raumzentriert kristallisierende Metalle (vgl. 5.3.2). Sie sind sehr weich, haben eine geringe Dichte und niedrige Schmelz- und Siedepunkte (vgl. Tabelle 10-1). In der äußeren Schale haben die Alkalimetalle ein ungepaartes s-Elektron, das leicht abgegeben werden kann. Sie sind daher sehr starke Reduktionsmittel. In Verbindungen treten die Elemente der I. Hauptgruppe ausschließlich mit der Oxidationszahl I als einfach positiv geladene Ionen auf.

Gewinnung: Schmelzflusselektrolyse (siehe 9.8.1) der Hydroxide bzw. der Chloride.

Reaktionen

Die Alkalimetalle sind äußerst reaktionsfähig. Sie reagieren z. B. mit Halogenen, Schwefel und Wasserstoff unter Bildung von Halogeniden (z. B. Natriumchlorid NaCl), Sulfiden (z. B. Natriumsulfid Na_2S) und ionischen Hydriden (siehe 10.1). Die Reaktionsfähigkeit der Alkalimetalle nimmt mit steigender Ordnungszahl zu.

Reaktionen mit Sauerstoff: Lithium reagiert mit Sauerstoff unter Bildung von Lithiumoxid Li_2O. Natrium verbrennt an der Luft zu Natriumperoxid Na_2O_2: $2\,Na + O_2 \rightarrow Na_2O_2$. Die anderen Alkalimetalle reagieren mit Sauerstoff unter Bildung von Hyperoxiden, die durch das O_2^--Ion charakterisiert sind; Beispiel: $K + O_2 \rightarrow KO_2$.

Reaktionen mit Wasser: Hierbei werden Alkalimetallhydroxide und Wasserstoff gebildet, z. B.:

$$2\,Na + 2\,H_2O \rightarrow 2\,NaOH + H_2\,(g)\ .$$

Die Reaktion nimmt mit steigender Ordnungszahl an Heftigkeit zu. Bei der Reaktion von Kalium mit Wasser entzündet sich der gebildete Wasserstoff an der Luft von selbst.

Alkalimetallhydroxide

Wässrige Lösungen der Alkalimetallhydroxide (z. B. Natriumhydroxid NaOH) sind starke Basen (vgl. 8.7.4). Die Basenstärke nimmt mit wachsender Ordnungszahl der Alkalimetalle zu. Für wässrige Lösungen von Natriumhydroxid und Kaliumhydroxid sind die Trivialnamen Natronlauge und Kalilauge üblich.

10.3 II. Hauptgruppe: Erdalkalimetalle

Die Elemente Beryllium Be, Magnesium Mg, Calcium Ca, Strontium Sr, Barium Ba und das radioaktive Radium Ra (vgl. Tabelle 10-2) werden als Erdalkalimetalle bezeichnet. Es sind – mit Ausnahme des sehr harten Berylliums – nur mäßig harte Leichtmetalle. Die Erdalkalimetalle haben in der äußersten Schale zwei Elektronen, die leicht abgegeben werden können. Daher sind diese Elemente starke Reduktionsmittel. In ihren Verbindungen treten sie stets mit der Oxidationszahl II auf.

Reaktionen

Die Erdalkalimetalle sind i. Allg. sehr reaktionsfreudig. Sie reagieren direkt mit Halogenen, Wasserstoff und Sauerstoff zu Halogeniden (z. B. Calciumchlorid

Tabelle 10-1. Eigenschaften der Alkalimetalle

		Lithium	Natrium	Kalium	Rubidium	Caesium
Elektronenkonfiguration		[He]2s	[Ne]3s	[Ar]4s	[Kr]5s	[Xe]6s
Schmelzpunkt	°C	180,5	97,80	63,38	39,31	28,44
Siedepunkt	°C	1342	883	759	688	671
Ionisierungsenergie (1. Stufe)	eV	5,39	5,14	4,34	4,18	3,89
Atomradius	pm	152	186	227	248	266
Ionenradius	pm	59	99	138	152	167
Elektronegativitat		1,0	0,9	0,8	0,8	0,8

Tabelle 10-2. Eigenschaften der Erdalkalimetalle

		Beryllium	Magnesium	Calcium	Strontium	Barium	Radium
Elektronenkonfiguration		$[He]2s^2$	$[Ne]3s^2$	$[Ar]4s^2$	$[Kr]5s^2$	$[Xe]6s^2$	$[Rn]7s^2$
Schmelzpunkt	°C	1287	650	842	777	727	700
Siedepunkt	°C	2471	1090	1484	1382	1897	1140
Ionisierungsenergie (1. Stufe)	eV	9,32	7,65	6,11	5,70	5,21	5,28
Atomradius	pm	111	160	197	215	217	
Ionenradius (Ladungszahl 2+)	pm	27	57	100	118	135	148
Elektronegativität		1,6	1,3	1,0	0,95	0,9	0,9

$CaCl_2$), ionischen Hydriden (vgl. 10.1) bzw. Oxiden (z. B. Magnesiumoxid MgO). An feuchter Luft und in Wasser bilden sich Hydroxide. Mg und vor allem Be werden dabei – wie bekanntlich auch Aluminium – mit einer dünnen, fest haftenden oxidischen Deckschicht überzogen. Daher sind diese beiden Metalle gegenüber Wasser beständig. Wie bei den Alkalimetallen nimmt auch bei den Erdalkalimetallen die Reaktionsfähigkeit mit steigender Ordnungszahl zu.
Gewinnung der Erdalkalimetalle: Durch Schmelzflusselektrolyse (siehe 9.8.1) der Halogenide oder durch Reduktion der Oxide mit Koks, Silicium oder Aluminium, letzteres wird als *aluminothermisches Verfahren* bezeichnet.

Beispiel:

$$3\,MgO + 2\,Al \rightarrow Al_2O_3 + 3\,Mg\,.$$

Erdalkalimetallhydroxide

Erdalkalimetalle bilden Hydroxide des Typs $M(OH)_2$ (M Erdalkalimetall). Der basische Charakter der Hydroxide nimmt mit steigender Ordnungszahl zu. Berylliumhydroxid $Be(OH)_2$ kann je nach Art des Reaktionspartners als Säure oder als Base reagieren und ist daher sowohl in Säuren alsauch in starken Basen (vgl. 8.7) löslich. Verbindungen mit einem derartigen Verhalten werden als *amphoter* bezeichnet:

$$\underset{}{Be(aq)^{2+}} \xleftarrow[-2\,H_2O]{+2\,H^+} \underset{\text{Berylliumhydroxid}}{Be(OH)_2} \xrightarrow{+2\,OH^-} \underset{\text{Beryllation}}{[Be(OH)_4]^{2-}}$$

Magnesiumhydroxid $Mg(OH)_2$ ist eine schwache Base ohne amphotere Eigenschaften. $Ba(OH)_2$ und $Ra(OH)_2$ sind starke Basen.

10.4 III. Hauptgruppe: die Borgruppe

Die Elemente Bor B, Aluminium Al, Gallium Ga, Indium In und Thallium Tl bilden die III. Hauptgruppe, vgl. Tabelle 10-3. Alle Elemente dieser Gruppe haben drei Valenzelektronen, können also in Verbindungen maximal in der Oxidationszahl III auftreten. Daneben tritt in der Borgruppe auch die Oxidationszahl I auf, deren Beständigkeit mit steigender Ordnungszahl zunimmt. So sind beim Bor nur dreiwertige Verbindungen bekannt, während beim Thallium die Oxidationszahl I vorherrscht. Bor tritt nie als B^{3+}-Kation auf und unterscheidet sich dadurch von allen anderen Elementen der III. Hauptgruppe.
Metallcharakter: Der metallische Charakter nimmt – wie auch innerhalb der anderen Hauptgruppen – mit steigender Ordnungszahl zu. Elementares Bor ist ein hartes Halbmetall mit einem starken kovalenten Bindungsanteil. Die elektrische Leitfähigkeit ist gering ($56 \cdot 10^{-6}$ S/m bei 0 °C) und steigt mit zunehmender Temperatur rasch an. Die Schmelz- und Siedepunkte sind hoch (vgl. Tabelle 10-3).
Aluminium ist bereits ein in der kubisch dichtesten Kugelpackung kristallisierendes Leichtmetall mit hoher elektrischer Leitfähigkeit ($37{,}74 \cdot 10^6$ S/m bei 20 °C).
Säure-Base-Eigenschaften: Die basischen (oder sauren) Eigenschaften der Oxide und Hydroxide der Elemente der Borgruppe nehmen mit steigender Ordnungszahl zu (bzw. ab). Ähnlich verhalten sich die entsprechenden Verbindungen in den anderen Hauptgruppen.
$B(OH)_3$ (Borsäure) ist, wie der Name schon sagt, sauer, die entsprechenden Al- und Ga-Verbindungen sind amphoter und die In- und Tl-Verbindungen reagieren basisch.

Tabelle 10-3. Eigenschaften der Elemente der Borgruppe

		Bor	Aluminium	Gallium	Indium	Thallium
Elektronenkonfiguration		$[He]2s^2 2p$	$[Ne]3s^2 3p$	$[Ar]3d^{10}4s^2 4p$	$[Kr]4d^{10}5s^2 5p$	$[Xe]4f^{14}5d^{10}6s^2 6p$
Schmelzpunkt	°C	2075	660,323[a]	29,8	156,6	303,5
Siedepunkt	°C	4000	2519	2204	2072	1473
Ionisierungsenergie (1. Stufe)	eV	8,30	5,99	6,00	5,79	6,11
Atomradius	pm	79	143	122	162,6	170
Elektronegativität		2,0	1,6	1,8	1,8	1,8

[a] Fixpunkt der Internationalen Temperaturskala von 1990 (ITS-90).

Indium-Zinn-Oxid (ITO) hat als transparentes und leitfähiges Beschichtungsmaterial eine erhebliche Bedeutung für die Display- und Solarzellentechnik, für elektrische Abschirmungen und als Sensormaterial gewonnen. ITO ist eine Mischung aus Indium(III)oxid In_2O_3 und Zinn(IV)oxid SnO_2, typischerweise mit einem Massenverhältnis 90:10.

10.4.1 Bor

Borwasserstoffe (Borane) existieren in großer Vielfalt. Es sind sehr reaktionsfähige und meist giftige Substanzen, die mit Luft oder mit Sauerstoff explosionsfähige Gemische bilden. Die einfachste Verbindung ist das Diboran B_2H_6. Mit Sauerstoff reagiert es unter großer Wärmeentwicklung gemäß folgender Gleichung:

$$\underset{\text{Diboran}}{B_2H_6} + 3\,O_2 \rightarrow \underset{\text{Bortrioxid}}{B_2O_3} + 3\,H_2O\,.$$

Borsäure H_3BO_3 oder $B(OH)_3$ ist in wässriger Lösung eine sehr schwache einbasige Säure, da die Verbindung als OH^--Akzeptor reagiert:

$$B(OH)_3 + HOH \rightleftharpoons H[B(OH)_4] \rightleftharpoons H^+(aq) + [B(OH)_4]^-\,.$$

Die Salze der Borsäure heißen Borate. Es gibt Orthoborate (z. B. $Li_3[BO_3]$), Metaborate (z. B. $Na_3[B_3O_6]$) und Polyborate (z. B. Borax $Na_2B_4O_7 \cdot 10\,H_2O$). Viele Wasch- und Bleichmittel enthalten Perborate. Das sind in der Regel Anlagerungsverbindungen des Wasserstoffperoxids H_2O_2 (siehe 10.7.1) an gewöhnliche Borate.

Bornitrid BN kommt in einer hexagonalen dem Graphit und einer kubischen dem Diamanten analogen Modifikation (Borazon), vor.
Borcarbid B_4C eine chemisch sehr beständige Verbindung, ist in seiner Härte mit dem Diamanten vergleichbar.
Metallboride bilden sich beim Erhitzen von Bor mit Metallen. Es sind sehr harte, chemisch beständige Verbindungen.

10.4.2 Aluminium

Elementares Aluminium

Vorkommen in Feldspäten z. B. Kalifeldspat oder Orthoklas $K[AlSi_3O_8]$, in Glimmern und in Tonen (Tone sind die Verwitterungsprodukte von Feldspäten oder feldspathaltigen Gesteinen), als reines Aluminiumoxid Al_2O_3 (Korund) und als Aluminiumhydroxid (Bauxit).
Darstellung: Schmelzflusselektrolyse von Aluminiumoxid (vgl. 9.8.1).

Aluminiumverbindungen

Aluminiumoxid Al_2O_3 kommt in zwei verschiedenen Modifikationen als γ-Al_2O_3 und α-Al_2O_3 vor. γ-Al_2O_3 ist ein weiches Pulver mit großer Oberfläche, das beim Glühen (1100 °C) in das sehr harte α-Al_2O_3 (Korund) übergeht. Im Korund bilden die O^{2-}-Ionen eine hexagonal dichteste Kugelpackung. Die Al^{3+}-Ionen besetzen 2/3 der vorhandenen Oktaederlücken (vgl. 5.3.2).
Aluminiumhydroxid $Al(OH)_3$ ist amphoter und löst sich daher sowohl in Säuren als auch in Basen auf:

$$Al(aq)^{3+} \underset{-3\,H_2O}{\overset{+3\,H^+}{\longleftarrow}} Al(OH)_3 \xrightarrow{+OH^-} [Al(OH)_4]^-$$

Das $[Al(OH)_4]^-$-Ion heißt Tetrahydroxoalumination oder kurz Alumination.

10.5 IV. Hauptgruppe: die Kohlenstoffgruppe

Die Elemente Kohlenstoff C, Silicium Si, Germanium Ge, Zinn Sn und Blei Pb bilden die IV. Hauptgruppe des Periodensystems (vgl. Tabelle 10-4). In Verbindungen treten diese Elemente in den Oxidationszahlen IV und II auf. Die Stabilität von Verbindungen mit der Oxidationszahl IV (II) nimmt mit steigender Ordnungszahl ab (zu). Der metallische Charakter wächst in Richtung vom Kohlenstoff zum Blei hin.

10.5.1 Kohlenstoff

Elementarer Kohlenstoff

Kohlenstoff kommt in mehreren Modifikationen vor. Die beiden wichtigsten sind *Diamant* und *Graphit* (vgl. Bild 5-14 und 5-15; siehe auch D 4.2). Die Kohlenstoffsorten mit technischer Bedeutung wie Kunstgraphit (Elektrographit), Koks, Ruß und Aktivkohle besitzen weitgehend Graphitstruktur.
Graphit kann als Stapel einer zweidimensionalen Kohlenstoffschicht (sog. *Graphen*) aufgefasst werden, die auch die Grundlage weiterer Kohlenstoffmodifikationen bildet. Bei den *Fullerenen* handelt es sich um sphärische Käfigverbindungen, die z. B. 60 oder 70 Kohlenstoffatome im Molekül enthalten (C_{60}, bzw. C_{70}). *Kohlenstoff-Nanoröhrchen* bestehen aus ein- oder mehrlagigen röhrenförmigen Graphenstrukturen mit Durchmessern im Bereich von 10 nm und Längen im Bereich von 100 nm bis 1 μm.

Kohlenstoffverbindungen

Carbide heißen die Verbindungen des Kohlenstoffs mit Metallen oder Nichtmetallen, wenn der Kohlenstoff der elektronegativere (vgl. 3.1.4) Partner ist. Diese Substanzen werden unterteilt in:

- *Salzartige Carbide* (z. B. Calciumcarbid CaC_2),
- *metallische Carbide* (z. B. Vanadiumcarbid VC) und
- *kovalente Carbide* (z. B. Siliciumcarbid SiC ‚Carborundum').

Kovalente Carbide sind extrem hart, schwer schmelzbar und chemisch inert. Viele salzartige Carbide reagieren mit Wasser unter Bildung von Acetylen HC≡CH, Beispiel:

$$CaC_2 + 2\,H^+ \rightarrow Ca^{2+} + HC \equiv CH\ .$$

Kohlenstoffdioxid (Kohlendioxid) CO_2 ist ein farbloses, etwas säuerlich schmeckendes Gas. CO_2 ist ein natürlicher Bestandteil der Luft (vgl. Tabelle 5-2). Es entsteht bei der Verbrennung von Kohle, Erdöl und Erdgas (vgl. 9.3.1).
Mit Wasser reagiert CO_2 unter Bildung von Kohlensäure H_2CO_3, die als schwache zweibasige Säure in Wasserstoffionen, Hydrogencarbonat- (HCO_3^-) und Carbonat-Ionen (CO_3^{2-}) dissoziiert:

$$CO_2 + H_2O \rightleftharpoons H_2CO_3 \rightleftharpoons H^+\,(aq) + HCO_3^-$$
$$\rightleftharpoons 2\,H^+\,(aq) + CO_3^{2-}\ .$$

CO_2-Gehalt in der Luft und Klima. Der Gehalt an CO_2 in der Luft hat sich durch die Verbrennung fossiler Energieträger (in Kraftwerken, Haushalten, Verkehr und Industrie) seit 1800 von 280 ppm auf den

Tabelle 10-4. Eigenschaften der Elemente der Kohlenstoffgruppe

		Kohlenstoff	Silicium	Germanium	Zinn	Blei
Elektronenkonfiguration		$[He]2s^22p^2$	$[Ne]3s^23p^2$	$[Ar]3d^{10}4s^24p^2$	$[Kr]4d^{10}5s^25p^2$	$[Xe]4f^{14}5d^{10}6s^26p^2$
Schmelzpunkt	°C	3550 (Diam.)	1414	938,25	231,928[a]	327,46
Siedepunkt	°C	3825 (Sublim., Graphit)	3265	2833	2602	1749
Ionisierungsenergie (1. Stufe)	eV	11,26	8,15	7,90	7,34	7,42
Atomradius	pm	77	118	122	140	175
Elektronegativität		2,55	1,9	2,0	2,0	1,8

[a] Fixpunkt der ITS-90.

Stand von 383 ppm (2007) erhöht. Zwischen 1900 und 1973 betrug die mittlere jährliche Zuwachsrate der CO_2-Emission weltweit ca. 4%. Seit 1973 ist dieser Wert auf 2,3% gesunken. Da CO_2 (wie andere klimawirksame Spurengase, z. B. Methan CH_4, Distickstoffmonoxid N_2O, Ozon O_3 und Fluorchlorkohlenwasserstoffe) die infrarote Strahlung des Sonnenspektrums und vor allem die von der Erdoberfläche ausgehende Wärmestrahlung absorbiert, ist zu erwarten, dass eine Vergrößerung des CO_2-Gehaltes eine globale Temperaturerhöhung bewirkt. Die damit verbundenen Klimaänderungen können schwere Umweltschäden verursachen. 2004 wurden in Deutschland ca. $850 \cdot 10^6$ t CO_2 aus der Verbrennung fossiler Energierohstoffe (Kohle, Öl, Gas) freigesetzt (pro Einwohner jährlich ca. 10,4 t).

Kohlenstoffmonoxid (Kohlenmonoxid) CO ist ein farb- und geruchloses, sehr giftiges Gas (vgl. Tabelle 5-2). CO ist Nebenprodukt bei der unvollständigen Verbrennung von Kohle, Erdöl oder Erdgas (vgl. 9.3.1). Technisch kann es durch Reaktion von CO_2 mit Koks (C) bei 1000 °C dargestellt werden (Boudouard-Gleichgewicht):

$$CO_2 + C \rightleftharpoons 2CO\,.$$

CO ist Bestandteil von Wassergas, das beim Überleiten von Wasserdampf über stark erhitzten Koks entsteht, vgl. 10.1.

Schwefelkohlenstoff oder Kohlenstoffdisulfid CS_2 ist eine wasserklare Flüssigkeit (Siedepunkt 46,2 °C, MAK-Wert 10 ppm). CS_2-Dämpfe bilden mit Sauerstoff oder Luft explosionsfähige Gasgemische.

10.5.2 Silicium

Elementares Silicium

Die bei Raumtemperatur und Normaldruck stabile Modifikation, das α-Silicium, ist ein dunkelgraues, hartes Nichtmetall mit Diamantstruktur. Silicium ist – wie Germanium – ein Halbleiter, dessen elektrische Leitfähigkeit mit steigender Temperatur zunimmt. Geringe gezielt eingebrachte Fremdatome (Dotierungen) können die elektrische Leitfähigkeit um Größenordnungen steigern.

Darstellung: Reduktion von Siliciumdioxid SiO_2 mit Koks, Magnesium oder Aluminium.

Siliciumverbindungen

Siliciumwasserstoffe (Silane) sind durch die Summenformel $Si_{2n}H_{2n+2}$ charakterisiert. Sie gleichen in ihrer Struktur den Alkanen (vgl. 11.3.1). Das erste Glied dieser Reihe ist das Monosilan SiH_4. In den Siliciumwasserstoffen ist Silicium vierbindig (tetraedrische Anordnung). Silane sind sehr oxidationsempfindlich und bilden mit Luft, bzw. mit Sauerstoff, explosionsfähige Gasmischungen. Mit Wasser reagieren sie unter Bildung von Siliciumdioxid und Wasserstoff, so z. B.:

$$SiH_4 + 2\,H_2O \rightarrow SiO_2 + 4\,H_2\,.$$

Siloxane, Silicone: Die Kondensation von Silanolen $R_3Si{-}OH$ (R Alkyl-Rest, vgl. 11.3.1) führt zu Disiloxanen:

$$R_3Si{-}OH + HO{-}SiR_3 \rightarrow R_3Si{-}O{-}SiR_3 + H_2O\,.$$

Bei der Kondensation von Silandiolen $R_2Si(OH)_2$ oder Silantriolen $RSi(OH)_3$ entstehen Polysiloxane

$$\ldots{-}SiR_2{-}O{-}SiR_2{-}O{-}SiR_2{-}O{-}\ldots$$

bzw. analog aufgebaute Schichtstrukturen. Diese Polymerverbindungen werden zusammengefasst als *Silicone* bezeichnet.

Siliciumoxide: Wie beim Kohlenstoff existieren auch beim Silicium zwei Oxide: Siliciummonoxid SiO und Siliciumdioxid SiO_2. Siliciumdioxid kommt in mehreren Modifikationen vor. Wichtig sind: α- und β-Quarz, β-Tridymit, β-Cristobalit sowie die beiden Hochdruckmodifikationen Stishovit und Coesit. Das technisch wichtige Quarzglas kann durch Abkühlen von geschmolzenem Siliciumdioxid hergestellt werden (vgl. 5.2.4 und D 4.3).

Silicate heißen die Salze der Kieselsäuren, deren einfachstes Glied die Orthokieselsäure H_4SiO_4 ist. Silicate weisen große Strukturmannigfaltigkeiten auf. Man unterscheidet, insbesondere bei der Klassifizierung der Minerale:

- *Inselsilicate* mit isolierten SiO_4-Tetraedern (z. B. Olivin $(Mg, Fe)_2[SiO_4]$).
- *Gruppen- und Ringsilicate* mit einer begrenzten Anzahl verknüpfter SiO_4-Tetraeder (Beispiel für ein Ringsilicat: Beryll $Al_2Be_3[Si_6O_{18}]$).

- *Ketten- und Bandsilicate*, die aus einer unbegrenzten Zahl von verketteten SiO_4-Tetraedern aufgebaut sind.
- *Schichtsilicate* mit zweidimensional unbegrenzten Schichten. Quantitative Zusammensetzung: $[Si_2O_5^{2-}]_x$. Beispiele: Glimmer, Tonminerale, Asbest.
- *Gerüstsilicate* mit dreidimensional unbegrenzter Struktur. In diesen Substanzen ist ein Teil der Si-Atome des Siliciumdioxids durch Aluminium ersetzt. Beispiel: Feldspäte, Zeolithe (Verwendung als Molekularsiebe).

Technisch wichtige Silicate

- *Wasserglas*, eine wässrige Lösung von Alkalisilicaten (Verwendung: Verkitten von Glas und Porzellan, Flammschutzmittel).
- *Silikatgläser* (Gläser im allgemeinen Sprachgebrauch, vgl. 5.2.4 und D 4.3).
- *Silikatkeramik-Erzeugnisse*. Hierunter versteht man im Wesentlichen technische Produkte, die durch Glühen von Tonen (vgl. 10.4.2) hergestellt werden.

10.5.3 Germanium, Zinn und Blei

α-Germanium ist die bei Raumtemperatur und Normaldruck stabile Germanium-Modifikation. Es ist ein grauweißes, sehr sprödes Metall mit Diamantstruktur. α-Ge hat Halbleitereigenschaften.
Zinn kommt in drei verschiedenen Modifikationen als α-, β- und γ-Sn vor. Bei Raumtemperatur ist das metallische β-Sn stabil. Unterhalb 13,2 °C wandelt sich diese Modifikation allmählich in graues α-Zinn mit Diamantstruktur um. Gegenstände aus Zinn zerfallen dabei in viele kleine Kriställchen („Zinnpest").
Blei ist ein graues, weiches Schwermetall. Es kristallisiert in der kubisch dichtesten Kugelpackung, also in einem echten Metallgitter (vgl. 5.3.2).

10.6 V. Hauptgruppe: die Stickstoffgruppe

Zur V. Hauptgruppe gehören die Elemente Stickstoff N, Phosphor P, Arsen As, Antimon Sb und Bismut (auch Wismut) Bi, vgl. Tabelle 10-5.

Oxidati… Gegenüber elektropositiven Elemente… 9-1), so z. B. Wasserstoff, treten die Elemente der Stickstoffgruppe mit der Oxidationszahl −III auf (z. B. NH_3, PH_3, AsH_3). In Verbindungen mit elektronegativen Elementen wie Sauerstoff oder Chlor werden hauptsächlich die Oxidationszahlen III und V beobachtet.

Metallcharakter: Der metallische Charakter der Elemente der V. Hauptgruppe nimmt mit steigender Ordnungszahl zu. Stickstoff ist ein typisches Nichtmetall und Bismut ein reines Metall. Die Elemente Phosphor, Arsen und Antimon kommen sowohl in metallischen als auch in nichtmetallischen Modifikationen vor.

10.6.1 Stickstoff

Elementarer Stickstoff

Vorkommen: Bestandteil der Luft, vgl. Tabelle 5-2.
Gewinnung: Durch fraktionierte Destillation von flüssiger Luft.
Eigenschaften: Stickstoff ist bei Raumtemperatur nur als N_2-Molekül beständig. Er ist unter diesen Bedingungen ein farb- und geruchloses Gas (vgl. Tabelle 5-2).

Stickstoffverbindungen

Ammoniak NH_3: Darstellung nach dem Haber-Bosch-Verfahren, siehe 7.9.4. Ammoniak ist ein farbloses Gas mit stechendem Geruch, vgl. Tabelle 5-2. Es ist sehr leicht in Wasser löslich. Die wässrige Lösung reagiert schwach basisch:

$$NH_3 + H_2O \leftrightharpoons NH_4^+ + OH^- \ .$$

Verwendung von Ammoniak: Herstellung von Salpetersäure und Düngemitteln.
Hydrazin $H_2N{-}NH_2$ *oder* N_2H_4: Darstellung durch Oxidation von Ammoniak:

$$H_2N{-}H + O + H{-}NH_2 \overset{-H_2O}{\leftrightharpoons} H_2N{-}NH_2 \ .$$

Hydrazin ist bei Raumtemperatur eine farblose ölige Flüssigkeit (Siedepunkte 113,5 °C), MAK-Wert: 0,1 ppm. Reines Hydrazin kann explosionsartig in Ammoniak und Stickstoff zerfallen:

$$3\,N_2H_4\,(l) \rightarrow 4\,NH_3\,(g) + N_2\,(g) \ .$$

Mit starken Säuren reagiert Hydrazin unter Bildung von Hydraziniumsalzen (z. B. Hydraziniumsulfat $[N_2H_6][SO_4]$).

Tabelle 10-5. Eigenschaften der Elemente der Stickstoffgruppe

		Stickstoff	Phosphor	Arsen	Antimon	Bismut
Elektronenkonfiguration		$[He]2s^2 2p^3$	$[Ne]3s^2 3p^3$	$[Ar]3d^{10}4s^2 4p^3$	$[Kr]4d^{10}5s^2 5p^3$	$[Xe]4f^{14}5d^{10}6s^2 6p^3$
Schmelzpunkt	°C	−210,0	44,15[a]	817 (28 bar)	630,63	271,40
Siedepunkt	°C	−195,79	280,5[a]	613 (Sublim.)	1587	1564
Ionisierungsenergie (1. Stufe)	eV	14,53	10,49	9,81	8,64	7,29
Atomradius	pm	55	110	124	145	154
Elektronegativität		3,0	2,2	2,2	2,05	1,9

[a] weißer Phosphor .

Stickstoffwasserstoffsäure HN_3 ist eine farblose, giftige (MAK-Wert: 0,1 ppm), explosive Flüssigkeit:

$$2\,HN_3\,(l) \rightarrow 3\,N_2\,(g) + H_2\,(g)\ .$$

Wässrige Lösungen reagieren schwach sauer. Die Salze der Stickstoffwasserstoffsäure heißen Azide. Schwermetallazide (z. B. Bleiazid $Pb(N_3)_2$ und Silberazid AgN_3) sind schlagempfindlich und werden daher in der Sprengtechnik als Initialzünder verwendet.

Oxide des Stickstoffs

- *Distickstoffmonoxid* N_2O (Lachgas), Oxidationszahl des Stickstoffs I, vgl. Tabelle 5-2.
- *Stickstoffmonoxid* NO ist ein farbloses, giftiges Gas, vgl. 6.4.7 und 9.3.1. Mit Sauerstoff reagiert es in einer Gleichgewichtsreaktion unter Bildung von Stickstoffdioxid NO_2:

$$2\,NO + O_2 \leftrightharpoons 2\,NO_2\ .$$

- *Stickstoffdioxid* NO_2 ist ein rotbraunes erstickend riechendes Gas, MAK-Wert: 5 ppm, vgl. 6.4.7 und 9.3.1. Mit Wasser reagiert das Oxid unter Bildung von salpetriger Säure HNO_2 und Salpetersäure HNO_3 (s. unten):

$$2\,NO_2 + H_2O \rightarrow HNO_2 + HNO_3\ .$$

Sauerstoffsäuren des Stickstoffs

- *Salpetrige Säure* HNO_2: Diese Säure ist nur in verdünnter wässriger Lösung beständig. Die Salze heißen Nitrite (z. B. Natriumnitrit $NaNO_2$).
- *Salpetersäure* HNO_3 ist eine farblose stechend riechende Flüssigkeit (Siedepunkt 84,1 °C). Die Verbindung ist eine starke Säure. Ihre Salze heißen Nitrate (z. B. Natriumnitrat $NaNO_3$). Konzentrierte Salpetersäure besitzt ein besonders starkes Oxidationsvermögen. Sie wird dabei zum Stickstoffmonoxid reduziert:

$$NO_3^- + 4\,H^+ + 3\,e^- \rightarrow NO + 2\,H_2O\ .$$

Aufgrund dieses Reaktionsverhaltens werden sämtliche Edelmetalle (vgl. 9.5.4) außer Gold und Platin von konzentrierter Salpetersäure gelöst.

10.6.2 Phosphor

Elementarer Phosphor

Phosphor kommt in mehreren monotropen (einseitig umwandelbaren) Modifikationen vor:

- *Weißer Phosphor.* Metastabil (vgl. 6.3.5), fest (Schmelzpunkt 44,2 °C), wachsweich, sehr giftig, in Schwefelkohlenstoff CS_2 löslich. Festkörper, Schmelze und Lösung enthalten tetraedrische P_4-Moleküle.
  Feinverteilter weißer Phosphor entzündet sich an der Luft von selbst und verbrennt zu Phosphorpentoxid P_4O_{10}. Im Dunkeln leuchtet Phosphor an der Luft wegen der Oxidation der von weißem Phosphor abgegebenen Dämpfe (*Chemolumineszenz*).
- *Roter Phosphor* (metastabil) entsteht aus weißem Phosphor durch Erhitzen auf ca. 300 °C (unter Ausschluss von Sauerstoff).
- *Schwarzer Phosphor* (stabil von Raumtemperatur bis ca. 400 °C) bildet sich aus weißem Phosphor bei erhöhter Temperatur (ca. 200 °C) und sehr hohem Druck (12 kbar). Das Gitter besteht aus Doppelschichten. Schwarzer Phosphor hat Halbleitereigenschaften.

Phosphorverbindungen

Phosphin PH_3 ist ein farbloses, sehr giftiges Gas (MAK-Wert: 0,1 ppm).

Oxide des Phosphors

- *Diphosphortrioxid* (Phosphortrioxid) P_4O_6 entsteht beim Verbrennen des Phosphors bei ungenügender Sauerstoffzufuhr. Es leitet sich vom tetraedrisch aufgebauten weißen Phosphor dadurch ab, dass zwischen jede P–P-Bindung ein Sauerstoffatom eingefügt ist. Das entspricht der Formel P_4O_6. Mit Wasser reagiert P_4O_6 unter Bildung von *phosphoriger Säure* H_3PO_3:

$$P_4O_6 + 6\,H_2O \rightarrow 4\,H_3PO_3\,.$$

- *Diphosphorpentaoxid* (Phosphorpentoxid) P_2O_5 bildet sich bei vollständiger Verbrennung von elementarem Phosphor. Die Molekülstruktur der Verbindung unterscheidet sich von der des P_4O_6 dadurch, dass an jedem Phosphoratom zusätzlich ein Sauerstoffatom gebunden ist. Das entspricht der Formel P_4O_{10}. P_4O_{10} ist ein weißes, geruchloses Pulver. Es ist äußerst hygroskopisch (Wasser entziehend). Mit Wasser reagiert es über Zwischenstufen unter Bildung von Phosphorsäure H_3PO_4:

$$P_4O_{10} + 6\,H_2O \rightarrow 4\,H_3PO_4\,.$$

Phosphorsäure H_3PO_4 bildet drei Reihen von Salzen primäre Phosphate (Dihydrogenphosphate, z. B. NaH_2PO_4), sekundäre Phosphate (Hydrogenphosphate, z. B. Na_2HPO_4) und tertiäre Phosphate (z. B. Na_3PO_4). Verwendung von Phosphaten: Düngemittel.
Kondensierte Phosphorsäuren: Bei höheren Temperaturen kondensiert Orthophosphorsäure unter Wasserabspaltung zur Diphosphorsäure, die oberhalb 300 °C unter weiterem Austritt von Wasser in kettenförmige Polyphosphorsäuren übergeht.

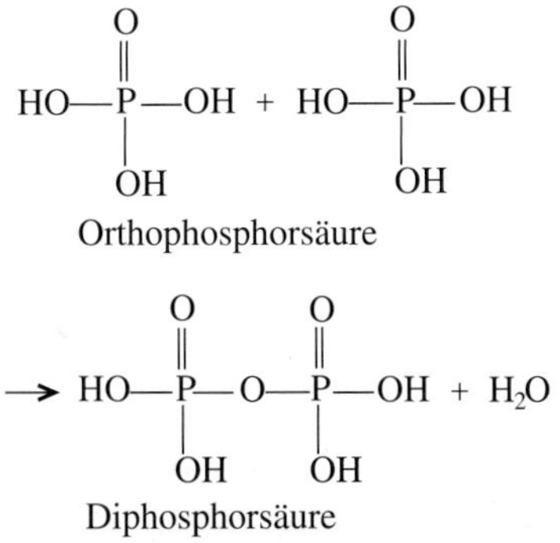

Orthophosphorsäure

Diphosphorsäure

10.6.3 Arsen, Antimon

Arsen und *Antimon* bilden mit Wasserstoff die Verbindungen Arsin AsH_3 bzw. Antimonwasserstoff SbH_3. AsH_3 ist noch giftiger als Phosphin PH_3.
Die wichtigsten Oxide des Arsens und des Antimons sind As_4O_6 (‚Arsenik') und Sb_4O_6. Beide haben einen dem P_4O_6 analogen molekularen Aufbau.

10.7 VI. Hauptgruppe: Chalkogene

Die Elemente der VI. Hauptgruppe sind Sauerstoff O, Schwefel S, Selen Se, Tellur Te und Polonium Po. Polonium ist ein außerordentlich seltenes radioaktives Element. Die Sonderstellung, die der Sauerstoff als erstes Element innerhalb dieser Gruppe einnimmt, beruht auf seinem besonders kleinen Atomradius und seiner hohen Elektronegativität, vgl. Tabelle 10-6.

Oxidationszahl: Die Chalkogene kommen in den Oxidationszahlen –II bis VI vor. Sauerstoff tritt aufgrund seiner großen Elektronegativität (er ist nach Fluor das elektronegativste Element) fast nur in der Oxidationszahl –II auf. Im Wasserstoffperoxid und in anderen Peroxiden hat er die Oxidationszahl –I. In Verbindungen mit Fluor sind die Oxidationszahlen des Sauerstoffs positiv.

Metallcharakter: Der metallische Charakter nimmt mit steigender Ordnungszahl zu. Sauerstoff und Schwefel sind typische Nichtmetalle, Polonium ist ein reines Metall. Die Elemente Selen und Tellur kommen sowohl in metallischen als auch in nicht-metallischen Modifikationen vor.

10.7.1 Sauerstoff

Elementarer Sauerstoff

Vorkommen: Elementar als Bestandteil der Luft (vgl. Tabelle 5-2), gebunden hauptsächlich in Form von Oxiden und Silicaten als Bestandteil der meisten Gesteine. Der Massenanteil des Sauerstoffs am Aufbau der Erdrinde beträgt rund 49%.

Gewinnung: Durch fraktionierte Destillation von flüssiger Luft.

Tabelle 10-6. Eigenschaften der Chalkogene

		Sauerstoff	Schwefel	Selen	Tellur	Polonium
Elektronenkonfiguration		$[He]2s^22p^4$	$[Ne]3s^23p^4$	$[Ar]3d^{10}4s^24p^4$	$[Kr]4d^{10}5s^25p^4$	$[Xe]4f^{14}5d^{10}6s^26p^4$
Schmelzpunkt	°C	−218,79	119,6	220,5	449,5	254
Siedepunkt	°C	−182,95	444,6	685	988	962
Ionisierungsenergie (1. Stufe)	eV	13,62	10,36	9,75	9,01	8,42
Atomradius	pm	60	104	116	143	167
Ionenradius (Ladungszahl 2−)	pm	138	184	198	221	
Elektronegativität		3,4	2,6	2,55	2,1	2,0

Modifikationen des Sauerstoffs:

- *Molekularer Sauerstoff* O_2 ist ein farbloses, geruchloses, paramagnetisches Gas, vgl. Tabelle 5-2. Sauerstoff ist Oxidationsmittel bei der Verbrennung fossiler Brennstoffe (vgl. 9.3.1) und bei der Verbrennung von Nahrungsmitteln (Kohlenhydrate, Fette, Eiweißstoffe) in Organismen. Verbrennungsreaktionen laufen in reinem Sauerstoff wesentlich heftiger ab als in Luft. Mit flüssigem Sauerstoff reagieren viele Substanzen explosionsartig.
- *Ozon* O_3 ist ein bei Raumtemperatur deutlich blaues, sehr giftiges, charakteristisch riechendes, diamagnetisches Gas; Siedepunkt −110,5 °C, MAK-Wert: 0,1 ppm. Ozon ist energiereicher als molekularer Sauerstoff ($\Delta_B H_m^0(O_3) = 142{,}7$ kJ/mol, vgl. 6.2.5). Es hat eine große Neigung – unter bestimmten Bedingungen explosionsartig – in molekularen Sauerstoff zu zerfallen. Ozon ist ein sehr starkes Oxidationsmittel. Das O_3-Molekül ist gewinkelt (116,8°). Die äußeren Atome sind vom zentralen 127,8 pm entfernt.
  In der Erdatmosphäre wird Ozon fotochemisch aus molekularem Sauerstoff gebildet. Seine größte Teilchendichte hat es in 20 bis 25 km Höhe. Da Ozon einen großen Anteil der kurzwelligen Strahlung des Sonnenlichtes absorbiert, ist die Ozonschicht von großer Bedeutung für das Leben auf der Erde. Besonders Fluorchlorkohlenwasserstoffe (siehe 11.4.1 und Tabelle 5-2) verringern die Ozonkonzentration in den oberen Schichten der Atmosphäre. Die dadurch bedingte Erhöhung der UV-Strahlung auf der Erdoberfläche kann u. a. zu einem Ansteigen der Häufigkeit von bösartigen Hauterkrankungen führen.

Sauerstoffverbindungen

- *Wasser* H_2O, vgl. 5.2.3, schweres Wasser D_2O, vgl. 10.1, Eigenschaften von D_2O: Schmelzpunkt 3,82 °C, Siedepunkt 101,42 °C.
- *Wasserstoffperoxid* H_2O_2 ist eine in reinem Zustand praktisch farblose, sirupartige Flüssigkeit (Siedepunkt 150,2 °C, MAK-Wert: 1 ppm). Charakteristisch für diese Verbindung ist die folgende exotherme Zerfallsreaktion:

$$2\,H_2O_2 \rightarrow 2\,H_2O + O_2\,.$$

In hochreinem Wasserstoffperoxid ist die Zerfallsgeschwindigkeit bei Raumtemperatur sehr klein. In Gegenwart von Katalysatoren (vgl. 7.9), wie z. B. Braunstein MnO_2, Mennige Pb_3O_4, feinverteiltem Silber oder Platin, kann die Zerfallsreaktion explosionsartig ablaufen. Wasserstoffperoxid ist ein starkes Oxidationsmittel. Mischungen von organischen Verbindungen mit konzentriertem Wasserstoffperoxid können explosiv reagieren.
Verwendung: Bleichmittelzusatz in Waschmitteln, Desinfektionsmittel.

10.7.2 Schwefel

Elementarer Schwefel

Vorkommen: Frei (elementar) z. B. in Sizilien und Kalifornien, gebunden vorwiegend in Form von Sulfiden (z. B. Schwefelkies oder Pyrit FeS_2, Zinkblende ZnS, Bleiglanz PbS) oder Sulfaten (z. B. Gips $CaSO_4 \cdot 2\,H_2O$).

Eigenschaften: Die bei Raumtemperatur stabile Schwefelmodifikation ist der rhombische α-Schwefel. Dieser wandelt sich bei 95,6 °C reversibel in den monoklinen β-Schwefel um, der bei 119,6 °C schmilzt. Beide Schwefelmodifikationen sind aus ringförmigen S_8-Molekülen aufgebaut.

Schwefelverbindungen

Schwefelwasserstoff H_2S ist ein farbloses, wasserlösliches, sehr giftiges Gas, das nach faulen Eiern riecht, MAK-Wert: 10 ppm. Wässrige Lösungen von H_2S reagieren sauer, vgl. Tabelle 8-2. Schwermetallsulfide sind in der Regel schwerlöslich.

Oxide des Schwefels

- *Schwefeldioxid* SO_2, MAK-Wert: 2 ppm, siehe 9.3.1 und Tabelle 8-2.
- *Schwefeltrioxid* SO_3, siehe Tabelle 8-2.

Sauerstoffsäuren des Schwefels

- *Schweflige Säure* H_2SO_3, siehe Tabelle 8-2.
- *Schwefelsäure* H_2SO_4 (siehe Tabelle 8-2) ist eine ölige, sehr hygroskopische Flüssigkeit (Siedepunkt 330 °C). Sie wird daher als Trockenmittel verwendet. Auf viele organische Verbindungen, damit auch auf Holz, Papier und menschliche Haut, wirkt konzentrierte Schwefelsäure verkohlend, indem sie diesen Substanzen Wasser entzieht. Schwefelsäure ist eine starke zweibasige Säure. Die elektrolytische Dissoziation erfolgt in zwei Stufen:

$$H_2SO_4 \leftrightharpoons H^+ HSO_4^- \leftrightharpoons 2\,H^+ + SO_4^{2-} .$$

10.8 VII. Hauptgruppe: Halogene

Zur VII. Hauptgruppe gehören die Elemente Fluor F, Chlor Cl, Brom Br, Iod I und das radioaktive Astat At, vgl. Tabelle 10-7.

Oxidationszahl: Sämtliche Halogene bilden negativ einwertige Ionen (Oxidationszahl –I). Darüber hinaus sind viele Verbindungen bekannt, in denen Halogene die Oxidationszahlen I bis VII haben. Fluor ist das elektronegativste Element. In seinen Verbindungen kommt es stets mit der Oxidationszahl –I vor.

10.8.1 Fluor

Elementares Fluor

Fluor ist ein in dicker Schicht grünlichgelbes, sehr giftiges Gas mit starkem, charakteristischem Geruch, MAK-Wert: 0,1 ppm. Fluor ist das reaktionsfähigste Element und das stärkste Oxidationsmittel. Die Verbindungen des Fluors mit anderen Elementen heißen Fluoride.

Fluorverbindungen

Fluorwasserstoff HF riecht stechend und ist sehr giftig, MAK-Wert: 3 ppm, vgl. Tabelle 8-2. Eine bemerkenswerte Eigenschaft von Fluorwasserstoff ist die Fähigkeit, Quarz- und Silicatgläser (vgl. 5.2.4 und D 4.4) anzugreifen. Dabei wird neben Wasser gasförmiges Siliciumtetrafluorid SiF_4 gebildet:

$$SiO_2 + 4\,HF \rightarrow SiF_4 + 2\,H_2O .$$

10.8.2 Chlor

Elementares Chlor

Eigenschaften des Chlors: siehe Tabellen 5-2 und 10-7. Chlor gehört nach Fluor zu den reaktionsfähigsten Elementen. Mit Wasserstoff reagiert Chlor unter Bildung von Chlorwasserstoff (sog. Chlorknallgasreaktion). Die explosionsartig verlaufende Reaktion kann durch Bestrahlung mit blauem oder kurzwelligerem Licht gestartet werden. Dabei werden

Tabelle 10-7. Eigenschaften der Halogene

		Fluor	Chlor	Brom	Iod	Astat
Elektronenkonfiguration		$[He]2s^22p^5$	$[Ne]3s^23p^5$	$[Ar]3d^{10}4s^24p^5$	$[Kr]4d^{10}5s^25p^5$	$[Xe]4f^{14}5d^{10}6s^26p^5$
Schmelzpunkt	°C	−219,62	−101,5	−7,2	113,7	302
Siedepunkt	°C	−188,12	−34,04	58,8	184,4	337 (gesch.)
Ionisierungsenergie (1. Stufe)	eV	17,42	12,97	11,81	11,81	
Atomradius	pm	71	99	114	133	
Ionenradius (Ladungszahl 1−)	pm	133	181	196	220	
Elektronegativität		4,0	3,2	3,0	2,7	2,2

Chlormoleküle in Atome gespalten. Die Umsetzung verläuft nach einem Kettenmechanismus (vgl. 7.7). Viele Elemente (z. B. Natrium, Arsen, Antimon) reagieren direkt unter Feuererscheinungen mit Chlor. Die Umsetzung mit Wasser führt zu einem Gleichgewicht. Es entstehen Chlorwasserstoff HCl und hypochlorige Säure HClO (siehe unten):

$$Cl_2 + H_2O \leftrightharpoons HCl + HClO\ .$$

Chlorverbindungen

Chlorwasserstoff HCl, siehe Tabellen 5-2 und 8-2.
Sauerstoffsäuren des Chlors, vgl. Tabelle 8-2.

- *Hypochlorige Säure* HClO, Oxidationszahl des Chlors I. Wässrige Lösungen von Hypochloriten (Salze der HClO) sind starke Oxidationsmittel und werden in Bleichlösungen und Desinfektionsmitteln verwendet.
- *Chlorige Säure* $HClO_2$, Oxidationszahl des Chlors III.
- *Chlorsäure* $HClO_3$, Oxidationszahl des Chlors V.
- *Perchlorsäure* $HClO_4$, Oxidationszahl des Chlors VII. Die reine Säure ist eine farblose Flüssigkeit, die sich explosiv zersetzen kann. Perchlorsäure gehört zu den stärksten Säuren.

10.8.3 Brom und Iod

Brom ist neben Quecksilber das einzige bei Raumtemperatur flüssige Element (Siedepunkt 58,8 °C).
Iod ist bei Raumtemperatur fest. Es bildet blauschwarze, metallisch glänzende Kristalle.

10.9 VIII. Hauptgruppe: Edelgase

Zur VIII. Hauptgruppe gehören die Elemente Helium He, Neon Ne, Argon Ar, Krypton Kr, Xenon Xe und das radioaktive Radon Rn. Die Stabilität der Edelgase gegenüber der Aufnahme und der Abgabe von Elektronen folgt aus den hohen Werten der Elektronenaffinität und der Ionisierungsenergie, vgl. Tabelle 10-8.
Vorkommen: Die Edelgase He, Ne, Ar, Kr und Xe sind Bestandteile der Luft. He und Rn kommen auch als Produkte radioaktiver Zerfallsvorgänge in einigen Mineralien vor.
Gewinnung: Helium wird hauptsächlich aus amerikanischen Erdgasen gewonnen. Die Gewinnung von Neon, Argon, Krypton und Xenon erfolgt entweder durch fraktionierte Destillation verflüssigter Luft oder durch selektive Adsorption an Aktivkohle.
Eigenschaften: Die Elemente der VIII. Hauptgruppe, vgl. Tabelle 5-2, sind farb- und geruchlose Gase. Flüssiges Helium existiert unterhalb 2,2 K im suprafüssigen Zustand mit extrem kleiner Viskosität und sehr hoher Wärmeleitfähigkeit.

Edelgasverbindungen

Von den Edelgasen Krypton und Xenon sind zahlreiche Verbindungen mit Sauerstoff und Fluor bekannt. So bildet Xenon die Fluoride Xenondifluorid XeF_2 (Schmelzpunkt 129 °C), Xenontetrafluorid XeF_4 (Schmelzpunkt 117 °C) und Xenonhexafluorid XeF_6 (Schmelzpunkt 49,5 °C). Xenondioxid XeO_2 und Xenontrioxid XeO_3 sind explosiv.

10.10 Scandiumgruppe (III. Nebengruppe)

Zur Scandiumgruppe gehören Scandium Sc, Yttrium Y, Lanthan La und Actinium Ac, vgl. Tabelle 10-9. Die auf das Lanthan bzw. das Actinium folgenden Lanthanoide und Actinoide sind in den Abschnitten 10.18 bzw. 10.19 behandelt. Actinium kommt als radioaktives Zerfallsprodukt des Urans in geringen Mengen in Uranerzen vor. Die Elemente sind Metalle

Tabelle 10-8. Eigenschaften der Edelgase. (Vgl. auch Tabelle 5-2)

		Helium	Neon	Argon	Krypton	Xenon	Radon
Elektronenkonfiguration		$1s^2$	$1s^2 2s^2 2p^6$	$[Ne]3s^2 3p^6$	$[Ar]3d^{10} 4s^2 4p^6$	$[Kr]4d^{10} 5s^2 5p^6$	$[Xe]4f^{14} 5d^{10} 6s^2 6p^6$
Schmelzpunkt [a]	°C	< −272,2[c]	−248,59	−189,3442 tp[d]	−157,38 tp	−111,79 tp	−71
Ionisierungsenergie (1. Stufe)	eV	24,59	21,56	15,76	14,0	12,13	10,75
Atomradius [b]	pm	140	150	180	190	210	

[a] tp: Tripelpunktstemperatur [b] Van-der-Waals-Radius [c] bei 26,3 bar [d] Fixpunkt der IST-90 .

Tabelle 10-9. Eigenschaften der Elemente der Scandiumgruppe

		Scandium	Yttrium	Lanthan	Actinium
Elektronenkonfiguration		$[Ar]3d4s^2$	$[Kr]4d5s^2$	$[Xe]5d6s^2$	$[Rn]6d7s^2$
Atomradius	pm	161	178	187	188
Schmelzpunkt	°C	1541	1522	918	1051
Siedepunkt	°C	2836	3345	3464	3198
Dichte (25 °C)	g/cm^3	2,989	4,469	6,145	10,07

mit hoher elektrischer Leitfähigkeit und großem Reaktionsvermögen. Dies zeigt sich in den Standardelektrodenpotenzialen (vgl. 9.5), die zwischen − 2,077 V (Sc) und −2,6 V (Ac) liegen (bezogen auf die Elektrodenreaktion $Me \rightleftharpoons Me^{3+} + 3\ e^-$). In den meisten Verbindungen kommen die Elemente in der Oxidationszahl III vor. Die basischen Eigenschaften der Hydroxide nehmen mit der Ordnungszahl zu. So besitzt $Sc(OH)_3$ nur schwach basische Eigenschaften, während $La(OH)_3$ als starke Base reagiert. Die Darstellung der Metalle erfolgt durch Schmelzflusselektrolyse (vgl. 9.8.1) der Chloride oder durch Reduktion der Oxide mit Alkalimetallen.

10.11 Titangruppe (IV. Nebengruppe)

Zur Titangruppe gehören Titan Ti, Zirconium Zr und Hafnium Hf, vgl. Tabelle 10-10. Die Metalle sind silberweiß und duktil. Sie haben hohe Schmelz- und Siedepunkte. Aufgrund ihrer negativen Standardelektrodenpotenziale, die zwischen −0,88 V (Ti) und −1,57 V (Hf) liegen (bezogen auf die Elektrodenreaktion $Me + H_2O \leftrightharpoons MeO^{2+} + 2H^+ + 4e^-$), sind sie gegenüber den meisten Oxidationsmitteln ziemlich reaktionsfähig (vgl. 9.5 und 10.11.1).
Die Oxidationszahlen des Titans in seinen Verbindungen sind II, III und IV, die des Zirconiums III und IV. Die beständigste und wichtigste Oxidationszahl ist bei beiden IV. Hafnium kommt in seinen Verbindungen nur in der Oxidationszahl IV vor.

10.11.1 Titan

Vorkommen: Titandioxid TiO_2 (in der Natur in den Modifikationen Rutil, Anatas und Brookit), Ilmenit $FeTiO_3$, Perowskit $CaTiO_3$.

Eigenschaften, Darstellung, Verwendung: Titan ist ein silberweißes Metall mit relativ kleiner Dichte ($4{,}54\ g/cm^3$). Reines Titan wird durch eine kompakte Oxiddeckschicht vor dem Angriff von Luftsauerstoff, Meerwasser und verdünnten Mineralsäuren geschützt. Bei höheren Temperaturen ist es jedoch mit Sauerstoff und Stickstoff recht reaktionsfähig. Darstellung und Verwendung siehe D 3.4.3.

10.11.2 Zirconium

Eigenschaften, Verwendung: Zirconium ist ein verhältnismäßig hartes, korrosionsbeständiges Metall, das rostfreiem Stahl ähnelt. Es ist bei Raumtemperatur gegen Säuren ziemlich resistent. Zirconium und Zirconiumlegierungen mit mehr als 90% Zr (Zircaloy) haben als Werkstoffe in der Kerntechnik Bedeutung erlangt.

10.12 Vanadiumgruppe (V. Nebengruppe)

Zur Vanadiumgruppe gehören die Metalle Vanadium (früher: Vanadin) V, Niob Nb und Tantal Ta, vgl. Tabelle 10-11. Vanadium kommt in seinen Verbindungen in den Oxidationszahlen II bis V vor. Davon sind

Tabelle 10-10. Eigenschaften der Elemente der Titangruppe

		Titan	Zirconium	Hafnium
Elektronenkonfiguration		$[Ar]3d^24s^2$	$[Kr]4d^25s^2$	$[Xe]4f^{14}5d^26s^2$
Atomradius	pm	145	159	156
Schmelzpunkt	°C	1668	1855	2233
Siedepunkt	°C	3287	4409	4603
Dichte (20 °C)	g/cm^3	4,54	6,506	13,31

Tabelle 10-11. Eigenschaften der Elemente der Vanadiumgruppe

		Vanadium	Niob	Tantal
Elektronenkonfiguration		$[Ar]3d^3 4s^2$	$[Kr]4d^4 5s$	$[Xe]4f^{14}5d^3 6s^2$
Atomradius	pm	131	143	143
Schmelzpunkt	°C	1910	2477	3017
Siedepunkt	°C	3407	4744	5458
Dichte	g/cm³	6,092	8,57 (20 °C)	16,65

IV und V gewöhnlich am stabilsten. Niob und Tantal kommen hauptsächlich in der Oxidationsstufe V vor, sie bilden praktisch keine Kationen, sondern existieren nur in anionischen Verbindungen. Die Metalle sind wichtige Legierungsbestandteile von Stählen.

10.12.1 Vanadium

Eigenschaften, Darstellung, Verwendung: Vanadium ist ein stahlgraues, ziemlich hartes Metall, das durch eine dünne Oxidschicht vor dem Angriff von Luftsauerstoff und Wasser geschützt wird. Das reine Metall wird durch Reduktion von Vanadium(V)-oxid V_2O_5 mit Aluminium dargestellt. Vanadium wird hauptsächlich als Legierungsbestandteil von Stählen verwendet (vgl. D 3.3.3). Als Ferrovanadin werden Legierungen aus Vanadium und Eisen mit einem Vanadiumanteil von mindestens 50 Gew.-% V bezeichnet. Ihre Darstellung erfolgt durch Reduktion einer Mischung von Vanadium- und Eisenoxid mit Kohle.

Vanadiumverbindungen: In Kaliummonovanadat K_3VO_4, Kaliumdivanadat $K_4V_2O_7$ und Kaliummetavanadat KVO_3 hat Vanadium die Oxidationszahl V. Kaliummetavanadat liegt in wässriger Lösung in Form tetramerer $[V_4O_{12}]^{4-}$-Ionen vor. Im festen Zustand besteht es aus hochpolymeren VO_3^--Ketten. In beiden Fällen sind die Polyvanadationen aus über Ecken verknüpften VO_4-Tetraedern aufgebaut. Bei Zugabe von Säuren zu wässrigen Monovanadatlösungen erfolgt über die Bildung des Ions HVO_4^{2-} Aggregation unter Wasserabspaltung (Kondensation). Dabei entstehen Salze von Polyvanadinsäuren (unter anderem werden auch Metavanadate gebildet). Diese Säuren gehören zu den Isopolysäuren und sind dadurch charakterisiert, dass ihre Anionen außer den entsprechenden Schwermetallionen nur Sauerstoff und Wasserstoff enthalten.

10.13 Chromgruppe (VI. Nebengruppe)

Zur Chromgruppe gehören die hochschmelzenden Schwermetalle Chrom Cr, Molybdän Mo und Wolfram W, vgl. Tabelle 10-12.

10.13.1 Chrom

Vorkommen: Chromeisenstein (Chromit) $FeCr_2O_4$, Rotbleierz (Krokoit) $PbCrO_4$.

Eigenschaften, Darstellung: Chrom ist ein silberglänzendes, in reinem Zustand zähes, dehn- und schmiedbares Metall. Metallisches Chrom wird durch eine dünne, zusammenhängende Oxidschicht vor dem Angriff von Luftsauerstoff und Wasser geschützt. Es behält daher trotz seines negativen Standardelektrodenpotenzials (−0,74 V bezogen auf die Elektrodenreaktion $Cr \rightleftharpoons Cr^{3+} + 3\ e^-$) auch an feuchter Luft seinen metallischen Glanz. Darstellung des metallischen

Tabelle 10-12. Eigenschaften der Elemente der Chromgruppe

		Chrom	Molybdän	Wolfram
Elektronenkonfiguration		$[Ar]3d^5 4s$	$[Kr]4d^5 5s$	$[Xe]4f^{14}5d^4 6s^2$
Atomradius	pm	125	136	137
Schmelzpunkt	°C	1907	2623	3422
Siedepunkt	°C	2671	4639	5555
Dichte (20 °C)	g/cm³	7,19	10,22	19,3

Chroms aus Chromeisenstein: Nach der Abtrennung des Eisens wird Chrom(III)-oxid mit Aluminium zu metallischem Chrom reduziert:

$$Cr_2O_3 + 2\,Al \leftrightharpoons Al_2O_3 + 2\,Cr\ .$$

Verwendung: Chrom ist ein wichtiger Legierungsbestandteil von nichtrostenden Stählen. Es dient als Korrosionsschutz unedler Metalle, indem diese mit einer dünnen Chromschicht überzogen werden. Das Verchromen geschieht auf elektrochemischem Wege auf einer dichten Zwischenschicht aus Nickel, Cadmium oder Kupfer.

Chromverbindungen: Die wichtigsten Oxidationszahlen des Chroms sind III und VI. Beispiele sind Chrom(III)-chlorid $CrCl_3$ und Kaliumdichromat $K_2Cr_2O_7$. Zwischen beiden Oxidationsstufen besteht folgendes Redoxgleichgewicht:

$$2\,Cr^{3+} + 7\,H_2O \leftrightharpoons Cr_2O_7^{2-} + 14\,H^+ + 6\,e^-\ .$$

Das $Cr_2^{VI}O_7^{2-}$-Ion heißt Dichromation. Diese Redoxreaktion ist Grundlage für ein wichtiges maßanalytisches Verfahren (vgl. 4.7.2 und 9.2). Mit Kaliumdichromatlösungen bekannter Konzentration kann beispielsweise der Gehalt von Fe^{2+}-Ionen quantitativ bestimmt werden. Zwischen Dichromationen und Chromationen CrO_4^{2-} besteht in wässriger Lösung folgende von der Wasserstoffionenkonzentration abhängige Gleichgewichtsreaktion:

$$2\,CrO_4^{2-} + 2\,H^+ \leftrightharpoons Cr_2O_7^{2-} + H_2O\ .$$

10.13.2 Molybdän

Vorkommen: Molybdänglanz (Molybdänit) MoS_2, Gelbbleierz $PbMoO_4$.

Eigenschaften, Verwendung: Molybdän ist ein zinnweißes, hartes und sprödes Metall. Verwendung als Legierungsbestandteil in Stählen (Molybdänstähle sind besonders hart und zäh).

Molybdänverbindungen: Molybdän tritt in seinen Verbindungen hauptsächlich mit der Oxidationszahl IV oder VI auf. Beispiel für Molybdän(IV)-Verbindungen: Molybdän(IV)-sulfid MoS_2, das in einem Schichtgitter kristallisiert und sich durch leichte Spaltbarkeit und hohe Schmierfähigkeit auszeichnet. In der Oxidationsstufe VI bildet Molybdän wie Vanadium Isopolysäuren (vgl. 10.12.1).

10.13.3 Wolfram

Vorkommen: Wolfram $(Fe^{II}, Mn)WO_4$, Scheelit $CaWO_4$, Wolframocker $WO_3 \cdot xH_2O$.

Eigenschaften, Darstellung: Wolfram ist ein weißglänzendes Metall von hoher Festigkeit. Es hat mit 3422 °C den höchsten Schmelzpunkt aller Metalle. Die Darstellung erfolgt durch Reduktion von Wolfram(VI)-oxid WO_3 mit Wasserstoff. Das dabei entstehende Pulver wird zu größeren Stücken gesintert.

Verwendung: Legierungsbestandteil von Wolframstählen (z. B. Schnellarbeitsstählen), als Glühfäden in Lampen.

Wolframverbindungen: In seinen Verbindungen tritt Wolfram hauptsächlich mit der Oxidationszahl VI auf. Beim Ansäuern wässriger Natriumwolframatlösungen (Natriumwolframat Na_2WO_4) tritt Aggregation zu Isopolysäuren ein (vgl. Vanadium und Molybdän). Beispiel: Natriummetawolframat $Na_6[H_2W_{12}O_{40}]$ ist das Natriumsalz der Metawolframsäure. Wässrige Lösungen von Natriummetawolframat dienen als *Schwereflüssigkeit* (Dichte einer gesättigten Lösung: 3,1 g/cm^3) .

10.14 Mangangruppe (VII. Nebengruppe)

Zur Mangangruppe gehören Mangan Mn, Technetium Tc und Rhenium Re, vgl. Tabelle 10-13. Technetium kommt in der Natur nicht vor. Es entsteht z. B. beim Beschuss von Molybdän mit Deuteronen d (= $^2H^+$) und bei der Uranspaltung.

10.14.1 Mangan

Vorkommen: Braunstein (Pyrolusit) MnO_2, Braunit Mn_2O_3, Hausmannit Mn_3O_4, Manganspat $MnCO_3$ und als Bestandteil der in der Tiefsee vorkommenden Manganknollen.

Eigenschaften, Verwendung: Mangan ist ein sprödes, hartes silbergraues Metall. Es erhöht als Legierungsbestandteil des Stahls dessen Härte und Zähigkeit.

Manganverbindungen: In seinen Verbindungen kommt Mangan in den Oxidationszahlen I, II, III, IV, VI und VII vor. Kaliumpermanganat $KMn^{VII}O_4$ ist ein wichtiges Reagenz zur maßanalytischen Bestimmung (vgl. 4.7.2) von Reduktionsmitteln,

Tabelle 10-13. Eigenschaften der Elemente der Mangangruppe

		Mangan	Technetium	Rhenium
Elektronenkonfiguration		$[Ar]3d^5 4s^2$	$[Kr]4d^6 5s$	$[Xe]4f^{14} 5d^5 6s^2$
Atomradius	pm	137	135	137
Schmelzpunkt	°C	1246	2157	3186
Siedepunkt	°C	2061	4265	5596
Dichte	g/cm^3	7,21–7,44 [a]	11,5 (berechnet)	21,02 (20 °C)

[a] abhängig von der Modifikation .

wie z. B. Fe^{2+}-Ionen und Oxalationen $C_2O_4^{2-}$ sowie von Wasserstoffperoxid H_2O_2 und Nitritionen NO_2^-. Das Permanganation MnO_4^- wird dabei je nach dem pH-Wert der Lösung zu Mn^{2+} bzw. Mangandioxid $Mn^{IV}O_2$ reduziert (vgl. 9.2):

$$MnO_4^- + 8\,H^+ + 5\,e^- \leftrightharpoons Mn^{2+} + 4\,H_2O$$

(Reaktion in saurer Lösung) bzw.

$$MnO_4^- + 4\,H^+ + 3\,e^- \leftrightharpoons MnO_2\,(s) + 2\,H_2O$$

(Reaktion in neutraler oder alkalischer Lösung).

10.15 Eisenmetalle und Elementgruppe der Platinmetalle (VIII. Nebengruppe)

Zur *Elementgruppe der Eisenmetalle* gehören die in der 4. Periode der Nebengruppe VIIIA angeordneten Elemente Eisen Fe, Cobalt Co und Nickel Ni, vgl. Tabelle 10-14. Es sind Metalle mit hohem Schmelzpunkt und hoher Dichte. In ihren Verbindungen treten sie hauptsächlich mit den Oxidationszahlen II und III auf. Nickel kommt in seinen Verbindungen überwiegend in der Oxidationsstufe II vor.
Zur *Elementgruppe der Platinmetalle* gehören Ruthenium Ru, Rhodium Rh, Palladium Pd sowie Osmium Os, Iridium Ir und Platin Pt, vgl. Tabelle 10-14. Diese Elemente sind reaktionsträge. Sie zählen, da ihre Standardelektrodenpotenziale positiv sind, zu den Edelmetallen.

10.15.1 Eisen

Vorkommen: Magneteisenstein (Magnetit) Fe_3O_4, Roteisenstein (Hämatit) Fe_2O_3, Brauneisenstein $Fe_2O_3 \cdot xH_2O$, Spateisenstein (Siderit), $FeCO_3$ und Eisenkies (Pyrit) FeS_2.

Eigenschaften, Verwendung, Darstellung: Reines Eisen ist ein silberweißes, verhältnismäßig weiches Metall. Es kommt in drei Modifikationen vor: α-Eisen (kubisch raumzentriert), γ-Eisen (kubisch dichteste Kugelpackung) und δ-Eisen (kubisch raumzentriert). Die Umwandlungstemperatur zwischen α- und γ-Fe beträgt 906 °C, die zwischen γ- und δ-Fe 1401 °C. α-Eisen ist, wie auch Cobalt und Nickel, ferromagnetisch.
Bei der Curie-Temperatur von 768 °C wird es paramagnetisch. Das Standardelektrodenpotenzial (Fe/Fe^{2+}) ist −0,440 V. Daher ist reines Eisen recht reaktionsfähig. Von feuchter CO_2-haltiger Luft wird es angegriffen. Es bilden sich Eisen(III)-oxid-hydrate (Rost). Pulverförmiges, gittergestörtes Eisen entzündet sich von selbst an der Luft (pyrophores Eisen). Weiteres siehe D 3.3.
Zur Eisengewinnung werden die oxidischen Erze fast ausschließlich in Hochöfen reduziert, vgl. 9.3.3.
Eisenverbindungen: Eisen tritt in seinen Verbindungen hauptsächlich in den Oxidationszahlen II und III auf. Zwischen beiden Oxidationsstufen existiert folgendes Redoxgleichgewicht:

$$Fe^{2+} \leftrightharpoons Fe^{3+} + e^- \,.$$

Beispiele für Eisen(II)-Verbindungen: Eisensulfat $FeSO_4$, Beispiele für Eisen(III)-Verbindungen: Fe^{3+}-Ionen in Wasser: Beim Auflösen von Fe(III)-Salzen in Wasser bilden sich $[Fe(H_2O)_6]^{3+}$-Ionen. Bei Basenzusatz entstehen unter Braunfärbung kolloide Kondensate der Zusammensetzung $(FeOOH)_x \cdot yH_2O$.

10.15.2 Cobalt

Vorkommen: Speiskobalt (Skutterudit) $(Co,Ni)As_3$, Kobaltglanz (Cobaltit) CoAsS, Kobaltkies (Linneit) Co_3S_4.

Tabelle 10-14. Eigenschaften der Elemente der VIII. Nebengruppe

		Eisen	Cobalt	Nickel
Elektronenkonfiguration		$[Ar]3d^6 4s^2$	$[Ar]3d^7 4s^2$	$[Ar]3d^8 4s^2$
Atomradius	pm	124	125	125
Schmelzpunkt	°C	1538	1495	1455
Siedepunkt	°C	2861	2927	2913
Dichte (20 °C)	g/cm^3	7,874	8,9	8,902 (25 °C)
		Ruthenium	Rhodium	Palladium
Elektronenkonfiguration		$[Kr]4d^7 5s$	$[Kr]4d^8 5s$	$[Kr]4d^{10}$
Atomradius	pm	133	134	138
Schmelzpunkt	°C	2334	1964	1555
Siedepunkt	°C	4150	3695	2963
Dichte (20 °C)	g/cm^3	12,41	12,41	12,02
		Osmium	Iridium	Platin
Elektronenkonfiguration		$[Xe]4f^{14}5d^6 6s^2$	$[Xe]4f^{14}5d^7 6s^2$	$[Xe]4f^{14}5d^9 6s$
Atomradius	pm	134	136	137
Schmelzpunkt	°C	3033	2446	1768
Siedepunkt	°C	5012	4428	3825
Dichte	g/cm^3	22,57	22,42 (17 °C)	21,45 (20 °C)

Eigenschaften, Verwendung: Cobalt ist ein stahlgraues, glänzendes Metall. Von feuchter Luft wird Cobalt nicht angegriffen. Verwendet wird es z. B. als Bestandteil korrosionsbeständiger und hochwarmfester Legierungen. Ein Sinterwerkstoff aus Wolframcarbid WC in einer Cobaltmatrix von ca. 10 Gew.-% Cobalt wird als Widia („wie Diamant") bezeichnet. Es dient zur Herstellung von Schneidwerkzeugen.

10.15.3 Nickel

Vorkommen: Rotnickelkies (Nickelin) NiAs.

Eigenschaften, Darstellung: Nickel ist ein silberweißes, zähes Metall, das sich ziehen, walzen und schmieden lässt. Kompaktes Nickel ist gegenüber Luft und Wasser korrosionsbeständig. Weiteres siehe D 3.4.5. Da Nickelmineralien verhältnismäßig selten sind, wird es als Nebenprodukt bei der Aufbereitung von Kupferkies $CuFeS_2$ gewonnen.

Nickelverbindungen: Mit Kohlenmonoxid bildet Nickel bei hohen Temperaturen tetraedrisches Nickeltetracarbonyl $Ni(CO)_4$ (Oxidationszahl des Nickels 0). Die Bildung und anschließende Zersetzung von Nickeltetracarbonyl dient zur Reindarstellung von Nickel nach dem sog. Mond-Verfahren. Außer Nickel bilden auch andere Metalle der Nebengruppen VA bis VIIIA Kohlenmonoxidverbindungen, die als Metallcarbonyle bezeichnet werden.

10.16 Kupfergruppe (I. Nebengruppe)

Zur Kupfergruppe, vgl. Tabelle 10-15, gehören Kupfer Cu, Silber Ag und Gold Au. Sie besitzen positive Standardelektrodenpotenziale und sind daher Edelmetalle (vgl. 9.5.3). Kupfer, Silber und Gold kristallisieren in der kubisch-dichtesten Kugelpackung (vgl. 5.3.2).

10.16.1 Kupfer

Vorkommen: Kupferkies (Chalkopyrit) $CuFeS_2$, Buntkupfererz (Bornit) Cu_3FeS_3, Rotkupfererz (Cuprit) Cu_2O, Malachit $Cu_2(OH)_2CO_3$ und gediegen (elementar).

Eigenschaften, Verwendung: Kupfer ist ein hellrotes, verhältnismäßig weiches, schmied- und dehnbares Metall. Bei Raumtemperatur besitzt es nach dem Silber die zweithöchste elektrische Leitfähigkeit aller Metalle ($59{,}59 \cdot 10^6$ S/m, 20 °C).

Wichtiger Legierungsbestandteil z. B. in Messing (Cu-Zn-Legierungen), Bronzen (Kupferlegierungen mit mindestens 60% Cu) und Monel (Ni-Cu-

Tabelle 10-15. Eigenschaften der Elemente der Kupfergruppe

		Kupfer	Silber	Gold
Elektronenkonfiguration		$[Ar]3d^{10}4s$	$[Kr]4d^{10}5s$	$[Xe]4f^{14}5d^{10}6s$
Atomradius	pm	128	144	144
Schmelzpunkt	°C	1084,62[a]	961,78[a]	1064,18[a]
Siedepunkt	°C	2562	2162	2856
Dichte (20 °C)	g/cm^3	8,96	10,50	19,3

[a] Fixpunkt der ITS-90 .

Legierungen). Monel zeichnet sich durch große Korrosionsbeständigkeit, auch gegenüber Chlor und Fluor, aus. Weiteres siehe D 3.4.4.

Kupferverbindungen: Kupfer tritt in seinen Verbindungen hauptsächlich in den Oxidationszahlen I und II auf. Kupfer(I)-Verbindungen können leicht zu Kupfer(II)-Verbindungen oxidiert werden:

$$Cu^+ \rightarrow Cu^{2+} + e^- \ .$$

10.16.2 Silber

Vorkommen: Silberglanz (Argenit) Ag_2S, Hornsilber AgCl, in silberhaltigen Erzen (z. B. Bleiglanz PbS (0,01 bis 1 Gew.-% Ag) und Kupferkies $CuFeS_2$) und gediegen.

Eigenschaften, Verwendung: Silber ist ein weißglänzendes, weiches, dehnbares Metall. Bei Raumtemperatur hat es die höchste elektrische Leitfähigkeit aller Metalle ($63{,}01 \cdot 10^6$ S/m, 20 °C). Silber wird als kupferhaltige Legierung (zur Erhöhung der Härte) in der Schmuckindustrie, als Münzmetall und zum Versilbern von Gebrauchsgegenständen verwendet. Insbesondere Silberbromid AgBr wird in der Photographie eingesetzt (s. u.).

Silberverbindungen: In seinen Verbindungen tritt Silber hauptsächlich mit der Oxidationszahl I auf: Silberchlorid AgCl, Silberbromid AgBr und Silberiodid AgI. Die genannten Halogenide sind in Wasser schwerlöslich (vgl. 8.8). Durch Licht werden sie gemäß folgender Bilanzgleichung zersetzt:

$$AgX + h\nu \rightarrow Ag + 1/2\ X_2$$

$h\nu$ Photon hinreichend hoher Energie; X = Cl, Br oder I.

10.16.3 Gold

Vorkommen: Hauptsächlich gediegen.

Eigenschaften, Verwendung: Gold ist ein rötlichgelbes, weiches Metall. Neben Kupfer, Caesium, Calcium, Strontium und Barium ist Gold das einzige Metall, das das Licht des sichtbaren Spektrums nicht fast vollständig reflektiert und deshalb farbig erscheint. Legiertes Gold wird u. a. zur Schmuckherstellung, als Zahngold und für elektrische Kontakte in der Elektronik verwendet. In seinen Verbindungen tritt Gold mit den Oxidationszahlen I, III und V auf. Beispiele für Goldverbindungen sind: Gold(III)-chlorid $AuCl_3$ und Gold(V)-fluorid AuF_5.

10.17 Zinkgruppe (II. Nebengruppe)

Zur Zinkgruppe, vgl. Tabelle 10-16, gehören Zink Zn, Cadmium Cd und Quecksilber Hg. Die Standardelektrodenpotenziale von Zink und Cadmium sind negativ, das des Quecksilbers ist positiv. Quecksilber ist also ein edles Metall. Zink und Cadmium kommen hauptsächlich in der Oxidationszahl II vor. Quecksilber tritt in seinen Verbindungen häufig auch in der Oxidationsstufe I auf. An der Luft überziehen sich Zink und Cadmium mit einer dünnen Deckschicht (Oxid, Hydroxid, Carbonat), die sie vor weiterem Angriff durch Wasser und Sauerstoff schützt.

10.17.1 Zink

Vorkommen: Zinkblende ZnS (kubisch) bzw. Wurtzit ZnS (hexagonal) (natürliche Modifikationen des Zinksulfids ZnS), Zinkspat $ZnCO_3$.

Eigenschaften, Verwendung, Darstellung: Zink ist ein bläulichweißes Metall, das bei Raumtemperatur recht spröde ist. Seinem Standardelektrodenpotenzial entsprechend (–0,762 V bezogen auf die Elektrodenreaktion $Zn \leftrightharpoons Zn^{2+} + 2\ e^-$) reagiert Zink mit Säuren unter Bildung von Wasserstoff, z. B.:

$$Zn + 2\ HCl \leftrightharpoons ZnCl_2 + H_2(g)\ .$$

Tabelle 10-16. Eigenschaften der Elemente der Zinkgruppe

		Zink	Cadmium	Quecksilber
Elektronen-konfiguration		$[Ar]3d^{10}4s^2$	$[Kr]4d^{10}5s^2$	$[Xe]4f^{14}5d^{10}6s^2$
Atomradius	pm	133	149	150
Schmelzpunkt	°C	419,527 [a]	321,1	-38,83
Siedepunkt	°C	907	767	356,73
Dichte (20 °C)	g/cm^3	7,133 (25 °C)	8,65	13,546

[a] Fixpunkt der ITS-90 .

Zink ist Legierungsbestandteil z. B. von Messing (Cu-Zn-Legierung) und dient als dünner Überzug zum Korrosionsschutz von Eisen und Stahl. Über die Anwendung des Zinks in Primärelementen siehe 9.7.
Die Darstellung erfolgt entweder durch Reduktion von Zinkoxid ZnO mit Kohle oder elektrochemisch durch Elektrolyse wässriger Zinksulfatlösungen.

10.17.2 Quecksilber

Vorkommen: Zinnober HgS (Quecksilber(II)-sulfid), gediegen (elementar) in Form kleiner Tröpfchen.

Eigenschaften, Verwendung: Quecksilber ist das einzige bei Raumtemperatur flüssige Metall, Schmelzpunkt −38,84 °C, Dichte des flüssigen Quecksilbers 13,546 g/cm^3 (20 °C). Der Sättigungsdampfdruck des flüssigen Hg beträgt bei 25 °C 0,25 Pa. Quecksilberdämpfe sind stark toxisch (MAK-Wert: 0,01 ppm). Quecksilberlegierungen heißen Amalgame. Einige Amalgame, wie z. B. Silberamalgam, sind unmittelbar nach der Herstellung weich und knetbar und erhärten nach einiger Zeit. Aufgrund dieser Eigenschaft wird Silberamalgam für Zahnfüllungen eingesetzt. Verwendung von reinem Quecksilber in Thermometern und Barometern.

Quecksilberverbindungen: Hg(I)-Verbindungen enthalten die dimeren Ionen Hg_2^{2+}, Beispiel: Quecksilber(I)chlorid (Kalomel) Hg_2Cl_2. Beispiel einer Hg(II)-Verbindung: Quecksilber(II)-chlorid (Sublimat) $HgCl_2$. Im festen Zustand existiert diese Verbindung in Form von $HgCl_2$-Molekülen. Auch in wässriger Lösung bleiben diese Teilchen weitgehend erhalten. Das haben z. B. Untersuchungen der Gefrierpunktserniedrigung (vgl. 8.2.2) und Messungen des osmotischen Druckes (vgl. 8.2.3) an wässrigen $HgCl_2$-Lösungen bewiesen. Quecksilber(II)-chlorid ist also kein typisches Salz, sondern eine Verbindung mit hohem kovalenten Bindungsanteil. $HgCl_2$ hat den Trivialnamen Sublimat, weil es leicht sublimiert.

10.18 Die Lanthanoide

Bei der Elementgruppe der Lanthanoide (früher: Lanhanide) werden die 4f-Niveaus der Elektronenhülle aufgebaut (vgl. 2.1). Zu dieser Gruppe gehören die auf das Lanthan ($_{57}La$) folgenden 14 Elemente Cer Ce, Praseodym Pr, Neodym Nd, Promethium Pm, Samarium Sm, Europium Eu, Gadolinium Gd, Terbium Tb, Dysprosium Dy, Holmium Ho, Erbium Er, Thulium Tm, Ytterbium Yb und Lutetium Lu, vgl. Tabelle 10-17. Heute wird häufig auch das Lanthan selbst zu den Lanthanoiden gerechnet.
Der Sammelname Seltenerdmetalle bezeichnet die Lanthanoide zusammen mit Lanthan, Scandium und Yttrium.

Lanthanoidenkontraktion: Unter der Lanthanoidenkontraktion versteht man die monotone Abnahme der Ionenradien mit steigender Ordnungszahl (vgl. Tabelle 10-17). Die Lanthanoidenkontraktion ist eine Folge der wachsenden Kernladungszahl bei gleichzeitiger Auffüllung der inneren 4f-Niveaus. Sie ist der Grund dafür, dass die auf die Lanthanoide in der 6. Periode folgenden Elemente (Hafnium, Tantal, Wolfram usw.) fast die gleichen Ionenradien aufweisen wie ihre leichteren Homologen (Zirconium, Niob, Molybdän usw.) in der 5. Periode.

Eigenschaften: Die Lanthanoide sind silberweiße, sehr reaktionsfähige Metalle. Die Standardelektrodenpotenziale liegen zwischen −2,48 V (Cer) und −2,25 V (Lutetium) (bezogen auf die Elektrodenreaktion $Me \leftrightharpoons Me^{3+} + 3\ e^-$). Die Metalle reagieren mit Wasser unter Wasserstoffentwicklung. Da sich

Tabelle 10-17. Eigenschaften der Lanthanoide

	Elektronen-konfiguration	Atomradius pm	Radius des M^{3+}-Ions pm	Schmelz-punkt °C	Siede-punkt °C	Kristall-struktur	Dichte (25 °C) g/cm^3
Cer	$[Xe]4f^1sd^16s^2$	182,5	115	798	3443	kd	6,770
Praseodym	$[Xe]4f^36s^2$	182,8	113	931	3520	hds	6,773
Neodym	$[Xe]4f^46s^2$	182,1	112	1021	3074	hds	7,008
Promethium	$[Xe]4f^56s^2$	181,1	111	1042	3000	hds	7,264
Samarium	$[Xe]4f^66s^2$	180,4	110	1074	1794	rhomb	7,520
Europium	$[Xe]4f^76s^2$	204,2	109	822	1527	krz	5,244
Gadolinium	$[Xe]4f^75d6s^2$	180,1	108	1313	3273	hd	7,901
Terbium	$[Xe]4f^96s^2$	178,3	106	1356	3230	hd	8,230
Dysprosium	$[Xe]4f^{10}6s^2$	177,4	105	1412	2567	hd	8,551
Holmium	$[Xe]4f^{11}6s^2$	176,4	104	1474	2700	hd	8,795
Erbium	$[Xe]4f^{12}6s^2$	175,7	103	1529	2868	hd	9,066
Thulium	$[Xe]4f^{13}6s^2$	174.6	102	1545	1950	hd	9,321
Ytterbium	$[Xe]4f^{14}6s^2$	193,9	101	819	1196	kd	6,966
Lutetium	$[Xe]4f^{14}5d6s^2$	173,5	100	1663	3402	hd	9,841

kd kubisch dichteste Kugelpackung, hd hexagonal dichteste Kugelpackung, krz kubisch raumzentriert, rhomb rhomboedrisch, hds dichteste Kugelpackung mit der Stapelsequenz A B A C ... (Lanthan-Typ)

die Lanthanoide im Wesentlichen nur in der Elektronenkonfiguration des 4f-Niveaus, das nur geringen Einfluss auf die chemischen Eigenschaften hat, unterscheiden, ähneln sich diese Elemente chemisch außerordentlich. Daher bereitete ihre Trennung und Reindarstellung lange Zeit erhebliche Schwierigkeiten. Heute werden die Lanthanoide entweder durch Ionenaustausch mit Kationenaustauschern oder durch Flüssig-Flüssig-Extraktionsverfahren getrennt.

Die reinen Metalle werden durch Reduktion der Trichloride (Ce bis Gd) bzw. der Trifluoride (Tb, Dy, Ho, Er, Tm und Y) mit Calcium bei 1000 °C dargestellt. Promethium wird durch Reduktion von PmF_3 mit Lithium erhalten.

In den Verbindungen treten die Lanthanoide hauptsächlich als Kationen mit der Ladungszahl +3 auf. Cer bildet auch Ce^{4+}-Ionen, Samarium, Europium und Ytterbium auch Me^{2+}-Ionen.

Verwendung: Aufgrund ihres Fluoreszenz- bzw. Lumineszenzverhaltens werden z. B. Terbium, Holmium und Europium als Oxidphospore in Bildröhren verwendet. Eine Legierung, die neben Eisen leichtere Lanthanoidmetalle enthält, wird als Zündstein in Feuerzeugen eingesetzt. Darüber hinaus finden Lanthanoide u. a. zur Herstellung farbiger Gläser, in Feststoffasern (z. B. Nd Laser) und als Legierungsbestandteile in hartmagnetischen Werkstoffen Verwendung.

10.19 Die Actinoide

Bei der Elementgruppe der Actinoide (früher: Actinide) werden die 5f-Niveaus der Elektronenhülle aufgebaut (vgl. 2.1). Die Gruppe umfasst die auf das Actinium ($_{89}Ac$) folgenden 14 Elemente Thorium Th, Protactinium Pa, Uran U, Neptunium Np, Plutonium Pu, Americium Am, Curium Cm, Berkelium Bk, Californium Cf, Einsteinium Es, Fermium Fm, Mendelevium Md, Nobelium No und Lawrencium Lr, vgl. Tabelle 10-18. Heute wird häufig auch das Actinium selbst mit zu den Actinoiden gerechnet. Die auf das Uran folgenden Elemente heißen Transurane.

Eigenschaften: Die Actinoide sind sehr reaktionsfähige Metalle. Die Standardelektrodenpotenziale liegen zwischen −1,17 V (Thorium) und −2,07 V (Americium) (bezogen auf die Elektrodenreaktion $Me \leftrightharpoons Me^{3+} + 3e^-$). Frische Metalloberflächen oxidieren rasch an der Luft. Im feinverteilten Zustand sind die Actinoide pyrophor, d. h. sie entzünden sich von selbst an der Luft. Alle Actinoide und ihre Verbindungen sind stark toxisch. In den Verbindungen treten die Actinoide mit Oxidationszahlen

Tabelle 10–18. Eigenschaften der Actinoide

	Elektronen-konfiguration	Atomradius pm	Schmelzpunkt °C	Siedepunkt °C	Dichte g/cm³
Thorium	$[Rn]6d^27s^2$	180	1750	4788	11,72
Protactinium	$[Rn]5f^26d7s^2$	164	1572		15,37
Uran	$[Rn]5f^36d7s^2$	154	1132	4131	18,95
Neptunium	$[Rn]5f^57s^2$	150	640	3903	20,25
Plutonium	$[Rn]5f^67s^2$	152	641	3228	19,84
Americium	$[Rn]5f^77s^2$	173	994	2011	13,67
Curium	$[Rn]5f^76d7s^2$	174	1340		13,51
Berkelium	$[Rn]5f^97s^2$	170	986		
Californium	$[Rn]5f^{10}7s^2$	169	900		
Einsteinium	$[Rn]5f^{11}7s^2$	(169)			
Fermium	$[Rn]5f^{12}7s^2$	(194)			
Mendelevium	$[Rn]5f^{13}7s^2$	(194)			
Nobelium	$[Rn]5f^{14}7s^2$	(194)			
Lawrencium	$[Rn]5f^{14}6d7s^2$	(171)			

zwischen II und VII auf. Thorium kommt in seinen Verbindungen praktisch nur mit der Oxidationszahl IV vor (z. B. Thoriumnitrat $Th^{IV}(NO_3)_4$). Bei Uranverbindungen werden Oxidationszahlen zwischen III und VI beobachtet, wobei IV und VI die beständigsten sind (z. B. Uranylnitrat $U^{VI}O_2(NO_3)_2$). Neptunium und Plutonium treten in ihren Verbindungen mit Oxidationszahlen zwischen III und VII auf, wobei V (Np) bzw. IV (Pu) die beständigsten sind. Bis auf die natürlich vorkommenden Actinoide Thorium, Protactinium und Uran (in winzigen Mengen kommen auch ^{237}Np, ^{239}Np und ^{239}Pu in Uranerzen vor) werden die Elemente dieser Gruppe künstlich durch Kernreaktionen dargestellt. Dabei wird vor allem die Bestrahlung von Uran, Plutonium und Americium mit Neutronen angewendet. Bei diesen Verfahren entstehen durch Neutroneneinfang bevorzugt β^--aktive Nuklide. Beim β^--Zerfall erhöht sich die Ordnungszahl um eine Einheit:

$$^{A}_{Z}X \xrightarrow{n,\gamma} {}^{A+1}_{Z}X \xrightarrow{\beta^-} {}^{A+1}_{Z+1}Y$$

X, Y Elemente der Ordnungszahl Z bzw. $Z + 1$, A Massenzahl.

10.19.1 Thorium

Vorkommen: Monazit $(Ce,Th)[(P, Si)O_4]$.

Wichtiges Isotop: $^{232}_{90}Th$, Häufigkeit 100%, Halbwertszeit $T_{1/2} = 1{,}405 \cdot 10^{10}$ a, Zerfall: α, γ. ^{232}Th ist Ausgangsnuklid für die Gewinnung von ^{233}U, das mit thermischen Neutronen spaltbar ist (vgl. B 17.4). Die Darstellung von ^{233}U erfolgt in einem Brutreaktor. Der Zweck eines derartigen Brutreaktors ist die Erzeugung von spaltbaren Stoffen aus nicht spaltbaren Nukliden. Als Brutreaktoren für die Gewinnung von ^{233}U können z. B. gasgekühlte Hochtemperaturreaktoren eingesetzt werden. Der Brutvorgang kann mit folgender Umsatzgleichung beschrieben werden:

$$^{232}Th\,(n, \gamma)\,^{233}Th \xrightarrow{\beta^-} {}^{233}Pa \xrightarrow{\beta^-} {}^{233}U\,.$$

10.19.2 Uran

Vorkommen: Uranpecherz (Uranpechblende) UO_2, Uraninit U_3O_8, Uranglimmer (z. B.: Torbernit $Cu(UO_2)_2(PO_4)_2 \cdot 8\,H_2O$), im Meerwasser mit 3,2 mg U pro Tonne.

Wichtige Isotope: $^{238}_{92}U$ relative Häufigkeit 99,276 Gew.-%, $T_{1/2} = 4{,}468 \cdot 10^9$ a, Zerfall: α, γ; ^{235}U, relative Häufigkeit 0,7205 Gew.-%, $T_{1/2} = 7{,}038 \cdot 10^8$ a, Zerfall: α, γ; ^{233}U $T_{1/2} = 1{,}585 \cdot 10^5$ a, Zerfall: α, γ (Gewinnung von ^{233}U siehe 10.19.1). Die Trennung der beiden natürlich vorkommenden Isotope ^{235}U und ^{238}U kann durch fraktionierte Diffusion von gasförmigem Uranhexafluorid UF_6 erfolgen. Weitere

Verfahren zur Isotopentrennung sind z. B. Ultrazentrifugation, Thermodiffusion und optische Verfahren. Die Isotope ^{235}U und ^{233}U sind mit thermischen Neutronen spaltbar und dienen daher als Kernbrennstoff für Kernreaktoren. Anfangs wurde ^{235}U auch zur Herstellung der Atombomben verwendet. $^{238}_{92}U$ ist Ausgangsmaterial für die Gewinnung von spaltbarem Plutonium $^{239}_{94}Pu$ in Brutreaktoren:

$$^{238}\mathrm{U}\,(\mathrm{n},\gamma)\,^{239}\mathrm{U} \xrightarrow{\beta^-} {}^{239}\mathrm{Np} \xrightarrow{\beta^-} {}^{239}\mathrm{Pu}\,.$$

Die Trennung von Uran, Plutonium und Spaltprodukten erfolgt mit einem Wiederaufarbeitungsverfahren. Ein Beispiel ist das Purex-Verfahren (Plutonium and Uranium Recovery by Extraction). Bei diesem Extraktionsverfahren werden die Kernbrennstoffe in wässriger Salpetersäure gelöst und anschließend Uran und Plutonium extrahiert. Als Extraktionsmittel dient ein Gemisch aus Tri-n-butylphosphat mit Dodecan oder mit Kerosin.

10.19.3 Plutonium

Wichtiges Isotop: $^{239}_{94}Pu$, α-Strahler, Halbwertszeit $T_{1/2} = 2{,}411 \cdot 10^4$ a, wird bei der Bestrahlung von $^{238}_{92}U$ mit Neutronen gebildet (siehe 10.19.2). Wie ^{233}U und ^{235}U ist auch ^{239}Pu durch thermische Neutronen spaltbar. Es ist daher als Brennstoff für Kernreaktoren und als Spaltmaterial für Kernwaffen geeignet.

11 Organische Verbindungen

11.1 Organische Chemie: Überblick

Als *organische Chemie* wird die Chemie der Kohlenstoffverbindungen zusammengefasst. Jedoch werden die verschiedenen Modifikationen des Kohlenstoffs und die Oxide des Kohlenstoffs, die Carbonate, Carbide und die Metallcyanide, zur anorganischen Chemie gerechnet. Die meisten organischen Verbindungen enthalten neben Kohlenstoff nur verhältnismäßig wenige andere Elemente, vor allem Wasserstoff, Sauerstoff, Stickstoff und Halogene.
Die Besonderheit des Kohlenstoffs besteht darin, dass er in fast unbegrenztem Maße Bindungen mit sich selbst eingehen und auf diese Weise ketten- und ringförmige Strukturen ausbilden kann. Überschreitet die molare Masse einen gewissen, eigenschaftsabhängigen Wert, spricht man von Makromolekülen (s. 12).
Nach der Art des Aufbaus der Kohlenstoffgerüste wird zwischen folgenden Verbindungsklassen unterschieden:

- *Aliphatische Verbindungen* enthalten unverzweigte oder verzweigte Kohlenstoffketten.
- *Alicydische Verbindungen* sind durch unterschiedlich große Kohlenstoffringe charakterisiert. In der Bindungsart ähneln sie den aliphatischen Verbindungen.
- *Aromatische Verbindungen* sind zusätzlich zu einem ebenen, ringförmigen Aufbau durch besondere Bindungsverhältnisse charakterisiert (siehe 11.3).
- *Heterocyclische Verbindungen* sind ebenfalls ringförmig aufgebaut. Der Ring enthält jedoch neben Kohlenstoff auch andere Atome (sog. Heteroatome), vgl. Tabelle 11-3.

11.2 Isomerie bei organischen Molekülen

Chemische Verbindungen nennt man isomer, wenn sie bei gleicher quantitativer Zusammensetzung – also bei gleicher Summenformel – strukturell verschieden aufgebaut sind. Im Folgenden wird zwischen *Struktur-* und *Stereoisomerie* unterschieden.
Isomere Stoffe unterscheiden sich in physikalischen und chemischen Eigenschaften, z. B. durch die Schmelz- und Siedepunkte, die Löslichkeit, die Kristallform sowie durch ihr Verhalten im polarisierten Licht.

11.2.1 Strukturisomerie

Strukturisomere Verbindungen unterscheiden sich voneinander durch eine unterschiedliche Atomverknüpfung in den Molekülen. Zum Teil treten bei diesem Isomerietyp auch unterschiedliche Bindungsarten auf.

Beispiele

- Die strukturisomeren Verbindungen Ethanol (Ethylalkohol) und Dimethylether haben beide dieselbe Summenformel C_2H_6O, weisen aber verschiedene Strukturen mit unterschiedlichen Atomverknüpfungen auf. Ethanol und Dimethylether zeigen neben unterschiedlichen physikalisch-chemischen Eigenschaften auch verschiedenartiges chemisches Verhalten. So reagiert Ethanol im Gegensatz zu Dimethylether mit metallischem Natrium unter Bildung von gasförmigem Wasserstoff und Natriumalkoholat.

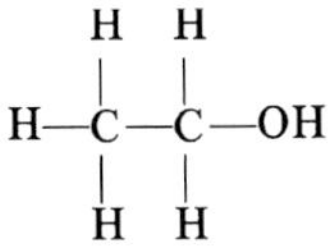

Ethanol
T_{lg} = 78,5 °C
(T_{lg} Siedepunkt).

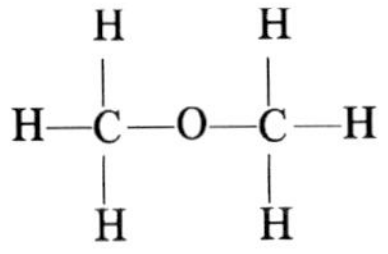

Dimethylether
T_{lg} = −24,9 °C

– Bei dem gesättigten Kohlenwasserstoff Butan (vgl. 11.3.1) sind folgende strukturisomere Verbindungen möglich (Summenformel C_4H_{10}):

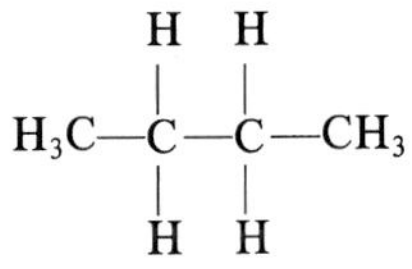

Butan
T_{lg} = −0,5 °C

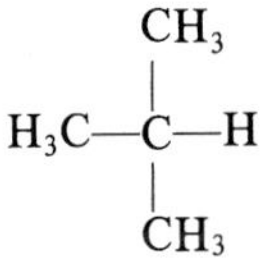

Isobutan
T_{lg} = −11,6 °C

11.2.2 Stereoisomerie

Stereoisomere Verbindungen zeigen unterschiedliche räumliche Anordnung von Atomen oder Atomgruppen im Molekül.
Nachfolgend werden zwei Typen der Stereoisomerie näher beschrieben: die *cis-trans-Isomerie* und die *Spiegelbildisomerie*.

Cis-trans-Isomerie

Dieser Isomerietyp tritt z. B. bei den Derivaten des Ethylens auf, bei denen infolge der Doppelbindung die freie Drehbarkeit um die C–C-Achse durch eine hohe Energiebarriere aufgehoben ist (vgl. 11.3.1). Die Atome oder Atomgruppen können zwei stabile, durch unterschiedliche Atomabstände gekennzeichnete Lagen einnehmen.

Beispiel: 1,2-Dichlorethylen $C_2H_2Cl_2$:

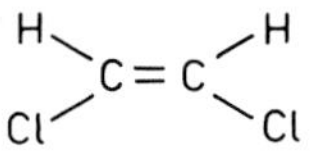

cis-1,2-Dichlorethylen
T_{lg} = 60,3 °C

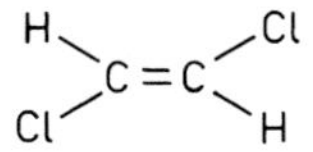

trans-1,2-Dichlorethylen
T_{lg} = 47,5 °C

Der Abstand der Cl-Atome unterscheidet sich bei den beiden Chlorkohlenwasserstoffen. Er beträgt bei der cis-Form dieser Verbindung 370 pm und bei der trans-Form 470 pm.

Spiegelbildisomerie

Spiegelbildisomerie tritt bei Molekülen auf, die in zwei zueinander spiegelbildlichen, aber nicht deckungsgleichen Formen auftreten. Dieser Isomerietyp ist bei allen Verbindungen, die ein asymmetrisches Kohlenstoffatom enthalten, vorhanden. Ein solches C-Atom ist dadurch gekennzeichnet, dass an ihm vier unterschiedliche Atome oder Atomgruppen (sog. Liganden) tetraedrisch gebunden sind. Das chemische Verhalten der beiden spiegelbildisomeren Formen, die auch als optische Antipoden bezeichnet werden, ist bei fast allen Reaktionen völlig gleich. Zwei Spiegelbildisomere unterscheiden sich aber z. B. dadurch, dass sie die Ebene des linear polarisierten Lichtes in entgegengesetzte Richtung drehen. Spiegelbildisomerie wird bei den meisten organischen Naturstoffen, so z. B. bei Kohlenhydraten und Proteinen, beobachtet.

Beispiel:

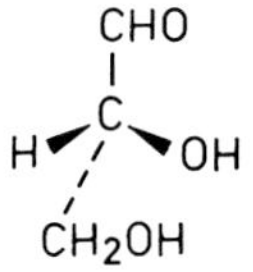

D(+)-Glycerinaldehyd

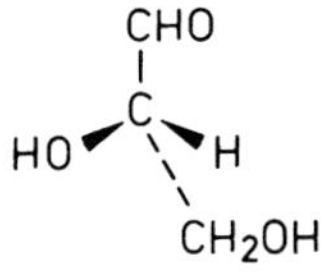

L(−)-Glycerinaldehyd

Die Buchstaben d und l kennzeichnen die Konfiguration am asymmetrischen C-Atom. Die Vorzeichen + und − geben die Drehrichtung der Polarisationsebene des linear polarisierten Lichtes an.

11.3 Kohlenwasserstoffe

Kohlenwasserstoffe sind ausschließlich aus Kohlenstoff und Wasserstoff aufgebaut. Kohlenwasserstof-

Tabelle 11-1. Einteilung der Kohlenwasserstoffe (KW)

aliphatische Kohlenwasserstoffe			cyclische Kohlenwasserstoffe	
Alkane	Alkene	Alkine	alicyclische KW	aromatische KW
$H_3C{-}CH_3$	$H_2C{=}CH_2$	$HC{\equiv}CH$	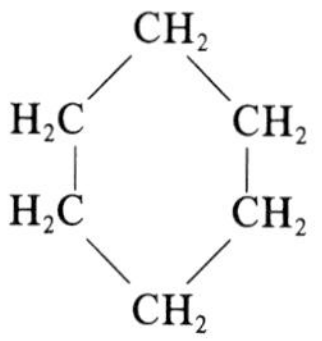	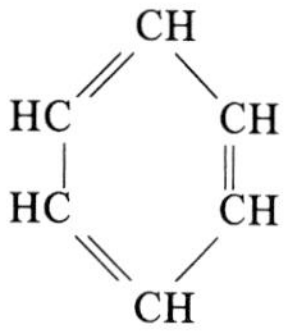
Ethan	Ethylen (Ethen)	Acetylen (Ethin)	Cyclohexan	Benzol

fe mit kettenförmiger Anordnung der C-Atome heißen aliphatische Kohlenwasserstoffe. Sind die Kohlenstoffatome ringförmig angeordnet, so spricht man von ringförmigen oder cyclischen Kohlenwasserstoffen. Diese werden nach der Art der Bindung in alicyclische und aromatische Kohlenwasserstoffe unterteilt (vgl. Tabelle 11-1).

11.3.1 Aliphatische Kohlenwasserstoffe

Alkane C_nH_{2n+2}

Alkane (früher: Paraffine) sind unverzweigte und verzweigte Kohlenwasserstoffe, die ausschließlich C–H- und C–C-Einfachbindungen enthalten. Verbindungen, die nur einfache C–C-Bindungen enthalten, werden als gesättigt bezeichnet.

Die Zusammensetzung der Alkane wird durch die Summenformel

$$C_nH_{2n+2}$$

beschrieben. Die Alkane sind das einfachste Beispiel einer homologen Reihe. Darunter versteht man eine Gruppe von Verbindungen, deren einzelne Glieder sich durch eine bestimmte Atomgruppierung (hier CH_2) oder ein Vielfaches davon unterscheiden. Glieder einer homologen Reihe zeigen große Ähnlichkeit im chemischen Verhalten.

Nomenklatur

Die ersten vier Glieder der Alkane werden mit sog. Trivialnamen bezeichnet und heißen:
Methan CH_4
Ethan $H_3C–CH_3$
Propan $H_3C–CH_2–CH_3$
Butan $H_3C–CH_2–CH_2–CH_3$
Die Namen der höheren Glieder bestehen aus einem Stamm, der von einem griechischen Zahlwort hergeleitet ist, und der Endung -an (siehe Tabelle 11-2).
Benennung verzweigter Alkane: Die Bezeichnungen der Seitenketten werden der längsten vorhandenen Kette vorangestellt. Die längste Kette wird von einem Ende zum anderen nummeriert. Dabei wählt man die Richtung derart, dass Verzweigungsstellen möglichst niedrige Nummern erhalten.

Beispiel: Die Verbindung Isobutan (vgl. 11.2.1)

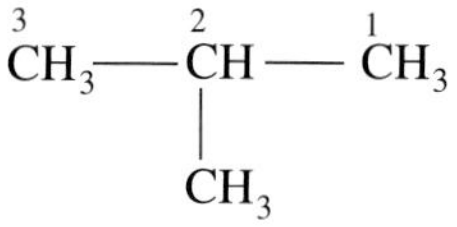

hat den systematischen Namen 2-Methylpropan.

Tabelle 11-2. Schmelz- und Siedepunkte der Alkane, T_{sl} und T_{lg} (bezogen auf 101 325 Pa) (vgl. auch Tabelle 5-2)

Name	Formel	T_{sl}/°C	T_{lg}/°C
Methan	CH_4	−182	−164
Ethan	C_2H_6	−183,3	−88,6
Propan	C_3H_8	−189,7	−42,1
Butan	C_4H_{10}	−138,4	−0,5
Pentan	C_5H_{12}	−130	36,1
Hexan	C_6H_{14}	−95,0	69,0
Heptan	C_7H_{16}	−90,6	98,4
Octan	C_8H_{18}	−56,8	125,7
Nonan	C_9H_{20}	−51	150,8
Decan	$C_{10}H_{22}$	−29,7	174,1
Undecan	$C_{11}H_{24}$	−25,6	196,8
Dodecan	$C_{12}H_{26}$	−9,6	216,3

Benennung der Alkyl-Reste: Alkyl-Reste entstehen aus Alkanen durch Wegnahme eines endständigen Wasserstoffatoms. Diese Reste werden benannt, indem man die Endung -an im Namen des entsprechenden Alkans durch -yl ersetzt.

Beispiele: Die Alkyl-Reste CH_3–, CH_3–CH_2–, und CH_3–CH_2–CH_2– heißen Methyl, Ethyl bzw. Propyl.

Für die folgenden verzweigten Alkyl-Reste werden unsystematische Namen verwendet:
Isopropyl $(CH_3)_2CH$–
Isobutyl $(CH_3)_2CH$-CH–
sec-Butyl H_3C–CH_2–$(CH_3)CH$–
tert-Butyl $(CH_3)_3C$–
(sec sekundär, tert tertiär)

Struktur des Methans

Im Methanmolekül sind die vier C–H-Bindungen tetraedrisch angeordnet. Der Valenzwinkel (H–C–H-Winkel) ist 109°28′. Die Elektronenzustände am C-Atom sind beim Methan wie auch bei allen anderen Alkanen sp^3-hybridisiert (vgl. 3.1.3.

Eigenschaften, Reaktionen

Die Alkane sind farblose Verbindungen. Die niedrigen Glieder der Reihe bis einschließlich Butan sind bei Raumtemperatur gasförmig, die mittleren bis zum Hexadekan ($C_{16}H_{34}$) flüssig und die höheren fest (vgl. Tabellen 5-2 und 11-2).
Die Alkane sind recht reaktionsträge und verbinden sich nur mit wenigen Substanzen direkt, so z. B. mit Sauerstoff.

Verbrennungsreaktionen der Alkane

Die Verbrennungsreaktionen (vgl. 9.3.1) der Alkane sind wie die aller Kohlenwasserstoffe stark exotherm. Daher werden diese Reaktionen technisch in großem Maße zur Energiegewinnung genutzt (Alkane sind die Hauptbestandteile von Erdgas, Benzin, Heizöl und Dieselkraftstoff).
Gasmischungen, die aus Alkanen oder aus anderen Kohlenwasserstoffen und Luft bestehen, reagieren in bestimmten Bereichen der Zusammensetzung explosiv, teilweise sogar detonativ (vgl. 7.8). Ähnliches Verhalten zeigen auch viele andere organische Verbindungen. In Tabelle 11-3 sind die Explosionsgrenzen für einige organische Substanzen aufgeführt.

Tabelle 11-3. Explosionsgrenzen des Wasserstoffs und einiger organischer Verbindungen in Luft bei 20 °C und 101 325 Pa. Die oberen Explosionsgrenzen der bei Raumbedingungen flüssigen Verbindungen wurden bei den in Klammern aufgeführten Temperaturen angegeben. ϕ_{uL}, ϕ_{oL} Volumenanteil des Brennstoffs an der unteren bzw. oberen Explosionsgrenze
k. A.: keine Temperaturangabe
Z: reines Acetylen kann explosiv in die Elemente zerfallen.
Die aufgeführten Werte sind der Datenbank *chemsafe* und dem Tabellenwerk Brandes, W.; Möller, W.: Sicherheitstechnische Kenngrößen. Bremerhaven: Wirtschaftsverlag NW 2003 entnommen

Substanz	ϕ_{uL} (%)	ϕ_{oL} (%)
Methan	4,4	17,0
Ethan	2,4	14,3
Propan	1,7	10,8
Butan	1,4	9,4
Ethylen	2,4	32,6
Acetylen	2,3	100 (Z)
Benzol	1,2	≈ 8,6 (k. A.)
Toluol	1,1	7,8 (k. A.)
Methanol	6,0	50 (100 °C)
Ethanol	3,1	27,7 (100 °C)
Formaldehyd	7,0	73,0 (k. A.)
Acetaldehyd	4,0	57,0 (k. A.)
Aceton	2,5	14,3 (100 °C)
Ameisensäure	10,0	45,5 (100 °C)
Essigsäure	≈ 4,0	≈ 17,0 (k. A.)
Essigsäureethylester	2,0	12,8 (100 °C)
Diethylether	1,7	36,0 (k. A.)
Wasserstoff	4,0	77,0

Wichtige Alkane

Schmelz- und Siedepunkte, kritische Daten und die MAK-Werte einiger wichtiger Alkane sind in den Tabellen 5-2 und 11-2 aufgeführt.

Alkene C_nH_{2n}

Alkene (früher: Olefine) sind Kohlenwasserstoffe, die außer C–H– und C–C-Einfachbindungen auch eine C=C-Doppelbindung im Molekül enthalten. Alkene haben die allgemeine Summenformel C_nH_{2n}. Kohlenwasserstoffe mit Doppel- oder Dreifachbindungen werden als ungesättigt bezeichnet.

Nomenklatur

Das erste Glied der Alkene heißt:

Ethylen $H_2C{=}CH_2$

(systematischer Name: Ethen).

Die Namen der höheren Glieder der homologen Reihe entsprechen denen der Alkane, jedoch wird hier anstelle der Endung -an die Endung -en verwendet; Beispiel:

Propen $H_3C{-}CH{=}CH_2$.

Bei höheren Gliedern der Alkene wird die Kette so nummeriert, dass die an den Doppelbindungen beteiligten Atome möglichst niedrige Zahlen erhalten. Man kennzeichnet die Lage der Doppelbindung durch Anführen der Nummer desjenigen C-Atoms, von dem aus sich die Doppelbindung zum nächst höheren C-Atom erstreckt.

Beispiel:

$$\text{2-Hexen}\quad H_3\overset{6}{C}{-}\overset{5}{C}H_2{-}\overset{4}{C}H_2{-}\overset{3}{C}H{=}\overset{2}{C}H{-}\overset{1}{C}H_3\ .$$

Benennung der Alkylen-Reste: Alkylen-Reste entstehen aus Alkenen durch Wegnahme eines Wasserstoffatoms. Die ersten Glieder dieser Reihe werden nicht systematisch benannt. Sie heißen vielmehr:

Vinyl	$H_2C{=}CH{-}$
Allyl	$H_2C{=}CH{-}CH_2{-}$
Isopropenyl	$H_2C{=}\underset{\displaystyle H_3C}{\underset{\vert}{C}}{-}$

Die Namen der höheren Glieder entsprechen denen der Alkene. Sie haben jedoch die Endung -enyl.

Beispiele:

$$\text{2-Butenyl}\quad H_3\overset{4}{C}{-}\overset{3}{C}H{=}\overset{2}{C}H{-}\overset{1}{C}H_2{-}$$

$$\text{3-Pentenyl}\quad H_3\overset{5}{C}{-}\overset{4}{C}H{=}\overset{3}{C}H{-}\overset{2}{C}H_2{-}\overset{4}{C}H_2{-}$$

Entfernt man beim Ethylen an einem C-Atom zwei Wasserstoffatome, erhält man den Vinyliden-Rest:

$$\text{Vinyliden}\quad H_2C{=}C{=}\ .$$

Struktur des Ethylens

Im Ethylenmolekül sind vier C–H-Bindungen und eine C=C-Doppelbindung vorhanden. Die Elektronenzustände an den beiden C-Atomen sind in diesem Molekül sp^2-hybridisiert (vgl. 3.1.3). Die Hybridorbitale sind planar unter einem Winkel von 120° (trigonal) angeordnet. An jedem Kohlenstoffatom verbleibt ein p-Orbital, das senkrecht zur Ebene der Hybridorbitale steht. Die beiden sp^2-Hybrid-Orbitale bilden eine σ-Bindung zwischen den beiden C-Atomen aus. Zusätzlich überlappen sich die beiden p-Orbitale. Dabei entsteht eine π-Bindung. Die π-Bindung ist wegen der geringen Überlappung der p-Elektronenzustände nicht so fest wie die σ-Bindung. Sie besitzt eine geringere Bindungsenergie als die σ-Bindung.

Als Folge der geschilderten Bindungsverhältnisse ist das Ethylen-Molekül eben aufgebaut. Der HCH-Winkel beträgt 120°. Dieses Bindungsmodell erklärt die Aufhebung der freien Drehbarkeit um die C–C-Atome folgendermaßen: Jede Drehung um diese Achse führt zu einer weniger guten Überlappung der beiden p-Elektronenzustände, was nur durch Energiezufuhr ermöglicht wird.

Eigenschaften und Reaktionen der Alkene

In ihren physikalischen Eigenschaften ähneln die Alkene den Alkanen. So sind z. B. die Alkene bis einschließlich des Butens bei Raumtemperatur gasförmig. Aufgrund ihrer Doppelbindung sind die Alkene reaktionsfähiger als die Alkane. Typisch für die Alkene sind Additionsreaktionen (z. B. Hydrierung und Halogenierung, siehe unten). Dabei werden aus der π-Bindung zwei neue Einfachbindungen (σ-Bindungen) gebildet.

Einige physikalisch-chemische Eigenschaften des wichtigsten Alkens, des Ethylens, sind in Tabelle 5-2 aufgeführt.

1. Verbrennung

Die leichtflüssigen Alkene bilden im Gemisch mit Luft explosionsfähige Gasmischungen. Die Explosionsgrenzen des Ethylens sind in Tabelle 11-3 angegeben.

2. Hydrierung (Anlagerung von Wasserstoff)

Mit Wasserstoff reagieren die Alkene in Gegenwart von Katalysatoren zu Alkanen:

Beispiel: $\underset{\text{Ethylen}}{H_2C{=}CH_2} + H_2 \rightarrow \underset{\text{Ethan}}{H_3C{-}CH_3}$

3. Halogenierung (Anlagerung von Halogenenen)

Die Anlagerung von Halogenen führt spontan zu Dihalogenalkanen:

Beispiel: $H_2C{=}CH_2 + Br_2 \rightarrow H_2C{-}CH_2$

$$\begin{array}{cc} | & | \\ Br & Br \end{array}$$

1,2-Dibromethan

4. Polymerisation (s. 12.1)
Verschiedene Alkene lagern sich unter Umwandlung der Doppelbindung zu längeren Kettenmolekülen zusammen. Dieser Reaktionstyp wird als Polymerisation bezeichnet.

Alkine C_nH_{2n-2}

Alkine (früher: Acetylene) sind Kohlenwasserstoffe, die außer C–H- und C–C-Einfachbindungen eine C≡C-Dreifachbindung im Molekül enthalten.

Nomenklatur

Das erste Glied der Alkine heißt:
Acetylen HC≡CH.
(systematischer Name: Ethin)
Die Namen der höheren Glieder der homologen Reihe (Summenformel C_nH_{2n-2}) entsprechen denen der Alkane, jedoch wird bei den Alkinen anstelle der Endung -an die Endung -in verwendet.

Struktur des Acetylenmoleküls

Im Acetylenmolekül sind zwei C–H-Bindungen und eine C≡C-Dreifachbindung vorhanden. Die Elektronenzustände an den beiden C-Atomen sind sp-hybridisiert (vgl. 3.1.3). Mit diesen Orbitalen werden σ-Bindungen zwischen den Kohlenstoff- und Wasserstoffatomen und zwischen den beiden C-Atomen ausgebildet. Hinzu kommen zwei π-Bindungen durch das Überlappen der jeweils zwei p-Orbitale der beiden Kohlenstoffatome, die senkrecht zur Molekülachse angeordnet sind. Das Acetylenmolekül ist linear.

Eigenschaften und Reaktionen des Acetylens

Der wichtigste Vertreter der homologen Reihe der Alkine ist das Acetylen. Acetylen ist bei Raumtemperatur gasförmig (vgl. Tabelle 5-2).

1. Verbrennungsreaktionen des Acetylens
Mit Luft und besonders mit reinem Sauerstoff bildet Acetylen außerordentlich reaktionsfähige Gemische, die in einem großen Bereich der Zusammensetzung explosions- oder detonationsfähig sind (vgl. Tabelle 11-3).
Die Temperatur von Acetylen-Sauerstoff-Flammen ist ungewöhnlich hoch und erreicht ca. 3400 K (Acetylen-Luft-Flammen erreichen maximal 2500 K). Daher werden Acetylen-Sauerstoff-Flammen zum autogenen Schneiden und zum Schweißen von Stahlteilen eingesetzt.

2. Zerfallsreaktion des Acetylens
Acetylen kann gemäß folgender Umsatzgleichung in die Elemente zerfallen (Reaktionsenthalpie vgl. 6.2.5):

$$HC{\equiv}CH(g) \rightarrow 2\,C(s) + H_2(g)\ .$$

Diese Reaktion kann als Deflagration oder als Detonation ablaufen. Aus diesem Grunde darf Acetylen nur in speziellen Druckgasflaschen in den Handel kommen. Der Hohlraum dieser Acetylenflaschen ist mit einer porösen Masse, in der sich ein geeignetes Lösungsmittel (z. B. Aceton) befindet, ausgefüllt. Diese Füllung verhindert die explosionsartige Zersetzung des Acetylens in der Flasche.

3. Additionsreaktionen
Ähnlich wie bei den Alkenen werden auch beim Acetylen zahlreiche Additionsreaktionen beobachtet, so die folgenden:

3.1 Hydrierung
Acetylen kann katalytisch über Ethylen als Zwischenprodukt zum Ethan hydriert werden:

$$\underset{\text{Acetylen}}{HC{\equiv}CH} \xrightarrow{H_2} \underset{\text{Ethylen}}{H_2C{=}CH_2} \xrightarrow{H_2} \underset{\text{Ethan}}{H_3C-CH_3}\ .$$

3.2 Halogenierung
Die Anlagerung von Halogen an Acetylen verläuft, wie am Beispiel der Bromierung gezeigt wird, über die Zwischenstufe des 1,2-Dibromethylens:

$$HC{\equiv}CH \xrightarrow{Br_2} \underset{\text{1,2-Dibromethylen}}{BrHC{=}CHBr}$$

$$\xrightarrow{Br_2} \underset{\text{1,1,2,2-Tetrabromethan}}{Br_2HC{-}CHBr_2}$$

3.3 Addition von Halogenwasserstoffen
Diese Reaktion dient hauptsächlich zur Herstellung von Vinylhalogeniden

(Beispiel: Anlagerung von Chlorwasserstoff):

$$\underset{\text{Acetylen}}{HC{\equiv}CH} + HCl \rightarrow \underset{\text{Vinylchlorid}}{H_2C{=}CHCl}$$

Die Polymerisation von Vinylchlorid führt zum Polyvinylchlorid (PVC) (vgl. 12.1 und D 5.3).

Kohlenwasserstoffe mit zwei oder mehr Doppelbindungen

Enthalten Kohlenwasserstoffe zwei oder mehr C=C-Doppelbindungen im Molekül, so kann man je nach Lage dieser Doppelbindungen drei verschiedene Verbindungstypen unterscheiden:

- Kohlenwasserstoffe mit *kumulierten* Doppelbindungen
  Bei diesem Verbindungstyp sind im Molekül mehrere Doppelbindungen unmittelbar benachbart. Kohlenwasserstoffe mit zwei kumulierten Doppelbindungen werden *Allene* genannt. Der einfachste Vertreter dieser Verbindungsgruppe heißt:
  Allen $H_2C{=}C{=}CH_2$
  (systematischer Name: Propadien).
- Kohlenwasserstoffe mit *konjugierten* Doppelbindungen
  Zwei oder mehr C=C-Doppelbindungen werden als konjugiert bezeichnet, wenn sich zwischen ihnen jeweils eine C–C-Einfachbindung befindet. Verbindungen mit zwei konjugierten C=C-Doppelbindungen heißen *Diene*. Die wichtigsten Vertreter dieser Verbindungsgruppe sind:

  1,3-Butadien $H_2C{=}CH{-}CH{=}CH_2$ und

  Isopren $H_2C{=}CH{-}C(CH_3){=}CH_2$

  (systematischer Name des Isoprens: 2-Methyl-1,3-butadien).
  1,3-Butadien und Isopren sind Ausgangsstoffe zur Herstellung von synthetischem Kautschuk.
  Bei Dienen und anderen Verbindungen mit konjugierten Doppelbindungen liegen in gewissem Ausmaß delokalisierte π-Elektronenzustände vor. Diese Delokalisation ist mit einer energetischen Stabilisierung des Moleküls verbunden (vgl. 11.3.3). Die formelmäßige Wiedergabe der Delokalisation der π-Elektronenzustände geschieht mithilfe so genannter mesomerer Grenzformeln, die durch das Mesomeriezeichen (↔) verbunden sind. Im Falle des Butadiens werden folgende Grenzformeln formuliert:

$$CH_2{=}CH{-}CH{=}CH_2$$
$$\leftrightarrow \; \overset{\ominus}{|CH_2}{-}CH{=}CH{-}\overset{\oplus}{CH_2}$$
$$\leftrightarrow \; \overset{\oplus}{CH_2}{-}CH{=}CH{-}\overset{\ominus}{\underline{C}H_2} \, .$$

- Kohlenwasserstoffe mit *isolierten* Doppelbindungen
  Sind die C=C-Doppelbindungen eines Kohlenwasserstoffes durch mehr als eine C–C-Einfachbindung getrennt, so spricht man von isolierten Doppelbindungen. Die Wechselwirkungen zwischen derartigen Doppelbindungen können vernachlässigt werden. Kohlenwasserstoffe mit isolierten Doppelbindungen verhalten sich wie Alkene.

11.3.2 Alicyclische Kohlenwasserstoffe

Als monocyclische Kohlenwasserstoffe werden diejenigen Kohlenwasserstoffe bezeichnet, die aus nur einem Ringsystem aufgebaut sind. Derartige alicyclische Verbindungen werden folgendermaßen benannt: Dem Präfix Cyclo- folgt der Name des analogen acyclischen Kohlenwasserstoffs.

Beispiele:

Propan $H_3C{-}CH_2{-}CH_3$

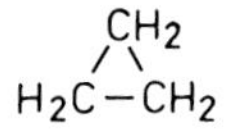

Cyclopropan

2-Hexen $H_3C{-}CH_2{-}CH_2{-}CH{=}CH{-}CH_3$

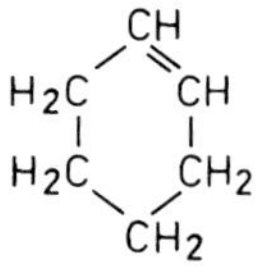

Cyclohexen

11.3.3 Aromatische Kohlenwasserstoffe

Aromatische Kohlenwasserstoffe sind durch folgende Eigenschaften charakterisiert:

- Sie bestehen aus eben aufgebauten Kohlenstoffringen.

- Im Kohlenstoffring sind abwechselnd C–C-Einfach- und C=C-Doppelbindungen vorhanden, die C=C-Doppelbindungen sind also konjugiert angeordnet (vgl. 11.3.1). Nach der Hückel'schen Regel muss die Zahl der im Ring vorhandenen π-Elektronen $4n + 2$ betragen $n = 0, 1, \ldots$).
- Die π-Elektronenzustände sind delokalisiert. Dadurch wird eine energetische Stabilisierung des Moleküls erreicht.

Die Namen und Formeln einiger aromatischer Kohlenwasserstoffe sind in der Tabelle 11-4 zusammengestellt.

Benzol C_6H_6

Struktur des Benzolmoleküls

Benzol – der wichtigste aromatische Kohlenwasserstoff – hat die Summenformel C_6H_6 und wird durch folgende Strukturformel beschrieben. Zur Vereinfachung werden die C- und H-Atome häufig nicht einzeln dargestellt (rechts).

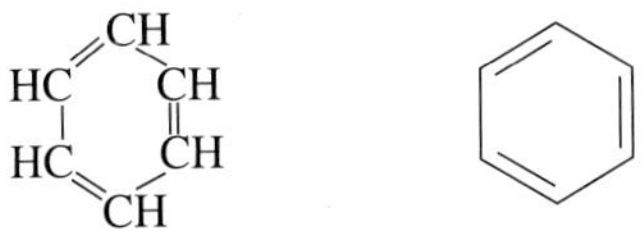

Tabelle 11-4. Die wichtigsten aromatischen Kohlenwasserstoffe *o* ortho, *m* meta, *p* para

monocyclische Verbindungen

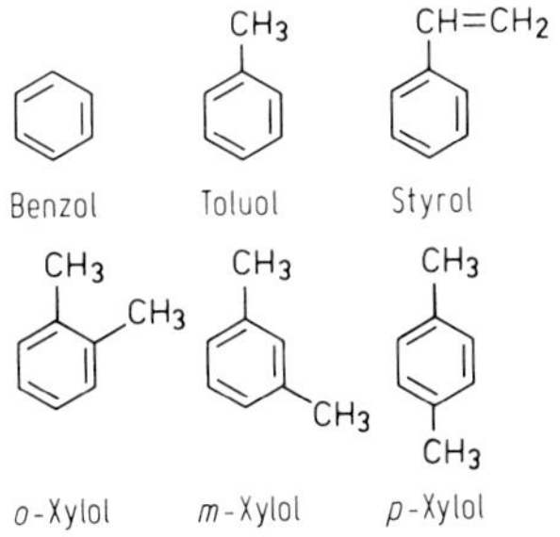

polycyclische Verbindungen

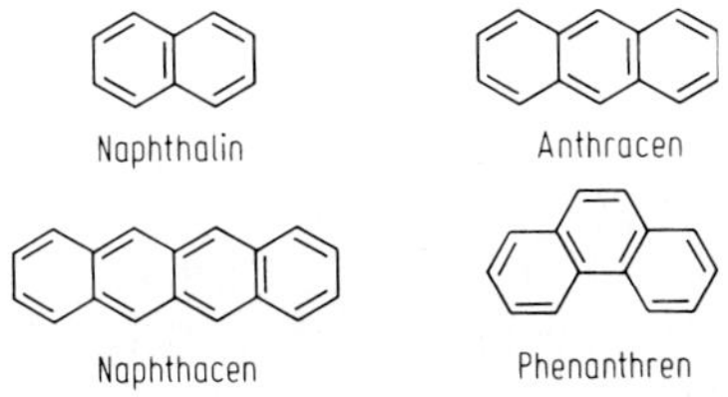

Das Benzolmolekül ist – wie alle aromatischen Verbindungen – eben aufgebaut. Sämtliche Bindungswinkel betragen 120°. In seinen Bindungsverhältnissen ähnelt das Benzolmolekül dem Graphit (vgl. 5.3.2). Die Elektronenzustände der C-Atome sind sp^2-hybridisiert. Es entsteht ein cyclisches Gerüst aus C–C-σ-Bindungen. Das an jedem Kohlenstoffatom verbleibende dritte sp^2-Orbital bildet mit dem 1s-Orbital des Wasserstoffatoms eine C–H-Bindung aus. Die p-Orbitale ergeben ein cyclisches Gerüst aus delokalisierten C–C-π-Bindungen. Diesen Bindungszustand des Benzols symbolisiert die Kurzformel:

Die Delokalisation des π-Elektronensystems führt zu einer energetischen Stabilisierung des Benzolmoleküls. Die molare Stabilisierungsenergie kann theoretisch abgeschätzt werden. Sie beträgt ca. −150 kJ/mol.
Aufgrund des großen Betrages dieser Energie sind Reaktionen, die die Aromatizität des Ringsystems aufheben würden (z. B. Addition von Halogenen, vgl. 11.3.1), nur sehr schwer durchführbar.

Nomenklatur von Abkömmlingen des Benzols

Der Rest, der durch Entfernen eines H-Atoms vom Benzol entsteht, heißt

Phenyl, C_6H_5 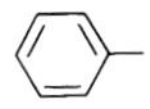

Als Biphenyl $C_{12}H_{10}$ wird der Kohlenwasserstoff bezeichnet, der aus zwei Phenylresten aufgebaut ist:

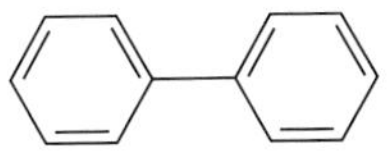

Sind zwei Substituenten am Benzolrest vorhanden, so werden die Kennzeichnungen *o*- (ortho), *m*- (meta) oder *p*- (para) verwendet. Einzelheiten siehe Tabelle 11-4.

Eigenschaften und Reaktionen des Benzols

Benzol ist eine bei Raumtemperatur farblose Flüssigkeit, die bei 80,1 °C siedet (Schmelzpunkt 5,5 °C). Benzol (auch Benzoldampf) ist stark giftig und darüber hinaus kanzerogen. Informationen über kanzerogene Substanzen finden sich in der Gefahrstoffverordnung (GefStoffV). Nähere Angaben zum Umgang mit diesen Stoffen können den Technischen Regeln für Gefahrstoffe (TRGS) entnommen werden.

Substitutionsreaktionen

Charakteristisch für aromatische Verbindungen sind Substitutionsreaktionen. Hierbei wird ein H-Atom durch einen anderen Rest (einen anderen Liganden) ersetzt.

Beispiele:

1. Halogenierung

Die Reaktion gelingt nur in Gegenwart eines Katalysators (z. B. Eisen(III)-chlorid):

Benzol Chlorbenzol

2. Nitrierung

Benzol kann mit Nitriersäure, ein Salpetersäure-Schwefelsäure-Gemisch, in Nitrobenzol umgewandelt werden:

Benzol Nitrobenzol

11.4 Verbindungen mit funktionellen Gruppen

Unter funktionellen Gruppen versteht man Atomgruppen in organischen Verbindungen, die charakteristische Eigenschaften und ein bestimmtes Reaktionsverhalten verursachen.

Hierzu gehören z. B. die Carboxylgruppe $-\overset{\overset{\displaystyle O}{\|}}{C}-OH$ und die Hydroxylgruppe –OH. Organische Verbindungen mit diesen funktionellen Gruppen heißen Carbonsäuren bzw. Alkohole oder Phenole. Bei den Alkoholen ist die Hydroxylgruppe an einen aliphatischen Rest, bei den Phenolen direkt an einen aromatischen Rest gebunden. Einen Überblick über organische Verbindungen mit funktionellen Gruppen gibt die Tabelle 11-5. Die Namen von Verbindungen, bei denen funktionelle Gruppen direkt am Benzol gebunden sind, können Tabelle 11-6 entnommen werden.

11.4.1 Halogenderivate der aliphatischen Kohlenwasserstoffe

Unter Halogenkohlenwasserstoffen versteht man Verbindungen, bei denen ein oder mehrere Halogenatome an Stelle von Wasserstoffatomen an einem Kohlenwasserstoff gebunden sind.

Bei Raumbedingungen sind die Halogenkohlenwasserstoffe häufig Flüssigkeiten mit relativ hoher Dichte. Sie werden in großem Umfang als Lösungs- und/oder Entfettungsmittel (besonders Chlorkohlenwasserstoffe), als Kältemittel und Treibgase (besonders Fluorchlorkohlenwasserstoffe, FCKW) verwendet. Einige dieser Substanzen dienen zur Einführung von Alkylgruppen in andere Verbindungen (Alkylierungsmittel).

Wichtige Halogenkohlenwasserstoffe

In Klammern sind hinter den Formeln der Substanzen die Siedepunkte und die MAK-Werte (vgl. Tabelle 5-2) angegeben.

- Dichlormethan (Methylenchlorid) CH_2Cl_2 (40 °C, 100 ppm),
- Trichlormethan (Chloroform) $CHCl_3$ (61,7 °C, 10 ppm),
- Tetrachlormethan (Tetrachlorkohlenstoff) CCl_4 (76,5 °C, 10 ppm),
- 1,1,1-Trichlorethan $Cl_3C–CH_3$ (74,1 °C, 200 ppm),
- Trichlorethylen („Tri") $Cl_2C{=}CHCl$ (87 °C, 50 ppm) und
- Tetrachlorethylen („Perchlorethylen", „Per") $Cl_2C{=}CCl_2$ (121 °C, 50 ppm)

werden vornehmlich als Lösungs-, Reinigungs- und/oder Entfettungsmittel eingesetzt.

- Trichlorfluormethan („R11") CCl_3F (23,6 °C, 1000 ppm) und Dichlordifluormethan CCl_2F_2 („R12") (vgl. Tabelle 5-2) sind die Verbindungen, die aus der Gruppe der Fluorchlorkohlenwasserstoffe hauptsächlich verwendet werden.

Das Freisetzen von Fluorchlorkohlenwasserstoffen verursacht Umweltschäden, vgl. Tabelle 5-2.

- Vinylchlorid $H_2C{=}CHCl$ (kanzerogenes Gas, −13,9 °C) ist Ausgangsstoff zur Herstellung von Polyvinylchlorid (PVC) (vgl. D 5.5).
- Tetrafluorethylen (TFE) $F_2C{=}CF_2$ (−76,3 °C, giftig) ist Ausgangsstoff für die Herstellung des Polymerwerkstoffes Polytetrafluorethylen (PTFE). Die-

Tabelle 11-5. Organische Verbindungen mit funktionellen Gruppen (mit Beispielen). R, R_1, und R_2 stehen für Kohlenwasserstoffreste

Verbindungstyp	Beispiel	
Chlorkohlenwasserstoffe, R–Cl	$H_5C_2{-}Cl$	Chlorethan
Alkohole, R–OH	$H_5C_2{-}OH$	Ethanol (Ethylalkohol)
Ether, $R_1{-}O{-}R_2$	$H_5C_2{-}O{-}C_2H_5$	Diethylether
Aldehyde, R–CHO	$H_3C{-}C(=O){-}H$	Acetaldehyd
Ketone, $R_1{-}CO{-}R_2$	$H_3C{-}C(=O){-}CH_3$	Aceton
Carbonsäuren, R–COOH	$H_3C{-}C(=O){-}OH$	Essigsäure
Ester, $R_1{-}COO{-}R_2$	$H_3C{-}C(=O){-}O{-}CH_3$	Essigsäuremethylester
Amide, $R{-}CONH_2$	$H_3C{-}C(=O){-}NH_2$	Acetamid
Amine, $R{-}NH_2$	$H_3C{-}NH_2$	Methylamin
Nitroverbindungen, $R{-}NO_2$	$H_3C{-}N(=O){-}O$	Nitromethan
Nitrile, R–CN	$H_3C{-}C{\equiv}N$	Acetonitril
Sulfonsäuren, $R{-}SO_3H$.	$H_5C_2{-}SO_3H$	Ethansulfonsäure

ser Kunststoff zeichnet sich durch relativ hohe Hitzebeständigkeit und chemische Widerstandsfähigkeit aus (vgl. D 5.5). Zur Verhinderung der Polymerisation von TFE, die äußerst heftig ablaufen kann, werden dem handelsüblichen monomeren Produkt Stabilisatoren zugesetzt. TFE zerfällt auch gemäß folgen der Gleichung in Kohlenstoff und Tetrafluormethan (siehe auch 6.3.4):

$$\underset{\text{Tetrafluorethylen}}{F_2C{=}CF_2} \rightarrow C(s) + \underset{\text{Tetrafluormethan}}{CF_4}\,.$$

Diese Zerfallsreaktion kann als Explosion ablaufen. Als Zündquelle kann die Polymerisationsreaktion des TFE fungieren.

11.4.2 Alkohole

Alkohole sind Verbindungen, die eine oder mehrere Hydroxylgruppen (OH-Gruppen) im Molekül enthalten. Die Kohlenstoffatome, an denen eine Hydroxylgruppe gebunden ist, dürfen außerdem nur noch C–H- oder C–C-Einfachbindungen eingehen.

Verbindungen mit einer direkt am aromatischen Rest gebundenen OH-Gruppe heißen Phenole (vgl. Tabelle 11-6).

Nach der Zahl der C–C-Bindungen, an denen das Kohlenstoffatom beteiligt ist, an dem sich die Hydroxylgruppe befindet, unterscheidet man

primäre sekundäre tertiäre Alkohole:

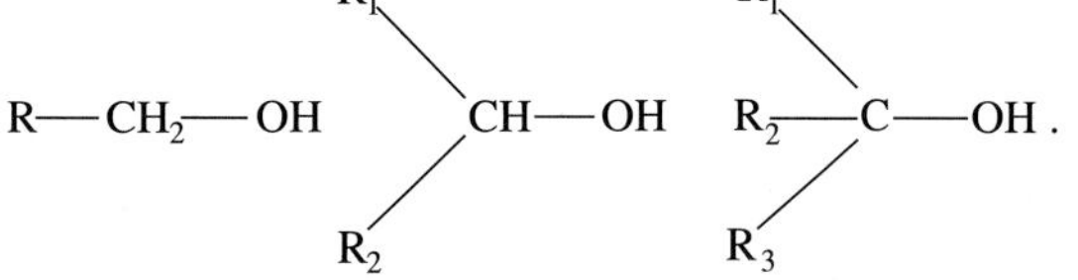

Alkohole werden auch nach der Zahl der im Molekül enthaltenen OH-Gruppen in ein- und mehrwertige Alkohole unterteilt:

Beispiele:

Einwertiger Alkohol	Zweiwertiger Alkohol
$H_3C–CH_2–OH$	$H_2C–OH$ | $H_2C–OH$
Ethanol (Ethylalkohol)	Ethylenglykol (Glykol) .

Tabelle 11-6. Derivate des Benzols

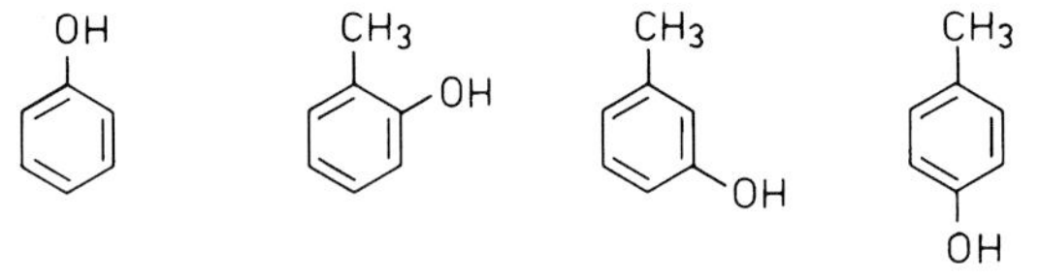

Phenol *o*-Kresol *m*-Kresol *p*-Kresol

einwertige Phenole

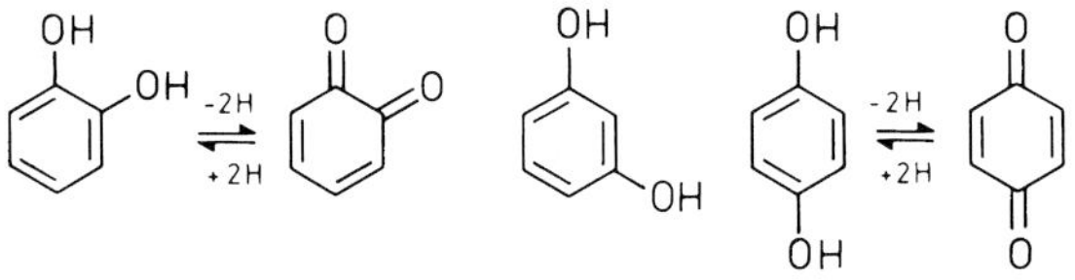

Brenzkatechin *o*-Benzochinon Resorcin Hydrochinon *p*-Benzochinon

zweiwertige Phenole und ihre Oxidationsprodukte

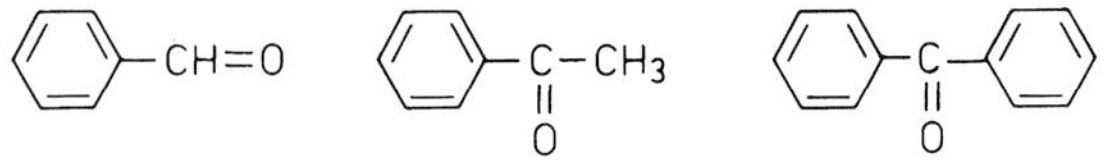

Benzaldehyd Acetophenon Benzophenon

aromatische Aldehyde und Ketone

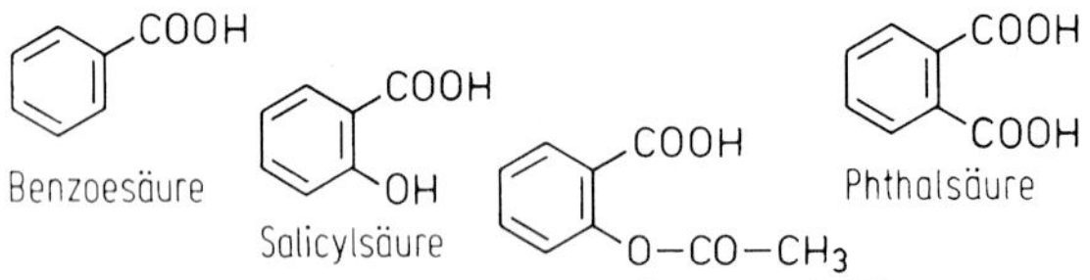

Benzoesäure Salicylsäure Acetylsalicylsäure (ASS) Phthalsäure

aromatische Carbonsäuren

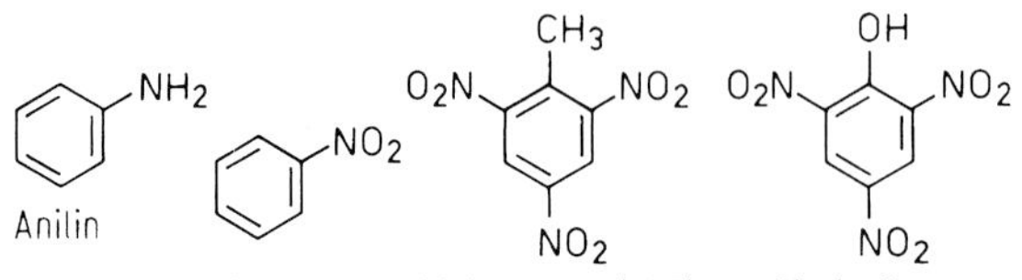

Anilin Nitrobenzol Trinitrotoluol (TNT) Pikrinsäure

Stickstoffverbindungen

Tabelle 11-7. Heterocyclische Verbindungen

Pyrrol Furan Thiophen

Fünfringe mit einem Heteroatom

Pyrazol Imidazol 1,3-Oxazol 1,3-Thiazol

Fünfringe mit zwei Heteroatomen

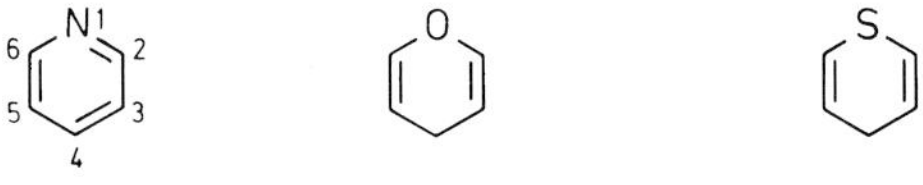

Pyridin 4H- oder γ-Pyran 4H- oder γ-Thiopyran

Sechsringe mit einem Heteroatom

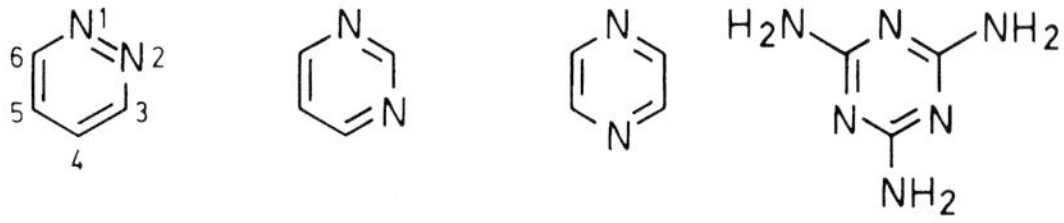

Pyridazin Pyrimidin Pyrazin Melamin

Sechsringe mit zwei oder drei Heteroatomen

Reaktionen

1. Intramolekulare Wasserabspaltung (Bildung von Alkenen)

Die innerhalb eines Moleküls stattfindende (intramolekulare) Wasserabspaltung erfolgt in der Hitze in Gegenwart von Katalysatoren oder von starken Säuren:

$$\underset{\text{Ethanol}}{H_3C–CH_2–OH} \rightarrow \underset{\text{Ethylen}}{H_2C=CH_2} + H_2O\,.$$

2. Intermolekulare Wasserabspaltung (Bildung von Ethern)

An der intermolekularen Wasserabspaltung sind zwei Moleküle beteiligt. Bei Alkoholen bilden sich in diesem Fall Ether R–O–R (Erhitzen in Gegenwart von konzentrierter Schwefelsäure):

$$\underset{\text{Ethanol}}{H_3C–CH_2–OH} + \underset{\text{Ethanol}}{H_3C–CH_2–OH}$$

$$\rightarrow \underset{\text{Diethylether}}{H_3C–CH_2–O–CH_2–CH_3} + H_2O\,.$$

3. Verbrennung, Oxidation
Leichtflüchtige Alkohole bilden mit Luft explosionsfähige Gasmischungen (vgl. Tabelle 11-3). Primäre, sekundäre und tertiäre Alkohole unterscheiden sich in ihrem Verhalten gegenüber Oxidationsmitteln. So können primäre und sekundäre Alkohole bis zu Carbonsäuren bzw. zu Ketonen oxidiert werden. Die Oxidation von tertiären Alkoholen gelingt nicht, ohne dass das Kohlenstoffgerüst zerstört wird:

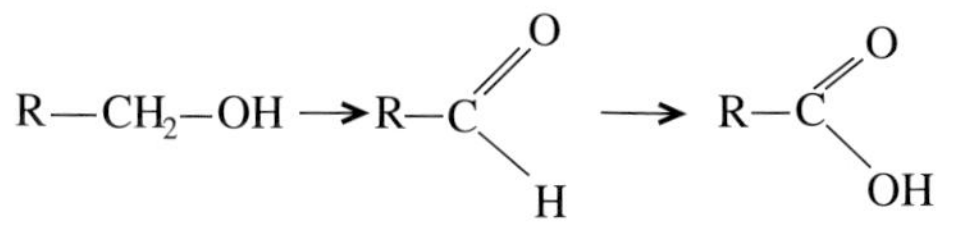

primärer Alkohol Aldehyd Carbonsäure

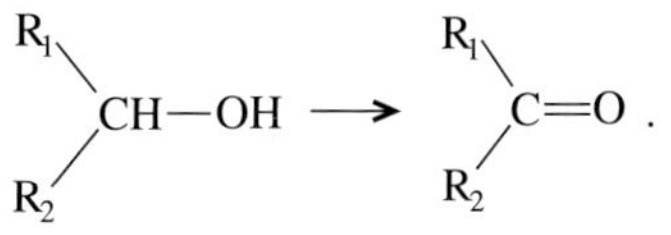

sekundärer Alkohol Keton

4. Veresterung
Säuren und Alkohole reagieren in Gegenwart von Katalysatoren unter Bildung von Estern (siehe 11.4.5).

Wichtige Alkohole
Methanol (*Methylalkohol*) $H_3C–OH$, Siedepunkt 65,1 °C, giftig (letale Dosis: etwa 25 g), MAK-Wert: 200 ppm).
Verwendung: Treibstoffzusatz, Lösungsmittel, Ausgangsstoff für Synthesen (z. B. Formaldehyd, Polyester).

Ethanol (*Ethylalkohol*) $C_2H_5–OH$, Siedepunkt 78,5 °C. Verwendung: verdünnt als Genussmittel (letale Dosis ca. 300 g, MAK-Wert: 1000 ppm). Lösungsmittel, Ausgangsstoff für Synthesen (z. B. Essigsäure), technischer Ethylalkohol wird durch Vergällungsmittel (z. B. Pyridin, Benzin, Campher) ungenießbar gemacht.

Ethylenglykol (*Glykol*), Siedetemperatur 198,9 °C, giftig, in jedem Verhältnis mit Wasser mischbar.
Verwendung: Frostschutzmittel.

$CH_2–OH$
|
$CH_2–OH$

Glycerin, Siedetemperatur 290 °C, in jedem Verhältnis mit Wasser mischbar.
Vorkommen: Bestandteil aller Fette (vgl. 11.4.5).
Verwendung: Frostschutzmittel, in pharmazeutischen Präparaten, Herstellung von Nitroglycerin, Lösungsmittel.

$CH_2–OH$
|
$CH–OH$
|
$CH_2–OH$

Nitroglycerin (Salpetersäuretriester des Glycerins) detonationsfähiger Stoff (vgl. 7.8), außerordentlich schlagempfindlich.
Verwendung: einer der wichtigsten und meistgebrauchten Sprengstoffbestandteile; Mischungen von Nitroglycerin und Nitrocellulose sind Bestandteile von Treibmitteln und Raketentreibstoffen.

$CH_2–O–NO_2$
|
$CH–O–NO_2$
|
$CH_2–O–NO_2$

11.4.3 Aldehyde

Aldehyde sind durch die funktionelle Gruppe
H
|
–C=O *charakterisiert. Sie haben die allgemeine Formel* R–CH=O. R *kann hierbei ein aliphatischer, aromatischer oder heteroeyclischer Rest sein.*

Reaktionen
1. Verbrennung, Oxidation
Leichtflüchtige Aldehyde bilden mit Luft explosionsfähige Gasmischungen (vgl. Tabelle 11-3). Die Oxidation der Aldehyde führt unter milderen Bedingungen zu Carbonsäuren:

$$\underset{\text{Acetaldehyd}}{H_3C–CHO} + 1/2\ O_2 \rightarrow \underset{\text{Essigsäure}}{H_3C–COOH}\ .$$

2. Reduktion
Aldehyde werden katalytisch mit Wasserstoff zu primären Alkoholen reduziert:

$$\underset{\text{Acetaldehyd}}{H_3C–CHO} + H_2 \rightarrow \underset{\text{Ethanol}}{H_3C–CH_2–OH}\ .$$

3. Polymerisation
Aldehyde können wie die Alkene polymerisieren. So führt z. B. die Polymerisation von Formaldehyd zu kettenförmig aufgebautem Polyoxymethylen (POM, Polyformaldehyd) (vgl. D 5.5):

$$\underset{\text{Formaldehyd}}{n\,H_2C{=}O} \rightarrow \underset{\text{Polyoxymethylen}}{HO[CH_2{-}O]_nH}\ .$$

4. Polykondensation
Unter einer Kondensation versteht man eine Reaktion, bei der C–C-Einfach- oder auch C=C-Doppelbindungen unter Abspaltung kleiner Moleküle (z. B. Wasser) entstehen. Werden hierbei polymere Verbindungen gebildet, so spricht man von Polykondensation, vgl. 12.1 und D 5.3.
Von den unter Wasserabspaltung verlaufenden Polykondensationsreaktionen soll hier die Bildung von *Phenoplasten* aus Formaldehyd und Phenol angeführt werden.

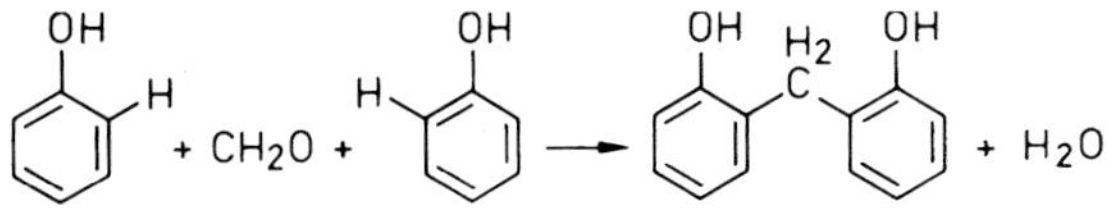

Phenol Form-aldehyd Phenol Dihydroxy-diphenylmethan

Durch weitere Kondensationsvorgänge bilden sich dreidimensional vernetzte Makromoleküle.

Wichtige Aldehyde

Formaldehyd $H{-}\overset{H}{\overset{|}{C}}{=}O$, Siedepunkt −21 °C, MAK-Wert: 0,5 ppm.
Verwendung: Desinfektionsmittel. Ausgangsstoff für Polymerwerkstoffe: Polykondensation mit Harnstoff $H_2N{-}CO{-}NH_2$ (Harnstoff-Formaldehydharze), Melamin (Formel, siehe Tabelle 11-3) (Melamin-Formaldehydharze, MF) und mit Phenol (Phenol-Formaldehydharze, PF).
Polymerisation zu Polyoxymethylen (Einzelheiten siehe D 5.5).

Acetaldehyd $H_3C{-}\overset{H}{\overset{|}{C}}{=}O$, Siedepunkt 20,8 °C, MAK-Wert: 50 ppm.

11.4.4 Ketone

Ketone sind durch die Carbonylgruppe $-\overset{O}{\overset{\|}{C}}-$, *die sich mittelständig in einer Kohlenstoffkette befinden muss, gekennzeichnet. Ketone haben die allgemeine Formel* $R_1{-}CO{-}R_2$.

Reaktionen

1. Verbrennung, Oxidation
Leichtflüchtige Ketone bilden mit Luft explosionsfähige Gasmischungen (vgl. Tabelle 11-3). Die Oxidation unter Spaltung der Kohlenstoffkette gelingt nur mit starken Oxidationsmitteln (z. B. Chromtrioxid CrO_3). Hierbei wird die von der Carbonylgruppe ausgehende C–C-Bindung gespalten, es entstehen zwei Carbonsäuren:

$$R_1{-}CH_2{-}CO{-}CH_2{-}R_2 + 3/2\ O_2$$
$$\rightarrow R_1COOH + HOOC{-}CH_2{-}R_2\ .$$

2. Reduktion
Ketone werden katalytisch oder mit starken Reduktionsmitteln (z. B. Lithiumaluminiumhydrid $LiAlH_4$) zu sekundären Alkoholen reduziert:

$$\underset{\text{Aceton}}{H_3C{-}CO{-}CH_3} + H_2 \rightarrow \underset{\text{Isopropanol}}{H_3C{-}CHOH{-}CH_3}\ .$$

Beispiel für ein Keton:
Aceton $H_3C{-}CO{-}CH_3$, Siedepunkt 56,2 °C, MAK-Wert: 500 ppm.
Verwendung: Lösungsmittel für Harze, Lacke, Farben.

11.4.5 Carbonsäuren und ihre Derivate

Stoffe, die eine oder mehrere Carboxylgruppen $-\overset{O}{\overset{\|}{C}}{-}OH$ *enthalten, werden als Carbonsäuren bezeichnet. Allgemeine Formel der Carbonsäuren:* R–COOH.

Namen und Formeln einiger Carbonsäuren

gesättigte Carbonsäuren

Ameisensäure	H–COOH
Essigsäure	$CH_3{-}COOH$

Propionsäure	$C_2H_5{-}COOH$
Buttersäure	$C_3H_7{-}COOH$
Palmitinsäure	$C_{15}H_{31}{-}COOH$
Stearinsäure	$C_{17}H_{35}{-}COOH$
Oxalsäure	$HOOC{-}COOH$
Malonsäure	$HOOC{-}CH_2{-}COOH$

ungesättigte Carbonsäuren

Ölsäure
$H_3C{-}(CH_2)_7{-}CH{=}CH{-}(CH_2)_7{-}COOH$
Linolsäure
$H_3C{-}(CH_2)_4{-}CH{=}CH{-}CH_2{-}CH{=}CH{-}(CH_2)_7{-}COOH$
Linolensäure
$H_3C{-}CH_2{-}CH{=}CH{-}CH_2{-}CH{=}CH{-}CH_2{-}CH{=}CH{-}(CH_2)_7{-}COOH$

aromatische Carbonsäuren (siehe Tabelle 11-6)

Reaktionen

1. Elektrolytische Dissoziation, Salzbildung

Carbonsäuren dissoziieren in wässriger Lösung gemäß der Gleichung:

$$R{-}COOH \leftrightharpoons RCOO^- + H^+ \,.$$

Das Dissoziationsgleichgewicht liegt ganz oder überwiegend auf der Seite der undissoziierten Säure; Carbonsäuren sind schwache Säuren.

Mit Basen wie NaOH und KOH reagieren Carbonsäuren unter Salzbildung. Wässrige Lösungen dieser Salze reagieren alkalisch (vgl. 8.7.6).

Seifen sind die Natriumsalze der höheren Carbonsäuren (z. B. Palmitin-, Stearin- und Ölsäure).

2. Verbrennung

Explosionsgrenzen von Ameisen- und Essigsäure sind in Tabelle 11-3 angegeben.

3. Veresterung

Mit Alkoholen reagieren Carbonsäuren in einer Gleichgewichtsreaktion unter Bildung von Carbonsäureestern und Wasser:

$$\underset{\text{Essigsäure}}{H_3C{-}COOH} + \underset{\text{Ethanol}}{HO{-}C_2H_5}$$

$$\leftrightharpoons \underset{\text{Essigsäureethylester}}{H_3C{-}\overset{\overset{\displaystyle O}{\|}}{C}{-}O{-}C_2H_5} + H_2O \,.$$

Der umgekehrte Vorgang – also die Spaltung eines Esters in Carbonsäure und Alkohol – heißt Verseifung.

Wichtige Carbonsäuren

Ameisensäure HCOOH, Siedepunkt 100,7 °C, MAK-Wert: 5 ppm.
Essigsäure $H_3C{-}COOH$, Siedepunkt 117,9 °C, MAK-Wert: 10 ppm.
Verwendung: Speiseessig $H_3C{-}COOH$-Massenanteil: ca. 5 bis 10%.

Carbonsäurederivate

Carbonsäurehalogenide. Bei diesen Verbindungen ist die OH-Gruppe des Carboxylrestes durch ein Halogenatom ersetzt.
Beispiel:

$$H_3C{-}\overset{\overset{\displaystyle O}{\|}}{C}{-}Cl \quad \text{Acetylchlorid (Säurechlorid der Essigsäure)} \,.$$

Carbonsäureester. Anstelle der OH-Gruppe des Carboxylrestes haben Carbonsäureester eine O–R-Gruppierung. Allgemeine Formel dieser Verbindungen:

$$R_1{-}\overset{\overset{\displaystyle O}{\|}}{C}{-}OR_2$$

Fette und Öle sind die Glycerinester der höheren Carbonsäuren. Tierische Fette enthalten hauptsächlich gemischte Glycerinester von Palmitin-, Stearin- und Ölsäure. Pflanzliche Öle bestehen zusätzlich aus Glycerinestern der mehrfach ungesättigten höheren Carbonsäuren (Linol- und Linolensäure).

Carbonsäureamide. Bei diesen Verbindungen ist die OH-Gruppe der Carbonsäure durch eine NH_2-Gruppe ersetzt. Säureamide haben die allgemeine Formel

$$R{-}\overset{\overset{\displaystyle O}{\|}}{C}{-}NH_2 \,.$$

11.4.6 Aminocarbonsäuren (Aminosäuren)

Aminocarbonsäuren – oder kurz Aminosäuren – enthalten neben der Carboxylgruppe eine Aminogruppe im Molekül. Sind die NH_2– *und die* COOH-*Gruppe benachbart, liegen* α-*Aminosäuren vor.* α-*Aminosäuren haben die allgemeine Formel:*

R–CH—COOH.
  |
  NH_2

Namen und Formeln einiger α-Aminosäuren:

Aminosäuren mit unpolarem Rest

Glycin (Glykokoll) (Gly) $H_2N—CH_2–COOH$

Alanin (Ala) $H_3C—CH(NH_2)–COOH$

Valin (Val) $(CH_3)_2CH—CH(NH_2)–COOH$

Leucin (Leu) $(CH_3)_2CH—CH_2–CH(NH_2)–COOH$

Isoleucin (Ile) $(C_2H_5)CH(CH_3)–CH(NH_2)–COOH$

Phenylalanin (Phe)

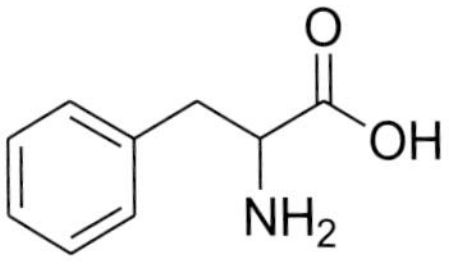

In dieser und in den folgenden Formeln sind zur besseren Übersicht die C-Atome und die an den C-Atomen befindlichen Wasserstoffatome weggelassen worden.

Prolin (Pro)

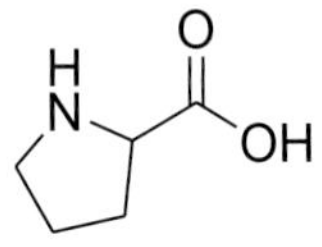

Aminosäuren mit polaren Resten

Serin (Ser) $HO–H_2C—CH(NH_2)–COOH$

Threonin (Thr) $HO–CH(H_3C)—CH(NH_2)–COOH$

Cystein(Cys)

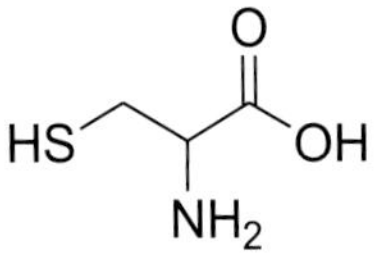

Methionin (Met)

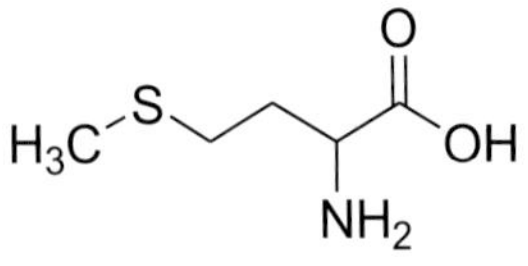

Tryptophan (Trp)

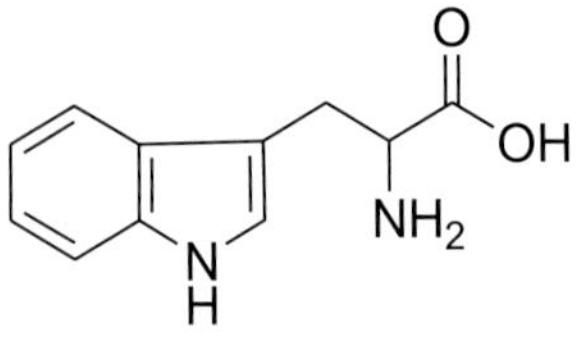

Tyrosin (Tyr)

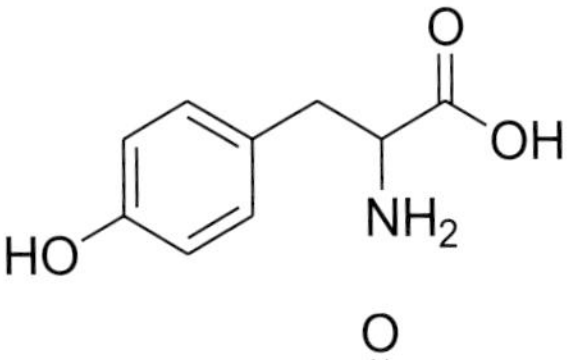

Aparagin (Asp)

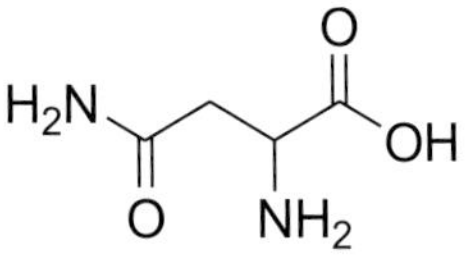

Glutamin (Glu)

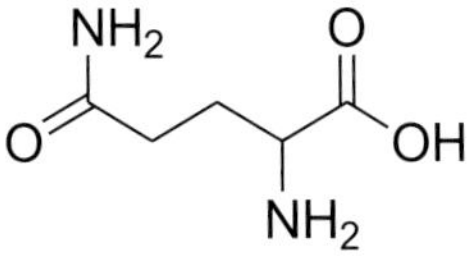

Saure Aminosäuren

Asparaginsäure (Asp)

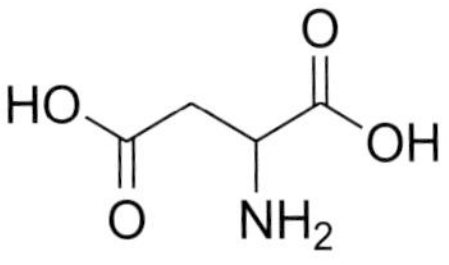

Glutaminsäure (Glu)

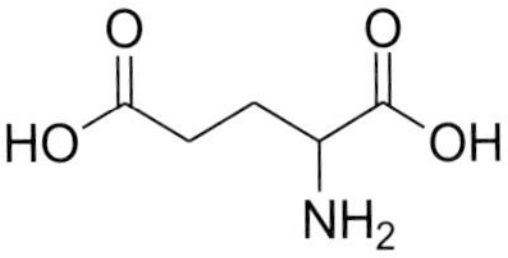

Basische Aminosäuren

Lysin (Lys)

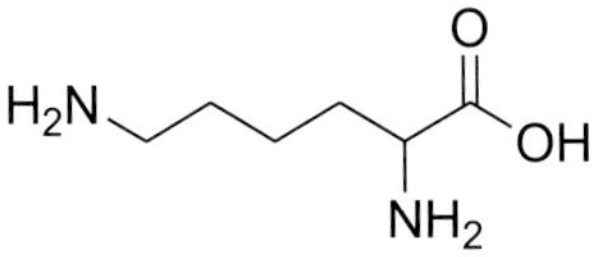

Arginin (Arg)

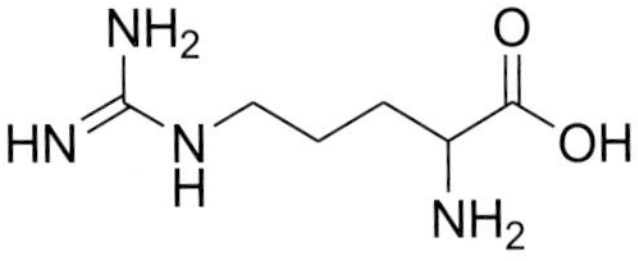

Histidin (His)

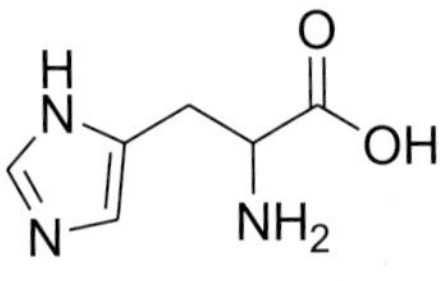

Bis auf Glycin besitzen alle α-Aminosäuren ein oder mehrere asymmetrische Kohlenstoffatome, sie sind also optisch aktive Verbindungen (vgl. 11.2.2). Die in Proteinen vorkommenden Aminosäuren weisen durchweg die L-Konfiguration auf.

Reaktionen

Bei neutralem pH-Wert im wässrigen Milieu ist die Carbonsäuregruppe dissoziiert und die Aminogruppe protoniert, sodass die Aminosäuren in zwitterionischer Form vorliegen. Aminosäuren kondensieren unter Bildung von Peptiden. Die in diesen Verbindungen enthaltene Säureamid-Bindung heißt *Peptidbindung*; Beispiel:

$$\underset{\text{Aminosäure 1}}{H_2N\text{–}\underset{R_1}{\underset{|}{C}}H\text{–}OOH} + \underset{\text{Aminosäure 2}}{H\text{–}NH\text{–}\underset{R_2}{\underset{|}{C}}H\text{–}COOH}$$

$$\rightarrow \underset{\text{Dipeptid}}{H_2N\text{–}\underset{R_1}{\underset{|}{C}}H\text{–}CO\text{–}NH\text{–}\underset{R_2}{\underset{|}{C}}H\text{–}COOH} + H_2O\ .$$

Proteine (Eiweißstoffe) sind *Polypeptide*. Sie gehören zu den wichtigsten Grundbausteinen des menschlichen und des tierischen Körpers (s. 12.5.1).

12 Synthetische und natürliche Makromoleküle

Unter *Makromolekülen* versteht man Moleküle mit Molmassen in der Größenordnung 10^4–10^7 g/mol. Sie sind in der Regel organischer Natur. Der Grund für eine gesonderte Behandlung liegt darin, dass einige wesentliche Eigenschaften von Stoffen, die aus solchen Molekülen aufgebaut sind, mehr von der Größe der Moleküle als von ihrer individuellen chemischen Zusammensetzung abhängen. Des Weiteren besitzen Stoffe aus solchen Molekülen als Kunststoffe eine erhebliche technische Bedeutung, und natürliche Makromoleküle sind wesentlich am Aufbau lebender Organismen und an den Lebensvorgängen beteiligt.

12.1 Synthetische Polymere

Oft wird synonym zum Begriff Makromolekül auch das Wort Polymer (gr.: viele Teile) benutzt, um hervorzuheben, dass ein Makromolekül aus einer großen Zahl kleiner, im einfachsten Fall identischer Bausteine besteht, die durch kovalente Bindungen miteinander verknüpft sind. Ein Monomer ist ein kleines Molekül, das eine oder mehrere polymerisationsfähige Gruppen besitzt und das bei der Polymerisation in einen Baustein des Polymers überführt wird.

Monomere können zu einem linearen Makromolekül (auch Fadenmoleküle oder Kettenmoleküle genannt) verknüpft sein, wie in Bild 12-1a dargestellt. Andere Molekülarchitekturen sind in verzweigten (12-1b) oder vernetzten (12-1c) Polymeren realisiert.

Eines der einfachsten linearen Polymere ist Polyethylen, das aus einer Aneinanderreihung von Methylengruppen $-CH_2-$ besteht. Der Name Polyethylen leitet sich von der Tatsache ab, dass es durch Polymerisation von Ethylen (systematischer Name: Ethen) hergestellt wird.

Ausgehend von der Struktur des Polymers könnte es auch Polymethylen genannt werden. In der Regel erfolgt die Bezeichnung des Polymers aber nach den Ausgangsmonomeren, die mit der Vorsilbe Poly-

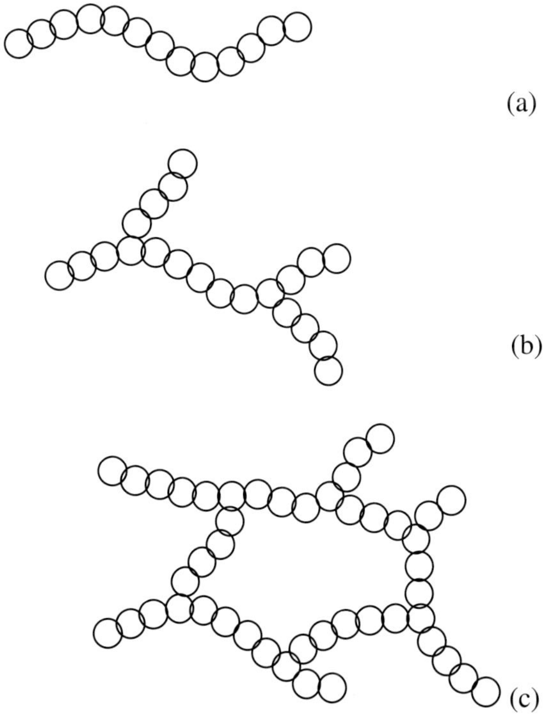

Bild 12-1. Lineare (a), verzweigte (b) und vernetzte (c) Makromoleküle

versehen werden. Die Synthese von Polyethylen lässt sich formal folgendermaßen darstellen:

$$n\ H_2C{=}CH_2 \rightarrow -[CH_2{-}CH_2]_n- \quad n \gg 1$$

12.1.1 Verknüpfung von Monomeren

Es gibt drei grundsätzliche Möglichkeiten, um die Verknüpfung von Monomeren zu einem Polymer zu erreichen:

a) Öffnen einer Doppelbindung,
b) Öffnen eines ringförmigen Moleküls,
c) Verwendung von Monomeren mit zwei funktionellen Gruppen.

Eine große Zahl von Polymeren leitet sich von Monomeren des Typs $CH_2{=}CHX$ ab, wobei X ein Substituent ist. Diese Polymere werden Vinyl-Polymere genannt. Wichtige Beispiele sind:

Polypropylen

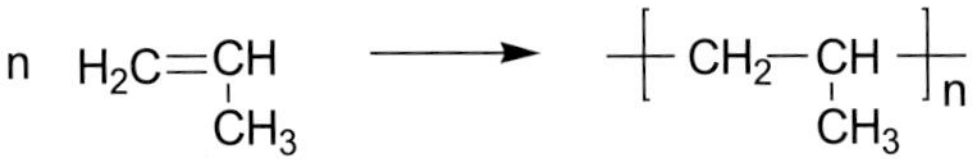

Polystyrol

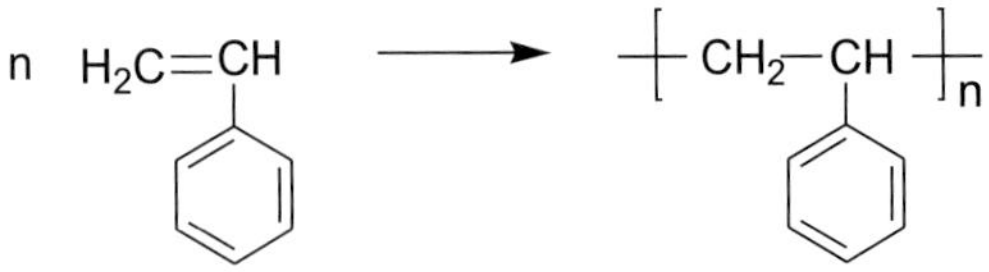

Polyvinylchlorid

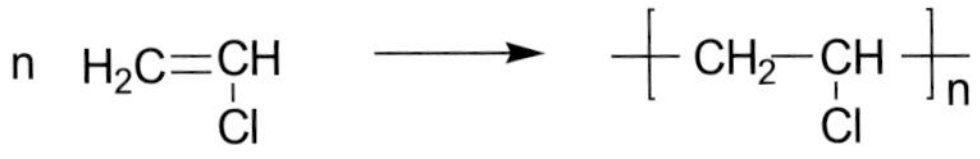

Polyacrylnitril

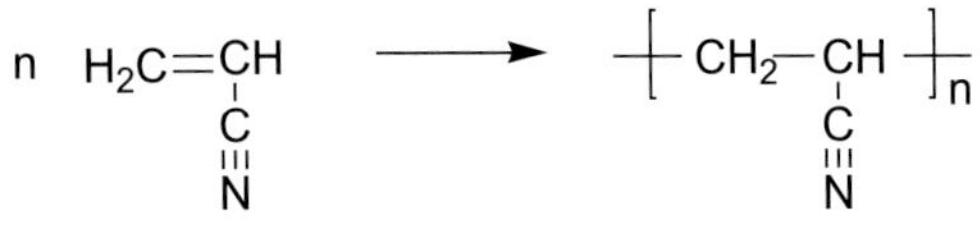

Ein ähnlicher Typ ist:
Polymethylmethacrylat (Acrylglas Plexiglas ™)

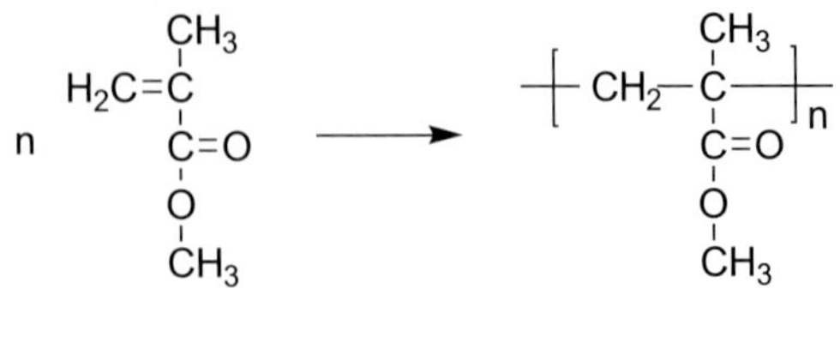

Nach dem Mechanismus b) werden z. B. Polyoxymethylen

und Polycaprolactam (Nylon 6)

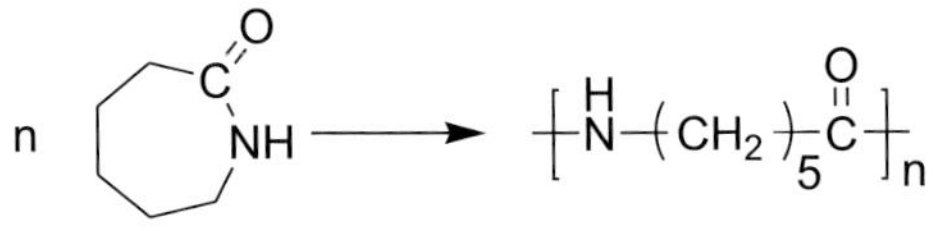

gebildet.

Wichtige Vertreter der Möglichkeit c) sind:
Polyethylenterephthalat

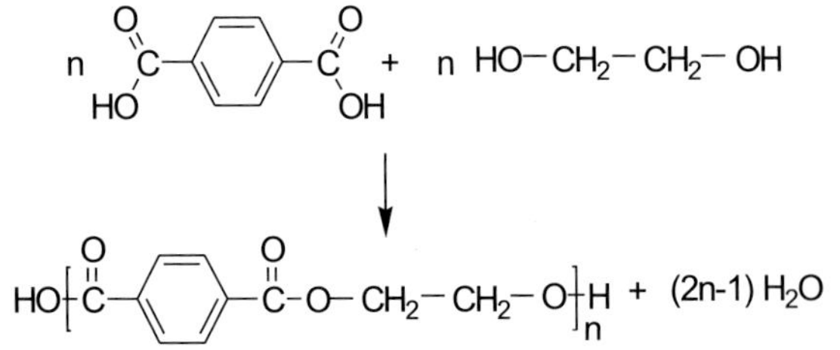

Polyhexamethylenadipinamid (Nylon 66)

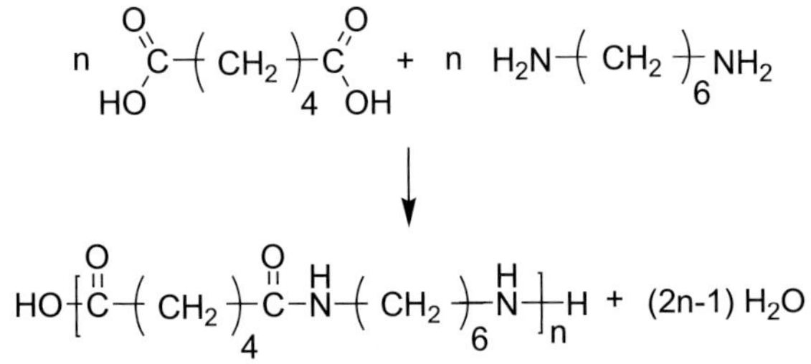

12.1.2 Mittelwerte der Molmassen

Die Zahl n nennt man den Polymerisationsgrad. Zwischen der Molmasse des Polymers M und dem Polymerisationsgrad besteht die Beziehung

$$M = n\, M_0 \,,$$

wobei M_0 die Molmasse der Wiederholungseinheit darstellt. Bei dieser Betrachtungsweise vernachlässigt man den Einfluss der Kettenenden. In der Regel werden die Kettenenden auch in der Formeldarstellung nicht angegeben; häufig sind sie nicht genau bekannt. n bzw. M weisen in der Regel für ein bestimmtes Material eine Verteilung auf, die man durch Mittelwerte charakterisieren kann. Der Zahlenmittelwert der Molmasse M_N berechnet sich nach

$$M_N = \sum N_i M_i / \sum N_i \, . \qquad (12\text{-}1)$$

Hierin bedeutet N_i die Zahl der Moleküle mit der Molmasse M_i. Alle Moleküle werden bei der Mittelwertbildung gleich gewichtet, obwohl sie sich deutlich im Polymerisationsgrad unterscheiden können.
Ein anderer wichtiger Mittelwert ist der Massenmittelwert der Molmasse M_w.

$$M_w = \sum w_i M_i / \sum w_i = \sum N_i M_i^2 / \sum N_i M_i \, . \qquad (12\text{-}2)$$

Bei dieser Mittelwertbildung wird mit dem Massenanteil w_i der Moleküle mit der Molmasse M_i gewichtet. Als Maß für die Breite der Verteilung (Uneinheitlichkeit) wird häufig das Verhältnis M_w/M_N angegeben.
Homopolymere bestehen aus nur einer Sorte von Wiederholungseinheiten (alle bisher vorgestellten Beispiele sind Homopolymere), während *Copolymere* aus zwei oder mehr unterschiedlichen Monomeren gebildet werden, die wiederum in statistischer Abfolge (–A–A–B–A–B–B–A–B–B–B–B–A–), alternierend (–A–B–A–B–A–B–A–B–) oder blockartig (–A–A–A–A–A–B–B–B–B–B–B–) miteinander verknüpft sein können. Eine weitere wichtige Klasse von Copolymeren sind Pfropfcopolymere, die allerdings zu den verzweigten Polymeren gehören.

12.1.3 Synthese von Polymeren

Es existieren zwei grundsätzlich verschiedene Arten der Polymerisation, die man als *Kettenwachstumsreaktion* und *Stufenwachstumsreaktion* bezeichnet.

Kettenwachstumsreaktion

Die Kettenwachstumsreaktion ist eine typische Kettenreaktion (vgl. 7.7) mit den Schritten Kettenstart (Initiierung), Kettenwachstum und Kettenabbruch. Für den Fall einer radikalischen Polymerisation ergibt sich folgendes Schema:

Start:

$$\mathrm{I} \rightarrow 2\,\mathrm{R}^\bullet \, ; \quad \mathrm{R}^\bullet + \mathrm{M} \rightarrow \mathrm{R{-}M}^\bullet$$

Der Initiator I zerfällt thermisch oder lichtinduziert in zwei Radikale $R^\bullet$, die jeweils an ein Monomermolekül M addiert werden. Alternative Mechanismen zur Generierung von Radikalen sind ebenfalls möglich.

Wachstum:

$$\mathrm{R{-}M}^\bullet + \mathrm{M} \rightarrow \mathrm{R{-}M{-}M}^\bullet$$
$$\mathrm{R{-}M{-}M}^\bullet + \mathrm{M} \rightarrow \mathrm{R{-}M{-}M{-}M}^\bullet \quad \text{etc.}$$

allgemein

$$\mathrm{R{-}M}_n^\bullet + \mathrm{M} \rightarrow \mathrm{R{-}M}_{n+1}^\bullet \quad \text{oder}$$
$$\mathrm{P}_n + \mathrm{M} \rightarrow \mathrm{P}_{n+1}^\bullet$$

Das Radikal addiert sukzessive Monomere, wobei der Radikalcharakter immer auf das zuletzt addierte Monomer übertragen wird. Diese Reaktion erfolgt sehr schnell, sodass eine einmal gestartete Reaktion zu relativ großen ($n \gg 1$) Polyradikalen führt.

Abbruch:

$$\mathrm{P}_n^\bullet + \mathrm{P}_m^\bullet \rightarrow \mathrm{P}_{n+m} \quad \text{oder}$$
$$\mathrm{P}_n^\bullet + \mathrm{P}_m^\bullet \rightarrow \mathrm{P}_n + \mathrm{P}_m$$

Der Kettenabbruch erfolgt durch Kombination zweier Polyradikale oder durch Disproportionierung (Übertragung eines Wasserstoffatoms).
Die kinetische Behandlung dieser Prozesse, bei der von Quasistationarität bezüglich der Radikalkonzentrationen ausgegangen wird, liefert als Bruttopolymerisationsgeschwindigkeit:

$$r_p = -\mathrm{d}c(\mathrm{M})/\mathrm{d}t \sim c(\mathrm{M}) \sqrt{c(\mathrm{I})} \, , \qquad (12\text{-}3)$$

d. h. r_p ist proportional zur Monomerkonzentration und zur Wurzel aus der Initiatorkonzentration. In die Proportionalitätskonstante gehen die Geschwindigkeitskonstanten der einzelnen Teilreaktionen ein. Als weitere und wichtigere Konsequenz der kinetischen Behandlung ergibt sich für die Molmasse des Produkts:

$$M_N \sim c(\mathrm{M}) / \sqrt{c(\mathrm{I})} \, , \qquad (12\text{-}4)$$

d. h. der Zahlenmittelwert der Molmasse ist ebenfalls proportional zur Monomerkonzentration, aber umgekehrt proportional zur Wurzel aus der Initiatorkonzentration. Die Eigenschaften des Produkts sind demnach kinetisch kontrolliert und lassen sich über diese beiden Konzentrationen steuern. Die Verteilungsfunktion der Molmasse hängt davon ab, ob der Abbruch überwiegend durch Kombination oder Disproportionierung erfolgt. In guter Näherung erwartet man im ersten Fall $M_w/M_N = 1{,}5$, im zweiten Fall $M_w/M_N = 2$. Allerdings ergeben sich bei der Polymerisation in Masse oder in hochkonzentrierter Lösung zu hohen Umsätzen Abweichungen zu deutlich höheren Molmassen, die auf starke Viskositätserhöhung und daraus folgende Unterdrückung der Abbruchreaktion zurückzuführen sind.

Eine andere Steuerungsmöglichkeit für die erzielte Molmasse bietet der Zusatz eines Reglers. Dabei handelt es sich um ein Agens S, auf das der Radikalcharakter übertragen werden kann, ohne dass die kinetische Kette unterbrochen wird. Als zusätzliche Reaktion im Wachstumsschritt tritt dann

$$P_n^\bullet + S \rightarrow P_n + S^\bullet$$
$$S^\bullet + M \rightarrow S\text{–}M^\bullet$$

auf, wodurch die Länge der Molekülkette begrenzt wird. Sehr wirksame Regler sind zum Beispiel Mercaptane. Übertragungen können aber auch auf das Lösemittel, das Monomer, den Initiator oder das Polymer selber erfolgen.

Neben der radikalischen Polymerisation gehören die ionischen (anionischen und kationischen) Polymerisationen und die koordinative Polymerisation zu den Kettenwachstumsreaktionen. Die einzelnen Schritte verlaufen ähnlich wie bei der radikalischen Polymerisation mit dem Unterschied, dass die reaktiven Spezies als Anionen P_n^-, Kationen P_n^+ oder koordinativ an einen Katalysator gebunden vorliegen.

Als Initiatoren verwendet man bei der anionischen Polymerisation typischerweise Alkylverbindungen der Alkalimetalle, z. B. Butyl-Li, bei der kationischen Polymerisation kommen Protonen- oder Lewis-Säuren oder Carbeniumsalze zum Einsatz. Die Polarität des Lösemittels und die Natur des Gegenions sind entscheidend dafür, ob der Initiator in dissoziierter Form, als Ionenpaar oder kovalent vorliegt. Davon hängen wiederum Reaktionsgeschwindigkeiten und Mechanismen ab. Eine Besonderheit, die vor allem bei der anionischen Polymerisation genutzt wird, ist die Vermeidung von Abbruch und Übertragungsreaktionen (sog. lebende Polymerisation). Durch geeignete Reaktionsführung lassen sich so sehr enge Molmassenverteilungen erzielen ($M_w/M_N < 1{,}05$).

Bei der koordinativen Polymerisation, auch Ziegler-Natta-Polymerisation genannt, werden Mischkatalysatoren aus einer Verbindung eines Übergangsmetalls (z. B. $TiCl_4$) und einer metallorganischen Verbindung (z. B. $Al(C_2H_5)_3$) verwendet. Neuere Katalysatoren sind sog. Metallocene, z. B. Bis-cyclopentadienyl-Metall-Komplexe. Die koordinative Polymerisation wird zur Herstellung von linearem Polyethylen, stereoregulärem Polypropylen und Polybutadien eingesetzt.

Stufenwachstumsreaktion

Monomere mit zwei funktionellen Gruppen polymerisieren in der Regel nach dem Stufenwachstumsmechanismus. Ein typisches Beispiel ist die Polykondensation von Adipinsäure mit Hexamethylendiamin zum Nylon 66, einem Polyamid (s. vorige S.) oder die Kondensation von Terephthalsäure mit Ethylenglykol zum Polyethylenterephthalat (PET), einem Polyester (s. S.102).

Nach dem gleichen Schema, aber ohne Abspaltung niedermolekularer Substanzen, erfolgt die Bildung von Polyurethanen aus Diisocyanaten und Diolen:

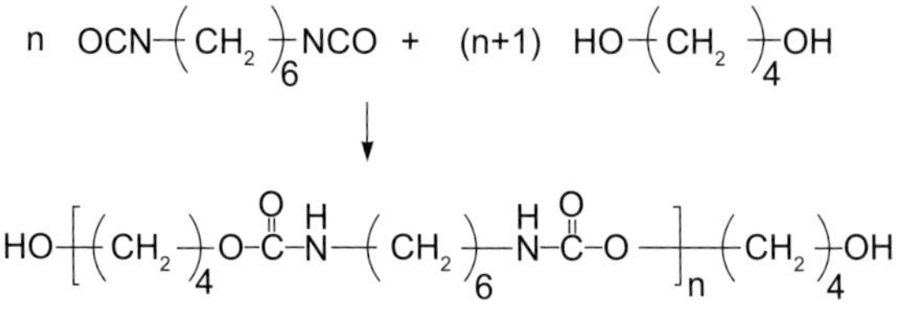

Die statistische Behandlung der Stufenwachstumsreaktion zeigt, dass hohe Molmassen nur bei sehr großen Umsätzen p erreicht werden. Dies wird in der Carothers-Gleichung ausgedrückt:

$$M_N = M_0/(1 - p) \qquad (12\text{-}5)$$

Hierin ist M_0 die Molmasse der Wiederholungseinheit, also die Summe aus der Molmase der beiden Monomere abzüglich der Summe der Molmasse der ggf. abgespaltenen Verbindungen (in obigen Beispielen Wasser). Für den Massenmittelwert ergibt sich:

$$M_w = M_0(1 + p)/(1 - p)\ . \qquad (12\text{-}6)$$

und für $p \rightarrow 1$ folgt $M_w/M_N = 2$, wie bei der radikalischen Polymerisation mit Abbruch durch Disproportionierung.

Wenn bei einer Stufenwachstumsreaktion auch Monomere eingesetzt werden, die über mehr als zwei funktionelle Gruppen verfügen, bilden sich bei geringem Umsatz verzweigte Polymere, bei höherem Umsatz dreidimensionale Netzwerke. Die Netzwerkbildung äußert sich in einem plötzlichen drastischen Anstieg der Viskosität. Dieser Vorgang wird als Gelierung bezeichnet. Der Übergang von einem löslichen verzweigten Polymer zu einem vernetzten unlöslichen Polymer erfolgt am Gelpunkt. Technisch wichtige Beispiele für derartige vernetzte Polymere, die man auch als Duroplaste bezeichnet, sind Phenol-Formaldehyd-Harze, Melamin-Harze und Epoxidharze (s. 11.4.3 und D 5.6).

12.2 Gestalt synthetischer Makromoleküle

12.2.1 Knäuelmoleküle

Die Gestalt einer flexiblen Kette aus identischen Bausteinen, die keine speziellen Wechselwirkungen aufeinander ausüben, ist ein statistisches Knäuel. Flexibel bedeutet in diesem Zusammenhang, dass durch Rotation um Einfachbindungen unterschiedliche räumliche Anordnungen (Konformationen) ermöglicht werden. Diese Voraussetzung ist für die allermeisten synthetischen Polymere gegeben.

Bei einer Kette mit nur durch Einfachbindungen verknüpften C-Atomen im Rückgrat (z. B. einem Vinylpolymeren) beträgt der Bindungswinkel etwa 109° (Tetraederwinkel). Bezüglich einer herausgegriffenen C–C-Bindung sind die 3 Konformationen, anti, gauche(+) und gauche(−), energetisch in etwa gleich günstig.

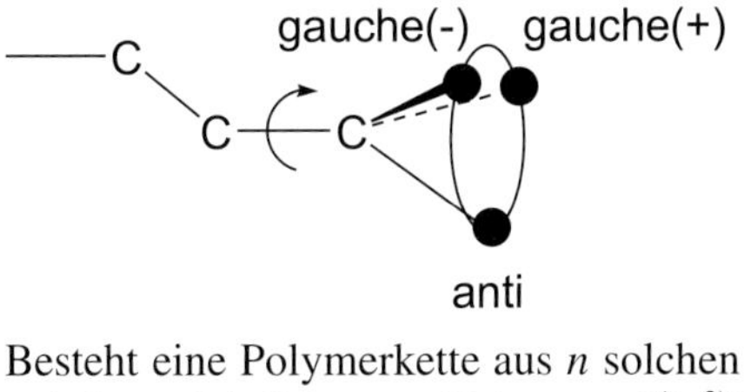

Besteht eine Polymerkette aus n solchen Bindungen, existieren folglich etwa 3^n (genau: $3^{(n-2)}$) energetisch günstige Konformationen, bei großem n also eine sehr große Zahl. Deshalb ist nur eine Beschreibung mit geeigneten Mittelwerten, die als Maß für die wahrscheinlichste Gestalt des Makromoleküls dienen, und mit Verteilungsfunktionen sinnvoll. Die komplexe Problematik wird dadurch etwas erleichtert, als eine reale Polymerkette sich in sehr guter Näherung auf eine Zufallskette, deren Bindungen überhaupt keine Korrelationen zueinander aufweisen, abbilden lässt.

12.2.2 Charakterisierung der Gestalt

Eine wichtige Größe ist der *End-zu-End Abstand* einer Polymerkette, für dessen quadratisch gemittelten Mittelwert gilt:

$$\langle r^2 \rangle = C_\infty n l^2 \qquad (12\text{-}7)$$

Hierin ist n die Zahl der Bindungen, l deren Länge, und C_∞ stellt einen durch bestimmte Bindungswinkel, Konformationsverhältnisse sowie sterische Effekte für das betreffende Polymer individuellen Parameter dar. C_∞ wird deshalb als charakteristisches Verhältnis bezeichnet. Es liegt für zahlreiche Polymere im Bereich $4 < C_\infty < 10$.

Für die Verteilungsfunktion des Betrags des End-zu-End-Abstands ergibt sich in guter Näherung (für $r \ll nl$, nl ist die hypothetische Länge des vollständig gestreckten Moleküls und wird auch als Konturlänge bezeichnet):

$$P(r)\mathrm{d}r = \mathrm{const} \cdot r^2 \exp(-3r^2/2\langle r^2 \rangle)\mathrm{d}r\,. \qquad (12\text{-}8)$$

Hieraus folgt über statistisch-thermodynamische Betrachtungen, dass eine Polymerkette, deren End-zu-End Vektor auf einem Wert $\boldsymbol{r}$ gehalten wird, eine rücktreibende elastische Kraft $\boldsymbol{f}$ entgegen die Richtung des End-zu-End Vektors ausübt.

$$\boldsymbol{f}(\boldsymbol{r}) = -(3kT/\langle r^2 \rangle)\boldsymbol{r}\,. \qquad (12\text{-}9)$$

Eine Polymerkette verhält sich wie eine Hooke'sche Feder. Die Elastizität hat ihre Ursache darin, dass man das Molekül bei einer Vergrößerung des End-zu-End Abstands aus einer wahrscheinlicheren Konformation in eine weniger wahrscheinliche bringt. Dadurch verringert sich die Entropie. Man spricht deshalb von Entropieelastizität. Dies kommt dadurch zum Ausdruck, dass die Federkonstante in erster Näherung zur absoluten Temperatur proportional ist. Die Entropieelastizität einzelner Polymerketten wirkt sich makroskopisch als Kautschuk- bzw. Gummielastizität aus.

Als weitere wichtige Größe für die mittlere Ausdehnung eines Polymermoleküls wird der *Trägheitsradius (Gyrationsradius)* R_G verwendet, der als quadratisch gemittelter Abstand aller Kettenatome vom Schwerpunkt des Moleküls definiert ist. Er steht zu $\langle r^2 \rangle$ in Beziehung über

$$R_G^2 = \langle r^2 \rangle / 6\,. \qquad (12\text{-}10)$$

R_G lässt sich mit Streumethoden (Licht-, Neutronenstreuung) experimentell ermitteln.

Die mittlere Knäueldichte ϱ ergibt sich als Quotient aus der Molekülmasse einer Polymerkette und dem mittleren Volumen des Knäuels. Wenn letzteres als $(4\pi/3)\,R_G^3$ angenähert wird, ergibt sich:

$$\varrho = nM_0/N_A(4\pi/3)R_G^3 \sim n^{-1/2} \,. \qquad (12\text{-}11)$$

Hierin wird unter n wieder der Polymerisationsgrad verstanden. Mit zunehmendem Polymerisationsgrad sinkt die Knäueldichte auf recht kleine Werte; eine Rechnung mit typischen Zahlen ergibt eine Größenordnung von etwa 0,01 g/mL, d. h. das Knäuel einer typischen Polymerkette umfasst ein Volumen, das etwa 100-mal so groß ist wie das Eigenvolumen der Monomereinheiten. Der freie Raum wird im Falle einer verdünnten Polymerlösung von Lösemittelmolekülen eingenommen, im Falle eines reinen Polymers von den Segmenten anderer Polymermoleküle, d. h. die Moleküle sind stark miteinander verschlauft.

12.3 Konfiguration

Ein wesentliches Strukturmerkmal v. a. von Vinylpolymeren ist die stereochemische Konfiguration. Wegen der Tetraedersymmetrie am C-Atom kann jedes unsymmetrisch substituierte C-Atom in zwei Konfigurationen vorliegen (vgl. 11.2.2):

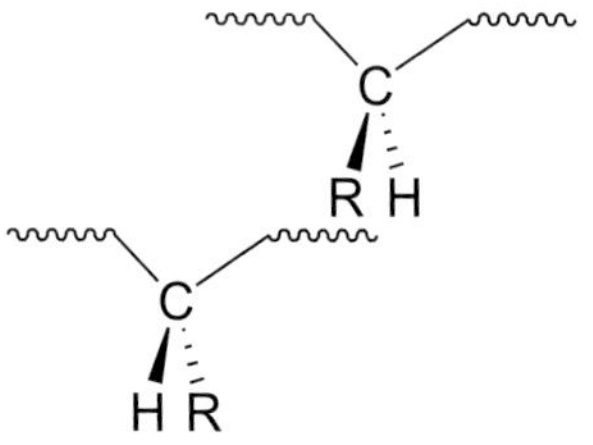

Die beiden Konfigurationen können nicht durch Rotation um Einfachbindungen ineinander überführt werden. Die sterische Ordnung entlang der Hauptkette bezeichnet man mit dem Begriff *Taktizität*. Isotaktische Vinylpolymere sind solche, die alle Substituenten auf einer Seite tragen, wenn die Hauptkette in der Zick-Zack-Konformation dargestellt wird.

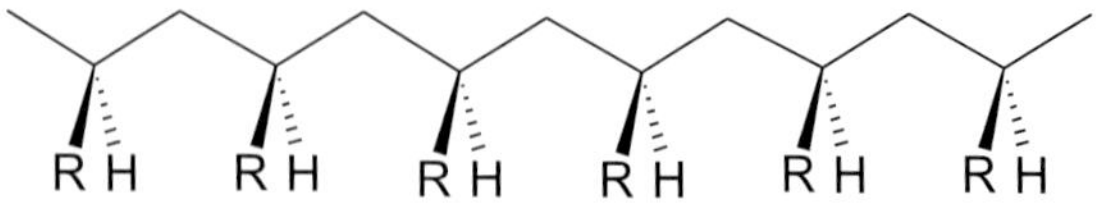

Bei syndiotaktischen Polymeren sind die Substituenten abwechseln vorn und hinten angeordnet.

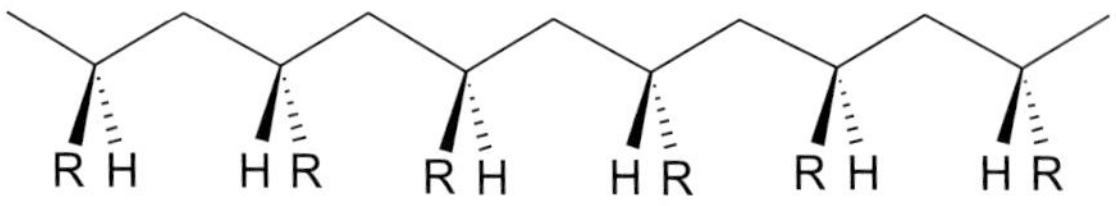

Beide Formen werden als stereoreguläre Polymere bezeichnet. Demgegenüber spricht man bei einer ungeordneten Abfolge von Konfigurationen von einem ataktischen Polymer.

Die Stereoregularität hat eine wichtige Konsequenz: Stereoreguläre Polymere haben einen regelmäßigen Molekülaufbau und können deshalb kristallisieren, ataktische wegen der unregelmäßigen Abfolge der Monomerbausteine hingegen nicht.

Die radikalische Polymerisation von Vinylmonomeren führt in der Regel zu überwiegend ataktischen Polymeren. Zum Aufbau stereoregulärer Polymere werden die koordinative Polymerisation oder ionische Polymerisationen genutzt.

Neben der Taktizität spielen bei einigen Polymeren andere geometrische Isomerien (vgl. 11.2) eine Rolle. Bei der Polymerisation von Butadien entstehen je nach Katalysator überwiegend

cis-1,4-Polybutadien,

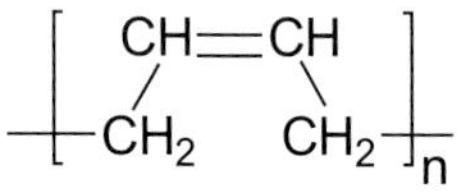

trans-1,4-Polybutadien

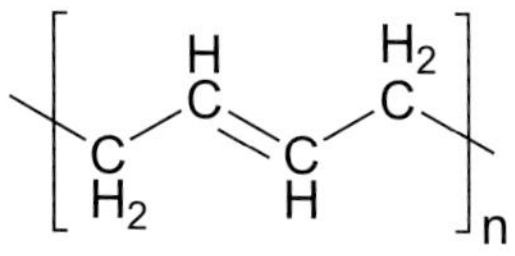

oder 1,2–Polybutadien

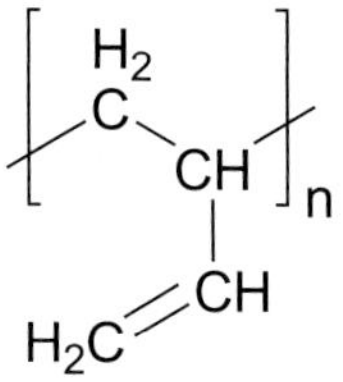

die sich in ihren Eigenschaften deutlich unterscheiden.

12.4 Kristallisation von Polymeren

Kristallisation setzt die Möglichkeit einer regelmäßigen Packung von Einheiten in einem Kristallgitter voraus. Polymere können deshalb nur dann kristallisieren, wenn es sich um regelmäßig aufgebaute lineare Ketten handelt. Stark vernetzte und verzweigte Polymere, ataktische Polymere und statistische Copolymere sind in der Regel nicht kristallisierbar; bei hinreichend niedrigen Temperaturen bilden diese Polymere ein Glas (s. 5.2.4).

Beim Abkühlen der Schmelze eines kristallisationsfähigen Polymers kommt es nur zu einer teilweisen Kristallisation. Der erreichte Kristallisationsgrad hängt stark von der thermischen Vorgeschichte ab, oft lässt sich aber ein Wert in der Größenordnung von 50% kaum überschreiten (eine Ausnahme ist Polyethylen). Das Material liegt dann zweiphasig vor; der andere Teil ist amorph und befindet sich im (im Prinzip) flüssigen Zustand oder im Glaszustand. Die Ursache für die Teilkristallinität liegt in der Verschlaufung der Ketten in der Schmelze und ist kinetisch bedingt. Die einzelnen Kristallite sind oft sehr klein, was zu einem breiten Schmelzbereich führt, und sie weisen untereinander eine Korrelation auf, die zu überkristallinen Morphologien wie Sphäroliten oder Fibrillen führt.

12.5 Biopolymere (natürliche Makromoleküle)

In der belebten Natur spielen Makromoleküle eine wichtige Rolle. Die wesentlichen Typen von Biopolymeren sind

- Polypeptide und Proteine,
- Polynukleotide und
- Polysaccharide.

12.5.1 Polypeptide und Proteine

Polypeptide oder Proteine lassen sich als Polykondensate aus α-Aminosäuren auffassen. Dabei wird der Begriff Polypeptid meist für Makromoleküle mit Polymerisationsgraden bis etwa 50–100 verwendet, während als Proteine höhermolekulare Stoffe bezeichnet werden, manchmal auch Aggregate aus mehreren solchen Makromolekülen. Die Abgrenzung ist nicht scharf.

Natürlich vorkommende Proteine sind Copolymere aus etwa 20 verschiedenen Aminosäuren (s. 11.4.6).

Ihre Primärstruktur lässt sich wie folgt darstellen:

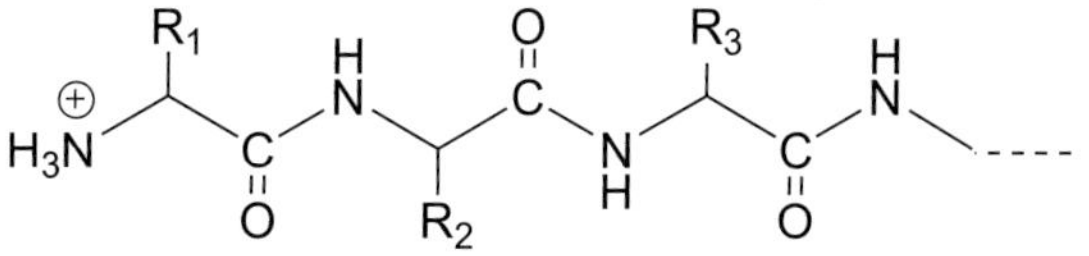

Im Gegensatz zu synthetische Polymeren, die i. Allg. eine statistische Abfolge der unterschiedlichen Monomerbausteine aufweisen, kommt es bei Proteinen auf die exakte Abfolge (Sequenz) der einzelnen Aminosäurereste an. Diese bestimmt die Struktur des Proteins und ist wesentlich für dessen Funktion.

Die räumliche Gestalt eines Proteins (die Art der Faltung; Sekundärstruktur) wird wesentlich durch intra- oder intermolekulare Wechselwirkungen, insbes. Wasserstoffbrückenbindungen, bestimmt. Die Carbonamidgruppierung kann zu anderen solchen Gruppen H-Brücken ausbilden, es ist aber auch möglich, dass die Funktionalitäten der Seitenketten daran beteiligt sind. Hydrophobe Wechselwirkungen spielen bei Aminosäuresequenzen mit aliphatischen Seitenketten eine Rolle. Darüber hinaus kann es durch Cystein-Cystin Umwandlung zu kovalenten Verknüpfungen (Disulfidbrücken) kommen. Im Cystin sind zwei Cysteinmoleküle unter Wasserstoffabspaltung am Schwefel verbrückt.

Die C–N-Bindung in der Carbonamidgruppe trägt wegen der Mesomerie:

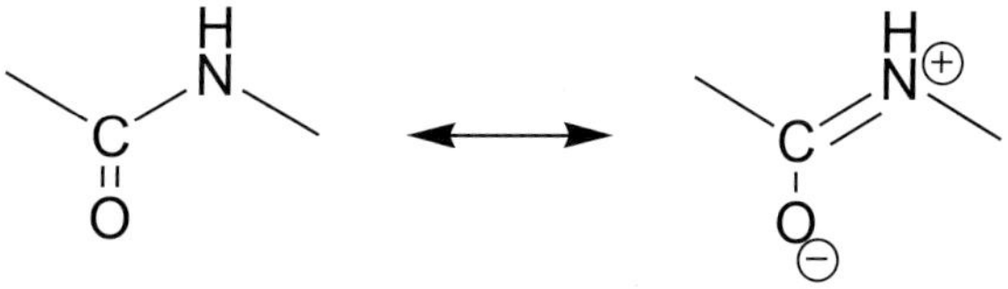

partiellen Doppelbindungscharakter und weist keine freie Drehbarkeit auf. Alle Atome der Einheit liegen deshalb in einer Ebene, Drehbarkeit in der Hauptkette ist nur um die Bindungen am α-C-Atom gegeben:

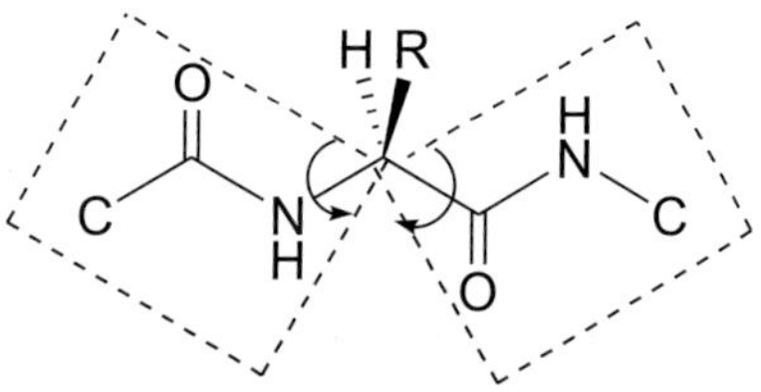

Proteine fallen grob in zwei Gruppen, die Faser- oder Skleroproteine einerseits und die globulären Proteine andererseits.

Faserproteine

Die i. Allg. unlöslichen Faserproteine finden sich als Stütz- und Gerüstmaterial in Haaren, Haut, Nägeln und Krallen, Vogelfedern, Muskeln und Sehnen. Sie haben von Natur aus eine Faserstruktur, bei der Polypeptidketten zu Strängen vereint und ggf. umeinander gewunden sind.

In der β-Faltblattstruktur liegen mehrere Polypeptidketten so parallel oder antiparallel zueinander, dass jeweils intermolekulare Wasserstoffbrückenbindungen zwischen benachbarten Carbonamidgruppen ausgebildet werden. Das Kettenrückgrat ist dabei leicht gefaltet, um dem Platzbedarf der Aminosäurereste zu genügen. Die Seitenketten der Aminosäuren ragen dabei abwechselnd nach beiden Seiten senkrecht von der Faltblatt-Ebene. Die β-Faltblattstruktur findet man gut ausgebildet bei natürlicher Seide.

In der α-Helix werden die Wasserstoffbrückenbindungen intramolekular ausgebildet. Die Polypeptidkette ist dazu in Form einer Helix gewunden, bei der die Seitengruppen nach außen weisen und bei der Wasserstoffbrückenbindungen zwischen der 1. und 5., 2. und 6., 3. und 7., etc., Aminosäure auftreten. Mehrere solcher Helices werden zu Fibrillen umeinander gewunden. α-Helix-Strukturen findet man z. B. im Keratin und in den globulären Proteinen.

Globuläre Proteine

Globuläre Proteine existieren als kompakte, mehr oder weniger sphärische Gebilde aus einer oder wenigen Polypeptidketten, in die ggf. andere funktionale Struktureinheiten eingelagert sind. Beispiele sind Enzyme, Hämoglobin, Myoglobin. Die Polypeptidkette ist dazu in bestimmter Weise gefaltet und wird durch Disulfidbindungen und Nebenvalenzkräfte in dieser Lage gehalten. Abschnittsweise spielen α-Helix und β-Faltblattstruktur als Ordnungsprinzipien eine Rolle.

12.5.2 Polynucleotide

Polynucleotide, auch Nucleinsäuren genannt, setzen sich aus über Phosphorsäure esterartig verknüpften Zuckerbausteinen zusammen, die an jedem Zucker eine Pyrimidin- oder Purinbase tragen.

Es gibt zwei Sorten von Polynucleotiden: *Ribonucleinsäuren* (RNA) enthalten als Zucker die Ribose, *Desoxyribonukleinsäuren* (DNA) enthalten 2-Desoxyribose.

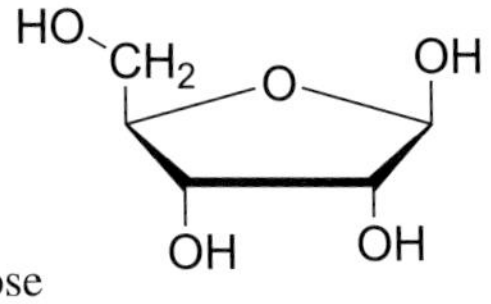

β-D-Ribose

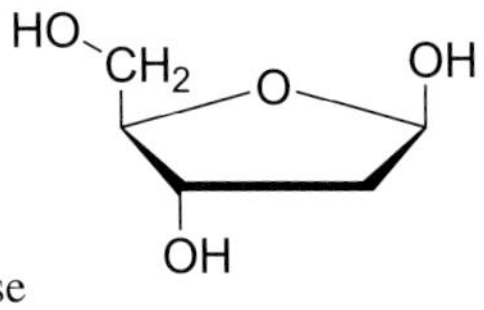

β-D-Desoxyribose

Die Einheit aus Base und Zucker heißt Nucleosid, die Einheit aus Base, Zucker und Phosphorsäure Nucleotid. Die DNA kommt u. a. im Zellkern vor und ist dort in Chromosomen angeordnet. Sie ist das genetische Material, das die Information für die Synthese der Proteine von einer Generation auf die nächste weitergibt. Ein Gen ist ein Abschnitt der DNA,der die dafür notwendige Information beinhaltet. Viren besitzen ca. 50 Gene, Bakterien in der Größenordnung von 1000, höhere Säugetiere 50 000. Die RNA überträgt die Information und ist bei der Biosynthese der Proteine direkt beteiligt.Die Hauptkette beider Polynucleotide ist streng alternierend aus den entsprechenden Zucker- und Phosphorsäureeinheiten aufgebaut. Die darauf gespeicherte Information liegt in der Sequenz der verschiedenen Basen. Dabei handelt es sich um fünf organische Stickstoffbasen: Adenin (A) und Guanin (G) sind Derivate der Grundstruktur Purin; Cytosin (C), Thymin (T) und Uracil (U) leiten sich von Pyrimidin ab (T kommt in DNA vor, U in RNA.). Eine Sequenz aus drei Basen codiert eine Aminosäure bei der Proteinsynthese (genetischer Code).

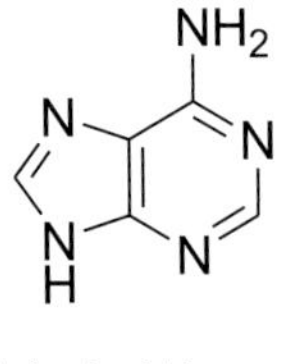

Adenin (A)

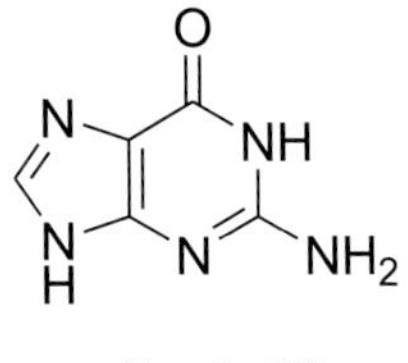

Guanin (G)

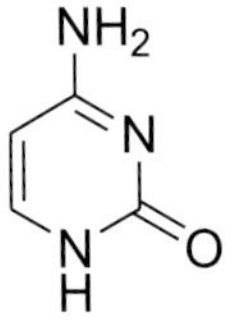

Cytosin (C]

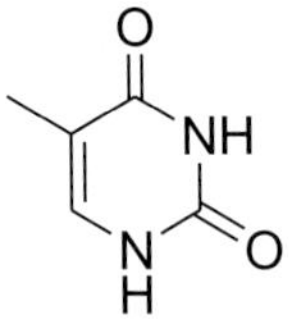

Thymin (T)

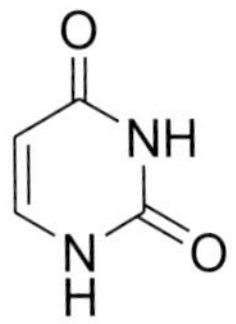

Uracil (U)

Native DNA-Moleküle weisen einen außerordentlich hohen Polymerisationsgrad auf, die Molmassen können in der Größenordnung 10^9–10^{12} g/mol liegen. Zwei solcher Moleküle bilden eine Doppelhelix, bei der die Basen zum Zentrum zeigen und jeweils zwei Basen miteinander mehrere Wasserstoffbrückenbindungen ausbilden. Dies ist nur für die Paarungen A-T (bzw. A-U) und C-G möglich. Auf Grund dieser Basenpaarung legt die Sequenz in einem DNA-Molekül die Sequenz im komplementären Molekül vollständig fest. Die Wasserstoffbrückenbindungen halten die beiden Stränge der Doppelhelix zusammen und stabilisieren sie (s. Bild 12-2). Für ein menschliches Gen sind ca. 70 000 Basenpaare erforderlich.

Die Analyse der Reihenfolge der Bausteine der DNA (*Sequenzanalyse*) geschieht heute weitgehend automatisiert. Dabei wird die DNA normalerweise durch Enzyme in kürzere Bruchstücke geschnitten, die vervielfältigt, gelelektrophoretisch aufgetrennt und schließlich spektroskopisch und mit Unterstützung bioinformatischer Methoden analysiert werden. Bei der Teilung von Zellen wird die DNA als Ganzes kopiert. Im Labor dient die sogenannte *polymerase-chain-reaction* (PCR) zur Vervielfältigung der DNA. Dabei können durch enzymatische Katalyse große Mengen identischen Materials hergestellt werden. Auf diese Weise erfolgen Identitätsbestimmungen in der forensischen Medizin.

12.5.3 Polysaccharide

Saccharid ist ein anderes Wort für Zucker. Man bezeichnet solche Verbindungen auch als *Kohlenhydrate*, weil sie die Summenformel $C_x(H_2O)_y$ aufweisen, wobei x und y ganze Zahlen sind. Aus dieser Summenformel leitet sich der Begriff Kohlenhydrat für Hydrat des Kohlenstoffs ab. Einfache Zucker, sog. Monosaccharide, haben die Zusammensetzung $(CH_2O)_n$ mit $3 \leq n \leq 6$. Die Ribose mit $n = 5$ (eine Pentose) ist der Zucker , der in der RNA auftritt. Desoxyribose ist ein Derivat davon und findet sich in der DNA.

Der am weitesten verbreitete Zucker ist die *Glucose*, eine Hexose mit $n = 6$ und der Summenformel $C_6H_{12}O_6$; die Strukturformel ist aus Bild 12-3 ersichtlich. Von der Glucose leiten sich die beiden wichtigsten Polysaccharide ab: *Cellulose* und *Stärke*.

Cellulose ist das am weitesten verbreitete natürliche Polymer. Sie bildet das strukturelle Gerüst von Holz (s. D 5.1.1) und findet sich in der Zellwand fast aller Pflanzen. In nahezu reiner Form kommt sie in Baum-

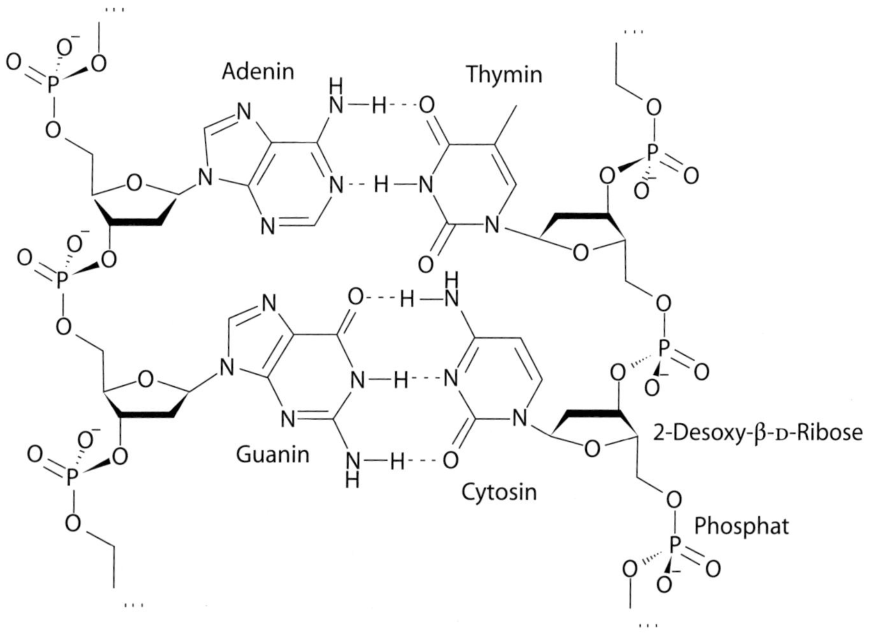

Bild 12-2. Struktur der Basenpaare in einem Ausschnitt der DNA-Doppelhelix

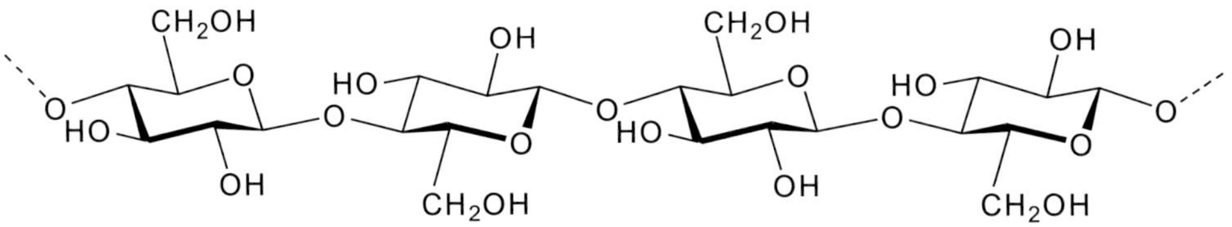

Bild 12-3. Struktur der Cellulose. Die Glucoseringe sind β-1,4-glykosidisch verknüpft

Amylose

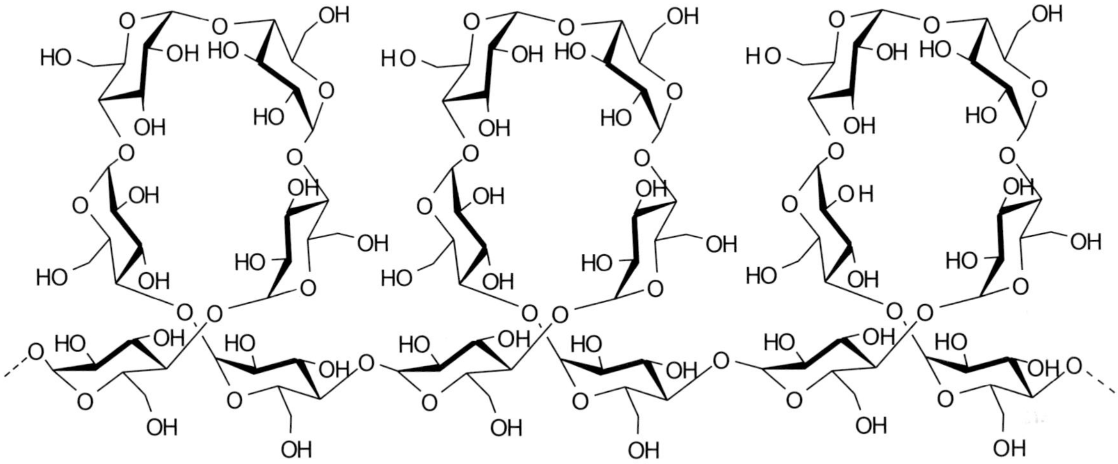

Amylopektin

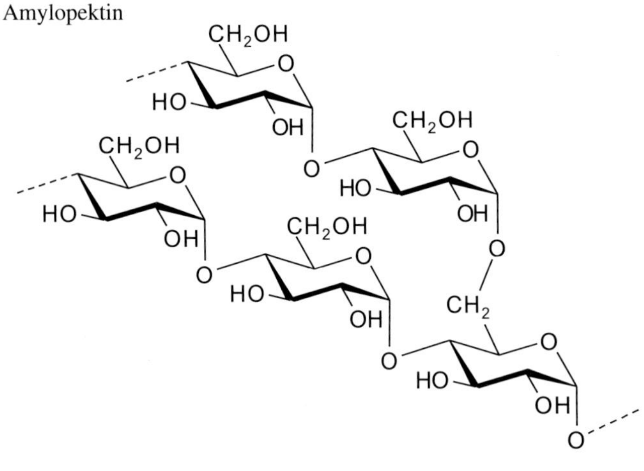

Bild 12-4. Struktur der Stärke; Stärke besteht aus Amylose (ca. 25%), die vom (verzweigten) Amylopektin umhüllt wird. Die Glucoseringe sind α-1,4-glykosidisch (im Amylopektin auch α-1,6-glykosidisch) verknüpft

wolle vor. Die globale biologische Produktion von Cellulose beträgt etwa 10^{11} t/Jahr.

Cellulose ist ein unverzweigtes β-1,4-Polymer der Glucose mit Polymerisationsgraden in der

Größenordnung 500–5000. Intramolekulare Wasserstoffbrückenbindungen sorgen dafür, dass keine freie Drehbarkeit um die glykosidischen Bindungen besteht; glykosidische Bedingungen sind Etherbindungen (vgl. 11-5). Cellulose ist deshalb ein recht steifes, bändchenförmiges Molekül. Cellulose ist hoch kristallin, wobei intermolekulare Wasserstoffbrückenbindungen ausgebildet werden. Aufgrund der starken intermolekularen Wechselwirkungen ist Cellulose wasserunlöslich.

Stärke ist ebenfalls aus Glukose-Einheiten aufgebaut, allerdings erfolgt die Verknüpfung hier im Gegensatz zur Cellulose über eine α-glykosidische Bindung. Stärke besteht zu ca. 25% aus Amylose, die vom Amylopektin umhüllt wird. Amylopektin enthält außer den α-1,4- auch α-1,6-glykosidische Bindungen, die eine verzweigte Struktur ermöglichen, sowie geringe Anteile von Phosphatgruppen. Das Amylopektin ist für die Quellfähigkeit der Stärke in Wasser verantwortlich.

Formelzeichen der Chemie

a, b	van-der-Waals'sche Konstanten
b	Molalität
c_B	Konzentration des Stoffes B
c_S	Sättigungskonzentration
C_p, C_V	Wärmekapazität bei konstantem Druck bzw. Volumen
e	Elementarladung
E	Energie
E_A	Aktivierungsenergie
E_G	Gitterenergie
E_I	Ionisierungsenergie
F	Faraday-Konstante
G	Freie Enthalpie
$\Delta_\mathrm{r}G$	Freie Reaktionsenthalpie
$\Delta_\mathrm{r}G^0$	Freie Standardreaktionsenthalpie
H	Enthalpie
$H_\mathrm{m} = H/n$	molare Enthalpie
$\Delta_\mathrm{r}H$	molare Reaktionsenthalpie
$\Delta_\mathrm{r}H^0$	molare Standardreaktionsenthalpie
$\Delta_\mathrm{B}H_\mathrm{m}$	molare Bildungsenthalpie
$\Delta_\mathrm{B}H_\mathrm{m}^0$	molare Standardbildungsenthalpie
k	Reaktionsgeschwindigkeitskonstante
K_B, K_S	Dissoziationskonstanten von Basen bzw. Säuren
K_c, K_p, K_x	Gleichgewichtskonstanten
K_W	Ionenprodukt des Wassers
L	Löslichkeitsprodukt
M_B	molare Masse des Stoffes B
n	Stoffmenge
N	Teilchenzahl
N_A	Avogadro-Konstante
p	Druck; Impuls
Q	Wärme
r	Reaktionsgeschwindigkeit
R	universelle Gaskonstante
R_G	Gyrationsradius
S	Entropie
$\Delta_\mathrm{r}S$	Reaktionsentropie
t	Zeit
T	(thermodynamische) Temperatur
$T_{1/2}$	Halbwertszeit
U	innere Energie
$\Delta_r U$	Reaktionsenergie
V	Volumen
w_B	Massenanteil des Stoffes B
x_B	Stoffmengenanteil des Stoffes B
z	Ladungszahl von Ionen
ν_B	chemisches Potenzial des Stoffes B
μ_0^B	chemisches Standardpotenzial des Stoffes B
υ_B	Stöchiometrische Zahl des Stoffes B in einer Reaktion
ξ	Umsatzvariable
π	osmotischer Druck
ϱ	Dichte
ϱ_B	Massenkonzentration des Stoffes B
χ	Elektronegativität

Literatur

Nachschlagewerke

Beilstein: Handbuch der Organischen Chemie. 4. Aufl. (Hauptwerk und 5 Ergänzungswerke). Berlin: Springer

CRC Handbook of Chemistry and Physics. 84th ed. Boca Raton, Fla.: CRC Press 2003

JANAF Thermochemical Tables. 3rd ed. J. Phys. Chern. Ref. Data, Suppl., 1985

Landolt-Börnstein, Zahlenwerte und Funktionen aus Naturwissenschaft und Technik. Neue Serie. (Zahlreiche Bände in 7 Gruppen). Berlin: Springer

Nabert, K.; Schön, G.: Sicherheitstechnische Kennzahlen brennbarer Gase und Dämpfe. 2. Aufl. Braunschweig: Dt. Eich-Vlg. 1968

Römpp Lexikon Chemie, 6 Bde. (Falbe, J; Regitz, M. (Hrsg.)). 10. Aufl. Stuttgart: Thieme 1996–1999 (auch als elektronische Version erhältlich)

Ullmann's Encyclopedia of Industrial Chemistry. 6th ed. Weinheim: Wiley-VCH 2002 ff

TRGS 900: Grenzwerte in der Luft am Arbeitsplatz „Luftgrenzwerte", BArbBl, 1996, Nr. 10, 106–108 (hierzu Änderungen!)

TRGS 905: Verzeichnis krebserzeugender, erbgutverändernder oder fortpflanzungsgefährdender Stoffe. BArbBl, 1997, Nr. 6, 40–46 (hierzu Änderungen!)

Allgemeine Chemie

Christen, H.R., Meyer, G.: Allgemeine und anorganische Chemie, 2Tle, Frankfurt a. M.: Salle; Aarau: Sauerländer 1994, 1995

Forst, D.; Flottenmann, D.; Roßwag, H.: Chemie für Ingenieure. 2. Aufl. Berlin: Springer 2003

Pauling, L.: General Chemistry. Mineola, USA: Dover Publications 1988

Mortimer, Ch. E., Müller, U.: Chemie. Das Basiswissen der Chemie. 7. Aufl. Stuttgart: Thieme 2001

Riedel, E.: Allgemeine und Anorganische Chemie. 7. Aufl. Berlin: de Gruyter 1999

Anorganische Chemie

Büchel, K.H.; Moretto, H.-H.; Woditsch, P.: Industrielle Anorganische Chemie. 3. Aufl. Weinheim: Wiley-VCH 1999

Cotton, F.A.; Wilkinson, G.; Gaus P.L.: Basic inorganic chemistry. 3rd ed. New York: Wiley 1995

Cotton, F.A.; Wilkinson, G.; u. a.: Advanced inorganic chemistry. New York: Wiley 1999

Greenwood, N.N.; Earnshaw, A.: Chemistry of the elements. 2nd ed. Oxford: Butterworth-Heinsmann 1997

Huheey, J.E.; Keiter, E.; Keiter, R.: Anorganische Chemie. 3. Aufl. Berlin: de Gruyter 2003

Liebscher, W. GDCh (Hrsg.): Nomenklatur der Anorganischen Chemie. Weinheim: VCH 1994

Riedel, E.: Anorganische Chemie. 5. Aufl. Berlin: de Gruyter 2002

Shriver, D.F.; Atkins, P.W.; Langford, C.H.: Anorganische Chemie. 2. Aufl. Weinheim: Wiley-VCH 1997

Steudel, R.: Chemie der Nichtmetalle. 2. Aufl. Berlin: de Gruyter 1998

Wayne, R.P.: Chemistry of atmospheres. Oxford: Clarendon Pr. 2000

Wiberg, N.: Hollemann-Wiberg: Lehrbuch der Anorganischen Chemie. 101. Aufl. Berlin: de Gruyter 1995

Organische Chemie

Beyer, H.; Walter, W.: Lehrbuch der Organischen Chemie. 24. Aufl. Stuttgart: Hirzel 2004

Carey, F.A.; Sundberg, R.J.: Organische Chemie. Weinheim: VCH 1995

Christen, H.R.; Vögtle, F.: Grundlagen der organischen Chemie. 2. Aufl. Frankfurt a.M.: Salle; Aarau: Sauerländer 1998

Hart, H.; Craine, L.E.; Hart, D.J.: Organische Chemie. 2. Aufl. Weinheim: Wiley–VCH 2002

IUPAC; Kruse, G. (Hrsg.): Nomenklatur der Organischen Chemie. Weinheim: Wiley-VCH 1997

Streitwieser, A.; Heathcock, C.H.; Kosower, E.M.: Organische Chemie. 2. Aufl. Weinheim: VCH 1994

Sykes, P.: Reaktionsmechanismen der Organischen Chemie. 9. Aufl. Weinheim: VCH 1988

Vollhardt, K.P.C.; Schore, N.E.: Organische Chemie. 3. Aufl. Weinheim: Wiley-VCH 2000

Weissermel, K.; Arpe, H.-J: Industrial Organic Chemistry. 4. Aufl. Weinheim; Wiley-VCH 2003

Physikalische Chemie

Atkins, P.W.: Physikalische Chemie. 3. Aufl. Weinheim: Wiley-VCH 2001

Brdièka, R.: Chemie. 15. Aufl. Weinheim: VCH 1992

Moore, W.J.: Grundlagen der Physikalischen Chemie. Berlin: de Gruyter 1990

Wedler, G.: Lehrbuch der Physikalischen Chemie. 4. Aufl. Weinheim: Wiley-VCH 1997

Spezielle Literatur zu Kapitel 4 und zur Analytischen Chemie

Doerffel, K.; Geyer, R.: Analytikum. 9. Aufl. Leipzig: Dt. Vlg. f. Grundstoffindustrie 1994

Jander, G.; Jahr, K.F.: Maßanalyse. 16. Aufl. Berlin: de Gruyter 2003

Küster, F.W.; Thiel, A.: Rechentafeln für die Chemische Analytik. 105. Aufl. Berlin: de Gruyter 2003

Nylén, P; Wigren, N.; Joppien, G.: Einführung in die Stöchiometrie. 19. Aufl. Darmstadt: Steinkopff 1999

Otto, M.: Analytische Chemie. 2. Aufl. Weinheim: VCH 2000

Wittenberger, W.: Rechnen in der Chemie. 14. Aufl. Berlin: Springer 1995

Spezielle Literatur zu Kapitel 1 und 2

Gray, H.B.: Elektronen und Chemische Bindung. Berlin: de Gruyter 1973
Großmann, G.; Fabian, J.; Kammer, H.-W: Struktur und Bindung: Atome, und Moleküle. Weinheim: Vlg. Chemie 1973
Haken, H.; Wolf, H.C.: Molekülphysik und Quantenchemie. 3. Aufl. Berlin: Springer 1998
Hensen, K.: Theorie der chemischen Bindung. Darmstadt: Steinkopff 1974
Kutzelnigg, W.: Einführung in die theoretische Chemie, Weinheim: Wiley-VCH 2001
Lieser, K.H.: Nuclear and Radiochemistry. 2. Aufl. Weinheim: Wiley-VCH 2001
Sieler, J., u. a.: Struktur und Bindung: Aggregierte Systeme und Stoffsystematik. Weinheim: Vlg. Chemie 1990

Spezielle Literatur zu Kapitel 5

Poling, B.; Prausnitz, J.; O'Connell, J.: The properties of gases and liquids. New York: McGraw-Hill 2001
Doremus, R.H.: Glass science. 2nd ed. NewYork: Wiley 1994
Egelstaff, P.A.: An introduction to the liquids State. London: Oxford Univ. Pr. 1992
Robinson, R.A.; Stokes, R.H.: Electrolyte solutions. 2nd ed. New York: Dover Publ. 2002
Kelker, H.; Hatz, R.: Handbook of Liquid Crystals. Weinheim: Verlag Chemie 1980
Scholze, H.: Glas: Struktur und Eigenschaften. 3. Aufl. Berlin: Springer 1988
Kleber, W; Bautsch, H.-J.; Bohm, J.: Einführung in die Kristallographie. Berlin: Vlg. Technik 1998
Müller, U.: Structural inorganic chemistry. New York: Wiley 1993
Rösler, H.J.: Lehrbuch der Mineralogie. Heidelberg: Spektrum Akad. Verlag 2002
Wells, A.F.: Structural inorganic chemistry. London: Oxford Univ. Pr. 1983

Spezielle Literatur zu Kapitel 6

Haase, R.: Thermodynamik der Mischphasen. Berlin: Springer 1956
Haase, R.: Thermodynamik. 2. Aufl. Darmstadt: Steinkopff 1985
Kortüm, G.; Lachmann, H.: Einführung in die chemische Thermodynamik. 7. Aufl. Weinheim: Vlg. Chemie; Göttingen: Vandenhoeck & Ruprecht 1981
Prigogine, I.; Defay, R.: Chemische Thermodynamik. Leipzig: Dt. Vlg. f. Grundstoffindustrie 1962
Strehlow, R.A.: Combustion fundamentals. New York: McGraw-Hill 1985
Warnatz, J.; Maas, U.; Dibble, R.W.: Combustion. Berlin: Springer 2001

Spezielle Literatur zu Kapitel 7

Baker, W.E.; Tang, M.J.: Gas, dust and hybrid explosions. Amsterdam: Elsevier 1991
Houston, P.L.: Chemical Kinetics and Reaction Dynamics. New York: McGraw-Hill 2001
Lewis, B.; von Elbe, G.: Combustion, flames and explosions of gases. 3rd ed. Orlando, Fla.: Academic Pr. 1987
Logan, S.R.: Grundlagen der Chemischen Kinetik. Weinheim: Wiley-VCH 1997
Nettleton, M.A.: Gaseous detonations. London: Chapman & Hall 1987
Steen, H. (Hrsg.): Handbuch des Explosionsschutzes. Weinheim: Wiley-VCH 2000
Dörfler, H.-D.: Grenzflächen- und kolloid-disperse Systeme. Berlin: Springer 2002
Robinson, R.A.; Stokes, R.H.: Electrolyte Solutions. 2nd ed. New York: Dover Publ. 2002
Tombs, M. P; Peacocke, A.R.: The osmotic pressure of biological macromolecules. London: Oxford Univ. Pr. 1974

Spezielle Literatur zu Kapitel 8 und 9

Haase, R.: Elektrochemie I: Thermodynamik elektrochemischer Systeme. Darmstadt: Steinkopff 1972
Hamann, C.H.; Vielstich, W.: Elektrochemie. 3. Aufl. Weinheim: Wiley-VCH 1998
Kortüm, G.: Lehrbuch der Elektrochemie. Weinheim: Vlg. Chemie 1972
Strehlow, R.A.: Combustion fundamentals. New York: McGraw-Hill 1985
Wang, J.: Analytical Electrochemistry. 2. Aufl. Heidelberg: Wiley-VCH 2000

Spezielle Literatur zu Kapitel 10

Bantista, R.G.; Mistiva, B.: Rare Earths and Actinides: Science, Technology ans Aplications. TMS The Minerals, Metals and Materials. Soc.: 2000
Katz, J.J.; Seaborg, T.; Mors, L.R.: The chemistry of the actinide elements, vols. 1,2. London: Chapman & Hall 1986
Lieser, K.H.: Nuclear- and Radiochemistry. Weinheim: Wiley-VCH 2001

Loveland, W.; Morrissey, D.J.; Seaborg, G.: Modern Nuclear Chemistry. New York: Wiley 2004
Pope, M.T.: Heteropoly and isopoly oxometalates. Berlin: Springer 1983
Seaborg, G.T.; Loveland, W. D.: The elements beyond uranium. New York: Wiley 1990
Sinha, S.P.: Systematics and properties of the lanthanides. Dordrecht: Reidel 1983

Spezielle Literatur zu Kapitel 12

Echte, A.: Handbuch der technischen Polymerchemie, Weinheim: VCH 1993
Elias, H.G.: Makromoleküle, Band 1–4, Heidelberg: Hüthig & Wepf 1999–2002
Lehninger, A.L.; Nelson, D.L.; Cox, M.M.: Lehninger Biochemie. Berlin: Springer 2001

D Werkstoffe

H. Czichos
B. Skrotzki
F.-G. Simon

1 Übersicht

1.1 Der Materialkreislauf

Die Prozesse und Produkte der Technik erfordern zu ihrer Realisierung eine geeignete materielle Basis. *Material* ist die zusammenfassende Bezeichnung für alle natürlichen und synthetischen Stoffe, Materialforschung, Materialwissenschaft und Materialtechnik sind die sich mit den Stoffen befassenden Gebiete der Forschung, Wissenschaft und Technik.
Werkstoffe im engeren Sinne nennt man Materialien im festen Aggregatzustand, aus denen Bauteile und Konstruktionen hergestellt werden können [1]. Bei den *Konstruktionswerkstoffen* stehen die mechanisch-technologischen Eigenschaften im Vordergrund. *Funktionswerkstoffe* sind Materialien, die besondere funktionelle Eigenschaften, z. B. physikalischer und chemischer Art oder spezielle technisch nutzbare Effekte realisieren, z. B. optische Gläser, Halbleiter, Dauermagnetwerkstoffe [2].
Die *Energieträger*, wie Kraftstoffe, Brennstoffe, Explosivstoffe gehören im strengen Sinne nicht zu den genannten Gruppen, d. h. sie sind als Materialien, aber nicht als Werkstoffe zu bezeichnen. Den stofflichen Grundprozess der gesamten Technik fasst der im Bild 1-1 skizzierte Materialkreislauf zusammen. Er stellt den Weg der (späteren) Materialien von den natürlichen Vorräten über Rohstoffe, Werkstoffe zu technischen Produkten dar und ist durch die Aufeinanderfolge unterschiedlichster Technologien gekennzeichnet:

– Rohstofftechnologien zur Ausnutzung der natürlichen Ressourcen,

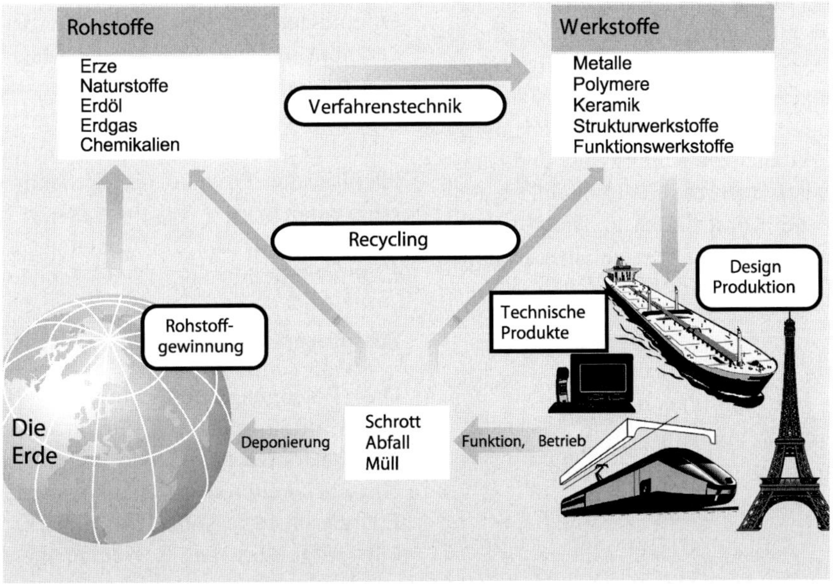

Bild 1-1. Der Materialkreislauf

- Werkstofftechnologien zur Erzeugung von Werkstoffen und Halbzeugen aus den Rohstoffen,
- Konstruktionsmethoden und Produktionstechnologien für Entwurf und Fertigung von Bauteilen und technischen Produkten,
- Betriebs-, Wartungs- und Reparaturtechnologien zur Gewährleistung von Funktionsfähigkeit und Wirtschaftlichkeit des Betriebs,
- Wiederaufbereitungs- und Rückgewinnungstechnologien zur Schließung des Materialkreislaufs durch Recycling oder – falls dies nicht möglich ist – durch Deponierung.

Unter wirtschaftlichen Aspekten ist der Materialkreislauf auch als Wertschöpfungskette zu betrachten. Die für technische Produkte benötigten Konstruktions- und Funktionswerkstoffe müssen dem jeweiligen Anwendungsprofil entsprechen und gezielt bezüglich Material- und Energieverbrauch, Qualität, Zuverlässigkeit, Wirtschaftlichkeit, Gebrauchsdauer, Umweltschutzerfordernissen usw. optimiert werden.

1.2 Werkstoffe in Kultur, Wirtschaft, Technik und Umwelt

Kultur- und Technikgeschichte der Werkstoffe

Werkstoffe bilden die stoffliche Basis aller von Menschen geschaffenen Erzeugnisse: von den Gebrauchsgegenständen der Kupfer-, Bronze- und Eisenzeit bis zu den heutigen „High-Tech-Produkten". Materialeigenschaften prägen damit nicht nur das Erscheinungsbild und die Originalität von Kulturgütern und Kunstwerken [3], sondern auch die Funktionalität technischer Bauteile und Konstruktionen. Die folgenden Stichworte geben eine kurze Übersicht über kulturelle und technische Entwicklungen:

Kulturgeschichte

- Altsteinzeit vor etwa 10 000 Jahren
- Jungsteinzeit, 8000 bis 7000 v. Chr.
- Kupferzeit, 7000 bis 3000 v. Chr.
- Bronzezeit, 3000 bis 1000 v. Chr.
- Eisenzeit seit Mitte 2. Jahrtausend v. Chr.

„Eiserne Engel"

- Maschinen von der Antike bis zur industriellen Revolution (Walter Kiaulehn)

Werkstoffe im 20. Jahrhundert:
Basis für Technologien und Industrien [4]

- Aluminiumlegierungen seit den 20ern → Flugzeugbau, Luftfahrtindustrie
- Hartmetalle seit den 30ern → Fertigungs-, Produktionstechnik
- Polymere seit den 40ern → Kunststoffe, Chemische Industrie
- Superlegierungen seit den 50ern → Düsentriebwerke, Turbinenbau
- Halbleiter seit den 60ern → Transistortechnik, Elektronikindustrie
- Neue Keramiken seit den 70ern → „High-Tech-Industrien"
- Bio-Materialien seit den 80ern → Biotechnologien, Medizintechnik
- Nano-Materialien seit den 90ern → Mikro- und Nanotechnik

Wirtschaftliche Bedeutung

„Leistungsfähigkeit, Wirtschaftlichkeit und Akzeptanz industrieller Produkte und Systeme hängen entscheidend von den eingesetzten Materialien ab. Die zentrale Rolle von Materialien und maßgeschneiderten Werkstoffen für die Entwicklung zukunftsorientierter Technologien ist einer breiteren Öffentlichkeit jedoch kaum bewusst und wird oft verkannt, da die eingesetzten Materialien vielfach hinter das fertige System oder das Endprodukt zurücktreten. Die technologische und volkswirtschaftliche Bedeutung von Materialien liegt vor allem in den Produkt- und Systeminnovationen, die sie ermöglichen." (Wissenschaftsrat, 1996 [5]).

Die wirtschaftliche Bedeutung des Produktionsfaktors Material geht z. B. aus Tabelle 1-1 hervor.

Ressourcen für Werkstoffe

Die Erzeugung von Metallen, Baustoffen und Kunststoffen basiert naturgemäß auf der Welt-Rohstoffförderung. Tabelle 1-2 gibt einen Überblick über die Weltproduktion zahlreicher Rohstoffe. Die Energierohstoffe Kohle, Erdöl und Erdgas sind ebenfalls aufgeführt. Als Ressource für die Herstellung von Werkstoffen und anderen Chemieprodukten werden nur etwa 8% des Erdöls genutzt. Der Anteil von

Tabelle 1-1. Materialien als Produktionsfaktor der Wirtschaft (Quelle: Statist. Jahrbuch für die Bundesrepublik Deutschland 2005)

– Kraftfahrzeugbau	
Bruttoproduktionswert 280,2 Mrd. €, davon	
– Materialverbrauch	50,8%
– Personalkosten	18,3%
– Sonstiges	30,9%
– Maschinenbau	
Bruttoproduktionswert 162,8 Mrd. €, davon	
– Materialverbrauch	40,2%
– Personalkosten	30,9%
– Sonstiges	28,9%
– Chemische Industrie	
Bruttoproduktionswert 140,1 Mrd. €, davon	
– Materialverbrauch	35,1%
– Personalkosten	20,6%
– Sonstiges	44,3%
– Elektrizitätserzeugung, Gerätetechnik	
Bruttoproduktionswert 85,1 Mrd. €, davon	
– Materialverbrauch	41,4%
– Personalkosten	28,6%
– Sonstiges	30,3%
– Rundfunk- u. Nachrichtentechnik	
Bruttoproduktionswert 41,1 Mrd. €, davon	
– Materialverbrauch	35,1%
– Personalkosten	19,4%
– Sonstiges	45,5%

Kohle, Erdöl und Erdgas am Primärenergieverbrauch betrug 2001 in Deutschland 24, 39 bzw. 22%.

Die derzeit bekannten Vorräte führen unter den jetzigen Verbrauchsbedingungen zu geschätzten Nutzungsdauern von etwa 200, 40 bzw. 60 Jahren. Die statische Nutzungsdauer der Metalle (Momentaufnahme eines dynamischen Systems) variiert zwischen 20 und 40 Jahren; sie liegt bei Aluminium (Bauxit) und Eisenerz bei über 100 Jahren.

Der spezifische Energiebedarf für die Erzeugung von Stahl, Kunststoffen und Aluminium ist in Tabelle 1-3 dargestellt [6, 7]. Die Analyse des Energieverbrauchs für ein technisches Produkt hat den kumulierten Energiebedarf im Materialkreislauf zu berücksichtigen, der sich als Summe des Energieverbrauchs für die Herstellung, bei der Nutzung und für die Entsorgung des Produktes ergibt.

Tabelle 1-2. Weltproduktion von mineralischen Rohstoffen und *Energierohstoffen*. Bei den Metallen beziehen sich die Zahlenwerte auf den Metallgehalt, wenn nicht ausdrücklich das Erz genannt wird

Rohstoff	Weltjahresproduktion (1000 t, Erdgas in 10^6 m^3)
Kohle	5 535 000
Rohöl	3 826 000
Erdgas	2 785 000
Eisenerz	1 363 000
Salz	230 300
Bauxit	163 000
Phosphat	146 000
Gips	111 600
Schwefel	58 500
Pottasche	32 100
Aluminium	29 900
Kaolin	22 600
Magnesit	22 300
Chromerze	18 300
Feldspat	15 500
Kupfer	14 500
Bentonit	13 000
Zink	9 400
Baryt	7 200
Titanoxid	5 000
Blei	3 100
Nickel	1 358
Zirkon	1 187
Brom	499
Zinn	275
Molybdän	153
Antimon	148
Vanadium	64
Wolfram	51,3
Kobalt	48
Uran	42,8
Jod	23,5
Silber	19,7
Cadmium	18,6
Wismut	3,7
Gold	2,49
Quecksilber	1,2
Platin-Metalle	0,514
Diamanten	0,032

Stand 2004, Quelle: British Geological Survey, World Mineral Production 2000 – 04, Keyworth, Nottingham, UK

Tabelle 1-3. Abschätzung des spezifischen Energiebedarfs für die Erzeugung von Werkstoffen

Werkstoff	spezifischer Energiebedarf MJ/kg
Aluminium (Halbzeug)	
Primäraluminium (aus Bauxit)	160 ... 240
Sekundäraluminium (auf Schrottbasis)	12 ... 20
Kunststoffe (Granulat)	
Polyvinylchlorid	48
Polyethylen	68
Polystyrol	75
Stahl (Halbzeug)	
Oxygenstahl (auf Erzbasis)	16 ... 27
Elektrostahl (auf Schrottbasis)	10 ... 18

Werkstoffe und die Eigenschaften technischer Produkte

Wie ebenfalls aus dem Materialkreislauf, Bild 1-1, abgelesen werden kann, werden Werkstoffe durch Konstruktion und Fertigung in technische Produkte „transformiert", formelartig geschrieben:

$$\text{Materialien} \xrightarrow[\text{Fertigung}]{\text{Konstruktion}} \text{technisches Produkt}$$

Informationsbezogen kann das heißen: Kenntnis der Beschaffenheit und des Verhaltens der Materialien ist Voraussetzung einer erfolgreichen Konstruktion. Stoffbezogen: Die Verfügbarkeit und Verwendung von technologisch und funktionell geeigneten Stoffen ist Voraussetzung guter Produktionsqualität. Auch drückt die Formel die Tatsache aus, dass durch ingeniöse Konstruktion und Fertigung die Materialeigenschaften in eine Fülle von Produkteigenschaften aufgefächert und übersetzt werden können.

Ein besonders für Erwerber und Benutzer wichtiges Merkmal technischer Produkte ist deren Qualität, sie ist eng mit den Merkmalen Zuverlässigkeit und Sicherheit verknüpft. *Qualität* ist die Beschaffenheit einer Betrachtungseinheit bezüglich ihrer Eignung, festgelegte und vorausgesetzte Erfordernisse und Funktionen zu erfüllen. *Zuverlässigkeit* ist die Eigenschaft, funktionstüchtig zu bleiben. Sie ist definiert als die Wahrscheinlichkeit, dass ein Werkstoff, Bauteil oder System seine bestimmungsgemäße Funktion für eine bestimmte *Gebrauchsdauer* unter den gegebenen Funktions- und Beanspruchungsbedingungen ausfallfrei, d. h. ohne Versagen, erfüllt. *Sicherheit* ist die Wahrscheinlichkeit, dass von einer Betrachtungseinheit während einer bestimmten Zeitspanne keine Gefahr ausgeht, bzw. dass das Risiko – gekennzeichnet durch Schadenswahrscheinlichkeit und Schadensausmaß – unter einem vertretbaren Grenzrisiko bleibt.

Die Beurteilung der Qualität, Zuverlässigkeit und Sicherheit von Werkstoffen, Bauteilen oder Systemen geschieht mit den Mitteln der Materialprüfung, siehe Kap. 11. Dabei ist insbesondere auch festzustellen, inwieweit oder auf welche Weise die Ergebnisse von Werkstoffprüfungen auf Bauteile oder Systeme übertragen werden können.

Werkstoffe und die Umwelt

Bild 1-1 erinnert daran, dass Werkstoffe als Bestandteile technischer Produkte bei deren technischer Funktion in Wechselwirkung mit ihrer Umwelt stehen. Die Wechselwirkungen beschreibt man allgemein als den einen oder anderen von zwei komplementären Prozessen:

- *Immission*, die Einwirkung von Stoffen oder Strahlung auf einen Werkstoff, die z. B. zur Korrosion führen kann.
- *Emission*, der Austritt von Stoffen oder Strahlung (auch Schall). Eine Emission aus einem Werkstoff ist in der Regel gleichzeitig eine Immision in die Umwelt.

Auf Umweltbeanspruchung und Umweltsimulation wird in Kap. 8.4 näher eingegangen.

Zum Schutz der Umwelt – und damit des Menschen – bestehen gesetzliche Regelungen für den Emissions- und Immissionsschutz mit Verfahrensregelungen und Grenzwerten für schädliche Stoffe und Strahlungen.

Hinsichtlich des Umweltschutzes sind an die Werkstoffe selbst hauptsächlich die folgenden Forderungen zu stellen:

- *Umweltverträglichkeit*, die Eigenschaft, bei ihrer technischen Funktion die Umwelt nicht zu beeinträchtigen (und andererseits von der jeweiligen Umwelt nicht beeinträchtigt zu werden).

Tabelle 1-4. Recyclingquoten von Werkstoffen bezogen auf den Verbrauch

Werkstoff	Recyclingquote %
Aluminium	35
Blei	59
Kupfer	54
Eisen	55
Zink	41

Quelle: BGR, Rohstoffwissenschaftliche Steckbriefe, 2006

- *Recyclierbarkeit* (siehe auch Kap. 7.2), die Möglichkeit der Rückgewinnung und Wiederaufbereitung nach dem bestimmungsgemäßen Gebrauch. Einen Eindruck von den gegenwärtig erzielbaren Recyclingquoten von Metallen in Deutschland gibt Tabelle 1-4.
- *Abfallbeseitigung*, die Möglichkeit der Entsorgung von Material, wenn ein Recycling nicht möglich ist [9].

Nach dem Vorbild der Stoffkreisläufe in der belebten Natur sind heute auch für die Materialien der Technik im Prinzip stets geschlossene Kreisläufe anzustreben und ggf. durch „Ökobilanzen" zu kennzeichnen. Auf die Wechselwirkungen von Material und Umwelt wird in Kap. 7 näher eingegangen.

1.3 Gliederung des Werkstoffgebietes

Für die fachliche Gliederung des Werkstoffgebietes gibt es mehrere Aspekte, die mit den Methoden der Systemtechnik kombiniert werden können. Werkstoffe sind bestimmungsgemäß Bestandteil von Gegenständen oder technischen Systemen. Jedes technische System ist durch die beiden Merkmale *Funktion* und *Struktur* gekennzeichnet, vgl. K 2. Entwicklung und Anwendung technischer Systeme erfordern neben der Kennzeichnung struktureller und funktioneller Eigenschaften Mess- und Prüftechniken zur Beurteilung des Systemverhaltens sowie Auswahl- und Gestaltungsmethoden für ihre Bauelemente.
Für das Werkstoffgebiet ist ein mehrdimensionales Gliederungsschema mit folgenden Schwerpunkten zweckmäßig:

a) Aufbau der Werkstoffe: Stoffliche Natur, unterschiedlich hinsichtlich chemischer Zusammensetzung, Bindungsart und Mikrostruktur.

b) Beanspruchung: Einflüsse, die auf Werkstoffe bei der Anwendung einwirken, deren Parameter und zeitlicher Verlauf.

c) Eigenschaften: Kenngrößen und Systemdaten, die das Verhalten von Werkstoffen gegenüber den verschiedenen Beanspruchungen und in ihren technisch-funktionellen Anwendungen beschreiben.

d) Schädigungsmechanismen: Veränderungen der Stoff- oder Formeigenschaften von Werkstoffen bzw. Bauteilen, die deren Funktion beeinträchtigen können.

e) Materialprüfung: Techniken und Methoden zur Untersuchung und Beurteilung von Materialien, Bauteilen und Konstruktionen.

f) Materialauswahl: Techniken und Methoden zur anwendungsbezogenen Auswahl von Materialien.

g) Referenzmaterialien und Referenzverfahren zur Qualitätssicherung des Materialverhaltens in technischen Anwendungen.

2 Aufbau der Werkstoffe

Der Aufbau eines Werkstoffs ist durch folgende Merkmale bestimmt:

a) Die chemische Natur seiner atomaren oder molekularen Bausteine.

b) Die Art der Bindungskräfte (Bindungsart) zwischen den Atomen bzw. Molekülen.

c) Die atomare Struktur, das ist die räumliche Anordnung der Atome bzw. Moleküle zu elementaren kristallinen, molekularen oder amorphen Strukturen, diese bilden bei kristallinen Stoffen *Elementarzellen*, die als eigentliche Grundbausteine des Stoffs angesehen werden können.

d) Die *Kristallite* oder *Körner*, das sind einheitlich aufgebaute Bereiche eines polykristallinen Stoffs, die durch sog. Korngrenzen voneinander getrennt sind.

e) Die *Phasen* der Werkstoffe, das sind Bereiche mit einheitlicher atomarer Struktur und chemischer Zusammensetzung, die durch Grenzflächen (Phasengrenzen) von ihrer Umgebung abgegrenzt sind.

f) Die *Gitterbaufehler*, das sind Abweichungen von der idealen Kristallstruktur:
   - Punktfehler: Fremdatome, Leerstellen, Zwischengitteratome, Frenkel-Defekte

- Linienfehler: Versetzungen
- Flächenfehler: Stapelfehler, Korngrenzen, Phasengrenzen

g) Die Mikrostruktur oder das *Gefüge*, das ist der mikroskopische Verbund der Kristallite, Phasen und Gitterbaufehler.

2.1 Aufbauprinzipien von Festkörpern

Alle Materie ist aus den im Periodensystem der Elemente zusammengefassten Atomen aufgebaut (siehe C 2 und C 4). Die Bindung zwischen je zwei Atomen eines Festkörpers resultiert aus elektrischen Wechselwirkungen zwischen den beiden Partnern, siehe Bild 2-1. Die Überlagerung der Abstoßungs- und Anziehungsenergien (oder Potenziale) führt zu einem Potenzialminimum, dessen Tiefe die Bindungsenergie U_B und dessen Lage den Gleichgewichtsabstand r_0 (Größenordnung 0,1 nm) angibt.

Die chemischen Bindungen zwischen den Elementarbausteinen fester Körper werden eingeteilt in (starke) Hauptvalenzbindungen (Ionenbindung, Atombindung, metallische Bindung) und (schwache) Nebenvalenzbindungen:

Ionenbindung (*heteropolare Bindung*): Jedes Kation gibt ein oder mehrere Valenzelektronen an ein oder mehrere Anionen ab. Bindung durch ungerichtete elektrostatische (Coulomb-)Kräfte zwischen den Ionen.

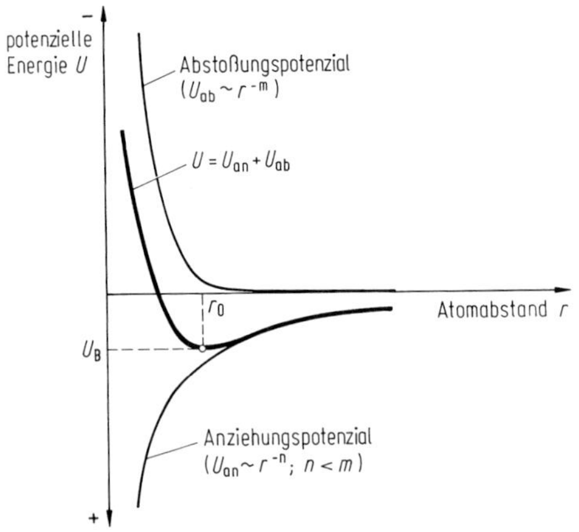

Bild 2-1. Wechselwirkungsenergien zwischen zwei isolierten Atomen (U_B Bindungsenergie; r_0 Gleichgewichtsabstand)

Atombindung (*homöopolare oder kovalente Bindung*): Gemeinsame (Valenz-)Elektronenpaare zwischen nächsten Nachbarn; gerichtete Bindung mit räumlicher Lokalisierung der bindenden Elektronenpaare.

Metallische Bindung: Gemeinsame Valenzelektronen aller beteiligten Atome (Elektronengas); ungerichtete Bindung zwischen dem Elektronengas und den positiv geladenen Atomrümpfen.

Van-der-Waals-Bindung: Interne Ladungspolarisation (Dipolbildung) benachbarter Atome oder Moleküle; schwache elektrostatische Dipoladsorptionsbindung.

Aus der Bindungsart und den Atomabständen (bzw. den Molekülformen) der Elementarbausteine ergeben sich die elementaren Kristallstrukturen fester Stoffe. Die atomaren Bestandteile von Kristallen sind wie die Knoten eines räumlichen Punktgitters (Raumgitters) angeordnet, das entsteht, wenn drei Scharen paralleler Ebenen (Netzebenen) sich kreuzend durchdringen. Das kleinste Raumelement, durch dessen wiederholte Verschiebung um die jeweilige Kantenlänge in jeder der drei Achsrichtungen man sich ein Raumgitter aufgebaut denken kann, wird als *Elementarzelle* bezeichnet. Die möglichen Raumgitter der Kristalle werden durch 7 Koordinatensysteme bzw. 14 Bravais-Gittertypen gekennzeichnet, siehe Bild 2-2.

Die Lage eines Atoms in der Elementarzelle eines Kristalls wird durch den Ortsvektor

$$\boldsymbol{r} = x\boldsymbol{a} + y\boldsymbol{b} + z\boldsymbol{c} \ (0 \le x, y, z < 1)$$

beschrieben, wobei $\boldsymbol{a}$, $\boldsymbol{b}$, $\boldsymbol{c}$ die Einheitsvektoren auf den drei kristallographischen Achsen a, b, c eines Kristallgitters und x, y, z die Koordinaten des Atoms darstellen. Ein Gitterpunkt mit den Koordinaten uvw wird gefunden, indem vom Koordinatenursprung aus der Vektor $u\boldsymbol{a}$ in a-Richtung, $v\boldsymbol{b}$ in b-Richtung und $w\boldsymbol{c}$ in c-Richtung zurückgelegt wird. Mit der Verbindungsgeraden vom Koordinatenursprung zum Gitterpunkt uvw kann auch eine *Richtung* im Gitter beschrieben werden: $[uvw]$. Damit ist gleichzeitig auch eine *Fläche* charakterisiert, nämlich diejenige Fläche, deren Flächennormale die Richtung vom Koordinatenursprung zum Punkt uvw hat. Zur Bezeichnung einer Kristallfläche oder einer Schar von parallelen Gitterebenen dienen Miller'sche Indizes: die durch Multiplikation mit dem Hauptnenner ganzzahlig gemachten reziproken Achsabschnitte der betreffenden Fläche. In Bild 2-3 ist die Koordinatenschreibweise am Beispiel eines kubischen Gitters illustriert.

Während ideale Kristalle durch eine regelmäßige Anordnung ihrer Elementarbausteine gekennzeichnet sind (Fernordnung), besteht bei *amorphen* Festkörpern nur eine strukturelle Nahordnung im Bereich der nächsten Nachbaratome. Sie ähneln Schmelzen und werden daher auch als *Gläser*, d. h. als unterkühlte, in den festen Zustand eingefrorene Flüssigkeiten bezeichnet.

Als *einphasige* Festkörper werden feste Stoffe mit einheitlicher chemischer Zusammensetzung und atomarer Struktur bezeichnet. Die unterschiedlichen Zustände mehrphasiger Festkörper werden – in Abhängigkeit von der chemischen Zusammensetzung und der Temperatur – durch *Zustandsdiagramme* beschrieben (s. 2.7).

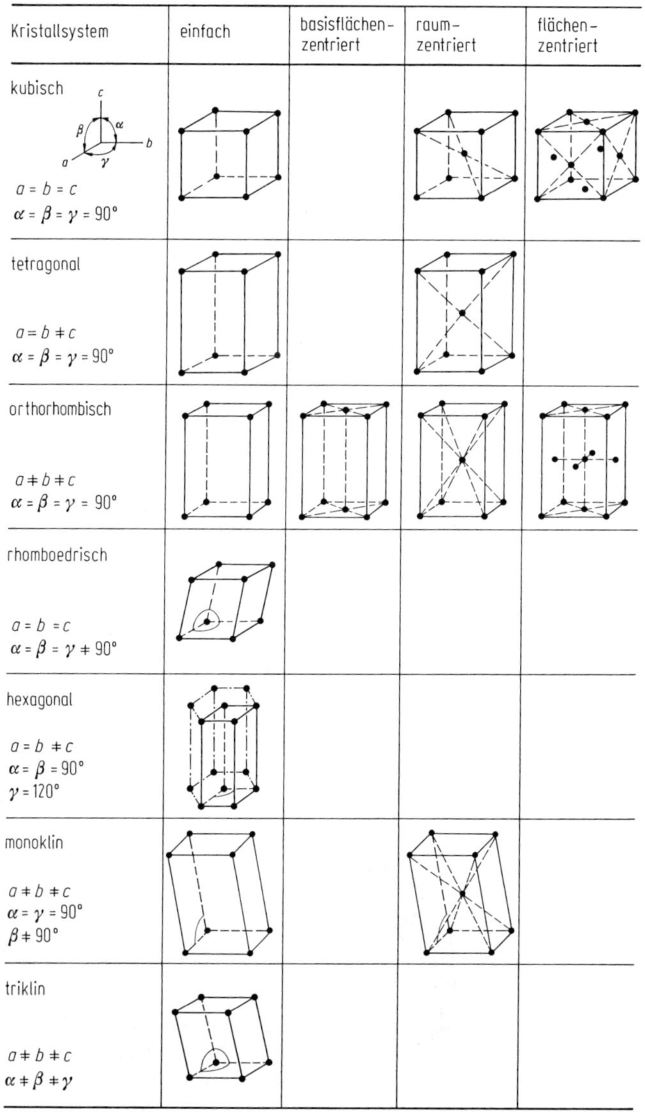

Bild 2-2. Die 7 Kristallsysteme und die 14 Bravais-Gitter

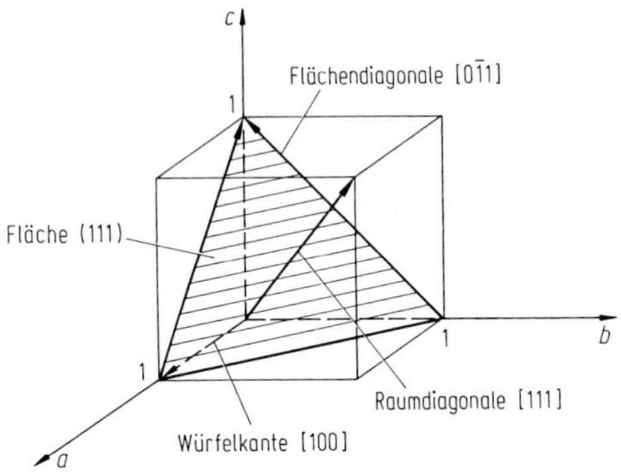

Bild 2-3. Indizierung von Richtungen und Ebenen in einem kubischen Gitter

2.2 Mikrostruktur

Der mikrostrukturelle Aufbau technischer Werkstoffe unterscheidet sich von der idealer Festkörper durch Gitterbaufehler, die für die Werkstoffeigenschaften von grundlegender Bedeutung sind. Nach ihrer Geometrie ist folgende Klassifizierung üblich:

a) Nulldimensionale Gitterbaufehler (Punktfehler), siehe Bild 2-4:

Es werden neben der Substitution von Gitterbausteinen durch Fremdatome die folgenden Grundformen unterschieden:

- Leerstellen: Jeder Kristall enthält eine mit der Gittertemperatur zunehmende Anzahl von Leerstellen. Der Anteil der Leerstellen bezogen auf die Zahl der Gitterbausteine in einem fehlerfreien Kristall beträgt bei Raumtemperatur ca. 10^{-12}. Die Bildungsenergie für Leerstellen ist in Metallen etwa der Verdampfungsenthalpie proportional. Durch Punktfehler in Kristallen mit Ionenbindung entsteht im Gitter örtlich eine positive oder negative Polarisation.
- Zwischengitteratome: In zahlreichen Kristallgittern können, besonders kleine, Gitteratome, wie z. B. H, C, N, auf Zwischengitterplätze abwandern. Die Kombination einer Leerstelle mit einem entsprechenden Zwischengitteratom heißt Frenkel-Paar oder Frenkel-Defekt.

b) Eindimensionale Gitterbaufehler (Linienfehler), siehe Bild 2-5:

Eindimensionale Gitterbaufehler stellen eine linienförmige Störung des Gitters dar und werden als

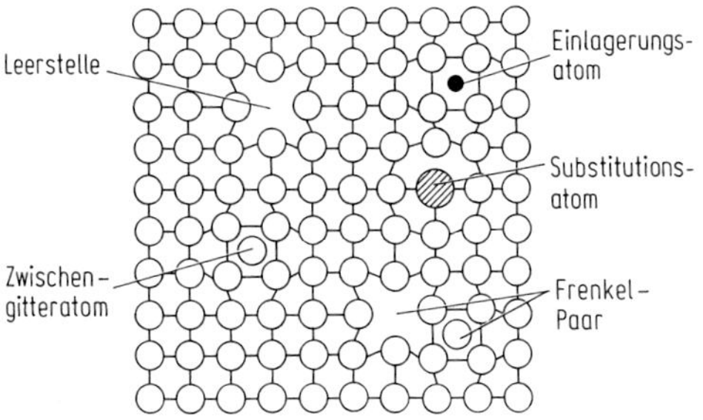

Bild 2-4. Nulldimensionale Gitterbaufehler (Punktfehler)

Versetzungen bezeichnet. Eine Versetzung lässt sich als Randlinie eines zusätzlich in das Gitter eingefügten (oder aus ihm herausgenommenen) Ebenenstückes A–B darstellen. Das Maß für die Größe der Verzerrung eines Kristallgitters durch eine Versetzung ist der Burgers-Vektor ***b***. Bei einer *Stufenversetzung* liegen Burgers-Vektor und Versetzungslinie rechtwinklig, bei einer *Schraubenversetzung* parallel zueinander. Eine Versetzungslinie muss im Gitter stets in sich geschlossen sein oder an einer Grenzfläche oder Oberfläche enden. Versetzungen ermöglichen den energetisch günstigen Elementarschritt der plastischen Deformation, bei

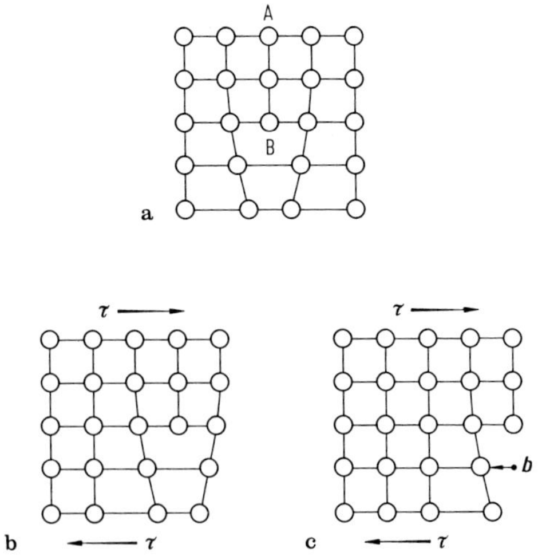

Bild 2-5. Eindimensionale Gitterbaufehler: **a** Stufenversetzung in einem kubischen Kristall, **b** Versetzungsbewegung (Abgleitung) unter Schubspannung, **c** Resultierende Gleitstufe; ***b*** Burgers-Vektor

dem durch eine Schubspannung τ ein Gitterblock gegenüber einem anderen stufenweise um den Betrag des Burgers-Vektors verschoben wird. Die Abgleitung erfolgt bei reinen Metallen längs bestimmter kristallographischer Ebenen (Gleitebenen) in definierten Gleitrichtungen. Das aus Gleitebene und Gleitrichtung bestehende Gleitsystem ist für Gittertyp und Bindungsart charakteristisch (siehe 9.2.3).

c) Zweidimensionale Gitterbaufehler (Flächenfehler):

Zweidimensionale Gitterbaufehler kennzeichnen diskontinuierliche Änderungen der Gitterorientierung oder der Gitterabstände. Man unterscheidet:

- Stapelfehler: Das sind Störungen der Stapelfolge von Gitterebenen. Sie erschweren die Versetzungsbewegung und beeinflussen die Verfestigung der Metalle bei plastischer Verformung.
- Korngrenzen: Grenzflächen zwischen Kristalliten gleicher Phase mit unterschiedlicher Gitterorientierung. Sie sind Übergangszonen mit gestörtem Gitteraufbau. Nach der Größe des Orientierungsunterschieds benachbarter Kristallite unterscheidet man Kleinwinkelkorngrenzen (aufgebaut aus flächig angeordneten Versetzungen) und Großwinkelkorngrenzen mit (amorphen) Grenzbereichen von etwa zwei bis drei Atomabständen.
- Phasengrenzen: Grenzflächen zwischen Gitterbereichen mit unterschiedlicher chemischer Zusammensetzung oder Gitterstruktur.

Als Gefüge eines Werkstoffs bezeichnet man den kennzeichnenden mikroskopischen Verbund der Kristallite (Körner), Phasen und Gitterbaufehler. Mittlerer Korndurchmesser (beeinflussbar durch Wärmebehandlung und Umformung): wenige μm bis mehrere cm. Ein- oder mehrphasige Polykristalle mit einem Kristallitdurchmesser zwischen 5 und 15 nm und etwa gleichen Atomanteilen in Kristalliten und Grenzflächen werden als *nanokristalline Materialien* bezeichnet. Sie können nach der herkömmlichen Terminologie weder den Kristallen (ferngeordnet) noch den Gläsern (nahgeordnet) zugerechnet werden.

2.3 Werkstoffoberflächen

Gegenüber dem Werkstoffinnern weisen Oberflächen folgende Unterschiede auf:

- Veränderte Mikrostruktur;
- Veränderung der Oberflächenzusammensetzung durch Einbau von Bestandteilen des Umgebungsmediums (Physisorption, Chemisorption, Oxidation, Deckfilmbildung);
- Änderung von Werkstoffeigenschaften.

Bei technischen Oberflächen ist außerdem noch der Einfluss der Fertigung zu beachten. Spanend bearbeitete und umgeformte Oberflächen zeigen in der Oberflächenzone folgende Veränderungen:

- Unterschiedliche Verfestigung durch plastische Verformungen,
- Aufbau von Eigenspannungen infolge Oberflächenverformung,
- Ausbildung von Texturinhomogenitäten zwischen Randzone und Werkstoffinnerem.

Der Schichtaufbau technischer Oberflächen ist in Bild 2-6 wiedergegeben [1]. Die innere Grenzschicht besteht aus einer an den Grundwerkstoff anschließenden Verformungs- oder Verfestigungszone. Die äußere Grenzschicht besitzt meist eine vom Grundwerkstoff abweichende Zusammensetzung und besteht aus Oxidschicht, Adsorptionsschicht und Verunreinigungen.
Die Mikrogeometrie von Oberflächen (Oberflächenrauheit) wird durch verschiedene „Rauheitskenngrößen" gekennzeichnet (siehe 11.3.2).

2.4 Werkstoffgruppen

Nach der dominierenden Bindungsart und der Mikrostruktur lassen sich die folgenden hauptsächlichen Werkstoffgruppen unterscheiden, siehe Bild 2-7.

Metalle

Die Atomrümpfe werden durch das Elektronengas zusammengehalten. Die freien Valenzelektronen des Elektronengases sind die Ursache für die hohe elektrische und thermische Leitfähigkeit sowie den Glanz der Metalle. Die metallische Bindung – als Wechselwirkung zwischen der Gesamtheit der Atomrümpfe und dem Elektronengas – wird durch eine Verschiebung der Atomrümpfe nicht wesentlich beeinflusst. Hierauf beruht die gute Verformbarkeit der Metalle. Die Metalle bilden die wichtigste Gruppe der

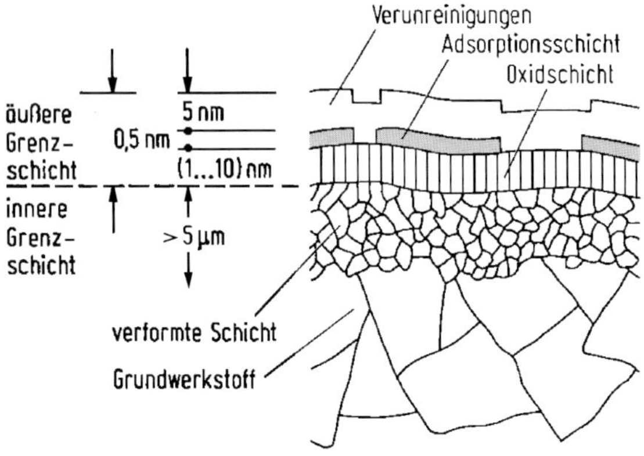

Bild 2-6. Werkstoffoberflächen-Schichtaufbau: schematische Darstellung des Querschnitts einer Metalloberfläche

Konstruktions- oder Strukturwerkstoffe, bei denen es vor allem auf die mechanischen Eigenschaften ankommt.

Halbleiter

Eine Übergangsstellung zwischen den Metallen und den anorganisch-nichtmetallischen Stoffen nehmen die Halbleiter ein. Ihre wichtigsten Vertreter sind die Elemente Silicium und Germanium mit kovalenter Bindung und Diamantstruktur sowie die ähnlich strukturierten sog. III-V-Verbindungen, wie z. B. Galliumarsenid (GaAs) und Indiumantimonid (InSb). In den am absoluten Nullpunkt nichtleitenden Halbleitern können durch thermische Energie oder durch Dotierung mit Fremdatomen einzelne Bindungselektronen freigesetzt werden und als Leitungselektronen zur elektrischen Leitfähigkeit beitragen. Halbleiter stellen wichtige Funktionswerkstoffe für die Elektronik dar.

Anorganisch-nichtmetallische Stoffe

Die Atome werden durch kovalente Bindung und Ionenbindung zusammengehalten. Aufgrund fehlender freier Valenzelektronen sind sie grundsätzlich schlechte Leiter für Elektrizität und Wärme. Da die Bindungsenergien erheblich höher sind als bei der metallischen Bindung, zeichnen sich anorganisch-nichtmetallische Stoffe, wie z. B. Keramik, durch hohe Härten und Schmelztemperaturen aus. Eine plastische Verformung wie bei Metallen ist analog nicht begründbar, da bereits bei der Verschiebung der atomaren Bestandteile um einen Gitterabstand theoretisch eine Kation-Anion-Bindung in eine Kation-Kation- oder Anion-Anion-Abstoßung umgewandelt oder eine gerichtete kovalente Bindung aufgebrochen werden muss.

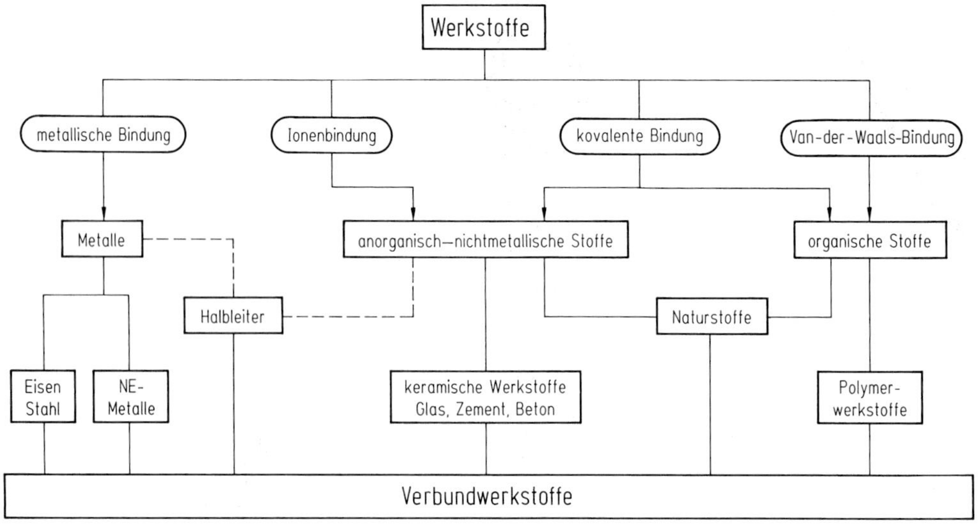

Bild 2-7. Klassifikation der Werkstoffgruppen

Organische Stoffe

Organische Stoffe, deren technisch wichtigste Vertreter die Polymerwerkstoffe sind, bestehen aus Makromolekülen, die im Allgemeinen Kohlenstoff in kovalenter Bindung mit sich selbst und einigen Elementen niedriger Ordnungszahl enthalten. Deren Kettenmoleküle sind untereinander durch (schwache) zwischenmolekulare Bindungen verknüpft, woraus niedrige Schmelztemperaturen resultieren (Thermoplaste). Sie können auch chemisch miteinander vernetzt sein und sind dann unlöslich und unschmelzbar (Elastomere, Duroplaste).

Naturstoffe

Bei den als Werkstoff verwendeten Naturstoffen wird unterschieden zwischen mineralischen Naturstoffen (z. B. Marmor, Granit, Sandstein; Glimmer, Saphir, Rubin, Diamant) und organischen Naturstoffen (z. B. Holz, Kautschuk, Naturfasern). Die Eigenschaften vieler mineralischer Naturstoffe, z. B. hohe Härte und gute chemische Beständigkeit, werden geprägt durch starke Hauptvalenzbindungen und stabile Kristallgitterstrukturen. Die organischen Naturstoffe weisen meist komplexe Strukturen mit richtungsabhängigen Eigenschaften auf.

Verbundwerkstoffe, Werkstoffverbunde

Verbundwerkstoffe werden mit dem Ziel, Struktur- oder Funktionswerkstoffe mit besonderen Eigenschaften zu erhalten, als Kombination mehrerer Phasen oder Werkstoffkomponenten in bestimmter geometrisch abgrenzbarer Form aufgebaut, z. B. in Form von Dispersionen oder Faserverbundwerkstoffen. Werkstoffverbunde vereinen unterschiedliche Werkstoffe mit verschiedenen Aufgaben, z. B. bei Email.

2.5 Mischkristalle und Phasengemische

Strukturwerkstoffe bestehen eigentlich nie aus nur einer Atomart, da reine Stoffe keine ausreichenden mechanische Eigenschaften für technische Anwendungen aufweisen. Daher werden Atome einer anderen Art zugefügt (Legieren). Wenn es gelingt, diese in der festen Phase zu lösen, dann spricht man von Mischkristallen. In idealen Mischkristallen sind die zugefügten Atome stochastisch verteilt (Bild 2-8a). Die Fremdatome ersetzen entweder die Atome auf den Gitterplätzen oder sie nehmen Zwischengitterplätze ein (Bild 2-4).

Die Mischbarkeit von Kristallen ist gewöhnlich begrenzt, sie ist bei hoher Temperatur größer als bei niedriger Temperatur. Voraussetzung für eine vollständige Mischbarkeit von Kristallen ist die gleiche Kristallstruktur beider Komponenten. Unterscheiden sich die Gitterkonstanten oder Atomradien um mehr als 15%, so ist die Mischbarkeit meist begrenzt. Ein Sonderfall sind interstitielle Atome, die sehr klein sind und in Gitterlücken eingebaut werden. Ein bestimmtes Verhältnis der Atomradien darf dabei allerdings nicht überschritten werden. Chemische Voraussetzungen bestimmen ebenfalls die Löslichkeit, denn die äußeren Elektronen beider Atomarten treten in Wechselwirkung miteinander.

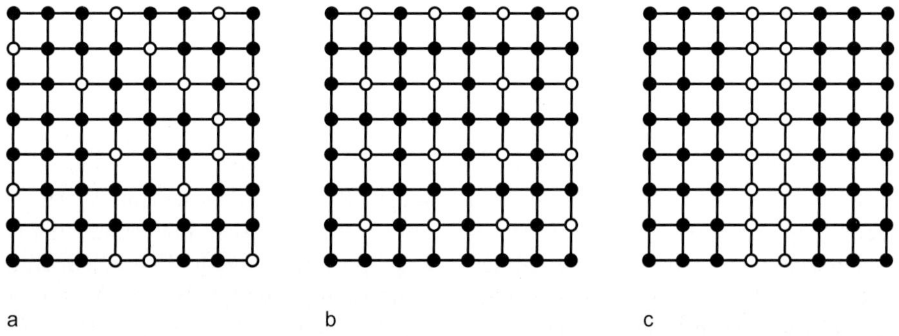

Bild 2-8. **a** Regellose Verteilung der Legierungsatome. **b** In einer Ordnungsstruktur nehmen beide Atomarten bestimmte Gitterplätze ein. **c** Entmischung beider Atomarten

Die Zusammensetzung der Mischphasen wird als Stoffmengengehalt x (in Atomprozent oder Molprozent) oder als Massegehalt c (in Gewichtsprozent) angegeben. Letzterer hat den Vorteil, dass er direkt mit der Einwaage der Elemente in Zusammenhang steht. Folgende Beziehungen erlauben die Umrechnung:

$$c_A = \frac{x_A \cdot A_A \cdot 100}{x_A \cdot A_A + x_B \cdot A_B} = \frac{m_A}{m_A + m_B} \cdot 100 \quad [\text{Gew.\%}] \tag{2-1}$$

$$x_A = \frac{\frac{c_A}{A_A} \cdot 100}{\frac{c_A}{A_A} + \frac{c_B}{A_B}} = \frac{n_A}{n_A + n_B} \cdot 100 \quad [\text{Atom.\%}] \tag{2-2}$$

Die Umrechnung von Massegehalt in Volumengehalt erfolgt mit:

$$V_A = \frac{100}{1 + \frac{c_B \rho_A}{c_A \rho_B}} = \frac{100}{1 + \frac{x_B A_B}{\rho_B} \frac{\rho_A}{x_A A_A}} \quad [\text{Vol.\%}] \tag{2-3}$$

A_A und A_B sind die Atomgewichte, m_A und m_B entsprechen der Masse und n_A und n_B der Anzahl der Atome. ϱ_A und ϱ_B sind die Dichten der Komponenten A und B. Für die Masse gilt $m_A = n_A A_A$ bzw. $m_B = n_B A_B$ und $x_A = n_A/(n_A + n_B)$. Es gilt immer, dass

$$\sum_{n=1}^{i} x_n = 100\% \tag{2-4}$$

ist. Die Anzahl der Elemente ist i. Häufig werden diese Gehalte nicht in Prozent, sondern in Bruchteile von 1 angegeben.

In realen Mischkristallen sind die gelösten Atome nicht immer stochastisch verteilt. Wenn sich die beiden Atomarten anziehen, besteht eine Neigung zur Bildung einer chemischen Verbindung. Ist die Anziehung sehr groß, so bilden sich Ordnungsstrukturen (Bild 2-8b). Ist die Anziehung zwischen gleichen Nachbarn groß, so gibt es eine Tendenz zur Trennung in A-reiche und B-reiche Bereiche. Dieser Vorgang wird als Entmischung bezeichnet (Bild 2-8c).

Oftmals sind Werkstoffe nicht nur aus einer Kristallart, sondern aus zwei oder mehr Kristallarten zusammengesetzt. Bereiche mit konstanter Atomstruktur und chemischer Zusammensetzung werden als Phase bezeichnet. Die Grenze zwischen zwei Phasen wird als Phasengrenze bezeichnet. Diese kann zwischen zwei verschiedenen Kristallarten verlaufen, aber auch zwischen einem Glas und einem Kristall (z. B. in Keramiken und Kunststoffen). Technische Werkstoffe bestehen vornehmlich aus Phasengemischen. Beispiele dafür sind Stahl, aushärtbare Aluminiumlegierungen, Verbundwerkstoffe.

2.6 Gleichgewichte

Analog zum mechanischen Gleichgewicht wird auch in der Thermodynamik nach labilen, metastabilen und stabilen Gleichgewichten unterschieden. Im stabilen Gleichgewicht weist die Energie ein Minimum auf, während im metastabilen Gleichgewicht die Energie nach Aktivierung noch weiter erniedrigt werden kann. Im labilen Gleichgewicht genügen hingegen kleinste Schwankungen zur Erniedrigung der Energie. Das thermodynamische Gleichgewicht umfasst das mechanische, thermische (kein Temperaturgradient) und chemische (keine chemische Reaktion) Gleichgewicht. Befindet sich ein Stoff im thermodynamischen Gleichgewicht, so ändert sich sein Druck, seine Temperatur, sein Volumen und seine Zusammensetzung mit der Zeit nicht mehr. In diesem Zustand weist die Freie Energie bzw. die Freie Enthalpie ihr Minimum auf.

Häufig sind Werkstoffe im Zustand ihrer Anwendung nicht im thermodynamischen Gleichgewicht. Dies hat zur Folge, dass sie während ihres Einsatzes eine Tendenz zeigen, ihren Zustand z. B. durch Kristallisation oder Entmischung oder Bildung einer chemischen Verbindung zu ändern, wenn man ihnen Gelegenheit dazu gibt. Dies ist in der Regel mit einer Änderung ihrer Eigenschaften (Festigkeit, Härte) verbunden. Mischphasen und Phasengemische, die sich im Gleichgewicht befinden, bleiben jedoch unverändert. Folglich sind Kenntnisse über Gleichgewichte und Ungleichgewichte sehr nützlich, sowohl für die Herstellung von Werkstoffen, als auch zur Einschätzung ihres Verhaltens im Einsatz. Es wird zwischen homogenen und heterogenen Gleichgewichten unterschieden. Letzere betreffen Stoffe mit mehr als einer Phase. Jedem Stoff kann in seinem vorliegenden Zustand eine charakteristische Freie Enthalpie $G = H - TS$ zugeschrieben werden. H bezeichnet die Enthalpie, S die Entropie und T die Temperatur. Die Änderung der Freien Enthalpie $\mathrm{d}G = \mathrm{d}H - T\mathrm{d}S$, die eine Zustandsänderung begleitet, stellt die treibende Kraft für diesen Prozess dar. Alle spontan ablaufenden

Zustandsänderungen müssen mit einer Erniedrigung der gesamten Freien Enthalpie des Systems verbunden sein, d. h. ΔG muss negativ sein. Im Gleichgewichtszustand, in dem keine treibende Kraft für eine Zustandsänderungen vorhanden ist, muss folglich $\Delta G = 0$ gelten. Jede Phase in einem System, ob stabil oder instabil, besitzt ihre Funktion $G(T)$. Dies sei am Beispiel der technisch bedeutenden Umwandlung des (reinen) Eisens verdeutlicht (Bild 2-9a). Bei tiefer Temperatur ist das krz α-Eisen stabil, oberhalb von 911 °C ($= T_{\alpha\gamma}$) jedoch das kfz γ-Eisen. Bei 1392 °C ($= T_{\gamma\delta}$) tritt eine weitere Umwandlung in das ebenfalls krz δ-Eisen ein und bei 1536 °C ($= T_{\delta L}$) beginnt das Eisen zu schmelzen. Die $\gamma \rightarrow \alpha$ Umwandlung tritt bei $T < 911$ °C ein, da dann $G_\alpha < G_\gamma$ und daher eine treibende Kraft für die Umwandlung vorhanden ist (Bild 2-9b). Diese Umwandlung ist entscheidende Voraussetzung für die Stahlhärtung (siehe 3.3).

Ähnliche Überlegungen können für Mehrstoffsysteme angestellt werden. Für die Betrachtung eines Zweistoffsystems wird ein zweidimensionales Temperatur-Konzentrations-Diagramm benötigt. Bild 2-10a zeigt einen Mischkristall γ, der sich bei tiefen Temperaturen in einen α-Kristall (reich an A) und einen β-Kristall (reich an B) entmischt: das System weist eine Mischungslücke auf. Die isothermen $G(x)$-Kurven sind ebenfalls in Bild 2-10 für 3 verschiedene Temperaturen T_1 bis T_3 gezeigt. Die Konzentration der Phasen, die sich bei einer bestimmten Temperatur im Gleichgewicht befinden, wird durch die gemeinsame Tangente an die $G(x)$-Kurve ermittelt.

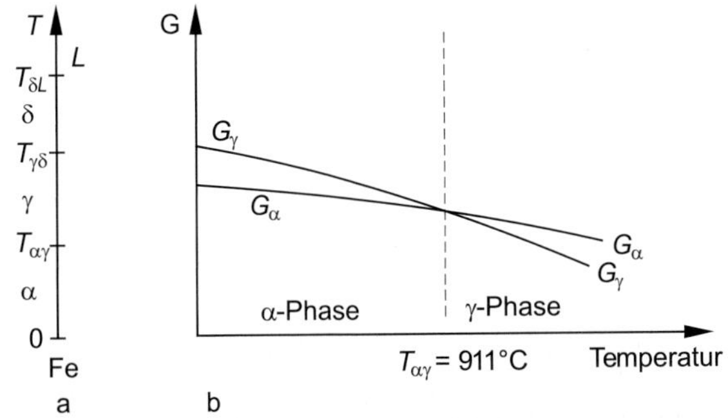

Bild 2-9. a Zustandsdiagramm des reinen Eisens mit zwei Phasenumwandlungen ($\alpha \rightarrow \gamma$ und $\gamma \rightarrow \delta$) im festen Zustand. **b** Freies Enthalpie-Temperatur-Diagramm für Eisen mit $\gamma \rightarrow \alpha$-Umwandlung bei 911 °C und $G_\gamma = G_\alpha$

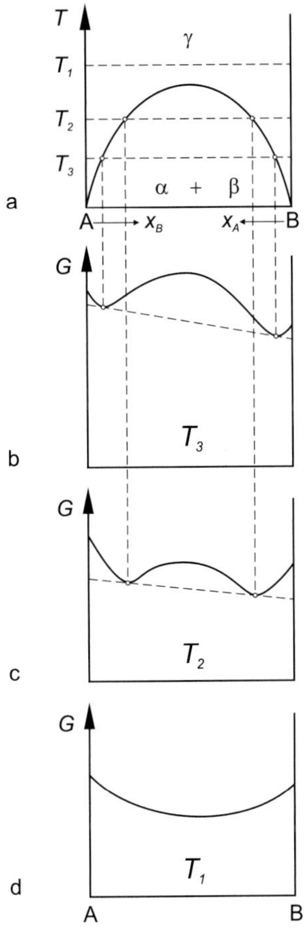

Bild 2-10. a Zustandsdiagramm eines Zweistoffsystems mit Mischungslücke. Der Mischkristall γ entmischt sich in α- und β-Kristalle. Der stabile Zustand ist der mit der niedrigsten Freien Enthalpie: **b** bei T_3 und **c** T_2: Phasengemische aus α- und β-Kristallen mit bestimmten Zusammensetzungen. **d** Bei T_1 ist die Mischphase γ stabil

2.7 Zustandsdiagramme

Phasendiagramme erweisen sich bei der Interpretation metallischer oder keramischer Gefüge als sehr nützlich. Sie zeigen auf, welche Phasen vermutlich vorliegen und geben Daten zu ihrer chemischen Zusammensetzungen. Leider geben Phasendiagramme keine Hinweise darauf, in welcher Form und Verteilung die Phasen vorliegen, ob sie sich z. B. lamellar, globular oder intergranular ausbilden. Dies ist aber für die mechanischen Eigenschaften entscheidend. Eine weitere Einschränkung besteht darin, dass Zustandsdiagramme lediglich Gleichgewichtszustände repräsentieren, die sich nur bei langsamer Abkühlung bzw. Aufheizung einstellen. Abschrecken, also schnelles Abkühlen, wie es z. B. für die Härtung von Stählen erforderlich ist, erzeugt metastabile Zustände, die in Zustandsdiagrammen nicht dargestellt werden. Auch in diesem Fall gibt aber das Zustandsdiagramm darüber Auskunft, welchen Zustand ein Stoff im Gleichgewicht anstrebt.

Zustandsdiagramme geben z. B. an, bei welcher Zusammensetzung die höchste oder geringste Schmelztemperatur vorliegt; die Anzahl von Phasen und deren Volumenanteile bei einer bestimmten Zusammensetzung; die günstigste Zusammensetzung einer ausscheidungshärtbaren Legierung; die Temperatur, bis zu der aufgeheizt werden darf, ohne dass eine Umwandlung in eine andere Kristallstruktur oder Auflösung oder Entmischung eintritt.

Die Gibbs'sche Phasenregel gibt den Zusammenhang zwischen der Anzahl der Phasen P eines Systems mit K Komponenten und dem äußeren Druck sowie Temperatur und der chemischen Zusammensetzung an. Die Freiheitsgrade F des Systems ergeben sich zu:

$$F = K - P + 2 \tag{2-5}$$

In der Praxis ist der Druck meist konstant, sodass sich die Zahl der Freiheitsgrade um 1 reduziert:

$$F = K - P + 1 \tag{2-6}$$

Wenden wir dies auf das System mit der Mischungslücke (Bild 2-10) an, so erhalten wir $K = 2$ (Komponenten A und B), $P = 1$ im Gebiet des homogenen Mischkristalls γ, $P = 2$ im heterogenen Gebiet $(\alpha + \beta)$. Somit ergibt sich $F = 2$ im homogenen und $F = 1$ im heterogenen Gebiet. Dies bedeutet, dass im homogenen Gebiet die Freiheitsgrade Temperatur und Konzentration geändert werden können, ohne dass eine Zustandsänderung eintritt. Im Zweiphasengebiet $(\alpha + \beta)$ existiert jedoch nur ein Freiheitsgrad, d. h. bei Temperaturänderung ändert sich notwendigerweise auch die Zusammensetzung und umgekehrt.

Es gibt vielfältige Ausbildungen von Zustandsdiagrammen. Im Folgenden werden einige wichtige binäre Grundtypen vorgestellt. Kompliziertere Systeme setzen sich aus diesen zusammen (Bild 2-11).

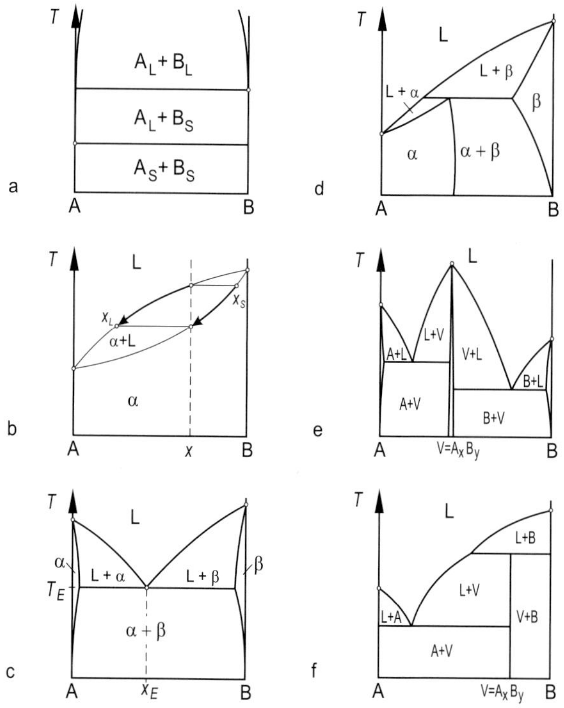

Bild 2-11. Grundtypen einiger wichtiger binärer Zustandsdiagramme. **a** Nahezu vollständige Unmischbarkeit im flüssigen (L) und festen (S) Zustand. Beispiel: Fe-Mg, Fe-Pb. **b** Vollständige Mischbarkeit im flüssigen und festen Zustand. x_L = Konzentration der Schmelze, x_S = Konzentration des Kristalls beim Erstarren. Beispiel: Cu-Au. **c** Eutektisches System mit vollständiger Mischbarkeit im flüssigen und begrenzter Mischbarkeit im festen Zustand. Beispiel: Al-Si. **d** Peritektisches System vollständiger Mischbarkeit im flüssigen und begrenzter Mischbarkeit im festen Zustand. Niedrig schmelzende Komponente A und hoch schmelzende Komponente B. Beispiel: Cu-Zn (Messing). **e** Verbindung V bildet mit den Elementen A und B eutektische Teilsysteme. **f** Verbindung V mit stöchiometrischer Zusammensetzung A_xB_y, zersetzt sich beim Schmelzen in L + B

- (Fast) völlige Unmischbarkeit der Komponenten A und B im flüssigen und festen Zustand (Bild 2-11a): Es gibt im Diagramm lediglich horizontale Linien bei den Schmelz- und Siedetemperaturen. Mischbarkeit liegt erst im Gaszustand vor. Stoffe, die nicht miteinander reagieren dürfen, sollten dieses Zustandsdiagramm besitzen. Beispiel: Schmelzen von Blei in Eisentiegeln.

- Völlige Mischbarkeit im festen und flüssigen Zustand (Bild 2-11b): Die jeweiligen reinen Komponenten A und B besitzen einen Schmelzpunkt, die Gemische jedoch ein Schmelzintervall. Beim Abkühlen einer Schmelze mit der Konzentration x bildet sich zuerst ein Kristall der Zusammensetzung x_S. Bei weiterer Abkühlung ändert sich diese bis zu x. Parallel dazu ändert sich die Zusammensetzung der Schmelze von x nach x_L. Beispiele für Mischkristallsysteme sind Al-Mg-Legierungen und α-Messing.
- Vollständige Mischbarkeit im flüssigen Zustand bei begrenzter Mischbarkeit im festen Zustand: Die Komponenten A und B weisen ähnliche Schmelztemperatur auf. Zumischen von B in A (sowie A in B) erniedrigt den Schmelzpunkt (Bild 2-11c). Der Schnittpunkt der beiden Löslichkeitslinien flüssig → kristallin ist der eutektische Punkt. Bei dieser Temperatur sind drei Phasen im Gleichgewicht, nämlich die Mischkristalle α und β sowie die Schmelze. Beim Abkühlen einer Schmelze mit Zusammensetzung x_E tritt bei T_E die Reaktion $L \rightarrow \alpha + \beta$ ein, wobei sich α und β gleichzeitig bilden. Gusslegierungen sind häufig eutektische Systeme, da ihre Schmelztemperatur niedrig und die Gefügeausbildung fein ist. Beispiele sind Al-Si-Gusslegierungen sowie Gusseisen, aber auch Lote. Sind die Schmelztemperaturen der beiden Komponenten sehr verschieden, so kann sich ein Dreiphasengleichgewicht einstellen, das als peritektisches System bezeichnet wird (Bild 2-11d). Beim Abkühlen aus der Schmelze entsteht zuerst ein Mischkristall entsprechend dem Zweiphasengleichgewicht $L + \beta$. Bei T_P tritt die Reaktion $L + \beta = \alpha$ ein, bei der α-Mischkristalle gebildet werden. Beispiele dafür sind Mischkristalle in Messing- und Bronzelegierungen.
- Bildung einer Verbindung: Die Komponenten A und B reagieren miteinander und bilden eine neue Phase V mit der Zusammensetzung A_xB_y (Bild 2-11e). Diese hat eine andere Kristallstruktur als die Komponenten A und B. Manchmal besitzt die Verbindung ein definiertes stöchiometrisches Verhältnis von A und B und erscheint als vertikale Linie im Diagramm (Bild 2-11f). Häufig existiert sie aber über einen gewissen Bereich der Zusammensetzung, sodass der Begriff Verbindung dann nicht ganz korrekt ist. Der Schmelzpunkt der Phase V kann höher oder niedriger sein als der der Komponenten. Dies gibt erste Hinweise auf die Stabilität der Verbindung. Weist die Verbindung nur eine geringe Mischbarkeit mit A und B auf, so ergibt sich ein einfaches Zustandsdiagramm, das sich auf $A + A_xB_y$ sowie $A_xB_y + B$ zurückführen lässt. Ein Beispiel für ein solches Zustandsdiagramm findet sich im System Mg-Si mit der Verbindung Mg_2Si. Häufig sind Verbindungen hart und spröde und weisen eine komplexe Kristallstruktur auf (z. B. Fe_3C, Al_2Cu)

Systeme mit drei und mehr Komponenten können ebenfalls dargestellt werden. Dies erfordert jedoch eine räumliche Darstellung, auf die hier nicht weiter eingegangen werden soll. Zusammenfassende Darstellungen binärer und ternärer Zustandsdiagramme lassen sich in der Literatur z. B. in [4] finden.

Abschließend bleibt die Frage zu beantworten, wie die sich bildenden Mengenanteile für eine bestimmte Zusammensetzung ermittelt werden kann. Hierzu wendet man die Hebelregel an, was im Folgenden mit Bild 2-12 erläutert werden soll. Man denke sich bei einer bestimmten Temperatur im Zweiphasengebiet einen zweiarmigen Hebel mit Drehpunkt bei c und den Gewichten m_L (Schmelze) und m_S (Kristall). Dann ergeben sich die Mengenanteile zu:

$$m_L \cdot (c - c_L) = m_S \cdot (c_S - c) \qquad (2\text{-}7)$$

Anschaulich ausgedrückt: kurzer Hebelarm in Richtung A bedeutet viel Schmelze, langer Hebelarm in Richtung B bedeutet wenig Kristall. Die Hebelregel kann immer im Zweiphasengebiet angewendet werden, also auch um z. B. die Menge an α- und β-Mischkristall im Gebiet $(\alpha + \beta)$ zu bestimmen (vgl. Bild 2-11).

2.8 Diffusionsprozesse

Diffusionsvorgänge sind in der Werkstofftechnik von großer Bedeutung, denn sie kontrollieren z. B. die Wärmebehandlung, Phasenumwandlungen, Hochtemperaturkorrosionsprozesse, Erholung und Rekristallisation und die Hochtemperaturverformung.

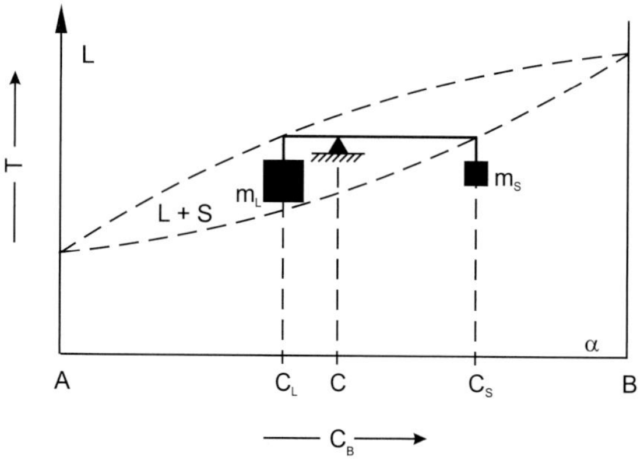

Bild 2-12. Bestimmung der Mengenanteile von Schmelze und Mischkristall aus dem Zustandsdiagramm mit Hilfe der Hebelregel

Der Begriff Diffusion beschreibt thermisch aktivierte Stofftransportvorgänge, die mit der Wanderung einzelner Atome verbunden ist. Diffusion kann in Gasen, Flüssigkeiten und Festkörpern stattfinden. Im Folgenden wird die Diffusion in Festkörpern beschrieben. Dafür gibt es verschiedene Mechanismen. Zwischengitteratome besitzen eine geringe Löslichkeit, daher stehen ihnen meistens alle benachbarten Zwischengitterplätze frei. Die Diffusion von Zwischengitteratomen tritt häufig in Legierungen auf, die H, C oder N enthalten, z. B. Diffusion von Kohlenstoff im Stahl. Gitteratome (Selbstdiffusion) und Substitutionsatome (Fremddiffusion) benötigen für Platzwechsel Leerstellen, deren Konzentration ist erheblich geringer. Daher hängen diese Prozesse von der Leerstellenkonzentration und deren Temperaturabhängigkeit ab. Leerstellen liegen immer auch im Gleichgewicht vor, im Ungleichgewicht (z. B. nach Abschrecken von hoher Temperatur, nach plastischer Verformung) ist ihre Konzentration höher als im Gleichgewicht. Diffusionsprozesse machen sich bemerkbar bei Temperaturen, die etwa 0,3 bis 0,5 mal der Schmelztemperatur in Kelvin entsprechen.
Liegen verschiedene Atomarten vor und ist im Mischkristall oder in Phasengemischen ein Konzentrationsunterschied vorhanden, so streben Diffusionsvorgänge zur Einstellung der Gleichgewichtskonzentration. Dies wird durch das 1. Fick'sche Gesetz beschrieben:

$$j = -D\left(\frac{c_1 - c_2}{x_1 - x_2}\right) = -D\left(\frac{\Delta c}{\Delta x}\right) = -D\,\frac{\partial c}{\partial x} \qquad (2\text{-}8)$$

Über eine Entfernung Δx im Gitter besteht ein (negativer) Konzentrationsgradient $\partial c/\partial x$, sodass sich aufgrund der Diffusion ein (positiver) Stofftransportstrom j einstellt. j beschreibt die transportierte Masse pro Flächen- und Zeiteinheit und ist dem Konzentrationsgradienten $\partial c/\partial \mathrm{x}$ proportional. Das 2. Fick'sche Gesetz beschreibt die zeitlichen Konzentrationsänderungen:

$$\frac{\partial c}{\partial t} = -\frac{\mathrm{d}j}{\mathrm{d}x} = D\frac{\partial^2 c}{\partial x^2} \qquad (2\text{-}9)$$

Die expliziten Lösungsformen des 2. Fick'schen Gesetzes hängen von den Anfangsbedingungen des jeweils betrachteten Diffusionsproblems ab und haben die Form $c(x,t)$. Der Diffusionskoeffizient D ist ein Maß für die Beweglichkeit der diffundierenden Atome und wird durch den folgenden Zusammenhang beschrieben:

$$D = D_0 \cdot \exp\left(-\frac{Q_\mathrm{D}}{RT}\right) \qquad (2\text{-}10)$$

Q_D ist die Aktivierungsenergie für Diffusion und wird durch die Bildungs- und Wanderungsenergie der Leerstellen bestimmt. Die Temperaturabhängigkeit des Diffusionskoeffizienten ist in Bild 2-13 als Arrhenius-Diagramm dargestellt. Häufig genügt die Näherungsformel

$$\bar{x} = 2\sqrt{Dt}\,, \qquad (2\text{-}11)$$

um den mittleren Weg $\bar{x}$ anzugeben, den ein Atom mit einem Diffusionskoeffizienten $D(T)$ bei einer Temperatur T nach einer Zeit t zurückgelegt hat. Dies ermöglicht z. B. die Abschätzung, welche Zeit für den Konzentrationsausgleich einer Probe mit Konzentrationsunterschieden bei einer Glühung bei einer konstanten Temperatur erforderlich ist.
Die vorangegangenen Beschreibungen (Volumendiffusion) setzten voraus, dass abgesehen von den Leerstellen keine Gitterbaufehler vorliegen. Im realen Gitter sind aber Versetzungen, Korngrenzen und freie Oberflächen vorhanden, die die Diffusion beeinflussen, denn sie sind Pfade bevorzugter Diffusion (Versetzungsdiffusion, Korngrenzendiffusion). In der Umgebung dieser Defekte können sich die Atome einfacher bewegen und die Platzwechselhäufigkeit ist daher höher. Beispiele für die Folge dieser Prozesse sind das bevorzugte Wachstum von Ausscheidungen entlang von Versetzungen und Korngrenzen oder

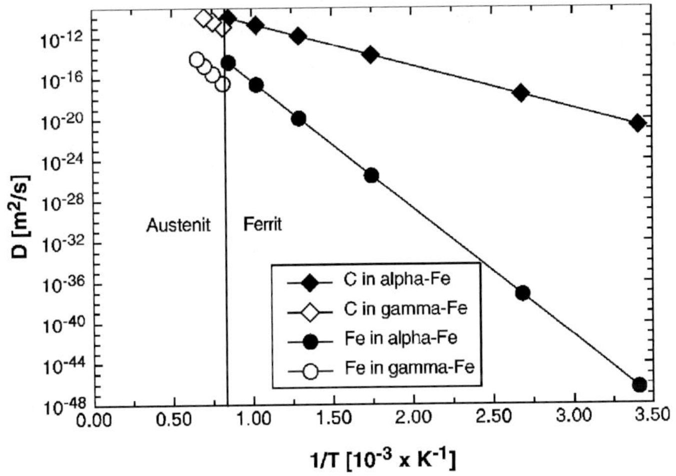

Bild 2-13. Temperaturabhängigkeit des Diffusionskoeffizienten D für Kohlenstoff und Eisen (Selbstdiffusion) im Ferrit- und Austenitkristallgitter (unter Verwendung von Daten aus [5])

auch das Diffusionskriechen bei tieferen Temperaturen. Bei tiefen Temperaturen ist Diffusion über Gitterfehler sehr viel größer als die Volumendiffusion, während bei hoher Temperatur die Volumendiffusion schneller abläuft als über Gitterfehler.

2.9 Keimbildung von Phasenumwandlungen

Die Keimbildung als Startvorgang von Phasenumwandlungen ist für verschiedene Prozesse in der Werkstofftechnik von Bedeutung. Beispiele sind die Erstarrung beim Gießen (Übergang flüssig-fest) oder das Vergüten von Stahl (Übergang fest-fest). Keimbildung im flüssigen und festen Zustand kann analog behandelt werden. Bei der Keimbildung im flüssigen Zustand entfällt der Term für die Verzerrungsenergie. Im Folgenden wird die Keimbildung im festen Zustand beschrieben.
Unter der Annahme, dass sich Ausscheidungen (= Keime) im festen Zustand durch homogene Keimbildung bilden, kann die folgende Energiebilanz aufgestellt werden:

$$\Delta G = V\Delta g_V + A\gamma + V\Delta g_s \qquad (2\text{-}12)$$

Δg_V ist der Gewinn an Freier Enthalpie pro Volumen gebildeter Ausscheidung (also ist Δg_V negativ), γ die aufzubringende Grenzflächenenergie durch die neu zu bildende Oberfläche der Ausscheidung und Δg_s die aufzubringende Verzerrungsenergie, da das Teilchen aufgrund der Volumendifferenz nicht ganz genau in das Matrixgitter passt. Unter der Annahme kugelförmiger Keime ergibt sich:

$$\Delta G = \frac{4}{3}\pi r^3 (\Delta g_V + \Delta g_s) + 4\pi r^2 \gamma \qquad (2\text{-}13)$$

Die in (2-13) auftretenden Terme sind schematisch in Bild 2-14 dargestellt. Durch die Umwandlung wird Energie gewonnen. Die frei werdende Freie Enthalpie ist proportional r^3. Die Kurve für ΔG hat ein Maximum bei ΔG^* und r^*. Nach Nullsetzen der ersten Ableitung von (2-13) erhält man den kritischen Teilchenradius:

$$r^* = -\frac{2\gamma}{(\Delta g_V + \Delta g_s)} \qquad (2\text{-}14)$$

Ist der Radius des Teilchens größer als r^*, so kann es wachsen. Wird diese Beziehung in (2-13) eingesetzt, so erhält man:

$$\Delta G^* = \frac{16\pi\gamma^3}{3(\Delta g_V + \Delta g_s)^2} \qquad (2\text{-}15)$$

Die Keimbildungsrate N ist die Anzahl der Keime, die pro Zeit- und Volumeneinheit überkritisch werden. Sie ist proportional zur Oberfläche des Keims und zur Platzwechselhäufigkeit an der Oberfläche.

$$N = C\,\exp\left(-\frac{Q}{kT}\right)\exp\left(-\frac{\Delta G^*}{k}T\right) \qquad (2\text{-}16)$$

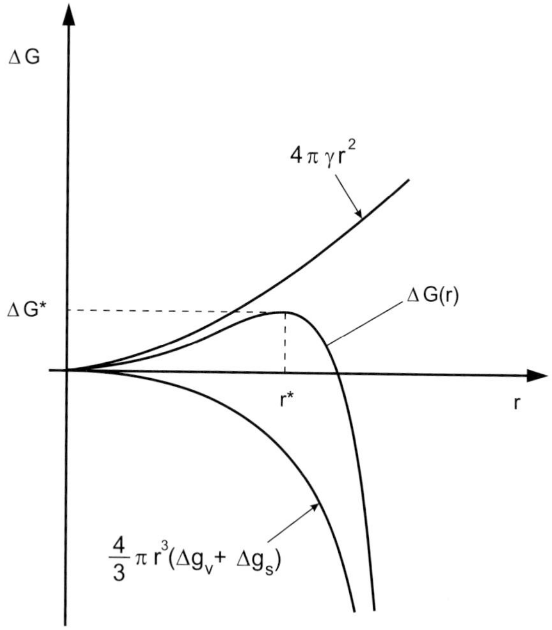

Bild 2-14. Schematische Darstellung der Energiebilanz für homogene Ausscheidung im festen Zustand

Dabei ist *C* die Anzahl der Keimbildungsorte pro Volumen, *Q* die Aktivierungsenergie für Diffusion, *k* die Bolzmann-Konstante und *T* die absolute Temperatur.
Ausscheidungen werden nach der Natur ihrer Grenzfläche unterschieden: kohärent ohne Verzerrung, kohärent mit Verzerrung, teilkohärent und inkohärent. Kohärente Ausscheidungen haben eine geringe Grenzflächenenergie (0–200 mJ m^{-2}), aber die Verzerrung kann groß sein. Teilkohärente Ausscheidungen haben eine höhere Grenzflächenenergie (200–500 mJ m^{-2}). Inkohärente Ausscheidungen besitzen die höchste Grenzflächenenergie (500–1000 mJ m^{-2}) aber keine Kohärenzspannungen.
Bei der heterogenen Keimbildung wirken Gitterdefekte als bevorzugte Keimbildungsorte, zum Beispiel (mit steigender Wirksamkeit):

- homogene Orte
- Leerstellen
- Versetzungen
- Korngrenzen und Phasengrenzen
- freie Oberflächen.

2.10 Metastabile Zustände

In 2.6 wurde das thermodynamische Gleichgewicht als Zustand niedrigster Freier Enthalpie definiert. Häufig begegnen uns allerdings Zustände, die diese Voraussetzung nicht erfüllen und trotzdem für relativ lange Zeit stabil sind. Strukturwerkstoffe wie z. B. gehärteter Stahl, ausscheidungsgehärtete Aluminiumlegierungen oder Kunststoffe befinden sich während ihres Einsatzes im metastabilen Gleichgewicht. Diese Zustände treten auf, wenn die Keimbildung einer stabileren Phase aufgrund der dafür erforderlichen Aktivierungsenergie (z. B. aufgrund von hoher Grenzflächen- und Verzerrungsenergie) weniger wahrscheinlich ist. Dies ist z. B. in dem technisch wichtigen Kohlenstoffstahl der Fall. Eisen bildet ein stabiles Gleichgewicht mit Graphit. Das Carbid Fe_3C ist weniger stabil, trotzdem bildet sich fast ausschließlich Carbid im Stahl, der auch nach langer Zeit nicht in Graphit umwandelt. Es gibt also im Zustandsdiagramm Fe-C ein stabiles System Eisen-Graphit und ein metastabiles System Fe-Fe_3C, die häufig gemeinsam dargestellt werden. Die Gleichgewichtskonzentrationen und -temperaturen sind darin etwas verschieden.
Die Ausscheidungshärtbarkeit von Aluminiumlegierungen (2.12) basiert ebenfalls auf der Bildung verschiedener metastabiler Phasen. Sie treten in der Reihenfolge zunehmender Aktivierungsenergie auf.
Die Struktur stark verformte Metalle ist ebenfalls metastabil und kann durch Erholung und Rekristallisation (siehe 2.11) in einen Zustand geringerer Energie gelangen.
Die Tatsache, dass sich nahezu kein Strukturwerkstoff im thermodynamischen Gleichgewicht befindet, hat Folgen für die Stabilität von Gefügen, da diese sich mehr oder weniger stark mit den entsprechenden Konsequenzen für die Eigenschaften während des Einsatzes von Werkstoffen ändern kann. Dies wird von Martin, Doherty und Cantor [6] ausführlich behandelt.

2.11 Erholung und Rekristallisation

Erholungsprozesse erfordern thermisch aktivierte Prozesse, also Platzwechsel im Gitter bei Temperaturen, die dieses ermöglichen. Die Erholung plastisch verformter und verfestigter Kristalle besteht aus der

Umordnung von Versetzungen durch Annihilation (Auslöschung von Versetzungen mit gegensätzlichem Vorzeichen, wenn diese auf verschiedenen Gleitebenen aufeinander zuklettern) oder durch Bildung von Kleinwinkelkorngrenzen, eine Anordnung, die niedrigere Energie besitzt als die homogene Verteilung von Versetzungen (Bild 2-15). Die Versetzungsdichte wird dabei nur teilweise abgebaut. Bei Wechselwirkung der Versetzungen mit Leerstellen können die Versetzungen klettern, wobei die Leerstellen in den Bereich der Druckspannungen der Versetzung diffundiert und sich dort anlagert. Dadurch wandert ein Atom von der Versetzung fort und die Versetzungslinie wird normal zum Burgers-Vektor verschoben. Ein erholtes Gefüge ist durch ein Subkorngefüge mit Kleinwinkelkorngrenzen gekennzeichnet. Während des Erholungsprozesses nehmen innere Spannungen und die Streckgrenze ab. Während der Erholung bewegen sich die Korngrenzen nicht.

Bei Temperaturen oberhalb von 0,5 mal der Schmelztemperatur (in Kelvin) tritt in stark verformten Metallen Rekristallisation ein. Dieser Begriff umfasst alle Prozesse, die mit Neubildung und Wachstum von weitgehend versetzungsfreien Körnern verbunden sind (Bild 2-15). Treibende Kraft dafür ist die gesamte Versetzungsenergie, die in den durch die Verformung eingebrachten Versetzungen steckt. Die Neubildung kann durch Keimbildung und -wachstum

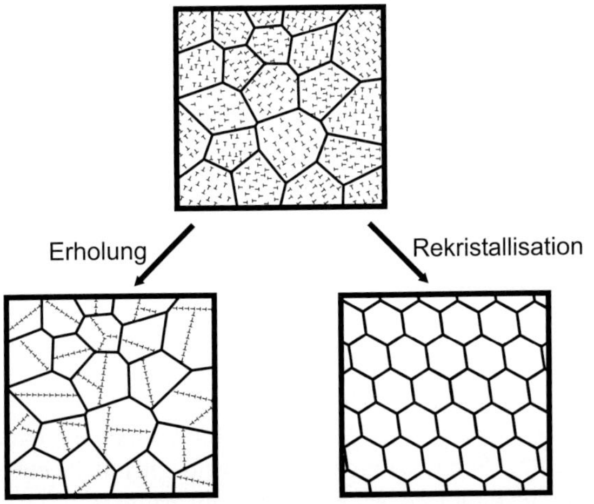

Bild 2-15. Schematische Darstellung von Erholungs- und Rekristallisationsprozessen

bestimmt sein (diskontinuierliche Rekristallisation) oder durch Vergröberung der Subkörner des Erholungsgefüges, verbunden mit einer Zunahme des Orientierungsunterschieds (kontinuierliche Rekristallisation). Der auftretende Mechanismus hängt u. a. vom Werkstoff, von der Verformung, vom Temperatur-Zeit-Verlauf der Wärmebehandlung ab. Nach der Rekristallisation weist der Werkstoff Eigenschaften (Streckgrenze, Bruchdehnung, Härte) auf, wie sie auch für den unverformten Zustand vorliegen. Einen guten und umfassenden Überblick über dieses Gebiet geben Humphreys und Hatherly [7].

2.12 Ausscheidungs- und Umwandlungsprozesse

Voraussetzung für die Ausscheidungshärtung ist eine mit sinkender Temperatur abnehmende Löslichkeit im Mischkristall, wie es schematisch in Bild 2-16a gezeigt ist. Ein wichtiges Beispiel dafür ist das System Aluminium-Kupfer, an dem die Aushärtbarkeit von Aluminiumlegierungen von Alfred Wilm 1906 entdeckt wurde. Zur Ausscheidungshärtung von Legierungen müssen folgende Schritte eingeleitet werden (Bild 2-16b):

- Lösungsglühen zur Auflösung löslicher Phasen und Maximierung der Gehalte gelöster Atome und Leerstellen
- Abschrecken zur Erhaltung der Übersättigung gelöster Atome und Leerstellen
- Kaltauslagerung (bei Raumtemperatur) oder
- Warmauslagerung (bei erhöhter Temperatur).

Nach dem Abschrecken wird die Übersättigung abgebaut durch:

- homogene Keimbildung (ohne Hilfe von bereits existierenden Keimbildungsorten),
- heterogene Keimbildung (Keimbildung an Heterogenitäten wie Versetzungen, Korngrenzen) oder
- spinodale Entmischung (keine Barriere für den Entmischungsprozess).

Die Keimbildung im festen Zustand basiert auf den gleichen Einflussgrößen wie bei der Erstarrung.

Die Stadien während des Ausscheidungsprozesses (beim Kalt- oder Warmauslagern) sind in der Regel

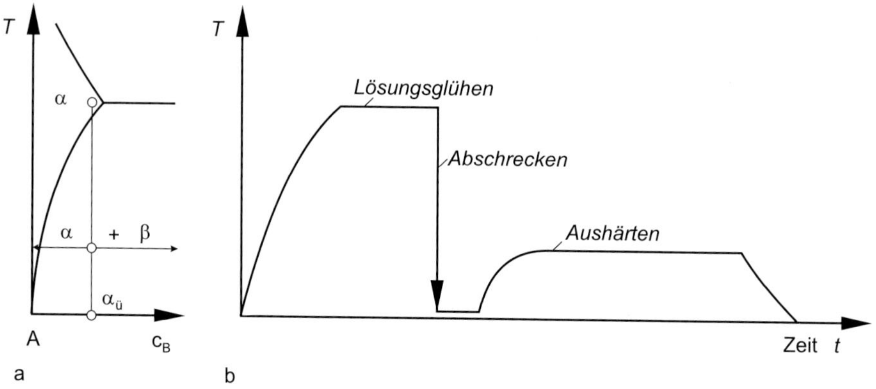

Bild 2-16. **a** Voraussetzung für eine Ausscheidungshärtung ist eine mit sinkender Temperatur abnehmende Löslichkeit. **b** Wärmebehandlung zum Herbeiführen einer Ausscheidungshärtung: Aufheizen auf Lösungsglühtemperatur und Halten bei dieser Temperatur, Abschrecken, Aushärten bei Raumtemperatur oder erhöhter Temperatur

Keimbildung, Wachstum der Ausscheidungen unter Zunahme ihres Volumenbruchteils und schließlich Vergröberung, wobei sich der ausgeschiedene Volumenbruchteil nicht mehr ändert.

3 Metallische Werkstoffe

3.1 Herstellung metallischer Werkstoffe

Metallische Werkstoffe werden aus metallhaltigen Mineralien (Erzen) in den Verfahrensstufen Rohstoffgewinnung, Aufbereitung und Metallurgie gewonnen. Die Technologien zur Gewinnung von Rohstoffen gehören zum Bereich der Bergbautechniken. Sie umfassen das *Erkunden, Erschließen, Gewinnen, Fördern* und *Aufbereiten* von abbauwürdigen Lagerstätten mineralischer Rohstoffe und Erze. Die Erze enthalten das gewünschte Metall nicht in metallischer Form, sondern in Form chemischer Verbindungen: Oxide, Sulfide, Oxidhydrate, Carbonate, Silicate. Bei der Aufbereitung, der Vorstufe der Umwandlung von Rohstoffen in Werkstoffe wird das geförderte Erz zunächst durch Brechen und Mahlen der Zerkleinerung unterworfen und dann Trennprozessen zugeführt, welche die metalltragenden Komponenten separieren, z. B. Trennung durch (a) unterschiedliche magnetische Eigenschaften, (b) Schwerkraft, (c) unterschiedliche Löslichkeit in Säuren oder Laugen, (d) unterschiedliches Benetzungsverhalten in organischen Flüssigkeiten (Flotation). Eisenerze, die Sulfide, aber auch Oxidhydrate oder Carbonate enthalten, werden durch Erhitzen an Luft („Rösten") in Oxide überführt, wobei SO_2 bzw. H_2O oder CO_2 frei werden; SO_2 wird abgebunden oder verwertet.
Die Herstellung metallischer Werkstoffe aus den aufbereiteten Erzen oder metallhaltigen Rückständen, ihre Raffination und Weiterverarbeitung (insbesondere zu Legierungen) erfolgt mit Methoden der Metallurgie (Hüttenwesen). Ein grundlegender metallurgischer Prozess besteht darin, die in Erzen z. B. in Form von Metalloxiden gebundenen Metallbestandteile durch Aufbrechen der Bindung zwischen Metall (M) und Sauerstoff (O) freizusetzen. Der Reduktionsvorgang

$$\mathrm{M}_x\mathrm{O}_y + \Delta G_{\mathrm{M}_x\mathrm{O}_y} \rightarrow x\mathrm{M} + (y/2)\mathrm{O}_2$$

erfordert die Zufuhr der Bildungsenthalpie ΔG_M des Oxids.
Kennzeichnend für die verschiedenen metallurgischen Verfahren sind sowohl die Prozesstechnologie als auch der für die Erzreduktion erforderliche Einsatz an chemischen Reduktionsmitteln und elektrischer Energie.

3.2 Einteilung der Metalle

Die Einteilung der Metalle kann nach verschiedenen Merkmalen, wie z. B. Stellung im Periodensystem, Dichte, Schmelztemperatur, sowie physikalischen oder technologischen Eigenschaften erfolgen.
Knapp 70 der 90 natürlichen Elemente sind Metalle, wobei je nach Stellung im Periodensystem die folgende Einteilung üblich ist:

- Alkali- (oder A-)Metalle: Gruppe Ia (ohne H)
- Edle Metalle: Gruppe Ib
- B-Metalle: Gruppe II, Gruppe IIIa (ohne B), Gruppe IVa (ohne C), Gruppe Va (ohne N, P)
- Übergangsmetalle: Gruppe IIIb bis Gruppe VIIIb
- Lanthanoide
- Actinoide

Nach der Dichte werden unterschieden (vgl. Tabelle 9-1):

- Leichtmetalle: Dichte $< 4{,}5\,\mathrm{kg/dm^3}$
- Schwermetalle: Dichte $> 4{,}5\,\mathrm{kg/dm^3}$.

Das Kriterium Schmelztemperatur führt zu folgender Einteilung (vgl. Tabelle 9-8, Abschnitt 9.3.3):

- Niedrigschmelzende Metalle: Schmelztemperatur $< 1000\,°\mathrm{C}$
- Mittelschmelzende Metalle: $\sim 1000\,°\mathrm{C} <$ Schmelztemperatur $< 2000\,°\mathrm{C}$
- Hochschmelzende Metalle: Schmelztemperatur $> 2000\,°\mathrm{C}$.

Die metallischen Werkstoffe sind nach wie vor die wichtigsten Konstruktions- oder Strukturwerkstoffe. Sie werden in die beiden großen Gruppen der Eisenwerkstoffe und der Nichteisenmetalle (NE-Metalle) eingeteilt.
„Hartmetalle" kennzeichnen eine Übergangsgruppe zu den „Keramiken" (siehe 4.3.4).

3.3 Eisenwerkstoffe

Als Eisenwerkstoffe werden Metalllegierungen bezeichnet, bei denen der Massenanteil des Eisens höher ist als der jedes anderen Legierungselements. Reines Eisen ist wegen seiner geringen Festigkeit nicht als Konstruktionswerkstoff geeignet; seine besonderen magnetischen Eigenschaften sind jedoch für die Elektrotechnik von Bedeutung. Das wichtigste Legierungselement des Eisens ist Kohlenstoff. Abhängig vom Kohlenstoffgehalt und von der Wärmebehandlung erhält man verschiedene Stähle und Gusseisen, für deren Verständnis das Eisen-Kohlenstoff-Zustandsdiagramm eine wesentliche Basis darstellt [1]. (Eigenschaften und technische Daten der Eisenwerkstoffe: siehe 9.)

3.3.1 Eisen-Kohlenstoff-Diagramm

Im thermodynamischen Gleichgewicht liegen in einem Eisen-Kohlenstoff-System Eisen und Kohlenstoff als Graphit nebeneinander vor (stabiles System). In der Praxis häufiger benutzt wird das metastabile Eisen-Zementit-Diagramm. Zementit ist das Eisenkarbid, Fe_3C, das bei langen Glühzeiten in eine Eisenphase und Graphit zerfällt. Aus dem Eisen-Kohlenstoff-Zustandsdiagramm, Bild 3-1, lassen sich die verschiedenen Gefügezustände als Funktion von Kohlenstoffgehalt und Temperatur entnehmen. Die Zustandsfelder der einzelnen Phasen werden von Linien begrenzt, die durch die Buchstaben ihrer Endpunkte bezeichnet werden. Diese Linien können als Verbindungslinien der Haltepunkte, die als Verzögerungen bei Erwärmung oder Abkühlung infolge Gefügeumwandlung auftreten, angesehen werden. Bei Temperaturen oberhalb der Liquiduslinie ABCD liegen Eisen-Kohlenstoff-Lösungen als Schmelze vor. Sie erstarren in Temperaturbereichen, die zwischen der Liquiduslinie ABCD und der Soliduslinie AHIECF liegen. Mit abnehmender Temperatur nimmt der Anteil der ausgeschiedenen Kristalle in der Schmelze zu, bis an der Soliduslinie die Schmelze vollständig erstarrt ist. Das am niedrigsten Erstarrungspunkt aller Schmelzen (Punkt C) einheitlich erstarrende Gefüge wird Eutektikum genannt.
Im erstarrten Zustand ergeben sich für verschiedene Bereiche von C-Gehalt und Temperatur unterschiedliche Phasen und Gefüge. Beim reinen Eisen treten Modifikationen mit kubisch raumzentriertem (krz) oder dem dichteren kubisch flächenzentriertem (kfz) Gitter auf, die sich an den Haltepunkten A_r, A_c (r refroidissement: Abkühlung; c chauffage: Erwärmung) umwandeln. Man unterscheidet:

- α-Fe (Ferrit); krz; $\vartheta < 911\,°\mathrm{C}$ (A_3) (unter $\vartheta = 769\,°\mathrm{C}$, Curie-Temperatur, ist α-Fe ohne Gitterumwandlung ferromagnetisch)
- γ-Fe (Austenit); kfz; $911\,°\mathrm{C} < \vartheta < 1392\,°\mathrm{C}$ (A_4)
- δ-Fe (δ-Eisen); krz; $1392\,°\mathrm{C} < \vartheta < 1536\,°\mathrm{C}$

Bei C-Gehalten > 0 wird Kohlenstoff im α-, γ- und δ-Eisen in Zwischengitterplätzen eingelagert, wobei Mischkristalle (MK) bis zu den folgenden maximalen Löslichkeiten des Kohlenstoffs in Eisen entstehen:

- α-Mischkristall; 0,02 Gew.-% C bei 723 °C (A_1)
- γ-Mischkristall (Austenit); 2,06 Gew.-% C bei 1147 °C
- δ-Mischkristall; 0,1 Gew.-% C bei 1493 °C

Wird der maximal lösliche C-Gehalt überschritten, so werden im stabilen System Kohlenstoff (Graphit) oder im technisch wichtigeren metastabilen System Zementit Fe_3C ausgeschieden. Das metastabile System beschreibt dann die Reaktionen zwischen Eisen und Zementit. Ein Gehalt von 100% Zementit entspricht 6,69 Gew.-% C. Fe_3C weist eine relativ hohe Härte (1400 HV) auf und besitzt ein kompliziertes Gitter (orthorhombisch) mit 12 Fe-Atomen und 4 eingelagerten C-Atomen je Elementarzelle. Eisen-Kohlenstoff-Legierungen mit einem C-Gehalt > 6,69 Gew.-% besitzen keine technische Bedeutung. Die am niedrigsten Liquiduspunkt C bei 4,3 Gew.-% C vorliegende Schmelze zerfällt bei Erstarrung im festen Zustand in ein als Eutektikum bezeichnetes feinverteiltes Gemenge von γ-Mischkristallen (Austenit) mit 2,06 Gew.-% C und Fe_3C-Kristallen (Zementit) mit 6,69 Gew.-% C. Im übereutektischen Bereich (> 4,3 Gew.-% C) bilden sich Gefüge aus Ledeburit und Primärzementit, im untereutektischen Bereich (< 4,3 Gew.% C) Gefüge aus Austenit, Ledeburit und Sekundärzementit. (Sekundärzementit entsteht durch Ausscheidung von Eisenkarbid aus Austenit).

Das bei der Abkühlung von homogenem Austenit (γ-Mischkristalle) bei einem C-Gehalt von 0,8 Gew.-% entstehende Eutektoid Perlit besteht aus nebeneinanderliegendem lamellenförmigem Ferrit (α-Mischkristalle) und Zementit. Bei untereutektoiden Legierungen (< 0,8 Gew.-% C) scheiden sich vor Erreichen des Perlitpunktes (S) Ferritkristalle aus, bei übereutektoiden Legierungen (> 0,8 Gew.-% C) bildet sich Sekundärzementit.

Die im Eisen-Kohlenstoff-Zustandsdiagramm angegebenen Zustandsfelder gelten nur dann, wenn für die Einstellung der Gleichgewichte und die erforderlichen Diffusionsvorgänge genügend Zeit zur Verfügung steht.

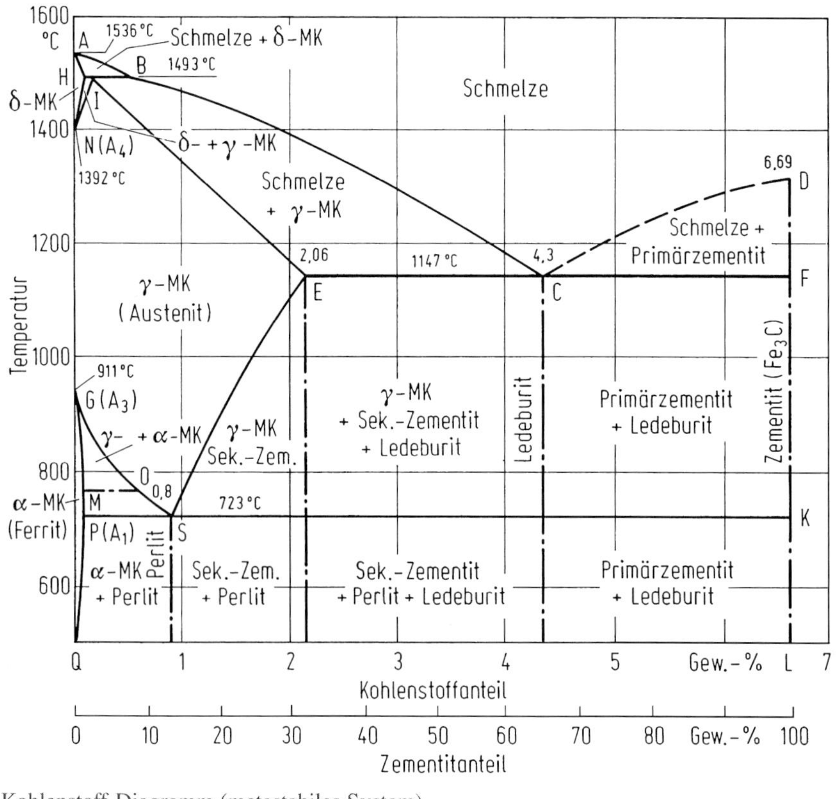

Bild 3-1. Eisen-Kohlenstoff-Diagramm (metastabiles System)

3.3.2 Wärmebehandlung

Die zur Erzeugung bestimmter Gefügezustände oder Werkstoffeigenschaften eingesetzten Verfahren der Wärmebehandlung bestehen aus den Verfahrensschritten Erwärmen, Halten und Abkühlen und umfassen das Härten und die Glühbehandlungen.

a) Härten
Beim Härten werden durch rasches Abkühlen aus dem Austenitfeld des Fe-C-Zustandsdiagramms Gefügezustände mit höherer Härte und Festigkeit erzeugt.
Die Kinetik der Umwandlung des Austenits in andere Phasen wird durch ein Zeit-Temperatur-Umwandlungsdiagramm (ZTU-Diagramm) beschrieben (Bild 3-2). In einem Zeit-Temperatur-Koordinatensystem werden Kurven gleichen Umwandlungsgrades eingetragen (0%: Beginn, 100%: Ende der Umwandlung). Die Umwandlungsmechanismen und die Gefügeausbildung der Umwandlungsprodukte (Austenit, Perlit, Bainit und Martensit) hängen von der Abkühlgeschwindigkeit ab. In Abhängigkeit von der Abkühlgeschwindigkeit lässt sich Austenit diffusionsgesteuert in Perlit oder in ein als Bainit bezeichnetes feines Gemenge von Ferrit und Carbid umwandeln. Durch sehr rasche Abkühlung (Abschrecken) kann die diffusionsgesteuerte Umwandlung in die beiden Gleichgewichtsphasen unterdrückt und nach Unterschreiten der sog. Martensit-Starttemperatur (M_s) eine diffusionslose Umwandlung (Umklappen) der kfz Elementarzellen des Austenits in die tetragonal verzerrten Gefügestrukturen des Martensits bewirkt werden. Infolge der hohen Übersättigung an Zwischengitter-C-Atomen und einer durch die Gitterverzerrungen erhöhten Versetzungsdichte zeichnet sich das aus latten- und plattenförmigen Strukturen bestehende Martensitgefüge durch hohe Härte aus.
Das beim Härten entstehende hart-spröde Martensitgefüge wird meist angelassen oder vergütet: Erwärmen auf 200 bis 600 °C, um spröden Martensit durch Abbau von Spannungen und Ausscheidung von Carbiden in einen duktileren Zustand zu überführen. Eine auf die Oberflächen beschränkte Härtung (Randschichthärten) ist mit Flammenhärten, Laserhärten und dem Induktionshärten möglich. Bei zu geringem C-Gehalt eines Bauteils kann durch Aufkohlen (Einsetzen in C-abgebende Mittel) eine C-Anreicherung erreicht und durch das Einsatzhärten eine hohe Oberflächenhärte bei hoher Zähigkeit des Kern erzielt werden. Eine Oberflächenhärtung kann auch durch thermochemische Behandlungen unter Eindiffundieren bestimmter Elemente, wie z. B. Stickstoff, Bor oder Vanadium, vorgenommen werden. Von besonderer technischer Bedeutung ist das Nitrieren, das im Ammoniakstrom (Gasnitirieren), in Salzbädern (Badnitrieren) oder unter Ionisation des Stickstoffs durch Glimmentladung (Plasmanitrieren) durchgeführt werden kann.

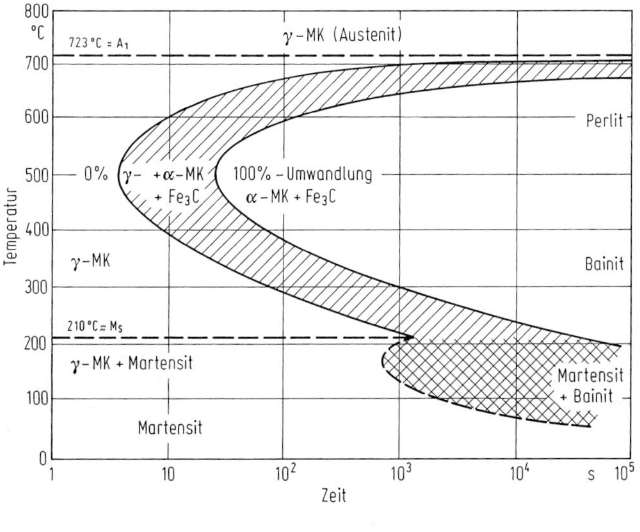

Bild 3-2. Isothermes Zeit-Temperatur-Umwandlungsschaubild (ZTU-Schaubild): schematische Darstellung für eutektoiden Stahl

b) Glühbehandlungen
Durch Glühbehandlungen bei einer bestimmten Temperatur und Haltedauer sowie nachfolgendem Abkühlen werden bestimmte Gefügezustände und Werkstoffeigenschaften erreicht. Wichtige Verfahren sind:

- *Normalglühen*, (*Normalisieren*). Erwärmen kurz über die Gleichgewichtslinie (GOS) im Austenitgebiet und anschließendes Abkühlen an Luft führt zur völligen Umkristallisation und Ausbildung eines feinkörnigen perlitisch ferritischen Gefüges.
- *Weichglühen*. Verbesserung des Formänderungsvermögens durch längeres Pendelglühen im Temperaturbereich der Perlitumwandlung, wobei sich die im streifigen Perlit vorliegenden Zementitlamellen in die energieärmere rundliche Carbidform umwandeln.
- *Rekristallisationsglühen*. Glühen kaltverformter Werkstoffe unterhalb der Temperatur der Perlitreaktion, sodass Versetzungen durch Erholung oder Rekristallisation ausheilen können und die Verformbarkeit wieder hergestellt wird. Die Korngröße ist verformungsabhängig.
- *Spannungsarmglühen*. Beseitigung von Eigenspannungen durch Erwärmen unterhalb der Temperatur beginnender Rekristallisation und langsames Abkühlen.

3.3.3 Stahl

Eisen-Kohlenstoff-Legierungen mit einem Kohlenstoffanteil i. Allg. unter 2 Gew.-%, die kalt oder warm umformbar (schmiedbar) sind, werden als Stähle, nichtschmiedbare Eisenwerkstoffe, C-Anteil über 2 Gew.-%, als Gusseisen bezeichnet [1].
Die gezielt zur Herstellung der verschiedenen Stähle zugefügten Legierungselemente bilden mit Eisen meist Mischkristalle. Die Elemente

Cr, Al, Ti, Ta, Si, Mo, V, W

lösen sich bevorzugt in Ferrit (Ferritbildner); die Elemente

Ni, C, Co, Mn, N, Cu

vorwiegend in Austenit. Sie erweitern das γ-Gebiet und machen den Stahl austenitisch. Stähle mit hohen Ni- oder Mn-Gehalten sind bis zur Raumtemperatur austenitisch. Neben Mischkristallen können sich in Stählen Verbindungen bilden, wenn zwischen mindestens zwei Legierungselementen starke Bindungskräfte vorhanden sind, wodurch sich komplizierte, harte Kristallgitter bilden können. Wichtig sind dabei Carbide, Nitride und Carbonitride. Wichtige Carbidbildner sind:

Mn, Cr, Mo, W, Ta, V, Nb, Ti.

Schwache Carbidbildner (Mn, Cr) lagern sich z. B. in Fe_3C als Mischkristalle ein, z. B. $(Fe, Cr)_3C$, $(Fe, Mn)_3C$); starke Carbidbildner (Ti, V) bilden Sonderkarbide mit einer von der des Fe_3C abweichenden Gitterstruktur, z. B, Mo_2C, TiC, VC.
Durch die Nitritbildner

Al, Cr, Zr, Nb, Ti, V

werden harte Nitride (bis 1200 HV) gebildet und beim Nitrierhärten technisch genutzt. Carbonitridausscheidungen erzeugen ein sehr feinkörniges Umwandlungsgefüge (Feinkornbaustähle).
Bei den Stählen werden nach der Verwendung Bereiche mit den folgenden Hauptsymbolen unterschieden [2]:

S Stähle für den allgemeinen Stahlbau
P Stähle für den Druckbehälterbau
L Stähle für den Rohrleitungsbau
E Maschinenbaustähle
B Betonstahl
Y Spannstahl
R Stähle für oder in Form von Schienen
H Kaltgewalzte Flacherzeugnisse in höherfesten Ziehgüten
D Flacherzeugnisse aus weichen Stählen zum Kaltumformen
T Verpackungsblech- und -band
M Elektroblech und -band [mit besonderen magnetischen Eigenschaften]

Bei entsprechenden Gusswerkstoffen wird dem Kurznamen z. B. G- vorangestellt.
Für die systematische Bezeichnung von Stahlwerkstoffen gibt es nach DIN EN 10027–1 (Bezeichnungssysteme für Stähle), die folgenden Möglichkeiten:

a. Kurznamen, beruhend auf der Verwendung, mit dem Aufbau
- *Hauptsymbol* (siehe oben)

- *Kennwert* der charakteristischen mechanischen (oder physikalischen) Eigenschaft, z. B. Streckgrenze in MPa, Zugfestigkeit in MPa, Ummagnetisierungsverlust in 0,01 × W/kg bei 1,5 Tesla.
- *Zusatzsymbole* gemäß DIN V 17006-100: Bezeichnungssysteme für Stähle bzgl. Kerbschlagarbeit bei unterschiedlicher Prüftemperatur sowie besonderer Eigenschafts-, Einsatz- oder Erzeugnisbereiche, z. B. „F“ zum Schmieden geeignet, „L“ für tiefe Temperaturen, „Q“ vergütet.

Beispiel: S690Q bedeutet Stahl für den Stahlbau mit einer Streckgrenze von 690 MPa, vergütet.

b. Kurznamen, basierend auf der chemischen Zusammensetzung, mit vier Typen:

1. *Unlegierte Stähle:* Hauptsymbol C (Kohlenstoff) und Zahlenwert des 100fachen mittleren C-Gehaltes in Gew.-% für unlegierte Stähle mit Mangan-Gehalt < 1 Gew.-% (Beispiel: C 15)
2. *Unlegierte Stähle* mit Mn-Gehalt > 1 Gew.-%, unlegierte Automatenstähle und legierte Stähle (außer Schnellarbeitsstähle) mit Gehalten der einzelnen Legierungselemente < 5 Gew.-%: Hauptsymbol 100facher mittlerer C-Gehalt in Gew.-% dazu Nennung der charakteristischen Legierungselemente und ganzzahlige Angabe ihrer mit folgenden Faktoren multiplizierten Massenanteile

Legierungselemente	Faktor
Cr, Co, Mn, Ni, Si, W	4
Al, Be, Cu, Mo, Nb, Pb, Ta, Ti, V, Zr	10
C, N, P, S, Ca	100
B	1000

Beispiel: 13 CrMo4-4 ist legierter Stahl mit 0,13% C, 1% Cr und 0,4% Mo;

3. *Hochlegierte Stähle*: Hauptsymbol X, dazu Angabe 100fachen mittleren C-Gehaltes in Gew.-% sowie der charakteristischen Legierungselemente (chem. Symbole und Anteile in Gew.-%) für legierte Stähle, wenn für mindestens ein Legierungselement der Gehalt 5 Gew.-% übersteigt.

Beispiel: X5CrNiMo18-10 ist hochlegierter Stahl mit 0,05% C, 18% Cr, 10% Ni sowie auch Mo;

4. *Schnellarbeitsstähle*: Hauptsymbol HS und Zahlen, die in gleichbleibender Reihenfolge den Massenanteil folgender Legierungselemente angeben: W, Mo, V, Co.

Beispiel: HS 2-9-1-8.

c. **Werkstoffnummern**, die durch die Europäische Stahlregistratur vergeben werden, mit folgendem Aufbau:

- Bei Stählen steht an erster Stelle der Werkstoffnummer eine 1.
- Nach einem Punkt folgt eine zweistellige Stahlgruppennummer, z. B. 00 für Grundstähle oder 01 bis 09 für Qualitätsstähle. Bei den legierten Edelstählen gelten die Gruppennummern 20 bis 28 für Werkzeugstähle, 40 bis 49 für chemisch beständige Stähle, sowie die vier Dekaden 50 bis 89 für Bau-, Maschinen- und Behälterstähle.
- Es folgt eine zweistellige Zählnummer für die einzelne Stahlsorte.

Beispiel: 1.2312 bedeutet: 1 für Stahl, 23 für molybdänhaltige Werkzeugstähle, Zählnummer 12.

Stähle stellen nach wie vor die wichtigsten und vielfältigsten Konstruktions- sowie auch Funktionswerkstoffe dar. Eine kurze Zusammenstellung technisch wichtiger Stähle mit stichwortartigen Angaben über Aufbau, Eigenschaften und Verwendungszweck sowie Sortenbeispielen und zugehörigen Normbezeichnungen gibt Tabelle 3-1.

3.3.4 Gusseisen

Gebräuchliche Gusseisenwerkstoffe haben C-Anteile zwischen 2 und ca. 4 Gew.-% und sind im Allgemeinen nicht schmiedbar. Die Legierungselemente Kohlenstoff und Silicium bestimmen in Verbindung mit der Erstarrungsgeschwindigkeit das Gefüge bezüglich der entstehenden Kohlenstoffphasen, siehe Bild 3-3.

Mit zunehmendem C- und Si-Gehalt werden die folgenden hauptsächlichen Felder unterschieden:

I. Weißes Gusseisen (Hartguss, metastabiles System),
II. Graues Gusseisen (Grauguss, stabiles System),
III. Graues Gusseisen (Grauguss, stabiles System), ferritisches Gefüge: Graphit und Ferrit;

Tabelle 3-1. Technische Stahlsorten (Übersicht)

Stahlsorten	Merkmale, Beispiele
• Baustähle für Hoch-, Tief-, Brückenbau, Fahrzeug-, Behälter- und Maschinenbau	
Allgemeine Baustähle (DIN EN 10 025-1, -2)	Unlegierte und niedriglegierte ferritisch-perlitische Gefüge; Mindeststreckgrenzen 180 bis 360 MPa
Hochfeste Baustähle (DIN EN 10 113-1/3)	Mikrolegierte (TiC-NbC-VC-Dispersionen), schweißgeeignete Feinkornbaustähle, z. B. S460N
Baustähle für spezielle Erzeugnisse	Blankstahl nach DIN 1652-1/4; Feinbleche, DIN 1623; Band und Blech aus unlegiertem Stahl, DIN 1614, kaltgewalzte Flacherzeugnisse aus weichen Stählen zum Kaltumformen nach DIN EN 10130; warmgewalzte Flacherzeugnisse aus Stählen mit hoher Streckgrenze zum Kaltumformen nach DIN EN 10 149-1/3
• Stähle für eine Wärmebehandlung	
Vergütungsstähle (DIN EN 10083-1/3)	Mn/Cr/Mo/Ni/V-legiert; 0,2 bis 0,6% C, für dynamisch beanspruchte Bauteile hoher Festigkeit; z. B. C45E, 42CrMo4
Stähle für das Randschichthärten (DIN 17 212)	Vergütungsstähle für kernzähe, oberflächenharte Bauteile durch Flamm- und Induktionshärten, z. B. 45Cr2 (55 HRC)
Einsatzstähle (DIN EN 10084)	Mn/Cr/Mo/Ni-legiert, niedr. C-Gehalt; kernzäh und oberflächenhart durch Aufkohlen und Härten, z. B. C10, 20MoCrS4
Nitrierstähle (DIN EN 10 085)	Vergütungsstähle mit perlitisch-martensitischem Gefüge und Nitridbildnern (Cr, Mo, Al); z. B. 31CrMo12, 34CrAlMo5
• Stähle für besondere Fertigungsverfahren	
Automatenstähle (DIN EN 10 087)	Durch S- und Pb-Zusätze gut zerspanbar und spanbrüchig bei hohen Schnittgeschwindigkeiten; einsatzhärtbar (z. B. 10S20), vergütbar (z. B. 45S20)
Stahlguss	Fe-C-Legierungen mit < 2% C; allg. Stahlguss (z. B. GS-60) DIN EN 10293; warmfester Stahlguss (z. B. G17CrMo 5-5), DIN EN 10 213-2
• Stähle mit besonderen technologischen Eigenschaften	
Kaltzähe Stähle (DIN EN 10 028-4)	Ni-legierte Stähle mit ausreichender Zähigkeit bei −60 bis 195 °C; z. B. X8Ni9
Hochwarmfeste austenitische Stähle (DIN EN 10 028-7, DIN EN 10 222-5, DIN EN 10 302)	Ferritisch perlitisches Gefüge; z. B. X3CrNiMoN17-13 (T <800 °C), X8NiCrAlTi32-21 (T <1000 °C)
Nichtrostende Stähle (DIN EN 10 088-1/3)	ferritisch, z. B. X6Cr17, martensitisch, z. B. X39Cr13; austenitisch, z. B. X2CrNi19-11; austenitisch-ferritisch, z. B. X2CrNiMoCuWN25-7-4
• Stähle für Konstruktionsteile	
Federstähle (DIN EN 10 089)	Si/Mn/Cr/Mo/V-legiert, z. B. 38Si7, 60SiCr7
Stähle für Schrauben und Muttern	unlegierte Stähle, DIN EN 10 263-2; Einsatzstähle, DIN EN 10263-3; Vergütungsstähle, DIN 1654-4; nichtrostende Stähle, DIN 1654-5; warmfeste und hochwarmfeste Stähle, DIN EN 10 269
Ventilstähle (DIN EN 10 090)	Beständig gegen mechanische, thermische, korrosive und tribologische Beanspruchung, z. B. X45CrSi9-3, X45CrNiW18-9
Wälzlagerstähle (DIN EN ISO 683-17)	Zug-druck-wechselbeständig, hochhart; maßbeständig, z. B. 100Cr6, 17MnCr5, X102CrMo17
• Werkzeugstähle (DIN EN ISO 4957)	
Kaltarbeitsstähle	Unlegiert und legiert (Cr/Mo/V/Mn/Ni/W) für T < 200 °C; z. B. C105W1 (Handwerkszeug), 90MnCrV8 (Schneidwerkzeug)
Warmarbeitsstähle	Warmfest, Cr/Mo/V/Ni-legiert für T > 200 °C (z. B. X40CrMoV5-1); anlassbeständig
Schnellarbeitsstähle	für hohe Schnittgeschwindigkeiten und -temperaturen (bis 600 °C), höchste Warmhärte und Anlassbeständigkeit, hoher W/Cr/Mo/V-Carbidanteil (C > 0,75%); z. B. S10-4-3-10

Gusseisen wird in folgende Gruppen eingeteilt:

- Gusseisen mit Lamellengraphit (GJL, DIN EN 1561). Eisengusswerkstoff mit lamellarem Graphit im Gefüge, geringe Verformbarkeit durch heterogenes Gefüge, steigende (Zug-)Festigkeit (100 bis 400 MPa) mit feiner werdender Graphitverteilung, gute Dämpfungseigenschaften, Druckfestigkeit etwa viermal so hoch wie Zugfestigkeit.
- Gusseisen mit Kugelgraphit (GJS, DIN EN 1563) Kugelige (globulitische) Ausbildung des Graphits durch Zusatz geringer Mengen von Magnesium, Cer und Calcium, Festigkeit erheblich höher als bei GJL bei erheblich erhöhter Duktilität.
- Temperguss (GJM, DIN EN 1562): Fe-C-Legierungen, die zunächst graphitfrei erstarren und durch anschließende Glühbehandlung in weißen Temperguss (entkohlend geglüht) oder schwarzen Temperguss (nichtentkohlend geglüht) mit ferritisch perlitischem Gefüge und Temperkohle umgewandelt werden. Temperguss vereinigt gute Gusseigenschaften des Graugusses mit nahezu stahlähnlicher Zähigkeit, er ist schweißbar und gut zerspanbar.
- Hartguss (GJH): Zementitbildung durch schnelles Abkühlen und Manganzusatz zur Schmelze, durch sog. Schalenhartguss Erzielung von Bauteilen mit weißem (sehr harten) Gusseisen in der Oberflächenschicht und Grauguss im Kern, dadurch Kombination hochbeanspruchbarer Oberflächen mit verbesserter Kernzähigkeit. Es gibt auch hochlegiertes Gusseisen mit Cr und Mo und somit harten Carbiden.

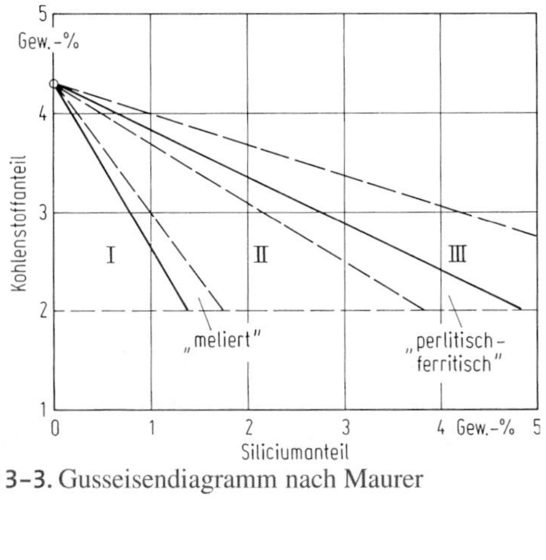

Bild 3-3. Gusseisendiagramm nach Maurer

3.4 Nichteisenmetalle und ihre Legierungen

Die als Werkstoffe genutzten Nichteisenmetalle (NE-Metalle) werden traditionell eingeteilt in

- Leichtmetalle (Dichte $\leqq 4{,}5\,\mathrm{kg/dm^3}$): Al, Mg, Ti; [3]
- Schwermetalle (Dichte $\geqq 4{,}5\,\mathrm{kg/dm^3}$): Cu, Ni, Zn, Sn, Pb;
- Edelmetalle: Au, Ag, Pt-Metalle.

Im Folgenden sind Gewinnung, Eigenschaften und Anwendungen der technisch wichtigsten Leichtmetalle und Schwermetalle stichwortartig beschrieben. Eigenschaftswerte und technische Daten der NE-Metalle sind im Kap. 9 zusammengestellt; eine Übersicht über die wichtigsten DIN-Normen gibt Tabelle 3-2.

3.4.1 Aluminium

Gewinnung durch Schmelzflusselektrolyse von aufbereitetem Bauxit bei 950 bis 970 °C; 4 t Bauxit liefern 1 t Hütten-Al mit 99,5 bis 99,9% Al.
Aluminium hat einen kfz Gitteraufbau und ist ausgezeichnet warm- und kaltverformbar (Walzen, Ziehen, Pressen, Strangpressen, Fließpressen, Kaltverformen). Es besitzt günstige Festigkeits-Dichte- und Leitfähigkeits-Dichte-Verhältnisse sowie eine gute Korrosionsbeständigkeit gegenüber Witterungseinflüssen in sauren wie schwach alkalischen Lösungen durch Bildung von (ca. 0,01 μm dicken) Oxid-Oberflächenschichten, die vor der Herstellung von Schweißverbindungen entfernt werden müssen („Schutzgasschweißen" unter Argon oder Helium).
Wichtige Legierungselemente für Aluminium sind Cu, Mg, Zn und Si. Durch geeignete Wärmebehandlung (Lösungsglühen, Abschrecken, Auslagern) kann eine Ausscheidungshärtung erzielt werden: feindisperse Ausscheidungen und die von ihnen bewirkten Matrixgitterverzerrungen behindern die Versetzungsbeweglichkeit und erhöhen damit die Festigkeit. Wichtig sind besonders die Knetlegierungen AlCuMg, AlMgSi, AlZnMg, AlZnMgCu und die Gusslegierung AlSi. Die Hauptanwendungsgebiete liegen in der Luft- und Raumfahrt, im Bauwesen und Fahrzeugbau (z. B. Profilsätze, Motorenblöcke, Gleitlager, Aufbauten), im Behälter- und Gerätebau (z. B. Leichtbaukonstruktionen), in der chemischen

Tabelle 3-2. Normen über Nichteisenmetalle und ihre Legierungen (Übersicht, Kurzbegriffe)

Metall	Normen	Gegenstand
Aluminium (Al)	DIN EN 576,	Al rein, Masseln; Halbzeug
	DIN EN 573-3, -4	
	DIN EN 573-3, -4;	Al, Knetlegierungen (T1), Gusslegierungen (T2)
	DIN EN 1706	
	DIN EN 485-2,	Al-Halbzeug (Bleche, Rohre, Profile), Festigkeit
	DIN EN 546-2	
	DIN 17 611	Anodisch oxidiertes Al (Eloxal), Lieferbedingungen
	DIN EN 14 121-1, DIN EN 40 501-2	Al für die Elektrotechnik, DIN EN 1715-1, -2
Magnesium (Mg)	ISO 8287	Hüttenmagnesium
	DIN 1729-1, DIN EN 1753	Mg, Knetlegierungen (T1), Gusslegierungen
	DIN 9715	Mg-Halbzeug, Festigkeit
Titan (Ti)	DIN 17 850/51	Ti/Ti-Knetlegierungen, Zusammensetzung
	DIN 17 860	Bleche und Bänder aus Ti und Ti-Knetlegierungen
	DIN 17 862/64	Halbzeug aus Ti und Ti-Legierungen (Stangen, Drähte, Schmiedestücke)
Kupfer (Cu)	DIN EN 1976, DIN EN 1978	Cu rein, Sorten; Halbzeuge
	DIN EN 1652,	Cu-Halbzeug (Bleche, Rohre, Profile), Festigkeit
	DIN EN 12 163/65	
	DIN EN 1982	CuSn-Legierungen (Zinnbronze; Guss-Zinnbronze)
	DIN EN 1982	CuZn-Legierungen (Messing; Guss-Messing)
	DIN EN 1982	CuAl-Legierungen (Al-Bronze; Guss-Al-Bronze)
Nickel (Ni)	DIN 1701	Hüttennickel
	DIN 17 740	Nickel in Halbzeug; Zusammensetzung
	DIN 17 741/43	Ni-Knetlegierungen, mit Cr, mit Cu; Zusammensetzung
Zinn (Sn)	DIN EN 610	Sn, Sorten und Lieferformen
	DIN 1742	Sn-Druckgusslegierungen, Verwendungsrichtlinien
	DIN EN 611-1	Zinngerät, Zusammensetzung der Sn-Legierungen
Zink (Zn)	DIN EN 1179	Zn, Feinzink, Hüttenzink
	DIN EN 1774, DIN EN 12844	Feinzink-Gusslegierungen
	DIN EN 988	Zn-Halbzeug für das Bauwesen (Bleche, Bänder)
Blei (Pb)	DIN 17640-1	Pb-Druckgusslegierungen
	DIN 17 640-1	Pb und Pb-Legierungen; allgemeine Verwendung (T1) Kabelmäntel (T2), Akkumulatoren (T3)

Industrie (z. B. Behälter, Rohrleitungen), im Verpackungswesen (z. B. Folien) und in der Elektrotechnik (z. B. Schienen, Kabel und Freileitungsseile).

3.4.2 Magnesium

Gewinnung durch Schmelzflusselektrolyse von aufbereitetem Magnesiumchlorid bei 700 °C (70 bis 80% der Mg-Weltproduktion) oder direkter Reduktion von Magnesiumoxid durch karbothermische oder silicothermische Verfahren.

Magnesium kristallisiert in hexagonal dichtester Kugelpackung, ist leicht zerspanbar und hat bei mittleren Festigkeitseigenschaften die niedrigste Dichte aller metallischen Werkstoffe (1,74 kg/dm^3). Die hohe Affinität zum Sauerstoff macht trotz Bildung von Oxid-Oberflächenschichten Korrosionsschutzmaßnahmen erforderlich.

Die wichtigsten Legierungselemente (Al, Zn, Mn) verbessern die Festigkeit, vermindern die hohe Kerbempfindlichkeit und erhöhen die Korrosionsbeständigkeit (Mn). Die bei Raumtemperatur mehrphasigen Legierungen (Mischkristalle, intermetallische Phasen) lassen sich durch Wärmebehandlung bezüglich Zähigkeit (Lösungsglühen, Abschrecken) oder Festigkeit (Lösungsglühen, langsames Abkühlen) beeinflussen. Umformung der Knetlegierungen geschieht durch Strangpressen, Warmpressen, Schmieden, Walzen und Ziehen oberhalb 200 °C. Hauptanwendungsgebiete der Legierungen sind der Flugzeugbau (z. B. Türen, Cockpitkomponenten), der Automobilbau (z. B. Getriebegehäuse) sowie der Instrumenten-und Gerätebau (z. B. Kameragehäuse, Büromaschinen).

3.4.3 Titan

Herstellung kompakten Titans durch Vakuumschmelzen von porösem Titan, das aus Rutil bzw. Ilmenit über die Zwischenstufen Titandioxid und Titantetrachlorid durch Aufschließen, Fällung und Reduktion gewonnen wird.
Titan hat bei Raumtemperatur eine hexagonale (verformungsungünstige) Gitterstruktur (α-Phase), die sich oberhalb von 882 °C in die kubisch raumzentrierte β-Phase umwandelt. Es hat eine hohe Festigkeit, relativ geringe Dichte, sowie eine ausgezeichnete Korrosionsbeständigkeit durch Oxidschichtbildung infolge hoher Sauerstoffaffinität und kann unter Schutzgas und im Vakuum geschweißt werden.
Legierungszusätze von Al, Sn oder O begünstigen die hexagonale α-Phase, solche von V, Cr und Fe die kubisch raumzentrierte β-Phase mit besserer Kaltumformbarkeit und höherer Festigkeit. Ähnlich wie bei Stahl können durch geeignete Wärmebehandlung (z. B. Ausscheidungshärtung, Martensithärtung) die mechanischen Eigenschaften beeinflusst und zweiphasige (α + β)-Legierungen mit günstigem Festigkeits-Dichte-Verhältnis hergestellt werden.
Hauptanwendungsgebiete sind die Flugzeug- und Raketentechnik (z. B. Leichtbauteile hoher Festigkeit), Chemieanlagen (z. B. Wärmetauscher, Elektroden), Schiffsbau (z. B. seewasserbeständige Teile, wie Schiffsschrauben) und die Medizintechnik (biokompatible Implantate).

3.4.4 Kupfer

Gewinnung durch Pyrometallurgie (75% der Cu-Weltproduktion), Elektrometallurgie und Hydrometallurgie.
Kupfer hat ein kfz Gitter und eine Elektronenkonfiguration mit abgeschlossenen d-Niveaus der zweitäußersten Schale und einem s-Elektron in der äußersten Schale. Es besitzt gute Verformbarkeit, ausgezeichnete elektrische und thermische Leitfähigkeit sowie hohe Korrosionsbeständigkeit infolge des relativ hohen Lösungspotenzials und der Fähigkeit zur Deckschichtbildung in verschiedenen Medien. Es lässt sich gut schweißen und löten, ist jedoch gegen Erhitzung in reduzierender Atmosphäre empfindlich, sog. Wasserstoffkrankheit.
Geringe Legierungszusätze steigern die Festigkeit von Kupfer durch Mischkristallbildung (Ag, Mn, As) oder durch Aushärten (Cr, Zr, Cd, Fe, P). Wichtig sind folgende Kupferlegierungen:

- Messing: Kupfer-Zink-Legierungen mit den hauptsächlichen Gefügegruppen: α-Messing mit einem Zn-Anteil < 32 Gew.-% (gut kaltumformbar, schwieriger warmumformbar, schlecht zerspanbar), β-Messing mit 46% bis 50% Zn (schwierig kaltverformbar, gut warmverformbar, gut zerspanbar) und (α + β)-Messing mit einem Zn-Gehalt von 32 bis 46%. Sondermessing enthält weitere Legierungsbestandteile, wie z. B. Ni oder Al, zur Erhöhung von Festigkeit, Härte, Feinkörnigkeit oder Mn, Sn zur Verbesserung von Warmfestigkeit und Seewasserbeständigkeit.
- Neusilber: Kupfer-Zink-Legierungen, bei denen ein Teil des Kupfers durch einen Nickelanteil (10 bis 25%) zur Verbesserung der Anlaufbeständigkeit ersetzt ist.
- Bronze: Kupfer-Legierungen mit einem Anteil von mehr als 60% Cu und den Hauptgruppen Zinnbronze (Knetlegierungen < 10% Sn, Gusslegierungen < 20% Sn), Aluminiumbronze (< 11% Al), Bleibronze für Lager (< 22% Pb), Nickelbronze (< 44% Ni), Manganbronze (< 5% Mn), Berylliumbronze (< 2% Be).

Hauptanwendungsgebiet von legiertem und unlegiertem Kupfer sowie von Mangan- und Berylliumbronze ist die Elektrotechnik (z. B. Kabel, Drähte; Widerstandswerkstoffe, z. B. CuNi44 ‚Konstantan') und der (Elektro-)Maschinenbau (z. B. Kommutatorlamellen in Elektromotoren, Punktschweißelektroden). Messing eignet sich besonders für die spanende Bearbeitung (z. B. Drehteile, Bauprofile) und die spanlose Formgebung (z. B. extreme Tiefziehbeanspruchung bei 28% Zn möglich). Neusilber ist sowohl für Relaisfedern in der Nachrichtentechnik als auch für Tafelgeräte und Geräte der Feinwerktechnik geeignet. Bronze findet Anwendung in der Tribotechnik (z. B. Gleitlager, Schneckenräder, kavitations- und erosionsbeanspruchte Bauteile).

3.4.5 Nickel

Gewinnung aus sulfidischen oder silikatischen Erzen durch komplizierte metallurgische Prozesse: Flotationsaufbereitung, Rösten, Schmelzen im Schacht- oder Flammenofen, Verblasen im Konverter, Raffination.
Nickel hat wegen seines kubisch flächenzentrierten Gitters gute Umformbarkeit und Zähigkeit; es ist sehr korrosionsbeständig und bis zur Curietemperatur von 360 °C ferromagnetisch. Gegenüber Eindiffusion von Schwefel ist Nickel empfindlich und neigt dann zum Aufreißen bei der Kaltumformung, zur Warmrissigkeit beim Schweißen und bei der Warmumformung (sog. Korngrenzenbrüchigkeit).
Wichtige Legierungen sind:

- Nickel-Kupfer-Legierungen: Ni bildet eine lückenlose Mischkristallreihe und ist mit Cu durch Gießen, spanlose und spanende Formgebung sowie durch Löten und Schweißen verarbeitbar. Legierungen mit 30% Cu (z. B. NiCu30Fe, ‚Monel') sind sehr korrosionsbeständig, Festigkeitssteigerung durch Aushärten (Zusatz von Al und Si).
- Nickel-Chrom-Legierungen: Massenanteile von 15 bis 35% Cr erhöhen die Zunderbeständigkeit und die Warmfestigkeit, z. B. bei Heizleitern mit hohem spezifischem Widerstand.
- Nickelbasis-Gusslegierungen, z. B. mit 0,1% C, 16% Cr, 9% Co, 1,7% Mo, 2% Ta, 3,5% Ti, 3,5% Al, 2,7% W (Inconel 738 LC) besitzen hohe Warmfestigkeit durch Ausscheidung eines hohen Volumenanteils der intermetallischen γ'-Phase $Ni_3(Al, Ti)$ in die γ-Matrix (sog. Superlegierungen). Eine weitere Erhöhung der Warmfestigkeit, besonders der Kriechfestigkeit und der Lebensdauer wird erzielt durch besondere Gießtechniken zur Vermeidung von Korngrenzen senkrecht zur Richtung maximaler Beanspruchung (gerichtete oder einkristalline Erstarrung). Superlegierungen dienen auch als Basis für oxiddispersionsgehärtete (ODS) mechanisch legierte hochwarmfeste Werkstoffe, z. B. MA 6000.
- Nickel-Eisen-Legierungen: Weichmagnetische Werkstoffe (29 bis 75 Gew.-% Ni) mit hoher Permeabilität und Sättigungsinduktion sowie geringen Koerzitivfeldstärken und Ummagnetisierungsverlusten. Al, Co, Fe-Ni-Legierungen sind dagegen hartmagnetische Werkstoffe hoher, möglichst unveränderlicher Magnetisierung; FeNi36 (‚Invar') mit sehr kleinem thermischen Ausdehnungskoeffizienten.

Nickelbasis-Hochtemperaturwerkstoffe werden hauptsächlich in der Kraftfahrzeug- und Luftfahrttechnik(z. B. Verbrennungsmotorventile, Turbinenschaufeln) sowie in der chemischen Anlagentechnik (z. B. Reaktorwerkstoffe, Heizleiter) eingesetzt.
Nickel-Eisen-Legierungen sind im Bereich der Elektrotechnik unentbehrlich (z. B. als weich- und hartmagnetische Werkstoffe).

3.4.6 Zinn

Gewinnung durch Reduktion von Zinnstein (Zinndioxid) nach nassmechanischer Aufbereitung (z. B. Flotation) und Abrösten, anschließend Raffination durch Seigerung oder durch Elektrolyse.
Zinn hat ein tetragonales Gitter, das sich unterhalb von 13,2 °C (träge) in die kubische Modifikation umwandelt („Zinnpest" bei tiefen Temperaturen). Es ist gegen schwache Säuren und schwache Alkalien beständig. Infolge seiner niedrigen Rekristallisationstemperatur tritt bei der Umformung (Walzen, Pressen, Ziehen) bereits bei Raumtemperatur Rekristallisation ein, sodass die Kaltverfestigung ausbleibt (hohe Bruchdehnung). Wichtige Zinnlegierungen sind:

- Lagermetalle: Weißmetall-Legierungen, z. B. Gl-Sn80 (80% Sn, 12% Sb, 7% Cu, 1% Pb), dessen Gefüge aus harten intermetallischen Verbindungen (Cu_6Sn) sowie Sn-Sb-Mischkristallen besteht, die in ein weicheres bleihaltiges Eutektikum eingelagert sind.

- Weichlote: L-Sn60 (60% Sn, 40% Pb), erstarrt zu 95% eutektisch (dünnflüssig, für feine Lötarbeiten), L-Sn30 (30% Sn, 70% Pb), bei niedriger Arbeitstemperatur (190 °C dünnflüssig besitzt großes Erstarrungsintervall (für großflächige Lötarbeiten).

Hauptanwendungen der Zinnlegierungen betreffen die Tribotechnik (Lagermetalle), die Fügetechnik (Lote) und den Korrosionsschutz von Metallen durch Verzinnen (z. B. Weißblech).

3.4.7 Zink

Gewinnung aus (einheimischer) Zinkblende (Wurtzit, ZnS) durch Aufbereiten (Flotation) Rösten, Reduktion mit Kohle und Kondensation des zunächst als Metalldampf entstandenen Zn in der Ofenvorlage; alternativ durch Auslaugung des Erzes und Elektrolyse.
Zink ist ein Schwermetall mit hexagonaler Gitterstruktur, guten Gusseigenschaften, anisotropen Verformungseigenschaften. Durch Zinkhydrogenkarbonat-Deckschichtbildung ausgezeichnete Beständigkeit gegen atmosphärische Korrosion. Negatives Potenzial gegen Fe in wässrigen Lösungen begründet guten Korrosionsschutz auf Stahl (Feuerverzinkung, galvanische Verzinkung) als „Opferanode" (Abtrag von Zn statt Fe).
Zinklegierungen mit technischer Bedeutung sind vor allem die aus Feinzink (99,9 bis 99,95% Zn) hergestellten Gusslegierungen, die 3,5 bis 6% Al sowie bis zu 1,6% Cu zur Erhöhung der Festigkeit durch Mischkristallbildung und 0,02 bis 0,05% Mg zur Verhinderung interkristalliner Korrosion enthalten.
Hauptanwendungsgebiete sind neben der Feuerverzinkung von Stahl (ca. 40% der Zinkproduktion) vor allem der allgemeine Maschinenbau (z. B. Zn-Druckguss für kleinere Maschinenteile und Gegenstände komplizierter Gestaltung) sowie das Bauwesen (z. B. Bleche für Dacheindekkungen, Dachrinnen, Regenrohre). Zink ist toxisch: das Lebensmittelgesetz verbietet die Verwendung von Zinkgefäßen zum Zubereiten und Aufbewahren von Nahrungs- und Genussmitteln.

3.4.8 Blei

Gewinnung aus Bleiglanz (PbS) durch Aufbereiten (Flotation zur Pb-Anreicherung), Rösten, Schachtofenschmelzen und Raffination.

Blei lässt sich wegen seines kubisch flächenzentrierten Gitters gut verformen, sowie außerdem gut gießen, schweißen und löten. Da die Rekristallisationstemperatur bei Raumtemperatur liegt, ist die Festigkeit sehr gering und die Neigung zum Kriechen hoch. Blei ist gegen Schwefelsäure beständig, da es unlösliche Bleisulfate bildet, die weiteren Korrosionsangriff ausschließen. Wegen seiner hohen Massenzahl ist Blei ein wirksamer Strahlenschutz für Röntgengeräte und radioaktive Stoffe.
Zusatz von Legierungsbestandteilen (Sb, Sn, Cu) erhöht die Festigkeit durch Mischkristallbildung und Aushärtung und verbessert die Korrosionsbeständigkeit. Bei der Blei-Antimon-Legierung Hartblei sind bei Raumtemperatur 0,24% Sb im Mischkristall löslich, im Eutektikum ca. 3% Sb. Hauptanwendungsgebiete sind die Kraftfahrzeugtechnik (50% des Pb-Verbrauchs für Starterbatterien), die Elektrotechnik (z. B. Bleikabel), der chemische Apparatebau (Beschichtungslegierungen) und der Strahlenschutz. Blei und seine Verbindungen sind stark toxisch; die Verwendung von bleihaltigen Legierungen im Nahrungs- und Genussmittelwesen ist verboten.

4 Anorganisch-nichtmetallische Werkstoffe

4.1 Mineralische Naturstoffe

Die in technischen Anwendungen verwendeten anorganischen Naturstoffe sind Minerale oder zumeist Gesteine, d. h. Aggregate kristalliner oder amorpher Minerale aus der (zugänglichen) Erdkruste. Minerale werden nach ihrer chemischen Zusammensetzung in neun Mineralklassen klassifiziert und nach ihrer Härte gemäß der Mohs'schen Härteskala gekennzeichnet, siehe Tabelle 4-1. Nach Mohs liegt die Härte eines Minerals zwischen der Härte des Skalenminerals, von dem es geritzt wird und derjenigen des Minerals, das es selbst ritzt. Die qualitative Härteskala nach Mohs lässt sich durch quantitative Härtemessungen (siehe 11.5.3) ergänzen [1], deren Mittelwerte für die Minerale der Mohsskala annähernd eine geometrische Folge bilden. (Im Mittel Multiplikation der Härtewerte mit dem Faktor 1,6 beim Übergang von einer Mohs-Härtestufe zur nächsthöheren.)

Tabelle 4-1. Minerale und ihre Härtewerte [1]

Mineral	Härtestufe nach Mohs	Härtemesswerte[a]	Geometr. Folge (Stufung 1,6)
Talk	1	20 ... 56	47
Gips	2	36 ... 70	75
Kalkspat	3	115 ... 140	119
Flussspat	4	175 ... 190	191
Apatit	5	300 ... 540	305
Orthoklas	6	470 ... 620	488
Quarz	7	750 ... 1 280	781
Topas	8	1 200 ... 1 430	1 250
Korund	9	1 800 ... 2 020	2 000
Diamant	10	(7 575 ...10 000)	(>4 000)

[a] nach Vickers und Knoop (Einheit: HV bzw. HK)

Ein Gestein ist durch die vorhandenen Minerale und sein Gefüge gekennzeichnet. Nach ihrer Entstehung unterscheidet man (vgl. Tabelle 4-2):

- Magmatische Gesteine, z. B. die Plutonite (Tiefengesteine) Granit, Syenit, Diorit, Gabbro; die schwach metamorphen (alten) Vulkanite (Ergussgesteine) Quarzporphyr, Porphyrit, Diabas, Melaphyr und jungen Vulkanite Trachyt, Andesit, Basalt;
- Sedimentgesteine, z. B. Sandsteine, Kalksteine und Dolomite, Travertin (Kalksinter), Anhydrit, Gips, Steinsalz, sowie unverfestigte Sedimente, z. B. Sande, Kiese, Tone und Lehme;
- Metamorphe Gesteine, z. B. Quarzit, Quarzitschiefer, Gneise, Glimmerschiefer, Marmor.

Die Dichte der Natursteine liegt zwischen ca. 2,0 und 3,2 kg/dm^3. Ihre Biegefestigkeit beträgt infolge Sprödigkeit und Kerbempfindlichkeit nur etwa 5 bis 20% der Druckfestigkeit.

4.2 Kohlenstoff

Reiner Kohlenstoff in den mineralisch vorkommenden Modifikationen Diamant und Graphit sowie als glasartiger Kohlenstoff oder Faser ist ein elementarer mineralischer bzw. künstlicher Stoff. Die Eignung neuartiger kugelförmiger Kohlenstoffmodifikationen (*Fullerene*) als technische Materialien steht derzeit noch dahin.

Diamant

Bei der Diamantstruktur ist jedes C-Atom durch vier tetraedrisch angeordnete sehr feste kovalente Bindungen an seine vier nächsten Nachbarn gebunden. Sie kann synthetisch erst bei hohen Drücken über 4 GPa (= 40 kbar) und Temperaturen über 1400 °C hergestellt werden. Diamant zeichnet sich aus durch:

- extrem hohe Härte, siehe Tabelle 4-1;
- hohe Schmelztemperatur;
- hohen spezifischen elektrischen Widerstand;
- ausgezeichnete chemische Beständigkeit;
- hohe Wärmeleitfähigkeit.

Technische Anwendung findet Diamant hauptsächlich als Hochleistungsschneidstoff zur Bearbeitung harter Werkstoffe und als Miniaturlager in der Feinwerktechnik.

Graphit

Graphit kristallisiert in einer hexagonalen Schichtstruktur, wobei der Kohlenstoff innerhalb der Basisebenen überwiegend kovalent gebunden ist. Zwischen den Schichten besteht eine quasimetallische Bindung. Graphit hat eine geringere Dichte und Festigkeit als Diamant und weist folgende Anisotropien auf:

- Der Wärmeausdehnungskoeffizient parallel zu den Basisebenen ist negativ, senkrecht dazu positiv.
- Die elektrische Leitfähigkeit parallel zu den Schichten ist ca. um den Faktor 5000 größer als senkrecht dazu.
- Die Schichten des Graphitgitters gleiten bei Schubbeanspruchung leicht gegeneinander ab, sodass Graphit als Festschmierstoff geeignet ist. (Für das leichte Abgleiten ist jedoch die Anwesenheit von Wasserdampf erforderlich.)

Angewendet wird Graphit z. B. in der Elektrotechnik (Elektroden- und Schleifkontakte) sowie im Reaktorbau (Moderatormaterial mit ausgezeichnetem Bremsvermögen für schnelle Neutronen) und in der Elektrotechnik (Elektroden- und Kollektormaterial).

Tabelle 4–2. Technisch bedeutsame Natursteine

Für die Kennzeichnung der wichtigeren magmatischen Gesteine hinsichtlich ihres Mineralbestandes genügen sieben silikatische *Minerale* bzw. Mineralgruppen: a) Helle Minerale (sämtlich Gerüstsilikate): 1. *Plagioklase* (Mischkristallreihe Albit („sauer") – Anorthit („basisch"), $Na[AlSi_3O_8]$-$Ca[Al_2Si_2O_8]$; 2. Alkalifeldspäte (*Orthoklas*, $K[AlSi_3O_8]$,u. a.); 3. *Quarz*, SiO_2. Dunkle Minerale: 4. Dunkelglimmer (Dreischichtsilikate: *Biotit*, $K(Mg, Fe)_3[(OH)_2]$ $[Si_3AlO_{10}]$, u. a.); 5. Amphibole (Doppelkettensilikate: *Hornblende* u. a.); 6. *Pyroxene* (Kettensilikate: monoklines *Klinopyroxen* (*Augit*, $(Ca)(Mg, Fe, Al)[(Si, Al)_2O_6]$, u. a.) und rhombisches *Orthopyroxen*; 7. *Olivin*, $(Mg, Fe)_2[SiO_4]$, ein Inselsilikat. – Die Carbonate *Calcit*, $CaCO_3$, und *Dolomit*, $CaMg(CO_3)_2$, bauen den größten Teil der chemischen Sedimente auf.

Gesteinsart	wesentliche Mineralbestandteile (Hauptgemengeteile)	Druckfestigkeit MPa	Technische Verwendung
Granit	Kalifeldspat, Plagioklas, Quarz, Biotit; Hornblende	80...270	Monumentalarchitektur, Fassaden- und Bodenplatten;
Syenit	Orthoklas, Hornblende, Biotit	150...200	Pflastersteine; Schotter
Diorit	Plagioklas, Hornblende, Biotit; Augit	180...240	
Gabbro	Plagioklas, Klinopyroxen, Orthopyroxen, Olivin	100...280	Schotter, Splitt, Pflastersteine, Bausteine
Quarzporphyr	granitische Matrix mit Quarz- und Orthoklas-Einsprenglingen	190...350	Schotter, Splitt, Mosaikpflaster, Pflastersteine
Diabas	Plagioklas, Augit, Magnetit- oder Titaneisenerz; Olivin	130...300	Schotter, Splitt, Werkstein, Gesteinsmehl
Melaphyr	Plagioklas, Pyroxen; Olivin	120...380	Schotter, Splitt, Pflastersteine
Basalt	Plagioklas, Pyroxen	100...580	Schotter, Splitt, Pflastersteine
Kalkstein	Calcit	25...190	Baustoff, Kalkbrennen
Dolomit[stein]	Dolomit	50...160	Schotter, Baustein
Grauwacke	Quarz, Feldspat, (Gesteinsbruchstücke)	180...360	Schotter, Splitt, Pflastersteine
[Quarz-] Sandstein	Quarzsand	15...320	Hochbau (historisch wichtiger Bau- und Werkstein in Mitteleuropa)
Marmor	metamorph umgewandelter Calcit oder Dolomit	40...280	polierte Platten für Innenausbau; Bildhauerstein

Glasiger Kohlenstoff

Kohlenstoff-Modifikationen mit amorpher Verteilung der C-Atome, die durch thermische Zersetzung organischer Kohlenstoffverbindungen (z. B. Zellulose) und anschließendes Sintern der Zersetzungsprodukte erhalten werden. Anwendung z. B. als gasdichter und korrosionsbeständiger Hochtemperaturwerkstoff im Apparatebau.

Kohlenstofffasern (Carbonfasern)

Hochfeste C-Fasern, die ähnlich wie glasiger Kohlenstoff durch Pyrolyse organischer Kohlenstoffverbindungen in Inertgas erhalten werden, haben ein hohes Festigkeits-Dichte-Verhältnis und werden in Hochleistungs-Faser-Verbundwerkstoffen zur Erhöhung der Zugfestigkeit verwendet (siehe 6.2).

4.3 Keramische Werkstoffe

Keramische Werkstoffe sind anorganisch-nichtmetallische Materialien mit Atom- und Ionenbindung, deren komplexes kristallines Gefüge durch Sintern erzeugt wird. Die Einteilung keramischer Werkstoffe kann nach folgenden Kriterien geschehen:

- Chemische Zusammensetzung: Silicatkeramik, Oxidkeramik, Nichtoxidkeramik;

- Größe der Gefügebestandteile: Grobkeramik, Feinkeramik (Gefügeabmessungen kleiner als 0,2 mm);
- Dichte und Farbe: Irdengut (porös, farbig), Steingut (porös, hell), Steinzeug (dicht, farbig), Porzellan (dicht, hell);
- Anwendungsbereiche: Zierkeramik, Geschirrkeramik, Baukeramik, Feuerfestkeramik, Chemokeramik, Mechanokeramik, Reaktorkeramik, Elektrokeramik, Magnetokeramik, Optokeramik, Biokeramik.

4.3.1 Herstellung keramischer Werkstoffe

Keramische Werkstoffe werden aus natürlichen Rohstoffen (Silicatkeramik) oder aus synthetischen Rohstoffen (Oxid- und Nichtoxidkeramik) durch die Verfahrensschritte (a) Pulversynthese, (b) Masseaufbereitung, (c) Formgebung, (d) Sintern, (e) Endbearbeiten hergestellt, vgl. Bild 4-1.
Für die Herstellungstechnologien technischer (Hochleistungs-)Keramik sind u. a. folgende Gesichtspunkte von Bedeutung: Verwendung hochreiner, feiner Pulver mit großer reaktiver Oberfläche, Überführen der zu verpressenden Pulver durch spezielle Trocknungsmethoden in gut verarbeitbares Granulat, individuelles Anpassen des Sinterpressens (Aufheizrate, Haltezeiten, Temperatur, Atmosphäre) an das betreffende Material, Berücksichtigung notwendiger Maßtoleranzen für die Nachbearbeitung zum Optimieren der Oberflächengüte.

4.3.2 Silicatkeramik

Keramische Werkstoffe auf silikatischer Basis, wie Steinzeug, Porzellan, Schamotte, Silikasteine, Steatit, Cordierit, sind seit langem in der technischen Anwendung bekannt. Sie werden als tonkeramische Werkstoffe meist aus dem Rohstoffdreieck Quarz-Ton-Feldspat entsprechend den Dreistoffsystemen SiO_2-Al_2O_3-K_2O (oder CaO, MgO, Na_2O) gebildet. Die pulverisierten Feststoffe werden mit einer genau zu bemessenden Menge Wasser zu einer bei Raumtemperatur knetbaren Masse (bzw. einem dünnflüssigen „Schlicker") verarbeitet, durch Drehen oder Pressen einer Bauteil-Formgebung unterzogen und getrocknet. Beim Brennen und nachfolgendem

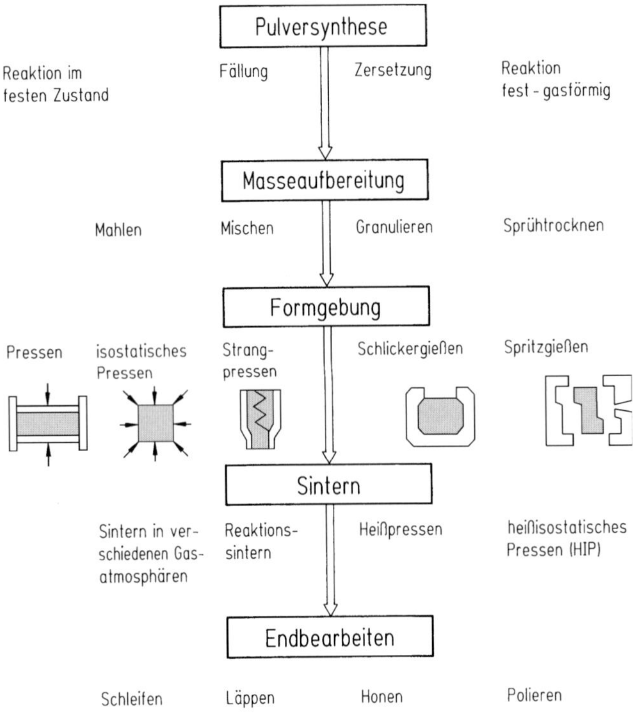

Bild 4-1. Herstellungsverfahren für keramische Werkstoffe (schematische Übersicht). Bei der Silicatkeramik entfallen die Schritte Pulversynthese und Endbearbeiten

Abkühlen bildet sich durch Stoffumwandlungen und Flüssigphasensintern ein Verbund von „Mullit-Phasen" (3 $Al_2O_3 \cdot 2\,SiO_2$) in einer glasigen Matrix. Eventuell vorhandene Poren werden durch Glasieren geschlossen. Abhängig von den Anteilen der Grundstoffe und den Verfahrensbedingungen erhält man Steingut, Steinzeug, Weichporzellan, Hartporzellan oder technisches Porzellan, siehe Bild 4-2. Steingut und Porzellan werden als Isolierstoffe in der Elektrotechnik angewendet. Sie sind temperaturwechselbeständig, jedoch spröde, die Druckfestigkeit ist bis zu 50mal höher als die Zugfestigkeit.

Feuerfestwerkstoffe sind keramische Werkstoffe mit besonders hoher Schmelz- oder Erweichungstemperatur, Temperaturwechselfestigkeit und chemischer Beständigkeit. Man unterscheidet (Massenanteile in %):

- Schamottsteine (55...75% SiO_2 20...45% Al_2O_3), Verwendung bis etwa 1670 °C im Ofenbau;
- Silikasteine (ca. 95% SiO_2, 1% Al_2O_3), Verwendung bis etwa 1700 °C auch in aggressiven Medien;
- Sillimanit- und Mullitsteine enthalten als hochtonerdeführende Materialien 60 bis 70 bzw. 72 bis 75 Gew.-% Al_2O_3, Verwendung bis etwa 1900 °C wegen ihrer hochtemperaturfesten Mullitphase.

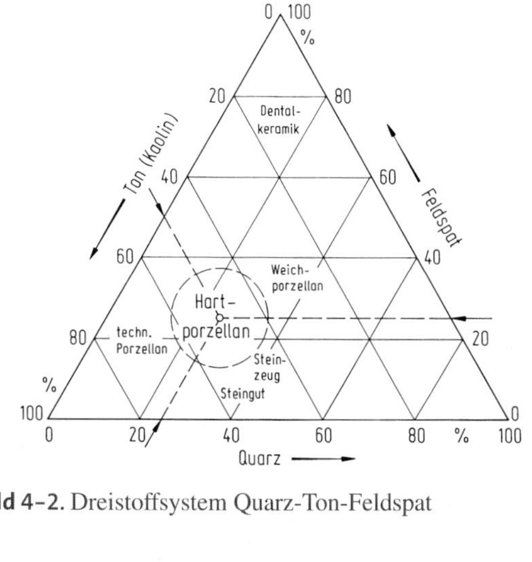

Bild 4-2. Dreistoffsystem Quarz-Ton-Feldspat

Weitere technisch wichtige Silicatkeramiken:

- Steatit (Hauptrohstoffe: Speckstein 3 $MgO \cdot 4\,SiO_2 \cdot H_2O$, < 15% Steingutton, < 10% Feldspat), etwa doppelte Festigkeit von Hartporzellan und gute Wärmebeständigkeit, Verwendung z. B. in der Hochfrequenztechnik (kleine dielektrische Verluste) oder als Träger für Heizwicklungen und Zündkerzen.
- Cordierit (Ringsilikat der Zusammensetzung 2 $MgO \cdot 2\,Al_2O_3 \cdot 5\,SiO_2$), sehr niedriger Wärmeausdehnungskoeffizient, hohe Temperatur-Wechselbeständigkeit.

4.3.3 Oxidkeramik

Oxidkeramische Werkstoffe sind polykristalline glasphasenfreie Materialien aus Oxiden oder Oxidverbindungen. Aufgrund der hohen Bindungsenergie der Oxide sind die Verbindungen sehr stabil (hohe Härte und Druckfestigkeit), meist elektrisch isolierend und chemisch resistent. Wichtige Vertreter:

- Oxide (Aluminiumoxid Al_2O_3, Zirconiumoxid ZrO_2, Titandioxid TiO_2, Berylliumoxid BeO, Magnesiumoxid MgO)
- Titanate
- Ferrite

Aluminiumoxid (Al_2O_3), die technisch wichtigste Oxidkeramik, kristallisiert in seiner stabilen ionisch gebundenen α-Phase (Korund) in hexagonal dichtester Kugelpackung von O-Atomen, in der Al-Ionen 2/3 der oktaedrischen Lücken besetzen. Mit dem Al-Gehalt (z. B. 85, 99, 99,7%) steigt die Druckfestigkeit (1800, 2000, 2500 MPa), der spezifische elektrische Widerstand ($4 \cdot 10^4$, $5 \cdot 10^7$, $4 \cdot 10^8\,\Omega \cdot m$ bei 600 °C) und die maximale Einsatztemperatur (1300, 1500, 1700 °C) [2]. Die Verwendungsmöglichkeiten erstrecken sich damit von Feuerfestmaterial über chemisch oder mechanisch beanspruchte Teile, Isolierstoffe bis hin zu Schneidwerkzeugen, Schleifmitteln und medizinischen Implantaten. Transparentes Material für lichttechnische Zwecke lässt sich bei äußerster Reinheit und definiertem Gefüge erzeugen.

Noch höhere Schmelztemperaturen als Al_2O_3 (2050 °C) haben Zirconiumoxid (2690 °C), Berylliumoxid (2585 °C) und Magnesiumoxid (2800 °C).

Bei Zirconiumoxid treten mit steigender Temperatur folgende Strukturumwandlungen auf: monoklin → tetragonal (1000 bis 1200 °C, 8% Volumenabnahme), tetragonal → kubisch (2370 °C), kubisch → Schmelze (2690 °C). Die für kompakte Bauteile sehr nachteiligen temperaturabhängigen Formänderungen von ZrO_2-Bauteilen können durch Zusätze, z. B. von MgO, unterdrückt werden (teilstabilisiertes ZrO_2).
Keramische Doppeloxide mit der allgemeinen Formel

$$MO \cdot Fe_2O_3 \text{ (z. B. } BaO \cdot Fe_2O_3, SrO \cdot Fe_2O_3)$$

und hexagonalem Gitter gehören zu den wichtigsten ferrimagnetischen Werkstoffen. Da im Ferritgitter ein Teil der Spinrichtungen kompensiert wird, ist ihre Sättigungspolarisation zwar kleiner als bei metallischen Magneten, die Koerzitivfeldstärke kann jedoch infolge der Kristallanisotropie mehr als dreifach so hoch sein. Ferritpulver ist technisch vielseitig einsetzbar und kann auch in Kunststoffschichten, wie z. B. in Tonbändern, eingelagert werden.

4.3.4 Nichtoxidkeramik

Nichtoxidkeramische Werkstoffe sind sogenannte Hartstoffe: Carbide, Nitride, Boride und Silicide. Sie haben im Allgemeinen einen hohen Anteil kovalenter Bindungen, die ihnen hohe Schmelztemperaturen, Elastizitätsmodulen, Festigkeit und Härte verleihen. Daneben besitzen viele Hartstoffe auch hohe elektrische und thermische Leitfähigkeit und Beständigkeit gegen aggressive Medien.
Siliciumcarbid, SiC, wird durch die Herstellungstechnologie gekennzeichnet, z. B. heißisostatisch gepresstes SiC (HiPSiC), gesintertes SiC (SSiC), Si-infiltriertes SiC (SiSiC). Sowohl heißgepresstes als auch gesintertes Material ist äußerst dicht, SiSiC enthält freies Si (Einsatztemperatur niedriger als Si-Schmelztemperatur). SiC kristallisiert in zahlreichen quasi-dichtegleichen Modifikationen mit ca. 90% kovalentem Bindungsanteil, z. B. multiple hexagonale bzw. rhomboedrische Strukturen (α-SiC) oder kubische (Zinkblende-)Strukturen (β-SiC). Wegen seiner hohen Härte, thermischen Leitfähigkeit und Oxydationsbeständigkeit (Bildung einer SiO_2-Deckschicht bis ca. 1500 °C) ist es für zahlreiche technische Anwendungen im Hochtemperaturbereich geeignet.
Siliciumnitrid, Si_3N_4, gibt es heißgepresst (HSPN), heiß isostatisch gepresst (HiPSN), gesintert (SSN), reaktionsgebunden (RBSN). Durch Reaktionssintern können komplizierte Teile hoher Maßhaltigkeit (jedoch mit einer gewissen Porosität) hergestellt werden. Si_3N_4 kristallisiert mit ca. 70% kovalentem Bindungsanteil in quasi-dichtegleichen α- und β-Modifikationen hexagonaler Symmetrie, jedoch unterschiedlicher Stapelfolge. Technisch interessant ist die bis ca. 1400 °C beibehaltene Festigkeit und Kriechbeständigkeit und die beachtliche Temperaturwechselbeständigkeit. Wird ausgehend von Si_3N_4 ein Teil des Siliciums durch Aluminium und ein Teil des Stickstoffs durch Sauerstoff ersetzt, gelangt man zu festen Lösungen, die als SIALON bezeichnet werden. Diese sind aus (Si, Al)(N, O_4)-Tetraedern aufgebaut, die – ähnlich den β-Si_3N_4-Strukturen – über gemeinsame Ecken verknüpft sind. Infolge der variablen Zusammensetzung (ggf. auch Einbau anderer Elemente, wie Li, Mg oder Be) sind Eigenschaftsmodifizierungen möglich [3].
Werden Nichtoxidkeramiken, besonders Carbide (TiC, WC, ZrC, HfC), aber auch Nitride, Boride oder Silicide, in Metalle (bevorzugt Co, Ni oder Fe) eingelagert, erhält man sog. Hartmetalle. Sie werden durch Sintern hergestellt. Die Hartmetalle bilden eine interessante Übergangsgruppe zwischen anorganisch-nichtmetallischen Werkstoffen und den Metallen, gekennzeichnet durch Anteile kovalenter Bindung (hohe Schmelztemperatur, hohe Härte) und Metallbindung (elektrische Leitfähigkeit, Duktilität). Anwendung als Schneidstoffe und hochfeste Verschleißteile.

4.4 Glas

Gläser sind amorph erstarrte, meist lichtdurchlässige anorganisch-nichtmetallische Festkörper, die auch als unterkühlte hochzähe Flüssigkeiten mit fehlender atomarer Fernordnung aufgefasst werden können. Insofern spricht man von einem Glaszustand auch bei amorphen Metallen und Polymerwerkstoffen. Glas besteht aus drei Arten von Komponenten: 1. *Glasbildnern*: z. B. Siliciumdioxid, SiO_2; Bortrioxid, B_2O_3; Phosphorpentoxid, P_2O_5. 2. *Flussmitteln*: Alkalioxide, besonders Natriumoxid, Na_2O. 3. *Stabilatoren*: z. B. Erdalkalioxide, vor allem Calciumoxid, CaO. Die Glasstruktur ist ein unregelmäßig räumlich verkettetes Netzwerk bestimmter Bauelemente (z. B. SiO_4-Tetraeder), in das große Kationen eingelagert sind.

Nach der chemischen Zusammensetzung werden die verbreitetsten Gläser in folgende Hauptgruppen eingeteilt:

- Kalknatronglas ($Na_2O \cdot CaO \cdot 6\ SiO_2$): Gebrauchsglas, geringe Dichte (ca. 2,5 kg/dm^3), lichtdurchlässig bis zum nahen Infrarot (360 bis 2500 nm).
- Bleiglas (Na_2O, $K_2O \cdot PbO \cdot 6\ SiO_2$): Dichte (bis ca. 6 kg/dm^3), hohe Lichtbrechung, Grundwerkstoff für geschliffene Glaserzeugnisse (sog. Kristallglas).
- Borosilikatglas (70 bis 80% SiO; 7 bis 13% B_2O_3; 4 bis 8% Na_2O, K_2O; 2 bis 7% Al_2O_3) chemisch und thermisch beständig, Laborglas, „feuerfestes" Geschirr.

Glasfasern, Durchmesser ca. 1 bis 100 µm, erreichen wegen fehlender Oberflächenfehler nahezu maximale theoretische Zugfestigkeit, Verwendung als Verstärkungsmaterialien in Verbundwerkstoffen (z. B. glasfaserverstärkter Kunststoff, GFK).
Optisches Glas wird gekennzeichnet bzgl. Lichtbrechung durch die Brechzahl n ($n < 1{,}6$: niedrig brechend, $n > 1{,}6$: hochbrechend) und bzgl. der Farbzerstreuung (Dispersion) durch die Abbe'sche Zahl ν (siehe 9.7). Für die Verwendung in optischen Geräten werden hauptsächlich unterschieden: Flintgläser ($\nu < 50$, große Dispersion) und Krongläser ($\nu > 55$, große Dispersion). Optische Filter mit unterschiedlichen Transmissions-, Absorptions- und Reflexionseigenschaften in bestimmten Wellenlängenbereichen werden durch Einbau von Verbindungen der Elemente Cu, Ti, V, Cr, Mn, Fe, Co, Ni erstellt.
Lichtleiter mit optisch hochbrechendem Kern und niedrigbrechendem Oberflächenbereich können als *Lichtwellenleiter* Licht durch Totalreflexion weiterleiten und werden zur breitbandigen Signalübertragung eingesetzt (ca. 30 000 parallele Telefonleitungen pro Faserstrang; Lichtverluste, d. h. Dämpfung < 0,2 dB/km).

4.5 Glaskeramik

Glaskeramische Werkstoffe sind polykristallines Material (z. B. Lithium-Alumo-Silicate), gewonnen durch Temperung speziell zusammengesetzter Gläser (partielle Kristallisation). Aus einer Glasschmelze werden durch Pressen, Blasen, Walzen oder Gießen Bauteile geformt und einer Wärmebehandlung unterworfen: Unterkühlen der hochschmelzende Keimbildner (meist TiO_2 und ZrO_2) enthaltenden Schmelze und anschließendes Tempern bei höherer Temperatur. Es entstehen in eine Glasmatrix eingebettete Kristalle mit besonderen optischen und elektrischen Eigenschaften oder geringer thermischer Ausdehnung und entsprechend hoher Temperaturwechselbeständigkeit. Der Kristallanteil im Volumen kann 50 bis 95% betragen. Die Anwendungsbereiche umfassen Wärmeschutzschichten für Raumfahrzeuge, hitzeschockfeste Wärmeaustauscher, große astronomische Spiegel mit mehreren m Durchmesser, hochpräzise Längennormale, Kochfelder und hitzebeständiges Geschirr.

4.6 Baustoffe

Die im Bauwesen angewendeten anorganisch-nichtmetallischen Stoffe lassen sich allgemein nach Bild 4-3 einteilen in:

- Naturbaustoffe (vgl. 4.1),
- Keramische Baustoffe (vgl. 4.3),
- Glasbaustoffe (vgl. 4.4),

sowie in die unter Mitwirkung von Bindemitteln (z. B. Zement, Kalk, Gips) hergestellten Baustoffgruppen

- Mörtel,
- Beton,
- Kalksandstein,
- Gipsprodukte.

Neben den anorganisch-nichtmetallischen Stoffen finden im Bauwesen naturgemäß auch Baustoffe aus den anderen Stoffgruppen Verwendung: metallische Baustoffe (siehe 3), Kunststoffe (siehe 5) und Verbundwerkstoffe, wie z. B. Stahlbeton und Spannbeton (siehe 6.3).

4.6.1 Bindemittel

Anorganische Bindemittel sind pulverförmige Stoffe, die unter Wasserzugabe erhärten und zur Bindung oder Verkittung von Baustoffen verwendet werden. Die Verfestigung des Bindemittels beruht hauptsächlich auf chemischen und physikalischen Reaktionen (Hydratation, Carbonatbildung; Kristallisation). Durch Zugabe von Sand zum Bindemittel erhält man Mörtel, mit gröberen Zuschlägen Beton.

Man unterscheidet hydraulische und Luftbindemittel:

- Hydraulische Bindemittel (Zemente, hydraulisch erhärtende Kalke, Mischbinder, Putz- und Mauerbinder) können nach Wasserzugabe sowohl an der Luft als auch unter Wasser erhärten und sind nach dem Erhärten wasserfest. Die Erhärtung beruht auf Hydratationsvorgängen von vorwiegend silikatischen Bestandteilen.
- Luftbindemittel (Luftkalke, Baugipse, Anhydritbinder und Magnesitbinder) erhärten nur an der Luft und sind nach dem Erhärten nur an der Luft beständig. Die Erhärtung beruht bei Luftkalk auf der Bildung von $CaCO_3$ und bei den übrigen Bindemitteln hauptsächlich auf Hydratationsvorgängen.

4.6.2 Zement

Zement, das wichtigste Bindemittel von Baustoffen, wird hauptsächlich durch Brennen von Kalk und Ton (z. B. Mergel) und anschließendes Vermahlen des Sinterproduktes in Form einer pulvrigen Masse (Teilchengröße 0,5 bis 50 μm) erhalten, das bei Wasserzugabe erhärtet und die umgebenden Oberflächen anderer Stoffe miteinander verklebt. Die wichtigsten Phasen des Zements, ihre Massenanteile und charakteristischen Eigenschaften sind:

- Tricalciumsilikat, $3\,CaO \cdot SiO_2$ (40 bis 80%), schnelle Erhärtung, hohe Hydratationswärme;
- Dicalciumsilikat, $2\,CaO \cdot Si_2$ (0 bis 30%), langsame, stetige Erhärtung, niedrige Hydratationswärme;
- Tricalciumaluminat, $3\,CaO \cdot Al_2O_3$ (7 bis 15%), schnelle Anfangserhärtung, anfällig gegen Sulfatwasser;
- Tetracalciumaluminatferrit, $4\,CaO \cdot Al_2O_3 \cdot Fe_2O_3$ (4 bis 15%), langsame Erhärtung, widerstandsfähig gegen Sulfatwasser.

Diese Verbindungen gehen bei Wasserzugabe in Hydratationsprodukte (z. B. amorphes Calciumsilikathydrat und kristallines Calciumhydroxid) über, die geringe Wasserlöslichkeit, kleine Teilchendurchmesser (unter 1 μm) und nach Aushärtungszeiten von 28 Tagen Druckfestigkeiten von 25 bis 55 MPa aufweisen. Zement ist in DIN 1164-10, DIN EN 197-1 als Portlandzement (PZ), Eisenportlandzement, (EPZ), Hochofenzement (HOZ) und Trasszement (TrZ) genormt. Ein Gemisch aus Zement, Sand und Wasser wird als (Zement-)Mörtel bezeichnet.

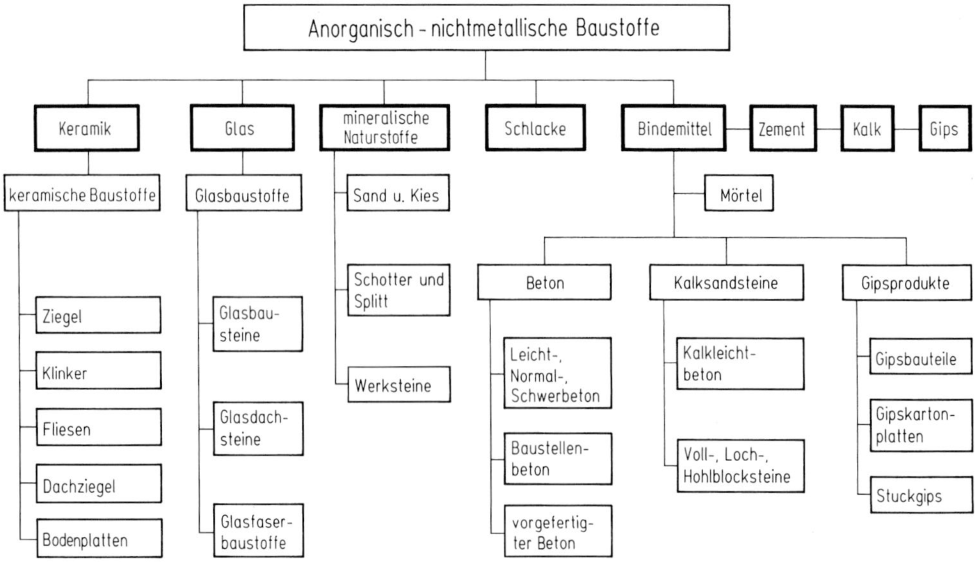

Bild 4–3. Baustoffe: Übersicht

4.6.3 Beton

Beton ist ein Gemenge aus mineralischen Stoffen verschiedener Teilchengröße, (gekennzeichnet durch „Sieblinien") z. B. Sand: 0,06 bis 2 mm; Kies: 2 bis 60 mm; Bindemittel Zement: 0,1 bis 10 μm und Wasser, das nach seiner Vermischung formbar ist, nach einer gewissen Zeit abbindet und durch chemische Reaktionen zwischen Bindemittel und Wasser erhärtet. Durch unterschiedliche Teilchengröße der Betonbestandteile wird eine große Raumausfüllung und hohe Dichte des Betons erzielt: die Zwischenräume zwischen dem Kies werden durch Sand gefüllt, die Zwischenräume der Sandkörner durch Zement, der dabei das Verkleben von Sand und Kies übernimmt. Beton lässt sich durch seine guten Form- und Gestaltungsmöglichkeit und seine hohe Witterungs- und Frostbeständigkeit als Baustoff vielfältig einsetzen. In mechanischer Hinsicht ist er durch eine hohe Druckfestigkeit und eine geringe Zugfestigkeit gekennzeichnet. Je nach Druckfestigkeit, deren Prüfung aufgrund der großen Abmessungen der Gefügebestandteile des Betons mit relativ großen Probenkörperabmessungen durchgeführt werden muss (Würfel von 20 cm Kantenlänge, Korngröße < 4 cm) werden verschiedene Festigkeitsklassen (Druckfestigkeit 5 bis 55 MPa) unterschieden. „Hochfester Beton" wird durch Reduzierung des Porenanteils entwickelt, sein Anwendungspotenzial liegt in der Reduzierung von Bauwerksabmessungen. Die Betonarten werden gemäß Rohdichte eingeteilt in

- Leichtbeton, Rohdichte < 2,0 kg/dm^3;
- Normalbeton, Rohdichte 2,0 bis 2,8 kg/dm^3;
- Schwerbeton, Rohdichte > 2,8 kg/dm^3.

Die beim Austrocknen von Beton an Luft auftretende Schwindung (ca. 0,5%) kann durch Zusatz von Gips ($CaSO_4$) kompensiert werden.

4.7 Erdstoffe

Erdstoffe oder Böden sind Zweiphasengemische aus mineralischen Bestandteilen und Wasser oder Dreiphasensysteme aus Mineral- und Gesteinsbruchstücken, Wasser und Luft. Sie stellen die oberste, meist verwitterte Schicht der Erdkruste dar und heißen auch *Lockergestein*:

- Steine: Abmessungen > 60 mm;
- Kies: grob, 20 bis 60; mittel, 6 bis 20; fein, 2 bis 6 mm;
- Sand: grob, 0,6 bis 2; mittel, 0,2 bis 0,6; fein, 0,06 bis 0,2 mm;
- Schluff: grob, 0,02 bis 0,06; mittel, 0,006 bis 0,02; fein, 0,002 bis 0,006 mm;
- Ton: Korngröße < 0,002 mm.

Erdstoffe kommen in verschiedenen Konsistenzen und Verdichtungsgraden vor. So besitzen z. B. Ton und Mergel Carbonatgehalte von 0 bis 10, bzw. 50 bis 70%, während Lehm ein natürliches Gemisch aus Ton und feinsandigen bis steinigen Bestandteilen darstellt. Nach ihrem stofflichen Zusammenhalt werden Erdstoffe in zwei große Gruppen eingeteilt:

(a) Kohäsionslose Erdstoffe, z. B. Steine, Kiese, Sande, Grobschluffe, die keinen merklichen Tonanteil haben und deren „Festigkeit" durch Reibung zwischen den körnigen Bestandteilen bestimmt wird. Bei ihrer Verformung unterscheidet man drei Verformungsanteile:

- Gegenseitige Verschiebung der Körner (psammischer Anteil), im Wesentlichen bestimmt durch die Dichte;
- elastische Verformung der Körner;
- Kornbruch, vornehmlich an Berührungsflächen.

(b) Kohäsive Erdstoffe, z. B. Schluffe, Tone, Mischböden, deren Zusammenhalt durch Rohton, bzw. verwitterte Feldspäte verursacht wird. Bei kohäsiven (bindigen) Böden hat Wasser wesentlichen Einfluss auf die Stoffeigenschaften.
Erdstoffe bilden *Baugrund*, wenn sie im Einflussbereich von Bauwerken stehen und sind *Baustoffe*, wenn aus ihnen Bauwerke, z. B. Erddämme oder Deponieabdichtungen hergestellt werden. Bei dynamischer Belastung, z. B. Schwingungen von Fundamenten oder Ausbreitung von Erschütterungen im Boden, kann der Boden i. Allg. als elastisch und viskos angesehen werden. Die Bodengruppen sind in DIN 18 196, Baugrunduntersuchungsmethoden in DIN 18 123 sowie 18 124, 18 126, 18 127 genormt.

5 Organische Stoffe; Polymerwerkstoffe

5.1 Organische Naturstoffe

Organische Naturstoffe bestehen aus chemischen Verbindungen, die von Pflanzen oder Tieren erzeugt werden. Eine Zwischenstellung nehmen Polymere für technische Anwendungen ein, die von Mikroorganismen synthetisiert werden, z. B. Polyhydroxybuttersäure, Xanthan. Die technisch wichtigsten organischen Naturstoffe sind Holz und Holzwerkstoffe sowie Fasern.

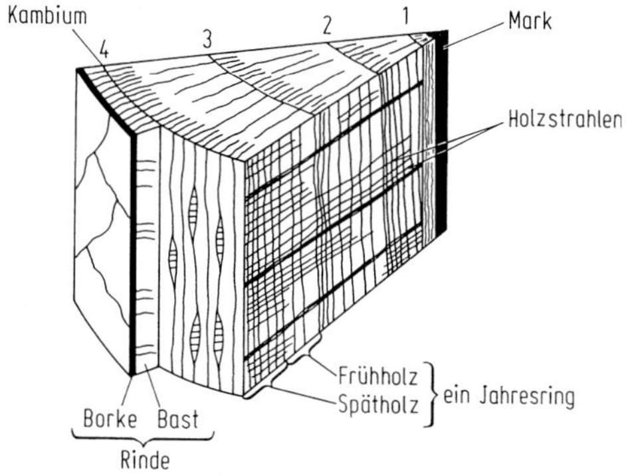

Bild 5-1. Holz: Stammquerschnitt und struktureller Aufbau (vereinfachte Darstellung für einen vierjährigen Trieb eines Nadelbaums)

5.1.1 Holz und Holzwerkstoffe

Holz ist ein natürlicher Verbundwerkstoff, der in seinem molekularen Aufbau im Wesentlichen aus Zellulosefasern (40 bis 60%), den „Bindemitteln“ Lignin (ca. 20 bis 30%, besonders in Nadelhölzern) und Hemizellulose (10 bis 30%, besonders in Laubhölzern) gebildet wird und hauptsächlich die chemischen Elemente Kohlenstoff (49%), Sauerstoff (44%) und Wasserstoff (6%) enthält. Die Ligninmoleküle sind räumlich mit den Zellulose- und Hemizellulosemolekülen vernetzt und bedingen dadurch die gute Druckfestigkeit des Holzes. Die mikroskopische Struktur von Holz ist gekennzeichnet durch lang gestreckte, röhrenförmige, über Tüpfel miteinander verbundene Zellen, die als Leitgewebe zum Transport von Wasser und Mineralstoffen beitragen und als Festigungsgewebe mehrachsige Spannungen aufnehmen können [1]. Im makroskopischen Stammquerschnitt schließen sich an das Markzentrum (wenige mm Durchmesser) das Kernholz (abgestorbene, wasserarme Zellen), das Splintholz (lebende, wassertransportierende Zellen), das Kambium (teilungsaktive Zellen), der Bast (Innenrinde) und die Borke als Außenrinde an, siehe Bild 5-1. Die jahreszeitlich bedingten periodischen Änderungen der Teilungstätigkeiten des Kambiums sind in Form von unterschiedlich strukturierten Dickenzuwachszonen als Jahresringe erkennbar.

Hölzer besitzen geringe Dichte und günstige Zugfestigkeits-Dichte-Verhältnisse. Die Festigkeit ist jedoch stark richtungsabhängig:

In der Faserachse beträgt die Zugfestigkeit etwa das Doppelte der Druckfestigkeit, die Querzugfestigkeit etwa ein Fünfzigstel der axialen Zugfestigkeit und die Querdruckfestigkeit etwa ein Zwanzigstel der axialen Druckfestigkeit.

Bei *Holzwerkstoffen* wird die Anisotropie der Eigenschaften des gewachsenen Holzes durch schubfeste Verleimung fasergekreuzter Schichten teilweise ausgeglichen. Holzwerkstoffe bestehen aus zerkleinertem Holz, das unter Druck und Wärme mit Bindemitteln zu Platten oder Formteilen verpresst wird. Unter *Sperrholz* werden alle Platten aus mindestens drei aufeinandergeleimten Holzlagen verstanden, deren Faserrichtungen vorzugsweise um 90° gegeneinander versetzt sind. Sperrholz mit zwei Furnierdecklagen und einer Holzleistenmittellage wird als *Tischlerplatte*, Sperrholz, das nur aus Furnierlagen besteht, als *Furnierplatte* bezeichnet. Bei *Faserplatten* ist die Holzsubstanz in einem mehrstufigen Mahlprozess bis zur Faser aufgelöst. Der Faserstoff wird im Nass- oder Trockenverfahren zu Platten verschiedenen Typs verarbeitet. *Spanplatten* sind Holzwerkstoffe, die aus Spänen von Holz oder anderen verholzten Pflanzenteilen (Biomasse) mit Kunstharzen (z. B. Melamin, Isocyanat) als Bindemittel hergestellt sind. Neben Kunstharzen werden auch Zement oder Gips als Bindemittel verwendet.

Die Eigenschaften von Holzwerkstoffen lassen sich durch die Herstellungstechnologien und die verwendeten Stoffanteile in weiten Grenzen variieren, wobei jedoch i. Allg. die Festigkeitseigenschaften von Holzwerkstoffen unter denen des gewachsenen Holzes in Faserrichtung bleiben. Während Faserplatten nur eine geringe Dimensionsstabilität aufweisen, zeichnen sich Furnierplatten durch günstige Festigkeits-Gewichts-Verhältnisse aus. Zu den Vorzügen von Spanplatten gehören der Einsatz feuchtebeständiger Klebstoffe, Steuerung der Festigkeitseigenschaften durch Kombination bestimmter Fertigungsparameter (Rohdichte, Verdichtungsprofile, Beleimungsfaktoren usw.), Einarbeitung von insektiziden und fungiziden Holzschutzmitteln und Feuerschutzmitteln. Mit der sog. OSB-Technik (oriented structural board) kann durch Spanorientierung eine erhebliche Festigkeitssteigerung erzielt werden, sodass bei gleicher Dichte die Festigkeitswerte von fehlerfreiem Nadelholz annähernd erreicht werden [2].

5.1.2 Fasern

Fasern sind lang gestreckte Strukturen geringen Querschnitts mit paralleler Anordnung ihrer Moleküle oder Kristallbereiche und daraus resultierender guter Flexibilität und Zugfestigkeit.
Organische Naturfasern werden eingeteilt in:

(a) Pflanzenfasern:
- Pflanzenhaare: Baumwolle, (Anteil an der Faserstoff-Weltproduktion ca. 50%), Kapok;
- Bastfasern: Flachs, Hanf, Jute, Kenaf, Ramie, Ginster;
- Hartfasern: Manila, Alfa, Kokos, Sisal;

(b) Tierfasern:
- Wolle und Haare: Schafwolle, Alpaka, Lama, Kamel, Kaschmir, Mohair, Angora, Vikunja, Yak, Guanako, Rosshaar;
- Seiden: Naturseide (Maulbeerspinner), Tussahseide.

Chemiefasern aus natürlichen Polymeren gliedern sich in:

(a) Zellulosefasern:
- aus regenerierter Zellulose: Viskose, Cupro, Modal, Papier;
- aus Zelluloseresten: Acetat, Triacetat;

(b) Eiweißfasern:
- aus Pflanzeneiweiß: Zein;
- aus Tiereiweiß: Kasein.

Der Hauptbestandteil aller Pflanzenfasern und der wichtigsten Chemiefasern aus natürlichen Polymeren ist Zellulose, ein Polysaccharid (siehe C 12.5.3). Wollfasern bestehen zu mehr als 80% aus (hygroskopischen) α-Keratinen (Hornsubstanzen in Form hochmolekularer Eiweißkörper), die in den Zellen der Haarrindenschicht in Form von Fibrillen vorliegen. Seidenfasern bestehen zu ca. 75% aus Fibroin, einem Eiweißstoff der in den Spinndrüsen des Seidenspinners gebildet wird und zu ca. 25% aus dem, die sehr feinen Fibroinfibrillen (ca. 20 nm Durchmesser) umhüllenden kautschukähnlichem Eiweißstoff Sericin.
Hauptverwendungsgebiete von Fasern sind die Bereiche Textilien und Papier. Textilrohstoffe sind nach dem Textilkennzeichnungsgesetz Fasern, die sich verspinnen oder zu textilen Flachgebilden verarbeiten lassen.

5.2 Papier und Pappe

Papier ist ein aus Pflanzenfasern durch Verfilzen, Verleimen und Pressen hergestellter flächiger Werkstoff. Rohstoffe sind vor allem der durch Schleifen von Holz gewonnene Holzschliff und der durch chemischen Aufschluss von Holz erhaltene Zellstoff. Beide Stoffe haben die Eigenschaft, sich beim Austrocknen aus wässriger Suspension zu verfilzen und dann über die OH-Gruppen der Zellulose durch Wasserstoffbrückenbindungen fest zu verbinden. Füllstoffe (z. B. Kaolin oder Titandioxid) und Leimstoffe (z. B. Harzseifen) verbessern Weißgrad, Oberflächengüte und Flüssigkeitseindringungswiderstand; Zusätze von Kunstharz, Tierleim, Wasserglas und Stärke erhöhen Nassfestigkeit, Härte, Glätte sowie Zug- und Falzfestigkeit.
Papier hat i. Allg. Flächengewichte zwischen 7 und 150 (225) g/m^2. Über 225 g/m^2 sprechen die europäischen Normen (vgl. DIN 6730) von Pappe. Im deutschen Sprachraum kennt man daneben den Karton (ca. 150 bis 600 g/m^2).
Die Papier- und Pappsorten werden nach dem Hauptanwendungszweck in fünf Hauptgruppen mit unterschiedlichen prozentualen Anteilen an der Produktionsmenge unterteilt:

- Graphische Papiere (ca. 45%): Schreib- und Druckpapiere (holzfrei: überwiegend aus Zellstoff gearbeitet; holzhaltig: überwiegend aus Holzschliff gefertigt), Tapetenrohpapiere, Banknotenpapiere, usw.,
- Papier für Verpackungszwecke (ca. 25%): Packpapier, Pergaminpapier usw.,

- Karton und Pappe für Verpackungszwecke (ca. 18%): Vollpappen, Graukarton, Lederpappen, Handpappen usw.,
- Hygienepapiere u. ä. (ca. 7%): Zellstoffwatte, Toilettenpapier, Papiertaschentücher usw.,
- Technische Papiere und Pappen (ca. 5%): Kondensatorpapier, Kohlepapier, Filtrierpapier, Filzpappen, Pressspanpappen, Kofferpappen usw.

5.3 Polymerwerkstoffe: Herstellung

Polymerwerkstoffe (Kunststoffe) sind in ihren wesentlichen Bestandteilen organische Stoffe makromolekularer Art. Die Makromoleküle werden aus niedermolekularen Verbindungen (Monomeren) durch die Verfahren Polymerisation, Polykondensation und Polyaddition synthetisch hergestellt (s. C 12.1).

5.4 Polymerwerkstoffe: Aufbau und Eigenschaften

Aufbau und Eigenschaften der Polymerwerkstoffe werden primär geprägt durch ihren makromolekularen Aufbau (chemische Bestandteile, Bindungen, Molekülkonfiguration, Kettenlängen, Verzweigungen, Vernetzungen, Copolymere, Kristallisation) und ihre Rezeptur (Polymermischungen, Verstärkungsmittel, Antioxidantien, Weichmacher, Füll- und Farbstoffe). Weitere wichtige Einflussgrößen sind die Herstellungs- und Verarbeitungstechnologien. Der Zusammenhalt der einzelnen, chemisch nicht durch Hauptvalenzbindungen verbundenen Makromoleküle zum kompakten Polymerwerkstoff erfolgt durch physikalische Nebenvalenzbindungen, wie z. B. Van-der-Waals-Bindungen (Dispersionskräfte, Dipol-Dipol-Wechselwirkungen, Induktionskräfte) oder Wasserstoffbrückenbindungen.
Die Realisierung eines gewünschten Eigenschaftsprofils von synthetischen Polymeren erfordert die zielgerichtete Synthese von Polymerstrukturen („tailor-made polymers"). Zu diesen Eigenschaften gehören insbesondere das mechanische Verhalten (Festigkeit, Schlagzähigkeit), die Transparenz sowie die Witterungs- und die Oxidationsbeständigkeit. Durch die Modifizierung bekannter Polymere wie z. B. Polystyrol (PS), Poly(methylmethacrylat) (PMMA) und Polyethylen (PE) sowie die Kombination

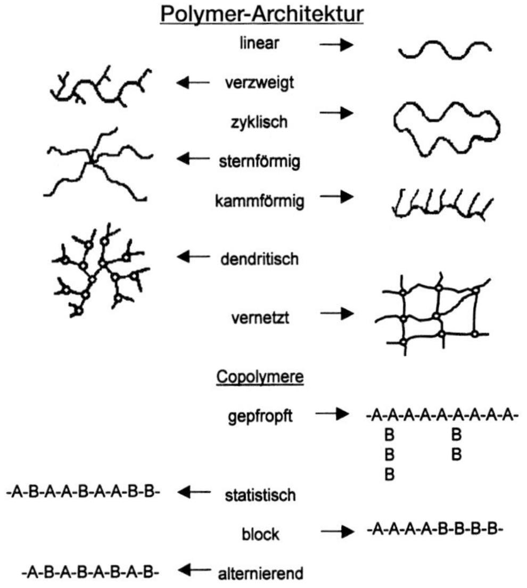

Bild 5-2. Architektur von Polymerwerkstoffen

von verschiedenen Monomeren können Eigenschaften gezielt verändert werden. Möglichkeiten für diese Modifizierung sind z. B.:

- das Mischen von zwei oder mehreren polymeren Komponenten (Polymerblends),
- die Copolymerisation zweier oder mehrerer Monomere,
- das Einführen von funktionellen Gruppen längs oder an den Enden der Polymerkette,
- die Entwicklung neuartiger Polymerstrukturen wie Sterne, kammförmige oder hyperverzweigte Polymere, Zyklen oder Dendrimere.

Von einem allgemeinen Standpunkt aus gesehen können diese Möglichkeiten der Modifizierung von Polymerstrukturen durch das Konzept der Polymerheterogenitäten beschrieben werden. Die wesentlichen in Polymeren auftretenden Architekturen sind in Bild 5-2 veranschaulicht (vgl. C 12.2–12.4).
Neben der für die Polymereigenschaften in ihren technischen Anwendungen wichtigen Kontrolle der Polymeraufbaureaktionen gewinnt die Analyse (siehe 11.2.2) von Polymerabbauprozessen zunehmend an Bedeutung. Unter ökologischen Gesichtspunkten sind Abbauprozesse hinsichtlich der steigenden Abfallproblematik zu betrachten. Massenkunststoffe sollen nach Gebrauch durch Recycling oder Energiegewinn verwertet werden. In beiden Fällen

sind vor allem Kenntnisse über das thermische und enzymatische Abbauverhalten sowie die Struktur der entstehenden Abbauprodukte erforderlich.
Die Zusammenhänge zwischen Aufbau und Eigenschaften von Polymerwerkstoffen sind in Bild 5-3 schematisch dargestellt.

5.5 Thermoplaste

Thermoplaste sind amorphe oder teilkristalline Polymerwerkstoffe mit kettenförmigen Makromolekülen, die entweder linear oder verzweigt vorliegen und nur durch physikalische Anziehungskräfte (Nebenvalenzkräfte) (thermolabil) verbunden sind.
Eine Zusammenstellung technisch wichtiger thermoplastischer Polymerwerkstoffe mit ihren Strukturformeln, allgemeine Kennzeichen und Anwendungsbeispielen gibt Tabelle 5-1.
Unterhalb der sog. Glastemperatur T_g sind Thermoplaste glasig-hart erstarrt (s. C 5.2.4). Oberhalb von T_g sind Thermoplaste im Zustand der unterkühlten Schmelze, bzw. der Schmelze. Bei hinreichend hohen Beanspruchungsfrequenzenz lassen sich die Moleküle durch mechanische Beanspruchungen deformieren, gehen jedoch nach Rückgang der Beanspruchung entropieelastisch in ihre ursprüngliche Form zurück.

Amorphe Thermoplaste (wie PVC, PS, PC) verhalten sich oberhalb von T_g thermoelastisch, bei weiterer Erwärmung werden sie weich und plastisch verformbar. Bei teilkristallinen Thermoplasten (wie PE, PP, PA) sind oberhalb von T_g die amorphen Bereiche ebenfalls entropieelastisch verformbar. Die kristallinen Anteile bewirken durch ihren festen Zusammenhalt ein zähelastisches Verhalten und Formbeständigkeit. Oberhalb der sog. Kristallitschmelztemperatur T_m erfolgt bei allen Thermoplasten der Übergang in die Schmelze (viskoser Fließbereich). Weil eine Verdampfung von Makromolekülen nicht möglich ist, werden bei Überschreiten der Zersetzungstemperatur die Molekülketten aufgelöst.
In Bild 5-4 sind die Zustandsbereiche einiger thermoplastischer Werkstoffe in vereinfachter Form zusammengestellt; die höchsten Gebrauchstemperaturen sind werkstoffabhängig und liegen im Bereich von etwa 70 bis 300 °C.
Hinsichtlich ihrer Anwendungen werden die thermoplastischen Polymerwerkstoffe in folgende Gruppen eingeteilt (Werkstoffkennwerte siehe 9):

– *Gebrauchswerkstoffe* (*Massenkunststoffe*)
  Die hauptsächlichen Massenkunststoffe sind Polyethylen (PE), Polyvinylchlorid (PVC), Polypropylen (PP) und Polystyrol (PS). Sie machen

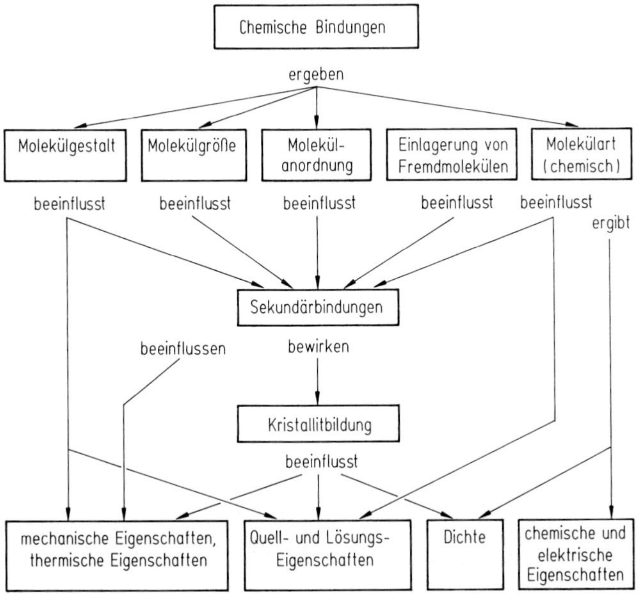

Bild 5-3. Polymerwerkstoffe: Zusammenhänge zwischen Moleküleigenschaften und Werkstoffeigenschaften

Tabelle 5-1. Beispiele thermoplastischer Polymerwerkstoffe

Polymerwerkstoff	Strukturformel	Kennzeichen	Anwendungsbeispiele
Polyethylen (PE)	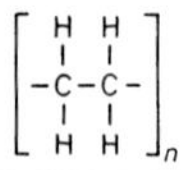	teilkristallin (40...55%, PE-LD), (60...80%, PE-HD); zähelastisch	Folien, Transportbehälter, Spritzgußteile, Haushaltsgegenstände, Rohre
Polypropylen (PP)	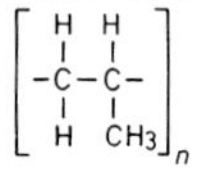	teilkristallin, 60...70%; leicht; härter, fester, steifer als PE	Folien, Pumpengehäuse, Lüfterflügel, Haushaltsgeräteteile, Rohre
Polyvinylchlorid (PVC)	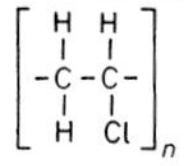	amorph; steif, kerbempfindlich (PVC-hart); flexibel, gummielastisch (PVC-weich)	PVC-hart: Armaturen, Behälter, Rohre; PVC-weich: Folien, Fußböden, Schuhsohlen
Polystyrol (PS)	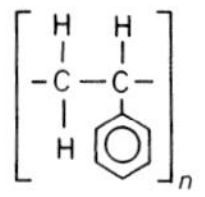	amorph; steif, hart, spröde; transparent	Spritzgußteile; Verpackungen, glänzend oder verschäumt (Styropor); Spulenkörper
Polymethylmethacrylat (PMMA)	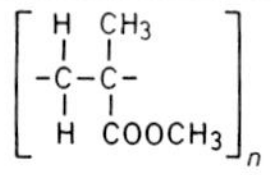	amorph; steif, hart, kratzfest; transparent	Linsen, Brillengläser, Verglasungen (Plexiglas, Acrylglas) Lampen, Sanitärteile
Polycarbonat (PC)	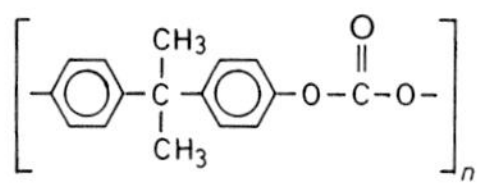	amorph; formsteif, schlagzäh; transparent	Apparate- und Gehäuseteile, Sicherheitsverglasungen, Spulenkörper, Geschirr, Compact Disc, Brillengläser, Linsen
Polyamid 66 (PA 66)	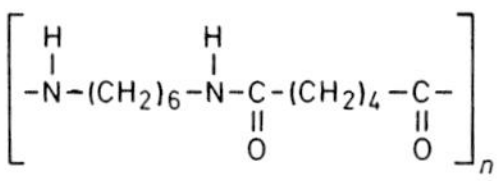	teilkristallin (<60%); wasseraufnehmend; (<3%); steif, hart, zäh	Zahnräder, Riemenscheiben, Gehäuse (E-Technik), Pumpen, Dübel
Polyoxymethylen (POM)	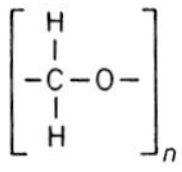	teilkristallin (<75%); steif, elastisch, zäh	Getriebeteile für Haushaltsgeräte, Nockenscheiben, Spulenkörper, Aerosoldosen
Polyethylenterephthalat (PET, x=2) Polybutylenterephthalat (PBT, x=4)	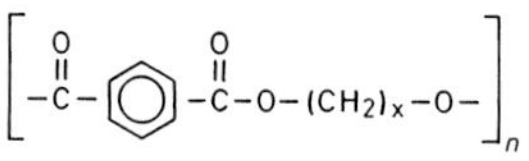	teilkristallin (30...40%) oder amorph-transparent (PET); fest, zäh, maßhaltig	Gehäuse, Kupplungen, Pumpenteile, Faserstoffe Kondensatorfolien, (PET: Trevira, Diolen); Magnetbänder, Getränkeflaschen
Polyimid (PI)	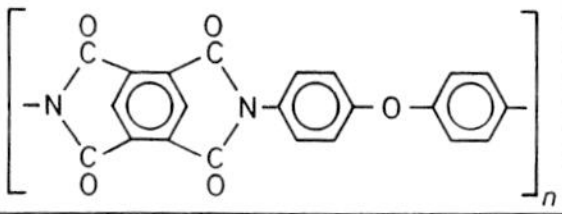	vernetzt oder lineare Struktur; fest, steif, kriech- und warmfest; (T_{max}=260° C)	temp.-best. Geräteteile Gleitelemente, Kondensatorfolien, gedruckte Schaltungen
Polytetrafluorethylen (PTFE)	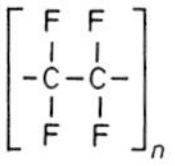	teilkristallin (<70%), flexibel, zäh; niedrige Haftreibung, (T_{max}=260° C)	Gleitlager, Dichtungen, Isolierungen, Filter, Membranen
Polyphenylensulfid (PPS)	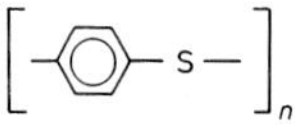	teilkristallin	Apparatebau, warmfeste Bauteile
Polyetherketon (PEK)	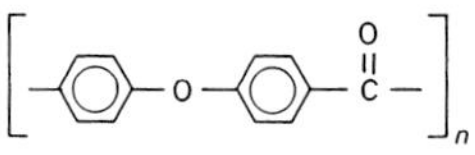	teilkristallin	Apparatebau, warmfeste Bauteile

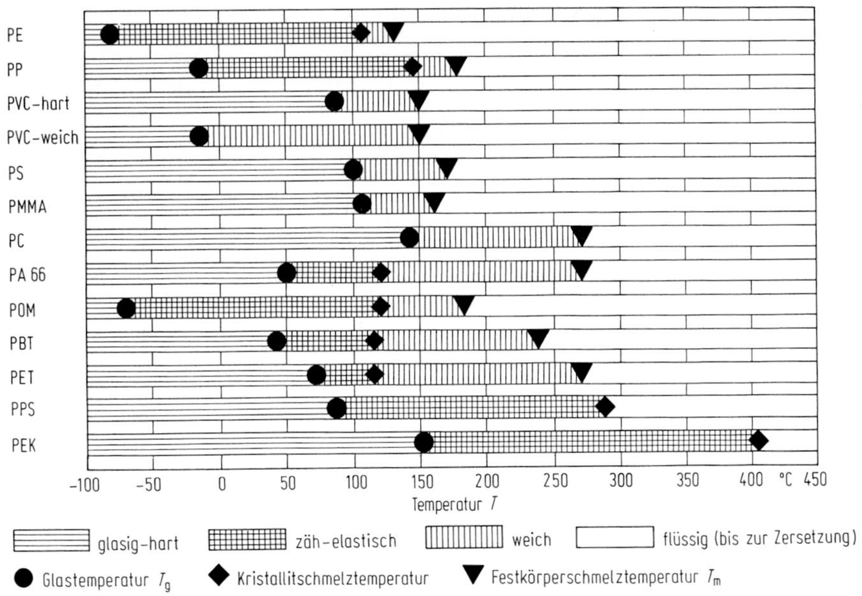

Bild 5-4. Zustandsbereiche thermoplastischer Polymerwerkstoffe

mehr als 80% der gesamten Kunststoffproduktion aus und werden den verschiedenen Verwendungszwecken häufig durch spezielle Behandlung, wie Weichmachung, Vernetzung, Verstärkung usw., angepasst.

- *Konstruktionswerkstoffe (techn. Kunststoffe)*
  Als Konstruktionswerkstoff eignen sich vor allem teilkristalline Thermoplaste, wie z. B. Polyamide (PA), Polyoxymethylen (POM), Polyethylenterephthalat (PET) und Polybutylenterephthalat (PBT) sowie die hochtemperaturbeständigen Thermoplaste Polyimid (PI), Polytetrafluorethylen (PTFE), Polyphenylensulfid (PPS) und Polyetherketon (PEK).
- *Funktionswerkstoffe*
  Thermoplastische Polymerwerkstoffe mit speziellen funktionellen Eigenschaften sind z. B. die für optische Bauteile geeigneten (leichten) transparenten Kunststoffe Polymethylmethacrylat (PMMA) und Polycarbonat (PC), das thermisch und chemisch höchst stabile Polytetrafluorethylen (PTFE), Materialien für Kondensatorfolien (PP, PET) sowie neuere (teure) warmfeste Polymere wie Polyimid (PI) und Polyphenylensulfid (PPS), deren höchste Gebrauchstemperatur bei 260 °C liegt.

5.6 Duroplaste

Duroplaste sind harte, glasartige Polymerwerkstoffe, die über chemische Hauptvalenzbindungen räumlich fest vernetzt sind. Die Vernetzung erfolgt beim Mischen von Vorprodukten mit Verzweigungsstellen und wird entweder bei hohen Temperaturen thermisch (Warmaushärten) oder bei Raumtemperatur mit Katalysatoren chemisch aktiviert (Kaltaushärten). Da bei den Duroplasten die Bewegung der eng vernetzten Moleküle stark eingeschränkt ist, durchlaufen sie beim Erwärmen keine ausgeprägten Erweichungs- oder Schmelzbereiche, sodass ihr harter Zustand bis zur Zersetzungstemperatur erhalten bleibt. Technisch wichtige Duroplaste sind in Tabelle 5-2 zusammengestellt (Werkstoffkennwerte siehe 9).

5.7 Elastomere

Elastomere sind gummielastisch verformbare Polymerwerkstoffe, deren (verknäuelte) Kettenmoleküle weitmaschig und lose durch chemische Bindungen vernetzt sind. Die Elastomervernetzung (sog. Vulkanisierung) findet während der Formgebung unter Mitwirkung von Vernetzungsmitteln (z. B. Schwefel,

Tabelle 5-2. Beispiele duroplastischer Polymerwerkstoffe

Polymerwerkstoff	Strukturformel (R: org. Rest)	Max. Temp. in °C	Kennzeichen	Anwendungsbeispiele
Phenoplaste: Phenol-Formaldehyd (PF)	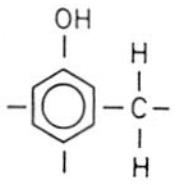	130...150	Steif, hart, spröde; dunkelfarbig; nicht heißwasserbeständig	Steckdosen, Spulenträger, Pumpenteile, Isolierplatten, Bindemittel (Spanplatten, Hartpapier)
Aminoplaste: Harnstoff-Formaldehyd (UF)	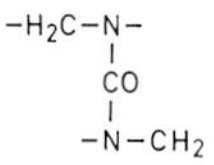	80	Steif, hart, spröde, hellfarbig	Stecker, Schalter, Elektro-installationsmaterial, Schraubverschlüsse
Melamin-Formaldehyd (MF)	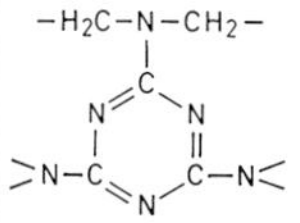	130	Wie UF, jedoch fester, weniger kerbempfindlich, kochfest	Elektroisolierteile (hellfarbig), Geschirr, Oberflächen-schichtstoffe (Resopal, Hornitex)
ungesättigte ≡ Polyesterharze (UP)	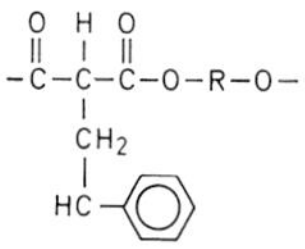	140...180	Steif bis elastisch, spröde bis zäh (abhängig vom Aufbau)	Formmassen: Gehäuse, Spulenkörper Laminate: LKW-Aufbauten, Bootskörper, Lichtkuppeln
Epoxidharze (EP)	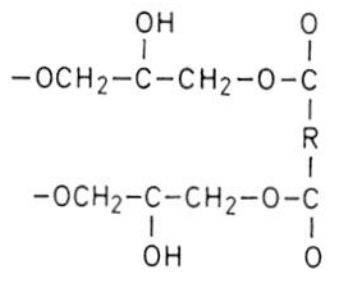	130	Fest, steif bis elastisch schlagresistent, maßhaltig	Gießharze: Isolatoren, Beschichtungen, Klebstoffe, Laminate: Bootskörper, Sandwichkonstruktionen

Tabelle 5-3. Beispiele elastomerer Polymerwerkstoffe (Vernetzungen nicht dargestellt)

Polymerwerkstoff	Strukturformel	Temperatur in °C	Kennzeichen	Anwendungsbeispiele
Polyurethan (PUR)	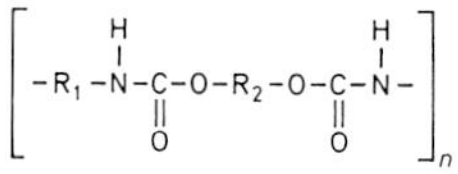 R_1: Diisocyanat R_2: Glykol oder Polyol	-40...+80	Elastisch hart, weiter reißfest, flexibel, dämpfend; nicht beständig gegen heißes Wasser, konzentrierte Säuren und Laugen	Kabelummantelungen, Dichtungen, Faltenbälge, Zahnriemen, Sportbahnbeläge
Siliconkautschuk (SI)	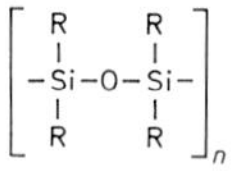 R: CH_3 oder C_6H_5	-80...+180	Stabile mechanische Eigenschaften, thermisch und chemisch beständig, hydrophob	Elastische Isolierungen, Dichtungen, Transportbänder
Styrol-Butadien-Kautschuk (SBR)	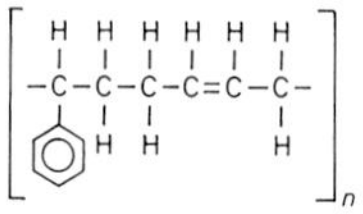	-30...+70	Ähnlich wie Naturkautschuk, wärme- und abriebbeständig	Bereifungen, Förderbänder Schläuche, Dichtungen, Schuhsohlen
Naturkautschuk (NR)	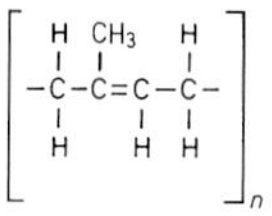	-10...+70	Chemisch beständig (Ozon-empfindlich)	Bereifungen, Schläuche, Dichtungen, Förderbänder

Peroxide, Amine) statt. Bei mechanischen Beanspruchungen lassen sich die Kettenmoleküle leicht und reversibel verformen. Durch Füllstoffe (z. B. Ruß, feindisperses SiO_2) können Elastomere durch die Ausbildung von Sekundarbindungen zwischen den Elastomermolekülen und den Partikeln verstärkt und in ihren mechanischen Eigenschaften modifiziert werden. Bei Elastomeren kann die Glastemperatur so niedrig liegen, dass eine Versprödung erst weit unterhalb der Einsatztemperaturen eintritt. Bei Erwärmung durchlaufen sie keine ausgeprägten Erweichungs- oder Schmelzbereiche; ihr gummielastischer Zustand bleibt bis zur Zersetzungstemperatur erhalten. Auch bei Elastomeren kann in manchen Fällen Kristallisation auftreten, insbesondere im hochgereckten Zustand (Dehnungskristallisation). Wichtige Elastomere sind in Tabelle 5-3 zusammengestellt (Werkstoffkennwerte siehe 9). Thermoplastische Elastomere sind physikalisch vernetzte Polymere (z.B. Polyolefine) mit Glastemperaturen unterhalb der Anwendungstemperatur; im Anwendungstemperaturbereich verhalten sie sich wie Elastomere. Sie sind wie thermoplastische Polymere schmelzbar und können daher wie diese verarbeitet werden.

6 Verbundwerkstoffe

Ein Verbundwerkstoff besteht aus heterogenen, innig miteinander verbundenen Festkörperkomponenten. In stofflicher Hinsicht werden unterschieden: Metall-Matrix-Composite (MMC), Polymer-Matrix-Composite (PMC)- und Keramik-Matrix-Composite (CMC). Eine Einteilung der Verbundwerkstoffe nach ihrem Aufbau zeigt Bild 6-1.

6.1 Teilchenverbundwerkstoffe

Teilchenverbundwerkstoffe bestehen aus einem Matrixmaterial, in das Partikel eingelagert sind. Die Abmessungen der Partikel betragen von ca. 1 μm bis zu einigen mm (Volumenanteile bis zu 80%), wobei Matrix und Partikel unterschiedliche funktionelle Aufgaben im Werkstoffverbund übernehmen. Neben Beton (siehe 4.6.3) sind folgende Werkstoffgruppen mit Metall- oder Kunststoffmatrix wichtig:

Hartmetalle enthalten 0,8 bis 5 μm große Hartstoffpartikel (z. B. WC, TiC, TaC) in Volumenanteilen

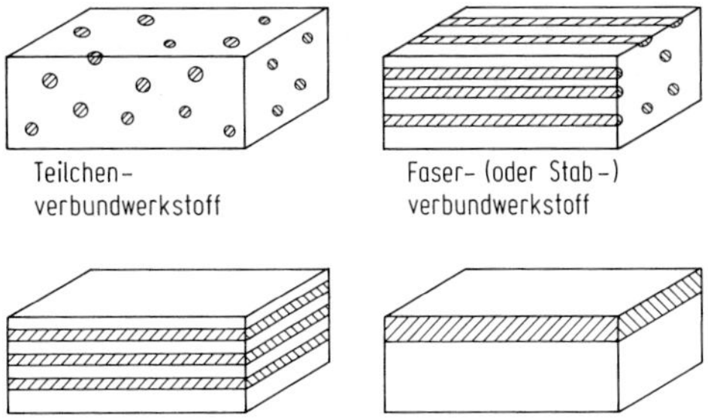

Bild 6-1. Einteilung der Verbundwerkstoffe

bis zu 94%, eingebettet in metallische Bindemittel wie Kobalt, Nickel oder Eisen. Sie werden durch Flüssigphasensintern hergestellt und hauptsächlich für warmfeste Schneidstoffe (Arbeitstemperaturen bis zu 700 °C) oder Umformwerkzeuge verwendet.

Cermets (engl. ceramics + metals) bestehen bis zu 80% Volumenanteil aus einer oxidkeramischen Phase (z. B. Al_2O_3, ZrO_2, Mullit) in metallischer Matrix (z. B. Fe, Cr, Ni, Co, Mo). Sie werden pulvermetallurgisch hergestellt und als Hochtemperaturwerkstoffe, Reaktorwerkstoffe oder verschleißresistentes Material eingesetzt.

Gefüllte Kunststoffe bestehen aus einem Grundwerkstoff aus Duroplasten (z. B. Phenolharz, Epoxidharze, siehe 5.6) oder Thermoplasten (z. B. PMMA, PP, PA, PI, PTFE, siehe 5.5), in den sehr unterschiedliche Partikel-Füllstoffe, wie beispielsweise Holzmehl, feindispersive Kieselsäure (SiO_2), Glaskugeln oder Metallpulver eingebettet sind. Die Partikelgrößen reichen von weniger als 1 μm (SiO_2) bis zu mehreren mm (Glaskugeln) mit Volumenanteilen bis zu 70%. Gefüllte Kunststoffe zeichnen sich durch günstige Herstellungskosten und/oder verbesserte mechanische Eigenschaften aus.

6.2 Faserverbundwerkstoffe

Durch die Entwicklung von Faserverbundwerkstoffen werden wenig feste bzw. spröde Matrixwerkstoffe verbessert:

(a) Erhöhung der mechanischen Eigenschaften des Matrixmaterials durch Einlagern von Fasern mit hoher Bruchfestigkeit und -dehnung. Dabei soll die Ma-

trix einen geringeren E-Modul aufweisen und sich bei einem Faserbruch zum Abbau von Spannungsspitzen örtlich plastisch verformen können.
Beispiele: Glasfaserverstärkte Kunststoffe (GFK), polymerfaserverstärkte Kunststoffe (PFK), karbonfaserverstärkte Kunststoffe (CFK), bestehend aus einer Kunststoffmatrix (hauptsächlich Duroplaste, wie z. B. ungesättigtes Polyesterharz (UP), Epoxidharz (EP), neuerdings auch Thermoplaste) verstärkt durch Glasfasern (5 bis 15 μm Durchmesser), Aramidfasern (aromatische Polyamide) oder Kohlenstoff-(Carbon-)fasern. Aluminiumlegierungen, verstärkt durch Bor- oder Si-Fasern hergestellt durch CVD-Abscheidung (siehe 6.5) von B, SiC auf W- oder C-Fasern.
(b) Einlagerung von duktilen Fasern in sprödes Matrixmaterial, wodurch die Rissausbreitung unterbunden und die Sprödigkeit herabgesetzt wird. Beispiele: Si_3N_4-Keramik verstärkt durch SiC-Fasern. Mullit verstärkt durch C-Fasern. Beton verstärkt durch PA-Fasern („Polymerbeton").
Zur Herstellung von Faserverbundwerkstoffen werden Einzelfasern (Kurzfasern, ungerichtet oder gerichtet, bzw. Langfasern), Faserstränge (Rovings), Fasermatten oder Faservliese verwendet.
Durch Orientierung der Fasern kann eine mechanische Anisotropie der Bauteile erzielt und so die Festigkeit den Beanspruchungen angepasst werden.
Für die Anwendung von Faserverbundwerkstoffen sind neben den Eigenschaften von Matrix und Fasern besonders deren Zusammenspiel bedeutsam. Es kommt dabei auf die Volumenanteile von Fasern bzw. Matrix und die chemisch-physikalische Verträglichkeit (z. B. Diffusionsverhalten, Ausdehnungskoeffizienten) sowie die Adhäsion zwischen Matrix und Fasern und ihre mögliche Beeinflussung durch eine Oberflächenbehandlung der Fasern an.
Eine Abschätzung der elastischen Eigenschaften von Faserverbundwerkstoffen mit einem Volumenanteil φ_F an (Lang-) Fasern ergibt unter idealisierten Bedingungen (parallele Faserausrichtung, linear-elastisches Materialverhalten, gute Matrix-Faser-Haftung) anhand der Bedingungen:
Matrixdehnung = Faserdehnung ($\varepsilon_M = \varepsilon_F$) in Faserrichtung, Matrixspannung = Faserspannung ($\sigma_M = \sigma_F$) quer zur Faserrichtung für die obere Grenze des Elastizitätsmoduls des Verbundwerkstoffs

$$E_{V\,max} = \varphi_F \cdot E_F + (1 - \varphi_F)E_M$$

und für die untere Grenze

$$E_{V\,min} = 1/(\varphi_F/E_F + (1 - \varphi_F)/E_M)$$

Bild 6-2 zeigt die Abhängigkeit der elastischen Eigenschaften von Faserverbundwerkstoffen in Abhängigkeit vom Faser-Volumenanteil und illustriert die Anisotropie der Faserverstärkung bezüglich der Beanspruchungsrichtung [1].

6.3 Stahlbeton und Spannbeton

Die bedeutendsten Verbundwerkstoffe mit anorganisch-nichtmetallischer Matrix und metallischer Verstärkung sind Stahlbeton und Spannbeton. Sie kombinieren im makroskopischen Maßstab den Verbundwerkstoff Beton (siehe 4.6.3) mit einer Faserverstärkung. Die geringe Zugfestigkeit des Betons wird beim Stahlbeton durch eine sog. Bewehrung mit einem Werkstoff hoher Zugfestigkeit verbessert. Wichtige Voraussetzungen sind eine ähnliche thermische Ausdehnung und gute Haftung beider Komponenten sowie ein ausreichender Korrosionsschutz des Stahls durch das alkalische Milieu im Beton (geringe Chlorionenkonzentration erforderlich) und die Abschirmung von atmosphärischem Sauerstoff.
Beim *Spannbeton* wird eine weitere Verbesserung der mechanischen Eigenschaften dadurch erreicht,

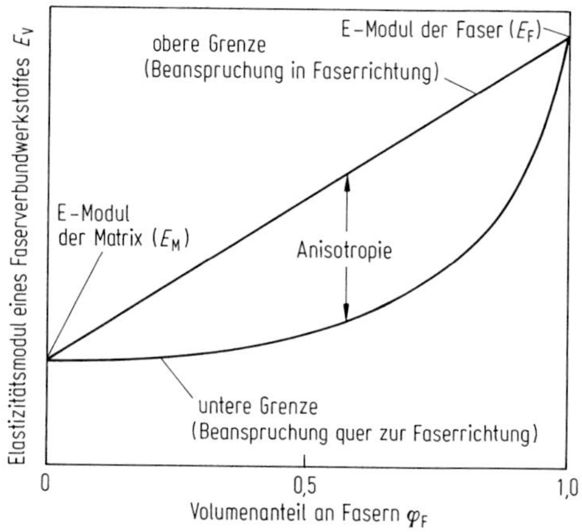

Bild 6-2. Elastische Eigenschaften von Faserverbundwerkstoffen: Einflüsse von Faseranteil und Beanspruchungsrichtung (schematisch vereinfachte Darstellung)

dass mittels Spannstählen der Beton in Beanspruchungsrichtung unter Druckspannung gesetzt wird. Hierdurch soll die Wirkung von Zugspannungen unwirksam gemacht und das Auftreten korrosionsbegünstigender Risse vermieden werden. Spannbeton ermöglicht eine gute Ausnutzung der Betonfestigkeit, geringere Querschnitte und einen Druckzustand der fertigen Teile. Zur Ausnutzung der Möglichkeiten des Spannbetons sind sorgfältige Herstellung, Ausgleich des Schwindens durch volumenvergrößernde Zusatzstoffe (z. B. Gips, $CaSO_4$, als Zusatz zu Portlandzement) und Verhinderung von Korrosionseinflüssen erforderlich.

6.4 Schichtverbundwerkstoffe

Schichtverbundwerkstoffe (Laminate) sind flächige Verbunde, bei denen die Herstellung häufig mit der Formgebung verbunden ist.
Schichtpressstoffe bestehen aus geschichtetem organischem Trägermaterial (z. B. Papier, Pappe, Zellstoff, Textilien) und einem Bindemittel (z. B. Phenolharz, PF; Melaminharz, MF; Harnstoffharz, UF) und werden durch Pressen unter Erwärmen hergestellt. Beim *Laminieren* werden zunächst Prepregs (engl. preimpregnated materials) durch Tränken des Trägermaterials mit einem Harz vorfabriziert, die später in den Verfahrensschritten Formgebung, Aushärten, Nachbehandeln weiterverarbeitet werden. Beim *Kalandrieren* wird Material in einem vorgemischten und vorplastifizierten Rohzustand in einer Walzenanordnung zu Platten- oder Folienbahnen verarbeitet.
Einen silikatisch-metallischen Schichtverbundwerkstoff bildet *Email* mit seiner Unterlage. Er besteht aus einer oxidisch-silikatischen Masse, die unter Mitwirkung von Flussmitteln (z. B. Borax, Soda), in einer oder mehreren Schichten auf einem metallischen Trägerstoff (meist Stahlblech mit C-Anteil <0,1 Gew.-% oder Gusseisen) aufgeschmolzen, bei ca. 900 °C aufgebrannt und vorzugsweise glasig erstarrt ist. Die flächenhafte Email-Metall-Verbindung erfordert gute Haftfestigkeit (Beimengungen von sog. Haftoxiden, wie z. B. 0,5% CoO, 1% NiO in die Emailgrundmasse) und vergleichbare thermische Ausdehnungskoeffizienten α von Metall (M) und Email (E) (Anzustreben: $\alpha_E < \alpha_M$ zur Ausbildung von Druckspannungen im Email und Vermeidung von rissauslösenden Zugspannungen). Die Komponenten des Verbundwerkstoffs übernehmen unterschiedliche Aufgaben: das Metall ist Träger der Festigkeit, während das Email antikorrosive und dekorative Funktionen erfüllt.

6.5 Oberflächenbeschichtungen und Oberflächentechnologien

Durch Oberflächentechnologien sollen Werkstoffe und Bauteile gezielt den oberflächenspezifischen funktionellen Aufgaben (z. B. dekoratives Aussehen, Farbe, Glanz, Verwitterungs- und Alterungsbeständigkeit, Korrosions- und Verschleißresistenz, Mikroorganismenbeständigkeit) angepasst werden. Hierzu werden entweder die Oberflächenbereiche durch mechanische oder physikalisch-chemische Behandlung in ihren Eigenschaften modifiziert oder es wird auf die (Substrat-)Oberfläche die Schicht eines anderen Werkstoffs aufgebracht, der fest haftet und die gewünschten Oberflächeneigenschaften aufweist. Die entstehenden Verbundwerkstoffe sind durch eine Aufteilung der einwirkenden Beanspruchungen und der funktionellen Eigenschaften gekennzeichnet: der Grundwerkstoff trägt die Volumenbeanspruchungen (siehe 8.1) und gewährleistet die Festigkeit, während die Beschichtung Oberflächenfunktionen realisiert [2].
Die konventionellen *organischen Beschichtungen* umfassen die verschiedenen Lackierverfahren. Während früher das Spritzen dominierte, sind seit etwa 1970 hinzugekommen: Airless-Spritzen, Gießen, Elektrotauchlackierung, Breitbandbeschichtung, elektrostatische Pulverlackierung, Strahlungshärten. Eine neue Variante ist das sog. Elektro-Powder-Coating (EPC), bei dem als „Lackbad" eine kationische Pulversuspension dient. Heute werden auch sehr dünne organische Beschichtungen nach dem Verfahren der Plasmapolymerisation technisch hergestellt. Die Plasmapolymerisation gehört zu den CVD-Verfahren (siehe unten).
Einen Überblick über die wichtigsten anorganisch-metallischen Oberflächentechnologien und die charakteristischen Eigenschaften der Oberflächenbereiche gibt Tabelle 6-1.

Tabelle 6–1. Oberflächentechnologien für anorganisch-metallische Beschichtungen

Verfahren	Verfahrenstemperatur	Charakteristische Eigenschaften der Oberflächenbereiche
Mechanische Oberflächenverfestigung – Strahlen – Festwalzen – Druckpolieren	Raumtemperatur (Temperaturerhöhung durch plastische Verformung)	hohe Versetzungsdichte, Druckeigenspannungen
Randschichthärten – Flammhärten – Induktionshärten – Impulshärten – Elektronenstrahlhärten – Laserstrahlhärten	Austenitisierungstemperatur in Oberflächenbereichen unter Anlasstemperatur im Kern	Martensit
Umschmelzen – Lichtbogenumschmelzen – Elektronenstrahlumschmelzen – Laserstrahlumschmelzen	Schmelztemperatur in den Oberflächenbereichen	feinkörniges oder amorphes Gefüge
Ionenimplantieren	Raumtemperatur	implantierte Atome (N, Ti u. a.)
Thermochemische Verfahren	$T < 600\,°C$ Nitrieren, Nitrocarburieren, $T = (800\ldots1000)\,°C$ Aufkohlen, Borieren	Verbindungen, z. B. Fe_xN, Diffusionszone
Chemische Abscheidung aus der Gasphase (CVD)	$T = (800\ldots1000)\,°C$	Verbindungen, z. B. TiC
Physikalische Abscheidung aus der Gasphase (PVD) – Sputtern – Ionenplattieren	$T < 500\,°C$	Verbindungen, z. B. TiN
Galvanische Verfahren – elektrolytisch – fremdstromlos	$T < 100\,°C$ Aushärtung von Ni-P bei $T = 400\,°C$	a) Metalle wie Cr, Ni b) Legierungen a), b) + Partikel, z. B. Ni-SiC
Anodisieren	Raumtemperatur	Verbindungen z. B. Al_2O_3,
Aufsintern	Temperatur des Sintergutes	mehrphasige Legierungen
Aufgießen	Temperatur des Schmelzgutes	mehrphasige Legierungen
Thermisches Spritzen – Flammspritzen – Lichtbogenspritzen – Plasmaspritzen – Detonationsspritzen	unter Anlasstemperatur	a) Metalle, z. B. Mo b) Legierungen a), b) + Partikel
Auftragschweißen	Temperatur des Schmelzgutes in den Oberflächenbereichen Vorwärmen auf 600 °C	mehrphasige Legierungen mit Carbiden
Plattieren – Walzplattieren – Sprengplattieren – Schweißplattieren	Warmwalztemperatur	ein- oder mehrphasige Legierungen

Für die thermischen Verfahren zeigt die Verfahrenstemperatur an, ob die Wärmebehandlung vor oder nach dem Aufbringen einer Oberflächenschutzschicht oder unmittelbar durch ein Abschrecken von der Verfahrenstemperatur aus vorzunehmen ist und ob niedrigschmelzende Legierungen überhaupt behandelt oder beschichtet werden können. Man strebt niedrige Verfahrenstemperaturen an, um ein Verziehen von Teilen bei sich anschließenden Wärmebehandlungen zu vermeiden.

Das Randschichthärten durch Elektronenstrahl-, Laserstrahl- und lokale Impulshärteverfahren zeichnet sich dadurch aus, dass die Volumentemperatur des Grundwerkstoffs unterhalb der Anlasstemperatur von Stählen bleibt. Durch Elektronenstrahl- und Laserstrahlhärten kann man Oberflächenbereiche von Bauteilen partiell in sehr dünnen Schichten auf Austenitisierungs- oder Schmelztemperatur bringen, wobei anschließend eine Selbstabschreckung stattfindet, mit der sich martensitische, besonders feinkörnige oder sogar amorphe Schichten erzeugen lassen.

Bei der *Chemischen Gasphasenabscheidung* (chemical vapor deposition, CVD) werden Gase in einem Reaktionsraum mit dem zu beschichtenden Bauteil unter Druck und Wärme in Kontakt gebracht, wobei sehr harte Reaktionsschichten entstehen (z. B. aus Titankarbid, Titannitrid oder Aluminiumoxid auf Hartmetall).

Die Verfahren der *Physikalischen Gasphasenabscheidung* (physical vapor deposition, PVD) Aufdampfen, Sputtern und Ionenplattieren (ion plating) sind bisher hauptsächlich zur Vergütung optischer Bauteile und in der Elektronik eingesetzt worden, daneben zeichnen sich tribotechnische Einsatzbereiche in der Feinwerk- und Fertigungstechnik ab. Die PVD-Technologie gestattet niedrigere Prozesstemperaturen als das CVD-Verfahren, die unterhalb der Anlasstemperatur von Schnellarbeitsstahl liegen und das Beschichten von wärmebehandelten Stählen sowie Leichtmetallegierungen (Al-, Mg-, Ti-Basis) zulassen. Schmelztauchschichten werden durch Tauchen der zu beschichtenden Bauteile in schmelzflüssige Metalle (z. B. Zinnbad 250 °C, Zinkbad 440 bis 460 °C) hergestellt. Das Aufbringen von Aluminium, Zink, Zinn und Blei auf diese Weise wird Feueraluminieren, Feuerverzinken, Feuerverzinnen und Feuerverbleien genannt.

Die Entwicklung der galvanotechnischen Verfahren ist gekennzeichnet durch die sog. funktionelle Galvanotechnik. Darunter versteht man die Erzeugung von Verbundwerkstoffen, bei denen der Grundwerkstoff Form und Festigkeit des Bauteils bestimmt und die funktionellen Eigenschaften der Bauteiloberfläche vom galvanischen Überzug zu gewährleisten sind. Während die mit galvanotechnischen, CVD-, PVD und Schmelztauchverfahren erzielbaren Beschichtungen Dicken von 1 bis 100 µm aufweisen, lassen sich mit thermischem Spritzen, Auftragschweißen und Plattieren noch erheblich dickere Oberflächenbeschichtungen erzielen.

7 Ressourcennutzung und Umweltauswirkungen

7.1 Materialflüsse in der Wirtschaft

Werkstoffe werden durch verfahrenstechnische Prozesse aus Rohstoffen (Erze, Naturstoffe, fossile Rohstoffe) oder durch Recycling aus Abfällen hergestellt (siehe Bild 1-1). Dabei ist die Nutzung natürlicher Ressourcen immer auch mit Eingriffen in die Umwelt verbunden. Die Auswirkungen auf die Umwelt während Gewinnung, Herstellung, Nutzung und danach als Abfall sind vielfältiger Art (Landverbrauch, Potenzial für Treibhauseffekt, Ökotoxizität, u. s. w.). Eine Möglichkeit zur Quantifizierung der Umweltbelastungen ist der Indikator Globaler Materialaufwand (GMA oder *Total Material Requirement*, *TMR*). Dieser Indikator misst den vollständigen Materialfluss einer Volkswirtschaft einschließlich der verborgenen Flüsse der inländischen Förderung und der Importe (hidden flows, „ökologischer Rucksack"). GMA ist ein umfassender Input-Indikator und misst die materielle Basis einer Volkswirtschaft, d. h. alle der Umwelt im In- oder Ausland entnommenen Primärmaterialien, die mit der inländischen Produktion verbunden sind. Daher ist GMA ein quantitativer Wert für Umweltbelastungen durch die Entnahme und Nutzung natürlicher stofflicher Ressourcen. Bezieht man den Globalen Materialaufwand auf eine spezifische Menge (spezifischer GMA), z. B. eine Tonne, kann man die Umweltbelastungen verschiedener Materialien vergleichen. Ein Wert von 300 t/t (Kupfer) be-

Tabelle 7-1. Globaler Materialaufwand (GMA oder Total Material Requirement, TMR) einiger Metalle, mineralischer und fossiler Rohstoffe [1, 2]

Material	spez. GMA (t/t Material)	Weltproduktion (t)	GMA (10^6 t/Jahr)
Kohle	2	5 535 000 000	11 070
Sand und Kies	0,65	8 000 000 000	5 200
Phosphat	34	146 000 000	4 964
Rohöl	1,22	3 826 000 000	4 668
Gold	1 800 000	2490	4 482
Kupfer	300	14 500 000	4 350
Eisen	5,1	772 900 000	3 942
Platin	1 400 000	514	720
Uran	11 000	42 800	471
Silber	16 000	19 692	315
Aluminium	10	29 900 000	299
Blei	95	3 100 000	295

deutet, dass für die Herstellung von 1 t Kupfer 300 t Material (einschließlich der Materialflüsse aus dem Energieverbrauch der Herstellungsprozesse) bewegt werden müssen. Multiplikation mit der Weltjahresproduktion liefert dann den Wert für GMA der gesamten Weltwirtschaft. Werte für den GMA einiger Rohstoffe sind in Tabelle 7-1 aufgelistet.

Hohe Werte für den Globalen Materialverbrauch resultieren entweder aus einem hohen spezifischen GMA (Gold, Platin, etc.) oder einer großen Weltjahresproduktion.

Der gesamtwirtschaftliche Rohstoffeinsatz kann im Rahmen von Materialflussrechnungen dargestellt werden. Das Materialkonto von Deutschland hatte im Jahr 2002 auf der Entnahmeseite und bei Abgabe und Verbleib jeweils ca. $4{,}6 \times 10^9$ t. Größter Einzelposten sind hier die nicht verwerteten Rohstoffentnahmen (Abraum, Bodenaushub, Erosion). Zum Ausgleich der Bilanz taucht diese Position auf der Entnahme- und Abgabeseite auf. Der Materialverbleib, das sind z. B. neue Gebäude, Straßen etc., ist ebenfalls kritisch zu betrachten, da hiermit Flächenverbrauch verbunden ist. Der Flächenverbrauch betrug in Deutschland 2003 fast 100 Hektar pro Tag. Tabelle 7-2 listet die einzelnen Positionen des Materialkontos auf.

Die Summe aus verwerteter inländischer Entnahme und Importen bezeichnet den direkten Materialeinsatz (*direct material input*, *DMI*) und beträgt in Deutschland ca. 20 Tonnen pro Kopf und Jahr. Für die Errechnung des globalen Materialaufwands werden die nicht verwerteten Rohstoffentnahmen dazu addiert (Gase und Wasser bleiben unberücksichtigt), womit man auf einen GMA von 45 Tonnen pro Kopf und Jahr kommt. Indirekte Primärmaterialentnahmen der Importe sind in dieser Übersicht allerdings nicht berücksichtigt (ca. 5 Tonnen pro Kopf). Eine weitere wichtige Kenngröße ist der inländische Materialverbrauch (*direct material consumption*, *DMC*), den man durch Subtraktion der Exporte von DMI erhält. DMC besteht zu 47% aus mineralischen Rohstoffen, 33% aus Biomasse und 20% aus fossilen Energieträgern. Pro Kopf ist diese Größe für Deutschland und zahlreiche andere Industriestaaten seit 1990 nahezu unverändert. Der deutliche Anstieg des Bruttoinlandsprodukts (BIP) im gleichen Zeitraum zeigt, dass eine Entkopplung von Wirtschaftswachstum und Ressourcenverbrauch

Tabelle 7-2. Materialkonto der deutschen Volkswirtschaft im Jahr 2002 in 10^6 t

Materialflüsse	Entnahme	Bestandszuwachs	Abgabe
verwertete inländische Entnahme	1 140		
nicht verwertete inländische Rohstoffentnahme	2 036		
Importe	513		
Entnahme von Gasen	912		
Materialverbleib		656	
Abfälle an Deponie		60	
Luftemissionen			877
Dissipativer Gebrauch von Produkten			669
Exporte			304
nicht verwertete inländische Rohstoffentnahme			2 036

Quelle: Statistisches Bundesamt Wiesbaden

möglich ist (siehe Bild 7-1), wenn die Ressourcenproduktivität (EUR/kg) entsprechend gesteigert wird. Von einer „Dematerialisierung" um einen Faktor 4 oder sogar 10, wie mancherorts gefordert, ist man allerdings noch sehr weit entfernt. Eine nachhaltige Gestaltung der Ressourcennutzung zeichnet sich durch deutlich niedrigere nicht verwertete Rohstoffentnahmen und einen Bestandszuwachs nahe null aus.
Diese verbesserte Materialeffizienz (30% in Deutschland von 1994–2003, also zwischen 2 und 3% pro Jahr) ist begründet zum einem im Wandel der Wirtschaft, z. B. mehr Dienstleistungen, aber auch in Technologieverbesserungen zur Erhöhung der Materialeffizienz. Um einen Faktor 4 zu erreichen, muss die Verbesserung über 35 Jahre 4% pro Jahr betragen.

7.2 Recycling

Recycling von Metallen

Recycling ist eine Möglichkeit zur Erhöhung der Ressourcenproduktivität. Dadurch werden gleichzeitig negative Umweltauswirkungen der Ressourcennutzung minimiert. In Tabelle 1-4 sind die Recyclingquoten verschiedener metallischer Werkstoffe gelistet. Metalle können nahezu unbegrenzt mit nur geringen Qualitätsverlusten wegen der Aufkonzentrierung von Legierungselementen recycelt werden [3]. Große Bedeutung besitzt dabei insbesondere wegen der Mengen der Einsatz von Stahlschrott in der Stahlindustrie. Dabei ist die

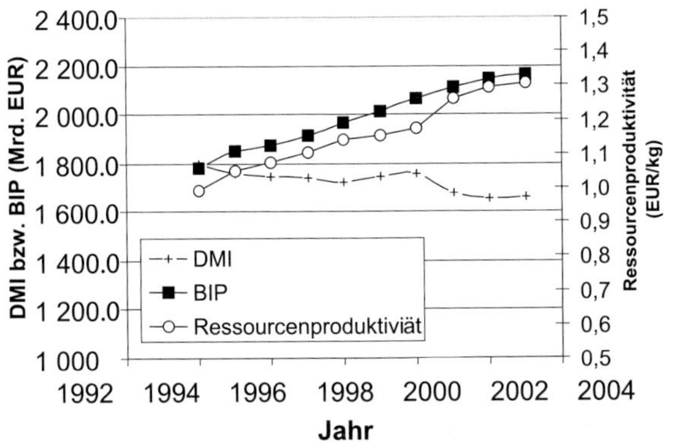

Bild 7-1. Entkopplung von Ressourcenverbrauch (DMI) und Wohlstand (BIP) in Deutschland. Die Ressourcenproduktivität stieg um ca. 30%

Recyclingquote bei der Stahlherstellung in den USA mit 70% [4] deutlich höher als in Deutschland (siehe Tabelle 1-4). Der Grund dafür liegt in der unterschiedlichen Produktionsstruktur. In Deutschland wird mehr anspruchsvoller Oxygenstahl produziert, in Ländern mit höherer Recyclingquote kommt vor allem das Elektrostahlverfahren zum Einsatz.
Ein weiteres gutes Beispiel für Metallrecycling ist die Produktion von Bleiakkumulatoren. In den USA wird das Blei für die Akkus zu mehr als 80% aus recycelten Akkus gewonnen. Dass dennoch fast 30% des gesamten Bleiverbrauchs ($1{,}4 \times 10^6$ Tonnen im Jahr 1994) durch Importe und aus dem Bergbau gedeckt werden müssen, liegt an Verwendungen, für die das Recycling von Blei schwierig ist (Farben, Keramik, Lötmittel, Munition etc.) [5]. Neben dem Aspekt Ressourcenschonung ist vor allem der Energieverbrauch beim Recycling von metallischen Werkstoffen deutlich geringer als bei der Erzeugung aus Rohstoffen. Beim Aluminium werden z. B. bei der Herstellung aus Sekundäraluminium weniger als 10% der Energie als bei der Herstellung aus Bauxit benötigt (siehe Tabelle 1-3).

Recycling von Kunststoffabfällen

Anders sieht die Situation bei den Kunststoffen aus. In Deutschland wurden im Jahr 2002 knapp 11×10^6 Tonnen Kunststoffe verbraucht. Mehr als ein Drittel wird davon als Verpackungsmaterial genutzt [6]. Recycling von Kunststoffen ist auf unterschiedliche Weisen möglich:

- Mechanisches Recycling (werkstoffliches Recycling, *back-to-polymer recycling BTP*). Die chemische Struktur des Materials bleibt unverändert, verändert wird nur die Gestalt, z. B. durch Schreddern. Es werden wieder direkt Kunststofferzeugnisse hergestellt.
- Rohstoffliches Recycling (*back-to-feedstock recycling BTF*). Die Kunststoffe werden durch einen chemischen Prozess in Rohstoffe wie z. B. Rohölersatz, Naphta, Synthesegas umgewandelt.
- Energetische Verwertung. Kunststoffe werden in der Stahlherstellung als Reduktionsmittel oder in Feuerungsanlagen zur Strom- oder Wärmeerzeugung eingesetzt.

Von den im Jahr 2002 in Deutschland gesammelten $2{,}7 \times 10^6$ Tonnen wurden 55,9% recycelt (15% mechanisch, 12,1% rohstofflich und 28,8% energetisch). Welcher Weg zu bevorzugen ist, hängt stark davon ab, in welcher Form die Kunststoffe ins Recycling gelangen. Sortenreine Kunststofffraktionen eignen sich besser zum werkstofflichen Recycling als gemischte Verpackungsabfälle aus Haushaltsabfällen.

Recycling von sonstigen Abfällen

Es gibt zahlreiche Beispiele der Gewinnung von Rohstoffen aus Abfällen, umso natürliche Ressourcen zu schonen [7]: Altglasscherben als Rohstoff für die Glasindustrie, Gips aus Rauchgasentschweflungsanlagen für die Herstellung von Gipskartonplatten, Flugaschen aus Kohlekraftwerken und Schlacken aus der Metallurgie als Zementzumahlstoff, Gesteinskörnung aus dem Bauschuttrecycling für die Betonherstellung, Eisen und Nichteisenmetalle aus Abfallverbrennungsaschen für die Metallindustrie, Altpapier für die Papierindustrie. Viele weitere Recyclingverfahren befinden sich in der Entwicklung. Ob sich die Verfahren am Markt etablieren können, hängt von den Kosten für die Behandlung und den Preisen für die natürlichen Rohstoffe ab. Letztere sind für viele Rohstoffe durch erhöhte Nachfrage in Asien in letzter Zeit stark angestiegen.
Der Wertschöpfungseffekt durch Recycling ist bedeutend. Die zusätzliche Wertschöpfung durch den Einsatz von Sekundärrohstoffen betrug im Jahr 2005 in Deutschland ca. 3,6 Milliarden EUR, davon entfallen auf eingesparte Energie 60%, 40% auf Einsparungen beim Primärrohstoff [4].

8 Beanspruchung von Werkstoffen

In technischen Konstruktionen haben Werkstoffe bzw. Bauteile eine Vielzahl funktioneller Aufgaben zu erfüllen und sind zahlreichen Beanspruchungen ausgesetzt. Die Analyse dieser Beanspruchungen ist Voraussetzung für das Verständnis von Werkstoffeigenschaften und Werkstoffschädigungsprozessen und bildet die Basis für eine funktionsgerechte Werkstoffauswahl.
Eine Übersicht über die möglichen Beanspruchungen von Werkstoffen und Bauteilen in technischen Anwendungen gibt Bild 8-1. Im oberen Teil ist vereinfacht dargestellt, dass Werkstoffe durch verschiedene Verfahrenstechnologien hergestellt, und dann durch geeignete Fertigungstechniken zu Bauteilen weiterverarbeitet werden. Hierbei ist zu beachten, dass durch die verfahrens- und fertigungstechnischen Einflüsse bereits Bauteileigenschaften vorgeprägt werden, z. B.:

- Formeigenschaften und fertigungsbedingte Eigenspannungen in Oberflächenbereichen von Bauteilen infolge lokaler inhomogener Deformationen bei der spangebenden oder spanlosen Formgebung.
- Fertigungsbedingte Oberflächenstrukturen in Form von oberflächenverfestigten Werkstoffbereichen und der Ausbildung von Reaktions- und Kontaminationsschichten mit einer vom Grundwerkstoff verschiedenen chemischen Zusammensetzung und Mikrostruktur, sowie dem Vorhandensein von Kerben.

Die funktionsbedingten Beanspruchungen können wie in Bild 8-1 in Volumenbeanspruchungen und Oberflächenbeanspruchungen eingeteilt werden, die durch unterschiedliche Beanspruchungsarten und zeitliche Abläufe gekennzeichnet sind und in ihrer Überlagerung Komplexbeanspruchungen ergeben.

8.1 Volumenbeanspruchungen

Als Volumenbeanspruchungen werden diejenigen Beanspruchungen bezeichnet, die zu einer Verformung des Bauteil-Volumens führen.
Nach der Festigkeitslehre (E 5) unterscheidet man die Grundbeanspruchungen Zug bzw. Druck, Schub, Biegung, Torsion, siehe Bild 8-2.
Je nach den Beanspruchungsverhältnissen liegen einachsige oder mehrachsige Beanspruchungen vor. Formänderungen von Bauteilen können auch durch thermisch induzierte Spannungen bewirkt werden.

8.2 Oberflächenbeanspruchungen

Die auf die Oberflächen von Werkstoffen und Bauteilen einwirkenden Beanspruchungen und die Art und Funktion technischer Oberflächen lassen sich in die in Bild 8-3 dargestellten Gruppen einteilen [1].

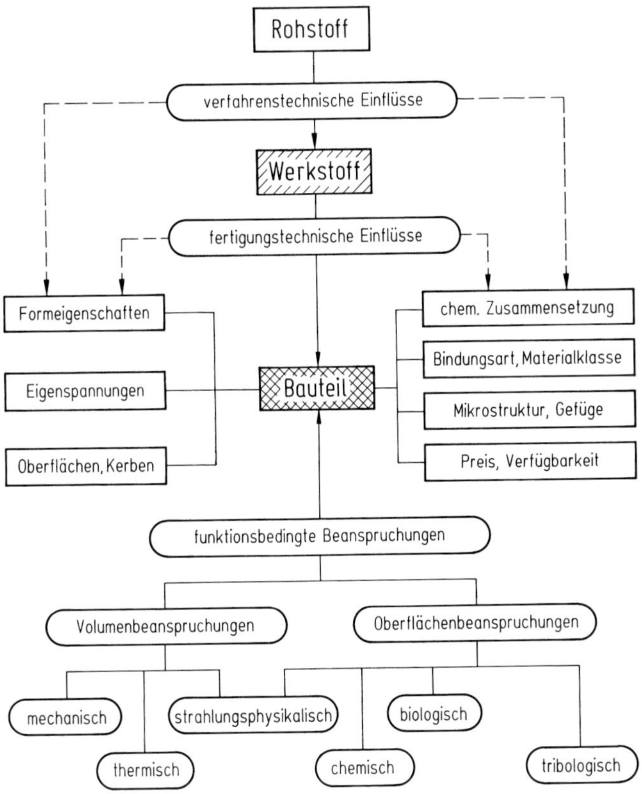

Bild 8-1. Herstellungs- und funktionsbedingte Einflüsse und Beanspruchungen von Bauteilen

8.3 Zeitlicher Verlauf von Beanspruchungen

Volumenbeanspruchungen können konstant sein (statische Beanspruchung, Zeitstandbeanspruchung) oder sich periodisch (Schwingungsbeanspruchung) oder stochastisch (Betriebsbeanspruchung) ändern. Die hauptsächlichen Beanspruchungs-Zeit-Funktionen sind in Bild 8-4 dargestellt.

Der zeitliche Verlauf tribologischer Beanspruchungen wird gekennzeichnet durch kinematische Bewegungsformen (Gleiten, Wälzen, Prallen, Stoßen, Strömen) sowie zeitliche Bewegungsverläufe (kontinuierlich, intermittierend, repetierend, oszillierend).

Überlagern sich verschiedene Beanspruchungen (Art und zeitlicher Verlauf, Beanspruchungsmedien usw.), so spricht man von Komplexbeanspruchungen.

8.4 Umweltbeanspruchung und Umweltsimulation

Produkte und Materialien unterliegen während des gesamten Lebenszyklus (siehe Bild 1-1) Beanspruchungen aus der Umwelt, die die Lebensdauer und damit die Zuverlässigkeit beeinflussen können. Diese Beanspruchungen erfolgen häufig über die Materialoberfläche (siehe Bild 8-3). Tabelle 8-1 gibt einen Überblick über wichtige Umwelteinflüsse.

Bezüglich ihrer Empfindlichkeit gegenüber Umwelteinflüssen gibt es einen deutlichen Unterschied zwischen den erheblich unempfindlicheren anorganischen Materialien wie Metallen und organischen, also auf Kohlenstoffverbindungen basierenden Werkstoffen.

Unerwünschte Veränderungen sind in der Regel irreversible Veränderungen (Alterung, siehe Abschnitt 10.2). Diese sind vor allem chemischer Natur und beruhen im Wesentlichen auf Oxidationsreaktionen (Korrosion von Metallen wie auch Degradation von Kunststoffen). Unerwünschte Veränderungen auf molekularer Ebene akkumulieren sich über die Dauer der Einwirkung bis sie schließlich zu makroskopischen Eigenschaftsänderungen führen.

Nicht nur konstante Beanspruchungen auf einem hohen Niveau können zu Schädigungen führen, auch der schnelle Wechsel zwischen Zuständen (besonders bei

Beanspruchungsart	Kenngrößen der Beanspruchung		Bauteilveränderung
Zug/Druck	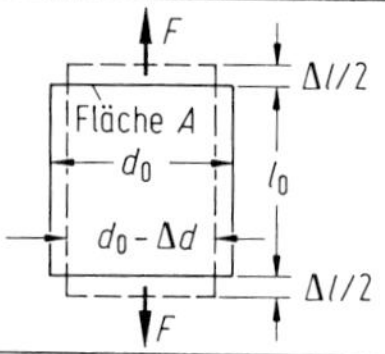	Zugspannung $\sigma_z = F/A$ Druckspannung $\sigma_d = -F/A$	Dehnung $\varepsilon = \Delta l/l_0$ Querkontraktion $\varepsilon_q = -\Delta d/d_0$
Schub, Scherung	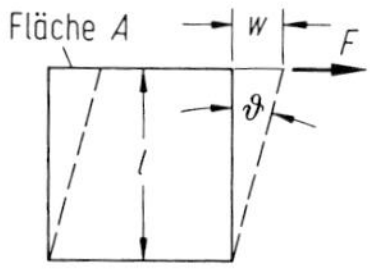	Schubspannung $\tau = F/A$	Schiebung, Scherung $\gamma = w/l = \tan\vartheta$
Biegung	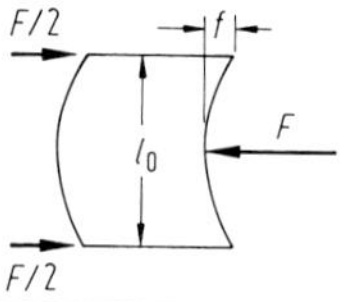	Biegemoment M_b	Durchbiegung f
Torsion	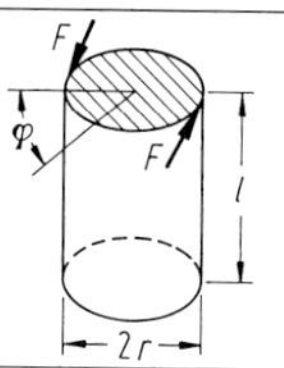	Torsionsmoment, (Drillmoment) $M_T = Fr$	Torsionswinkel φ Drillung, Verwindung $\Theta = \varphi/l$
hydrostatischer Druck	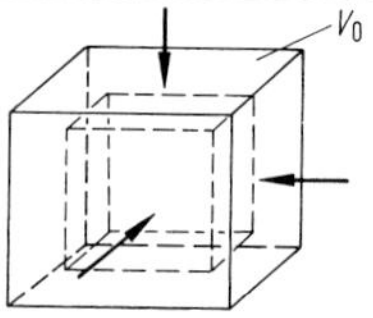	allseitiger Druck p	Kompression $= -\Delta V/V_0$

Bild 8-2. Beanspruchung von Werkstoffen: Übersicht über Volumen-Grundbeanspruchungsarten

Temperatur- oder Feuchtewechseln). In den meisten Fällen zeigen sich Schädigungen nicht als Summe der Einzelschädigungen durch die individuellen Beanspruchungsfaktoren, sondern es treten ausgeprägte Synergismen und Antagonismen auf.

Die Umweltsimulation dient der Beschreibung der Schädigungsmechanismen durch Umwelteinflüsse. Dabei spielen zeitraffende Methoden eine große Rolle. Für die Simulation der Umwelteinflüsse gibt es genormte Verfahren. Für elektrotechnische Produkte beschreibt DIN EN 60068-2 (Umweltprüfungen) Verfahren für die folgenden Beanspruchungen: Kälte, trockene Wärme, feuchte Wärme, Schock, Schwingungen, Beschleunigung, Schimmelwachstum, korrosive Atmosphären (z. B. Salznebel), Staub und Sand, Luftdruck, Temperaturwechsel, Dichtheit, Wasser, Strahlung, Löten, Widerstandsfähigkeit der Anschlüsse.

Die Aufgabe des Ingenieurs ist es, Produkte so zu gestalten, dass sie den Umwelteinflüssen möglichst lange standhalten. Die schädigende Wirkung von Umwelteinflüssen auf Werkstoffe ist vorgegeben und unveränderbar. Durch Auswahl des Basismaterials und schützende Zusätze (vor allem bei Kunststoffen) kann jedoch die Kinetik der Schädigung beeinflusst werden (siehe Bild 8-5).

Das Ausfallverhalten vieler technischer Produkte kann durch die so genannte „Badewannenkurve“ beschrieben werden (siehe Bild 8-5). Bei der Auftragung der Ausfallrate gegen die Zeit wird zuerst eine höhere Anzahl von Frühausfällen beobachtet, die aber mit der Zeit abfallen [2]. Diese Ausfälle rühren von Fehlern in der Produktion her. Es folgt eine Zeitspanne mit nahezu konstanter Ausfallrate (Zufallsausfälle). Gegen Ende der Produktlebensdauer steigt die Ausfallrate wieder an (Verschleißausfälle).

Art und Funktion technischer Oberflächen	Oberflächenbeanspruchung	Oberflächenveränderung bzw. - schädigung
Außenflächen von techn. Produkten aller Art (Sichtflächen, Deckflächen, Signalflächen)	mechanisch unbeansprucht (Klima- bzw. Umweltbeanspruchung)	Adsorption, Verschmutzung, Verwitterung
Oberflächen, die Wärme, Strahlung oder elektr. Strom ausgesetzt sind (Isolierflächen, elektr. Kontakte)	thermische, strahlungsphysikalische, elektr. Beanspruchung	Passivierung, Oxidation, Verzunderung
Oberflächen in Kontakt mit leitenden Flüssigkeiten (Behälter, Karosserieteile)	elektrochemische Beanspruchung	Korrosion, Elektrolyse
Oberflächen in Kontakt mit strömenden Medien (Rohrleitungen, Ventile)	Strömungsbeanspruchung	Kavitation, Erosion
Oberflächen in Kontakt mit bewegten Gegenkörpern (Lager, Bremsen, Getriebe)	tribologische Beanspruchung (Reibbeanspruchung)	Kontaktdeformation, Verschleiß
Oberflächen in Kontakt mit Mikroorganismen	biologische Beanspruchung	biologische Schädigung

Bild 8-3. Beanspruchungsarten von Werkstoffoberflächen

Tabelle 8-1. Wichtige Umwelteinflüsse

Art der Beanspruchung	Natürliche Ursache	Anthropogene Ursache
Klima	**Natürliches Klima**	**Künstliches Klima**
Wärme, Kälte		
Feuchtigkeit		
Luftdruck		
Salzwasser, Aerosole		
Niederschläge		
Stäube		
Vibrationen	Erdbeben	Transporterschütterungen
Energiereiche Strahlung (Röntgen, Elektronen)	radioaktive Isotope	künstliche Strahlungsquellen
Chemischer und biologischer Angriff	Pilze, Bakterien	Säuren, Laugen

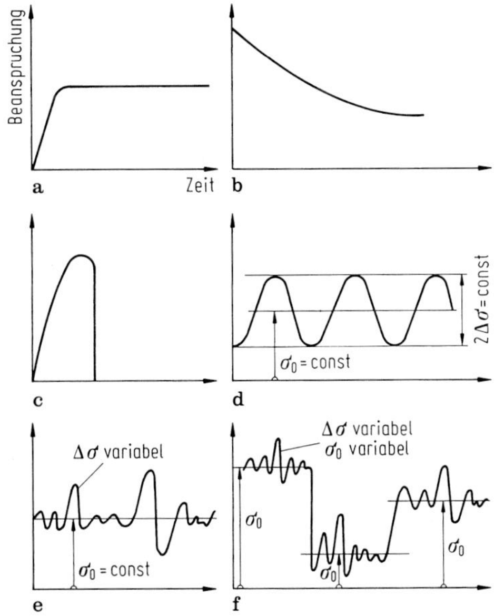

Bild 8-4. Zeitlicher Verlauf von Beanspruchungen. **a** statische Langzeitbeanspruchung (Zeitstandbeanspruchung), **b** Entspannungsbeanspruchung, **c** zügige Kurzzeit- oder Stoßbeanspruchung, **d** periodische Schwingbeanspruchung mit konstanter Schwingamplitude und Vorlast, **e** Schwingbeanspruchung mit konstanter Vorlast und variablen Schwingamplituden, **f** Schwingbeanspruchung mit variablen Mittel- und Schwingamplituden

Zur Senkung der Frühausfallrate wird das Verfahren des Environmental Stress Screening (ESS) eingesetzt. Mit geeigneten Stressprüfungen, die über eine normale Endkontrolle hinausgehen, werden Schwachstellen

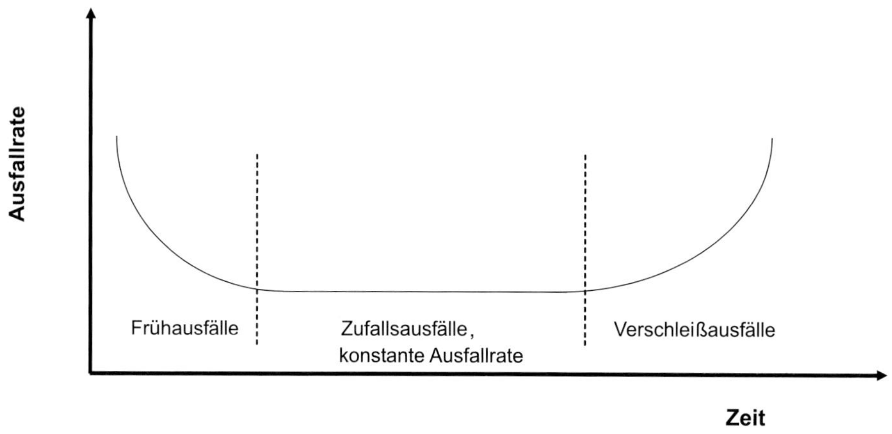

Bild 8-5. „Badewannenkurve“ der Ausfallrate als Funktion der Betriebsdauer

und Vorschäden sichtbar gemacht. Die Produkte, die ESS überstehen, haben dann eine deutlich geringe Frühausfallrate [3].

9 Werkstoffeigenschaften und Werkstoffkennwerte

Für technische Anwendungen sind Werkstoffe so auszuwählen, dass sie den funktionellen Anforderungen entsprechen, sich gut bearbeiten und fügen lassen, verfügbar und wirtschaftlich sind sowie den Sicherheits-, Qualitäts- und Umweltschutzerfordernissen gerecht werden. Werkstoffe besitzen naturgemäß individuelle Eigenschaftsprofile; ihre Kenndaten sind bekanntlich keine „Konstanten“. Die in diesem Kapitel zusammengestellten, technisch wichtigsten Werkstoffeigenschaften und typischen Kenndaten sollen einen Eigenschaftsvergleich und überschlägige Berechnungen für technische Anwendungen ermöglichen (Quelle: [1]). Für endgültige Konstruktionsberechnungen, Funktionsbeurteilungen oder Schadensanalysen müssen in jedem Fall genaue Herstellungsspezifikationen oder Materialprüfdaten der betreffenden Werkstoffe verwendet werden, siehe 11.

9.1 Dichte

Die Dichte $\rho = m/V$ eines (homogenen) Körpers ist das Verhältnis seiner Masse m zu seinem Volumen V. Die Dichte von Festkörpern wird durch die Atommassen und den mittleren Atomabstand bestimmt. Die meisten Metalle haben große Dichten, da sie hohe Atommassen und Packungsdichten besitzen. Die Atome von Polymeren und vielen keramischen Stoffen (C, H, O, N) sind dagegen leicht und besitzen häufig auch eine geringere Packungsdichte; die Dichte dieser Werkstoffe ist daher z. T. erheblich niedriger.

In anwendungstechnischer Hinsicht ist die Dichte zur Beurteilung des Festigkeits-Dichte-Verhältnisses von Strukturwerkstoffen (z. B. Leichtbaumaterialien) von Bedeutung, siehe Bild 9-1. In Tabelle 9-1 sind die Dichtewerte verschiedener Werkstoffe zusammengestellt.

9.2 Mechanische Eigenschaften

Die mechanischen Eigenschaften kennzeichnen das Verhalten von Werkstoffen gegenüber äußeren Beanspruchungen (siehe 8.1), wobei drei Stadien unterschieden werden können:

- Reversible Verformung: Vollständiger Rückgang einer Formänderung bei Entlastung entweder sofort (Elastizität) oder zeitlich verzögert (Viskoelastizität).
- Irreversible Verformung: Bleibende Formänderung auch nach Entlastung (Plastizität, Viskoplastizität).
- Bruch: Trennung des Werkstoffs infolge der Bildung und Ausbreitung von Rissen in makroskopischen Bereichen.

Der Widerstand eines Werkstoffs gegen Eindringen eines anderen Körpers wird als Härte bezeichnet, siehe auch 11.5.3.

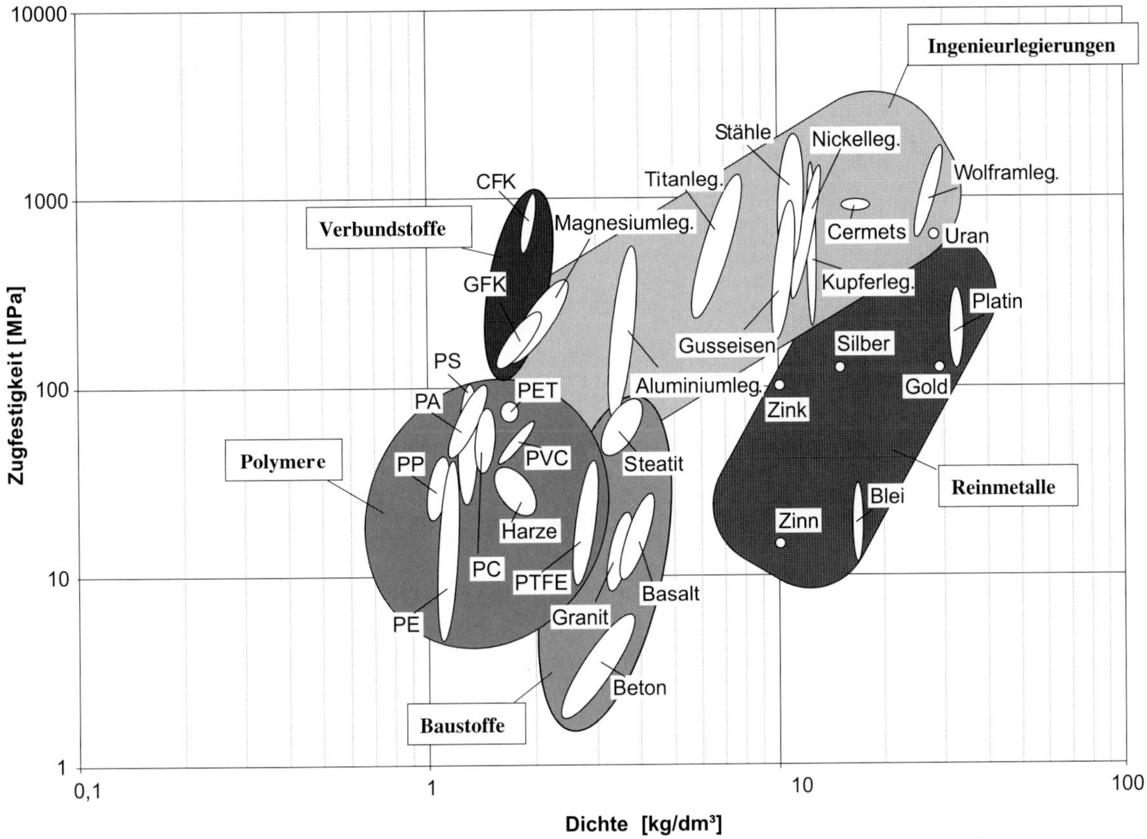

Bild 9-1. Zugfestigkeit R_m über Dichte ρ für verschiedene Werkstoffe und Werkstoffgruppen (nach Ashby)

9.2.1 Elastizität

Die Elastizität von Werkstoffen kann mithilfe von Spannungs-Verformungs-Diagrammen, die z. B. aus Zug- oder Druckversuchen experimentell bestimmt werden, (siehe 11.5) wie folgt gekennzeichnet werden, siehe Bild 9-2:

Linear-elastisches Verhalten, Bild 9-2a: Für isotrope Stoffe besteht Proportionalität zwischen der einwirkenden Spannung und der resultierenden Verformung in Form des Hooke'schen Gesetzes

$\sigma = E \cdot \varepsilon$ für Normalspannungen (E Elastizitätsmodul)

$\tau = G \cdot \gamma$ für Schubspannungen (G Schubmodul)

$p_0 = K \cdot k$ für hydrostatischen Druck (K Kompressionsmodul).

Bei anisotropen Stoffen muss im allgemeinen Fall von Spannungs- und Verformungstensoren sowie von richtungsabhängigen elastischen Konstanten ausgegangen werden, siehe Teil E.

Zwischen den elastischen Konstanten E, G, K und der Poisson-Zahl $\nu = -\varepsilon_q/\varepsilon$ gelten im isotropen Fall folgende Relationen:

$$E = 3(1 - 2\nu)K; E = 2(\nu + 1)G .$$

Nach Bild 9-2a wird beim Entlasten die Verformungsenergie wieder vollständig zurückerhalten. Bei hinreichend kleinen Verformungen ($\varepsilon < 0{,}1\%$) sind alle Festkörper linear-elastisch.

Nichtlinear-elastisches Verhalten, Bild 9-2b: Es besteht keine Proportionalität zwischen der einwirkenden Spannung und der resultierenden Verformung; jedoch wird beim Entlasten die Verfor-

Tabelle 9-1. Dichte von Werkstoffen

Werkstoff	ϱ kg/dm^3	Werkstoff	ϱ kg/dm^3
Osmium	22,6	Berylliumoxid	2,9
Platin	21,5	Kalkstein	2,7 ... 2,9
Wolframlegierungen	17,0 ... 19,8	Aluminiumlegierungen	2,6 ... 2,9
Wolfram	19,3	Marmor	2,6 ... 2,9
Gold	19,3	Aluminium	2,7
Uran	19,0	Siliciumdioxid	2,2 ... 2,6
Tantallegierungen	16,6 ... 16,9	Quarzglas	2,2 ... 2,6
Tantal	16,6	Polymerbeton	2,4 ... 2,5
Wolframcarbid	15,6	Porzellan	2,2 ... 2,5
Hartmetall	9,0 ... 15,0	Polytetrafluorethylen	2,1 ... 2,3
Cermets	11,0 ... 12,5	Carbonfasern	1,7 ... 2,2
Blei	11,7	Silikastein	1,9
Silber	10,5	Sandstein	1,6 ... 1,9
Molybdän	10,2	Schamottestein	1,6 ... 1,9
Nickellegierungen	7,8 ... 9,2	Magnesiumlegierungen	1,4 ... 1,9
Nickel	8,9	Graphit	1,8
Kobalt	8,9	Siliconkautschuk	1,3 ... 1,8
Kupfer	8,9	Magnesium	1,7
Bronze	7,5 ... 8,8	glasfaserverstärkte Kunststoffe	1,3 ... 1,7
Messing	8,3 ... 8,7	carbonfaserverstärkte Kunststoffe	1,5 ... 1,6
Niob	8,6	Pflanzenfasern	1,3 ... 1,6
Stahl, austenitisch	7,8 ... 8,0	Polyvinylchlorid	1,3 ... 1,6
Stahl, ferritisch	7,8 ... 7,9	Harnstoffharz	1,5
Gusseisen	7,2 ... 7,8	Melaminharz	1,5
Zinn	7,3	polymerfaserverstärkte Kunststoffe	1,2 ... 1,5
Chrom	7,2	Polyoxymethylen	1,4
Zinklegierungen	5,0 ... 7,2	Polyethylenterephthalat	1,4
Zink	7,1	Polyimid	1,4
Zirconiumkarbid	6,7	Polyesterharz	1,1 ... 1,4
Zircon	6,5	Tierfasern	1,2 ... 1,4
Glas	2,2 ... 6,3	Epoxidharz	1,1 ... 1,4
Titanlegierungen	4,4 ... 5,7	Phenolharz	1,3
Titancarbid	4,9	Polyurethan-Kautschuk	1,0 ... 1,25
Titan	4,5	Polycarbonat	1,20
Alumiumoxid	3,6 ... 4,0	Polymethylmethacrylat	1,18
Magnesiumoxid	3,6	Polyamid	1,01 ... 1,18
Diamant	3,5	Laubholz	0,53 ... 1,08
Siliciumcarbid	3,2	Polystyrol	1,04 ... 1,07
Siliciumnitrid	3,2	Polyethylen	0,91 ... 0,97
Basalt	2,8 ... 3,2	Polypropylen	0,85 ... 0,94
Steatit	2,5 ... 3,0	Styrol-Butadien-Kautschuk	0,93
Granit	2,6 ... 2,8	Sperrholz	0,80 ... 0,90
Beton	2,0 ... 2,8	Nadelholz	0,30 ... 0,61

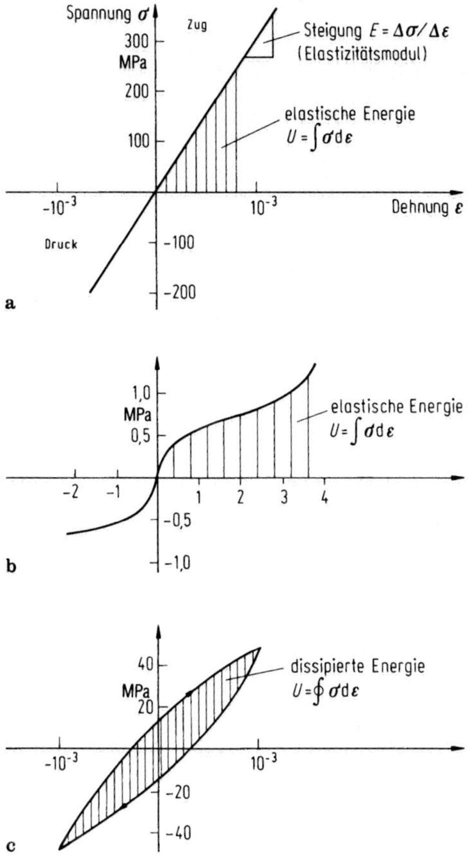

Bild 9-2. Elastisches Verhalten von Werkstoffgruppen. **a** Linear-elastisches Verhalten (z. B. Stahl), **b** nichtlinear-elastisches Verhalten (z. B. Gummi), **c** anelastisches Verhalten (z. B. GFK)

mungsenergie auch vollständig zurückerhalten. Ein derartiges Verhalten weist z. B. Gummi bis zu sehr großen Dehnungen (ca. 500%) auf.

Anelastisches Verhalten, Bild 9-2c: Die Verformungskurven fallen bei Be- und Entlastung nicht zusammen (elastische Hysterese), sodass Energie entsprechend der schraffierten Fläche in Bild 9-2c dissipiert wird. Ein anelastisches Verhalten ist z. B. für die Vibrationsdämpfung günstig.
Der E-Modul stellt eine wichtige, die Steifigkeit von Werkstoffen charakterisierende Werkstoffkenngröße dar. In atomistischer Deutung kann der E-Modul mit der Federkonstante $c = \mathrm{d}F/\mathrm{d}s$ der Bindungskraft F zwischen den atomaren Bestandteilen von Festkörpern in Verbindung gebracht und aus der Bindungsenergie-Abstands-Funktion $U(s)$, (vgl. Bild 2-1) gemäß $E = c/s = (\mathrm{d}F/\mathrm{d}s)/s = (\mathrm{d}^2U/\mathrm{d}s^2)/s$ abgeschätzt werden. Als theoretische Obergrenze ergibt sich für die kovalente C–C-Diamantbindung ein Wert von 1000 GPa [2]. Eine Zusammenstellung der E-Modulen technischer Werkstoffe gibt Tabelle 9-2. Informationen zum Verhältnis E-Modul zu Dichte liefert Bild 9-3.

9.2.2 Viskoelastizität

Werkstoffe mit nichtkristalliner Mikrostruktur, wie z. B. Polymere, sind beim Einwirken einer konstanten Beanspruchung durch ein zeitabhängiges Verformungsverhalten mit folgenden Deformationsanteilen gekennzeichnet [3], siehe Bild 9-4:
Elastisches Verhalten, d. h. linearer Zusammenhang zwischen Spannung σ_0 und Dehnung $\varepsilon_{\mathrm{el}}$:

$$\varepsilon_{\mathrm{el}} = \frac{\sigma_0}{E_0} \quad (E_0 \text{ Elastizitätsmodul})$$

Viskoses (plastisches) Verhalten, d. h. lineare Abhängigkeit der Dehnung von der Zeit (*Fließen*):

$$\varepsilon_{\mathrm{v}} = \frac{\sigma_0}{\eta_0} \cdot t \quad (\eta_0 \text{ Viskosität})$$

Viskoelastisches Verhalten, d. h. zeitabhängige reversible Verformung:

$$\varepsilon_{\mathrm{r}} = \frac{\sigma_0}{E_{\mathrm{r}}}[1 - \exp(-t/\tau)]$$

(E_{r} Relaxationsmodul; τ Relaxationszeit)

Als Gesamtverformung ergibt sich:

$$\varepsilon_{\mathrm{tot}} = \left(\frac{1}{E_0} + \frac{t}{\eta_0} + \frac{1}{E_{\mathrm{r}}}[1 - \exp(-t/\tau)]\right)\sigma_0 \,.$$

Hiervon ist nur das viskose, plastische Fließen irreversibel, während das viskoelastische Verhalten ein reversibles Kriechen ist. Bei einer (schnellen) Entlastung formt sich die Probe sofort um den elastischen Anteil $\varepsilon_{\mathrm{el}}$ und verzögert um den relaxierenden Anteil ε_{r} zurück.
Relaxationsmodul E_{r}, als Maß für den Widerstand gegen eine viskoelastische Verformung, und Relaxationszeit τ, als Maß für die relaxierende Verformungsgeschwindigkeit, werden aus Dehnungs-Zeit-Kurven bestimmt.

Tabelle 9-2. Elastizitätsmodul von Werkstoffen

Werkstoff	*E* GPa	Werkstoff	*E* GPa
Diamant	900	Kalkstein	80
Wolframcarbid	420 ... 710	Gold	80
Carbonfasern	260 ... 690	Aluminiumlegierungen	68 ... 82
Hartmetall	343 ... 667	Marmor	75
Osmium	560	Quarzglas	75
Cermets	400 ... 530	Aluminium	69
Siliciumkarbid	260 ... 470	Granit	62
Titancarbid	310 ... 460	Silber	54
Wolfram	415	Zinn	50
Aluminiumoxid	210 ... 390	Magnesiumlegierungen	42 ... 47
Molybdän	325	Magnesium	44
Magnesiumoxid	303	Beton	25 ... 38
carbonfaserverstärkte Kunststoffe	70 ... 275	Graphit	3 ... 30
Chrom	250	glasfaserverstärkte Kunststoffe	15 ... 28
Nickellegierungen	150 ... 222	Laubholz, parallel zur Faser	6 ... 23
Stahl, ferritisch	108 ... 212	Blei	19
Nickel	210	Sperrholz	4 ... 16
Kobalt	210	Nadelholz, parallel zur Faser	5 ... 13
Uran	176 ... 201	Melaminharz	8 ... 10
Stahl, austenitisch	192 ... 200	Harnstoffharz	5 ... 9
Tantal	185	Phenolharz	2,8 ... 4,8
Gusseisen	66 ... 172	Polyesterharz	2,1 ... 4,4
Platin	172	Polystyrol	2,3 ... 4,1
Mullit	145 ... 130	Polyvinylchlorid	2,1 ... 4,1
Kupfer	100 ... 130	Polymethylmethacrylat	3 ... 4
Titanlegierungen	82 ... 130	Polyethylenterephthalat	2,0 ... 4,0
Bronze	105 ... 124	Epoxidharz	1,5 ... 3,6
Messing	78 ... 123	Polyamid	1,5 ... 3,3
Glas	52 ... 110	Polyimid	2,0 ... 3,0
Zink	105	Polycarbonat	2 ... 2,4
Titan	103	Polypropylen	0,7 ... 1,5
Niob	103	Laubholz, senkrecht zur Faser	0,6 ... 1
Zirkonlegierungen	96 ... 99	Polyethylen	0,6 ... 0,9
Steatit	88 ... 98	Polytetrafluorethylen	0,5 ... 0,8
Zinklegierungen	63 ... 97	Nadelholz, senkrecht zur Faser	0,3
Porzellan	60 ... 90	Siliconkautschuk	0,005 ... 0,02

Das komplexe Verformungsverhalten kann durch Kombination von Federelementen (elastische Deformation) und Dämpfungselementen (viskose Deformation) modelliert werden, siehe Bild 9-5:

- Maxwell-Modell, beschreibt das elastisch-plastische Verhalten durch Hintereinanderschaltung von Feder- und Dämpfungselement.
- Voigt-Kelvin-Modell, beschreibt das viskoelastische Verhalten durch Parallelschaltung von Feder- und Dämpfungselement.
- Burgers-(4-Parameter-)Modell, beschreibt das resultierende Gesamtverhalten durch Hintereinanderschalten eines Maxwell- und Voigt-Kelvin-Modells.

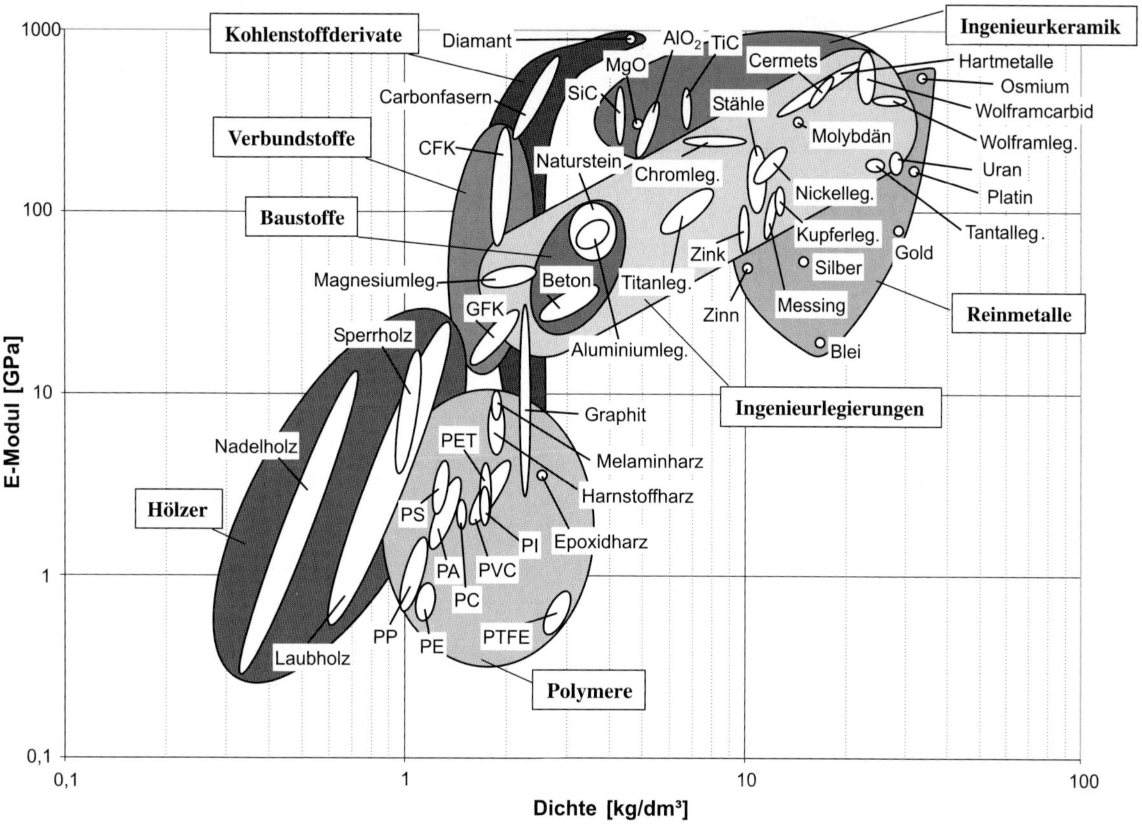

Bild 9-3. Elastizitätsmodul E über Dichte ρ für verschiedene Werkstoffe und Werkstoffgruppen (nach Ashby)

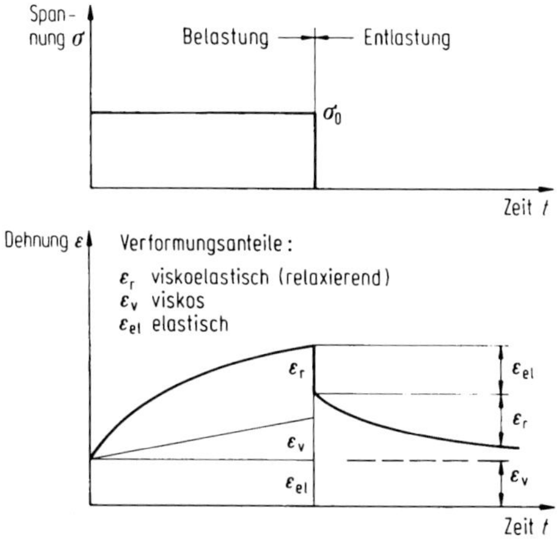

Bild 9-4. Verformungsverhalten von Werkstoffgruppen mit elastischen, viskosen und viskoelastischen Deformationsanteilen

Je nachdem, ob Spannung oder Verformung vorgegeben werden, unterscheidet man:

Verformungsrelaxation verzögertes Einstellen der Verformung bei vorgegebener Spannung,

Spannungsrelaxation: allmähliche Abnahme der Spannung in einem Werkstoff bei Aufrechterhaltung einer bestimmten Verformung.

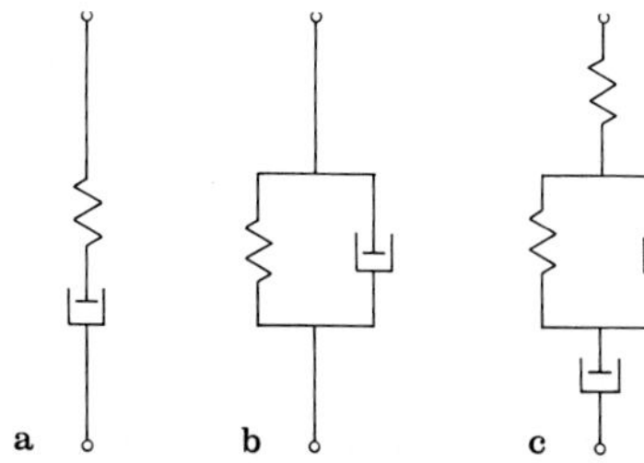

Bild 9-5. Modelle zur Kennzeichnung des komplexen Verformungsverhaltens von Werkstoffen. **a** Maxwell-Modell, **b** Voigt-Kelvin-Modell, **c** Burgers-Modell

9.2.3 Festigkeit und Verformung

Als Festigkeit wird die Widerstandsfähigkeit eines Werkstoffs oder Bauteils gegen Verformung und Bruch bezeichnet. Die Festigkeit ist hauptsächlich abhängig von:

- Werkstoff (chemische Natur, Bindungen, Mikrostruktur),
- Proben- bzw. Bauteilgeometrie (Form, Rauheit, Kerben),
- Beanspruchungsart,
- Beanspruchungs-Zeit-Funktion (siehe Bild 8-4),
- Temperatur,
- Umgebungsbedingungen (z. B. korrosive Medien).

Die Festigkeit von Werkstoffen wird durch mechanisch-technologische Prüfverfahren bestimmt (siehe 11.5). Die wichtigste Festigkeitsprüfung ist der Zugversuch (DIN EN 10 002-1), bei dem eine Zugprobe definierter Abmessungen (Anfangsquerschnittsfläche S_0, Anfangsmesslänge L_0) unter vorgegebener Geschwindigkeit $\mathrm{d}(L/L_0)/\mathrm{d}t = \mathrm{d}\varepsilon/\mathrm{d}t$ gedehnt und die dabei erforderliche Prüfkraft F (Nennspannung $\sigma = F/S_0$) bestimmt wird. Aus einem Zugversuch resultiert ein Spannungs-Dehnungs-(σ, ε)-Diagramm, siehe Bild 9-6, mit dem die folgenden *Kenngrößen* definiert werden können:
Dehngrenze (Fließgrenze) R_p: d. i. die Spannung F/S_0 bei beginnender plastischer Verformung.
0,2%-Dehngrenze $R_{p0,2}$: d. i. F/S_0 bei einer bleibenden Verformung von 0,2%. Neben $R_{p0,2}$ werden auch die 0,01%-Dehngrenze (technische Elastizitätsgrenze) oder die 1%-Dehngrenze bestimmt. Die 0,2%-Dehngrenze wird immer dann verwendet, wenn sich der Werkstoff allmählich plastisch verformt, ohne dass eine ausgeprägte Fließgrenze auftritt.
Zugfestigkeit R_m: Nennspannung beim Belastungsmaximum F_m/S_0.
Werkstoffe mit nicht stetigem Spannungs-Dehnungs-Verlauf (z. B. weicher Stahl, siehe Bild 9-6b) werden zusätzlich gekennzeichnet durch die Streckgrenze R_{eH}: d. i. die Spannung, bei der mit zunehmender Dehnung die Zugkraft erstmalig gleichbleibt oder abfällt. (Bei größerem Spannungsabfall wird zwischen oberer Streckgrenze R_{eH} und unterer Streckgrenze R_{eL} unterschieden.)

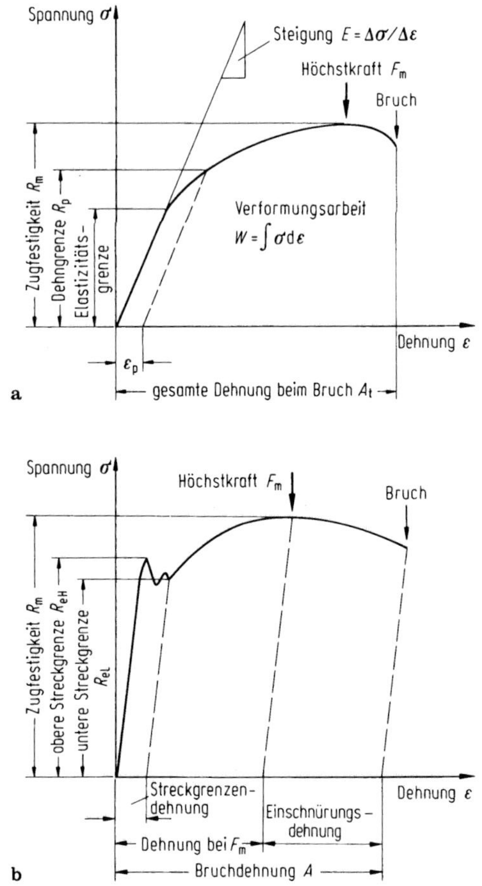

Bild 9-6. Spannungs-Dehnungs-Diagramme von Werkstoffen. **a** Werkstoff ohne Streckgrenze (z. B. Aluminium), **b** Werkstoff mit Streckgrenze (z. B. Stahl)

Mit einem Spannungs-Dehnungs-Diagramm werden außerdem verschiedene *Verformungskenngrößen* definiert, wie z. B. die Bruchdehnung A: die auf die Anfangsmesslänge L_0 bezogene Differenz von Messlänge nach dem Bruch (L_u) und Anfangsmesslänge (L_0) : $A = (L_u - L_0)/L_0$. Dabei wählt man in vielen Fällen zwischen der Anfangsmesslänge L_0 und dem Anfangsquerschnitt S_0 die Beziehung $L_0 = k \cdot \sqrt{S_0}$ mit $k = 5{,}65$, bei Proben mit kreisrundem Querschnitt $L_0 = 5d$ (sog. proportionale Proben). Kennzeichnend für die Verformungsfähigkeit (Duktilität) des metallischen Werkstoffes ist die Brucheinschnürung Z: Anfangsquerschnitt S_0 minus kleinster Probenquerschnitt nach dem Bruch (S_u) bezogen auf den Anfangsquerschnitt S_0, $Z = S_0 - S_u/S_0$.

Aus den Spannungs-Dehnungs-Diagrammen kann weiterhin die Verformungsarbeit

$$W = \int_0^{A_t} \sigma \, d\varepsilon \qquad (9\text{-}1)$$

bestimmt werden.

Die Festigkeitskennwerte des Zugversuchs (nach DIN EN 10 002-1) bilden eine Grundlage für die Dimensionierung von Bauteilen und die Abschätzung der Belastbarkeit von Konstruktionen. Verformungskennwerte gestatten die Beurteilung der Duktilität des Werkstoffs bei der Umformung und der für die Sicherheit wichtigen Verformungsreserven von Komponenten. In Tabelle 9-3 sind Daten der Zugfestigkeit R_m für zahlreiche Werkstoffe zusammengestellt. Einen Vergleich der Zugfestigkeit von Werkstoffen aus den grundlegenden Werkstoffklassen gibt Bild 9-1.

Die Festigkeitswerte hängen von der Mikrostruktur der Werkstoffe ab. Für fehlerfreie Kristalle kann aus den Bindungsenergien abgeschätzt werden, dass die maximale theoretische Trennfestigkeit von Kristallgitterebenen etwa den Wert $E/15$ aufweist. Während die gemessenen Festigkeiten von Diamant und einigen kovalenten Kristallen annähernd dem entsprechende hohe Werte erreichen, liegen die gemessenen Festigkeiten von Metallen weit unter diesem Niveau und zwar bis um einen Faktor 10^5. Die gegenüber fehlerfreien Kristallen niedrigen Festigkeiten sind im Vorhandensein von Versetzungen begründet (vgl. 2.2). Der Grundvorgang der Kristallplastizität besteht im Abgleiten von Versetzungen, wobei Gitterebenen nicht gleichzeitig, sondern nacheinander geschert werden. Die beim Einsetzen einer plastischen Verformung (Fließgrenze) gemessenen Schubspannungen stimmen gut mit theoretisch berechneten Spannungen τ_{id} zum Bewegen von Versetzungen überein:

$$\tau_{id} = G \cdot b / 2\varrho^{1/2}$$

G Schubmodul
b Betrag des Burgers-Vektors
ϱ Versetzungsdichte

Bei kovalenten und heteropolaren Kristallen resultieren hohe Schubspannungen, da bei der Versetzungsbewegung starke gerichtete Bindungen gebrochen werden, bzw. sich mit der Versetzung Atome gleicher Ladung aneinander vorbei bewegen. In Metallen sind dagegen Versetzungen leicht beweglich, da die metallische Bindung weder gerichtet ist noch Ionen aufweist. Die in (geglühten) Metallkristallen normalerweise vorliegende Versetzungsdichte von 10^6 bis $10^8\,\text{cm}^{-2}$ kann bei einer plastischen Deformation durch den sog. Frank-Read-Mechanismus (Versetzungsmultiplikation) auf $\varrho = (10^{10} \ldots 10^{12})\,\text{cm}^{-2}$ ansteigen. Hierdurch erhöht sich τ_{id}, und es tritt eine Verformungsverfestigung ein.

Die Abgleitung von Versetzungen bei der plastischen Deformation von Metallen erfolgt längs bestimmter kristallographischer Ebenen (Gleitebenen) in bestimmten Gleitrichtungen. Die aus Gleitebene und Gleitrichtung bestehenden Gleitsysteme sind für Gittertyp und Bindungsart charakteristisch, z. B.:

- kubisch flächenzentriertes (kfz) Gitter: vier Scharen von $\{111\}$-Gleitebenen; $\langle 110 \rangle$-Gleitrichtungen
- kubisch raumzentriertes (krz) Gitter: drei Scharen von $\{110\}$-Gleitebenen; $\langle 111 \rangle$-Gleitrichtungen
- hexagonal dichtgepacktes (hdp) Gitter: eine Schar von $\{0001\}$-Gleitebenen; $\langle 11\bar{2}0 \rangle$-Gleitrichtungen

Das plastische Verformungsverhalten einer Kristallstruktur wird wesentlich durch die Zahl und die Besetzungsdichte der Gleitsysteme bestimmt. Metalle mit kfz Gitter besitzen vier $\{111\}$-Gleitebenen mit jeweils drei $\langle 110 \rangle$-Gleitrichtungen, sodass bei kfz Metallen in jedem Korn 12 voneinander unabhängige Gleitmöglichkeiten für Versetzungsbewegungen bestehen. Da außerdem die atomare Belegungsdichte in diesen Gleitebenen sehr groß ist, besitzen kfz Metalle eine bessere plastische Verformbarkeit als krz oder hdp Metalle.

9.2.4 Kriechen und Zeitstandverhalten

Als Kriechen wird die bei konstanter Langzeitbeanspruchung auftretende, von der Zeit t und der Temperatur T abhängige Verformung $\varepsilon = f(\sigma, t, T)$ bezeichnet. Ursache des Kriechens sind thermisch aktivierte Prozesse (z. B. Versetzungs- und Korngrenzenbewegungen), die bei Temperaturen einsetzen, die von der Werkstoffart und der Schmelztemperatur T_m (bzw. der Glastemperatur T_g) abhängig sind:

$T > (0{,}3 \ldots 0{,}4) T_m$ (Metalle)

$T > (0{,}4 \ldots 0{,}5) T_m$ (keramische Werkstoffe)

Tabelle 9-3. Zugfestigkeit von Werkstoffen

Werkstoff	R_m MPa	Werkstoff	R_m MPa
Glasfasern	3100 ... 4800	Glasfaserverst. Kunststoffe	140 ... 240
Borfasern	3400 ... 4800	Magnesium	150 ... 200
SiC-Fasern	2400 ... 3800	Aluminium	70 ... 165
Carbonfasern	1500 ... 3500	Zink	100 ... 150
Aramidfasern	600 ... 2800	Polyimid	70 ... 150
Hochfeste Stähle	1380 ... 2100	Gold	127 ... 131
Wolfram	620 ... 1860	Silber	125
Stahl, ferritisch	310 ... 1850	Pflanzenfasern	50 ... 120
Stahl, austenitisch	450 ... 1600	Polyamid	50 ... 100
Kupferlegierungen	220 ... 1460	Polystyrol	27 ... 100
Nickellegierungen	490 ... 1420	Epoxidharz	45 ... 90
Titanlegierungen	240 ... 1300	Polyesterharz	41 ... 90
Tantallegierungen	300 ... 1160	Polyethylenterephthalat	80
carbonfaserverstärkte Kunststoffe	550 ... 1050	Steatit	50 ... 80
Bronze	270 ... 1000	Polycarbonat	55 ... 75
Kobalt	944	Polymethylmethacrylat	40 ... 72
Cermets	900	Polyvinylchlorid	41 ... 65
Messing	230 ... 900	Phenolharz	35 ... 62
Gusseisen	180 ... 900	Beton (Druck)	32 ... 60
Uran	650	Polypropylen	21 ... 41
Titan	240 ... 640	Porzellan	15 ... 40
Molybdän	435 ... 630	Polytetrafluorethylen	10 ... 40
Zirkonlegierungen	170 ... 590	Polyethylen	5 ... 40
Niob	240 ... 580	Melaminharz	30
Betonstahl	500 ... 550	Blei	12 ... 30
Aluminiumlegierungen	130 ... 550	Harnstoffharz	25
Nickel	310 ... 530	Basalt	15 ... 25
Tantal	200 ... 480	Granit	10 ... 20
Zinklegierungen	180 ... 430	Zinn	15
Magnesiumlegierungen	150 ... 350	Beton (Zug)	2 ... 6
Platin	138 ... 330		

Die zeitabhängige Verformung beim Kriechen $\varepsilon = f(t)$ wird in Zeitstandversuchen (F bzw. $\sigma = \text{const}, T = \text{const}$) untersucht und in Form von Kriechkurven dargestellt, die i. Allg. drei Bereiche zeigen, siehe Bild 9-7:

I. Primär- oder Übergangskriechen

Die anfängliche plastische Deformation führt zu einer Werkstoffverfestigung, deren Wirkung die gleichzeitig ablaufenden Entfestigungsvorgänge übersteigt, sodass die Kriechgeschwindigkeit abnimmt und das Kriechen durch eine logarithmische Funktion beschrieben werden kann

$$\varepsilon_1 = \alpha \cdot \log t$$

Das Primärkriechen dominiert bei tiefen Temperaturen und niedrigen Spannungen.

II. Sekundär- oder stationäres Kriechen

Das stationäre Kriechen ist die wichtigste Erscheinung für das Langzeitverhalten warmfester Werkstoffe bei höheren Temperaturen.

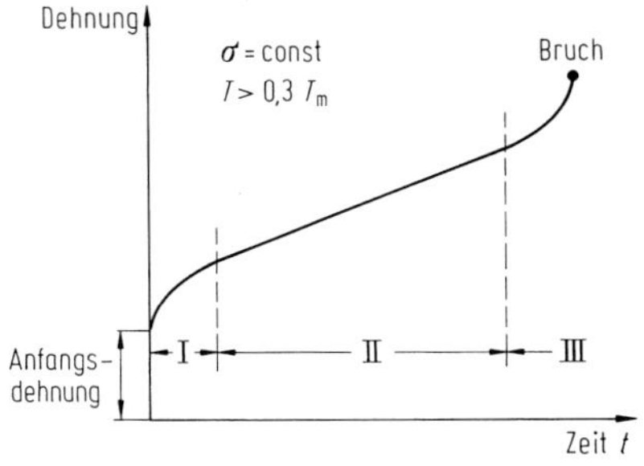

Bild 9-7. Kriechkurve: Schematische Darstellung des zeitabhängigen Verformungsverhaltens

Es besteht ein dynamisches Gleichgewicht zwischen Verfestigung und Entfestigung; die zeitproportionale Zunahme der makroskopischen Dehnung $\varepsilon = k \cdot t$ wird durch gerichtetes Korngrenzengleiten und diffusionsgesteuertes Versetzungsklettern bewirkt. Die stationäre Kriechgeschwindigkeit $\dot{\varepsilon}_s$ wird durch eine empirisch bestimmte Gleichung vom Arrhenius-Typ beschrieben:

$$\dot{\varepsilon}_s(\sigma, T) = A\sigma^n \exp(-Q/RT), \ (n \approx 5)$$

Die Konstanten A und Q (Aktivierungsenergie) sind werkstoffabhängig und müssen experimentell bestimmt werden; R ist die universelle Gaskonstante.

III. Tertiär- oder beschleunigtes Kriechen
Rasch zunehmende Kriechdehnung durch irreversible Werkstoffveränderungen und (reale) Spannungserhöhung als Folge lokaler Einschnürungen (z. B. durch Porenbildung nach Korngrenzengleiten) und Einleitung des Kriechbruchs. Die Bruchzeit t_B als Funktion der vorgegebenen Spannung σ wird in Zeitstandversuchen ermittelt und kann in einem Zeitstanddiagramm als Zeitbruchlinie ähnlich wie die Zeitdehnlinie über einer logarithmischen Zeitachse dargestellt werden.
Das Kriechen der Werkstoffe ist mit einer *Spannungsrelaxation*, d. h. dem zeitabhängigen, durch plastische Bauteilverlängerung bedingten Nachlassen einer durch Vordehnung in eine Konstruktion eingebrachten Spannung, verknüpft. (Aus diesem Grund müssen z. B. Schraubenverbindungen von Metallkonstruktionen bei Betriebstemperaturen über 0,3 T_m regelmäßig nachgezogen werden.) Genormt ist der unterbrochene und nicht unterbrochene Zeitstandversuch in DIN EN 10 291, die nach DIN EN ISO 204 im Jahr 2007 abgelöst wird.

9.2.5 Ermüdung und Wechselfestigkeit

Als Ermüdung (oder Zerrüttung) wird das Werkstoffversagen unter wechselnder bzw. schwingender Beanspruchung bezeichnet, das durch Rissbildung gekennzeichnet ist und weit unterhalb der statischen Festigkeit R_m oder der Dehngrenze R_p auftreten kann.
Ermüdung besteht mikroskopisch in einer Zusammenballung hin- und hergleitender Versetzungslinien zu Gleitbändern mit zell- oder leiterförmigen Versetzungsstrukturen. Sie macht sich makroskopisch als Ver- oder Entfestigung bemerkbar und verändert die Probekörper-Oberflächentopographie durch Bildung von Extrusionen und Intrusionen, die als Risskeime wirken. Anrisse, die an der Oberfläche insbesondere an fehlerhaften Stellen mit Kerbwirkung gebildet werden, können schrittweise weiterwachsen, falls die Bedingungen zur Rissausbreitung gegeben sind. Hierdurch wird der Anfangsquerschnitt sukzessive vermindert; der Restquerschnitt versagt schließlich durch Gewaltbruch. Je nach Beanspruchungsart und Werkstoffbeschaffenheit können die folgenden hauptsächlichen Kategorien der Ermüdung unterschieden werden:

- Ermüdung ohne Anriss: Ein Riss existiert anfänglich nicht; der Bruch wird durch die Mechanismen der Risserzeugung bestimmt;
- Ermüdung mit Anriss: Risskeime oder Anrisse existieren; der Bruch wird durch die Mechanismen der Rissausbreitung bestimmt;
- Ermüdung bei Dauerschwingbeanspruchung (high cycle fatigue, HCF): Ermüdung bei Spannungen unterhalb der makroskopischen Fließgrenze R_p; Bruchschwingspielzahl $> 10^4$;
- Ermüdung bei Niedriglastspielzahl (low cycle fatigue, LCF): Ermüdung bei Spannungen oberhalb der makroskopischen Fließgrenze R_p; Bruchschwingspielzahl $< 10^4$.

Das Ermüdungsverhalten bzw. die Wechselfestigkeit eines Werkstoffs wird bei Zug-Druck-, Biegungs- oder Torsionsbeanspruchung unter definierten Schwingbeanspruchungs-Zeit-Funktionen (siehe Bild 8-4) im Dauerschwingversuch experimentell bestimmt (siehe 11.5.1) und in Form einer Wöhlerkurve (Spannungs-Schwingspielzahl Kurve) dargestellt, siehe Bild 9-8.

Der maximale statische Festigkeitswert (z. B. Zugfestigkeit R_m) nimmt mit zunehmender Schwingspielzahl N ab („Zeitfestigkeit"). Während bei einigen Werkstoffen, wie z. B. reinem Kupfer oder Aluminium ein Dauerbruch auch noch nach sehr hohen Schwingspielzahlen (bei entsprechend kleinen Schwingungsamplituden) auftritt, weisen andere Werkstoffe, wie z. B. die meisten Stahl- und einige Aluminiumlegierungen eine „Dauerfestigkeit" (horizontaler Kurvenabschnitt) auf: Für Schwingungsamplituden unterhalb einer kritischen Grenze tritt auch nach beliebig vielen Schwingspielen kein Bruch auf, der Werkstoff besitzt eine Dauer(bruch)festigkeit. Für die Wechselfestigkeit ist der effektiv wirkende Spannungszustand, maßgeblich. Dieser wird gebildet durch Überlagerung des Lastspannungsfeldes (hervorgerufen durch die äußere Belastung und die durch Oberflächenfehler und Kerben bewirkten lokalen Spannungskonzentrationen) mit den im Bauteil herrschenden Eigenspannungen. Allgemein gilt, dass für die meisten Werkstoffe das Verhältnis von Wechselfestigkeit σ_W und die Streckgrenze R_e in einem breiten Bereich variieren kann [2]:

$$0{,}2 < \frac{\sigma_W}{R_e} < 1{,}2\,.$$

9.2.6 Bruchmechanik

Die Bruchmechanik geht vom Vorhandensein von Werkstofffehlern in Form rissartiger Fehlstellen aus und untersucht den Widerstand des Werkstoffs gegen instabile (d. h. schnelle) Rissausbreitung. In der linear-elastischen Bruchmechanik wird angenommen, dass der Werkstoff sich bis zum Bruch makroskopisch elastisch verhält; der Zusammenhang zwischen einem Riss mit vorgegebenen Abmessungen und der größten Nennspannung, die ohne Rissausbreitung ertragbar ist, wird mit elastizitätstheoretischen Methoden untersucht.

Bei einer Platte (Probe) mit einem Innenriss der Länge $2a$, die rechtwinklig zur Rissfläche durch eine Normalspannung σ belastet wird, tritt Rissausbreitung ein, wenn der kritische Wert

$$\sigma_c = \frac{K_{Ic}}{Y(\pi a)^{1/2}}$$

erreicht wird, wobei

K_{Ic} Spannungsintensitätsfaktor oder Bruchzähigkeit (bei Schubspannungen τ gelten die Werte K_{IIc} oder K_{IIIc}, siehe Bild 9-9)

Y Korrekturfaktor zur Kennzeichnung der Einflüsse von Bauteilgeometrie und Risskonfiguration.

Die Bruchzähigkeit K_{Ic} ist eine Werkstoffkenngröße, die experimentell bestimmt werden kann, indem ein Riss bekannter Länge in eine Probe eingebracht wird und diese bis zum Bruch belastet wird, ISO 12 135. Diese kritischen Werte sind stark von den Probenabmessungen abhängig. Erst bei Abmessungen, die entlang des überwiegenden Teiles der Rissfront den ebenen Dehnungszustand (EDZ) gewährleisten, werden die niedrigsten K_{Ic}-Werte erreicht; bei geringeren Abmessungen bis hin zum ebenem Spannungszustand (ESZ) sind die K_c-Werte höher. In Tabelle 9-4 sind Daten für die Bruchzähigkeit für zahlreiche Werkstoffe zusammengestellt. Aus der Kenntnis der Bruchzähigkeit kann nach obiger Gleichung bei bekannter maximaler Rissgröße die maximal zulässige Belastung, bzw. bei vorgegebener Belastung die maximal zulässige Rissgröße abgeschätzt werden.

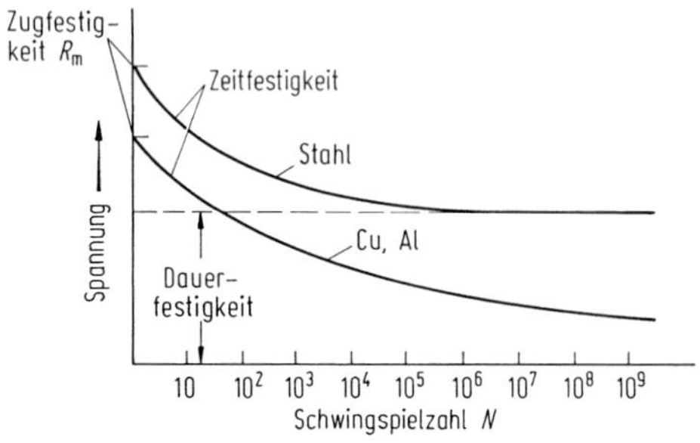

Bild 9-8. Wöhlerkurve zur Kennzeichnung der Wechselfestigkeit

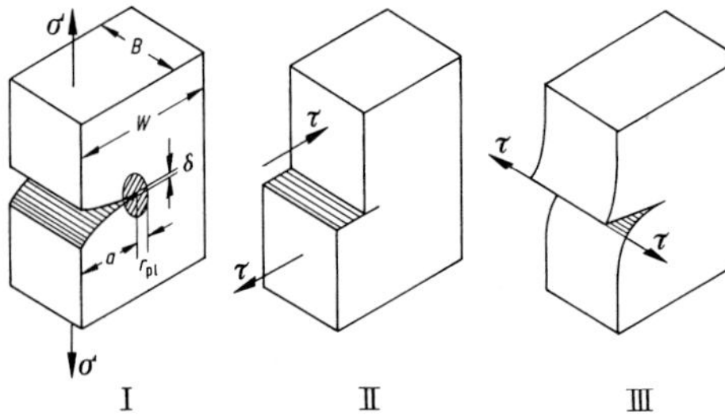

Bild 9-9. Bruchmechanik: Hauptbeanspruchungsfälle bei der Rissausbreitung

Tabelle 9-4. Bruchzähigkeit von Werkstoffen (nach Ashby und Jones [2])

Werkstoff	K_{IC} MPa · m$^{1/2}$	Werkstoff	K_{IC} MPa · m$^{1/2}$
Reinmetalle, duktil (z. B. Al, Cu, Ni)	100 ... 350	Siliciumcarbid	2,5 ... 5
Stahl für Rotoren	204 ... 214	Polycarbonat	2,1 ... 4,6
Stahl, niedrig legiert	14 ... 200	Polypropylen	3 ... 4,5
Stahl für Druckbehälter	170	Magnesiumoxid	3
Stahl, hochfest	50 ... 154	Granit	3
Titanlegierungen	14 ... 120	Epoxidharz	0,4 ... 2,2
Carbonfaserverstärkte Kunststoffe	6 ... 88	Polyethylen	1,4 ... 1,7
Gusseisen	22 ... 54	Polyesterharz	1 ... 1,7
Aluminiumlegierungen	22 ... 35	Polymethylmethacrylat	0,7 ... 1,6
Glasfaserverstärkte Kunststoffe	7 ... 23	Polystyrol	0,7 ... 1,1
Cermets	14 ... 16	Steatit	1
Stahlbeton	10 ... 15	Holz, senkrecht zur Faser	0,25 ... 1
Holz, parallel zur Faser	4 ... 9	Sandstein	0,9
Siliciumnitrid	4 ... 6	Marmor	0,9
Polyamid	2,2 ... 5,6	Glas	0,7 ... 0,8
Aluminiumoxid	3 ... 5	Zement	0,35 ... 0,45

Der theoretische Ansatz der linear-elastischen Bruchmechanik gilt nur für extrem spröde Werkstoffe (Glas, Keramik). Bei den meisten Werkstoffen bildet sich an der Rissspitze jedoch eine plastische Zone (gekennzeichnet durch den Radius r_{pl}, siehe Bild 9-9), sodass in obiger Gleichung eine „effektive Risslänge"

$$a_{eff} = a + r_{pl}$$

einzusetzen ist. Bei größeren plastischen Verformungen an der Rissspitze ($r_{pl}/a > 0{,}2$) muss von Konzepten der elastoplastischen Bruchmechanik ausgegangen werden.

Diese sind überwiegend auf ein Werkstoffverhalten ausgerichtet, das durch die Entstehung und das Fortschreiten sog. stabiler Risse bei weiter ansteigender Belastung bzw. Verschiebung der Lasteinleitungspunkte, d. h. durch einen erhöhten Energieumsatz an der Rissspitze gekennzeichnet ist. Für die Beschreibung der Rissspitzensituation (Spannungen, Verzerrungen) wird in diesen Fällen anstelle des Spannungsintensitätsfaktors K der linear-elastischen Bruchmechanik das sog. J-Integral verwendet, ein Linienintegral um die Rissspitze herum. Ein anderes praxisbezogenes Konzept geht von der kritischen Rissöffnungsverschiebung COD (crack opening displacement) aus, mit deren Hilfe auf die entsprechende Rissspitzenöffnung δ_c bzw. die Rissspitzendehnung geschlossen werden kann.

Bei schwingender Beanspruchung sind die Voraussetzungen der linear-elastischen Bruchmechanik vielfach gegeben.

Der Zeitabschnitt, in dem bei schwingender Beanspruchung ein stabiler Rissfortschritt auftritt, kann bei Bauteilen einen wesentlichen Teil der Lebensdauer ausmachen. Mit Hilfe der Bruchmechanik kann die Rissfortschrittsrate $\mathrm{d}a/\mathrm{d}N$ für stabilen Rissfortschritt nach der Paris-Formel

$$\frac{\mathrm{d}a}{\mathrm{d}N} = C \cdot \Delta K^n$$

berechnet werden, wobei ΔK die Schwingbreite der Spannungsintensität bedeutet und C und n spezielle Kenngrößen darstellen (Paris-Konstanten).

9.2.7 Betriebsfestigkeit

Die Beanspruchung von Bauteilen im Betrieb erfolgt in der Regel mit variabler Amplitude, siehe Bild 8-4. Die experimentelle Lebensdauerabschätzung wird im Betriebsfestigkeitsversuch mit betriebsähnlichen Beanspruchungszeitfunktionen durchgeführt, wobei die ertragene Schwingungsspielzahl bis zum Anriss und/oder Bruch bestimmt wird [4]. Das Ergebnis ist die Lebensdauerkurve (Gaßner-Kurve), bei der der Kollektivhöchstwert über der ertragenen Schwingungsspielzahl aufgetragen wird, Bild 9-10.

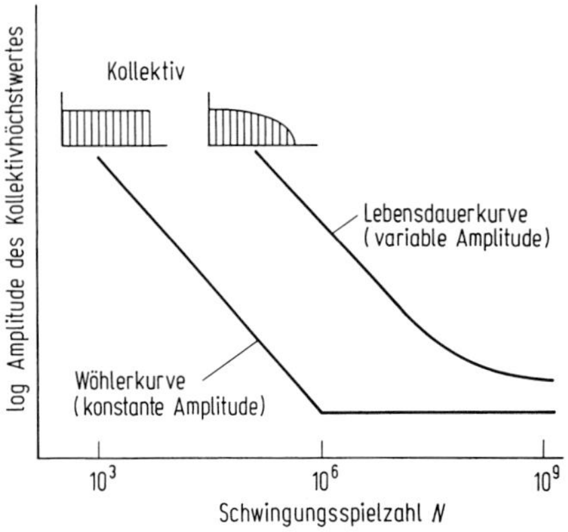

Bild 9-10. Wöhler- und Lebensdauerkurve (schematisch)

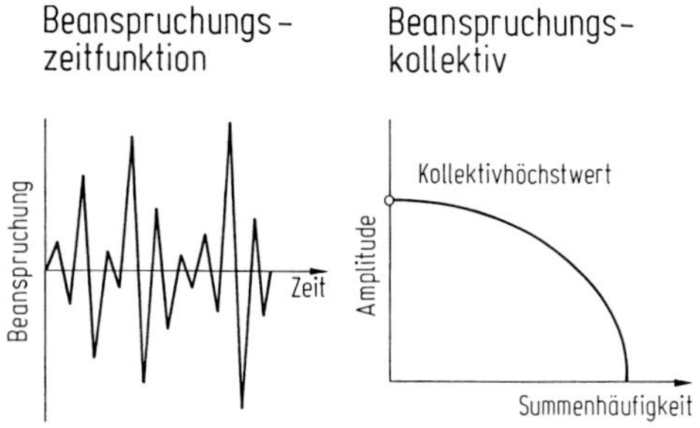

Bild 9-11. Beanspruchungszeitfunktion und Beanspruchungskollektiv

Für die rechnerische Lebensdauerabschätzung benötigt man ein Beanspruchungskollektiv, das mit Hilfe von Zählverfahren (Klassierung) aus der Beanspruchungszeitfunktion gewonnen wird. Das Beanspruchungskollektiv stellt eine Häufigkeitsverteilung der Amplituden dar, Bild 9-11. Mit dem Beanspruchungskollektiv und der Wöhlerkurve kann eine Lebensdauerberechnung vorgenommen werden, indem die durch die Schwingungsspiele hervorgerufene Schädigung akkumuliert wird. Im einfachsten Fall definiert man die Schädigung pro Schwingungsspiel als $1/N$, wobei N die ertragene Schwingungsspielzahl für die entsprechende Amplitude im Wöhler-Versuch bedeutet, und führt eine lineare Akkumulation der Teilschädigungen durch (Palmgren-Miner-Regel). Theoretisch versagt das Bauteil bei der akkumulierten Schadenssumme eins.

9.2.8 Härte

Bei der Härte handelt es sich um eine nützliche, aber physikalisch nicht eindeutig definierte Eigenschaft von Werkstoffen. Die Härte beschreibt den Widerstand eines Werkstoffs gegen das Eindringen eines anderen härteren Körpers. Dieser hängt in komplexer Weise von der Streckgrenze und dem Verfestigungsverhalten eines Werkstoffs ab. Es handelt sich um ein weit verbreitetes und einfaches Messverfahren und liefert Härtekennwerte, die vom jeweiligen Prüfverfahren abhängen. Härtemessungen eignen sich gut für Vergleichsmessungen. Sie sind sehr nützlich, da sie mit anderen Eigenschaften des Werkstoffs wie z. B. der Festigkeit, der Duktilität oder dem Verschleißwiderstand korrelieren. Eine Zusammenstellung von Härtewerten technischer Werkstoffe gibt Tabelle 9-5.

9.3 Thermische Eigenschaften

9.3.1 Wärmekapazität und Wärmeleitfähigkeit

Bei Zufuhr thermischer Energie, gekennzeichnet durch die Wärmemenge Q, stellt sich in allen Körpern eine Temperaturerhöhung $\mathrm{d}T$ ein. Die (materialabhängige) *Wärmekapazität* C und die spezifische Wärmekapazität c sind definiert durch

$$C = \frac{\mathrm{d}Q}{\mathrm{d}T} \quad \text{bzw.} \quad c = \frac{1}{m} \cdot \frac{\mathrm{d}Q}{\mathrm{d}T}$$

m Masse des Körpers.

Der Transport thermischer Energie in einem Festkörper wird als Wärmeleitung bezeichnet. Für die in der Zeit $\mathrm{d}t$ in einem Temperaturgefälle $\mathrm{d}T/\mathrm{d}x$ durch die Fläche A strömende Wärmemenge $\mathrm{d}Q$ gilt im stationären Fall die Beziehung

$$\frac{\mathrm{d}Q}{\mathrm{d}t} = -\lambda \cdot A \cdot \frac{\mathrm{d}T}{\mathrm{d}x}\,,$$

λ ist die *Wärmeleitfähigkeit* des Stoffes. Sie ist abhängig von chemischer Natur, Bindungsart und Mikrostruktur eines Werkstoffs. Eine Zusammenstellung der Wärmeleitfähigkeiten technischer Werkstoffe gibt Tabelle 9-6.

Die Wärmeleitfähigkeit λ eines Stoffes setzt sich aus der Elektronenleitfähigkeit λ_e und der Gitterleitfä-

Tabelle 9-5. Härte von Werkstoffen (HV = Vickershärte, HB = Brinellhärte, HRC = Rockwellhärte C). Quelle: DIN EN ISO 18 265

Werkstoff	HV	HB	HRC
Kupfer	40-130 HV 1	41-119 HBS 2/20	–
Al-Knetlegierungen	44-189 HV 15	40-160 HBS 10/500	–
Messinglegierungen	45-196	42-169 HBS 10/500	–
Nickel und Nickellegierungen	77-513 HV 1, HV 5, HV 10, HV 30	77-(479) HBS 10/3 000	(2,0*) – 50,0
unlegierte und niedriglegierte Stähle, Stahlguss	80-940 HV 10	76-618*	20,3* – 68,0
Vergütungsstähle (unbehandelt, weichgeglüht o. normalgeglüht)	150-320	152-316 HBW	(1,0*)-33,6
Vergütungsstähle (vergütet)	210-650	205-632 HBW	(15,3)-57,5
Kaltarbeitsstahl	220-840	215-600*	(18,8)-65,8
Vergütungsstähle (gehärtet)	580-720	572-677 HBW	54,0-60,1
Schnellarbeitsstähle	580-920	–	54,2-67,6
Hartmetalle	780-1760 HV 50	–	–

Anmerkung: Zahlen in Klammern stellen Härtewerte dar, die außerhalb des Definitionsbereichs der genormten Härteprüfverfahren liegen, jedoch häufig als Näherungswerte benutzt werden. Zahlen mit „*" bedeuten, dass die Umwertung nicht über den kompletten Bereich eines anderen Härteprüfverfahrens erfolgte.

higkeit λ_g (Gitterschwingungen in Form gequantelter Phononen) zusammen:

$$\lambda = \lambda_e + \lambda_g \,.$$

In Metallen überwiegt infolge der hohen Elektronenbeweglichkeit die Elektronenleitfähigkeit λ_e.
Das Verhältnis von thermischer zu elektrischer Leitfähigkeit σ ist abhängig von der absoluten Temperatur T und wird beschrieben durch das in weiten Bereichen experimentell gut bestätigte Wiedemann-Franz-Gesetz

$$\frac{\lambda_e}{\sigma} = L \cdot T$$

L Lorenz-Koeffizient ($\approx 2{,}4 \cdot 10^{-8}\ \mathrm{V}^2/\mathrm{K}^2$ für Metalle bei Raumtemperatur)

Störungen der Kristallstruktur (z. B. bei Mischkristallen) und Gitterfehlstellen (z. B. Leerstellen, Versetzungen) reduzieren λ. Auch in Polymerwerkstoffen nimmt die Wärmeleitfähigkeit mit abnehmendem Kristallisationsgrad ab. In nichtelektronenleitenden Kristallen wird die Wärme nur durch Phononen transportiert. Bei keramischen Werkstoffen und anderen porenhaltigen Sinterwerkstoffen wird eine lineare Abnahme der Wärmeleitfähigkeit mit steigender Porosität beobachtet.

9.3.2 Thermische Ausdehnung

Als thermische Ausdehnung bezeichnet man die durch Temperaturänderung $\mathrm{d}T$ bewirkte Längenausdehnung $\mathrm{d}l$ oder Volumenausdehnung $\mathrm{d}V$ eines Stoffes:

$$\mathrm{d}l = \alpha \cdot l_0 \cdot \mathrm{d}T \ ; \ \mathrm{d}V = \beta \cdot V_0 \cdot \mathrm{d}T \,.$$

Die thermischen Ausdehnungskoeffizienten

$$\alpha = \frac{1}{l_0}\left(\frac{\mathrm{d}l}{\mathrm{d}T}\right) ; \ \beta = \frac{1}{V_0}\left(\frac{\mathrm{d}V}{\mathrm{d}T}\right)$$

sind werkstoffspezifisch und im Hinblick auf temperaturbedingte Veränderungen von Bauteilabmessungen und Passungstoleranzen, thermisch bedingte Eigenspannungen oder die unterschiedliche Ausdehnung der Komponenten von Verbundwerkstoffen von technischer Bedeutung. Eine Zusammenstellung des thermischen Längenausdehnungskoeffizienten technischer Werkstoffe gibt Tabelle 9-7.

Tabelle 9-6. Wärmeleitfähigkeit von Werkstoffen

Werkstoff	λ W/(m · K)	Werkstoff	λ W/(m · K)
Diamant	900	Titan	22
Silber	425	Zirkonlegierungen	14 ... 22
Kupfer	395	Zirconiumkarbid	21
Gold	300	Titankarbid	17
Aluminium	234	Stahl, austenitisch	14 ... 17
Aluminiumlegierungen	121 ... 230	Sandstein	1,3 ... 2,9
Aluminiumnitrid	180 ... 190	Marmor	2,6 ... 2,8
Wolfram	174	Kalkstein	0,9 ... 2,2
Messing	88 ... 160	Glas	0,2 ... 1,6
Magnesium	156	Quarzglas	1,4
Magnesiumlegierungen	62 ... 156	Porzellan	0,8 ... 1,4
Molybdän	137	Schamottestein	1,2
Siliciumcarbid	42 ... 135	Silikastein	1,2
Zinklegierungen	105 ... 125	Beton	0,21 ... 0,75
Wolframkarbid	30 ... 121	Melaminharz	0,35 ... 0,7
Zink	120	Glasfaserverst. Kunststoffe	0,4 ... 0,55
Kobalt	96	Polyimid	0,37 ... 0,52
Chrom	90	Epoxidharz	0,18 ... 0,5
Hartmetall	10 ... 90	Polyethylen	0,40 ... 0,44
Nickel	86	Harnstoffharz	0,30 ... 0,42
Graphit	85	Nadelholz, parallel zur Faser	0,40
Bronze	50 ... 85	Polyoxymethylen	0,22 ... 0,35
Platin	72	Polyesterharz	0,28 ... 0,3
Zinn	67	Polyvinylchlorid	0,15 ... 0,29
Stahl, ferritisch	25 ... 60	Polytetrafluorethylen	0,24 ... 0,26
Tantal	57	Polyamid	0,23 ... 0,25
Niob	54	Polymethylmethacrylat	0,08 ... 0,25
Gusseisen	35 ... 49	Polycarbonat	0,19 ... 0,22
Nickellegierungen	10 ... 45	Nadelholz, senkrecht zur Faser	0,20
Aluminiumoxid	36 ... 39	Polypropylen	0,11 ... 0,17
Blei	35	Polyethylenterephthalat	0,14 ... 0,15
Cermets	30 ... 34	Phenolharz	0,14 ... 0,15
Siliciumnitrid	17 ... 28	Spanplatten	0,07 ... 0,14
Uran	28	Polystyrol	0,12
Titanlegierungen	7 ... 23		

Die gesamte thermische Volumenvergrößerung vom absoluten Nullpunkt bis zum Schmelzpunkt beträgt für kristalline Stoffe etwa 6 bis 7%, die Längenausdehnung etwa 2% (Grüneisen'sche Regel). Ursache der Volumen- und Längenänderung ist die mit zunehmender Temperatur wachsende (unsymmetrische) Schwingungsamplitude der atomaren Bestandteile der Werkstoffe. Stoffe mit hoher Bindungsenergie (bzw. Schmelztemperatur) haben kleinere Schwingungsamplituden und damit niedrigere α- und β-Werte als Stoffe mit niedriger Bindungsenergie (bzw. Schmelztemperatur). Bei bestimmten Legierungen (z. B. Invar, siehe 3.4.5) ist die thermische Ausdehnung bei Raumtemperatur vernachlässigbar klein ($\alpha \approx 0$): die thermische Ausdehnung wird kompensiert durch eine Kontraktion (Volumenmagnetostriktion), die durch Entmagnetisierung mit zunehmender Temperatur hervorgerufen wird.

Tabelle 9-7. Thermischer Längenausdehnungskoeffizent von Werkstoffen

Werkstoff	α 10^{-6}/K
Polytetrafluorethylen	126 ... 216
Polyoxymethylen	76 ... 201
Polyethylen	126 ... 198
Polypropylen	122 ... 180
Polyesterharz	100 ... 180
Polymethylmethacrylat	72 ... 162
Polyvinylchlorid	100 ... 150
Polyamid	70 ... 150
Polystyrol	90 ... 153
Polycarbonat	120 ... 137
Phenolharz	120 ... 125
Epoxidharz	58 ... 117
Harnstoffharz	22 ... 90
Polyimid	30 ... 60
Melaminharz	20 ... 60
Nadelholz, senkrecht zur Faser	32 ... 43
Zink	40
Zinklegierungen	21 ... 40
Laubholz, senkrecht zur Faser	30 ... 38
glasfaserverstärkte Kunststoffe	9 ... 33
Blei	31
Magnesiumlegierungen	25 ... 27
Magnesium	26
Aluminium	24
Aluminiumlegierungen	19 ... 24
Zinn	23
Messing	18,1 ... 21,0
Silber	19,1
Gusseisen	8 ... 19
Bronze	17,0 ... 18,8
Stahl, austenitisch	16 ... 18
Kupfer	17,7
Nickellegierungen	10 ... 15,5
Stahl, ferritisch	9,3 ... 14,6
Gold	14,2
Kobalt	13
Nickel	13
Uran	12,6
Magnesiumoxid	11,5
Steatit	8 ... 10
Glas	3,2 ... 10
Titanlegierungen	7,0 ... 9,9
Titan	9,8

Tabelle 9-7. (Fortsetzung)

Werkstoff	α 10^{-6}/K
Platin	9,0
Cermets	8,3 ... 8,9
Aluminiumoxid	7,1 ... 8,3
Hartmetall	5 ... 8
Titancarbid	7,5 ... 7,7
Niob	7,2
Zirconiumcarbid	6,8
Chrom	6,6
Tantal	6,5
Porzellan	3 ... 6,5
Zirkonlegierungen	5,0 ... 6,3
Molybdän	5,1
Siliciumcarbid	4 ... 5
Osmium	4,6
Wolfram	4,5
Graphit	1,3 ... 4,5
Nadelholz, parallel zur Faser	3,2 ... 4,3
Laubholz, parallel zur Faser	2,9 ... 3,8
Siliciumnitrid	2,25
Diamant	2,2
Quarzglas	0,5 ... 0,6

9.3.3 Schmelztemperatur

Die Schmelztemperatur (oder bei nichtkristallinen Stoffen das Schmelztemperaturintervall) kennzeichnet den durch Zuführung thermischer Energie (Schmelzwärme) bewirkten und i. Allg. mit einer Volumenzunahme verbundenen Übergang eines festen Stoffes in den flüssigen Aggregatzustand. Beim Schmelzen zerfällt durch die thermische Anregung die Festkörperstruktur, und die atomaren Bestandteile erhalten freie Beweglichkeit (Übergang Fernordnung/Nahordnung). Je größer die Bindungsenergie der atomaren Festkörperbestandteile, desto mehr thermische Energie ist zum Schmelzen erforderlich: kristalline Polymere mit schwachen Nebenvalenzbindungen schmelzen bei erheblich niedrigeren Temperaturen als Kristalle mit starker metallischer oder kovalenter Bindung. In Tabelle 9-8 ist die Schmelztemperatur (bzw. bei Polymerwerkstoffen die Glastemperaturen) zahlreicher Werkstoffe zusammengestellt.

Tabelle 9-8. Schmelztemperatur von Werkstoffen (E Erweichungstemperatur, G Glastemp., Z Zersetzungstemp., S Sublimationstemp.)

Werkstoff	T_m °C
Graphit	3650 S
Carbonfasern	3650 S
Diamant	3550 Z
Zirconiumcarbid	3540
Wolfram	3407
Titancarbid	2940 ... 3160
Osmium	3054
Tantal	2996
Wolframcarbid	2827 ... 2920
Magnesiumoxid	2852
Siliciumcarbid	2700
Molybdän	2620
Berylliumoxid	2565
Siliciumnitrid	2390 ... 2500
Niob	2470
Aluminiumoxid	2004 ... 2096
Chrom	1900
Platin	1770
Porzellan	1700
Quarzglas	1710
Titanlegierungen	1477 ... 1682
Titan	1677
Stahl	1290 ... 1530
Kobalt	1495
Nickellegierungen	1435 ... 1466
Steatit	1460
Nickel	1455
Cermets	1425
Uran	1406
Gusseisen	1130 ... 1250
Kupfer	1083
Kupferlegierungen	982 ... 1082
Bronze	1000 ... 1070
Gold	1063
Messing	885 ... 965
Silber	962
Glas	≈ 440 ... 840 E
Aluminiumlegierungen	475 ... 677
Aluminium	660
Magnesium	650
Magnesiumlegierungen	445 ... 650
Zinklegierungen	375 ... 492

Tabelle 9-8. (Fortsetzung)

Werkstoff	T_m °C
Zink	420
Polyimid	400 Z
Blei	327
Polyethylenterephthalat	255
Polybutylenterephthalat	240
Zinn	232
Polycarbonat	142 ... 205 G
Siliconkautschuk	200 Z
Polyoxymethylen	175
Polypropylen	135 ... 175
Polymethylmethacrylat	85 ... 165 G
Epoxidharz	40 ... 160 Z
Phenolharz	155 Z
Melaminharz	130 ... 150 Z
Polyethylen	90 ... 140
Polyesterharz	40 ... 140 Z
Polytetrafluorethylen	107 ... 123
Polystyrol	74 ... 110 G
Harnstoffharz	100 Z
Polyvinylchlorid	90 G
Polyamid	44 ... 56 G

9.4 Sicherheitstechnische Kenngrößen

9.4.1 Sicherheitsbeiwerte von Konstruktionswerkstoffen

Bei den vorwiegend mechanisch beanspruchten Konstruktionswerkstoffen versteht man unter dem Sicherheitsbeiwert S das Verhältnis einer Grenzspannung (z. B. Streckgrenze R_e, Zugfestigkeit R_m, Dauerschwingfestigkeit σ_D) zur größten vorhandenen Spannung:

$$\text{Sicherheitsbeiwert} = \frac{\text{Grenzspannung}}{\text{größte vorhandene Spannung}}\,.$$

Für Überschlagsrechnungen, insbesondere beim Festlegen von Querschnittsabmessungen, wird nicht die Sicherheit eines Bauteils bestimmt, sondern eine

$$\text{zulässige Spannung} = \frac{\text{Grenzspannung}}{\text{Sicherheitsbeiwert}}$$

durch Vorgabe eines geeigneten Sicherheitsbeiwertes abgeschätzt.

Die Festlegung des Sicherheitsbeiwertes richtet sich nach der Anwendung, den Beanspruchungen, den Versagenskriterien und den Werkstoffeigenschaften (z. B. plastische Verformungsreserve, Warmfestigkeit). Während die Forderung wirtschaftlicher, materialsparender Auslegung von Konstruktionen, z. B. für den Leichtbau, zu Sicherheitsbeiwerten von 1,1 bis 1,5 führt, müssen z. T. weit höhere Werte vorgesehen werden, wenn durch ein Materialversagen Menschen gefährdet werden oder hohe Folgeschäden entstehen können. Eine Übersicht über die Größe von Sicherheitsbeiwerten gibt Tabelle 9-9.
Die Festlegung eines Sicherheitsbeiwertes ist besonders schwierig bei Komplexbeanspruchungen (z. B. Überlagerung mechanischer Volumenbeanspruchung und tribologischer oder korrosiver Oberflächenbeanspruchung) sowie bei stoßartigen oder schwingenden Beanspruchungen. Zunehmend werden daher Sicherheitsbeiwerte statistisch ermittelt. Ausfallwahrscheinlichkeiten bzw. Zuverlässigkeiten werden durch geeignete Verteilungsfunktionen, wie die Weibull-Funktion (siehe Teil B) beschrieben.

...

9.5 Elektrische Eigenschaften

Elektrische Eigenschaften kennzeichnen das Verhalten von Werkstoffen in elektrischen Feldern. Befindet sich elektrisch leitfähiges Material in einem elektrischen Feld der Feldstärke E, so ergibt sich eine elektrische Stromdichte $j = \sigma \cdot E$. Die Größe σ wird als elektrische Leitfähigkeit des Materials bezeichnet. Die elektrische Leitfähigkeit und ihr Reziprokwert, der spezifische elektrische Widerstand ϱ werden durch die Energiezustände beweglicher Ladungsträger bestimmt. Sie sind bei Festkörpern von der Mikrostruktur (z. B. Kristallaufbau, Gitterfehler) und der Elektronenstruktur (z. B. Bindungstyp, Valenzelektronenkonzentration, Fermi-Energie) der Werkstoffe sowie von der Temperatur abhängig, siehe Teil B. Bei normalen Leitern (Metallen) nähert sich der spezifische Widerstand beim absoluten Nullpunkt einem Grenzwert, dem spezifischen Restwiderstand ϱ_r. Bei den sog. Supraleitern springt ϱ bei einer charakteristischen Sprungtemperatur auf einen unmessbar kleinen Wert (siehe Teil B). Zur modellmäßigen Beschreibung der Leitfähigkeit der verschiedenen Materialien dient das sog. Bändermodell, das die Energieniveaus der (beweglichen und nicht beweglichen) Elektronen in Form von Energiebändern (Valenzband, Leitungsband) darstellt, siehe Teil B. Die Werkstoffe der Elektrotechnik können nach ihrem spezifischen elektrischen Widerstand ϱ in $\Omega \cdot$ m größenordnungsmäßig in drei hauptsächliche Klassen eingeteilt werden:

- Leiter $10^{-8} < \varrho < 10^{-5}$: Metalle, Graphit
- Halbleiter $10^{-5} < \varrho < 10^{6}$: Germanium, Silicium
- Nichtleiter $10^{6} < \varrho < 10^{17}$: (Isolierstoff-)Keramik,

Tabelle 9-9. Sicherheitswerte für technische Konstruktionen [5]

	Sicherheitsbeiwert S			
Anwendungsbereich	Versagenskriterien			
	Trennbruch	Dauerbruch	Verformen	Knicken Einbeulen
Maschinenbau, allg.	2,0...4,0	2,0...3,5	1,3...2,0	
Drahtseile	8,0...20,0			
Kolbenstangen		3,0...4,0	2,0...3,0	5,0...12,0
Zahnräder		2,2...3,0		
Kessel-, Behälter-, Rohrleitungsbau:				
– Stahl	2,0...3,0		1,4...1,8	3,5...5,0
– Stahlguss	2,5...4,0		1,8...2,3	
Stahlbau	2,2...2,6		1,5...1,7	3,0...4,0

Polymerwerkstoffe sind i. Allg. Nichtleiter; sie können auf der Basis konjugierter Polymere jedoch auch leitfähig sein.
In Tabelle 9-10 ist der spezifische Widerstand zahlreicher Werkstoffe zusammengestellt.

9.6 Magnetische Eigenschaften

Magnetwerkstoffe werden nach ihrem chemischen Aufbau in metallische und oxidische Werkstoffe (Ferrite) und nach ihren magnetischen Eigenschaften in weichmagnetische und hartmagnetische Werkstoffe eingeteilt.
Weichmagnetische Werkstoffe sind durch Koerzitivfeldstärken $H_{cJ} < 1$ kA/m, eine leichte Magnetisierbarkeit, hohe Permeabilitätszahlen ($\mu_r > 10^3$ bis 10^5) und geringe Ummagnetisierungsverluste, d. h. eine schmale Hystereseschleife, gekennzeichnet. Sie müssen einen leichten Ablauf der zur Magnetisierung erforderlichen Bewegung von Blochwänden ermöglichen, d. h., das Werkstoffgefüge muss möglichst frei von Gitterfehlern (Fremdatomen, Versetzungen), inneren Spannungen und Einschlüssen zweiter Phasen sein. Geeignete Werkstoffgruppen sind:

- Fe-Legierungen mit ca. 4 Gew.-% Si, rekristallisationsgeglüht, $H_{cJ} \approx 0{,}4$ A/m, Ummagnetisierungsverluste < 0,5 W/kg (bei 50 Hz)
- Legierungen auf der Basis Fe-Co, Fe-Al und Ni-Fe, z. B. NiFe 15 Mo, Permeabilitätszahlen bis ca. 150 000, Ummagnetisierungsverluste bis ca. 0,05 W/kg (bei 50 Hz).
- Ferrite (oxidisch), z. B. Mn-Zn-Ferrit, HF-geeignet bis etwa 1 MHz, darüber Ni-Zn-Ferrite.
- Legierungen mit rechteckförmiger Hystereseschleife (Ni-Fe-Legierungen, Ferrite), hergestellt durch Walz- und Glühprozesse sowie Magnetfeldabkühlung; Basis für Magnetspeicherkerne
- Metallische Gläser (amorphe Metalle) $M_{80}X_{20}$ (M: Übergangsmetall, X: Nichtmetall, z. B. P. B, C oder Si), extrem niedrige Ummagnetisierungsverluste.

Anwendungsbereiche weichmagnetischer Werkstoffe: Magnetköpfe, Übertrager- und Spulenkerne in der Nachrichtentechnik; Drosselspulen, Transformatorbleche, Schaltrelais in der Starkstromtechnik, usw.

Tabelle 9-10. Spezifischer elektrischer Widerstand von Werkstoffen

Werkstoff	ϱ Ω·m
Glas	$10^9 \ldots 10^{17}$
Quarzglas	10^{16}
Polytetrafluorethylen	10^{16}
Polyimid	10^{16}
Polyester	10^{16}
Epoxidharz	$10^{13} \ldots 10^{15}$
Glimmer	$10^{13} \ldots 10^{15}$
Polyvinylchlorid	10^{14}
Polystyrol	10^{14}
Polycarbonat	10^{14}
Polypropylen	10^{14}
Polyethylen	10^{13}
Polybutylenterephthalat	10^{13}
Polyoxymethylen	10^{13}
Polymethylmethacrylat	10^{13}
Magnesiumoxid	10^{13}
Porzellan	$\ldots 5 \cdot 10^{12}$
Aluminiumoxid	10^{12}
Polyethylenterephthalat	10^{12}
Sillimanit	10^{12}
Schamottestein	10^{12}
Polyamid	$10^{10} \ldots 10^{12}$
Mullit	10^{11}
Phenolharz	$10^6 \ldots 10^{10}$
Silikastein	10^{10}
Melaminharz	$10^6 \ldots 10^9$
Harnstoffharz	10^9
Polyurethan	10^9
Graphit	14 … 15
Gusseisen	0,5 … 2,4
Titanlegierungen	0,51 … 1,91
Nickellegierungen	0,42 … 1,39
Cermets	0,9
Stahl, austenitisch	0,69 … 0,79
Stahl, ferritisch	0,14 … 0,6
Zirkonlegierungen	0,4 … 0,5
Titan	0,48
Uran	0,31
Blei	0,21
Bronze	0,097 … 0,21
Magnesiumlegierungen	0,04 … 0,17
Niob	0,16
Zinn	0,13

Tabelle 9–10. (Fortsetzung)

Werkstoff	ϱ Ω·m
Chrom	0,13
Tantal	0,125
Platin	0,10
Nickel	0,075 ... 0,095
Messing	0,039 ... 0,086
Zinklegierungen	0,058 ... 0,084
Osmium	0,081
Kobalt	0,063
Aluminiumlegierungen	0,027 ... 0,060
Zink	0,060
Wolfram	0,055
Molybdän	0,05
Magnesium	0,044
Aluminium	0,027
Gold	0,022
Kupfer (Leitungs-)	0,017
Silber	0,016

Hartmagnetische Werkstoffe sind durch hohe Koerzitivfeldstärke ($H_{cJ} > 1$ kA/m) definiert und durch eine hohe Remanenzinduktion, d. h. eine breite Hystereseschleife, gekennzeichnet. Sie müssen die mit einer möglichen Ummagnetisierung verbundenen Blochwandbewegungen durch Gefüge mit hohem Gehalt an Gitterfehlern, wie Fremdatomen, Versetzungen, Korngrenzen sowie durch feine Ausscheidungen einer nicht ferromagnetischen Phase möglichst stark behindern. Geeignete Werkstoffgruppen sind:

- Al-Ni- bzw. Al-Ni-Co-Gusswerkstoffe, Koerzitivfeldstärke bis 100 kA/m
- Fe-(Cr, Co, V)-Legierungen,
- Intermetallische Verbindungen von Co und Seltenerdmetallen (z. B. $SmCo_5$), Sinter- oder Gussformteile, H_{cJ} bis 10 000 kA/m
- Hartmagnetische Keramik (Ba- und Sr-Ferrite), (z. B. hexagonales $BaO \cdot 6\ Fe_2O_3$), H_{cJ} bis 200 kA/m
- Nd-Fe-B-Legierungen mit den z. Z. besten hartmagnetischen Eigenschaften.

Anwendungsbereiche hartmagnetischer Werkstoffe: Dauermagnete für Motoren, Messsysteme, Lautsprecher.

9.7 Optische Eigenschaften

Optische Eigenschaften kennzeichnen einen Werkstoff im Hinblick auf die Wechselwirkung mit optischer Strahlung. Materialien sind optisch transparent, wenn im Stoffinnern keine Photonenabsorption stattfindet, z. B. Glas oder ionisch und kovalent gebundene Isolatoren. Werden bestimmte Wellenlängen der Strahlung absorbiert, erscheint der Stoff farbig. Bei Metallen werden durch die einfallende optische Strahlung Elektronen angeregt. Beim Rückgang auf ihre ursprünglichen Energieniveaus emittieren sie die absorbierte Energie wieder, d. h., ein Metall reflektiert zum größten Teil die auftreffende optische Strahlung. Für die Wechselwirkung von optischer Strahlung einer bestimmten Wellenlänge λ (oder spektralen Strahlungsverteilung) mit Werkstoffen gilt allgemein: Auffallende Strahlungsleistung Φ_0 ist gleich der Summe von reflektierter Strahlungsleistung Φ_r, absorbierter Strahlungsleistung Φ_a und durchgelassener Strahlungsleistung Φ_t:

$$\Phi_0 = \Phi_r + \Phi_a + \Phi_t ,$$

$$\Phi_r/\Phi_0 + \Phi_a/\Phi_0 + \Phi_t/\Phi_0 = 1$$

$$\varrho + \alpha + \tau = 1 .$$

Die wichtigsten (spektralen) optischen Kenngrößen von Materialien sind:

Reflexionsgrad $\varrho(\lambda) = \Phi_r/\Phi_0$: Verhältnis der reflektierten Strahlungsleistung zur auffallenden Strahlungsleistung. Für den Reflexionsgrad einer Materialoberfläche mit der Brechzahl n gilt bei senkrechtem Strahlungseinfall nach Fresnel

$$\varrho \approx \left(\frac{n-1}{n+1}\right)^2 .$$

Danach ergibt sich z. B. für Fensterglas ($n \approx 1{,}5$) ein Reflexionsgrad von $\varrho = 0{,}04$. Durch Aufbringen von dünnen Interferenzschichten (Vergüten) kann der Reflexionsgrad auf weniger als 0,005 gesenkt werden.

Absorptionsgrad $\alpha(\lambda) = \Phi_a/\Phi_0$: Verhältnis der absorbierten Strahlungsleistung zur auffallenden Strahlungsleistung (z. B. $\alpha \approx 0{,}005$ für Fensterglas von 10 mm Dicke).

Transmissionsgrad $\tau(\lambda) = \Phi_t/\Phi_0$: Verhältnis der durchgelassenen Strahlungsleistung zur auffallenden Strahlungsleistung.

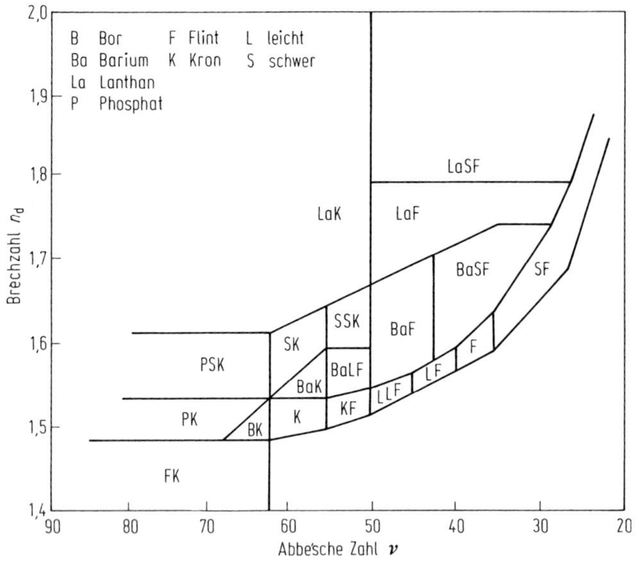

Bild 9-12. Einteilung optischer Gläser nach Brechzahl und Abbe'scher Zahl (vereinfachte Übersicht)

Optisches Glas wird durch zwei weitere Kenngrößen charakterisiert:
Brechzahl n: Verhältnis der Lichtgeschwindigkeit c_0 im Vakuum zur Lichtgeschwindigkeit (Phasengeschwindigkeit) c in dem Material $n = c_0/c$. Die Brechzahl wird auf die Wellenlänge der monochromatischen Strahlung bezogen, mit der sie bestimmt wird, z. B. n_d (d: gelbe He-Linie), n_F (F: blaue H-Linie), n_c (C: rote H-Linie).
Abbe'sche Zahl $\nu = (n_d - 1)/(n_F - n_c)$ zur Kennzeichnung eines optischen Glases hinsichtlich seiner Farbzerstreuung (Dispersion), z. B. $\nu < 50$: große Dispersion; $\nu > 50$: kleine Dispersion.
Eine Übersicht über die Kenndaten optischer Gläser bezüglich Brechzahl und Abbe'scher Zahl gibt Bild 9-12.

10 Materialverhalten: Schadenskunde

10.1 Übersicht

Werkstoffe, Bauteile und Konstruktionen sind in ihren technischen Anwendungen zahlreichen Einflüssen ausgesetzt, die ihre Funktion und Gebrauchsdauer negativ beeinflussen und zu Materialschädigungen führen können. Neben internen Materialveränderungen („Alterung") können Materialschädigungen durch mechanische, thermische, strahlungsphysikalische, chemische, biologische und tribologische Beanspruchungen ausgelöst und insgesamt wie folgt eingeteilt werden: Alterung, Bruch, Korrosion, biologische Materialschädigung, Verschleiß siehe Bild 10-1.
Die große ökonomische Bedeutung von Materialschädigungen geht beispielsweise daraus hervor, dass allein durch Korrosion und Verschleiß in den Industrieländern jährlich einige Prozent [1] des Bruttosozialproduktes verloren gehen. Für die Bundesrepublik Deutschland sind dies volkswirtschaftliche Verluste (insbesondere an Rohstoffen und Energie) in Höhe von einigen 10 Mrd. € jährlich. Ziel der Schadenskunde ist es, die Ursachen von Materialschädigungen zu erforschen und Maßnahmen zum Materialschutz sowie zur Schadensabhilfe und Schadensverhütung zu entwickeln [2].

10.2 Alterung

Mit Alterung wird die Gesamtheit aller im Laufe der Zeit in einem Material ablaufenden chemischen und physikalischen Vorgänge bezeichnet (DIN 50 035), die mit Änderungen von Werkstoffeigenschaften (meist negativer Art) verbunden sind. Die Alterungsursachen werden gegliedert in:

- Innere Alterungsursachen, z. B. thermodynamisch instabile Zustände des Materials, Relaxation, Spannungsabbau, Veränderung von chemischer Zusammensetzung und Molekularstruktur, Phasen- oder Gefügeumwandlungen, usw.

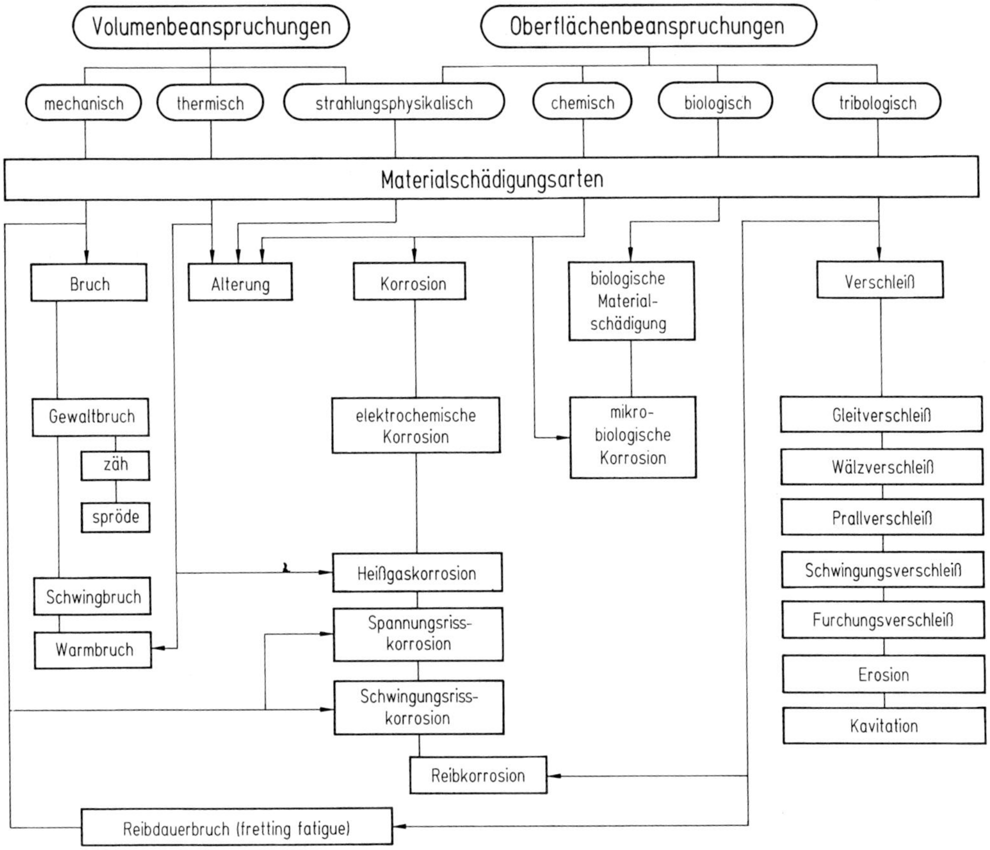

Bild 10-1. Materialschädigungsarten: Übersicht

– Äußere Alterungsursachen, z. B. Temperaturwechsel, Energiezufuhr in Form von Wärme, sichtbarer, ultravioletter oder ionisierender Strahlung, chemische Einflüsse usw.

Die Alterungsursachen können zu verschiedenen Alterungserscheinungen bei den verschiedenen Werkstoffgruppen führen:
(a) Bei Metallen: Veränderung von mechanischen Kennwerten wie Duktilität, Streckgrenze, Kerbschlagarbeit durch Einlagerung von Fremdatomen wie C, N, z. B. Versprödung von Baustahl bei der Kaltumformung (Reck- oder Verformungsalterung) oder „Wasserstoffversprödung" von Stählen, Versprödung durch Neutronen.
(b) Bei anorganischen Stoffen: „Ausblühen" oder „Ausschwitzen" durch Abscheidung bestimmter Phasen (Agglomerisation), z. B. bei Baustoffen.
(c) Bei Polymerwerkstoffen: Quellung, Schwindung oder Verwerfung durch Diffusion, Rissbildung (z. B. Spannungsrissbildung unter Einwirkung von Ozon), Verfärbung, insbesondere Vergilbung.
Ein Alterungsschutz kann bei Polymerwerkstoffen bewirkt werden durch:

– Inhibitoren: Substanzen, die chemische Reaktionen verzögern;
– Stabilisatoren: Substanzen, welche die Veränderung von Eigenschaften, die durch Einflüsse bei der Verarbeitung oder durch Alterung eintreten kann, vermindern, z. B. Wärmestabilisatoren, Lichtstabilisatoren, Strahlenschutzmittel, UV-Absorber.

Als weitere Alterungsschutzmittel werden Substanzen, die eine Alterung durch Sauerstoffeinwirkung (Antioxidantien) oder Ozoneinwirkung verzögern, eingesetzt.

10.3 Bruch

Bruch ist eine makroskopische Werkstofftrennung durch mechanische Beanspruchung. Jeder Bruch verläuft in Abhängigkeit von Spannungszustand, -amplitude und -verlauf in den drei Phasen Rissbildung, Risswachstum und Rissausbreitung. Merkmale zur Kennzeichnung von Brüchen sind:

a) Plastische Verformung vor der Rissinstabilität: Verformungsreicher, verformungsarmer oder verformungsloser Bruch.
b) Energieverbrauch während der Rissausbreitung: Zäher Bruch (großer Energieverbrauch) oder spröder Bruch (geringer Energieverbrauch).
c) Rissausbreitungsgeschwindigkeit v_R: Schneller Bruch mit v_R in der Größenordnung der Schallgeschwindigkeit $c_a (v_R \approx 1000\,\mathrm{m/s})$; mittelschneller Bruch mit $v_R < c_a (v_R \approx 1\,\mathrm{m/s})$; langsamer Bruch mit $v_R \lll c_a (v_R < 1\,\mathrm{mm/s})$.
d) Bruchmechanismus und Bruchflächenmorphologie: Duktiler Bruch mit mikroskopisch wabenartiger Bruchoberfläche; Spaltbruch mit mikroskopisch spaltflächiger Bruchoberfläche; Quasispaltbruch mit spaltbruchähnlicher Bruchoberfläche.
e) Bruchflächenverlauf: Transkristalliner Bruch (Bruchverlauf durch Körner hindurch); interkristalliner Bruch (Bruchverlauf längs Korngrenzen).
f) Bruchflächenorientierung relativ zum Spannungstensor: Normalspannungsbruch (Bruchfläche senkrecht zur größten Hauptnormalspannung); Schubspannungsbruch (Bruchfläche parallel zur Ebene maximaler Schubspannung).

Bei ein und demselben Werkstoff können je nach Beanspruchung, Spannungszustand, Temperatur und Umgebung u. U. sämtliche Bruchmerkmale unterschiedlich sein.

10.3.1 Gewaltbruch

Gewaltbrüche entstehen durch einsinnige mechanische Überbelastung unter mäßig rascher bis schlagartiger Beanspruchung.

Die häufigsten Bruchausbildungen sind in Bild 10-2 für einen einachsig und quasistatisch beanspruchten Zugstab vereinfacht dargestellt.

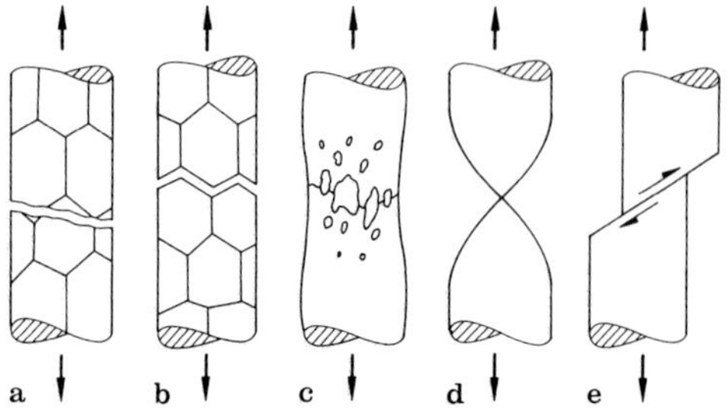

Bild 10-2. Bruchausbildungsformen bei Gewaltbruch. **a** Transkristalliner Spaltbruch, **b** interkristalliner Spaltbruch, **c** duktiler Bruch, **d** zur Spitze ausgezogener Gleitbruch, **e** Schubbruch

Von den Metallen zeigen viele kubisch flächenzentrierte Stoffe ein duktiles und hexagonale ein sprödes Bruchverhalten. Der Bruchmechanismus kubisch raumzentrierter Metalle, zu denen auch viele Stähle gehören, geht unterhalb einer Übergangstemperatur vom duktilen zu fast sprödem Bruch über. Ein ähnliches Verhalten zeigen auch viele Polymerwerkstoffe und Gläser. Die kristallinen keramischen Werkstoffe sind durch ein Sprödbruchverhalten gekennzeichnet und besitzen nur dicht unterhalb ihrer Schmelztemperatur eine geringe Duktilität.

Übersicht über die Mechanismen des Gewaltbruchs, erläutert am Beispiel metallischer Werkstoffe [Schatt, Worch]:

(a) Der *Gleit-* oder *Wabenbruch* entsteht unter plastischer Deformation durch Abgleiten von Werkstoffbereichen entlang der Ebenen maximaler Schubspannung. Er wird beobachtet bei einachsigen und mehrachsigen Spannungszuständen, zähem Werkstoff, niedriger Beanspruchungsgeschwindigkeit und höheren Temperaturen. Bei den transkristallinen und interkristallinen Wabenbrüchen verläuft der Bruch makroskopisch gesehen entweder senkrecht zur größten Normalspannung (Normalspannungsbruch) oder in Richtung der größten Schubspannung (Schubspannungsbruch), Bild 10-2e. Häufig treten Kombinationen beider Bruchformen mit einem Normalspannungsbruch im Inneren und Schubspannungsbrüchen (Schubspannungslippen) an den Rändern auf, z. B. Teller-Tassen-Bruch im Zugversuch. Normalerweise ist der Gleitbruch nicht nur mit einer mikroskopischen, sondern auch mit einer deutlichen makroskopischen Formänderung verbunden. Diese kann fehlen, wenn die Geometrie des

Teils (z. B. Kerben) eine Einschnürung verhindert. Werkstoffbedingte Variationen treten insbesondere beim Gleitbruch unter Zug auf. Reine Metalle ziehen sich oft zu einer Spitze aus, Bild 10-2d. Zeilige Werkstoffe bilden gelegentlich fräserförmige Bruchflächen (Fräserbruch). Im mikrofraktographischen Bild erkennt man bei transkristallinen Wabenbrüchen auf der Bruchfläche eine Struktur aus einzelnen Waben verschiedener Form und Größe. Bei Normalspannungsbrüchen sind die Waben mehr oder weniger gleichachsig als kleine Schubflächen angeordnet, bei starker plastischer Verformung können sie einseitig verzerrt sein. Am Grund der Waben finden sich manchmal Einschlüsse oder Ausscheidungen. Bei Schubspannungsbrüchen sind die Waben in Schubrichtung verzerrt (Schubwaben).

(b) Transkristalline Spaltbrüche (*Trennbrüche*), entstehen auf bevorzugten Gitterebenen ohne Abgleitung. Spaltbrüche erfolgen normalerweise ohne makroskopisch erkennbare plastische Verformung. In Ausnahmefällen kann jedoch dem Spaltbruch eine größere plastische Verformung vorausgehen. Spaltbrüche entstehen durch Spannungen, die örtlich die Kohäsion des Metallgitters überschreiten. Spröder Werkstoff, hohe Beanspruchungsgeschwindigkeit, tiefe Temperaturen und mehrachsige Spannungszustände (scharfe Kerben, dickwandige Werkstückquerschnitte) begünstigen den Eintritt von Spaltbrüchen. In kubisch flächenzentrierten Metallen sind Spaltbrüche bisher nicht beobachtet worden. Da Spaltbrüche senkrecht zur größten Normalspannung erfolgen, sind die Bruchflächen meistens eben. Bei Torsionsbrüchen verläuft die Bruchfläche entsprechend der Richtung der größten Normalspannung wendelförmig.

Im mikrofraktographischen Bild erkennt man vor allem bei großem Korn auf den facettenförmig angeordneten Spaltflächen ein Muster von Spaltlinien und Spaltstufen. Die Größe einer Spaltfläche entspricht im Höchstfall dem Querschnitt eines Kristalliten, Bild 10-2a.

Interkristalliner Trennbruch, Bild 10-2b, tritt nur dann ein, wenn die Korngrenzen, z. B. durch Ausscheidungen oder Verunreinigungen, versprödet sind. Entsteht an einer Korngrenzenausscheidung ein Spaltanriss und ist die Grenzflächenenergie an der Phasengrenze wesentlich geringer als die Oberflächenenergie der Phase, so entstehen Spaltrisse längs der Korngrenzen.

10.3.2 Schwingbruch

Schwingbrüche entstehen durch mechanische Wechsel- oder Schwellbeanspruchungen. Nach einer Inkubationszeit zur Bildung von Anrissen erfolgt allmählich eine Schwingungsrissausbreitung, bis der verbliebene Werkstoffquerschnitt infolge der wachsenden Spannung zum Gewaltbruch versagt (Restbruch). Der zum Schwingbruch führende Ermüdungsvorgang, der stets auf mikroplastischen Verformungen, d. h. irreversiblen Versetzungsbewegungen, beruht, kann in die folgenden Teilschritte eingeteilt werden:

a) *Anrissbildung* durch erhöhte Spannungskonzentration in Oberflächenbereichen, z. B. durch Oberflächenfehler (Dreh- oder Schleifriefen), Kerben, Steifigkeitssprünge. Bei glatten Oberflächen können Ermüdungsrisse z. B. an Gleitbändern oder Ex- und Intrusionen (siehe 9.2.5), Korngrenzen, Zwillingskorngrenzen oder Einschlüssen gebildet werden.
b) *Mikrorissausbildung* (sog. Bereich I der Rissausbreitung) mit meist kristallographisch orientierter Rissausbreitung unter 45° zur Hauptspannungsrichtung, langsame Rissgeschwindigkeit.
c) *Makrorissausbreitung* erfolgt makroskopisch senkrecht zur Beanspruchungsrichtung, meist verbunden mit einer Gleitverformung an der Rissspitze (sog. Bereich II der Rissausbreitung); Unterbrechungen der Rissausbreitung können zur Ausbildung charakteristischer „Bruchlinien" auf der Schwingbruchfläche führen. Der sog. Bereich III der Rissausbreitung ist durch eine hohe Rissgeschwindigkeit, d. h. kleine relative Anzahl der Lastwechsel, gekennzeichnet. Bei gleichbleibenden Betriebsbedingungen nimmt der Bruchlinienabstand wegen der ansteigenden Rissausbreitungsgeschwindigkeit in Richtung auf den Restbruch zu.
d) *Restbruch*, der bei den meisten Werkstoffen als mikroskopisch duktiler Gewaltbruch (Gleitbruch) meist innerhalb eines einzigen Lastwechsels erfolgt; in spröden Materialien mit kubisch raumzentrierter Gitterstruktur (z. B. hartvergüteter Stahl, Gusseisen) können Misch- oder Trennbrüche auftreten.

10.3.3 Warmbruch

Warmbrüche entstehen durch kombinierte mechanische und thermische Beanspruchung. Erhöhte Temperatur und gleichzeitig wirkende mechanische Spannungen führen zu Änderungen der Werkstoffeigenschaften, wie Verfestigung infolge von Kriechverformung, Entfestigung durch thermisch aktivierte Erholung, Änderung der Versetzungsstruktur, Bildung von Poren und Mikrorissen, Rekristallisation und Teilchenkoagulation. Die hauptsächlichen Schadensarten sind [3]:

a) *Warmriss:* Werkstofftrennung, die nicht den gesamten Querschnitt erfasst und in Zusammenhang mit Temperatureinwirkungen (Wärmespannungen, Temperaturwechsel, Temperaturgradienten) steht, z. B. Schweißspannungsriss, Zeitstandriss, Temperaturwechselriss, Schleifriss, Härteriss, Heißriss, Lotriss.

b) *Warmgewaltbruch* unter statischer oder quasistatischer Belastung bei erhöhter Temperatur mit den hauptsächlichen Arten:

- Warmzähbruch: Kurzzeitwarmgewaltbruch mit deutlicher plastischer Verformung im Bruchbereich
- Warmsprödbruch: Spontaner Warmgewaltbruch mit geringer plastischer Verformung im Bruchbereich
- Hochtemperatursprödbruch: Spröder Gewaltbruch im Bereich der Solidustemperatur
- Zeitstandbruch: Warmgewaltbruch bei langzeitiger statischer oder quasistatischer Beanspruchung

c) *Warmschwingbruch* unter wechselnder mechanischer Beanspruchung bei erhöhter Temperatur mit den hauptsächlichen Arten:

- LCF-(low cycle fatigue)-Warmschwingbruch: Bruch mit $< 10^4$ Lastwechseln infolge Überschreitens der Zeitschwingfestigkeit im plastischen Verformungsbereich
- HCF-(high cycle fatigue)-Warmschwingbruch: Bruch mit $> 10^4$ Lastwechseln infolge Überschreitens der Zeitschwingfestigkeit im Überwiegend elastischen Verformungsbereich

d) *Temperaturwechselbruch* (Thermoermüdungsbruch): Bruch unter wechselnder Temperaturbeanspruchung infolge Überschreitens der Zeitschwingfestigkeit durch Wärmedehnungswechsel.

10.4 Korrosion

Korrosion ist eine „Reaktion eines metallischen Werkstoffes mit seiner Umgebung, die eine messbare Veränderung des Werkstoffes bewirkt" (DIN 50 900-2 und DIN EN ISO 8044). Von einem Korrosionsschaden spricht man, wenn die Korrosion die Funktion eines Bauteiles oder eines ganzen Systems beeinträchtigt. In den meisten Fällen ist die Korrosionsreaktion elektrochemischer Natur, sie kann jedoch auch chemischer (nichtelektrochemischer) oder metallphysikalischer Natur sein.

10.4.1 Korrosionsarten

Es ist zweckmäßig, zwischen Korrosion mit und ohne mechanische Beanspruchung, sowie nach der Art des chemischen Angriffs zu unterscheiden. Zu der *Korrosion ohne mechanische Beanspruchung* gehören im Wesentlichen:

- *Flächenkorrosion*: Der Werkstoff wird an der Oberfläche mit nahezu gleichmäßiger Abtragungsrate aufgelöst.
- *Muldenkorrosion*: Eine ungleichmäßige Werkstoffauflösung an der Oberfläche, die auf einer örtlich unterschiedlichen Abtragungsrate infolge von Korrosionselementen beruht. Sie führt zu Mulden, deren Durchmesser größer ist als ihre Tiefe.
- *Lochkorrosion*: Die Metallauflösung ist auf kleine Bereiche begrenzt und führt zu kraterförmigen, die Oberfläche unterhöhlenden oder nadelstichförmigen Vertiefungen, dem sogenannten Lochfraß. Sie hat ihre Ursache in der Entstehung von Anoden geringer örtlicher Ausdehnung an Verletzungen von Deckschichten.
- *Spaltkorrosion*: Auflösung des Werkstoffes in Spalten durch Konzentrationsunterschiede des korrosiven Mediums (z. B. durch Sauerstoffverarmung) innerhalb und außerhalb des Spaltes.
- *Kontaktkorrosion*: Beschleunigte Auflösung eines metallischen Bereichs, der in Kontakt zu einem Metall mit höherem freien Korrosionspotenzial steht.
- *Heißgaskorrosion*: Korrosion von Metallen in Gasen, die mindestens eines der Elemente O, C, N oder S enthalten, bei hohen Temperaturen.

Zur Korrosion bei zusätzlicher mechanischer Belastung zählen die

- *Spannungsrisskorrosion*: Rissbildung in metallischen Werkstoffen unter gleichzeitiger Einwirkung einer Zugspannung (auch als Eigenspannung im Werkstück) und eines bestimmten korrosiven Mediums. Kennzeichnend ist eine verformungsarme Trennung oft ohne Bildung sichtbarer Korrosionsprodukte.
- *Schwingungsrisskorrosion*: Verminderung der Schwingfestigkeit eines Werkstoffes durch Korrosionseinflüsse, die zu einer verformungsarmen, meist transkristallinen Rissbildung führt.

10.4.2 Korrosionsmechanismen

Ursache aller Korrosionserscheinungen ist die thermodynamische Instabilität von Metallen gegenüber Oxidationsmitteln. Am häufigsten handelt es sich dabei um *elektrochemische Korrosion*, die nur in Gegenwart einer ionenleitenden Phase abläuft. Die Reaktion setzt sich aus zwei Teilschritten zusammen: Zuerst wird das Metall oxidiert, d. h. den reagierenden Metallatomen werden Elektronen entzogen:

1. Anodischer Teilschritt: Metallauflösung

$$\mathrm{Me} \rightarrow \mathrm{Me}^{z+} + z\mathrm{e}^-$$

Die abgegebenen Elektronen müssen dabei auf einen Bestandteil der angrenzenden Elektrolytlösung übergehen, der selbst reduziert wird. Man unterscheidet hierbei zwischen Säurekorrosion, bei der Wasserstoffionen zu molekularem Wasserstoff reduziert werden, und Sauerstoffreduktion, bei der Sauerstoff als Oxidationsmittel wirkt:

2. Kathodischer Teilschritt: Reduktionsreaktion
a) Säurekorrosion: $2\,\mathrm{H}^+ + 2\,\mathrm{e}^- \rightarrow \mathrm{H}_2$,
b) Sauerstoffkorrosion:

$$\mathrm{O}_2 + 2\,\mathrm{H}_2\mathrm{O} + 4\,\mathrm{e}^- \rightarrow 4\,\mathrm{OH}^- .$$

Es bildet sich ein Stromkreis aus, bestehend aus einem Elektronenstrom im Metall und einem Ionenstrom im Elektrolyten. Beide Teilvorgänge erfolgen gleichzeitig, entweder unmittelbar benachbart oder räumlich getrennt. Als Reaktionsprodukt entstehen meist Metalloxide oder -hydroxide.

Unter *physikalischer Korrosion* versteht man u. a. Diffusionsvorgänge entlang der Korngrenzen, während Absorption von Wasserstoff bei niedrigen Temperaturen in Metallen zur *metallphysikalischen Korrosion* zählt. Bei der *chemischen Korrosion* handelt es sich z. B. um die Auflösung von Metallen in nicht ionenleitenden Flüssigkeiten. Der Versagensmechanismus bei der Spannungsrisskorrosion umfasst (wie allgemein bei Bruchvorgängen) die Phasen der Rissbildung und der Rissausbreitung. Durch das Entstehen von Lokalelementen an mechanisch beanspruchten Teilen und durch korrosiven Angriff wird die Anrissbildung begünstigt. Da an der Rissspitze eine erhebliche Spannungskonzentration besteht, setzt dort bevorzugt eine anodische Metallauflösung an, d. h., auch die Rissausbreitungsphase wird durch die elektrochemischen Mechanismen beeinflusst. Der Spannungsintensitätsfaktor zur Rissausbreitung in korrosiver Umgebung ist niedriger als der Spannungsintensitätsfaktor in neutraler Umgebung.

10.4.3 Korrosionsschutz

Wegen der Vielfalt der Korrosionsarten und -mechanismen erfordert der Schutz von Bauteilen eine sorgfältige Analyse des Einzelfalls. Außer durch korrosionsgerechte Gestaltung können Korrosionsvorgänge durch die folgenden Maßnahmen gehemmt werden:

1. Beeinflussung der Eigenschaften der Reaktionspartner und/oder Änderung der Reaktionsbedingungen durch
   - Ausschluss von korrosiven Medien,
   - Ändern des pH-Wertes,
   - Zugabe von Inhibitoren.
2. Trennung des metallischen Werkstoffes vom korrosiven Mittel durch
   - organische,
   - anorganisch-nichtmetallische,
   - metallische Schutzschichten.
3. elektrochemische Maßnahmen:
   - kathodischer Korrosionsschutz
   - anodischer Korrosionsschutz
4. Verwendung besser geeigneter Werkstoffe. z. B. von Polymerwerkstoffen, Keramik sowie Metallegierungen.

10.5 Biologische Materialschädigung

Als biologische Materialschädigung werden unerwünschte Veränderungen von Stoffen durch Organismen bezeichnet. Sie entstehen hauptsächlich dadurch, dass Materialien organischer Art

Organismen als Nahrung dienen. In anderen Fällen ergeben sich Beschädigungen durch Nagetätigkeit von Insekten oder Wirbeltieren oder durch chemische Wirkungen von Mikroorganismen [4].

10.5.1 Materialschädigungsarten

Biologische Materialschädigungen können besonders ausgeprägt an organischen Stoffen und Naturstoffen (speziell Holz und Holzwerkstoffen) jedoch auch an Materialien aus anderen Werkstoffgruppen auftreten.

(a) Metallische Werkstoffe
Schädigungsbeispiele: Lochfraß-Korrosion durch anaerobe sulfatreduzierende Bakterien sowie durch schwefel- und eisenoxidierende aerobe Bakterien; korrosiver Angriff auf Fe, Cu, Al, Pb durch Ausscheidung von organischen und anorganischen Säuren aus Schimmelpilzhyphen; Nageschäden durch Insekten (z. B. Holzwespen, Termiten) an Metallen (z. B. Pb-Umhüllungen elektr. Kabel), die weicher als die harten Mundwerkzeuge dieser Materialschädlinge sind.

(b) Mineralische Baustoffe
Schwefeloxidierende und nitrifizierende Bakterien verursachen Materialschäden durch Verminderung des pH-Wertes an Baustoffoberflächen (z. B. Kalksandstein) und fördern dadurch andere Mikroorganismen in ihrer Entwicklung. Bakterien und Schimmelpilze können bei hinreichender Dauerfeuchtigkeit Putzmörtel, Sandsteine und Beton schädigen und durchwachsen.

(c) Kunststoffe
Streptomyceten und andere Bakterien sowie Schimmelpilze können bei ausreichender Feuchtigkeit auf Kunststoffen wachsen, Weichmacher, Füllstoffe, Stabilisatoren und Emulgatoren abbauen und zu Verfärbungen, Masse- und Festigkeitsverlusten führen. (Beständig gegen Mikroorganismen sind verschiedene ungefüllte Polymerwerkstoffe, wie z. B. PE, PS, PVC, PTFE, PMMA, PC, vgl. 5.5). An elektrischen und elektronischen Geräten können Pilzhyphen eine Verminderung des Oberflächenwiderstandes und damit Kriechströme und Kurzschlüsse bewirken.

(d) Holz- und Holzwerkstoffe
Holz wird, z. B. bei hoher Holzfeuchtigkeit – die Mindestwerte liegen zwischen 22% und Fasersättigung –, von Mikroorganismen durch Abbau von Kohlehydraten und Zellulose geschädigt.

10.5.2 Materialschädlinge und Schadformen

Die wichtigsten Materialschädlinge gehören den Gruppen der Mikroorganismen sowie der Insekten an. Daneben kommen in einzelnen weiteren Tiergruppen Materialschädlinge vor.
Unter den Mikroorganismen sind Bakterien und mikroskopische Pilze aus den Gruppen der Ascomyceten, der imperfekten Pilze und der Basidiomyceten die wichtigsten; daneben kommen Algen in Betracht. Von den Insekten stehen Gruppen, die ein starkes Nagevermögen besitzen, im Vordergrund; dies sind Termiten und Käfer (Coleoptera). Bedeutende Schädlinge gehören aber auch zu den Schmetterlingen (Lepidoptera) und Hautflüglern (Hymenoptera). Von anderen Tieren schädigen einzelne Wirbeltiere (Vertebrata) Material auf dem Lande, gewisse Muscheln (Mollusca) und Krebstiere (Crustacea) Material im Meerwasser, daneben haben auch Hohltiere (Coelenterata) und Moostierchen (Bryozoa) eine Bedeutung als Schiffsbewuchs.
Die hauptsächlichen *Holzschädlinge* und die durch sie verursachten Schadformen sind in Mitteleuropa folgende:

- Echter Hausschwamm (Serpula lacrymans): Mycel weiß bis graubräunlich, graue Stränge (bis Bleistiftdicke) brechen mit Knackgeräusch; Holz-Wassergehalt > 25% erforderlich; Braunfärbung des befallenen Holzes, Rissbildung, „Würfelbrüchigkeit“; gefährlichster holzzerstörender Pilz.
- Braunfäule-Erreger: Pilze, bauen Zellulose ab; Braunfärbung des Holzes, Rissbildung parallel und senkrecht zur Holzfaser, Gewichts- und Volumenverlust, würfeliger Zerfall.
- Weißfäule-Erreger: Pilze, bauen Zellulose und Lignin ab; Holz grau-weiß verfärbt, Erweichung ohne Volumenverlust.
- Moderfäule-Pilze: Bauen Zellulose (langsam) ab; hohe Holzfeuchtigkeit erforderlich, Holzoberfläche in feuchtem Zustand weich, trocken rau und schuppig.
- Bläuepilze: Ernährung von Zellinhaltsstoffen; Holzfestigkeit nicht beeinträchtigt, Farbstoff: Melaminpigmente.
- Schimmelpilze: Verwerten Zucker- und Stärkegehalt des Holzes; rote, braune, graue Oberflächenverfärbungen; keine Zerstörung, kein Festigkeitsverlust.

- Hausbockkäfer (Hylotrupes bajulus): Weiße Larve („großer Holzwurm") befällt nur Nadelholz (rel. Luftfeuchte > 40%), bevorzugt Splintbereiche, meidet Kernholz; erzeugt 6 bis 10 mm breite ovale Fraßgänge und Fluglöcher.
- Gewöhnlicher Nagekäfer (Anobium punctatum): Engerlingartige Larve („kleiner Holzwurm") befällt Nadel- und Laubhölzer (Möbelteile), erzeugt kreisförmige Fraßgänge und Fluglöcher von 2 bis 3 mm Durchmesser.

10.5.3 Materialschutz gegen Organismen

Für den Schutz gegen Materialschädlinge bestehen folgende prinzipielle Möglichkeiten:

1. Geeignete Oberflächenresistenz, insbesonders durch Härte und Glatte;
2. Geeignete Umweltbedingungen, insbesonders niedrige Luft- und Materialfeuchtigkeit;
3. Einsatz von Repellentien (Abschreckstoffen);
4. Einsatz von Materialschutzmitteln in Form von Fungiziden oder Insektiziden.

Die wichtigsten Materialschutzmittel sind Holzschutzmittel. Sie werden eingeteilt in: Wasserlösliche Holzschutzmittel mit Wirkstoffen wie Siliconfluorid (SF) oder Kombinationen von Chrom-Fluor-Kupfer-Arsen-Bor (CFKAB-Salzen) und ölige Holzschutzmittel, z. B. Teerölpräparate.
Holzschutzmittel werden durch Streichen, Spritzen, Tauchen, Trogtränkung, Kesseldrucktränkung (beste Eindringwirkung) aufgebracht.
Holzschutzmittel unterliegen in der Bundesrepublik Deutschland einer Prüfzeichenpflicht in Hinblick auf die Anwendung für tragende oder aussteifende Zwecke in baulichen Anlagen (DIN 68 800-1).

10.6 Tribologie

Tribologie ist die Wissenschaft und Technik von aufeinander einwirkenden Oberflächen in Relativbewegung.
Die hauptsächlichen funktionellen Aufgaben von Tribosystemen, erläutert durch typische technische Beispiele, sind:

- Bewegungsübertragung (z. B. Gleitlager, Wälzlager)
- Kraft- und Energieübertragung (Getriebe)
- Informationsübertragung (Relais, Drucker)
- Stofftransport (Pipeline, Förderband)
- Stoffabdichtung (Kolben/Zylinder)
- Materialbearbeitung (Drehen, Fräsen, Schleifen)
- Materialumformung (Walze, Ziehdüse)

An tribologisch beanspruchten Werkstoffen können durch Kontaktdeformation sowie durch Reibung und Verschleiß mikro- und makroskopische Materialschädigungen hervorgerufen werden [5].

10.6.1 Reibung

Die Reibung wirkt der Relativbewegung sich berührender Körper entgegen. Sie wird gekennzeichnet durch die Reibungszahl

$$f = \text{Reibungskraft } F_\text{R}/\text{Normalkraft } F_\text{N}\ .$$

Die durch dissipative Deformations- und Adhäsionsprozesse verursachte Reibungsarbeit wird größtenteils in Wärme umgewandelt. Die Reibungszustände in einem tribologischen System, wie z. B. einem Gleitlager, bestehend aus den Reibpartnern Grundkörper (Lagerschale) und Gegenkörper (Welle) sowie einem flüssigen Schmierstoff können als Funktion von Schmierstoffviskosität, Gleitgeschwindigkeit und Normalkraft durch die sog. Stribeck-Kurve beschrieben werden, siehe Bild 10-3. Abhängig vom Verhältnis $\lambda = h/\sigma$ der Schmierstoff-Filmdicke h zur mittleren Rauheit σ der Gleitpartner, werden die folgenden Zustände mit verschiedenen Bereichen der Reibungszahl f und des Verschleißkoeffizienten k (Verschleißvolumen/(Belastung F_N · Gleitweg s)) unterschieden:

I. Festkörperreibung ($\lambda < 1$)
Reibung bei unmittelbarem Kontakt der Reibpartner (Grundkörper und Gegenkörper). Wenn die Reibpartner von einem molekularen Schmierfilm bedeckt sind, spricht man von Grenzreibung.
II. Mischreibung ($1 < \lambda < 3$) Reibung, bei der Festkörperreibung und Flüssigkeitsreibung nebeneinander vorliegen.
III. Flüssigkeitsreibung ($\lambda > 3$) Reibung in einem die Reibpartner vollständig trennenden hydrodynamischen oder elastohydrodynamischen (EHD) Schmierstofffilm.

Die Reibung wird in den Bereichen I und II im Wesentlichen durch die Festkörper- und Grenzflä-

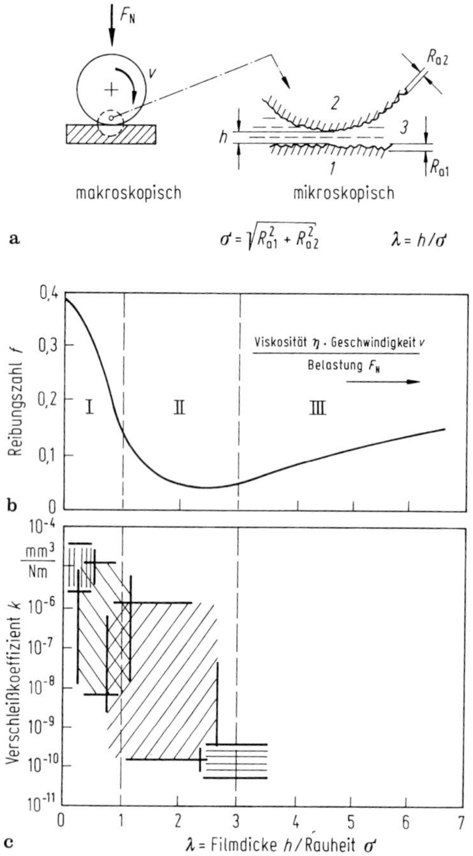

Bild 10-3. Reibungs- und Verschleißcharakteristik eines tribologischen Gleitsystems in Abhängigkeit des Kontakt und Schmierungszustandes. **a** Tribologisches System; **b** Reibungskurve (Stribeck-Kurve); **c** Verschleißspektrum

cheneigenschaften der sich berührenden Werkstoffe und im Bereich III durch die rheologischen Eigenschaften des Schmierstoffs (sowie bei EHD durch die elastischen Eigenschaften von Grund und Gegenkörper) beeinflusst. Die Reibung ist (wie der Verschleiß, siehe 10.6.2) keine Werkstoff- sondern eine Systemeigenschaft, deren Größe von zahlreichen Parametern abhängt. Reibungszahlen für bestimmte Materialpaarungen müssen labormäßig mit Tribometern oder betrieblich mit Original-Bauteilen experimentell bestimmt werden. Eine Übersicht über die Größenordnung von Reibungszahlen für die verschiedenen Reibungszustände gibt Tabelle 10-1, detaillierte Daten der Tribometrie und Reibungszahlen enthält [1].

Tabelle 10-1. Reibungszahl – Größenordnung für verschiedene Reibungszustände (Übersicht)

Reibungszustand	Zwischenstoff	Reibungszahl f
Festkörperreibung	–	$> 10^{-1}$
Mischreibung	partieller Schmierstoff-film	$10^{-2} \ldots 10^{-1}$
Flüssigkeitsreibung	Schmierstofffilm	$< 10^{-2}$
Rollreibung	Wälzkörper	$\approx 10^{-3}$
Luftreibung	Gas	$\approx 10^{-4}$

10.6.2 Verschleiß

Verschleiß ist der fortschreitende Materialverlust aus der Oberfläche eines festen Körpers, hervorgerufen durch mechanische Ursachen, d. h. Kontakt und Relativbewegung eines festen, flüssigen oder gasförmigen Gegenkörpers (tribologische Beanspruchung). Im Unterschied zu den Festigkeitseigenschaften, die Werkstoff- oder Bauteilkenngrößen sind, resultiert der Verschleiß aus dem Zusammenwirken aller an einem Verschleißvorgang beteiligten Teile eines Systems; es kann nur mit „systemspezifischen" Verschleißkenngrößen beschrieben werden. Entsprechend der allgemeinen Darstellung eines tribologischen Systems nach Bild 10-4 werden Verschleißvorgänge hauptsächlich von folgenden Faktoren beeinflusst:

a) Beanspruchungskollektiv, gebildet durch
   - die Bewegungsform oder Kinematik (Gleiten, Rollen oder Wälzen, Stoßen oder Prallen, Strömen),
   - den zeitlichen Bewegungsablauf (kontinuierlich, oszillierend, intermittierend),
   - die Beanspruchungsgrößen Belastung, Geschwindigkeit, Temperatur, Beanspruchungsdauer;

b) Struktur des tribologischen Systems, d. h.
   - die am Verschleißvorgang beteiligten Bauelemente (Grundkörper *1*, Gegenkörper *2*, Zwischenstoff *3*, Umgebungsmedium *4*),
   - die Stoff- und Formeigenschaften der Bauelemente,
   - die tribologischen Wechselwirkungen zwischen den Systemelementen (Kontaktzustand, Reibungszustand, Verschleißmechanismen).

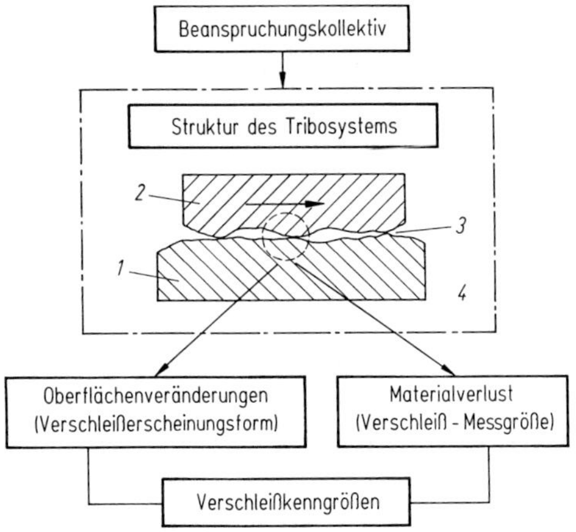

Bild 10-4. Verschleiß als Kennzeichen eines tribologischen Systems

Abhängig von der tribologischen Beanspruchung und der Kinematik werden verschiedene Verschleißarten unterschieden: Gleitverschleiß, Wälzverschleiß, Prall- oder Stoßverschleiß, Schwingungsverschleiß. Eine Materialabtragung durch strömende Medien wird als Erosion, eine (lokale) Materialzerstörung durch implodierende Dampfblasen als Kavitation bezeichnet.

Durch Überlagerung tribologischer und anderer Beanspruchungen sind folgende Schädigungsarten charakterisiert (siehe Bild 10-1):

- Korrosionsverschleiß (auch: Reibkorrosion): Korrosion kombiniert mit tribologischer Schwingungsbeanspruchung („Passungsrost").
- Reibdauerbruch: Schwingbruch, bei dem zusätzliche tribologische Beanspruchungen zu einer Verminderung der Schwingfestigkeit führt („fretting fatigue").

Die quantitative Beschreibung des Verschleißes erfolgt durch verschiedene Verschleiß-Messgrößen zur Kennzeichnung verschleißbedingter Längen-, Flächen-, Volumen- oder Massenänderungen. Infolge der Systemgebundenheit des Verschleißes können Verschleißkenngrößen nicht einzelnen Werkstoffen, sondern nur tribologischen Systemen zugeordnet werden. Sie können um mehrere Zehnerpotenzen variieren (siehe Bild 10-3c). Verschleißkenngrößen für bestimmte Materialpaarungen müssen wie die Reibung experimentell – bei Vorgabe der Systemparameter – bestimmt werden (vgl. [1]).

10.6.3 Verschleißmechanismen

Prozesse des Verschleißes, die sog. Verschleißmechanismen, werden ausgelöst durch tribologische Beanspruchungen, d. h. die kräftemäßigen und stofflichen Wechselwirkungen in kontaktierenden Oberflächen, verbunden mit der Umsetzung von Reibungsenergie.

Es werden, neben den zu einer Kontaktdeformation führenden Hertzschen Beanspruchungen, die folgenden Haupt-Verschleißmechanismen unterschieden:

- Oberflächenzerrüttung: Ermüdung und Rissbildung in Oberflächenbereichen durch tribologische Wechselbeanspruchungen, die zu Materialtrennungen führen (z. B. Grübchen),
- Abrasion: Materialabtrag durch ritzende Beanspruchung (Mikrospanen, Mikropflügen, Mikrobrechen).
- tribochemische Reaktionen: Entstehung von Reaktionsprodukten durch die Wirkung von tribologischer Beanspruchung bei chemischer Reaktion von Grundkörper, Gegenkörper und umgebendem Medium,
- Adhäsion: Ausbildung und Trennung von Grenzflächen-Haftverbindungen (z. B. Kaltverschweißungen, „Fressen").

Bild 10-5 gibt eine Übersicht über die hauptsächlichen Verschleißmechanismen und die beteiligten Detailprozesse. Die Komplexität des Verschleißes zeigt sich darin, dass die Haupt-Verschleißmechanismen einzeln auftreten, sich abwechseln oder auch gleichzeitig einander überlagert sein können. Die Methoden der Verschleißuntersuchung reichen von der Raster-Tunnelmikroskopie über die Verschleiß-Sensortechnik bis zum betrieblichen „condition monitoring". Die Erscheinungsbilder tribologisch beanspruchter Oberflächen sind in [1] dargestellt.

10.6.4 Verschleißschutz

Verschleißbeeinflussende Maßnahmen müssen von einer individuellen Systemanalyse des jeweiligen Problems ausgehen. Verschleißmindernde Maßnahmen können entweder das Beanspruchungskollektiv modifizieren – z. B. Vermindern der Flächenpressung, Verbessern der Kinematik (Wälzen statt Gleiten) – oder die Struktur des tribologischen Systems durch geeignete Konstruktion, Werkstoffwahl oder Schmierung beeinflussen. Von besonderer Bedeutung für den Verschleißschutz ist dabei die gezielte Beeinflussung

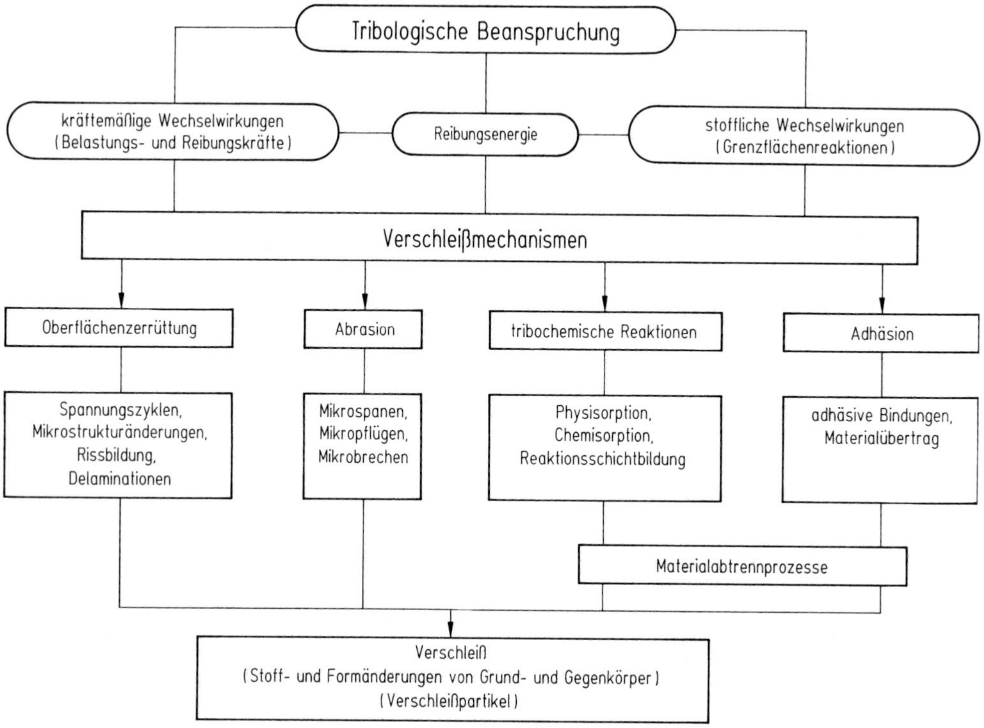

Bild 10–5. Verschleißmechanismen: Übersicht über Stoff- und Formänderungsprozesse unter tribologischer Beanspruchung

der wirkenden Verschleißmechanismen, z. B. durch folgende Maßnahmen:

a) Beeinflussung der Abrasion: Für den Widerstand gegenüber der Abrasion ist die sog. Verschleiß-Tieflage-Hochlage-Charakteristik besonders wichtig. Danach ist der Verschleiß nur dann gering, wenn der tribologisch beanspruchte Werkstoff härter als das angreifende Material ist. Für die Werkstoffauswahl gilt demnach Folgendes:
   - Härte des beanspruchten Werkstoffs mindestens um den Faktor 1,3 größer als die Härte des Gegenkörpers;
   - harte Phasen, z. B. Carbide in zäher Matrix;
   - wenn das angreifende Material härter als der Werkstoff ist: zäher Werkstoff.

b) Beeinflussung der Oberflächenzerrüttung:
   - Werkstoffe mit hoher Härte und hoher Zähigkeit (Kompromiss);
   - homogene Werkstoffe (z. B. Wälzlagerstähle);
   - Druckeigenspannungen in den Oberflächenzonen, z. B. durch Aufkohlen oder Nitrieren.

c) Beeinflussung der Adhäsion:
   - Schmierung;
   - Vermeiden von Überbeanspruchungen, durch welche der Schmierfilm und die Adsorptions- und Reaktionsschichten von Werkstoffen durchbrochen werden;
   - Verwendung von Schmierstoffen mit EP-Additiven (extreme pressure);
   - Vermeidung der Paarung Metall/Metall; stattdessen: Kunststoff/Metall, Keramik/Metall, Kunststoff/Kunststoff, Keramik/Keramik, Kunststoff/Keramik;
   - bei metallischen Paarungen: keine kubisch flächenzentrierten Metalle, sondern kubisch raumzentrierte und hexagonale Metalle; Werkstoffe mit heterogenem Gefüge.

d) Beeinflussung tribochemischer Reaktionen:
   - keine Metalle, höchstens Edelmetalle; stattdessen Kunststoffe und keramische Werkstoffe;
   - formschlüssige anstelle von kraftschlüssigen Verbindungen;

– Zwischenstoffe und Umgebungsmedium ohne oxidierende Bestandteile;
– hydrodynamische Schmierung.

10.7 Methodik der Schadensanalyse

Gezielte Maßnahmen zur Schadensabhilfe und -verhütung können nur dann getroffen werden, wenn die Schadensursachen durch Untersuchungen sorgfältig analysiert wurden. Nach der VDI-Richtlinie 3822 soll eine Schadensanalyse die folgenden hauptsächlichen Schritte umfassen:

1. Schadensbefund
   a) Dokumentation des Schadens;
   b) Schadensbild: Zustand des beschädigten Bauteils;
   c) Schadenserscheinung: Merkmale einer Schadensart (z. B. Verformung, Risse, Brüche, Korrosions- oder Verschleißerscheinungen).
2. Bestandsaufnahme
   a) Allgemeine Information: Anlagen- bzw. Bauteilart, Hersteller, Betreiber, Inbetriebnahmedatum, Einsatzbedingungen, Revisionszeitpunkte, Überwachungserfordernisse, Betriebszeit.
   b) Vorgeschichte: Art, Herstellung, Weiterverarbeitung, Güteprüfung des Werkstoffs; Gestaltung, Fertigung, Güteprüfung des Bauteils; Funktion des Bauteils, Betriebsbedingungen während der Betriebszeit und kurz vor dem Schadenseintritt; zeitlicher Ablauf des Schadens.
3. Untersuchungen
   a) Untersuchungsplan,
   b) Probennahme,
   c) Einzeluntersuchungen: Einsatz von zerstörungsfreien und/oder zerstörenden Prüfverfahren und Simulationsversuchen zur Beurteilung von: Schadensbild- und -erscheinung, fraktographische Untersuchung, Werkstoffzusammensetzung, Werkstoffgefüge und -zustand, physikalischen und chemischen Eigenschaften, Gebrauchseigenschaften,
   d) Auswertung.
4. Schadensursachen
   Fazit des Schadensbefundes, der Bestandsaufnahme und der Untersuchungen.
5. Schadensabhilfe
   Vorschläge für Abhilfemaßnahmen unter Berücksichtigung von Konstruktion, Fertigung, Werkstoff und Betrieb.
6. Schadensbericht
   a) Zusammenfassung der Schadensanalyse,
   b) Gliederungsbestandteile: Auftraggeber, Bezeichnung des Schadenteils, Anlass zur Schadensuntersuchung, Art und Umfang des Schadens, Ergebnisse der Bestandsaufnahme, Ergebnisse der Einzeluntersuchungen, Schadensursache, Reparaturmöglichkeiten und -maßnahmen, Hinweise zur Schadensabhilfe und Schadensverhütung.

11 Materialprüfung

Die Materialprüfung dient in allen Stadien des Materialkreislaufs (siehe Bild 1-1) der Eigenschafts-, Qualitäts- und Sicherheitsanalyse von Materialien und der Beurteilung ihrer funktionellen, wirtschaftlichen und umweltfreundlichen Anwendung. Grundlegende Aufgaben der Materialprüfung sind:

– Analyse der chemischen Zusammensetzung und der Mikrostruktur
– Ermittlung von Werkstoffkennwerten
– Bestimmung des Materialverhaltens unter den verschiedenen Beanspruchungen, z. B. mechanischer, thermischer, strahlungsphysikalischer, chemischer, biologischer oder tribologischer Art
– Entwicklung und Anwendung von Methoden zur Beanspruchungsanalyse und anwendungsorientierten Beurteilung von Werkstoffen, Bauteilen und Konstruktionen
– Kontrolle von Materialeigenschaften bei der Fertigung, Weiterverarbeitung und Montage technischer Produkte
– Überwachung von Werkstoffzuständen während des Betriebs von Maschinen, Anlagen und technischen Systemen
– Untersuchung und Aufklärung von Schadensfällen.

Die Materialprüfung reicht von der atomar-nanotechnologischen und mikrosystemtechnischen Untersuchung über die Bauteil- und Systemprüfung bis hin zur Bewertung großtechnischer Anlagen. Neben experimentellen und sensortechnischen

Methoden kommen zunehmend mathematische und computerunterstützte Techniken zur Modellierung, Simulation und Beurteilung des Werkstoff-, Bauteil- und Systemverhaltens zur Anwendung. Der Kompetenznachweis erfolgt durch Qualitätsmanagementsysteme (siehe 11.9).

Eine umfassende Darstellung der Methoden zur Charakterisierung von Werkstoffen gibt das *Springer Handbook of Materials Measurement Methods* [1] mit folgender Gliederung: A The Materials Measurement System (Principles, Strategy, Quality), B Measurement Methods for Composition and Structure (Chemical Composition, Nanoscopic Architecture and Microstructure, Surfaces and Interfaces), C Measurement Methods for Materials Properties (Mechanical, Thermal, Electrical, Magnetic, Optical), D Measurement Methods for Materials Performance (Corrosion, Friction and Wear, Biogenic Impact, Materials-Environment Interaction, Performance Control and Condition Monitoring), E Modelling and Simulation Methods (Molecular Dynamics, Finite Elements Methods, CALPHAD Method, Phase Field, Monte Carlo Methods, Appendix: International Standards of Materials Measurement Methods.

11.1 Planung von Messungen und Prüfungen

Die grundlegenden Tätigkeiten der Materialprüfung sind gekennzeichnet durch die folgenden Begriffe [2]

- Messung: das Ausführen von geplanten Tätigkeiten zum quantitativen Vergleich der Messgröße (physikalische Größe) mit einer Einheit (DIN 1319-1).
- Prüfung: Technischer Vorgang, der aus dem Ermitteln eines oder mehrerer Merkmalswerte eines Produktes, eines Prozesses oder einer Dienstleistung nach einem festgelegten Verfahren besteht (DIN EN 45 020).

In der Materialprüfung muss vielfach die traditionelle Experimentiertechnik der Physik – in der die Messgröße möglichst nur von einem Einflussfaktor abhängt, alle anderen Parameter konstant gehalten („Einparameterversuche“) und die Untersuchungsobjekte durch Messmethode und Beobachter nicht beeinflusst werden – erweitert werden. So lassen sich Untersuchungen an Werkstoffen, Bauteilen und Konstruktionen häufig nur unter der Variation mehrerer, z. T. voneinander abhängiger Variabler durchführen („Mehrparameterversuche“). Außerdem können verschiedene Werkstoffkennwerte Wahrscheinlichkeitsverteilungen (siehe Teil B) unterliegen oder auch nur durch extreme Beanspruchung der Untersuchungsobjekte erhalten werden („zerstörende Prüfungen“)

Infolge der großen Aufgaben- und Verfahrensvielfalt müssen die folgenden Gesichtspunkte bei der Planung, Durchführung und Auswertung berücksichtigt werden:

1. Präzise Formulierung der Aufgabenstellung
2. Exakte Kennzeichnung des Prüfobjektes
3. Spezifikation der „Probenahme“
4. Wahl und Bezeichnung aussagekräftiger Mess- und Prüfgrößen
5. Wahl und Bezeichnung geeigneter Mess- und Prüfapparaturen (Spezifikation der „Messkette“, vgl. H 1.1.1)
6. Mathematisch-statische Versuchsplanung (z. B. im Hinblick auf Probenzahl, Anzahl der Wiederholversuche)
7. Erfassung, Verarbeitung und Auswertung von Mess- und Prüfwerten (z. B. Verwendung geeigneter Messaufnehmer und Sensoren, Bildverarbeitung, Prozessrechnertechnik)
8. Berücksichtigung systematischer Fehlereinflüsse von Messobjekt, Messmethode, Messgerät und Umgebung
9. Anwendung geeigneter mathematischer Auswerteverfahren unter Berücksichtigung der Verteilung von Merkmalen (z. B. Streubereiche von chem. Zusammensetzung, Abmessungen)
10. Numerische Angabe der Versuchsergebnisse in statistisch abgesicherter Form unter Angabe der Ergebnisunsicherheit.

11.2 Chemische Analyse von Werkstoffen

11.2.1 Analyse anorganischer Stoffe

Bei der klassischen „nass-chemischen“ Analyse werden durch Aufschlüsse, z. B. mit starken Säuren, die im Material vorliegenden Elemente und Verbindungen in Ionen umgewandelt. Diese werden voneinander getrennt, identifiziert und quantitativ bestimmt, z. B. durch Fällung oder Titration. Diese bekannte Art der Identifizierung wird ergänzt durch spektroskopische Methoden (z. B. Röntgenemissions- und Röntgenfluoreszenzspektrometrie), die auch zu quantitativen Analysen herangezogen werden und bei denen die Intensität der vom Atom abgegebenen charakteristischen Strahlung als Maß für die Menge dient. Diese Intensität ist allerdings von den anderen im Werkstoff vorhandenen Bestandteilen abhängig, sodass eine quantitative Analyse dieser Art einer Korrektur durch Vergleichsproben bedarf, wobei unter Verwendung von Referenzmaterialien absolute Mengen bestimmt werden, die dann in Relation zu analytisch genutzten Eigenschaften gebracht werden.

Bei den heutigen Verfahren der nass-chemischen quantitativen Analyse arbeitet man nicht mehr mit einzelnen Trennungsgängen, sondern erfasst mit summarischen Abtrennungen von störenden Ionen oder spezifischen Anreicherungen die gesuchten Stoffmengen. An die Stelle der Fällungen sind hauptsächlich die folgenden physikalischchemischen Methoden getreten:

Spektrometrische Methoden

Atomabsorptionsspektrometrie (AAS)

Hierbei nutzt man die Absorption von Strahlung, die von einer Hohlkathodenlampe des betreffenden Elementes ausgesandt wird, durch die zu analysierenden Metallatome in Aerosolen und Dämpfen.

Optische Emissionsspektralanalyse (OES)

Im Gegensatz zur Absorptionsspektrometrie werden hier Atome bzw. Ionen zur Emission elektromagnetischer Strahlung angeregt, z. B. durch ein induktiv gekoppeltes Plasma (ICP, inductively coupled plasma) oder einen Hochspannungsfunken (Funken-OES). Die Identifizierung der Elemente erfolgt anhand der Spektren; deren Intensität ist ein Maß für den Gehalt in den analysierten Materialien.

Photometrie

Bei der Photometrie werden in organischen Lösemitteln oder in Wasser farbige Ionen-Komplexe hergestellt, und die auftretende Farbintensität als konzentrationskennzeichnende Größe wird gemessen.

Elektrochemische Methoden

Zu den elektrochemischen Methoden zählen z. B. die Potenziometrie, Coulumetrie, Voltametrie sowie „normale“ und inverse Polarographie von nasschemisch aufgeschlossenen Proben.

In der Potenziometrie nutzt man die Nernst’sche Beziehung zwischen Potenzial und Ionenkonzentration. Durch die Verwendung von ionensensitiven Elektroden erspart man sich eine Stofftrennung weitgehend. Andere Methoden nutzen die Eigenschaftsänderungen während eine Titration, z. B. die Leitfähigkeitsänderung (Konduktometrie), die Abscheidung von Ionen nach den Faradayschen Gesetzen (Coulometrie) oder Spannungsänderungen an einer polarisierten Elektrode (Voltametrie, Polarographie).

Chromatografische Methoden

Heute hat sich hier die Ionenchromatografie besonders zur Analyse von Anionen etabliert, bei der mehrere Ionen getrennt und nacheinander bestimmt werden.

11.2.2 Analyse organischer Stoffe

Bei der Analyse organischer Werkstoffe werden zur Identifizierung vor allem die auf der Absorption von Licht im Wellenbereich von 2 bis 25 μm beruhende Infrarot-(IR-) und Ramanspektrometrie (RS) sowie die Massenspektrometrie (MS) herangezogen. Weitere Hilfsmittel sind die NMR-(nuclear magnetic resonance)-Spektrometrie, vornehmlich gemessen an ^{1}H- und ^{13}C-Atomen in Lösung oder im Festkörper (CP-MAS-NMR, cross polarization, magic angle spinning, nuclear magnetic resonance) und chromatografische Methoden wie Dünnschichtchromatografie (DC), Flüssigkeitschromatografie (HPLC, high pressure liquidchromatography) oder Gaschromatografie (GC). Die On-line-Kopplung der Flüssigchromatografie (Liquid-Adsorption Chromatography at Critical Conditions, LACCC) mit der Ausschlusschromatografie (Size exclusion Chromatography, SEC) erlaubt sowohl die Bestimmung der chemischen Heterogenität als auch die der Molmassenmittelwerte bzw. der Molmassenverteilung in einem Experiment. Zur Identifizierung der chromatografisch getrennten Spezies werden neben der Diodenarray- und der Verdampfungsstreulichtdetektion die Fourier-Transform-Infrarot-Spektroskopie (FTIR) und auch die strukturempfindliche Kernresonanztechnik (NMR) zur Identifizierung herangezogen. Mit der MALDI-TOF-MS (Matrix-Assisted Laser Desorption/Ionization Time-Of-Flight Mass-Spectrometry) können die in eine organische Matrix eingebetteten

Polymermoleküle unfragmentiert analysiert werden. Neueste Geräteentwicklungen erlauben die direkte Kopplung der flüssigchromatografischen Methoden mit der FTIR sowie der MALDI-TOF-MS.

11.2.3 Oberflächenanalytik

Die chemische Zusammensetzung von Werkstoffoberflächen ist nach Bild 2-6 durch eine Schichtstruktur gekennzeichnet. Grundsätzlich kann man durch Beschuss einer Oberfläche mit Photonen, Elektronen, Ionen oder Neutralteilchen, durch Anlegen hoher elektrischer Feldstärken oder durch Erwärmen Informationen über die Oberfläche erhalten, wenn die dabei emittierten Photonen, Elektronen, Neutralteilchen oder Ionen analysiert werden.

Bei der Elektronenstrahlmikroanalyse (Mikrosonde) wird die von einem Elektronenstrahl ausgelöste stoffspezifische Röntgenstrahlung mithilfe von wellenlängendispersiven (WDX, wavelength dispersive X-ray spectroscopy) oder energiedispersiven (EDX, energy dispersive X-ray spectroscopy) Spektrometern analysiert. Die Mikrosonde erfordert für eine Elementaranalyse (Ordnungszahl $Z > 3$) ein Untersuchungsvolumen von ca. 1 μm^3 und ist damit nur zur Analyse relativ dicker Schichten einsetzbar.

Die wichtigsten Oberflächenanalyseverfahren mit „atomarer" Auflösung sind die folgenden, unter Ultrahochvakuumbedingungen arbeitenden Methoden: (a) Auger-Elektronenspektroskopie (AES), (b) Elektronenspektroskopie für die Chemische Analyse (ESCA), (c) Sekundärionen-Massenspektrometrie (SIMS).

(a) Bei der AES wird ein Elektronenstrahl (10 bis 50 keV) rasterförmig über die Probenoberfläche geführt und die stoffspezifisch ausgelösten Auger-Sekundärelektronen ($Z > 2$) mit einer lateralen Auflösung von ca. 30 nm, einer Tiefenauflösung von ca. 10 nm und einer Nachweisgrenze von 0,1 bis 0,01 Atom-% analysiert.

(b) bei den ESCA-Verfahren unterscheidet man Ultraviolett (UPS)-, Extreme Ultraviolett (XUPS)-oder Röntgen (XPS)-Fotoelektronenspektroskopie. Das XPS-Verfahren erlaubt neben einer Elementaranalyse $Z > 2$ bei einer lateralen Auflösung von ca. 150 nm („small spot ESCA") und einer Tiefenauflösung von ca. 10 nm den Nachweis chemischer Verbindungen („chemical shift analysis") mit einer Nachweisgrenze von 0,1 Atom-%.

(c) Bei den SIMS-Verfahren werden Ionen aus der Oberfläche durch Beschuss mit Edelgasionen herausgelöst und massenspektrometrisch nachgewiesen. Analysiert werden alle Elemente mit einer Lateralauflösung von 2 bis 5 μm, einer Tiefenauflösung von einer Monolage und einer Nachweisgrenze im Sub-ppm-Bereich.

Durch Kombination der Oberflächenanalyseverfahren mit einer Ionenkanone, die durch Ionenbeschuss die Oberfläche molekülweise abträgt (Sputtern) können auch Tiefenprofilanalysen, d. h. sukzessive analytische Informationen über die in Bild 2-6 schematisch vereinfacht dargestellten Schichtstrukturen von Werkstoffoberflächen, gewonnen werden.

11.3 Mikrostruktur-Untersuchungsverfahren

Bei den Mikrostruktur-Untersuchungsverfahren wird unterschieden zwischen den Methoden zur Erfassung und Kennzeichnung von Volumeneigenschaften und Offoberflächeneigenschaften von Werkstoffen und Bauteilen.

11.3.1 Gefügeuntersuchungen

Gefügeuntersuchungen zur Darstellung der Mikrostruktur von Werkstoffen (siehe 2.2) werden bei metallischen Werkstoffen als Metallografie und bei keramischen Werkstoffen als Keramografie bezeichnet. Die Gefügeuntersuchungen erfolgen hauptsächlich mit licht- und elektronenoptischen Methoden nach einer Probenpräparation, wie z. B.:

- Mikrotomschnittpräparation, d. h. überschneiden des Untersuchungsobjektes (z. B. eines Polymerwerkstoffes) mit einer sehr scharfen und harten Messerschneide zur Erzielung einer ebenen Untersuchungsfläche;
- Mechanisches Schleifen und Polieren mit Schleifpapieren (SiC unterschiedlicher Körnung) und Polierpasten, d. h. Aufschlämmungen von Al_2O_3 oder Diamantpasten bis zu Korngrößen von ca. 0,2 μm;

- Elektrochemisches Polieren, d. h. Einebnung von Oberflächenrauheiten durch elektrochemische Auflösung.

Zur Kontrastierung von Gefügebestandteilen wird anschließend eine Korngrenzenätzung oder Kornflächenätzung unter Verwendung geeigneter Ätzlösungen für die verschiedenen Werkstoffe vorgenommen, z. B.:

- für unlegierten Stahl: 2%ige alkoholische Salpetersäure;
- für Edelstahl: Salzsäure/Salpetersäure 10:1;
- für Aluminium-Cu-Legierungen: 1% Natronlauge, 10 °C;
- für Al_2O_3-Keramik: heiße konzentrierte Schwefelsäure.

Die lichtmikroskopischen Verfahren zur Gefügeuntersuchung arbeiten mit Hellfeld- oder Dunkelfeldbeleuchtung und sind durch folgende Grenzdaten gekennzeichnet:
Maximale Vergrößerung ca. 1000-fach, laterales Auflösungsvermögen in der Objektebene ca. 0,3 µm, Tiefenschärfe bei 1000-facher Vergrößerung ca. 0,1 µm. Mit Elektronenmikroskopen (EM) lässt sich das Auflösungsvermögen auf ca. 0,5 nm verbessern (Größenordnung der Gitterkonstanten von Metallen). Das Abbildungsprinzip des Transmissions-Elektronenmikroskops (TEM) beruht auf der Beugung der Elektronenstrahlen an gestörten Kristallgittern, die mit Laufzeitdifferenzen und Interferenzen verknüpft sind und Bereiche mit Gitterstörungen sichtbar werden lassen. Da im Gegensatz zu Lichtmikroskopen die TEM als Durchstrahlungsgeräte arbeiten, können als Präparate nur „Dünnfilmproben" (max. Dicke < 1 µm, abhängig von der Beschleunigungsspannung) verwendet werden, die entweder in „Abdrucktechnik" oder durch elektrolytische „Dünnung" hergestellt werden. Durch die Anregung von spezifischer Röntgenstrahlung im Untersuchungsobjekt können TEM-Untersuchungen (wie auch REM-Untersuchungen, siehe 11.3.2) durch Elementanalyse ergänzt werden.

11.3.2 Oberflächenrauheitsmesstechnik

Die Oberflächenmikrogeometrie oder Oberflächenrauheit ist eine wichtige Einflussgröße für die Funktion von Werkstoffoberflächen, z. B. bei Passflächen, Dichtflächen, Gleit- und Wälzflächen. Die qualitative Untersuchung und Abbildung erfolgt mit optischen und elektronenmikroskopischen Verfahren, während eine quantitative Rauheitsmessung sowohl mit diesen Methoden als auch mit Tastschnittgeräten vorgenommen werden kann.
Beim Lichtschnittmikroskop wird die Auslenkung einer auf die zu untersuchende Oberfläche projizierten Lichtlinie durch die Oberflächenrauheit heute mittels LASER (Rautiefenauflösung ca. 0,1 µm) ausgemessen. Interferenzmikroskope gestatten eine optische Rauhtiefenmessung mit einer Auflösung von ca. 0,02 µm. Da der lichtmikroskopischen Oberflächenuntersuchung durch die niedrige Tiefenschärfe bei höheren Vergrößerungen enge Grenzen gesetzt sind (siehe 11.3.1), werden zur Untersuchung rauer Oberflächen (z. B. Bruchflächen) häufig „Stereomikroskope" (stufenlose Vergrößerung 10- bis etwa 100-fach) verwendet, die durch geeignete Objektivanordnung einen plastischen Eindruck bei beidäugiger Beobachtung ergeben.
Gleichzeitig hohe Vergrößerung (bis zu 100 000-fach) und große Schärfentiefe (> 10 µm bei 5000-facher Vergrößerung) liefert das Rasterelektronenmikroskop (REM). Beim REM wird in einer Probekammer unter Hochvakuum ein Elektronenstrahl rasterförmig über die Probenfläche bewegt, und die in Abhängigkeit von der Oberflächen-Mikrogeometrie rückgestreuten Elektronen (oder ausgelöste Sekundärelektronen) werden zur Helligkeitssteuerung (Topografiekontrast) einer Fernsehröhre verwendet. Mit Methoden der Bildverarbeitung (Graustufenanalyse) oder stereoskopischen Auswerteverfahren kann außer der Oberflächenabbildung eine numerische Klassifizierung der Oberflächenmikrogeometrie vorgenommen werden.
Die Ermittlung der genormten Rauheitskenngrößen (siehe DIN EN ISO 3274, 4287, 4288) Mittenrauwert R_a, gemittelte Rautiefe R_z und die Aufnahme von Profildiagrammen und Traganteilkurven (siehe DIN EN ISO 13 565-1 und -2) erfolgt mit elektrischen Tastschnittgeräten, die mit einer Tiefenauflösung von ca. 0,01 µm nach dem Prinzip der Diamantspitzenabtastung und anschließender mechanisch-elektrischer Messwertumwandlung arbeiten (siehe VDI/VDE Richtlinie 2602 „Rauheitsmessung mit elektrischen Tastschnittgeräten"). Neben der mechanischen

Abtastung (Nachteile: hohe Flächenpressung, Nichtsubsubsec:erfassung von Hinterschneidungen) werden auch berührungslose optische Abtastverfahren (z. B. Lasermethoden) angewendet, wobei jedoch die Zuordnung der gemessenen Reflexionskennwerte zu den genormten Rauheitskenngrößen schwierig ist.

11.4 Experimentelle Beanspruchungsanalyse

Für die funktionsgerechte Dimensionierung von Bauteilen ist die Kenntnis der Beanspruchungen erforderlich. Für mechanisch beanspruchte Konstruktionsteile sind dabei Methoden zur experimentellen Dehnungs-, Verformungs- und Spannungsanalyse von besonderer Bedeutung [1].

(a) *Elektrische Wegmessverfahren*: Messtechnische Ausnutzung der wegabhängigen Veränderung eines Ohm'schen, kapazitiven oder induktiven Widerstandes. Bei den häufig verwendeten induktiven Wegaufnehmern kann mit einem verschiebbaren Eisenkern durch die wegabhängige induktive Kopplung zwischen einer Primär- und zwei Sekundärspulen („Differenzialtransformator") eine Wegauflösung $\Delta l < 0{,}1$ µm erreicht werden.
(b) *Dehnungsmessstreifen (DMS)*: Bestimmung der dehnungsabhängigen Widerstandsänderung ΔR einer auf das dehnungsbeanspruchte Bauteil aufgeklebten dünnen Metallfolie (mit mäanderförmiger Leiterbahn des Widerstandes R) als Funktion der Dehnung $\varepsilon = \Delta l/l_0$ mit einer Auflösung von $\varepsilon \approx 10^{-6}$, wobei $\Delta R/R = k \cdot \varepsilon$ (Faktor $k \approx 2$ für Metalle).
(c) *Moiré-Verfahren*: Ermittlung von flächigen Dehnungsverteilungen an Bauteiloberflächen durch Auswertung von Streifenmustern, die sich aus der optischen Überlagerung eines fest mit dem Bauteil verbundenen Objektgitters (10 bis 100 Linien/mm) und eines stationären, unverzerrten Vergleichsgitters ergeben.
(d) *Holografische Verformungsmessung*: Untersuchung von Oberflächenverformungen mittels Laserinterferometrie und Speicherung der lokalen Amplituden- und Phaseninformation der optischen Abtastung des Untersuchungsobjektes in der Fotoemulsion einer Hologrammplatte. Durch Vergleich der Hologramme des unbeanspruchten und des beanspruchten Bauteils ist der Nachweis von Oberflächenverschiebungen und -verzerrungen mit einer Auflösung von 0,05 bis 1 µm möglich.
(e) *Speckle-Verfahren*: Ermittlung von flächigen Verformungs- bzw. Dehnungsverteilungen durch Auswertung von Streifenmustern, die sich durch Überlagerung von mindestens zwei Speckle-Bildern ergeben. Die elektronische Speckle-Pattern-Interferometrie (ESPI, Shearografie) ermöglicht durch digitale Bildaufnahme und -analyse eine einfache und schnelle Messung von Verformungen, Dehnungen und Schwingungen mit einer Auflösung von > 0,05 µm.
(f) *Spannungsoptik*: Analyse der Spannungsdoppelbrechung nach der Ähnlichkeitsmechanik hergestellter Bauteil-Modelle (z. B. aus Epoxidharz oder PMMA) in einer optischen Polarisator-Analysator-Anordnung, wobei die bei Durchstrahlung des mechanisch beanspruchten Modells mit monochromatischem Licht entstehenden dunklen Linien (Isoklinen- und Isochromatbilder) den Verlauf der Hauptspannungsrichtungen und Hauptspannungsdifferenzen anzeigen.
(g) *Röntgenografische Dehnungsmessung*: Bestimmung der durch äußere Kräfte oder Eigenspannungen hervorgerufenen Änderung von Netzebenenabständen kristalliner Werkstoffe mithilfe von Beugungs- und Interferenzerscheinungen von Röntgenstrahlen. Aus den mittels „Goniometern" für verschiedene Neigungswinkel registrierten Interferenzlinien können rechnerisch die zugehörigen Spannungskomponenten gewonnen werden.

11.5 Werkstoffmechanische Prüfverfahren

Werkstoffmechanische Prüfverfahren werden zur Untersuchung des Werkstoffverhaltens unter mechanischen Beanspruchungen eingesetzt. Neben labormäßigen Prüfverfahren mit genormten Proben und Prüfkörpern werden auch Betriebsversuche mit Originalbauteilen oder -systemen unter Belastungen und Deformationen durchgeführt, die die betrieblichen Verhältnisse simulieren. Dabei sind z. B. auch Temperatur- und weitere Umgebungseinflüsse zu berücksichtigen.

11.5.1 Festigkeits- und Verformungsprüfungen

Mit hier behandelten Prüfungen werden Festigkeitskenngrößen (z. B. Dehngrenze, Streckgrenze,

Zugfestigkeit, Druckfestigkeit) und Verformungskenngrößen (z. B. Bruchdehnung und Brucheinschnürung) bestimmt.
Die verschiedenen Prüfverfahren sind gekennzeichnet durch: Beanspruchungsart (z. B. Zug, Druck, Biegung, Scherung, Torsion) und zeitlichen Verlauf (z. B. statisch, zügig, schlagartig, schwingend).
Die Werkstoffkennwerte werden labormäßig an Probekörpern definierter (z. T. genormter) Abmessungen unter vorgegebenen Prüfbedingungen mit Werkstoffprüfmaschinen (DIN 51 220) nach einem der folgenden Verfahren ermittelt:

a) Verformungs-(dehnungs-)geregelte Versuche zur Ermittlung z. B. von R_{eL}, R_m, Fließkurve, besonders bei erhöhter Temperatur,
b) kraftgeregelte(belastungsgeschwindigkeits-geregelte)Versuche zur Ermittlung z. B. von $E, R_{eH}, R_{p0,2}$,
c) Bestimmung der größten erreichten Verformung, z. B. Bruchdehnung, Brucheinschnürung, Durchbiegung beim Bruch, zur Kennzeichnung der Werkstoffduktilität,
d) Ermittlung der Standzeit (Dauerstand- bzw. Kriechversuch) bis zum Erreichen einer bestimmten Kriechdehnung bzw. bis zum Bruch, z. B. für Lebensdauerabschätzungen,
e) Ermittlung der Schwingungspielzahl bis zum ersten Anriss bzw. bis zum Bruch einer Probe (Komponente) beim Ermüdungsversuch, der kraftkontrolliert oder dehnungskontrolliert ablaufen kann; Lebensdauerabschätzung bei schwingender Beanspruchung,
f) Ermittlung der Rissfortschrittrate $\mathrm{d}a/\mathrm{d}N$ bzw. der -geschwindigkeit $\mathrm{d}a/\mathrm{d}t$ bei Ermüdungs- bzw. Standversuchen. Restlebensdauerabschätzung, Bestimmung von Inspektionsintervallen usw.,
g) Bestimmung der Verformungsarbeit zur Qualitätskontrolle von Werkstoffen, z. B. beim Kerbschlagversuch; mit (DIN EN ISO 14566) bzw. ohne (DIN EN 10045-1 und DIN 50115) Instrumentierung,
h) Ermittlung einer geeigneten Kenngröße bei sog. technologischen Versuchen, z. B. zur Kennzeichnung der Verformungsreserven (Hin- und Herbiegeversuch, Verwindeversuche) oder der Verarbeitbarkeit.

Durch die Prüfverfahren werden typische Betriebsbeanspruchungen nachgeahmt, wobei von idealisierten Bedingungen ausgegangen wird. Neben der Simulation der häufig nicht genau bekannten praktischen Beanspruchungsverhältnisse („stochastische Lastkollektive") bereitet die Übertragbarkeit von Werkstoffkennwerten, die an kleineren Proben genommen wurden, auf reale Bauteilabmessungen und Beanspruchungen häufig Schwierigkeiten.
In Tabelle 11-1 sind die wichtigsten genormten Verfahren der Festigkeitsprüfung für die hauptsächlichen Werkstoffgruppen zusammen mit Hinweisen auf Normen für Prüfkörper und Prüfmaschinen aufgeführt.

11.5.2 Bruchmechanische Prüfungen

Bruchmechanische Prüfungen erfordern hinreichend große Probenabmessungen, um die Bedingung der linear-elastischen Bruchmechanik (LEBM) zu erfüllen: ebener Dehnungszustand an der Rissspitze; nur kleine plastische Zone. Als Probekörper für bruchmechanische Prüfungen werden häufig die Dreipunkt-Biegeprobe, sowie die scheibenförmige Kompakt-Zugprobe (CT-Probe, compact tension) verwendet (vgl. US-Standard ASTM E 399-90). Bei den CT-Proben wird der (zugbeanspruchte) Ausgangsquerschnitt (Probenbreite $W \times$ Probendicke B) durch eine spanend hergestellte Kerbe auf etwa die Hälfte reduziert und in Zug-Schwellversuchen ein Ermüdungsriss der Länge a erzeugt (siehe Bild 9-9), wobei zur Erfüllung der LEBM-Bedingung gelten muss:

$$B, \text{sowie } a > 2{,}5\left(\frac{K_{\mathrm{Ic}}}{R_{\mathrm{p}0,2}}\right)^2 ,$$

K_{Ic} Risszähigkeit in $\mathrm{N/mm^{3/2}}$

$R_{\mathrm{p}0,2}$ Dehngrenze in $\mathrm{N/mm^2}$.

Die angerissene Probe wird im Zugversuch zerrissen und dabei der Wert für K_{I} ermittelt, bei der sich der Anriss instabil, d. h. schlagartig, ausbreitet (K_{Ic}).
Für Werkstoffe, bei denen vor dem Bruch im Bereich der Rissspitze bereits größere plastische Verformungen mit Rissausrundung, Rissinitiierung und stabilem Rissfortschritt (elastisch-plastische Bruchmechanik, EPBM) auftreten, wurde das J-Integral als Erweiterung der Verhältnisse bei LEBM auf Fälle größerer Verformung bei nichtlinearem Werkstoffverhal-

Tabelle 11-1. Übersicht über Normen zur Festigkeitsprüfung

Beanspruchung Zeitl. Ablauf	Zug	Druck	Biegung	Scherung	Torsion
Zügige Beanspruchung	Zugversuch DIN EN 10002-1 (Metalle) – DIN 52 188 (Holz) – DIN EN ISO 527-1 (Kunststoffe) – DIN 53 504 (Elastomere) – DIN EN ISO 7500-1 (Zugprüfmaschinen) – DIN EN 658-1 (Verbundwerkstoffe)	Druckversuch – DIN 50 106 (Metalle) – DIN EN 1926 (Naturstein) – DIN 1048 (Beton) – DIN 52 185 (Holz) – DIN EN 20 604 (Kunststoffe) – DIN EN ISO 7500-1 (Druck- und Biegeprüfmaschinen)	Biegeversuch – DIN 1048 (Beton) – DIN EN 1288, DIN EN 1288-5, (Glas- und Glaskeramik) – DIN 52 186 (Holz) – DIN EN ISO 178 (Kunststoffe) – DIN EN 843-1 (Hochleistungskeramik)	Scherversuch – DIN 50 141 (Metalle)	Torsionsversuch – DIN 51 212 (Drähte) – DIN EN ISO 6721-1, -2 (Kunststoffe)
Konstante Beanspruchung	Zeitstandversuch – DIN EN 10 291 (Metalle) – DIN 53 444 (Kunststoffe) – DIN EN ISO 7500-2 (Zeitstandprüfmaschine)				
Schlagartige Beanspruchung	Schlagversuch – DIN 53 448 (Kunststoffe)		Kerbschlagbiegeversuch – DIN EN 10 045-1, DIN 50 115 (Metalle) – DIN EN ISO 179 (Kunststoffe) – DIN EN 10 045-2 (Pendelschlagwerke)		
Schwingende Beanspruchung	Dauerschwingversuch – DIN 50 100 (Metalle)		Umlaufbiegeversuch – DIN 50 113 (Metalle) Flachbiegeschwingversuch – DIN 50 142 (Metalle)		
Schwingprüfmaschinen: DIN EN ISO 7500-1 (Beiblatt 3)					

ten und das COD-Konzept (crack opening displacement) entwickelt. Im Gegensatz zur LEBM wird der Bruchvorgang dabei nicht von einer kritischen Spannungsintensität sondern von einer kritischen plastischen Verformung an der Rissspitze gesteuert. Mit Hilfe geeigneter Wegaufnehmer wird die Rissspitzenaufweitung als Maß für die Größe der plastischen Verformung bestimmt. Die das Werkstoffverhalten beschreibenden Werte der EPBM beziehen sich auf folgende Ereignisse:

- Initiierung eines Anrisses (Ji),
- langsames (stabiles) Weiterreißen eines Risses (sog. J-R-Kurve),
- Instabilwerden eines Risses.

11.5.3 Härteprüfungen

Bei der konventionellen Härteprüfung wird der Widerstand einer Werkstoffoberfläche gegen plastische Verformung durch einen genormten Eindringkörper dadurch ermittelt, dass der bleibende Eindruck vermessen wird. Je nach Prüfverfahren wird der Eindringwiderstand als Verhältnis der Prüfkraft zur Oberfläche des Eindrucks (Brinellhärte HBW, Vickershärte HV, Knoophärte HK) oder als bleibende Eindringtiefe eines Eindringkörpers bestimmt (Rockwellhärte HR). Zusammen mit dem Härtewert ist das Prüfverfahren anzugeben. Die zugehörigen Prüfnormen sind: DIN EN ISO 6506-1 (Härtepüfung nach Brinell), DIN EN ISO 6507-1 (Härteprüfung nach Vickers), DIN EN ISO 6508-1 (Härteprüfung nach Rockwell) und ISO 4546-1 (Härteprüfung nach Knoop). Die Härte ist bei isotropen Materialien näherungsweise mit der Zugfestigkeit korreliert; für Baustähle gilt z. B. die Beziehung (DIN EN ISO 18265):

$$R_{\mathrm{m}}/\mathrm{MPa} \approx 3{,}5\,\mathrm{HBW}\ .$$

Neben den Härteprüfverfahren mit statischer Krafteinwirkung werden auch die folgenden Verfahren mit schlagartiger Prüfkrafteinwirkung verwendet:

- Dynamisch-plastisches Verfahren (Schlaghärteprüfung), Härtebestimmung aus der Messung des bleibenden Eindrucks, z. B. Baumannhammer, Poldihammer;
- Dynamisch-elastisches Verfahren (Rücksprunghärteprüfung), Härtebestimmung aus der Messung der Rücksprunghöhe des Eindringkörpers, z. B. Shorehärteprüfung.

Eine Weiterentwicklung der konventionellen Härteprüfverfahren stellt die Instrumentelle Eindringprüfung zur Bestimmung der Härte und anderer Werkstoffparameter dar, bei der der gesamtelastische und plastische Eindruck unter einer Prüfkraft aus der Eindringtiefe eines Eindringkörpers ermittelt wird (DIN EN ISO 14577-1). Sowohl die Kraft, als auch der Weg werden während der elastischen und plastischen Verformung gemessen. Bei Verwendung pyramidaler Eindringkörper wird die Martenshärte HM unter wirkender Prüfkraft aus den Messwerten der Kraft-Eindringkurve bestimmt. Alternativ kann sie für homogenen Werkstoffe auch aus der Steigung der Kraft-Eindringkurve ermittelt werden und erhält dann die Bezeichnung $\mathrm{HM_s}$. Schließlich kann der elastische Eindringmodul E_{IT} unter Verwendung der Tangente (im Punkt F_{max}) der Kurve der Kraftrücknahme berechnet werden. Er ist vergleichbar mit dem Elastizitätsmodul des geprüften Werkstoffs. Schließlich können weitere Informationen wie Eindringkriechen, Eindringrelaxation sowie der plastische und elastische Anteil der Eindringarbeit aus dem Versuch ermittelt werden.
Einen umfassenden Überblick über Härteprüfverfahren, die Auswahl der geeigneten Prüfmethode sowie die Ermittlung der mit dem Prüfverfahren verbundenen Messunsicherheit gibt das Kap. 7.3 des Handbook of Materials Measurement Methods [1].

11.5.4 Technologische Prüfungen

Mit technologischen Prüfverfahren werden Werkstoffe und Bauteile im Hinblick auf ihre Herstellung, Bearbeitbarkeit und Weiterverarbeitung untersucht. Die Ergebnisse sind meist verfahrensabhängig, sodass eine genaue Angabe von Prüfverfahren, Prüfobjekt und Prüfbedingungen erforderlich ist. Die technologischen Prüfverfahren lassen sich wie folgt einteilen:

(a) Prüfung der Eignung von Werkstoffen für bestimmte Fertigungsverfahren, z. B. im Hinblick auf
   - Gießeigenschaften: Schwindmaßbestimmung (DIN 50 131) sowie Untersuchung von Fließfähigkeit, Formfüllungsvermögen und Warmrissanfälligkeit.
   - Umformungseigenschaften: Tiefungsversuch nach Erichsen (EN ISO 20 482) als Streckzieheignungsprüfung von Fein- und Feinstblech; Hin- und Herbiegeversuch an Blechen, Bändern oder Streifen (DIN EN ISO 7799).

(b) Prüfungen im Zusammenhang mit Fügeverfahren, z. B.

- Schweißverbindungen: Zugversuch (DIN EN 895), Biegeversuch (DIN EN 910), Kerbschlagbiegeversuch (DIN EN 875), Scherzugversuch (DIN EN ISO 14 273), Prüfungen von Schweißelektroden und Schweißdrähten (DIN EN ISO 2560)
- Lötverbindungen: Zugversuch, Scherversuch (DIN EN 12 797), Zeitstandscherversuch (DIN 8526)
- Metallklebungen: Zugversuch (DIN EN 26 922), Zugscherversuch (DIN EN 14 869-2), Druckscherversuch (DIN 54 452), Torsionsscherversuch (DIN 54 455); Losbrechversuch an geklebten Gewinden (DIN EN ISO 10 964).

(c) Prüfung von Erzeugnisformen, z. B.
- Gusswerkstoffe: Zugversuch für Grauguss und Temperguss (DIN EN 1561, 1562)
- Feinbleche: Zugversuch (DIN EN 10 002-1, Federblech-Biegeversuch (DIN EN 12 384)
- Drähte: Zugversuch (DIN EN 10 002-1), Hin- und Herbiegeversuch (DIN EN ISO 7799), Wickelversuch (DIN 51 215); Prüfung von Drahtseilen (DIN EN 12 385-1)
- Rohre: Dichtheitsprüfung (DIN 50 104), Aufweitversuch (DIN EN ISO 8493), Ringfaltversuch (DIN EN ISO 8492).

11.6 Zerstörungsfreie Prüfverfahren

Zerstörungsfreie Prüfungen (ZfP) gestatten die Untersuchung von Werkstoffen, Bauteilen und Konstruktionen ohne deren bleibende Veränderung [3]. Neben der Ermittlung von Werkstoffeigenschaften oder -zuständen durch „Feinstrukturmethoden“ werden makroskopische Materialfehler mit „Grobstrukturprüfungen“ nach den folgenden Grundsätzen untersucht:

- *Oberflächenfehler* (z. B. Risse, Strukturfehler): Rissnachweis durch Flüssigkeitseindringverfahren unter Ausnutzung der Kapillarwirkung feiner Risse im µm-Bereich oder bei ferromagnetischen Bauteilen durch Sichtbarmachen des magnetischen Streuflusses; Untersuchung von Werkstoffinhomogenitäten im oberflächennahen Bereich durch Analyse der Wechselwirkung des Bauteils mit elektromagnetischen Feldern z. B. bei der Wirbelstromprüfung (WS), mit Ultraschallwellen (US) bei der Ultraschallprüfung (Ultraschallmikroskop) oder mit Infrarot- bzw. optischer Strahlung (Thermografie, optische Holografie, Shearografie) sowie durch die Kombination verschiedener Wechselwirkungen (z. B. fotoakustische Methoden).
- *Volumenfehler* (z. B. Poren, Lunker, Heißrisse, Dopplungen, Wanddickenschwächungen usw.): Untersuchungen des Materialinneren mit Röntgen- oder Gammastrahlen (Radiografie, Computertomografie) oder mit Ultraschallwellen im Impuls-Echo-Betrieb und in Durchschallung.

11.6.1 Akustische Verfahren: Ultraschallprüfung, Schallemissionsanalyse

Eines der ältesten ZfP-Verfahren ist die „Klangprobe“ zum Nachweis von Materialfehlern, z. B. in Porzellan- und Keramikerzeugnissen, Schmiedeteilen, gehärteten Werkstücken, usw., erkennbar am hörbar veränderten Klang beim Anschlagen des Prüfobjektes. Unter Verwendung geeigneter Messaufnehmer (Sensoren) und schneller Signalverarbeitung mit Computern können auch bei der Überwachung laufender Maschinenanlagen, wie Motoren oder Turbinen aus einer Luftschall- oder Körperschallanalyse (Frequenzanalyse, Fourieranalyse, usw.) Hinweise auf eventuelle Betriebsstörungen gewonnen werden (machinery condition monitoring).

Zur Untersuchung von Bauteilabmessungen (z. B. Wanddicken bzw. Wanddickenschwächungen durch Korrosion oder Erosion), Bauteileigenschaften (Schallgeschwindigkeit, Elastizitätsmodul und Poissonzahl oder Materialfehlern) werden von einem Prüfkopf Ultraschallimpulse einer geeigneten Frequenz (0,05 bis 25 MHz; Spezialanwendungen bis 120 MHz) in das Prüfobjekt gestrahlt, um nach Reflexion an einer Wand oder an Fehlern von demselben oder einem zweiten Prüfkopf empfangen, in ein elektrisches Signal umgewandelt, verstärkt und auf einem Bildschirm dargestellt zu werden (DIN EN 583). Schallrichtung und Laufzeit entsprechend der Weglänge zwischen Prüfkopf und Reflexionsstelle geben Auskunft über die Lage der Reflexionsstelle im Prüfobjekt. Merkmale von Ultraschall-Impulsechogeräten: Messbereich < 1 mm bis 10 m; Ableseunsicherheit < 0,1 mm; Prüfobjekttemperatur bei Standardprüfköpfen ≤ 80 °C, mit Spezialprüfköpfen bis 600 °C). Da das US-Impulsechoverfahren kein direktes Fehlerbild liefert, ist die Bestimmung der Form und Größe von Materialfehlern im Bauteilinnern schwierig und wird u. a. mit folgenden Methoden abgeschätzt:

- Analyse von Fehlerechohöhe und -form in Abhängigkeit von der Einschallrichtung; maximales Signal bei Einschallrichtung senkrecht zur größten Fehlerausdehnung;
- Fehlerrandabtastung mit stark eingeschnürtem Ultraschallbündel z. B. durch fokussierende Prüfköpfe; Darstellung der Fehlerechosignale mit Rechnern unter Einsatz von Signal- und Bildverarbeitungsmethoden.
- Methoden der künstlichen Fokussierung und der akustischen Holografie. Berechnung der Fehlerabmessungen aus dem digital gespeicherten Echosignal oder aus digital gespeicherten Amplituden- und Phasenspektren bei Anwendung eines breit geöffneten Ultraschallbündel zur Fehlerabtastung.
- Durch Einsatz elektronisch gesteuerter Schallfelder mit Signal- und Bildschirmverarbeitung bei der Datenauswertung bzw. der Darstellung können aufschlussreiche Schnittbilder, ähnlich den Computertomogrammen der Röntgentechnik, auch mit Ultraschall erzeugt werden (Echotomografie).

Das Verfahren der Schallemission dient der Untersuchung von Werkstoffschädigungen unter mechanischer Beanspruchung. Es beruht darauf, dass Schallimpulse entstehen, wenn plötzlich elastische Energie dadurch freigesetzt wird, dass ein Werkstoff verformt wird oder dass Risse entstehen, wachsen oder bei Belastung sog. Rissufer-Reibung aufweisen. Die Schallwellenpakete können mit empfindlichen Sensoren (z. B. piezoelektrischen, aus Keramik) nachgewiesen und die Quelle des Schalls, d. h. der verursachende Fehler, durch Laufzeitmessung und Triangulation (Verwendung von Sensoren an drei verschiedenen Stellen des Prüfkörpers) geortet werden. Da bis auf die Rissufer-Reibung sämtliche Mechanismen der Schallimpulserzeugung bei Belastung nicht genügend Sicherheit einer eindeutigen Identifikation bieten, ist der Einsatz der Schallemission auf Bauteile aus solchen Werkstoffen konzentriert, bei denen durch einen inhomogenen Aufbau Rissufer-Reibung begünstigt wird. Es handelt sich um Verbundwerkstoffe wie Beton oder z. B. um glasfaserverstärkte Behälter und Leitungen in chemischen Anlagen. Die Bewertung von Schallsignalen aus den Impulsmerkmalen (Anstiegszeit, Energie, Häufigkeit) ist infolge der Dämpfung durch den Werkstoff und durch den Einfluss der Geometrie des Bauteils auf die Schallausbreitung bei schlecht definierten Signalquellen schwierig.

11.6.2 Elektrische und magnetische Verfahren

Elektrische und magnetische ZfP-Verfahren dienen hauptsächlich zum Nachweis von Materialfehlern im Oberflächenbereich von Werkstoffen und Bauteilen.
Das Wirbelstromverfahren (DIN EN 12 084) nutzt die durch den Skineffekt an der Oberfläche konzentrierten, bei der Wechselwirkung eines elektromagnetischen Hochfrequenz-(HF-)Feldes mit einem leitenden Material induzierten Wirbelströme aus ($f \approx$ 10 kHz bis 5 MHz, für Sonderfälle auch tiefer, z. B. 40 Hz bis 5 kHz). Oberflächeninhomogenitäten oder Gefügebereiche mit veränderter Leitfähigkeit (z. B. Anrisse, Härtungsfehler, Korngrenzenausscheidungen) verändern die Verteilung der Wirbelströme in der Oberflächenschicht und beeinflussen dadurch das Feld und die Impedanz einer von außen einwirkenden HF-Spule. Obwohl die Signaldeutung schwierig ist, da es kein direktes Fehlerbild gibt, kann man durch Einsatz hochauflösender Spulensysteme und rechnergestützter Signalverarbeitung auch komplexe Fehler bildlich darstellen. Das Wirbelstromverfahren ist wegen seines robusten Aufbaus leicht in Fertigungsabläufe zu integrieren und daher zur automatischen Überwachung in der Massenfertigung geeignet.
Ein lokaler Nachweis von Materialfehlern, z. B. Rissbreiten im µm-Bereich, gelingt bei ferromagnetischen Werkstoffen mit dem magnetischen Streufluss-Verfahren (DIN 54 130). In einem von außen magnetisierten Werkstück entsteht an einem Fehler ein magnetischer Streufluss, wenn der Fehler Feldlinien schneidet. Das an Materialfehlern entstehende magnetische Streufeld kann mit Sonden abgetastet oder durch Überspülen der Materialoberfläche mit einer Suspension feiner Magnetpulverteilchen sichtbar gemacht werden. Die Magnetpulverteilchen werden von dem Streufeld festgehalten; bei Verwendung von fluoreszierendem Magnetpulver werden die Fehleranzeigen bei UV-Lichtbestrahlung besonders deutlich. Die Anzeigegrenze liegt bei

einer Rissspaltbreite von 1 bis 0,1 µm; die Tiefe der erfassbaren Zone erstreckt sich bis etwa 3 mm und hängt von der Magnetisierung und dem Werkstoff ab.

11.6.3 Radiografie und Computertomografie

Radiografische Verfahren basieren auf der Durchstrahlung von Prüfobjekten mit kurzwelliger elektromagnetischer Strahlung und vermitteln durch Registrierung der Intensitätsverteilung nach der Durchstrahlung eine schattenrissartige Abbildung der Dicken- und Dichteverteilung. Sie können zur berührungslosen Dickenmessung von Werkstücken und zum Nachweis von Werkstoffinhomogenitäten abweichender Dichte (z. B. Hohlräume: Lunker, Poren) oder Zusammensetzung (z. B. Fremdeinschlüsse oder Legierungen), angewandt werden. Weitere wichtige Anwendungsbereiche betreffen die Durchstrahlungsprüfung von Gussstücken und Schweißverbindungen (DIN EN 12 681, DIN EN 444, DIN EN 1435).

Als hauptsächliche Strahlungsquellen für die Radiografie dienen:

- Röntgenstrahlung mit einer Strahlenenergie von 20 keV bis ca. 10 MeV, durchstrahlbare Werkstückdicke (Stahlproben) bis ca. 300 mm; Strahlenschutzregeln: siehe DIN 54 113-1;
- Gammastrahlung von Radionukliden, z. B. ^{192}Ir (durchstrahlbare Werkstückdicke 20 bis 100 mm), ^{60}Co (durchstrahlbare Werkstückdicke 40 bis 200 mm); Strahlenschutzregeln: siehe DIN 54 115.

Die Bildaufzeichnung hinter dem Prüfobjekt erfolgt überwiegend mit Röntgenfilmen, sowie zunehmend durch direkte Aufzeichnung der Intensitätsverteilung der Strahlung mit Gamma-Kamera, Bildverstärker, Fluoreszenzschirm und zugehöriger Fernsehkette (Radioskopie-System, DIN EN 13 068). Um eine optimale Fehlererkennbarkeit zu erreichen, müssen Strahlenintensität, Wellenlänge, Dicke des Prüfobjektes und Durchstrahlungszeit aufeinander abgestimmt sein. Zur Bildgütekontrolle können geeignete Festkörper (z. B. nach DIN EN 462) zusammen mit dem Prüfobjekt durchstrahlt und abgebildet werden. Durch Methoden der Bildverarbeitung, bei denen z. B. das Bildfeld punktweise abgetastet, die Röntgenintensität elektronisch verstärkt und intensitätsabhängig in Schwarzweiß- oder Farbkontraste umgesetzt wird, können Fehlerabbildungen deutlicher erkennbar gemacht werden.

Ähnlich der Medizin nutzt die Materialprüfung die Computertomografie. Ein fein gebündelter Röntgen- oder Gammastrahl durchstrahlt das Prüfobjekt in einer bestimmten Querschnittsebene in zahlreichen Positionen und Richtungen (Translation und Rotation des Prüfobjekts). Alle Intensitätswerte des durchgetretenen Strahls werden von einem Detektor gemessen und in einem Rechner gespeichert, der den Absorptionskoeffizienten, d. h. im Wesentlichen die Dichte jedes Querschnittelementes im Prüfobjekt, berechnet. Als Ergebnis werden zerstörungsfrei gewonnene Querschnittsbilder des Prüfobjektes in beliebigen Schnittebenen konstruiert, auf einem Bildschirm dargestellt und aufgezeichnet. Die Anwendungsmöglichkeiten sind vielfältig und reichen von der Untersuchung kompletter Systeme, z. B. geschlossener Getriebe und Motoren, Maß- und Fehlerkontrolle bei innengekühlten Turbinenschaufeln von Flugzeugtriebwerken über die Sichtbarmachung des Inhaltes von Gefahrgutumschließungen bis zur Analyse von Verbundwerkstoffen und keramischen Werkstoffen mit einer Auflösungsgrenze von ca. 25 bis 50 µm.

11.7 Komplexe Prüfverfahren

Technische Werkstoffe sind in ihren vielfältigen Anwendungsbereichen häufig einer Überlagerung von Beanspruchungsarten, Beanspruchungsenergieformen und Beanspruchungsmedien in räumlicher, zeitlicher und stofflicher Hinsicht unterworfen. Die Prüfung einfacher Proben unter Laborbedingungen muss daher durch „Komplexprüfungen" ergänzt werden, bei denen zahlreiche Bauteil-, Beanspruchungs- und Umgebungseinflüsse zu berücksichtigen sind, z. B.

- Gestalt- und Größeneinflüsse der Prüfobjekte
- Mehraxiale Beanspruchungen
- Stochastische Beanspruchungskollektive
- Überlagerung unterschiedlicher energetischer Beanspruchungen (z. B. mechanisch + thermisch, usw.)
- Überlagerung von energetischen und stofflichen Beanspruchungen (z. B. mechanisch + chemisch, usw.)
- Beanspruchungs-Zeit-Funktionen

Von Bedeutung ist dabei auch die Prüfung und Kennzeichnung des Material- oder Bauteilverhaltens unter der Wirkung unterschiedlicher stofflicher Wechselwirkungen. Die folgenden Abschnitte geben eine Übersicht über die wichtigsten Komplexprüfungen mit gasförmigen, flüssigen, festen und biologischen Beanspruchungsmedien.

11.7.1 Bewitterungsprüfungen

Bezüglich der Alterung von Materialien (vgl. 10.2) sind komplexe Bewitterungsprüfungen zur Bestimmung der Wetter- und Lichtbeständigkeit, besonders von Kunststoffen, wichtig. Kunststoffe sind bei der Anwendung im Freien zahlreichen Witterungseinflüssen ausgesetzt, z. B. der Globalstrahlung (Summe aus direkter Sonnen- und diffuser Himmelsstrahlung, maximale Bestrahlungsstärke auf der Erdoberfläche: ca. 1 kW/m^2), Wärme, Feuchte, Niederschlag, Sauerstoff, Ozon und Luftverunreinigungen. Wirkung der Globalstrahlung: Dissoziation chemischer Bindungen durch Photonenenergien von etwa 3 bis 4 eV (UV-Bereich, 290 bis 400 nm), thermische Wirkung im Gesamtspektrum (0,3 bis 2,5 μm), Veränderung der Farbe sowie der mechanischen und elektrischen Eigenschaften infolge fotolytisch-fotooxidativer Abbau- und Vernetzungsreaktionen.
Die Verfahren zur Prüfung der Wetter- und Lichtbeständigkeit können unterteilt werden in:

- Verfahren mit natürlicher Bewitterung: (Wetterbeständigkeitsprüfung, DIN EN ISO 877);
- Verfahren mit künstlicher Bewitterung: Einwirkung gefilterter Xenonbogenstrahlung mit 550 W/m^2 in klimatisiertem Probenraum mit der Möglichkeit zyklischer Probenbenässung; Globalstrahlungssimulation einer einjährigen Mitteleuropa-Freibestrahlung in 5 bis 6 Wochen (DIN EN ISO 4892-2).

Da natürliche Alterungsbedingungen nicht differenziert vorhersehbar sind und in ihrer Komplexität nur sehr schwer „zeitlich gerafft“ werden können, ist die Beurteilung der langzeitigen Alterungsbeständigkeit von Materialien aufgrund der Extrapolation von Kurzzeitversuchen problematisch.

11.7.2 Korrosionsprüfungen

Korrosionsprüfungen dienen im wesentlichen drei Aufgabenbereichen (vgl. 10.4):

1. Ermittlung von Kenndaten der Werkstoffbeständigkeit,
   a) zur Qualitätskontrolle von Werkstoffen,
   b) zur Ermittlung von Beständigkeitskenndaten für einen geplanten Werkstoffeinsatz im praxisnahen Simulationsversuch.
2. Aufklärung von Korrosionsmechanismen und Bestimmung charakteristischer Grenzwerte.
3. Aufklärung von Schadensfällen.

Man unterscheidet Langzeit-, Kurzzeit- und Schnellkorrosionsversuche und je nach dem Umfang der Proben bzw. Versuchsanordnung Laboratoriums-, Technikums- und Betriebsversuche (Feldversuche). Korrosionsprüfungen erfordern infolge der Vielfältigkeit von Prüfobjekten und korrosiven Beanspruchungen genaue Richtlinien. Für chemische Korrosionsuntersuchungen gelten nach DIN 50 905 die folgenden allgemeinen Grundsätze:

- Durchführung von Korrosionsuntersuchungen als Vergleichsversuche mit mehreren Werkstoffen und korrosiven Mitteln, ggf. unter Einbeziehung von Vergleichswerkstoffen mit bekanntem Praxisverhalten,
- Erfassung des zeitlichen Ablaufs des korrosiven Angriffs (Versuchsbeginn und drei nachfolgende Zeiten) zur Erzielung eindeutiger Ergebnisse unter den jeweiligen Versuchsbedingungen,
- Darstellung jedes Untersuchungsergebnisses als Mittelwert von mindestens drei Versuchsergebnissen je Messpunkt,
- Anpassung der Untersuchungsbedingungen an den jeweiligen Praxisfall unter genauer Spezifizierung von Prüfobjekt (Stoff- und Formeigenschaften) und korrosiver Beanspruchung,
- Vorsicht bei der Übertragung von Kurzzeitversuchen auf die Praxis.

Die Prüfbedingungen für die unterschiedlichen Korrosionsprüfungen sind in zahlreichen Normen festgelegt, z. B. Feucht-Wechselklima (DIN 50 016), Kondenswasser-Prüfklima (DIN 50 017), Kondenswasser-Wechselklima mit schwefeldioxidhaltiger Atmosphäre (DIN 50 018), Sprühnebelprüfungen mit verschiedenen Natriumchloridlösungen (DIN 50 021). Daneben gibt es Sonderprüfungen, z. B. zur Spannungsrisskorrosionsanfälligkeit von metallischen Werkstoffen. Bei der Versuchsauswertung werden nach DIN 50 905 im Wesentlichen die folgenden systembezogenen Kenngrößen ermittelt: Massenänderungen, Oberflächenveränderungen, Angriffstiefe, Gefügeveränderungen, Veränderungen der mechanischen Eigenschaften, Art und Beschaffenheit der Korrosionsprodukte, Veränderung des korrosiven Mittels.

11.7.3 Tribologische Prüfungen

Tribologische Prüfungen untersuchen Werkstoffe und Bauteile, die durch Kontakt und Relativbewegung mit festen, flüssigen oder gasförmigen Gegenkörpern und die damit zusammenhängenden energetischen und stofflichen Wechselwirkungen beansprucht werden. Sie dienen der Beurteilung von mechanischen Systemen mit bewegten Oberflächen (tribotechnische Systeme) im Hinblick auf ihr Reibungs-, Schmierungs- und Verschleißverhalten (vgl. 10.6). Die technisch wichtigsten und umfangreichsten tribologischen Prüfungen sind Verschleißprüfungen, deren unterschiedliche Aufgabenstellungen sich schwerpunktmäßig wie folgt kennzeichnen lassen:

(a) Betriebliche Verschleißprüfungen (Bauteil- und Systemprüfungen),
(b) Modell-Verschleißprüfungen (Tribometerprüfungen)

Infolge der Vielfalt unterschiedlicher Aufgabenstellungen ist eine Einteilung der Verschleißprüfung in sechs Kategorien zweckmäßig:

- Kategorie I: Betriebsversuch (Feldversuch) mit kompletter Maschine oder Anlage,
- Kategorie II: Prüfstandsversuch mit kompletter Maschine oder Anlage,
- Kategorie III: Prüfstandversuch mit Aggregat oder Baugruppe,
- Kategorie IV: Versuch mit unverändertem (herausgelösten) Bauteil oder verkleinertem Aggregat,
- Kategorie V: Beanspruchungsähnlicher Versuch mit Probekörpern,
- Kategorie VI: Modellversuch mit einfachen Probekörpern.

Bei tribologischen Prüfungen werden je nach Aufgabenstellung und Prüfkategorie die folgenden hauptsächlichen Kenngrößen ermittelt:

- Reibungsmessgrößen: Reibungskraft bzw. Reibungsmoment, Reibungszahl, Reibungsarbeit, Reibungsleistung;
- Verschleiß-Messgrößen: Verschleißbetrag (Längen-, Flächen-, Volumen- oder Massenänderung des verschleißenden Körpers), Verschleißwiderstand (Reziprokwert des Verschleißbetrages), Verschleißgeschwindigkeit, Verschleiß-Wege-Verhältnis, verschleißbedingte Gebrauchsdauer;
- Verschleiß-Erscheinungsform: Licht- oder rasterelektronenmikroskopische Aufnahmen von Verschleißoberflächen; Oberflächenrauheitsmessung, (siehe 11.3.2); Oberflächenanalyse, (siehe 11.2.3); Untersuchung der oberflächennahen Mikrostruktur;
- akustische Tribokenngrößen: reibungsinduzierte Luft- oder Körperschallmeßgrößen;
- thermische Tribokenngrößen: reibungsinduzierte Temperaturerhöhung der Prüfkörper oder Bauteile;
- elektrische Tribokenngrößen: elektrischer Übergangswiderstand als Hinweis für das Vorhandensein eines Schmierölfilms oder einer Fremdschichtbildung auf den Kontaktpartnern.

In der Tribologieforschung werden außerdem neue hochauflösende Techniken, wie z. B. die Raster-Tunnelmikroskopie sowie das „Atomic Force Microscope“ eingesetzt.
Die funktionsbezogenen Kenngrößen der Systemstruktur und des Beanspruchungskollektivs (siehe Bild 10-4, S. D88) bilden die Basis für eine systematische Bearbeitung von Verschleißproblemen.

11.7.4 Biologische Prüfungen

Grundlegende Aufgaben biologischer Materialprüfungen sind: Untersuchung der Beständigkeit von Materialien gegenüber dem Angriff von Schadorganismen, Erforschung der Schädigungsformen unter Berücksichtigung der Biologie der Schadorganismen, Überprüfung der Wirksamkeit von Materialschutzmaßnahmen gegenüber biologischen Schädigungen. Da biologische Prüfungen mit „lebenden Beanspruchungsagentien“ durchgeführt werden und an den Schädigungsmechanismen verschiedene mechanische, physikalisch-chemische und biologische Prozesse beteiligt sind, ist eine

sorgfältige Planung, Durchführung, Auswertung und Dokumentation der Versuche notwendig. Erforderlich sind sorgfältige Konditionierung der Versuchsproben (z. B. Feuchte und Temperatur), sterile Versuchsvorbereitung, Auswahl und Ansatz der Schadorganismen, statistische Absicherung der erzielten Ergebnisse.
Die wichtigsten biologischen Materialprüfungen werden eingeteilt in:

(a) Mikrobiologische Prüfungen (materialorientiert geordnet):
  - Holz- und Holzwerkstoffe: Prüfung von Holzschutzmitteln gegen Bläuepilze (DIN EN 152; Prüfung von Holzschutzmitteln gegen holzzerstörende Pilze (DIN EN 113; Holzschutz im Hochbau (DIN 68 800-1)
  - Papier: Prüfung der Wirksamkeit von bakteriziden und fungiziden Zusatzstoffen für Papier, Karton und Pappe (DIN 54 379)
  - Textilien: Bestimmung der Widerstandsfähigkeit von Textilien gegen Schimmelpilze (DIN 53 931)
  - Kunststoffe: Prüfung von Kunststoffen gegenüber dem Einfluss von Pilzen und Bakterien (DIN EN ISO 846)

(b) Zoologische Prüfungen (nach Schadorganismen geordnet):
  - Termiten: Bestimmung der Wirkung von Holzschutzmitteln (DIN EN 117, 118)
  - Hausbock: Bestimmung der Wirkung von Holzschutzmitteln (DIN EN 22, 46-1, 47)
  - Anobien: Bestimmung der Wirkung von Holzschutzmitteln (DIN EN 48, 49-1, -2).

Bei der Prüfung und Anwendung von bioziden Materialschutzmitteln sind die Sicherheitsregeln im Hinblick auf den Umwelt- und Gesundheitsschutz zu beachten.

11.8 Bescheinigungen über Materialprüfungen

Die Ergebnisse von Materialprüfungen können von erheblicher wirtschaftlicher Bedeutung für Hersteller, Verarbeiter, Anwender und Verbraucher sein. Nach DIN EN 10 204, werden die folgenden Arten von Prüfbescheinigungen unterschieden:

Werksbescheinigung „2.1"

Bescheinigung, in der der Hersteller bestätigt, dass die gelieferten Erzeugnisse den Anforderungen bei der Bestellung entsprechen, ohne Angabe von Prüfergebnissen.

Werkszeugnis „2.2"

Bescheinigung, in welcher der Hersteller bestätigt, dass die gelieferten Erzeugnisse den Anforderungen bei der Bestellung entsprechen, mit Angabe von Ergebnissen nichtspezifischer Prüfungen.

Abnahmeprüfzeugnis „3.1"

Bescheinigung, herausgegeben vom Hersteller, in der er bestätigt, dass die gelieferten Erzeugnisse die in der Bestellung festgelegten Anforderungen erfüllen, mit Angabe der Prüfergebnisse.
Die Prüfeinheit und die Durchführung der Prüfung sind in der Erzeugnisspezifikation, den amtlichen Vorschriften und Technischen Regeln und/oder der Bestellung festgelegt.
Die Bescheinigung wird bestätigt von einem von der Fertigungsabteilung unabhängigen Abnahmebeauftragten des Herstellers.

Abnahmeprüfzeugnis „3.2"

Bescheinigung, in der sowohl von einem von der Fertigungsabteilung unabhängigen Abnahmebeauftragten des Herstellers als auch von dem Abnahmebeauftragten des Bestellers oder dem in den amtlichen Vorschriften genannten Abnahmebeauftragten bestätigt wird, dass die gelieferten Erzeugnisse die in der Bestellung festgelegten Anforderungen erfüllen, mit Angabe der Prüfergebnisse.
Ein Hersteller darf in das Abnahmeprüfzeugnis 3.2 Prüfergebnisse übernehmen, die auf der Grundlage spezifischer Prüfung des von ihm verwendeten Vormaterials bzw. der Vorerzeugnisse ermittelt wurden unter der Voraussetzung, dass er Verfahren zur Sicherstellung der Rückverfolgbarkeit anwendet und die entsprechende Prüfbescheinigung vorlegen kann.

11.9 Anforderungen an die Kompetenz von Prüflaboratorien

Im Zusammenhang mit der Bildung der Europäischen Union durch den Vertrag von Maastricht vom November 1993 und der Schaffung des europäischen Binnenmarktes erschien bereits 1989 die Europäische Norm EN 45 001 mit allgemeinen Kriterien zum Betreiben von Prüflaboratorien.

Die jetzt international geltenden „Allgemeinen Anforderungen an die Kompetenz von Prüf- und Kalibrierlaboratorien“ sind in der Norm DIN EN ISO 17 025 festgelegt. Diese Norm – gegliedert in die Hauptabschnitte „Anforderungen an das Management“ und „Technische Anforderungen“ – enthält alle Erfordernisse, die Prüf- und Kalibrierlaboratorien erfüllen müssen, wenn sie nachweisen wollen, dass sie ein Qualitätsmanagement betreiben, technisch kompetent und fähig sind, fachlich begründete Ergebnisse zu erzielen.

Die Akzeptanz von Prüf- und Kalibrierergebnissen zwischen Staaten wird vereinfacht, wenn Laboratorien dieser Internationalen Norm entsprechend akkreditiert sind. Laboratorien können ihre Eignung zur Durchführung bestimmter Prüfungen in „Intercomparisons“ und „Proficiency Tests“ feststellen, siehe EPTIS, European Information System on Proficiency Testing Systems, www.eptis.bam.de.

12 Materialauswahl für technische Anwendungen

Jede Materialauswahl hat sich an den folgenden Zielen zu orientieren:

(a) Realisierung des Anforderungsprofils funktionell notwendiger Werkstoffeigenschaften,
(b) Erreichung wirtschaftlicher Lösungen durch Kombination preiswerter Werkstoffe und kostengünstiger Fertigungsmethoden,
(c) Anwendung solcher Werkstoffe und Gestaltungsprinzipien, die nach der Nutzung eine einfache Demontage und die umweltfreundliche Recyclierung bzw. Abfallbeseitigung ermöglichen.

Infolge des extrem breiten Spektrums technischer Anwendungsbereiche und der großen Vielfalt verfügbarer Werkstoffe muss die Materialauswahl den unterschiedlichsten Erfordernissen gerecht werden [1]. Nach den in technischen Anwendungen primär erforderlichen Werkstoffeigenschaften wird unterschieden zwischen *Konstruktions-* oder *Strukturmaterialien* und *Funktionsmaterialien* mit speziellen funktionellen Eigenschaften, z. B. elektronischer, magnetischer oder optischer Art.

12.1 Strukturmaterialien

Strukturmaterialien werden für mechanisch beanspruchte Bauteile in allen Bereichen der Technik eingesetzt. Hauptanwendungsgebiete der primär festigkeitsbestimmten Strukturmaterialien ist der allgemeine Maschinenbau, die Feinwerktechnik, das Bauwesen und die Anlagentechnik. Strukturmaterialien kommen aus allen metallischen, anorganischen und organischen Stoffbereichen. Im Hinblick auf die Erzielung möglichst wirtschaftlicher Lösungen wird im Allgemeinen versucht, hochentwickelte Werkstoffe mit gutem Preis-Leistungs-Verhältnis zu verwenden, deren Eigenschaften in Kombination mit günstiger Verarbeitbarkeit und Sicherheit für zahlreiche allgemeine Anwendungsfälle ausreichend sind. Hierzu gehören bei den metallischen Werkstoffen z. B. Baustähle, Gusseisen mit Kugelgraphit, automatengeeignete Qualitäten und preiswerte Messingarten, bei den Polymerwerkstoffen die Thermoplaste PE, PVC, PS, duroplastische Phenolharze und gummielastische Dienelastomere sowie bei den anorganisch-nichtmetallischen Werkstoffen die einfach zu verarbeitenden Betonwerkstoffe, Silicatkeramiken und Kalknatrongläser. Für mechanisch hochbeanspruchte Bauteile kommen außerdem verschiedene, meist faserverstärkte Verbundwerkstoffe zum Einsatz. Die hauptsächlichen Anforderungen an Strukturmaterialien betreffen neben der statischen und dynamischen Festigkeit und Steifigkeit eine ausreichende Beständigkeit gegenüber thermischen, korrosiven und tribologischen Beanspruchungen.

12.2 Funktionsmaterialien

Funktionsmaterialien sind primär durch nichtmechanische Eigenschaften, speziell elektrischer, magnetischer oder optischer Art gekennzeichnet. Hauptanwendungsbereiche sind die Elektrotechnik, Elektronik, Kommunikations- und Informationstechnik sowie die zugehörigen Gerätetechnologien. Wichtige Funktionsmaterialien sind z. B. die für elektrotechnische und elektronische Bauelemente verwendeten Halbleiter (Silicium, Galliumarsenid, Indiumphosphid), Flüssigkristallpolymere (LCP) auf Aramid- und Polyesterbasis sowie keramische Werkstoffe mit piezoelektrischen und elektrooptischen Eigenschaften (z. B. Bleizirkoniumtitanat, Bleilanthanzirkoniumtitanat). Sie bilden die stoffliche Basis von Bauelementen in Bereichen wie Integrierte Schaltungen, Optoelektronik, Fotovoltaik. Funktionsmaterialien werden außerdem in der Mess-, Steuer- und Regelungstechnik als Aktoren für Mikro-Stellvorgänge und als *Sensoren* zur Detektion oder Umwandlung von Signalen unterschiedlicher physikalischer Natur eingesetzt. Beispiele derartiger Sensortechnologien und zugehöriger Umwandlungsfunktionen sind: Bimetalle (thermisch-mechanisch), Formgedächtnislegierungen (thermisch-mechanisch), Thermoelemente (thermisch-elektrisch), Dehnungsmessstreifen (mechanisch-elektrisch), Fotoelemente (optisch-elektrisch), Piezoelemente (mechanisch-elektrisch, akustisch-elektrisch).

12.3 Festigkeitsbezogene Auswahlkriterien

Bei der Auswahl und Auslegung von Strukturmaterialien für primär mechanisch beanspruchte Bauteile wird im einfachsten Fall von Elastizitätseigenschaften und den Festigkeitskennwerten ausgegangen (siehe 9.2.3). Die mechanischen Werkstoffkennwerte, wie Streckgrenze und Ermüdungsfestigkeit, sind i. Allg. nur für einachsige Beanspruchungen bekannt. In zahlreichen primär mechanisch beanspruchten Bauteilen und Konstruktionen, wie Rohrleitungen, Druckbehältern usw., treten jedoch zwei- oder dreiachsige Spannungszustände auf. In diesen Fällen muss durch geeignete Fließ- und Festigkeitshypothesen eine Vergleichbarkeit zwischen einer mehrachsigen Bauteilbeanspruchung und den meist unter einachsiger Beanspruchung ermittelten Festigkeitskennwerten des Werkstoffs ermöglicht werden siehe Teil E. Die hauptsächlichsten Hypothesen beziehen sich auf die Maximalwerte von Normalspannung (Zug oder Druck), Schubspannung und Gestaltänderungsenergie.
Diesen Hypothesen entsprechend werden Vergleichsspannungen eingeführt, die statt des mehrachsigen Spannungszustandes einen vergleichbaren einachsigen Beanspruchungszustand hervorrufen. Sobald die Vergleichsspannung σ_V die jeweilige Festigkeitsgrenze des Werkstoffs erreicht, ist mit einem Versagen des Bauteils zu rechnen.
Wichtigste Versagensarten bei rein mechanischer Beanspruchung sind:

- Fließbeginn: Werkstoffkenngröße R_e, $R_{p0,2}$;
- Normalspannungsbruch bei spröden Werkstoffen: Werkstoffkenngröße R_m;
- Ermüdungsbruch: Werkstoffkenngröße σ_W.

Im Unterschied zur Versagensbedingung vom Typ

$$\sigma_V = \text{Werkstoffkennwert } R^*$$

wird in der Festigkeitsbedingung

$$\sigma_V \leqq \sigma_{zul} = \frac{R^*}{S}$$

durch Berücksichtigung des Sicherheitsbeiwertes $S > 1$ (siehe 9.4.1) sichergestellt, dass die zulässige Spannung einen sicherheitstechnisch hinreichenden Abstand von der Versagens-Grenzbeanspruchung hat. Für die Auswahl von Werkstoffen für Bauteile, die nicht nur mechanisch, sondern auch durch andere Einwirkungen (z. B. korrosiver oder tribologischer Art) beansprucht werden, müssen erweiterte Sicherheitsbeiwerte verwendet oder es muss von einer allgemeinen Systemanalyse des betreffenden Werkstoffproblems ausgegangen werden.

12.4 Systemmethodik zur Materialauswahl

Da bei zahlreichen technischen Anwendungen neben mechanischen auch noch andere Beanspruchungsarten auftreten, müssen die vielfältigen Einflussfaktoren in systematischer Weise berücksichtigt werden. Ein allgemeines Schema für eine systematische Materialauswahl ist in Bild 12-1 angegeben, vgl. 1.3 und K 2. Die systemtechnische Auswahlmethodik umfasst die folgenden hauptsächlichen Schritte:

(a) Systemanalyse des Werkstoffproblems: Untersuchung und Zusammenstellung der kennzeichnenden Parameter des Bauteils, für das der Werkstoff gesucht wird, aus den Bereichen Funktion, Systemstruktur und Beanspruchungen in möglichst vollständiger und eindeutiger Form.

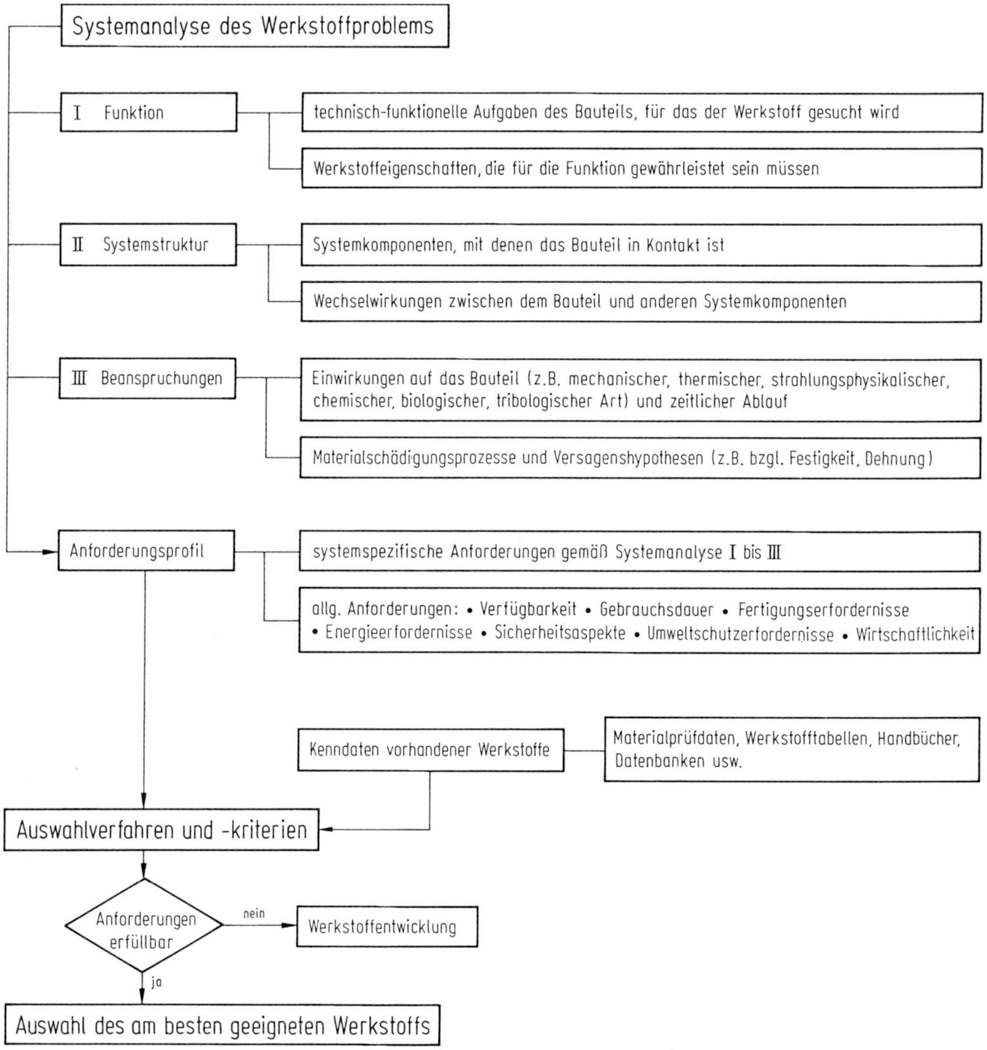

Bild 12-1

Bild 12-1. Systemmethodik zur Werkstoffauswahl

(b) Formulierung des Anforderungsprofils: Zusammenstellung der systemspezifischen und der allgemeinen Anforderungen, wie Verfügbarkeit, Gebrauchsdauer, Fertigungserfordernisse, usw. in Form eines „Pflichtenhefts", siehe Bild 12-1.

(c) Auswahl: Vergleich und Bewertung der Parameter des Anforderungsprofils mit den Kenndaten vorhandener Werkstoffe unter Verwendung von Materialprüfdaten, Werkstofftabellen, Handbüchern, Datenbanken usw. Wenn die Anforderungen mit den Kenndaten verfügbarer Werkstoffe erfüllt werden können, dürften wegen der systemanalytischen Vorgehensweise die wichtigsten Einflussparameter berücksichtigt sein. Im anderen Fall muss nötigenfalls der Systementwurf überdacht oder eine geeignete Werkstoffentwicklung veranlasst werden. Hierfür sind wegen des häufig sehr hohen Investitions- und Zeitaufwandes möglichst genaue Kosten-Nutzen-Analysen durchzuführen. Außerdem ist der Aspekt Material und Umwelt zu betrachten (siehe Kapitel 7).

Hilfreich für die Materialauswahl können die sogenannten Ashby-Diagramme sein [2]. Werkstoffe besitzen bestimmte Eigenschaften wie z. B. Dichte, Festigkeit, E-Modul, Korrosionswiderstand oder auch Preis. Eine Konstruktion erfordert ein bestimmten Eigenschaftsprofil, z. B. geringe Dichte, hohe Festigkeit und moderate Kosten. Es muss während des Auswahlprozesses die beste Übereinstimmung zwischen dem gewünschten Eigenschaftsprofil und dem realen Ingenieurwerkstoff gefunden werden. Eine erste Eingrenzung durch Eigenschaftsgrenzen schließt Werkstoffe aus, die die Konstruktionsanforderungen nicht erfüllen (z. B. eine Mindesteinsatztemperatur), damit erfolgt ein Ranking nach der Fähigkeit eines Werkstoffs, die Leistung zu maximieren. Die Leistung eines Werkstoffs ist im Allgemeinen nicht durch eine einzige Eigenschaft begrenzt, sondern durch eine Kombination von Eigenschaften, z. B. [2]:

- Die besten Werkstoffe für einen leichten und steifen Balken unter Biegebelastung sind solche mit einem möglichst großen Wert für $\sqrt{E}/\varrho$ (siehe Bild 9-2).
- Die besten Materialien für Federn sind solche mit einem möglichst großen Verhältnis von σ_f/E (σ_f = Bruchspannung).
- Den höchsten Thermoschockwiderstand erwartet man bei einem maximalen Wert von $\sigma_f/(E\alpha)$ (α = thermischer Ausdehnungskoeffizient).

Diese Eigenschaftskombinationen sind Materialindikatoren, die durch eine Analyse der Funktion, dem Ziel und den Zwängen aus den Konstruktionsanforderungen abgeleitet werden. Die Ashby-Diagramme helfen bei der Werkstoffauswahl. So hilft z. B. das log E über log ϱ Diagramm (Bild 9-3) bei der Auswahl von Werkstoffen für Anwendungen, bei denen das Gewicht minimiert werden muss.

In [2] werden zahlreiche Fallstudien für Konstruktionen beschrieben, in denen das Arbeiten mit den Eigenschaftsdiagrammen dargelegt und erläutert wird.

13 Referenzmaterialien und Referenzverfahren

Referenzmaterialien und Referenzverfahren dienen der Zuverlässigkeit und Richtigkeit von Messungen, Prüfungen und Analysen von Materialien in ihren technischen Anwendungen.

Referenzmaterial (RM): Material oder Substanz von ausreichender Homogenität mit einem oder mehreren so genau festgelegten Merkmalswerten, dass sie zur Kalibrierung von Messgeräten, zur Beurteilung von Messverfahren oder zur Zuweisung von Stoffwerten verwendet werden können [1]. Zertifizierte Referenzmaterialien (ZRM) werden durch ein Zertifikat mit Angaben zur Messunsicherheit und Rückverfolgbarkeit der Merkmalswerte auf eine Einheit gekennzeichnet.

Informationen über die Internationale Datenbank für zertifizierte Referenzmaterialien COMAR (11 000 RMs von 200 Produzenten aus 27 Ländern) gibt das Internet: www.comar.bam.de.

Referenzverfahren (RV): Eingehend charakterisiertes und nachweislich beherrschtes Prüf-, Mess- oder Analyseverfahren zur

(a) Qualitätsbewertung anderer Verfahren für vergleichbare Aufgaben oder
(b) Charakterisierung von Referenzmaterialien einschließlich Referenzobjekten oder
(c) Bestimmung von Referenzwerten

Die Ergebnisunsicherheit eines Referenzverfahrens muss angemessen abgeschätzt und dem Verwendungszweck entsprechend beschaffen sein.

Art und Einsatzbereiche von ZRM und RV werden im Folgenden für das Gebiet physikalischer und chemischer Prüfungen von Stoffen und Anlagen – für das die Bundesanstalt für Materialforschung und -prüfung (BAM) auf gesetzlicher Basis ZRM und RV bereitstellt – exemplarisch erläutert. Entsprechend den internationalen Erfordernissen hat die BAM die von ihr bereitgestellten spezifischen ZRM und RV in englischsprachigen Zusammenstellungen mit den folgenden Kategorien publiziert [2, 3], die im Internet abrufbar sind: www.bam.de.

Certified Reference Materials
Certified Gas Standards
Iron and Steel Products
Non-Ferrous Metals and Alloys
Layered Reference Materials
Optical Properties Standards
Porous Materials
Elastomeric Materials
Environment Reference Materials
Special Materials

Primary Pure Substances
Polymer Materials
Isotopic Referende Materials
Reference Procedures – Testing and Chemical Analysis
Inorganic Analysis
Organic Analysis
Microprobing and Microstructure Analysis
Gas Analysis and Gas Measurement
Testing of Surface and Layer Properties
Testing of Mechanical-technological Properties
Testing of Optical and Electrical Properties
Non-destructive Testing

In den genannten Materialbereichen und in den zugehörigen Gebieten der Technik und Wirtschaft können Referenzmaterialien und Referenzverfahren als prüftechnische Normale zur Qualitätssicherung dienen.

Literatur

Allgemeine Literatur

1. Bargel, H.-J.; Schulze, G.: Werkstoffkunde. 8. Aufl. Berlin: Springer 2003
2. Berger, C.; u. a.: Werkstofftechnik. In: DUBBEL: Tb. f. Maschinenbau. 21. Aufl. Berlin: Springer 2004
3. Bergmann, W.: Werkstofftechnik: Grundlagen und Anwendungen. München: Hanser 2002
4. Blumenauer, H. (Hrsg.): Werkstoffprüfung. Leipzig: Dt. Verl. f. Grundstoffindustrie 2001
5. Budinski, K.G.: Engineering materials – properties and selection. Upper Saddle River: Prentice Hall 2002
6. Buschow, K.H.J.; Cahn, R.W.; Flemings, M.C.; Ilschner, B.; Kramer, E.J.; Mahajan, S. (Editors-in-Chief): Encyclopedia of Materials Science and Technology. Amsterdam: Elsevier 2001
7. Cardarelli, F.: Materials Handbook. London: Springer 2001
8. Gay, D.: Composite materials – design and applications. Boca Raton: CRC Press 2002
9. Gottstein, G.: Physikalische Grundlagen der Materialkunde. 2. Aufl. Berlin: Springer 2001
10. Henkel, D.P.; Pense, A.W.: Structure and properties of engineering materials. Boston: Mc Graw-Hill 2002
11. Hornbogen, E.: Werkstoffe. 8. Aufl. Berlin: Springer 2006
12. Hornbogen, E.; Warlimont, H.: Metalle – Struktur und Eigenschaften der Metalle und Legierungen. 5. Aufl. Berlin: Springer 2006
13. Kaufmann, E.N. (Editor-in-Chief): Characterization of materials. Hoboken: Wiley 2003
14. Kroschwitz, J.I.: Encyclopedia of polymer science and technology. Hoboken: Wiley-Interscience 2003
15. Lange, G. (Hrsg.): Systematische Beurteilung technischer Schadensfälle. 5. Aufl. Weinheim: Wiley 2001
16. Menges, G.: Werkstoffkunde Kunststoffe. 5. Aufl. München: Hanser 2002
17. Petzold, A.: Anorganisch-nichtmetallische Werkstoffe. Leipzig: Dt. Verl. f. Grundstoffindustrie 2001
18. Roos, E.; Maile, K.: Werkstoffkunde für Ingenieure. Berlin: Springer 2002
19. Schatt, W.; Worch, H. (Hrsg.): Werkstoffwissenschaft. 9. Aufl. Weinheim: Wiley-VCH 2003
20. Schwartz, M. (Editor-in-Chief): Encyclopedia of smart materials. New York: Wiley 2002

Spezielle Literatur

Kapitel 1

1. Gräfen, H. (Hrsg.): VDI-Lexikon Werkstofftechnik. Düsseldorf: VDI-Verl. 1993
2. Callister, W.D.: Materials science and engineering: an introduction. New York: Wiley 2000
3. Czichos, H.: Was ist falsch am falschen Rembrandt und wie hart ist Damaszener Stahl? – Wie man mit Technik Kunst erforscht, prüft und erhält. Berlin: Nicolai 2002
4. Czichos, H.: Werkstoffe – Basis industrieller Technologien des 20. und 21. Jahrhunderts. Ingenieur-Werkstoffe, Bd. 7 (1998), Nr. 1, S. 3
5. Wissenschaftsrat: Stellungnahme zur Materialwissenschaft. Köln 1996
6. VDEh: Auswertung von Rohstoff- und Energiebasisdaten in Hüttenwerken. Düsseldorf 1992
7. Menges, G. (Hrsg.): Recycling von Kunststoffen. München: Hanser 1992
8. Wellmer, F.-W.; Becker-Platen, J.D.: Sustainable development and the exploitation of mineral and energy resources: a review. Int. J. Earth Sci 92 (2002) 723–745
9. August, H.; Holzlöhner, U.; Meggyes, T.: Optimierung von Deponieabdichtungssystemen. Berlin: Springer 1998

Kapitel 2

1. Schmalz, G.: Technische Oberflächenkunde. Berlin: Springer 1936 („Klassiker der Technik")

2. T.B. Massalski, H. Okamoto: Binary Alloy Phase Diagrams, American Society for Metals, Materials Park, OH, 1990
3. P. Villars, A. Prince, H. Okamoto: Handbook of Ternary Alloy Phase Diagrams, American Society for Metals, Materials Park, OH, 1995
4. Landolt-Börnstein, G. Effenberg: Ternary Alloy Systems
5. Landolt-Börnstein: Diffusion in festen Metallen und Legierungen, Band 26, H. Mehrer (Hrsg.) Springer-Verlag, Berlin, 1990
6. J.W. Martin, R.D. Doherty, B. Cantor: Stability of Microstructure in Metallic Systems, 2nd Edition, Cambridge University Press, Cambridge, UK, 1997
7. F.J. Humphreys, M. Hatherly: Recrystallization and Related Annealing Phenomena, Elsevier Science Ltd., Oxford, 2003

Kapitel 3

1. Berns, H., W. Theisen: Eisenwerkstoffe - Stahl und Gusseisen, 3. Auflage, Berlin: Springer 2006
2. Wegst, C.W.: Stahlschlüssel, 19. Aufl. Marbach: Verlag Stahlschlüssel, 2001
3. Polmear, I.J.: Light Alloys 4th Edition. Oxford: Buterworth-Heinemann, 2006

Kapitel 4

1. Habig, K.-H.: Verschleiß und Härte von Werkstoffen. München: Hanser 1980, S. 268–269
2. Buschow, K.H.J. (Editor-in-Chief): Encyclopedia of Materials Science and Technology – Aluminium nitride and Al on Ceramics, Vol. 1, p. 127–132 (2001)
3. Buschow, K.H.J. (Editor-in-Chief): Encyclopedia of Materials Science and Technology – Si-Al ON Ceramics, Vol. 9, p. 8471–8476 (2001)

Kapitel 5

1. Wagenführ, R.: Anatomie des Holzes. 5. Aufl. Leipzig: Fachbuchverlag 1999
2. Deppe, H.J.; Ernst, K.: Taschenbuch der Spanplattentechnik. Leinenfelden-Echterdingen: DRW-Verlag 2000
3. Hellerich, W.; Harsch, G.; Haenle, S.: Werkstoff-Führer Kunststoffe-Eigenschaften, Prüfungen, Kennwerte, 8. Aufl. München: Hanser 2001

Kapitel 6

1. Hornbogen, E.: Werkstoffe. 8. Aufl. Berlin: Springer 2006
2. Bunshah, R.F. (Editor): Handbook of hard coatings: deposition technologies, properties and applications. Park Ridge: Noyes Publ. 2001

Kapitel 7

1. Halada, K., Ijima, K., Katagiri, N., Ohkura, T., An approximate estimation of total materials requirement of metals. Journal of the Japan Institute of Metals 65(2-7), 564–570 (2001)
2. Schmidt-Bleek, F.: Das MIPS-Konzept, Droemer Knaur München (1998)
3. Wernick, I.K., Themelis, N.J.: Recycling metals for the environment. Annual Review of Energy and Environment 23, 465–497 (1998)
4. Bardt, H.: Die gesamtwirtschaftliche Bedeutung von Sekundärrohstoffen. IW-Trends 33(2-3) (2006)
5. Brown, W.M., Matos, G., Sullivan, D.E.: Materials and energy flows in the earth science century. US Geological Survey, Circular 1194 (2000)
6. PlasticsEurope: Plastics in Europe, An analysis of plastics consumption and recovery in Europe (2004)
7. Wellmer, F.W., Becker-Platen, J.D.: Sustainable development and the exploitation of mineral and energy resources: a review. International Journal of Earth Sciences (Geologische Rundschau) 91, 723-745 (2002)

Kapitel 8

1. Czichos, H.: Konstruktionselement Oberfläche. Konstruktion 37 (1985), 219-227
2. Hanselka, H., Nüffer, J.: Characterisation of reliability, in: Czichos, H., Saito, T. und Smith, L. (Hrg.), Handbook of Materials Measurement Methods, Springer, Berlin, New York 2006
3. Vogl, G.: Umweltsimulation für Produkte, Vogel Fachbuch, Würzburg, 1999

Kapitel 9

1. F. Cardarelli: Materials Handbook: A Concise Desktop Reference, 2. Auflage, Singapore: Springer 2001

2. Ashby, M.F.; Jones, D.R.: Ingenieurwerkstoffe. Berlin: Springer 1986, S. 95 ff
3. Ehrenstein, G.W.: Polymer-Werkstoffe, 2. Aufl. München: Hanser 1999
4. Haibach, E.: Betriebsfestigkeit, 2. Aufl. Berlin: Springer 2002
5. Broichhausen, J.: Schadenskunde. München: Hanser 1985, S. 12

Kapitel 10

1. Czichos, H.; Habig, K.-H.: Tribologie-Handbuch Reibung und Verschleiß. 2. Aufl. Braunschweig: Vieweg 2003
2. Lemaitre, J.: Failures of materials. San Diego: Academic Press 2001
3. VDI 3822: Schadensanalyse
4. Schmidt, R.: Werkstoffverhalten in biologischen Systemen. Düsseldorf: VDI-Verlag, 1994
5. Czichos, H.: Tribology and Its Many Facets: From Macroscopic to Microscopic and Nano-scale Phenomena. Meccanica (2001) 605–615

Kapitel 11

1. Czichos, H., Saito, T., Smith, L. (Editors): Springer Handbook of Materials Measurement Methods. Berlin, New York: Springer 2006
2. Czichos, H.: Messtechnik und Sensorik, in: DUBBEL – Taschenbuch für den Maschinenbau, 21. Aufl. Berlin: Springer 2004
3. Hellier, C.: Handbook of nondestructive evaluation. New York: McGraw-Hill 2001

Kapitel 12

1. Waterman, A.; Ashby, E.M.: The Materials Selector. London: Chapman & Hall, 1997
2. Ashby, M.F: Materials Selection in Mechanical Design, 3. Auflage, Elsevier Butterworth-Heinemann, Oxford, UK, 2005

Kapitel 13

1. DIN: Internationales Wörterbuch der Metrologie. 2.Aufl. Berlin: Beuth-Verlag 1994
2. BAM (Hrsg.): Certified Reference Materials Catalogue. Berlin: Bundesanstalt für Materialforschung und -prüfung 2006
3. BAM (Hrsg.): Testing and chemical analysis – Catalogue of reference procedures provided by BAM. Berlin: Bundesanstalt für Materialforschung und -prüfung, April 2005 (Dt. u. engl. Ausgabe)

E Technische Mechanik

J. Wittenburg
H.A. Richard
J. Zierep
K. Bühler

Mechanik fester Körper

J. Wittenburg, H.A. Richard

1 Kinematik

Gegenstand der Kinematik ist die Beschreibung der Lagen und Bewegungen von Punkten und Körpern mit Mitteln der analytischen Geometrie. Dabei spielen weder physikalische Körpereigenschaften noch Kräfte als Ursachen von Bewegungen eine Rolle. Infolgedessen tauchen die Begriffe Schwerpunkt, Trägheitshauptachsen, Inertialsystem und absolute Bewegung nicht auf. Betrachtet werden Lagen und Bewegungen relativ zu einem beliebig bewegten kartesischen Achsensystem mit dem Ursprung 0 und mit Achseneinheitsvektoren $\boldsymbol{e}_1^0, \boldsymbol{e}_2^0, \boldsymbol{e}_3^0$ (genannt Basis $\underline{\boldsymbol{e}}^0$ oder Körper Null)

1.1 Kinematik des Punktes

1.1.1 Lage. Lagekoordinaten

Die *Lage* eines Punktes P in der Basis $\underline{\boldsymbol{e}}^0$ wird durch den *Orts-* oder *Radiusvektor* $\boldsymbol{r}$ oder durch drei skalare *Lagekoordinaten* gekennzeichnet. Die am häufigsten verwendeten Lagekoordinaten sind nach Bild 1-1a *kartesische Koordinaten x, y, z, Zylinderkoordinaten* ϱ, φ, z mit $\varrho \geqq 0$ und *Kugelkoordinaten* r, ϑ, φ mit $r = |\boldsymbol{r}|$. Bei Lagen in der (e_1^0, e_2^0)-Ebene sind die Zylinderkoordinaten $z = 0$ und $\varrho = r$. Dann heißen r und φ *Polarkoordinaten* (Bild 1-1b). Bei Bewegungen des Punktes P längs einer Bahnkurve sind der Ortsvektor $\boldsymbol{r}$ und seine Lagekoordinaten Funktionen der Zeit. Nach Bild 1-1c wird die Lage von P auch durch die Form der Bahnkurve und durch die *Bogenlänge s* längs der Kurve von einem beliebig gewählten Punkt $s = 0$ aus gekennzeichnet. Allen Lagekoordinaten sind nach Bild 1-1a–c Tripel von zueinander orthogonalen Einheitsvektoren zugeordnet, und zwar $\boldsymbol{e}_1^0, \boldsymbol{e}_2^0, \boldsymbol{e}_3^0$ den kartesischen Koordinaten, $\boldsymbol{e}_\varrho, \boldsymbol{e}_\varphi, \boldsymbol{e}_z$ den Zylinderkoordinaten, $\boldsymbol{e}_r, \boldsymbol{e}_\vartheta, \boldsymbol{e}_\varphi$ den Kugelkoordinaten und $\boldsymbol{e}_\mathrm{t}, \boldsymbol{e}_\mathrm{n}, \boldsymbol{e}_\mathrm{b}$ (Tangenten-, Hauptnormalen- und Binormalenvektor der Bahnkurve) in Bild 1-1c. In der Ebene von $\boldsymbol{e}_\mathrm{t}$ und $\boldsymbol{e}_\mathrm{n}$ liegt der Krümmungskreis mit dem *Krümmungsradius* ϱ (nicht zu verwechseln mit der Zylinderkoordinate ϱ). Zur Bestimmung von $\boldsymbol{e}_\mathrm{t}, \boldsymbol{e}_\mathrm{n}, \boldsymbol{e}_\mathrm{b}$ und ϱ in jedem Punkt einer gegebenen Kurve siehe A 13.2 sowie [1]. Bei ebenen Kurven mit der Darstellung $y = f(x)$ ist

$$\frac{1}{\varrho(x)} = \frac{\mathrm{d}^2 f}{\mathrm{d}x^2}\left[1 + \left(\frac{\mathrm{d}f}{\mathrm{d}x}\right)^2\right]^{-3/2} .$$

Umrechnung zwischen kartesischen und Zylinderkoordinaten (bzw. Polarkoordinaten im Fall $z \equiv 0,\ r \equiv \varrho$):

$$\left.\begin{aligned} &\varrho = (x^2 + y^2)^{1/2}\,, \quad \tan\varphi = y/x\,, \\ &x = \varrho\cos\varphi\,, \quad y = \varrho\sin\varphi\,, \quad z \equiv z\,. \end{aligned}\right\} \tag{1-1}$$

Umrechnung zwischen kartesischen und Kugelkoordinaten:

$$\left.\begin{aligned} &r = (x^2 + y^2 + z^2)^{1/2}\,, \quad \tan\vartheta = (x^2 + y^2)^{1/2}/z\,, \\ &\tan\varphi = y/x\,, \quad x = r\sin\vartheta\cos\varphi\,, \\ &y = r\sin\vartheta\sin\varphi\,, \quad z = r\cos\vartheta\,. \end{aligned}\right\} \tag{1-2}$$

Umrechnung zwischen Zylinder- und Kugelkoordinaten:

$$\left.\begin{aligned} &r = (\varrho^2 + z^2)^{1/2}\,, \quad \tan\vartheta = \varrho/z\,, \quad \varphi \equiv \varphi\,, \\ &\varrho = r\sin\vartheta\,, \quad z = r\cos\vartheta\,. \end{aligned}\right\} \tag{1-3}$$

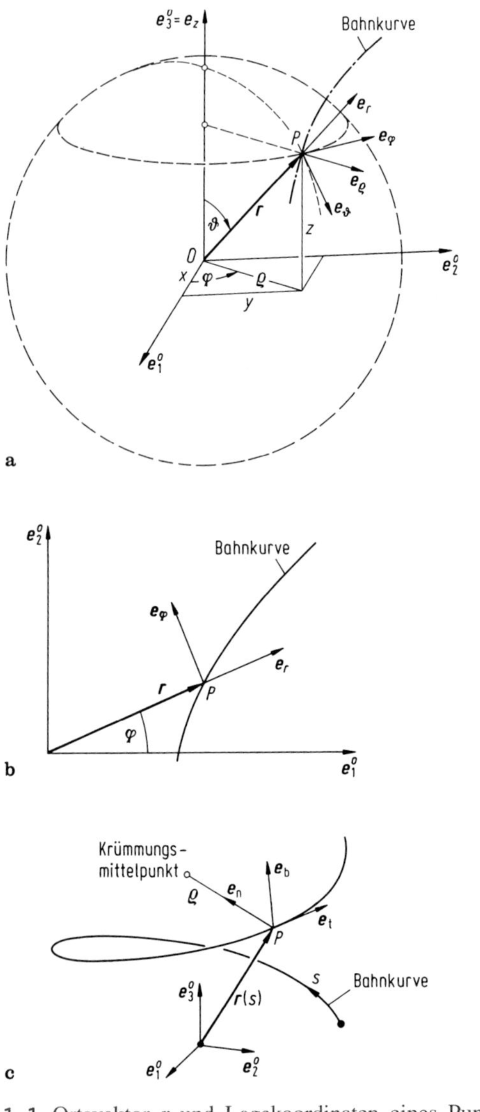

Bild 1-1. Ortsvektor $\boldsymbol{r}$ und Lagekoordinaten eines Punktes P. **a** Kartesische Koordinaten x, y, z, Zylinderkoordinaten ϱ, φ, z und Kugelkoordinaten r, ϑ, φ mit zugeordneten Tripeln von Einheitsvektoren. **b** Polarkoordinaten r, φ für ebene Bewegungen. **c** Bogenlänge s und Krümmungsradius ϱ einer Bahnkurve

1.1.2 Geschwindigkeit. Beschleunigung

Die *Geschwindigkeit* $\boldsymbol{v}(t)$ und die *Beschleunigung* $\boldsymbol{a}(t)$ des Punktes P relativ zu $\underline{e}^0$ sind die erste bzw. die zweite zeitliche Ableitung von $\boldsymbol{r}(t)$ in dieser Basis:

$$\boldsymbol{v}(t) = \frac{\mathrm{d}\boldsymbol{r}}{\mathrm{d}t}, \quad \boldsymbol{a}(t) = \frac{\mathrm{d}^2\boldsymbol{r}}{\mathrm{d}t^2} = \frac{\mathrm{d}\boldsymbol{v}}{\mathrm{d}t}. \tag{1-4}$$

Bei Vektoren kann durch die Schreibweise ${}^i\mathrm{d}/\mathrm{d}t$ darauf hingewiesen werden, dass in einer bestimmten Basis $\underline{e}^i$ nach t differenziert wird. Für einen Vektor $\boldsymbol{c}$ mit beliebiger physikalischer Dimension ist der Zusammenhang zwischen den Ableitungen in zwei Basen $\underline{e}^0$ und $\underline{e}^1$

$$\frac{{}^0\mathrm{d}\boldsymbol{c}}{\mathrm{d}t} = \frac{{}^1\mathrm{d}\boldsymbol{c}}{\mathrm{d}t} + \boldsymbol{\omega} \times \boldsymbol{c}, \tag{1-5}$$

$\boldsymbol{\omega}$ Winkelgeschwindigkeit von $\underline{e}^1$ relativ zu $\underline{e}^0$.

Komponentendarstellungen für $\boldsymbol{v}(t)$ und $\boldsymbol{a}(t)$

Ein Punkt über einer skalaren Größe bedeutet Ableitung nach der Zeit.
Kartesische Koordinaten:

$$\left.\begin{aligned} \boldsymbol{v}(t) &= \dot{x}\boldsymbol{e}_1^0 + \dot{y}\boldsymbol{e}_2^0 + \dot{z}\boldsymbol{e}_3^0, \\ \boldsymbol{a}(t) &= \ddot{x}\boldsymbol{e}_1^0 + \ddot{y}\boldsymbol{e}_2^0 + \ddot{z}\boldsymbol{e}_3^0. \end{aligned}\right\} \tag{1-6}$$

Zylinderkoordinaten (bzw. Polarkoordinaten im Fall $z \equiv 0, \varrho \equiv r$):

$$\begin{aligned} \boldsymbol{v}(t) &= \dot{\varrho}\boldsymbol{e}_\varrho + \varrho\dot{\varphi}\boldsymbol{e}_\varphi + \dot{z}\boldsymbol{e}_z, \\ \boldsymbol{a}(t) &= (\ddot{\varrho} - \varrho\dot{\varphi}^2)\boldsymbol{e}_\varrho + (\varrho\ddot{\varphi} + 2\dot{\varrho}\dot{\varphi})\boldsymbol{e}_\varphi + \ddot{z}\boldsymbol{e}_z. \end{aligned} \tag{1-7}$$

Kugelkoordinaten:

$$\left.\begin{aligned} \boldsymbol{v}(t) &= \dot{r}\boldsymbol{e}_\mathrm{r} + r\dot{\vartheta}\boldsymbol{e}_\vartheta + r\dot{\varphi}\sin\vartheta\,\boldsymbol{e}_\varphi, \\ \boldsymbol{a}(t) &= [\ddot{r} - r(\dot{\varphi}^2\sin^2\vartheta + \dot{\vartheta}^2)]\boldsymbol{e}_\mathrm{r} \\ &\quad + [r(\ddot{\vartheta} - \dot{\varphi}^2\sin\vartheta\cos\vartheta) + 2\dot{r}\dot{\vartheta}]\boldsymbol{e}_\vartheta \\ &\quad + [\dot{r}(\ddot{\varphi}\sin\vartheta + 2\dot{\varphi}\dot{\vartheta}\cos\vartheta) + 2\dot{r}\dot{\varphi}\sin\vartheta)]\boldsymbol{e}_\varphi. \end{aligned}\right\} \tag{1-8}$$

Bogenlänge (ϱ Krümmungsradius):

$$\boldsymbol{v}(t) = \dot{s}\boldsymbol{e}_\mathrm{t}, \quad \boldsymbol{a}(t) = \ddot{s}\boldsymbol{e}_\mathrm{t} + (\dot{s}^2/\varrho)\boldsymbol{e}_\mathrm{n}. \tag{1-9}$$

Aus (1-9) erkennt man, dass $\boldsymbol{v}$ stets tangential gerichtet ist, während $\boldsymbol{a}$ bei gekrümmten Bahnen eine Komponente normal zur Bahn, und zwar zur Innenseite der Kurve hin hat.
Zur Kinematik des Punktes mit Relativbewegung siehe 1.3.

1.2 Kinematik des starren Körpers

Sei $\underline{e}^1$ eine auf dem Körper feste Basis mit dem Ursprung A in einem beliebig gewählten Punkt des Körpers und mit Achseneinheitsvektoren $\boldsymbol{e}_1^1, \boldsymbol{e}_2^1, \boldsymbol{e}_3^1$ (Bild 1-2). Zur vollständigen Beschreibung von Lage

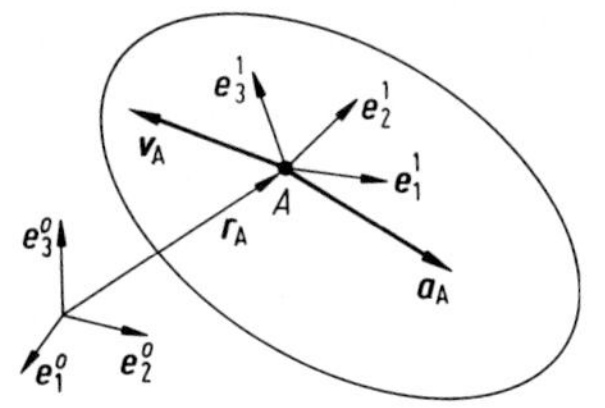

Bild 1-2. Starrer Körper mit körperfester Basis $\underline{e}^1$ und körperfestem Punkt A

und Bewegung des Körpers relativ zu $\underline{e}^0$ gehören drei translatorische und drei rotatorische Größen. Die translatorischen sind Lage $r_A(t)$, Geschwindigkeit $v_A(t)$ und Beschleunigung $a_A(t)$ des Punktes A. Die rotatorischen sind Winkellage, Winkelgeschwindigkeit und Winkelbeschleunigung des Körpers.

1.2.1 Winkellage. Koordinatentransformation

Die *Winkellage* der Basis $\underline{e}^1$ in der Basis $\underline{e}^0$ wird durch die (3 × 3)-Matrix $\underline{A}$ der *Richtungscosinus*

$$A_{ij} = \cos\sphericalangle\left(e_i^1, e_j^0\right) = e_i^1 \cdot e_j^0 \quad (i, j = 1, 2, 3) \qquad (1\text{-}10)$$

beschrieben. Es gilt

$$\begin{bmatrix} e_1^1 \\ e_2^1 \\ e_3^1 \end{bmatrix} = \begin{bmatrix} A_{11} & A_{12} & A_{13} \\ A_{21} & A_{22} & A_{23} \\ A_{31} & A_{32} & A_{33} \end{bmatrix} \begin{bmatrix} e_1^0 \\ e_2^0 \\ e_3^0 \end{bmatrix} \qquad (1\text{-}11)$$

oder abgekürzt $\underline{e}^1 = \underline{A}\,\underline{e}^0$.

Eigenschaften von $\underline{A}$: In Zeile i stehen die Koordinaten des Vektors e_i^1 in der Basis $\underline{e}^0$ und in Spalte j die Koordinaten des Vektors e_j^0 in der Basis $\underline{e}^1$.

$$\sum_{k=1}^{3} A_{ik}A_{jk} = \delta_{ij}\,, \qquad \sum_{k=1}^{3} A_{ki}A_{kj} = \delta_{ij}$$

(δ_{ij} Kronecker-Symbol). Das sind für die neun Elemente von $\underline{A}$ insgesamt zwölf Bindungsgleichungen, von denen sechs unabhängig sind. $\det \underline{A} = e_1^1 \cdot e_2^1 \times e_3^1 = 1$, $\underline{A}^{-1} = \underline{A}^T$, $\underline{A}$ hat den Eigenwert +1.
Wenn $\underline{v}^0 = [v_1^0\; v_2^0\; v_3^0]^T$ und $\underline{v}^1 = [v_1^1\; v_2^1\; v_3^1]^T$ die Spaltenmatrizen der Koordinaten eines beliebigen Vektors v in $\underline{e}^0$ bzw. in $\underline{e}^1$ bezeichnen, dann gilt

$$\underline{v}^1 = \underline{A}\,\underline{v}^0\,, \qquad \underline{v}^0 = \underline{A}^T\underline{v}^1\,. \qquad (1\text{-}12)$$

Deshalb heißt $\underline{A}$ auch *Transformationsmatrix*. Ein Körper hat zwischen 0 und 3 Freiheitsgraden der Rotation relativ zu $\underline{e}^0$. Von entsprechend vielen generalisierten Koordinaten der Winkellage ist $\underline{A}$ abhängig. Drehungen um eine feste Achse und ebene Bewegungen ohne feste Achse haben einen Freiheitsgrad der Rotation. Wenn dabei z. B. e_3^1 und e_3^0 ständig parallel sind, ist mit dem Winkel φ in Bild 1-3

$$\underline{A} = \begin{bmatrix} \cos\varphi & \sin\varphi & 0 \\ -\sin\varphi & \cos\varphi & 0 \\ 0 & 0 & 1 \end{bmatrix}. \qquad (1\text{-}13)$$

Für allgemeinere Fälle werden häufig *Eulerwinkel* ψ, ϑ, φ, *Kardanwinkel* $\varphi_1, \varphi_2, \varphi_3$ und *Eulerparameter* q_0, q_1, q_2, q_3 verwendet.

Eulerwinkel (Bild 1-4a). Die zunächst mit $\underline{e}^0$ achsenparallele Basis $\underline{e}^1$ erreicht ihre gezeichnete Winkellage durch drei aufeinander folgende Drehungen über die Zwischenlagen $\underline{e}^*$ und $\underline{e}^{**}$. Die Drehungen um die Winkel ψ, ϑ und φ werden in dieser Reihenfolge um die Achsen e_3^0, e_1^* und e_3^{**} ausgeführt. Mit den Abkürzungen $s_\psi = \sin\psi$, $c_\psi = \cos\psi$ usw. ist

$$\underline{A} = \begin{bmatrix} c_\psi c_\varphi - s_\psi c_\vartheta s_\varphi & s_\psi c_\varphi + c_\psi c_\vartheta s_\varphi & s_\vartheta s_\varphi \\ -c_\psi s_\varphi - s_\psi c_\vartheta c_\varphi & -s_\psi s_\varphi + c_\psi c_\vartheta c_\varphi & s_\vartheta c_\varphi \\ s_\psi s_\vartheta & -c_\psi s_\vartheta & c_\vartheta \end{bmatrix}. \qquad (1\text{-}14)$$

Statt der Drehachsenfolge 3, 1, 3 sind auch die Folgen 1, 2, 1 und 2, 3, 2 möglich.

Kardanwinkel (Bild 1-4b). Die zunächst mit $\underline{e}^0$ achsenparallele Basis $\underline{e}^1$ erreicht ihre gezeichnete Winkellage durch drei aufeinander folgende Drehungen über die Zwischenlagen $\underline{e}^*$ und $\underline{e}^{**}$. Die Drehungen um die Winkel φ_1, φ_2 und φ_3 werden in dieser

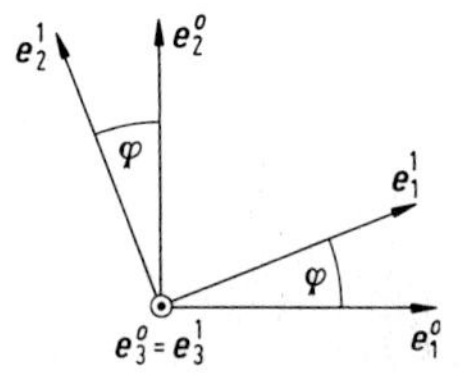

Bild 1-3. Zwei Basen $\underline{e}^0$ und $\underline{e}^1$ mit der Transformation (1-13)

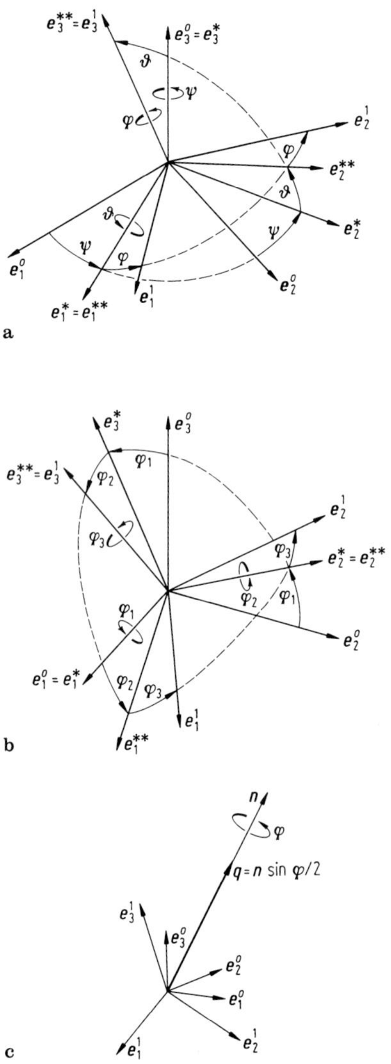

Bild 1-4. Zur Definition von Eulerwinkeln (Bild **a**), Kardanwinkeln (Bild **b**) und Eulerparametern (Bild **c**)

Reihenfolge um die Achsen $\boldsymbol{e}_1^0$, $\boldsymbol{e}_2^*$ und $\boldsymbol{e}_3^{**}$ ausgeführt. Mit den Abkürzungen $s_i = \sin\varphi_i$, $c_i = \cos\varphi_i$ ist

$$\underline{A} = \begin{bmatrix} c_2c_3 & c_1s_3 + s_1s_2c_3 & s_1s_3 - c_1s_2c_3 \\ -c_2s_3 & c_1c_3 - s_1s_2s_3 & s_1c_3 + c_1s_2s_3 \\ s_2 & -s_1c_2 & c_1c_2 \end{bmatrix}. \tag{1-15}$$

Statt der Drehachsenfolge 1, 2, 3 sind auch die Folgen 2, 3, 1 und 3, 1, 2 möglich. Wenn alle drei Winkel $\varphi_1, \varphi_2, \varphi_3 \ll 1$ sind, ist in linearer Näherung

$$\underline{A} = \begin{bmatrix} 1 & \varphi_3 & -\varphi_2 \\ -\varphi_3 & 1 & \varphi_1 \\ \varphi_2 & -\varphi_1 & 1 \end{bmatrix}. \tag{1-16}$$

Eulerparameter (Bild 1-4c)
Die zunächst mit $\underline{\boldsymbol{e}}^0$ achsenparallele Basis $\underline{\boldsymbol{e}}^1$ erreicht ihre gezeichnete Winkellage durch eine Drehung um eine in $\underline{\boldsymbol{e}}^0$ und in $\underline{\boldsymbol{e}}^1$ feste Achse mit dem Einheitsvektor $\boldsymbol{n}$. Der Drehwinkel ist φ im Rechtsschraubensinn um $\boldsymbol{n}$. Man definiert

$$q_0 = \cos(\varphi/2), \quad \boldsymbol{q} = \boldsymbol{n}\sin(\varphi/2) \tag{1-17}$$
$$\text{bzw. } q_i = n_i \sin(\varphi/2) \quad (i = 1, 2, 3).$$

$\boldsymbol{q}$ hat in $\underline{\boldsymbol{e}}^0$ und in $\underline{\boldsymbol{e}}^1$ dieselben Koordinaten. $q_0, \ldots, q_3$ sind die *Eulerparameter*. Sie sind durch die Bindungsgleichung

$$q_0^2 + \boldsymbol{q}^2 = \sum_{i=0}^{3} q_i^2 = 1 \tag{1-18}$$

gekoppelt. Mit den Eulerparametern ist

$$\underline{A} = \begin{bmatrix} 2\left(q_0^2 + q_1^2\right) - 1 & 2(q_1q_2 + q_0q_3) & 2(q_1q_3 - q_0q_2) \\ 2(q_1q_2 - q_0q_3) & 2\left(q_0^2 + q_2^2\right) - 1 & 2(q_2q_3 + q_0q_1) \\ 2(q_1q_3 + q_0q_2) & 2(q_2q_3 - q_0q_1) & 2\left(q_0^2 + q_3^2\right) - 1 \end{bmatrix}. \tag{1-19}$$

$\boldsymbol{q}$ ist der Eigenvektor von $\underline{A}$ zum Eigenwert +1. Umrechnung von Richtungscosinus in Eulerwinkel :

$$\left.\begin{aligned} &\cos\vartheta = A_{33}, && \sin\vartheta = (1 - \cos^2\vartheta)^{1/2} \\ &\cos\psi = -A_{32}/\sin\vartheta, && \sin\psi = A_{31}/\sin\vartheta, \\ &\cos\varphi = A_{23}/\sin\vartheta, && \sin\varphi = A_{13}/\sin\vartheta. \end{aligned}\right\} \tag{1-20}$$

Umrechnung von Richtungscosinus in Kardanwinkel:

$$\left.\begin{aligned} &\sin\varphi_2 = A_{31}, && \cos\varphi_2 = (1 - \sin^2\varphi_2)^{1/2}, \\ &\sin\varphi_1 = -A_{32}/\cos\varphi_2, && \cos\varphi_1 = A_{33}/\cos\varphi_2, \\ &\sin\varphi_3 = -A_{21}/\cos\varphi_2, && \cos\varphi_3 = A_{11}/\cos\varphi_2. \end{aligned}\right\} \tag{1-21}$$

Umrechnung von Richtungscosinus in Eulerparameter:

$$q_0 = (1 + \mathrm{sp}\underline{A})^{1/2}/2\,, \quad q_i = (A_{jk} - A_{kj})/(4q_0) \quad (i, j, k = 1, 2, 3 \text{ zyklisch})\,. \qquad (1\text{-}22)$$

Umrechnung von Eulerwinkeln in Eulerparameter:

$$\left.\begin{aligned} q_0 &= \cos(\vartheta/2)\cos[(\psi+\varphi)/2]\,,\\ q_1 &= \sin(\vartheta/2)\cos[(\psi-\varphi)/2]\,,\\ q_2 &= \sin(\vartheta/2)\sin[(\psi-\varphi)/2]\,,\\ q_3 &= \cos(\vartheta/2)\sin[(\psi+\varphi)/2]\,. \end{aligned}\right\} \qquad (1\text{-}23)$$

Euler- und Kardanwinkel enthalten als Sonderfälle die Drehung um eine Achse mit konstanter Richtung (zwei Winkel identisch null) und Drehungen, wie beim Kreuzgelenk, um zwei orthogonale Achsen (ein Winkel identisch null). Eulerwinkel eignen sich besonders für Präzessionsbewegungen, das sind Bewegungen mit $\vartheta = \text{const}$. Sie eignen sich nicht, wenn der kritische Fall $\sin\vartheta = 0$ eintreten kann. Abhilfe: Man arbeitet alternierend mit zwei Tripeln von Eulerwinkeln mit verschiedenen Drehachsenfolgen. Für Kardanwinkel ist $\cos\varphi_2 = 0$ der entsprechende kritische Fall. Kardanwinkel eignen sich gut für lineare Näherungen, wenn alle Winkel klein sind. Eulerparameter eignen sich besonders bei drei Freiheitsgraden der Rotation und bei Drehungen um eine feste Achse, die nicht die Richtung eines Basisvektors hat (n_1, n_2, n_3 konstant).

Schraubung. In Bild 1-5a ist die Lage der Basis $\underline{e}^1$ das Ergebnis einer Drehung $(q_0, \boldsymbol{q})$ und einer Translation $\boldsymbol{r}_0$ aus einer Anfangslage heraus, in der $\underline{e}^1$ mit $\underline{e}^0$ zusammenfiel. Den Übergang aus derselben Anfangs- in dieselbe Endlage bewirkt nach Bild 1-5b auch eine mit einem Drehschubgelenk erzeugbare *Schraubung* um eine zu $\boldsymbol{q}$ parallele Schraubachse mit demselben Drehwinkel φ und mit der Translation $s = \boldsymbol{q}\cdot\boldsymbol{r}_0/\sin(\varphi/2)$ in Richtung von $\boldsymbol{q}$. Die Schraubachse hat in $\underline{e}^0$ die Parameterdarstellung

$$\boldsymbol{r}(\lambda) = \lambda\boldsymbol{q} + \frac{q_0\boldsymbol{q}\times\boldsymbol{r}_0 - \boldsymbol{q}\times(\boldsymbol{q}\times\boldsymbol{r}_0)}{2\sin^2(\varphi/2)}\,. \qquad (1\text{-}24)$$

Resultierende Drehung. Zu zwei nacheinander ausgeführten Drehungen um feste Achsen durch einen gemeinsamen Punkt gibt es eine *resultierende Drehung*, die den Körper aus derselben Ausgangslage in dieselbe Endlage bringt. Wenn Winkel und Drehachsen für beide Drehungen in $\underline{e}^0$ gegeben sind, die erste Drehung mit

$$(q_{01}, \boldsymbol{q}_1) = (\cos(\varphi_1/2), \boldsymbol{n}_1\sin(\varphi_1/2))$$

und die zweite mit

$$(q_{02}, \boldsymbol{q}_2) = (\cos(\varphi_2/2), \boldsymbol{n}_2\sin(\varphi_2/2))\,,$$

dann gilt für die resultierende Drehung

$$\left.\begin{aligned} q_{0\,\mathrm{res}} &= q_{02}q_{01} - \boldsymbol{q}_2\cdot\boldsymbol{q}_1\,,\\ \boldsymbol{q}_{\mathrm{res}} &= q_{02}\boldsymbol{q}_1 + q_{01}\boldsymbol{q}_2 + \boldsymbol{q}_2\times\boldsymbol{q}_1 \end{aligned}\right\} \qquad (1\text{-}25a)$$

oder ausführlich

$$\left.\begin{aligned} \cos(\varphi_{\mathrm{res}}/2) &= \cos(\varphi_2/2)\cos(\varphi_1/2)\\ &\quad - \boldsymbol{n}_2\cdot\boldsymbol{n}_1\sin(\varphi_2/2)\sin(\varphi_1/2)\,,\\ \boldsymbol{n}_{\mathrm{res}}\sin(\varphi_{\mathrm{res}}/2) &= \boldsymbol{n}_1\cos(\varphi_2/2)\sin(\varphi_1/2)\\ &\quad + \boldsymbol{n}_2\cos(\varphi_1/2)\sin(\varphi_2/2)\\ &\quad + \boldsymbol{n}_2\times\boldsymbol{n}_1\sin(\varphi_2/2)\sin(\varphi_1/2)\,. \end{aligned}\right\} \qquad (1\text{-}25b)$$

Die Schraubachse der resultierenden Drehung ist von der Reihenfolge der beiden Drehungen abhängig, der Drehwinkel nicht. Nur im Grenzfall infinitesimal kleiner Winkel gilt für Winkelvektoren $\boldsymbol{\varphi}_1 = \varphi_1\boldsymbol{n}_1$ und $\boldsymbol{\varphi}_2 = \varphi_2\boldsymbol{n}_2$ entlang den Drehachsen das Parallelogrammgesetz $\boldsymbol{\varphi}_{\mathrm{res}} = \varphi_{\mathrm{res}}\boldsymbol{n}_{\mathrm{res}} = \boldsymbol{\varphi}_1 + \boldsymbol{\varphi}_2$.

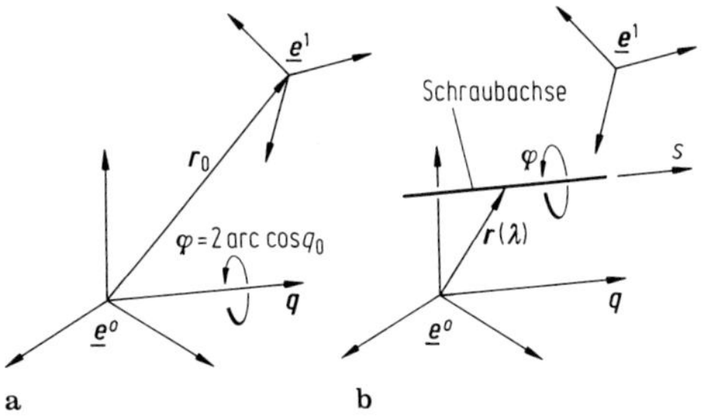

Bild 1-5. Die Überlagerung der Drehung $(q_0, \boldsymbol{q})$ und der Translation $\boldsymbol{r}_0$ in Bild **a** kann durch die Schraubung in Bild **b** mit der Schraubachse $\boldsymbol{r}(\lambda)$, (1-24), ersetzt werden

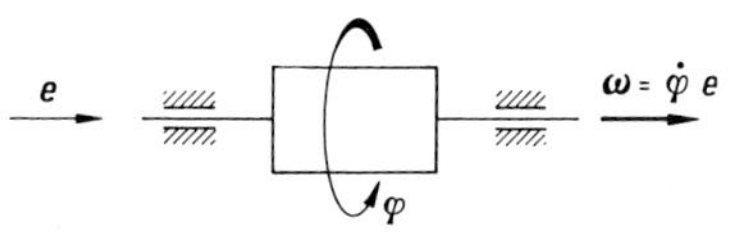

Bild 1-6. Für eine Winkelgeschwindigkeit mit konstanter Richtung gilt $\omega = \dot{\varphi}$ und Drehzahl $n = \omega/(2\pi)$

1.2.2 Winkelgeschwindigkeit

Die *Winkelgeschwindigkeit* $\boldsymbol{\omega}(t)$ des Körpers $\underline{e}^1$ relativ zu $\underline{e}^0$ ist ein Vektor, der an keinen Punkt gebunden ist, denn er kennzeichnet die zeitliche Änderung der Winkellage des Körpers. Bei einem einzigen Freiheitsgrad der Rotation mit einer Winkelkoordinate φ hat $\boldsymbol{\omega}$ konstante Richtung und die Größe $\omega(t) = \dot{\varphi}(t)$ (Bild 1-6). Bei zwei und drei Freiheitsgraden ist $\boldsymbol{\omega}$ nicht Ableitung einer anderen Größe. Seien ω_1, ω_2, ω_3 die Koordinaten von $\boldsymbol{\omega}$ bei Zerlegung in der körperfesten Basis $\underline{e}^1$. Zwischen ihnen und generalisierten Koordinaten der Winkellage bestehen die folgenden Beziehungen. Für Richtungscosinus in beliebiger Darstellung:

$$\underline{\tilde{\omega}} = \underline{\dot{A}}\,\underline{A}^{\mathrm{T}}\,, \quad \underline{\dot{A}} = -\underline{\tilde{\omega}}\,\underline{A} \tag{1-26}$$

mit der Matrix $\underline{\tilde{\omega}} = \begin{bmatrix} 0 & -\omega_3 & \omega_2 \\ \omega_3 & 0 & -\omega_1 \\ -\omega_2 & \omega_1 & 0 \end{bmatrix}$.

Für Eulerwinkel:

$$\begin{bmatrix} \omega_1 \\ \omega_2 \\ \omega_3 \end{bmatrix} = \begin{bmatrix} s_\vartheta s_\varphi & c_\varphi & 0 \\ s_\vartheta c_\varphi & -s_\varphi & 0 \\ c_\vartheta & 0 & 1 \end{bmatrix} \begin{bmatrix} \dot{\psi} \\ \dot{\vartheta} \\ \dot{\varphi} \end{bmatrix}, \tag{1-27a}$$

$$\begin{bmatrix} \dot{\psi} \\ \dot{\vartheta} \\ \dot{\varphi} \end{bmatrix} = \begin{bmatrix} s_\varphi/s_\vartheta & c_\varphi/s_\vartheta & 0 \\ c_\varphi & -s_\varphi & 0 \\ -s_\varphi c_\vartheta/s_\vartheta & -c_\varphi c_\vartheta/s_\vartheta & 1 \end{bmatrix} \begin{bmatrix} \omega_1 \\ \omega_2 \\ \omega_3 \end{bmatrix} \tag{1-27b}$$

Für Kardanwinkel:

$$\begin{bmatrix} \omega_1 \\ \omega_2 \\ \omega_3 \end{bmatrix} \begin{bmatrix} c_2 c_3 & s_3 & 0 \\ -c_2 s_3 & c_3 & 0 \\ s_2 & 0 & 1 \end{bmatrix} \begin{bmatrix} \dot{\varphi}_1 \\ \dot{\varphi}_2 \\ \dot{\varphi}_3 \end{bmatrix}, \tag{1-28a}$$

$$\begin{bmatrix} \dot{\varphi}_1 \\ \dot{\varphi}_2 \\ \dot{\varphi}_3 \end{bmatrix} = \begin{bmatrix} c_3/c_2 & -s_3/c_2 & 0 \\ s_3 & c_3 & 0 \\ -c_3 s_2/c_2 & s_3 s_2/c_2 & 1 \end{bmatrix} \begin{bmatrix} \omega_1 \\ \omega_2 \\ \omega_3 \end{bmatrix}. \tag{1-28b}$$

Im Fall sehr kleiner Winkel gilt die Näherung $\dot{\varphi}_i \approx \omega_i$ $(i = 1, 2, 3)$.
Für Eulerparameter:

$$\begin{bmatrix} \omega_1 \\ \omega_2 \\ \omega_3 \end{bmatrix} = 2 \begin{bmatrix} -q_1 & q_0 & q_3 & -q_2 \\ -q_2 & -q_3 & q_0 & q_1 \\ -q_3 & q_2 & -q_1 & q_0 \end{bmatrix} \begin{bmatrix} \dot{q}_0 \\ \dot{q}_1 \\ \dot{q}_2 \\ \dot{q}_3 \end{bmatrix}, \tag{1-29a}$$

$$\begin{bmatrix} \dot{q}_0 \\ \dot{q}_1 \\ \dot{q}_2 \\ \dot{q}_3 \end{bmatrix} = \frac{1}{2} \begin{bmatrix} 0 & -\omega_1 & -\omega_2 & -\omega_3 \\ \omega_1 & 0 & \omega_3 & -\omega_2 \\ \omega_2 & -\omega_3 & 0 & \omega_1 \\ \omega_3 & \omega_2 & -\omega_1 & 0 \end{bmatrix} \begin{bmatrix} q_0 \\ q_1 \\ q_2 \\ q_3 \end{bmatrix}. \tag{1-29b}$$

Die jeweils zweite der Glen. (1-26) bis (1-29) stellt *kinematische Differenzialgleichungen* zur Berechnung der Winkellage aus vorher berechneten Funktionen $\omega_i(t)$ dar. Wenn die numerische Integration bei Eulerparametern Größen $q_i(t)$ liefert, die die Bindungsgleichung (1-18) nicht streng erfüllen, dann ersetze man die $q_i(t)$ durch die renormierten Größen

$$q_i^*(t) = q_i(t) \left[\sum_{j=0}^{3} q_j^2(t) \right]^{-1/2} \qquad (i = 0, \ldots, 3)\,.$$

Geschwindigkeitsverteilung im starren Körper. $\boldsymbol{\omega}$ und die Geschwindigkeit $\boldsymbol{v}_{\mathrm{A}}$ eines körperfesten Punktes A bestimmen die Geschwindigkeit $\boldsymbol{v}_{\mathrm{P}}$ jedes anderen körperfesten Punktes P am Radiusvektor $\overrightarrow{AP} = \boldsymbol{\varrho}$:

$$\boldsymbol{v}_{\mathrm{P}} = \boldsymbol{v}_{\mathrm{A}} + \boldsymbol{\omega} \times \boldsymbol{\varrho}\,. \tag{1-30}$$

Ebene Bewegung. Polbahnen. Geschwindigkeitsplan. Bei der ebenen Bewegung eines Körpers hat $\boldsymbol{\omega}(t)$ konstante Richtung, und alle Körperpunkte bewegen sich in parallelen Ebenen. Nur eine Bewegungsebene wird betrachtet. In ihr hat der Körper in jedem Zeitpunkt dieselbe Geschwindigkeitsverteilung, wie bei einer Drehung um einen festen Punkt, $\boldsymbol{v} = \boldsymbol{\omega} \times \boldsymbol{r}$ (Bild 1-7). Dieser Punkt heißt *Momentanpol der Geschwindigkeit*, Geschwindigkeitspol, Drehpol oder Pol. Er liegt im Schnittpunkt aller Geschwindigkeitslote. Zwei Lote genügen zur Bestimmung. Im Sonderfall der reinen Translation liegt der Pol im Unendlichen und im Sonderfall der Drehung um eine feste Achse permanent auf der Achse.

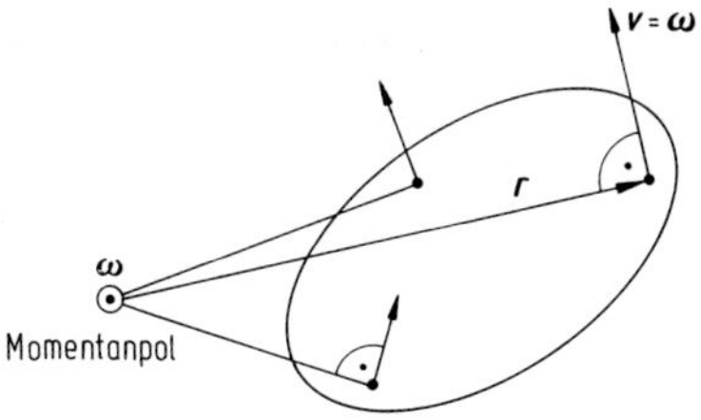

Bild 1-7. Die Richtungen der Geschwindigkeiten zweier Punkte bestimmen den Momentanpol

Im Allgemeinen liegt er zu verschiedenen Zeiten an verschiedenen Orten. Seine Bahn in $\underline{e}^0$ heißt *Rastpolbahn* und seine Bahn in $\underline{e}^1$ *Gangpolbahn*. Die Bewegung des Körpers kann man durch Abrollen der Gangpolbahn auf der Rastpolbahn erzeugen.

Beispiel 1-1: In Bild 1-8a bewegt sich ein Stab der Länge l mit seinen Enden auf Führungsgeraden. Der Pol P hat von M und von der Stabmitte die konstanten Entfernungen l bzw. $l/2$. Also sind die Polbahnen die gezeichneten Kreise. Die Bewegung wird konstruktiv eleganter erzeugt, indem man den kleinen Kreis mit dem auf ihm festen Stab als Planetenrad im großen Kreis abrollt. Da sich jeder Punkt am Umfang des kleinen Rades auf einer Geraden durch M bewegt, können zwei Räder mit dem Radienverhältnis 2:1 auch die Bewegung einer Stange auf zwei Führungen unter einem beliebigen Winkel α erzeugen (Bild 1-8b). Der Radius des kleinen Rades ist $l/(2\sin\alpha)$.

Wenn sich mehrere Körper relativ zu $\underline{e}^0$ in derselben Ebene bewegen, dann hat jeder Körper i relativ zu jedem anderen Körper j einen Pol P_{ij} (gleich P_{ji}) der Relativbewegung und eine relative Winkelgeschwindigkeit ω_{ij}. Es gilt der *Satz von*

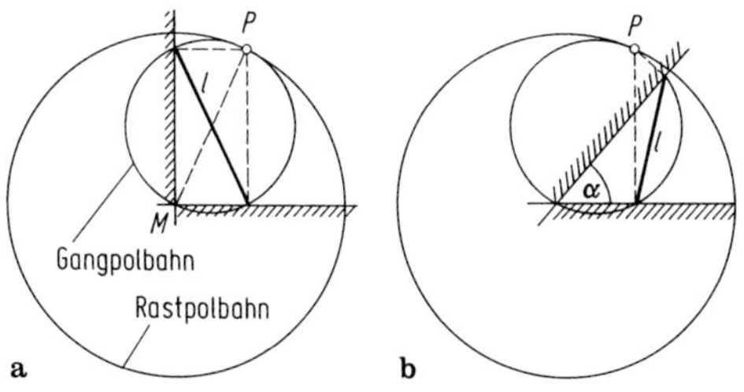

Bild 1-8. Polbahnen eines auf zwei Geraden geführten Stabes

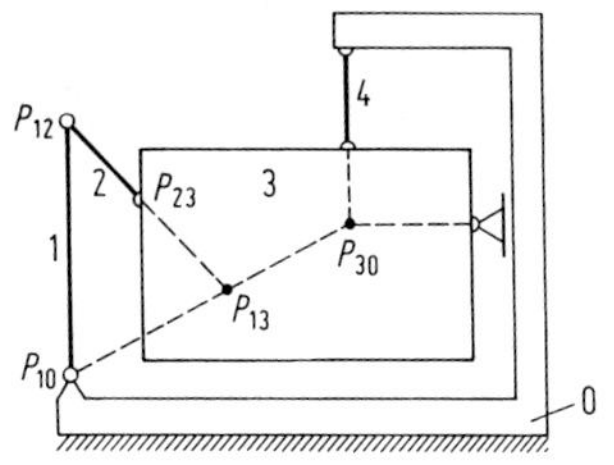

Bild 1-9. Zur Konstruktion des Pols P_{13}

Kennedy und Aronhold: Die Pole P_{ij}, P_{jk} und P_{ki} dreier Körper i, j und k liegen auf einer Geraden. Das Verhältnis der Winkelgeschwindigkeiten der Körper i und j relativ zu Körper k ist (plus bei gleicher Richtung der Vektoren, minus andernfalls)

$$\frac{\omega_{ik}}{\omega_{jk}} = \pm\frac{|\overrightarrow{P_{jk}P_{ij}}|}{|\overrightarrow{P_{ik}P_{ij}}|}\,.$$

Beispiel 1-2: Im Mechanismus von Bild 1-9 sind die Pole P_{10}, P_{12}, P_{23} und P_{30} ohne den Satz von Kennedy und Aronhold konstruierbar. Nach dem Satz liegt P_{13} im Schnittpunkt von $\overline{P_{10}P_{30}}$ und $\overline{P_{12}P_{23}}$.

Bei ebenen Getrieben genügt die Kenntnis der Pole zur Angabe aller Geschwindigkeitsverhältnisse.

Beispiel 1-3; Gliedergetriebe: In Bild 1-10 sei v_{rel} die Geschwindigkeit des Kolbens 2 relativ zum Zylinder 1. Sie ist zugleich die Geschwindigkeit relativ

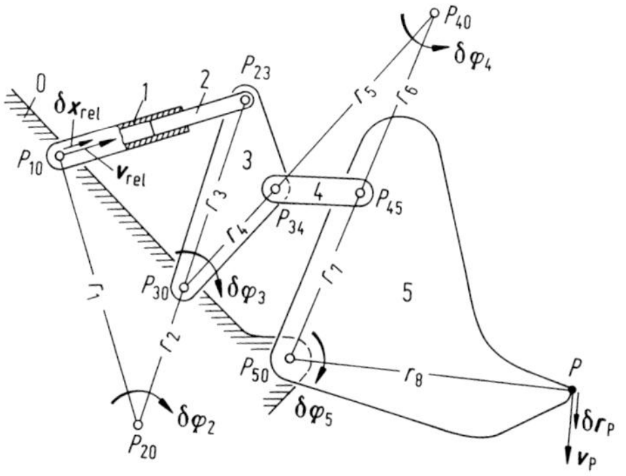

Bild 1-10. Polplan für einen Baggerschaufelmechanismus. Jeder Gelenkpunkt ist auf zwei Körpern fest und bewegt sich momentan auf Kreisen um die Pole beider Körper. Daraus ergibt sich $v_{\text{P}} : v_{\text{rel}} = (r_2r_4r_6r_8)/(r_1r_3r_5r_7)$ mit $r_2 = \overline{P_{20}P_{23}}$ und $r_3 = \overline{P_{30}P_{23}}$. Zu den virtuellen Verschiebungen siehe 1.5

zu Körper 0 desjenigen Punktes von 2, der mit P_{10} zusammenfällt. Damit ergibt sich P_{20}. Mit den gezeichneten Polen und mit den Radien $r_1, \ldots, r_8$ erhält man für die Größe der Geschwindigkeit $\boldsymbol{v}_P$ den angegebenen Ausdruck.

Beispiel 1-4; Planetengetriebe (in Bild 1-11 links): Nach rechts herausgezogene Parallelen geben die Lage von Polen P_{ij} an. Im x, v-Diagramm in Bildmitte gibt die Gerade i ($i = 0, \ldots, 4$) an, wie im Körper i die Geschwindigkeit v relativ zu Körper 0 vom Ort x abhängt. Je zwei Geraden i und j schneiden sich auf der Höhe von P_{ij} ($i, j = 0, \ldots, 4$). Die Steigung der Geraden i ist proportional zur Winkelgeschwindigkeit ω_{i0} von Körper i relativ zu Körper 0. Für eine einzige Gerade wird die Steigung willkürlich vorgegeben (z. B. für Gerade 1 mit $v = 0$ in der Höhe von P_{10}). Alle anderen Geraden sind danach festgelegt. Im *Winkelgeschwindigkeitsplan* rechts im Bild sind Parallelen zu allen Geraden von einem Punkt aus angetragen. Die Abschnitte auf der Geraden senkrecht zur Geraden 0 sind proportional zu den Steigungen, d. h. zu den Winkelgeschwindigkeiten ω_{i0}. Als Differenzen sind auch alle relativen Winkelgeschwindigkeiten $\omega_{ij} = \omega_{i0} - \omega_{j0}$ ablesbar.

Mehr über Geschwindigkeitspläne ebener Getriebe in [2].

Räumliche Drehung um einen festen Punkt. Winkelgeschwindigkeitsplan. Der nach Größe und Richtung veränderliche Vektor $\boldsymbol{\omega}(t)$ des Körpers 1 erzeugt, wenn man ihn vom festen Punkt 0 aus anträgt, sowohl in $\underline{e}^0$ als auch in $\underline{e}^1$ eine allgemeine Kegelfläche (Bild 1-12a). Die Kegel heißen Rastpolkegel bzw. Gangpolkegel. Die Bewegung des Körpers kann man dadurch erzeugen, dass man den Gangpolkegel auf dem Rastpolkegel abrollt.

Beispiel 1-5: Das Kegelrad *2* in Bild 1-12b ist sein eigener Gangpolkegel für die Drehung relativ zu Rad 1, und Rad 1 ist der Rastpolkegel.

In Kegelradgetrieben mit mehreren Körpern $i = 0, \ldots, n$ bewegt sich jeder Körper relativ zu jedem anderen um einen allen gemeinsamen Punkt 0 (Bild 1-13). Sei ω_{ij} die Winkelgeschwindigkeit von Körper i relativ zu Körper j ($i, j = 0, \ldots, n$), sodass gilt

$$\omega_{ji} = -\omega_{ij}\,, \quad \omega_{ik} - \omega_{jk} = \omega_{ij} \qquad (1\text{-}31)$$
$$(i, j, k = 0, \ldots, n)\,.$$

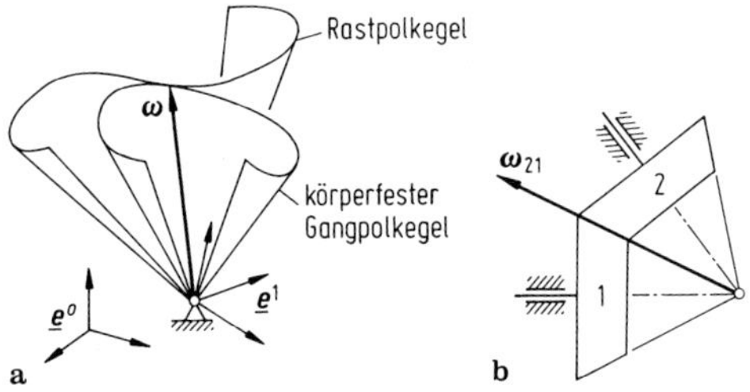

Bild 1-12. a Rastpolkegel und Gangpolkegel einer allgemeinen Starrkörperbewegung um einen festen Punkt. **b** Für die Bewegung des Kegelrades *2* relativ zu Rad *1* sind Rast- und Gangpolkegel mit den Wälzkegeln *1* bzw. *2* identisch

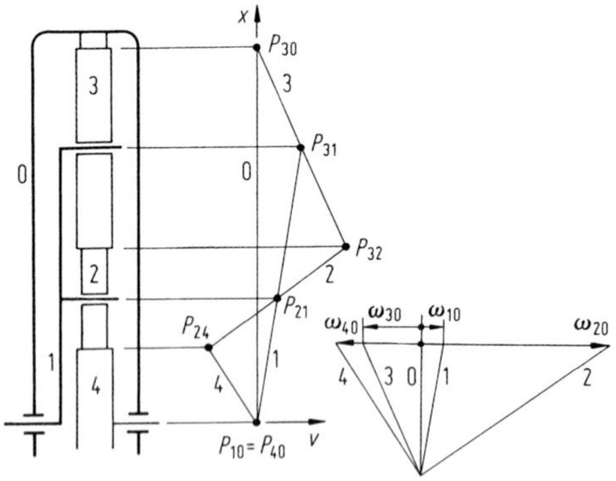

Bild 1-11. Bauplan eines Planetenradgetriebes (links) mit Geschwindigkeitsplan (Mitte) und Winkelgeschwindigkeitsplan (rechts) für stehendes Gehäuse 0

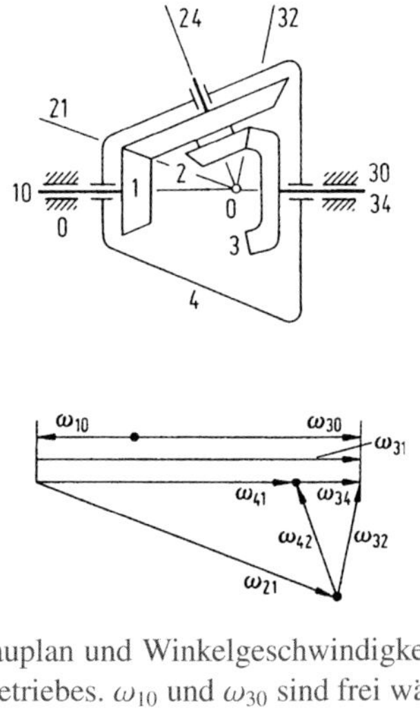

Bild 1-13. Bauplan und Winkelgeschwindigkeitsplan eines Differenzialgetriebes. ω_{10} und ω_{30} sind frei wählbar

Bei einem vorgegebenen Getriebe mit f Freiheitsgraden können die Größen von f relativen Winkelgeschwindigkeiten vorgegeben werden. Dann sind die Größen aller anderen und alle Winkelgeschwindigkeitsrichtungen durch die Richtungen der Radachsen und der Kegelberührungslinien sowie durch (1-31) festgelegt.

Beispiel 1-6: Das Differenzialgetriebe in Bild 1-13 hat Körper $0, \ldots, 4$ und $f = 2$ Freiheitsgrade. Im Bauplan oben geben Geraden mit Indizes ij die Richtungen von relativen Winkelgeschwindigkeiten ω_{ij} an. Darunter der Winkelgeschwindigkeitsplan.

1.2.3 Winkelbeschleunigung

Die *Winkelbeschleunigung* des Körpers $\underline{e}^1$ relativ zu $\underline{e}^0$ ist die zeitliche Ableitung von ω in der Basis $\underline{e}^0$. Sie ist wegen (1-5) auch gleich der Ableitung in $\underline{e}^1$. Wenn es keine Verwechslung geben kann, schreibt man $\dot{\omega}$. Aus (1-27) und (1-28) ergeben sich die Darstellungen für Eulerwinkel

$$\begin{bmatrix}\dot{\omega}_1\\ \dot{\omega}_2\\ \dot{\omega}_3\end{bmatrix} = \begin{bmatrix} s_\vartheta s_\varphi & c_\varphi & 0\\ s_\vartheta c_\varphi & -s_\varphi & 0\\ c_\vartheta & 0 & 1\end{bmatrix}\begin{bmatrix}\ddot{\psi}\\ \ddot{\vartheta}\\ \ddot{\varphi}\end{bmatrix} + \begin{bmatrix} c_\vartheta s_\varphi \dot{\psi}\dot{\vartheta} - s_\varphi \dot{\vartheta}\dot{\varphi} + s_\vartheta c_\varphi \dot{\varphi}\dot{\psi}\\ c_\vartheta c_\varphi \dot{\psi}\dot{\vartheta} - c_\varphi \dot{\vartheta}\dot{\varphi} - s_\vartheta s_\varphi \dot{\varphi}\dot{\psi}\\ -s_\vartheta \dot{\psi}\dot{\vartheta}\end{bmatrix} \quad (1\text{-}32)$$

und für Kardanwinkel

$$\begin{bmatrix}\dot{\omega}_1\\ \dot{\omega}_2\\ \dot{\omega}_3\end{bmatrix} = \begin{bmatrix} c_2 c_3 & s_3 & 0\\ -c_2 s_3 & c_3 & 0\\ s_2 & 0 & 1\end{bmatrix}\begin{bmatrix}\ddot{\varphi}_1\\ \ddot{\varphi}_2\\ \ddot{\varphi}_3\end{bmatrix} + \begin{bmatrix} -s_2 c_3 \dot{\varphi}_1\dot{\varphi}_2 + c_3 \dot{\varphi}_2\dot{\varphi}_3 - c_2 s_3 \dot{\varphi}_3\dot{\varphi}_1\\ s_2 s_3 \dot{\varphi}_1\dot{\varphi}_2 - s_3 \dot{\varphi}_2\dot{\varphi}_3 - c_2 c_3 \dot{\varphi}_3\dot{\varphi}_1\\ c_2 \dot{\varphi}_1\dot{\varphi}_2\end{bmatrix}. \quad (1\text{-}33)$$

Beschleunigungsverteilung im starren Körper. $\omega, \dot{\omega}$ und die Beschleunigung $\boldsymbol{a}_\mathrm{A}$ des Punktes A bestimmen zusammen die Beschleunigung $\boldsymbol{a}_\mathrm{P}$ jedes anderen körperfesten Punktes P am Radiusvektor $\overrightarrow{AP} = \varrho$:

$$\begin{aligned}\boldsymbol{a}_\mathrm{P} &= \boldsymbol{a}_\mathrm{A} + \dot{\omega}\times\varrho + \omega\times(\omega\times\varrho)\\ &= \boldsymbol{a}_\mathrm{A} + \dot{\omega}\times\varrho + (\omega\cdot\varrho)\omega - \omega^2\varrho\,. \end{aligned} \quad (1\text{-}34)$$

1.3 Kinematik des Punktes mit Relativbewegung

In Bild 1-14 bewegt sich Körper 1 mit der auf ihm festen Basis $\underline{e}^1$ relativ zu $\underline{e}^0$, und der Punkt P bewegt sich relativ zu $\underline{e}^1$. Der Bewegungszustand von Körper 1 relativ zu $\underline{e}^0$ wird nach 1.2 durch die sechs Größen $\boldsymbol{r}_\mathrm{A}$, $\boldsymbol{v}_\mathrm{A}$, $\boldsymbol{a}_\mathrm{A}$, $\underline{A}$, ω und $\dot{\omega}$ beschrieben. Wenn diese Bewegung $f_1 \le 6$ Freiheitsgrade hat, dann können die sechs Größen als Funktionen von f_1 generalisierten Koordinaten q_i $(i = 1, \ldots, f_1)$ und von deren Ableitungen dargestellt werden (siehe 1.1 und 1.2). Der Bewegungszustand von Punkt P relativ zu $\underline{e}^1$ wird durch den Ortsvektor ϱ, die Relativgeschwindigkeit $\boldsymbol{v}_\mathrm{rel}$ und die Relativbeschleunigung $\boldsymbol{a}_\mathrm{rel}$ beschrieben. Wenn diese Relativbewegung $f_2 \le 3$ Freiheitsgrade hat, dann können die drei Größen als Funktionen von f_2 generalisierten Koordinaten q_i $(i = f_1 + 1, \ldots, f_1 + f_2)$ und von deren Ableitungen dargestellt werden. Der Ortsvektor $\boldsymbol{r}_\mathrm{P}$, die Geschwindigkeit $\boldsymbol{v}_\mathrm{P}$ und die Beschleunigung $\boldsymbol{a}_\mathrm{P}$ von P relativ zu $\underline{e}^0$ sind die Größen (siehe (1-30) und (1-34) sowie (1-5))

$$\boldsymbol{r}_\mathrm{P} = \boldsymbol{r}_\mathrm{A} + \varrho\,, \quad \boldsymbol{v}_\mathrm{P} = \boldsymbol{v}_\mathrm{A} + \omega\times\varrho + \boldsymbol{v}_\mathrm{rel}\,, \quad (1\text{-}35\mathrm{a})$$

$$\begin{aligned}\boldsymbol{a}_\mathrm{P} &= \boldsymbol{a}_\mathrm{A} + \dot{\omega}\times\varrho + \omega\times(\omega\times\varrho)\\ &\quad + 2\omega\times\boldsymbol{v}_\mathrm{rel} + \boldsymbol{a}_\mathrm{rel}\,. \end{aligned} \quad (1\text{-}35\mathrm{b})$$

Darin sind $\boldsymbol{v}_\mathrm{A} + \omega\times\varrho = \boldsymbol{v}_\mathrm{kP}$ und $\boldsymbol{a}_\mathrm{A} + \dot{\omega}\times\varrho + \omega\times(\omega\times\varrho) = \boldsymbol{a}_\mathrm{kP}$ die Geschwindigkeit bzw. die Beschleunigung des mit P zusammenfallenden körperfesten Punktes; $2\omega\times\boldsymbol{v}_\mathrm{rel}$ heißt *Coriolisbeschleunigung*. Welche Größen in (1-35a) und (1-35b) gegeben und welche unbekannt sind, hängt von der Problemstellung ab. Durch Zerlegung aller Vektoren in einer gemeinsamen Basis (z. B. in $\underline{e}^1$) werden skalare Gleichungen gebildet.

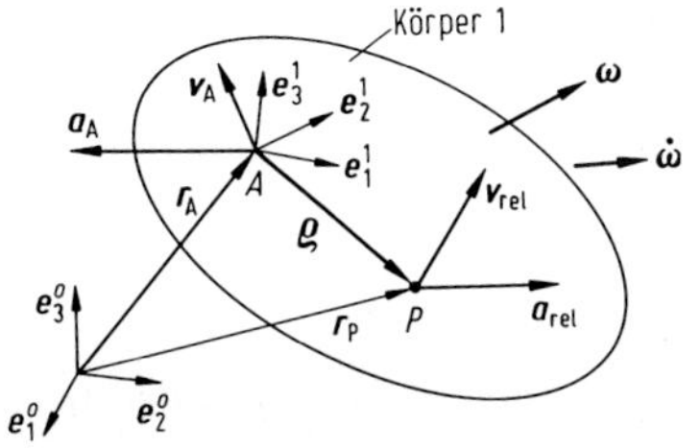

Bild 1-14. Darstellung aller Größen von (1-35)

1.4 Freiheitsgrade der Bewegung. Kinematische Bindungen

Die Anzahl f der *Freiheitsgrade* der Bewegung eines mechanischen Systems ist gleich der Anzahl unabhängiger generalisierter Lagekoordinaten $q_1, \ldots, q_f$, die zur eindeutigen Beschreibung der Lage des Systems nötig sind. Verwendet man $n > f$ Lagekoordinaten $q_1, \ldots, q_n$, dann wird die Abhängigkeit von $\nu = n - f$ überzähligen Koordinaten durch ν voneinander unabhängige, sog. *holonome Bindungsgleichungen*

$$f_i(q_1, \ldots, q_n, t) = 0 \quad (i = 1, \ldots, \nu) \tag{1-36}$$

ausgedrückt. Die Bindungen und das mechanische System heißen *holonom-skleronom*, wenn die Zeit t nicht explizit erscheint, sonst – bei Vorgabe von Systemparametern als Funktionen der Zeit – *holonom-rheonom.* Totale Differenziation von (1-36) nach t liefert lineare Bindungsgleichungen für generalisierte Geschwindigkeiten $\dot{q}_i$ und Beschleunigungen $\ddot{q}_i$. Mit $J_{ij} = \partial f_i / \partial q_j$ lauten sie

$$\left.\begin{aligned} &\sum_{j=1}^{n} J_{ij}\dot{q}_j + \frac{\partial f_i}{\partial t} = 0\,,\\ &\sum_{j=1}^{n} J_{ij}\ddot{q}_j + \sum_{j=1}^{n}\left[\sum_{k=1}^{n}\frac{\partial J_{ij}}{\partial q_k}\dot{q}_k + \frac{\partial J_{ij}}{\partial t} + \frac{\partial^2 f_i}{\partial t \partial q_j}\right]\dot{q}_j\\ &\qquad + \frac{\partial^2 f_i}{\partial t^2} = 0 \quad (i = 1, \ldots, \nu)\,. \end{aligned}\right\} \tag{1-37}$$

Für virtuelle Änderungen δq_j der Koordinaten gilt im skleronomen wie im rheonomen Fall

$$\sum_{j=1}^{n} J_{ij}\delta q_j = 0 \quad (i = 1, \ldots, \nu)\,. \tag{1-38}$$

Beispiel 1-7: Ein ebenes Punktpendel der vorgegebenen veränderlichen Länge $l(t)$ hat einen Freiheitsgrad. Die kartesischen Koordinaten x, y des Punktkörpers unterliegen der holonom-rheonomen Bindungsgleichung $x^2 + y^2 - l^2(t) = 0$. Daraus folgen für (1-37) und (1-38)

$$\begin{aligned} &x\dot{x} + y\dot{y} - l\dot{l} = 0\,,\\ &x\ddot{x} + y\ddot{y} + \dot{x}^2 + \dot{y}^2 - l\ddot{l} - \dot{l}^2 = 0\,,\\ &x\delta x + y\delta y = 0\,. \end{aligned}$$

Ein mechanisches System heißt *nichtholonom*, wenn seine generalisierten Geschwindigkeiten $\dot{q}_1, \ldots, \dot{q}_n$ Bindungsgleichungen unterliegen, die sich nicht durch Integration in die Form (1-36) überführen lassen. Nichtholonome Bindungen haben keinen Einfluss auf die Anzahl f der unabhängigen Lagekoordinaten, d. h. der Freiheitsgrade. Sie stellen aber Bindungen zwischen den virtuellen Verschiebungen $\delta q_1, \ldots, \delta q_n$ her, sodass im unendlich Kleinen die Anzahl der Freiheitsgrade mit jeder unabhängigen nichtholonomen Bindung um Eins abnimmt. Mechanisch verursachte nichtholonome Bindungsgleichungen sind linear in $\dot{q}_1, \ldots, \dot{q}_n$, also von der Form

$$\sum_{j=1}^{n} a_{ij}\dot{q}_j + a_{i0} = 0 \quad (i = 1, \ldots, \nu)\,. \tag{1-39}$$

Die a_{ij} $(j = 0, \ldots, n)$ sind Funktionen von $q_1, \ldots, q_n$ im skleronomen Fall und von $q_1, \ldots, q_n$ und t im rheonomen Fall. Differenziation nach t liefert für Beschleunigungen und für virtuelle Verschiebungen Bindungsgleichungen, die mit (1-37) bzw. (1-38) identisch sind, wenn man J_{ij} durch a_{ij} und $\partial f_i / \partial t$ durch a_{i0} ersetzt.

Beispiel 1-8: Der vertikal stehende Schlittschuh in Bild 1-15 mit punktueller Berührung der gekrümmten Kufe hat drei unabhängige Lagekoordinaten x, y und φ. Die nichtholonome Bindung „die Geschwindigkeit hat die Richtung der Kufe" wird durch $\dot{y} - \dot{x}\tan\varphi = 0$ ausgedrückt. Daraus folgt $\delta y - \delta x \tan\varphi = 0$, $\ddot{y} - \ddot{x}\tan\varphi - \dot{x}\dot{\varphi}/\cos^2\varphi = 0$.

1.5 Virtuelle Verschiebungen

Virtuelle Verschiebungen eines Systems sind infinitesimal kleine, mit allen Bindungen des Systems verträgliche, im Übrigen aber beliebige Verschiebungen.

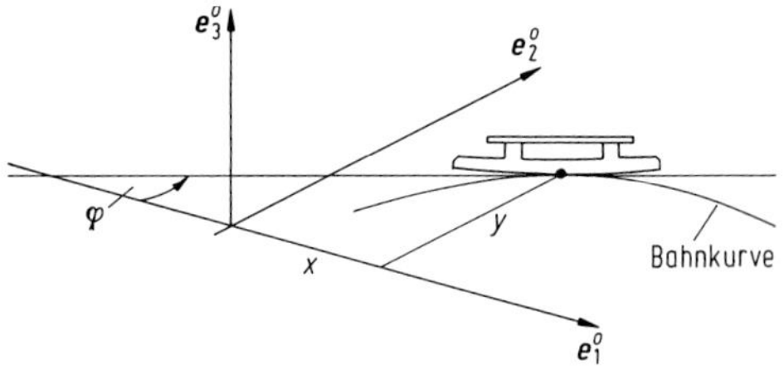

Bild 1-15. Nichtholonomes System

Die virtuelle Verschiebung eines Systempunktes mit dem Ortsvektor $\boldsymbol{r}$ wird mit $\delta\boldsymbol{r}$ bezeichnet. Die virtuelle Verschiebung eines starren Körpers setzt sich aus der virtuellen Verschiebung $\delta\boldsymbol{r}_{\mathrm{A}}$ eines beliebigen Körperpunktes A und aus einer *virtuellen Drehung* des Körpers um A zusammen. Für diese wird der Drehvektor $\delta\boldsymbol{\pi}$ mit dem Betrag des infinitesimal kleinen Drehwinkels und mit der Richtung der Drehachse eingeführt. Dann ist die virtuelle Verschiebung eines anderen Körperpunkts P

$$\delta\boldsymbol{r}_{\mathrm{P}} = \delta\boldsymbol{r}_{\mathrm{A}} + \delta\boldsymbol{\pi} \times \boldsymbol{\varrho} \quad \text{mit} \quad \boldsymbol{\varrho} = \overrightarrow{AP}\,. \tag{1-40}$$

In einem System mit f Freiheitsgraden und mit $f + v$ Lagekoordinaten $q_1, \ldots, q_{f+v}$ ist der Ortsvektor $\boldsymbol{r}$ jedes Punktes eine bekannte Funktion $\boldsymbol{r}(q_1, \ldots, q_{f+v})$. Virtuelle Änderungen δq_i der Koordinaten q_i verursachen eine virtuelle Verschiebung $\delta\boldsymbol{r}$. In ihr treten dieselben Koeffizienten auf, wie im Ausdruck für die Geschwindigkeit des Punktes:

$$\delta\boldsymbol{r} = \sum_{i=1}^{f+v} \frac{\partial \boldsymbol{r}}{\partial q_i}\delta q_i\,, \qquad \dot{\boldsymbol{r}} = \sum_{i=1}^{f+v} \frac{\partial \boldsymbol{r}}{\partial q_i}\dot{q}_i\,. \tag{1-41}$$

Beispiel 1-9: In Bild 1-10 sei δx_{rel} die virtuelle Verschiebung des Kolbens 2 relativ zum Zylinder 1 und δr_{P} die virtuelle Verschiebung des Punktes P. Nach (1-41) ist

$$\delta r_{\mathrm{P}} : \delta x_{\mathrm{rel}} = v_{\mathrm{P}} : v_{\mathrm{rel}} = (r_2 r_4 r_6 r_8)/(r_1 r_3 r_5 r_7)\,.$$

Analog zu (1-41) gilt: Im Drehvektor $\delta\boldsymbol{\pi}$ eines starren Körpers treten dieselben Koeffizienten auf, wie in der Winkelgeschwindigkeit des Körpers:

$$\delta\boldsymbol{\pi} = \sum_{i=1}^{f+v} \boldsymbol{p}_i \delta q_i\,, \qquad \boldsymbol{\omega} = \sum_{i=1}^{f+v} \boldsymbol{p}_i \dot{q}_i\,. \tag{1-42}$$

Beispiel 1-10: Virtuelle Änderungen $\delta\psi$, $\delta\vartheta$ und $\delta\varphi$ der Eulerwinkel eines Körpers verursachen nach (1-27a) einen Drehvektor $\delta\boldsymbol{\pi}$, der in der körperfesten Basis die Komponenten hat:

$$(\sin\vartheta \sin\varphi\delta\psi + \cos\varphi\delta\vartheta\,,$$
$$\sin\vartheta\cos\varphi\delta\psi - \sin\varphi\delta\vartheta,\ \ \cos\vartheta\delta\psi + \delta\varphi)\,.$$

Virtuelle Verschiebungen von Körpern in ebener Bewegung sind am einfachsten beschreibbar als virtuelle Drehungen der Körper um ihre Momentanpole.

Beispiel 1-11: In Bild 1-10 gilt für die virtuellen Drehwinkel der Körper $\delta\varphi_5 : \delta\varphi_4 = r_6 : r_7$, $\delta\varphi_4 : \delta\varphi_3 = r_4 : r_5$, $\delta\varphi_3 : \delta\varphi_2 = r_2 : r_3$.
Im Fall rheonomer (d. h. zeitabhängiger) Bindungen müssen virtuelle Verschiebungen bei $t = \text{const}$ gebildet werden.

Beispiel 1-12: Wenn die Koordinate q_k eines Systems eine vorgeschriebene Funktion $q_k(t)$ der Zeit ist, muss in (1-41) und (1-42) $\delta q_k = 0$ gesetzt werden.

1.6 Kinematik offener Gliederketten

Bild 1-16a ist ein Beispiel für eine beliebig verzweigte ebene oder räumliche, offene Gliederkette mit Körpern $i = 1, \ldots, n$ und Gelenken $j = 1, \ldots, n$ auf einem ruhenden Trägerkörper 0. Die angedeuteten Gelenke dürfen bis zu sechs Freiheitsgrade haben. Die Körper und Gelenke sind regulär nummeriert (entlang jedem von Körper 0 ausgehenden Zweig monoton steigend; jedes Gelenk hat denselben Index, wie der nach außen folgende Körper). Sei $b(i)$ für $i = 1, \ldots, n$ der Index des inneren Nachbarkörpers von Körper i (Beispiel: In Bild 1-16a ist $b(5) = 3$, $b(1) = 0$).
Auf jedem Körper $i = 0, \ldots, n$ wird eine Basis $\underline{\boldsymbol{e}}^i$ beliebig festgelegt. Für Gelenk j ($j = 1, \ldots, n$) wird auf Körper j ein Gelenkpunkt durch einen Vektor $\boldsymbol{c}_j$

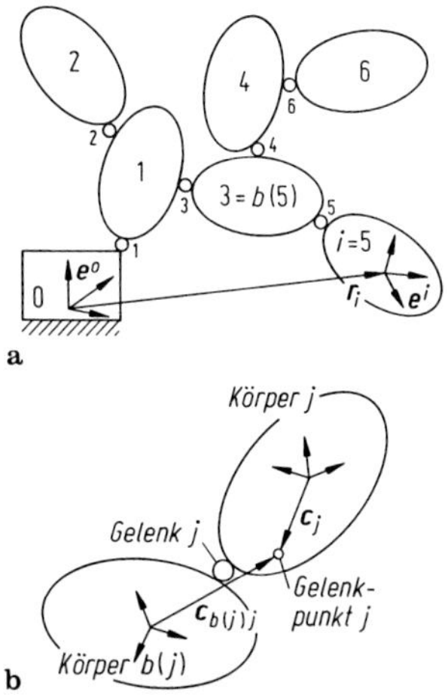

Bild 1-16. a Offene Gliederkette mit regulär nummerierten Körpern und Gelenken. Körper 0 ist in Ruhe. Das Symbol o kennzeichnet beliebige Gelenke mit 1 bis 6 Freiheitsgraden. **b** Kinematische Größen für das Gelenk j zwischen den Körpern j und $b(j)$

definiert (Bild 1-16b). In der Basis $\underline{e}^{b(j)}$ hat dieser Gelenkpunkt den i. Allg. nicht konstanten Ortsvektor $\boldsymbol{c}_{b(j)j}$. Der Vektor ist nach 1.2 eine von sechs Größen zur Beschreibung der Lage und Bewegung von Körper j relativ zu Körper $b(j)$. Die anderen sind die Geschwindigkeit $\boldsymbol{v}_j$ und die Beschleunigung $\boldsymbol{a}_j$ des Gelenkpunkts relativ zu Körper $b(j)$, die Transformationsmatrix $\underline{G}^j$ (definiert durch $\underline{e}^j = \underline{G}^j\underline{e}^{b(j)}$) sowie die Winkelgeschwindigkeit $\boldsymbol{\Omega}_j$ und die Winkelbeschleunigung $\boldsymbol{\varepsilon}_j$ von Körper j relativ zu Körper $b(j)$. Die sechs Größen werden durch generalisierte Gelenkkoordinaten ausgedrückt. Im Gelenk j werden bei $1 \leqq f_j \leqq 6$ Freiheitsgraden ebenso viele Gelenkkoordinaten geeignet gewählt. Das Gesamtsystem hat $f = \sum_{j=1}^{n} f_j$ Freiheitsgrade. Seine f Koordinaten bilden nach Gelenken geordnet die Spaltenmatrix $\underline{q} = [q_1, \ldots, q_f]^{\mathrm{T}}$. Die sechs Gelenkgrößen sind bekannte Funktionen der Form

$$\left.\begin{aligned} &\boldsymbol{c}_{b(j)j}(\underline{q}), \quad \boldsymbol{v}_j = \sum_{l=1}^{f} \boldsymbol{k}_{jl}\dot{q}_l, \quad \boldsymbol{a}_j = \sum_{l=1}^{f} \boldsymbol{k}_{jl}\ddot{q}_l + \boldsymbol{s}_j, \\ &\underline{G}^j(\underline{q}), \quad \boldsymbol{\Omega}_j = \sum_{l=1}^{f} \boldsymbol{p}_{jl}\dot{q}_l, \quad \boldsymbol{\varepsilon}_j = \sum_{l=1}^{f} \boldsymbol{p}_{jl}\ddot{q}_l + \boldsymbol{w}_j \\ &(j = 1, \ldots, n), \end{aligned}\right\} \tag{1-43}$$

wobei nur die f_j Koordinaten des jeweiligen Gelenks j explizit auftreten.

Beispiel 1-13: Bei einem Drehschubgelenk werden als Gelenkkoordinaten eine kartesische Koordinate x der Translation entlang der Achse und ein Drehwinkel φ um die Achse gewählt. Als Gelenkpunkt wird ein Punkt auf der Achse gewählt. Dann ist $\boldsymbol{v}_j = \dot{x}\boldsymbol{e}$, $\boldsymbol{a}_j = \ddot{x}\boldsymbol{e}$, $\boldsymbol{\Omega}_j = \dot{\varphi}\boldsymbol{e}$, $\boldsymbol{\varepsilon}_j = \ddot{\varphi}\boldsymbol{e}$ mit dem Achseneinheitsvektor $\boldsymbol{e}$. Durch die definierten Gelenkgrößen werden die Lagen und Bewegungen aller Körper $i = 1, \ldots, n$ relativ zu Körper 0 ausgedrückt, genauer gesagt, der Ortsvektor $\boldsymbol{r}_i$, die Geschwindigkeit $\dot{\boldsymbol{r}}_i$ und die Beschleunigung $\ddot{\boldsymbol{r}}_i$ des Ursprungs von $\underline{e}^i$, die Transformationsmatrix $\underline{A}^i$ (definiert durch $\underline{e}^i = \underline{A}^i\underline{e}^0$), die Winkelgeschwindigkeit $\boldsymbol{\omega}_i$ und die Winkelbeschleunigung $\dot{\boldsymbol{\omega}}_i$ (Bild 1-16). Für einen festen Wert von i sind alle sechs Größen außer $\underline{A}^i$ Summen von Gelenkgrößen über alle Gelenke zwischen Körper 0 und Körper i. Die Matrizen $\underline{A}^i$ sind entsprechende Produkte. Sei $T_{ji} = -1$, wenn Gelenk j zwischen Körper 0 und Körper i liegt und $T_{ji} = 0$ andernfalls $(j, i = 1, \ldots, n)$. Die folgenden Summen erstrecken sich über $j = 1, \ldots, n$, und überall ist $b = b(j)$.

$$\left.\begin{aligned} \boldsymbol{r}_i &= -\sum T_{ji}(\boldsymbol{c}_{bj} - \boldsymbol{c}_j), \\ \dot{\boldsymbol{r}}_i &= -\sum T_{ji}(\boldsymbol{v}_j + \boldsymbol{\omega}_b \times \boldsymbol{c}_{bj} - \boldsymbol{\omega}_j \times \boldsymbol{c}_j), \\ \ddot{\boldsymbol{r}}_i &= -\sum T_{ji}[\boldsymbol{a}_j + \dot{\boldsymbol{\omega}}_b \times \boldsymbol{c}_{bj} - \dot{\boldsymbol{\omega}}_j \times \boldsymbol{c}_j + \boldsymbol{\omega}_b \\ &\qquad \times(\boldsymbol{\omega}_b \times \boldsymbol{c}_{bj}) - \boldsymbol{\omega}_j \times (\boldsymbol{\omega}_j \times \boldsymbol{c}_j) + 2\boldsymbol{\omega}_b \times \boldsymbol{v}_j], \\ \boldsymbol{\omega}_i &= -\sum T_{ji}\boldsymbol{\Omega}_j, \\ \dot{\boldsymbol{\omega}}_i &= -\sum T_{ji}(\boldsymbol{\varepsilon}_j + \boldsymbol{\omega}_b \times \boldsymbol{\Omega}_j), \\ \underline{A}^i &= \prod_{j:T_{ji}\neq 0} \underline{G}^j \quad \text{(Indizes } j \text{ monoton fallend)} \\ &\qquad (i = 1, \ldots, n). \end{aligned}\right\} \tag{1-44}$$

Diese Gleichungen werden in der Reihenfolge $i = 1, \ldots, n$ rekursiv ausgewertet. Mit (1-43) ist wie folgt eine Darstellung durch Gelenkkoordinaten möglich. Man definiert die Spaltenmatrizen $\underline{v} = [\boldsymbol{v}_1 \ldots \boldsymbol{v}_n]^{\mathrm{T}}$, $\underline{a} = [\boldsymbol{a}_1 \ldots \boldsymbol{a}_n]^{\mathrm{T}}$, $\underline{\boldsymbol{\Omega}} = [\boldsymbol{\Omega}_1 \ldots \boldsymbol{\Omega}_n]^{\mathrm{T}}$ und $\underline{\boldsymbol{\varepsilon}} = [\boldsymbol{\varepsilon}_1 \ldots \boldsymbol{\varepsilon}_n]^{\mathrm{T}}$. Damit werden die je n Gleichungen (1-43) für $\boldsymbol{v}_j$, $\boldsymbol{a}_j$, $\boldsymbol{\Omega}_j$ und $\boldsymbol{\varepsilon}_j$ $(j = 1, \ldots, n)$ zusammengefasst zu

$$\begin{aligned} \underline{v} &= \underline{k}^{\mathrm{T}}\underline{\dot{q}}, \quad \underline{a} = \underline{k}^{\mathrm{T}}\underline{\ddot{q}} + \underline{s}, \\ \underline{\Omega} &= \underline{p}^{\mathrm{T}}\underline{\dot{q}}, \quad \underline{\varepsilon} = \underline{p}^{\mathrm{T}}\underline{\ddot{q}} + \underline{w} \end{aligned} \tag{1-45}$$

mit hierdurch definierten Matrizen $\underline{k}$, $\underline{p}$, $\underline{s}$ und $\underline{w}$. Seien weiterhin

$$\underline{r} = [\boldsymbol{r}_1 \ldots \boldsymbol{r}_n]^{\mathrm{T}} \quad \text{und} \quad \underline{\omega} = [\boldsymbol{\omega}_1 \ldots \boldsymbol{\omega}_n]^{\mathrm{T}}.$$

Dann liefert (1-44)

$$\left.\begin{aligned} \underline{\dot{r}} &= \underline{a}_1\underline{\dot{q}}, \quad \underline{\ddot{r}} = \underline{a}_1\underline{\ddot{q}} + \underline{b}_1, \\ \underline{\omega} &= \underline{a}_2\underline{\dot{q}}, \quad \underline{\dot{\omega}} = \underline{a}_2\underline{\ddot{q}} + \underline{b}_2 \end{aligned}\right\} \tag{1-46}$$

mit

$$\left.\begin{aligned} \underline{a}_1 &= (\underline{C}\,\underline{T})^{\mathrm{T}} \times \underline{a}_2 - (\underline{k}\,\underline{T})^{\mathrm{T}}, \quad \underline{a}_2 = -(\underline{p}\,\underline{T})^{\mathrm{T}}, \\ \underline{b}_1 &= (\underline{C}\,\underline{T})^{\mathrm{T}} \times \underline{b}_2 - \underline{T}^{\mathrm{T}}\underline{s}^*, \quad \underline{b}_2 = -\underline{T}^{\mathrm{T}}\underline{w}^*. \end{aligned}\right\} \tag{1-47}$$

Darin sind $\underline{T}$ die Matrix aller T_{ji} $(j, i = 1, \ldots, n)$ und $\underline{C}$ die Matrix mit den Elementen $\boldsymbol{C}_{ij} = \boldsymbol{c}_{b(j)j}$ für $i = b(j)$, $\boldsymbol{C}_{ij} = -\boldsymbol{c}_j$ für $i = j$ und $\boldsymbol{C}_{ij} = \boldsymbol{0}$ sonst $(i, j = 1, \ldots, n)$. $\underline{s}^*$ und $\underline{w}^*$ sind Spaltenmatrizen mit den Elementen

$$
\left.\begin{aligned}
s_j^* &= s_j + \omega_b \times (\omega_b \times c_{bj}) \\
&\quad -\omega_j \times (\omega_j \times c_j) + 2\omega_b \times v_j , \\
w_j^* &= w_j + \omega_b \times \boldsymbol{\Omega}_j \\
&\quad (j = 1, \ldots, n ; \quad b = b(j)) \, .
\end{aligned}\right\} \qquad (1\text{-}48)
$$

Weitere Einzelheiten und Verallgemeinerungen siehe in [3].

2 Statik starrer Körper

Gegenstand der Statik starrer Körper sind Gleichgewichtszustände von Systemen starrer Körper und Bedingungen für Kräfte an und in derartigen Systemen im Gleichgewichtszustand. Gleichgewicht bedeutet entweder den Zustand der Ruhe oder einen speziellen Bewegungszustand (siehe 2.1.11). Im Gleichgewichtszustand verhalten sich auch nichtstarre Systeme wie starre Körper, z. B. ein biegeschlaffes Seil und eine stationär rotierende elastische Scheibe. Die Statik starrer Körper ist auch auf derartige Zustände anwendbar.

2.1 Grundlagen

2.1.1 Kraft. Moment

Eine *Kraft* ist ein Vektor mit einem Angriffspunkt, einer Richtung und einem Betrag. Angriffspunkt und Richtung definieren die Wirkungslinie der Kraft (Bild 2-1). Die Dimension der Kraft ist Masse × Länge/Zeit^2, und die SI-Einheit ist das Newton: $1\,\text{N} = 1\,\text{kgm/s}^2$. Bei deformierbaren Körpern ändert sich die Wirkung einer Kraft, wenn eines ihrer Merkmale Angriffspunkt, Richtung und Betrag geändert wird. Die Wirkung auf einen starren Körper ändert sich nicht, wenn die Kraft entlang ihrer Wirkungslinie verschoben wird. Für Kräfte sind zwei verschiedene zeichnerische Darstellungen üblich. In Bild 2-1a kennzeichnet das Symbol $\boldsymbol{F}$, ebenso wie in diesem Satz, die Kraft mitsamt ihren Merkmalen Angriffspunkt, Richtung und Betrag. Dagegen ist F in Bild 2-1b die Koordinate der Kraft in der mit dem Pfeil gekennzeichneten Richtung. Wenn sie positiv ist, dann hat die Kraft die Richtung des Pfeils, und wenn sie negativ ist, die Gegenrichtung.

Bild 2-1. a Kennzeichnung einer Kraft durch den Vektor $\boldsymbol{F}$. **b** Kennzeichnung durch die Koordinate F entlang der gezeichneten Richtung

Das *Moment* einer Kraft $\boldsymbol{F}$ bezüglich eines Punktes A (oder „um A") ist das Vektorprodukt $\boldsymbol{M}^{\text{A}} = \boldsymbol{r} \times \boldsymbol{F}$ mit dem Vektor $\boldsymbol{r}$ von A zu einem beliebigen Punkt der Wirkungslinie von $\boldsymbol{F}$ (Bild 2-2). Die SI-Einheit für Momente ist das Newtonmeter Nm.

2.1.2 Äquivalenz von Kräftesystemen

Zwei ebene oder räumliche Kräftesysteme heißen einander *äquivalent*, wenn sie an einem einzelnen starren Körper dieselben Beschleunigungen verursachen.

Verschiebungsaxiom: Zwei Kräfte $\boldsymbol{F}_1$ und $\boldsymbol{F}_2$ sind einander äquivalent, wenn jede von beiden durch Verschiebung entlang ihrer Wirkungslinie in die andere überführt werden kann (Bild 2-3a).

Parallelogrammaxiom: Zwei Kräfte $\boldsymbol{F}_1$ und $\boldsymbol{F}_2$ mit gemeinsamem Angriffspunkt sind zusammen einer einzelnen Kraft $\boldsymbol{F}$ äquivalent, die nach Bild 2-3b die Diagonale des Kräfteparallelogramms bildet. $\boldsymbol{F}$ heißt *Resultierende* oder (Vektor-)Summe der beiden Kräfte: $\boldsymbol{F} = \boldsymbol{F}_1 + \boldsymbol{F}_2$.

Ein *Kräftepaar* besteht aus zwei Kräften mit gleichem Betrag und entgegengesetzten Richtungen auf zwei parallelen Wirkungslinien (Bild 2-4a). Zwei Kräftepaare sind einander äquivalent, wenn sie in parallelen

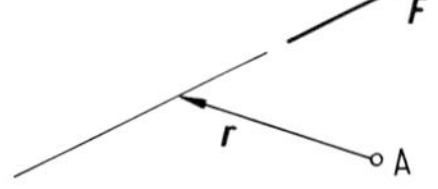

Bild 2-2. Das Moment von $\boldsymbol{F}$ um A ist $\boldsymbol{r} \times \boldsymbol{F}$

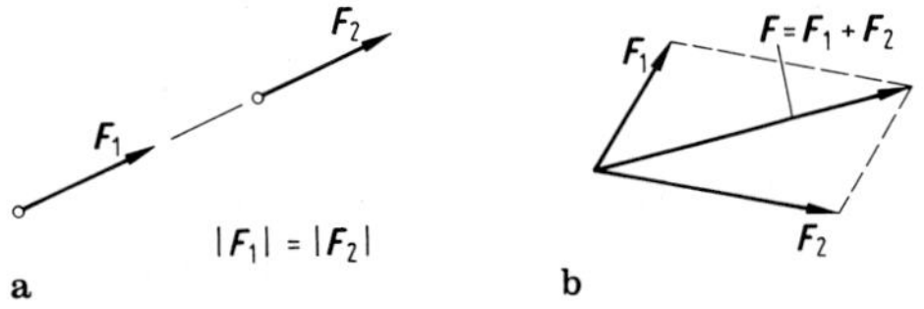

Bild 2-3. Zur Erläuterung des Verschiebungsaxioms **a** und des Parallelogrammaxioms **b**

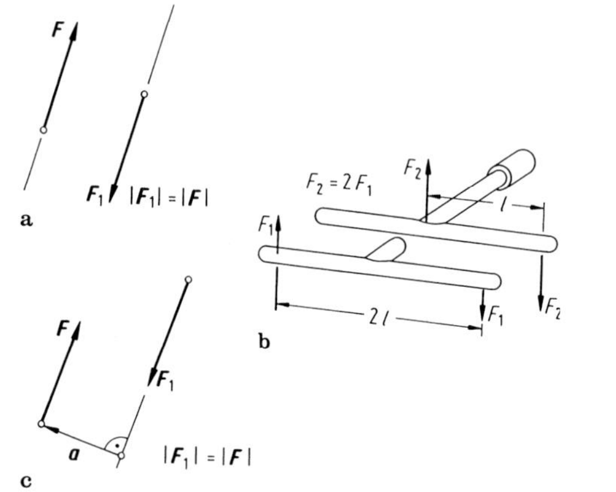

Bild 2-4. **a** Ein Kräftepaar. **b** Zwei einander äquivalente Kräftepaare an einem Schraubenschlüssel. **c** Das Moment $\boldsymbol{a} \times \boldsymbol{F}$ eines Kräftepaares

Ebenen liegen und denselben Drehsinn und dasselbe Produkt „Kraftbetrag × Abstand der Wirkungslinien" haben. Bild 2-4b zeigt zwei einander äquivalente Kräftepaare an einem Schraubenschlüssel. Ein Kräftepaar hat für jeden Bezugspunkt A dasselbe Moment, wie für den ausgezeichneten Punkt in Bild 2-4c, nämlich das Moment $\boldsymbol{a} \times \boldsymbol{F}$. Ein Kräftepaar und dieses frei verschiebbare Moment sind ein und dasselbe.

2.1.3 Zerlegung von Kräften

Eine Kraft $\boldsymbol{F}$ lässt sich in der Ebene eindeutig in zwei Kräfte $\boldsymbol{F}_1$ und $\boldsymbol{F}_2$ und im Raum eindeutig in drei Kräfte $\boldsymbol{F}_1$, $\boldsymbol{F}_2$ und $\boldsymbol{F}_3$ mit vorgegebenen Richtungen zerlegen. Bei Zerlegung in einem beliebigen kartesischen Koordinatensystem mit den Einheitsvektoren $\boldsymbol{e}_x, \boldsymbol{e}_y$ und $\boldsymbol{e}_z$ ist $\boldsymbol{F} = F_x\boldsymbol{e}_x + F_y\boldsymbol{e}_y + F_z\boldsymbol{e}_z$ mit

$$F_i = \boldsymbol{F} \cdot \boldsymbol{e}_i = |\boldsymbol{F}| \cos \sphericalangle(\boldsymbol{F}, \boldsymbol{e}_i) \quad (i = x, y, z)\,. \qquad \text{(2-1)}$$

Die vorzeichenbehafteten Skalare F_x, F_y und F_z heißen Koordinaten von $\boldsymbol{F}$, und die Vektoren $F_x\boldsymbol{e}_x$, $F_y\boldsymbol{e}_y$ und $F_z\boldsymbol{e}_z$ heißen Komponenten von $\boldsymbol{F}$. Bei Zerlegung einer Kraft $\boldsymbol{F}$ in drei nicht zueinander orthogonale Richtungen mit Einheitsvektoren $\boldsymbol{e}_1$, $\boldsymbol{e}_2$ und $\boldsymbol{e}_3$ ist

$$\boldsymbol{F} = F_1\boldsymbol{e}_1 + F_2\boldsymbol{e}_2 + F_3\boldsymbol{e}_3 \quad \text{mit}$$
$$F_i = \boldsymbol{F} \cdot (\boldsymbol{e}_j \times \boldsymbol{e}_k)/(\boldsymbol{e}_1 \cdot (\boldsymbol{e}_2 \times \boldsymbol{e}_3))$$
$$(i, j, k = 1, 2, 3 \text{ zyklisch vertauschbar})\,.$$

Die ebene Zerlegung einer Kraft $\boldsymbol{F}$ in zwei Kräfte $\boldsymbol{F}_1$ und $\boldsymbol{F}_2$ ist auch grafisch nach Bild 2-3b möglich.

2.1.4 Resultierende von Kräften mit gemeinsamem Angriffspunkt

Die Resultierende $\boldsymbol{F}$ von mehreren in einem Punkt angreifenden Kräften $\boldsymbol{F}_1, \ldots, \boldsymbol{F}_n$ ist $\boldsymbol{F} = \boldsymbol{F}_1 + \ldots + \boldsymbol{F}_n$. Sie greift im selben Punkt an. In einem x, y, z-System hat sie die Koordinaten

$$F_x = \sum_{i=1}^{n} F_{ix}\,, \quad F_y = \sum_{i=1}^{n} F_{iy} \quad F_z = \sum_{i=1}^{n} F_{iz}\,. \qquad \text{(2-2)}$$

Bei einem ebenen Kräftesystem $\boldsymbol{F}_1, \ldots, \boldsymbol{F}_n$ (Bild 2-5a) kann man den Betrag und die Richtung der Resultierenden $\boldsymbol{F}$ grafisch nach Bild 2-5b konstruieren. Dabei werden Parallelen zu den Kräften $\boldsymbol{F}_1, \ldots, \boldsymbol{F}_n$ in beliebiger Reihenfolge mit einheitlichem Durchlaufsinn der Pfeile aneinandergereiht. Die Figur heißt *Kräftepolygon* oder *Krafteck.*

2.1.5 Reduktion von Kräftesystemen

Jedes ebene oder räumliche System von Kräften $\boldsymbol{F}_1, \ldots, \boldsymbol{F}_n$ lässt sich auf eine Einzelkraft und ein Kräftepaar reduzieren, die zusammen dem Kräftesystem äquivalent sind. Dabei ist der Angriffspunkt A der Einzelkraft beliebig wählbar. Bild 2-6 zeigt die Reduktion am Beispiel einer einzigen Kraft $\boldsymbol{F}_i$. Das System in Bild 2-6b ist dem System in Bild 2-6a äquivalent. Es besteht aus der in den Punkt A parallelverschobenen Einzelkraft $\boldsymbol{F}_i^*$ und dem Kräftepaar

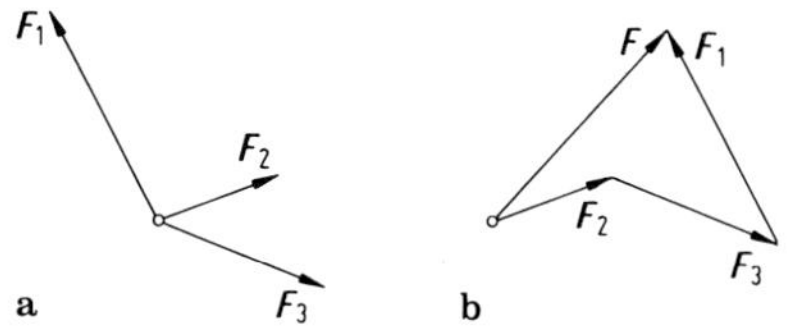

Bild 2-5. **a** Lageplan mit Kräften $\boldsymbol{F}_1, \boldsymbol{F}_2, \boldsymbol{F}_3$. **b** Kräfteplan zur Konstruktion der Resultierenden $\boldsymbol{F}$

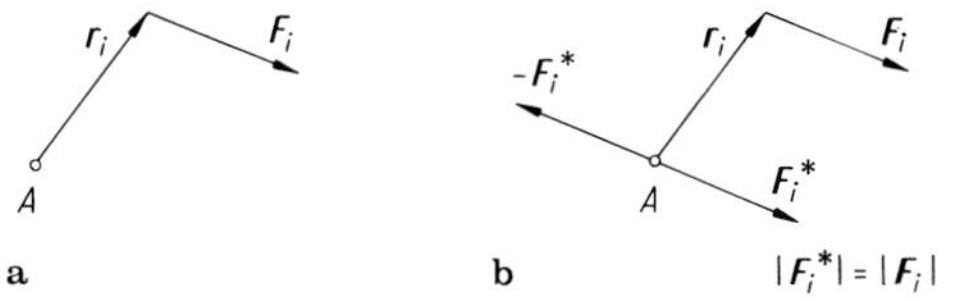

Bild 2-6. $\boldsymbol{F}_i^*$ und das frei verschiebbare Moment der Größe $\boldsymbol{r}_i \times \boldsymbol{F}_i$ in Bild **b** sind gemeinsam der Kraft $\boldsymbol{F}_i$ in Bild **a** äquivalent

$(\boldsymbol{F}_i, -\boldsymbol{F}_i^*)$. Das Kräftepaar ist ein frei verschiebbares Moment, das man in Bild 2-6a zu $\boldsymbol{M}^{\mathrm{A}} = \boldsymbol{r}_i \times \boldsymbol{F}_i$ berechnet. Für ein System von Kräften $\boldsymbol{F}_1, \ldots, \boldsymbol{F}_n$ sind die Einzelkraft und das Einzelmoment entsprechend

$$\boldsymbol{F} = \sum_{i=1}^{n} \boldsymbol{F}_i, \quad \boldsymbol{M}^{\mathrm{A}} = \sum_{i=1}^{n} \boldsymbol{M}_i^{\mathrm{A}} = \sum_{i=1}^{n} \boldsymbol{r}_i \times \boldsymbol{F}_i. \quad (2\text{-}3)$$

Man nennt sie unpräzise die resultierende Kraft bzw. das resultierende Moment um A des Kräftesystems. In Wirklichkeit ist $\boldsymbol{F}$ die Resultierende von parallel in den Punkt A verschobenen Kräften, und $\boldsymbol{M}^{\mathrm{A}}$ ist ein frei verschiebbarer, zwar von der Wahl von A abhängiger, aber nicht an A gebundener Momentenvektor. In einem x, y, z-System haben $\boldsymbol{F}$ und $\boldsymbol{M}^{\mathrm{A}}$ die Koordinaten (alle Summen über $i = 1, \ldots, n$)

$$\left.\begin{aligned} F_x &= \sum F_{ix}, & M_x^{\mathrm{A}} &= \sum M_{ix}^{\mathrm{A}} = \sum(-r_{iz}F_{iy} + r_{iy}F_{iz}), \\ F_y &= \sum F_{iy}, & M_y^{\mathrm{A}} &= \sum M_{iy}^{\mathrm{A}} = \sum(\ r_{iz}F_{ix} - r_{ix}F_{iz}), \\ F_z &= \sum F_{iz}, & M_z^{\mathrm{A}} &= \sum M_{iz}^{\mathrm{A}} = \sum(-r_{iy}F_{ix} + r_{ix}F_{iy}). \end{aligned}\right\} \quad (2\text{-}4)$$

Bei ebenen Kräftesystemen in der x, z-Ebene mit Bezugspunkten A in dieser Ebene sind alle r_{iy} und F_{iy} null und folglich nur F_x, F_z und M_y^{A} ungleich null. Bei stetig verteilten Kräften treten in (2-4) Integrale an die Stelle der Summen. Ein Beispiel ist eine Streckenlast $q_z(x)$ mit der Dimension Kraft / Länge (Bild 2-7). Sie erzeugt die resultierende Kraft $F_z = \int q_z(x)\,\mathrm{d}x$ und das resultierende Moment $-\int x q_z(x)\,\mathrm{d}x = -x_S F_z$ um die y-Achse. F_z wird durch den Inhalt der Fläche unter der Kurve $q_z(x)$ dargestellt, und x_S ist die x-Koordinate des Schwerpunkts S dieser Fläche.

Äquivalenzkriterien. Zwei ebene oder räumliche Kräftesysteme sind einander äquivalent, wenn sie nach (2-3) für jeden beliebig gewählten Bezugspunkt A gleiches $\boldsymbol{F}$ und gleiches $\boldsymbol{M}^{\mathrm{A}}$ haben. Sie sind auch dann äquivalent, wenn ihre Momente für drei beliebig gewählte, nicht in einer Geraden liegende Punkte jeweils gleich sind.

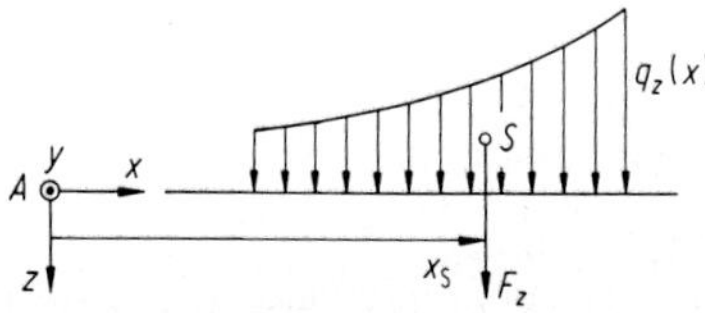

Bild 2-7. Streckenlast $q_z(x)$ und äquivalente Einzelkraft F_z

2.1.6 Ebene Kräftesysteme

Bei einem ebenen Kräftesystem, bei dem nach (2-3) $\boldsymbol{F} \neq \boldsymbol{0}$ ist, ist $\boldsymbol{M}^{\mathrm{A}} = \boldsymbol{0}$, wenn man den Angriffspunkt A von $\boldsymbol{F}$ auf einer bestimmten Geraden wählt. Die Kraft $\boldsymbol{F}$ auf dieser Wirkungslinie ist dem Kräftesystem äquivalent. Sie ist die Resultierende des Kräftesystems. In einem beliebigen x, z-System in der Kräfteebene mit vom Ursprung ausgehenden Vektoren $\boldsymbol{r}_i$ zu den Wirkungslinien der Kräfte ist die Geradengleichung der Wirkungslinie durch die Äquivalenzbedingung bestimmt:

$$\sum_{i=1}^{n}(r_{iz}F_{ix} - r_{ix}F_{iz}) = z\sum_{i=1}^{n} F_{ix} - x\sum_{i=1}^{n} F_{iz}. \quad (2\text{-}5)$$

Seileckverfahren. Grafisch wird die Wirkungslinie mit dem *Seileckverfahren* nach der folgenden Vorschrift konstruiert. Zum Lageplan der Kräfte in Bild 2-8a wird in Bild 2-8b das Kräftepolygon mit beliebiger Reihenfolge der Kräfte $\boldsymbol{F}_1, \ldots, \boldsymbol{F}_n$ gezeichnet. Es liefert Richtung und Größe der Resultierenden $\boldsymbol{F}$. Man wählt einen beliebigen Pol P und zeichnet die Polstrahlen. Jeder Kraftvektor wird von zwei Polstrahlen eingeschlossen. In der Reihenfolge der Kräfte in Bild 2-8b werden Parallelen zu den Polstrahlen so in den Lageplan übertragen, dass sich auf der Wirkungslinie jeder Kraft die Parallelen zu den beiden Polstrahlen dieser Kraft schneiden. Dabei wird der Anfangspunkt Q auf der Wirkungslinie der ersten Kraft beliebig gewählt. Die gesuchte Wirkungslinie von $\boldsymbol{F}$ liegt im Schnittpunkt S der Parallelen zu den beiden Polstrahlen von $\boldsymbol{F}$.
Das Polygon der Parallelen zu den Polstrahlen ist die Gleichgewichtsfigur eines an den Enden gelagerten

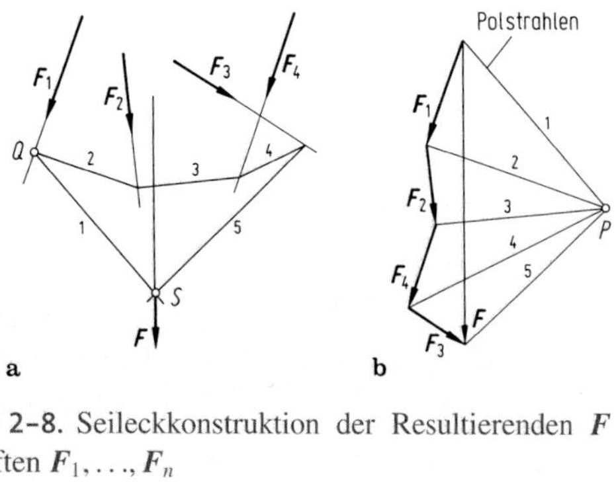

Bild 2-8. Seileckkonstruktion der Resultierenden $\boldsymbol{F}$ von Kräften $\boldsymbol{F}_1, \ldots, \boldsymbol{F}_n$

und durch $F_1, \ldots, F_n$ belasteten, gewichtslosen Seils (vgl. 2.4.1). Das erklärt die Bezeichnung Seileckverfahren.

2.1.7 Schwerpunkt. Massenmittelpunkt

Schwerpunkt und *Massenmittelpunkt* eines Körpers fallen im homogenen Schwerefeld zusammen. Der Schwerpunkt ist der Angriffspunkt der resultierenden Gewichtskraft $\boldsymbol{G}$ aller verteilt am Körper angreifenden Gewichtskräfte $\mathrm{d}\boldsymbol{G}$ (Bild 2-9). Ein im Schwerpunkt unterstützter, nur durch sein Gewicht belasteter Körper ist in jeder Stellung im Gleichgewicht. Die Koordinaten des Schwerpunkts in einem beliebigen körperfesten x, y, z-System werden aus der Äquivalenzbedingung bestimmt, dass das System der verteilten Kräfte und die Resultierende $\boldsymbol{G}$ bezüglich des Koordinatenursprungs gleiche Momente haben.

Bezeichnungen: Im x, y, z-System hat der Schwerpunkt S eines Körpers den Ortsvektor $\boldsymbol{r}_\mathrm{S}$ mit den Koordinaten $x_\mathrm{S}, y_\mathrm{S}$ und z_S. Der Körper hat das Gewicht $G = mg$, die Masse m, die eventuell örtlich unterschiedliche Dichte ϱ und das spezifische Gewicht $\gamma = \varrho g$, das Volumen V, im Fall flächenhafter (nicht notwendig ebener) Körper die Fläche A und im Fall linienförmiger (nicht notwendig geradliniger) Körper die Gesamtlänge l mit dem Bogenelement $\mathrm{d}s$. Für einen Teilkörper i sind die entsprechenden Größen $\boldsymbol{r}_{\mathrm{S}i}$, $x_{\mathrm{S}i}$, $y_{\mathrm{S}i}$, $z_{\mathrm{S}i}$, G_i, m_i, V_i, A_i und l_i. Alle nachfolgenden Integrale erstrecken sich über den gesamten Körper und alle Summen über $i = 1, \ldots, n$, wobei n die Anzahl der Teilkörper ist, in die der Körper gegliedert wird. Mit

$$G = \sum G_i\,, \quad m = \sum m_i\,, \quad V = \sum V_i\,,$$
$$A = \sum A_i\,, \quad l = \sum l_i$$

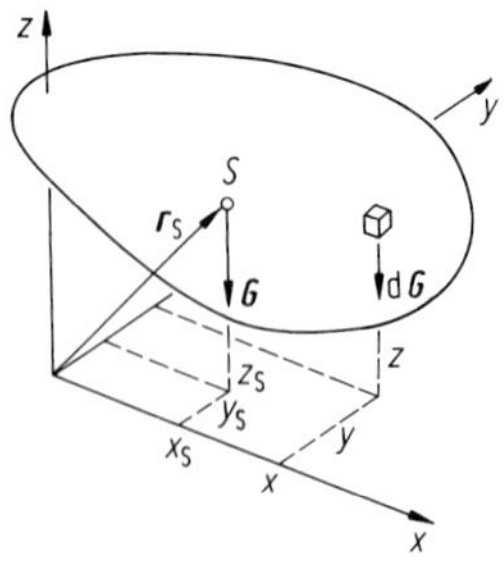

Bild 2-9. Verteilte Gewichtskräfte an einem Körper und resultierendes Gewicht im Schwerpunkt S

wird $\boldsymbol{r}_\mathrm{S}$ durch jeden der folgenden Ausdrücke bestimmt:

$$\boldsymbol{r}_\mathrm{S} = \frac{1}{G}\int \boldsymbol{r}\,\mathrm{d}G = \frac{1}{G}\int \boldsymbol{r}\gamma\,\mathrm{d}V = \frac{1}{m}\int \boldsymbol{r}\,\mathrm{d}m$$
$$= \frac{1}{m}\int \boldsymbol{r}\varrho\,\mathrm{d}V = \frac{1}{G}\sum \boldsymbol{r}_{\mathrm{S}i}G_i = \frac{1}{m}\sum \boldsymbol{r}_{\mathrm{S}i}m_i\,. \tag{2-6}$$

Für x_S, y_S und z_S erhält man entsprechende Ausdrücke, wenn man überall $\boldsymbol{r}$ durch x bzw. y bzw. z ersetzt. Bei homogenen Körpern (ϱ = const) gilt insbesondere

$$\boldsymbol{r}_\mathrm{S} = \frac{1}{V}\int \boldsymbol{r}\,\mathrm{d}V = \frac{1}{V}\sum \boldsymbol{r}_{\mathrm{S}i}V_i \tag{2-7}$$

(entsprechend für $x_\mathrm{S}, y_\mathrm{S}, z_\mathrm{S}$),

bei homogenen flächenförmigen (nicht notwendig ebenen) Körpern

$$\boldsymbol{r}_\mathrm{S} = \frac{1}{A}\int \boldsymbol{r}\,\mathrm{d}A = \frac{1}{A}\sum \boldsymbol{r}_{\mathrm{S}i}A_i \tag{2-8}$$

(entsprechend für $x_\mathrm{S}, y_\mathrm{S}, z_\mathrm{S}$),

bei homogenen linienförmigen (nicht notwendig geradlinigen) Körpern

$$\boldsymbol{r}_\mathrm{S} = \frac{1}{l}\int \boldsymbol{r}\,\mathrm{d}s = \frac{1}{l}\sum \boldsymbol{r}_{\mathrm{S}i}l_i \tag{2-9}$$

(entsprechend für $x_\mathrm{S}, y_\mathrm{S}, z_\mathrm{S}$).

Bei einem Körper mit einem Ausschnitt kann man den Körper ohne Ausschnitt als Teilkörper 1 und den Ausschnitt mit negativer Masse (bzw. negativer Fläche oder Länge) als Teilkörper 2 auffassen (siehe Beispiel 2-1). Wenn ein homogener Körper eine Symmetrieachse oder eine Symmetrieebene besitzt, dann liegt der Schwerpunkt auf dieser Achse bzw. in dieser Ebene. Homogenität vorausgesetzt haben die gerade Linie, das ebene Dreieck und der Tetraeder ihren Schwerpunkt bei

$$\boldsymbol{r}_\mathrm{S} = \frac{1}{n}\sum_{i=1}^{n} \boldsymbol{r}_i\,,$$

wobei $\boldsymbol{r}_1, \ldots, \boldsymbol{r}_n$ die Ortsvektoren der zwei bzw. drei bzw. vier Endpunkte (Eckpunkte) sind.

Beispiel 2-1:
Der Schwerpunkt S der Halbkreisfläche in Bild 2-10a liegt auf der Symmetrieachse bei

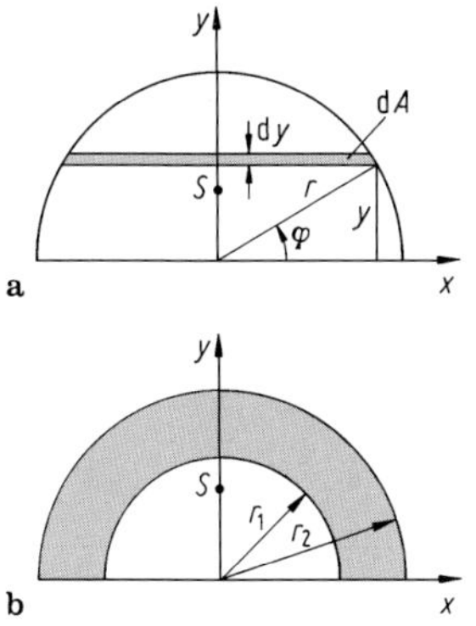

Bild 2-10. Schwerpunkt von Halbkreis **a** und Halbkreisring **b**

$$y_S = \frac{1}{A}\int y\,\mathrm{d}A$$

mit

$$A = \pi r^2/2\,, \qquad \mathrm{d}A = 2\,r\cos\varphi\,\mathrm{d}y\,,$$
$$y = r\sin\varphi\,, \qquad \mathrm{d}y = r\cos\varphi\,\mathrm{d}\varphi\,.$$

Also ist

$$y_S = \frac{2}{\pi r^2}\int_0^{\pi/2}(r\sin\varphi)2r\cos\varphi(r\cos\varphi\,\mathrm{d}\varphi)$$
$$= \frac{4r}{\pi}\int_0^{\pi/2}\cos^2\varphi\sin\varphi\,\mathrm{d}\varphi = \frac{-4r}{3\pi}\cos^3\varphi\Big|_0^{\pi/2} = \frac{4r}{3\pi}\,.$$

Zur Berechnung der Schwerpunktkoordinate y_S der Kreisringfläche in Bild 2-10b wird die Fläche als Differenz zweier Halbkreisflächen aufgefasst. Mit $y_{Si} = 4r_i/(3\pi)$ und $A_i = \pi r_i^2/2$ $(i = 1, 2)$ ist

$$y_S = \frac{y_{S2}A_2 - y_{S1}A_1}{A_2 - A_1} = \frac{4}{3\pi}\cdot\frac{r_2^3 - r_1^3}{r_2^2 - r_1^2}$$
$$= \frac{4}{3\pi}\cdot\frac{r_1^2 + r_1 r_2 + r_2^2}{r_1 + r_2}\,.$$

Im Grenzfall $r_1 = r_2 = r$ stellt die Kreisringfläche eine Halbkreislinie dar. Für sie liefert die Formel $y_S = 2r/\pi$.
Die Tabellen 2-1 bis 2-3 geben Schwerpunktlagen von Körpern, Flächen und Linien an.

2.1.8 Das 3. Newton'sche Axiom „actio = reactio"

Das 3. *Newton'sche Axiom* sagt aus: Zu jeder Kraft, mit der ein Körper 1 auf einen Körper 2 wirkt, gehört eine entgegengesetzt gerichtete Kraft von gleichem Betrag, mit der Körper 2 auf Körper 1 wirkt (vgl. B 3.3). Das Axiom gilt sowohl für Kräfte aufgrund materiellen Kontakts als auch für fernwirkende Kräfte. Es gilt für starre und für nichtstarre Körper und sowohl in der Statik als auch in der Kinetik.

2.1.9 Innere Kräfte und äußere Kräfte

Alle Kräfte, mit denen Körper ein und desselben mechanischen Systems aufeinander wirken, heißen *innere Kräfte* des Systems. Nach dem Axiom actio = reactio treten sie paarweise an jeweils zwei Körpern des Systems auf. Alle Kräfte an Körpern eines mechanischen Systems, die von Körpern außerhalb des Systems ausgeübt werden, heißen *äußere Kräfte* des Systems. Ob eine Kraft eine innere oder äußere Kraft ist, hängt also nicht von Eigenschaften der Kraft, sondern nur von der Wahl der Systemgrenzen ab.

2.1.10 Eingeprägte Kräfte und Zwangskräfte

Nach den Eigenschaften von Kräften unterscheidet man eingeprägte Kräfte und Zwangskräfte. Alle inneren und äußeren Kräfte mit physikalischen Ursachen heißen *eingeprägte Kräfte*. Beispiele sind Gewichts-, Muskel-, Feder- und Dämpferkräfte, Coulomb'sche Gleitreibungskräfte, von Motoren erzeugte Antriebskräfte usw. *Zwangskräfte* sind dagegen alle inneren und äußeren Kräfte eines Systems, die von starren reibungsfreien Führungen in Lagern und Gelenken (also durch kinematische Bindungen) ausgeübt werden. Auch Coulomb'sche Ruhereibungskräfte sind Zwangskräfte. Für die Energiemethoden der Statik, Festigkeitslehre und Kinetik ist wesentlich, dass bei virtuellen Verschiebungen eines Systems Zwangskräfte keine Arbeit verrichten (siehe 3-34).

2.1.11 Gleichgewichtsbedingungen für einen starren Körper

Bei einem einzelnen starren Körper spricht man von Gleichgewicht, wenn für das Kräftesystem am Kör-

Tabelle 2-1. Schwerpunktlagen von Körpern und Körperoberflächen

Keil (stumpf) 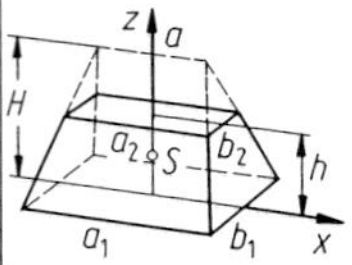 Keil, massiv: $z_S = \frac{H(a_1+a)}{2(2a_1+a)}$ Keilstumpf, massiv: $z_S = \frac{h}{2}\,\frac{(a_1+a_2)(b_1+b_2)+2a_2b_2}{(a_1+a_2)(b_1+b_2)+a_1b_1+a_2b_2}$	**Gerader Kreiskegel (stumpf)** 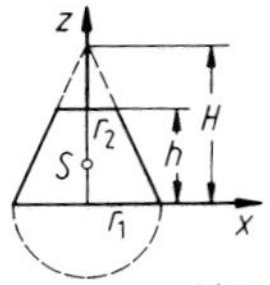 Stumpf, massiv: $z_S=\frac{h}{4}\,\frac{r_1^2+2r_1r_2+3r_2^2}{r_1^2+r_1r_2+r_2^2}$ Kegel, massiv: $z_S=\frac{H}{4}$ Mantelflächen: Stumpf: $z_S=\frac{h(r_1+2r_2)}{3(r_1+r_2)}$, Kegel: $z_S=\frac{H}{3}$	**Halbe Hohlkugel** 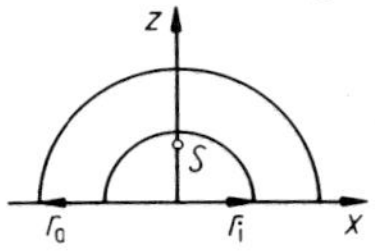 Dickwandig: $z_S=\frac{3(r_a^4-r_i^4)}{8(r_a^3-r_i^3)}$ Halbkugeloberfläche, Radius r: $z_S=\frac{r}{2}$	**Allgemeiner Rotationskörper** 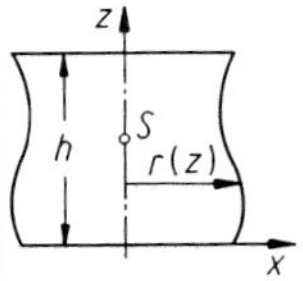 Massiv: $z_S=\frac{\int_0^h z r^2(z)\,dz}{\int_0^h r^2(z)\,dz}$ Mantelfläche: $z_S=\frac{\int_0^h z\,r(z)\sqrt{1+(dr/dz)^2}\,dz}{\int_0^h r(z)\sqrt{1+(dr/dz)^2}\,dz}$
Allg. schiefer Zylinder und Prisma 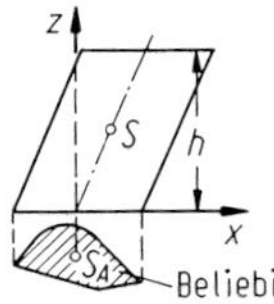 Beliebige Grundfläche mit Flächenschwerpunkt S_A Massiv und Mantelfläche: $z_S=\frac{h}{2}$	**Schiefer Kegel-(Pyramiden)-Stumpf** 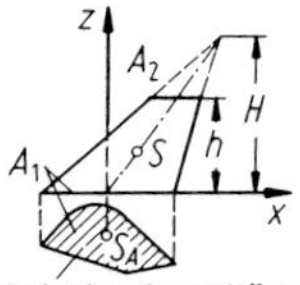 Beliebige Grundfläche A_1 mit Flächenschwerpunkt S_A Stumpf, massiv: $z_S=\frac{h}{4}\,\frac{A_1+2\sqrt{A_1A_2}+3A_2}{A_1+\sqrt{A_1A_2}+A_2}$ Kegel und Pyramide, massiv: $z_S=\frac{H}{4}$	**Kugelschicht** 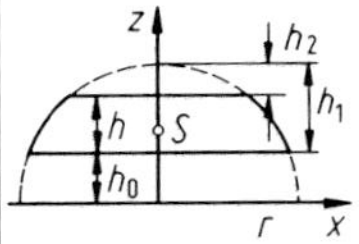 Massiv: $z_S=\frac{3}{4}\,\frac{h_1^2(2r-h_1)^2-h_2^2(2r-h_2)^2}{h_1^2(3r-h_1)-h_2^2(3r-h_2)}$ Mantelfläche: $z_S=h_0+\frac{h}{2}$	**Dreiachsiges Halbellipsoid** 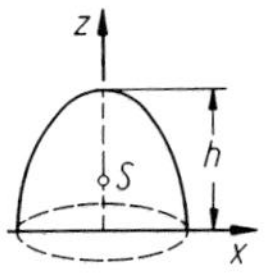 Massiv: $z_S=\frac{3}{8}h$
Abgeschrägter Kreiszylinder 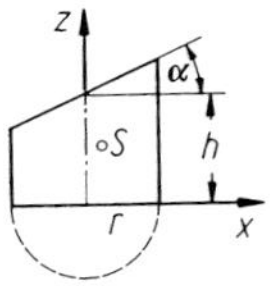 Massiv: $x_S=\frac{r^2\tan\alpha}{4h}$ $z_S=\frac{h}{2}+\frac{r^2\tan^2\alpha}{8h}$ Mantelfläche: $x_S=\frac{r^2\tan\alpha}{2h}$ $z_S=\frac{h}{2}+\frac{r^2\tan^2\alpha}{4h}$	**Zylinderhuf** 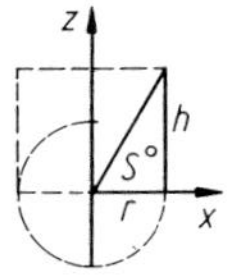 Massiv: $x_S=\frac{3\pi}{16}r$, $z_S=\frac{3\pi}{32}h$ Mantelfläche: $x_S=\frac{\pi}{4}r$, $z_S=\frac{\pi}{8}h$	**Kugelabschnitt** 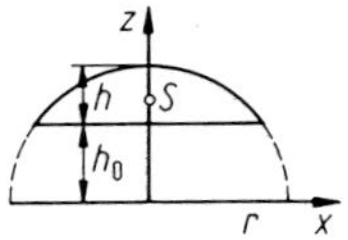 Massiv: $z_S=\frac{3(2r-h)^2}{4(3r-h)}$ Halbkugel, massiv: $z_S=\frac{3}{8}r$ Mantelflächen: Abschnitt: $z_S=h_0+\frac{h}{2}$, Halbkugel: $z_S=\frac{r}{2}$	**Rotationsparaboloid** 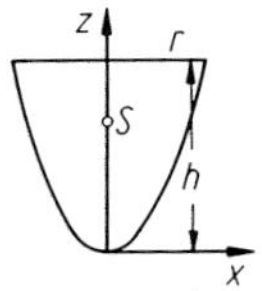 Massiv: $z_S=\frac{2}{3}h$ Mantelfläche: $z_S=\frac{h}{10c}\,\frac{(4c+1)^{3/2}(6c-1)+1}{(4c+1)^{3/2}-1}$, $c=\frac{h^2}{r^2}$
	Halbtorus 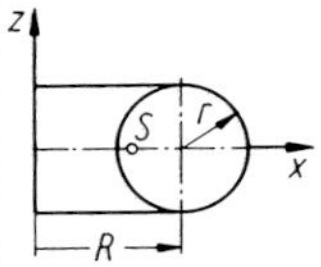 Massiv: $x_S=\frac{2}{\pi}R\left(1+\frac{r^2}{4R^2}\right)$ Mantelfläche: $x_S=\frac{2}{\pi}R\left(1+\frac{r^2}{2R^2}\right)$	**Kugelausschnitt** 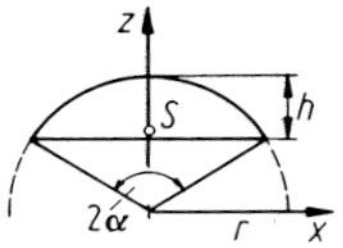 Massiv: $z_S=\frac{3}{8}r(1+\cos\alpha)$ $=\frac{3}{4}\left(r-\frac{h}{2}\right)$	**Rotationshyperboloid** 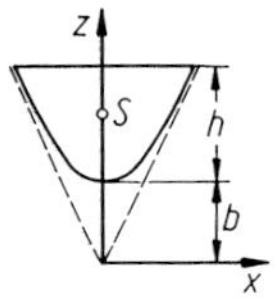 Massiv: $z_S=\frac{3h}{4}\,\frac{1+4(1+b/h)b/h}{1+3b/h}$

Tabelle 2-2. Schwerpunktlagen von ebenen Flächen

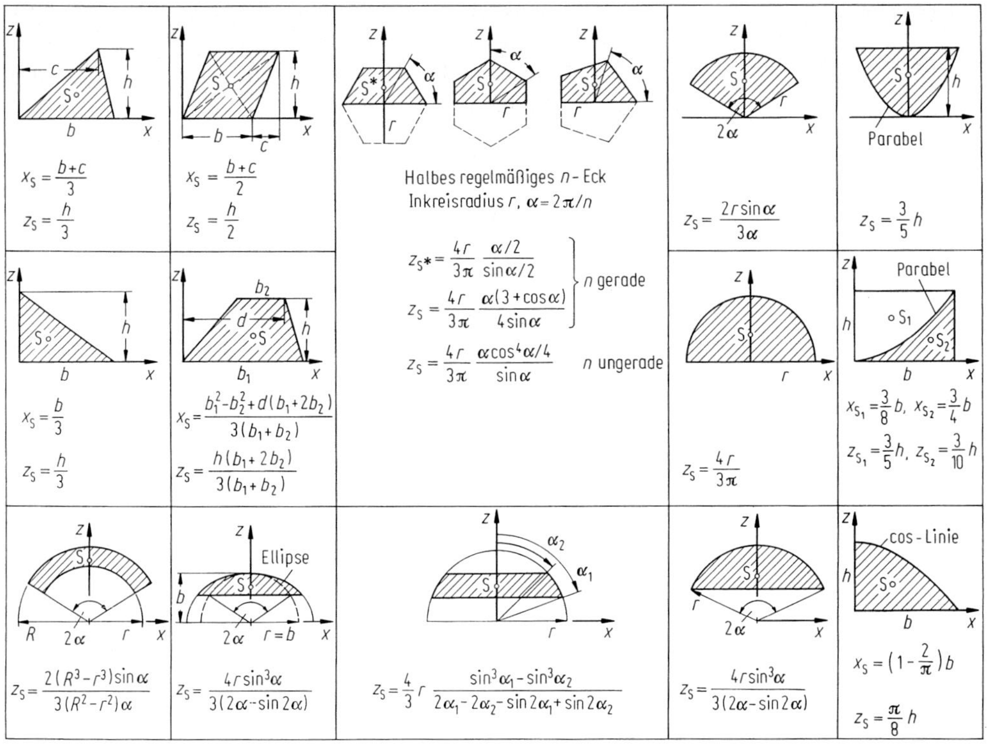

$x_S = \frac{b+c}{3}$, $z_S = \frac{h}{3}$	$x_S = \frac{b+c}{2}$, $z_S = \frac{h}{2}$	Halbes regelmäßiges n-Eck, Inkreisradius r, $\alpha = 2\pi/n$: $z_S{}^* = \frac{4r}{3\pi}\,\frac{\alpha/2}{\sin\alpha/2}$, $z_S = \frac{4r}{3\pi}\,\frac{\alpha(3+\cos\alpha)}{4\sin\alpha}$ (n gerade); $z_S = \frac{4r}{3\pi}\,\frac{\alpha\cos^4\alpha/4}{\sin\alpha}$ (n ungerade)	$z_S = \frac{2r\sin\alpha}{3\alpha}$	$z_S = \frac{3}{5}h$
$x_S = \frac{b}{3}$, $z_S = \frac{h}{3}$	$x_S = \frac{b_1^2-b_2^2+d(b_1+2b_2)}{3(b_1+b_2)}$, $z_S = \frac{h(b_1+2b_2)}{3(b_1+b_2)}$		$z_S = \frac{4r}{3\pi}$	$x_{S_1} = \frac{3}{8}b$, $x_{S_2} = \frac{3}{4}b$, $z_{S_1} = \frac{3}{5}h$, $z_{S_2} = \frac{3}{10}h$
$z_S = \frac{2(R^3-r^3)\sin\alpha}{3(R^2-r^2)\alpha}$	$z_S = \frac{4r\sin^3\alpha}{3(2\alpha-\sin 2\alpha)}$	$z_S = \frac{4}{3}r\,\frac{\sin^3\alpha_1-\sin^3\alpha_2}{2\alpha_1-2\alpha_2-\sin 2\alpha_1+\sin 2\alpha_2}$	$z_S = \frac{4r\sin^3\alpha}{3(2\alpha-\sin 2\alpha)}$	$x_S = \left(1-\frac{2}{\pi}\right)b$, $z_S = \frac{\pi}{8}h$

Tabelle 2-3. Schwerpunktlagen von Linien

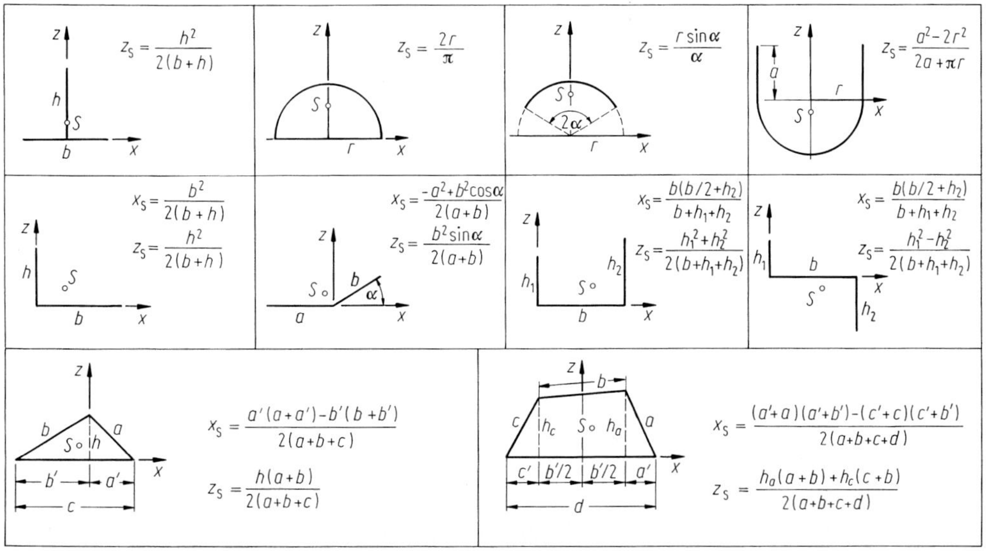

$z_S = \frac{h^2}{2(b+h)}$	$z_S = \frac{2r}{\pi}$	$z_S = \frac{r\sin\alpha}{\alpha}$	$z_S = \frac{a^2-2r^2}{2a+\pi r}$
$x_S = \frac{b^2}{2(b+h)}$, $z_S = \frac{h^2}{2(b+h)}$	$x_S = \frac{-a^2+b^2\cos\alpha}{2(a+b)}$, $z_S = \frac{b^2\sin\alpha}{2(a+b)}$	$x_S = \frac{b(b/2+h_2)}{b+h_1+h_2}$, $z_S = \frac{h_1^2+h_2^2}{2(b+h_1+h_2)}$	$x_S = \frac{b(b/2+h_2)}{b+h_1+h_2}$, $z_S = \frac{h_1^2-h_2^2}{2(b+h_1+h_2)}$
$x_S = \frac{a'(a+a')-b'(b+b')}{2(a+b+c)}$, $z_S = \frac{h(a+b)}{2(a+b+c)}$		$x_S = \frac{(a'+a)(a'+b')-(c'+c)(c'+b')}{2(a+b+c+d)}$, $z_S = \frac{h_a(a+b)+h_c(c+b)}{2(a+b+c+d)}$	

per die nach (2-3) berechnete resultierende Kraft $\boldsymbol{F}$ und das resultierende Moment $\boldsymbol{M}^{\mathrm{A}}$ um jeden beliebig gewählten Punkt A verschwinden,

$$\boldsymbol{F} = \sum_i \boldsymbol{F}_i = \boldsymbol{0}\,, \qquad \boldsymbol{M}^{\mathrm{A}} = \sum_i \boldsymbol{M}_i^{\mathrm{A}} = \sum_i \boldsymbol{r}_i \times \boldsymbol{F}_i = \boldsymbol{0}\,. \tag{2-10}$$

Nach dem 2. *Newton'schen Axiom* (siehe 3.1.3) und dem Drallsatz von Euler (siehe 3.1.8) bedeutet *Gleichgewicht* entweder

a) den Zustand der Ruhe im Inertialraum (Bild 2-11a) oder
b) eine gleichförmig-geradlinige Translation (Bild 2-11b) oder
c) bei ruhendem Schwerpunkt eine gleichförmige Rotation um eine Trägheitshauptachse (Bild 2-11 c) oder
d) bei ruhendem Schwerpunkt eine räumliche Drehbewegung, die Lösung von (3-23) im Fall $M_1 = M_2 = M_3 \equiv 0$ ist oder
e) eine Überlagerung von (b) und (c) oder von (b) und (d).

Bei der Zerlegung von (2-10 in einem x, y, z-System entstehen mit (2-4) die sechs skalaren Kräfte- und Momentengleichgewichtsbedingungen (Summation über alle Kräfte)

$$\left.\begin{aligned} \textstyle\sum F_{ix} &= 0\,, & \textstyle\sum M_{ix}^{\mathrm{A}} &= \textstyle\sum(-r_{iz}F_{iy} + r_{iy}F_{iz}) = 0\,,\\ \textstyle\sum F_{iy} &= 0\,, & \textstyle\sum M_{iy}^{\mathrm{A}} &= \textstyle\sum(\;\;r_{iz}F_{ix} - r_{ix}F_{iz}) = 0\,,\\ \textstyle\sum F_{iz} &= 0\,, & \textstyle\sum M_{iz}^{\mathrm{A}} &= \textstyle\sum(-r_{iy}F_{ix} + r_{ix}F_{iy}) = 0\,. \end{aligned}\right\} \tag{2-11}$$

Bei einem ebenen Kräftesystem in der x, z-Ebene gibt es nur zwei Kräfte- und eine Momentengleichgewichtsbedingung:

$$\left.\begin{aligned} \textstyle\sum F_{ix} &= 0\,,\\ \textstyle\sum F_{iz} &= 0\,,\\ \textstyle\sum M_{iy}^{\mathrm{A}} &= \textstyle\sum(r_{iz}F_{ix} - r_{ix}F_{iz}) = \sum l_i|\boldsymbol{F}_i| = 0\,. \end{aligned}\right\} \tag{2-12}$$

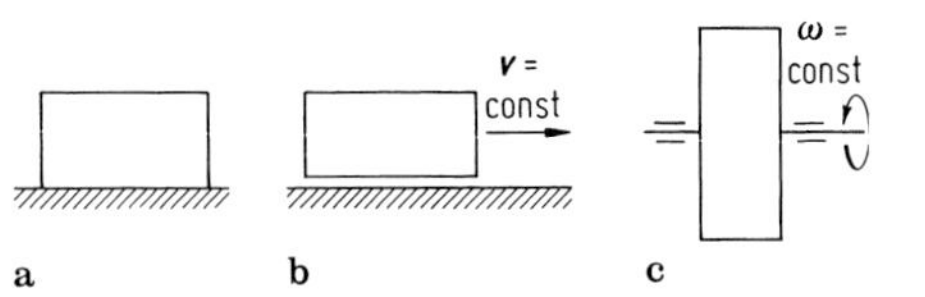

Bild 2-11. Gleichgewichtszustände eines starren Körpers

In der Momentengleichgewichtsbedingung ist l_i die vorzeichenbehaftete Länge des Lotes vom Bezugspunkt A auf die Wirkungslinie von $\boldsymbol{F}_i$. Sie ist positiv bei Drehung im Rechtsschraubensinn um die y-Achse und negativ andernfalls. Zum Beispiel sind in Bild 2-13 $l_1 = 0$, $l_2 = b/2$ und $l_3 = -b$.

Zwei Kräfte am starren Körper. Zwei Kräfte an einem starren Körper sind genau dann im Gleichgewicht, wenn sie auf ein und derselben Wirkungslinie liegen, entgegengesetzte Richtungen und den gleichen Betrag haben (Bild 2-12a).

Drei komplanare Kräfte am starren Körper. Drei in einer Ebene liegende Kräfte an einem starren Körper sind genau dann im Gleichgewicht, wenn sich ihre Wirkungslinien in einem Punkt schneiden und wenn sich das Kräftepolygon schließt (Bild 2-12b). Die Formulierung und die anschließende Auflösung der Gleichgewichtsbedingungen (2-11) oder (2-12) werden vereinfacht, wenn man die folgenden Hinweise beachtet.

a) Jede Kräftegleichgewichtsbedingung in (2-11) und (2-12) kann durch eine Momentengleichgewichtsbedingung für einen weiteren Momentenbezugspunkt ersetzt werden. Damit die 6 bzw. 3 Gleichgewichtsbedingungen voneinander unabhängig sind, dürfen keine 3 Bezugspunkte in einer Geraden und keine 4 Bezugspunkte in einer Ebene liegen. Außerdem muss jede Kraft des Kräftesystems in wenigstens einer Gleichgewichtsbedingung vorkommen.
b) Momentenbezugspunkte sollte man so wählen, dass möglichst viele unbekannte Kräfte kein Mo-

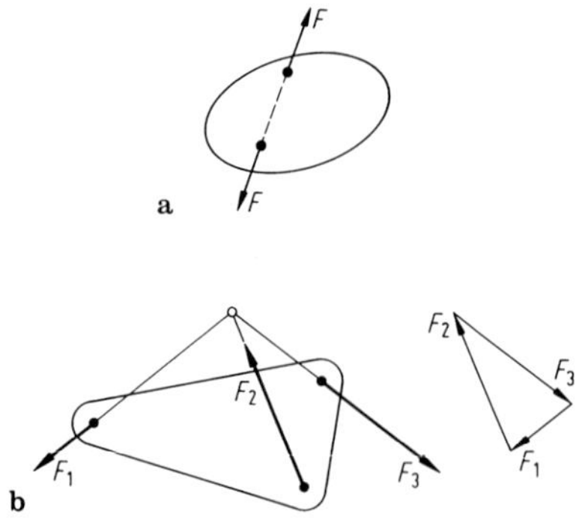

Bild 2-12. a Gleichgewicht zweier Kräfte. **b** Gleichgewicht dreier komplanarer Kräfte

ment haben. Schnittpunkte von Wirkungslinien unbekannter Kräfte sind besonders geeignete Bezugspunkte.

c) Die Richtungen der x-, y- und z-Achsen sollte man so wählen, dass die Zerlegung der Kräfte in diese Richtungen möglichst einfach wird.

Beispiel 2-2: Bei dem ebenen Kräftesystem am schraffierten Körper in Bild 2-13 sind F_1, F_2 und F_3 unbekannt und P sowie die Abmessungen gegeben. Die Gleichgewichtsbedingungen (2-12) nehmen im gezeichneten x, z-System die einfachste Form an, nämlich

$$F_1\sqrt{2}/2 - F_3 + P = 0\,,$$
$$-F_1\sqrt{2}/2 - F_2 = 0\,,$$
$$F_2 b/2 - F_3 b + Pb/2 = 0 \quad \text{(Bezugspunkt } A)\,.$$

Noch einfacher sind 3 Momentengleichgewichtsbedingungen bezüglich B, C und D:

$$-3F_3 b/2 + Pb = 0\,,$$
$$-3F_1 a/2 - Pb/2 = 0\,,$$
$$3F_2 b/2 - Pb/2 = 0\,.$$

In beiden Fällen ist die Lösung $F_1 = -P\sqrt{2}/3$, $F_2 = P/3$, $F_3 = 2P/3$. Die Gleichgewichtsbedingungen $\sum F_{iz} = 0$, $\sum M_{iy}^{C} = 0$ und $\sum M_{iy}^{D} = 0$ sind linear abhängig, weil F_3 nicht vorkommt.

2.1.12 Schnittprinzip

Das *Schnittprinzip* ist ein Verfahren, mit dem in der Statik Gleichgewichtsbedingungen für beliebige nichtstarre Systeme (gekoppelte Körper, Seile, elastische Körper, flüssige Körper usw.) durch Gleichgewichtsbedingungen für einzelne starre Körper ausgedrückt werden. Im Gleichgewichtszustand

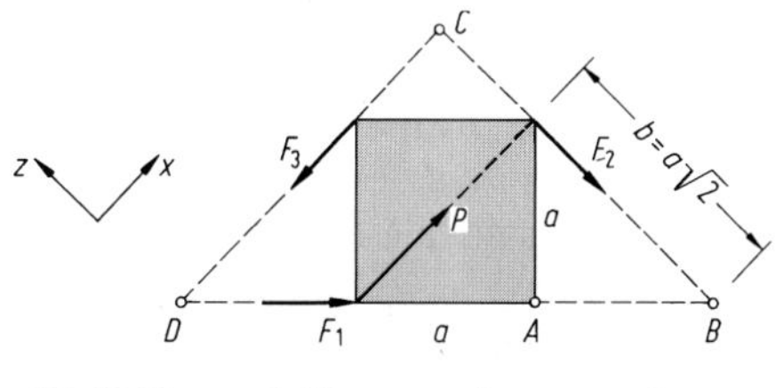

Bild 2-13. Kräfte und Momentenbezugspunkte an einem starren Körper

eines Systems verhält sich jeder Teil des Systems wie ein starrer Körper. Das Kräftesystem an diesem starren Körper erfüllt deshalb die Bedingungen (2-11). Es besteht aus denjenigen äußeren Kräften des Systems, die unmittelbar am betrachteten Körper angreifen. Der betrachtete Körper wird in Gedanken durch Schnitte vom Rest des Systems isoliert. Die inneren Kräfte an den Schnittstellen werden dadurch zu äußeren Kräften. Sie greifen wegen des Axioms actio = reactio mit entgegengesetzten Vorzeichen auch am Rest des Systems an. Die Gleichgewichtsbedingungen für den freigeschnittenen Körper sind Gleichungen für diese i. Allg. unbekannten Kräfte. Für die richtige Formulierung ist wesentlich, dass in Zeichnungen keine Kraftkomponenten vergessen werden. Bei Zwangskräften muss man die Vorzeichen nicht kennen. Sie ergeben sich aus der Rechnung. Bei eingeprägten Kräften (z. B. bei Gleitreibungskräften) sind die Vorzeichen bekannt. Freigeschnittene Körper können endlich groß oder infinitesimal klein sein. Welche Systemteile man freischneidet, hängt nur davon ab, welche Kräfte bestimmt werden sollen. Probleme, bei denen alle gesuchten Kräfte auf diese Weise bestimmbar sind, heißen *statisch bestimmte* Probleme.
Zum Schnittprinzip in der Kinetik siehe 3.1.3 und 3.3.1

2.1.13 Arbeit. Leistung

Der Begriff Arbeit wird bereits in der Statik benötigt und deshalb hier eingeführt. Eine Kraft $\boldsymbol{F}$ mit den Koordinaten F_x, F_y und F_z, deren Angriffspunkt eine infinitesimale Verschiebung $\mathrm{d}\boldsymbol{r}$ mit den Koordinaten $\mathrm{d}x$, $\mathrm{d}y$ und $\mathrm{d}z$ erfährt, verrichtet bei der Verschiebung die *Arbeit* $\mathrm{d}W = \boldsymbol{F}\cdot\mathrm{d}\boldsymbol{r} = F_x\mathrm{d}x + F_y\mathrm{d}y + F_z\mathrm{d}z$. Die SI-Einheit der Arbeit ist das Joule: $1\ \mathrm{J} = 1\ \mathrm{N\,m} = 1\ \mathrm{kg\,m^2/s^2}$.
Die *Leistung* einer Kraft ist definiert als

$$P = \frac{\mathrm{d}W}{\mathrm{d}t} = \boldsymbol{F}\cdot\frac{\mathrm{d}\boldsymbol{r}}{\mathrm{d}t} = \boldsymbol{F}\cdot\boldsymbol{v} = F_x v_x + F_y v_y + F_z v_z$$

mit der Geschwindigkeit $\boldsymbol{v}$ des Kraftangriffspunktes. Die SI-Einheit der Leistung ist das Watt: $1\ \mathrm{W} = 1\ \mathrm{J/s} = 1\ \mathrm{N\,m/s} = 1\ \mathrm{kg\,m^2/s^3}$. Bei einer endlich großen Verschiebung des Angriffspunktes längs einer Bahnkurve vom Punkt P_1 mit dem Ortsvektor $\boldsymbol{r}_1$ und den Koordinaten (x_1, y_1, z_1) zum Punkt P_2 mit dem Ortsvektor $\boldsymbol{r}_2$

und den Koordinaten (x_2, y_2, z_2) verrichtet die i. Allg. längs der Bahn veränderliche Kraft die Arbeit

$$W_{12} = \int_{\boldsymbol{r}_1}^{\boldsymbol{r}_2} \boldsymbol{F} \cdot \mathrm{d}\boldsymbol{r} = \left(\int F_x \mathrm{d}x + \int F_y \mathrm{d}y + \int F_z \mathrm{d}z \right) \Bigg|_{(x_1, y_1, z_1)}^{(x_2, y_2, z_2)} . \tag{2-13}$$

Die Arbeit eines Moments $\boldsymbol{M}$ bei einer infinitesimalen Winkeldrehung $\mathrm{d}\boldsymbol{\varphi}$ ist $\mathrm{d}W = \boldsymbol{M} \cdot \mathrm{d}\boldsymbol{\varphi}$, und die Leistung des Moments ist dabei

$$P = \frac{\mathrm{d}W}{\mathrm{d}t} = \boldsymbol{M} \cdot \frac{\mathrm{d}\boldsymbol{\varphi}}{\mathrm{d}t} = \boldsymbol{M} \cdot \boldsymbol{\omega} .$$

2.1.14 Potenzialkraft. Potenzielle Energie

Eine Kraft $\boldsymbol{F}$ heißt *Potenzialkraft*, wenn in einem beliebigen x, y, z-System ihre Koordinaten die Form haben

$$F_x = \frac{-\partial V}{\partial x}, \quad F_y = \frac{-\partial V}{\partial y}, \quad F_z = \frac{-\partial V}{\partial z}, \tag{2-14}$$

wobei $V(x, y, z)$ eine skalare Funktion der Koordinaten des Kraftangriffspunktes ist. V heißt *Potenzial* der Kraft. Die Arbeit (2-13) einer Potenzialkraft längs des Weges von P_1 nach P_2 ist

$$W_{12} = -\int_1^2 \mathrm{d}V = V(x_1, y_1, z_1) - V(x_2, y_2, z_2) = V_1 - V_2 . \tag{2-15}$$

Sie ist also unabhängig von der Form der Bahnkurve zwischen den beiden Punkten. Nur Potenzialkräfte haben diese Eigenschaft. Technisch wichtige Potenzialkräfte sind die Gewichtskraft im homogenen Schwerefeld, die Newton'sche Gravitationskraft (siehe 3.6) und elastische Rückstellkräfte (siehe 5.8.1). Das Gewicht eines Körpers der Masse m hat in einem x, y, z-System mit vertikal nach oben gerichteter z-Achse die Koordinaten $[0, 0, -mg]$. Das Potenzial dieser Kraft ist $V = mgz + \text{const}$ mit einer beliebigen Konstanten, die weder in (2-14) noch in (2-15) eine Rolle spielt. Das Potenzial der Gewichtskraft heißt auch *potenzielle Energie* (das heißt Arbeitsvermögen) des Körpers. Eine Federrückstellkraft der Form $F = -kx$ hat das Potenzial $V = kx^2/2$. Es heißt auch *potenzielle Energie* der Feder.
Ein System von Potenzialkräften mit den Potenzialen $V_1, \ldots, V_n$ hat das Gesamtpotenzial $V = V_1 + \ldots + V_n$. Ein mechanisches System, bei dem alle inneren und äußeren eingeprägten Kräfte Potenzialkräfte sind, heißt *konservatives System*.

2.1.15 Virtuelle Arbeit. Generalisierte Kräfte

Die virtuelle Arbeit δW einer Kraft $\boldsymbol{F}$ ist die Arbeit der Kraft bei einer virtuellen Verschiebung $\delta\boldsymbol{r}$ ihres Angriffspunktes, $\delta W = \boldsymbol{F} \cdot \delta\boldsymbol{r}$. Wenn der Ortsvektor $\boldsymbol{r}$ des Angriffspunktes als Funktion von n generalisierten Koordinaten $q_1, \ldots, q_n$ ausdrückbar ist, gilt (vgl. 1.5)

$$\delta\boldsymbol{r} = \sum_{i=1}^{n} \frac{\partial \boldsymbol{r}}{\partial q_i} \delta q_i ,$$

$$\delta W = \sum_{i=1}^{n} \left(\boldsymbol{F} \cdot \frac{\partial \boldsymbol{r}}{\partial q_i} \right) \delta q_i = \sum_{i=1}^{n} Q_i \delta q_i . \tag{2-16}$$

Diese Gleichung ist die Definition und zugleich die Berechnungsvorschrift für die Größen $Q_1, \ldots, Q_n$. Sie heißen die den Koordinaten zugeordneten generalisierten Kräfte infolge $\boldsymbol{F}$.

2.1.16 Prinzip der virtuellen Arbeit

Für Systeme starrer Körper lautet das Prinzip der virtuellen Arbeit: Bei einer virtuellen Verschiebung des Systems aus einer Gleichgewichtslage heraus ist die gesamte virtuelle Arbeit δW_a aller Kräfte am System null:

$$\delta W_\mathrm{a} = 0 . \tag{2-17}$$

Das Prinzip stellt eine Gleichgewichtsbedingung dar. Es ist der Kombination des Schnittprinzips mit den Kräfte- und Momentengleichgewichtsbedingungen (2-11) für starre Körper mathematisch äquivalent und folglich zur Lösung derselben Probleme geeignet. Wenn mit dem Prinzip der virtuellen Arbeit eine innere Kraft oder ein inneres Moment eines Systems bestimmt werden soll, muss das System zu einem Mechanismus mit einem einzigen Freiheitsgrad gemacht werden, an dem die gesuchte Größe als äußere Kraft bzw. als äußeres Moment angreift. Die Bilder 2-14a, b, c zeigen jeweils ein Ausgangssys-

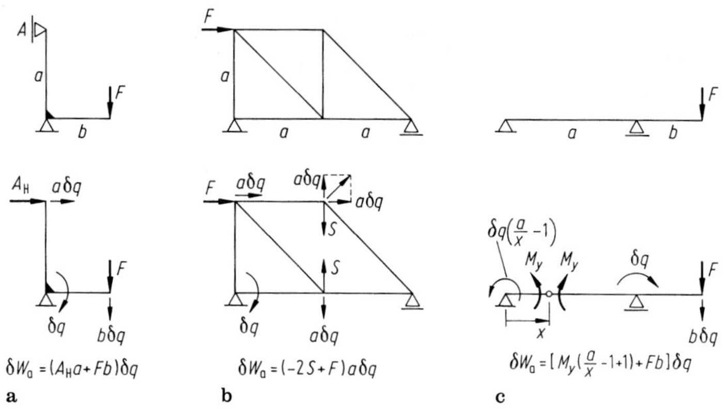

Bild 2-14. Statische Systeme (obere Reihe) und Mechanismen (untere Reihe) zur Bestimmung (**a**) einer Lagerreaktion A_{H}, (**b**) einer Stabkraft S bzw. (**c**) eines Biegemoments M_y aus der Bedingung $\delta W_{\mathrm{a}} = 0$

tem und den daraus gebildeten Mechanismus für drei Fälle, in denen eine Lagerreaktion A_{H}, eine Fachwerkstabkraft S bzw. ein Biegemoment M_y die gesuchten Größen sind. Der Mechanismus wird virtuell verschoben. Die dabei auftretenden virtuellen Verschiebungen aller Kraftangriffspunkte und die virtuellen Drehwinkel an allen Momentenangriffspunkten werden durch die virtuelle Änderung δq einer einzigen geeignet gewählten Koordinate q ausgedrückt (siehe (1-41)). Mit diesen Verschiebungen wird die virtuelle Arbeit δW_{a} aller äußeren Kräfte und Momente einschließlich der gesuchten Größen in der Form $\delta W_{\mathrm{a}} = (\ldots)\delta q$ ausgedrückt. Wegen (2-17) ist der Ausdruck in Klammern null. Das ist eine Bestimmungsgleichung für die gesuchte Größe.

Beispiel 2-3: In Bild 1-10 sei ΔpA die Druckkraft auf der Fläche A des Kolbens 2 und F die Kraft bei P in der Richtung entgegen $\boldsymbol{v}_{\mathrm{p}}$. Im Gleichgewicht ist $\Delta pA\delta x_{\mathrm{rel}} - F\delta r_{\mathrm{p}} = 0$ oder

$$\Delta pA = F\delta r_{\mathrm{p}} : \delta x_{\mathrm{rel}} = F(r_2 r_4 r_6 r_8)/(r_1 r_3 r_5 r_7)\ .$$

Zur Bedeutung von δr_{p} und δx_{rel} vgl. Beispiel 1-9.

Für weitere Anwendungen siehe 2.2.3 und 2.3.5.

2.2 Lager. Gelenke

2.2.1 Lagerreaktionen. Lagerwertigkeit

Die Begriffe *Lager* und *Gelenk* bezeichnen dasselbe, nämlich ein Verbindungselement zweier Körper, an dem die Körper durch Berührung mit Kräften aufeinander wirken können. An jedem Lager denkt man sich die in Wirklichkeit flächenhaft verteilten Kräfte auf eine Einzelkraft in einem Lagerpunkt und auf ein Einzelmoment reduziert. Ein Schnitt durch das Lager macht Einzelkraft und Einzelmoment zu äußeren Kräften an den betrachteten Körpern. Ihre Komponenten heißen *Lagerreaktionen.*

Lager können Feder- und Dämpfereigenschaften haben, so z. B. Schwingmetalllager und hydrodynamische Gleitlager. Ihre Lagerreaktionen sind eingeprägte Kräfte. In Lagern mit starren, reibungsfreien Kontaktflächen sind die Lagerreaktionen Zwangskräfte. Lager dieser Art kennzeichnet man durch die Anzahl $0 \leqq f \leqq 5$ ihrer Freiheitsgrade oder durch ihre *Wertigkeit* $w = 6 - f$. Das ist die Anzahl der unabhängigen Lagerreaktionen. Im ebenen Fall ist $0 \leqq f \leqq 2$ und $w = 3 - f$. Tabelle 2-4 enthält Angaben über die wichtigsten Lagerarten für ebene Lastfälle.

2.2.2 Statisch bestimmte Lagerung

Ein ebenes oder räumliches System aus $n \geqq 1$ starren Körpern hat äußere Lager, mit denen es auf einem Fundament (Körper 0) gelagert ist und Zwischenlager oder Gelenke, mit denen Körper des Systems gegeneinander gelagert sind (Bilder 2-15, 2-17a). In den äußeren Lagern treten insgesamt a unbekannte äußere Lagerreaktionen auf und in den Zwischenlagern insgesamt z unbekannte Zwischenreaktionen. Jede Zwischenreaktion greift mit entgegengesetzten

Tabelle 2-4. Lager für ebene Lastfälle mit Wertigkeiten $1 \leqq w \leqq 3$

Lagerbezeichnung und Symbol	Konstruktive Gestaltungen	Lagerreaktionen	w
Verschiebbares Gelenklager 	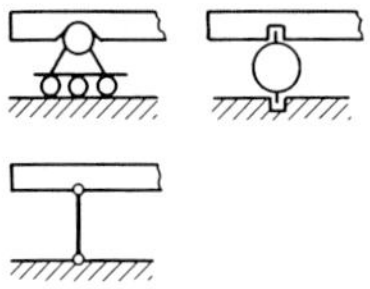	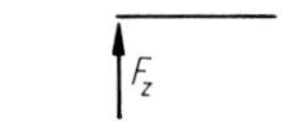	1
Festes Gelenklager 	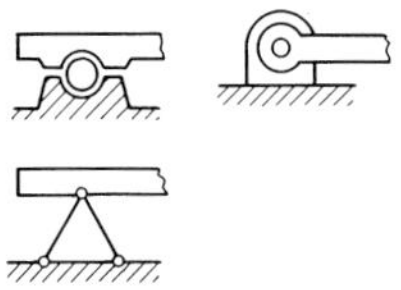	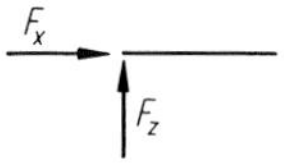	2
(feste) Einspannung 	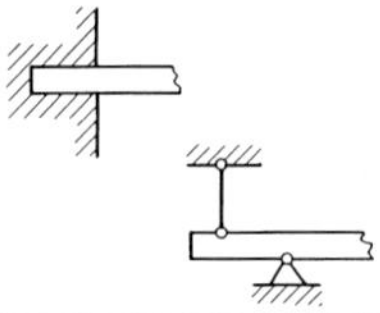	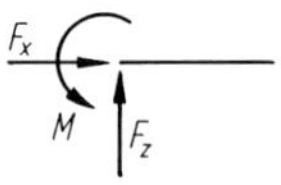	3
Schiebehülse; längskraftfreie Einspannung 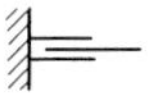	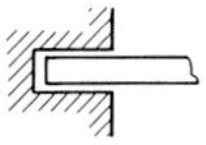	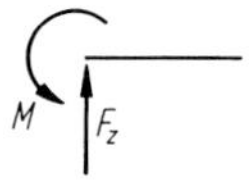	2
Schiebehülse; querkraftfreie Einspannung 	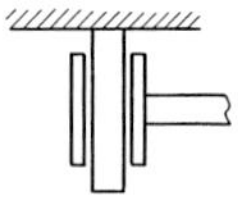	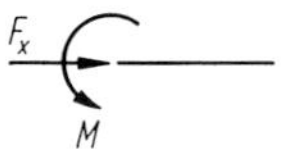	2
Kräftefreie Einspannung 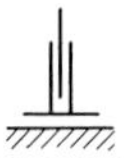	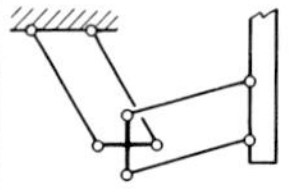		1

Vorzeichen an zwei Körpern des Systems an. Für die n ganz freigeschnittenen Einzelkörper können im räumlichen Fall $6n$ und im ebenen Fall $3n$ Gleichgewichtsbedingungen formuliert werden. Das System heißt *statisch bestimmt gelagert*, wenn sich alle Lagerreaktionen für beliebige eingeprägte Kräfte aus den Gleichgewichtsbedingungen bestimmen lassen. Notwendige und hinreichende Bedingungen dafür sind, dass (1) $a + z = 6n$ im räumlichen bzw. $a + z = 3n$ im ebenen Fall ist, und dass (2) die Koeffizientenmatrix der Unbekannten nicht singulär ist. Wenn (1) erfüllt ist, ist (2) genau dann erfüllt, wenn das System unbeweglich ist.

Ein ebenes System mit $a + z = 3n$ ist beweglich, wenn es zwischen zwei Körpern i und j $(i, j = 0, \ldots, n)$ eine Lagerreaktion gibt, deren Wirkungslinie durch den Geschwindigkeitspol P_{ij} geht, der bei Fehlen dieser Lagerreaktion vorhanden wäre.

Beispiel 2-4: In Bild 2-15 ist $n = 4$, $a = 5$, $z = 7$, also $a + z = 3n$. Wenn man die Lagerreaktion (d. h. das Lager) bei A entfernt, entsteht ein Mechanismus mit dem Pol P_{13} auf der Wirkungslinie dieser Lagerreaktion (vgl. Bild 1-9). Also ist das System statisch unbestimmt, denn eine Lagerreaktion auf dieser Linie kann eine Drehung der Körper 1 und 3 relativ zueinander nicht verhindern.

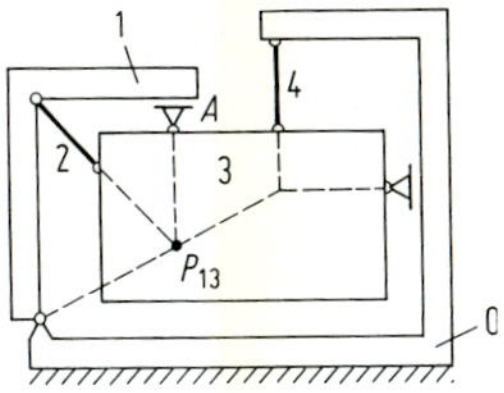

Bild 2-15. Statisch unbestimmtes System

2.2.3 Berechnung von Lagerreaktionen

Schnittprinzip. Im Allgemeinen sollen nicht alle Lagerreaktionen berechnet werden. Dann schneidet man auch nicht alle Körper frei.

Beispiel 2-5: Für die Schnittkraft S der Zange in Bild 2-17a liefert Bild 2-17b

$$S = P\frac{l_2 + l_3}{l_4} = F\frac{(l_2 + l_3)(l_1 + l_2)}{l_2 l_4} .$$

Beim Dreigelenkbogen in Bild 2-16 werden die Zwischenreaktionen C_1 und C_2 mit den gezeichneten Richtungen als Unbekannte eingeführt und mit je einer Momentengleichgewichtsbedingung mit dem Bezugspunkt A bzw. B berechnet.
Wenn an einem freigeschnittenen Körper genau zwei Kräfte angreifen, dann sind sie entgegengesetzt gleich. Wenn genau drei komplanare Kräfte angreifen, schneiden sich ihre Wirkungslinien in einem Punkt (siehe Bild 2-12b). Die Beachtung dieser Zusammenhänge vereinfacht rechnerische und grafische Lösungen der Gleichgewichtsbedingungen wesentlich.

Beispiel 2-6: In Bild 2-18 greifen am linken Teilsystem zwei und am rechten drei Kräfte an. Damit liegen die Richtungen aller Lagerreaktionen wie gezeichnet fest. Das Kräftedreieck liefert ihre Größen.

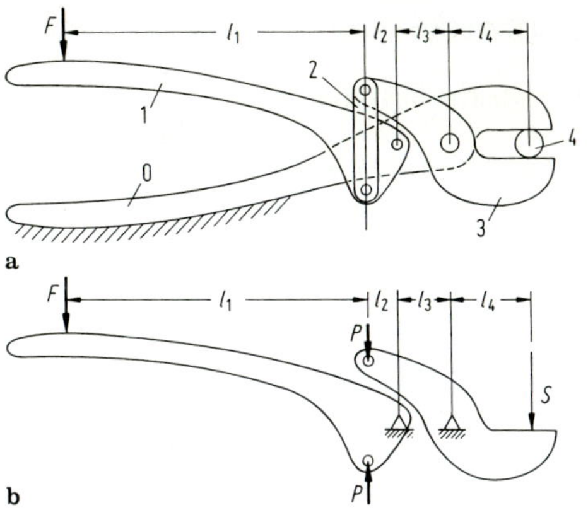

Bild 2-17. Zange (**a**) und freigeschnittene Körper (**b**) zur Bestimmung der Zangenkraft S

Prinzip der virtuellen Arbeit. Zur Durchführung der Methode siehe 2.1.16

Beispiel 2-7: Man berechne die Schnittkraft S der Zange in Bild 2-17. Aus der Zange entsteht ein im Gleichgewicht befindlicher Mechanismus mit einem Freiheitsgrad, wenn man den Körper 4 durch die von ihm auf die Backen 3 und 0 ausgeübten Schnittkräfte S ersetzt. Bei einer virtuellen Drehung von Körper 1 um $\delta\varphi_1$ im Gegenuhrzeigersinn verrichtet $\boldsymbol{F}$ die virtuelle Arbeit $F(l_1 + l_2)\delta\varphi_1$ und die Kraft S an Körper 3 die Arbeit $-S\,l_4\delta\varphi_3$. Dabei ist $\delta\varphi_3$ der Drehwinkel von Körper 3 im Gegenuhrzeigersinn. Die kinematische Bindung durch Körper 2 bewirkt, dass $l_2\delta\varphi_1 = (l_2 + l_3)\delta\varphi_3$ ist. Die Kraft S an Körper 0 verrichtet keine Arbeit. Damit ist die gesamte virtuelle Arbeit aller äußeren Kräfte

$$\delta W_a = [F(l_1 + l_2) - S\,l_2 l_4/(l_2 + l_3)]\delta\varphi_1 .$$

Aus $\delta W_a = 0$ folgt

$$S = F(l_1 + l_2)(l_2 + l_3)/(l_2 l_4) .$$

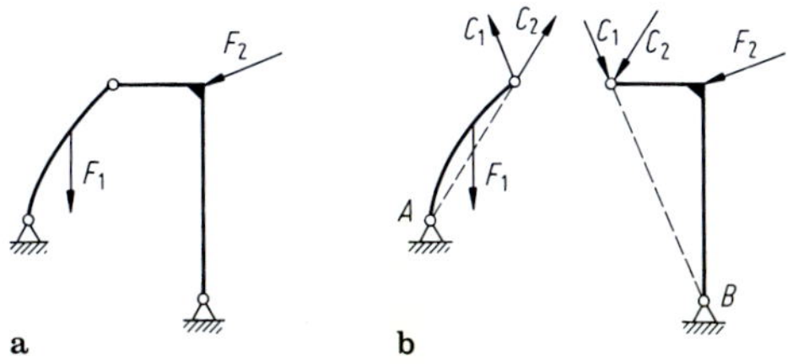

Bild 2-16. **a** Dreigelenkbogen. **b** Zugehörige Freikörperbilder

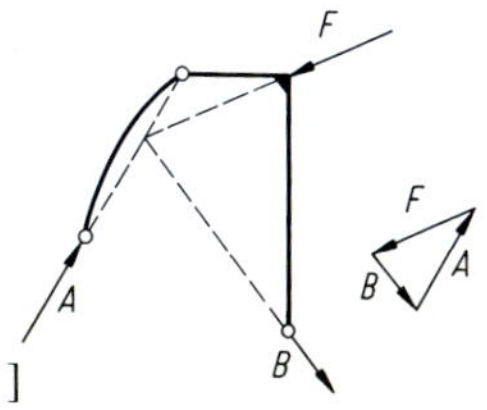

Bild 2-18. Grafische Konstruktion der Lagerreaktionen an einem einseitig belasteten Dreigelenkbogen

2.3 Fachwerke

2.3.1 Statische Bestimmtheit

Ein *ideales Fachwerk* ist ein ebenes oder räumliches Stabsystem mit reibungsfreien Gelenkverbindungen (Knoten) an den Stabenden. Alle Kräfte greifen an Knoten an, sodass die Stäbe nur durch Längskräfte belastet werden. Kräfte in Zugstäben zählen positiv. Ein Fachwerk heißt *einfach*, wenn ein Abbau schrittweise derart möglich ist, dass mit jedem Schritt im ebenen Fall zwei Stäbe und ein Knoten (im räumlichen drei nicht komplanare Stäbe und ein Knoten) abgebaut werden, bis im ebenen Fall ein einziger Stab (im räumlichen Fall ein Stabdreieck) übrigbleibt. Das Fachwerk in Bild 2-19 ist ein einfaches Fachwerk. Die Bilder 2-20, 2-21a und 2-22 zeigen nichteinfache Fachwerke.

Für ein Fachwerk mit k Knoten, s Stäben und insgesamt a Lagerreaktionen können für die k ganz freigeschnittenen Knoten im ebenen Fall $2k$ und im räumlichen Fall $3k$ Kräftegleichgewichtsbedingungen formuliert werden. Das Fachwerk heißt *innerlich statisch bestimmt*, wenn sich aus diesen Gleichgewichtsbedingungen alle Lagerreaktionen und alle Stabkräfte für beliebige eingeprägte Kräfte bestimmen lassen. Notwendige und hinreichende Bedingungen dafür sind, dass (1) $a+s = 2k$ im ebenen bzw. $a+s = 3k$ im räumlichen Fall ist, und dass (2) die Koeffizientenmatrix der Unbekannten nicht singulär ist. Wenn (1) erfüllt ist, ist (2) genau dann erfüllt, wenn das Fachwerk unbeweglich ist. Einfache Fachwerke sind innerlich statisch bestimmt, wenn sie statisch bestimmt gelagert sind.

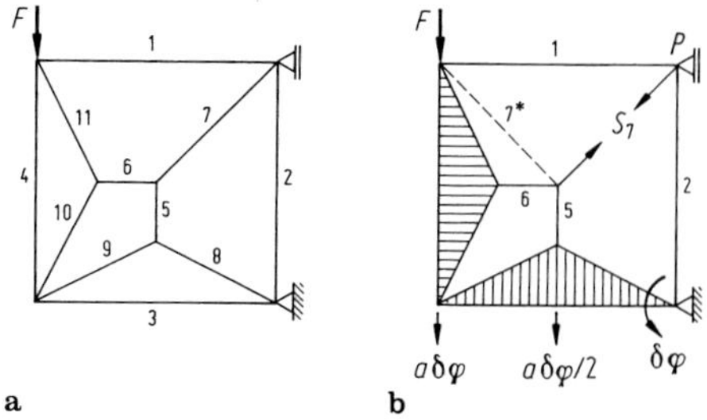

Bild 2-21. **a** Nicht einfaches Fachwerk. **b** Mechanismus mit virtuellen Verschiebungen nach Schnitt von Stab 7. Vertauschung von Stab 7 gegen Stab 7* erzeugt ein einfaches Fachwerk

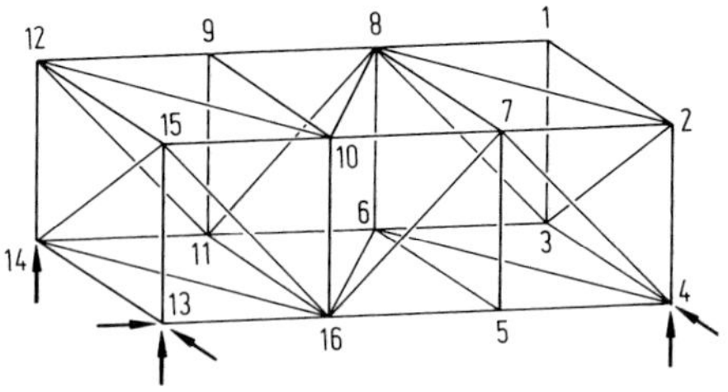

Bild 2-22. Nicht-einfaches Fachwerk. Pfeile an den Knoten 4, 13 und 14 kennzeichnen Lagerreaktionen

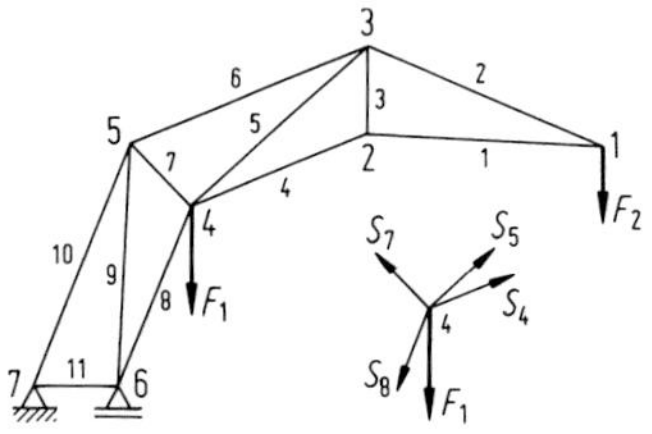

Bild 2-19. Einfaches Fachwerk mit freigeschnittenem Knoten 4

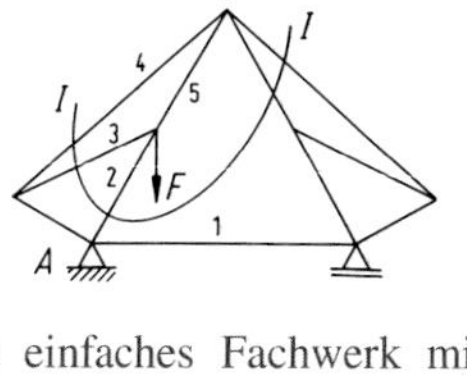

Bild 2-20. Nicht einfaches Fachwerk mit einem Ritterschnitt zur Berechnung von S_3

2.3.2 Nullstäbe

Nullstäbe (Stäbe mit der Stabkraft null) können häufig ohne Rechnung erkannt werden. Bild 2-23 zeigt einfache Kriterien.

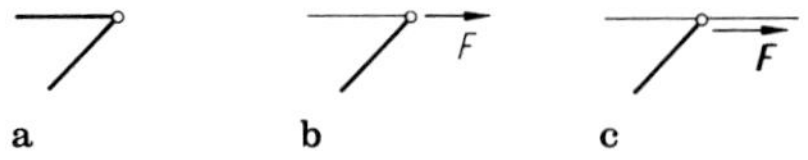

Bild 2-23. Stäbe mit der Stabkraft null sind dick gezeichnet. **a** Ein Knoten ohne Kräfte verbindet zwei nicht in einer Geraden liegende Stäbe. Dann sind beide Stäbe Nullstäbe. **b** Ein Knoten verbindet zwei Stäbe, und die resultierende Kraft am Knoten hat die Richtung des einen Stabes. Dann ist der andere Stab ein Nullstab. **c** Ein Knoten verbindet drei Stäbe, von denen zwei in einer Geraden liegen, und die resultierende Kraft am Knoten hat die Richtung dieser Geraden. Dann ist der dritte Stab ein Nullstab

2.3.3 Knotenschnittverfahren

Zuerst Lagerreaktionen bestimmen, dann alle Knoten freischneiden und für jeden Knoten im ebenen Fall zwei (im räumlichen drei) Gleichgewichtsbedingungen formulieren. Die Stabkraft S_i jedes Stabes i steht in den Gleichungen zweier Knoten. Bei einfachen Fachwerken werden die Knoten in einer Abbaureihenfolge bearbeitet. Die letzten beiden Knoten dienen zur Ergebniskontrolle. Die Kräftepolygone aller Knoten bilden den Cremonaplan.

Beispiel 2-8: In Bild 2-19 ist 1, 2, 3, 4, 5, 6, 7 eine Abbaureihenfolge. Knoten 1 liefert S_1 und S_2, Knoten 2 S_3 und S_4 usw. Die kleine Figur zeigt den Knoten 4 mit positiven Stabkräften.

2.3.4 Ritter'sches Schnittverfahren für ebene Fachwerke

Mit einem Schnitt durch geeignet gewählte Stäbe wird das Fachwerk in zwei Teile zerlegt. Für einen Teil werden Gleichgewichtsbedingungen formuliert und nach Kräften in den geschnittenen Stäben aufgelöst. Der Schnitt muss so geführt werden, dass Zahl und Anordnung der geschnittenen Stäbe die Auflösung zulassen.

Beispiel 2-9: Berechnung von S_3 in Bild 2-20 mit zwei Schnitten. Der erste Schnitt durch die Stäbe 1, 4 und 5 liefert S_4 (Momentengleichgewicht am linken Teil um A). Der zweite Schnitt durch die Stäbe 1, 2, 3 und 4 liefert S_3 (Momentengleichgewicht am linken Teil um A). S_3 kann auch unmittelbar mit dem Schnitt I-I aus einer Momentengleichgewichtsbedingung um C bestimmt werden.

Ritterschnitte sind nicht in allen Fachwerken möglich, z. B. nicht in Bild 2-21a.

2.3.5 Prinzip der virtuellen Arbeit

Zur Methodik siehe 2.1.16.

Beispiel 2-10: Berechnung von S_7 in Bild 2-21a. Der Mechanismus mit geschnittenem Stab 7 besteht aus den in Bild 2-21b schraffierten Dreiecken und den Stäben 1, 2, 5 und 6. Die Stäbe 1 und 2 drehen sich um P. Bei Drehung des rechten Dreiecks um $\delta\varphi$ verschiebt sich das linke Dreieck um $a\delta\varphi$ und Stab 5 um $a\delta\varphi/2$ translatorisch nach unten. Also ist $\delta W_{\mathrm{a}} = (Fa - S_7 a\sqrt{2}/4)\delta\varphi$. Aus $\delta W_{\mathrm{a}} = 0$ folgt $S_7 = 2F\sqrt{2}$.

Energiemethoden bei Fachwerken siehe auch in 5.8.1 und 5.8.3.

2.3.6 Methode der Stabvertauschung

Aus einem nicht einfachen Fachwerk wird ein einfaches erzeugt, indem man geeignet gewählte Stäbe eliminiert und gleich viele an anderen Stellen zwischen geeignet gewählten Knoten einsetzt.

Beispiel 2-11: In Bild 2-21a genügt es, den Stab 7 durch den in Bild 2-21b gestrichelt gezeichneten Stab 7* zu ersetzen. In Bild 2-22 genügt es, den Stab zwischen den Knoten 2 und 3 durch einen Stab zwischen den Knoten 12 und 16 zu ersetzen. Danach können die Knoten in der Reihenfolge $1, 2, \ldots, 16$ abgebaut werden.

Die Stabkraft S_i eines eliminierten Stabes wird nach Bild 2-21b als unbekannte äußere Kraft mit entgegengesetzten Vorzeichen an den beiden Knoten dieses Stabes angebracht. Die von S_i abhängende Stabkraft S_i^* im Ersatzstab wird berechnet und zu null gesetzt. Das liefert S_i. Damit sind alle äußeren Kräfte am einfachen Fachwerk bekannt. Alle weiteren Berechnungen werden an diesem Fachwerk vorgenommen.

2.4 Ebene Seil- und Kettenlinien

2.4.1 Gewichtsloses Seil mit Einzelgewichten

In Bild 2-24a sind gegeben: a, h, die gesamte Seillänge l, Gewichte $G_1, \ldots, G_n$ sowie entweder $l_0, \ldots, l_n$ (Fall I) oder $a_0, \ldots, a_n$ (Fall II). Gesucht sind das Seilpolygon und die Seilkräfte.

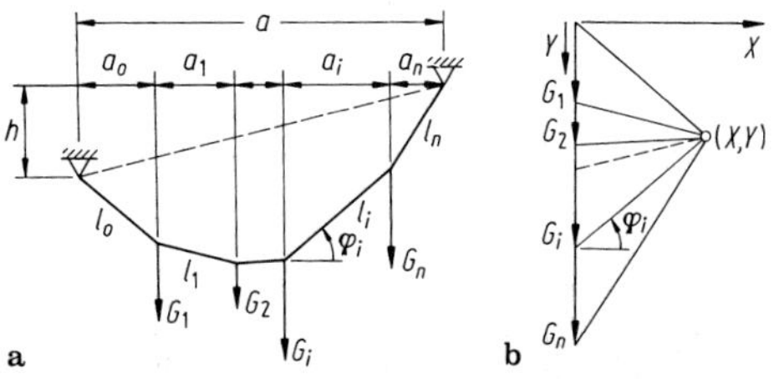

Bild 2-24. **a** Gewichtsloses Seil mit vertikalen Einzelkräften. **b** Zugehöriger Kräfteplan. Polstrahlen im Kräfteplan stellen die Seilkräfte dar. h ist negativ, wenn das rechte Lager tiefer liegt als das linke

Beides liefert der Kräfteplan in Bild 2-24b nach dem Seileckverfahren (siehe Bild 2-8), sobald die Koordinaten X, Y des Pols bekannt sind. Man definiert

$$P_0 = 0 \quad \text{und} \quad P_i = \sum_{j=1}^{i} G_j \quad (i = 1, \ldots, n)\,.$$

Damit ist

$$\tan\varphi_i = (P_i - Y)/X \quad (i = 0, \ldots, n)\,.$$

Fall I: Die Bedingungen

$$\sum_{i=0}^{n} l_i \cos\varphi_i = a \quad \text{und} \quad \sum_{i=0}^{n} l_i \sin\varphi_i = h$$

liefern für X und Y die Bestimmungsgleichungen

$$\left.\begin{aligned} X\sum_{i=0}^{n} \frac{l_i}{[X^2 + (P_i - Y)^2]^{1/2}} &= a\,, \\ \sum_{i=0}^{n} \frac{P_i l_i}{[X^2 + (P_i - Y)^2]^{1/2}} &= h + a\frac{Y}{X}\,. \end{aligned}\right\} \tag{2-18}$$

Fall II: Die Bedingungen

$$\sum_{i=0}^{n} a_i \tan\varphi_i = h \quad \text{und} \quad \sum_{i=0}^{n} a_i(1 + \tan^2\varphi_i)^{1/2} = l$$

liefern für X und Y die Bestimmungsgleichungen

$$\left.\begin{aligned} Y &= P - Xh/a\,, \\ \sum_{i=0}^{n} a_i[X^2 + (P_i - P + Xh/a)^2]^{1/2} &= lX \end{aligned}\right\}$$

$$\text{mit } P = \sum_{i=1}^{n} P_i a_i/a\,. \tag{2-19}$$

Die erste Gleichung legt die in Bild 2-24b gestrichelte Gerade fest.

2.4.2 Schwere Gliederkette

In Bild 2-25 sind gegeben: a, h und G_i, l_i, a_i, b_i für $i = 0, \ldots, n$. Der Schwerpunkt jedes Gliedes liegt auf der Verbindungslinie seiner Gelenkpunkte. Gesucht ist das Polygon der Gelenkpunkte. Lösung: Das Gewicht G_i jedes Gliedes wird durch die Kräfte $G_i b_i/l_i$ und $G_i a_i/l_i$ in seinem linken Gelenkpunkt i bzw. rechten Gelenkpunkt $i + 1$ ersetzt. Das gesuchte Polygon hat dann die Form eines gewichtslosen Seils mit den Einzelgewichten $G_i^* = G_{i-1}a_{i-1}/l_{i-1} + G_i b_i/l_i$ in den Gelenkpunkten $i = 1, \ldots, n$. Das ist Fall I in 2.4.1 mit G_i^* statt G_i.

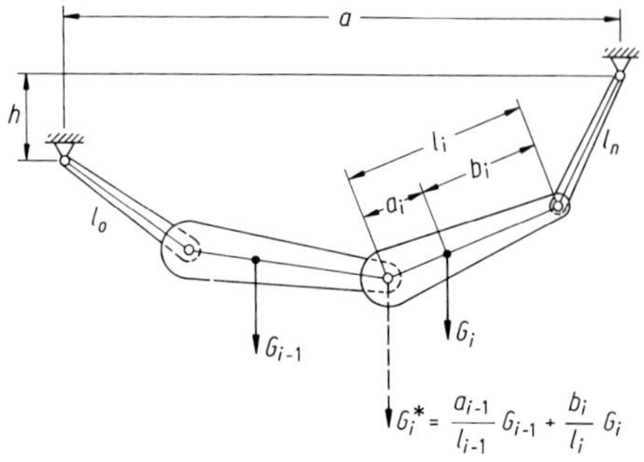

Bild 2-25. Schwere Gliederkette. Die Schwerpunkte der Glieder liegen auf den Verbindungsgeraden der Gelenke

2.4.3 Schweres Seil

Bei dem homogenen, biegeschlaffen Seil in Bild 2-26a und b mit q = Seilgewicht/Seillänge hängt es nur von l, a und h ab, ob der tiefste Punkt der Seillinie $y(x)$ zwischen den Lagern A und B liegt oder nicht. Die strenge Lösung für $y(x)$ und für die Seilkraft $F(x)$ mit der Horizontalkomponente H und der Vertikalkomponente V lautet

$$y(x) = \lambda[\cosh(x/\lambda) - 1]\,, \tag{2-20}$$

$H = q\lambda = \text{const}$, $V(x) = q\lambda \sinh(x/\lambda)$ und $F(x) = q[y(x) - \lambda]$ $F(x)$ maximal im höchsten Punkt). Die Konstanten λ und x_A sind mit a, h und l verknüpft durch die Gleichungen

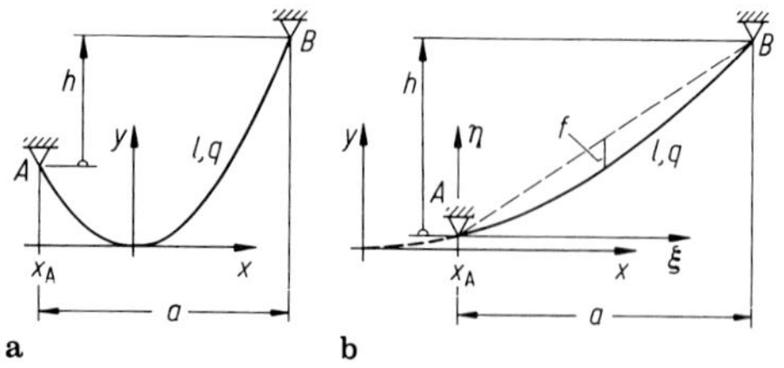

Bild 2-26. Seillinie eines schweren biegeschlaffen Seils bei großem Durchhang (**a**) und bei straffer Spannung (**b**)

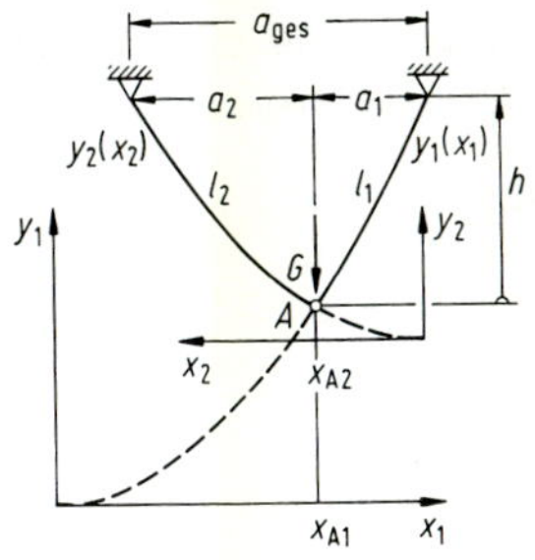

Bild 2-27. Schweres Seil mit Einzelgewicht G

$$\left.\begin{aligned} 2\lambda \sinh \frac{a}{2\lambda} &= (l^2 - h^2)^{1/2}\,, \\ 2\lambda \sinh \frac{x_A}{\lambda} &= -l + h\left(1 + \frac{4\lambda^2}{l^2 - h^2}\right)^{1/2}\,. \end{aligned}\right\} \quad (2\text{-}21)$$

Für fast geradlinig gestraffte Seile sind im ξ, η-System von Bild 2-26b die Näherungen gültig:

$$\left.\begin{aligned} H &\approx \frac{q^* a}{2(h/a - c)} = \text{const}\,, \\ V(\xi) &\approx q^*\xi + cH\,, \\ y(\xi) &\approx \frac{q^*\xi^2}{2H} + c\xi\,. \end{aligned}\right\} \quad (2\text{-}22)$$

Darin sind die Konstanten q^* und c mit l, a, h und dem bei $\xi = a/2$ größten Durchhang f unter der Sehne $\overline{AB}$ verknüpft durch

$$\left.\begin{aligned} q^* &= q(1 + h^2/a^2)^{1/2}\,, \\ (h - ac)^2 &= 6\frac{(a^2 + h^2)^2}{a^2}\left[\frac{l}{(a^2 + h^2)^{1/2}} - 1\right]\,, \\ f &\approx \frac{1}{4}(h - ac)\,. \end{aligned}\right\} \quad (2\text{-}23)$$

2.4.4 Schweres Seil mit Einzelgewicht

In Bild 2-27 sind die Koordinatensysteme x_1, y_1 und x_2, y_2 und alle Bezeichnungen so gewählt, dass für beide Kurvenäste $y_1(x_1)$ und $y_2(x_2)$ Übereinstimmung mit Bild 2-26a besteht, wenn man dort überall den Index $i = 1$ bzw. 2 hinzufügt. Folglich gelten für jeden Kurvenast die drei Gleichungen (2-20) und (2-21) mit den entsprechenden Indizes. Die Aufgabenstellung schreibt $q_1 = q_2 = q$ und $h_1 = h_2 = h$ vor. Dann folgt aus dem Kräftegleichgewicht in horizontaler Richtung $\lambda_1 = \lambda_2 = \lambda$, d. h. beide Kurvenäste sind Abschnitte ein und derselben cosh-Kurve. Die vier Gleichungen (2-21) mit Indizes $i = 1$ bzw. 2, die Beziehung $a_1 + a_2 = a_{ges}$ und die Kräftegleichgewichtsbedingung $G = q\lambda[\sinh(x_{A1}/\lambda) + \sinh(x_{A2}/\lambda)]$ bestimmen bei gegebenen a_{ges}, l_1, l_2, q und G die Unbekannten λ, h, a_1, a_2, x_{A1} und x_{A2}. Für λ und h kann man die Gleichungen entkoppeln:

$$\left.\begin{aligned} &2G + q(l_1 + l_2) = qh\sum_{i=1}^{2}\left[1 + \frac{4\lambda^2}{l_i^2 - h^2}\right]^{1/2}\,, \\ &(l_1^2 - h^2 + 4\lambda^2)^{1/2}\sinh[a_{ges}/(2\lambda)] \\ &-(l_1^2 - h^2)^{1/2}\cosh[a_{ges}/(2\lambda)] = (l_2^2 - h^2)^{1/2}\,. \end{aligned}\right\} \quad (2\text{-}24)$$

Andere streng lösbare Aufgaben mit Seillinien siehe in [1]. Rechenverfahren bei Hängebrücken siehe in [2].

2.4.5 Rotierendes Seil

In Bild 2-28 wird an dem mit $\omega = \text{const}$ rotierenden homogenen Seil mit der Massenbelegung μ = Masse/Länge das Gewicht gegen die Fliehkraft vernachlässigt. Dann existiert im mitrotierenden x, y-System eine stationäre Seillinie $y(x)$ mit Seilkraftkomponenten H in x- und V in y-Richtung. Die strenge Lösung lautet

$$\begin{aligned} y(x) &= y_0\,\text{sn}(bx/c^2 + \mathsf{K}), \qquad H = c^2\mu\omega^2/2 = \text{const}\,, \\ V(x) &= H\mathrm{d}y/\mathrm{d}x \\ &= Hy_0 b/c^2\,\text{cn}(bx/c^2 + \mathsf{K}) \cdot \text{dn}(bx/c^2 + \mathsf{K}) \end{aligned}$$

mit $b = (y_0^2 + 2c^2)^{1/2}$, mit dem Modul $k = y_0/b$ und mit dem vollständigen elliptischen Integral K. sn, cn und dn sind die Jacobi'schen elliptischen Funktionen. Die Konstanten y_0, x_1 und c sind mit y_1, y_2, a und l durch die Gleichungen verknüpft (unvollstän-

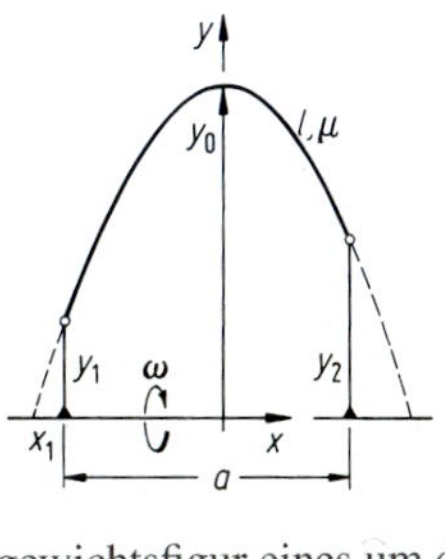

Bild 2-28. Gleichgewichtsfigur eines um die x-Achse rotierenden Seils im mitrotierenden x, y-System

diges elliptisches Integral $\mathsf{E}(\mathrm{am}\ u, k)$ mit $\mathrm{am}\ u$ = $\arcsin \mathrm{sn}\ u$; $\mathrm{am}\ u > \pi/2$ für $u > \mathsf{K}$):

$$\left.\begin{aligned} &y(x_1) = y_1\,, \quad y(x_1 + a) = y_2\,, \\ &l = b[\mathsf{E}(\mathrm{am}(bx_1/c^2 + \mathsf{K}), k) \\ &\qquad -\mathsf{E}(\mathrm{am}(b(x_1 + a)/c^2 + \mathsf{K}), k)] - a\,. \end{aligned}\right\} \quad (2\text{-}25)$$

2.5 Coulomb'sche Reibungskräfte

2.5.1 Ruhereibungskräfte

Berührungsflächen zwischen ruhenden Körpern sind Lagerstellen, an denen nicht nur normal zur Fläche eine Lagerreaktion N, sondern auch tangential eine Lagerreaktion H, eine sog. *Haftkraft* oder *Ruhereibungskraft* auftreten kann (Bild 2-29a, b). Beide Komponenten stehen mit den übrigen Kräften im Gleichgewicht. Im Fall statischer Bestimmtheit werden sie aus Gleichgewichtsbedingungen berechnet. Das Lager hält stand, d. h., die Körper gleiten nicht aufeinander, wenn

$$H/N \leqq \mu_0 = \tan \varrho_0 \quad (2\text{-}26)$$

ist, d. h., wenn die aus H und N resultierende Lagerreaktion innerhalb des Reibungskegels mit dem halben Öffnungswinkel ϱ_0 um die Flächennormale liegt (Bild 2-29b). ϱ_0 heißt *Ruhereibungswinkel*. Die *Ruhereibungszahl* μ_0 hängt von vielen Parametern ab, z. B. von der Werkstoffpaarung und der Oberflächenbeschaffenheit, aber in weiten Grenzen weder von der Größe der Berührungsfläche noch von N. Reibungszahlen sind tribologische Systemkenngrößen. Sie müssen experimentell bestimmt werden, siehe D 10.6.1 und D 11.7.3. Die Ruhereibungszahl ist im Allg. etwas größer als die Gleitreibungszahl bei derselben Werkstoffpaarung.

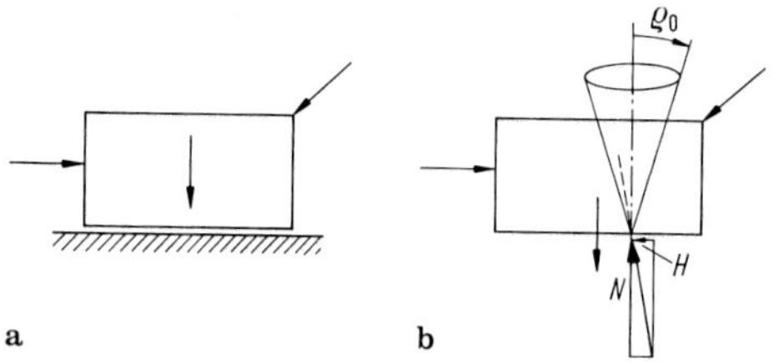

Bild 2-29. a Eingeprägte Kräfte an einem Körper auf rauer Unterlage. **b** Wenn die Resultierende aus Normalkraft N und Ruhereibungskraft H wie gezeichnet innerhalb des Ruhereibungskegels liegt, herrscht Gleichgewicht. Eine Resultierende außerhalb des Kegels ist unmöglich

Beispiel 2-12: In der Klemmvorrichtung von Bild 2-30a verursacht eine Zugkraft F im Fall der Ruhereibung Lagerreaktionen H_1, H_2, N_1 und N_2 am Keil (Bild 2-30b). Gleichgewicht verlangt $H_1 = H_2 \cos\alpha + N_2 \sin\alpha$ und $N_1 = N_2 \cos\alpha - H_2 \sin\alpha$, also

$$\frac{H_1}{N_1} = \frac{(H_2/N_2)\cos\alpha + \sin\alpha}{\cos\alpha - (H_2/N_2)\sin\alpha}\,.$$

Der Keil haftet an beiden Flächen, wenn $H_1/N_1 \leqq \tan\varrho_{01}$ und $H_2/N_2 \leqq \tan\varrho_{02}$ ist. Die erste Bedingung liefert

$$\tan\alpha \leqq \frac{\tan\varrho_{01} - H_2/N_2}{1 + \tan\varrho_{01}(H_2/N_2)}$$

und die zweite

$$\frac{\tan\varrho_{01} - H_2/N_2}{1 + \tan\varrho_{01}(H_2/N_2)} \geqq \frac{\tan\varrho_{01} - \tan\varrho_{02}}{1 + \tan\varrho_{01}\tan\varrho_{02}} = \tan(\varrho_{01} - \varrho_{02})\,.$$

Also ist $\alpha \leqq \varrho_{01} - \varrho_{02}$ unabhängig von μ_{03} eine hinreichende Bedingung für das Funktionieren der Vorrichtung. Die Ruhereibungskräfte sind statisch unbestimmt.

2.5.2 Gleitreibungskräfte

Wenn trockene Berührungsflächen zweier Körper beschleunigt oder unbeschleunigt aufeinander gleiten, dann üben die Körper aufeinander *Gleitreibungskräfte* tangential zur Berührungsfläche aus, siehe D 10.6.1. Gleitreibungskräfte sind eingeprägte Kräfte. An jedem Körper ist die Kraft der Relativgeschwindigkeit dieses Körpers entgegengerichtet und vom Betrag $\mu N = \tan\varrho \cdot N$. Darin ist N die Anpress-

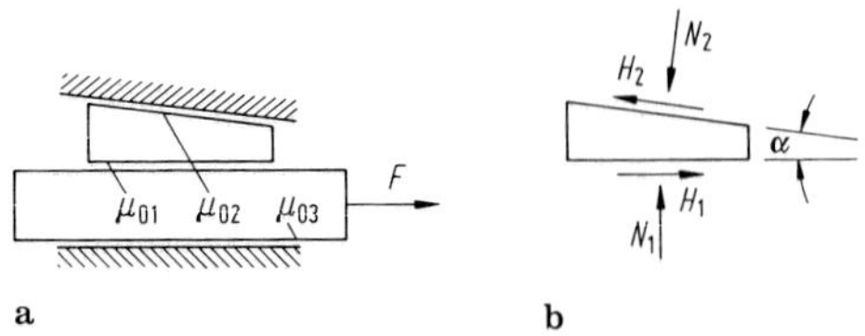

Bild 2-30. a Klemmvorrichtung. **b** Der freigeschnittene Keil

kraft der Körper normal zur Berührungsfläche, μ die *Gleitreibungszahl* und ϱ der *Gleitreibungswinkel* (Bild 2-31a, b).

Eine Umkehrung der Relativgeschwindigkeit wird formal durch Änderung des Vorzeichens von μ berücksichtigt. μ ist wie μ_0 eine tribologische Systemkenngröße, die von vielen Parametern abhängt, z. B. von der Werkstoffpaarung und der Oberflächenbeschaffenheit, aber in weiten Grenzen weder von der Größe der Berührungsfläche noch von N. Vom Betrag v_{rel} der Relativgeschwindigkeit ist μ nur wenig abhängig (Messergebnisse siehe in [6]). Eine schwache Abhängigkeit nach Bild 2-32 kann zu Ruckgleiten (stick-slip) führen und selbsterregte Schwingungen verursachen, z. B. das Rattern bei Drehmaschinen oder das Kreischen von Bremsen (vgl. Bild 4-15 und [7]).

Tabelle 2-5 gibt Gleitreibungszahlen für technisch trockene Oberflächen in Luft an. Messungen unter genormten Bedingungen (siehe D 10.6.1 und D 11.7.3) liefern die Näherungswerte der Spalten 2 und 3. Bei trockenen Oberflächen mit technisch üblichen, geringen Verunreinigungen liegen Gleitreibungszahlen in den Wertebereichen der Spalten 4 und 5. Bei Schmierung von Oberflächen ist μ wesentlich kleiner, z. B. $\mu \approx 0,1$ bei Stahl/Stahl und Stahl/Polyamid, $\mu \approx 0,02 \ldots 0,2$ bei Stahl/ Grauguss, $\mu \approx 0,02 \ldots 0,1$ bei Metall/Holz und $\mu \approx 0,05 \ldots 0,15$ bei Holz/Holz.

Für die Paarung Stahl/Eis (trocken) ist $\mu \approx 0,0015$. Ruhereibungszahlen μ_0 sind i. Allg. ca. 10% größer als die entsprechenden Gleitreibungszahlen.

Beispiel 2-13: Um eine Schraube mit Trapezgewinde nach Bild 2-33 unter einer Last F unbeschleunigt in Bewegung zu halten, muss man das Moment $M = F r_m \tan(\alpha \pm \varrho)$ aufbringen ($+\varrho$ bei Vorschub gegen F und $-\varrho$ bei Vorschub mit F; ϱ Gleitreibungswinkel, α Gewindesteigungswinkel). Bei Spitzgewinde mit dem Spitzenwinkel β tritt $\varrho' = \arctan[\mu/\cos(\beta/2)]$ an die Stelle von $\varrho = \arctan\mu$. Bei Befestigungsschrauben muss $\alpha < \varrho'$ sein.

Reibung an Seilen und Treibriemen. In einem biegeschlaffen Seil, das nach Bild 2-34a in der gezeichneten Richtung über eine Trommel gleitet, besteht zwischen den Seilkräften S_1 am Einlauf und S_2 am Auslauf die Beziehung $S_2 = S_1 \exp(\mu\alpha)$. Sie gilt auch für nicht kreisförmige Trommelquerschnitte (Bild 2-34b). Bei haftendem Seil ist $S_2 \leqq S_1 \exp(\mu_0\alpha)$. Ein laufender Treibriemen hat in einem Bereich $\beta \leqq \alpha$ des Umschlingungswinkels α wegen Änderung seiner Dehnung längs des Umfangs Schlupf. Auf dem Restbogen $\alpha - \beta$ haftet er. Bei Volllast ist $\beta = \alpha$. Dann ist $S_2 - m'v^2 = (S_1 - m'v^2)\exp(\mu\alpha)$, wobei die Massenbelegung m' = Masse/Länge und die

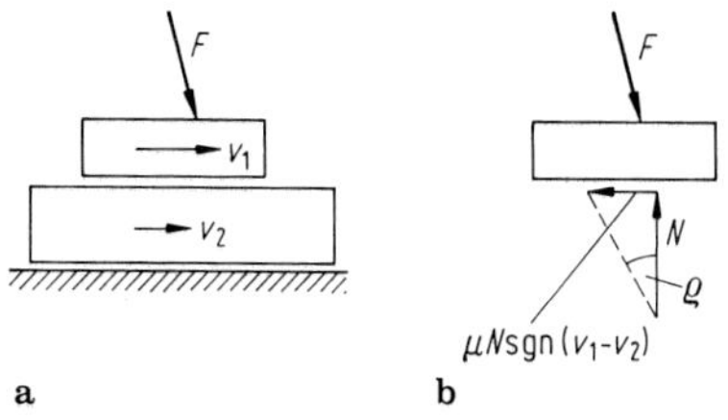

Bild 2-31. **a** Relativ zueinander bewegte Körper. **b** Freikörperbild mit Gleitreibungskräften

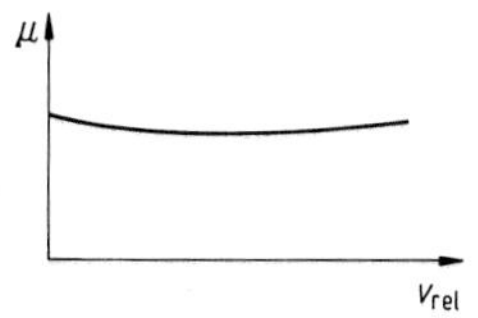

Bild 2-32. Die dargestellte Abhängigkeit der Gleitreibungszahl μ von der Relativgeschwindigkeit v_{rel} kann Ruckgleiten (stick-slip) verursachen

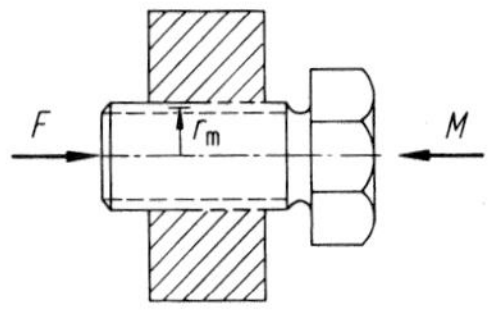

Bild 2-33. In den Gleichgewichtsbedingungen für die Schraube unter der Kraft F und dem Moment M spielen Normalkräfte und Gleitreibungskräfte an den Gewindeflanken eine Rolle

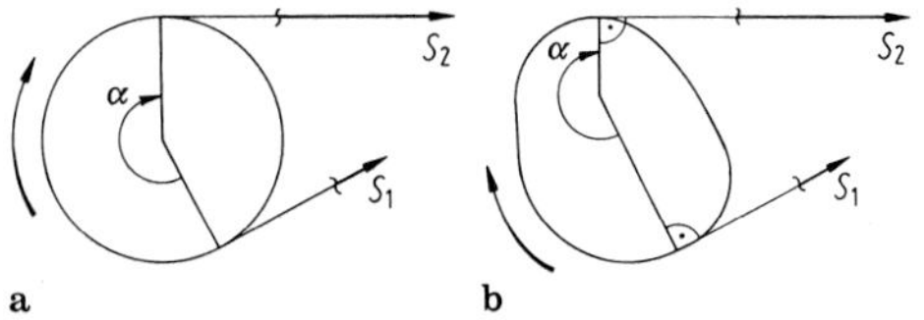

Bild 2-34. Für kreiszylindrische (Bild **a**) und nicht kreiszylindrische Seiltrommeln (Bild **b**) gilt $S_2 = S_1 \exp(\mu\alpha)$, wenn das Seil in Pfeilrichtung auf den Trommeln gleitet

Tabelle 2-5. Gleitreibungszahlen μ bei Festkörperreibung. Spalten 2 und 3 für technisch trockene Oberflächen in Luft (Messwerte nach [5] und [6]). Spalten 4 und 5 für technisch übliche, geringe Verunreinigungen (Wertebereiche sind Anhaltspunkte). Paarung mit jeweils gleichem Werkstoff (Spalten 2 und 4), mit Stahl 0,13% C; 3,4% Ni (Spalte 3) und mit Stahl (Spalte 5)

Werkstoff	trocken		verunreinigt	
	gleicher Werkst.	Stahl 0,13% C, 3,4% Ni	gleicher Werkst.	Stahl
Aluminium	1,3	0,5	0,95 ··· 1,3	
Blei	1,5	1,2		0,5 ··· 1,2
Chrom	0,4	0,5		
Eisen	1,0			
Kupfer	1,3	0,8	0,6 ··· 1,3	0,25 ··· 0,8
Nickel	0,7	0,5	0,4 ··· 0,7	
Silber	1,4	0,5		
Gusseisen	0,4	0,4	0,2 ··· 0,4	0,1 ··· 0,15
Stahl (austenitisch)	1,0			
Stahl (0,13% C; 3,4% Ni)	0,8	0,8		0,4 ··· 1,0
Werkzeugstahl	0,4			
Konstantan (54% Cu; 45% Ni)		0,4		
Lagermetall (Pb-Basis)		0,5		0,2 ··· 0,5
Lagermetall (Sn-Basis)		0,8		
Messing (70% Cu; 30% Zn)		0,5		
Phosphorbronze		0,3		
Gummi (Polyurethan)		1,6		
Gummi (Isopren)		3–10		
Polyamid (Nylon)	1,2	0,4		0,3 ··· 0,45
Polyethylen (PE-HD)	0,4	0,08		
Polymethylmethacrylat (PMMA, ,Plexiglas')		0,5 *)		
Polypropylen (PP)		0,3		
Polystyrol (PS)		0,5		
Polyvinylchlorid (PVC)		0,5		
Polytetrafluorethylen (PTFE, ,Teflon')	0,12	0,05		0,04 ··· 0,22
Al_2O_3-Keramik	0,4	0,7		
Diamant	0,1			
Saphir	0,2			
Titankarbid	0,15			
Wolframkarbid	0,15			

*) niedrige Gleitgeschwindigkeit

Riemengeschwindigkeit v den Fliehkrafteinfluss berücksichtigen. $(S_1 + S_2)/2 = S_v$ ist die Kraft, mit der der ruhende Riemen gleichmäßig vorgespannt wird. Zur Erzeugung eines geforderten Reibmoments

$$M = r(S_2 - S_1) = r(S_1 - m'v^2)(\exp(\mu\alpha) - 1)$$

muss man S_v passend wählen. Bei Keilriemen mit dem Keilwinkel γ tritt $\mu/\sin(\gamma/2)$ an die Stelle von μ.

2.6 Stabilität von Gleichgewichtslagen

Zur Definition der *Stabilität* siehe 3.7. Bei einem konservativen System (siehe 2.1.14) hat die potenzielle Energie V des Systems in jeder Gleichgewichtslage einen stationären Wert. Das Gleichgewicht ist stabil bei Minima und instabil bei Maxima und Sattelpunkten. Bei einem System mit n Freiheitsgraden und mit n Koordinaten $q_1, \ldots, q_n$ ist V eine Funktion von $q_1, \ldots, q_n$. Ein Minimum liegt vor, wenn die symmetrische $(n \times n)$-Matrix aller zweiten partiellen Ableitungen $\partial^2 V/\partial q_i \partial q_j$ in der Gleichgewichtslage n positive Hauptminoren hat.

Beispiel 2-14: Der Körper in Bild 2-35 mit daranhängendem Pendel kann mit seiner zylindrischen Unterseite auf dem Boden rollen. Unter welchen Bedingungen ist die Gleichgewichtslage $\varphi_1 = \varphi_2 = 0$ stabil? Lösung: Die potenzielle Energie ist

$$\begin{aligned} V(\varphi_1, \varphi_2) = &-m_1 g a \cos\varphi_1 \\ &- m_2 g[b\cos\varphi_1 + l\cos(\varphi_1 + \varphi_2)]\,. \end{aligned}$$

Die Matrix der zweiten partiellen Ableitungen an der Stelle $\varphi_1 = \varphi_2 = 0$ ist

$$\begin{bmatrix} m_1 g a + m_2 g(b + l) & m_2 g l \\ m_2 g l & m_2 g l \end{bmatrix}.$$

Ihre Hauptminoren – das Element (1,1) und die Determinante – sind positiv, wenn $l > 0$ (hängendes Pendel) und $m_1 a + m_2 b > 0$ ist. $a < 0$ bedeutet, dass S_1 oberhalb von M liegt und $b < 0$, dass der Pendelaufhängepunkt oberhalb von M liegt.

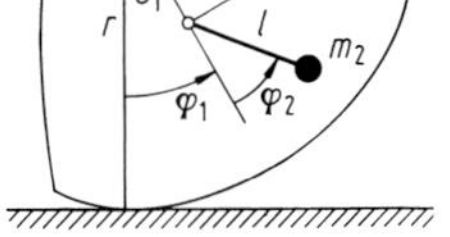

Bild 2-35. Ein Rollpendel (Masse m_1, Schwerpunkt S_1, Kreismittelpunkt M) mit daranhängendem Pendel (m_2, l) hat die stabile oder instabile Gleichgewichtslage $\varphi_1 = \varphi_2 = 0$

In der Statik spricht man von einer *indifferenten Gleichgewichtslage*, wenn es in jeder beliebig kleinen Umgebung der Lage Lagen mit gleicher potenzieller Energie, aber keine Lagen mit kleinerer potenzieller Energie gibt. Ein Beispiel ist eine Punktmasse in den tiefsten Lagen einer horizontal liegenden Zylinderschale. Indifferente Gleichgewichtslagen sind als instabil zu bezeichnen, wenn man als Störungen nicht nur Auslenkungen, sondern auch Anfangsgeschwindigkeiten berücksichtigt (siehe 3.7).

3 Kinetik starrer Körper

3.1 Grundlagen

3.1.1 Inertialsystem und absolute Beschleunigung

In der klassischen (nichtrelativistischen) Mechanik wird die Existenz von Bezugskoordinatensystemen vorausgesetzt, die sich ohne Beschleunigung bewegen. Sie heißen *Inertialsysteme* (vgl. B 2.3). Jedes Koordinatensystem, das sich relativ zu einem Inertialsystem rein translatorisch mit konstanter Geschwindigkeit bewegt, ist selbst ein Inertialsystem. Geschwindigkeiten und Beschleunigungen relativ zu einem Inertialsystem heißen *absolute Geschwindigkeiten* bzw. *Beschleunigungen*. Punkte und Koordinatensysteme, die im Inertialsystem fest sind, heißen auch *raumfest*. Erdfeste Bezugssysteme sind wegen der Erddrehung beschleunigt, allerdings so wenig, dass man sie beim Studium vieler Bewegungsvorgänge als Inertialsysteme ansehen kann.

3.1.2 Impuls

Für ein Massenelement dm mit der absoluten Geschwindigkeit $\boldsymbol{v}$ ist der *Impuls* oder die *Bewegungsgröße* $\boldsymbol{p}$ definiert als $\boldsymbol{p} = \boldsymbol{v}\,\mathrm{d}m$. Ein starrer oder nichtstarrer Körper (Masse m, absolute Schwerpunktsgeschwindigkeit $\boldsymbol{v}_S$) hat den Impuls $\boldsymbol{p} = \int \boldsymbol{v}\,\mathrm{d}m = \boldsymbol{v}_S m$, und für ein System aus n Körpern ist

$$\boldsymbol{p} = \int \boldsymbol{v}\,\mathrm{d}m = \sum_{i=1}^{n} \boldsymbol{v}_{Si} m_i = \boldsymbol{v}_S m_{\text{ges}} \qquad (3\text{-}1)$$

(m_{ges} Masse und $\boldsymbol{v}_S$ Schwerpunktsgeschwindigkeit des Gesamtsystems).

3.1.3 Newton'sche Axiome

Für einen rein translatorisch bewegten starren Körper der konstanten Masse m gilt das 2. Newton'sche Axiom

$$m\boldsymbol{a} = \boldsymbol{F} \qquad (3\text{-}2)$$

($\boldsymbol{a} = \ddot{\boldsymbol{r}}$ absolute Beschleunigung, $\boldsymbol{F}$ resultierende äußere Kraft). Als Beispiele siehe den freien Fall und den schiefen Wurf in B 2.1.

Aus dem 2. und 3. *Newton'schen Axiom* (siehe B 3.2 und B 3.3) folgt für beliebige Systeme mit konstanter Masse für beliebige Bewegungen (auch bei Überlagerung von Drehbewegungen) die Verallgemeinerung von (3-2)

$$m_{\text{ges}}\boldsymbol{a}_{\text{S}} = \boldsymbol{F}_{\text{res}} \qquad (3\text{-}3)$$

(m_{ges} Masse des Gesamtsystems, $\boldsymbol{a}_{\text{S}} = \ddot{\boldsymbol{r}}_{\text{S}}$ absolute Beschleunigung des Systemschwerpunkts S, $\boldsymbol{F}_{\text{res}}$ Resultierende aller äußeren Kräfte).

(3-2) und (3-3) liefern in Verbindung mit dem Schnittprinzip (siehe 2.1.12) Differenzialgleichungen der Bewegung und Ausdrücke für Zwangskräfte.

Beispiel 3-1: Das Federpendel in Bild 3-1a hat im statischen Gleichgewicht die Länge l. Für die Verlängerung x und den Winkel φ sollen zwei Bewegungsgleichungen aufgestellt werden. Man schneidet die Punktmasse frei (Bild 3-1b). Die Federkraft ist $\boldsymbol{A} = -(mg + kx)\boldsymbol{e}_r$. In (3-2) ist $\boldsymbol{F} = \boldsymbol{A} + m\boldsymbol{g}$ und nach (1-7)

$$\boldsymbol{a} = [\ddot{x} - (l + x)\dot{\varphi}^2]\boldsymbol{e}_r + [(l + x)\ddot{\varphi} + 2\dot{x}\dot{\varphi}]\boldsymbol{e}_\varphi \ .$$

Zerlegung von (3-2) in die Richtungen $\boldsymbol{e}_r, \boldsymbol{e}_\varphi$ liefert die gesuchten Gleichungen

$$\ddot{x} - (l + x)\dot{\varphi}^2 + (k/m)x + g(1 - \cos\varphi) = 0 \ ,$$
$$(l + x)\ddot{\varphi} + 2\dot{x}\dot{\varphi} + g\sin\varphi = 0 \ .$$

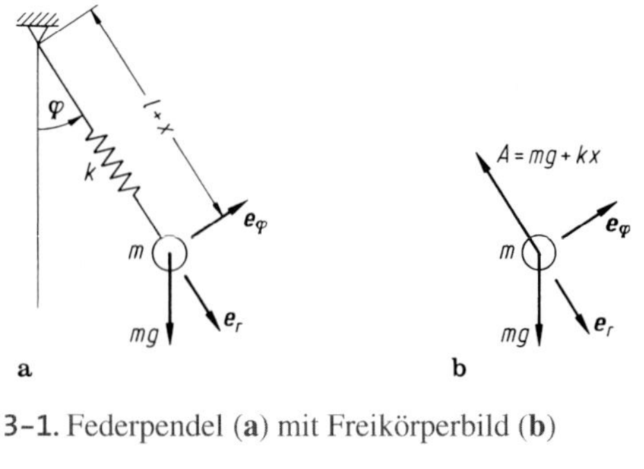

Bild 3-1. Federpendel (**a**) mit Freikörperbild (**b**)

Beispiel 3-2: Auf das Zweikörpersystem mit Feder auf reibungsfreier schiefer Ebene (Bild 3-2a) wirkt in x-Richtung die äußere Kraft $(m_1 + m_2)g\sin\alpha$. Nach (3-3) bewegt sich der Gesamtschwerpunkt S mit der konstanten Beschleunigung $\ddot{x}_{\text{S}} = g\sin\alpha$. Für die freigeschnittenen Körper in Bild 3-2b mit der Federkraft $k(x_2 - x_1 - l_0)$ lautet (3-2)

$$m_1\ddot{x}_1 = m_1 g\sin\alpha + k(x_2 - x_1 - l_0) \ ,$$
$$m_2\ddot{x}_2 = m_2 g\sin\alpha - k(x_2 - x_1 - l_0) \ .$$

Multiplikation der ersten Gleichung mit m_2, der zweiten mit m_1 und Subtraktion liefern

$$m_1 m_2(\ddot{x}_2 - \ddot{x}_1) = -(m_1 + m_2)k(x_2 - x_1 - l_0)$$

oder mit der Federverlängerung $z = x_2 - x_1 - l_0$ und mit $\omega_0^2 = k(m_1 + m_2)/(m_1 m_2)$ die Schwingungsgleichung $\ddot{z} + \omega_0^2 z = 0$ mit der Lösung $z = A\cos(\omega_0 t - \varphi)$.

Beispiel 3-3: Die Beschleunigungen der Massen m_1 und m_2 in Bild 3-3a und die Normalkräfte N_1 und N_2 in den beiden reibungsbehafteten Berührungsflächen werden an den freigeschnittenen Körpern in Bild 3-3b ermittelt. (3-2) liefert

$$m_1\ddot{x}_1 = -N_1\sin\alpha + \mu_1 N_1\cos\alpha \ ,$$
$$m_1\ddot{y}_1 = N_1\cos\alpha + \mu_1 N_1\sin\alpha - m_1 g \ ,$$

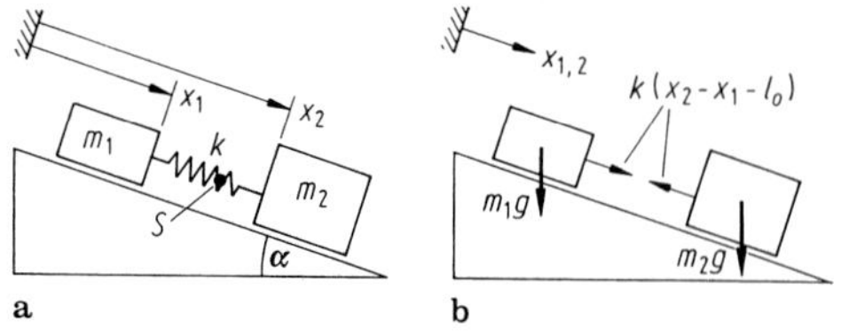

Bild 3-2. a Zweikörpersystem auf reibungsfreier schiefer Ebene; **b** Freikörperbild. l_0 ist die Länge der ungespannten Feder

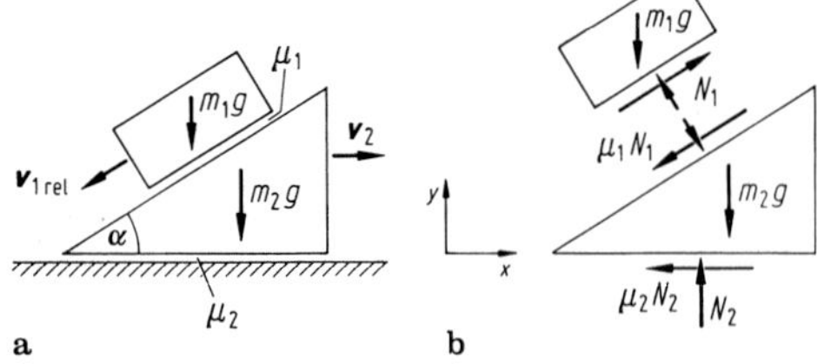

Bild 3-3. a Zweikörpersystem. **b** Freikörperbild. Die gezeichneten Gleitreibungskräfte setzen voraus, dass sich Körper 1 nach unten und Körper 2 nach rechts bewegt

$$m_2\ddot{x}_2 = N_1 \sin\alpha - \mu_1 N_1 \cos\alpha - \mu_2 N_2 ,$$
$$m_2\ddot{y}_2 = -N_1 \cos\alpha - \mu_1 N_1 \sin\alpha + N_2 - m_2 g = 0 .$$

Die Relativbeschleunigung $(\ddot{x}_1 - \ddot{x}_2, \ddot{y}_1)$ hat die Richtung der schiefen Ebene, sodass $\ddot{y}_1 = (\ddot{x}_1 - \ddot{x}_2)\tan\alpha$ ist. Das sind fünf Gleichungen für die Unbekannten $\ddot{x}_1, \ddot{x}_2, \ddot{y}_1, N_1$ und N_2.

3.1.4 Impulssatz. Impulserhaltungssatz

Integration von (3-3) über t in den Grenzen von t_0 bis t liefert den Impulssatz

$$m_{\text{ges}}[\boldsymbol{v}_S(t) - \boldsymbol{v}_S(t_0)] = \int_{t_0}^{t} \boldsymbol{F}_{\text{res}}\,\mathrm{d}t . \qquad (3\text{-}4)$$

Wenn $\boldsymbol{F}_{\text{res}}$ explizit als Funktion von t bekannt ist, ist das Integral berechenbar. Es liefert Größe und Richtung der Schwerpunktsgeschwindigkeit $\boldsymbol{v}_S(t)$. Wenn die resultierende äußere Kraft $\boldsymbol{F}_{\text{res}}$ am System insbesondere identisch null ist oder eine identisch verschwindende Komponente in einer Richtung $\boldsymbol{e}$ hat, dann ist die Geschwindigkeit $\boldsymbol{v}_S(t)$ bzw. die entsprechende Komponente von $\boldsymbol{v}_S(t)$ konstant, d. h. mit (3-1)

$$\sum_{i=1}^{n} \boldsymbol{v}_{Si} m_i = \text{const} \quad \text{bzw.} \quad \boldsymbol{e} \cdot \sum_{i=1}^{n} \boldsymbol{v}_{Si} m_i = \text{const} . \qquad (3\text{-}5)$$

Das ist der *Impulserhaltungssatz.*

Beispiel 3-4: Wenn in Bild 3-3a $\mu_2 = 0$ ist, dann ist $\boldsymbol{F}_{\text{res}}$ und damit $\boldsymbol{a}_S$ vertikal gerichtet. Wenn das System aus der Ruhe heraus losgelassen wird, bewegt sich sein Gesamtschwerpunkt S also vertikal nach unten ($m_1\dot{x}_1 + m_2\dot{x}_2 = 0$ und $m_1 x_1 + m_2 x_2 = \text{const}$).

3.1.5 Kinetik der Punktmasse im beschleunigten Bezugssystem

Relativ zu einem beschleunigt bewegten Bezugssystem bewegt sich eine Punktmasse m unter dem Einfluss einer Kraft $\boldsymbol{F}$ mit einer Beschleunigung $\boldsymbol{a}_{\text{rel}}$. Mit (3-2) und (1-35b) gilt

$$m\boldsymbol{a}_{\text{rel}} = \boldsymbol{F} + [-m\boldsymbol{a}_A - m\dot{\boldsymbol{\omega}} \times \boldsymbol{\varrho} - m\boldsymbol{\omega} \times (\boldsymbol{\omega} \times \boldsymbol{\varrho}) - 2m\boldsymbol{\omega} \times \boldsymbol{v}_{\text{rel}}] . \qquad (3\text{-}6)$$

Die Ausdrücke in Klammern heißen *Trägheitskräfte.* Insbesondere heißt $-m\boldsymbol{\omega} \times (\boldsymbol{\omega} \times \boldsymbol{\varrho}) = -m(\boldsymbol{\omega} \cdot \boldsymbol{\varrho})\boldsymbol{\omega} +$

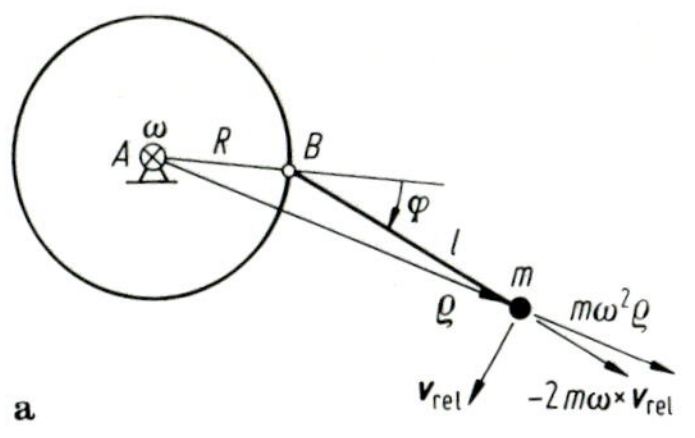

a

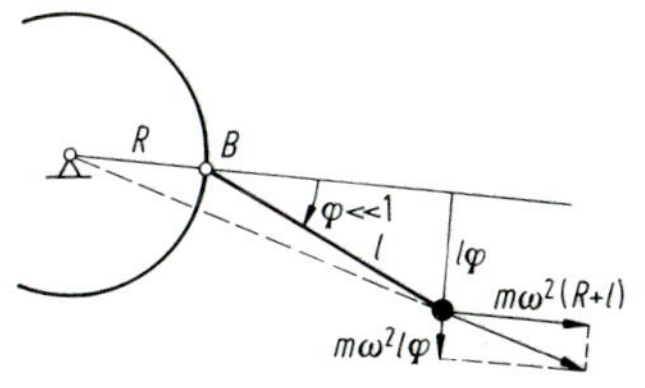

b

Bild 3-4. a Rotierende Scheibe mit Pendel bei B. Im rotierenden System treten die gezeichneten Zentrifugal- und Corioliskräfte auf. Nur die Zentrifugalkraft hat ein Moment um B. **b** Kräfte und Hebelarme im Fall $\varphi \ll 1$. Das Gewicht wird vernachlässigt

$m\omega^2\boldsymbol{\varrho}$ *Zentrifugalkraft* oder *Fliehkraft* und $-2m\boldsymbol{\omega} \times \boldsymbol{v}_{\text{rel}}$ *Corioliskraft.*

Beispiel 3-5: Das Fadenpendel in Bild 3-4a (Masse m, Länge l, Aufhängepunkt B) bewegt sich relativ zu der mit $\omega = \text{const}$ um A rotierenden Scheibe in der Scheibenebene. $\boldsymbol{a}_A = \boldsymbol{0}$, $\dot{\boldsymbol{\omega}} = \boldsymbol{0}$, $\boldsymbol{\omega} \cdot \boldsymbol{\varrho} = \boldsymbol{0}$. Die Fliehkraft $m\omega^2\boldsymbol{\varrho}$ und die Corioliskraft sind eingezeichnet. Die erstere hat im Fall $\varphi \ll 1$ den Betrag $m\omega^2(R + l)$ und die in Bild 3-4b angegebenen Koordinaten. Wenn man das Gewicht vernachlässigt, stellt in (3-6) $\boldsymbol{F}$ die Fadenkraft dar. $\boldsymbol{a}_{\text{rel}}$ hat die Umfangskoordinate $l\ddot{\varphi}$. Gleichheit der Momente beider Seiten von (3-6) bezüglich B bedeutet $ml^2\ddot{\varphi} = m\omega^2[-(R + l)l\varphi + l^2\varphi]$ oder $\ddot{\varphi} + \omega_0^2\varphi = 0$ mit der Pendeleigenkreisfrequenz $\omega_0 = \omega\sqrt{R/l}$.

3.1.6 Trägheitsmomente. Trägheitstensor

Für einen starren Körper sind bezüglich jeder körperfesten Basis $\underline{e}$ mit beliebigem Ursprung A (Bild 3-5) axiale *Trägheitsmomente* J_{ii}^A und *Deviationsmomente* (auch *zentrifugales Trägheitsmoment*) J_{ij}^A definiert (siehe auch B 7-2):

$$J_{ii}^A = \int_m (x_j^2 + x_k^2)\,\mathrm{d}m , \quad J_{ij}^A = -\int_m x_i x_j\,\mathrm{d}m \qquad (3\text{-}7)$$

$(i, j, k = 1, 2, 3$ verschieden)

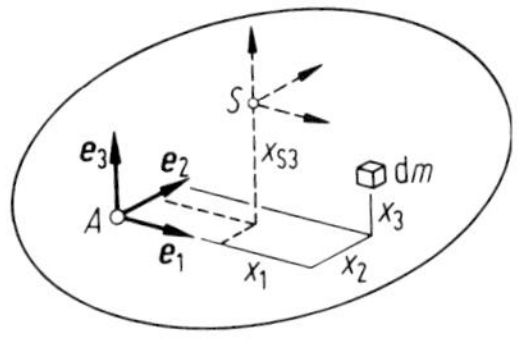

Bild 3-5. Größen zur Erklärung des Begriffs Trägheitsmoment

(Koordinaten x_1, x_2, x_3 von dm in $\underline{e}$, Integrationen über die gesamte Masse). $x_j^2 + x_k^2$ ist das Abstandsquadrat des Massenelements von der Achse $\boldsymbol{e}_i$. Zwischen diesen Trägheitsmomenten und den Trägheitsmomenten bezüglich einer zu $\underline{e}$ parallelen Basis im Schwerpunkt S (im Bild 3-5 gestrichelt) bestehen die Beziehungen von Huygens und Steiner

$$J_{ii}^{\mathrm{A}} = J_{ii}^{\mathrm{S}} + (x_{\mathrm{S}j}^2 + x_{\mathrm{S}k}^2)m, \quad J_{ij}^{\mathrm{A}} = J_{ij}^{\mathrm{S}} - x_{\mathrm{S}i}x_{\mathrm{S}j}m \quad (3\text{-}8)$$
$$(i, j, k = 1, 2, 3 \text{ verschieden}) .$$

Darin sind $x_{\mathrm{S}1}$, $x_{\mathrm{S}2}$ und $x_{\mathrm{S}3}$ die Koordinaten von S in $\underline{e}$. Die axialen und die zentrifugalen Trägheitsmomente bezüglich der Basis $\underline{e}$ in A bilden die symmetrische *Trägheitsmatrix*

$$\underline{J}^{\mathrm{A}} = \begin{bmatrix} J_{11}^{\mathrm{A}} & J_{12}^{\mathrm{A}} & J_{13}^{\mathrm{A}} \\ J_{12}^{\mathrm{A}} & J_{22}^{\mathrm{A}} & J_{23}^{\mathrm{A}} \\ J_{13}^{\mathrm{A}} & J_{23}^{\mathrm{A}} & J_{33}^{\mathrm{A}} \end{bmatrix} . \quad (3\text{-}9)$$

Sie ist die Koordinatenmatrix des *Trägheitstensors* $\boldsymbol{J}^{\mathrm{A}}$ in der Basis $\underline{e}$.
Für einen beliebigen Bezugspunkt A (der Index A wird im Folgenden weggelassen) gelten die Ungleichungen

$$J_{ii} + J_{jj} \geqq J_{kk} , \quad J_{ii} \geqq 2|J_{jk}| , \quad J_{ii}J_{jj} \geqq J_{ij}^2$$
$$(i, j, k = 1, 2, 3 \text{ verschieden}) .$$

Zwischen den Trägheitsmatrizen $\underline{J}^1$ und $\underline{J}^2$ bezüglich zweier gegeneinander gedrehter Basen $\underline{e}^1$ und $\underline{e}^2$ mit demselben Ursprung A besteht die Beziehung

$$\underline{J}^2 = \underline{A}\,\underline{J}^1\underline{A}^{\mathrm{T}} . \quad (3\text{-}10)$$

Darin ist $\underline{A}$ die Koordinatentransformationsmatrix aus der Beziehung $\underline{e}^2 = \underline{A}\,\underline{e}^1$ (vgl.1.2.1). Tabelle 3-1 gibt Trägheitsmomente für massive Körper und für dünne Schalen an.

Der *Trägheitsradius* i eines Körpers bezüglich einer körperfesten Achse ist durch die Gleichung $J = mi^2$ definiert (m Masse des Körpers, J axiales Trägheitsmoment des Körpers bezüglich der Achse).

Hauptachsen. Hauptträgheitsmomente. Für jeden Bezugspunkt A gibt es ein *Hauptachsensystem*, in dem die Trägheitsmatrix nur Diagonalelemente, die sog. *Hauptträgheitsmomente* J_1, J_2 und J_3 hat. Wenn die Trägheitsmatrix $\underline{J}$ für eine Basis $\underline{e}$ mit dem Ursprung A bekannt ist, ergeben sich die Hauptträgheitsmomente J_i und die Einheitsvektoren $\boldsymbol{n}_i$ ($i = 1, 2, 3$) in Richtung der Hauptachsen als Eigenwerte bzw. Eigenvektoren des Eigenwertproblems $(\underline{J} - J_i\underline{E})\underline{n}_i = \underline{0}$. Bei einem homogenen Körper ist jede Symmetrieachse eine Hauptträgheitsachse.

3.1.7 Drall

Der *Drall* $\boldsymbol{L}^0$ (auch *Drehimpuls* oder Impulsmoment) eines beliebigen Systems bezüglich eines raumfesten Punktes 0 ist das resultierende Moment der Bewegungsgrößen $\boldsymbol{v}\,\mathrm{d}m$ seiner Massenelemente bezüglich 0,

$$\boldsymbol{L}^0 = \int_m \boldsymbol{r} \times \boldsymbol{v}\,\mathrm{d}m . \quad (3\text{-}11)$$

Für eine Punktmasse m am Ortsvektor $\boldsymbol{r}$ ist $\boldsymbol{L}^0 = \boldsymbol{r} \times \boldsymbol{v}m$.
Für einen starren Körper mit der Masse m und dem Trägheitstensor $\boldsymbol{J}^{\mathrm{A}}$ bezüglich eines beliebigen körperfesten Punktes A ist (Bild 3-6)

$$\boldsymbol{L}^0 = \boldsymbol{J}^{\mathrm{A}} \cdot \boldsymbol{\omega} + (\boldsymbol{r}_{\mathrm{A}} \times \boldsymbol{v}_{\mathrm{S}} + \boldsymbol{\varrho}_{\mathrm{S}} \times \boldsymbol{v}_{\mathrm{A}})m \quad (3\text{-}12)$$

($\boldsymbol{\omega}$ absolute Winkelgeschwindigkeit, $\boldsymbol{v}_{\mathrm{A}} = \dot{\boldsymbol{r}}_{\mathrm{A}}$ und $\boldsymbol{v}_{\mathrm{S}} = \dot{\boldsymbol{r}}_{\mathrm{S}}$ absolute Geschwindigkeiten von A bzw. des Schwerpunkts S, $\boldsymbol{\varrho}_{\mathrm{S}} = \overrightarrow{AS}$). Sonderfälle: Wenn es

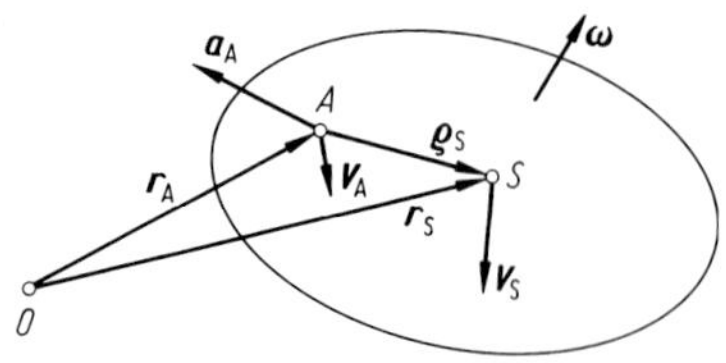

Bild 3-6. Kinematische Größen, die bei allgemeiner räumlicher Bewegung den Drall $\boldsymbol{L}^0$ eines Körpers bezüglich des raumfesten Punktes 0 bestimmen; siehe (3-12)

einen raumfesten Körperpunkt gibt, dann wählt man ihn als Punkt A und als Punkt 0, sodass $\boldsymbol{L}^0 = \boldsymbol{J}^0 \cdot \boldsymbol{\omega}$ ist. Wenn $A = S$ gewählt wird, dann ist bei beliebiger Bewegung $\boldsymbol{L}^0 = \boldsymbol{J}^S \cdot \boldsymbol{\omega} + \boldsymbol{r}_S \times \boldsymbol{v}_S m$. In einer Basis $\underline{e}$, in der $\boldsymbol{J}^A$ und $\boldsymbol{\omega}$ die Koordinatenmatrizen $\underline{J}^A$ bzw. $\underline{\omega}$ haben, hat $\boldsymbol{J}^A \cdot \boldsymbol{\omega}$ die Koordinatenmatrix $\underline{J}^A\underline{\omega}$ und speziell im Hauptachsensystem die Koordinaten $(J_1^A\omega_1, J_2^A\omega_2, J_3^A\omega_3)$. Bei n Freiheitsgraden der Rotation ($n = 1, 2$ oder 3) kann $\boldsymbol{\omega}$ durch n Winkelkoordinaten und deren Ableitungen ausgedrückt werden (siehe (1-27a), (1-28a)).

3.1.8 Drallsatz (Axiom von Euler)

Der *Drallsatz* sagt aus: Für jedes System ist die Zeitableitung des Dralls $\boldsymbol{L}^0$ im Inertialraum gleich dem resultierenden Moment aller am System angreifenden äußeren Kräfte bezüglich desselben Punktes 0,

$$\frac{\mathrm{d}\boldsymbol{L}^0}{\mathrm{d}t} = \boldsymbol{M}^0 \,. \qquad (3\text{-}13)$$

Für eine Punktmasse m am Ortsvektor $\boldsymbol{r}$ lautet der Satz

$$\frac{\mathrm{d}(\boldsymbol{r} \times \boldsymbol{v}m)}{\mathrm{d}t} = \boldsymbol{r} \times \boldsymbol{a}m = \boldsymbol{M}^0 \quad \text{mit} \quad \boldsymbol{a} = \dot{\boldsymbol{v}} = \ddot{\boldsymbol{r}} \,. \qquad (3\text{-}14)$$

Jeder sich nicht rein translatorisch bewegende starre Körper ist ein *Kreisel*. Für ihn entsteht aus (3-13), (3-12) und (1-5)

$$\boldsymbol{J}^A \cdot \dot{\boldsymbol{\omega}} + \boldsymbol{\omega} \times \boldsymbol{J}^A \cdot \boldsymbol{\omega} + \boldsymbol{\varrho}_S \times \boldsymbol{a}_A m = \boldsymbol{M}^A \qquad (3\text{-}15)$$

($\boldsymbol{a}_A = \ddot{\boldsymbol{r}}_A$ absolute Beschleunigung von A; siehe Bild 3-6). Die Gleichung wird z. B. auf ein Pendel angewendet, dessen Aufhängepunkt A eine vorgegebene Beschleunigung $\boldsymbol{a}_A(t)$ hat. Im Sonderfall $\boldsymbol{a}_A = \boldsymbol{0}$ und bei beliebigen Bewegungen im Fall $A = S$ lautet (3-15):

$$\boldsymbol{J}^A \cdot \dot{\boldsymbol{\omega}} + \boldsymbol{\omega} \times \boldsymbol{J}^A \cdot \boldsymbol{\omega} = \boldsymbol{M}^A \,. \qquad (3\text{-}16)$$

Drehung um eine feste Achse. Ebene Bewegung. In Bild 3-7a und b ist $\boldsymbol{\omega} = \dot{\varphi}\boldsymbol{e}_3$ bei konstanter Richtung von $\boldsymbol{e}_3$. Die $\boldsymbol{e}_3$-Koordinate von (3-16) lautet in beiden Fällen

$$J_{33}^A \ddot{\varphi} = M_3^A \,. \qquad (3\text{-}17)$$

Das ist eine Differenzialgleichung für $\varphi(t)$, wenn M_3^A bekannt ist.

Beispiel 3-6: Wenn Bild 3-7a ein Pendel mit dem Gewicht mg am Schwerpunkt S und mit der Gleichgewichtslage $\varphi = 0$ darstellt, ist $M_3^A = -mgl \sin\varphi$. Für Schwingungen im Bereich $\varphi \ll 1$ $(\sin\varphi \approx \varphi)$ hat (3-17) angenähert die Form $\ddot{\varphi} + \omega_0^2\varphi = 0$ mit $\omega_0^2 = mgl/J_{33}^A$ und die Lösung $\varphi(t) = \varphi_{\max}\cos(\omega_0 t - \alpha)$ mit Integrationskonstanten $\varphi_{\max}$ und α. Die Periodendauer ist

$$T = 2\pi/\omega_0 = 2\pi \left(\frac{J_{33}^S + ml^2}{mgl} \right)^{1/2} .$$

Für einen gegebenen Körper mit m und J_{33}^S ist T maximal, wenn A die Entfernung $\sqrt{J_{33}^S/m}$ von S hat.

Auswuchten

Für Bild 3-7a und b liefert (3-16) in körperfesten $\boldsymbol{e}_1$- und $\boldsymbol{e}_2$-Richtungen die Koordinatengleichungen

$$M_1^A = J_{13}^A\ddot{\varphi} - J_{23}^A\dot{\varphi}^2 \,, \quad M_2^A = J_{23}^A\ddot{\varphi} + J_{13}^A\dot{\varphi}^2 \,.$$

Diese Momente müssen von Lagerreaktionen auf den Körper ausgeübt werden, damit er seine ebene Bewegung ausführen kann. Die Gegenkräfte wirken auf die Lager. Im Fall $\dot{\varphi} = \text{const}$ sind die Kräfte in der körperfesten Basis konstant, im raumfesten System also mit $\dot{\varphi}$ umlaufend. Wegen immer vorhandener Elastizitäten erregen sie Schwingungen. Deshalb soll $J_{13}^A = J_{23}^A = 0$ sein, $\boldsymbol{e}_3$ also Hauptachse bezüglich A sein. Kleine Abweichungen der Hauptachse werden durch dynamisches Auswuchten korrigiert, indem man an geeigneten Stellen des Körpers Massen hinzufügt oder wegnimmt. Zur Theorie des Auswuchtens siehe [1, 2]. In Bild 3-7a verursacht die sog. statische Unwucht ml

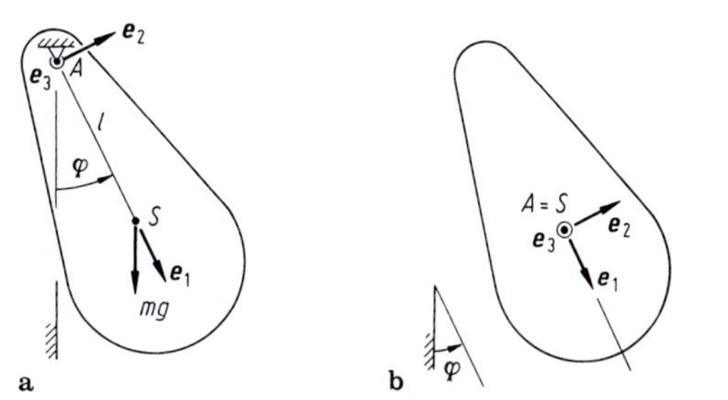

Bild 3-7. a Ebene Bewegung um einen festen Punkt. **b** Ebene Bewegung ohne festen Punkt. In beiden Fällen ist $\boldsymbol{\omega} = \dot{\varphi}\boldsymbol{e}_3$

Tabelle 3-1. Massen und Trägheitsmomente homogener, massiver Körper und dünner Schalen. Dünne Schalen haben die konstante Wanddicke $t \ll r$. Sie haben an den Enden (z. B. bei Zylindern und Kegeln) keine Deckel

Quader 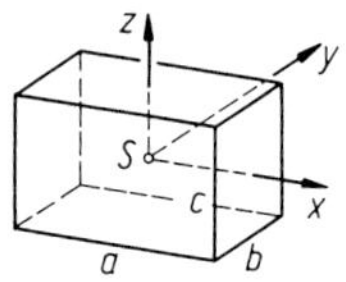 $m = \varrho abc$ $J_x = m(b^2+c^2)/12$ $J_y = m(c^2+a^2)/12$ $J_z = m(a^2+b^2)/12$	Prisma und Stab 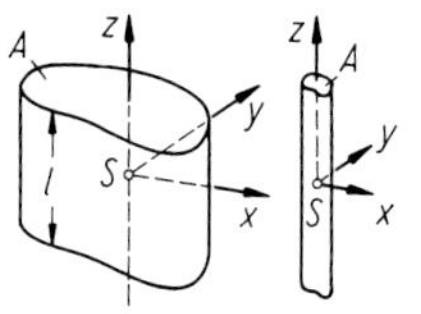 $m = \varrho Al$ $J_x = J_y = ml^2/12$ (nur für dünne Stäbe) $J_z = \varrho l(I_x+I_y)$ (Flächenmomente 2. Grades I_x, I_y des Querschnitts)	Rechteckpyramide 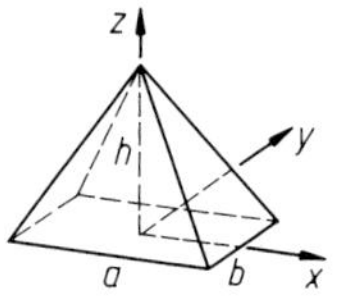 $m = \varrho abh/3$ $J_x = m(b^2+2h^2)/20$ $J_y = m(a^2+2h^2)/20$ $J_z = m(a^2+b^2)/20$	Kreiskegelstumpf 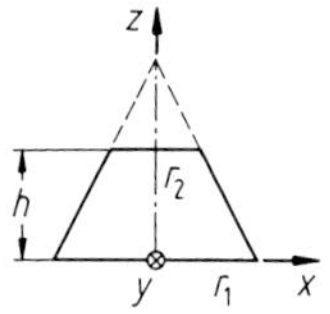 $m = \varrho \pi h(r_1^2+r_1r_2+r_2^2)/3$ $J_z = (3m/10)(r_2^5-r_1^5)/(r_2^3-r_1^3)$
Kreistorus 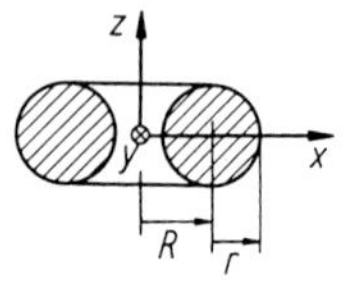 Massiv: $m = \varrho 2\pi^2 Rr^2$ $J_x = J_y = m(4R^2+5r^2)/8$ $J_z = m(4R^2+3r^2)/4$ Dünne Schale: $m = \varrho 4\pi^2 Rrt$ $J_x = J_y = m(2R^2+5r^2)/4$ $J_z = m(R^2+6r^2)/4$	(Hohl-) Kugel 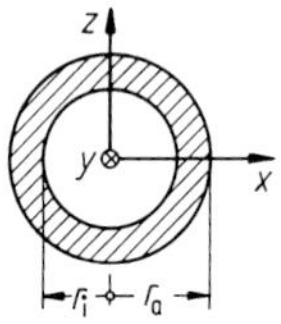 Massiv: $m = (4/3)\varrho\pi(r_a^3-r_i^3)$ $J_x = J_y = J_z =$ $= (2/5)m(r_a^5-r_i^5)/(r_a^3-r_i^3)$ Dünne Schale: $m = \varrho 4\pi r^2 t$ $J_x = J_y = J_z = 2mr^2/3$	(Hohl-) Zylinder 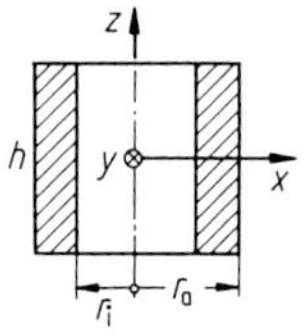 Massiv: $m = \varrho\pi(r_a^2-r_i^2)h$ $J_x = J_y = m(r_a^2+r_i^2+h^2/3)/4$ $J_z = m(r_a^2+r_i^2)/2$ Dünne Schale: $m = \varrho 2\pi rht$ $J_x = J_y = m(6r^2+h^2)/12$ $J_z = mr^2$	Kreiskegel 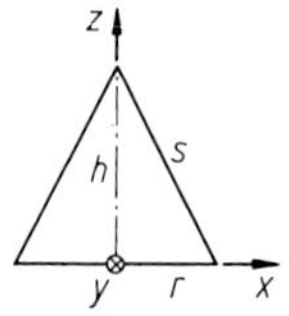 Massiv: $m = \varrho\pi r^2 h/3$ $J_x = J_y = m(3r^2+2h^2)/20$ $J_z = 3mr^2/10$ Dünne Schale: $m = \varrho\pi rst$ $J_x = J_y = m(3r^2+2h^2)/12$ $J_z = mr^2/2$
Kugelschicht 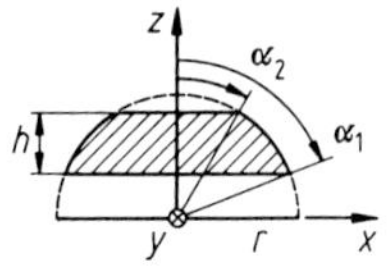 $0 \le \alpha_2 < \alpha_1 \le \pi$ $c_1 = \cos\alpha_1$ $c_2 = \cos\alpha_2$ Massiv: $m = \varrho\pi r^3[c_2-c_1-(c_2^3-c_1^3)/3]$ $J_x = J_y = (\pi/2)\varrho r^5[(c_2-c_1)/2-(c_2^3-c_1^3)/3-3(c_2^5-c_1^5)/10]$ $J_z = (\pi/2)\varrho r^5[c_2-c_1-2(c_2^3-c_1^3)/3+(c_2^5-c_1^5)/5]$ Dünne Schale: $m = \varrho 2\pi hrt$ $J_x = J_y = (1/2)mr^2[1+(r/h)(c_2^3-c_1^3)/3]$ $J_z = mr^2[1-(r/h)(c_2^3-c_1^3)/3]$		Rotationsparaboloid 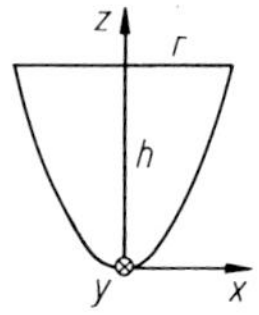 Massiv: $m = \varrho\pi r^2 h/2$ $J_z = mr^2/3$ Dünne Schale: $m = (\varrho\pi/6)(tr^4/h^2)[(1+4h^2/r^2)^{3/2}-1]$ $J_z = mr^2 z_S/h$ (z_S siehe Tabelle 2-2)	Allgemeiner Rotationskörper 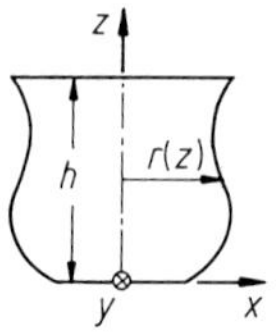 Massiv: $m = \varrho\pi\int_0^h r^2(z)\,dz$ $J_z = (\varrho\pi/2)\int_0^h r^4(z)\,dz$ Dünne Schale: $m = \varrho 2\pi t\int_0^h r(z)\sqrt{1+(dr/dz)^2}\,dz$ $J_z = \varrho 2\pi t\int_0^h r^3(z)\sqrt{1+(dr/dz)^2}\,dz$

zusätzlich umlaufende Lagerreaktionen. Das Fachgebiet *Rotordynamik* untersucht die Bewegung des Gesamtsystems Rotor–Lager–Fundament unter Berücksichtigung von Elastizität und Trägheit aller Teile [3, 4], vgl. Beispiel 3-11 in 3.2.3.

3.1.9 Drallerhaltungssatz

Wenn in (3-13) $\boldsymbol{M}^0$ oder eine raumfeste Komponente von $\boldsymbol{M}^0$ dauernd null ist, dann ist $\boldsymbol{L}^0$ bzw. die entsprechende Komponente von $\boldsymbol{L}^0$ konstant.

Beispiel 3-7: Die Bewegung einer Punktmasse unter einer resultierenden Kraft beliebiger Größe, deren Wirkungslinie dauernd durch einen raumfesten Punkt 0 weist (sog. Zentralkraft; Beispiele sind die Gravitationskraft und die Kraft einer Feder, die die Punktmasse mit einem festen Punkt 0 verbindet). In (3-14) ist $\boldsymbol{M}^0 \equiv \mathbf{0}$, $\boldsymbol{r} \times \boldsymbol{v}m = \text{const}$. Daraus folgt, dass die Bewegung in der durch Anfangsbedingungen $\boldsymbol{r}_0$ und $\boldsymbol{v}_0$ festgelegten Ebene abläuft, und dass $\boldsymbol{r}$ in gleichen Zeitintervallen gleich große Flächen überstreicht (1. und 2. *Kepler'sches Gesetz*).

Beispiel 3-8: Das Gewicht eines räumlichen Pendels hat um die Vertikale durch den Aufhängepunkt A kein Moment. Folglich ist die Vertikalkomponente des Dralls $\boldsymbol{J}^{\mathrm{A}} \cdot \boldsymbol{\omega}$ konstant.

3.1.10 Kinetische Energie

Die *kinetische Energie* T (auch E_{kin}, E_{k}) eines beliebigen Systems der Gesamtmasse m ist definiert als

$$T = \frac{1}{2}\int_m \boldsymbol{v}^2 \mathrm{d}m \tag{3-18}$$

($\boldsymbol{v} = \dot{\boldsymbol{r}}$ absolute Geschwindigkeit von dm). Für einen starren Körper ist

$$T = \frac{1}{2}m\boldsymbol{v}_{\mathrm{S}}^2 + \frac{1}{2}\left(J_1\omega_1^2 + J_2\omega_2^2 + J_3\omega_3^2\right) \tag{3-19}$$

(m Masse, $\boldsymbol{v}_{\mathrm{S}}$ Schwerpunktgeschwindigkeit, Trägheitsmomente und Winkelgeschwindigkeitskomponenten im Hauptachsensystem bezüglich S). Wenn es einen körperfesten Punkt A gibt, der auch raumfest ist, dann gilt auch

$$T = \frac{1}{2}\left(J_1\omega_1^2 + J_2\omega_2^2 + J_3\omega_3^2\right) \tag{3-20}$$

(Trägheitsmomente und Winkelgeschwindigkeitskomponenten im Hauptachsensystem bezüglich A).

3.1.11 Energieerhaltungssatz

Zu den Begriffen Potenzialkraft, potenzielle Energie und konservatives System siehe 2.1.14. In einem konservativen System ist die Summe aus kinetischer Energie T und potenzieller Energie V konstant,

$$T + V = \text{const}\,. \tag{3-21}$$

Das ist der *Energieerhaltungssatz*. Bei einem konservativen System mit einem Freiheitsgrad kann man mit ihm berechnen, mit welcher Geschwindigkeit das System eine gegebene Lage passiert, wenn man die Geschwindigkeit in einer anderen Lage kennt.

Beispiel 3-9: Bei der antriebslosen und reibungsfreien Hebebühne in Bild 3-8 mit vier gleichen Stangen (Länge l, Masse m, zentrales Trägheitsmoment J^{S}, Feder entspannt bei $\varphi = \varphi_0$) und mit der Masse M ist

$$\begin{aligned} T &= \frac{1}{2}4J^{\mathrm{S}}\dot{\varphi}^2 + \frac{1}{2}4m\dot{x}^2 + 2\left[\frac{1}{2}m\dot{y}^2 + \frac{1}{2}m(3\dot{y})^2\right] \\ &\quad + \frac{1}{2}M(4\dot{y})^2 \\ &= \dot{\varphi}^2\left[2J^{\mathrm{S}} + \frac{m}{2}l^2\sin^2\varphi + \left(\frac{5m}{2} + 2M\right)l^2\cos^2\varphi\right], \\ V &= 2(mgy + mg\cdot 3y) + Mg\cdot 4y + \frac{1}{2}k(2x - 2x_0)^2 \\ &= 2(2m + M)gl\sin\varphi + \frac{1}{2}kl^2(\cos\varphi - \cos\varphi_0)^2\,. \end{aligned}$$

Zu gegebenen φ_1 und $\dot{\varphi}_1$ in einer Lage 1 lässt sich $\dot{\varphi}_2$ in einer anderen gegebenen Lage 2 aus $T_2 + V_2 = T_1 + V_1$ berechnen.

3.1.12 Arbeitssatz

Die Begriffe Arbeit und Leistung sind in 2.1.13 erklärt. Für Systeme, in denen sowohl Potenzialkräfte als auch Nichtpotenzialkräfte wirken, gilt statt (3-21) der *Arbeitssatz*

$$T_2 + V_2 = T_1 + V_1 + W_{12}\,. \tag{3-22}$$

Darin sind T_1, T_2 und V_1, V_2 die kinetischen bzw. die potenziellen Energien des Systems in zwei Zuständen 1 und 2 einer Bewegung und W_{12} die Arbeit aller

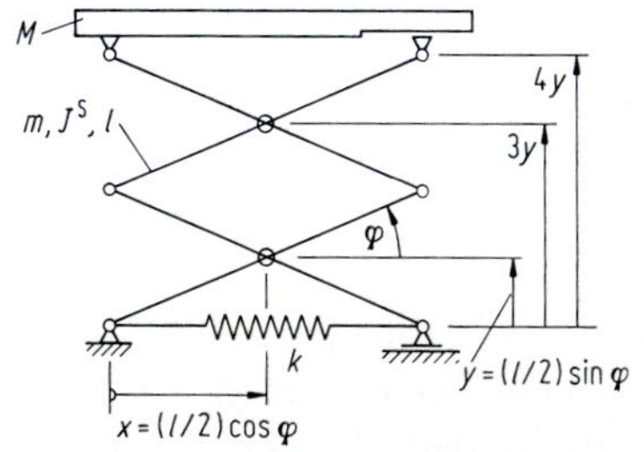

Bild 3-8. Ein-Freiheitsgrad-System

Nichtpotenzialkräfte bei der Bewegung vom Zustand 1 in den Zustand 2. Jede Nichtpotenzialkraft $\boldsymbol{F}$ leistet zu W_{12} den in (2.1.13) erklärten Beitrag $\int \boldsymbol{F} \cdot \mathrm{d}\boldsymbol{r}$. Ein Moment der Größe M leistet bei einer Drehung um den Winkel φ den Beitrag $\int M \mathrm{d}\varphi$. Die Integrale lassen sich i. Allg. selbst dann nicht exakt angeben, wenn die Bahnform und die Anfangs- und Endpunkte 1 bzw. 2 der Bahn bekannt sind, weil $\boldsymbol{F}$ und $\boldsymbol{M}$ nicht nur vom Ort, sondern z. B. von der Geschwindigkeit abhängen. Eine Ausnahme: Auf einer schiefen Ebene (Neigungswinkel α) wirkt an einem Körper der Masse m die Coulomb'sche Reibungskraft $\mu m g \cos\alpha = \mathrm{const}$ entgegen dem Wegelement ds, sodass

$$W_{12} = -\mu m g \cos\alpha \int_{s_1}^{s_2} |\mathrm{d}s|$$

ist. Das Integral ist $s_2 - s_1$, wenn der Weg von s_1 nach s_2 ohne Richtungsumkehr zurückgelegt wird. Bei einer gekrümmten Bahn ist die Reibkraft über die Fliehkraft vom Geschwindigkeitsquadrat abhängig. Wenn man (3-22) nur zu Abschätzungen von Geschwindigkeitsverläufen braucht, genügt eine Näherung für W_{12}.

3.2 Kreiselmechanik

Viele technische Gebilde können als einzelner starrer Körper, d. h. als Kreisel, angesehen werden. Wenn er drei Freiheitsgrade der Rotation hat, wird (3-16) im Hauptachsensystem bezüglich A zerlegt (der Index A wird im Folgenden weggelassen). Das ergibt die *Euler'schen Kreiselgleichungen*

$$J_i\dot{\omega}_i - (J_j - J_k)\omega_j\omega_k = M_i \qquad \text{(3-23)}$$
$$(i, j, k = 1, 2, 3 \text{ zyklisch vertauschbar}) .$$

Für die Translationsbewegung gilt (3-2). Die äußere Kraft und das äußere Moment sind i. Allg. von Ort, Translationsgeschwindigkeit, Winkellage und Winkelgeschwindigkeit abhängig, sodass (3-2) und (3-23) miteinander und mit kinematischen Differenzialgleichungen (z. B. (1-27b), (1-28b) oder (1-29b)) gekoppelt sind.

Zur Lösung von (3-23) in speziellen Fällen siehe [15]. Beim momentenfreien Kreisel ($M_1 = M_2 = M_3 \equiv 0$) existieren als spezielle Lösungen *permanente Drehungen* um die Hauptträgheitsachsen ($\omega_i = \mathrm{const}$, $\omega_j = \omega_k \equiv 0$; $i, j, k = 1, 2, 3$ verschieden). Nur die Drehungen um die Achsen des größten und des kleinsten Hauptträgheitsmoments sind stabil.

Ein Kreisel mit zwei gleichen Hauptträgheitsmomenten $J_1 = J_2$ heißt *symmetrisch*. Bei ihm liegen $\boldsymbol{\omega}$, $\boldsymbol{J}^{\mathrm{A}} \cdot \boldsymbol{\omega}$ und die Figurenachse (Symmetrieachse) immer in einer Ebene (Bild 3-9a). Die Figurenachse denkt man sich in einem masselosen Käfig gelagert (Bild 3-9b). Seine absolute Winkelgeschwindigkeit $\boldsymbol{\Omega}$ beschreibt Drehbewegungen der Figurenachse, wobei der Kreisel sich relativ zum Käfig drehen kann. Wegen der Symmetrie hat $\boldsymbol{J}^{\mathrm{A}}$ auch in einer käfigfesten Basis konstante Trägheitsmomente. Deshalb gilt nicht nur (3-16), sondern allgemeiner

$$\boldsymbol{J}^{\mathrm{A}} \cdot \overset{\circ}{\boldsymbol{\omega}} + \boldsymbol{\Omega} \times \boldsymbol{J}^{\mathrm{A}} \cdot \boldsymbol{\omega} = \boldsymbol{M}^{\mathrm{A}} . \qquad \text{(3-24)}$$

A ist entweder der Schwerpunkt oder, falls vorhanden, ein Punkt der Figurenachse mit der Beschleunigung $\boldsymbol{a}_{\mathrm{A}} \equiv \boldsymbol{0}$. $\overset{\circ}{\boldsymbol{\omega}}$ ist die Ableitung von $\boldsymbol{\omega}$ in der käfigfesten Basis. Wenn die Bewegung des symmetrischen Kreisels (d. h. $\boldsymbol{\omega}$ und $\boldsymbol{\Omega}$) vorgeschrieben ist, wird aus (3-24) das Moment $\boldsymbol{M}^{\mathrm{A}}$ berechnet, das zur Erzeugung der Bewegung nötig ist. Bei gegebenem Moment ist (3-24) eine Differenzialgleichung der gesuchten Bewegung.

Beispiel 3-10: In der Kollermühle in Bild 3-10 legen die Antriebswinkelgeschwindigkeit ω_0 und die angenommene Lage des Abrollpunktes P die Bewegung fest, denn $\boldsymbol{\omega}$ hat die Richtung der Momentanachse $\overrightarrow{AP}$ und die schiefwinklige Komponente ω_0. Als Käfig für die Figurenachse wird die gezeichnete Basis $\boldsymbol{e}$ mit der Winkelgeschwindigkeit $\boldsymbol{\Omega} = \omega_0$ gewählt. In $\bar{\text{i}}$hr ist ω

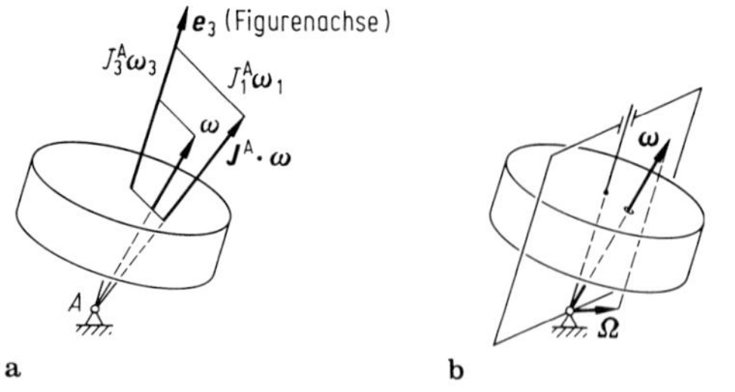

Bild 3-9. a Bei einem symmetrischen Kreisel liegen die Figurenachse $\boldsymbol{e}_3$, die Winkelgeschwindigkeit $\boldsymbol{\omega}$ und der Drall $\boldsymbol{J}^{\mathrm{A}} \cdot \boldsymbol{\omega}$ in einer Ebene. **b** Kreisel in einem gedachten Bezugssystem (Käfig) mit anderer Winkelgeschwindigkeit $\boldsymbol{\Omega}$.

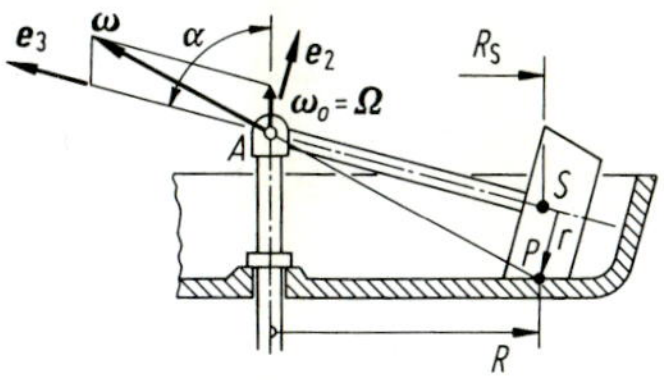

Bild 3-10. Kollermühle

konstant, also $\overset{\circ}{\omega} \equiv \mathbf{0}$. Das Moment $\boldsymbol{M}^{\mathrm{A}}$ ist die Summe aus dem Gewichtsmoment $-mgR_{\mathrm{S}}\boldsymbol{e}_1$ und dem Moment $M\boldsymbol{e}_1$ der Anpresskraft gegen die Lauffläche. Das Bild liefert

$$\begin{aligned}\boldsymbol{\Omega} &= \omega_0 \sin\alpha\, \boldsymbol{e}_2 + \omega_0 \cos\alpha\, \boldsymbol{e}_3 \;,\\ \boldsymbol{\omega} &= \omega_0 \sin\alpha\, \boldsymbol{e}_2 + \omega_0(\cos\alpha + R/r)\, \boldsymbol{e}_3 \;,\\ \boldsymbol{J}^{\mathrm{A}} \cdot \boldsymbol{\omega} &= J_1^{\mathrm{A}}\omega_0 \sin\alpha\, \boldsymbol{e}_2 + J_3^{\mathrm{A}}\omega_0(\cos\alpha + R/r)\, \boldsymbol{e}_3 \;.\end{aligned}$$

Einsetzen in (3-24) ergibt

$$M = mgR_{\mathrm{S}} + \omega_0^2 \sin\alpha[(J_3^{\mathrm{A}} - J_1^{\mathrm{A}})\cos\alpha + J_3^{\mathrm{A}}R/r] \;.$$

Bei geeigneter Parameterwahl kann man erreichen, dass die Anpresskraft M/R wesentlich größer als das Gewicht ist.

3.2.1 Reguläre Präzession

Bewegungen des symmetrischen Kreisels, bei denen die Figurenachse sich mit $\boldsymbol{\Omega} = \mathrm{const}$ dreht, während $\boldsymbol{M}^{\mathrm{A}}$ und $\boldsymbol{L}^{\mathrm{A}} = \boldsymbol{J}^{\mathrm{A}} \cdot \boldsymbol{\omega}$ dem Betrag nach konstant und dauernd orthogonal zueinander sind, heißen *reguläre Präzessionen*. Für sie ist in (3-24) $\overset{\circ}{\omega} = \mathbf{0}$, also

$$\boldsymbol{\Omega} \times \boldsymbol{J}^{\mathrm{A}} \cdot \boldsymbol{\omega} = \boldsymbol{M}^{\mathrm{A}} \;. \tag{3-25}$$

$\boldsymbol{\Omega}$ heißt Präzessionswinkelgeschwindigkeit. Die Bewegung in Bild 3-10 ist eine reguläre Präzession. Literatur siehe [5, 15].

3.2.2 Nutation

Die Bewegung, die ein symmetrischer Kreisel ausführt, wenn er im Schwerpunkt unterstützt oder frei fliegend keinem äußeren Moment unterliegt, heißt *Nutation*. In diesem Fall hat (3-23) mit $J_1 = J_2 \neq J_3$ (bezüglich S) und mit $\boldsymbol{M}^{\mathrm{S}} = \mathbf{0}$ die Lösung $\omega_1 = C\cos\nu t$, $\omega_2 = C\sin\nu t$, $\omega_3 \equiv \omega_{30} = \mathrm{const}$ mit Konstanten C und ω_{30} aus Anfangsbedingungen und mit $\nu = \omega_{30}(J_1 - J_3)/J_1$. Die Figurenachse umfährt mit einer konstanten Nutationswinkelgeschwindigkeit $\dot{\psi}$ einen Kreiskegel (*Nutationskegel*) vom halben Öffnungswinkel ϑ, dessen Achse der raumfeste Drallvektor $\boldsymbol{L} = \boldsymbol{J}^{\mathrm{S}} \cdot \boldsymbol{\omega}$ ist (Bild 3-11).

$$\begin{aligned}&L^2 = J_1^2C^2 + J_3^2\omega_{30}^2 \,, \qquad \cos\vartheta = J_3\omega_{30}/L \;,\\ &\dot{\psi} = \frac{\omega_{30}J_3}{J_1\cos\vartheta} \qquad (\approx \omega_{30}J_3/J_1 \quad \text{für} \quad \vartheta \ll 1) \;.\end{aligned} \tag{3-26}$$

3.2.3 Linearisierte Kreiselgleichungen

Bei vielen symmetrischen Kreiseln macht die Figurenachse nur kleine Winkelausschläge φ_1 und φ_2 um raumfeste Achsen. Typische Beispiele sind Rotoren mit elastischer Lagerung (Bild 3-12a) und in Kardanrahmen gelagerte Kreisel in Messgeräten (Bild 3-13). Bei stationärem Betrieb ist das Moment M_3 entlang der Figurenachse Null, sodass wegen (3-23) ω_3 konstant ist. In der raumfesten Basis $\underline{\boldsymbol{e}}^0$ von Bild 3-12a hat der Drall $\boldsymbol{J}^{\mathrm{A}} \cdot \boldsymbol{\omega}$ angenähert die Komponenten $(J_1\dot{\varphi}_1 + J_3\omega_3\varphi_2,\ J_1\dot{\varphi}_2 - J_3\omega_3\varphi_1,$

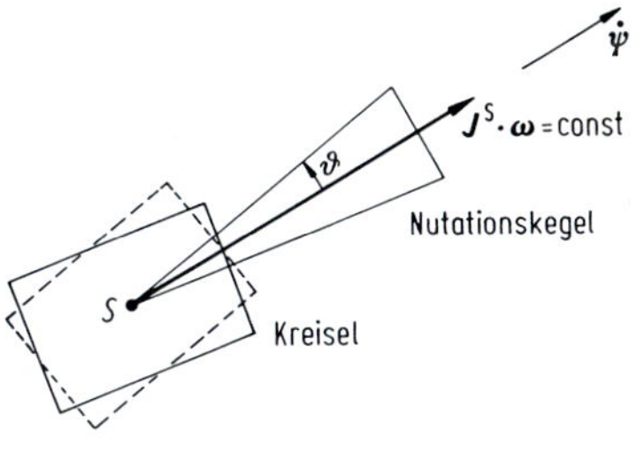

Bild 3-11. Nutation eines symmetrischen Kreisels

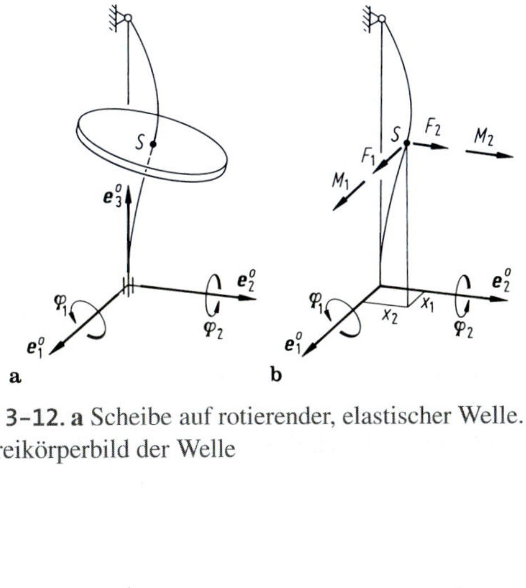

Bild 3-12. a Scheibe auf rotierender, elastischer Welle. **b** Freikörperbild der Welle

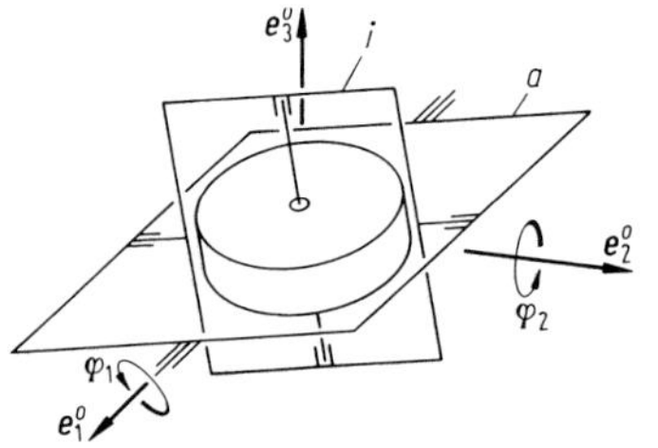

Bild 3-13. Symmetrischer Kreisel in Kardanrahmen (i innen, a außen). Bei kleinen Drehwinkeln φ_1 und φ_2 der Rahmen um ihre Achsen ist φ_2 angenähert auch Drehwinkel des Innenrahmens um die Achse $\boldsymbol{e}_2^0$

$J_3\omega_3$). In Bild 3-13 hat der Gesamtdrall von Rotor, Außenrahmen (oberer Index a) und Innenrahmen (oberer Index i) in $\underline{\boldsymbol{e}}^0$ angenähert die Komponenten

$$[(J_1 + J_1^{\mathrm{a}} + J_1^{\mathrm{i}})\dot{\varphi}_1 + J_3\omega_3\varphi_2\,,\quad (J_1 + J_2^{\mathrm{i}})\dot{\varphi}_2 - J_3\omega_3\varphi_1,\quad J_3\omega_3]\,.$$

Diese Näherungen sind umso besser, je größer die dritte gegen die beiden anderen Komponenten ist. Direkte Anwendung von (3-13) liefert für φ_1 und φ_2 die linearisierten Kreiselgleichungen

$$J_1\ddot{\varphi}_1 + J_3\omega_3\dot{\varphi}_2 = M_1\,,\quad J_1\ddot{\varphi}_2 - J_3\omega_3\dot{\varphi}_1 = M_2 \tag{3-27a}$$

bzw.

$$\left.\begin{aligned}(J_1 + J_1^{\mathrm{a}} + J_1^{\mathrm{i}})\ddot{\varphi}_1 + J_3\omega_3\dot{\varphi}_2 &= M_1\,,\\ (J_1 + J_2^{\mathrm{i}})\ddot{\varphi}_2 - J_3\omega_3\dot{\varphi}_1 &= M_2\,.\end{aligned}\right\} \tag{3-27b}$$

Beispiel 3-11: Rotor auf beliebig gelagerter elastischer Welle, z. B. nach Bild 3-12a. Die Festigkeitslehre liefert für die freigeschnittene Welle in Bild 3-12b Einflusszahlen a, b, c für den Zusammenhang zwischen den Kräften und Momenten F_1, F_2, M_1 und M_2 an der Welle bei S einerseits und den Auslenkungen und Neigungen x_1, x_2, φ_1 und φ_2 bei S andererseits: $x_1 = aF_1 + cM_2$, $x_2 = aF_2 - cM_1$, $\varphi_1 = -cF_2 + bM_1$, $\varphi_2 = cF_1 + bM_2$. Daraus folgt

$$F_1 = \frac{1}{N}(bx_1 - c\varphi_2)\,,\quad F_2 = \frac{1}{N}(bx_2 + c\varphi_1)\,,$$
$$M_1 = \frac{1}{N}(a\varphi_1 + cx_2)\,,\quad M_2 = \frac{1}{N}(a\varphi_2 - cx_1)$$

mit $N = ab - c^2$. Da am Rotor $-F_1$, $-F_2$, $-M_1$ und $-M_2$ angreifen, lauten die Newton'sche Gleichung (3-2) und der Drallsatz (3-27a) für ihn

$$\begin{aligned}m\ddot{x}_1 &= -\frac{1}{N}(bx_1 - c\varphi_2)\,,\\ m\ddot{x}_2 &= -\frac{1}{N}(bx_2 + c\varphi_1)\,,\\ J_1\ddot{\varphi}_1 + J_3\omega_3\dot{\varphi}_2 &= -\frac{1}{N}(a\varphi_1 + cx_2)\,,\\ J_1\ddot{\varphi}_2 - J_3\omega_3\dot{\varphi}_1 &= -\frac{1}{N}(a\varphi_2 - cx_1)\,.\end{aligned}$$

Das sind homogene lineare Differenzialgleichungen für x_1, x_2, φ_1 und φ_2. Mit den komplexen Variablen $z_1 = x_1 + \mathrm{j}x_2$, $z_2 = \varphi_1 - \mathrm{j}\varphi_2$ werden sie paarweise zusammengefasst zu

$$\begin{aligned}&Nm\ddot{z}_1 + bz_1 - cz_2 = 0\,,\\ &NJ_1\ddot{z}_2 - \mathrm{j}NJ_3\omega_3\dot{z}_2 + az_2 - cz_1 = 0\,.\end{aligned}$$

Der Ansatz $z_i = Z_i \exp(\mathrm{j}\omega_0 t)$ für $i = 1, 2$ liefert eine charakteristische Gleichung für die Eigenkreisfrequenzen ω_0. Kleinste Exzentrizitäten des Schwerpunkts verursachen eine periodische Erregung mit der Kreisfrequenz ω_3, sodass Resonanz im Fall $\omega_0 = \omega_3$ eintritt. In diesem Fall lautet die charakteristische Gleichung

$$\det\begin{bmatrix}-Nm\omega_3^2 + b & -c\\ -c & N(J_3 - J_1)\omega_3^2 + a\end{bmatrix} = 0\,.$$

Sie liefert die kritischen Winkelgeschwindigkeiten ω_3 des Rotors (eine im Fall $J_3 > J_1$, zwei im Fall $J_3 < J_1$). Wellen mit mehreren Scheiben siehe in [5, 14].

3.2.4 Präzessionsgleichungen

Gleichungen (3-25) und (3-26) zeigen, dass bei Kreiseln mit großem $J_3\omega_3$ die Präzessionswinkelgeschwindigkeit und die Nutationsfrequenz um viele Größenordnungen voneinander verschieden sind, wenn das Moment M^{A} hinreichend klein ist. In solchen Fällen ist die Lösung von linearisierten Kreiselgleichungen (3-27a) oder (3-27b) in guter Näherung die Summe zweier Bewegungen. Die eine ist eine i. Allg. vernachlässigbare, sehr schnelle Nutation mit sehr kleinen Amplituden von φ_1 und φ_2. Sie ist Lösung der Gleichungen für $M_1 = M_2 \equiv 0$. Die andere, technisch wichtigere Bewegung ist die Lösung der sog. *technischen Kreiselgleichungen* oder *Präzessionsgleichungen*

$$J_3\omega_3\dot{\varphi}_2 = M_1\,,\quad -J_3\omega_3\dot{\varphi}_1 = M_2\,, \tag{3-28}$$

in denen die Trägheitsglieder mit $\ddot{\varphi}_1$ und $\ddot{\varphi}_2$ von (3-27a) und (3-27b) vernachlässigbar sind. Diese Bewegung ist ein langsames Auswandern (eine Präzession) der Figurenachse. In Bild 3-13 können M_1 und M_2 z. B. durch ein Gewicht am Außenrahmen oder durch Federn und Dämpfer zwischen Rahmen und Lagerung verursacht werden. Gleichung (3-28) beschreibt daher die Wirkungsweise vieler Kreiselgeräte.

3.3 Bewegungsgleichungen für holonome Mehrkörpersysteme

Für ein System mit f Freiheitsgraden werden f generalisierte Lagekoordinaten $q_1, \ldots, q_f$ gebraucht. Es kann nützlich sein, ν *überzählige Koordinaten* zu verwenden, also $q_1, \ldots, q_{f+\nu}$. Dann gibt es ν Bindungsgleichungen der Form (1-36). Aus ihnen folgen die linearen Beziehungen (1-37) und (1-38) für die generalisierten Geschwindigkeiten $\dot{q}_i$, Beschleunigungen $\ddot{q}_i$ und virtuellen Änderungen δq_i $(i = 1, \ldots, f + \nu)$. Man kommt mit f Differenzialgleichungen der Bewegung aus, wenn überzählige Koordinaten entweder gar nicht verwendet oder mithilfe von (1-36) und (1-37) wieder eliminiert werden. Die Ableitungen von überzähligen Koordinaten lassen sich immer eliminieren. Die Koordinaten selbst nur dann, wenn (1-36) explizit nach ν Koordinaten auflösbar ist (siehe Beispiel 3-12). Zur Formulierung von Differenzialgleichungen und Bindungsgleichungen werden drei Methoden angegeben.

3.3.1 Synthetische Methode

Alle Körper werden durch Schnitte isoliert. An den Schnittstellen werden paarweise entgegengesetzt gleich große Schnittkräfte eingezeichnet (eingeprägte Kräfte und unbekannte Zwangskräfte). Mit passend gewählten Koordinaten werden das Newton'sche Gesetz (3-2) für jeden translatorisch bewegten Körper und eine geeignete Form des Drallsatzes für jeden sich drehenden Körper formuliert. Wenn dabei ν überzählige Koordinaten verwendet werden, werden am nicht geschnittenen System ν Bindungsgleichungen (1-36) und deren Ableitungen (1-37) formuliert.

Beispiel 3-12: Das System in Bild 3-14a. Bild 3-14b zeigt die freigeschnittenen Körper. Für sie liefern (3-2) und (3-17) mit den Koordinaten x, φ, x_S und y_S (davon sind zwei überzählig) die Gleichungen

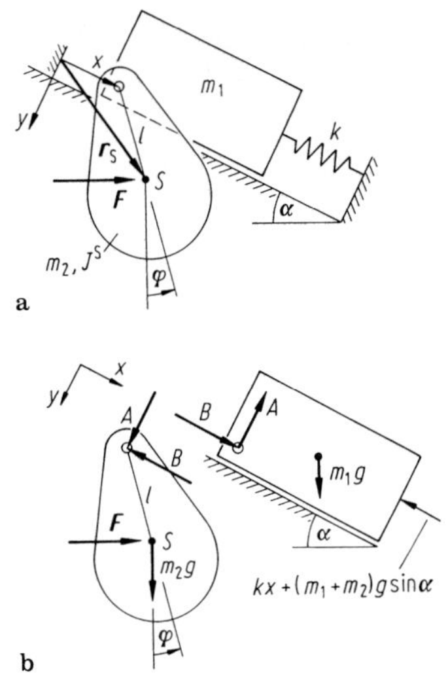

Bild 3-14. **a** Zwei-Freiheitsgrad-System mit Koordinaten x und φ. **b** Freikörperbilder. Im Fall $F = 0$ ist $x = \varphi = 0$ die Gleichgewichtslage

$$\begin{aligned} m_1\ddot{x} &= B - m_2 g \sin\alpha - kx\,, \\ m_2\ddot{x}_S &= -B + m_2 g \sin\alpha + F\cos\alpha\,, \\ m_2\ddot{y}_S &= A + m_2 g\cos\alpha - F\sin\alpha\,, \\ J^S\ddot{\varphi} &= l[A\sin(\varphi+\alpha) + B\cos(\varphi+\alpha)]\,. \end{aligned}$$

Aus Bild 3-14a werden die Bindungsgleichungen und deren Ableitungen gewonnen

$$\left.\begin{aligned} x_S &= x + l\sin(\varphi+\alpha)\,, \\ y_S &= l\cos(\varphi+\alpha)\,, \end{aligned}\right\} \qquad (3\text{-}29)$$

$$\left.\begin{aligned} \ddot{x}_S &= \ddot{x} + l\ddot{\varphi}\cos(\varphi+\alpha) - l\dot{\varphi}^2\sin(\varphi+\alpha)\,, \\ \ddot{y}_S &= -l\ddot{\varphi}\sin(\varphi+\alpha) - l\dot{\varphi}^2\cos(\varphi+\alpha)\,. \end{aligned}\right\} \qquad (3\text{-}30)$$

Die Zwangskräfte A und B werden eliminiert (durch Addition der ersten und zweiten Bewegungsgleichung und durch Einsetzen der zweiten und dritten in die vierte). Dann werden mit (3-30) $\ddot{x}_S$ und $\ddot{y}_S$ eliminiert. Das liefert für x und φ die Bewegungsgleichungen

$$\begin{bmatrix} m_1 + m_2 & m_2 l\cos(\varphi+\alpha) \\ m_2 l\cos(\varphi+\alpha) & J^S + m_2 l^2 \end{bmatrix} \begin{bmatrix} \ddot{x} \\ \ddot{\varphi} \end{bmatrix} + \begin{bmatrix} kx - m_2 l\dot{\varphi}^2\sin(\varphi+\alpha) \\ m_2 g l\sin\varphi - Fl\cos\varphi \end{bmatrix} = \begin{bmatrix} F\cos\alpha \\ 0 \end{bmatrix} \qquad (3\text{-}31)$$

und für die Zwangskräfte die Ausdrücke

$$A = -m_2[l\ddot{\varphi}\sin(\varphi+\alpha) + l\dot{\varphi}^2\cos(\varphi+\alpha) + g\cos\alpha] + F\sin\alpha\,,$$
$$B = m_1\ddot{x} + kx + m_2 g\sin\alpha\,.$$

Statt (3-31) kann man bei dieser Methode irgendeine Linearkombination der Gleichungen (3-31) erhalten, sodass die Koeffizientenmatrix vor den höchsten Ableitungen nicht automatisch symmetrisch wird.

3.3.2 Lagrange'sche Gleichung

Bewegungsgleichungen für ein System mit f Freiheitsgraden und mit Koordinaten $q_1,\ldots,q_{f+\nu}$ (darunter ν überzählige) entstehen durch Auswertung der *Lagrange'schen Gleichung*

$$\frac{\mathrm{d}}{\mathrm{d}t}\left(\frac{\partial L}{\partial\dot{q}_k}\right) - \frac{\partial L}{\partial q_k} = Q_k + \sum_{i=1}^{\nu}\lambda_i\frac{\partial f_i}{\partial q_k} \qquad (3\text{-}32)$$
$$(k = 1,\ldots,f+\nu)\,.$$

Die sog. *Lagrange'sche Funktion* $L = T - V$ ist die Differenz aus der kinetischen Energie T und der potenziellen Energie V des Systems. Die f_i sind die Funktionen in den Bindungsgleichungen (1-36), und λ_i sind unbekannte *Lagrange'sche Multiplikatoren* (Funktionen der Zeit). Zur Berechnung der nichtkonservativen generalisierten Kräfte Q_k siehe 2.1.15. Gleichung (3-32) und die Bindungsgleichungen reichen zur Bestimmung der Unbekannten $q_1,\ldots,q_{f+\nu}$ und $\lambda_1\ldots\lambda_\nu$ aus.

Beispiel 3-13: In Bild 3-14a ist

$$T = \frac{1}{2}\left[m_1\dot{x}^2 + m_2\left(\dot{x}_S^2 + \dot{y}_S^2\right) + J^S\dot{\varphi}^2\right]\,,$$
$$V = \frac{1}{2}k\left[x + \frac{1}{k}(m_1+m_2)g\sin\alpha\right]^2 - m_1 gx\sin\alpha - m_2 g(x_S\sin\alpha + y_S\cos\alpha)\,.$$

Die überzähligen Koordinaten x_S und y_S werden mithilfe der Bindungsgleichungen (3-29) und ihrer ersten Ableitung eliminiert. Das liefert

$$\left.\begin{aligned} T &= \frac{1}{2}(m_1+m_2)\dot{x}^2 + \frac{1}{2}(J^S + m_2 l^2)\dot{\varphi}^2 \\ &\quad + m_2 l\dot{x}\dot{\varphi}\cos(\varphi+\alpha)\,, \\ V &= \frac{1}{2}kx^2 - m_2 gl\cos\varphi + \text{const}\,. \end{aligned}\right\} \qquad (3\text{-}33)$$

Die einzige nichtkonservative eingeprägte Kraft ist $\boldsymbol{F}$. Bei einer virtuellen Verschiebung δx_S, δy_S ist ihre virtuelle Arbeit $\delta W = F(\delta x_S\cos\alpha - \delta y_S\sin\alpha)$ oder mit (3-29)

$$\begin{aligned}\delta W &= F[(\delta x + l\delta\varphi\cos(\varphi+\alpha))\cos\alpha \\ &\quad - (-l\delta\varphi\sin(\varphi+\alpha))\sin\alpha] \\ &= F(\cos\alpha\,\delta x + l\cos\varphi\,\delta\varphi)\,.\end{aligned}$$

Daraus folgt $Q_1 = F\cos\alpha$ für $q_1 = x$ und $Q_2 = Fl\cos\varphi$ für $q_2 = \varphi$. Damit und mit (3-33) und mit $f = 2$, $\nu = 0$ liefert (3-32) wieder die Gleichung (3-31). Die Koeffizientenmatrix der höchsten Ableitungen in den Bewegungsgleichungen wird bei dieser Methode immer symmetrisch.

3.3.3 D'Alembert'sches Prinzip

Die allgemeine Form des *d'Alembert'schen Prinzips* für beliebige Systeme lautet in der Lagrange'schen Fassung

$$\int \delta\boldsymbol{r}\cdot(\ddot{\boldsymbol{r}}\mathrm{d}m - \boldsymbol{F}) = 0 \qquad (3\text{-}34)$$

($\boldsymbol{r}$ Ortsvektor, $\ddot{\boldsymbol{r}}$ absolute Beschleunigung und $\delta\boldsymbol{r}$ virtuelle Verschiebung des Massenelements $\mathrm{d}m$; $\boldsymbol{F}$ resultierende eingeprägte Kraft an $\mathrm{d}m$; Integration über die gesamte Systemmasse). Zwangskräfte leisten zu (3-34) keinen Beitrag (siehe 2.1.10). Für ein System aus n starren Körpern lautet das Prinzip

$$\sum_{i=1}^{n}[\delta\boldsymbol{r}_i\cdot(m_i\ddot{\boldsymbol{r}}_i - \boldsymbol{F}_i) + \delta\boldsymbol{\pi}_i\cdot(\boldsymbol{J}_i^S\cdot\dot{\boldsymbol{\omega}}_i + \boldsymbol{\omega}_i\times\boldsymbol{J}_i^S\cdot\boldsymbol{\omega}_i - \boldsymbol{M}_i^S)] = 0 \qquad (3\text{-}35)$$

(m_i Masse, $\boldsymbol{J}_i^S$ auf den Schwerpunkt bezogener Trägheitstensor, $\boldsymbol{r}_i$ Schwerpunktortsvektor, $\boldsymbol{\omega}_i$ absolute Winkelgeschwindigkeit, $\delta\boldsymbol{r}_i$ virtuelle Schwerpunktsverschiebung, $\delta\boldsymbol{\pi}_i$ virtuelle Drehung (siehe 1.5), $\boldsymbol{F}_i$ resultierende eingeprägte Kraft und $\boldsymbol{M}_i^S$ resultierendes eingeprägtes Moment um den Schwerpunkt; alles für Körper i). Im Sonderfall der ebenen Bewegung lautet die Gleichung

$$\sum_{i=1}^{n}\left[\delta\boldsymbol{r}_i\cdot(m_i\ddot{\boldsymbol{r}}_i - \boldsymbol{F}_i) + \delta\varphi_i\left(J_i^S\ddot{\varphi}_i - M_i^S\right)\right] = 0 \qquad (3\text{-}36)$$

(J_i^S Trägheitsmoment um die Achse durch den Schwerpunkt und normal zur Bewegungsebene, M_i^S Moment und φ_i absoluter Drehwinkel um dieselbe Achse). Gleichung (3-35) lautet in Matrixschreibweise

$$\delta\underline{\boldsymbol{r}}^T \cdot (\underline{m}\,\underline{\ddot{\boldsymbol{r}}} - \underline{\boldsymbol{F}}) + \delta\underline{\boldsymbol{\pi}}^T \cdot (\underline{\boldsymbol{J}} \cdot \underline{\dot{\boldsymbol{\omega}}} - \underline{\boldsymbol{M}}^*) = 0 \qquad (3\text{-}37)$$

($\delta\underline{\boldsymbol{r}}$, $\underline{\ddot{\boldsymbol{r}}}$, $\underline{\boldsymbol{F}}$, $\delta\underline{\boldsymbol{\pi}}$, $\underline{\dot{\boldsymbol{\omega}}}$ und $\underline{\boldsymbol{M}}^*$ Spaltenmatrizen mit je n Vektoren $\delta\boldsymbol{r}_i$ bzw. $\ddot{\boldsymbol{r}}_i$ usw. bis $\boldsymbol{M}_i^* = \boldsymbol{M}_i^S - \omega_i \times \boldsymbol{J}_i^S \cdot \omega_i$ $(i = 1, \ldots, n)$; $\underline{m}$ und $\underline{\boldsymbol{J}}$ Diagonalmatrizen der Massen bzw. Trägheitstensoren; T kennzeichnet die transponierte Matrix).

Beispiel 3-14: In Bild 3-14a ist $\ddot{\boldsymbol{r}}_1 = \ddot{x}\boldsymbol{e}_x$, $\delta\boldsymbol{r}_1 = \delta x\boldsymbol{e}_x$, $\ddot{\varphi}_1 = 0$, $\delta\varphi_1 = 0$, $\ddot{\varphi}_2 = \ddot{\varphi}$, $\delta\varphi_2 = \delta\varphi$ und mit (3-30)

$$\begin{aligned}\ddot{\boldsymbol{r}}_2 &= [\ddot{x} + l\ddot{\varphi}\cos(\varphi+\alpha) - l\dot{\varphi}^2\sin(\varphi+\alpha)]\boldsymbol{e}_x \\ &\quad + [-l\ddot{\varphi}\sin(\varphi+\alpha) - l\dot{\varphi}^2\cos(\varphi+\alpha)]\boldsymbol{e}_y \\ \delta\boldsymbol{r}_2 &= [\delta x + l\delta\varphi\cos(\varphi+\alpha)]\boldsymbol{e}_x \\ &\quad - l\delta\varphi\sin(\varphi+\alpha)\boldsymbol{e}_y\,.\end{aligned}$$

Die eingeprägte Kraft $\boldsymbol{F}_1$ an Körper 1 ist die Resultierende aus $m_1\boldsymbol{g}$ und der Federkraft $[-kx - (m_1 + m_2)g\sin\alpha]\boldsymbol{e}_x$. Sie hat die x-Komponente $F_{1x} = -(kx + m_2 g\sin\alpha)$ (nur diese interessiert hier); an Körper 2 ist

$$\begin{aligned}\boldsymbol{F}_2 &= (m_2 g\sin\alpha + F\cos\alpha)\boldsymbol{e}_x \\ &\quad + (m_2 g\cos\alpha - F\sin\alpha)\boldsymbol{e}_y\,.\end{aligned}$$

Substitution aller Ausdrücke in (3-35) ergibt

$$\begin{aligned}&\delta x[(m_1+m_2)\ddot{x} + m_2 l\ddot{\varphi}\cos(\varphi+\alpha) \\ &\quad - m_2 l\dot{\varphi}^2\sin(\varphi+\alpha) + kx - F\cos\alpha] \\ &+\delta\varphi[m_2 l\ddot{x}\cos(\varphi+\alpha) + (J^S + m_2 l^2)\ddot{\varphi} \\ &\quad + m_2 g l\sin\varphi - Fl\cos\varphi] = 0\,.\end{aligned}$$

Da δx und $\delta\varphi$ voneinander unabhängig beliebig sind, sind beide Klammerausdrücke null. Das sind wieder die Bewegungsgleichungen (3-31). Die Koeffizientenmatrix der höchsten Ableitungen wird bei diesem Verfahren immer symmetrisch.

Bei komplizierten Systemen wird (3-37) verwendet. Nach Wahl von generalisierten Koordinaten $\underline{q} = [q_1 \ldots q_{f+\nu}]^T$ (ohne oder mit ν überzähligen Koordinaten) liefert die Kinematik Beziehungen der Form

$$\left.\begin{aligned}\underline{\ddot{\boldsymbol{r}}} &= \underline{\boldsymbol{a}}_1\underline{\ddot{q}} + \underline{\boldsymbol{b}}_1\,, & \delta\underline{\boldsymbol{r}} &= \underline{\boldsymbol{a}}_1\delta\underline{q}\,,\\ \underline{\dot{\boldsymbol{\omega}}} &= \underline{\boldsymbol{a}}_2\underline{\ddot{q}} + \underline{\boldsymbol{b}}_2\,, & \delta\underline{\boldsymbol{\pi}} &= \underline{\boldsymbol{a}}_2\delta\underline{q}\,,\end{aligned}\right\} \qquad (3\text{-}38)$$

wobei $\underline{\boldsymbol{a}}_1$ und $\underline{\boldsymbol{a}}_2$ von $\underline{q}$ und $\underline{\boldsymbol{b}}_1$, $\underline{\boldsymbol{b}}_2$ von $\underline{q}$ und $\underline{\dot{q}}$ abhängen. Als Beispiel siehe (1-46) und (1-47) für beliebige offene Gliederketten. Mit (3-38) liefert (3-37) die Gleichung

$$\delta\underline{q}^T(\underline{A}\,\underline{\ddot{q}} - \underline{B}) = 0 \qquad (3\text{-}39a)$$

mit

$$\left.\begin{aligned}\underline{A} &= \underline{\boldsymbol{a}}_1^T \cdot \underline{m}\,\underline{\boldsymbol{a}}_1 + \underline{\boldsymbol{a}}_2^T \cdot \underline{\boldsymbol{J}} \cdot \underline{\boldsymbol{a}}_2\,,\\ \underline{B} &= \underline{\boldsymbol{a}}_1^T \cdot (\underline{\boldsymbol{F}} - \underline{m}\,\underline{\boldsymbol{b}}_1) + \underline{\boldsymbol{a}}_2^T \cdot (\underline{\boldsymbol{M}}^* - \underline{\boldsymbol{J}} \cdot \underline{\boldsymbol{b}}_2)\,.\end{aligned}\right\} \qquad (3\text{-}39b)$$

Wenn $\underline{q}$ keine überzähligen Koordinaten enthält, folgen daraus die Bewegungsgleichungen

$$\underline{A}\,\underline{\ddot{q}} = \underline{B}\,. \qquad (3\text{-}40)$$

Diese Formulierung ist leicht programmierbar. Bevor die Produkte gebildet werden, müssen alle Vektoren und Tensoren mithilfe der Matrizen $\underline{A}^i$ von (1-44) und mithilfe von (1-12) in ein gemeinsames Koordinatensystem transformiert werden.

Wenn in (3-38) ν Koordinaten überzählig sind, werden ν Bindungsgleichungen (1-36) und deren Ableitungen (1-37) gebildet. Diese Ableitungen sind lineare Beziehungen. Sie werden nach ν von den $f + \nu$ Größen $\dot{q}_i$ bzw. δq_i und $\ddot{q}_i$ aufgelöst. Damit entstehen Beziehungen der Form

$$\underline{\dot{q}} = \underline{J}^*\underline{\dot{q}}^*, \quad \delta\underline{q} = \underline{J}^*\delta\underline{q}^*, \quad \underline{\ddot{q}} = \underline{J}^*\underline{\ddot{q}}^* + \underline{h}^*$$

mit der Spaltenmatrix $\underline{q}^* = [q_1 \ldots q_f]^T$ der f unabhängigen Koordinaten, mit einer $((f+\nu) \times f)$-Matrix $\underline{J}^*$ und einer $((f+\nu)\times 1)$-Matrix $\underline{h}^*$. Einsetzen in (3-39) liefert die f Bewegungsgleichungen

$$(\underline{J}^{*T}\underline{A}\,\underline{J}^*)\underline{\ddot{q}}^* = \underline{J}^{*T}(\underline{B} - \underline{A}\,\underline{h}^*)\,.$$

Weitere Einzelheiten siehe in [15].

3.4 Stöße

3.4.1 Vereinfachende Annahmen über Stoßvorgänge

Bei einem *Stoß* wirken an der Stoßstelle und in Lagern und Gelenken eines Systems kurzzeitig große Kräfte. Idealisierend wird vorausgesetzt, daß der endlich große *Kraftstoß* $\hat{\boldsymbol{F}} = \int \boldsymbol{F}(t)\,dt$

einer solchen Kraft während einer infinitesimal kurzen Stoßdauer $\Delta t \to 0$ ausgeübt wird. Das bedeutet eine unendlich große Kraft $\boldsymbol{F}$. Dennoch wird vorausgesetzt, dass sich die Körper sowie Führungen in (reibungsfrei vorausgesetzten) Lagern und Gelenken starr verhalten. Endlich große Kräfte (z. B. Gewichtskräfte, Federkräfte, Zentrifugalkräfte) haben keinen Einfluss auf den Stoßvorgang, weil ihr Kraftstoß in der Zeitspanne $\Delta t \to 0$ gleich null ist. Eine Coulomb'sche Reibungskraft $R = \mu N$ hat nur dann Einfluss, wenn N selbst einen endlichen Kraftstoß $\hat{N}$ bewirkt. Dann wirkt auch ein Reibkraftstoß $\hat{R} = \mu\hat{N}$. Während der Stoßdauer ist die Lage der Körper konstant, und ihre Geschwindigkeiten machen endlich große Sprünge.

In einer kleinen Umgebung der Stoßstelle (nicht in Lagern und Gelenken) wird während der Stoßdauer mit einer Kompressionsphase und einer Dekompressionsphase des Werkstoffs gerechnet. Durch die Einführung der sog. *Stoßzahl* e als Verhältnis des Kraftstoßes in der Dekompressionsphase zu dem in der Kompressionsphase werden vollelastische Stöße ($e = 1$), vollplastische Stöße ($e = 0$) und teilplastische Stöße ($0 < e < 1$) unterschieden.

3.4.2 Stöße an Mehrkörpersystemen

Der Kraftstoß $\hat{\boldsymbol{F}} = \int \boldsymbol{F}\,\mathrm{d}t$ an der Stoßstelle und die durch ihn verursachten Geschwindigkeitssprünge werden wie folgt berechnet. Man formuliert zunächst Bewegungsgleichungen des Gesamtsystems für stetige Bewegungen mit Kräften $\boldsymbol{F}$ und $-\boldsymbol{F}$ an den Stoßpunkten beider Körper. Sie haben bei f Freiheitsgraden und f generalisierten Koordinaten die Form $\underline{A}\underline{\ddot{q}} = \underline{Q} + \ldots$ (siehe 3.3). Die generalisierten Kräfte $\underline{Q}$ berücksichtigen nur die Kräfte $\boldsymbol{F}$ und $-\boldsymbol{F}$ an den beiden zusammenstoßenden Körperpunkten. Alle anderen Kräfte sind endlich groß und in der Gleichung oben durch drei Punkte angedeutet. Integration über die unendlich kurze Stoßdauer liefert

$$\underline{A}\Delta\underline{\dot{q}} = \underline{\hat{Q}}\,. \tag{3-41}$$

Das sind f Gleichungen für $f + 3$ Unbekannte, nämlich für $\Delta\dot{q}_1, \ldots, \Delta\dot{q}_f$ und für drei in $\underline{\hat{Q}}$ enthaltene Komponenten von $\hat{\boldsymbol{F}}$. Die drei fehlenden Gleichungen werden wie folgt formuliert.

Fall I: Bei Stößen ohne Reibung an der Stoßstelle hat $\boldsymbol{F}$ die bekannte Richtung der Stoßnormale $\boldsymbol{e}_\mathrm{n}$ (Einheitsvektor normal zur Berührungsebene im Stoßpunkt), sodass $\hat{\boldsymbol{F}} = \hat{F}\boldsymbol{e}_\mathrm{n}$ ist und nur eine Gleichung für den Betrag $\hat{F}$ fehlt. Sie lautet

$$(\boldsymbol{c}_1 - \boldsymbol{c}_2) \cdot \boldsymbol{e}_\mathrm{n} = -e(\boldsymbol{v}_1 - \boldsymbol{v}_2) \cdot \boldsymbol{e}_\mathrm{n}\,. \tag{3-42}$$

Darin sind $\boldsymbol{v}_i$ und $\boldsymbol{c}_i = \boldsymbol{v}_i + \Delta\boldsymbol{v}_i$ ($i = 1, 2$) die Geschwindigkeiten der zusammenstoßenden Körperpunkte vor bzw. nach dem Stoß. Sie sind durch $\underline{\dot{q}}$ und $\underline{\dot{q}} + \Delta\underline{\dot{q}}$ vor bzw. nach dem Stoß ausdrückbar. Einzelheiten siehe in [15].

Fall II: Die zusammenstoßenden Körperpunkte haben unmittelbar nach dem Zusammenstoß gleiche Geschwindigkeiten, $\boldsymbol{c}_1 - \boldsymbol{c}_2 = \boldsymbol{0}$. Das liefert die fehlenden skalaren Gleichungen.

Beispiel 3-15: Auf das zu Beginn ruhende, reibungsfreie Zweikörpersystem in Bild 3-15 trifft eine Punktmasse m mit der Geschwindigkeit $\boldsymbol{v}$ in vollelastischem Stoß (Fall I mit $e = 1$). Bewegungsgleichungen für stetige Bewegungen unter einer horizontal durch S gerichteten Kraft $\boldsymbol{F}$ werden aus (3-31) übernommen. Bei Beachtung von $\varphi = 0$ ergibt sich (3-41) in der Form der ersten beiden Zeilen der Gleichung

$$\begin{bmatrix} m_1 + m_2 & m_2 l\cos\alpha & 0 \\ m_2 l\cos\alpha & J^\mathrm{S} + m_2 l^2 & 0 \\ 0 & 0 & m \end{bmatrix} \begin{bmatrix} \Delta\dot{x} \\ \Delta\dot{\varphi} \\ \Delta v \end{bmatrix} = \begin{bmatrix} \hat{F}\cos\alpha \\ \hat{F}l \\ -\hat{F} \end{bmatrix}.$$

Die dritte Zeile beschreibt den Stoß auf die Punktmasse. Gleichung (3-42) lautet

$$\Delta\dot{x}\cos\alpha + l\Delta\dot{\varphi} - (v + \Delta v) = v\,.$$

Das sind insgesamt vier Gleichungen für $\Delta\dot{x}$, $\Delta\dot{\varphi}$, Δv und $\hat{F}$.

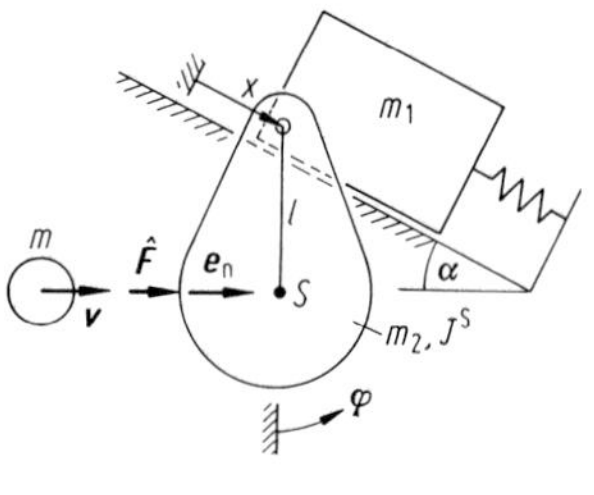

Bild 3-15. Stoß einer Masse gegen ein Zweikörpersystem

3.4.3 Der schiefe exzentrische Stoß

Beim Stoß zweier Körper nach Bild 3-16 bei ebener Bewegung lauten die integrierten Bewegungsgleichungen

$$\left.\begin{aligned} \Delta\dot{\boldsymbol{r}}_1 &= -\hat{\boldsymbol{F}}/m_1\,, & \Delta\dot{\boldsymbol{r}}_2 &= \hat{\boldsymbol{F}}/m_2\,,\\ \Delta\boldsymbol{\omega}_1 &= -\boldsymbol{\varrho}_1\times\hat{\boldsymbol{F}}/J_1^{\mathrm{S}}\,, & \Delta\boldsymbol{\omega}_2 &= \boldsymbol{\varrho}_2\times\hat{\boldsymbol{F}}/J_2^{\mathrm{S}}\,. \end{aligned}\right\} \quad (3\text{-}43)$$

Die Geschwindigkeiten der Stoßpunkte vor und nach dem Stoß sind

$$\left.\begin{aligned} \boldsymbol{v}_i &= \dot{\boldsymbol{r}}_i + \boldsymbol{\omega}_i\times\boldsymbol{\varrho}_i\\ \boldsymbol{c}_i &= \dot{\boldsymbol{r}}_i + \Delta\dot{\boldsymbol{r}}_i + (\boldsymbol{\omega}_i + \Delta\boldsymbol{\omega}_i)\times\boldsymbol{\varrho}_i \end{aligned}\right\}(i=1,2)\,. \quad (3\text{-}44)$$

Im Fall I liefert Substitution in (3-42) die Gleichung

$$\hat{F}\{1/m_1 + 1/m_2 + [(\boldsymbol{\varrho}_1\times\boldsymbol{e}_{\mathrm{n}})\times\boldsymbol{\varrho}_1/J_1^{\mathrm{S}} + (\boldsymbol{\varrho}_2\times\boldsymbol{e}_{\mathrm{n}})\times\boldsymbol{\varrho}_2/J_2^{\mathrm{S}}]\cdot\boldsymbol{e}_{\mathrm{n}}\} = (1+\boldsymbol{e})(\boldsymbol{v}_1-\boldsymbol{v}_2)\cdot\boldsymbol{e}_{\mathrm{n}}\,.$$

Mit ihrer Lösung für $\hat{F}$ erhält man aus (3-43) $\Delta\dot{\boldsymbol{r}}_i$ und $\Delta\boldsymbol{\omega}_i$ $(i = 1, 2)$.

3.4.4 Gerader zentraler Stoß

Der Stoß zweier rein translatorisch bewegter Körper heißt *gerade*, wenn ihre Geschwindigkeiten $\boldsymbol{v}_1$ und $\boldsymbol{v}_2$ die Richtung der Stoßnormale haben (Bild 3-17). Er heißt *zentral*, wenn die Schwerpunkte auf der Stoßnormale liegen. Die Geschwindigkeiten c_1 und c_2 unmittelbar nach dem Stoß und der Kraftstoß $\hat{F}$ an m_2 (alles positiv in positiver x-Richtung) sowie der Verlust ΔT an kinetischer Energie sind.

$$\left.\begin{aligned} c_1 &= v_1 - \frac{m_2}{m_1+m_2}(1+e)(v_1-v_2)\,,\\ c_2 &= v_2 + \frac{m_1}{m_1+m_2}(1+e)(v_1-v_2)\,,\\ \hat{F} &= \frac{m_1 m_2}{m_1+m_2}(1+e)(v_1-v_2)\,,\\ \Delta T &= \frac{1}{2}\frac{m_1 m_2}{m_1+m_2}(1-e^2)(v_1-v_2)^2. \end{aligned}\right\} \quad (3\text{-}45)$$

Zur Messung der Stoßzahl e lässt man den einen Körper in geradem, zentralem Stoß aus einer Höhe h auf den anderen, unbeweglich gelagerten Körper fallen. Aus der Rücksprunghöhe h^* ergibt sich $e^2 = h^*/h$.

3.4.5 Gerader Stoß gegen ein Pendel

In Bild 3-18 seien v_2 und c_2 die Geschwindigkeiten des Punktes P vor bzw. nach dem Stoß, sodass $\dot{\varphi} = v_2/l$ und $\dot{\varphi} + \Delta\dot{\varphi} = c_2/l$ die Winkelgeschwindigkeiten des Pendels vor bzw. nach dem Stoß sind. Für $c_1, c_2, \hat{F}$ und ΔT gilt auch hier (3-45), wenn man überall m_2 durch J^{A}/l^2 ersetzt. Der Kraftstoß im Lager ist $\hat{A} = \hat{F}(m_2 l l_{\mathrm{S}}/J^{\mathrm{A}} - 1)$. Das Lager ist stoßfrei bei der Abstimmung $m_2 l l_{\mathrm{S}} = J^{\mathrm{A}} = J^{\mathrm{S}} + m_2 l_{\mathrm{S}}^2$. Dann heißt A *Stoßmittelpunkt*. Um diesen Punkt als Pol dreht sich der Körper unmittelbar nach dem Stoß auch dann, wenn das Lager fehlt.

Zur Messung hoher Geschwindigkeiten v_1 lässt man m_1 vollplastisch in ein ruhendes Pendel einschlagen. Der maximale Pendelwinkel $\varphi_{\max}$ nach dem Stoß wird gemessen. Er liefert

$$v_1 = 2\sin(\varphi_{\max}/2)[(1 + J^{\mathrm{A}}/(m_1 l^2))\times(l + l_{\mathrm{S}} m_2/m_1)g]^{1/2}\,.$$

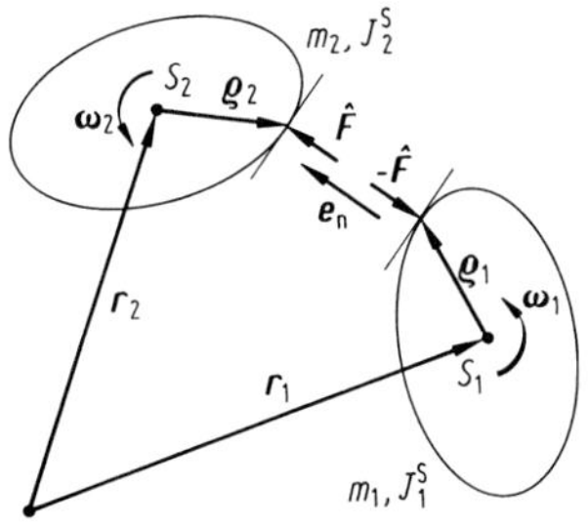

Bild 3-16. Stoß zweier Körper bei allgemeiner ebener Bewegung

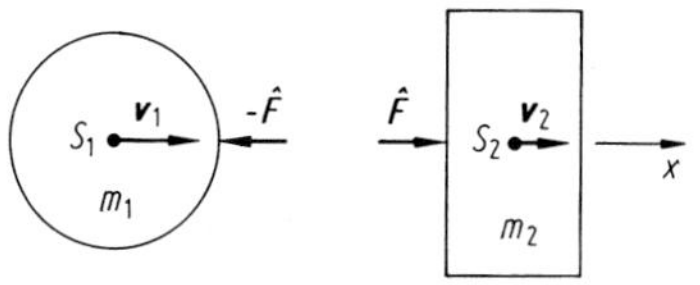

Bild 3-17. Gerader zentraler Stoß

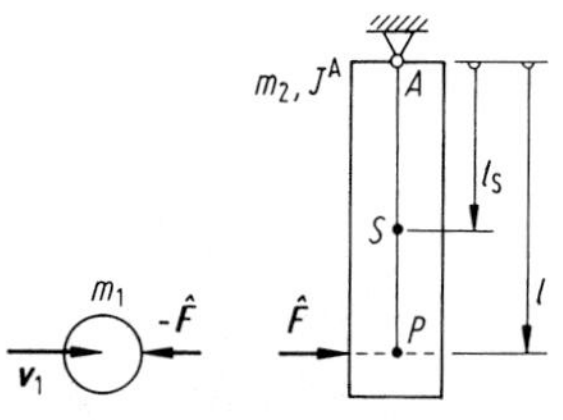

Bild 3-18. Stoß gegen ein Pendel

3.5 Körper mit veränderlicher Masse

Die Bilder 3-19a und b zeigen starre Körper, die aus einem unveränderlichen starren Träger und einer ebenfalls starren, aber veränderlichen Teilmasse bestehen. Die Gesamtmasse ist $m(t)$. Der Punkt A ist auf dem Träger an beliebiger Stelle fest. Der Ortsvektor $\boldsymbol{\varrho}_S$ des Gesamtschwerpunkts und der Trägheitstensor $\boldsymbol{J}^A$ des gesamten Körpers bezüglich A sind variabel. Bewegungsgleichungen werden für den Punkt A des Trägers und für die Rotation des Trägers angegeben. Sei P der Punkt, an dem Masse in den Körper eintritt oder aus ihm austritt. Austretende Masse ändert ihre Geschwindigkeit relativ zum starren Körper von $\boldsymbol{v}_{\text{rel}\,1} = \boldsymbol{0}$ auf $\boldsymbol{v}_{\text{rel}\,2} \neq \boldsymbol{0}$, eintretende Masse dagegen von $\boldsymbol{v}_{\text{rel}\,1} \neq \boldsymbol{0}$ auf $\boldsymbol{v}_{\text{rel}\,2} = \boldsymbol{0}$. Sei $\Delta\boldsymbol{v}_{\text{rel}} = \boldsymbol{v}_{\text{rel}\,2}$, wenn Masse austritt und $\Delta\boldsymbol{v}_{\text{rel}} = \boldsymbol{v}_{\text{rel}\,1}$, wenn Masse eintritt. Zwei Fälle werden untersucht.

Fall I: $\Delta\boldsymbol{v}_{\text{rel}}$ tritt während einer unendlich kurzen Zeitdauer auf (Bilder 3-19a und 3-20).

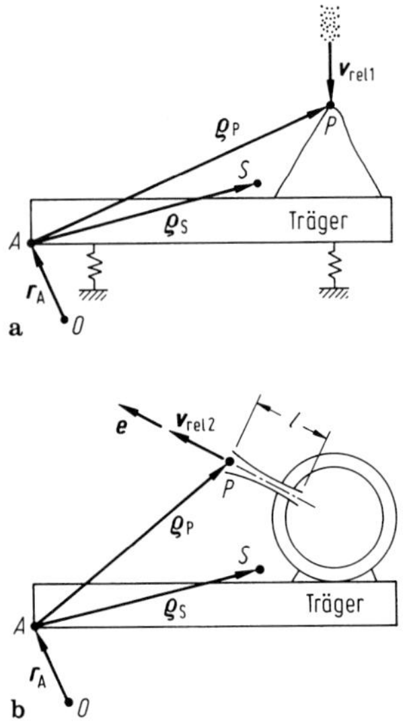

Bild 3-19. **a** Körper mit zunehmender Masse. **b** Körper mit abnehmender Masse

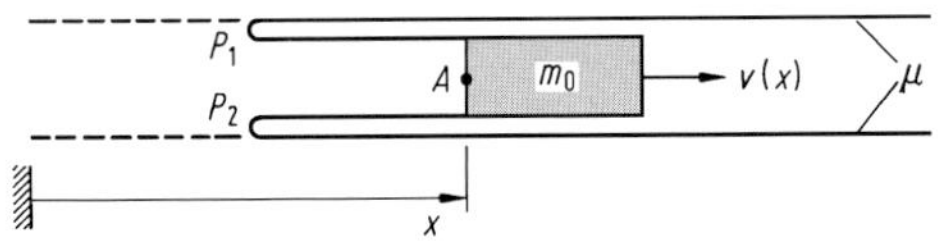

Bild 3-20. Abbremsung eines Körpers der Masse m_0 durch Mitziehen zweier neben der Bahn ausgelegter Ketten

Fall II: $\Delta\boldsymbol{v}_{\text{rel}}$ entwickelt sich stetig in einer stationären, inkompressiblen Strömung durch einen geradlinigen Kanal der Länge l (Bild 3-19b; der Einheitsvektor $\boldsymbol{e}$ hat die Richtung der Strömung). In beiden Fällen werden Bewegungsgleichungen an einem Zweikörpersystem mit konstanter Masse entwickelt. Es besteht aus dem starren Körper der Masse $m(t)$ und einem relativ zu diesem bewegten Massenelement Δm. Einzelheiten siehe in [8]. Die Gleichungen für die Translation und die Rotation lauten im Fall II

$$\begin{aligned} &m[\ddot{\boldsymbol{r}}_A + \dot{\boldsymbol{\omega}} \times \boldsymbol{\varrho}_S + \boldsymbol{\omega} \times (\boldsymbol{\omega} \times \boldsymbol{\varrho}_S)] \\ &\quad = \boldsymbol{F} + \dot{m}(\Delta\boldsymbol{v}_{\text{rel}} + 2\boldsymbol{\omega} l \times \boldsymbol{e})\,, \end{aligned} \tag{3-46}$$

$$\begin{aligned} &\boldsymbol{J}^A \cdot \dot{\boldsymbol{\omega}} + \boldsymbol{\omega} \times \boldsymbol{J}^A \cdot \boldsymbol{\omega} + m\boldsymbol{\varrho}_S \times \ddot{\boldsymbol{r}}_A \\ &\quad = \boldsymbol{M}^A + \dot{m}[\boldsymbol{\varrho}_P \times \Delta\boldsymbol{v}_{\text{rel}} + (\boldsymbol{\varrho}_P - l\boldsymbol{e}/2) \times (2\boldsymbol{\omega} l \times \boldsymbol{e})]\,. \end{aligned} \tag{3-47}$$

Die Gleichungen für Fall I sind hierin als der Sonderfall $l = 0$ enthalten. $\boldsymbol{F}$ und $\boldsymbol{M}^A$ sind die äußere eingeprägte Kraft (bzw. das Moment) am augenblicklich vorhandenen Körper. $\dot{m} = \mathrm{d}m/\mathrm{d}t$ kann positiv oder negativ sein. Alle anderen Bezeichnungen sind wie in (3-15) und Bild 3-6. Wenn verschiedene Massenstöme $\dot{m}_i$ an mehreren Stellen P_i $(i = 1, 2, \ldots)$ auftreten, muss man die Glieder mit $\dot{m}$ in (3-46) und (3-47) durch entsprechende Summen über i ersetzen (siehe Bild 3-20).

Beispiel 3-16: Translatorischer Aufstieg einer Rakete mit der Startmasse m_0 in vertikaler z-Richtung. Annahmen: Konstante relative Ausströmgeschwindigkeit vom Betrag v_{rel} und $\dot{m} \equiv -a = \text{const}$. Damit ist $m = m_0 - at$, $\boldsymbol{F} = -mg\boldsymbol{e}_z$, $\Delta\boldsymbol{v}_{\text{rel}} = -v_{\text{rel}}\boldsymbol{e}_z$. Für die Beschleunigung der Raketenhülle liefert (3-46) die Gleichung $(m_0 - at)\ddot{z} = -(m_0 - at)g + av_{\text{rel}}$, also

$$\ddot{z} = -g + av_{\text{rel}}/(m_0 - at)\,.$$

Integration mit den Anfangsbedingungen $z(0) = \dot{z}(0) = 0$ ergibt die Geschwindigkeit $\dot{z}(t) = -gt + v_{\text{rel}} \ln(m_0/m(t))$ und die Flughöhe $z(t) = -gt^2/2 + v_{\text{rel}}t - (m(t)v_{\text{rel}}/a)\ln(m_0/m(t))$. Probleme bei Raketen mit Rotation siehe in [8].

Beispiel 3-17: Ein Körper der Anfangsmasse m_0 und der Anfangsgeschwindigkeit v_0 wird nach Bild 3-20 entlang der horizontalen x-Achse dadurch gebremst, dass er zunehmend größere Teile von zwei anfangs ruhenden Ketten (Masse/Länge = μ) hinter sich herzieht. In (3-46) ist $m = m_0 + 2(\mu x/2) = m_0 + \mu x$, $\dot m = \mu\dot x$, $v_{\text{rel}\,1} = -\dot x$, $v_{\text{rel}\,2} = 0$, also $\Delta v_{\text{rel}} = -\dot x$. Also lautet (3-46) bei Vernachlässigung von Reibung $(m_0 + \mu x)\ddot x = -\mu\dot x^2$. Man setzt $\ddot x = (\mathrm{d}\dot x/\mathrm{d}x)\dot x$ und erhält $\mathrm{d}\dot x/\dot x = -\mu\mathrm{d}x/(m_0 + \mu x)$. Integration liefert die Geschwindigkeit

$$v(x) = \dot x(x) = v_0/(1 + \mu x/m_0) = v_0 m_0/m(x)\,.$$

Dieses Ergebnis drückt die Impulserhaltung $m(x)v(x) = m_0v_0$ aus. Eine weitere Integration nach Trennung der Veränderlichen führt mit der Anfangsbedingung $x(0) = 0$ auf

$$x(t) = (m_0/\mu)[(1 + 2\mu v_0 t/m_0)^{1/2} - 1]\,.$$

3.6 Gravitation. Satellitenbahnen

Gravitationskraft. Gravitationsmoment. Gewichtskraft

Zwei Punktmassen M und m in der Entfernung r ziehen einander mit *Gravitationskräften* $\boldsymbol F$ und $-\boldsymbol F$ an. Mit $\boldsymbol e_r$ nach Bild 3-21 ist

$$\left.\begin{aligned} \boldsymbol F &= -(GMm/r^2)\boldsymbol e_r\,,\\ G &= 6{,}67428\cdot 10^{-11}\,\mathrm{N\,m^2/kg^2}\,. \end{aligned}\right\} \qquad (3\text{-}48)$$

G ist die *Gravitationskonstante*. $\boldsymbol F$ hat das Potenzial $V = -GMm/r$. (3-48) gilt auch dann, wenn M und m die Massen zweier sich nicht durchdringender, beliebig großer homogener Kugeln oder Kugelschalen mit der Mittelpunktsentfernung r sind. Sie gilt auch dann, wenn M die Erdmasse M_E und m die Masse eines beliebig geformten, im Vergleich zur Erde sehr kleinen Körpers ist, der sich außerhalb der Erdkugel befindet. Auf den Körper wirkt dann um seinen Massenmittelpunkt das *Gravitationsmoment*

$$\boldsymbol M_\mathrm{g} = 3\omega_0^2\boldsymbol e_r \times \boldsymbol J^\mathrm{S}\cdot\boldsymbol e_r\,,\quad \omega_0^2 = \frac{GM_\mathrm{E}}{r^3} \qquad (3\text{-}49)$$

($\boldsymbol J^\mathrm{S}$ zentraler Trägheitstensor des Körpers, ω_0 Umlaufwinkelgeschwindigkeit eines Satelliten auf der Kreisbahn mit Radius r).

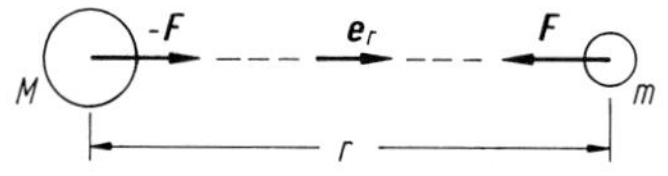

Bild 3-21. Gravitationskräfte zwischen zwei Massen

Die Gravitationskraft (3-48) der Erde auf einen Körper an der Erdoberfläche ($r = R \approx 6370\,\mathrm{km}$) heißt Gewichtskraft $\boldsymbol G$ des Körpers: $\boldsymbol G = m(-\boldsymbol e_r GM_\mathrm{E}/R^2) = m\boldsymbol g$. $\boldsymbol g$ heißt *Fallbeschleunigung*. Ihre Größe ist in der Nähe der Erdoberfläche wenig vom Ort abhängig und hat den Normwert $g_\mathrm{n} = 9{,}80665\,\mathrm{m/s^2}$.

Satellitenbahnen

Zwei einander mit Gravitationskräften (3-48) anziehende Himmelskörper der Massen M und m bewegen sich so, dass der gemeinsame Schwerpunkt in Ruhe bleibt. Im Fall $M \gg m$ (Beispiel Sonne und Planet oder Planet und Raumfahrzeug) bleibt die große Masse M praktisch in Ruhe. Die Bewegungsgleichungen (3-2) und (3-14) für m lauten dann (Bild 3-22a)

$$\ddot{\boldsymbol r} = (-GM/r^2)\boldsymbol e_r \quad\text{und}\quad \boldsymbol L = \boldsymbol r\times\dot{\boldsymbol r}m = \text{const}\,. \qquad (3\text{-}50)$$

Im Folgenden ist $K = GM = gR^2$ (Fallbeschleunigung g und Erdradius R bzw. entsprechende Größen bei anderen Gravitationszentren). Durch Polarkoordinaten r, φ ausgedrückt liefert (3-50) mit (1-7) die Gleichungen

$$\ddot r - r\dot\varphi^2 = -K/r^2 \quad\text{und}\quad \dot\varphi = h/r^2 \qquad (3\text{-}51)$$

mit $h = L/m = \text{const}$.

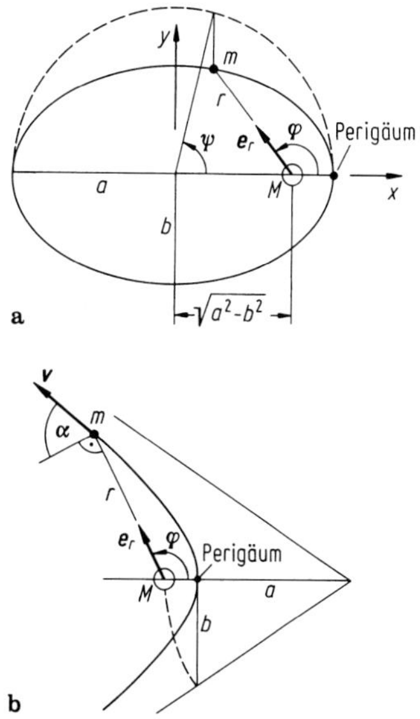

Bild 3-22. Geometrische Größen für elliptische (**a**) und für hyperbolische Satellitenbahnen (**b**)

Mit der zweiten Gleichung ist

$$\dot{r} = \frac{\mathrm{d}r}{\mathrm{d}\varphi}\dot{\varphi} = \frac{\mathrm{d}r}{\mathrm{d}\varphi} \cdot \frac{h}{r^2} = -h\frac{\mathrm{d}(1/r)}{\mathrm{d}\varphi}$$

oder mit $u = 1/r$ auch $\dot{r} = -h\mathrm{d}u/\mathrm{d}\varphi$ und nach Differenziation

$$\ddot{r} = -h\,\frac{\mathrm{d}^2u}{\mathrm{d}\varphi^2}\,\dot{\varphi} = -h^2u^2\frac{\mathrm{d}^2u}{\mathrm{d}\varphi^2}\ .$$

Damit ergibt die erste Gleichung (3-51) $\mathrm{d}^2u/\mathrm{d}\varphi^2 + u = K/h^2$ und die Lösung $u = [1 + \varepsilon\cos(\varphi - \delta)]K/h^2$ mit Integrationskonstanten ε und δ. Willkürlich sei $\varphi = 0$ bei $u = u_{\max}$ (d. h. bei $r = r_{\min}$, also im sog. Perigäum der Bahn). Im Fall $\varepsilon > 0$ ist dann $\delta = 0$, also

$$r(\varphi) = \frac{h^2/K}{1 + \varepsilon\cos\varphi}\ . \qquad (3\text{-}52)$$

Das sind Kreise ($\varepsilon = 0$) oder Ellipsen ($0 < \varepsilon < 1$) oder Parabeln ($\varepsilon = 1$) oder Hyperbeln ($\varepsilon > 1$) mit der numerischen Exzentrizität ε und dem Gravitationszentrum in einem Brennpunkt (Bild 3-22a, b). h und ε hängen von den Anfangsbedingungen $r = r(t_0)$, $v_0 = v(t_0)$ (Bahngeschwindigkeit) und $\alpha_0 = \alpha(t_0)$ (zur Bedeutung von α siehe Bild 3-22b) wie folgt ab:

$$\left.\begin{aligned} h &= r_0v_0\cos\alpha_0\ , \\ \varepsilon &= \left[\left(r_0v_0^2/K - 1\right)^2\cos^2\alpha_0 + \sin^2\alpha_0\right]^{1/2}\ . \end{aligned}\right\} \qquad (3\text{-}53)$$

Gleichung (3-52) liefert den Winkel $\varphi = \varphi_0$ zu $r = r_0$ und damit die Lage der Hauptachsen. Für die Halbachsen a und b gilt $a = h^2/[K(1 - \varepsilon^2)]$ (hier und im Folgenden für Hyperbeln negativ) und $b^2 = a^2|1 - \varepsilon^2|$, $h^2/K = b^2/|a|$. Aus (3-50b) folgt, dass r in gleichen Zeitintervallen gleich große Flächen überstreicht (2. *Kepler'sches Gesetz*). Die Beziehung zwischen Bahngeschwindigkeit v, großer Halbachse a und r ist $v^2 = K(2/r - 1/a)$ für alle Bahntypen. Damit ist die gesamte Energie

$$E = \frac{1}{2}mv^2 - \frac{mK}{r} = \frac{-mK}{2a}\ .$$

Bei Ellipsen ist $v_{\max}/v_{\min} = r_{\max}/r_{\min} = (1 + \varepsilon)/(1 - \varepsilon)$. Auf einer Kreisbahn mit dem Radius r_0 ist $v = (K/r_0)^{1/2}$. Am Erdradius $r_0 = R$ ergibt sich daraus $v = \sqrt{gR} = 7{,}904\,\mathrm{km/s}$. Auf einer geostationären Kreisbahn ist v/r_0 gleich der absoluten Winkelgeschwindigkeit Ω der Erde, woraus sich für diese Bahn $r_0 = (gR^2/\Omega^2)^{1/3} = 6{,}627\,R \approx 42\,222\,\mathrm{km}$ und damit die Bahnhöhe über der Erdoberfläche zu 35 851 km ergibt.

In der Entfernung $r = r_0$ ist $v_\mathrm{f} = (2K/r_0)^{1/2}$ die minimale Geschwindigkeit, die sog. *Fluchtgeschwindigkeit*, mit der bei beliebiger Richtung von $\boldsymbol{v}_\mathrm{f}$ $r \to \infty$ erreicht wird. Am Erdradius R ist $v_\mathrm{f} \approx 11{,}2\,\mathrm{km/s}$.

Die *Umlaufzeit* für geschlossene Bahnen ist $T = 2\pi(a^3/K)^{1/2}$ (3. *Kepler'sches Gesetz*). Der Zusammenhang zwischen φ und der Zeit t mit $t = 0$ für $\varphi = 0$ ist

$$\begin{aligned} t(\varphi) = a\left(\frac{|a|}{K}\right)^{1/2}\Bigg[&2f\left(\sqrt{\frac{|1-\varepsilon|}{1+\varepsilon}}\tan\frac{\varphi}{2}\right) \\ &-\varepsilon\sqrt{|1-\varepsilon^2|}\,\frac{\sin\varphi}{1+\varepsilon\cos\varphi}\Bigg] \end{aligned} \qquad (3\text{-}54)$$

mit $f = \arctan$ für elliptische und $f = \operatorname{artanh}$ für hyperbolische Bahnen. Bei Ellipsen gilt auch $t(\psi) = (\psi - \varepsilon\sin\psi)(a^3/K)^{1/2}$ mit ψ nach Bild 3-22a. Mit ψ hat die Ellipse die Parameterdarstellung $x = a\cos\psi$, $y = b\sin\psi$. Weitere Einzelheiten zu Satellitenbahnen siehe in [8, 9].

Bei elliptischen Bahnen nach Bild 3-23 (*Ballistik* ohne Luftwiderstand) sind die Reichweite β, die Flughöhe H und die Flugdauer t_F von den Anfangsbedingungen v_0 und α wie folgt abhängig:

$$\left.\begin{aligned} \tan(\beta/2) &= \frac{\left(Rv_0^2/K\right)\sin\alpha\cos\alpha}{1 - \left(Rv_0^2/K\right)\cos^2\alpha}\ , \\ Rv_0^2/K &= v_0^2/(Rg)\ , \\ H &= R(1 - \cos(\beta/2))\,\varepsilon/(1-\varepsilon)\ , \\ t_\mathrm{F} &= 2\pi(a^3/K)^{1/2} - 2t(\varphi) \end{aligned}\right\} \qquad (3\text{-}55)$$

mit ε, a, $\varphi = \pi - \beta/2$ und $t(\varphi)$ wie oben. β ist bei gegebenem v_0 maximal für $\cos^2\alpha = (2 - Rv_0^2/K)^{-1}$.

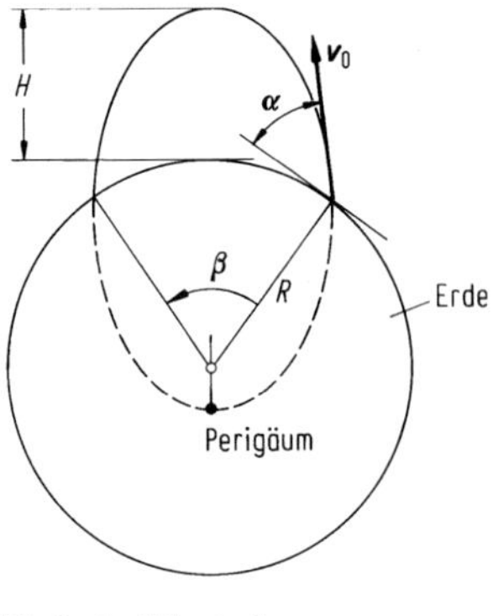

Bild 3-23. Ballistische Flugbahn

3.7 Stabilität

Zur Stabilität von Gleichgewichtslagen bei konservativen Systemen siehe 2.6. Die Stabilität von Gleichgewichtslagen und von Bewegungen wird in gleicher Weise definiert und mit denselben Methoden untersucht. Begriffe: Bei einem System mit n Freiheitsgraden mit generalisierten Koordinaten $\underline{q} = [q_1 \dots q_n]$ sei $\underline{q}^*(t)$ eine Bewegung zu bestimmten Anfangsbedingungen $\underline{q}^*(0)$ und $\dot{\underline{q}}^*(0)$ und im Sonderfall $\underline{q}^*(t) \equiv \underline{q}^*(0) = \underline{0}$ eine Gleichgewichtslage. Zu gestörten Anfangsbedingungen $\underline{q}(0)$ und $\dot{\underline{q}}(0)$ gehört eine gestörte Bewegung $\underline{q}(t)$. Die Abweichungen

$$\underline{y}(t) = \underline{q}(t) - \underline{q}^*(t) \quad \text{und} \quad \dot{\underline{y}}(t) = \dot{\underline{q}}(t) - \dot{\underline{q}}^*(t) \qquad (3\text{-}56)$$

heißen Störungen der Bewegung bzw. der Gleichgewichtslage $\underline{q}^*(t)$. Ein Maß für die Störungen ist

$$r(t) = \left[\sum_{i=1}^{n} \left(y_i^2(t) + \dot{y}_i^2(t)\right)\right]^{1/2} .$$

Damit ist insbesondere $r(0)$ das Maß für die Störungen der Anfangsbedingungen.

Definition: Eine Bewegung oder Gleichgewichtslage $\underline{q}^*(t)$ heißt *Ljapunow-stabil*, wenn für jedes beliebig kleine $\varepsilon > 0$ ein $\delta > 0$ existiert, sodass für alle Bewegungen mit $r(0) < \delta$ dauernd $r(t) < \varepsilon$ ist. Andernfalls heißt die Bewegung *instabil*. Sie heißt insbesondere *asymptotisch stabil*, wenn sie stabil ist, und wenn außerdem $r(t)$ für $t \to \infty$ asymptotisch gegen null strebt.

Beispiel 3-18: Die untere Gleichgewichtslage eines Pendels ist stabil, weil die potenzielle Energie dort minimal ist (vgl. 2.6). Dagegen sind Eigenschwingungen des Pendels instabil, weil die Periodendauer vom Maximalausschlag $\varphi_{\max}$ abhängt (siehe 4.6). Man kann nämlich selbst mit einem beliebig kleinen $\delta > 0$ nicht verhindern, dass die gestörte und die ungestörte Bewegung nach endlicher Zeit ungefähr in Gegenphase sind, d. h., dass die Störung $r \approx 2\varphi_{\max}$ ist.

In den Bewegungsgleichungen des betrachteten mechanischen Systems wird für $\underline{q}$ nach (3-56) der Ausdruck $\underline{q}^* + \underline{y}$ eingesetzt. Wenn $\underline{q}^*(t)$ bekannt ist, erzeugt das neue Differenzialgleichungen für die Störungen $\underline{y}(t)$. Diese Differenzialgleichungen haben die spezielle Lösung $\underline{y}(t) \equiv \underline{0}$, d. h. eine Gleichgewichtslage. Die Stabilität der Bewegung $\underline{q}^*(t)$ mit den ursprünglichen Differenzialgleichungen untersuchen heißt also, die Stabilität der Gleichgewichtslage für die Differenzialgleichungen der Störungen untersuchen.

Sonderfall. Die ursprünglichen Differenzialgleichungen für $\underline{q}$ sind linear mit konstanten Koeffizienten. Dann sind die Differenzialgleichungen für die Störungen mit den ursprünglichen identisch. Daraus folgt: Jede Bewegung $\underline{q}^*(t)$ des Systems hat dasselbe Stabilitätsverhalten, wie die Gleichgewichtslage $\underline{q}^* \equiv 0$. Zur Bestimmung des Stabilitätsverhaltens überführt man die n Bewegungsgleichungen in ein System von $2n$ Differenzialgleichungen erster Ordnung der Form $\underline{A}\,\dot{\underline{x}} = \underline{0}$. Die Realteile der Eigenwerte der Matrix $\underline{A}$ entscheiden. Asymptotische Stabilität liegt vor, wenn alle Realteile negativ sind. Instabilität liegt vor, wenn wenigstens ein Realteil positiv ist oder wenn im Fall ausschließlich nicht-positiver Realteile ein mehrfacher Eigenwert λ mit dem Realteil Null existiert, für den der Rangabfall der Matrix $\underline{A} - \lambda\underline{E}$ kleiner ist als die Vielfachheit von λ. Stabilität liegt vor, wenn weder asymptotische Stabilität noch Instabilität vorliegt. Da $\underline{A}$ für mechanische Systeme besondere Strukturen hat, gibt es spezielle Stabilitätssätze [13].

Eine Stabilitätsuntersuchung nichtlinearer Systeme anhand linearisierter Differenzialgleichungen ist nur zulässig, wenn sie entweder zu dem Ergebnis „asymptotisch stabil“ oder zu dem Ergebnis „instabil“ führt. Das Ergebnis “stabil“ erlaubt keine Aussage über das nichtlineare System! Für Kriterien bei nichtlinearen Systemen siehe die *direkte Methode von Ljapunow* (A 32.2, I 9.5 und [11, 12]) und die Methode der *Zentrumsmannigfaltigkeit* [13].

4 Schwingungen

Unter *Schwingungen* versteht man Vorgänge, bei denen physikalische Größen mehr oder weniger regelmäßig abwechselnd zu- und abnehmen. Ein schwingungsfähiges System heißt *Schwinger*. Mechanische Schwingungen werden durch Differenzialgleichungen der Bewegung beschrieben. Methoden zu deren Formulierung siehe in 3.1.3, 3.1.8 und 3.3.

Klassifikation von Schwingungen. *Freie Schwingungen* (auch *Eigenschwingungen* genannt) sind solche, bei denen dem Schwinger keine Energie zugeführt wird. Von *selbsterregten Schwingungen* spricht man, wenn sich ein Schwinger im Takt seiner Eigenschwingungen Energie aus einer Energiequelle (z. B. einem Energiespeicher) zuführt. Ein einfaches Beispiel ist die elektrische Klingel, bei der der Klöppel, von einem Elektromagneten angezogen, gegen die Glocke schlägt, durch diese Bewegung einen Stromkreis unterbricht und den Magneten abschaltet, sodass der Klöppel zurückschwingt und den Stromkreis wieder schließt. Die Energiequelle ist in diesem Fall das elektrische Netz. Eigenschwingungen und selbsterregte Schwingungen werden *autonome Schwingungen* genannt. Den Gegensatz zu autonomen Schwingungen bilden *fremderregte Schwingungen*. Bei ihnen existiert ein Erregermechanismus, in dem eine fest vorgegebene Funktion der Zeit eine Rolle spielt. Wenn diese Funktion in den Differenzialgleichungen der Bewegung in einem freien Störglied auftritt, spricht man von *erzwungenen Schwingungen* (z. B. im Fall $m\ddot{q} + kq = F\cos\Omega t$). Wenn sie nur in den physikalischen Parametern auftritt, spricht man von *parametererregten Schwingungen* (z. B. im Fall $m(t)\,\ddot{q} + k(t)\,q = 0$). Je nachdem, ob die zu beschreibenden Differenzialgleichungen linear oder nichtlinear sind, spricht man von *linearen* oder *nichtlinearen Schwingungen*. Nur freie, erzwungene und parametererregte Schwingungen können linear sein. Schwingungen von Systemen mit mehr als einem Freiheitsgrad werden *Koppelschwingungen* genannt.

Phasenkurven. Phasenporträt. Die Differenzialgleichung eines Schwingers mit einem Freiheitsgrad und mit der Koordinate q hat zu gegebenen Anfangsbedingungen $q(t_0)$ und $\dot{q}(t_0)$ eine eindeutige Lösung $q(t), \dot{q}(t)$. Ihre Darstellung in einem $q, \dot{q}$-Diagramm heißt *Phasenkurve*, und die Gesamtheit aller Phasenkurven eines Schwingers für verschiedene Anfangsbedingungen heißt *Phasenporträt* des Schwingers (Bilder 4-1, 4-14, 4-15). Oberhalb der q-Achse werden Phasenkurven von links nach rechts und unterhalb von rechts nach links durchlaufen. Bei autonomen Schwingungen ist das Phasenporträt mit Ausnahme singulärer Punkte auf der q-Achse schnittpunktfrei. Die singulären Punkte gehören zu Gleichgewichtslagen. Bild 4-1 zeigt Phasenkurven in der Umgebung von stabilen, asymptotisch stabilen und instabilen Gleichgewichtslagen. *Periodische Schwingungen* haben eine Periodendauer T derart, dass

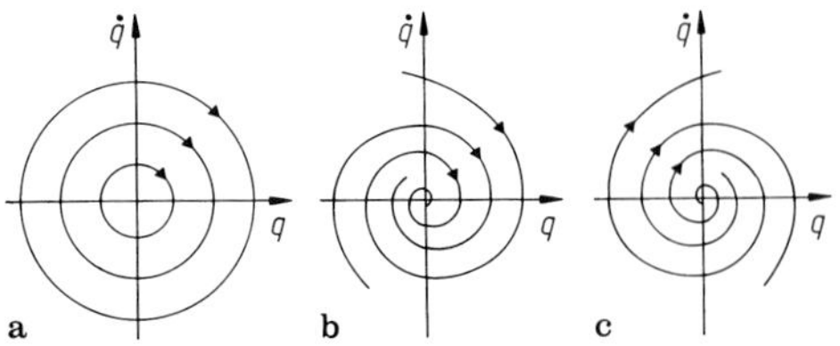

Bild 4-1. Phasenkurven mit einer stabilen (**a**), einer asymptotisch stabilen (**b**) und einer instabilen Gleichgewichtslage (**c**)

$$q(t+T) \equiv q(t) \quad \text{für alle } t$$

gilt. Ihre Phasenkurven sind geschlossen. Alle Phasenkurven mit Ausnahme von sog. *Separatrizen* schneiden die q-Achse rechtwinklig (Bild 4-14).

4.1 Lineare Eigenschwingungen

4.1.1 Systeme mit einem Freiheitsgrad

Die Differenzialgleichung für die schwingende Größe q lautet

$$m\ddot{q} + b\dot{q} + kq = 0 \tag{4-1}$$

mit konstanten Trägheits-, Dämpfungs- und Steifigkeitsparametern m, b bzw. k. Bei freien *Schwingungen ohne Dämpfung* ist

$$\ddot{q} + \omega_0^2 q = 0 \quad \text{mit} \quad \omega_0^2 = k/m\,. \tag{4-2}$$

ω_0 heißt *Eigenkreisfrequenz* des Schwingers. Die Lösung von (4-2) ist eine harmonische Schwingung. Sie kann in jeder der folgenden drei Formen angegeben werden:

$$\left.\begin{aligned} q(t) &= A_1\exp(\mathrm{j}\omega_0 t) + B_1\exp(-\mathrm{j}\omega_0 t) \\ &= A\cos\omega_0 t + B\sin\omega_0 t \\ &= C\cos(\omega_0 t - \varphi)\,. \end{aligned}\right\} \tag{4-3}$$

Die Integrationskonstanten C und φ heißen *Amplitude* bzw. *Nullphasenwinkel* oder kurz *Phase*. Zwischen den Integrationskonstanten der drei Formen gelten die Beziehungen

$$\left.\begin{aligned} &A = A_1 + B_1\,, \quad B = \mathrm{j}(A_1 - B_1)\,, \quad C^2 = A^2 + B^2\,,\\ &\tan\varphi = B/A\,, \quad A = C\cos\varphi\,, \quad B = C\sin\varphi\,. \end{aligned}\right\} \tag{4-4}$$

Die Periodendauer $T = 2\pi/\omega_0$ ist unabhängig von der Amplitude C. Phasenkurven sind die Ellipsen $q^2 + \dot{q}^2/\omega_0^2 = C^2$ bzw. bei geeigneter Maßstabswahl die Kreise in Bild 4-1a.

Im Fall mit *Dämpfung* wird in (4-1) die normierte Zeit $\tau = \omega_0 t$ eingeführt. Für $\mathrm{d}q/\mathrm{d}\tau$ wird q' geschrieben. Mit den Beziehungen

$$\left.\begin{aligned} &\omega_0^2 = k/m\,, \quad \tau = \omega_0 t\,,\\ &\dot{q} = (\mathrm{d}q/\mathrm{d}\tau)(\mathrm{d}\tau/\mathrm{d}t) = \omega_0 q'\,, \quad \ddot{q} = \omega_0^2 q'' \end{aligned}\right\} \tag{4-5}$$

und mit dem dimensionslosen *Dämpfungsgrad* (auch *Lehr'sches Dämpfungsmaß*)

$$D = \frac{b}{2m\omega_0} = \frac{b}{2\sqrt{mk}} \tag{4-6}$$

entsteht aus (4-1) die Gleichung

$$q'' + 2Dq' + q = 0\,. \tag{4-7}$$

Sie hat die Lösungen (siehe auch B 5)

$$q(\tau) = \begin{cases} \exp(-D\tau)(A\cos\nu\tau + B\sin\nu\tau)\\ \qquad (\nu = (1-D^2)^{1/2}\,, |D| < 1)\,,\\ A\exp(\lambda_1\tau) + B\exp(\lambda_2\tau)\\ \qquad (\lambda_{1,2} = -D \pm (D^2-1)^{1/2}\,, |D| > 1)\,,\\ \exp(D\tau)(A + B\tau) \quad (|D| = 1)\,. \end{cases} \tag{4-8}$$

Die Bilder 4-2 zeigen alle Lösungstypen außer für $|D| = 1$. Im Fall $0 < D < 1$ liegen aufeinander folgende gleichsinnige Maxima q_i und q_{i+1} im selben zeitlichen Abstand $\Delta t = \Delta\tau/\omega_0 = 2\pi/(\nu\omega_0)$, wie gleichsinnig durchlaufene Nullstellen. Wenn ein Meßschrieb in Form von Bild 4-2d vorliegt, können ω_0 und D aus Messwerten für Δt und q_i/q_{i+n} (bei fehlender Nulllinie wird L_i/L_{i+n} abgelesen) aus den Gleichungen berechnet werden:

$$\left.\begin{aligned} &\frac{D}{(1-D^2)^{1/2}} = \frac{\ln(q_i/q_{i+n})}{2\pi n} = \frac{\ln(L_i/L_{i+n})}{2\pi n}\,,\\ &\omega_0 = 2\pi/[\Delta t(1-D^2)^{1/2}]\,. \end{aligned}\right\} \tag{4-9}$$

$\Lambda = \ln(q_i/q_{i+1})$ heißt *logarithmisches Dekrement*. Zu den Zahlenwerten $q_i/q_{i+1} = 2$, 4, 8 und 16 gehören die Dämpfungsgrade $D \approx 0,11$ bzw. $0,22$ bzw. $0,31$ bzw. $0,40$.

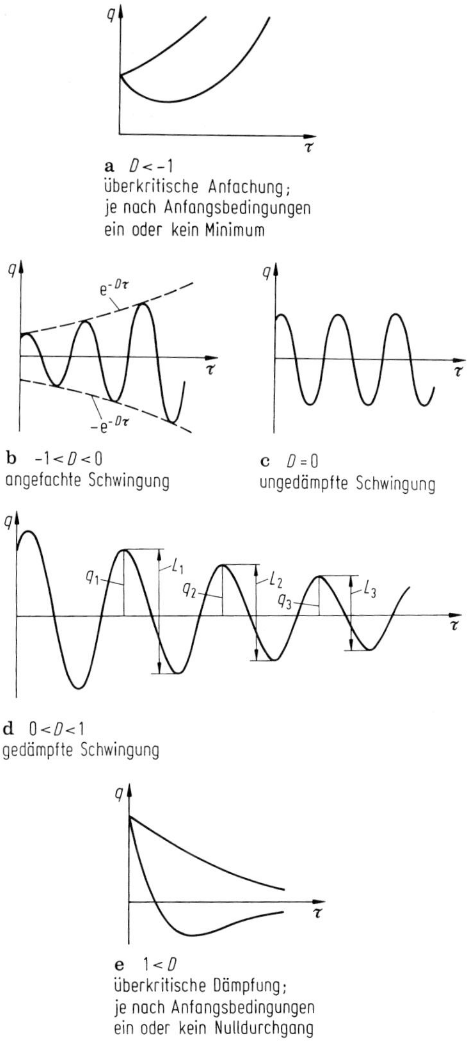

Bild 4-2. Ausschlag-Zeit-Diagramme für Schwinger mit der Bewegungsgleichung (4-7); siehe (4-8)

4.1.2 Eigenschwingungen bei endlich vielen Freiheitsgraden

Hierzu siehe auch 5.14 Übertragungsmatrizen.

Aufstellung von Bewegungsgleichungen

Eigenschwingungen eines ungedämpften Systems mit n Freiheitsgraden haben Differenzialgleichungen der Form

$$\underline{M}\,\ddot{\underline{q}} + \underline{K}\,\underline{q} = \underline{0} \tag{4-10}$$

mit symmetrischen $(n \times n)$-Matrizen $\underline{M}$ und $\underline{K}$ ($\underline{M}$ *Massenmatrix*, $\underline{K}$ *Steifigkeitsmatrix*). $\underline{M}$ ist positiv definit und damit nichtsingulär. Zur Bestimmung von $\underline{M}$ und $\underline{K}$ für einen gegebenen Schwinger formuliert man seine kinetische Energie T und seine potenzielle Energie V und schreibt sie in der Form $T = \frac{1}{2}\underline{\dot{q}}^{\mathrm{T}}\underline{M}\underline{\dot{q}}$ bzw. $V = \frac{1}{2}\underline{q}^{\mathrm{T}}\underline{K}\,\underline{q}$ mit symmetrischen Matrizen $\underline{M}$ und $\underline{K}$. Diese sind die gesuchten Matrizen.

Beispiel 4-1: Für den Schwinger in Bild 4-3 ist

$$T = \frac{1}{2}\left[m_1\dot{q}_1^2 + m_2(\dot{q}_1 + \dot{q}_2)^2 + m_3\,\dot{q}_3^2\right]$$
$$= \frac{1}{2}[\dot{q}_1 \quad \dot{q}_2 \quad \dot{q}_3]\begin{bmatrix} m_1 + m_2 & m_2 & 0 \\ m_2 & m_2 & 0 \\ 0 & 0 & m_3 \end{bmatrix}\begin{bmatrix} \dot{q}_1 \\ \dot{q}_2 \\ \dot{q}_3 \end{bmatrix},$$
$$V = \frac{1}{2}[k_1 q_1^2 + k_2 q_2^2 + k_3(q_3 - q_1)^2]$$
$$= \frac{1}{2}[q_1 \quad q_2 \quad q_3]\begin{bmatrix} k_1 + k_3 & 0 & -k_3 \\ 0 & k_2 & 0 \\ -k_3 & 0 & k_3 \end{bmatrix}\begin{bmatrix} q_1 \\ q_2 \\ q_3 \end{bmatrix}.$$

Wenn der Schwinger nichtlinear ist, dann ist $T = \frac{1}{2}\underline{\dot{q}}^{\mathrm{T}}\underline{M}(q_1,\ldots,q_n)\,\underline{\dot{q}}$, und $V(q_1,\ldots,q_n)$ hat nicht die Form $\frac{1}{2}\underline{q}^{\mathrm{T}}\underline{K}\underline{q}$. In diesem Fall gewinnt man linearisierte Bewegungsgleichungen wie folgt. Man bestimmt zunächst aus $\partial V/\partial q_i = 0$ $(i = 1,\ldots,n)$ die Gleichgewichtslage $q_i = q_{i0}$ $(i = 1,\ldots,n)$ des Systems und entwickelt dann V um diese Lage in eine Taylorreihe nach den Variablen $q_i^* = q_i - q_{i0}$, d. h. nach den Abweichungen von der Gleichgewichtslage. Die Reihe beginnt mit Gliedern 2. Grades in q_i^*. Diese Glieder werden in die Form $\frac{1}{2}\underline{q}^{*T}\ \underline{K}\underline{q}^*$ mit symmetrischem $\underline{K}$ gebracht. Außerdem wird $\underline{M}(q_{10},\ldots,q_{n0})$ gebildet. $\underline{K}$ und diese Matrix $\underline{M}$ sind die gesuchten Matrizen.

Beispiel 4-2: Das System von Bild 3-14a ohne die Kraft F ist konservativ, hat die Gleichgewichtslage $x = \varphi = 0$ (voraussetzungsgemäß) und hat die Energien T und V nach (3-33). Die Taylorreihe für V ist

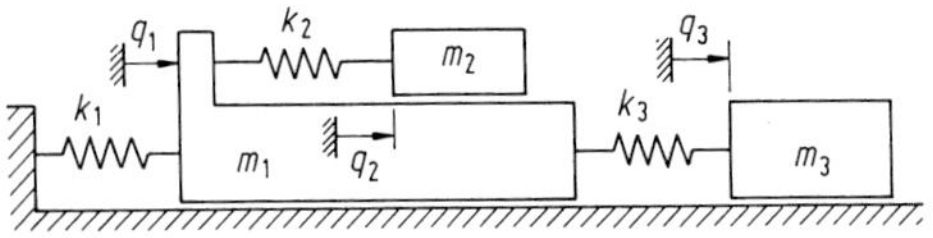

Bild 4-3. Linearer Schwinger mit drei Freiheitsgraden

$$V = \frac{1}{2}kx^2 - m_2gl\left(1 - \frac{1}{2}\varphi^2\right) + \ldots.$$

Damit ist

$$\underline{M} = \begin{bmatrix} m_1 + m_2 & m_2 l\cos\alpha \\ m_2 l\cos\alpha & J^{\mathrm{S}} + m_2 l^2 \end{bmatrix},$$
$$\underline{K} = \begin{bmatrix} k & 0 \\ 0 & m_2gl \end{bmatrix}.$$

Lösung der Bewegungsgleichungen

Man löst das Eigenwertproblem

$$(\underline{K} - \lambda\underline{M})\underline{Q} = \underline{0}\,. \qquad (4\text{-}11)$$

Alle Eigenwerte λ_i und alle Eigenvektoren $\underline{Q}_i$ $(i = 1,\ldots,n)$ sind reell. Bei einfachen und bei mehrfachen Eigenwerten gibt es n Eigenvektoren mit den Orthogonalitätseigenschaften $\underline{Q}_i^{\mathrm{T}}\underline{M}\underline{Q}_j = \underline{Q}_i^{\mathrm{T}}\underline{K}\underline{Q}_j = 0$ $(i, j = 1,\ldots,n; i \neq j)$. Die Eigenvektoren werden so normiert, dass $\underline{Q}_i^{\mathrm{T}}\underline{M}\underline{Q}_i = c^2$ $(i = 1,\ldots,n)$ ist. c^2 ist willkürlich wählbar. Man bildet die $(n \times n)$-Modalmatrix $\underline{\Phi}$ mit den Spalten $\underline{Q}_1,\ldots,\underline{Q}_n$. Sie hat die Eigenschaften ($\underline{E}$ Einheitsmatrix, diag Diagonalmatrix)

$$\left.\begin{array}{l} \underline{\Phi}^{\mathrm{T}}\underline{M}\,\underline{\Phi} = c^2\underline{E}\,, \quad \underline{\Phi}^{\mathrm{T}}\underline{K}\,\underline{\Phi} = c^2\mathrm{diag}(\lambda_i)\,, \\ \underline{\Phi}^{-1} = (1/c^2)\underline{\Phi}^{\mathrm{T}}\underline{M}\,. \end{array}\right\} \qquad (4\text{-}12)$$

Man definiert Hauptkoordinaten $\underline{x}$ durch die Gleichung $\underline{q} = \underline{\Phi}\,\underline{x}$. Einsetzen in (4-10) und Linksmultiplikation mit $\underline{\Phi}^{\mathrm{T}}$ erzeugt die entkoppelten Gleichungen

$$\ddot{x}_i + \lambda_i x_i = 0 \quad (i = 1,\ldots,n)\,. \qquad (4\text{-}13)$$

Wenn $\underline{K}$ positiv definit ist, dann ist die Gleichgewichtslage $\underline{q} = 0$, $\underline{x} = \underline{0}$ stabil und $\lambda_i = \omega_{0i}^2 > 0$ $(i = 1,\ldots,n)$. Zu (4-13) gehören die Anfangsbedingungen $\underline{x}(0) = \underline{\Phi}^{-1}\underline{q}(0)$ und $\underline{\dot{x}}(0) = \underline{\Phi}^{-1}\underline{\dot{q}}(0)$. Aus der Lösung $\underline{x}(t)$ ergibt sich $\underline{q}(t) = \underline{\Phi}\,\underline{x}(t)$.

4.2 Erzwungene lineare Schwingungen

4.2.1 Systeme mit einem Freiheitsgrad

Harmonische Erregung

Vergrößerungsfunktionen. Bild 4-4 zeigt einige Beispiele für Schwinger, die durch eine vorgegebene

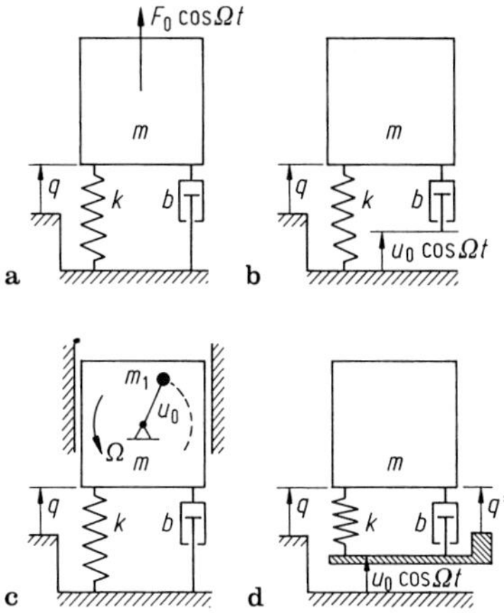

Bild 4-4. Schwinger mit harmonischer Erregung **a** durch eine äußere Kraft, **b** und **d** durch Fußpunktbewegungen und **c** durch einen umlaufenden, unwuchtigen Rotor (m_1 Rotormasse, u_0 Schwerpunktabstand von der Drehachse)

Bewegung $u(t) = u_0 \cos\Omega t$ eines Systempunktes oder durch eine vorgegebene Kraft $F(t) = F_0 \cos\Omega t$ zwangserregt werden. Diese Form der Erregung heißt *harmonische Erregung*. u_0 bzw. F_0 heißen Erregeramplitude und Ω Erregerkreisfrequenz. Die Bewegungsgleichung für die Koordinate q lautet für Bild 4-4a

$$m\ddot{q} + b\dot{q} + kq = F(t)\,. \qquad (4\text{-}14)$$

Für alle linearen Ein-Freiheitsgrad-Schwinger (z. B. auch bei erzwungenen Torsionsschwingungen) ist sie von diesem Typ. Die Gleichung wird durch Einführung der normierten Zeit $\tau = \omega_0 t$ mithilfe von (4-5) umgeformt. Das Ergebnis ist

$$q'' + 2Dq' + q = q_0 f_i(\eta, D)\cos(\eta\tau - \psi) \qquad (4\text{-}15)$$
$$\text{mit} \quad \eta = \Omega/\omega_0\,.$$

Die Konstanten D, q_0 und ψ und die Funktion $f_i(\eta, D)$ sind von Fall zu Fall verschieden. Tabelle 4-1 gibt sie für die Schwinger von Bild 4-4 an.

Die vollständige Lösung $q(\tau)$ von (4-15) ist die Summe aus der Lösung (4-8) der homogenen Gleichung und einer speziellen Lösung der inhomogenen. Im Fall $D > 0$ klingt $q(t)$ in (4-8) ab, sodass die spezielle Lösung das stationäre Verhalten beschreibt. Sie lautet

$$q(\tau) = q_0 V_i(\eta, D)\cos(\eta\tau - \psi - \varphi) \qquad (4\text{-}16)$$

mit der sog. Vergrößerungsfunktion

$$V_i(\eta, D) = \frac{f_i(\eta, D)}{[(1-\eta^2)^2 + 4D^2\eta^2]^{1/2}} \quad (i = 1, \ldots, 4)\,. \qquad (4\text{-}17)$$

Für den Phasenwinkel $\varphi(\eta, D)$ gilt stets $\tan\varphi = 2D\eta/(1-\eta^2)$. Die Vergrößerungsfunktionen V_2, V_3 und V_4 zu f_2, f_3 und f_4 von Tabelle 4-1 sowie $\varphi(\eta, D)$ sind in Bild 4-5 dargestellt. Für V_1 gilt $V_1(\eta, D) \equiv V_3(1/\eta, D)$.

Man sagt, dass q in *Resonanz* mit der Erregung ist, wenn $\eta = 1$ ist. Die Maxima der Vergrößerungsfunktionen bei gegebenem Dämpfungsgrad D liegen für V_1 bei

$$\eta = (1 - 2D^2)^{1/2}\,,$$

für V_2 bei $\eta = 1$, für V_3 bei $\eta = (1-2D^2)^{-1/2}$ und für V_4 bei $\eta = [(1+8D^2)^{1/2} - 1]^{1/2}/(2D)$. Die Maxima sind

$$V_{1\,\max} = V_{3\,\max} = (1-D^2)^{-1/2}/(2D)\,,$$
$$V_{2\,\max} = 1\,,$$
$$V_{4\,\max} = \left[1 - \left(\frac{\sqrt{1+8D^2} - 1}{4D^2}\right)^2\right]^{-1/2}\,.$$

Tabelle 4-1. Bedeutung der Größen ω_0, D, q_0, ψ und $f_i(\eta, D)$ in (4-15) für die Schwinger von Bild 4-4. Für Bild 4-4d liefert die obere Zeile die Gleichung für die Koordinate q und die untere die Gleichung für die Koordinate q^*

Bild 4-4	ω_0^2	$2D$	q_0	ψ	$f_i(\eta, D)$
a	k/m	$b/\sqrt{mk}$	F_0/k	0	$f_1 = 1$
b	k/m	$b/\sqrt{mk}$	u_0	$-\pi/2$	$f_2 = 2D\eta$
c	$k/(m+m_1)$	$b/\sqrt{(m+m_1)k}$	$u_0 m_1/(m+m_1)$	0	$f_3 = \eta^2$
d {	k/m	$b/\sqrt{mk}$	u_0	$-\arctan(2D\eta)$	$f_4 = \sqrt{1+4D^2\eta^2}$
	k/m	$b/\sqrt{mk}$	u_0	0	$f_3 = \eta^2$

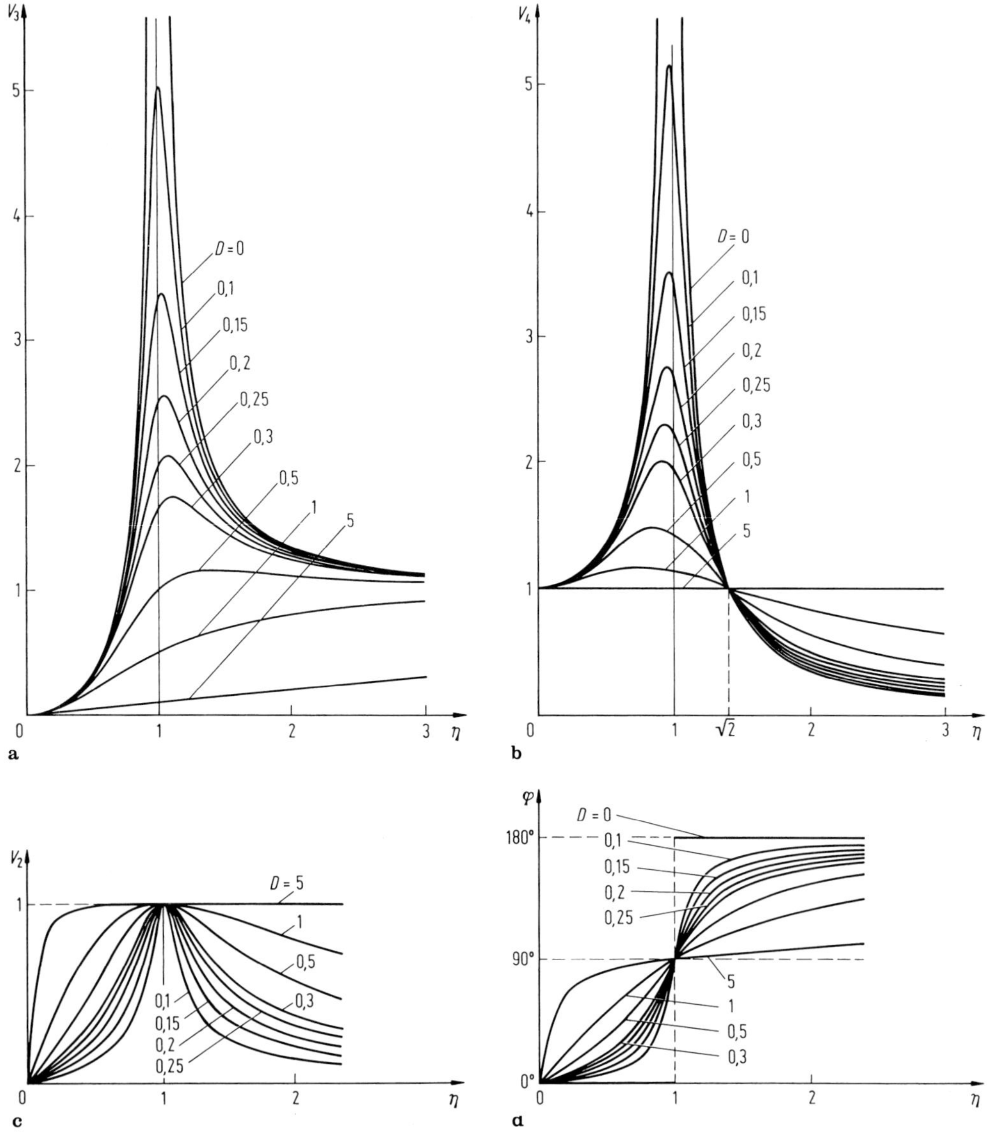

Bild 4-5. a–c Vergrößerungsfunktionen V_3, V_4 und V_2 für die Schwinger von Bild **4-4**. **d** Phasenwinkel $\varphi(\eta, D)$ in (4-16) für alle Schwinger von Bild **4-4**

Im Fall $D \ll 1$ treten die Maxima aller vier Funktionen bei $\eta \approx 1$ auf, und alle außer $V_{2\,\max}$ haben angenähert den Wert $1/(2D)$.

Periodische Erregung

Wenn die Erregerfunktion (z. B. $u(t)$ in Bild **4-4**) nichtharmonisch periodisch mit der Periodendauer T ist, definiert man $\Omega = 2\pi/T$ und $\eta = \Omega/\omega_0$ und entwickelt die Störfunktion der Differenzialgleichung in eine Fourierreihe. An die Stelle der rechten Seite von (4-15) tritt dann der Ausdruck

$$\sum_{k=1}^{\infty}[a_k \cos(k\eta\tau) + b_k \sin(k\eta\tau)] = \sum_{k=1}^{\infty} c_k \cos(k\eta\tau - \psi_k) \tag{4-18}$$

mit $c_k^2 = a_k^2 + b_k^2$ und $\tan\psi_k = b_k/a_k$, wobei die c_k und ψ_k i. Allg. von η und D abhängen. Die Lösung $q(\tau)$ der Differenzialgleichung ergibt sich aus (4-16) nach dem Superpositionsprinzip zu

$$\left.\begin{aligned} q(\tau) &= \sum_{k=1}^{\infty} c_k V_1(k\eta, D)\cos(k\eta\tau - \psi_k - \varphi_k)\,, \\ \tan\varphi_k &= 2Dk\eta/(1-k^2\eta^2)\,. \end{aligned}\right\} \tag{4-19}$$

Das k-te Glied dieser Reihe ist mit der Erregung in Resonanz, wenn $k\eta = 1$ ist.

Nichtperiodische Erregung

Bei Anlaufvorgängen und anderen nichtperiodischen Erregungen tritt an die Stelle von (4-15) $q'' + 2Dq' + q = f(\tau)$ mit einer nichtperiodischen Störfunktion $f(\tau)$. Die vollständige Lösung $q(\tau)$ ist die Summe aus der Lösung (4-8) der homogenen Gleichung und einer partikulären Lösung zur Störfunktion $f(\tau)$. Die partikuläre Lösung zur Störfunktion $f(\tau) = (a_m\tau^m + a_{m-1}\tau^{m-1} + \ldots + a_1\tau + a_0)\cos\beta\tau$ mit beliebigen Konstanten $m \geq 0$, $a_m, \ldots, a_0$ und β (statt $\cos\beta\tau$ kann auch $\sin\beta\tau$ stehen) ist

$$\begin{aligned} q_{\text{part}}(\tau) &= \left(b_m\tau^m + b_{m-1}\tau^{m-1} + \ldots + b_1\tau + b_0\right)\cos\beta\tau \\ &\quad + \left(c_m\tau^m + c_{m-1}\tau^{m-1} + \ldots + c_1\tau + c_0\right)\sin\beta\tau\,. \end{aligned}$$

Im Sonderfall $D = 0, \beta = 1$ muss der gesamte Ausdruck mit τ multipliziert werden. Die Konstanten b_i, c_i $(i = 0, \ldots, m)$ werden bestimmt, indem man q_{part} in die Dgl. einsetzt und einen Koeffizientenvergleich vornimmt. Bei komplizierten Störfunktionen $f(\tau)$ berechnet man die vollständige Lösung $q(\tau)$ zu Anfangswerten $q_0 = q(0)$, $q_0' = q'(0)$ mit dem Faltungsintegral

$$\begin{aligned} q(\tau) &= \frac{1}{\nu}\int_0^{\tau} f(\bar\tau)\mathrm{e}^{-D(\tau-\bar\tau)}\sin\nu(\tau-\bar\tau)\,\mathrm{d}\bar\tau \\ &\quad + \mathrm{e}^{-D\tau}[q_0\cos\nu\tau + (1/\nu)(q_0' + Dq_0)\sin\nu\tau] \end{aligned}$$

mit $\nu = (1 - D^2)^{1/2}$. Das Integral ist entweder in geschlossener Form oder numerisch auswertbar (siehe A 36.3).

Periodische Erregung durch Stöße

Bei einem Stoß wirkt auf den Schwinger kurzzeitig eine große Kraft $F(t)$. Das Integral $\hat F = \int F(t)\,\mathrm{d}t$ über die Stoßdauer heißt *Kraftstoß*. Ein einzelner, infinitesimal kurzzeitig wirkender Kraftstoß $\hat F$ auf einen anfangs ruhenden, gedämpften Schwinger mit der Differenzialgleichung $m\ddot q + b\dot q + kq = 0$ verursacht die Schwingung $q(\tau) = B\exp(-D\tau)\sin\nu\tau$ mit $B = \hat F/(\nu m\omega_0)$. Zur Bedeutung der Symbole siehe (4-5) bis (4-8). Wenn auf denselben Schwinger gleichgerichtete und gleich große Kraftstöße $\hat F$ periodisch im zeitlichen Abstand T_s wirken, stellt sich asymptotisch eine stationäre Schwingung ein, bei der sich zwischen je zwei Stößen periodisch der Verlauf $q(\tau) = V_\mathrm{I}(\eta, D) \times B\exp(-D\tau)\sin(\nu\tau + \psi)$ wiederholt $(0 \leqq \tau \leqq \Delta\tau = \omega_0 T_s)$. Darin ist B dieselbe Größe wie oben, $\eta = T_s\omega_0/(2\pi)$ das Verhältnis aus Stoßzeitintervall und Periodendauer der freien ungedämpften Schwingung, ψ ein von η und D abhängiger Nullphasenwinkel und $V_\mathrm{I}(\eta, D)$ die *Vergrößerungsfunktion* (siehe [1])

$$V_\mathrm{I}(\eta, D) = \frac{\exp(\pi D\eta)}{\{2[\cosh(2\pi D\eta) - \cos(2\pi\nu\eta)]\}^{1/2}}\,. \tag{4-20}$$

Sie ist in Bild 4-6 dargestellt. Die Resonanzspitzen bei $\eta = n$ (ganzzahlig) sind im Fall $D \ll 1$

$$V_\mathrm{I}(\eta, D) \approx [1 - \exp(-2\pi nD)]^{-1}\,.$$

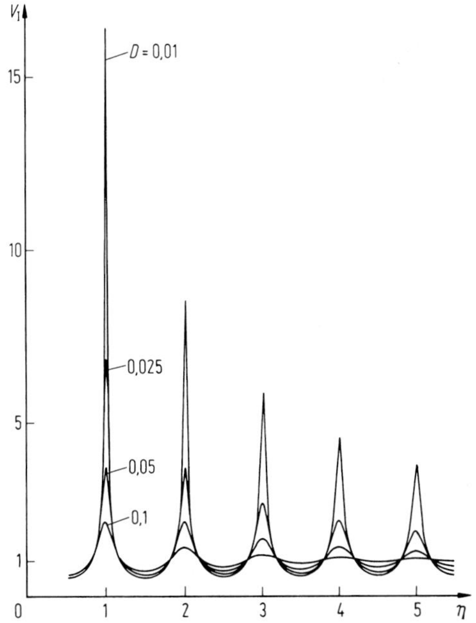

Bild 4-6. Vergrößerungsfunktion V_I nach (4-20) für Schwingungserregung durch periodische Kraftstöße

4.2.2 Erzwungene Schwingungen bei endlich vielen Freiheitsgraden

Hierzu siehe auch 5.14 Übertragungsmatrizen.
Im Fall ohne Dämpfung tritt an die Stelle von (4-10) die Differenzialgleichung

$$\underline{M}\,\ddot{\underline{q}} + \underline{K}\,\underline{q} = \underline{F}(t) \tag{4-21}$$

mit einer Spaltenmatrix $\underline{F}(t)$ von Erregerfunktionen. Bei harmonischer Erregung $\underline{F}(t) = \underline{F}_0 \cos \Omega t$ mit einer einzigen Erregerkreisfrequenz Ω und mit $\underline{F}_0 = \text{const}$ ist die stationäre Lösung $\underline{q}(t) = \underline{A} \cos \Omega t$. Die konstante Spaltenmatrix $\underline{A}$ ist die Lösung des inhomogenen Gleichungssystems

$$(\underline{K} - \Omega^2 \underline{M})\underline{A} = \underline{F}_0\,. \tag{4-22}$$

Resonanz tritt ein, wenn Ω mit einer Eigenkreisfrequenz ω_i des Systems, d. h. einer Lösung der Gleichung $\det(\underline{K} - \omega^2 \underline{M}) = 0$, übereinstimmt (das ist (4-11) mit $\lambda = \omega^2$).
Durch geeignete Parameterabstimmung kann man u. U. erreichen, dass die aus (4-22) berechnete Amplitude A_i einer Koordinate q_i oder einiger Koordinaten bei einer bestimmten, im Normalbetrieb des Systems auftretenden Erregerkreisfrequenz Ω gleich null ist. Dieser Effekt heißt *Schwingungstilgung*.

Beispiel 4-3: Für das System in Bild 4-7 hat (4-22) die Form

$$\left(\begin{bmatrix} k_1 & 0 \\ 0 & k_2 \end{bmatrix} - \Omega^2 \begin{bmatrix} m_{\text{ges}} & m_2 \\ m_2 & m_2 \end{bmatrix}\right)\begin{bmatrix} A_1 \\ A_2 \end{bmatrix} = \begin{bmatrix} m\Omega^2 r \\ 0 \end{bmatrix}.$$

$A_1 = 0$ bei der Parameterabstimmung $\Omega^2 = k_2/m_2$.

Bei nichtharmonischer periodischer Erregung in (4-21) wird $\underline{F}(t)$ in eine Fourierreihe entwickelt. Die Lösung von (4-21) ist die Summe der Lösungen zu den einzelnen Reihengliedern. Bei nichtperiodischer Erregung wird das Eigenwertproblem (4-11) gelöst. Das Ergebnis sind die Eigenwerte λ_i $(i = 1, \ldots, n)$, die Modalmatrix $\underline{\Phi}$ und die Hauptkoordinaten $\underline{x}$. Einsetzen von $\underline{q} = \underline{\Phi}\,\underline{x}$ in (4-21) und Linksmultiplikation mit $\underline{\Phi}^{\mathrm{T}}$ erzeugt die entkoppelten Gleichungen

$$\ddot{x}_i + \lambda_i x_i = (1/c^2)[\underline{\Phi}^{\mathrm{T}}\underline{F}(t)]_i \quad (i = 1, \ldots, n)\,. \tag{4-23}$$

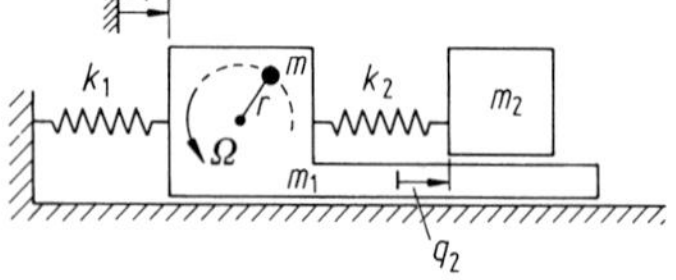

Bild 4-7. Schwingungstilger. Bei geeigneter Parameterwahl m_2, k_2 bleibt m_1 in Ruhe

Für die Eigenwerte λ_i und die Anfangsbedingungen gelten die Aussagen im Anschluss an (4-13). Die Gleichungen (4-23) werden mit den Methoden von 4.2.1 gelöst. Aus $\underline{x}(t)$ ergibt sich $\underline{q}(t) = \underline{\Phi}\,\underline{x}(t)$.
Schwingungen mit Dämpfung: Zum Thema Dämpfung siehe [2–4]. Bei linearer Dämpfung tritt an die Stelle von (4-21) die Gleichung

$$\underline{M}\,\ddot{\underline{q}} + \underline{D}\,\dot{\underline{q}} + \underline{K}\,\underline{q} = \underline{F}(t) \tag{4-24}$$

mit einer symmetrischen Dämpfungsmatrix $\underline{D}$. Bei harmonischer Erregung $\underline{F}(t) = \underline{F}_0 \cos \Omega t$ mit einer einzigen Erregerkreisfrequenz Ω und mit $\underline{F}_0 = \text{const}$ ist die stationäre Lösung $\underline{q}(t) = \underline{A} \cos \Omega t + \underline{B} \sin \Omega t$. Die konstanten Spaltenmatrizen $\underline{A}$ und $\underline{B}$ sind die Lösungen des inhomogenen Gleichungssystems

$$\begin{bmatrix} \underline{K} - \Omega^2 \underline{M} & \Omega \underline{D} \\ -\Omega \underline{D} & \underline{K} - \Omega^2 \underline{M} \end{bmatrix}\begin{bmatrix} \underline{A} \\ \underline{B} \end{bmatrix} = \begin{bmatrix} \underline{F}_0 \\ \underline{0} \end{bmatrix}.$$

Wenn $\underline{F}(t)$ eine Summe periodischer Funktionen ist, wird das Superpositionsprinzip angewandt.
Bei nichtperiodischer Erregung ist $\underline{F}(t)$ als Summe von höchstens n Ausdrücken der Form $\underline{F}_0 f(t)$ mit $\underline{F}_0 = \text{const}$ darstellbar. Da das Superpositionsprinzip gilt, wird die Lösung nur für diese Form angegeben. Die folgenden Rechenschritte liefern die Lösung für $\underline{z}(t) = [q_1(t) \ldots q_n(t)\dot{q}_1(t) \ldots \dot{q}_n(t)]^{\mathrm{T}}$ zu gegebenen Anfangswerten $\underline{z}(0)$ (siehe[1]).

1. Schritt: Man bildet eine konstante Spaltenmatrix $\underline{B}$ mit $2n$ Elementen, in der oben n Nullelemente und darunter das Produkt $\underline{M}^{-1}\underline{F}_0$ stehen.

2. Schritt: Man berechnet die $2n$ Eigenwerte λ_i und Eigenvektoren $\underline{Q}_i$ $(i = 1, \ldots, 2n)$ des Eigenwertproblems $(\lambda^2 \underline{M} + \lambda \underline{D} + \underline{K})\underline{Q} = \underline{0}$. Die Normierung der Eigenwerte ist beliebig. Das Ergebnis sind $p \leq n$ Paare konjugiert komplexer Eigenwerte $\lambda_i = \varrho_i \pm \mathrm{j}\sigma_i$ und Eigenvektoren $\underline{Q}_i = \underline{u}_i \pm \mathrm{j}\underline{v}_i$ $(i = 1, \ldots, p)$ sowie $2n - 2p$ reelle Eigenwerte λ_i und Eigenvektoren $\underline{Q}_i$

$(i = 2p+1,\dots,2n)$. Zu jedem Paar komplexer Eigenvektoren werden $\underline{u}_i^* = \varrho_i \underline{u}_i - \sigma_i \underline{v}_i$ und $\underline{v}_i^* = \sigma_i \underline{u}_i + \varrho_i \underline{v}_i$ $(i = 1,\dots,p)$ und zu jedem reellen Eigenvektor $\underline{Q}_i$ wird $\underline{Q}_i^* = \lambda_i \underline{Q}_i$ $(i = 2p+1,\dots,2n)$ berechnet. Dann bildet man die reelle $(2n \times 2n)$-Matrix

$$\underline{\Psi} = \begin{bmatrix} \underline{u}_1 & \underline{v}_1 & \dots & \underline{u}_p & \underline{v}_p & \underline{Q}_{2p+1} & \dots & \underline{Q}_{2n} \\ \underline{u}_1^* & \underline{v}_1^* & \dots & \underline{u}_p^* & \underline{v}_p^* & \underline{Q}_{2p+1}^* & \dots & \underline{Q}_{2n}^* \end{bmatrix}.$$

3. Schritt: Man löst das Gleichungssystem $\underline{\Psi}\,\underline{Y} = \underline{B}$ nach $\underline{Y}$ auf.

4. Schritt: Man löst (mit einem der Verfahren von 4.2.1) die p Differenzialgleichungen 2. Ordnung

$$\ddot{x}_i - 2\varrho_i \dot{x}_i + \left(\varrho_i^2 + \sigma_i^2\right) x_i = f(t) \quad (i = 1,\dots,p) \tag{4-25}$$

und die $2n - 2p$ Differenzialgleichungen 1. Ordnung

$$\dot{y}_i - \lambda_i y_i = Y_i f(t) \quad (i = 2p+1,\dots,2n)\,.$$

Anfangswerte $x_i(0)$, $\dot{x}_i(0)$ und $y_i(0)$ siehe unten. Zu jeder Lösung $x_i(t)$ berechnet man $\dot{x}_i(t)$.

5. Schritt: Zu jedem Paar $x_i(t)$, $\dot{x}_i(t)$ berechnet man Funktionen $y_{2i-1}(t)$ und $y_{2i}(t)$ aus der Gleichung

$$\begin{bmatrix} y_{2i-1}(t) \\ y_{2i}(t) \end{bmatrix} = \begin{bmatrix} -\varrho_i Y_{2i-1} + \sigma_i Y_{2i} & Y_{2i-1} \\ -\sigma_i Y_{2i-1} - \varrho_i Y_{2i} & Y_{2i} \end{bmatrix} \times \begin{bmatrix} x_i(t) \\ \dot{x}_i(t) \end{bmatrix} \quad (i = 1,\dots,p)\,. \tag{4-26}$$

Im Fall $f(t) \equiv 0$ setze man in (4-26) $Y_{2i-1} = 1$, $Y_{2i} = 0$. Im Sonderfall $f(t) \neq 0$, $Y_{2i-1} = Y_{2i} = 0$ setze man in (4-25) $f(t) \equiv 0$ und in (4-26) $Y_{2i-1} = 1, Y_{2i} = 0$. Anfangswerte $\underline{y}(0)$ werden aus dem Gleichungssystem $\underline{\Psi}\,\underline{y}(0) = \underline{z}(0)$ berechnet. Anfangswerte für (4-25) werden mit $\underline{y}(0)$ aus (4-26) berechnet.

6. Schritt: Man bildet die Spaltenmatrix $\underline{y}(t) = [y_1(t)\dots y_{2p}(t)\,y_{2p+1}(t)\dots y_{2n}(t)]^{\mathrm{T}}$. Die gesuchte Lösung ist $\underline{z}(t) = \underline{\Psi}\,\underline{y}(t)$.

4.3 Lineare parametererregte Schwingungen

Lineare parametererregte Schwingungen eines Systems mit einem Freiheitsgrad werden durch die Differenzialgleichung

$$\ddot{q} + p_1(t)\dot{q} + p_2(t)q = 0 \tag{4-27}$$

beschrieben. Sie besitzt die spezielle Lösung $q(t) \equiv 0$. Die Koeffizienten $p_1(t)$ und $p_2(t)$ entscheiden darüber, ob die allgemeine Lösung $q(t)$ asymptotisch stabil, grenzstabil oder instabil ist.

Beispiel 4-4: Das Pendel mit linear von t abhängiger Länge $l(t) = l_0 + vt$ (z. B. ein Förderkorb am Seil mit konstanter Geschwindigkeit $v > 0$ oder $v < 0$). Die horizontale Auslenkung q des Pendelkörpers aus der Vertikalen (nicht der Pendelwinkel) wird durch (4-27) mit $p_1(t) \equiv 0$ und $p_2(t) = g/(l_0 + vt)$ beschrieben. Im Fall $v > 0$ schwingt $q(t)$ angefacht und im Fall $v < 0$ gedämpft. Der Pendelwinkel schwingt dagegen im Fall $v > 0$ gedämpft und im Fall $v < 0$ angefacht.

Von besonderer technischer Bedeutung sind parametererregte Schwingungen, bei denen die Koeffizienten $p_1(t)$ und $p_2(t)$ in (4-27) periodische Funktionen gleicher Periode T sind. Nach dem Satz von Floquet hat die allgemeine Lösung $q(t)$ in diesem Fall die Form

$$q(t) = \begin{cases} C_1 u_1(t) \mathrm{e}^{\mu_1 t} + C_2 u_2(t) \mathrm{e}^{\mu_2 t} & \text{(allg. Fall)} \\ [C_1 (t/T) u_1(t) + C_2 u_2(t)] \mathrm{e}^{\mu t} & \text{(Sonderfall)} \end{cases}$$

(C_1, C_2 Integrationskonstanten, u_1, u_2 sind T-periodische Funktionen, μ_1, μ_2 und μ Konstanten). Die Größen $\exp(\mu_i T) = s_i$ $(i = 1,2)$ und $\exp(\mu T) = s$ sind die Wurzeln bzw. die Doppelwurzel der charakteristischen quadratischen Gleichung, die (4-27) zugeordnet ist. Sie bestimmen das Stabilitätsverhalten der Lösung. Sie werden durch numerische Integration von (4-27) über eine einzige Periode T berechnet, und zwar in den folgenden Schritten.

1. Schritt: Man führt die normierte Zeit $\tau = 2\pi t/T$ und die normierte Variable $y = q/q_0$ ein, wobei q_0 eine beliebige konstante Bezugsgröße der Dimension von q ist. Dann nimmt (4-27) die normierte Form

$$y'' + p_1^*(\tau) y' + p_2^*(\tau) y = 0 \tag{4-28}$$

mit $' = \mathrm{d}/d\tau$ und mit 2π-periodischen Funktionen $p_1^*(\tau)$ und $p_2^*(\tau)$ an.

2. Schritt: Die normierte Differenzialgleichung wird numerisch von $\tau = 0$ bis $\tau = 2\pi$ integriert, und zwar einmal mit den Anfangsbedingungen $y(0) = 1$, $y'(0) = 0$ und einmal mit den Anfangsbedingungen $y(0) = 0$, $y'(0) = 1$. Für $y(2\pi)$ und $y'(2\pi)$ ergeben sich im 1. Fall bestimmte Zahlen y_1 und y_1' und im 2. Fall

bestimmte Zahlen y_2 und y_2'. Mit diesen erhält man die charakteristische quadratische Gleichung

$$s^2 - (y_1 + y_2')\,s + (y_1 y_2' - y_2 y_1') = 0\,. \qquad (4\text{-}29)$$

Die Beträge ihrer (reellen oder konjugiert komplexen) Wurzeln s_1 und s_2 entscheiden nach Tabelle 4-2, ob die allgemeine Lösung $y(\tau)$ und damit auch die allgemeine Lösung $q(t)$ von (4-27) asymptotisch stabil, grenzstabil oder instabil ist.

Stabilitätskarten. Die Koeffizienten $p_1^*(\tau)$ und $p_2^*(\tau)$ in (4-28) hängen i. Allg. von Parametern ab. Eine Stabilitätskarte entsteht, wenn man zwei Parameter P_1 und P_2 auswählt und in einem Koordinatensystem mit den Achsen P_1 und P_2 die Grenze zwischen Gebieten mit stabilen Lösungen und Gebieten mit instabilen Lösungen einzeichnet.

Beispiel 4-5: Sei (4-28) die Gleichung $y'' + 2cy' + (\lambda + \gamma\cos\tau)y = 0$. Im Fall $c = 0$ heißt sie *Mathieu'sche Differenzialgleichung* (siehe A 28). Die beiden Parameter seien λ und γ. Bild 4-8 zeigt die Stabilitätskarten für $c = 0$ und für verschiedene Dämpfungskonstanten $c > 0$.

Ein System mit Parametererregung kann zusätzlich fremderregt sein. Dann tritt an die Stelle von (4-27) die Gleichung $\ddot{q} + p_1(t)\dot{q} + p_2(t)q = F(t)$. Bei periodischer Fremderregung kann man sich auf den Sonderfall $F(t) = F_0\cos\Omega t$ (ein einzelnes Glied der Fourierreihe) beschränken, weil das Superpositionsprinzip gilt. Wenn das System ohne Fremderregung stabil ist, gibt es Erregerkreisfrequenzen Ω, bei denen Resonanz auftritt. Systeme mit mehreren Freiheitsgraden werden durch Differenzialgleichungssysteme mit von t abhängigen Koeffizienten beschrieben. Ausführliche Darstellungen vieler Probleme mit Beispielen siehe in [5].

Tabelle 4-2. Stabilitätskriterien für Gl. (4-28) mit periodischen Koeffizienten $p_1^*(\tau)$ und $p_2^*(\tau)$. s_1 und s_2 sind die Wurzeln von (4-29).

	$\lvert s_2\rvert < 1$	$\lvert s_2\rvert = 1$	$\lvert s_2\rvert > 1$
$\lvert s_1\rvert < 1$	asympt. stabil	grenzstabil	instabil
$\lvert s_1\rvert = 1$	grenzstabil	$y_1' = y_2 = 0$? ja: grenzstabil nein: instabil	instabil
$\lvert s_1\rvert > 1$	instabil	instabil	instabil

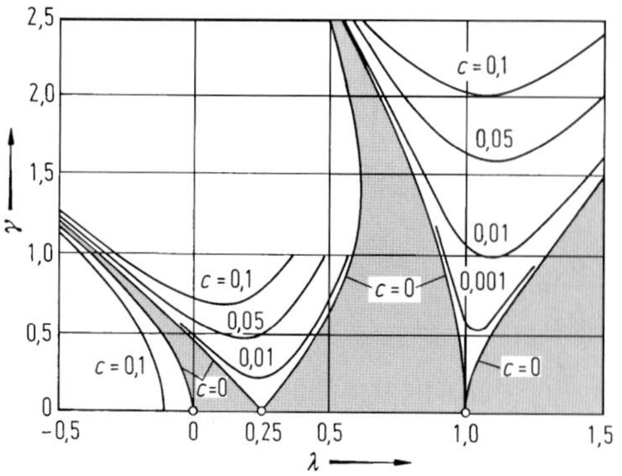

Bild 4-8. Stabilitätskarten für die Differenzialgleichung $y'' + 2cy' + (\lambda + \gamma\cos\tau)\,y = 0$ für verschiedene Werte von c. Für $c = 0$ (Mathieu-Gleichung) sind die Lösungen $q(t)$ für Parameterkombinationen λ, γ im schattierten Bereich stabil. Mit zunehmender Dämpfung c werden die Stabilitätsbereiche größer

4.4 Freie Schwingungen eindimensionaler Kontinua

4.4.1 Saite. Zugstab. Torsionsstab

Freie *Transversalschwingungen* $u(x,t)$ einer gespannten Saite (Bild 4-9a; u Auslenkung, S Vorspannkraft, μ lineare Massenbelegung), freie *Longitudinalschwingungen* $u(x,t)$ eines geraden Stabes (Bild 4-9b; u Längsverschiebung, EA Längssteifigkeit, ϱ Dichte) und freie *Torsionsschwingungen* $u(x,t)$ eines Stabes (Bild 4-9c; u Drehwinkel, GI_T Torsi-

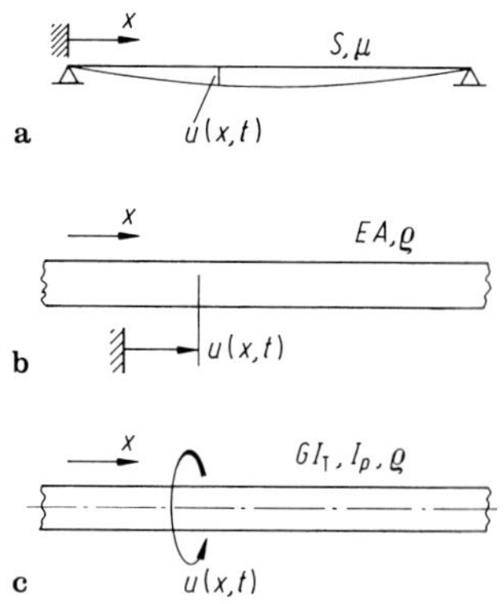

Bild 4-9. Systemparameter und Koordinaten $u(x,t)$ für die schwingende Saite (**a**), den longitudinal schwingenden Stab (**b**) und den Torsionsstab (**c**)

onssteifigkeit, I_p polares Flächenmoment, ϱ Dichte) werden durch die *Wellengleichung* beschrieben:

$$\frac{\partial^2 u}{\partial t^2} = c^2 \frac{\partial^2 u}{\partial x^2} \tag{4-30}$$

mit $c^2 = S/\mu$ bzw. $c^2 = E/\varrho$ bzw. $c^2 = GI_T/(\varrho I_p)$. c heißt *Ausbreitungsgeschwindigkeit der Welle*. Werte von $\sqrt{E/\varrho}$ sind $\approx 5100\,\mathrm{m/s}$ in Stahl, Aluminium und Glas (fast gleich), $\approx 4000\,\mathrm{m/s}$ in Beton, $\approx 1450\,\mathrm{m/s}$ in Wasser und $\approx 350\,\mathrm{m/s}$ in Kork.

Zu (4-30) gehören Anfangsbedingungen für $u(x,t_0)$ und für $[\partial u/\partial t]_{(x,t_0)}$. Außerdem müssen Randbedingungen formuliert werden, und zwar für Lagerpunkte, für Endpunkte und für Punkte, in denen andere Systeme (Stäbe, Saiten oder anderes) angekoppelt sind. Beispiel: Zwei longitudinal schwingende Stäbe 1 und 2 sind mit ihren Enden bei $x = 0$ zu einem durchgehenden Stab verbunden. Randbedingungen schreiben vor, dass die Verschiebungen und die Längskräfte beider Stäbe bei $x = 0$ jeweils gleich sind:

$$(u_1 - u_2)|_{(0,t)} \equiv 0\,,$$
$$\left(E_1 A_1 \frac{\partial u_1}{\partial x} - E_2 A_2 \frac{\partial u_2}{\partial x}\right)\bigg|_{(0,t)} \equiv 0\,. \tag{4-31}$$

Wellen. Reflexion. Transmission

Jede Funktion $u(x,t) = f(x-ct) + g(x+ct)$ mit beliebigen stückweise zweimal differenzierbaren Funktionen f und g ist Lösung von (4-30). $f(x-ct)$ stellt eine in positiver x-Richtung mit der Geschwindigkeit c fortlaufende Welle gleichbleibenden Profils dar und $g(x+ct)$ eine andere in negativer Richtung laufende Welle (Bild 4-10a). Die spezielle Funktion

$$f(x-ct) = A\cos\left[\frac{2\pi}{\lambda}(x-ct)\right] = A\cos\left(\frac{2\pi x}{\lambda} - \omega t\right)$$

mit $\omega = 2\pi c/\lambda$ ist für $t = \text{const}$ eine harmonische Funktion von x mit der Wellenlänge λ und bei $x = \text{const}$ eine harmonische Funktion von t mit der Kreisfrequenz ω, wobei $\omega\lambda = 2\pi c = \text{const}$ ist (Bild 4-10b). Diese Welle heißt *harmonische Welle*.

Eine Welle, die einen Punkt mit Randbedingungen erreicht, löst dort i. Allg. eine *reflektierte Welle* aus,

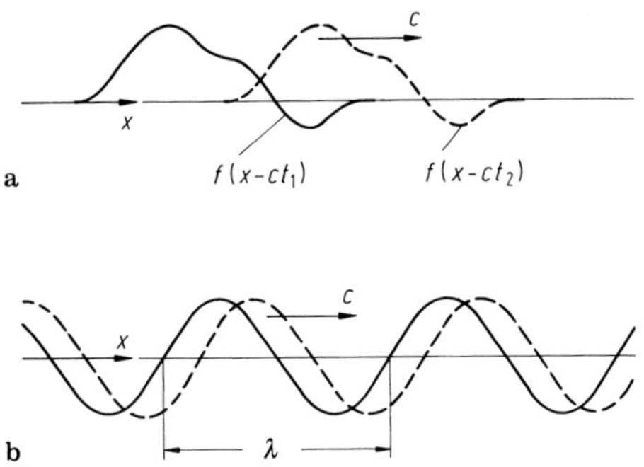

Bild 4-10. (**a**) Nichtharmonische Welle und (**b**) harmonische Welle mit der Wellenlänge λ

die mit derselben Ausbreitungsgeschwindigkeit in die Gegenrichtung läuft. Wenn die Randbedingungen die Kopplung mit einem anderen Stab (einer anderen Saite) ausdrücken, dann löst die ankommende Welle in diesem (in dieser) eine *transmittierte Welle* aus. Für Wellen gilt das Superpositionsprinzip. Daraus folgt, dass reflektierte und transmittierte Wellen, die durch eine Summe von ankommenden Wellen ausgelöst werden, so berechnet werden, dass man zu jeder einzelnen ankommenden Welle die reflektierte und die transmittierte Welle berechnet und diese dann summiert. Reflektierte und transmittierte Wellen sind durch Randbedingungen eindeutig bestimmt, wenn die ankommende Welle gegeben ist.

Beispiel: Zwei longitudinal schwingende Stäbe 1 und 2 sind mit ihren Enden bei $x = 0$ so gekoppelt, dass die Randbedingungen (4-31) gelten. Stab 1 ist der Stab im Bereich $x < 0$. In Stab 1 läuft die gegebene Welle $f(x - c_1 t)$ auf die Koppelstelle zu. Sie löst in Stab 1 die unbekannte reflektierte Welle $g_r(x + c_1 t)$ und in Stab 2 die unbekannte transmittierte Welle $f_t(x - c_2 t)$ aus. Mit dem Ansatz $u_1(x,t) = f + g_r$, $u_2(x,t) = f_t$ ergeben sich aus (4-31) die Wellen

$$g_r = \frac{1-\alpha}{1+\alpha} f(-x - c_1 t)\,, \quad f_t = \frac{2}{1+\alpha} f\left[\frac{c_1}{c_2}(x - c_2 t)\right]$$

mit

$$\alpha = (A_2/A_1)[E_2\varrho_2/(E_1\varrho_1)]^{1/2}\,.$$

Dieselben Gleichungen gelten mit

$$\alpha = [G_2\varrho_2 I_{T2} I_{p\,2}/(G_1\varrho_1 I_{T1} I_{p\,1})]^{1/2}$$

für gekoppelte Torsionsstäbe und mit

$$\alpha = c_1/c_2 = (\mu_2/\mu_1)^{1/2}$$

für gekoppelte Saiten. Wenn Stab 1 bei $x = 0$ ein festes Ende (ein freies Ende) hat, ist $\alpha = \infty$ (bzw. $\alpha = 0$). Wenn dann f die harmonische Welle $f = A\cos[2\pi/\lambda(x - c_1 t)]$ ist, bildet sich die stehende Welle aus (Bild 4-11):

$$u(x,t) = \begin{cases} 2A\sin(2\pi x/\lambda)\sin\omega t & \text{(festes Ende)} \\ 2A\cos(2\pi x/\lambda)\cos\omega t & \text{(freies Ende)} \end{cases} \tag{4-32}$$

$$\text{mit} \quad \omega = 2\pi c_1/\lambda\,.$$

Erzwungene Schwingungen von Stäben und Saiten sind die Folge von Fremderregung. Sie kann die Form von zusätzlichen Erregerfunktionen in (4-30) haben (z. B. im Fall von zeitlich vorgeschriebenen Streckenlasten an den Systemen in Bild 4-9). Sie kann auch die Form von gegebenen Erregerfunktionen in Randbedingungen haben (z. B. bei zeitlich vorgeschriebenen Lagerbewegungen). Wenn sie nur diese letztere Form hat, dann ist der Lösungsansatz für (4-30) $u(x,t) = f(x - ct) + g(x + ct)$. Für die Wellen f und g ergibt sich aus den Randbedingungen ein System von linearen, inhomogenen, gewöhnlichen Differenzialgleichungen.
Weiteres zur Wellenausbreitung siehe in [9–13].

Eigenkreisfrequenzen. Eigenformen

Auch der *Bernoulli'sche Separationsansatz*

$$u(x,t) = f(t)\cdot g(x)$$

$$\text{mit} \quad f(t) = A\cos\omega t + B\sin\omega t\,, \tag{4-33}$$

$$g(x) = a\cos(\omega x/c) + b\sin(\omega x/c) \tag{4-34}$$

löst die Wellengleichung (4-30). $g(x)$ heißt *Eigenform* und ω *Eigenkreisfrequenz*. Die Konstanten A, B, a, b und ω werden wie folgt bestimmt. Randbedingungen für u und für $\partial u/\partial x$ liefern ein System homogener linearer Gleichungen für die Koeffizienten a und b (bei mehrfeldrigen Problemen zwei Koeffizienten je Feld). Das System hat nur für die abzählbar unendlich vielen Eigenwerte ω_k ($k = 1, 2, \ldots$) seiner transzendenten charakteristischen *Frequenzgleichung* (das ist die Gleichung: Koeffizientendeterminante = 0) nichttriviale Lösungen a_k, b_k und damit Eigenformen

$$g_k(x) = a_k\cos(\omega_k x/c) + b_k\sin(\omega_k x/c)\,.$$

Die Eigenformen erfüllen die *Orthogonalitätsbeziehungen* (Integration über den ganzen Bereich)

$$\int g_i(x) g_j(x)\,\mathrm{d}x = 0 \quad (i \neq j)\,. \tag{4-35}$$

Beispiel 4-6: Für den Torsionsstab mit Endscheibe in Bild 4-12a liest man aus Bild 4-12b die Randbedingungen $g(0) = 0$ und $GI_\mathrm{T}(\partial u/\partial x)|_{(l,t)} = -J(\partial^2 u/\partial t^2)|_{(l,t)}$ oder $GI_\mathrm{T}(\mathrm{d}g/\mathrm{d}x)|_l - \omega^2 Jg(l) = 0$ ab. Daraus folgt mit (4-34) $a = 0$ und

$$b\left(\frac{GI_\mathrm{T}\omega}{c}\cos\frac{\omega l}{c} - \omega^2 J\sin\frac{\omega l}{c}\right) = 0\,.$$

Das liefert die Frequenzgleichung

$$\frac{\omega l}{c}\tan\frac{\omega l}{c} = \frac{GI_\mathrm{T} l}{Jc^2} = \frac{\varrho l I_\mathrm{p}}{J}\,.$$

Sie hat unendlich viele Eigenwerte ω_k ($k = 1, 2, \ldots$). Zu ω_k gehören die Konstanten $a_k = 0$ und $b_k = 1$

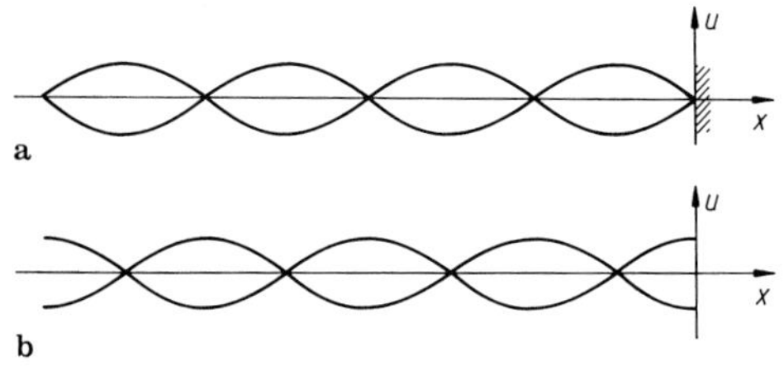

Bild 4-11. Hüllkurven von stehenden Wellen bei festem Ende (a) und bei freiem Ende (b) an der Stelle $x = 0$

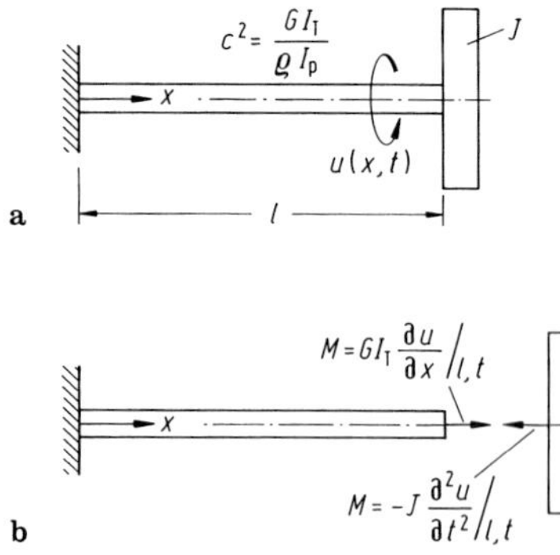

Bild 4-12. a Massebehafteter Torsionsstab mit Endscheibe. b Die Schnittmomente an der Verbindungsstelle von Stab und Scheibe sind mithilfe von (5-68) und (3-17) durch den Drehwinkel u ausgedrückt

(willkürliche Normierung) und damit die Eigenform $g_k(x) = \sin(\omega_k x/c)$.
In der allgemeinen Lösung (4-33)

$$u(x,t) = \sum_{k=1}^{\infty}(A_k \cos\omega_k t + B_k \sin\omega_k t)g_k(x) \qquad (4\text{-}36)$$

werden die A_k und B_k zu gegebenen Anfangsbedingungen $u(x,0) = U(x)$ und $\partial u/\partial t|_{(x,0)} = V(x)$ mithilfe von (4-35) ermittelt (Integrationen über den ganzen Bereich):

$$\int U(x)g_i(x)\,\mathrm{d}x = A_i \int g_i^2(x)\,\mathrm{d}x\,,$$
$$\int V(x)g_i(x)\,\mathrm{d}x = \omega_i B_i \int g_i^2(x)\,\mathrm{d}x \quad (i = 1,2,\ldots)\,. \qquad (4\text{-}37)$$

4.4.2 Biegeschwingungen von Stäben

Hierzu siehe auch 5.13 Finite Elemente und 5.14 Übertragungsmatrizen.
Bei Vernachlässigung von Schubverformung und Drehträgheit der Stabelemente lautet die Differenzialgleichung der Biegeschwingung

$$\frac{\partial^2[EI_y\partial^2 w/\partial x^2]}{\partial x^2} + \varrho A\frac{\partial^2 w}{\partial t^2} = q(x,t) \qquad (4\text{-}38)$$

($w(x,t)$ Durchbiegung, $EI_y(x)$ Biegesteifigkeit, $A(x)$ Querschnittsfläche, ϱ Dichte, $q(x,t)$ Streckenlast). Sobald $w(x,t)$ bekannt ist, ergibt sich das Biegemoment $M_y(x,t) = -EI_y\partial^2 w/\partial x^2$. Bei konstantem Stabquerschnitt mit $q \equiv 0$ vereinfacht sich (4-38) zu

$$\frac{\partial^2 w}{\partial t^2} = -C^2\frac{\partial^4 w}{\partial x^4} \quad \text{mit} \quad C^2 = \frac{EI_y}{\varrho A}\,. \qquad (4\text{-}39)$$

Diese Gleichung wird durch *Bernoullis Separationsansatz* gelöst:

$$w(x,t) = f(t)\cdot g(x) \qquad (4\text{-}40)$$

$$\text{mit} \quad f(t) = A\cos\omega t + B\sin\omega t\,,$$
$$g(x) = a\cosh(x/\lambda) + b\sinh(x/\lambda) + c\cos(x/\lambda) + d\sin(x/\lambda)\,, \quad (\lambda = (C/\omega)^{1/2})\,. \qquad (4\text{-}41)$$

$g(x)$ heißt *Eigenform* und ω *Eigenkreisfrequenz* des Stabes. Die Konstanten A, B, a, b, c, d und λ werden wie folgt bestimmt. Randbedingungen für w, $\partial w/\partial x$, das Biegemoment $M_y \sim \partial^2 w/\partial x^2$ und die Querkraft $Q_z \sim \partial^3 w/\partial x^3$ liefern ein System homogener linearer Gleichungen für die Koeffizienten von $g(x)$ ($4n$ Gleichungen und Koeffizienten bei einem n-feldrigen Stab). Es hat nur für die abzählbar unendlich vielen Eigenwerte (Eigenkreisfrequenzen) ω_k ($k = 1,2,\ldots$) seiner transzendenten charakteristischen *Frequenzgleichung* (Koeffizientendeterminante = 0) nichttriviale Lösungen a_k, b_k, c_k, d_k und damit Eigenformen $g_k(x)$. Die Eigenformen erfüllen die *Orthogonalitätsbeziehungen* (Integration über den ganzen Stab)

$$\int g_i(x)g_j(x)\,\mathrm{d}x = 0 \quad (i \neq j)\,. \qquad (4\text{-}42)$$

Tabelle 4-3 gibt Eigenkreisfrequenzen und Eigenformen für verschieden gelagerte Stäbe an. In der allgemeinen Lösung (4-40)

$$w(x,t) = \sum_{k=1}^{\infty}(A_k\cos\omega_k t + B_k\sin\omega_k t)g_k(x) \qquad (4\text{-}43)$$

mit beliebig normierten Eigenformen $g_k(x)$ werden die A_k und B_k zu gegebenen Anfangsbedingungen $w(x,0) = W(x)$, $\partial w/\partial t|_{(x,0)} = V(x)$ mithilfe von (4-42) ermittelt (Integrationen über den ganzen Stab):

$$\int W(x)g_i(x)\,\mathrm{d}x = A_i\int g_i^2(x)\,\mathrm{d}x\,, \qquad (4\text{-}44)$$
$$\int V(x)g_i(x)\,\mathrm{d}x = \omega_i B_i\int g_i^2(x)\,\mathrm{d}x \quad (i = 1,2,\ldots)\,.$$

Bei Biegeschwingungen von Laufradturbinenschaufeln wirkt sich die Fliehkraft versteifend aus (vgl. das Beispiel zu Bild 3-4). Die Abhängigkeit einer Eigenkreisfrequenz ω_i von der Winkelgeschwindigkeit Ω des Laufrades hat die Form $\omega_i(\Omega) = \omega_{i0}(1 + a_i\Omega^2)^{1/2}$ mit $\omega_{i0} = \omega_i(0)$ und a_i = const. Einzelheiten siehe in [14,15].

4.5 Näherungsverfahren zur Bestimmung von Eigenkreisfrequenzen

4.5.1 Rayleigh-Quotient

Wenn ein aus Punktmassen, starren Körpern, masselosen Federn und massebehafteten Kontinua bestehendes konservatives System in einer Eigenform mit

Tabelle 4–3. Eigenkreisfrequenzen $\omega_k = C/\lambda_k^2$ und Eigenformen $g_k(x)$ von Biegestäben. Bezeichnungen wie im Text. g_k ist so normiert, dass $\int_0^l g_k^2(x/\lambda_k)\mathrm{d}x = l$

Biegestab mit drei Eigenformen	Frequenzgleichung für l/λ	Lösungen der Frequenzgleichung; $l/\lambda_k =$	Eigenform $g_k(\xi)$ mit $\xi = x/\lambda_k$	$a = a_k$ für $g_k(\xi)$ mit $\lambda = \lambda_k$
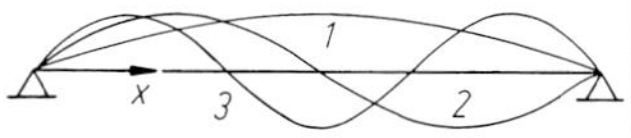	$\sin(l/\lambda) = 0$	$k\pi \quad (k = 1, 2\ldots)$	$\sqrt{2}\,\sin\xi$	
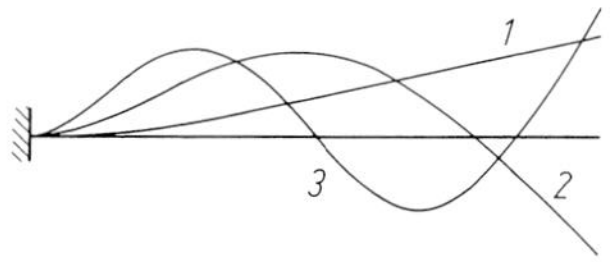	$\cos(l/\lambda)\cosh(l/\lambda) = -1$	$\approx 1{,}88 \ (k=1), \quad \approx 4{,}69 \ (k=2)$ $\approx \pi(k - 1/2) \ (k > 2)$	$\cosh\xi - \cos\xi - a\,(\sinh\xi - \sin\xi)$	$\dfrac{\sinh(l/\lambda) - \sin(l/\lambda)}{\cosh(l/\lambda) + \cos(l/\lambda)}$
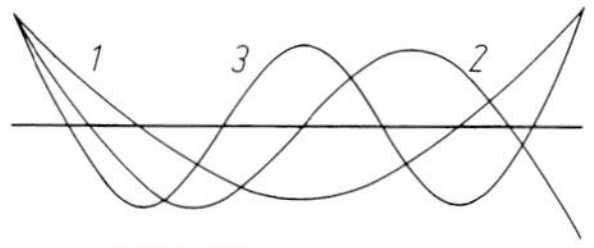	$\cos(l/\lambda)\cosh(l/\lambda) = 1$	$\approx 4{,}73 \ (k=1)$ $\approx \pi(k + 1/2) \ (k > 1)$	$\cosh\xi + \cos\xi - a\,(\sinh\xi + \sin\xi)$	$\dfrac{\cosh(l/\lambda) - \cos(l/\lambda)}{\sinh(l/\lambda) - \sin(l/\lambda)}$
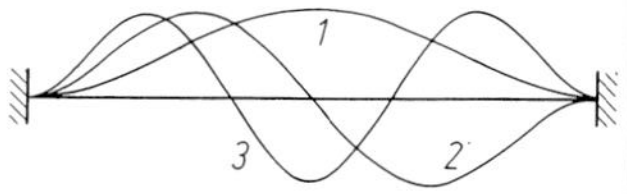			$\cosh\xi - \cos\xi - a\,(\sinh\xi - \sin\xi)$	
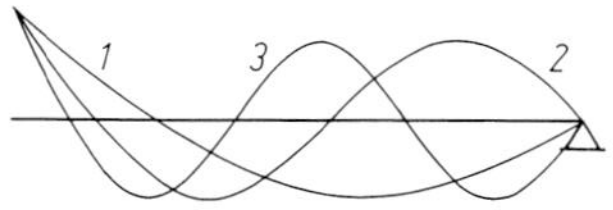	$\tan(l/\lambda) = \tanh(l/\lambda)$	$\approx 3{,}93 \ (k=1)$ $\approx \pi(k + 1/4) \ (k > 1)$	$\cosh\xi + \cos\xi - a\,(\sinh\xi + \sin\xi)$	$\cot(l/\lambda)$
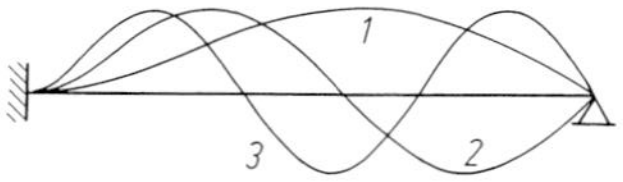			$\cosh\xi - \cos\xi - a\,(\sinh\xi - \sin\xi)$	

der Eigenkreisfrequenz ω schwingt, sind die maximale potenzielle Energie $V_{\max}$ bei Richtungsumkehr und die maximale kinetische Energie $T_{\max}$ beim Durchgang durch die Ruhelage gleich, und $T_{\max}$ ist proportional zu ω^2. Also ist mit $T_{\max} = \omega^2 T^*_{\max}$

$$\omega^2 = V_{\max}/T^*_{\max} \,. \tag{4-45}$$

$V_{\max}$ und $T^*_{\max}$ sind nur von der Eigenform abhängig. Tabelle 4-4 gibt Formeln zur Berechnung für einige Systeme bzw. Systemkomponenten an. Für ein System aus mehreren Komponenten sind $V_{\max}$ und $T^*_{\max}$ jeweils die Summen der Ausdrücke für die einzelnen Komponenten. Seien $\tilde{V}_{\max}$ und $\tilde{T}^*_{\max}$ Näherungen für $V_{\max}$ bzw. $T^*_{\max}$, die aus Näherungen für die Eigenform zur kleinsten Eigenkreisfrequenz ω_1 berechnet werden. Dann gilt

$$\omega_1^2 \leqq R \quad \text{mit} \quad R = \tilde{V}_{\max}/\tilde{T}^*_{\max} \,. \tag{4-46}$$

R heißt *Rayleigh-Quotient* (vgl. A 27). Das Gleichheitszeichen gilt nur, wenn R mit der tatsächlichen Eigenform berechnet wird. Näherungen für Eigenformen müssen alle geometrischen Randbedingungen (für Randverschiebungen und Neigungen) erfüllen.

Beispiel 4-7: Für den Biegestab mit Starrkörper und Feder in Bild 4-13 liefert Tabelle 4-4 als Summen von Größen für die drei Komponenten Stab, Körper und Feder

$$\left.\begin{aligned} 2\tilde{V}_{\max} &= EI_y \int_0^l w''^2(x)\,\mathrm{d}x + kw^2(l)\,, \\ 2\tilde{T}^*_{\max} &= \varrho A \int_0^l w^2(x)\,\mathrm{d}x + mw^2(l) + Jw'^2(l)\,. \end{aligned}\right\} \tag{4-47}$$

Als Näherungen für die erste Eigenform werden die Biegelinien des Kragträgers mit Einzellast am Ende, $w_1(x) = 3(x/l)^2 - (x/l)^3$, und mit konstanter Streckenlast, $w_2(x) = 6(x/l)^2 - 4(x/l)^3 + (x/l)^4$, verwendet. w_1 und w_2 liefern die Rayleigh-Quotienten $R_1 = 9{,}30EI_y/(\varrho Al^4)$ bzw. $R_2 = 9{,}32EI_y/(\varrho Al^4)$. Der kleinere ist die bessere Näherung für ω_1^2.

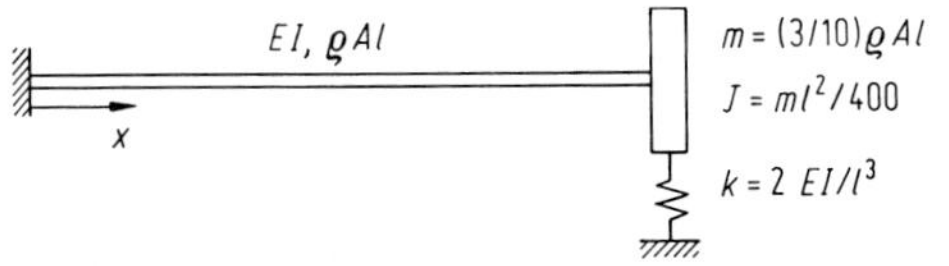

Bild 4-13. Massebehafteter Biegestab mit Endscheibe und Feder

Tabelle 4-4. Energieausdrücke zur Berechnung von Eigenkreisfrequenzen mit dem Rayleigh-Quotienten (4-46) und dem Ritz-Verfahren (4-48)

Schwingendes System und Näherung für Eigenform	$2\tilde{V}_{\max}$	$2\tilde{T}^*_{\max}$	Hinweise
n-Freiheitsgrad-System; $\underline{q} = [q_1 \ldots q_n]^{\mathrm{T}}$	$\underline{q}^{\mathrm{T}}\underline{K}\underline{q}$	$\underline{q}^{\mathrm{T}}\underline{M}\underline{q}$	4.1.2
Stab bei Longitudinalschwingung; $u(x)$	$\int EA(x)u'^2(x)\,\mathrm{d}x$	$\int \varrho A(x)u^2(x)\,\mathrm{d}x$	
Stab bei Torsionsschwingung; $\varphi(x)$	$\int GI_{\mathrm{T}}(x)\varphi'^2(x)\,\mathrm{d}x$	$\int \varrho I_{\mathrm{p}}(x)\varphi^2(x)\,\mathrm{d}x$	
Stab bei Biegeschwingung; $w(x)$	$\int EI_y(x)w''^2(x)\,\mathrm{d}x$	$\int \varrho A(x)w^2(x)\,\mathrm{d}x$	(5-83)
Platte kartesisch; $w(x,y)$	$D\int\int\left[\left(\frac{\partial^2 w}{\partial x^2}+\frac{\partial^2 w}{\partial y^2}\right)^2 - 2(1-\nu)\left(\frac{\partial^2 w}{\partial x^2}\cdot\frac{\partial^2 w}{\partial y^2}-\left(\frac{\partial^2 w}{\partial x \partial y}\right)^2\right)\right]\mathrm{d}x\,\mathrm{d}y$	$\varrho h \int\int w^2(x,y)\,\mathrm{d}x\,\mathrm{d}y$	(5-103)
Platte rotationssymmetrisch; $w(r)$	$\pi D\int\left[r\left(\frac{\mathrm{d}^2 w}{\mathrm{d}r^2}+\frac{1}{r}\cdot\frac{\mathrm{d}w}{\mathrm{d}r}\right)^2 - 2(1-\nu)\frac{\mathrm{d}w}{\mathrm{d}r}\cdot\frac{\mathrm{d}^2 w}{\mathrm{d}r^2}\right]\mathrm{d}r$	$\pi\varrho h\int w^2(r)\,\mathrm{d}r$	(5-104)
masselose (Dreh-)Feder; Auslenkung x bzw. φ	kx^2 bzw. $k\varphi^2$	–	
Starrkörper; Translation x, y, z; Drehwinkel φ	–	$m(x^2+y^2+z^2)+J\varphi^2$	(3-19)

4.5.2 Ritz-Verfahren

Wenn die erste Eigenform für den Rayleigh-Quotienten nicht gut geschätzt werden kann, wird sie als Linearkombination $w(x) = c_1 w_1(x) + \ldots + c_n w_n(x)$ von n sinnvoll erscheinenden, alle geometrischen Randbedingungen erfüllenden Näherungen $w_1(x), \ldots, w_n(x)$ mit unbekannten Koeffizienten $c_1, \ldots, c_n$ angesetzt. Häufig genügt $n = 2$. Mit diesem Ansatz ist R in (4-46) eine homogenquadratische Funktion von $c_1, \ldots, c_n$. Das kleinste R (die beste Näherung für ω_1^2) ist der kleinste Eigenwert R des homogenen linearen Gleichungssystems für $c_1, \ldots, c_n$

$$\frac{\partial \tilde{V}_{\max}}{\partial c_i} - R\frac{\partial \tilde{T}^*_{\max}}{\partial c_i} = 0 \quad (i = 1, \ldots, n)\,. \qquad (4\text{-}48)$$

Beispiel 4-8: Für Bild 4-13 wird $w(x) = c_1\, w_1(x) + c_2\, w_2(x)$ mit den Funktionen w_1 und w_2 von Beispiel 4-7 angesetzt. Mit denselben Ausdrücken $\tilde{V}_{\max}$ und $\tilde{T}^*_{\max}$ wie dort ergibt sich für (4-48)

$$\begin{bmatrix} 20\,EI_y/(\varrho Al^4) - 2{,}15\,R & 18EI_y/(\varrho Al^4) - 3{,}28\,R \\ 18\,EI_y/(\varrho Al^4) - 3{,}28\,R & 46{,}8\,EI_y/(\varrho Al^4) - 5{,}02\,R \end{bmatrix} \times \begin{bmatrix} c_1 \\ c_2 \end{bmatrix} = \underline{0}\,.$$

Die Bedingung „Koeffizientendeterminante = 0" liefert als kleineren von zwei Eigenwerten $R = 9{,}24\,EI_y/(\varrho Al^4)$. Diese Näherung für ω_1^2 ist wesentlich besser als die in Beispiel 4-7.

4.6 Autonome nichtlineare Schwingungen mit einem Freiheitsgrad

Sie werden durch eine Differenzialgleichung

$$\ddot{q} + g(q, \dot{q}) = 0 \qquad (4\text{-}49)$$

beschrieben. Wenn es zu (4-49) einen Energieerhaltungssatz $T + V = E = \text{const}$ mit einer kinetischen Energie $T = m(q)\dot{q}^2/2$ und einer potenziellen Energie $V(q)$ gibt, dann beschreibt (4-49) freie Schwingungen eines konservativen Systems (Beispiel: Das System von Bild 3-8). Wenn $g(q, \dot{q})$ nur von q abhängt, dann lautet der Energieerhaltungssatz

$$\dot{q}^2/2 + \int g(q)\,\mathrm{d}q = \text{const}\,.$$

Aus $T + V = E$ folgt stets die Gleichung der Phasenkurven

$$\dot{q} = \pm[2(E - V(q))/m(q)]^{1/2}$$

und bei weiterer Integration

$$t - t_0 = \int \left[\frac{2(E - V(q))}{m(q)}\right]^{-1/2} \mathrm{d}q\,.$$

Beispiel 4-9: Beim ebenen Pendel ist $g(q, \dot{q}) = \omega_0^2 \sin q$. Die Gleichung der Phasenkurve der freien Schwingung mit der Amplitude A ist

$$\dot{q} = \pm\omega_0[2(\cos q - \cos A)]^{1/2}\,.$$

Im Phasenporträt von Bild 4-14 sind die geschlossenen Kurven zu periodischen Schwingungen um die stabilen Gleichgewichtslagen $q = 0, \pm 2\pi$ usw. von den offenen Kurven zu Bewegungen mit Überschlag durch eine *Separatrix* getrennt. Sie gehört zur Bewegung aus der Ruhe heraus aus der instabilen Gleichgewichtslage $q = \pi$ und hat die Gleichung

$$\dot{q} = \pm\omega_0[2(1 + \cos q)]^{1/2} = \pm 2\omega_0 \cos(q/2)\,.$$

Die Periodendauer der freien Schwingung mit der Amplitude A ist

$$T = \frac{4\mathsf{K}(k)}{\omega_0} \approx \left(\frac{2\pi}{\omega_0}\right)\left(1 + \frac{A^2}{16} + \frac{11A^4}{3\,072} + \ldots\right)$$

mit dem vollständigen elliptischen Integral K und dem Modul $k = \sin(A/2)$. Die exakte Lösung $q(t)$ der Differenzialgleichung ist

$$\sin(q/2) = k\,\mathrm{sn}(\omega_0 t, k)\,.$$

Wenn es zu (4-49) keinen Energieerhaltungssatz gibt, dann bedeutet das Auftreten von $\dot{q}$ Dämpfung oder

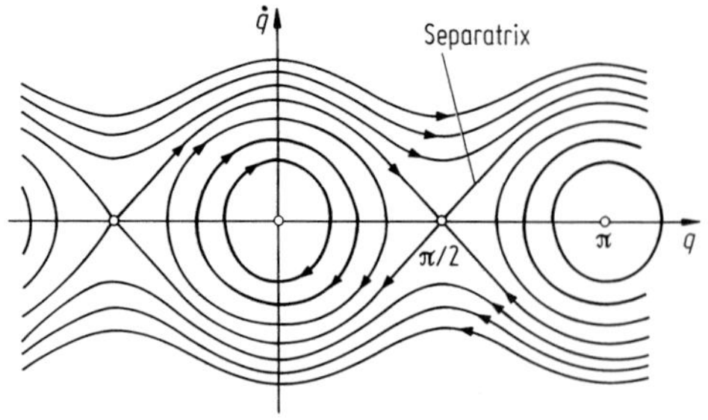

Bild 4-14. Phasenporträt des ebenen Pendels

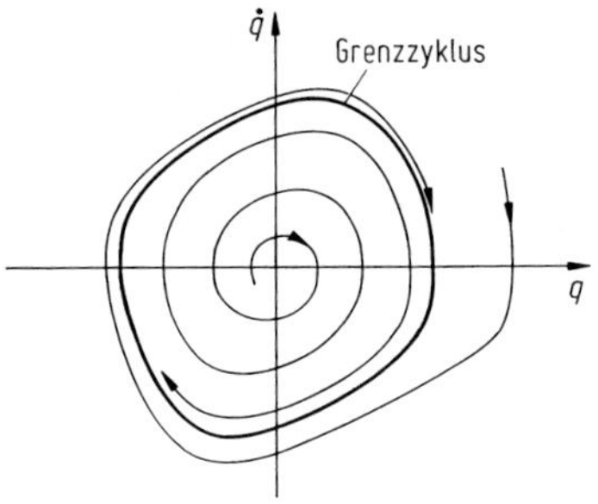

Bild 4-15. Phasenporträt eines Van-der-Pol-Schwingers

Anfachung oder eine Kombination von beidem. Bei einer Klasse von Schwingern, den sog. selbsterregten, kann es dennoch periodische Lösungen geben. Sie erscheinen im Phasenporträt (Bild 4-15) als einzelne geschlossene Kurven, sog. *Grenzzyklen*, in die andere Phasenkurven entweder asymptotisch einmünden oder aus denen sie herauslaufen. Beispiele für selbsterregte Schwingungen sind das Flattern von Flugzeugkonstruktionen, Brücken, Türmen und Wasserbaukonstruktionen in Luft- bzw. Wasserströmungen und das Rattern von Werkzeugen in Drehmaschinen (vgl. den Text zu Bild 2-32).

Die im Folgenden geschilderten Näherungsmethoden setzen voraus, dass (4-49) die Form

$$\ddot q + \omega_0^2 q + \varepsilon f(q, \dot q) = 0 \qquad (4\text{-}50)$$

hat. Dabei soll $f(q, \dot q)$ eine nichtlineare Funktion mit $f(0, 0) = 0$ sein, deren Taylorentwicklung um den Punkt $q = 0$, $\dot q = 0$ kein lineares Glied mit q enthält. ε ist ein kleiner dimensionsloser Parameter, der ggf. künstlich eingeführt wird. Beispiele für (4-50) sind der *Duffing-Schwinger* mit

$$\ddot q + \omega_0^2 q + \varepsilon\mu q^3 = 0 \qquad (4\text{-}51)$$

(konservatives System; Feder-Masse-Schwinger mit je nach Vorzeichen von $\varepsilon\mu$ progressiver oder degressiver Federkennlinie) und der *Van-der-Pol-Schwinger* (ein selbsterregter Schwinger) mit

$$\ddot q + \omega_0^2 q - \varepsilon\mu(\alpha^2 - q^2)\dot q = 0\,. \qquad (4\text{-}52)$$

4.6.1 Methode der kleinen Schwingungen

Die Taylorentwicklung von $f(q, \dot q)$ in (4-50) um den Punkt (0,0) hat die Form $b\dot q$ + Glieder höherer Ordnung in q und $\dot q$. Also ist $\ddot q + \varepsilon b \dot q + \omega_0^2 q = 0$ eine Näherung für (4-50). Das ist die Form von (4-1) mit dem Dämpfungsgrad $D = \varepsilon b/(2\omega_0)$ nach (4-6) und mit der Lösung (4-8). Diese Näherung ist nur brauchbar, wenn q und $\dot q$ dauernd so klein sind, dass der Abbruch der Taylorreihe sinnvoll ist. Sie liefert z. B. keine Aussagen über Grenzzyklen.

4.6.2 Harmonische Balance

Diese Methode liefert Näherungen für periodische Lösungen von (4-50) bei konservativen und bei selbsterregten Schwingern. Für die periodische Lösung wird der Ansatz $q = A\cos\omega t$ mit Konstanten A und ω gemacht. A muss nicht klein sein. Die Funktion

$$f(q, \dot q) = f(A\cos\omega t, -\omega A\sin\omega t) = F(t)$$

ist periodisch in t und hat folglich eine Fourierreihe

$$\begin{aligned} F(t) &= a_0 + a_1(A)\cos\omega t + b_1(A)\sin\omega t + \ldots \\ &= a_0 + a^* q + b^* \dot q + \ldots \end{aligned}$$

mit $a^*(A) = a_1/A$ und $b^*(A) = -b_1/(A\omega)$. Sei $a_0 = 0$. Das ist bei gewissen Symmetrieeigenschaften von $f(q, \dot q)$ erfüllt, z. B. wenn f nur von q abhängt und $f(-q) = -f(q)$ gilt. Dann lautet (4-50) näherungsweise $\ddot q + \varepsilon b^* \dot q + (\omega_0^2 + \varepsilon a^*)q = 0$. Beim konservativen Schwinger ist $b^* = 0$, und

$$\omega(A) = \left[\omega_0^2 + \varepsilon a^*(A)\right]^{1/2} \approx \omega_0 + \varepsilon\frac{a^*(A)}{2\omega_0}$$

ist die vom Maximalausschlag A abhängige Kreisfrequenz.

Beispiel 4-10: Beim Duffing-Schwinger (4-51) ist

$$F(t) = \mu A^3 \cos^3\omega t = \frac{3\mu A^3}{4}\cos\omega t + \frac{\mu A^3}{4}\cos 3\,\omega t\,.$$

Das ist bereits die Fourierreihe mit $b^* = 0$ und $a^* = 3\,\mu A^2/4$. Man erhält

$$\omega(A) = \omega_0 + \frac{3\,\varepsilon\mu A^2}{8\omega_0}\,.$$

Beim Schwinger mit Selbsterregung liefert die Bedingung $b^*(A) = 0$ die Maximalausschläge von Grenzzyklen.

Beispiel 4-11: Van-der-Pol-Schwinger (4-52). Die Fourierreihe liefert $a_0 = 0$, $a^* = 0$, $b^* = \mu(A^2/4 - \alpha^2)$ und damit einen Grenzzyklus mit dem Maximalausschlag $A = 2\alpha$ und mit der Kreisfrequenz ω_0.

4.6.3 Störungsrechnung nach Lindstedt

Die *Störungsrechnung nach Lindstedt* liefert Näherungen für periodische Lösungen von (4-50) bei konservativen und bei selbsterregten Schwingern. Der Lösungsansatz ist

$$q(t) = A\cos\omega t + \varepsilon q_1(t) + \varepsilon^2 q_2(t) + \ldots \qquad (4\text{-}53)$$

mit unbekannten periodischen Funktionen $q_i(t)$ und mit einer von A abhängigen Kreisfrequenz

$$\omega = \omega_0 + \varepsilon\omega_1 + \varepsilon^2\omega_2 + \ldots \qquad (4\text{-}54)$$

mit unbekannten $\omega_i(A)$ für $i = 1, 2, \ldots$ Einsetzen von (4-53) und von ω_0 aus (4-54) in (4-50), Ordnen nach Potenzen von ε und Nullsetzen der Koeffizienten aller Potenzen liefert

$$\ddot{q}_i + \omega^2 q_i = f_i(A\cos\omega t, q_1(t), \ldots, q_{i-1}(t), \omega_1, \ldots, \omega_i)$$
$$(i = 1, 2, \ldots) \qquad (4\text{-}55)$$

mit Funktionen f_i, die sich dabei aus $f(q, \dot{q})$ ergeben. Insbesondere ist

$$f_1 = 2\omega_0\omega_1 A\cos\omega t - f(A\cos\omega t, -A\omega\sin\omega t)\,. \qquad (4\text{-}56)$$

Die Gleichungen (4-55) werden nacheinander in jeweils drei Schritten gelöst. 1. Schritt: Entwicklung von f_i in eine Fourierreihe; sie enthält Glieder mit $\cos\omega t$ und bei selbsterregten Schwingern auch mit $\sin\omega t$, die zu säkularen Gliedern der Form $t\cos\omega t$ und $t\sin\omega t$ in der Lösung $q_i(t)$ führen. 2. Schritt: Bei konservativen Systemen wird aus der Bedingung, dass der Koeffizient von $\cos\omega t$ verschwindet, ω_i bestimmt; bei selbsterregten Schwingern werden aus der Bedingung, dass die Koeffizienten von $\cos\omega t$ und von $\sin\omega t$ verschwinden, ω_i und A bestimmt. 3. Schritt: Zum verbleibenden Rest von f_i wird die partikuläre Lösung $q_i(t)$ bestimmt.

Beispiel 4-12: Duffing-Schwinger (4-51): Mit (4-56) ist

$$f_1 = 2\omega_0\omega_1 A\cos\omega t - \mu A^3\cos^3\omega t$$
$$= \left(2\omega_0\omega_1 A - \frac{3\mu A^3}{4}\right)\cos\omega t - \frac{\mu A^3}{4}\cos 3\,\omega t\,.$$

Das ist bereits die Fourierreihe. Der Koeffizient von $\cos\omega t$ ist null für $\omega_1 = 3\mu A^2/(8\omega_0)$, sodass in erster Näherung $\omega = \omega_0 + 3\varepsilon\mu A^2/(8\omega_0)$ den Zusammenhang zwischen Kreisfrequenz ω und Amplitude A angibt. Die partikuläre Lösung zum Rest von f_1 ist $q_1(t) = \mu A^3/(32\omega^2)\cos 3\omega t$.

Beispiel 4-13: Van-der-Pol-Schwinger (4-52): Mit (4-56) ist

$$f_1 = 2\omega_0\omega_1 A\cos\omega t$$
$$+ \mu(\alpha^2 - A^2\cos^2\omega t)(-A\omega\sin\omega t)$$
$$= 2\omega_0\omega_1 A\cos\omega t - \mu\left(\alpha^2 - \frac{A^2}{4}\right)A\omega\sin\omega t$$
$$+ \frac{\mu A^3\omega}{4}\sin 3\,\omega t\,.$$

Die Koeffizienten von $\cos\omega t$ und von $\sin\omega t$ sind null für $\omega_1 = 0$, $A = 2\alpha$, und die partikuläre Lösung von (4-55) zum Rest von f_1 ist

$$q_1(t) = -\mu A^3/(32\omega)\sin 3\omega t\,.$$

Damit ist

$$q(t) = 2\alpha\cos\omega_0 t - \frac{\varepsilon\mu\alpha^3}{4\omega_0}\sin 3\omega_0 t$$

die erste Näherung für den Grenzzyklus in Bild 4-15.

4.6.4 Methode der multiplen Skalen

Die *Methode der multiplen Skalen* ist eine Form der Störungsrechnung, die Näherungen für periodische und für nichtperiodische Lösungen von (4-50) bei konservativen und bei nichtkonservativen Schwingern liefert. Einzelheiten siehe in [17]. Die Größen $t_i = \varepsilon^i t$ $(i = 0, 1, \ldots, n)$ werden als voneinander unabhängige, im Fall $\varepsilon \ll 1$ sehr verschieden schnell ablaufende Zeitvariablen eingeführt (daher die Bezeichnung multiple Skalen). Der Ansatz für die n-te Näherung der Lösung von (4-50) ist

$$q(t) = q_0(t_0, \ldots, t_n) + \varepsilon q_1(t_0, \ldots, t_n) + \ldots$$
$$+ \varepsilon^n q_n(t_0, \ldots, t_n) \qquad (4\text{-}57)$$

mit

$$q_0 = A(t_1, \ldots, t_n)\cos[\omega_0 t_0 + \varphi(t_1, \ldots, t_n)] \qquad (4\text{-}58)$$

mit unbekannten Funktionen $q_1, \ldots, q_n, A$ und φ. Amplitude A und Phase φ sind als von t_0 unabhängig, d. h. als allenfalls langsam veränderlich vorausgesetzt. Für die absoluten Zeitableitungen von q_i erhält man

$$\left.\begin{aligned} \dot{q}_i &= \sum_{k=0}^{n} \frac{\partial q_i}{\partial t_k} \cdot \frac{\mathrm{d}t_k}{\mathrm{d}t} = \sum_{k=0}^{n} \varepsilon^k \frac{\partial q_i}{\partial t_k}\,, \\ \ddot{q}_i &= \sum_{k=0}^{n} \sum_{j=0}^{n} \varepsilon^{k+j} \frac{\partial^2 q_i}{\partial t_k \partial t_j}\,. \end{aligned}\right\} \quad (4\text{-}59)$$

Einsetzen von (4-57) bis (4-59) in (4-50), Ordnen nach Potenzen von ε und Nullsetzen der Koeffizienten aller Potenzen liefert

$$\frac{\partial^2 q_i}{\partial t_0^2} + \omega_0^2 q_i = f_i(q_0, \ldots, q_{i-1}) \quad (i = 1, \ldots, n) \quad (4\text{-}60)$$

mit Funktionen f_i, die sich dabei aus $f(q, \dot{q})$ ergeben. Insbesondere ist

$$f_1 = -2\frac{\partial^2 q_0}{\partial t_0 \partial t_1} - f\left(q_0, \frac{\partial q_0}{\partial t_0}\right)\,. \quad (4\text{-}61)$$

Die Gleichungen (4-60) werden nacheinander in jeweils drei Schritten gelöst. 1. Schritt: Entwicklung von f_i in eine Fourierreihe; sie enthält $\cos(\omega_0 t_0 + \varphi)$ und bei nichtkonservativen Schwingern auch $\sin(\omega_0 t_0 + \varphi)$. 2. Schritt: Bei konservativen Schwingern wird aus der Bedingung, dass der Koeffizient von $\cos(\omega_0 t_0 + \varphi)$ verschwindet, eine Differenzialgleichung für φ als Funktion von $t_i = \varepsilon^i t$ gewonnen; bei nichtkonservativen Schwingern werden aus der Bedingung, dass die Koeffizienten von $\cos(\omega_0 t_0 + \varphi)$ und von $\sin(\omega_0 t_0 + \varphi)$ verschwinden, zwei Differenzialgleichungen für A und φ in Abhängigkeit von t_i gewonnen. 3. Schritt: Zum verbleibenden Rest von f_i wird die partikuläre Lösung q_i in Abhängigkeit von t_0 bestimmt.

Beispiel 4-14: Van-der-Pol-Schwinger (4-52) in der Näherung $n = 1$: Mit (4-61) ist

$$\begin{aligned} f_1 &= 2\omega_0(\partial A/\partial t_1)\sin(\omega_0 t_0 + \varphi) \\ &\quad + 2A\omega_0(\partial\varphi/\partial t_1)\cos(\omega_0 t_0 + \varphi) \\ &\quad + \mu[\alpha^2 - A^2\cos^2(\omega_0 t_0 + \varphi)][-A\omega_0 \sin(\omega_0 t_0 + \varphi)] \\ &= 2A\omega_0(\partial\varphi/\partial t_1)\cos(\omega_0 t_0 + \varphi) \\ &\quad + [2\omega_0(\partial A/\partial t_1) - \mu(\alpha^2 - A^2/4)A\omega_0] \\ &\quad \times \sin(\omega_0 t_0 + \varphi) + (\mu A^3 \omega_0/4)\sin[3(\omega_0 t_0 + \varphi)]\,. \end{aligned}$$

Die Koeffizienten von $\cos(\omega_0 t_0 + \varphi)$ und von $\sin(\omega_0 t_0 + \varphi)$ sind null, wenn $\partial\varphi/\partial t_1 = 0$, $\partial A/\partial t_1 = \mu A(\alpha^2 - A^2/4)/2$ ist. Aus der ersten Gleichung folgt, dass φ allenfalls von t_2, t_3 usw. abhängig sein kann, in erster Näherung also konstant und willkürlich gleich null ist. Die zweite Gleichung hat die stationäre Lösung $A = 2\alpha$ (Grenzzyklus) und instationäre Lösungen

$$\begin{aligned} A(t_1) &= A(\varepsilon t) \\ &= 2\alpha\left[1 - \left(1 - 4\alpha^2/A_0^2\right)\exp(-\varepsilon\mu\alpha^2 t)\right]^{-1/2}\,, \end{aligned}$$

die für jeden Anfangswert $A_0 = A(0)$ asymptotisch gegen $A = 2\alpha$ streben. Für die stationäre Lösung $A = 2\alpha$ liefert (4-61) mit dem Rest von f_1 die partikuläre Lösung

$$\begin{aligned} q_1(t_0, t_1) &= -\mu A^3/(32\omega_0)\sin 3\omega_0 t\,, \quad \text{sodass} \\ q(t) &= 2\alpha\cos\omega_0 t - \varepsilon\mu\alpha^3/(4\omega_0)\sin 3\,\omega_0 t \end{aligned}$$

eine Näherung für den Grenzzyklus ist. Bild 4-15 zeigt das Phasenporträt eines Van-der-Pol-Schwingers mit dem Grenzzyklus und mit asymptotisch in ihn einlaufenden Phasenkurven.

4.7 Erzwungene nichtlineare Schwingungen

Ein schwach nichtlinearer Schwinger mit Dämpfung hat bei harmonischer Zwangserregung die Differenzialgleichung

$$\ddot{q} + 2D\omega_0\dot{q} + \omega_0^2 q + \varepsilon f(q, \dot{q}) = K\cos\Omega t \quad (4\text{-}62)$$

(D Dämpfungsgrad, K Erregeramplitude, Ω Erregerkreisfrequenz). Näherungslösungen für stationäre Bewegungen im eingeschwungenen Zustand können mit folgenden Verfahren bestimmt werden.

4.7.1 Harmonische Balance

Für die stationäre Lösung wird der Ansatz

$$q(t) = A\cos(\Omega t - \varphi) \quad (4\text{-}63)$$

gemacht. Mit derselben Begründung wie bei autonomen Schwingungen (siehe 4.6.2) und mit denselben Größen $a^*(A)$ und $b^*(A)$ gilt dann die Näherung

$f(q, \dot{q}) \approx a^*(A)q + b^*(A)\dot{q}$, sodass die Näherung für (4-62) lautet:

$$\ddot{q} + (2D\omega_0 + \varepsilon b^*)\dot{q} + \left(\omega_0^2 + \varepsilon a^*\right) q = K \cos \Omega t \tag{4-64}$$

oder nach der Umformung mithilfe von (4-5)

$$q'' + 2D_\mathrm{A} q' + \eta_\mathrm{A}^2 q = q_0 \cos \eta\tau \tag{4-65}$$

mit $\tau = \omega_0 t$, $\eta = \Omega/\omega_0$, $\eta_\mathrm{A}^2 = 1 + \varepsilon a^*/\omega_0^2$, $2D_\mathrm{A} = 2D + \varepsilon b^*/\omega_0$, $q_0 = K/\omega_0^2$. Die stationäre Lösung hat (vgl. (4-17)) die Form (4-63) mit

$$\left.\begin{aligned} A &= q_0 / \left[\left(\eta_\mathrm{A}^2 - \eta^2\right)^2 + 4D_\mathrm{A}^2\eta^2\right]^{1/2} ,\\ \tan\varphi &= 2D_\mathrm{A}\eta / \left(\eta_\mathrm{A}^2 - \eta^2\right) . \end{aligned}\right\} \tag{4-66}$$

Darin sind mit a^* und b^* auch η_A und D_A von A abhängig, sodass die Resonanzkurven $A(\eta, D)$ nur implizit vorliegen.

Beispiel 4-15: Beim gedämpften Duffing-Schwinger ist in (4-62) $f(q, \dot{q}) = \mu q^3$. Man erhält $b^* = 0$, $a^* = 3\mu A^2/4$ (vgl. 4.6.2). Bild 4-16 zeigt die Abhängigkeit $A(\eta, D)$ für $\varepsilon\mu < 0$ und für $\varepsilon\mu > 0$. Bei quasistatischem Hoch- bzw. Herunterfahren von Ω tritt das Sprungphänomen auf. Die Kurvenäste werden in der Richtung der eingezeichneten Pfeile mit den gestrichelten Sprüngen durchlaufen. Im Fall $\varepsilon\mu < 0$ treten bei hinreichend kleinen $D > 0$ weitere, in Bild 4-16a nicht dargestellte Phänomene auf (siehe [16]).

4.7.2 Methode der multiplen Skalen

Dieselben Rechenschritte wie bei autonomen Schwingungen (vgl. 4.6.4) sind auch auf (4-62) anwendbar.

Beispiel 4-16: Wenn man das Resonanzverhalten des Schwingers mit der Differenzialgleichung (4-62) im Fall $\Omega \approx \omega_0$ und bei schwacher Dämpfung untersuchen will, setzt man $\Omega = \omega_0 + \varepsilon\sigma$, $\Omega t = \omega_0 t_0 + \sigma t_1$, $D = \varepsilon d$ und $K = \varepsilon k$ (kleine Verstimmung $\varepsilon\sigma$, kleine Dämpfung εd, kleine Erregeramplitude εk) und definiert

$$f^* = f(q, \dot{q}) + 2d\omega_0\dot{q} - k\cos(\omega_0 t_0 + \sigma t_1) .$$

Mit f^* anstelle von $f(q, \dot{q})$ sind (4-62) und (4-50) formal gleich. Alle Rechenschritte im Anschluss an (4-57) werden mit f^* anstelle von f durchgeführt. Einzelheiten siehe in [17].

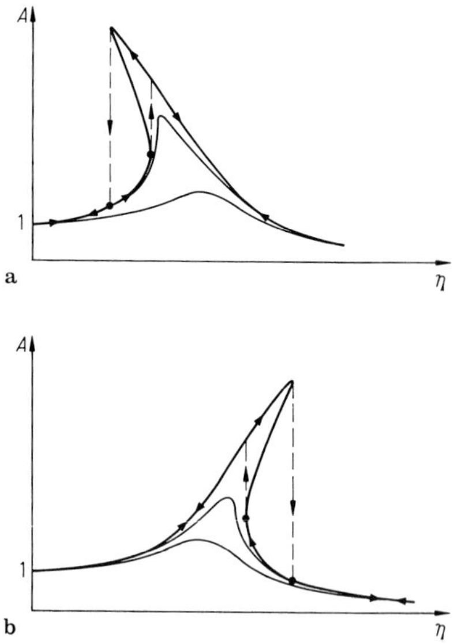

Bild 4-16. Die stationäre Amplitude A eines Duffing-Schwingers (vgl. (4-51)) bei harmonischer Erregung in Abhängigkeit von der Erregerkreisfrequenz ($\eta = \Omega/\omega_0$) für $\varepsilon\mu < 0$ (**a**) und für $\varepsilon\mu > 0$ (**b**). Pfeile bezeichnen den Verlauf der Amplitude, wenn die Erregerkreisfrequenz quasistatisch zu- bzw. abnimmt

4.7.3 Subharmonische, superharmonische und Kombinationsresonanzen

Die Nichtlinearität $f(q, \dot{q})$ in (4-62) kann bewirken, dass sog. subharmonische Resonanzen, superharmonische Resonanzen und Kombinationsresonanzen auftreten. Von *subharmonischen Resonanzen* oder *Untertönen* spricht man, wenn die stationäre Antwort des Schwingers auf eine Erregerkreisfrequenz Ω Schwingungen mit Kreisfrequenzen Ω/n ($n > 1$ ganzzahlig) enthält. Von *superharmonischen Resonanzen* oder *Obertönen* spricht man, wenn sie Schwingungen mit Kreisfrequenzen $n\Omega$ ($n > 1$ ganzzahlig) enthält. Von *Kombinationsresonanzen* spricht man, wenn bei gleichzeitiger Erregung mit mehreren Kreisfrequenzen $\Omega_1, \Omega_2, \ldots$ die stationäre Antwort Schwingungen mit Kreisfrequenzen $n_1\Omega_1 + n_2\Omega_2 + \ldots$ enthält ($n_1, n_2, \ldots$ ganzzahlig). Mit der Methode der multiplen Skalen können sowohl Bedingungen für das Auftreten derartiger Resonanzen als auch deren Amplituden bestimmt werden (siehe [17]). Die Amplituden können so groß werden, dass Schäden an technischen Systemen auftreten.

Beispiel 4-17: Beim Duffing-Schwinger und beim Van-der-Pol-Schwinger treten ein Unterton mit $\Omega/3$ und ein Oberton mit 3Ω auf, wenn $\Omega \approx 3\omega_0$ bzw. $\Omega \approx \omega_0/3$ ist. Bei zwei gleichzeitig vorhandenen Erregerkreisfrequenzen Ω_1 und Ω_2 treten Kombinationsresonanzen mit den Kreisfrequenzen $(\pm\Omega_i \pm \Omega_j)$ und $(\pm 2\Omega_i \pm \Omega_j)$ für $i, j = 1, 2$ auf, wenn $|\pm\Omega_i \pm \Omega_j| \approx \omega_0$ bzw. $|\pm 2\Omega_i \pm \Omega_j| \approx \omega_0$ ist.

5 Festigkeitslehre. Elastizitätstheorie

Körper und Bauteile sind unterschiedlichen äußeren Beanspruchungen ausgesetzt (vgl. D 8). Ihr Verhalten bei Beanspruchungen wird durch mechanische Werkstoffeigenschaften gekennzeichnet (vgl. D 9.2). Gegenstand der Festigkeitslehre und der Elastizitätstheorie sind Spannungen, Verzerrungen und Verschiebungen von ein-, zwei- und dreidimensionalen, linear elastischen Körpern im statischen Gleichgewicht unter Kräften und Temperatureinflüssen.

5.1 Kinematik des deformierbaren Körpers

5.1.1 Verschiebungen. Verzerrungen. Verzerrungstensor

Verschiebungen und Verzerrungen eines Körpers werden nach Bild 5-1 in einem raumfesten x, y, z-System beschrieben. Ein materieller Punkt des Körpers befindet sich vor der Verschiebung und Verzerrung am Ort $\boldsymbol{r}$ mit den Koordinaten x, y, z. Der Punkt wird um den Vektor $\boldsymbol{u} = \boldsymbol{u}(x, y, z)$ oder $\boldsymbol{u}(\boldsymbol{r})$ verschoben. Die von x, y und z abhängigen Koordinaten von $\boldsymbol{u}$ im

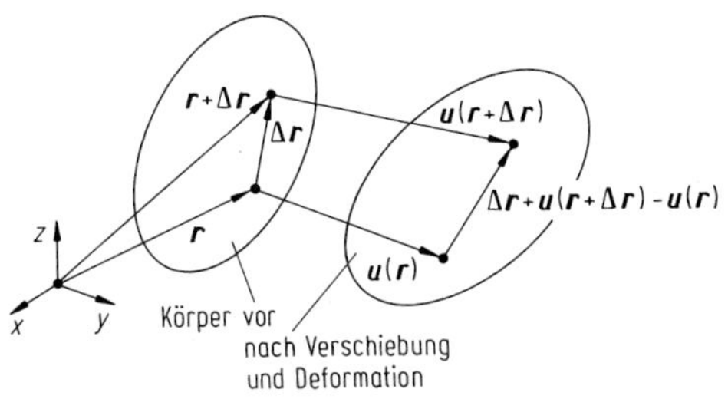

Bild 5-1. Körper vor und nach beliebig großer Verschiebung, Drehung und Deformation. Ursprüngliche Ortsvektoren $\boldsymbol{r}$ und Verschiebungen $\boldsymbol{u}$ zweier Körperpunkte

x, y, z-System heißen u, v und w. In Bild 5-1 sind $\boldsymbol{u}(\boldsymbol{r})$ und $\boldsymbol{u}(\boldsymbol{r} + \Delta\boldsymbol{r})$ die Verschiebungen zweier materieller Punkte des Körpers als Resultat einer beliebig großen *Starrkörperverschiebung* (Translation und Rotation) und einer beliebig großen Deformation. Auf die Differenz der Abstandsquadrate beider Punkte in der End- bzw. Anfangslage,

$$[\Delta\boldsymbol{r} + \boldsymbol{u}(\boldsymbol{r} + \Delta\boldsymbol{r}) - \boldsymbol{u}(\boldsymbol{r})]^2 - (\Delta\boldsymbol{r})^2 ,$$

hat nur die Deformation Einfluss. Taylorentwicklung, Grenzübergang von $\Delta\boldsymbol{r}$ zu $\mathrm{d}\boldsymbol{r}$ und Zerlegung der Vektoren im x, y, z-System liefern für die Differenz den Ausdruck $2\mathrm{d}\underline{r}^{\mathrm{T}}\underline{\varepsilon}\mathrm{d}\underline{r}$ mit einer dimensionslosen, symmetrischen Matrix $\underline{\varepsilon}$, die in der Form

$$\underline{\varepsilon} = \frac{1}{2}(\underline{F} + \underline{F}^{\mathrm{T}} + \underline{F}\,\underline{F}^{\mathrm{T}}) \tag{5-1}$$

mit einer anderen Matrix $\underline{F}$ gebildet wird. Deren Element $F_{ij}\,(i, j = 1, 2, 3)$ ist die partielle Ableitung der i-ten Koordinate von $\boldsymbol{u}$ nach der j-ten Ortskoordinate, z. B. $F_{13} = \partial u/\partial z$ und $F_{21} = \partial v/\partial x$. $\underline{\varepsilon}$ heißt Koordinatenmatrix des *Euler'schen Deformations-* oder *Verzerrungstensors* im Punkt (x, y, z). Das nichtlineare Glied $\underline{F}\,\underline{F}^{\mathrm{T}}$ in (5-1) ist vernachlässigbar, wenn die Deformation des Körpers klein, die Starrkörperdrehung gleich null und die Starrkörpertranslation beliebig groß ist. Dann ist

$$\left.\begin{aligned}
&\underline{\varepsilon} = \begin{bmatrix} \varepsilon_x & \frac{1}{2}\gamma_{xy} & \frac{1}{2}\gamma_{xz} \\ \frac{1}{2}\gamma_{xy} & \varepsilon_y & \frac{1}{2}\gamma_{yz} \\ \frac{1}{2}\gamma_{xz} & \frac{1}{2}\gamma_{yz} & \varepsilon_z \end{bmatrix}, \\
&\varepsilon_x = \frac{\partial u}{\partial x}, \quad \gamma_{xy} = \gamma_{yx} = \frac{\partial u}{\partial y} + \frac{\partial v}{\partial x} \\
&\varepsilon_y = \frac{\partial v}{\partial y}, \quad \gamma_{yz} = \gamma_{zy} = \frac{\partial v}{\partial z} + \frac{\partial w}{\partial y} \\
&\varepsilon_z = \frac{\partial w}{\partial z}, \quad \gamma_{zx} = \gamma_{xz} = \frac{\partial w}{\partial x} + \frac{\partial u}{\partial z}.
\end{aligned}\right\} \tag{5-2}$$

ε_x, ε_y und ε_z heißen *Dehnungen*, und γ_{xy}, γ_{yz} und γ_{zx} heißen *Scherungen* des Körpers im betrachteten Punkt und im x, y, z-System. Sowohl Dehnungen als auch Scherungen werden *Verzerrungen* genannt. Die symmetrische Matrix $\underline{\varepsilon}$ beschreibt den *Verzerrungszustand* im betrachteten Körperpunkt vollständig.

Verschiebungs-Verzerrungs-Beziehungen in Polarkoordinaten siehe in (5-95).

Geometrische Bedeutung von Dehnungen und Scherungen. Ein infinitesimales Körperelement um den betrachteten Punkt, das in der Ausgangslage ein Würfel mit Kanten parallel zu den x-, y- und z-Achsen ist, ist nach Verschiebung und Deformation des Körpers ein Parallelepiped (Bild 5-2). ε_x ist das Verhältnis Verlängerung/Ausgangslänge der Würfelkante parallel zur x-Achse, und γ_{xy} ist die Abnahme des ursprünglich rechten Winkels zwischen den Würfelkanten in Richtung der positiven x- und der positiven y-Achse. Entsprechendes gilt nach Buchstabenvertauschung für die anderen Dehnungen und Scherungen.

5.1.2 Kompatibilitätsbedingungen

Die sechs Verzerrungen ε_x, ε_y, ε_z, γ_{xy}, γ_{yz} und γ_{zx} können nicht willkürlich als Funktionen von x, y, z vorgegeben werden, weil sie aus nur drei stetigen Funktionen $u(x, y, z)$, $v(x, y, z)$ und $w(x, y, z)$ ableitbar sein müssen. Sie müssen sechs *Kompatibilitäts-* oder *Verträglichkeitsbedingungen* erfüllen. Zwei von ihnen lauten:

$$\frac{\partial^2 \varepsilon_x}{\partial y^2} + \frac{\partial^2 \varepsilon_y}{\partial x^2} - \frac{\partial^2 \gamma_{xy}}{\partial x \partial y} = 0 , \quad \text{(5-3a)}$$

$$-2\frac{\partial^2 \varepsilon_x}{\partial y \partial z} + \frac{\partial}{\partial x}\left(-\frac{\partial \gamma_{yz}}{\partial x} + \frac{\partial \gamma_{zx}}{\partial y} + \frac{\partial \gamma_{xy}}{\partial z}\right) = 0 . \quad \text{(5-3b)}$$

Zu jeder von ihnen gehören zwei weitere, die man erhält, wenn man alle Indizes (x, y, z) zyklisch, d. h. durch (y, z, x) und durch (z, x, y) ersetzt. Die Minuszeichen in (3b) stehen immer bei ε und bei dem γ, das zweimal nach derselben Koordinate abgeleitet wird. Im Sonderfall des ebenen Verzerrungszustands existieren nur die von z unabhängigen Funktionen u, v, ε_x, ε_y und γ_{xy}. Dann gibt es nur eine Bedingung, und zwar (3a).

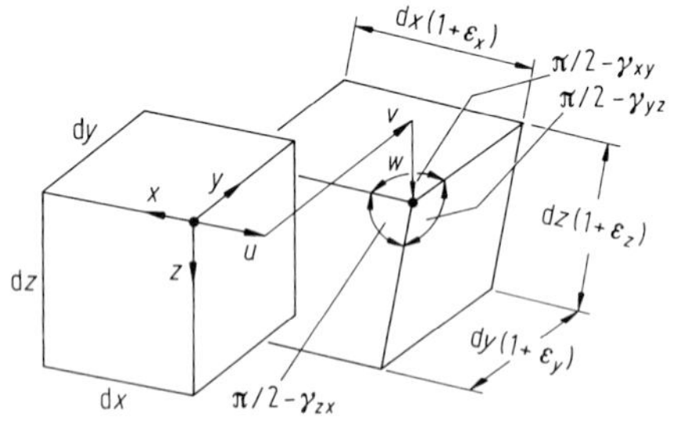

Bild 5-2. Verschiebungen u, v, w und Verzerrungen ε und γ eines Würfels im Punkt $x = y = z = 0$. Vorn der unverzerrte Würfel

5.1.3 Koordinatentransformation

Sei die Koordinatenmatrix $\underline{\varepsilon}^1$ des Verzerrungstensors in (5-2) in einem Körperpunkt in einer Basis $\underline{e}^1$ (einem x, y, z-System) gegeben, und sei $\underline{e}^2 = \underline{A}\,\underline{e}^1$ eine gegen $\underline{e}^1$ gedrehte Basis im selben Punkt (zur Bedeutung von $\underline{A}$ siehe 1.2.1). Die Koordinatenmatrix $\underline{\varepsilon}^2$ des Verzerrungstensors im Achsensystem $\underline{e}^2$ ist

$$\underline{\varepsilon}^2 = \underline{A}\,\underline{\varepsilon}^1 \underline{A}^{\mathrm{T}} . \quad \text{(5-4)}$$

5.1.4 Hauptdehnungen. Dehnungshauptachsen

Die Eigenwerte ε_1, ε_2 und ε_3 und die orthogonalen Eigenvektoren der Matrix $\underline{\varepsilon}$ heißen *Hauptdehnungen* bzw. *Dehnungshauptachsen* im betrachteten Körperpunkt. Im Hauptachsensystem sind alle Scherungen null. Das bedeutet, dass sich der Würfel in Bild 5-2 zu einem Quader verformt, wenn seine Kanten parallel zu den Hauptachsen sind.

5.1.5 Mohr'scher Dehnungskreis

Sei die z-Achse eine Dehnungshauptachse, sodass in (5-2) γ_{xz} und γ_{yz} null sind. Das ist z. B. in einer in der x, y-Ebene liegenden und nur in dieser Ebene belasteten, dünnen Scheibe der Fall. Es ist auch an jeder freien Körperoberfläche mit z als Normalenrichtung der Fall. Im ξ, η-System nach Bild 5-3 (φ ist positiv bei Drehung im Rechtsschraubensinn um die z-Achse) sind

$$\varepsilon_\xi(\varphi) = \frac{1}{2}(\varepsilon_x + \varepsilon_y) + \frac{1}{2}(\varepsilon_x - \varepsilon_y)\cos 2\varphi + \frac{1}{2}\gamma_{xy}\sin 2\varphi , \quad \text{(5-5a)}$$

$$\frac{1}{2}\gamma_{\xi\eta}(\varphi) = -\frac{1}{2}(\varepsilon_x - \varepsilon_y)\sin 2\varphi + \frac{1}{2}\gamma_{xy}\cos 2\varphi . \quad \text{(5-5b)}$$

Die Hauptdehnungen ε_1, ε_2 und die Winkel φ_1, φ_2 der Dehnungshauptachsen gegen die x-Achse werden durch die Gleichungen bestimmt:

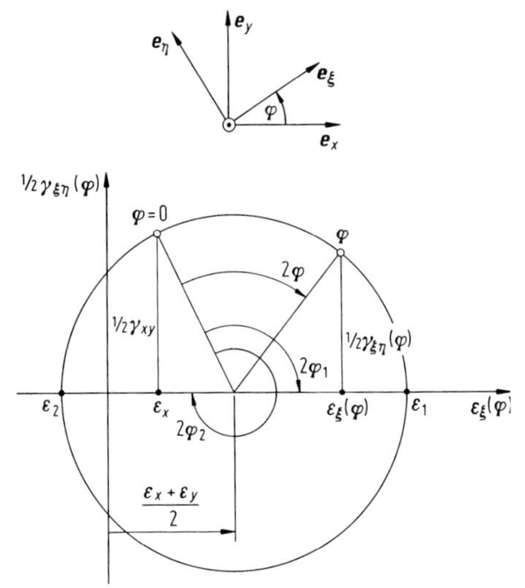

Bild 5-3. Mohr'scher Dehnungskreis

$$\left.\begin{aligned} \varepsilon_{1,2} &= \frac{1}{2}\left\{\varepsilon_x + \varepsilon_y \pm \left[(\varepsilon_x - \varepsilon_y)^2 + \gamma_{xy}^2\right]^{1/2}\right\}, \\ \tan 2\varphi_{1,2} &= \gamma_{xy}/(\varepsilon_x - \varepsilon_y)\,. \end{aligned}\right\} \quad (5\text{-}6)$$

Welcher Winkel zu welcher Hauptdehnung gehört, wird dadurch festgestellt, dass man einen der beiden Winkel in (5a) einsetzt.
Im Achsensystem von Bild 5-3 liegt der Punkt mit den Koordinaten $\varepsilon_\xi(\varphi)$ und $(1/2)\ \gamma_{\xi\eta}(\varphi)$ auf dem gezeichneten sog. *Mohr'schen Dehnungskreis*. Der Mittelpunkt bei $(\varepsilon_x + \varepsilon_y)/2$ und der Kreispunkt $(\varepsilon_x, \gamma_{xy}/2)$ für $\varphi = 0$ bestimmen den Kreis. Der Kreispunkt unter dem Winkel 2φ (von $\varphi = 0$ positiv im Uhrzeigersinn angetragen) hat die Koordinaten $\varepsilon_\xi(\varphi)$, $\gamma_{\xi\eta}(\varphi)/2$.

Dehnungsmessstreifenrosette. Mit einer Dehnungsmessstreifenrosette (Bild 5-4) werden drei Dehnungen $\varepsilon_{-\alpha}$, ε_0 und $\varepsilon_{+\alpha}$ in drei Messachsen unter dem bekannten Winkel α gemessen (Bild 5-4), vgl. H 3.3.3. Daraus werden die Hauptdehnungen ε_1 und ε_2 und der Winkel φ zwischen der Hauptachse mit der Hauptdehnung ε_1 und der mittleren Messachse aus den folgenden Gleichungen berechnet:

$$\left.\begin{aligned} \tan 2\varphi &= \frac{(1-\cos 2\alpha)(\varepsilon_{-\alpha} - \varepsilon_{+\alpha})}{(2\varepsilon_0 - \varepsilon_{-\alpha} - \varepsilon_{+\alpha})\sin 2\alpha}, \\ 2\varepsilon_{1,2} &= \frac{\varepsilon_{-\alpha} + \varepsilon_{+\alpha} - 2\varepsilon_0\cos 2\alpha}{1-\cos 2\alpha} \pm \frac{\varepsilon_{-\alpha} - \varepsilon_{+\alpha}}{\sin 2\alpha\,\sin 2\varphi}\,. \end{aligned}\right\} \quad (5\text{-}7)$$

Von den zwei Lösungen für φ wird eine beliebig gewählt. Das positive Vorzeichen in der zweiten Gleichung gehört zu ε_1.

5.2 Spannungen

5.2.1 Normal- und Schubspannungen. Spannungstensor

Jedem Punkt P eines Körpers und jeder ebenen oder gekrümmten Schnittfläche oder Oberfläche durch den Punkt ist ein Spannungsvektor $\boldsymbol{\sigma}_i$ zugeordnet, wobei i der Index des Normaleneinheitsvektors $\boldsymbol{e}_i$ ist, der die Orientierung der Fläche in dem Punkt kennzeichnet (Bild 5-5). Zur Definition von $\boldsymbol{\sigma}_i$ in P werden ein Flächenelement ΔA um P und die Schnittkraft $\Delta\boldsymbol{F}$ betrachtet, die an ΔA angreift. $\boldsymbol{\sigma}_i$ ist der Grenzwert von $\Delta\boldsymbol{F}/\Delta A$ im Fall, dass ΔA auf den Punkt P zusammenschrumpft. Die Dimension von $\boldsymbol{\sigma}_i$ ist Kraft/Fläche, die SI-Einheit ist das Pascal: 1 Pa = 1 N/m^2. Die Koordinate von $\boldsymbol{\sigma}_i$ in der Richtung von $\boldsymbol{e}_i$ heißt *Normalspannung* σ_i, und die Koordinate in der Richtung eines beliebigen Einheitsvektors $\boldsymbol{e}_j$ in der Tangentialebene heißt *Schubspannung* τ_{ij}. σ_i und τ_{ij} sind positiv, wenn sie

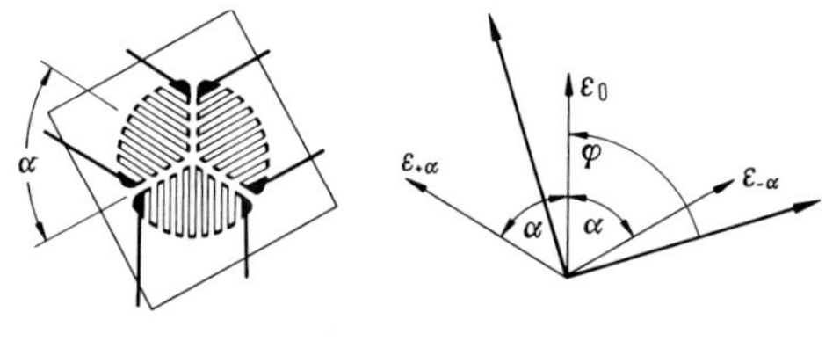

Bild 5-4. Dehnungsmessstreifenrosette. Rechts im Bild die gemessenen Dehnungen $\varepsilon_{-\alpha}$, ε_0, $\varepsilon_{+\alpha}$ entlang den Messachsen und der gesuchte Winkel φ der dick gezeichneten Dehnungshauptachsen gegen die mittlere Messachse

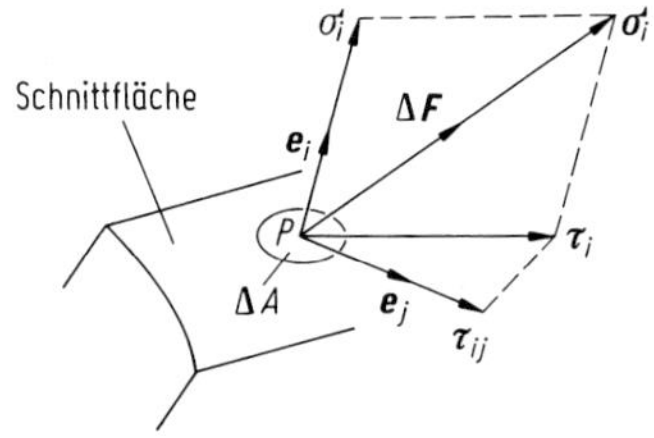

Bild 5-5. Spannungsvektor $\boldsymbol{\sigma}_i$, Normalspannung σ_i, resultierende Schubspannung τ_i und Schubspannungskoordinate τ_{ij} im Punkt P einer Fläche mit dem Normalenvektor $\boldsymbol{e}_i$

am positiven Schnittufer die Richtung von $\boldsymbol{e}_i$ bzw. von $\boldsymbol{e}_j$ haben. Das positive Schnittufer ist dasjenige, aus dem $\boldsymbol{e}_i$ herausweist.

Die Schubspannungen in einem Punkt in drei Ebenen normal zu den Basisvektoren $\boldsymbol{e}_x$, $\boldsymbol{e}_y$ und $\boldsymbol{e}_z$ eines kartesischen x, y, z-Systems (einer Basis) haben aus Gleichgewichtsgründen die Eigenschaft

$$\tau_{ij} = \tau_{ji} \quad (i, j = x, y, z) \tag{5-8}$$

(Gleichheit zugeordneter Schubspannungen). Die Matrix aller neun Normal- und Schubspannungen in diesen Ebenen ist deshalb symmetrisch:

$$\underline{\sigma} = \begin{bmatrix} \sigma_x & \tau_{xy} & \tau_{xz} \\ \tau_{xy} & \sigma_y & \tau_{yz} \\ \tau_{xz} & \tau_{yz} & \sigma_z \end{bmatrix} . \tag{5-9}$$

Sie heißt *Koordinatenmatrix* des Spannungstensors. Sie bestimmt den Spannungszustand im betrachteten Punkt vollständig.

5.2.2 Koordinatentransformation

Sei die Koordinatenmatrix $\underline{\sigma}^1$ des Spannungstensors in einem Körperpunkt in einer Basis $\underline{\boldsymbol{e}}^1$ (einem x, y, z-System) gegeben, und sei $\underline{\boldsymbol{e}}^2 = \underline{A}\,\underline{\boldsymbol{e}}^1$ eine gegen $\underline{\boldsymbol{e}}^1$ gedrehte Basis im selben Punkt (zur Bedeutung von $\underline{A}$ siehe 1.2.1). Die Koordinatenmatrix $\underline{\sigma}^2$ des Spannungstensors in $\underline{\boldsymbol{e}}^2$, d. h. die Matrix der Spannungen in den drei Ebenen normal zu ihren Basisvektoren, ist

$$\underline{\sigma}^2 = \underline{A}\,\underline{\sigma}^1\underline{A}^{\mathrm{T}} . \tag{5-10}$$

5.2.3 Hauptnormalspannungen. Spannungshauptachsen

Die Eigenwerte σ_1, σ_2 und σ_3 und die orthogonalen Eigenvektoren der Matrix $\underline{\sigma}$ heißen *Hauptnormalspannungen* bzw. *Spannungshauptachsen*. Im Hauptachsensystem sind alle Schubspannungen null. Die Eigenwerte sind die Wurzeln des Polynoms $-\sigma^3 + I_1\sigma^2 + I_2\sigma + I_3 = 0$ mit

$$\left.\begin{aligned} I_1 &= \sigma_x + \sigma_y + \sigma_z = \sigma_1 + \sigma_2 + \sigma_3 , \\ I_2 &= -(\sigma_x\sigma_y + \sigma_y\sigma_z + \sigma_z\sigma_x) + \tau_{xy}^2 + \tau_{yz}^2 + \tau_{zx}^2 \\ &= -(\sigma_1\sigma_2 + \sigma_2\sigma_3 + \sigma_3\sigma_1) , \\ I_3 &= \sigma_x\sigma_y\sigma_z + 2\tau_{xy}\tau_{yz}\tau_{zx} \\ &\quad - \left(\sigma_x\tau_{yz}^2 + \sigma_y\tau_{zx}^2 + \sigma_z\tau_{xy}^2\right) = \sigma_1\sigma_2\sigma_3 . \end{aligned}\right\} \tag{5-11}$$

I_1, I_2 und I_3 sind *Invarianten* des Spannungstensors, d. h. sie sind für ein und denselben Körperpunkt unabhängig von der Richtung des x, y, z-Systems, in dem $\underline{\sigma}$ gegeben ist.

5.2.4 Hauptschubspannungen

In einem Punkt mit den Hauptnormalspannungen σ_1, σ_2 und σ_3 sind die Schubspannungen extremalen Betrages

$$\left.\begin{aligned} \tau_1 &= |\sigma_2 - \sigma_3|/2 , \quad \tau_2 = |\sigma_3 - \sigma_1|/2 , \\ \tau_3 &= |\sigma_1 - \sigma_2|/2 . \end{aligned}\right\} \tag{5-12}$$

Sie heißen *Hauptschubspannungen*. $\tau_i\,(i = 1, 2, 3)$ tritt in den beiden Ebenen auf, die die Hauptachse i enthalten und gegen die beiden anderen Hauptachsen um 45° geneigt sind. Bild 5-6 zeigt als Beispiel τ_3.

5.2.5 Kugeltensor. Spannungsdeviator

Die Matrix $\underline{\sigma}$ in (5-9) wird in die Koordinatenmatrizen $\underline{\sigma}_{\mathrm{m}}$ und $\underline{\sigma}^*$ eines *Kugeltensors bzw. eines Spannungsdeviators* aufgespalten:

$$\begin{aligned} \underline{\sigma} &= \underline{\sigma}_{\mathrm{m}} + \underline{\sigma}^* \\ &= \begin{bmatrix} \sigma_{\mathrm{m}} & 0 & 0 \\ 0 & \sigma_{\mathrm{m}} & 0 \\ 0 & 0 & \sigma_{\mathrm{m}} \end{bmatrix} \\ &\quad + \begin{bmatrix} \sigma_x - \sigma_{\mathrm{m}} & \tau_{xy} & \tau_{xz} \\ \tau_{xy} & \sigma_y - \sigma_{\mathrm{m}} & \tau_{yz} \\ \tau_{xz} & \tau_{yz} & \sigma_z - \sigma_{\mathrm{m}} \end{bmatrix} \end{aligned}$$

$$\text{mit } \sigma_{\mathrm{m}} = \frac{1}{3}(\sigma_x + \sigma_y + \sigma_z) = \frac{1}{3}(\sigma_1 + \sigma_2 + \sigma_3) . \tag{5-13}$$

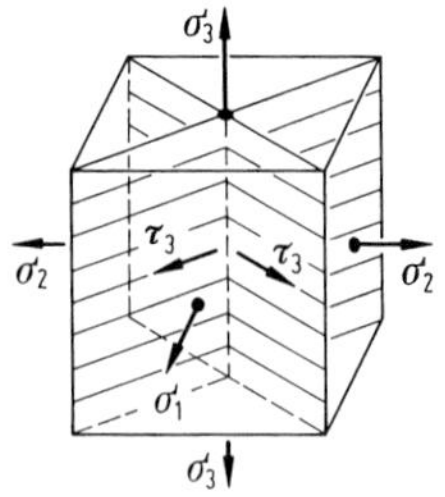

Bild 5-6. Richtungen der Hauptschubspannung τ_3 relativ zu den Spannungshauptachsen

$\underline{\sigma}_\mathrm{m}$ beschreibt einen hydrostatischen Spannungszustand. $\underline{\sigma}^*$ hat dieselben Hauptachsen wie $\underline{\sigma}$ und um σ_m kleinere Hauptnormalspannungen.

5.2.6 Ebener Spannungszustand. Mohr'scher Spannungskreis

Seien in (5-9) alle Spannungen außer σ_x, σ_y und τ_{xy} null, wie das z. B. in einer in der x, y-Ebene liegenden und nur in dieser Ebene belasteten Scheibe der Fall ist. In einer Schnittebene normal zu einer ξ-Achse (Bild 5-7; φ ist positiv bei Drehung im Rechtsschraubensinn um die z-Achse) sind

$$\sigma_\xi(\varphi) = \frac{1}{2}(\sigma_x + \sigma_y) + \frac{1}{2}(\sigma_x - \sigma_y)\cos 2\varphi + \tau_{xy}\sin 2\varphi\,, \quad \text{(5-14a)}$$

$$\tau_{\xi\eta}(\varphi) = -\frac{1}{2}(\sigma_x - \sigma_y)\sin 2\varphi + \tau_{xy}\cos 2\varphi\,. \quad \text{(5-14b)}$$

Die Hauptnormalspannungen σ_1, σ_2 und die Winkel φ_1, φ_2 der Spannungshauptachsen gegen die x-Achse werden durch die Gleichungen bestimmt:

$$\left.\begin{aligned} \sigma_{1,2} &= \frac{1}{2}\left\{\sigma_x + \sigma_y \pm \left[(\sigma_x - \sigma_y)^2 + 4\tau_{xy}^2\right]^{1/2}\right\}, \\ \tan 2\varphi_{1,2} &= 2\tau_{xy}/(\sigma_x - \sigma_y)\,. \end{aligned}\right\} \quad \text{(5-15)}$$

Welcher Winkel zu welcher Hauptspannung gehört, wird dadurch festgestellt, dass man einen der beiden Winkel in (5-14a) einsetzt.
Im Achsensystem von Bild 5-7 liegt der Punkt mit den Koordinaten $\sigma_\xi(\varphi)$ und $\tau_{\xi\eta}(\varphi)$ auf dem gezeichneten sog. *Mohr'schen Spannungskreis*. Der Mittelpunkt bei $(\sigma_x + \sigma_y)/2$ und der Kreispunkt (σ_x, τ_{xy}) für $\varphi = 0$ bestimmen den Kreis. Der Kreispunkt unter dem Winkel 2φ (von $\varphi = 0$ positiv im Uhrzeigersinn angetragen) hat die Koordinaten $\sigma_\xi(\varphi)$, $\tau_{\xi\eta}(\varphi)$.

5.2.7 Volumenkraft. Gleichgewichtsbedingungen

Das Gewicht, die Zentrifugalkraft und einige andere eingeprägte Kräfte sind stetig auf das gesamte Volumen eines Körpers verteilt. Die auf das Volumen bezogene Kraftdichte $\Delta\boldsymbol{F}/\Delta V$ bzw. ihr Grenzwert für $\Delta V \to 0$ hat die irreführende Bezeichnung *Volumenkraft*. Zum Beispiel ist die Volumenkraft zum

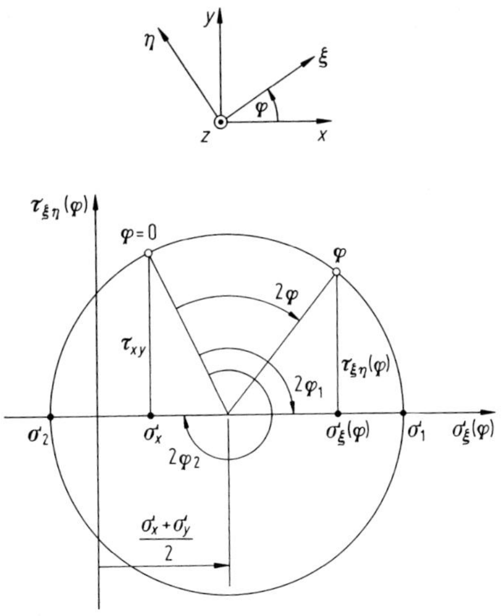

Bild 5-7. Mohr'scher Spannungskreis

Gewicht das spezifische Gewicht ϱg multipliziert mit dem Einheitsvektor in vertikaler Richtung. Seien $X(x, y, z)$, $Y(x, y, z)$ und $Z(x, y, z)$ ganz allgemein die ortsabhängigen Koordinaten der Volumenkraft in einem x, y, z-System. Damit ein Körper im Gleichgewicht ist, müssen die Spannungen in jedem Körperpunkt die Gleichgewichtsbedingungen erfüllen:

$$\left.\begin{aligned} \frac{\partial\sigma_x}{\partial x} + \frac{\partial\tau_{xy}}{\partial y} + \frac{\partial\tau_{xz}}{\partial z} + X &= 0\,, \\ \frac{\partial\tau_{xy}}{\partial x} + \frac{\partial\sigma_y}{\partial y} + \frac{\partial\tau_{yz}}{\partial z} + Y &= 0\,, \\ \frac{\partial\tau_{xz}}{\partial x} + \frac{\partial\tau_{yz}}{\partial y} + \frac{\partial\sigma_z}{\partial z} + Z &= 0\,. \end{aligned}\right\} \quad \text{(5-16)}$$

Im Sonderfall des ebenen Spannungszustandes in der x, y-Ebene lauten sie

$$\frac{\partial\sigma_x}{\partial x} + \frac{\partial\tau_{xy}}{\partial y} + X = 0\,, \quad \frac{\partial\tau_{xy}}{\partial x} + \frac{\partial\sigma_y}{\partial y} + Y = 0\,. \quad \text{(5-17)}$$

Die entsprechenden Gleichungen in Polarkoordinaten siehe in (5-94).

5.3 Hooke'sches Gesetz

Die lineare Elastizitätstheorie behandelt Werkstoffe mit linearen Spannungs-Verzerrungs-Beziehungen, bei denen die zur Erzeugung eines Verzerrungszustandes nötige Arbeit (bei konstanter Temperatur) nur vom Verzerrungszustand selbst und nicht von der Art seines Zustandekommens abhängt (Potenzialeigenschaft; siehe 5.8.1). Wenn der Körper außerdem isotrop, d. h. in allen Richtungen gleich beschaffen ist, bestehen zwischen Spannungen, Verzerrungen und Temperaturänderung ΔT die sechs Beziehungen

$$\varepsilon_i = \frac{\sigma_i - \nu(\sigma_j + \sigma_k)}{E} + \alpha\Delta T, \quad \gamma_{ij} = \frac{\tau_{ij}}{G} \qquad (5\text{-}18)$$

$$(i, j, k = x, y, z \text{ verschieden}),$$

bzw. bei Auflösung nach den Spannungen

$$\left.\begin{aligned} \sigma_i &= \frac{E}{1+\nu}\left[\varepsilon_i + \frac{\nu}{1-2\nu}(\varepsilon_x + \varepsilon_y + \varepsilon_z)\right] \\ &\quad - \frac{E}{1-2\nu}\alpha\Delta T \quad (i = x, y, z), \\ \tau_{ij} &= G\gamma_{ij} \quad (i, j = x, y, z;\ i \neq j). \end{aligned}\right\} \qquad (5\text{-}19)$$

Diese Beziehungen heißen *Hooke'sches Gesetz*. Zur werkstoffmechanischen Bedeutung siehe D 9.2.1. Zur Formulierung mit Deviatorspannungen und Deviatorverzerrungen siehe (6-2). Im Hooke'schen Gesetz treten der *Elastizitätsmodul* E, der *Schubmodul* G (E und G haben die Dimension einer Spannung), die *Poisson-Zahl* ν und der *thermische Längenausdehnungskoeffizient* α (Dimension einer Temperatur^{-1}) auf. ν liegt im Bereich $0 \leqq \nu \leqq 1/2$. Zwischen E, G und ν besteht die Beziehung

$$E = 2(1 + \nu)G, \qquad (5\text{-}20)$$

sodass außer α nur zwei unabhängige Werkstoffkonstanten auftreten. Werte von E, ν und α siehe in Tabelle 5-1, Werte von E und α auch in Tabelle D 9-2 bzw. Tabelle D 9-6. Aus (5-19) folgt, dass Dehnungshauptachsen und Spannungshauptachsen zusammenfallen.

In einem Körperpunkt mit beliebigen Scherungen und mit den Dehnungen ε_x, ε_y und ε_z ist die *Volumendilatation* e, das ist der Quotient Volumenzunahme/Ausgangsvolumen,

$$\begin{aligned} e &= \varepsilon_x + \varepsilon_y + \varepsilon_z \\ &= (1 - 2\nu)(\sigma_x + \sigma_y + \sigma_z)/E + 3\alpha\Delta T. \end{aligned} \qquad (5\text{-}21)$$

Der einachsige Spannungszustand mit $\sigma_x \neq 0$, $\sigma_y = \sigma_z = \tau_{xy} = \tau_{yz} = \tau_{zx} = 0$ verursacht nach (5-18) den dreiachsigen Verzerrungszustand

$$\left.\begin{aligned} &\varepsilon_x = \frac{\sigma_x}{E} + \alpha\Delta T, \quad \varepsilon_y = \varepsilon_z = -\nu\frac{\sigma_x}{E} + \alpha\Delta T, \\ &\gamma_{xy} = \gamma_{yz} = \gamma_{zx} = 0. \end{aligned}\right\} \qquad (5\text{-}22)$$

Der *ebene Spannungszustand* mit $\sigma_x \neq 0$, $\sigma_y \neq 0$, $\tau_{xy} \neq 0$ und $\sigma_z = \tau_{xz} = \tau_{yz} = 0$ verursacht nach (5-18) den dreiachsigen Verzerrungszustand

$$\left.\begin{aligned} \varepsilon_x &= \frac{\sigma_x - \nu\sigma_y}{E} + \alpha\Delta T, \\ \varepsilon_y &= \frac{\sigma_y - \nu\sigma_x}{E} + \alpha\Delta T, \quad \gamma_{xy} = \frac{\tau_{xy}}{G}, \end{aligned}\right\} \qquad (5\text{-}23a)$$

$$\varepsilon_z = -\frac{\nu}{E}(\sigma_x + \sigma_y) + \alpha\Delta T, \quad \gamma_{yz} = \gamma_{zx} = 0. \qquad (5\text{-}23b)$$

Die Darstellung der Spannungen durch ε_x und ε_y ist in diesem Fall

$$\left.\begin{aligned} \sigma_x &= \frac{E}{1-\nu^2}[\varepsilon_x + \nu\varepsilon_y - (1+\nu)\alpha\Delta T], \\ \sigma_y &= \frac{E}{1-\nu^2}[\varepsilon_y + \nu\varepsilon_x - (1+\nu)\alpha\Delta T], \\ \tau_{xy} &= G\gamma_{xy}, \quad \sigma_z = \tau_{xz} = \tau_{yz} = 0. \end{aligned}\right\} \qquad (5\text{-}24)$$

5.4 Geometrische Größen für Stab- und Balkenquerschnitte

Im Zusammenhang mit der Biegung und Torsion von Stäben und Balken spielen außer der Querschnittsfläche A und dem Flächenschwerpunkt S die folgenden geometrischen Querschnittsgrößen eine Rolle.

5.4.1 Flächenmomente 2. Grades

In einem y, z-System mit beliebigem Ursprung in der Querschnittsfläche sind die *axialen Flächenmomente 2. Grades* I_y und I_z und das *biaxiale Flächenmoment 2. Grades (Deviationsmoment)* I_{yz} der Querschnittsfläche definiert (vgl. B 7.2):

$$I_y = \int_A z^2 \, dA, \quad I_z = \int_A y^2 \, dA, \quad I_{yz} = -\int_A yz \, dA. \qquad (5\text{-}25)$$

Tabelle 5-1. Elastizitätsmodul E, Poisson-Zahl ν und thermischer Längenausdehnungskoeffizient α von Werkstoffen. (Siehe auch die Tabellen D 9-2 für E und D 9-6 für α)

Werkstoff	E kN/mm²	ν	α 10^{-6}/K
Metalle:			
Aluminium	71	0,34	23,9
Aluminiumlegierungen	59···78		18,5···24,0
Bronze	108···124	0,35	16,8···18,8
Blei	19	0,44	29
Duralumin 681B	74	0,34	23
Eisen	206	0,28	11,7
Gusseisen	64···181		9···12
Kupfer	125	0,34	16,8
Magnesium	44		26
Messing	78···123		17,5···19,1
Messing (CuZn40)	100	0,36	18
Nickel	206	0,31	13,3
Nickellegierungen	158···213		11···14
Silber	80	0,38	19,7
Silicium	100	0,45	7,8
Stahl legiert (s. [1])	186···216	0,2···0,3	9···19
Baustahl	215	0,28	12
V2A-Stahl	190	0,27	16
Titan	108	0,36	8,5
Zink	128	0,29	30
Zinn	44	0,33	23
Anorganisch-nicht-metallische Werkstoffe:			
Beton (s. [2], DIN 1045)	22···39	0,15···0,22	5,4···14,2
Eis (s. [5])			
−4°C, polykristallin	9,8	0,33	
Glas, allgemein	39···98	0,10···0,28	3,5···5,5
Bau-, Sicherheitsglas	62···86	0,25	9
Quarzglas	62···75	0,17···0,25	0,5···0,6
Granit	50···60	0,13···0,26	3···8

Werkstoff	E kN/mm²	ν	α 10^{-6}/K
Anorganisch-nicht-metallische Werkstoffe – Forts.			
Kalkstein	40···90	0,28	
Marmor	60···90	0,25···0,30	5···16
Porzellan	60···90		3···6,5
Ziegelstein	10···40	0,20···0,35	8···10
Al_2O_3 (hochdicht)	380	0,23	8
ZrO_2 (hochdicht)	220	0,23	10
SiC (hochdicht)	440	0,16	5
Si_3N_4 (dicht)	320	0,3	3,3
Si_3N_4 (20% Poren)	180	0,23	3
Organische Werkstoffe:			
Epoxidharz (EP, ‚Araldit')	3,2	0,33	50···70
glasfaserverstärkte Kunststoffe (GFK)	7···45		25
Holz (s. [3,4]):			
faserparallel: Buche	14		
Eiche	13		4,9
Fichte	10		5,4
Kiefer	11		
radial: Buche	2,3		
Eiche	1,6		54,4
Fichte	0,8		34,1
Kiefer	1,0		
kohlenstofffaserverstärkte Kunststoffe (CFK)	70···200		
Polymethylmethacrylat (PMMA, ‚Plexiglas')	2,7···3,2	0,35	70···100
Polyamid(‚Nylon')	2···4		70···100
Polyethylen (PE-HD)	0,15···1,65		150···200
Polyvinylchlorid (PVC)	1···3		70···100

Wenn Missverständnisse ausgeschlossen sind, wird vom Flächenmoment statt vom Flächenmoment 2. Grades gesprochen. Eine andere, noch gebräuchliche Bezeichnung ist *Flächenträgheitsmoment.* Flächenmomente 2. Grades haben die Dimension Länge^4. I_y, I_z und I_{yz} sind mit den Flächenmomenten $I_{y'}$, $I_{z'}$ und $I_{y'z'}$ im parallel ausgerichteten y', z'-System mit dem Ursprung im Schwerpunkt S durch die Formeln von Huygens und Steiner verknüpft (Bild 5-8):

$$\left.\begin{aligned} I_y &= I_{y'} + z_S^2 A\,, \quad I_z = I_{z'} + y_S^2 A\,, \\ I_{yz} &= I_{y'z'} - y_S z_S A\,. \end{aligned}\right\} \qquad (5\text{-}26)$$

In einem η, ζ-System, das nach Bild 5-8 gegen das y, z-System um den Winkel φ gedreht ist (φ ist positiv bei Drehung im Rechtsschraubensinn um die x-Achse) ist

$$I_\eta(\varphi) = \frac{1}{2}(I_y + I_z) + \frac{1}{2}(I_y - I_z)\cos 2\varphi + I_{yz}\sin 2\varphi\,, \qquad (5\text{-}27a)$$

$$I_{\eta\zeta}(\varphi) = -\frac{1}{2}(I_y - I_z)\sin 2\varphi + I_{yz}\cos 2\varphi\,. \qquad (5\text{-}27b)$$

Diese Beziehungen werden im $(I_\eta(\varphi), I_{\eta\zeta}(\varphi))$-Achsensystem von Bild 5-9 durch den *Mohr'schen Kreis* abgebildet. Der Mittelpunkt bei $(I_y + I_z)/2$ und

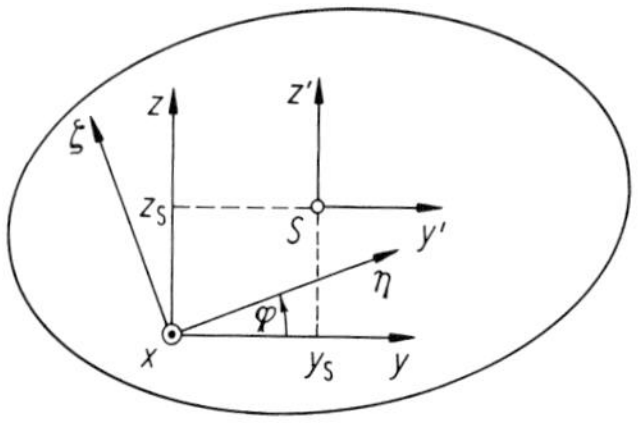

Bild 5-8. Zur Definition von Flächenmomenten 2. Grades

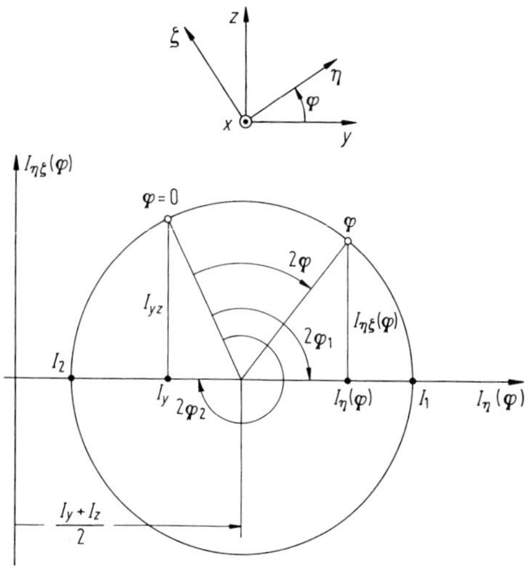

Bild 5-9. Mohr'scher Kreis für Flächenmomente 2. Grades

der Kreispunkt (I_y, I_{yz}) für $\varphi = 0$ bestimmen den Kreis. Der Kreispunkt unter dem Winkel 2φ (von $\varphi = 0$ positiv im Uhrzeigersinn angetragen) hat die Koordinaten $I_\eta(\varphi)$ und $I_{\eta\zeta}(\varphi)$.

Hauptflächenmomente. Hauptachsen

Der Mohr'sche Kreis liefert zwei orthogonale Hauptachsen der Fläche unter Winkeln φ_1 und φ_2 mit zugehörigen extremalen *Hauptflächenmomenten* I_1 und I_2 und mit dem biaxialen Flächenmoment $I_{12} = 0$. Die ablesbaren Formeln

$$\left.\begin{aligned} I_{1,2} &= \frac{1}{2}\left\{I_y + I_z \pm \left[(I_y - I_z)^2 + 4I_{yz}^2\right]^{1/2}\right\},\\ \tan 2\varphi_{1,2} &= 2I_{yz}/(I_y - I_z) \end{aligned}\right\} \quad (5\text{-}28)$$

lassen die Zuordnung zwischen den Winkeln und den Hauptflächenmomenten erst erkennen, wenn man einen der beiden Winkel wieder in (5-27a) einsetzt. Die Achse des kleineren Hauptflächenmoments liegt so, dass sich die Querschnittsfläche möglichst eng um sie lagert. Wegen dieser Eigenschaft kann man die Lage der Achse i. Allg. gut schätzen. Symmetrieachsen sind zentrale, d. h. auf den Schwerpunkt als Ursprung bezogene Hauptachsen. Wenn die axialen Flächenmomente für zwei oder mehr Achsen durch S gleich sind, dann sind sie für alle Achsen durch S gleich. Das ist z. B. der Fall, wenn mehr als zwei Symmetrieachsen existieren (z. B. beim regelmäßigen n-Eck).

Flächenmomente für zusammengesetzte Querschnitte

Für einen aus Teilflächen zusammengesetzten Querschnitt sollen die Flächenmomente I_η, I_ζ und $I_{\eta\zeta}$ in einem η, ζ-System mit dem Gesamtschwerpunkt S als Ursprung berechnet werden. Bild 5-10a zeigt nur eine Teilfläche A_i mit ihrem eigenen Schwerpunkt S_i und ihre Lage im η, ζ-System. Für die Teilfläche werden die Flächenmomente für irgendein y, z-System aus Tabellen entnommen und mit (5-26) und (5-27) in drei Schritten in Flächenmomente im y', z'-System (1. Schritt), im η', ζ'-System oder im y'', z''-System (2. Schritt) und im η, ζ-System (3. Schritt) umgerechnet. Die letzteren seien $I_{\eta i}$, $I_{\zeta i}$ und $I_{\eta\zeta i}$ für die Teilfläche i ($i = 1, \ldots, n$). Die drei Summen dieser Größen über $i = 1, \ldots, n$ liefern I_η, I_ζ und $I_{\eta\zeta}$ für den gesamten Querschnitt. Ausschnitte und Löcher können als Teilflächen mit negativem Flächeninhalt behandelt werden, was eine Umkehrung der Vorzeichen aller ihrer Flächenmomente bedeutet. Der Querschnitt in Bild 5-10b kann z. B. als Summe zweier Rechtecke und eines Dreiecks mit negativer Fläche behandelt werden. Für Flächenmomente einfacher Flächen siehe Tabelle 5-2. Flächenmomente genormter Walzprofile siehe in [1, 2]

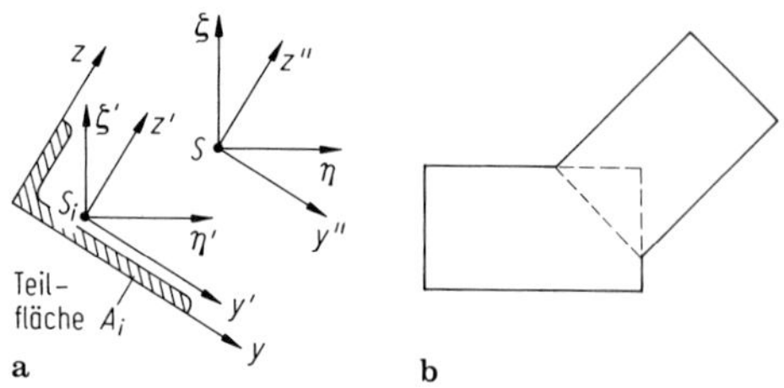

Bild 5-10. a Teilfläche A_i eines zusammengesetzten Querschnitts mit dem Gesamtschwerpunkt S. **b** Aus zwei Rechtecken und einem Dreieck mit negativer Fläche zusammengesetzter Querschnitt

5.4.2 Statische Flächenmomente

Im Folgenden sind die y- und z-Achsen zentrale Hauptachsen. Bei einfach berandeten Querschnitten mit einem oder mehreren Stegen (Bild 5-11) ist s die Bogenlänge von einem beliebig gewählten Stegende $s = 0$ entlang Stegmittellinien zu einem Punkt mit der Koordinate s. $A_0(s)$ und $A_1(s)$ sind die einander zu A ergänzenden Teilflächen, die durch einen Schnitt bei s quer zur Stegmittellinie entstehen, wobei $A_0(s)$ den Punkt $s = 0$ enthält. $z_{S_0}(s)$ und $z_{S_1}(s)$ sind die z-Koordinaten der Flächenschwerpunkte S_0 von $A_0(s)$ bzw. S_1 von $A_1(s)$. Das *statische Flächenmoment* $S_y(s)$ hat die Dimension Länge^3. Es wird nach einer der folgenden Formeln berechnet:

$$S_y(s) = -\int_{A_0(s)} z\mathrm{d}A = -z_{S_0}(s)A_0(s) = \int_{A_1(s)} z\mathrm{d}A = z_{S_1}(s)A_1(s)\,. \qquad (5\text{-}29)$$

Entsprechend ergibt sich, wenn man überall z und y vertauscht:

$$S_z(s) = -\int_{A_0(s)} y\,\mathrm{d}A = -y_{S_0}(s)A_0(s) = \int_{A_1(s)} y\,\mathrm{d}A = y_{S_1}(s)A_1(s)\,. \qquad (5\text{-}30)$$

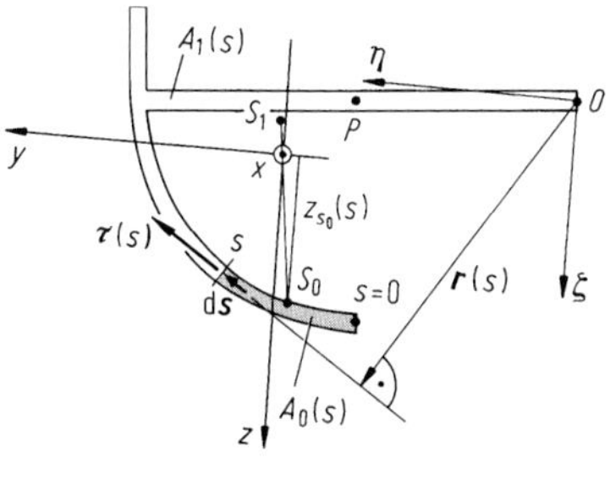

Bild 5-11. Einfach berandeter Querschnitt mit dünnen Stegen. Die Teilflächen $A_0(s)$ und $A_1(s)$ mit ihren Schwerpunkten S_0 bzw. S_1 beziehen sich auf (5-29) und (5-30). Die y- und z-Achsen sind zentrale Hauptachsen. Die dazu parallelen η- und ζ-Achsen und die Lotlänge $r(s)$ beziehen sich auf (5-33) und (5-37) und $\tau(s)$ auf (5-56). P ist der Mittelpunkt des Viertelkreisbogens

Beispiel 5-1: Für den Stabquerschnitt in Bild 5-12a ist im Bereich $0 \leqq s \leqq b$ $z_{S_0}(s) = -h/2$, $A_0(s) = ts$, also $S_y(s) = hts/2$. Bei einem Schnitt durch den vertikalen Steg an einer Stelle z besteht A_0 aus der Fläche bt des horizontalen Stegs mit der Schwerpunktkoordinate $-h/2$ und der Fläche $(h/2 + z)t$ mit der Schwerpunktkoordinate

$$-\frac{1}{2}h + \frac{1}{2}\left(\frac{1}{2}h + z\right) = \frac{1}{2}\left(-\frac{1}{2}h + z\right)\,.$$

Damit ist

$$S_y(z) = \frac{1}{2}htb - \left(\frac{1}{2}h + z\right)t \cdot \frac{1}{2}\left(-\frac{1}{2}h + z\right) = \frac{1}{2}\left(hb + \frac{1}{4}h^2 - z^2\right)t\,.$$

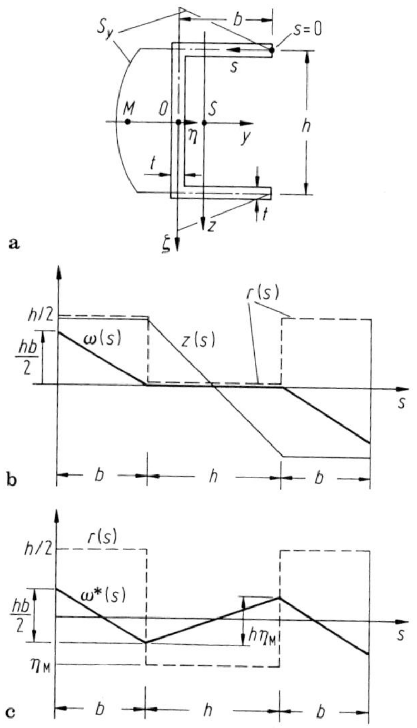

Bild 5-12. a ⊏-Profil. Quer zur Wandmittellinie ist $S_y(s)$ aufgetragen. Zur Bedeutung des η,ζ-Systems und des Schubmittelpunkts M siehe 5.4.4 **b** Hilfsfunktionen $r(s)$, $\omega(s)$ und $z(s)$ des Profils von **a** für (5-32) und (5-33). **c** Hilfsfunktionen $r(s)$ und $\omega^*(s)$ desselben Profils für (5-37)

Tabelle 5-2. Flächenmomente 2. Grades I_y, I_z, I_{yz} und Biegewiderstandsmomente W_y. Der Ursprung des y, z-Systems ist der Flächenschwerpunkt. Seine Lage ist in Tabelle **2-2** angegeben. Wenn I_{yz} nicht angegeben ist, sind die y- und z-Achsen Hauptachsen

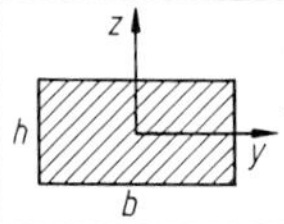	$I_y = bh^3/12$ $I_z = hb^3/12$	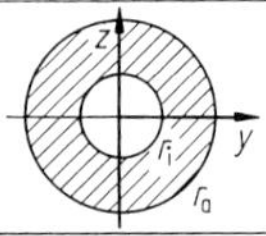	$I_y = I_z = \pi(r_a^4 - r_i^4)/4$ $W_y = I_y/r_a$
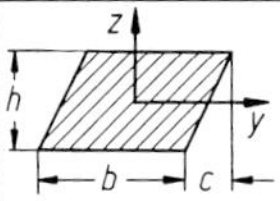	$I_y = bh^3/12$ $I_z = bh(b^2+c^2)/12$ $I_{yz} = -h^2bc/12$	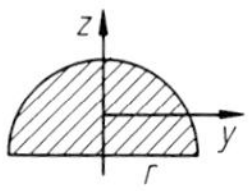	$I_y = \left(\frac{\pi}{8} - \frac{8}{9\pi}\right) r^4 \approx 0{,}110\, r^4$ $I_z = \pi r^4/8$ $W_y \approx 0{,}191\, r^3$
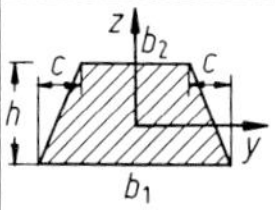	$I_y = h^3(B^2 + 2b_1b_2)/(36B)$ $I_z = hB(b_1^2 + b_2^2)/48$ $W_y = h^2(B^2 + 2b_1b_2)/[12(2b_{max} + b_{min})]$ $B = b_1 + b_2$	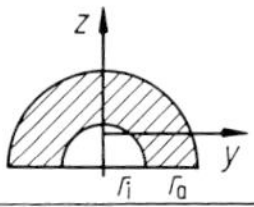	$I_y \approx 0{,}110(r_a^4 - r_i^4) - 0{,}283\, r_a^2 r_i^2 \frac{r_a - r_i}{r_a + r_i}$ $I_z = \pi(r_a^4 - r_i^4)/8$ $W_y = I_y/\lvert z\rvert_{max}$ (siehe Tabelle 2-2)
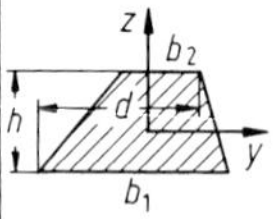	$I_y = h^3(B^2 + 2b_1b_2)/(36B)$ $I_z = h[B^2(B^2 - b_1b_2) - d(B-d)(B^2 + 2b_1b_2)]/(36B)$ $I_{yz} = -h^2(2d - B)(B^2 + 2b_1b_2)/(72B)$ $B = b_1 + b_2$	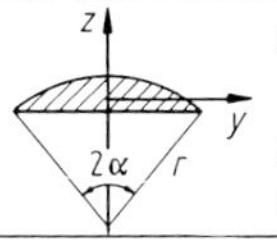	$I_y = r^4\{(4\alpha - \sin 4\alpha)/16 - 8\sin^6\alpha/[9(2\alpha - \sin 2\alpha)]\}$ $I_z = r^4(12\alpha - 8\sin 2\alpha + \sin 4\alpha)/48$ $W_y = I_y/\lvert z\rvert_{max}$ (siehe Tabelle 2-2)
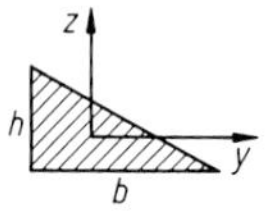	$I_y = bh^3/36$ $I_z = hb^3/36$ $I_{yz} = b^2h^2/72$	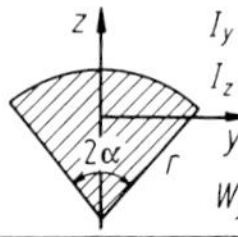	$I_y = r^4[(2\alpha + \sin 2\alpha)/8 - 2(1 - \cos 2\alpha)/(9\alpha)]$ $I_z = r^4(2\alpha - \sin 2\alpha)/8$ $W_y = I_y/\lvert z\rvert_{max}$ (siehe Tabelle 2-2)
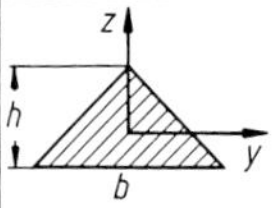	$I_y = bh^3/36$ $I_z = hb^3/48$ $W_y = bh^2/24,\quad W_z = hb^2/24$	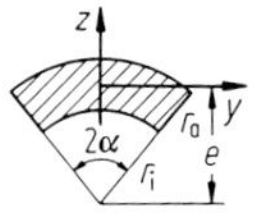	$I_y = (r_a^4 - r_i^4)(2\alpha + \sin 2\alpha)/8 - e^2\alpha(r_a^2 - r_i^2)$ $I_z = (r_a^4 - r_i^4)(2\alpha - \sin 2\alpha)/8,\ W_y = I_y/(r_a - e)$ $e = 2(r_a^3 - r_i^3)\sin\alpha/[3(r_a^2 - r_i^2)\alpha]$
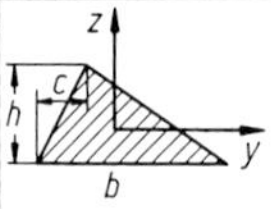	$I_y = bh^3/36$ $I_z = bh(b^2 - bc + c^2)/36$ $I_{yz} = bh^2(b - 2c)/72$ ($c<0$ kennzeichnet ein links unten stumpfwinkliges Dreieck.)	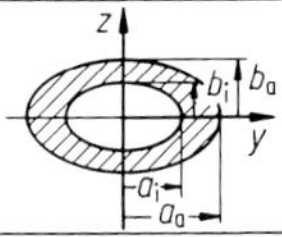	$I_y = \pi(a_a b_a^3 - a_i b_i^3)/4$ $I_z = \pi(a_a^3 b_a - a_i^3 b_i)/4$
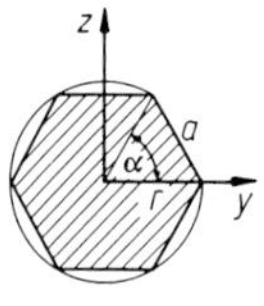	regelmäßiges n-Eck: $I_y = nr^4 \sin\alpha(2 + \cos\alpha)/24$ $= na^4 \sin\alpha(2 + \cos\alpha)/[96(1 - \cos\alpha)^2]$ für alle Achsen gleich $n = 3: I_y = a^4\sqrt{3}/96;\ n = 4: I_y = a^4/12$ $n = 6: I_y = a^4 5\sqrt{3}/16$	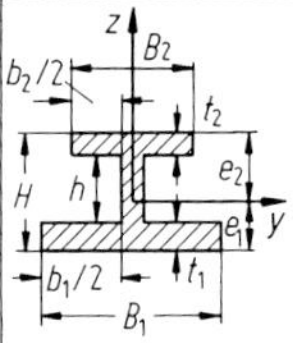	$I_y = [B_1e_1^3 - b_1(e_1 - t_1)^3 + B_2e_2^3 - b_2(e_2 - t_2)^3]/3$ $I_z = [t_1B_1^3 + h(B_1 - b_1)^3 + t_2B_2^3]/12$ $W_y = I_y/\max(e_1, e_2)$ $e_1 = \frac{(B_1 - b_1)H^2 + b_1t_1^2 + b_2t_2(2H - t_2)}{2[(B_1 - b_1)H + b_1t_1 + b_2t_2]}$ $e_2 = H - e_1$
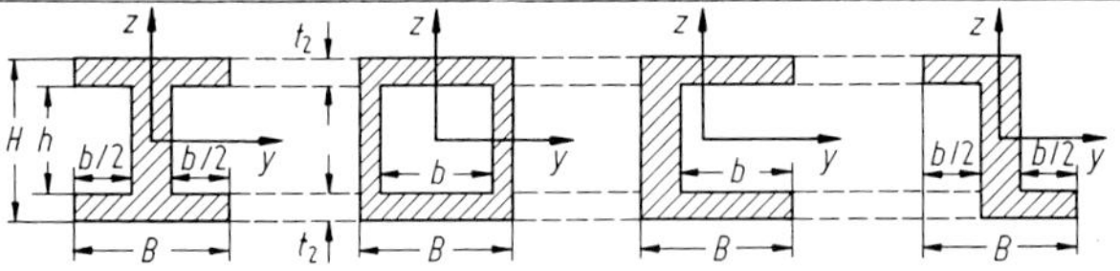	$I_y = (BH^3 - bh^3)/12$ $W_y = 2I_y/H$ nur für ⅂L: $I_{yz} = bt_2(h + t_2)(2B - b)/8$		
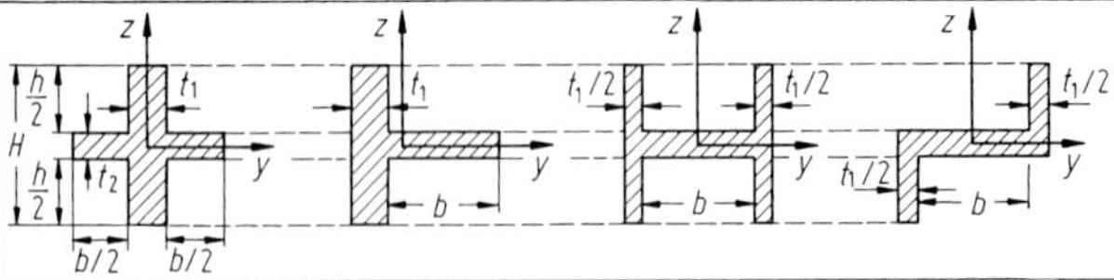	$I_y = (t_1H^3 + bt_2^3)/12$ $W_y = 2I_y/H$ nur für ┌┘: $I_{yz} = -ht_1(b + t_1)(2H - h)/8$		
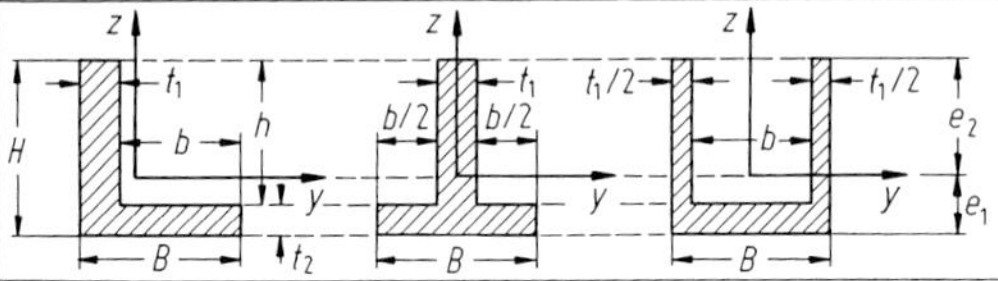	$I_y = [Bt_2^3 + h^3t_1 + 3hH^2Bt_1t_2/(Bt_2 + ht_1)]/12$ $W_y = I_y/e_2$ $e_1 = (t_1H^2 + bt_2^2)/[2(t_1H + bt_2)],\ e_2 = H - e_1$ nur für L: $I_{yz} = BHbht_1t_2/[4(BH - bh)]$		

5.4.3 Querschubzahlen

Für einfach berandete Querschnitte aus dünnen Stegen der Breite $t(s)$ sind die dimensionslosen *Querschubzahlen* $\varkappa_y$ und $\varkappa_z$ wie folgt definiert (Integration über alle Stege):

$$\varkappa_y = \frac{A}{I_z^2}\int \frac{S_z^2(s)}{t(s)}\,\mathrm{d}s\,, \quad \varkappa_z = \frac{A}{I_y^2}\int \frac{S_y^2(s)}{t(s)}\,\mathrm{d}s\,. \tag{5-31}$$

Zahlenwerte siehe in Tabelle 5-3.

5.4.4 Schubmittelpunkt oder Querkraftmittelpunkt

Wenn der Stabquerschnitt Symmetrieachsen besitzt, dann liegt der *Schubmittelpunkt* M auf diesen. Bei **L**- und **T**-Profilen und allgemeiner bei Querschnitten aus geraden, dünnen Stegen, die alle von einem Punkt ausgehen, liegt M in diesem Punkt. Bei beliebigen einfach berandeten Querschnitten aus dünnen Stegen (Bild 5-11) hat M in einem beliebig gewählten, zum y, z-System parallelen η, ζ-System die Koordinaten (Integration über alle Stege)

$$\left.\begin{aligned} \eta_\mathrm{M} &= -(1/I_y)\int \omega(s)z(s)t(s)\,\mathrm{d}s\,,\\ \zeta_\mathrm{M} &= (1/I_z)\int \omega(s)y(s)t(s)\,\mathrm{d}s\,. \end{aligned}\right\} \tag{5-32}$$

Darin sind $y(s)$ und $z(s)$ die y- und z-Koordinaten des Punktes an der Stelle s und

$$\omega(s) = -\int r(\bar{s})\,\mathrm{d}\bar{s} + \omega_0 \tag{5-33}$$

(Integration über alle Stege von $A_0(s)$). $r(s)$ ist die vorzeichenbehaftete Länge des Lotvektors $\boldsymbol{r}(s)$ vom Ursprung 0 des η, ζ-Systems auf die Tangente an die Stegmittellinie an der Stelle s. $r(s)$ ist positiv (negativ), wenn $\boldsymbol{r} \times \mathrm{d}\boldsymbol{s}$ die Richtung der positiven (der negativen) x-Achse hat. Die Konstante ω_0 kann beliebig gewählt werden. Eine zweckmäßige Wahl von 0 und von ω_0 vereinfacht die Rechnung.

Beispiel 5-2: In Bild 5-11 ist der Punkt P die beste Wahl, weil dann $r(s)$ für den horizontalen Steg null und für alle anderen Stege konstant ist. Für den Stabquerschnitt in Bild 5-12a und den gewählten Punkt 0 haben $r(s)$ und $z(s)$ die in Bild 5-12b gezeichneten Verläufe. ω_0 wurde so gewählt, dass $\omega(s)$ im Mittelteil null ist. Damit liefert (5-32)

$$\eta_\mathrm{M} = -\frac{h^2b^2t}{4I_y} = -\frac{3b^2}{6b+h}\,, \quad \text{falls } t \ll b, h \quad \text{gilt}\,.$$

Tabelle 5-4 gibt für einige Querschnitte die Lage des Schubmittelpunkts an.

Tabelle 5-3. Querschubzahlen $\varkappa_z$ für Stabquerschnitte

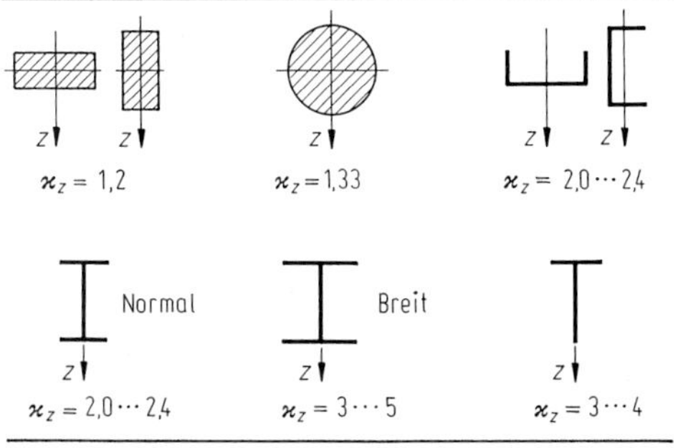

5.4.5 Torsionsflächenmoment

Die Dimension des *Torsionsflächenmoments* I_T ist Länge^4. Für Kreis- und Kreisringquerschnitte vom Innenradius R_i und Außenradius R_a ist I_T das *polare Flächenmoment* 2. *Grades* $I_\mathrm{p} = \int_A r^2\mathrm{d}A = \frac{\pi}{2}(R_\mathrm{a}^4 - R_\mathrm{i}^4)$.

Für einfach berandete Querschnitte beliebiger Form ist $I_\mathrm{T} = 2\int \Phi(y,z)\,\mathrm{d}A$ (Integration über die gesamte Querschnittsfläche), wobei $\Phi(y,z)$ die Lösung des Randwertproblems

$$\frac{\partial^2\Phi}{\partial y^2} + \frac{\partial^2\Phi}{\partial z^2} = -2\,, \quad \Phi \equiv 0 \quad \text{am ganzen Rand}\,, \tag{5-34}$$

ist. Tabelle 5-5 gibt Lösungen an. Weitere Lösungsformeln siehe in [5-6]. Zahlenwerte für genormte Walzprofile siehe in [7, 8]. Für einfach berandete Querschnitte kann I_T experimentell wie folgt bestimmt werden. Nach *Prandtls Membrananalogie* [5-6] hat eine Seifenhaut über einer Öffnung von der Form des Stabquerschnitts bei kleiner Druckdifferenz die Höhenverteilung const $\times\,\Phi(y,z)$ mit der Lösung $\Phi(y,z)$ von (5-34). Man erzeugt bei gleicher Druckdifferenz zwei Seifenhäute, eine über dem zu untersuchenden Querschnitt und die andere über einem Kreis vom Radius R. Aus Messwerten für die Volumina V und V_Kreis der Seifenhauthügel ergibt sich für den untersuchten Querschnitt $I_\mathrm{T} = (V/V_\mathrm{Kreis})\pi R^4/2$.

Tabelle 5-4. Schubmittelpunktkoordinaten d und Wölbwiderstände C_M für symmetrische Stabprofile mit dünnen Stegen

Profil	d	C_M
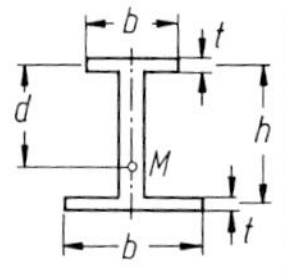	$\frac{h b_2^3}{b_1^3 + b_2^3}$	$\frac{t h^2}{12} \frac{b_1^3 b_2^3}{b_1^3 + b_2^3}$
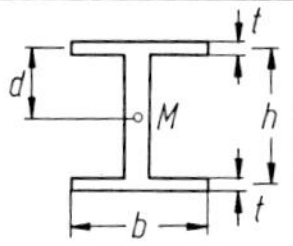	$\frac{h}{2}$	$\frac{t b^3 h^2}{24}$
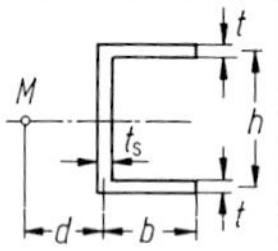	$\frac{3 t b^2}{h t_s + 6 b t}$	$\frac{t b^3 h^2}{12} \frac{2 h t_s + 3 b t}{h t_s + 6 b t}$
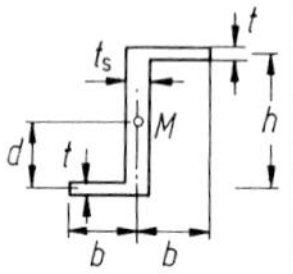	$\frac{h}{2}$	$\frac{t b^3 h^2}{12 (2b + h)^2} [2 (b + h)^2 - b h (2 - \frac{t_s}{t})]$
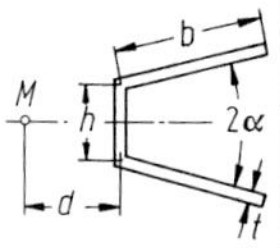	$\frac{b^2 h (3h + 4 b \sin\alpha) \cos\alpha}{h^3 + 2 b^3 \sin^2\alpha + 6 b (h + b \sin\alpha)^2}$	
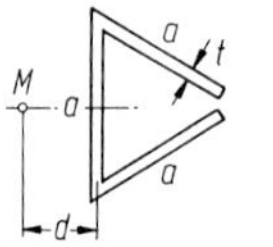	$\frac{a\sqrt{3}}{6}$	$\frac{5 t a^5}{48}$
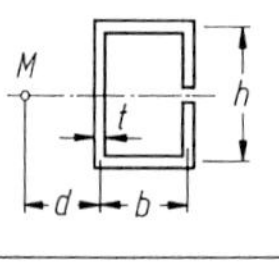	$\frac{b}{2} \frac{3b + 2h}{3b + h}$	$\frac{t b^2 h^2}{24} \frac{3b^2 + 34 b h + 10 h^2}{3b + h}$
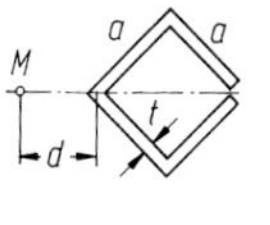	$\frac{a\sqrt{2}}{4}$	$\frac{7 t a^5}{12}$
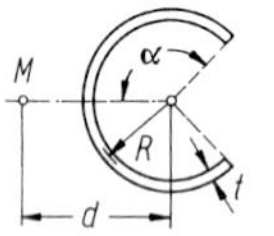	$2R \frac{\sin\alpha - \alpha\cos\alpha}{\alpha - \sin\alpha\cos\alpha}$	$2 t R^5 \{ \frac{\alpha^3}{3} - \frac{d}{R} [\sin\alpha (2 + \cos\alpha) - \alpha (1 + 2\cos\alpha)] \}$
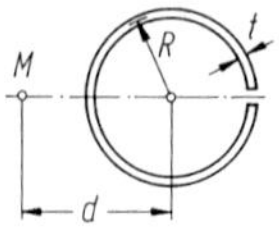	$2R$	$2\pi (\frac{\pi^2}{3} - 2) t R^5$

Tabelle 5-5. Torsionsflächenmomente I_T und Torsionswiderstandsmomente W_T; $\tau_{max} = M_T/W_T$

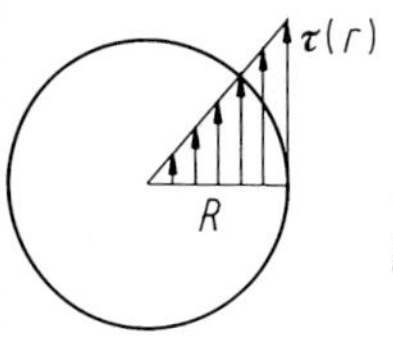

$I_T = \pi R^4/2$

$W_T = \pi R^3/2$

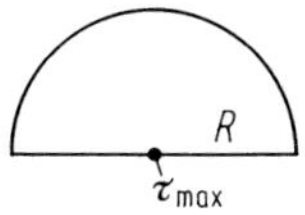

$I_T = 0{,}296\,R^4$

$W_T = 0{,}348\,R^3$

Umfang U

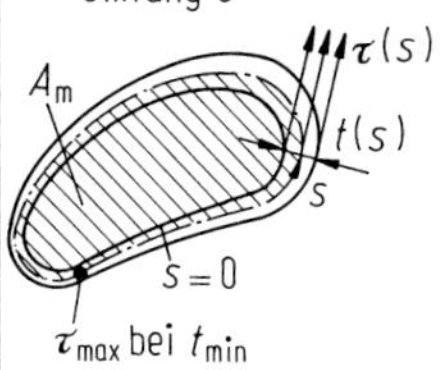

$I_T = 4A_m^2 \Big/ \int_0^U \frac{ds}{t(s)}$

$W_T = 2A_m t_{min}$

$t = \text{const}: I_T = \frac{4A_m^2 t}{U}$

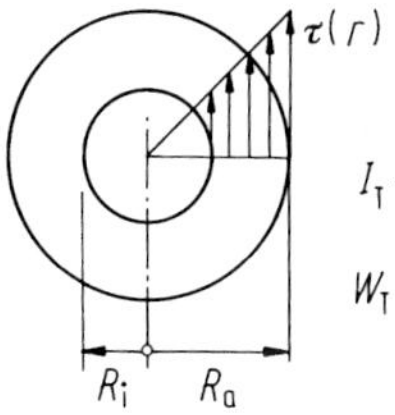

$I_T = \frac{\pi(R_a^4 - R_i^4)}{2}$

$W_T = \frac{\pi(R_a^4 - R_i^4)}{2R_a}$

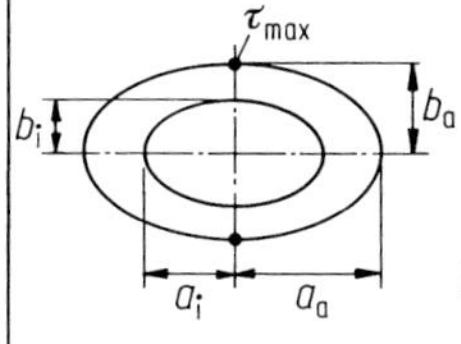

$I_T = \frac{\pi c^3 (b_a^4 - b_i^4)}{1+c^2}$

$W_T = \frac{\pi c (b_a^4 - b_i^4)}{2b_a}$

$a_a : b_a = a_i : b_i = c$

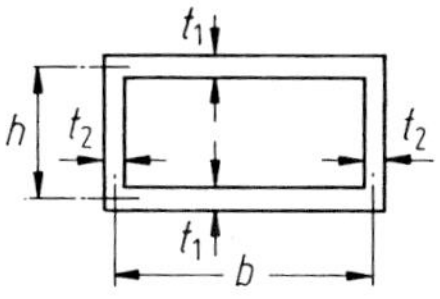

$I_T = \frac{2b^2h^2}{b/t_1 + h/t_2}$

$W_T = 2bht_{min}$

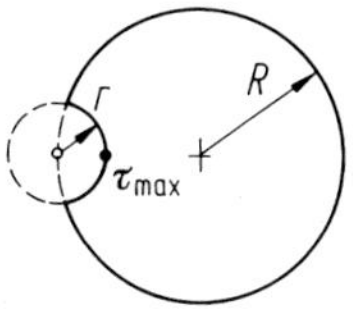

$I_T = c_1 \pi R^4/2$

$W_T = c_2 \pi R^3/2$

$r/(2R)$	$\to 0$	0,05	0,1	0,2	0,3	0,4	0,5
c_1	1	0,98	0,93	0,78	0,59	0,40	0,24
c_2	0,5	0,52	0,52	0,49	0,42	0,33	0,24

$\tau = c_3 \tau_{max}$

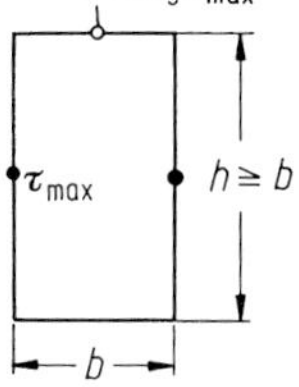

$I_T = c_1 h b^3$

$W_T = c_2 h b^2$

h/b	1	1,5	2	3	4	6	8	10	∞
c_1	0,141	0,196	0,229	0,263	0,281	0,298	0,307	0,312	0,333
c_2	0,208	0,231	0,246	0,267	0,282	0,299	0,307	0,312	0,333
c_3	1	0,858	0,796	0,753	0,745	0,743	0,743	0,743	0,743

Regelmäßiges n-Eck $\quad I_T = c_1 a^4 = c_2 r^4$

a Seitenlänge $\quad W_T = c_3 a^3 = c_4 r^3$

r Inkreisradius

τ_{max} in Seitenmitte

n	c_1	c_2	c_3	c_4
3	0,0216	3,12	0,050	2,08
4	0,141	2,26	0,208	1,66
6	1,04	1,84	0,977	1,50
8	3,67	1,73	2,60	1,48

Dünnstegige Profile

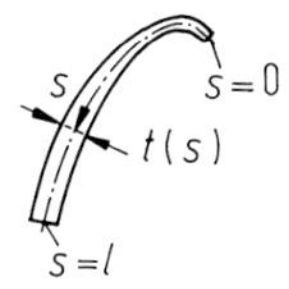

$I_T = \frac{1}{3} \int_0^l t^3(s)\,ds$

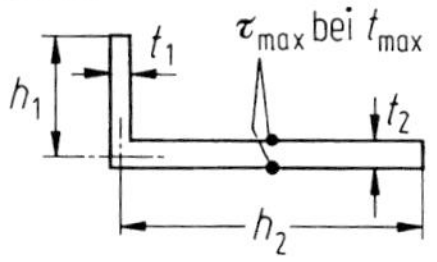

$I_T = \frac{c}{3} \sum_i h_i t_i^3$

$W_T = I_T / t_{max}$

Profil	L	[	T	I	I PB	+
c	0,99	1,12	1,12	1,31	1,29	1,17

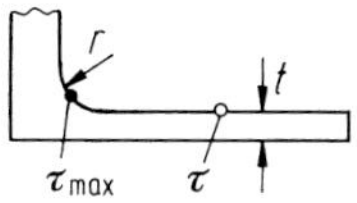

Spannungsmaximum am Anschluss eines dünnen Steges mit Schubspannung τ:

$\tau_{max} = \tau[c + (1+c^2)^{1/2}]$

$c = t/(4r)$

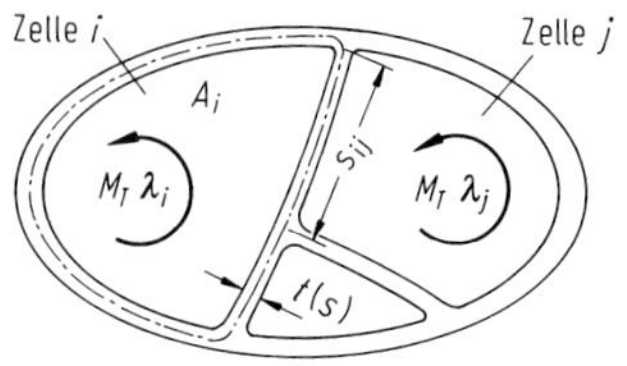

Bild 5-13. Dünnwandiger Hohlquerschnitt mit $n = 3$ Zellen. Zu den umlaufenden Pfeilen siehe 5.6.8

Für einzellige, dünnwandige Hohlquerschnitte gilt die *zweite Bredt'sche Formel* (siehe Tabelle 5-5; Fläche A_m innerhalb der Wandmittellinie; Integration über die ganze Wandmittellinie)

$$I_T = 4A_m^2 \Big/ \int \frac{ds}{t(s)} \,. \tag{5-35}$$

Bei n-zelligen, dünnwandigen Hohlquerschnitten nach Bild 5-13 muss zur Berechnung von I_T das lineare Gleichungssystem für $\lambda_1, \ldots, \lambda_n$ und $1/I_T$ mit symmetrischer Koeffizientenmatrix gelöst werden:

$$\left.\begin{aligned} &P_{ii}\lambda_i - \sum_{\substack{j=1\\ \neq i}}^{n} P_{ij}\lambda_j - 2A_i/I_T = 0 \quad (i = 1, \ldots, n) \\ &-\sum_{i=1}^{n} 2A_i\lambda_i = -1 \,. \end{aligned}\right\} \tag{5-36}$$

Zur Bedeutung von $\lambda_1, \ldots, \lambda_n$ siehe 5.6.8; A_i Fläche innerhalb der Wandmittellinie von Zelle i; $P_{ii} = \int(ds/t(s))$ bei Integration über die geschlossene Wandmittellinie von Zelle i; $P_{ij} = \int_{s_{ij}}(ds/t(s))$ bei Integration über die den Zellen i und j gemeinsame Wandmittellinie s_{ij}. Im Sonderfall $n = 2$ mit überall gleicher Wanddicke t ist

$$I_T = \frac{4t\left(A_1^2 U_2 + A_2^2 U_1 + 2A_1 A_2 s_{12}\right)}{U_1 U_2 - s_{12}^2}$$

mit den Teilflächen A_1, A_2 und Umfängen U_1, U_2 der Zellen 1 bzw. 2 und der gemeinsamen Steglänge s_{12}.

5.4.6 Wölbwiderstand

Die Dimension des Wölbwiderstandes C_M ist Länge[6]. Für **L**- und **T**-Profile und allgemeiner für alle Querschnitte aus geraden, dünnen Stegen, die von einem Punkt ausgehen, ist $C_M = 0$. Für beliebige einfach berandete Querschnitte aus dünnen Stegen nach Bild 5-11 ist (Integration über alle Stege)

$$C_M = \int \omega^{*2}(s) t(s)\, ds \,. \tag{5-37}$$

Für $\omega^*(s)$ gilt (5-33) mit der Besonderheit, dass erstens der Vektor $\boldsymbol{r}(s)$ in Bild 5-11 nicht von einem beliebigen Punkt 0, sondern vom Schubmittelpunkt M ausgeht, und dass zweitens die Konstante ω_0^* nicht beliebig ist, sondern so bestimmt wird, dass das Integral $\int \omega^*(s)\, ds$ über alle Stege gleich null ist.

Beispiel 5-3: Für den Querschnitt in Bild 5-12a hat $r(s)$ den in Bild 5-12c gestrichelten und $\omega^*(s)$ den durchgezogenen Verlauf. Mit $\eta_M = -3b^2/(6b + h)$ ergibt sich mithilfe von Tabelle 5-8

$$C_M = tb^3h^2 \frac{3b + 2h}{12(6b + h)} \,.$$

Tabelle 5-4 gibt Formeln für C_M für einige Querschnitte an. Zahlenwerte für genormte Walzprofile siehe in [7, 8].

5.5 Schnittgrößen in Stäben und Balken

5.5.1 Definition der Schnittgrößen für gerade Stäbe

Schnittgrößen eines geraden Stabes werden im x, y, z-System von Bild 5-14 beschrieben. Im unverformten Stab fällt die x-Achse mit der Verbindungslinie der Flächenschwerpunkte aller Stabquerschnitte (das ist die sog. *Stabachse*) und die y- sowie die z-Achse mit den Hauptachsen der Querschnittsfläche zusammen. Ein Schnitt quer zur x-Achse an der Stelle x erzeugt

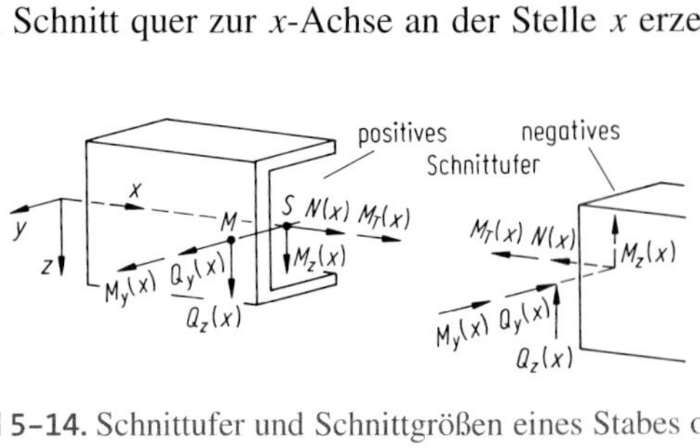

Bild 5-14. Schnittufer und Schnittgrößen eines Stabes oder Balkens

zwei Stabteile mit je einem *Schnittufer*. Das positive Schnittufer ist dasjenige, aus dem die x-Achse herausweist.

Über den Querschnitt verteilte Schnittkräfte werden nach Bild 5-14 zu einem äquivalenten Kräftesystem zusammengefasst, das aus einer *Längskraft* $N(x)$ im Flächenschwerpunkt, *Querkräften* $Q_y(x)$ und $Q_z(x)$ im Schubmittelpunkt M, *Biegemomenten* $M_y(x)$ und $M_z(x)$ und einem *Torsionsmoment* $M_\mathrm{T}(x)$ besteht. Diese sechs Kraft- und Momentenkomponenten sind die sog. *Schnittgrößen* des Stabes. Sie greifen mit entgegengesetzten Richtungen an beiden Schnittufern an. Eine Schnittgröße ist positiv, wenn sie am positiven Schnittufer die Richtung der positiven Koordinatenachse hat. Im Sonderfall der ebenen Belastung in der zur x, z-Ebene parallelen Ebene durch den Schubmittelpunkt M sind nur $N(x)$, $Q_z(x)$ und $M_y(x)$ vorhanden.

Zu den Spannungen $\sigma(x, y, z)$, $\tau_{xy}(x, y, z)$ und $\tau_{xz}(x, y, z)$ im Querschnitt bei x (σ steht für σ_x) bestehen die Beziehungen (alle Integrationen über die gesamte Querschnittfläche):

$$\left.\begin{aligned} N(x) &= \int \sigma\,\mathrm{d}A\,, \quad Q_y(x) = \int \tau_{xy}\,\mathrm{d}A\,, \\ &\qquad\qquad Q_z(x) = \int \tau_{xz}\,\mathrm{d}A\,, \\ M_\mathrm{T}(x) &= \int [-(z - z_\mathrm{M})\tau_{xy} + (y - y_\mathrm{M})\tau_{xz}]\,\mathrm{d}A \\ &= \int (-z\tau_{xy} + y\tau_{xz})\,\mathrm{d}A \\ &\quad + z_\mathrm{M} Q_y(x) - y_\mathrm{M} Q_z(x)\,, \\ M_y(x) &= \int z\sigma\,\mathrm{d}A\,, \quad M_z(x) = -\int y\sigma\,\mathrm{d}A\,. \end{aligned}\right\} \qquad (5\text{-}38)$$

5.5.2 Berechnung von Schnittgrößen für gerade Stäbe

Gleichgewichtsbedingungen an freigeschnittenen Stabteilen liefern Beziehungen zwischen den Schnittgrößen eines Stabes und den äußeren eingeprägten Kräften und Momenten am Stab. Für die hier behandelte sog. Theorie 1. Ordnung werden Gleichgewichtsbedingungen am unverformten Stab formuliert. Ein Stab heißt *statisch bestimmt*, wenn die Gleichgewichtsbedingungen ausreichen, um alle Schnittgrößen explizit durch eingeprägte äußere Kräfte und Momente auszudrücken. Statisch unbestimmte Stäbe siehe in 5.8.6. Die Abhängigkeit der Schnittgrößen von der Koordinate x wird nach Bild 5-16 in Diagrammen unter dem Stab dargestellt. Die Kurven in den Diagrammen nennt man *Querkraftlinie, Biegemomentenlinie* usw.

Gleichgewichtsbedingungen. Um Schnittgrößen an einer Stelle x zu berechnen, wird der Stab bei x in zwei Stücke geschnitten. Das einfacher zu untersuchende Stück wird an allen Lagern freigeschnitten. An den Schnittstellen werden die unbekannten Schnittgrößen und die (vorher berechneten) Lagerreaktionen angebracht. Gleichgewichtsbedingungen (sechs im räumlichen, drei im ebenen Fall) liefern die Schnittgrößen. Schnittstellen beiderseits des Angriffspunktes einer Einzelkraft oder eines Einzelmoments liefern unterschiedliche Schnittgrößenfunktionen. Man muss also beiderseits jedes derartigen Punktes einen Schnitt untersuchen.

Prinzip der virtuellen Arbeit. Statt Gleichgewichtsbedingungen kann das Prinzip der virtuellen Arbeit verwendet werden, und zwar besonders vorteilhaft, wenn nur eine einzige Schnittgröße als Funktion von x gesucht wird. Im Fall einer Kraftschnittgröße wird bei x eine Schiebehülse in Richtung der gesuchten Schnittgröße eingeführt. Im Fall einer Momentenschnittgröße wird bei x ein Gelenk mit der Achse in Richtung der gesuchten Schnittgröße eingeführt. Beiderseits der Schiebehülse bzw. des Gelenks wird die betreffende Schnittgröße mit entgegengesetzten Vorzeichen als äußere Last angebracht. An dem so gewonnenen Ein-Freiheitsgrad-Mechanismus wird die in 2.1.16 geschilderte Rechnung durchgeführt. Als Beispiel siehe Bild 2-14c.

Hilfssätze. Die Anwendung der Gleichgewichtsbedingungen und des Prinzips der virtuellen Arbeit wird teilweise oder ganz überflüssig, wenn man die folgenden Hilfsmittel einsetzt.

a) Das Superpositionsprinzip. Es sagt aus, dass eine Schnittgröße, z. B. $M_y(x)$, für eine Kombination von Lasten gleich der Summe der Schnittgrößen $M_y(x)$ für die einzelnen Lasten ist.

b) Am Angriffspunkt einer Einzelkraft F (eines Einzelmoments M) in x- oder y- oder z-Richtung macht die entsprechende Kraft- bzw. Momentenschnittgröße gleicher Richtung einen Sprung. Der Sprung hat die Größe $-F$ bzw. $-M$, wenn man die x-Achse in positiver Richtung durchläuft.

c) Zwischen Streckenlast $q_z(x)$, Querkraft $Q_z(x)$ und Biegemoment $M_y(x)$ gilt überall außer an Angriffspunkten von Einzelkräften in z-Richtung

$$\left.\begin{aligned} \frac{\mathrm{d}Q_z}{\mathrm{d}x} &= -q_z(x)\,, \quad \frac{\mathrm{d}M_y}{\mathrm{d}x} = Q_z(x)\,,\\ \frac{\mathrm{d}^2 M_y}{\mathrm{d}x^2} &= -q_z(x)\,. \end{aligned}\right\} \tag{5-39}$$

Entsprechend gilt

$$\left.\begin{aligned} \frac{\mathrm{d}Q_y}{\mathrm{d}x} &= -q_y(x)\,, \quad \frac{\mathrm{d}M_z}{\mathrm{d}x} = Q_y(x)\,,\\ \frac{\mathrm{d}^2 M_z}{\mathrm{d}x^2} &= -q_y(x)\,. \end{aligned}\right\} \tag{5-40}$$

Hieraus folgt: In Bereichen ohne Streckenlast q_z ist $Q_z(x)$ konstant und $M_y(x)$ linear mit x veränderlich. In Bereichen mit konstanter Streckenlast $q_z(x) = \text{const} \neq 0$ ist $Q_z(x)$ linear und $M_y(x)$ quadratisch von x abhängig. Die Biegemomentenlinie $M_y(x)$ hat Knicke an den Angriffspunkten von Einzelkräften mit z-Richtung. Das Biegemoment $M_y(x)$ hat stationäre Werte (Maxima, Minima oder Sattelpunkte) an allen Stellen, an denen $Q_z(x) = 0$ ist. Für Extrema von M_y kommen nur diese Stellen und die Angriffspunkte von Einzelkräften und Einzelmomenten in Betracht. Stückweise konstante Streckenlasten werden häufig nach Bild 5-15 durch äquivalente Einzelkräfte ersetzt. Die Biegemomentenlinie für die Streckenlasten (gekrümmte Linie) und die Biegemomentenlinie für die Einzelkräfte (Polygonzug) haben an den Rändern der durch Einzelkräfte ersetzten Streckenlastabschnitte gleiche Funktionswerte und gleiche Steigungen.

d) Randbedingungen: An einem freien Stabende ohne Einzelkraft (bzw. ohne Einzelmoment) in x- oder y- oder z-Richtung ist die Kraftschnittgröße (bzw. Momentenschnittgröße) gleicher Richtung null. An der Stelle einer Schiebehülse in x- oder y- oder z-Richtung ist die Kraftschnittgröße gleicher Richtung null. An der Stelle eines Gelenks um die x- oder y- oder z-Achse ist die Momentenschnittgröße gleicher Richtung null.

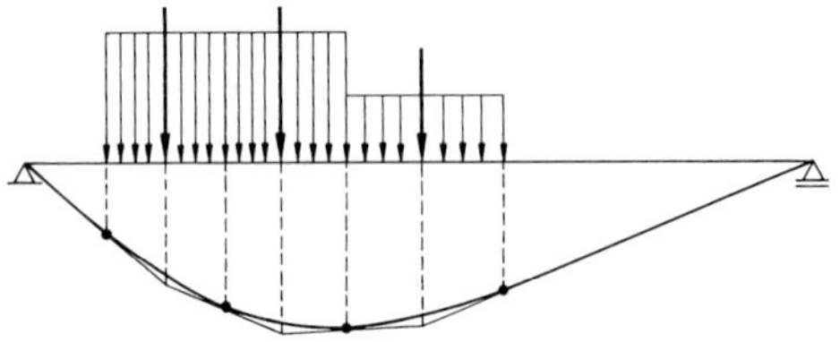

Bild 5-15. Biegemomentenlinien für eine Streckenlast (gekrümmte Linie) und für äquivalente Einzelkräfte (Polygonzug)

Beispiel 5-4: Bild 5-16 demonstriert, wie man allein mit den Hilfsmitteln (a) bis (d) Querkraft- und Biegemomentenlinien bestimmt. Die Kraft F an der Stütze hat auf den horizontalen Stab dieselbe Wirkung, wie F und das Moment Fh im Diagramm darunter. Die Lagerreaktion $D_\mathrm{v} = 3ql/2$ wird zuerst berechnet (Momentengleichgewicht um C für die bei C und D freigeschnittene rechte Stabhälfte). $Q_z(x)$ ist durch die Randbedingung bei E, durch die Steigung $-q$ zwischen D und E, durch die Steigung null zwischen A und D und durch den Sprung bei D um $-D_\mathrm{v} = -3ql/2$ festgelegt. $M_y(x)$ ist zwischen A und D durch die Randbedingung am Gelenk C, durch die konstante Steigung $Q_z = -ql/2$ und durch den Sprung um Fh bei B festgelegt.

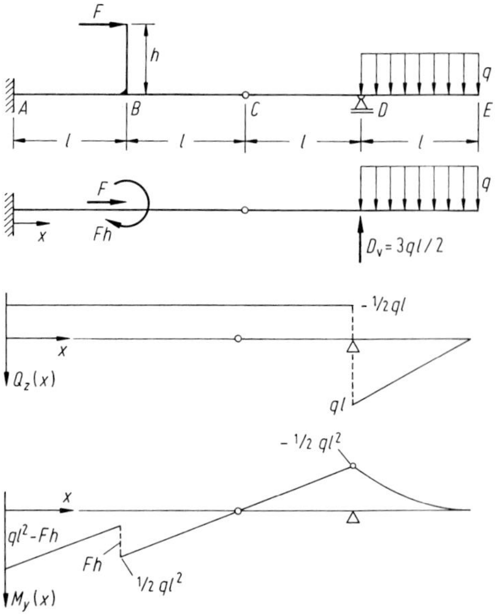

Bild 5-16. Statisch bestimmter Träger (oben), der horizontale Teil des Trägers mit derselben Belastung (darunter) und die Funktionsverläufe von Querkraft $Q_z(x)$ und Biegemoment $M_y(x)$ (darunter)

Zwischen D und E gilt $\mathrm{d}M_y/\mathrm{d}x = Q_z = q(4l - x)$, also $M_y(x) = -q(4l - x)^2/2 + \text{const.}$ Die Konstante ist wegen der Randbedingung bei E gleich null.

Schnittgrößen in abgewinkelten Stäben. Bild 5-17 ist ein Beispiel für stückweise gerade Stäbe, die abgewinkelt miteinander verbunden sind. Für jedes einzelne gerade Stabstück mit der Nummer i werden Schnittgrößen wie in Bild 5-14 in einem individuellen x_i, y_i, z_i-System des betreffenden Stabes definiert und berechnet.

Schnittgrößen in gekrümmten Stäben. Der Kreisring in Bild 5-18a und die Wendel einer Schraubenfeder sind Beispiele für Stäbe, die schon im unbelasteten Zustand eben oder räumlich gekrümmt sind. Die Schnittgrößen an einer Stelle des Stabes sind wie beim geraden Stab und mit denselben Definitionen eine Längskraft, Querkräfte, Biegemomente und ein Torsionsmoment. Ihre Richtungen sind die der Tangente an die Stabachse bzw. der Hauptachsen im Querschnitt an der betrachteten Stelle.

Beispiel 5-5: In Bild 5-18a sind nur die Längskraft $N(\varphi)$, die Querkraft $Q_r(\varphi)$ und das Biegemoment $M_z(\varphi)$ vorhanden (Bild 5-18b). Kräftegleichgewichtsbedingungen in radialer und in tangentialer Richtung und eine Momentengleichgewichtsbedingung um die Schnittstelle ergeben

$$Q_r(\varphi) = -F\sin\varphi\,,\quad N(\varphi) = -F\cos\varphi\,,$$
$$M_z(\varphi) = Fr(1-\cos\varphi)\,.$$

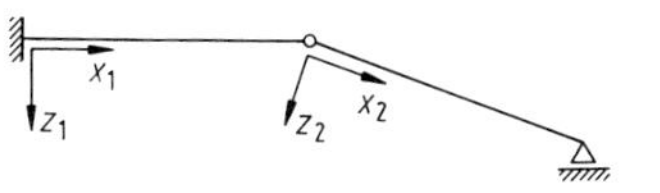

Bild 5-17. Abgewinkelter Stab mit individuellen Koordinatensystemen für alle Abschnitte

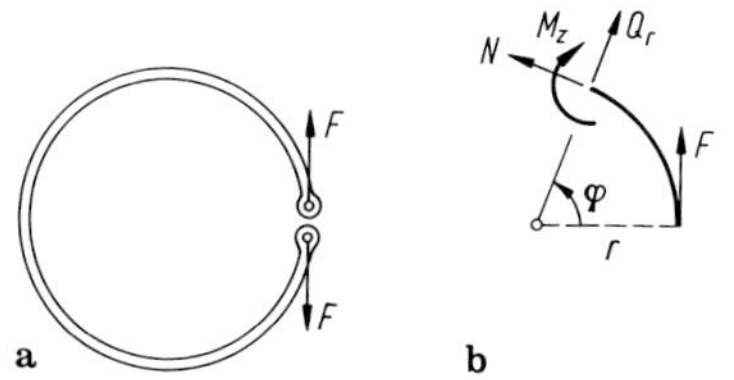

Bild 5-18. Gekrümmter Stab (**a**) und seine Schnittgrößen (**b**)

5.6 Spannungen in Stäben und Balken

Für Spannungen gilt im Gültigkeitsbereich des Hooke'schen Gesetzes das Superpositionsprinzip. Es macht die Aussage: Zwei Lastfälle 1 und 2, die jeder für sich in einem Körperpunkt die Spannungen σ_{x1}, σ_{y1}, τ_{xy1} usw. bzw. σ_{x2}, σ_{y2}, τ_{xy2} usw. verursachen, verursachen gemeinsam die Spannungen $\sigma_{x1} + \sigma_{x2}$, $\sigma_{y1} + \sigma_{y2}$, $\tau_{xy1} + \tau_{xy2}$ usw.

5.6.1 Zug und Druck

Im Querschnitt an der Stelle x tritt nur die *Längsspannung* (Normalspannung) auf

$$\sigma(x) = \frac{N(x)}{A(x)}\,. \tag{5-41}$$

5.6.2 Gerade Biegung

Von *gerader Biegung* spricht man, wenn nur Schnittgrößen $Q_z(x)$ und $M_y(x)$ oder nur $Q_y(x)$ und $M_z(x)$ vorhanden sind. Ein Biegemoment $M_y(x)$ verursacht im Querschnitt bei x die Längsspannung (Normalspannung)

$$\sigma(x,z) = \frac{M_y(x)}{I_y(x)}z\,. \tag{5-42}$$

Sie ist nach Bild 5-19 linear über den Querschnitt verteilt. Sie hat bei $z = 0$ den Wert null (spannungslose oder neutrale Fasern) und im größten Abstand $|z|_{\max}$ von der neutralen Faser das Betragsmaximum

$$|\sigma|_{\max} = \frac{|M_y(x)|}{W_y(x)} \quad \text{mit} \quad W_y(x) = \frac{I_y(x)}{|z|_{\max}}\,. \tag{5-43}$$

W_y heißt *Biegewiderstandsmoment*. Bei Biegung um die z-Achse durch ein Biegemoment $M_z(x)$ tritt an die

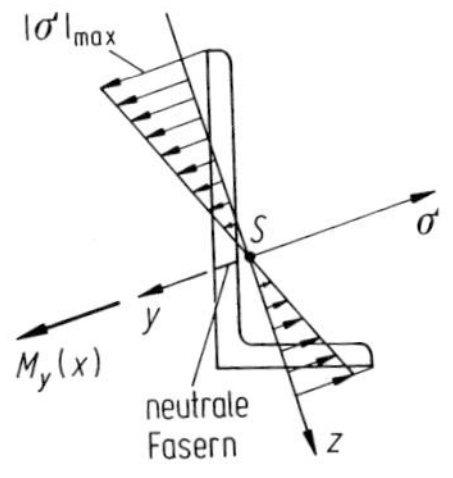

Bild 5-19. Spannungsverlauf $\sigma(z)$ in einem Stabquerschnitt bei gerader Biegung um die y-Hauptachse

Stelle von (5-42) $\sigma(x, y) = -yM_z(x)/I_z(x)$. Im Fall $M_y(x) = \text{const}$ bzw. $M_z(x) = \text{const}$ spricht man von *reiner Biegung*, weil dann $Q_z(x) \equiv 0$ bzw. $Q_y(x) \equiv 0$ ist. Tabelle 5-2 gibt Biegewiderstandsmomente W_y für zahlreiche Querschnitte an.

5.6.3 Schiefe Biegung

Bei gemeinsamer Wirkung von Biegemomenten $M_y(x)$ und $M_z(x)$ spricht man von schiefer Biegung. Sie erzeugt die Längsspannung

$$\sigma(x, y, z) = \frac{M_y(x)}{I_y(x)} z - \frac{M_z(x)}{I_z(x)} y \,. \qquad (5\text{-}44)$$

Linien gleicher Spannung im Querschnitt an der Stelle x sind Parallelen zur *Spannungsnulllinie* $\sigma = 0$, die die Gleichung

$$z = \frac{M_z(x) I_y(x)}{M_y(x) I_z(x)} y \qquad (5\text{-}45)$$

hat (Bild 5-20). Die betragsgrößte Spannung $|\sigma|_{\max}$ im Querschnitt tritt im Punkt oder in den Punkten mit dem größten Abstand von der Spannungsnulllinie auf. Man zeichnet die Spannungsnulllinie, liest die Koordinaten des Punktes bzw. der Punkte ab und berechnet mit ihnen die Spannung aus (5-44).

5.6.4 Druck und Biegung. Kern eines Querschnitts

Eine auf der Stirnseite des Stabes im Punkt (y_0, z_0) eingeprägte Kraft F parallel zur Stabachse verursacht nach Bild 5-21 die Schnittgrößen $N = F/A$, $M_y = Fz_0$ und $M_z = -Fy_0$ und damit nach (5-41) und (5-44) Längsspannungen

$$\sigma(y, z) = \frac{F}{A} + \frac{zz_0 F}{I_y} + \frac{yy_0 F}{I_z} \,.$$

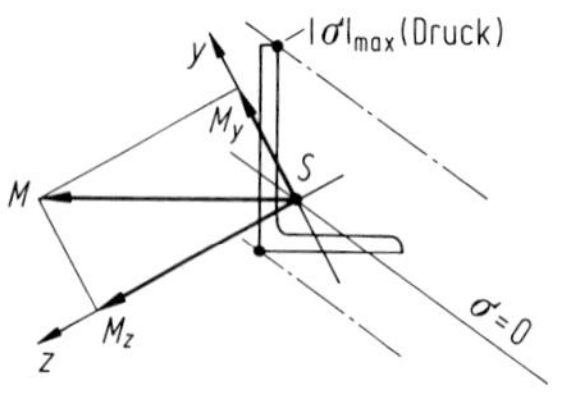

Bild 5-20. Spannungsverlauf $\sigma(y, z)$ in einem Stabquerschnitt bei schiefer Biegung. Spannungsnulllinie $\sigma = 0$

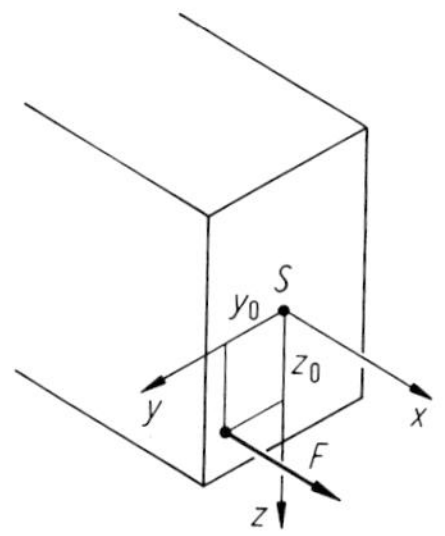

Bild 5-21. Die Kraft F verursacht eine Längskraft N und Biegemomente M_y und M_z im Stab

Die Spannungsnulllinie im Querschnitt hat die Gleichung

$$z = -y\frac{y_0}{z_0} \cdot \frac{I_y}{I_z} - \frac{I_y}{Az_0} \,. \qquad (5\text{-}46)$$

Der *Kern eines Querschnitts* ist derjenige Bereich des Querschnitts, in dem der Kraftangriffspunkt (y_0, z_0) liegen muss, damit im gesamten Querschnitt nur Spannungen eines Vorzeichens auftreten. Zulässige Spannungsnulllinien sind also Geraden $z = my + n$, die die Querschnittskontur berühren (Bild 5-22). Der Koeffizientenvergleich mit (5-46) liefert für jede Gerade einen Punkt der Kernkontur mit den Koordinaten

$$y_0 = \frac{mI_z}{nA} \,, \qquad z_0 = \frac{-I_y}{nA} \,. \qquad (5\text{-}47)$$

Wenn ein Querschnitt durch ein Polygon eingehüllt wird (Bild 5-22), dann ist die Kernkontur das Polygon mit den Ecken (y_0, z_0) zu den Seiten des einhüllenden Polygons.

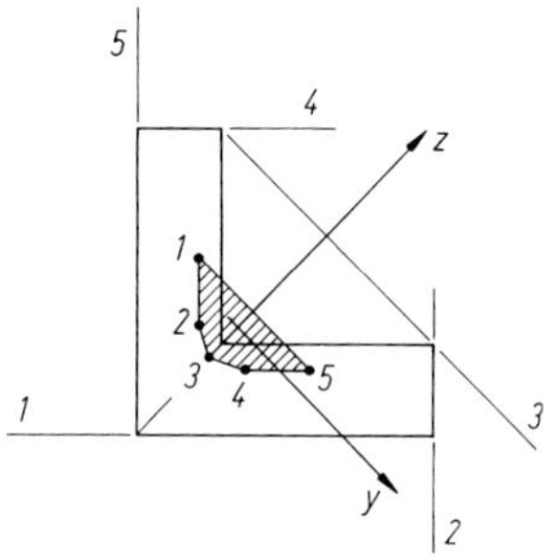

Bild 5-22. Der Stabquerschnitt wird von den Geraden $1, \ldots, 5$ eingehüllt. Jede Gerade bestimmt einen Eckpunkt des schraffierten Kernquerschnitts

Der Kern eines Rechteckquerschnitts ist ein Rhombus mit den y- und z-Achsen als Diagonalen. Jede Diagonale ist ein Drittel so lang wie die gleichgerichtete Rechteckseite. Der Kern eines Kreis- oder Kreisringquerschnitts vom Innenradius R_i und Außenradius R_a ist der Kreis mit dem Radius $R = \frac{1}{4}R_\mathrm{a}[1 + (R_\mathrm{i}/R_\mathrm{a})^2]$.

5.6.5 Biegung von Stäben aus Verbundwerkstoff

Betrachtet werden Stabquerschnitte, die aus n zur z-Achse symmetrischen Teilquerschnitten mit verschiedenen Werkstoffen zusammengesetzt sind (Bild 5-23a). Der Flächenschwerpunkt des Gesamtquerschnitts ist Ursprung des x, y, z-Systems. Ein Biegemoment $M_y(x)$ verursacht Längsspannungen

$$\sigma(x, y, z) = E(y, z)\frac{z - z_0(x)}{\varrho(x)} \qquad (5\text{-}48)$$

mit

$$\frac{1}{\varrho(x)} = \frac{M_y(x)\Sigma E_i A_i}{(\Sigma E_i I_{yi})(\Sigma E_i A_i) - (\Sigma E_i z_{\mathrm{S}i} A_i)^2}, \qquad (5\text{-}49)$$

$$z_0(x) = \frac{\Sigma E_i z_{\mathrm{S}i} A_i}{\Sigma E_i A_i}. \qquad (5\text{-}50)$$

Darin bezeichnet $E(y, z)$ den ortsabhängigen E-Modul. E_i, A_i, I_{yi}, $z_{\mathrm{S}i}$ sind für den i-ten Teilquerschnitt der E-Modul, die Querschnittsfläche, das Flächenmoment 2. Grades um die y-Achse bzw. die z-Koordinate des Flächenschwerpunkts. Alle Summen erstrecken sich über $i = 1, \ldots, n$. Bei $z = z_0$ liegt die neutrale Faser mit der Krümmung $1/\varrho(x)$. Bild 5-23b zeigt qualitativ den Spannungsverlauf im Querschnitt mit Sprüngen an den Werkstoffgrenzen und mit der Möglichkeit von Maxima im Stabinneren.

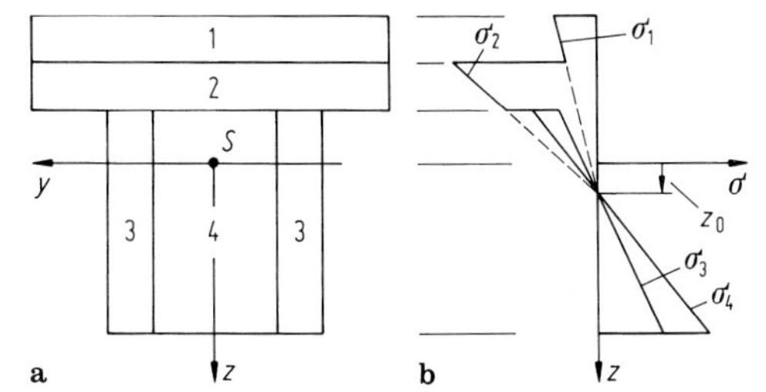

Bild 5-23. Ein Verbundquerschnitt mit zur z-Achse symmetrischen Teilquerschnitten (**a**) und ein möglicher Spannungsverlauf bei Biegung um die y-Achse (**b**)

Spannbeton mit Verbund

Zur Herstellung eines Stabes aus Spannbeton mit Verbund wird Beton in eine Form um Stähle gegossen, die in ein Spannbett eingespannt sind (Bild 5-24a). Nach dem Aushärten des Betons werden die Stähle aus dem Spannbett befreit. Danach hat der Spannbetonstab einen Eigenspannungszustand und eine Krümmung (Bild 5-24b). Wenn zusätzlich das Biegemoment $M_y(x)$ infolge einer äußeren Last wirkt, ist die Längsspannung

$$\sigma(x, y, z) = E(y, z)\frac{z - z_0(x)}{\varrho(x)} + \sigma_0(y, z) \text{ mit} \qquad (5\text{-}51)$$

$$\frac{1}{\varrho(x)} = \frac{\Delta}{(\Sigma E_i I_{yi})(\Sigma E_i A_i) - (\Sigma E_i z_{Si} A_i)^2}, \qquad (5\text{-}52)$$

$$z_0(x) = \frac{1}{\Delta}[(M_y(x) - \Sigma\sigma_{0i} z_{Si} A_i)(\Sigma E_i z_{Si} A_i) + (\Sigma\sigma_{0i} A_i)(\Sigma E_i I_{yi})], \qquad (5\text{-}53)$$

$$\Delta = (M_y(x) - \Sigma\sigma_{0i} z_{Si} A_i)(\Sigma E_i A_i) + (\Sigma\sigma_{0i} A_i)(\Sigma E_i z_{Si} A_i). \qquad (5\text{-}54)$$

Alle Summen erstrecken sich über $i = 1, \ldots, n$. Die Formeln setzen n zur z-Achse symmetrische Teilquerschnitte $i = 1, \ldots, n$ voraus, und zwar Beton ($i = 1$, $\sigma_{01} = 0$) und $n - 1$ Gruppen von Spannstählen mit den Vorspannungen σ_{0i}. Alle anderen Bezeichnungen sind wie in (5-48) bis (5-50) definiert. Bei $z = z_0$ liegt die Spannungsnulllinie mit der Krümmung $1/\varrho(x)$. Im Fall $M_y = 0$ ergibt sich der Eigenspannungszustand von Bild 5-24b.

5.6.6 Biegung vorgekrümmter Stäbe

Der Stab in Bild 5-25 hat an der betrachteten Stelle im unbelasteten Zustand den Krümmungsradius ϱ_0 der Schwerpunktachse. $\varrho_0 < 0$ bedeutet Krümmung nach der anderen Seite. Die y- und z-Achsen sind Haupt-

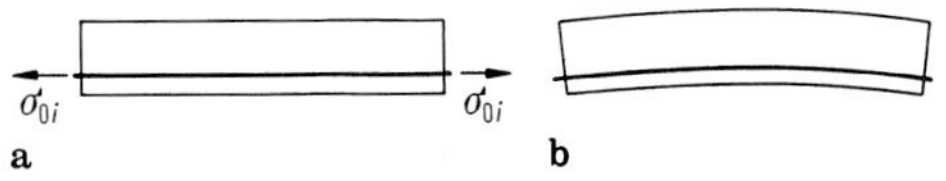

Bild 5-24. Stab aus Spannbeton mit Verbund während der Herstellung (**a**) und im Eigenspannungszustand ohne äußere Belastung (**b**)

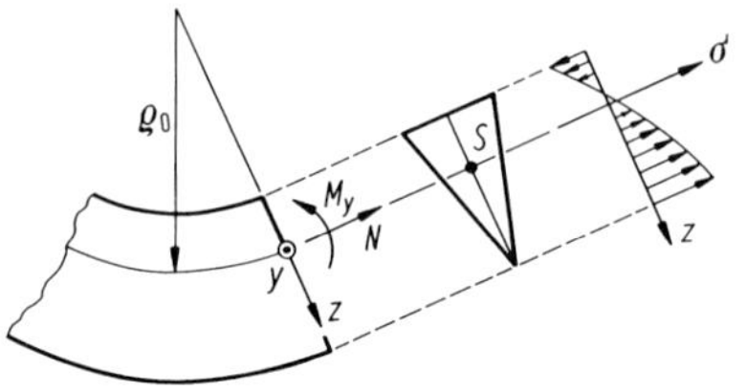

Bild 5-25. Stark vorgekrümmter Stab mit Spannungsverteilung $\sigma(z)$ bei Biegung um die y-Achse

achsen der Fläche. Schnittgrößen N und M_y erzeugen im Querschnitt an dieser Stelle die Längsspannung

$$\sigma(z) = \frac{N}{A} + \frac{M_y}{\varrho_0 A}\left[1 + \frac{z}{\varkappa(\varrho_0 + z)}\right]$$

$$\text{mit} \quad \varkappa = \frac{-1}{A}\int_A \frac{z}{\varrho_0 + z}\,\mathrm{d}A\,. \qquad (5\text{-}55)$$

Die neutrale Faser liegt bei

$$z_0 = -\varrho_0\varkappa[\varkappa + (1 + \varrho_0 N/M_y)^{-1}]^{-1}\,.$$

Bild 5-25 zeigt den Spannungsverlauf qualitativ. $\varkappa$ ist eine Zahl. Im Fall $\varrho_0 > 0$ ist $0 < \varkappa < 1$.
Für einen Rechteckquerschnitt (Höhe h in z-Richtung, beliebige Breite; $\alpha = h/(2\varrho_0)$) ist

$$\varkappa = \frac{1}{2\alpha}\ln\frac{1+\alpha}{1-\alpha} - 1\,.$$

Für einen Kreis- oder Ellipsenquerschnitt (Halbachse a in z-Richtung; $\alpha = a/\varrho_0$) ist

$$\varkappa = \frac{2}{\alpha^2} - \frac{2}{\alpha}\left(\frac{1}{\alpha^2} - 1\right)^{1/2} - 1\,.$$

Für ein gleichschenkliges Dreieck (Höhe h in z-Richtung; $h > 0$ im Fall der Spitze bei $z > 0$, sonst $h < 0$; $\alpha = h/(3\varrho_0)$) ist

$$\varkappa = \frac{2}{9\alpha}\left(2 + \frac{1}{\alpha}\right)\ln\frac{1+2\alpha}{1-\alpha} - \frac{2}{3\alpha} - 1\,.$$

Bei schwach gekrümmten Stäben ist $|\varrho_0| \gg |z|$. Dann ist $\varkappa \approx I_y/(\varrho_0^2 A)$ und

$$\sigma(z) \approx \frac{M_y}{I_y}\left(z + \frac{I_y/A - z^2}{\varrho_0}\right) \approx \frac{M_y}{I_y}z\,,$$

wie beim geraden Stab.

5.6.7 Reiner Schub

Eine durch den Schubmittelpunkt gerichtete Querkraft $Q_z(x)$ verursacht im Querschnitt eines geraden Stabes an der Stelle x nur Schubspannungen. Am ganzen Rand des Querschnitts ist die Schubspannung tangential zum Rand gerichtet. In einfach berandeten Querschnitten aus dünnen Stegen nach Bild 5-11 ist sie überall annähernd tangential zur Stegmittellinie gerichtet und nur von der Koordinate s entlang der Stegmittellinie abhängig, und zwar nach der Gleichung

$$\tau(x, s) = \frac{Q_z(x)\,S_y(s)}{t(s)I_y}\,. \qquad (5\text{-}56)$$

Die Bogenlänge s ist wie in Bild 5-11 definiert, und $\tau > 0$ bedeutet, dass die Schubspannung am positiven Schnittufer positive s-Richtung hat. Tabelle 5-6 gibt die Richtungen und Größen von Schubspannungen für einige technische Querschnitte an.
Die Anwendung von (5-56) auf nicht dünnstegige Querschnitte liefert nur grobe Näherungen. Die Anwendung auf den Kreisquerschnitt und den Rechteckquerschnitt liefert für $z = 0$ als brauchbare Näherungen für die Maximalspannung $\tau_{max} = (4/3)Q_z/A$ bzw. $\tau_{max} = (3/2)Q_z/A$.
Nach dem Satz von der Gleichheit zugeordneter Schubspannungen (5-8) herrscht die Schubspannung $\tau(s)$ auch in der Schnittebene parallel zur Stabachse und normal zum Steg bei s (Bild 5-26a). Auf einem Stabstück der Länge l wird in dieser Schnittebene die Schubkraft $\tau(s)t(s)l$ übertragen. Wenn die Schnittebene eine Niet- oder Schweißverbindung ist (Bild 5-26b), dann ist der tragende Querschnitt i. Allg. kleiner, also $\lambda t(s)l$ mit $\lambda < 1$. Die Spannung im tragenden Querschnitt ist deshalb $\tau(s)/\lambda$.

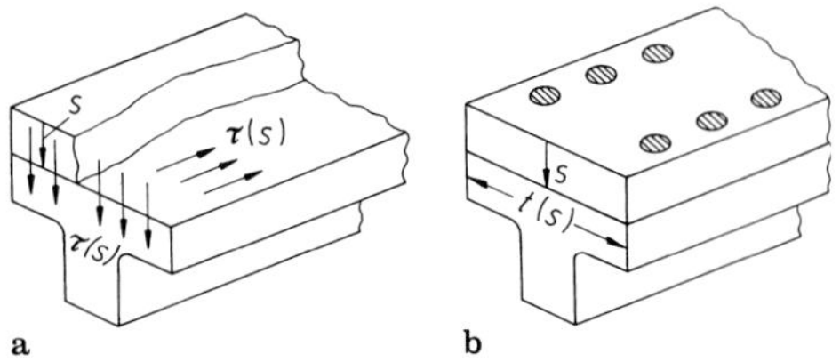

Bild 5-26. Schubspannung in einer Klebverbindung (**a**) und in den Nieten eines Deckbandes (**b**)

Tabelle 5-6. Schubspannungen τ in dünnstegigen Stabquerschnitten infolge einer vertikalen Querkraft Q_z. Pfeile geben die Richtung von τ an.

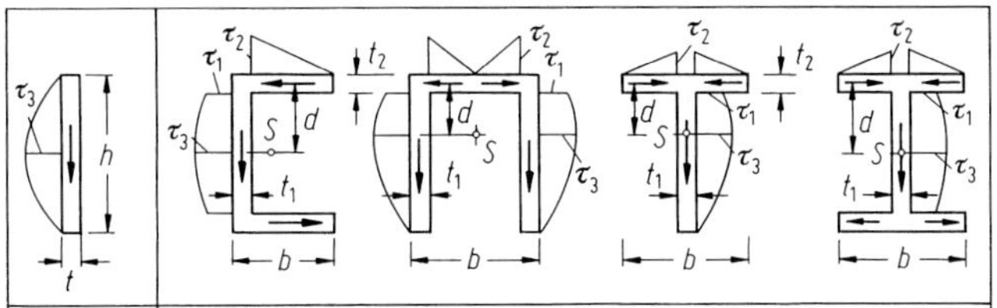

	$\tau_1 = Q_z \dfrac{b\,d}{I_y}\dfrac{t_2}{t_1}$ (alle Querschnitte)
	$\tau_2 = \tau_1 \dfrac{t_2}{t_1}$ (linke zwei Querschnitte); $\tau_2 = \dfrac{1}{2}\tau_1 \dfrac{t_2}{t_1}$ (rechte zwei Querschnitte)
$\tau_3 = \dfrac{3Q_z}{2th}$	$\tau_3 = \tau_1 + Q_z \dfrac{(d - t_2/2)^2}{2I_y}$

5.6.8 Torsion ohne Wölbbehinderung (Saint-Venant-Torsion)

Die Schnittgröße $M_T(x)$ verursacht im Stabquerschnitt nur Schubspannungen. Die maximale Schubspannung ist $\tau_{max} = M_T/W_T$. W_T ist das nur von der Querschnittsform abhängige *Torsionswiderstandsmoment* (Dimension: Länge^3). Tabelle 5-5 gibt Werte von W_T für verschiedene Querschnittsformen an. Die Schubspannung im Stabquerschnitt ist am ganzen Rand tangential zum Rand gerichtet. Bei einfach berandeten Querschnitten beliebiger Form liefert der in 5.4.5 geschilderte Seifenhauthügel über dem Querschnitt in jedem Punkt Größe und Richtung der Schubspannung. Die Größe ist proportional zur maximalen Steigung des Hügels im betrachteten Punkt, und die Richtung ist tangential zur Höhenlinie des Hügels im betrachteten Punkt. In einem schmalen Rechteckquerschnitt (Höhe h, Breite $b \ll h$) tritt die größte Schubspannung $\tau_{max} \approx 3M_T/(hb^2)$ am Außenrand in der Mitte der langen Seiten auf. Weitere Lösungen siehe in [6].

Da die Form des Seifenhauthügels ohne Experiment leicht vorstellbar ist, können Stellen mit Spannungskonzentrationen vorhergesagt werden, z. B. in einspringenden Ecken einer Querschnittskontur.

In Kreis- und Kreisringquerschnitten (Innenradius R_i, Außenradius R_a, polares Flächenmoment 2. Grades $I_p = \pi(R_a^4 - R_i^4)/2$) hat die Spannung am Radius r die Größe

$$\tau(x, r) = \frac{M_T(x)}{I_p(x)} r \qquad (5\text{-}57)$$

und die Richtung der Tangente an den Kreis (Bild 5-27).

In einzelligen, dünnwandigen Hohlquerschnitten ist die Schubspannung überall tangential zur Wandmittellinie gerichtet. Ihre Größe wird durch die 1. *Bredt'sche Formel* angegeben (Bezeichnungen wie in (5-35))

$$\tau(s) = \frac{M_T}{2A_m t(s)} \,. \qquad (5\text{-}58)$$

Bei n-zelligen, dünnwandigen Hohlquerschnitten (Bild 5-13) ist an der Stelle s in der Wand zwischen zwei beliebigen Zellen i und j $\tau(s) = M_T(\lambda_i - \lambda_j)/t(s)$ mit $\lambda_1, \ldots, \lambda_n$ aus (5-36). Wenn die Wand nur einer Zelle i anliegt, wird $\lambda_j = 0$ gesetzt.

Vorzeichenregel: Ein $\lambda_k > 0$ für Zelle k bedeutet, dass $M_T\lambda_k/t(s)$ eine Schubspannung ist, die am positiven Schnittufer die Zelle k im Drehsinn von M_T umkreist.

5.6.9 Torsion mit Wölbbehinderung

Nur Querschnitte mit einem Wölbwiderstand $C_M \neq 0$ werden bei Torsion verwölbt. Wölbbehinderungen

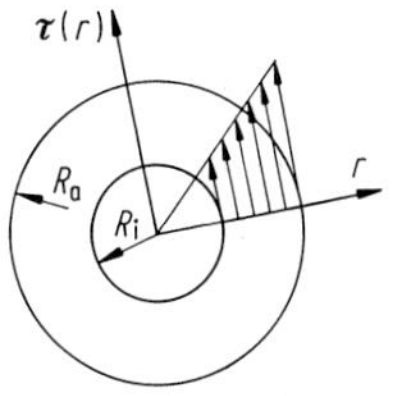

Bild 5-27. Schubspannungsverteilung im Kreisringquerschnitt bei Torsion

verursachen im Querschnitt Schubspannungen τ^* zusätzlich zu den ohne Wölbbehinderung vorhandenen Schubspannungen und außerdem Längsspannungen σ^*. In einfach berandeten Querschnitten aus dünnen Stegen gilt mit den Bezeichnungen von Bild 5-11 mit derselben Funktion $\omega^*(s)$ wie in (5-37) und mit $\varphi(x)$ aus (5-70)

$$\left.\begin{aligned} \tau^*(x,s) &= -\frac{E\varphi'''(x)}{t(s)}\int \omega^*(\bar{s})t(\bar{s})\,\mathrm{d}\bar{s}\,, \\ \sigma^*(x,s) &= E\varphi''(x)\,\omega^*(s)\,. \end{aligned}\right\} \tag{5-59}$$

Die Integration erstreckt sich über alle Stege von $A_0(s)$. σ^* kann Werte annehmen, die nicht vernachlässigbar sind. Weitere Einzelheiten siehe in [9, 10].

5.7 Verformungen von Stäben und Balken

Verformungen eines geraden Stabes werden in dem ortsfesten x, y, z-System von Bild 5-14 beschrieben. Für alle Verformungen gilt das Superpositionsprinzip, d. h. Verformungen für mehrere Lastfälle beliebiger Art können einzeln berechnet und linear überlagert werden. Energiemethoden zur Berechnung von Verformungen siehe in 5.8. Statisch unbestimmte Systeme siehe in 5.8.6.

5.7.1 Zug und Druck

Die Längenänderung eines geraden Stabes der Länge l infolge einer Längskraft $N(x)$ und einer Temperaturänderung $\Delta T(x)$ ist (Integrationen über die gesamte Länge)

$$\begin{aligned} \Delta l &= \int \varepsilon(x)\,\mathrm{d}x = \frac{1}{E}\int \sigma(x)\,\mathrm{d}x + \alpha\int \Delta T(x)\,\mathrm{d}x \\ &= \frac{1}{E}\int \frac{N(x)}{A(x)}\,\mathrm{d}x + \alpha\int \Delta T(x)\,\mathrm{d}x\,. \end{aligned} \tag{5-60}$$

Im Sonderfall $N = \text{const}$, $A = \text{const}$, $\Delta T = \text{const}$ ist $\Delta l = Nl/(EA) + \alpha\,\Delta T l$. EA heißt *Dehnsteifigkeit* oder *Längssteifigkeit* des Stabes.

5.7.2 Gerade Biegung

Ein Biegemoment $M_y(x)$ verursacht eine *Krümmung* $1/\varrho(x)$ des Stabes um die y-Achse und eine *Durchbiegung* $w(x)$ in z-Richtung. Die Bernoulli-Hypothese vom Ebenbleiben der Querschnitte ergibt den Zusammenhang ($w' = \mathrm{d}w/\mathrm{d}x$)

$$\frac{1}{\varrho(x)} = \frac{w''(x)}{[1+w'^2(x)]^{3/2}} = \frac{-M_y(x)}{EI_y(x)}\,. \tag{5-61}$$

Für sehr kleine Neigungen $|w'(x)| \ll 1$ lautet die Differenzialgleichung der Biegelinie also

$$w''(x) = \frac{-M_y(x)}{EI_y(x)}\,. \tag{5-62}$$

EI_y heißt *Biegesteifigkeit* des Stabes. Wenn die rechte Seite bekannt ist, ergeben sich $w'(x)$ und $w(x)$ durch zweifache Integration. Die dabei auftretenden Integrationskonstanten werden aus Randbedingungen für w' und für w ermittelt. Bei einem n-feldrigen Stab mit n verschiedenen Funktionen $M_y(x)/(EI_y(x))$ wird (5-62) für jedes Feld gesondert aufgestellt und integriert, wobei die Durchbiegung in Feld i mit $w_i(x)$ bezeichnet wird. Bei der Integration fallen $2n$ Integrationskonstanten an. Zu ihrer Bestimmung stehen bei statisch bestimmten Systemen $2n$ Randbedingungen zur Verfügung. Statisch unbestimmte Systeme siehe in 5.8.6.

Beispiel 5-6: Für den Stab in Bild 5-28 wird die Rechnung am einfachsten, wenn man $x = 0$ am Gelenk definiert. Dann ist im linken Feld $Q_z(x) = ql/2$, $M_y(x) = xql/2$ und im rechten Feld

$$Q_z(x) = (ql/2)(1 - 2x/l),$$
$$M_y(x) = (ql^2/2)(-x^2/l^2 + x/l)\,.$$

Damit lautet (5-62)

$$w_1''(x) = -12\,C\frac{x}{l}\,, \quad w_2''(x) = 12\,C\left(\frac{x^2}{l^2} - \frac{x}{l}\right)$$

mit $C = ql^2/(24EI_y)$. Zwei Integrationen ergeben

$$\begin{aligned} w_1'(x) &= C(-6x^2/l + a_1)\,, \\ w_2'(x) &= C(4x^3/l^2 - 6x^2/l + b_1)\,, \\ w_1(x) &= C(-2x^3/l + a_1x + a_2)\,, \\ w_2(x) &= C(x^4/l^2 - 2x^3/l + b_1x + b_2)\,. \end{aligned}$$

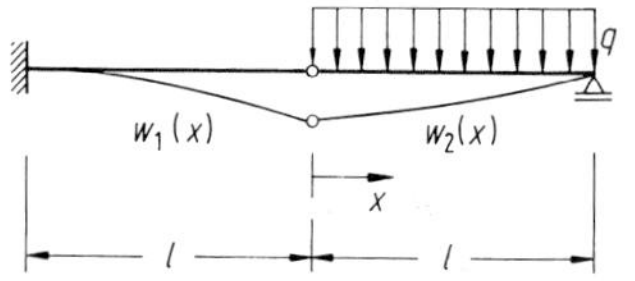

Bild 5-28. Biegestab

Die Randbedingungen $w_1'(-l) = 0$, $w_1(-l) = 0$, $w_1(0) = w_2(0)$ und $w_2(l) = 0$ ergeben $a_1 = 6l$, $a_2 = 4l^2$, $b_1 = -3l$, $b_2 = 4l^2$ und damit

$$w_1(x) = \frac{ql^4}{24EI_y}\left[-2\left(\frac{x}{l}\right)^3 + 6\frac{x}{l} + 4\right]$$

$$w_2(x) = \frac{ql^4}{24EI_y}\left[\left(\frac{x}{l}\right)^4 - 2\left(\frac{x}{l}\right)^3 - 3\frac{x}{l} + 4\right] .$$

Tabelle 5-7 gibt Durchbiegungen und Neigungen für Standardfälle an. Viele andere Fälle siehe in [11]. Zwischen dem Biegemoment $M_z(x)$ und der Durchbiegung $v(x)$ in y-Richtung gilt entsprechend (5-62) die Gleichung

$$v''(x) = \frac{M_z(x)}{EI_z(x)} . \qquad (5\text{-}63)$$

Ihre Integration liefert mit denselben Rechenschritten $v'(x)$ und $v(x)$.

5.7.3 Schiefe Biegung

Schiefe Biegung ist die Superposition von $M_y(x)$ und $M_z(x)$. Die Durchbiegungen $w(x)$ und $v(x)$ werden aus (5-62) bzw. (5-63) berechnet. Anmerkung: Die Geometrie eines Systems kann eine Kopplung der Randbedingungen für $w(x)$ und für $v(x)$ herstellen.

Beispiel 5-7: Wenn der Stab in Bild 5-28 den Querschnitt nach Bild 5-29 hat, dann heißt das Biegemoment $M_y(x)$ von Beispiel 5-6 jetzt $M_\eta(x)$. Daraus ergibt sich für die gedrehten Hauptachsen $M_y(x) = M_\eta(x)\cos\alpha$, $M_z(x) = -M_\eta(x)\sin\alpha$. Das Lager am rechten Ende erlaubt keine vertikale Verschiebung. Also lautet die Randbedingung $v(l)\sin\alpha + w(l)\cos\alpha = 0$.

5.7.4 Stab auf elastischer Bettung (Winkler-Bettung)

Bei Eisenbahnschienen und anderen elastisch gebetteten Stäben nimmt man nach Winkler die von der Bettung ausgeübte Streckenlast $q_B(x)$ als proportional zur örtlichen Durchbiegung $w(x)$ an, $q_B(x) = -Kw(x)$. Unter einer äußeren eingeprägten Streckenlast $q(x)$ ergibt sich für $w(x)$ die Differenzialgleichung

$$(EI_y w'')'' = -M_y'' = q(x) - Kw(x)$$

und im Fall $EI_y = \text{const}$ die Gleichung

$$w^{(4)} + 4\lambda^4 w = \frac{q(x)}{EI_y}$$

mit der Abkürzung $4\lambda^4 = K/(EI_y)$. Die allgemeine Lösung ist die Summe aus der Lösung der homogenen Gleichung,

$$w(x) = (c_1 \cos\lambda x + c_2 \sin\lambda x)\exp(-\lambda x) + (c_3 \cos\lambda x + c_4 \sin\lambda x)\exp(\lambda x) , \qquad (5\text{-}64)$$

und der partikulären Lösung der inhomogenen Gleichung. Es gilt das Superpositionsprinzip. Die Integrationskonstanten $c_1, \ldots, c_4$ werden aus Randbedingungen für w, w', w'' (Biegemoment) und w''' (Querkraft) bestimmt.

Beispiel 5-8: Bei einer beidseitig unendlich langen Eisenbahnschiene mit einer Einzelkraft F an der Stelle $x = 0$ ist $w(-x) = w(x)$, und im Bereich $x \geqq 0$ ist

$$w(x) = \frac{F\lambda}{K\sqrt{2}}\exp(-\lambda x)\sin\left(\lambda x + \frac{\pi}{4}\right) .$$

Das bei $x = 0$ maximale Biegemoment ist $M_{y\,\max} = F/(4\lambda)$.

Zahlreiche andere spezielle Lösungen siehe in [12–14].

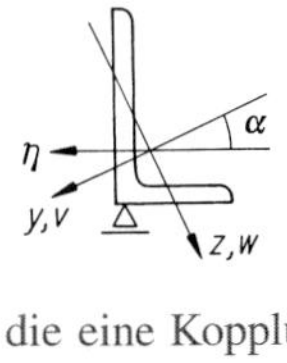

Bild 5-29. Lagerung, die eine Kopplung der Durchbiegungen v und w in den Randbedingungen verursacht

5.7.5 Biegung von Stäben aus Verbundwerkstoff

Stäbe mit Querschnitten nach Bild 5-23 haben die Differenzialgleichung der Biegelinie

$$w''(x) = \frac{-M(x)\Sigma E_i A_i}{(\Sigma E_i I_{yi})(\Sigma E_i A_i) - (\Sigma E_i z_{Si} A_i)^2} . \qquad (5\text{-}65)$$

Der Ausdruck auf der rechten Seite ist die mit –1 multiplizierte Krümmung $1/\varrho(x)$ von (5-49). Die Gleichung hat dieselbe Form wie (5-62) und wird mit denselben Rechenschritten gelöst.

Tabelle 5-7. Biegelinien und Neigungen von statisch bestimmten und statisch unbestimmten Stäben. Bei den statisch unbestimmten Stäben sind Auflagerreaktionen F_B und M_B angegeben. Abkürzungen: $\xi = x/l$, $\xi_1 = x_1/l$, $\alpha = a/l$, $\beta = b/l$; W ist jeweils unter der Abbildung erklärt. Das Symbol ⓣ weist auf extremale Durchbiegungen w_m hin, die in der Tabelle angegeben sind

Nr.	Biegestab mit Lagerung und Belastung	Biegelinie $w(\xi)$ oder $w(\xi_1)$ Lagerreaktionen F_B und M_B bei statisch unbestimmter Lagerung	Durchbiegungen w_A, w_B, w_C größte Durchbiegungen w_m w_m tritt bei $\xi = \xi_m$ auf	Neigungen w'_A, w'_B, w'_C $w' = dw/dx$
1	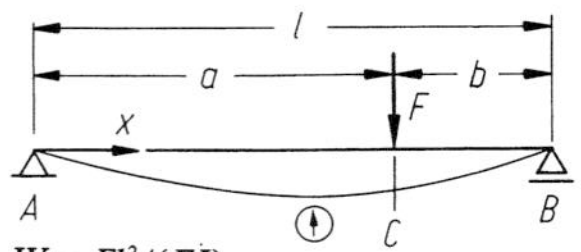 $W = Fl^3/(EI)$	$w = \begin{cases} W\beta\xi(1-\beta^2-\xi^2)/6 & \xi \leqq \alpha \\ W\alpha(1-\xi)[1-\alpha^2-(1-\xi)^2]/6 & \xi \geqq \alpha \end{cases}$	$w_C = W\alpha^2\beta^2/3$ für $a \geqq b$: $w_m = W\beta\xi_m^3/3$ $\xi_m = \sqrt{(1-\beta^2)/3}$	$w'_A = (W/l)\,\beta(1-\beta^2)/6$ $w'_B = -(W/l)\,\alpha(1-\alpha^2)/6$ $w'_C = (W/l)\,\alpha\beta(\beta-\alpha)/3$
		Für $a = b$: $w = W\xi(3-4\xi^2)/48 \quad \xi \leqq 1/2$	$w_m = w_C = W/48$	$w'_A = -w'_B = W/(16l)$
2	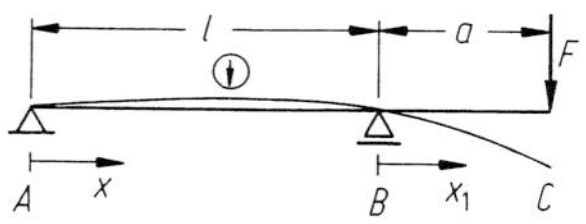 $W = Fl^3/(EI)$	$w = \begin{cases} -W\alpha\xi(1-\xi^2)/6 & \xi \leqq 1 \\ W\xi_1[\alpha(2+3\xi_1)-\xi_1^2]/6 & \xi_1 \geqq 0 \end{cases}$	$w_C = W\alpha^2(1+\alpha)/3$ $w_m = -W\alpha\sqrt{3}/27$ $\xi_m = \sqrt{1/3}$	$w'_C = (W/l)\,\alpha(2+3\alpha)/6$ $w'_B = -2w'_A = W\alpha/(3l)$
3	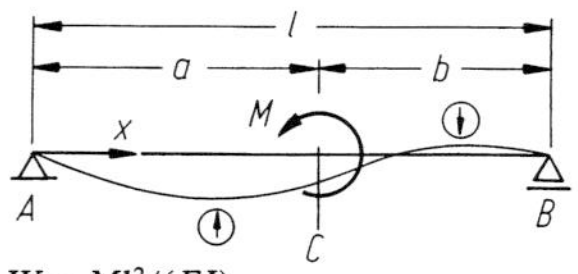 $W = Ml^2/(EI)$	$w = \begin{cases} W\xi(1-3\beta^2-\xi^2)/6 & \xi \leqq \alpha \\ W(1-\xi)(3\alpha^2-2\xi+\xi^2)/6 & \xi \geqq \alpha \end{cases}$	$w_C = W\alpha\beta(\alpha-\beta)/3$ $w_{m1} = W\xi_{m1}^3/3$, $\xi_{m1} = \sqrt{1/3-\beta^2}$ $w_{m2} = -W(1-\xi_{m2})^3/3$ $\xi_{m2} = 1-\sqrt{1/3-\alpha^2}$	$w'_A = W(1-3\beta^2)/(6l)$ $w'_B = W(1-3\alpha^2)/(6l)$ $w'_C = -W(1-3\alpha\beta)/(3l)$
		Für $a = l$: $w = W\xi(1-\xi^2)/6$	$w_m = W\sqrt{3}/27$, $\xi_m = \sqrt{1/3}$	$w'_B = -2w'_A = -W/(3l)$
4	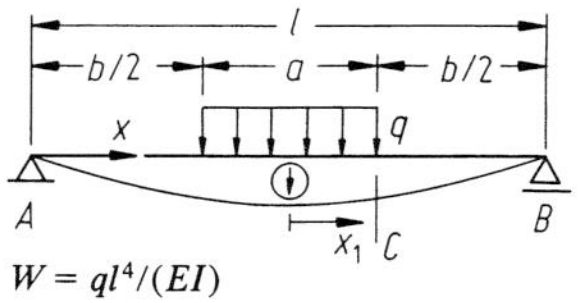 $W = ql^4/(EI)$	$w = \begin{cases} W[(1-\beta^2)(5-\beta^2-24\xi_1^2)+16\xi_1^4]/384 & \lvert\xi_1\rvert \leqq \alpha/2 \\ W\alpha(1-2\xi_1)[4\xi_1(1-\xi_1)+2-\alpha^2]/96 & \xi_1 \geqq \alpha/2 \end{cases}$	$w_C = W\alpha\beta(1+\alpha\beta)/48$ $w_m = W(1-\beta^2)(5-\beta^2)/384$	$w'_C = -(W/l)\,\alpha^2(3-2\alpha)/24$ $w'_B = -(W/l)\,\alpha(3-\alpha^2)/48$
		Für $a = l$: $w = W(5-24\xi_1^2+16\xi_1^4)/384$ $= W\xi(1-\xi)(1+\xi-\xi^2)/24$	$w_m = 5W/384$	$w'_A = -w'_B = W/(24l)$
5	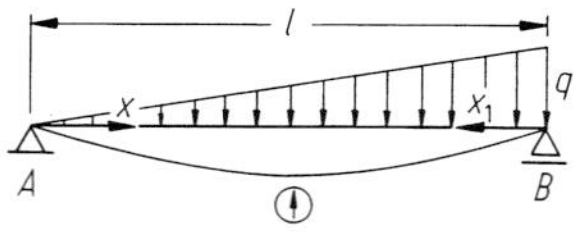 $W = ql^4/(EI)$	$w = W\xi(7-10\xi^2+3\xi^4)/360$ $= W\xi_1(8-20\xi_1^2+15\xi_1^3-3\xi_1^4)/360$	$w_m \approx W/153$ $\xi_m \approx 0{,}52$	$w'_A = 7W/(360l)$ $w'_B = -8W/(360l)$

Tabelle 5-7. (Fortsetzung)

Nr.	Biegestab mit Lagerung und Belastung	Biegelinie $w(\xi)$ oder $w(\xi_1)$ Lagerreaktionen F_B und M_B bei statisch unbestimmter Lagerung	Durchbiegungen w_A, w_B, w_C größte Durchbiegungen w_m w_m tritt bei $\xi = \xi_m$ auf	Neigungen w'_A, w'_B, w'_C $w' = dw/dx$
6	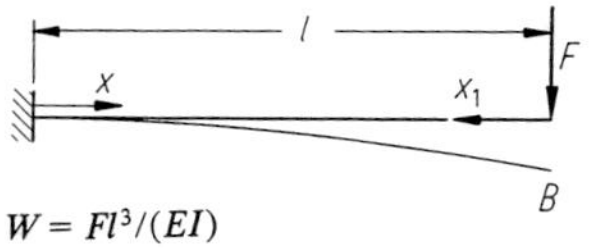 $W = Fl^3/(EI)$	$w = W\xi^2(3 - \xi)/6$ $= W(2 - 3\xi_1 + \xi_1^3)/6$	$w_B = W/3$	$w'_B = W/(2l)$
7	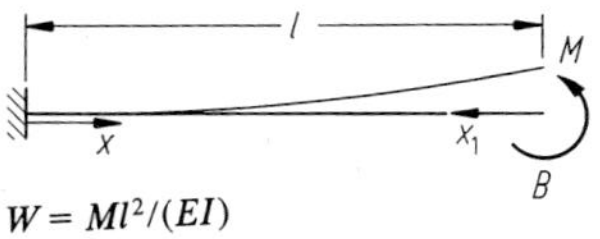 $W = Ml^2/(EI)$	$w = -W\xi^2/2$ $= -W(1 - \xi_1)^2/2$	$w_B = -W/2$	$w'_B = -W/l$
8	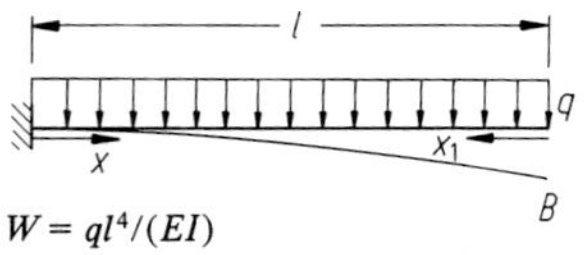 $W = ql^4/(EI)$	$w = W\xi^2(6 - 4\xi + \xi^2)/24$ $= W(3 - 4\xi_1 + \xi_1^4)/24$	$w_B = W/8$	$w'_B = W/(6l)$
9	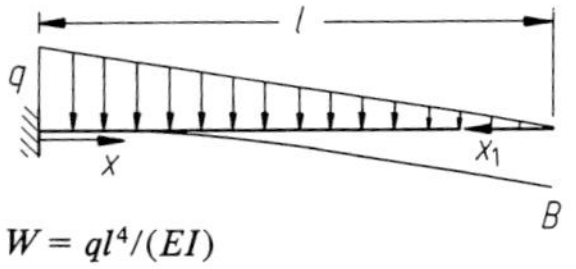 $W = ql^4/(EI)$	$w = W\xi^2(10 - 10\xi + 5\xi^2 - \xi^3)/120$ $= W(4 - 5\xi_1 + \xi_1^5)/120$	$w_B = W/30$	$w'_B = W/(24l)$
10	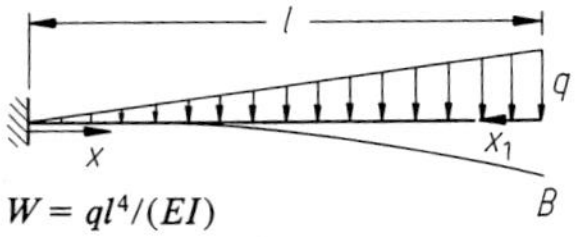 $W = ql^4/(EI)$	$w = W\xi^2(20 - 10\xi + \xi^3)/120$ $= W(11 - 15\xi_1 + 5\xi_1^4 - \xi_1^5)/120$	$w_B = 11W/120$	$w'_B = W/(8l)$

Tabelle 5-7. (Fortsetzung)

Nr.	Biegestab mit Lagerung und Belastung	Biegelinie $w(\xi)$ oder $w(\xi_1)$ Lagerreaktionen F_B und M_B bei statisch unbestimmter Lagerung	Durchbiegungen w_A, w_B, w_C größte Durchbiegungen w_m w_m tritt bei $\xi = \xi_m$ auf	Neigungen w'_A, w'_B, w'_C $w' = dw/dx$
11	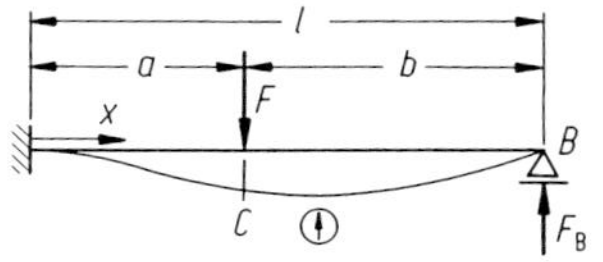 $W = Fl^3/(EI)$	$w = \begin{cases} W\beta\xi^2[3(1-\beta^2)-(3-\beta^2)\xi]/12 & \xi \leqq \alpha \\ W\alpha^2(1-\xi)[(3-\alpha)\xi(2-\xi)-2\alpha]/12 & \xi \geqq \alpha \end{cases}$ $F_B = F\alpha^2(1+\beta/2)$	$w_C = W\beta^2\alpha^3(4-\alpha)/12$ $\alpha \leqq 2-\sqrt{2}$: $w_m = W\alpha^2\beta\sqrt{\beta/(3-\alpha)}/6$ $\xi_m = 1-\sqrt{1-\beta/(3-\alpha)}$ $\alpha \geqq 2-\sqrt{2}$: $w_m = W\beta^2(1-\beta^2)^2/[3(3-\beta^2)]$ $\xi_m = 2(1-\beta^2)/(3-\beta^2)$	$w'_C = W\beta\alpha^2(\alpha^2-4\alpha+2)/(4l)$ $w'_B = -W\beta\alpha^2/(4l)$
12	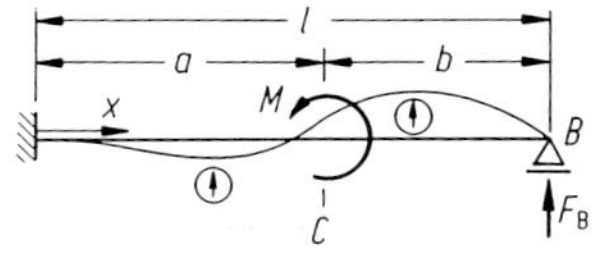 $W = Ml^2/(EI)$	$w = \begin{cases} -W\xi^2[2-(1-\beta^2)(3-\xi)]/4 & \xi \leqq \alpha \\ -W\alpha(1-\xi)[(2-\alpha)\xi(2-\xi)-2\alpha]/4 & \xi \geqq \alpha \end{cases}$ $F_B = -3(M/l)(1-\beta^2)/2$	$w_C = -W\beta\alpha^2(\alpha^2-4\alpha+2)/4$ $w_{m1} = W(1/3-\beta^2)^3/(1-\beta^2)^2$ $\xi_{m1} = 2(1/3-\beta^2)/(1-\beta^2)$ $w_{m2} = -W\alpha\sqrt{(\beta-1/3)^3/(\beta+1)}/2$ $\xi_{m2} = 1-\sqrt{(\beta-1/3)/(\beta+1)}$	$w'_C = W\alpha(3\beta^2-1)/(4l)$ $w'_B = W\alpha(3\beta-1)/(4l)$
13	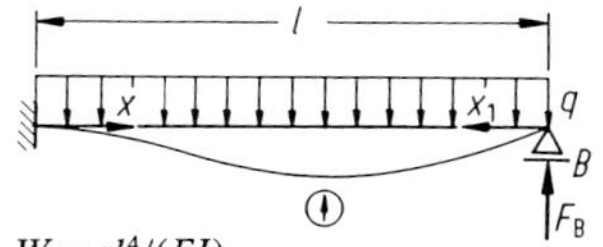 $W = ql^4/(EI)$	$w = W\xi^2(1-\xi)(3-2\xi)/48$ $= W\xi_1(1-\xi_1)^2(1+2\xi_1)/48$ $F_B = 3ql/8$	$w_m = W/185$ $\xi_m \approx 0{,}58$	$w'_B = -W/(48l)$
14	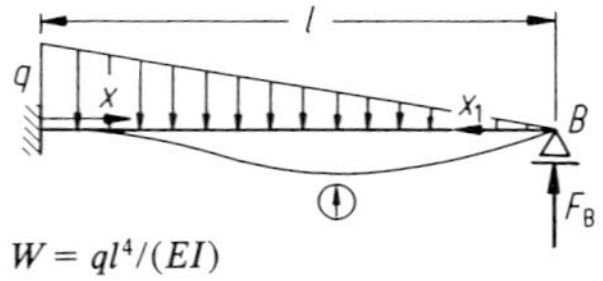 $W = ql^4/(EI)$	$w = W\xi^2(1-\xi)(2-\xi)^2/120$ $= W\xi_1(1-\xi_1^2)^2/120$ $F_B = ql/10$	$w_m = W/419$ $\xi_m = 1-1/\sqrt{5} \approx 0{,}55$	$w'_B = -W/(120l)$

Tabelle 5-7. (Fortsetzung)

Nr.	Biegestab mit Lagerung und Belastung	Biegelinie $w(\xi)$ oder $w(\xi_1)$ Lagerreaktionen F_B und M_B bei statisch unbestimmter Lagerung	Durchbiegungen w_A, w_B, w_C größte Durchbiegungen w_m w_m tritt bei $\xi = \xi_m$ auf	Neigungen w'_A, w'_B, w'_C $w' = dw/dx$
15	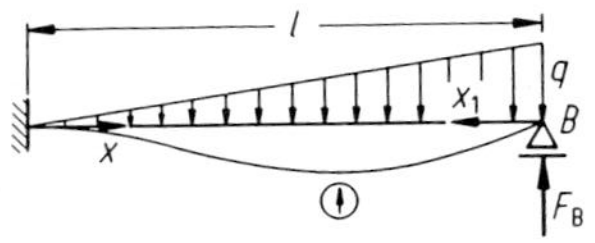 $W = ql^4/(EI)$	$w = W\xi^2(1-\xi)(7-2\xi-2\xi^2)/240$ $\quad = W\xi_1(1-\xi_1)^2(3+6\xi_1-2\xi_1^2)/240$ $F_B = 11ql/40$	$w_m = W/328$ $\xi_m \approx 0{,}60$	$w'_B = -W/(80l)$
16	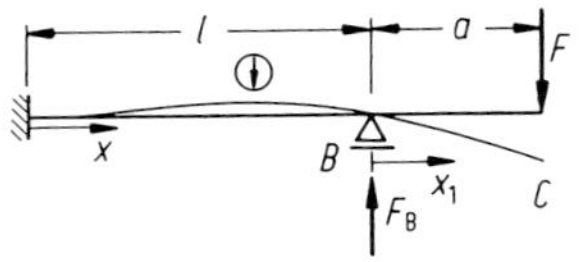 $W = Fl^3/(EI)$	$w = \begin{cases} -W\alpha\xi^2(1-\xi)/4 & \xi \leqq 1 \\ W\xi_1[6\alpha+4\xi_1(3\alpha-\xi_1)]/24 & \xi_1 \geqq 0 \end{cases}$ $F_B = F(1+3\alpha/2)$	$w_C = W\alpha^2(3+4\alpha)/12$ $w_m = -W\alpha/27$ $\xi_m = 2/3$	$w'_C = W\alpha(1+2\alpha)/(4l)$ $w'_B = W\alpha/(4l)$
17	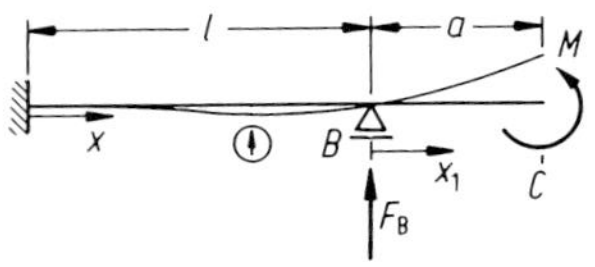 $W = Ml^2/(EI)$	$w = \begin{cases} W\xi^2(1-\xi)/4 & \xi \leqq 1 \\ -W\xi_1(1+2\xi_1)/4 & \xi_1 \geqq 0 \end{cases}$ $F_B = -3M/(2l)$	$w_C = -W\alpha(1+2\alpha)/4$ $w_m = W/27$ $\xi_m = 2/3$	$w'_C = -W(1+4\alpha)/(4l)$ $w'_B = -W/(4l)$
18	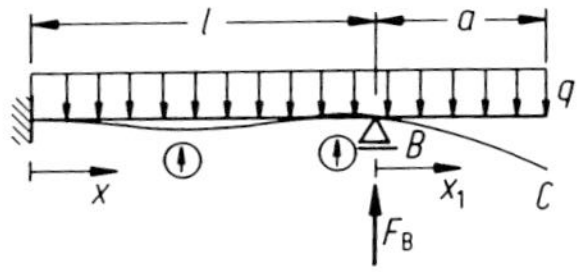 $W = ql^4/(EI)$	$w = \begin{cases} W\xi^2(1-\xi)[3(1-2\alpha^2)-2\xi]/48 & \xi \leqq 1 \\ W\xi_1[6\alpha^2-1+2\xi_1(6\alpha^2-4\alpha\xi_1+\xi_1^2)]/48 & \xi_1 \geqq 0 \end{cases}$ $F_B = ql(3+8\alpha+6\alpha^2)/8$	$w_C = W\alpha(6\alpha^3+6\alpha^2-1)/48$ Extrema links von B bei $\xi_m = \left[3(2+\lambda) \pm \sqrt{9(2+\lambda)^2-64\lambda}\,\right]/16$ mit $\lambda = 3(1-2\alpha^2)$ (zwei Extrema nur für $\sqrt{1/6} \leqq \alpha \leqq \sqrt{1/2}$) Extremum zwischen B und C nur für $0{,}34 \leqq \alpha \leqq \sqrt{1/6}$	$w'_C = W(8\alpha^3+6\alpha^2-1)/(48l)$ $w'_B = W(6\alpha^2-1)/(48l)$

Tabelle 5-7. (Fortsetzung)

Nr.	Biegestab mit Lagerung und Belastung	Biegelinie $w(\xi)$ oder $w(\xi_1)$ Lagerreaktionen F_B und M_B bei statisch unbestimmter Lagerung	Durchbiegungen w_A, w_B, w_C größte Durchbiegungen w_m w_m tritt bei $\xi = \xi_m$ auf	Neigungen w'_A, w'_B, w'_C $w' = dw/dx$
19	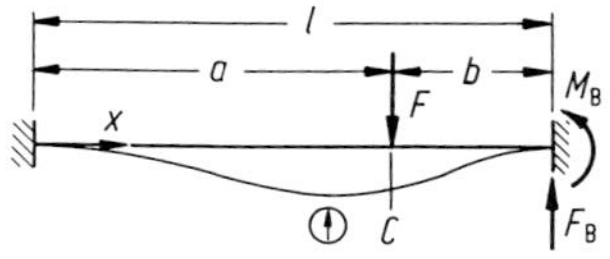 $W = Fl^3/(EI)$	$w = \begin{cases} W\beta^2\xi^2[3\alpha - (1+2\alpha)\xi]/6 & \xi \leqq \alpha \\ W\alpha^2(1-\xi)^2[-\alpha + (1+2\beta)\xi]/6 & \xi \geqq \alpha \end{cases}$ $F_B = F\alpha^2(1+2\beta), \quad M_B = -Fl\alpha^2\beta$	$w_C = W\alpha^3\beta^3/3$ $a > b: \; w_m = W \cdot 2\alpha^3\beta^2/[3(1+2\alpha)^2]$ $\xi_m = 2\alpha/(1+2\alpha)$	$w'_C = W\alpha^2\beta^2(\beta - \alpha)/(2l)$
20	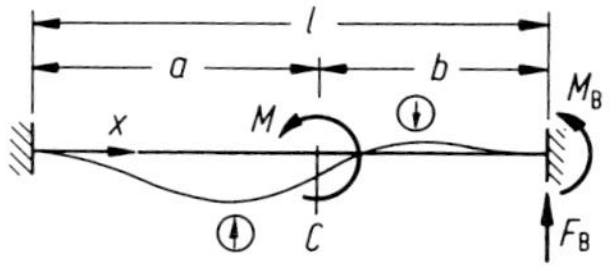 $W = Ml^2/(EI)$	$w = \begin{cases} -W\beta\xi^2(1 - 3\alpha + 2\alpha\xi)/2 & \xi \leqq \alpha \\ -W\alpha(1-\xi)^2(2\beta\xi - \alpha)/2 & \xi \geqq \alpha \end{cases}$ $F_B = -6\alpha\beta M/l, \quad M_B = M\alpha(2 - 3\alpha)$	$w_C = -W\alpha^2\beta^2(\beta - \alpha)/2$ $w_{m1} = W\beta(3\alpha - 1)^3/(54\alpha^2)$ $\xi_{m1} = (\alpha - 1/3)/\alpha$ $w_{m2} = -W\alpha(3\beta - 1)^3/(54\beta^2)$ $\xi_{m2} = 1/(3\beta)$	$w'_C = -(W/l)\,\alpha\beta(1 - 3\alpha\beta)$
21	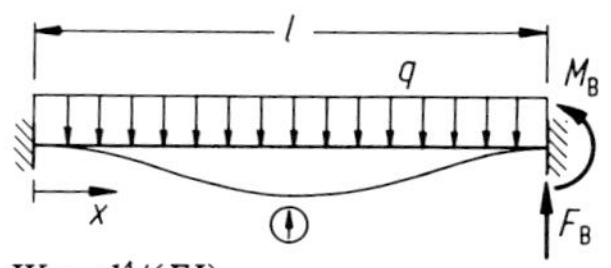 $W = ql^4/(EI)$	$w = W\xi^2(1-\xi)^2/24$ $F_B = ql/2, \quad M_B = -ql^2/12$	$w_m = W/384$ $\xi_m = 1/2$	
22	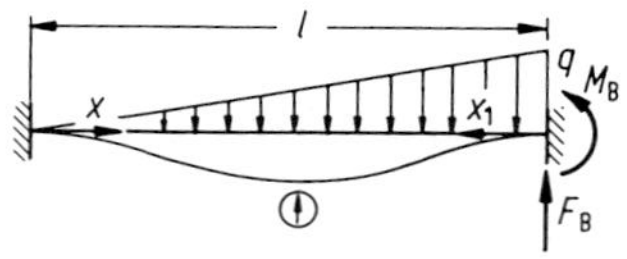 $W = ql^4/(EI)$	$w = W\xi^2(1-\xi)^2(2+\xi)/120$ $= W\xi_1^2(1-\xi_1)^2(3-\xi_1)/120$ $F_B = 7ql/20, \quad M_B = -ql^2/20$	$w_m = W/764$ $\xi_m \approx 0{,}525$	

Spannbeton mit Verbund. Bei Spannbetonstäben nach Bild 5-24 lautet die Differenzialgleichung der Biegelinie:

$$w''(x) = -[(M_y(x) - \Sigma\sigma_{0i}z_{Si}A_i)(\Sigma E_iA_i) + (\Sigma\sigma_{0i}A_i)(\Sigma E_iz_{Si}A_i)]/ [(\Sigma E_iI_{yi})(\Sigma E_iA_i) - (\Sigma E_iz_{Si}A_i)^2]\,. \quad (5\text{-}66)$$

Der Ausdruck auf der rechten Seite ist die mit −1 multiplizierte Krümmung $1/\varrho(x)$ von (5-49). Die Gleichung hat dieselbe Form wie (5-62) und wird mit denselben Rechenschritten gelöst. Für $M_y(x) \equiv 0$ erhält man die Durchbiegung im Zustand von Bild 5-24b.

5.7.6 Querkraftbiegung

Der Beitrag der Querkraft $Q_z(x)$ zur Durchbiegung eines Stabes wird $w_Q(x)$ genannt. Bei gleichmäßiger Verteilung der Schubspannung im Stabquerschnitt wäre $w'_Q = Q_z/(GA)$. Wegen der tatsächlich ungleichmäßigen Verteilung nach (5-56) gilt mit der Querschubzahl $\varkappa_z$ von (5-31)

$$w'_Q(x) = \varkappa_z\frac{Q_z(x)}{GA(x)}\,. \quad (5\text{-}67)$$

Entsprechend gilt für die Verschiebung v_Q in y-Richtung

$$v'_Q(x) = \varkappa_y\frac{Q_y(x)}{GA(x)}\,.$$

Im Fall GA = const sind die Verschiebungen selbst wegen (5-39) und (5-40)

$$w_Q(x) = \varkappa_z\frac{M_y(x)}{GA} + \text{const},$$
$$v_Q(x) = -\varkappa_y\frac{M_z(x)}{GA} + \text{const}\,.$$

Die gesamte Durchbiegung in z-Richtung infolge $M_y(x)$ und $Q_z(x)$ ist $w_{ges}(x) = w(x) + w_Q(x)$ mit $w(x)$ aus (5-62). Bei langen, dünnen Stäben ist w_Q gegen w vernachlässigbar klein. Zum Beispiel ist das Verhältnis w_Q/w am freien Ende eines einseitig eingespannten und am freien Ende belasteten Stabes der Länge l mit Rechteckquerschnitt der Höhe h gleich

$$\frac{0{,}3E}{G}\frac{h^2}{l^2} \approx \frac{h^2}{l^2}\,.$$

5.7.7 Torsion ohne Wölbbehinderung (Saint-Venant-Torsion)

Der Drehwinkel des Stabquerschnitts an der Stelle x heißt $\varphi(x)$. Die Drehung erfolgt um den Schubmittelpunkt. Die Ableitung $\varphi'(x) = \mathrm{d}\varphi/\mathrm{d}x$ heißt *Drillung* des Stabes. Zum Torsionsmoment $M_T(x)$ besteht die Beziehung

$$\varphi'(x) = \frac{M_T(x)}{GI_T(x)}\,. \quad (5\text{-}68)$$

GI_T heißt *Torsionssteifigkeit* des Stabes. Die Gleichung ist gültig für Stäbe, deren Querschnitte bei Torsion eben bleiben (Wölbwiderstand $C_M = 0$). Für Stäbe mit $C_M \neq 0$ gilt sie nur, wenn die Querschnittverwölbung nicht behindert wird. Das setzt Gabellager und $M_T(x)$ = const voraus. Die Wölbbehinderung durch Lager ist ein lokaler, mit wachsender Entfernung vom Lager schnell abklingender Effekt. Bei langen, dünnen Stäben kann sie häufig vernachlässigt werden.
Ein Stab der Länge l mit $M_T/(GI_T)$ = const hat den Verdrehwinkel $\varphi = M_Tl/(GI_T)$ der Endquerschnitte. Sehr lange Stäbe, wie z. B. Bohrstangen bei Tiefbohrungen, können um mehrere Umdrehungen tordiert sein.
Angaben über Torsionsflächenmomente I_T von Stabquerschnitten siehe in 5.4.5 und in Tabelle 5-5.

5.7.8 Torsion mit Wölbbehinderung

Bei Stäben mit einem Wölbwiderstand $C_M \neq 0$ entstehen Wölbbehinderungen lokal durch Lager und im Fall $M_T(x) \neq$ const im ganzen Stab durch gegenseitige Beeinflussung benachbarter Querschnitte. Mit x veränderliche Torsionsmomente treten z. B. an Fahrbahnen von Brücken auf, wenn Eigengewicht und Verkehrslasten ein Moment um den Schubmittelpunkt des Fahrbahnquerschnitts erzeugen. Für die Drillung $\varphi'(x)$ und den Verdrehwinkel $\varphi(x)$ gilt

$$-\varphi''' + \lambda^2\varphi' = \frac{M_T(x)}{EC_M}\,, \quad \lambda^2 = \frac{GI_T}{EC_M}\,. \quad (5\text{-}69)$$

Die Lösung hat die allgemeine Form

$$\varphi(x) = c_1\cosh\lambda x + c_2\sinh\lambda x + c_3 + \varphi_{part}(x) \quad (5\text{-}70)$$

mit Integrationskonstanten c_1, c_2 und c_3 und mit der partikulären Lösung $\varphi_{\text{part}}(x)$. Für $M_\text{T}(x) = M_{\text{T0}}$ und für $M_\text{T}(x) = mx + M_{\text{T0}}$ mit Konstanten M_{T0} und m ist $\varphi_{\text{part}}(x) = xM_{\text{T0}}/(GI_\text{T})$ bzw.

$$\varphi_{\text{part}}(x) = \frac{x^2 m}{2GI_\text{T}} + \frac{xM_{\text{T0}}}{GI_\text{T}} .$$

Die Integrationskonstanten in (5-70) werden aus Randbedingungen bestimmt. Randbedingungen betreffen φ, φ' und φ''. Die wichtigsten Randbedingungen sind $\varphi = 0$ an festen Einspannungen und an Gabellagern, $\varphi' = 0$ an Stellen mit ganz unterdrückter Verwölbung (feste Einspannungen und aufgeschweißte starre Platten an freien Enden) und $\varphi'' = 0$ an Stellen ohne Längsspannung (freie Enden und Gabellager).

Beispiel 5-9: Für einen Stab mit fester Einspannung bei $x = 0$ und freiem Ende bei $x = l$ ist im Fall $M_\text{T} = \text{const}$

$$\varphi(x) = \frac{M_\text{T}}{GI_\text{T}} \left\{ x + \frac{1}{\lambda} [\tanh \lambda l (\cosh \lambda x - 1) - \sinh \lambda x] \right\} .$$

Bei mehrfeldrigen Stäben mit verschiedenen Lösungen (5-70) in verschiedenen Feldern hat jedes Feld Randbedingungen (z. B. die Bedingung, dass $\varphi(x)$ beiderseits einer Feldgrenze gleich ist). Lösungen zu vielen praktischen Fällen siehe in [9, 10].

Bei Stäben mit einfach berandeten Querschnitten aus dünnen Stegen (siehe Bild 5-11) ist die axiale Verschiebung $u(x, s) = \varphi'(x)\omega^*(s)$ mit der Drillung $\varphi'(x)$ und derselben Funktion $\omega^*(s)$, wie in (5-37).

Beispiel 5-10: Bei einem dünnwandigen Kreisrohr mit Längsschlitz (Radius r, Wanddicke $t \ll r$) und mit $\varphi' = \text{const}$ verschieben sich die Schlitzufer axial gegeneinander um $2\pi r^2 \varphi'$.

5.8 Energiemethoden der Elastostatik

Die allgemeinen Sätze und Methoden dieses Abschnitts sind auf elastische Systeme anwendbar, die in beliebiger Weise aus Stäben, Balken, Scheiben, Platten, Schalen und dreidimensionalen Körpern zusammengesetzt sind. Kräfte und Momente werden unter dem Oberbegriff *generalisierte Kraft F* zusammengefasst; ebenso Verschiebungen und Drehwinkel unter dem Oberbegriff *generalisierte Verschiebung w*.

5.8.1 Formänderungsenergie. Äußere Arbeit

Formänderungsenergie. In einem ruhenden, linear elastischen System ist Energie gespeichert. Bei konstanter Temperatur ist die Energie nur vom Spannungszustand abhängig und nicht davon, wie der Zustand entstanden ist. Sie ist also eine potenzielle Energie. Sie heißt *Formänderungsenergie U* des Körpers. Durch Spannungen und Verzerrungen ausgedrückt ist (Integration über das gesamte Volumen V)

$$\begin{aligned} U &= \frac{1}{2} \int_V (\sigma_x\varepsilon_x + \sigma_y\varepsilon_y + \sigma_z\varepsilon_z \\ &\quad + \tau_{xy}\gamma_{xy} + \tau_{yz}\gamma_{yz} + \tau_{zx}\gamma_{zx})\,\mathrm{d}V \\ &= \frac{1}{2} \int_V \left\{ \frac{1}{E} [\sigma^2_x + \sigma^2_y + \sigma^2_z \right. \\ &\quad - 2\nu(\sigma_x\sigma_y + \sigma_y\sigma_z + \sigma_z\sigma_x)] \\ &\quad \left. + \frac{1}{G}(\tau^2_{xy} + \tau^2_{yz} + \tau^2_{zx}) \right\} \mathrm{d}V \\ &= \frac{E}{2(1+\nu)} \int_V \left[\frac{\nu}{1-2\nu}(\varepsilon_x + \varepsilon_y + \varepsilon_z)^2 \right. \\ &\quad + \varepsilon^2_x + \varepsilon^2_y + \varepsilon^2_z \\ &\quad \left. + \frac{1}{2}\left(\gamma^2_{xy} + \gamma^2_{yz} + \gamma^2_{zx}\right) \right] \mathrm{d}V . \end{aligned} \tag{5-71}$$

Daraus folgt $U \geqq 0$; $U = 0$ nur bei völlig spannungsfreiem Körper. Für Stabsysteme ist U als Funktion der Schnittgrößen

$$\begin{aligned} U = \frac{1}{2} \sum_i \int_0^{l_i} &\left[\frac{N^2(x)}{EA(x)} + \frac{M^2_y(x)}{EI_y(x)} + \frac{M^2_z(x)}{EI_z(x)} \right. \\ &\left. + \varkappa_y(x)\frac{Q^2_y(x)}{GA(x)} + \varkappa_z(x)\frac{Q^2_z(x)}{GA(x)} + \frac{M^2_\text{T}(x)}{GI_\text{T}(x)} \right] \mathrm{d}x \end{aligned} \tag{5-72}$$

(Summation über alle Stäbe; Integration über die Stablängen). Ein Sonderfall hiervon sind Fachwerke (siehe 2.3) mit $N_i = \text{const}$, $E_iA_i = \text{const}$ in Stab i. In einem Fachwerk aus n Stäben ist die Formänderungsenergie

$$U = \frac{1}{2} \sum_{i=1}^{n} \frac{N^2_i l_i}{E_i A_i} . \tag{5-73}$$

In Biegestäben und Platten kann U als Funktion von Durchbiegungen ausgedrückt werden (siehe 5.8.8 und 5.10.2).

Äußere Arbeit. Wenn äußere eingeprägte Kräfte ein anfangs spannungsfreies elastisches System bei konstanter Temperatur quasistatisch verformen, dann ist die äußere Arbeit W_a der Kräfte gleich der Formänderungsenergie U. Daraus folgt u. a., dass der Spannungszustand und der Verzerrungszustand am Ende der Belastung unabhängig von der Reihenfolge ist, in der die Kräfte aufgebracht werden.
Im Fall von generalisierten Einzelkräften $F_1, \ldots, F_n$ (äußere eingeprägte Kräfte oder Momente) ist

$$W_a = U = \frac{1}{2} \sum_{i=1}^{n} F_i w_i \,, \qquad (5\text{-}74)$$

wobei w_i die durch $F_1, \ldots, F_n$ verursachte Komponente der generalisierten Verschiebung am Ort und in Richtung von F_i ist (ein Drehwinkel, wenn F_i ein Moment ist).

5.8.2 Prinzip der virtuellen Arbeit

Das *Prinzip der virtuellen Arbeit* lautet: Bei einer virtuellen Verschiebung eines ideal elastischen Systems aus einer Gleichgewichtslage (das ist der deformierte Zustand unter äußeren eingeprägten Kräften) ist die virtuelle Arbeit δW_a der äußeren eingeprägten Kräfte gleich der virtuellen Änderung δU von U,

$$\delta W_a = \delta U \,. \qquad (5\text{-}75)$$

Aus diesem Prinzip folgen u. a. die Sätze in 5.8.3, 5.8.4 und 5.8.7 sowie der folgende *Satz vom stationären Wert der potenziellen Energie*. Im Sonderfall eines konservativen Systems haben die äußeren Kräfte ein Potenzial Π_a, sodass $\delta W_a = -\delta \Pi_a$ und folglich

$$\delta(\Pi_a + U) = 0 \qquad (5\text{-}76)$$

ist. Also hat das Gesamtpotenzial $\Pi_a + U$ in Gleichgewichtslagen einen stationären Wert (Minimum, Maximum oder Sattelpunkt). In stabilen Gleichgewichtslagen hat es ein Minimum (siehe 2.6).

Beispiel 5-11: Zwei Stäbe (Längen l_1 und l_2, Längsfederkonstanten $k_1 = E_1A_1/l_1$ und $k_2 = E_2A_2/l_2$) werden nach Bild 5-30 zwischen starre Lager im Abstand $l = l_1 + l_2 - \Delta l$ mit $\Delta l > 0$ gezwängt. Ihre Verkürzungen Δl_1 und Δl_2 werden aus dem Satz vom stationären Wert der potenziellen Energie wie folgt berechnet.

$$U = \left[k_1(\Delta l_1)^2 + k_2(\Delta l_2)^2\right]/2 \,,$$

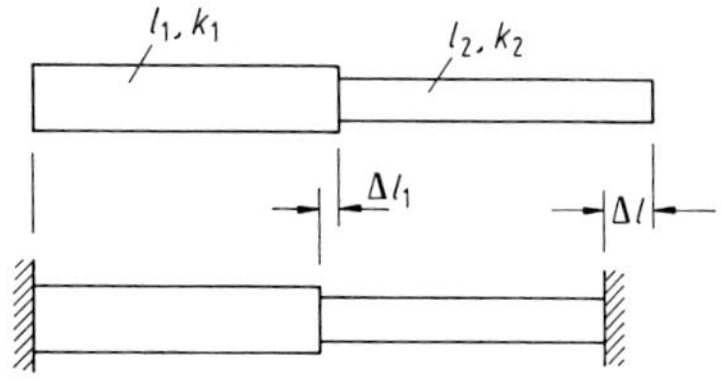

Bild 5-30. Druckstab zwischen starren Lagern

$\Pi_a = 0$ (weil die Lager starr sind). Mit der Nebenbedingung $f = \Delta l_1 + \Delta l_2 - \Delta l = 0$ und mit einem Lagrange'schen Multiplikator λ lauten die Stationaritätsbedingungen $\partial(U + \lambda f)/\partial(\Delta l_i) = k_i\Delta l_i + \lambda = 0$ $(i = 1, 2)$. Daraus folgt $\Delta l_1 = \Delta l k_2/(k_1 + k_2)$, $\Delta l_2 = \Delta l k_1/(k_1 + k_2)$.

Weitere Anwendungen siehe in 5.8.8.

5.8.3 Arbeitsgleichung oder Verfahren mit einer Hilfskraft

Bei einem statisch bestimmten oder unbestimmten Stabsystem wird die generalisierte Verschiebung w (an einer beliebigen Stelle und in beliebiger Richtung) infolge einer gegebenen äußeren Belastung und einer gegebenen Temperaturänderung aus der *Arbeitsgleichung* berechnet:

$$\begin{aligned} w\bar{F} = \sum_i \int_0^{l_i} \Bigg[&\frac{N(x)\bar{N}(x)}{EA(x)} + \frac{M_y(x)\bar{M}_y(x)}{EI_y(x)} \\ &+ \frac{M_z(x)\bar{M}_z(x)}{EI_z(x)} + \varkappa_y(x)\frac{Q_y(x)\bar{Q}_y(x)}{GA(x)} \\ &+ \varkappa_z(x)\frac{Q_z(x)\bar{Q}_z(x)}{GA(x)} + \frac{M_T(x)\bar{M}_T(x)}{GI_T(x)} \\ &+ \alpha\Delta T(x)\bar{N}(x)\Bigg] \mathrm{d}x \,. \end{aligned} \qquad (5\text{-}77)$$

$\bar{F}$ ist eine generalisierte Hilfskraft beliebiger Größe am Ort und in Richtung von w (ein Hilfsmoment, wenn w ein Drehwinkel ist); die quergestrichenen Funktionen $\bar{N}(x)$, $\bar{M}_y(x)$ usw. sind die Schnittgrößen bei Belastung durch $\bar{F}$ allein, und die nicht gestrichenen $N(x)$, $M_y(x)$ usw. sind diejenigen unter der tatsächlichen äußeren Belastung durch Einzelkräfte, Streckenlasten usw.; $\Delta T(x)$ ist die gegebene Temperaturänderung; an der Stelle x muss sie über den Stabquerschnitt konstant sein.

Bei konstanten Nennerfunktionen sind alle Integrale in (5-77) vom Typ $\int_0^s P(x)K(x)\,dx$. Tabelle 5-8 gibt das Integral für verschiedene grafisch dargestellte Funktionen $P(x)$ und $K(x)$ an.

Beispiel 5-12: In einem statisch bestimmten Fachwerk aus n Stäben mit Stabkräften $N_1, \ldots, N_n$ infolge gegebener Knotenlasten ist die Verschiebung w eines beliebig gewählten Knotens in einer beliebig gewählten Richtung

$$w = \frac{1}{\bar{F}} \sum_{i=1}^{n} \frac{N_i \bar{N}_i l_i}{E_i A_i} .$$

Darin sind $\bar{N}_1, \ldots, \bar{N}_n$ die Stabkräfte infolge einer Hilfskraft $\bar{F}$ am Ort und in Richtung von w. Zur Verwendung von (5-77) bei statisch unbestimmten Systemen siehe 5.8.6.

Eine relative generalisierte Verschiebung w_{rel} zweier Punkte ein und desselben Systems kann entweder in zwei Schritten als Summe zweier entgegengesetzt gerichteter absoluter Verschiebungen berechnet werden oder wie folgt in einem Schritt. Man bringt an den sich relativ zueinander verschiebenden Stellen entgegengesetzt gerichtete, gleich große generalisierte Hilfskräfte an und setzt in (5-77) für $\bar{N}(x)$, $\bar{M}_y(x)$ usw. die Schnittgrößen infolge beider Hilfskräfte ein. Dann ist $w = w_{\mathrm{rel}}$.

Beispiel 5-13: In Bild 5-31a wird der relative Drehwinkel φ der beiden Stabtangenten am Gelenk infolge der gegebenen Last q mit den Hilfsmomenten $\bar{M}$ von Bild 5-31b berechnet. Mit den angegebenen Funktionen $M_y(x)$ (vgl. Beispiel 5-6) und $\bar{M}_y(x)$ liefert (5-77) $\varphi = 3ql^3/(8EI_y)$.

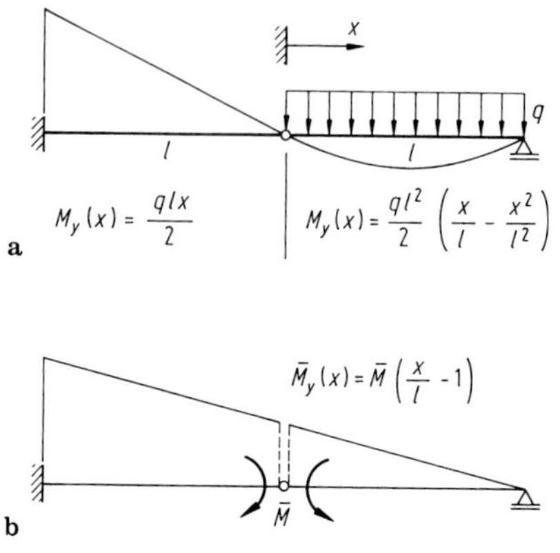

Bild 5-31. a,b. Biegestab

Schwach gekrümmte Stäbe. Bei schwach gekrümmten Stäben ist die Biegespannung nach 5.6.6 angenähert so, wie bei geraden Stäben. Folglich gilt auch (5-77), wenn man dx durch das Element ds der Bogenlänge ersetzt.

Beispiel 5-14: Bei dem halbkreisförmigen Stab in Bild 5-32 ist $ds = R\,d\varphi$. Wenn z. B. der Drehwinkel α am freien Ende unter der Last F gesucht ist, werden das Biegemoment $M_y(\varphi) = FR \sin\varphi$ infolge F und das Biegemoment $\bar{M}_y(\varphi) \equiv \bar{M}$ infolge des Hilfsmoments $\bar{M}$ in (5-77) eingesetzt. Das liefert

$$\alpha = \frac{FR}{EI_y} \int_0^{\pi} \sin\varphi\,d\varphi = 2\frac{FR}{EI_y} .$$

Lösungen vieler Probleme an Kreisbogenstäben siehe in [22], Rechenmethoden bei gekrümmten Durchlaufträgern siehe in [15].

5.8.4 Sätze von Castigliano

Der *1. Satz von Castigliano* lautet:

$$w_i = \frac{\partial U_{\mathrm{F}}}{\partial F_i} . \tag{5-78}$$

Darin ist $U_{\mathrm{F}}(F_1, \ldots, F_n)$ die Formänderungsenergie eines beliebigen linear elastischen Systems, ausgedrückt als explizite Funktion der äußeren eingeprägten generalisierten Kräfte. w_i ist die generalisierte Verschiebung am Angriffspunkt und in Richtung von F_i (ein Winkel im Fall eines Moments). Für statisch bestimmte Stabsysteme stellt der Ausdruck in (5-72) die Funktion U_{F} dar, sobald man die Schnittgrößen durch die äußeren eingeprägten Lasten ausgedrückt hat. Statisch unbestimmte Systeme siehe in 5.8.6. Gleichung (5-78) dient zur Berechnung von Verschiebungen. Wenn die Verschiebung w eines Punktes gesucht ist, an dem keine Einzelkraft

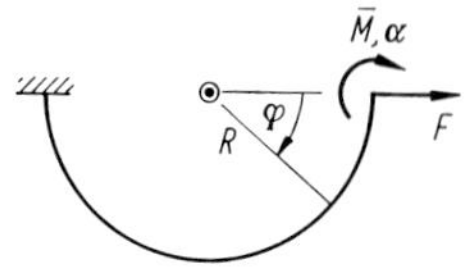

Bild 5-32. Schwach gekrümmter Biegestab

Tabelle 5-8. Werte von Integralen $\int_0^s P(x)K(x)\,\mathrm{d}x$. Die Punkte ∘ sind Scheitel von quadratischen Parabeln.

$K(x)$ / $P(x)$	s, k	s, k	s, k_1, k_2	αs, βs, k, $\alpha+\beta=1$	αs, βs, k, $\alpha+\beta=1$	αs, βs, k, $\alpha+\beta=1$
s, p	spk	$\frac{s}{2}pk$	$\frac{s}{2}p(k_1+k_2)$	$spk\beta$	$\frac{s}{2}pk\beta$	$\frac{s}{2}pk$
s, p	$\frac{s}{2}pk$	$\frac{s}{3}pk$	$\frac{s}{6}p(k_1+2k_2)$	$\frac{s}{2}pk(1-\alpha^2)$	$\frac{s}{6}pk\beta(3-\beta)$	$\frac{s}{6}pk(1+\alpha)$
p, s	$\frac{s}{2}pk$	$\frac{s}{6}pk$	$\frac{s}{6}p(2k_1+k_2)$	$\frac{s}{2}pk\beta^2$	$\frac{s}{6}pk\beta^2$	$\frac{s}{6}pk(1+\beta)$
p_1, s, p_2	$\frac{s}{2}(p_1+p_2)k$	$\frac{s}{6}(p_1+2p_2)k$	$\frac{s}{6}[p_1(2k_1+k_2)+$ $+p_2(k_1+2k_2)]$	$\frac{s}{2}[p_1\beta^2+$ $+p_2(1-\alpha^2)]k$	$\frac{s}{6}[p_1\beta+$ $+p_2(3-\beta)]k\beta$	$\frac{s}{6}[p_1(1+\beta)+$ $+p_2(1+\alpha)]k$
s, p	$\frac{2s}{3}pk$	$\frac{s}{3}pk$	$\frac{s}{3}p(k_1+k_2)$	$\frac{2s}{3}pk\beta^2(3-2\beta)$	$\frac{s}{3}pk\beta^2(2-\beta)$	$\frac{s}{3}pk(1+\alpha\beta)$
s, p	$\frac{2s}{3}pk$	$\frac{5s}{12}pk$	$\frac{s}{12}p(3k_1+5k_2)$	$\frac{s}{3}pk\beta(3-\beta^2)$	$\frac{s}{12}pk\beta(6-\beta^2)$	$\frac{s}{12}pk(5-\beta-\beta^2)$
p, s	$\frac{2s}{3}pk$	$\frac{s}{4}pk$	$\frac{s}{12}p(5k_1+3k_2)$	$\frac{s}{3}pk\beta^2(3-\beta)$	$\frac{s}{12}pk\beta^2(4-\beta)$	$\frac{s}{12}pk(5-\alpha-\alpha^2)$
s, p	$\frac{s}{3}pk$	$\frac{s}{4}pk$	$\frac{s}{12}p(k_1+3k_2)$	$\frac{s}{3}pk(1-\alpha^3)$	$\frac{s}{12}pk\beta(6-4\beta+\beta^2)$	$\frac{s}{12}pk(1+\alpha+\alpha^2)$
p, s	$\frac{s}{3}pk$	$\frac{s}{12}pk$	$\frac{s}{12}p(3k_1+k_2)$	$\frac{s}{3}pk\beta^3$	$\frac{s}{12}pk\beta^3$	$\frac{s}{12}pk(1+\beta+\beta^2)$

angreift, dann führt man dort in Richtung von w eine Hilfskraft $\bar{F}$ als zusätzliche äußere Kraft ein, bestimmt U_F für alle äußeren Kräfte einschließlich $\bar{F}$, bildet die Ableitung nach $\bar{F}$ und setzt dann $\bar{F}=0$ ein.

Der 2. *Satz von Castigliano* lautet:

$$F_i = \frac{\partial U_w}{\partial w_i}\,. \tag{5-79}$$

Darin ist $U_w(w_1,\ldots,w_n)$ die Formänderungsenergie eines beliebigen linear oder nichtlinear elastischen Systems, ausgedrückt als Funktion von n generalisierten Verschiebungen. F_i ist die generalisierte Kraft am Ort und in Richtung von w_i (ein Moment, wenn w_i ein Drehwinkel ist). Systeme aus Hooke'schem Material können aus geometrischen Gründen nichtlinear sein.

Beispiel 5-15: Zwischen zwei Haken im Abstand $2l$ ist ein biegeschlaffes Seil (Längssteifigkeit EA) mit der Kraft S vorgespannt. In Seilmitte greift quer zum Seil eine Kraft F an und verursacht dort eine Auslenkung w. Welche Beziehung besteht zwischen F und w? Lösung: Das halbe Seil hat die Federkonstante $k = EA/l$, die Vorverlängerung $\Delta l_0 = Sl/(EA)$ infolge S und die Gesamtverlängerung $\Delta l = \Delta l_0 + (w^2 + l^2)^{1/2} - l$ infolge S und F. Für das ganze Seil ist damit

$$U_w(w) = 2k\frac{(\Delta l)^2}{2} = \frac{EA}{l}\left[\frac{Sl}{EA} + (w^2+l^2)^{1/2} - l\right]^2 .$$

(5-79) liefert den gewünschten Zusammenhang

$$F = \frac{\partial U_w}{\partial w} = \frac{2EA}{l}\left[\frac{Sl}{EA} + (w^2+l^2)^{1/2} - l\right] w(w^2+l^2)^{-1/2}\,.$$

Die Taylorentwicklung dieses Ausdrucks nach w ist

$$F = 2S\frac{w}{l} + (EA - S)\left(\frac{w^3}{l^3} - \frac{3}{4}\frac{w^5}{l^5}\right) + \ldots$$

5.8.5 Steifigkeitsmatrix. Nachgiebigkeitsmatrix. Satz von Maxwell und Betti

In einem beliebigen linear elastischen System mit generalisierten Kräften (d. h. Kräften oder Momenten) $F_1, \ldots, F_n$ seien $w_1, \ldots, w_n$ die generalisierten Verschiebungen (d. h. Verschiebungen oder Verdrehwinkel) am Ort und in Richtung der Kräfte. Im Gleichgewicht besteht zwischen den Matrizen $\underline{F} = [F_1 \ldots F_n]^{\mathrm{T}}$ und $\underline{w} = [w_1 \ldots w_n]^{\mathrm{T}}$ eine lineare Beziehung $\underline{F} = \underline{K}\,\underline{w}$ mit einer *Steifigkeitsmatrix* $\underline{K}$. *Der Satz von Maxwell und Betti* sagt aus, dass $\underline{K}$ symmetrisch ist. Wenn $F_1, \ldots, F_n$ eingeprägte Kräfte an einem unbeweglich gelagerten System sind, dann hat $\underline{K}$ eine ebenfalls symmetrische Inverse $\underline{K}^{-1} = \underline{H}$. Sie heißt *Nachgiebigkeitsmatrix*.

Beispiel 5-16: Für den Zugstab und den Biegestab in Bild 5-33a, b gilt

$$\begin{bmatrix} F_1 \\ F_2 \end{bmatrix} = \frac{EA}{l}\begin{bmatrix} 1 & -1 \\ -1 & 1 \end{bmatrix}\begin{bmatrix} u_1 \\ u_2 \end{bmatrix},$$

bzw.

$$\begin{bmatrix} F \\ M \end{bmatrix} = \frac{2EI_y}{l^3}\begin{bmatrix} 6 & -3l \\ -3l & 2l^2 \end{bmatrix}\begin{bmatrix} w \\ \varphi \end{bmatrix}.$$

Die erste Steifigkeitsmatrix ist singulär, die zweite hat eine Inverse, und zwar

$$\begin{bmatrix} w \\ \varphi \end{bmatrix} = \frac{l}{EI_y}\begin{bmatrix} \frac{l^2}{3} & \frac{l}{2} \\ \frac{l}{2} & 1 \end{bmatrix}\begin{bmatrix} F \\ M \end{bmatrix}.$$

Zur Aufstellung von Steifigkeitsmatrizen siehe 5.13.1.

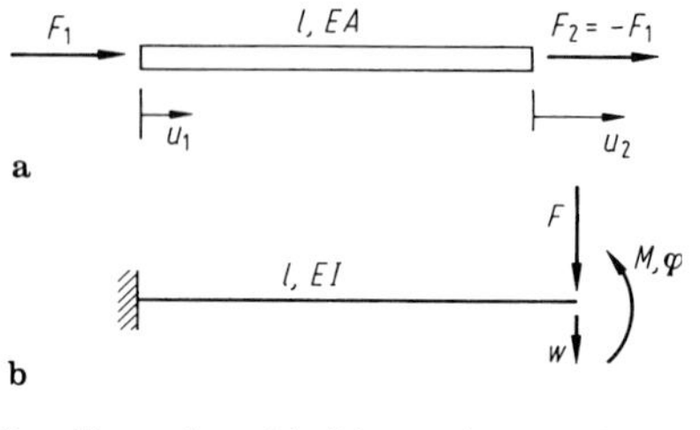

Bild 5-33. **a** Zugstab und **b** Biegestab zur Erläuterung von Steifigkeitsmatrizen

5.8.6 Statisch unbestimmte Systeme. Kraftgrößenverfahren

In statisch unbestimmten Systemen entstehen Auflagerreaktionen und Schnittgrößen nicht nur durch äußere eingeprägte Lasten, sondern auch bei Temperaturänderungen und bei erzwungenen generalisierten Verschiebungen (Lagersetzungen, Stabverkürzungen durch Anziehen von Spannschlössern, durch Einbau falsch bemessener Stäbe u. dgl.). In einem n-fach statisch unbestimmten System sind insgesamt n Verschiebungen oder relative Verschiebungen entweder vorgeschrieben oder gesuchte Unbekannte. An diesen Stellen werden durch Schnitte n innere generalisierte Kräfte $K_1, \ldots, K_n$ zu äußeren Kräften an einem dadurch erzeugten, *statisch bestimmten Hauptsystem* gemacht. An diesem Hauptsystem werden mithilfe der Arbeitsgleichung (5-77) oder des 1. Satzes von Castigliano (5-78) oder der Dgl. (5-62) der Biegelinie oder mit Tabellenwerken die n ausgezeichneten Verschiebungen durch die äußere Belastung einschließlich $K_1, \ldots, K_n$ ausgedrückt. Das Ergebnis sind n Gleichungen für die n Unbekannten (je nach Aufgabenstellung Kraftgrößen oder Verschiebungen). Nach Auflösung der Gleichungen werden alle weiteren Rechnungen ebenfalls am Hauptsystem durchgeführt.

Beispiel 5-17: Am zweifach unbestimmten Fachwerk links in Bild 5-34 werden nach spiel- und spannungsfreier Montage die Last F, die Lagersenkung w_{B}, die Verkürzung Δw von Stab 6 durch ein Spannschloss und die gleichmäßige Erwärmung der Stäbe 4, 5 und 6 um ΔT vorgegeben. Schnitte am Lager B und durch Stab 6 erzeugen das statisch bestimmte Hauptsystem rechts in Bild 5-34 mit den unbekannten Kraftgrößen K_1 und K_2. Am Hauptsystem werden Δw und w_{B} mit

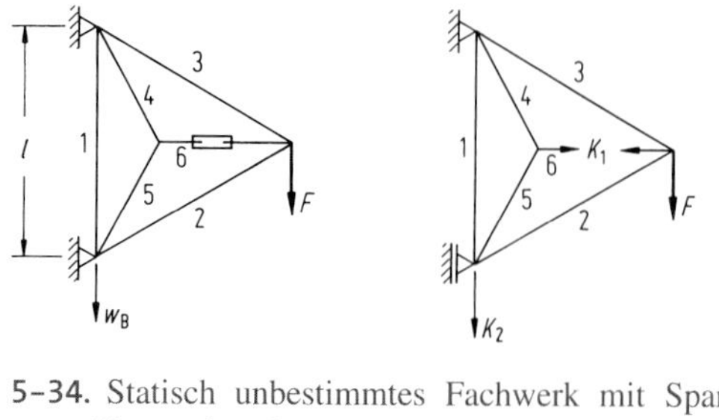

Bild 5-34. Statisch unbestimmtes Fachwerk mit Spannschloss und Lagerabsenkung w_{B}

Tabelle 5-9. Stabkräfte im Fachwerk von Bild 5-34

i	N_i	$\bar{N}_i$ (nur $\bar{K}_1$)	$\bar{N}_i$ (nur $\bar{K}_2$)	l_i	ΔT_i
1	$F/2 - K_1/\sqrt{3} + K_2$	$-\bar{K}_1/\sqrt{3}$	$\bar{K}_2$	l	–
2	$-F \; - K_1/\sqrt{3}$	$-\bar{K}_1/\sqrt{3}$	–	l	–
3	$F \; - K_1/\sqrt{3}$	$-\bar{K}_1/\sqrt{3}$	–	l	–
4, 5, 6	K_1	$\bar{K}_1$	–	$l/\sqrt{3}$	ΔT

Hilfskräften $\bar{K}_1$ anstelle von K_1 bzw. $\bar{K}_2$ anstelle von K_2 aus (5-77) berechnet. Dazu werden zuerst die Stabkräfte in allen Stäben infolge F, K_1 und K_2, infolge $\bar{K}_1$ allein und infolge $\bar{K}_2$ allein berechnet. Das Ergebnis ist die Tabelle 5-9. Einsetzen in (5-77) liefert für K_1 und K_2 die Gleichungen

$$\left.\begin{aligned} \Delta w &= l/(EA)[K_1(1+\sqrt{3}) - K_2/\sqrt{3} \\ &\quad -F\sqrt{3}/6] + \alpha\Delta T\, l\sqrt{3} \\ w_B &= l/(EA)(-K_1/\sqrt{3} + K_2 + F/2). \end{aligned}\right\} \qquad (5\text{-}80)$$

Dreimomentengleichung für Durchlaufträger. Der Durchlaufträger oben in Bild 5-35 mit Lagern $i = 0,\ldots,n+1$ und Feldern $i = 1,\ldots,n+1$ (l_i, EI_i) wird spannungsfrei montiert. Anschließend treten Lagerabsenkungen $w_0,\ldots,w_{n+1}$ und beliebige äußere Lasten auf. Das System ist n-fach statisch unbestimmt. Ein statisch bestimmtes Hauptsystem entsteht durch Einbau von Gelenken in die Lager $i = 1,\ldots,n$. Unbekannte Kraftgrößen sind Momente $M_1,\ldots,M_n$, wobei M_i $(i = 1,\ldots,n)$ unmittelbar rechts und links vom Gelenk i mit entgegengesetzten Vorzeichen am Träger angreift (siehe Bild 5-35 unten Mitte). Die Momente werden aus der Bedingung bestimmt, dass an keinem Gelenk ein Knick auftritt. Zur Formulierung der Bedingung für Gelenk i werden die Felder i und $i+1$ mit ihrer äußeren Last einschließlich M_{i-1}, M_i und M_{i+1} betrachtet (Bild 5-35 unten Mitte). Die Biegemomentenlinie ist die Überlagerung der Biegemomentenlinie infolge M_{i-1}, M_i und M_{i+1} (nicht dargestellt) und der Biegemomentenlinie zu den gegebenen äußeren Lasten ($M_y(x)$ in Bild 5-35 unten rechts). Der Knickwinkel am Gelenk i infolge der Lasten wird mit dem Hilfsmoment $\bar{M}_i$ in Bild 5-35 unten links und mit der zugehörigen Biegemomentenlinie $\bar{M}_y(x)$ berechnet. Der Knickwinkel infolge Lagerabsenkung ist

$$\varphi_i = \frac{w_{i-1} - w_i}{l_i} + \frac{w_{i+1} - w_i}{l_{i+1}}\,.$$

Damit der gesamte Knickwinkel am Gelenk i gleich null ist, muss die sog. *Dreimomentengleichung* erfüllt sein:

$$\begin{aligned} &M_{i-1}\frac{l_i}{I_i} + 2M_i\left(\frac{l_i}{I_i} + \frac{l_{i+1}}{I_{i+1}}\right) + M_{i+1}\frac{l_{i+1}}{I_{i+1}} \\ &= 6E\varphi_i - \frac{6}{\bar{M}_i}\left[\frac{1}{I_i}\int_{l_i} M_y(x)\bar{M}_y(x)\,\mathrm{d}x\right. \\ &\qquad ,+ \left.\frac{1}{I_{i+1}}\int_{l_{i+1}} M_y(x)\bar{M}_y(x)\,\mathrm{d}x\right] \\ &\quad (i = 1,\ldots,n;\;\; M_0 = M_{n+1} = 0)\,. \end{aligned} \qquad (5\text{-}81)$$

Die Integrale werden mit Tabelle 5-8 ausgewertet. Aus (5-81) werden $M_1,\ldots,M_n$ bestimmt. Damit sind

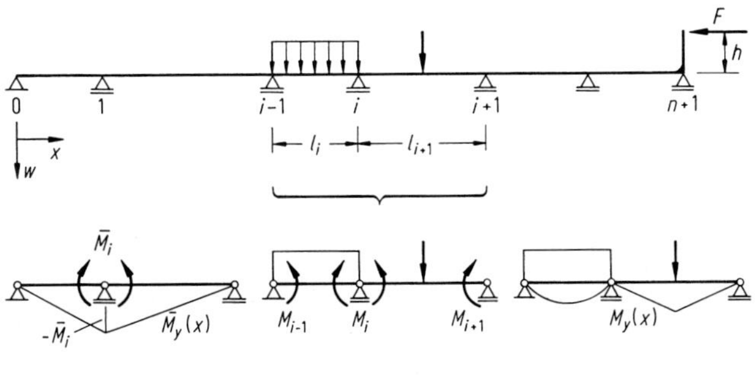

Bild 5-35. n-fach statisch unbestimmter Durchlaufträger (oben) und ein statisch bestimmtes Hauptsystem (unten Mitte) mit Biegemomentenlinien (links und rechts daneben)

auch die Biegemomentenlinien bekannt. Lagerreaktionen werden an den Systemen in Bild 5-35 unten Mitte bestimmt.
Tabellen mit Lösungen für verschiedene Zahlen n und für verschiedene Lastfälle siehe in [2, 16].
Im Sonderfall identischer Feldparameter $l_i/I_i \equiv l/I$ hat (5-81) nach Multiplikation mit I/l eine Koeffizientenmatrix $\underline{A}$ mit den Nichtnullelementen $A_{ii} = 4$ $(i = 1, \ldots, n)$ und $A_{i,i+1} = A_{i+1,i} = 1$ $(i = 1, \ldots, n-1)$. Ihre Inverse hat die Elemente

$$(\underline{A}^{-1})_{ij} = (\sqrt{3}/6)(\sqrt{3}-2)^{i-j} \times \frac{(1-r^j)(1-r^{n+i-1})}{1-r^{n+1}} \quad (i \geq j)$$

mit $r = (2-\sqrt{3})^2 \approx 0{,}072$.

5.8.7 Satz von Menabrea

In einem n-fach statisch unbestimmten System, das ohne äußere Belastung spannungsfrei ist, sind bei beliebiger äußerer Belastung die Verschiebungen und Relativverschiebungen an den Angriffspunkten der unbekannten Kraftgrößen $K_1, \ldots, K_n$ gleich null (zur Bedeutung von $K_1, \ldots, K_n$ siehe 5.8.6). Aus (5-78) folgt deshalb

$$\frac{\partial U_\mathrm{F}}{\partial K_i} = 0 \quad (i = 1, \ldots, n)\,. \qquad (5\text{-}82)$$

Darin ist U_F die Formänderungsenergie des statisch bestimmten Hauptsystems als Funktion der äußeren Belastung einschließlich $K_1, \ldots, K_n$. Sie wird mit den Schnittgrößen des Hauptsystems für allgemeine Stabsysteme aus (5-72) und für Fachwerke aus (5-73) gewonnen. Gleichung (5-82) stellt n lineare Gleichungen zur Bestimmung von $K_1, \ldots, K_n$ dar.

Beispiel 5-18: In Beispiel 5-17 sei $w_\mathrm{B} = 0$, $\Delta w = 0$, $\Delta T = 0$, sodass das Fachwerk in Bild 5-34a ohne die Last F spannungsfrei ist. Unter der Last F hat das statisch bestimmte Hauptsystem von Bild 5-34b mit den Kraftgrößen K_1 und K_2 die Stabkräfte $N_1, \ldots, N_6$ nach Tabelle 5-9. Damit erhält man aus (5-73)

$$U_\mathrm{F} = \frac{l}{2EA}\left[\left(\frac{1}{2}F - \frac{K_1}{\sqrt{3}} + K_2\right)^2 + \left(-F - \frac{K_1}{\sqrt{3}}\right)^2 + \left(F - \frac{K_1}{\sqrt{3}}\right)^2 + 3\,\frac{K_1^2}{\sqrt{3}}\right].$$

Wenn man hiervon die partiellen Ableitungen nach K_1 und nach K_2 bildet und zu null setzt, ergeben sich die Bestimmungsgleichungen (5-80) für K_1 und K_2 für den betrachteten Sonderfall.

5.8.8 Verfahren von Ritz für Durchbiegungen

In dem Stab von Bild 5-36 ist in der gebogenen Gleichgewichtslage die potenzielle Energie

$$U = \frac{1}{2}\int EI_y(x)w''^2(x)\,\mathrm{d}x$$

gespeichert. Das folgt aus (5-72) und (5-62). Wenn F und $q(x)$ Gewichtskräfte sind, dann haben sie in der Gleichgewichtslage die potenzielle Energie

$$\Pi_\mathrm{a} = -Fw(x_1) - \int q(x)w(x)\,\mathrm{d}x\,.$$

Entsprechendes gilt für andere Belastungen und andere Lagerungen. Das Gesamtpotenzial (5-76) des Systems ist

$$\Pi = \Pi_\mathrm{a} + U = -Fw(x_1) - \int q(x)w(x)\,\mathrm{d}x + \frac{1}{2}\int EI_y(x)w''^2(x)\,\mathrm{d}x\,. \qquad (5\text{-}83)$$

Aus dem Satz, dass Π in der Gleichgewichtslage einen stationären Wert hat (siehe 5.8.2), wird nach Ritz eine Näherung für die Funktion $w(x)$ wie folgt berechnet. Man wählt n (häufig genügen $n = 2$) vernünftig erscheinende Ansatzfunktionen $w_1(x), \ldots, w_n(x)$, die die sog. wesentlichen oder geometrischen Randbedingungen (das sind die für w und w') erfüllen und bildet die Funktionenklasse $w(x) = c_1w_1(x) + \ldots + c_nw_n(x)$ mit unbestimmten Koeffizienten $c_1, \ldots, c_n$. Die beste Näherung an die

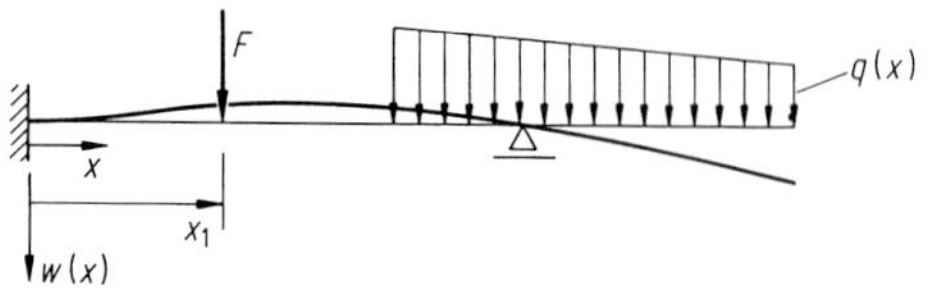

Bild 5-36. Biegestab zur Erläuterung des Ritz'schen Verfahrens

tatsächliche Biegelinie wird mit den Werten $c_1, \ldots, c_n$ erreicht, die die Stationaritätsbedingungen

$$\frac{\partial \Pi}{\partial c_i} = 0 \quad (i = 1, \ldots, n) \qquad \text{(5-84)}$$

erfüllen. Sie liefern das lineare Gleichungssystem $\underline{A}[c_1 \ldots c_n]^{\mathrm{T}} = \underline{B}$ mit einer symmetrischen Matrix $\underline{A}$ und einer Spaltenmatrix $\underline{B}$ mit den Elementen

$$\left.\begin{aligned} A_{ij} &= \int EI_y(x) w_i''(x) w_j''(x)\,\mathrm{d}x\,, \\ B_i &= F w_i(x_1) + \int q(x) w_i(x)\,\mathrm{d}x \end{aligned}\right\} \qquad \text{(5-85)}$$
$$(i, j = 1, \ldots, n)\,.$$

Die B_i sind für andere äußere Lasten sinngemäß zu berechnen.

5.9 Rotierende Stäbe und Ringe

Stäbe. Bei der Anordnung nach Bild 5-37 und mit den dort erklärten Größen $m(r)$ und $r_S(r)$ sind die Radialspannung und die Radialverschiebung

$$\sigma(r) = \omega^2 \left[m_0 r_0 + \varrho \int_r^{r_a} \bar{r} A(\bar{r})\,\mathrm{d}\bar{r} \right] \Big/ A(r)$$
$$= \omega^2 m(r) r_S(r) / A(r)\,, \qquad \text{(5-86)}$$

$$u(r) = (1/E) \int_{r_i}^{r} \sigma(\bar{r})\,\mathrm{d}\bar{r}\,. \qquad \text{(5-87)}$$

Im Sonderfall $A(r) \equiv A = \text{const}$ ist mit der Stabmasse $m = \varrho A l$

$$\sigma_{\max} = \sigma(r_i) = \omega^2 [m_0 r_0 + m(r_i + r_a)/2]/A\,, \qquad \text{(5-88)}$$
$$\Delta l = u(r_a) = \omega^2 l [m_0 r_0 + m(r_i/2 + l/3)]/(EA)\,. \qquad \text{(5-89)}$$

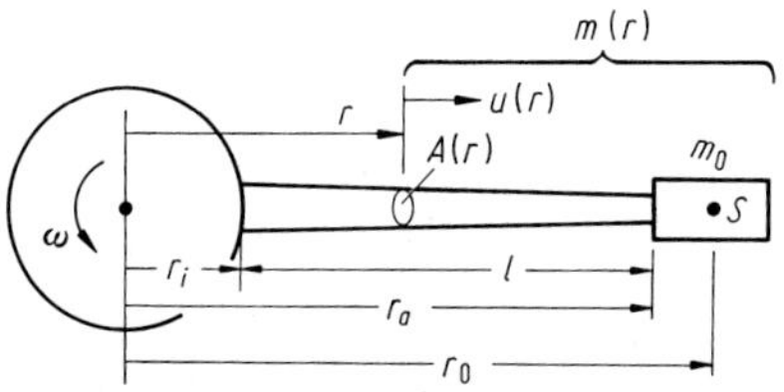

Bild 5-37. Stab an rotierender Scheibe unter Fliehkraftbelastung. $r_S(r)$ in (5-86) ist der Radius, an dem sich der Schwerpunkt von $m(r)$ befindet

Damit in einem Stab überall die Spannung $\sigma_a \equiv \sigma(r_a) = \omega^2 m_0 r_0 / A(r_a)$ herrscht, muss die Querschnittsfläche den Verlauf

$$A(r) = A(r_a) \exp\left[\varrho\,\omega^2 \left(r_a^2 - r^2\right) / (2\sigma_a)\right]$$

haben.

Ringe. Der dünnwandige Ring oder Hohlzylinder in Bild 5-38 rotiert um die z-Achse. Dabei treten die Umfangsspannung $\sigma_\varphi = \varrho\omega^2 r^2$ und die radiale Aufweitung $\Delta r = \varrho\omega^2 r^3 / E$ auf (ϱ Dichte, r Ringradius). Die dünnwandigen Ringe in den Bildern 5-39a bis d rotieren um die vertikale Achse. Der oberste Punkt ist in Bild d axial gelagert und sonst axial frei verschiebbar. Die radiale Verschiebung u bei $\varphi = 90°$ und die axiale Verschiebung v bei $\varphi = 0$ sind in Tabelle 5-10 als Vielfache von $\varrho A\omega^2 r^5/(12EI)$ angegeben. Außerdem sind der Ort φ des maximalen Biegemoments und dessen Größe als Vielfaches von $\varrho A\omega^2 r^3$ angegeben (ϱ Dichte, A Ringquerschnittsfläche, r Ringradius).

Bild 5-38. Dünnwandiger Ring oder Hohlzylinder in Rotation um die z-Achse

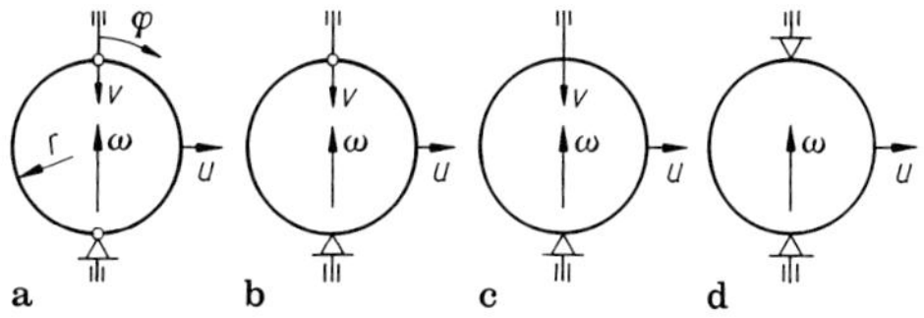

Bild 5-39. a–d. Verschieden gelagerte dünne Ringe mit und ohne Gelenke bei Rotation um den vertikalen Durchmesser

Tabelle 5-10. Verschiebungen u und v, maximale Biegemomente $M_{\max}$ und Orte φ des maximalen Biegemoments für rotierende Ringe nach Bild 5-39a bis d

	a	b	c	d
$u = \dfrac{\varrho A\omega^2 r^5}{12EI} \times$	2,71	$\pi/2$	1	0,08
$v = \dfrac{\varrho A\omega^2 r^5}{12EI} \times$	8	4	2	0
$M_{\max} = \varrho A\omega^2 r^3 \times$	1/2	25/72	1/4	0,107
φ	$\pi/2$	arc cos(1/6)	0 und $\pi/2$	0

5.10 Flächentragwerke

5.10.1 Scheiben

Scheiben sind ebene Tragwerke, die nur in ihrer Ebene (x, y-Ebene) durch Kräfte belastet werden (Kräfte am Rand und im Innern der Scheibe, Eigengewicht bei lotrechten Scheiben, Fliehkraft bei rotierenden Scheiben usw.). Spannungen werden außer durch Kräfte auch durch Temperaturfelder und erzwungene Verschiebungen erzeugt. In dünnen Scheiben konstanter Dicke h treten nur Spannungen σ_x, σ_y und τ_{xy} auf, und diese sind nur von x und y abhängig (ebener Spannungszustand). Für die acht unbekannten Funktionen σ_x, σ_y, τ_{xy}, ε_x, ε_y, γ_{xy}, u und v – jeweils von x und y – stehen acht Gleichungen zur Verfügung, nämlich die Gleichgewichtsbedingungen (5-17), die Gleichungen (5-2) für ε_x, ε_y und γ_{xy} und das Hooke'sche Gesetz (5-23a). Die Lösungen müssen Randbedingungen erfüllen. Man unterscheidet das *erste Randwertproblem* (Spannungen am ganzen Rand vorgegeben), das *zweite Randwertproblem* (Verschiebungen am ganzen Rand vorgegeben) und das *gemischte Randwertproblem* (Spannungen und Verschiebungen auf je einem Teil des Randes vorgegeben).
Beim ersten Randwertproblem ist die Reduktion der acht Gleichungen auf die eine Gleichung

$$\Delta\Delta F = -\Delta[(1-\nu)V + E\alpha\Delta T] \tag{5-90}$$

für die unbekannte *Airy'sche Spannungsfunktion* $F(x, y)$ möglich. Sie ist durch

$$\sigma_x = \frac{\partial^2 F}{\partial y^2} + V\,, \quad \sigma_y = \frac{\partial^2 F}{\partial x^2} + V\,, \quad \tau_{xy} = -\frac{\partial^2 F}{\partial x \partial y} \tag{5-91}$$

definiert, wobei $V(x, y)$ das Potenzial der Volumenkraft ist ($X = -\partial V/\partial x$, $Y = -\partial V/\partial y$). Gleichung (5-91) liefert auch Randbedingungen für F. In (5-90) sind das erste Δ rechts und $\Delta\Delta$ die Operatoren

$$\Delta = \frac{\partial^2}{\partial x^2} + \frac{\partial^2}{\partial y^2}\,, \quad \Delta\Delta = \frac{\partial^4}{\partial x^4} + 2\frac{\partial^4}{\partial x^2 \partial y^2} + \frac{\partial^4}{\partial y^4}\,. \tag{5-92}$$

Wenn $V(x, y)$ und die Erwärmung $\Delta T(x, y)$ lineare Funktionen vom Typ $c_0 + c_1 x + c_2 y$ sind (z. B. das Potenzial für Eigengewicht), dann vereinfacht sich (5-90) zur *Bipotenzialgleichung*

$$\Delta\Delta F = 0\,. \tag{5-93}$$

Für diese sind viele Lösungen bekannt, die keine technisch interessanten Randbedingungen erfüllen (z. B. $F = ax^2 + bxy + cy^2$). Es gibt aber technische Probleme, bei denen die Randbedingungen durch eine Linearkombination solcher spezieller Lösungen erfüllt werden, wenn man die Koeffizienten geeignet anpasst (semiinverse Lösungsmethode; siehe [17]). Wenn die Spannungen in einer Koordinatenrichtung (x-Richtung) periodisch sind, wird für $F(x, y)$ eine Fourierreihe nach x mit von y abhängigen Koeffizienten angesetzt. Damit entstehen aus (5-93) gewöhnliche Differenzialgleichungen [17]. Gleichung (5-93) kann auch mit komplexen Funktionen gelöst werden [18, 19].

Beispiel 5-19: Für die hohe Wandscheibe in Bild 5-40 mit der Streckenlast q und mit periodisch angeordneten Lagern liefert die Methode der Fourierzerlegung für die Spannungen $\sigma_x(y)$ entlang den Geraden über und mittig zwischen den Lagern die dargestellten Ergebnisse.
Weitere Lösungen für Rechteckscheiben siehe in [17, 20].

Gleichungen in Polarkoordinaten. Für nicht rotationssymmetrische Scheibenprobleme sind die acht Größen σ_r, σ_φ, $\tau_{r\varphi}$, ε_r, ε_φ, $\gamma_{r\varphi}$, u und v (Verschiebungen in radialer bzw. in Umfangsrichtung) unbekannte Funktionen von r und φ. Wenn die Volumenkraft $R^*(r, \varphi)$ radial gerichtet ist, lauten die acht Bestimmungsgleichungen

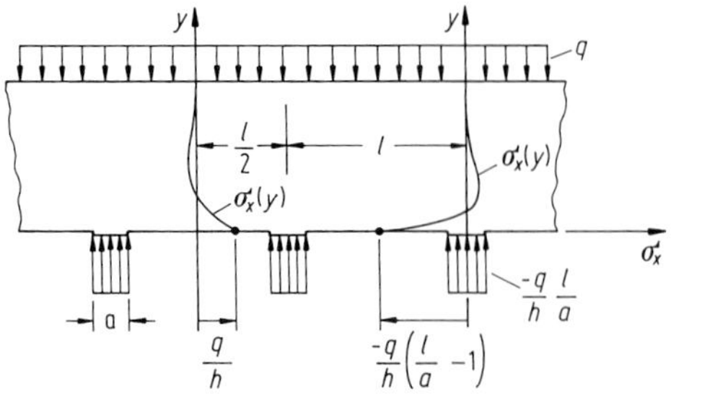

Bild 5-40. Längsspannungen $\sigma_x(y)$ über und mittig zwischen den Stützen in einer sehr hohen Wandscheibe mit periodisch angeordneten Stützen. Scheibendicke h

$$\left.\begin{aligned}&\frac{\partial\sigma_r}{\partial r}+\frac{1}{r}\left(\sigma_r-\sigma_\varphi+\frac{\partial\tau_{r\varphi}}{\partial\varphi}\right)+R^*=0\\&\frac{1}{r}\left(\frac{\partial\sigma_\varphi}{\partial\varphi}+2\tau_{r\varphi}\right)+\frac{\partial\tau_{r\varphi}}{\partial r}=0\,,\end{aligned}\right\}\qquad(5\text{-}94)$$

$$\left.\begin{aligned}\varepsilon_r&=\frac{\partial u}{\partial r}\,,\\\varepsilon_\varphi&=\frac{1}{r}\left(u+\frac{\partial v}{\partial\varphi}\right),\\\gamma_{r\varphi}&=\frac{1}{r}\left(\frac{\partial u}{\partial\varphi}-v\right)+\frac{\partial v}{\partial r}\,,\end{aligned}\right\}\qquad(5\text{-}95)$$

$$\left.\begin{aligned}\varepsilon_r&=(\sigma_r-\nu\sigma_\varphi)/E+\alpha\Delta T\,,\\\varepsilon_\varphi&=(\sigma_\varphi-\nu\sigma_r)/E+\alpha\Delta T\,,\\\gamma_{r\varphi}&=\tau_{r\varphi}/G.\end{aligned}\right\}\qquad(5\text{-}96)$$

Im Fall $R^*\equiv 0$, $\Delta T\equiv 0$ wird beim *ersten Randwertproblem* die Airy'sche Spannungsfunktion $F(r,\varphi)$ definiert durch

$$\left.\begin{aligned}\sigma_r&=\frac{1}{r}\cdot\frac{\partial F}{\partial r}+\frac{1}{r^2}\cdot\frac{\partial^2 F}{\partial\varphi^2}\,,\\\sigma_\varphi&=\frac{\partial^2 F}{\partial r^2}\,,\\\tau_{r\varphi}&=-\frac{\partial}{\partial r}\left(\frac{1}{r}\cdot\frac{\partial F}{\partial\varphi}\right).\end{aligned}\right\}\qquad(5\text{-}97)$$

Für F ergibt sich wieder die Bipotenzialgleichung

$$\Delta\Delta F=0\quad\text{mit}\quad\Delta=\frac{\partial^2}{\partial r^2}+\frac{1}{r}\cdot\frac{\partial}{\partial r}+\frac{1}{r^2}\cdot\frac{\partial^2}{\partial\varphi^2}\,.\qquad(5\text{-}98)$$

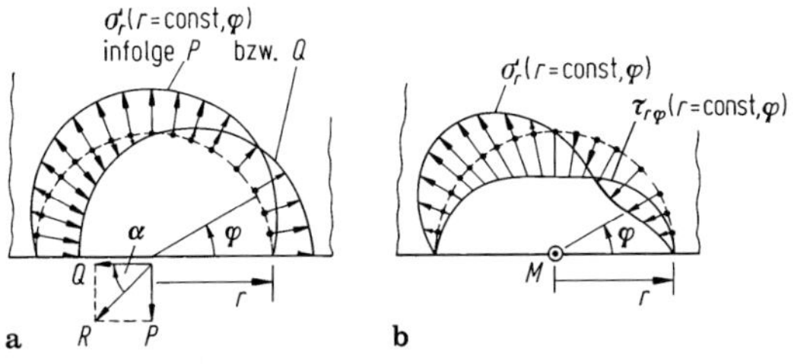

Bild 5-41. Spannungen $\sigma_r(r,\varphi)$ und $\tau_{r\varphi}(r,\varphi)$ bei $r=\text{const}$ in Scheiben, die die unendliche Halbebene über der horizontalen Geraden einnehmen und die am Rand durch Kräfte P und Q (**a**) und durch ein Moment M (**b**) belastet werden

Beispiel 5-20: Scheibe in unendlicher Halbebene mit Einzelkräften P und Q (Bild 5-41a) und mit einem Moment M (Bild 5-41b) am Rand. In Bild 5-41a ist

$$\sigma_r(r,\varphi)=\frac{2(P\sin\varphi+Q\cos\varphi)}{\pi hr}=\frac{2R\cos(\varphi-\alpha)}{\pi hr}\,,$$

$$\sigma_\varphi\equiv 0\,,\quad\tau_{r\varphi}\equiv 0\,.$$

In Bild 5-41b ist M ein Kräftepaar mit zwei Kräften P und $-P$ im Abstand l mit $Pl=M$, sodass man das Ergebnis durch Überlagerung zweier Spannungsfelder zu Bild 5-41a im Grenzfall $l\to 0$ erhält:

$$\sigma_r(r,\varphi)=\frac{-2M\sin 2\varphi}{\pi hr^2}\,,\qquad\sigma_\varphi\equiv 0\,,$$

$$\tau_{r\varphi}=\frac{-2M\sin^2\varphi}{\pi hr^2}\,.$$

Spannungsfelder für normale und für tangentiale Streckenlasten $q=\text{const}$ auf endlichen Bereichen des Scheibenrandes siehe in [17].

Beispiel 5-21: Die keilförmige Scheibe in Bild 5-42a mit den Eckkräften F_1 und F_2 entsteht, wenn man in Bild 5-41a einen Schnitt entlang $\varphi=2\beta$ macht. Auch im Keil ist $\sigma_\varphi\equiv 0$, $\tau_{r\varphi}\equiv 0$. $\sigma_r(r,\varphi)$ ist in der Bildunterschrift angegeben. Technisch wichtig ist die Rechteckscheibe mit Einzellast F nach Bild 5-42b:

$$\sigma_r(r,\varphi)=\frac{F\sqrt{2}}{hr}\sin(\varphi+12{,}5^\circ)\,,$$

$$\sigma_r=\tau_{r\varphi}\equiv 0\,.$$

Es entstehen ein Druck- und ein Zugfeld mit der Gefahr des Eckenabrisses.

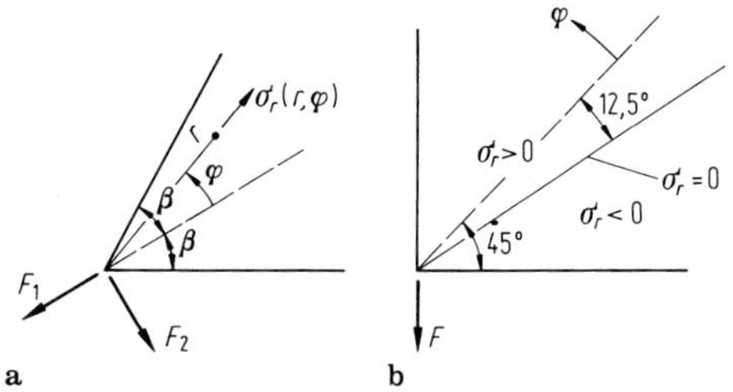

Bild 5-42. a Keilförmige Scheibe der Dicke h mit Eckkräften.
$\sigma_r(r,\varphi)=2F_1\cos\varphi/[rh(2\beta+\sin 2\beta)]$
$+\,2F_2\sin\varphi/[rh(2\beta-\sin 2\beta)]$.
b Zug- und Druckfelder in der 90°-Ecke einer Scheibe

Bei rotationssymmetrisch gelagerten und belasteten Scheiben sind $\tau_{r\varphi} \equiv 0, \gamma_{r\varphi} \equiv 0$ und $v \equiv 0$, und σ_r, σ_φ, ε_r, ε_φ und u hängen nur von r ab. Damit vereinfachen sich (5-94) und (5-95) zu

$$\frac{\mathrm{d}\sigma_r}{\mathrm{d}r} + \frac{\sigma_r - \sigma_\varphi}{r} + R^* = 0 \qquad (5\text{-}99)$$

$$\varepsilon_r = \frac{\mathrm{d}u}{\mathrm{d}r}, \quad \varepsilon_\varphi = \frac{u}{r} \,. \qquad (5\text{-}100)$$

Beispiel 5-22:

(a) In einer Vollkreisscheibe vom Radius R mit nach außen gerichteter, radialer Streckenlast $q = \text{const}$ am ganzen Rand ist

$$\sigma_r(r) = \sigma_\varphi(r) \equiv q/h\,, \quad \tau_{r\varphi} \equiv 0\,,$$
$$u(R) = (1-\nu)qR/(Eh)\,.$$

Daraus folgt, dass eine erzwungene radiale Randverschiebung $u(R)$ die Spannungen

$$\sigma_r(r) = \sigma_\varphi(r) \equiv \frac{Eu(R)}{R(1-\nu)} \quad \text{und} \quad \tau_{r\varphi} \equiv 0$$

erzeugt.

(b) Wenn zusätzlich zu $u(R)$ eine konstante Erwärmung ΔT der ganzen Scheibe vorgegeben ist, ist

$$\sigma_r(r) = \sigma_\varphi(r) \equiv \frac{E[u(R) - R\alpha\Delta T]}{R(1-\nu)}\,, \quad \tau_{r\varphi} \equiv 0\,.$$

(c) Wenn $u(R)$ und ein nicht konstantes Erwärmungsfeld $\Delta T(r)$ vorgegeben sind, wird das Verschiebungsfeld aus der Gleichung

$$u(r) = [u(R) - u_\mathrm{p}(R)]r/R + u_\mathrm{p}(r)$$

mit der partikulären Lösung $u_\mathrm{p}(r)$ zu der Euler'schen Differenzialgleichung

$$\frac{\mathrm{d}^2u}{\mathrm{d}r^2} + \frac{1}{r}\cdot\frac{\mathrm{d}u}{\mathrm{d}r} - \frac{u}{r^2} = (1+\nu)\alpha\frac{\mathrm{d}(\Delta T)}{\mathrm{d}r}$$

berechnet. Mit $u(r)$ werden aus (5-100) ε_r und ε_φ und damit aus (5-96) die Spannungen berechnet.

[21] gibt Lösungen für symmetrisch belastete Kreis- und Kreisringscheiben für viele Belastungsfälle an.

Rotierende Scheiben. Bei einer mit $\omega = \text{const}$ rotierenden Scheibe konstanter Dicke mit Radius R und Dichte ϱ ist in (5-99) $R^*(r) = \varrho\omega^2 r$. Die Lösung für die Vollscheibe lautet

$$\sigma_r(r) = \sigma_r(R) + \beta_1\varrho\omega^2(R^2 - r^2)\,,$$
$$\sigma_\varphi(r) = \sigma_r(R) + \varrho\omega^2(\beta_1 R^2 - \beta_2 r^2)\,,$$
$$u(r) = r(\sigma_\varphi(r) - \nu\sigma_r(r))/E$$

und speziell

$$u(R) = (1-\nu)(\sigma_r(R) + \varrho\omega^2 R^2/4)R/E\,.$$

Darin sind $\beta_1 = (3+\nu)/8$ und $\beta_2 = (1+3\nu)/8$. Die radiale Randspannung $\sigma_r(R)$ kann z. B. durch aufgesetzte Turbinenschaufeln (vgl. (5.9)) oder durch einen aufgeschrumpften Ring (vgl. 5.10.3) verursacht werden.

Bei einer Scheibe konstanter Dicke mit mittigem Loch vom Radius R_i sind die Spannungen als Funktionen des Parameters $z_0 = R_\mathrm{i}/R$ und der normierten Ortsvariablen $z = r/R$:

$$\sigma_r(z) = \varrho\omega^2 R^2\beta_1\left(1 - \frac{z_0^2}{z^2}\right)(1 - z^2)\,,$$

$$\sigma_\varphi(z) = \varrho\omega^2 R^2\left[\beta_1\left(1 + \frac{z_0^2}{z^2}\right)(1 + z^2) - \frac{1+\nu}{2}z^2\right]\,.$$

$\sigma_\varphi(z)$ nimmt von innen nach außen monoton ab und ist an jeder Stelle z größer als $\sigma_r(z)$. Am Innenrand ist σ_φ größer als im Zentrum einer Scheibe ohne Loch (im Grenzfall $R_\mathrm{i} \to 0$ zweimal so groß).

Geschlossene Lösungen bei Kreisscheiben mit speziellen Dickenverläufen $h = h(r)$ siehe in [22]. Numerische Verfahren bei Scheiben veränderlicher Dicke siehe in 5.14.2

5.10.2 Platten

Platten sind ebene Flächentragwerke, die normal zu ihrer Ebene (der x, y-Ebene) belastet werden. Bei dünnen Platten konstanter Dicke h ($h \ll$ Plattenbreite) gilt für die Durchbiegung w im Fall $w \ll h$ die *Kirchhoff'sche Plattengleichung*

$$\Delta\Delta w = \frac{\partial^4 w}{\partial x^4} + 2\frac{\partial^4 w}{\partial x^2 \partial y^2} + \frac{\partial^4 w}{\partial y^4} = \frac{p(x,y)}{D} \qquad (5\text{-}101)$$

mit der *Plattensteifigkeit* $D = Eh^3/[12(1-\nu^2)]$ und der Flächenlast $p(x, y)$.

Randbedingungen: An einem freien Rand bei x = const ist

$$\frac{\partial^2 w}{\partial x^2} + \nu \frac{\partial^2 w}{\partial y^2} = 0\,, \quad \frac{\partial^3 w}{\partial x^3} + (2-\nu)\frac{\partial^3 w}{\partial x \partial y^2} = 0\,.$$

An einem drehbar gelagerten Rand bei x = const ist

$$w = 0\,, \quad \frac{\partial^2 w}{\partial x^2} + \nu \frac{\partial^2 w}{\partial y^2} = 0\,.$$

An einem fest eingespannten Rand bei x = const ist $w = 0$ und $\partial w/\partial x = 0$.

Aus Lösungen $w(x, y)$ von (5-101) werden die Spannungen σ_x, σ_y und τ_{xy} berechnet. Sie sind proportional zu z (also null in der Plattenmittelebene). An der Plattenoberfläche bei $z = h/2$ ist mit $W = h^2/6$

$$\left.\begin{aligned} \sigma_x(x,y) &= -\frac{D}{W}\left(\frac{\partial^2 w}{\partial x^2} + \nu \frac{\partial^2 w}{\partial y^2}\right), \\ \sigma_y(x,y) &= -\frac{D}{W}\left(\frac{\partial^2 w}{\partial y^2} + \nu \frac{\partial^2 w}{\partial x^2}\right), \\ \tau_{xy}(x,y) &= -\frac{D}{W}(1-\nu)\frac{\partial^2 w}{\partial x \partial y}\,. \end{aligned}\right\} \qquad (5\text{-}102)$$

Exakte Lösungen von (5-101) durch unendliche Reihen siehe in [17]. Näherungslösungen für $w(x, y)$ werden bei einfachen Plattenformen mit dem *Verfahren von Ritz* gewonnen. Zur Begründung, zu den Bezeichnungen und zu den Rechenschritten siehe 5.8.8. An die Stelle von (5-83) tritt dabei (Integration über die gesamte Fläche)

$$\begin{aligned} \Pi = &-Fw(x_1, y_1) - \iint p(x,y)w(x,y)\,\mathrm{d}x\,\mathrm{d}y \\ &+ \frac{D}{2}\iint \left\{\left(\frac{\partial^2 w}{\partial x^2} + \frac{\partial^2 w}{\partial y^2}\right)^2\right. \\ &\left. + 2(1-\nu)\left[\left(\frac{\partial^2 w}{\partial x \partial y}\right)^2 - \frac{\partial^2 w}{\partial x^2}\cdot\frac{\partial^2 w}{\partial y^2}\right]\right\}\mathrm{d}x\,\mathrm{d}y\,. \end{aligned} \qquad (5\text{-}103)$$

Die ersten beiden Glieder berücksichtigen eine Einzelkraft F bei (x_1, y_1) und eine Flächenlast $p(x, y)$ mit der Dimension einer Spannung. Entsprechendes gilt bei anderen Lasten. Bei Kreis- und Kreisringplatten mit rotationssymmetrischer Belastung durch eine Linienlast q am Radius r_1 und eine Flächenlast $p(r)$ ist (Integrationen über den ganzen Radienbereich)

$$\begin{aligned} \Pi = &-2\pi r_1 q w(r_1) - 2\pi \int r p(r) w(r)\,\mathrm{d}r \\ &+ \frac{\pi D}{2}\int \left\{ r\left(\frac{\mathrm{d}^2 w}{\mathrm{d}r^2} + \frac{1}{r}\cdot\frac{\mathrm{d}w}{\mathrm{d}r}\right)^2 \right. \\ &\left. -2(1-\nu)\frac{\mathrm{d}w}{\mathrm{d}r}\cdot\frac{\mathrm{d}^2 w}{\mathrm{d}r^2}\right\}\mathrm{d}r\,. \end{aligned} \qquad (5\text{-}104)$$

Für (5-103) wird eine Funktionenklasse

$$w(x,y) = c_1 w_1(x,y) + \ldots + c_n w_n(x,y)$$

und für (5-104) eine Funktionenklasse

$$w(r) = c_1 w_1(r) + \ldots + c_n w_n(r)$$

mit Ansatzfunktionen $w_i(x, y)$ bzw. $w_i(r)$ gebildet, die alle wesentlichen Randbedingungen erfüllen. Gleichung (5-84) liefert wie bei Stäben ein lineares Gleichungssystem für $c_1, \ldots, c_n$, dessen Lösung in $w(x, y)$ bzw. in $w(r)$ eingesetzt eine Näherungslösung für die Durchbiegung ergibt. Bei der Durchführung wird erst nach c_i differenziert und dann über x, y bzw. r integriert.

Beispiel 5-23: Für eine quadratische, auf zwei benachbarten Seiten fest eingespannte, an den anderen Seiten freie und in der freien Ecke mit F belastete Platte (Seitenlänge a) wird die Funktionenklasse $w(x, y) = c_1 x^2 y^2$ gewählt (also $n = 1$); die x- und die y-Achse liegen entlang den eingespannten Seiten. In (5-103) ist $w(x_1, y_1) = c_1 a^4$ und $p(x, y) \equiv 0$. Gleichung (5-84) liefert $c_1 = 3F/[8Da^2(29/15 - \nu)]$.

Bei rotationssymmetrisch belasteten Kreis- und Kreisringplatten mit Polarkoordinaten r, φ sind $\tau_{r\varphi} \equiv 0$ und w, σ_r und σ_φ nur von r abhängig. An die Stelle von (5-101) und (5-102) treten die Euler'sche Differenzialgleichung ($' = \mathrm{d}/\mathrm{d}r$)

$$w^{(4)} + 2\frac{w'''}{r} - \frac{w''}{r^2} + \frac{w'}{r^3} = \frac{p(r)}{D} \qquad (5\text{-}105)$$

und für die Spannungen an der Plattenoberfläche bei $z = h/2$ die Beziehungen $\tau_{r\varphi} \equiv 0$ und mit $W = h^2/6$

$$\left.\begin{aligned} \sigma_r(r) &= \frac{D}{W}\left(w'' + \nu\frac{w'}{r}\right), \\ \sigma_\varphi(r) &= \frac{D}{W}\left(\nu w'' + \frac{w'}{r}\right). \end{aligned}\right\} \qquad (5\text{-}106)$$

Exakte Lösungen siehe in [17,21]. Als Nachschlagewerke für Lösungen zu Platten mit Rechteck-,

Kreis- und anderen Formen bei technisch wichtigen Lagerungs- und Lastfällen siehe [20, 23, 24]. Numerische Lösungen werden mit Finite-Elemente-Methoden gewonnen (5.13 und [25]).

5.10.3 Schalen

Schalen sind räumlich gekrümmte Flächentragwerke, die tangential und normal zur Fläche belastet werden. Wenn keine Biegung auftritt, spricht man von *Membranen*.

Membranen. Notwendige Voraussetzungen für einen Membranspannungszustand sind stetige Flächenkrümmungen, stetige Verteilung von Lasten normal zur Fläche (also keine Einzelkräfte) und an den Rändern tangentiale Einleitung von eingeprägten und Lagerkräften. Bei rotationssymmetrisch geformten und belasteten Membranen werden nach Bild 5-43 die Koordinaten r, φ, ϑ verwendet. Bei gegebener Form $r = r(\vartheta)$ und gegebenen Flächenlasten $p_n(\vartheta)$ und $p_\vartheta(\vartheta)$ normal bzw. tangential zur Membran (Dimension einer Spannung; positiv in den gezeichneten Richtungen) gelten für die Meridianspannung $\sigma_\vartheta(\vartheta)$ und die Umfangsspannung $\sigma_\varphi(\vartheta)$ die Gleichungen

$$\left.\begin{aligned} &\sigma_\vartheta(\vartheta) = -F(\vartheta)/[2\pi h r(\vartheta)\sin\vartheta]\,,\\ &\sigma_\varphi(\vartheta)/R_1(\vartheta) = -p_n(\vartheta)/h - \sigma_\vartheta(\vartheta)/R_2(\vartheta)\,,\\ &F(\vartheta) = 2\pi\int_0^\vartheta [p_n(\bar\vartheta)\cos\bar\vartheta + p_\vartheta(\bar\vartheta)\sin\bar\vartheta]\\ &\qquad\times r(\bar\vartheta)R_2(\bar\vartheta)\,\mathrm{d}\bar\vartheta\,. \end{aligned}\right\} \tag{5-107}$$

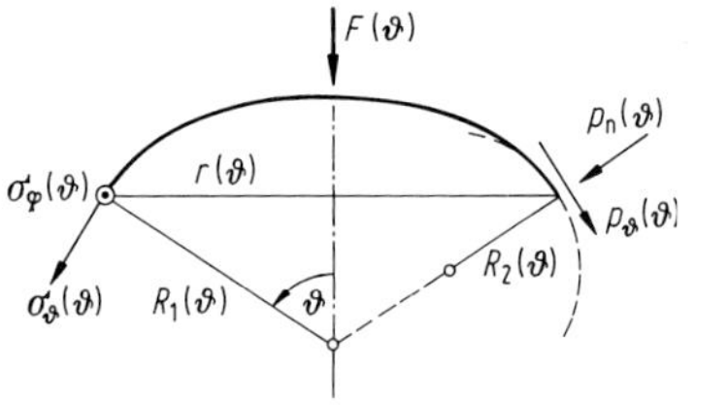

Bild 5-43. Rotationssymmetrische Membran mit rotationssymmetrischen Flächenlasten $p_n(\vartheta)$ und $p_\vartheta(\vartheta)$. Freikörperbild des Winkelbereichs ϑ. Spannungen $\sigma_\varphi(\vartheta)$ in Umfangsrichtung und $\sigma_\vartheta(\vartheta)$. $F(\vartheta)$ ist die aus p_n und p_ϑ nach (5-107) berechnete Resultierende Kraft am freigeschnittenen Bereich

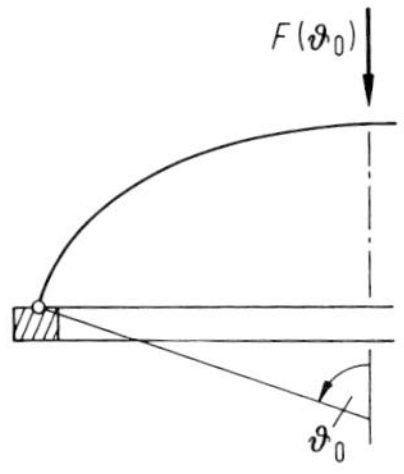

Bild 5-44. Lagerung einer Membran auf einem Zugring

Darin sind h = const die Membrandicke, $R_1(\vartheta) = r(\vartheta)/\sin\vartheta$ und $R_2(\vartheta)$ die Hauptkrümmungsradien am Kreis bei ϑ und $F(\vartheta)$ die resultierende eingeprägte Kraft am Membranstück zwischen $\vartheta = 0$ und ϑ. Bei Eigengewicht ist $F(\vartheta) = G(\vartheta)$ (Gewicht des Membranstücks) und $p_n(\vartheta) = \gamma h\cos\vartheta$. Bei konstantem Innendruck $p_n(\vartheta) = -p$ = const ist $F(\vartheta) = -p\pi r^2(\vartheta)$. Ein freier Rand bei ϑ_0 muss im Fall $\vartheta_0 \neq \pi/2$ drehbar auf einem Ring gelagert werden (Bild 5-44). Die Zugkraft im Ring ist $S = F(\vartheta_0)\cot\vartheta_0/(2\pi)$.
Geschlossene Lösungen für viele technische Beispiele sind in [17, 21] zu finden.
Zur Theorie dünner biegesteifer Schalen siehe [26, 27].

Schrumpfsitz. *Schrumpfsitz* ist die Bezeichnung für die kraftschlüssige Verbindung zweier koaxialer zylindrischer Bauteile (Welle w und Hülse h genannt) durch eine Schrumpfpressung p und durch Coulomb'sche Ruhereibungskräfte in der Fügefläche. R_{iw} und R_{ih} sind die Innenradien und R_{aw} und R_{ah} die Außenradien bei der Fertigungstemperatur vor dem Fügen. $\Delta d = 2(R_{aw} - R_{ih}) > 0$ ist das die Pressung verursachende Übermaß des Wellendurchmessers. Es wird vorausgesetzt, dass Welle und Hülse gleich lang sind und sich beim Fügevorgang axial unbehindert ausdehnen können (ebener Spannungszustand).
In einer Hohlwelle und in einer Hülse hat das radiale Verschiebungsfeld $u(r)$ als Funktion von Innendruck p_i, Außendruck p_a (beide als positive Größen aufgefasst) und Erwärmung ΔT = const die Form

$$\begin{aligned} u(r) = &-(1/E)[(1-\nu)\left(p_a R_a^2 - p_i R_i^2\right) r\\ &-(1+\nu)(p_i - p_a)R_i^2 R_a^2/r]/\left(R_a^2 - R_i^2\right)\\ &+\alpha\Delta T r\,. \end{aligned} \tag{5-108}$$

Darin sind die Größen u, R_i, R_a, p_i, p_a, ΔT, E, ν und α mit dem Index w für Welle bzw. h für Hülse zu versehen. Insbesondere ist $p_\mathrm{aw} = p_\mathrm{ih} = p$ die Flächenpressung und $p_\mathrm{iw} = p_\mathrm{ah} = 0$. Gleichung (5-108) gilt auch im Fall $R_\mathrm{i} = 0$ (Vollwelle; $u(r) = -(1-\nu)p_\mathrm{a}r/E + \alpha\Delta T r$) und im Grenzfall $R_\mathrm{a} \to \infty$ (unendlich ausgedehnte Hülse; $u(r) = (1+\nu)p_\mathrm{i}R_\mathrm{i}^2/(Er) + \alpha\Delta T r$). Die Schrumpfpressung p bei gegebenen Erwärmungen ΔT_w und ΔT_h wird aus der Gleichung

$$u_\mathrm{h}(R_\mathrm{ih}) - u_\mathrm{w}(R_\mathrm{aw}) = \Delta d/2 = R_\mathrm{aw} - R_\mathrm{ih} \quad (5\text{-}109)$$

berechnet. Dieselbe Gleichung liefert mit $p_\mathrm{aw} = p_\mathrm{ih} = p = 0$ eine Beziehung zwischen der minimalen Erwärmung ΔT_h der Hülse und der minimalen Abkühlung ΔT_w der Welle, die erforderlich sind, um beide Teile ohne Pressung übereinanderschieben zu können.

Nach Berechnung von p werden die Felder der Radialspannung $\sigma_r(r)$ und der Umfangsspannung $\sigma_\varphi(r)$ für Welle und Hülse aus

$$\left.\begin{aligned}
\sigma_\mathrm{r}(r) &= -\left[\mathrm{p_a R_a^2 - p_i R_i^2}\right.\\
&\quad \left.+(p_\mathrm{i}-p_\mathrm{a})R_\mathrm{i}^2R_\mathrm{a}^2/r^2\right] / \left(R_\mathrm{a}^2 - R_\mathrm{i}^2\right),\\
\sigma_\varphi(r) &= -[p_\mathrm{a}R_\mathrm{a}^2 - p_\mathrm{i}R_\mathrm{i}^2\\
&\quad -(p_\mathrm{i}-p_\mathrm{a})R_\mathrm{i}^2R_\mathrm{a}^2/r^2]/\left(R_\mathrm{a}^2 - R_\mathrm{i}^2\right)
\end{aligned}\right\} \quad (5\text{-}110)$$

berechnet. Für eine Vollwelle ist $\sigma_\mathrm{rw}(r) = \sigma_{\varphi\mathrm{w}}(r) \equiv -p$. Für eine unendlich ausgedehnte Hülse ist $\sigma_\mathrm{rh}(r) = -\sigma_{\varphi\mathrm{h}}(r) = -pR_\mathrm{ih}^2/r^2$.

Ein Schrumpfsitz der Länge l mit der Schrumpfpressung p und mit der Ruhereibungszahl μ_0 in der Fügefläche kann das Torsionsmoment $2\mu_0\pi R_\mathrm{aw}^2 lp$ übertragen. Fliehkräfte am rotierenden System haben beim Werkstoff Stahl bis zu Umfangsgeschwindigkeiten von 700 m/s keinen nennenswerten Einfluss auf die berechneten Größen [22].

5.11 Dreidimensionale Probleme

5.11.1 Einzelkraft auf Halbraumoberfläche (Boussinesq-Problem)

Eine Normalkraft F auf der Oberfläche eines unendlich ausgedehnten *Halbraums* (Bild 5-45) verursacht die rotationssymmetrischen Spannungs- und Verschiebungsfelder (Zylinderkoordinaten ϱ, φ, z; $r = (\varrho^2 + z^2)^{1/2}$)

$$\left.\begin{aligned}
\sigma_\varrho &= \frac{F}{2\pi r^2}\left[(1-2\nu)\frac{r}{r+z} - \frac{3\varrho^2 z}{r^3}\right],\\
\sigma_z &= \frac{-F}{2\pi r^2}\cdot\frac{3z^3}{r^3},\\
\sigma_\varphi &= \frac{F}{2\pi r^2}(1-2\nu)\left(\frac{z}{r} - \frac{r}{r+z}\right),\\
\tau_{\varrho z} &= \frac{-F}{2\pi r^2}\cdot\frac{3\varrho z^2}{r^3}, \quad \tau_{\varrho\varphi} = \tau_{\varphi z} \equiv 0,\\
u_\varrho &= \frac{F}{4\pi G r}\left[\frac{\varrho z}{r^2} - (1-2\nu)\frac{\varrho}{r+z}\right],\\
u_z &= \frac{F}{4\pi G r}\left[\frac{z^2}{r^2} + 2(1-\nu)\right], \quad u_\varphi \equiv 0.
\end{aligned}\right\} \quad (5\text{-}111)$$

Zur Herleitung und zu entsprechenden Lösungen für eine tangentiale Einzelkraft und für eine Einzelkraft im Innern des Halbraums siehe [18, 28].

5.11.2 Einzelkraft im Vollraum (Kelvin-Problem)

Eine Einzelkraft F in einem allseitig unendlich ausgedehnten Körper (sog. *Vollraum*; Bild 5-46) verursacht die rotationssymmetrischen Spannungs- und Verschiebungsfelder (siehe [18, 28, 29]; Bezeichnungen wie in 5.11.1)

$$\left.\begin{aligned}
\sigma_\varrho &= \frac{F}{8\pi(1-\nu)r^2}\left[(1-2\nu)\frac{z}{r} - \frac{3\varrho^2 z}{r^3}\right],\\
\sigma_\varphi &= \frac{F}{8\pi(1-\nu)r^2}(1-2\nu)\frac{z}{r},\\
\sigma_z &= \frac{-F}{8\pi(1-\nu)r^2}\left[(1-2\nu)\frac{z}{r} + \frac{3z^3}{r^3}\right],\\
\tau_{\varrho z} &= \frac{-F}{8\pi(1-\nu)r^2}\left[(1-2\nu)\frac{\varrho}{r} + \frac{3\varrho z^2}{r^3}\right],\\
\tau_{\varrho\varphi} &= \tau_{\varphi z} \equiv 0, \quad u_\varphi \equiv 0,\\
u_\varrho &= \frac{F}{16\pi(1-\nu)Gr}\cdot\frac{\varrho z}{r^2},\\
u_z &= \frac{F}{16\pi(1-\nu)Gr}\left(3 - 4\nu + \frac{z^2}{r^2}\right).
\end{aligned}\right\} \quad (5\text{-}112)$$

5.11.3 Druckbehälter. Kesselformeln

In einem homogenen dickwandigen, kugelförmigen Druckbehälter (Radien und Drücke $R_\mathrm{i}, p_\mathrm{i}$ innen

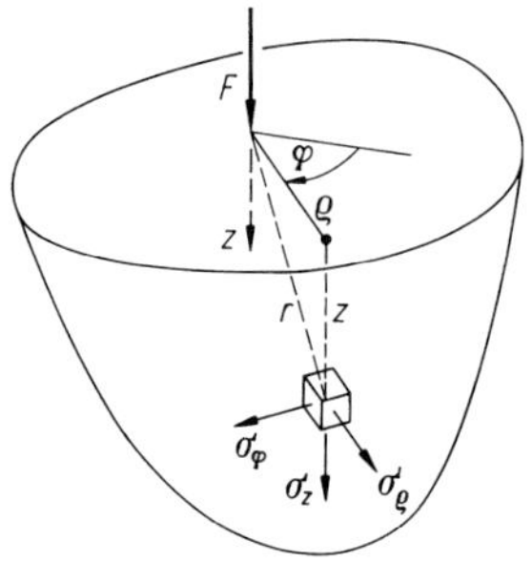

Bild 5-45. Einzelkraft auf Halbraumoberfläche. Boussinesq-Problem

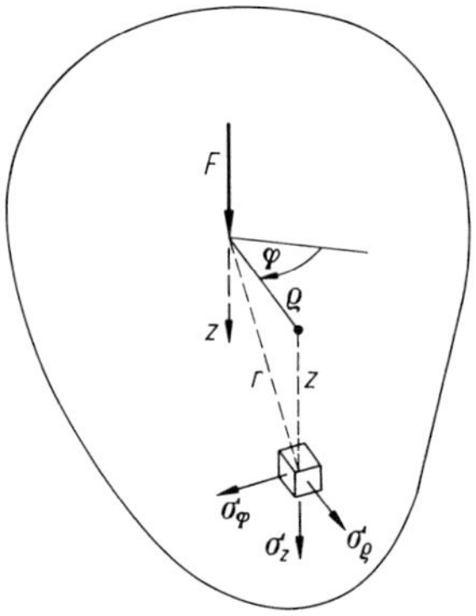

Bild 5-46. Einzelkraft im Vollraum. Kelvin-Problem

und R_a, p_a außen) treten die Radial- und Tangentialspannungen und die Radialverschiebung auf (siehe [18, 29, 30]):

$$\left.\begin{aligned}
\sigma_r(r) &= \frac{p_i R_i^3 - p_a R_a^3 - (p_i - p_a) R_i^3 R_a^3 / r^3}{R_a^3 - R_i^3}\,, \\
\sigma_\varphi(r) &= \frac{p_i R_i^3 - p_a R_a^3 + (p_i - p_a) R_i^3 R_a^3 / (2r^3)}{R_a^3 - R_i^3}\,, \\
&\quad \text{(im Fall } p_i > p_a \\
&\quad \text{ist } \sigma_\varphi \text{ maximal bei } r = R_i)\,, \\
u_r(r) &= \frac{r}{R_a^3 - R_i^3}\left[\frac{(1-2\nu)(p_i R_i^3 - p_a R_a^3)}{E} + \frac{(p_i - p_a) R_i^3 R_a^3}{4Gr^3}\right].
\end{aligned}\right\} \tag{5-113}$$

Bei einem dünnwandigen Kugelbehälter (Radius R, Wanddicke $h \ll R$) ist $\sigma_\varphi = (p_i - p_a) R/(2h)$. $\sigma_r(r)$ fällt in der Wand linear von p_i auf p_a ab.

Ein dickwandiger zylindrischer Druckbehälter (Radius und Druck R_i, p_i innen und R_a, p_a außen) hat im Mittelteil (mehr als $2R_a$ von den Enden entfernt) die Radialspannung $\sigma_r(r)$ und die Umfangsspannung $\sigma_\varphi(r)$ nach (5-110) und die von r unabhängige Längsspannung

$$\sigma_x = \left(p_i R_i^2 - p_a R_a^2\right) / \left(R_a^2 - R_i^2\right)\,.$$

Für den dünnwandigen Behälter (Radius R, Wanddicke $h \ll R$) entstehen daraus die *Kesselformeln*

$$\sigma_\varphi = (p_i - p_a) R/h\,, \quad \sigma_x = \sigma_\varphi/2\,.$$

Weitere Einzelheiten der Theorie von Druckbehältern siehe in [30] und Bemessungsvorschriften in [31, 32].

5.11.4 Kontaktprobleme. Hertz'sche Formeln

Zwei sich in einem Punkt oder längs einer Linie berührende Körper verformen sich, wenn sie gegeneinandergedrückt werden, und bilden eine kleine Druckfläche. *Hertz* hat die Verformungen und die Spannungen für homogen-isotrope Körper aus Hooke'schem Material berechnet. Seine Formeln setzen voraus, dass in der Druckfläche nur Normalspannungen wirken. Außerdem muss die Druckfläche im Vergleich zu den Körperabmessungen so klein sein, dass man jeden Körper als unendlichen Halbraum auffassen und seine Spannungsverteilung als Überlagerung von Boussinesq-Spannungsverteilungen

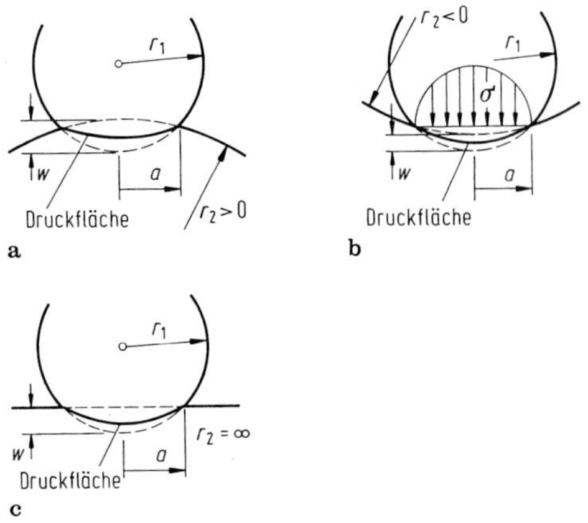

Bild 5-47. Kontakt zweier kugelförmiger oder zylindrischer Körper mit Radien r_1 und r_2 im Fall (**a**) $r_2 > 0$, (**b**) $r_2 < 0$ und (**c**) $r_2 = \infty$

(5-111) berechnen kann. Für zwei Körper mit E-Moduln E_1 und E_2 und Poisson-Zahlen ν_1 und ν_2 wird

$$E^* = 2E_1E_2/\left[\left(1-\nu_1^2\right)E_2 + \left(1-\nu_2^2\right)E_1\right]$$

definiert.

Kontakt zweier Kugeln. Zwei Kugeln mit den Radien r_1 und r_2 berühren sich in der Anordnung von Bild 5-47a im Fall $r_2 > 0$ oder von Bild 5-47b im Fall $r_2 < 0$ oder von Bild 5-47c im Sonderfall $r_2 = \infty$. Sei $r = r_1r_2/(r_1 + r_2)$. Die gegenseitige Anpresskraft F der Körper erzeugt eine Änderung der Mittelpunktsentfernung beider Körper von der Größe

$$w = \left(\frac{9F^2}{4rE^{*2}}\right)^{1/3} .$$

Der durch Deformation entstehende Druckkreis hat den Radius

$$a = \left(\frac{3Fr}{2E^*}\right)^{1/3} .$$

Die nur in Bild 5-47b über dem Druckkreis gezeichnete Halbkugel gibt die Verteilung der Druckspannung in der Druckfläche an. Die maximale Druckspannung hat den Betrag

$$\sigma_{\max} = \frac{3F}{2\pi a^2} .$$

In den Körpern tritt die größte Zugspannung am Umfang des Druckkreises auf. Ihre Größe ist $(1 - 2\nu_i)\sigma_{\max}/3$ in Körper i $(i = 1,2)$. Sie ist für spröde Werkstoffe maßgebend. Für duktile Werkstoffe ist die größte Schubspannung maßgebend. Sie tritt in beiden Körpern in der Tiefe $a/2$ unter dem Mittelpunkt des Druckkreises auf. Für $\nu = 0{,}3$ hat sie ungefähr den Wert $0{,}3\,\sigma_{\max}$.

Kontakt zweier achsenparalleler Zylinder. In Rollenlagern werden zwei Zylinder mit den Radien r_1 und r_2 längs einer Mantellinie mit der Streckenlast q gegeneinandergedrückt. In axialer Projektion entstehen je nach Kombination der Krümmungen die Bilder 5-47a, b oder c. Die halbe Breite a des Druckstreifens ist $a = [8qr/(\pi E^*)]^{1/2}$ mit $r = r_1r_2/(r_1 + r_2)$. Der nur in Bild 5-47b gezeichnete Halbkreis über dem Druckstreifen gibt die Verteilung der Normalspannung im Druckstreifen an. Die größte Druckspannung ist $\sigma_{\max} = 2q/(\pi a)$. Die maximale Schubspannung im Körperinneren ist ungefähr $0{,}3\,\sigma_{\max}$.

Kontakt zweier beliebig geformter Körper. Im allgemeinen Fall punktförmiger Berührung zweier Körper hat jeder Körper i $(i = 1,2)$ im Kontaktpunkt zwei verschiedene Hauptkrümmungsradien r_i und r_i^*, und die Krümmungshauptachsensysteme beider Körper sind gegeneinander gedreht. Ein Krümmungsradius ist positiv, wenn der Krümmungsmittelpunkt auf der Seite zum Körperinnern hin liegt, andernfalls negativ. Zum Beispiel sind für die Kugel und den Innenring eines Rillenkugellagers drei Radien positiv und einer negativ. Ein oder mehrere Radien können unendlich groß sein, z. B. bei der Paarung Radkranz/Schiene (Kegel/Zylinder) und bei der Paarung Ellipsoid/Ebene. Die Druckfläche ist stets eine Ellipse. Ihre Halbachsen a_1 und a_2 sind

$$a_i = c_i\left(\frac{3Fr}{2E^*}\right)^{1/3} \quad (i = 1,2) \quad \text{mit}$$

$$r = 2\Big/\left(\frac{1}{r_1} + \frac{1}{r_1^*} + \frac{1}{r_2} + \frac{1}{r_2^*}\right)$$

und mit Hilfsgrößen c_1 und c_2. Diese werden Tabelle 5-11 als Funktionen von

$$\beta = \arccos\left\{\frac{1}{2}r\left[\left(\frac{1}{r_1} - \frac{1}{r_1^*}\right)^2 + \left(\frac{1}{r_2} - \frac{1}{r_2^*}\right)^2 + 2\left(\frac{1}{r_1} - \frac{1}{r_1^*}\right)\left(\frac{1}{r_2} - \frac{1}{r_2^*}\right)\cos 2\alpha\right]^{1/2}\right\} \qquad (5\text{-}114)$$

Tabelle 5-11. Hilfsfunktionen für Kontaktprobleme

β	0°	10°	20°	30°	40°	50°	60°	70°	80°	90°
c_1	∞	6,612	3,778	2,731	2,136	1,754	1,486	1,284	1,128	1
c_2	0	0,319	0,408	0,493	0,567	0,641	0,717	0,802	0,893	1
c_3	∞	2,80	2,30	1,98	1,74	1,55	1,39	1,25	1,12	1

entnommen. Darin ist α der Winkel zwischen der Hauptkrümmungsebene mit r_1 in Körper 1 und der Hauptkrümmungsebene mit r_2 in Körper 2. Als r_1 und r_2 müssen Hauptkrümmungsradien verwendet werden, die ein reelles β liefern. Die maximale Druckspannung in der Druckfläche ist $\sigma_{\max} = 3F/(2\pi a_1 a_2)$. Die Änderung des Körperabstandes infolge Deformation ist $w = 3c_3F/(2E^*a_1)$ mit c_3 nach Tabelle 5-11. Weiteres siehe in [29, 52].

5.11.5 Kerbspannungen

Ebene und räumliche Spannungsfelder in der Umgebung von Rissen und Kerben an Körperoberflächen und von Rissen und Hohlräumen im Körperinnern siehe (5-16) in [18, 33–35].

5.12 Stabilitätsprobleme

5.12.1 Knicken von Stäben

Wenn an einem im unbelasteten Zustand ideal geraden Stab Druckkräfte entlang der Stabachse angreifen, dann ist unterhalb einer *kritischen Last* die gerade Lage stabil, während oberhalb dieser Last nur gekrümmte stabile Gleichgewichtslagen existieren. Die Kenntnis der kritischen Last ist wichtig, weil schon geringe Überschreitungen zur Zerstörung des Stabes führen. Man spricht von *Knicken*, wenn die gekrümmte Gleichgewichtslage eine Biegelinie ist und von *Biegedrillknicken*, wenn eine Torsion überlagert ist. Biegedrillknicken tritt nur bei Stäben auf, bei denen Schubmittelpunkt und Flächenschwerpunkt nicht zusammenfallen (siehe 5.12.2). Die kritische Last für solche Stäbe ist kleiner als die, die sich aus Formeln für Knicken ergibt!
Um welche Achse ein knickender Stab gebogen wird, hängt von den i. Allg. für beide Achsen unterschiedlichen Randbedingungen ab. Bei gleichen Randbedingungen für beide Achsen tritt Biegung um die Achse mit $I_{\min}$ ein. Im Folgenden wird das Flächenmoment immer I_y genannt. Kritische Lasten werden mit der sog. *Theorie 2. Ordnung* berechnet, bei der Gleichgewichtsbedingungen am verformten Stabelement formuliert werden. Im ausgeknickten Zustand verursachen Lager Schnittkräfte $Q_z(x)$. Bei Stäben, in denen $Q_z(x)$, $N(x)$ und EI_y bereichsweise konstant sind,

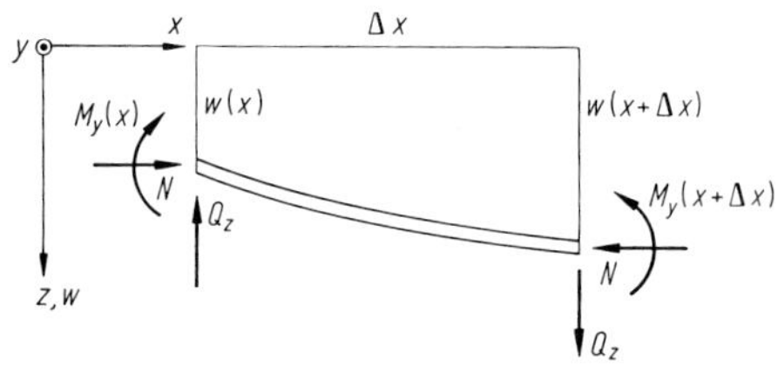

Bild 5-48. Freigeschnittener Teil eines Knickstabes

hat ein herausgeschnittenes Stabstück der Länge Δx Durchbiegungen und Schnittgrößen nach Bild 5-48. Momentengleichgewicht erfordert

$$M_y(x+\Delta x) - M_y(x) - Q_z\Delta x - N[w(x+\Delta x) - w(x)] = 0$$

und im Grenzfall $\Delta x \to 0$

$$M_y' - Nw' = Q_z \, .$$

Substitution von $M_y = -EI_y w''$ (vgl. (5-62)) und eine weitere Differenziation nach x erzeugen für $w(x)$ die Differenzialgleichung

$$w^{(4)} + \beta^2 w'' = 0 \quad \text{mit} \quad \beta^2 = N/(EI_y) \, . \qquad (5\text{-}115)$$

Ihre allgemeine Lösung ist mit Integrationskonstanten A, B, C und D

$$w(x) = A\cos\beta x + B\sin\beta x + Cx + D \, . \qquad (5\text{-}116)$$

Im Allgemeinen hat ein Stab mehrere Bereiche $i = 1, \ldots, n$ mit verschiedenen Konstanten β_i und verschiedenen Biegelinien $w_i(x)$ mit Integrationskonstanten A_i, B_i, C_i und D_i. Stets existieren $4n$ Randbedingungen für w_i, w_i', $M_y = -EI_y w_i''$ und

$$Q_z = -EI_y w_i''' - Nw_i' = -EI_y\beta_i^2 C_i \, ,$$

sodass $4n$ Gleichungen für die Integrationskonstanten angebbar sind. Da diese Gleichungen homogen sind, liegt ein Eigenwertproblem vor. Der Eigenwert ist die in $\beta_1, \ldots, \beta_n$ vorkommende äußere Belastung des Stabes. Der kleinste positive Eigenwert ist die kritische Last. Die zugehörigen Integrationskonstanten sind bis auf eine bestimmt, sodass von der Biegelinie bei der kritischen Last die Form (die sog. *Eigenform* zum ersten Eigenwert), aber nicht die absolute Größe bestimmbar ist.

Beispiel 5-24. In Bild 5-49 sind zwei Bereiche mit $\beta_2^2 = \beta^2 = F/(EI_y)$ und $\beta_1^2 = 2\beta^2$ und mit

$$w_i(x) = A_i \cos\beta_i x + B_i \sin\beta_i x + C_i x + D_i \quad (i = 1,2)$$

zu unterscheiden. Die fünf Randbedingungen $w_1(0) = w_2(0)$, $w_1'(0) = w_2'(0)$, $w_1''(0) = w_2''(0)$ und $Q_{z1} \equiv Q_{z2} \equiv 0$ liefern $A_2 = 2A_1$, $B_2 = B_1\sqrt{2}$, $C_1 = C_2 = 0$, $D_2 = D_1 - A_1$. Die übrigen drei Randbedingungen $w_1(-l) = 0$, $w_1'(-l) = 0$ und $w_2''(l) = 0$ liefern für A_1, B_1 und D_1 die homogenen Gleichungen

$$\begin{aligned} A_1\cos(\beta l\sqrt{2}) - B_1\sin(\beta l\sqrt{2}) + D_1 &= 0\,,\\ A_1\sin(\beta l\sqrt{2}) + B_1\cos(\beta l\sqrt{2}) &= 0\,,\\ A_1\sqrt{2}\cos\beta l + B_1\sin\beta l &= 0\,. \end{aligned}$$

Die Bedingung „Koeffizientendeterminante = 0" führt zur Eigenwertgleichung $\tan\beta l \tan(\beta l\sqrt{2}) = \sqrt{2}$ mit dem kleinsten Eigenwert $\beta l \approx 0{,}719$. Das ergibt die kritische Last

$$F_k = \beta^2 EI_y \approx 0{,}517\ EI_y/l^2\,.$$

Bild 5-50 zeigt die sog. *Euler'schen Knickfälle* mit Knicklasten und Eigenformen. Knicklasten für Stäbe und Stabsysteme bei vielen anderen Lagerungsfällen sind [36, 37] zu entnehmen.

Rayleigh-Quotient

Bild 5-51 zeigt einen Knickstab mit veränderlichem Querschnitt (Querschnittsfläche $A(x)$, Biegesteifigkeit $EI_y(x)$, spezifisches Gewicht $\gamma = \varrho g$), mit einer Federstütze und einer Drehfederstütze (Federkonstanten k bzw. k_D) bei $x = x_S$ bzw. $x = x_D$ und mit zwei Einzelkräften $F_1 = F$ und $F_2 = a_2F$ bei $x = x_1$ bzw. $x = x_2$. Der Stab wird durch sein Eigengewicht und durch die beiden Kräfte auf Knickung belastet. Für die kritische Größe F_k von F gilt die Ungleichung

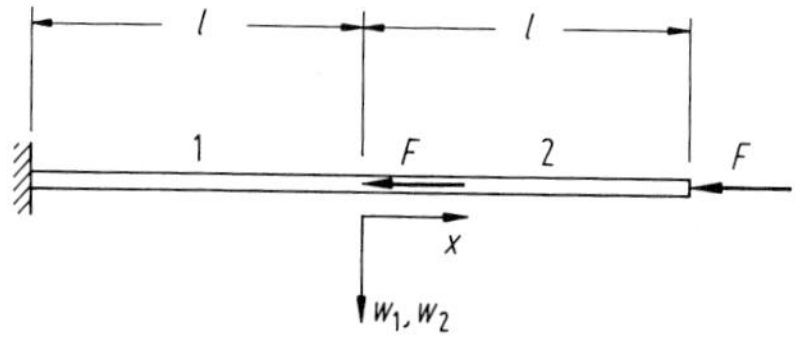

Bild 5-49. Knickstab mit zwei Kräften

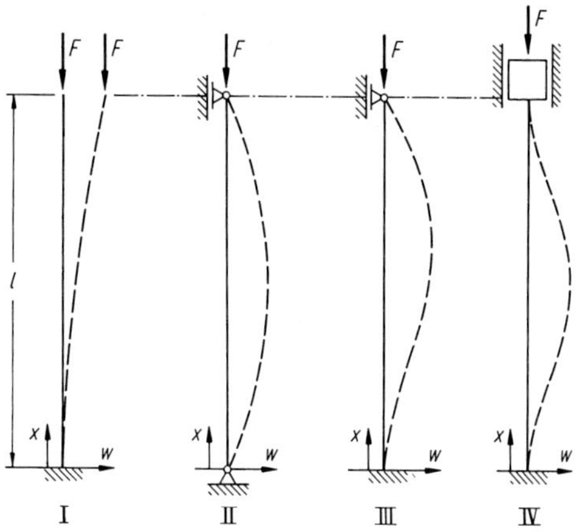

Bild 5-50. Euler'sche Knickfälle mit kritischen Lasten F_k und Eigenformen $w_e(x)$. Die Eigenformen sind exakt gezeichnet

Fall	F_k	$w_e(x)$
I	$0{,}25\pi^2 EI_y/l^2$	$1-\cos[\pi x/(2l)]$
II	$\pi^2 EI_y/l^2$	$\sin(\pi x/l)$
III	$2{,}04\pi^2 EI_y/l^2$	$\beta l(1-\cos\beta x)+\sin\beta x-\beta x$, $\beta = 4{,}493/l$
IV	$4\pi^2 EI_y/l^2$	$1-\cos(2\pi x/l)$

$$F_k \leqq \frac{\left[\int_0^l EI_y(x)w''^2(x)\,dx + kw^2(x_S) + k_D w'^2(x_D) - \gamma\int_0^l A(x)\int_0^x w'^2(\xi)\,d\xi\,dx\right]}{\int_0^{x_1} w'^2(x)\,dx + a_2\int_0^{x_2} w'^2(x)\,dx}\,. \quad (5\text{-}117)$$

Der Quotient heißt *Rayleigh-Quotient.* Im Zähler steht die potenzielle Energie des Stabes und der Federn. Das Produkt F_k mal Nennerausdruck ist die Arbeit der Kräfte F_1 und F_2 längs der Absenkung ihrer Angriffspunkte. Die Integrale im Nenner erstrecken sich über die Stabbereiche, die den Druckkräften F_1 bzw. F_2 ausgesetzt sind. Jede zusätzliche Einzelkraft vermehrt den Nenner um ein entsprechendes Glied. Das Gleichheitszeichen gilt, wenn für $w(x)$ die Eigenform $w_e(x)$ des Stabes für die gegebenen (in Bild 5-51 willkürlich angenommenen) Randbedingungen eingesetzt wird. Eine

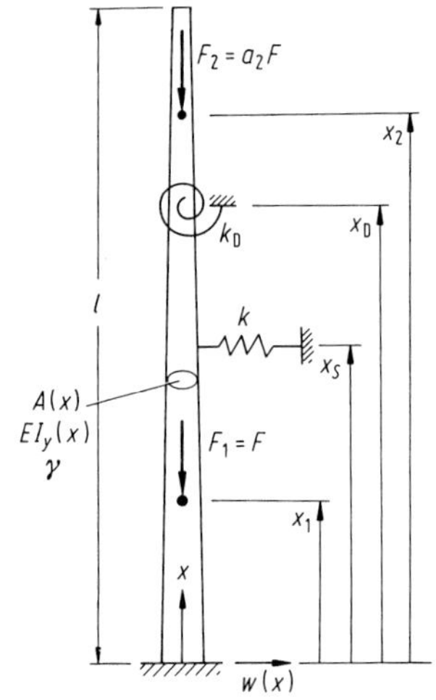

Bild 5-51. Knickstab mit veränderlichem Querschnitt, Federstützen, Einzellasten und Eigengewicht (spezifisches Gewicht γ)

geringfügig von $w_e(x)$ abweichende Ansatzfunktion $w(x)$ liefert eine brauchbare obere Schranke für F_k. Ansatzfunktionen müssen die sog. wesentlichen oder geometrischen Randbedingungen erfüllen (das sind die für w und w').

Gleichung (5-117) vereinfacht sich, wenn EI_y oder A konstant ist oder wenn das Eigengewicht vernachlässigt wird ($\gamma = 0$) oder wenn die Federstützen fehlen ($k = 0$ oder $k_D = 0$). Jede zusätzliche Federstütze vermehrt den Zähler um ein Glied. Wenn der Stab auf ganzer Länge eine Winkler-Bettung hat (siehe 5.7.4), muss im Zähler der Ausdruck $K\int_0^l w^2(x)\,dx$ addiert werden.

Beispiel 5-25: Für die *Euler-Knickfälle* von Bild 5-50 lautet (5-117) bei Berücksichtigung des Eigengewichts

$$F_k \leq \frac{EI_y \int_0^l w''^2(x)\,dx - \gamma A \int_0^l \int_0^x w'^2(\xi)\,d\xi\,dx}{\int_0^l w'^2(x)\,dx}. \tag{5-118}$$

Wenn man für $w(x)$ jeweils die Eigenform des Stabes ohne Eigengewicht einsetzt, erhält man $F_k \leqq F_{k0} - 0{,}3\,G$ im Fall I, $F_k \leqq F_{k0} - 0{,}35\,G$ im Fall III und $F_k \leqq F_{k0} - 0{,}5\,G$ in den Fällen II und IV (jeweilige Knicklast F_{k0} ohne Eigengewicht, Stabgewicht $G = \gamma Al$). Wenn F fehlt, knickt der Stab infolge Eigengewicht bei einer kritischen Länge l_k, für die sich im Fall I aus $0 \leqq \pi^2 EI_y/(4l_k^2) - 0{,}3\gamma A l_k$ die Formel $l_k \leqq 2{,}02(EI_y/(\gamma A))^{1/3}$ ergibt. In den Fällen II, III und IV ist der Faktor 2,02 zu ersetzen durch 2,70 bzw. 3,88 bzw. 4,29.

Verfahren von Ritz. Für Stäbe mit komplizierten Randbedingungen ist die Wahl einer guten Näherung der Eigenform für den Rayleigh-Quotienten schwierig. Stattdessen wählt man n vernünftig erscheinende Ansatzfunktionen $w_1(x), \ldots, w_n(x)$ (häufig genügen $n = 2$) und bildet die Funktionenklasse $w(x) = c_1 w_1(x) + \ldots + c_n w_n(x)$ mit unbestimmten Koeffizienten $c_1, \ldots, c_n$. Mit ihr wird der Rayleigh-Quotient eine Funktion von $c_1, \ldots, c_n$. Das Minimum dieser Funktion ist die beste mit der Funktionenklasse mögliche Schranke für F_k. Man berechnet das Minimum als den kleinsten Eigenwert λ der Gleichung $\det(\underline{Z} - \lambda\underline{N}) = 0$. Darin sind $\underline{Z}$ und $\underline{N}$ symmetrische Matrizen, deren Elemente aus dem Zähler und dem Nenner des Rayleigh-Quotienten (5-117) nach der Vorschrift berechnet werden

$$\left.\begin{aligned} Z_{ij} &= \int_0^l EI_y(x) w_i''(x) w_j''(x)\,dx \\ &\quad + k w_i(x_S) w_j(x_S) + k_D w_i'(x_D) w_j'(x_D) \\ &\quad - \gamma \int_0^l A(x) \int_0^x w_i'(\xi) w_j'(\xi)\,d\xi\,dx\,, \\ N_{ij} &= \int_0^{x_1} w_i'(x) w_j'(x)\,dx \\ &\quad + a_2 \int_0^{x_2} w_i'(x) w_j'(x)\,dx \\ &\qquad (i, j = 1, \ldots, n)\,. \end{aligned}\right\} \tag{5-119}$$

Schlankheitsgrad. Die bisher geschilderten Methoden zur Berechnung kritischer Lasten setzen elastisches Stabverhalten voraus. Die kritische Last hat dabei stets die Form $F_k = \pi^2 EI_y/l_k^2$ mit einer geeignet berechneten Länge l_k. Sie ist die Länge eines Stabes nach Bild 5-50, Fall II, mit demselben F_k. Die Spannung im Stab ist $\sigma_k = F_k/A = E\pi^2/\lambda^2$ mit dem dimensionslosen *Schlankheitsgrad* $\lambda = l_k(I_y/A)^{-1/2}$. Aus der Forderung $\sigma_k \leqq R_{p0,2}$ (0,2%-Dehngrenze) folgt $\lambda \leqq \pi(E/R_{p0,2})^{1/2} = \lambda_0$. Für die Stähle S235 und S335 ist $\lambda_0 = 94$ bzw. 79. Stäbe mit $\lambda < \lambda_0$ kni-

cken unelastisch. Nach Tetmajer wird in diesem Bereich σ_k nach Bild 5-52 durch eine Gerade bestimmt, die durch den Punkt $(\lambda_0, R_{\text{p0,2}})$ verläuft und bei $\lambda = 0$ einen experimentell ermittelten Wert liefert.
Für den Stahlbau schreibt DIN 18 800 Teil 2 ein Verfahren zur Bemessung von knicksicheren Druckstäben vor, das λ als Parameter verwendet.

5.12.2 Biegedrillknicken

Wenn die Koordinaten y_M und z_M des Schubmittelpunktes ungleich null sind, kann bei der kritischen Last eine Gleichgewichtslage entstehen, bei der schiefe Biegung mit Auslenkungen $v_\text{M}(x)$ und $w_\text{M}(x)$ des Schubmittelpunktes im Querschnitt bei x und Torsion mit dem Torsionswinkel $\varphi(x)$ gekoppelt auftreten. Man spricht von *Biegedrillknicken.* Bei Belastung in der Stabachse durch eine Druckkraft F lauten die gekoppelten Differenzialgleichungen

$$\left.\begin{aligned} &EI_z v_\text{M}^{(4)} + F v_\text{M}'' + F z_\text{M}\varphi'' = 0\,,\\ &EI_y w_\text{M}^{(4)} + F w_\text{M}'' - F y_\text{M}\varphi'' = 0\,,\\ &EC_\text{M}\varphi^{(4)} + \left(F i_\text{M}^2 - GI_\text{T}\right)\varphi''\\ &\quad + F z_\text{M} v_\text{M}'' - F y_\text{M} w_\text{M}'' = 0 \end{aligned}\right\} \qquad (5\text{-}120)$$

$$\text{mit } i_\text{M}^2 = y_\text{M}^2 + z_\text{M}^2 + (I_y + I_z)/A\,.$$

Beispiel 5-26: Beim beidseitig gabelgelagerten Stab der Länge l wird die Eigenform bei der kritischen Last durch $v_\text{M} = A_1 \sin(\pi x/l)$, $w_\text{M} = A_2 \sin(\pi x/l)$ und $\varphi = A_3 \sin(\pi x/l)$ angenähert. Einsetzen in (5-120) liefert für A_1, A_2, A_3 die homogenen Gleichungen

$$A_1\left(\pi^2 EI_z/l^2 - F\right) - A_3 F z_\text{M} = 0\,,$$

$$A_2\left(\pi^2 EI_y/l^2 - F\right) - A_3 F y_\text{M} = 0\,,$$

$$A_3\left(\pi^2 EC_\text{M}/l^2 - F i_\text{M}^2 + GI_\text{T}\right) - A_1 F z_\text{M} + A_2 F y_\text{M} = 0\,.$$

Die Bedingung „Koeffizientendeterminante = 0“ ist eine Gleichung 3. Grades für den Eigenwert F. Ihre kleinste Lösung ist eine Näherung für die kritische Last F_k. Sie ist kleiner als die Knicklast $\pi^2 EI_{\min}/l^2$ des Stabes. Stäbe mit anderen Randbedingungen siehe in [9, 36].

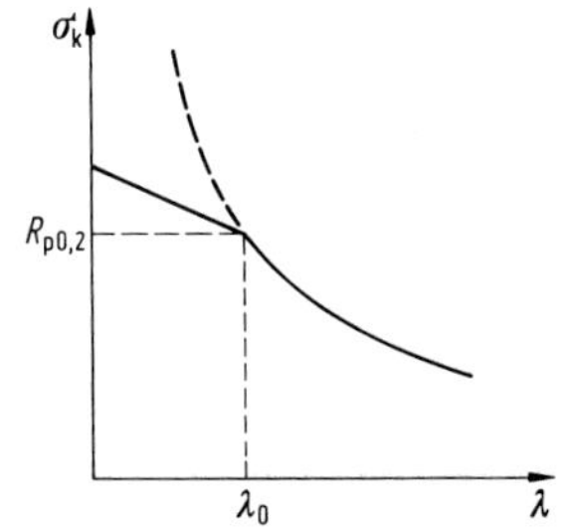

Bild 5-52. Kritische Spannung σ_k eines Knickstabes als Funktion des Schlankheitsgrades λ im elastischen Bereich $(\lambda > \lambda_0)$ und nach Tetmajer im unelastischen Bereich

5.12.3 Kippen

Unter *Kippen* versteht man die Erscheinung, dass ein Stab mit zur z-Achse symmetrischem Querschnitt bei Belastung entlang der z-Achse oberhalb einer kritischen Last in y-Richtung ausweicht und dabei verdreht wird (Bild 5-53). Die Differenzialgleichungen für die Auslenkung v_M des Schubmittelpunkts M in y-Richtung und für den Verdrehwinkel φ lauten

$$\left.\begin{aligned} &EI_z v_\text{M}^{(4)} + (My(x)\varphi)'' = 0\,,\\ &EC_\text{M}\varphi^{(4)} - GI_\text{T}\varphi'' - c_0(M_y(x)\varphi')'\\ &\qquad + M_y(x) v_\text{M}'' + q_z(x) z_q^\text{M}\varphi = 0\,. \end{aligned}\right\} \qquad (5\text{-}121)$$

Darin sind z_M und z_q^M die in Bild 5-53 erklärten Größen und $c_0 = \int_A z(y^2 + z^2)\,\mathrm{d}A/I_y - 2z_\text{M}$. Für doppeltsymmetrische Querschnitte ist $c_0 = 0$. Außer für einfachste Fälle ist die kritische Last aus (5-121) nicht bestimmbar. In [9] sind mit Energiemethoden gewonnene Näherungslösungen für kritische Lasten für viele technisch wichtige Lagerungs- und Belastungsfälle zusammengestellt. Dort werden auch unsymmetrische Querschnitte und die Überlagerung von Kippen und Biegedrillknicken behandelt.
Kritische Lasten für Stäbe mit Rechteckquerschnitt nach Bild 5-54a, b: im Folgenden ist

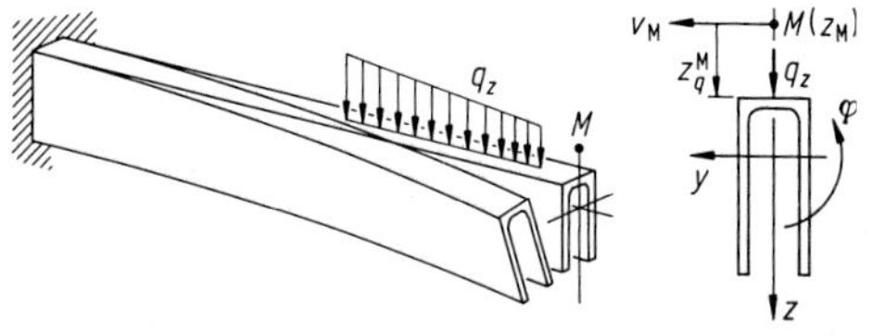

Bild 5-53. Kippen eines Stabes. z_M = z-Koordinate des Schubmittelpunkts M. Im Bild ist $z_\text{M} < 0$, $z_q^\text{M} > 0$

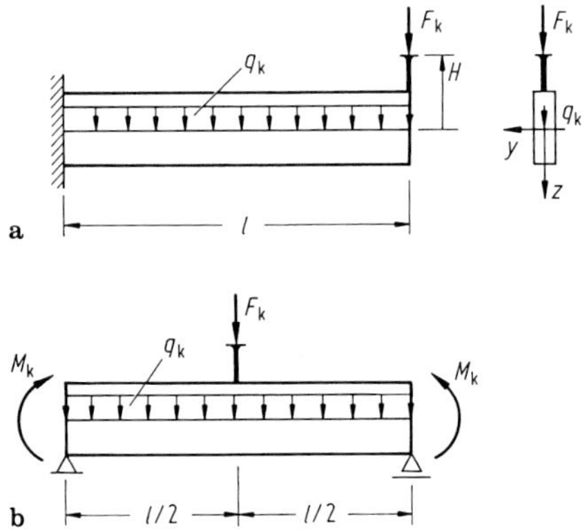

Bild 5-54. Kippen eines Kragträgers (**a**) und eines beidseitig gelenkig gelagerten Stabes (**b**) unter verschiedenen Lasten (nur F, nur q oder nur M)

$K = (EI_z GI_T)^{1/2}$, $c = [EI_z/(GI_T)]^{1/2}$.

$$\left.\begin{aligned} &\text{Bild 5-54a:}\\ &\quad F_k = 4{,}02(1 - cH/l)K/l^2\,,\\ &\quad q_k = 12{,}85(1-\nu^2)^{-1/2}K/l^3\\ &\text{Bild 5-54b:}\\ &\quad F_k = 16{,}9(1-3{,}48cH/l)K/l^2\,,\\ &\quad q_k = 28{,}3(1-\nu^2)^{-1/2}K/l^3\,,\\ &\quad M_k = \pi(1-\nu^2)^{-1/2}K/l\,. \end{aligned}\right\} \qquad (5\text{-}122)$$

5.12.4 Plattenbeulung

Wenn in einer ebenen Platte (Dicke h = const, Plattensteifigkeit $D = Eh^3/[12(1-\nu^2)]$) in der Mittelebene wirkende Kräfte einen ebenen Spannungszustand $\sigma_x(x,y)$, $\sigma_y(x,y)$ und $\tau_{xy}(x,y)$ verursachen, dann wird bei Überschreiten einer kritischen Last F_k die ebene Form instabil. An ihre Stelle tritt eine stabile *Beuleigenform* mit einer Durchbiegung $w(x,y)$. Bei Platten mit einfacher Form und Belastung kann man die kritische Last aus der Differenzialgleichung für w,

$$\Delta\Delta w + \frac{h}{D}\left(\sigma_x \frac{\partial^2 w}{\partial x^2} + 2\tau_{xy}\frac{\partial^2 w}{\partial x \partial y} + \sigma_y \frac{\partial^2 w}{\partial y^2}\right) = 0\,, \qquad (5\text{-}123)$$

als kleinsten Eigenwert eines Eigenwertproblems bestimmen (siehe [17]).

Beispiel 5-27: Die allseitig gelenkig gelagerte Rechteckplatte (Länge a in x-Richtung, Breite b) mit σ_x = const, $\sigma_y = \tau_{xy} \equiv 0$ hat nach [50] die kritische Spannung

$$\sigma_{xk} = \frac{\pi^2 D}{b^2 h}\frac{[1+(b/a)^2]^2}{\nu + (b/a)^2}\,.$$

Für kompliziertere Fälle ist das *Ritz'sche Verfahren* geeignet. Zu den Bezeichnungen und zur Methodik vgl. das Verfahren bei Stäben in 5.12.1. Man setzt eine Klasse von Ansatzfunktionen

$$w(x,y) = c_1 w_1(x,y) + \ldots + c_n w_n(x,y)$$

in den Energieausdruck

$$\begin{aligned} \Pi = {} & \frac{h}{2}\iint\left[\sigma_x\left(\frac{\partial w}{\partial x}\right)^2 + 2\tau_{xy}\frac{\partial w}{\partial x}\cdot\frac{\partial w}{\partial y}\right.\\ & \left. + \sigma_y\left(\frac{\partial w}{\partial y}\right)^2\right]\mathrm{d}x\,\mathrm{d}y\\ & + \frac{D}{2}\iint\left\{\left(\frac{\partial^2 w}{\partial x^2} + \frac{\partial^2 w}{\partial y^2}\right)^2\right.\\ & \left. + 2(1-\nu)\left[\left(\frac{\partial^2 w}{\partial x \partial y}\right)^2 - \frac{\partial^2 w}{\partial x^2}\cdot\frac{\partial^2 w}{\partial y^2}\right]\right\}\mathrm{d}x\,\mathrm{d}y \end{aligned} \qquad (5\text{-}124)$$

ein (siehe [17]) und bildet für $c_1, \ldots, c_n$ das homogene lineare Gleichungssystem $\partial\Pi/\partial c_i = 0$ ($i = 1, \ldots, n$). Die Koeffizientendeterminante wird gleich null gesetzt. In ihr steht als Eigenwert die Last, die σ_x, σ_y und τ_{xy} verursacht. Der kleinste Eigenwert ist eine obere Schranke für die kritische Last F_k. [36, 37] sind Nachschlagewerke für kritische Lasten von Platten unterschiedlicher Form, Lagerung und Belastung.

5.12.5 Schalenbeulung

Für kritische Lasten von Schalen werden wesentlich zu große Werte berechnet, wenn man geometrische Imperfektionen der Schale vernachlässigt. Die Berücksichtigung von Imperfektionen ist i. Allg. nur in numerischen Rechnungen möglich [38, 39].

Die klassische Theorie für geometrisch perfekte Schalen berechnet Beullasten aus Energieausdrücken und aus Ansatzfunktionen für die Beulform [26, 36].

Beispiel 5-28: Die dünne Kreiszylinderschale mit gelenkiger Lagerung des Mantels auf starren Endscheiben. Bild 5-55 unterscheidet Belastungen durch einen konstanten Außendruck p auf dem Schalenmantel, durch eine konstante axiale Streckenlast q auf den Mantelrändern und durch Kombinationen von p und q. Zum Beispiel gilt bei Außendruck p auf Mantel und Endscheiben $2\pi Rq = \pi R^2 p$, also $q = \frac{1}{2}pR$.
Der Ansatz $w(x, \varphi) = \sin(m\pi x/l)\cos n\varphi$ für die Radialverschiebung erfüllt bei ganzzahligen $m, n > 0$ die Randbedingungen. Er stellt ein Beulmuster mit m Halbwellen in axialer und mit $2n$ Halbwellen in Umfangsrichtung dar (siehe Bild 5-55 mit $m = 1$ und $n = 2$). Mit den normierten Größen

$$\left.\begin{aligned} &\lambda = m\pi R/l, \quad \beta = (h/R)^2/12, \\ &p^* = (1-\nu^2)pR/(Eh), \\ &q^* = (1-\nu^2)q/(Eh) \end{aligned}\right\} \tag{5-125}$$

führt der Ansatz auf die Gleichung

$$\begin{aligned} &p^* n^2[(\lambda^2 + n^2)^2 - 3\lambda^2 - n^2] \\ &\quad + q^*\lambda^2[(\lambda^2 + n^2)^2 + n^2] \\ &= (1-\nu^2)\lambda^4 + \beta\{(\lambda^2 + n^2)^4 \\ &\quad - 2[\nu\lambda^6 + 3\lambda^4 n^2 + (4-\nu)\lambda^2 n^4 + n^6] \\ &\quad + 2(2-\nu)\lambda^2 n^2 + n^4\}. \end{aligned} \tag{5-126}$$

Die normierte kritische Last – je nach Lastfall entweder p^* oder q^* – ist die kleinste für ganzzahlige $m, n > 0$ existierende Lösung dieser Gleichung. Im Lastfall Manteldruck ist stets $m = 1$, sodass Lösungen p^* für verschiedene Größen von n verglichen werden müssen. Bei anderen Lastfällen müssen Lösungen für verschiedene m und n verglichen werden. Die Bilder 5-56a und b zeigen qualitativ die Abhängigkeit $p^*(l/R)$ bzw. $q^*(l/(mR))$ für gegebene β und ν. Gleichung (5-126) setzt die Gültigkeit des Hooke'schen Gesetzes voraus. Nur bei sehr dünnwandigen Schalen ist die Spannung bei der kritischen Last hinreichend klein. Der Nachweis ist erforderlich.
Wenn im kritischen Lastfall $m > 1$ Halbwellen auf die Zylinderlänge verteilt sind, dann ändert sich an der kritischen Last nichts, wenn man die Schale in den Knoten der Halbwellen ringförmig versteift.

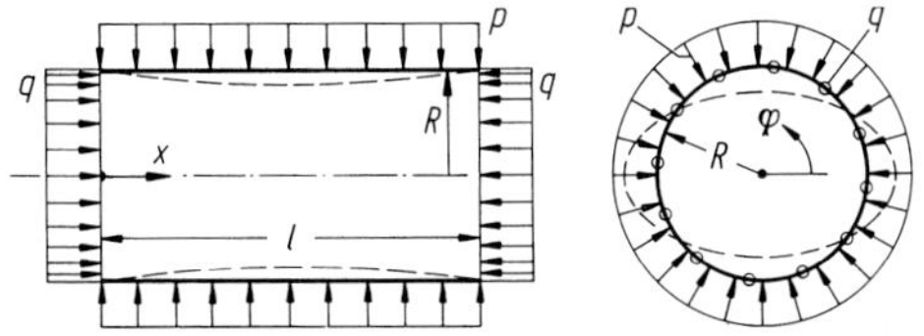

Bild 5-55. Dünne Kreiszylinderschale mit Manteldruck p und axialer Streckenlast q auf dem Mantel. Gestrichelte Linien stellen eine Beulform mit $m = 1$ und $n = 2$ dar

5.13 Finite Elemente

Finite-Elemente-Methoden werden bei geometrisch komplizierten Systemen angewandt. Sie sind Näherungsmethoden zur Berechnung von Spannungen und Verformungen bei statischer Belastung, von Eigenfrequenzen und Eigenformen bei Eigenschwingungen, von erzwungenen Schwingungen u. a. Man stellt sich das System nach den Beispielen von Bild 5-57a, b aus geometrisch einfachen Teilen von endlicher Größe – den *finiten Elementen* – zusammengesetzt vor. Typische Elemente sind Zugstäbe, Stücke von Biegestäben, Scheibenstücke, Plattenstücke, Schalenstücke, Tetraeder usw. Die Punkte in Bild 5-57 sind die sog. *Knoten* der Elemente und des Elementenetzes. Das *Elementenetz* wird so angelegt, dass alle Lagerreaktionen in Knoten angreifen. Alle

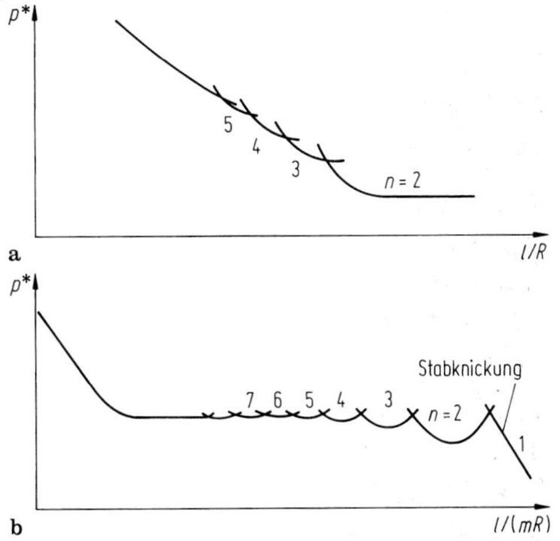

Bild 5-56. Der normierte kritische Manteldruck p^* im Fall $q = 0$ (**a**) und die normierte kritische Streckenlast q^* im Fall $p = 0$ (**b**) für die Schale von Bild 5-55 in doppelt-logarithmischer Darstellung

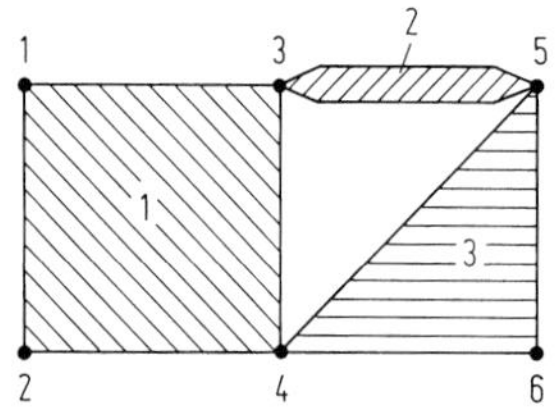

a

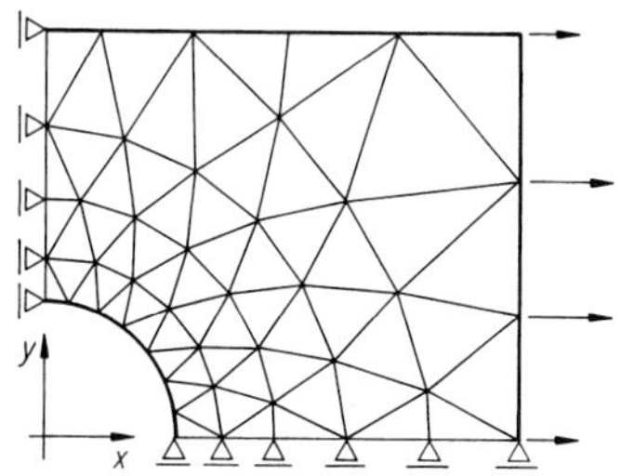

b

Bild 5-57. **a** Drei finite Elemente mit sechs Knoten. **b** Netz aus dreieckigen Scheibenelementen für einen Zugstab mit Loch. Wegen der Symmetrie genügt ein Viertel mit den gezeichneten Knotenlagern. Die Knotenkräfte am rechten Rand sind einer konstanten Streckenlast äquivalent. Außer dem globalen x, y-System werden u. U. für die Elemente anders gerichtete, individuelle x_i, y_i-Systeme verwendet (vgl. Bild 5-58)

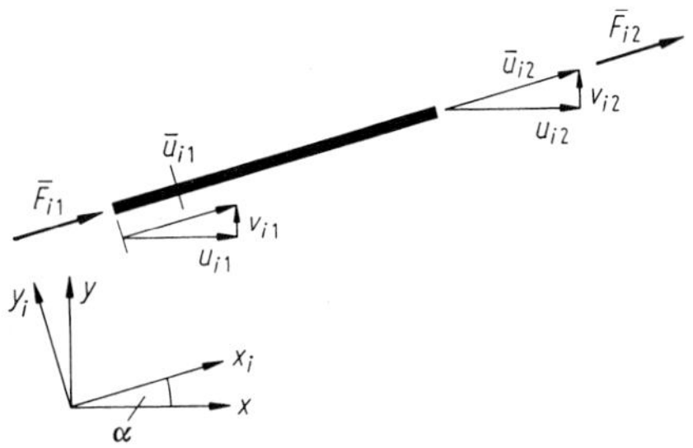

Bild 5-58. Finites Zugstabelement mit Knotenverschiebungen $\underline{\bar{q}}_i = [\bar{u}_{i1}\bar{u}_{i2}]^{\mathrm{T}}$ im individuellen x_i, y_i-System und mit Knotenverschiebungen $\underline{q}_i = [u_{i1}v_{i1}u_{i2}v_{i2}]^{\mathrm{T}}$ im globalen x, y-System

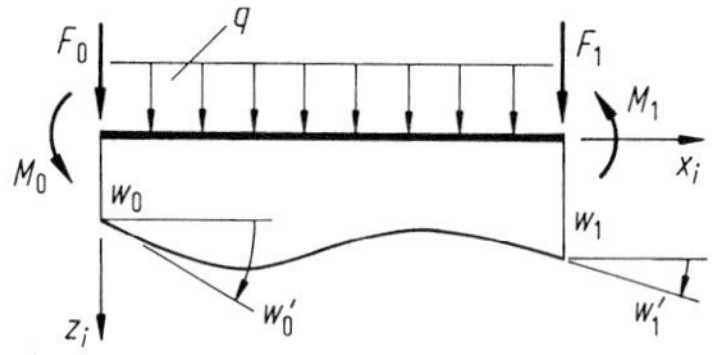

Bild 5-59. Knotenverschiebungen $\underline{\bar{q}}_i = [w_0 w_0' w_1 w_1']^{\mathrm{T}}$ und Knotenkräfte $\underline{\bar{F}}_i = [F_0 M_0 F_1 M_1]^{\mathrm{T}}$ an einem finiten Biegestabelement.

eingeprägten Kräfte und Momente werden durch äquivalente Kräfte und Momente ersetzt, die in Knoten angreifen. Vereinfachend wird vorausgesetzt, dass benachbarte Elemente nur an Knoten mit Kräften und Momenten aufeinander wirken.

5.13.1 Elementmatrizen. Formfunktionen

Knotenverschiebungen und Knotenkräfte. Für ein einzelnes, durch Schnitte isoliertes finites Element i werden in einem *individuellen* x_i, y_i, z_i-System für die Elementknoten *generalisierte Knotenverschiebungen* $\bar{q}_{ij}$ und *Knotenkräfte* $\bar{F}_{ij}$ definiert.

Beispiel 5-29: Für einen Knoten eines Zugstabelementes werden eine Längsverschiebung und eine Längskraft definiert (Bild 5-58); für einen Knoten eines Biegestabelementes werden Durchbiegung und Neigung als generalisierte Verschiebungen und eine Kraft und ein Moment als generalisierte Kräfte definiert (Bild 5-59).

Massenmatrix und Steifigkeitsmatrix. Alle $\bar{q}_{ij}$ und alle $\bar{F}_{ij}$ an Element i werden in Spaltenmatrizen $\underline{\bar{q}}_i$ bzw. $\underline{\bar{F}}_i$ zusammengefasst. Bei linearem Werkstoffgesetz besteht im dynamischen Fall die Beziehung

$$\underline{\bar{M}}_i \ddot{\underline{\bar{q}}}_i + \underline{\bar{K}}_i \underline{\bar{q}}_i = \underline{\bar{F}}_i \qquad (5\text{-}127)$$

und im Sonderfall der Statik die Beziehung

$$\underline{\bar{K}}_i \underline{\bar{q}}_i = \underline{\bar{F}}_i \qquad (5\text{-}128)$$

mit einer symmetrischen *Massenmatrix* $\underline{\bar{M}}_i$ und einer symmetrischen *Steifigkeitsmatrix* $\underline{\bar{K}}_i$. Näherungen für die Matrizen werden wie folgt aus dem d'Alembert'schen Prinzip (3-34) entwickelt. Es lautet

$$\varrho \int_V \delta \boldsymbol{u} \cdot \ddot{\boldsymbol{u}}\, \mathrm{d}V + \int_V \delta \underline{\varepsilon}^{\mathrm{T}} \underline{\sigma}\, \mathrm{d}V - \sum_{(V)} \delta \boldsymbol{u} \cdot \boldsymbol{F} = 0 \qquad (5\text{-}129)$$

(ϱ Dichte, $\boldsymbol{u}$ Verschiebungsvektor des Volumenelements $\mathrm{d}V$ bzw. der äußeren Kraft $\boldsymbol{F}$, $\underline{\varepsilon} = [\varepsilon_x\ \varepsilon_y\ \varepsilon_z\ \gamma_{xy}\ \gamma_{yz}\ \gamma_{zx}]^{\mathrm{T}}$ Verzerrungszustand und $\underline{\sigma} = [\sigma_x\ \sigma_y\ \sigma_z\ \tau_{xy}\ \tau_{yz}\ \tau_{zx}]^{\mathrm{T}}$ Spannungszustand des Volumenelements $\mathrm{d}V$, das im spannungsfreien Ausgangszustand des finiten Elements an der Stelle x_i, y_i, z_i liegt). Die Summe ist die virtuelle Arbeit aller am gesamten Volumen V eingeprägten Kräfte. Jede Kraft $\boldsymbol{F}$ wird mit der virtuellen Verschiebung $\delta\boldsymbol{u}$ ihres Angriffspunkts multipliziert. Das zweite Integral ist die virtuelle Änderung δU der Formänderungsenergie U von (5-71). Mit den Spaltenmatrizen $\underline{\ddot{u}}$ und $\underline{F}$ der x_i-, y_i- und z_i-Komponenten von $\ddot{\boldsymbol{u}}$ bzw. $\boldsymbol{F}$ ist $\delta\boldsymbol{u}\cdot\ddot{\boldsymbol{u}} = \delta\underline{u}^{\mathrm{T}}\underline{\ddot{u}}$ und $\delta\boldsymbol{u}\cdot\boldsymbol{F} = \delta\underline{u}^{\mathrm{T}}\underline{F}$.

Formfunktionen. Das unbekannte Verschiebungsfeld $\underline{u}(x_i, y_i, z_i)$ in (5-129) wird als Linearkombination der Knotenverschiebungen $\underline{\bar{q}}_{ij}$ approximiert:

$$\underline{u}(x_i, y_i, z_i) = \underline{N}(x_i, y_i, z_i)\underline{\bar{q}}_i\,. \tag{5-130}$$

Darin ist $\underline{N}(x_i, y_i, z_i)$ eine Matrix von sog. *Formfunktionen.* Diese sind frei wählbar mit den Einschränkungen, dass erstens $\underline{u}(x_i, y_i, z_i)$ für die Koordinaten x_i, y_i, z_i der Knoten die Knotenverschiebungen selbst liefert, dass zweitens für Knotenverschiebungen $\underline{\bar{q}}_i$, die eine Starrkörperbewegung beschreiben, $\underline{u}(x_i, y_i, z_i)$ das Verschiebungsfeld derselben Starrkörperbewegung darstellt, und dass drittens die Verschiebungen $\underline{u}(x_i, y_i, z_i)$ benachbarter Elemente an den gemeinsamen Kanten konform sind (siehe [25, 40]). Gleichung (5-130) stellt einen Ritz-Ansatz dar. Man kann die Ordnung des Ansatzes erhöhen, indem man die Zahl der Knoten des finiten Elements vergrößert. Ein dreieckiges Scheibenelement kann z. B. außer an den Ecken weitere Knoten auf den Kanten und im Innern haben.

Aus (5-130) und (5-2) folgt $\underline{\varepsilon} = \underline{B}(x_i, y_i, z_i)\underline{\bar{q}}_i$ mit einer Matrix $\underline{B}$, die partielle Ableitungen von $\underline{N}$ enthält. Bei Gültigkeit des Hooke'schen Gesetzes (5-19) ist

$$\underline{\sigma}(x_i, y_i, z_i) = \underline{D}\,\underline{\varepsilon} = \underline{D}\,\underline{B}\underline{\bar{q}}_i \tag{5-131}$$

mit einer symmetrischen Matrix $\underline{D}$, die die Stoffkonstanten E, G und ν enthält. Einsetzen aller Beziehungen in (5-129) liefert

$$\delta\underline{\bar{q}}_i^{\mathrm{T}}\left[\varrho\int_V \underline{N}^{\mathrm{T}}\underline{N}\,\mathrm{d}V\underline{\ddot{\bar{q}}}_i + \int_V \underline{B}^{\mathrm{T}}\underline{D}\,\underline{B}\,\mathrm{d}V\,\underline{\bar{q}}_i - \sum_{(V)}\underline{N}^{\mathrm{T}}\underline{F}\right] = 0 \tag{5-132}$$

oder, da die Elemente von $\delta\underline{\bar{q}}_i$ unabhängig sind,

$$\underbrace{\varrho\int_V \underline{N}^{\mathrm{T}}\underline{N}\,\mathrm{d}V}_{\underline{\bar{M}}_i}\,\underline{\ddot{\bar{q}}}_i + \underbrace{\int_V \underline{B}^{\mathrm{T}}\underline{D}\,\underline{B}\,\mathrm{d}V}_{\underline{\bar{K}}_i}\,\underline{\bar{q}}_i - \underbrace{\sum_{(V)}\underline{N}^{\mathrm{T}}\underline{F}}_{\underline{\bar{F}}_i} = 0\,. \tag{5-133}$$

Das ist (5-127) mit Berechnungsvorschriften für $\underline{\bar{M}}_i$, $\underline{\bar{K}}_i$ und $\underline{\bar{F}}_i$. Die Summe erstreckt sich über alle Kräfte am Volumen V, und $\underline{N}$ ist bei jeder Kraft der Funktionswert für den Angriffspunkt.

Beispiel 5-30: Für das Biegestabelement in Bild 5-59 werden die Knotenverschiebungen $\underline{\bar{q}}_i = [w_0\ w_0'\ w_1\ w_1']_i^{\mathrm{T}}$ gewählt. Die Durchbiegung $w(x)$ wird approximiert durch

$$w(x) = \left[1 - 3\frac{x^2}{l^2} + 2\frac{x^3}{l^3};\quad l\left(\frac{x}{l} - 2\frac{x^2}{l^2} + \frac{x^3}{l^3}\right);\right.$$
$$\left.3\frac{x^2}{l^2} - 2\frac{x^3}{l^3};\quad l\left(-\frac{x^2}{l^2} + \frac{x^3}{l^3}\right)\right]\underline{\bar{q}}_i = \underline{N}\underline{\bar{q}}_i\,.$$

Das ist (5-130). Jedes Element von $\underline{N}$ gibt die Biegelinie für den Fall an, dass das entsprechende Element von $\underline{\bar{q}}_i$ gleich eins und die anderen gleich null sind. Beim Biegestab ist

$$\underline{\varepsilon} = \varepsilon_x = -w''z = -\underline{N}''\underline{\bar{q}}_i z\,,$$
$$\underline{\sigma} = \sigma_x = E\varepsilon_x = -E\underline{N}''\underline{\bar{q}}_i z\,,$$
$$\delta\underline{\varepsilon}^{\mathrm{T}}\underline{\sigma} = \delta\varepsilon_x\sigma_x\,.$$

Damit liefert (5-133)

$$\underline{\bar{K}}_i = E\int_V \underline{N}''^{\mathrm{T}}\underline{N}''z^2\mathrm{d}V = E\int_{x=0}^{l}\underline{N}''^{\mathrm{T}}\underline{N}''\int_A z^2\,\mathrm{d}A\,\mathrm{d}x$$
$$= EI_y\int_0^l \underline{N}''^{\mathrm{T}}\underline{N}''\,\mathrm{d}x\,,$$

$$\underline{\bar{M}}_i = \varrho\int_V \underline{N}^{\mathrm{T}}\underline{N}\,\mathrm{d}V = \varrho A\int_0^l \underline{N}^{\mathrm{T}}\underline{N}\,\mathrm{d}x\,.$$

Die Kräfte F_0 und F_1, die Momente M_0 und M_1 und die Streckenlast q von Bild 5-59 liefern nach (5-133)

$$\underline{\bar{F}}_i = \underline{N}^{\mathrm{T}}(0)F_0 + \underline{N}^{\mathrm{T}}(l)F_1 - \underline{N}'^{\mathrm{T}}(0)M_0$$
$$- \underline{N}'^{\mathrm{T}}(l)M_1 + \int_0^l \underline{N}^{\mathrm{T}}(x)q\,\mathrm{d}x$$
$$= [F_0 + ql/2;\ -M_0 + ql^2/12;\ F_1 + ql/2\,;$$
$$-\ M_1 - ql^2/12]^{\mathrm{T}}\,.$$

Koordinatentransformation. Wenn das individuelle x_i, y_i, z_i-System des Elements i nicht parallel zum sog. *globalen* x, y, z-System liegt, müssen (5-127) und (5-128) ins globale System transformiert werden. Das Ergebnis sind die Gleichungen

$$\underline{M}_i\ddot{\underline{q}}_i + \underline{K}_i\underline{q}_i = \underline{F}_i \quad \text{bzw.} \quad \underline{K}_i\underline{q}_i = \underline{F}_i \qquad \text{(5-134a,b)}$$

mit $\underline{M}_i = \underline{T}_i^{\mathrm{T}}\underline{\bar{M}}_i\underline{T}_i$ und $\underline{K}_i = \underline{T}_i^{\mathrm{T}}\underline{\bar{K}}_i\underline{T}_i$. Darin sind $\underline{q}_i$ und $\underline{F}_i$ die Spaltenmatrizen aller generalisierten Knotenverschiebungen bzw. Knotenkräfte von Element i im globalen System, und $\underline{T}_i$ ist durch die Gleichung $\underline{\bar{q}}_i = \underline{T}_i\underline{q}_i$ definiert.

Beispiel 5-31: Für das Zugstabelement in Bild 5-58 ist

$$\underline{\bar{q}}_i = [\bar{u}_{i1}\ \bar{u}_{i2}]^{\mathrm{T}}\,, \quad \underline{q}_i = [u_{i1}\ v_{i1}\ u_{i2}\ v_{i2}]^{\mathrm{T}}\,.$$

Man liest ab

$$\underline{T}_i = \begin{bmatrix} \cos\alpha & \sin\alpha & 0 & 0 \\ 0 & 0 & \cos\alpha & \sin\alpha \end{bmatrix}.$$

5.13.2 Matrizen für das Gesamtsystem

Sei $\underline{q}$ die Spaltenmatrix der generalisierten Knotenverschiebungen aller Knoten des gesamten Elementenetzes im *globalen x,y,z*-System. Jedes Element jeder Matrix $\underline{q}_i$ ist mit einem Element von $\underline{q}$ identisch. Deshalb kann man beide Gleichungen (5-134) durch Hinzufügen von Identitäten $\underline{0} = \underline{0}$ in eine Gleichung der Form

$$\underline{M}_i^*\ddot{\underline{q}} + \underline{K}_i^*\underline{q} = \underline{F}_i^* \quad \text{bzw.} \quad \underline{K}_i^*\underline{q} = \underline{F}_i^* \qquad \text{(5-135a,b)}$$

mit symmetrischen Matrizen $\underline{M}_i^*$ und $\underline{K}_i^*$ einbetten.

Beispiel 5-32: Für das Element $i = 2$ in Bild 5-57a lautet (5-135a)

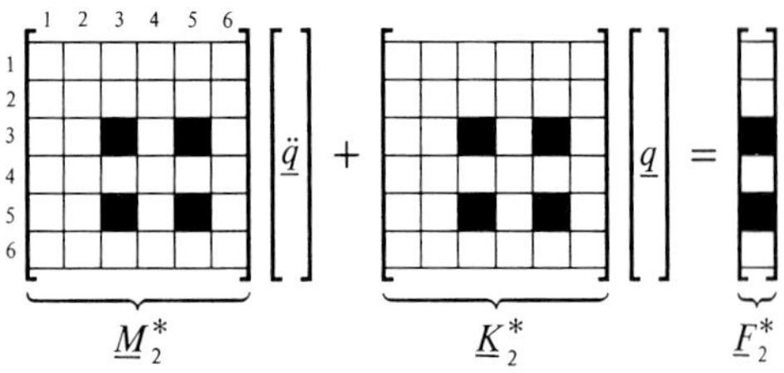

Die Zahlen sind Knotennummern. Schwarze Felder sind Untermatrizen von $\underline{M}_2, \underline{K}_2$ bzw. $\underline{F}_2$, und weiße Felder sind mit Nullen besetzt.

Aus den Matrizen $\underline{M}_i^*$ und $\underline{K}_i^*$ aller finiten Elemente $i = 1, \ldots, e$ eines Elementenetzes werden die Gleichungen der Dynamik und Statik des Gesamtsystems gebildet. Sie lauten

$$\underline{M}\,\ddot{\underline{q}} + \underline{K}\,\underline{q} = \underline{F} \quad \text{bzw.} \quad \underline{K}\,\underline{q} = \underline{F} \qquad \text{(5-136a,b)}$$

mit der Massenmatrix $\underline{M} = \sum \underline{M}_i^*$ und der Steifigkeitsmatrix $\underline{K} = \sum \underline{K}_i^*$ (Summation über $i = 1, \ldots, e$). $\underline{M}$ und $\underline{K}$ sind symmetrisch und schwach besetzt. Bei günstiger Knotennummerierung ist nur ein schmales Band um die Hauptdiagonale besetzt.
Finite-Elemente-Programmsysteme enthalten die Massen- und Steifigkeitsmatrizen $\underline{\bar{M}}_i$ und $\underline{\bar{K}}_i$ für einen ganzen Katalog von Elementtypen. Sie bilden die Matrizen $\underline{M}$ und $\underline{K}$ eines ganzen Elementenetzes, sobald die Lage aller Knoten im globalen Koordinatensystem, die Nummerierung der Elemente und Knoten und die Elementtypen durch Eingabedaten festgelegt sind.

5.13.3 Aufgabenstellungen bei Finite-Elemente-Rechnungen

Statik. Bei statisch bestimmten und bei statisch unbestimmten Systemen ist in (5-136b) von jedem Paar (Knotenkraft, Knotenverschiebung) eine Größe gegeben und eine unbekannt. Also ist die Zahl der Gleichungen ebenso groß, wie die Zahl der Unbekannten. Man löst (5-136b) nach den Unbekannten auf. Aus $\underline{q}$ werden anschließend mit (5-131) Spannungen in den finiten Elementen berechnet.

Kinetik. Bei Eigenschwingungen sind keine eingeprägten Kräfte vorhanden. In (5-136a) enthält $\underline{F}$ also nur Nullen und unbekannte zeitlich veränderliche Lagerreaktionen. Jeder Nullkraft entspricht in $\underline{q}$

eine unbekannte zeitlich veränderliche Verschiebung und jeder Lagerreaktion eine Verschiebung Null. Also hat (5-136a) im Prinzip die Form

$$\begin{bmatrix} \underline{M}_{11} & \underline{M}_{12} \\ \underline{M}_{12}^{\mathrm{T}} & \underline{M}_{22} \end{bmatrix} \begin{bmatrix} \ddot{\underline{q}}^* \\ \underline{0} \end{bmatrix} + \begin{bmatrix} \underline{K}_{11} & \underline{K}_{12} \\ \underline{K}_{12}^{\mathrm{T}} & \underline{K}_{22} \end{bmatrix} \begin{bmatrix} \underline{q}^* \\ \underline{0} \end{bmatrix} = \begin{bmatrix} \underline{0} \\ \underline{F}^* \end{bmatrix} \tag{5-137}$$

oder ausmultipliziert

$$\underline{M}_{11}\ddot{\underline{q}}^* + \underline{K}_{11}\underline{q}^* = \underline{0}, \quad \underline{F}^* = \underline{M}_{12}^{\mathrm{T}}\ddot{\underline{q}}^* + \underline{K}_{12}^{\mathrm{T}}\underline{q}^*\,, \tag{5-138}$$

wobei $\underline{q}^*$ und $\underline{F}^*$ die zeitlich veränderlichen Größen sind. Die erste Gleichung (5-138) liefert die Eigenkreisfrequenzen und Eigenformen (siehe 4.1.2) und die zweite die zugehörigen Lagerreaktionen.

Bei erzwungenen Schwingungen sind entweder periodisch veränderliche, eingeprägte Erregerkräfte oder periodisch veränderliche eingeprägte Lagerverschiebungen vorhanden. Im Fall von Erregerkräften steht in (5-137) anstelle der Null-Untermatrix auf der rechten Seite eine Spaltenmatrix der Form $\underline{A}\cos\Omega t$ mit bekanntem $\underline{A}$ und bekanntem Ω. An die Stelle der ersten Gleichung (5-138) tritt $\underline{M}_{11}\ddot{\underline{q}}^* + \underline{K}_{11}\underline{q}^* = \underline{A}\cos\Omega t$. Für die Lösung $\underline{q}^*(t)$ siehe 4.2.2.

Matrizenkondensation. Bei statischen Problemen an Systemen mit mehrfach auftretenden, identischen Substrukturen (Bild 5-60) verkleinert *Matrizenkondensation* die Steifigkeitsmatrix. Sei $\underline{K}$ die Steifigkeitsmatrix der Gleichung $\underline{K}\underline{q} = \underline{F}$ für die markierte Substruktur. Nur für die dick markierten *Randknoten* existieren Randbedingungen für Knotenverschiebungen. Mit den Indizes r für Randknoten und i für die restlichen, *inneren Knoten* wird die Gleichung der Substruktur in der partitionierten Form geschrieben

$$\begin{bmatrix} \underline{K}_{11} & \underline{K}_{12} \\ \underline{K}_{12}^{\mathrm{T}} & \underline{K}_{22} \end{bmatrix} \begin{bmatrix} \underline{q}_{\mathrm{i}} \\ \underline{q}_{\mathrm{r}} \end{bmatrix} = \begin{bmatrix} \underline{F}_{\mathrm{i}} \\ \underline{F}_{\mathrm{r}} \end{bmatrix} \tag{5-139}$$

oder ausmultipliziert

$$\underline{K}_{11}\underline{q}_{\mathrm{i}} + \underline{K}_{12}\underline{q}_{\mathrm{r}} = \underline{F}_{\mathrm{i}}\,, \quad \underline{K}_{12}^{\mathrm{T}}\underline{q}_{\mathrm{i}} + \underline{K}_{22}\underline{q}_{\mathrm{r}} = \underline{F}_{\mathrm{r}}\,. \tag{5-140}$$

Auflösung der ersten Gleichung nach $\underline{q}_{\mathrm{i}}$ und Einsetzen in die zweite Gleichung liefert

$$\left.\begin{aligned} \underline{q}_{\mathrm{i}} &= \underline{K}_{11}^{-1}(-\underline{K}_{12}\underline{q}_{\mathrm{r}} + \underline{F}_{\mathrm{i}})\,, \\ \underline{K}_{\mathrm{r}}\underline{q}_{\mathrm{r}} &= \underline{F}_{\mathrm{r}} - \underline{K}_{12}^{\mathrm{T}}\underline{K}_{11}^{-1}\underline{F}_{\mathrm{i}} \end{aligned}\right\} \tag{5-141}$$

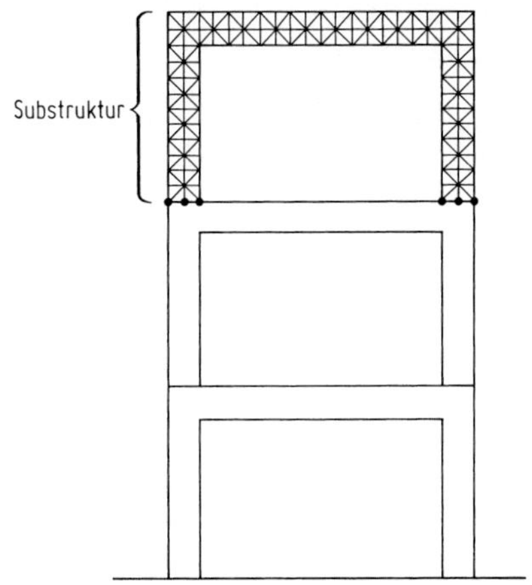

Bild 5-60. System mit drei identischen Substrukturen mit Randknoten (dick gezeichnet) und inneren Knoten (alle übrigen)

mit der wesentlich kleineren kondensierten Steifigkeitsmatrix

$$\underline{K}_{\mathrm{r}} = \underline{K}_{22} - \underline{K}_{12}^{\mathrm{T}}\underline{K}_{11}^{-1}\underline{K}_{12}\,.$$

Sie wird nur einmal berechnet. Aus $\underline{K}_{\mathrm{r}}$ wird die Matrix des Gesamtsystems (d. h. nur für die Randknoten des Gesamtsystems) nach dem Schema gebildet, das im Zusammenhang mit (5-135b) erläutert wurde. Die Gleichung des Gesamtsystems liefert zu gegebenen eingeprägten Kräften $\underline{F}_{\mathrm{i}}$ an den inneren Knoten alle Verschiebungen und Kräfte an den Randknoten. Mit $\underline{q}_{\mathrm{r}}$ ergibt (5-141) dann auch $\underline{q}_{\mathrm{i}}$.

Ergänzende Bemerkungen. Für rotationssymmetrische Probleme werden ringförmige Elemente definiert. Bild 5-61 zeigt ein Ringelement mit Dreiecksquerschnitt mit drei Knoten und mit Knotenverschiebungen in radialer und in axialer Richtung. Für Einzelheiten siehe [25]. Für krummlinig berandete Körper werden krummlinig berandete finite Elemente benötigt. Sie entstehen mit *isoparametrischen* Ansätzen [25,40]. Für Gebiete mit Spannungskonzentrationen können finite Elemente mit speziellen, dem Problem angepassten Ritz-Ansätzen verwendet werden [41]. Finite-Elemente-Methoden existieren auch für nichtlineare Stoffgesetze. Zum Beispiel kann man in (5-131) statt einer konstanten Matrix $\underline{D}$ eine Matrix einsetzen, deren Stoffparameter von der

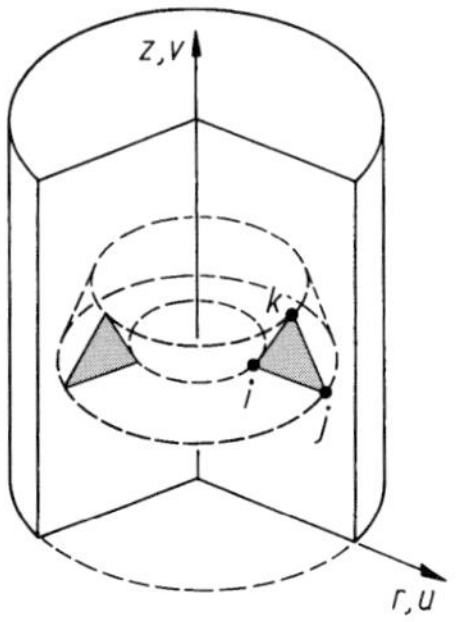

Bild 5-61. Ringelement mit dreieckigem Querschnitt für Systeme mit rotationssymmetrischer Form und Belastung. Die Knotenverschiebungen sind u_i, u_j, u_k in radialer und v_i, v_j, v_k in axialer Richtung. Die Knotenkräfte sind radiale und axiale Streckenlasten auf den Kreisen i, j und k

Verformung abhängig sind. Damit lassen sich statische Probleme durch inkrementelle Laststeigerung berechnen. Anwendungen in der Plastizitätstheorie siehe in [42].

5.14 Übertragungsmatrizen

Viele elastische Systeme lassen sich nach dem Schema von Bild 5-62 als Aneinanderreihung von einfachen Systembereichen $i = 1, \ldots, n$ mit Bereichsgrenzen $0, \ldots, n$ auffassen. Für die Bereichsgrenze i $(i = 0, \ldots, n)$ wird ein *Zustandsvektor* (eine Spaltenmatrix) $\underline{z}_i$ definiert. $\underline{z}_i$ enthält generalisierte Verschiebungen von ausgewählten Punkten der Bereichsgrenze i und die diesen Verschiebungen zugeordneten Schnittgrößen (das Produkt einer Verschiebung und der zugeordneten Schnittgröße hat die Dimension einer Arbeit). Für den Bereich i zwischen den Bereichsgrenzen $i-1$ und i wird eine Übertragungsmatrix $\underline{U}_i$ so definiert, dass

$$\underline{z}_i = \underline{U}_i \underline{z}_{i-1} + \underline{Q}_i \quad (i = 1, \ldots, n) \tag{5-142}$$

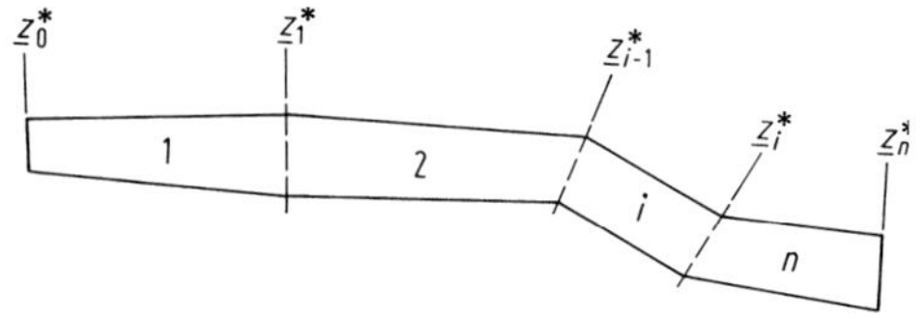

Bild 5-62. System mit Bereichen $1, \ldots, n$ und mit erweiterten Zustandsvektoren $\underline{z}_0^*, \ldots, \underline{z}_n^*$ an den Bereichsgrenzen $0, \ldots, n$. Sehr schematische Darstellung

gilt. Die Spaltenmatrix $\underline{Q}_i$ enthält generalisierte Kräfte und Verschiebungen. Im Sonderfall $\underline{Q}_i = \underline{0}$ gilt

$$\underline{z}_i = \underline{U}_i \underline{z}_{i-1} \quad (i = 1, \ldots, n)\,. \tag{5-143}$$

Im Fall $\underline{Q}_i \neq \underline{0}$ wird (5-142) in der mit (5-143) formal gleichen Form

$$\underbrace{\begin{bmatrix} \underline{z}_i \\ \hline 1 \end{bmatrix}}_{\underline{z}_i^*} = \underbrace{\begin{bmatrix} \underline{U}_i & \underline{Q}_i \\ \hline \underline{0} & 1 \end{bmatrix}}_{\underline{U}_i^*} \underbrace{\begin{bmatrix} \underline{z}_{i-1} \\ \hline 1 \end{bmatrix}}_{\underline{z}_{i-1}^*} \quad (i = 1, \ldots, n) \tag{5-144}$$

geschrieben. $\underline{z}_i^*$ und $\underline{U}_i^*$ heißen *erweiterter Zustandsvektor* bzw. *erweiterte Übertragungsmatrix*.
An den äußersten Bereichsgrenzen 0 und n schreiben Randbedingungen jeweils die Hälfte aller Zustandsgrößen in $\underline{z}_0^*$ und in $\underline{z}_n^*$ vor. Die jeweils andere Hälfte ist unbekannt. Die Grundidee des Übertragungsmatrizenverfahrens besteht darin, die aus (5-143) und (5-144) folgenden Gleichungen

$$\left.\begin{aligned} \underline{z}_n &= \underline{U}_n \underline{U}_{n-1} \cdot \ldots \cdot \underline{U}_2 \underline{U}_1 \underline{z}_0 \\ \text{bzw.} \quad & \\ \underline{z}_n^* &= \underline{U}_n^* \underline{U}_{n-1}^* \cdot \ldots \cdot \underline{U}_2^* \underline{U}_1^* \underline{z}_0^* \end{aligned}\right\} \tag{5-145}$$

zur Bestimmung der Unbekannten zu verwenden. Aus (5-145) werden Eigenschwingungen, stationäre erzwungene Schwingungen und statische Lastzustände berechnet.

5.14.1 Übertragungsmatrizen für Stabsysteme

Durchlaufträger und Maschinenwellen werden nach Bild 5-63 als Systeme aus masselosen Stabfeldern, Punktmassen und starren Körpern modelliert. Bereichsgrenzen $i = 0, \ldots, n$ werden an beiden Enden jedes Stabfeldes, jeder Punktmasse, jedes starren Körpers, jeder elastischen Stütze (auch wenn sie

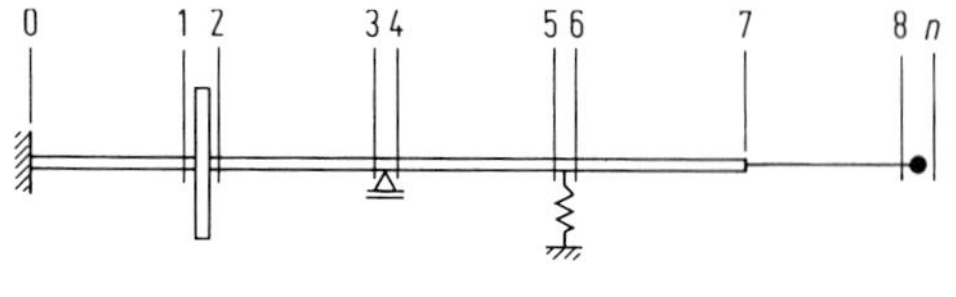

Bild 5-63. Durchlaufträger mit Bereichsgrenzen $0, \ldots, n = 9$

am Stabende liegt) und jedes inneren Lagers und Gelenks definiert. Zur Untersuchung von Vorgängen mit Längsdehnung und Biegung in der x, z-Ebene wird der Zustandsvektor

$$\underline{z}_i = [u_i \; N_i \,|\, w_i \; \psi_i \; M_{yi} \; Q_{zi}]^{\mathrm{T}} \qquad (5\text{-}146)$$

benötigt (u axiale Verschiebung, N Längskraft, w Durchbiegung, $\psi = -w'$ Drehung, M_y Biegemoment, Q_z Querkraft; Reihenfolge beliebig). Wenn Längsdehnung oder Biegung nicht auftritt, entfallen die entsprechenden Größen. Im Fall von Biegung um die z-Achse und von Torsion treten entsprechende Größen zusätzlich auf.

Erweiterte Übertragungsmatrix des masselosen Stabfeldes. Bild 5-64 zeigt ein masseloses Stabfeld mit seinen Zustandsgrößen an den Feldgrenzen $i-1$ und i und mit eingeprägten Lasten F_{xi}, F_{zi} und q_{zi} = const. Man formuliert drei Gleichgewichtsbedingungen und mithilfe von Tabelle 5-7 drei Kraft-Verschiebungs-Beziehungen. Zwei von ihnen lauten z. B.

$$M_{yi} = M_{yi-1} + Q_{zi-1} l_i - F_{zi} b_i - q_{zi} l_i^2/2 \,,$$
$$\psi_i = \psi_{i-1} + \frac{M_{yi} l_i - Q_{zi} l_i^2/2 - F_{zi} a_i^2/2 - q_{zi} l_i^3/6}{E_i I_{yi}} \,. \qquad (5\text{-}147)$$

Die Auflösung aller sechs Gleichungen in der Form (5-144) liefert für $\underline{U}_i$ und $\underline{Q}_i$ die Ausdrücke unten.

Mit diesen Matrizen gilt (5-144) sowohl für statische Lastzustände als auch für die Amplituden von stationären erzwungenen Schwingungen der Form

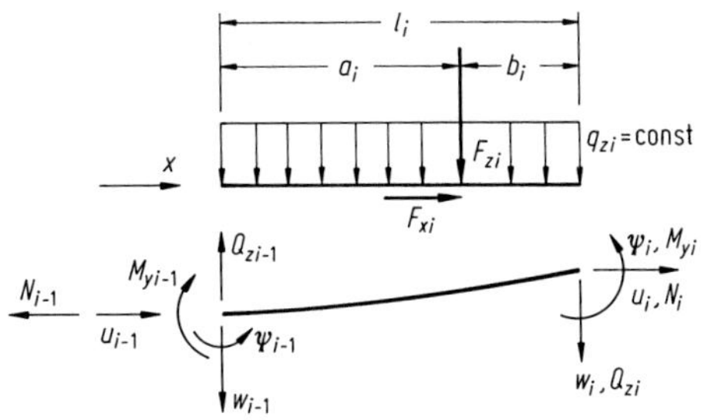

Bild 5-64. Masseloses Stabfeld i mit Zustandsgrößen an den Grenzen $i-1$ und i und mit eingeprägten Kräften

$$\underline{Q}_i(t) = \underline{Q}_i \cos \Omega t \,,$$
$$\underline{z}_{i-1}(t) = \underline{z}_{i-1} \cos \Omega t, \quad \underline{z}_i(t) = \underline{z}_i \cos \Omega t \,,$$

als auch für die Amplituden von freien Schwingungen in irgendeiner Eigenform ($\underline{Q}_i(t) = \underline{0}$, $\underline{z}_{i-1}(t) = \underline{z}_{i-1} \cos \omega t$, $\underline{z}_i(t) = \underline{z}_i \cos \omega t$).

Erweiterte Übertragungsmatrix für starre Körper und Punktmassen. Bild 5-65 zeigt einen starren Körper i mit seinen Zustandsgrößen an den Bereichsgrenzen $i-1$ und i und mit eingeprägten Kräften F_{xi} und F_{zi}. Man formuliert drei Bewegungsgleichungen und drei geometrische Beziehungen. Zwei von ihnen lauten z. B.

$$M_{yi} - M_{yi-1} - Q_{zi} b_i - Q_{zi-1} a_i - F_{zi} c_i = J_{yi} \ddot{\psi}_{i-1} \,,$$
$$\psi_i = \psi_{i-1} \,. \qquad (5\text{-}149)$$

Bei erzwungenen Schwingungen mit der Erregerkreisfrequenz Ω ist im stationären Zustand $\ddot{\psi}_{i-1} = -\Omega^2 \psi_{i-1}$. Nach dieser Substitution ist (5-149) eine Gleichung für die Amplituden der Erregerkräfte und der Zustandsgrößen. Bei freien Schwingungen in einer Eigenform gilt das gleiche mit der Eigenkreisfrequenz ω anstelle von Ω. Die Auflösung aller sechs

$$\left.\begin{aligned}
\underline{U}_i &= \left[\begin{array}{cc|cccc}
1 & l/(EA) & 0 & 0 & 0 & 0 \\
0 & 1 & 0 & 0 & 0 & 0 \\ \hline
0 & 0 & 1 & -l & -l^2/(2EI_y) & -l^3/(6EI_y) \\
0 & 0 & 0 & 1 & l/(EI_y) & l^2/(2EI_y) \\
0 & 0 & 0 & 0 & 1 & l \\
0 & 0 & 0 & 0 & 0 & 1
\end{array}\right]_i , \\
\underline{Q}_i &= \left[\frac{-F_x b}{EA}, \quad -F_x \;\Big|\; \frac{F_z b^3}{6EI_y} + \frac{q_z l^4}{24EI_y}, \quad \frac{-F_z b^2}{2EI_y} - \frac{q_z l^3}{6EI_y}, \quad -F_z b - \frac{q_z l^2}{2}, \quad -F_z - q_z l\right]_i^{\mathrm{T}} .
\end{aligned}\right\} (148)$$

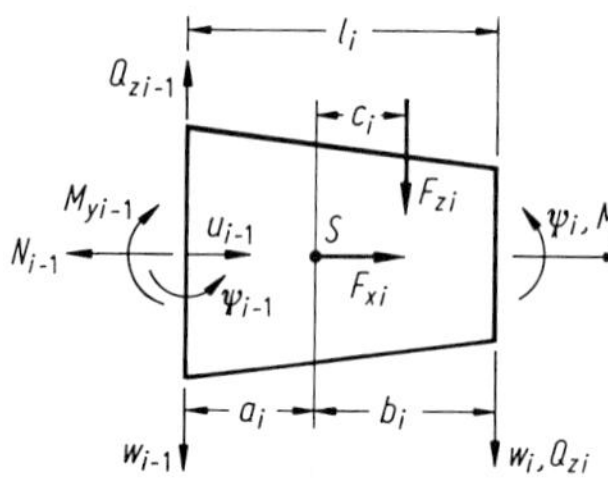

Bild 5-65. Starrer Körper i mit Zustandsgrößen an den Grenzen $i-1$ und i und mit eingeprägten Kräften

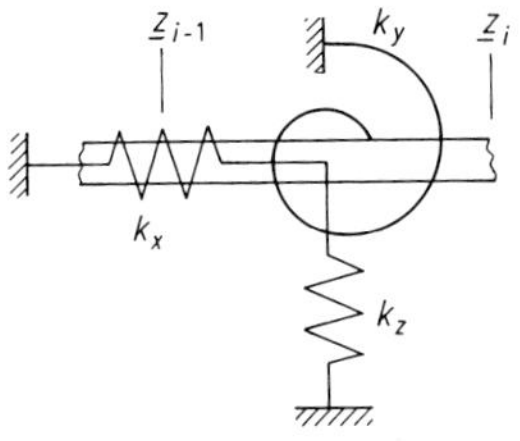

Bild 5-66. Elastische Stütze i mit Bereichsgrenzen $i-1$ und i des Stabes infinitesimal dicht neben der Stütze

Gleichungen in der Form (5-144) liefert für $\underline{U}_i$ und $\underline{Q}_i$ die Ausdrücke

$$\underline{U}_i = \left[\begin{array}{cc|cccc} 1 & 0 & 0 & 0 & 0 & 0 \\ -\Omega^2 m & 1 & 0 & 0 & 0 & 0 \\ \hline 0 & 0 & 1 & -l & 0 & 0 \\ 0 & 0 & 0 & 1 & 0 & 0 \\ 0 & 0 & -\Omega^2 mb & \Omega^2(mab - J_y) & 1 & l \\ 0 & 0 & -\Omega^2 m & \Omega^2 ma & 0 & 1 \end{array}\right]_i ,$$

$$\underline{Q}_i = \left[\begin{array}{c} 0 \\ -F_x \\ \hline 0 \\ 0 \\ -F_z(b-c) \\ -F_z \end{array}\right]_i . \qquad (5\text{-}150)$$

Diese Matrizen sind im Sonderfall $a = b = c = l = 0$, $J_y = 0$ auch für eine Punktmasse gültig.

Erweiterte Übertragungsmatrizen für elastische Stützen. Für die elastische Stütze von Bild 5-66 gelten die Gleichungen $u_i = u_{i-1}$, $w_i = w_{i-1}$, $\psi_i = \psi_{i-1}$ und $N_i = N_{i-1} + k_{xi}u_i$, $M_{yi} = M_{yi-1} + k_{yi}\psi_i$, $Q_{zi} = Q_{zi-1} + k_{zi}w_i$. Die Schreibweise dieser Gleichungen in der Form (5-144) liefert die Ausdrücke

$$\underline{U}_i = \left[\begin{array}{cc|cccc} 1 & 0 & 0 & 0 & 0 & 0 \\ k_x & 1 & 0 & 0 & 0 & 0 \\ \hline 0 & 0 & 1 & 0 & 0 & 0 \\ 0 & 0 & 0 & 1 & 0 & 0 \\ 0 & 0 & 0 & k_y & 1 & 0 \\ 0 & 0 & k_z & 0 & 0 & 1 \end{array}\right]_i , \quad \underline{Q}_i = \underline{0} . \qquad (5\text{-}151)$$

Innere Lager und Gelenke. An jedem Lager und an jedem Gelenk im Innern eines Trägers (Drehgelenk, Schiebehülse usw.) sind einige Zustandsgrößen unmittelbar beiderseits gleich null (z. B. w an einem Gelenklager und M_y an einem Drehgelenk). Die diesen Nullgrößen zugeordneten Zustandsgrößen machen Sprünge unbekannter Größe (z. B. Q_z an einem Gelenklager und ψ an einem Drehgelenk). Alle anderen Zustandsgrößen sind beiderseits gleich (aber i. Allg. nicht gleich null). Alle Gleichungen werden in der Form (5-144) mit den folgenden Ausdrücken für $\underline{U}_i$ und $\underline{Q}_i$ zusammengefasst:

$$\left.\begin{array}{l} \underline{U}_i = \text{Einheitsmatrix} , \\ \underline{Q}_i = [\text{Sprunggrößen und Nullen}]^{\mathrm{T}} . \end{array}\right\} \qquad (5\text{-}152)$$

Jeder unbekannten Sprunggröße in $\underline{Q}_i$ entspricht die zusätzliche Bestimmungsgleichung, dass die zugeordnete Zustandsgröße gleich null ist.

Erzwungene Schwingungen. Bei Durchlaufträgern nach Bild 5-63 sind in (5-45) die Matrizen $\underline{U}_i$ und $\underline{U}_i^*$ ($i = 1, \ldots, n$) vom Typ (5-148), (5-150), (5-151) oder (5-152) mit gegebenen Erregerkraftamplituden und mit einer gegebenen Erregerkreisfrequenz Ω. Jeder unbekannten Sprunggröße in (5-152) ist eine zusätzliche Bestimmungsgleichung zugeordnet. Mit den Randbedingungen $\underline{z}_0$ und $\underline{z}_n$ sind insgesamt ebenso viele Gleichungen wie Unbekannte vorhanden. Die Gleichungen (5-145) sind inhomogen. Sie bestimmen alle unbekannten Schwingungsamplituden als Funktionen von Ω. Nach der Bestimmung von $\underline{z}_0^*$ liefert (5-144) nacheinander $\underline{z}_1^*, \ldots, \underline{z}_{n-1}^*$. $\Omega = 0$ ist der statische Sonderfall. Literatur siehe [43, 44].

Eigenschwingungen. Bei Eigenschwingungen in einer Eigenform sind keine Erregerkräfte vorhanden. Das für erzwungene Schwingungen erläuterte Gleichungssystem ist dann homogen mit Koeffizienten, die statt einer Erregerkreisfrequenz Ω die unbekannte

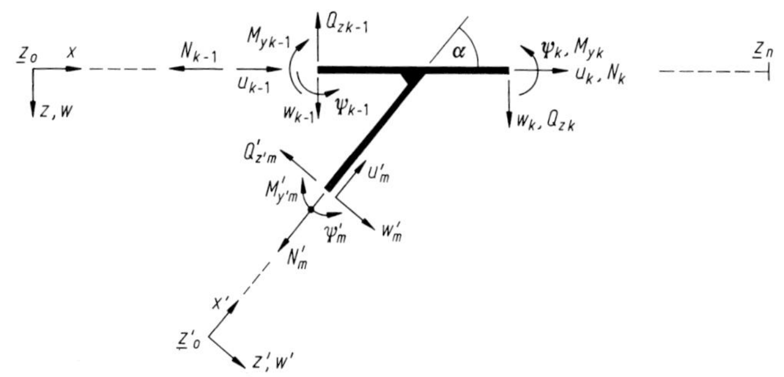

Bild 5-67. Stabverzweigung mit Bereichsgrenzen $k-1$, k und m und mit verschiedenen Koordinatensystemen x, y, z und x', y', z'

Eigenkreisfrequenz ω enthalten. Die Bedingung „Koeffizientendeterminante = 0" liefert alle Eigenkreisfrequenzen (wegen der gewählten Modellierung endlich viele). Zu jeder Eigenkreisfrequenz liefern (5-144) und (5-145) die zugehörige Eigenform. Literatur siehe [43, 44].

Verzweigte Stabsysteme. Bild 5-67 zeigt schematisch einen Stabbereich mit den Bereichsgrenzen $k-1$ und k, dem ein anderer Stab derselben Art starr angeschlossen ist. Dieser Stab hat an seiner Bereichsgrenze m und in seinem eigenen x', y', z'-System einen Zustandsvektor

$$\underline{z}'_m = [\,u'_m \; N'_m \mid w'_m \; \psi'_m \; M'_{y'm} \; Q'_{z'm}\,]^{\mathrm{T}}$$

entsprechend (5-146). Für diesen Stab gilt entsprechend (5-145)

$$\underline{z}'_m = \underline{U}'_m \cdot \ldots \cdot \underline{U}'_1 \underline{z}'_0 \quad \text{bzw.} \quad \underline{z}'^*_m = \underline{U}'^*_m \cdot \ldots \cdot \underline{U}'^*_1 \underline{z}'^*_0 \,. \qquad (5\text{-}153)$$

Für den Stabknoten in Bild 5-67 sind drei Gleichgewichtsbedingungen (z. B. $N_k - N_{k-1} - N'_m \sin\alpha - Q'_{z'm}\cos\alpha = 0$) und die drei Gleichungen $u_k = u_{k-1}$, $w_k = w_{k-1}$, $\psi_k = \psi_{k-1}$ gültig. Sie werden in der Gleichung

$$\underline{z}^*_k = \underline{z}^*_{k-1} + \underline{T}^*_k \underline{z}'^*_m \qquad (5\text{-}154)$$

zusammengefasst. $\underline{T}^*_k$ ist eine nur von α abhängige Koordinatentransformationsmatrix. Außerdem liefert Bild 5-67 die geometrischen Beziehungen

$$\left.\begin{aligned} u_k &= u'_m \cos\alpha + w'_m \sin\alpha \,, \\ w_k &= -u'_m \sin\alpha + w'_m \cos\alpha \,, \\ \psi_k &= \psi'_m \,. \end{aligned}\right\} \qquad (5\text{-}155)$$

Mit (5-154) und (5-144) erhält man für das gesamte System aus zwei Stäben statt (5-145 b) die Gleichung

$$\begin{aligned} \underline{z}^*_n = \underline{U}^*_n \underline{U}^*_{n-1} \cdot \ldots \cdot \underline{U}^*_{k+1} \Big[& \underline{U}^*_{k-1} \cdot \ldots \cdot \underline{U}^*_1 \underline{z}^*_0 \\ & + \underline{T}^*_k \underline{U}'^*_m \cdot \ldots \cdot \underline{U}'^*_1 \underline{z}'^*_0 \Big] \,. \end{aligned} \qquad (5\text{-}156)$$

Mit Randbedingungen für $\underline{z}^*_0$, $\underline{z}'^*_0$ und $\underline{z}^*_n$ und mit (5-155) ist die Zahl der Gleichungen und der Unbekannten wieder gleich groß, sodass die Berechnung von freien und von erzwungenen Schwingungen demselben Schema folgt, wie bei unverzweigten Systemen (siehe [43, 45, 46]).

5.14.2 Übertragungsmatrizen für rotierende Scheiben

Zur Berechnung von Spannungen und Verschiebungen in einer mit ω rotierenden Scheibe veränderlicher Dicke $h(r)$ und mit vom Radius abhängiger Temperaturerhöhung $\Delta T(r)$ (Bild 5-68a) wird das Ersatzsystem von Bild 5-68b mit Scheibenringen $i = 1, \ldots, n$ mit jeweils konstanter Dicke H_i und konstanter Temperaturerhöhung ΔT_i gebildet. Am Radius R_i wird der erweiterte Zustandsvektor $\underline{z}^*_i = [\sigma_r H \;\, u \;\, 1]^{\mathrm{T}}_i$ aus Radialspannung σ_r und Radialverschiebung u gebildet. Aus der exakten Lösung $\sigma_r(r)$ und $u(r)$ für den Scheibenring (siehe 5.10.1 und [22]) werden für die Matrizen $\underline{U}_i$ und $\underline{Q}_i$ in (5-144) die folgenden Ausdrücke gewonnen. Darin ist $a = 1 - (R_{i-1}/R_i)^2$.

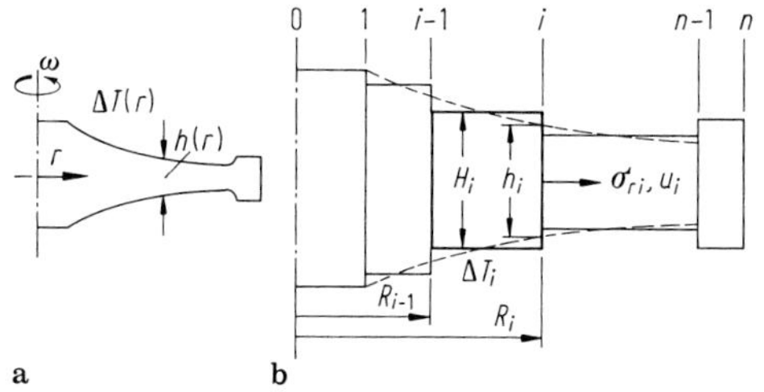

Bild 5-68. Rotierende Scheibe (**a**) und Ersatzsystem (**b**). Bei einer Scheibe ohne Loch (mit Loch vom Radius R_1) sind Randbedingungen für $\underline{z}_0^*$ (bzw. für $\underline{z}_1^*$) vorgeschrieben

$$\underline{U}_i = \begin{bmatrix} 1-(1-\nu)a/2 & EH_i a/(2R_{i-1}) \\ (1-\nu^2)R_i a/(2EH_i) & [1-(1+\nu)a/2]R_i/R_{i-1} \end{bmatrix},$$

$$\underline{Q}_i = \begin{bmatrix} -(H_i a/2)\{(\varrho\omega^2 R_i^2/2) \\ \times[1+\nu+(1-\nu)(2-a)/2]+E\alpha\Delta T_i\} \\ -(R_i a/2)\{(1-\nu^2)\varrho\omega^2 R_i^2 a/(4E) \\ -(1+\nu)\alpha\Delta T_i\} \end{bmatrix}. \tag{5-157}$$

Für den Scheibenbereich zwischen $\underline{z}_0^*$ und $\underline{z}_1^*$ ist

$$\left.\begin{aligned} \underline{U}_1 &= \begin{bmatrix} 1 & 0 \\ (1-\nu)R_1/(EH_1) & 0 \end{bmatrix}, \\ \underline{Q}_1 &= \begin{bmatrix} -(3+\nu)\varrho\omega^2 R_1^2 H_1/8 \\ -(1-\nu^2)\varrho\omega^2 R_1^3/(8E)+R_1\alpha\Delta T_1 \end{bmatrix}. \end{aligned}\right\} \tag{5-158}$$

Bei Scheiben ohne Loch ist die Randbedingung $u_0 = 0$ gegeben. Bei Scheiben mit Loch vom Radius R_1 ist bei R_1 eine Randbedingung gegeben.
Die mittlere Umfangsspannung $\sigma_{\varphi i}$ im Bereich i ($i = 1, \ldots, n$) wird aus der Gleichung

$$\sigma_{\varphi i} = [\nu/H_i \quad Eh_i/(H_i R_i) \quad 0]\underline{z}_i^*$$

berechnet.

5.14.3 Ergänzende Bemerkungen

In [43, 44, 47] sind Kataloge von Übertragungsmatrizen für gebettete Stäbe, kontinuierlich mit Masse behaftete Stäbe, gekrümmte Stäbe, Scheiben, Platten und für viele andere spezielle Systeme zusammengestellt.

Übertragungsmatrizen können wie folgt aus Steifigkeitsmatrizen berechnet werden und umgekehrt. Wenn man an den Bereichsgrenzen $i-1$ und i die Spaltenmatrizen aller Verschiebungen mit $\underline{u}_{i-1}$ bzw. $\underline{u}_i$ und die Spaltenmatrizen aller zugeordneten Schnittgrößen mit $\underline{S}_{i-1}$ bzw. $\underline{S}_i$ bezeichnet, dann stellt die Übertragungsmatrix $\underline{U}_i$ die Beziehung her:

$$\begin{bmatrix} \underline{u}_i \\ \underline{S}_i \end{bmatrix} = \begin{bmatrix} \underline{U}_{11} & \underline{U}_{12} \\ \underline{U}_{21} & \underline{U}_{22} \end{bmatrix} \begin{bmatrix} \underline{u}_{i-1} \\ \underline{S}_{i-1} \end{bmatrix} \quad \text{oder}$$
$$\underline{z}_i = \underline{U}_i \underline{z}_{i-1}\,. \tag{5-159}$$

Die stets symmetrische Steifigkeitsmatrix $\underline{K}_i$ desselben Systembereichs stellt die Beziehung her:

$$\begin{bmatrix} -\underline{S}_{i-1} \\ \underline{S}_i \end{bmatrix} = \begin{bmatrix} \underline{K}_{11} & \underline{K}_{12} \\ \underline{K}_{12}^{\mathrm{T}} & \underline{K}_{22} \end{bmatrix} \begin{bmatrix} \underline{u}_{i-1} \\ \underline{u}_i \end{bmatrix} \quad \text{oder}$$
$$\underline{F} = \underline{K}\,\underline{u}\,. \tag{5-160}$$

Darin steht $-\underline{S}_{i-1}$, weil Steifigkeitsmatrizen nicht mit Schnittgrößen, sondern mit eingeprägten Kräften definiert werden, die an beiden Schnittufern in derselben Richtung als positiv erklärt sind. Der Vergleich von (5-159) und (5-160) liefert die Beziehungen

$$\left.\begin{aligned} \underline{U}_{11} &= -\underline{K}_{12}^{-1}\underline{K}_{11}\,, & \underline{U}_{12} &= -\underline{K}_{12}^{-1}\,, \\ \underline{U}_{21} &= \underline{K}_{12}^{\mathrm{T}} - \underline{K}_{22}\underline{K}_{12}^{-1}\underline{K}_{11}\,, & \underline{U}_{22} &= -\underline{K}_{22}\underline{K}_{12}^{-1}\,, \\ \underline{K}_{11} &= \underline{U}_{12}^{-1}\underline{U}_{11}\,, & \underline{K}_{12} &= -\underline{U}_{12}^{-1}\,, \\ \underline{K}_{22} &= \underline{U}_{22}\underline{U}_{12}^{-1}\,. \end{aligned}\right\} \tag{5-161}$$

Bei dem schematisch dargestellten System in Bild 5-69 mit den radialen Bereichsgrenzen $i = 0, \ldots, n$ lautet die Randbedingung $\underline{z}_n = \underline{z}_0$. Damit nimmt (5-145a) die Form $(\underline{U}_n \cdot \ldots \cdot \underline{U}_1 - \underline{E})\underline{z}_0 = \underline{0}$ an. Das ergibt für Eigenschwingungen die charakteristische Frequenzgleichung

$$\det[\underline{U}_n \cdot \ldots \cdot \underline{U}_1 - \underline{E}] = 0\,.$$

Wenn n durch $2m$ ($m = 1, 2, \ldots$) teilbar ist, zeichnen sich alle Eigenformen mit m Knotendurchmessern durch die Randbedingung $\underline{z}_{n/m} = \underline{z}_0$ aus. Die Frequenzgleichung dieser Eigenformen lautet

$$\det[\underline{U}_{n/m} \cdot \ldots \cdot \underline{U}_1 - \underline{E}] = 0\,.$$

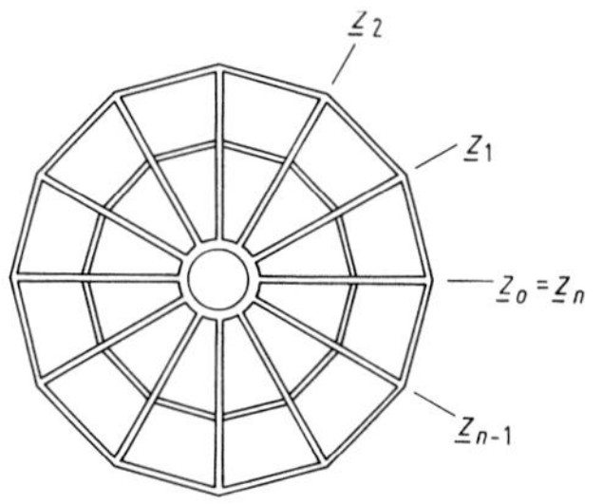

Bild 5-69. Bereichsgrenzen für ein zyklisches System

5.15 Festigkeitshypothesen

Zur Beurteilung der Frage, ob ein durch Hauptnormalspannnungen $\sigma_1, \sigma_2, \sigma_3$ gekennzeichneter Spannungszustand in einem Punkt eines Werkstoffs zum Versagen führt, werden mit *Festigkeitshypothesen* aus den Hauptspannungen *Vergleichsspannungen* $\sigma_V(\sigma_1, \sigma_2, \sigma_3)$ berechnet. Je nach Werkstoffart (Metall, Kunststoff, Faserverbundstoff usw.), je nach Beanspruchungsart (statisch, stoßartig, schwingend) und je nach Versagensart (bei Metallen Fließen oder Sprödbruch) wird σ_V nach verschiedenen Hypothesen berechnet. Der Werkstoff versagt, wenn $\sigma_V(\sigma_1, \sigma_2, \sigma_3)$ einen jeweils zutreffenden Werkstoffkennwert σ_{krit} erreicht. Die Gleichung $\sigma_V(\sigma_1, \sigma_2, \sigma_3) = \sigma_{krit}$ ist ein *Versagenskriterium*. In einem kartesischen Koordinatensystem mit den Achsenbezeichnungen $\sigma_1, \sigma_2, \sigma_3$ definiert die Gleichung eine Fläche, auf der der betreffende Versagensfall eintritt, während in dem Raum $\sigma_V < \sigma_{krit}$ das Versagen nicht eintritt.

Vergleichsspannungen für das Fließen von Metallen bei statischer Belastung: Jeder metallische Werkstoff kann fließen (spröde Werkstoffe z. B. bei der Rockwellprüfung). Nach Tresca ist die Vergleichsspannung

$$\sigma_V = 2\tau_{max} = \sigma_{max} - \sigma_{min} \,. \tag{5-162}$$

Das Tresca-Kriterium für Fließen ist

$$2\tau_{max} = \sigma_{max} - \sigma_{min} = R_e \,. \tag{5-163}$$

Zur Definition von R_e siehe D 9.2.3. Nach Huber und von Mises ist die Vergleichsspannung

$$\sigma_V = \left\{ \frac{1}{2} \left[(\sigma_1 - \sigma_2)^2 + (\sigma_2 - \sigma_3)^2 + (\sigma_3 - \sigma_1)^2 \right] \right\}^{1/2}$$

$$= \left[\sigma_x^2 + \sigma_y^2 + \sigma_z^2 - (\sigma_x\sigma_y + \sigma_y\sigma_z + \sigma_z\sigma_x) + 3(\tau_{xy}^2 + \tau_{yz}^2 + \tau_{zx}^2) \right]^{1/2} \,. \tag{5-164}$$

Beim ebenen Spannungszustand ist

$$\sigma_V = (\sigma_1^2 + \sigma_2^2 - \sigma_1\sigma_2)^{1/2} = (\sigma_x^2 + \sigma_y^2 - \sigma_x\sigma_y + 3\tau_{xy}^2)^{1/2} \,. \tag{5-165}$$

Das Huber/Mises-Fließkriterium ist

$$(\sigma_1 - \sigma_2)^2 + (\sigma_2 - \sigma_3)^2 + (\sigma_3 - \sigma_1)^2 = 2R_e^2 \,. \tag{5-166}$$

Die durch (5-163) und (5-166) definierten Versagensflächen im $\sigma_1, \sigma_2, \sigma_3$-Koordinatensystem heißen Fließflächen. Beide sind Zylinder (mit einem Sechseck- bzw. einem Kreisquerschnitt), dessen Achse die Raumdiagonale $\sigma_1 = \sigma_2 = \sigma_3$ ist (Bild 5-70).

Vergleichsspannungen für den Bruch von Metallen bei statischer Belastung: Jeder metallische Werkstoff kann brechen (duktile Werkstoffe z. B. bei einem hinreichend starken hydrostatischen Spannungszustand $\sigma_1 = \sigma_2 = \sigma_3 > 0$). Nach der sog. logarithmischen Dehnungshypothese [51] ist die Vergleichsspannung $\sigma_V(\sigma_1, \sigma_2, \sigma_3)$ implizit durch die Gleichung bestimmt:

$$b^{[\sigma_1 - \nu(\sigma_2+\sigma_3)]/K} + b^{[\sigma_2 - \nu(\sigma_3+\sigma_1)]/K} + b^{[\sigma_3 - \nu(\sigma_1+\sigma_2)]/K} = b^{\sigma_V/K} + 2b^{-\nu\sigma_V/K}, \quad b = [(1-\nu)/\nu]^{1/(1+\nu)} \,. \tag{5-167}$$

K ist die lineare Trennfestigkeit. Wenn der Werkstoff im Zugversuch ohne Einschnürung bricht, ist $K = R_m$. Das Bruchkriterium lautet $\sigma_V = K$. Die

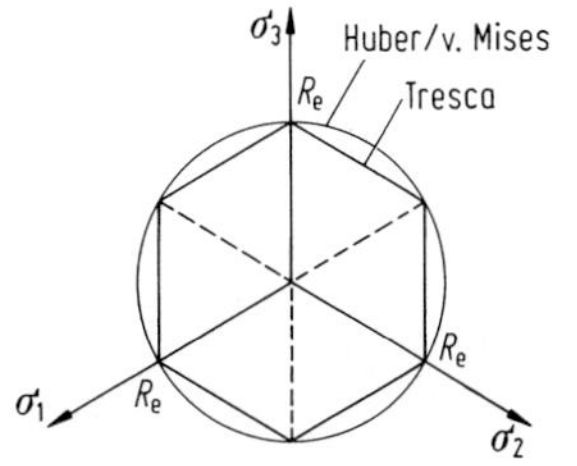

Bild 5-70. Fließflächen nach Huber/v. Mises und Tresca in der Projektion entlang der Diagonale $\sigma_1 = \sigma_2 = \sigma_3$ im Spannungshauptachsensystem

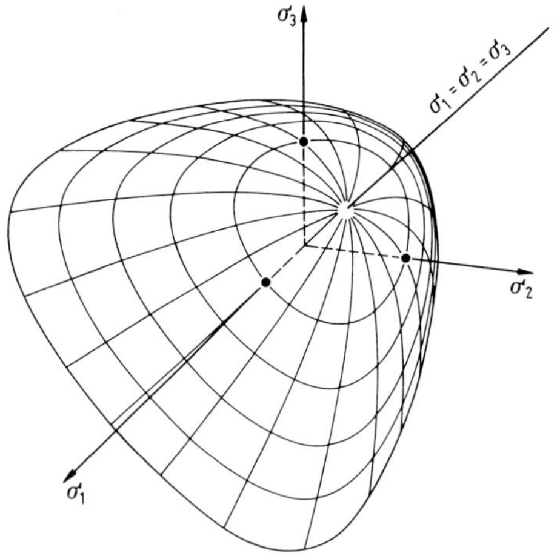

Bild 5-71. Die Bruchfläche für einen Werkstoff mit $\nu = 0,3$ nach der logarithmischen Dehnungshypothese

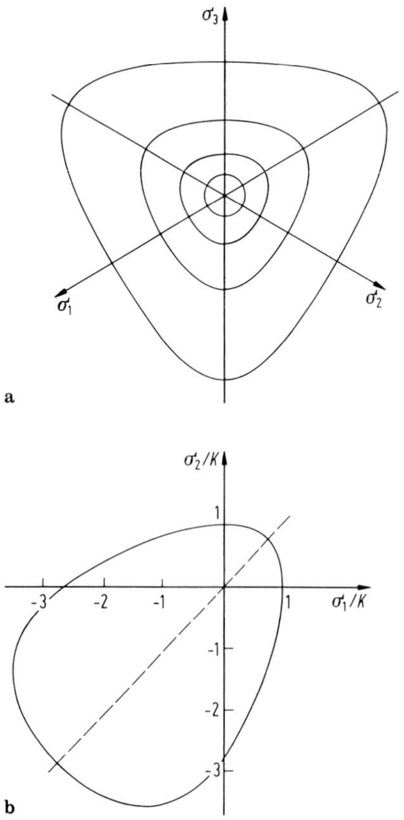

Bild 5-72. Schnittkurven der Bruchfläche von Bild 5-71 (**a**) mit Ebenen normal zur Raumdiagonale $\sigma_1 = \sigma_2 = \sigma_3$ und (**b**) mit der Ebene $\sigma_3 = 0$

dadurch definierte Versagensfläche im $\sigma_1, \sigma_2, \sigma_3$-Koordinatensystem (die Bruchfläche) hat die in Bild 5-71 dargestellte Form. Die Bilder 5-72a und b zeigen (am Beispiel $\nu = 0{,}3$) Schnittkurven mit Ebenen normal zur Raumdiagonale $\sigma_1 = \sigma_2 = \sigma_3$ bzw. die Schnittkurve mit der Ebene $\sigma_3 = 0$ (ebener Spannungszustand).

Wenn der Spannungszustand $\sigma_1, \sigma_2, \sigma_3$ in einem Werkstoff proportional zu einer einzigen Lastgröße F ist, dann läuft er bei Steigerung von F auf einem vom Ursprung ausgehenden Strahl. Ob der Werkstoff dabei durch Bruch oder durch Fließen versagt, hängt davon ab, welche der beiden Versagensflächen der Strahl zuerst schneidet.

5.16 Kerbspannungen. Kerbwirkung

Unter Spannungskonzentration oder Kerbwirkung versteht man in der Elastizitätstheorie das Auftreten örtlicher Spannungsspitzen in gekerbten, mechanisch beanspruchten Bauteilen. Der Begriff *Kerbe* umfasst die eigentlichen Kerben (Einkerbungen), Löcher und Bohrungen, Querschnittsübergänge bei abgesetzten Stäben und Wellen sowie Nuten und Rillen. Kerben können dementsprechend als Unstetigkeiten (Diskontinuitäten) der Geometrie aufgefasst werden. Beispiele sind in Bild 5-73 dargestellt.

Kerben bewirken i. Allg.

- eine Umlenkung des Kraftflusses,
- eine Spannungserhöhung bzw. Spannungskonzentration,
- einen mehrachsigen Spannnungszustand in der Kerbumgebung,

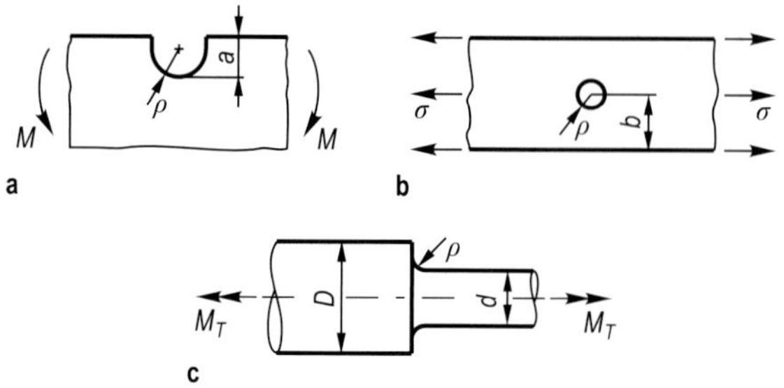

Bild 5-73. Beispiele für Kerben und Kerbwirkung: (**a**) Einkerbung beim Biegebalken, (**b**) Loch oder Bohrung in einem Zugstab, (**c**) abgesetzte Welle unter Torsionsbelastung

- eine Veränderung der Tragfähigkeit von Bauteilen und Strukturen,
- eine Verminderung der Verformungsfähigkeit (Versprödung) von Bauteilen und
- eine Verminderung der Ermüdungs- bzw. Dauerfestigkeit und der Lebensdauer von zyklisch belasteten Strukturen.

5.16.1 Spannungsverteilungen an Kerben

Kerben in belasteten Bauteilen führen in der Regel zu einer Spannungserhöhung und zu einem mehrachsigen Spannungszustand in der Kerbumgebung. Dies ist sowohl bei ebenen als auch bei räumlichen Kerbproblemen der Fall.

Bei einem beidseitig gekerbten Zugstab, Bild 5-74, tritt in der Kerbumgebung ein ebener Spannungszustand mit den Spannungen σ_x, σ_y und τ_{xy} auf. Im Kerbquerschnitt steigt die Spannung $\sigma_y(x)$ zur Kerbe hin an mit der Maximalspannung $\sigma_{\max}$ im Kerbgrund. Zudem existiert im Kerbquerschnitt noch eine Normalspannung $\sigma_x(x)$. Entlang des Kerbrandes (lastfreier Rand) wirkt eine Tangentialspannung $\sigma_t = \sigma_\varphi$. Bei Stäben und Scheiben unterscheidet man die Sonderfälle *Ebener Spannungszustand* (*ESZ*) und *Ebener Verzerrungszustand* (*EVZ*) mit den Spannungen $\sigma_z = 0$ für den ESZ und $\sigma_z = \nu(\sigma_x + \sigma_y)$ für den EVZ.

Bei räumlichen Kerbproblemen tritt bei entsprechenden Geometrie- und Belastungsverhältnissen ein räumlicher Spannungszustand mit sechs Spannungskomponenten auf. In Symmetrieebenen und an freien Oberflächen reduziert sich die Anzahl der Spannungskomponenten. In Symmetrieebenen wirken keine Schubspannungen, an lastfreien Oberflächen treten lediglich ebene oder zweiachsige Spannungszustände auf. Liegt bzgl. der Belastung und der Geometrie eine Rotationssymmetrie vor, Bild 5-75, so treten im Kerbquerschnitt Normalspannungen σ_y in Längsrichtung, σ_r in radialer Richtung und σ_ϑ in Umfangsrichtung und somit ein dreiachsiger Spannungszustand auf.

An der lastfreien Kerboberfläche stellt sich ein zweiachsiger Spannungszustand mit den Spannungen σ_φ und σ_ϑ ein. Die maximale Kerbspannung $\sigma_{\max}$ ergibt sich auch hier im Kerbgrund.

Grundsätzlich sind die Spannungsverteilungen in der Umgebung von Kerben von der Belastung des Bauteils und von der Kerb- und Bauteilgeometrie abhängig.

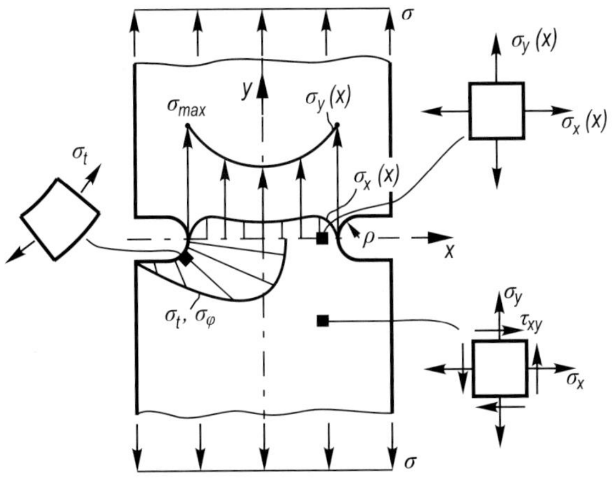

Bild 5-74. Prinzipielle Spannungsverteilung bei einem ebenen Kerbproblem

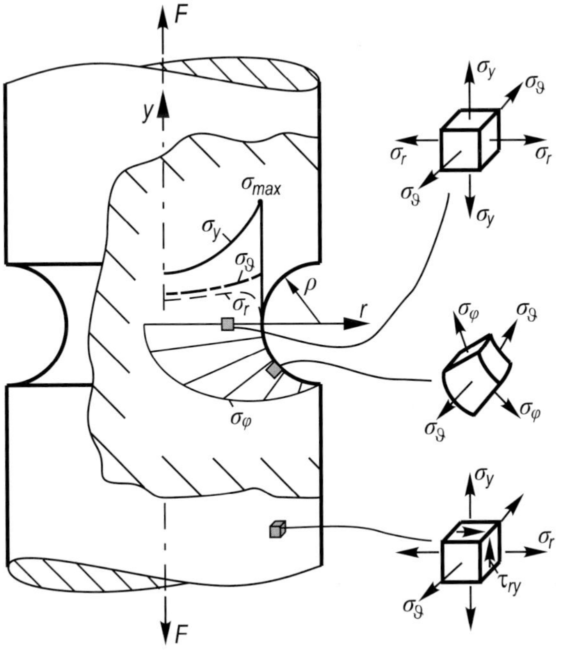

Bild 5-75. Kerbspannungen bei einem rotationssymmetrischen Kerbproblem

5.16.2 Elastizitätstheoretische Lösungen grundlegender Kerbprobleme

Die Ermittlung der Kerbspannungen kann mit

- elastizitätstheoretischen Methoden (siehe auch 5.2, 5.3, 5.10.1 und 5.11.1),
- numerischen Verfahren, z. B. der Finite-Elemente-Methode (siehe 5.13), und
- experimentellen Methoden, wie z. B. der Dehnmessstreifentechnik oder der Spannungsoptik (siehe z. B. D 11.4 und H 3.3) erfolgen.

Grundlegende Kerbprobleme, die mit der Elastizitätstheorie gelöst wurden, stellen z. B. das Kreisloch in einer Scheibe und der Kugelhohlraum in einem Körper bei einachsiger Zugbelastung dar.
Für das Kreisloch mit einem Radius a, das sich in einer unendlich ausgedehnten, durch die Spannung σ belasteten Scheibe befindet, Bild 5-76, lassen sich mit den Polarkoordinaten r, φ die Spannungen in der Umgebung der Kerbe mit den Beziehungen

$$\left.\begin{aligned}\sigma_\mathrm{r} &= \frac{\sigma}{2}\left[\left(1-\frac{a^2}{r^2}\right)+\left(1-4\frac{a^2}{r^2}+3\frac{a^4}{r^4}\right)\cos 2\varphi\right],\\ \sigma_\varphi &= \frac{\sigma}{2}\left[\left(1+\frac{a^2}{r^2}\right)-\left(1+3\frac{a^4}{r^4}\right)\cos 2\varphi\right],\\ \tau_{r\varphi} &= -\frac{\sigma}{2}\left(1+2\frac{a^2}{r^2}-3\frac{a^4}{r^4}\right)\sin 2\varphi\end{aligned}\right\} \tag{5-168}$$

ermitteln. Für den Lochrand, d. h. für $r = a$, gilt

$$\sigma_\varphi = \sigma(1-2\cos 2\varphi) \tag{5-169}$$

und $\sigma_r = \tau_{r\varphi} = 0$ (Bild 5-76).
Die maximale Kerbspannung tritt jeweils im Kerbgrund, d. h. bei $\varphi = 90°$ und $\varphi = 270°$ auf und beträgt

$$\sigma_\mathrm{max} = 3\sigma\,. \tag{5-170}$$

Beim Kugelhohlraum in einem unendlich ausgedehnten Körper, der durch eine Zugspannung σ belastet ist, Bild 5-77, wirkt an der Kerboberfläche ein zweiachsiger Spannungszustand mit den Spannungen σ_φ und σ_ϑ. Diese lassen sich wie folgt errechnen:

$$\left.\begin{aligned}\sigma_\varphi &= \frac{3\sigma}{2(7-5\nu)}(9-5\nu-10\cos^2\varphi)\,,\\ \sigma_\vartheta &= \frac{3\sigma}{2(7-5\nu)}(-1+5\nu-10\nu\cos^2\varphi)\,,\end{aligned}\right\} \tag{5-171}$$

wobei ν die Poisson-Zahl des Materials (siehe z. B. 5.3 und Tabelle 5-1) darstellt.
Die maximale Kerbspannung $\sigma_\mathrm{max} = \sigma_{\varphi\mathrm{max}}$ tritt bei $\varphi = 90°$, d. h. am Äquator des Kugelhohlraums auf und beträgt

$$\sigma_\mathrm{max} = \frac{3(9-5\nu)}{2(7-5\nu)}\sigma\,. \tag{5-172}$$

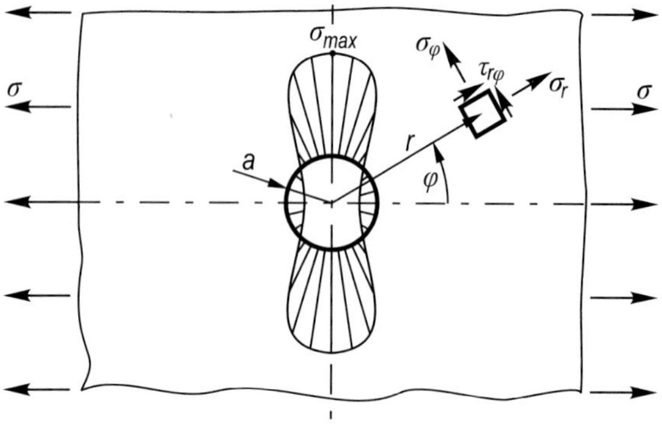

Bild 5-76. Kreisloch in unendlich ausgedehnter Scheibe mit den Kerbspannungen σ_r, σ_φ und $\tau_{r\varphi}$ in der Kerbumgebung und σ_max im Kerbgrund

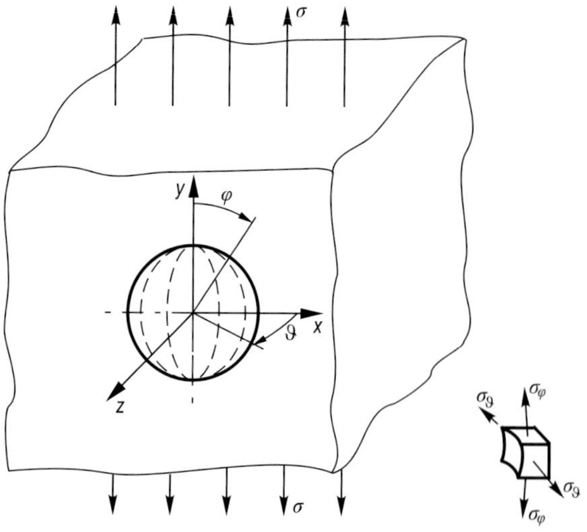

Bild 5-77. Kugelhohlraum in einem zugbelasteten Körper mit den Spannungen σ_φ und σ_ϑ an der Kerboberfläche

Für $\nu = 0{,}3$, d. h. für viele Metalle, ergibt sich somit

$$\sigma_{\max} = 2{,}045\sigma\,. \tag{5-173}$$

Weitere Kerblösungen sind in [18, 33, 53] angegeben.

5.16.3 Kerbfaktoren

In der technischen Praxis werden die maximalen Kerbspannungen häufig durch Kerbfaktoren beschrieben. Dabei wird $\sigma_{\max}$ auf eine Nennspannung, z. B. die mittlere Spannung im Kerbquerschnitt, bezogen. Für einen Zugstab, siehe z. B. Bild 5-78, ergibt sich der Kerbfaktor

$$\alpha = \frac{\sigma_{\max}}{\sigma_{\mathrm{N}}}\,, \tag{5-174}$$

wobei für die Nennspannung z. B. $\sigma_{\mathrm{N}} = F/A_{\min}$ gilt. Bei Biegebelastung eines Balkens oder einer Welle durch ein Biegemoment M_{B} gilt häufig die Nennspannungsdefinition $\sigma_{\mathrm{N}} = M_{\mathrm{B}}/W_{\min}$, wobei $W_{\min} = W_y$ das Widerstandsmoment gegen Biegung für den Kerbquerschnitt (den engsten Querschnitt im Bauteil) darstellt.
Bei Torsionsbelastung einer gekerbten oder abgesetzten Welle ergibt sich der Kerbfaktor

$$\alpha = \frac{\tau_{\max}}{\tau_{\mathrm{N}}}, \tag{5-175}$$

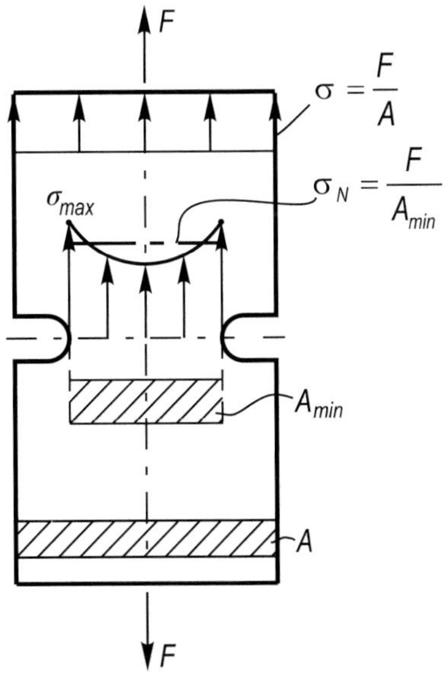

Bild 5-78. Zur Definition der Kerbfaktoren bei einem Zugstab

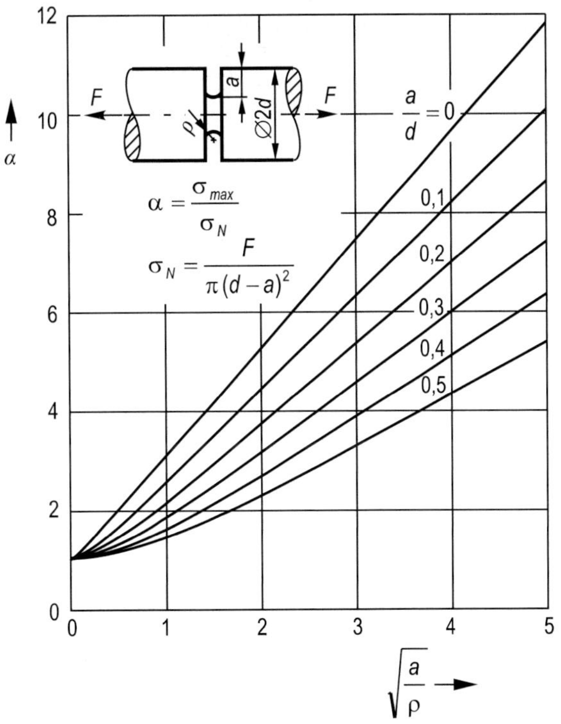

Bild 5-79. Kerbfaktordiagramm für einen Zugstab bzw. eine zugbelastete Welle mit Umdrehungsaußenkerbe

wobei die an der Kerbe auftretende maximale Schubspannung $\tau_{\max}$ auf die Nennschubspannung τ_{N} bezogen wird. Ist die Welle durch ein Torsionsmoment M_{T} belastet, so gilt i. Allg. die Nennschubspannung $\tau_{\mathrm{N}} = M_{\mathrm{T}}/W_{\mathrm{p\,min}}$ mit $W_{\mathrm{p\,min}}$ als dem polaren Widerstandmoment im engsten Querschnitt.
Kerbfaktoren können somit als dimensionslose Darstellung der maximalen Kerbspannung eines Kerbproblems aufgefasst werden. Sie werden für einfache Bauteile und Strukturen i. Allg. in so genannten Kerbfaktordiagrammen dargestellt. Beispielhaft zeigt Bild 5-79 ein Kerbfaktordiagramm für einen Zugstab mit Umdrehungsaußenkerbe. Weitere Kerbfaktordiagramme findet man z. B. in [49, 54–56].

5.16.4 Kerbwirkung

Neben der Umlenkung des Kraftflusses (Kraftdurchfluss durch das Bauteil), der Spannungserhöhung bzw. Spannungskonzentration an der Kerbe und dem Auftreten eines mehrachsigen Spannungszustands

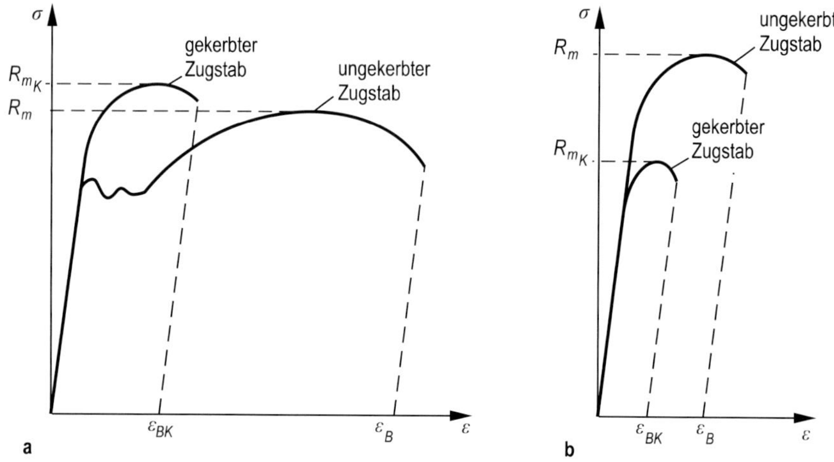

Bild 5-80. Einfluss von Kerben auf die Traglast und die Verformungsfähigkeit von Bauteilen. (**a**) Kerbwirkung bei Zugbelastung von Strukturen aus zähen Materialien und (**b**) Kerbwirkung bei Bauteilen aus hochfesten Materialien

in der Kerbumgebung, bewirken Kerben auch eine Veränderung der Tragfähigkeit und eine Verminderung der Verformungsfähigkeit von Bauteilen und Strukturen sowie eine Verminderung der Zeit- und Dauerfestigkeit bei zyklisch belasteten Strukturen.

Bei Zugversuchen mit Stäben aus zähen Materialien zeigt sich infolge der Kerbwirkung eine Veränderung der Tragfähigkeit und eine wesentliche Verminderung der Verformungsfähigkeit, Bild 5-80a. Unter bestimmten Voraussetzungen kann bei statischer Belastung die Tragfähigkeit durch die Kerbe leicht gesteigert werden. Eine erhebliche Verminderung der Tragfähigkeit bzw. der Traglast (siehe Kapitel 6.3) tritt jedoch bei gekerbten Bauteilen aus hochfestem oder sprödem Material ein, Bild 5-80b. Auch hier wird die Verformungsfähigkeit bzw. die Bruchdehnung ε_B durch die Kerbe erheblich vermindert. Dies bedeutet, dass bei gekerbten Bauteilen die Sprödbruchgefahr steigt.

Kerben wirken sich auch negativ auf die Zeit- bzw. Dauerfestigkeit einer zyklisch (schwingend) belasteten Struktur aus. Dies wird u. a. aus dem Wöhlerdiagramm deutlich, Bild 5-81. So ist die Dauerfestigkeit σ_{AK} für eine gekerbte Probe erheblich geringer als die Dauerfestigkeit σ_A für eine ungekerbte Probe.

Dieser Abfall der Dauerfestigkeit wird durch die Kerbwirkungszahl β_K ausgedrückt, die wie folgt definiert ist:

$$\beta_K = \frac{\sigma_A}{\sigma_{AK}} . \qquad (5\text{-}176)$$

Die Werte für β_K sind infolge der Stützwirkung des Materials kleiner als der Kerbfaktor α. Die Stützwirkung ist dabei abhängig von dem Spannungsgefälle an der Kerbe und von Materialeigenschaften. Mit einer Stützziffer n_χ, die z. B. nach einem Verfahren von Siebel bestimmt werden kann, lässt sich die Kerbwirkungszahl aus dem Kerbfaktor α errechnen:

$$\beta_K = \frac{\alpha}{n_\chi} \qquad (5\text{-}177)$$

(siehe auch [49, 54, 55]).

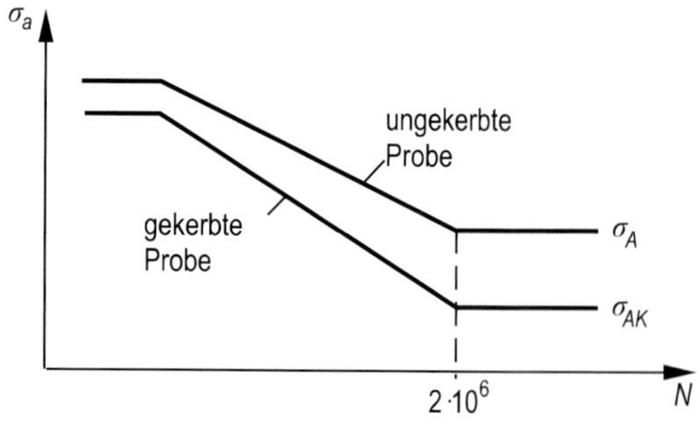

Bild 5-81. Einfluss von Kerben auf die Zeit- und Dauerfestigkeit von zyklisch belasteten Bauteilen. Darstellung im Wöhlerdiagramm

6 Plastizitätstheorie. Bruchmechanik

6.1 Grundlagen der Plastizitätstheorie

Die Plastizitätstheorie beschreibt das Verhalten von (vornehmlich metallischen) Werkstoffen unter Spannungen an der Fließgrenze. Ein plastifiziertes Werkstoffvolumen fließt je nach seinen Randbedingungen entweder unbeschränkt (z. B. beim Fließpressen) oder eingeschränkt (z. B. in der Umgebung einer Rissspitze mit umgebendem elastischem Werkstoff) oder gar nicht (z. B. bei starrer Einschließung). Stoffgesetze für den plastischen Bereich setzen Spannungen σ_{ij} mit Verzerrungsinkrementen $\mathrm{d}\varepsilon_{ij}$ in Beziehung. Es ist üblich, mit der Zeit t als Parameter durch die Gleichung $\mathrm{d}\varepsilon_{ij} = \dot{\varepsilon}_{ij}\,\mathrm{d}t$ Verzerrungsgeschwindigkeiten $\dot{\varepsilon}_{ij}$ einzuführen, obwohl die Spannungen geschwindigkeitsunabhängig sind (siehe (6-4) und (6-6)). $\dot{\varepsilon}_{ij}$ ist analog zu (5-2) mit den Fließgeschwindigkeitskomponenten v_1, v_2 und v_3 definiert als

$$\dot{\varepsilon}_{ij} = \frac{1}{2}\left(\frac{\partial v_i}{\partial x_j} + \frac{\partial v_j}{\partial x_i}\right) \quad (i, j = 1, 2, 3) \qquad (6\text{-}1)$$

(in diesem Kapitel werden kartesische Koordinaten x_1, x_2, x_3 genannt, Spannungen nicht σ_x, τ_{xy} usw., sondern σ_{11}, σ_{12} usw. und Verzerrungen nicht ε_x, γ_{xy} usw., sondern ε_{11}, $2\varepsilon_{12}$ usw.; vgl. (5-2)). Trägheitskräfte spielen allenfalls bei extrem schnellen Umformvorgängen eine Rolle (Explosivumformung, Hochgeschwindigkeitshämmern; siehe [1]).

6.1.1 Fließkriterien

In (5-163) und (5-166) wurden die Fließkriterien von Tresca bzw. von Huber/v. Mises angegeben (siehe auch Bild 5-70). Weitere Fließkriterien werden in [2–4] diskutiert. In der Plastizitätstheorie wird die Fließspannung nicht mit R_e bezeichnet, sondern mit Y (yield stress) und manchmal mit k_f. Sie wird auch Formänderungsfestigkeit genannt. Werkstoffe mit $Y = \text{const}$ heißen *ideal-plastisch*. Bei Werkstoffen mit Verfestigung wird Y als Funktion einer *Vergleichsformänderungsgeschwindigkeit* $\dot{e}$ und der *Vergleichsformänderung* $e = \int \dot{e}\,\mathrm{d}t$ angesetzt. Übliche Annahmen sind eine lineare Funktion von e bei Kaltumformung und eine lineare Funktion von $\dot{e}$ bei Warmumformung. Außerdem ist Y temperaturabhängig.

6.1.2 Fließregeln

Wenn das Fließkriterium erfüllt ist, finden Spannungsumlagerungen und den Randbedingungen entsprechend Fließvorgänge statt, die durch *Fließregeln* beschrieben werden. Die wichtigsten Fließregeln sind die von Prandtl/Reuß [5] und von St.-Venant/Levy/von Mises [3, 5] und die Fließregel zum Tresca-Kriterium (5-163). Weitere Fließregeln werden in [3] diskutiert.

Prandtl-Reuß-Gleichungen. Diese Theorie berücksichtigt den elastischen Verzerrungsanteil im plastischen Bereich. Sie eignet sich deshalb besonders für Vorgänge mit eingeschränkter plastischer Verformung. Die Grundannahmen der Theorie sind (a) das Hooke'sche Gesetz für den elastischen Verzerrungsanteil, (b) Inkompressibilität für den plastischen Anteil und (c) Proportionalität zwischen dem Spannungsdeviator $\underline{\sigma}^*$ (siehe 5-13) und dem Inkrement des plastischen Anteils des Verzerrungsdeviators $\underline{\varepsilon}^*$ (analog zu (5-13) wird in (5-2) $\underline{\varepsilon} = \underline{\varepsilon}_\mathrm{m} + \underline{\varepsilon}^*$ mit $\varepsilon_\mathrm{m} = (\varepsilon_{11} + \varepsilon_{22} + \varepsilon_{33})/3$ geschrieben). Daraus folgen die Prandtl-Reuß'schen Gleichungen

$$\left.\begin{aligned} \dot{\sigma}^*_{ij} &= 2G\left[\dot{\varepsilon}^*_{ij} - 3\sigma^*_{ij}\sum_{k,l=1}^{3}\sigma^*_{kl}\dot{\varepsilon}^*_{kl}/(2Y^2)\right] \\ &\quad (i, j = 1, 2, 3) \\ \dot{\sigma}_\mathrm{m} &= \dot{\varepsilon}_\mathrm{m}E/(1-2\nu)\,. \end{aligned}\right\} \qquad (6\text{-}2)$$

Sie gelten, wenn das Fließkriterium (5-166) erfüllt und außerdem $\sum_{k,l=1}^{3}\sigma^*_{kl}\dot{\varepsilon}^*_{kl} > 0$ ist. Andernfalls gilt das Hooke'sche Gesetz, das man auch in der Form $\sigma^*_{ij} = 2G\varepsilon^*_{ij}$ $(i, j = 1, 2, 3)$ schreiben kann. Aus (6-2) folgt, dass die Spannungen von der Geschwindigkeit eines Fließvorgangs unabhängig sind, und dass der Spannungszustandspunkt in Bild 5-70 auf oder in dem Kreiszylinder bleibt. Gleichungen (6-1), (6-2), die Gleichgewichtsbedingungen (5-16),

$$\sum_{j=1}^{3}\frac{\partial\sigma_{ij}}{\partial x_j} = 0 \quad (i = 1, 2, 3)\,, \qquad (6\text{-}3)$$

und Randbedingungen legen in plastischen Zonen die 15 Funktionen σ_{ij}, $\dot{\varepsilon}_{ij}$ und v_i $(i, j = 1, 2, 3)$ eindeutig fest [3].

Fließregel von Saint-Venant/Levy/von Mises. Diese Theorie macht dieselben Annahmen (b) und (c), wie die Theorie von Prandtl/Reuß und darüber hinaus die Annahme, dass der elastische Verzerrungsanteil im plastischen Bereich gleich null ist (starr-plastisches Werkstoffverhalten). Die Theorie ist deshalb besonders für Vorgänge mit unbeschränktem plastischem Fließen geeignet. Sie führt auf die Fließregel (siehe [3])

$$Y\dot{\varepsilon}_{ij} = \sigma^*_{ij}\left[\frac{3}{2}\sum_{k,l=1}^{3}\dot{\varepsilon}^2_{kl}\right]^{1/2} \quad (i, j = 1, 2, 3)\,. \tag{6-4}$$

Sie gilt, solange das Fließkriterium (5-166) erfüllt ist. Aus (5-166) und (6-4) folgt, dass die Spannungen von der Geschwindigkeit eines Fließvorgangs unabhängig sind, und dass der Spannungszustandspunkt in Bild 5-70 auf oder in dem Kreiszylinder bleibt. Aus den $\dot{\varepsilon}_{ij}$ ergibt sich die Vergleichsformänderungsgeschwindigkeit

$$\dot{e} = \left[\frac{2}{3}\sum_{k,l=1}^{3}\dot{\varepsilon}^2_{kl}\right]^{1/2} \tag{6-5}$$

(ein einachsiger plastischer Spannungszustand mit den Hauptverzerrungsgeschwindigkeiten $\dot{\varepsilon}_1 = \dot{e}$, $\dot{\varepsilon}_2 = \dot{\varepsilon}_3 = -\dot{e}/2$ hat dieselbe Leistungsdichte). Aus $\dot{e}$, e und der Temperatur wird bei Werkstoffen mit Verfestigung Y berechnet. Die Gleichungen (6-1), (6-3), (6-4) und Randbedingungen legen in plastischen Zonen die 15 Funktionen σ_{ij}, $\dot{\varepsilon}_{ij}$ und v_i $(i, j = 1, 2, 3)$ eindeutig fest [3]. Numerische Lösungsverfahren mit finiten Elementen siehe in [3, 6, 7].
Die Fließregel zum Tresca-Kriterium (5-163) lautet

$$\dot{\varepsilon}_{\text{max}} = -\dot{\varepsilon}_{\text{min}}\,, \quad \dot{\varepsilon}_{\text{mittel}} = 0\,, \quad \dot{e} = \dot{\varepsilon}_{\text{max}}\,. \tag{6-6}$$

Auch sie bedeutet Volumenkonstanz und in Bild 5-70, dass der Spannungszustandspunkt auf oder in dem Sechskantzylinder bleibt. Die Fließregel (6-6) lässt im Gegensatz zu (6-4) die Hauptverzerrungsgeschwindigkeiten $\dot{\varepsilon}_1$, $\dot{\varepsilon}_2$ und $\dot{\varepsilon}_3$ unbestimmt.

6.1.3 Gleitlinien

Im Sonderfall des ebenen Spannungsproblems mit Y = const führt sowohl (5-166) als auch (5-163) zusammen mit (6-3) auf zwei hyperbolische Differenzialgleichungen für σ_{11} und σ_{12}, deren Charakteristiken ein orthogonales Netz von sog. *Gleitlinien* (Linien extremaler Schubspannung von überall gleichem Betrag $Y/2$) bestimmen. Geschlossene Lösungen sind nur für einige spezielle Fälle bekannt, z. B. für ebenes Fließpressen ohne Wandreibung und mit 50% Dickenabnahme (Bild 6-1, siehe [3, 5, 7]).

6.2 Elementare Theorie technischer Umformprozesse

6.2.1 Schrankensatz für Umformleistung

Bei technischen Umformprozessen in Werkzeugen bilden sich in der Umformzone unter dem Einfluss von Spannungs- und Fließgeschwindigkeitsrandbedingungen Spannungsfelder $\sigma_{ij}(x_1, x_2, x_3)$ und Fließgeschwindigkeitsfelder $\boldsymbol{v}(x_1, x_2, x_3)$, die durch Fließkriterium und Fließregel bestimmt sind. In der *elementaren Umformtheorie* wird die Fließregel durch den Ansatz einer Näherungslösung $\boldsymbol{v}^*(x_1, x_2, x_3)$ für das wahre Geschwindigkeitsfeld $\boldsymbol{v}(x_1, x_2, x_3)$ überflüssig gemacht. Der Ansatz $\boldsymbol{v}^*(x_1, x_2, x_3)$ muss alle Geschwindigkeitsrandbedingungen erfüllen, d. h. kinematisch zulässig sein. Aus $\boldsymbol{v}^*$ ergibt sich mit (6-1) $\dot{\varepsilon}^*_{ij}(x_1, x_2, x_3)$ und damit aus (6-5) oder (6-6) die Vergleichsformänderungsgeschwindigkeit $\dot{e}^*(x_1, x_2, x_3)$. Mit $\dot{e}^*(x_1, x_2, x_3)$

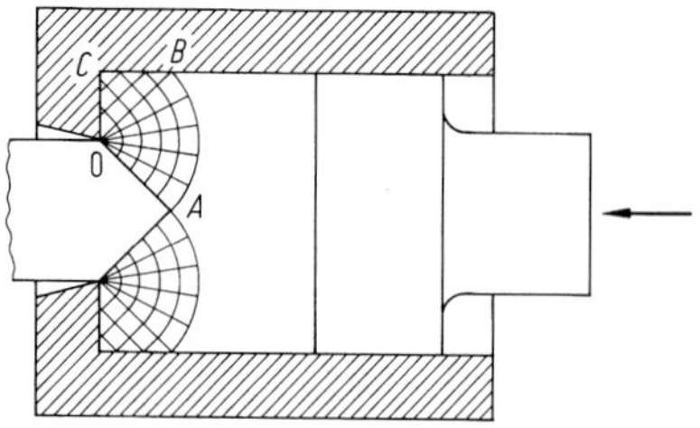

Bild 6-1. Gleitlinienfeld beim ebenen Fließpressen mit 50% Dickenabnahme. Im Fächer *OAB* wird der Werkstoff plastisch umgeformt. Die Zone *OBC* ist plastifiziert, aber starr. Die anderen Zonen oberhalb der Symmetrieachse sind nicht plastifiziert

wird bei bekannter Formänderungsfestigkeit Y die Umformleistung P_V^* im Volumen V der Umformzone berechnet:

$$P_V^* = \int_V Y\dot{e}^*(x_1, x_2, x_3)\,\mathrm{d}V\,.$$

Dieser Ausdruck liefert eine obere Schranke für die erforderlichen Umformkräfte und damit für die Leistung der Maschine. Es gilt nämlich der *Schrankensatz:* Die Leistung P^* der unbekannten, wahren Oberflächenkräfte $\boldsymbol{\sigma}\,\mathrm{d}A$ am Volumen V bei den angenommenen, kinematisch zulässigen Geschwindigkeiten $\boldsymbol{v}^*$ an der Oberfläche ist kleiner oder gleich P_V^*:

$$P^* = \int_A \boldsymbol{\sigma} \cdot \boldsymbol{v}^*\,\mathrm{d}A \leqq \int_V Y\dot{e}^*\,\mathrm{d}V\,. \qquad (6\text{-}7)$$

Zur Begründung und zu Anwendungsbeispielen des Satzes siehe [1, 3].

Beispiel 6-1: Beim Drahtziehen durch eine Düse ohne Wandreibung ist $P^* = F_A v_A^*$ (F_A Zugkraft, v_A^* Austrittsgeschwindigkeit). Damit liefert (6-7) eine obere Schranke für F_A.

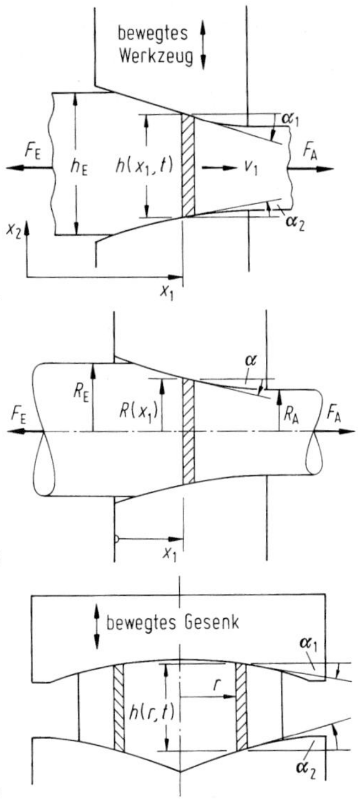

Bild 6-2. **a** Streifenmodell, **b** Scheibenmodell und **c** Röhrenmodell der elementaren Umformtheorie

6.2.2 Streifen-, Scheiben- und Röhrenmodell

Bei ebener Umformung nach Bild 6-2a zwischen ruhenden oder bewegten Werkzeughälften mit der gegebenen Spalthöhe $h(x_1, t)$ und mit gegebenen Winkeln $\alpha_1(x_1) \ll 1$ und $\alpha_2(x_1) \ll 1$ besteht der Ansatz für das Geschwindigkeitsfeld $\boldsymbol{v}^*$ in der Annahme, dass der schraffierte, infinitesimal schmale Streifen bei der Bewegung durch den Spalt eben bleibt und homogen umgeformt wird. Bei axialsymmetrischer Umformung nach Bild 6-2b durch eine Düse mit dem Radius $R(x_1)$ wird dieselbe Annahme für die schraffierte Kreisscheibe getroffen. Bei axialsymmetrischem Schmieden nach Bild 6-2c zwischen zwei Gesenken mit der gegebenen Höhe $h(r, t)$ wird angenommen, dass die schraffierte Zylinderröhre bei ihrer Stauchung und Aufweitung zylindrisch bleibt und homogen umgeformt wird. Alle drei Modelle führen auf eine gewöhnliche Differenzialgleichung vom Typ

$$\frac{\mathrm{d}\sigma_1}{\mathrm{d}x_1} + \sigma_1 f(x_1, t) = Y g(x_1, t) \qquad (6\text{-}8)$$

für eine Spannung σ_1. Begründung am Streifenmodell von Bild 6-2a: x_1 und x_2 sind Hauptachsen für σ_{ij} und $\dot{\varepsilon}_{ij}$. σ_1 und σ_2 hängen nur von x_1 ab. Wegen (5-163) gilt $\sigma_1 - \sigma_2 = Y$. Gleichung (6-8) drückt das Kräftegleichgewicht am Streifen von Bild 6-2a mit Wandreibungskräften aus. Dabei ist

$$f(x_1, t) = \frac{\mu_1 + \mu_2}{h(x_1, t)}\,,$$

$$g(x_1, t) = \frac{\mu_1 + \mu_2 + \alpha_1(x_1) + \alpha_2(x_2)}{h(x_1, t)}\,.$$

Beim Scheibenmodell von Bild 6-2b ist

$$f(x_1) = \frac{2\mu}{R(x_1)}\,,$$

$$g(x_1) = \frac{2[\mu + \alpha(x_1)]}{R(x_1)}\,.$$

Beim Röhrenmodell von Bild 6-2c sind f und g dieselben Funktionen wie für Bild 6-2a. Die Variablen sind aber $x_1 = r$ und $\sigma_1 = \sigma_r$. Bei der Integration von (6-8) sind folgende Umstände zu beachten:

- Die Randbedingungen enthalten bei Bild 6-2a und b die Zugkräfte F_E und F_A am Werkstoffein- bzw. Auslauf, von denen eine unbekannt ist.
- An Stellen x_1 in Bild 6-2a, b oder c, wo $h(x_1, t)$ oder $R(x_1)$ einen Knick hat, macht σ_1 einen endlichen Sprung $\Delta\sigma_1$, weil dort eine unendlich große Schergeschwindigkeit auftritt. Beim Scheibenmodell ist dieser Sprung

$$\Delta\sigma_1 = \sigma_1(x_1+) - \sigma_1(x_1-) = -(Y/3)\Delta\alpha \operatorname{sgn} v_1 .$$

Beim Streifen- und beim Röhrenmodell steht $Y/4$ statt $Y/3$ in der Formel.
- Umkehrpunkte der Werkstoffgeschwindigkeit relativ zum Werkzeug heißen *Fließscheiden.* Beiderseits einer Fließscheide gelten verschiedene Gleichungen (6-8) mit entgegengesetzten Vorzeichen der Reibbeiwerte μ.
- Gleichung (6-8) gilt nur, wenn der Werkstoff nicht am Werkzeug haftet.
- Bei Werkstoff mit Verfestigung ist $Y = Y(\dot{e}, e)$. In Bild 6-2b erfordert die Kontinuitätsgleichung $v_1(x_1) = v_{1E}R_E^2/R^2(x_1)$. Daraus folgt mit (6-1) und (6-6)

$$\dot{e}(x_1) = \frac{2|v_{1E}|R_E^2 \tan\alpha(x_1)}{R^3(x_1)}$$

und

$$e(x_1) = \int \dot{e}\, dt = \int \left(\frac{\dot{e}}{v_1}\right) dx_1$$
$$= 2\int \frac{\tan\alpha(x_1)}{R(x_1)}\, dx_1 = 2\ln\frac{R(x_1)}{R_E} .$$

Damit ist Y als Funktion von x_1 bekannt. In Bild 6-2 a und c ist

$$\dot{e} = \frac{|dh/dt|}{h} = \frac{\partial h/\partial t + v_1(\tan\alpha_1 - \tan\alpha_2)}{h} ,$$

und im Sonderfall $\alpha_1(x_1) \equiv \alpha_2(x_1)$ ist

$$\dot{e} = \frac{\partial h/\partial t}{h}, \quad e = \ln\frac{h_E}{h} .$$

Beispiel 6-2: Beim Drahtziehen durch eine konische Düse mit α = const ist (6-8) in geschlossener Form integrierbar. Für die erforderliche Zugkraft F_A erhält man für Y = const die *Siebel'sche Formel*

$$F_A = \pi R_A^2 Y[2(1 + \mu/\alpha)\ln(R_E/R_A) + 2\alpha/3] .$$

Weitere Anwendungen auf das Ziehen, Schmieden und Walzen siehe in [1, 3, 8].

6.3 Traglast

Statisch unbestimmte Systeme können, wenn sie nicht durch Knicken, Kippen oder Beulen versagen, bei monotoner Laststeigerung über ihre Elastizitätsgrenze hinaus belastet werden, ohne zusammenzubrechen. Bei elastisch-ideal-plastischem Werkstoff erfolgt der Zusammenbruch erst bei der sog. *Traglast*, bei der das System durch Ausbildung von ausreichend vielen Fließzonen zu einem Mechanismus wird. Das Verhältnis von Traglast zu Last an der Elastizitätsgrenze heißt *plastischer Formfaktor* α des Systems und $\alpha - 1$ *plastische Lastreserve*. Die Definition setzt voraus, dass alle Lasten am System monoton und proportional zueinander anwachsen. Bei einem Werkstoff mit Verfestigung existiert keine ausgeprägte Traglast. Versagen tritt vielmehr durch unzulässig große Deformationen ein.

6.3.1 Fließgelenke. Fließschnittgrößen

Die Traglast eines Systems bleibt unverändert, wenn man die E-Module aller Systemteile mit derselben, beliebig großen Zahl multipliziert, sodass man bei der Berechnung auch starr-plastisches Verhalten annehmen kann (wenn gesichert ist, dass die tatsächlichen Deformationen eine Theorie 1. Ordnung erlauben). Bei Erreichen der Traglast wird das System ein Mechanismus aus starren Gliedern, die durch Fließzonen mit darin wirkenden *Fließschnittgrößen* „gelenkig" verbunden sind. Zugstäbe werden auf ganzer Länge plastisch. Ihre Fließschnittgröße ist die Längskraft $N_F = AY$. Biegestäbe bilden am Ort des maximalen Biegemoments eine plastische Zone aus, die man sich für Traglastrechnungen punktförmig als sog. *Fließgelenk* mit Fließschnittgrößen N_F, Q_F und M_F vorstellt. Wenn man Q_F vernachlässigt, liegt ein einachsiges Spannungsproblem vor. Der vollplastische Querschnitt ist dann nach Bild 6-3a durch eine Gerade in zwei Teilflächen A_1 und A_2 mit Schwerpunkten S_1 bzw. S_2 und mit Spannungen $+Y$ bzw. $-Y$ geteilt. Bei gerader und bei schiefer Biegung erfordert das Momentengleichgewicht, dass S_1 und S_2 auf der zu M_F orthogonalen ζ-Achse liegen, sodass nur eine bestimmte Geradenschar zulässig ist. Außerdem muss gelten: $M_F = 2A_1\zeta_{S1}Y$ und $N_F = (A_1 - A_2)Y$. Für ein vorgeschriebenes Verhältnis M_F/N_F muss die passende Gerade bestimmt werden.

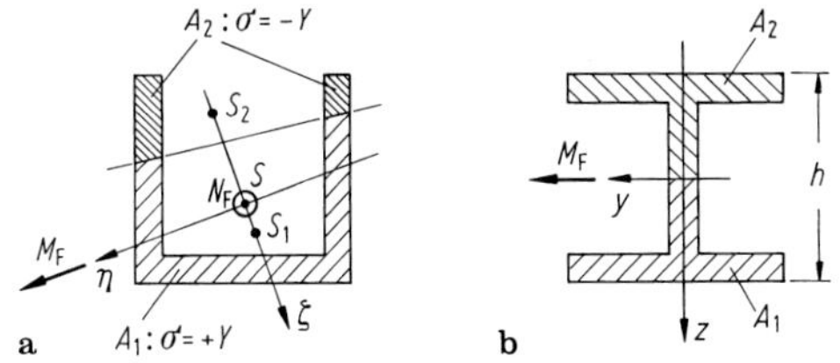

Bild 6-3. Bereiche mit positiver und negativer Fließspannung im vollplastifizierten Querschnitt eines Stabes bei vorgegebener Richtung von M_F und vorgegebenem Verhältnis $N_F : M_F$. Der allgemeine Fall (**a**) und der doppeltsymmetrische Querschnitt mit $N_F = 0$ und mit M_F in y-Richtung (**b**)

Die Schnittgrößen M_e und N_e an der Elastizitätsgrenze werden nach 5.6.4 berechnet. Damit ist der plastische Formfaktor α bekannt.

Beispiel 6-3: Für einen doppeltsymmetrischen Querschnitt ist bei gerader Biegung die Gerade aus Symmetriegründen $z = 0$ (Bild 6-3b). Damit ist $M_F = 2A_1 z_{S1} Y = 2S_y(0)Y$. Mit $M_e = 2YI_y/h$ ist $\alpha = hS_y(0)/I_y$.
Zum Einfluss von Schubspannungen auf Fließgelenke und Traglasten siehe [9].

6.3.2 Traglastsätze

Die *Traglastsätze* von Drucker/Prager/Greenberg liefern untere und obere Schranken für Traglasten (siehe [10, 11]).

Satz 1: Die Traglast ist größer als jede Last, für die im System eine Schnittgrößenverteilung angebbar ist, die die Gleichgewichtsbedingungen erfüllt und die an keiner Stelle Fließen verursacht.

Satz 2: Die Traglast ist kleiner als jede Last, zu der ein starr-plastischer Ein-Freiheitsgrad-Mechanismus mit Fließschnittgrößen in den Gelenken existiert, der im Gleichgewicht ist und der an wenigstens einer Stelle außerhalb der Gelenke Schnittgrößen größer als die dortigen Fließschnittgrößen hat.

Hilfssatz: Wenn der Ein-Freiheitsgrad-Mechanismus, der nach Satz 2 eine bestimmte obere Schranke F für die Traglast F_T liefert, statisch bestimmt ist, dann kann man das größte in ihm auftretende Verhältnis $\mu = \max$ (Schnittgröße/Fließschnittgröße) berechnen. Nach Satz 1 und 2 gilt dann für die Traglast F_T

$$F/\mu \leqq F_T \leqq F\,. \tag{6-9}$$

Aus den Traglastsätzen folgt, dass die Traglast eines Systems durch Einbau von zusätzlichen Versteifungen (z. B. von Knotenblechen in Gelenkfachwerke) nicht kleiner wird.

6.3.3 Traglasten für Durchlaufträger

Ein Durchlaufträger mit Lasten gleicher Richtung (Bild 6-4a) versagt, indem ein einzelnes Feld an seinen Enden A und B und an einer Stelle x_0 im Feld Fließgelenke ausbildet. Man muss für jedes Feld einzeln seine Traglast berechnen. Die kleinste dieser Traglasten ist die Traglast des gesamten Trägers. Für das Einzelfeld in Bild 6-4b ist das Fließmoment M_{AF} im Gelenk bei A das kleinere der beiden Fließmomente der bei A verbundenen Trägerfelder. Entsprechendes gilt für M_{BF}. Wenn im Feld nur Einzelkräfte angreifen, liegt das innere Gelenk unter einer Einzelkraft. Im Fall mehrerer Einzelkräfte sind entsprechend viele Lagen möglich. Für jede Lage wird auf den entsprechenden Mechanismus das Prinzip der virtuellen Arbeit (2.1.16) angewandt. Es liefert nach dem zweiten Traglastsatz (6.3.2) eine obere Schranke für die Traglast des Feldes.

Beispiel 6-4: Der in Bild 6-4b dick gezeichnete Mechanismus wird virtuell verschoben ($\delta\varphi$, $\delta\psi = \delta\varphi/2$). Das Prinzip der virtuellen Arbeit lautet

$$\begin{aligned} &2F(l/3)\delta\varphi + F(l/3)\delta\psi - M_{AF}\delta\varphi \\ &- M_F(\delta\varphi + \delta\psi) - M_{BF}\delta\psi = 0 \end{aligned}$$

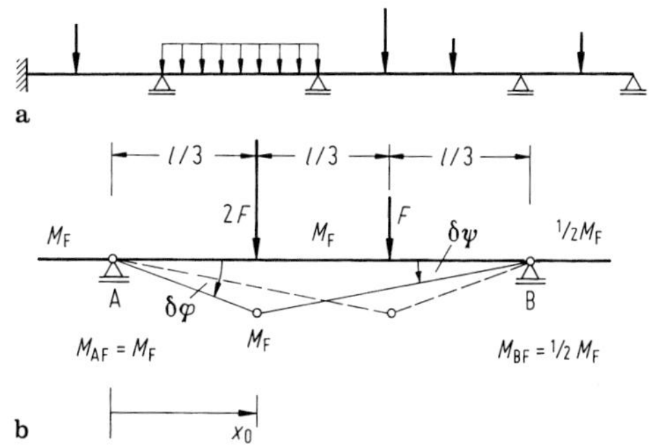

Bild 6-4. a Durchlaufträger mit eingeprägten Kräften, deren Verhältnisse zueinander vorgeschrieben sind, sodass *eine* Traglast angebbar ist. **b** Die einzigen möglichen Fließgelenkmechanismen in einem Trägerfeld mit zwei Einzelkräften

mit der Lösung

$$F = (33/10)M_F/l\,.$$

Der gestrichelt gezeichnete Mechanismus liefert in derselben Weise $F = (15/4)M_F/l$. Die kleinere obere Schranke $(33/10)\ M_F/l$ ist der exakte Wert für die Traglast des Feldes, weil andere Fließgelenklagen nicht möglich sind.

Bei Streckenlasten $q(x)$ – evtl. kombiniert mit Einzellasten – wird die Lage x_0 des Fließgelenks als Unbekannte eingeführt. Mit dem Prinzip der virtuellen Arbeit wird die obere Schranke der Traglast als Funktion von x_0 berechnet. Das Minimum dieser Funktion ist der exakte Wert für die Traglast des Feldes.

Beispiel 6-5: Im Sonderfall $q(x) \equiv q = \text{const}$ auf der ganzen Länge l eines Trägerfeldes ist die obere Schranke der Traglast q_T als Funktion von x_0 (siehe [11])

$$q(x_0) = 2\cdot\frac{M_{AF}(l-x_0)+M_F l+M_{BF}x_0}{l x_0(l-x_0)}\,.$$

$q(x_0)$ nimmt sein Minimum an für

$$x_0 = \begin{cases} l/2 & (M_{BF} = M_{AF})\,, \\ l\left[\left(\dfrac{M_{BF}+M_F}{M_{AF}+M_F}\right)^{1/2} - 1\right]\dfrac{M_{AF}+M_F}{M_{BF}-M_{AF}} & \\ & (M_{BF} \neq M_{AF})\,. \end{cases}$$

Mit diesem x_0 ist $q(x_0)$ die exakte Traglast q_T.
Wenn die exakte Berechnung von x_0 zu aufwändig ist, schätzt man x_0, berechnet dazu die obere Schranke der Traglast (im Folgenden q^* genannt) und berechnet dann den Biegemomentenverlauf und insbesondere das maximale im Feld auftretende Biegemoment $M_{max} \geqq M_F$. Nach dem Hilfssatz in 6.3.2 ist $q^* M_F/M_{max}$ eine untere Schranke für die Traglast.

6.3.4 Traglasten für Rahmen

Für einen Rahmen mit gegebener Belastung kann man die Anzahl m aller möglichen Fließgelenke ohne Rechnung angeben.

Beispiel 6-6: In Bild 6-5 sind nur die $m = 12$ durch Punkte markierten Fließgelenke möglich. Dabei ist noch ungeklärt, welche von ihnen sich tatsächlich ausbilden und wo sich die im Innern von Stabfeldern liegenden ausbilden.

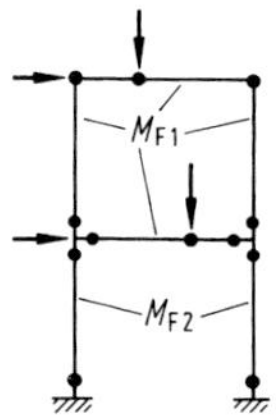

Bild 6-5. Rahmen mit möglichen Fließgelenken (markierte Punkte)

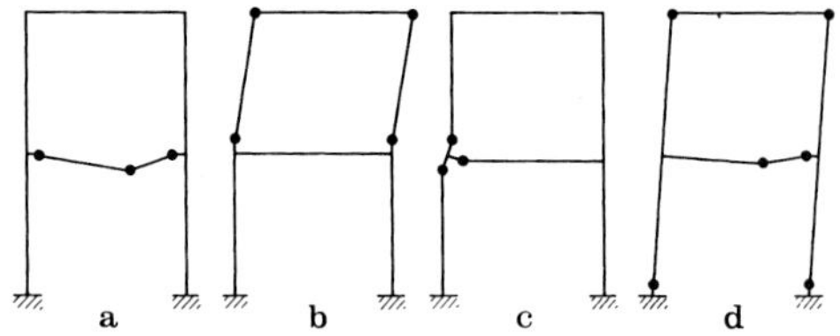

Bild 6-6. a Balkenmechanismus, **b** Rahmenmechanismus, **c** Eckenmechanismus und **d** kombinierter Mechanismus für den Rahmen von Bild 6-5

Bei einem n-fach statisch unbestimmten System mit m möglichen Fließgelenken kann man sämtliche möglichen Ein-Freiheitsgrad-Mechanismen durch Linearkombination von $m - n$ *Elementarmechanismen* erzeugen. Elementarmechanismen sind vom Typ *Balkenmechanismus* (Bild 6-6a), *Rahmenmechanismus* (Bild 6-6b) oder *Eckenmechanismus* (Bild 6-6c). Bild 6-6d zeigt einen kombinierten Ein-Freiheitsgrad-Mechanismus. Für jeden Mechanismus wird mit dem Prinzip der virtuellen Arbeit eine obere Schranke für die Traglast bestimmt. Die kleinste berechnete Schranke ist die genaueste. Einzelheiten des Verfahrens siehe in [10, 11].
Traglasten von Rechteck- und Kreisplatten, von Schalen, rotierenden Scheiben und dickwandigen Behältern bei Innendruck siehe in [10].

6.4 Grundlagen der Bruchmechanik

Die Bruchmechanik geht von dem Vorhandensein von Rissen oder kleinen Fehlern, d. h. von lokalen Trennungen des Materials, in Bauteilen aus. Risse können in der Struktur bereits vorhanden sein (z. B. Material- oder Fertigungsfehler) oder im Verlauf der Betriebs-

belastung erst entstehen (z. B. Ermüdungsrisse, Wärmespannungsrisse).
Risse bewirken

- eine scharfe Kraftflussumlenkung,
- ein lokales singuläres Spannungsfeld,
- eine Verminderung der Tragfähigkeit einer Struktur,
- eine Erhöhung der Bruchgefahr,
- eine Verminderung der Lebensdauer von Bauteilen und Strukturen,
- möglicherweise katastrophale Schäden.

Da ein totales Versagen einer Konstruktion weit unterhalb der Festigkeitsgrenzen des Materials erfolgen kann, ist eine spezielle Betrachtung der Gegebenheiten am Riss von großer Bedeutung.

6.4.1 Spannungsverteilungen an Rissen. Spannungsintensitätsfaktoren

Für die ingenieurmäßige Behandlung von Rissproblemen wird der Riss als mathematischer Schnitt (Kerbe mit dem Radius $\rho = 0$) betrachtet. An der Rissspitze tritt daher eine Singularität bei den Spannungen auf. Mit den Polarkoordinaten r und φ, ausgehend von der Rissspitze, Bild 6-7, lassen sich für alle Risse, bei denen infolge der Bauteilbelastung ein Öffnen des Risses entsteht (Rissbeanspruchungsart I), die Spannungen in der Rissumgebung wie folgt beschreiben:

$$\left.\begin{aligned} \sigma_x &= \frac{K_\mathrm{I}}{\sqrt{2\pi r}} \cos\frac{\varphi}{2}\left(1 - \sin\frac{\varphi}{2}\sin\frac{3\varphi}{2}\right), \\ \sigma_y &= \frac{K_\mathrm{I}}{\sqrt{2\pi r}} \cos\frac{\varphi}{2}\left(1 + \sin\frac{\varphi}{2}\sin\frac{3\varphi}{2}\right), \\ \tau_{xy} &= \frac{K_\mathrm{I}}{\sqrt{2\pi r}} \sin\frac{\varphi}{2}\cos\frac{\varphi}{2}\cos\frac{3\varphi}{2}. \end{aligned}\right\} \quad (6\text{-}10)$$

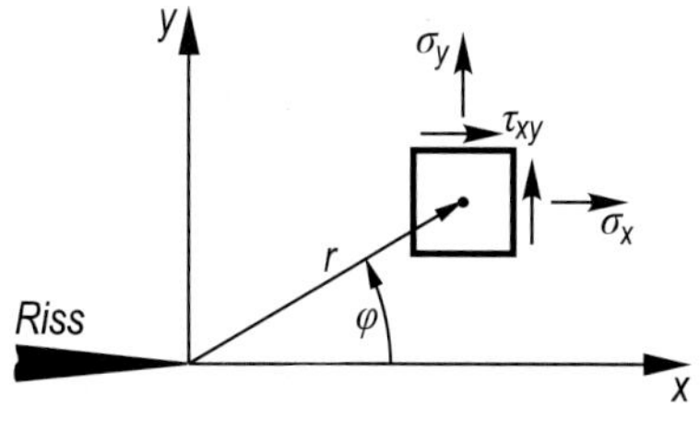

Bild 6-7. Spannungen in der Rissumgebung und Polarkoordinaten vor der Rissspitze

K_I ist hierbei der Spannungsintensitätsfaktor, der sich mit der ins Bauteil eingeleiteten Spannung σ, der Risslänge a und dem Geometriefaktor Y wie folgt errechnen lässt:

$$K_\mathrm{I} = \sigma\sqrt{\pi a}\,Y\,. \quad (6\text{-}11)$$

Der Y-Faktor kann z. B. mit der Formel

$$Y = \frac{K_\mathrm{I}}{\sigma\sqrt{\pi a}} = \frac{1}{1-\frac{a}{d}}\sqrt{\frac{A + B\frac{a}{d-a}}{1 + C\frac{a}{d-a} + D(\frac{a}{d-a})^2}} \quad (6\text{-}12)$$

für verschiedene Geometrie- und Belastungssituationen ermittelt werden. Je nach Rissart folgen die Konstanten A, B, C und D aus Tabelle 6-1.

6.4.2 Bruchmechanische Bewertung der Bruchgefahr

Die Gefährlichkeit eines Risses wird bei Rissbeanspruchungsart I durch den Spannungsintensitätsfaktor K_I definiert. Ein kritischer Zustand, d. h. instabile Rissausbreitung, tritt ein, wenn der Spannungsintensitätsfaktor K_I (siehe 6.4.1) durch Belastungserhöhung oder Risswachstum die Risszähigkeit K_Ic des Materials erreicht. Als Bruchkriterium gilt somit

$$K_\mathrm{I} = K_\mathrm{Ic}\,. \quad (6\text{-}13)$$

Werte für $K_\mathrm{Ic} = K_\mathrm{c}$ sind z. B. in D 9.2.6 und [15] angegeben.
Will man Bruch vermeiden, so muss der Spannungsintensitätsfaktor stets kleiner als die Risszähigkeit sein. Für Risse mit dreidimensionaler Rissbeanspruchung (Überlagerung der Rissbeanspruchungsarten I, II und III, siehe D 9.2.6), gelten andere Gesetzmäßigkeiten, [13–15].

6.4.3 Ermüdungsrissausbreitung

Bei zeitlich veränderlicher Belastung wächst der Riss unter bestimmten Bedingungen stabil. Die Rissgeschwindigkeit $\mathrm{d}a/\mathrm{d}N$, ermittelt aus der Risslänge a und der Lastwechselzahl (Zyklenzahl) N, charakterisiert das Wachstum von Ermüdungsrissen. Bei zyklischer Belastung mit konstanter Amplitude

Tabelle 6-1. Konstanten zur Bestimmung der Geometriefaktoren/Spannungsintensitätsfaktoren von Rissproblemen (siehe (6-12) und [12])

Rissart		Konstanten	Spannung	Gültigkeitsbereich Genauigkeit
Innenriss im ebenen Zugstab	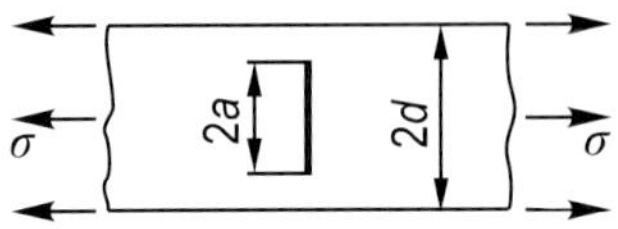	$A=1{,}00$ $B=0{,}45$ $C=2{,}46$ $D=0{,}65$	σ	$0 \le \frac{a}{d} \le 0{,}9$ 1%
Randriss im ebenen Zugstab	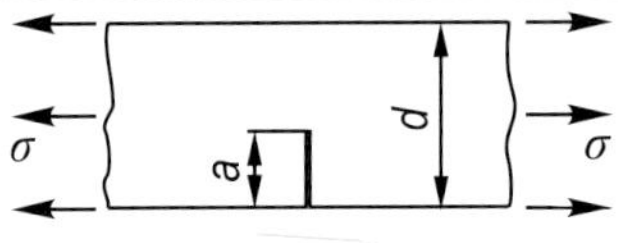	$A=1{,}26$ $B=82{,}7$ $C=76{,}7$ $D=-36{,}2$	σ	$0 \le \frac{a}{d} \le 0{,}5$ 1%
Randriss im ebenen Biegestab	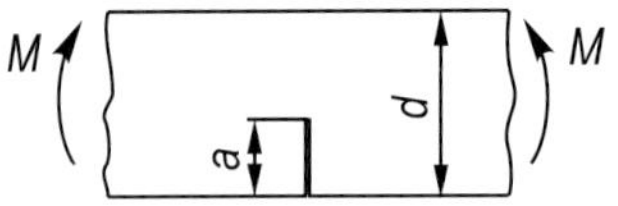	$A=1{,}26$ $B=2{,}04$ $C=6{,}33$ $D=-1{,}37$	$\sigma = \frac{6M}{d^2 t}$	$0 \le \frac{a}{d} \le 0{,}6$ 1%
Kreisförmiger Innenriss im rotationssymmetrischen Zugstab	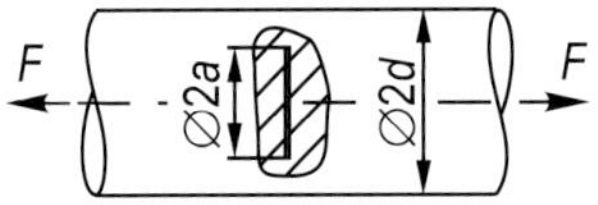	$A=0{,}41$ $B=-0{,}04$ $C=1{,}83$ $D=2{,}66$	$\sigma = \frac{F}{\pi(d^2-a^2)}$	$0 \le \frac{a}{d} \le 0{,}8$ 2%
Kreisförmiger Außenriss im rotationssymmetrischen Zugstab	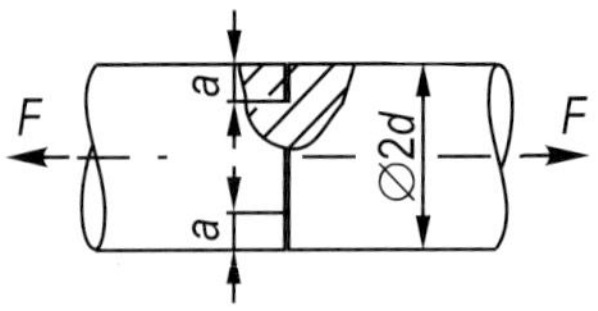	$A=1{,}26$ $B=-0{,}24$ $C=5{,}35$ $D=11{,}6$	$\sigma = \frac{F}{\pi(d-a)^2}$	$0 \le \frac{a}{d} \le 0{,}7$ 1%
Kreisförmiger Außenriss im rotationssymmetrischen Biegestab	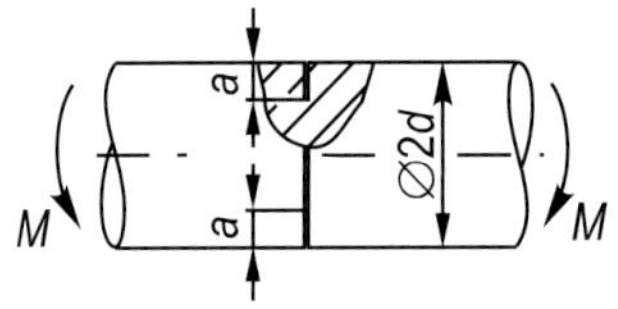	$A=1{,}26$ $B=-0{,}25$ $C=6{,}21$ $D=21{,}1$	$\sigma = \frac{4M}{\pi(d-a)^3}$	$0 \le \frac{a}{d} \le 0{,}7$ 2%
Halbelliptischer Oberflächenriss im Zugstab	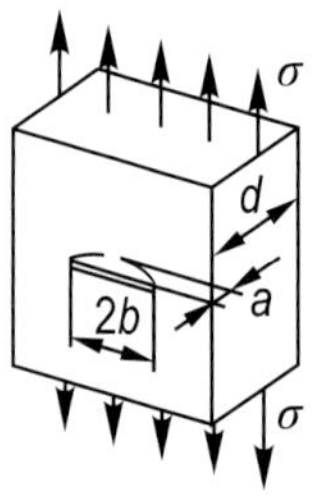	<u>$a/b=0{,}4$:</u> $A=0{,}94$ $B=-0{,}34$ $C=1{,}51$ $D=-0{,}65$ <u>$a/b=1{,}0$:</u> $A=0{,}47$ $B=0{,}00$ $C=2{,}00$ $D=1{,}00$	σ	$0 \le \frac{a}{d} \le 0{,}7$ 2%

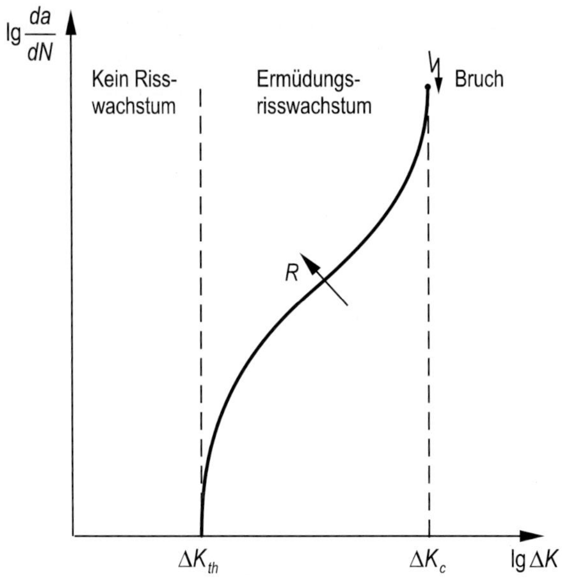

Bild 6-8. Rissgeschwindigkeit da/dN in Abhängigkeit vom zyklischen Spannungsintensitätsfaktor ΔK

hängt die Rissgeschwindigkeit insbesondere vom zyklischen Spannungsintensitätsfaktor

$$\Delta K = \Delta\sigma \sqrt{\pi a}\, Y \qquad (6\text{-}14)$$

und vom Verhältnis

$$R = \frac{\sigma_{\text{min}}}{\sigma_{\text{max}}} = \frac{K_{\text{min}}}{K_{\text{max}}} \qquad (6\text{-}15)$$

ab, siehe Bild 6-8. Der Zusammenhang kann z. B. durch die Formel

$$\frac{da}{dN} = \frac{C(\Delta K - \Delta K_{\text{th}})^m}{(1-R)K_c - \Delta K} \qquad (6\text{-}16)$$

nach Erdogan und Ratwani von [16] beschrieben werden. In Bild 6-8 und in (6-16) stellen ΔK_{th} den Schwellenwert gegen Ermüdungsrissausbreitung, $\Delta K_c = (1-R)K_c$ die zyklische Spannungsintensität, bei der instabile Rissausbreitung einsetzt, und C und m Materialparameter dar.

Kennt man die Rissgeschwindigkeitskurve eines Materials, so kann man die Gefährlichkeit des Ermüdungsrisses und die Restlebensdauer des Bauteils abschätzen sowie auf diese Weise Inspektionsintervalle festlegen.

Das Ermüdungsrisswachstum bei beliebiger zyklischer Belastung (Betriebsbelastung) erfolgt unter anderen Gesetzmäßigkeiten. Näheres siehe z. B. in [17, 18].

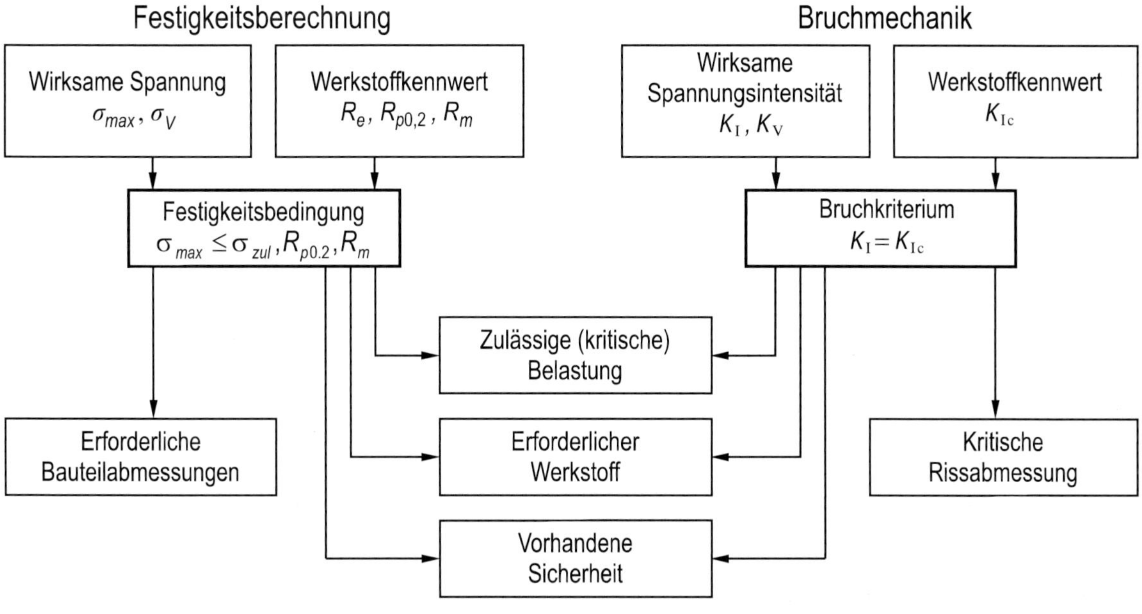

Bild 6-9. Zusammenwirken von Festigkeitsberechnung und Bruchmechanik bei statischer Belastung

6.5 Zusammenwirken von Festigkeitsberechnung und Bruchmechanik

Um Brüche von Bauteilen und Strukturen sicher zu vermeiden, sind die Konzepte der Festigkeitsberechnung und der Bruchmechanik in Kombination anzuwenden, Bild 6-9. Sowohl mit der Festigkeitsberechnung als auch mit der Bruchmechanik erhält man Aussagen über die zulässige oder kritische Belastung, den erforderlichen Werkstoff und die vorhandene Sicherheit gegen das Bauteilversagen, wobei der jeweils ungünstigere Wert ausschlaggebend ist. Mit der Festigkeitsberechnung lassen sich zudem die erforderlichen Bauteilabmessungen ermitteln und mit der Bruchmechanik die kritischen Rissabmessungen bestimmen.

Bei zyklischer Belastung ist ebenfalls ein Zusammenwirken von Festigkeitsberechnung und Bruchmechanik sinnvoll. Hierbei werden die zulässige zyklische Belastung, der erforderliche Werkstoff und die Sicherheit gegen Ermüdungsbruch durch beide Konzepte bestimmt, die Ermittlung der Risswachstumslebensdauer und der erforderlichen Inspektionsintervalle erfolgt über bruchmechanische Konzepte.

Strömungsmechanik

J. Zierep, K. Bühler

7 Einführung in die Strömungsmechanik

7.1 Eigenschaften von Fluiden

Strömungsvorgänge werden allgemein durch die Geschwindigkeit $w = (u, v, w)$, Druck p, Dichte ϱ und Temperatur T als Funktion von (x, y, z, t) beschrieben. Die Bestimmung dieser Größen geschieht mit den Erhaltungssätzen für Masse, Impuls und Energie sowie mit einer Zustandsgleichung für den thermodynamischen Zusammenhang zwischen p, ϱ und T des Strömungsmediums (Fluids). Vier ausgezeichnete Zustandsänderungen sind in Bild 7-1 dargestellt. Welche Zustandsänderung eintritt, hängt von den Stoffeigenschaften und dem Verlauf der Strömung ab.

Dichte

Bei Gasen ist die Dichte $\varrho = \varrho(p, T)$ von Druck und Temperatur abhängig. Für ideale Gase gilt die thermische Zustandsgleichung $p = \varrho R_i T$, wobei R_i die *spezielle Gaskonstante* des Stoffes i ist. Sind p_0, ϱ_0, T_0 als Bezugswerte bekannt, so gilt der Zusammenhang

$$\frac{\varrho}{\varrho_0} = \frac{p}{p_0} \cdot \frac{T_0}{T} \,. \qquad (7\text{-}1)$$

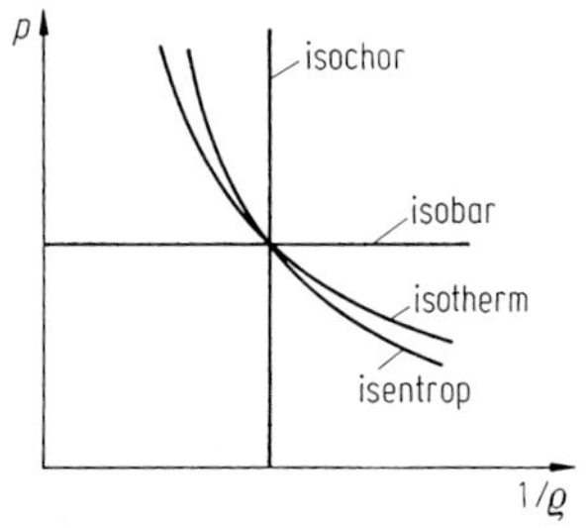

Bild 7-1. Thermodynamische Zustandsänderungen in der $(p, 1/\varrho)$-Ebene

Die Dichte ändert sich bei Gasen also proportional zum Druck und umgekehrt proportional zur Temperatur.

Für Luft gelten die Werte $p_0 = 1$ bar, $T_0 = 273{,}16$ K, $\varrho_0 = 1{,}275\,\mathrm{kg/m^3}$. Für die Abhängigkeit von der Strömungsgeschwindigkeit folgt aus der Beziehung (9-31) der Zusammenhang

$$\frac{\Delta\varrho}{\varrho} \approx \frac{M^2}{2} \,. \qquad (7\text{-}2)$$

Die Mach-Zahl $M = w/a$ ist der Quotient aus Strömungs- und Schallgeschwindigkeit eines Mediums. Nach der Beziehung (9-8) ergibt sich die Schallgeschwindigkeit in Luft zu $a = 347$ m/s bei $T = 300$ K. Damit folgt die relative Dichteänderung

$\Delta\varrho/\varrho \leqq 0{,}01$ für $M \leqq 0{,}14$ und $w \leqq 49\,\text{m/s}$. Bei geringen Geschwindigkeiten können deshalb Strömungsvorgänge in Gasen als inkompressibel betrachtet werden. Bei Flüssigkeiten ist die Dichte nur wenig von der Temperatur abhängig und der Druckeinfluss ist vernachlässigbar klein. Es gilt damit

$$\frac{\varrho}{\varrho_0} \approx \text{const}\,. \qquad (7\text{-}3)$$

Flüssigkeiten sind damit als inkompressibel zu betrachten. Inkompressible Strömungsvorgänge entsprechen in Bild 7-1 einer isochoren Zustandsänderung. In der Tabelle 7-1 sind Zahlenwerte für die Dichte von Luft und Wasser für verschiedene Temperaturen zusammengestellt [1, 2].

Viskosität

Flüssigkeiten und Gase haben die Eigenschaft, dass bei Formänderungen durch Verschieben von Fluidelementen ein Widerstand zu überwinden ist. Die Reibungskraft durch die Schubspannungen zwischen den Fluidelementen ist nach Newton direkt proportional dem Geschwindigkeitsgradienten. Für die in Bild 7-2 dargestellte ebene laminare Scherströmung ergibt sich mit der auf die Fläche A bezogenen Kraft F die Schubspannung

$$\tau = \frac{F}{A} = \eta\frac{\mathrm{d}u}{\mathrm{d}y} = \eta\frac{U}{h}\,. \qquad (7\text{-}4)$$

Der Proportionalitätsfaktor wird als *dynamische Viskosität* η bezeichnet. η ist stark von der Temperatur abhängig, während der Druckeinfluss vernachlässigbar gering ist, d. h., $\eta(T, p) \approx \eta(T)$. Als abgeleitete

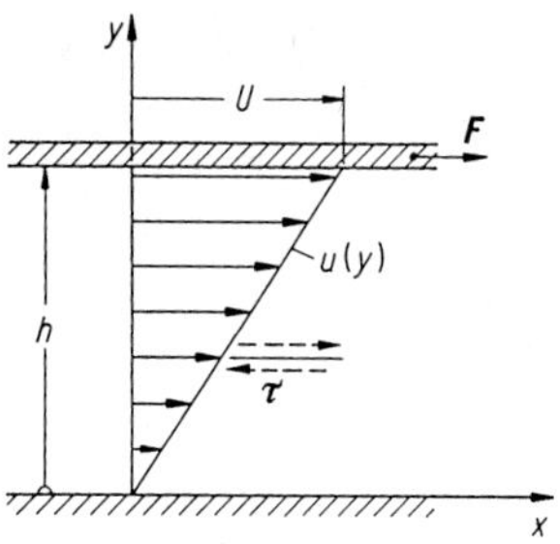

Bild 7-2. Scherströmung im ebenen Spalt

Stoffgröße ergibt sich die *kinematische Viskosität*

$$\nu = \frac{\eta}{\varrho}\,. \qquad (7\text{-}5)$$

Bei Gasen steigt die Viskosität mit der Temperatur an, während bei Flüssigkeiten die Viskosität mit steigender Temperatur abnimmt. Für diese Abhängigkeiten gelten formelmäßige Zusammenhänge [1]. Für Gase gilt die Beziehung:

$$\frac{\eta}{\eta_0} = \frac{T_0 + T_S}{T + T_S}\left(\frac{T}{T_0}\right)^{3/2} \approx \left(\frac{T}{T_0}\right)^{\omega}\,. \qquad (7\text{-}6)$$

Die Bezugswerte für Luft bei $p_0 = 1$ bar sind $T_0 = 273{,}16$ K, $\eta_0 = 17{,}10\,\mu\text{Pa}\cdot\text{s}$, und $T_S = 122$ K ist die Sutherland-Konstante. Für Flüssigkeiten gilt im Bereich $0 < \vartheta < 100\,°\text{C}$ die Beziehung

$$\frac{\eta}{\eta_0} = \exp\left(\frac{T_A}{T + T_B} - \frac{T_A}{T_B + T_0}\right)\,. \qquad (7\text{-}7)$$

Für Wasser gelten die Konstanten $T_A = 506$ K, $T_B = -150$ K und beim Druck $p_0 = 1$ bar die Bezugswerte $T_0 = 273{,}16$ K und $\eta_0 = 1{,}793\,\text{mPa}\cdot\text{s}$.

Tabelle 7-1. Stoffdaten für Luft und Wasser als Funktion der Temperatur beim Bezugsdruck $p_0 = 1$ bar [1, 2]

Luft:									
ϑ in °C	−20	0	20	40	60	80	100	200	500
ϱ in kg/m³	1,376	1,275	1,188	1,112	1,045	0,986	0,933	0,736	0,451
η in μPa · s	16,07	17,10	18,10	19,06	20,00	20,91	21,79	25,88	35,95
ν in mm²/s	11,68	13,41	15,23	17,14	19,13	21,20	23,35	35,16	79,80

Wasser:							
ϑ in °C	0	10	20	40	60	80	90
ϱ in kg/m³	999,8	999,8	998,4	992,3	983,1	971,5	965,0
η in mPa · s	1,793	1,317	1,010	0,655	0,467	0,356	0,316
ν in mm²/s	1,793	1,317	1,012	0,660	0,475	0,366	0,328

In Tabelle 7-1 sind für Luft und Wasser Zahlenwerte für ϱ, η und ν in Abhängigkeit von der Temperatur ϑ zusammengestellt.

Für andere Medien sind Daten der Stoffeigenschaften einschlägigen Tabellenwerken [3, 4] zu entnehmen.

Die Verallgemeinerung des nach Newton benannten Ansatzes (7-4) auf mehrdimensionale Strömungen führt zum allgemeinen Spannungstensor [5].

7.2 Newton'sche und nichtnewton'sche Medien

Newton'sche Medien sind dadurch ausgezeichnet, dass die Viskosität unabhängig von der Schergeschwindigkeit ist. In Bild 7-3 ist dieses Verhalten durch einen linearen Zusammenhang zwischen der Schubspannung τ und der Schergeschwindigkeit $D = \mathrm{d}u/\mathrm{d}y$ gekennzeichnet. Bei nichtnewton'schen Medien besteht dagegen ein nichtlinearer Zusammenhang zwischen der Schubspannung und der Schergeschwindigkeit. Die dynamische Viskosität η ist dann von der Schergeschwindigkeit D abhängig. Der Zusammenhang $\eta(D)$ wird als Fließkurve bezeichnet. Steigt die Viskosität mit der Schergeschwindigkeit an, so wird das Verhalten als *dilatant* bezeichnet, während ein Abfall der Viskosität als *pseudoplastisches Verhalten* bezeichnet wird. Ändert sich bei einer konstanten Scherbeanspruchung die Viskosität mit der Zeit, dann wird das Verhalten mit steigender Viskosität als *rheopex* und bei abfallender Viskosität als *thixotrop* bezeichnet. Das Strömungsverhalten nichtnewton'scher Medien ist in [6, 7] umfassend dargestellt. Die rheologischen Begriffe sind in [8] definiert.

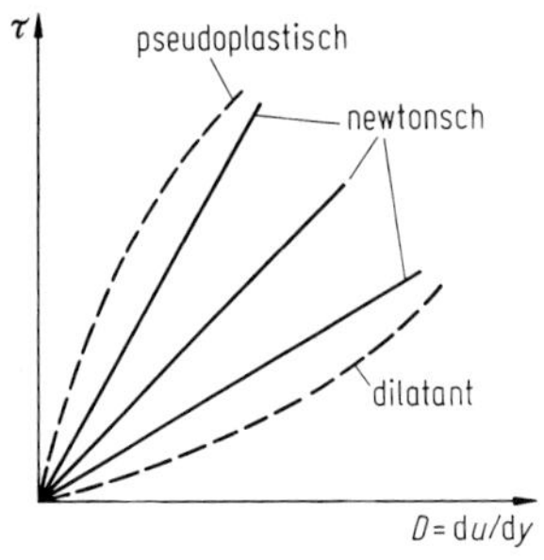

Bild 7-3. Schubspannung als Funktion der Schergeschwindigkeit

7.3 Hydrostatik und Aerostatik

Das Verhalten der Zustandsgrößen im Ruhezustand ist der Gegenstand der Hydrostatik und der Aerostatik. Der Druck p ist eine skalare Größe. In Kraftfeldern gilt für die Druckverteilung die hydrostatische Grundgleichung [9]

$$\operatorname{grad} p = \varrho \boldsymbol{f} \tag{7-8}$$

mit $\partial p/\partial x = \varrho f_x, \partial p/\partial y = \varrho f_y$ und $\partial p/\partial z = \varrho f_z$. Die Änderung des Druckes ist damit gleich der angreifenden Massenkraft.

Hydrostatische Druckverteilung im Schwerefeld. Es wirkt die Massenkraft $\boldsymbol{f} = (0, 0, -g)$. Die Integration der hydrostatischen Grundgleichung $\mathrm{d}p/\mathrm{d}z = -\varrho g$ liefert für Medien mit konstanter Dichte eine lineare Abhängigkeit für den Druckverlauf:

$$p(z) = p_1 - \varrho g z\,. \tag{7-9}$$

Der Druck nimmt ausgehend von p_1 bei $z = 0$ linear mit zunehmender Höhe z ab.

Archimedisches Prinzip. Ein im Schwerefeld in Flüssigkeit eingetauchter Körper erfährt einen Auftrieb, der gleich dem Gewicht der verdrängten Flüssigkeit ist.

Druckverteilung in geschichteten Medien. Ändert sich die Dichte $\varrho(z)$ mit der Höhe, so lautet für ein ideales Gas mit $p/\varrho = R_i T$ die Bestimmungsgleichung (7-8) für den Druck:

$$\frac{\mathrm{d}p}{p} = -\frac{g}{R_i} \cdot \frac{\mathrm{d}z}{T}\,. \tag{7-10}$$

Für eine isotherme Gasschicht $T = T_0 = \text{const}$ folgen mit den Anfangswerten $p(z = 0) = p_0, \varrho(z = 0) = \varrho_0$ die Druck- und Dichteverteilungen zu

$$p(z) = p_0 \exp\left(-\frac{g}{R_i T_0} z\right) \tag{7-11}$$

$$\varrho(z) = \varrho_0 \exp\left(-\frac{g}{R_i T_0} z\right) \tag{7-12}$$

In einer isothermen Atmosphäre nehmen Druck und Dichte mit zunehmender Höhe exponentiell ab. Bild 7-4 zeigt den Druckverlauf als Funktion der Höhe z für ein inkompressibles Medium und für ein kompressibles Medium mit veränderlicher Dichte $\varrho(z)$ bei isothermer Atmosphäre.

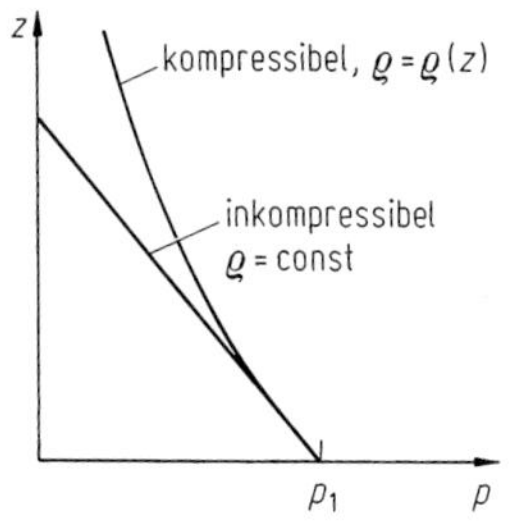

Bild 7-4. Druckverlauf in inkompressiblen und kompressiblen Medien

7.4 Gliederung der Darstellung: Nach Viskositäts- und Kompressibilitätseinflüssen

Die in der Realität auftretenden Strömungserscheinungen sind sehr vielfältig. Verschiedenartige physikalische Effekte erfordern unterschiedliche Beschreibungs- und Berechnungsmethoden. Wir betrachten hier zunächst Strömungen inkompressibler Medien mit und ohne Reibung (Kapitel 8), sodann untersuchen wir den Einfluss der Kompressibilität bei reibungsfreien Strömungen (Kapitel 9). In Kapitel 10 werden schließlich Vorgänge behandelt, bei denen Reibungs- und Kompressibilitätseffekte gleichzeitig bedeutsam sind. Begonnen wird jeweils mit eindimensionalen Modellen, die dann auf mehrere Dimensionen erweitert werden.

8 Hydrodynamik: Inkompressible Strömungen mit und ohne Viskositätseinfluss

8.1 Eindimensionale reibungsfreie Strömungen

8.1.1 Grundbegriffe

Man unterscheidet zwei Möglichkeiten zur Beschreibung von Stromfeldern. Mit der *teilchen- oder massenfesten Betrachtung* nach Lagrange folgen die Geschwindigkeit $\boldsymbol{w}$ und Beschleunigung $\boldsymbol{a}$ aus der substantiellen Ableitung des Ortsvektors $\boldsymbol{r}$ nach der Zeit t:

$$\frac{\mathrm{d}\boldsymbol{r}}{\mathrm{d}t} = \boldsymbol{w}, \quad \frac{\mathrm{d}^2\boldsymbol{r}}{\mathrm{d}t^2} = \frac{\mathrm{d}\boldsymbol{w}}{\mathrm{d}t} = \boldsymbol{a}\,. \tag{8-1}$$

Nach der *Euler'schen Methode* wird die Änderung der Strömungsgrößen an einem festen Ort betrachtet. Die *zeitliche Änderung* des Teilchenzustandes $f(x, y, z, t)$ ergibt sich zu

$$\frac{\mathrm{d}f}{\mathrm{d}t} = \frac{\partial f}{\partial t} + \boldsymbol{w} \cdot \operatorname{grad} f\,. \tag{8-2}$$

Die *substantielle Änderung* setzt sich aus dem lokalen und dem konvektiven Anteil zusammen.

Teilchenbahnen werden von den Fluidteilchen durchlaufen. Für bekannte Geschwindigkeitsfelder $\boldsymbol{w}$ folgen die Teilchenbahnen aus (8-1) durch Integration. *Stromlinien* sind Kurven, die in jedem festen Zeitpunkt auf das Geschwindigkeitsfeld passen. Die Differenzialgleichungen der Stromlinien lauten

$$\begin{aligned} &\mathrm{d}x : \mathrm{d}y : \mathrm{d}z \\ &= u(x, y, z, t) : v(x, y, z, t) : w(x, y, z, t)\,. \end{aligned} \tag{8-3}$$

Bei *stationären Strömungen* ist die lokale Beschleunigung null. Das Strömungsfeld ändert sich nur mit dem Ort, nicht jedoch mit der Zeit. Stromlinien und Teilchenbahnen sind dann identisch.

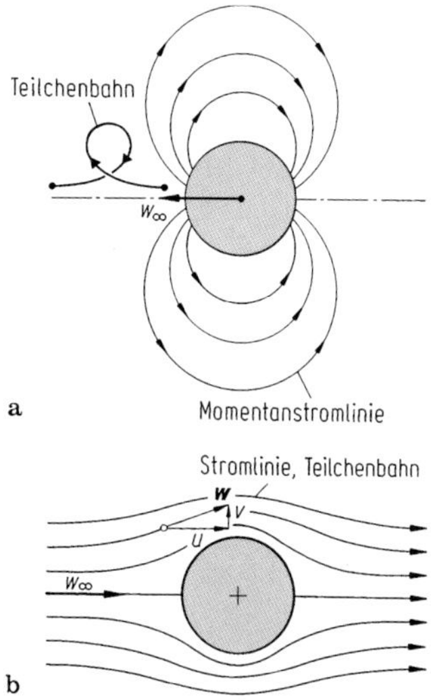

Bild 8-1. Zylinderumströmung. **a** Bewegter Zylinder: instationäre Strömung; **b** ruhender Zylinder: stationäre Strömung

Bei *instationären Strömungen* ändert sich das Strömungsfeld mit dem Ort und der Zeit. Stromlinien und Teilchenbahnen sind im Allgemeinen verschieden. Durch die Wahl eines geeigneten Bezugssystems können instationäre Strömungen oft in stationäre Strömungen überführt werden. Zum Beispiel ist die Strömung eines in ruhender Umgebung bewegten Körpers in Bild 8-1a instationär. Wird dagegen der Körper festgehalten und mit konstanter Geschwindigkeit angeströmt, dann ist die Umströmung in Bild 8-1b stationär.

8.1.2 Grundgleichungen der Stromfadentheorie

Ausgehend von der zentralen Stromlinie 1 → 2 in Bild 8-2 hüllen die Stromlinien durch den Rand der Flächen A_1 und A_2 eine Stromröhre ein. Ein Stromfaden ergibt sich aus der Umgebung einer Stromlinie, für die die Änderungen aller Zustandsgrößen quer zum Stromfaden sehr viel kleiner sind als in Längsrichtung. Die Zustandsgrößen sind dann nur eine Funktion der Bogenlänge s und der Zeit t [1].

Kontinuitätsgleichung. Der Massenstrom durch den von Stromlinien begrenzten Stromfaden in Bild 8-2 ist bei stationärer Strömung konstant.

$$\dot{m} = \varrho \dot{V} = \varrho_1 w_1 A_1 = \varrho_2 w_2 A_2 = \text{const} . \quad (8\text{-}4)$$

Für inkompressible Medien (ϱ = const) folgt hieraus die Konstanz des Volumenstromes $\dot{V}$.

Bewegungsgleichung. Mit dem Newton'schen Grundgesetz folgt aus dem Kräftegleichgewicht in Stromfadenrichtung s nach Bild 8-3 die *Euler'sche Differenzialgleichung*

$$\frac{\mathrm{d}w}{\mathrm{d}t} = \frac{\partial w}{\partial t} + w\frac{\partial w}{\partial s} = -\frac{1}{\varrho} \cdot \frac{\partial p}{\partial s} - g\frac{\partial z}{\partial s} . \quad (8\text{-}5)$$

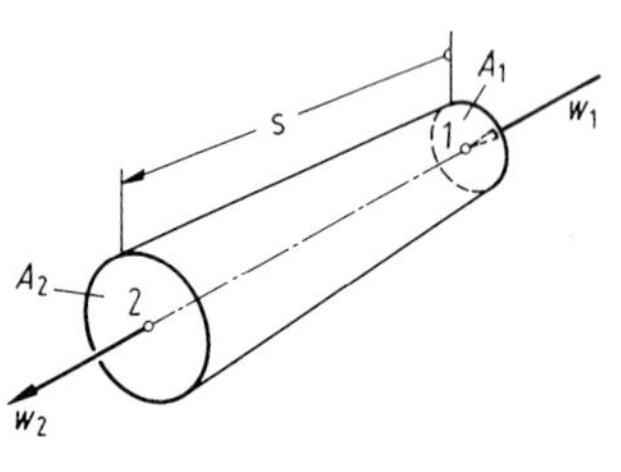

Bild 8-2. Stromfadendefinition

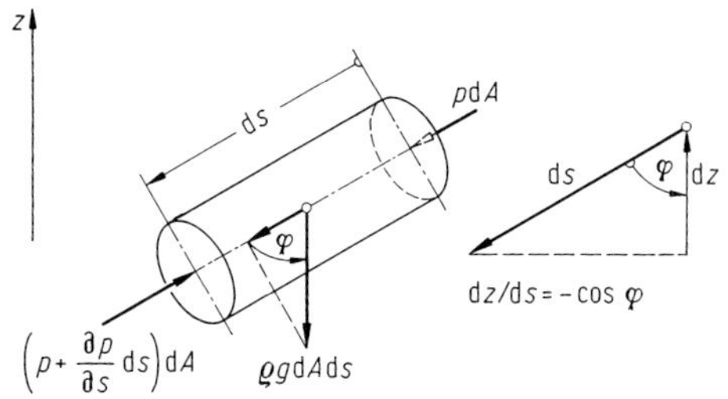

Bild 8-3. Kräftegleichgewicht in Stromfadenrichtung

Die Integration längs des Stromfadens 1 → 2 ergibt für inkompressible Strömungen die *Bernoulli-Gleichung*

$$\int_1^2 \frac{\partial w}{\partial t}\mathrm{d}s + \frac{w_2^2 - w_1^2}{2} + \frac{p_2 - p_1}{\varrho} + g(z_2 - z_1) = 0 . \quad (8\text{-}6)$$

Das Integral ist für instationäre Strömungen bei festem t längs des Stromfadens 1 → 2 auszuführen. Ändert sich die Geschwindigkeit mit der Zeit nicht, so ist $\partial w/\partial t = 0$, und es folgt aus (8-6) die *Bernoulli-Gleichung für stationäre Strömungen*:

$$\frac{w^2}{2} + \frac{p}{\varrho} + gz = \text{const} . \quad (8\text{-}7)$$

Bei stationärer Strömung entlang einem gekrümmten Stromfaden folgt für das Kräftegleichgewicht normal zur Strömungsrichtung s in Bild 8-4:

$$\frac{\mathrm{d}w_\mathrm{n}}{\mathrm{d}t} = -\frac{w^2}{r} = -\frac{1}{\varrho} \cdot \frac{\partial p}{\partial n} - g\frac{\partial z}{\partial n} . \quad (8\text{-}8)$$

Hierbei ist r der lokale Krümmungsradius in Normalrichtung $\boldsymbol{n}$. Erfolgt die Bewegung in konstanter Höhe z, so folgt aus (8-8) das Gleichgewicht zwischen Fliehkraft und Druckkraft. Hierbei steigt der Druck in radialer Richtung an.

Energiesatz. Wir betrachten ein reibungsbehaftetes Fluid im Kontrollraum zwischen den Querschnitten A_1 und A_2 des Stromfadens nach Bild 8-2. Die Energiebilanz bezogen auf den Massenstrom $\dot{m}$ lautet für das stationär durchströmte System [2]:

$$h_1 + \frac{1}{2}w_1^2 + gz_1 + q_{12} + a_{12} = h_2 + \frac{1}{2}w_2^2 + gz_2 . \quad (8\text{-}9)$$

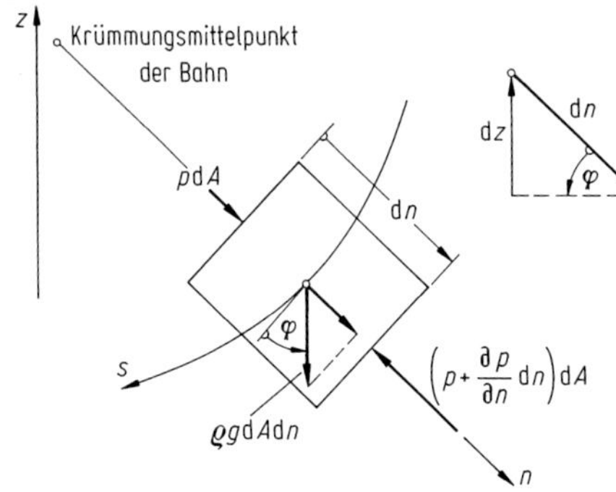

Bild 8-4. Kräftegleichgewicht senkrecht zum Stromfaden

Hierbei ist $h = e + p/\varrho$ die spezifische Enthalpie, q_{12} die spezifische zugeführte Wärmeleistung und a_{12} die durch Reibung und mechanische Arbeit dem System von außen zugeführte spezifische Leistung. Für Arbeitsmaschinen (Pumpen) ist $a_{12} > 0$ und für Kraftmaschinen (Turbinen) ist $a_{12} < 0$ definiert. Im Fall verschwindender Energiezufuhr über den Kontrollraum ist $q_{12} = 0$ und $a_{12} = 0$. Die innere Energie e ändert sich dann nur durch den irreversiblen Übergang von mechanischer Energie in innere Energie. Diese Dissipation bewirkt zugleich eine Temperaturerhöhung und kann als zusätzlicher Druckabfall (Druckverlust) interpretiert werden. Mit $\varrho(e_2 - e_1) = \varrho c_v(T_2 - T_1) = \Delta p_v$, wobei für inkompressible Medien $c_v = c_p = c$ ist, lautet dann die Energiebilanz (8-9):

$$\frac{p_1}{\varrho} + \frac{w_1^2}{2} + gz_1 = \frac{p_2}{\varrho} + \frac{w_2^2}{2} + gz_2 + \frac{\Delta p_\text{v}}{\varrho} . \qquad (8\text{-}10)$$

Für den Sonderfall reibungsfreier Strömungen ist $\Delta p_\text{v} = 0$ und die Energiebilanz unter den entsprechenden Voraussetzungen identisch mit der Bernoulli-Gleichung.

8.1.3 Anwendungsbeispiele

Bewegung auf konzentrischen Bahnen (Wirbel)

Die Bewegung verläuft nach Bild 8-5 mit kreisförmigen Stromlinien in der horizontalen Ebene. Bei rotationssymmetrischer Strömung sind Geschwindigkeit w und Druck p nur vom Radius r abhängig. Aus den Kräftebilanzen (8-7) und (8-8) folgen die Bestimmungsgleichungen

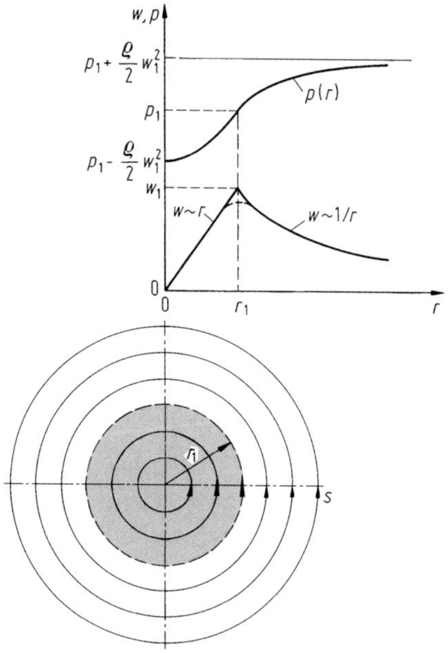

Bild 8-5. Bewegung auf Kreisbahnen (Stromlinien s), Geschwindigkeits- und Druckverteilung

$$\frac{w^2}{2} + \frac{p}{\varrho} = \text{const} , \qquad (8\text{-}11)$$

$$\frac{w^2}{r} = \frac{1}{\varrho} \cdot \frac{\mathrm{d}p}{\mathrm{d}r} . \qquad (8\text{-}12)$$

Ist die Konstante in (8-11) für jede Stromlinie gleich, so liegt eine *isoenergetische Strömung* vor. Damit verknüpft die Bernoulli-Gleichung auch die Zustände der Stromlinien mit verschiedenen Radien. Mit der Vorgabe der Strömungszustände w_1 und p_1 auf dem Radius r_1 folgt aus (8-11) und (8-12) für die Geschwindigkeits- und Druckverteilung:

$$w(r) = \frac{w_1 r_1}{r} ,$$
$$p(r) = p_1 + \frac{\varrho}{2} w_1^2 \left(1 - \frac{r_1^2}{r^2}\right) . \qquad (8\text{-}13)$$

Diese Bewegung mit der hyperbolischen Geschwindigkeitsverteilung wird als *Potenzialwirbel* bezeichnet. Druck und Geschwindigkeit variieren entgegengesetzt, was das Kennzeichen einer isoenergetischen Strömung ist. Um ein unbegrenztes Anwachsen der Geschwindigkeit zu vermeiden, beschränken wir die Lösung (13) auf den Bereich $r \geqq r_1$.

Im Bereich $r \leqq r_1$ rotiert das Medium stattdessen wie ein starrer Körper. Die Geschwindigkeitsverteilung und die dazugehörige Druckverteilung aus (8-12) ergeben sich mit der Winkelgeschwindigkeit $\omega = \text{const}$ zu

$$w(r) = \omega r = \frac{w_1}{r_1} r \,,$$
$$p(r) = p_1 + \frac{\varrho}{2} w_1^2 \left(\frac{r^2}{r_1^2} - 1 \right) . \tag{8-14}$$

Bei dieser Starrkörperrotation variieren Geschwindigkeit und Druck gleichsinnig. In Bild 8-5 ist die Geschwindigkeitsverteilung und die dazugehörige Druckverteilung für den Starrkörperwirbel im Bereich $r \leqq r_1$ und für den Potenzialwirbel im Bereich $r \geqq r_1$ dargestellt. Im Wirbelzentrum bei $r = 0$ kann ein erheblicher Unterdruck auftreten.

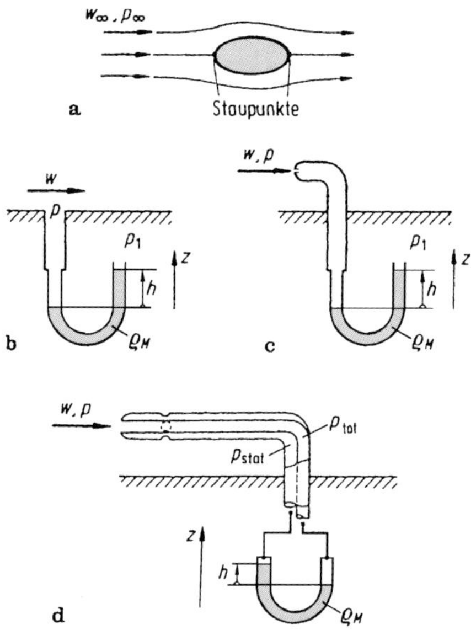

Bild 8-6. Druckmessung. **a** Körperumströmung, **b** Wandanbohrung, **c** Pitotrohr, **d** Prandtl'sches Staurohr

Druckbegriffe und Druckmessung

Aus der Bernoulli-Gleichung (8-7) folgen die Druckbegriffe

$$p = p_{\text{stat}} \qquad \text{statischer Druck}\,,$$
$$\frac{1}{2}\varrho w^2 = p_{\text{dyn}} \quad \text{dynamischer Druck}\,.$$

Bei der Umströmung des Körpers in Bild 8-6a ohne Fallbeschleunigung gilt längs der Staustromlinie

$$p_\infty + \frac{1}{2}\varrho w_\infty^2 = p + \frac{1}{2}\varrho w^2 = p_0 \,. \tag{8-15}$$

Der Druck p_0 im Staupunkt wird als *Ruhedruck* oder *Gesamtdruck* bezeichnet, womit der Zusammenhang $p_{\text{stat}} + p_{\text{dyn}} = p_{\text{tot}}$ gültig ist.
Die Messung des statischen Druckes p kann mit einer Wandanbohrung senkrecht zur Strömungsrichtung nach Bild 8-6b erfolgen. Aus der Steighöhe im Manometer folgt mit dem Außendruck p_1 der statische Druck $p = p_1 + \varrho_M g h$ unter der Voraussetzung, dass die Dichte ϱ des Strömungsmediums sehr viel kleiner als die Dichte ϱ_M der Messflüssigkeit ist. Mit dem Pitotrohr (Bild 8-6c) wird durch den Aufstau der Strömung der Gesamt- oder Ruhedruck $p_0 = p_1 + \varrho_M g h$ gemessen. Der dynamische Druck p_{dyn} lässt sich aus der Differenz zwischen dem Gesamtdruck und dem statischen Druck mit dem *Prandtl'schen Staurohr* (Bild 8-6d) ermitteln. Aus der Messung von $p_{\text{dyn}} = p_{\text{tot}} - p_{\text{stat}} = \varrho_M g h$ folgt die *Strömungsgeschwindigkeit*

$$w = \sqrt{2 p_{\text{dyn}} / \varrho} \,.$$

Venturirohr

Mit dem Venturirohr nach Bild 8-7 lassen sich Strömungsgeschwindigkeiten und Volumenströme in Rohrleitungen bestimmen. Aus der Kontinuitätsgleichung (8-4) und der Bernoulli-Gleichung (8-7) folgen die Beziehungen

$$\dot V = \frac{\dot m}{\varrho} = w_1 A_1 = w_2 A_2 \,,$$
$$\frac{w_1^2}{2} + \frac{p_1}{\varrho} = \frac{w_2^2}{2} + \frac{p_2}{\varrho} \,.$$

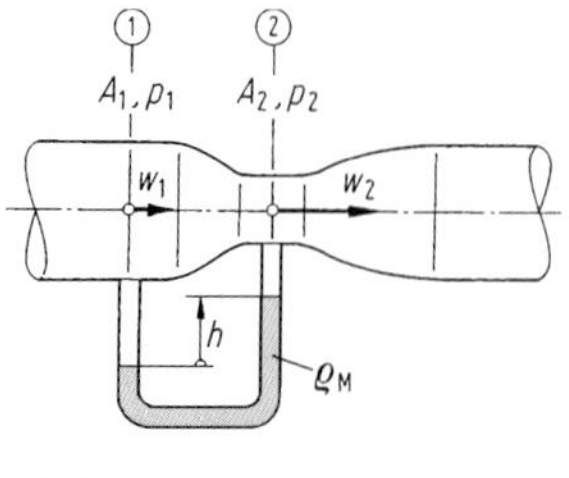

Bild 8-7. Venturirohr

Die Geschwindigkeit im Querschnitt ② folgt hieraus zu

$$w_2 = \frac{1}{\sqrt{1-\left(\frac{A_2}{A_1}\right)^2}}\sqrt{\frac{2}{\varrho}(p_1-p_2)}$$
$$= \alpha\sqrt{\frac{2}{\varrho}(p_1-p_2)}\,. \qquad (8\text{-}16)$$

Aus der Hydrostatik ergibt sich die Druckdifferenz $p_1 - p_2 = \varrho_M gh$ unter der Voraussetzung $\varrho \ll \varrho_M$. Die Konstante α ist hier nur vom Flächenverhältnis A_2/A_1 abhängig. Bei realen Fluiden wird neben dem Flächenverhältnis auch der Reibungseinfluss durch diese als *Durchflusszahl* α bezeichnete Größe berücksichtigt. Experimentell ermittelte Werte von α sind für genormte Düsen in [3] enthalten.

Ausströmen aus einem Gefäß

Wir betrachten den Ausfluss einer Flüssigkeit der Dichte ϱ aus dem Behälter in Bild 8-8 im Schwerefeld. Die Bernoulli-Gleichung (8-7) lautet für den Stromfaden von der Flüssigkeitsoberfläche ① bis zum Austritt ②:

$$\frac{w_1^2}{2} + \frac{p_1}{\varrho} + gz_1 = \frac{w_2^2}{2} + \frac{p_2}{\varrho} + gz_2\,.$$

Unter der Voraussetzung $A_1 \gg A_2$ folgt aus der Kontinuitätsbedingung, dass die Geschwindigkeit $w_1 = w_2 \cdot A_2/A_1$ vernachlässigbar klein ist. Die Ausflussgeschwindigkeit ergibt sich damit zu

$$w_2 = \sqrt{\frac{2}{\varrho}(p_1-p_2) + 2gh}\,. \qquad (8\text{-}17)$$

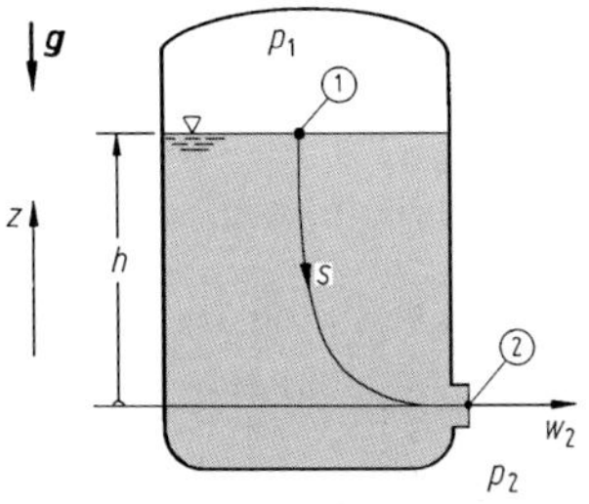

Bild 8-8. Ausströmen aus einem Behälter

Es sind zwei Sonderfälle interessant. Für $p_1 = p_2$ ist die Ausflussgeschwindigkeit $w_2 = \sqrt{2gh}$. Diese Beziehung wird als *Torricelli'sche Formel* bezeichnet. Für $h = 0$ erfolgt der Ausfluss durch den Überdruck im Behälter gegenüber der Umgebung. Es folgt die Geschwindigkeit $w_2 = \sqrt{(2/\varrho)(p_1-p_2)}$.

Beispiel: Atmosphärische Bewegung. Bei einer Druckdifferenz von $p_1 - p_2 = 10\,\text{hPa}$ folgt für Luft mit der konstanten Dichte $\varrho = 1{,}205\,\text{kg/m}^3$ die Geschwindigkeit $w_2 = 40{,}7\,\text{m/s} = 146{,}6\,\text{km/h}$.

Schwingende Flüssigkeitssäule

Eine instationäre Strömung liegt bei der schwingenden Flüssigkeitssäule in einem U-Rohr nach Bild 8-9 vor. Bei konstantem Querschnitt A folgt aus der Kontinuitätsbedingung, dass die Geschwindigkeit $w_1 = w_2 = w(t)$ in der Flüssigkeit nur von der Zeit t, aber nicht vom Ort s abhängt. Die Auslenkung x der Flüssigkeitsoberflächen ist auf beiden Seiten gleich groß. Die Bernoulli-Gleichung (8-6) lautet dann für den Stromfaden s zwischen ① und ②:

$$\frac{w_1^2}{2} + \frac{p_1}{\varrho} + gz_1 = \frac{w_2^2}{2} + \frac{p_2}{\varrho} + gz_2 + \int_1^2 \frac{\partial w}{\partial t}\,\mathrm{d}s\,. \qquad (8\text{-}18)$$

Mit der Druckgleichheit $p_1 = p_2$ auf den beiden Flüssigkeitsoberflächen folgt

$$\frac{\mathrm{d}w}{\mathrm{d}t}\int_1^2 \mathrm{d}s + g(h_2 - h_1) = 0\,. \qquad (8\text{-}19)$$

Die Länge des Stromfadens ist $L = \int_1^2 \mathrm{d}s \approx h_1 + l + h_2$ und die Geschwindigkeit folgt aus der zeitlichen Än-

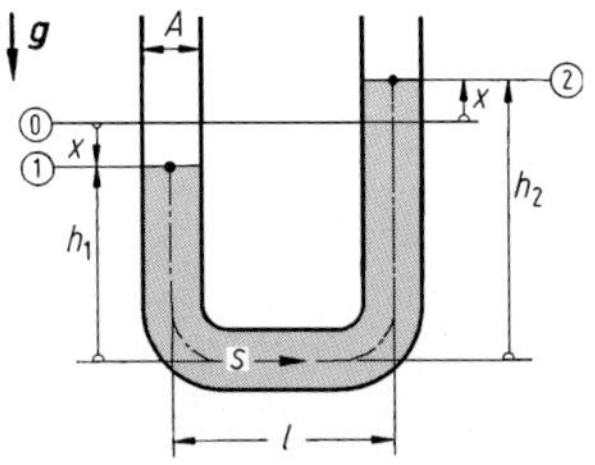

Bild 8-9. Schwingende Flüssigkeitssäule

derung der Oberflächenlage zu $w = \mathrm{d}x/\mathrm{d}t$. Aus (8-19) ergibt sich die Differenzialgleichung

$$\frac{\mathrm{d}^2 x}{\mathrm{d}t^2} + 2g\frac{x}{L} = 0\,. \tag{8-20}$$

Die Lösung $x = x_0 \cos \omega t$ stellt eine harmonische Schwingung mit der Amplitude x_0 und der Kreisfrequenz $\omega = \sqrt{2g/L}$ dar.

Einströmen in einen Tauchbehälter

Der in Bild 8-10 dargestellte Tauchbehälter füllt sich langsam durch die Öffnung im Boden. Bei kleinem Querschnittsverhältnis, $A_2 \ll A_3$, ist die zeitliche Änderung der Geschwindigkeit längs des Stromfadens s ① → ② ebenfalls klein, sodass der Beschleunigungsterm in der Bernoulli-Gleichung (8-6) vernachlässigbar ist. Die Zeitabhängigkeit wird allein durch die zeitlich veränderlichen Randbedingungen berücksichtigt. Diese Strömung wird als quasistationär bezeichnet. Von ① nach ② gilt die Bernoulli-Gleichung (8-7). Bei ② strömt das Medium als Freistrahl in den Behälter. Der Druck im Strahl entspricht dem hydrostatischen Druck in der Umgebung: $p_2(t) = p_1 + \varrho g z(t)$. Aus der Bernoulli-Gleichung folgt nun bei einer ruhenden Oberfläche mit $w_1 = 0$ die Geschwindigkeit im Eintrittsquerschnitt:

$$w_2(t) = \sqrt{2g[h - z(t)]}\,. \tag{8-21}$$

Mit der Kontinuität des Volumenstromes zwischen ② und ③,

$$w_2(t) A_2\, \mathrm{d}t = A_3\, \mathrm{d}z\,,$$

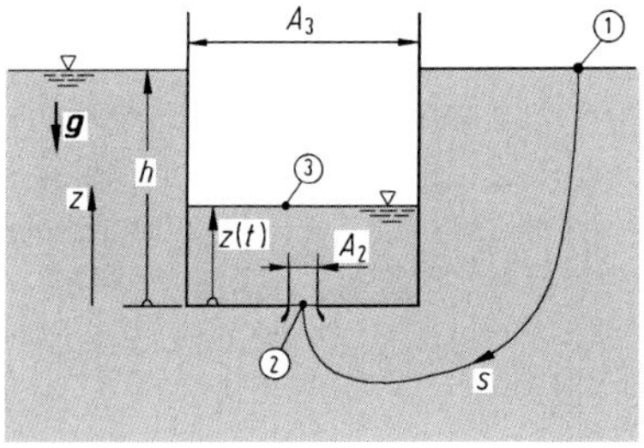

Bild 8-10. Einströmen in einen Tauchbehälter

folgt die Differenzialgleichung

$$\mathrm{d}t = \frac{A_3}{A_2} \cdot \frac{\mathrm{d}z}{w_2(t)} = \frac{A_3}{A_2} \cdot \frac{\mathrm{d}z}{\sqrt{2g[h - z(t)]}}\,. \tag{8-22}$$

Aus der Integration ergibt sich mit der Anfangsbedingung $z = 0$ für $t = 0$:

$$t = \frac{A_3}{A_2} \cdot \frac{2h}{\sqrt{2gh}} \left(1 - \sqrt{1 - \frac{z(t)}{h}}\right)\,. \tag{8-23}$$

Für $z = h$ folgt die Auffüllzeit

$$\Delta t = \frac{A_3}{A_2} \cdot \frac{2h}{\sqrt{2gh}}\,. \tag{8-24}$$

Die zeitliche Änderung der Spiegelhöhe $z(t)$ ist dann

$$\frac{z(t)}{h} = 1 - \left(1 - \frac{t}{\Delta t}\right)^2\,, \tag{8-25}$$

und für die Eintrittsgeschwindigkeit $w_2(t)$ folgt

$$w_2(t) = \sqrt{2gh}\left(1 - \frac{t}{\Delta t}\right)\,. \tag{8-26}$$

Diese Geschwindigkeit nimmt linear mit der Zeit ab.

8.2 Zweidimensionale reibungsfreie, inkompressible Strömungen

8.2.1 Kontinuität

Aus der allgemeinen Massenerhaltung

$$\frac{\partial \varrho}{\partial t} + \mathrm{div}(\varrho \boldsymbol{w}) = \frac{\mathrm{d}\varrho}{\mathrm{d}t} + \varrho \cdot \mathrm{div}\, \boldsymbol{w} = 0$$

folgt für inkompressible Medien mit $\varrho = \text{const}$ die Divergenzfreiheit des Strömungsfeldes:

$$\mathrm{div}\, \boldsymbol{w} = \frac{\partial u}{\partial x} + \frac{\partial v}{\partial y} = 0\,. \tag{8-27}$$

8.2.2 Euler'sche Bewegungsgleichungen

Aus dem Kräftegleichgewicht am Massenelement folgen die Bewegungsgleichungen

$$\frac{\mathrm{d}\boldsymbol{w}}{\mathrm{d}t} = \frac{\partial \boldsymbol{w}}{\partial t} + \boldsymbol{w} \cdot \mathrm{grad}\, \boldsymbol{w} = -\frac{1}{\varrho}\mathrm{grad}\, p + \boldsymbol{f} \tag{8-28}$$

mit der spezifischen Massenkraft $\boldsymbol{f}$, wobei alle Glieder auf die Masse des Elementes bezogen sind.
Charakteristische Größen der Strömungen sind die *Rotation* und die *Zirkulation*. Die Rotation (Wirbelstärke) rot $\boldsymbol{w} = 2\boldsymbol{\omega}$ ist gleich der doppelten Winkelgeschwindigkeit eines Fluidteilchens. Die *Zirkulation*

$$\Gamma = \oint_C \boldsymbol{w} \cdot \mathrm{d}\boldsymbol{s}$$

ist gleich dem Linienintegral über das Skalarprodukt aus Geschwindigkeitsvektor $\boldsymbol{w}$ und Wegelement d$\boldsymbol{s}$ längs einer geschlossenen Kurve C. Über den Satz von Stokes besteht zwischen Zirkulation und Rotation der Zusammenhang:

$$\Gamma = \oint_C \boldsymbol{w} \cdot \mathrm{d}\boldsymbol{s} = \int_A \operatorname{rot}\boldsymbol{w} \cdot \mathrm{d}\boldsymbol{A}\,,$$

wobei A die von der Kurve C berandete Fläche darstellt. Für die Zirkulation und die Rotation gelten allgemeine Erhaltungssätze, die auf Helmholtz und Thomson zurückgehen [4].

8.2.3 Stationäre ebene Potenzialströmungen

Wir betrachten ebene Strömungen ohne Massenkraft. Verlaufen diese Strömungen wirbelfrei mit rot $\boldsymbol{w} = 0$, dann existiert für das Geschwindigkeitsfeld $\boldsymbol{w}$ ein Potenzial Φ mit $\boldsymbol{w} = \operatorname{grad}\Phi$. Damit gilt für das Geschwindigkeitsfeld:

$$\operatorname{rot}\boldsymbol{w} = \frac{\partial v}{\partial x} - \frac{\partial u}{\partial y} = 0\,. \qquad (8\text{-}29)$$

Mit den Geschwindigkeitskomponenten $u = \partial\Phi/\partial x$ und $v = \partial\Phi/\partial y$ folgt aus der Kontinuitätsgleichung (8-27) für das *Geschwindigkeitspotenzial* Φ die Laplace-Gleichung:

$$\frac{\partial^2\Phi}{\partial x^2} + \frac{\partial^2\Phi}{\partial y^2} = \Delta\Phi = 0\,. \qquad (8\text{-}30)$$

Wird die Kontinuitätsgleichung (8-27) mit $u = \partial\Psi/\partial y$ und $v = -\partial\Psi/\partial x$ durch eine Stromfunktion Ψ erfüllt, so gilt aufgrund der Wirbelfreiheit (8-29) für diese Stromfunktion Ψ ebenfalls die Laplace-Gleichung:

$$\frac{\partial^2\Psi}{\partial x^2} + \frac{\partial^2\Psi}{\partial y^2} = \Delta\Psi = 0\,. \qquad (8\text{-}31)$$

Die Funktionen Φ und Ψ lassen sich physikalisch deuten. Für die Kurven Ψ = const als Höhenlinien der Ψ-Fläche gilt:

$$\mathrm{d}\Psi = -v\,\mathrm{d}x + u\,\mathrm{d}y = 0\,,$$
$$\left(\frac{\mathrm{d}y}{\mathrm{d}x}\right)_{\Psi=\mathrm{const}} = \frac{v}{u}\,. \qquad (8\text{-}32)$$

Damit sind nach (8-3) die Kurven Ψ = const Stromlinien.
Für die Kurven Φ = const folgt analog:

$$\mathrm{d}\Phi = u\,\mathrm{d}x + v\,\mathrm{d}y = 0\,,$$
$$\left(\frac{\mathrm{d}y}{\mathrm{d}x}\right)_{\Phi=\mathrm{const}} = -\frac{u}{v}\,. \qquad (8\text{-}33)$$

Die Kurven Φ = const sind Potenziallinien, die mit den Stromlinien ein orthogonales Netz bilden, siehe Bild 8-11. Der auf die Tiefe bezogene Volumenstrom zwischen zwei Stromlinien folgt aus der Differenz der Stromfunktionswerte:

$$\dot{V} = \Psi_2 - \Psi_1 = \int_1^2 (u\,\mathrm{d}y - v\,\mathrm{d}x)\,. \qquad (8\text{-}34)$$

Längs der Stromlinien gilt auch hier die Bernoulli-Gleichung (8-7). Aufgrund der Wirbelfreiheit sind Potenzialströmungen isoenergetisch, sodass für alle Stromlinien die Bernoulli-Konstante gleich ist. Bei bekannten Anströmdaten wird das Druckfeld über das Geschwindigkeitsfeld ermittelt:

$$p_\infty + \frac{1}{2}\varrho w_\infty^2 = p + \frac{1}{2}\varrho(u^2 + v^2) = p_0\,. \qquad (8\text{-}35)$$

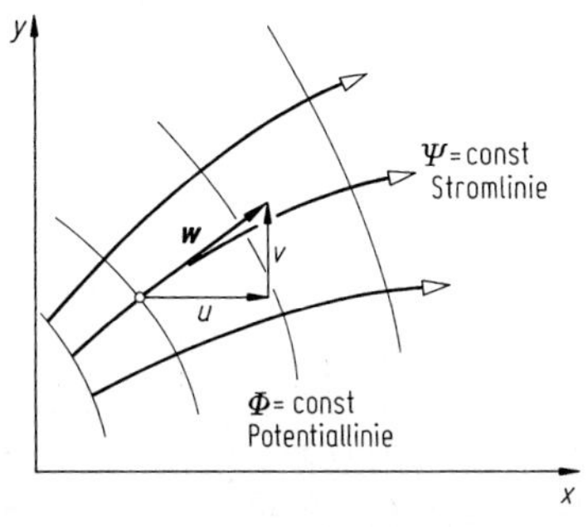

Bild 8-11. Orthogonales Netz der Potenzial- und Stromlinien

Der normierte *Druckkoeffizient*

$$C_p = \frac{p - p_\infty}{\frac{1}{2}\varrho w_\infty^2} = 1 - \left(\frac{w}{w_\infty}\right)^2 \qquad (8\text{-}36)$$

besitzt die ausgezeichneten Werte $C_{p\infty} = 0$ in der Anströmung und $C_{p0} = 1$ in den Staupunkten.

Lösungseigenschaften der Potenzialgleichung (Laplace-Gleichung). Jede differenzierbare komplexe Funktion $\underline{X}(z) = \Phi(x, y) + \mathrm{i}\Psi(x, y)$ ist eine Lösung der Potenzialgleichung, wobei der Realteil dem Potenzial Φ und der Imaginärteil der Stromfunktion Ψ entspricht.
Eine wesentliche Eigenschaft der Potenzialgleichung ist ihre Linearität. Damit lassen sich einzelne Teillösungen zu einer Gesamtlösung überlagern. Jede Stromlinie kann als Begrenzung des Stromfeldes oder als Körperkontur interpretiert werden. Als Randbedingung ist dann die wandparallele Strömung mit verschwindender Geschwindigkeit in Normalenrichtung erfüllt.

8.2.4 Anwendungen elementarer und zusammengesetzter Potenzialströmungen

Beispiele von Potenzialströmungen sind in der Tabelle 8-1 zusammengestellt. Durch geeignete Überlagerung lassen sich unterschiedliche Umströmungsaufgaben konstruieren. Zwei Fälle werden betrachtet.

Umströmung einer geschlossenen Körperkontur

Die Überlagerung einer Parallelströmung mit einer Quelle und einer Senke der Stärke Q bzw. $-Q$ ergibt die in Bild 8-12 dargestellte Strömungssituation. Die Quelle ist bei $x = -a$ angeordnet, sodass sich bei $x = -l$ ein Staupunkt bildet. Ebenso führt die Senke bei $x = a$ an der Stelle $x = l$ zu einem Staupunkt. Die durch die Staupunkte führende Stromlinie $\Psi = 0$ entspricht der Körperkontur mit der Länge $2l$ und der Dicke $2h$. Die Werte des normierten Druckkoeffizienten C_p und der Geschwindigkeit w/u_∞ auf der Körperkontur sowie auf der Staustromlinie sind in Bild 8-12 längs der x-Achse aufgezeichnet. Druck und Geschwindigkeit variieren entgegengesetzt. Aus der Stromfunktion

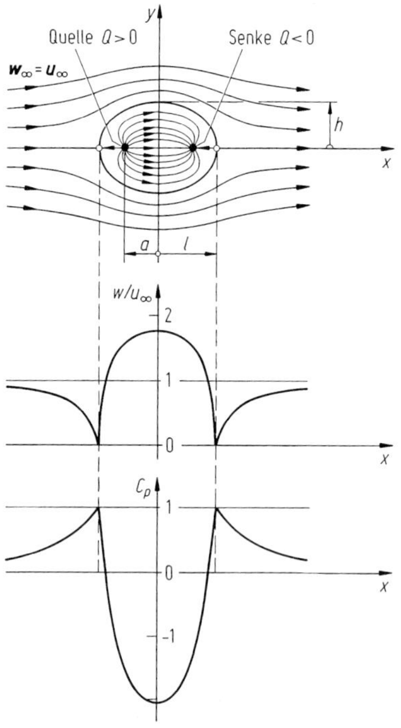

Bild 8-12. Umströmung einer geschlossenen Körperkontur

$$\Psi = u_\infty y - \frac{Q}{2\pi} \arctan \frac{2ay}{x^2 + y^2 - a^2} \qquad (8\text{-}37)$$

resultieren in Abhängigkeit des dimensionslosen Parameters $Q/(2\pi u_\infty a)$ für die Geometrie und die Maximalgeschwindigkeit auf der y-Achse die Beziehungen [2]

$$\frac{h}{a} = \cot \frac{h/a}{Q/(\pi u_\infty a)}, \qquad \frac{l}{a} = \left(1 + \frac{Q}{\pi u_\infty a}\right)^{1/2} \qquad (8\text{-}38)$$

$$\frac{u(0, \pm h)}{u_\infty} = 1 + \frac{Q/(\pi u_\infty a)}{1 + h^2/a^2}. \qquad (8\text{-}39)$$

Im Folgenden sind Resultate für spezielle Werte von $Q/(2\pi u_\infty a)$ zusammengestellt.
Der Grenzfall $Q(2\pi u_\infty a) \to 0$ entspricht der Parallelströmung um eine unendlich dünne Platte und im Grenzfall $Q/(2\pi u_\infty a) \to \infty$ geht der Körper in einen Kreiszylinder über.
Ist nun die Körperkontur vorgegeben, so lässt sich das Geschwindigkeits- und Druckfeld mit Singularititenverfahren durch die kontinuierliche Anordnung von

Tabelle 8-1. Elementare und überlagerte Potenzialströmungen [1]

komplexes Potential $\underline{X}(z)$	Potential $\Phi(x, y)$	Stromfunktion $\Psi(x, y)$
$(u_\infty - \mathrm{i}v_\infty)\,z$ Parallelströmung	$u_\infty x + v_\infty y$	$u_\infty y - v_\infty x$
$\frac{Q}{2\pi}\ln z$ Quelle $Q > 0$, Senke $Q < 0$	$\frac{Q}{2\pi}\ln r = \frac{Q}{2\pi}\ln\sqrt{x^2+y^2}$	$\frac{Q}{2\pi}\varphi = \frac{Q}{2\pi}\arctan\frac{y}{x}$
$\frac{\Gamma}{2\pi}\mathrm{i}\ln z$ Wirbel, $\Gamma \gtrless 0$ rechtsdrehend / linksdrehend	$-\frac{\Gamma}{2\pi}\arctan\frac{y}{x}$	$\frac{\Gamma}{2\pi}\ln\sqrt{x^2+y^2}$
$\frac{m}{z}$ Dipol	$\frac{mx}{x^2+y^2}$	$-\frac{my}{x^2+y^2}$
$u_\infty z + \frac{Q}{2\pi}\ln z$ Parallelströmung + Quelle/Senke	$u_\infty x + \frac{Q}{2\pi}\ln r$	$u_\infty y + \frac{Q}{2\pi}\varphi$
$u_\infty\left(z + \frac{R^2}{z}\right)$ Parallelströmung + Dipol = Zylinderumströmung	$u_\infty x\left(1 + \frac{R^2}{x^2+y^2}\right)$	$u_\infty y\left(1 - \frac{R^2}{x^2+y^2}\right)$
$u_\infty\left(z + \frac{R^2}{z}\right) + \frac{\Gamma}{2\pi}\mathrm{i}\ln z$ Zylinderumströmung + Wirbel	$u_\infty x\left(1 + \frac{R^2}{x^2+y^2}\right) - \frac{\Gamma}{2\pi}\varphi$	$u_\infty y\left(1 - \frac{R^2}{x^2+y^2}\right) + \frac{\Gamma}{2\pi}\ln r$
Parallelströmung + Wirbel	$u_\infty x - \frac{\Gamma}{2\pi}\varphi$	$u_\infty y + \frac{\Gamma}{2\pi}\ln r$

Tabelle 8-1. Fortsetzung

Geschwindigkeit			Stromlinien $\Psi = \text{const}$
u	v	w	
u_∞	v_∞	$w_\infty = \sqrt{u_\infty^2 + v_\infty^2}$	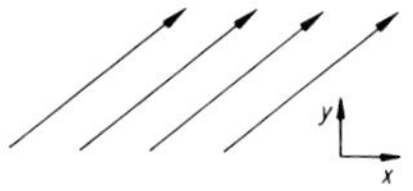
$\frac{Q}{2\pi} \cdot \frac{x}{x^2+y^2}$	$\frac{Q}{2\pi} \cdot \frac{y}{x^2+y^2}$	$\frac{Q}{2\pi r}$	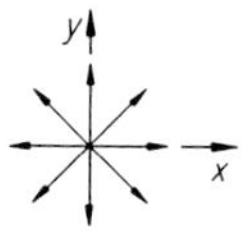
$\frac{\Gamma}{2\pi} \cdot \frac{y}{x^2+y^2}$	$-\frac{\Gamma}{2\pi} \cdot \frac{x}{x^2+y^2}$	$\frac{\Gamma}{2\pi r}$	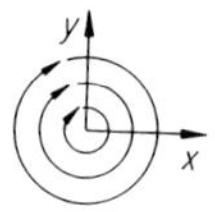
$m\frac{y^2-x^2}{(x^2+y^2)^2}$	$-m\frac{2xy}{(x^2+y^2)^2}$	$\frac{m}{r^2}$	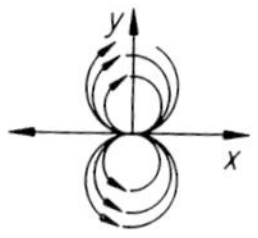
$u_\infty + \frac{Q}{2\pi} \cdot \frac{x}{x^2+y^2}$	$\frac{Q}{2\pi} \cdot \frac{y}{x^2+y^2}$		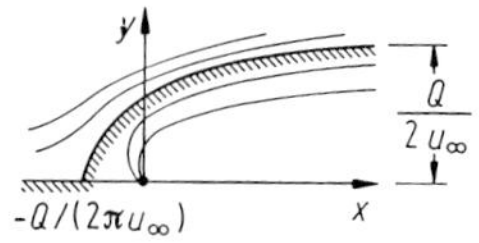
Auf dem Zylinder: $2u_\infty \sin^2\varphi$	$-2u_\infty \sin\varphi\cos\varphi$	$2u_\infty \lvert\sin\varphi\rvert$	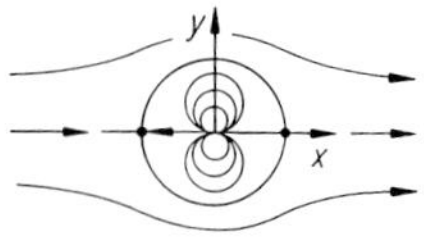
Auf dem Zylinder: $2u_\infty \sin^2\varphi + \frac{\Gamma}{2\pi R}\sin\varphi$	$-2u_\infty \sin\varphi\cos\varphi - \frac{\Gamma}{2\pi R}\cos\varphi$	$\left\lvert 2u_\infty \sin\varphi + \frac{\Gamma}{2\pi R}\right\rvert$	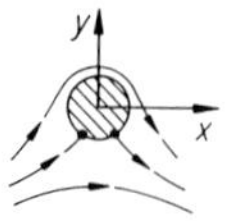
$u_\infty + \frac{\Gamma}{2\pi} \cdot \frac{y}{x^2+y^2}$	$-\frac{\Gamma}{2\pi} \cdot \frac{x}{x^2+y^2}$		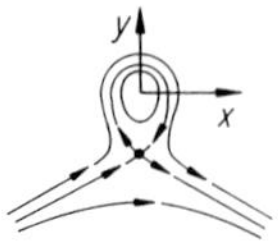

$\frac{Q}{2\pi u_\infty a}$	$\frac{h}{a}$	$\frac{l}{a}$	$\frac{l}{h}$	$\frac{u(0,\pm h)}{u_\infty}$
0	0	1,0	∞	1,0
1,0	1,307	1,732	1,326	1,739
∞	∞	∞	1,0	2,0

Quellen und Senken unterschiedlicher Stärke berechnen. Diese allgemeinen Verfahren und deren Anwendung sind in [1, 5, 6] beschrieben.

Zylinderumströmung mit Wirbel

In Bild 8-13 ist diese Strömung mit einem rechts im Uhrzeigersinn drehenden Wirbel der Zirkulation $\Gamma > 0$ dargestellt. Das Strömungsfeld ist bezüglich der x-Achse unsymmetrisch. Der Zylinder entspricht der Stromlinie mit dem Wert $\Psi = (\Gamma/2\pi)\cdot \ln R$. Die Staupunkte liegen für $\Gamma < 4\pi u_\infty R$ auf dem Zylinder und fallen für $\Gamma = 4\pi u_\infty R$ bei $x = 0$ und $y = -R$ zusammen, sodass für größere Werte Γ der gemeinsame Staupunkt auf der y- Achse im Strömungsfeld liegt. Aus der Geschwindigkeitsverteilung nach Tabelle 8-1 folgt die Druckverteilung auf dem Zylinder in normierter Form:

$$C_p = \frac{p - p_\infty}{\frac{1}{2}\varrho w_\infty^2} = 1 - \left(\frac{w}{u_\infty}\right)^2 = 1 - \left(2\sin\varphi + \frac{\Gamma}{2\pi u_\infty}R\right)^2 . \quad (8\text{-}40)$$

Aus dieser bezüglich der x-Achse unsymmetrischen Druckverteilung ergibt sich für einen Zylinder mit der Breite b folgende Kraft in y-Richtung:

$$F_y = -bR\int_0^{2\pi}(p - p_\infty)\sin\varphi\,\mathrm{d}\varphi = \varrho u_\infty b\Gamma . \quad (8\text{-}41)$$

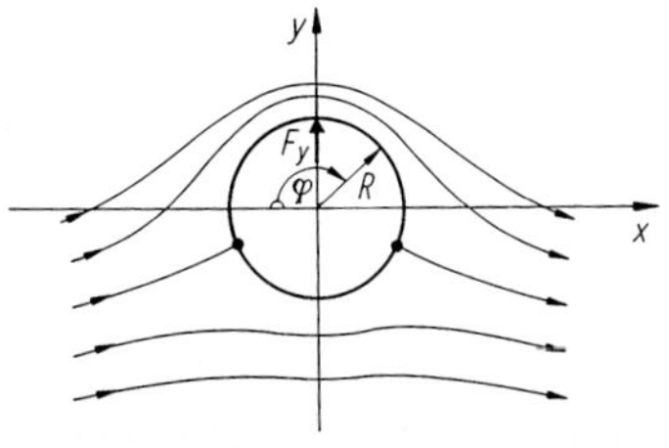

Bild 8-13. Zylinderumströmung mit Zirkulation

Dieses Ergebnis, wonach diese Auftriebskraft F_y direkt proportional der Zirkulation Γ ist, wird als Kutta-Joukowski-Formel für den Auftrieb bezeichnet. Durch eine entsprechende Rechnung folgt, dass eine Kraft in x-Richtung, die als Widerstand bezeichnet wird, nicht auftritt. Für Potenzialströmungen gilt dieses als d'Alembert'sches Paradoxon bezeichnete Ergebnis allgemein.
Eine experimentelle Realisierung dieser Potenzialströmung ist näherungsweise durch die Anströmung eines rotierenden Zylinders gegeben. Die von der Strömung auf den Zylinder ausgeübten Kräfte werden in dimensionsloser Form durch den Auftriebsbeiwert c_A und den Widerstandsbeiwert c_W gekennzeichnet. In Bild 8-14 ist die Abhängigkeit dieser Beiwerte vom Verhältnis aus Umfangsgeschwindigkeit $R\omega$ und Anströmgeschwindigkeit u_∞ aufgetragen. Mit dem Resultat (8-41) folgt mit der Bezugsfläche $A = 2Rb$ als theoretischer Auftriebsbeiwert

$$c_\mathrm{A} = \frac{F_y}{\frac{1}{2}\varrho u_\infty^2 A} = \frac{\varrho u_\infty b\Gamma}{\frac{1}{2}\varrho u_\infty^2 2Rb} = \frac{\Gamma}{u_\infty R} = 2\pi\frac{R\omega}{u_\infty} . \quad (8\text{-}42)$$

Die in Bild 8-14 dargestellten Werte wurden im Experiment mit einem Zylinder endlicher Breite $L/D = 12$ ermittelt [7]. Die Ursache für die Abweichung liegt im Wesentlichen an der Randbedingung am Zylinder. Die Umfangsgeschwindigkeit ist konstant, während bei der Potenzialströmung eine vom Umfangswin-

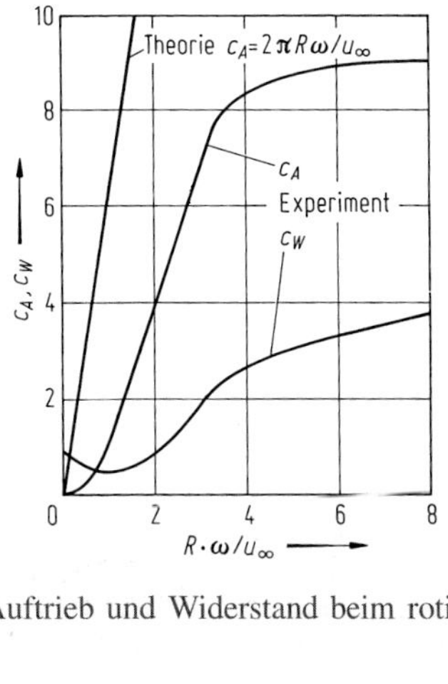

Bild 8-14. Auftrieb und Widerstand beim rotierenden Zylinder

kel φ abhängige Geschwindigkeit vorliegt. Deshalb tritt im Experiment auch eine Kraft in x-Richtung auf, die durch den Widerstandsbeiwert

$$c_W = \frac{F_x}{\frac{1}{2}\varrho u_\infty^2 A} = \frac{F_x}{\varrho u_\infty^2 bR} \tag{8-43}$$

charakterisiert wird. Das experimentelle Ergebnis ist in Bild 8-14 ebenfalls eingetragen.

8.2.5 Stationäre räumliche Potenzialströmungen

Bei räumlichen Potenzialströmungen sind die rotationssymmetrischen Stromfelder besonders ausgezeichnet. Beispiele sind in dem umfassenden Werk [8] enthalten.

8.3 Reibungsbehaftete inkompressible Strömungen

8.3.1 Grundgleichungen für Masse, Impuls und Energie

Die Massenerhaltung (8-27) gilt unabhängig vom Reibungseinfluss. Bei einer allgemeinen Kräftebilanz am Volumenelement treten durch die Reibung Zusatzspannungen auf. Bei Newton'schen Medien besteht zwischen diesen Spannungen und den Deformationsgeschwindigkeiten ein linearer Zusammenhang. Die dynamische Viskosität $\eta = \varrho\nu$ ist der Proportionalitätsfaktor und charakterisiert als Fluideigenschaft den Reibungseinfluss des Strömungsmediums. Die thermischen Eigenschaften des Mediums sind durch die Temperaturleitfähigkeit $a = \lambda/\varrho c_p$ gegeben, wo λ die Wärmeleitfähigkeit und c_p die spezifische Wärmekapazität ist. Für inkompressible Strömungen mit ϱ = const und konstanten Stoffwerten η und a lauten die Erhaltungsgleichungen für Masse, Impuls und thermische Energie [9]

$$\operatorname{div} \boldsymbol{w} = 0 \tag{8-44}$$

$$\frac{\partial \boldsymbol{w}}{\partial t} + \boldsymbol{w} \cdot \operatorname{grad} \boldsymbol{w} = \boldsymbol{f} - \frac{1}{\varrho} \operatorname{grad} p + \nu \Delta w \tag{8-45}$$

$$\frac{\partial T}{\partial t} + \boldsymbol{w} \cdot \operatorname{grad} T = -\frac{1}{\varrho c_p} \operatorname{div} \boldsymbol{q} + \frac{\nu}{c_p} \Phi_V\,. \tag{8-46}$$

Äußere Kraftfelder sind durch die spezifische Massenkraft $\boldsymbol{f}$ charakterisiert. Die Wärmestromdichte ist durch $\boldsymbol{q} = -\lambda \operatorname{grad} T$ gegeben [10]. In kartesischen Koordinaten lauten damit diese Bilanzgleichungen (*Navier-Stokes'sche Gleichungen*):

$$\frac{\partial u}{\partial x} + \frac{\partial v}{\partial y} + \frac{\partial w}{\partial z} = 0\,, \tag{8-47}$$

$$\frac{\partial u}{\partial t} + u\frac{\partial u}{\partial x} + v\frac{\partial u}{\partial y} + w\frac{\partial u}{\partial z} = f_x - \frac{1}{\varrho} \cdot \frac{\partial p}{\partial x} + \nu\left(\frac{\partial^2 u}{\partial x^2} + \frac{\partial^2 u}{\partial y^2} + \frac{\partial^2 u}{\partial z^2}\right), \tag{8-48}$$

$$\frac{\partial v}{\partial t} + u\frac{\partial v}{\partial x} + v\frac{\partial v}{\partial y} + w\frac{\partial v}{\partial z} = f_y - \frac{1}{\varrho} \cdot \frac{\partial p}{\partial y} + \nu\left(\frac{\partial^2 v}{\partial x^2} + \frac{\partial^2 v}{\partial y^2} + \frac{\partial^2 v}{\partial z^2}\right), \tag{8-49}$$

$$\frac{\partial w}{\partial t} + u\frac{\partial w}{\partial x} + v\frac{\partial v}{\partial y} + w\frac{\partial w}{\partial z} = f_z - \frac{1}{\varrho} \cdot \frac{\partial p}{\partial z} + \nu\left(\frac{\partial^2 w}{\partial x^2} + \frac{\partial^2 w}{\partial y^2} + \frac{\partial^2 w}{\partial z^2}\right), \tag{8-50}$$

$$\frac{\partial T}{\partial t} + u\frac{\partial T}{\partial x} + v\frac{\partial T}{\partial y} + w\frac{\partial T}{\partial z} = a\left(\frac{\partial^2 T}{\partial x^2} + \frac{\partial^2 T}{\partial y^2} + \frac{\partial^2 T}{\partial z^2}\right) + \frac{\nu}{c_p}\Phi_V \tag{8-51}$$

mit der Dissipationsfunktion

$$\Phi_V = 2\left[\left(\frac{\partial u}{\partial x}\right)^2 + \left(\frac{\partial v}{\partial y}\right)^2 + \left(\frac{\partial w}{\partial z}\right)^2\right] + \left(\frac{\partial v}{\partial x} + \frac{\partial u}{\partial y}\right)^2 + \left(\frac{\partial w}{\partial y} + \frac{\partial v}{\partial z}\right)^2 + \left(\frac{\partial u}{\partial z} + \frac{\partial w}{\partial x}\right)^2\,. \tag{8-52}$$

Diese 5 nichtlinearen partiellen Differenzialgleichungen genügen zur Bestimmung von $\boldsymbol{w} = (u, v, w)$, p und T. Bei den hier betrachteten inkompressiblen Strömungen ist das Stromfeld vom Temperaturfeld entkoppelt. In der Energiegleichung zeigt sich der Einfluss der Reibung durch die Dissipationsfunktion Φ_V.

8.3.2 Kennzahlen

Werden nun diese Gleichungen im Schwerefeld mit charakteristischen Größen des Strömungsfeldes, der Geschwindigkeit w, der Zeit t, der Länge l und dem

Druck p normiert, dann lassen sich folgende Kennzahlen bilden:

$$Eu = \frac{p}{\varrho w^2} \quad \text{Euler-Zahl (Druck- durch Trägheitskraft)} \tag{8-53}$$

$$Fr = \frac{w^2}{lg} \quad \text{Froude-Zahl (Trägheits- durch Schwerkraft)} \tag{8-54}$$

$$Sr = \frac{l}{tw} \quad \text{Strouhal-Zahl (lokale durch konvektive Beschleunigung)} \tag{8-55}$$

$$Re = \frac{wl}{\nu} \quad \text{Reynolds-Zahl (Trägheits- durch Reibungskraft)}\,. \tag{8-56}$$

Aus der Energiegleichung folgen mit $T_2 - T_1$ als charakteristischer Temperaturdifferenz die Kennzahlen:

$$Fo = \frac{l^2}{at} \quad \text{Fourier-Zahl (instationäre Wärmeleitung)} \tag{8-57}$$

$$Pe = \frac{wl}{a} \quad \text{Péclet-Zahl (konvektiver Wärmetransport)} \tag{8-58}$$

$$Ec = \frac{w^2}{c_p(T_2 - T_1)} \quad \text{Eckert-Zahl (kinetische Energie durch Enthalpie)}\,. \tag{8-59}$$

Aus Kombinationen lassen sich nun weitere Kennzahlen ableiten. Aus dem Quotienten von Péclet-Zahl und Reynolds-Zahl folgt die Prandtl-Zahl

$$Pr = \frac{\nu}{a} \tag{8-60}$$

als Verhältnis der molekularen Transportkoeffizienten für Impuls und Wärme.
Der Auftriebsbeiwert (8-42) und der Widerstandsbeiwert (8-43) bei Umströmungsproblemen sind ebenfalls dimensionslose Größen. Die Kennzahlen bilden die Grundlage der Ähnlichkeitsgesetze und Modellregeln der Strömungsmechanik. In der Regel wird man sich auf die jeweils dominierenden Kennzahlen beschränken. Grundlagen und Anwendungen sind in [11] ausführlich dargestellt.

8.3.3 Lösungseigenschaften der Navier-Stokes'schen Gleichungen

Zu den Navier-Stokes'schen Gleichungen (8-47) bis (8-50) kommen die aus der Problemstellung resultierenden Anfangs- und Randbedingungen hinzu. Analytische Lösungen lassen sich nur unter bestimmten Voraussetzungen angeben. Der entscheidende Parameter ist dabei die Reynolds-Zahl (8-56). Ist die Stromlinienform von der Reynolds-Zahl unabhängig, lassen sich oft analytische Lösungen angeben. Damit sind alle Potenzialströmungen Lösungen der Navier-Stokes'schen Gleichungen, wobei allerdings die entsprechenden Geschwindigkeitsverteilungen auf den Rändern zu erfüllen sind. Ähnlichkeitslösungen lassen sich dann finden, wenn keine ausgezeichnete Länge im Strömungsfeld auftritt. Durch Approximationen können diese Gleichungen weiter vereinfacht werden. Im Grenzfall sehr kleiner Reynolds-Zahlen $Re < 1$ können die Trägheitskräfte gegenüber den Reibungskräften vernachlässigt werden. Diese Strömungen werden als Stokes'sche Schichtenströmungen bezeichnet. Bei sehr großen Reynolds-Zahlen $Re \gg 1$ spielt die Reibung im Bereich fester Wände die entscheidende Rolle und die Strömungen werden als Grenzschichtströmungen bezeichnet [12].

8.3.4 Spezielle Lösungen für laminare Strömungen

Kartesische Koordinaten

Für eine stationäre, eindimensionale, ebene und ausgebildete Spaltströmung ohne äußeres Kraftfeld mit $u = u(y)$, $v = w = 0$, $p = p(x)$ folgt aus den Navier-Stokes'schen Gleichungen

$$\frac{\mathrm{d}^2 u}{\mathrm{d}y^2} = \frac{1}{\eta} \cdot \frac{\mathrm{d}p}{\mathrm{d}x}\,. \tag{8-61}$$

Die allgemeine Lösung dieser Gleichung lautet

$$u(y) = \frac{1}{\eta} \cdot \frac{\mathrm{d}p}{\mathrm{d}x}\frac{y^2}{2} + C_1 y + C_2\,. \tag{8-62}$$

Couette-Strömung. Mit den Randbedingungen $u(0) = 0$, $u(h) = U$ und $p = \text{const}$ folgt die lineare Geschwindigkeitsverteilung in Bild 8-15a zu

$$\frac{u(y)}{U} = \frac{y}{h}\,. \tag{8-63}$$

Aus der Energiegleichung (8-51) folgt die Lösung für die Temperaturverteilung

$$T(y) = -\frac{\eta}{a\varrho c_p} \cdot \frac{U^2}{h^2} \cdot \frac{y^2}{2} + C_1 y + C_2 \,. \qquad (8\text{-}64)$$

Mit den Randbedingungen $T(0) = T_1$, $T(h) = T_2$ resultiert die Temperaturverteilung

$$\frac{T(y) - T_1}{T_2 - T_1} = \frac{y}{h} + \frac{\nu U^2}{ac_p(T_2 - T_1)} \cdot \frac{y}{2h}\left(1 - \frac{y}{h}\right)$$
$$= \frac{y}{h} + Pr \cdot Ec \cdot \frac{y}{2h}\left(1 - \frac{y}{h}\right) . \qquad (8\text{-}65)$$

Bild 8-15b zeigt Temperaturverteilungen für verschiedene Werte $Pr \cdot Ec$ [12].

Poiseuille-Strömung. Mit den Randbedingungen $u(0) = 0$, $u(h) = 0$ und dem Druckverlauf $\mathrm{d}p/\mathrm{d}x = -\Delta p/l$ folgt die Geschwindigkeitsverteilung in Bild 8-16 zu

$$\frac{u(y)}{U} = \frac{-1}{\eta} \cdot \frac{\Delta p}{l} \cdot \frac{1}{U} \cdot \frac{h^2}{2}\left(\frac{y^2}{h^2} - \frac{y}{h}\right)$$
$$= 4\frac{y}{h}\left(1 - \frac{y}{h}\right) . \qquad (8\text{-}66)$$

U ist die Geschwindigkeit in Spaltmitte bei $y = h/2$. Der Volumenstrom $\dot{V}$ ist für einen Kanal mit der Breite b

$$\dot{V} = b \int_0^h u(y)\,\mathrm{d}y = \frac{2}{3} bhU = bhu_\mathrm{m} \,, \qquad (8\text{-}67)$$

mit $u_\mathrm{m} = (2/3)U$ als mittlerer Geschwindigkeit. Der Druckabfall Δp ist bei einem Kanal der Länge l und der Reynolds-Zahl $Re = u_\mathrm{m}h/\nu$:

$$\Delta p = \frac{\varrho}{2} u_\mathrm{m}^2 \frac{l}{h} \cdot \frac{24}{Re} \,. \qquad (8\text{-}68)$$

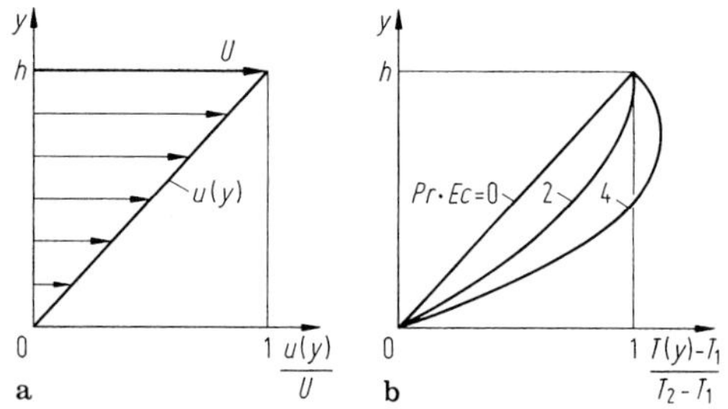

Bild 8-15. Couette-Strömung. **a** Geschwindigkeitsverteilung, **b** Temperaturverteilung

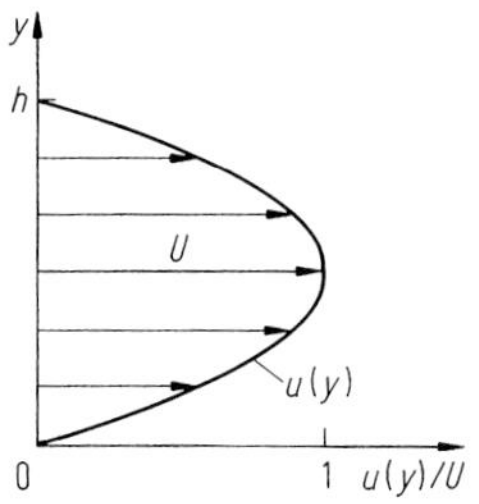

Bild 8-16. Poiseuille-Strömung, Geschwindigkeitsverteilung

Die Geschwindigkeitsverteilungen der Couette- und Poiseuille-Strömung lassen sich direkt superponieren, da die zugrunde liegende Bewegungsgleichung (8-61) linear ist.

Stokes'sches Problem. Für eine plötzlich bewegte, in der x-Ebene unendlich ausgedehnte Platte lässt sich eine zeitabhängige Ähnlichkeitslösung angeben. Mit den Voraussetzungen $u = u(y,t)$, $v = w = 0$ und damit $p = \mathrm{const}$ sowie den Anfangs- und Randbedingungen

$$t \leqq 0{:}\ u(y,t) = 0$$
$$t > 0{:}\ u(0,t) = U \quad u(\infty,t) = 0$$

lautet die Lösung:

$$\frac{u(y,t)}{U} = 1 - \frac{1}{\sqrt{\pi}} \int_0^{y/\sqrt{\nu t}} \exp\left(-\frac{1}{4}\xi^2\right)\mathrm{d}\xi$$
$$= 1 - \mathrm{erf}\left(\frac{y}{2\sqrt{\nu t}}\right) . \qquad (8\text{-}69)$$

In Bild 8-17 ist diese Geschwindigkeitsverteilung dargestellt. Die Dicke der mitgenommenen Schicht bis $u/U = 0{,}01$ ist $y = \delta \approx 4\sqrt{\nu t}$, sie wächst mit der Wurzel aus der Zeit.

Zylinderkoordinaten

Wir legen die Navier-Stokes'schen Gleichungen mit den Geschwindigkeitskomponenten u, v, w in r-, φ- und z-Richtung zugrunde [9].

Rohrströmung. Für die eindimensionale Strömung folgt mit $w(r)$, $u = v = 0$ und $\mathrm{d}p/\mathrm{d}z = -\Delta p/l = \mathrm{const}$ die Geschwindigkeitsverteilung

$$w(r) = \frac{\Delta p}{l} \cdot \frac{R^2}{4\eta}\left(1 - \frac{r^2}{R^2}\right)$$
$$= W\left(1 - \frac{r^2}{R^2}\right) . \qquad (8\text{-}70)$$

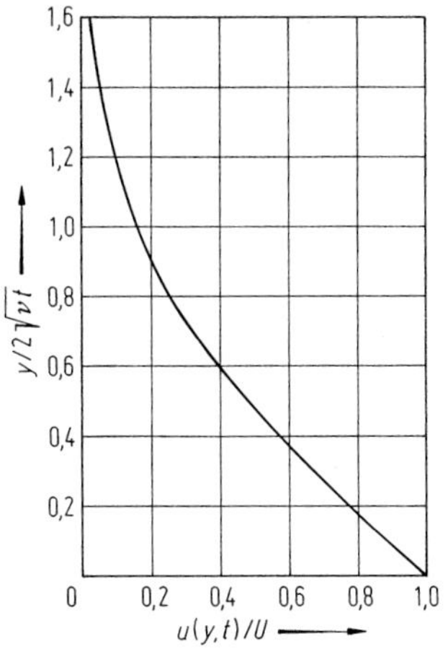

Bild 8-17. Stokes'sches Problem, Geschwindigkeitsverteilung

Für den Volumenstrom $\dot{V}$ folgt damit

$$\dot{V} = 2\pi \int_0^R w(r) \cdot r \cdot \mathrm{d}r = \frac{\pi}{8} \cdot \frac{\Delta p}{l} \cdot \frac{R^4}{\eta}$$

$$= \pi R^2 w_\mathrm{m} \,, \qquad (8\text{-}71)$$

wobei die mittlere Geschwindigkeit $w_\mathrm{m} = (1/2)W$ der halben Maximalgeschwindigkeit entspricht. Der Druckabfall Δp ist

$$\Delta p = \frac{8\eta l w_\mathrm{m}}{R^2} = \frac{\varrho}{2} w_\mathrm{m}^2 \frac{l}{2R} \lambda$$

mit

$$\lambda = \frac{64}{Re} \,, \quad Re = \frac{w_\mathrm{m} D}{\nu} \,. \qquad (8\text{-}72)$$

Aus (8-70) folgt für die Schubspannungsverteilung

$$\tau(r) = -\eta \frac{\mathrm{d}w}{\mathrm{d}r} = 2\frac{W}{R^2} r \,. \qquad (8\text{-}73)$$

In Bild 8-18 ist die Verteilung der Geschwindigkeit $w(r)$ und der Schubspannung $\tau(r)$ dargestellt.

Strömung zwischen zwei rotierenden Zylindern. Für die stationäre rotationssymmetrische Zylinderspaltströmung mit $v(r), u = w = 0$, $p(r)$ folgt die allgemeine Lösung für die Geschwindigkeitsverteilung in Umfangsrichtung:

$$v(r) = Ar + \frac{B}{r} \,. \qquad (8\text{-}74)$$

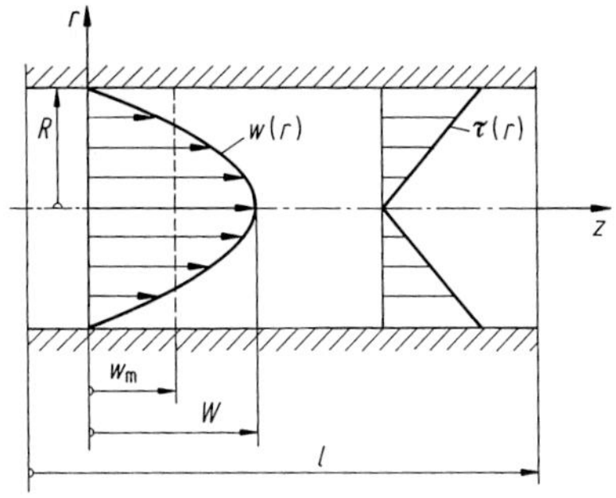

Bild 8-18. Rohrströmung, Verteilung der Geschwindigkeit und Schubspannung

Mit den Randbedingungen $v(R_1) = \omega_1 R_1$ und $v(R_2) = \omega_2 R_2$ ergeben sich die Konstanten A und B zu

$$A = \frac{\omega_2 R_2^2 - \omega_1 R_1^2}{R_2^2 - R_1^2} \,, \quad B = \frac{R_1^2 R_2^2 (\omega_1 - \omega_2)}{R_2^2 - R_1^2} \,.$$

Die Schubspannungsverteilung ist dabei

$$\tau(r) = -\eta \left(\frac{\mathrm{d}v}{\mathrm{d}r} - \frac{v}{r} \right) = \eta \frac{2B}{r^2} \,. \qquad (8\text{-}75)$$

Die Verteilung der Geschwindigkeit und der Schubspannung im Spalt ist in Bild 8-19 bei gegebenen Randbedingungen dargestellt.

In radialer Richtung gilt die Beziehung $\mathrm{d}p/\mathrm{d}r = \varrho \cdot v^2/r$, aus der durch Integration die Druckverteilung $p(r)$ folgt:

$$p(r) = p(R_1) + \varrho \left[\frac{A^2}{2}(r^2 - R_1^2) + 2AB \ln \frac{r}{R_1} + \frac{B^2}{2} \left(\frac{1}{R_1^2} - \frac{1}{r^2} \right) \right] . \qquad (8\text{-}76)$$

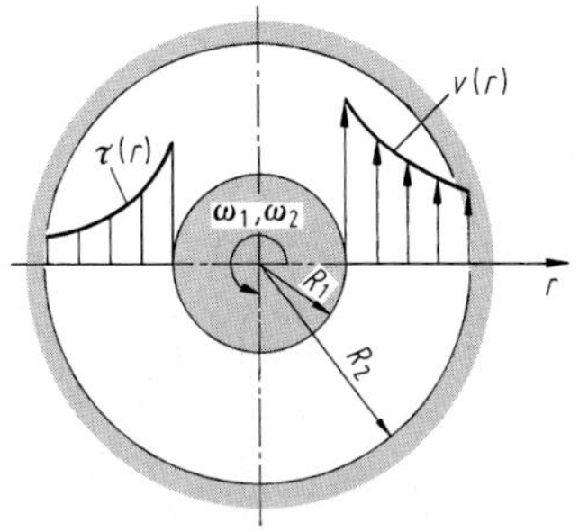

Bild 8-19. Zylinderspaltströmung, Geschwindigkeits- und Schubspannungsverteilung

Für das längenbezogene Drehmoment am inneren Zylinder gilt:

$$M_1 = 4\pi\eta B\,. \qquad (8\text{-}77)$$

Das am äußeren Zylinder angreifende Drehmoment ist gleich groß und wirkt in der entgegengesetzten Richtung.
Als Grenzfälle ergeben sich aus (8-74) für $R_2 \to \infty$, $v(r \to \infty) = 0$ der Potenzialwirbel mit $v(r) = B/r$ und für $R_1 \to 0$ folgt die Starrkörperrotation mit $v(r) = Ar$.

Kugelkoordinaten

Die folgenden Lösungen gelten nur für den Grenzfall kleiner Reynolds-Zahlen $Re < 1$.

Stokes'sche Kugelumströmung. Für die translatorische Bewegung einer festen Kugel durch ein viskoses Medium mit der Geschwindigkeit U ergibt sich aus dem Geschwindigkeits- und Druckfeld die Widerstandskraft [12]

$$F_\mathrm{W} = 6\pi\eta RU. \qquad (8\text{-}78)$$

Für die Umströmung einer Fluidkugel nach Bild 8-20 mit der Dichte ϱ' und der Viskosität η' gilt nach [13] die erweiterte Beziehung für die Widerstandskraft:

$$F_\mathrm{W} = 6\pi\eta RU\frac{2\eta + 3\eta'}{3\eta + 3\eta'}\,. \qquad (8\text{-}79)$$

Beispiel: Fallgeschwindigkeit einer Kugel. Im Schwerefeld stehen nach Bild 8-21 Auftriebskraft, Gewichtskraft und Widerstandskraft bei einer stationären Bewegung im Gleichgewicht: $F_\mathrm{A} - F_\mathrm{G} + F_\mathrm{W} = 0$. Mit $F_\mathrm{A} = (4/3)\pi R^3\varrho g$, $F_\mathrm{G} = (4/3)\pi R^3\varrho' g$ und $F_\mathrm{W} = 6\pi\eta Rw$ nach (8-78) folgt die Fallgeschwindigkeit $w = (2/9)(\varrho' - \varrho)R^2 g/\eta$.

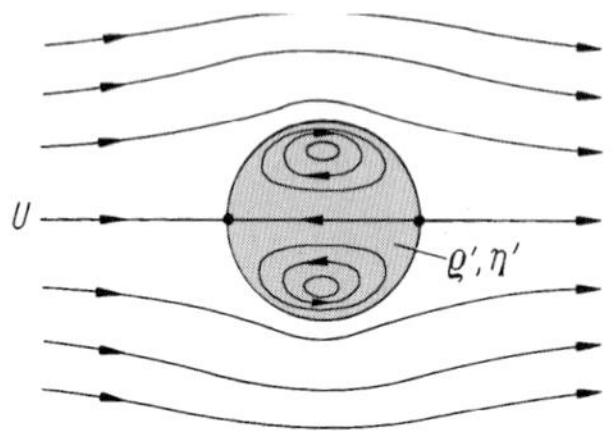

Bild 8-20. Stromfeld einer umströmten Fluidkugel

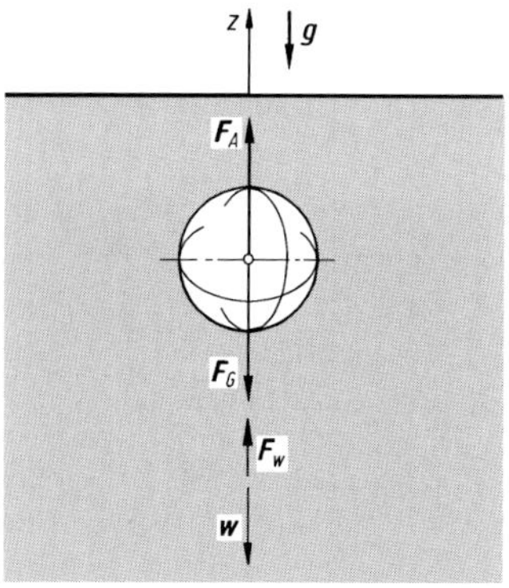

Bild 8-21. Fallende Kugel im Schwerefeld

Sind die Dichten ϱ' der Kugel und ϱ der Flüssigkeit bekannt, so lässt sich über die Messung dieser Fallgeschwindigkeit w die Viskosität η ermitteln.

Beispiel: Steiggeschwindigkeit einer Gasblase. Unter der Voraussetzung $\varrho' \ll \varrho$ und $\eta' \ll \eta$ folgt über das Gleichgewicht zwischen Auftriebskraft F_A und Widerstandskraft F_W nach (8-79) die Steiggeschwindigkeit $w = (1/3)gR^2/\nu$.

8.3.5 Turbulente Strömungen

Mit wachsender Reynolds-Zahl gehen die wohlgeordneten laminaren Schichtenströmungen in irreguläre turbulente Strömungen über. Dem molekularen Impulsaustausch überlagert sich ein zusätzlicher Transportprozess durch die makroskopische Turbulenzbewegung. Bei der Rohrströmung in Bild 8-18 vollzieht sich dieser Umschlag für Reynolds-Zahlen $Re \geqq 2320$. Die Beschreibung turbulenter Strömungen geschieht nach Reynolds mit der Zerlegung der instationären Geschwindigkeitskomponenten, z. B. $u(x, y, z, t)$ in einen zeitlichen Mittelwert $\bar{u}(x, y, z)$ und eine Schwankungsgröße $u'(x, y, z, t)$ nach Bild 8-22:

$$u(x, y, z, t) = \bar{u}(x, y, z) + u'(x, y, z, t)\,. \qquad (8\text{-}80)$$

Der zeitliche Mittelwert am festen Ort ist definiert durch

$$\bar{u}(x, y, z) = \frac{1}{T}\int_0^T u(x, y, z, t)\,\mathrm{d}t\,, \qquad (8\text{-}81)$$

Dabei ist T so groß gewählt, dass die Zeitabhängigkeit für $\bar{u}$ entfällt. Damit sind die zeitlichen Mittel-

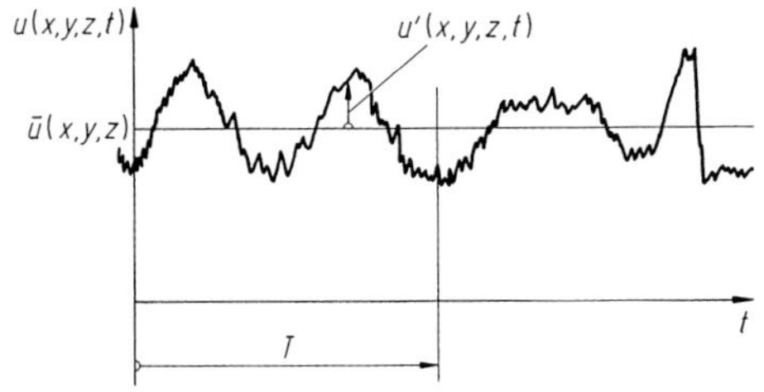

Bild 8-22. Turbulente Strömung, zeitabhängiger Geschwindigkeitsverlauf

werte der Schwankungsgeschwindigkeiten Null.

$$\overline{u'} = \overline{v'} = \overline{w'} = 0\,.$$

Die Intensität der Turbulenz wird durch den Turbulenzgrad Tu charakterisiert.

$$Tu = \frac{\sqrt{\frac{1}{3}(\overline{u'^2} + \overline{v'^2} + \overline{w'^2})}}{\sqrt{\overline{u}^2 + \overline{v}^2 + \overline{w}^2}}\,. \tag{8-82}$$

Das Einsetzen von (8-80) in die Navier-Stokes'schen Gleichungen führt zu den Reynolds'schen Gleichungen. Die Kontinuitätsgleichung ist auch für die Mittelwerte gültig:

$$\frac{\partial \overline{u}}{\partial x} + \frac{\partial \overline{v}}{\partial y} + \frac{\partial \overline{w}}{\partial z} = 0\,. \tag{8-83}$$

Die Impulsbilanz liefert in x-Richtung ohne Massenkraft f_x nach [14]:

$$\begin{aligned}\varrho \frac{\mathrm{d}\overline{u}}{\mathrm{d}t} &= -\frac{\partial \overline{p}}{\partial x} + \frac{\partial}{\partial x}\left(\eta \frac{\partial \overline{u}}{\partial x} - \varrho \overline{u'^2}\right)\\ &\quad + \frac{\partial}{\partial y}\left(\eta \frac{\partial \overline{u}}{\partial y} - \varrho \overline{u'v'}\right)\\ &\quad + \frac{\partial}{\partial z}\left(\eta \frac{\partial \overline{u}}{\partial z} - \varrho \overline{u'w'}\right).\end{aligned} \tag{8-84}$$

Die Schwankungsgrößen führen dabei zu den turbulenten Scheinspannungen

$$-\varrho \overline{u'^2}\,,\ -\varrho \overline{u'v'}\,,\ -\varrho \overline{u'w'}\,. \tag{8-85}$$

Die allgemeine Betrachtung ergibt den Reynolds'schen Spannungstensor. Diese Größen werden

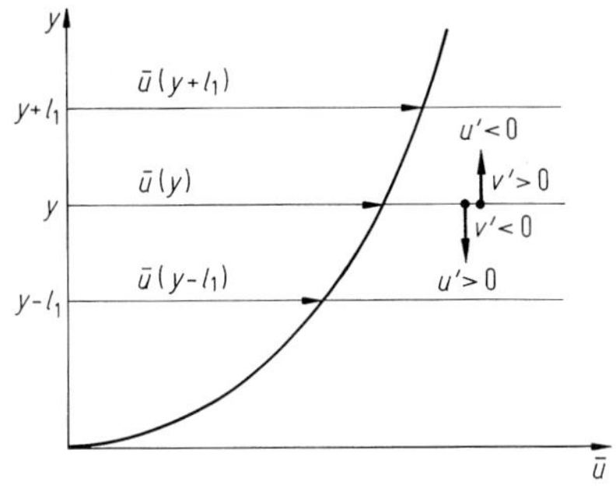

Bild 8-23. Mischungswegkonzept nach Prandtl

über Turbulenzmodelle und Transportgleichungen für die Turbulenzbewegung ermittelt [15].
Als einfaches Turbulenzmodell gilt der Prandtl'sche Mischungswegansatz. Das Konzept ist in Bild 8-23 für eine turbulente Hauptströmung in x-Richtung dargestellt. In positiver y-Richtung erfährt ein Fluidelement bei einem Mischungsweg l_1 eine Schwankungsgeschwindigkeit $u' = -l_1 \cdot \mathrm{d}\overline{u}/\mathrm{d}y$. Aus Kontinuitätsgründen gilt $v' = l_2 \cdot \mathrm{d}\overline{u}/\mathrm{d}y$. Für die Bewegung in negativer y-Richtung gilt ein analoges Verhalten. Die Reynolds'sche scheinbare Schubspannung folgt damit zu

$$\overline{\tau} = -\varrho \overline{u'v'} = \varrho \overline{l_1 l_2}\left(\frac{\mathrm{d}\overline{u}}{\mathrm{d}y}\right)^2 = \varrho l^2 \left(\frac{\mathrm{d}\overline{u}}{\mathrm{d}y}\right)^2\,. \tag{8-86}$$

Für die gesamte Schubspannung gilt

$$\overline{\tau}_{\mathrm{tot}} = \eta \frac{\mathrm{d}\overline{u}}{\mathrm{d}y} + \varrho l^2 \left(\frac{\mathrm{d}\overline{u}}{\mathrm{d}y}\right)^2\,. \tag{8-87}$$

Die Integration von (8-87) führt zur Geschwindigkeitsverteilung turbulenter Strömungen in der Nähe fester Wände.
Mit der Wandschubspannungsgeschwindigkeit $u_\tau = \sqrt{\overline{\tau}_{\mathrm{W}}/\varrho}$ folgt für die viskose Unterschicht mit $l \to 0$

$$\frac{\overline{u}(y)}{u_\tau} = \frac{y u_\tau}{\nu} = y^+\,, \quad y^+ < 5\,. \tag{8-88}$$

Außerhalb dieser Schicht dominiert der Anteil (8-86). Mit der Annahme von Prandtl, dass $\overline{\tau}_{\mathrm{tot}} = \overline{\tau}_{\mathrm{W}} = \mathrm{const}$ und $l = \varkappa y$ mit $\varkappa = \mathrm{const}$ ist, erhält man durch Integration

$$\frac{\overline{u}(y)}{u_\tau} = \frac{1}{\varkappa} \ln y^+ + C\,. \tag{8-89}$$

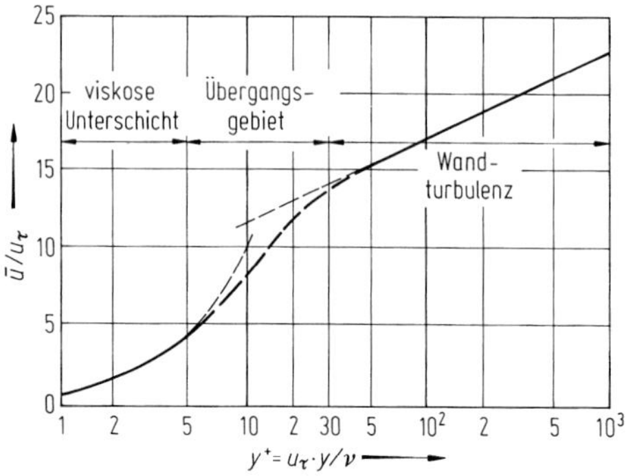

Bild 8-24. Geschwindigkeitsverteilung nahe fester Wände

Aus dem Experiment folgen für die Konstanten die sog. universellen Werte $\varkappa = 0{,}4$ und $C = 5{,}5$. Diese Gesetzmäßigkeit gilt für $y^+ > 30$ außerhalb der viskosen Unterschicht und einem Übergangsbereich. In Bild 8-24 ist die Geschwindigkeitsverteilung in halblogarithmischer Darstellung über dem Wandabstand aufgetragen. Bei sehr großen Wandabständen $y^+ > 10^3$ schließt sich die freie Turbulenz an.

Turbulente Rohrströmung. Mit zunehmender Reynolds-Zahl $Re = w_m D/\nu > 2320$ wird die Verteilung der zeitlich gemittelten Geschwindigkeit $\overline{w}(r)$ rechteckförmiger (Bild 8-25). Folgender Potenzansatz hat sich zur Beschreibung bewährt:

$$\frac{\overline{w}(r)}{\overline{W}} = \left(1 - \frac{r}{R}\right)^{1/n} \quad \text{mit} \quad n = 7\,. \qquad (8\text{-}90)$$

Bei diesem Gesetz ist die Wandschubspannung vom Rohrradius unabhängig. Die turbulente Strömung ist durch die lokalen Eigenschaften des Stromfeldes bestimmt. Zwischen der über den Rohrquerschnitt gemittelten Geschwindigkeit $\overline{w}_m$ und der maximalen Geschwindigkeit $\overline{w}$ gilt der Zusammenhang $\overline{w}_m = 0{,}816\overline{W}$. Der Gültigkeitsbereich von (8-90) wird für $Re > 10^5$ verlassen, da n im Exponenten mit wachsender Reynolds-Zahl zunimmt.

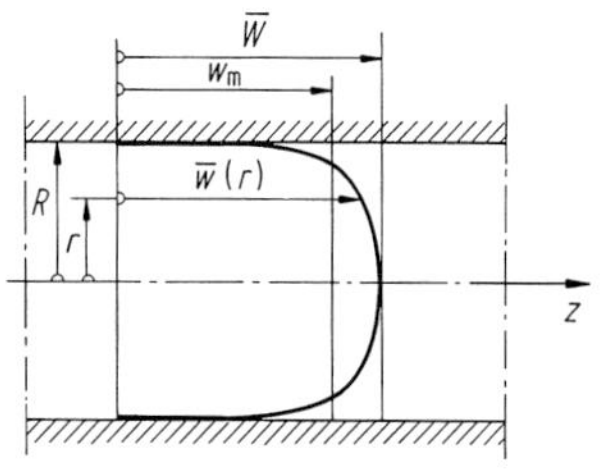

Bild 8-25. Geschwindigkeitsverteilung in turbulenter Rohrströmung

8.3.6 Grenzschichttheorie

Bei sehr großen Reynolds-Zahlen, $Re = u_\infty l/\nu \gg 1$, ist der Reibungseinfluss in der Grenzschicht dominant. Aufgrund der Haftbedingung an der Körperoberfläche erfolgt der Geschwindigkeitsanstieg von Null auf den Wert der Außenströmung in dieser Grenzschicht der Dicke δ. Für eine stationäre ebene Strömung ohne Massenkraft folgen aus der Kontinuitätsgleichung und den Navier-Stokes'schen Gleichungen für $\delta \ll l$ die Prandtl'schen Grenzschichtgleichungen [12]:

$$\frac{\partial u}{\partial x} + \frac{\partial v}{\partial y} = 0\,, \qquad (8\text{-}91)$$

$$u\frac{\partial u}{\partial x} + v\frac{\partial u}{\partial y} = -\frac{1}{\varrho}\cdot\frac{\mathrm{d}p}{\mathrm{d}x} + \nu\frac{\partial^2 u}{\partial y^2}\,. \qquad (8\text{-}92)$$

Der Druck $p(x)$ in der Grenzschicht wird durch die Außenströmung aufgeprägt. Über die Bernoulli-Gleichung folgt der Zusammenhang mit der Geschwindigkeit U der Außenströmung zu

$$-\frac{1}{\varrho}\cdot\frac{\mathrm{d}p}{\mathrm{d}x} = U\frac{\mathrm{d}U}{\mathrm{d}x}\,.$$

Impulssatz der Grenzschichttheorie

Die integrale Erfüllung der Grenzschichtgleichungen im Bereich $0 \leqq y \leqq \delta$ führt zu dem Impulssatz

$$\frac{\mathrm{d}}{\mathrm{d}x}(U^2\delta_2) + \delta_1 U\frac{\mathrm{d}U}{\mathrm{d}x} = \frac{\tau_W}{\varrho}\,.$$

Dabei ist $\delta_1 = \int_0^\infty (1 - u/U)\,\mathrm{d}y$ die Verdrängungsdicke, $\delta_2 = \int_0^\infty u/U(1 - u/U)\,\mathrm{d}y$ die Impulsverlustdicke und τ_W die Wandschubspannung. Analog dazu lässt sich ein Energiesatz für die Grenzschicht herleiten. Der Impulssatz bildet die Grundlage von Näherungsverfahren zur Berechnung von Grenzschichten [16].

Reibungswiderstand der Plattengrenzschicht

Bei der Umströmung einer ebenen Platte ist der Druck p = const und damit ohne Einfluss. Es stellt sich bei laminarer Strömung die in Bild 8-26 dargestellte Grenzschicht ein. Aus der analytischen Lösung der Gleichungen (8-91), (8-92) folgt für die Platte der Länge l die Grenzschichtdicke mit $Re = u_\infty l/\nu$:

$$\frac{\delta}{l} = \frac{3{,}46}{\sqrt{Re}} \,. \qquad (8\text{-}93)$$

Der *lokale Reibungsbeiwert* c_f ist mit $Re_x = u_\infty x/\nu$

$$c_\mathrm{f} = \frac{\tau_\mathrm{W}}{\frac{1}{2}\varrho u_\infty^2} = \frac{0{,}664}{\sqrt{Re_x}} \,. \qquad (8\text{-}94)$$

Bei einfacher Benetzung folgt durch Integration der Reibungswiderstand in normierter Form für die Platte der Länge l und Breite b:

$$c_\mathrm{F} = \frac{F_W}{\frac{1}{2}\varrho u_\infty^2 bl} = \frac{1{,}328}{\sqrt{Re}} \quad \text{(Blasius)}. \qquad (8\text{-}95)$$

Für sehr große Reynolds-Zahlen, $Re > 5 \cdot 10^5$, liegt eine *turbulente Grenzschichtströmung* vor. Mit dem Potenzgesetz (8-90) für die Geschwindigkeitsverteilung ergeben sich für die turbulente Plattengrenzschicht bei einfacher Benetzung für hydraulisch glatte Oberflächen

$$\frac{\delta}{l} = \frac{0{,}37}{Re^{1/5}} \,, \qquad (8\text{-}96)$$

$$c_\mathrm{f} = \frac{\tau_\mathrm{W}}{\frac{1}{2}\varrho u_\infty^2} = \frac{0{,}0577}{Re_x^{1/5}} \,, \qquad (8\text{-}97)$$

$$c_\mathrm{F} = \frac{F_\mathrm{W}}{\frac{1}{2}\varrho u_\infty^2 bl} = \frac{0{,}074}{Re^{1/5}} \qquad (8\text{-}98)$$

$$(5 \cdot 10^5 < Re < 10^7) \quad \text{(Prandtl)}.$$

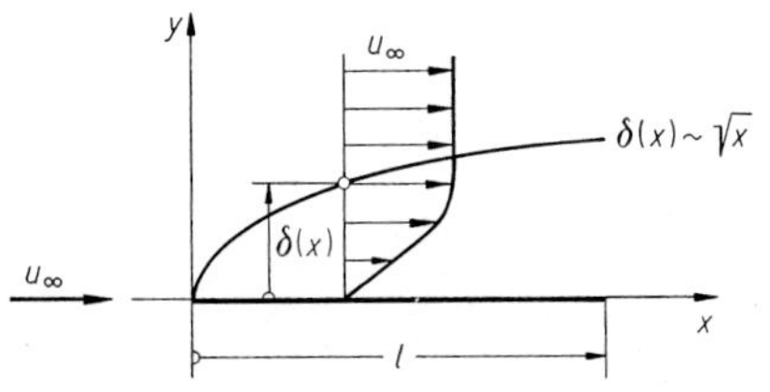

Bild 8-26. Laminare Plattengrenzschicht

Auf der Basis des logarithmischen Wandgesetzes gilt für einen größeren Reynoldszahlenbereich [12]:

$$c_\mathrm{F} = \frac{0{,}455}{(\lg Re)^{2{,}58}} - \frac{1{,}700}{Re} \qquad (8\text{-}99)$$

(Prandtl-Schichtung)

Der zweite Anteil berücksichtigt den laminar-turbulenten Übergang mit der kritischen Reynolds-Zahl $Re_\mathrm{krit} = 5 \cdot 10^5$.
Für die vollkommen turbulent raue Plattenströmung gilt

$$c_\mathrm{F} = \left(1{,}89 + 1{,}62 \lg \frac{l}{k_S}\right)^{-2{,}5}$$

$$\left(10^2 < \frac{l}{k_S} < 10^6\right). \qquad (8\text{-}100)$$

Die Rauheit ist dabei durch die äquivalente Sandkornrauheit k_S charakterisiert.

Strömungsablösung

Bei der Umströmung von Körpern wird der Grenzschicht im Bereich verzögerter Strömung ein positiver Druckgradient $\mathrm{d}p/\mathrm{d}x > 0$ aufgeprägt. Mit der Grenzschichtgleichung (8-92) ergibt sich auf dem Profil der Zusammenhang zwischen Druckgradient und Krümmung des Geschwindigkeitsprofils:

$$\frac{1}{\varrho} \cdot \frac{\mathrm{d}p}{\mathrm{d}x} = \nu \left(\frac{\partial^2 u}{\partial y^2}\right)_\mathrm{w} \,.$$

Bild 8-28 zeigt eine laminare Profilumströmung mit Ablösung und den dazugehörigen Druckverlauf. Im Dickenmaximum ist $\mathrm{d}p/\mathrm{d}x = 0$, und auf der Oberfläche tritt ein Wendepunkt im Geschwindigkeitsprofil auf. Mit steigendem Druckgradienten wandert dieser Wendepunkt in die Grenzschicht, bis an der Wand eine vertikale Tangente im Geschwindigkeitsprofil auftritt. In diesem Ablösepunkt ist die Wandschubspannung $\tau_\mathrm{W} = 0$. Es kommt stromab zu einer Rückströmung. Die der Potenzialtheorie entsprechende Druckverteilung in Bild 8-27 wird dabei erheblich verändert. Hierdurch tritt neben dem Reibungswiderstand durch die unsymmetrische Druckverteilung ein Druckwiderstand auf.

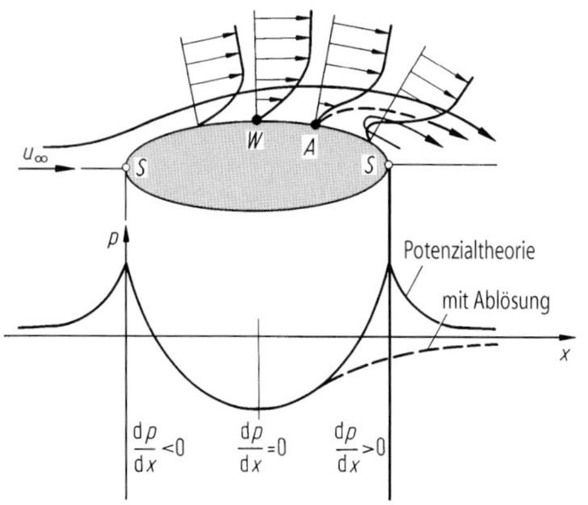

Bild 8-27. Profilumströmung mit Ablösung

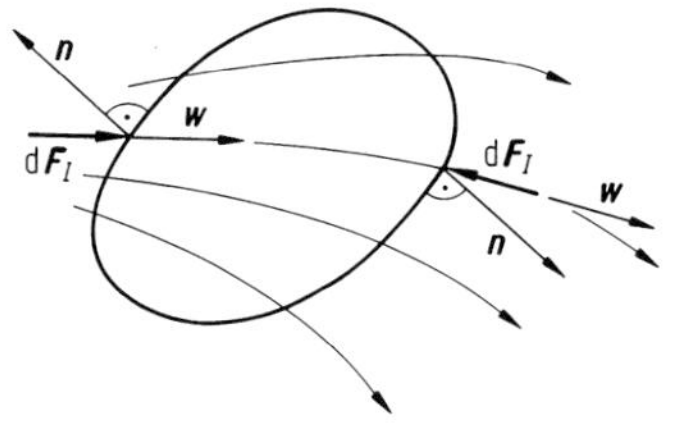

Bild 8-28. Durchströmter Kontrollraum

8.3.7 Impulssatz

Mit dem Impulssatz sind globale Aussagen über Strömungsvorgänge in einem Kontrollraum nach Bild 8-28 möglich. Die zeitliche Änderung des Impulses ist gleich der Resultierenden der äußeren Kräfte:

$$\begin{aligned}\frac{\mathrm{d}\boldsymbol{I}}{\mathrm{d}t} &= \frac{\mathrm{d}}{\mathrm{d}t}\int_V \varrho \boldsymbol{w}\,\mathrm{d}V \\ &= \int_V \frac{\partial \varrho \boldsymbol{w}}{\partial t}\mathrm{d}V + \int_A \varrho \boldsymbol{w}(\boldsymbol{w}\cdot\boldsymbol{n})\,\mathrm{d}A \\ &= \sum \boldsymbol{F}_\mathrm{A}\,. \qquad (8\text{-}101)\end{aligned}$$

Diese Bilanzaussage ist für reibungsfreie und reibungsbehaftete Strömungsvorgänge gültig. Mit der Beschränkung auf stationäre Strömungen braucht die Integration nur über die Oberfläche A des Kontrollraumes ausgeführt werden. Der Impulssatz beschreibt das Gleichgewicht zwischen Impuls-, Oberflächen- und Massenkräften:

$$\boldsymbol{F}_\mathrm{I} + \sum \boldsymbol{F}_\mathrm{A} = 0\,. \qquad (8\text{-}102)$$

Die Impulskraft ist hierin $F_\mathrm{I} = -\int_A \varrho \boldsymbol{w}(\boldsymbol{w}\cdot\boldsymbol{n})\,\mathrm{d}A$ und die Druckkraft $\boldsymbol{F}_\mathrm{D} = -\int_A p\boldsymbol{n}\,\mathrm{d}A$.

8.3.8 Anwendungsbeispiele

Haltekraft von Diffusor und Düse

Gesucht ist die Haltekraft $\boldsymbol{F}_\mathrm{H}$, die am Diffusor über die Schrauben angreift. Mit $p_2 = p_\mathrm{a}$ und konstant Werten für p und w über den Querschnitten folgt für den Kontrollraum nach Bild 8-29 in x-Richtung ($\varrho = \mathrm{const}$):

$$\varrho w_1^2 A_1 + p_1 A_1 - \varrho w_2^2 A_2 - p_\mathrm{a} A_1 + F_\mathrm{H} = 0\,. \qquad (8\text{-}103)$$

Mit der Kontinuitätsbedingung $w_1 A_1 = w_2 A_2$ wird

$$F_\mathrm{H} = \varrho w_2^2 \left(A_2 - \frac{A_2^2}{A_1}\right) + (p_\mathrm{a} - p_1) A_1\,. \qquad (8\text{-}104)$$

Aus der Bernoulli-Gleichung folgt bei reibungsfreier Strömung

$$\begin{aligned} p_1 - p_\mathrm{a} &= \frac{1}{2}\varrho\left(w_2^2 - w_1^2\right) \\ &= \frac{1}{2}\varrho w_2^2\left(1 - \frac{A_2^2}{A_1^2}\right)\,. \qquad (8\text{-}105)\end{aligned}$$

Die Haltekraft ergibt sich dann zu

$$F_\mathrm{H} = -\frac{1}{2}\varrho w_1^2 A_1 \left(\frac{A_1}{A_2} - 1\right)^2\,. \qquad (8\text{-}106)$$

Die Haltekraft $\boldsymbol{F}_\mathrm{H}$ ist in negative x-Richtung gerichtet. Die Schrauben werden auf Zug beansprucht. Die Kraft von der Strömung auf den Diffusor wirkt in Strömungsrichtung. Dieses Resultat ist für den Diffusor mit $A_2 > A_1$ und für die Düse mit $A_2 < A_1$ gültig.

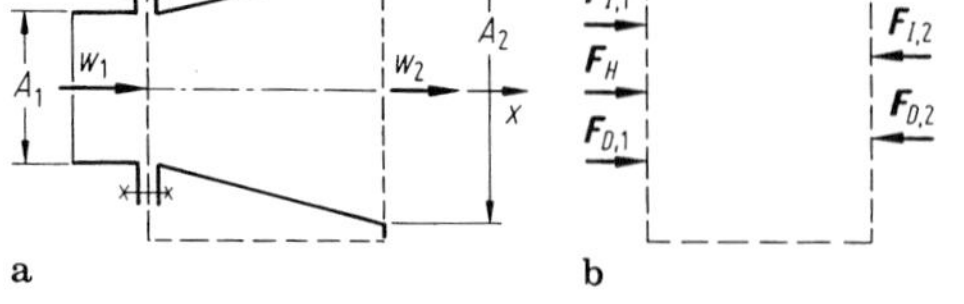

Bild 8-29. Diffusorströmung. **a** Kontrollraum, **b** Kräftebilanz

Durchströmen eines Krümmers

Gesucht ist die Haltekraft $\boldsymbol{F}_{\mathrm{H}}$ am frei ausblasenden Krümmer in Bild 8-30a. Ohne Massenkraft wird aus dem Impulssatz (8-102):

$$\boldsymbol{F}_{\mathrm{I}1} + \boldsymbol{F}_{\mathrm{I}2} + \boldsymbol{F}_{\mathrm{D}1} + \boldsymbol{F}_{\mathrm{D}2} + \boldsymbol{F}_{\mathrm{D}3,4} + \boldsymbol{F}_{\mathrm{H}} = 0\,. \quad (8\text{-}107)$$

Mit konstanten Geschwindigkeiten in den beiden Querschnitten folgen die Impulskräfte

$$\boldsymbol{F}_{\mathrm{I}1} = -\boldsymbol{n}_1 \varrho w_1^2 A_1\,, \quad \boldsymbol{F}_{\mathrm{I}2} = -\boldsymbol{n}_2 \varrho w_2^2 A_2\,. \quad (8\text{-}108)$$

Die Druckkräfte lassen sich mit der Tatsache, dass ein konstanter Druck auf eine geschlossene Fläche keine resultierende Kraft ausübt, vereinfachend zusammenfassen. Mit $p_2 = p_{\mathrm{a}}$ folgt

$$\begin{aligned}\sum \boldsymbol{F}_{\mathrm{D}} &= \boldsymbol{F}_{\mathrm{D}1} + \boldsymbol{F}_{\mathrm{D}2} + \boldsymbol{F}_{\mathrm{D}3,4} \\ &= -\left\{ \int_{A1} (p_1 - p_{\mathrm{a}})\, \boldsymbol{n}\, \mathrm{d}A + \int_{A1} p_{\mathrm{a}}\, \boldsymbol{n}\, \mathrm{d}A \right. \\ &\quad \left. + \int_{A2} p_{\mathrm{a}}\, \boldsymbol{n}\, \mathrm{d}A + \int_{A3,4} p_{\mathrm{a}}\, \boldsymbol{n}\, \mathrm{d}A \right\} \\ &= -\int_{A1} (p_1 - p_{\mathrm{a}})\, \boldsymbol{n}\, \mathrm{d}A\,. \end{aligned} \quad (8\text{-}109)$$

Aus dem Kräftedreieck in Bild 8-30b resultiert die Haltekraft $\boldsymbol{F}_{\mathrm{H}}$ durch vektorielle Addition der beiden Impulskräfte $\boldsymbol{F}_{\mathrm{I}1}$ und $\boldsymbol{F}_{\mathrm{I}2}$ sowie der resultierenden Druckkraft $\sum \boldsymbol{F}_{\mathrm{D}}$. Die Haltekraft $\boldsymbol{F}_{\mathrm{H}}$ wird von den Schrauben durch Zug- und Schubkräfte aufgenommen.

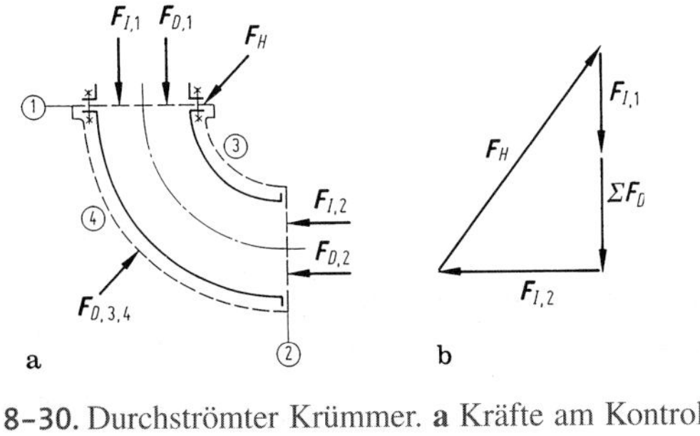

Bild 8-30. Durchströmter Krümmer. **a** Kräfte am Kontrollraum, **b** Kräftedreieck

Schubkraft eines Strahltriebwerkes

Die Impulsbilanz wird auf den Kontrollraum in Bild 8-31 angewandt. Auf den Kontrollflächen vor und hinter dem Triebwerk ist der Druck $p = p_\infty$. Der Fangquerschnitt A_∞ wird durch den Antrieb auf den Strahlquerschnitt A_{S} verringert. Die Geschwindigkeit im Strahl wird von w_∞ auf w_{S} erhöht. Aus der Massenstrombilanz außerhalb des Triebwerkes folgt die Massenzufuhr durch die seitlichen Kontrollflächen

$$\dot m = \varrho_\infty w_\infty (A_\infty - A_{\mathrm{S}})\,. \quad (8\text{-}110)$$

Damit verbunden ist eine Impulskraft in x-Richtung (M = Mantelfläche):

$$\begin{aligned} F_{\mathrm{I},x} &= -\int_M \varrho \boldsymbol{w}_x (\boldsymbol{w} \cdot \boldsymbol{n})\, \mathrm{d}A \\ &= w_\infty \dot m = \varrho_\infty w_\infty^2 (A_\infty - A_{\mathrm{S}})\,. \end{aligned} \quad (8\text{-}111)$$

Die Impulsbilanz ergibt damit

$$\begin{aligned} &\varrho_\infty w_\infty^2 A + \varrho_\infty w_\infty^2 (A_\infty - A_{\mathrm{S}}) \\ &- \varrho_{\mathrm{S}} w_{\mathrm{S}}^2 A_{\mathrm{S}} - \varrho_\infty w_\infty^2 (A - A_{\mathrm{S}}) + F_{\mathrm{H}} = 0 \end{aligned} \quad (8\text{-}112)$$

Im Gleichgewicht folgt für die Haltekraft

$$F_{\mathrm{H}} = \varrho_{\mathrm{S}} w_{\mathrm{S}}^2 A_{\mathrm{S}} - \varrho_\infty w_\infty^2 A_\infty = \dot m_{\mathrm{T}} (w_{\mathrm{S}} - w_\infty)\,. \quad (8\text{-}113)$$

Der Massenstrom im Triebwerk ist $\dot m_{\mathrm{T}} = \varrho_{\mathrm{S}} w_{\mathrm{S}} A_{\mathrm{S}} = \varrho_\infty w_\infty A_\infty$. Der Schub S ist der Haltekraft F_{H} entgegengerichtet: $S = -F_{\mathrm{H}}$. Aus der Beziehung (113) sind die Möglichkeiten zur Schubsteigerung zu erkennen.

Leistung einer Windenergieanlage

Durch Verzögerung der Geschwindigkeit wird mit dem Windrad in Bild 8-32 dem Luftstrom Energie

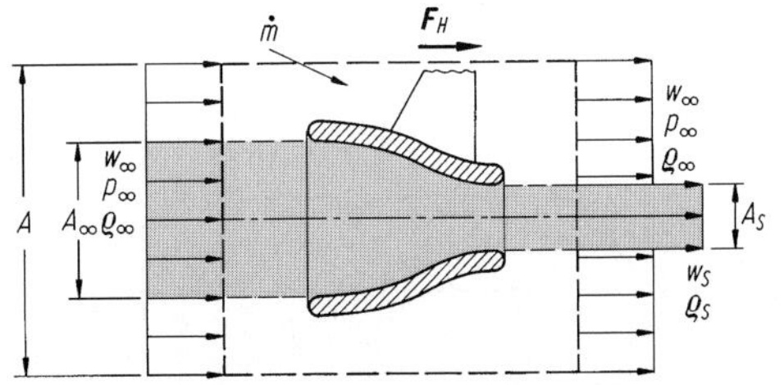

Bild 8-31. Kontrollraum beim Flugtriebwerk

entzogen. Die Massenbilanz für die den Propeller einschließende Stromröhre liefert

$$\varrho w_\infty A_1 = \varrho w_3 A_3 = \varrho w_S A_5 = \dot{m} \qquad (8\text{-}114)$$

Zwischen den Querschnitten ① und ② sowie ④ und ⑤ ist die Bernoulli-Gleichung gültig. Mit der Voraussetzung $A_2 \approx A_3 \approx A_4$ folgt $w_2 \approx w_3 \approx w_4$ und damit die Druckdifferenz

$$p_2 - p_4 = \Delta p = \frac{\varrho}{2}(w_\infty^2 - w_S^2). \qquad (8\text{-}115)$$

Für den Kontrollraum zwischen den Querschnitten A_1 und A_5 folgt mit dem Impulssatz:

$$F_H = \varrho w_\infty^2 A_1 - \varrho w_S^2 A_5 = \dot{m}(w_\infty - w_S). \qquad (8\text{-}116)$$

Für den Kontrollraum zwischen A_2 und A_4 gilt nach dem Impulssatz:

$$F_H = (p_2 - p_4)A_3 = \frac{\varrho}{2}\left(w_\infty^2 - w_S^2\right)A_3. \qquad (8\text{-}117)$$

Durch Gleichsetzen der Ergebnisse für die Haltekraft folgt die Geschwindigkeit im Querschnitt A_3 zu

$$w_3 = \frac{1}{2}(w_\infty + w_S). \qquad (8\text{-}118)$$

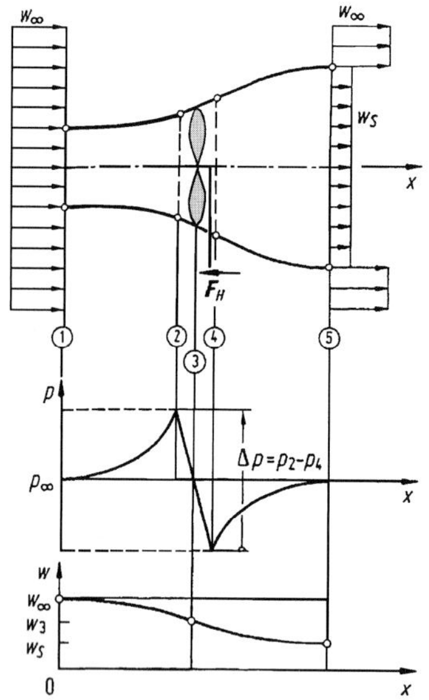

Bild 8-32. Windenergieanlage, Kontrollflächen sowie Druck- und Geschwindigkeitsverlauf

Die Leistung der Anlage ergibt sich zu

$$P = F_H w_3 = \frac{1}{4}\varrho A_3\left(w_\infty^2 - w_S^2\right)(w_\infty + w_S) \qquad (8\text{-}119)$$

mit dem Maximalwert für $w_S = \frac{1}{3}w_\infty$:

$$P_{\max} = \frac{8}{27}\varrho A_3 w_\infty^3. \qquad (8\text{-}120)$$

Bezogen auf den Energiestrom durch den Propeller folgt die Leistungskennzahl (Betz-Zahl)

$$c_B = \frac{P_{\max}}{\frac{1}{2}\varrho A_3 w_\infty^3} = \frac{16}{27} = 0{,}593. \qquad (8\text{-}121)$$

Diese Betz-Zahl c_B dient zur Charakterisierung von Windenergieanlagen.

Beispiel: Welche Leistung liefert eine Windenergieanlage mit einem Rotor mit $D = 82\,\text{m}$ bei einer Windgeschwindigkeit $w_\infty = 10\,\text{m/s} = 36\,\text{km/h}$? Aus (8-121) folgt mit der Dichte von Luft $\varrho = 1{,}05\,\text{kg/m}^3$

$$P_{\max} = \frac{\varrho}{2} \cdot \frac{\pi D^2}{4} w_\infty^3 c_B = 1887\,\text{kW}.$$

Diese maximale Leistung variiert also mit der 3. Potenz der Windgeschwindigkeit. Ist die Windgeschwindigkeit nur halb so hoch, so ist $P_{\max} = 1887/2^3 = 236\,\text{kW}$. Bei ausgeführten Anlagen werden diese Werte je nach Geschwindigkeitsbereich bis zu 85% erreicht.

8.4 Druckverlust und Strömungswiderstand

8.4.1 Durchströmungsprobleme

Bei hydraulischen Problemen besteht die Hauptaufgabe in der Ermittlung des Druckverlustes durchströmter Leitungselemente wie gerader Rohre, Krümmer und Diffusoren. Aus Dimensionsbetrachtungen folgt für den Druckverlust bei ausgebildeter Strömung in geraden Rohren:

$$\Delta p_v = \frac{1}{2}\varrho w_m^2 \frac{l}{D}\lambda. \qquad (8\text{-}122)$$

Der Koeffizient λ ist die sog. *Rohrwiderstandszahl.* Für die weiteren Rohrleitungselemente gilt

$$\Delta p_v = \frac{1}{2}\varrho w_m^2 \zeta. \qquad (8\text{-}123)$$

Mit der Druckverlustzahl ζ werden die durch Sekundärströmungen hervorgerufenen Zusatzdruckverluste erfasst. Bei turbulenter Strömung ist $\zeta = \text{const}$ und der Druckverlust proportional zum Quadrat der mittleren Geschwindigkeit w_m.

Strömungen in Rohren mit Kreisquerschnitt

Die Strömungsform in Kreisrohren ist von der Reynolds-Zahl $Re = w_m D/\nu$ abhängig, wobei für $Re < 2320$ laminare und für $Re > 2320$ turbulente Strömung auftritt. Der Reibungseinfluss wird durch die Rohrwiderstandszahl λ erfasst, die von der Reynolds-Zahl Re und der relativen Wandrauheit k/D abhängen kann. Es gelten die Beziehungen [2]:
Laminare Strömung:

$$\lambda = \frac{64}{Re} \quad (Re < 2\,320) \qquad (8\text{-}124)$$

(Hagen-Poiseuille).

Turbulente Strömung:

a) hydraulisch glatt $\lambda = \lambda(Re)$

$$\lambda = \frac{0{,}3164}{\sqrt[4]{Re}} \quad (2{,}320 < Re < 10^5) \qquad (8\text{-}125)$$

(Blasius)

$$\frac{1}{\sqrt{\lambda}} = 2{,}0 \lg(Re\sqrt{\lambda}) - 0{,}8 \qquad (8\text{-}126)$$

$(10^5 < Re < 3 \cdot 10^6)$ (Prandtl)

b Übergangsgebiet $\lambda = \lambda(Re, k/D)$

$$\frac{1}{\sqrt{\lambda}} = -2{,}0 \lg\left(\frac{k}{D \cdot 3{,}715} + \frac{2{,}51}{Re\sqrt{\lambda}}\right) \qquad (8\text{-}127)$$

(Colebrook)

c) vollkommen rau $\lambda = \lambda(k/D)$

$$\lambda = \frac{0{,}25}{\left(\lg \frac{3{,}715\,D}{k}\right)^2}$$

$$\left(Re > 400\frac{D}{k}\lg\left(3{,}715\frac{D}{k}\right)\right). \qquad (8\text{-}128)$$

Bei der turbulenten Rohrströmung ist die Dicke der viskosen Unterschicht und die Rauheit der Rohrwand für das globale Strömungsverhalten wichtig. Bei einer hydraulisch glatten Wand werden die Wandrauheiten von der viskosen Unterschicht überdeckt. Im Übergangsbereich sind beide von gleicher Größenordnung. Bei vollkommen rauer Wand sind die Rauheitserhebungen wesentlich größer als die Dicke der viskosen Unterschicht und bestimmen damit die Reibung der turbulenten Strömung. In Bild 8-33, dem sog. Moody-Colebrook-Diagramm, ist die Rohrwiderstandszahl $\lambda(Re, k/D)$ für alle Bereiche der Rohrströmung als Diagramm dargestellt. Anhaltswerte für technische Rauheiten k sind in Bild 8-34 für verschiedene Werkstoffe angegeben. Genaue Daten sind von der Bearbeitung und dem Betriebszustand des Rohres abhängig. Mit dem Rohrdurchmesser lässt sich dann die relative Rauheit k/D bestimmen.

Strömungen in Leitungen mit nichtkreisförmigen Querschnitten

Die verschiedenen Querschnittsformen werden durch den hydraulischen Durchmesser d_h charakterisiert, der sich aus der Querschnittsfläche A und dem benetzten Umfang U ergibt:

$$d_h = \frac{4A}{U}. \qquad (8\text{-}129)$$

In Bild 8-35 sind einige Beispiele zusammengestellt [17].

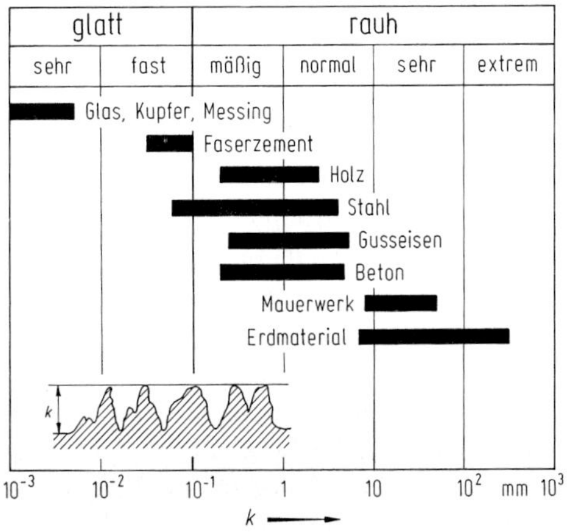

Bild 8-34. Wandrauheiten verschiedener Materialien

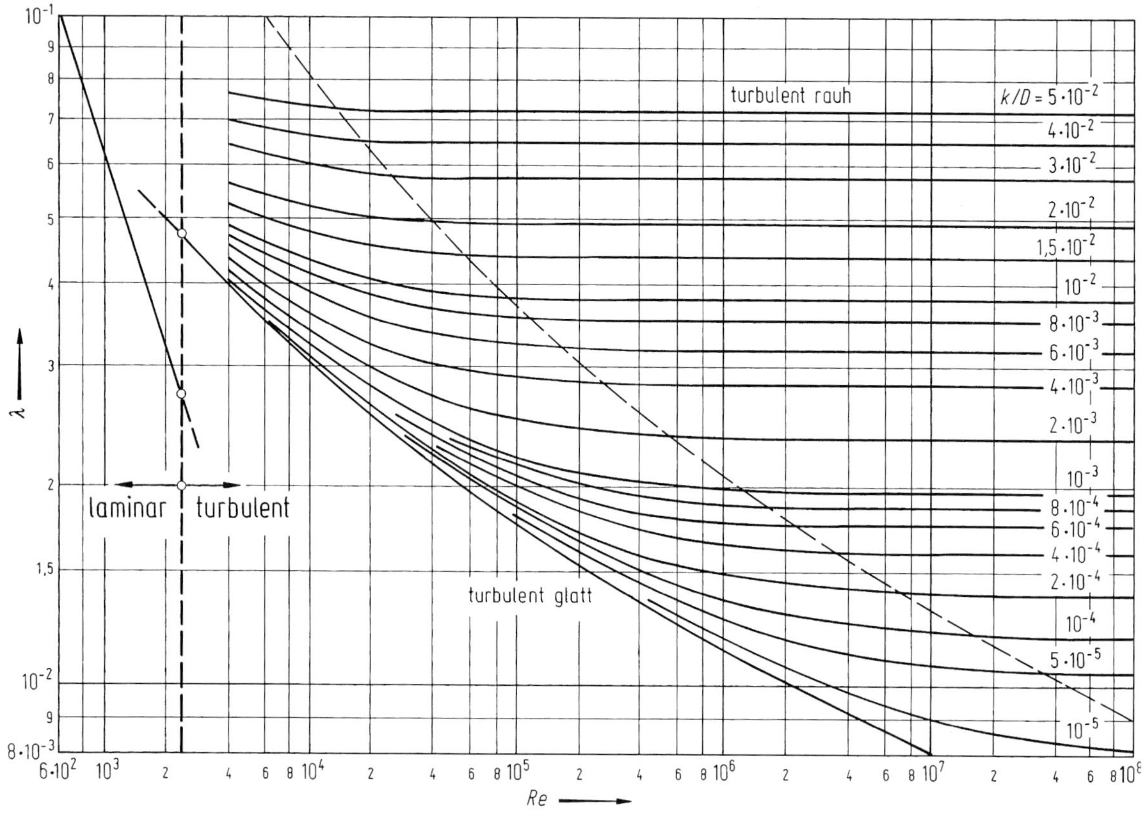

Bild 8-33. Rohrwiderstandszahl nach Moody/Colebrook [2]

Bei laminarer Strömung ist die Rohrwiderstandszahl λ von der Geometrie abhängig. Die Geometrie beeinflusst die Geschwindigkeitsverteilung und damit die Wandreibung und den Druckverlust. Die analytische Berechnung von λ ist für elementare Geometrien möglich [2, 18]. In Bild 8-36 ist für laminare Strömung das Produkt $\lambda \cdot Re$ mit $Re = w_m d_h/\nu$ für verschiedene Querschnittsformen dargestellt.

Bei turbulenter Strömung in nichtkreisförmigen Querschnitten wird durch den turbulenten Austausch die Geschwindigkeitsverteilung vergleichmäßigt [19]. Der Reibungseinfluss ist damit auf den Wandbereich beschränkt und die Form der Geometrie deshalb für den Druckverlust von untergeordneter Bedeutung. Die kritische Reynolds-Zahl ist jedoch kleiner als beim Kreisrohr. Mit dem hydraulischen Durchmesser d_h lassen sich die Verluste auf die Rohrströmung mit Kreisquerschnitt zurückführen. Für die Rohrwiderstandszahl λ gelten bei turbulenter Strömung damit die Beziehungen (8-125) bis (8-128) und das Diagramm von Moody-Colebrook [2] in Bild 8-33. In einigen Fällen, wie z. B. beim Kreisring, genügt der hydraulische Durchmesser d_h allein nicht zur Charakterisierung der Querschnittsform.

Bei exzentrischer Anordnung kann sich der Widerstandsbeiwert erheblich ändern, bei maximaler Exzentrizität ergibt sich eine Abnahme von λ um ca. 60% [46].

Druckverluste bei der Rohreinlaufströmung

Durch die Umformung des Geschwindigkeitsprofiles tritt in der Einlaufstrecke ein erhöhter Druckabfall auf. In Bild 8-37 ist zu sehen, dass die Strömung in Rohrmitte beschleunigt werden muss und zusätzlich an der Wand über die Länge l ein größerer Geschwindigkeitsgradient vorliegt.

Strenggenommen besteht die Einlaufstrecke aus zwei Abschnitten. Im ersten wachsen die Grenzschichten bis zur Achse, im zweiten wird anschließend das ausgebildete Geschwindigkeitsprofil erzeugt.

Bei laminarer Strömung folgt für die Zusatzdruckverlustzahl und die Länge der Einlaufstrecke [20]:

$$\zeta = 1{,}08, \quad \frac{l}{D} = 0{,}06\,Re\,. \tag{8-130}$$

Bei turbulenter Strömung gleicht das Geschwindigkeitsprofil bei ausgebildeter Strömung mehr der Rechteckform, sodass nur ein geringer Zusatzverlust auftritt. Hierbei gilt nach [20]:

$$\zeta = 0{,}07, \quad \frac{l}{D} = 0{,}6\,Re^{1/4}\,. \tag{8-131}$$

Druckverluste bei unstetigen Querschnittsänderungen

Eine plötzliche Rohrerweiterung nach Bild 8-38a wird als Carnot-Diffusor bezeichnet. Mit der Kontinuitätsbedingung und dem Impulssatz folgt für die Druckerhöhung von ① → ② [1]:

$$C_p = \frac{p_2 - p_1}{\frac{1}{2}\varrho w_1^2} = 2\,\frac{A_1}{A_2}\left(1 - \frac{A_1}{A_2}\right). \tag{8-132}$$

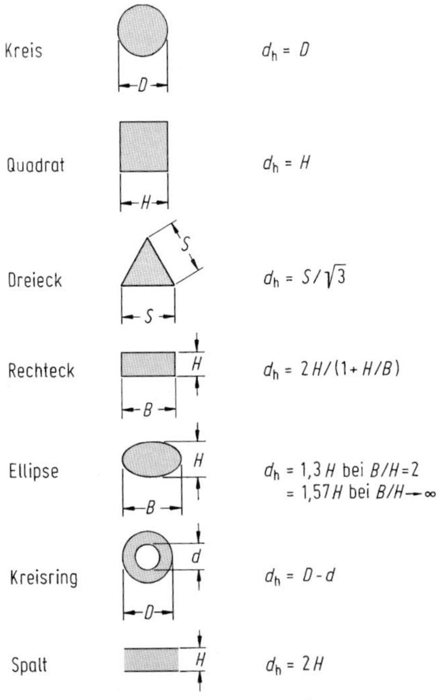

Bild 8-35. Querschnittsform und hydraulischer Durchmesser

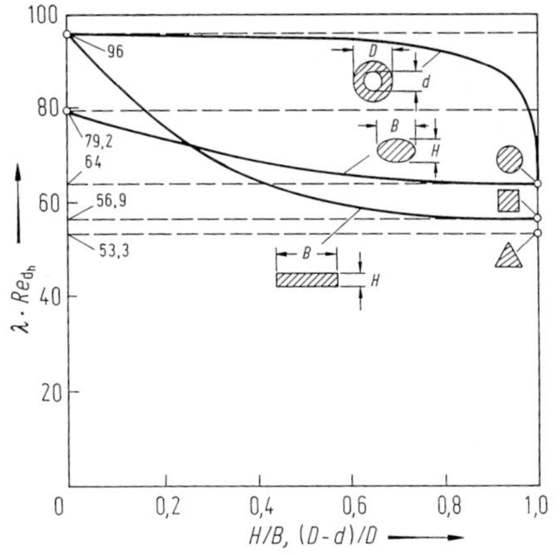

Bild 8-36. Rohrwiderstandszahl für verschiedene Querschnitte bei laminarer Strömung

Im Idealfall liefert die Bernoulli-Gleichung von ① → ②:

$$C_{p\,\mathrm{id}} = \frac{p_{2\,\mathrm{id}} - p_1}{\frac{1}{2}\varrho w_1^2} = 1 - \left(\frac{A_1}{A_2}\right)^2. \tag{8-133}$$

Die Druckverlustzahl folgt aus der Differenz zwischen idealem und realem Druckanstieg zu

$$\zeta_1 = \frac{\Delta p_\mathrm{v}}{\frac{1}{2}\varrho\, w_1^2} = C_{p\,\mathrm{id}} - C_p = \left(1 - \frac{A_1}{A_2}\right)^2. \tag{8-134}$$

Der Maximalwert $\zeta_1 = 1$ wird beim Austritt ins Freie, $A_2 \to \infty$ erreicht. Die verlustbehaftete Energieumsetzung ist bei $l/D = 4$ nahezu abgeschlossen. Bei der plötzlichen Rohrverengung in Bild 8-38b kommt es zu einer Strahleinschnürung, die auch als *Strahlkontraktion* bezeichnet wird. Die wesentlichen Verluste treten durch die Verzögerung der Geschwindigkeit zwischen den Querschnitten Ⓢ und ② auf. Mit

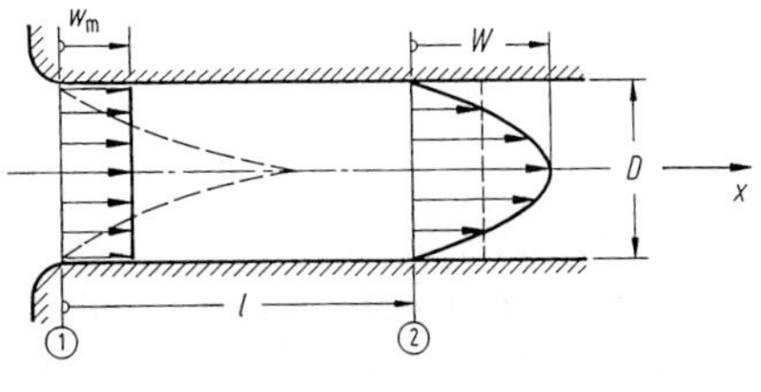

Bild 8-37. Rohreinlaufströmung

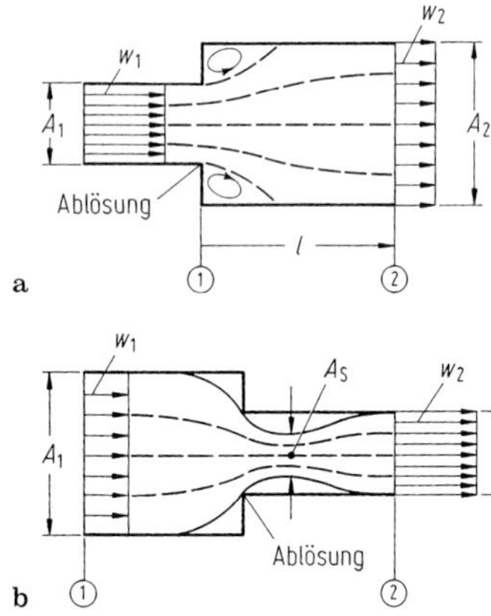

Bild 8-38. Querschnittsänderung. **a** Carnot-Diffusor, **b** Rohrverengung

der Kontinuitätsbedingung, dem Impulssatz und der Bernoulli-Gleichung von Ⓢ → ② folgt die Druckverlustzahl bezogen auf Querschnitt ①:

$$\zeta_1 = \frac{\Delta p_{\mathrm{v}}}{\frac{1}{2}\varrho w_1^2} = \frac{w_2^2}{w_1^2}\left(\frac{w_{\mathrm{s}}}{w_2} - 1\right)^2 = \frac{A_1^2}{A_2^2}\left(\frac{A_2}{A_{\mathrm{s}}} - 1\right)^2 . \tag{8-135}$$

Bezogen auf den Querschnitt ② ist die Druckverlustzahl

$$\zeta_2 = \frac{\Delta p_{\mathrm{v}}}{\frac{1}{2}\varrho w_2^2} = \left(\frac{A_2}{A_{\mathrm{S}}} - 1\right)^2 . \tag{8-136}$$

Das Flächenverhältnis $A_S/A_2 = \mu$ wird als *Kontraktionszahl* bezeichnet. Bild 8-39a zeigt die Abhängigkeit der Strahlkontraktion μ vom Flächenverhältnis A_2/A_1 für die scharfkantige Rohrverengung [21]. Damit ist die Druckverlustzahl $\zeta_2 = \zeta_2(\mu)$ bekannt. In Bild 8-39b sind die Druckverlustzahlen ζ_1 der Rohrerweiterung und ζ_2 der Rohrverengung in Abhängigkeit vom Durchmesserverhältnis d/D aufgetragen.

Die Rohreinlaufgeometrie ergibt sich aus der Rohrverengung im Grenzfall $d/D \to 0$. Die Strahlkontraktion μ ist nun allein von der Geometrie des Rohranschlusses abhängig. Bild 8-40 zeigt drei typische Fälle, wobei in Bild 8-40a durch die scharfe Kante Kontraktion durch Ablösung auftritt, in Bild 8-40b die Ablösung durch Abrundung verhindert wird und in Bild 8-40c die Strahlkontraktion durch den vorstehenden Einlauf verstärkt wird. Für die Kontraktion μ und die Druckverlustzahl ζ_2 gilt [17]:

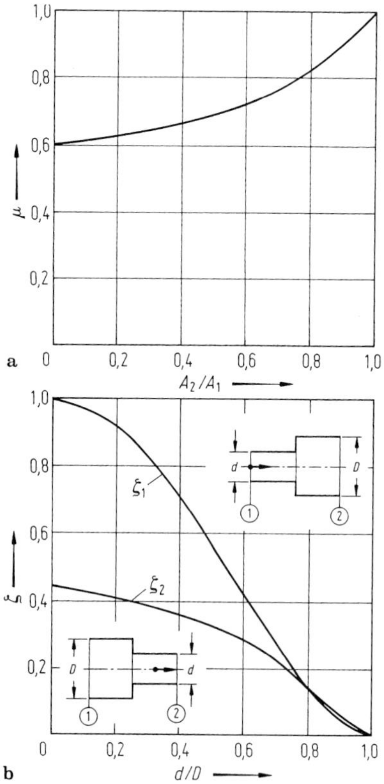

Bild 8-39. Unstetige Querschnittsänderungen. **a** Strahlkontraktion μ, **b** Druckverlustzahlen ζ

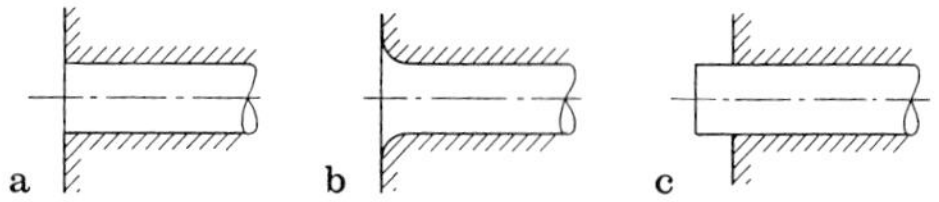

Bild 8-40. Rohreinlaufgeometrien. **a** Scharfkantig, **b** abgerundet, **c** vorstehend

Fall	μ	ζ_2
a	0,6	0,45
b	0,99	≈ 0
c	0,5	≈ 1

Druckverluste bei stetigen Querschnittsänderungen

Die primäre Aufgabe von Diffusoren ist die Druckerhöhung durch Verzögerung der Strömung. Die

Strömungseigenschaften in einem Diffusor nach Bild 8-41a hängen von der Geometrie (Flächenverhältnis A_2/A_1, Öffnungswinkel α) und von der Geschwindigkeitsverteilung der Zuströmung ab [22]. Die reale normierte Druckerhöhung

$$C_p = \frac{p_2 - p_1}{\frac{1}{2}\varrho w_1^2} \qquad (8\text{-}137)$$

wird als *Druckrückgewinnungsfaktor* bezeichnet. Die Druckverlustzahl ergibt sich aus der Differenz zwischen idealer (8-133) und realer (8-137) Druckerhöhung zu:

$$\zeta_1 = \frac{\Delta p_v}{\frac{1}{2}\varrho w_1^2} = C_{p\,\mathrm{id}} - C_p = 1 - \left(\frac{A_1}{A_2}\right)^2 - C_p\,. \qquad (8\text{-}138)$$

Die Druckverlustzahl ζ_1 resultiert bei Trennung von Öffnungswinkel und Querschnittsverhältnis aus der Beziehung

$$\zeta_1 = k(\alpha)\left(1 - \frac{A_1}{A_2}\right)^2. \qquad (8\text{-}139)$$

Für den Faktor k gelten nach experimentellen Untersuchungen [1, 2, 22, 23] als Mittelwerte:

α	5°	7,5°	10°	15°	20°	40°	180°
k	0,13	0,14	0,16	0,27	0,43	1,0	1,0

Grenzwerte der Druckverlustzahl sind durch die Rohrstömung ($\alpha = 0, \zeta_1 = 0$) und den Austritt ins Freie ($\alpha = 180°, \zeta_1 = 1$) gegeben. Bei einem Öffnungswinkel $\alpha = 40°$ wird bereits der Wert des entsprechenden Carnot-Diffusors erreicht. Im

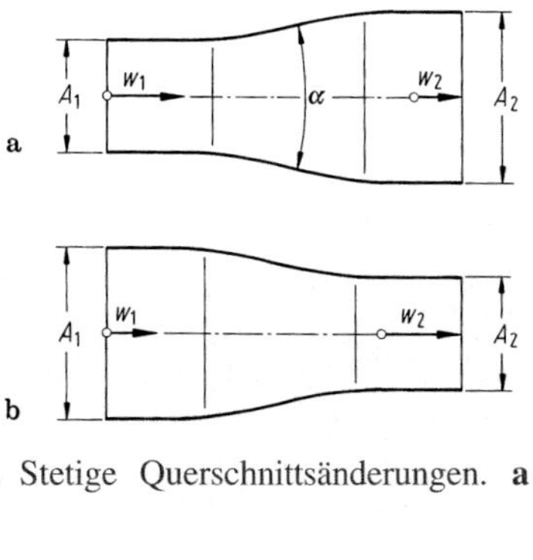

Bild 8-41. Stetige Querschnittsänderungen. **a** Diffusor, **b** Düse

Bereich $40° < \alpha < 180°$ treten sogar noch höhere Verluste $\zeta_1 > 1$ auf, sodass hier der unstetige Übergang des Carnot-Diffusors mit geringeren Verlusten vorzuziehen ist.

Optimale Diffusoren ergeben sich bei Öffnungswinkeln α von 5° bis 8°. In einer Düse (Bild 8-41b) ist die Umsetzung von Druckenergie in kinetische Energie nahezu verlustfrei möglich. Die Zusatzdruckverluste sind deshalb mit

$$\zeta_1 = (0\ldots0{,}075) \qquad (8\text{-}140)$$

gering [20].

Druckverluste bei Strömungsumlenkung

Der Krümmer ist ein wesentliches Element zur Richtungsänderung von Rohrströmungen. In Bild 8-42a sind die Bezeichnungen der geometrischen Größen eingetragen. Zusatzdruckverluste sind auf Sekundärströmungen, Ablösungserscheinungen und Vermischungsvorgänge zum Geschwindigkeitsausgleich zurückzuführen. Der Einfluss der Krümmung und der Oberflächenbeschaffenheit auf die Druckverlustzahl ζ ist in Bild 8-42b für einen Rohrkrümmer mit $\varphi = 90°$ dargestellt [23]. Bei kleinen Radienverhältnissen R/D steigen die Verluste stark an. Der Einfluss des Umlenkwinkels φ lässt sich über den Proportionalitätsfaktor k

φ	30°	60°	90°	120°	150°	180°
k	0,4	0,7	1,0	1,25	1,5	1,7

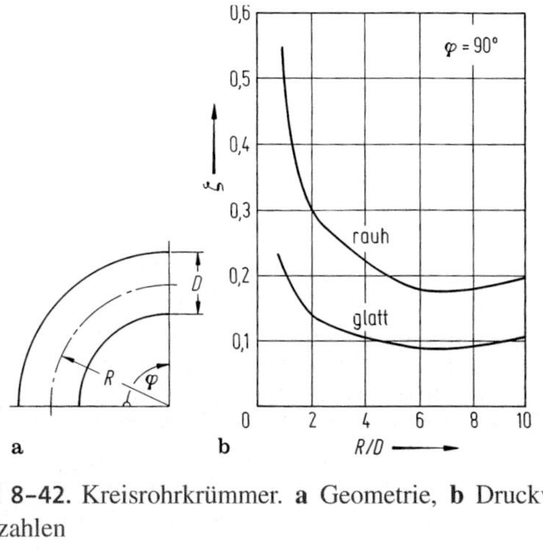

Bild 8-42. Kreisrohrkrümmer. **a** Geometrie, **b** Druckverlustzahlen

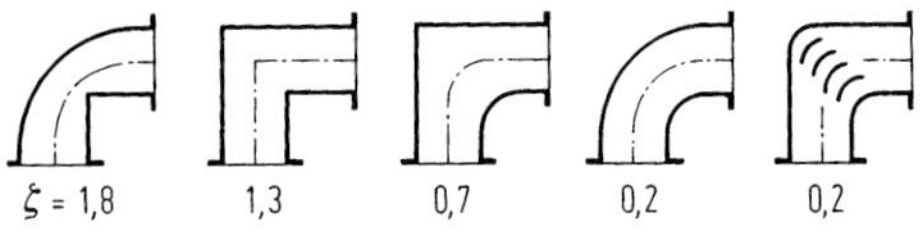

Bild 8-43. Bauformen von Rechteckkrümmern

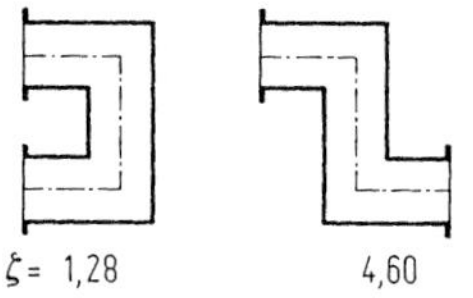

Bild 8-44. Kombinationen von Krümmern

mit $\zeta = k\zeta_{90°}$ aus den Werten in Bild 8-42b ermitteln. Den Einfluss unterschiedlicher Bauarten zeigt Bild 8-43 für Krümmer mit Rechteckquerschnitt [24]. Die Druckverlustzahlen ζ gelten für Flachkantkrümmer mit dem Seitenverhältnis $h/b = 0{,}5$ und der Reynolds-Zahl $Re = w_m d_h/\nu = 10^5$. Die Strömung im Krümmer und damit die Umlenkverluste sind stark von der Bauform abhängig. Bei mehrfacher Umlenkung mit Krümmerkombinationen (Bild 8-44) treten erhebliche Abweichungen auf [24]. Je nach der Anordnung der Hochkantkrümmer ($h/b = 2$) sind die Gesamtverluste kleiner oder größer als die Summe der Einzelverluste mit $\zeta = 2 \cdot 1{,}3 = 2{,}6$. Wird zwischen beide Krümmer ein Rohr mit der Länge $l > 6\,d_h$ zwischengeschaltet, werden die Kombinationseffekte vernachlässigbar.

Druckverluste von Absperr- und Regelorganen

Bei Formteilen zur Durchflussänderung ändert sich der Widerstand je nach Bauform und Öffnungszustand um mehrere Größenordnungen [25]. Im Öffnungszustand ist die Druckverlustzahl $\zeta = (0{,}2 \ldots 0{,}3)$ bei Drosselklappen und Schiebern, während bei Regelventilen bei entsprechender strömungstechnischer Ausführung Werte von $\zeta = 50$ erreicht werden. Bei teilweiser Öffnung steigen die Verluste erheblich an, wie die Diagramme in Bild 8-45 zeigen.

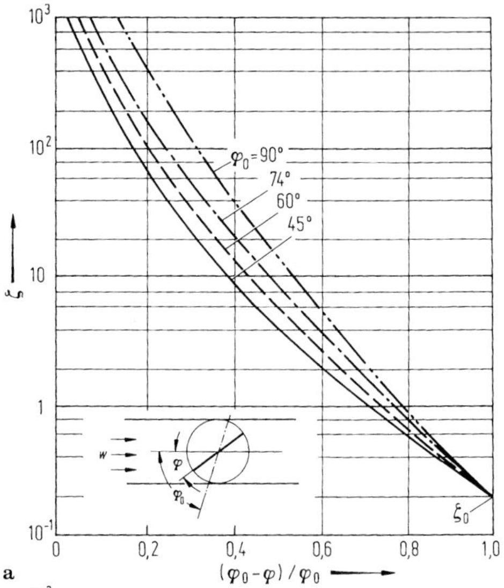

a

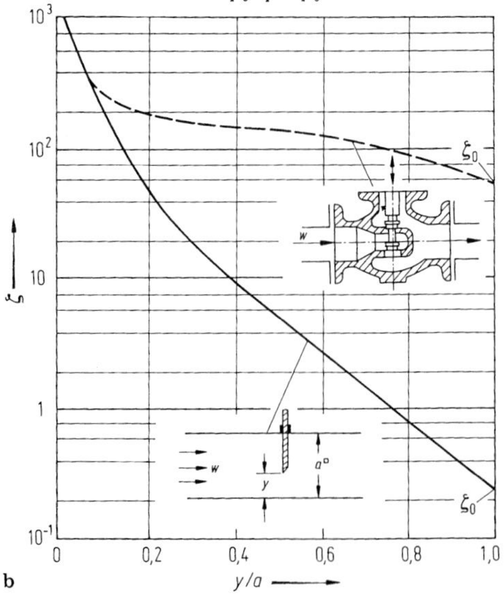

b

Bild 8-45. Druckverlustzahlen von Regelorganen. **a** Drosselklappe, **b** Ventil und Schieber

Druckverluste bei Durchflussmessgeräten

Normblenden, Normdüsen und Venturirohre in Bild 8-46a dienen zur Durchflussmessung [3]. Die Druckverlustzahlen ζ_2 bezogen auf den engsten Querschnitt D_2 sind in Bild 8-46b über dem Durchmesserverhältnis D_2/D_1 aufgetragen [2, 23]. Mit der Kontinuitätsbedingung folgt für die Druckverlustzahl ζ_1 bezogen auf den Rohrquerschnitt: $\zeta_1 = (A_1/A_2)^2 \cdot \zeta_2$. Für weitere Rohrleitungselemente wie Dehnungsausgleicher, Rohrverzweigungen und Rohrvereinigungen sowie Gitter und Siebe sind Druckverlustzahlen in [26, 27] angegeben.

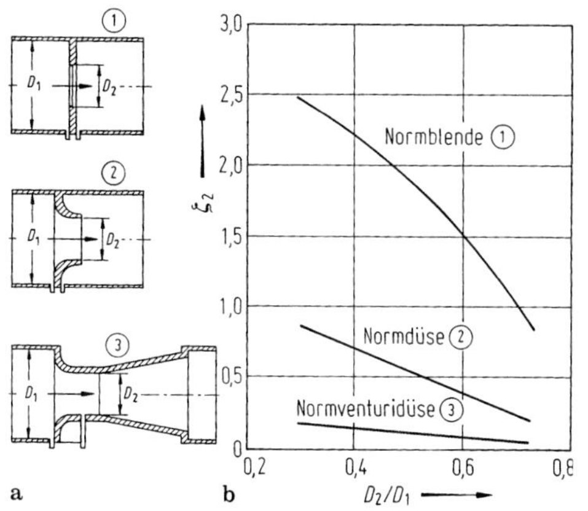

Bild 8-46. Durchflussmessgeräte. **a** Bauformen der Normblende, Normdüse und Venturirohr; **b** Druckverlustzahlen

Beispiel: Rohrhydraulik. Welche Druckdifferenz $p_1 - p_6$ ist notwendig, damit sich in der Anlage nach Bild 8-47 ein Volumenstrom $\dot{V} = 2 \cdot 10^{-3}\,\mathrm{m^3/s}$ einstellt? Gegeben: Strömungsmedium Wasser bei 20 °C, $\varrho = 998{,}4\,\mathrm{kg/m^3}$, $v = 1{,}012 \cdot 10^{-6}\,\mathrm{m^2/s}$, Anlagengeometrie $h = 7\,\mathrm{m}$, Rohre hydraulisch glatt $D_1 = 30\,\mathrm{mm}$, $D_2 = 60\,\mathrm{mm}$, $l_1 = 50\,\mathrm{m}$, $l_2 = 10$. Zwei unterschiedliche Lösungswege sind durch eine mechanische auf Kräftebilanzen basierenden sowie einer energetischen Betrachtungsweise entlang der Stromfadenkoordinate s möglich.

a) Mechanische Betrachtung:

① → ② reibungsfreie Strömung, Bernoulli-Gleichung $p_1 + \frac{1}{2}\varrho w_1^2 + \varrho g z_1 = p_2 + \frac{1}{2}\varrho w_2^2 + \varrho g z_2$ mit den Voraussetzungen $w_1 = 0, z_2 = 0$ folgt die Druckdifferenz $p_1 - p_2 = \frac{1}{2}\varrho w_2^2 - \varrho g z_1$,

② → ⑤ reibungsbehaftete Rohrströmung mit Verlustelementen, Impulssatz, Kontinuität, Hydrostatik, Reynolds-Zahlen:

$$Re_1 = \frac{w_2 D_1}{\nu} = 8{,}39 \cdot 10^{40}$$

$$\text{mit} \quad w_2 = \frac{4}{\pi} \cdot \frac{\dot{V}}{D_1^2} = 2{,}83\,\mathrm{m/s}\,,$$

$$Re_2 = \frac{w_4 D_2}{\nu} = 4{,}20 \cdot 10^4$$

$$\text{mit} \quad w_4 = w_2 \frac{D_1^2}{D_2^2} = 0{,}71\,\mathrm{m/s}\,.$$

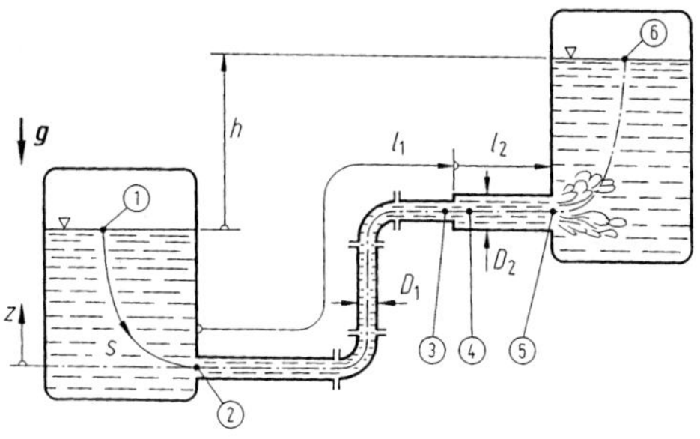

Bild 8-47. Strömungsanlage mit Rohrleitung

In beiden Rohrabschnitten ist die Strömung turbulent. Die Rohrwiderstandszahlen folgen aus (8-125) zu: $\lambda_1 = \frac{0{,}3164}{\sqrt[4]{Re_1}} = 0{,}0186$, $\lambda_2 = 0{,}022\,1$, Druckverlustzahlen für Rohreinlauf nach (8-131) $\zeta_E = 0{,}07$, Krümmer mit $R/D = 2$ nach Bild 8-42 $\zeta_K = 0{,}14$, Druckerhöhung im Carnot-Diffusor nach (8-132):

$$p_2 - p_3 = \frac{1}{2}\varrho w_2^2 \left(\frac{l_1}{D_1}\lambda_1 + \zeta_E + 2\zeta_K\right) + \varrho g z_5$$

$$= \frac{1}{2}\varrho w_2^2 \cdot 31{,}35 + \varrho g z_5$$

$$p_3 - p_4 = -\frac{1}{2}\varrho w_2^2 \cdot 2\frac{A_1}{A_2}\left(1 - \frac{A_1}{A_2}\right)$$

$$= -\frac{1}{2}\varrho w_2^2 \cdot 0{,}375$$

$$p_4 - p_5 = \frac{1}{2}\varrho w_4^2 \frac{l_2}{D_2}\lambda_2 = \frac{1}{2}\varrho w_2^2 \frac{A_1^2}{A_2^2} \cdot \frac{l_2}{D_2}\lambda_2$$

$$= \frac{1}{2}\varrho w_2^2 \cdot 0{,}230\,.$$

⑤ → ⑥ Freistrahl, Hydrostatik

$$p_5 - p_6 = \varrho g (z_6 - z_5)\,.$$

Zusammenfassung der Druckdifferenzen zwischen ① und ⑥ ergibt mit $z_6 - z_1 = h$:

$$p_1 - p_6 = \frac{1}{2}\varrho w_2^2 \cdot 31{,}20 + \varrho g h = 1{,}933\,\mathrm{bar}\,.$$

b) Energetische Betrachtung:

Energiegleichung (10) für stationär durchströmtes System von ① → ⑥:

$$p_1 + \frac{1}{2}\varrho w_1^2 + \varrho g z_1 = p_6 + \frac{1}{2}\varrho w_6^2 + \varrho g z_6 + \Delta p_v\,.$$

Mit der Voraussetzung konstanter Spiegelhöhe, d. h. $w_1 = 0, w_6 = 0$ folgt:

$$p_1 - p_6 = \varrho g(z_6 - z_1) + \Delta p_v \,.$$

Die Druckverluste Δp_v längs der Koordinate s setzen sich zusammen aus:

Rohreinlauf $\quad \Delta p_E = \frac{1}{2}\varrho w_2^2 \zeta_E$

Rohr mit l_1 $\quad \Delta p_{R1} = \frac{1}{2}\varrho w_2^2 \frac{l_1}{D_1}\lambda_1$

Krümmer $\quad \Delta p_K = \frac{1}{2}\varrho w_2^2 2\zeta_K$

Carnot-Diffusor $\quad \Delta pC = \frac{1}{2}\varrho w_2^2 \zeta_1$

$$\text{mit } \zeta_1 = \left(1 - \frac{A_1}{A_2}\right)^2 \text{ nach (134)}$$

Rohr mit l_2 $\quad \Delta p_{R2} = \frac{1}{2}\varrho w_4^2 \frac{l_2}{D_2}\lambda_2$

Austritt in Behälter $\quad \Delta p_A = \frac{1}{2}\varrho w_4^2 \zeta_A$

$$\text{mit } \quad \zeta_A = 1 \quad \text{nach (134)}$$

$$\Delta p_v = \frac{1}{2}\varrho w_2^2 \left(\zeta_E + \frac{l_1}{D_1}\lambda_1 + 2\,\zeta_K + \zeta_1 + \frac{A_1^2}{A_2^2}\cdot\frac{l_2}{D_2}\lambda_2 + \frac{A_1^2}{A_2^2}\zeta_A\right) = \frac{1}{2}\varrho w_2^2 \cdot 31{,}20 \,.$$

Damit folgt für die Druckdifferenz:

$$p_1 - p_6 = \varrho g h + \frac{1}{2}\varrho w_2^2 \cdot 31{,}20 = 1{,}933 \text{ bar} \,.$$

8.4.2 Umströmungsprobleme

Bei der Umströmung von Körpern, Fahrzeugen und Bauwerken tritt ein Strömungswiderstand auf. Der Gesamtwiderstand setzt sich aus Druck- und Reibungskräften zusammen, deren Anteile je nach Strömungsproblem variieren. Bild 8-48 zeigt die beiden Grenzfälle. Bei der quergestellten Platte (Bild 8-48a) tritt nur Druckwiderstand (Formwiderstand) auf. Die Strömung löst an den Plattenkanten

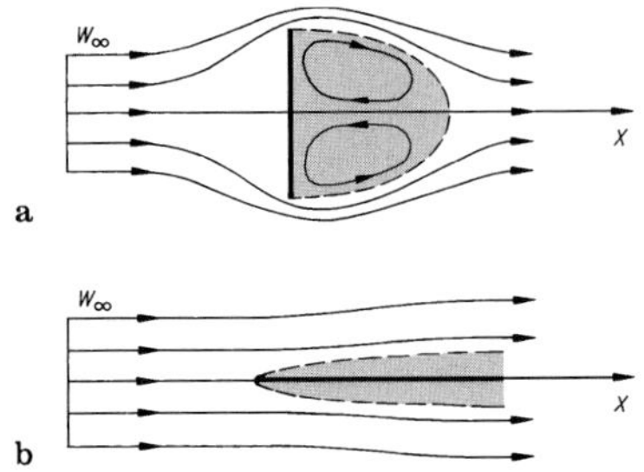

Bild 8-48. Plattenumströmung. **a** Druckwiderstand, **b** Reibungswiderstand

ab, sodass sich hinter der Platte ein Rückströmgebiet bildet. Zur Struktur von Rückströmgebieten hinter Körpern unterschiedlicher Form gibt es neuere Untersuchungen [28]. Der Widerstand wird allein durch die Druckkräfte auf die Platte bestimmt. Bei der längs angeströmten Platte (Bild 8-48b) tritt nur Reibungswiderstand (Flächenwiderstand) auf. Bei allgemeinen Strömungsproblemen treten beide Anteile gleichzeitig auf, sodass der Widerstand von der Reynolds-Zahl der Anströmung abhängt. Berechnungsmöglichkeiten beschränken sich auf Stokes'sche Schichtenströmungen mit kleinen Reynolds-Zahlen und auf Grenzschichtprobleme, wobei die Grenzschichttheorie nur bis zur Ablösung gültig ist. Numerische Lösungsverfahren ermöglichen die Lösung spezieller Aufgaben. Für größere Reynolds-Zahlen sind experimentelle Untersuchungen unumgänglich. Neben dem Strömungswiderstand F_W in Strömungsrichtung tritt oft eine durch Anstellung oder asymmetrische Körperform verursachte Auftriebskraft F_A auf. Auch bei symmetrischen Querschnitten können im Bereich der kritischen Reynolds-Zahl durch Ablöseerscheinungen zeitlich veränderliche Auftriebskräfte auftreten [29].

Für die dimensionslosen Widerstands- und Auftriebsbeiwerte gilt:

$$c_W = \frac{F_W}{\frac{1}{2}\varrho w^2 A}, \quad c_A = \frac{F_A}{\frac{1}{2}\varrho w^2 A} \,. \qquad (8\text{-}141)$$

Hierbei ist $(\varrho/2)w^2 = p_{dyn}$ der dynamische Druck der Anströmung und A eine geeignete Bezugsfläche des umströmten Körpers in Strömungsrichtung bzw. senkrecht dazu. Eine umfangreiche Zusammenstellung von Widerstandsbeiwerten ist in [30] enthalten.

Ebene Strömung um prismatische Körper

Bei der Umströmung des Kreiszylinders ist für kleine Reynolds-Zahlen, $Re = wD/\nu < 1$, eine analytische Lösung bekannt [31]:

$$c_W = \frac{8\pi}{Re(2{,}002 - \ln Re)}\,, \quad Re = \frac{wD}{\nu}\,. \qquad (8\text{-}142)$$

Für größere Reynolds-Zahlen liegen Resultate aus Messungen vor [7, 32]. In Bild 8-49 sind die Widerstandsbeiwerte c_W bezogen auf die Fläche $A = DL$ über der Reynolds-Zahl Re aufgetragen. Im Bereich der kritischen Reynolds-Zahl, $Re_{krit} \approx 4 \cdot 10^5$, findet ein Widerstandsabfall statt, da beim laminar-turbulenten Umschlag der Druckwiderstand stärker abnimmt als der Reibungswiderstand ansteigt.

Eine Erhöhung der Rauheit bewirkt eine Verringerung der kritischen Reynolds-Zahl und hat damit einen starken Einfluss auf den Widerstandsbeiwert. Eine endliche Länge des Zylinders bringt durch die seitliche Umströmung einen geringeren Widerstand, wie das Beispiel mit $L/D = 5$ in Bild 8-49 zeigt. Die quergestellte unendlich lange Platte hat durch die festen Ablösestellen einen konstanten Wert $c_W = 2{,}0$. Beim quadratischen Zylinder bilden die Kanten der Stirnfläche die Ablöselinien, sodass sich nahezu gleiche Widerstandswerte wie bei der Platte ergeben.

Für die ebene, längs angeströmte Platte sind für laminare und turbulente Strömung theoretische Werte bekannt. Die Reynolds-Zahl ist mit der Plattenlänge l gebildet, $Re = wl/\nu$. Als Bezugsfläche $A = bl$ dient die Querschnittsfläche, sodass die Widerstandsbeiwerte (8-98), (8-99), (8-100) für die hier beidseitig umströmte Platte zu verdoppeln sind. Zwischen Theorie und Experiment besteht gute Übereinstimmung bis auf den Bereich kleinerer Reynolds-Zahlen, $Re < 10^4$, wo sich Hinterkanteneffekte aufgrund der endlichen Plattenlänge durch eine Widerstandserhöhung bemerkbar machen. Die Widerstandsbeiwerte für das Normalprofil NACA 4415 (National Advisory Committee for Aeronautics, USA) liegen oberhalb der turbulenten Plattengrenzschicht. Für das Laminarprofil NACA 66-009 liegen die Widerstandsbeiwerte dagegen unterhalb der Werte für die turbulente Plattengrenzschicht. Durch eine geeignete Profilform wird der laminar-turbulente Umschlag möglichst weit stromab verlagert, wodurch mit Laminarprofilen ein möglichst geringer Widerstand erreicht wird.

Umströmung von Rotationskörpern

Für die Kugelumströmung sind analytische Lösungen für kleine Reynolds-Zahlen $Re = wD/\nu$ bekannt [12].

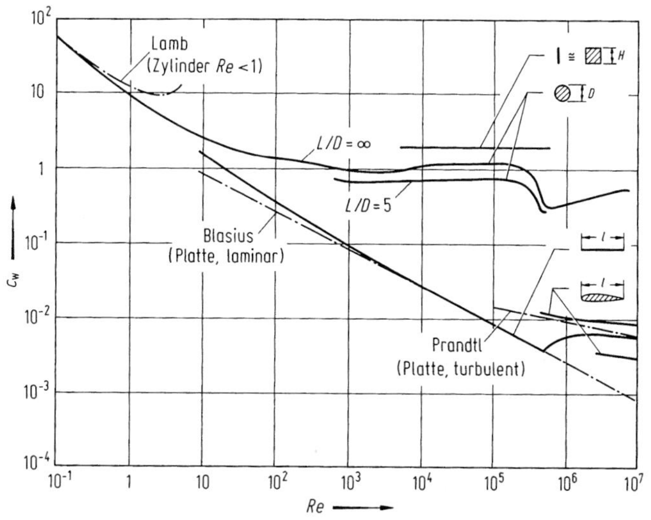

Bild 8-49. Widerstandsbeiwerte prismatischer Körper

Mit der Querschnittsfläche $A = \pi D^2/4$ als Bezugsfläche folgen die Widerstandsbeiwerte:

$$c_W = \frac{24}{Re}, \quad Re < 1 \quad \text{(Stokes)}, \tag{8-143}$$

$$c_W = \frac{24}{Re}\left(1 + \frac{3}{16}Re\right), \quad Re \leqq 5 \quad \text{(Oseen)}, \tag{8-144}$$

$$c_W = \frac{24}{Re}(1 + 0{,}11\sqrt{Re})^2, \tag{8-145}$$

$$Re \leqq 6000 \quad \text{(Abraham)}.$$

Der Widerstand nach Stokes (8-143) setzt sich aus 1/3 Druckwiderstand und 2/3 Reibungswiderstand zusammen. In (8-144) wurde von Oseen in erster Näherung der Trägheitseinfluss mitberücksichtigt. Die Beziehung (8-145) ist empirisch auf der Basis von Grenzschichtüberlegungen gewonnen [33]. Als Sonderfälle folgen für $Re < 1$ gemäß [34] für die *quer angeströmte Kreisscheibe*

$$c_W = \frac{64}{\pi Re} = \frac{20{,}4}{Re} \tag{8-146}$$

und für die *längs angeströmte Kreisscheibe*

$$c_W = \frac{128}{3\pi Re} = \frac{13{,}6}{Re}. \tag{8-147}$$

Bei der quergestellten Scheibe (8-146) tritt nur Druckwiderstand und bei der längs angeströmten Scheibe (8-147) nur Reibungswiderstand auf.

In Bild 8-50 sind gemessene Widerstandsbeiwerte [7, 35, 36] über der Reynolds-Zahl aufgetragen. Die analytischen Lösungen stellen Asymptoten für kleine Reynolds-Zahlen dar. Der Kugelwiderstand fällt sehr stark im Bereich des laminar-turbulenten Umschlages und steigt danach wieder an. Für ein in Strömungsrichtung gestrecktes Ellipsoid ergeben sich gegenüber der Kugel größtenteils niedrigere Widerstandsbeiwerte. Optimale Widerstandsbeiwerte lassen sich mit Stromlinienkörpern erreichen [37]. Die quer angeströmte Scheibe hat bei größeren Reynolds-Zahlen eine feste Ablöselinie am äußeren Rand, sodass sich ein konstanter Widerstandsbeiwert einstellt.

Kennzahlunabhängige Widerstandsbeiwerte [7, 21]

Für größere Reynolds-Zahlen, $Re > 10^4$, sind bei Körpern mit festen Ablöselinien die Widerstandsbeiwerte nahezu unabhängig von der Reynolds-Zahl. Die Widerstandskraft ist dann proportional zum Quadrat der Anströmgeschwindigkeit. In der Tabelle 8-2 sind einige Beispiele zusammengestellt. Interessant ist das Widerstandsverhalten der beiden hintereinander angeordneten Kreisscheiben, deren Gesamtwiderstand kleiner als der Widerstand einer Scheibe werden kann (Windschattenproblem). Durch eine Variation von Abstand und Durchmesser können erhebliche Widerstandsreduzierungen erreicht werden [38]. Die Widerstands- und Auftriebsbeiwerte der Profilstäbe entsprechen den Messungen in [7]. Lastannahmen für

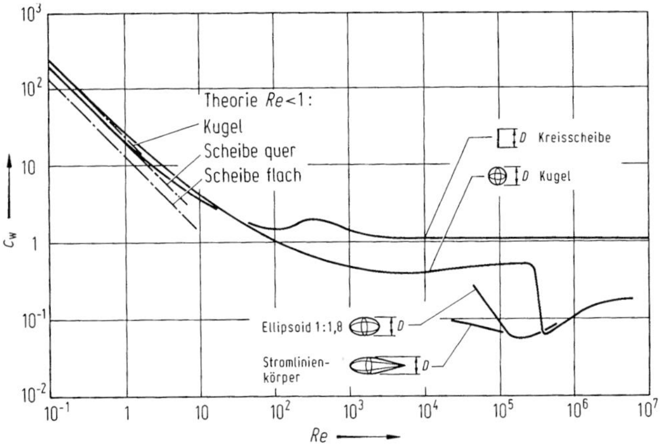

Bild 8-50. Widerstandsbeiwerte von Rotationskörpern

Tabelle 8-2. Widerstands- und Auftriebsbeiwerte kennzahlunabhängiger Körperformen

Kreisscheibe

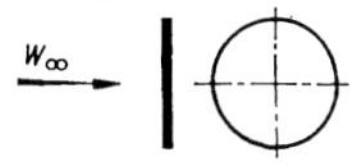

$c_W = 1{,}11$

Rechteckplatte

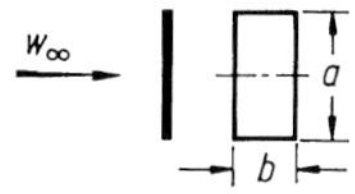

a/b	1	2	4	10	18	∞
c_W	1,10	1,15	1,19	1,29	1,40	2,01

Halbkugel

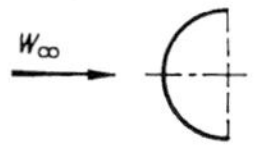

	Ohne Boden	Mit Boden
c_W	0,34	0,42

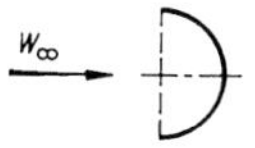

	Ohne Boden	Mit Boden
c_W	1,33	1,17

Kreisringplatte

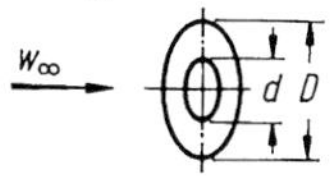

$c_W = 1{,}22 \quad \frac{d}{D} = 0{,}5$

Kegel

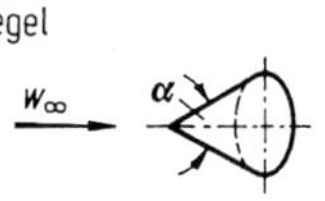

	Mit Boden	
α	30°	60°
c_W	0,34	0,51

2 Kreisscheiben hintereinander

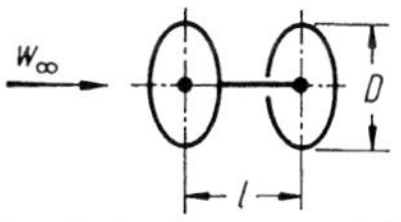

l/D	1	1,5	2	3
c_W	0,93	0,78	1,04	1,52

Kreiszylinder längs angeströmt

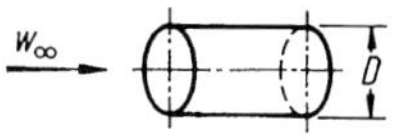

l/D	1	2	4	7
c_W	0,91	0,85	0,87	0,99

Profilstäbe

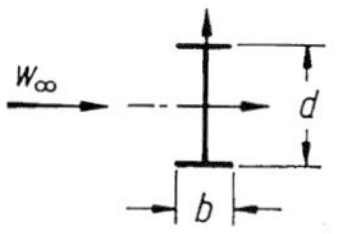

$c_W = 2{,}04 \quad c_A = 0 \quad \frac{b}{d} \approx 0{,}5$

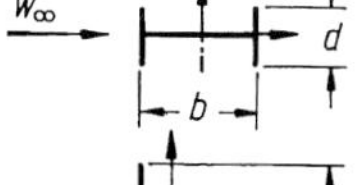

$c_W = 0{,}86 \quad c_A = 0 \quad \frac{b}{d} \approx 2$

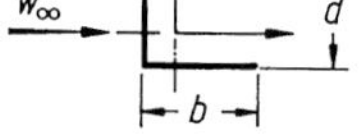

$c_W = 2{,}0 \quad c_A = -0{,}3 \quad \frac{b}{d} \approx 1$

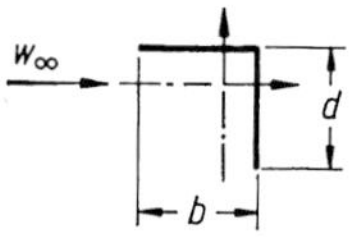

$c_W = 1{,}83 \quad c_A = 2{,}07 \quad \frac{b}{d} \approx 1$

Profilstäbe sind in [39] zusammengestellt. Aerodynamische Eigenschaften von Bauwerken sind in [40] umfassend dargestellt. Über die Zusammensetzung des Widerstandes von kraftfahrzeugähnlichen Körpern und Möglichkeiten zur Widerstandsreduzierung sind interessante Aspekte in [41] enthalten.

Beispiel: Welche Kräfte belasten eine Verkehrszeichentafel bei normaler und tangentialer Anströmung? Gegeben: Breite $b = 1{,}5$ m, Höhe $h = 3$ m, Windgeschwindigkeit $w = 20$ m/s $= 72$ km/h, Dichte und kinematische Viskosität der Luft $\varrho = 1{,}188\,\text{kg/m}^3$, $\nu = 15{,}24 \cdot 10^{-6}\,\text{m}^2/\text{s}$. Lösung: Anströmung normal zur Oberfläche $A = bh$ mit $c_W = 1{,}15$ nach Tabelle 8-2, $F_W = (\varrho/2)w^2 A c_W = 1230\,\text{kg m/s}^2 = 1230\,\text{N}$. Anströmung tangential zur Oberfläche, Reynolds-Zahl $Re = wb/\nu = 1{,}97 \cdot 10^6$, Widerstandsbeiwert der turbulenten Plattengrenzschicht aus Bild 8-49 bzw. nach (8-99) mit dem Faktor 2, da beide Seiten überströmt werden.

$$c_W = 2c_F = 2\left[\frac{0{,}455}{(\lg Re)^{2{,}58}} - \frac{1700}{Re}\right] = 0{,}0062\,,$$

$$F_W = \frac{1}{2}\varrho\, w^2 bh c_W = 6{,}63\,\text{N}\,.$$

Die Belastung durch Druckkräfte ist erheblich größer als durch Reibungskräfte.

Beispiel: Wie groß ist die Geschwindigkeit eines Fallschirmspringers bei stationärer Bewegung im freien Fall? Gegeben sind: Schirmdurchmesser $D = 8$ m, Masse von Person und Schirm $m = 90$ kg, Dichte der Luft $\varrho = 1{,}188\,\text{kg/m}^3$. Lösung: Entspricht die Schirmform einer offenen Halbkugel, so folgt aus Tabelle 8-2 der Widerstandsbeiwert $c_W = 1{,}33$. Mit (8-141): $F_W = mg = (\varrho/2)w^2 A c_W$ ergibt sich die Fallgeschwindigkeit zu

$$\begin{aligned} w &= \left(\frac{8mg}{\pi D^2 \varrho\, c_W}\right)^{1/2} \\ &\approx \left(\frac{8 \cdot 90\,\text{kg} \cdot 9{,}81\,\text{m/s}^2}{\pi \cdot 8^2\,\text{m}^2 \cdot 1{,}188\,\text{kg/m}^3 \cdot 1{,}33}\right)^{1/2} \\ &\approx 4{,}7\,\text{m/s} \approx 17\,\text{km/h}\,. \end{aligned}$$

In Wirklichkeit ist der Widerstandsbeiwert c_W durch die Porösität des Schirmes geringer und die Geschwindigkeit damit höher.

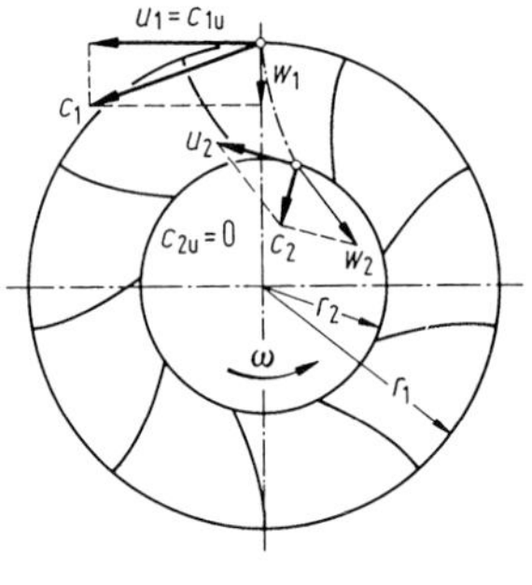

Bild 8-51. Geschwindigkeiten im Turbinenlaufrad

8.5 Strömungen in rotierenden Systemen

Beim Durchströmen rotierender Strömungskanäle wird dem Medium in Kraftmaschinen (Turbinen) Energie entzogen und in Arbeitsmaschinen (Pumpen) zugeführt. Für das in Bild 8-51 dargestellte Turbinenlaufrad folgt aus dem Erhaltungssatz für den Drehimpuls die Euler'sche Turbinengleichung [1]:

$$P = M_T \omega = \dot{m}(u_1 c_{1u} - u_2 c_{2u}) \,. \tag{8-148}$$

Die Leistung P des Turbinenrades als Produkt aus Drehmoment M_T und Winkelgeschwindigkeit ω ist vom Massenstrom $\dot{m}$ sowie den Geschwindigkeitsverhältnissen am Ein- und Austritt abhängig.

Drehmoment rotierender Körper

In viskosen Medien erfahren rotierende Körper ein Reibmoment. Für die frei rotierende Scheibe in Bild 8-52 gilt die Abhängigkeit

$$M = f(R, \omega, \varrho, \eta) \,. \tag{8-149}$$

Aus dimensionsanalytischen Betrachtungen folgt der allgemeine Zusammenhang [11]

$$c_M = F(Re)$$

$$\text{mit} \quad c_M = \frac{M}{\frac{1}{2}\varrho R^5 \omega^2} \quad \text{und} \quad Re = \frac{R^2\omega}{\nu} \,. \tag{8-150}$$

Für die schleichende Strömung, die laminare und turbulente Grenzschichtströmung resultieren aus der Theorie die Beziehungen [12,18]:

$$c_M = \frac{64}{3} \cdot \frac{1}{Re} \, (Re < 30 \text{ , laminar}) \,, \tag{8-151}$$

$$c_M = \frac{3{,}87}{\sqrt{Re}} \quad (30 < Re < 3 \cdot 10^5 \text{ , laminar}) \,, \tag{8-152}$$

$$c_M = \frac{0{,}146}{\sqrt[5]{Re}} \quad (Re > 3 \cdot 10^5 \text{ , turbulent}) \,. \tag{8-153}$$

In Bild 8-53 sind die theoretischen Lösungen und Messergebnisse aus [42] aufgetragen. Die Grenzen für die Anwendung der Beziehungen (8-151) bis (8-153) sind diesem Diagramm entnommen.
Ist die rotierende Scheibe von einem geschlossenen Gehäuse umgeben (Bild 8-54), dann ist die normierte Spaltweite $\sigma = s/R$ ein weiterer Parameter. Der Einfluss von σ auf das Drehmoment zeigt sich für kleine Werte, $\sigma < 0{,}3$, im Bereich der laminaren Schichten-

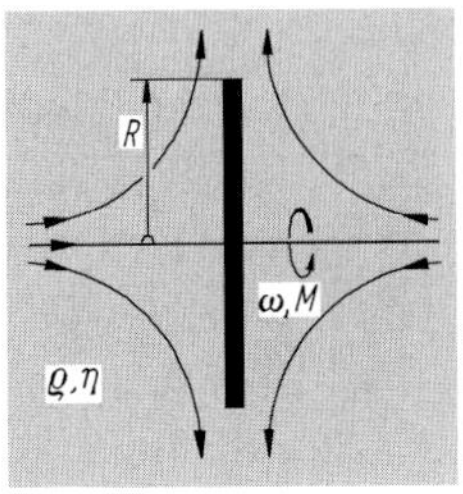

Bild 8-52. Frei rotierende Scheibe

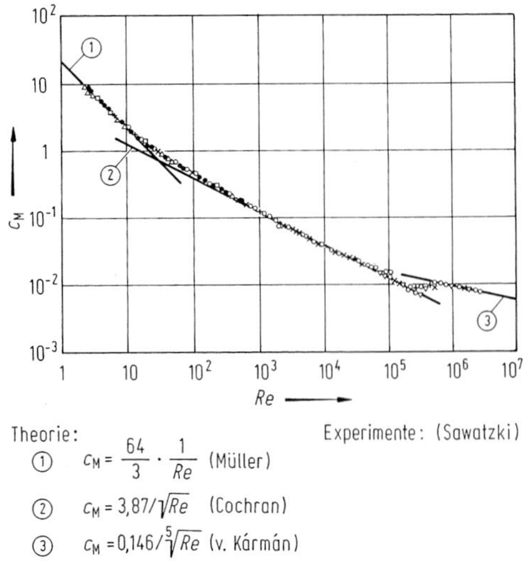

Bild 8-53. Momentenbeiwert der frei rotierenden Scheibe

strömung. Für den Momentenbeiwert gelten die Beziehungen [43]:

$$c_M = \frac{2\pi}{\sigma} \cdot \frac{1}{Re} (Re < 10^4\,,\ \text{laminar})\,, \qquad (8\text{-}154)$$

$$c_M = \frac{2{,}67}{\sqrt{Re}} \quad (10^4 < Re < 3 \cdot 10^5\,,\ \text{laminar})\,, \qquad (8\text{-}155)$$

$$c_M = \frac{0{,}0622}{\sqrt[5]{Re}} \quad (Re > 3 \cdot 10^5\,,\ \text{turbulent})\,. \qquad (8\text{-}156)$$

Interessant ist die Feststellung, dass die rotierende Scheibe im Gehäuse für $Re > 10^4$ ein kleineres Drehmoment erfordert als die im unendlich ausgedehnten Medium rotierende Scheibe. Dieser Effekt ist auf die dreidimensionale Grenzschichtströmung im abgeschlossenen Gehäuse zurückzuführen. Für Kugeln in einem Gehäuse mit abgeschlossenem Spalt sind entsprechende Ergebnisse in [44] dargestellt. Tritt neben der Rotation noch eine überlagerte Durchströmung des Kugelspaltes auf, so wird das Drehmomentverhalten zusätzlich vom Volumenstrom abhängig. Eine umfassende Darstellung der theoretischen und experimentellen Resultate zu diesem Strömungsproblem ist in [45] enthalten.

Beispiel: Ein scheibenförmiges Laufrad rotiert in einem mit Wasser gefüllten Gehäuse (Bild 8-54) mit der Drehzahl $n = 3000\,\text{min}^{-1} = 50\,\text{s}^{-1}$. Wie groß sind Drehmoment und Leistung des Antriebs? Radius $R = 0{,}1$ m, Wasser $\varrho = 998\,\text{kg/m}^3$, $\nu = 1004 \cdot 10^{-6}\,\text{m}^2/\text{s}$, Winkelgeschwindigkeit $\omega = 2\pi n = 314{,}16\,\text{s}^{-1}$, Reynolds-Zahl $Re = R^2\omega/\nu = 3{,}13 \cdot 10^6$ (turbulente Grenzschichtströmung). Nach (8-155) folgt der Momentenbeiwert $c_M = 0{,}062/\sqrt[5]{Re} = 0{,}00312$ und mit (8-150) das Drehmoment $M = \frac{1}{2}\varrho R^5\omega^2 c_M = 1{,}537\,\text{Nm}$. Die erforderliche Leistung ist $P = M\omega = 0{,}482\,\text{kW}$.

Würde dagegen das Laufrad frei ohne Gehäuse im Wasser rotieren, wäre der Momentenbeiwert $c_M = 0{,}146/\sqrt[5]{Re} = 0{,}00733$, das Drehmoment $M = 3{,}61$ N m und die Leistung $P = 1{,}134\,\text{kW}$.

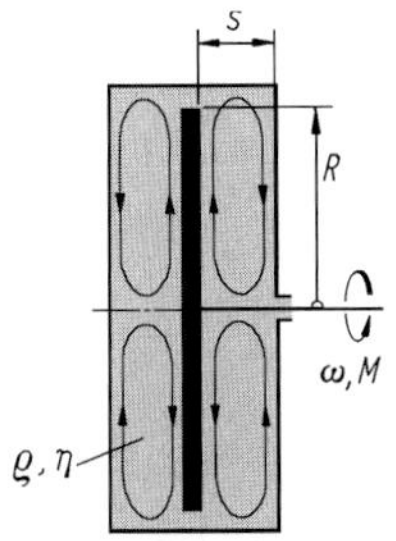

Bild 8-54. Rotierende Scheibe im Gehäuse

9 Gasdynamik

9.1 Erhaltungssätze für Masse, Impuls und Energie

Die Strömung eines kompressiblen Mediums wird in jedem Punkt (x, y, z) des betrachteten Feldes zu jeder Zeit t durch diese Größen beschrieben:

$$\text{Geschwindigkeit } \boldsymbol{w} = (u, v, w)\,, \quad \text{Druck } p\,,$$
$$\text{Dichte } \varrho\,, \text{Temperatur } T\,.$$

Zur Bestimmung dieser 6 abhängigen Zustandsgrößen werden 6 physikalische Grundgleichungen sowie Rand- und/oder Anfangsbedingungen der speziellen Aufgabe benötigt. Diese Grundgesetze sind die physikalischen Erhaltungssätze für Masse m, Impuls I und Energie E sowie eine thermodynamische Zustandsgleichung (das sind insgesamt 6 Gleichungen) in Integralform. Die Integralform der Gesetze führt zu den Kräften im Strömungsfeld (Auftrieb, Widerstand; siehe auch in 8.3.7 den Impulssatz) und zu den Verdichtungsstoßgleichungen. Die später zusätzlich gemachten Differenzierbarkeitsannahmen ergeben die Differenzialgleichungen (Kontinuitätsgleichung, Euler- oder Navier-Stokes-Gleichung und Energiesatz).

Die Herleitung der integralen Sätze erfolgt am einfachsten im massenfesten, d. h. im mitschwimmenden

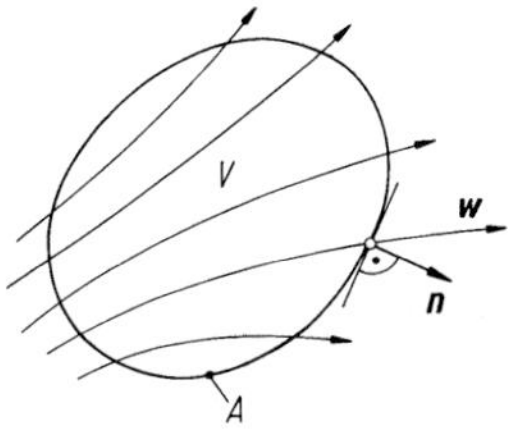

Bild 9-1. Kontrollbereich für integrale Erhaltungssätze. V Volumen, A Oberfläche, $\boldsymbol{n}$ äußere Normale

Kontrollraum. Das Endergebnis gilt massenfest wie raumfest (Bild 9-1).

Massenerhaltung

$$\frac{\mathrm{d}m}{\mathrm{d}t} = \frac{\mathrm{d}}{\mathrm{d}t}\int_V \varrho \,\mathrm{d}V = \int_V \frac{\partial \varrho}{\partial t}\,\mathrm{d}V + \int_A \varrho \boldsymbol{w}\cdot\boldsymbol{n}\,\mathrm{d}A = 0\,. \tag{9-1}$$

Das Volumenintegral über $\partial\varrho/\partial t$ erfasst die zeitliche lokale Massenänderung im Volumen V, das Oberflächenintegral liefert den zugehörigen Massenzu- oder -abfluss durch die Oberfläche A.

Impulssatz

$$\frac{\mathrm{d}\boldsymbol{I}}{\mathrm{d}t} = \frac{\mathrm{d}}{\mathrm{d}t}\int_V \varrho \boldsymbol{w}\,\mathrm{d}V \tag{9-2}$$

$$= \int_V \frac{\partial \varrho \boldsymbol{w}}{\partial t}\mathrm{d}V + \int_A \varrho \boldsymbol{w}(\boldsymbol{w}\cdot\boldsymbol{n})\mathrm{d}A = \boldsymbol{F}_\mathrm{M} + \boldsymbol{F}_\mathrm{A}\,.$$

Rechts treten alle am Kontrollbereich angreifenden Massenkräfte (Schwerkraft, Zentrifugalkraft, elektrische und magnetische Kraft usw.) = $\boldsymbol{F}_\mathrm{M}$ sowie Oberflächenkräfte (Druckkraft, Reibungskraft usw.) = $\boldsymbol{F}_\mathrm{A}$ auf. Für die statische Druckkraft gilt

$$\boldsymbol{F}_\mathrm{D} = -\int_A p\,\boldsymbol{n}\,\mathrm{d}A\,. \tag{9-2a}$$

Energiesatz (Leistungsbilanz):

$$\frac{\mathrm{d}E}{\mathrm{d}t} = \frac{\mathrm{d}}{\mathrm{d}t}\int_V \varrho\left(e + \frac{1}{2}\boldsymbol{w}^2\right)\mathrm{d}V$$

$$= \int_V \frac{\partial}{\partial t}\varrho\left(e + \frac{1}{2}\boldsymbol{w}^2\right)\mathrm{d}V$$

$$+ \int_A \varrho\left(e + \frac{1}{2}\boldsymbol{w}^2\right)(\boldsymbol{w}\cdot\boldsymbol{n})\,\mathrm{d}A$$

$$= P_\mathrm{M} + P_\mathrm{A} + P_\mathrm{W}\,. \tag{9-3a}$$

e ist die spezifische innere Energie. Rechts stehen die Leistungen der Massenkräfte (P_M), der Oberflächenkräfte (P_A) sowie die übrigen Energieströme, z. B. durch Wärmeleitung (P_W), am Kontrollbereich.

Für die Leistung der Druckkraft gilt

$$P_\mathrm{D} = -\int_A p(\boldsymbol{w}\cdot\boldsymbol{n})\,\mathrm{d}A\,. \tag{9-3a}$$

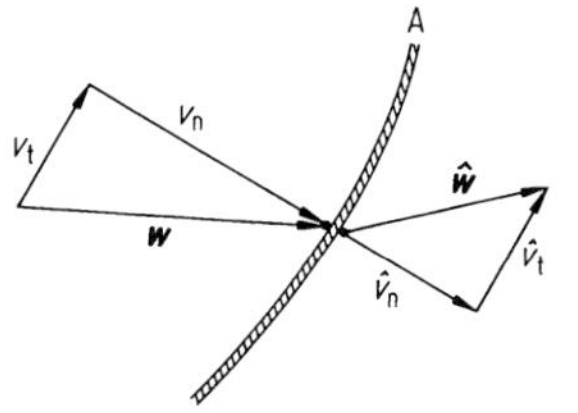

Bild 9-2. Geschwindigkeitskomponenten normal ($v_\mathrm{n}, \hat{v}_\mathrm{n}$) und tangential ($v_\mathrm{t}, \hat{v}_\mathrm{t}$) vor und nach dem Stoß

Die Deutung der jeweils in (9-2) und (9-3) rechts auftretenden Integrale, lokale Änderung im Volumen V sowie zugehöriger Strom durch die Oberfläche A, ist analog zu der bei (9-1).

9.2 Allgemeine Stoßgleichungen

Die Erhaltungssätze liefern die Sprungrelationen für die Zustandsgrößen über Stoßflächen. Dies ist eine zweckmäßige Idealisierung der Tatsache, dass in sehr dünnen Schichten (von der Größenordnung der mittleren freien Weglänge des Gases) die Gradienten von Zustandsgrößen und Stoffparametern hohe Werte annehmen können. Im Rahmen der Kontinuumsmechanik sprechen wir daher von Unstetigkeiten (Verdichtungsstößen). Die integralen Erhaltungssätze (9-1) bis (9-3) geben für stationäre Strömung, ohne Massenkräfte, Reibung und Wärmeleitung (Bild 9-2):

$$\varrho v_\mathrm{n} = \hat{\varrho}\hat{v}_\mathrm{n}\,,$$

$$\varrho v_\mathrm{n}^2 + p = \hat{\varrho}\hat{v}_\mathrm{n}^2 + \hat{p}\,,$$

$$\varrho v_\mathrm{t} v_\mathrm{n} = \hat{\varrho}\hat{v}_\mathrm{t}\hat{v}_\mathrm{n}\,,$$

$$\varrho v_\mathrm{n}\left[h + \frac{1}{2}(v_\mathrm{n}^2 + v_\mathrm{t}^2)\right] = \hat{\varrho}\hat{v}_\mathrm{n}\left[\hat{h} + \frac{1}{2}(\hat{v}_\mathrm{n}^2 + \hat{v}_\mathrm{t}^2)\right]\,.$$

Die Indizes n, t bezeichnen Normal- und Tangentialkomponenten, das Zeichen ^ die Werte hinter dem Stoß, $h = e + p/\varrho$ die spezifische Enthalpie. Ist $\varrho v_\mathrm{n} = 0$ – kein Massenfluss über A – so kann $v_\mathrm{t} \neq \hat{v}_\mathrm{t}$ sein, dann liegt eine Wirbelfläche vor. Für Verdichtungsstöße ist $\varrho v_\mathrm{n} \neq 0$ und damit $v_\mathrm{t} = \hat{v}_\mathrm{t}$, also

$$\varrho v_\mathrm{n} = \hat{\varrho}\hat{v}_\mathrm{n}\,, \tag{9-4a}$$

$$\varrho v_\mathrm{n}^2 + p = \hat{\varrho}\hat{v}_\mathrm{n}^2 + \hat{p}\,, \tag{9-4b}$$

$$v_\mathrm{t} = \hat{v}_\mathrm{t} \tag{9-4c}$$

$$h + \frac{1}{2}v_\mathrm{n}^2 = \hat{h} + \frac{1}{2}\hat{v}_\mathrm{n}^2\,. \tag{9-4d}$$

9.2.1 Rankine-Hugoniot-Relation

Elimination der Geschwindigkeitskomponenten in (9-4a) bis (9-4d) ergibt die allgemeinen Rankine-Hugoniot-Relationen [1, 2]:

$$\hat{h} - h = \frac{1}{2}\left(\frac{1}{\varrho} + \frac{1}{\hat{\varrho}}\right)(\hat{p} - p)\,, \qquad (9\text{-}5a)$$

$$\hat{e} - e = \left(\frac{1}{\varrho} - \frac{1}{\hat{\varrho}}\right)\left(\frac{\hat{p} + p}{2}\right)\,. \qquad (9\text{-}5b)$$

Der Zusammenhang mit dem 1. Hauptsatz im adiabaten Fall ist offensichtlich. Die Änderung der inneren Energie beim Stoß ist nach (9-5b) gleich der Arbeit, die der mittlere Druck bei der Volumenänderung leistet. Für ideale Gase konstanten Verhältnisses $\varkappa$ der spezifischen Wärmen kommt die spezielle Form (RH) [3, 4]

$$\frac{\hat{p}}{p} = \frac{(\varkappa + 1)\hat{\varrho} - (\varkappa - 1)\varrho}{(\varkappa + 1)\varrho - (\varkappa - 1)\hat{\varrho}}\,. \qquad (9\text{-}6)$$

Die RH-Kurve und die Isentrope (Bild 9-3) haben im Ausgangspunkt $\hat{p}/p = 1, \varrho/\hat{\varrho} = 1$ Tangente und Krümmung gemeinsam. Das heißt, *schwache* Stöße verlaufen *isentrop*. Für *starke* Stöße, $\hat{p}/p \gg 1$, gilt dagegen $\hat{\varrho}/\varrho \to (\varkappa + 1)/(\varkappa - 1)$, während die Isentrope beliebig anwächst. Allerdings sind bei diesen extremen Zustandsänderungen reale Gaseffekte zu berücksichtigen. Es sind nur Verdichtungsstöße thermodynamisch möglich. Mit s, der spezifischen Entropie,

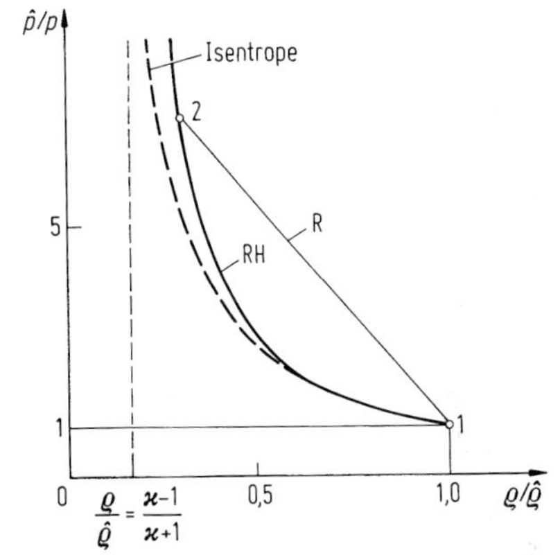

Bild 9-3. Rankine-Hugoniot-Kurve (RH), Rayleigh-Gerade (R) und Isentrope

folgt wegen $\hat{s} - s \geqq 0$

$$\frac{\hat{p}}{p} = \left(\frac{\hat{\varrho}}{\varrho}\right)^{\varkappa} \exp\left(\frac{\hat{s} - s}{c_V}\right) \geqq \left(\frac{\hat{\varrho}}{\varrho}\right)^{\varkappa}\,,$$

d. h., die RH-Kurve muss stets oberhalb der Isentropen liegen. Dies ist (Bild 9-3) nur für

$$\frac{\varkappa - 1}{\varkappa + 1} < \frac{\varrho}{\hat{\varrho}} \leqq 1\,,$$

d. h. bei Verdichtung, möglich.

9.2.2 Rayleigh-Gerade

Die so genannten mechanischen Stoßgleichungen Massenerhaltung (9-4a) und Impulssatz (9-4b) führen zur Rayleigh-Geraden (R) [5]

$$\frac{\hat{p}}{p} - 1 = \varkappa M_n^2\left(1 - \frac{\varrho}{\hat{\varrho}}\right) \qquad (9\text{-}7a)$$

mit der Abkürzung

$$M_n^2 = \frac{v_n^2}{\varkappa\dfrac{p}{\varrho}} = \frac{v_n^2}{a^2}\,. \qquad (9\text{-}7b)$$

Diese Gerade (R) muss mit der (RH)-Kurve geschnitten werden (Bild 9-3) und führt damit im Allgemeinen zu den zwei Lösungen (1) und (2) der Erhaltungssätze beim Verdichtungsstoß. (*1*) ist die Identität, sie ist aufgrund des Aufbaus der Gleichungen (9-4a) bis (9-4d) enthalten, (2) ist der Verdichtungsstoß. Das System der Erhaltungssätze ist also nicht eindeutig lösbar. Zusätzliche Bedingungen müssen hier eine Entscheidung herbeiführen. Im Grenzfall, dass beide Lösungen zusammenfallen, (R) also tangential zu (RH) und zur Isentropen im Ausgangspunkt (1, 1) verläuft, gilt $M_n = 1$.

9.2.3 Schallgeschwindigkeit

Die in (9-7b) formal vorgenommene Abkürzung führt zur Schallgeschwindigkeit a. Mit R_i als individueller und $R = 8{,}31447\,\text{J}/(\text{mol}\cdot\text{K})$ als universeller (molarer) Gaskonstante und M_i als molarer Masse des Stoffes i gilt für ideale Gase

$$a = \sqrt{\left(\frac{\partial p}{\partial \varrho}\right)_s} = \sqrt{\varkappa\frac{p}{\varrho}} = \sqrt{\varkappa\frac{R}{M_i}T} = \sqrt{\varkappa R_i T}\,. \qquad (9\text{-}8)$$

Für $T = 300$ K wird

Gas	O_2	N_2	H_2	Luft
M_i in g/mol	32	28,016	2,016	≈ 29
a in m/s	330	353	1316	347

Diese Schallgeschwindigkeit ist die Ausbreitungsgeschwindigkeit kleiner Störungen der Zustandsgrößen in einem ruhenden kompressiblen Medium. Sie ist eine Signalgeschwindigkeit, zum Unterschied von der Strömungsgeschwindigkeit. Betrachten wir die Ausbreitung einer Schallwelle in ruhendem Medium und wenden auf die Zustandsänderung in der Wellenfront Kontinuitätsbedingung sowie Impulssatz an, so erhalten wir (9-8) (siehe z. B. [6]). Die Schallgeschwindigkeit hängt von der Druck- und Dichtestörung in der Front ab. Führt eine Drucksteigerung in der Welle nur zu einer geringen Dichteänderung (inkompressibles Medium), so ist die Schallgeschwindigkeit groß. Kommt es zu einer beträchtlichen Dichtezunahme (kompressibles Medium), so ist a klein. Beim idealen Gas gelten die typischen Proportionalitäten $a \sim \sqrt{T}, a \sim 1/\sqrt{M_i}$, womit Möglichkeiten der Variation von a gegeben sind. a ist eine wichtige Bezugsgeschwindigkeit für alle kompressiblen Strömungen. Ackeret führte 1928 zu Ehren von Ernst Mach die folgende Bezeichnung ein:

$$\frac{\text{Strömungsgeschwindigkeit}}{\text{Schallgeschwindigkeit}} = \frac{w}{a} = M \quad \text{Mach'sche Zahl oder Mach-Zahl}\,. \tag{9-9}$$

Statt M schreibt man auch Ma.
Man unterscheidet danach Unterschallströmungen mit $M < 1$ und Überschallströmungen mit $M > 1$. Die wichtigsten Eigenschaften solcher Strömungen werden im Folgenden behandelt.

9.2.4 Senkrechter Stoß

Steht die Stoßfront senkrecht zur Anströmung (Bild 9-4), so ist $v_n = w, v_t = 0$. Für das ideale

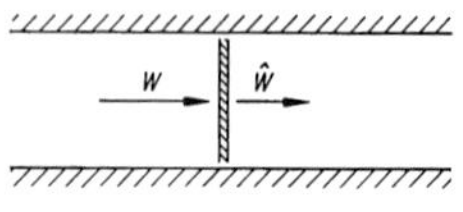

Bild 9-4. Senkrechter Verdichtungsstoß

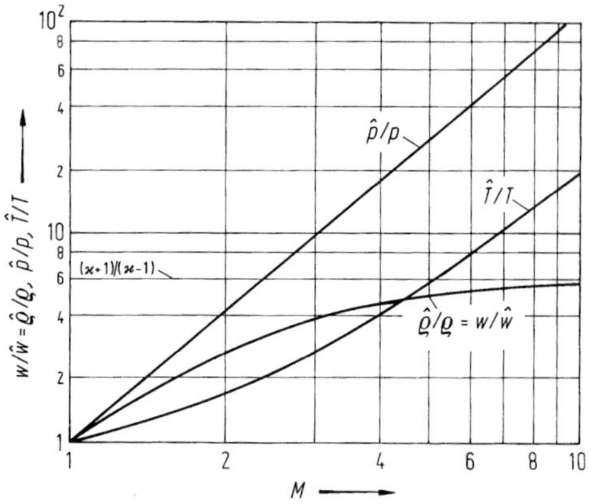

Bild 9-5. Die bezogenen Stoßgrößen beim senkrechten Verdichtungsstoß als Funktion von M ($\varkappa = 1{,}40$)

Gas konstanter spezifischer Wärmekapazität wird aus (9-4a) bis (9-4d)

$$\varrho w = \hat{\varrho}\hat{w}\,, \quad \varrho w^2 + p = \hat{\varrho}\hat{w}^2 + \hat{p}\,,$$
$$\frac{\varkappa}{\varkappa - 1}\cdot\frac{p}{\varrho} + \frac{1}{2}w^2 = \frac{\varkappa}{\varkappa - 1}\cdot\frac{\hat{p}}{\hat{\varrho}} + \frac{1}{2}\hat{w}^2\,. \tag{9-10}$$

Bei gegebener Zuströmung (ϱ, p, w) kommen für die Zustandswerte die Identität oder die folgende Lösung für den senkrechten Stoß:

$$\frac{\hat{w}}{w} = \frac{\varrho}{\hat{\varrho}} = 1 - \frac{2}{\varkappa + 1}\left(1 - \frac{1}{M^2}\right),$$
$$\frac{\hat{p}}{p} = 1 + \frac{2\varkappa}{\varkappa + 1}(M^2 - 1)\,,$$
$$\frac{\hat{T}}{T} = \frac{\hat{a}^2}{a^2} = \frac{\hat{p}}{p}\cdot\frac{\varrho}{\hat{\varrho}} \tag{9-11}$$
$$= \left[1 + \frac{2\varkappa}{\varkappa + 1}(M^2 - 1)\right]\left[1 - \frac{2}{\varkappa + 1}\left(1 - \frac{1}{M^2}\right)\right]$$
$$\frac{\hat{s} - s}{c_V} = \ln\left[\frac{\hat{p}}{p}\left(\frac{\varrho}{\hat{\varrho}}\right)^{\varkappa}\right]$$
$$= \frac{2}{3}\cdot\frac{\varkappa(\varkappa - 1)}{(\varkappa + 1)^2}(M^2 - 1)^3 + \ldots\,, \quad (M \approx 1)\,,$$
$$\hat{M}^2 = \frac{1 + \frac{\varkappa - 1}{\varkappa + 1}(M^2 - 1)}{1 + \frac{2\varkappa}{\varkappa + 1}(M^2 - 1)}\,.$$

Alle normierten Stoßgrößen hängen nur von M ab und zeigen einen charakteristischen Verlauf (Bild 9-5 und 9-6). Ein senkrechter Stoß kann nur in Überschallströmung $M > 1$ auftreten (Entropiezunahme!), dahinter herrscht Unterschallgeschwindigkeit $\hat{M} < 1$. Die Zunahme der Entropie erfolgt im Stoß – in der Nähe von $M = 1$ – erst mit der dritten Potenz der Stoßstärke $\hat{p}/p - 1$, d. h., schwache Stöße verlaufen isentrop.

Für $M^2 \gg 1$, den sog. Hyperschall, erhält man die Grenzwerte

$$\frac{\hat{\varrho}}{\varrho} = \frac{w}{\hat{w}} \to \frac{\varkappa + 1}{\varkappa - 1}\,, \quad \frac{\hat{p}}{p} \to \frac{2\varkappa}{\varkappa + 1} M^2\,,$$
$$\frac{\hat{T}}{T} \to \frac{2\varkappa(\varkappa - 1)}{(\varkappa + 1)^2} M^2\,, \quad \hat{M}_{\min} = \frac{\hat{w}}{\hat{a}} \to \sqrt{\frac{\varkappa - 1}{2\varkappa}}\,. \tag{9-12}$$

Diese Zustandsgrößen treten z. B. bei der Umströmung eines stumpfen Körpers mit abgelöster Kopfwelle hinter dem Stoß auf. Die Dichte strebt gegen einen endlichen Wert, während Druck und Temperatur stark ansteigen. Die Mach-Zahl $\hat{M}$ erreicht ein Minimum.

Charakteristisch verhalten sich die Ruhegrößen. Denken wir uns das Medium vor und nach dem Stoß in den Ruhezustand überführt, so lautet der Energiesatz über den Stoß hinweg

$$c_p T_0 = c_p T + \frac{w^2}{2} = c_p \hat{T} + \frac{\hat{w}^2}{2} = c_p \hat{T}_0\,,$$

d. h.,

$$T_0 = \hat{T}_0\,, \quad a_0 = \hat{a}_0\,. \tag{9-13}$$

Bei Druck und Dichte wird jeweils eine isentrope Abbremsung vor und nach dem Stoß vorgenommen. Verwendet man weiterhin wegen (9-13) einen isothermen

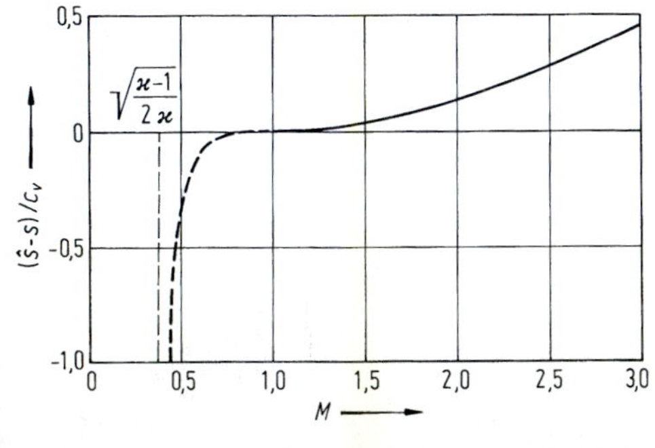

Bild 9-6. Die normierte Entropie $(\hat{s} - s)/c_V$ beim senkrechten Verdichtungsstoß als Funktion von M ($\varkappa = 1{,}40$)

Vergleichsprozess, so erhält man die sog. *Rayleigh-Formel*

$$\frac{\hat{p}_0}{p_0} = \frac{\hat{\varrho}_0}{\varrho_0} = \left[1 + \frac{2\varkappa}{\varkappa + 1}(M^2 - 1)\right]^{-\frac{1}{\varkappa - 1}}$$
$$\times \left[1 - \frac{2}{\varkappa + 1}\left(1 - \frac{1}{M^2}\right)\right]^{-\frac{\varkappa}{\varkappa - 1}}\,. \tag{9-14}$$

Die Ruhedruckabnahme ist in Schallnähe gering, denn es gilt

$$\frac{\hat{s} - s}{c_V} = -(\varkappa - 1)\left(\frac{\hat{p}_0}{p_0} - 1\right) + \ldots$$

Für starke Stöße, d. h. hohe Mach-Zahlen, ist der Ruhedruckabfall dagegen beträchtlich (Bild 9-7).

Beim Pitotrohr in Überschallströmung finden diese Beziehungen Anwendung. Gemessen wird $\hat{p}_0$. Kennt man M, so kann mit (9-14) p_0 berechnet werden. Falls jedoch p oder $\hat{p}$ *und* $\hat{p}_0$ gemessen werden, kann M ermittelt werden. Hierzu wird der nachfolgend angegebene isentrope Zusammenhang zwischen p, p_0 und M benutzt (31).

Der Ruhedruckverlust in Überschallströmungen hat wichtige praktische Konsequenzen. Ist der Einlauf eines Staustrahltriebwerkes wie ein Pitotdiffusor ausgebildet, d. h., steht vor der Öffnung ein starker senkrechter Stoß, so tritt ein hoher Ruhedruckverlust auf, der nachteilig für den Antrieb ist; denn stromab kann durch Aufstau nur $\hat{p}_0$ wieder erreicht werden. Dies führte zur Entwicklung des Stoßdiffusors von Oswatitsch [7]. Hier wird in den Pitotdiffusor ein kegelförmiger Zentralkörper eingeführt. Die Abbremsung der Überschallströmung geschieht über ein System schiefer Stöße mit abschließendem schwachen senkrechten Stoß zwischen Kegel und Pitotrohr. Dieses Stoßsystem führt im Endeffekt zu einer erheblich geringeren Gesamtdruckabnahme als bei einem einzigen senkrechten Stoß.

9.2.5 Schiefer Stoß

Ein schiefer Stoß tritt in Überschallströmungen z. B. an der Körperspitze (Kopfwelle) und am Heck (Schwanzwelle) auf. Die Gleichungen erhält man am einfachsten aus denen des senkrechten Stoßes (Bild 9-4) in einem Koordinatensystem, das entlang der Stoßfront mit $v_t = \hat{v}_t \neq 0$ bewegt wird (Bild 9-2).

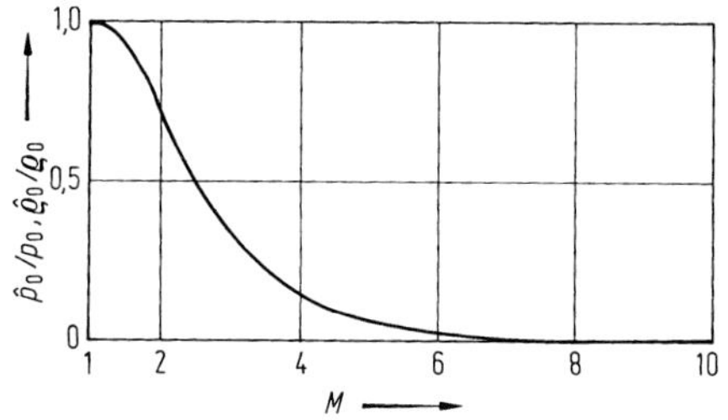

Bild 9-7. Ruhedruck- und Ruhedichteabnahme beim senkrechten Stoß als Funktion von M ($\varkappa = 1{,}40$)

Mit Θ = Neigungswinkel des Stoßes gegen die Anströmung = Stoßwinkel ergibt sich die Ersetzung (Bild 9-8) entsprechend folgender Tabelle:

Senkrechter Stoß	Schiefer Stoß
w	v_n
$\hat{w}$	$\hat{v}_n$
$\boxed{M} = \frac{w}{a}$	$\frac{v_n}{a} = \frac{w}{a}\sin\Theta = \boxed{M\sin\Theta}$

In allen Gleichungen des senkrechten Stoßes (9-11) und (9-14) ist also lediglich M durch $M\sin\Theta$ zu ersetzen. Es wird

$$\frac{\hat{v}_n}{v_n} = \frac{\varrho}{\hat{\varrho}} = 1 - \frac{2}{\varkappa+1}\left(1 - \frac{1}{M^2\sin^2\Theta}\right),$$
$$\frac{\hat{p}}{p} = 1 + \frac{2\varkappa}{\varkappa+1}(M^2\sin^2\Theta - 1), \tag{9-15}$$
$$\frac{\hat{T}}{T} = \frac{\hat{a}^2}{a^2} = \frac{\hat{p}}{p}\frac{\varrho}{\hat{\varrho}}, \quad \frac{\hat{s}-s}{c_v} = \ln\left[\frac{\hat{p}}{p}\left(\frac{\varrho}{\hat{\varrho}}\right)^{\varkappa}\right].$$

Die Bedingung $M \geqq 1$ beim senkrechten Stoß führt hier zu $M\sin\Theta \geqq 1$, d.h., $M \geqq 1/\sin\Theta \geqq 1$. Ein schiefer Stoß ist auch nur in Überschallströmung möglich. Bei festem M ist die untere Grenze für Θ bei

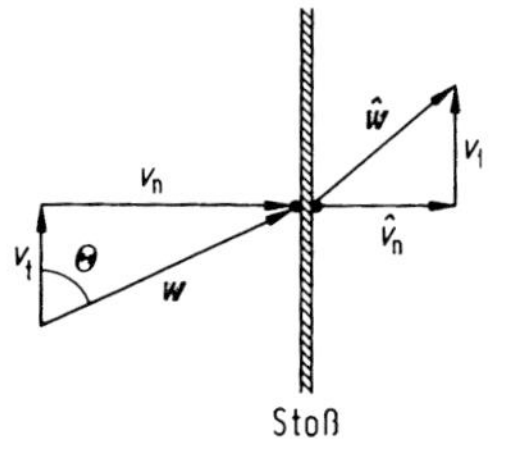

Bild 9-8. Übergang vom senkrechten zum schiefen Stoß

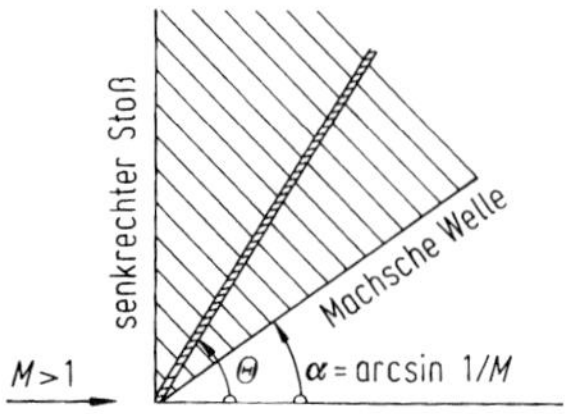

Bild 9-9. Bereichsgrenzen für Θ bei festem M

verschwindendem Drucksprung durch $M\sin\Theta = 1$ gegeben, die obere Grenze dagegen durch den größtmöglichen Druckanstieg im senkrechten Stoß (Bild 9-9):

$$\alpha = \arcsin\frac{1}{M} \leqq \Theta \leqq \frac{\pi}{2}.$$

α heißt Mach'scher Winkel. Er begrenzt den Einflussbereich kleiner Störungen in Überschallströmungen.

9.2.6 Busemann-Polare

Wir drehen das Koordinatensystem in Bild 9-8 so, dass die Anströmung in die x-Richtung fällt (Bild 9-10). Führt man diese Drehung in den Stoßrelationen durch und benutzt die Bezeichnungen von Bild 9-10, so erhält man die Busemann-Polare [8]

$$(u\hat{u} - a^{*2})(u - \hat{u})^2 = \hat{v}^2\left[a^{*2} + \frac{2}{\varkappa+1}u^2 - u\hat{u}\right]. \tag{9-16}$$

$a^* = a_0\sqrt{2/(\varkappa+1)}$ bezeichnet hierin die sog. kritische Schallgeschwindigkeit. Gleichung (9-16) stellt in der Form $\hat{v} = f(\hat{u}, u)$ die Parameterdarstellung einer Kurve in der $\hat{u}, \hat{v}$-Hodografenebene dar. Mit der Anströmungsgeschwindigkeit u als Parameter enthält sie alle möglichen Strömungszustände $(\hat{u}, \hat{v})$ hinter dem schiefen Stoß an der Körperspitze. Es handelt sich

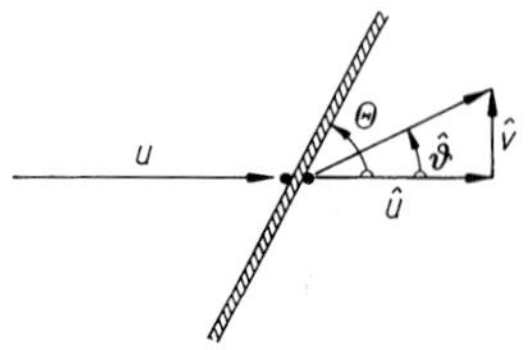

Bild 9-10. Schiefer Stoß bei horizontaler Anströmung

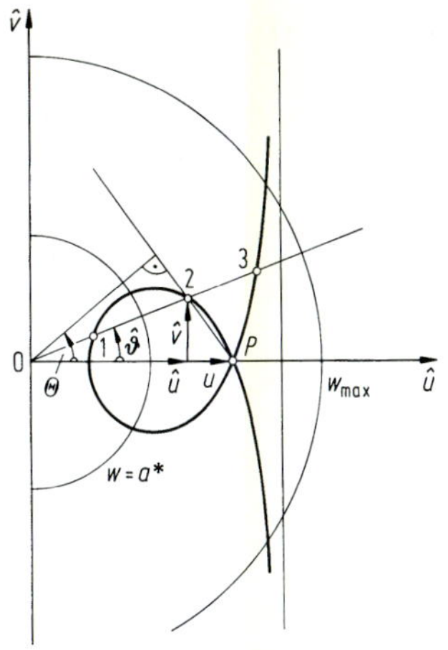

Bild 9-11. Busemann'sche Stoßpolare in der Hodografenebene. Stoßkonstruktion

um ein Kartesisches Blatt mit Doppelpunkt $P(u, 0)$ und einer vertikalen Asymptote bei $\hat{u} = (a^{*2} + 2/(\varkappa + 1)u^2)/u$. Der senkrechte Stoß ist mit $\hat{v} = 0$ enthalten. Es ergibt sich $\hat{u}u = a^{*2}$ (Prandtl-Relation) oder $\hat{u} = u$ (Identität). Ist der Abströmwinkel $\hat{\vartheta}$ (z. B. Keilwinkel) gegeben, so gibt es drei Lösungen (Bild 9-11): (1) starke Lösung, führt für $\hat{\vartheta} \to 0$ auf den senkrechten Stoß; (2) schwache Lösung, liefert mit $\hat{\vartheta} \to 0$ die Identität (Machsche Welle); (3) Schwanzwellenlösung. (3) löst das sogenannte inverse Problem. $(u, 0)$ ist der Zustand hinter der Schwanzwelle, $(\hat{u}, \hat{v})$ derjenige davor. (3) ist nur sinnvoll, solange $w < w_{\max}$. Die Stoßneigung Θ ergibt sich durch das Lot vom Ursprung auf die Verbindungslinie $P\to 1$, $P\to 2$, $P\to 3$. Bei gegebener Anströmung gibt es ein $\hat{\vartheta}_{\max}$. Für $\hat{\vartheta} > \hat{\vartheta}_{\max}$ löst der Stoß von der Körperspitze ab und steht vor dem Hindernis. Der Schallkreis teilt die Stoßpolare in einen Unter- und einen Überschallteil. Eine genaue Analyse zeigt, dass hinter einem schiefen Stoß in Abhängigkeit von $\hat{\vartheta}$ Über- oder Unterschall herrschen kann.

Hinter dem Stoß muss jeweils eine der Größen gegeben sein. Die Lösung ist bei Vorgabe von $\hat{\vartheta}$ oder $\hat{v}$ mehrdeutig, dagegen bei Θ oder $\hat{u}$ eindeutig. Interessante Grenzfälle ergeben sich für die Stoßpolare für $u \to a^*$ und

$$u \to w_{\max} = a^* \sqrt{(\varkappa + 1)/(\varkappa - 1)} = a_0 \sqrt{2/(\varkappa - 1)} \,.$$

Im ersten Fall zieht sich der geschlossene Teil der Stoßpolaren auf den Schallpunkt $\hat{u} \to a^*, \hat{v} \to 0$ zusammen, im zweiten Fall entsteht der Kreis

$$\left(\hat{u} - \frac{\varkappa a^*}{\sqrt{\varkappa^2 - 1}}\right)^2 + \hat{v}^2 = \frac{a^{*2}}{\varkappa^2 - 1}\,, \tag{9-17}$$

in dessen Innern alle anderen Stoßpolaren liegen. Beide Grenzfälle sind wichtig, und zwar im ersten Fall für sogenannte schallnahe (transsonische) Strömungen, im zweiten Fall für Hyperschallströmungen.

9.2.7 Herzkurve

In den Anwendungen ist oft der Druck eine bevorzugte Größe, z. B. wenn eine Diskontinuitätsfläche in Form einer Wirbelschicht oder einer freien Strahlgrenze im Stromfeld auftritt. Dazu muss die Stoßpolare nicht nur in der $\hat{u}, \hat{v}$-Ebene, sondern auch in der $\hat{p}, \hat{\vartheta}$-Ebene verwendet werden. In der letzteren Ebene kommt die sog. Herzkurve [9]

$$\tan\hat{\vartheta} = \frac{\dfrac{\hat{p}}{p} - 1}{\varkappa M^2 - \left(\dfrac{\hat{p}}{p} - 1\right)} \times \sqrt{\frac{\dfrac{2\varkappa}{\varkappa + 1}(M^2 - 1) - \left(\dfrac{\hat{p}}{p} - 1\right)}{\dfrac{\hat{p}}{p} + \dfrac{\varkappa - 1}{\varkappa + 1}}}\,. \tag{9-18}$$

Es handelt sich um eine der Busemann'schen Stoßpolaren ähnliche Kurve (Bild 9-12)

$$\frac{\hat{p}}{p} = F(\hat{\vartheta}, M)\,,$$

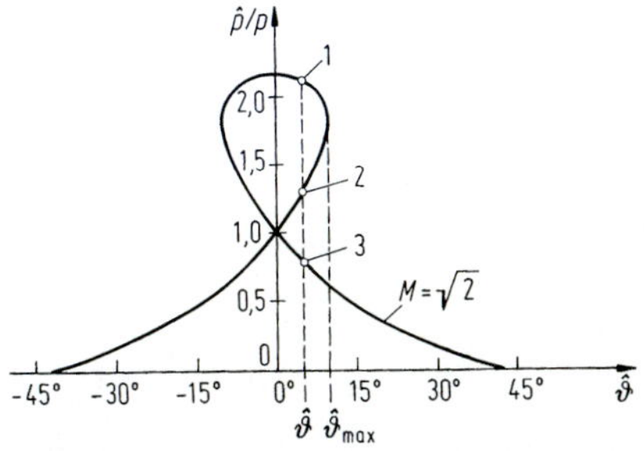

Bild 9-12. Herzkurve in der $\hat{p}, \hat{\vartheta}$-Ebene

wobei M als Kurvenparameter fungiert. Bei bekanntem $\hat{\vartheta}$ ergeben sich in der Regel die drei Lösungen (1), (2), (3). (1) ist die starke, (2) die schwache Lösung, (3) löst wie oben das inverse Problem.
An der Körperspitze tritt in der Regel die schwache Lösung (2) auf. Dies lässt sich anhand der Herzkurve plausibel machen [10]. Bild 9-12 entnimmt man für $\hat{\vartheta} > 0 : (\partial\hat{p}/\partial\hat{\vartheta})_1 < 0$, und $(\partial\hat{p}/\partial\hat{\vartheta})_2 > 0$. Wir betrachten einen symmetrischen Keil ($\hat{\vartheta} < \hat{\vartheta}_{\max}$) in Überschallströmung. Drehen wir ihn um die Keilspitze um den kleinen Anstellwinkel $\varepsilon > 0$, so führt dies bei der starken Lösung (1) an der Keil*ober*seite zu einer Druck*ab*nahme und an der Keil*unter*seite zu einer Druck*zu*nahme. Dies würde zu einer Vergrößerung der ursprünglichen Drehung, d. h. zu einer Instabilität, führen. Der schwache Stoß (2) entspricht dagegen der stabilen Lösung, d. h., die vorgenommene Drehung würde rückgängig gemacht. Diese Eigenschaft weist auf eine Bevorzugung der schwachen Lösung an der Körperspitze hin. Da hinter der schwachen Lösung stets Überschall herrscht, liegt hier ein *lokales* Strömungsphänomen vor. Die starke Lösung führt dagegen in der Regel auf Unterschall. Hier können sich Störungen auch stromauf fortpflanzen. Das liefert eine *globale* Abhängigkeit der starken Lösung von Randbedingungen stromab, die häufig die starke Lösung erzwingen.
Mit der Busemann-Polaren und der Herzkurve können die in den Anwendungen auftretenden Stoßprobleme behandelt werden, z. B. die Stoßreflektion an der festen Wand sowie am Strahlrand und das Durchkreuzen zweier Stöße. Im letzteren Fall geht vom Kreuzungspunkt außer den reflektierten Stößen eine Diskontinuitätsfläche ab. Die Stetigkeit des Druckes über diese Fläche führt im Herzkurvendiagramm zur Neigung dieser Schicht und mit der Busemann-Polaren zu allen Zustandswerten.

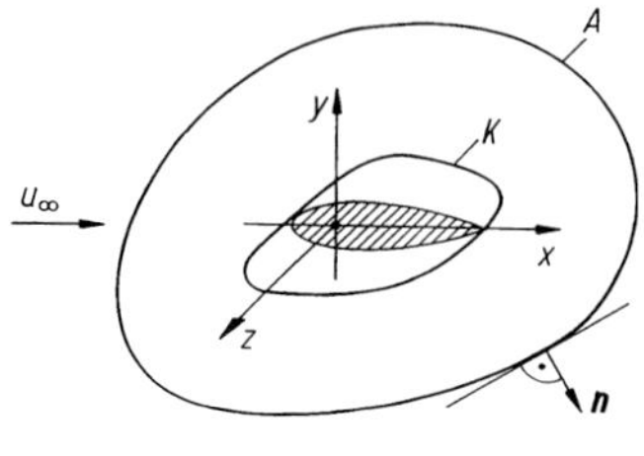

Bild 9-13. Kontrollfläche mit angeströmtem Körper für den Impulssatz

9.3 Kräfte auf umströmte Körper

Der Impulssatz (9-2) liefert für stationäre Strömungen ohne Massenkräfte (Bild 9-13)

$$\boldsymbol{F}_\mathrm{K} = -\int_A \varrho \boldsymbol{w}(\boldsymbol{w}\cdot\boldsymbol{n})\,\mathrm{d}A - \int_A p\boldsymbol{n}\,\mathrm{d}A\,. \qquad (9\text{-}19)$$

$\boldsymbol{F}_\mathrm{K}$ ist hierin die dem Körper K insgesamt übertragene Kraft. Die Kontrollfläche A umschließt den Körper in hinreichendem Abstand, sodass *dort* die Reibung vernachlässigt werden kann. Bezüglich einer horizontalen Anströmung mit u_∞ gilt $F_{\mathrm{K},x} = F_\mathrm{W}$ Widerstand, $F_{\mathrm{K},y} = F_\mathrm{A}$ Auftrieb, $F_{\mathrm{K},z}$ Querkraft. Ist die Strömung generell reibungsfrei, so bestimmt sich $\boldsymbol{F}_\mathrm{K}$ allein durch das Druckintegral über die Körperoberfläche.
Gleichung (9-19) kann durch geeignete Wahl der Kontrollfläche A oft sehr vereinfacht werden. Wir nehmen z. B. die Parallelen zur y, z-Ebene in der Anströmung und weit hinter dem Körper $x = x_0 = \text{const} \gg l$ (Bild 9-14)

$$F_\mathrm{W} = -\iint \left\{\varrho u^2 + p - \left(\varrho_\infty u_\infty^2 + p_\infty\right)\right\} \mathrm{d}y\,\mathrm{d}z|_{x=x_0} \qquad (9\text{-}20a)$$

$$F_\mathrm{A} = -\iint (\varrho u v - \varrho_\infty u_\infty v_\infty)\mathrm{d}y\,\mathrm{d}z|_{x=x_0}\,, \qquad (9\text{-}20b)$$

$$F_{\mathrm{K},z} = -\iint (\varrho u w - \varrho_\infty u_\infty w_\infty)\mathrm{d}y\,\mathrm{d}z|_{x=x_0}\,. \qquad (9\text{-}20c)$$

Integriert wird hierin jetzt nur noch hinter dem Körper, in der so genannten Trefftz-Ebene.

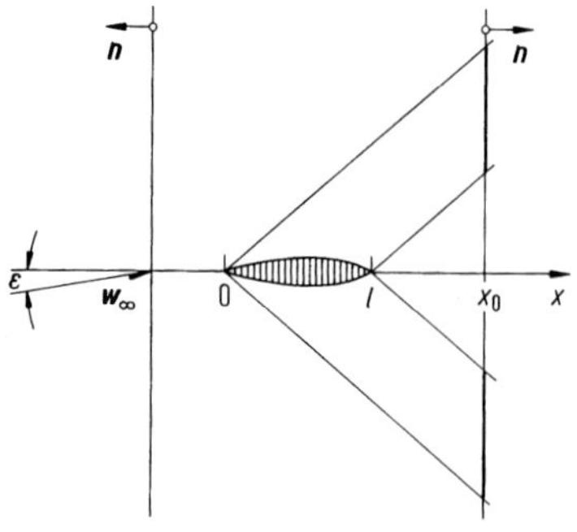

Bild 9-14. Spezielle Kontrollflächen vor und hinter dem Körper

Mit der Massenerhaltung im Zu- und Abstrom wird aus (9-20a)

$$F_W = -\iint \{\varrho u(u-u_\infty) + p - p_\infty\} \mathrm{d}y\,\mathrm{d}z|_{x=x_0} \,. \tag{9-21}$$

Die Geschwindigkeits- und die Druckstörungen im Nachlauf des Körpers bestimmen den Widerstand. Dies kann zur Messung oder Berechnung desselben benutzt werden.
Entwickelt man den Integranden in (9-21) für kleine Abweichungen vom Anströmzustand: $u_\infty, v_\infty = w_\infty = 0, p_\infty, \varrho_\infty, T_\infty, s_\infty$ unter Benutzung des Energiesatzes, so erhält man den Widerstandssatz von Oswatitsch [11,12]:

$$F_W u_\infty = \varrho_\infty u_\infty \iint \Big\{ \underline{T_\infty(s-s_\infty)} + \frac{1}{2}\Big[-\big(1-M_\infty^2\big) \times (u-u_\infty)^2 + v^2 + w^2\Big]\Big\} \mathrm{d}y\,\mathrm{d}z\Big|_{x=x_0} \,. \tag{9-22}$$

Hierin sind von den Störungen jeweils die ersten – tragenden – Terme berücksichtigt ($M_\infty \gtrless 1$). Der unterstrichene Anteil liefert den Entropiestrom durch die Kontrollfläche. Abgesehen von den Geschwindigkeitsbeiträgen wird die erforderliche Schleppleistung des Körpers also durch diesen Entropiestrom bestimmt. Alle dissipativen – entropieerzeugenden – Effekte (Verdichtungsstöße, Reibung, Wärmeleitung usw.) liefern hier Beiträge. Im Unterschall beschreibt der Geschwindigkeitsanteil in (9-22) den induzierten Widerstand [12], im Überschall den Wellenwiderstand. In Schallnähe kommt anstelle von (9-22) die Darstellung ([13], S. 157)

$$F_W a^* = \varrho^* a^* \iint \Big\{ T^*(s-s^*) + \frac{1}{3}(\varkappa+1) \times \frac{(u-a^*)^3}{a^*} + \frac{1}{2}(v^2+w^2)\Big\} \mathrm{d}y\,\mathrm{d}z\Big|_{x=x_0} \,. \tag{9-23}$$

Im *linearen Überschall* ($s = s_\infty$) gilt im zweidimensionalen Fall (Bild 9-14) mit der Ackeret-Formel

$$F_W = \frac{\varrho_\infty b}{2} \int \Big[\big(M_\infty^2 - 1\big)(u-u_\infty)^2 + v^2\Big] \mathrm{d}y\Big|_{x=x_0}$$

$$= \varrho_\infty b \int v^2\,\mathrm{d}y = \frac{2\varrho_\infty u_\infty^2 b}{\sqrt{M_\infty^2 - 1}} \int_0^1 \left(\frac{\mathrm{d}h}{\mathrm{d}x}\right)^2 \mathrm{d}x\Big|_{x=x_0} \,,$$

also für das Parabelzweieck (Dickenparameter $\tau = 2h_{\max}/l$) der Widerstandsbeiwert

$$c_W = \frac{F_W}{\frac{\varrho_\infty}{2} u_\infty^2 bl} = \frac{16}{3} \cdot \frac{\tau^2}{\sqrt{M_\infty^2 - 1}} \,. \tag{9-24}$$

Desselben folgt aus (9-20b) für die um $\varepsilon > 0$ angestellte Platte

$$F_A = -b \int_{x=x_0} (\varrho u v - \varrho_\infty u_\infty v_\infty)\,\mathrm{d}y$$

$$= -\varrho_\infty b \int_{x=x_0} u_\infty (v - v_\infty)\,\mathrm{d}y = \varrho_\infty b \int_{x=x_0} u_\infty^2 \varepsilon\,\mathrm{d}y$$

der Auftriebsbeiwert

$$c_A = \frac{F_A}{\frac{\varrho_\infty}{2} u_\infty^2 bl} = \frac{4\varepsilon}{\sqrt{M_\infty^2 - 1}} \,. \tag{9-25}$$

9.4 Stromfadentheorie

Für $p(x), \varrho(x)$ und $w(x)$ benutzen wir hier die Kontinuitätsbedingung (8-4), die Euler-Gleichung ohne Massenkräfte (8-5) sowie die Isentropie. Integration ergibt die Ausströmgeschwindigkeit bei Isentropie (Bild 9-15)

$$w_1 = \sqrt{2 \int_{p_1}^{p_0} \frac{\mathrm{d}p}{\varrho}}$$

$$= \sqrt{2 \frac{\varkappa}{\varkappa - 1} \cdot \frac{p_0}{\varrho_0} \left[1 - \left(\frac{p_1}{p_0}\right)^{\frac{\varkappa - 1}{\varkappa}}\right]} \,. \tag{9-26}$$

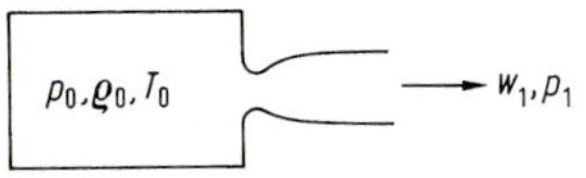

Bild 9-15. Ausströmen aus einem Kessel

Sie hängt maßgeblich vom Druckverhältnis p_1/p_0 ab und erreicht für $p_1/p_0 \to 0$ den Maximalwert

$$\begin{aligned} w_{1\,\max} &= \sqrt{2\frac{\varkappa}{\varkappa-1}\cdot\frac{p_0}{\varrho_0}} = \sqrt{\frac{2}{\varkappa-1}}\,a_0 \\ &= \sqrt{2\frac{\varkappa}{\varkappa-1}\cdot\frac{R}{M_i}T_0} \\ &= \sqrt{2\frac{\varkappa}{\varkappa-1}R_iT_0} = \sqrt{2c_pT_0} \\ &= 750\,\mathrm{m/s}\ \text{für Luft unter Normalbedingungen}\,. \end{aligned} \tag{9-27}$$

Die Existenz einer maximalen Ausströmgeschwindigkeit ist eine typische Eigenschaft kompressibler Medien. Gleichung (9-27) zeigt dieselben charakteristischen Abhängigkeiten wie die Schallgeschwindigkeit (9-8): $w_{1\,\max} \sim \sqrt{T_0}$, $w_{1\,\max} \sim 1/\sqrt{M_i}$ und damit Möglichkeiten der Veränderung dieser Maximalgeschwindigkeit.

9.4.1 Lavaldüse

Die Euler-Gleichung liefert für isentrope Strömung mit der Schallgeschwindigkeit (9-8) sowie der Mach-Zahl (9-9)

$$\frac{1}{\varrho}\cdot\frac{\mathrm{d}\varrho}{\mathrm{d}x} = -M^2\frac{1}{w}\cdot\frac{\mathrm{d}w}{\mathrm{d}x}\,. \tag{9-28}$$

Die relative Dichteänderung ist damit der relativen Geschwindigkeitsänderung längs des Stromfadens proportional. Der Proportionalitätsfaktor M^2 bestimmt das gegenseitige Größenverhältnis.
Für inkompressible Strömung, $M^2 \ll 1$, überwiegt die Änderung der Geschwindigkeit die der Zustandsgrößen ϱ, p, T bei weitem. Im Hyperschall, $M^2 \gg 1$, ist es umgekehrt. In Schallnähe, $M \approx 1$, sind alle Änderungen von gleicher Größenordnung.
Berücksichtigen wir in (9-28) die Kontinuität mit dem Stromfadenquerschnitt $A(x)$, so wird

$$\frac{1}{w}\cdot\frac{\mathrm{d}w}{\mathrm{d}x} = \frac{1}{M^2-1}\cdot\frac{1}{A}\cdot\frac{\mathrm{d}A}{\mathrm{d}x}$$

oder umgeschrieben auf die Mach-Zahl

$$\frac{1}{M}\cdot\frac{\mathrm{d}M}{\mathrm{d}x} = \frac{1+\frac{\varkappa-1}{2}M^2}{M^2-1}\cdot\frac{1}{A}\cdot\frac{\mathrm{d}A}{\mathrm{d}x}\,. \tag{9-29}$$

Für beschleunigte Strömung $\frac{\mathrm{d}M}{\mathrm{d}x} > 0$ verlangt dies

für $M < 1\ \frac{\mathrm{d}A}{\mathrm{d}x} < 0$, für $M = 1\ \frac{\mathrm{d}A}{\mathrm{d}x} = 0$ und für $M > 1\ \frac{\mathrm{d}A}{\mathrm{d}x} > 0$.

Diese gewöhnliche Differenzialgleichung lässt sich geschlossen integrieren:

$$\begin{aligned} \frac{A}{A^*} &= \frac{1}{M}\left[1+\frac{\varkappa-1}{\varkappa+1}(M^2-1)\right]^{\frac{\varkappa+1}{2(\varkappa-1)}} \\ &= \frac{1}{M^*\left[1-\frac{\varkappa-1}{2}(M^{*2}-1)\right]^{\frac{1}{\varkappa-1}}}\,, \end{aligned} \tag{9-30}$$

mit A^* als kritischem (engsten) Querschnitt bei $M = 1$ und $M^* = w/a^*$ als kritischer Mach-Zahl. Eine Übersicht über alle möglichen Düsenströmungen in Abhängigkeit vom jeweiligen Gegendruck erhält man aus einer Richtungsfelddiskussion von (9-29). Eine Beschleunigung der Strömung, $\mathrm{d}M/\mathrm{d}x > 0$, erfordert im Unterschall eine Querschnittsverengung ($\mathrm{d}A/\mathrm{d}x < 0$) und im Überschall eine Erweiterung ($\mathrm{d}A/\mathrm{d}x > 0$). Schallgeschwindigkeit ($M = 1$) ist nur am engsten Querschnitt ($\mathrm{d}A/\mathrm{d}x = 0$) möglich. Diese ideale Lavaldüse lässt sich nur bei einem ganz bestimmten Druck am Düsenende realisieren (Bild 9-16).
Alle Kurven gehen durch den linken Eckpunkt, der dem Kesselzustand entspricht. Wir senken den Ge-

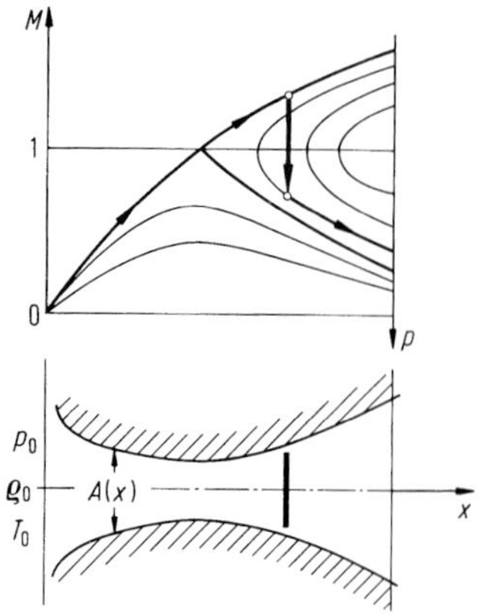

Bild 9-16. Machzahlverlauf in der Lavaldüse bei verschiedenen Gegendrücken

gendruck kontinuierlich ab und erhalten der Reihe nach reine Unterschallströmungen, bis die Schallgeschwindigkeit am engsten Querschnitt erreicht, aber nicht überschritten wird.

Eine weitere Druckabsenkung macht zunächst einen senkrechten Stoß – von Überschall auf Unterschall – erforderlich, dann sogar einen schiefen Stoß, bis wir den zur idealen Lavaldüse passenden Druck erreichen. Wird der Druck noch weiter abgesenkt, kommt es anschließend zu einer Expansion am Düsenende, die im Extremfall bis zur Maximalgeschwindigkeit (9-27) führt.

Die quantitative Ermittlung einer Lavaldüsenströmung benutzt neben (9-30) die aus dem Energiesatz und der Isentropie folgenden Beziehungen (Bild 9-17):

$$\frac{T}{T_0} = \frac{1}{1+\frac{\varkappa-1}{2}M^2} = 1 - \frac{\varkappa-1}{\varkappa+1}M^{*2}\,,$$
$$\frac{\varrho}{\varrho_0} = \frac{1}{\left(1+\frac{\varkappa-1}{2}M^2\right)^{\frac{1}{\varkappa-1}}}\,, \qquad (9\text{-}31)$$
$$\frac{p}{p_0} = \frac{1}{\left(1+\frac{\varkappa-1}{2}M^2\right)^{\frac{\varkappa}{\varkappa-1}}}\,.$$

Dadurch ergeben sich insbesondere die Proportionalitäten zwischen kritischen Größen und Ruhewerten (Zahlenwerte für Luft)

$$\left(\frac{a^*}{a_0}\right)^2 = \frac{T^*}{T_0} = \frac{2}{\varkappa+1} = 0{,}833\,,$$
$$\frac{\varrho^*}{\varrho_0} = \left(\frac{2}{\varkappa+1}\right)^{\frac{1}{\varkappa-1}} = 0{,}634\,, \qquad (9\text{-}32)$$
$$\frac{p^*}{p_0} = \left(\frac{2}{\varkappa+1}\right)^{\frac{\varkappa}{\varkappa-1}} = 0{,}528\,.$$

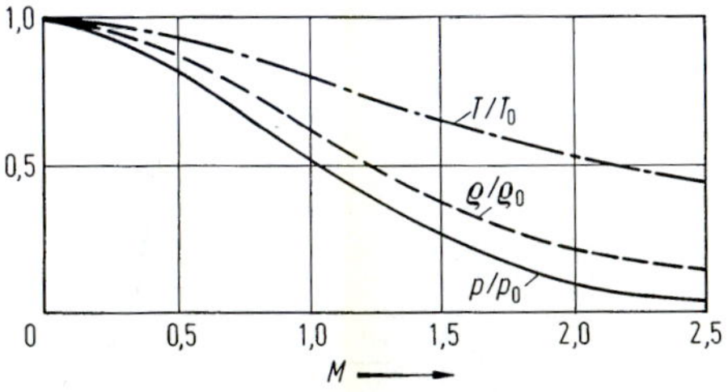

Bild 9-17. T, ϱ, p als Funktion der Mach-Zahl

Schreibt man (9-30) mit (31) als Funktion von p, so wird

$$\frac{\varrho^* a^*}{\varrho w} = \frac{A}{A^*} = \frac{\sqrt{\frac{\varkappa-1}{\varkappa+1}}}{\left(\frac{p}{p^*}\right)^{\frac{1}{\varkappa}}\sqrt{1-\frac{2}{\varkappa+1}\left(\frac{p}{p^*}\right)^{\frac{\varkappa-1}{\varkappa}}}}$$
$$= \frac{\left(\frac{2}{\varkappa+1}\right)^{\frac{\varkappa}{\varkappa-1}}\sqrt{\frac{\varkappa-1}{\varkappa+1}}}{\left(\frac{p}{p_0}\right)^{\frac{1}{\varkappa}}\sqrt{1-\left(\frac{p}{p_0}\right)^{\frac{\varkappa-1}{\varkappa}}}} \qquad (9\text{-}33)$$

Mit den Gleichungen (11) kann ein senkrechter Verdichtungsstoß eingearbeitet werden.

Beispiel: Gegeben sind bei einer Lavaldüse die Stoß-Mach-Zahl $M_S = 2$ und das Flächenverhältnis $A_1/A^* = 3$. Erfragt ist das erforderliche Druckverhältnis p_1/p_0 und A_S/A^*, d. h. die Stoßlage (Bild 9-18).

Aus (9-30) folgt mit $M_S = 2, A_S/A^* = 1{,}686$ und damit die Stoßlage. Weiter kommt aus (9-14) $A^*/\hat{A}^* = \hat{\varrho}_0/\varrho_0 <= \hat{p}_0/p_0 = 0{,}721$ und damit $p^*/\hat{p}^* = 1{,}387$. (9-33) wird hinter dem Stoß umgeformt zu

$$\frac{A_1}{A^*}\cdot\frac{A^*}{\hat{A}^*} = \frac{\sqrt{\frac{\varkappa-1}{\varkappa+1}}}{\left(\frac{p_1}{p^*}\cdot\frac{p^*}{\hat{p}^*}\right)^{\frac{1}{\varkappa}}\sqrt{1-\frac{2}{\varkappa+1}\left(\frac{p_1}{p^*}\cdot\frac{p^*}{\hat{p}^*}\right)^{\frac{\varkappa-1}{\varkappa}}}}\,.$$

Mit $A_1/A^* = 3$ und den soeben berechneten Werten $A^*/\hat{A}^* = 0{,}721$ und $p^*/\hat{A}^* = 1{,}387$ folgt $p_1/p^* = 1{,}28$, d. h., $p_1/p_0 = p_1/p^* \cdot p^*/p_0 = 1{,}28 \times 0{,}528 = 0{,}68$. Da $p_1/p_0 = 0{,}68 > p^*/p_0 = 0{,}528$, entsteht die Frage, wie diese Strömung zustande kommt (Anlaufen!). Am einfachsten denkt man sich am Düsenende den Druck abgesenkt, bis kritische Zustände eintreten. Sodann wird p_1/p_0 quasistationär auf 0,68 angehoben, und die oben betrachtete Strömung stellt sich

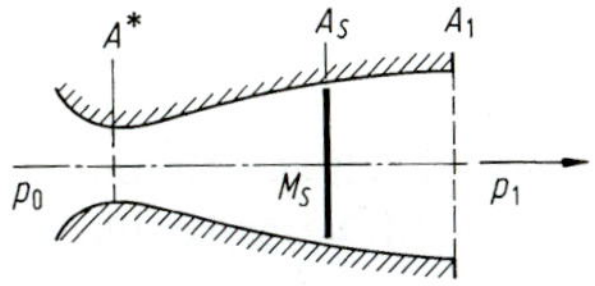

Bild 9-18. Beispiel einer Lavaldüsenrechnung

ein. In der Praxis handelt es sich beim Starten um einen komplizierten instationären Vorgang, bei dem Wellen stromauf und stromab laufen, bis der stationäre Endzustand erreicht ist.

Oft treten bei technischen Anwendungen mehrere Einschnürungen in der Düse auf. Der Fall von zwei engsten (A_1, A_3) und einem weitesten Querschnitt (A_2) enthält alles Wesentliche. Ist $A_1 = A_3$ (Bild 9-19), so herrschen in 1 und 3 gleichzeitig kritische Verhältnisse. Dort liegt jeweils ein Sattelpunkt der Integralkurven vor, während es sich bei 2 um einen Wirbelpunkt handelt. Das entnimmt man der aus (9-29) folgenden Beziehung in den singulären Punkten

$$\frac{\mathrm{d}M}{\mathrm{d}x} = \pm\sqrt{\frac{\varkappa+1}{4}\cdot\frac{1}{A^*}\cdot\left(\frac{\mathrm{d}^2A}{\mathrm{d}x^2}\right)^*}\,.$$

Ein Verdichtungsstoß zwischen 1 und 3 ist nicht möglich. Die Strömung würde sonst bereits vor dem zweiten engsten Querschnitt 3 auf Schall führen (Blockierung!). Die Abnahme der Ruhegrößen (9-14) und damit der kritischen Werte (9-32) reduziert den Massenstrom. Der Querschnitt 3 ist zu gering, um die Kontinuität zu gewährleisten.

Falls $A_1 < A_3$ (Bild 9-20), so liegt das Modell eines Überschallkanales vor. Die Integralkurve mit Schalldurchgang in 1 führt auf Überschall in der Messstrecke, 3 eingeschlossen. Ein Stoß zwischen 1 und 3 ist möglich, wenn der Verstelldiffusor in 3 gerade um so viel geöffnet wird, wie die Abnahme der Ruhegrößen vorschreibt. Mit der Stoß-Mach-Zahl M_S und der durch (9-14) gegebenen Funktion $f(M)$ gilt

$$\frac{A_1}{A_3} = \frac{\hat{\varrho}^*\hat{a}^*}{\varrho^*a^*} = \frac{\hat{\varrho}_0}{\varrho_0} = \frac{\hat{p}_0}{p_0} = f(M_S)\,.$$

Beispiel. Wie weit muss bei den Daten des obigen Beispiels der Verstelldiffusor (3 in Bild 9-20) geöffnet werden, um dort mindestens auf kritische Verhältnisse zu führen? $A_3/A_1 \geqq \hat{A}^*/A^* = 1{,}387$.

Im Prinzip sind zwei Stoßlösungen s, s' möglich, s entspricht einem stabilen, s' einem instabilen Zustand.

Im Fall $A_1 > A_3$ handelt es sich um eine mit Unterschall durchströmte Messstrecke, die frühestens in 3 auf Schall führen kann.

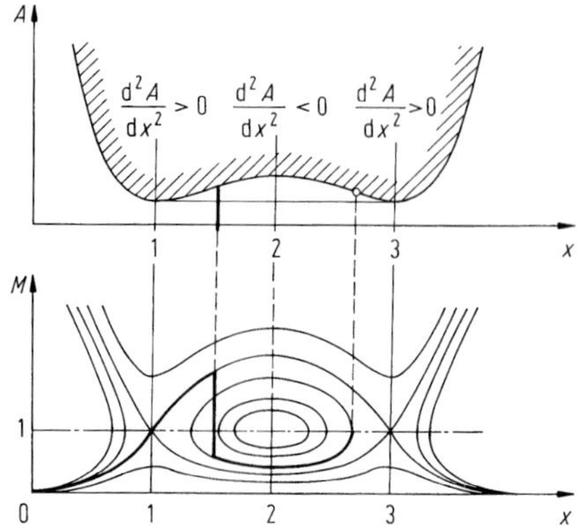

Bild 9-19. Lavaldüse mit zwei Einschnürungen $A_1 = A_3$

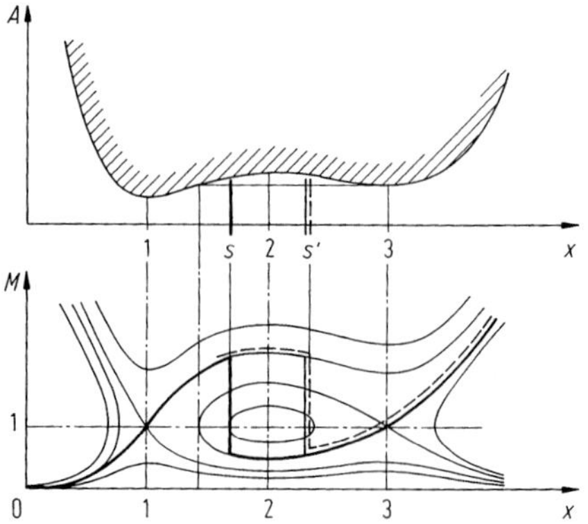

Bild 9-20. Lavaldüse mit zwei Einschnürungen $A_1 < A_3$, s, s' Stoßlösungen

Liegen mehrere engste Querschnitte vor, so schreibt der absolut kleinste das Auftreten kritischer Werte vor. Ob im weiteren Verlauf Stöße möglich sind, hängt vom Öffnungsverhältnis der engsten Querschnitte ab.

9.5 Zweidimensionale Strömungen

Unter der Voraussetzung differenziierbarer Strömungsgrößen, d. h. in Gebieten ohne Stöße, folgen aus den Erhaltungssätzen in Integralform die zugehörigen Differenzialgleichungen. Im stationären Fall ohne Massenkräfte, Reibung und Wärmeleitung kommen aus (9-1) die *Kontinuitätsgleichung*

$$\frac{\partial(\varrho u)}{\partial x} + \frac{\partial(\varrho v)}{\partial y} = 0\,, \tag{9-34}$$

aus (9-2), (9-2a) die *Euler-Gleichungen*

$$u\frac{\partial u}{\partial x} + v\frac{\partial u}{\partial y} = -\frac{1}{\varrho}\cdot\frac{\partial p}{\partial x}, \qquad (9\text{-}35a)$$

$$u\frac{\partial v}{\partial x} + v\frac{\partial v}{\partial y} = -\frac{1}{\varrho}\cdot\frac{\partial p}{\partial y}, \qquad (9\text{-}35b)$$

und aus (3), (3a) die Aussage, dass die *Entropie längs Stromlinien konstant* ist. Elimination von p und ϱ führt zur *gasdynamischen Grundgleichung*

$$\left(1-\frac{u^2}{a^2}\right)\frac{\partial u}{\partial x} + \left(1-\frac{v^2}{a^2}\right)\frac{\partial v}{\partial y} - \frac{uv}{a^2}\left(\frac{\partial u}{\partial y}+\frac{\partial v}{\partial x}\right) = 0\,. \qquad (9\text{-}36)$$

Diese Gleichung gilt auch dann, wenn die Entropie von Stromlinie zu Stromlinie variiert, was z. B. bei Hyperschallströmungen hinter stark gekrümmten Kopfwellen der Fall ist. Schließen wir dies im Augenblick aus, d. h. setzen wir Isentropie voraus, so gilt die Wirbelfreiheit (8-29). Mit dem Geschwindigkeitspotenzial Φ wird wegen $u = \partial\Phi/\partial x, v = \partial\Phi/\partial y$ aus (9-36)

$$\left(1-\frac{\Phi_x^2}{a^2}\right)\Phi_{xx} + \left(1-\frac{\Phi_y^2}{a^2}\right)\Phi_{yy} - 2\,\frac{\Phi_x\Phi_y}{a^2}\,\Phi_{xy} = 0, \qquad (9\text{-}37a)$$

$$a^2 = a_\infty^2 + \frac{\varkappa-1}{2}\left[w_\infty^2 - \left(\Phi_x^2+\boldsymbol{\Phi}_y^2\right)\right]\,. \qquad (9\text{-}37b)$$

Der Index ∞ bezeichnet den Anströmzustand.
Gleichung (9-37a,b) ist eine quasilineare partielle Differenzialgleichung 2. Ordnung. Der Typ hängt von der jeweiligen Lösung ab. Er ist für

$$w = \sqrt{\Phi_x^2+\Phi_y^2}\begin{cases} < a \text{ elliptisch (Unterschall)}\,, & (38a)\\ = a \text{ parabolisch (Schall)}\,, & (38b)\\ > a \text{ hyperbolisch (Überschall)}\,. & (38c)\end{cases}$$

Die Charakteristiken im Fall (38c) heißen Mach'sche Linien und begrenzen den Einflussbereich kleiner Störungen im Stromfeld.

9.5.1 Kleine Störungen, $M_\infty \lesseqgtr 1$

Verursacht ein Körper nur eine geringe Abweichung der wenig angestellten Parallelströmung ($u_\infty, v_\infty \approx \varepsilon u_\infty$), so machen wir den Störansatz

$$\boldsymbol{\Phi}(x,y) = \underbrace{u_\infty[x+\varphi(x,y)]}_{\text{I}} + \underbrace{u_\infty[\varepsilon y+\overline{\varphi}(x,y)]}_{\text{II}} \qquad (9\text{-}39)$$

I beschreibt hierin den nichtangestellten Fall, d. h. den Dickeneinfluss, II dagegen den Anstellungseffekt. Trägt man (9-39) in (9-37a,b) ein und linearisiert bezüglich Dicke und Anstellung, so erhält man die für φ und $\overline{\varphi}$ gültige lineare Differenzialgleichung

$$\left(1-M_\infty^2\right)\varphi_{xx} + \varphi_{yy} = 0\,. \qquad (9\text{-}40a)$$

Die Randbedingung der tangentialen Strömung z. B. am schlanken nichtangestellten Körper (Dicke τ, Profilklasse $q(x)$) ist (Bild 9-21)

$$\frac{v(x,0)}{u_\infty} = \varphi_y(x,0) = \frac{\mathrm{d}h}{\mathrm{d}x} = \tau\frac{\mathrm{d}q}{\mathrm{d}x}\,. \qquad (9\text{-}40b)$$

Die Charakteristiken (Mach'sche Linien) für (9-40a) lauten

$$\xi = x - \sqrt{M_\infty^2-1}\;y = \text{const}\,,$$

$$\eta = x + \sqrt{M_\infty^2-1}\;y = \text{const}\,.$$

Die allgemeine – sog. d'Alembert'sche – Lösung ist

$$\varphi = F_1\left(x-\sqrt{M_\infty^2-1}\,y\right) + F_2\left(x+\sqrt{M_\infty^2-1}\,y\right)\,.$$

Da für $M_\infty > 1$ die Strömung an der Profiloberseite unabhängig ist von der an der Unterseite, gilt die *Ackeret-Formel* [14]

$$\frac{u-u_\infty}{u_\infty} = \mp\frac{\dfrac{v}{u_\infty}}{\sqrt{M_\infty^2-1}}\begin{cases} y>0\\ y<0\end{cases}\,. \qquad (9\text{-}41)$$

Bei Anstellung tritt rechts die Differenz $v - v_\infty$ auf. In jedem Fall hängt die u-Störung in einem Punkt eines Überschallfeldes nur vom *lokalen* Strömungswinkel ab. Für $M_\infty < 1$ liegt dagegen stets eine *glo-*

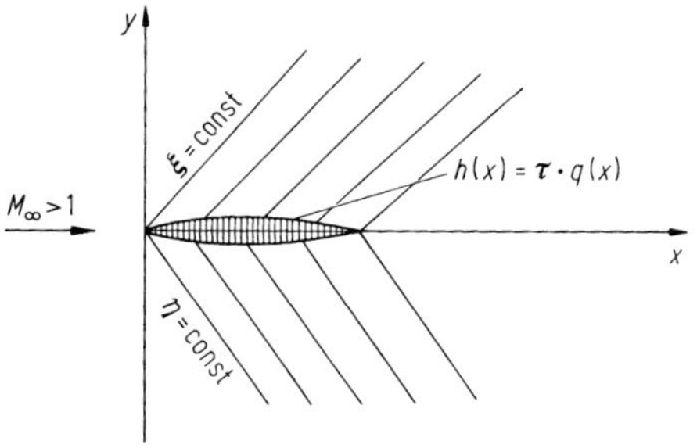

Bild 9-21. Mach'sche Linien bei der Überschallumströmung eines schlanken Profiles

bale Abhängigkeit vor (Kapitel 8). Bei einer Ablenkung in die Anströmung ($\vartheta > 0$) liefert (9-41) eine Untergeschwindigkeit (Eckenkompression), bei $\vartheta < 0$ eine Übergeschwindigkeit (Eckenexpansion). Für den Druck führt die Linearisierung der Bernoulli-Gleichung zu

$$C_p = \frac{p - p_\infty}{\frac{\varrho_\infty}{2} u_\infty^2} = -2 \frac{u - u_\infty}{u_\infty} . \qquad (9\text{-}42)$$

Die Untergeschwindigkeit an der Profilvorderseite gibt damit einen Überdruck, die Übergeschwindigkeit auf der Rückseite einen Sog. Beides liefert eine Kraft in Strömungsrichtung, den sog. Wellenwiderstand (siehe z. B. (9-24)). Mit den Definitionen (9-24) und (9-25) für Auftriebs- und Widerstandsbeiwerte ergeben sich die drei elementaren Effekte (Dicke, Anstellung und Wölbung), die für das Verständnis der wirkenden Kräfte wichtig sind.
Durch lineare Überlagerung dieser drei Effekte, gegebenenfalls bei komplizierten Dicken- und Wölbungsverteilungen, lassen sich allgemeinere Umströmungsprobleme erfassen. Die in

$$c_A \sim \varepsilon, \quad c_A \sim f, \quad c_A \sim 1/\sqrt{|1 - M_\infty^2|},$$
$$c_W \sim \tau^2, \; c_W \sim \varepsilon^2, c_W \sim f^2, c_W \sim 1/\sqrt{M_\infty^2 - 1} \qquad (9\text{-}43)$$

enthaltenen Ähnlichkeitsaussagen gelten im Rahmen der Linearisierung allgemein und entsprechen der Prandtl-Glauert'schen Regel. Bei komplizierten Profilen ändern sich die Werte der Koeffizienten, die Abhängigkeiten von den Parametern $\tau, \varepsilon, M_\infty$ bleiben unverändert. Man kann damit leicht innerhalb einer Profilklasse Geschwindigkeits- und Druckverteilungen sowie c_A, c_W bei Änderung von $\tau, \varepsilon, f, M_\infty$ ermitteln.

9.5.2 Transformation auf Charakteristiken

Die gasdynamische Grundgleichung (9-36) und die Wirbelfreiheit (8-29) nehmen eine besonders einfache Form an, wenn man anstelle von x, y die charakteristischen Koordinaten ξ, η verwendet und von u, v auf w, ϑ übergeht. $\xi = \text{const}, \eta = \text{const}$ beschreiben die links- bzw. rechtsläufige Mach'sche Linie, die mit der Stromlinie den Mach'schen Winkel $\alpha (\sin \alpha = 1/M)$ einschließt (Bild 9-22). Es gelten auf den Charakteristiken:

$$\frac{\partial \vartheta}{\partial \xi} + \frac{\sqrt{M^2 - 1}}{w} \cdot \frac{\partial w}{\partial \xi} = 0 \quad \text{auf} \quad \eta = \text{const} ,$$
$$\frac{dy}{dx} = \tan(\vartheta - \alpha) , \qquad (9\text{-}44a)$$

		*Dicken*effekt Parabelzweieck $\tau \neq 0$	*Anstellungs*effekt angestellte Platte $\varepsilon \neq 0$	*Wölbungs*effekt gewölbte Platte $f \neq 0$
$M_\infty < 1$	c_A	0	$2\pi \frac{\varepsilon}{\sqrt{1 - M_\infty^2}}$	$4\pi \frac{f}{\sqrt{1 - M_\infty^2}}$
	c_W	0	0	0
$M_\infty > 1$	c_A	0	$4 \frac{\varepsilon}{\sqrt{M_\infty^2 - 1}}$	0
	c_W	$\frac{16}{3} \cdot \frac{\tau^2}{\sqrt{M_\infty^2 - 1}}$	$4 \frac{\varepsilon^2}{\sqrt{M_\infty^2 - 1}}$	$\frac{64}{3} \cdot \frac{f^2}{\sqrt{M_\infty^2 - 1}}$
		$h(x) = 2\tau x(1 - x)$		$h(x) = 4 f x(1 - x)$

$$\frac{\partial \vartheta}{\partial \eta} - \frac{\sqrt{M^2-1}}{w} \cdot \frac{\partial w}{\partial \eta} = 0 \quad \text{auf} \quad \xi = \text{const} ,$$

$$\frac{\mathrm{d}y}{\mathrm{d}x} = \tan(\vartheta + \alpha) , \qquad \text{(9-44b)}$$

oder in Differenzialform zusammengefasst:

$$\mathrm{d}\vartheta \pm \sqrt{M^2-1}\,\frac{\mathrm{d}w}{w} = 0. \qquad \text{(9-44)}$$

Längs der Mach'schen Linien sind damit die Änderungen von Strömungswinkel ϑ und Geschwindigkeit w einander proportional. Bei kleinen Störungen (Linearisierung) kommt man zur Ackeret-Formel (9-41) zurück:

$$\mathrm{d}\vartheta \pm \sqrt{M^2-1}\,\frac{\mathrm{d}w}{w} \approx \Delta\vartheta \pm \sqrt{M_\infty^2-1}\,\frac{\Delta w}{w} \approx \frac{v}{u_\infty} \pm \sqrt{M_\infty^2-1}\,\frac{u-u_\infty}{u_\infty} = 0 \; .$$

Entscheidend ist, dass in jeder Gleichung (45a,b) nur noch Ableitungen nach einer unabhängigen Variablen ξ oder η auftreten. Dies gestattet eine allgemeine Integration in der Hodografenebene. Mit der Normierung $M = 1, \vartheta = \vartheta^*$ wird

$$\vartheta - \vartheta^* = \mp\left\{\sqrt{\frac{\varkappa+1}{\varkappa-1}}\arctan\sqrt{\frac{\varkappa-1}{\varkappa+1}(M^2-1)} - \arctan\sqrt{M^2-1}\right\} , \qquad (45)$$

$$= \mp\frac{2}{3}\frac{(M^2-1)^{3/2}}{\varkappa+1} + \ldots, \quad (M \approx 1) . \qquad \text{(9-45a)}$$

Es handelt sich um eine Epizykloide zwischen dem Schallkreis $w = a^*$ und dem mit der Maximalgeschwindigkeit (9-27)

$$w = w_{\max} = \sqrt{(\varkappa+1)/(\varkappa-1)}\,a^* \; .$$

In Schallnähe ($M \approx 1$) tritt eine Spitze auf (9-45a). Im Hyperschall ($M_\infty^2, M^2 \gg 1$) gilt mit der Normierung $M = M_\infty, \vartheta = \vartheta_\infty$:

$$\vartheta - \vartheta_\infty = \mp\frac{2}{\varkappa-1}\left(\frac{1}{M_\infty} - \frac{1}{M}\right) + \ldots \qquad \text{(9-46a)}$$

Die Epizykloide läuft tangential in $w = w_{\max}$ ein. Aus (45) ergibt sich der maximale Umlenkwinkel $\vartheta_{\max}$ bei Expansion eines Schallparallelstrahles ins Vakuum ($M \to \infty$):

$$\vartheta_{\max} - \vartheta^* = \mp\frac{\pi}{2}\left(\sqrt{\frac{\varkappa+1}{\varkappa-1}} - 1\right) = \mp\begin{cases} 90^\circ & \varkappa = 5/3 = 1{,}66 \\ 130{,}5^\circ, & \varkappa = 7/5 = 1{,}40 \\ 148{,}1^\circ, & \varkappa = 4/3 = 1{,}33 \; . \end{cases} \qquad \text{(9-46)}$$

Durch Drehung um den Ursprung entsteht das Epizykloidendiagramm (Bild 9-23), das zusammen mit dem Busemann'schen Stoßpolarendiagramm (Bild 9-11) zur Berechnung von Überschallströmungsfeldern benutzt wird. Im Ausgangspunkt stimmen Epizykloide und Stoßpolaren in Tangente und Krümmung überein [15], d. h., schwache Stöße verlaufen näherungsweise isentrop. Siehe hierzu die frühere Anmerkung über die RH-Kurve und die Isentrope (Bild 9-3). Die Tangente an die Epizykloide und die Stoßpolare wird durch die Ackeret-Formel (9-41) gegeben.

Die Integration von (45a,b) ist in der Hodografenebene allgemein durchgeführt. Wichtig ist die Übertragung in die Strömungsebene und gegebenenfalls die Einarbeitung von Verdichtungsstößen. Dies erfolgt meistens auf numerischem Wege durch Differenzenapproximation der Charakteristikengleichungen.

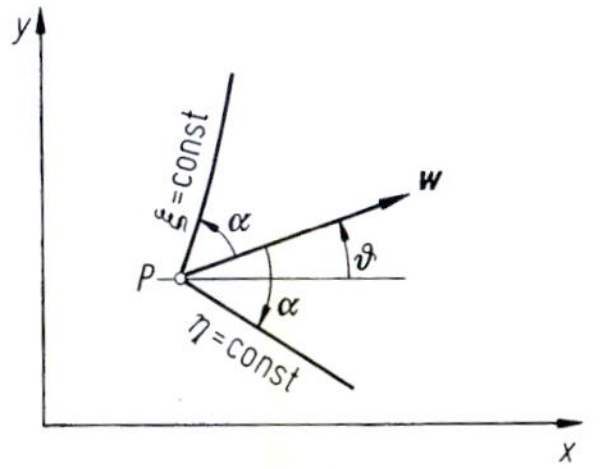

Bild 9-22. Mach'sche Linien ξ = const und η = const durch P

9.5.3 Prandtl-Meyer-Expansion [16, 17]

Für die zentrierte Eckenexpansion eines Schallparallelstrahles (Bild 9-24) ist auch in der Strömungsebene eine explizite Lösung möglich. Auf allen Strahlen

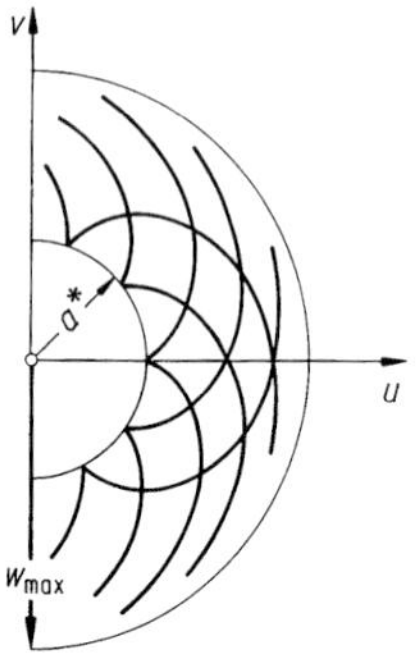

Bild 9-23. Epizykloiden in der Hodografenebene

durch die Ecke sind die Strömungsgrößen konstant, d. h., sie sind nur von φ abhängig. Für die Radial- (w_r) und die Umfangskomponente w_φ der Geschwindigkeit gilt [18]

$$w_r = w_{max} \sin \sqrt{\frac{\varkappa - 1}{\varkappa + 1}}\varphi ,$$

$$w_\varphi = a = a^* \cos \sqrt{\frac{\varkappa - 1}{\varkappa + 1}}\varphi . \qquad (9\text{-}47)$$

Bei der Expansion

$$0 \leqq \varphi \leqq \varphi_{max} = \sqrt{(\varkappa + 1)/(\varkappa - 1)} \cdot \pi/2$$

wächst w_r von 0 auf w_{max} an, während w_φ von $a = a^*$ auf 0 abfällt. Der Grenzwinkel φ_{max} entspricht (46). Für die Stromlinie durch den Punkt $\varphi = 0, r = r_0$ gilt

$$r = \frac{r_0}{\left(\cos \sqrt{\frac{\varkappa - 1}{\varkappa + 1}}\varphi\right)^{\frac{\varkappa + 1}{\varkappa - 1}}} .$$

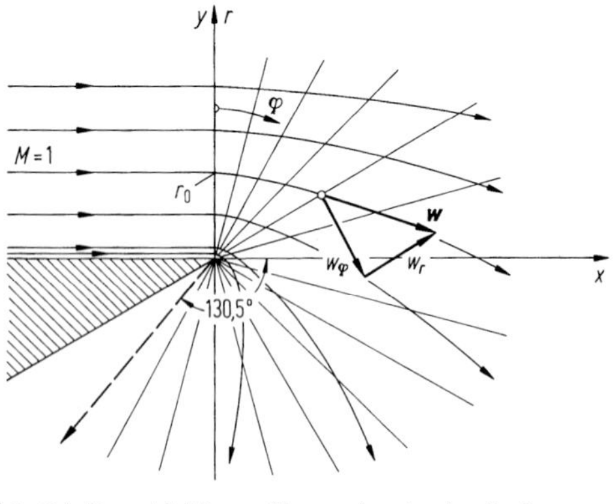

Bild 9-24. Prandtl-Meyer-Expansion in der Strömungsebene

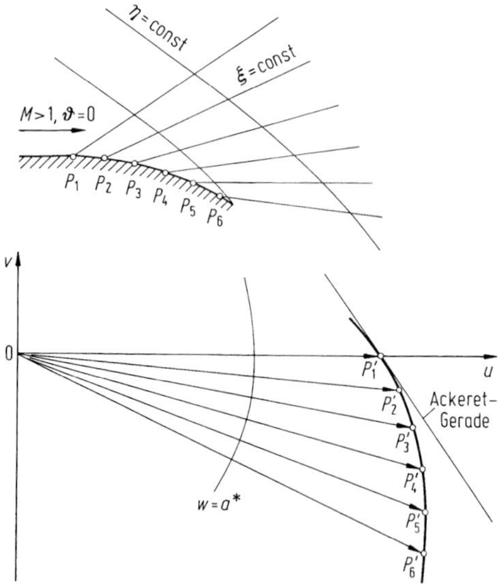

Bild 9-25. Überschallexpansion in der Strömungsebene und im Hodografen

Für $\varphi \to \varphi_{max}$ geht $r \to \infty$. Der ganzen Strömungsebene entspricht im Hodografen der Epizykloidenast von

$$M = M^* = 1 \quad \text{bis} \quad M^*_{max} = \sqrt{(\varkappa + 1)/(\varkappa - 1)}$$

bei der Umlenkung (9-46). Die Abbildung entartet also. Bei der Expansion eines Überschallparallelstrahles ($M_1 > 1, \vartheta_1 = 0$) längs einer gekrümmten Wandkontur (Bild 9-25) ist die Darstellung analog. Die (ξ = const)-Charakteristiken sind geradlinig, da die Expansion an ein Gebiet konstanten Zustandes anschließt, sog. einfache Welle. Die (η = const)-Kurven sind zur Wand gekrümmt. Im Hodografen entspricht der Expansion das Stück auf der Epizykloide von $P'_1 \to P'_6$.

9.5.4 Düsenströmungen

Mit den Charakteristikengleichungen (45a,b) kann man das zweidimensionale Strömungsfeld im Überschallteil von Lavaldüsen (9.4.1) berechnen. Dazu schreibt man (45a,b) in Differenzenapproximation und diskretisiert gleichzeitig die Anfangs- oder Randvorgaben. Sind w und ϑ auf der *Anfangskurve A* bekannt, z. B. in den Punkten P und Q (Bild 9-26), so kann man im jeweiligen Schnittpunkt der Charakteristikenrichtungen, z. B. R, w_R und ϑ_R, aus dem aus (45a,b) folgenden linearen Gleichungssystem bestimmen:

$$\vartheta_R - \vartheta_P - \sqrt{M_P^2 - 1}\,\frac{w_R - w_P}{w_P} = 0\,, \quad \zeta = \text{const}\,. \tag{9-48a}$$

$$\vartheta_R - \vartheta_Q + \sqrt{M_Q^2 - 1}\,\frac{w_R - w_Q}{w_Q} = 0\,, \quad \zeta = \text{const}\,. \tag{9-48b}$$

Durch wiederholte Anwendung derselben Operationen kann man alle Strömungsdaten im Einflussbereich der Anfangswerte berechnen. Dasselbe Verfahren kann in der Hodografenebene mithilfe der Epizykloiden durch die Bildpunkte von P und Q durchgeführt werden. Liegt in R ein *Rand* vor, so führt nur eine Charakteristik zu ihm (z. B. η = const) und es gilt (48b). Im Fall der festen Wand ist ϑ_R dort vorgeschrieben, und wir erhalten w_R. Handelt es sich um einen freien Strahlrand (z. B. am Düsenaustritt), so

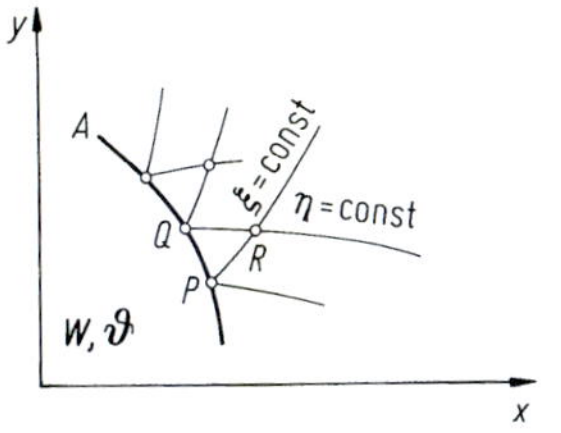

Bild 9-26. Zur Lösung der Anfangswertaufgabe

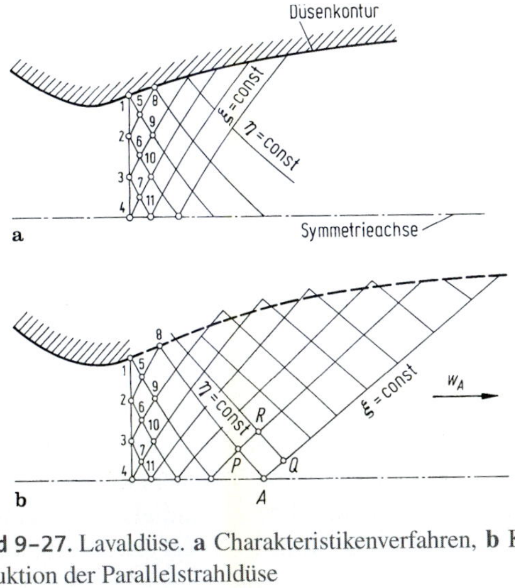

Bild 9-27. Lavaldüse. **a** Charakteristikenverfahren, **b** Konstruktion der Parallelstrahldüse

kennen wir dort den Druck und damit w_R. Gleichung (48b) liefert dann die Strahlrichtung ϑ_R.

Bei einer Lavaldüse ist die Kontur vorgegeben (Bild 9-27a). Hinter dem engsten Querschnitt seien die Überschallanfangswerte (transsonische Lösung) z. B. für 1, 2, 3 und 4 bekannt, 5, 6, 7, 9, 10 ergeben sich durch Lösung des Anfangswertproblems, 8 und 11 aus dem Randwertproblem. So kann das gesamte Überschallstromfeld zwischen Düsenkontur und Symmetrieachse sukzessive bestimmt werden. Handelt es sich dagegen um die Bestimmung einer Parallelstrahldüse, wie sie z. B. in der Messstrecke eines Überschallkanales benötigt wird, so ist die Kontur nur bis zum Anfangsquerschnitt gegeben (Bild 9-27b). Die Expansion am Rand (9-8) erfolgt soweit, bis auf der Achse A die gewünschte Austrittsgeschwindigkeit w_A erreicht ist. Die durch A gehende (ξ = const)-Charakteristik ($w_A, \vartheta_A = 0$) ist geradlinig. Nun werden in dem durch die beiden Charakteristiken ξ = const und η = const begrenzten Winkelbereich mit Spitze in A die Strömungsdaten (w, ϑ) berechnet. Die gewünschte Düsenkontur ergibt sich als Stromlinie, die auf das Richtungsfeld passt (Bild 9-28).

9.5.5 Profilumströmungen

An der Profilspitze soll für $M_\infty > 1$ ein anliegender Stoß auftreten. Wir erläutern das Wesentliche zunächst an der Keilströmung (Bild 9-29). Eingetragen sind neben dem Stoß die Mach'schen Linien, die hier geradlinig sind. Bei geringer Überschallanströmung (M_∞ = 1,20) handelt es sich um einen schwachen, steilen Stoß, der winkelhalbierend zwischen den linksläufigen Mach'schen Linien vor und hinter dem Stoß verläuft. Je größer M_∞ ist, desto mehr neigt sich der Stoß zur Keiloberfläche, seine Intensität nimmt dabei zu. Die Beeinflussung der Strömung durch den Keil beschränkt sich bei solchen Hyperschallströmungen auf den schmalen Sektor zwischen Stoß und Keiloberfläche.

Liegt anstelle eines Keiles ein gekrümmtes Profil vor, so muss die Rechnung in Differenzenform unter Verwendung der Charakteristiken- und der Stoßgleichungen erfolgen. An der Körperspitze beginnen wir lokal mit der Keillösung. Sodann rechnen wir (Bild 9-29) längs ξ = const mit (44b) vom Körper an den Stoß heran (Stoßrandwertaufgabe). Im Hodografen führt dies

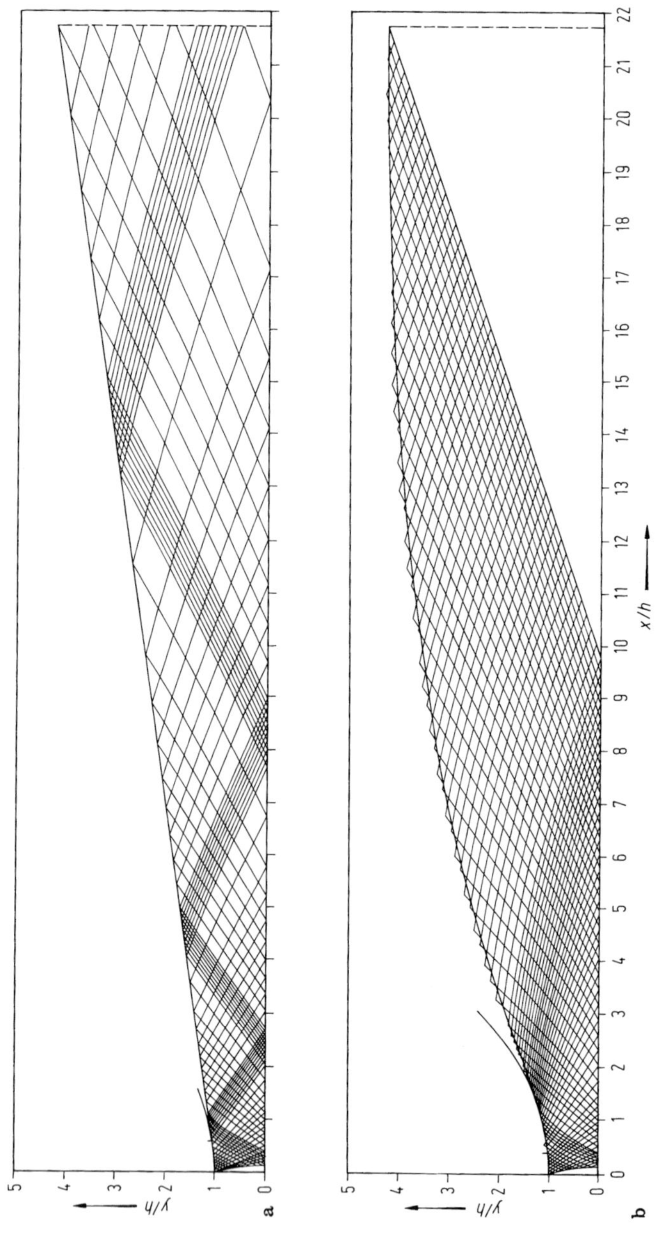

Bild 9-28. Berechnete Lavaldüsen, Austrittsmachzahl $M = 3$, $\varkappa = 1{,}4$. **a** Keildüse, **b** ebene Parallelstrahldüse [25]

auf den Schnitt einer Epizykloiden mit der Stoßpolaren. Dadurch ergeben sich alle Strömungsdaten hinter dem Stoß sowie eine abgeänderte Neigung Θ desselben. Damit kann die Rechnung im Feld zwischen Stoß und Körper fortgesetzt werden. Bild 9-30 zeigt den Stoß sowie das Charakteristikennetz für ein Parabelzweieck ($\tau = 0{,}10$) bei $M_\infty = 2$.

9.5.6 Transsonische Strömungen

In transsonischen – schallnahen – Strömungen ist im ganzen Strömungsfeld die Teilchengeschwindigkeit etwa gleich der Schallgeschwindigkeit (Signalgeschwindigkeit). Der Körper bewegt sich also nahezu mit der Geschwindigkeit, mit der von ihm Störungen

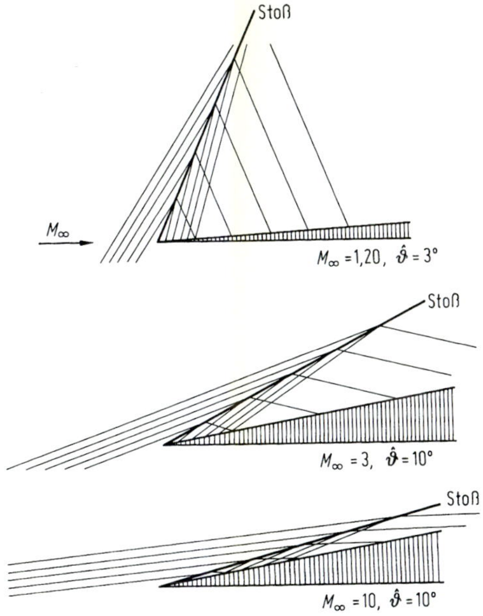

Bild 9-29. Zur Überschallströmung am Keil

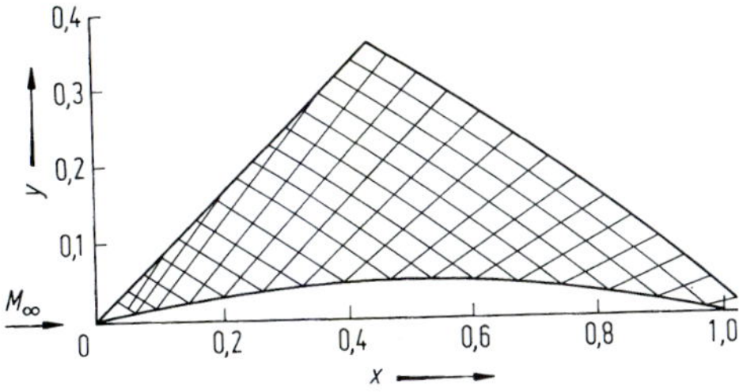

Bild 9-30. Überschallströmung ($M_\infty = 2$) um ein 10% dickes Parabelzweieck

ausgesandt werden. Die typischen Eigenschaften solcher Felder erkennt man bereits bei der Umströmung schlanker Profile (Bild 9-31a–c). Bei schallnaher Unterschallanströmung $M_\infty \lesssim 1$ (Bild 9-31a) entsteht in der Umgebung des Dickenmaximums ein *lokales Überschallgebiet*, das stromabwärts in der Regel durch einen Verdichtungsstoß abgeschlossen wird. Die lokale Machzahlverteilung auf der Profilstromlinie veranschaulicht die Strömung. Vor dem Körper erfolgt ein Abbremsen bis zum Staupunkt, danach Beschleunigung auf Überschall; im Stoß Sprung auf Unterschall mit anschließender Nachexpansion; dann Verzögerung zum hinteren Staupunkt mit nachfolgender Annäherung an die Zuströmung. Im schallnahen Überschall $M_\infty \gtrsim 1$ (Bild 9-31c) löst die Kopfwelle in der Regel ab. Zwischen Stoß und Körper liegt ein *lokales Unterschallgebiet*. Durch die Verdrängung am Körper kommt es anschließend zu einer Beschleunigung auf Überschall bis zur Schwanzwelle. Die Grenz-Machlinie ist die letzte vom Körper ausgehende Charakteristik, die das Unterschallgebiet trifft, während die Einflussgrenze die vom Unterschallgebiet ausgehenden Störungen stromabwärts berandet. $M_\infty \to 1$ führt zum Grenzfall der Schallanströmung (Bild 9-31b). Die Schalllinie geht bis zum Unendlichen und die Strömung wird am Körper bis zur Schwanzwelle beschleunigt. Vergleicht man die Machzahlverteilungen auf dem Körper, so ändern sie sich in Schallnähe wenig, die sog. *Einfrierungseigenschaft*. Die Begründung ist die folgende: Ist $M_\infty \gtrsim 1$ sehr wenig über 1, so steht die Kopfwelle als nahezu senkrechter Stoß in großer Entfernung mit $\hat{M}_\infty \lesssim 1$. Damit registriert das Profil die schallnahe Überschallanströmung quasi als Unterschallanströmung, d. h., die Strömungsdaten

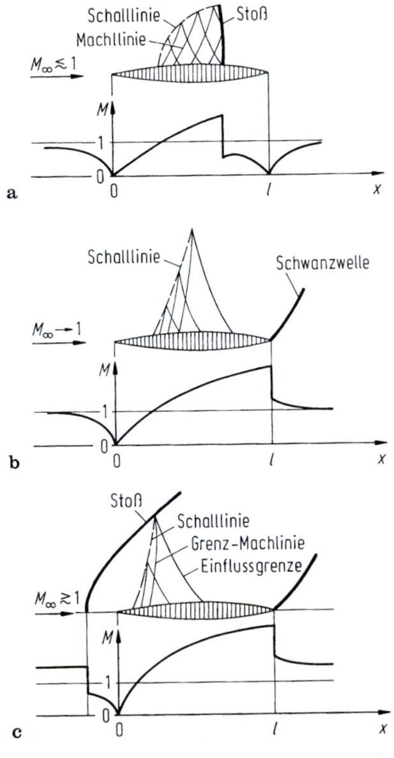

Bild 9-31. Stromfelder und Machzahlverteilungen. **a** $M_\infty \lesssim 1$, **b** $M_\infty = 1$, **c** $M_\infty \gtrsim 1$

auf dem Profil ändern sich von $M_\infty \lesssim 1$ nach $M_\infty \gtrsim 1$ nur noch unwesentlich.

Für schlanke Profile, die nur kleine Störungen der Parallelströmung hervorrufen, gilt jetzt statt (9-40a)

$$\left(1 - M_\infty^2\right)\varphi_{xx} + \varphi_{yy} = f(M_\infty, \varkappa)\varphi_x\varphi_{xx}\,, \qquad (9\text{-}49a)$$

$$f(M_\infty, \varkappa) = M_\infty^2\left\{2 + (\varkappa - 1)M_\infty^2\right\} \to \varkappa + 1$$

für $M_\infty \to 1$;

$$\varphi_y(x, 0) = \frac{\mathrm{d}h}{\mathrm{d}x} = \tau\frac{\mathrm{d}q}{\mathrm{d}x}\,. \qquad (9\text{-}49b)$$

Der rechts in (9-49a) auftretende nichtlineare Term ist der erste in einer Entwicklung und muss berücksichtigt werden, weil in Schallnähe durchaus

$$1 - M_\infty^2 \approx f(M_\infty, \varkappa)\varphi_x \approx (\varkappa + 1)\varphi_x$$

gelten kann. Insbesondere im Grenzfall $M_\infty \to 1$ wird

$$\varphi_{yy} = (\varkappa + 1)\varphi_x\varphi_{xx}\,, \quad \varphi_y(x, 0) = \tau\frac{\mathrm{d}q}{\mathrm{d}x}\,. \qquad (9\text{-}50)$$

Es handelt sich um quasilineare partielle Differenzialgleichungen. Die Schwierigkeiten bei der Lösung derselben (numerisch oder analytisch) entsprechen der physikalischen Problematik (Bild 9-31a bis c). Allerdings sind Ähnlichkeitsaussagen möglich. Die Prandtl-Glauert-Transformationen der linearen Theorie gelten auch hier, wenn Profile betrachtet werden, für die der schallnahe Kármán'sche Parameter [19] konstant ist:

$$\chi = \frac{|1 - M_\infty^2|}{(\varkappa + 1)^{2/3}\tau^{2/3}}\,. \qquad (9\text{-}51)$$

Vergleicht man Profile verschiedener Dicke τ miteinander, so müssen die Machzahlen M_∞ dementsprechend gewählt werden. Die Prandtl-Meyer-Expansion (45a) enthält sofort die Aussage χ = const, wenn man die Umlenkung als Maß für die Dicke betrachtet. Dem Parameter (9-51) kommt eine Schlüsselrolle zu. Aus (9-49a) und (9-41) folgt z. B. als Abgrenzung

$\chi \gg 1$ lineare Theorie,

$\chi \lesssim 1$ transsonische, nichtlineare Theorie.

Das heißt, der Gültigkeitsbereich der jeweiligen Theorie hängt sowohl von τ als auch von M_∞ ab. Viele charakteristische Eigenschaften bei der Profilumströmung sind durch (9-51) bestimmt. Für die Stoßlage (Bild 9-31a) gilt $x_s/l = g(\chi)$, wobei g allein durch die Profilklasse gegeben ist. Für den Stoßabstand von der Körperspitze (Bild 9-31c) ergibt sich $d/l = f(\chi)$. Hier kann für alle Profile die asymptotische Aussage $f \sim 1/\chi^2$ gemacht werden [20]. Wann zum ersten Mal am Dickenmaximum Schall erreicht wird (kritische Mach-Zahl), wann der abschließende Stoß in die Schwanzwelle übergeht, wann die Kopfwelle ablöst, ist allein durch einen charakteristischen χ-Wert bestimmt.

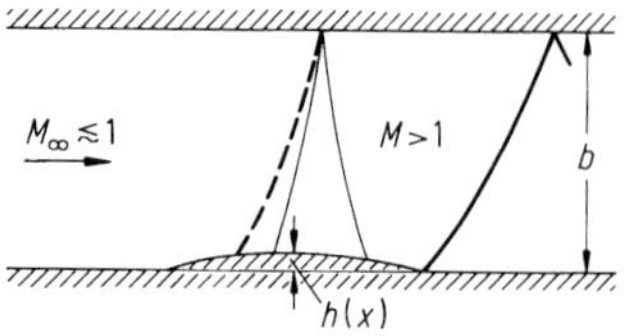

Bild 9-32. Zur Strömung im blockierten Kanal

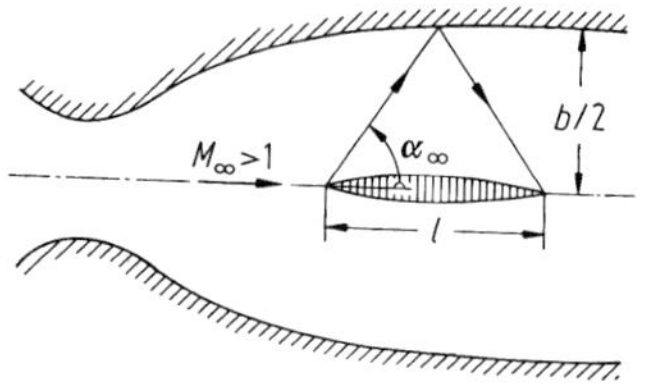

Bild 9-33. Zur Reflektion der Mach'schen Linien an der Kanalwand

Die experimentelle Realisierung transsonischer Strömungen bereitet Schwierigkeiten. Im schallnahen Unterschall kommt es zur *Blockierung* (vgl. 9.4.1), wenn die Schallinie vom Körper bis zur Gegenwand reicht (Bild 9-32). Die Stromfadentheorie liefert

$$M_{\infty\,\mathrm{Block}} = \begin{cases} 1 - \sqrt{\dfrac{\varkappa + 1}{2} \cdot \dfrac{h_{\max}}{b}} & \text{zweidimensional}\,, \\ 1 - \sqrt[3]{\dfrac{\varkappa + 1}{2} \cdot \dfrac{h_{\max}}{b}} & \text{rotations-symmetrisch}\,, \end{cases}$$

$\frac{h_{\max}}{b}$		0,01	0,05
$M_{\infty\,\mathrm{Block}}$	zweidimensional	0,89	0,75
	rotationssymmetrisch	0,99	0,95

Der Einfluss ist im ebenen Fall gravierend. Eine Steigerung von $M_{\infty\,\mathrm{Block}}$ über die angegebenen Werte hinaus ist nur durch Änderung der Randbedingungen an der Gegenwand möglich (Absaugen, Adaption, usw.). Der Blockierungszustand dient häufig der Simulation der Schallanströmung. Bei $M_\infty > 1$ werden die Mach'schen Wellen an der *Kanalwand* reflektiert (Bild 9-33). Für

$$\frac{b}{l} \geqq \frac{1}{\sqrt{M_\infty^2 - 1}} = \tan\alpha_\infty$$

treffen sie nicht mehr auf den Körper und haben keinen Einfluss auf die Strömungswerte.

Profilströmungen und Lavaldüsen-Lösung

Mit der transsonischen Lavaldüsen-Lösung kann man die Eigenschaften der Profilströmungen (Bild 9-31) bestätigen und die Ausgangswerte für das Charakteristikenverfahren (Bild 9-27 und 9-28) berechnen. Gleichung (9-50) hat die Polynomlösung

$$\varphi(x,y) = Ax^2 + 2A^2(\varkappa+1)xy^2 + \frac{A^3(\varkappa+1)^2}{3}y^4\,, \tag{9-52a}$$

$$\varphi_x = \frac{u - a^*}{a^*} = 2Ax + 2A^2(\varkappa+1)y^2\,, \tag{9-52b}$$

$$\varphi_y = \frac{v}{a^*} = 4A^2(\varkappa+1)xy + \frac{4}{3}A^3(\varkappa+1)^2y^3\,. \tag{9-52c}$$

Für $A > 0$ ist dies eine längs der x-Achse (Symmetrieachse der Düse) von Unterschall auf Überschall beschleunigte Strömung. Die Schalllinie ($\varphi_x = 0$) ist eine Parabel (Bild 9-34)

$$y = \pm\sqrt{-\frac{x}{A(\varkappa+1)}}\,.$$

Die Wandstromlinie ($y(0) = y^*$) folgt durch Integration aus (9-52c)

$$y - y^* = 2A^2(\varkappa+1)y^*x^2 + \frac{4}{3}A^3(\varkappa+1)^2y^{*3}x\,,$$

mit dem Scheitel bei $x_s = -A(\varkappa+1)/3 \cdot y^{*2}$.
Für die Charakteristiken (44a,b) kommt mit $|\vartheta| \ll \alpha$ und $M_\infty \to 1$

$$\frac{\mathrm{d}y}{\mathrm{d}x} = \tan(\vartheta \mp \alpha) = \mp\tan\alpha = \mp\frac{1}{\sqrt{M^2-1}}$$

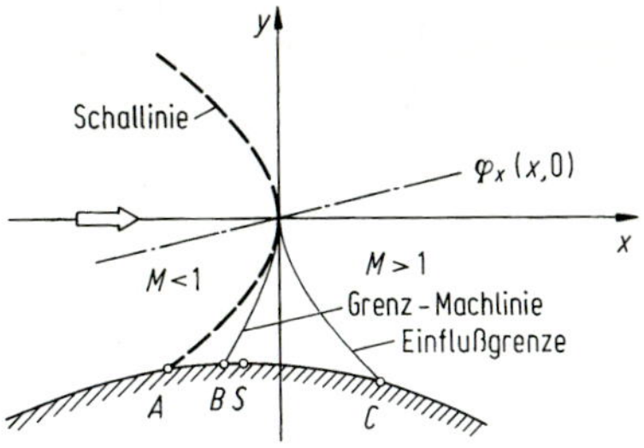

Bild 9-34. Lavaldüsenströmung

$$= \mp\frac{1}{\sqrt{M_\infty^2 - 1 + f(M_\infty,\varkappa)\dfrac{u-u_\infty}{u_\infty}}}$$

$$= \mp\frac{1}{\sqrt{(\varkappa+1)\dfrac{u-a^*}{a^*}}}$$

die gewöhnliche Differenzialgleichung 1. Ordnung

$$\frac{\mathrm{d}y}{\mathrm{d}x} = \mp\frac{1}{\sqrt{2A(\varkappa+1)[x + A(\varkappa+1)y^2]}}\,.$$

Alle Mach'schen Linien besitzen Spitzen mit vertikaler Tangente auf der Schalllinie. Grenz-Machlinie: $y = \pm\sqrt{(-2x)/(A(\varkappa+1))}$, Einflussgrenze: $y = \pm\sqrt{x/(A(\varkappa+1))}$. Die Schalllinie und die Grenz-Machlinie (Bild 9-34) treffen (A, B) bereits vor dem engsten Querschnitt (Scheitel S) auf die Düsenwand, die Einflussgrenze danach. Dies entspricht völlig der Profilströmung (Bild 9-31c). Die Ergebnisse können mit (R^* Krümmungsradius)

$$A = \frac{1}{2\sqrt{(\varkappa+1)R^*y^*}}$$

auf eine vorgegebene Düse umgerechnet werden. Für den Massenstrom $\dot{m}$ ergibt sich (Düsenbreite b [21]:

$$\frac{\dot{m}}{\varrho^*a^*y^*b} = 1 - \frac{\varkappa+1}{90}\left(\frac{y^*}{R^*}\right)^2\,,$$

eine in der Regel kleine Abnahme gegenüber dem Stromfadenwert. Im achsensymmetrischen Fall ist lediglich rechts im Nenner 90 durch 96 zu ersetzen.

Einordnung der transsonischen Strömungen

Zur Einordnung stellen wir die Größenordnungen der Geschwindigkeitsstörungen auf schlanken nichtangestellten Körpern ($\tau \ll 1$) zusammen [22]:

M_∞	<1	≈ 1	>1	$\gg 1$	
$\frac{u-u_\infty}{u_\infty}$	τ	$\tau^{2/3}$	τ	τ^2	zwei-dimensional
$\frac{v}{u_\infty}$		τ			
$\frac{u-u_\infty}{u_\infty}$	$\tau^2 \ln\tau$	τ^2	$\tau^2 \ln\tau$	τ^2	achsen-symmetrisch

Während also für $M_\infty \lessgtr 1$ im zweidimensionalen Fall u- und v-Störungen stets von gleicher Größenordnung sind, ist in Schallnähe die u-Störung größer und im Hyperschall kleiner als die v-Störung. Das liegt an den unterschiedlichen physikalischen Strukturen dieser Strömungsfelder.

Auftriebs- und Widerstandsbeiwerte

Wichtig für die Anwendungen ist der *Auftriebsbeiwert* c_A der ebenen Platte bei geringer Anstellung ($\varepsilon \ll 1$):

M_∞	$\ll 1$	<1	≈ 1	>1	$\gg 1$
c_A	$2\pi\varepsilon$	$\frac{2\pi\varepsilon}{\sqrt{1-M_\infty^2}}$	$\frac{5,72\varepsilon^{2/3}}{(\varkappa+1)^{1/3}}$	$\frac{4\varepsilon}{\sqrt{M_\infty^2-1}}$	$(\varkappa+1)\varepsilon^2$
$\varepsilon = 5°$	0,55		0,84	0,35 ($M_\infty = \sqrt{2}$)	0,018

Der Wert bei Schall ist bemerkenswert groß [23].
Der *Widerstandsbeiwert* c_W für das Rhombusprofil [24]:

M_∞	≈ 1	>1	$\gg 1$
c_W	$\frac{5,47\tau^{5/3}}{(\varkappa+1)^{1/3}}$	$\frac{4\tau^2}{\sqrt{M_\infty^2-1}}$	$2\tau^3$
$\tau = 0,10$	0,088	0,04 ($M_\infty = \sqrt{2}$)	0,002

10 Gleichzeitiger Viskositäts- und Kompressibilitätseinfluss

10.1 Eindimenionale Rohrströmung mit Reibung

In diesem Kapitel werden Kompressibilität und Reibung in einfacher Form gleichzeitig berücksichtigt. Wir benutzen ein Modell, bei dem die Reibung allein im Impulssatz über die Wandschubspannung $\tau_\text{w} = (\lambda/4)(\rho/2)w^2$ eingeht. Für die Widerstandszahl λ gilt hierin im Allgemeinen

$$\lambda = f(Re, M)\,, \quad Re = \frac{wd_\text{h}}{\nu} = \frac{\varrho w \cdot 4A}{\eta U}\,. \qquad (10\text{-}1)$$

$d_\text{h} = 4A/U$ bezeichnet den hydraulischen Durchmesser des Rohres.

Kontinuitätsbedingung:

$$\frac{1}{w}\cdot\frac{\mathrm{d}w}{\mathrm{d}x} + \frac{1}{\varrho}\cdot\frac{\mathrm{d}\varrho}{\mathrm{d}x} = 0\,, \qquad (10\text{-}2a)$$

Impulssatz:

$$\frac{1}{w}\cdot\frac{\mathrm{d}w}{\mathrm{d}x} + \frac{1}{\varkappa M^2}\cdot\frac{1}{p}\cdot\frac{\mathrm{d}p}{\mathrm{d}x} = -\frac{\lambda}{2}\cdot\frac{1}{d_\text{h}}\,, \qquad (10\text{-}2b)$$

Zustandsgleichung:

$$\frac{1}{\varrho}\cdot\frac{\mathrm{d}\varrho}{\mathrm{d}x} + \frac{1}{T}\cdot\frac{\mathrm{d}T}{\mathrm{d}x} - \frac{1}{p}\cdot\frac{\mathrm{d}p}{\mathrm{d}x} = 0\,, \qquad (10\text{-}2c)$$

Machzahlgleichung:

$$\frac{1}{w}\cdot\frac{\mathrm{d}w}{\mathrm{d}x} - \frac{1}{2T}\cdot\frac{\mathrm{d}T}{\mathrm{d}x} - \frac{1}{M}\cdot\frac{\mathrm{d}M}{\mathrm{d}x} = 0\,. \qquad (10\text{-}2d)$$

Bei *adiabater* Strömung – gute Isolation des Rohres – benutzen wir $w^2/2 + c_pT = \text{const}$, d. h.
Energiesatz:

$$\frac{1}{w}\cdot\frac{\mathrm{d}w}{\mathrm{d}x} + \frac{1}{\varkappa-1}\cdot\frac{1}{M^2}\cdot\frac{1}{T}\cdot\frac{\mathrm{d}T}{\mathrm{d}x} = 0\,. \qquad (10\text{-}2e)$$

Gleichungen (10-2a) bis (10-2e) beschreiben als gewöhnliche Differenzialgleichungen die Änderungen von p, ϱ, T, w, M mit der Rohrlänge x. Elimination ergibt

$$\frac{1-M^2}{1+\frac{\varkappa-1}{2}M^2}\cdot\frac{1}{M^3}\cdot\frac{\mathrm{d}M}{\mathrm{d}x} = \frac{\varkappa}{2}\cdot\frac{\lambda}{d_\text{h}}\,. \qquad (10\text{-}3)$$

Durch Rohrreibung werden also Unterschallströmungen beschleunigt ($\mathrm{d}M/\mathrm{d}x > 0$), Überschallströmungen dagegen verzögert ($\mathrm{d}M/\mathrm{d}x < 0$). Ein Schalldurchgang ist dabei jedoch nicht möglich. Der Reibungseinfluss wirkt hier ähnlich wie eine Querschnittsverengung bei reibungsloser Strömung (9-29). Integration von (10-3) bei $\lambda = \text{const}$ und $M = 1$ bei $x = 0$ gibt

$$\frac{1}{\varkappa}\left(1-\frac{1}{M^2}\right) + \frac{\varkappa+1}{2\varkappa}\ln\left[1-\frac{2}{\varkappa+1}\left(1-\frac{1}{M^2}\right)\right] = \frac{\lambda}{d_\mathrm{h}}x\,. \qquad (10\text{-}4)$$

Alle (stoßfreien) Strömungen im Rohr werden in normierter Form durch (10-4) beschrieben. Andere Randbedingungen erfordern eine Translation in x-Richtung. Das zugehörige Diagramm von Koppe und Oswatitsch [1, 2] gestattet, den gleichzeitigen Einfluss von Reibung und Kompressibilität zu erfassen (Bild 10-1). Durch Messungen werden diese Kurve und damit das benutzte Modell gut bestätigt [3]. (10-4) entspricht qualitativ völlig dem Zusammenhang $A/A^* = f(M)$ bei der Lavaldüsenströmung (9-30). Für die Anwendungen ist die Umrechnung von M auf p an der Ordinate zweckmäßig:

$$\frac{p}{p_0}\cdot\frac{\dot m_\mathrm{max}}{\dot m} = \frac{\left(\frac{2}{\varkappa+1}\right)^{\frac{\varkappa}{\varkappa-1}}}{M\sqrt{1+\frac{\varkappa-1}{\varkappa+1}(M^2-1)}} = \frac{0{,}528}{M\sqrt{1+\frac{\varkappa-1}{\varkappa+1}(M^2-1)}}\,, \qquad (10\text{-}5)$$

mit $\dot m_\mathrm{max} = \varrho^* a^* A$ als maximalem Massenstrom ohne Reibung und $\dot m = \varrho_1 w_1 A$ als effektivem, durch die Reibung reduziertem Massenstrom. Eine *Unterschallströmung* wird im Rohr höchstens bis $M_2 = 1$ beschleunigt, sofern $(p_2/p_0)\cdot(\dot m_\mathrm{max}/\dot m) \leqq p_0^*/p_0 = 0{,}528$ ist. Die hierzu erforderliche Rohrlänge in Vielfachen von d_h liefert (10-4).

Eine *Überschallströmung* wird im Rohr verzögert. Hierbei kann, wenn die Rohrlänge nicht passt, d. h., wenn es im Rohr zu einer Reibungsblockierung ($M = 1$) kommt, ein Stoß auftreten (Bild 10-2). Die Stoßkurve genügt (9-11). Hinter dem Stoß liegt der oben besprochene Unterschallfall vor. Am Rohrende kommt es dann zur Schallgeschwindigkeit, wenn der Gegendruck genügend abgesenkt ist [4, 5]. Messungen zeigen, dass λ von M weitgehend unabhängig ist.

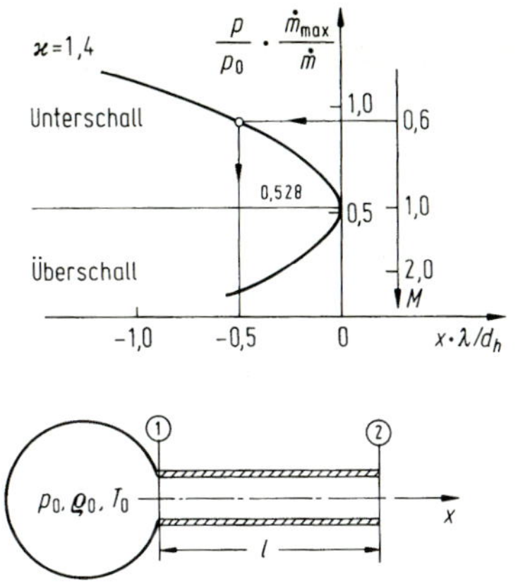

Bild 10-1. Druck- und Machzahlverteilung in Rohren mit Reibung

Für die Re-Abhängigkeit gilt das Moody-Colebrook-Diagramm (Bild 8-33). Die Reynolds-Zahl kann sich längs x durch $\eta = \eta(T)$ ändern. Meistens reicht es, einen konstanten Mittelwert zu nehmen.

Beispiel: In den Anwendungen (Bild 10-1) sind häufig gegeben: p_2; p_0, ϱ_0, T_0; A, d_h, l; $\varkappa, \eta$; gefragt ist der einsetzende Massenstrom $\dot m$. Am einfachsten ist das folgende Rechenverfahren [4], bei dem $\dot m$ zunächst als freier Parameter betrachtet wird. $\dot m_\mathrm{max}$ ist bekannt, $Re = \varrho_1 w_1 d_\mathrm{h}/\eta = \dot m d_\mathrm{h}/(A\eta)$ und damit $\lambda = F(Re)$. $\varrho_1 w_1 = \dot m/A$ führt mit (9-33) zu p_1/p_0. Gleichung (10-5) gibt M_1. Mit l ergibt (10-4) M_2. Bild 10-1 führt zu p_2. Ist dies der vorgegebene Wert, so ist die Rechnung beendet. Ansonsten ist sie mit verändertem $\dot m$ erneut durchzuführen.

Einfacher ist natürlich der Fall, dass $\dot m$ bekannt ist und z. B. nach der Rohrlänge l mit $M_2 = 1$ gefragt wird.

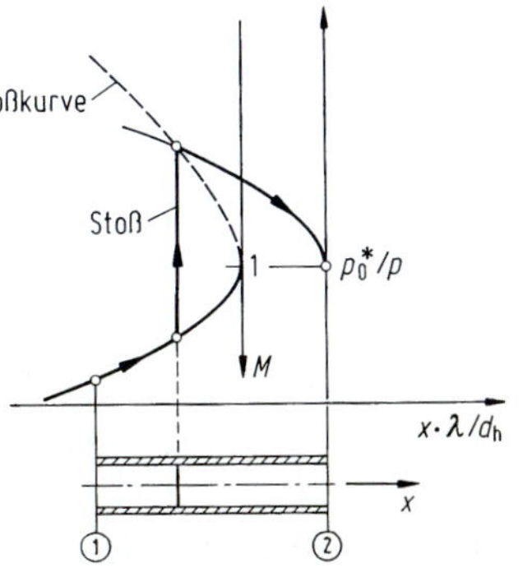

Bild 10-2. Rohrströmung mit Reibung und Verdichtungsstoß

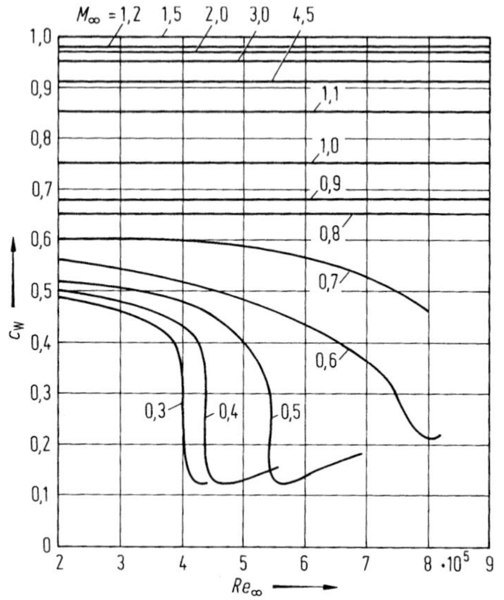

Bild 10-3. Kugelwiderstand als Funktion von M_∞ und Re_∞ [6]

Zahlenbeispiel: $p_0 = 2\,\text{bar}$, $\varrho_0 = 2{,}18\,\text{kg/m}^3$, $T_0 = 320\,\text{K}$; $d_h = 0{,}2\,\text{m}$, $\varkappa = 1{,}40$, $\eta = 19{,}4 \cdot 10^{-6}\,\text{Pa}\cdot\text{s}$, $\dot{m} = 10\,\text{kg/s}$.
Wir erhalten der Reihe nach:
$\dot{m}_{max} = 14{,}2\,\text{kg/s}$, $Re = 3{,}3 \cdot 10^6$, $\lambda = 0{,}0096$, $p_1 = 1{,}728\,\text{bar}$, $\varrho_1 = 1{,}964\,\text{kg/m}^3$, $T_1 = 306{,}88\,\text{K}$, $M_1 = 0{,}46$, $l = 30{,}2\,\text{m}$, $p_2 = 0{,}74\,\text{bar}$, $M_2 = 1$.

10.2 Kugelumströmung, Naumann-Diagramm für c_W [6]

Charakteristische Einflüsse von Kompressibilität (M_∞) und Reibung (Re_∞) zeigen sich bei der Kugelumströmung (Bild 10-3). Für $M_\infty \leqq 0{,}3$ tritt kein wesentlicher Einfluss der Mach-Zahl auf. Dort liegt, insbesondere im kritischen Bereich ($Re_\infty = 4 \cdot 10^5$), die typische Abhängigkeit von der Reynolds-Zahl vor (Bild 8-50). Bei Steigerung der Mach-Zahl nimmt der Druckwiderstand erheblich zu (Newton'sches Modell, $c_W = 1$). Jetzt tritt der Einfluss der Reynolds-Zahl und damit verbunden der des Umschlages mit dem rapiden Abfall von c_W zurück. Nun dominiert die Mach-Zahl. Für $M_\infty^2 \gg 1$ (Hyperschall) hängt c_W weder von M_∞ noch von Re_∞ ab, es gilt die Einfrierungseigenschaft [7].
Ein ganz entsprechendes Verhalten bezüglich der Mach- und Reynoldszahlabhängigkeit tritt auch bei Verzögerungsgittern auf [8].

10.3 Grundsätzliches über die laminare Plattengrenzschicht

Für $Pr = \eta c_p/\lambda = 1$ und $(\partial T/\partial y)_w = 0$ gilt $T_w = T_0 = T_\infty(1 + (\varkappa - 1)M_\infty^2/2)$. Die Ruhetemperatur T_0 stimmt hier mit der adiabaten Wandtemperatur T_w überein. Bild 10-4 enthält auch den Fall anderer Temperaturrandbedingungen. Ist $Pr \neq 1$, so gilt für die adiabate Wandtemperatur (Eigentemperatur) $T_w = T_\infty(1 + r(\varkappa - 1)\,M_\infty^2/2)$. Der sog. *Recovery-Faktor* $r = \sqrt{Pr}$ gibt das Verhältnis der Erwärmung durch Reibung zu derjenigen durch adiabate Kompression an

$$r = \sqrt{Pr} = \frac{T_w - T_\infty}{T_0 - T_\infty}\,.$$

Für $Pr \neq 1$ unterscheidet sich also die Wandtemperatur T_w von der Ruhetemperatur T_0. Dies ist bei der Temperaturmessung in strömenden Gasen zu beachten.
Bei $M_\infty^2 \gg 1$ führt die starke Erwärmung der Grenzschicht ($p = \text{const}$), $\varrho/\varrho_\infty = T_\infty/T \ll 1$, zu einer Massenstromreduktion und damit zu einer Zunahme der Verdrängungsdicke δ_1 (Bild 10-5) [9].
Mit dem Viskositätsansatz

$$\frac{\eta}{\eta_w} = \left(\frac{T}{T_w}\right)^\omega$$

sowie mit der Newton'schen Schubspannung

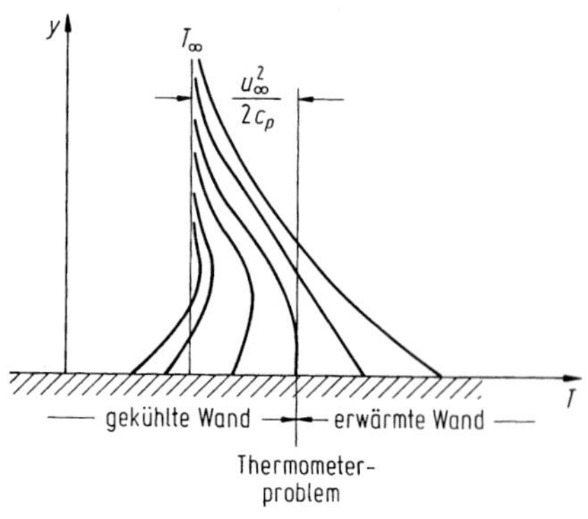

Bild 10-4. Temperaturprofile in der Grenzschicht bei erwärmter oder gekühlter Wand

$\tau = \eta \cdot \partial u/\partial y$ gilt für den lokalen Reibungskoeffizienten ([10], S. 468)

$$c_\mathrm{f} = \frac{\tau_\mathrm{w}}{\frac{\varrho_\infty}{2}u_\infty^2} = \frac{k}{\sqrt{Re_x}},$$

$$k^2 \approx \frac{\varrho\eta}{\varrho_\mathrm{w}\eta_\mathrm{w}} = \left(\frac{T_\mathrm{w}}{T}\right)^{1-\omega}. \qquad (10\text{-}6)$$

Durch Integration erhält man Bild 10-6 [11]. $\omega = 1$ gibt den Wert der inkompressiblen Strömung. Der Machzahleinfluss ist generell relativ gering. Das liegt daran, dass durch die Aufheizung η zwar ansteigt, aber gleichzeitig $\partial u/\partial y$ abfällt (Bild 10-5). Dadurch ist eine Kompensation bei der Schubspannung und im Reibungskoeffizienten möglich. Für δ_1 ergibt sich bei $Pr = 1, (\partial T/\partial y)_\mathrm{w} = 0, \omega = 1$

$$\frac{\delta_1}{l} \approx \frac{1}{k\sqrt{Re_\infty}}\left(1 + \frac{\varkappa - 1}{2}M_\infty^2\right) \sim \frac{M_\infty^2}{k\sqrt{Re_\infty}}, \qquad (10\text{-}7)$$

woraus die starke Zunahme von δ_1 mit M_∞ ersichtlich ist.

Stoß-Grenzschicht-Interferenz

Bei der Plattengrenzschicht tritt bei Überschallanströmung ein schiefer Stoß auf, der für $M_\infty^2 \gg 1$ am Rand der relativ dicken Grenzschicht verläuft (Bild 10-7). Stoßlage (Θ) und Stoßstärke ($\hat{p}/p$) hängen von den Grenzschichtdaten ab. Diese wiederum werden von

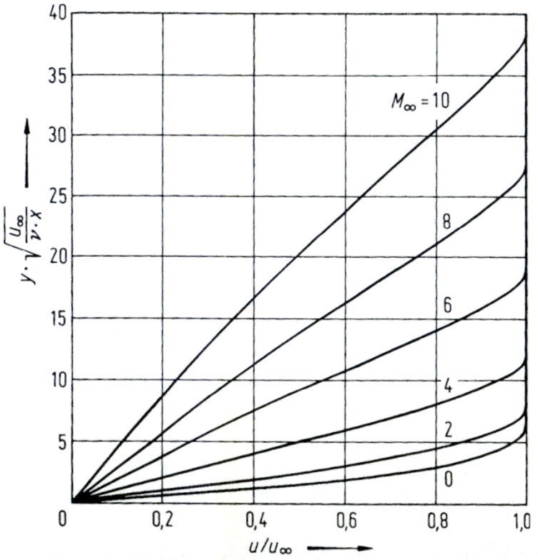

Bild 10-5. Geschwindigkeitsprofile in der Grenzschicht

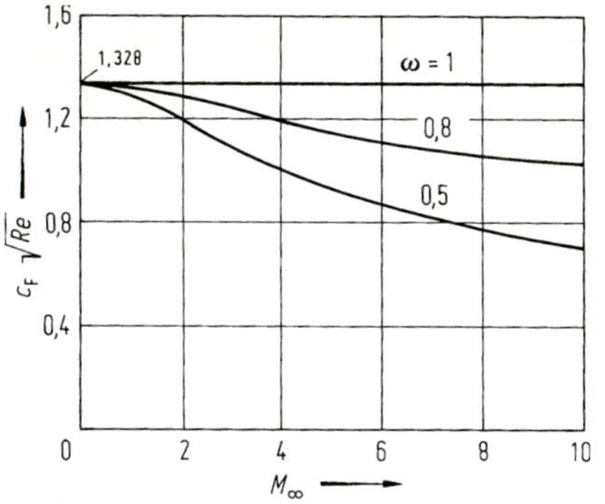

Bild 10-6. Gesamtreibungsbeiwert für die Plattengrenzschicht beim Thermometerproblem ($Pr = 1$, $\varkappa = 1{,}40$)

den Stoßgrößen beeinflusst. Das führt zum Phänomen der *Stoß-Grenzschicht-Interferenz*, das durch den folgenden Parameter K beschrieben wird:

$$K = \frac{M_\infty^3}{\sqrt{Re_\infty}} \begin{cases} \lesssim 1 & \text{schwache Interferenz}, \\ \gg 1 & \text{starke Interferenz}. \end{cases} \qquad (10\text{-}8)$$

K kann oft gedeutet werden als *Tsien-Parameter* [12] mit der Verdrängungsdicke δ_1 anstelle der Körperdicke τ, $K = M_\infty \tau$.

Ihm kommt eine ähnliche Bedeutung zu wie dem schallnahen (Kármán'schen) Parameter (9-51). Aus (9-46a) folgt z. B. eine entsprechende Aussage, falls bis ins Vakuum expandiert wird $M_\infty|\vartheta - \vartheta_\infty| = 2/(\varkappa - 1)$.

Ist der Stoß weit stromab, so herrscht *schwache Interferenz*. Für den normierten Druck am Grenzschichtrand kommt mit der Ackeret-Formel (9-41):

$$C_p = \frac{p - p_\infty}{\frac{1}{2}\varrho_\infty u_\infty^2} = -2\frac{u - u_\infty}{u_\infty} = +2\frac{v/u_\infty}{\sqrt{M_\infty^2 - 1}},$$

also mit $M_\infty^2 \gg 1$ und (10-8)

$$\frac{p}{p_\infty} - 1 = \frac{1}{2}\varkappa M_\infty^2\left(2\frac{v/u_\infty}{M_\infty}\right) = \varkappa M_\infty \vartheta$$

$$= \varkappa M_\infty \frac{\delta_1}{l} \sim \frac{M_\infty^3}{\sqrt{Re_\infty}} = K \lessgtr 1 .$$

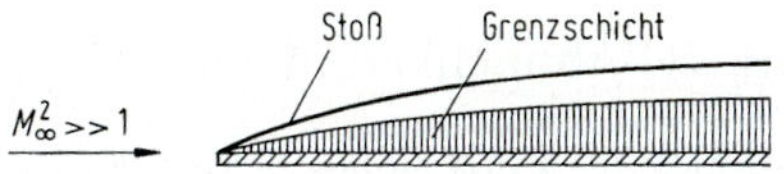

Bild 10-7. Stoß und Grenzschicht an der ebenen Platte

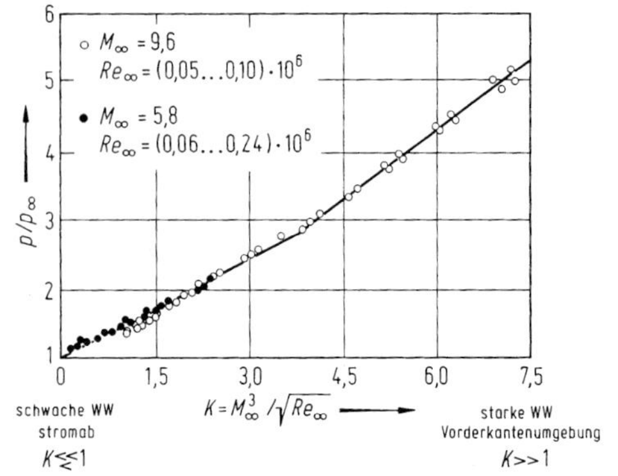

Bild 10-8. Druck an der Platte bei schwacher und starker Stoß- Grenzschichtinterferenz (WW Wechselwirkung)

Verläuft der Stoß in Vorderkantennähe, so herrscht *starke Interferenz*. Am Grenzschichtrand liegt ein starker schiefer Stoß vor. Mit (9-15)

$$\frac{p}{p_\infty} \sim \frac{2\varkappa}{\varkappa+1} M_\infty^2 \Theta^2 = \frac{\varkappa(\varkappa+1)}{2}(M_\infty \vartheta)^2$$
$$= \frac{\varkappa(\varkappa+1)}{2}\left(M_\infty \frac{\delta_1}{l}\right)^2 . \quad (10\text{-}9)$$

Dieser Druck am Grenzschichtrand muss mit dem aus der Verdrängungsdicke δ1 und (10-6) übereinstimmen:

$$\frac{\delta_1}{l} \sim \frac{M_\infty^2}{k\sqrt{Re_\infty}} ,$$
$$k^2 \approx \frac{\varrho\eta}{\varrho_\infty \eta_\infty} = \frac{\varrho}{\varrho_\infty} \cdot \frac{T}{T_\infty} = \frac{p}{p_\infty}, \quad \omega = 1 . \quad (10\text{-}10)$$

Also (10-9) und (10-10) zusammengefasst:

$$\sqrt{\frac{p}{p_\infty}} \sim M_\infty \frac{\delta_1}{l} \sim \sqrt{\frac{p_\infty}{p}} \cdot \frac{M_\infty^3}{\sqrt{Re_\infty}}$$
$$\frac{p}{p_\infty} \sim \frac{M_\infty^3}{\sqrt{Re_\infty}} = K \gg 1 .$$

In beiden Fällen ergibt sich also eine *lineare* Abhängigkeit des induzierten Druckes an der Platte vom Parameter K, was durch Messungen gut bestätigt wird (Bild 10-8) [13].

10.4 (*M*, *Re*)-Ähnlichkeit in der Gasdynamik

Die Konstanz der Kennzahlen M und Re sichert die physikalische Ähnlichkeit geometrisch ähnlicher Stromfelder [14]. Für spezielle Fragestellungen können Kombinationen der folgenden Form nützlich sein:

$$\pi = \frac{M^n}{Re^m} .$$

Beispiele sind:

$$\frac{M}{Re} = Kn = \text{Knudsen-Zahl}$$
$$\frac{\lambda}{l} = \frac{\text{mittlere freie Weglänge}}{\text{makroskopische Länge}} \sim Kn$$
$$\frac{M^2}{\sqrt{Re}} \sim \frac{\delta_1}{l} = \text{Verdrängungsdicke ebene Platte} ,$$
$$\frac{M^3}{\sqrt{Re}} \sim K$$
$$= \text{Stoß-Grenzschichtinterferenz-Parameter}$$

Bild 10-9 enthält die zugehörigen physikalischen Aussagen in den unterschiedlichen Bereichen der M, Re-Ebene. Einige Folgerungen: Für Kontinuumsströmungen ist $Kn \ll 1$, also stets $M \ll Re$. Untersucht man z. B. schleichende Strömungen, so verlaufen sie zwangsläufig inkompressibel. Dagegen erfordern Hyperschallströmungen bei kleiner Reynolds-Zahl (Vorderkantenumgebung!) stets die Einbeziehung gaskinetischer Effekte, z. B. Gleitströmung.

In der modernen Versuchstechnik (Transsonik, Überschallkanäle) bereitet die Forderung nach der Simulation der hohen Flug-Reynolds-Zahl (bis 10^8) große Schwierigkeiten. Die Mach-Zahl lässt sich weitgehend variieren, der Kanalwandeinfluss durch Absaugung oder Adaption flexibler Wände zumindest reduzieren. Umformung von Re liefert

$$Re = \frac{\varrho w l}{\eta} = \frac{Mla}{\eta} \cdot \frac{p}{R_i T} = \frac{plM}{\eta}\sqrt{\frac{\varkappa}{R_i T}} .$$

Mit $\eta \sim T^\omega (\omega \approx 0,9)$ bieten sich für eine Steigerung von Re an:

$$Re \sim p$$
$$Re \sim l$$
$$Re \sim (\eta T^{1/2})^{-1} \sim (T^{\omega+0,5})^{-1} = T^{-1,4} ,$$

d. h. Erhöhung des Messstreckendruckes p (sogenanntes Aufladen), Vergrößerung der Modelllänge l

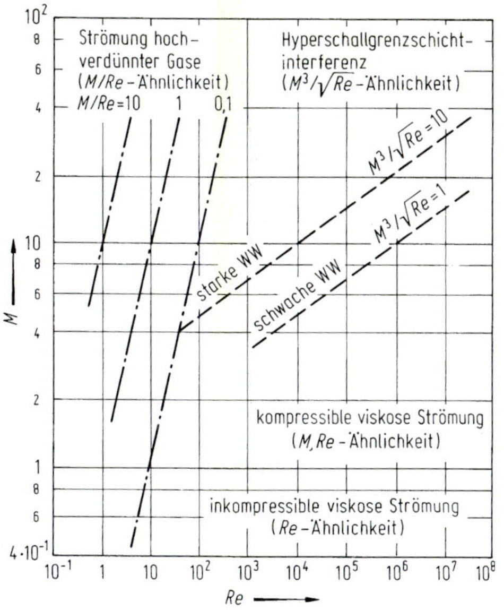

Bild 10-9. Abgrenzung der verschiedenen Strömungsbereiche in der M, Re-Ebene

(große Messstrecke!), Absenkung der Messstreckentemperatur T (Kryokanal). Die Daten eines Kanals in USA (NTF, National Transonic Facility der NASA in Langley) sowie des Europäischen Kanals (ETW) sind die folgenden [15]:

		ETW	NTF
Messstrecken-querschnitt	m^2	$2{,}4 \times 2{,}0$	$2{,}5 \times 2{,}5$
max. Reynolds-Zahl	10^6	50	120
Mach-Zahl		0,15–1,3	0,2–1,2
Druckbereich	bar	1,25–4,5	1,0–9,0
Temperaturbereich	K	90–313	80–350
Antriebsleistung	MW	50	93

10.5 Auftriebs- und Widerstandsbeiwerte aktueller Tragflügel

Wir beginnen mit einem Größenordnungsvergleich von Wellenwiderstand und Reibungswiderstand für das Rhombusprofil:

$c_R = 2c_F$ ist hierin der Reibungskoeffizient für die glatte, doppelt benetzte Platte aus (8-95) und (8-98). Nur beim extrem dünnen Profil überwiegt hier die (tur-

	τ	0,1	0,01
	M_∞		
	$\sqrt{2}$	0,04	0,0004
C_w	1	0,088	0,0019

Re_∞	10^6	10^7	10^8
$c_{R,\,turb}$	0,008	0,006	0,004
$c_{R,\,lam}$	0,003	0,0008	

bulente) Reibung den Druckwiderstand. Sonst ist der Wellenwiderstand erheblich größer als die Reibung. Bei schallnaher Unterschallanströmung, $M_\infty = (0{,}75\ldots0{,}85)$, aktueller Profile (z. B. NACA 0012) sind die Dinge erheblich komplizierter. M_∞, Re_∞, Anstellung und Profilform bedingen wesentlich die Größenordnungen der einzelnen Widerstandsanteile. Man erkennt dies an der Struktur solcher Strömungsfelder (Bild 10-10). Zur Berechnung derselben verwendet man unterschiedliche Gleichungen, sog. *zonale Lösungsverfahren*. Außerhalb der Grenzschicht handelt es sich um eine transsonische Profilströmung mit Stoß (siehe Bild 9-31a). Vor dem Stoß benutzt man die Potenzialgleichung, dahinter die wirbelbehafteten Euler-Gleichungen. Hierfür liegen Rechenverfahren vor [16]. In der Grenzschicht kann man Standardverfahren benutzen [17, 18]. Die reibungsfreie kompressible Außenströmung muss an die Grenzschichtrechnung angeschlossen werden. Hierbei treten Sonderfälle auf, die eine lokale Betrachtung erforderlich machen, z. B. die Stoß-Grenzschichtinterferenz und die Hinterkantenströmung. Der das lokale Überschallgebiet berandende Stoß läuft in die Grenzschicht ein und kann mit seinem Druckanstieg zur Ablösung derselben führen. Im Übrigen stellt er einen beträchtlichen Widerstandsbeitrag dar. Eine lokale Betrachtung in der Umgebung von Stoß und Kontur benutzt ein sog.

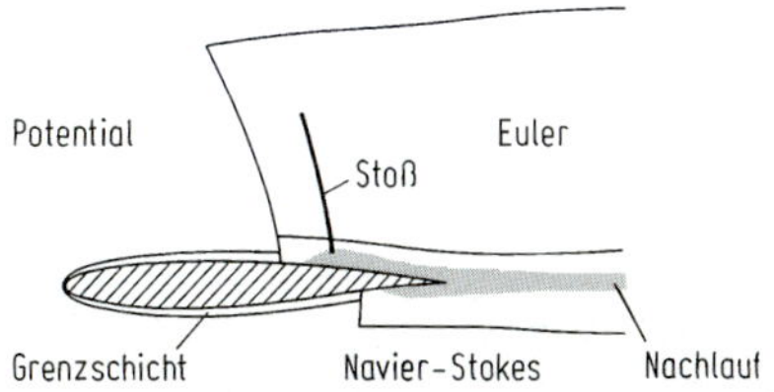

Bild 10-10. Transsonische Profilumströmung. Zonale Rechenverfahren mit entsprechenden Gleichungen

Dreischichtenmodell (Bild 10-11). Hiermit ist es möglich, alle Strömungsgrößen im Feld zu ermitteln [19]. Das zugehörige Rechenverfahren wird als Unterprogramm im globalen Feld benutzt.

Zur generellen Beurteilung geben wir einige Rechenergebnisse. Bei der Angabe von c_W-Werten ist wohl zu unterscheiden zwischen (1.) dem Druckwiderstand bei Nullanstellung, (2.) dem Druckwiderstand bei Anstellung und (3.) dem Gesamtwiderstand bei Anstellung. Während im Fall (10-1) und (10-2) der Stoß den Hauptbeitrag liefert, kommt bei (10-3) der Reibungsanteil (Schubspannung und Nachlauf, c_R) hinzu.

Aus dieser Zusammenstellung lässt sich der Einfluss der Parameter α, M_∞ entnehmen. Bei fester Mach-Zahl ($M_\infty = 0{,}8$) kann eine Anstellwinkelvergrößerung ($\alpha = 0° \rightarrow 1{,}25°$) zu einem beträchtlichen Widerstandsanstieg führen ($c_W = 0{,}8 \cdot 10^{-2} \rightarrow 2{,}21 \cdot 10^{-2}$). Bei konstantem Anstellwinkel ($\alpha = 0°$) ergibt eine Steigerung der Mach-Zahl ($M_\infty = 0{,}8 \rightarrow 0{,}85$) ebenfalls einen starken

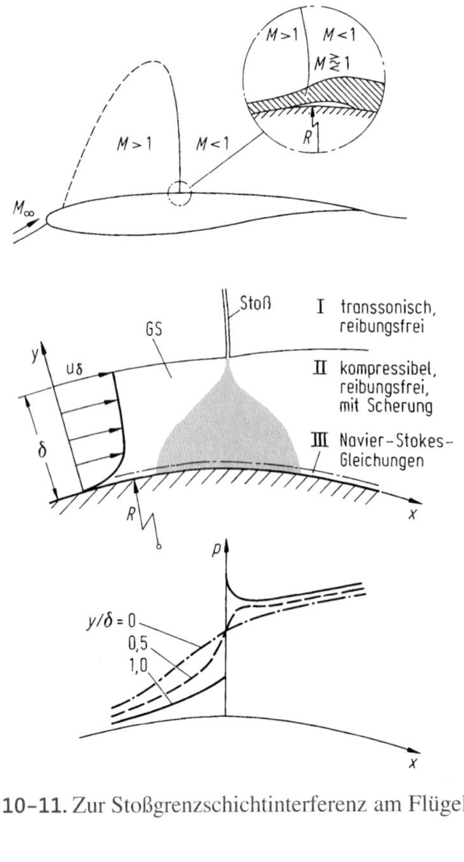

Bild 10-11. Zur Stoßgrenzschichtinterferenz am Flügel

Auftrieb und Widerstand des Profils NACA 0012 (stoßbehaftet, reibungsfrei)

M_∞	$\alpha[°]$	c_A	$c_W \cdot 10^2$	Bearbeiter
0,75	2	0,5878	1,82	Jameson [20]
0,8	0		0,8	Lock [21]
			0,845	Dohrmann/Schnerr [22]
			1,0	Carlson [23]
			0,86	Jameson [24]
0,8	1,25	0,348	2,21	Schnerr/Dohrmann [25]
		0,3632	2,30	AGARD-AR-211 Sol 9 [26]
		0,321	1,99	Carlson [23]
		0,3513	2,3	Jameson [24]
0,85	0		4,71	Jameson [24]
			3,81	Carlson [23]
			4,0	Lock [23]
0,85	1	0,3584	5,80	AGARD-AR-211 Sol 9 [26]
		0,283	4,44	Carlson [23]
0,95	0		10,84	AGARD-AR-211 Sol 9 [26]
			9,58	Carlson [23]
1,2	0		9,6	AGARD-AR-211 Sol 9 [26]
1,2	7	0,5138	15,38	AGARD-AR-211 Sol 9 [26]

AGARD-Testfall 01. $M_\infty = 0{,}8, \alpha = 1{,}25°$, AGARD- Mittelwerte $c_A = 0{,}36, c_W = 2{,}325 \cdot 10^{-1}$ [26] (AGARD = Advisory Group Aeronautical Research and Development).

Widerstandsanstieg ($c_W = 0{,}8 \cdot 10^{-2} \rightarrow 4{,}71 \cdot 10^{-2}$). Selbst eine Abnahme des Anstellwinkels ($\alpha = 2° \rightarrow 0°$) kann bei gleichzeitiger Steigerung der Mach-Zahl ($M_\infty = 0{,}75 \rightarrow 0{,}85$) noch zu einem erheblichen Widerstandsanstieg führen ($c_W = 1{,}82 \cdot 10^{-2} \rightarrow 4{,}71 \cdot 10^{-2}$). Es hängt also jeweils von den Parameterwerten ab, welcher Einfluss dominiert. [23] enthält einen kritischen Vergleich der wichtigsten bekannten reibungsfreien Rechenmethoden. Die verschiedenen Ergebnisse zeigen einen erheblichen Streubereich.

Widerstand des Profils NACA 0012 (reibungsbehaftet)
$\alpha = 0°$, $Re = 9 \cdot 10^6$ [27]

M_∞	$c_R \cdot 10^2$	$c_{\text{Welle}} \cdot 10^2$	$c_{\text{W, tot}} \cdot 10^2$
0,76	0,870	0,002	0,872
0,78	0,891	0,078	0,969
0,80	0,952	0, 368	1,320
0,82	1,094	0,891	1,985
0,84	1,32	1,82	3,14

Beim Vergleich dieser Rechenergebnisse mit den vorangegangenen fällt unter anderem auf, dass z. B. der Wellenwiderstand bei $M_\infty = 0{,}8$ von $c_{\text{Welle}} = 0{,}8 \cdot 10^{-2}$ (reibungsfrei) auf $0{,}368 \cdot 10^{-2}$ (reibungsbehaftet) abnimmt. Dies liegt daran, dass im letzteren Fall durch die Grenzschicht die Druckverteilung am Körper stark geglättet wird. Es kommt allerdings der Reibungswiderstand hinzu, der diese Abnahme sogar überkompensiert.

Wellen- und Reibungswiderstand können bei aktuellen Daten also von gleicher und von erheblicher Größenordnung sein. Es lohnt sich daher, *beide* zu minimieren. Was den Stoß angeht, so kann man zu stoßfreien Profilen übergehen [28] oder durch eine sog. passive Beeinflussung ihn zumindest schwächen. Hierzu wird im Flügel in der Stoßumgebung eine Kavität angebracht, die durch ein Lochblech abgedeckt wird. Die Druckdifferenz über den Stoß gleicht sich durch die Kavität aus und reduziert damit die Stoßstärke.

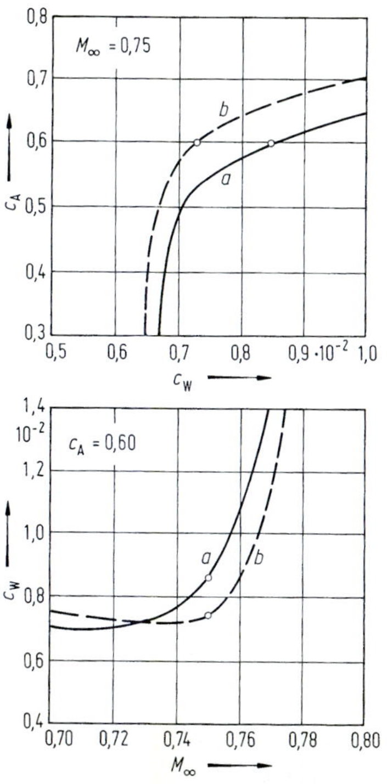

Bild 10-12. c_A, c_W vor (**a**) und nach (**b**) dem stoßfreien Entwurf. NACA-Profil 12% Dicke, $Re_\infty = 4 \cdot 10^7$ [29]

Bild 10-12 [29] enthält c_A- und c_W-Werte eines 12% dicken Profiles vor und nach einer stoßfreien Entwurfsrechnung. Zahlenbeispiel: $M_\infty = 0{,}75$, $Re_\infty = 4 \cdot 10^7$, $c_A = 0{,}60$, stoßbehaftet $c_{\text{W,tot}} = 0{,}85 \cdot 10^{-2}$, stoßfrei $c_{\text{W,tot}} = 0{,}73 \cdot 10^{-2}$. Reduktion $\approx 15\%$.

Beim Reibungswiderstand wäre eine Laminarisierung bis zu sehr hohen Reynolds-Zahlen das Optimum. Bei $Re = 10^7$ würde dies den Schubspannungsanteil fast um eine Zehnerpotenz verringern. Beide Möglichkeiten zusammen führen zum Konzept des stoßfreien transsonischen Laminarflügels, dessen Realisierung eine wichtige Zukunftsaufgabe ist.

Formelzeichen der Mechanik

a	Beschleunigung, Länge, große Halbachse einer Ellipse, Risslänge
$\boldsymbol{a}$	Beschleunigung
b	Dämpferkonstante, Breite, kleine Halbachse einer Ellipse
c	Ausbreitungsgeschwindigkeit einer Welle
$\boldsymbol{c}$	Geschwindigkeit nach einem Stoß
$\boldsymbol{c}_{ij}$	Gelenkvektor auf Körper i
d	Durchmesser, Dämpferkonstante
e	Stoßzahl, Volumendilatation, Vergleichsformänderung
$\dot{e}$	Vergleichsformänderungsgeschwindigkeit
$\boldsymbol{e}$	Achseneinheitsvektor
$\underline{e}$	Spaltenmatrix der drei Einheitsvektoren eines kartesischen Achsensystems (einer Basis), zugleich Bezeichnung für diese Basis
f	Anzahl der Freiheitsgrade, Seildurchhang
g	Fallbeschleunigung

h	Höhe
k	Federkonstante
k_f	Fließspannung
k_D	Drehfederkonstante
$\boldsymbol{k}$	Gelenkachsenvektor
l	Länge
l_k	kritische Länge eines Knickstabes
m	Masse
$\underline{m}$	diagonale Massenmatrix
n	Anzahl
$\boldsymbol{n}$	Achseneinheitsvektor
p	Druck, Flächenlast
$\boldsymbol{p}$	Impuls oder Bewegungsgröße
$\underline{\boldsymbol{p}}$	Matrix von Gelenkachsenvektoren $\boldsymbol{p}_{ij}$
q	generalisierte Koordinate, Eulerparameter, Streckenlast
$\dot{q}$	generalisierte Geschwindigkeit
$\ddot{q}$	generalisierte Beschleunigung
$\boldsymbol{q}$	Achsenvektor einer endlichen Drehung
$\underline{q}$	Spaltenmatrix von generalisierten Koordinaten
r	Radius, Krümmungsradius
r, φ	Polarkoordinaten
$\mathbf{r}, \vartheta, \varphi$	Kugelkoordinaten
$\boldsymbol{r}$	Ortsvektor
$\dot{\boldsymbol{r}}$	absolute Geschwindigkeit $\mathrm{d}\boldsymbol{r}/\mathrm{d}t$
$\ddot{\boldsymbol{r}}$	absolute Beschleunigung $\mathrm{d}^2\boldsymbol{r}/\mathrm{d}t^2$
s	Bogenlänge
$\boldsymbol{s}_i$	geschwindigkeitsabhängiger Beschleunigungsanteil
t	Zeit
t_i	$\varepsilon^i t$ (langsam ablaufende Zeitvariable)
u	Ausschlag, Verschiebung, Durchbiegung, $1/r$ bei Satellitenbahnen
v	Geschwindigkeit, Fließgeschwindigkeit, Verschiebung
$\boldsymbol{v}$	Geschwindigkeit
w	Durchbiegung
$w(x)$	Gleichung der Biegelinie, Ansatzfunktion für Ritz-Ansatz
$w_\mathrm{e}(x)$	Eigenform
$\boldsymbol{w}_i$	winkelgeschwindigkeitsabhängiger Winkelbeschleunigungsanteil

$y(t)$	Störung einer Koordinate $q(t)$
$\underline{z}$	Zustandsvektor bei Übertragungsmatrix
A	Fläche
$\underline{A}$	Koeffizientenmatrix, (3×3)-Transformationsmatrix
$\hat{A}$	Kraftstoß an einem Lager
C_M	Wölbwiderstand
$\boldsymbol{C}_{ij}$	mit Vorzeichen gewichteter Gelenkvektor $\boldsymbol{c}_{ij}$
D	Dämpfungsgrad, Plattensteifigkeit
$\underline{D}$	Dämpfungsmatrix
E	Gesamtenergie, Elastizitätsmodul
F	Kraft
F_k	kritische Last
$\boldsymbol{F}_i$	Kraft
$\hat{\boldsymbol{F}}$	Kraftstoß $\int_0^{\Delta t} \boldsymbol{F}(t)\mathrm{d}t$ für $\Delta t \to 0$
G	Gewicht, Schubmodul, Gravitationskonstante
H	Scheibendicke, horizontale Seilkraftkomponente
$\underline{H}$	Nachgiebigkeitsmatrix
I, I_x	axiale Flächenmomente 2. Grades
I_{xy}	biaxiales Flächenmoment 2. Grades
I_1, I_2	Hauptflächenmomente
I_p	polares Flächenmoment
I_T	Torsionsflächenmoment
J, J_x	axiale Trägheitsmomente
J_{xy}	zentrifugales Trägheitsmoment
J_1, J_2, J_3	Hauptträgheitsmomente
$\underline{J}$	(3×3)-Matrix der axialen und zentrifugalen Trägheitsmomente, Jacobi-Matrix von Abteilungen $\partial f_i/\partial q_j$ $(i, j = 1, 2, \ldots)$
$\boldsymbol{J}$	Trägheitstensor
K	Kraftgröße in einem statisch unbestimmten System, Bettungskonstante
$\underline{K}$	Steifigkeitsmatrix
K_I	Spannungsintensitätsfaktor für Rissbeanspruchungsart I
$K_\mathrm{Ic}, K_\mathrm{c}$	Risszähigkeit
K_V	Vergleichsspannungsintensitätsfaktor
ΔK	zyklischer Spannungsintensitätsfaktor

ΔK_{th}	Schwellenwert der Emüdungsrissausbreitung
L	Länge, Lagrange'sche Funktion
$\boldsymbol{L}$	Drall, Drehimpuls
M	Masse
$\boldsymbol{M}$	Moment
M_y, M_z	Biegemomente
M_{T}	Torsionsmoment
$\boldsymbol{M}_{\mathrm{g}}$	Gravitationsmoment an einem Körper
$\underline{M}$	Massenmatrix
$\underline{\boldsymbol{M}}$	Spaltenmatrix $[\boldsymbol{M}_1 \ldots \boldsymbol{M}_n]^{\mathrm{T}}$ von Momenten
N	Normalkraft, Längskraft, Stabkraft, Lastwechselzahl
P	Leistung
Q_i	generalisierte Kraft
Q_y, Q_z	Querkräfte
$\underline{Q}$	Spaltenmatrix $[Q_1 \ldots Q_{\mathrm{n}}]^{\mathrm{T}}$ von generalisierten Kräften
$\underline{Q}_i$	Eigenform
R	Radius, Rayleigh-Quotient, Spannungsverhältnis
R_{e}	Fließgrenze
R_{m}	Zugfestigkeit
S	Stabkraft, Vorspannkraft
S_y, S_z	statische Flächenmomente
T	Periodendauer, Umlaufzeit eines Satelliten, kinetische Energie
$\underline{T}$	Strukturmatrix einer verzweigten Gelenkkette, Transformationsmatrix
U	Umfang, Formänderungsenergie
$\underline{U}$	Übertragungsmatrix
V	Volumen, Potenzial, potenzielle Energie
$V_i(\eta, D)$	Vergrößerungsfunktion bei harmonischer Erregung
$V_{\mathrm{I}}(\eta, D)$	Vergrößerungsfunktion bei periodischer Stoßerregung
W	Arbeit
W_{12}	Arbeit einer Kraft längs einer Bahn von 1 nach 2
Y	Fließspannung, Geometriefaktor
α	thermischer Längenausdehnungskoeffizient, Kerbfaktor, plastischer Formfaktor,Verhältnis bei Reflexion und Transmission einer Welle
β	Reichweite bei ballistischem Flug
β_{K}	Kerbwirkungszahl
γ	spezifisches Gewicht
γ_{xy}	Scherung
δ	Symbol für virtuelle Änderung (z. B. δr, δx, $\delta\varphi$)
δW	virtuelle Arbeit
$\delta\boldsymbol{\pi}$	Vektor einer virtuellen Drehung
ε	Dehnung
ε_{xy}	Verzerrung
$\varepsilon_1, \varepsilon_2, \varepsilon_3$	Hauptdehnungen
$\underline{\varepsilon}$	(3×3)-Matrix der Komponenten des Verzerrungstensors, Spaltenmatrix der drei Dehnungen und drei Scherungen
$\underline{\varepsilon}^*$	Verzerrungsdeviator
$\boldsymbol{\varepsilon}_i$	Winkelbeschleunigung
η	Verhältnis Ω/ω_0 (Erregerkreisfrequenz/ Eigenkreisfrequenz)
$\varkappa_y, \varkappa_z$	Querschubzahlen
λ	Eigenwert, Lagrange'scher Multiplikator, Schubfluss τt
μ	Gleitreibungszahl, lineare Massendichte
μ_0	Ruhereibungszahl
ν	Poisson-Zahl, Frequenz
Π	Gesamtpotenzial
ϱ	Gleitreibungswinkel, Krümmungsradius, Dichte
ϱ_0	Ruhereibungswinkel
$\boldsymbol{\varrho}$	Ortsvektor auf einem bewegten Körper
ϱ, φ, z	Zylinderkoordinaten
σ	Spannung
σ_{ij}	Normal- und Schubspannungen
$\sigma_{\max}$	maximale Spannung
$\sigma_{\mathrm{N}}, \tau_{\mathrm{N}}$	Nennspannungen

$\sigma_x, \sigma_y, \sigma_z$	Normalspannungen
$\sigma_\mathrm{r}, \sigma_\mathrm{t}, \sigma_\varphi, \sigma_\vartheta$	Radial-, Tangential-, Umfangsspannungen
$\sigma_1, \sigma_2, \sigma_3$	Hauptnormalspannungen
σ_0	Vorspannung
σ_V	Vergleichsspannung
σ_W	Wechselfestigkeit
σ^*	Normalspannung infolge Wölbbehinderung bei Torsion
$\boldsymbol{\sigma}_i$	Spannungsvektor auf der Fläche normal zu $\boldsymbol{e}_i$
$\underline{\sigma}$	(3×3)-Matrix der Komponenten des Spannungstensors, Spaltenmatrix der drei Normal- und drei Schubspannungen
$\underline{\sigma}_\mathrm{m}$	Kugeltensor der Spannungen
$\underline{\sigma}^*$	Spannungsdeviator
τ	Schubspannung
$\tau_{xy}, \tau_{r\varphi}$	Schubspannungen in verschiedenen Koordinatensystemen
τ_1, τ_2, τ_3	Hauptschubspannungen
φ	Winkel
$\boldsymbol{\varphi}$	Vektor einer kleinen Drehung
φ'	Drillung $\mathrm{d}\varphi/\mathrm{d}x$
$\Phi(x, y)$	Spannungsfunktion bei Saint-Venant-Torsion
$\underline{\Phi}$	Modalmatrix
ψ	Winkel
$\dot{\psi}$	Nutationswinkelgeschwindigkeit
ψ, ϑ, φ	Eulerwinkel
ω	Winkelgeschwindigkeit, Kreisfrequenz
ω_0	Eigenkreisfrequenz
$\boldsymbol{\omega}, \boldsymbol{\omega}_i$	Winkelgeschwindigkeiten
ω_{ij}	Winkelgeschwindigkeit von Körper i relativ zu Körper j
$\underline{\tilde{\omega}}$	schiefsymmetrische (3×3)-Matrix aus den Komponenten von $\boldsymbol{\omega}$
$\dot{\boldsymbol{\omega}}$	Winkelbeschleunigung
Ω	Winkelgeschwindigkeit, Erregerkreisfrequenz
$\boldsymbol{\Omega}_i$	relative Winkelgeschwindigkeit in Gelenk i

Indizes

a	außen
b	binormal
e	elastisch, Eigenform
f	Flucht-
g	Gravitations-
i	innen
k	kritisch (krit)
kP	körperfester Punkt
m	mittel
n	normal
0	Anfangs-, Eigen-, Ruhe-
p	polar
r	radial
t	tangential
w	Welle
A	Austritt
B	Bettung
E	Eintritt, Erde
F	Fließ-, Flug
H	horizontal
I	Impuls
Q	infolge Querkraft
S	auf den Schwerpunkt S bezogen
T	Torsion, Traglast
V	Vergleichs-, vertikal, Volumen

Sonstige Zeichen

$\boldsymbol{a}, \boldsymbol{F}, \boldsymbol{\omega}$	Vektoren
$\boldsymbol{J}$	Tensor
$\underline{A}, \underline{\boldsymbol{r}}, \underline{\boldsymbol{J}}$	Matrizen mit skalaren bzw. vektoriellen bzw. tensoriellen Elementen; für die Multiplikation gelten die Regeln der Matrizenalgebra sinngemäß, z. B. $\delta\underline{\boldsymbol{r}}^\mathrm{T} \cdot \underline{\boldsymbol{F}} = \sum \delta\boldsymbol{r}_i \cdot \boldsymbol{F}_i$
$\mathbf{0}$	Nullvektor
$\underline{0}$	Nullmatrix (Elemente: Zahl null)
$\underline{\mathbf{0}}$	Nullmatrix (Elemente: Nullvektoren)

Operationen

°, ${}^i\mathrm{d}/\mathrm{d}t$	Zeitableitung im rotierenden Koordinatensystem, in $\underline{e}^i$
Δ	$\partial^2/\partial x^2 + \partial^2/\partial y^2$
$\Delta\Delta$	$\partial^4/\partial x^4 + 2\partial^4/\partial x^2\partial y^2 + \partial^4/\partial y^4$

Formelzeichen der Strömungsmechanik

a	spezifische (massenbezogene) Arbeit; Abstand; Schallgeschwindigkeit; Temperaturleitfähigkeit
$\boldsymbol{a}$	Beschleunigung
b	Breite
c	Absolutgeschwindigkeit
c_u	Geschwindigkeitskomponente in Umfangsrichtung
c_p	spezifische Wärmekapazität bei konstantem Druck
c_V	spezifische Wärmekapazität bei konstantem Volumen
c_A	Auftriebsbeiwert
c_B	Betz-Zahl
c_f	lokaler Reibungsbeiwert
c_F	Reibungsbeiwert der einseitig benetzten Platte
c_M	Momentenbeiwert
c_R	Reibungsbeiwert
c_W	Widerstandsbeiwert
d	Durchmesser
d_h	hydraulischer Durchmesser
$\boldsymbol{f}$	spezifische Massenkraft
g	Fallbeschleunigung
h	Höhe, Breite; spezifische Enthalpie
k	Rauheit
k_S	äquivalente Rohrrauheit
l	Länge
m	Masse
$\dot{m}$	Massenstrom
n	Drehzahl
p	Druck
p_∞	Druck in der Anströmung
p_stat	statischer Druck
p_dyn	dynamischer Druck
$\boldsymbol{n}$	Normalenvektor
p_tot	Gesamtdruck
p_0	Bezugsdruck, Druck im Staupunkt, Ruhedruck
p_a	Außendruck
Δp	Druckdifferenz
Δp_v	Druckverlust
$\boldsymbol{q}$	Wärmestromdichte
r	Krümmungsradius; Recovery-Faktor
$\boldsymbol{r}$	Ortsvektor
s	Stromfadenkoordinate; spezifische Entropie
t	Zeit
Δt	Auffüllzeit
u	Geschwindigkeitskomponente in x-Richtung, Umfangsgeschwindigkeit
u_τ	Wandschubspannungsgeschwindigkeit
u_δ	Geschwindigkeit am Grenzschichtrand
v	Geschwindigkeitskomponente in y-Richtung
w	Geschwindigkeitskomponente in z-Richtung, Betrag des Geschwindigkeitsvektors
$\boldsymbol{w}$	Geschwindigkeitsvektor
x_0	Auslenkung
x_S	Stoßlage
y^+	normierter Wandabstand
A	Fläche, Querschnitt
A_S	Strahlfläche
A^*	kritischer Querschnitt, engster Querschnitt
C_p	Druckkoeffizient
D	Durchmesser
E	Energie
Ec	Eckert-Zahl
Eu	Euler-Zahl
Fo	Fourier-Zahl
F	Froude-Zahl
$\boldsymbol{F}_\mathrm{A}$	Auftriebskraft
$\boldsymbol{F}_\mathrm{D}$	Druckkraft
$\boldsymbol{F}_\mathrm{G}$	Schwerkraft
$\boldsymbol{F}_\mathrm{H}$	Haltekraft
$\boldsymbol{F}_\mathrm{I}$	Impulskraft
$\boldsymbol{F}_\mathrm{K}$	Kraft auf Körper
$\boldsymbol{F}_\mathrm{W}$	Widerstandskraft
H	Höhe, Dicke, Länge

I Impuls
K Tsien-Parameter
Kn Knudsen-Zahl
L Länge
M Mach-Zahl; Drehmoment; molare Masse
M_S Stoß-Machzahl
P Leistung (Energiestromstärke)
Pe Péclet-Zahl
Q Quell-bzw. Senkenstärke
R Radius, Krümmungsradius; universelle Gaskonstante
R_i individuelle (spezielle) Gaskonstante
Re Reynolds-Zahl
S Schubkraft
Sr Strouhal-Zahl
T Temperatur (thermodynamische)
Tu Turbulenzgrad
U Umfang; ausgezeichnete Geschwindigkeit
V Volumen
$\dot{V}$ Volumenstromstärke
W ausgezeichnete Geschwindigkeit
α Durchflusszahl; Öffnungswinkel; Mach'scher Winkel
Γ Zirkulation
δ Grenzschichtdicke
δ_1 Verdrängungsdicke
δ_2 Impulsverlustdicke
ε Anstellwinkel
ζ Druckverlustzahl
η dynamische Viskosität
ϑ Strömungswinkel
Θ Stoßwinkel, Stoßlage; Temperatur
$\varkappa$ Mischungswegkonstante; Verhältnis der spezifischen Wärmen
λ Wärmeleitfähigkeit; Rohrwiderstandszahl
μ Kontraktionszahl
ν kinematische Viskosität
ϱ Dichte
σ normierte Spaltweite
τ Schubspannung; Dickenparameter
τ_W Wandschubspannung
φ Winkel, Koordinate; Störpotenzial für Dickeneffekt
$\overline{\varphi}$ Störpotenzial für Anstellungseffekt
φ_{max} Grenzwinkel
Φ Geschwindigkeitspotenzial
Φ_v Dissipation
χ schallnaher Ähnlichkeitsparameter
$\underline{X}$ komplexes Geschwindigkeitspotenzial $\underline{X} = \Phi + i\,\Psi$
Ψ Stromfunktion
ω Winkelgeschwindigkeit

Indizes

∞ Anströmung
w Wand
W Widerstand
0 Staupunkt, Ruhezustand, Auslenkung
n Normalenrichtung
t Tangentialrichtung
m volumetrisch gemittelt
max maximal
stat statisch
tot gesamt
dyn dynamisch
δ Grenzschichtrand
a Außen[druck]
A Auftrieb; Kräfte auf Fläche *A*
S Stoß, Strahl
T Turbine

Sonstige Zeichen

– zeitliche Mittelung
′ Schwankungsgröße, Unterschied
* kritische Werte, Krümmung, lokale
^ Werte nach Stoß

Literatur

Allgemeine Literatur zu Kapitel 1

Beyer, R.: Technische Kinematik. Leipzig: Barth 1931
Bottema, O.; Roth, B.: Theoretical kinematics. Amsterdam: North-Holland 1979
Hain, K.: Angewandte Getriebelehre. 2. Aufl. Düsseldorf: VDI-Verl. 1961

Luck, K.; Modler, K.-H.: Getriebetechnik. Analyse, Synthese, Optimierung. 2. Aufl. Berlin: Springer 1995

Wunderlich, W.: Ebene Kinematik. Mannheim: B.I.-Wissenschaftsverl. 1970

Spezielle Literatur zu Kapitel 1

1. Strubecker, K.: Differentialgeometrie I: Kurventheorie der Ebene und des Raumes. Berlin: de Gruyter 1964
2. [Luck/Modler]
3. Wittenburg, J.: Dynamics of systems of rigid bodies. Stuttgart: Teubner 1977; Neuauflage: Dynamics of multibody systems. Springer 2007

Allgemeine Literatur zu Kapitel 2

Falk, S.: Lehrbuch der Technischen Mechanik, Bd. 2: Die Mechanik des starren Körpers. Berlin: Springer 1968

Gross, D.; Hauger, W.; Schnell, W.: Technische Mechanik, Bd. 1: Statik. 8. Aufl. Berlin: Springer 2004

Holzmann, G.; Meyer, H.; Schumpich, G.: Technische Mechanik, Teil I: Statik. 10. Aufl. Stuttgart: Teubner 2004

Marguerre, K.: Technische Mechanik, Teil I: Statik. 2. Aufl. Berlin: Springer 1973

Neuber, H.: Technische Mechanik, Teil I: Statik. 2. Aufl. Berlin: Springer 1971

Pestel, E.: Technische Mechanik, Bd. 1: Statik. 3. Aufl. Mannheim: Bibliogr. Inst. 1988

Reckling, K.-A.: Mechanik, Teil I: Statik. Braunschweig: Vieweg 1973

Richard, H.A.; Sander, M.: Technische Mechanik. Statik. Wiesbaden: Vieweg 2005

Szabó, I.: Einführung in die Technische Mechanik. 8. Aufl. Nachdruck. Berlin: Springer 2002

Spezielle Literatur zu Kapitel 2

1. Routh, E.J.: A treatise on analytical statics, vol. 1. Cambridge: University Pr. 1891
2. Timoshenko, S.: Suspension bridges. J. Franklin Inst. 235(1943), No. 3 + 4
3. Bowden, F.P.; Tabor, D.: Friction and lubrication. London: Methuen 1956
4. Bowden, F.P.; Tabor, D.: The friction and lubrication of solids, 2 pts. Oxford: Clarendon Pr. 1958; 1964
5. Neale, M.J.: (Ed.): Tribology handbook. London: Butterworths 1973
6. Czichos, H.; Habig, K.-H.: Tribologie-Handbuch. Braunschweig: Vieweg 1992
7. Hagedorn, P.: Nichtlineare Schwingungen. Wiesbaden: Akad. Verlagsges. 1978

Allgemeine Literatur zu Kapitel 3

Balke, H.: Einführung in die Technische Mechanik. Kinetik. Berlin: Springer 2006

Bruhns, O.; Lehmann, Th.: Elemente der Mechanik, Bd. 3: Kinetik. Braunschweig: Vieweg 1994

Falk, S.: Lehrbuch der Technischen Mechanik, Bd. 1. u. 2. Berlin: Springer 1967; 1968

Hauger, W.; Schnell, W.; Gross, D.: Technische Mechanik, Bd. III: Kinetik. 8. Aufl. Berlin: Springer 2004

Hibbeler, R.C.: Technische Mechanik 3. Dynamik. 10. Aufl. München: Pearson Studium 2006

Holzmann, G.; Meyer, H.; Schumpich, G.: Technische Mechanik, Teil 2: Kinematik und Kinetik. 8. Aufl. Stuttgart: Teubner 2000

Magnus, K.: Kreisel. Berlin: Springer 1971

Magnus, K.; Müller, H. H.: Grundlagen der Technischen Mechanik. 7. Aufl. Stuttgart: Teubner 2005

Marguerre, K.: Technische Mechanik, Teil III: Kinetik. Berlin: Springer 1968

Parkus, H.: Mechanik der festen Körper. 3. Aufl. Wien: Springer 1998

Schiehlen, W.; Eberhard, P.: Technische Dynamik. 2. Aufl. Stuttgart: Teubner 2004

Szabó, I.: Einführung in die Technische Mechanik. 8. Aufl. Nachdruck. Berlin: Springer 2003

Szabó, I.: Höhere Technische Mechanik. 6. Aufl. Berlin: Springer 2001

Wittenburg, J.: Wittenburg, J.: Dynamics of systems of rigid bodies. Stuttgart: Teubner 1977; Neuauflage: Dynamics of multibody systems. Springer 2007

Wittenburg, J.: Schwingungslehre. Lineare Schwingungen, Theorie und Anwendungen. Springer 1996

Ziegler, F.: Technische Mechanik der festen und flüssigen Körper. 3. Aufl. Wien: Springer 1998

Spezielle Literatur zu Kapitel 3

1. Federn, K.: Auswuchttechnik, Bd. 1: Allgemeine Grundlagen, Messverfahren und Richtlinien. Berlin: Springer 1977
2. Kelkel, K.: Auswuchten elastischer Rotoren in isotrop federnder Lagerung. Ettlingen: Hochschulverl. 1978

3. Tondl, A.: Some problems of rotor dynamics. Praha: Publ. House of the Czechoslovak Acad. of Sciences 1965
4. Gasch, R.; Pfützner, H.: Rotordynamik. Berlin: Springer 1975
5. Holzweißig, F.; Dresig, H.: Lehrbuch der Maschinendynamik. Wien: Springer 1979
6. Wittenburg, J.: Analytical methods in mechanical system dynamics. In: Computer aided analysis and optimization of mechanical system dynamics (Ed.: Haug, E.J.) (NATO ASI series ser. F, 9). Berlin: Springer 1984
7. Lu're, A.I.: Mecanique analytique, Bd. 1, 2. Paris: Masson 1968
8. Thomson, W.T.: Introduction to space dynamics. New York: Wiley 1961
9. Bohrmann, A.: Bahnen künstlicher Satelliten. Mannheim: Bibliogr. Inst. 1963
10. Müller, P.C.: Stabilität und Matrizen. Berlin: Springer 1977
11. Malkin, J.G.: Theorie der Stabilität einer Bewegung. München: Oldenbourg 1959
12. Hahn, W.: Stability of motion. Berlin: Springer 1967
13. Carr, J.: Applications of center manifold theory. Berlin: Springer 1981
14. [Wittenburg, Schwingungslehre]
15. [Wittenburg, Dynamics of multibody systems]

Allgemeine Literatur zu Kapitel 4

Biezeno, C.B.; Grammel, R.: Technische Dynamik, 2 Bde.
2. Aufl. Berlin: Springer 1953

Clough, R.W; Penzien, J.: Dynamics of structures. Tokyo: McGraw-Hill Kogakusha 1993

Crawford, F.S.: Schwingungen und Wellen. 3. Aufl. Braunschweig: Vieweg 1989

Fischer, U.; Stephan, W.: Mechanische Schwingungen. 2. Aufl. Leipzig: Fachbuchverl. 1984

Forbat, N.: Analytische Mechanik der Schwingungen. Berlin: Dtsch. Verl. d. Wiss. 1966

Hagedorn, P.: Nichtlineare Schwingungen. Wiesbaden: Akad. Verlagsges. 1978

Hagedorn, P.; Otterbein, S.: Technische Schwingungslehre, Bd. 1: Lineare Schwingungen diskreter mechanischer Systeme. Berlin: Springer 1987

Hagedorn, P.: Technische Schwingungslehre, Bd. 2: Lineare Schwingungen kontinuierlicher mechanischer Systeme. Berlin: Springer 1989

Hayashi, C.: Nonlinear oscillations in physical systems. New York: McGraw-Hill 1986

Holzweißig, F.; Dresig, H.: Lehrbuch der Maschinendynamik. 4. Aufl. Leipzig: Fachbuchverl. 1994

Holzweißig, F.; u.a.: Arbeitsbuch Maschinendynamik/Schwingungslehre. 2. Aufl. Leipzig: Fachbuchverl. 1987

Kauderer, H.: Nichtlineare Mechanik. Berlin: Springer 1958

Klotter, K.: Technische Schwingungslehre, Bd. 1: Einfache Schwinger, Teil A: Lineare Schwingungen; Teil B: Nichtlineare Schwingungen. Berlin: 1998

Kozesnik, J.: Maschinendynamik. Leipzig: Fachbuchverl. 1965

Lippmann, H.: Schwingungslehre. Mannheim: Bibliogr. Inst. 1968

Magnus, K.: Schwingungen. 7. Aufl. Stuttgart: Teubner 2005

Marguerre, K.; Wölfel, H.: Technische Schwingungslehre. Mannheim: Bibliogr. Inst. 1984

Meirovitch, L.: Analytical methods in vibration. New York: Macmillan 1967

Nayfeh, A.H.; Mook, D.T.: Nonlinear oscillations. New York: Wiley 1995

Roseau, M.: Vibrations des systèmes mécaniques. Paris: Masson 1984

Schmidt, G.; Tondl. A.: Non-linear vibrations. Berlin: Akademie-Verlag 1986

Wittenburg, J.: Schwingungslehre. Lineare Schwingungen, Theorie und Anwendungen. Springer 1996

Ziegler, G.: Maschinendynamik. 3.Aufl. München: Hanser 1998

Spezielle Literatur zu Kapitel 4

1. [Wittenburg, Schwingungslehre]
2. Caughey, T.K.; O'Kelly, M.E.J.: Classical normal modes in damped linear dynamic system. ASME Trans. ser. E, J. of Appl. Mechanics 32 (1965) 583–588
3. Snowdon, J.C.: Vibration and shock in damped mechanical systems. New York: Wiley 1968
4. Lazan, B.J.: Damping of materials and members in structural mechanics. Oxford: Pergamon 1968
5. Yakubovich, V.; Starzhinski, V.: Linear differentialy equations with periodic coefficients, vol. 1. New York: Wiley 1975

6. Whittaker, E.T.; Watson, G.N.: A cource of modern analysis. 4th ed. Cambridge: University Pr. 1958
7. [Klotter, 1A]
8. [Schmidt]
9. Levine, H.: Unidirectional wave motions. Amsterdam: North-Holland 1978
10. Achenbach, J.D.: Wave propagation in elastic solids. Amsterdam: North-Holland 1973
11. Graff, K.F.: Wave motion in elastic solids. Oxford: Clarendon Pr. 1975
12. Brekhovskikh, L.; Goncharov, V.: Mechanics of continua and wave dynamics. Berlin: Springer 1985
13. Kolsky, H.: Stress waves in solids. New York: Dover 1963
14. [Biezeno/Grammel, 2]
15. Traupel, W.: Thermische Turbomaschinen, Bd. 2. 2. Aufl. Berlin: Springer 1968
16. [Magnus]
17. [Nayfeh/Mook]

Allgemeine Literatur zu Kapitel 5

Axelrad, E.: Schalentheorie. Stuttgart: Teubner 1983

Basar, Y.; Krätzig, W.B.: Mechanik der Flächentragwerke. Braunschweig: Vieweg 1985

Bathe, K.-J.: Finite-Element-Methoden. Berlin: Springer 1986

Beton-Kalender. Berlin: Ernst (jährlich)

Biezeno, C.B.; Grammel, R.: Technische Dynamik, 2 Bde. 2. Aufl. Berlin: Springer 1953

Brush, D.O.; Almroth, B.O.: Buckling of bars, plates, and shells. New York: McGraw-Hill 1975

Eschenauer, H.; Schnell, W.: Elastizitätstheorie. 3. Aufl. Mannheim: B.I.-Wissenschaftsverl. 1993

FKM-Richtlinie: Rechnerischer Festigkeitsnachweis für Maschinenteile aus Stahl, Eisenguss- und Aluminiumwerkstoffen. 5. Aufl. Frankfurt: VDMA-Verlag 2003

Flügge, W.: Festigkeitslehre. Berlin: Springer 1967

Flügge, W.: Stresses in shells. Berlin: Springer 1990

Föppl, A.; Föppl, F.: Drang und Zwang, Bd. 1 und 2. 3. Aufl. New York: Johnson Reprint 1969

Gallagher, R.H.: Finite-Element-Analysis. Berlin: Springer 1986

Girkmann, K.: Flächentragwerke. 6. Aufl. Wien: Springer 1963

Göldner, H.: Lehrbuch höhere Festigkeitslehre, Bd. 1. Leipzig: Fachbuchverl. 2002

Göldner, H.; Holzweißig, F.: Leitfaden der Technischen Mechanik. 11. Aufl. Leipzig: Fachbuchverl. 1990

Gross, D.; Hauger, W.; Schnell, W.: Technische Mechanik, Bd. 4: Hydrodynamik, Elemente der Höheren Mechanik, Numerische Methoden. 5. Aufl. Berlin: Springer 2004

Hahn, H.G.: Elastizitätstheorie. Stuttgart: Teubner 1985

Hahn, H.G.: Methode der finiten Elemente in der Festigkeitslehre. 2. Aufl. Wiesbaden: Akad. Verlagsges. 1982

Hibbeler, R.C.: Technische Mechanik. Bd. 2: Festigkeitslehre. München: Pearson Studium 2005

Hirschfeld, K.: Baustatik: Theorie und Beispiele. 4. Aufl. Berlin: Springer 1998

Holzmann, G.; Meyer, H.; Schumpich, G.: Technische Mechanik, Teil 3: Festigkeitslehre. 9. Aufl. Stuttgart: Teubner 2006

Kovalenko, A.D.: Thermoelasticity. Groningen: Wolters Noordhoff 1969

Lehmann, Th.: Elemente der Mechanik, Bd. 2: Elastostatik. Braunschweig: Vieweg 2002

Leipholz, H.: Festigkeitslehre für den Konstrukteur. Berlin: Springer 1969

Leipholz, H.: Stability theory. 2nd ed. Stuttgart: Teubner 1987

Magnus, K.; Müller, H.H.: Grundlagen der Technischen Mechanik. 7. Aufl. Stuttgart: Teubner 2005

Marguerre, K.: Technische Mechanik, Teil 2: Elastostatik. 2. Aufl. Berlin: Springer 1977

Melan, E.; Parkus, H.: Wärmespannungen infolge stationärer Temperaturfelder. Wien: Springer 1953

Neal, B.G.: The plastic methods of structural analysis. London: Chapman & Hall 1977

Parkus, H.: Mechanik der festen Körper. 5. Aufl. Wien: Springer 1998

Pestel, E.; Leckie, F.A.: Matrix methods in elastomechanics. New York: McGraw-Hill 1963

Pflüger, A.: Stabilitätsprobleme der Elastostatik. 3. Aufl. Berlin: Springer 1975

Radaj, D.: Ermüdungsfestigkeit. 2. Aufl. Berlin: Springer 2003

Richard, H.A.; Sander, M.: Technische Mechanik. Festigkeitslehre. Wiesbaden: Vieweg 2006

Roik, K.: Vorlesungen über Stahlbau: Grundlagen. 2. Aufl. Berlin: Ernst 1983

Save, M.A.; Massonet, C.E.: Plastic analysis and design of plates, shells and discs. Amsterdam: North-Holland 1972

Schnell, W.; Gross, D.; Hauger, W.: Technische Mechanik, Bd. 2: Elastostatik. 8. Aufl. Berlin: Springer 2005

Stahlbau: Ein Handbuch für Studium und Praxis, Bd. 1. Köln: Stahlbau-Verlag 1981

Szabó, I.: Einführung in die Technische Mechanik. 8. Aufl. Nachdruck. Berlin: Springer 2002

Szabó, I.: Höhere Technische Mechanik. 6. Aufl. Berlin: Springer 2001

Timoshenko, S.; Goodier, J.N.: Theory of elasticity. 3rd ed. New York: McGraw-Hill 1970

Wittenburg, J.; Pestel, E.: Festigkeitslehre. Ein Lehr- und Arbeitsbuch. 3. Aufl. Springer 2001

Zienkiewicz, O.C.: The finite element method. 3rd ed. London: McGraw-Hill 1977

Spezielle Literatur zu Kapitel 5

1. [Stahlbau]
2. Beton-Kalender 1988. Berlin: Ernst 1988
3. Holzbau-Taschenbuch, Bd. 1. 8. Aufl. Berlin: Ernst 1985
4. Kollmann, F.: Technologie des Holzes und der Holzwerkstoffe, Bd. 1. 2. Aufl. Berlin: Springer 1982
5. Hobbs, P.V.: Ice physics. Oxford: Clarendon Pr. 1974
6. Weber, C.; Günther, W.: Torsionstheorie. Braunschweig: Vieweg 1958
7. Bornscheuer, F.W.; Anheuser, L.: Tafeln der Torsionskenngrößen für die Walzprofile der DIN 1025 bis 1027. Stahlbau 30 (1961) 81–82
8. Heimann, G.: Zusatz zu Tafeln der Torsionskenngrößen für die Walzprofile der DIN 1025 bis 1027. Stahlbau 32 (1963) 384
9. Roik, K.; Carl, J.; Lindner, J.: Biegetorsionsprobleme gerader dünnwandiger Stäbe. Berlin: Ernst 1972
10. Bornscheuer, F.W.: Beispiel- und Formelsammlung zur Spannungsberechnung dünnwandiger Stäbe. Stahlbau 21 (1952) 225–232; 22 (1953) 32–41; 30 (1961) 96 (Berichtigung)
11. Bautabellen für Ingenieure (Schneider, K.-J., Hrsg.). 11. Aufl. Düsseldorf: Werner 1994
12. Hayashi, K.: Theorie des Trägers auf elastischer Unterlage und ihre Anwendung auf den Tiefbau. Berlin: Springer 1921
13. Wölfer, K.H.: Elastisch gebettete Balken. 3. Aufl. Wiesbaden: Bauverlag 1971
14. Hetényi, M.: Beams on elastic foundation. 9th printing. Ann Arbor: Univ. of Michigan Press 1971
15. Vogel, U.: Praktische Berechnung des im Grundriß gekrümmten Durchlaufträgers nach dem Kraftgrößenverfahren. Bautechnik 11 (1983) 373–379
16. Zellerer, E.: Durchlaufträger-Einflusslinien und Momentenlinien. Berlin: Ernst 1967
17. [Girkmann]
18. [Hahn, Elastizitätstheorie]
19. Babušks, I.; Rektorys, K.; Vyčichlo, F: Mathematische Elastizitätstheorie der ebenen Probleme. Berlin: Akademie-Verlag 1960
20. Barĕs, R., Berechnungstafeln für Platten und Wandscheiben. 3. Aufl. Wiesbaden: Bauverlag 1979
21. Márkus, G.: Theorie und Berechnung rotationssymmetrischer Bauwerke. 3. Aufl. Düsseldorf: Werner 1978
22. [Biezeno/Grammel, 2]
23. Stieglat, K.; Wippel, H.: Platten. 3. Aufl. Berlin: Ernst 1983
24. Márkus, G.: Kreis- und Kreisringplatten unter antimetrischer Belastung. Berlin: Ernst 1973
25. [Zienkiewicz]
26. [Flügge, Stresses]
27. [Basar/Krätzig]
28. Lur'e, A.I.: Räumliche Probleme der Elastizitätstheorie. Berlin: Akademie-Verlag 1963
29. [Timoshenko, Goodier]
30. Schwaigerer, S.: Festigkeitsberechnung im Dampfkessel-, Behälter- und Rohrleitungsbau. 4. Aufl. Berlin: Springer 1983
31. AD-Merkblätter (Arbeitsgemeinschaft Druckbehälter). Berlin: Beuth
32. Jaeger/Ulrichs/Greinert/Hoffmann: Dampfkessel, Bd. 2: Die Technischen Regeln für Dampfkessel. Köln: C. Heymann; Berlin: Beuth (Loseblattwerk)
33. Neuber, H.: Kerbspannungslehre. 4. Aufl. Berlin: Springer 2001
34. Vocke, W.: Räumliche Probleme der linearen Elastizität. Leipzig: Fachbuchverl. 1968
35. Sternberg, E.: Three-dimensional stress concentrations in the theory of elasticity. Appl. Mech. Rev. 11 (1958) 1–4
36. [Pflüger]
37. Petersen, C.: Statik und Stabilität der Baukonstruktionen. 2. Aufl. Braunschweig: Vieweg 1982
38. [Brush/Almroth]
39. Buschnell, D.: Computerized buckling analysis of shells. Dordrecht: Martinus Nijhoff 1985
40. [Hahn, Methode]
41. Piltner, R.: Spezielle finite Elemente mit Löchern, Ecken und Rissen unter Verwendung von analytischen Teillösungen. (Fortschrittber. VDI-Zeitschr., Reihe 1, 96). Düsseldorf: VDI-Verlag 1982

42. Simulation of metal forming processes by the finite element method. Proc. First Int. Workshop, Stuttgart, June 1, 1985. Editor: Lange, K. (IFU. Berichte aus dem Inst. f. Umformtechnik d. Univ. Stuttgart, 85). Berlin: Springer 1986
43. [Pestel/Leckie]
44. Waller, H.; Krings, W.: Matrizenmethoden in der Maschinen- und Bauwerksdynamik. Mannheim: B.I.-Wissenschaftsverl. 1975
45. Falk, S.: Die Berechnung des beliebig gestützten Durchlaufträgers nach dem Reduktionsverfahren. Ingenieur-Arch. 24 (1956) 216–132
46. Falk, S.: Die Berechnung offener Rahmentragwerke nach dem Reduktionsverfahren. Ingenieur-Arch. 26 (1958) 61–80
47. Pestel, E.; Schumpich, G.; Spierig, S.: Katalog von Übertragungsmatrizen zur Berechnung technischer Schwingungsprobleme. VDI-Ber. 35 (1959) 11–43
48. Schreyer, G.: Konstruieren mit Kunststoffen. München: Hanser 1972
49. Wellinger, K.; Dietmann, H.: Festigkeitsberechnung. Stuttgart: Kröner 1969
50. Clemens, H.: Beulen elastischer Platten mit nichtlinearer Verformungsgeometrie. ZAMM 65 (1985) T37-T40
51. Sauter, J.; Kuhn, P.: Formulierung einer neuen Theorie zur Bestimmung des Fließ- und Sprödbruchversagens bei statischer Belastung unter Angabe der Übergangsbedingung. ZAMM 71 (1991) T383-T387
52. Grammel, R. (Hrsg.): Handbuch der Physik, Bd. VI: Mechanik der elastischen Körper. Berlin: Springer 1928
53. Peterson, R.E.: Stress concenstration factors. New York: Wiley & Sons 1974
54. [Radaj]
55. [FKM-Richtlinie]
56. Richard, H.A.: Ermittlung von Kerbspannungen aus spannungsoptisch bestimmten Kerbfaktor- und Kerbspannungsdiagrammen. Forsch. Ing.-Wes. 45 (1979) 188–199

Allgemeine Literatur zu Kapitel 6

Blumenauer, H.; Pusch, G.: Technische Bruchmechanik. 3. Aufl. New York: Wiley 1993

FKM-Richtlinie: Bruchmechanischer Festigkeitsnachweis für Maschinenbauteile. 3. Aufl. Frankfurt: VDMA-Verlag 2006

Gross, D.; Selig, T.: Bruchmechanik mit einer Einführung in die Mikromechanik. 3. Aufl. Berlin: Springer 2001

Hahn, H.G.: Bruchmechanik. Stuttgart: Teubner 1976

Ismar, H.; Mahrenholtz, O.: Technische Plastomechanik. Braunschweig: Vieweg 1979

Lippmann, H.; Mahrenholtz, O.: Plastomechanik der Umformung metallischer Werkstoffe, Bd. 1: Elementare Theorie [. . .]. Berlin: Springer 1967

Prager, W.; Hodge, P.G.: Theorie ideal plastischer Körper. Wien: Springer 1954

Save, M.A.; Massonet, C.E.: Plastic analysis and design of plates, shells and disks. Amsterdam: North-Holland 1972

Schijve, I.: Fatigue of Structure and Materials. Dordrecht: Kluwer 2001

Schwalbe, K.H.: Bruchmechanik metallischer Werkstoffe. München: Hanser 1980

Spezielle Literatur zu Kapitel 6

1. [Lippmann]
2. v. Mises, R.: Mechanik der plastischen Formänderung von Kristallen. ZAMM 8 (1928) 161–185
3. [Ismar/Mahrenholtz]
4. Mendelson, A.: Plasticity. New York: Macmillan 1968
5. [Prager/Hodge]
6. Simulation of metal forming processes by the Finite Element Method (Proc. First Int. Workshop). (K. Lange, Hrsg.) (IFU, Ber. a. d. Inst. f. Umformtechnik d. Universität Stuttgart, 85). Berlin: Springer 1986
7. Hill, R.: The mathematical theory of plasticity. Oxford: Clarendon Pr. 1950
8. [Lippmann/Mahrenholtz]
9. Vogel, U.; Maier, D.H.: Einfluss der Schubweichheit bei der Traglast räumlicher Systeme. Stahlbau 9 (1987) 271–277
10. [Reckling]
11. Massonet, Ch.; Olszak, W.; Philips, A.: Plasticity in structural engineering fundamentals and applications (CISM Courses and Lectures, 241). Wien: Springer 1979
12. Richard, H.A.: Interpolationsformel für Spannungsintensitätsfaktoren. VDI-Z. 121 (1979) 1138–1143
13. Richard, H.A.: Bruchvorhersagen bei überlagerter Normal- und Schubbeanspruchung von Rissen. VDI-Forschungsheft 631. Düsseldorf: VDI-Verlag 1985
14. Richard, H.A.; Fulland, M.; Sander, M.: Theoretical crack path prediction. Fatigue & Fracture of Engineering Materials and Structures 28 (2005) 3–12
15. [FKM-Richtlinie]
16. Erdogan, F.; Ratwani: Fatigue and fracture of cylindrical shells containing a circumferential crack. International Journal Fracture Mechanics 6 (1970) 230–242

17. [Schijve]
18. Sander, M.; Richard, H.A.: Fatigue crack growth under variable amplitude loading. Part I: Experimental investigations. Part II: Analytical and numerical investigations. Fatigue Fracture Engineering Material Structures 29 (2006) 291–319

Allgemeine Literatur zu Kapitel 7

Becker, E.: Technische Thermodynamik. Stuttgart: Teubner 1985

Becker, E.; Bürger, W.: Kontinuumsmechanik. Stuttgart: Teubner 1975

Oertel, H.jr.; Böhle, M.: Strömungsmechanik. 3. Aufl. Braunschweig: Vieweg 2003

Oertel, H.jr.; Böhle, M.; Dohrmann, U.: Übungsbuch Strömungsmechanik. 4. Aufl. Braunschweig: Vieweg 2003

Prandtl, L.; Oswatitsch, K.; Wieghardt, K.: Führer durch die Strömungslehre. 9. Aufl. Braunschweig: Vieweg 1990

Truckenbrodt, E.: Fluidmechanik, 2 Bde., Berlin: Springer 1980

Zierep, J.: Grundzüge der Strömungslehre. 6. Aufl. Berlin: Springer 1997

Zierep, J.; Bühler, K.: Strömungsmechanik. Berlin: Springer 1991

Spezielle Literatur zu Kapitel 7

1. [Truckenbrodt]
2. Schmidt, E.: Thermodynamik. 10. Aufl. Berlin: Springer 1963
3. D'Ans; Lax: Taschenbuch für Chemiker und Physiker, Bd. 1: Makroskopische physikalisch-chemische Eigenschaften. Hrsg.: Lax, E.; Synowietz, C. 3. Aufl. Berlin: Springer 1967
4. Landolt-Börnstein: Zahlenwerte und Funktionen aus Physik, Chemie, Astronomie, Geophysik und Technik. 4 Bände in 20 Teilen. 6. Aufl. Berlin: Springer 1950–1980
5. [Prandtl]
6. Böhme, G.: Strömungsmechanik nicht-newtonscher Fluide. 2. Aufl. Stuttgart: Teubner 2000
7. Bird, R.B.; Armstrong, R.G.; Hassager, O.: Dynamics of polymeric liquids. New York: Wiley 1977
8. DIN 1342–1: Viskosität; Rheologische Begriffe (10.83); DIN 1342–2: Newtonsche Flüssigkeiten (02.80)
9. [Zierep, Strömungslehre]

Allgemeine Literatur zu Kapitel 8

Becker, E.: Technische Strömungslehre. 5. Aufl. Stuttgart: Teubner 1982

Becker, E.; Piltz, E.: Übungen zur technischen Strömungslehre. Stuttgart: Teubner 1978

Eppler, R.: Strömungsmechanik. Wiesbaden: Akad. Verlagsges. 1975

Gersten, K.: Einführung in die Strömungsmechanik. 4. Aufl. Braunschweig: Vieweg 1986

Prandtl, L.; Oswatitsch, K.; Wieghardt, K.: Führer durch die Strömungslehre. 9. Aufl. Braunschweig: Vieweg 1990

Schlichting, H.; Gersten, K.: Grenzschicht-Theorie. 9. Aufl. Berlin: Springer 1997

Truckenbrodt, E.: Fluidmechanik, 2 Bde. Berlin: Springer 1980

White, F.M.: Fluid mechanics. 2nd ed. New York: McGraw-Hill 1986

Wieghardt, K.: Theoretische Strömungslehre. Stuttgart: Teubner 1965

Zierep, J.: Grundzüge der Strömungslehre. 6. Aufl. Berlin: Springer 1997

Zierep, J.; Bühler, K.: Strömungsmechanik. Berlin: Springer 1991

Spezielle Literatur zu Kapitel 8

1. [Zierep, Strömungslehre]
2. White, F.M.: Fluid mechanics. 2nd ed. New York: McGraw-Hill 1986
3. DIN 1952: Durchflussmessung mit Blenden, Düsen und Venturirohren in voll durchströmten Rohren mit Kreisquerschnitt (Juli 1982)
4. [Prandtl]
5. Schneider, W.: Mathematische Methoden der Strömungsmechanik. Braunschweig: Vieweg 1978
6. Keune, F.; Burg, K.: Singularitätenverfahren der Strömungslehre. Karlsruhe: Braun 1975
7. Prandtl, L.; Betz, A.: Ergebnisse der Aerodynamischen Versuchsanstalt zu Göttingen; I.-IV. Lieferung. München: Oldenburg 1921; 1923; 1927; 1932
8. Milne-Thomson, L. M.: Theoretical hydrodynamics. 5th ed. London: Macmillan 1968
9. Bird, R. B.; Stewart, W.E.; Lightfoot, E.N.: Transport phenomena. 2nd ed., New York: Wiley 2002

10. Merker, G.P.: Konvektive Wärmeübertragung. Berlin: Springer 1987
11. Zierep, J.: Ähnlichkeitsgesetze und Modellregeln der Strömungslehre. 3. Aufl. Karlsruhe: Braun 1991
12. [Schlichting/Gersten]
13. Rybczynski, W.: Über die fortschreitende Bewegung einer flüssigen Kugel in einem zähen Medium. Bull. Int. Acad. Sci. Cracovie, Ser. A (1911) 40–46
14. Oswatitsch, K.: Physikalische Grundlagen der Strömungslehre. In: Handbuch d. Physik, Bd. VIII/1. Berlin: Springer 1959, S. 1–124
15. Rodi, W.: Turbulence models and their application in hydraulics. 2nd ed. Delft: Intern. Assoc. for Hydraulic Research 1984
16. Walz, A.: Strömungs- und Temperaturgrenzschichten. Karlsruhe: Braun 1966
17. Truckenbrodt, E.: Mechanik der Fluide. In: Physikhütte, Bd. 1. 29. Aufl. Berlin: Ernst 1971, S. 346–464
18. Müller, W.: Einführung in die Theorie der zähen Flüssigkeiten. Leipzig: Geest & Portig 1932
19. Nikuradse, J.: Untersuchungen über turbulente Strömungen in nicht-kreisförmigen Rohren. Ing.-Archiv 1 (1930) 306–332
20. [Truckenbrodt]
21. Betz, A.: IV. Mechanik unelastischer Flüssigkeiten. V. Mechanik elastischer Flüssigkeiten. In: Hütte I. 28. Aufl. Berlin: Ernst 1955, S. 764–834
22. Sprenger, H.: Experimentelle Untersuchungen an geraden und gekrümmten Diffusoren. (Mitt. Inst. Aerodyn. ETH, 27). Zürich: Leemann 1959
23. Herning, F.: Stoffströme in Rohrleitungen. Düsseldorf: VDI- Verlag 1966
24. Sprenger, H.: Druckverluste in 90°-Krümmern für Rechteckrohre. Schweizerische Bauztg. 87 (1969), 13, 223–231
25. Jung, R.: Die Bemessung der Drosselorgane für Durchflussregelung. BWK 8 (1956) 580–583
26. Richter, H.: Rohrhydraulik. Berlin: Springer 1971
27. Eck, B.: Technische Strömungslehre. Band 1: Grundlagen; Band 2: Anwendungen. Berlin: Springer 1978; 1981
28. Geropp, D.: Leder, A.: Turbulent separated flow structures behind bodies with various shapes. In: Papers presented at the Int. Conf. on Laser Anemometry. Manchester, 16.–18. Dec. 1985, Cranfield, England: Fluid Engineering Centre 1985, S. 219–231
29. Schewe, G.: Untersuchung der aerodynamischen Kräfte, die auf stumpfe Profile bei großen Reynolds-Zahlen wirken. DFVLR-Mitt. 84–19 (1984)
30. Hoerner, S.F.: Fluid-dynamic drag. 2nd ed. Brick Town, N.J.: Selbstverlag 1965
31. Lamb, H.: Lehrbuch der Hydrodynamik. 2. Aufl. Leipzig: Teubner 1931
32. Schewe, G.: On the force fluctuations acting on a circular cylinder in crossflow from supercritical up to transcritical Reynolds numbers. J. Fluid Mech. 133 (1983) 265–285
33. Abraham, F.F.: Functional dependence of drag coefficient of a sphere on Reynolds number. Phys. of Fluids 13 (1970) 2194–2195
34. Dryden, H.L.; Murnaghan, F.D.; Bateman, H.: Hydrodynamics. New York: Dover 1956
35. Rouse, H.: Elementary mechanics of fluids. New York: Wiley 1946
36. Achenbach, E.: Experiments on the flow past spheres at very high Reynolds numbers. J. Fluid Mech. 54 (1972) 565–575
37. Fuhrmann, G.: Widerstands- und Druckmessungen an Ballonmodellen. Z. Flugtechn. und Motorluftschiffahrt 2 (1911) 165–166
38. Koenig, K.; Roshko, A.: An experimental study of geometrical effects on the drag and flow field of two bluff bodies separated by a gap. J. Fluid Mech. 156 (1985) 167–204
39. DIN 1055–4: Lastannahmen für Bauten; Verkehrslasten; Windlasten bei nicht schwingungsanfälligen Bauwerken (08.86)
40. Sockel, H.: Aerodynamik der Bauwerke. Braunschweig: Vieweg 1984
41. Ludwieg, H.: Widerstandsreduzierung bei kraftfahrzeugähnlichen Körpern. In: Vortex Motions. Hornung, H.G.; Müller, E.A. (Eds.) Braunschweig: Vieweg 1982, S. 68–81
42. Sawatzki, O.: Reibungsmomente rotierender Ellipsoide. In: (Strömungsmechanik und Strömungsmaschinen, 2). Karlsruhe: Braun (1965), S. 36–60
43. Schultz-Grunow, F.: Der Reibungswiderstand rotierender Scheiben in Gehäusen. ZAMM 15 (1935) 191–204
44. Wimmer, M.: Experimentelle Untersuchungen der Strömung im Spalt zwischen zwei konzentrischen Kugeln, die beide um einen gemeinsamen Durchmesser rotieren. Diss. Univ. Karlsruhe 1974
45. Bühler, K.: Strömungsmechanische Instabilitäten zäher Medien im Kugelspalt. (Fortschrittber. VDI, Reihe 7, Nr. 96). Düsseldorf: VDI- Verlag 1985
46. Shah, R.K.; London, A.L.: Laminar flow forced convection in ducts. Supplement 1: Advances in heat transfer. (Thomas F. Irvin jr.; James P. Hartnett, Eds.). New York: Academic Press 1978

Allgemeine Literatur zu Kapitel 9

Becker, E.: Gasdynamik. Stuttgart: Teubner 1965

Oertel, H.jr.: Aerothermodynamik. Berlin: Springer 1994

Oertel, H.jr.; Laurin, E.: Numerische Strömungsmechanik. Berlin: Springer 1995

Oswatitsch, K.: Grundlagen der Gasdynamik. Wien: Springer 1976

Oswatitsch, K.: Spezialgebiete der Gasdynamik. Wien: Springer 1977

Zierep, J.: Theoretische Gasdynamik. 4. Aufl. Karlsruhe: Braun 1991

Zierep, J.; Bühler, K.: Strömungsmechanik. Berlin: Springer 1991

Spezielle Literatur zu Kapitel 9

1. Rankine, W.J.: On the thermodynamic theory of waves of finite longitudinal disturbance. Phil. Trans. Roy. Soc. London 160 (1870) 277–288
2. Hugoniot, H.: Mémoire sur la propagation du mouvement dans les corps et spécialement dans les gases parfaits. J. Ecole polytech., Cahier 57 (1887) 1–97; Cahier 58 (1889) 1–125
3. Eichelberg, G.: Zustandsänderungen idealer Gase mit endlicher Geschwindigkeit. Forsch. Ing.-Wes. 5 (1934) 127–129
4. Kármán, Th. v.: The problem of resistance in compressible fluids. Volta Kongr. (1936), 222–283
5. Lord Rayleigh, J.W.S.: Aerial plane waves of finite amplitude. Proc. Roy. Soc. London A 84 (1911) 247–284
6. Zierep, J.: Grundzüge der Strömungslehre. 6. Aufl. Berlin: Springer 1997
7. Oswatitsch, K.: Der Druckwiderstand bei Geschossen mit Rückstoßantrieb bei hohen Überschallgeschwindigkeiten. Forsch. Entw. d. Heereswaffenamtes 1005 (1944); NACA TM 1140 (engl.)
8. Busemann, A.: Vorträge aus dem Gebiet der Aerodynamik (Aachen 1929). (Hrsg.: Gilles, A.; Hopf, L.; v. Kármán, Th.) Berlin: Springer 1930, S. 162
9. Weise, A.: Die Herzkurvenmethode zur Behandlung von Verdichtungsstößen. Festschrift Lilienthalges. zum 70. Geburtstag von L. Prandtl (1945)
10. Richter, H.: Die Stabilität des Verdichtungsstoßes in einer konkaven Ecke. ZAMM 28 (1948) 341–345
11. Oswatitsch, K.: Der Luftwiderstand als Integral des Entropiestromes. Nachr. Ges. Wiss. Göttingen, math.-phys. Kl., 1 (1945) 88–90
12. Oswatitsch, K.: Physikalische Grundlagen der Strömungslehre. In: Handbuch d. Physik, Bd. VIII/1. Berlin: Springer 1959, S. 1–124
13. Zierep, J.: Theorie und Experiment bei schallnahen Strömungen. In: Übersichtsbeiträge zur Gasdynamik (Hrsg. E. Leiter; J. Zierep). Wien: Springer 1971, hbS. 117–162
14. Ackeret, J.: Luftkräfte an Flügeln, die mit größerer als Schallgeschwindigkeit bewegt werden. Z. Flugtechn. Motorluftsch. 16 (1925) 72–74
15. Busemann, A.: Aerodynamischer Auftrieb bei Überschallgeschwindigkeit. Volta Kongr. (1936), 329–332
16. Prandtl, L.: Neue Untersuchungen über strömende Bewegung der Gase und Dämpfe. Phys. Z. 8 (1907) 23–30
17. Meyer, Th.: Über zweidimensionale Bewegungsvorgänge in einem Gas, das mit Überschallgeschwindigkeit strömt. Diss. Göttingen 1908; VDI-Forsch.-Heft 62 (1908)
18. Zierep, J.: Ähnlichkeitsgesetze und Modellregeln der Strömungslehre. 3. Aufl. Karlsruhe: Braun 1991, S. 76
19. v. Kármán, Th.: The similarity law of transonic flow. J. Math. Phys. 26 (1947) 182–190
20. Zierep, J.: Der Kopfwellenabstand bei einem spitzen, schlanken Körper in schallnaher Überschallanströmung. Acta Mechanica 5 (1968) 204–208
21. Oswatitsch, K.; Rothstein, W.: Das Strömungsfeld in einer Laval-Düse. Jb. dtsch. Luftfahrtforschung I (1942), S. 91–102
22. [Zierep, Gasdynamik]
23. Guderley, K.G.: The flow over a flat plate with a small angle of attack. J. Aeronaut. Sci. 21 (1954) 261–274
24. Guderley, K.G.: Yoshihara, H.: The flow over a wedge profile at Mach number 1. J. Aerosp. Sci. 17 (1950) 723–735
25. Woerner, M.; Oertel, H.jr.: Numerical calculation of supersonic nozzle flow. In: Applied Fluid Mechanics (Festschrift zum 60. Geburtstag von Herbert Oertel). Karlsruhe: Universität Karlsruhe 1978, S. 173–183

Allgemeine Literatur zu Kapitel 10

Becker, E.: Technische Thermodynamik. Stuttgart: Teubner 1985

Küchemann, D.: The aerodynamic design of aircraft. Oxford: Pergamon 1978

Prandtl, L.; Oswatitsch, K.; Wieghardt, K.: Führer durch die Strömungslehre. 9. Aufl. Braunschweig: Vieweg 1990

Schlichting, H.; Gersten, K.: Grenzschichttheorie. 9. Aufl. Berlin: Springer 1997

Walz, A.: Strömungs- und Temperaturgrenzschichten. Karlsruhe: Braun 1966

Zierep, J.: Strömungen mit Energiezufuhr. 2. Aufl. Karlsruhe: Braun 1991

Zierep, J.; Bühler, K.: Strömungsmechanik. Berlin: Springer 1991

Spezielle Literatur zu Kapitel 10

1. Koppe, M.: Der Reibungseinfluss auf stationäre Rohrströmungen bei hohen Geschwindigkeiten. Ber. Kaiser-Wilhelm-Inst. für Strömungsforschung (1944)
2. Oswatitsch, K.: Grundlagen der Gasdynamik. Wien: Springer 1976, S. 107–112
3. Frössel, W.: Strömungen in glatten geraden Rohren mit Über- und Unterschallgeschwindigkeit. Forsch. Ingenieurwes. 7 (1936) 75–84
4. Leiter, E.: Strömungsmechanik, Band I. Braunschweig: Vieweg 1978, S. 78–86
5. [Becker, Thermodynamik]
6. Naumann, A.: Luftwiderstand von Kugeln bei hohen Unterschallgeschwindigkeiten. Allg. Wärmetechnik 4 (1953) 217–221
7. Oswatitsch, K.: Ähnlichkeitsgesetze für Hyperschallströmungen. ZAMP 2 (1951) 249–264
8. Albring, W.: Angewandte Strömungslehre. 4. Aufl. Dresden: Steinkopff 1970
9. von Kármán, Th.; Tsien, H.S.: Boundary layer in compressible fluids. J. Aerosp. Sci. 5 (1938) 227–232
10. Zierep, J.: Theoretische Gasdynamik. 4. Aufl. Karlsruhe: Braun 1991
11. Hantzsche, W.; Wendt, H.: Zum Kompressibilitätseinfluss bei der laminaren Grenzschicht der ebenen Platte. Jb. dtsch. Luftfahrtforschung I (1940), S. 517–521
12. Tsien, H.S.: Similarity laws of hypersonic flows. J. Math. Phys. 25 (1946) 247–251
13. Hayes, W.D.; Probstein, R.F.: Hypersonic flow theory. New York: Academic Press 1959, S. 362
14. Zierep, J.: Ähnlichkeitsgesetze und Modellregeln der Strömungslehre. 3. Aufl. Karlsruhe: Braun 1991
15. Lawaczeck, O.: Der Europäische Transsonische Windkanal (ETW). Phys. Bl. 41 (1985) 100–102
16. Eberle, A.: A new flux extrapolation scheme solving the Euler equations for arbitrary 3-D geometry and speed. Firmenbericht MBB/LKE 122/S/PUB/140 (Ottobrunn 1984)
17. Rotta, J.: Turbulente Strömungen. Stuttgart: Teubner 1972
18. Walz, A.: Strömungs- und Temperaturgrenzschichten. Karlsruhe: Braun 1966
19. Bohning, R.; Zierep, J.: Der senkrechte Verdichtungsstoß an der gekrümmten Wand unter Berücksichtigung der Reibung. ZAMP 27 (1976) 225–240
20. Jameson, A.: Acceleration of transonic potential flow calculations on arbitrary meshes by the multiple grid method. AIAA, 4th Computational Fluid Dynamics Conference, Williamsburg, Va. AIAA Paper 79–1458 (July 1979)
21. Lock, R.C.: Prediction of the drag of wings of subsonic speeds by viscous/inviscid interaction techniques. In: AGARD Report 723 (1985)
22. Dohrmann, U.; Schnerr, G.: Persönl. Mittteilung 1991
23. Rizzi, A.; Viviand, H. (Eds.): Numerical methods for the computation of inviscid transonic flows with shock waves. (Notes on numerical fluid mechanics, Vol. 3). Braunschweig: Vieweg 1981
24. Jameson, A.; Yoon, S.: Multigrid solution of the Euler equations using implicit schemes. AIAA J. 24 (1986) 1737–1743
25. Schnerr, G.; Dohrmann, U.: Lift and drag in nonadiabatic transonic flows. 22nd Fluid Dynamics, Plasma Dynamics and Lasers Conference, Honolulu, Hawai, June 24–26, 1991. AIAA Paper 91–1716
26. AGARD Report 211 (1985): Test cases for inviscid flow field methods
27. Dargel, G.; Thiede, P.: Viscous transonic airfoil flow simulation by an efficient viscous-inviscous interaction method. (25th Aerospace Sciences Meeting: Viscous Transonic Airfoil Workshop. Reno, Nev., 1987) AIAA Paper 87–0412, 1–10
28. Fung, K. Y.; Sobieczky, H.; Seebass, A.R.: Shock-free wing design. AIAA J. 18 (1980) 1153–1158
29. Sobieczky, H.: Verfahren für die Entwurfsaerodynamik moderner Transportflugzeuge. DFVLR Forschungsber. 85–05 (1985)

F Technische Thermodynamik

J. Ahrendts
S. Kabelac

Die Thermodynamik ist eine Grundlagenwissenschaft, in welcher physikalische Objekte abstrahiert unter dem Gesichtspunkt der Energiewandlung betrachtet werden. Die Energie in ihren verschiedenen ineinander umwandelbaren Erscheinungsformen stellt ein verknüpfendes Band zwischen allen in der Natur wie auch in der Technik ablaufenden Vorgängen dar. Das Fundament der Thermodynamik sind die *Hauptsätze*, in denen die Existenz und Eigenschaften der Energie und der Entropie formuliert sind. Diese Größen werden auch bei der Physik im Kapitel B thematisiert. Die beiden Hauptsätze der Thermodynamik begründen die Energie- und Entropiebilanzgleichungen, die eine zentrale Bedeutung in der Auslegung und Bewertung von technischen wie natürlichen Prozessen haben. Weder die Energie noch die Entropie sind einer direkten Messung zugänglich, sodass ein Geflecht aus Zustandsgleichungen die Verknüpfung zwischen den messbaren Zustandsgrößen wie Temperatur und Druck und den Zustandsgrößen in den Bilanzgleichungen herstellt. Aus den Hauptsätzen resultieren auch ordnende Beziehungen zwischen den Eigenschaften der Materie in ihren Gleichgewichtszuständen sowie Aussagen über die Möglichkeiten und Grenzen von Energieumwandlungen. Die folgenden Ausführungen beschränken sich auf die Thermodynamik fluider Nichtelektrolyt-Phasen. Auch die statistische Thermodynamik bleibt ausgeklammert, Hinweise hierzu finden sich im Kapitel B 8.9.

Das vorliegende Kapitel zur *Technischen Thermodynamik* gliedert sich in die vier Teile

1 Grundlagen
2 Stoffmodelle und Zustandsgleichungen
3 Phasen- und Reaktionsgleichgewichte
4 Energie- und Stofftransport in Temperatur- und Konzentrationsfeldern

Der erste Teil führt die beiden Hauptsätze und, darauf aufbauend, die Energie- und die Entropiebilanzgleichung ein. Aus dem zweiten Hauptsatz werden Gleichgewichts- und Stabilitätsbedingungen abgeleitet, zudem werden grundlegende Energiewandlungsprozesse vorgestellt. Der zweite Teil führt die zur Auswertung der Bilanzgleichungen notwendigen Zustandsgleichungen ein, verbunden mit den zugehörigen Stoffmodellen. Für vereinfachte Betrachtungen werden die beiden Modellstoffe *ideales Gas* sowie *inkompressibles Fluid* bereitgestellt. Im dritten Teil wird auf die in der Verfahrenstechnik und der Chemie wichtigen Berechnungsgleichungen für Phasengleichgewichte sowie Reaktionsgleichgewichte eingegangen. Die Zusammensetzung der im Gleichgewicht stehenden Phasen ist u. a. für die thermische Trenntechnik grundlegend. Im vierten Teil wird in die Transportansätze des Wärme- und Stofftransports eingeführt.

1 Grundlagen

Ein physikalisches Objekt heißt in der Thermodynamik ein System und die Grenze, die es von seiner Umgebung trennt, Systemgrenze. Jedes System ist Träger physikalischer Eigenschaften, die als Variablen oder Zustandsgrößen bezeichnet werden. In einem bestimmten Zustand haben diese Variablen feste Werte.

1.1 Energie und Energieformen

1.1.1 Erster Hauptsatz der Thermodynamik

Die Energie als zentrale Zustandsgröße der Thermodynamik wird im ersten Hauptsatz durch folgende Postulate eingeführt:

1. Jedes System besitzt die Zustandsgröße Energie. Die Energie eines aus den Teilen $\alpha, \beta, \ldots, \omega$ mit den jeweiligen Energien $E^\alpha, E^\beta, \ldots, E^\omega$ zusammengesetzten Systems beträgt
$$E = E^\alpha + E^\beta + \ldots + E^\omega \,. \qquad (1\text{-}1)$$

2. Für die Energie besteht ein Erhaltungssatz, d. h., die Erzeugung und Vernichtung von Energie ist unmöglich.

Gilt die Newton'sche Mechanik, so kann die Energie eines Systems in seine kinetische und potenzielle Energie E_k und E_p in einem konservativen Kraftfeld und die makroskopische innere Energie U zerlegt werden, welche sich aus seinen molekularen Freiheitsgraden ergibt:

$$E = E_\mathrm{k} + E_\mathrm{p} + U\,. \qquad (1\text{-}2)$$

Die Energie eines Systems lässt sich nach dem ersten Hauptsatz nur durch Energietransport über die Systemgrenze ändern. Die Übergabe der Energie an der Systemgrenze kann erfolgen als

- *mechanische oder elektrische Arbeit W*. Ihr Kennzeichen sind äußere Kräfte oder Momente, die auf eine bewegte Systemgrenze wirken, oder – bei Beschränkung auf nicht magnetisierbare und nicht polarisierbare Phasen – das Fließen eines elektrischen Stroms über die Systemgrenze. Die Verrichtung von Arbeit an energetisch isolierten und materiedichten Systemen, sog. abgeschlossenen Systemen, ist definitionsgemäß nicht möglich.
- *Wärme Q*. Wärme wird aufgrund eines Temperaturgefälles zwischen dem System und seiner unmittelbaren Umgebung bzw. einem angrenzenden System übertragen. Adiabate, d. h. vollkommen wärmeisolierte Wände unterbinden den Wärmefluss.
- *materiegebundene Energie*. Hierzu müssen Substanzen die Grenzen des Systems überschreiten. Im Gegensatz zu diesen sog. offenen Systemen haben geschlossene Systeme materiedichte Grenzen, welche einen Stoffaustausch mit der Umgebung ausschließen.

Die Energiebilanzgleichung, welche auf dem ersten Hauptsatz fusst, wird in Abschnitt 1.5 erläutert. Wenn ein System Energie aufnimmt oder abgibt, wird dieses System einen Satz unabhängiger Zustandsgrößen verändern, die für seine innere Beschaffenheit charakteristisch sind. Im Folgenden soll ein solcher Variablensatz für fluide Nichtelektrolyt-Phasen zusammengestellt werden. Eine Phase ist ein homogener Bereich endlicher oder infinitesimaler Ausdehnung von Gasen und Flüssigkeiten aus ungeladenen Teilchen. Innerhalb einer Phase hängen die Zustandsgrößen nicht vom Ort ab. Schubspannungsfreie Festkörper, die weder magnetisierbar noch elektrisch polarisierbar sind, können wie fluide Phasen behandelt werden.

Wird eine Phase als Ganzes durch eine Kraft im Schwerefeld der Erde bewegt, so ist bei Ausschluss der Rotation die am System verrichtete äußere Arbeit

$$\mathrm{d}W^\mathrm{a} = c \cdot \mathrm{d}I + mg\,\mathrm{d}z\,. \qquad (1\text{-}3)$$

Dabei bedeuten c die Geschwindigkeit, $\boldsymbol{I} = \boldsymbol{mc}$ den Impuls, m die Masse, z die Schwerpunkthöhe des Systems und g die Fallbeschleunigung. Das System nimmt die zugeführte Energie über die äußeren, mechanischen Variablen $\boldsymbol{I}$ und z auf. Ihnen zugeordnet sind die Energieformen $\boldsymbol{c} \cdot \mathrm{d}\boldsymbol{I}$ und $mg\,\mathrm{d}z$, die in das System fließen und seine Energie E vermehren. Die Integration von (1-3) zwischen den Anfangs- und Endzuständen 1 und 2 liefert bei $m = \mathrm{const}$

$$W_{12}^\mathrm{a} = \frac{m}{2}\left(c_2^2 - c_1^2\right) + mg\,(z_2 - z_1)\,, \qquad (1\text{-}4)$$

d. h., die äußere Arbeit ist gleich der Zunahme der kinetischen und potenziellen Energie des Systems während der Bewegung.

Bild 1-1a zeigt, wie an einer ruhenden, geschlossenen Phase, die sich in einem Zylinder mit verschiebbarem Kolben befindet, Arbeit verrichtet werden kann. Die Kolbenkraft F sei im Gleichgewicht mit der von der Phase auf den Kolbenboden ausgeübten Druckkraft. Die von F am System verrichtete Arbeit bei der Verschiebung des Kolbens, die sog. Volumenänderungsarbeit, ist dann

$$\mathrm{d}W^\mathrm{v} = -p\,\mathrm{d}V \qquad (1\text{-}5)$$

mit p als dem an allen Stellen gleich großen Druck und V als dem Volumen der Phase. Das Volumen mit der zugehörigen Energieform $-p\,\mathrm{d}V$ ist somit eine unabhängige Variable, über welche die Energie einer Phase, speziell die innere Energie, veränderbar ist.

Die Bilder 1-1b bis 1-1d zeigen weitere Beispiele der Energiezufuhr an eine ruhende geschlossene Phase, jetzt bei konstantem Volumen. Im ersten Fall wird die Wärme $\mathrm{d}Q$ von einer heißen Umgebung auf das kältere System übertragen. Im zweiten Fall liefert eine Rührwerkswelle die Wellenarbeit

$$\mathrm{d}W^\mathrm{w} = M_\mathrm{d}\,\omega\,\mathrm{d}\tau \qquad (1\text{-}6)$$

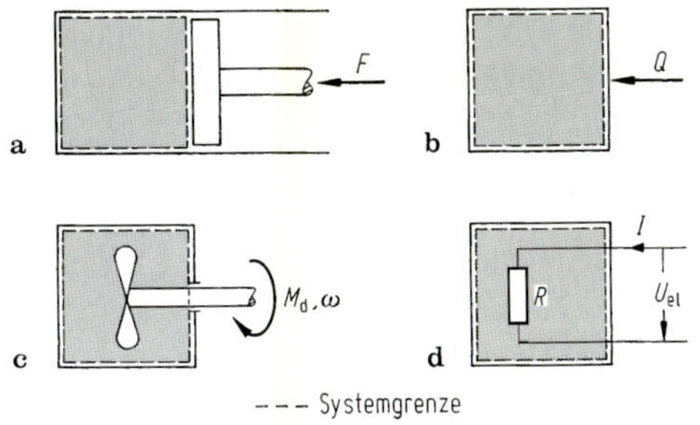

Bild 1-1. Mechanismen der Energiezufuhr an ruhende, geschlossene Phasen. **a** Volumenänderungsarbeit, **b** Wärme, **c** Wellenarbeit und **d** elektrische Arbeit

an das System, wobei M_d das Drehmoment, ω die Winkelgeschwindigkeit und τ die Zeit bedeuten. Im dritten Fall wird einem elektrischen Widerstand R im System die elektrische Arbeit

$$\mathrm{d}W^{\mathrm{el}} = I_{\mathrm{el}}\, U_{\mathrm{el}}\, \mathrm{d}\tau \qquad (1\text{-}7)$$

(I_{el} elektrische Stromstärke und U_{el} elektrische Spannung) zugeleitet. Wie die Erfahrung zeigt, können einfache Systeme wie die in Bildern 1-1c und 1-1d dargestellten Phasen Wellen- und elektrische Arbeit nur aufnehmen, nicht aber abgeben.

Eine fluide Phase kann schließlich Energie durch Änderung ihres Stoffbestands aufnehmen. Dieser ist durch die Massen m_i der Teilchenarten i oder die entsprechenden, vorzugsweise in der SI-Einheit Mol gemessenen Stoffmengen n_i bestimmt. Beide Größen sind durch die stoffmengenbezogene (molare) Masse M_i der Teilchen verknüpft

$$m_i = M_i\, n_i\ . \qquad (1\text{-}8)$$

Benutzt man für M_i der Einheit g/mol, so ist der Zahlenwert $\{M_i\}$ mit der relativen (Molekül)masse der Teilchenart i identisch. Nach (1-2) bewirkt die Änderung $\mathrm{d}n_i$ der Stoffmenge einer Substanz i in einer fluiden Phase die Energieänderung

$$\mu_{i,\mathrm{tot}}\, \mathrm{d}n_i = [(\partial E_\mathrm{k}/\partial n_i)_{I,n_{j\neq i}} + (\partial E_\mathrm{p}/\partial n_i)_{z,n_{j\neq i}} + (\partial U/\partial n_i)_{S,V,n_{j\neq i}}]\mathrm{d}n_i\ , \qquad (1\text{-}9)$$

womit das Gesamtpotenzial $\mu_{i,\mathrm{tot}}$ der Teilchenart i definiert ist. Wie in der Thermodynamik üblich, sind die Variablen, die beim Differenzieren konstant zu halten sind, als Indizes an den Ableitungen vermerkt.

Die Zustandsgröße S, die im dritten Term als eine konstant zu haltende Zustandsgröße aufgeführt wurde, ist die Entropie. Sie wird im nachfolgenden Abschnitt eingeführt. Die beiden ersten Terme der eckigen Klammer lassen sich durch Ausdifferenzieren der Funktionen $E_\mathrm{k} = \boldsymbol{I}^2/(2m)$ und $E_\mathrm{p} = mgz$ bestimmen. Der letzte Term, für den die Abkürzung μ_i gebräuchlich ist, heißt das chemische Potenzial der Teilchenart i. Es ist von der Größenart einer auf die Stoffmenge bezogenen Energie. Damit wird

$$\mu_{i,\mathrm{tot}}\, \mathrm{d}n_i = \left[-\frac{1}{2}M_i c^2 + M_i g z + \mu_i\right]\mathrm{d}n_i\ . \qquad (1\text{-}10)$$

Bei K unabhängig veränderlichen Stoffmengen gibt es K unabhängige Gesamtpotenziale gemäß (1-13). Entsprechend den bisherigen Betrachtungen können alle Energieformen einer Phase in der Gestalt $\zeta_j\, \mathrm{d}X_j$ geschrieben werden. Dabei repräsentiert die Größe X_j alle mengenartigen Zustandsgrößen, die Relationen wie (1-1) oder (1-11) erfüllen. Diese mengenartigen Größen heißen *extensive*, die konjugierten Größen ζ_j *intensive Variable*. Beispiele für extensive Zustandsgrößen sind die Stoffmenge n_i oder das Volumen V, intensive Zustandsgrößen sind z. B. das chemische Potenzial μ_i und der Druck p.

1.1.2 Zweiter Hauptsatz der Thermodynamik

Neben der vorgehend eingeführten Zustandsgröße Energie basiert die thermodynamische Analyse auf einer zweiten zentralen, der unmittelbaren Anschauung verborgenen Zustandsgröße, der Entropie S.

Der *zweite Hauptsatz* postuliert für die Eigenschaften der Entropie:

1. Jedes System besitzt die Zustandsgröße Entropie. Die Entropie eines aus den Teilen $\alpha, \beta, \ldots, \omega$ mit den Entropien $S^\alpha, S^\beta, \ldots, S^\omega$ zusammengesetzten Systems ist

$$S = S^\alpha + S^\beta + \ldots + S^\omega\ . \qquad (1\text{-}11)$$

2. Die Entropie eines Systems ist eine monoton wachsende, differenzierbare Funktion der inneren Energie. Für eine Phase α mit konstantem Volumen und Stoffmengen gilt

$$\left(\frac{\partial S^\alpha}{\partial U^\alpha}\right)_{V,n} = 1/T^\alpha > 0\ . \qquad (1\text{-}12)$$

Dabei ist T^{α} die mit dem Gasthermometer messbare thermodynamische Temperatur der Phase, vgl. 1.4. Die Entropie hat somit die Dimension einer auf die Temperatur bezogenen Energie.

3. Entropie kann nicht vernichtet werden, aber es wird bei allen ablaufenden Vorgängen Entropie erzeugt. Gleichgewichtszustände geschlossener Systeme sind bei einem festen Wert der Energie durch ein Maximum der Entropie gekennzeichnet. Dies ist gleichbedeutend mit einem Minimum der Energie bei einem festen Wert der Entropie [1]. Als Nebenbedingung sind dabei alle Arbeitskoordinaten, d. h. alle zur Abgabe von Arbeit geeigneten Variablen des Gesamtsystems, konstant zu halten.

   Ein weiteres, oft als *dritter Hauptsatz* bezeichnetes Postulat lautet:

4. Die Entropie einer aus einem Reinstoff bestehenden Phase verschwindet in allen Gleichgewichtszuständen im Grenzfall $T \to 0$.

Die Entropie eines Systems kann durch Übergang von Wärme über die Systemgrenze, durch Übergang von Materie über die Systemgrenze sowie durch Erzeugung von Entropie im Inneren des Systems verändert werden. Die mit der Wärme über die Systemgrenze transportierte Entropie ist $\mathrm{d}S_Q = \mathrm{d}Q/T$. T ist die immer positive thermodynamische Temperatur des Systems an der Stelle, wo die Wärme die Systemgrenze überquert. Die mit der Materie zu- oder abfließende Entropie $\dot{S}$ ist eine Zustandsgröße, die anhand einer Zustandsgleichung für die Entropie z. B. in Abhängigkeit der Temperatur, des Druckes und der Zusammensetzung der Materie berechnet werden kann, vgl. Abschnitt 2. Die im Inneren des Systems erzeugte Entropie wird im Folgenden mit S_{irr} bezeichnet, diese Größe ist niemals negativ.

1.2 Fundamentalgleichungen

Die Summe der unabhängigen Energieformen einer Phase ist das totale Differenzial ihrer Energie

$$\mathrm{d}E = \boldsymbol{c}\,\mathrm{d}\boldsymbol{I} + mg\,\mathrm{d}z + T\mathrm{d}S - p\,\mathrm{d}V + \sum_{i=1}^{K}\left(-\frac{1}{2}M_i c^2 + M_i g z + \mu_i\right)\mathrm{d}n_i\,. \tag{1-13}$$

Jeder Energieform entspricht eine unabhängige Variable in dieser Gibbs'schen Fundamentalform der Energie, der alle Prozesse genügen, die eine Phase überhaupt ausführen kann.

1.2.1 Innere Energie

Substrahiert man von (1-13) die Differenziale der kinetischen und potenziellen Energie $\mathrm{d}E_\mathrm{k} = \boldsymbol{c}\mathrm{d}\boldsymbol{I} - (1/2)c^2\,\mathrm{d}m$ und $\mathrm{d}E_\mathrm{p} = mg\,\mathrm{d}z + gz\,\mathrm{d}m$, so erhält man mit (1-2) die Gibbs'sche Fundamentalform der inneren Energie

$$\mathrm{d}U = T\,\mathrm{d}S - p\,\mathrm{d}V + \sum_{i=1}^{K}\mu_i\,\mathrm{d}n_i\,. \tag{1-14}$$

Die Zerlegung der Energie nach (1-2) trennt eine Phase somit formal in zwei unabhängige Teilsysteme, von denen das äußere bei konstanter Masse von den Variablen $\boldsymbol{I}$ und z, das innere, für die Thermodynamik besonders interessante, von den Variablen S, V und n_i abhängt. Das Verhalten einer Phase bei inneren Zustandsänderungen, also z. B. bei einem ruhenden System, wird durch die Funktion

$$U = U(S, V, n_i)\,, \tag{1-15}$$

der *Fundamentalgleichung für die innere Energie*, vollständig beschrieben. Alle thermodynamischen Eigenschaften lassen sich auf diese Funktion und ihre Ableitungen zurückführen. Aus (1-15) folgen durch Differenzieren zunächst die Zustandsgleichungen

$$(\partial U/\partial S)_{V,n_i} = T(S,\ V,\ n_i)\,,\quad (1 \leqq i \leqq K)\,, \tag{1-16}$$

$$(\partial U/\partial V)_{S,n_i} = p(S,\ V,\ n_i)\,,\quad (1 \leqq i \leqq K)\,, \tag{1-17}$$

$$(\partial U/\partial n_i)_{S,\,V,n_{j\neq i}} = \mu_i(S,\ V,\ n_j)\,,\quad (1 \leqq j \leqq K)\,. \tag{1-18}$$

Die explizite Form dieser Gleichungen ist stoffabhängig. Eliminiert man z. B. aus (1-16) und (1-17) die Entropie, erhält man die thermische Zustandsgleichung einer Phase,

$$p = p(T,\ V,\ n_i)\,, \tag{1-19}$$

die ebenso der Messung zugänglich ist wie – vgl. 1.5.2 – die Wärmekapazität bei konstantem Volumen

$$C_V \equiv (\partial U/\partial T)_{V,n_i} = T(\partial S/\partial T)_{V,n_i}\,. \tag{1-20}$$

Nach (1-16) bis (1-18) hängen die intensiven Zustandsgrößen des inneren Teilsystems nicht allein von den konjugierten extensiven Variablen ab. Die Integrale über die Energieformen bei einer Zustandsänderung von 1 nach 2 sind daher keine Zustandsgrößen, sondern wegabhängige Prozessgrößen, d. h. das innere Teilsystem speichert seine Energie nicht in den Energieformen Wärme oder Arbeit, sondern allein als innere Energie.
Denkt man sich eine Phase aus λ gleichen Teilen zusammengesetzt, dann sind die mengenartigen extensiven Zustandsgrößen das λ-fache der Zustandsgrößen der Teile. Die Fundamentalgleichung (1-15) ist daher wie jede Beziehung zwischen mengenartigen Variablen eine homogene Funktion erster Ordnung

$$U(\lambda S, \lambda V, \lambda n_i) = \lambda U(S, V, n_i)\,. \qquad (1\text{-}21)$$

Nach einem Satz von Euler [2] erfüllt eine in den Variablen $X_1, X_2, \ldots$ homogene Funktion der Ordnung k

$$y(x_1, x_2, \ldots, \lambda X_1, \lambda X_2, \ldots) = \lambda^k y(x_1, x_2, \ldots, X_1, X_2, \ldots) \qquad (1\text{-}22)$$

die Identität

$$k y(x_1, x_2, \ldots, X_1, X_2, \ldots) = X_1 \frac{\partial y}{\partial X_1} + X_2 \frac{\partial y}{\partial X_2} + \ldots \qquad (1\text{-}23)$$

Wendet man diese Beziehung auf (1-21) an, so folgt mit (1-16) bis (1-18) die *Euler'sche Gleichung*

$$U = TS - pV + \sum_{i=1}^{K} \mu_i n_i\,. \qquad (1\text{-}24)$$

Die Kenntnis der Fundamentalgleichung (1-15) ist danach der Kenntnis von $K + 2$ Zustandsgleichungen (1-16) bis (1-18) äquivalent. Eine weitere Konsequenz der Homogenität der Fundamentalgleichung (1-15) ist die *Gleichung von Gibbs-Duhem*, die sich aus dem Differenzial von (1-24) in Verbindung mit (1-15) ergibt:

$$S\,\mathrm{d}T - V\,\mathrm{d}p + \sum_{i=1}^{K} n_i\,\mathrm{d}\mu_i = 0\,. \qquad (1\text{-}25)$$

Sie besagt, dass sich nur $K+1$ intensive Variable einer Phase unabhängig voneinander verändern lassen.

1.2.2 Spezifische, molare und partielle molare Größen

Die intensiven Zustandsgrößen (1-16), (1-17), (1-18) hängen nicht von der Systemgröße ab und sind homogene Funktionen nullter Ordnung der extensiven Variablen. Dies gilt auch für die Massen- und Stoffmengenanteile der Substanzen:

$$\xi_i \equiv m_i/m \quad \text{mit } m = \sum_j m_j\,, \qquad (1\text{-}26)$$

$$x_i \equiv n_i/n \quad \text{mit } n = \sum_j n_j\,, \qquad (1\text{-}27)$$

die nach

$$\xi_i = x_i \boldsymbol{M}_i / \sum_j x_j \boldsymbol{M}_j \qquad (1\text{-}28)$$

und

$$x_i = (\xi_i/\boldsymbol{M}_i) / \sum_j (\xi_j/\boldsymbol{M}_j) \qquad (1\text{-}29)$$

ineinander umzurechnen sind. Unabhängig von der Systemgröße sind auch die durch die folgenden Gleichungen definierten spezifischen, molaren und partiellen molaren Zustandsgrößen, die sich – ohne Massen und Stoffmengen – aus jeder mengenartigen extensiven Zustandsgröße Z bilden lassen:

$$z \equiv Z/m\,, \qquad (1\text{-}30)$$

$$Z_\mathrm{m} \equiv Z/n\,, \qquad (1\text{-}31)$$

$$Z_i \equiv (\partial Z/\partial n_i)_{T,p,n_{j\neq i}}\,. \qquad (1\text{-}32)$$

Sie können daher in erweitertem Sinn als intensive Zustandsgrößen angesehen werden. Nach dem Euler'schen Satz (1-24) gilt für die partiellen molaren Größen

$$Z(T, p, n_i) = \sum_i n_i Z_i\,, \qquad (1\text{-}33)$$

woraus sich durch Differenzieren der linken und rechten Seite

$$\sum_i n_i\,\mathrm{d}Z_i = 0 \text{ für } T,\ p = \text{const} \qquad (1\text{-}34)$$

herleiten lässt. Zwischen den molaren und den partiellen molaren Zustandsgrößen besteht der Zusammenhang [3]

$$Z_K = Z_\mathrm{m} - \sum_{i=1}^{K-1} x_i \partial Z_\mathrm{m}(T, p, x_1, x_2, \ldots, x_{K-1})/\partial x_i\,. \qquad (1\text{-}35)$$

Die Zahl der unabhängigen Variablen ist in homogenen Funktionen nullter Ordnung der extensiven Zustandsgrößen auf $K + 1$ reduziert. Für die Funktion $Z_\mathrm{m} = Z_\mathrm{m}(T, p, n_i)$ z. B. folgt mit $\lambda = 1/n$ aus (1-22)

$$Z_\mathrm{m} = Z_\mathrm{m}(T, p, n_i/n) , \tag{1-36}$$

d. h., an die Stelle von K Stoffmengen treten wegen $x_k = 1 - \sum_{i=1}^{K-1} x_i$ $K - 1$ unabhängige Stoffmengenanteile. Die Verminderung der Zahl der unabhängigen Variablen der intensiven Zustandsgrößen auf $K + 1$ spiegelt sich auch in der Gibbs'schen Fundamentalform für die spezifische innere Energie wider:

$$\mathrm{d}u = T\mathrm{d}s - p\,\mathrm{d}v + \sum_{i=1}^{K-1}\left(\frac{\mu_i}{M_i} - \frac{\mu_K}{M_K}\right)\mathrm{d}\bar{\xi}_i , \tag{1-37}$$

die aus (1-11), (1-15), (1-25) und (1-31) abzuleiten ist. Für Systeme konstanter Zusammensetzung entfällt der letzte Term.

1.2.3 Legendre-Transformierte der inneren Energie

In der Praxis ist es häufig einfacher, anstelle von (1-15) mit den Veränderlichen S und V eine auf die gut messbaren Variablen Druck und Temperatur transformierte Fundamentalgleichung zu benutzen. Die Transformation, welche in der Funktion (1-15) $U = U(X_1, \ldots, X_{K+2})$ die extensive Größe X_j durch die konjugierte intensive Zustandsgröße $\zeta_j = \partial U/\partial X_j$ ersetzt, ist nach der Regel

$$U^{[j]} = U - X_j(\partial U/\partial X_j)_{X_{k\neq j}} \tag{1-38}$$

auszuführen und heißt Legendre-Transformation [4]. Eliminiert man in (1-38) die Größen U und X_j mithilfe von (1-15) und einer Zustandsgleichung (1-16), (1-17) bzw. (1-18), so erhält man die Legendre-Transformierte von U bezüglich der Variablen X_j in der gewünschten Form

$$U^{[j]} = U^{[j]}(X_{1,\ldots}, x_{j-1}, \zeta_j, X_{j+1,\ldots}) . \tag{1-39}$$

Diese Funktion ist deshalb ebenfalls eine Fundamentalgleichung, weil sich die Ausgangsgleichung (1-15), welche die gesamte thermodynamische Information über eine Phase enthält, aus ihr rekonstruieren lässt. Hierzu ist die Legendre-Transformation nur erneut auf die Funktion $U^{[j]}$ bezüglich der Variablen ζ_j unter Beachtung der aus (1-39) folgenden Beziehung

$$\partial U^{[j]}/\partial \zeta_j = -X_j \tag{1-40}$$

anzuwenden. Keine Fundamentalgleichungen entstehen dagegen, wenn in (1-15) eine extensive Variable mithilfe einer Zustandsgleichung (1-16), (1-17), (1-18) durch die konjugierte intensive Zustandsgröße ersetzt wird. Die resultierenden Zustandsgleichungen sind Differenzialgleichungen für die Funktion (1-15), aus denen diese nicht vollständig wiederzugewinnen ist [4].

Diese Transformation wird nun auf die innere Energie U angewendet, um eine gleichwertige Funktion mit anderen unabhängigen Variablen zu erhalten. Wird die innere Energie (1-15) getrennt oder gleichzeitig einer Legendre-Transformation in Bezug auf das Volumen und die Entropie unterworfen, gelangt man zu den Fundamentalgleichungen für die Enthalpie $H = H(S, p, n_i)$, die freie Energie $F = F(T, V, n_i)$ und die freie Enthalpie $G = G(T, p, n_i)$. Wegen (1-16), (1-17), (1-24) und (1-39) gilt für diese extensiven, energieartigen Größen

$$H \equiv U + pV = TS + \sum_i \mu_i n_i , \tag{1-41}$$

$$F \equiv U + TS = -pV + \sum_i \mu_i n_i , \tag{1-42}$$

$$G \equiv U + pV - TS = \sum_i \mu_i n_i . \tag{1-43}$$

Bildet man die totalen Differenziale, so folgen mit (1-15) die Gibbs'schen Fundamentalformen für die Enthalpie, die freie Energie und die freie Enthalpie:

$$\mathrm{d}H = T\,\mathrm{d}S + V\,\mathrm{d}p + \sum_i \mu_i\,\mathrm{d}n_i , \tag{1-44}$$

$$\mathrm{d}F = -S\,\mathrm{d}T - p\,\mathrm{d}V + \sum_i \mu_i \mathrm{d}n_i , \tag{1-45}$$

$$\mathrm{d}G = -S\,\mathrm{d}T + V\mathrm{d}\,p + \sum_i \mu_i \mathrm{d}n_i . \tag{1-46}$$

Für die spezifischen Größen gelten zu (1-38) analoge Formulierungen. Nach (1-44), (1-45), (1-46) haben die partiellen Ableitungen der Fundamentalgleichungen nach „ihren“ Variablen eine konkrete

physikalische Bedeutung. Insbesondere sind die partiellen molaren freien Enthalpien G_i, vgl. (1-33), gleich den chemischen Potenzialen $\mu_i = \mu_i(T, p, x_i)$, welche nach (1-44) die Fundamentalgleichung $G = G(T, p, n_i)$ vollständig bestimmen.
Die Ableitung

$$C_p \equiv (\partial H/\partial T)_{p,n_i} = T(\partial S/\partial T)_{p,n_i} \tag{1-47}$$

heißt analog zu (1-20) Wärmekapazität bei konstantem Druck und ist wie C_V (vgl. 1.5.2) eine messbare Größe.
Die Zustandsgrößen, die in den Fundamentalformen (1-15), (1-44), (1-45) und (1-46) als Koeffizienten der Differenziale der unabhängigen Variablen auftreten, sind durch die Bedingung verknüpft, dass die gemischten partiellen Ableitungen zweiter Ordnung von Funktionen mehrerer Veränderlicher nicht von der Reihenfolge der Differentiation abhängen [5]. Die wichtigsten Zusammenhänge dieser Art, die als Maxwell-Beziehungen bekannt sind, können aus (1-45) und (1-46) abgelesen werden:

$$(\partial S/\partial V)_{T,n_i} = (\partial p/\partial T)_{V,n_i} , \tag{1-48}$$

$$(\partial S/\partial p)_{T,n_i} = -(\partial V/\partial T)_{p,n_i} , \tag{1-49}$$

$$V_i = (\partial \mu_i/\partial p)_{T,x_j} , \tag{1-50}$$

$$S_i = -(\partial \mu_i/\partial T)_{p,x_j} . \tag{1-51}$$

Hierin bedeuten V_i und S_i das partielle molare Volumen und die partielle molare Entropie der Substanz i, vgl. (1-33). Aus $G = H - TS$ nach (1-41) und (1-43) folgt mit H_i als der partiellen molaren Enthalpie des Stoffes i

$$\mu_i = H_i - TS_i , \tag{1-52}$$

was in Verbindung mit (1-52) auf

$$H_i/T^2 = -(\partial(\mu_i/T)/\partial T)_{p,x_j} . \tag{1-53}$$

führt.
Obwohl Fundamentalgleichungen selten explizit bekannt sind, vgl. Kapitel 2, schafft ihre bloße Existenz ein Ordnungsschema, das Sätze experimentell bestimmbarer, unabhängiger Stoffeigenschaften aufzufinden gestattet, auf die sich alle weiteren thermodynamischen Größen zurückführen lassen. Für ein System konstanter Zusammensetzung können hierfür

Tabelle 1-1. Ableitungen thermodynamischer Funktionen bei konstanter Zusammensetzung, dargestellt durch spezifische Wärmen und die thermische Zustandsgleichung. Herleitung aus den Definitionen der spezifischen Wärmen c_v und c_p, den Gibbs'schen Fundamentalformen für u und h und den Maxwell-Beziehungen für s

$(\partial u/\partial T)_v = c_v(T, v)$	$(\partial u/\partial v)_T = T(\partial p/\partial T)_v - p$
$(\partial h/\partial T)_p = c_p(T, p)$	$(\partial h/\partial p)_T = v - T(\partial v/\partial T)_p$
$(\partial s/\partial T)_v = c_v(T, v)/T$	$(\partial s/\partial v)_T = (\partial p/\partial T)_v$
$(\partial s/\partial T)_p = c_p(T, p)/T$	$(\partial s/\partial p)_T = -(\partial v/\partial T)_p$

die zweiten Ableitungen der spezifischen freien Enthalpie $\partial^2 g/\partial T^2 = -c_p/T$, $\partial^2 g/\partial p \partial T = (\partial v/\partial T)_p$ und $\partial^2 g/\partial p^2 = (\partial v/\partial p)_T$, d. h. die isobare spezifische Wärmekapazität c_p und die thermische Zustandsgleichung (1-19), benutzt werden. Die systematische Reduktion thermodynamischer Eigenschaften auf diese Größen ist in [6] gezeigt und ergibt für die isochore, d. h. bei konstantem Volumen zu nehmende spezifische Wärmekapazität

$$c_v = c_p + T(\partial v/\partial)_p^2/(\partial v/\partial p)_T . \tag{1-54}$$

Einige häufig gebrauchte Beziehungen sind in Tabelle 1-1 zusammengestellt.

1.3 Gleichgewichte

Nicht immer sind die intensiven Zustandsgrößen in Fluiden räumlich homogen, d. h. sie können nicht mehr als eine einheitliche Phase betrachtet werden. Die Medien müssen dann im Sinne der Thermodynamik als aus mehreren, im einfachsten Fall aus zwei Phasen zusammengesetzte Systeme aufgefasst werden. Dieses gilt z. B. für eine siedende Flüssigkeit, wo die sich bildenden Dampfblasen als eine zweite Phase zu betrachten sind. Wenn es die inneren Beschränkungen erlauben, können die Phasen α und β über ihre gleichartigen extensiven Variablen X_j^α und X_j^β in Wechselwirkung treten, was in der Regel in Form eines Austauschprozesses

$$X_j^\alpha + X_j^\beta = \text{const} , \quad X_{k\neq j}^\alpha = \text{const} , \quad X_{k\neq j}^\beta = \text{const} \tag{1-55}$$

geschieht. Eine Phase gewinnt dann so viel an der Größe X_j, z. B. an Masse, wie die andere abgibt. Die Zustandsmannigfaltigkeit, die durch die Prozessbedingungen (1-55) gegeben ist, enthält als ausgezeichneten Punkt den Gleichgewichtszustand, auf den der Austausch zwischen den Phasen α und β hinführt.

1.3.1 Extremalbedingungen

Eine grundlegende Erkenntnis aus dem zweiten Hauptsatz ist, dass das Gleichgewicht hinsichtlich der möglichen Austauschprozesse in einem geschlossenen System durch ein Maximum der Entropie bei einem festen Wert der Energie bzw. durch ein Minimum der Energie bei einem festen Wert der Entropie des Systems gekennzeichnet ist. Dabei sind die Arbeitskoordinaten, insbesondere das Volumen des Systems, konstant zu halten. Die an die Energie gestellten Forderungen übertragen sich bei ruhenden, geschlossenen Systemen geringer Höhenausdehnung auf die innere Energie. Aus diesem Gleichgewichtskriterium lassen sich weitere Minimalprinzipen herleiten [7]:

Wird einem ruhenden, geschlossenen System von dem als Umgebung wirkenden Reservoir R der konstante Druck p^{R} aufgeprägt, hat seine Enthalpie bei einem vorgegebenen Wert der Entropie im Gleichgewicht ein Minimum.

Denn aus

$$U + U^{\mathrm{R}} = \mathrm{Min}$$

unter den Nebenbedingungen des freien Volumenaustausches

$$V + V^{\mathrm{R}} = \mathrm{const} \quad \text{bei} \quad p^{\mathrm{R}} = \mathrm{const}$$
$$\text{und} \quad n_i^{\mathrm{R}} = \mathrm{const}$$

folgt wegen (1-15) mit V als unabhängiger Variabler

$$\begin{aligned} \mathrm{d}(U + U^{\mathrm{R}}) &= \mathrm{d}U + p^{\mathrm{R}}\mathrm{d}V \\ &= \mathrm{d}(U + p^{\mathrm{R}}V) = \mathrm{d}H = 0 \end{aligned}$$

und

$$\begin{aligned} \mathrm{d}^2(U + U^{\mathrm{R}}) &= \mathrm{d}^2U + \mathrm{d}^2(U + p^{\mathrm{R}}V) \\ &= \mathrm{d}^2H > 0\,. \end{aligned}$$

Entsprechend besitzt ein ruhendes, geschlossenes System, das von der Umgebung auf der konstanten Temperatur T^{R} gehalten wird, im Gleichgewicht bei einem vorgegebenen Wert des Volumens ein Minimum seiner freien Energie.

Schließlich nimmt in einem ruhenden, geschlossenen System, dem von der Umgebung die festen Werte p^{R} und T^{R} von Druck und Temperatur vorgeschrieben werden, die freie Enthalpie im Gleichgewicht ein Minimum an.

Die genannten vier Funktionen $U = U(S, V, n_i)$, $H = H(S, p, n_i)$ sowie $F = F(T, V, n_j)$ und $G = G(T, p, n_i)$ heißen aufgrund der Minimalprinzipe thermodynamische Potenziale. Vorteilhaft anzuwenden ist das Extremalprinzip für die Funktion, mit deren Variablen die Prozessbedingungen für die Einstellung des Gleichgewichts formuliert sind. Unterschiedliche Prozessbedingungen führen auf unterschiedliche Gleichgewichtszustände. Mit den Werten der Variablen im Gleichgewicht sind aber alle Gleichgewichtskriterien gleichermaßen erfüllt. Es spielt keine Rolle, ob die Werte aufgezwungen oder frei eingestellt sind.

1.3.2 Notwendige Gleichgewichtsbedingungen

Aus den oben genannten Extremalprinzipien ergeben sich nach den Regeln der Differenzialrechnung die notwendigen Bedingungen für das Gleichgewicht. Für ein ruhendes, geschlossenes Zweiphasensystem mit starren äußeren Wänden verlangt das Minimumprinzip für die Energie wegen (1-1) und (1-2)

$$\mathrm{d}U = \mathrm{d}U^{\alpha} + \mathrm{d}U^{\beta} = 0\,. \tag{1-56}$$

Ist die Phasengrenze zwischen den Phasen α und β verschieblich, wärme- und stoffdurchlässig und werden keine Substanzen durch chemische Reaktionen erzeugt oder verbraucht, lauten die Nebenbedingungen für das Minimum:

$$\left.\begin{aligned} S^{\alpha} + S^{\beta} &= \mathrm{const}\,, \\ V^{\alpha} + V^{\beta} &= \mathrm{const}\,, \end{aligned}\right\} \tag{1-57}$$

$$n_i^{\alpha} + n_i^{\beta} = \mathrm{const} \quad (1 \leqq i \leqq K)\,. \tag{1-58}$$

Aus (1-15), (1-56), (1-57), (1-58) folgt

$$\begin{aligned} \mathrm{d}U = {} & (T^{\alpha} - T^{\beta})\mathrm{d}S^{\alpha} - (p^{\alpha} - p^{\beta})\mathrm{d}V^{\alpha} \\ & + \sum_{i=1}^{K} \left(\mu_i^{\alpha} - \mu_i^{\beta}\right)\mathrm{d}n_i = 0\,, \end{aligned} \tag{1-59}$$

d. h., notwendig für das Phasengleichgewicht bei freiem Entropie-, Volumen- und Stoffaustausch ohne chemische Reaktionen sind das thermische, mechanische und stoffliche Gleichgewicht:

$$\left.\begin{aligned} T^\alpha &= T^\beta = T\,, \\ p^\alpha &= p^\beta = p\,, \end{aligned}\right\} \tag{1-60}$$

$$\mu_i^\alpha = \mu_i^\beta = \mu_i \quad (1 \leqq i \leqq K)\,. \tag{1-61}$$

Eine Modifizierung dieser Bedingungen ergibt sich für chemisch reaktionsfähige Systeme, die im Folgenden betrachtet werden. In den Phasen α und β können dann verschiedene Reaktionen r der Gestalt

$$\sum_{j=1}^{K} \nu_{jr} A_j = 0 \tag{1-62}$$

mit ν_{jr} als den stöchiometrischen Zahlen der Substanzen A_j ablaufen. Vereinbarungsgemäß sind die ν_{jr} für die Reaktionsprodukte positiv und für die Ausgangsstoffe negativ. Für die Synthesereaktion $CO + 2H_2 \rightarrow CH_3OH$ z. B. ist $\nu_{CO} = -1$, $\nu_{H_2} = -2$ und $\nu_{CH_3OH} = 1$. Die ν_{jr} unterliegen der stöchiometrischen Bedingung, dass auf der linken und rechten Seite einer Reaktionsgleichung die Menge jedes Elements gleich groß sein muss. Bezeichnet man mit a_{ij} die Stoffmenge des Elementes i bezogen auf die Stoffmenge der Verbindung j und mit L die Anzahl der Elemente im System, so gilt

$$\sum_{j=1}^{K} a_{ij}\nu_{jr} = 0 \quad \text{mit} \quad 1 \leqq i \leqq L\,. \tag{1-63}$$

Für NH_3 z. B. ist $a_{N,NH_3} = 1$ und $a_{H,NH_3} = 3$. Das homogene lineare Gleichungssystem (1-63) besitzt mit R als Rang der Matrix (a_{ij}) $K - R$ linear unabhängige Lösungen für die stöchiometrischen Koeffizienten ν_{ji} [8]. Häufig stimmt R mit der Zahl L der Elemente im System überein. In einer Phase gibt es somit nur $K - R$ unabhängige Reaktionen; alle anderen sind als Linearkombinationen der unabhängigen Reaktionen darstellbar.

Aufgrund des Stoffumsatzes wird in reagierenden Systemen die Austauschbedingung (1-59) ungültig. An ihre Stelle tritt die Forderung nach der Konstanz der Mengen n_i^0 der Elemente im System unabhängig von ihrer Verteilung auf die einzelnen Verbindungen, die mit den Mengen n_j^α und n_j^β im System enthalten sind:

$$\sum_{j=1}^{K} a_{ij} n_j^\alpha + \sum_{j=1}^{K} a_{ij} n_j^\beta = n_i^0 \quad 1 \leqq i \leqq L \tag{1-64}$$

$$\text{mit } n_j^\alpha \geqq 0 \quad \text{und} \quad n_j^\beta \geqq 0 \quad 1 \leqq j \leqq K\,. \tag{1-65}$$

Äquivalent hierzu sind Erhaltungssätze für die Mengen von R Basiskomponenten c, aus denen sich stöchiometrisch gesehen das reagierende Stoffgemisch herstellen lässt.

Die notwendigen Bedingungen für das Energieminimum der Phasen α und β unter den Beschränkungen (1-58) und (1-65) lassen sich vorteilhaft nach der Methode der Lagrangeschen Multiplikatoren [9] bestimmen. Das Ergebnis sind neben den Relationen (1-60) und (1-61) Gleichgewichtsbedingungen für die unabhängigen Reaktionen (1-62) einer Phase, z. B. α:

$$\sum_{j=1}^{K} \mu_j^\alpha \nu_{jr} = 0 \quad \text{für} \quad 1 \leqq r \leqq K - R\,. \tag{1-66}$$

Mit (1-61) und (1-66) sind entsprechende Gleichgewichtsbedingungen für alle homogenen und heterogenen Reaktionen erfüllt, die zwischen Stoffen einer oder beider Phasen ablaufen können. Sind die im Gleichgewicht vorhandenen Phasen richtig angesetzt, trifft (1-66) von selbst zu. Wie sich mithilfe der Erhaltungssätze für die Basiskomponenten und der Gleichgewichtsbedingungen für die Bildung der Nichtbasis- aus Basiskomponenten zeigen lässt, reduziert sich für alle Zustände des chemischen Gleichgewichts die Gibbssche Fundamentalform (1-15) einer Phase auf

$$\mathrm{d}U^\alpha = T^\alpha \mathrm{d}S^\alpha - p^\alpha \mathrm{d}V^\alpha + \sum_{c=1}^{R} \mu_c^\alpha \mathrm{d}n_c^{0\alpha}\,. \tag{1-67}$$

Unabhängige Stoffmengen sind dann nur die rechnerisch-stöchiometrisch vorhandenen Mengen $n_c^{0\alpha}$ der Basiskomponenten. Die einzelnen im Gleichgewicht vorhandenen Teilchenarten brauchen nicht bekannt zu sein. Für das Phasengleichgewicht gilt die Austauschbedingung (1-59). Teilchenarten und Basiskomponenten werden häufig gemeinsam als Komponenten bezeichnet. Die in diesem Abschnitt dargestellten Gleichgewichtsbedingungen ermöglichen die Berechnung z. B. von Phasengleichgewichten oder von Reaktionsgleichgewichten, wie sie im Kapitel II vorgestellt werden.

1.3.3 Stabilitätsbedingungen und Phasenzerfall

In einem Zustand, in dem die notwendigen Gleichgewichtsbedingungen (1-60) und (1-61) erfüllt sind, hat die innere Energie eines aus den Phasen α und β zusammengesetzten Systems ein Minimum, wenn die Funktion (1-15) für die innere Energie jeder Phase in der Umgebung dieses Zustands konvex ist [10]. Eine notwendige Bedingung hierfür ist

$$d^2U = (1/2)\sum_{i,j}^{N}(\partial^2 U/\partial X_i \partial X_j)\mathrm{d}X_i \mathrm{d}X_j \geqq 0\,, \quad (1\text{-}68)$$

wobei für die X_i die N extensiven Variablen S, V und n_i der Phasen einzusetzen sind. Die quadratische Form (1-68) ist positiv semidefinit, wenn für die innere Energie und ihre Legendre-Transformierten

$$\frac{\partial^2 U}{\partial X_1^2} \geqq 0\,, \quad \frac{\partial^2 U^{[1]}}{\partial X_2^2} \geqq 0, \ldots, \quad \frac{\partial^2 U^{[1,\ldots,N-2]}}{\partial X_{N-1}^2} \geqq 0 \quad (1\text{-}69)$$

gilt [11]. Die Indizierung der Variablen ist dabei beliebig. Für ein Zweikomponentensystem mit der Variablenfolge (S, V, n_1, n_2) erhält man daraus

$$\left(\frac{\partial^2 U}{\partial S^2}\right)_{V,n_1,n_2} \geqq 0\,; \quad \left(\frac{\partial^2 F}{\partial V^2}\right)_{T,n_1,n_2} \geqq 0\,;$$
$$\left(\frac{\partial^2 G}{\partial n_1^2}\right)_{p,T,n_2} \geqq 0\,. \quad (1\text{-}70)$$

Dies geht mit (1-20), (1-45) und (1-46) in

$$C_v \geqq 0\,; \quad (\partial p/\partial v)_T \leqq 0\,; \quad (\partial \mu_i/\partial x_i)_{T,p} \leqq 0 \quad (1\text{-}71)$$

über, was weitere Relationen, z. B. $c_p \geqq c_v$ nach (1-55) einschließt.

Die Bedingungen (1-69) und (1-70) heißen Stabilitätsbedingungen. Denn kehrt eine der Ableitungen in (1-69) das Vorzeichen um, ändert ein zusammengesetztes System trotz Gültigkeit der Gleichgewichtsbedingungen (1-60) und (1-61) spontan seinen Zustand.

Dies soll am Beispiel eines Einstoffsystems aus zwei identischen Phasen mit $(\partial p/\partial v)_T > 0$ an Bild 1-2 erläutert werden. Der Zustandspunkt beider Phasen soll anfänglich bei A_0 zwischen den Wendepunkten W_1 und W_2 der mit $T < T_k$ bezeichneten Isotherme im f, v-Diagramm liegen. Dem Minimumprinzip für die freie Energie folgend verlässt das System jedoch diesen Zustand und bildet bei konstantem Volumen zwei neue Phasen, deren Zustandspunkte A^α und A^β die Berührungspunkte der Doppeltangente sind, die an die Isotherme gelegt werden kann. Dabei nimmt die spezifische freie Energie des Systems von f_{A_0} auf f_A ab, wie aus den Bedingungen

$$F = m^\alpha f^\alpha + m^\beta f^\beta\,; \quad V = m^\alpha v^\alpha + m^\beta v^\beta\,;$$
$$m = m^\alpha + m^\beta$$
$$f = F/m \quad \text{und} \quad v = V/m$$

herzuleiten ist. Die neuen Phasen sind im Gleichgewicht, denn neben $T^\alpha = T^\beta = T$ ist wegen $p = -(\partial f/\partial v)_T$ auch $p^\alpha = p^\beta = p_s$, und der geometrische Zusammenhang $f^\alpha - f^\beta = p_s(v^\beta - v^\alpha)$ sichert $\mu^\alpha = \mu^\beta$. Daraus folgt unmittelbar das Maxwell-Kriterium für das Phasengleichgewicht reiner Stoffe

$$p_s(v^\beta - v^\alpha) = \int_{v^\alpha}^{v^\beta} p(v, T)\mathrm{d}v\,, \quad (1\text{-}72)$$

das die Gleichheit der schraffierten Flächen im p, v-Diagramm im unteren Teil von Bild 1-2 verlangt.

Der instabile Zustandsbereich, in dem jede Schwankung des spezifischen Volumens in Teilen des Systems zur Abnahme der freien Energie und damit zum Phasenzerfall führt, ist durch die Wendepunkte der Isothermen mit $(\partial^2 f/\partial v^2)_T = 0$ begrenzt. Hierin spiegelt sich das allgemeine Gesetz wider, dass beim Instabilwerden eines Systems die letzte der Bedingungen (1-70) zuerst verletzt wird und das Verschwinden der entsprechenden Ableitung die Stabilitätsgrenze markiert. Diese Bedingung lässt sich auf andere thermodynamische Potenziale umrechnen. Für ein Mehrstoffsystem erhält man in der Formulierung mit der molaren freien Enthalpie als Stabilitätsgrenze [11]

$$D_1 \equiv \begin{vmatrix} \partial^2 G_\mathrm{m}/\partial x_1^2 & \ldots \partial^2 G_\mathrm{m}/\partial x_1 \partial x_{K-1} \\ \vdots & \vdots \\ \partial^2 G_\mathrm{m}/\partial x_{K-1}\partial x_1 & \ldots \partial^2 G_\mathrm{m}/\partial x_{K-1}^2 \end{vmatrix} = 0\,. \quad (1\text{-}73)$$

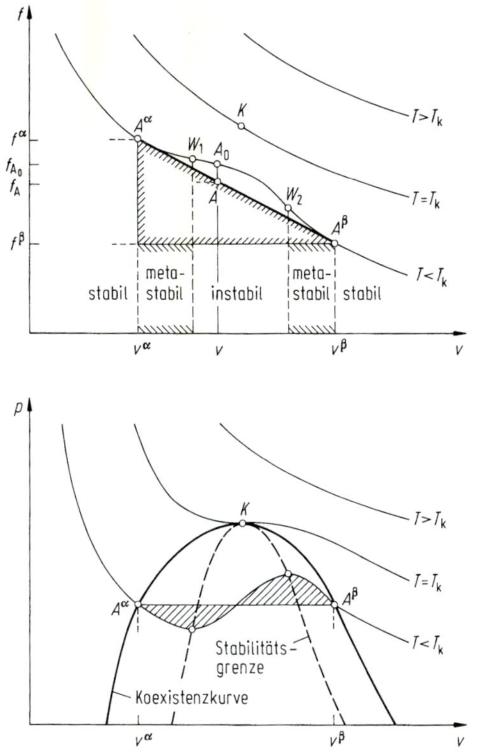

Bild 1-2. Phasenzerfall eines Einstoffsystems

Bemerkenswert ist, dass in dem Gebiet zwischen der Stabilitätsgrenze und der Koexistenzkurve, die von den Punkten A^{α} und A^{β} gebildet wird, trotz $(\partial^2 f/\partial v^2)_T > 0$ bei hinreichend großen Störungen des inneren Gleichgewichts Phasenzerfall möglich ist. Die Existenz dieses metastabilen Gebietes zeigt, dass die lokale Konvexität nach (1-69) zur Kennzeichnung stabiler, auch bei großen Störungen unveränderlicher Zustände nicht ausreicht. Metastabile Zustände sind im Gegensatz zu instabilen experimentell realisierbar.

Die Wendepunkte der Isothermen der f, v, T-Fläche fallen für die kritische Temperatur $T = T_k$ im Punkt K, dem kritischen Punkt, zusammen und verschwinden für $T > T_k$ ganz. In K ist $(\partial^2 f/\partial v^2)_T = 0$ und $(\partial^3 f/\partial v^3)_T = 0$, sodass die kritische Isotherme an dieser Stelle im p, v-Diagramm eine horizontale Wendetangente besitzt, vgl. Bild 1-2:

$$(\partial p/\partial v)_T = 0 \text{ und } (\partial^2 p/\partial v^2)_T = 0\,. \qquad \text{(1-74)}$$

Diese berührt dort gleichzeitig die Stabilitätsgrenze und die Koexistenzkurve, die in K einen gemeinsamen Punkt haben. Im Gegensatz zu den anderen Punkten der Stabilitätsgrenze repräsentiert der kritische Punkt einen stabilen Zustand, in dem die koexistierenden Phasen identisch werden [11]. Kritische Zustände in Mehrstoffsystemen zeichnen sich durch dieselben Eigenschaften aus, sind aber eine höherdimensionale Zustandsmannigfaltigkeit. Diese ist in der Darstellung mit der molaren freien Enthalpie durch

$$D_1 = 0 \quad \text{und} \quad D_2 = 0 \qquad \text{(1-75)}$$

gegeben, wobei D_1 nach (1-73) zu berechnen ist und

$$D_2 \equiv \begin{vmatrix} \partial^2 G_m/\partial x_1^2 & \ldots \partial^2 G_m/\partial x_1 \partial x_{K-1} \\ \vdots & \vdots \\ \partial^2 G_m/\partial x_{K-2}\partial x_1 & \ldots \partial^2 G_m/\partial x_{K-2}\partial x_{K-1} \\ \partial D_1/\partial x_1 & \ldots \partial D_1/\partial x_{K-1} \end{vmatrix} \qquad \text{(1-76)}$$

bedeutet [11]. Statt (1-76) ist eine Formulierung mit der molaren freien Energie möglich, die mit (1-76) korrespondiert, aber weniger praktisch ist.

1.4 Messung der thermodynamischen Temperatur

Nach diesen grundlegenden Betrachtungen soll in diesem Abschnitt eine wichtige Anwendung der Stabilitätsbeziehungen nach (1-60) in Bezug auf die thermodynamische Temperatur T erfolgen. Grundlegend für die Temperaturmessung ist, dass zwei Systeme im thermischen Gleichgewicht nach (1-60) dieselbe thermodynamische Temperatur haben. Bei der Messung wird ein System mit einem zweiten, als Thermometer dienenden System durch Energieaustausch über die Entropievariable ins thermische Gleichgewicht gebracht, wobei die Wärmekapazität des Thermometers so klein sein muss, dass der Meßprozeß den Zustand des Systems nicht merklich verändert.

Da die Relation, im thermischen Gleichgewicht zu sein, transitiv und symmetrisch ist, sind zwei Systeme A und B im thermischen Gleichgewicht, wenn zwischen ihnen und einem dritten, als Thermometer benutzten System thermisches Gleichgewicht vorhanden ist. Diese Tatsache wird manchmal als nullter Hauptsatz der Thermodynamik bezeichnet und erlaubt zusammen mit der Reflexivität des thermischen

Gleichgewichts, Systeme in zueinander fremde Äquivalenzklassen gleicher und ungleicher thermodynamischer Temperatur einzuteilen. Jeder Klasse gleicher thermodynamischer Temperatur lässt sich eine willkürliche empirische Temperatur Θ zuordnen, die durch die Ablesevariable des Thermometers bestimmt ist. Hierzu eignet sich im Prinzip jede Größe wie die Länge eines Flüssigkeitsfadens oder der elektrische Widerstand eines Leiters [12], die umkehrbar eindeutig von der thermodynamischen Temperatur T abhängt.

Unter den empirischen Temperaturen nimmt die Temperatur Θ des Gasthermometers eine Sonderstellung ein. Hierbei handelt es sich um ein mit gasförmiger Materie kleiner Stoffmengenkonzentration $\bar{c} \equiv n/V$ gefülltes System konstanten Drucks oder konstanten Volumens, aus dessen Zustandsgrößen die Ablesevariable

$$\Theta = \Theta_{\text{tr}} \lim_{\bar{c}\to 0}(pV_{\text{m}}) / \lim_{\bar{c}\to 0}(pV_{\text{m}})_{\Theta_{\text{tr}}} \qquad (1\text{-}77)$$

gebildet wird. Sie bezieht sich auf den Grenzzustand des idealen Gases und ist unabhängig von der Natur der Füllsubstanz. Die Nennergröße ist bei der Tripelpunkttemperatur Θ_{tr} des Wassers zu bestimmen, d. h. der einzigen Temperatur, bei der nach 3.1 Eis, flüssiges Wasser und Wasserdampf im Gleichgewicht nebeneinander bestehen können. Durch internationale Vereinbarung wurde dieser Temperatur der Wert

$$\Theta_{\text{tr}} = 273{,}16\,\text{K} \qquad (1\text{-}78)$$

zugewiesen, wobei das Einheitenzeichen K die Temperatureinheit Kelvin bedeutet. Im Rahmen der Meßgenauigkeit findet man damit für den Eis und Siedepunkt des Wassers beim Normdruck $p_{\text{n}} = 101\,325\,\text{Pa}$ $\Theta_0 = 273{,}15\,\text{K}$ und $\Theta_1 = 373{,}15\,\text{K}$. Für die aus den Konstanten von (1-78) zusammengesetzte universelle Gaskonstante erhält man als derzeit besten Wert [13]

$$R_{\text{m}} \equiv (1/\Theta_{\text{tr}}) \lim_{\bar{c}\to 0}(pV_{\text{m}})_{\Theta_{\text{tr}}} = (8{,}314472 \pm 0{,}0000070)\,\text{J}/(\text{mol}\cdot\text{K})\,. \qquad (1\text{-}79)$$

Der Zusammenhang zwischen der Temperatur Θ des Gasthermometers und der thermodynamischen Temperatur T lässt sich aus einem Ergebnis der statistischen Mechanik herleiten, wonach die molare innere Energie der Materie im idealen Gaszustand bei konstanter Zusammensetzung allein von der Temperatur, nicht aber vom Molvolumen abhängt:

$$(\partial U_{\text{m}}/\partial V_{\text{m}})_{T,x_i} = (\partial U_{\text{m}}/\partial V_{\text{m}})_{\Theta,x_i} = 0\,. \qquad (1\text{-}80)$$

Mit (1-15) und (1-48) folgt daraus

$$T(\partial p/\partial \Theta)_{V_{\text{m}},x_i} \cdot (\text{d}\Theta/\text{d}T) - p = 0\,. \qquad (1\text{-}81)$$

Andererseits ist nach (1-77) und (1-79) für den Grenzzustand des idealen Gases $p = R_0\Theta/V_{\text{m}}$, sodass aus (1-81) die Differenzialgleichung $\text{d}\Theta/\Theta = \text{d}T/T$ mit der Lösung

$$T(\Theta) = (T_{\text{tr}}/\Theta_{\text{tr}})\Theta \qquad (1\text{-}82)$$

resultiert. Da die Entropie nach (1-22) gegenüber der Transformation $S' = S/\lambda$ und $T' = \lambda T$ invariant ist, darf T_{tr} gesetzt werden. Die thermodynamische Temperatur ist danach identisch mit der Temperatur des Gasthermometers und wird durch diese realisiert. Die thermodynamische Temperatur ist eine universelle intensive Zustandsgröße, die somit unabhängig von einer willkürlichen abzulesenden Variablen ist. Sie hat einen absoluten Nullpunkt und die Einheit Kelvin. Ein Kelvin ist über den Tripelpunkt des Wassers definiert. Von der thermodynamischen Temperatur abgeleitet ist die Celsius-Temperatur

$$t \equiv T - 273{,}15\,\text{K}\,. \qquad (1\text{-}83)$$

Der Gradschritt auf der Celsiusskala ist das Kelvin, das in Verbindung mit Celsius-Temperaturen aber Grad Celsius (Einheitenzeichen °C) genannt wird, um auf den verschobenen Nullpunkt der Celsius-Temperatur hinzuweisen.

In angelsächsischen Ländern wird neben dem Kelvin die Temperatureinheit Rankine

$$1\,\text{R} = (5/9)\,\text{K} \qquad (1\text{-}84)$$

benutzt. Ferner ist dort die Fahrenheitsskala in Gebrauch

$$t_{\text{F}} \equiv T - 459{,}67\,\text{R}\,, \qquad (1\text{-}85)$$

deren Temperaturen in Analogie zur Celsius-Temperatur in Grad Fahrenheit (Einheitszeichen °F mit 1 °F = 1 R) angegeben werden. Der Eispunkt des Wassers liegt exakt bei 32 °F, sodass für die Umrechnung von Fahrenheit- in Celsius-Temperaturen die zugeschnittene Größengleichung

$$t/°\mathrm{C} = (5/9)(t_\mathrm{F}/°\mathrm{F} - 32) \qquad (1\text{-}86)$$

gilt.

1.5 Bilanzgleichungen der Thermodynamik

Für jede mengenartige Zustandsgröße X_j, die über die Grenzen eines Systems transportiert werden kann, lassen sich Bilanzen aufstellen. Sie beziehen sich auf das von der Systemgrenze eingeschlossene Kontrollgebiet, das frei nach Gesichtspunkten der Zweckmäßigkeit definierbar ist, und haben die Form

Geschwindigkeit der Änderung des Bestands der Größe X_j im System	=	Differenz der über die Systemgrenze zu- und abfließenden Ströme der Größe X_j	+	Differenz der Quell- und Senkenströme der Größe X_j im System .	(1-87)

oder

$$\mathrm{d}X_j/\mathrm{d}\tau = \left(\sum_{\text{ein}} \dot{X}_{j,e} - \sum_{\text{aus}} \dot{X}_{j,a}\right) + (\dot{X}_{j,\text{Quell}} - \dot{X}_{j,\text{Senk}}) \,. \qquad (1\text{-}88)$$

Der Strom der Größe X_j ist dabei als

$$\dot{X}_j = \lim_{\Delta\tau \to 0} \Delta X_j/\Delta\tau \qquad (1\text{-}89)$$

erklärt, wobei ΔX_j die Menge der Größe X_j bedeutet, die im Zeitintervall $\Delta\tau$ die Systemgrenze überschreitet. Sind die Systeme stationär, d. h. hängen ihre Zustandsgrößen nicht von der Zeit ab, verschwindet die linke Seite von (1-88) und alle Ströme $\dot{X}_j$ sind zeitlich konstant. Die Systemgrenzen sind bei offenen Systemen oftmals fest im Raum stehende Flächen; sog. Kontrollräume. Bei geschlossenen Systemen entfällt der materiegebundene Transport von X_j über die Systemgrenze. Die Quell- und Senkenströme in (1-88) werden null, wenn für X_j ein Erhaltungssatz gilt. Nachfolgend werden einige in der Thermodynamik wichtige Bilanzgleichungen vorgestellt.

1.5.1 Stoffmengen- und Massenbilanzen

Mit X_j als der Menge n_i der Teilchenart i in der Phase α eines Mehrphasensystems folgt aus (1-88) für das Bilanzgebiet α [14], in welchem die Bilanzgrenze die Phasengrenze der Phase α sei:

$$\mathrm{d}n_i^\alpha/\mathrm{d}\tau = (\dot{n}_i^\alpha)_\mathrm{z} + (\dot{n}_i^\alpha)_\mathrm{t} + (\dot{n}_i^\alpha)_\mathrm{r} \,. \qquad (1\text{-}90)$$

Hierin bedeutet $(\dot{n}_i^\alpha)_z$ den Nettostrom des Stoffes i, welcher der Phase α extern aus der Umgebung des Mehrphasensystems zugeführt wird, und $(\dot{n}_i^\alpha)_\mathrm{t}$ den Nettostrom von i, der aus anderen Teilen des Mehrphasensystems intern in die Phase α transportiert wird. $(\dot{n}_i^\alpha)_\mathrm{r}$ ist die Differenz der Quell- und Senkenströme, die von Erzeugung und Verbrauch des Stoffes i bei chemischen Reaktionen in der Phase α herrühren.

Multipliziert man (1-90) mit der Molmasse M_i des Stoffes i und summiert über alle Stoffe und Phasen, erhält man die Massenbilanz des Gesamtsystems, das auch Maschinen und Anlagen umfassen kann. Die Bilanz lautet mit m als der Systemmasse sowie $\dot{m}_\mathrm{e}$ und $\dot{m}_\mathrm{a}$ als den an der Grenze des Mehrphasensystems zu der externen Umgebung ein- und ausfließenden Massenströmen

$$\mathrm{d}m/\mathrm{d}\tau = \sum_{\text{ein}} \dot{m}_\mathrm{e} - \sum_{\text{aus}} \dot{m}_\mathrm{a} \,. \qquad (1\text{-}92)$$

Denn die zwischen den Phasen übertragenen Stoffströme heben sich in der Summe heraus, und chemische Reaktionen verändern die Masse einer Phase nicht. Jeder Massenstrom in (1-92) lässt sich als Produkt der mittleren Strömungsgeschwindigkeit c, dem zu c senkrechten Strömungsquerschnitt A und der über A konstant vorausgesetzten Dichte $\varrho = 1/v$ an der Systemgrenze darstellen:

$$\dot{m} = \varrho c A \,. \qquad (1\text{-}93)$$

Der Quotient $\dot{V} = \dot{m}/\varrho = cA$ ist der zu $\dot{m}$ gehörende Volumenstrom. Die Integration von (1-92) über die Zeit ergibt

$$m_2 - m_1 = \sum_{\text{ein}} m_{\mathrm{e}12} - \sum_{\text{aus}} m_{\mathrm{a}12} \,. \qquad (1\text{-}94)$$

Dabei sind $m_2 - m_1$ die Massenänderung des Systems, m_{e12} und m_{a12} die ein- und ausströmenden Massen während der Zeit $\Delta\tau = \tau_2 - \tau_1$.

1.5.2 Energiebilanzen

Auch für die Energie lassen sich gemäß (1-88) Bilanzen aufstellen, die oft als erster Hauptsatz für die zugrundeliegenden Systeme bezeichnet werden und als Energiebilanzgleichungen einen zentralen Platz in der angewandten Thermodynamik einnehmen. Zunächst soll eine offene Phase α, die Teil eines Mehrphasensystems ist, als Bilanzgebiet gewählt werden. Die Änderungen der kinetischen und potenziellen Energie seien vernachlässigbar. Die Bilanzgrenze wird dann von Wärmeströmen, Leistungen angreifender Kräfte, elektrischer Leistung und von Strömen innerer Energie überschritten, die an übertragene Materie gekoppelt sind. Quell- und Senkenströme treten nach dem ersten Hauptsatz nicht auf, die Energie ist eine Erhaltungsgröße.

Die der Phase α zugeführten Wärmeströme werden analog zu den Komponentenmengenströmen in die Anteile $\dot{Q}_z^\alpha$ aus der externen Umgebung und $\dot{Q}_t^\alpha$ aus benachbarten Teilen des Mehrphasensystems aufgeteilt, vgl. Bild 1-3. Abgeführte Wärmeströme sind vereinbarungsgemäß negativ. Die Ströme der inneren Energie und die Leistung der Normalkräfte an der Bilanzgrenze lassen sich als Summe der Enthalpieströme $\dot{H}_z^\alpha$ und $\dot{H}_t^\alpha$, die aus der externen Umgebung und aus benachbarten Phasen stammen, und einer mit der Bewegung der Bilanzgrenzen verknüpften Leistung darstellen. Diese ist wegen der Vernachlässigung der kinetischen und potenziellen Energie als Volumenänderungsleistung $(P^V)^\alpha$ zu deuten. Die Wellenleistung ergibt zusammen mit der elektrischen Leistung P^α. Damit erhält man, vgl. [15], für die Änderung der Inneren Energie der bilanzierten Phase α

$$\mathrm{d}U^\alpha/\mathrm{d}\tau = \dot{Q}_z^\alpha + \dot{Q}_t^\alpha - p^\alpha \mathrm{d}V^\alpha/\mathrm{d}\tau + P^\alpha + \sum_{i=1}^{k} H_i^\alpha\left[(\dot{n}_i^\alpha)_z + (\dot{n}_i^\alpha)_t\right], \qquad (1\text{-}95)$$

wobei $(P^V)^\alpha$ nach (1-5) und $\dot{H}^\alpha$ nach (1-33) mit H_i^α als der partiellen molaren Enthalpie des Stoffes i in der Phase α berechnet ist. Unter denselben Voraussetzungen lässt sich für das aus mehreren Phasen α, β ...

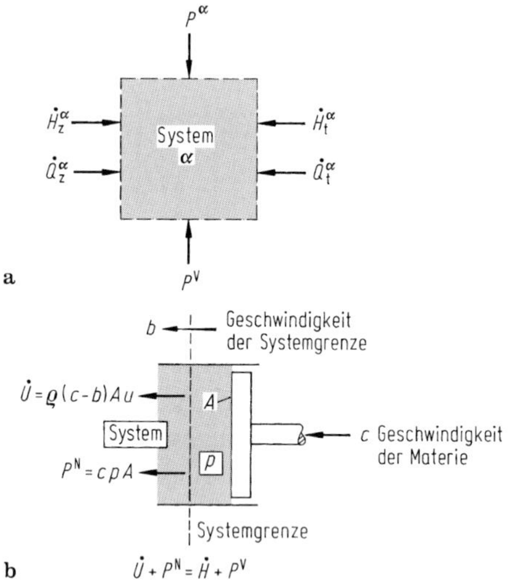

Bild 1-3. Zur Energiebilanz einer ruhenden, offenen Phase. **a** zufließende Energieströme; **b** Zusammenfassung des Stroms $\dot{U}$ der inneren Energie und der Leistung P^N der Normalkräfte zu dem Enthalpiestrom $\dot{\boldsymbol{H}} = \varrho(c-b)A(u + p/\varrho)$ und der Volumenänderungsleistung $P^V = bpA$

bestehende heterogene Gesamtsystem, das nur eine Grenze zu der externen Umgebung besitzt, folgende Energiebilanz aufstellen:

$$\sum_\alpha \mathrm{d}U^\alpha/\mathrm{d}\tau = \sum_\alpha \dot{Q}_z^\alpha - \sum_\alpha p^\alpha \mathrm{d}V^\alpha/\mathrm{d}\tau + \sum_\alpha P^\alpha + \sum_\alpha \sum_{i=1}^{K} H_i^\alpha (\dot{n}_i^\alpha)_z \,. \qquad (1\text{-}96)$$

Der Vergleich von (1-95) und (1-96) liefert für ein aus den zwei Phasen α und β zusammengesetztes System wegen $(\dot{n}_i^\alpha)_t = -(\dot{n}_i^\beta)_t$

$$\dot{Q}_t^\alpha + \dot{Q}_t^\beta + \sum_{i=1}^{K} \left(H_i^\alpha - H_i^\beta\right)(\dot{n}_i^\alpha)_t = 0 \,. \qquad (1\text{-}97)$$

Dieses Ergebnis, das unabhängig von den Vorgängen an der externen Systemgrenze ist, vereinfacht sich für geschlossene Phasen zu $\dot{Q}_t^\alpha = -\dot{Q}_t^\beta$. Letzteres bleibt auch in bewegten Systemen gültig.

Integriert man (1-96) für eine einzige, geschlossene Phase über die Zeit und lässt den Phasenindex α fort, so folgt

$$U_2 - U_1 = Q_{12} - \int_1^2 p \,\mathrm{d}V + W_{12} \,. \qquad (1\text{-}98)$$

Dabei ist $U_2 - U_1$ die Änderung der inneren Energie zwischen dem Anfangszustand 1 und dem Endzustand 2 des Systems. Die Wärme Q_{12}, die Volumenänderungsarbeit $-\int_1^2 p\,\mathrm{d}V$ und die Arbeit W_{12} sind die bei der Realisierung der Zustandsänderung, d. h. dem Prozess 12, zugeführten Energien.
So lassen sich z. B. durch Messung der mit der Dissipation elektrischer Arbeit W_{12}^{el} in einem adiabaten Prozess verbundenen Temperaturerhöhung ΔT die isochore und isobare Wärmekapazität einer Phase mithilfe von (1-98) bestimmen, siehe Bild 1-4. Vernachlässigt man die Energieänderung des elektrischen Leiters, so gilt

$$C_V \equiv \lim_{\Delta T\to 0}(\Delta U/\Delta T)_{V,n_i} = \lim_{\Delta T\to 0}(W_{12}^{\mathrm{el}}/\Delta T)_{V,n_i}\,, \qquad (1\text{-}99)$$

$$C_p \equiv \lim_{\Delta T\to 0}(\Delta H/\Delta T)_{p,n_i} = \lim_{\Delta T\to 0}(W_{12}^{\mathrm{el}}/\Delta T)_{p,n_i}\,. \qquad (1\text{-}100)$$

Von besonderer technischer Bedeutung sind Energiebilanzen für Kontrollräume mit feststehenden Grenzen, die Maschinen und Anlagen einschließen, vgl. Bild 1-5. In das System fließen der Nettowärmestrom $\dot{Q}$ sowie die mechanische und elektrische Nettoleistung P, die durch Wellen oder Kabel übertragen wird. Wellen- und elektrische Leistung können bei dem betrachteten Systemtyp auch abgegeben werden und sind dann negativ. Die Stoffströme transportieren wie bei der offenen Phase Enthalpie über die Systemgrenze. Im Allgemeinen muss in der Bilanz aber auch die mitgeführte kinetische und potenzielle Energie berücksichtigt werden. Die Leistung der Schubkräfte ist in den Ein- und Austrittsquerschnitten vernachlässigbar und an den festen Wänden null. Damit folgt aus (1-88)

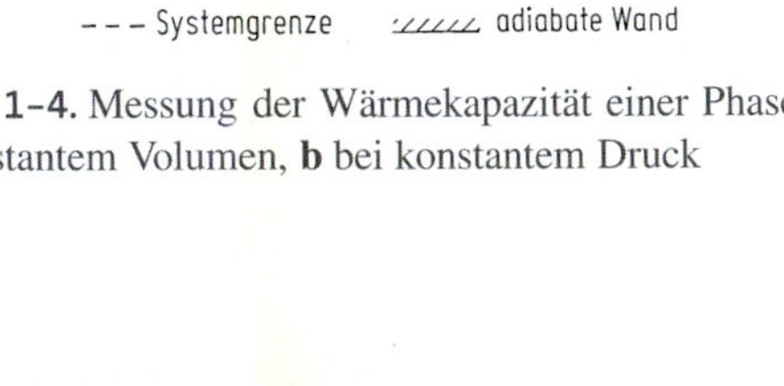

Bild 1-4. Messung der Wärmekapazität einer Phase. **a** Bei konstantem Volumen, **b** bei konstantem Druck

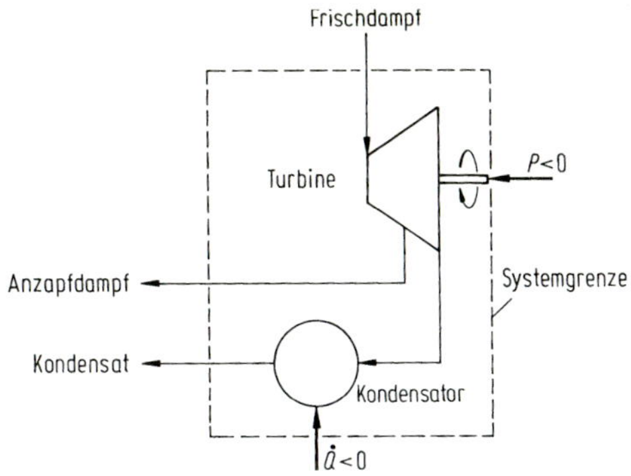

Bild 1-5. Teil einer Dampfkraftanlage als Beispiel eines Kontrollraums mit starren Grenzen. Von der Turbine abgegebene Leistung $P < 0$. Im Kondensator abgeführter Wärmestrom $\dot{Q} < 0$

$$\mathrm{d}E/\mathrm{d}\tau = \dot{Q} + P + \sum_{\mathrm{ein}} \dot{m}_{\mathrm{e}}\left(h_{\mathrm{e}} + c_{\mathrm{e}}^2/2 + gz_{\mathrm{e}}\right) - \sum_{\mathrm{aus}} \dot{m}_{\mathrm{a}}\left(h_{\mathrm{a}} + c_{\mathrm{a}}^2/2 + gz_{\mathrm{a}}\right)\,. \qquad (1\text{-}101)$$

Die materiegebundenen Energieströme sind dabei als Produkt der Massenströme $\dot{m}$ und der spezifischen Enthalpie h, der spezifischen kinetischen Energie $c^2/2$ und der spezifischen potenziellen Energie gz dargestellt. Die Indizes e und a beziehen sich auf die Ein- und Austrittsquerschnitte an der Systemgrenze. Die spezifische Enthalpie h kann anhand einer kalorischen Zustandsgleichung für die strömende Materie berechnet werden, vgl. 2.1.
Ein wichtiger Sonderfall, dem viele technische Anlagen genügen, ist das stationäre Fließsystem mit $\mathrm{d}m/\mathrm{d}\tau = 0$ und $\mathrm{d}E/\mathrm{d}\tau = 0$. Ist nur ein zu- und abfließender Massenstrom vorhanden, gilt nach (1-92) $\dot{m}_{\mathrm{e}} = \dot{m}_{\mathrm{a}} = \dot{m}$. In diesem Fall werden die Ein- und Austrittsquerschnitte durch die Indizes 1 und 2, bei einer Folge von durchströmten Kontrollräumen durch i und $i+1$ gekennzeichnet. Nach Division durch $\dot{m}$ vereinfacht sich (1-101) zu

$$q_{12} + w_{\mathrm{t}12} = h_2 - h_1 + (1/2)(c_2^2 - c_1^2) + g(z_2 - z_1) \qquad (1\text{-}102)$$

mit $q_{12} \equiv \dot{Q}/\dot{m}$ und $w_{\mathrm{t}12} \equiv P/\dot{m}$ als der spezifischen technischen Arbeit zwischen den Querschnitten 1 und 2.

Ein weiterer Sonderfall, der häufig beim Füllen von Behältern auftritt, sind zeitlich konstante Zustandsgrößen $h + c^2/2 + gz$ in den Ein- und Austrittsquerschnitten des Kontrollraums. Dann kann (1-101) in geschlossener Form über die Zeit integriert werden. Gibt es nur einen zu- und abfließenden Massenstrom und ist die Änderung der kinetischen und potenziellen Energie innerhalb des Kontrollraums vernachlässigbar, erhält man

$$U_2 - U_1 = Q_{12} + W_{t12} + m_{e12}(h_e + c_e^2/2 + gz_e) - m_{a12}(h_a + c_a^2/2 + gz_a)\,. \tag{1-103}$$

Besteht der Kontrollraum aus einer endlichen Zahl von Phasen, ist die innere Energie in den Anfangs- und Endzuständen 1 und 2 des Systems aus $U = \sum_\alpha U^\alpha$ zu berechnen. Q_{12} ist die Wärme und W_{t12} die Wellen- und elektrische Arbeit, die dem Kontrollraum während der Zeit $\Delta\tau$ zugeführt werden; m_{e12} und m_{a12} sind die während dieser Zeit ein- und ausfließenden Massen.

1.5.3 Entropiebilanzen. Bernoulli'sche Gleichung

Die zeitliche Änderung $\mathrm{d}S/\mathrm{d}\tau = \sum_\alpha \mathrm{d}S^\alpha/\mathrm{d}\tau$ der Entropie eines aus mehreren ruhenden, offenen Phasen zusammengesetzten Systems lässt sich durch Verknüpfung der Energiebilanz (1-95) mit der Gibbs'schen Fundamentalform (1-14) der einzelnen Phasen unter Berücksichtigung von (1-52) und (1-90) darstellen [16]. Das Ergebnis ist eine Entropiebilanzgleichung der Form (1-88)

$$\mathrm{d}S/\mathrm{d}\tau = \dot{S}_z + \dot{S}_{irr} \tag{1-104}$$

$$\text{mit} \quad \dot{S}_z = \sum_\alpha \dot{Q}_z^\alpha / T^\alpha + \sum_\alpha \sum_{i=1}^{K} S_i^\alpha (\dot{n}_i^\alpha)_z \tag{1-105}$$

$$\text{und} \quad \dot{S}_{irr} \geqq 0\,. \tag{1-106}$$

Der aus der Umgebung zufließende Nettoentropiestrom $\dot{S}_z$ ist dadurch gekennzeichnet, dass beide Vorzeichen möglich sind. Er ist an Wärme- und Stoffströme gekoppelt, die sich als Träger von Entropieströmen erweisen. Mechanische oder elektrische Leistung führen dagegen keine Entropie mit sich, sie sind entropiefrei. Für geschlossene adiabate Systeme ist $\dot{S}_z = 0$.

Der Strom $\dot{S}_{irr}$ der erzeugten Entropie ist ein positives Quellglied. Bei unterbundenem Entropiefluss zur Umgebung $\dot{S}_z = 0$ kann die Entropie eines Systems nicht abnehmen, weil nach dem zweiten Hauptsatz Entropievernichtung unmöglich ist. Ursachen der Entropieerzeugung sind die Dissipation mechanischer und elektrischer Leistung sowie der Wärme- und Stoffaustausch einschließlich chemischer Reaktionen im Inneren des Systems. Diese Beiträge verschwinden, wenn das System die Gleichgewichtsbedingungen von 1.3.2 erfüllt. Alle in der Natur ablaufenden Prozesse sind mit Erzeugung von Entropie verbunden und wegen der Unmöglichkeit der Entropievernichtung irreversibel. Die beteiligten Systeme können danach nicht wieder in ihren Ausgangszustand gelangen, ohne dass Änderungen in der Umgebung zurückbleiben. Reversible Prozesse, bei denen dies möglich wäre, sind als Grenzfall verschwindender Entropieerzeugung denkbar. Sie müssen dissipationsfrei ablaufen und die Systeme durch eine Folge von Gleichgewichtszuständen bezüglich der jeweils möglichen Austauschvorgänge führen.

Aus (1-106) lässt sich ableiten, dass natürliche, von selbst ablaufende Prozesse in abgeschlossenen Systemen auf den Zustand des thermischen, mechanischen und stofflichen Gleichgewichts hingerichtet sind. Für ein aus den starren Phasen α und β ohne Stoffaustausch und chemische Reaktionen zusammengesetztes, abgeschlossenes System folgt mit (1-97) zunächst

$$\dot{S}_{irr} = (T^\beta - T^\alpha)\dot{Q}_t^\alpha/(T^\alpha T^\beta) \geqq 0\,. \tag{1-107}$$

Die Wärme fließt danach in Richtung fallender Temperatur, sodass der Temperaturunterschied zwischen den Phasen abgebaut wird. Gibt man für das isotherme System mit $T^\alpha = T^\beta = T$ die Bedingung starrer Phasen auf, erhält man mit (1-96)

$$\dot{S}_{irr} = (1/T)(p^\alpha - p^\beta)\mathrm{d}V^\alpha/\mathrm{d}\tau \geqq 0\,. \tag{1-108}$$

Die Phase mit dem höheren Druck vergrößert ihr Volumen auf Kosten der anderen und führt so den Druckausgleich herbei. Erlaubt man im isothermen System gleichförmigen Drucks den Übergang einer einzigen Komponente i von einer Phase zur anderen, ergibt sich

$$\dot{S}_{irr} = (1/T)\left(\mu_i^\beta - \mu_i^\alpha\right)\left(\mathrm{d}\dot{n}_i^\alpha\right)_T \geqq 0\,. \tag{1-109}$$

Die Komponente wandert in Richtung abnehmenden chemischen Potenzials μ_i und bewirkt den Ausgleich dieser Größe zwischen den Phasen. Das chemische Potenzial μ_i^α ist ein Maß für die Unbeliebtheit der Komponente i in der Phase α. Auf die Berechnung des chemischen Potenzials wird in Kap. 2 eingegangen. Bei nichtisothermem Stoffübergang mehrerer Komponenten gelten kompliziertere Bedingungen. Schließlich erhält man für den Ablauf chemischer Reaktionen in einer Phase α

$$\dot{S}_{\text{irr}} = -\sum_{i=1}^{K} (\mu_i^\alpha / T^\alpha)(\text{d}\dot{n}_i^\alpha)_{\text{r}} \geqq 0\,. \qquad (1\text{-}110)$$

Integriert man (1-104) für eine einzige, geschlossene Phase über die Zeit und lässt die Indizes α und z fort, so folgt

$$S_2 - S_1 = \int_1^2 \text{d}Q/T + (S_{\text{irr}})_{12} \quad \text{mit} \quad (S_{\text{irr}})_{12} \geqq 0\,, \qquad (1\text{-}111)$$

$$\text{bzw.} \int_1^2 T\,\text{d}S = Q_{12} + \boldsymbol{\Psi}_{12}$$

$$\text{mit} \quad \boldsymbol{\Psi}_{12} \equiv \int_1^2 T\,\text{d}S_{\text{irr}} \geqq 0\,. \qquad (1\text{-}112)$$

In diesen manchmal als zweiter Hauptsatz bezeichneten Gleichungen ist dQ die im Zeitintervall $d\tau$ vom System bei der Temperatur T aufgenommene Wärme. Sie addiert sich für den gesamten Prozess zwischen den Zuständen 1 und 2 zu Q_{12}. Die Größe (S_{irr}) ist die bei dem Prozess erzeugte Entropie und Ψ_{12} die Dissipationsenergie des Prozesses.

Ist die Zusammensetzung des Systems konstant, oder ist es stets im chemischen Gleichgewicht, gilt nach (1-14) bzw. (1-67)

$$\int_1^2 T\,\text{d}S = U_2 - U_1 + \int_1^2 p\,\text{d}V\,. \qquad (1\text{-}113)$$

Aus (1-112), (1-113) und der Energiebilanz (1-98) folgt dann

$$-\int_1^2 p\,\text{d}V = W_{12} - \boldsymbol{\Psi}_{12}\,, \qquad (1\text{-}114)$$

wobei die Volumenänderungs- und die dissipierte Arbeit zur Gesamtarbeit W_{12} zusammengefaßt sind. Nach Übergang zu spezifischen Größen lassen sich (1-112) und (1-114) durch Flächen unter den Zustandslinien im T,s- und p,v-Diagramm veranschaulichen, vgl. Bild 1-6a und b. Dabei ist $q_{12} \equiv Q_{12}/m$, $\psi_{12} \equiv \boldsymbol{\Psi}_{12}/m$ und $w_{12} = W_{12}/m$ mit m als der Systemmasse gesetzt.

Generell wird Entropie durch Wärme und Stoffströme über die Systemgrenze getragen, daher lassen sich auch für Kontrollräume, die nicht aus einer endlichen Zahl ruhender Phasen bestehen, Entropiebilanzen aufstellen. Auf die Aufschlüsselung des Stroms der erzeugten Entropie muss dabei jedoch verzichtet werden. Nach (1-88) gilt

$$\text{d}S/\text{d}\tau = \int_A (\dot{q}/T)\text{d}A + \sum_{\text{ein}} \dot{m}_{\text{e}} s_{\text{e}} - \sum_{\text{aus}} \dot{m}_{\text{a}} s_{\text{a}} + \dot{S}_{\text{irr}}$$

$$\text{mit} \quad \dot{S}_{\text{irr}} \geqq 0\,. \qquad (1\text{-}115)$$

wobei $\dot{q} \equiv \text{d}\dot{Q}/\text{d}A$ die Wärmestromdichte auf einem Oberflächenelement dA des Kontrollraums bedeutet, an dem der Wärmestrom d$\dot{Q}$ bei der Temperatur T übertragen wird. Die materiegebundenen Entropieströme sind als Produkt von Massenströmen $\dot{m}$ und spezifischen Entropien s dargestellt.

Für stationäre Fließsysteme ist dS/dτ = 0. Gibt es darüber hinaus nur einen zu- und abfließenden Massenstrom $\dot{m}$, vgl. (1-92), vereinfacht sich (1-115) zu

$$s_2 - s_1 = (1/\dot{m}) \int_A (\dot{q}/T)\text{d}A + (S_{\text{irr}})_{12}$$

$$\text{mit} \quad (s_{\text{irr}})_{12} \equiv \dot{S}_{\text{irr}}/\dot{m} \geqq 0\,. \qquad (1\text{-}116)$$

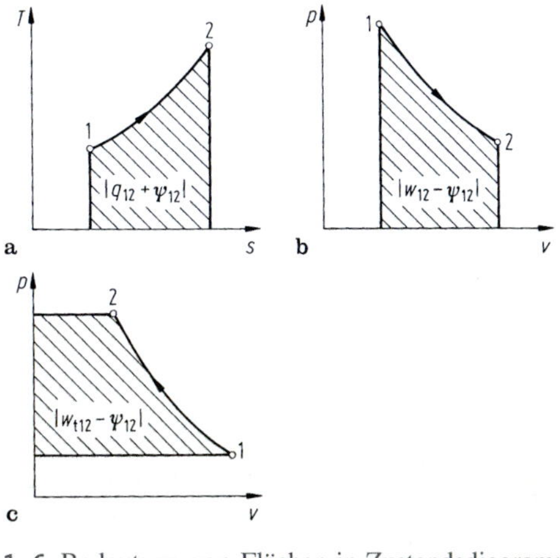

Bild 1-6. Bedeutung von Flächen in Zustandsdiagrammen. **a** T,s-Diagramm; **b** und **c** p,v-Diagramm

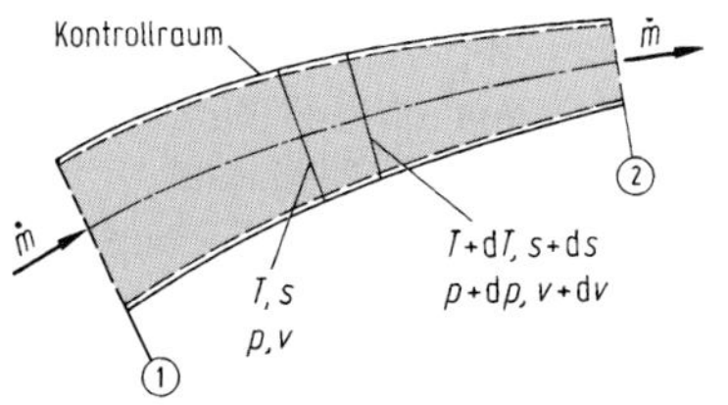

Bild 1-7. Stationäre Kanalströmung mit Zustandsänderung zwischen zwei benachbarten Querschnitten

Die Indizes 1 und 2 kennzeichnen wieder die Ein- und Austrittsquerschnitte des Kontrollraums. Ist dieser nach Bild 1-7 ein Kanal, und ist in eindimensionaler Betrachtungsweise die Zustandsänderung der Materie längs der Kanalachse bekannt, kann (1-116) in Analogie zu (1-112) in

$$\int_1^2 T\mathrm{d}s = q_{12} + \psi_{12} \quad \text{mit} \quad \psi_{12} \equiv \int_1^2 T\mathrm{d}s_{\mathrm{irr}} \geqq 0 \tag{1-117}$$

umgeformt werden. Die Differenziale der spezifischen Entropie sind Inkremente auf der Kanalachse; $q_{12} \equiv \dot{Q}/\dot{m}$ ist der auf den Massenstrom bezogene Wärmestrom und ψ_{12} die spezifische Dissipationsenergie für den Kontrollraum. Das Ergebnis (1-117) lässt sich wieder im T, s-Diagramm, vgl. Bild 1-6a, veranschaulichen.

Ändert das strömende Medium seine Zusammensetzung im Kanal nicht, oder ist es im chemischen Gleichgewicht, folgt aus (1-44)

$$\int_1^2 T\,\mathrm{d}s = h_2 - h_1 - \int_1^2 v\,\mathrm{d}p\,. \tag{1-118}$$

Die Integrale sind dabei wieder für die Zustandsänderung längs des Kanals zu berechnen. Verknüpft man (1-117) und (1-118) mit der Energiebilanz (1-102), erhält man die Bernoulli'sche Gleichung

$$w_{t12} - \psi_{12} = \int_1^2 v\,\mathrm{d}p + \frac{1}{2}\left(c_2^2 - c_1^2\right) + g(z_2 - z_1)$$

$$\text{mit} \quad \psi_{12} \geqq 0\,. \tag{1-119}$$

Diese Energiegleichung für eine stationäre Kanalströmung enthält mit Ausnahme von ψ_{12} keine kalorischen Größen. Zur Auswertung genügen aber im Gegensatz zu (1-102) die Zustandsgrößen an den Grenzen des Kontrollraums nicht.

Sind die Änderungen der kinetischen und potenziellen Energie vernachlässigbar, folgt aus (1-119)

$$\int_1^2 v\,\mathrm{d}p = w_{t12} - \psi_{12}\,, \tag{1-120}$$

was nach Bild 1-6c im p, v-Diagramm darstellbar ist.

1.6 Energieumwandlung

Die wechselseitige Umwandelbarkeit von Energieformen wird durch ihre jeweils unterschiedliche Beladung mit Entropie bestimmt. Energieumwandlungen mit Entropievernichtung sind gemäß des zweiten Hauptsatzes unmöglich.

1.6.1 Beispiele stationärer Energiewandler. Kreisprozesse

Elektrische Maschinen wandeln nach Bild 1-8a mechanische und elektrische Leistung, P_{mech} und P_{el}, ineinander um. Sie geben dabei einen Abwärmestrom $\dot{Q}_0 \leq 0$ bei einer als einheitlich angenommenen Tem-

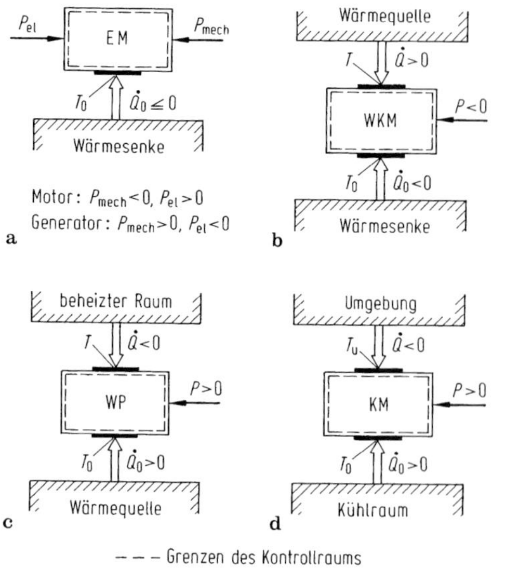

Bild 1-8. Energiewandler. **a** Elektrische Maschine EM; **b** Wärmekraftmaschine WKM; **c** Wärmepumpe WP; **d** Kältemaschine KM

peratur T_0 an die Umgebung ab. Aus den Energie- und Entropiebilanzen (1-101) und (1-115) für den stationären Betrieb dieser geschlossenen Systeme

$$P_{el} + P_{mech} + \dot{Q}_0 = 0 \quad \text{und} \quad \dot{Q}_0/T_0 + \dot{S}_{irr} = 0$$

folgt, dass im reversiblen Grenzfall mit $\dot{S}_{irr} = 0$ mechanische und elektrische Leistung vollständig ineinander überführbar sind. Entropieerzeugung z. B. durch mechanische Reibung oder durch Ohm'sche Widerstände schmälert die gewünschte Nutzleistung, der hierdurch bedingte Wärmestrom kann nur abgegeben werden, in der Regel an die Umgebung als Wärmesenke.

Wärmekraftmaschinen gewinnen nach Bild 1-8b mechanische oder elektrische Leistung $P < 0$ aus einem Wärmestrom $\dot{Q} > 0$. Sie sind nicht funktionsfähig, ohne einen Abwärmestrom $\dot{Q}_0 < 0$ auf Kosten der Nutzleistung an die Umgebung als Wärmesenke abzuführen. Wärmezu- und -abfuhr sollen bei jeweils einheitlichen thermodynamischen Temperaturen T und $T_0 < T$ erfolgen. Die Bilanzen (1-101) und (1-115) für den stationären Betrieb,

$$P + \dot{Q} + \dot{Q}_0 = 0$$
$$\text{und} \quad \dot{Q}/T + \dot{Q}_0/T_0 + \dot{S}_{irr} = 0\,, \qquad (1\text{-}121)$$

liefern als thermischen Wirkungsgrad der Maschine

$$\eta_{th} \equiv -P/\dot{Q} = \eta_C - T_0\dot{S}_{irr}/\dot{Q} \leqq \eta_C \qquad (1\text{-}122)$$
$$\text{mit} \quad \eta_C \equiv 1 - T_0/T\,. \qquad (1\text{-}123)$$

Der Maximalwert η_C, der von einer reversiblen Wärmekraftmaschine erreicht wird, heißt Carnot'scher Wirkungsgrad. Die Umgebung ist das Wärmereservoir mit der niedrigsten Temperatur, sodass T_0 nicht unter die Temperatur T_u der natürlichen Umgebung auf der Erde sinken kann. Die obere Prozesstemperatur T ist in der Regel durch die Temperatur der Wärmequelle und die Festigkeit von Bauteilen nach oben begrenzt, so gilt stets $\eta_C < 1$. Ein Wärmestrom kann daher prinzipiell nicht vollständig in mechanische Leistung umgewandelt werden. Der umwandelbare Anteil steigt mit wachsender Temperatur T und wird bei $T = T_0$ zu Null.

Die abgegebene Leistung ist entropiefrei. Der Abwärmestrom

$$|\dot{Q}_0| = (1 - \eta_C)\dot{Q} + T_0\dot{S}_{irr} \qquad (1\text{-}124)$$

führt den mit dem Wärmestrom $\dot{Q}$ eingebrachten sowie den zusätzlich erzeugten Entropiestrom aus der Maschine in die Umgebung ab. Der erste Summand ist nach dem zweiten Hauptsatz unumgänglich, der zweite bedeutet einen im Prinzip vermeidbaren Leistungsverlust.

Wärmepumpen, die zur Heizung dienen, nehmen nach Bild 1-8c einen Wärmestrom $\dot{Q}_0 > 0$ bei einer tiefen Temperatur, z. B. aus der natürlichen Umgebung, auf und wandeln ihn in einen Wärmestrom $\dot{Q} < 0$ um, der bei höherer Temperatur an den zu heizenden Raum abgegeben wird. Dazu benötigen sie eine mechanische oder elektrische Antriebsleistung $P > 0$. Die Temperaturen der Wärmezu- und -abfuhr sollen wieder einheitliche Werte T_0 und $T > T_0$ besitzen, und der Betrieb sei stationär. Die Energie- und Entropiebilanzen lauten dann wie (1-121) und ergeben für die Leistungszahl

$$\varepsilon \equiv -\dot{Q}/P = \varepsilon_{rev}(1 - T_0\dot{S}_{irr}/P) \leqq \varepsilon_{rev} \qquad (1\text{-}125)$$
$$\text{mit} \quad \varepsilon_{rev} \equiv T/(T - T_0)\,. \qquad (1\text{-}126)$$

Eine Sonderform der Wärmepumpe ist die Kältemaschine, siehe Bild 1-8d. Sie entzieht einem Kühlraum den Wärmestrom $\dot{Q}_0 > 0$ bei einer Temperatur T_0 unterhalb der Temperatur T_u der natürlichen Umgebung und führt den Wärmestrom $\dot{Q} > 0$ bei $T = T_u$ an diese Umgebung ab. Aus den Energie- und Entropiebilanzen (1-121) erhält man für die Leistungszahl der Kältemaschine

$$\varepsilon_K \equiv \dot{Q}_0/P = (\varepsilon_K)_{rev}(1 - T_u\dot{S}_{irr}/P) \leqq (\varepsilon_K)_{rev} \qquad (1\text{-}127)$$
$$\text{mit} \quad (\varepsilon_K)_{rev} \equiv T_0/(T_u - T_0)\,. \qquad (1\text{-}128)$$

Beide Verhältnisse von Nutzen zu Aufwand, ε und ε_K, nehmen für den reversiblen Grenzfall einen temperaturabhängigen Maximalwert an und werden durch Entropieerzeugung gemindert. Wegen $-\dot{Q} = \dot{Q}_0 + P$ ist stets $\varepsilon \geqq 1$, während ε_K Werte größer oder kleiner als eins annehmen kann.

Die Ergebnisse (1-122), (1-125) und (1-127) lassen sich auf den Fall der Wärmezu- und -abfuhr bei nicht einheitlicher Temperatur übertragen, wenn anstelle von T und T_0 thermodynamische Mitteltemperaturen benutzt werden. Diese sind als

$$T_m \equiv \frac{\dot{Q}}{\int \mathrm{d}\dot{Q}/T} \qquad (1\text{-}129)$$

definiert, wobei $\mathrm{d}\dot{Q}$ der auf dem Flächenelement $\mathrm{d}A$ der Systemgrenze bei der Temperatur T übertragene

Wärmestrom ist, der sich für die Gesamtfläche zu $\dot{Q}$ summiert. Die Nennergröße bedeutet den von $\dot{Q}$ mitgeführten Entropiestrom. Mit (1-129) bleiben alle Entropiebilanzen formal unverändert. Wird die Wärme über die Wände eines Kanals an ein reversibel und isobar strömendes Fluid konstanter Zusammensetzung übertragen, folgt mit (1-116), (1-117) und (1-118) aus (1-129)

$$T_m = (h_2 - h_1)/(s_2 - s_1) . \qquad (1\text{-}130)$$

Damit ist T_m auf die Zustandsänderung des wärmeabgebenden bzw. wärmeaufnehmenden Fluids zurückgeführt.

Im Allgemeinen durchläuft in den energiewandelnden Maschinen von Bild 1-8b bis d ein fluides Arbeitsmittel konstanter Zusammensetzung einen Kreisprozess. Dieser ist so erklärt, dass in der Folge der Zustandsänderungen der Endzustand des Arbeitsmittels mit dem Anfangszustand übereinstimmt. In technischen Ausführungen strömt das Arbeitsmittel meist nach Bild 1-9 durch eine in sich geschlossene Kette stationärer Maschinen und Apparate, die zusammen die energiewandelnde Maschine darstellen. Aber auch periodische Zustandsänderungen des Arbeitsmittels im Zylinder einer Kolbenmaschine sind denkbar. Obwohl in diesem Fall ein stationärer Zustand nur im zeitlichen Mittel möglich ist, gelten die Bilanzen (1-121) und ihre Folgerungen aufgrund von (1-98) und (1-111) auch hier.

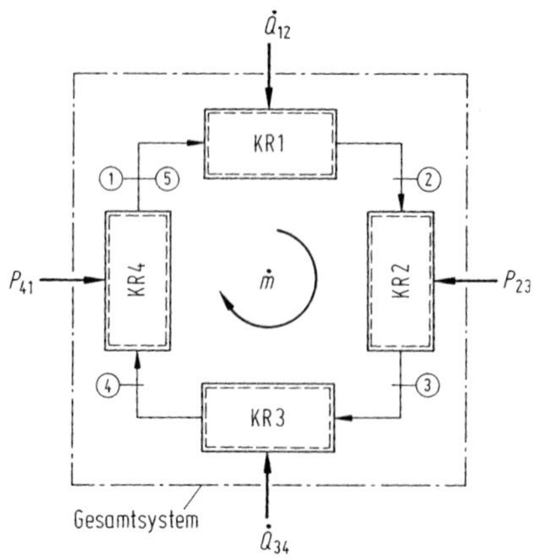

Bild 1-9. Ausführung eines Kreisprozesses als stationärer Fließprozess in einer geschlossenen Kette von Kontrollräumen KR1 bis KR4

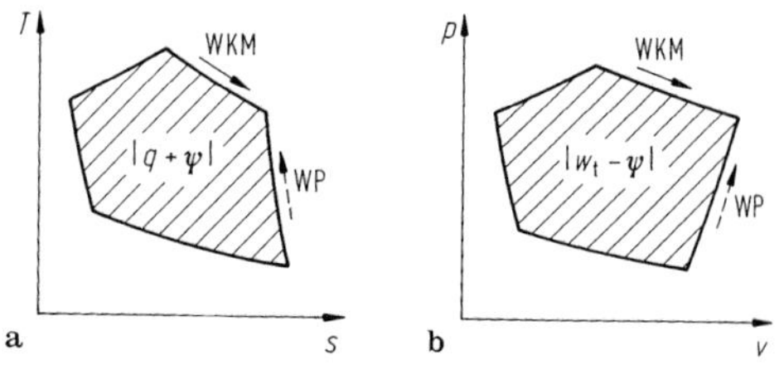

Bild 1-10. Eingeschlossene Flächen in Zustandsdiagrammen und Umlaufsinn der Kreisprozesse für Wärmekraftmaschine WKM und Wärmepumpe WP. **a** T, s-Diagramm; **b** p, v-Diagramm

Summiert man (1-117) und (1-120) über alle Teile einer in sich geschlossenen Reihenschaltung stationärer Fließsysteme, folgt mit $q \equiv \sum q_{ik}, \psi \equiv \sum \psi_{ik}$ und $w_t \equiv \sum w_{t,ik}$

$$\oint T \, ds = q + \psi \quad \text{und} \quad \oint v \, dp = w_t - \psi . \qquad (1\text{-}131)$$

Danach ist die von den Zustandslinien im T, s-Diagramm, siehe Bild 1-10a, eingeschlossene Fläche gleich dem Betrag der Wärme q und der Dissipationsenergie ψ des Kreisprozesses. Die entsprechende Fläche im p, v-Diagramm, siehe Bild 1-10b, ist der Betrag der um die Dissipationsenergie verminderten technischen Arbeit w_t. Beide Flächen sind nach (1-118) betragsgleich:

$$q + \psi = \oint T \, ds = -\oint v \, dp = -(w_t - \psi) , \qquad (1\text{-}132)$$

worin sich die Energiebilanz des Kreisprozesses widerspiegelt. Aufgrund der Vorzeichen von q und w_t sind Wärmekraftmaschinenprozesse in beiden Diagrammen rechtsläufig und Wärmepumpenprozesse linksläufig. Für Kreisprozesse mit periodisch arbeitenden Maschinen erhält man auf der Grundlage von (1-112), (1-113) und (1-114) identische Ergebnisse.

1.6.2 Wertigkeit von Energieformen

Für die thermodynamische Analyse zur Umwandelbarkeit von Energieformen hat sich neben der Darstellung aus dem vorhergehenden Abschnitt ein weiterer, gleichwertiger Ansatz etabliert. Hierzu wird jede Energieform formal in die Anteile

$$\text{Energie} = \text{Exergie} + \text{Anergie} \qquad (1\text{-}133)$$

zerlegt. Die Exergie ist dabei – nach Maßgabe der jeweils zugelassenen Austauschprozesse mit der Umgebung – der in jede Energieform, insbesondere in Nutzarbeit umwandelbare Teil der Energie. Die Anergie ist der nicht in Nutzarbeit umwandelbare Rest.

In dieser Definition ist die Umgebung als Reservoir im inneren Gleichgewicht idealisiert, das bei konstanten Werten der Temperatur T_u, der Drucks p_u und der chemischen Potenziale μ_{iu} seiner Komponenten Entropie, Volumen und Stoffmengen aufnehmen und abgeben kann. Zur Anwendung auf Verbrennungsprozesse hat Baehr [17] eine Umgebung aus gesättigter feuchter Luft, vgl. 2.2.2, sowie den Mineralien Kalkspat und Gips vorgeschlagen. Ein komplizierteres Umgebungsmodell zur Quantifizierung der Werte T_u, p_u und μ_{iu} findet man in [18] oder [19].

Wellen- und elektrische Arbeit sind in jede andere Energieform umwandelbar und bestehen somit aus reiner Exergie. Dies lässt sich auch für die kinetische und potenzielle Energie in einer ruhenden Umgebung der Höhe $z_u = 0$ zeigen. Von der Volumenänderungsarbeit W_{12}^{V} eines Systems ist dagegen der an der Umgebung verrichtete Anteil $-p_u \Delta V$ nicht technisch nutzbar und muss als Anergie gerechnet werden. Damit ergibt sich für die Exergie und Anergie der Volumenänderungsarbeit

$$E_{W^V} = -\int_1^2 (p - p_u)\mathrm{d}V \,, \qquad (1\text{-}134)$$

$$B_{W^V} = -p_u(V_2 - V_1) \,. \qquad (1\text{-}135)$$

Die Exergie $\dot{E}_Q$ und Anergie $\dot{B}_Q$ eines Wärmestroms $\dot{Q}$ mit der thermodynamischen Mitteltemperatur T_m ist durch die Leistung und den Abwärmestrom einer reversiblen Wärmekraftmaschine gegeben. Nach (1-122) und (1-123) gilt

$$\dot{E}_Q = (1 - T_u/T_m)\dot{Q} \,, \qquad (1\text{-}136)$$

$$\dot{B}_Q = (T_u/T_m)\dot{Q} \,. \qquad (1\text{-}137)$$

Für $T_m < T_u$ ist $1 - T_u/T_m < 0$, sodass die zugehörige Exergie entgegengesetzt zur Wärme strömt.

Die Exergie einer Phase α mit der inneren Energie U^α findet man als maximale Nutzarbeit $(-W^n)_{max}$ eines Prozesses, der die Phase ins Gleichgewicht mit der Umgebung U bringt. In diesem Zustand besitzt das Gesamtsystem aus α und Umgebung nach dem zweiten Hauptsatz ein Minimum seiner inneren Energie und hat seine Arbeitsfähigkeit verloren. Aus den Bilanzen (1-96) und (1-104) für das zusammengesetzte System

$$\mathrm{d}W^n = \mathrm{d}U^\alpha + \mathrm{d}U^U \quad \text{und} \quad \mathrm{d}S^\alpha + \mathrm{d}S^U = \mathrm{d}S_{irr}$$

lässt sich die maximale Nutzarbeit berechnen, die bei einem reversiblen Prozess anfällt. Es folgt für die Exergie E^α und die Anergie B^α der Inneren Energie der Phase α:

$$E^\alpha = U_1^\alpha - U_u^\alpha - T_u(S_1^\alpha - S_u^\alpha) + p_u(V_1^\alpha - V_u^\alpha) \,, \qquad (1\text{-}138)$$

$$B^\alpha = U_u^\alpha + T_u(S_1^\alpha - S_u^\alpha) - p_u(V_1^\alpha - V_u^\alpha) \,. \qquad (1\text{-}139)$$

Der Index 1 bezieht sich auf den Anfangszustand, der Index u auf das Gleichgewicht der Phase α mit der Umgebung. Wird außer dem thermischen und mechanischen auch das stoffliche Gleichgewicht mit der Umgebung hergestellt, gilt

$$U_u^\alpha = \sum_{i=1}^{K} U_{iu}(n_i^\alpha) \,,$$

$$S_u^\alpha = \sum_{i=1}^{K} S_{iu}(n_i^\alpha) \qquad (1\text{-}140)$$

$$\text{und} \quad V_u^\alpha = \sum_{i=1}^{K} V_{iu}(n_i^\alpha) \,,$$

wobei X_{iu} die partiellen molaren Zustandsgrößen der Stoffe i in der Umgebung sind. Für isothermisobare Prozesse bei T_u und p_u wird (1-138) gleich der Abnahme der freien Enthalpie.

Die spezifische Exergie eines Stoffstroms $\dot{m}$ mit der spezifischen Enthalpie h und der spezifischen Entropie s lässt sich als maximale Nutzarbeit $(-w_t)_{max}$ einer stationären Maschine bestimmen, die den Stoffstrom ins Gleichgewicht mit der Umgebung setzt. Die Bilanzen (1-101) und (1-115) für das aus der Umgebung und der Maschine zusammengesetzte System

$$\mathrm{d}U^U/\mathrm{d}\tau = \dot{m}w_t + \dot{m}h \quad \text{und} \quad \mathrm{d}S^U/\mathrm{d}\tau = \dot{m}s + \dot{S}_{irr}$$

zeigen, dass die maximale Nutzarbeit von einer reversiblen Maschine geliefert wird, und ergeben für die spezifische Exergie e und die spezifische Anergie b der Enthalpie

$$e = h - h_u - T_u(s - s_u) \,, \qquad (1\text{-}141)$$

$$b = h_u + T_u(s - s_u) \,. \qquad (1\text{-}142)$$

Der Index u kennzeichnet wieder den Gleichgewichtszustand des Stoffstroms mit der Umgebung. Besteht neben dem thermischen und mechanischen auch stoffliches Gleichgewicht, ist analog zu (1-139)

$$h_\mathrm{u} = \sum_{i=1}^{K} H_{i\mathrm{u}}\xi_i/M_i \quad \text{und} \quad s_\mathrm{u} = \sum_{i=1}^{K} S_{i\mathrm{u}}\xi_i/M_i \quad (1\text{-}143)$$

zu setzen. Dabei sind ξ_i die Massenanteile der Komponenten i des Stoffstroms und M_i ihre Molmassen. Im Gegensatz zur Exergie der inneren Energie kann die Exergie der Enthalpie auch negativ werden, sodass Arbeit aufzuwenden ist, um den Stoffstrom in die Umgebung zu fördern. Wie Wärme bei Umgebungstemperatur sind die innere Energie einer Phase und die Enthalpie eines Stoffstroms im Gleichgewichtszustand mit der Umgebung reine Anergie.
Für Exergie und Anergie lassen sich Bilanzen der Form (1-88) aufstellen:

$$\mathrm{d}E/\mathrm{d}\tau = \sum_{\text{ein}} \dot{E}_\mathrm{e} - \sum_{\text{aus}} |\dot{E}_\mathrm{a}| - \dot{E}_\mathrm{v}\,, \quad (1\text{-}144)$$

$$\mathrm{d}B/\mathrm{d}\tau = \sum_{\text{ein}} \dot{B}_\mathrm{e} - \sum_{\text{aus}} |\dot{B}_\mathrm{a}| + \dot{E}_\mathrm{v}\,, \quad (1\text{-}145)$$

deren Summe den Energieerhaltungssatz ergibt. Der Exergieverluststrom $\dot{E}_\mathrm{v}$ ist stets positiv, denn aus dem Vergleich der Anergiebilanz mit der Entropiebilanz (1-115) für einen beliebigen Kontrollraum folgt

$$\dot{E}_\mathrm{v} = T_\mathrm{u}\dot{S}_\mathrm{irr} \geqq 0\,. \quad (1\text{-}146)$$

Alle Lebens- und Produktionsprozesse benötigen Exergie, die durch Entropieerzeugung unwiderbringlich in Anergie verwandelt wird. Diese Entwertung von Energie ist in der Sprache der Energiewirtschaft der Energieverbrauch. Exergiebilanzen zeigen, wo Exergie verloren geht, und bilden die Grundlage für die Definition exergetischer Wirkungsgrade [20].

2 Stoffmodelle

Für die praktische Anwendung der allgemeingültigen thermodynamischen Beziehungen fluider Phasen von Kapitel 1 müssen zusätzlich Stoffmodelle für die jeweils betrachteten Substanzen hinzugezogen werden. Diese individuellen Stoffmodelle werden durch Zustandsgleichungen bereitgestellt, die durch Messung von Zustandsgrößen, in Teilen ergänzt durch molekulartheoretische Berechnungen für die verschiedenen Substanzen abgeleitet werden. Das Zustandsverhalten einer fluiden Phase kann gemäß (1-15) durch eine Fundamentalgleichung der Form $U = U(S, V, n_i)$ oder deren Legendre-Transformierte vollständig beschrieben werden. Da nur für wenige Substanzen derartige Fundamentalgleichungen bekannt sind, vgl. Kapitel 2.1.4, werden vielfach einfach zu handhabende spezielle Zustandsgleichungen verwendet; die thermische Zustandsgleichung $p = p(T, V, n_i)$, die kalorische Zustandsgleichung $U = U(T, V, n_i)$ bzw. $H = H(T, p, n_i)$ und die Entropie-Zustandsgleichung z. B. in der Form $S = S(T, V, n_i)$, vgl. (1-16) bis (1-18) in Kapitel 1.2.1. Die thermische Zustandsgleichung ist von Bedeutung, da die thermischen Zustandsgrößen p, T und $v = V/m$ gut messbar sind und auf deren Basis das Realverhalten von Fluiden beschrieben werden kann. Die kalorischen Zustandsgleichungen sind zur Auswertung der Energiebilanzgleichung (1-98) bzw. (1-101) notwendig, die Entropie-Zustandsgleichung zur Auswertung der Entropiebilanzgleichung (1-115). Weder die Innere Energie U noch die Enthalpie H oder die Entropie S sind einer direkten Messung zugänglich, sie müssen über die entsprechenden Zustandsgleichungen anhand messbarer Zustandsgrößen, z. B. p und T, für den jeweiligen Zustand und das jeweilige Fluid berechnet werden.
Die Stoffmodelle für Gemische basieren auf den Zustandsgleichungen der beteiligten reinen Komponenten, die durch Mischungsregeln verknüpft und durch Korrekturterme ergänzt werden. Die Zustandsgleichungen für reine Stoffe basieren in der Regel auf dem theoretisch fundierten Modellfluid des idealen Gases, ergänzt mit Abweichungsfunktionen für das durch molekulare Wechselwirkungen bedingte Realverhalten.

2.1 Reine Stoffe

In Bild 2-1 ist die p, v, T-Zustandsfläche eines Reinstoffes dargestellt [1]. Es wird deutlich, dass bereits die thermische Zustandsgleichung für ein reales reines Fluid keine einfache analytische Funktion sein kann.
Im Grenzzustand niedriger Dichte verhalten sich reale Gase annähernd wie ein ideales Gas. Das ideale Gas ist ein Modellfluid, welches über besonders einfache,

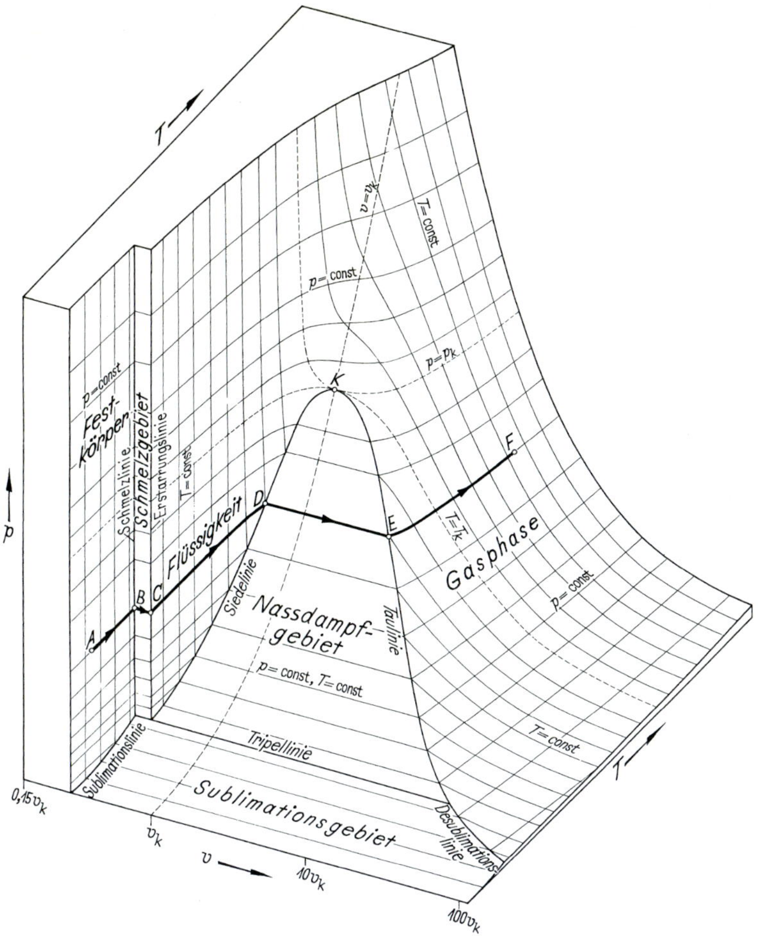

Bild 2-1. p, v, T-Fläche eines reinen Stoffes

theoretisch belastbare Zustandsgleichungen definiert ist. Analoges gilt für den Grenzzustand hoher Dichte, wo sich reale Stoffe annähernd wie ein inkompressibles Fluid verhalten.

2.1.1 Ideale Gase

Aus der Sicht der Statischen Mechanik, vgl. B 8, ist ein ideales Gas ein System punktförmiger Teilchen, die keine Kräfte aufeinander ausüben. Dieses Modell gibt das Grenzverhalten der Materie bei verschwindender Dichte wieder und kann näherungsweise auf Gase mit Drücken bis zu 1 MPa (10 bar) angewendet werden. Jedes reine ideale Gas genügt der thermischen Zustandsgleichung

$$pV = nR_\mathrm{m}T = mRT \tag{2-1}$$

$$\text{mit } R_\mathrm{m} = (8{,}314472 \pm 0{,}0000070\,\mathrm{J/(mol\cdot K)} \tag{2-2}$$

$$\text{und } R = R_\mathrm{m}/M\,. \tag{2-3}$$

Dabei ist R_m nach (1-79) die universelle und R die spezielle Gaskonstante; M ist die molare Masse des Gases. Die Zustandsgrößen des idealen Gases werden durch den Index iG gekennzeichnet. Im Normzustand mit $t_\mathrm{n} = 0\,°\mathrm{C}$ und $p_\mathrm{n} = 1{,}01325\,\mathrm{bar}$ beträgt das Molvolumen eines idealen Gases einheitlich $V_\mathrm{mn}^\mathrm{iG} = 22{,}41410\,\mathrm{m^3/kmol}$. Gleichungen für die Isothermen ($T = \mathrm{const}$), Isobaren ($p = \mathrm{const}$) und Isochoren ($v = \mathrm{const}$) eines idealen Gases lassen sich unmittelbar aus (2-1) ablesen, vgl. B 8.7. Aus $(\partial u/\partial v)_T(\partial p/\partial T)_v - p$ nach Tabelle 1-1 folgt mit (2-1)

$(\partial u/\partial v)_T = 0$, d. h. die kalorische Zustandsgleichung $u(T, v) = u^{iG}(T)$ für die spezifische innere Energie des idealen Gases ist eine reine Temperaturfunktion. Wegen $h = u + pv$ nach (1-41) überträgt sich diese Eigenschaft auf die kalorische Zustandsgleichung $h(T, p) = u^{iG}(T) + RT = h^{iG}(T)$ für die Enthalpie sowie auf die spezifischen Wärmen

$$c_v(T, v) = (\partial u/\partial T)_v = \mathrm{d}u^{iG}(T)/\mathrm{d}T = c_v^{iG}(T)\,, \quad (2\text{-}4)$$

$$c_p(T, p) = (\partial h/\partial T)_p = \mathrm{d}h^{iG}(T)/\mathrm{d}T = c_p^{iG}(T)\,, \quad (2\text{-}5)$$

$$\text{mit} \quad c_p^{iG}(T) - c_v^{iG}(T) = R\,, \quad (2\text{-}6)$$

vgl. (1-20), (1-47) und (1-54). Im Gegensatz zu (2-1) ist $c_v^{iG}(T)$ bzw. $c_p^{iG}(T)$ nach Bild 2-2 eine individuelle, von den molekularen Freiheitsgraden abhängige Eigenschaft jedes Gases. Für Edelgase ist $c_v^{iG} = (3/2)R$. Eine Näherungsgleichung zur Berechnung der spezifischen Wärmekapazität idealer Gase in Abhängigkeit von Temperatur lautet

$$c_p^{iG}(T) = \sum_{k=1}^{12} c_k (T/T^*)^{k-8}\,, \quad (2\text{-}7)$$

wobei die Koeffizienten c_k für einige Gase in Tabelle 2-1 angegeben sind. Die Bezugstemperatur ist $T^* = 1000\,\mathrm{K}$ [2]. Das Verhältnis der spezifischen Wärmekapazitäten,

$$\kappa(T) = c_p^{iG}(T)/c_p^{iG}(T)\,, \quad (2\text{-}8)$$

ist der Isentropenexponent des idealen Gases. Die Integration von (2-4) und (2-5) über die Temperatur liefert für die spezifische innere Energie und die spezifische Enthalpie des idealen Gases

$$u^{iG}(T) = u(T_0) + \int_{T_0}^{T} c_v^{iG}(T)\,\mathrm{d}T = u(T_0) + (h - h_0) - R(t - t_0)\,, \quad (2\text{-}9)$$

$$h^{iG}(T) = h(T_0) + \int_{T_0}^{T} c_p^{iG}(T)\,\mathrm{d}T = h(T_0) + \bar{c}_p^{iG}(t)t - \bar{c}_p^{iG}(t_0)t_0 \quad (2\text{-}10)$$

$$\text{mit} \quad \bar{c}_p^{iG}(t) \equiv (1/t)\int_0^t c_p^{iG}(t)\,\mathrm{d}t\,, \quad (2\text{-}11)$$

wobei t die Celsius-Temperatur bedeutet.
Zustandsgleichungen für die spezifische Entropie lassen sich unter Berücksichtigung der speziellen Eigenschaften (2-1), (2-4) und (2-5) idealer Gase durch Integration der Beziehungen

$$\mathrm{d}s = \mathrm{d}u/T + (p/T)\,\mathrm{d}v$$

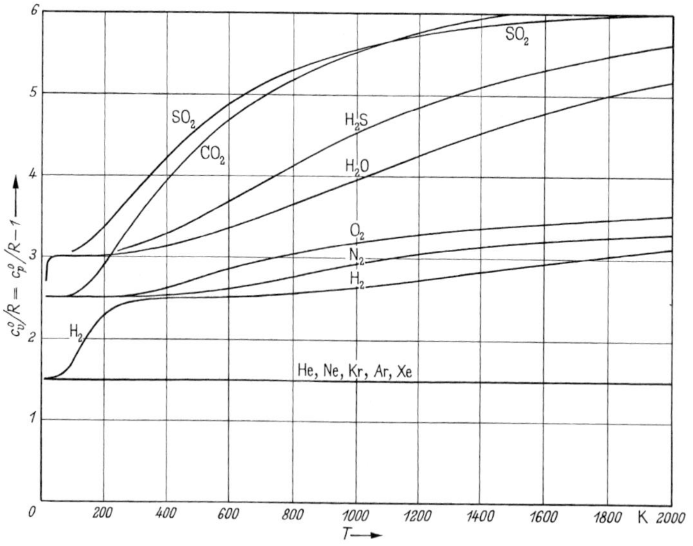

Bild 2-2. Verhältnis $c_v^{iG}/R = c_p^{iG}/R - 1$ für verschiedene ideale Gase als Funktion der Temperatur T [1]

Tabelle 2-1. Gaskonstante R, spezifische konventionelle (absolute) Entropie $s^{\square}$ im Standardzustand, Koeffizienten c_1 bis c_{12} der Gl.(2-7), der Koeffizient c_0 und d_0 in (2-17) bzw. (2-18) für fünf ideale Gase. Alle Angaben in kJ/kg K

	N_2	O_2	CO_2	H_2O	CH_4
R	0,296803	0,259837	0,188922	0,461523	0,518294
$s^{\square}$	6,83991	6,41124	4,8576	10,48192	11,6101
c_0	−1,376336638	−1,097473175	−1,120840650	3,759590061	−0,405923627
c_1	−0,0000797270	0,0000152385	−0,0000481280	0,0000685451	−0,000425411
c_2	0,0023227098	−0,0003952036	0,0013119490	−0,0024292033	0,010275063
c_3	−0,029183817	0,004000136	−0,015483339	0,035937090	−0,10429816
c_4	0,20640159	−0,01804445	0,10362701	−0,29186010	0,580986652
c_5	−0,89792462	0,01378745	−0,43314776	1,43739067	−1,9602634
c_6	2,4588600	0,2108220	1,1831570	−4,4771600	4,1914281645
c_7	−4,149474	−0,908682	−2,186309	8,965501	−5,4207437
c_8	5,082928	2,389091	3,292046	−9,730609	3,91323688
c_9	−2,102458	−0,909577	−0,963963	9,294361	5,7457815673
c_{10}	0,722736	0,375736	0,300080	−3,621326	−3,147775574
c_{11}	−0,1381195	−0,0721146	−0,0506986	0,7448079	0,8111713164
c_{12}	0,01126722	0,00535447	0,00361903	−0,06278425	−0,08104304
d_0	6,7561483	7,554335	5,301110	12,342754	7,1806396

und

$$\mathrm{d}s = \mathrm{d}h/T - (v/T)\,\mathrm{d}p \qquad \text{(2-12)}$$

gewinnen, die bei konstanter Zusammensetzung aus (1-37) und (1-41) folgen.
Das Ergebnis ist

$$s(T,v) = s(T_0,v_0) + \int_{T_0}^{T} \left(c_v^{iG}(T)/T\right) \mathrm{d}T + R\,\ln(v/v_0)\,, \qquad \text{(2-13)}$$

$$s(T,p) = s(T_0,p_0) + \int_{T_0}^{T} \left(c_p^{iG}(T)/T\right) \mathrm{d}T - R\,\ln(p/p_0)\,, \qquad \text{(2-14)}$$

$$= s^{iG}(T) - R\ln(p/p_0)\,, \qquad \text{(2-15)}$$

$$\text{mit} \quad s^{iG}(T) \equiv s_0 + \int_{T_0}^{T} \left(c_p^{iG}(T)/T\right) \mathrm{d}T\,. \qquad \text{(2-16)}$$

Für die in der Tabelle 2-1 aufgeführten Gase kann die spezifische Enthalpie im idealen Gaszustand gemäß

$$h^{iG}(T) = T^* \left[c_0 + c_7 \ln(T/T^*) + \sum_{\substack{k=1\\k\neq 7}}^{12} \frac{c_k}{k-7} (T/T^*)^{k-7} \right] \qquad \text{(2-17)}$$

und die Temperaturfunktion der spezifischen Entropie gemäß

$$s^{iG}(T) = d_0 + c_8 \ln(T/T^*) + \sum_{\substack{k=1\\k\neq 8}}^{12} \frac{c_k}{k-8} (T/T^*)^{k-8} \qquad \text{(2-18)}$$

berechnet werden. Die Integrationskonstante c_0 wurde so bestimmt, dass die spezifische Enthalpie $h^{iG}(T)$ für $T = 273{,}15\,\mathrm{K}$ ($t = 0\,°\mathrm{C}$) gleich null wird. Die Integrationskonstante d_0 für die spezifische Entropie $s^{iG}(T)$ wurde so angepasst, dass bei der thermochemischen Standardtemperatur $T_0 = 298{,}15\,\mathrm{K}$ ($t = 25\,°\mathrm{C}$) der Wert der spezifischen Standardentropie $s^{\square}$ erreicht wird. Für die technisch wichtigen Gase Luft (trocken) und Wasser (gasförmig) sind diese Werte für den idealen Gaszustand in Tabelle 2-2 als Funktion der Temperatur zusammengestellt [2].

Tabelle 2-2. Die spez. Wärmekapazität c_p^{iG} in kJ/kg K, die spez. Enthalpie h^{iG} in kJ/kg sowie die spez. Entropie s^{iG} in kJ/kg K als Funktion der Celsius-Temperatur [57]. Bezugswerte siehe Text

	$c_p^{iG}(t)$		$h^{iG}(t)$		$s^{iG}(t)$	
t in °C	Luft	H_2O	Luft	H_2O	Luft	H_2O
−50	1,0026	1,8515	−50,1543	−92,7405	6,5736	9,9439
−25	1,0030	1,8546	−25,0838	−46,4171	6,6801	10,1407
0	1,0037	1,8589	0,0000	0,0000	6,7764	10,3189
25	1,0047	1,8644	25,1046	46,5385	6,8644	10,4819
50	1,0061	1,8713	50,2396	93,2318	6,9453	10,6323
75	1,0080	1,8799	75,4158	140,1187	7,0203	10,7721
100	1,0104	1,8899	100,6447	187,2375	7,0903	10,9028
125	1,0132	1,9011	125,9383	234,6222	7,1559	11,0257
150	1,0165	1,9134	151,3088	282,3012	7,2177	11,1418
175	1,0203	1,9264	176,7682	330,2973	7,2762	11,2520
200	1,0245	1,9401	202,3277	378,6283	7,3317	11,3569
225	1,0292	1,9544	227,9979	427,3087	7,3846	11,4572
250	1,0341	1,9690	253,7882	476,3500	7,4351	11,5533
275	1,0394	1,9840	279,7066	525,7622	7,4835	11,6455
300	1,0449	1,9993	305,7600	575,5536	7,5299	11,7343
350	1,0565	2,0309	358,2924	676,3042	7,6178	11,9029
400	1,0685	2,0634	411,4147	778,6567	7,6998	12,0608
450	1,0805	2,0969	465,1390	882,6594	7,7768	12,2098
500	1,0924	2,1311	519,4636	988,3551	7,8494	12,3512
550	1,1040	2,1660	574,3766	1095,7795	7,9182	12,4858
600	1,1152	2,2013	629,8588	1204,9605	7,9837	12,6145
650	1,1258	2,2370	685,8863	1315,9172	8,0461	12,7381
700	1,1359	2,2727	742,4321	1428,6595	8,1057	12,8570
750	1,1454	2,3084	799,4680	1543,1880	8,1629	12,9718
800	1,1544	2,3438	856,9655	1659,4948	8,2177	13,0828
900	1,1706	2,4133	973,2336	1897,3706	8,3213	13,2937

Ist $c_p^{iG}(T)$ in einem Temperaturbereich näherungsweise konstant, kann die Entropie nach (2-12) und (2-6) auch in der Form

$$s = s_0 + c_v^{iG} \ln(p/p_0) + c_p^{iG} \ln(v/v_0) \qquad (2\text{-}19)$$

dargestellt werden. Die Isentropengleichungen eines idealen Gases, welche Zustandsänderungen bei konstanter Entropie s = const beschreiben, folgen unmittelbar aus (2-13), (2-14) und (2-19). Bei konstanter spezifischer Wärmekapazität lauten sie

$$T/T_0 = (p/p_0)^{R/c_p^{iG}} = (p/p_0)^{\kappa-1/\kappa} \qquad (2\text{-}20)$$

sowie

$$p/p_0 = (v_0/v)^{c_p^{iG}/c_v^{iG}} = (v_0/v)^{\kappa} \qquad (2\text{-}21)$$

mit dem Isentropenexponenten $\kappa(T) = c_p^{iG}(T)/c_v^{iG}(T)$, vgl. (2-8). Die isentrope Enthalpiedifferenz

$$\Delta h_s \equiv h(p_2, s_1) - h(p_1, s_1) = \int_1^2 v(p, s_1)\,\mathrm{d}p\,, \qquad (2\text{-}22)$$

lässt sich bei näherungsweiser konstanten Wärmekapazität zu

$$\Delta h_s = \frac{\kappa}{\kappa-1} R T_1 \left[(p_2/p_1)^{(\kappa-1)/\kappa} - 1\right] \qquad (2\text{-}23)$$

bestimmen.

Für das chemische Potenzial eines reinen idealen Gases folgt aus (1-9) mit (1-46)

$$\mu^{iG}(T, p) = \left(\frac{\partial U^{iG}}{\partial n}\right)_{s,v} = \left(\frac{\partial G^{iG}}{\partial n}\right)_{T,p}$$
$$= \mu^{iG}(T) + R_m T \ln(p/p_0) \,. \qquad (2\text{-}24)$$

Dabei ist $\mu^{iG}(T)$ das chemische Potenzial beim Standarddruck p_0 und der Temperatur T, in das über die molare isobare Wärmekapazität $C_{p,\mathrm{m}}$ die individuellen Stoffeigenschaften eingehen

$$\mu^{iG}(T) = \mu_0^{iG}(T_0, p_0) + \int_{T_0}^{T} C_{p,\mathrm{m}}^{iG}(T)\,\mathrm{d}T - T\int_{T_0}^{T} \frac{C_{p,m}^{iG}(T)}{T}\,\mathrm{d}T \qquad (2\text{-}25)$$

und

$$\mu_0^{iG}(T_0, p_0) = H_{0,\mathrm{m}}^{iG}(T_0) - T_0 \cdot S_{0,\mathrm{m}}^{iG}(T_0, p_0) \,.$$

2.1.2 Inkompressible Fluide

Neben dem Modellfluid des idealen Gases kann ein weiteres vereinfachtes Stoffmodell eingeführt werden. In begrenzten Temperatur- und Druckbereichen haben Flüssigkeiten näherungsweise konstante Dichte ρ und folgen der thermischen Zustandsgleichung

$$v(T, p) = v_0 = 1/\rho_0 = \mathrm{const} \,. \qquad (2\text{-}26)$$

Dies führt nach Tabelle 1-1 zu $(\partial s/\partial p)_T = 0$, d. h., die spezifische Entropie s und die spezifische Wärmekapazität $c_p(T, p) = c(T)$ des inkompressiblen Fluids hängen allein von der Temperatur ab. Innerhalb des Gültigkeitsbereichs von (2-26) ist es zulässig, $c(T) = c = \mathrm{const}$ zu setzen. Dann folgt mit $\mathrm{d}u = \mathrm{d}h - v\mathrm{d}p - p\mathrm{d}v$ nach (1-41) und $\mathrm{d}h = c\,\mathrm{d}T + v_0\,\mathrm{d}p$ nach Tabelle 1-1 sowie durch Integration für die innere Energie und die Enthalpie

$$u = u_0 + c(T - T_0) \,, \qquad (2\text{-}27)$$
$$h = h_0 + c(T - T_0) + v_0(p - p_0) \,. \qquad (2\text{-}28)$$

Wegen $c_v = (\partial u/\partial T)_v = c$ besitzt das inkompressible Fluid nur eine einzige spezifische Wärmekapazität $c_p = c_v = c$. Für die Entropie findet man aus $\mathrm{d}s = (c/T)\mathrm{d}T$ nach Tabelle 1-1

$$s = s_0 + c\ln(T/T_0) \,, \qquad (2\text{-}29)$$

und die in (2-22) definierte isentrope Enthalpiedifferenz wird

$$\Delta h_s = v_0(p_2 - p_1) \,. \qquad (2\text{-}30)$$

Der Herleitung entsprechend gelten (2-26) bis (2-29) auch für Gemische, wenn für die Parameter c und v_0 die entsprechenden Gemischgrößen eingesetzt werden.

2.1.3 Reale Fluide

Die vorgehend beschriebenen einfachen Stoffmodelle sind nur für eingeschränkte Zustandsbereiche näherungsweise gültig. Der sinnvolle Anwendungsbereich der thermischen Zustandsgleichung des idealen Gases kann durch eine Reihenentwicklung erweitert werden. Diese führt auf die theoretisch begründete Virialzustandsgleichung, welche man durch die Reihenentwicklung des Realgasfaktors

$$z := \frac{p \cdot v}{R \cdot T} = \frac{p \cdot V_\mathrm{m}}{R_\mathrm{m} \cdot T} \qquad (2\text{-}31)$$

nach der Stoffmengenkonzentration $\bar{c} = 1/V_\mathrm{m}$

$$z = 1 + B(T)/V_\mathrm{m} + C(T)/V_\mathrm{m}^2 + \ldots \qquad (2\text{-}32)$$

bzw. nach dem Druck

$$z = 1 + B'(T)p + C'(T)p^2 + \ldots \qquad (2\text{-}33)$$

erhält. Die stoffabhängigen Temperaturfunktionen $B(T)$ und $B'(T)$ heißen zweite, $C(T)$ und $C'(T)$ dritte Virialkoeffizienten. Beide Koeffizientensätze sind ineinander umrechenbar; insbesondere ist [8]

$$B' = B/(R_\mathrm{m}T) \quad \text{und}$$
$$C' = (C - B^2)/(R_{\mathrm{m}\mathrm{T}})^2 \,. \qquad (2\text{-}34)$$

Die Größen B und C lassen sich anhand gemessener p, v, T-Daten auf einer Isotherme

$$B = \lim_{\bar{c}\to 0}[(z - 1)V_\mathrm{m}]_T \qquad (2\text{-}35)$$
$$C = \lim_{\bar{c}\to 0}\left[(z - 1 - B/V_\mathrm{m})V_\mathrm{m}^2\right]_T \qquad (2\text{-}36)$$

bestimmen. Werte für den zweiten Virialkoeffizienten einzelner Gase sind in [10] zusammengestellt. Für nicht stark polare und nicht assoziierende oder dimerisierende Stoffe wurde von Tsonopoulos [11] die

Tabelle 2-3. Temperatur T_k, Druck p_k, Molvolumen V_{mk} und Realgasfaktor z_k im kritischen Zustand sowie azentrischer Faktor ω ausgewählter Substanzen [6], [21]

	T_k/K	p_k/MPa	$V_{mk}/(dm^3/mol)$	z_k	ω
Einfache Gase					
Argon Ar	150,8	4,87	0,0749	0,291	0,0
Brom Br_2	584	10,3	0,127	0,270	0,132
Chlor Cl_2	417	7,7	0,124	0,275	0,073
Helium ^4He	5,2	0,227	0,0573	0,301	−0,387
Wasserstoff H_2	33,1	1,31	0,0650	0,305	−0,22
Krypton Kr	209,4	5,50	0,0912	0,288	0,0
Neon Ne	44,4	2,76	0,0417	0,311	0,0
Stickstoff N_2	126,3	3,40	0,0895	0,290	0,036
Sauerstoff O_2	154,6	5,04	0,0734	0,288	0,023
Xenon Xe	289,7	5,84	0,118	0,286	0,0
Verschiedene anorganische Substanzen					
Ammoniak NH_3	405,6	11,28	0,0725	0,242	0,250
Kohlendioxid CO_2	304,3	7,38	0,0940	0,274	0,224
Schwefelkohlenstoff CS_2	552	7,9	0,170	0,293	0,115
Kohlenmonoxid CO	132,9	3,50	0,0931	0,295	0,048
Tetrachlorkohlenstoff CCl_4	556,4	4,56	0,276	0,272	0,194
Chloroform $CHCl_3$	536,4	5,5	0,239	0,293	0,216
Hydrazin N_2H_4	653	14,7	0,0961	0,260	0,328
Chlorwasserstoff HCl	324,6	8,3	0,081	0,249	0,12
Cyanwasserstoff HCN	456,8	5,39	0,139	0,197	0,407
Schwefelwasserstoff H_2S	373,2	8,94	0,0985	0,284	0,100
Stickstoffoxid NO	180	6,5	0,058	0,25	0,607
Distickstoffoxid N_2O	309,6	7,24	0,0974	0,274	0,160
Schwefeldioxid SO_2	430,8	7,88	0,122	0,268	0,251
Schwefeltrioxid SO_3	491,0	8,2	0,130	0,26	0,41
Wasser H_2O	647,1	22,06	0,056	0,229	0,345
Verschiedene organische Substanzen					
Methan CH_4	190,6	4,60	0,099	0,288	0,012
Ethan C_2H_6	305,4	4,88	0,148	0,285	0,099
Propan C_3H_8	369,8	4,25	0,203	0,281	0,152
n-Butan C_4H_{10}	425,1	3,80	0,255	0,274	0,200
Isobutan C_4H_{10}	408,1	3,65	0,263	0,283	0,176
n-Pentan C_5H_{12}	469,6	3,37	0,304	0,262	0,251
Isopentan C_5H_{12}	460,4	3,38	0,306	0,271	0,227
Neopentan C_5H_{12}	433,8	3,20	0,303	0,269	0,197
n-Hexan C_6H_{14}	507,4	2,97	0,370	0,260	0,301
n-Heptan C_7H_{16}	540,2	2,74	0,432	0,263	0,351
n-Oktan C_8H_{18}	568,8	2,48	0,492	0,259	0,398
Ethylen C_2H_4	282,4	5,04	0,129	0,276	0,085
Propylen C_3H_6	365,0	4,62	0,181	0,275	0,148
1-Buten C_4H_8	419,6	4,02	0,240	0,277	0,187
1-Penten C_5H_{10}	464,7	4,05	0,300	0,31	0,245
Essigsäure CH_3COOH	594,4	5,79	0,171	0,200	0,454
Aceton CH_3COCH_3	508,1	4,70	0,209	0,232	0,309
Acetonitril CH_3CN	547,9	4,83	0,173	0,184	0,321
Acetylen C_2H_2	308,3	6,14	0,113	0,271	0,184

Tabelle 2-3. Fortsetzung

	T_k/K	p_k/MPa	$V_{mk}/(dm^3/mol)$	z_k	ω
Benzol C_6H_6	562,1	4,89	0,259	0,271	0,212
1,3-Butadien C_4H_6	425,0	4,33	0,221	0,270	0,195
Chlorbenzol C_6H_5Cl	632,4	4,52	0,308	0,265	0,249
Cyclohexan C_6H_{12}	553,4	4,07	0,308	0,273	0,213
Diethylether $C_2H_5OC_2H_5$	466,7	3,64	0,280	0,262	0,281
Ethanol C_2H_5OH	516,2	6,38	0,167	0,248	0,635
Ethylenoxid C_2H_4O	469	7,19	0,140	0,258	0,200
Methanol CH_3OH	512,6	8,10	0,118	0,224	0,559
Methylchlorid CH_3Cl	416,3	6,68	0,139	0,268	0,156
Methylethylketon $CH_3COC_2H_5$	535,6	4,15	0,267	0,249	0,329
Toluol $C_6H_5CH_3$	591,7	4,11	0,316	0,264	0,257
Monochlordifluormethan (R22) $CHClF_2$	369,3	4,989	0,166	0,270	0,220
Tetrafluorethan (R134a) CF_3CH_2F	374,2	4,056	0,197	0,257	0,327

nach dem Korrespondenzprinzip generalisierte Darstellung

$$B \cdot p_k/(R_m T_k) = f^{(0)}(T_r) + \omega f^{(1)}(T_r) \qquad (2\text{-}37)$$

$$\text{mit} \quad f^{(0)} = 0{,}1445 - 0{,}330/T_r - 0{,}1385/T_r^2 - 0{,}0121/T_r^3 - 0{,}000607/T_r^8 \qquad (2\text{-}38)$$

$$\text{und} \quad f_1^{(0)} = 0{,}0637 + 0{,}331/T_r^2 - 0{,}423/T_r^3 - 0{,}008/T_r^8 \qquad (2\text{-}39)$$

gefunden. Neben den kritischen Größen p_k und T_k tritt hier als weiterer stoffspezifischer Parameter der azentrische Faktor nach Pitzer [4]

$$\omega = -\lg\left[p_s(T_r = 0{,}7)/p_k\right] - 1$$

auf. Beschränkt man sich auf Gaszustände bis zur halben kritischen Dichte, darf die Virialentwicklung nach dem 2. Glied abgebrochen werden. Aus (2-31) und (2-32) folgt dann die nach dem Druck und Molvolumen auflösbare Beziehung

$$pV_m = R_m T + Bp\,. \qquad (2\text{-}40)$$

Das sehr einfache Modell des inkompressiblen Fluids aus Kapitel 2.1.2 kann durch den in T und p linearen Ansatz

$$v(T, p) = v_0\left[1 + \beta_0(T - T_0) - {}_0(p - p_0)\right] \qquad (2\text{-}41)$$

erweitert werden. Hierbei sind β_0 und ${}_0$ die Werte des Volumen-Ausdehnungskoeffizienten bzw. des isothermen Kompressibilitätskoeffizienten

$$\beta_0 := \frac{1}{v}\left(\frac{\partial v}{\partial T}\right)_p \; ; \quad {}_0 := -\frac{1}{v}\left(\frac{\partial v}{\partial p}\right)_T \qquad (2\text{-}42)$$

in dem durch den Index 0 gekennzeichneten, frei wählbaren Bezugszustand. Werte von β_0 und ${}_0$ sind z. B. im Tabellenwerk Landolt-Börnstein [58] enthalten.

Thermische Zustandsgleichungen, die das ganze fluide Zustandsgebiet einschließlich der hier möglichen Aufspaltung in eine flüssige und eine dampfförmige Phase (Nassdampfgebiet in Bild 2-1) beschreiben können, müssen nach Kapitel 1.3.3 bereichsweise auch $(\partial p/\partial v)_T > 0$ zulassen.

Die halbempirischen sogenannten kubischen Zustandsgleichungen fassen die Reihenglieder von (2-32) in wenigen Termen zusammen. Praktisch bewährt hat sich für unpolare und schwach polare Stoffe die Gleichung von Redlich-Kwong-Soave [16]

$$p = R_m T/(V_m - b) - a/[V_m(V_m + b)] \qquad (2\text{-}43)$$

$$\text{mit} \quad a = a_k \alpha(T_r, \omega)\,, \qquad (2\text{-}44)$$

$$\alpha = \left[1 + \bar{m}\left(1 - T_r^{0,5}\right)\right]^2 \qquad (2\text{-}45)$$

$$\text{und} \quad \bar{m} = 0{,}480 + 1{,}574\,\omega - 0{,}176\,\omega^2\,, \qquad (2\text{-}46)$$

in der $a(T_r = 1) = a_k$ ist. Die Koeffizienten a_k und b sind aus der Bedingung zu ermitteln, dass die kritische Isotherme im kritischen Punkt eine horizontale Wendetangente besitzt, vgl. Bild 1-2 unten. Die Auswertung von (1-74) und (2-43) am kritischen Punkt [17] liefert für das kritische molare Volumen

$$V_{\mathrm{mk}} = (1/3)R_{\mathrm{m}}T_{\mathrm{k}}/p_{\mathrm{k}} \quad (2\text{-}47)$$

und für die beiden Koeffizienten

$$a_{\mathrm{k}} = (1/9)R_m^2 T_{\mathrm{k}}^2/(b_{\mathrm{r}}p_{\mathrm{k}}) = V_{\mathrm{mk}}^2 p_{\mathrm{k}}/b_{\mathrm{r}} \quad (2\text{-}48)$$

$$b = (1/3)b_{\mathrm{r}}R_{\mathrm{m}}T_{\mathrm{k}}/p_{\mathrm{k}} = b_{\mathrm{r}}V_{\mathrm{mk}} \quad (2\text{-}49)$$

$$\text{mit} \quad b_{\mathrm{r}} = 2^{1/3} - 1 = 0{,}2599\,, \quad (2\text{-}50)$$

die sämtlich durch Vorgabe von p_{k} und T_{k} festgelegt sind. Mit diesem Ergebnis lässt sich (2-43) in eine dimensionslose Form bringen, sodass das Korrespondenzprinzip erfüllt ist. Eine äquivalente Schreibweise ist die kubische Gleichung

$$v_{\mathrm{r}}^3 - 3(T_{\mathrm{r}}/p_{\mathrm{r}})v_{\mathrm{r}}^2 + [(\alpha - 3T_{\mathrm{r}}b_{\mathrm{r}}^2)/(b_{\mathrm{r}}p_{\mathrm{r}}) - b_{\mathrm{r}}^2]v_{\mathrm{r}} - \alpha/p_{\mathrm{r}} = 0\,, \quad (2\text{-}51)$$

aus der bei gegebenen Werten von p_{r} und T_{r} das reduzierte Volumen $v_{\mathrm{r}} = v/v_{\mathrm{k}} = V_{\mathrm{m}}/V_{\mathrm{mk}}$ ohne Iteration mithilfe der Cardanischen Formeln [18] zu berechnen ist. Vergleichbar mit dem unteren Teil von Bild 1-2 erhält man für $T < T_{\mathrm{k}}$ drei reelle Wurzeln, von denen die größte dem gasförmigen Zustand und die kleinste dem flüssigen Zustand zuzuordnen ist, während die mittlere zu einem instabilen, unphysikalischen Zustand gehört. Die größten Fehler in der Vorhersage des reduzierten Volumens treten im Flüssigkeitsgebiet auf und betragen bis zu 10%. Dieser Fehler kann durch eine Volumentranslation nach Peneloux [59] vermindert werden. Hierbei wird das mit der kubischen Zustandsgleichung berechnete molare Volumen durch eine Konstante c korrigiert:

$$V_{\mathrm{m}} = V_{\mathrm{m,kZG}} - c\,.$$

Der Korrekturfaktor kann durch

$$c = 0{,}40768\,(0{,}29441 - Z_{\mathrm{RA}})\frac{R_{\mathrm{m}}T_{\mathrm{k}}}{p_{\mathrm{k}}}$$

und dem Rackett-Kompressibilitätsfaktor

$$Z_{\mathrm{RA}} \simeq 0{,}29056 - 0{,}08775\,\omega$$

angenähert werden. Weitere thermische Zustandsgleichungen werden in [60] diskutiert.

Die kalorischen Zustandsgrößen x realer Fluide, speziell die spezifische innere Energie u, Enthalpie h und Entropie s, lassen sich aus einem Beitrag x^{iG} des hypothetischen idealen Gases bei den Werten der Variablen (T, v) bzw. (T, p) des Fluids und einem Realanteil $\Delta x^{\mathrm{R}v}$ bzw. $\Delta x^{\mathrm{R}p}$ zusammensetzen

$$x(T, v) = x^{\mathrm{iG}}(T, v) + \Delta x^{\mathrm{R}v}(T, v)\,, \quad (2\text{-}52)$$

$$x(T, p) = x^{\mathrm{iG}}(T, p) + \Delta x^{\mathrm{R}p}(T, p)\,. \quad (2\text{-}53)$$

Der Beitrag des idealen Gases ist dabei durch (2-9), (2-10), (2-13) und (2-14) gegeben. Zu beachten ist, dass für einen Zustand im Allgemeinen $x^{\mathrm{iG}}(T, v) = x^{\mathrm{iG}}(T, p^{\mathrm{iG}} = RT/v) \neq x^{\mathrm{iG}}(T, p)$ ist, weil das reale Fluid die thermische Zustandsgleichung des idealen Gases nicht erfüllt. Für die Realanteile gilt

$$\Delta x^{\mathrm{R}v}(T, v) = (x - x^{\mathrm{iG}})_{T, v=\infty} + \int_{\infty}^{v} [\partial(x - x^{\mathrm{iG}})/\partial v]_T \,\mathrm{d}v\,, \quad (2\text{-}54)$$

$$\Delta x^{\mathrm{R}p}(T, p) = (x - x^{\mathrm{iG}})_{T, p=0} + \int_{0}^{p} [\partial(x - x^{\mathrm{iG}})/\partial p]_T \,\mathrm{d}p\,. \quad (2\text{-}55)$$

Da sich jede Substanz bei $v = \infty$ bzw. $p = 0$ wie ein ideales Gas verhält, ist der erste Summand Null. Mit $(\partial x/\partial v)_T$ und $(\partial x/\partial p)_T$ nach Tabelle 1-1 und x^{iG} nach 2.1.1 folgt

$$\Delta u^{\mathrm{R}v}(T, v) = \int_{\infty}^{u} [T(\partial p/\partial T)_v - p]\,\mathrm{d}v\,, \quad (2\text{-}56)$$

$$\Delta h^{\mathrm{R}p}(T, p) = \int_{0}^{p} [v - T(\partial v/\partial T)_p]\,\mathrm{d}p\,, \quad (2\text{-}57)$$

$$\Delta s^{\mathrm{R}v}(T, v) = \int_{\infty}^{v} [(\partial p/\partial T)_v - R/v]\,\mathrm{d}v\,, \quad (2\text{-}58)$$

$$\Delta s^{\mathrm{R}p}(T, p) = \int_{0}^{p} [-(\partial v/\partial T)_p + R/p]\,\mathrm{d}p\,. \quad (2\text{-}59)$$

Aus der Definition (1-41) der Enthalpie ergibt sich

$$\Delta u^{\mathrm{R}p}(T, p) = \Delta h^{\mathrm{R}p}(T, p) - [pv(T, p) - RT]\,, \quad (2\text{-}60)$$

$$\Delta h^{\mathrm{R}v}(T, v) = \Delta u^{\mathrm{R}v}(T, v) + [vp(T, v) - RT]\,. \quad (2\text{-}61)$$

Bei einer druckexpliziten thermischen Zustandsgleichung sind die Variablen (T, v) anzuwenden; für die Variablen (T, p) werden volumenexplizite Zustandsgleichungen benötigt. Die Differenz der spezifischen inneren Energie, der spezifischen Enthalpie bzw. der spezifischen Entropie zwischen zwei gegebenen Zustandspunkten 1 und 2 eines Reinstoffes erhält man aus (2-56) bis (2-58) zu

$$u(T_2, v_2) - u(T_1, v_1) = \\ = \int_{T_1}^{T_2} c_v^{\mathrm{iG}}(T)\,\mathrm{d}T + \int_{\infty}^{v_2} \left[T\left(\frac{\partial p}{\partial T}\right)_v - p\right]_{T=T_2} \mathrm{d}v \\ - \int_{\infty}^{v_1} \left[T\left(\frac{\partial p}{\partial T}\right)_v - p\right]_{T=T_1} \mathrm{d}v \quad (2\text{-}62)$$

$$h(T_2, p_2) - h(T_1, p_1) = \\ = \int_{T_1}^{T_2} c_p^{\mathrm{iG}}(T)\,\mathrm{d}T + \int_{0}^{p_2} \left[v - T\left(\frac{\partial v}{\partial T}\right)_p\right]_{T=T_2} \mathrm{d}p \\ - \int_{0}^{p_1} \left[v - T\left(\frac{\partial v}{\partial T}\right)_p\right]_{T=T_1} \mathrm{d}p \quad (2\text{-}63)$$

$$s(T_2, p_2) - s(T_1, p_1) = \\ = \int_{T_1}^{T_2} \frac{c_p^{\mathrm{iG}}(T)}{T}\,\mathrm{d}T - \mathrm{R}\ln\left(\frac{p_2}{p_1}\right) \\ - \int_{0}^{p_2} \left[\left(\frac{\partial v}{\partial T}\right)_p - \frac{R}{p}\right]_{T=T_2} \mathrm{d}p \\ + \int_{0}^{p_1} \left[\left(\frac{\partial v}{\partial T}\right)_p - \frac{R}{p}\right]_{T=T_1} \mathrm{d}p\,. \quad (2\text{-}64)$$

Auf der Grundlage der spezifischen Wärme im idealen Gaszustand und einer thermischen Zustandsgleichung sind die Größen u, h und s realer Fluide nach (2-52), (2-53) und (2-56) bis (2-59) berechenbar. Die kalorischen Zustandsgrößen sind dabei nur bis auf eine Konstante bestimmt, die durch Vereinbarung festgelegt werden muss. Die Ergebnisse solcher Rechnungen sind für einige technisch wichtige Stoffe in sogenannten Dampftafeln, z. B. [12, 13, 21], niedergelegt.

Die in (2-22) definierte isentrope Enthalpiedifferenz lässt sich für reale Fluide mithilfe von Dampftafeln ermitteln. Die Enthalpie im Zustand 2 ist dabei zweckmäßig mit der Formel

$$h(p_2, s_1) = h(p_0, s_0) + v_0(p_2 - p_0) \\ + T_0(s_1 - s_0) \quad (2\text{-}65)$$

zu interpolieren, welche die Funktion $h(p, s)$ an einem geeigneten Gitterpunkt 0 der Dampftafel linearisiert.

Ein anderes Verfahren zur Berechnung von Δh_s geht von dem Isentropenexponenten

$$\gamma \equiv -(v/p)(\partial p/\partial v)_s \quad (2\text{-}66)$$

aus. Diese im Prinzip veränderliche Größe [24]

$$\gamma(T, v) = (v/p)[(T/c_v)(\partial p/\partial T)_v^2 - (\partial p/\partial v)_T] \quad (2\text{-}67)$$

$$\text{mit} \quad c_v(T, v) = c_v^{\mathrm{iG}}(T) + T\int_{\infty}^{v} (\partial^2 p/\partial T^2)_v \mathrm{d}v \quad (2\text{-}68)$$

oder

$$1/\gamma(T, p) = -(p/v)\left[(T/c_p)(\partial v/\partial T)_p^2 + (\partial v/\partial p)_T\right] \quad (2\text{-}69)$$

$$\text{mit} \quad c_p(T, p) = c_p^{\mathrm{iG}}(T) - T\int_{0}^{p} (\partial^2 v/\partial T^2)_p\,\mathrm{d}p\,, \quad (2\text{-}70)$$

die für ideale Gase $\gamma = \kappa\,(T)$ wird, ist in Bereichen des Gasgebietes näherungsweise konstant [25, 26]. Mit einem Mittelwert $\gamma = \text{const}$ folgt aus (2-66) die Isentropengleichung $p = p_0(v_0/v)^\gamma$, die für (2-22) in Verallgemeinerung von (2-23) die Lösung ergibt

$$\Delta h_s = \frac{\gamma}{\gamma - 1} RT_1[(p_2/p_1)^{(\gamma-1)/\gamma} - 1]\,. \quad (2\text{-}71)$$

Für das chemische Potenzial eines realen Fluids benutzt man in Analogie zu (2-24) den Ansatz

$$\mu(T, p) = \mu^{\mathrm{iG}}(T) + R_{\mathrm{m}}T\ln(f/p_0) \\ = \mu^{\mathrm{iG}}(T) + R_{\mathrm{m}}T\ln(p/p_0) + R_{\mathrm{m}}T\ln\varphi \quad (2\text{-}72)$$

$$\text{mit} \quad \varphi \equiv f/p \quad (2\text{-}73)$$

$$\text{und} \quad \lim_{p\to 0}\varphi = 1\,. \quad (2\text{-}74)$$

Die Größe $\mu^{\text{iG}}(T)$ ist dabei das chemische Potenzial des hypothetischen idealen Gases beim Standarddruck p_0 und der Temperatur T vgl. (2-25). Die durch (2-72) definierte Fugazität f des Fluids hat die Dimension eines Drucks und geht im Grenzfall $p \to 0$ in den Druck über. Der Fugazitätskoeffizient φ kennzeichnet als Realteil die Abweichung des chemischen Potenzials des realen Fluids von dem des idealen Gases. Differenziert man (2-72) bei $T = \text{const}$ unter Beachtung von (1-50) nach dem Druck und integriert das Ergebnis bei $T = \text{const}$ über diese Variable, so folgt

$$\ln\varphi = \int_0^p [V_\text{m}(T,\, p)/(R_\text{m}T) - 1/p]\,\text{d}p\,. \qquad (2\text{-}75)$$

Der Fugazitätskoeffizient ist danach aus einer volumenexpliziten Zustandsgleichung zu berechnen. Eine Variablentransformation von p nach V_m [27] bringt (2-75) in die Form

$$\ln\varphi = -\int_\infty^{V_\text{m}} [p(T,\, V_\text{m})/(R_\text{m}T) - 1/V_m]\text{d}\,V_\text{m} + z - 1 - \ln z\,, \qquad (2\text{-}76)$$

die sich mit einer druckexpliziten Zustandsgleichung und dem Realgasfaktor z auswerten lässt.

2.1.4 Fundamentalgleichungen

In Kap. 1.2 wurden Fundamentalgleichungen eingeführt, aus denen sich alle thermodynamischen Eigenschaften eines Fluides berechnen lassen und welche somit die Information der thermischen, kalorischen und entropischen Zustandsgleichung zusammenfassen. Diese Fundamentalgleichungen sind bei Reinstoffen in der ursprünglichen Formulierung eine Funktion der inneren Energie $U = U(V, S)$, vgl. (1-15). Diese lässt sich ohne Informationsverlust durch eine Legendre-Transformation z. B. in die freie Energie $F = U - T\,S = F(T, V)$, auch Helmholtz-Energie genannt, überführen, vgl. 1.2.3. Eine solche Fundamentalgleichung in der Formulierung der freien Energie F ist durch die gut messbaren Variablen T und V besser zu handhaben als eine entsprechende Fundamentalgleichung $U = U(V, S)$. Für ca. 50 verschiedene Stoffe sind inzwischen Fundamentalgleichungen in der freien Energie bekannt [12, 14, 15, 61], deren 15 bis ca. 60 stoffspezifischen Parameter an umfangreiche Meßdaten des jeweiligen Stoffes angepasst wurden.

Die spezifische Form dieser Gleichungen ist analog zu (2-52) grundsätzlich als Summe

$$f(v,\, T) = f^{\text{iG}}(v,\, T) + f^{\text{R}}(v,\, T) \qquad (2\text{-}77)$$

aus dem idealen Gasanteil f^{iG} und dem Realanteil f^{R} additiv zusammengesetzt. Aus (2-77) lassen sich alle weiteren thermodynamischen Zustandsgrößen wie z. B. der Druck

$$p = -(\partial f/\partial v)_T = \varrho^2\,(\partial f/\partial \varrho)_T \qquad (2\text{-}78)$$

berechnen. Die Gleichungen werden in der dimensionslosen Form

$$\frac{f\,(v,\, T)}{RT} = \varphi\,(\delta,\, \tau) = \varphi^{\text{iG}}\,(\delta, \tau) + \varphi^{R}\,(\delta,\, \tau) \qquad (2\text{-}79)$$

angegeben, wobei $\delta = v_k/v$ und $\tau = T_k/T$ die neuen dimensionslosen Variablen sind, welche sich aus dem spezifischen Volumen v und der Temperatur mit Hilfe der entsprechenden kritischen Größen ergeben. Die Berechnung weiterer thermodynamischer Zustandsgrößen aus der dimensionslosen freien Energie ist in Tabelle 2-4 zusammengefasst. Für φ^{iG} muss eine Funktion der spezifischen Wärmekapazität in Abhängigkeit der Temperatur $c_v^{\text{iG}}(T)$ bekannt sein, aus welcher sich durch Integration gemäß der Definition der freien Energie (1-42)

$$f^{iG}(T,\, v) = u_0^{iG} - T\,s_0^{iG} + \int_{T_0}^{T} c_v^{iG}(T)\text{d}T - T\int_{T_0}^{T} \frac{c_v^{\text{iG}}(T)}{T}\text{d}T + RT\ln\left(\frac{v_0}{v}\right) \qquad (2\text{-}80)$$

eine Funktion der Form

$$\varphi^{\text{iG}}(\tau,\, \delta) = C_0 + C_1\ln\tau + \sum_i C_i\tau^{t_i} + \ln\delta \qquad (2\text{-}81)$$

ergibt, wenn für die spezifische Wärmekapazität ein Polynom der Art (2-7) gewählt wird. Für den Realanteil der reduzierten freien Energie φ^{R} haben sich Ansätze der Form

$$\varphi^{\text{R}}(\tau,\, \delta) = \sum_i^{I_P} n_i\tau^{t_i}\delta^{d_i} + \sum_{i=I_p+1}^{I_p+I_e} n_i\tau^{t_i}\delta^{d_i}\exp\left(-\delta^{p_i}\right) \qquad (2\text{-}82)$$

Tabelle 2-4. Aus der reduzierten freien Energie $\varphi(\delta, \tau)$ abgeleitete Zustandsgrößen

Zustandsgrößen	*Berechnungsvorschrift*
$p(T, v) = -(\partial f/\partial v)_T$	$p = \frac{RT}{v}(1 + \varphi\varphi^r_\delta)$
$s(T, v) = -(\partial f/\partial T)_v$	$\frac{s}{R} = \tau\left(\varphi^{iG}_\tau + \varphi^r_\tau\right) - \varphi^{iG} - \varphi^r$
$u(T, v) = f + Ts$	$\frac{u}{RT} = \tau\left(\varphi^{iG}_\tau + \varphi^r_\tau\right)$
$c_v(T, v) = (\partial u/\partial T)_v$	$\frac{c_v}{R} = -\tau^2\left(\varphi^{iG}_{\tau\tau} + \varphi^r_{\tau\tau}\right)$
$h(T, v) = u + pv$	$\frac{h}{RT} = 1 + \tau\left(\varphi^{iG}_\tau + \varphi^r_\tau\right) + \delta\varphi^r_\delta$
$c_p(T, v) = (\partial h/\partial T)_p$	$\frac{c_p}{R} = -\tau^2\left(\varphi^{iG}_{\tau\tau} + \varphi^r_{\tau\tau}\right) + \frac{\left(1 + \delta\varphi^r_\delta - \delta_\tau\varphi^r_{\delta\tau}\right)^2}{1 + 2\delta\varphi^r_\delta + \delta^2\varphi^r_{\delta\delta}}$
$\omega(T, v) = \sqrt{\frac{1}{v^2}(\partial p/\partial v)_s}$	$\frac{\omega^2}{RT} = 1 + 2\delta\varphi^r_\delta + \delta^2\varphi^r_{\delta\delta} - \frac{\left(1 + \delta\varphi^r_\delta - \delta_\tau\varphi^r_{\delta\tau}\right)^2}{\tau^2\left(\varphi^{iG}_{\tau\tau} + \varphi^r_{\tau\tau}\right)}$
Sättigungszustand:	*gleichzeitiges Lösen von:*
$T' = T'' = T_s$	$\frac{p_s}{RT_s}(v'' - v') - \ln\frac{v''}{v'} = \varphi^r(\tau_s, \delta') - \varphi^r(\tau_s, \delta'')$
$p(T_s, v') = p(T_s, v'') = p_s$	$\delta'\left[1 + \delta'\varphi^r_\delta(\tau_s, \delta')\right] = \delta''\left[1 + \delta''\varphi^r_\delta(\tau_s, \delta'')\right]$
$\delta(T_s, v') + p_s v' = \delta(T_s, v'') + p_s v''$	

$$\varphi^r_\delta = \left(\frac{\partial\varphi^r}{\partial\delta}\right)_\tau; \quad \varphi^r_\tau = \left(\frac{\partial\varphi^r}{\partial\tau}\right)_\delta; \quad \varphi^r_{\delta\delta} = \left(\frac{\partial^2\varphi^r}{\partial\delta^2}\right)_\tau;$$

$$\varphi^r_{\tau\tau} = \left(\frac{\partial^2\varphi^r}{\partial\tau^2}\right)_\delta; \quad \varphi^r_{\delta\tau} = \left(\frac{\partial^2\varphi^r}{\partial\delta\,\partial\tau}\right)$$

δ' : reduziertes spezifisches Volumen auf der Siedelinie

δ'' : reduziertes spezifisches Volumen auf der Taulinie

bewährt. Dabei wird die geeignete, für den jeweiligs vorhandenen Satz an Meßdaten angepasste Kombination an Termen für (2-82) durch Strukturoptimierung und nichtlineare Parameteranpassung herausgearbeitet [15]. Ziel hierbei ist es, mit möglichst wenig Termen eine extrapolierbare Gleichung anzugeben, welche die Meßdaten im Rahmen der Meßgenauigkeit wiedergibt. Die bekannteste Gleichung dieser Art ist die Fundamentalgleichung für Wasser, welche in ihrer wissenschaftlichen Formulierung mit 56 Parametern den fluiden Zustandsbereich bis 1273 K und 1000 MPa darstellt [12]. Bei etwas reduzierten Ansprüchen an die Genauigkeit lassen sich mehrere Substanzen durch eine einheitliche Gleichungsstruktur mit einem stoffspezifischen Parametersatz angeben [61].

2.2 Gemische

Zur Beschreibung der Zustandsgrößen von Gemischen werden die Zustandsgleichungen der beteiligten reinen Komponenten durch Mischungsregeln verknüpft und durch Korrekturfunktionen ergänzt. Die Eigenschaften einer Komponente i im Gemisch, z. B. die partiellen molaren Größen, werden durch den Index i gekennzeichnet. Wird ausdrücklich auf die reine Komponente i Bezug genommen, wird der Index $0i$ verwendet.

2.2.1 Ideale Gasgemische

Dieses Modell beschreibt das Verhalten von gasförmigen Gemischen im Grenzzustand verschwindender Dichte. Nach einem Theorem von Gibbs [28] sind die innere Energie und die Entropie eines idealen Gasgemisches die Summe der entsprechenden Größen der reinen idealen Gase, aus denen das System zusammengesetzt ist, bei der Temperatur und dem Volumen der Mischung

$$U(T,\ V,\ m_i) = \sum_{i=1}^{k} U_{0i}(T,\ V,\ m_i) = \sum_{i=1}^{k} m_i u_{0i}^{\mathrm{iG}}(T)\ , \tag{2-83}$$

$$S(T,\ V,\ m_i) = \sum_{i=1}^{k} S_{0i}(T,\ V,\ m_i) = \sum_{i=1}^{k} m_i s_{0i}(T,\ V/m_i)\ . \tag{2-84}$$

Mithilfe von $p = T(\partial S/\partial V)_{U,m_i}$ nach (1-14) erhält man aus (2-83) und (2-84) für das Gemisch dieselbe thermische Zustandsgleichung wie für ein reines ideales Gas:

$$pV = nR_\mathrm{m}T = mRT\ . \tag{2-85}$$

Dabei sind

$$R \equiv \sum_i \bar{\xi}_i R_i = R_\mathrm{m}/M \quad \text{mit} \quad \bar{\xi}_i = m_i/m \tag{2-86}$$

und

$$M \equiv m/n = \sum_i x_i M_i \quad \text{mit} \quad x_i = n_i/n$$

$$\text{und} \quad \begin{cases} m = \sum_i m_i \\ n = \sum_i n_i \end{cases} \tag{2-87}$$

die spezielle Gaskonstante und die molare Masse des Gemisches. Aus (2-85) ergibt sich das Dalton'sche Gesetz. Danach ist der für beliebige Gemische definierte Partialdruck einer Komponente,

$$p_i \equiv x_i p\ , \tag{2-88}$$

in einem idealen Gasgemisch gleich dem Druck $p_{0i} = n_i R_\mathrm{m} T/V$ des reinen idealen Gases i bei der Temperatur T und dem Volumen V der Mischung.
Die spezifische innere Energie und Enthalpie idealer Gasgemische sind nach (2-83), (1-41) und (2-85) reine Temperaturfunktionen

$$u^{iGG} = \sum_{i=1}^{K} \bar{\xi}_i u_{0i}^{\mathrm{iG}}(T)\ , \tag{2-89}$$

$$h^{iGG} = \sum_{i=1}^{K} \bar{\xi}_i \left[u_{0i}^{\mathrm{iG}}(T) + R_i T\right] = \sum_{i=1}^{K} \bar{\xi}_i h_{0i}^{\mathrm{iG}}(T)\ . \tag{2-90}$$

Diese Eigenschaft geht beim Differenzieren nach der Temperatur, vgl. (1-20), (1-47) und (2-11), auf die spezifischen Wärmen über:

$$c_v^{iGG}(T) = \sum_{i=1}^{K} \bar{\xi}_i c_{v0i}^{\mathrm{iG}}(T)\ , \tag{2-91}$$

$$c_p^{iGG}(T) = \sum_{i=1}^{K} \bar{\xi}_i c_{p0i}^{\mathrm{iG}}(T) = c_v^{iGG}(T) + R\ , \tag{2-92}$$

$$\bar{c}_p^{iGG}(t) = \sum_{i=1}^{K} \bar{\xi}_i \bar{c}_{p0i}^{\mathrm{iG}}(t)\ . \tag{2-93}$$

Für die spezifische Entropie idealer Gasgemische folgt aus (2-84) und (2-85)

$$s^{iGG}(T,\ p) = \sum_{i=1}^{K} \bar{\xi}_i s_{0i}(T, p_i) = \sum_{i=1}^{K} \bar{\xi}_i s_{0i}(T, p) + \Delta s^\mathrm{M}\ . \tag{2-94}$$

Danach setzt sich die Entropie aus den Beiträgen der reinen Komponenten bei Druck und Temperatur des Gemisches und der stets positiven Mischungsentropie

$$\Delta s^\mathrm{M} = -R \sum_{i=1}^{K} x_i \ln x_i > 0 \tag{2-95}$$

zusammen, in der sich die Irreversibilität des isotherm-isobaren Mischens widerspiegelt. Da Δs^M nur von der Zusammensetzung abhängt, gelten für ideale Gasgemische konstanter Zusammensetzung (2-13) bis (2-16) für die Entropie und (2-22) für die isentrope Enthalpiedifferenz reiner idealer Gase weiter, wenn die Gemischgrößen R, c_p^{iGG}, c_v^{iGG}, und $\gamma = c_p^{iGG}/c_v^{iGG}$ eingesetzt werden.

Das chemische Potenzial einer Komponente i in einem idealen Gasgemisch ist nach (1-52) mit (2-90) und (2-94)

$$\mu_i^{iGG}(T,\,p,\,x_i) = \mu_{0i}^{iG}(T) + R_m T \ln(p_i/p_0) = \mu_{0i}^{iG}(T) + R_m T \ln(p/p_0) + R_m T \ln x_i \;, \qquad (2\text{-}96)$$

wobei $\mu_{0i}^{iG}(T)$ das chemische Potenzial des reinen idealen Gases i bei der Temperatur T und dem Standarddruck p_0 bedeutet, vgl. (2-25). Bemerkenswert ist, dass μ_i^{iGG} neben T und p nur vom Stoffmengenanteil x_i der Komponente i selbst abhängt.

2.2.2 Gas-Dampf-Gemische. Feuchte Luft

Ideale Gasgemische können neben Bestandteilen, die im betrachteten Temperaturbereich nicht kondensieren, eine als Dampf bezeichnete Komponente enthalten, die als reine flüssige oder feste Phase ausfallen kann. Man spricht dann von Gas-Dampf-Gemischen. Der Sättigungspartialdruck p_s des Dampfes D, d. h. seine Löslichkeit in der Gasphase, wird durch die Bedingungen des Phasengleichgewichts zwischen Gas und Kondensat bestimmt, vgl. 1.3.2. Wie die Rechnung zeigt [29], ist p_s in guter Näherung gleich dem für jede Temperatur durch das Maxwell-Kriterium (1-72) festgelegten Sättigungsdruck $p_{s0}(t)$ des reinen Stoffs D.

Gas-Dampf-Gemische heißen ungesättigt, solange für den Partialdruck $p_D < p_{s0}$ gilt, und gesättigt für $p_D = p_{s0}$; im letzteren Fall können sie Kondensat mitführen. Unter der Taupunkttemperatur T_T eines ungesättigten Gas-Dampf-Gemisches versteht man die Temperatur, auf die das Gemisch isobar abgekühlt werden kann, bis der erste Tautropfen ausfällt. Bei gegebenem Partialdruck p_D des Dampfes ergibt sich die Taupunkttemperatur aus der Bedingung

$$p_{s0}(T_T) = p_D \;. \qquad (2\text{-}97)$$

Das in den Anwendungen am häufigsten auftretende Gas-Dampf-Gemisch ist feuchte Luft. Ihre nicht kondensierenden Bestandteile werden als trockene Luft L zusammengefaßt, deren Zusammensetzung nach Tabelle 2-5 die molare Masse $M_L = 28{,}9647\,\text{kg/kmol}$ ergibt. Der Wasserdampf W mit der molaren Masse $M_W = 18{,}0153\,\text{kg/kmol}$ und dem Sättigungsdruck $p_{s0}(T)$ nach Tabelle 2-6 ist die Dampfkomponente der feuchten Luft.

Der Wasseranteil ungesättigter feuchter Luft lässt sich durch die absolute Feuchte

$$\varrho_W \equiv m_W/V = p_W/(R_W T) \qquad (2\text{-}98)$$

mit m_W als der Masse des Wassers beschreiben, das bei der Temperatur T im Gasvolumen V gelöst ist. Der Zusammenhang zwischen ϱ_W und dem Partialdruck p_W mit R_W als der speziellen Gaskonstante des Wassers beruht auf dem Dalton'schen Gesetz. Für eine gegebene Temperatur hat ϱ_W im Sättigungszustand den Maximalwert $\varrho_{W_s} = p_{s0}(T)/(R_W T)$. Der absoluten Feuchte zugeordnet ist die relative Feuchte

$$\varphi \equiv \varrho_W/\varrho_{W_s} = p_W/p_{s0}(T) \;, \qquad (2\text{-}99)$$

die bei Sättigung den größten Wert $\varphi_s = 1$ annimmt. Ein Maß für den Wassergehalt, das sich auf ungesättigte und gesättigte feuchte Luft einschließlich des mitgeführten Kondensats anwenden lässt, ist die *Wasserbeladung*

$$X \equiv m_W/m_L \;. \qquad (2\text{-}100)$$

Die Masse m_L der trockenen Luft ist dabei eine Bezugsgröße, die auch beim Austauen und Befeuchten konstant bleibt. Für ungesättigte feuchte Luft gilt nach dem Dalton'schen Gesetz

$$X = \frac{R_L}{R_W}\frac{p_W}{(p - p_W)} \quad \text{mit} \quad X \leqq X_s \;. \qquad (2\text{-}101)$$

Dabei sind R_W und R_L die speziellen Gaskonstanten, p_W und $p_L = p - p_W$ die Partialdrücke der Komponenten und p der Gesamtdruck. Überschreitet X die

Tabelle 2-5. Zusammensetzung trockener Luft in Stoffmengenanteilen x_i und Massenanteilen ξ_i [30]

Komponente i	Stoffmengenanteil x_i	Massenanteil ξ_i
Stickstoff N_2	0,78081	0,75515
Sauerstoff O_2	0,20947	0,23141
Argon Ar	0,00934	0,01288
Kohlendioxid CO_2	0,00036	0,00055
Neon Ne	0,00002	0,00001

Tabelle 2-6. Sättigungsdampfdruck p_{s0} von festem und flüssigem Wasser als Funktion der Celsiustemperatur t [62]

t in °C	p_{s0}/hPa
−50	0,0394
−40	0,1284
−30	0,3801
−20	1,0326
−10	2,5990
0,01	6,1166
10	12,282
20	23,393
30	42,470
40	73,849
50	123,52
60	199,46
70	312,01
80	474,14
90	701,82
100	1014,18

Beladung X_s der gesättigten Gasphase, siehe (2-101) mit $p_W = p_{s0}(T)$, enthält die feuchte Luft die Kondensatmenge $m_L(X - X_s)$ als Nebel oder Bodenkörper aus flüssigem Wasser oder Eis.
Das spezifische Volumen ungesättigter feuchter Luft ergibt sich aus dem Ansatz $p = p_L + p_W$ und den Partialdrücken p_L und p_W nach dem Dalton'schen Gesetz zu

$$v_{1+X} \equiv V/m_L = (1 + X)v = (R_L + XR_w)(T/p) \quad \text{mit} \quad X \leqq X_s \,. \tag{2-102}$$

Als Bezugsgröße wird dabei m_L verwendet; $v = V/(m_L + m_W)$ ist das gewöhnliche spezifische Volumen. Näherungsweise kann (2-102) mit $X = X_s$ auch für kondensathaltige feuchte Luft benutzt werden, wenn das Kondensatvolumen vernachlässigbar ist.
Die Enthalpie kondensathaltiger feuchter Luft addiert sich aus den Beiträgen der Phasen, wobei die Enthalpie des Gases nach (2-90) die Summe der Enthalpien der trockenen Luft und des Wasserdampfes ist und als ideales Gasgemisch nicht vom Druck abhängt. Mit m_L als Bezugsgröße erhält man für die spezifische Enthalpie des homogenen oder heterogenen Gemisches

$$h_{1+X} \equiv H/m_L = (1 + X)h \tag{2-103}$$

$$= \begin{cases} h_{0L} + Xh^g_{0W} & \text{für} \quad X < X_s \\ h_{0L} + X_s h^g_{0W} + (X - X_s)h^k_{0W} & \text{für} \quad X \geqq X_s \end{cases} \tag{2-104}$$

Hierin ist $h = H/(m_L + m_W)$ die gewöhnliche spezifische Enthalpie des Gemisches, während h_{0L}, h^g_{0W} und h^k_{0W} die spezifischen Enthalpien der trockenen Luft, des Wasserdampfes und des Kondensats bedeuten. Über die Enthalpiekonstanten wird so verfügt, dass die spezifischen Enthalpien von trockener Luft und flüssigem Wasser bei $t = 0\,°C$ null sind. Setzt man konstante spezifische Wärmekapazitäten voraus und vernachlässigt die Druckabhängigkeit der Kondensatenthalpie, so folgt [32]

$$h_{0L} = c^{iG}_{p0L} t = 1{,}0004\,\text{kJ/(kg K)} \cdot t \tag{2-105}$$

$$h^g_{0W} = r_0 + c^{iG}_{p0W} t = 2500\,\text{kJ/kg} + 1{,}86\,\text{kJ/(kg K)} \cdot t \tag{2-106}$$

$$h^k_{0W} = \begin{cases} c_{0W} t = 4{,}19\,\text{kJ/(kg K)} \cdot t \\ \text{für flüssiges Wasser} \\ -r_E + c_{0E} t = -333\,\text{kJ/kg} \\ \qquad +2{,}05\,\text{kJ/(kg K)} \cdot t \\ \text{für Eis}\,. \end{cases} \tag{2-107}$$

(2-108)

Dabei sind r_0 und r_E die Verdampfungs- und Schmelzenthalpien des Wassers bei 0 °C, vgl. 3.1; c_{p0L}, c_{p0W}, c_{0W} und c_{0E} sind die isobaren spezifischen Wärmekapazitäten der trockenen Luft, des Wasserdampfes, des flüssigen Wassers und des Eises. Die spezifische Enthalpie feuchter Luft kann auch aus Diagrammen [33] entnommen werden.

2.2.3 Reale Gemische

Das Zustandsverhalten realer fluider Gemische wird durch die intermolekularen Wechselwirkungen zwischen gleichartigen wie zusätzlich zwischen den unterschiedlichen Molekülen der beteiligten Komponenten geprägt. Hierbei kann zwischen Effekten aufgrund unterschiedlicher Molekülgrößen (entropische Effekte) und unterschiedlichen energetischen

Wechselwirkungen unterschieden werden. Gemische, bei denen nur Wechselwirkungen zwischen gleichartigen Molekülen berücksichtigt werden, heißen ideale Lösungen. Um die Eigenschaften fluider Gemische im gesamten Dichtebereich wiederzugeben, benötigt man eine geeignete thermische Zustandsgleichung oder eine Fundamentalgleichung für das Gemisch. Dabei geht man von einem einheitlichen Ansatz für die Zustandsgleichung des Gemisches und seiner realen Komponenten aus, siehe 2.1.3 bzw. 2.1.4. Die Koeffizienten der Gemischzustandsgleichung werden mithilfe von Mischungsregeln aus den Koeffizienten der reinen Stoffe und einigen Zusatzinformationen bestimmt. Theoretisch begründet [34] sind die Mischungsregeln der Virialgleichung (2-32)

$$B = \sum_{i=1}^{K}\sum_{j=1}^{K} x_i x_j B_{ij} ,$$

$$C = \sum_{i=1}^{K}\sum_{j=1}^{K}\sum_{k=1}^{K} x_i x_j x_k C_{ijk} , \quad \text{usw.} \qquad (2\text{-}109)$$

mit B, C, ... als den Virialkoeffizienten des Gemisches. Die Größen B_{ij}, C_{ijk}, ..., die nur von der Temperatur abhängen, sind für $i = j = k$ die Virialkoeffizienten der reinen Komponenten und andernfalls sog. Kreuzvirialkoeffizienten. Alle Indizes sind aufgrund der Symmetrie der molekularen Wechselwirkungen vertauschbar. Daten für den Kreuzvirialkoeffizienten $B_{ij} = B_{ji}$ vieler Gemische findet man in [10]. Eine Abschätzung erhält man aus (2-37) mit den Mischungsregeln [11]

$$T_{\mathrm{kij}} = (T_{ki} T_{kj})^{0,5}\,(1 - k_{ij}) , \qquad (2\text{-}110)$$

$$V_{\mathrm{m}kij} = \left[\left(V_{\mathrm{m}ki}^{1/3} + V_{\mathrm{m}kj}^{1/3}\right)/2\right]^3 , \qquad (2\text{-}111)$$

$$\omega_{ij} = (\omega_i + \omega_j)/2 , \qquad (2\text{-}112)$$

$$(z_0)_{\mathrm{kij}} = 0{,}291 - 0{,}08\omega_{ij} , \qquad (2\text{-}113)$$

$$p_{kij} = (z_0)_{kij} R_{\mathrm{m}} T_{kij} / V_{\mathrm{m}kij} . \qquad (2\text{-}114)$$

Nur für chemisch ähnliche Moleküle vergleichbarer Größe darf der binäre Parameter $k_{ij} = 0$ gesetzt werden.

Die kubische thermische Zustandsgleichung nach Redlich-Kwong-Soave (2-43) benutzt empirische Mischungsregeln [16] für die Gemischkoeffizienten a und b. Danach ist für Gemische aus nicht polaren oder schwach polaren Stoffen

$$a = \sum_{i=1}^{K}\sum_{j=1}^{K} x_i x_j a_{ij} \qquad (2\text{-}115)$$

mit a_{ii} als dem Koeffizienten a der reinen Komponente i nach (2-44). Der Kreuzkoeffizient ist nach der Vorschrift

$$a_{ij} = (a_{ij} a_{ij})^{0,5}(1 - k_{ij}) \quad \text{für} \quad i \pm j \qquad (2\text{-}116)$$

zu berechnen. Der binäre Wechselwirkungsparameter $k_{ij} = k_{ji}$ wurde für viele Stoffpaare aus Phasengleichgewichtsmessungen bestimmt [36] und ist trotz kleiner Werte nicht zu vernachlässigen. Da es sich bei den Wechselwirkungsparametern jeweils um angepasste Werte handelt ist der Parameter in (2-116) für gleichartige Gemische nicht identisch mit dem Parameter in (2-110). Die Mischungsregel für den Koeffizienten b lautet unter denselben Voraussetzungen

$$b = \sum_{i=1}^{K} x_i b_i , \qquad (2\text{-}117)$$

wobei der Koeffizient b_i der reinen Komponente i durch (2-49) gegeben ist. Ein Mehrkomponentensystem wird damit durch Informationen über die binären Teilsysteme beschrieben.

Die spezifische innere Energie, Enthalpie und Entropie realer Gemische sind mit denselben Ansätzen zu berechnen, die nach (2-52), (2-53) und (2-56) bis (2-59) für reine reale Fluide gelten. Für die Eigenschaften des idealen Gases sind dabei die Eigenschaften des Gemisches im idealen Gaszustand, siehe 2.2.1, einzusetzen, und zur Auswertung der Realanteile ist eine thermische Zustandsgleichung für das Gemisch heranzuziehen. Entsprechendes gilt für den Isentropenexponenten und die isentrope Enthalpiedifferenz nach (2-66) bis (2-71). In den Tabellen 2-7 und 2-8 sind die Realanteile der kalorischen Zustandsgrößen und der Isentropenexponent realer Gemische auf der Grundlage der Zustandsgleichungen (2-32) und (2-33) zusammengestellt. Die Ergebnisse enthalten als Sonderfall die Eigenschaften reiner Stoffe. Für einige technisch relevanten Gemische wurden speziell angepasste vielparametrige Fundamentalgleichungen entwickelt, so z. B. für Ammoniak-Wasser [63] und für Erdgas [64].

Für das chemische Potenzial einer Komponente i in einem realen Gemisch setzt man in Verallgemeinerung von (2-72)

$$\mu_i = \mu_{0i}^{\mathrm{iG}}(T) + R_\mathrm{m}T\ln(f_i/p_0) \quad (2\text{-}118)$$

$$= \mu_{0i}^{\mathrm{iG}}(T) + R_\mathrm{m}T\ln(p_i/p_0) + R_\mathrm{m}T\ln\varphi_i \quad (2\text{-}119)$$

$$\text{mit} \quad \varphi_i \equiv f_i/p_i \quad (2\text{-}120)$$

$$\text{und} \quad \lim_{p\to 0}\varphi_i = 1\,. \quad (2\text{-}121)$$

Dabei ist μ_{0i}^{iG} das chemische Potenzial des hypothetischen reinen idealen Gases i beim Standarddruck p_0 und f_i die Fugazität der Komponente i im Gemisch vgl. (2-72). Im Grenzzustand des idealen Gasgemisches geht f_i in den Partialdruck p_i über. Der Fugazitätskoeffizient φ_i kennzeichnet die Abweichung des chemischen Potenzials der Komponente i vom Wert dieser Größe in einem idealen Gasgemisch. Auf der Grundlage von (1-50) lässt sich analog zu (2-75)

$$\ln\varphi_i = \int_0^p [V_i(T,\,p,\,x_j)/(R_\mathrm{m}T) - 1/p]\mathrm{d}p \quad (2\text{-}122)$$

herleiten [38], wobei V_i das partielle molare Volumen der Komponente i nach (1-32) bedeutet. Diese Größe ist von den Stoffmengenanteilen x_j aller Komponenten im Gemisch abhängig. Die Variablentransformation von p nach V ergibt [39]

$$\ln\varphi_i = -\int_\infty^V [(\partial p/\partial n_i)_{T,V,n_{j\neq 1}}/(R_\mathrm{m}T) - 1/V]\mathrm{d}V - \ln z\,. \quad (2\text{-}123)$$

Zur Auswertung von (2-122) bedarf es einer volumenexpliziten Zustandsgleichung, während (2-123) auf druckexplizite Zustandsgleichungen zugeschnitten ist. Die Tabellen 2-7 und 2-8 enthalten auch den Fugazitätskoeffizienten φ_i, berechnet aus den Gemischzustandsgleichungen (2-32) und (2-43) mit dem reinen Stoff i als Sonderfall.

Zur Berechnung der Eigenschaften flüssiger Gemische mit stark polaren Komponenten sind keine genügend genauen thermischen Zustandsgleichungen verfügbar. Ausgangspunkt für die Beschreibung solcher Systeme sind zu (2-118) parallele Ansätze für die chemischen Potenziale im Gemisch. Existiert die reine Komponente i bei Druck und Temperatur der Mischung als Flüssigkeit, wird

$$\mu_i = \mu_{0i}(T,p) + R_\mathrm{m}T\ln(x_i\gamma_i) \quad (2\text{-}124)$$

$$\text{mit} \quad \lim_{x_i\to 1}\gamma_i(T,p,x_j) = 1 \quad (2\text{-}125)$$

Tabelle 2-7. Realanteile der kalorischen Zustandsgrößen, Isentropenexponent und Fugazitätskoeffizient nach der Zustandsgleichung (2-32) für reale Gasgemische

$M\Delta h^{\mathrm{R}p}(T,\,p) = p[B - T(\mathrm{d}B/\mathrm{d}T)]$
$M\Delta s^{\mathrm{R}p}(T,p) = -p(\mathrm{d}B/\mathrm{d}T)$
$1/\gamma(T,p) = -(p/V_\mathrm{m})\{[T/(Mc_p)](\partial V_\mathrm{m}/\partial T)_p^2 + (\partial V_\mathrm{m}/\partial p)_T\}^*$ mit $V_\mathrm{m} = R_\mathrm{m}T/p + B$ und $c_p = c_p^{\mathrm{iG}}(T) + \partial\Delta h^{\mathrm{R}p}(T,p)/\partial T$
$\ln\varphi_i(T,p) = \left(2\sum_{j=1}^{k} x_j B_{ij} - B\right)[p/(R_\mathrm{m}T)]$

* Dabei ist $V_\mathrm{m} = Mv$ mit M als der molaren Masse des Gemisches.

Tabelle 2-8. Realanteile der kalorischen Zustandsgrößen, Isentropenexponent und Fugazitätskoeffizient nach der Zustandsgleichung (2-43) für Gemische

$M\Delta u^{\mathrm{R}v}(T,\,v) = -(1/b)[a - T(\mathrm{d}a/\mathrm{d}T)]\ln(1 + b/V_\mathrm{m})^{\mathrm{ab}}$
$M\Delta s^{\mathrm{R}v}(T,v) = R_\mathrm{m}\ln(1 - b/V_\mathrm{m}) + (1+b)(\mathrm{d}a/\mathrm{d}T)\ln(1 + b/V_\mathrm{m})^{\mathrm{ab}}$
$\gamma(T,v) = (V_\mathrm{m}/p)\{[T/(Mc_v)](\partial p/\partial T)_{V_\mathrm{m}}^2 - (\partial p/\partial V_\mathrm{m})_T\}^{\mathrm{a}}$ mit $p = R_\mathrm{m}T/(V_\mathrm{m} - b) - \mathrm{a}/[V_\mathrm{m}(V_\mathrm{m} + b)]$ und $c_v(T,\,v) = c_v^{\mathrm{iG}}(T) + \partial u^{\mathrm{R}v}(T,\,v)/\partial T$
$\ln\varphi_i(T,v) = (b_i/b)(z-1) - \ln[z(1 - b/V_\mathrm{m})] - \left[2\sum_{j=1}^{k} x_j a_{ij}/(R_\mathrm{m}Tb)\right]\ln(1 + b/V_\mathrm{m}) + [ab_i/(R_MTb^2)]\ln(1 + b/V_\mathrm{m})^{\mathrm{a}}$

[a] Dabei ist $V_\mathrm{m} = Mv$ mit M als der molaren Masse des Gemisches.

[b] $\mathrm{d}a/\mathrm{d}T = -(1/T^{0,5})\sum_{i=1}^{K}\sum_{j=1}^{k} x_i x_j a_{ij}\overline{m}_j/(T_{kj}\alpha_j)^{0,5}$ mit α_j und $\overline{m}_j$ nach (2-45) und (2-46). T_{kj} ist die kritische Temperatur der Komponente j, z der Realgasfaktor.

gesetzt. Dabei ist $\mu_{0i}(T,\,p)$ das chemische Potenzial der reinen Flüssigkeit i und γ_i der Aktivitätskoeffizient von i im Gemisch. Er ist dimensionslos, hängt von den Stoffmengenanteilen x_j aller Komponenten ab und wird für den reinen Stoff eins. Gilt für alle Komponenten über den gesamten Konzentrationsbereich $\gamma_i = 1$, spricht man von einer idealen Lösung

$$\mu_i^{\mathrm{iL}} = \mu_{0i}(T,\,p) + R_\mathrm{m}T\ln x_i\,. \quad (2\text{-}126)$$

Dieses Lösungsmodell erfüllt die Gibbs-Duhem-Gleichung (1-25) $\sum x_i\mathrm{d}\mu_i = 0$ bei T, $p = \mathrm{const}$ und ist damit thermodynamisch konsistent. Physikalisch wird es nur von sehr ähnlichen Komponenten wie Strukturisomeren realisiert. Die Abweichungen eines Gemisches vom Modell der idealen Lösung werden durch die Aktivitätskoeffizienten gekennzeichnet. Die Gibbs-Duhem-Gleichung verlangt hier $\sum_i x_i \mathrm{d}\ln\gamma_i = 0$ für $T, p = \mathrm{const}$, was für ein binäres Gemisch zur Folge hat, dass die Taylor-Entwicklungen von $\ln\gamma_i$ um die Stelle $x_i = 1$ nach $1 - x_i$ mit dem quadratischen Glied beginnen. Der Vergleich von (2-118) und (2-124) ergibt

$$f_i = x_i \gamma_i f_{0i}(T, p) \tag{2-127}$$

mit f_{0i} als der Fugazität der reinen Flüssigkeit i nach 2.1.3.

Sind die reinen Komponenten i, die in einem Lösungsmittel j gelöst sind, bei Druck und Temperatur der Mischung nicht flüssig, schreibt man in Abwandlung von (2-124) für das chemische Potenzial der gelösten Stoffe

$$\mu_i = \mu_i^* + R_\mathrm{m} T \ln(x_i \gamma_i^*) \tag{2-128}$$

$$\text{mit} \quad \mu_i^* \equiv \lim_{x_i \to 0} (\mu_i - R_\mathrm{m} T \ln x_i)\,, \tag{2-129}$$

$$\gamma_i^* \equiv \gamma_i \gamma_i^\infty\,, \tag{2-130}$$

$$\gamma_i^\infty \equiv \lim_{x_i \to 0} \gamma_i \tag{2-131}$$

$$\text{und} \quad \lim_{x_i \to 0} \gamma_i^* = 1\,. \tag{2-132}$$

Praktisch kann dieser Ansatz mit γ_i^* als dem rationellen Aktivitätskoeffizienten nur für Zweikomponentensysteme angewendet werden, da die Grenzwerte $x_i \to 0$ nur für diesen Fall eindeutig sind.

Vergleicht man (2-118) mit (2-127) bis (2-130), folgt

$$f_i = x_i \gamma_i^* H_{i,j} \tag{2-133}$$

$$\text{mit} \quad H_{i,j} \equiv \lim_{x_i \to 0} (f_i / x_i) = \gamma_i^* f_{0i}\,. \tag{2-134}$$

Der Henry'sche Koeffizient $H_{i,j}$ mit der Dimension eines Drucks ist eine Eigenschaft des gelösten Stoffes i und des Lösungsmittels j und kann aus Phasengleichgewichtmessungen, vgl. 3.2, bestimmt werden. Für einfache Gase ($i = 2$) und Wasser ($j = 1$) gilt im Temperaturbereich $0 \leqq t \leqq 50\,°\mathrm{C}$ [40]

$$\ln\{H_{2,1}[T p_{s01}(T)] / 1013{,}25\,\mathrm{hPa}\}$$
$$= \alpha_2(1 - T_2/T) - 36{,}855(1 - T_2/T)^2 \tag{2-135}$$

mit $p_{s01}(T)$ als dem Sättigungsdruck des Wassers. Tabelle 2-9 gibt die Koeffizienten α_2 und T_2 für Helium, Stickstoff, Sauerstoff und Argon an.

Dem Ansatz (2-124) für die chemischen Potenziale entspricht eine Fundamentalgleichung für die molare freie Enthalpie eines flüssigen Gemisches, siehe (1-43),

$$G_\mathrm{m}(T, p, x_i) = G_\mathrm{m}^\mathrm{iL}(T, p, x_i) + G_\mathrm{m}^\mathrm{E}(T, p, x_i) \tag{2-136}$$

$$\text{mit} \quad G_\mathrm{m}^\mathrm{iL} = \sum_{i=1}^{K} x_i [\mu_{0i}(T, p) + R_\mathrm{m} T \ln x_i] \tag{2-137}$$

$$\text{und} \quad G_\mathrm{m}^\mathrm{E} = R_\mathrm{m} T \sum_{i=1}^{k} x_i \ln\gamma_i\,, \tag{2-138}$$

die sich aus einem Beitrag G_m^iL der idealen Lösung und einem Zusatz- oder Exzessanteil G_m^E zusammensetzt. Daraus folgen mit den Definitionen (1-41) bis (1-43) und den Ableitungen $(\partial G_\mathrm{m}^\mathrm{E}/\partial p)_{T,x_i} = V_\mathrm{m}^\mathrm{E}$ und $(\partial G_\mathrm{m}^\mathrm{E}/\partial T)_{p,x_i} = -S_\mathrm{m}^\mathrm{E}$ nach (1-46) alle weiteren molaren Größen des Gemisches in der Form

$$Z_\mathrm{m}(T, p, x_i) = Z_\mathrm{m}^\mathrm{iL}(T, p, x_i) + Z_\mathrm{m}^\mathrm{E}(T, p, x_i)\,, \tag{2-139}$$

wobei Z_m^iL den Beitrag der idealen Lösung und Z_m^E die molare Zusatzgröße bedeuten. Bei reinen Stoffen ist $Z_\mathrm{m}^\mathrm{E} = 0$. Insbesondere gilt für das molare Volumen, die molare Enthalpie und Entropie

$$V_\mathrm{m} = V_\mathrm{m}^\mathrm{iL} + V_\mathrm{m}^\mathrm{E} = \sum_{i=1}^{K} x_i V_{0i} + \left(\partial G_\mathrm{m}^\mathrm{E}/\partial p\right)_{T,x_i}\,, \tag{2-140}$$

$$H_\mathrm{m} = H_\mathrm{m}^\mathrm{iL} + H_\mathrm{m}^\mathrm{E}$$
$$= \sum_{i=1}^{K} x_i H_{0i} - T^2 \left[\partial\left(G_\mathrm{m}^\mathrm{E}/T\right)\partial T\right]_{p,x_i}\,, \tag{2-141}$$

Tabelle 2-9. Parameter T_2 und α_2 des Henry'schen Koeffizienten $H_{1,2}$ nach (2-135) für einige in Wasser gelöste Gase [40]

Gelöstes Gas	T_2/K	α_2
Helium He	131,42	41,824
Stickstoff N_2	162,02	41,712
Sauerstoff O_2	168,85	40,622
Argon Ar	168,27	40,404

$$S_\mathrm{m} = S_\mathrm{m}^\mathrm{iL} + S_\mathrm{m}^\mathrm{E} = \sum_{i=1}^{K} x_i (S_{0i} - R_\mathrm{m} \ln x_i) - \left(\partial G_\mathrm{m}^\mathrm{E}/\partial T\right)_{p,\, x_i} . \qquad (2\text{-}142)$$

Die Änderungen der molaren Zustandsgrößen beim isotherm-isobaren Mischen der reinen Komponenten

$$\Delta Z_\mathrm{m}^\mathrm{M} \equiv \sum_{i=1}^{K} x_i [Z_i(T,\, p,\, x_j) - Z_{0i}(T,\, p)] \qquad (2\text{-}143)$$

heißen molare Mischungsgrößen, wobei nach (1-33) $Z_\mathrm{m} = \sum x_i Z_i$ mit Z_i als der zugehörigen partiellen molaren Zustandsgröße der Komponente i im Gemisch gesetzt ist. Nach (2-139) und (2-140) und dieser Definition sind V_m^E und H_m^E als molares Mischungsvolumen $\Delta V_\mathrm{m}^\mathrm{M}$ und molare Mischungsenthalpie $\Delta H_\mathrm{m}^\mathrm{M}$ messbar. Gemische mit $\Delta H_\mathrm{m}^\mathrm{M} > 0$ werden als endotherm, solche mit $\Delta H_\mathrm{m}^\mathrm{M} < 0$ als exotherm bezeichnet. Bei idealen Lösungen ist $\Delta V_\mathrm{m}^\mathrm{M} = 0, \Delta H_\mathrm{m}^\mathrm{M} = 0$ und $\Delta U_\mathrm{m}^\mathrm{M} = 0$. Für die Aktivitätskoeffizienten findet man nach (1-35), (1-46), (1-50) und (1-53) die in Bezug auf die Gibbs-Duhem-Gleichung konsistente Darstellung

$$R_\mathrm{m} T \ln \gamma_i = (\partial G^\mathrm{E}/\partial n_i)_{T,p,n_{j\neq i}} = G_\mathrm{m}^\mathrm{E} - \sum_{j=1}^{K-1} x_j \partial G_\mathrm{m}^\mathrm{E}(T,\, p,\, x_1,\, \ldots,\, x_{i-1}\, ,\, x_{i+1} \ldots,\, x_K)/\partial x_j \qquad (2\text{-}144)$$

$$\text{mit} \quad (\partial \ln \gamma_i/\partial p)_{T,x_j} = V_i^\mathrm{E}/(R_\mathrm{m} T) \qquad (2\text{-}145)$$

$$\text{und} \quad (\partial \ln \gamma_i/\partial T)_{p,x_j} = -H_i^\mathrm{E}/(R_\mathrm{m} T^2)\, . \qquad (2\text{-}146)$$

Die partiellen molaren Exzessvolumina V_i^E und partiellen molaren Exzessenthalpien H_i^E folgen dabei mit (1-35) aus den entsprechenden molaren Zusatzgrößen.

Die in der Fundamentalgleichung (2-136) benötigten Reinstoffeigenschaften sind nach 2.1.3 zu berechnen; die molare freie Exzessenthalpie G_m^E erhält man aus empirischen oder halbtheoretischen Ansätzen [41], deren Konstanten aus Phasengleichgewichtsmessungen, siehe 3.2, bestimmt werden müssen.

Ein verbreiteter Ansatz hierfür ist der UNIQUAC-Ansatz von Abrams und Prausnitz [42], der auf molekularen Vorstellungen aufgebaut und für Mehrstoffsysteme anwendbar ist. Er erfasst die unterschiedliche Größe und Gestalt der Moleküle und ihre energetischer Wechselwirkungen in einem kombinatorischen und einem Restanteil $\left(G_\mathrm{m}^\mathrm{E}\right)^\mathrm{C}$ und $\left(G_\mathrm{m}^\mathrm{E}\right)^\mathrm{R}$ der molaren freien Zusatzenthalpie. Der Ansatz hat daher die Form

$$G_\mathrm{m}^\mathrm{E} = \left(G_\mathrm{m}^\mathrm{E}\right)^\mathrm{C} + \left(G_\mathrm{m}^\mathrm{E}\right)^\mathrm{R} \qquad (2\text{-}147)$$

mit

$$(G_\mathrm{m}^\mathrm{E})^\mathrm{C}/(R_\mathrm{m} T) = \sum_{j=1}^{K} x_j \ln(\Phi_j/x_j) + 5 \sum_{j=1}^{K} x_j a_j \ln(\Theta_J/\Phi_j) \qquad (2\text{-}148)$$

und

$$(G_\mathrm{m}^\mathrm{E})^\mathrm{R}/(R_\mathrm{m} T) = -\sum_{j=1}^{K} a_j x_j \ln\left[\sum_{k=1}^{K} \Theta_k \tau_{k_j}\right] . \qquad (2\text{-}149)$$

Summiert wird über alle K Komponenten des Gemisches. Im Einzelnen bedeuten

$$\Theta_j \equiv x_j q_j / \sum_{k=1}^{K} x_k q_k \quad \text{und} \quad \Phi_j \equiv x_j r_j / \sum_{k=1}^{K} x_k r_k \qquad (2\text{-}150)$$

den molaren Oberflächen- bzw. Volumenanteil und x_j den Stoffmengenanteil der Komponente j. Die Größen q_j und r_j sind die relative van-der-Waals'sche Oberfläche bzw. das relative van-der-Waals'sche Volumen eines Moleküls j in Bezug auf die CH_2-Gruppe eines unendlich langen Polyethylens. Diese Reinstoffeigenschaften sind für viele Substanzen berechnet und in [43] vertafelt. Der Faktor

$$\tau_{kj} \equiv \exp[-\Delta u_{k_j}/(R_\mathrm{m} T)] \qquad (2\text{-}151)$$

$$\text{mit} \quad \Delta u_{k_j} \neq \Delta u_{j_k} \quad \text{und} \quad \Delta u_{jj} = 0 \qquad (2\text{-}152)$$

ist Ausdruck der molekularen Paarwechselwirkungen, die im UNIQUAC-Ansatz allein berücksichtigt werden. Deshalb benötigt der Ansatz zur Beschreibung eines Vielstoffsystems mit den binären

Wechselwirkungsparametern Δu_{kj} und Δu_{jk} nur Gemischinformationen bezüglich der binären Randsysteme. Die als konstant vorausgesetzten Wechselwirkungsparameter wurden für viele Zweistoffsysteme aus Phasengleichgewichten, siehe 3.2, ermittelt und sind in [43] ebenfalls tabelliert.

Wegen der Bedingung Δu_{kj} = const ist die Temperaturabhängigkeit von $G_{\mathrm{m}}^{\mathrm{E}}$ durch den UNIQUAC-Ansatz (2-147) nur grob erfasst und die Genauigkeit der molaren Zusatzenthalpie $H_{\mathrm{m}}^{\mathrm{E}}$ nach (2-141) unbefriedigend. Das molare Zusatzvolumen $V_{\mathrm{m}}^{\mathrm{E}}$ nach (2-140) ist wegen der fehlenden Druckabhängigkeit der Parameter gar nicht zu bestimmen. Die Aktivitätskoeffizienten der Komponenten, vgl. (2-144), werden durch den Ansatz aber sehr gut wiedergegeben:

$$\ln\gamma_i = \ln\gamma_i^{\mathrm{C}} + \ln\gamma_i^{\mathrm{R}} \tag{2-153}$$

$$\text{mit}\quad \ln\gamma_i^{\mathrm{C}} = 1 - \Phi_i/x_i + \ln(\Phi_i/x_i) - 5q_i[1 - \Phi_i/\Theta_i + \ln(\Phi_i/\Theta_i)] \tag{2-154}$$

$$\text{und}\quad \ln\gamma_i^{\mathrm{R}} = q_i\left\{1 - \ln\left[\sum_{j=1}^{K}\Theta_j\tau_{ji}\right] - \sum_{j=1}^{K}\left[\Theta_j\tau_{ij}\Big/\sum_{k=1}^{K}\Theta_k\tau_{kj}\right]\right\}. \tag{2-155}$$

Somit eignet sich dieser Ansatz insbesondere zur Berechnung von Phasengleichgewichten von fluiden Gemischen im Bereich des Umgebungsdruckes.

Die Aktivitätskoeffizienten organischer Substanzen können nach der UNIFAC-Methode von Fredenslund, Jones und Prausnitz [44] abgeschätzt werden. Die Methode verbindet den UNIQUAC-Ansatz mit dem Konzept einer aus Strukturgruppen statt aus Molekülen zusammengesetzten Lösung. Dadurch wird die große Zahl organischer Substanzen auf eine überschaubare Zahl von Strukturgruppen zurückgeführt.

Die Aktivitätskoeffizienten nach der UNIFAC-Methode ergeben sich wieder aus

$$\ln\gamma_i = \ln\gamma_i^{\mathrm{C}} + \ln\gamma_i^{\mathrm{R}}\,. \tag{2-156}$$

Der kombinatorische Anteil $\ln\gamma_i^{\mathrm{C}}$ ist nach (2-154) zu berechnen, wobei die relativen molekularen Oberflächen und Volumina der Komponenten i aus den Werten q_k^{G} und r_k^{G} der Strukturgruppen k addiert werden. Danach ist

$$q_i = \sum_{k=1}^{N}\mathcal{V}_{ki}q_k^{\mathrm{G}} \quad\text{und}\quad r_i = \sum_{i=1}^{N}\mathcal{V}_{ki}r_k^{\mathrm{G}} \tag{2-157}$$

mit $\mathcal{V}_{ki}$ als der Anzahl der Strukturgruppen k im Molekül i zu setzen; N ist die Anzahl der Strukturgruppen in der Lösung. In Tabelle 2-10 sind q_k^{G} und r_k^{G} für ausgewählte Strukturgruppen, die als Untergruppen bezeichnet werden, zahlenmäßig angegeben. Die Untergruppen zwischen den horizontalen Linien werden zu Hauptgruppen zusammengefaßt, die ebenso wie die Untergruppen nummeriert sind. Die letzte Spalte gibt Beispiele für die Zerlegung von Molekülen in Untergruppen; sind mehrere Zerlegungen möglich, ist die mit der kleinsten Zahl verschiedener Untergruppen korrekt. Ausführlichere Daten sind in [46] und [47] aufgeführt. Der Restanteil der Aktivitätskoeffizienten wird nach der Vorschrift

$$\ln\gamma_i^{\mathrm{R}} = \sum_{k=1}^{N}\nu_{ki}\left[\ln\gamma_k^{\mathrm{RG}} - \gamma_k^{\mathrm{RG}(i)}\right] \tag{2-158}$$

aus den Beiträgen der N Strukturgruppen berechnet. Dabei ist γ^{RG} der Restaktivitätskoeffizient der Gruppe k im Gemisch und $\gamma_k^{\mathrm{RG}(i)}$ der Restaktivitätskoeffizient der Gruppe k in der reinen Flüssigkeit i. Durch die Differenzbildung wird die Bedingung $\gamma_i^{\mathrm{R}} = 1$ für $x_i = 1$ gewährleistet. Die Gruppenrestaktivitätskoeffizienten γ_k^{RG} und $\gamma_k^{RG(i)}$ ergeben sich auf der Grundlage des UNIQUAC-Ansatzes zu

$$\ln\gamma_k^{\mathrm{RG}} = q_k^{\mathrm{G}}\left\{1 - \ln\left[\sum_{m=1}^{N}\Theta_m\Psi_{mk}\right] - \sum_{m=1}^{N}\left[\Theta_m\Psi_{km}\Big/\sum_{n=1}^{N}\Theta_n\Psi_{nm}\right]\right\}. \tag{2-159}$$

Zu summieren ist jeweils über die N Strukturgruppen in der Lösung. Dabei ist

$$\Theta_m = x_m^{\mathrm{G}}q_m^{\mathrm{G}}\Big/\sum_{n=1}^{N}x_n^{\mathrm{G}}q_n^{\mathrm{G}} \tag{2-160}$$

der Oberflächenanteil der Gruppe m, wobei

$$x_m^{\mathrm{G}} = \sum_{j=1}^{K}\nu_{mj}x_j\Big/\sum_{j=1}^{N}\sum_{n=1}^{N}\nu_{nj}x_j \tag{2-161}$$

Tabelle 2-10. Relative van-der-Waalssche Größen und Beispiele der Strukturgruppenunterteilung für einige ausgewählte Strukturgruppen [45]

Untergruppe k		Hauptgruppe	r_k^G	q_k^G	Zuordnung
1	CH_3	1 CH_2	0,9011	0,848	Hexan
2	CH_2		0,6744	0,540	2 CH_3, 4 CH_2
3	CH		0,4469	0,228	Neopentan
4	C		0,2195	0,000	4 CH_3, 1C
5	CH_2=CH	2 C=C	1,3454	1,176	Hexen-1
6	CH=CH		1,1167	0,867	1 CH_3, 3 CH_2, 1 CH_2=CH
7	CH_2=C		1,1173	0,988	Hexen-2
8	CH=C		0,8886	0,676	2 CH_3, 2 CH_2, 1 CH=CH
9	C=C		0,6605	0,485	
10	ACH	3 ACH	0,5313	0,400	Naphthalin
11	AC		0,3652	0,120	8 ACH, 2 AC
12	$ACCH_3$	4$ACCH_2$	1,2663	0,968	Toluol
13	$ACCH_2$		1,0396	0,660	5 ACH, 1 $ACCH_3$
14	ACCH		0,8121	0,348	Cumol
					2 CH_3, 5 ACH, 1 ACCH
15	OH	5 OH	1,0000	1,200	Propanol-2
					2 CH_3, 1 CH, 1 OH
16	CH_3OH	6 CH_3OH	1,4311	1,432	Methanol
					1 CH_3OH
17	H_2O	7 H_2O	0,9200	1,400	Wasser
					1 H_2O
18	ACOH	8 ACOH	0,8952	0,680	Phenol
					5 ACH, 1 ACOH
19	CH_3CO	9 CH_2CO	1,6724	1,488	Pentanon-3
20	CH_2CO		1,4457	1,180	2 CH_3, 1 CH_2, 1 CH_2CO
21	CHO	10 CHO	0,9980	0,948	Propionaldehyd
					1 CH_3, 1 CH_2, 1 CHO
22	CH_3COO	11 CCOO	1,9031	1,728	Methylpropionat
23	CH_2COO		1,6764	1,420	2 CH_3, 1 CH_2COO
24	CH_3O	12 CH_2O	1,1450	1,088	Diethylether
25	CH_2O		0,9183	0,780	2 CH_3, 1 CH_2, 1 CH_2O
26	CHO		0,6908	0,468	
27	CH_3NH_2	13 CNH_2	1,5959	1,544	Ethylamin
28	CH_2NH_2		1,3692	1,236	1 CH_3, 1 CH_2NH_2
29	$CHNH_2$		1,1417	0,924	
30	$ACNH_2$	14 $ACNH_2$	1,0600	0,816	Anilin
					5 ACH, 1 $ACNH_2$
31	CH_3CN	15 CCN	1,8701	1,724	Propionnitril
32	CH_2CN		1,6434	1,416	1 CH_3, 1 CH_2CN
33	COOH	16 COOH	1,3013	1,224	Essigsäure
34	HCOOH		1,5280	1,532	1 CH_3, 1 COOH
35	CH_2Cl	17 CCl	1,4654	1,264	1-Chlorbutan
36	CHCl		1,2380	0,952	1 CH_3, 2 CH_2, 1 CH_2Cl
37	CCl		1,0106	0,724	

Tabelle 2-10. Fortsetzung

Untergruppe k		Hauptgruppe	r_k^G	q_k^G	Zuordnung
38	CH_2Cl_2	18 CCl_2	2,2564	1,998	1,1-Dichlorethan
39	$CHCl_2$		2,0606	1,684	1 CH_3, 1 $CHCl_2$
40	CCl_2		1,8016	1,448	
41	$CHCl_3$	19CCl_3	2,8700	2,410	1,1, 1-Trichlorethan
42	CCl_3		2,6401	2,184	1 CH_3, 1 CCl_3
43	CCl_4	20 CCl_4	3,3900	2,910	Tetrachlorkohlenstoff 1 CCl_4
44	ACCl	21 ACCl	1,1562	0,844	Chlorbenzol 5 ACH, 1 ACCl

Tabelle 2-11. UNIFAC-Wechselwirkungsparameter a_{nm} einiger ausgewählter Strukturgruppen in K [48]

Hauptgruppe		1	2	3	4	5	6	7
1	CH_2	0	86,02	61,13	76,5	986,5	697,2	1318,0
2	C=C	−35,36	0	38,81	74,15	524,1	787,6	270,6
3	ACH	−11,12	3,446	0	167,0	636,1	637,35	903,8
4	$ACCH_2$	−69,7	−113,6	−146,8	0	803,2	603,25	5695,0
5	OH	156,4	457,0	89,6	25,82	0	−137,1	353,5
6	CH_3OH	16,51	−12,52	−50,0	−44,5	249,1	0	−180,95
7	H_2O	300,0	496,1	362,3	377,6	−229,1	289,6	0
8	ACOH	275,8	217,5	25,34	244,2	−451,6	−265,2	−601,8
9	CH_2CO	26,76	42,92	140,1	365,8	164,5	108,65	472,5
10	CHO	505,7	56,3	23,39	106,0	−404,8	−340,18	232,7
11	CCOO	114,8	132,1	85,84	−170,0	245,4	249,63	200,8
12	CH_2O	83,36	26,51	52,13	65,69	237,7	238,4	−314,7
13	CNH_2	−30,48	1,163	−44,85	–	−164,0	−481,65	−330,4
14	$ACNH_2$	1139,0	2000,0	247,5	762,8	−17,4	−118,1	−367,8
15	CCN	24,82	−40,62	−22,97	−138,4	185,4	157,8	242,8
16	COOH	315,3	1264,0	62,32	268,2	−151,0	1020,0	−66,17
17	CCl	91,46	97,51	4,68	122,91	562,2	529,0	698,24
18	CCl_2	34,01	18,25	121,3	140,78	747,7	669,9	708,7
19	CCl_3	36,7	51,06	288,5	33,61	742,1	649,1	826,76
20	CCl_4	−78,45	160,9	−4,7	134,7	856,3	860,1	1201,0
21	ACCl	−141,26	−158,8	−237,68	375,5	246,9	661,6	920,4

den Molanteil der Gruppe m mit x_j als dem Molanteil der Komponente j und K als der Zahl der Komponenten in der Lösung bedeutet. Der Faktor

$$\Psi_{nm} = \exp[-a_{nm}/T] \qquad (2\text{-}162)$$

$$\text{mit} \quad a_{nm} \neq a_{mn} \quad \text{und} \quad a_{mm} = 0 \qquad (2\text{-}163)$$

berücksichtigt die energetischen Wechselwirkungen zwischen zwei Gruppen. Alle Untergruppen derselben Hauptgruppe gelten in Bezug auf diese Wechselwirkungen als identisch. Die als konstant vorausgesetzten Wechselwirkungsparameter a_{nm} und a_{mn} der Hauptgruppen wurden durch Auswertung von Phasengleichgewichten, vgl. 3.2, bestimmt. In Tabelle 2-11 sind diese Parameter für die Hauptgruppen aus Tabelle 2-10 zusammengestellt. Eine umfangreichere Matrix ist in [49–51] zu finden. Die angegebenen Daten gelten für Dampf-Flüssigkeits-Gleichgewichte kondensierbarer Komponenten bei mäßigen Drücken in größerem Abstand von kritischen Zuständen und Temperaturen zwischen 30 und 125 °C. Einen Parametersatz für Flüssig-flüssig-

Tabelle 2-11. Fortsetzung

Hauptgruppe		8	9	10	11	12	13	14
1	CH_2	1333,0	476,4	677,0	232,1	251,5	391,5	920,7
2	C=C	526,1	182,6	448,75	37,85	214,5	240,9	749,3
3	ACH	1329,0	25,77	347,3	5,994	32,14	161,7	648,2
4	$ACCH_2$	884,9	−52,1	586,8	5688,0	213,1	–	664,2
5	OH	−259,7	84,0	441,8	101,1	28,06	83,02	−52,39
6	CH_3OH	−101,7	23,39	306,42	−10,72	−128,6	359,3	489,7
7	H_2O	324,5	−195,4	−257,3	72,87	540,5	48,89	−52,29
8	ACOH	0	−356,1	–	−449,4	–	–	119,9
9	CH_2CO	−133,1	0	−37,36	−213,7	−103,6	–	6201,0
10	CHO	–	128,0	0	−110,3	304,1	–	–
11	CCOO	−36,72	372,2	185,1	0	−235,7	–	475,5
12	CH_2O	–	191,1	−7,838	461,3	0	–	–
13	CNH_2	–	–	–	–	–	0	−200,7
14	$ACNH_2$	−253,1	−450,3	–	−294,8	–	−15,07	0
15	CCN	–	−287,5	–	−266,6	38,81	–	777,4
16	COOH	–	−297,8	–	−256,3	−338,5	–	–
17	CCl	–	286,28	−47,51	35,38	225,39	–	429,7
18	CCl_2	–	423,2	–	−132,95	−197,71	–	140,8
19	CCl_3	–	552,1	242,8	176,45	−20,93	–	–
20	CCl_4	10 000,0	372,0	–	129,49	113,9	261,1	898,2
21	ACCl	–	128,1	–	−246,3	95,5	203,5	530,5

Tabelle 2-11. Fortsetzung

Hauptgruppe		15	16	17	18	19	20	21
1	CH_2	597,0	663,5	35,93	53,76	24,9	104,3	321,5
2	C=C	336,9	318,9	204,6	5,892	−13,99	−109,7	393,1
3	ACH	212,5	537,4	−18,81	−144,4	−231,9	3,0	538,23
4	$ACCH_2$	6096,0	603,8	−114,14	−111,0	−12,14	−141,3	−126,9
5	OH	6,712	199,0	75,62	−112,1	−98,12	143,1	287,8
6	CH_3OH	36,23	−289,5	−38,32	−102,54	−139,35	−67,8	17,12
7	H_2O	112,6	−14,09	325,44	370,4	353,68	497,54	678,2
8	ACOH	–	–	–	–	–	1827,0	–
9	CH_2CO	481,7	669,4	−191,69	−284,0	−354,55	−39,2	174,5
10	CHO	–	–	751,9	–	−483,7	–	–
11	CCOO	494,6	660,2	−34,74	108,85	−209,66	54,57	629,0
12	CH_2O	−18,51	664,6	301,14	137,77	−154,3	47,67	66,15
13	CNH_2	–	–	–	–	–	−99,81	68,81
14	$ACNH_2$	−281,6	–	287,0	−111,0	–	882,0	287,9
15	CCN	0	–	88,75	−152,7	−15,62	−54,86	52,31
16	COOH	–	0	44,42	120,2	76,75	212,7	–
17	CCl	−62,41	326,4	0	108,31	249,15	62,42	464,4
18	CCl_2	258,6	339,6	−84,53	0	0	56,33	–
19	CCl_3	74,04	1346,0	−157,1	0	0	−30,1	–
20	CCl_4	491,95	689,0	11,8	17,97	51,9	0	475,83
21	ACCl	356,9	–	−314,9	–	–	−255,43	0

Gleichgewichte enthält [52]. Eine modifizierte UNIFAC-Methode [53, 54] benutzt zur Verbesserung der Genauigkeit auch der Mischungsenthalpien temperaturabhängige Wechselwirkungsparameter. Aus G_m^E-Werten nach UNIFAC wird für den Redlich-Kwong-Soave-Parameter a in (2-44) eine Mischungsregel für polare Komponenten abgeleitet. Die resultierende PSRK-Gleichung eignet sich auch zur Vorausberechnung von Phasengleichgewichten für gelöste Gase [55, 56].

3 Phasen- und Reaktionsgleichgewichte

Mit den Stabilitätsbedingungen aus Kap. 1, ergänzt durch Stoffdatenmodelle aus Kap. 2, können Phasengleichgewichte und Reaktionsgleichgewichte berechnet werden. Die unterschiedliche Zusammensetzung der Phasen im Gleichgewicht ist die Basis der thermischen Verfahrenstechnik, ebenso wie die Gleichgewichtszusammensetzung in chemisch reagierenden Gemischen für die chemische Verfahrenstechnik grundlegend ist. Die intensiven Zustandsgrößen einer fluiden Phase mit C Komponenten sind durch Druck, Temperatur und $C - 1$ Stoffmengenanteile der Komponenten festgelegt. Für ein System aus P Phasen im thermodynamischen Gleichgewicht sind diese Variablen der Phasen nicht unabhängig voneinander. Aufgrund der Bedingungen (1-60) und (1-61) für das thermische, mechanische und stoffliche Gleichgewicht bestehen zwischen ihnen $(P - 1)(C + 2)$ Verknüpfungen, sodass das Gesamtsystem nur

$$f = C - P + 2 \qquad (3\text{-}1)$$

unabhängige intensive Variable oder Freiheitsgrade hat. Dieses Ergebnis wird als *Gibbs'sche Phasenregel* bezeichnet [1]. Für chemisch inerte Systeme stimmt die Zahl C der Komponenten mit der Zahl K der Teilchenarten überein. Sind die Teilchenarten im chemischen Gleichgewicht, wird die Zahl der Komponenten durch jede unabhängige Reaktion um eins vermindert und ist gleich dem Rang R der sogenannten Formelmatrix (a_{ij}) oder der Zahl der Basiskomponenten, vgl. 1.3.2. Stöchiometrische Bedingungen zwischen den Komponenten setzen die Zahl der Freiheitsgrade weiter herab. In gleichem Maß sinkt gegenüber C die Zahl der unabhängigen Bestandteile, aus denen sich das System herstellen lässt. Ein Beispiel ist die Elektroneutralitätsbedingung in Elektrolytlösungen.

3.1 Phasengleichgewichte reiner Stoffe

Die Aussagen der Phasenregel lassen sich in Zustandsdiagrammen veranschaulichen.

3.1.1 p, v, T-Fläche

In dem in Bild 2-1 gezeigten dreidimensionalen Zustandsraum, der von den thermischen Zustandsgrößen p, v und T eines reinen Fluids aufgespannt wird, schneidet die Maxwell-Bedingung (1-72) zwischen den Zustandsbereichen des Festkörpers, der Flüssigkeit und des Gases bzw. überhitzten Dampfes die Teile der Fläche heraus, in denen der Stoff nicht einphasig vorliegt, sondern in zwei Phasen zerfällt. Die Zustandspunkte der koexistierenden Phasen liegen bei denselben Werten von Druck und Temperatur auf den Schnitträndern der Fläche, vgl. 1.3.3. Die Verbindungsgeraden dieser Zustandspunkte erzeugen zur p, T-Ebene senkrechte Flächen, deren Punkte ein heterogenes Gemisch koexistierender Phasen darstellen. Ihr spezifisches Volumen $v = (V^\alpha + V^\beta)/m$ ist dabei ein Rechenwert aus den Volumina V^α und V^β der beiden Phasen und der Masse m des heterogenen Gemisches. Im Einklang mit der Phasenregel, die für $C = 1$ und $P = 2$ den Freiheitsgrad $f = 1$ ergibt, können in den Zweiphasengebieten Druck und Temperatur nicht unabhängig voneinander vorgegeben werden. Während eines Phasenwechsels bei konstantem Druck bewegt sich der Zustandspunkt eines Systems auf der Verbindungsgeraden zwischen den Punkten der koexistierenden Phasen. Dabei bleibt die Temperatur notwendigerweise konstant.

Insgesamt enthält die thermische Zustandsfläche drei Zweiphasengebiete, das Schmelzgebiet, das Nassdampfgebiet und das Sublimationsgebiet, in denen Festkörper und Schmelze, siedende Flüssigkeit und gesättigter Dampf bzw. Festkörper und gesättigter Dampf nebeneinander im Gleichgewicht bestehen, vgl. Bild 2-1. Die Zweiphasengebiete sind durch die Schmelz- und die Erstarrungslinie, die Siede- und die Taulinie bzw. die Sublimations- und die Desublimationslinie begrenzt. Das Durchqueren dieser Gebiete entspricht dem Schmelzen und dem

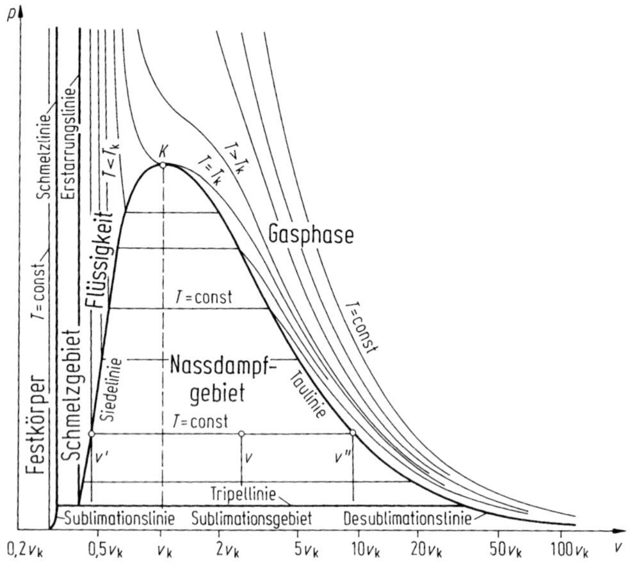

Bild 3-1. Zustandsgebiete eines reinen Stoffes im p, v-Diagramm mit logarithmischer Auftragung des spezifischen Volumens [3]

Erstarren, dem Verdampfen und dem Kondensieren sowie dem Sublimieren und dem Desublimieren.

Siede- und Taulinie treffen sich mit einer gemeinsamen Tangente im kritischen Punkt K, dem Scheitel des Nassdampfgebietes, vgl. 1.3.3. Das Flüssigkeits- und Gasgebiet hängen bei überkritischen Drücken und Temperaturen miteinander zusammen. Der kritische Druck p_k ist der höchste Druck, bei dem eine Flüssigkeit durch isobare Wärmezufuhr unter Blasenbildung verdampfen kann. Umgekehrt lässt sich ein Gas durch isotherme Kompression nur bei Temperaturen unterhalb der kritischen Temperatur T_k mit sichtbaren Tropfen verflüssigen. Ein kritischer Zustand für das Schmelzgebiet ist nicht bekannt.

Die Flächen der Zweiphasengebiete schneiden sich auf der Tripellinie, einer Geraden senkrecht zur p, T-Ebene. Hier finden sich die Zustände, in denen Feststoff, Schmelze und Dampf miteinander im Gleichgewicht sind. Die Phasenregel liefert für solche Systeme mit $C = 1$ und $P = 3$ den Freiheitsgrad $f = 0$, d. h., nur bei den ausgezeichneten Werten p_{tr} und T_{tr} von Druck und Temperatur auf der Tripellinie ist dieses Gleichgewicht möglich. Entsprechend realisiert das Dreiphasengleichgewicht eines reinen Stoffes eine wohldefinierte Temperatur, die als Fixpunkt einer Temperaturskala dienen kann, siehe 1.4.

Ebene Darstellungen der thermischen Zustandsgleichung erhält man durch Projektion von Bild 2-1 in die Koordinatenebenen. Ein Beispiel ist das p, v-Diagramm mit Isothermen T = const, die in den Zweiphasengebieten mit den Isobaren p = const zusammenfallen, siehe Bild 3-1. In den Grenzzuständen des idealen Gases am rechten Bildrand haben die Isothermen Hyperbelform.

3.1.2 Koexistenzkurven

Bild 3-2 zeigt das p, T-Diagramm mit Isochoren v = const, das aus der p, v, T-Fläche eines reinen Stoffes hervorgeht. Die Zweiphasengebiete sind zu Linien entartet, die sich im Tripelpunkt, dem Bild der Tripellinie, schneiden. Die Dampfdruckkurve, die vom Tripelpunkt bis zum kritischen Punkt reicht, ist die Projektion des Nassdampfgebietes. Die Schmelz- und Sublimationsdruckkurve entsprechen dem Schmelz- und Sublimationsgebiet. Diese sog. Koexistenzkurven, welche die Zustandsgebiete des Festkörpers, der Flüssigkeit und des Gases gegeneinander abgrenzen, ordnen jedem Druck eine Schmelz-, Siede- oder Sublimationstemperatur zu. Umgekehrt geben sie zu jeder Temperatur den Schmelzdruck, Dampfdruck oder Sublimationsdruck an.

Der stoffspezifische Verlauf der Koexistenzkurven ist durch die Bedingungen (1-60) und (1-61) für das Phasengleichgewicht festgelegt. Für einen reinen Stoff sind diese dem Maxwell-Kriterium (1-72) und der zu-

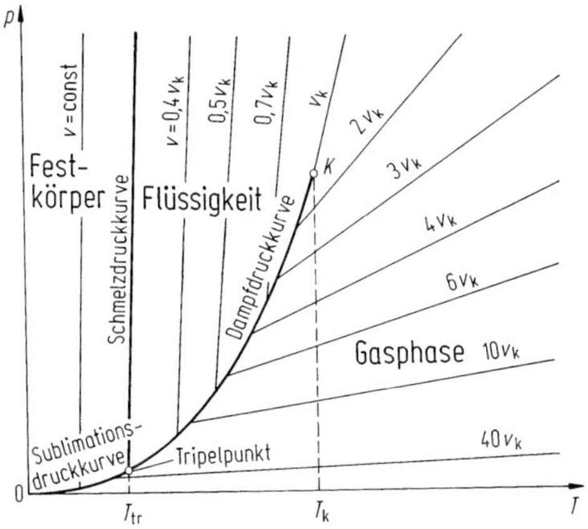

Bild 3-2. Koexistenzkurven eines reinen Stoffes im p,T-Diagramm [4]

sätzlichen Forderung äquivalent, dass die koexistierenden Phasen bei Druck und Temperatur des Gleichgewichts die thermische Zustandsgleichung erfüllen, siehe 1.3.3. Die Koexistenzkurven folgen damit allein aus der thermischen Zustandsgleichung.
Differenziert man (1-72) nach der Temperatur, erhält man mit (1-48)

$$dp_s/dT = (s^\alpha - s^\beta)/(v^\alpha - v^\beta)\,. \qquad (3\text{-}2)$$

Dies ist die Gleichung von Clausius und Clapeyron für die Steigung der Koexistenzkurven der Phasen α und β eines reinen Stoffes. Die spezifischen Entropien und Volumina s^α, s^β, v^α und v^β sind bei der Temperatur T und dem zugehörigen Sättigungsdruck p_s des heterogenen Gleichgewichts einzusetzen. Die spezifische Umwandlungsentropie $s^\alpha - s^\beta$ ist wegen $\mu^\alpha = \mu^\beta$ nach (1-61) und $\mu = H_m - TS_m$ nach (1-52) durch

$$h^\alpha - h^\beta = T(s^\alpha - s^\beta) \qquad (3\text{-}3)$$

mit der entsprechenden Umwandlungsenthalpie $h^\alpha - h^\beta$ verknüpft. Aus (3-2) und (1-48) folgt, dass die kritische Isochore $v = v_k$, siehe Bild 3-2, Tangente der Dampfdruckkurve im kritischen Punkt ist.

3.1.3 Sättigungsgrößen des Nassdampfgebietes

Der Dampfdruck p_s und die spezifischen Volumina v' and v'' auf Siede- und Taulinie lassen sich bei vorgegebener Temperatur mit einer thermischen Zustandsgleichung punktweise berechnen. Für das Beispiel der Gleichung von Redlich-Kwong-Soave gibt Baehr [5] ein Verfahren an, das die kubische Form (2-51) dieser Zustandsgleichung und das mit der druckexpliziten Form (2-43) aufbereitete Maxwell-Kriterium (1-72)

$$p_{sr} = \frac{1}{v_r'' - v_r'}\left[3T_r \ln\frac{v_r'' - b_r}{v_r' - b_r} - \frac{\alpha}{b_r^2}\ln\left(\frac{v_r''}{v_r'}\cdot\frac{v_r' + b_r}{v_r'' + b_r}\right)\right] \qquad (3\text{-}4)$$

als dimensionslose Arbeitsgleichungen benutzt. Die Bezeichnungen entsprechen 2.1.3; insbesondere kennzeichnet der Index r reduzierte, d. h. auf ihren Wert im kritischen Zustand bezogene Größen. Die Zeichen ′ und ″ verweisen generell auf Zustandsgrößen der siedenden Flüssigkeit bzw. des gesättigten Dampfes. Die Iteration läuft in folgenden Schritten ab:

1. Vorgabe der reduzierten Temperatur $T_r = T/T_k$ und Schätzung des reduzierten Dampfdrucks $p_{sr} = p_s/p_k$.
2. Berechnung der reduzierten spezifischen Volumina $v_r' = v'/v_k$ und $v_r'' = v''/v_k$ aus (2-51).
3. Berechnung von p_{sr} aus (3-4).
4. Rücksprung zu 2., falls sich p_{sr} über eine vorgegebene Schranke hinaus verändert hat.
5. Ende der Rechnung.

Die Konvergenz des Verfahrens ist in einigem Abstand vom kritischen Zustand gut. Eine Alternative ist das Newton-Verfahren zur Bestimmung von p_{sr} aus (3-4).
Viele Dampfdruckkorrelationen [6] leiten sich aus der Gleichung von Clausius und Clapeyron ab, sind aber im strengen Sinn nicht thermodynamisch konsistent. Setzt man z. B. für die spezifische Verdampfungsenthalpie $h'' - h' = r_0 = \text{const}$ und für die spezifischen Volumina $v' = 0$ und $v'' = RT/p$, ergibt die Integration von (3-2) mit (3-3)

$$\ln[p_s/(p_s)_0] = r_0(1 - T_0/T)/(RT_0)\,. \qquad (3\text{-}5)$$

Zur Anwendung dieser in begrenzten Temperaturbereichen erstaunlich genauen Dampfdruckgleichung wird ein Punkt $[(p_s)_0, T_0]$ der Dampfdruckkurve und die zugehörige Verdampfungsenthalpie r_0 benötigt.

Rein empirisch ist die Dampfdruckgleichung von Antoine,

$$\lg(p_s/\mathrm{bar}) = A - B(T/K + C) , \quad (3\text{-}6)$$

die nur in dem Temperaturbereich zuverlässig ist, in dem die stoffspezifischen Konstanten A, B und C bestimmt wurden. Vielfach werden andere Einheiten als bar und Kelvin verwendet. Antoine-Konstanten vieler Stoffe findet man in [7] und [8]. Größere Genauigkeit liefert die 4-gliedrige Dampfdruckgleichung von Wagner [9].

Bei gegebener Temperatur folgen mit v' und v'' die spezifischen Enthalpien und Entropien h', h'', s' und s'' auf den Grenzkurven des Nassdampfgebietes nach 2.1.3. Für ausgewählte Stoffe sind Siedetemperaturen und Dampfdrücke sowie spezifische Volumina, Enthalpien und Entropien auf Siede- und Taulinie in Dampftafeln, vgl. 2.1.3, verzeichnet. Unabhängige Variable sind dabei die Temperatur *oder* der Druck. Ein Beispiel ist die Temperaturtafel Tabelle 3-1 für Wasser mit $r = h'' - h'$ als der spezifischen Verdampfungsenthalpie. Sie ist gleich der auf die Masse bezogenen Wärme, die bei der isobaren Verdampfung einer siedenden Flüssigkeit zuzuführen ist.

3.1.4 Eigenschaften von nassem Dampf

Ein heterogenes Gemisch aus siedender Flüssigkeit und gesättigtem Dampf im Gleichgewicht heißt nasser Dampf. Seine Zusammensetzung wird durch den Dampfgehalt

$$x \equiv m''/(m' + m'') = m''/m \quad (3\text{-}7)$$

mit m' als der Masse der Flüssigkeit, m'' als der Masse des Dampfes und $m = m' + m''$ als der Masse des heterogenen Systems gekennzeichnet. Jede mengenartige extensive Zustandsgröße Z dieses Systems, z. B. das Volumen V, die Enthalpie H oder die Entropie S, ist die Summe der entsprechenden Zustandsgrößen Z' und Z'' der Phasen. Die spezifischen Zustandsgrößen von nassem Dampf ergeben sich daher nach der Mischungsregel

$$z \equiv Z/m = (1 - x)z' + xz'' \quad (3\text{-}8)$$

aus den gleichartigen Eigenschaften $z' = Z'/m''$ und $z'' = Z''/m''$ der Phasen. Wegen des Phasengleichgewichts sind z' und z'' nach 3.1.3 Funktionen von Druck *oder* Temperatur und können für die technisch wichtigsten Substanzen Dampftafeln entnommen werden. Aus (3-8) folgt unmittelbar das sog. *Hebelgesetz* der Phasenmengen

$$m'(z - z') = m''(z'' - z) , \quad (3\text{-}9)$$

das sich in Phasendiagrammen, z. B. Bild 3-1, geometrisch deuten lässt. Die isothermen Abstände eines Zustandspunktes von nassem Dampf zu den Grenzkurven verhalten sich wie Hebelarme, die unter der Last der Phasenmengen im Gleichgewicht sind.

Zur Berechnung isentroper Enthalpiedifferenzen ist der Zusammenhang

$$h = h' + T(s - s') \quad (3\text{-}10)$$

zwischen der spezifischen Enthalpie h und der spezifischen Entropie s von nassem Dampf mit der Siedetemperatur T nützlich. Das Ergebnis beruht auf der Spezialisierung von (3-8) auf Enthalpie und Entropie und der Elimination des Dampfgehaltes x unter Beachtung von (3-3).

3.1.5 T,s- und h,s-Diagramm

Wichtiger als das p, v-Diagramm sind bei der Darstellung von Prozessen das T, s- und h, s-Diagramm. Denn neben den umgesetzten Energien lassen sich in diesen Koordinaten auch Aussagen des zweiten Hauptsatzes kenntlich machen. Bild 3-3 zeigt das T, s-Diagramm eines reinen Stoffes in der Umgebung des Nassdampfgebietes. Siede- und Taulinie mit dem Dampfgehalt $x = 0$ und $x = 1$ bilden eine glockenförmige Kurve, in deren Scheitel der kritische Punkt K liegt. Sie schließen das Nassdampfgebiet ein; links der Siedelinie ist das Flüssigkeits- und rechts der Taulinie das Gasgebiet. Die Isobaren, die im Flüssigkeitsgebiet dicht an der Siedelinie verlaufen, haben nach Tabelle 1-1 die Steigung $(\partial T/\partial s)_p = T/c_p$. Dies gilt auch im Nassdampfgebiet, wo die Isobaren mit den Isothermen zusammenfallen. In den Grenzzuständen des idealen Gases am rechten Bildrand sind die Isobaren nach (2-14) in s-Richtung parallel verschobene Kurven. Der Verlauf der Linien $x = \text{const}$ ist durch das Hebelgesetz (3-9) bestimmt. Spezifische Energien erscheinen im T, s-Diagramm als Flächen.

Tabelle 3-1. Dampftafel für das Nassdampfgebiet von Wasser [10]

t °C	P bar	v' dm^3/kg	v'' m^3/kg	h' kJ/kg	h'' kJ/kg	r kJ/kg	s' kJ/(kg · K)	s'' kJ/(kg · K)
0,01	0,006117	1,000	205,997	0,000612	2500,9	2500,9	0,000000	9,1555
5	0,008726	1,000	147,017	21,019	2510,1	2489,1	0,076252	9,0249
10	0,012282	1,000	106,309	42,021	2519,2	2477,2	0,15109	8,8998
15	0,017057	1,001	77,881	62,984	2528,4	2465,4	0,22447	8,7804
20	0,023392	1,002	57,761	83,920	2537,5	2453,6	0,29650	8,6661
25	0,031697	1,003	43,341	104,84	2546,5	2441,7	0,36726	8,5568
30	0,042467	1,004	32,882	125,75	2555,6	2429,8	0,43679	8,4521
35	0,056286	1,006	25,208	146,64	2564,6	2417,9	0,50517	8,3518
40	0,073844	1,008	19,517	167,54	2573,5	2406,0	0,57243	8,2557
45	0,095944	1,010	15,253	188,44	2582,5	2394,0	0,63862	8,1634
50	0,12351	1,012	12,028	209,34	2591,3	2382,0	0,70379	8,0749
55	0,15761	1,015	9,565	230,24	2600,1	2369,9	0,76798	7,9899
60	0,19946	1,017	7,668	251,15	2608,8	2357,7	0,83122	7,9082
65	0,25041	1,020	6,194	272,08	2617,5	2345,4	0,89354	7,8296
70	0,31201	1,023	5,040	293,02	2626,1	2333,1	0,95499	7,7540
75	0,38595	1,026	4,129	313,97	2634,6	2320,6	1,0156	7,6812
80	0,47415	1,029	3,405	334,95	2643,0	2308,1	1,0754	7,6110
85	9,57868	1,032	2,826	355,95	2651,3	2295,4	1,1344	7,5434
90	0,70182	1,036	2,359	376,97	2659,5	2282,6	1,1927	7,4781
95	0,84609	1,040	1,981	398,02	2667,6	2269,6	1,2502	7,4150
100	1,0142	1,043	1,672	419,10	2675,6	2256,5	1,3070	7,3541
110	1,4338	1,052	1,209	461,36	2691,1	2229,7	1,4187	7,2380
120	1,9867	1,060	0,8913	503,78	2705,9	2202,2	1,5278	7,1291
130	2,7026	1,070	0,6681	546,39	2720,1	2173,7	1,6346	7,0264
140	3,6150	1,080	0,5085	589,20	2733,4	2144,2	1,7393	6,9293
150	4,7610	1,091	0,3925	632,25	2745,9	2113,7	1,8420	6,8370
160	6,1814	1,102	0,3068	675,57	2757,4	2081,9	1,9428	6,7491
170	7,9205	1,114	0,2426	719,21	2767,9	2048,7	2,0419	6,6649
180	10,026	1,127	0,1939	763,19	2777,2	2014,0	2,1395	6,5841
190	12,550	1,141	0,1564	807,57	2785,3	1977,7	2,2358	6,5060
200	15,547	1,157	0,1272	852,39	2792,1	1939,7	2,3308	6,4303
210	19,074	1,173	0,1043	897,73	2797,4	1899,6	2,4248	6,3565
220	23,193	1,190	0,08610	943,64	2801,1	1857,4	2,5178	6,2842
230	27,968	1,209	0,07151	990,21	2803,0	1812,8	2,6102	6,2131
240	33,467	1,229	0,05971	1037,5	2803,1	1765,5	2,7019	6,1425
250	39,759	1,252	0,05009	1085,7	2801,0	1715,3	2,7934	6,0722
260	46,921	1,276	0,04218	1134,8	2796,6	1661,8	2,8847	6,0017
270	55,028	1,303	0,03562	1185,1	2789,7	1604,6	2,9762	5,9304
280	64,165	1,333	0,03015	1236,7	2779,8	1543,1	3,0681	5,8578
290	74,416	1,366	0,02556	1289,8	2766,6	1476,8	3,1608	5,7832
300	85,877	1,404	0,02166	1344,8	2749,6	1404,8	3,2547	5,7058
310	98,647	1,448	0,01834	1402,0	2727,9	1325,9	3,3506	5,6243
320	112,84	1,499	0,01548	1462,1	2700,7	1238,6	3,4491	5,5373
330	128,58	1,561	0,01298	1525,7	2666,2	1140,5	3,5516	5,4425
340	146,00	1,638	0,01078	1594,4	2622,1	1027,6	3,6599	5,3359
350	165,29	1,740	0,008801	1670,9	2563,6	892,73	3,7783	5,2109
360	186,66	1,895	0,006946	1761,5	2481,0	719,54	3,9164	5,0527
370	210,43	2,222	0,004947	1892,6	2333,5	440,94	4,1142	4,7996
373,946	220,64	3,106	0,003106	2087,5	2087,5	0,00	4,4120	4,4120

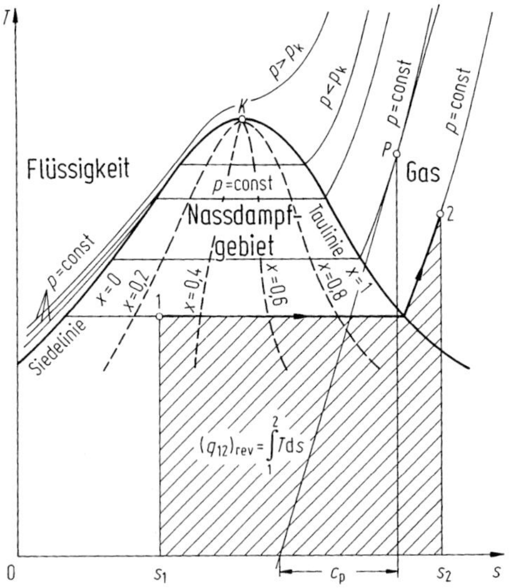

Bild 3-3. Fluider Zustandsbereich eines reinen Stoffes im T, s-Diagramm [11]

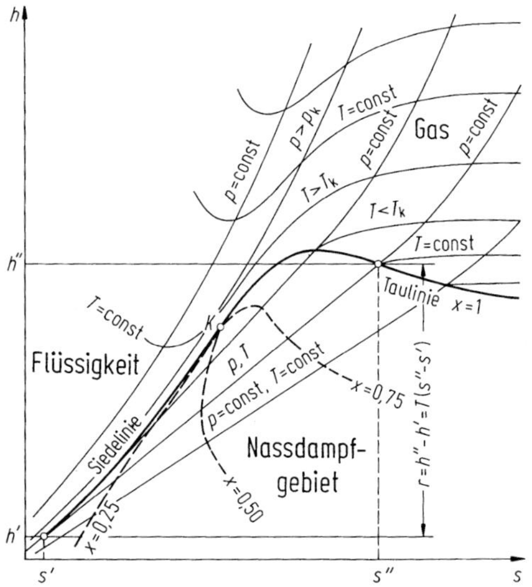

Bild 3-4. Fluider Zustandsbereich eines reinen Stoffes im h, s-Diagramm [12]

Insbesondere bedeutet die Fläche unter einer Isobaren wegen $T\,ds = dh - v\,dp$ die Differenz spezifischer Enthalpien. So ist das Rechteck unter einer Isobaren des Nassdampfgebietes die spezifische Verdampfungsenthalpie, vgl. (3-3). Die Fläche unter einer beliebigen Zustandslinie ist nach (1-111) die Summe der auf die Masse bezogenen Wärme und dissipierten Energie; nur für einen reversiblen Prozess stellt die Fläche eine Wärme dar.

Das h, s-Diagramm eines reinen Stoffes mit Linien $p = \text{const}$, das in Bild 3-4 für die Umgebung des Nassdampfgebietes gezeichnet ist, enthält die Information der Fundamentalgleichung $h = h(s, p)$, vgl. 1.2.3. Siede- und Taulinie grenzen das Nassdampfgebiet nach links und rechts gegen das Flüssigkeits- und Gasgebiet ab. Der kritische Punkt K liegt im gemeinsamen Wendepunkt von Siede- und Taulinie am linken Hang des Nassdampfgebietes. Wie sich aus Tabelle 1-1, vgl. auch (3-10), ergibt, beträgt die Steigung der Isobaren in den homogenen und heterogenen Gebieten $(\partial h/\partial s)_p = T$. Da die Temperatur von nassem Dampf nach 3.1.2 bei konstantem Druck einen festen Wert hat, sind die Isobaren des Nassdampfgebietes Geraden mit einem Steigungsdreieck nach (3-3). Die Geraden werden mit wachsendem Druck, d. h. steigender Siedetemperatur, immer steiler, wobei die kritische Isobare Tangente an die Grenzkurven im kritischen Punkt K ist. Die Isobaren überqueren die Grenzkurven im Gegensatz zum T, s-Diagramm ohne Knick, weil die Temperatur sich dort nicht sprungartig ändert. Die Isothermen, die im Nassdampfgebiet mit den Isobaren zusammenfallen, knicken auf den Grenzkurven ab und gehen im Gasgebiet asymptotisch in Linien $h = \text{const}$ über. Denn in den Grenzzuständen des idealen Gases hängt die Enthalpie nur von der Temperatur ab. Die Linien $x = \text{const}$ folgen aus dem Hebelgesetz (3-9). Die spezifischen Energien des h, s-Diagramms sind Ordinatendifferenzen, die durch die Energiebilanzen von 1.5.2 mit der massebezogenen Wärme und Arbeit eines Prozesses verknüpft sind.

3.2 Phasengleichgewichte fluider Mehrstoffsysteme

Koexistierende Phasen von Mehrstoffsystemen haben im Allgemeinen unterschiedliche Zusammensetzung. Diese Aussage besitzt für die Verfahrenstechnik zentrale Bedeutung, da diese unterschiedliche Zusammensetzung der Phasen von allein angestrebt wird. Dieser Ausgleichsprozess wird von allen thermischen Trennverfahren genutzt. Druck, Temperatur und Konzentrationen sind dabei durch die Gleichgewichtsbedingungen (1-60) und (1-61) verknüpft. Mit den Komponenten wächst die Zahl der maximal möglichen Phasen eines Systems, die sich aus (3-1) mit $f = 0$ ergibt.

3.2.1 Phasendiagramme

Die ein- und mehrphasigen Zustandsgebiete binärer und ternärer Systeme lassen sich in Phasendiagrammen kenntlich machen. Die mehrphasigen Zustände müssen in der thermischen Verfahrenstechnik bekannt sein und eingestellt werden, um einen Trennvorgang einleiten zu können. Variable sind dabei Druck, Temperatur und $K - 1$ Molanteile der als inert vorausgesetzten Komponenten. Für viele Anwendungen genügen Ausschnitte der Diagramme im dampfförmig-flüssigen, flüssig-flüssigen und fest-flüssigen Zustandsbereich.

Die Bilder 3-5a bis d zeigen verschiedene Formen des Verdampfungsgleichgewichts binärer Systeme der Komponenten A_1 und A_2 im Siede- und Gleichgewichtsdiagramm. Die Koordinaten sind T und x bzw. x' und x'' bei p = const. Dabei ist x der Stoffmengenanteil der Komponente A_1, die beim gegebenen Druck die kleinere Siedetemperatur hat. Die Marken $'$ und $''$ kennzeichnen die siedende Flüssigkeit und den gesättigten Dampf. Der Druck liegt unterhalb des kritischen Drucks der reinen Komponenten.

Die Zustände der siedenden Flüssigkeit und des gesättigten Dampfes, die nach der Phasenregel durch Funktionen $x' = x'(T, p)$ und $x'' = x''(T, p)$ beschrieben werden, bilden sich im T, x-Diagramm als Siede- bzw. Taulinie ab. Die Punkte, die durch das Phasengleichgewicht einander zugeordnet sind, liegen auf Linien T = const, die als Konoden bezeichnet werden. Auf den Konoden lassen sich die Zusammensetzungen x' und x'' ablesen, die im Gleichgewichtsdiagramm gegeneinander aufgetragen sind. Siede- und Taulinie schließen das Nassdampfgebiet ein, dessen Punkte einem zweiphasigen Gemisch aus siedender Flüssigkeit und gesättigtem Dampf entsprechen. Eine Konode durch einen Zustandspunkt dieses Feldes markiert mit ihren Endpunkten den Zustand der Phasen des Gemisches. Die Stoffmengen n' und n'' der

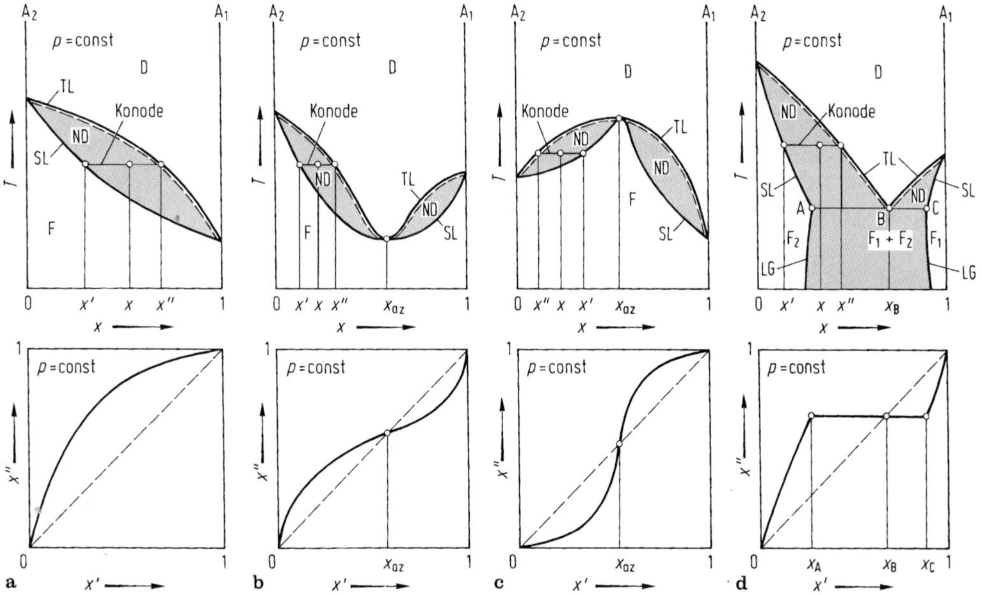

Bild 3-5. Formen des Verdampfungsgleichgewichts binärer Systeme im Siede- und Gleichgewichtsdiagramm. Es bedeuten D Dampf, F Flüssigkeit, ND nasser Dampf, SL Siedelinie, TL Taulinie und LG Löslichkeitsgrenze. Die Zweiphasengebiete sind schattiert angelegt. **a** Gemisch mit monotonem Verlauf von Siede- und Taulinie. **b** Gemisch mit einem Minimum der Siedetemperatur. **c** Gemisch mit einem Maximum der Siedetemperatur. **d** Gemisch mit einer Mischungslücke im Flüssigkeitsgebiet

beiden Phasen genügen dem Hebelgesetz

$$n'(x - x') = n''(x'' - x) , \qquad (3\text{-}11)$$

das auf der Erhaltung der Komponentenmengen beim Zerfall eines Systems mit der Zusammensetzung x in eine $'$- und in eine $''$-Phase beruht. Unterhalb der Siedelinie liegt das Flüssigkeitsgebiet, in dem es bereichsweise zwei Phasen geben kann. Oberhalb der Taulinie ist das Einphasengebiet des überhitzten Dampfes.

Im Beispiel der Bilder 3-5a bis c bilden die flüssigen Komponenten im gesamten Konzentrationsbereich homogene Mischungen. Bei Systemen nach Bild 3-5a, zu denen auch ideale Lösungen mit idealem Dampf zählen, ändert sich die Temperatur auf den Grenzen des Nassdampfgebiets monoton. Stärkere Abweichungen von der Idealität führen bei ähnlichen Siedetemperaturen der Komponenten häufig zu Minima oder Maxima von Siede- und Taulinie, vgl. Bild 3-5b und c. Die Kurven berühren sich dann in einem gemeinsamen Punkt mit horizontaler Tangente, einem sog. *azeotropen Punkt*, der im Gleichgewichtsdiagramm auf der Hauptdiagonale liegt. In diesem ausgezeichneten Punkt haben Dampf und Flüssigkeit dieselbe Zusammensetzung und das Nassdampfgebiet wird bei einer konstanten Temperatur durchschritten, sodass Gemische mit azeotroper Zusammensetzung eine besondere Rolle in der Energie- und Verfahrenstechnik spielen. Bild 3-5d zeigt den Fall, dass die flüssigen Komponenten nur beschränkt ineinander löslich sind und in einer Mischungslücke zwei flüssige Phasen vorliegen. Siede- und Taulinie bestehen dann aus zwei Ästen mit einem Minimum der Siedetemperatur im gemeinsamen Punkt B, einem *heteroazeotropen Punkt*. Die Linie AC ist ein Dreiphasengebiet aus den Flüssigkeiten A und C und dem Dampf B. Die azeotropen Zusammensetzungen sind Funktionen des Drucks.

Bei isobarer Wärmezufuhr bewegt sich der Zustandspunkt eines flüssigen Systems im T, x-Diagramm auf einer Linie x = const zu höheren Temperaturen. Ist die Siedelinie erreicht, bildet sich die erste Dampfblase, die im Fall von Bild 3-5a stark mit der leichter siedenden Komponente A_1 angereichert ist. Weitere Wärmezufuhr lässt die Temperatur und die Dampfmenge entsprechend dem Hebelgesetz wachsen. Beim Überschreiten der Taulinie verschwindet der letzte, an A_1 verarmte Flüssigkeitstropfen. Im Gegensatz zu einem reinen Stoff bleibt die Temperatur eines binären Systems bei isobarem Phasenwechsel nicht konstant. Ausgenommen sind Systeme mit azeotroper Zusammensetzung.

Mit wachsendem Druck verschieben sich die Grenzen des Nassdampfgebietes im T, x-Diagramm zu höheren Temperaturen, vgl. Bild 3-6 für ein System des Typs a aus Bild 3-5. Wird der kritische Druck einer Komponente überschritten, löst sich das Nassdampfgebiet von den Begrenzungen $x = 0$ bzw. $x = 1$ des Diagramms. In diesem Fall gehen Siede- und Taulinie in einem Punkt mit gemeinsamer horizontaler Tangente ineinander über, die zugleich Konode ist. Flüssigkeits- und Dampfphase sind in einem solchen Punkt identisch, sodass hier ein kritischer Zustand des Systems vorliegt. Ist der Druck größer als der kritische Druck beider Komponenten, wird das Nassdampfgebiet eine Insel, die schließlich ganz verschwindet. Die Verbindungslinie der kritischen Zustände heißt kritische Kurve.

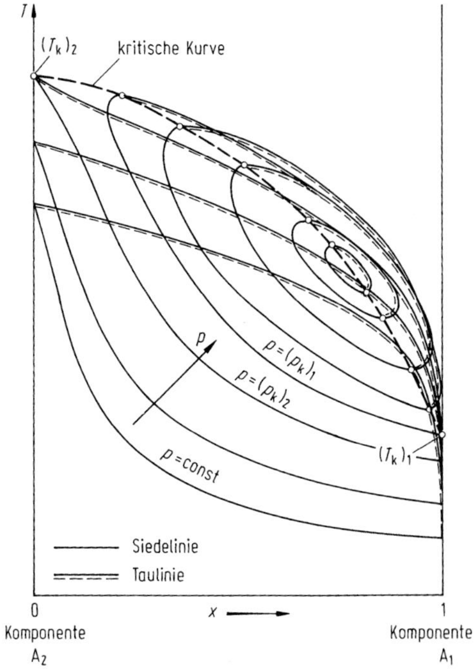

Bild 3-6. Grenzkurven des Nassdampfgebietes eines Systems nach Bild 3-5a für verschiedene Drücke im Siedediagramm [13]

Eine Darstellung der Gleichgewichte fester und flüssiger binärer Phasen im T, x-Diagramm findet man in [14].

Die Zusammensetzung ternärer Systeme lässt sich in Dreiecksdiagrammen beschreiben. Vornehmlich werden gleichseitige Dreiecke nach Bild 3-7a benutzt, deren Seiten zu eins normiert sind. Die Ecken entsprechen den reinen Komponenten A_1, A_2 und A_3 des Systems. Auf den Dreiecksseiten, die nach Stoffmengenanteilen geteilt sind, findet man die binären Randsysteme. Punkte innerhalb des Dreiecks stellen ternäre Gemische dar. Die Linien konstanter Stoffmengenanteile x_i verlaufen parallel zu den Dreiecksseiten, die der Ecke A_i gegenüberliegen, und schneiden auf den Randmaßstäben die Werte x_i, ab. Die Geometrie des Diagramms sichert die Bedingung $x_1 + x_2 + x_3 = 1$.

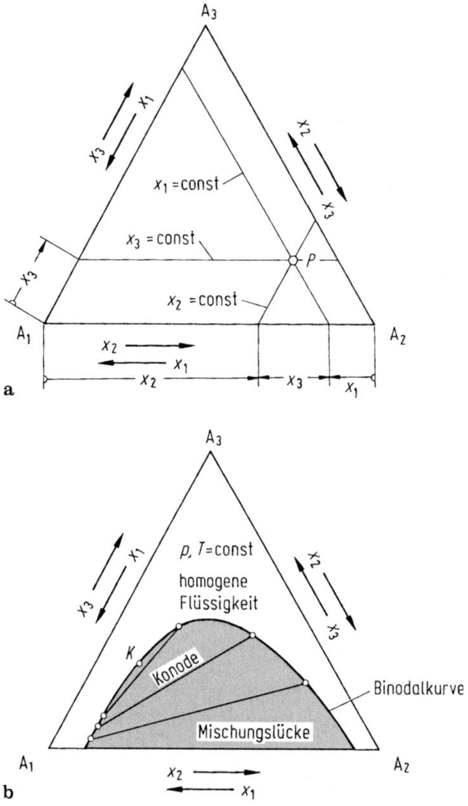

Bild 3-7. Beschreibung ternärer Systeme in Dreieckskoordinaten. **a** Auffinden der Stoffmengenanteile x_i zu einem Zustandspunkt P, **b** Flüssig-flüssig-Gleichgewicht in einem System mit Mischungslücke

Bild 3-7b zeigt das Phasendiagramm eines ternären Systems im Bereich flüssiger Zustände für konstante Werte von Druck und Temperatur in Dreieckskoordinaten. Das binäre Randsystem der Komponenten A_1 und A_2 hat eine Mischungslücke, die sich auf die benachbarten ternären Systeme ausdehnt. Die Phase mit der größeren Dichte wird mit $'$, die andere mit $''$ bezeichnet. Nach der Phasenregel bilden sich die Zustände der koexistierenden Phasen in der Koordinatenebene als Linien ab. Dies sind die Äste der Binodalkurve, die im Punkt K ineinander übergehen. Die geradlinigen Konoden verbinden die Zustandspunkte von Phasen, die miteinander im Gleichgewicht sind. Jeder Zustandspunkt auf einer Konode stellt ein heterogenes Gemisch dieser Phasen dar. Die Phasenmengen folgen dem Hebelgesetz

$$n'\,(x_i - x_i') = n''\,(x_i'' - x_i) \quad (i = 1, 2, 3)\,, \qquad (3\text{-}12)$$

das sich aus der Erhaltung der Komponentenmengen beim Phasenzerfall eines ternären Systems mit der Zusammensetzung x_i ergibt. Im Punkt K berühren sich Konode und Binodalkurve, sodass beide Phasen identisch werden. Damit ist K ein kritischer Punkt. Andere Formen des Flüssig-flüssig-Gleichgewichts ternärer Systeme enthält [15].

3.2.2 Differenzialgleichungen der Phasengrenzkurven

Aus den Bedingungen (1-61) für das Phasengleichgewicht lassen sich Differenzialgleichungen herleiten, die allgemeine Aussagen über den Verlauf der Grenzkurven in Phasendiagrammen liefern. Dies soll am Beispiel eines binären Systems mit den Phasen α und β gezeigt werden, die bei der Temperatur T, dem Druck p sowie den Werten x^α und x^β des Stoffmengenanteils der Komponente 1 im Gleichgewicht sind. Da die Differenz $\mu_i^\alpha - \mu_i^\beta$ der chemischen Potenziale der Komponente i nach (1-61) in allen Gleichgewichtszuständen Null ist, verschwindet unter den Bedingungen des Gleichgewichts das totale Differenzial $\mathrm{d}(\mu_i^\alpha - \mu_i^\beta)$. Die Änderungen der intensiven Zustandsgrößen zwischen benachbarten Gleichgewichtszuständen sind daher durch

$$-\left(S_i^\alpha - S_i^\beta\right)\mathrm{d}T + \left(V_i^\alpha - V_i^\beta\right)\mathrm{d}p$$
$$+ (\partial\mu_i^\alpha/\partial x^\alpha)_{T,p}\,\mathrm{d}x^\alpha - \left(\partial\mu_i^\beta/\partial x^\beta\right)_{T,p}\mathrm{d}x^\beta = 0 \quad (3\text{-}13)$$
$$\text{mit} \quad 1 \leqq i \leqq 2$$

verknüpft, wobei die Temperatur- und Druckableitung des chemischen Potenzials μ_i nach (1-51) und (1-50) durch die negative partielle molare Entropie S_i und das partielle Molvolumen V_i der Komponente i ersetzt sind. Wegen (1-61) und (1-52) besteht dabei der Zusammenhang $S_i^\alpha - S_i^\beta = (H_i^\alpha - H_i^\beta)/T$ mit H_i als der partiellen molaren Enthalpie der Komponente i. Sind die α- und β-Phasen Dampf ″ bzw. Flüssigkeit′, erhält man aus (3-13) unter Berücksichtigung von (1-25) von Gibbs-Duhem für die Siede- und Taulinie $T = T(x')$ bzw. $T = T(x'')$ bei $p = \text{const}$ die Differenzialgleichungen [16]

$$\frac{\mathrm{d}T}{\mathrm{d}x'} = \frac{T(x'-x'')(\partial\mu_1'/\partial x')_{T,p}}{(1-x')\left[x''\left(H_1''-H_1'\right)+(1-x'')\left(H_2''-H_2'\right)\right]}, \quad (3\text{-}14)$$

$p = \text{const}$.

$$\frac{\mathrm{d}T}{\mathrm{d}x''} = \frac{T(x'-x'')(\partial\mu_1''/\partial x'')_{T,p}}{(1-x'')\left[x'\left(H_1''-H_1'\right)+(1-x')\left(H_2''-H_2'\right)\right]}, \quad (3\text{-}15)$$

$p = \text{const}$.

Die Ableitungen des chemischen Potenzials μ_1 sind aufgrund der Stabilitätsbedingungen (1-73) stets positiv. Die eckigen Klammern im Nenner, welche die molare Überführungsenthalpie beim Übergang einer Stoffportion mit der Zusammensetzung x'' bzw. x' von der Flüssigkeit in den Dampf bedeuten, sind in einigem Abstand von kritischen Zuständen ebenfalls positiv. Die Steigung von Siede- und Taulinie im T, x-Diagramm ist daher negativ, wenn der Dampf im Vergleich zur Flüssigkeit an der Komponente 1 angereichert ist. Sind Dampf und Flüssigkeit gleich zusammengesetzt, haben Siede- und Taulinie eine horizontale Tangente, wie in Bild 3-6b und c zu erkennen ist. Aus (3-13) lässt sich ableiten, dass einem Minimum der Siedetemperatur bei $p = \text{const}$ ein Maximum des Dampfdrucks bei $T = \text{const}$ entspricht und umgekehrt.

Ist die im Lösungsmittel 1 gelöste Komponente 2 nicht flüchtig, besteht der Dampf aus reinem Lösungsmittel mit $x'' = 1$. In diesem Fall vereinfacht sich (3-14) zu

$$\mathrm{d}T/\mathrm{d}x' = -T(\partial\mu_1'/\partial x')_{T,p}/(H_1''-H_1') \quad (3\text{-}16)$$

bei $p = \text{const}$,

d. h., die Siedetemperatur der Lösung erhöht sich mit steigendem Molanteil $x_2' = (1-x')$ des gelösten Stoffes. Beschränkt man sich auf Zustände großer Verdünnung $x_2' \ll 1$, folgt μ_1' dem Ansatz (2-126) für das chemische Potenzial der Komponenten einer idealen Lösung. Die Integration von (3-16) bei $p = \text{const}$ ergibt dann unter Vernachlässigung kleiner Terme für die isobare Siedepunktserhöhung der Lösung im Vergleich zum Lösungsmittel [17]

$$T - T_{\mathrm{s}01} = R_\mathrm{m}T_{\mathrm{s}01}^2 x_2'/(M_1 r_{01})\,. \quad (3\text{-}17)$$

Dabei sind $T_{\mathrm{s}01}$ die Siedetemperatur und r_{01} die spezifische Verdampfungsenthalpie des reinen Lösungsmittels mit der molaren Masse M_1 beim Druck p. Dissoziiert der Stoff 2, ist für x_2' die Summe der Stoffmengenanteile der Teilchenarten einzusetzen, die bei der Lösung des Stoffes 2 entstehen. Der isobaren Siedepunktserhöhung entspricht eine isotherme Dampfdruckerniedrigung, die sich unter den Voraussetzungen von (3-17) aus dem Raoult'schen Gesetz (3-25), siehe 3.2.3, berechnen lässt.

Analog zur Siedepunktserhöhung findet man für das Gleichgewicht eines reinen festen Stoffes 1 mit einer flüssigen Mischphase aus den Stoffen 1 und 2 eine Gefrierpunktserniedrigung der Mischung gegenüber dem Schmelzpunkt des reinen Stoffes 1 [18].

3.2.3 Punktweise Berechnung von Phasengleichgewichten

Für die Praxis wichtiger als die differentiellen Beziehungen für das Gleichgewicht zweier fluider Phasen ′ und ″ ist die punktweise Auswertung der Gleichgewichtsbedingungen (1-61)

$$\mu_i'(T, p, x_1', \ldots, x_{K-1}') = \mu_i''(T, p, x_1'', \ldots, x_{K-1}'')$$
$$\text{mit} \quad 1 \leqq i \leqq K \quad (3\text{-}18)$$

für einen Satz gesuchter Größen. Mit dem Ansatz (2-118), der das chemische Potenzial μ_i einer Komponente i mithilfe der Fugazität f_i darstellt, reduziert sich (3-18) auf

$$f_i'(T, p, x_1', \ldots, x_{K-1}') = f_i''(T, p, x_1'', \ldots, x_{K-1}'')$$
$$\text{mit} \quad 1 \leqq i \leqq K \, . \tag{3-19}$$

Das Phasengleichgewicht ist daher allein durch die thermische Zustandsgleichung des Systems bestimmt, aus der die Fugazitäten im Prinzip berechenbar sind. In Abhängigkeit von den jeweils verfügbaren Stoffmodellen wird (3-19) in mehreren Varianten angewendet.

Für Systeme mit schwach polaren Komponenten kann bei der Auswertung der Bedingungen für das Dampf-Flüssigkeits-Gleichgewicht häufig auf eine thermische Zustandsgleichung für das gesamte fluide Gebiet zurückgegriffen werden. In diesem Fall führt man den Fugazitätskoeffizienten $\varphi_i = \varphi_i(T, p, x_1, \ldots, x_{K-1})$ nach (2-120) ein, so dass (3-19) die Gestalt

$$x_i'\varphi_i' = x_i''\varphi_i'' \quad \text{mit} \quad 1 \leqq i \leqq K \tag{3-20}$$

erhält. Die Zeichen $'$ und $''$ beziehen sich dabei auf die Flüssigkeit und den Dampf. Tabelle 2-8 gibt an, wie man Fugazitätskoeffizienten aus der Zustandsgleichung (2-43) von Redlich-Kwong-Soave berechnen kann, wenn man zuvor die molaren Volumina

$$V_\text{m}' = V_\text{m}'(T, p, x_1', \ldots, x_{K-1}')$$
$$\text{und} \quad V_\text{m}'' = V_\text{m}''(T, p, x_1'', \ldots, x_{K-1}'')$$

bestimmt hat.

Für das Dampf-Flüssigkeits-Gleichgewicht von Systemen mit stark polaren Komponenten können die Fugazitäten f_i' in der flüssigen Phase nur mit Hilfe von Aktivitätskoeffizienten-Modellen angegeben werden, vgl. 2.2.3. Liegt die Temperatur des Phasengleichgewichts unter der kritischen Temperatur der reinen Komponenten, lässt sich f_i' nach (2-127) berechnen. Dabei wird die Existenz der reinen flüssigen Komponenten bei der Temperatur und dem Druck des Systems vorausgesetzt. In diesem Fall geht (3-19) mit f_i'' nach (2-120) in

$$x_i'\gamma_i f_{0i}'(T, p) = x_i''\varphi_i'' p \quad \text{mit} \quad 1 \leqq i \leqq K \tag{3-21}$$

über, wobei $\gamma_i = \gamma_i(T, p, x_1', \ldots, x_{K-1}')$ den Aktivitätskoeffizienten der Komponente i in der Flüssigkeit und f_{0i}' die Fugazität der reinen flüssigen Komponente i bei der Temperatur T und dem Druck p des Phasengleichgewichts bedeuten. Wegen (1-50) und (2-72) ist

$$f_{0i}'(T, p) = f_{0i}'(T, p_{\text{s}0i}) \exp\left[\int_{p_{\text{s}0i}}^{p} V_{0i}'/(R_\text{m}T)\,\text{d}p\right] \tag{3-22}$$

mit $p_{\text{s}0i}$ als dem Sättigungsdruck und V_{0i}' als dem Molvolumen der reinen Flüssigkeit i bei der Temperatur T. Der i. Allg. kleine Exponentialausdruck heißt Poynting-Korrektur. Wegen des Phasengleichgewichts des reinen Stoffes i auf seiner Dampfdruckkurve haben der reine Dampf und die reine Flüssigkeit i dort dieselbe Fugazität

$$f_{0i}'(T, p_{\text{s}0i}) = f_{0i}''(T, p_{\text{s}0i}) = \varphi_{\text{s}0i}'' p_{\text{s}0i} \, . \tag{3-23}$$

Damit erhält man aus (3-21) die viel benutzte Gleichgewichtsbedingung

$$x_i''\varphi_i'' p = x_i'\gamma_i\varphi_{\text{s}0i}'' p_{\text{s}0i} \exp\left[\int_{p_{\text{s}0i}}^{p} V_{0i}'/(R_\text{m}T)\,\text{d}p\right] \tag{3-24}$$
$$\text{mit} \quad 1 \leqq i \leqq K \, .$$

Zur Auswertung werden neben den Reinstoffdaten $p_{\text{s}0i}$ und V_{0i}' eine thermische Zustandsgleichung des Dampfes, z. B. (2-40) für kleine Drücke mit Fugazitätskoeffizienten nach Tabelle 2-7, sowie ein Ansatz für die molare freie Zusatzenthalpie der Flüssigkeit zur Berechnung des Aktivitätskoeffizienten γ_i benötigt. Hierfür stehen z. B. das UNIQUAC- oder UNIFAC-Modell zur Verfügung, aus denen sich die Aktivitätskoeffizienten ermitteln lassen, vgl. 2.2.3. Im Fall einer idealen Lösung im Gleichgewicht mit einem idealen Gas folgt aus (3-24) bei vernachlässigbarer Poynting-Korrektur das Raoult'sche Gesetz

$$x_i'' p = x_i' p_{\text{s}0i}(T) \quad \text{mit} \quad 1 \leqq i \leqq K \, . \tag{3-25}$$

Es gilt unter den übrigen Voraussetzungen auch für reale Lösungen im Grenzfall $x_i' \to 1$ und gibt Einlick in die Schlüsselgrößen des Dampf-Flüssigkeits-Gleichgewichts.

Ein Mangel von (3-24) ist, dass in der Poynting-Korrektur gegebenenfalls mit $V_{0i}' = \text{const}$ über hypothetische Zustände der reinen Flüssigkeit integriert wird. Für überkritische Komponenten ist (3-24) im Prinzip nicht anwendbar, weil für $T > (T_\text{k})_{0i}$ kein Dampfdruck existiert. Um diese Einschränkung in der Praxis zu umgehen, sind Korrelationen entwickelt worden [19], welche die Fugazität $f'_{0i}(T, p)$ der reinen Flüssigkeit über die kritische Temperatur hinaus extrapolieren.

Das Verdampfungsgleichgewicht überkritischer Komponenten lässt sich im Gegensatz zu (3-24) mit (3-20) konsistent beschreiben. Dies ist bei einem binären System aus dem Lösungsmittel 1 und der überkritischen Komponente 2 auch möglich, wenn die Fugazität der Komponente 2 in der Flüssigkeit nach (2-133) mithilfe des Henry'schen Koeffizienten $H_{2,1}$ formuliert wird. Dann folgt aus (3-19) mit f''_2 nach (2-120) die Gleichgewichtsbedingung für den gelösten Stoff

$$x'_2 \gamma^*_2 H_{2,1} = x'_2 \varphi''_2 p \qquad (3\text{-}26)$$

mit γ^*_2 als dem rationellen Aktivitätskoeffizienten der Komponente 2 in der Flüssigkeit, vgl. (2-130). Die Gleichgewichtsbedingung für das Lösungsmittel ist unverändert (3-24), sodass die Symmetrie zwischen den Komponenten gebrochen wird. Wichtig ist, dass sich (3-26) auf das Gleichgewicht derselben Teilchenart des Stoffes 2 im Dampf und in der Flüssigkeit bezieht. Daher entspricht x'_2 nicht der gesamten in der Flüssigkeit enthaltenen Menge des Stoffes 2, wenn der Stoff im gelösten Zustand dissoziiert oder Verbindungen mit dem Lösungsmittel eingeht.

Wie alle Variablen in (3-26) ist der Henry'sche Koeffizient $H_{2,1}$ der Komponente 2 im Lösungsmittel 1 bei der Temperatur T und dem Druck p des Phasengleichgewichts einzusetzen. Sein Wert in diesem Zustand ergibt sich mit (2-134), (2-118) und (1-50) aus den in der Regel beim Sättigungsdruck $p_{s01}(T)$ des reinen Lösungsmittels angegebenen Daten der Literatur, vgl. (2-135), zu

$$\begin{aligned} H_{2,1}(T, p) &= H_{2,1}(T, p_{s01}) \\ &\quad \times \exp[V'^{\infty}_2 (p - p_{s01})/(R_m T)] \, . \end{aligned} \qquad (3\text{-}27)$$

Dabei ist vorausgesetzt, dass das partielle molare Volumen V'^{∞}_2 der unendlich verdünnten Komponente 2 in der Flüssigkeit nicht vom Druck abhängt. Einige Daten für V'^{∞}_2 findet man in [20]. Der rationelle Aktivitätskoeffizient γ^*_2, dessen Druckabhängigkeit selten berücksichtigt wird, kann nach (2-130) und (2-146) aus einem Modell für die molare freie Zusatzenthalpie der Lösung bestimmt werden. Häufig genügt der Ansatz von Porter $G^E_m/(R_m T) = A x'_1 x'_2$ mit dem anzupassenden Koeffizienten A, womit

$$\ln \gamma^*_2 = A \left(x'^2_1 - 1 \right) \qquad (3\text{-}28)$$

wird. Aus (3-26) folgt mit (3-27) und (3-28) die Gleichung von Krichevsky-Ilinskaya

$$\begin{aligned} x''_2 \varphi''_2 p &= x'_2 H_{2,1}(T, p_{s01}) \\ &\quad \times \exp\left[\frac{V'^{\infty}_2 (p - p_{s01})}{R_m T} + A(x'^2_1 - 1) \right] . \end{aligned} \qquad (3\text{-}29)$$

Im Grenzfall großer Verdünnung, $x'_2 \to 0$ und $x'_1 \to 1$ ist der Term $A(x^2_1 - 1)$ vernachlässigbar. Die weitere Spezialisierung von (3-29) auf kleine Drücke, bei denen die Gasphase ideal und der Henry'sche Koeffizient vornehmlich durch die Temperatur bestimmt ist, führt auf das Henry'sche Gesetz

$$x''_2 p = x'_2 H_{2,1}(T, p_{s01}) \, . \qquad (3\text{-}30)$$

Es enthält die Grundelemente zur Beschreibung von Gaslöslichkeiten.

Die Empfindlichkeit des Lösungsgleichgewichts von Gasen gegen Änderungen von Temperatur und Druck ist aus (3-26), leichter aber aus den Differenzialgleichungen der Phasengrenzkurven zu ermitteln. Bei unendlicher Verdünnung $x'_2 \to 0$ und reiner Gasphase $x''_2 = 1$ folgt aus (3-13), (2-128) und (2-133)

$$(\partial \ln x'_2 / \partial T)_p = (H'^{\infty}_2 - H''_2) / \left(R_m T^2 \right) \qquad (3\text{-}31)$$

mit H'^{∞}_2 und H''_2 als den partiellen molaren Enthalpien des gelösten Stoffes in der Flüssigkeit und im Dampf. Da der Lösungsvorgang i. Allg. exotherm, d. h. $H'^{\infty}_2 - H''_2 < 0$ ist, nimmt die Gaslöslichkeit in der Regel mit steigender Temperatur ab, was einer Zunahme des Henry'schen Koeffizienten $H_{2,1}$ in (3-30) entspricht. Mit denselben Voraussetzungen erhält man

$$(\partial \ln x'_2 / \partial p)_T = (V''_2 - V'^{\infty}_2)/(R_m T) \, . \qquad (3\text{-}32)$$

Danach muss die Löslichkeit mit dem Druck ansteigen, weil das partielle molare Volumen V''_2 des gelösten Stoffes im Gas stets größer ist als der Wert V'^{∞}_2 in der Flüssigkeit.

Schließlich soll eine spezielle Gleichgewichtsbedingung für ein heterogenes System aus zwei flüssigen

Phasen ′ und ″ mit den Dichten $\varrho' > \varrho''$ hergeleitet werden, dessen reine Komponenten bei Temperatur und Druck des Gleichgewichts flüssig sind. In diesem Fall lassen sich die Fugazitäten der Komponenten in beiden Phasen durch (2-127) beschreiben, sodass (3-19) die Form

$$x_i'\gamma_i' = x_i''\gamma_i'' \quad \text{mit} \quad 1 \leqq i \leqq K \tag{3-33}$$

mit γ_i als dem Aktivitätskoeffizienten der Komponente i annimmt. Sind die Phasen ideale Lösungen mit $\gamma_i = 1$ stimmen die Stoffmengenanteile x_i der Komponenten in beiden Phasen überein.

Die auf verschiedene Stoffmodelle zugeschnittenen Gleichgewichtsbedingungen (3-20), (3-24), (3-29) und (3-33) lassen sich in standardisierter Form

$$x_i''/x_i' = K_i(T, p, x_1', \ldots, x_{K-1}', x_1'', \ldots, x_{K-1}'') \tag{3-34}$$
$$\text{mit} \quad 1 \leqq i \leqq K$$

schreiben, wobei K_i als Gleichgewichtsverhältnis für die Komponente i bezeichnet wird. Die Nichtlinearität dieser K Gleichungen mit $2K$ Variablen ist in der Temperatur stärker als im Druck.

Eine charakteristische Anwendung von (3-34) ist, bei gegebenem Druck p und gegebener Zusammensetzung $x_1', \ldots, x_{K-1}'$ einer Flüssigkeit die Siedetemperatur T und die Zusammensetzung $x_1'', \ldots, x_{K-1}''$ des Gleichgewichtsdampfes zu bestimmen. Dabei hat sich folgende iterative Rechnung bewährt [21]:

1. Vorgabe von p und aller x_i' sowie Schätzung von T und aller x_i''.
2. Berechnung aller K_i in (3-34).
3. Berechnung aller x_i'' aus (3-34)

$$x_i'' = x_i'K_i / \sum_{i=1}^{K} x_i'K_i \, . \tag{3-35}$$

4. Rücksprung zu 2., falls sich ein x_i'' über eine vorgegebene Schranke hinaus verändert hat.
5. Berechnung der Restfunktion

$$f = \sum_{i=1}^{K} x_i'K_i - 1 \, . \tag{3-36}$$

6. Anpassung von T, z. B. nach dem Newton-Verfahren, und Rücksprung zu 2., falls $|f|$ eine vorgegebene Schranke übersteigt.
7. Ende der Rechnung.

In ähnlichen Schritten hat man vorzugehen [21], wenn bei gegebenem Druck p und gegebener Dampfzusammensetzung $x_1'', \ldots, x_{K-1}''$ die Taupunkttemperatur T und die Zusammensetzung $x_1', \ldots, x_{K-1}'$ der Gleichgewichtsflüssigkeit gefragt ist:

1. Vorgabe von p und allen x_i'' sowie Schätzung von T und allen x_i'.
2. Berechnung aller K_i in (3-34).
3. Berechnung aller x_i' aus (3-34)

$$x_i' = (x_i''K_i) / \sum_{i=1}^{K} (x_i''/K_i) \, .$$

4. Rücksprung zu 2., falls sich ein x_i' über eine vorgegebene Schranke hinaus verändert hat.
5. Berechnung der Restfunktion

$$f = \sum_{i=1}^{K} (x_i''/K_i) - 1 \, . \tag{3-37}$$

6. Anpassung von T, z. B. nach dem Newton-Verfahren, und Rücksprung zu 2., falls $|f|$ eine vorgegebene Schranke übersteigt.
7. Ende der Rechnung.

Die Konvergenz dieser einfachen Algorithmen ist besonders bei hohen Drücken ein Problem. Es wird daher empfohlen, die Berechnung von Gleichgewichtszuständen bei niedrigen Drücken zu beginnen und das Ergebnis als Startwert für die nächste Druckstufe zu benutzen. Bei flachem Verlauf der Phasengrenzkurven $(\partial \ln p/\partial \ln T)_x < 2$ ist es günstiger, statt des Drucks die emperatur vorzugeben [22]. Eine Diskussion der Gleichgewichtsberechnung mit Zustandsgleichungen findet man in [23]. Rechenprogramme sind in [24] enthalten.

Eine weitere Anwendung von (3-34) ist die Berechnung der Zusammensetzung $x_1', \ldots, x_{K-1}'$ und $x_1'', \ldots, x_{K-1}''$ sowie des Mengenverhältnisses $\beta = n''/(n' + n'')$ der koexistierenden Phasen für einen gegebenen Zustandspunkt mit den Koordinaten T, p, und $x_1, \ldots, x_{k-1}$ in einem Zweiphasengebiet. Diese Aufgabe stellt sich z. B. beim Zerfall einer

Flüssigkeit in eine dampfförmige und eine flüssige Phase durch isotherme Druckabsenkung. Dieselbe Aufgabe ist zu lösen, um den Verlauf der Konoden für das Flüssig-flüssig-Gleichgewicht eines ternären Systems zu bestimmen. Die Arbeitsgleichungen ergeben sich aus der Verknüpfung von (3-34) mit dem Hebelgesetz (3-12)

$$x_i = \beta x_i' + (1-\beta)x_i'' = [\beta + K_i(1-\beta)]x_i' \quad \text{mit} \quad 1 \leqq i \leqq K\,, \tag{3-38}$$

$$x_i' = x_i/[\beta + K_i(1-\beta)] \quad \text{mit} \quad 1 \leqq i \leqq K \tag{3-39}$$

und

$$f = \sum_{i=1}^{K} x_i/[\beta + K_i(1-\beta)] - 1 = 0\,. \tag{3-40}$$

Die Rechnung läuft in folgenden Schritten [25] ab:

1. Vorgabe von T, p und allen x_i sowie Schätzung aller x_i' und des Mengenverhältnisses β.
2. Berechnung aller x_i'' aus (3-38)
$$x_i'' = (x_i - \beta x_i')/(1-\beta)\,. \tag{3-41}$$
3. Berechnung aller K_i in (3-34).
4. Berechnung von β aus (3-40), z. B. mit dem Newton-Verfahren.
5. Berechnung aller x_i' aus (3-39).
6. Rücksprung zu 2., falls sich ein x_i' über eine vorgegebene Schranke hinaus verändert hat.
7. Ende der Rechnung.

Für die Konvergenz des Verfahrens bei der Berechnung ternärer Flüssig-flüssig-Gleichgewichte ist es vorteilhaft, die Iteration mit einem nicht mischbarem binären Randsystem zu beginnen. Dieses sei aus den Komponenten 1 und 2 zusammengesetzt. Bei der schrittweisen Erhöhung der Konzentration der Komponente 3 können die vorangegangenen Ergebnisse jeweils als Startwert dienen. Die Konzentrationen x_1, x_2 und x_3 in dem heterogenen Zustand sollten so gewählt werden, dass sich $\beta \approx 0{,}5$ ergibt. Ein Rechenprogramm findet man in [24].

3.3 Gleichgewichte reagierender Gemische

Wie in 1.3.2 gezeigt wurde, sind die nichtnegativen Stoffmengen n_j im Gleichgewichtszustand eines P-phasigen Systems aus K chemisch reaktionsfähigen Substanzen bestimmt durch $K-R$ Gleichgewichtsbedingungen (1-66) für die unabhängigen Reaktionen, $K\cdot(P-1)$ Bedingungen (1-61) für das stoffliche Gleichgewicht zwischen den Phasen und R unabhängige Elementbilanzen (1-64). Im Weiteren wird vorausgesetzt, dass Temperatur und Druck dem System von außen aufgeprägt werden. Die Gleichgewichtsbedingungen sind dann vorteilhaft als notwendige Bedingungen für das Minimum der freien Enthalpie des Systems aufzufassen.

Zählt man chemisch gleiche Stoffe in verschiedenen Phasen als unterschiedliche Substanzen und versteht das Phasengleichgewicht als spezielle Form des chemischen Gleichgewichts, lässt sich die Gleichgewichtszusammensetzung durch

$$\sum_{j=1}^{N} \mu_j \nu_{jr} = 0 \quad \text{für} \quad 1 \le r \le N-R\,, \tag{3-42}$$

$$\sum_{j=1}^{N} a_{ij} n_j = n_i^{\text{iG}} \quad \text{für} \quad 1 \le i \le L \tag{3-43}$$

beschreiben. Dabei ist N die rechnerische Zahl von Substanzen im System, μ_j das chemische Potenzial der Substanz j und ν_{jr} ihre stöchiometrische Zahl in der r-ten unabhängigen Reaktion. Weiter bedeutet a_{ij} die Menge des Elements i bezogen auf die Menge der Substanz j, n_j die Stoffmenge dieser Substanz, n_i^{iG} die Stoffmenge des Elements i, die in den Verbindungen des Systems enthalten ist, und L die Zahl der Elemente im System.

Aufgrund der Stöchiometrie chemischer Reaktionen lassen sich die Stoffmengenänderungen Δn_{jr} der beteiligten Substanzen j infolge des Ablaufs einer Reaktion r auf eine einzige mengenartige Variable, die Umsatzvariable ξ_r dieser Reaktion, zurückführen:

$$\Delta n_{jr} = \nu_{jr}\xi_r\,. \tag{3-44}$$

Da alle Reaktionen im System als Linearkombinationen der unabhängigen Reaktionen darstellbar sind, addieren sich die Δn_{jr} dieser Reaktionen zu der gesamten Stoffmengenänderung Δn_j einer Substanz. Mit einer gegebenen Anfangszusammensetzung n_j^{iG} werden die N Stoffmengen

$$n_j = n_j^{\text{iG}} + \sum_{r=1}^{N-R} \nu_{jr}\xi_r \tag{3-45}$$

damit Funktionen von $N-R$ Umsatzvariablen ξ_r. Wegen (1-63) erfüllt (3-45) die Elementbilanzen (3-43) für alle möglichen Werte ξ_r. Die Gleichgewichtsbedingungen (3-42) sondern hieraus die Werte aus, welche mit (1-46) die freie Enthalpie minimieren

$$\Delta G^{\mathrm{R}}_{\mathrm{m}r} \equiv \left(\frac{\partial G}{\partial \xi_r}\right)_{T,p} = \sum_{j=1}^{N} \left(\frac{\partial G}{\partial n_j}\right)_{T,p} \left(\frac{\partial n_j}{\partial \xi_r}\right)_{T,p}$$

$$= \sum_{j=1}^{N} \mu_j \nu_{jr} = 0\,, \qquad (3\text{-}46)$$

d. h., die differentielle freie Reaktionsenthalpie $\Delta G^{\mathrm{R}}_{\mathrm{m}r}$ der unabhängigen Reaktionen zu null machen.

Die konkrete Rechnung erfordert die Einführung von Gemischmodellen, welche die Stoffmengenabhängigkeit der chemischen Potenziale definieren. Berücksichtigt werden soll eine gasförmige und flüssige Mischphase in Koexistenz mit mehreren festen Phasen aus reinen Stoffen. Vernachlässigt man die Druckabhängigkeit chemischer Potenziale in kondensierten Phasen und sieht der Einfachheit halber von einer Formulierung mit rationellen Aktivitätskoeffizienten ab, folgt mit (2-119) und (2-124)

$$\frac{\Delta G^{\mathrm{R}}_{\mathrm{m}r}}{R_{\mathrm{m}}T} = \frac{\left(\Delta G^{\mathrm{R}}_{\mathrm{m}r}\right)^{\mathrm{iG}}}{R_{\mathrm{m}}T} + \sum_{\mathrm{Gase}\ j} \nu_{jr} \ln(\varphi_j x_j p/p_0)$$

$$+ \sum_{\mathrm{Flü}\ j} \nu_{jr} \ln(\gamma_j x_j) = 0 \qquad (3\text{-}47)$$

$$\text{mit} \quad 1 \le r \le N-R\,.$$

Hierin ist

$$\left(\Delta G^{\mathrm{R}}_{\mathrm{m}r}\right)^{\mathrm{iG}} \equiv \sum_{j=1}^{N} \nu_{jr} \mu_{0j}(T,\, p_0) \qquad (3\text{-}48)$$

$$= \sum_{j=1}^{N} \nu_{jr} [H_{0j}(T,p_0) - TS_{0j}(T,p_0)]$$

der Standardwert der molaren freien Reaktionsenthalpie der Reaktion r beim Druck p_0. Er ist wie jeder Standardwert einer Reaktionsgröße mit Reinstoffdaten gebildet und lässt sich nach (1-52) auf die Standardwerte der Reaktionsenthalpie und -entropie

$$\left(\Delta H^{\mathrm{R}}_{\mathrm{m}r}\right)^{\mathrm{iG}} \equiv \sum_{j=1}^{N} \nu_{jr} H_{0j}(T,\, p_0) \quad \text{und}$$

$$\left(\Delta S^{\mathrm{R}}_{\mathrm{m}r}\right)^{\mathrm{iG}} \equiv \sum_{j=1}^{N} \nu_{jr} S_{0j}(T,\, p_0) \qquad (3\text{-}49)$$

zurückführen, die ihrerseits aus der molaren Enthalpie H_{0j} und Entropie S_{0j} aller an der Reaktion beteiligten Stoffe zu berechnen sind. Die beiden Summen in (3-47) erstrecken sich über die Bestandteile der gasförmigen und flüssigen Mischphasen, deren Realverhalten durch die Fugazitätskoeffizienten φ_j und Aktivitätskoeffizienten γ_j beschrieben wird. Durch Spezialisierung auf eine einzige Reaktion in einem idealen Gemisch erhält man das Massenwirkungsgesetz

$$\ln\left(x_j^{\nu_j}\right) = -\frac{\left(\Delta G^{\mathrm{R}}_{\mathrm{m}}\right)^{\mathrm{iG}}}{R_{\mathrm{m}}T} - \sum_{\mathrm{Gase}\ j} \nu_j \ln(p/p_0)$$

$$= K(T,\, p)\,. \qquad (3\text{-}50)$$

Das linksseitige Potenzprodukt von Stoffmengenanteilen hängt allein von Temperatur und Druck ab, wobei der Wert $\exp K(T,\, p)$ als Gleichgewichtskonstante bezeichnet wird. In der Regel steigert die Zugabe eines Reaktionspartners die Reaktionsausbeute der anderen Ausgangsstoffe.

3.3.1 Thermochemische Daten

Die nach 2.1.3 unbestimmten Konstanten in den Enthalpiefunktionen $H_{0j}(T,\, p)$ können für chemisch reagierende Substanzen nicht beliebig vereinbart werden. Sie müssen vielmehr so abgestimmt sein, dass die Reaktionsenthalpie richtig wiedergegeben wird. Wegen (1-63) lässt sich der Standardwert einer Reaktionsenthalpie in der Gestalt

$$\left(\Delta H^{\mathrm{R}}_{\mathrm{m}}\right)^{\mathrm{iG}}_r = \sum_j \nu_{jr} \left[H_{0j} - \sum_i a_{ij} H_{0i}\right] = \sum_j \nu_{jr} H^B_{0j} \qquad (3\text{-}51)$$

schreiben. Der Klammerausdruck bedeutet dabei die im Prinzip messbare Standardreaktionsenthalpie für die Bildung der Substanz j aus den jeweils stabilsten Modifikationen der Elemente i mit der molaren Enthalpie H_{0i} und wird als molare Bildungsenthalpie H^{B}_{0j} bezeichnet. Für die Elemente ist

Tabelle 3-2. Molare Masse M, spezielle Gaskonstante R, spezifische isobare Wärmekapazität c_p^{iG} bzw. c_p, molare Bildungsenthalpie H_m^B und molare absolute Entropie ausgewählter Substanzen im Standardzustand $T_0 = 298{,}15$ K und $p_0 = 1000$ hPa [30]

Stoff	M g/mol	R kJ(kg · K)	c_p^{iG} bzw. c_p kJ(kg · K)	H_m^B kJ/mol	S_m^{iG} J/(mol · K)	Zustand
O_2	31,9988	0,25984	0,91738	0	205,138	g
H_2	2,0159	4,1245	14,298	0	130,684	g
H_2O	18,0153	0,46152	1,8638	−241,818	188,825	g
			4,179	−285,830	69,91	fl
He	4,0026	2,0773	5,1931	0	126,150	g
Ne	20,179	0,41204	1,0299	0	146,328	g
Ar	39,948	0,20813	0,5203	0	154,843	g
Kr	83,80	0,09922	0,2480	0	164,082	g
Xe	131,29	0,06333	0,1583	0	169,683	g
F_2	37,9968	0,21882	0,8238	0	202,78	g
HF	20,0063	0,41559	1,4562	−271,1	173,779	g
Cl_2	70,906	0,11726	0,4782	0	223,066	g
HCl	36,461	0,22804	0,7987	−92,307	186,908	g
S	32,066	0,25929	0,7061	0	31,80	rhomb.
SO_2	64,065	0,12978	0,5755	−296,83	248,22	g
SO_3	80,064	0,10385	0,6329	−395,72	256,76	g
H_2S	34,082	0,24396	1,0044	−20,63	205,79	g
N_2	28,0134	0,29680	1,0397	0	191,61	g
NO	30,0061	0,27709	0,9946	90,25	210,76	g
NO_2	46,0055	0,18073	0,8086	33,18	240,06	g
N_2O	44,0128	0,18891	0,8736	82,05	219,85	g
NH_3	17,0305	0,48821	2,0586	−46,11	192,45	g
N_2H_4	32,0452	0,25946	3,085	50,63	121,21	fl
C	12,011	0,69224	0,7099	0	5,740	Graphit
			0,5089	1,895	2,377	Diamant
CO	28,010	0,29684	1,0404	−110,525	197,674	g
CO_2	44,010	0,18892	0,8432	−393,509	213,74	g
CH_4	16,043	0,51826	2,009	−74,81	186,264	g
CH_3OH	32,042	0,25949	2,55	−238,66	126,8	fl
			1,370	−200,66	239,81	g
CF_4	88,005	0,094478	0,6942	−925	261,61	g
CCl_4	70,014	0,11875	1,8818	−135,44	216,40	fl
CF_3Cl	104,459	0,079596	0,6401	−695	285,29	g
CF_2Cl_2	120,914	0,066764	0,5976	−477	300,77	g
$CFCl_3$	137,369	0,060527	0,8848	−301,33	225,35	fl
COS	60,075	0,13840	0,6910	−142,09	231,57	g
HCN	27,026	0,30765	1,327	135,1	201,78	g
C_2H_2	26,038	0,31932	1,687	226,73	200,94	g
C_2H_4	28,054	0,29638	1,553	52,26	219,56	g
C_2H_6	30,070	0,27651	1,750	−84,68	229,60	g
C_2H_5OH	46,069	0,18048	2,419	−277,69	160,7	fl
			1,420	−235,10	282,7	g
C_3H_8	44,097	0,18955	1,667	−103,9	270,0	g
n-C_4H_{10}	58,124	0,14305	1,699	−124,7	310,1	g
n-C_5H_{12}	72,150	0,11524	2,377	−173,1	262,7	fl
n-C_6H_{14}	86,177	0,09648	2,263	−198,8	296,0	fl
C_6H_6	78,114	0,10644	1,742	−49,0	173,2	fl
n-C_7H_{16}	100,204	0,08298	2,242	−224,4	328,0	fl
n-C_8H_{18}	114,231	0,07279	2,224	−250,0	361,2	fl

$H^{B}_{0j} = 0$. Um mit Reaktionsenthalpien konsistente Enthalpiekonstanten zu erhalten, setzt man daher die Enthalpien aller Substanzen in einem festgelegten Standardzustand (T_0, p_0) gleich ihren Bildungsenthalpien

$$H_{0j}(T_0, p_0) = H^{B}_{0j}(T_0, p_0)\,. \qquad (3\text{-}52)$$

Üblich ist der thermochemische Standardzustand mit $T_0 = 298{,}15\,\text{K}$ und $p_0 = 1000\,\text{hPa}$. Aus praktischen Gründen wird die Bildungsenthalpie statt auf die Elemente O, H, F, Cl, Br, I und N auf die stabileren zweiatomigen Verbindungen O_2, H_2, usw. als Basiskomponenten mit $H^{B}_{0j} = 0$ bezogen.

Bei der Verfügung über die Konstanten der Entropiefunktionen $S_{0j}(T, p)$ ist der dritte Hauptsatz zu berücksichtigen. Danach verschwindet die Entropie aller reinen Substanzen im inneren Gleichgewicht bei $T = 0$. In diesem Sinn normierte Entropien heißen absolute Entropien S^{iG}_{0j}. Für die Gleichgewichtsberechnung hinreichend ist eine Normierung, die das Verschwinden der Standardreaktionsentropien bei $T = 0$ sicherstellt.

In chemisch-thermodynamischen Tafelwerken [26–29] findet man Bildungsenthalpien, absolute Entropien oder äquivalente Funktionen im jeweiligen Standardzustand für eine große Zahl von Substanzen. Zusätzlich sind isobare molare oder spezifische Wärmekapazitäten angegeben. Sie erlauben, die Funktionen $H_{0j}(T, p_0)$ und $S_{0j}(T, p_0)$ bei einer von der Standardtemperatur abweichenden Temperatur mithilfe der Zustandsgleichungen aus 2.1.3 zu berechnen. Zu berücksichtigen sind dabei die Umwandlungsenthalpien und -entropien beim Schmelzen und Verdampfen. Den prinzipiellen Aufbau solcher Tafeln zeigt Tabelle 3-2. Vorsicht ist geboten bei der Benutzung von Daten aus unterschiedlichen Tafelwerken. Gegebenenfalls sind Standardzustand und Normierung auf eine einheitliche Basis umzurechnen, z. B., wenn statt der Standardentropie Bildungswerte der freien Enthalpie G^{B}_{0j} mit $G^{B}_{0j}(T_0, P_0) = 0$ für die Elemente oder Basiskomponenten vertafelt sind.

3.3.2 Gleichgewichtsalgorithmus

Villars, Cruise und Smith [31] haben einen Algorithmus entwickelt, der (3-47) mithilfe des Newtons-Verfahrens nach den Gleichgewichtswerten ξ_r der Umsatzvariablen löst. Ausgangspunkt ist eine Linearisierung von (3-47) nach den Umsatzvariablen an einer Stelle ξ_0

$$\Delta G^{R}_{mr}\Big|_{\xi_0} + \sum_{k=1}^{N-R} \left(\partial \Delta G^{R}_{mr}/\partial \xi_k\right)\Big|_{\xi_0} \Delta\xi_k = 0$$

$$\text{für} \quad 1 \le r \le N - R\,, \qquad (3\text{-}53)$$

wobei die wiederholte Auflösung nach $\Delta\xi_k$ eine Folge verbesserter Werte für die Umsätze ergibt, bis der Gleichgewichtszustand gefunden ist. Um einfache Arbeitsgleichungen zu erhalten, werden in der Koeffizientenmatrix mit den Elementen

$$G_{rk} \equiv \partial \Delta G^{R}_{mr}/\partial \xi_k = \partial^2 G/(\partial \xi_r \partial \xi_k) \qquad (3\text{-}54)$$

die Konzentrationsabhängigkeit der Fugazitäts -und Aktivitätskoeffizienten vernachlässigt und die Realkorrekturen nach dem Stand der Rechnung allein in ΔG^{R}_{mr} berücksichtigt. Wählt man als unabhängige Reaktionen $N - R$ Bildungsreaktionen, welche aus R Basiskomponenten mit den Indizes $1 \le J \le R$ $N - R$ abgeleitete Komponenten mit den Indizes $R + 1 \le j \le N$ erzeugen, so folgt aus (3-47)

$$\frac{G_{rk}}{R_m T} = \frac{\delta_{rk}}{n_{r+R}}\delta^*_{r+R,\alpha} + \sum_{j=1}^{R} \frac{\nu_{jr}\nu_{jk}}{n_j}\delta^*_{j,\alpha} - \frac{\bar{\nu}^G_r \bar{\nu}^G_k}{n^G} - \frac{\bar{\nu}^F_r \bar{\nu}^F_k}{n^F}\,. \qquad (3\text{-}55)$$

Dabei ist δ_{rk} das Kronecker-Symbol mit $\delta_{rk} = 1$ für $r = k$ und $\delta_{rk} = 0$ für $r \neq k$. In Anlehnung hieran ist $\delta^*_{j,\alpha} = 1$, wenn der Stoff j Bestandteil der gasförmigen oder flüssigen Mischphase ist; andernfalls ist $\delta^*_{j,\alpha} = 0$. Die Summe der stöchiometrischen Koeffizienten der gasförmigen Reaktionspartner in der r-ten Reaktion ist mit $\bar{\nu}^G_r$, die der flüssigen Reaktionspartner mit $\bar{\nu}^F_r$ bezeichnet. Die Größen n^G und n^F bedeuten die gesamte Stoffmenge der Gas- und Flüssigkeitsphase. Fehlt eine der Mischphasen, entfällt der zugehörige Term $\bar{\nu}_r\,\bar{\nu}_k/n$. Benutzt man als Basiskomponenten Stoffe, die im Gleichgewichtszustand des Systems in den größten Mengen vorhanden sind, überwiegt in (3-55) der erste Summand. Damit vereinfacht sich die Koeffizientenmatrix von (3-53) in guter Näherung zu einer Diagonalmatrix, die positiv definit ist, und man erhält für die Korrekturen der Umsatzvariablen

$$\Delta\xi_r^{(m)} = -\left[\frac{\delta^*_{r+R,\alpha}}{n_{r+R}} + \sum_{j=1}^{R}\frac{\nu_{jr}^2}{n_j}\delta^*_{j,\alpha} - \frac{\left(\bar{\nu}_r^{\mathrm{G}}\right)^2}{n^{\mathrm{G}}} - \frac{\left(\bar{\nu}_r^{\mathrm{F}}\right)^2}{n^{\mathrm{F}}}\right]^{-1}_{\xi^{(m)}} \left.\frac{\Delta G^{\mathrm{R}}_{\mathrm{m}r}}{R_{\mathrm{m}}T}\right|_{\xi^{(m)}} . \quad (3\text{-}56)$$

Die zugehörigen Stoffmengen werden aus (3-45) unter Einführung eines Schrittweitenparameters $\omega^{(m)}$ berechnet

$$n_j^{(m+1)} = n_j^{(m)} + \omega^{(m)}\Delta n_j^{(m)}$$

$$\text{mit} \quad \Delta n_j^{(m)} = \sum_{r=1}^{N-R}\nu_{jr}\Delta\xi_r^{(m)} . \quad (3\text{-}57)$$

Dieser wird so bestimmt, dass unter der Bedingung nicht negativer Stoffmengen die freie Enthalpie des Systems in der durch (3-56) gegebenen Richtung im Bereich $0 \le \omega^{(m)} \le 1$ minimal wird

$$\omega^{(m)} = \min_j\left\{\omega^{(m)}_{\mathrm{opt}} - n_j^{(m)}/\Delta n_j^{(m)}\right\}$$

$$\text{für} \quad 1 \le j \le N \quad \text{und} \quad \Delta n_j^{(m)} < 0 . \quad (3\text{-}58)$$

Der Wert $\omega^{(m)}_{\mathrm{opt}}$ kann dabei mithilfe der Ableitung

$$\partial G/\partial\omega = \sum_{r=1}^{N-R}(\partial G/\partial\xi_r)\Delta\xi_r = -\sum_{r=1}^{N-R}\Delta G^{\mathrm{R}}_{\mathrm{m}r}|_{\omega}\left[G_{rr}^{-1}\Delta G^{\mathrm{R}}_{\mathrm{m}r}\right]_{\omega=0} \quad (3\text{-}59)$$

an den Stellen $\omega = 0$ und $\omega = 1$ abgeschätzt werden. Wegen $G_{rr} > 0$ führt das Verfahren bei $\omega = 0$ stets in eine Richtung abnehmender freier Enthalpie. Unter Anwendung der Regula falsi bei einem Vorzeichenwechsel von $\partial G/\partial\omega$ im Bereich $0 \le \omega \le 1$ setzt man daher

$$\omega^{(m)}_{\mathrm{opt}} = \begin{cases} 1 & \text{für} \quad \left(\frac{\partial G}{\partial\omega}\right)_{\omega=1} < 0 \\ 1/\left[1 - \left(\frac{\partial G}{\partial\omega}\right)_{\omega=1} / \left(\frac{\partial G}{\partial\omega}\right)_{\omega=0}\right] & \text{für} \quad \left(\frac{\partial G}{\partial\omega}\right)_{\omega=1} > 0 \end{cases} . \quad (3\text{-}60)$$

Aus (3-58) ergeben sich sehr kleine Schrittweiten, wenn Stoffe nur in Spuren vorhanden sind. Für solche Stoffe wird losgelöst von der Hauptrechnung eine Mengenkorrektur nach der Beziehung

$$n_{r+R}^{(m+1)} = n_{r+R}^{(m)}\exp\left[-\Delta G^{\mathrm{R}}_{\mathrm{m}r}/(R_{\mathrm{m}}T)\right] \quad (3\text{-}61)$$

empfohlen. Die differentielle freie Bildungsenthalpie $\Delta G^{\mathrm{R}}_{\mathrm{m}r}$ der Spurenstoffe bezüglich Basiskomponenten wird dabei durch eine Änderung von $\ln n_{r+R}$ bei Konstanz der übrigen Stoffmengen und Realkorrekturen zu null gemacht.

Stoffe mit einer auf null geschrumpften Substanzmenge können aus der Rechnung herausgenommen werden, solange ihre differentielle freie Bildungsenthalpie $\Delta G^{\mathrm{R}}_{\mathrm{m}r}$ bezüglich der Basiskomponenten positiv bleibt. Dieser Fall tritt in Zusammenhang mit kondensierten Reinstoffphasen häufig auf.

Damit ergibt sich folgender Rechengang:

1. Schätzen einer Gleichgewichtszusammensetzung für die vorgegebenen Systemparameter.
2. Auswahl oder Korrektur eines Satzes von Basiskomponenten mit den größten Stoffmengen.
3. Berechnung von Korrekturen $\Delta\xi_r$ der Umsatzvariablen nach (3-56).
4. Berechnung neuer Stoffmengen nach (3-57) bzw. (3-61).
5. Rücksprung zu 2., falls $\max|G^{\mathrm{R}}_{\mathrm{m}r}/(R_m T)|$ eine vorgegebene Schranke übersteigt.
6. Ende der Rechnung.

Die Minimierung der freien Enthalpie unter Einführung des Schrittweitenparameters macht den Algorithmus frei von Konvergenzproblemen. Im Fall realer Lösungen braucht das Minimum der freien Enthalpie jedoch nicht eindeutig zu sein.

3.3.3 Empfindlichkeit gegenüber Parameteränderungen

Parameter β_i einer berechneten Gleichgewichtszusammensetzung sind die Temperatur T, der Druck p und die Stoffmengen n_j^{iG} im Anfangszustand des Systems sowie die thermochemischen Daten in Gestalt des chemischen Potenzials $\mu_{0j}(T, p)$ seiner reinen Komponenten. Bei Wahrung des Gleichgewichts bewirkt eine Änderung eines Parameters β_i eine Änderung der Zusammensetzung des Systems derart, dass die differentielle freie Reaktionsenthalpie $\Delta G^{\mathrm{R}}_{\mathrm{m}r}$ der unabhängigen Reaktionen nach (3-46) gleichbleibend den Wert null behält und das totale Differenzial dieser Funktionen in den Variablen ξ, β_i und $n_j^{\mathrm{iG}}(\beta_i)$ verschwindet. Diese Bedingung ergibt für die Parameterempfindlichkeit der Umsatzvariablen $\partial\xi_k/\partial\beta_i$ das lineare Gleichungssystem [32]

$$\sum_{k=1}^{N-R}\left(\frac{\partial^2 G}{\partial\xi_r\partial\xi_k}\right)_{\beta_i,n_j^{\mathrm{iG}}}\left(\frac{\partial\xi_k}{\partial\beta_i}\right)=-\left(\frac{\Delta G^{\mathrm{R}}_{\mathrm{m}r}}{\partial\beta_i}\right)_{\xi,n_j^{\mathrm{iG}}}$$

$$-\sum_{l=1}^{N}\left(\frac{\Delta G^{\mathrm{R}}_{\mathrm{m}r}}{\partial n_l}\right)_{T,p,n_{j\neq l}}\left(\frac{\partial n_l}{\partial n_l^{\mathrm{iG}}}\right)_{\xi}\left(\frac{\partial n_l^{\mathrm{iG}}}{\partial\beta_i}\right) \quad (3\text{-}62)$$

für $1\le r\le N-R$.

Alle Ableitungen sind für den gegebenen Gleichgewichtszustand einzusetzen, der eine positiv definite Koeffizientenmatrix verbürgt. Für die Parameterabhängigkeit der Gleichgewichtszusammensetzung folgt daraus mit (3-45)

$$(\partial n_j/\partial\beta_\mathrm{i})=(\partial n_j^{\mathrm{iG}}/\partial\beta_i)+\sum_{r=1}^{N-R}\nu_{jr}(\partial\xi_r/\partial\beta_i)\,. \quad (3\text{-}63)$$

Der erste Term hat dabei für $\beta_i = n_j^{\mathrm{iG}}$ den Wert eins und ist andernfalls null. Die rechte Seite von (3-62) lässt sich mithilfe der Ableitungen (1-50) und (1-51) des chemischen Potenzials sowie der Gleichgewichtsbedingung (3-46) in Verbindung mit (3-45) für die verschiedenen Realisierungen des Parameters β_i auswerten. Das Ergebnis ist in Tabelle 3-3 zusammengefaßt. Dabei bedeuten $\Delta H^{\mathrm{R}}_{\mathrm{m}r}\equiv(\partial H/\partial\xi_r)_{T,p}$ die differentielle Reaktionsenthalpie und $\Delta V^{\mathrm{R}}_{\mathrm{m}r}\equiv(\partial V/\partial\xi_r)_{T,p}$ das differentielle Reaktionsvolumen der Reaktion r, während mit H_j und V_j die partielle molare Enthalpie und das partielle molare Volumen der Komponente j bezeichnet sind. Im Allgemeinen muss (3-62) numerisch gelöst werden, was mit (3-63) z. B. die Berechnung der isobaren Wärmekapazität eines reagierenden Gemisches im Gleichgewicht erlaubt

$$C_p=(\partial H/\partial T)_{p,n_j}+\sum_{j=1}^{N}H_j(\partial n_j/\partial T)\,. \quad (3\text{-}64)$$

Tabelle 3-3. Rechte Seite von (3-63) für verschiedene Realisierungen des Parameters β_i

β_i	Rechte Seite von (3-63)
T	$\Delta H^{\mathrm{R}}_{\mathrm{m}r}/T=\sum_{j=1}^{N}\nu_{jr}H_j/T$
p	$-\Delta V^{\mathrm{R}}_{\mathrm{m}r}=-\sum_{j=1}^{N}\nu_{jr}V_j$
n_j^{iG}	$-\sum_{l=1}^{N}\nu_{lr}(\partial\mu_l/\partial n_j)_{T,p,l\neq j}$
μ_{0j}	$-\nu_{jr}$

Im Fall einer einzigen Reaktion in einem idealen Gemisch sind allgemeine Aussagen über die Auswirkungen von Parameteränderungen möglich. Aus (2-96) bzw. (2-126), die $H_j = H_{0j}$ zur Folge haben, findet man mit (3-45) für die Temperaturabhängigkeit der Umsatzvariablen

$$\frac{\partial\xi}{\partial T}=\frac{\sum_{j=1}^{N}\nu_j H_{0j}(T,p)}{R_\mathrm{m}T^2}\left[\sum_{l=1}^{N}n_l\left(\frac{\nu_l}{n_l}-\frac{\bar\nu}{n}\right)^2\right]^{-1}, \quad (3\text{-}65)$$

wobei $\bar\nu=\sum\nu_j$ und $n=\sum n_j$ gesetzt ist. Die zugehörige Stoffmengenänderung folgt aus (3-63) mit $N-R=1$. Nach diesem auf van't Hoff zurückgehenden Ergebnis wird die Produktbildung ($\nu_j>0$) endothermer Reaktionen mit $\Delta H^{\mathrm{R}}_{\mathrm{m}}>0$ durch eine Temperaturerhöhung gefördert, die exothermer Reaktionen mit $\Delta H^{\mathrm{R}}_{\mathrm{m}}<0$ dagegen zurückgedrängt. Die Druckabhängigkeit der Umsatzvariablen ergibt sich wegen $V_j = V_{0j}$ zu

$$\frac{\partial\xi}{\partial p}=-\frac{\sum_{j=1}^{N}\nu_j V_{0j}(T,p)}{R_\mathrm{m}T}\left[\sum_{l=1}^{N}n_l\left(\frac{\nu_l}{n_l}-\frac{\bar\nu}{n}\right)^2\right]^{-1}, \quad (3\text{-}66)$$

sodass hoher Druck den Umsatz von Reaktionen mit Volumenabnahme und damit die Bildung großer Moleküle bei allen Gasreaktionen mit $V_{0j}=R_mT/p$ begünstigt. Die Abhängigkeit der Umsatzvariablen von der Ausgangszusammensetzung folgt mit $n^{\mathrm{iG}}=\sum n_j^{\mathrm{iG}}$ zu

$$\frac{\partial\xi}{\partial n_j^{\mathrm{iG}}}=\frac{\bar\nu n_j^{\mathrm{iG}}-\nu_j n^{\mathrm{iG}}}{n_j n}\left[\sum_{l=1}^{N}n_l\left(\frac{\nu_l}{n_l}-\frac{\bar\nu}{n}\right)^2\right]^{-1}. \quad (3\text{-}67)$$

Für einen Ausgangsstoff mit $\nu_j<0$ ist $\partial\xi/\partial n_j^{\mathrm{iG}}$ im Fall $\bar\nu>0$ stets positiv, sodass eine Vergrößerung von n_j^{iG} den Umsatz erhöht. Im Fall $\bar{\nu} < 0$ kann der Zähler von (3-67) das Vorzeichen wechseln. Dann gibt es für die Menge von n_j^{iG} einen umsatzoptimalen Wert, der durch die Nullstelle des Zählers beschrieben wird. Weitere Zugabe des Ausgangsstoffes j schmälert den Umsatz [32]. Die Empfindlichkeit der Umsatzvariablen gegenüber Datenfehlern ist schließlich durch

$$\frac{\partial \xi}{\partial \mu_{0j}} = -\frac{\nu_j}{R_{\text{m}} T} \left[\sum_{l=1}^{N} n_l \left(\frac{\nu_l}{n_l} - \frac{\bar{\nu}}{n} \right)^2 \right]^{-1} \tag{3-68}$$

gegeben. Die Fehler wirken sich besonders stark bei Substanzen mit großen Beträgen $|\nu_j|$ der stöchiometrischen Zahlen aus.

4 Energie- und Stofftransport in Temperatur- und Konzentrationsfeldern

Die Thermodynamik beschreibt den mechanischen, thermischen und stofflichen Gleichgewichtszustand eines Systems unter vorgegebenen Randbedingungen und ggf. Restriktionen, vgl. Kap. 1.4. Von besonderer Bedeutung ist die Berechnung der Zusammensetzung der Phasen im Phasen- und Reaktionsgleichgewicht, vgl. Kap. 3. Diese Gleichgewichtszustände strebt das System, ausgehend von einem beliebigen gegebenen Ausgangszustand, von selbst an. Von technischem Interesse ist zusätzlich die Frage, mit welcher Intensität, in welcher Zeit sich das System in den entsprechenden Gleichgewichtszustand entwickelt. Die Geschwindigkeit, mit der Energie und stoffliche Bestandteile in einem System transportiert werden, hängt von der Verteilung der Temperatur und der chemischen Potenziale in Verbindung mit den thermophysikalischen Transporteigenschaften des Systems ab. Die bisherige vereinfachende Betrachtung von Phasen mit homogen verteilten Zustandsgrößen muss hierbei zu Gunsten von Feldgrößen aufgegeben werden. Die in diesem Kapitel behandelte Transportkinetik ist für die Berechnung der notwendigen Verweilzeiten und für die Dimensionierung von Apparaten grundlegend.

4.1 Konstitutive Gleichungen

Inhomogenitäten der Temperatur rufen einen Wärmetransport durch Leitung und Strahlung hervor, während ungleich verteilte chemische Potenziale einen diffusiven Stofftransport verursachen, siehe B 9.2 ff. und B 20.2. Bei der Wärmeleitung und Diffusion wird jedes Volumenelement nur durch seine Nachbarn, bei der Strahlung dagegen durch das gesamte Feld beeinflußt. Strahlung ist deshalb getrennt zu behandeln. Hier folgen zunächst die Stoffgesetze oder konstitutiven Gleichungen für Wärmeleitung und Diffusion.

4.1.1 Fourier'sches Gesetz

In Gasen und Flüssigkeiten ist die Wärmeleitung auf die molekulare Bewegung, in Festkörpern auf Gitterschwingungen und in Metallen zusätzlich auf bewegliche Leitungselektronen zurückzuführen. Makroskopisch lässt sich die Wirkung dieser Mechanismen durch einen mit dem Ort z und der Zeit τ veränderlichen Wärmestromdichtevektor $\dot{\boldsymbol{q}} = \dot{\boldsymbol{q}}(z, \tau)$ in der SI-Einheit W/m^2 beschreiben.

Die Projektion $\dot{\boldsymbol{q}} \cdot \boldsymbol{n}$ des Wärmestromdichtevektors auf die Einheitsnormale $\boldsymbol{n}$ eines beliebig im Raum orientierten Flächenelementes $\text{d}A$ liefert den flächenbezogenen Wärmestrom in Richtung der Normalen. Für den durch die Fläche $\text{d}A$ geleiteten Wärmestrom gilt

$$\text{d}\dot{Q} = (\dot{\boldsymbol{q}} \cdot \boldsymbol{n})\text{d}A = |\dot{\boldsymbol{q}}| \cos\beta \, \text{d}A \,, \tag{4-1}$$

wobei β nach Bild 4-1 den Winkel zwischen den Vektoren $\dot{\boldsymbol{q}}$ und $\boldsymbol{n}$ bedeutet.

Durch das empirisch begründete Fourier'sche Gesetz wird der Wärmestromdichtevektor auf den

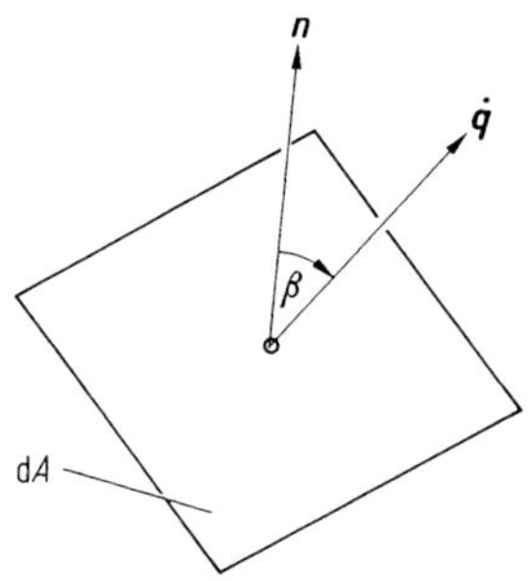

Bild 4-1. Flächenelement $\text{d}A$ mit Normalenvektor $\boldsymbol{n}$ und Wärmestromdichtevektor $\dot{\boldsymbol{q}}$

Gradienten des Temperaturfeldes $T(z, \tau)$ in einem wärmeleitenden Medium zurückgeführt. Unberücksichtigt bleibt dabei der sog. Dufour-Effekt [1], wonach auch Konzentrations- und Druckgradienten einen Beitrag zur Wärmestromdichte liefern. Dieser Koppeleffekt spielt aber nur bei sehr großen Gradienten eine Rolle und soll im weiteren vernachlässigt werden. Für isotropes Material lautet das Fourier'sche Gesetz:

$$\dot{q} = -\lambda \operatorname{grad} T \ . \tag{4-2}$$

Es fordert mit der skalaren Wärmeleitfahigkeit $\lambda > 0$ in der SI-Einheit $W/(m \cdot K)$ einen Wärmefluss in Richtung des größten Temperaturgefälles. Für anisotrope Stoffe wie Holz tritt an die Stelle der skalaren Größe λ ein symmetrischer, positiv definiter Tensor zweiter Stufe [2], sodass Wärmestromdichtevektor und Temperaturgradient nicht mehr kollinear sind. Die Konsistenz des Fourier'schen Gesetzes mit dem 2. Hauptsatz wird in 4.2.4 gezeigt.

Bemerkenswert ist die Analogie zwischen Fourier'schem und Ohm'schen Gesetz. Wärmestromdichte, Wärmeleitfahigkeit und Temperatur entsprechen der elektrischen Stromdichte, der elektrischen Leitfähigkeit und der elektrischen Spannung.

Die Wärmeleitfähigkeit λ ist eine Materialeigenschaft, die vom örtlichen Zustand, d. h. von Temperatur, Druck und Zusammensetzung, abhängt und durch

Tabelle 4-1. Stoffwerte von Luft beim Druck $p = 1$ bar [5]

t °C	ϱ kg/m³	c_p kJ/(kg · K)	β 10^{-3} /K	λ 10^{-3} W/(m · K)	ν 10^{-7} m²/s	a 10^{-7} m²/s	Pr 1
−200	5,106	1,186	17,24	6,886	9,786	11,37	0,8606
−180	3,851	1,071	11,83	8,775	17,20	21,27	0,8086
−160	3,126	1,036	9,293	10,64	25,58	32,86	0,7784
−140	2,639	1,010	7,726	12,47	35,22	46,77	0,7530
−120	2,287	1,014	6,657	14,26	46,14	61,50	0,7502
−100	2,019	1,011	5,852	16,02	58,29	78,51	0,7423
−80	1,807	1,009	5,227	17,74	71,59	97,30	0,7357
−60	1,636	1,007	4,725	19,41	85,98	117,8	0,7301
−40	1,495	1,007	4,313	21,04	101,4	139,7	0,7258
−20	1,377	1,007	3,968	22,63	117,8	163,3	0,7215
0	1,275	1,006	3,674	24,18	135,2	188,3	0,7179
20	1,188	1,007	3,421	25,69	153,5	214,7	0,7148
40	1,112	1,007	3,200	27,16	172,6	242,4	0,7122
80	0,9859	1,010	2,836	30,01	213,5	301,4	0,7083
100	0,9329	1,012	2,683	31,39	235,1	332,6	0,7070
120	0,8854	1,014	2,546	32,75	257,5	364,8	0,7060
140	0,8425	1,016	2,422	34,08	280,7	398,0	0,7054
160	0,8036	1,019	2,310	35,39	304,6	432,1	0,7050
180	0,7681	1,022	2,208	36,68	329,3	467,1	0,7049
200	0,7356	1,026	2,115	37,95	354,7	503,0	0,7051
300	0,6072	1,046	1,745	44,09	491,8	694,3	0,7083
400	0,5170	1,069	1,486	49,96	645,1	903,8	0,7137
500	0,4502	1,093	1,293	55,64	813,5	1131	0,7194
600	0,3986	1,116	1,145	61,14	996,3	1375	0,7247
700	0,3576	1,137	1,027	66,46	1193	1635	0,7295
800	0,3243	1,155	0,9317	71,54	1402	1910	0,7342
900	0,2967	1,171	0,8523	76,33	1624	2197	0,7395
1000	0,2734	1,185	0,7853	80,77	1859	2492	0,7458

Messungen oder eine mikroskopische Theorie fluider oder fester Stoffe [3, 4] bestimmt werden muss. Die Druckabhängigkeit spielt bei Feststoffen keine Rolle. Daten für die Wärmeleitfähigkeit ausgewählter Stoffe enthalten die Tabellen 4-1 bis 4-4 in Verbindung mit Werten der Dichte ϱ, der isobaren spezifischen Wärmekapazität c_p und anderer, später zu erläuternder thermophysikalischer Größen. Entsprechende Angaben für weitere Stoffe sind in [6] zu finden, für Kältemittel wird auf [7] verwiesen, und Korrelationen für fluide Gemische sind in [8, 9] aufgeführt. Die Wärmeleitfahigkeit nimmt von den Metallen über nichtmetallische Feststoffe und Flüssigkeiten bis zu den Gasen von ca. 100 auf ca. 0,01 W/(m · K) um vier Zehnerpotenzen ab. Die Werte gut leitender Metalle werden durch Verunreinigungen besonders bei tiefen Temperaturen deutlich herabgesetzt. Geschäumte Kunststoffe wirken in erster Linie wegen ihrer Gaseinschlüsse wärmedämmend.

4.1.2 Maxwell-Stefan'sche Gleichungen und Fick'sches Gesetz

Der diffusive Stofftransport in Gemischen beruht auf einer Relativbewegung zwischen den vorhandenen Teilchen. Makroskopisch bilden die Teilchenarten A_i sich gegenseitig durchdringende Kontinua, die sich mit unterschiedlichen Geschwindigkeiten $\boldsymbol{w}_i$ bewegen. Für das Gemisch als Ganzes lassen sich verschiedene mittlere Geschwindigkeiten [10] erklären. Die wichtigsten sind die Schwerpunktsgeschwindigkeit $\boldsymbol{w}$, die nach E 8.3.1 in der Kontinuitäts- und Impulsgleichung strömender Fluide auftritt, und die mittlere molare Geschwindigkeit $\boldsymbol{u}$. Die impliziten Definitionen lauten

$$\varrho \boldsymbol{w} \equiv \sum_{i=1}^{K} \varrho_i \boldsymbol{w}_i \qquad \text{(4-3)}$$

und

$$\bar{c} \boldsymbol{u} \equiv \sum_{i=1}^{K} \bar{c}_i \boldsymbol{w}_i \, , \qquad \text{(4-4)}$$

wobei $\varrho = m/V$ die Dichte des Gemisches, $\varrho_i = m_i/V$ die Partialdichte der Komponente i, $\bar{c} = n/V$ die Stoffmengenkonzentration des Gemisches, $\bar{c}_i = n_i/V$ die Stoffmengenkonzentration der Komponente i und K die Zahl der Komponenten im Gemisch bedeuten. Die Masse und Stoffmenge des Gemisches und der Komponenten sind dabei mit m und n bzw. m_i und n_i bezeichnet; V ist das Volumen des Gemisches.

Die Diffusionsgeschwindigkeit einer Komponente i ist ihre Relativgeschwindigkeit gegenüber einer festzulegenden mittleren Geschwindigkeit des Gemisches. Hiermit verknüpft ist eine Diffusionsstromdichte, welche eine durch die Diffusionsgeschwindigkeit bedingte Flussdichte beschreibt. Verschiedene Varianten der vom Ort z und der Zeit τ abhängigen, vektorwertigen Diffusionsstromdichte sind möglich. Geläufig sind die Diffusionsmassenstromdichte bezogen auf die Schwerpunktsgeschwindigkeit

$$\boldsymbol{j}_i \equiv \varrho_i(\boldsymbol{w}_i - \boldsymbol{w}) \quad \text{mit} \quad \sum_{i=1}^{K} \boldsymbol{j}_i = 0 \qquad \text{(4-5)}$$

und die Diffusionsstoffmengenstromdichte bezogen auf die mittlere molare Geschwindigkeit

$$\boldsymbol{J}_i \equiv \bar{c}_i(\boldsymbol{w}_i - \boldsymbol{u}) \quad \text{mit} \quad \sum_{i=1}^{K} \boldsymbol{J}_i = 0 \, , \qquad \text{(4-6)}$$

die sich wegen (4-3) und (4-4) für die einzelnen Komponenten jeweils zu null summieren. Beide Größen lassen sich ineinander umrechnen [10]. Für die vektorielle, orts- und zeitabhängige Massen- und Stoffmengenstromdichte einer Komponente i erhält man

$$\dot{\boldsymbol{m}}_i'' = \xi_i \dot{\boldsymbol{m}}'' + \boldsymbol{j}_i = \varrho_i \boldsymbol{w} + \boldsymbol{j}_i \qquad \text{(4-7)}$$

bzw.

$$\dot{\boldsymbol{n}}_i'' = x_i \dot{\boldsymbol{n}}'' + \boldsymbol{J}_i = \bar{c}_i \boldsymbol{u} + \boldsymbol{j}_i \qquad \text{(4-8)}$$

mit ξ_i und x_i als dem lokalen Massen- und Stoffmengenanteil der Komponente i sowie $\dot{\boldsymbol{m}}'' = \varrho \boldsymbol{w}$ und $\dot{\boldsymbol{n}}'' = \bar{c}\boldsymbol{u}$ als den entsprechenden Massen- und Stoffmengenstromdichten des gesamten Gemisches.

In idealen Gasgemischen lassen sich die Diffusionsstromdichten der Komponenten durch die Maxwell-Stefan'schen Gleichungen [11] auf Gradienten von Diffusionspotenzialen und der Temperatur zurückführen. Dieses Ergebnis der kinetischen Theorie ist mit wenigen Postulaten auf nichtideale Gemische verallgemeinert worden [12]. Gefor-

Tabelle 4–2. Stoffwerte von Wasser im Sättigungszustand vom Tripelpunkt bis zum kritischen Punkt [5]

t °C	p bar	ϱ' kg/m³	ϱ'' kg/m³	c'_p kJ/(kg · K)	c''_p kJ/(kg · K)	β' 10^{-3}/K	β'' 10^{-3}/K	r kJ/kg
0,01	0,006117	999,78	0,004855	4,229	1,868	−0,08044	3,672	2500,5
10	0,012281	999,69	0,009404	4,188	1,882	0,08720	3,548	2476,9
20	0,023388	998,19	0,01731	4,183	1,882	0,2089	3,435	2453,3
30	0,042455	995,61	0,03040	4,183	1,892	0,3050	3,332	2429,7
40	0,073814	992,17	0,05121	4,182	1,904	0,3859	3,240	2405,9
50	0,12344	987,99	0,08308	4,182	1,919	0,4572	3,156	2381,9
60	0,19932	983,16	0,13030	4,183	1,937	0,5222	3,083	2357,6
70	0,31176	977,75	0,19823	4,187	1,958	0,5827	3,018	2333,1
80	0,47373	971,79	0,29336	4,194	1,983	0,6403	2,964	2308,1
90	0,70117	965,33	0,42343	4,204	2,011	0,6958	2,929	2282,7
100	1,0132	958,39	0,59750	4,217	2,044	0,7501	2,884	2256,7
110	1,4324	951,00	0,82601	4,232	2,082	0,8038	2,860	2229,9
120	1,9848	943,16	1,1208	4,249	2,126	0,8576	2,846	2202,4
130	2,7002	934,88	1,4954	4,267	2,176	0,9123	2,844	2174,0
140	3,6119	926,18	1,9647	4,288	2,233	0,9683	2,855	2144,6
150	4,7572	917,06	2,5454	4,312	2,299	1,026	2,878	2114,1
160	6,1766	907,50	3,2564	4,339	2,374	1,087	2,916	2082,3
170	7,9147	897,51	4,1181	4,369	2,460	1,152	2,969	2049,2
180	10,019	887,06	5,1539	4,403	2,558	1,221	3,039	2014,5
190	12,542	876,15	6,3896	4,443	2,670	1,296	3,128	1978,2
200	15,536	864,74	7,8542	4,489	2,797	1,377	3,238	1940,1
250	39,736	799,07	19,956	4,857	3,772	1,955	4,245	1715,4
300	85,838	712,41	46,154	5,746	5,981	3,273	7,010	1404,7
350	165,21	574,69	113,48	10,13	16,11	10,37	22,12	893,03
373,976	220,55	322,00	322,00	∞	∞	∞	∞	0

dert wird die Invarianz der durch die Diffusion verursachten Entropieerzeugung gegenüber der Bezugsgeschwindigkeit der Diffusionsstromdichte. Zugleich wird ein linearer Zusammenhang zwischen der Schlupfgeschwindigkeit $\boldsymbol{w}_i - \boldsymbol{w}_j$ zweier Komponenten und dem Gefälle der zugeordneten Potenziale angenommen. Der Beitrag des Temperaturgradienten zu den Diffusionsstromdichten, auch Thermodiffusion oder Soret-Effekt genannt, ist nur bei Anwendungen mit schroffen Temperaturänderungen, z. B. der Ablationskühlung, von Bedeutung. Im Folgenden wird der Soret-Effekt wie bereits der Dufour-Effekt als schwache Kopplung zwischen Diffusion und Wärmeleitung vernachlässigt. Mit dieser Vereinfachung lauten die Maxwell-Stefan'schen Gleichungen, in die keine Bezugsgeschwindigkeit eingeht, in drei gleichwertigen Formulierungen [13]

$$\left.\begin{aligned} \sum_{j=1}^{K} \frac{x_i x_j (\boldsymbol{w}_i - \boldsymbol{w}_j)}{\mathcal{D}_{ij}} &= -\frac{x_i}{R_\mathrm{m} T} \operatorname{grad} A_i^* && (4\text{-}9)\\ \sum_{j=1}^{K} \frac{x_j \boldsymbol{J}_i - x_i \boldsymbol{J}_j}{c\mathcal{D}_{ij}} &= -\frac{x_i}{R_\mathrm{m} T} \operatorname{grad} A_i^* && (4\text{-}10)\\ \sum_{j=1}^{K} \frac{x_j \dot{\boldsymbol{n}}_i'' - x_i \dot{\boldsymbol{n}}_j''}{c\mathcal{D}_{ij}} &= -\frac{x_i}{R_\mathrm{m} T} \operatorname{grad} A_i^* && (4\text{-}11) \end{aligned}\right\} 1 \le i \le K-1$$

Dabei ist $\mathcal{D}_{ij} = \mathcal{D}_{ji}$ der verallgemeinerte Maxwell-Stefan'sche Diffusionskoeffizient für das Komponentenpaar i und j mit der SI-Einheit m²/s und einem Wert $\mathcal{D}_{ij} > 0$, der in idealen Gasgemischen nicht von der Konzentration abhängt. Weiter bedeutet R_m die

Tabelle 4–2. Fortsetzung

t °C	λ' 10^{-3} W/(m · K)	λ'' 10^{-3} W/(m · K)	ν' mm²/s	ν'' mm²/s	a' mm²/s	a'' mm²/s	Pr' 1	Pr'' 1	σ 10^{-3} N/m
0,01	561,0	17,07	1,792	1898,0	0,1327	1883,0	13,51	1,008	75,65
10	580,0	17,62	1,307	1006,0	0,1385	999,8	9,434	1,006	74,22
20	598,4	18,23	1,004	562,0	0,1433	559,6	7,005	1,004	72,74
30	615,4	18,89	0,8012	329,3	0,1478	328,3	5,422	1,003	71,20
40	630,5	19,60	0,6584	201,3	0,1519	200,9	4,333	1,002	69,60
50	643,5	20,36	0,5537	127,8	0,1558	127,7	3,555	1,001	67,95
60	654,3	21,18	0,4746	83,91	0,1591	83,92	2,983	1,000	66,24
70	663,1	22,07	0,4132	56,80	0,1620	56,85	2,551	0,9992	64,49
80	670,0	23,01	0,3648	39,51	0,1644	39,56	2,219	0,9989	62,68
90	675,3	24,02	0,3258	28,17	0,1664	28,20	1,958	0,9989	60,82
100	679,1	25,09	0,2941	20,53	0,1680	20,55	1,750	0,9994	58,92
110	681,7	26,24	0,2680	15,27	0,1694	15,26	1,582	1,001	56,97
120	683,2	27,46	0,2462	11,56	0,1705	11,53	1,444	1,003	54,97
130	683,7	28,76	0,2278	8,894	0,1714	8,840	1,329	1,006	52,94
140	683,3	30,14	0,2123	6,946	0,1720	6,869	1,234	1,011	50,86
150	682,1	31,59	0,1991	5,496	0,1725	5,399	1,154	1,018	48,75
160	680,0	33,12	0,1877	4,402	0,1727	4,285	1,087	1,027	46,60
170	677,1	34,74	0,1779	3,565	0,1727	3,430	1,030	1,039	44,41
180	673,4	36,44	0,1693	2,915	0,1724	2,764	0,9822	1,055	42,20
190	668,8	38,23	0,1619	2,405	0,1718	2,241	0,9423	1,073	39,95
200	663,4	40,10	0,1554	2,001	0,1709	0,825	0,9093	1,096	37,68
250	621,4	51,23	0,1329	0,8766	0,1601	0,6804	0,8299	1,288	26,05
300	547,7	69,49	0,1207	0,4257	0,1338	0,2517	0,9018	1,691	14,37
350	447,6	134,6	0,1146	0,2098	0,07692	0,07365	1,490	2,849	3,675
373,976	141,9	141,9	0,1341	0,1341	0	0	∞	∞	0

universelle Gaskonstante und

$$\operatorname{grad} A_i^* = \operatorname{grad}(\mu_i)_{T,p} + \left[V_i - \frac{M_i}{M} V_\mathrm{m}\right] \operatorname{grad} p - M_i \left[\boldsymbol{f}_i - \sum_{j=1}^{K} \xi_j \boldsymbol{f}_j\right] \tag{4-12}$$

den Gradienten des Diffusionspotenzials A_i^* der Komponente i. Wegen (1-34) gilt

$$\sum_{i=1}^{k} x_i \operatorname{grad} A_i^* = 0 , \tag{4-13}$$

d. h., nur $K - 1$ Gleichungen sind linear unabhängig. Im Einzelnen bezeichnen in (4-12) $\operatorname{grad}(\mu_i)_{T,p}$ den isotherm-isobaren Gradienten des chemischen Potenzials der Komponente i, V_i, und M_i das partielle molare Volumen und die molare Masse der Komponente i, V_m und M das molare Volumen und die molare Masse des gesamten Gemisches, p den Druck und $\boldsymbol{f}_i$ die auf die Masse bezogene Kraft, die von äußeren Feldern auf die Komponente i ausgeübt wird.

Der Beitrag des Druckgradienten in (4-12) hat bei der Diffusion in porösen Körpern oder bei der Sedimentation im Schwere- und Zentrifugalfeld einen entscheidenden Einfluß, wobei sich aus der Bedingung $\operatorname{grad} A_i^* = 0$ die Konzentrationsverteilung im Gleichgewicht herleiten lässt [14]. Der letzte Term ist nur dann von null verschieden, wenn die Komponenten wie in Elektrolytlösungen verschiedenen Kraftfeldern unterliegen. Die Schwerkraft liefert keinen Beitrag. In den meisten verfahrenstechnischen Anwendungen dominiert der erste Summand. Im Folgenden wird daher allein die Diffusion aufgrund von Konzentrationsdifferenzen behandelt.

Tabelle 4–3. Thermophysikalische Eigenschaften nichtmetallischer fester Stoffe bei 20 °C [5]

Stoff	ϱ 10^3 kg/m³	c kJ/(kg · K)	λ W/(m · K)	a mm²/s
Acrylglas (Plexiglas)	1,18	1,44	0,184	0,108
Asphalt	2,12	0,92	0,70	0,36
Bakelit	1,27	1,59	0,233	0,115
Beton	2,1	0,88	1,0	0,54
Eis (0 °C)	0,917	2,04	2,25	1,203
Erdreich, grobkiesig	2,04	1,84	0,52	0,14
Sandboden, trocken	1,65	0,80	0,27	0,20
Sandboden, feucht	1,75	1,00	0,58	0,33
Tonboden	1,45	0,88	1,28	1,00
Fett	0,91	1,93	0,16	0,091
Glas, Fenster-	2,48	0,70	0,87	0,50
Spiegel-	2,70	0,80	0,76	0,35
Quarz-	2,21	0,73	1,40	0,87
Thermometer-	2,58	0,78	0,97	0,48
Gips	1,00	1,09	0,51	0,47
Granit	2,75	0,89	2,9	1,18
Korkplatten	0,19	1,88	0,041	0,115
Marmor	2,6	0,80	2,8	1,35
Mörtel	1,9	0,80	0,93	0,61
Papier	0,7	1,20	0,12	0,14
Polyethylen	0,92	2,30	0,35	0,17
Polyamide	1,13	2,30	0,29	0,11
Polytetrafluorethylen (PTFE)	2,20	1,04	0,23	0,10
PVC	1,38	0,96	0,15	0,11
Porzellan (95 °C)	2,40	1,08	1,03	0,40
Steinkohle	1,35	1,26	0,26	0,15
Tannenholz (radial)	0,415	2,72	0,14	0,12
Verputz	1,69	0,80	0,79	0,58
Zelluloid	1,38	1,67	0,23	0,10
Ziegelstein	1,6...1,8	0,84	0,38...0,52	0,28...0,34

Mit dem Ansatz (2-138) für das chemische Potenzial der Komponente i erhält man zunächst

$$\frac{x_i}{R_\mathrm{m}T}\,\mathrm{grad}\,(\mu_i)_{T,p} = \sum_{j=1}^{K-1} \Gamma_{ij}\,\mathrm{grad}\,x_j = (\underline{\boldsymbol{\Gamma}}\,\mathrm{grad}\,\boldsymbol{x})_i\,. \tag{4-14}$$

Für die $(K-1)$-dimensionale quadratische Matrix $\underline{\boldsymbol{\Gamma}}$ gilt dabei

$$\Gamma_{ij} = \delta_{ij} + x_i \left[\frac{\partial \ln \gamma_i(x_1, x_2, \ldots, x_{K-1})}{\partial x_j}\right]_{T,\,p,\,x_{k\neq j}}\,. \tag{4-15}$$

Eine Auswertung von Γ_{ij} für verschiedene Aktivitätskoeffizientenmodelle $\gamma_i(\boldsymbol{x})$ nach 2.2.3 findet man in [15]. Für ideale Gemische geht $\underline{\boldsymbol{\Gamma}}$ in die Einheitsmatrix $\underline{\boldsymbol{I}}$ über. Die Komponenten des Vektors $\boldsymbol{x}$ sind die Stoffmengenanteile der ersten $K-1$ Stoffkomponenten

$$\boldsymbol{x} = (x_1, x_2, \ldots, x_{K-1})^\mathrm{T}\,. \tag{4-16}$$

Die praktisch benötigten Diffusionsstromdichten $\boldsymbol{J}_i$ können durch Inversion der $K-1$ Maxwell-Stefan'schen Gleichungen (4-11) unter Berücksichti-

Tabelle 4-4. Thermophysikalische Eigenschaften von Metallen und Legierungen bei 20 °C [5]

Stoff	ϱ 10^3 kg/m^3	c kJ/(kg · K)	λ W/(m · K)	a mm^2/s
Metalle				
Aluminium	2,70	0,888	237	98,8
Blei	1,34	0,129	35	23,9
Chrom	6,92	0,440	91	29,9
Eisen	7,86	0,452	81	22,8
Gold	19,26	0,129	316	127,2
Iridium	22,42	0,130	147	50,4
Kupfer	8,93	0,382	399	117,0
Magnesium	1,74	1,020	156	87,9
Mangan	7,42	0,473	21	6,0
Molybdän	10,2	0,251	138	53,9
Natrium	9,71	1,220	133	11,2
Nickel	8,85	0,448	91	23,0
Platin	21,37	0,133	71	25,0
Rhodium	12,44	0,248	150	48,6
Silber	10,5	0,235	427	173,0
Titan	4,5	0,522	22	9,4
Uran	18,7	0,175	28	8,6
Wolfram	19,0	0,134	173	67,9
Zink	7,10	0,387	121	44,0
Zinn, weiß	7,29	0,225	67	40,8
Zirkon	6,45	0,290	23	12,3
Legierungen				
Bronze (84 Cu, 9 Zn, 6 Sn, 1 Pb)	8,8	0,377	62	18,7
Duraluminium	2,7	0,912	165	67,0
Gusseisen	7,8	0,54	42...50	10...12
Kohlenstoffstahl (<0,4% C)	7,85	0,465	45...55	12...15
Cr-Ni-Stahl (X12CrNil8-8)	7,8	0,50	15	3,8
Cr-Stahl (X8Crl7)	7,7	0,46	25	7,1

gung der Schließbedingung

$$\boldsymbol{J}_K = -\sum_{i=1}^{K-1} \boldsymbol{J}_i \tag{4-17}$$

gewonnen werden. Dies führt mit dem verkürzten Gradienten (4-14) des Diffusionspotenzials auf die $(K-1)$-dimensionale Matrixbeziehung

$$\underline{\boldsymbol{J}} \bar{c} \underline{\boldsymbol{B}}^{-1} \underline{\boldsymbol{\Gamma}} \operatorname{grad} \boldsymbol{x} \,. \tag{4-18}$$

Die Matrix $\underline{\boldsymbol{J}}$ wird dabei aus den Diffusionsstromdichten der ersten $K-1$ Stoffkomponenten gebildet

$$\underline{\boldsymbol{J}} = (\boldsymbol{J}_1, \boldsymbol{J}_2, \ldots, \boldsymbol{J}_{K-1})^{\mathrm{T}} \tag{4-19}$$

und die $(K-1)$-dimensionale quadratische Matrix $\underline{\boldsymbol{B}}$ ist durch

$$B_{ii} = x_i/Đ_{iK} + \sum_{k=1;\,k\neq i}^{K} x_k/Đ_{ik} \tag{4-20}$$

$$B_{ij} = -x_i(1/Đ_{ij} - 1/Đ_{iK}) \quad \text{für } j \neq i \tag{4-21}$$

gegeben. Die Diffusionsstromdichte $\boldsymbol{J}_K$ der letzten Komponente folgt aus der Schließbedingung (4-17). Im Allgemeinen hängt die Diffusionsstromdichte $\boldsymbol{J}_i$

einer Komponente i von den Konzentrationsgradienten aller Komponenten ab und kann dem eigenen Konzentrationsgefälle entgegengerichtet sein. Die Konsistenz der Maxwell-Stefan'schen Gleichungen mit dem 2. Hauptsatz ist dennoch nach 4.2.4 gewährleistet, vgl. auch 1.5.3. In Sonderfällen reduziert sich das Produkt $\underline{\boldsymbol{B}}^{-1}\underline{\boldsymbol{\Gamma}}$ in (4-18) wenigstens zeilenweise auf Diagonalglieder, d. h., die Diffusionsstromdichten der Komponenten verlaufen in Richtung des steilsten Gefälles der eigenen Konzentration. Dies trifft zu für Zweistoffgemische mit

$$\boldsymbol{J}_1 = -\bar{c}Đ_{12}\Gamma_{11} \operatorname{grad} x_1 \tag{4-22}$$

und gilt für Komponenten i, die hochverdünnt ($x_i \approx 0$) in einem Lösungsmittelgemisch vorliegen. Hier wird

$$\boldsymbol{J}_i = -\bar{c}B_{ii}^{-1} \operatorname{grad} x_i \tag{4-23}$$

mit

$$B_{ii} = \sum_{k=1;\,k\neq i}^{K} x_k/Đ_{ik} \,. \tag{4-24}$$

Ebenso folgt für ein ideales Gemisch aus ähnlichen Komponenten mit nahezu gleichen Maxwell-Stefan'schen Diffusionskoeffizienten $Đ_{ij} = Đ$

$$\underline{\boldsymbol{J}} = -\bar{c}Đ\underline{\boldsymbol{I}} \operatorname{grad} \boldsymbol{x} \,. \tag{4-25}$$

Den Maxwell-Stefan'schen Gleichungen in der Formulierung (4-18) steht das empirisch begründete Fick'sche Diffusionsgesetz

$$\underline{\boldsymbol{J}} = -\bar{c}\underline{\boldsymbol{D}}^u \operatorname{grad} \boldsymbol{x} \tag{4-26}$$

in Analogie zum Fourier'schen Gesetz gegenüber. Der Vergleich ergibt für die $(K-1)$-dimensionale Matrix der Fick'schen Diffusionskoeffizienten

$$\underline{\boldsymbol{D}}^u = \underline{\boldsymbol{B}}^{-1}\underline{\boldsymbol{\Gamma}} \,. \tag{4-27}$$

Die Transformation von (4-26) auf die Diffusionsmassenstromdichte bezogen auf die Schwerpunktsgeschwindigkeit liefert als gleichwertige Form des Fick'schen Gesetzes

$$\underline{\boldsymbol{j}} = -\varrho\underline{\boldsymbol{D}}^w \operatorname{grad} \bar{\boldsymbol{\xi}} \tag{4-28}$$

Die Matrix $\underline{\boldsymbol{j}}$ fasst dabei die Diffusionsmassenstromdichten der ersten $K-1$ Komponenten

$$\underline{\boldsymbol{j}} = (\boldsymbol{j}_1, \boldsymbol{j}_2, \ldots, \boldsymbol{j}_{k-1})^{\mathrm{T}} \tag{4-29}$$

und der Vektor $\bar{\boldsymbol{\xi}}$ die Massenanteile der ersten $K-1$ Komponenten

$$\bar{\boldsymbol{\xi}} = (\bar{\xi}_1, \bar{\xi}_2, \ldots, \bar{\xi}_{K-1})^{\mathrm{T}} \tag{4-30}$$

zusammen. Die $(K-1)$-dimensionale quadratische Matrix $\underline{\boldsymbol{D}}^w$ der Diffusionskoeffizienten folgt aus der Ähnlichkeitstransformation [16]

$$\underline{\boldsymbol{D}}^w = [\underline{\boldsymbol{B}}^{wu}][\underline{\boldsymbol{I}}\bar{\boldsymbol{\xi}}]^{-1}[\underline{\boldsymbol{I}}\boldsymbol{x}]^{-1}\underline{\boldsymbol{D}}^u = [\underline{\boldsymbol{I}}\boldsymbol{x}][\underline{\boldsymbol{I}}\bar{\boldsymbol{\xi}}]^{-1}[\underline{\boldsymbol{B}}^{wu}]^{-1} \tag{4-31}$$

mit

$$[\underline{\boldsymbol{B}}^{wu}]^{-1} = \underline{\boldsymbol{B}}^{uw} \tag{4-32}$$

$$B_{ik}^{wu} = \delta_{ik} - \bar{\xi}_i\left[1 - \bar{\xi}_K x_k/\bar{\xi}_k x_K\right] , \tag{4-33}$$

und

$$B_{ik}^{wu} = \delta_{ik} - \bar{\xi}_i\left[x_k/\left(\bar{\xi}_k - x_K/\bar{\xi}_K\right)\right] . \tag{4-34}$$

Die Fick'schen Diffusionskoeffizienten D_{ij}^u und D_{ij}^w haben ebenso wie Maxwell-Stefan'schen Diffusionskoeffizienten die SI-Einheit m^2/s und stimmen im Fall von idealen Zweistoffgemischen, in denen die Komponenten 1 und 2 diffundieren, sämtlich überein.

$$Đ_{12} = Đ_{21} = D_{11}^u = D_{11}^w \text{ (ideales Zweistoffgemisch)} \,. \tag{4-35}$$

In der kompakten Darstellung des Fick'schen Gesetzes werden viele Einflüsse verschmolzen. Die Matrizen $\underline{\boldsymbol{D}}^u$ und $\underline{\boldsymbol{D}}^w$ sind unsymmetrisch und haben nur $(K/2)(K-1)$ unabhängige Elemente. Diese stellen keine Paarwechselwirkungen dar und können auch negatives Vorzeichen haben. Selbst in idealen Gasgemischen sind die Elemente stark von der Konzentration abhängig. Die Einbeziehung des thermodynamischen Faktors $\underline{\boldsymbol{\Gamma}}$ führt zu einer Sigularität von $\underline{\boldsymbol{D}}^u$ und $\underline{\boldsymbol{D}}^w$ in kritischen Zuständen eines Gemisches [17] und kompliziertem Verhalten in dessen Nachbarschaft. Zur Korrelation sind daher zunächst die Maxwell-Stefan'schen Diffusionskoeffizienten geeignet, aus denen sich mit (4-27) und (4-31) in Verbindung mit einem thermodynamischen Modell die Matrix $\underline{\boldsymbol{D}}^u$ order $\underline{\boldsymbol{D}}^w$ der Fick'schen Diffusionskoeffizienten bestimmen lässt. Damit ist das Fick'sche Gesetz vorteilhaft zur Beschreibung von Diffusionsstromdichten anzuwenden.

Bei Gasen sind die Maxwell-Stefan'schen Diffusionskoeffizienten von der Größenordnung 10^{-5} bis $10^{-4}\,\mathrm{m^2/s}$, während für Flüssigkeiten Werte von 10^{-9} bis $10^{-8}\,\mathrm{m^2/s}$ typisch sind. Die binären Fick'schen Diffusionskoeffizienten in Festkörpern sind gewöhnlich kleiner als in Flüssigkeiten. Sie variieren um viele Größenordnungen und verändern sich exponentiell mit der Temperatur [18].

In Gasgemischen geringer Dichte, d. h. bei einem Druck $p < 10\,\mathrm{bar}$, lassen sich die Maxwell-Stefan'schen Diffusionskoeffizienten nach der Theorie von Chapman und Enskog berechnen, die eine Veränderlichkeit mit Druck und Temperatur nach $1/p$ bzw. etwa $T^{3/2}$ vorhersagt, vgl. B 9.2, während die Abhängigkeit von der Konzentration der Komponenten praktisch entfällt. Das Ergebnis ist in [19] zusammen mit den zur Auswertung benötigten Lennard-Jones-Parametern aufgeführt. Auf die gleiche mittlere Genauigkeit von ca. 5% führt die in [20] empfohlene Korrelation von Fuller u. a.:

$$\frac{Đ_{ij}}{\mathrm{cm^2/s}} = 1{,}013 \cdot 10^{-3} \left[\frac{T}{K}\right]^{1{,}75} \cdot \frac{\left[\frac{1}{M_i/(\mathrm{g/mol})} + \frac{1}{M_j/(\mathrm{g/mol})}\right]^{1/2}}{\left[\frac{p}{\mathrm{bar}}\right]\left[\sqrt[3]{v_i} + \sqrt[3]{v_j}\right]^2} \,. \qquad (4\text{-}36)$$

Hierin ist T die thermodynamische Temperatur, p der Druck und M_i bzw. M_j die molare Masse der Komponenten i und j. Die dimensionslosen Größen v_i und v_j sind sog. Diffusionsvolumina, die sich für die Komponenten aus den in Tabelle 4-5 angegebenen Beiträgen der atomaren Bestandteile summieren. Die Werte für Stoffe in Klammern sind nur durch wenige Messungen gestützt.

Für Gasgemische bei höheren Dichten trifft die in (4-36) enthaltene Druckabhängigkeit nicht mehr zu und lässt sich genauer durch den Ansatz von Dawson u. a. [20]

$$Đ_{ij}\varrho = (Đ_{ij}\varrho)_0 \Big(1 + 0{,}053432\varrho_r - 0{,}030182\,\varrho_r^2 - 0{,}029725\,\varrho_r^3\Big) \qquad (4\text{-}37)$$

abschätzen. Dabei ist ϱ die Dichte des Gemisches. Das mit 0 indizierte Produkt wird bei der Gemischtemperatur T und einem kleinen Druck berechnet. Die reduzierte Dichte $\varrho_r = \varrho/\varrho_k$ ist mit der pseudokritischen Dichte $\varrho_k = M/\Sigma x_i/V_{mki}$ zu bilden, wobei V_{mki} das molare kritische Volumen der Komponente i und M die molare Masse des Gemisches bedeuten.

In Flüssigkeiten hängen die Maxwell-Stefan'schen Diffusionskoeffizienten stark von der Konzentration der Komponenten, aber kaum vom Druck ab. Zur Modellierung der Konzentrationsabhängigkeit werden die Grenzwerte für jeweils unendliche Verdünnung der Komponenten i und j eines binären Gemisches

$$Đ_{ij}^{\infty} \equiv \lim_{x_i \to 0} Đ_{ij} \quad \text{und} \quad D_{ji}^{\infty} \equiv \lim_{x_j \to 0} Đ_{ij} \qquad (4\text{-}38)$$

zu einfachen Funktionen der Gemischzusammensetzung kombiniert. Für Vielstoffgemische wurde von Wesselingh und Krishna der noch wenig erprobte Ansatz [21]

$$Đ_{ij} = Đ_{ij}^{\infty(1+x_j+x_i)/2} \cdot Đ_{ji}^{\infty(1+x_i-x_j)/2} \qquad (4\text{-}39)$$

vorgeschlagen, welcher eine Verallgemeinerung der für binäre flüssige Gemische bewährten Beziehung von Vignes [22]

$$Đ_{ij} = Đ_{ij}^{\infty x_j} \cdot Đ_{ji}^{\infty x_i} \qquad (4\text{-}40)$$

Tabelle 4-5. Diffusionsvolumen gemäß (4-36) nach Fuller u. a. [20]

Atomare und strukturelle Inkremente für das Diffusionsvolumen v			
C	16,5	(Cl)	19,5
H	1,98	(S)	17,0
O	5,48	aromatischer Ring	−20,2
(N)	5,69	heterocyclischer Ring	−20,2
Diffusionsvolumen v für einfache Moleküle			
H_2	7,07	CO	18,9
D_2	6,70	CO_2	26,9
He	2,88	N_2O	35,9
N_2	17,9	NH_3	14,9
O_2	16,6	H_2O	12,7
Luft	20,1	(CCl_2F_2)	114,8
Ar	16,1	(SF_6)	69,7
Kr	22,8	(Cl_2)	37,7
(Xe)	37,9	(Br_2)	67,2
		(SO_2)	41,1

ist. Sie führt außer bei stark assoziierenden Komponenten zu guten Ergebnissen.

Nahezu alle Korrelationen für die Grenzwerte (4-38) der Maxwell-Stefan'schen Diffusionskoeffizienten in flüssigen Zweistoffgemischen im Zustand hoher Verdünnung beruhen auf der Gleichung von Stokes-Einstein. Sie postuliert ein Gleichgewicht zwischen der Reibung einer Kugel in einer ausgedehnten Flüssigkeit und dem Gradienten des teilchenbezogenen chemischen Potenzials als der – auch dimensionsmäßig – treibenden Kraft der Teilchenbewegung. Häufig benutzt wird die empirische Abwandlung von Wilke und Chang [23]

$$\frac{Đ_{ij}^{\infty}}{\mathrm{cm^2/s}} = 7{,}4 \cdot 10^{-8} \frac{\left[\varphi_j \frac{M_j}{\mathrm{g/mol}}\right]^{1/2} \left[\frac{T}{\mathrm{K}}\right]}{\left[\frac{\eta_j}{\mathrm{mPa \cdot s}}\right] \left[\frac{V_{0i}}{\mathrm{cm^3/mol}}\right]^{0{,}6}} \,. \tag{4-41}$$

Dabei ist $\eta_j = \varrho_j \nu_j$ die Viskosität des Lösungsmittels j, die sich aus der Dichte ϱ_j und kinematischen Viskosität ν_j berechnen lässt, siehe Tabelle 4-2 für Wasser und [24] für andere Lösungsmittel. Weiter bedeutet V_{0i} das Molvolumen der flüssigen Phase des gelösten Stoffes i am normalen Siedepunkt und φ_j einen Assoziationsparameter mit $\varphi_{H_2O} = 2{,}6$; $\varphi_{CH_3OH} = 1{,}9$; $\varphi_{C_2H_5OH} = 1{,}5$ und $\varphi_j = 1$ für nicht assoziierende Lösungsmittel.

4.2 Bilanzgleichungen der Thermofluiddynamik

Um Wärme- und Diffusionsströme aus den konstitutiven Gleichungen und den hier enthaltenen Gradienten berechnen zu können, müssen die Temperatur- und Konzentrationsfelder bekannt sein. Diese ergeben sich prinzipiell aus Stoff-, Impuls- und Energiebilanzen, in denen die Stromdichten durch die konstitutiven Gleichungen ausgedrückt werden.

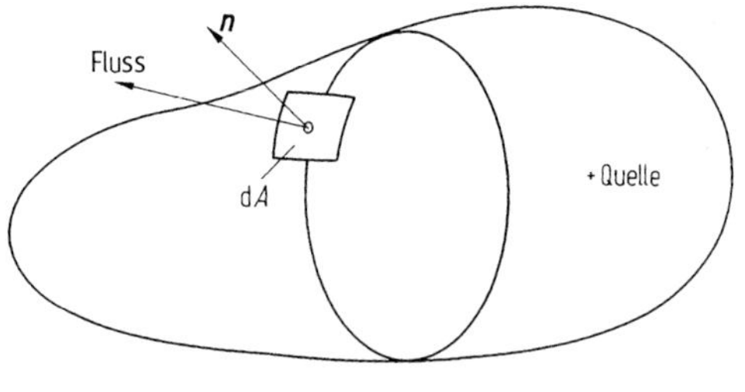

Bild 4-2. Bilanzvolumen mit Oberflächenelement dA, äußerem Normalenvektor $\boldsymbol{n}$, Flussvektor und Quelle einer extensiven Größe Z

Bild 4-2 zeigt ein aus einem Kontinuum geschnittenes finites Volumen V, das sich mit der örtlichen Schwerpunktsgeschwindigkeit $\boldsymbol{w} = \boldsymbol{w}(z, \tau)$ bewegt und sich dabei verformt. Für jede mitgeführte extensive Zustandsgröße Z gilt nach (4-87) die Bilanz, dass die Änderungsgeschwindigkeit des Bestandes innerhalb der Systemgrenzen gleich dem Nettozustrom plus der Erzeugungsrate im System ist:

$$\frac{\mathrm{d}}{\mathrm{d}\tau} \int_V \varrho z \,\mathrm{d}V = - \int_A \left(\sum_{k=1}^{K} z_k \boldsymbol{j}_k + \dot{z}''_{\mathrm{im}} \right) \boldsymbol{n} \,\mathrm{d}A + \int_V \dot{z}''' \,\mathrm{d}V \,. \tag{4-42}$$

Hierin bezeichnet $\varrho z = z_v$ die Dichte der Größe Z mit $z = Z/m$ als der zugehörigen spezifischen Größe. Der Zustrom über ein Oberflächenelement dA mit der äußeren Einheitsnormalen $\boldsymbol{n}$ setzt sich aus einem stoffgebundenen Anteil $\sum z_k \boldsymbol{j}_k \cdot \boldsymbol{n}\, \mathrm{d}A$ und einem immateriellen Anteil $\dot{z}''_{\mathrm{im}} \cdot \boldsymbol{n}\, \mathrm{d}A$ zusammen. Dabei ist $z_k = Z_k/M_k$ die aus der partiellen molaren Größe Z_k nach (1-32) abgeleitete partielle spezifische Größe und $\dot{z}''_{\mathrm{im}}$ die Stromdichte des immateriellen Transports, die für Masse oder Stoffmengen null ist. Da sich das Volumen V mit der Schwerpunktsgeschwindigkeit bewegt, beruht der stoffgebundene Transport allein auf Diffusion. Schließlich bedeutet $\dot{z}'''$ die Dichte einer Quelle oder eines volumenproportionalen äußeren Zuflusses der Größe Z in das System. Mit dem Reynolds'schen Transporttheorem [25] zum Differenzieren des Volumenintegrals mit zeitabhängigen Grenzen und dem Gaußschen Integralsatz zur Umwandlung der Oberflächen- in Volumenintegrale, siehe A 17.3, erhält man aus (4-42)

$$\partial(\varrho z)\partial\tau + \mathrm{div}(\varrho z \boldsymbol{w}) = -\mathrm{div}\left(\sum_{k=1}^{k} z_k \boldsymbol{j}_k + \dot{z}''_{\mathrm{im}} \right) + \dot{z}''' \,. \tag{4-43}$$

Durch Spezialisierung auf die Masse $Z = m$ folgt die aus der Strömungsmechanik bekannte Kontinuitätsgleichung

$$\partial\varrho/\partial\tau + \mathrm{div}(\varrho \boldsymbol{w}) = 0 \,. \tag{4-44}$$

Mit diesem Ergebnis lässt sich (4-43) auch in der Gestalt

$$\varrho\, \mathrm{D}z/\mathrm{D}\tau = -\mathrm{div}\left(\sum_{k=1}^{k} z_k \boldsymbol{j}_k + \dot{z}''_{\mathrm{im}}\right) + \dot{z}''' \qquad (4\text{-}45)$$

schreiben, wobei

$$\mathrm{D}z/\mathrm{D}\tau \equiv \partial z/\partial\tau + (\mathrm{grad}\, z)\cdot \boldsymbol{w} \qquad (4\text{-}46)$$

die aus einem lokalen und einem konvektiven Anteil zusammengesetzte materielle Ableitung der orts- und zeitabhängigen Größe z bezüglich einer Bewegung mit der Schwerpunktsgeschwindigkeit $\boldsymbol{w}$ bedeutet. Für das spezifische Volumen $z = v$ ergibt sich aus dem Vergleich von (4-43) und (4-45) die materielle Änderung

$$\varrho\, \mathrm{D}v/\mathrm{D}\tau = \mathrm{div}\, \boldsymbol{w}\ , \qquad (4\text{-}47)$$

die auf der Verschiebung der Berandung eines zugeordneten Massenelementes beruht.

4.2.1 Stoffbilanzen

Bei der Anwendung von (4-43) auf die Masse $Z = m_i$ einer Komponente i des Systems hat man infolge ablaufender chemischer Reaktionen die Quelldichte

$$\dot{z}''' = \dot{m}_i''' = M_i \dot{n}_i''' = M_i \sum_{r=1}^{R} \nu_{ir} r_r \qquad (4\text{-}48)$$

zu berücksichtigen. Dabei bedeutet ν_{ir} die stöchiometrische Zahl des Stoffes i in der Reaktion r, die mit der Geschwindigkeit $r_r = (1/V)\mathrm{d}\xi_r/\mathrm{d}\tau$ abläuft, siehe C 9.2, wobei ξ_r den Umsatz der Reaktion r bezeichnet. Faßt man nach (4-7) die Flussdichten $\varrho_i \boldsymbol{w}$ und $\boldsymbol{j}_i$ des strömungsbedingten konvektiven und des überlagerten diffusiven Transports zur Massenstromdichte $\dot{\boldsymbol{m}}_i''$ der Komponente i zusammen, erhält man eine erste Form der Komponentenmassenbilanz

$$\partial\varrho_i/\partial\tau + \mathrm{div}\, \dot{\boldsymbol{m}}_i'' = \dot{m}_i'''\ . \qquad (4\text{-}49)$$

Sie beschreibt die durch Konvektion, Diffusion und Reaktion bedingte Konzentrationsverteilung einer Komponente. Die Summation über alle Komponenten führt wegen des Massenerhalts bei chemischen Reaktionen auf die Kontinuitätsgleichung (4-44). Eine zu (4-49) gleichwertige zweite Form der Komponentenmassenbilanz folgt aus (4-45):

$$\varrho \mathrm{D}\xi_i/\mathrm{D}\tau = -\mathrm{div}\boldsymbol{j}_i + \dot{m}_i''' \quad \text{mit} \quad 1 \le i \le K-1\ . \qquad (4\text{-}50)$$

Hier ist die Summe über alle Komponenten null, d. h., es gibt nur $K - 1$ unabhängige Gleichungen. Eine zu (4-50) analoge Bilanz lässt sich für die Stoffmenge einer Komponente angeben

$$\bar{c}[\partial x_i/\partial\tau + (\mathrm{grad}\, x_i)\cdot \boldsymbol{u}] \qquad (4\text{-}51)$$

$$= -\mathrm{div}\, \boldsymbol{J}_i + \dot{n}_i''' - x_i \sum_{k=1}^{k} \dot{n}_k''' \quad \text{mit} \quad 1 \le i \le K-1\ .$$

An die Stelle der Schwerpunktgeschwindigkeit tritt die mittlere molare Geschwindigkeit $\boldsymbol{u}$ mit der zugeordneten Diffusionsstromdichte $\boldsymbol{J}_i$.

4.2.2 Impuls- und mechanische Energiebilanz

Das für die Konzentrationsverteilung maßgebende Geschwindigkeitsfeld ergibt sich in Verbindung mit der Kontinuitätsgleichung aus einer Impulsbilanz. Zu ihrer Formulierung wird in (4-45) $\boldsymbol{Z} = m\, \boldsymbol{w}$ gesetzt. Die Dichte $\underline{\dot{z}}''_{\mathrm{im}}$ des immateriellen Impulsflusses, der durch Oberflächenkräfte auf der Bilanzhülle von Bild 4-2 verursacht wird, ist das Negative des symmetrischen Spannungstensors $\underline{\boldsymbol{t}}$. Dieser lässt sich in einen isotropen Drucktensor $-p\underline{\delta}$ mit $\underline{\delta}$ als dem Einheitstensor und einen Tensor $\underline{\boldsymbol{t}}^{\mathrm{R}}$ der Reibungsspannungen

$$\underline{\boldsymbol{t}} = -p\underline{\delta} + \underline{\boldsymbol{t}}^{\mathrm{R}} \qquad (4\text{-}52)$$

zerlegen, wobei der Druck zunächst als negative mittlere Normalspannung $p = -(1/3)t_{ii}$ definiert ist. Dabei gilt hier wie im Folgenden die Regel der indizierten Tensorschreibweise, dass über gleichlautende Indizes zu summieren ist. Der Term $\dot{z}'''$ ist durch die Dichte der Volumenkräfte gegeben. Wird auf die Komponente k die massenbezogene Kraft $\boldsymbol{f}_k$ ausgeübt, so ist

$$\dot{z}''' = \sum_{k=1}^{K} \varrho_k \boldsymbol{f}_k\ , \qquad (4\text{-}53)$$

was sich bei alleiniger Wirkung der Schwerkraft zu $\dot{z}''' = \varrho\boldsymbol{g}$ mit $\boldsymbol{g}$ als der Erdbeschleunigung vereinfacht. Damit lautet die Impulsbilanz

$$\varrho\, \mathrm{D}\boldsymbol{w}/\mathrm{D}\tau = -\mathrm{grad}\, p + \mathrm{div}\, \underline{\boldsymbol{t}}^{\mathrm{R}} + \sum_{k=1}^{K} \varrho_k \boldsymbol{f}_k\ . \qquad (4\text{-}54)$$

Sie führt die materielle Beschleunigung eines Massenelementes auf die angreifenden Oberflächen und Volumenkräfte zurück. Der Geschwindigkeitsgradient, der in der konvektiven Beschleunigung nach (4-46) enthalten ist, und die Divergenz des Reibungstensors sind in kartesischen Koordinaten mit den Einheitsvektoren $\boldsymbol{e}_i$ durch

$$\text{grad}\,\boldsymbol{w} = \left(\partial w_i/\partial z_j\right)\boldsymbol{e}_i\boldsymbol{e}_j \tag{4-55}$$

und

$$\text{div}\,\underline{\boldsymbol{t}}^R = \left(\partial t^R_{ij}/\partial z_j\right)\boldsymbol{e}_i \tag{4-56}$$

erklärt. Dabei ist $\boldsymbol{e}_i\boldsymbol{e}_j$ das dyadische Produkt der beiden Einheitsvektoren, vgl. A 3.4 oder [26].
Durch Multiplikation der Impulsbilanz (4-54) mit dem Geschwindigkeitsvektor $\boldsymbol{w}$ erhält man eine Bilanz der mechanischen Energieformen, die sich in der Gestalt

$$(\varrho/2)\text{D}\boldsymbol{w}^2/\text{D}\tau = \text{div}(\underline{\boldsymbol{t}}\boldsymbol{w}) + \sum_{k=1}^{K}\varrho_k\boldsymbol{f}_k\cdot\boldsymbol{w}$$
$$+\,\varrho p\,\text{D}v\,\text{D}\,\tau - \text{tr}(\underline{\boldsymbol{t}}^\text{R}\text{grad}\,\boldsymbol{w}) \tag{4-57}$$

schreiben lässt [27]. Danach ist die Änderung der kinetischen Energie gleich der durch die Oberflächen- und Volumenkräfte zugeführten Arbeit vermindert um die Volumenänderungsarbeit und die durch Reibung dissipierte Energie, die beide in innere Energie umgewandelt werden, siehe 4.2.4. Bezogen wird jeweils auf das Volumen und die Zeit.

4.2.3 Energiebilanz

Grundlegend für die Temperaturverteilung in einem bewegten Kontinuum ist die nach (4-45) gebildete Bilanz für die Gesamtenergie $Z = m(u + \boldsymbol{w}^2/2)$, die sich aus der inneren und der kinetischen Energie zusammensetzt. Der immaterielle Energiezufluß über die Bilanzhülle nach Bild 4-2 besteht aus der Leistung der Oberflächenkräfte und dem übertragenen Wärmestrom, wobei die Flussdichte durch

$$\dot{z}''_\text{im} = p\dot{\boldsymbol{v}}'' - \underline{\boldsymbol{t}}^\text{R}\cdot\boldsymbol{w} + \dot{\boldsymbol{q}} \tag{4-58}$$

mit $\dot{\boldsymbol{v}}'' = \sum v_k\,\dot{\boldsymbol{m}}''_k$ als der Volumenstromdichte gegeben ist. Die volumenproportionale Energiezufuhr, die durch den Term $\dot{z}'''$ wiedergegeben wird, umfaßt die Leistung der auf die einzelnen Komponenten wirkenden Volumenkräfte und eine mögliche elektrische Dissipationsleistung der Dichte $\dot{\psi}'''$ in W/m^3. Damit lautet die Bilanz für die Gesamtenergie

$$\varrho\text{D}(u + \boldsymbol{w}^2/2)/\text{D}\tau$$
$$= -\text{div}\left[\sum_{k=1}^{K}u_k\boldsymbol{j}_k + p\dot{\boldsymbol{v}}'' - \underline{\boldsymbol{t}}^\text{R}\boldsymbol{w} + \dot{\boldsymbol{q}}\right]$$
$$+ \sum_{k=1}^{K}\varrho_k\boldsymbol{f}_k\cdot\boldsymbol{w}_k + \dot{\psi}'''\,. \tag{4-59}$$

Mithilfe der mechanischen Energiebilanz (4-57) lässt sich die spezifische kinetische Energie eliminieren und ist im Folgenden keineswegs vernachlässigt. Ersetzt man in der verbleibenden Bilanz für die thermischen Energieformen die innere Energie nach (1-41) durch die Enthalpie $h = u + p\cdot v$, erhält man die sog. Enthalpieform der Energiegleichung

$$\varrho\text{D}h/\text{D}\tau = -\text{div}\left(\sum_{k=1}^{K}h_k\boldsymbol{j}_k + \dot{\boldsymbol{q}}\right)$$
$$+ \sum_{k=1}^{K}\boldsymbol{j}_k\cdot\boldsymbol{f}_k + \text{D}p/\text{D}\tau + \text{tr}(\underline{\boldsymbol{t}}^\text{R}\text{grad}\,\boldsymbol{w}) + \dot{\psi}'''\,. \tag{4-60}$$

Die hier angenommene Identität des in 4.2.2 definierten mittleren Drucks mit dem thermodynamischen Druck, der aus einer thermischen Zustandsgleichung $p = p(\varrho, T, \bar{\xi}_k)$ folgt, trifft für Newton'sche Fluide mit verschwindender Volumenviskosität zu [28]. Die materielle Enthalpieänderung ist über die kalorische Zustandsgleichung $h = h(T, p, \bar{\xi}_k)$, die wie sämtliche thermodynamischen Zusammenhänge in dem bewegten Kontinuum lokal gelten soll, mit einer entsprechenden Temperaturänderung verknüpft. Nach Tabelle 1-1 gilt

$$\text{D}h/\text{D}\tau = c_p\text{D}T/\text{D}\tau + [v - T(\partial v/\partial T)_p]\text{D}p/\text{D}\tau$$
$$+ \sum_{k=1}^{k-1}(h_k - h_K)\text{D}\bar{\xi}_k/\text{D}\tau \tag{4-61}$$

mit c_p als der isobaren spezifischen Wärmekapazität. Einsetzen der Enthalpie- und Konzentrationsableitung nach (4-60) und (4-50) liefert die Temperaturform der Energiegleichung

$$\varrho\, c_p\, \mathrm{D}T/\mathrm{D}\tau = -\mathrm{div}\, \dot{\boldsymbol{q}} - \sum_{k=1}^{K} \boldsymbol{j}_k \cdot \mathrm{grad}\, h_k - \sum_{k=1}^{K} h_k \dot{m}_k''' + (T/v)(\partial v/\partial T)_p\, \mathrm{D}p/\mathrm{D}\tau + \sum_{k=1}^{K} \boldsymbol{j}_k \cdot \boldsymbol{f}_k + \mathrm{tr}\,(\underline{\boldsymbol{t}}^{\mathrm{R}}\ \mathrm{grad}\ \boldsymbol{w}) + \dot{\psi}''' \,. \quad (4\text{-}62)$$

Danach tragen Wärme, Mischung, chemische Reaktionen, Kompression und Dissipation zur Temperaturerhöhung bei. Die Diffusionsströme koppeln das Temperatur- und Konzentrationsfeld. Die Reaktionsenthalpie $\sum h_k \dot{m}_k'''$, die sich wie eine Wärmequelle verhält, muss nach 3.3.1 auf der Basis von Bildungsenthalpien berechnet werden.

4.2.4 Entropiebilanz und konstitutive Gleichungen

Den Nachweis der Verträglichkeit der konstitutiven Gleichungen mit dem 2. Hauptsatz der Thermodynamik leistet eine Bilanz für die Entropie S. Aus (4-45) erhält man für das Bilanzvolumen nach Bild 4-2

$$\varrho\, \mathrm{D}s/\mathrm{D}\tau = -\mathrm{div}\left(\sum_{k=1}^{K} s_k \boldsymbol{j}_k + \dot{\boldsymbol{q}}/T\right) + \dot{s}_{\mathrm{irr}}''' \,, \quad (4\text{-}63)$$

wobei $\dot{z}_{\mathrm{im}}'' = \dot{\boldsymbol{q}}/T$ die Dichte des immateriellen Entropieflusses mit der Wärme und $\dot{z}''' = \dot{s}_{\mathrm{irr}}''' > 0$ die stets positive Quelldichte der Entropieerzeugung bedeuten. Andererseits gilt nach (4-1-4-44)

$$T\mathrm{D}s/\mathrm{D}\tau = \mathrm{D}h/\mathrm{D}\tau - v\mathrm{D}p/\mathrm{D}\tau - \sum_{k=1}^{K-1} (g_k - g_K)\mathrm{D}\bar{\xi}_k/\mathrm{D}\tau \quad (4\text{-}64)$$

mit $g_k = \mu_k/M_k$ als der partiellen spezifischen freien Enthalpie und μ_k als dem chemischen Potenzial der Komponente k. Der Vergleich von (4-63) und (4-64) unter Berücksichtigung von (4-50), (4-60) und (1-52) liefert mit dem Postulat einer von der Bezugsgeschwindigkeit der Diffusion unabhängigen Entropieerzeugung [29] für chemisch inerte Systeme

$$T\dot{s}_{\mathrm{irr}}''' = \mathrm{tr}(\underline{\boldsymbol{t}}^{\mathrm{R}}\ \mathrm{grad}\ \boldsymbol{w}) - (\dot{\boldsymbol{q}}/T) \cdot \mathrm{grad}\ T - \sum_{k=1}^{K} \boldsymbol{J}_k \cdot \mathrm{grad}\ A_k^* + \dot{\psi}''' \,. \quad (4\text{-}65)$$

Hierin ist A_k^* das Diffusionspotenzial der Komponente k, vgl. (4-12). Die einzelnen Summanden stellen die Dissipation durch Reibung (siehe 4.2.2), Wärmeleitung, Diffusion und elektrischen Stromfluss dar. Um die vom 2. Hauptsatz geforderte nichtnegative Entropieerzeugung zu gewährleisten, muss wegen der Unabhängigkeit der Prozesse jeder Beitrag für sich positiv sein.
In einem Newton'schen Fluid genügt der Reibungstensor bei Gültigkeit der Stokes'schen Hypothese über das Verschwinden der Volumenviskosität der konstitutiven Gleichung [30]

$$\underline{\boldsymbol{t}}^{\mathrm{R}} = \eta[\mathrm{grad}\ \boldsymbol{w} + (\mathrm{grad}\ \boldsymbol{w})^{\mathrm{T}} - (2/3)(\mathrm{div}\ \boldsymbol{w})\delta] \quad (4\text{-}66)$$

mit dem Stoffkennwert η als der dynamischen Viskosität in der SI-Einheit Pa · s. Die konstitutiven Gleichungen für den Wärme-, Diffusions- und elektrischen Stromfluss sind durch das Fourier'sche Gesetz (4-2), die Maxwell-Stefan'schen Gleichungen (4-9) und das Ohm'sche Gesetz gegeben. Einsetzen in (4-65) ergibt [31]

$$T\dot{s}_{\mathrm{irr}}''' = \sum_{i=1}^{3}\sum_{j=1}^{3} \left(t_{ij}^{\mathrm{R}}\right)^2/(2\eta) + (\lambda/T)(\mathrm{grad}\ T)^2 + (1/2)\,\bar{c}R_{\mathrm{m}}T \sum_{i=1}^{K}\sum_{j=1}^{K} x_i x_j (\boldsymbol{w}_i - \boldsymbol{w}_j)^2/\text{Đ}_{ij} + \varrho_{\mathrm{el}} \boldsymbol{J}_{\mathrm{el}}^2 \quad (4\text{-}67)$$

mit ϱ_{el} als dem spezifischen Widerstand und $\boldsymbol{j}_{\mathrm{el}}$ als der elektrischen Stromdichte. Für

$$\eta > 0,\ \lambda > 0,\ \text{Đ}_{ij} > 0 \quad \text{und} \quad \varrho_{\mathrm{el}} > 0$$

sind die Forderungen des 2. Hauptsatzes erfüllt, was insbesondere die Ansätze für die Maxwell-Stefan'schen Diffusionskoeffizienten Đ_{ij} in konzentrierten Lösungen nach 4.1.2 absichert.

4.3 Feldgleichungen der intensiven Zustandsgrößen

Die konstitutiven Gleichungen (4-66), (4-2) und (4-9) führen die Reibungsspannungen, Wärme- und Stoffmengenstromdichten in den Bilanzen (4-44), (4-50),

(4-54) und (4-62) für Masse, Komponentenmassen, Impuls und thermische Energie auf Gradienten des Geschwindigkeits-, Temperatur- und Konzentrationsfeldes zurück. Ebenso sind die reaktionsbedingten Quelldichten von Substanzen durch einen konzentrationsabhängigen kinetischen Ansatz nach C 9.4 darstellbar. Wirkt die Schwerkraft als alleinige Volumenkraft, erhält man unter Beschränkung auf Zweistoffgemische mit $D^w = D^u = D$ nach (4-31) aus den Bilanzgleichungen

$$\partial\varrho/\partial\tau + \mathrm{div}(\varrho \boldsymbol{w}) = 0 \qquad (4\text{-}68)$$

$$\varrho \mathrm{D}\bar{\xi}_1/\mathrm{D}\tau = \mathrm{div}\,(\varrho D\,\mathrm{grad}\,\bar{\xi}_1)\dot{m}''' \qquad (4\text{-}69)$$

$$\begin{aligned}\varrho \mathrm{D}\boldsymbol{w}/\mathrm{D}\tau = &-\mathrm{grad}\,p + \mathrm{div}\,\{\eta[\mathrm{grad}\,\boldsymbol{w} + (\mathrm{grad}\,\boldsymbol{w})^{\mathrm{T}}\\ &- (2/3)(\mathrm{div}\,\boldsymbol{w})\,\underline{\delta}]\} + \varrho\boldsymbol{g}\end{aligned} \qquad (4\text{-}70)$$

$$\begin{aligned}\varrho c_p\,\mathrm{D}T/\mathrm{D}\tau = &\,\mathrm{div}(\lambda\,\mathrm{grad}\,T)\\ &+ \varrho D\,\mathrm{grad}\,(\bar{\xi}_1)\cdot\mathrm{grad}\,(h_1 - h_2)\\ &- \dot{m}_1'''(h_1 - h_2) + (T/v)(\partial v\,\partial T)_p \mathrm{D}p/\mathrm{D}\tau\\ &+ \mathrm{tr}\,\{\eta\,[\mathrm{grad}\,\boldsymbol{w} + (\mathrm{grad}\,\boldsymbol{w})^{\mathrm{T}} - (2/3)(\mathrm{div}\,\omega)\underline{\delta}]\\ &\cdot \mathrm{grad}\,\boldsymbol{w}\} + \dot{\psi}'''\,.\end{aligned} \qquad (4\text{-}71)$$

Die Impulsgleichungen (4-70) werden dabei als Navier-Stokes'sche Gleichungen, vgl. E 8.3.1, bezeichnet. Zusammen mit einer thermischen und kalorischen Zustandsgleichung

$$\varrho = \varrho(T, p, \bar{\xi}_1) \quad \text{und} \quad h = h(T, p, \bar{\xi}_1) \qquad (4\text{-}72)$$

bilden (4-68) bis (4-71) ein geschlossenes Gleichungssystem zur Bestimmung der Feldgrößen

$$p, \boldsymbol{w}, T \quad \text{und} \quad \bar{\xi}_1\,.$$

Über die Geschwindigkeit sowie die Temperatur-, Druck- und Konzentrationsabhängigkeit der Dichte sind die Gleichungen wechselseitig gekoppelt. Eine wesentliche Vereinfachung ergibt sich für inkompressible Strömungen mit einer vernachlässigbaren materiellen Dichteänderung $\mathrm{D}\varrho/\mathrm{D}\tau \approx 0$ eines mitgeführten Volumenelementes. Dies erfordert eine materiell unveränderliche Zusammensetzung $\mathrm{D}\bar{\xi}_j/\mathrm{D}\tau \approx 0$ in den Hauptkomponenten der Strömung, d. h., der diffusive Stofftransport und chemische Reaktionen sind auf eine Komponente geringer Konzentration beschränkt. In diesem Fall ist die molare Masse des Gemisches konstant und die mittlere molare Geschwindigkeit $\boldsymbol{u}$ unterscheidet sich nicht von der Schwerpunktsgeschwindigkeit $\boldsymbol{w}$ [32]. Bei Gasen muss darüber hinaus die Strömungsgeschwindigkeit klein gegenüber der Schallgeschwindigkeit sein. In Luft bei Umgebungstemperatur erreicht die Dichteänderung durch isentropes Aufstauen der Strömung bei einer Geschwindigkeit $w = 50\,\mathrm{m/s}$ oder einer Mach-Zahl $Ma = 0{,}14$ die Schwelle von 1%. Für kleine Mach-Zahlen entfällt in (4-71) der Kompressionsterm $\sim\mathrm{D}p/\mathrm{D}\tau$, und die viskose Dissipation tr $\{\ldots\}$ ist vernachlässigbar, wenn man von Strömungen durch sehr schmale Spalte absieht.

Als weitere Vereinfachung werden häufig konstante Werte η, λ und D für die Viskosität, die Wärmeleitfähigkeit und den Fick'schen Diffusionskoeffizienten sowie für die spezifische Wärmekapazität c_p vorausgesetzt. Schließt man chemische Reaktionen und die Dissipation elektrischer Energie aus und vernachlässigt den Enthalpiediffusionsterm in (4-71), was nur bei inerten Gemischen möglich ist, erhält man aus (4-68) bis (4-71)

$$\mathrm{div}\,\boldsymbol{w} = 0 \qquad (4\text{-}73)$$

$$\mathrm{D}\bar{\xi}_1/\mathrm{D}\tau = D\Delta\bar{\xi}_1 \qquad (4\text{-}74)$$

$$\mathrm{D}\boldsymbol{w}/\mathrm{D}\tau = -(1/\varrho)\,\mathrm{grad}\,\tilde{p} + \nu\Delta\boldsymbol{w} \qquad (4\text{-}75)$$

$$\mathrm{D}T/\mathrm{D}\tau = a\Delta T\,. \qquad (4\text{-}76)$$

Der Δ-Operator ist dabei in kartesischen Koordinaten durch

$$\begin{aligned}\Delta(\ldots) &\equiv \mathrm{div}\,\mathrm{grad}\,(\ldots)\\ &= \partial^2(\ldots)/\partial z_1^2 + \partial^2(\ldots)/\partial z_2^2 + \partial^2(\ldots)/\partial z_3^2\end{aligned} \qquad (4\text{-}77)$$

gegeben. Weiter ist

$$\tilde{p} \equiv p + \varrho g z_3 \qquad (4\text{-}78)$$

der sog. piezometrische Druck, wobei z_3 die der Schwerkraft entgegengerichtete vertikale Koordinate bedeutet. Die Schwerkraft wird durch Einführung des piezometrischen Drucks eliminiert, solange sich die Randbedingungen beim Fehlen freier Oberflächen in dieser Größe formulieren lassen. Schließlich ist $\nu \equiv \eta/\varrho$ die kinematische Viskosität und

$$a \equiv \lambda/(\varrho c_p) \qquad (4\text{-}79)$$

die Temperaturleitfähigkeit, siehe Tabelle 4-1 und 4-2 für Luft und Wasser. Beide Größen haben die SI-Einheit m^2/s.

Neben Anfangsbedingungen werden zur Lösung von (4-68) bis (4-71) oder (4-73) bis (4-76) Randbedingungen an festen Wänden und Übergangsbedingungen an Diskontinuitätsflächen benötigt.
Für die Geschwindigkeit gilt an festen Wänden die Haftbedingung, d. h. die Tangentialgeschwindigkeit relativ zur Wand ist null. Analog gibt es an Phasengrenzen keinen Sprung der Tangentialgeschwindigkeit. An undurchlässigen Wänden verschwindet die Normalgeschwindigkeit relativ zur Wand; an Phasengrenzen sind die beiderseitigen Werte durch die Kontinuität des übertretenden Massenstroms verknüpft. Die Stetigkeit des übertragenen Impulsstroms bestimmt das Verhalten der Spannungen an den Phasengrenzflächen.
Temperaturen und Konzentrationen können an festen Wänden unterschiedlichen Bedingungen genügen. Vorgebbar sind als Randbedingung 1. Art Oberflächenwerte beider Größen, als Randbedingung 2. Art die Dichten der übertragenen Wärme und Diffusionsströme sowie als Randbedingung 3. Art eine Kombination von Oberflächenwerten und Stromdichten. An Phasengrenzen sind die Temperatur und der übertragene Energiestrom stetig. In den meisten Fällen herrscht an der Phasengrenze stoffliches Gleichgewicht, das die Konzentrationen diesseits und jenseits der Grenze verknüpft. Die Stoffströme verhalten sich an einer Phasengrenze stetig.
In den folgenden Abschnitten soll überwiegend das vereinfachte Gleichungssystem (4-73) bis (4-76) zugrundegelegt werden, das für die meisten Wärme- und Stoffübergangsprobleme der Energie- und Verfahrenstechnik ausreicht. Man hat dann den entscheidenden Vorteil, dass das Druck- und Geschwindigkeitsfeld unabhängig vom Temperatur- und Konzentrationsfeld berechnet werden kann, solange der Stoffübergang die wandnormale Geschwindigkeit nicht wesentlich beeinflußt. Die Feldgleichungen (4-73) bis (4-76) für die Konzentration $\bar{\xi}_1$ der Komponente 1 und der Temperatur T sind analog aufgebaut und linear.
Aus den Temperatur- und Konzentrationsfeldern folgt nach (4-2), (4-1-4-96), (4-28) und (4-7) für die Dichten des Wärme-, Energie-, Diffusions- und Komponentenmassenstroms normal zu einer durchlässigen Wand W

$$\dot{q}_\mathrm{W} = -\lambda\,(\partial T/\partial n)_\mathrm{W} \tag{4-80}$$

$$\dot{e}''_\mathrm{W} = -\lambda\,(\partial T/\partial n)_\mathrm{W} + (\dot{m}''_1 h_1 + \dot{m}''_2 h_2)_\mathrm{W} \tag{4-81}$$

$$j_{1\mathrm{W}} = -\varrho D\left(\partial\bar{\xi}_1/\partial n\right)_\mathrm{W} \tag{4-82}$$

$$\dot{m}''_{1\mathrm{W}} = -\varrho D(\partial\bar{\xi}_1/\partial n)_\mathrm{W} + (\varrho_1 \boldsymbol{w}\cdot\boldsymbol{n})_\mathrm{W}\,. \tag{4-83}$$

Dabei ist $\boldsymbol{n}$ die von der Wand in das Fluid gerichtete Normale, sodass die Ströme positiv sind, wenn sie in das Fluid hinein fließen. In der Energiestromdichte $\dot{e}''_\mathrm{W}$ ist die meist kleine kinetische Energie vernachlässigt.

4.3.1 Kennzahlen bei erzwungener Konvektion

Wird eine Strömung durch äußere Einwirkungen z. B. durch ein Gebläse hervorgerufen, spricht man von erzwungener Konvektion. In diesem Fall ist eine charakteristische Strömungsgeschwindigkeit w_0 am Rand des Strömungsfeldes vorgegeben, die mit den Parametern der Differenzialgleichungen (4-73) bis (4-76) und der übrigen Randbedingungen eine der physikalischen Einflußgrößen des Problems darstellt. Die aus den Differenzialgleichungen resultierenden dimensionslosen Felder sind nach Aussage der Ähnlichkeitstheorie [33] Funktionen dimensionsloser Kennzahlen, die aus den physikalischen Einflußgrößen gebildet sind. Die Menge der Kennzahlen ist dabei gegenüber der Zahl der Einflußgrößen reduziert, und zwar maximal um die Zahl der beteiligten Grundgrößenarten.
Macht man in (4-73) bis (4-76) die Geschwindigkeit mit w_0, die Koordinaten mit einer Bezugslänge L_0, den Massenanteil und die Temperatur mit charakteristischen Differenzen $\Delta\bar{\xi}_{10}$ und ΔT_0 dimensionslos, ergibt sich im stationären Fall folgende Abhängigkeit der dimensionslosen Feldgrößen

$$p/\left(\varrho w_0^2\right) = f_1(z/L_0,\, K_\mathrm{geo},\, Re) \tag{4-84}$$

$$\boldsymbol{w}/w_0 = f_2(z/L_0,\, K_\mathrm{geo},\, Re) \tag{4-85}$$

$$(\bar{\xi}_1 - \bar{\xi}_{1\mathrm{W}})/\Delta\bar{\xi}_{10} = f_3(z/L_0,\, K_\mathrm{geo},\, Re,\, Sc) \tag{4-86}$$

$$(T - T_\mathrm{W})/\Delta T_0 = f_4(z/L_0,\, K_\mathrm{geo},\, Re,\, Pr)\,. \tag{4-87}$$

Der Index W kennzeichnet dabei einen Wandwert. In K_geo sind geometrische Verhältnisse, z. B. Länge zu Durchmesser eines Rohres, zusammengefaßt. Die übrigen Kennzahlen sind durch

$$Re \equiv w_0 L_0/\nu\,, \quad Sc \equiv \nu/D \quad \text{und} \quad Pr \equiv \nu/a \tag{4-88}$$

definiert und werden als Reynolds-, Schmidt- und Prandtl-Zahl bezeichnet. Weitere Kennzahlen können durch die Randbedingungen hinzukommen.

Die Reynolds-Zahl als Verhältnis von Trägheits- zu Reibungskräften dominiert das Strömungsfeld, während das Konzentrations- und Temperaturfeld zusätzlich durch die Stoffwertverhältnisse Sc und Pr bestimmt werden. Für Gemische aus Luft mit anderen Gasen ist die Schmidt-Zahl von der Größenordnung eins. Prandtl-Zahlen von Fluiden ordnen sich nach folgender Skala [34]:

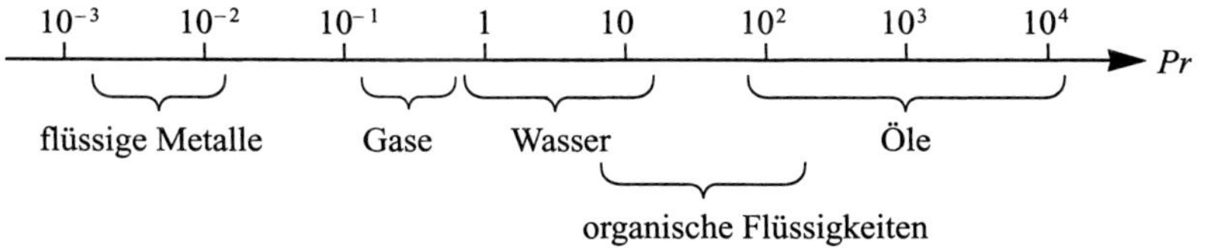

Werte für Luft und Wasser findet man in Tabelle 4-1 und 4-2.

Die dimensionslosen Lösungen (4-84) bis (4-87) stimmen für geometrisch ähnliche Probleme überein, wenn über K_{geo} hinaus alle weiteren Kennzahlen übereinstimmen. Entsprechende Konfigurationen heißen physikalisch ähnlich.

Die Dichten des an einer Wand übertragenen Wärme- und Diffusionsmassenstroms lassen sich in dimensionsloser Form durch die Nußelt- und Sherwood-Zahl

$$Nu \equiv \dot{q}_{\text{W}}\, L_0/(\lambda \Delta T_0) \quad \text{und} \quad Sh \equiv j_{1\text{w}}\, L_0/(\varrho D \Delta\bar{\xi}_{10}) \tag{4-89}$$

beschreiben. Im Rahmen der Näherung konstanter Dichte gilt auch $Sh \approx J_{1\text{w}} L_0/(\bar{c} D \Delta x_{10})$ mit Δx_{10} als der zu $\Delta\bar{\xi}_{10}$ korrespondierenden Differenz des Stoffmengenanteils. Der konvektive Beitrag zur Dichte des übertragenen Komponentenmassenstroms wird in der Sherwood-Zahl nicht erfasst. Sind $\dot{q}_{\text{W}}$ und $j_{1\text{w}}$ durch Randbedingungen vorgegeben, kennzeichnen Nu und Sh variable Differenzen ΔT und $\Delta\bar{\xi}_1$, die an die Stelle der festen Bezugswerte ΔT_0 und $\Delta\bar{\xi}_{10}$ treten. Aus (4-80) und (4-82) folgt in Verbindung mit (4-86) und (4-87)

$$Nu = f_5(z_{\text{W}}/L_0,\, K_{\text{geo}},\, Re,\, Pr) \tag{4-90}$$

$$Sh = f_6(z_{\text{W}}/L_0,\, K_{\text{geo}},\, Re,\, Sc)\,. \tag{4-91}$$

Die in der Praxis üblichen konvektiven Wärme- und Stoffübergangskoeffizienten werden in Abschnitt 4.6 eingeführt. Wegen des analogen Aufbaus von (4-74) und (4-76) sind bei gleichartigen Randbedingungen die Lösungen (4-86) und (4-87) und damit auch die Funktionen (4-90) und (4-91) formgleich. Man gelangt daher vom Temperatur- zum Konzentrationsfeld oder von der Nußelt- zur Sherwood-Zahl und umgekehrt, wenn man in den Funktionen f_3 und f_4 bzw. f_5 und f_6 die Prandtl- und Schmidt-Zahlen gegeneinander austauscht. Dies wird als Analogie von Wärme- und Stoffaustausch bezeichnet. Da Lösungen für Nußelt-Zahlen im Allgemeinen undurchlässige Wände voraussetzen, gelten die aus der Analogie gewonnenen Sherwood-Zahlen nur für kleine übertragene Massenströme.

4.3.2 Kennzahlen bei natürlicher Konvektion

Bei natürlicher Konvektion kommt eine Strömung durch Auftriebskräfte oder Druckdifferenzen zustande, die aufgrund von Dichteunterschieden in einem Fluid wirksam sind. Die Dichteunterschiede können dabei durch Wärme- oder Stoffübergang mit entsprechenden Temperatur- und Konzentrationsänderungen in der Nähe einer Wand verursacht werden. Geschwindigkeits-, Temperatur- oder Konzentrationsfeld werden dadurch gekoppelt. Für kleine Dichtedifferenzen gilt die sog. Boussinesq-Approximation, wonach die Veränderlichkeit der Dichte nur bei der Volumenkraft berücksichtigt zu werden braucht und die Strömung im Übrigen als inkompressibel angesehen werden kann. Herrscht in der Umgebung die konstante Dichte ϱ_∞, mit der auch der piezometrische Druck gebildet ist, erhält man statt der Impulsgleichung (4-75)

$$\mathrm{D}\boldsymbol{w}/\mathrm{D}\tau = -(1/\varrho_\infty)\, \mathrm{grad}\, \tilde{p} + \nu \Delta \boldsymbol{w} + \boldsymbol{g}(\varrho - \varrho_\infty)/\varrho_\infty \tag{4-92}$$

Wegen des Fehlens einer durch die Randbedingungen vorgegebenen charakteristischen Geschwindigkeit kann in der dimensionslosen Schreibweise eine mit der kinematischen Viskosität und charakteristischen Länge gebildete Bezugsgeschwindigkeit $w_0 = \nu/L_0$ benutzt werden. Damit entfällt in (4-84) bis (4-87), (4-90) und (4-91) die Abhängigkeit von der Reynoldszahl. An ihre Stelle tritt als neue, durch das Auftriebsglied in (4-92) bedingte Kennzahl, die Grashof-Zahl in zwei möglichen Varianten. In Strömungen einheitlicher Zusammensetzung sind die Dichteunterschiede allein durch Temperaturunterschiede bedingt. Bei kleinen Differenzen ist

$$(\varrho - \varrho_\infty)/\varrho_\infty = -\beta_\infty(T - T_\infty) \qquad (4\text{-}93)$$

mit $\beta = -(1/\varrho)(\partial\varrho/\partial T)_p$ als dem thermischen Ausdehnungskoeffizienten, der für Luft und Wasser in Tabelle 4-1 und 4-2 aufgeführt ist. Für diesen Fall des reinen Wärmeübergangs ist die Grashof-Zahl als

$$Gr \equiv \beta_\infty(T_\mathrm{W} - T_\infty)gL_0^3/\nu^2 \qquad (4\text{-}94)$$

erklärt. Beim isothermen Stoffübergang dagegen werden die Dichteunterschiede allein durch Konzentrationsunterschiede hervorgerufen. Hier gilt

$$(\varrho - \varrho_\infty)/\varrho_\infty = -\gamma_\infty\left(\bar{\xi}_1 - \bar{\xi}_{1\infty}\right) \qquad (4\text{-}95)$$

mit $\gamma = -(1/\varrho)(\partial\varrho/\bar{\xi}_1)_{T,p}$ als dem Stoffausdehnungskoeffizienten, der aus einer thermischen Zustandsgleichung zu bestimmen ist. Die Grashof-Zahl für den reinen Stoffübergang wird als

$$Gr' \equiv \gamma_\infty\left(\bar{\xi}_{1\,\mathrm{W}} - \bar{\xi}_{1\infty}\right)g\,L_0^3/\nu^2 \qquad (4\text{-}96)$$

definiert. Die Analogie von Wärme- und Stofaustausch besagt, dass man bei gleichartigen Randbedingungen aus der Nußelt-Zahl für den reinen Wärmeübergang

$$Nu = Nu(z_\mathrm{W}/L_0,\, K_\mathrm{geo},\, Gr,\, Pr) \qquad (4\text{-}97)$$

die Sherwood-Zahl für den reinen Stoffübergang

$$Sh = Sh(z_\mathrm{W}/L_0,\, K_\mathrm{geo},\, Gr',\, Sc) \qquad (4\text{-}98)$$

erhält, wenn man die Kennzahlen Gr und Pr durch die Kennzahlen Gr' und Sc ersetzt und umgekehrt. Bei gleichzeitigem Wärme- und Stoffaustausch mit übereinstimmenden Prandtl- und Schmidt-Zahlen ist die Näherung möglich, die auf Temperatur- und Konzentrationsunterschieden beruhende Dichtedifferenz durch eine modifizierte Grashof-Zahl

$$Gr_\mathrm{mod} \equiv Gr + Gr' \qquad (4\text{-}99)$$

zu berücksichtigen, die in die Lösungen (4-97) und (4-98) für den reinen Wärme- bzw. reinen Stoffübergang anstelle von Gr und Gr' einzusetzen ist.

4.4 Turbulente Strömungen

Bei großen Reynolds-Zahlen sind Strömungen turbulent, siehe E 8.3.5. Der mittleren Bewegung sind dreidimensionale instationäre Schwankungen überlagert, deren kinetische Energie der Hauptströmung entzogen und beim Zerfall der turbulenten Strukturen dissipiert wird. Der Impuls-, Energie- und Stofftransport in turbulenten Strömungen wird grundsätzlich durch (4-73) bis (4-76) unter den dort geltenden Voraussetzungen beschrieben. Da für technische Zwecke nur die Kenntnis der zeitlichen Mittelwerte der Feldgrößen erforderlich ist, werden unter Verzicht auf die Feinstruktur die genannten Gleichungen zeitlich gemittelt. Beschränkt man sich auf im Mittel stationäre Strömungen, können alle Feldgrößen $\Phi = \Phi(z, \tau)$ in einen zeitunabhängigen Mittelwert $\overline{\Phi}(z)$ und eine instationäre Schwankungsgröße $\Phi'(z, \tau)$

$$\Phi(z, \tau) = \overline{\Phi}(z) + \Phi'(z, \tau)$$

$$\text{mit} \quad \overline{\Phi}(z) = \frac{1}{\Delta\tau}\int_{\tau_0}^{\tau_0+\Delta\tau} \Phi(z, \tau)\,\mathrm{d}\tau \qquad (4\text{-}100)$$

zerlegt werden. Das Zeitintervall $\Delta\tau$ ist dabei so groß zu wählen, dass die Zeitabhängigkeit des Mittelwertes entfällt, vgl. Bild E 8-22. Definitionsgemäß ist der Mittelwert der Schwankungsgröße $\overline{\Phi'} = 0$. Für den Mittelwert eines Produktes zweier Feldgrößen Φ und Ψ gilt

$$\overline{\Phi \cdot \Psi} = \overline{\Phi} \cdot \overline{\Psi} + \overline{\Phi'\Psi'}\,, \qquad (4\text{-}101)$$

wobei der zweite Summand bei meistens vorhandener Korrelation der Größen Φ' und Ψ' von null verschieden ist.

4.4.1 Reynolds'sche Gleichungen

Die zeitliche Mittelung von (4-73) bis (4-76) bei erzwungener und (4-92) bei freier Konvektion führt mit den vorausgesetzten konstanten Stoffwerten auf die Reynolds'schen Gleichungen

$$\operatorname{div} \overline{\boldsymbol{w}} = 0 \tag{4-102}$$

$$\varrho \left[\left(\operatorname{grad} \bar{\bar{\xi}}_1\right) \cdot \bar{\boldsymbol{w}}\right] = -\operatorname{div} \left[\bar{\boldsymbol{j}}_1 + \bar{\boldsymbol{j}}_1^{\,\mathrm{tu}}\right] \tag{4-103}$$

$$\varrho \left[(\operatorname{grad} \overline{\boldsymbol{w}}) \cdot \bar{\boldsymbol{w}}\right] = -\operatorname{grad} \bar{p} + \operatorname{div} \left[\underline{\bar{t}}^{\mathrm{R}} + \left(\underline{\bar{t}}^{\mathrm{R}}\right)^{\mathrm{tu}}\right] \tag{4-104}$$

$$\varrho_\infty \left[(\operatorname{grad} \overline{\boldsymbol{w}}) \cdot \bar{\boldsymbol{w}}\right] = -\operatorname{grad} \bar{p} + \operatorname{div} \left[\underline{\bar{t}}^{\mathrm{R}} + \left(\underline{\bar{t}}^{\mathrm{R}}\right)^{\mathrm{tu}}\right] + \boldsymbol{g}(\bar{\varrho} - \varrho_\infty)/\varrho_\infty \tag{4-105}$$

$$\varrho c_p \left[(\operatorname{grad} T) \cdot \overline{\boldsymbol{w}}\right] = -\operatorname{div} \left[\bar{\boldsymbol{q}} + \bar{\boldsymbol{q}}^{\,\mathrm{tu}}\right] \tag{4-106}$$

mit

$$\bar{\boldsymbol{j}}_1 = -D\varrho \operatorname{grad} \bar{\bar{\xi}}_1 \tag{4-107}$$

$$\underline{\bar{t}}^{\mathrm{R}} = \eta \, \Delta \, \overline{\boldsymbol{w}} \tag{4-108}$$

$$\bar{\boldsymbol{q}} = -\lambda \operatorname{grad} \overline{T} \tag{4-109}$$

und

$$\bar{\boldsymbol{j}}_1^{\,\mathrm{tu}} = \varrho \overline{\boldsymbol{w}' \bar{\xi}_1'} \tag{4-110}$$

$$(\bar{\boldsymbol{t}}^{\mathrm{R}})_{ij}^{\mathrm{tu}} = \varrho \overline{w_i' w_j'} \tag{4-111}$$

$$\bar{\boldsymbol{q}}^{\,\mathrm{tu}} = \varrho c_p \, \overline{\boldsymbol{w}' T'} \,. \tag{4-112}$$

Dabei bedeuten $\bar{\boldsymbol{j}}_1, \underline{\bar{t}}^{\mathrm{R}}$ und $\bar{\boldsymbol{q}}$ die Diffusionsmassenstromdichte, den Tensor der viskosen Reibungsspannungen und die Wärmestromdichte, die durch den molekularen Transport in dem mittleren Konzentrations-, Geschwindigkeits- und Temperaturfeld bedingt sind. Die Größen $\overline{\boldsymbol{j}^{\mathrm{tu}}}_1, (\underline{\bar{t}}^{\mathrm{R}})^{\mathrm{tu}}$ und $\dot{\boldsymbol{q}}^{\mathrm{tu}}$ sind Dichten zusätzlicher, durch Geschwindigkeitsschwankungen verursachter konvektiver Komponentenmassen-, Impuls- und Energieströme, die in den ungemittelten Gleichungen nicht auftreten. Es handelt sich daher nicht um neue physikalische Effekte, sondern um eine Folge der zeitlichen Mittelung. Da die Dichte eines übertragenen Impulsstroms der Wirkung einer Spannung gleichzusetzen ist, wird $(\underline{\bar{t}}^{\mathrm{R}})^{\mathrm{tu}}$ als Tensor der turbulenten Scheinspannungen bezeichnet. Wie man am Beispiel einer Scherströmung, siehe Bild E 8-23, erkennt, sind die Schwankungsgrößen so korreliert, dass sie den molekularen Transport in Richtung des Konzentrations-, Geschwindigkeits- und Temperaturgefälles verstärken. Im Allgemeinen übertreffen die turbulenten konvektiven Flüsse den molekularen Transport um Größenordnungen.

Durch das Auftreten der turbulenten Flüsse sind die Reynolds'schen Gleichungen nicht geschlossen, d. h., die Zahl der Unbekannten übersteigt die Zahl der Gleichungen. Die mittleren Feldgrößen sind nur berechenbar, wenn die turbulenten Flüsse durch Turbulenzmodelle mit den mittleren Feldgrößen verknüpft werden.

4.4.2 Wandgesetze

In der Nähe fester Wände ist der Geschwindigkeits-, Temperatur- und Konzentrationsverlauf durch die Zweischichtstruktur turbulenter Strömungen bestimmt. Kennzeichnend sind eine ausgedehnte Kernschicht, in welcher der molekulare Transport gegenüber dem turbulenten vernachlässigbar ist, und eine dünne Wandschicht, wo infolge der gedämpften, an der Wand erlöschenden Schwankungsbewegungen beide Mechanismen gleichbedeutend sind. Aus der Forderung, dass in einer Überlappungsschicht die für beide Schichten getrennt ermittelten Lösungen übereinstimmen, folgt zunächst für den Fall einer Couette-Strömung, siehe E 8.3.4, als Geschwindigkeitsprofil der Überlappungsschicht [35]

$$\lim_{y^+ \to \infty} w_x^+(Y^+) = (1/\chi) \ln y^+ + C^+ \tag{4-113}$$

mit $\chi = 0{,}41$ als der Karman'schen Konstanten und $C^+ = 5{,}0$ für glatte Wände.
Die dimensionslose wandparallele Geschwindigkeit ist dabei durch

$$w_x^+ = \overline{w}_x / w_\tau \quad \text{mit} \quad w_\tau = \sqrt{\tau_{\mathrm{W}}/\varrho} \tag{4-114}$$

erklärt, wobei $\overline{w}_x$ die entsprechende dimensionsbehaftete Größe und w_τ die mit der Wandschubspannung τ_{W} gebildete Schubspannungsgeschwindigkeit bedeuten. Als gestreckte, dimensionslose, in das Fluid gerichtete wandnormale Koordinate wird

$$y^+ \equiv w_\tau y / \nu \tag{4-115}$$

mit y als dem Wandabstand verwendet. Das Temperaturprofil hat die Form [36]

$$\lim_{y^+ \to \infty} \theta^+(y^+) = (1/\chi_\theta) \ln y^+ + C_\theta^+(Pr) \tag{4-116}$$

mit $\chi_\theta = 0{,}47$

und $C_\theta^+(Pr) = 13{,}7\, Pr^{2/3} - 7{,}5$ für $Pr > 0{,}5$

und glatte Wände .

Tabelle 4-6. Universelle Wandgesetze für das Geschwindigkeits- und Temperaturprofil bei natürlicher Konvektion [38]

Normierter Wandabstand
$y_N^x = w_q y/\nu$
mit $w_q = \left[\overline{\dot q_W}\beta g\nu/(\varrho c_p)\right]^{1/4}$
Normierte Geschwindigkeit
$w_x^x = \overline{w}_x/w_q$
Normierte Temperatur
$\theta^x = (\overline{T} - T_W)/T_q$
mit $T_q = \overline{\dot q_W}/(\varrho c_p w_q)$
Überlappungsschicht ($y_N^x \to \infty$)
$w_x^x \chi_1 (y_N^x)^{1/3} - C_N^x(Pr)$
$\theta^x = \chi_2 (y_N^x)^{-1/3} - C_{N\theta}^x(Pr)$
mit $\chi_1 = 27$; $\chi_2 = 5{,}6$
$C_{N\theta}^x(Pr) = Pr^{1/2}/\{0{,}24[\Psi(Pr)]^{1/4}\}$
$\psi(Pr) = [1 + (4{,}6/Pr)^{9/16}]^{-16/9}$
Unterschicht ($y_N^x \to 0$)
$w_x^x = (w_\tau/w_q)^2 y_N^x$
$\theta^x = -Pr\, y_N^x$

Zur Darstellung wird die dimensionslose Größe

$$\theta^+ \equiv (\overline{T} - T_W)/T_\tau \quad \text{mit} \quad T_\tau \equiv -\overline{\dot q_W}/(\varrho c_p w_\tau) \tag{4-117}$$

benutzt, wobei T_τ als Reibungstemperatur bezeichnet wird. Die Bedingung $Pr > 0{,}5$ stellt sicher, dass die Temperaturwandschicht innerhalb der Geschwindigkeitswandschicht liegt. Hydraulisch und thermisch glatte Wände erfordern $k_s^+ < 5$ bei $Pr \leq 1$ und $k_s^+ Pr^{1/3} < 5$ für $Pr > 1$ mit $k_s^+ \equiv k_s w_\tau/\nu$ und k_s als der äquivalenten Sandrauhigkeit [37]. Wegen der geringen Dicke der Wandschicht lassen sich die Ergebnisse (4-113) und (4-117) auf alle erzwungenen Konvektionströmungen mit endlicher Wandschubspannung übertragen und heißen universelle Wandgesetze. Sie gelten für $y^+ > 70$, vgl. Bild E 8-24. In der Schicht $y^+ < 5$ dominiert der molekulare Transport gegenüber den turbulenten Flüssen. In dieser wandnächsten, sog. Unterschicht sind das Geschwindigkeits- und Temperaturprofil durch

$$w_x^+ = y^+ \quad \text{und} \quad \theta^+ = Pr\, y^+ \tag{4-118}$$

gegeben. Bei natürlicher Konvektion gelten die in Tabelle 4-6 angegebenen Modifikationen von (4-113) bis (4-118). Die Konzentrationsprofile erhält man aus der Analogie von Wärme- und Stofftransport.

4.4.3 Turbulenzmodelle

Weil sich die turbulenten Scheinspannungen (4-111) wie eine Erhöhung der Viskosität auswirken, hat Boussinesq hierfür einen Gradientenansatz analog zum Newton'schen Reibungsgesetz (4-66)

$$-\varrho\, \overline{w_i w_j} = \eta^{\text{tu}}[\partial\overline{w}_i/\partial z_j + \partial\overline{w}_j/\partial z_i] - (2/3)\varrho\delta_{ij}k \tag{4-119}$$

vorgeschlagen. Darin ist

$$k = (1/2)\left(\overline{w_1' w_1'} + \overline{w_2' w_2'} + \overline{w_3' w_3'}\right) \tag{4-120}$$

die spezifische kinetische Energie der turbulenten Schwankungsbewegung. Das Schließungsproblem der Impulsgleichung (4-104), (4-105) wird damit auf die Modellierung der Wirbelviskosität η^{tu} bzw. der kinematischen Wirbelviskosität $\nu^{\text{tu}} = \eta^{\text{tu}}/\varrho$ verlagert, die von Ort zu Ort veränderliche Strömungsgrößen und keine Stoffeigenschaften sind. In Wandnähe gilt aufgrund des Wandgesetzes (4-113)

$$\lim_{y\to 0} \nu^{\text{tu}} = \chi w_\tau y\,. \tag{4-121}$$

Die ν^{tu} bestimmende turbulente Schwankungsbewegung kann im einfachsten Fall durch einen Geschwindigkeitsmaßstab $q = \sqrt{k}$ und einen Längenmaßstab L charakterisiert werden, wobei die Dimensionsanalyse

$$\nu^{\text{tu}} = C_p\, L\, \sqrt{k} \quad \text{mit} \quad C_p \approx 0{,}55 \tag{4-122}$$

ergibt. Zwischen der Turbulenzlänge L und der spezifischen Dissipation der Turbulenzenergie, angenähert durch

$$\varepsilon = \nu\ \text{tr}\ \overline{[(\text{grad}\,\boldsymbol{w}')^{\text{T}} \cdot \text{grad}\,\boldsymbol{w}']}\,, \tag{4-123}$$

besteht dabei nach Prandtl-Kolmogorov der Zusammenhang [39]

$$L = C_\varepsilon k^{3/2}/\varepsilon \quad \text{mit} \quad C_\varepsilon \approx 0{,}168\,. \tag{4-124}$$

Der in E 8.3.5 beschriebene Mischungsweganssatz für die Verteilung von q und L zählt zu den algebraischen Turbulenzmodellen. Der Geschwindigkeitsmaßstab wird durch $q = \sqrt{C_p/C_\varepsilon}\, L|\partial\overline{w}_x/\partial y|$ aus der mittleren Bewegung hergeleitet, und L ist eine vorzugebende Ortsfunktion. Mit (4-122) folgt

$$\nu^{tu} = L^2|\partial\overline{w}_x/\partial y| \quad \text{wegen} \quad C_p^3/C_\varepsilon = 1\,, \qquad (4\text{-}125)$$

wobei zur Erfüllung des Wandgesetzes (4-113) $\lim_{y\to 0} L = \chi y$ sein muss. Der Ansatz eignet sich für einfache, nicht abgelöste oder hochgradig dreidimensionale Strömungen mit einem lokalen Gleichgewicht zwischen Produktion und Dissipation der Turbulenzenergie [40].

Universeller ist das k,ε-Modell von Jones und Launder [41], das als sog. Zweigleichungsmodell zwei partielle Differenzialgleichungen für die Größen q und L benutzt. Die Verteilung des Geschwindigkeitsmaßstabs wird aus einer Transportgleichung für die Turbulenzenergie k bestimmt. Diese Transportgleichung lässt sich aus den Navier-Stokes'schen Gleichungen (4-70) herleiten [42] und beschreibt die Wechselwirkung von Produktion, Konvektion, Diffusion und Dissipation von k. Die hierin enthaltenen Korrelationen von Schwankungsgrößen werden durch Modellanahmen auf die mittlere Bewegung zurückgeführt. Unter Beschränkung auf die vollturbulente Kernschicht mit vernachlässigbarem molekularen Transport gelangt man zu der Beziehung

$$\begin{aligned}&(\text{grad}\, k)\cdot\overline{\boldsymbol{w}}\\ &\quad = C_\mu(k^2/\varepsilon)\,\text{tr}\,\{[\text{grad}\,\overline{\boldsymbol{w}} + (\text{grad}\,\overline{\boldsymbol{w}})^{\mathrm{T}}]\cdot\text{grad}\,\overline{\boldsymbol{w}}\}\\ &\qquad - \varepsilon + \text{div}[(\nu^{tu}/Pr_k)\,\text{grad}\, k]\,. \qquad (4\text{-}126)\end{aligned}$$

Die Verteilung des Längenmaßstabs wird über (4-124) aus einer heuristischen Transportgleichung für die spezifische Dissipation ε der Turbulenzenenergie in der vollturbulenten Kernschicht

$$\begin{aligned}&(\text{grad}\,\varepsilon)\cdot\overline{\boldsymbol{w}}\\ &\quad = C_{\varepsilon 1}(\varepsilon/k)\,\text{tr}\,\{\nu^{tu}[\text{grad}\,\overline{\boldsymbol{w}} + (\text{grad}\,\overline{\boldsymbol{w}})^{\mathrm{T}}] \qquad (4\text{-}127)\\ &\quad\cdot\text{grad}\,\overline{\boldsymbol{w}}\} - C_{\varepsilon 2}(\varepsilon^2/k) + \text{div}[(\nu^{tu}/Pr_\varepsilon)\text{grad}\,\varepsilon]\end{aligned}$$

gewonnen. Für die Wirbelviskosität wird dabei wegen (4-122) und (4-124)

$$\nu^{tu} = C_\mu k^2/\varepsilon \quad \text{mit}\ C_\mu = C_p\cdot C_\varepsilon \qquad (4\text{-}128)$$

gesetzt. Wegen der vorangegangenen Approximationen sind die empirisch zu ermittelnden Modellkonstanten problemabhängig. Am häufigsten wird der Konstantensatz

$$\begin{aligned}&Pr_k = 1{,}0\,;\quad Pr_\varepsilon = 1{,}3\,;\quad C_{\varepsilon 1} = 1{,}44\,;\\ &C_{\varepsilon 2} = 1{,}87 \quad \text{und} \quad C_\mu = 0{,}09 \qquad (4\text{-}129)\end{aligned}$$

verwendet, wobei wegen des Wandgesetzes (4-113) die Koppelbedingung

$$Pr_\varepsilon\sqrt{C_\mu}\,(C_{\varepsilon 2} - C_{\varepsilon 1}) = \chi^2 \qquad (4\text{-}130)$$

besteht [43]. Mit (4-102), (4-104) für $\overline{\underline{t}^{\mathrm{R}}} = 0$, (4-119), (4-126), (4-127) und (4-128) stehen 6 Gleichungen für die 6 unbekannten Funktionen $\overline{\boldsymbol{w}}$, $\overline{p}$, $(\overline{\underline{t}^{\mathrm{R}}})^{tu}$, ν^{tu}, k und ε zur Verfügung. In Wandnähe muss die Lösung bei endlicher Wandschubspannung in das Wandgesetz (4-113) übergehen. Bei ebener Strömung und undurchlässiger Wand gelten daher die Randbedingungen

$$\left.\begin{aligned}&\lim_{y\to 0}\overline{w}_x = (1/\chi)\ln y^+ + C^+ && \lim_{y\to 0}\overline{w}_y = 0\\ &\lim_{y\to 0}\left(\overline{t^{\mathrm{R}}}\right)^{tu}_{xy} = \overline{\tau}_{\mathrm{W}} && \lim_{y\to 0}\nu^{tu} = \chi w_\tau y\\ &\lim_{y\to 0} k = w_\tau^2/\sqrt{C_\mu} && \lim_{y\to 0}\varepsilon = w_\tau^3(xy)\end{aligned}\right\}\,, \qquad (4\text{-}131)$$

die in Fällen hoher Reynolds-Zahlen, d. h. dünner Wandschichten angewendet werden. Modifikationen bei kleinen Reynolds-Zahlen und abgelösten Strömungen mit verschwindender Wandschubspannung werden in [44] behandelt.

Die turbulenten Energieströme (4-112) werden wie die turbulenten Impulsströme nach dem Vorbild des molekularen Transportgesetzes formuliert. Dies führt in Analogie zum Fourier'schen Gesetz (4-2) auf den Gradientenansatz

$$\varrho c_p\,\overline{\boldsymbol{w}'T'} = -\varrho\, c_p\, a^{tu}\,\text{grad}\,\overline{T}\,. \qquad (4\text{-}132)$$

Die turbulente Temperaturleitfähigkeit a^{tu} ist darin eine ortsabhängige Strömungsgröße, die in Wandnähe aufgrund des Wandgesetzes (4-116) den Grenzwert

$$\lim_{y\to 0} a^{tu} = \chi_\theta\, w_\tau\, y \qquad (4\text{-}133)$$

annimmt. Mit den Größen ν^{tu} und a^{tu} lässt sich analog zur molekularen Prandtl-Zahl $Pr = \nu/a$ eine turbulente Prandtl-Zahl

$$Pr^{tu} \equiv \nu^{tu}/a^{tu} \qquad (4\text{-}134)$$

bilden, die bei Annäherung an die Wand wegen (4-121) und (4-133) in den konstanten Wert

$$\lim_{y\to 0} Pr^{\mathrm{tu}} = \chi/\chi_\theta = 0{,}87 \qquad (4\text{-}135)$$

übergeht. Als Modellierung für den turbulenten Energietransport wird dieser Wert häufig für die gesamte turbulente Kernschicht angenommen. Obgleich im Prinzip $Pr^{\mathrm{tu}} = f(Re, Pr, y^+)$ gelten muss, erzielt man mit dieser Modellierung für $Pr > 0{,}5$ und nicht abgelöste Strömungen gute Ergebnisse [45].
Für die turbulenten Stoffströme (4-110) setzt man entsprechend zu (4-132)

$$\varrho\,\overline{\boldsymbol{w}'\bar{\xi}_1} = -\varrho D^{\mathrm{tu}}\,\mathrm{grad}\,\bar{\bar{\xi}}_1 \qquad (4\text{-}136)$$

mit D^{tu} als einem turbulenten Diffusionskoeffizienten. Hiermit lässt sich nach dem Vorbild der molekularen Schmidt-Zahl $Sc = \nu/D$ eine turbulente Schmidt-Zahl

$$Sc^{\mathrm{tu}} \equiv \nu^{\mathrm{tu}}/D^{\mathrm{tu}} \qquad (4\text{-}137)$$

definieren, die aufgrund der Analogie von Wärme- und Stofftransport in Wandnähe denselben Wert wie die turbulente Prandtl-Zahl hat. Die Modellierung des turbulenten Stofftransports kann für $Sc > 0{,}5$ und anliegende Strömung für das gesamte Feld mit diesem Wert erfolgen.

4.5 Grenzschichten

Bei der schnellen Umströmung eines Körpers wird ein Fluid unter dem Zwang der Haftbedingung nur in einer dünnen, wandnahen Schicht durch Reibung abgebremst. Ebenso erfasst ein von der Körperoberfläche ausgehender Wärme- und Stofftransport die Strömung nur in einer dünnen, die Wand bedeckenden Grenzschicht. Im Allgemeinen entwickeln sich Grenzschichten mit zunehmender Dicke von der Vorderkante eines Körpers oder dem Staupunkt bis zu einer möglichen Ablösestelle im Gebiet des Druckanstiegs an der Körperkontur, siehe E 8.3.6. An die reibungsbehaftete Grenzschichtströmung schließt sich auf der körperfernen Seite eine näherungsweise reibungsfreie Außenströmung mit meist homogener Temperatur- und Konzentrationsverteilung an.

4.5.1 Grenzschichtgleichungen bei erzwungener Konvektion

Bild 4-3 zeigt den Verlauf der Strömungs- und Temperaturgrenzschicht an einem ebenen Körper im Fall der erzwungenen Konvektion, d. h. einer von Wärme- und Stoffübergang unabhängigen Strömung. Der Grenzschichtrand wird als 99%ige Annäherung an den Zustand der Außenströmung erklärt. Bei laminarer Strömung lassen sich die Dicken δ_S, δ_T und δ_ξ der Strömungs-, Temperatur- und Konzentrationsgrenzschicht aus den Geschwindigkeiten des molekularen Transportes quer zu den Grenzschichten und der Verweilzeit der Fluidteilchen in Körpernähe entsprechend der Geschwindigkeit des konvektiven Transports in Längsrichtung abschätzen. Für $Re \to \infty$ ergibt sich asymptotisch [46]

$$\delta_\mathrm{S}/L_0 \sim Re^{-1/2} \text{ und}$$

$$\delta_\mathrm{T}/L_0 \sim \begin{cases} Re^{-1/2}Pr^{-1/2} & \text{für } Pr \to 0 \\ Re^{-1/2}Pr^{-1/3} & \text{für } Pr \to \infty\,. \end{cases} \qquad (4\text{-}138)$$

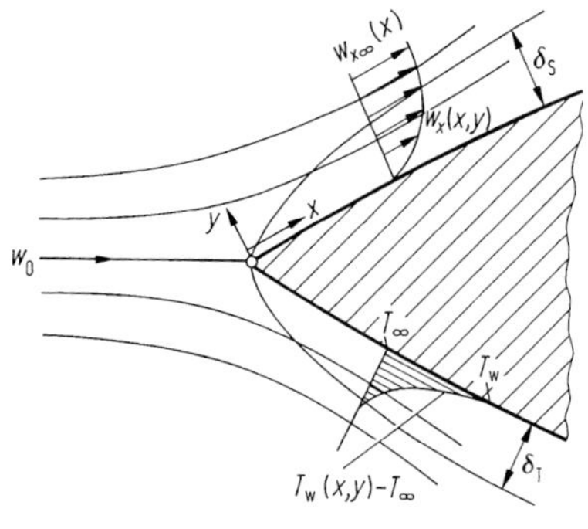

Bild 4-3. Strömungs- und Temperaturgrenzschicht bei erzwungener Konvektion

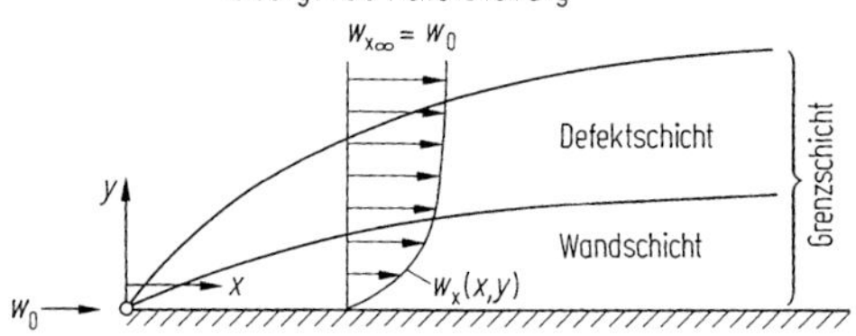

Bild 4-4. Turbulente Strömungsgrenzschicht an einer ebenen Platte. Die Dicke der Wandschicht ist proportional ν/w_τ [48]

Dabei ist L_0 eine charakteristische Körperabmessung und Re die mit L_0 und der Anströmgeschwindigkeit w_0 gebildete Reynolds-Zahl. Für $Pr < 1$ ist $\delta_T > \delta_S$, für $Pr > 1$ es umgekehrt. Die Dicke δ_ξ der Konzentrationsgrenzschicht folgt aus der Analogie von Wärme- und Stofftransport. Mit wachsender Reynolds-Zahl werden die Grenzschichten immer dünner.

Bei turbulenter Strömung sind die zeitlich gemittelten Grenzschichten nach Bild 4-4 im Wesentlichen zweischichtig aufgebaut. Sie bestehen aus einer wandnahen Schicht mit merklichen Beiträgen des molekularen Transportes und einer darüber liegenden Defektschicht, in der eine schwach gestörte Außenströmung mit dominantem turbulentem Transport vorliegt. Die meisten Turbulenzmodelle liefern diskrete Grenzschichtdicken, die wie im laminaren Fall für $Re \to \infty$ asymptotisch zu null werden, siehe E 8.3.6, [47]. In vielen technischen Anwendungen findet man Grenzschichtdicken in der Größenordnung von Millimetern und kleiner.

Der für den Wärme- und Stoffübergang zwischen Wand und Fluid entscheidende Transport in den Grenzschichten läuft somit bei großen Reynolds-Zahlen in Quer- und Längsrichtung auf zwei verschiedenen Längenskalen ab. Dies erlaubt Vereinfachungen in den Feldgleichungen, die damit in die von Prandtl angegebenen Grenzschichtgleichungen übergehen. Bei stationärer, laminarer, erzwungener ebener Strömung erhält man aus (4-73) bis (4-76) für $Re \to \infty$

$$\partial w_x/\partial x + \partial w_y/\partial y = 0 \qquad (4\text{-}139)$$

$$w_x \partial\bar{\xi}_1/\partial x + w_y \partial\bar{\xi}_1/\partial y = D\partial^2\bar{\xi}_1/\partial y^2 \qquad (4\text{-}140)$$

$$w_x \partial w_x/\partial x + w_y \partial w_x/\partial y = -(1/\varrho)\,\mathrm{d}\tilde{p}_\infty/\mathrm{d}x + \nu\partial^2 w_x/\partial y^2 \qquad (4\text{-}141)$$

$$w_x\,\partial T/\partial x + w_y\,\partial T/\partial y = a\,\partial^2 T/\partial y^2\,. \qquad (4\text{-}142)$$

Die x-Kordinate folgt dabei nach Bild 4-3 der Wand und bildet unter Vernachlässigung der Wandkrümmung mit der Wandnormalen y ein Orthogonalsystem. Die zugehörigen Geschwindigkeitskomponenten sind w_x und w_y. Der molekulare Transport von Substanzmengen, x-Impuls und Wärme in Hauptströmungsrichtung verschwindet gegenüber dem entsprechenden Transport in Querrichtung. Das ursprünglich elliptische Gleichungssystem wird damit parabolisch, was eine in Strömungsrichtung fortschreitende numerische Lösung ermöglicht. Die Impulsgleichung in y-Richtung reduziert sich auf die Aussage $\partial\tilde{p}/\partial y = 0$. Der Druck ist daher keine Variable der Grenzschicht, sondern wird ihr von außen aufgeprägt. Das Druckgefälle in Hauptströmungsrichtung folgt aus der x-Impulsgleichung der zur Wand extrapolierten reibungsfreien Außenströmung

$$w_{x\infty}\,\mathrm{d}w_{x\infty}/\mathrm{d}x = -(1/\varrho)\,\mathrm{d}\tilde{p}_\infty/\mathrm{d}x, \qquad (4\text{-}143)$$

die als bekannt vorausgesetzt und durch den Index ∞ gekennzeichnet wird. Die zur Wand extrapolierte Geschwindigkeit $w_{x\infty}$ der Außenströmung ist wie der zugehörige Druck $\tilde{p}_\infty$, die entsprechende Temperatur T_∞ und Konzentration $\bar{\xi}_{1\infty}$ allein eine Funktion der Koordinate x.

Mögliche Randbedingungen der Grenzschichtgleichungen (4-139) bis (4-142) sind bei geringem Stoffübergang, d. h. vernachlässigbarer Normalgeschwindigkeit auf der Wand,

$$\begin{aligned}
y = 0\,(\text{Wand}):\quad & w_x = w_y = 0\\
& T = T_\mathrm{W}(x) \text{ oder } \dot{e}'' = \dot{e}''_\mathrm{W}(x)\\
& \bar{\xi}_1 = \bar{\xi}_{1\mathrm{W}}(x) \text{ oder } \dot{m}''_1 = \dot{m}''_{1\mathrm{W}}(x)\\
y = \delta\,(\text{Außenrand}):\quad & w_x = w_{x\infty}(x)\\
& T = T_\infty(x)\\
& \bar{\xi}_1 = \bar{\xi}_{1\infty}(x)\,. \qquad (4\text{-}144)
\end{aligned}$$

Eine Randbedingung für w_y kann am äußeren Grenzschichtrand nicht erfüllt werden. Der Enthalpieterm in der thermischen Randbedingung für $\dot{e}''$, siehe (4-81), kann bei dem vorausgesetzen inerten Gemisch häufig gegenüber dem Wärmeleitungsterm vernachlässigt werden. Für die hier ausgeschlossenen katalytischen Wandreaktionen sind weitere stoffliche Randbedingungen in Form von Stoffbilanzen an der Wand möglich.

Bei Strömungen mit $\mathrm{d}\tilde{p}_\infty/\mathrm{d}x = 0$, d. h. $w_{x\infty} = w_0$, und $Pr = 1$ stimmen die Differenzialgleichungen (4-141) und (4-142) für w_x und T überein, sodass sich mit den Randbedingungen $T_\mathrm{W}(x) = \text{const}$ und $T_\infty(x) = \text{const}$ ähnliche Grenzschichtprofile $w_x/w_0 = (T - T_\mathrm{W})/(T_\infty - T_\mathrm{W})$ ergeben. Die lokalen Wandschubspannungen und Wärmestromdichten sind dann durch die Reynolds'sche Analogie

$$Nu = (c_\mathrm{f}/2)Re \qquad (4\text{-}145)$$

verknüpft. Hierin sind $Nu = \dot{q}_W L_0/[\lambda(T_W - T_\infty)]$ und $Re = w_0 L_0/\nu$ die mit einer beliebigen Länge L_0 gebildete Nußelt- und Reynolds-Zahl und $c_f = 2\tau_W/(\varrho w_0^2)$ der lokale Widerstandsbeiwert. Für den Stoffübergang gilt Entsprechendes.

Bei stationärer, turbulenter, erzwungener ebener Strömung ergeben sich aus (4-102) bis (4-104) und (4-106) für $Re \to \infty$ die Grenzschichtgleichungen

$$\partial \bar{w}_x/\partial x + \partial \bar{w}_y/\partial y = 0\,, \qquad (4\text{-}146)$$

$$\bar{w}_x \partial \bar{\bar{\xi}}_1/\partial x + \bar{w}_y \partial \bar{\bar{\xi}}_1/\partial y = \partial \left(D \partial \bar{\bar{\xi}}_1/\partial y - \overline{w'_y \bar{\xi}_1} \right) \partial y\,, \qquad (4\text{-}147)$$

$$\bar{w}_x \partial \bar{w}_x/\partial x + \bar{w}_y \partial \bar{w}_x/\partial y = -(1/\varrho)\,\mathrm{d}\tilde{p}_\infty/\mathrm{d}x + \partial \left(\nu \partial \bar{w}_x/\partial y - \overline{w'_x w'_y} \right) \partial y\,, \qquad (4\text{-}148)$$

$$\bar{w}_x \partial \overline{T}/\partial x + \bar{w}_y \partial \overline{T}/\partial y = \partial \left(a \partial \overline{T}/\partial y - \overline{w'_y T'} \right) \partial y\,. \qquad (4\text{-}149)$$

Die Impulsgleichung in y-Richtung liefert hier $\partial(\bar{\tilde{p}} + \varrho \overline{w_y'^2})/\partial y = 0$, sodass über der Grenzschichtdicke der Klammerausdruck und nicht der piezometrische Druck konstant ist. Bei turbulenzfreier Außenströmung mit dem zur Wand extrapolierten Druck $\tilde{p}_\infty$ gilt aber $\tilde{p}_W = \tilde{p}_\infty$. Das zur Schließung verwendete k,ε-Modell (4-126), (4-127) geht mit den Grenzschichtvereinfachungen über in

$$\bar{w}_x \partial k/\partial x + \bar{w}_y \partial k/\partial y = C_\mu (k^2/\varepsilon)(\partial \bar{w}_x/\partial y)^2 - \varepsilon + \partial[(\nu^{tu}/Pr_k)(\partial k/\partial y)]/\partial y\,, \qquad (4\text{-}150)$$

$$\bar{w}_x \partial \varepsilon/\partial x + \bar{w}_y \partial \varepsilon/\partial y = C_{\varepsilon 1}(\varepsilon/k)\nu^{tu}(\partial \bar{w}_x/\partial y)^2 - C_{\varepsilon 2}(\varepsilon^2/k) + \partial[(\nu^{tu}/Pr_\varepsilon)(\partial \varepsilon/\partial y)]/\partial y\,. \qquad (4\text{-}151)$$

Abweichend von (4-144) sind bei turbulenten Grenzschichten als Randbedingung für $y \to 0$ die Wandgesetze zu erfüllen. Es gilt (4-131) für die Strömungsgrenzschicht und (4-116) für die Temperaturgrenzschicht, und zwar gleichermaßen bei vorgegebener Temperatur- oder Wärmestromdichte an der Wand, wobei eine dieser Größen jeweils zu iterieren ist. Das Konzentrationsprofil verhält sich analog zum Temperaturprofil.

Die Reynolds'sche Analogie gilt bei turbulenter Strömung nur angenähert, da mit dem Druckgradienten nicht gleichzeitig die Druckschwankungen verschwinden.

Stoff-, Impuls- und Energiebilanzen für die von der Konzentrations-, Strömungs- und Temperaturgrenzschicht gebildeten Kontrollräume erhält man durch Integration der Grenzschichtgleichungen über die Grenzschichtdicke. Bei vernachlässigbarer Normalgeschwindigkeit auf der Wand sowie konstanter Temperatur T_∞ und Konzentration $\bar{\xi}_{1\infty}$ in der Außenströmung ergibt sich im laminaren Fall aus (4-139) bis (4-142)

$$\frac{\mathrm{d}}{\mathrm{d}x} \int_0^{\delta_\xi} w_x\,(\xi_{1\infty} - \xi_1)\,\mathrm{d}y = -j_{1W}/\varrho\,, \qquad (4\text{-}152)$$

$$\frac{\mathrm{d}}{\mathrm{d}x} \int_0^{\delta_S} w_x (w_{x\infty} - w_x)\mathrm{d}y + \frac{\mathrm{d}w_{x\infty}}{\mathrm{d}x} \int_0^{\delta_S} (w_{x\infty} - w_x)\mathrm{d}y = \tau_W/\varrho\,, \qquad (4\text{-}153)$$

$$\frac{\mathrm{d}}{\mathrm{d}x} \int_0^{\delta_T} w_x (T_\infty - T)\mathrm{d}y = -\dot{q}_W/(\varrho c_p)\,. \qquad (4\text{-}154)$$

Im turbulenten Fall folgt aus (4-146) bis (4-149) in Bezug auf die zeitlichen Mittelwerte der Feldgrößen ein gleichlautendes Ergebnis.

Die integralen Bilanzen (4-152) bis (4-154) sind Ausgangspunkt von Näherungsverfahren zur Bestimmung der Schubspannung sowie der Wärme- und Diffusionsstromdichten an der Wand. Der Geschwindigkeits-, Temperatur- und Konzentrationsverlauf in den Grenzschichten wird dabei durch parameterabhängige Profile aus vorgegebenen Profilfamilien ersetzt. Dies führt mit geeignet gewählten Hilfsfunktionen auf gewöhnliche Differenzialgleichungen für die Profilparameter, z. B. die Grenzschichtdicken, als Funktion der Lauflänge x. Die Grenzschichtgleichungen sind so durch die Quadratur gewöhnlicher Differenzialgleichungen zu lösen [49, 50].

Grenzschichtgleichungen und Integralsätze für rotationssymmetrische und dreidimensionale Grenzschichten bei erzwungener Konvektion findet man in [51].

4.5.2 Grenzschichtgleichungen bei natürlicher Konvektion

Auch natürliche Konvektionsströmungen, die durch Dichteänderungen aufgrund von Wärme- und Stoffübergang an einer den Fluidraum begrenzenden Wand hervorgerufen werden, haben Grenzschichtcharakter. Bild 4-5 zeigt dies am Beispiel der direkten natürlichen Konvektion an einer beheizten senkrechten Platte mit der Oberflächentemperatur T_W. Die ruhende Umgebung hat die konstante Temperatur $T_\infty < T_W$ und Dichte ϱ_∞. Da die Dichte eines Fluids in der Regel mit zunehmender Temperatur abnimmt, d. h. der Wandwert ϱ_W infolge der Aufheizung kleiner als ϱ_∞ ist, erfährt das Fluid in der Nähe der Plattenoberfläche einen Auftrieb in dem von der Umgebung aufgeprägten Druckfeld und strömt mit der Geschwindigkeit w_x aufwärts. Im stationären Zustand führt die Strömung die von der Wand übertragene Energie nach oben ab, sodass sie wandferne Zonen nicht erfassen kann. Der Wärmeübergang beeinflußt daher nur eine wandnahe Grenzschicht, die allerdings mit wachsender Lauflänge x immer dicker wird.

Die Grenzschichtdicken lassen sich im laminaren Fall wieder aus der Geschwindigkeit des molekularen Transports quer zu den Grenzschichten und der Verweilzeit der Fluidteilchen in Wandnähe abschätzen, wobei ein geeigneter Ansatz für die nicht unmittelbar vorgegebene konvektive Transportgeschwindigkeit in

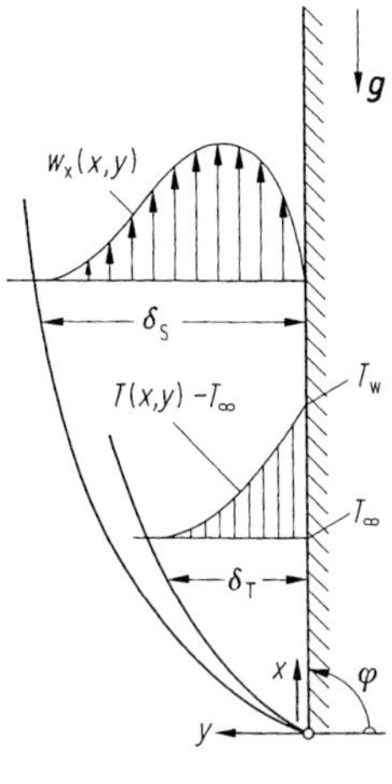

Bild 4-5. Strömungs- und Temperaturgrenzschicht bei direkter natürlicher Konvektion an einer beheizten senkrechten Platte infolge des Auftriebs des erwärmten Fluids

Längsrichtung benötigt wird. Legt man eine Platte mit einem Winkel φ zwischen der Horizontalen und der Hauptströmungsrichtung zugrunde, ergibt sich bei der Randbedingung T_W = const als Dicke der Strömungs- und Temperaturgrenzschichten δ_S und δ_T asymptotisch für $Gr_\varphi \to \infty$ [52]

$$\delta_S/L_0 \sim Gr_\varphi^{-1/4} \quad \text{und}$$

$$\delta_T/L_0 \sim \begin{cases} Gr_\varphi^{-1/4} & \text{für} \quad Pr \to 0 \\ Gr_\varphi^{-1/4} & \text{für} \quad Pr \approx 1 \\ Gr_\varphi^{-1/4} Pr^{-1/2} & \text{für} \quad Pr \to \infty \end{cases} \tag{4-155}$$

Hierin ist $Gr_\varphi = \beta(T_W - T_\infty)\, gL_0^3 \, \sin\varphi/\nu^2$ eine modifizierte Grashof-Zahl mit der Plattenlänge L_0 als Bezugslänge. Da Temperaturunterschiede stets eine Strömung in Gang setzen, ist $\delta_S \geq \delta_T$. Bei der Randbedingung $\dot{q}_W$ = const, d. h. konstanter Wärmestromdichte an der Wand, hat man als charakteristische Temperaturdifferenz in der Grashof-Zahl $\dot{q}_W L_0/\lambda$ einzuführen und in (4-155) den Exponenten $(-1/4)$ durch $(-1/5)$ zu ersetzen [53]. Die Dicke δ_ξ einer Konzentrationsgrenzschicht ergibt sich aus der Analogie von Wärme- und Stofftransport. Mit wachsender Grashof-Zahl, siehe (4-94) und (4-95) für beide Vorgänge, werden die Grenzschichten asymptotisch dünn. Dies gilt auch bei Turbulenz [54].

Wegen der unterschiedlichen Längenskalen für die Transportprozesse längs und quer zur Hauptströmungsrichtung lassen sich in den Feldgleichungen wieder Grenzschichtvereinfachungen durchführen. Im technisch gewöhnlich realisierten Grenzfall $Gr \to \infty$ erhält man für die stationäre, laminare, ebene Strömung bei direkter natürlicher Konvektion an einer Wand mit dem örtlichen Konturwinkel φ nach Bild 4-6 aus (4-92), (4-93) und (4-95) als Impulsgleichung in Hauptströmungsrichtung

$$\begin{aligned} &w_x \partial w_x/\partial x + w_y \partial w_x/\partial y \\ &= [\beta_\infty(T - T_\infty) + \gamma_\infty(\bar{\xi}_1 - \bar{\xi}_{1\infty})] g \sin\varphi \\ &\quad + \nu \partial^2 w_x/\partial y^2 \, . \end{aligned} \tag{4-156}$$

Entsprechend folgt aus (4-105), (4-93) und (4-95) bei turbulenter Strömung

$$\begin{aligned} &\overline{w}_x \partial \overline{w}_x/\partial x + \overline{w}_y \partial \overline{w}_x/\partial y \\ &= \left[\beta_\infty(\bar{T} - T_\infty) + \gamma_\infty\left(\bar{\bar{\xi}}_1 - \bar{\bar{\xi}}_{1\infty}\right)\right] g \sin\varphi \\ &\quad + \nu \partial^2 \bar{w}_x/\partial y^2 - \partial\left(\overline{w'_x w'_y}\right)/\partial y \, . \end{aligned} \tag{4-157}$$

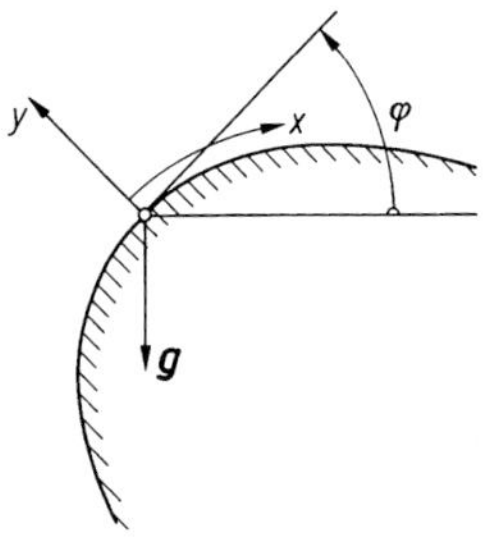

Bild 4-6. Ebene Körperkontur mit örtlichem Konturwinkel φ gegen die Horizontale und Grenzschichtkoordinaten im Schwerkraftfeld

Wegen des vorausgesetzten hydrostatischen Gleichgewichts in der ungestörten Umgebung verschwindet der Gradient des der Grenzschicht aufgeprägten piezometrischen Drucks in x-Richtung. Die eckige Klammer in (4-156) und (4-157) enthält die Auftriebsglieder, die das Geschwindigkeitsfeld an das Temperatur- und Konzentrationsfeld koppeln. Die Kontinuitäts-, Komponentenkontinuitäts- und Energiegleichung sind gleichlautend mit (4-139), (4-140) und (4-142) bzw. (4-146), (4-147) und (4-149) [55]. Als Randbedingung für den laminaren Fall kann (4-144) mit $w_{x\infty} = 0$ benutzt werden, während als Modifikation für den turbulenten Fall die Wandgesetze nach Tabelle 4-6 und ihre Übertragung auf den Stoffübergang zu berücksichtigen sind. Das k, ε-Turbulenzmodell kann wegen des Maximums im Geschwindigkeitsprofil bei endlicher Schubspannung nicht angewendet werden, da der zugrundeliegende Gradientenansatz (4-119) versagt.

Analog zu (4-152) bis (4-154) lassen sich für die Grenzschichten bei direkter natürlicher Konvektion integrale Bilanzen herleiten. Aus (4-156) bzw. (4-157) folgt die Impulsbilanz

$$\frac{\mathrm{d}}{\mathrm{d}x}\int\limits_0^{\delta_x} w_x^2\,\mathrm{d}y = \int\limits_0^{\delta_x} [\beta_\infty(T - T_\infty) + \gamma_\infty(\bar{\xi}_1 - \bar{\xi}_{1\infty})]g\sin\varphi\,\mathrm{d}y - \tau_\mathrm{W}/\varrho\,, \qquad (4\text{-}158)$$

wobei im turbulenten Fall zeitliche Mittelwerte der Feldgrößen einzusetzen sind. Als Komponentenmassen- und Energiebilanz gelten (4-152) und (4-154) unverändert.

In der Nähe der Konturwinkel $\varphi = 0$ bzw. $\varphi = \pi$ verschwindet in (4-156) und (4-157) die Auftriebskraft, sodass sich eine direkte naturliche Konvektionsströmung nicht ausbilden kann. In diesem Fall wird ein Effekt höherer Ordnung wirksam, der in Abgrenzung zu dem bisherigen als indirekte natürliche Konvektion bezeichnet wird. Wie in Bild 4-7 für eine beheizte horizontale Platte dargestellt ist, nimmt wegen der geringeren Dichte ϱ der erwärmten Schicht auf der Platte verglichen mit der Dichte ϱ_∞ der ungestörten Umgebung der hydrostatische Druck p_stat über der Platte vom Rand zum Inneren hin ab, wodurch eine Grenzschichtströmung in Richtung des Druckgefälles induziert wird. In einiger Entfernung vom Plattenrand löst die Grenzschicht nach oben ab.

Grenzschichtgleichungen für die Überlagerung von direkter und indirekter natürlicher Konvektion sind für den laminaren Fall in [57] angegeben. Es zeigt sich, dass die indirekte natürliche Konvektion nur in einem kleinen Winkelbereich $\varphi = O(Gr^{-n})$ mit $n > 1/5$ für $Gr \to \infty$ gegenüber der direkten Form dominiert. Wegen der Ablösung ist die Anwendbarkeit der Gleichungen an schwach geneigten Flächen eingeschränkt. Bei zylindrischen Körpern mit $0 \leq \varphi \leq 2\pi$ ist der Beitrag der indirekten natürlichen Konvektion zum gesamten Wärme- und Stoffübergang vernachlässigbar, da sie nur in einem kleinen Winkelbereich überwiegt.

4.6 Wärme- und Stoffübergangskoeffizienten

Die Temperatur- und Konzentrationsfelder, die sich aus der Lösung der Grenzschichtgleichungen ergeben, interessieren selten in allen Einzelheiten. Benötigt werden vor allem die an der Berandung der Felder übertragenen Energie- und Stoffströme, wobei der konvektive gegenüber dem konduktiven Anteil bei geringem Stoffübergang zu vernachlässigen ist. Zur Darstellung der Dichten des konduktiven Anteils, d. h. der Wärme- und Diffusionsstromdichten nach (4-80) und (4-82), benutzt man die örtlichen Wärme- und Stoffübergangskoeffizienten α und β. Sie sind durch

$$\dot{q}_\mathrm{W} = -\lambda(\partial T/\partial n)_\mathrm{W} \equiv \alpha(T_\mathrm{W} - T_\mathrm{F}) \qquad (4\text{-}159)$$

und

$$j_{1\mathrm{W}} = -\varrho D(\partial\bar{\xi}_1/\partial n)_\mathrm{W} \equiv \varrho\beta\left(\bar{\xi}_{1\mathrm{W}} - \bar{\xi}_{1\mathrm{F}}\right) \qquad (4\text{-}160)$$

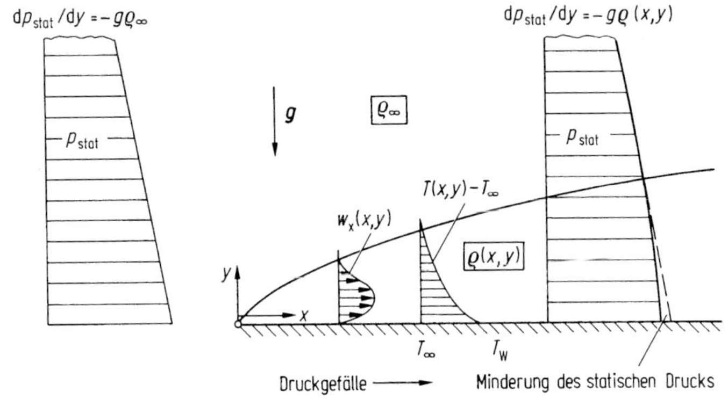

Bild 4-7. Strömungs- und Temperaturgrenzschicht bei indirekter natürlicher Konvektion an einer beheizten horizontalen Platte aufgrund des verminderten hydrostatischen Drucks p_{stat} in der aufgewärmten Fluidschicht nach [56]

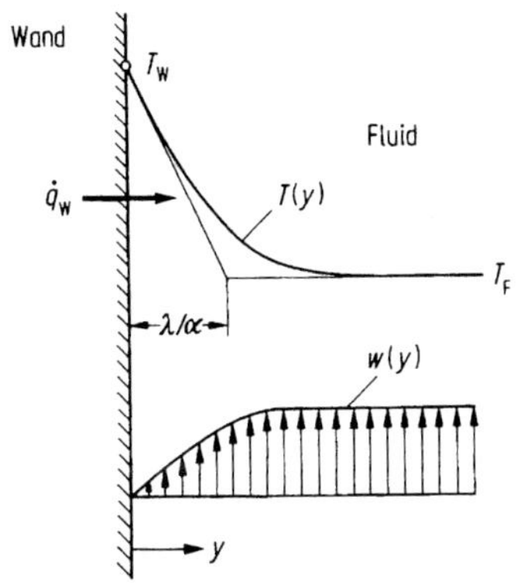

Bild 4-8. Wärmeübergang an einer beheizten Wand. Geschwindigkeitsverteilung $w(y)$ und Temperaturverteilung $T(y)$ im Normalschnitt

implizit definiert und haben die SI-Einheit $\mathrm{W/(m^2 \cdot K)}$ bzw. m/s. Im Rahmen der Näherung konstanter Dichte gilt auch

$$J_{1\mathrm{W}} = -\bar{c}D(\partial x_1/\partial n)_{\mathrm{W}} = \bar{c}\beta(x_{1\mathrm{W}} - x_{1\mathrm{F}}) , \quad (4\text{-}161)$$

weil sich hier die Bezugsgeschwindigkeiten der Diffusionsmassen- und -stoffmengenstromdichte $\boldsymbol{j}_1$ und $\boldsymbol{J}_1$ nach (4-5) und (4-6) nicht unterscheiden. Alle Ströme sind positiv, wenn sie wie die Normale $\boldsymbol{n}$ in das Fluid gerichtet sind, siehe Bild 4-8 für den Wärmeübergang. Im Einzelnen bedeuten T_{w} und T_{F} die örtliche Wandtemperatur und die Fluidtemperatur in einigem Abstand von der Wand; $\bar{\xi}_{1\mathrm{W}}$ und $\bar{\xi}_{1\mathrm{F}}$ bzw. $x_{1\mathrm{W}}$ und $x_{1\mathrm{F}}$ sind die entsprechenden Massen- und Stoffmengenanteile der Komponente 1. Bei den hier ausgeschlossenen Strömungen mit merklicher Dissipation tritt an die Stelle von T_{W} in (4-159) die adiabate Wandtemperatur [58].

Die Größen T_{F} und $\bar{\xi}_{1\mathrm{F}}$ in (4-159) und (4-160) werden für Umströmungsprobleme und Kanalströmungen unterschiedlich definiert. Im Fall eines umströmten Körpers hat man hierfür die Werte T_∞ und $\bar{\xi}_{1\infty}$ der ungestörten Umgebung einzusetzen. Bei Kanalströmungen hat T_{F} die Bedeutung der adiabaten Mischungstemperatur, d. h. der einheitlichen Temperatur, die sich bei der adiabaten Durchmischung eines durch einen Querschnitt fließenden Massenstroms mit inhomogen verteilter Temperatur ergeben würde. Analog ist $\bar{\xi}_{1\mathrm{F}}$ der bei der Durchmischung resultierende Massenanteil der Komponente 1. Für konstante Dichte ϱ und spezifische Wärmekapazität c_p ergibt sich

$$T_{\mathrm{F}} = T_0 + (\varrho/\dot{m}) \int_{A_{\mathrm{q}}} w(T - T_0)\mathrm{d}A_{\mathrm{q}} \quad (4\text{-}162)$$

bzw.

$$\bar{\xi}_{1\mathrm{F}} = (\varrho/\dot{m}) \int_{A_{\mathrm{q}}} w\bar{\xi}_1 \mathrm{d}A_{\mathrm{q}} . \quad (4\text{-}163)$$

Hierin sind $\dot{m}$ der Massenstrom sowie w, T und $\bar{\xi}_1$ die Strömungsgeschwindigkeit, Temperatur und Massenkonzentration der Komponente 1 auf einem Element $\mathrm{d}A_{\mathrm{q}}$ des Strömungsquerschnitts. Für T_0 kann eine beliebige Bezugstemperatur gewählt werden. Die Konzentration $x_{1\mathrm{F}}$ verhält sich wie $\bar{\xi}_{1\mathrm{F}}$. Den Definitionen (4-159) und (4-160) entsprechend sind

Wärme- und Stoffübergangskoeffizienten keine Stoffeigenschaften, sondern Strömungsgrößen. Die Quotienten λ/α und D/β geben dabei die Größenordnung der Grenzschichtdicken wieder, wie in Bild 4-8 für den Wärmeübergang gezeigt ist. Dünne Grenzschichten bedeuten hohe Wärme- und Stoffübergangskoeffizienten und begünstigen die Übertragungsvorgänge an der Wand. Der Wertebereich von Wärmeübergangskoeffizienten in Standardfällen ist in Tabelle 4-7 aufgeführt, womit sich nach (4-159) Wärmestromdichten bei vorgegebenen Temperaturdifferenzen und umgekehrt abschätzen lassen.

Wärme- und Stoffübergangskoeffizienten können mithilfe der Nußelt- und Sherwood-Zahl (4-89) dimensionslos dargestellt werden. Mit den Ansätzen (4-159) und (4-160) folgt aus (4-89)

$$Nu = \alpha L_0/\lambda \quad \text{und} \quad Sh = \beta L_0/D\,. \tag{4-164}$$

Dies ist die meist verwendete Schreibweise beider Kennzahlen. Die charakterische Temperatur- und Konzentrationsdifferenz wurde dabei $\Delta T_0 = -T_\mathrm{W} - T_\mathrm{F}$ und $\Delta\bar{\xi}_{10} = \bar{\xi}_{1\mathrm{W}} - \bar{\xi}_{1\mathrm{F}}$ gesetzt. Nußelt- und Sherwood-Zahlen sind damit nicht nur als dimensionslose Stromdichten, sondern auch als das Verhältnis von Bezugslänge zu Grenzschichtdicke interpretierbar. Der insgesamt an einer Wand übertragene Wärme- oder Diffusionsmassenstrom ergibt sich durch Integration der Stromdichten (4-159) und (4-160) über der Wandfläche A

$$\dot{Q} = \int_A \alpha(T_\mathrm{W} - T_\mathrm{F})\mathrm{d}A = \alpha_\mathrm{m}\Delta T_\mathrm{m} A \tag{4-165}$$

Tabelle 4-7. Wertebereiche von Wärmeübergangskoeffizienten α in $\mathrm{W/(m^2\cdot K)}$ [59]

Natürliche Konvektion			
Gase	3	bis	20
Wasser	100	bis	600
siedendes Wasser	1000	bis	20000
Erzwungene Konvektion			
Gase	10	bis	100
zähe Flüssigkeiten	50	bis	500
Wasser	500	bis	10000
Kondensierender Wasserdampf	1000	bis	100000

bzw.

$$\dot{m}_{1\mathrm{D}} = \int_A \beta(\bar{\xi}_{1\mathrm{W}} - \bar{\xi}_{1\mathrm{F}})\mathrm{d}A = \beta_\mathrm{m}\Delta\bar{\xi}_{1\mathrm{m}}A\,. \tag{4-166}$$

Dabei sind α_m und β_m mittlere Wärme- und Stoffübergangskoeffizienten, während ΔT_m und $\Delta\bar{\xi}_{1\mathrm{m}}$ mittlere Temperatur- und Konzentrationsdifferenzen längs der Wand bedeuten. Bei Umströmungsproblemen mit der Randbedingung T_W = const bzw. $\bar{\xi}_{1\mathrm{W}}$ = const ist $T_\mathrm{W} - T_\mathrm{F} = T_\mathrm{W} - T_\infty$ = const und $\bar{\xi}_{1\mathrm{W}} - \bar{\xi}_{1\mathrm{F}} = \bar{\xi}_{1\mathrm{W}} - \bar{\xi}_{1\infty}$ = const, sodass man $\Delta T_\mathrm{m} = T_\mathrm{W} - T_\infty$ bzw. $\Delta\bar{\xi}_{1\mathrm{m}} = \bar{\xi}_{1\mathrm{W}} - \bar{\xi}_{1\infty}$ setzt und

$$\alpha_\mathrm{m} = \int_A \alpha\mathrm{d}A \quad \text{bzw.} \quad \beta_\mathrm{m} = \int_A \beta\mathrm{d}A \tag{4-167}$$

findet. Bei Kanalströmungen mit T_W = const bzw. $\bar{\xi}_{1\mathrm{W}}$ = const wählt man als mittlere Temperatur- und Konzentrationsdifferenz die logarithmischen Mittelwerte dieser Größen zwischen den Ein- und Austrittsquerschnitten e und a

$$\Delta T_\mathrm{log} = \frac{(T_\mathrm{W} - T_\mathrm{F})_\mathrm{e} - (T_\mathrm{W} - T_\mathrm{F})_\mathrm{a}}{\ln\dfrac{(T_\mathrm{W} - T_\mathrm{F})_\mathrm{e}}{(T_\mathrm{W} - T_\mathrm{F})_\mathrm{a}}}$$

bzw.

$$\Delta\bar{\xi}_\mathrm{log} = \frac{(\bar{\xi}_{1\mathrm{W}} - \bar{\xi}_{1\mathrm{F}})_\mathrm{e} - (\bar{\xi}_{1\mathrm{W}} - \bar{\xi}_{1\mathrm{F}})_\mathrm{a}}{\ln\dfrac{(\bar{\xi}_{1\mathrm{W}} - \bar{\xi}_{1\mathrm{F}})_\mathrm{e}}{(\bar{\xi}_{1\mathrm{W}} - \bar{\xi}_{1\mathrm{F}})_\mathrm{a}}}\,. \tag{4-168}$$

Denn für α = const bzw. β = const und vernachlässigbare Massenstromänderung längs des Kanals ist (4-168) gerade der Integralmittelwert von $T_\mathrm{W} - T_\mathrm{F}$ bzw. $\bar{\xi}_{1\mathrm{W}} - \bar{\xi}_{1\mathrm{F}}$ über der Austauschfläche. Damit sind nach (4-165) und (4-166) die mittleren Wärme- und Stoffübergangskoeffizienten

$$\alpha_\mathrm{m} = \dot{Q}/(\Delta T_\mathrm{log}A) \quad \text{bzw.} \quad \beta_\mathrm{m} = \dot{m}_{1\mathrm{D}}/(\Delta\bar{\xi}_{1\,\mathrm{log}}A) \tag{4-169}$$

festgelegt. Zu ihrer dimensionslosen Darstellung werden sog. mittlere Nußelt- und Sherwood-Zahlen

$$Nu_\mathrm{m} \equiv \alpha_\mathrm{m}L_0/\lambda \quad \text{bzw.} \quad Sh_\mathrm{m} \equiv \beta_\mathrm{m}L_0/D \tag{4-170}$$

verwendet, die mit den Mittelwerten α_m und β_m gebildet sind.

Eine umfangreiche Sammlung empfohlener Korrelationen örtlicher und mittlerer Nußelt-Zahlen (4-90) und (4-97) bei verschiedenen Geometrien und Strömungsformen findet man in [60]. Lösungen der Energiegleichung (4-71) für Temperaturfelder in ruhenden Medien enthält [61] in großer Vollständigkeit.

Literatur

Allgemeine Literatur zu Kapitel 1

Baehr, H.D.; Kabelac: Thermodynamik. 13. Aufl. Berlin: Springer 2006

Bejan, A.: Advanced engineering thermodynamics. 3rd ed. New York: Wiley 2006

Bošnjaković, F.; Knoche, K.F.: Technische Thermodynamik. Teil I: 8. Aufl.; Teil II: 6. Aufl. Darmstadt: Steinkopff 1998; 1997

Callen, H.B.: Thermodynamics and an introduction to thermostatistics. 2nd ed. New York: Wiley 1985

Falk, G.; Ruppel, W.: Energie und Entropie. Berlin: Springer 1976

Haase, R.: Thermodynamik. 2. Aufl. Darmstadt: Steinkopff 1985

Kestin, J.: A course in thermodynamics, vols. 1; 2. New York: McGraw-Hill 1979

Lucas, K.: Thermodynamik. Die Grundgesetze der Energie- und Stoffumwandlungen. 5.Aufl. Berlin: Springer 2006

Modell, M.; Reid, R.C.: Thermodynamics and its applications. 2nd ed. Englewood Cliffs, N.J.: Prentice-Hall 1983

Stephan, K.; Mayinger, F.: Thermodynamik. Bd. 2: Mehrstoffsysteme und chemische Reaktionen. 14. Aufl. Berlin: Springer 1999

Spezielle Literatur zu Kapitel 1

1. (Callen 1985), p. 131–137
2. (Modell/Reid 1983), App C
3. (Stephan/Mayinger, Bd. 2, 1999), S. 112–114
4. In [3], S. 102–104
5. Strubecker, K.: Einführung in die höhere Mathematik, Bd. IV. München: Oldenbourg 1984, S. 478–479
6. In [1], p. 186–189
7. In [1], p. 153–157
8. In [2], p. 182–191
9. In [5], p. 322–329
10. Falk, G.: Theoretische Physik, Bd. II: Thermodynamik. Berlin: Springer 1968. S. 171–179
11. In [2], p. 227–255
12. Henning, F.: Temperaturmessung. (Hrsg. H. Moser). 3. Aufl. Berlin: Springer 1977
13. Mohr, P.J.; Taylor, B.N.: CODATA recommended values of the fundamental physical constants 1998. J. Phys. Chem. Ref. Data 28 (1999) 1713–1852
14. (Haase 1985), S. 72–74
15. In [14], S. 74–79
16. In [14], S. 92–103
17. Baehr, H.D.; Kabelac, S.: Thermodynamik. 13. Aufl. Berlin: Springer 2006, S. 317–318
18. Ahrendts, J.: Die Exergie chemisch reaktionsfähiger Systeme (VDI-Forschungsheft, 579) (1977)
19. Diederichsen, C.: Referenzumgebungen zur Berechnung der chemischen Energie. (Fortschr.-Ber. VDI, Reihe 19, Nr. 50). Düsseldorf: VDI-Verlag 1991
20. Baehr, H.D.: Zur Definition exergetischer Wirkungsgrade. Brennst. Wärme Kraft 20 (1968) 197–200

Allgemeine Literatur zu den Kapiteln 2 und 3

Baehr, H.D.; Kabelac, S.: Thermodynamik. 13. Aufl. Berlin: Springer 2006

Dohrn, R.: Berechnung von Phasengleichgewichten. Braunschweig: Vieweg 1994

Gmehling, J.; Kolbe, B.: Thermodynamik. 2. Aufl. Weinheim: VCH 1992

Modell, M.; Reid, R.C.: Thermodynamics and its applications. 2nd ed. Englewood Cliffs, N.J.: Prentice-Hall 1983

Orbey, H.; Sandler, S.: Modeling vapor-liquid equilibria. Cubic equations of state and their mixing rules. Cambridge: Cambridge Univ. Pr. 1998

Prausnitz, J.M.; Lichtenthaler, R.N.; Gomes de Azevedo, E.: Molecular thermodynamics of fluid-phase equilibria. 3rd ed. Upper Saddle River, N.J.: Prentice-Hall 1999

Reid, R.C.; Prausnitz, J.M.; Poling, B.E.: The properties of gases and liquids. 4th ed. New York: McGraw-Hill 1987

Smith, W.R.; Missen, R.W.: Chemical reaction equilibrium analysis. New York: Wiley 1982

Stephan, P.; Schaber, K.H.; Stephan, K.; Mayinger, F.: Thermodynamik. Bd. 1: Einstoffsysteme. 16. Aufl., Bd. 2: Mehrstoffsysteme und chemische Reaktionen. 14. Aufl. Berlin: Springer 2007; 1999

Thermophysikalische Stoffgrößen. (Hrsg. W. Blanke), Berlin: Springer 1989

Walas, S.M.: Phase equilibria in chemical engineering. Boston, Mass.: Butterworth 1985

Spezielle Literatur zu Kapitel 2

1. Baehr, H.D.; Kabelac, S.: Thermodynamik. 13. Aufl. Berlin: Springer 2006

2. In [1], Tabelle 10.7
3. In [1], Tabelle 10.8
4. Pitzer, K.S.: The volumetric and thermodynamic properties of fluids, Part I. J. Am. Chem. Soc. 77 (1955) 2427–2433; Pitzer, K.S.; et al.: The volumetric and thermodynamic properties of fluids, Part II. J. Am. Chem. Chem. Soc. 77 (1955) 2433–2440
5. (Reid/Prausnitz/Poling 1987), p. 656–732
6. Smith, J.M.; van Ness, H.C.: Introduction to chemical engineering thermodynamics. 7th ed. Boston: McGraw-Hill 2005
7. (Walas 1985), p. 3–107
8. Reed, T.M.; Gubbins, K.E.: Applied statistical mechanics. Boston: Butterworth-Heinemann 1991
9. Prausnitz, J.M.; Lichtenthaler, R.N.; Gomes de Azevedo, E.: Molecular thermodynamics of fluid-phase equilibria. 3rd ed. Upper Saddle River, N.J.: Prentice-Hall 1999
10. Dymond, J.H.; Smith, E.B.: The virial coefficients of pure gases and mixtures. Oxford: Clarendon Press 1980
11. Tsonopoulos, C.: An empirical correlation of second virial coefficients. AIChE J. 20 (1974) 263–272
12. Wagner, W.; Pruß, A.: The IAPWS formulation 1995 for the thermodynamic properties of ordinary water substance for general and scientific use. Zur Veröffentlichung eingereicht bei J. Phys. Chem. Ref. Data (1999), siehe auch Wagner, W.; Pruß, A.: Die neue internationale Standard-Zustandsgleichung für Wasser für den allgemeinen und wissenschaftlichen Gebrauch. Jahrbuch 97 VDI-Gesellschaft Verfahrenstechnik und Chemieingenieurwesen (1997) 134–156
13. Baehr, H.D.; Schwier, K.: Die thermodynamischen Eigenschaften der Luft im Temperaturbereich zwischen −210 °C und +1250 °C bis zu Drücken von 4500 bar. Berlin: Springer 1961
14. Tillner-Roth, R.; Harms-Watzenberg, F.; Baehr, H.D.: Eine neue Fundamentalgleichung für Ammoniak. DKV-Tagungsbericht 20 (1993), Bd. II, S. 167–181
15. Span, R.; Bonsen, C.; Wagner, W.: Software-Grundpaket zur Berechnung thermodynamischer Daten in Referenzqualität. Lehrstuhl für Thermodynamik, Ruhr-Universität Bochum, siehe auch www.ruhr-unibochum.de/thermo. Zugrunde liegen u. a. folgende Zustandsgleichungen:

    Tegeler, Ch.; Span, R.; Wagner, W.: A new equation of state for argon covering the fluid region for temperatures from the melting line to 700 K at pressures up to 1000 MPa. J. Phys. Chem. Ref. Data 28 (1999) 779–850

    Schmidt, R.; Wagner, W.: A new form of the equation of state for pure substances and its application to oxygen. Fluid Phase Equilibria 19 (1985) 175–200

    Span, R.; Lemmon, E.W.; Jacobsen, R.T.; Wagner, W.: A reference quality equation of state for nitrogen. Int. J. Thermophys. 19 (1998) 1121–1132

    Span, R.; Wagner, W.: A new equation of state for carbon dioxide covering the fluid region from the triple point temperature to 1100 K at pressures up to 800 MPa. J. Phys. Chem. Ref. Data 25 (1996) 1509–1596

    Setzmann, U.; Wagner, W.: A new equation of state and tables of thermodynamic properties for methane covering the range from the melting line to 625 K at pressures up to 1000 MPa. J. Phys. Chem. Ref. Data 20 (1991) 1061–1155

    Friend, D.G.; Ingham, H.; Ely, J.F.: Thermophysical properties of ethane. J. Phys. Chem. Ref. Data 20 (1991) 275–336

    Smukala, J.; Span, R.; Wagner, W.: A new equation of state for ethylene covering the fluid region for temperatures from the melting line to 450 K at pressures up to 300 MPa. Eingereicht bei J. Phys. Chem. Ref. Data 1999

    Younglove, B.A.; Ely, J.F.: Thermophysical properties of fluids. II. Methane, ethane, propane, isobutane and normal butane. J. Phys. Chem. Ref. Data 16 (1987) 577–798

    De Reuck, K.M.; Craven, R.J.B.; Cole, W.A.: Report on the development of an equation of state for sulfur hexafluoride. IUPAC Thermodynamic Tables Project Centre Rep. PC/D44, London 1991

    Marx, V; Pruß, A.; Wagner, W.: Neue Zustandsgleichungen für R12, R22, R11 und R113 – Beschreibung des thermodynamischen Zustandsverhaltens bei Temperaturen bis 525 K und Drücken bis 200 MPa. (Fortschr.-Ber. VDI, Reihe 19, Nr. 57). Düsseldorf: VDI-Verlag 1992

    Tillner-Roth, R.; Baehr, H.D.: An international standard formulation for the thermodynamic properties of 1,1,1,2-tetrafluoroethane (HFC-134a) for temperatures from 170 K to 455 K and pressures up to 70 MPa. J. Chem. Phys. Ref. Data 23 (1994) 657–729.

    Lemmon, E.W.; Jacobsen, R.T.: An international standard formulation for the thermodynamic properties of 1,1,1-trifluoroethane (HFC-143a) for temperatures from 161 to 500 K and pressures to 60 MPa. Eingereicht bei J. Phys. Chem. Ref. Data 1999

    Tillner-Roth, R.: A fundamental equation of state for 1,1-difluoroethane (HFC-152a). Int. J. Thermophys. 16(1995) 91–100

    Younglove, B.A.; McLinden, M.O.: An international standard equation of state for the thermodynamic properties of refrigerant 123 (2,2 dichloro-1,1,1-trifluoroethane). J. Phys. Chem. Ref. Data 23 (1994) 731–779

De Vries, B.; Tillner-Roth, R.; Baehr, H.D.: The thermodynamic properties of HFC-124. 19th International Congress of Refrigeration, The Hague, Netherlands (1995) 582–589
Piao, C.C.; Noguchi, M.: An international standard equation of state for the thermodynamic properties of HFC-125 (pentafluoroethane). J. Phys. Chem. Ref. Data 27 (1998) 775–806
Tillner-Roth, R.; Yokozeki, A.: An international standard equation of state for difluoromethane (R-32) for temperatures from the triple point at 136.4 K to 435 K and pressures up to 70 MPa. J. Phys. Chem. Ref. Data 26 (1997) 1273–1328

16. Soave, G.: Equilibrium constants from a modified Redlich-Kwong equation of state. Chem. Eng. Sci. 27 (1972) 1197–1203
17. In [1], S. 194–197
18. Strubecker, K.: Einführung in die höhere Mathematik, Bd. 1: Grundlagen. 2. Aufl. München: Oldenbourg 1966, S. 245–254
19. Wagner, W.; Kruse, A.: Properties of water and steam. The industrial standard IAPWS-IF97 for the thermodynamic properties and supplementary equations for other properties. Tables based on these equations. Berlin: Springer 1998
20. Wagner, W.; Span, R.; Bonsen, C.: Wasser und Wasserdampf – Interaktive Software zur Berechung der thermodynamischen Zustandsgrößen auf der Basis des Industriestandards IAPWS-IF97. Berlin: Springer Electronic Media 1999
21. Baehr, H.D.; Tillner-Roth, R.: Thermodynamische Eigenschaften umweltverträglicher Kältemittel. Zustandsgleichungen und Tafeln für Ammoniak, R22, R134a, R152a und R123. Berlin: Springer 1995
22. Im Auftrag der Union of Pure and Applied Chemistry (IUPAC) wurden in der Reihe Int. thermodynamic tables of the fluid state u. a. die Tafeln veröffentlicht: Helium (1977), Propylene (1980), Chlorine (1980). (Hersg. S. Angus, u. a.). Oxford: Pergamon Press sowie Oxygen (1987). (Hrsg. W. Wagner; K.M. de Reuck), Fluorine (1990). (Hrsg. K.M. de Reuck), Methanol (1993). (Hrsg. K.M. de Reuck; R.J.B. Craven), Methane (1996). (Hrsg. W. Wagner; K.M. de Reuck). Oxford: Blackwell Scientific Publications
23. Starling, K.E.: Fluid thermodynamic properties for light petroleum systems. Houston, Tex.: Gulf 1973
24. Baehr, H.D.: Der Isentropenexponent der Gase H_2, N_2, O_2, CH_4, CO_2, NH_3 und Luft für Drücke bis 300 bar. Brennst. Wärme Kraft 19 (1967) 65–68
25. In [1], Abb. 4.18
26. Ahrendts, J.; Baehr, H.D.: Der Isentropenexponent von Ammoniak. Brennst. Wärme Kraft 33 (1981) 237–239
27. Gmehling, J.; Kolbe, B.: Thermodynamik. 2.Aufl. Weinheim: VCH 1992
28. Callen, H.B.: Thermodynamics and an introduction to thermostatistics. 2nd ed. New York: Wiley 1985, p. 68–69; 289–290
29. In [1], S. 283
30. In [1], Tabelle 5-2
31. In [1], Tabelle 5-4
32. In [1], S. 217–219
33. Baehr, H.D.: Mollier-i,x-Diagramme für feuchte Luft. Berlin: Springer 1961
34. In [8], p. 219
35. In [9], p. 131–132; 161–164
36. Knapp, H.; u. a.: Vapor-liquid equilibria for mixtures of low boiling substances. (DECHEMA Chemistry Data Series, Vol. VI, Parts 1–3). Frankfurt: DECHEMA 1982
37. VDI-Wärmeatlas. 5. Aufl. Düsseldorf: VDI-Verlag 1988. Tabelle 12, S. DF 29
38. Stephan, K.; Mayinger, F.: Thermodynamik, Bd. 2: Mehrstoffsysteme und chemische Reaktionen. 14. Aufl. Berlin: Springer 1999
39. In [38], S. 355–356
40. In [9], p. 387 sowie Table 8.5
41. In [7], p. 178ff
42. Abrams, D.S.; Prausnitz, J.M.: Statistical thermodynamics of liquid mixtures: A new expression for the excess Gibbs energy of partly or completely miscible systems. A1ChE J. 21 (1975) 116–128
43. Gmehling, J.; u. a.: Vapor-liquid equilibrium data collection. (DECHEMA Chemistry Data Series, Vol. I. Parts 1–8). Frankfurt: DECHEMA 1977–1988
44. Fredenslund, A.; Jones, R.L.; Prausnitz, J.M.: Group contributions estimation of activity coefficients in nonideal liquid mixtures. A1ChE J. 21 (1975) 1086–1099
45. In [27], S. 251–252
46. In [37], Tabelle 8, S. DF18–20
47. In [5], Table 8.21
48. In [27], S. 253
49. In [37], Tabelle 9, S. DF20–24
50. In [5], Table 8.22
51. Hansen, H.K.; Rasmussen, P.; Fredenslund, A.; Schiller, M.; Gmehling, J.: Vapor-liquid equilibria by UNIFAC group contribution. 5. Revision and extension. Ind. Eng. Chem. Res. 30 (1991) 2352–2355. (Weitere Daten sind im Konsortialbesitz. Information durch Institut für Technische Chemie, Universität Oldenburg, siehe auch http://www.uni-oldenburg.de/tchemie/)
52. Magnussen, T.; Rasmussen, P., Fredenslund, A.: An UNIFAC parameter table for prediction of liquidliquid equilibria. Ind. Eng. Chem. Process Des. Dev. 20 (1981) 331–339

53. Gmehling, J.; Li, J.; Schiller, M.: A modified UNIFAC model. 2. Present parameter matrix and results for different thermodynamic properties. Ind. Eng. Chem. Res. 32 (1993) 178–193
54. Gmehling, J.; Lohmann, J.; Jacob, A.; Li, J.; Joh, R.: A modidified UNIFAC (Dortmund) model. 3. Revision and extension. Ind. Eng. Chem. Res. 37 (1998) 4876–4882. Siehe auch Bemerkung zu [51]
55. Holderbaum, T.; Gmehling, J.: PSRK: A group contribution equation of state based on UNIFAC. Fluid Phase Equilibria 70 (1991) 251–265
56. Fischer, K.; Gmehling, J.: Further development, status and results of the PSRK method for the prediction of vapor-liquid equilibria and gas solubilities. Fluid Phase Equilibria 112 (1995) 1–22
57. Kabelac, S.; Siemer, M.; Ahrendts, J.: Thermodynamische Stoffdaten für Biogase. Forsch. Ing.wesen 70 (2005) 46–55
58. Landolt-Börnstein: Numerical data and functional relationships in science and technology: new series. Hrsg. W. Martienssen Berlin: Springer 2007
59. Peneloux, A.; Ranzq, E.; Freze, R.: A consistent correction for Redlich-Kwong-Soave Volumes. Fluid Phase Equilibria 8 (1982) 7–23
60. (Dohrn, 1994) Kap. 3
61. Span, R.; Wagner, W.: Equations of State for Technical Applications. I–III. Int. J. Thermophys. 24 (2003) 1–161
62. Wagner, W.; Saul, A.; Pruß, A.: Int. Equations for the pressure along the melting and along the sublimation curve of ordinary water substance. J. Phys. Chem. Ref. Data 23 (1994) 3, 515–524
63. Tillner-Roth, R.: A Helmholtz free energy formulation of the thermodynamic properties of the mixture (water + ammonia). J. Phys. Chem. Ref. Data 27 (1998) 63–96
64. Kunz, O.; Klimeck, R.; Wagner, W.; Jaeschke, M.: The GERG-2004 wide range reference equation of state for natural gases. Dissertation, Ruhr-Universität Bochum

Spezielle Literatur zu Kapitel 3

1. (Walas 1985), p. 255
2. Baehr, H.D.; Kabelac, S.: Thermodynamik. 13. Aufl. Berlin: Springer 2006, Abb. 4.1
3. In [2], Abb. 4.2
4. In [2], Abb. 4.3
5. In [2], S. 196–198
6. (Reid/Prausnitz/Poling 1987), p. 205–218
7. Boublik, T.; Fried, V.; Hála, E.: The vapour pressures of pure substances. 3rd ed. Amsterdam: Elsevier 1984
8. Gmehling, J.; et al.: Vapor-liquid equilibrium data collection (DECHEMA Chemistry Data Series, Vol. 1, Part 1–8). Frankfurt a.M.: DECHEMA 1977–1988
9. In [6], Anhang D, Dampfdruckgleichung Nr. 1 mit Konstanten für ca. 400 Stoffe
10. Wagner, W.; Kruse, A.: Properties of water and steam. The industrial standard IAPWS-IF97 for the thermodynamic properties and supplementary equations for other properties. Tables based on these equations. Berlin: Springer 1998, Table 1
11. In [2], Abb. 4.18
12. In [2], Abb. 4.20
13. In [1], Fig. 5.17b
14. Haase, R.; Schönert, H.: Solid-liquid equilibrium. Oxford: Pergamon Press 1969, p. 88–134
15. Treybal, R.E.: Liquid extraction. 2nd ed. New York: McGraw-Hill 1963, p. 13–21
16. Stephan, K.; Mayinger, F.: Thermodynamik. Band 2: Mehrstoffsysteme and chemische Reaktionen. 14. Aufl. Berlin: Springer 1999
17. In [16], S. 236
18. In [16], S. 240
19. Gmehling, J.; Kolbe, B.: Thermodynamik. 2. Aufl. Weinheim: VCH 1992
20. In [6], Table 8.24
21. Henley, E.J.; Seader, J.D.: Equilibrium-stage separation operations in chemical engineering. New York: Wiley 1981, p. 281–284
22. In [6], p. 348
23. Nghiem, L.X.; Li, Y.K.: Computation of multiphase equilibrium phenomena with an equation of state. Fluid Phase Equilibria 17 (1984) 77–95
24. Prausnitz, J.M.; et al.: Computer calculations for multicomponent vapor-liquid and liquid-liquid equilibria. Englewood Cliffs, N.J.: Prentice-Hall 1980
25. In [1], p. 370–371
26. Barin, I.: Thermochemical data of pure substances. 3. Aufl. Weinheim: VCH 1995
27. Wagmann, D.D.; et al.: The NBS Tables of chemical thermodynamic properties. Selected values of inorganic and C_1 and C_2 organic substances in SI units. J. Phys. Chem. Ref. Data 11 (1982), Suppl. No. 2
28. Stull, D.R.; Westrum, E.F., Jr; Sinke, G.C.: The chemical thermodynamics of organic compounds. New York: Krieger 1987
29. In [6], p. 656–732
30. In [2], Tabelle 10.6
31. Smith, W.R.; Missen, R.W.: Chemical reaction equilibrium analysis. New York: Wiley 1982, p. 141–145
32. In [31], p. 184–192

Allgemeine Literatur zu Kapitel 4

Baehr, H.D.; Stephan, K.: Wärme- und Stoffübertragung. 5. Aufl. Berlin: Springer 2006

Bird, R.B.; Stewart, W.E.; Lightfoot, E.N.: Transport phenomena. 2nd ed. New York: Wiley 2002
Gersten, K.; Herwig, H.: Strömungsmechanik. Braunschweig: Vieweg 1992
Jischa, M.: Konvektiver Impuls-, Wärme- und Stoffaustausch. Braunschweig: Vieweg 1982
Ouwerkerk, C.: Theory of macroscopic systems. Berlin: Springer 1991
Schlichting, H.; Gersten, K.: Grenzschichttheorie. 10. Aufl. Berlin: Springer 2006
Slattery, J.C.: Advanced transport phenomena. Cambridge: Cambridge Univ. Press 1999
Taylor, R.; Krishna, R.: Multicomponent mass transfer. New York: Wiley 1993

Spezielle Literatur zu Kapitel 4

1. Slattery, J.C.: Momentum, energy and mass transfer in continua. 2nd ed. Huntington, N.Y.: Krieger 1981, p. 475
2. Özişik, M.N.: Heat conduction. 2nd ed. New York: Wiley 1993, p. 618ff
3. Hirschfelder, J.O.; Curtiss, C.F.; Bird, R.B.: Molecular theory of gases and liquids. New York: Wiley 1964
4. Weißmantel, Ch.; Hamann, C.: Grundlagen der Festkörperphysik. 4. Aufl. Heidelberg: Barth 1995
5. (Baehr/Stephan 2006), Anhang B
6. Thermophysikalische Stoffgrößen. (Hrsg. W. Blanke). Berlin: Springer 1989
7. Kakaç, S.; Yenner, Y.: Convective heat transfer. 2nd ed. Boca Raton, Fla.: CRC Press 1995, App. B
8. Reid, R.C.; Prausnitz, J.M.; Poling, B.E.: The properties of gases and liquids. 4th ed. New York: McGraw-Hill 1987
9. Stephan, K.; Heckenberger, T.: Thermal conductivity and viscosity data of fluid mixtures. (DECHEMA Chemistry data series, Vol. X. Part 1). Frankfurt: DECHEMA 1988
10. (Taylor/Krishna 1993), Sect. 1.2
11. In [3], p. 487
12. (Ouwerkerk 1991), p. 33ff
13. In [10], Sect. 2.1.4
14. In [12], p. 213
15. In [10], App. D
16. In [10], p. 56
17. In [10], Sect. 3.3.1
18. Cussler, E.L.: Diffusion. 2nd ed. Cambridge: Cambridge Univ. Press 2000
19. In [8], p. 581
20. VDI-Wärmeatlas, 10. Aufl. Berlin: Springer 2006, S. Da 27
21. In [10], p. 91
22. In [8], p. 612
23. In [8], p. 598
24. In [8], p. 441ff
25. In [1], p. 18
26. (Bird et al. 1960), p. 727
27. In [12], p. 207
28. In [5], Anhang A.2
29. In [12], p. 211
30. In [5], S. 283
31. In [12], p. 30ff
32. In [12], p. 225
33. Görtler, H.: Dimensionsanalyse. Berlin: Springer 1975
34. (Jischa 1982), S. 68
35. (Schlichting/Gersten 1997), S. 562
36. In [35], S. 574
37. (Gersten/Herwig 1992), S. 487
38. In [37], S. 707ff
39. In [35], S. 604
40. In [34], S. 218
41. Jones, W.P.; Launder, B.E.: The prediction of laminarization with a two equation model of turbulence. Int. J. Heat Mass Transfer 15 (1972) 301–314
42. In [34], S. 194
43. In [35], S. 605
44. In [35], Abschnitt 18.5.2 und 18.5.3
45. In [35], S. 612
46. In [37], S. 120ff
47. In [35], S. 552ff
48. In [35], S. 600
49. In [35], S. 214, 244, 639
50. In [34], S. 52, 74, 158, 236
51. In [35], S. 347, 679
52. In [37], S. 193
53. In [35], S. 293
54. In [37], S. 718
55. In [35], S. 291 und S. 674
56. In [37], S. 215
57. In [37], S. 217
58. In [5], S. 407
59. Grigull, U.; Sandner, H.: Wärmeleitung. 2. Aufl. Berlin: Springer 1990, S. 15
60. VDI-Wärmeatlas. 10. Aufl. Berlin: Springer 2006
61. Carslaw, H.S.; Jaeger, J.C.: Conduction of heat in solids. 2nd ed. Oxford: Clarendon Press 1986

G Elektrotechnik

H. Clausert
K. Hoffmann
W. Mathis
G. Wiesemann
H. Zürneck

Netzwerke

G. Wiesemann

1 Elektrische Stromkreise

1.1 Elektrische Ladung und elektrischer Strom

1.1.1 Elementarladung

Das Elektron hat die Ladung $-e$, das Proton die Ladung $+e$; hierbei ist $e = 1{,}602176487 \cdot 10^{-19}$ A s die *Elementarladung*. Jede vorkommende elektrische Ladung Q ist ein ganzes Vielfaches der Elementarladung:

$$Q = ne\ .$$

1.1.2 Elektrischer Strom

Wenn sich Ladungsträger (Elektronen oder Ionen) bewegen, so entsteht ein *elektrischer Strom*, seine Größe wird als *Stromstärke i* bezeichnet. Sie wird als Ladung (oder Elektrizitätsmenge) durch Zeit definiert:

$$i = \frac{\mathrm{d}Q}{\mathrm{d}t}\ ; \quad Q = \int i\,\mathrm{d}t\ .$$

Fließt ein Strom i während der Zeit $\Delta t = t_2 - t_1$ durch einen Leiter, so tritt durch jede Querschnittsfläche dieses Leiters die Ladung

$$\Delta Q = \int_{t_1}^{t_2} i(t)\,\mathrm{d}t$$

hindurch (Bild 1-1).

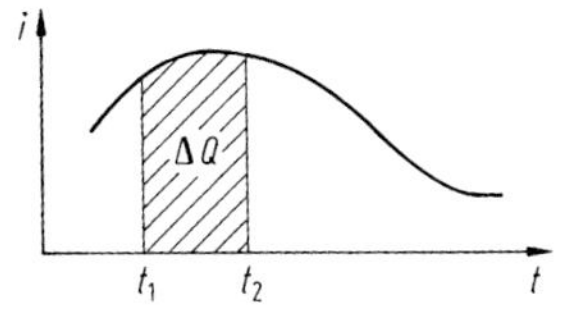

Bild 1-1. Der Zusammenhang zwischen Strom i und Ladung Q

Technisch wichtig sind außer dem Strom in metallischen Leitern auch der Ladungstransport in Halbleitern (Dioden, Transistoren, Integrierte Schaltkreise, Thyristoren), Elektrolyten (galvanische Elemente, Galvanisieren), in Gasen (z. B. Leuchtstofflampen, Funkenüberschlag in Luft) und im Hochvakuum (Elektronenröhren).

Kommt ein Strom durch die Bewegung positiver Ladungen zustande, so betrachtet man deren Richtung auch als die Richtung des Stromes (*konventionelle Stromrichtung*). Wenn aber z. B. Elektronen von der Kathode zur Anode einer Elektronenröhre fliegen (Bild 1-2), so geht der positive Strom i von der Anode zur Kathode (v Geschwindigkeit der Elektronen).

Die folgenden drei Wirkungen des Stromes werden zur Messung der Stromstärke verwendet:

1. Magnetfeld (Kraftwirkung)
2. Stofftransport (z. B. bei Elektrolyse)
3. Erwärmung (eines metallischen Leiters).

Besonders geeignet zur Strommessung ist die Kraft, die auf eine stromdurchflossene Spule im Magnetfeld wirkt (Drehspulgerät). Die Kraft, die zwei strom-

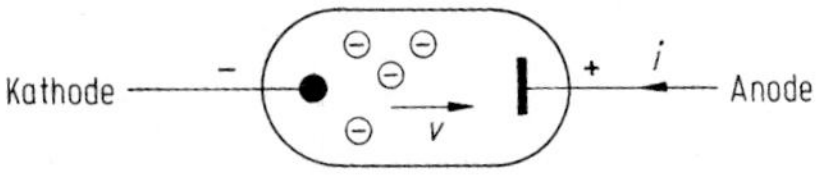

Bild 1-2. Konventionelle Richtung des Stromes i und Geschwindigkeit v der Elektronen in einer Hochvakuumdiode

durchflossene Leiter aufeinander ausüben, dient zur *Definition der SI-Einheit Ampere* für den elektrischen Strom (vgl. B 1.3):

> 1 Ampere (1 A) ist die Stärke eines zeitlich konstanten Stromes durch zwei geradlinige parallele unendlich lange Leiter von vernachlässigbar kleinem Querschnitt, die voneinander den Abstand 1 m haben und zwischen denen die durch diesen Strom hervorgerufene Kraft im leeren Raum pro 1 m Leitungslänge $2 \cdot 10^{-7}\,\mathrm{m\,kg/s^2} = 2 \cdot 10^{-7}\,\mathrm{N}$ beträgt.

Beispiel für die Driftgeschwindigkeit von Elektronen. Durch einen Kupferdraht mit dem Querschnitt $A = 50\,\mathrm{mm}^2$ fließt der Strom $I = 200\,\mathrm{A}$ (Dichte der freien Elektronen: $n = 85 \cdot 10^{27}/\mathrm{m}^3 = 85/\mathrm{nm}^3$). Die Driftgeschwindigkeit ist

$$v_{\mathrm{dr}} = \frac{I}{enA} \approx 0{,}3\,\frac{\mathrm{mm}}{\mathrm{s}}\,.$$

1.1.3 1. Kirchhoff'scher Satz (Satz von der Erhaltung der Ladungen; Strom-Knotengleichung)

Die Ladungen, die in eine (resistive) elektrische Schaltung hineinfließen, gehen dort weder verloren, noch sammeln sie sich an, sondern sie fließen wieder heraus. Dies gilt auch für die Ströme; insbesondere in den Knoten (Verzweigungspunkten) elektrischer Schaltungen (Bild 1-3a) gilt:

$$\sum i_{\mathrm{ein}} = \sum i_{\mathrm{aus}}\;;\quad \sum i_{\mathrm{ein}} - \sum i_{\mathrm{aus}} = 0\,.$$

Man kann aber auch

$$\sum i = 0$$

schreiben. Dann muss man z. B. einfließende Ströme mit positivem Vorzeichen einsetzen und ausfließende mit negativem (oder auch umgekehrt). Ist die Richtung des Stromes in einem Zweig zunächst nicht bekannt, so ordnet man ihm willkürlich einen sogenannten *Zählpfeil* bzw. eine sog. *Bezugsrichtung* zu. Liefert die Rechnung dann einen negativen Zahlenwert, so fließt der Strom entgegen der angenommenen Zählrichtung.

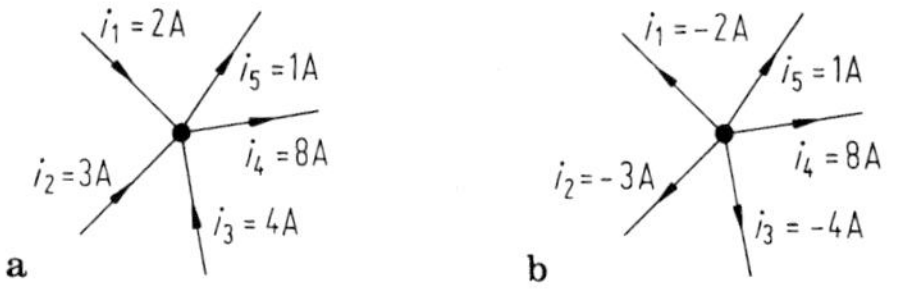

Bild 1-3. Knoten mit 3 zufließenden und 2 abfließenden Strömen

1.2 Energie und elektrische Spannung; Leistung

1.2.1 Definition der Spannung

Zwei positive Ladungen Q_1, Q_2 stoßen sich ab (Bild 1-4).

Ist Q_1 unbeweglich nach Q_2 beweglich, so ist mit der Verschiebung der Ladung Q_2 vom Punkt A in den Punkt B eine Abnahme der potenziellen Energie W_{p} der Ladung Q_2 verbunden: $W_{\mathrm{A}} - W_{\mathrm{B}}$. W_{p} ist der Größe Q_2 proportional, also gilt auch für die Energieabnahme:

$$W_{\mathrm{A}} - W_{\mathrm{B}} \sim Q_2\,.$$

Schreibt man statt dieser Proportionalität eine Gleichung, so tritt hierbei ein Proportionalitätsfaktor auf, den man als die elektrische Spannung U_{AB} zwischen den Punkten A und B bezeichnet:

$$\frac{W_{\mathrm{A}} - W_{\mathrm{B}}}{Q_2} = U_{\mathrm{AB}}\,.$$

Eine Einheit der elektrischen Spannung ergibt sich daher, wenn man eine Energieeinheit durch eine Ladungseinheit teilt. Im SI wählt man:

$$1\,\mathrm{Volt} = 1\,\mathrm{V} = \frac{1\,\mathrm{J}}{1\,\mathrm{C}} = \frac{1\,\mathrm{W\,s}}{1\,\mathrm{A\,s}} = \frac{1\,\mathrm{W}}{1\,\mathrm{A}}\,.$$

1.2.2 Energieaufnahme eines elektrischen Zweipols

Ein elektrischer Zweipol (Bild 1-5a), zwischen dessen beiden Anschlussklemmen eine (i. Allg. zeitabhängige) Spannung u liegt und in den der (i. Allg.

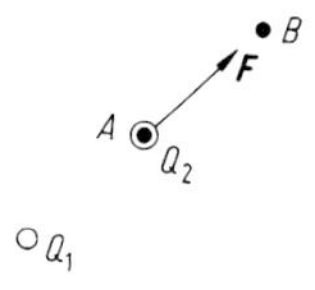

Bild 1-4. Kraftwirkung zwischen zwei Punktladungen

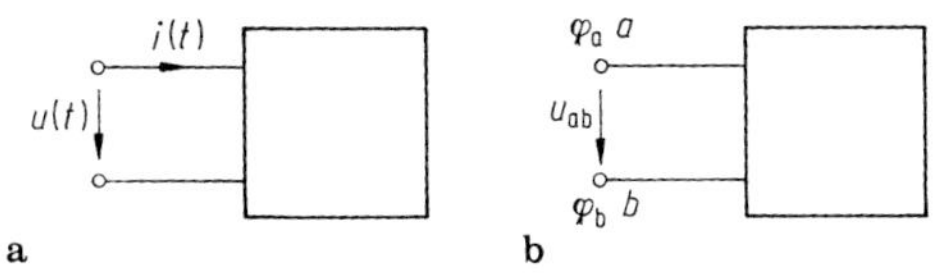

Bild 1-5. **a** Zweipol als (Energie-)Verbraucher; **b** Spannung zwischen zwei Punkten unterschiedlichen Potenzials

ebenfalls zeitabhängige) Strom i hinein und aus dem er auch wieder herausfließt, nimmt im Zeitraum von t_1 bis t_2 folgende Energie auf:

$$W = \int_{t_1}^{t_2} ui \, dt .$$

Hierbei werden u und i gleichsinnig gezählt, so wie es in Bild 1-5a dargestellt ist (Verbraucherzählpfeilsystem).

Das Produkt ui bezeichnet man als die elektrische Leistung p:

$$ui = p = \frac{dW(t)}{dt} .$$

Im Falle zeitlich konstanter Größen $i = I$ und $u = U$ wird

$$W = UIt \, ; \; P = UI = W/t .$$

(Für konstante Ströme, Spannungen und Leistungen werden gewöhnlich Großbuchstaben verwendet; die Kleinbuchstaben i, u, p für die zeitabhängigen Größen.)

Ist $ui > 0$, so nimmt der Zweipol (Bild 1-5a) Leistung auf (Verbraucher); ist $ui < 0$, so gibt er Leistung ab (Erzeuger, Generator).

1.2.3 Elektrisches Potenzial

Die elektrische Spannung zwischen zwei Punkten (a und b) kann häufig auch als die Differenz zweier Potenziale φ aufgefasst werden (Bild 1-5b):

$$u_{ab} = \varphi_a - \varphi_b .$$

Ist z. B. $u_{ab} = 2$ V, so wäre das Wertepaar $\varphi_a = 2$ V, $\varphi_b = 0$ V ebenso wie $\varphi_a = 3$ V, $\varphi_b = 1$ V usw. eine mögliche Darstellung.

1.2.4 Spannungsquellen

Positive und negative Ladungen ziehen sich an. Kommt es dadurch in elektrischen Schaltungen zum Ladungsausgleich, so verlieren die Ladungen hierbei ihre potenzielle Energie; dies geschieht in allen Verbrauchern elektrischer Energie. Erzeuger elektrischer Energie hingegen bewirken eine Trennung positiver von negativen Ladungen, erhöhen also deren potenzielle Energie: Solche Erzeuger nennt man auch Spannungsquellen. (Die Ausdrücke Erzeuger und Verbraucher sind üblich, obwohl in ihnen eigentlich nur eine Energieumwandlung stattfindet.)

Das Bild 1-6 zeigt als Beispiel einer Gleichspannungsquelle ein galvanisches Element. Die Energie, die hier bei chemischen Reaktionen frei wird, bewirkt, dass es zwischen den positiven Ladungen des Pluspols und den negativen des Minuspols innerhalb der Quelle nicht zum Ladungsausgleich kommt. Ein Ausgleich kommt nur zustande, wenn an die beiden Klemmen a, b ein Verbraucher (z. B. ein Ohm'scher Widerstand R angeschlossen wird (im Verbraucher gibt es keine „elektromotorische Kraft", die dem Ladungsausgleich entgegenwirkt). In dem dargestellten einfachen Stromkreis wird die Quellenleistung P_q vom Widerstand „verbraucht":

$$P_q = P_R = UI .$$

Einige Schaltzeichen (Symbole) für Spannungsquellen sind in Bild 1-7 zusammengestellt.

Typische Spannungen galvanischer Elemente bzw. „Batterien" sind 1,5 V; 3 V; 4,5 V; 9 V; 18 V; Blei-Akkumulatoren von Pkws haben allgemein 12 V. Solarzellen haben einen anderen Mechanismus und können ca. 0,5 V erreichen; durch Bündelung vieler Zellen werden Solarmodule mit wesentlich höheren Spannungen aufgebaut.

Die inneren Verluste einer Spannungsquelle werden im Schaltbild durch den *inneren Widerstand* repräsentiert: die reale Quelle wird als Reihenschaltung einer idealen Spannungsquelle (U_q) mit dem inneren Widerstand (R_i) aufgefasst (Bild 1-8).

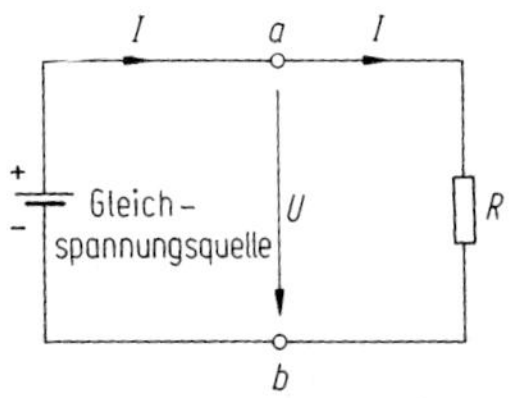

Bild 1-6. Belastete Gleichspannungsquelle (galvanisches Element)

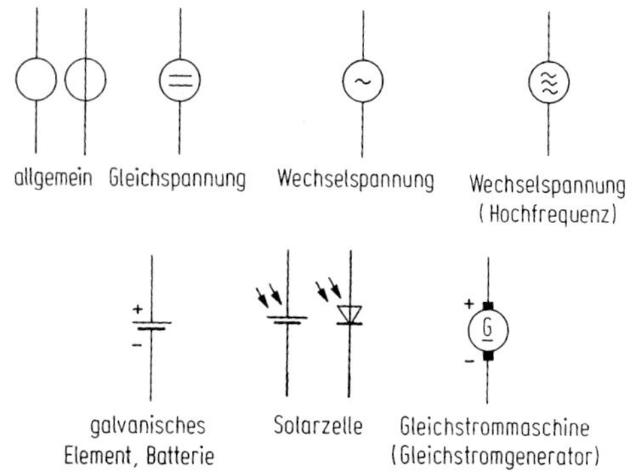

Bild 1-7. Symbole für Spannungsquellen

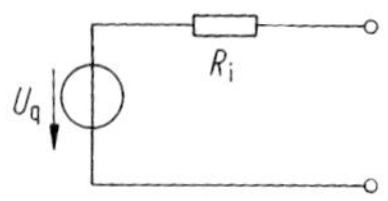

Bild 1-8. Ersatzschaltbild einer realen Spannungsquelle

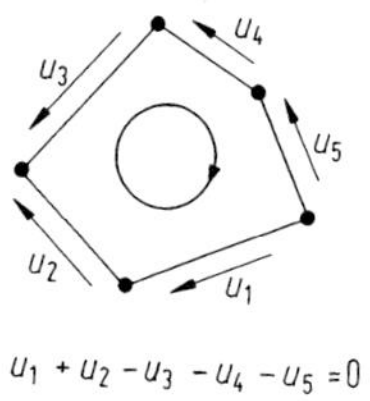

Bild 1-9. Umlauf mit 5 Spannungen

1.2.5 2. Kirchhoff'scher Satz (Satz von der Erhaltung der Energie; Spannungs-Maschengleichung)

In jeder elektrischen Schaltung ist die in einer bestimmten Zeit von den Quellen insgesamt abgegebene Energie gleich der von allen Verbrauchern insgesamt aufgenommenen Energie; dasselbe gilt natürlich für die Leistungen. Daraus folgt, dass bei jedem (geschlossenen) Umlauf (Bild 1-9)

$$\sum u = 0$$

wird, was in Bild 1-10 an einem Schaltungsbeispiel verdeutlicht ist. (In Bild 1-9 zählen die Spannungen, die dem willkürlich festgelegten Umlaufsinn entsprechen, positiv – die anderen negativ.) In der Schaltung in Bild 1-10 ist die Quellenleistung (an die Schaltung abgegebene L.) $P_{ab} = U_q I$ und die Verbraucherleistung (von der Schaltung aufgenommene L.)

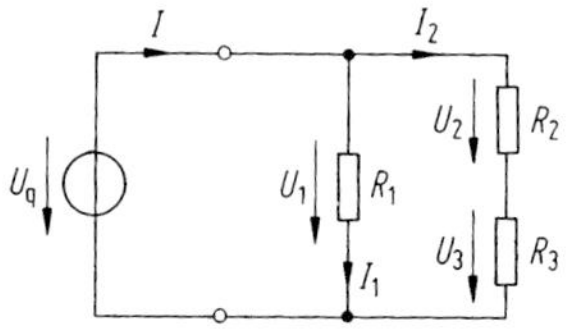

Bild 1-10. Schaltung mit 2 Maschen

$$P_{auf} = I_1 U_1 + I_2 U_2 + I_2 U_3 \, .$$

Wegen $P_{ab} = P_{auf}$ und $I = I_1 + I_2$ wird hieraus

$$I_1 U_q + I_2 U_q = I_1 U_1 + I_2 (U_2 + U_3) \, .$$

Dies muss u. a. auch in den Sonderfällen $I_2 = 0$ oder $I_1 = 0$ gelten, es ist also $U_q = U_1$ und $U_q = U_2 + U_3$ und damit auch $U_1 = U_2 + U_3$.

1.3 Elektrischer Widerstand

1.3.1 Ohm'sches Gesetz

Ohm'sche Widerstände sind solche, bei denen die Stromstärke i der anliegenden Spannung u proportional ist: $u \sim i$ (Bild 1-11). Diese Proportionalität beschreibt man als Gleichung in der Form

$$u = Ri \, , \quad \text{(Ohm'sches Gesetz)}$$

wobei man den Proportionalitätsfaktor R als Ohm'schen Widerstand(swert) bezeichnet. Für manche Aussagen nützlicher ist der Leitwert

$$G = 1/R \, .$$

Das Ohm'sche Gesetz lässt sich damit auch in der Form $i = Gu$ schreiben; außerdem gilt

$$R = u/i \, ; \quad G = i/u \, .$$

Die SI-Einheit des Widerstandes ist das Ohm (Ω = V/A), ferner ist 1 Siemens = 1 S = 1/Ω.

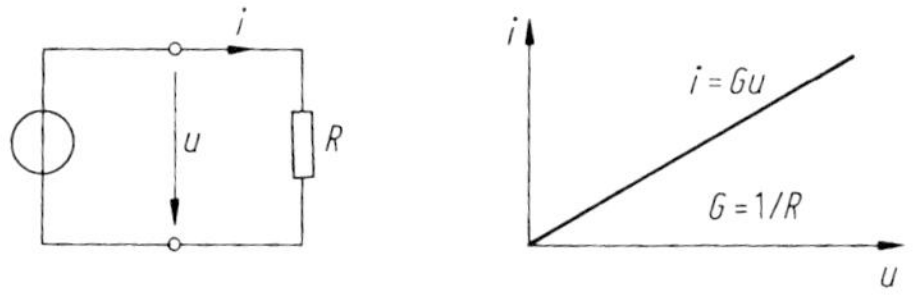

Bild 1-11. Der Zusammenhang zwischen Strom i und Spannung u an einem Ohm'schen Widerstand R

1.3.2 Spezifischer Widerstand und Leitfähigkeit

Für den Widerstand eines Leiters (Bild 1-12) mit konstanter Querschnittsfläche A und der Länge l gilt $R \sim l/A$. Als Proportionalitätsfaktor wird hier die Größe ϱ eingeführt:

$$R = \varrho \frac{l}{A}, \quad \varrho = \frac{A}{l} R\,.$$

ϱ ist materialspezifisch (und temperaturabhängig) und wird als *spezifischer Widerstand* (*Resistivität*) bezeichnet. Für den Leitwert des Leiters gilt

$$G = \frac{A}{\varrho l} = \frac{\gamma A}{l}\,.$$

Man nennt γ die *Leitfähigkeit* (die *Konduktivität*) des Leitermaterials ($\gamma = 1/\varrho$). In Tabelle 1-1 sind die Größen ϱ und γ für verschiedene Materialien angegeben. Übliche Einheiten für ϱ sind (vgl. $\varrho = RA/l$):

$$1 \frac{\Omega \cdot \mathrm{mm}^2}{\mathrm{m}} = 1\,\mu\Omega \cdot \mathrm{m}\,.$$

Anschauliche Deutung: $\varrho = 1\,\Omega \cdot \mathrm{mm}^2/\mathrm{m}$ bedeutet, dass ein Draht mit dem Querschnitt 1 mm^2 und der Länge 1 m den Widerstand 1 Ω hat.
$\varrho = 1\,\Omega \cdot \mathrm{cm}$ bedeutet, dass ein Würfel von 1 cm Kantenlänge zwischen zwei gegenüberliegenden Flächen gerade den Widerstand 1 Ω hat.

1.3.3 Temperaturabhängigkeit des Widerstandes

In metallischen Leitern gilt die Proportionalität $i \sim u$ (Ohm'sches Gesetz) nur bei konstanter Temperatur. ϱ nimmt bei Metallen im Allgemeinen mit der Temperatur θ zu. Bei reinen Metallen (außer den ferromagnetischen) stellt $\varrho = f(\theta)$ nahezu eine Gerade dar. Bestimmte Legierungen verhalten sich allerdings anders, z. B. Manganin (86% Cu, 12% Mn, 2% Ni), siehe Bild 1-13.
Bei reinen Metallen ist folgende Beschreibung der Abhängigkeit des spezifischen Widerstandes von der Temperatur zweckmäßig:

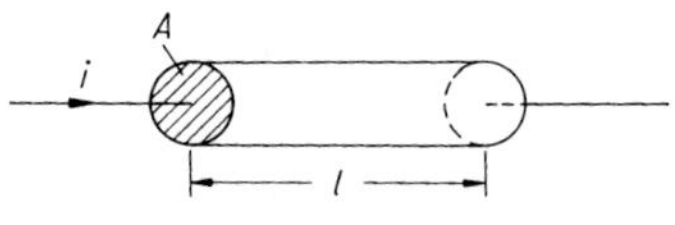

Bild 1-12. Leiter mit konstantem Querschnitt

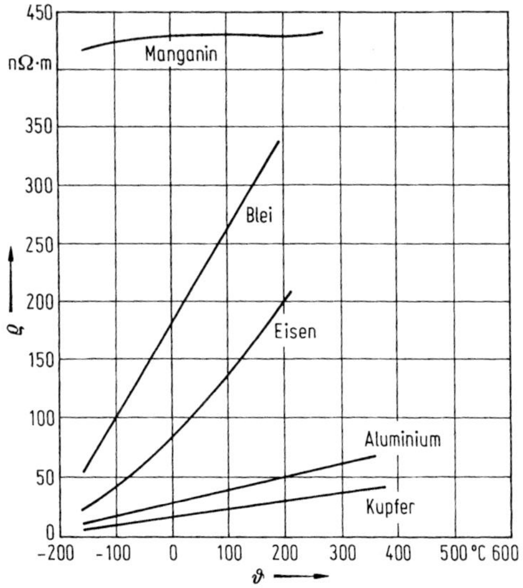

Bild 1-13. Temperaturabhängigkeit spezifischer Widerstände

$$\varrho = \varrho_{20}(1 + \alpha_{20}\Delta\theta + \beta_{20}\Delta\theta^2 + \ldots)\,.$$

Hierbei ist $\Delta\theta = \theta - 20\,°\mathrm{C}$ und

ϱ_{20} Resistivität bei 20 °C
α_{20} linearer Temperaturbeiwert
β_{20} quadratischer Temperaturbeiwert.

Einige Temperaturbeiwerte (Temperaturkoeffizienten) sind in Tabelle 1-1 angegeben.

Supraleitung

Bei vielen metallischen Stoffen ist unterhalb einer sog. *Sprungtemperatur* T_c keine Resistivität mehr messbar ($\varrho < 10^{-23}\,\Omega \cdot \mathrm{m}$) (Tabelle 1-2); dieser Effekt wird als Supraleitung bezeichnet.
Bei den guten Leitern Cu, Ag, Au konnte bisher noch keine Supraleitung nachgewiesen werden. Das Bekanntwerden von Keramiksintermaterialien mit $T_c > 90\,\mathrm{K}$ („Hochtemperatur-Supraleitung") hat seit 1986 dazu geführt, dass die Supraleitungs-Forschung in vielen Ländern sehr intensiviert worden ist.
Sprungtemperaturen oberhalb von 77,36 K (Siedetemperatur des Stickstoffs) erlauben es, Supraleitung mithilfe von flüssigem Stickstoff zu erreichen, also ohne das teure flüssige Helium auszukommen (vgl. Tabelle 1-3).

Tabelle 1-1. Spezifischer Widerstand und Temperaturbeiwerte verschiedener Stoffe

Stoff	ϱ_{20} $10^{-6}\ \Omega \cdot m$	γ_{20} 10^6 S/m	α_{20} 10^{-3}/K	β_{20} $10^{-6}/K^2$
1. Reinmetalle				
Aluminium	0,027	37	4,3	1,3
Blei	0,21	4,75	3,9	2,0
Eisen	0,1	10	6,5	6,0
Gold	0,022	45,2	3,8	0,5
Kupfer	0,017	58	4,3	0,6
Nickel	0,07	14,3	6,0	9,0
Platin	0,098	10,5	3,5	0,6
Quecksilber	0,97	1,03	0,8	1,2
Silber	0,016	62,5	3,6	0,7
Zinn	0,12	8,33	4,3	6,0
2. Legierungen				
Konstantan (55% Cu, 44% Ni, 1% Mn)	0,5	2	−0,04	
Manganin (86% Cu, 2% Ni, 12% Mn)	0,43	2,27	±0,01	
Messing	0,066	15	1,5	
	$\Omega \cdot m$	S/m		
3. Kohle, Halbleiter				
Germanium (rein)	0,46	2,2		
Graphit	$8{,}7 \cdot 10^{-6}$	$115 \cdot 10^3$		
Kohle (Bürstenkohle)	$(40 \ldots 100) \cdot 10^{-6}$	$(10 \ldots 25) \cdot 10^3$	$-0{,}2 \ldots -0{,}8$	
Silicium (rein)	2300	$0{,}43 \cdot 10^{-3}$		
4. Elektrolyte				
Kochsalzlösung (10%)	$79 \cdot 10^{-3}$	12,7		
Schwefelsäure (10%)	$25 \cdot 10^{-3}$	40,0		
Kupfersulfatlösung (10%)	$300 \cdot 10^{-3}$	3,3		
Wasser (rein)	$2{,}5 \cdot 10^5$	$0{,}4 \cdot 10^{-3}$		
Wasser (destilliert)	$4 \cdot 10^4$	$2{,}5 \cdot 10^{-3}$		
Meerwasser	$300 \cdot 10^{-3}$	3,3		
5. Isolierstoffe				
Bernstein	$>10^{16}$			
Glas	$10^{11} \ldots 10^{12}$			
Glimmer	$10^{13} \ldots 10^{15}$			
Holz (trocken)	$10^9 \ldots 10^{13}$			
Papier	$10^{15} \ldots 10^{16}$			
Polyethylen	10^{16}			
Polystyrol	10^{16}			
Porzellan	bis $5 \cdot 10^{12}$			
Transformator-Öl	$10^{10} \ldots 10^{13}$			

Mit Supraleitern lassen sich verlustlos sehr starke Magnetfelder erzeugen (wie sie in der Hochenergiephysik, in Induktionsmaschinen oder für Magnetbahnen gebraucht werden). Bei einer Reihe dieser Stoffe setzt aber die Supraleitung durch Einwirkung eines starken Magnetfeldes wieder aus (Nb-Sn- und Nb-Ti-Legierungen z. B. bleiben aber noch unter dem Einfluss recht starker Magnetfelder supraleitend). Die

Tabelle 1-2. Sprungtemperatur verschiedener Supraleiter

Stoff	T_c in K
Cd	0,52
Al	1,18
Ti	0,40
Sn	3,72
Hg	4,15
V	5,4
Ta	4,47
Pb	7,20
NbTi	8,5
Nb	9,25
Tc	7,8
V_3Ga	16,8
Nb_3Sn	18,0
Nb_3Ge	23,2
$Ba_xLa_{5-x}Cu_5O_{3-y}$	> 30
Y-La-Cu-O	> 90
K Kelvin; absoluter Nullpunkt: 0 K ≙ − 273,15 °C	

Tabelle 1-3. Schmelz- und Siedetemperatur von He, H_2, N_2 und O_2

Stoff	Schmelztemperatur T_{sl} in K	Siedetemperatur T_{lg} in K
He		4,22
H_2	13,81	20,28
N_2	63,15	77,36
O_2	54,36	90,20

Möglichkeit verlustloser Energieübertragung über supraleitende Kabel wird auch dadurch begrenzt, dass oberhalb bestimmter Stromdichten (kritischer Stromdichten) Supraleitung unmöglich wird; vgl. auch Abschnitt B.

2 Wechselstrom

2.1 Beschreibung von Wechselströmen und -spannungen

Ein sinusförmig schwingender Strom (Bild 2-1),

$$i = \hat{i} \cos(\omega t + \varphi_0) ,$$

ist durch die drei Parameter *Scheitelwert* (*Amplitude*) $\hat{i}$, *Kreisfrequenz* ω und *Nullphasenwinkel* φ_0 be-

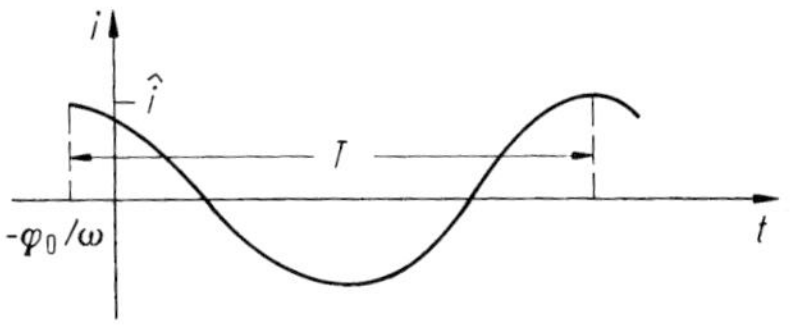

Bild 2-1. Sinusförmiger Wechselstrom

stimmt (wird eine dieser drei Größen zeitabhängig, so spricht man von Modulation). Für die *Periodendauer T* der Schwingung gilt:

$$T = 2\pi/\omega ,$$

die *Frequenz* ist

$$f = \frac{1}{T} = \frac{\omega}{2\pi} .$$

Sinusförmige Ströme haben den Mittelwert null (sie haben keinen Gleichanteil) und sind Wechselströme. (Alle periodischen Größen ohne Gleichanteil nennt man Wechselgrößen.) Eine Summe aus einem Gleich- und einem Wechselstrom nennt man *Mischstrom* (Bild 2-2).

Für $i(t)$ kann man auch schreiben:

$$\begin{aligned} i(t) &= \hat{i}\,\mathrm{Re}\{\exp[\mathrm{j}(\omega t + \varphi_0)]\} \\ &= \mathrm{Re}\{\hat{i}\exp(\mathrm{j}\varphi_0)\exp(\mathrm{j}\omega t)\} \\ &= \mathrm{Re}\{\underline{\hat{i}}\exp(\mathrm{j}\omega t)\} = \mathrm{Re}\{\underline{i}(t)\} . \end{aligned}$$

Hierbei ist

$$\underline{\hat{i}} = \hat{i}\exp(\mathrm{j}\varphi_0) \quad \text{die \textit{komplexe Amplitude}}$$

und

$$\underline{i}(t) = \underline{\hat{i}}\exp(\mathrm{j}\omega t) \quad \text{die \textit{komplexe Zeitfunktion}}$$

des Stromes i.

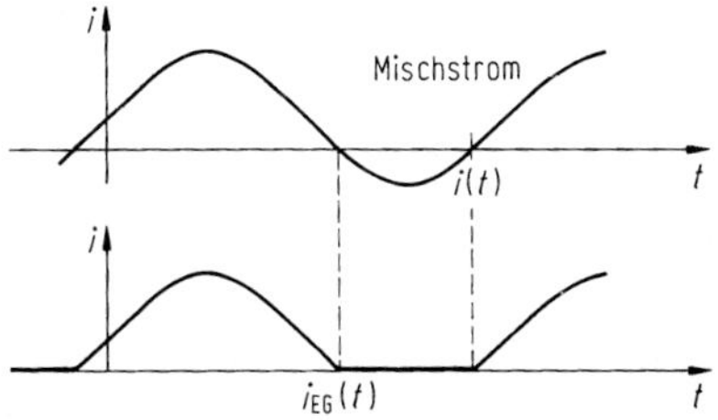

Bild 2-2. Mischstrom vor und nach der Einweg-Gleichrichtung

Die Amplitude $\hat{i}$ geht aus der komplexen Amplitude $\underline{\hat{i}}$ durch Betragsbildung hervor:

$$\hat{i} = |\underline{\hat{i}}| \, .$$

Die reelle Zeitfunktion $i(t)$ entsteht aus der komplexen durch Realteilbildung:

$$i(t) = \mathrm{Re}\,\{\underline{i}(t)\} \, .$$

Den Wert $\underline{\hat{i}} / \sqrt{2} = \underline{I}$ bezeichnet man als komplexen Effektivwert (vgl. 2.2) der Größe i.
Die Kennzeichnung komplexer Größen durch Unterstreichung kann entfallen, wenn verabredet ist, dass die betreffenden Formelbuchstaben eine komplexe Größe darstellen. Beträge sind dann durch Betragsstriche zu kennzeichnen.

2.2 Mittelwerte periodischer Funktionen

Für einen periodischen Strom $i(t)$ mit der Periode T werden verschiedene Mittelwerte definiert (Tabelle 2-1 und Bild 2-2).
Das Verhältnis von Scheitelwert zu Effektivwert bezeichnet man als den *Scheitelfaktor*

$$k_\mathrm{s} = \hat{i}/I$$

Tabelle 2-1. Mittelwerte eines periodischen Stromes

arithmetischer Mittelwert	$\bar{i} = \frac{1}{T}\int_\tau^{\tau+T} i(t)\,\mathrm{d}t$
Einweggleichrichtwert	$\bar{i}_\mathrm{EG} = \frac{1}{T}\int_\tau^{\tau+T} i_\mathrm{EG}(t)\,\mathrm{d}t$
Gleichrichtwert (elektrolytischer Mittelwert)	$\overline{\lvert i\rvert} = \frac{1}{T}\int_\tau^{\tau+T} \lvert i(t)\rvert\,\mathrm{d}t$
Effektivwert (quadratischer Mittelwert)	$I = \sqrt{\frac{1}{T}\int_\tau^{\tau+T} i^2(t)\,\mathrm{d}t}$

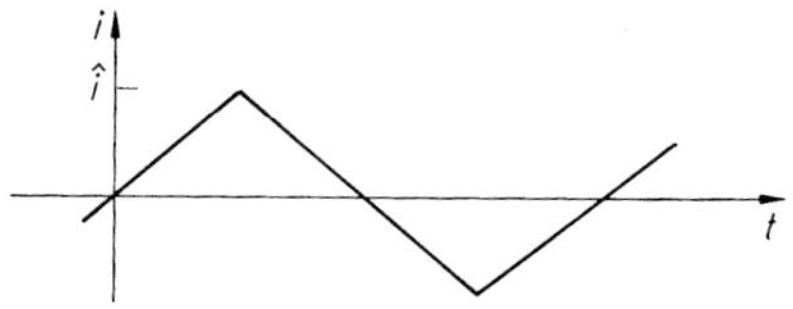

Bild 2-3. Dreieckförmiger Strom $i(t)$

und das Verhältnis des Effektivwertes zum Gleichrichtwert als *Formfaktor*

$$k_\mathrm{f} = I/\overline{\lvert i\rvert} \, .$$

In der Tabelle 2-2 sind die Mittelwerte, der Scheitel- und der Formfaktor eines sinusförmigen (Bild 2-1) und eines dreiecksförmigen (Bild 2-3) Wechselstromes angegeben.

2.3 Wechselstrom in Widerstand, Spule und Kondensator

In der Tabelle 2-3 sind die Zusammenhänge zwischen Strom und Spannung in Widerstand, (idealer) Spule und (idealem) Kondensator – allgemein und für eingeschwungene Sinusgrößen – in unterschiedlicher Weise dargestellt, vgl. Bild 2-5.

Reale Spule und realer Kondensator

Eine eisenlose Spule hat außer ihrer Induktivität L auch den Ohm'schen Widerstand R der Wicklung (Wicklungsverluste). Für eine genauere Betrachtung muss daher jede Spule als RL-Reihenschaltung dargestellt werden (Bild 2-4a). In einer Spule mit einem Eisenkern treten außer den Wicklungsverlusten („*Kupferverlusten*") auch noch im Eisenkern Ummagnetisierungsverluste (*Hystereseverluste*) und *Wirbelstromverluste* auf, die man zusammenfassend als *Eisenverluste* bezeichnet. Diese Eisenverluste stellt man im Ersatzschaltbild (Bild 2-4b) durch einen Widerstand parallel zur Induktivität dar.

Tabelle 2-2. Mittelwerte, Scheitel- und Formfaktor des sinusförmigen und des dreiecksförmigen Wechselstromes

	$\bar{i}$	$\bar{i}_\mathrm{EG}$	$\overline{\lvert i\rvert}$	I	k_s	k_f
Sinusförmiger Strom	0	$\frac{\hat{i}}{\pi} = 0{,}318\hat{i}$	$\frac{2\hat{i}}{\pi} = 0{,}637\hat{i}$	$\frac{\hat{i}}{\sqrt{2}} = 0{,}707\hat{i}$	$\sqrt{2} = 1{,}414$	$\frac{\pi}{2\sqrt{2}} = 1{,}111$
Dreieckförmiger Strom	0	$0{,}25\hat{i}$	$0{,}5\hat{i}$	$\frac{\hat{i}}{\sqrt{3}} = 0{,}577\hat{i}$	$\sqrt{3} = 1{,}732$	$\frac{2}{\sqrt{3}} = 1{,}155$

Tabelle 2-3. Zusammenhang zwischen Spannung und Strom bei Widerstand, Spule und Kondensator (Komplexe Größen sind nicht besonders gekennzeichnet.)

Bauelement		Widerstand	Spule	Kondensator
Kennzeichnende Größe		Resistanz, Ohm'scher W. R	Induktivität L	Kapazität C
Zusammenhang zwischen U und I	allgemein	$u = R \cdot i$	$u = L \cdot \frac{di}{dt}$	$i = C \cdot \frac{du}{dt}$
	komplexe Effektivwerte von Sinusgrößen	$U = R \cdot I$	$U = j\omega L \cdot I$	$I = j\omega C \cdot U$

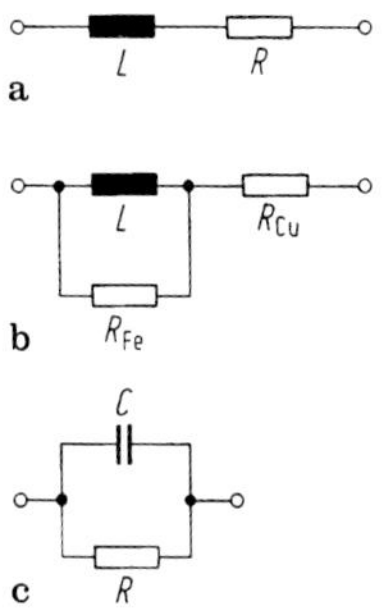

Bild 2-4. Reale Spule und realer Kondensator. **a** Ersatzschaltung einer eisenfreien Spule; **b** Ersatzschaltung einer Spule mit Eisenkern; **c** Ersatzschaltung eines Kondensators

(Ein noch genaueres Ersatzschaltbild müsste auch die Kapazität zwischen den einzelnen Windungen berücksichtigen.)
Bei einem Kondensator hat das Dielektrikum zwischen den beiden Elektroden auch eine (geringe) elektrische Leitfähigkeit. Daher stellt man bei genauerer Betrachtung einen Kondensator als RC-Parallelschaltung dar (Bild 2-4c). (Bei noch genauerer Darstellung dürfte auch die Induktivität der Zuleitung nicht vernachlässigt werden.)

2.4 Zeigerdiagramm

Die komplexen Zeitfunktionen $\underline{u}(t)$ und $\underline{i}(t)$, die komplexen Amplituden $\underline{\hat{u}}$ und $\underline{\hat{i}}$ und auch die komplexen Effektivwerte $\underline{U}$ und $\underline{I}$ können in der komplexen (Gauß'schen Zahlen-)Ebene als sog. Zeiger anschaulich dargestellt werden. Üblich ist die Zeigerdarstellung vor allem für die komplexen Effektivwerte.

Bild 2-5 stellt (ab jetzt ohne Unterstreichung der komplexen Effektivwerte!) die Zeiger für U und I an den idealen Elementen Widerstand, Spule und Kondensator dar. Dabei ist U jeweils (willkürlich) als reell vorausgesetzt.

Man sagt:

(a) Der Strom ist im Widerstand mit der Spannung phasengleich („in Phase").
(b) Der Strom eilt der Spannung an der Spule um 90° nach.
(c) Der Strom eilt der Spannung am Kondensator um 90° voraus.

Weitere Beispiele für Zeigerdiagramme: Bilder 7-3 und 7-9 in Kap. 7.

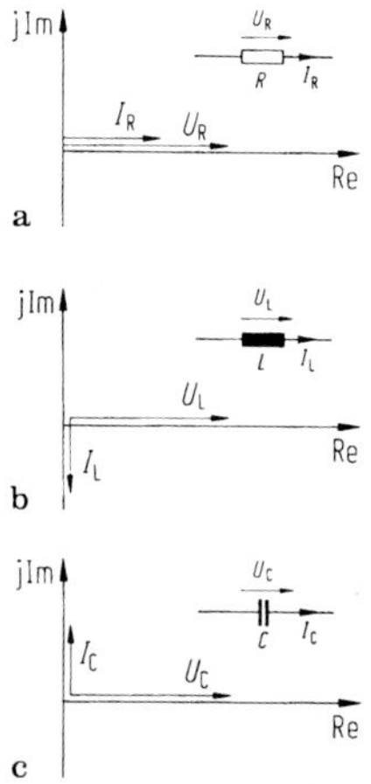

Bild 2-5. Zeigerdiagramme für Strom und Spannungen bei **a** Widerstand, **b** Spule und **c** Kondensator

2.5 Impedanz und Admittanz

Entsprechend dem auf komplexe Effektivwerte angewandten Ohm'schen Gesetz

$$U_R/I_R = R$$

ergeben sich aus dem Verhältnis U/I auch bei Spule und Kondensator Größen mit der Dimension eines Widerstandes:

$$\frac{U_L}{I_L} = j\omega L = jX_L = Z_L ;$$

$$\frac{U_C}{I_C} = \frac{1}{j\omega C} = jX_C = Z_C .$$

Man nennt Z_L bzw. Z_C den *komplexen Widerstand* oder die *Impedanz* von Spule bzw. Kondensator. Z_L und Z_C sind rein imaginär; den Imaginärteil einer Impedanz Z nennt man ihren *Blindwiderstand* (ihre *Reaktanz*) X:

$$X_L = \omega L ; \quad X_C = -1/(\omega C) .$$

Den Realteil R einer Impedanz nennt man ihren *Wirkwiderstand (Resistanz)*.

Die Kehrwerte der Impedanzen nennt man *Admittanzen*:

$$Y = 1/Z ;$$

$$Y_L = \frac{1}{Z_L} = \frac{1}{j\omega L} = jB_L ;$$

$$Y_C = \frac{1}{Z_C} = j\omega C = jB_C .$$

Auch Y_L und Y_C sind rein imaginär; man nennt den Imaginärteil einer Admittanz ihren *Blindleitwert* (ihre *Suszeptanz*) B:

$$B_L = -1/(\omega L) ;$$

$$B_C = \omega C .$$

Den Realteil G einer Admittanz nennt man ihren *Wirkleitwert (Konduktanz)*.

Den Betrag $|Z|$ einer Impedanz Z nennt man ihren *Scheinwiderstand*, den Betrag $|Y|$ einer Admittanz Y ihren *Scheinleitwert*.

2.6 Kirchhoff'sche Sätze für die komplexen Effektivwerte

Die Kirchhoff'schen Sätze gelten nicht nur für die Momentanwerte beliebig zeitabhängiger Spannungen (u) und Ströme (i) (insbesondere also auch für Gleichspannungen U und -ströme I), sondern auch für die komplexen Amplituden ($\hat{u}, \hat{i}$) und komplexen Effektivwerte (U, I) eingeschwungener Sinusspannungen und -ströme (vgl. Bild 2-6) (ohne Nachweis):

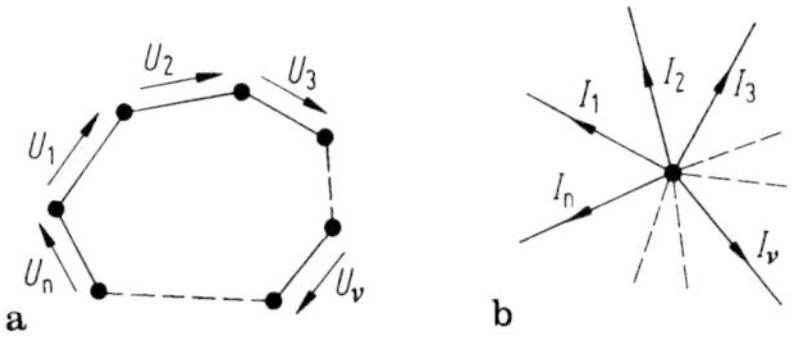

Bild 2-6. Zur Anwendung der Kirchhoff'schen Gesetze **a** Maschenregel (Umlauf); **b** Knotenregel

$$\sum_{\nu=1}^{n} U_\nu = 0 ; \quad \sum_{\nu=1}^{n} I_\nu = 0 .$$

Spannungen und Ströme, deren Zählpfeile umgekehrt gerichtet sind wie in Bild 2-6, erhalten bei der Summation ein Minuszeichen.

3 Lineare Netze

Als linear werden Schaltungen bezeichnet, in denen nur konstante Ohm'sche Widerstände, Kapazitäten, Induktivitäten sowie Gegeninduktivitäten vorkommen und in denen die Quellenspannungen und -ströme entweder konstant sind oder aber einer anderen Strom- oder Spannungsgröße proportional sind („gesteuerte Quellen“; vgl. 3.2.3; 8.2; 25.4.1).

Die linearen Gleichstromnetze stellen eine spezielle Klasse der linearen Netze dar, nämlich Netze, die nur Ohm'sche Widerstände sowie konstante Quellenspannungen U_0 oder konstante Quellenströme I_0 enthalten ($Z \to R$; $U \to U_0$; $I \to I_0$).

3.1 Widerstandsnetze

3.1.1 Gruppenschaltungen

Reihen- und Parallelschaltung

Impedanzen, durch die ein gemeinsamer Strom I hindurchfließt, nennt man *in Reihe* (in Serie) *geschaltet*. Eine Reihenschaltung von n Impedanzen (Bild 3-1) wirkt wie ein einziger Zweipol mit der Impedanz

$$Z = \sum_{\nu=1}^{n} Z_\nu .$$

Impedanzen, die an einer gemeinsamen Spannung U liegen (Bild 3-2), nennt man *parallel geschaltet*.

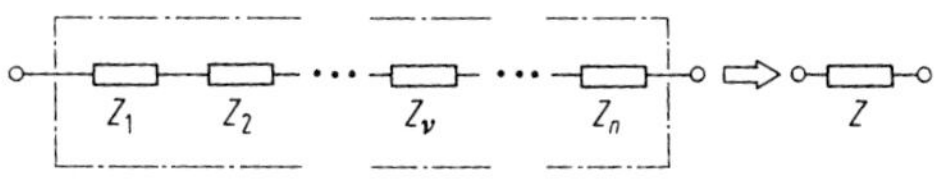

Bild 3-1. Reihenschaltung

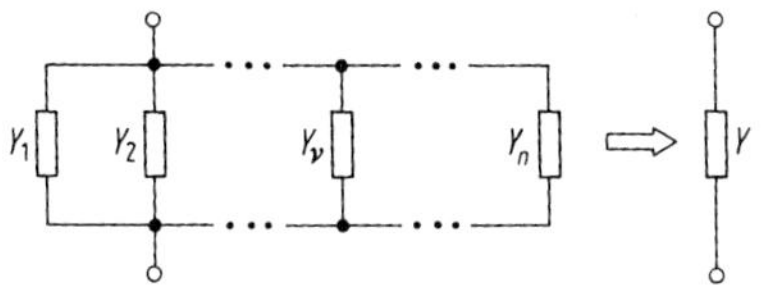

Bild 3-2. Parallelschaltung

Eine Parallelschaltung von n Impedanzen wirkt wie ein einziger Zweipol mit der Admittanz

$$Y = \sum_{\nu=1}^{n} Y_\nu = \frac{1}{Z} ,$$

$$\left(\text{hierbei ist } Y_\upsilon = \frac{1}{Z_\nu}\right) .$$

Speziell für zwei parallelgeschaltete Zweipole mit den Impedanzen Z_1, Z_2 ergibt sich als Gesamtimpedanz

$$Z = \frac{Z_1 Z_2}{Z_1 + Z_2} .$$

Spannungs- und Stromteiler

Bei einer Reihenschaltung verhalten sich die Spannungen zueinander wie die zugehörigen Widerstände (Bild 3-3a):

$$\frac{U_2}{U} = \frac{Z_2}{Z_1 + Z_2} ; \quad U_2 = \frac{Z_2}{Z_1 + Z_2} U .$$

Bei einer Parallelschaltung verhalten sich die Ströme zueinander wie die zugehörigen Leitwerte (Bild 3-3b):

$$\frac{I_2}{I} = \frac{Y_2}{Y_1 + Y_2} = \frac{Z_1}{Z_1 + Z_2} .$$

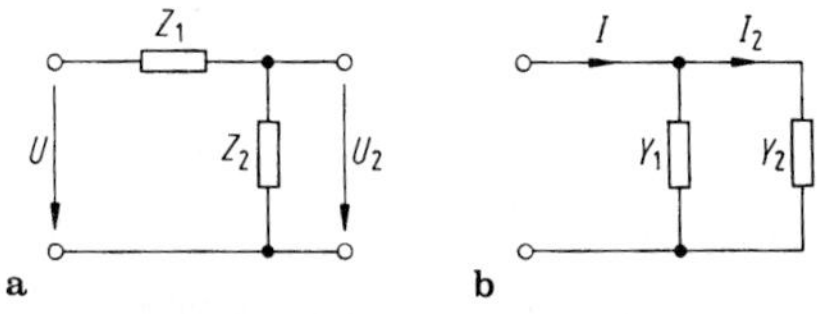

Bild 3-3. Spannungsteilung und Stromteilung

Gruppenschaltungen

Setzt man Reihen- und Parallelschaltungen ihrerseits wieder zu Reihen- und Parallelschaltungen zusammen usw., so lässt sich die Gesamtimpedanz zwischen zwei Anschlussklemmen dadurch berechnen, dass man alle parallel oder in Reihe geschalteten Zweipole bzw. Schaltungsteile schrittweise zusammenfasst; ein Beispiel hierfür zeigt Bild 3-4.
Zwischen den Klemmen a und b ergibt sich die Gesamtimpedanz

$$\begin{aligned} Z_{ab} &= Z_C + Z_D = \frac{Z_A Z_B}{Z_A + Z_B} + Z_D \\ &= \frac{(Z_1 + Z_2)(Z_3 + Z_4 + Z_5)}{Z_1 + Z_2 + Z_3 + Z_4 + Z_5} + \frac{Z_7 Z_8}{Z_7 + Z_8} . \end{aligned}$$

Impedanz- und Admittanz-Ortskurven

Wenn man z. B. beschreiben will, wie die Impedanz

$$Z = R + \mathrm{j}\omega L$$

einer RL-Reihenschaltung (Bild 3-5) von ω abhängt, so stellt man fest, dass die Spitzen der Z-Operatorpfeile auf einer Geraden liegen, siehe Bild 3-6c.
In Bild 3-6 ist außerdem die Abhängigkeit der Größe Z von R und L dargestellt. Eine Kurve, auf der sich die Spitze einer komplexen Größe bei Veränderung eines reellen Parameters bewegt, nennt man Ortskurve. Für einige weitere Schaltungen sind Ortskurven in den Bildern 3-7 bis 3-10 dargestellt.

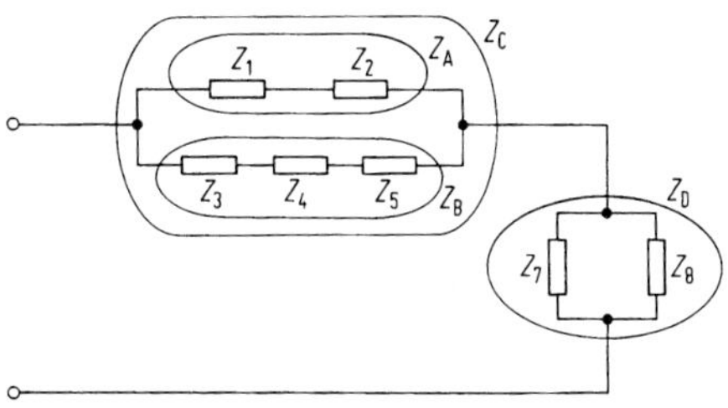

Bild 3-4. Gruppenschaltung

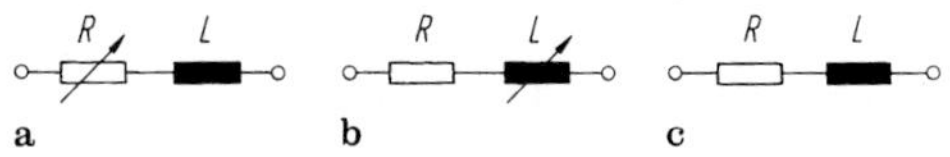

Bild 3-5. RL-Reihenschaltung **a** R variabel, L const, ω const; **b** L variabel, ω const, R const; **c** ω variabel, L const, R const

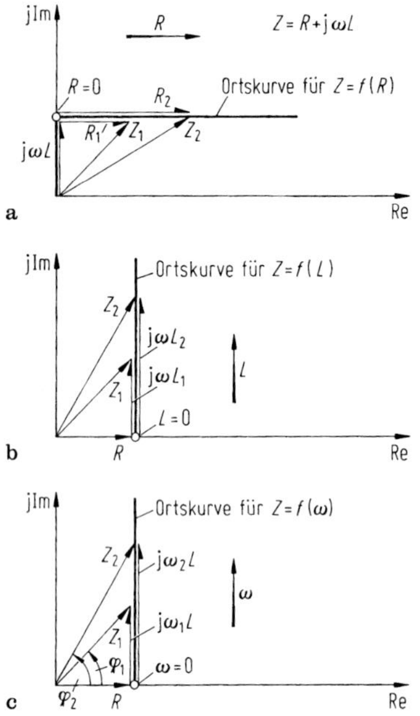

Bild 3-6. Z-Ortskurven einer RL-Reihenschaltung. **a** R variabel, L const, ω const; **b** L variabel, ω const, R const; **c** ω variabel, L const, R const

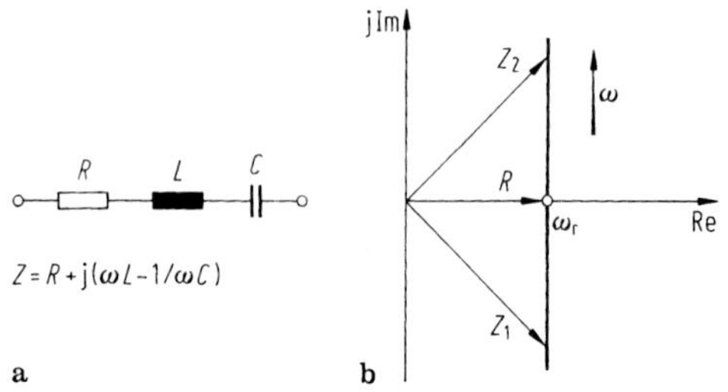

Bild 3-7. Die RLC-Reihenschaltung und ihre Z-Ortskurve

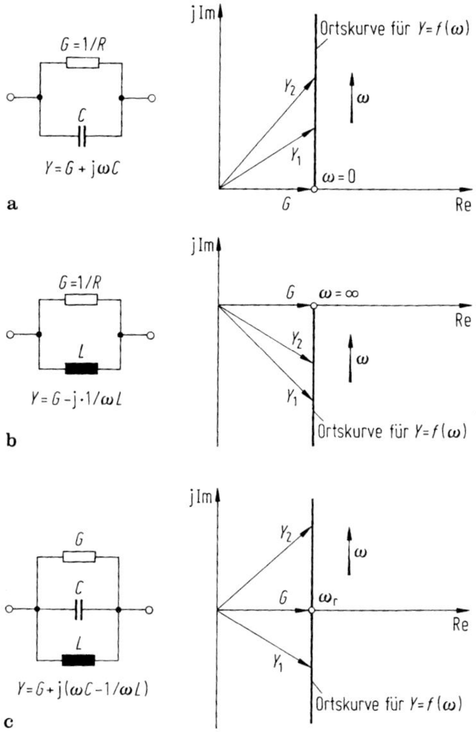

Bild 3-8. Y-Ortskurven von Parallelschaltungen

3.1.2 Brückenschaltungen

Die Brückenschaltung (Bild 3-11) ist ein Beispiel für eine Schaltung, die keine Gruppenschaltung ist.
Im Allgemeinen ist hier $U_5 \neq 0$, $I_5 \neq 0$ und somit $I_1 \neq I_2$ und $I_3 \neq I_4$; Z_1, Z_2 und Z_3, Z_4 bilden also keine Reihenschaltungen. Ebenso ist i. Allg. $U_1 \neq U_3$ und $U_2 \neq U_4$; Z_1, Z_3 und Z_2, Z_4 bilden also keine Parallelschaltungen. Nur im Sonderfall

$$Z_1/Z_2 = Z_3/Z_4 \quad \text{(Brückenabgleich)}$$

werden $U_5 = 0$, $I_5 = 0$, und es gilt

$$Z_{ab} = \frac{(Z_1+Z_2)(Z_3+Z_4)}{Z_1+Z_2+Z_3+Z_4} = \frac{Z_1 Z_3}{Z_1+Z_3} + \frac{Z_2 Z_4}{Z_2+Z_4}$$

(Eingangsimpedanz einer abgeglichenen Brücke).
In der Messtechnik sind Brückenschaltungen (Messbrücken) sehr wichtig.

3.1.3 Stern-Dreieck-Umwandlung

Jede beliebige Zusammenschaltung konstanter Impedanzen mit drei Anschlussklemmen („Dreipol") kann durch einen gleichwertigen (äquivalenten) Impedanzstern oder ein gleichwertiges Impedanzdreieck (Bild 3-12) so ersetzt werden, dass die drei Eingangsimpedanzen Z_{E12}, Z_{E23}, Z_{E31} jeweils übereinstimmen.
So kann jeder Stern in ein äquivalentes Dreieck umgewandelt werden und umgekehrt. Wenn die Impedanzen Z_{12}, Z_{23}, Z_{31} eines Dreiecks gegeben sind, so können hieraus die Impedanzen Z_{10}, Z_{20}, Z_{30}

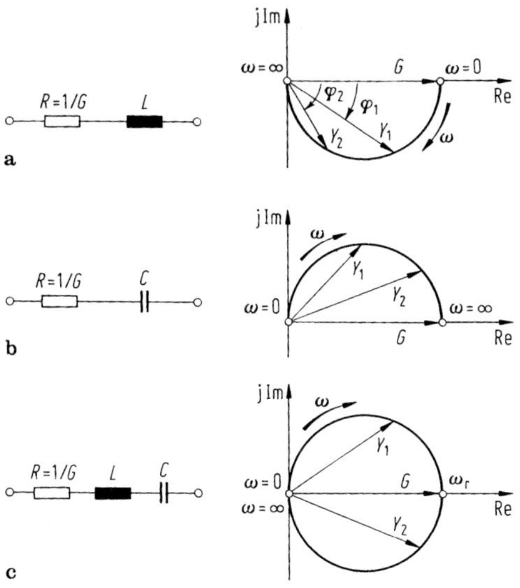

Bild 3-9. Y-Ortskurven von Reihenschaltungen

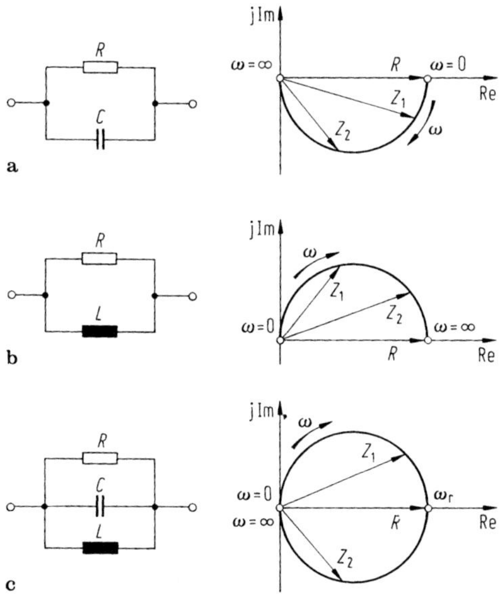

Bild 3-10. Z-Ortskurven von Parallelschaltungen

des äquivalenten Sternes berechnet werden:

$$Z_{10} = \frac{Z_{12}Z_{31}}{Z_{12} + Z_{23} + Z_{31}},$$

$$Z_{20} = \frac{Z_{23}Z_{12}}{Z_{12} + Z_{23} + Z_{31}},$$

$$Z_{30} = \frac{Z_{31}Z_{23}}{Z_{12} + Z_{23} + Z_{31}}.$$

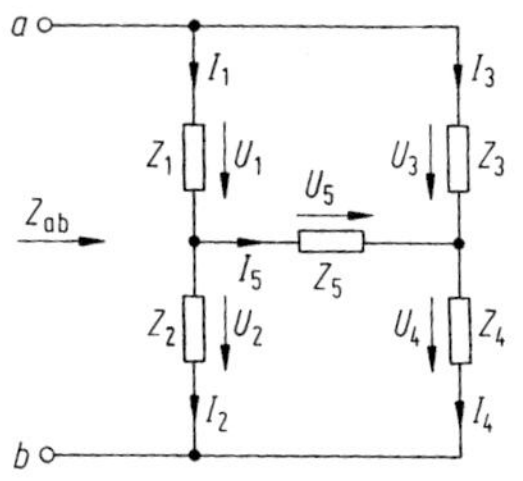

Bild 3-11. Brückenschaltung

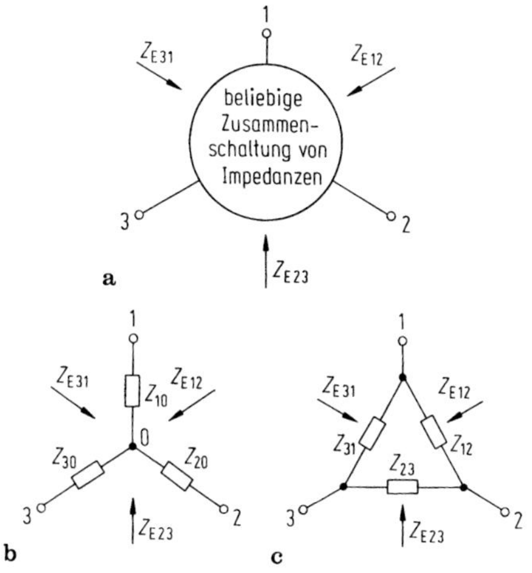

Bild 3-12. Äquivalente Dreipole

Umgekehrt gilt

$$Z_{12} = \frac{Z_{10}Z_{20} + Z_{20}Z_{30} + Z_{30}Z_{10}}{Z_{30}},$$

$$Z_{23} = \frac{Z_{10}Z_{20} + Z_{20}Z_{30} + Z_{30}Z_{10}}{Z_{10}},$$

$$Z_{31} = \frac{Z_{10}Z_{20} + Z_{20}Z_{30} + Z_{30}Z_{10}}{Z_{20}}.$$

Stern-Vieleck-Umwandlungen sind für allgemeine n-Pole möglich (jeder n-strahlige Stern lässt sich durch ein vollständiges n-Eck ersetzen, nicht aber umgekehrt jedes vollständige n-Eck durch einen n-strahligen Stern).

3.2 Strom- und Spannungsberechnung in linearen Netzen

3.2.1 Der Überlagerungssatz (Superpositionsprinzip)

In einem *linearen* Netz mit m Zweigen und n Spannungsquellen ($U_{q1}, \ldots, U_{qn}$) kann der Strom I_μ im μ-

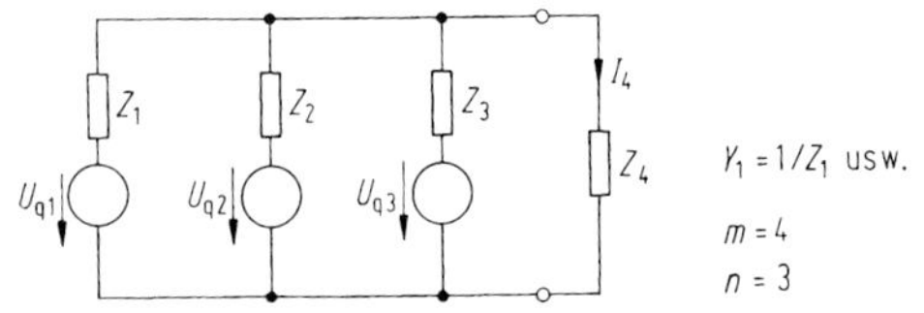

Bild 3-13. Parallelschaltung von 3 Spannungsquellen an einem Verbraucher (Z_4)

ten Zweig berechnet werden, indem man zunächst die Wirkung jeder einzelnen Quelle auf diesen Zweig berechnet (wobei jeweils alle anderen Quellen unwirksam sein müssen, die Spannungsquellen also durch *Kurzschlüsse* zu ersetzen sind); die so berechneten Einzelwirkungen

$$I_\mu^{(\nu)} = K_\mu^{(\nu)} U_{q\nu}$$

ergeben den Strom

$$I_\mu = \sum_{\nu=1}^{n} K_\mu^{(\nu)} U_{q\nu} \,.$$

(Enthält das Netz auch oder nur Stromquellen, so kann man auch hier zunächst die Einzelwirkungen berechnen, die sich ergeben, wenn jeweils alle Stromquellen bis auf eine unwirksam gemacht werden, d. h. durch eine Leitungsunterbrechung ersetzt werden.)

Beispiel
Parallelschaltung von 3 Spannungsquellen an einem Verbraucher Z_4, Bild 3-13.

$$I_4^{(1)} = \frac{U_{q1} Y_1}{Y_1 + Y_2 + Y_3 + Y_4} Y_4 \,;$$

$$I_4^{(2)} = \frac{U_{q2} Y_2}{Y_1 + Y_2 + Y_3 + Y_4} Y_4 \,;$$

$$I_4^{(3)} = \frac{U_{q3} Y_3}{Y_1 + Y_2 + Y_3 + Y_4} Y_4 \,;$$

$$I_4 = I_4^{(1)} + I_4^{(2)} + I_4^{(3)} = \frac{U_{q1} Y_1 + U_{q2} Y_2 + U_{q3} Y_3}{Y_1 + Y_2 + Y_3 + Y_4} Y_4 \,.$$

3.2.2 Ersatz-Zweipolquellen

Strom-Spannungs-Kennlinie einer linearen Zweipolquelle

Beispiel: **Spannungsteiler**. Die Klemmengrößen U, I der Spannungsteilerschaltung (Bild 3-14a) können als die Koordinaten des Schnittpunktes S der Arbeitsgeraden $U = f(I)$ (Achsenabschnitte: *Kurzschlussstrom* I_k und *Leerlaufspannung* U_L) mit der Widerstandskennlinie $I = U/R$ aufgefasst werden (Bild 3-14b).
Der durch I_k und U_L beschriebene Zweipol hat den inneren Widerstand

$$R_i = \frac{U_L}{I_k} = \frac{R_1 R_2}{R_1 + R_2} \,.$$

Dieser innere Widerstand ergibt sich auch, wenn man U_q unwirksam macht (kurzschließt) und den Widerstand R_{ab} des Zweipols mit den Klemmen a, b berechnet (Bild 3-15a).
Jeder lineare Zweipol (d. h. jeder Zweipol, der nur konstante Widerstände und konstante Quellenspannungen oder -ströme enthält) ist durch seine Arbeitsgerade (also allein durch das Wertepaar I_k, U_L) vollständig charakterisiert.

Äquivalenz von Zweipolquellen

Aktive Zweipole, die durch dasselbe Wertepaar I_k, U_L charakterisiert sind, stimmen nach außen hin überein, obwohl sie sich intern unterscheiden können. Man nennt Zweipolquellen mit gleicher Arbeitsgerade *äquivalent*.

Ersatzspannungsquelle

Ein beliebiger Zweipol ist z. B. einer einfachen Spannungsquelle äquivalent, wenn deren Kurzschluss-

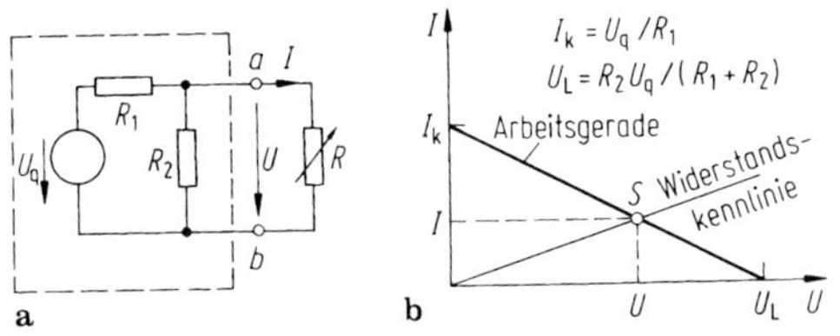

Bild 3-14. Belasteter Spannungsteiler. **a** Schaltbild; **b** die Klemmengrößen U, I als Schnittpunkt-Koordinaten

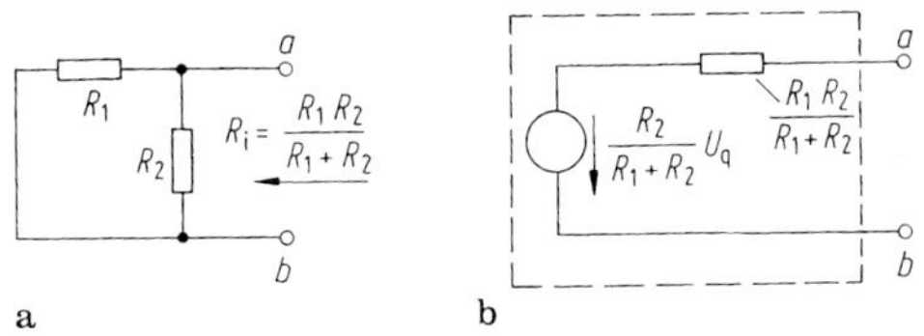

Bild 3-15. Spannungsteiler. **a** Zur Bestimmung des inneren Widerstandes eines Spannungsteilers; **b** Ersatzspannungsquelle eines Spannungsteilers (vgl. Bild 3-14a)

strom und Leerlaufspannung mit denen des beliebigen Zweipols übereinstimmen. Der Spannungsteilerschaltung 3-14a ist also die Ersatzspannungsquelle nach Bild 3-15b äquivalent. (Intern unterscheiden sich die Zweipole in den Bildern 3-14a und 3-15b: z. B. wird der Quelle bei Klemmenleerlauf, d. h. $R = \infty$, in der Schaltung 3-14a Leistung entnommen, in der Schaltung 3-15b aber nicht.)

Ersatzstromquelle

Ein Paar äquivalenter Zweipole stellen auch die beiden Schaltungen in Bild 3-16 dar: ein Quellenstrom I_q (Bild 3-16a), der konstant (also unabhängig von R) ist, bildet zusammen mit R_i eine *Stromquelle*, deren Leerlaufspannung $I_q R_i$ ist.

Gilt für die Quellenspannung U_q der Schaltung 3-16b und den Quellenstrom I_q der Schaltung 3-16a der Zusammenhang

$$U_q = I_q R_i ,$$

so stimmen Leerlaufspannung und Kurzschlussstrom beider Schaltungen überein: die Schaltungen sind äquivalent. (Die Schaltungen 3-16a und b können auch als Wechselspannungsschaltungen verwendet werden: man muss nur R_i durch Z_i und R durch Z ersetzen; außerdem bezeichnen dann I_q und U_q komplexe Effektivwerte.)

3.2.3 Maschen- und Knotenanalyse

Struktur elektrischer Netze

Interessiert man sich nur für die Struktur eines Netzes (Anzahl der Knoten, Anzahl und Lage der Zweige), nicht aber für die Beschaffenheit der einzelnen Zweige, so kann man jeden Zweig durch eine einfache Linie ersetzen: *Graph* (Bild 3-17).

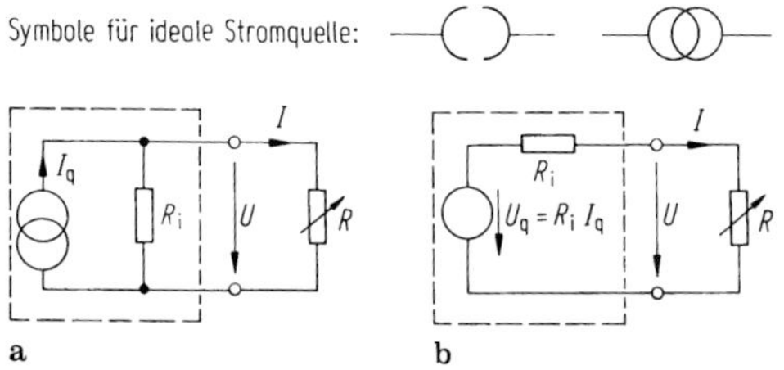

Bild 3-16. Äquivalente Quellen. **a** Ersatzstromquelle; **b** Ersatzspannungsquelle

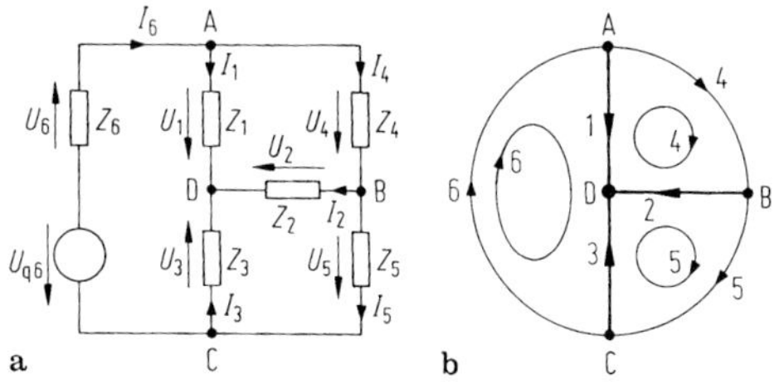

Bild 3-17. Spannungsquelle an einer Brückenschaltung. **a** Schaltung; **b** Schaltungsstruktur (Graph)

Bei den einzelnen Impedanzen Z sind die Bezugsrichtungen bzw. Zählpfeile von U und I jeweils in gleicher Richtung gewählt worden; diese Richtungen sind auch in die Zweige des Strukturgraphen übernommen worden. Das Netz hat 4 Knoten ($k = 4$), und es existieren alle möglichen 6 Direktverbindungen zwischen diesen Knoten ($z = 6$; „vollständiges Viereck"). Jeden Linienkomplex, in dem kein geschlossener Umlauf möglich ist (in dem es also jeweils nur einen einzigen Weg gibt, um von einem Punkt zu einem anderen zu gelangen) nennt man einen *Baum* :

(1; 2), (1; 3), (5; 6), (1; 2; 3); (1; 2; 5); (1; 3; 5) usw.

Ein Baum, der alle Knoten miteinander verbindet, ist ein *vollständiger* Baum:

(1; 2; 3), (1; 2; 5), (1; 3; 5), (2; 3; 4) usw.

Die jeweils nicht im vollständigen Baum enthaltenen Zweige nennt man *Verbindungszweige*; z. B. gehören zum vollständigen Baum (1; 2; 3) die Verbindungszweige (4; 5; 6).

Bezeichnungen

k Anzahl der Knoten
z_{max} maximale Anzahl von Zweigen
z Anzahl der vorhandenen Zweige
v_{max} maximale Anzahl von Verbindungszweigen
v Anzahl der vorhandenen Verbindungszweige
b Anzahl der Zweige eines vollständigen Baumes
n_b Anzahl der möglichen vollständigen Bäume

Zwischen diesen Größen gelten folgende Beziehungen:

$$b = k - 1 ,$$

$$z_{max} = 0{,}5k(k-1) ,$$

$$v_{max} = (0{,}5k - 1)(k - 1) ,$$

$$v = z - b = z - (k - 1) ,$$

$$n_b = k^{(k-2)} .$$

Maschenanalyse

Für ein Netz mit k Knoten und z Zweigen können $b = k - 1$ voneinander linear unabhängige Knotengleichungen und $v = z - b$ linear unabhängige Maschengleichungen aufgestellt werden; außerdem gilt an den einzelnen Impedanzen jeweils $U = ZI$. Im Fall des Netzes nach Bild 3-17a bedeutet das: für die 6 Spannungen und 6 Ströme erhält man $b = 3$ Knotengleichungen und $v = 3$ Maschengleichungen, außerdem die 6 Gleichungen $U_1 = Z_1 I_1$ usw., insgesamt zunächst also 12 Gleichungen.
Mit dem Verfahren der Maschenanalyse wird die Aufstellung der Gleichungen wesentlich erleichtert: man erhält direkt ein Gleichungssystem für die v Ströme in den Verbindungszweigen (im Beispiel also 3 Gleichungen für 3 Ströme, z. B. für die Ströme I_4, I_5, I_6).
Man bezeichnet die Maschenanalyse auch als *Umlaufanalyse*.
Am folgenden Beispiel wird die Aufstellung des Gleichungssystems für die Ströme I_4, I_5, I_6 der Schaltung in Bild 3-17a beschrieben: Zunächst wird irgendein vollständiger Baum aus den

$$n_b = k^{(k-2)} = 4^2 = 16$$

möglichen ausgewählt, für das Beispiel der Baum mit den Zweigen 1; 2; 3. Die Zweige 4; 5; 6 werden dadurch zu Verbindungszweigen. Dann zeichnet man den Umlauf 4 in die Schaltung oder ihren Graphen ein (Bild 3-17b): dieser Umlauf entsteht dadurch, dass man bei A beginnend vom Zweig 4 folgt bis B (in der für Zweig 4 zuvor willkürlich festgelegten Richtung) und von dort *nur über Baumzweige* (also die Zweige 1; 2) zum Punkt A zurückkehrt. Auf die gleiche Art werden die Umläufe 5 und 6 gebildet. Die Wahl des vollständigen Baumes führt hier übrigens dazu, dass die 3 Umläufe gerade den 3 *Maschen* des Netzes folgen (Maschen: kleinste Umläufe, gültig jeweils für eine bestimmte Art, das Netz zu zeichnen).
Für die Ströme in den Verbindungszweigen 4; 5; 6 wird nun das Gleichungssystem aufgestellt (die Bildungsgesetze für die Koeffizienten und die rechten Gleichungsseiten werden anschließend beschrieben):

$$\begin{aligned}
(Z_4 + Z_2 + Z_1)\, I_4 \quad & -Z_2\, I_5 & -Z_1\, I_6 &= 0\\
-Z_2\, I_4 + & (Z_5 + Z_3 + Z_2)\, I_5 & -Z_3\, I_6 &= 0\\
-Z_1\, I_4 + & -Z_3\, I_5 + & (Z_6 + Z_1 + Z_3)\, I_6 &= U_{q6}.
\end{aligned}$$

In der folgenden Darstellung lässt sich das Gleichungssystem, insbesondere das Koeffizientenschema (die Impedanzmatrix) besser überblicken:

	I_4	I_5	I_6	
Masche 4	$Z_4 + Z_2 + Z_1$	$-Z_2$	$-Z_1$	0
Masche 5	$-Z_2$	$Z_5 + Z_3 + Z_2$	$-Z_3$	0
Masche 5	$-Z_1$	$-Z_3$	$Z_6 + Z_1 + Z_3$	U_{q6}

In Matrizenschreibweise:

$$\begin{bmatrix} (Z_4 + Z_2 + Z_1) & -Z_2 & -Z_1 \\ -Z_2 & (Z_5 + Z_3 + Z_2) & -Z_3 \\ -Z_1 & -Z_3 & (Z_6 + Z_1 + Z_3) \end{bmatrix} \begin{bmatrix} I_4 \\ I_5 \\ I_6 \end{bmatrix} = \begin{bmatrix} 0 \\ 0 \\ U_{q6} \end{bmatrix}.$$

Anweisung zur direkten Aufstellung dieses Gleichungssystems
Die (unbekannten) Ströme I_4, I_5, I_6 werden (in dieser Reihenfolge) hingeschrieben. In die Hauptdiagonale der Impedanzmatrix werden in der entsprechenden Reihenfolge die *Maschenimpedanzen* der Umläufe 4; 5; 6 eingetragen (Maschenimpedanz: Summe aller Impedanzen entlang eines Umlaufes). Außerhalb der Hauptdiagonalen stehen die *Kopplungsimpedanzen*, z. B. steht an zweiter Stelle in der oberen Gleichung $-Z_2$, weil Z_2 die Impedanz ist, die den Umläufen 4 und 5 gemeinsam ist; dieselbe Impedanz muss deshalb auch an erster Stelle in der mittleren Gleichung auftreten (d. h., die Impedanzmatrix ist zur Hauptdiagonalen symmetrisch). Wenn zwei Umläufe einander in ihrer Kopplungsimpedanz entgegengerichtet sind, erhält diese ein Minuszeichen. Auf der rechten Gleichungsseite steht die Summe aller Quellenspannungen des betreffenden Umlaufes. Jede Quellenspannung erhält hierbei ein Minuszeichen, wenn ihr Zählpfeil mit der Richtung des Umlaufes übereinstimmt, anderenfalls ein Pluszeichen.

Knotenanalyse

Während bei der Umlaufanalyse ein Gleichungssystem für die Ströme in den Verbindungszweigen aufgestellt wird, entsteht bei der Knotenanalyse ein Gleichungssystem für die Spannungen an den Baumzweigen. Dies soll wieder am Beispiel der Schaltung 3-17a gezeigt werden, wobei zunächst die Spannungsquelle durch die äquivalente Stromquelle ersetzt wird (Bild 3-18).

Zuerst wird (willkürlich) wieder der vollständige Baum (1, 2, 3) ausgewählt (für die Knotenanalyse werden allerdings nur Bäume verwendet, die einen *Bezugsknoten* besitzen, in dem nur Baumzweige zusammentreffen: 1; 2; 3 mit Bezugsknoten D, 1; 4; 6 mit A, 2; 4; 5 mit B oder 3; 5; 6 mit C. Die Zählpfeile der drei Baumzweige sollen alle auf den Bezugsknoten D zeigen (es können also die in Bild 3-17 schon eingetragenen Richtungen für die Zweige 1; 2; 3 beibehalten werden). Für die Spannungen an den drei Baumzweigen wird nun das Gleichungssystem aufgestellt (die Bildungsgesetze für die Koeffizienten und die rechten Gleichungsseiten werden danach beschrieben):

	U_1	U_2	U_3	
Knoten A	$Y_1 + Y_6 + Y_4$	$-Y_4$	$-Y_6$	I_{q6}
Knoten B	$-Y_4$	$Y_2 + Y_4 + Y_5$	$-Y_5$	0
Knoten C	$-Y_6$	$-Y_5$	$Y_3 + Y_5 + Y_6$	$-I_{q6}$

Anweisung zur direkten Aufstellung dieses Gleichungssystems

Die (unbekannten) Spannungen U_1, U_2, U_3 werden (in dieser Reihenfolge) hingeschrieben. In die Hauptdiagonale der Admittanzmatrix werden in der entsprechenden Reihenfolge die *Knotenadmittanzen* der Knoten A, B, C eingetragen (Knotenadmittanz = Summe aller Admittanzen, die in einem Knoten zusammentreffen). Außerhalb der Hauptdiagonale stehen die *Kopplungsadmittanzen*, z. B. steht an zweiter Stelle in der oberen Gleichung $-Y_4$, weil Y_4 die Admittanz zwischen den Knoten A und B ist; dieselbe Admittanz muss deshalb auch an erster Stelle in der mittleren Gleichung auftreten (d. h. die Admittanzmatrix ist zur Hauptdiagonalen symmetrisch). Die Kopplungsadmittanzen erhalten immer das Minuszeichen. Auf der rechten Gleichungsseite steht die Summe aller Quellenströme, die in den betreffenden Knoten hineinfließen. Jeder Quellenstrom erhält hierbei ein Pluszeichen, wenn er in den Knoten hineinfließt (von der Quelle aus gesehen), andernfalls ein Minuszeichen.

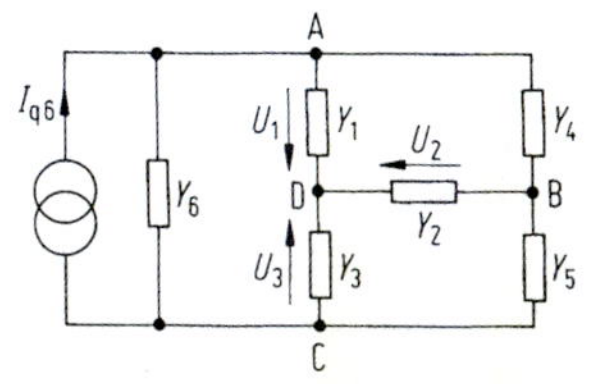

Bild 3-18. Stromquelle an einer Brückenschaltung

Netze mit idealen Quellen

Ideale Spannungsquellen. Liegen ideale Spannungsquellen in einzelnen Zweigen, so sind die Spannungen, für die das Gleichungssystem aufgestellt wird, nicht alle unbekannt (wenn man die idealen Spannungsquellen in den vollständigen Baum einbezieht), womit sich die Anzahl der Unbekannten verringert. Das folgende Beispiel macht deutlich, dass in Netzen mit (nahezu) idealen Spannungsquellen die Knotenanalyse besonders vorteilhaft ist: In der Schaltung 3-19 soll die Spannung U_1 berechnet werden. Die Knotenanalyse führt hier zu einem Gleichungssystem für drei Spannungen. Da in zwei Zweigen ideale Spannungsquellen liegen, wäre es am besten, diese Zweige zu Baumzweigen zu machen; es gibt aber keinen für die Knotenanalyse geeigneten vollständigen Baum, in dem die Zweige 2 und 6 vereinigt werden können. Deshalb muss man sich damit begnügen, dass zunächst im Gleichungssystem nur eine von den beiden Quellenspannungen auftritt: in der vorgeschlagenen Lösung mit dem vollständigen Baum 1; 2; 3 ist dies U_{q2}.

	U_1	U_{q2}	$U_3 = U_1 - U_{q6}$	
(A)	$G_1 + G_4$	$-G_4$	0	I_6
(B)	$-G_4$	$G_4 + G_5$	$-G_5$	I_2
(C)	0	$-G_5$	$G_3 + G_5$	$-I_6$

Hierin sind die Ströme I_2 und I_6 unbekannt und nicht belastungsunabhängig wie der Quellenstrom I_{q6} in Bild 3-18. Das Gleichungssystem enthält daher zunächst sogar vier Unbekannte: U_1, U_3, I_2, I_6. (B) ist zur Berechnung von U_1 überflüssig. Durch Addition von (A) und (C) wird I_6 eliminiert:

$$(G_1 + G_4)U_1 - (G_4 + G_5)U_{q2} + (G_3 + G_5)U_3 = 0 \,.$$

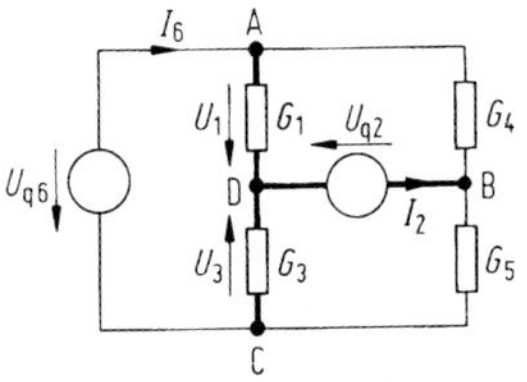

Bild 3-19. Schaltung mit zwei idealen Spannungsquellen

Hierin lässt sich U_3 einfach mithilfe von $U_3 = U_1 - U_{q6}$ eliminieren:

$$(G_1 + G_4)U_1 - (G_4 + G_5)U_{q2} + (G_3 + G_5)(U_1 - U_{q6}) = 0$$

$$U_1 = \frac{(G_4 + G_5)U_{q2} + (G_3 + G_5)U_{q6}}{G_1 + G_3 + G_4 + G_5} .$$

Zum Beispiel mit den Zahlenwerten $U_{q2} = 2\,\text{V}$; $U_{q6} = 6\,\text{V}$;

$$R_1 = 0{,}1\,\text{k}\Omega\,, \quad R_3 = 0{,}\bar{3}\,\text{k}\Omega\,;$$
$$R_4 = 0{,}25\,\text{k}\Omega\,, \quad R_5 = 0{,}2\,\text{k}\Omega$$

wird $U_1 = 3\text{V}$.

Ideale Stromquellen. Sind die Ströme in irgendwelchen Zweigen bekannt (z. B. durch Strommessung), so treten diese Ströme beim Aufstellen eines Gleichungssystems mithilfe der Umlaufanalyse zwar auf, aber nicht als Unbekannte. Dementsprechend kann sich die Auflösung des Gleichungssystems vereinfachen. Hierzu als Beispiel die Schaltung 3-20a, in der I_A, I_B, I_C, die 4 Quellenspannungen und die 4 Widerstände gegeben sind und I_1 berechnet werden soll. Die Ströme I_A, I_B, I_C kann man auch durch ideale Stromquellen (d. h. Stromquellen ohne Parallelwiderstand) beschreiben: Bild 3-20b.

Wählt man den vollständigen Baum 2; 3; 4 aus, so ergibt sich aus dem Umlauf 1 (mit den Zweigen 1; 2; 3; 4) eine Gleichung, in der von vornherein nur die Unbekannte I_1 auftritt.

Die Gleichungen (A), (B), (C) sind zur Berechnung von I_1 entbehrlich; I_1 lässt sich direkt aus (1) berechnen:

$$I_1 = \frac{U_{q1} + U_{q2} + U_{q3} + U_{q4} - R_4 I_A + (R_2 + R_3)I_B + R_3 I_C}{R_1 + R_2 + R_3 + R_4} .$$

Beispielsweise mit $R_1 = 1\Omega$, $R_2 = 2\Omega$, $R_3 = 3\Omega$, $R_4 = 4\Omega$;

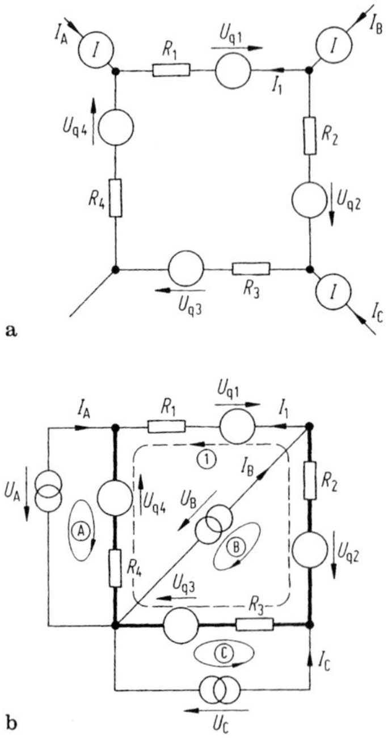

Bild 3-20. Masche eines Netzwerkes mit Einströmungen an drei Stellen. **a** Schaltung; **b** Beschreibung der Einströmungen I_A, I_B, I_C als ideale Stromquellen

$$U_{q1} = 1\,\text{V}, \quad U_{q2} = 2\,\text{V}, \quad U_{q3} = 3\,\text{V}, \quad U_{q4} = 4\,\text{V};$$
$$I_A = 2\,\text{A}, \quad I_B = I_C = 1\text{A}$$

wird $I_1 = 1\text{A}$.

In (A), (B), (C) treten U_A, U_B, U_C auf: diese Spannungen sind unbekannt und nicht belastungsunabhängig wie die Quellenspannungen $U_{q1}, \ldots, U_{q4}$. Im Gleichungssystem kommen demnach vier Unbekannte vor (I_1, U_A, U_B, U_C), von denen aber in (1) nur I_1 auftritt.

Vergleich zwischen Maschen- und Knotenanalyse

Die Knotenanalyse ist bei Netzen mit $k > 4$ und starker Vermaschung, d. h. $z > 2(k-1)$, günstiger als die Maschenanalyse; z. B. $k = 5, z = 10$ (Bild 3-21). Falls ideale Stromquellen bzw. Spannungsquellen vorhanden sind, vermindert sich allerdings der Lösungsaufwand bei Anwendung der Maschen- bzw. Knotenanalyse entsprechend.

Gesteuerte Quellen

Wenn Quellenspannungen oder -ströme nicht einfach konstant sind (wie in allen bisherigen Betrachtungen im Kap. 3), sondern einer anderen Spannung oder einem anderen Strom proportional sind, spricht man

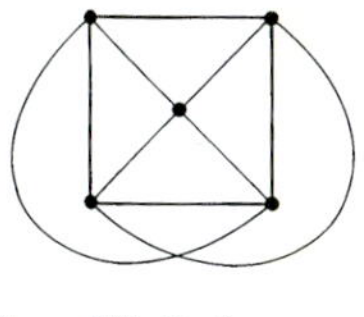

Bild 3-21. Vollständiges Fünfeck

von gesteuerten Quellen. Es gibt demnach vier Arten gesteuerter Quellen (vgl. Bild 3-22):

U_1 steuert U:	$U = k_1 U_1$	(spannungsgesteuerte Spannungsquelle)
U_1 steuert I:	$I = k_2 U_1$	(spannungsgesteuerte Stromquelle)
I_1 steuert U:	$U = k_3 I_1$	(stromgesteuerte Spannungsquelle)
I_1 steuert I:	$I = k_4 I_1$	(stromgesteuerte Stromquelle)

Muss man spannungsgesteuerte Quellen bei der Analyse eines linearen Netzes berücksichtigen, so geht dies am besten mit der Knotenanalyse, weil hier ohnehin ein Gleichungssystem für die Spannungen aufgestellt wird. Bei stromgesteuerten Quellen dagegen bietet sich die Umlaufanalyse an.

Ein wichtiges Beispiel einer spannungsgesteuerten Spannungsquelle ist der nichtübersteuerte Operationsverstärker, vgl. 8.2: $u_A = v_0 u_D$. Wie eine gesteuerte Quelle bei der Berechnung berücksichtigt werden kann, soll am Beispiel des Umkehrverstärkers (Bild 8-6a) gezeigt werden. Für den Knoten N gilt hier mit $G_1 = 1/R_1, G_2 = 1/R_2$ und $u_A = v_0 u_D$:

$$-G_1 u_E - u_D(G_1 + G_2) - G_2 v_0 u_D = 0$$

$$-G_1 u_E - \left[\frac{G_1 + G_2}{v_0} + G_2\right] u_A = 0$$

$$v = \frac{u_A}{u_E} = -\frac{G_1}{\dfrac{G_1 + G_2}{v_0} + G_2} = -\frac{R_2/R_1}{\dfrac{R_2/R_1 + 1}{v_0} + 1} .$$

Hieraus ergibt sich mit $v_0 \gg R_2/R_1 + 1$

$$\frac{u_A}{u_E} \approx -\frac{R_2}{R_1} \quad \text{(vgl. 8.3.3)} .$$

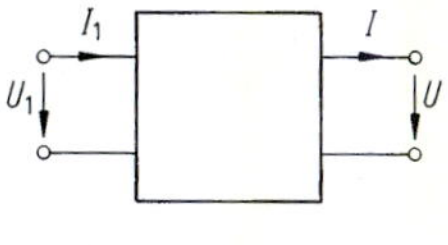

Bild 3-22. Gesteuerte Quelle

3.3 Vierpole

Eine Schaltung mit vier Anschlussklemmen nennt man Vierpol. Fasst man die vier Anschlüsse zu zwei Paaren zusammen (siehe Bild 3-23), so entsteht ein Zweitor (Vierpol im engeren Sinne), das durch zwei Ströme und zwei Spannungen charakterisiert ist. Einige Aussagen über solche Zweitore werden im Folgenden zusammengestellt, wobei vorausgesetzt ist, dass die Zweitore nur lineare, zeitinvariante Verbraucher und gesteuerte Quellen (aber keine konstanten Quellenspannungen oder -ströme) enthalten.

3.3.1 Vierpolgleichungen in der Leitwertform

Gleichungspaare, die den Zusammenhang zwischen den vier Klemmengrößen (U_1, I_1, U_2, I_2) des Zweitores beschreiben, nennt man Vierpolgleichungen. Als Beispiel soll der einfache Vierpol nach Bild 3-24 betrachtet werden; hier gilt

$$I_1 = Y_1(U_1 - U_2) ;$$
$$I_2 = -(Y_1 + kY_2)U_1 + (Y_1 + Y_2)U_2$$

oder in Matrizenschreibweise

$$\begin{bmatrix} I_1 \\ I_2 \end{bmatrix} = \begin{bmatrix} Y_1 & -Y_1 \\ -(Y_1 + kY_2) & (Y_1 + Y_2) \end{bmatrix} \begin{bmatrix} U_1 \\ U_2 \end{bmatrix}$$
$$= \begin{bmatrix} y_{11} & y_{12} \\ y_{21} & y_{22} \end{bmatrix} \begin{bmatrix} U_1 \\ U_2 \end{bmatrix} .$$

Hierfür schreibt man auch

$$[I] = [Y][U], \quad \text{oder} \quad \boldsymbol{I} = \boldsymbol{YU}$$

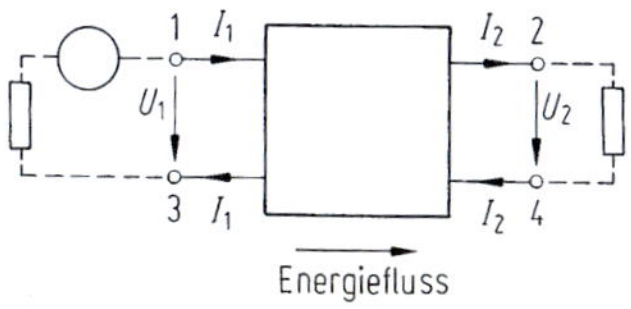

Bild 3-23. Vierpol als Zweitor mit Kettenbepfeilung

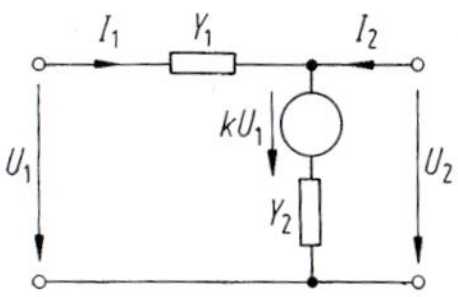

Bild 3-24. Einfacher Vierpol mit symmetrischer Bepfeilung

und nennt $\boldsymbol{I}$ die Spaltenmatrix der Ströme, $\boldsymbol{U}$ die Spaltenmatrix der Spannungen und $\boldsymbol{Y}$ die Leitwertmatrix mit den Elementen

$$y_{11} = \left.\frac{I_1}{U_1}\right|_{U_2=0} = \text{Kurzschluss-Eingangsadmittanz,}$$
$$y_{12} = \left.\frac{I_1}{U_2}\right|_{U_1=0} = \text{Kurzschluss-Kernadmittanz rückwärts,}$$
$$y_{21} = \left.\frac{I_1}{U_1}\right|_{U_2=0} = \text{Kurzschluss-Kernadmittanz vorwärts,}$$
$$y_{22} = \left.\frac{I_2}{U_2}\right|_{U_1=0} = \text{Kurzschluss-Ausgangsadmittanz.}$$

3.3.2 Vierpolgleichungen in der Widerstandsform

Löst man die Vierpolgleichungen nach den Spannungen auf, so erhält man sie in der Widerstandsform:

$$\begin{bmatrix} U_1 \\ U_2 \end{bmatrix} = \begin{bmatrix} z_{11} & z_{12} \\ z_{21} & z_{22} \end{bmatrix} \begin{bmatrix} I_1 \\ I_2 \end{bmatrix}; \quad \boldsymbol{U} = \boldsymbol{Z}\boldsymbol{I} .$$

Die Elemente der Widerstandsmatrix $\boldsymbol{Z}$ sind:

$$z_{11} = \left.\frac{U_1}{I_1}\right|_{I_2=0} = \text{Leerlauf-Eingangsimpedanz,}$$
$$z_{12} = \left.\frac{U_1}{I_2}\right|_{I_1=0} = \text{Leerlauf-Kernimpedanz rückwärts,}$$
$$z_{21} = \left.\frac{U_2}{I_1}\right|_{I_2=0} = \text{Leerlauf-Kernimpedanz vorwärts,}$$
$$z_{22} = \left.\frac{U_2}{I_2}\right|_{I_1=0} = \text{Leerlauf-Ausgangsimpedanz.}$$

Für die Umrechnung der Widerstandsparameter in die Leitwertparameter gilt

$$\boldsymbol{Y} = \boldsymbol{Z}^{-1} = \frac{1}{\det \boldsymbol{Z}} \begin{bmatrix} z_{22} & -z_{12} \\ -z_{21} & z_{11} \end{bmatrix} .$$

3.3.3 Vierpolgleichungen in der Kettenform

Man kann die Vierpolgleichungen auch nach U_1, I_1 auflösen und schreibt dann (mit Kettenpfeilen gemäß Bild 3-23):

$$\begin{bmatrix} U_1 \\ I_1 \end{bmatrix} = \begin{bmatrix} a_{11} & a_{12} \\ a_{21} & a_{22} \end{bmatrix} \begin{bmatrix} U_2 \\ I_2 \end{bmatrix} .$$

$$a_{11} = \left.\frac{U_1}{I_1}\right|_{I_2=0} = \text{Leerlauf-Spannungsübersetzung}$$
$$a_{22} = \left.\frac{I_1}{I_2}\right|_{U_2=0} = \text{Kurzschluss-Stromübersetzung.}$$

Passive Vierpole (Vierpole, die keine Quellen enthalten) sind richtungssymmetrisch; für sie gilt

$$\det \boldsymbol{A} = a_{11}a_{22} - a_{12}a_{21} = \frac{z_{12}}{z_{21}} = 1 .$$

4 Schwingkreise

4.1 Phasen- und Betragsresonanz

Die Impedanz Z bzw. die Admittanz Y eines Zweipols, der auch Kondensatoren und/oder Spulen enthält, ist frequenzabhängig komplex. Falls Z bei einer bestimmten Frequenz reell wird, spricht man von Phasenresonanz oder kurz von Resonanz; falls der Betrag $|Z|$ bzw. $|Y|$ maximal bzw. minimal werden, von Betragsresonanz.
Die Frequenzen, bei denen Phasen- und Betragsresonanz eintreten, liegen i. Allg. nahe bei den Frequenzen der Eigenschwingungen, die in RLC Schaltungen durch eine beliebige Anregung auftreten können (Eigenfrequenzen).

4.2 Einfache Schwingkreise

4.2.1 Reihenschwingkreis

Bei einer RLC-Reihenschaltung (Bild 4-1) gilt

$$Z = R + \mathrm{j}\left(\omega L - \frac{1}{\omega C}\right) ,$$

für $\omega_0 = (LC)^{-1/2}$ wird Im (Z) = 0 und $|Z|$ minimal:

$$Z|_{\omega_0} = R .$$

Phasen- und Betragsresonanz fallen hier also zusammen. Die Schaltung kann übrigens frei schwingen bei der *Eigenkreisfrequenz*

$$\omega_e = \omega_0 \sqrt{1 - \frac{CR^2}{4L}} .$$

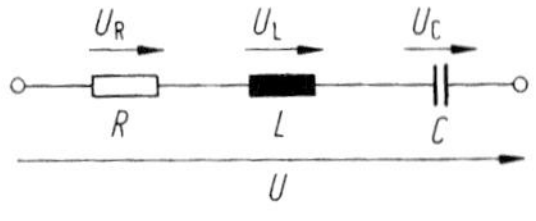

Bild 4-1. Reihenschwingkreis

Dieser Wert weicht von ω_0 umso stärker ab, je größer R wird; für $R \geqq 2\sqrt{L/C}$ sind keine Eigenschwingungen möglich.

4.2.2 Parallelschwingkreis

Für eine RLC-Parallelschaltung (Bild 4-2) gilt

$$Y = \frac{1}{R} + \mathrm{j}\left(\omega C - \frac{1}{\omega L}\right) ,$$

und bei

$$\omega_0 = \frac{1}{\sqrt{LC}}$$

wird $\mathrm{Im}(Y) = 0$ und $|Y|$ minimal:

$$Y|_{\omega=\omega_0} = \frac{1}{R} .$$

Auch hier fallen Phasen- und Betragsresonanz zusammen und liegen bei der gleichen Frequenz wie bei einem Reihenschwingkreis, der dieselbe Induktivität und dieselbe Kapazität enthält.

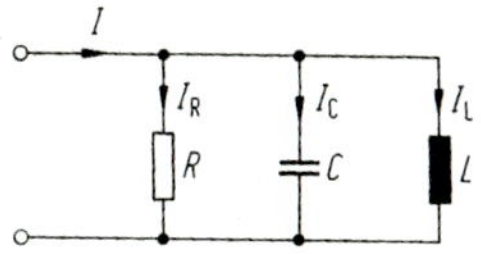

Bild 4-2. Parallelschwingkreis

4.2.3 Spannungsüberhöhung am Reihenschwingkreis

Für die Schaltung von Bild 4-1 gilt

$$\frac{|U_R|}{|U|} = \frac{\omega RC}{\sqrt{(\omega RC)^2 + (\omega^2 LC - 1)^2}} ,$$

$$\frac{|U_L|}{|U|} = \frac{\omega^2 LC}{\sqrt{(\omega RC)^2 + (\omega^2 LC - 1)^2}} ,$$

$$\frac{|U_C|}{|U|} = \frac{1}{\sqrt{(\omega RC)^2 + (\omega^2 LC - 1)^2}} .$$

In den Bildern 4-3a bis c sind diese Funktionen (Resonanzkurven) dargestellt.

Falls $R < \sqrt{2L/C}$ ist, kann bei bestimmten Frequenzen $|U_L| > |U|$ bzw. $|U_C > |U|$ werden. Diesen Resonanzeffekt nennt man Spannungsüberhöhung. Im Resonanzfall $\omega = \omega_0$ wird

$$\frac{|U_L|}{|U|} = \frac{|U_C|}{|U|} = \frac{\sqrt{L/C}}{R} .$$

Dieses Verhältnis heißt *Güte* Q_r des Reihenschwingkreises; sie gibt an, wie ausgeprägt die Resonanz

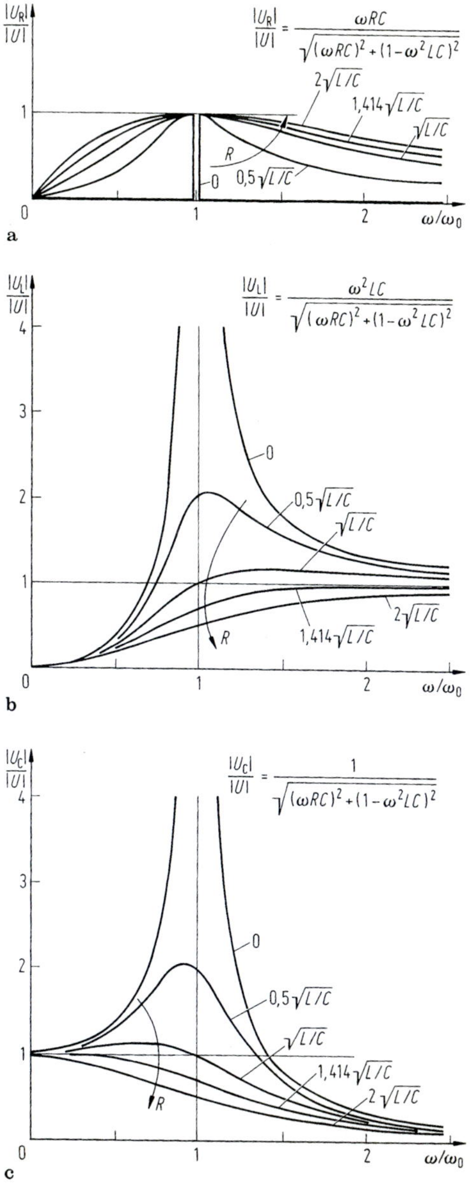

Bild 4-3. Frequenzabhängigkeit der Spannung an den Elementen eines Reihenschwingkreises. **a** Ohm'scher Widerstand; **b** Induktivität; **c** Kapazität

und damit die Selektivität des Schwingkreises ist. Ihr Kehrwert ist der Verlustfaktor d_r:

$$Q_r = \frac{\sqrt{L/C}}{R} \quad \text{(Güte)},$$

$$d_r = \frac{1}{Q_r} = \frac{R}{\sqrt{L/C}} \quad \text{(Verlustfaktor)}.$$

4.2.4 Bandbreite

Als Bandbreite des Reihenschwingkreises definiert man die Frequenzdifferenz Δf der beiden Frequenzen, die den Funktionswerten

$$\frac{|U_L|}{|U|} = \frac{\sqrt{L/C}}{\sqrt{2}R} \quad \text{bzw.} \quad \frac{|U_C|}{|U|} = \frac{\sqrt{L/C}}{\sqrt{2}\,R}$$

zugeordnet sind (Bild 4-4):

$$\left.\begin{matrix}\omega_{gu}\\ \omega_{go}\end{matrix}\right\} = \mp\frac{R}{2L} + \sqrt{\omega_0^2 + \left(\frac{R}{2L}\right)^2}$$

$$\Delta f = \frac{1}{2\pi}(\omega_{go} - \omega_{gu})$$

$$= \frac{1}{2\pi}\cdot\frac{R}{L} \quad \text{(absolute Bandbreite)}$$

$$\frac{\Delta f}{f_0} = \frac{R}{\sqrt{L/C}} = d_r \quad \text{(relative Bandbreite)}.$$

Beim einfachen Parallelschwingkreis (Bild 4-2) kann (entsprechend der Spannungsüberhöhung des Reihenschwingkreises) eine Stromüberhöhung auftreten. Hier gilt $Q_p = R/\sqrt{L/C}$.

4.3 Parallelschwingkreis mit Wicklungsverlusten

Schwingkreise, die komplizierter sind als die der Bilder 4-1 und 4-2, haben auch ein komplizierteres Resonanzverhalten: z. B. fallen Phasen- und Betragsresonanz nicht mehr zusammen. Als Beispiel hierfür dient ein Parallelschwingkreis, bei dem die Wicklungsverluste als Reihenwiderstand zur Induktivität L dargestellt werden (Bild 4-5). Zwischen den beiden Klemmen hat er die Admittanz

$$Y_{ges} = j\,\omega C + \frac{1}{R + j\,\omega L}$$

$$= \frac{R}{R^2 + (\omega L)^2} + j\,\omega\frac{C[R^2 + (\omega L)^2] - L}{R^2 + (\omega L)^2}$$

Aus $\operatorname{Im}(Y_{ges}) = 0$ ergibt sich (Phasen-)Resonanz bei

$$\omega_{01} = \frac{1}{\sqrt{LC}}\sqrt{1 - \frac{R^2C}{L}}.$$

Im Unterschied zu den einfachen Schaltungen 4-1 und 4-2 gibt es hier oberhalb eines bestimmten Widerstandswertes keine Phasenresonanz mehr, nämlich für $R \geqq \sqrt{L/C}$.

Das Minimum des Scheinleitwertes $|Y|$ erhält man (aus $\mathrm{d}|Y|/\mathrm{d}\omega = 0$) für

$$\omega_{02} = \frac{1}{\sqrt{LC}}\sqrt{\sqrt{1 + 2\frac{R^2C}{L}} - \frac{R^2C}{L}};$$

diese Betragsresonanz ist nicht mehr möglich für $R \geqq (1 + \sqrt{2})\sqrt{L/C}$.

Zahlenbeispiel

Für die Schaltung Bild 4-5 soll gelten $R = 0$, $L = 10\,\text{mH}$, $C = 10\,\text{nF}$.
Dann wird

$$\omega_{01} = \omega_{02} = 100\cdot 10^3/\text{s}.$$

Mit $R = 800\,\Omega$, $L = 10\,\text{mH}$, $C = 10\,\text{nF}$ dagegen werden

$$\omega_{01} = 60\cdot 10^3/\text{s} \quad \text{und} \quad \omega_{02} = 93{,}3\cdot 10^3/\text{s}.$$

4.4 Reaktanzzweipole

Das Verhalten von Schwingkreisen mit mehr als einer Spule und einem Kondensator (z. B. einer Parallelschaltung zweier Reihenschwingkreise) zu be-

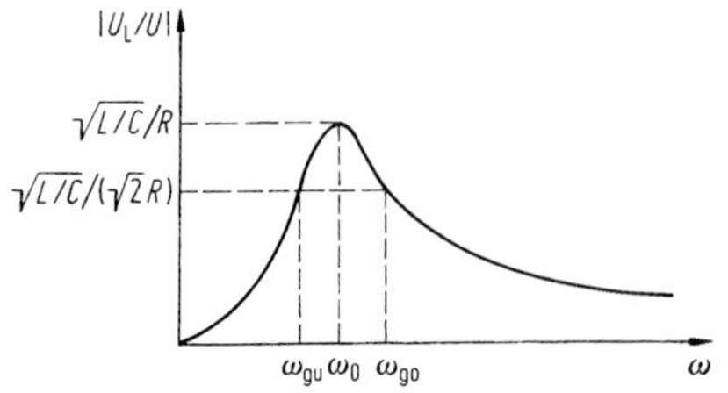

Bild 4-4. Zur Definition der Bandbreite

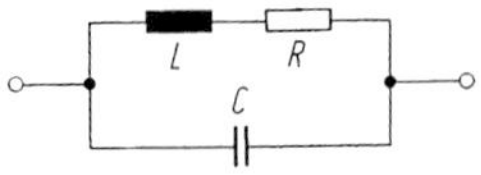

Bild 4-5. Parallelschwingkreis mit Wicklungsverlusten

rechnen, ist so aufwändig, dass es sich lohnt, hierbei die Ohm'schen Verluste (zunächst) zu vernachlässigen. Jede (reale) Spule wird dann nicht durch eine LR-Reihenschaltung sondern einfach nur durch L repräsentiert.
Desgleichen wird jeder (reale) Kondensator nicht durch eine CR-Parallelschaltung dargestellt, sondern nur durch C. Dadurch entstehen Reaktanzschaltungen, deren Eigenschaften leicht zu berechnen sind, weil die entstehenden Gleichungen nicht komplex sind.

4.4.1 Verlustloser Reihen- und Parallelschwingkreis

Die Vernachlässigung der Ohm'schen Verluste führt beim einfachen Reihen- bzw. Parallelschwingkreis zu den in Bild 4-6 zusammengefassten Ergebnissen.

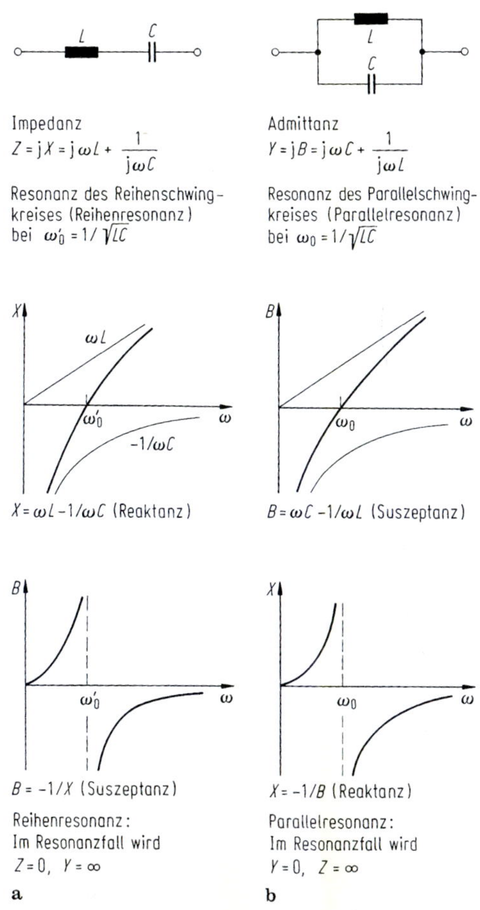

Bild 4-6. Vergleich zwischen Reihen- und Parallelresonanz

4.4.2 Kombinationen verlustloser Schwingkreise

Die Bilder 4-7 und 4-8 zeigen zwei Beispiele komplizierterer Schwingkreise.
Bei der Schaltung 4-7a ergeben sich i. Allg. eine Parallelresonanzfrequenz (hier wird $Z_{ab} \to \infty$) und zwei Reihenresonanzfrequenzen (hier wird $Z_{ab} = 0$):

$$\omega_{ser\,1} = \frac{1}{\sqrt{L_1 C_1}}; \quad \omega_{ser\,2} = \frac{1}{\sqrt{L_2 C_2}}; \quad \omega_{par} = \frac{1}{\sqrt{LC}}$$

$$\text{mit } L = L_1 + L_2 \quad \text{und} \quad C = \frac{C_1 C_2}{C_1 + C_2}\,.$$

Bei der Schaltung Bild 4-8a gibt es i. Allg. eine Reihenresonanzfrequenz ($Z_{ab} = 0$) und zwei Parallelresonanzfrequenzen ($Z_{ab} \to \infty$):

$$\omega_{par\,1} = \frac{1}{\sqrt{L_1 C_1}}; \quad \omega_{par\,2} = \frac{1}{\sqrt{L_2 C_2}}; \quad \omega_{ser} = \frac{1}{\sqrt{LC}}$$

$$\text{mit} \quad L = \frac{L_1 L_2}{L_1 + L_2} \quad \text{und} \quad C = C_1 + C_2\,.$$

Bei den Reaktanz- und Suszeptanzfunktionen in den Bildern 4-6 bis 4-8 wechseln Pol- und Nullstellen miteinander ab; die Steigung ist überall positiv ($\mathrm{d}X/\mathrm{d}\omega > 0$ bzw. $\mathrm{d}B/\mathrm{d}\omega > 0$). Dies gilt auch für beliebige andere Reaktanzzweipole.

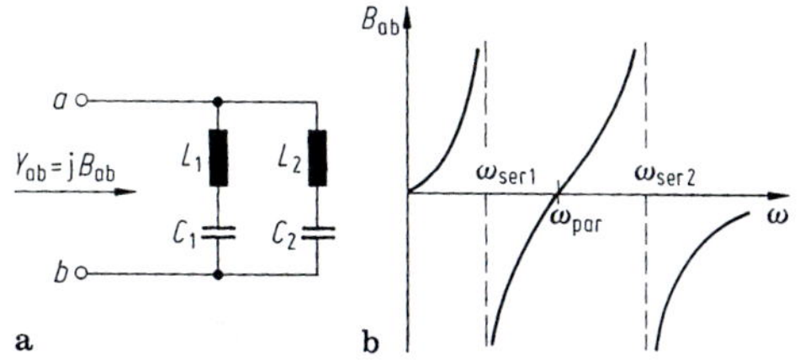

Bild 4-7. Parallelschaltung zweier Reihenschwingkreise
a Schaltung; **b** Suszeptanzfunktion

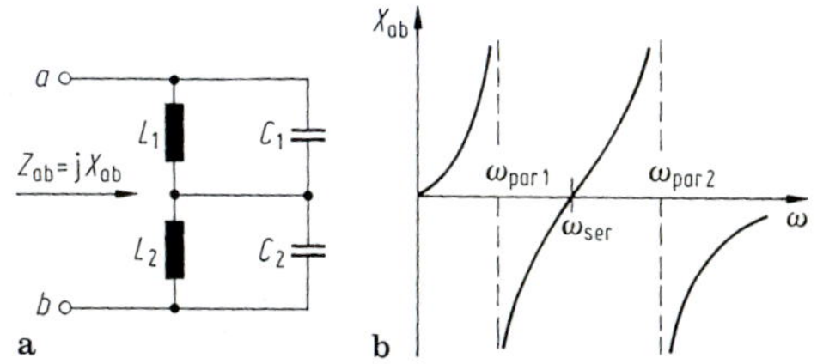

Bild 4-8. Reihenschaltung zweier Parallelschwingkreise
a Schaltung; **b** Reaktanzfunktion

5 Leistung in linearen Schaltungen

5.1 Leistung in Gleichstromkreisen

5.1.1 Wirkungsgrad

In einem Widerstand R (Bild 5-1a) wird die Leistung

$$P = UI = \frac{U^2}{R} = RI^2$$

umgesetzt: der Widerstand nimmt diese Leistung elektrisch auf und gibt sie als Wärme ab.
Wenn der Widerstand diese Leistung einer Quelle entnimmt, die den inneren Widerstand R_i hat, so bringt die Quelle selbst die Leistung

$$P_q = U_q i$$

auf. Wenn man die an den Klemmen abgegebene Leistung P auf die Gesamtleistung P_q bezieht, so erhält man den *Wirkungsgrad*

$$\eta = P/P_q \,. \tag{5-1}$$

Im Falle der Schaltung 5-1a ist demnach

$$\eta = \frac{UI}{U_q I} = \frac{U}{U_q} = \frac{R}{R + R_i} \,. \tag{5-2}$$

5.1.2 Leistungsanpassung

Der Widerstand R (Bild 5-1a) nimmt die Leistung

$$P = RI^2 = \frac{U_q^2}{(R + R_i)^2} R = \frac{U_q^2}{R_i} \cdot \frac{R/R_i}{(1 + R/R_i)^2}$$

auf; sie hat ein Maximum bei $R = R_i$, siehe Bild 5-1b. Den Fall maximaler Leistungsentnahme an den Klemmen bezeichnet man als Leistungsanpassung; die maximale Nutzleistung ist

$$P_{max} = \frac{1}{4} \cdot \frac{U_q^2}{R_i} = \frac{1}{4} P_{qk} \,.$$

($P_{qk} = U_q^2/R_i$ ist die Quellenleistung im Kurzschlussfall.)

Beispiel: Leistungsanpassung und Wirkungsgrad bei einer Spannungsteilerschaltung.
Bei der Schaltung Bild 5-2 wird die Leistungsabgabe an den Nutzwiderstand maximal, wenn

$$R = R_i = \frac{R_1 R_2}{R_1 + R_2}$$

ist. Speziell für $R_1 = R_2$ wird die Leistungsanpassung also erreicht, wenn $R = \frac{1}{2} R_1$ ist.
In diesem Fall gilt

$$\eta = \frac{P_{nutz}}{P_{ges}} = \frac{\frac{1}{8} \cdot \frac{U_q^2}{R_1}}{\frac{6}{8} \cdot \frac{U_q^2}{R_1}} = \frac{1}{6} \,.$$

(Im Gegensatz dazu ist in Schaltung Bild 5-1 im Anpassungsfall $\eta = \frac{1}{2}$.)

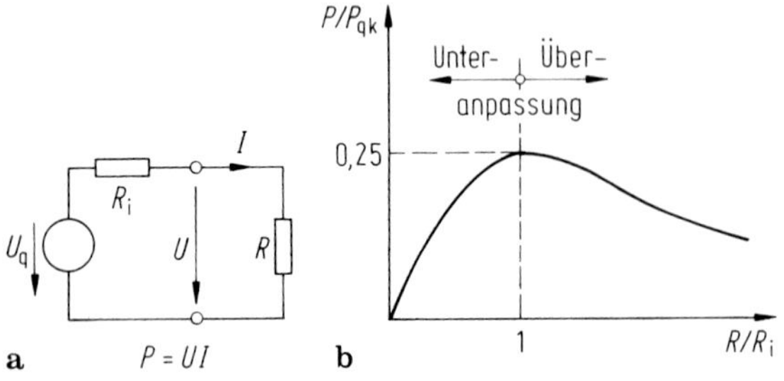

Bild 5-1. Leistungsabgabe einer Spannungsquelle. **a** Schaltung, **b** Leistung P/P_{qk} als Funktion von R/R_i

5.1.3 Belastbarkeit von Leitungen

Die Leistung in einer Leitung (mit dem Leitungswiderstand R) wächst gemäß $P = RI^2$ mit dem Strom quadratisch an, die Erwärmung nimmt entsprechend zu. Für alle Leitungen gibt es daher höchstzulässige Stromstärken, z. B. für Kupferleitungen mit 1 mm² Querschnitt 11 bis 19 A, mit 10 mm² Querschnitt 45 bis 73 A. Daher sind Leitungsschutz-Sicherungen (Schmelzsicherungen, Schutzschalter) in Reihe zur Leitung zu legen, die den Strom unterbrechen, wenn er den höchstzulässigen Wert überschreitet.

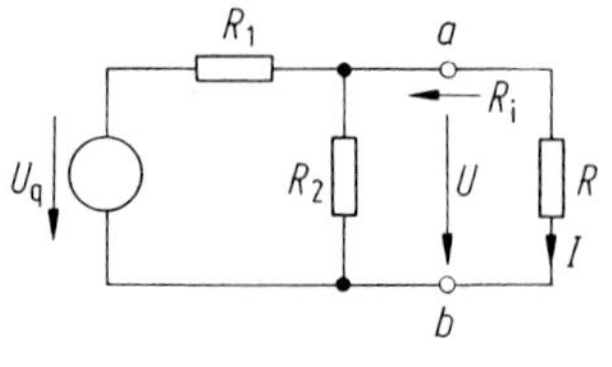

Bild 5-2. Belasteter Spannungsteiler

5.2 Leistung in Wechselstromkreisen

5.2.1 Wirk-, Blind- und Scheinleistung

Ein Zweipol (Bild 5-3a) nimmt die Leistung

$$p = ui$$

auf. Bei einem Ohm'schen Widerstand gilt mit

$$i = \hat{\imath}\cos(\omega t + \varphi_0)$$

und wegen $u = Ri$ für die Leistung

$$\begin{aligned} p &= R\hat{\imath}^2\cos^2(\omega t + \varphi_0) \\ &= \frac{1}{2}R\hat{\imath}^2[1 + \cos 2(\omega t + \varphi_0)]\,. \end{aligned} \tag{5-3}$$

Deren arithmetischer Mittelwert

$$P = \frac{1}{2}R\hat{\imath}^2 = R|I|^2 \quad (\text{Effektivwert } |I| = \hat{\imath}\sqrt{2})$$

ist die *Wirkleistung* im Widerstand.
Bei einer *Spule* mit der Induktivität L gilt mit

$$i = \hat{\imath}\sin(\omega t + \varphi_{0\mathrm{L}})$$

und wegen

$$u = L\frac{\mathrm{d}i}{\mathrm{d}t} = \omega L\hat{\imath}\cos(\omega t + \varphi_{0\mathrm{L}})$$

für die Leistung:

$$\begin{aligned} p(t) &= \omega L\hat{\imath}^2\sin(\omega t + \varphi_{0\mathrm{L}})\cos(\omega t + \varphi_{0\mathrm{L}}) \\ &= 0{,}5\omega L\hat{\imath}^2\sin 2(\omega t + \varphi_{0\mathrm{L}})\,. \end{aligned} \tag{5-4}$$

Deren Mittelwert ist null; in der Spule wird keine Wirkleistung umgesetzt; die Spulenleistung pendelt lediglich um diesen Mittelwert (mit der Leistungsamplitude $0,5\,\omega L\hat{\imath}^2$), d. h., die Spule nimmt zeitweilig (während der positiven Sinushalbwelle) Leistung auf und gibt (während der negativen Halbwelle) wieder Leistung ab. Für die Leistungsamplitude gilt

$$0{,}5\,\omega L\hat{\imath}^2 = 0{,}5\hat{u}\hat{\imath} = 0{,}5\frac{\hat{u}^2}{\omega L} = \omega L|I|^2 = |UI| = \frac{|U|^2}{\omega L}\,.$$

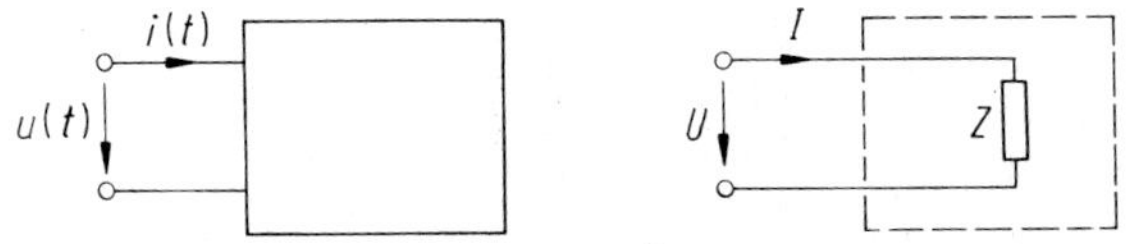

a b

Bild 5-3. Klemmengrößen eines Zweipols

Entsprechend ergibt sich beim *Kondensator* (Kapazität C) mit

$$u(t) = \hat{u}\cos(\omega t + \varphi_{0\mathrm{C}})$$

und wegen

$$\begin{aligned} i(t) &= C\frac{\mathrm{d}u(t)}{\mathrm{d}t} = -\omega C\hat{u}\sin(\omega t + \varphi_{0\mathrm{C}}) \\ p(t) &= -\omega C\hat{u}\sin(\omega t + \varphi_{0\mathrm{C}})\hat{u}\cos(\omega t + \varphi_{0\mathrm{C}}) \\ &= -0{,}5\omega C\hat{u}^2\sin 2(\omega t + \varphi_{0\mathrm{C}})\,. \end{aligned} \tag{5-5}$$

Auch hier ist die Wirkleistung null; die Amplitude der Leistungsschwingung ist

$$\frac{1}{2}\omega C\hat{u}^2 = \frac{1}{2}\hat{\imath}\hat{u} = \frac{1}{2}\frac{\hat{\imath}^2}{\omega C} = \omega C|U|^2 = |IU| = \frac{|I|^2}{\omega C}\,.$$

An einem beliebigen linearen RLC-Zweipol (Bild 5-3a) gilt ganz allgemein mit

$$u = \hat{u}\cos(\omega t + \varphi);\, i = \hat{\imath}\cos(\omega t)$$

für die aufgenommene Leistung:

$$\begin{aligned} p = ui &= \hat{u}\cos(\omega t + \varphi)\hat{\imath}\cos\omega t \\ &= \hat{u}\hat{\imath}\cos\varphi\cos^2\omega t \\ &\quad - \hat{u}\hat{\imath}\sin\varphi\sin\omega t\cos\omega t\,. \end{aligned} \tag{5-6}$$

Der erste Summand auf der rechten Gleichungsseite lässt sich als das Produkt einer Spannung mit einem phasengleichen Strom auffassen, beschreibt also ebenso wie (5-3) eine reine Wirkleistung. Der zweite Summand lässt sich auffassen als Produkt einer Spannung $\hat{u}\cos\omega t$ mit einem um $\pi/2$ nach bzw. voreilenden Strom $\hat{\imath}\sin\varphi\sin\omega t$ (nacheilend, falls $\varphi > 0$; voreilend, falls $\varphi < 0$); dieses Produkt stellt demnach wie (5-4) bzw. (5-5) eine Leistungsschwingung dar, bei der die Leistungsaufnahme und -abgabe ständig miteinander abwechseln und deren Mittelwert gleich null ist. Aus (5-6) folgt weiterhin

$$\begin{aligned} p &= \frac{\hat{u}\hat{\imath}}{2}\cos\varphi[1 + \cos 2\omega t] \\ &\quad - \frac{\hat{u}\hat{\imath}}{2}\sin\varphi\sin 2\omega t\,. \end{aligned}$$

Hierin bezeichnet man

$$P = \frac{\hat{u}\hat{\imath}}{2}\cos\varphi$$

als die *Wirkleistung* und

$$Q = \frac{\hat{u}\hat{\imath}}{2} \sin\varphi$$

als die *Blindleistung*.
Aus der Definition von Q ergibt sich

$$Q > 0 \quad \text{für} \quad \varphi > 0\,,$$

(d. h., wenn die Spannung dem Strom vorauseilt, also bei induktiver Reaktanz der Impedanz Z)
und

$$Q < 0 \quad \text{für} \quad \varphi < 0\,,$$

(d. h., wenn die Spannung dem Strom nacheilt, also bei kapazitiver Reaktanz der Impedanz Z).

Da P von $\cos\varphi$ abhängt, bezeichnet man $\cos\varphi$ als *Leistungsfaktor* oder – allgemeiner – als *Wirkfaktor* λ. Damit wird

$$P = |UI|\cos\varphi\,,$$
$$Q = |UI|\sin\varphi\,.$$

Mit den Definitionen für P und Q ergibt sich für die zeitabhängige Leistung:

$$p(t) = P[1 + \cos 2\,\omega t] - Q \sin 2\,\omega t\,.$$

Außerdem definiert man

$$S = P + \mathrm{j}Q = |UI|(\cos\varphi + \mathrm{j}\sin\varphi) = |UI|\exp(\mathrm{j}\varphi)$$

und bezeichnet S als die *komplexe Scheinleistung*; ihren Betrag $|S|$ nennt man einfach *Scheinleistung*

$$|S| = \sqrt{P^2 + Q^2} = |UI|\,.$$

Die SI-Einheit der Leistung ist das Watt:

$$1\,\text{Watt} = 1\,\text{W} = 1\,\text{V}\cdot\text{A} = 1\,\text{J/s} = 1\,\text{kg}\cdot\text{m}^2/\text{s}^3\,.$$

In der Praxis verwendet man für die Einheit 1 W bei Blindleistungen auch die Sonderbenennung Var (var = volt ampere reactive), bei Scheinleistungen die Sonderbenennung 1 VA (um auf diese Weise die dimensionsgleichen Größen P, Q, S außer durch ihre Formelzeichen zusätzlich durch ihre Einheitenbenennungen zu unterscheiden).
Mit $U = ZI$ wird $|U| = |Z||I|$ und damit

$$P = \frac{|U|^2}{|Z|}\cos\varphi = |I|^2|Z|\cos\varphi\,;$$
$$Q = \frac{|U|^2}{|Z|}\sin\varphi = |I|^2|Z|\sin\varphi\,;$$
$$|S| = \frac{|U|^2}{|Z|} = |I|^2|Z|\,.$$

Für die Größen S, P, Q gilt mit

$$U = |U|\exp(\mathrm{j}\varphi_u)\,,\quad U^* = |U|\exp(-\mathrm{j}\varphi_u)$$
$$I = |I|\exp(\mathrm{j}\varphi_i)\,,\quad I^* = |I|\exp(-\mathrm{j}\varphi_i)$$

(wenn man für die Winkeldifferenz zwischen Strom und Spannung wieder $\varphi_u - \varphi_i = \varphi$ setzt), schließlich außerdem

$$S = |UI|\exp(\mathrm{j}\varphi) = |UI|\exp[\mathrm{j}(\varphi_u - \varphi_i)]$$
$$= |U|\exp(\mathrm{j}\varphi_u)|I|\exp(-\mathrm{j}\varphi_i)$$
$$S = UI^*$$
$$P = \mathrm{Re}(UI^*) = 0{,}5(UI^* + U^*I)$$
$$Q = \mathrm{Im}(UI^*) = -\mathrm{j}0{,}5(UI^* - U^*I)\,.$$

5.2.2 Wirkleistungsanpassung

Einer Wechselspannungsquelle mit der inneren Impedanz $Z_\mathrm{i} = R_\mathrm{i} + \mathrm{j}X_\mathrm{i}$ (Bild 5-4) wird die maximale Wirkleistung entnommen, wenn für die Verbraucherimpedanz $Z_\mathrm{a} = R_\mathrm{a} + \mathrm{j}X_\mathrm{a}$ folgende Bedingung erfüllt ist;

$$Z_\mathrm{a} = Z_\mathrm{i}^*, \quad \text{also} \quad R_\mathrm{a} = R_\mathrm{i} \quad \text{und} \quad X_\mathrm{a} = -X_\mathrm{i}\,.$$

Falls die Bedingung $X_\mathrm{a} = -X_\mathrm{i}$ nicht eingehalten werden kann, so ergibt sich die maximale Wirkleistungsabgabe aus der Bedingung

$$R_\mathrm{a} = \sqrt{R_\mathrm{i}^2 + (X_\mathrm{a} + X_\mathrm{i})^2}\,,$$

speziell für $X_\mathrm{a} = 0$ müsste also

$$R_\mathrm{a} = \sqrt{R_\mathrm{i}^2 + X_\mathrm{i}^2}$$

gewählt werden.

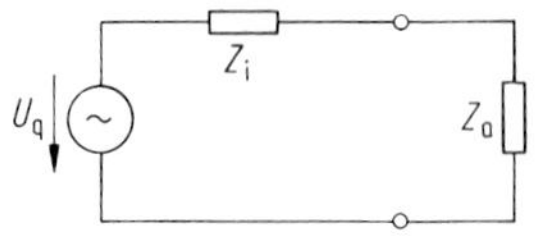

Bild 5-4. Belastete Wechselspannungsquelle

Blindstromkompensation (Blindleistungskompensation)

Falls $X_i = 0$ ist, muss für Leistungsanpassung auch $X_a = 0$ werden: besteht z. B. Z_a aus einer RL-Parallelschaltung, so kann man durch Parallelschalten eines Kondensators (mit der Kapazität $C = 1/\omega^2 L$) erreichen, dass $X_a = \omega L - 1/\omega C = 0$ wird.
Durch diese Blindstromkompensation wird vor allem aber auch der Wirkungsgrad verbessert (geringerer Zuleitungsstrom!).

6 Der Transformator

6.1 Schaltzeichen

In einem Transformator sind (mindestens) zwei Wicklungen miteinander magnetisch gekoppelt (induktive Kopplung). Die Ersatzschaltungen stellen das Transformatorverhalten allein mithilfe ungekoppelter Induktivitäten dar (in bestimmten Fällen unter Einbeziehung eines idealen Transformators). Bild 6-1 zeigt Schaltzeichen für Transformatoren (bzw. Überträger) mit 2 Wicklungen.

6.2 Der eisenfreie Transformator

6.2.1 Transformator-Gleichungen

Mit symmetrischen Zählpfeilen (Bild 6-2a) gilt

$$U_1 = R_1 I_1 + \mathrm{j}\omega L_1 I_1 + \mathrm{j}\omega M I_2 \qquad (6\text{-}1\mathrm{a})$$

$$U_2 = R_2 I_2 + \mathrm{j}\omega L_2 I_2 + \mathrm{j}\omega M I_1 \; . \qquad (6\text{-}1\mathrm{b})$$

6.2.2 Verlustloser Transformator

Mit $R_1 = R_2 = 0$ (Vernachlässigung der Wicklungswiderstände) und der Abschlussimpedanz Z_A (Bild 6-2c) wird:

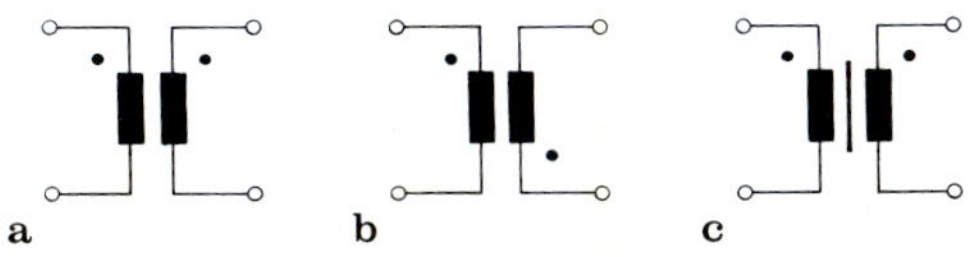

Bild 6-1. Transformator-Schaltzeichen. **a** Eisenfreier Transformator, gleichsinnige Kopplung ($M > 0$); **b** eisenfreier Transformator, gegensinnige Kopplung ($M < 0$); **c** Transformator mit Eisenkern, gleichsinnige Kopplung

$$\frac{I_2}{I_1} = \frac{\mathrm{j}\omega M}{Z_A + \mathrm{j}\omega L_2} \quad \text{(Stromübersetzung)} \; ,$$

$$\frac{U_2}{U_1} = \frac{\mathrm{j}\omega M Z_A}{\mathrm{j}\omega L_1 Z_A - \omega^2 (L_1 L_2 - M^2)}$$

(Spannungsübersetzung) .

6.2.3 Verlust- und streuungsfreier Transformator

Im streuungsfreien Transformator (Bild 6-3a) gilt

$$\frac{L_1}{L_2} = \left(\frac{N_1}{N_2}\right)^2 = n^2$$

$$\left(\frac{N_1}{N_2} = n = \text{Windungszahlverhältnis}\right)$$

und $M^2 = L_1 L_2$; außerdem

$$\frac{I_2}{I_1} = \pm \frac{N_1}{N_2} \cdot \frac{\mathrm{j}\omega L_2}{Z_A + \mathrm{j}\omega L_2} \quad \text{(Stromübersetzung)} \; ,$$

$$\frac{U_2}{U_1} = \pm \frac{N_2}{N_1} = \pm \frac{1}{n} \quad \text{(Spannungsübersetzung)} \; .$$

Das Vorzeichen hängt hierbei davon ab, welches Vorzeichen für $M = \pm \sqrt{L_1 L_2}$ in Frage kommt, d. h., ob die Spulen gleich- oder gegensinnig gekoppelt sind.
Für die Eingangsadmittanz gilt (Bild 6-3b):

$$Y_E = \frac{U_1}{I_1} = \frac{1}{\mathrm{j}\omega L_1} + \frac{1}{n^2 Z_A} \; .$$

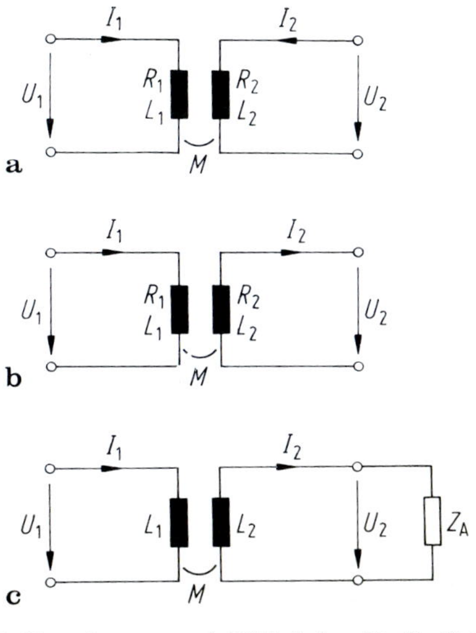

Bild 6-2. Transformator mit Zählpfeilen für die Größen an den Primärklemmen (U_1, I_1) und an den Sekundärklemmen (U_2, I_2). **a** Symmetrische Zählpfeile; **b** Kettenzählpfeile; **c** verlustloser Transformator mit Abschlussimpedanz

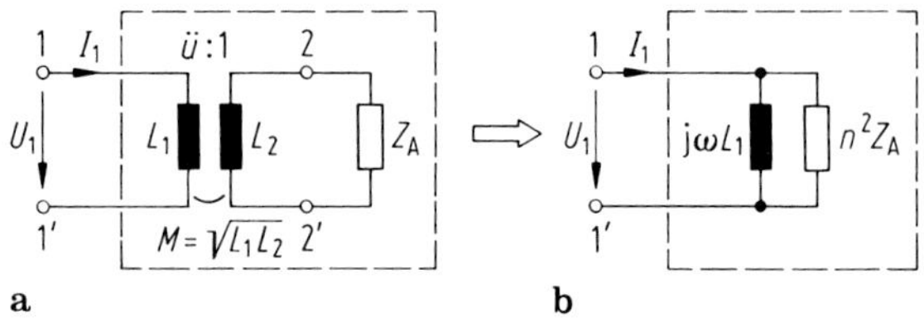

Bild 6-3. Verlust- und streuungsfreier Transformator. **a** Transformator mit Abschlussimpedanz Z_A; **b** Zweipolersatzschaltung

6.2.4 Idealer Transformator

Setzt man zusätzlich zu den Idealisierungen $R_1 = R_2 = 0$ (Vernachlässigung der Wicklungsverluste) und $L_1 L_2 = M^2$ (Vernachlässigung der magnetischen Streuung) voraus, dass in Bild 6-3b L_1 weggelassen werden kann ($L_1 \to \infty$) so nennt man einen solchen Transformator ideal; es wird

$$\frac{U_2}{U_1} = \pm\frac{N_2}{N_1} = \pm\frac{1}{n}$$

(ideale Spannungstransformation),

$$\frac{I_2}{I_1} = \pm\frac{N_1}{N_2} = \pm n$$

(ideale Stromtransformation),

und für Eingangsadmittanz bzw. -impedanz gilt bei idealer Impedanztransformation:

$$Y_E = \frac{1}{n^2 Z_A}\,, \quad Z_E = n^2 Z_A\,.$$

Durch Impedanztransformation kann eine Abschlussimpedanz an die innere Impedanz der Quelle angepasst werden (Anpassungsübertrager).

6.2.5 Streufaktor und Kopplungsfaktor

Es werden definiert der Kopplungsfaktor

$$k = \frac{M}{\sqrt{L_1 L_2}} \qquad (0 < k < 1)$$

und der Streufaktor

$$\sigma = 1 - \frac{M^2}{L_1 L_2} = 1 - k^2 \quad (1 > \sigma > 0)\,.$$

Beim idealen Transformator ist $k = 1, \sigma = 0$.

6.2.6 Vierpolersatzschaltungen

Ein Transformator, dessen untere beiden Klemmen verbunden sind (Bild 6-4a), kann durch die Schaltung in Bild 6-4b, aber auch durch die Schaltung in Bild 6-5 ersetzt werden (Schaltung 6-4b ist ein Sonderfall von 6-5; er entsteht, wenn $v = 1$ gesetzt wird): für alle drei Schaltungen gelten die Transformator-Gleichungen (6-1a, b).

Wählt man in Bild 6-5 $v = L_1/M$, so verschwindet die primäre Streuinduktivität, und mit $v = M/L_2$ verschwindet die sekundäre. Für $v = \sqrt{L_1/L_2}$ bilden die Induktivitäten eine symmetrische T-Schaltung (Bild 6-6).

6.2.7 Zweipolersatzschaltung

Falls man sich nur für das Eingangsverhalten eines Transformators (Bild 6-6) interessiert, so genügt eine Zweipolersatzschaltung, in der die Sekundärgrößen U_2, I_2 nicht mehr auftreten (Bild 6-7).

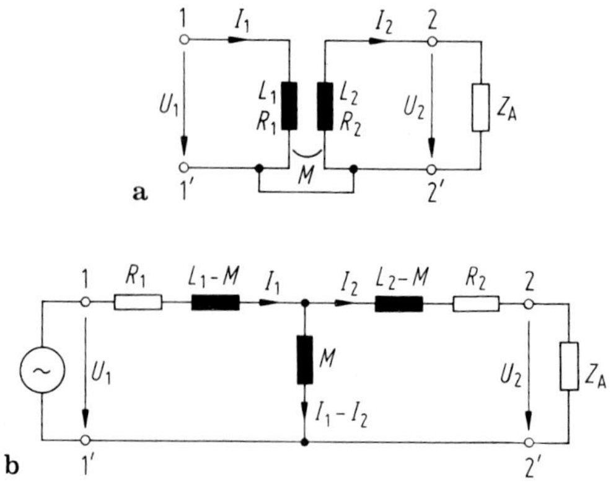

Bild 6-4. Transformator und Ersatzschaltung. **a** Transformatorschaltung; **b** T-Schaltung mit drei magnetisch nicht gekoppelten Spulen als Vierpolersatzschaltung eines Transformators

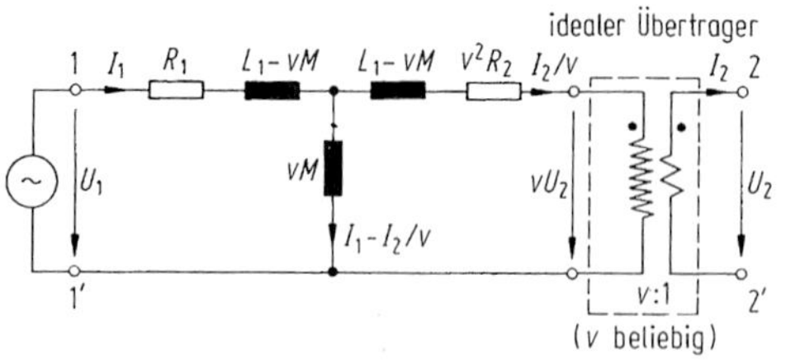

Bild 6-5. Transformatorersatzschaltung mit idealem Übertrager (Transformator)

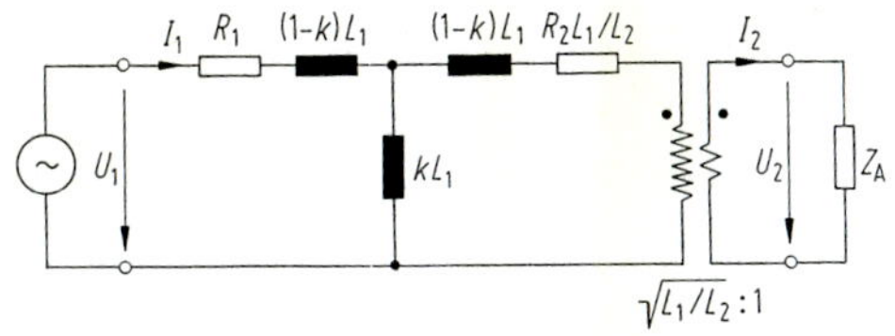

Bild 6-6. Transformatorersatzschaltung mit symmetrischer T-Schaltung

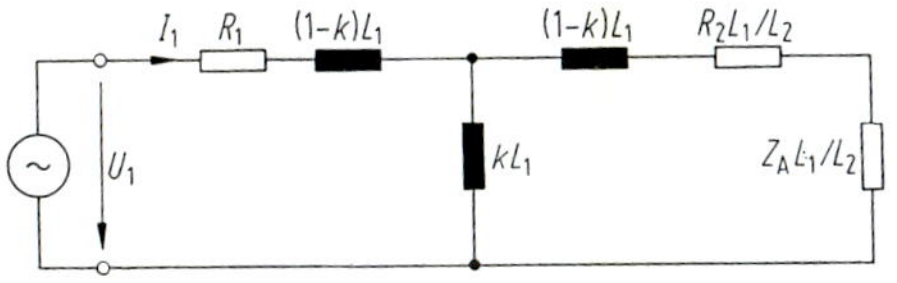

Bild 6-7. Zweipolersatzschaltung eines Transformators

6.3 Transformator mit Eisenkern

Idealen Transformatoreigenschaften ($\sigma \to 0$; $L_1 \to \infty$) kommt man am nächsten, wenn die Transformatorwicklungen auf einen gemeinsamen Eisenkern gewickelt werden, der einen geschlossenen Umlauf bildet (die magnetischen Feldlinien verlaufen dann fast nur im Eisen). Allerdings sind L_1, L_2, M wegen der Nichtlinearität der Magnetisierungskennlinie nicht konstant. Außerdem entstehen durch die ständige Ummagnetisierung (Wechselfeld!) frequenzproportionale Verluste (Hystereseverluste) $P_H \sim \omega$ und durch Wirbelströme die Wirbelstromverluste $P_W \sim \omega^2$ (die Wirbelstromverluste werden durch die Zusammensetzung des Eisenkernes aus dünnen, gegeneinander isolierten Blechen klein gehalten).

P_H und P_W können z. B. im Ersatzbild 6-7 dadurch berücksichtigt werden, dass man einen (auf die Primärseite bezogenen) Ohm'schen Widerstand R_E parallel zur Hauptinduktivität kL_1 vorsieht (Bild 6-8).

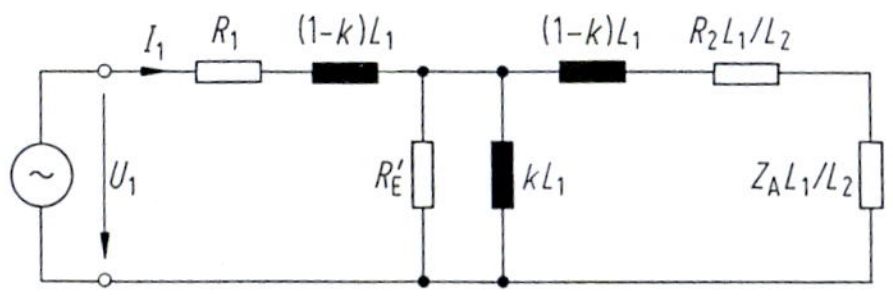

Bild 6-8. Berücksichtigung der Eisenverluste eines Transformators in einem Zweipolersatzschaltbild

Beispiel:
Bild 6-9 zeigt eine Ersatzschaltung eines 50-Hz Einphasentransformators mit den Nenndaten

$$|U_{1N}| = 2\,\text{kV} \quad \text{(primäre Nennspannung)}\,,$$
$$|U_{2N}| = 220\,\text{V} \quad \text{(sekundäre Nennspannung)}\,,$$
$$|S_N| = 20\,\text{kVA} \quad \text{(Nennscheinleistung)}\,.$$

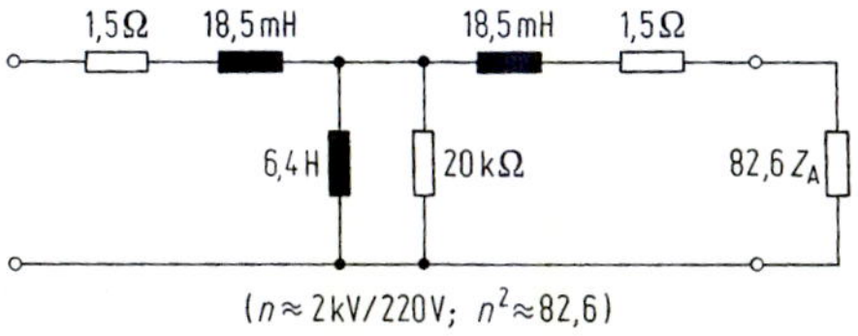

Bild 6-9. Ersatzschaltung eines Einphasentransformators (Zahlenbeispiel)

7 Drehstrom

7.1 Spannungen symmetrischer Drehstromgeneratoren

Elektrische Systeme mit Generatorspannungen gleicher Frequenz, aber unterschiedlicher Phasenlage, nennt man Mehrphasensysteme. Das wichtigste System ist das Dreiphasensystem (Drehstromsystem). Ein Drehstromgenerator, der drei um jeweils $2\pi/3$ gegeneinander phasenverschobene Spannungen gleicher Amplitude erzeugt (symmetrischer Generator), gibt an eine symmetrische Verbraucherschaltung insgesamt eine zeitlich konstante elektrische Leistung ab, belastet also vorteilhafterweise auch die Turbine

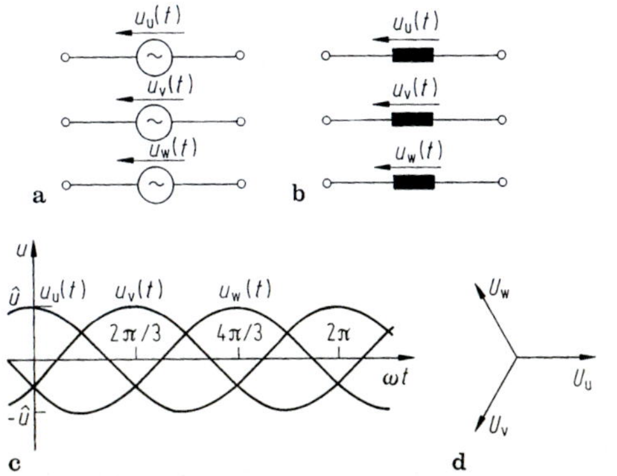

Bild 7-1. Spannungen eines symmetrischen Drehstromgenerators. **a** und **b** Symbole für phasenverschobene Spannungsquellen; **c** Liniendiagramm; **d** Zeigerdiagramm

oder den Verbrennungsmotor zeitlich konstant.
Die drei Spannungsquellen mit

$$u_u(t) = \hat{u}\cos\,\omega t$$
$$u_v(t) = \hat{u}\cos\,(\omega t - 2\pi/3)$$
$$u_w(t) = \hat{u}\cos\,(\omega t - 4\pi/3) = \hat{u}\cos\,(\omega t + 2\pi/3)$$

(Bild 7-1c) können durch drei Wechselspannungsquellen wie in 1.2.4 (Bild 1-7) oder durch die drei Wicklungen des Generators (Generatorstränge, Bild 7-1b) symbolisiert werden. Bild 7-1d zeigt ein Zeigerdiagramm für die komplexen Effektivwerte U_u, U_v, U_w der drei Generatorspannungen. Hierbei gilt mit der Abkürzung

$a = \exp(j \cdot 2\pi/3)$:

$$U_u = \frac{\hat{u}}{\sqrt{2}}\,, \quad U_v = \frac{\hat{u}}{\sqrt{2}}a^{-1} = \frac{\hat{u}}{\sqrt{2}}a^2\,,$$
$$U_w = \frac{\hat{u}}{\sqrt{2}}a^{-2} = \frac{\hat{u}}{\sqrt{2}}a\,.$$

Für den komplexen Operator a gilt außerdem (vgl. Bild 7-2a):

$$a = \exp(j \cdot 2\pi/3) = 0{,}5(-1 + j\sqrt{3})$$
$$a^2 = \exp(j \cdot 4\pi/3) = 0{,}5(-1 - j\sqrt{3})$$
$$a^3 = 1$$

und

$$1 + a + a^2 = 0$$
$$1 - a^2 = -j\sqrt{3}\,a\,;$$
$$a^2 - a = -j\sqrt{3}\,;\quad a - 1 = -j\sqrt{3}\,a^2$$

(vgl. Bild 7-2b).

Für die Summe der Generatorspannungen gilt

$$U_u + U_v + U_w = U_u + a^2U_u + aU_u$$
$$= U_u(1 + a^2 + a) = 0,$$

die drei Generatorstränge können also im Idealfall völliger Generatorsymmetrie zu einem geschlossenen Umlauf in Reihe geschaltet werden (Bild 7-3b), ohne dass ein Strom fließt.
(Falls aber u_u, u_v, u_w nicht rein sinusförmig sind, so entsteht grundsätzlich im Generatordreieck ein Kurzschlussstrom; wenn z. B. u_u, u_v, u_w außer der Grundschwingung (ω) auch noch die 3. Harmonische (3ω) enthalten, so sind die Oberschwingungen nicht gegeneinander phasenverschoben, löschen sich also nicht aus wie die Grundschwingungen.)

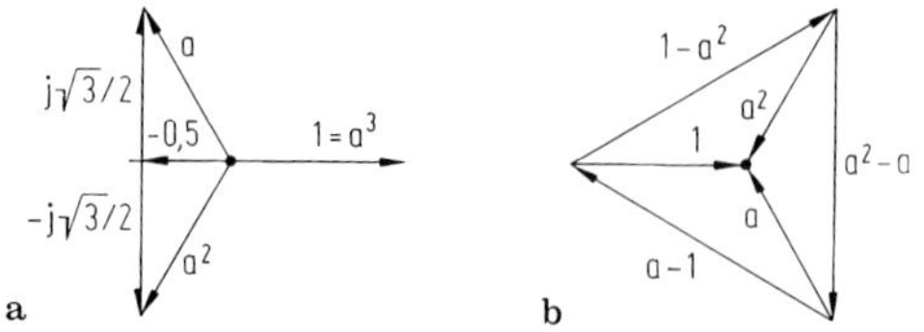

Bild 7-2. Zur Veranschaulichung des Operators a. **a** a und seine Potenzen, **b** Differenzen

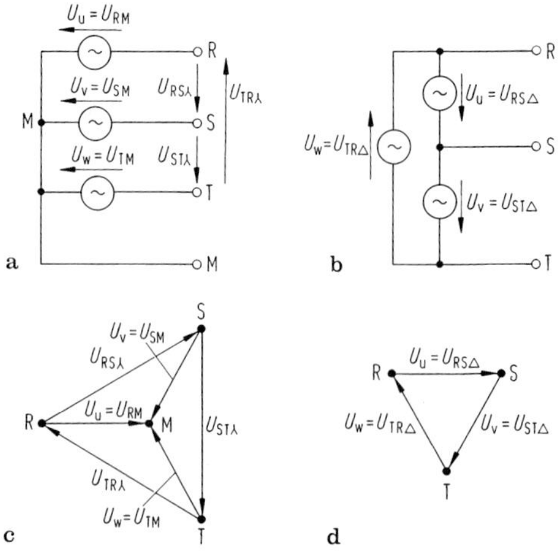

Bild 7-3. Symmetrische Generatorschaltungen. **a** Generator-Sternschaltung; **b** Generator-Dreieck-schaltung; **c** Spannungs-Zeigerdiagramm zur Sternschaltung; **d** Spannungs-Zeigerdiagramm zur Dreieckschaltung

Das Bild 7-3a zeigt die normalerweise verwendete Generator-Sternschaltung mit dem Generator-Sternpunkt M. Für die Spannungen zwischen den Anschlussklemmen R, S, T (die auch mit 1, 2, 3 bezeichnet werden können), die sogenannten (Außen-)Leiterspannungen, gilt in der die Generator-Sternschaltung:

$$U_{RS\curlywedge} = U_{RM}(1 - a^2) = -ja\sqrt{3}U_u\,,$$
$$U_{ST\curlywedge} = U_{RM}(a^2 - a) = -j\sqrt{3}U_u\,,$$
$$U_{TR\curlywedge} = U_{RM}(a - 1) = -ja^2\sqrt{3}U_u\,;$$

sowie für die Generator-Dreieckschaltung

$$U_{RS\Delta} = U_u\,;\quad U_{ST\Delta} = a^2U_u\,;\quad U_{TR\Delta} = aU_u\,.$$

Die Außenleiterspannungen sind bei Sternschaltung also um $\sqrt{3}$ größer als bei Dreieckschaltung:

$$|U_{RS\curlywedge}| = |U_{ST\curlywedge}| = |U_{TR\curlywedge}| = \sqrt{3}|U_{RS\Delta}|$$
$$= \sqrt{3}|U_{ST\Delta}| = \sqrt{3}|U_{TR\Delta}|\,.$$

7.2 Die Spannung zwischen Generator- und Verbrauchersternpunkt

Wenn n Generatorstränge zu einem Stern zusammengeschaltet und mit einem Verbraucherstern aus n Impedanzen verbunden werden (Bild 7-4), so gilt für die *Verlagerungsspannung* U_{NM} zwischen den beiden Sternpunkten M und N (vgl. 3.2.1):

$$U_{\mathrm{NM}} = \frac{Y_1 U_{1\mathrm{M}} + Y_2 U_{2\mathrm{M}} + \ldots + Y_n U_{n\mathrm{M}}}{Y_1 + Y_2 + \ldots + Y_n + Y_{\mathrm{M}}} \,. \qquad (7\text{-}1)$$

Für die Außenleiterströme ergibt sich damit

$$I_1 = (U_{1\mathrm{M}} - U_{\mathrm{NM}})Y_1 \,, \; I_2 = (U_{2\mathrm{M}} - U_{\mathrm{NM}})Y_2 \,, \; \text{usw.}$$

Sind beide Sternpunkte kurzgeschlossen ($Z_{\mathrm{M}} = 0$), so wird einfach

$$I_1 = Y_1 U_{1\mathrm{M}} \,, \quad I_2 = Y_2 U_{2\mathrm{M}} \quad \text{usw.}$$

7.3 Symmetrische Drehstromsysteme (symmetrische Belastung symmetrischer Drehstromgeneratoren)

In Bild 7-5 werden zwei verschiedene Belastungsfälle miteinander verglichen:

a) Drei gleiche Impedanzen $Z = |Z| \exp(\mathrm{j}\varphi)$ bilden einen Verbraucherstern, der an einen Generatorstern angeschlossen ist (Bild 7-5a).

b) An den Generatorstern wird ein Verbraucherdreieck aus den gleichen Impedanzen wie im Fall a angeschlossen (Bild 7-5b).

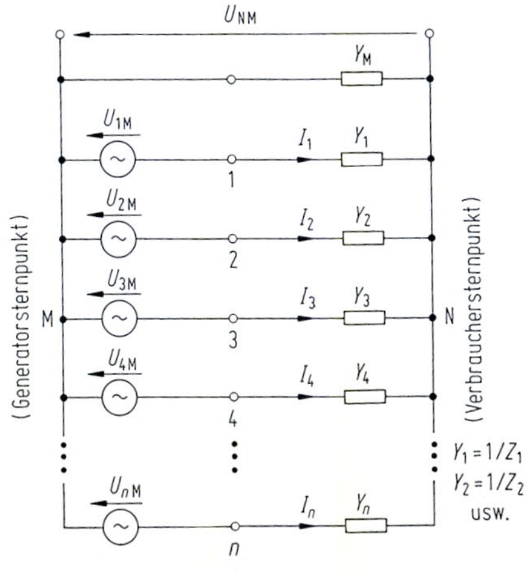

Bild 7-4. Generator und Verbraucher in Sternschaltung

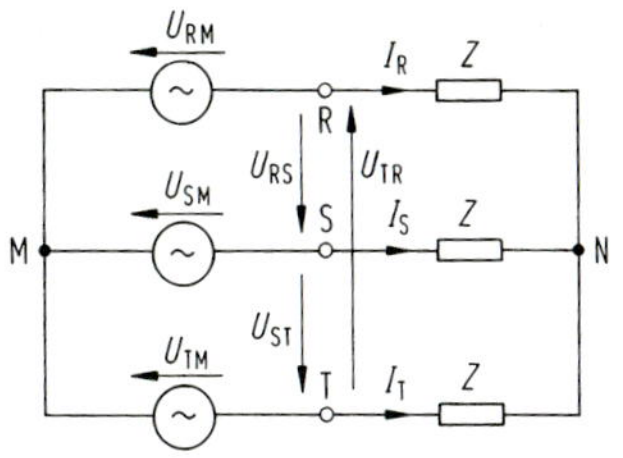

Verbraucherspannungen: $|U_{\mathrm{RN}}| = |U_{\mathrm{SN}}| = |U_{\mathrm{TN}}| = |U_{\mathrm{RM}}|$
Außenleiterspannungen: $|U_{\mathrm{RS}}| = |U_{\mathrm{ST}}| = |U_{\mathrm{TR}}| = \sqrt{3}|U_{\mathrm{RM}}|$
Außenleiterströme: $|I_{\mathrm{R}}| = |I_{\mathrm{S}}| = |I_{\mathrm{T}}| = |U_{\mathrm{RM}}|/|Z|$
a Gesamtleistung: $P_{\mathrm{ges}} = 3|I_{\mathrm{R}}|^2|Z|\cos\varphi = 3|U_{\mathrm{RM}}|^2\cos\varphi/|Z|$

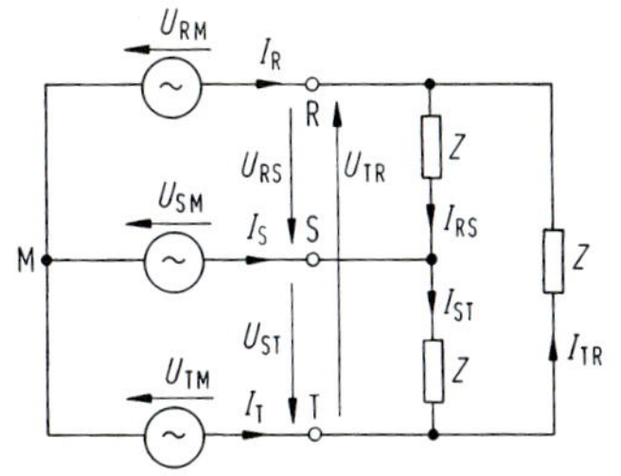

Außenleiterspannungen: $|U_{\mathrm{RS}}| = |U_{\mathrm{ST}}| = |U_{\mathrm{TR}}| = \sqrt{3}|U_{\mathrm{RM}}|$
Dreieckströme: $|I_{\mathrm{RS}}| = |I_{\mathrm{ST}}| = |I_{\mathrm{TR}}| = |U_{\mathrm{RS}}|/|Z| = \sqrt{3}|U_{\mathrm{RM}}|/|Z|$
Außenleiterströme: $|I_{\mathrm{R}}| = |I_{\mathrm{S}}| = |I_{\mathrm{T}}| = \sqrt{3}|I_{\mathrm{RS}}| = 3|U_{\mathrm{RM}}|/|Z|$
b Gesamtleistung: $P_{\mathrm{ges}} = 3|I_{\mathrm{RS}}|^2|Z|\cos\varphi = 9|U_{\mathrm{RM}}|^2\cos\varphi/|Z|$

Bild 7-5. Symmetrische Drehstromsysteme

Die Verbraucher-Dreieckschaltung nimmt eine dreimal so große Gesamtleistung auf wie die Sternschaltung. Da die Außenleiterströme jedoch im Fall b ebenfalls dreimal so groß sind, werden hier die Leitungsverluste ($3|I_{\mathrm{R}}|^2 R_{\mathrm{L}}, R_{\mathrm{L}}$ Leitungswiderstand) neunmal so groß wie im Fall a. Der Wirkungsgrad ist im Fall a (Verbraucher-Sternschaltung) also besser.

Im Allgemeinen (d. h., wenn das Drehstromsystem nicht ganz symmetrisch ist) wird die Gesamtleistung, die der Generator abgibt, zeitabhängig. Bei idealer Symmetrie des Generators und des Verbrauchers gilt jedoch (mit $u_{\mathrm{RM}} = \hat{u}\cos\omega t$ und $Z = |Z|\exp(\mathrm{j}\varphi)$)

$$\begin{aligned} p_{\mathrm{ges}} &= u_{\mathrm{RM}} \cdot i_{\mathrm{R}} + u_{\mathrm{SM}} \cdot i_{\mathrm{S}} + u_{\mathrm{TM}} \cdot i_{\mathrm{T}} \\ &= \hat{u}\cos\omega t \cdot \hat{\imath}\cos(\omega t - \varphi) \\ &\quad + \hat{u}\cos(\omega t - 2\pi/3) \cdot \hat{\imath}\cos(\omega t - 2\pi/3 - \varphi) \\ &\quad + \hat{u}\cos(\omega t + 2\pi/3) \cdot \hat{\imath}\cos(\omega t + 2\pi/3 - \varphi) \\ &= 1{,}5\hat{u}\hat{\imath}\cos\varphi = \text{const} \,. \end{aligned}$$

Das heißt: Ein symmetrisches Verbraucherdreieck oder ein symmetrischer Verbraucherstern entnehmen einem Drehstromgenerator eine konstante Leistung.

Auch die Antriebsmaschine des elektrischen Generators muss daher bei symmetrischer Last keine pulsierende Leistung, sondern vorteilhafterweise nur eine konstante Leistung abgeben (vgl. 16.0.2).

7.4 Asymmetrische Belastung eines symmetrischen Generators

7.4.1 Verbraucher-Sternschaltung

Speziell im Dreiphasensystem vereinfacht sich (7-1) zu

$$U_{NM} = \frac{Y_R U_{RM} + Y_S U_{SM} + Y_T U_{TM}}{Y_R + Y_S + Y_T + Y_M}$$

Wenn der Generator symmetrisch ist ($U_{SM} = a^2 U_{RM}$; $U_{TM} = a U_{RM}$), wird

$$U_{NM} = U_{RM} \frac{Y_R + a^2 Y_S + a Y_T}{Y_R + Y_S + Y_T + Y_M} .$$

Wenn $Y_R = Y_S = Y_T$ ist, wird der Zähler gleich Null. Er kann aber auch verschwinden, wenn die Verbraucheradmittanzen nicht übereinstimmen. Ein Beispiel hierzu liefert Bild 7-6. Bei einem Verbraucherstern, bei dem alle Impedanzen $Z = |Z| \exp(j\varphi)$ den gleichen Winkel φ haben, kann allerdings nur dann $U_{NM} = 0$ werden, wenn sie auch betragsgleich sind. Bild 7-7 zeigt dies am Beispiel einer rein Ohm'schen Last.

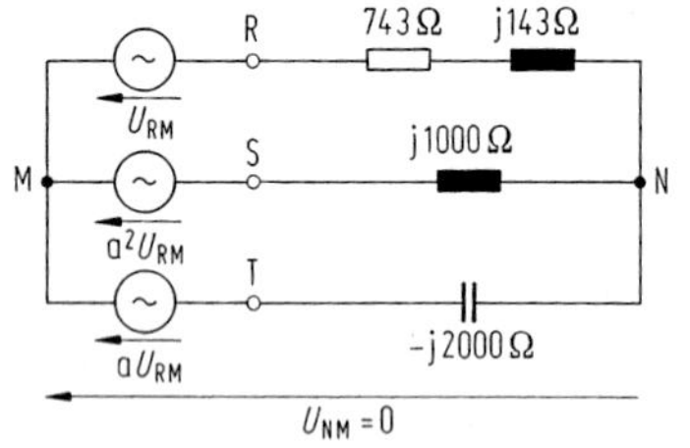

Bild 7-6. Asymmetrischer Verbraucherstern mit symmetrischen Verbraucherspannungen

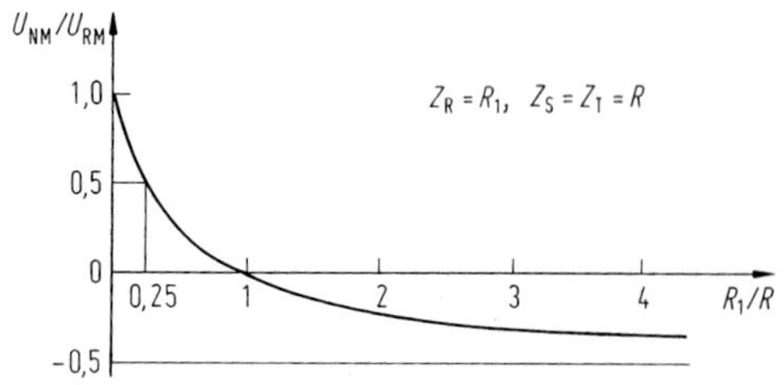

Bild 7-7. Abhängigkeit der Verlagerungsspannung von der Asymmetrie eines Ohm'schen Verbrauchersternes

7.4.2 Verbraucher-Dreieckschaltung

Bei der Verbraucher-Dreieckschaltung werden

$$I_{RS} = U_{RS}/Z_{RS} ,$$

$$I_{ST} = U_{ST}/Z_{ST} ,$$

$$I_{TR} = U_{TR}/Z_{TR} ;$$

$$I_R = \frac{U_{RS}}{Z_{RS}} - \frac{U_{TR}}{Z_{TR}} ,$$

$$I_S = \frac{U_{ST}}{Z_{ST}} - \frac{U_{RS}}{Z_{RS}} ,$$

$$I_T = \frac{U_{TR}}{Z_{TR}} - \frac{U_{ST}}{Z_{ST}} .$$

Bei symmetrischer Last ($Z_{RS} = Z_{ST} = Z_{TR} = Z$) sind die Außenleiterströme symmetrisch (d. h. betragsgleich und um $2\pi/3$ gegeneinander phasenverschoben):

$$I_R = 3U_{RM}/Z ,$$

$$I_S = 3U_{SM}/Z ,$$

$$I_T = 3U_{TM}/Z .$$

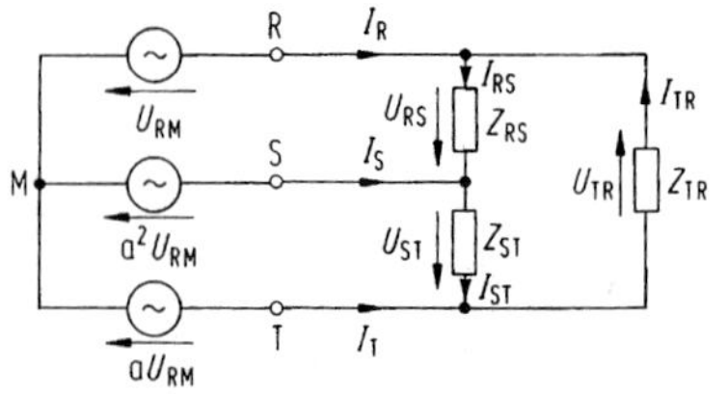

Bild 7-8. Verbraucher-Dreieckschaltung

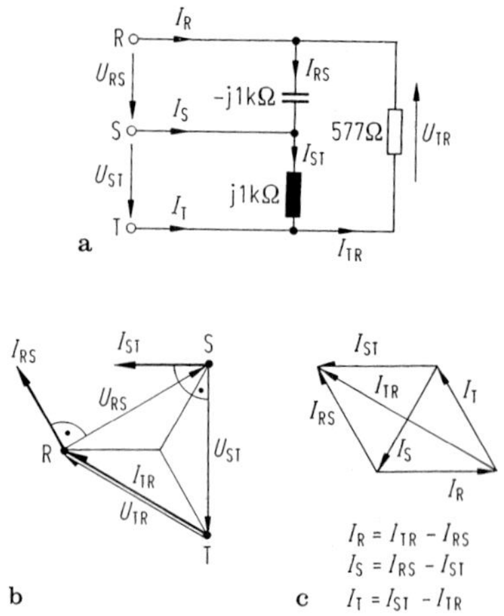

Bild 7-9. Symmetrische Belastung ($|I_R| = |I_S| = |I_T|$) durch einen asymmetrischen Verbraucher

Auch in bestimmten Fällen asymmetrischer Belastung (Bild 7-9a) können die Außenleiterströme symmetrisch sein: unter Umständen kann ein Verbraucherdreieck, das außer Blindwiderständen nur einen einzigen Ohm'schen Widerstand enthält (also völlig asymmetrisch ist), einen Generator durchaus symmetrisch belasten.

7.5 Wirkleistungsmessung im Drehstromsystem (Zwei-Leistungsmesser-Methode, Aronschaltung)

In einem Drehstromsystem mit drei Außenleitern (aber ohne Mittelleiter; Bild 7-10) kann die von einer beliebigen Verbraucherschaltung aufgenommene Gesamtwirkleistung P mit nur zwei Leistungsmessern bestimmt werden:

$$S = U_{RS}I_R^* - U_{ST}I_T^* = U_{RS}I_R^* + U_{TS}I_T^*$$

(I^* bedeutet: konjugiert komplexer Wert zu I).

$$P = \mathrm{Re}(S) = |U_{RS}I_R| \cos\varphi_{RS} - |U_{ST}I_T| \cos\varphi_{ST} \ .$$

Hierbei ist φ_{RS} der Winkel zwischen U_{RS} und I_R, φ_{ST} der Winkel zwischen U_{ST} und I_T. (Bei rein Ohm'scher Last ist auch die vom Leistungsmesser 2 gemessene Leistung $P_2 = -|U_{ST}I_T| \cos\varphi_{ST}$ immer positiv, weil hier $\cos\varphi_{ST}$ negativ wird.)

Rechenbeispiel 1

Aus $U_{RS} = 500\,\mathrm{V}$, $U_{ST} = 500\,\mathrm{V} \cdot \mathrm{a}^2$;

$I_R = 43{,}6\,\mathrm{A}\ \exp(-\mathrm{j} \cdot 36{,}6°)$,

$I_T = 70\,\mathrm{A}\ \exp(\mathrm{j} \cdot 81{,}8°)$

ergibt sich:

$$P = 500\,\mathrm{V} \cdot 43{,}6\,\mathrm{A}\ \cos 36{,}6° - 500\,\mathrm{V} \cdot 70\,\mathrm{A}\ \cos(81{,}8° + 120°)$$

$$P \approx 17{,}5\,\mathrm{kW} + 32{,}5\,\mathrm{kW} = 50\,\mathrm{kW} \ .$$

Rechenbeispiel 2

Bei einer Verbraucherschaltung, die sich nur aus Blindwiderständen zusammensetzt, muss $P = 0$ werden. Allerdings kann jeder der beiden Leistungsmesser eine Wirkleistung anzeigen. Hierbei wird

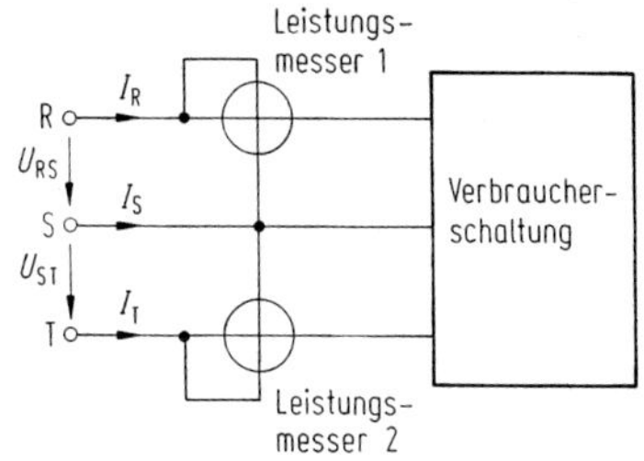

Bild 7-10. Spannungen und Ströme an den Klemmen eines Drehstromverbrauchers

$P_1 = -P_2$, also $P = P_1 + P_2 = 0$. Schließt man z. B. eine Sternschaltung dreier gleicher Kondensatoren (C) an einen symmetrischen Drehstromgenerator an, so wird

$$|I_R| = |I_T| = \frac{|U_{RS}|}{\sqrt{3}}\omega C \ ; \quad \varphi_{RS} = 60° \ ; \quad \varphi_{ST} = 60° \ .$$

$$P = |U_{RS}|\frac{|U_{RS}|}{\sqrt{3}}\omega C \cdot 0{,}5 - |U_{RS}|\frac{|U_{RS}|}{\sqrt{3}}\omega C \cdot 0{,}5 = 0 \ .$$

(Die Schaltung nimmt nur Blindleistung auf: $Q_{ges} = -|U_{RS}|^2\omega C$.)

8 Nichtlineare Schaltungen

8.1 Linearität

Die Netzwerkanalyse (3), aber auch die in 2 und 4 bis 7 beschriebenen Methoden setzen großenteils voraus, dass die betrachteten Schaltungen linear sind. Das heißt: Bei einem Widerstand seien Stromstärke i und Spannung u einander proportional, R sei konstant:

$$u \sim i \ , \quad \text{d. h.,} \quad u = Ri \quad \text{mit} \quad R = \text{const} \ .$$

Bei einem Kondensator seien Ladung q und Spannung u proportional, C sei konstant:

$$u \sim q \ , \quad \text{d. h.,} \quad u = Cq \quad \text{mit} \quad C = \text{const} \ .$$

Bei einer Spule seien Fluss Φ und Stromstärke i proportional, L sei konstant:

$$\Phi \sim i \ , \quad \text{d. h.,} \quad N\Phi = Li \quad \text{mit} \quad L = \text{const} \ .$$

(N Windungszahl).

Mit R, C, L = const sind die Gleichungen $u = Ri$, $u = Cq$, $N\Phi = Li$ lineare Gleichungen. Man nennt Bauelemente, in denen dies gilt, lineare Bauelemente. Schaltungen aus ihnen nennt man dementsprechend lineare Schaltungen. Im Folgenden werden einige Beispiele dafür gegeben, wie man in einfachen Fällen nichtlineare Bauelemente in die Berechnung einbeziehen kann.

8.2 Nichtlineare Kennlinien

8.2.1 Beispiele nichtlinearer Strom-Spannungs-Kennlinien von Zweipolen

Siehe Bild 8-1.

8.2.2 Verstärkungskennlinie des Operationsverstärkers

Operationsverstärker (Bild 8-2a) lassen sich als lineare Spannungsverstärker (spannungsgesteuerte Spannungsquellen) beschreiben, die ihre Eingangsspannung u_D mit dem Faktor v_0 (Leerlaufverstärkung) multiplizieren:

$$u_A = v_0 u_D$$

(in Bild 8-2b ist $v_0 = 10^4$). Diese Beschreibung ist aber nur zutreffend innerhalb eines relativ kleinen Wertebereiches für u_D (Bild 8-2b). Außerhalb dieses Wertebereiches wächst die Ausgangsspannung u_A nicht mehr proportional mit u_D an, man sagt der Verstärker ist „übersteuert“.

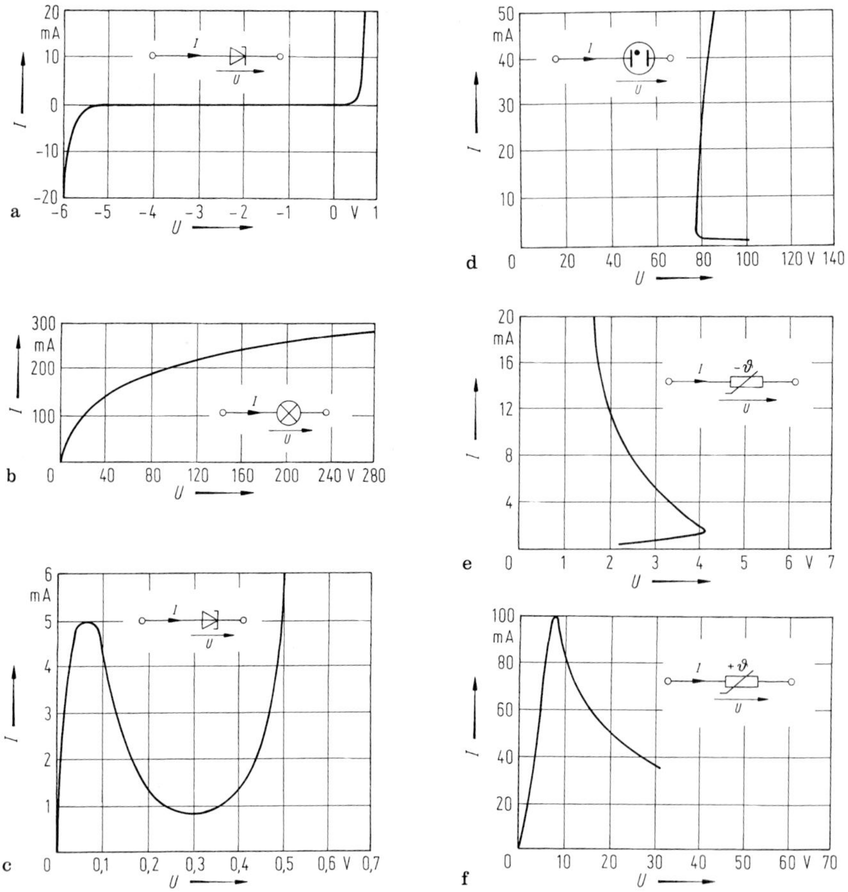

Bild 8-1. Strom-Spannungs-Kennlinien nichtlinearer Zweipole **a** Z-Diode; **b** Glühlampe; **c** Tunneldiode; **d** Glimmlampe; **e** Heißleiter; **f** Kaltleiter

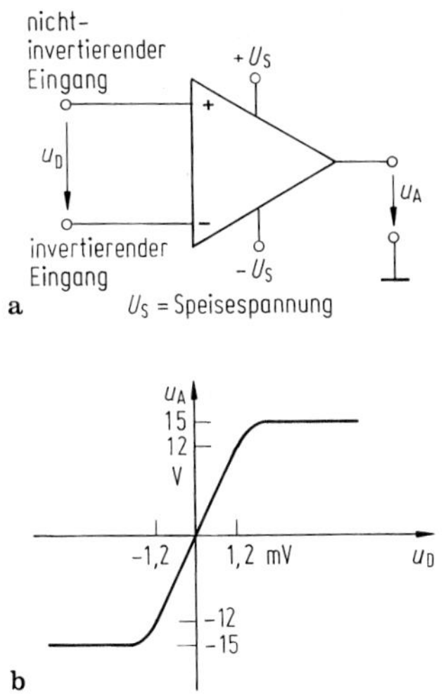

Bild 8-2. Operationsverstärker. **a** Schaltzeichen; **b** Verstärkungskennlinie $u_A = f(u_D)$

Bei den meisten Anwendungen werden die Operationsverstärker im Bereich linearer Verstärkung betrieben (in Bild 8-2b also im Bereich $-1{,}2\,\text{mV} < u_D < 1{,}2\,\text{mV}$), sodass sie deshalb oft als lineare Schaltungen bezeichnet werden. Der Zusammenhang $u_A = f(u_D)$ ist insgesamt aber nichtlinear, und bei einer Reihe wichtiger Anwendungen werden die Verstärker außerhalb des Bereiches linearer Verstärkung betrieben (Mitkopplungsschaltungen).

8.3 Graphische Lösung durch Schnitt zweier Kennlinien

8.3.1 Arbeitsgerade und Verbraucherkennlinie

In 3.2.2 (Bild 3-14b) ist dargestellt, dass sich die Klemmengrößen u, i als die Koordinaten des Schnittpunktes der Arbeitsgeraden (des Quellenzweipols) mit der Kennlinie des Verbraucherzweipols ergeben. Dies gilt selbstverständlich auch dann, wenn die Verbraucherkennlinie nichtlinear ist, siehe Bild 8-3b. Wie die Lage der Arbeitsgeraden von U_q und R_i abhängt, zeigt Bild 8-4.

Bei der Spannungsteilerschaltung in 3.2.2 (Bild 3-14a) ist der i-Achsenabschnitt (Klemmenkurzschlussstrom) von R_2 unabhängig. Wenn R_2 geändert wird, ändert sich hier nur der u-Achsenabschnitt U^* (siehe Bild 8-4c):

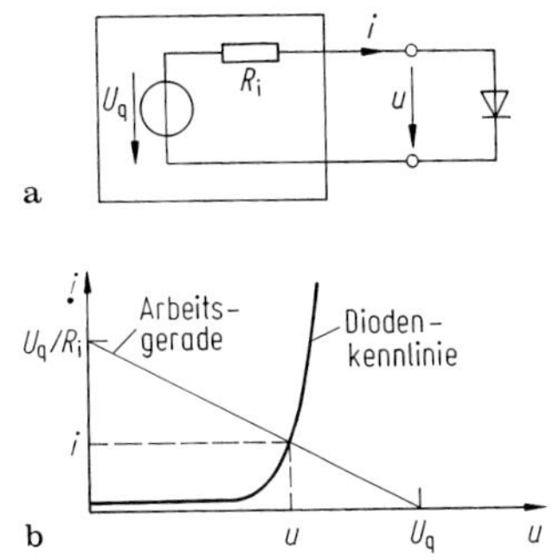

Bild 8-3. Lineare Quelle und nichtlinearer Verbraucher. **a** Schaltung; **b** Strom-Spannungs-Kennlinien von Quelle (Arbeitsgerade) und Verbraucher (Diodenkennlinie)

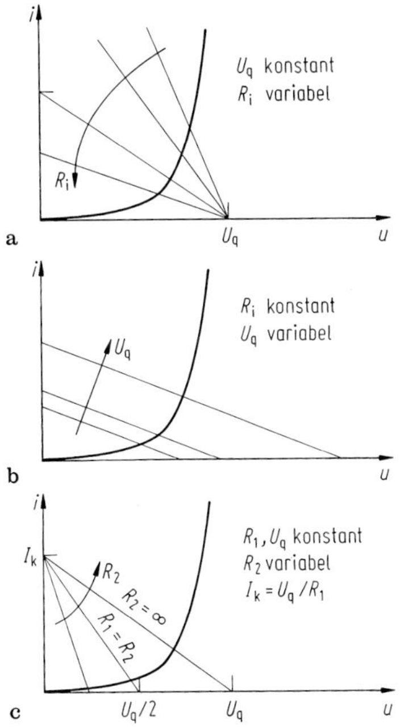

Bild 8-4. Abhängigkeit der Lage der Arbeitsgeraden vor U_q, R_1 oder R_2. **a** Drehung der Arbeitsgeraden um den Punkt $(U_q, 0)$; **b** Parallelverschiebung der Arbeitsgeraden; **c** Drehung der Arbeitsgeraden um den Punkt $(0, I_k)$

$$U^* = \frac{R_2}{R_1 + R_2} U_q \,.$$

8.3.2 Stabile und instabile Arbeitspunkte einer Schaltung mit nichtlinearem Zweipol

Bei Strom-Spannungs-Kennlinien, die einen Abschnitt mit negativer Steigung haben (der differenzi-

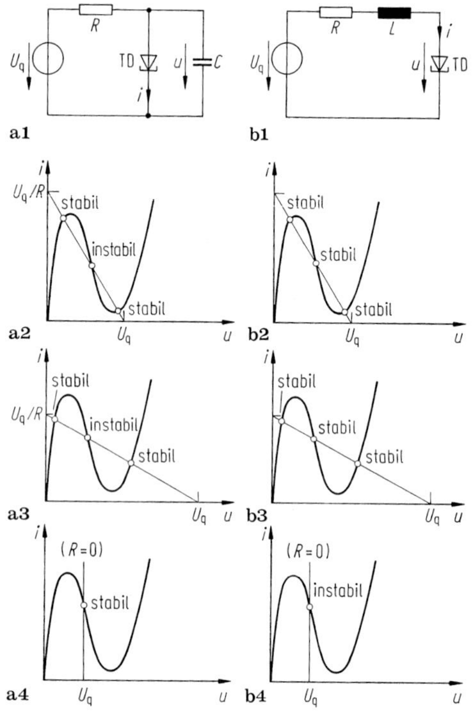

Bild 8-5. Tunneldiodenschaltungen mit stabilen und instabilen Arbeitspunkten

elle Widerstand $r = \mathrm{d}u/\mathrm{d}i$ wird hier negativ; siehe auch die Bilder 8-1c bis f), können sich die Arbeitsgerade der Quelle und die Kennlinie des nichtlinearen Zweipols in mehreren Punkten schneiden (Bild 8-5). Diese Schnittpunkte können stabil oder instabil sein. Zum Beispiel stimmen in den Bildern 8-5a3 und b3 die Diodenkennlinien und auch die Arbeitsgeraden überein (also auch deren Schnittpunkte). Ob der mittlere Schnittpunkt stabil ist oder nicht, hängt von zusätzlichen kapazitiven und induktiven Effekten ab, die sich auf die Achsenabschnitte der (statischen) Arbeitsgeraden überhaupt nicht auswirken.

Anmerkung: Der mittlere Arbeitspunkt in Bild 8-5b3 ist stabil. Da der differenzielle Widerstand r der Tunneldiode in diesem Bereich negativ ist, kann man durch Einstellen dieses Punktes einen Schwingkreis so entdämpfen, dass er ungedämpft schwingt (vgl. Bild 25-19a).
Wählt man dagegen eine Arbeitspunkteinstellung nach Bild 8-5b4, so können hierbei Kippschwingungen entstehen.

8.3.3 Rückkopplung von Operationsverstärkern

Gegenkopplung

Wird der Ausgang A mit dem invertierenden Eingang N verbunden (in Bild 8-6a über R_2), so entsteht im Allgemeinen eine Gegenkopplung. (Bei komplexen frequenzabhängigen Rückkopplungsnetzwerken kann eine Rückführung von A nach N wegen einer Phasendrehung u. U. auch Mitkopplung bewirken.)

Umkehrverstärker (invertierende Gegenkopplung). Die Verstärkungskennlinie (VKL) $u_A = f(u_D)$ eines Operationsverstärkers (Bild 8-2) kann so idealisiert werden, wie es in Bild 8-6b dargestellt ist. Außer der VKL besteht noch ein zweiter Zusammenhang zwischen u_A und u_D,

$$u_A = -\frac{R_1 + R_2}{R_1} u_D - \frac{R_2}{R_1} u_E \text{ (Arbeitsgerade)},$$

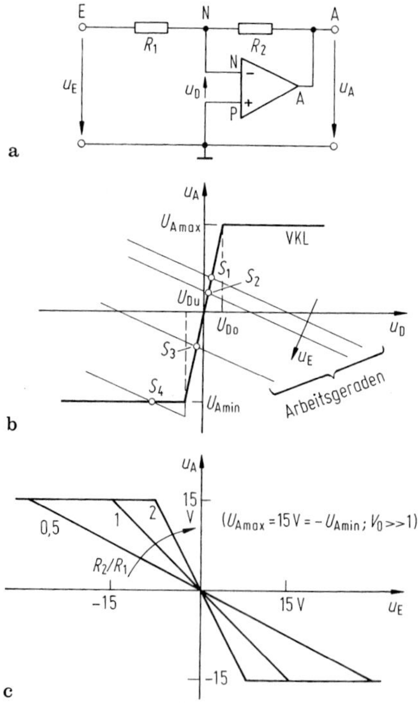

Bild 8-6. Lineare Verstärkung und Übersteuerung beim Umkehrverstärker. **a** Invertierende Gegenkopplung eines Operationsverstärkers (Umkehrverstärker); **b** Darstellung jedes Arbeitspunktes als Schnittpunkt der Arbeitsgerade mit der VKL; **c** Übertragungskennlinien $u_A = f(u_E)$ (Gesamtverstärkung)

sodass die Koordinaten des Schnittpunktes der VKL mit der jeweiligen Arbeitsgeraden (Bild 8-6b) das sich tatsächlich einstellende Wertepaar (u_D, u_A) darstellen. Die Lage des Schnittpunktes (also auch die Größe von u_A) hängt von u_E ab, vgl. Bild 8-6c. Solange die Schnittpunkte auf dem steilen Teil der VKL (Bereich linearer Verstärkung: $u_A = v_0 u_D$) liegen (Punkte S_1, S_2, S_3 in Bild 8-6b), gilt $u_D \approx 0$ und daher

$$\frac{u_A}{u_E} \approx -\frac{R_2}{R_1}$$

(Gesamtverstärkung des nicht übersteuerten Umkehrverstärkers).

Das heißt, beim nicht übersteuerten Verstärker mit hoher Leerlaufverstärkung hängt die Gesamtverstärkung praktisch nur von der äußeren Beschaltung (R_1, R_2) ab; vgl. 3.2.3: gesteuerte Quellen.

Elektrometerverstärker (nichtinvertierende Gegenkopplung). Aus der Schaltung (Bild 8-7a) ergibt sich für die Arbeitsgeraden:

$$u_A = -(1 + R_4/R_3)u_D + (1 + R_4/R_3)u_E\ .$$

Für Schnittpunkte VKL/Arbeitsgerade im steilen Teil der VKL ($u_A = v_0 u_D$) gilt (wie beim Umkehrverstärker) mit $v_0 \gg 1$ praktisch $u_D \approx 0$ und daher gilt für die Gesamtverstärkung des nicht übersteuerten Elektrometerverstärkers:

$$\frac{u_A}{u_E} \approx 1 + \frac{R_4}{R_3}\ .$$

Der Elektrometerverstärker hat gegenüber dem Umkehrverstärker den Vorteil eines höheren Eingangswiderstandes $R_E = u_E/i_p$: R_E wird im Wesentlichen durch den sehr hohen Eingangswiderstand des Operationsverstärkers (Widerstand zwischen P und N, Bild 8-7a; vgl. Tabelle 25-2) bestimmt, während beim Umkehrverstärker (Bild 8-6a) R_1 maßgebend ist.

Mitkopplung (Schmitt-Trigger)

Wird der Ausgang mit dem nichtinvertierenden Eingang verbunden, so entsteht im Allgemeinen eine Mitkopplung.

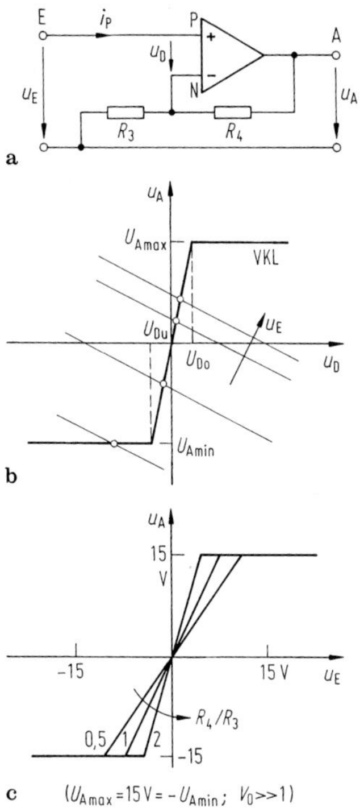

Bild 8-7. Lineare Verstärkung und Übersteuerung beim Elektrometerverstärker. **a** Nichtinvertierende Gegenkopplung eines Operationsverstärkers (Elektrometerverstärker); **b** Darstellung jedes Arbeitspunktes als Schnittpunkt der Arbeitsgerade mit der VKL; **c** Übertragungskennlinien $u_A = f(u_E)$ (Gesamtverstärkung)

Nichtinvertierende Mitkopplung. Vertauscht man in der Schaltung von Bild 8-6a P und N miteinander, so entsteht eine nichtinvertierende Mitkopplung (Bild 8-8a). Für die Arbeitsgeraden gilt nun

$$u_A = \frac{R_1 + R_2}{R_1} u_D - \frac{R_2}{R_1} u_E\ ,$$

siehe Bild 8-8b. Ein Teil der Arbeitsgeraden bildet nun sogar drei Schnittpunkte mit der VKL; in einem solchen Fall ist der mittlere Schnittpunkt nicht stabil. Die Abhängigkeit der Ausgangs- von der Eingangsspannung zeigt Hysterese (Bild 8-8c). Ob z. B. im Fall $r = 1$ bei $u_E = 10$ V am Ausgang $u_A = 15$ V oder $u_A = -15$ V wird, hängt vom Vorzustand ab: ist zunächst $u_E = -20$ V, so ist $u_A = -15$ V; erhöht man u_E dann stetig auf 10 V, so bleibt $u_A = -15$ V. Erst wenn $u_E = +15$ V überschritten wird, springt die Ausgangsspannung auf $u_A = +15$ V.

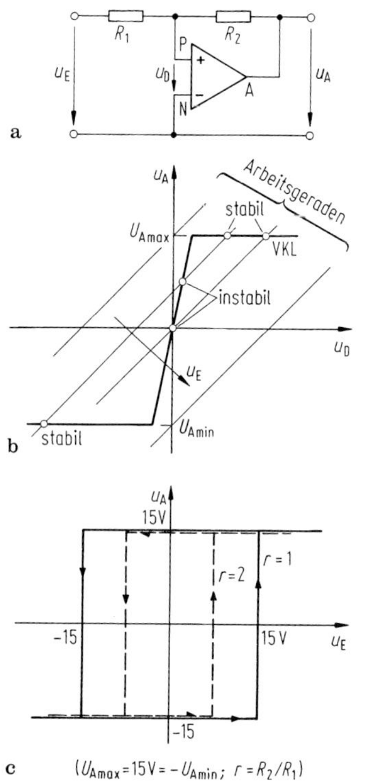

Bild 8-8. Entstehung der Schalthysterese bei einer nichtinvertierenden Mitkopplungsschaltung. **a** Nichtinvertierende Mitkopplung eines Operationsverstärkers; **b** stabile und instabile Arbeitspunkte; **c** Übertragungsverhalten (Schalthysterese)

Invertierende Mitkopplung. Bei der Schaltung von Bild 8-9a gilt für die Arbeitsgeraden

$$u_A = \left(1 + \frac{R_4}{R_3}\right) u_D + \left(1 + \frac{R_4}{R_3}\right) u_E \ .$$

8.4 Graphische Zusammenfassung von Strom-Spannungs-Kennlinien

Die Kennlinien in Reihe geschalteter Zweipole können durch Addition der Spannungen zu einer resultierenden Kennlinie „addiert" werden, vgl. Bild 8-10. Bei parallelgeschalteten Zweipolen werden die Stromstärken addiert, vgl. Bild 8-11.

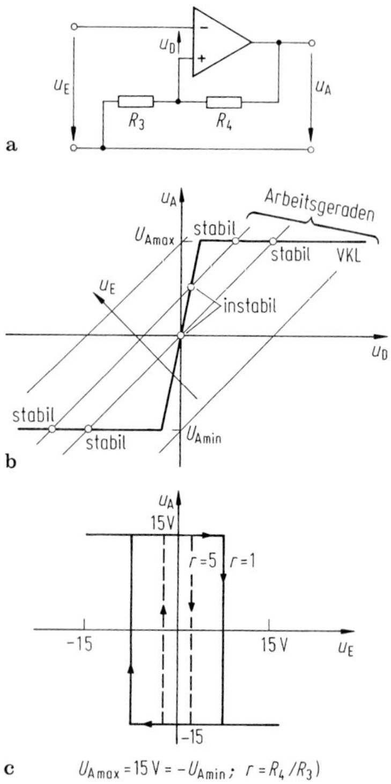

Bild 8-9. Entstehung der Schalthysterese bei einer invertierenden Mitkopplungsschaltung. **a** Invertierende Mitkopplung eines Operationsverstärkers; **b** stabile und instabile Arbeitspunkte; **c** Übertragungsverhalten (Schalthysterese)

8.4.1 Reihenschaltung

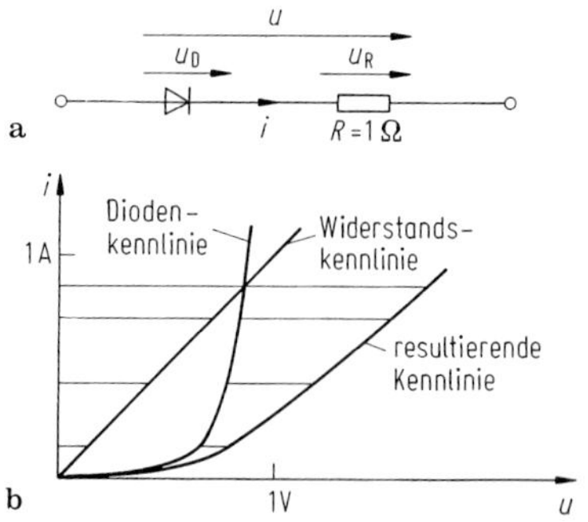

Bild 8-10. Strom-Spannungs-Kennlinie einer Widerstands-Dioden-Reihenschaltung. **a** Reihenschaltung von Widerstand und Diode; **b** Konstruktion der resultierenden Kennlinie (Addition der Spannungen)

8.4.2 Parallelschaltung

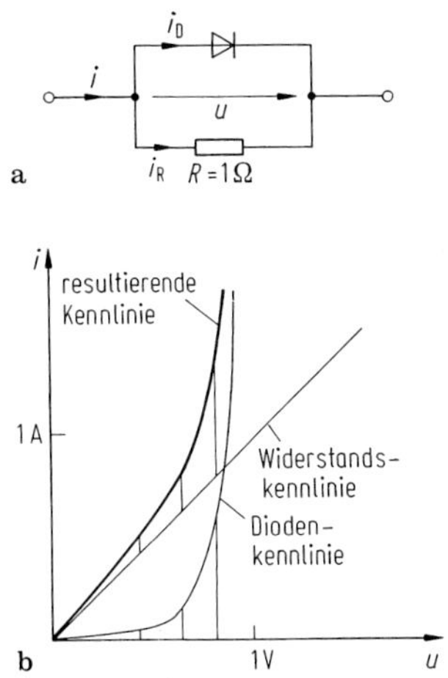

Bild 8-11. Strom-Spannungs-Kennlinie einer Widerstands-Dioden-Parallelschaltung. **a** Parallelschaltung von Widerstand und Diode; **b** Konstruktion der resultierenden Kennlinie (Addition der Ströme)

8.5 Lösung durch abschnittweises Linearisieren

Wenn die u, i-Kennlinie eines nichtlinearen Zweipols wenigstens abschnittweise als gerade angesehen werden kann (idealisierte Kennlinie; vgl. Bild 8-12b), so reduziert sich in den einzelnen Abschnitten die Berechnung von u und i auf ein lineares Problem. Ein einfaches Beispiel hierzu liefert die Schaltung 8-12a, in der eine Z-Diode die Spannung am Nutzwiderstand auf 6 V begrenzt. Der Wirkungsgrad $\eta = f(R)$ soll berechnet werden. Er ergibt sich aus folgenden Überlegungen:

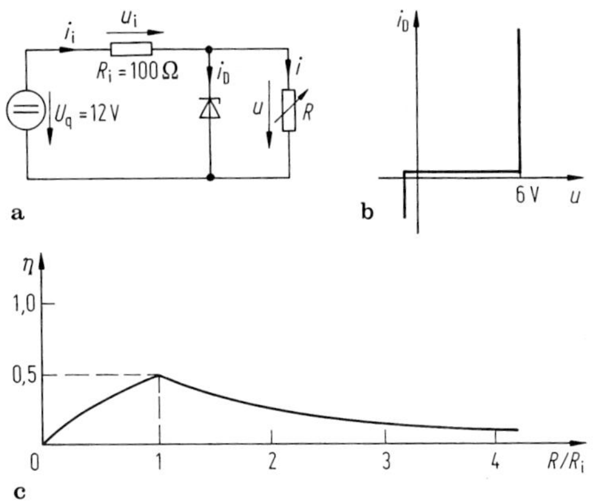

Bild 8-12. Spannungsbegrenzung mit einer Z-Diode. **a** Schaltung; **b** idealisierte Diodenkennlinie; **c** Wirkungsgrad

1. Bereich: $R \leqq R_i$; $u \leqq 6\,V$; $i_D = 0$, $i = i_i$.

$$\eta = \frac{ui}{U_q i_i} = \frac{R}{R+R_i} \,.$$

2. Bereich: $R \geqq R_i$; $u = 6\,V$.

$$\eta = \frac{ui}{U_q i_i} = \frac{u^2/R}{U_q \cdot u_i/R_i} = \frac{u^2/R}{U_q(U_q-u)/R_i} = \frac{R_i}{2R} \,.$$

Die Ergebnisse für beide Bereiche sind in Bild 8-12c zusammengefasst.

Felder
H. Clausert

9 Leitungen

9.1 Die Differenzialgleichungen der Leitung und ihre Lösungen

Bei der „langen" Leitung hängen Strom und Spannung außer von der Zeit auch vom Ort ab (Bild 9-1). Die Eigenschaften der Leitung werden nach dem Ersatzschaltbild Bild 9-2 durch vier auf die Länge bezogene Kenngrößen beschrieben: R' Widerstandsbelag (auf die Länge bezogener Widerstand für Hin- und Rückleitung zusammen: $\Delta R/\Delta l$ für $\Delta l \to 0$), L' Induktivitätsbelag, C' Kapazitätsbelag, G' Ableitungsbelag (auf die Länge bezogener Leitwert zwischen Hin- und Rückleitung).

Wird der 1. Kirchhoff'sche Satz auf das Leitungselement nach Bild 9-2 angewendet, so folgt mit $i = C\mathrm{d}u/\mathrm{d}t$ (siehe 2.3):

$$-i\left(z-\frac{1}{2}\,\mathrm{d}z, t\right)+i\left(z+\frac{1}{2}\,\mathrm{d}z, t\right) + G'\,\mathrm{d}z\,u(z,t)+C'\,\mathrm{d}z\frac{\partial u(z,t)}{\partial t}=0\,. \tag{9-1}$$

Entsprechend liefert der 2. Kirchhoff'sche Satz mit $u = L\,\mathrm{d}i/\mathrm{d}t$ (siehe 2.3):

$$-u\left(z-\frac{1}{2}\,\mathrm{d}z, t\right)+u\left(z+\frac{1}{2}\,\mathrm{d}z, t\right) + R'\,\mathrm{d}z\,i(z,t)+L'\,\mathrm{d}z\frac{\partial i(z,t)}{\partial t}=0\,. \tag{9-2}$$

Ersetzt man die ersten beiden Summanden in (9-1) und (9-2) jeweils durch die ersten beiden Glieder der zugehörigen Taylor-Reihen, so ergibt sich

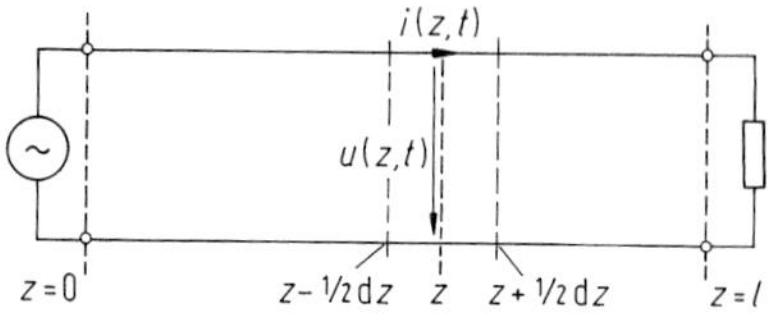

Bild 9-1. Leitung, aus zwei Drähten bestehend: Doppelleitung

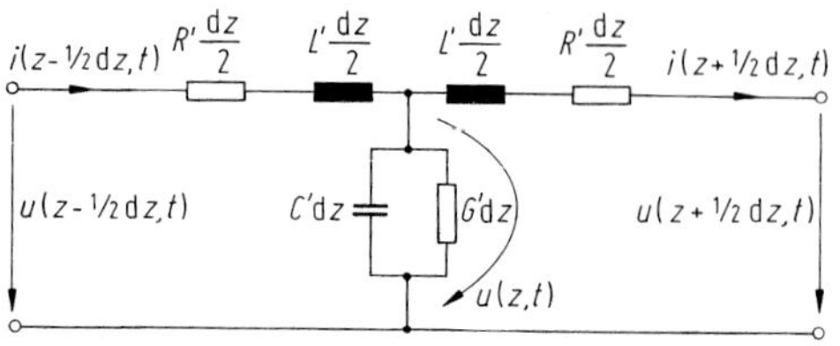

Bild 9-2. Ersatzschaltbild eines Leitungselements

$$\frac{\partial i(z,t)}{\partial z}+G'u(z,t)+C'\frac{\partial u(z,t)}{\partial t}=0\,, \tag{9-3}$$

$$\frac{\partial u(z,t)}{\partial z}+R'i(z,t)+L'\frac{\partial i(z,t)}{\partial t}=0\,. \tag{9-4}$$

Sollen (9-3) und (9-4) nur für den speziellen Fall gelöst werden, dass Strom und Spannung sich mit der Zeit sinusförmig ändern, so macht man wie in 2.1 die Ansätze

$$i(z,t)=\sqrt{2}\,\mathrm{Re}\,\{I(z)\,\mathrm{e}^{\mathrm{j}\omega t}\}\,,$$
$$u(z,t)=\sqrt{2}\,\mathrm{Re}\,\{U(z)\,\mathrm{e}^{\mathrm{j}\omega t}\}$$

und erhält anstelle von (9-3) und (9-4):

$$\frac{\mathrm{d}I}{\mathrm{d}z}+(G'+\mathrm{j}\omega C')U=0\,, \tag{9-5}$$

$$\frac{\mathrm{d}U}{\mathrm{d}z}+(R'+\mathrm{j}\omega L')I=0\,. \tag{9-6}$$

Hier sind I und U komplexe Effektivwerte, die von z abhängen. Aus (9-5) und (9-6) ergibt sich

$$\frac{\mathrm{d}^2 I}{\mathrm{d}z^2}-\gamma^2 I=0\,, \tag{9-7}$$

$$\frac{\mathrm{d}^2 U}{\mathrm{d}z^2}-\gamma^2 U=0\,, \tag{9-8}$$

wenn die Abkürzung

$$\gamma^2=(R'+\mathrm{j}\omega L')(G'+\mathrm{j}\omega C') \tag{9-9}$$

verwendet wird. Gleichungen (9-7) und (9-8) haben gleichartige Lösungen; so ist z. B.

$$U(z)=U_{\mathrm{p}}\mathrm{e}^{-\gamma z}+U_{\mathrm{r}}\mathrm{e}^{\gamma z}\,. \tag{9-10}$$

Man nennt den ersten Summanden die hinlaufende oder primäre (daher Index p) Welle oder *Hauptwelle*, den zweiten Summanden die rücklaufende (daher Index r) Welle oder *Echowelle*.
Aus (9-10) ergibt sich mit (9-6), (9-9) und der Abkürzung

$$Z_L = \sqrt{\frac{R' + j\omega L'}{G' + j\omega C'}}\,; \qquad (9\text{-}11)$$

$$I(z) = \frac{U_p}{Z_L} e^{-\gamma z} - \frac{U_r}{Z_L} e^{\gamma z}\,. \qquad (9\text{-}12)$$

9.2 Die charakteristischen Größen der Leitung

Die Größe Z_L nach (9-11) nennt man den *Wellenwiderstand* der Leitung. Die durch (9-9) definierte Größe γ heißt *Ausbreitungskoeffizient*. Er ist i. Allg. komplex:

$$\gamma = \alpha + j\beta\,. \qquad (9\text{-}13)$$

Der Realteil α ist ein Maß für die Dämpfung der Welle auf der Leitung und heißt *Dämpfungskoeffizient*. Durch den Imaginärteil β ist die Ausbreitungs- oder Phasengeschwindigkeit der Welle bestimmt:

$$v = \frac{\omega}{\beta}\,. \qquad (9\text{-}14)$$

Man bezeichnet β als *Phasenkoeffizient*. Zwischen β und der Wellenlänge λ besteht die Beziehung

$$\lambda = \frac{2\pi}{\beta}\,. \qquad (9\text{-}15)$$

Bild 9-3 zeigt den Einfluss der Größen α, β, λ auf den Spannungs- bzw. Stromverlauf auf der Leitung. Aus (9-14), (9-15) folgt mit $\omega = 2\pi f$:

$$v = f\lambda\,. \qquad (9\text{-}16)$$

Die Eigenschaften einer homogenen Leitung können durch die vier konstanten Leitungsbeläge R', L', C', G' oder durch die beiden komplexen Größen Z_L und γ charakterisiert werden.
Wenn die Leitungsverluste vernachlässigt werden ($R' \to 0, G' \to 0$), gehen (9-11) und (9-13) über in

$$Z_L = \sqrt{\frac{L'}{C'}}\,, \qquad (9\text{-}17)$$

$$\gamma = j\beta = j\omega\sqrt{C'L'}\,. \qquad (9\text{-}18)$$

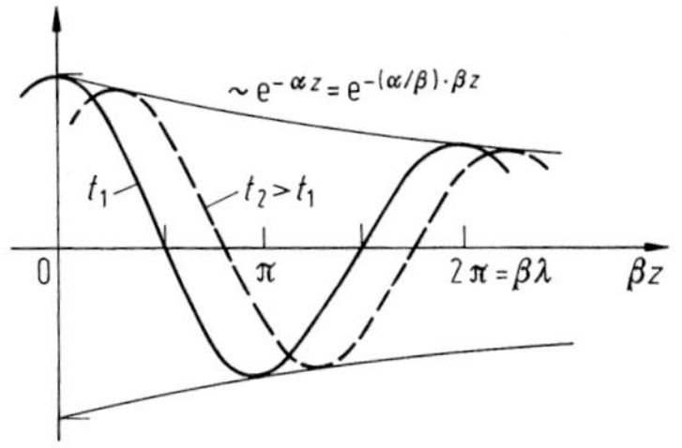

Bild 9-3. Spannungs- bzw. Stromverlauf auf der Leitung für zwei Zeitpunkte (nur Hauptwelle)

Bei geringen Verlusten (d. h., $\omega L' \gg R'$, $\omega C' \gg G'$), hat man

$$Z_L = \sqrt{\frac{L'}{C'}}\left[1 - \frac{j}{2\omega}\left(\frac{R'}{L'} - \frac{G'}{C'}\right)\right], \qquad (9\text{-}19)$$

$$\alpha = \frac{1}{2}\left(R'\sqrt{\frac{C'}{L'}} + G'\sqrt{\frac{L'}{C'}}\right) \qquad (9\text{-}20)$$

und ein unverändertes β (9-18).

9.3 Die Leitungsgleichungen

Nach (9-10) und (9-12) ist – mit $U_1 = U(0)$, $U_2 = U(l)$, $I_1 = I(0)$, $I_2 = I(l)$:

$$U_1 = U_p + U_r\,,\quad U_2 = U_p\,e^{-\gamma l} + U_r\,e^{\gamma l}\,,$$

$$I_1 = \frac{U_p}{Z_L} - \frac{U_r}{Z_L}\,,\quad I_2 = \frac{U_p}{Z_L}e^{-\gamma l} - \frac{U_r}{Z_L}e^{\gamma l}\,.$$

Gibt man z. B. U_2 und I_2 vor, so kann man diese vier Gleichungen nach U_p, U_r oder U_1, I_1 auflösen und erhält

$$U_p = \frac{1}{2}e^{\gamma l}(U_2 + Z_L I_2)\,,$$

$$U_r = \frac{1}{2}e^{-\gamma l}(U_2 - Z_L I_2) \qquad (9\text{-}21)$$

bzw. die sog. *Leitungsgleichungen*

$$\begin{bmatrix} U_1 \\ I_1 \end{bmatrix} = \begin{bmatrix} \cosh\gamma l & Z_L\sinh\gamma l \\ \frac{1}{Z_L}\sinh\gamma l & \cosh\gamma l \end{bmatrix} \begin{bmatrix} U_2 \\ I_2 \end{bmatrix}. \qquad (9\text{-}22)$$

Eine zweite Form dieser Gleichungen entsteht durch Auflösen nach U_2, I_2:

$$\begin{bmatrix} U_2 \\ I_2 \end{bmatrix} = \begin{bmatrix} \cosh\gamma l & -Z_L\sinh\gamma l \\ -\frac{1}{Z_L}\sinh\gamma l & \cosh\gamma l \end{bmatrix} \begin{bmatrix} U_1 \\ I_1 \end{bmatrix}. \qquad (9\text{-}23)$$

9.4 Der Eingangswiderstand

Die Leitung mit dem Abschlusswiderstand $Z_2 = U_2/I_2$ hat den Eingangswiderstand $Z_1 = U_1/I_1$, für den mit (9-22) gilt:

$$Z_1 = Z_L \frac{Z_2 \cosh \gamma l + Z_L \sinh \gamma l}{Z_2 \sinh \gamma l + Z_L \cosh \gamma l} . \qquad (9\text{-}24)$$

Ist die Leitung mit dem Wellenwiderstand abgeschlossen ($Z_2 = Z_L$, „Wellenanpassung"), so folgt

$$Z_{1w} = Z_L . \qquad (9\text{-}25)$$

Für die leerlaufende Leitung ($Z_2 = \infty$) hat man

$$Z_{1l} = Z_L \coth \gamma l \qquad (9\text{-}26)$$

und für die kurzgeschlossene Leitung ($Z_2 = 0$)

$$Z_{1k} = Z_L \tanh \gamma l . \qquad (9\text{-}27)$$

Im Fall der verlustfreien Leitung sind (9-26) und (9-27) durch

$$Z_{1l} = -\mathrm{j} Z_L \cot \beta l , \qquad (9\text{-}28)$$

$$Z_{1k} = \mathrm{j} Z_L \tan \beta l . \qquad (9\text{-}29)$$

zu ersetzen.
Sind die Eingangswiderstände Z_{1l} und Z_{1k} bekannt, so können wegen (9-26) und (9-27) die charakteristischen Größen Z_L und γl bestimmt werden:

$$Z_L = \sqrt{Z_{1l} Z_{1k}} , \qquad (9\text{-}30)$$

$$\gamma l = \frac{1}{2} \ln \frac{\sqrt{Z_{1l}/Z_{1k}} + 1}{\sqrt{Z_{1l}/Z_{1k}} - 1} . \qquad (9\text{-}31)$$

9.5 Der Reflexionsfaktor

Ersetzt man in (9-10) die Größen U_r und U_p durch (9-21), so folgt

$$U(z) = \frac{1}{2}(U_2 + Z_L I_2)\,\mathrm{e}^{\gamma(l-z)} + \frac{1}{2}(U_2 - Z_L I_2)\,\mathrm{e}^{-\gamma(l-z)} . \qquad (9\text{-}32)$$

Den Quotienten aus dem zweiten Summanden (Echowelle) und dem ersten (Hauptwelle) in (9-32) bezeichnet man als *Reflexionsfaktor* $r(z)$; mit $Z_2 = U_2/I_2$ erhält man

$$r(z) = \frac{Z_2 - Z_L}{Z_2 + Z_L}\,\mathrm{e}^{-2\gamma(l-z)} . \qquad (9\text{-}33)$$

Als Reflexionsfaktor des Abschlusswiderstandes definiert man $r_2 = r(l)$:

$$r_2 = \frac{Z_2 - Z_L}{Z_2 + Z_L} . \qquad (9\text{-}34)$$

Für die drei Sonderfälle Wellenanpassung, Leerlauf und Kurzschluss nimmt r_2 die Werte 0, +1 bzw. −1 an.
Mit der Abkürzung r_2 entsteht aus (9-32):

$$U(z) = \frac{1}{2}(U_2 + Z_L I_2)[\mathrm{e}^{\gamma(l-z)} + r_2\,\mathrm{e}^{-\gamma(l-z)}] . \qquad (9\text{-}35)$$

Der zugehörige Strom ergibt sich mit (9-6) zu

$$I(z) = \frac{1}{2 Z_L}(U_2 - Z_L I_2)[\mathrm{e}^{\gamma(l-z)} - r_2\,\mathrm{e}^{-\gamma(l-z)}] . \qquad (9\text{-}36)$$

10 Elektrostatische Felder

Näheres zur Einteilung der elektrischen und magnetischen Felder findet man in 14.2.

10.1 Skalare und vektorielle Feldgrößen

Bei den Größen Strom und Spannung ist an einen bestimmten durchströmten Querschnitt zu denken bzw. an eine gewisse Länge, auf der der Spannungsabfall auftritt. Daneben gibt es physikalische Größen, die einem Punkt (im Raum) zugeordnet sind. Solche Größen, die einen Raumzustand charakterisieren, nennt man *Feldgrößen*. Ist eine Feldgröße ungerichtet, wie z. B. die Temperatur oder der Luftdruck, so heißt sie *skalare Feldgröße*, hat sie auch eine Richtung, wie z. B. die Windgeschwindigkeit, so spricht man von einer *vektoriellen Feldgröße*.
Wenn die Feldgröße im Raum konstant ist, so nennt man das Feld *homogen*, andernfalls *inhomogen*. Ein Feld heißt (reines) *Quellenfeld*, wenn alle Feldlinien Anfang und Ende haben. Bei einem (reinen) *Wirbelfeld* sind alle Feldlinien geschlossen.

10.2 Die elektrische Feldstärke

Das *Coulomb'sche Gesetz* besagt: Haben zwei Punktladungen q und Q gleiche Polarität und voneinander den Abstand r, so stoßen sie sich gegenseitig mit der Kraft

$$F = \frac{qQ}{4\pi\varepsilon r^2} \qquad (10\text{-}1)$$

ab. (Bei ungleichen Vorzeichen der Ladungen ziehen sie sich an.) Die Größe ε in (10-1) heißt *Permittivität* (Dielektrizitätskonstante, Influenzkonstante). Sie charakterisiert die elektrischen Eigenschaften eines Materials, z. B. des Raumes, in dem sich die Ladungen q und Q befinden. Gleichung (10-1) gilt nur, wenn der die Ladungen umgebende Raum ein konstantes ε aufweist.
Schreibt man (10-1) in der Form

$$F = q\frac{Q}{4\pi\varepsilon r^2} = qE\,, \qquad (10\text{-}2)$$

so liegt folgende Interpretation nahe: Die Kraft auf die (Probe-)Ladung q ist der Ladung q und einem zweiten Faktor proportional, der eine Eigenschaft des Raumes am Ort der Kraftwirkung auf q beschreibt. Diese Eigenschaft des Raumes nennt man das *elektrische Feld E*, das von der im Abstand r vorhandenen Ladung Q hervorgerufen wird. Wegen (10-2) gilt für das elektrische Feld der Punktladung also die *Feldstärke*

$$E = \frac{Q}{4\pi\varepsilon r^2}\,, \qquad (10\text{-}3)$$

und allgemein gilt für die Kraft auf eine (Probe-) Ladung q an einem Ort der elektrischen Feldstärke E:

$$F = qE \quad \text{bzw.} \quad \boldsymbol{F} = q\boldsymbol{E}\,. \qquad (10\text{-}4)$$

Der Zusammenhang zwischen der elektrischen Spannung U und der elektrischen Feldstärke $\boldsymbol{E}$ kann durch eine Energiebetrachtung gefunden werden: Bei der Verschiebung der Ladung q im elektrischen Feld $\boldsymbol{E}$ um das Wegelement $\Delta\boldsymbol{s}$ tritt eine Änderung der potenziellen Energie auf:

$$\Delta W = \boldsymbol{F}\cdot\Delta\boldsymbol{s} = q(\boldsymbol{E}\cdot\Delta\boldsymbol{s}) = q\Delta U\,. \qquad (10\text{-}5)$$

Bewegt sich die Ladung q im elektrischen Feld vom Punkt A zum Punkt B, so hat man

$$W_{\mathrm{AB}} = q\int\limits_A^B \boldsymbol{E}\cdot\mathrm{d}\boldsymbol{s} = qU_{\mathrm{AB}}\,. \qquad (10\text{-}6)$$

Das in (10-6) auftretende Integral hängt nur von den Punkten A und B ab, nicht vom Verlauf des Weges zwischen diesen Punkten; ein solches Integral nennt man wegunabhängig. Diese Eigenschaft lässt sich auch so darstellen:

$$\oint\limits_C \boldsymbol{E}\cdot\mathrm{d}\boldsymbol{s} = 0\,. \qquad (10\text{-}7)$$

C ist ein beliebiger geschlossener Weg. Felder, für die (10-7) gilt, heißen *wirbelfrei*.
Bei bekannter Feldstärke kann die Spannung zwischen den Punkten A und B wegen (10-6) berechnet werden:

$$U_{\mathrm{AB}} = \int\limits_A^B \boldsymbol{E}\cdot\mathrm{d}\boldsymbol{s}\,., \qquad (10\text{-}8)$$

Schwieriger ist die Umkehrung des Problems: Es sei die Spannung zwischen einem beliebigen (Auf-)Punkt P und einem willkürlich gewählten Bezugspunkt O bekannt. Dann folgt aus (10-8) wegen der Wegunabhängigkeit des Integrals, wenn das Ergebnis der unbestimmten Integration mit f bezeichnet wird:

$$U_{\mathrm{PO}} = \int\limits_{\mathrm{P}}^{\mathrm{O}} \boldsymbol{E}\cdot\mathrm{d}\boldsymbol{s} = f\big|_{\mathrm{P}}^{\mathrm{O}} = f(\mathrm{O}) - f(\mathrm{P}) = \int\limits_{\mathrm{P}}^{\mathrm{O}} \mathrm{d}f\,.$$

Üblicherweise arbeitet man mit $\varphi = -f$ und nennt φ die Potenzialfunktion:

$$U_{\mathrm{PO}} = \int\limits_{\mathrm{P}}^{\mathrm{O}} \boldsymbol{E}\cdot\mathrm{d}\boldsymbol{s} = \varphi(P) - \varphi(O) = -\int\limits_{\mathrm{P}}^{\mathrm{O}} \mathrm{d}\varphi \qquad (10\text{-}9)$$

oder

$$\varphi(\mathrm{P}) = -\int\limits_O^P \boldsymbol{E}\cdot\mathrm{d}\boldsymbol{s} + \varphi(\mathrm{O}) \qquad (10\text{-}10)$$

oder

$$\varphi(\mathrm{P}) = -\int \boldsymbol{E}\cdot\mathrm{d}\boldsymbol{s}\,(+\,\mathrm{const}). \qquad (10\text{-}11)$$

Wegen (10-9) oder (10-11) gilt:

$$E\cdot\mathrm{d}\boldsymbol{s} = -\mathrm{d}\varphi,\ \text{d. h. (vgl. A)}\,, \qquad (10\text{-}12)$$

$$\boldsymbol{E} = -\mathrm{grad}\,\varphi\,. \qquad (10\text{-}13)$$

10.3 Die elektrische Flussdichte

Neben der elektrischen Feldstärke benutzt man eine zweite Feldgröße zur Beschreibung des elektrischen

Feldes, nämlich die *elektrische Flussdichte* (elektrische Verschiebung), die durch

$$\boldsymbol{D} = \varepsilon \boldsymbol{E} \qquad (10\text{-}14)$$

definiert ist. Die Richtungen von $\boldsymbol{D}$ und $\boldsymbol{E}$ stimmen bei den meisten Materialien überein. Materialien mit dieser Eigenschaft nennt man isotrop. Sind die Richtungen von $\boldsymbol{D}$ und $\boldsymbol{E}$ unterschiedlich, so bezeichnet man das Material als anisotrop; dann ist ε kein Skalar mehr, sondern ein Tensor (siehe A 3.4).
Im Fall der Punktladung erhält man wegen (10-3)

$$D = \frac{Q}{4\pi r^2}\,, \qquad (10\text{-}15)$$

also einen Ausdruck, der die Permittivität ε nicht enthält.
Die elektrische Feldkonstante (Permittivität des Vakuums) ist

$$\varepsilon_0 = 8{,}854\ldots \cdot 10^{-12}\,\frac{\mathrm{A\,s}}{\mathrm{V\,m}} = 8{,}854\ldots\,\mathrm{pF/m}\,. \qquad (10\text{-}16)$$

Für den von einem Material ausgefüllten Raum gibt man nicht ε selbst an, sondern die Permittivitätszahl (Dielektrizitätszahl), siehe Tabelle 10-1:

$$\varepsilon_\mathrm{r} = \varepsilon/\varepsilon_0\,. \qquad (10\text{-}17)$$

Man bezeichnet die von einer elektrischen Ladung Q insgesamt ausgehende Wirkung als *elektrischen Fluss* Ψ_ges und setzt

$$\Psi_\mathrm{ges} = Q\,. \qquad (10\text{-}18)$$

Tabelle 10-1. Permittivitätszahl ε_r

Bariumtitanat	1000...9000
Bernstein	≈ 2,8
Epoxidharz	3,7
Glas	≈ 10
Glimmer	≈ 8
Kautschuk	≈ 2,4
Luft, Gase	≈ 1
Mineralöl	2,2
Polyethylen	2,2...2,7
Polystyrol (PS)	2,5...2,8
Polyvinylchlorid (PVC)	3,1
Porzellan	5,5
Starkstromkabelisolation (Papier, Öl)	3...4,5
Transformatoröl	2,5
Wasser	81

Für die Punktladung gilt nach (10-15)

$$4\pi r^2 D = AD = Q\,, \qquad (10\text{-}19)$$

wobei A die Oberfläche einer bezüglich der Lage von Q konzentrischen Kugel ist und D die Flussdichte auf dieser Kugel. Handelt es sich statt um die Kugeloberfläche A um eine beliebige Hüllfläche S um die Ladung, so hat man statt (10-19) den Gauß'schen Satz der Elektrostatik:

$$\oint_S \boldsymbol{D}\cdot \mathrm{d}\boldsymbol{A} = Q\,. \qquad (10\text{-}20)$$

In (10-20) bedeutet Q die von der Hüllfläche S insgesamt umschlossene Ladung; sind es mehrere Ladungen, so hat man diese unter Beachtung des Vorzeichens zu addieren. Ist die Ladung räumlich verteilt, so ist Q durch Integration über die Raumladungsdichte ϱ (= $\lim(\Delta Q/\Delta V)$ für $\Delta V \to 0$) zu bestimmen. Das Flächenelement $\mathrm{d}\boldsymbol{A}$ wird vereinbarungsgemäß nach außen positiv gezählt.
Der elektrische Fluss Ψ durch eine beliebige Fläche A ist

$$\Psi = \int_A \boldsymbol{D}\cdot \mathrm{d}\boldsymbol{A}\,. \qquad (10\text{-}21)$$

Mit (10-20) kann die Feldstärke z. B. in der Umgebung einer Linienladung $q_\mathrm{L}(=\ \lim(\Delta Q/\Delta l)$ für $\Delta l \to 0)$ berechnet werden. Im Fall eines koaxialen Zylinders (Bild 10-1) ergeben die Deckflächen A_1 und A_2 keinen Beitrag zum Integral, da hier die Vektoren $\boldsymbol{D}$ und $\mathrm{d}\boldsymbol{A}$ aufeinander senkrecht stehen. Der Beitrag des Mantels $\boldsymbol{M}$ wird, da $\boldsymbol{D}$ auf dem Mantel die gleiche Richtung hat wie $\mathrm{d}\boldsymbol{A}$ (in demselben Punkt) und außerdem dem Betrage nach konstant ist:

$$\int_M \boldsymbol{D}\cdot \mathrm{d}\boldsymbol{A} = \int D\,\mathrm{d}A = D\int \mathrm{d}A = D\cdot 2\pi\varrho l\,. \qquad (10\text{-}22)$$

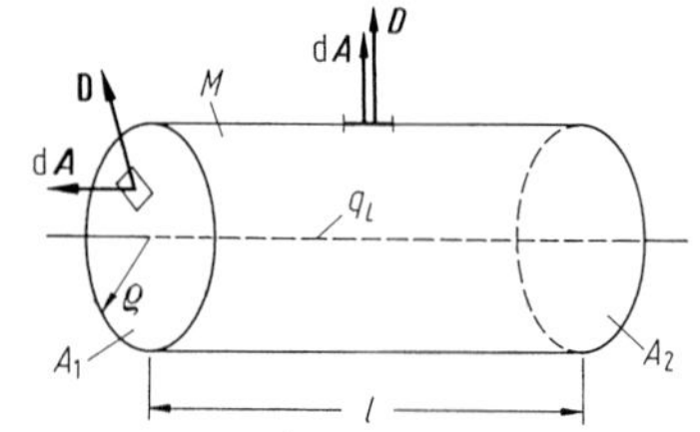

Bild 10-1. Herleitung der Potenzialfunktion einer Linienladung sehr großer Länge

Es wird die Ladung $q_L l$ umschlossen. Damit hat man $D \cdot 2\pi\varrho l = q_L l$ oder

$$D = \frac{q_L}{2\pi\varrho} \,. \qquad (10\text{-}23)$$

10.4 Die Potenzialfunktion spezieller Ladungsverteilungen

Ist für eine Ladungsverteilung die elektrische Feldstärke bekannt, so kann die Potenzialfunktion mit (10-11) bestimmt werden. Für die Punktladung folgt wegen (11-3), wenn entlang einer Feldlinie integriert wird (hier ist ds = d$\boldsymbol{r}$)

$$\varphi(P) = -\int \boldsymbol{E} \cdot \mathrm{d}\boldsymbol{s} = -\int E\mathrm{d}r = -\frac{Q}{4\pi\varepsilon}\int \frac{\mathrm{d}r}{r^2} \,, \qquad (10\text{-}24)$$

also

$$\varphi(P) \equiv \varphi(r) = \frac{Q}{4\pi\varepsilon r} + \varphi_0 \,. \qquad (10\text{-}25)$$

Für die Linienladung ergibt sich entsprechend aus (10-23):

$$\varphi(P) = -\int \boldsymbol{E} \cdot \mathrm{d}\boldsymbol{\varrho} = -\frac{q_L}{2\pi\varepsilon}\int \frac{\mathrm{d}\varrho}{\varrho} \,,$$

also

$$\varphi(P) \equiv \varphi(\varrho) = \frac{q_L}{2\pi\varepsilon}\ln\frac{1}{\varrho} + \varphi_0 = \frac{q_L}{2\pi\varepsilon}\ln\frac{\varrho_0}{\varrho} \,. \qquad (10\text{-}26)$$

10.5 Influenz

Bringt man einen ungeladenen Leiter (der also gleich viele positive wie negative Ladungen trägt) in ein elektrisches Feld, so werden die beweglichen Ladungsträger (Leitungselektronen) verschoben. In Bild 10-2 ist das für eine spezielle Anordnung schematisch dargestellt: Unter der Einwirkung des Feldes eines Plattenkondensators bildet sich auf der einen Seite des hier rechteckigen Leiters ein Elektronenüberschuss ($-Q'$) aus, während es auf der anderen Seite zu einem Elektronenmangel ($+Q'$) kommt. Das Feld dieser Ladungen ($+Q', -Q'$) und das äußere Feld heben sich im Innern des Leiters gerade auf, d. h., das Leiterinnere ist feldfrei. Diese Erscheinung der Ladungstrennung unter der Einwirkung eines äußeren Feldes bezeichnet man als *Influenz*; die getrennten Ladungen auf dem insgesamt ungeladenen Leiter heißen Influenzladungen (oder influenzierte Ladungen).

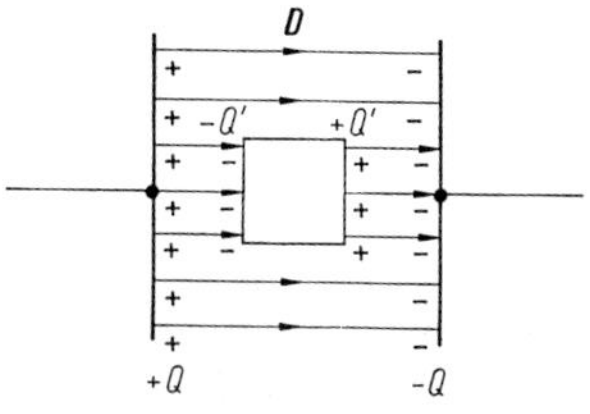

Bild 10-2. Influenz (schematisch). (Q' Influenzladung)

10.6 Die Kapazität

In Bild 10-3 sind zwei isolierte Leiter im Querschnitt dargestellt, die die Ladungen $+Q$ und $-Q$ tragen. Eine solche Anordnung heißt *Kondensator*; die beiden Leiter nennt man die *Elektroden* des Kondensators. Nach dem Coulomb'schen Gesetz wirken Kräfte zwischen den Ladungsträgern. Im statischen Fall stellt sich eine solche Ladungsverteilung ein, dass beide Leiter ein konstantes Potenzial erhalten. Damit ist die Leiteroberfläche eine Äquipotenzialfläche; auf ihr stehen die Feldlinien senkrecht. Das Leiterinnere ist feldfrei. Die Spannung zwischen den beiden Elektroden eines Kondensators ist ihrer Ladung proportional:

$$Q = CU \,. \qquad (10\text{-}27)$$

Der Proportionalitätsfaktor C heißt *Kapazität* (des Kondensators).
Werden n Kondensatoren *parallel geschaltet*, so gilt:

$$\begin{aligned} Q &= Q_1 + Q_2 + \ldots + Q_n \\ &= C_1 U + C_2 U + \ldots + C_n U \\ &= (C_1 + C_2 + \ldots + C_n) U \\ &\stackrel{!}{=} C_{\mathrm{ges}} U \,. \end{aligned}$$

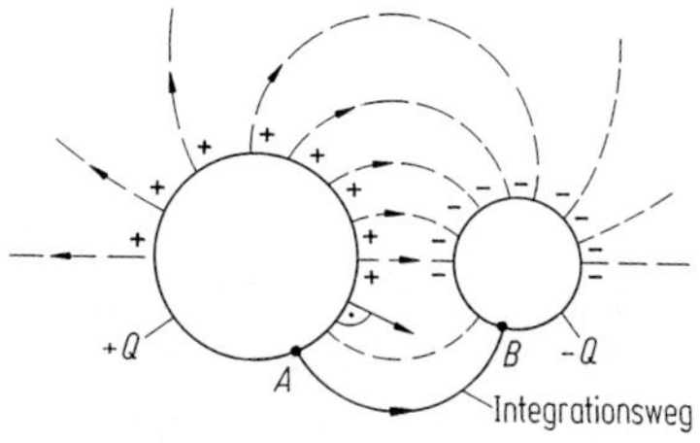

Bild 10-3. Kondensator, Feldlinien gestrichelt

Ein einzelner Kondensator, der bei der gleichen Spannung U die gleiche Ladung Q speichert, hat also die Kapazität

$$C_{\text{ges}} = C_1 + C_2 + \ldots + C_n = \sum_{k=1}^{n} C_k \,. \qquad (10\text{-}28)$$

Sind n ungeladene Kondensatoren *in Reihe geschaltet*, so nimmt jeder beim Anlegen der Spannung U die gleiche Ladung Q auf. Es gilt

$$\begin{aligned} U &= U_1 + U_2 + \ldots + U_n \\ &= \frac{Q}{C_1} + \frac{Q}{C_2} + \ldots + \frac{Q}{C_n} \\ &= \left(\frac{1}{C_1} + \frac{1}{C_2} + \ldots + \frac{1}{C_n}\right) Q \\ &\overset{!}{=} \frac{Q}{C_{\text{ges}}} \,. \end{aligned}$$

Für die Kapazität eines einzelnen Kondensators, der die Reihenschaltung ersetzen kann, folgt

$$\frac{1}{C_{\text{ges}}} = \frac{1}{C_1} + \frac{1}{C_2} + \ldots + \frac{1}{C_n} = \sum_{k=1}^{n} \frac{1}{C_k} \,. \qquad (10\text{-}29)$$

10.7 Die Kapazität spezieller Anordnungen

Nach (10-27) ist

$$C = \frac{Q}{U} \,. \qquad (10\text{-}30)$$

Die Kapazität lässt sich demnach bestimmen, indem man die Ladung vorgibt, dann die Spannung berechnet und den Quotienten (10-30) bildet. Diese Vorgehensweise soll am Beispiel des *Zylinderkondensators* der Länge $l \gg \varrho_{1,2}$ erläutert werden (Bild 10-4). Die Ladung des Kondensators sei $Q = q_{\text{L}} l$. Zunächst ermittelt man die elektrische Flussdichte D mit (10-20). Das ist oben gezeigt worden mit dem Ergebnis (10-23).

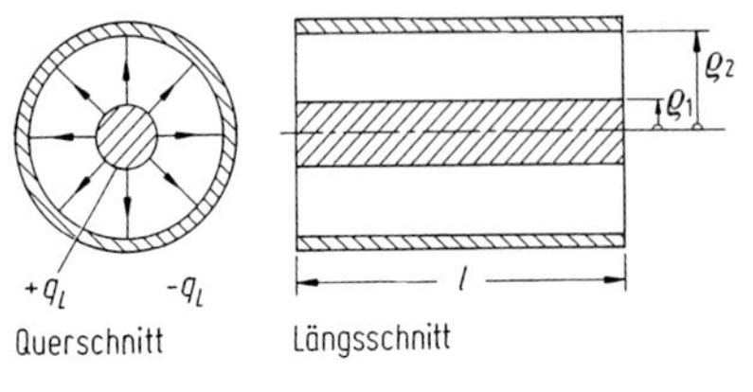

Bild 10-4. Zylinderkondensator

Damit ist wegen (10-14)

$$E = \frac{q_{\text{L}}}{2\pi\varepsilon\varrho} \,. \qquad (10\text{-}31)$$

Mit (10-8) ergibt sich, wenn entlang einer Feldlinie integriert wird:

$$\begin{aligned} U &= \int_A^B \boldsymbol{E} \cdot \mathrm{d}\boldsymbol{s} = \int_{\varrho_1}^{\varrho_2} E(\varrho)\,\mathrm{d}s \\ &= \frac{q_{\text{L}}}{2\pi\varepsilon} \int_{\varrho_1}^{\varrho_2} \frac{\mathrm{d}\varrho}{\varrho} = \frac{q_{\text{L}}}{2\pi\varepsilon} \ln \frac{\varrho_2}{\varrho_1} \,. \end{aligned}$$

Also wird C mit (10-30) und $Q = q_{\text{L}} l$:

$$C = \frac{2\pi\varepsilon l}{\ln \dfrac{\varrho_2}{\varrho_1}} \,. \qquad (10\text{-}32)$$

Im vorliegenden Fall hätte man die Spannung schneller ermitteln können, da die Potenzialfunktion der zylindersymmetrischen Anordnung bereits bekannt ist: (10-26). Damit wird die Spannung als Differenz des Potenzials der positiv geladenen Elektrode (φ_+) und des Potenzials der negativ geladenen Elektrode (φ_-):

$$U = \varphi_+ - \varphi_- = \varphi(\varrho_1) - \varphi(\varrho_2) = \frac{q_{\text{L}}}{2\pi\varepsilon} \ln \frac{\varrho_2}{\varrho_1} .$$

Auf die gleiche Weise kann man die Kapazität des *Plattenkondensators* (Bild 10-5)

$$C = \frac{\varepsilon A}{d} \qquad (10\text{-}33)$$

und die des *Kugelkondensators* (Bild 10-6) bestimmen:

$$C = \frac{4\pi\varepsilon r_1 r_2}{r_2 - r_1} \,. \qquad (10\text{-}34)$$

Hieraus folgt mit $r_2 \to \infty$ die Kapazität einer Kugel mit dem Radius r_1 gegenüber der (sehr weit entfernten) Umgebung:

$$C = 4\pi\varepsilon r_1 \,. \qquad (10\text{-}35)$$

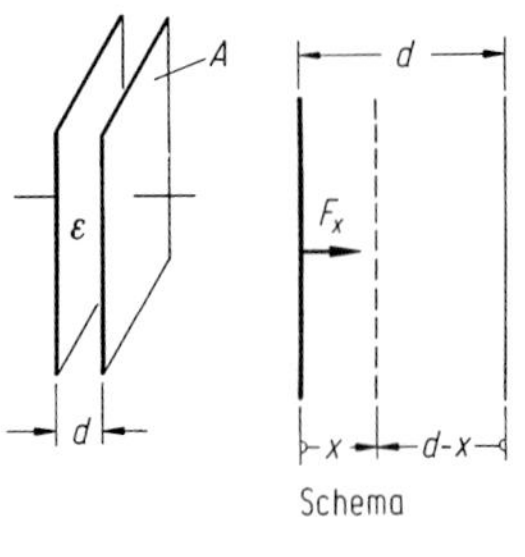

Bild 10-5. Plattenkondensator

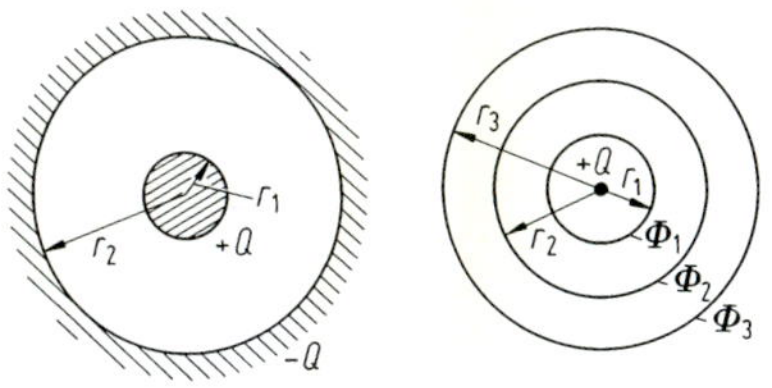

Bild 10-6. Kugelkondensator, gleiche Feld- und Potenzialverteilung wie bei der Punktladung (Querschnitt)

10.8 Energie und Kräfte

Die in einem Kondensator gespeicherte Energie ergibt sich nach 1.2.2, wobei $i\,dt$ nach 1.1.2 durch dQ ersetzt werden kann:

$$W_e = \int ui\,dt = \int u\,dQ\,. \tag{10-36}$$

Wegen (10-27) ist (für konstantes C) $dQ = d(Cu) = C du$ und damit

$$W_e = C\int_0^U u\,du = \frac{1}{2}CU^2 = \frac{1}{2}QU = \frac{1}{2}\cdot\frac{Q^2}{C}\,, \tag{10-37}$$

wobei die beiden letzten Ausdrücke auf (10-27) beruhen.

Für einen Plattenkondensator ist $u = Ed$ und $Q = DA$. Damit folgt aus (10-36)

$$W_e = \int E\,dA\,dD = V\int E\,dD\,.$$

Hier ist $Ad = V$ das Volumen zwischen den Platten, also des von dem elektrischen Feld erfüllten Raumes. Für die Energiedichte $w_e = W/V$ gilt also

$$w_e = \int_0^{D_e} E\,dD;\; D_e = \text{Endwert} \tag{10-38}$$

Mit (10-14) erhält man für konstantes ε wie bei (10-37) drei Ausdrücke

$$w_e = \frac{1}{2}\varepsilon E^2 = \frac{1}{2}DE = \frac{1}{2}\cdot\frac{D^2}{\varepsilon}\,. \tag{10-39}$$

Mit dem aus der Mechanik bekannten Prinzip der virtuellen Verschiebung gewinnt man einen Zusammenhang zwischen der Änderung der elektrischen Energie und der Kraft. Die linke Platte des Kondensators in Bild 10-5 verschiebe sich aufgrund der Anziehungskraft F_x um ein Wegelement dx. Dabei wird die mechanische Energie $F_x\,dx$ gewonnen. Wenn die Bewegung reibungsfrei und langsam erfolgt und außerdem die Ladung konstant bleibt, tritt nur eine weitere Energieform auf, nämlich die im Kondensator gespeicherte elektrische Energie W_e. Die Summe der Energieänderungen ist Null, also $F_x\,dx + dW_e = 0$ oder

$$F_x = -\frac{dW_e}{dx} \quad (Q = \text{const})\,. \tag{10-40}$$

Ist bei der betrachteten Verschiebung der linken Platte die Spannung U konstant (der Kondensator bleibt mit der Spannungsquelle verbunden), so nimmt der Kondensator eine zusätzliche Ladung dQ auf und gleichzeitig ändert sich die in der Spannungsquelle gespeicherte Energie W_Q. Die Summe der Änderungen der drei jetzt auftretenden Energieformen ist Null, also $F_x dx + dW_e + dW_Q = 0$. Hier ist nun nach (10-37) $dW_e = \frac{1}{2}U\,dQ$ und nach (10-36) $dW_Q = -Ui\,dt = -U\,dQ$. Das Minuszeichen rührt daher, dass die Quelle Energie abgibt. Damit folgt

$$F_x\,dx + \frac{1}{2}U\,dQ - U\,dQ = 0 \quad \text{oder}$$

$$F_x\,dx = \frac{1}{2}U\,dQ\,.$$

Ersetzt man $\frac{1}{2}U\,dQ$ wieder durch dW_e, so erhält man schließlich

$$F_x = \frac{dW_e}{dx} \quad (U = \text{const})\,. \tag{10-41}$$

Bei der Herleitung von (10-40) und (10-41) wurde keine bestimmte Elektrodenform des Kondensators vorausgesetzt; die Gleichungen gelten also für beliebig geformte Leiter.

Mit (10-40) und (10-41) soll die Kraft zwischen den Platten eines Plattenkondensators berechnet werden. Dazu muss die gespeicherte Energie als Funktion von x dargestellt werden. Nach (10-37) ist z. B.

$$W_e(x) = \frac{1}{2}\cdot\frac{Q^2}{C(x)} \quad (Q = \text{const})$$

oder

$$W_e(x) = \frac{1}{2}U^2C(x) \quad (U = \text{const})$$

mit

$$C(x) = \frac{\varepsilon A}{d - x}\,.$$

Dabei wird x wie in Bild 10-5 gezählt. Also erhält man mit (10-40)

$$F_x = -\frac{\mathrm{d}}{\mathrm{d}x}\left(\frac{1}{2}\cdot\frac{Q^2}{C(x)}\right) = \frac{Q^2}{2\varepsilon A} \qquad (10\text{-}42)$$

und mit (10-41)

$$F_x = \frac{\mathrm{d}}{\mathrm{d}x}\left(\frac{1}{2}U^2C(x)\right) = \frac{U^2}{2}\cdot\frac{\varepsilon A}{(d-x)^2}\,. \qquad (10\text{-}43)$$

Das letzte Ergebnis zeigt, dass bei konstanter Spannung die Kraft vom Plattenabstand abhängt. Ist dieser gleich d, so ist $x = 0$, also

$$F_x = \frac{U^2\varepsilon A}{2d^2}\,. \qquad (10\text{-}44)$$

Geht man in (10-42) und (10-44) zu Feldgrößen über, $(Q/A = D,\ U/d = E)$, so ergibt sich:

$$F_x = \frac{\varepsilon E^2}{2}A = \frac{DE}{2}A = \frac{D^2}{2\varepsilon}A\,. \qquad (10\text{-}45)$$

Für die Kraft pro Fläche F_x/A oder Kraftdichte (Kraftbelag) erhält man demnach die Ausdrücke (10-39).

10.9 Bedingungen an Grenzflächen

Um eine Aussage über das Verhalten der Normalkomponente zu gewinnen, wendet man (10-20) auf einen flachen Zylinder an, der gemäß Bild 10-7 im Grenzgebiet zwischen zwei Materialien mit unterschiedlichen Permittivitäten liegt. Die Höhe des Zylinders wird als so gering angenommen, dass nur die Beiträge der beiden Deckflächen berücksichtigt werden müssen. Dann liefert die linke Seite von (10-20):

$$\begin{aligned} \boldsymbol{D}_2\cdot\Delta\boldsymbol{A}_2 + \boldsymbol{D}_1\cdot\Delta\boldsymbol{A}_1 &= (\boldsymbol{n}\cdot\boldsymbol{D}_2 - \boldsymbol{n}\cdot\boldsymbol{D}_1)\Delta A \\ &= (D_{2n} - D_{1n})\Delta A\,. \end{aligned}$$

Auf der rechten Seite steht die von dem Zylinder umschlossene Ladung

$$\Delta Q = \sigma\Delta A\,,$$

wobei σ die Flächenladungsdichte (Ladung pro Fläche, Ladungsbelag) in der Grenzschicht ist. Es ergibt sich

$$D_{2n} - D_{1n} = \sigma\,. \qquad (10\text{-}46)$$

Das Verhalten der Tangentialkomponenten folgt aus (10-7). Dabei wird nach Bild 10-8 für den Umlauf ein Rechteck geringer Höhe gewählt, sodass nur die Beiträge der Wegelemente parallel zur Grenzschicht zu

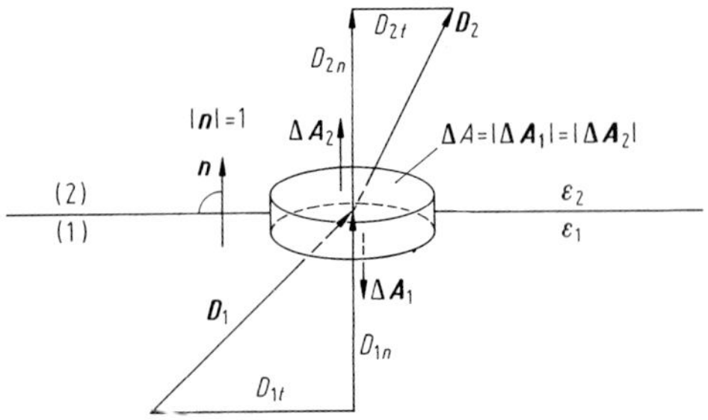

Bild 10-7. Zur Herleitung der Stetigkeit der Normalkomponenten von $\boldsymbol{D}$

berücksichtigen sind:

$$\begin{aligned} \boldsymbol{E}_2\cdot\Delta\boldsymbol{s}_2 + \boldsymbol{E}_1\cdot\Delta\boldsymbol{s}_1 &= (\boldsymbol{t}\cdot\boldsymbol{E}_2 - \boldsymbol{t}\cdot\boldsymbol{E}_1)\Delta s \\ &= (E_{2t} - E_{1t})\Delta s = 0 \end{aligned}$$

oder

$$E_{2t} = E_{1t}\,. \qquad (10\text{-}47)$$

Mit (10-46) und (10-47) wird das Brechungsgesetz für elektrische Feldlinien hergeleitet, und zwar unter der Voraussetzung, dass sich in der Grenzschicht keine Ladungen befinden. Nach Bild 10-9 ist mit (10-14)

$$\tan\alpha_1 = \frac{E_{1t}}{E_{1n}} = \frac{\varepsilon_1 E_{1t}}{D_{1n}}, \qquad \tan\alpha_2 = \frac{E_{2t}}{E_{2n}} = \frac{\varepsilon_2 E_{2t}}{D_{2n}}\,.$$

Durch Division folgt

$$\frac{\tan\alpha_1}{\tan\alpha_2} = \frac{\varepsilon_1}{\varepsilon_2}\,. \qquad (10\text{-}48)$$

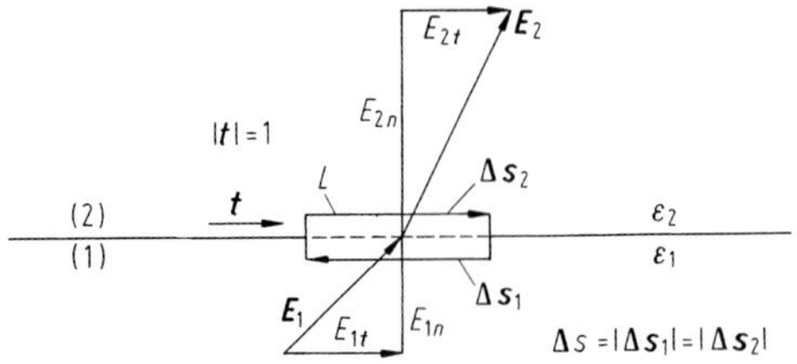

Bild 10-8. Zur Herleitung der Stetigkeit der Tangentialkomponenten von $\boldsymbol{E}$

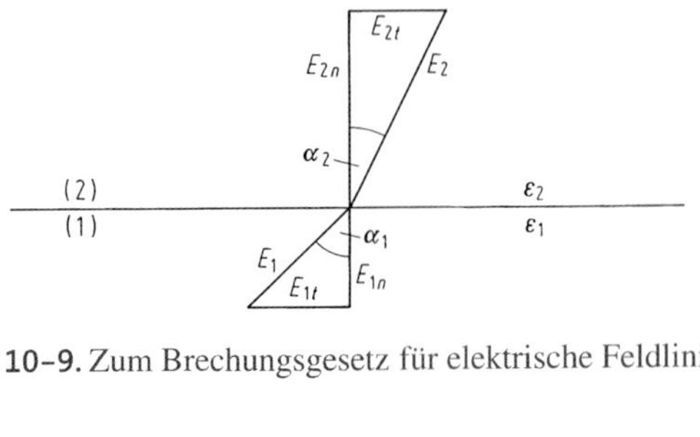

Bild 10-9. Zum Brechungsgesetz für elektrische Feldlinien

11 Stationäre elektrische Strömungsfelder

11.1 Die Grundgesetze

Zur Beschreibung des räumlich verteilten elektrischen Stromes dient – analog der elektrischen Flussdichte – die *elektrische Stromdichte* J. Diese ist durch

$$J = \frac{\Delta I}{\Delta A}$$

definiert, wobei der Strom ΔI senkrecht durch das Flächenelement ΔA hindurchtritt. Im allgemeinen Fall ist nach Bild 11-1

$$\Delta I = \boldsymbol{J} \cdot \Delta \boldsymbol{A} \quad \text{bzw.} \quad \mathrm{d}I = \boldsymbol{J} \cdot \mathrm{d}\boldsymbol{A}\,. \tag{11-1}$$

Damit wird der Strom durch einen Querschnitt A:

$$I = \int_A \boldsymbol{J} \cdot \mathrm{d}\boldsymbol{A}\,. \tag{11-2}$$

Für den ersten Kirchhoff'schen Satz (1.1.3) ergibt sich

$$\sum_k \int_{A_k} \boldsymbol{J}_k \cdot \mathrm{d}\boldsymbol{A}_k = 0\,. \tag{11-3}$$

Einfacher lässt sich dieser Zusammenhang formulieren, wenn man die durchströmten Querschnittsflächen A_k zu einer geschlossenen Fläche S ergänzt und also in (11-3) das Integral über die nicht durchströmten Querschnitte (das Null ist) hinzunimmt (Bild 11-1):

$$\oint_S \boldsymbol{J} \cdot \mathrm{d}\boldsymbol{A} = 0\,. \tag{11-4}$$

Das Feld der elektrischen Stromdichte ist quellenfrei. Für den Zusammenhang zwischen Spannung und elektrischer Feldstärke gilt (10-8). Damit lautet der zweite Kirchhoff'sche Satz in allgemeiner Formulierung

$$\oint_C \boldsymbol{E} \cdot \mathrm{d}\boldsymbol{s} = 0\,. \tag{11-5}$$

Das Feld der elektrischen Feldstärke ist wie in der Elektrostatik wirbelfrei. Zwischen den Feldgrößen $\boldsymbol{E}$ und $\boldsymbol{J}$ besteht eine dem Ohm'schen Gesetz entsprechende Beziehung. Der in Bild 11-2 skizzierte Zylinder hat den Leitwert $G = \varkappa \Delta A / \Delta l$. Andererseits ist

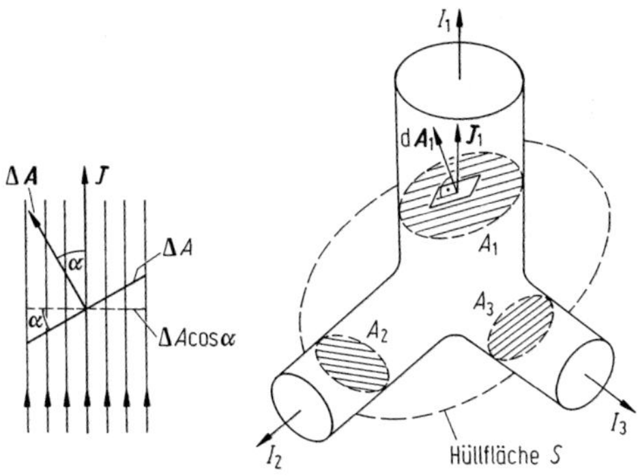

Bild 11-1. Zum 1. Kirchhoff'schen Satz

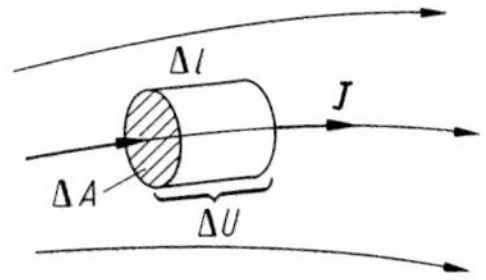

Bild 11-2. Zur Herleitung von (11-6) und (11-8)

$G = \Delta I / \Delta U$ mit $\Delta I = J \Delta A$ und $\Delta U = E \Delta l$. Durch Gleichsetzung beider Ausdrücke für G folgt

$$J = \varkappa E \tag{11-6}$$

oder allgemeiner (für isotrope Materialien)

$$\boldsymbol{J} = \varkappa \boldsymbol{E}\,. \tag{11-7}$$

Die Grundgleichungen des Strömungsfeldes sind in Tabelle 12-1 den analogen Beziehungen für das elektrostatische und das magnetische Feld gegenübergestellt.

Die in dem Volumenelement in Bild 11-2 umgesetzte elektrische Leistung ergibt sich mit $P = I^2 R$ bzw. $\Delta P = (\Delta I)^2 \Delta R$ mit der Resistivität $\varrho = 1/\varkappa$ zu

$$\Delta P = (\Delta I)^2 \frac{\varrho \Delta l}{\Delta A} = \left(\frac{\Delta I}{\Delta A}\right)^2 \varrho \Delta l \Delta A = \varrho J^2 \Delta V\,.$$

Bezieht man die Leistung P auf das Volumenelement $\Delta V = \Delta l \Delta A$, so folgen für die *Leistungsdichte* $p = \Delta P / \Delta V$ mit (11-6) die Ausdrücke

$$p = \varrho J^2 = E J = \varkappa E^2\,. \tag{11-8}$$

11.2 Methoden zur Berechnung von Widerständen

In Analogie zu (10-30) gilt $G = I/U$. Man kann also den Strom in einem betrachteten Widerstand vorgeben, die zugehörige Spannung ausrechnen und den

Quotienten bilden. In manchen Fällen kann ein Widerstand auch als Reihenschaltung aus Elementarwiderständen der speziellen Form $\Delta R = \varrho \Delta l / A$ aufgefasst werden:

$$R = \sum \Delta R = \sum \varrho \frac{\Delta l}{A} \quad \text{oder}$$
$$R = \int \mathrm{d}R = \int \frac{\varrho}{A}\,\mathrm{d}l \tag{11-9}$$

bzw. als Parallelschaltung aus Leitwerten der speziellen Form $\Delta G = \varkappa \Delta A / l$:

$$G = \sum \Delta G = \sum \varkappa \frac{\Delta A}{l} \quad \text{oder}$$
$$G = \int \mathrm{d}G = \int \frac{\varkappa}{l}\,\mathrm{d}A\,. \tag{11-10}$$

Ist die Kapazität einer Anordnung bekannt, so kennt man auch den Leitwert bzw. Widerstand der entsprechenden Anordnung. Es gilt nämlich

$$RC = \varrho\varepsilon \quad \text{oder} \quad \frac{G}{C} = \frac{\varkappa}{\varepsilon}\,. \tag{11-11}$$

11.3 Bedingungen an Grenzflächen

Das Verhalten der Feldkomponenten an der Grenzfläche zwischen zwei Materialien mit den Leitfähigkeiten $\varkappa_1$ bzw. $\varkappa_2$ ergibt sich wie in 10.9.
Aus (11-4), angewendet auf den in Bild 10-7 skizzierten flachen Zylinder, folgt

$$J_{2n} = J_{1n}\,. \tag{11-12}$$

Wegen (11-5) gilt (wie in der Elektrostatik)

$$E_{2t} = E_{1t}\,. \tag{11-13}$$

Das Brechungsgesetz lautet

$$\frac{\tan\alpha_1}{\tan\alpha_2} = \frac{\varkappa_1}{\varkappa_2}\,, \tag{11-14}$$

wobei die Winkel wie in Bild 10-9 definiert sind.
Hat ein Dielektrikum, gekennzeichnet durch seine Permittivität ε, auch eine gewisse Leitfähigkeit $\varkappa$, so wird die Feldverteilung (auch an Grenzflächen) im stationären Fall (Gleichstrom) durch die Leitfähigkeiten bestimmt. So verhält sich nach (11-12) die Normalkomponente von $\boldsymbol{J}$ stetig, nicht dagegen die Normalkomponente von $\boldsymbol{D}$. Es bildet sich vielmehr in der Grenzschicht eine Oberflächenladung gemäß (10-46) aus.

12 Stationäre Magnetfelder

12.1 Die magnetische Flussdichte

Im Gegensatz zu elektrischen Ladungen treten magnetische Pole immer paarweise auf: Teilt man z. B. einen stabförmigen Dauermagneten zwischen seinen Polen, so entstehen zwei neue Stabmagnete (jeder mit einem Nord- und einem Südpol). Dabei wird das Ende, das bei freier Lagerung nach Norden (geographisch) weist, als (magnetischer) Nordpol bezeichnet, das andere als (magnetischer) Südpol.
Von Magnetpolen hervorgerufene Felder können weitgehend auf gleiche Art behandelt werden wie die von elektrischen Ladungen verursachten Felder. Wichtiger für die technischen Anwendungen sind Magnetfelder, die von bewegten Ladungen (elektrischen Strömen) erzeugt werden. Solche Felder werden in den folgenden Abschnitten betrachtet.
Zwei stromdurchflossene Leiter, die nach Bild 12-1 angeordnet sind, ziehen sich mit der Kraft

$$F = \frac{\mu i I l}{2\pi\varrho} \quad (l \gg \varrho) \tag{12-1}$$

an, wenn beide Ströme die gleiche Richtung haben, andernfalls stoßen sie sich ab. Die Größe μ in (12-1) ist eine Materialkonstante und heißt *Permeabilität* (Induktionskonstante). Ähnlich wie in 10.2 lässt sich (12-1) in der Form schreiben:

$$F = il\frac{\mu I}{2\pi\varrho} \tag{12-2}$$

Man nennt B die *magnetische Flussdichte (magnetische Induktion)*. Nach (12-2) ist die magnetische Flussdichte des stromdurchflossenen (geraden, sehr langen) Leiters

$$B = \frac{\mu I}{2\pi\varrho}\,. \tag{12-3}$$

Allgemein gilt für die Kraft auf den stromdurchflossenen Leiter der Länge l im Magnetfeld der Fluss-

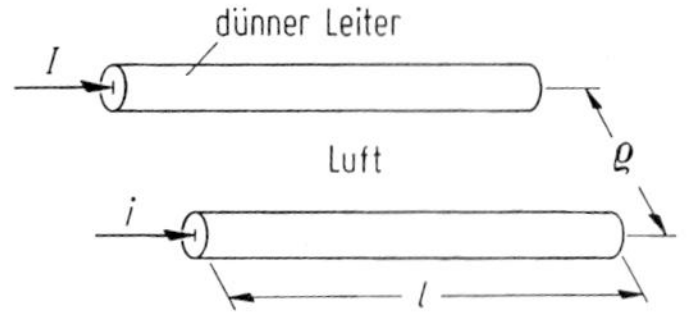

Bild 12-1. Zur Kraft zwischen zwei stromdurchflossenen Leitern

dichte B, wenn das Magnetfeld senkrecht auf dem Leiter steht:

$$F = ilB \,. \tag{12-4}$$

Ist der Winkel zwischen dem Leiter und dem Magnetfeld α, so wird

$$F = ilB \sin\alpha \,. \tag{12-5}$$

Die Kraft steht senkrecht auf dem Leiter und auf B. Am einfachsten lässt sich dieser Sachverhalt formulieren, wenn man l einen Vektor zuordnet, dessen Richtung in die des Stromflusses zeigt. Dann gilt (s. Bild 12-2a)

$$\boldsymbol{F} = i(\boldsymbol{l} \times \boldsymbol{B}) \,. \tag{12-6}$$

Befindet sich ein beliebig geformter dünner Draht, durch den der Strom i fließt, in einem inhomogenen Magnetfeld, so kann (12-6) nur auf ein Leiterelement Δs angewendet werden:

$$\Delta\boldsymbol{F} = i(\Delta\boldsymbol{s} \times \boldsymbol{B}) \,. \tag{12-7}$$

Die Gesamtkraft folgt durch Integration:

$$\boldsymbol{F} = i \int \mathrm{d}\boldsymbol{s} \times \boldsymbol{B} \,. \tag{12-8}$$

Bei räumlich verteilter elektrischer Strömung ist ein Volumenelement ΔV zu betrachten: Bild 12-2b. Hier ist

$$\Delta\boldsymbol{F} = \Delta V(\boldsymbol{J} \times \boldsymbol{B}) \,. \tag{12-9}$$

Bewegt sich eine Ladung Q mit der Geschwindigkeit $\boldsymbol{v}$ durch das Magnetfeld, so wirkt auf sie die Kraft

$$\boldsymbol{F} = Q(\boldsymbol{v} \times \boldsymbol{B}) \,. \tag{12-10}$$

12.2 Die magnetische Feldstärke

Neben der magnetischen Flussdichte benutzt man zur Beschreibung des magnetischen Feldes als zweite Feldgröße die *magnetische Feldstärke*, die (für isotrope Materialien) durch

$$\boldsymbol{H} = \frac{\boldsymbol{B}}{\mu} \tag{12-11}$$

definiert ist. Für den stromdurchflossenen Leiter (gerade, sehr lang) erhält man mit (12-3)

$$H = \frac{I}{2\pi\varrho} \,. \tag{12-12}$$

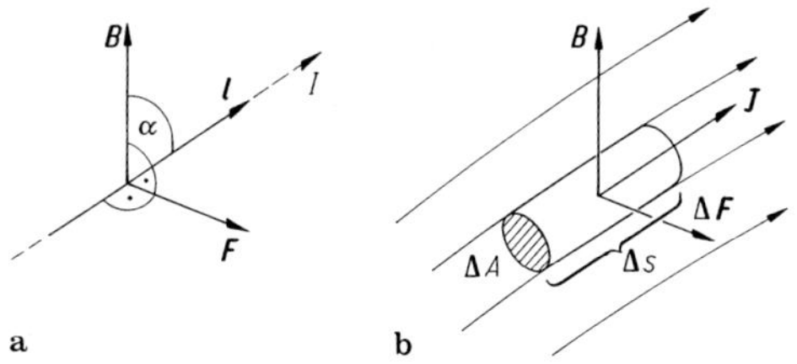

Bild 12-2. Stromdurchflossener Leiter im Magnetfeld

Die *magnetische Feldkonstante* (Permeabilität des Vakuums) ist

$$\mu_0 = 4\pi \cdot 10^{-7} \frac{\mathrm{V\,s}}{\mathrm{A\,m}} \approx 1{,}2566\ldots \,\mu\mathrm{H/m} \,.$$

(Dieser spezielle Wert hat sich durch entsprechende Festlegung der Basiseinheit Ampere ergeben.)
In Analogie zu (12-10-12-17) beschreibt man die magnetischen Eigenschaften der Stoffe durch die *Permeabilitätszahl* (relative Permeabilität)

$$\mu_r = \mu/\mu_0 \,. \tag{12-13}$$

Die magnetischen Werkstoffe teilt man ein in dia-, para- und ferromagnetische Stoffe.
Bei para- und diamagnetischen Stoffen unterscheidet sich μ_r nur wenig von 1. Liegt μ_r wenig unter 1, so nennt man den Stoff diamagnetisch (z. B. Kupfer; $\mu_r = 1 - 10 \cdot 10^{-6} = 0{,}999990$). Ist μ_r etwas größer als 1, so heißt der Stoff paramagnetisch (z. B. Platin: $\mu_r = 1{,}0003$).
Bei ferromagnetischen Stoffen (Eisen, Kobalt, Nickel u. a.) ist $\mu_r \gg 1$. Der Grund dafür liegt darin, dass sich bei diesen Stoffen Elementarmagnete (bzw. Weiss'sche Bezirke, s. Teil B) unter dem Einfluss des äußeren Feldes ausrichten. Der Vorgang ist nichtlinear: Bild 12-3. Außerdem spielt die Vorgeschichte eine Rolle: wird ein Material erstmals magnetisiert, so bewegt man sich auf Kurve 1 in Bild 12-4, der sog. *Neukurve*, vom Punkt O z. B. bis zum Punkt P_1, in dem die Sättigungsfeldstärke erreicht ist (alle Elementarmagnete sind ausgerichtet). Lässt man jetzt die Feldstärke wieder auf null zurückgehen, so gelangt man auf Kurve 2 zur Remanenzflussdichte B_r usw. (H_c. Koerzitivfeldstärke).
Nach (12-12) ist

$$2\pi\varrho H = lH = I \,, \tag{12-14}$$

wobei l die Länge der Feldlinie C mit dem Radius ϱ bedeutet und H die Feldstärke auf dieser Feldlinie.

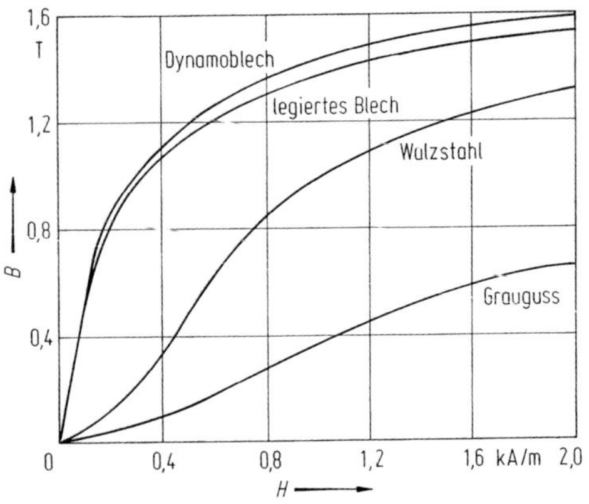

Bild 12-3. Magnetisierungskennlinien

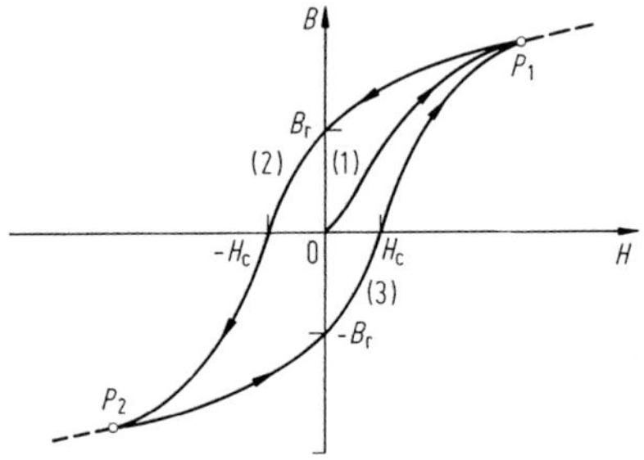

Bild 12-4. Magnetisierungskennlinie, Hystereseschleife

Handelt es sich bei C um einen nicht kreisförmigen Weg (oder geht der stromdurchflossene Leiter nicht durch den Kreismittelpunkt), so hat man statt (12-14):

$$\oint_C \boldsymbol{H} \cdot \mathrm{d}\boldsymbol{s} = I\,. \qquad (12\text{-}15)$$

Das ist das *Durchflutungsgesetz*. Die Richtung des Stromes und der Umlauf C (bzw. das Wegelement $\mathrm{d}\boldsymbol{s}$) sind einander gemäß der Rechtsschraubenregel zugeordnet. Im Allgemeinen steht auf der rechten Seite von (12-15) die Summe der von dem Umlauf C umfassten Ströme:

$$\oint_C \boldsymbol{H} \cdot \mathrm{d}\boldsymbol{s} = \sum_k \boldsymbol{I}_k = \Theta\,. \qquad (12\text{-}16)$$

Man nennt die Summe der Ströme die *Durchflutung Θ*.

Ist die umfasste Strömung räumlich verteilt, so gilt wegen (11-2)

$$\oint_C \boldsymbol{H} \cdot \mathrm{d}\boldsymbol{s} = \int_A \boldsymbol{J} \cdot \mathrm{d}\boldsymbol{A}\,. \qquad (12\text{-}17)$$

Der Zusammenhang zwischen dem Umlaufsinn und der Orientierung der Fläche ist wieder durch die Rechtsschraubenregel festgelegt (Bild 12-5).

Den gleichen physikalischen Zusammenhang, nur in anderer Formulierung, beschreibt das Gesetz von Biot-Savart:

$$\mathrm{d}\boldsymbol{B} = \frac{\mu I}{4\pi} \cdot \frac{\mathrm{d}\boldsymbol{s} \times \boldsymbol{r}^0}{r^2}\,. \qquad (12\text{-}18)$$

Es gibt den Beitrag zur Flussdichte im sog. Aufpunkt P an, den das stromdurchflossene Leiterelement $\mathrm{d}\boldsymbol{s}$ (im sog. Quellpunkt) liefert (Bild 12-6). Vorausgesetzt wird hier eine im ganzen Raum konstante Permeabilität.

Wendet man (12-15) auf einen sog. offenen Stromkreis nach Bild 12-7 an, so liefert die rechte Seite den Strom i oder den Wert Null, je nach der Form der Fläche A (bei gleicher Randkurve). Dieser Widerspruch

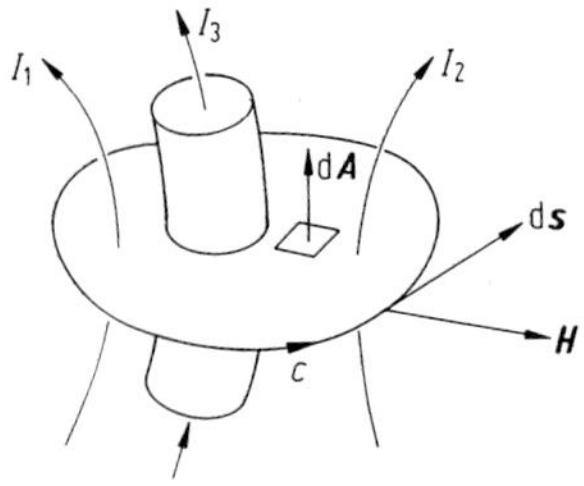

Bild 12-5. Zum Durchflutungsgesetz in allgemeiner Form

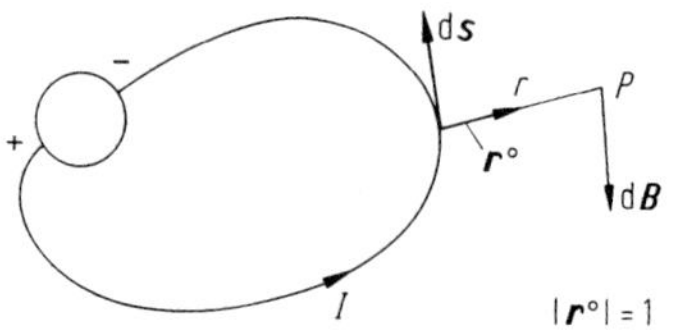

Bild 12-6. Zum Biot-Savart'schen Gesetz

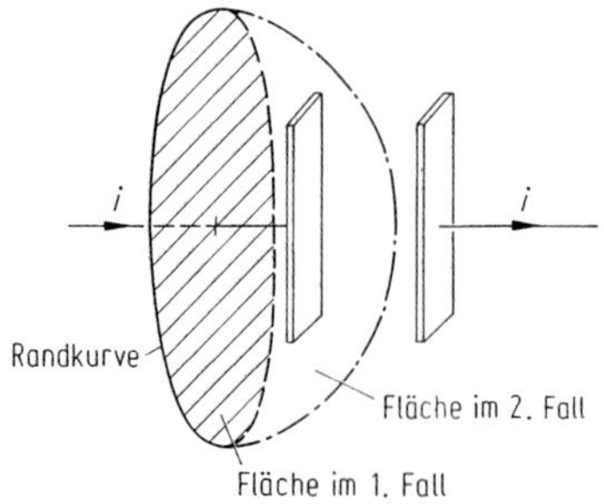

Bild 12-7. Anwendung des Durchflutungssatzes auf offene Stromkreise

lässt sich dadurch auflösen, dass auf der rechten Seite die Leitungsstromdichte $\boldsymbol{J}$ durch die Verschiebungsstromdichte $\partial\boldsymbol{D}/\partial t$ ergänzt wird:

$$\oint_C \boldsymbol{H} \cdot \mathrm{d}\boldsymbol{s} = \int_A \left(\boldsymbol{J} + \frac{\partial \boldsymbol{D}}{\partial t}\right) \cdot \mathrm{d}\boldsymbol{A} \,. \tag{12-19}$$

Das so erweiterte Durchflutungsgesetz nennt man die *1. Maxwell'sche Gleichung*, vgl. 14.2.

12.3 Der magnetische Fluss

Entsprechend den Zusammenhängen (10-21) im elektrischen Feld und (11-2) im Strömungsfeld definiert man den *magnetischen Fluss*

$$\Phi = \int_A \boldsymbol{B} \cdot \mathrm{d}\boldsymbol{A} \,. \tag{12-20}$$

Im Fall des homogenen Feldes vereinfacht sich (12-20) zu

$$\Phi = \boldsymbol{B} \cdot \boldsymbol{A} \,, \tag{12-21}$$

und wenn B senkrecht auf der Fläche A steht, wird

$$\Phi = BA \,. \tag{12-22}$$

Eine grundlegende Eigenschaft der Flussdichte B ist ihre Quellenfreiheit:

$$\oint_S \boldsymbol{B} \cdot \mathrm{d}\boldsymbol{A} = 0 \,. \tag{12-23}$$

12.4 Bedingungen an Grenzflächen

Wie in 10.9 und 11.3 werden die Grundgesetze – hier (12-23) und (12-15) – auf einen flachen Zylinder bzw. auf ein Rechteck angewendet. Im ersten Fall erhält man

$$B_{2n} = B_{1n} \,, \tag{12-24}$$

im zweiten Fall zunächst

$$(H_{2t} - H_{1t})\Delta s = \Delta I \,,$$

falls in der Grenzschicht ein Strom ΔI (innerhalb des Rechtecks) fließt. Dividiert man hier durch Δs und führt den längenbezogenen Strom $I' = \Delta I/\Delta s$ ein, so wird

$$H_{2t} - H_{1t} = I' \tag{12-25}$$

und für $I' = 0$

$$H_{2t} = H_{1t} \,. \tag{12-26}$$

12.5 Magnetische Kreise

Für die bisher behandelten Felder gelten ganz ähnliche Gesetze, wie Tabelle 12-1 zeigt. (Einige der auftretenden Größen werden erst in den folgenden Abschnitten erklärt.)

Wegen der weitgehenden Übereinstimmung der Grundgesetze können magnetische Kreise (solange μ konstant ist oder als konstant vorausgesetzt werden darf) genauso wie lineare Netze behandelt werden. Auch lassen sich ganz analoge Begriffe bilden. Das folgende Beispiel macht das deutlich: Bild 12-8. Ein Eisenring mit Luftspalt trägt eine stromdurchflossene Wicklung mit N Windungen. Die Querschnittsabmessungen des Ringes seien klein gegen den Radius einer Feldlinie; dann kann das Feld im Eisen näherungsweise als homogen angesehen werden. Außerdem soll die Luftspaltlänge sehr viel kleiner als die Luftspaltbreite sein; damit kann man das Feld auch im Luftspalt als homogen betrachten und von den Feldverzerrungen am Rand des Luftspalts absehen. Unter diesen Voraussetzungen folgt mit (12-24)

$$B_{\mathrm{Fe}} = B_{\mathrm{L}} = B \tag{12-27}$$

und mit (12-16)

$$H_{\mathrm{Fe}} l_{\mathrm{Fe}} + H_{\mathrm{L}} l_{\mathrm{L}} = \Theta = NI \,. \tag{12-28}$$

Mit (12-11) und (12-22) ergibt sich hieraus

$$\Phi \left(\frac{l_{\mathrm{Fe}}}{\mu_{\mathrm{Fe}} A} + \frac{l_{\mathrm{L}}}{\mu_{\mathrm{L}} A} \right) = \Theta \,. \tag{12-29}$$

Falls der Fluss gesucht ist und alle übrigen Größen bekannt sind, ist die Aufgabe hiermit im Prinzip gelöst.

Nach Tabelle 12-1 entspricht der Fluss Φ dem Strom I, die Durchflutung Θ einer Spannung (Quellenspannung). Der Ausdruck in den runden

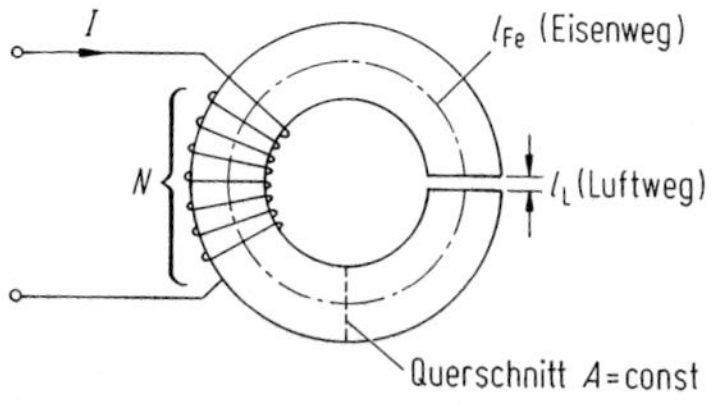

Bild 12-8. Magnetischer Kreis

Tabelle 12–1. Die Grundgesetze stationärer Felder

	Elektrostatisches Feld	Stationäres elektrisches Strömungsfeld	Stationäres Magnetfeld
Grundgesetze formuliert mit			
Feldgrößen	$\oint_S \boldsymbol{D}\cdot \mathrm{d}\boldsymbol{A} = Q$	$\oint_S \boldsymbol{J}\cdot \mathrm{d}\boldsymbol{A} = 0$	$\oint_S \boldsymbol{B}\cdot \mathrm{d}\boldsymbol{A} = 0$
	$\oint_C \boldsymbol{E}\cdot \mathrm{d}\boldsymbol{s} = 0$	$\oint_C \boldsymbol{E}\cdot \mathrm{d}\boldsymbol{s} = 0$	$\oint_C \boldsymbol{H}\cdot \mathrm{d}\boldsymbol{s} = \Theta$
	$\boldsymbol{D} = \varepsilon \boldsymbol{E}$	$\boldsymbol{J} = \varkappa \boldsymbol{E}$	$\boldsymbol{B} = \mu \boldsymbol{H}$
integralen Größen	$\sum \Psi_\mathrm{e} = Q$	$\sum I = 0$	$\sum \Phi = 0$
	$\sum U = 0$	$\sum U = 0$	$\sum V = \Theta$
	$\left.\begin{matrix} Q \\ \Psi_\mathrm{e} \end{matrix}\right\} = CU$	$I = GU$	$\phi = \Lambda V$ $\Psi = N\phi = LI$
Zusammenhang zwischen integralen Größen und Feldgrößen	$\Psi_\mathrm{e} = \int_A \boldsymbol{D}\cdot \mathrm{d}\boldsymbol{A}$ $U = \int_s \boldsymbol{E}\cdot \mathrm{d}\boldsymbol{s}$	$I = \int_A \boldsymbol{J}\cdot \mathrm{d}\boldsymbol{A}$ $U = \int_s \boldsymbol{E}\cdot \mathrm{d}\boldsymbol{s}$	$\Phi = \int_A \boldsymbol{B}\cdot \mathrm{d}\boldsymbol{A}$ $V = \int_s \boldsymbol{H}\cdot \mathrm{d}\boldsymbol{s}$

Klammern stellt die Summe zweier Widerstände dar. Man nennt ihn den *magnetischen Widerstand* R_m. So ist der magnetische Widerstand des Luftspalts und der des Eisenbügels durch einen Ausdruck der Form

$$R_\mathrm{m} = \frac{1}{\mu A} \qquad (12\text{-}30)$$

gegeben. Der Kehrwert heißt *magnetischer Leitwert* Λ:

$$\Lambda = \frac{1}{R_\mathrm{m}} \,. \qquad (12\text{-}31)$$

Bezeichnet man nun noch das Produkt aus Fedstärke und Länge als magnetische Spannung V_m, also

$$V_\mathrm{m} = Hl \,, \qquad (12\text{-}32)$$

so lässt sich das *Ohm'sche Gesetz des magnetischen Kreises* formulieren:

$$V_\mathrm{m} = R_\mathrm{m}\Phi \quad \text{bzw.} \quad \Phi = \Lambda V_\mathrm{m} \,. \qquad (12\text{-}33)$$

Damit kann man statt (12-29) auch schreiben:

$$\Phi(R_\mathrm{mFe} + R_\mathrm{mL}) = V_\mathrm{mFe} + V_\mathrm{mL} = \Theta \,.$$

Bei vielen Anwendungen ist μ_Fe nicht bekannt und auch nicht annähernd konstant. Die Eigenschaft des Eisens ist vielmehr durch die Magnetisierungskennlinie vorgegeben. Ist jetzt wieder der Fluss oder die Flussdichte gesucht (bei sonst gleicher Anordnung), so geht man wieder von (12-27) und (12-28) aus. Mit (12-11) für den Luftspalt (nur hier ist μ bekannt, nämlich μ_0) folgt aus (12-28)

$$H_\mathrm{Fe} l_\mathrm{Fe} + \frac{B}{\mu_0} l_\mathrm{L} = \Theta \qquad (12\text{-}34)$$

oder

$$\frac{H_\mathrm{Fe}}{\Theta / l_\mathrm{Fe}} + \frac{B}{\mu_0 \Theta / l_\mathrm{L}} = 1 \,. \qquad (12\text{-}35)$$

Diese Gleichung enthält die beiden Unbekannten H_Fe und $B (= B_\mathrm{Fe} = B_\mathrm{L})$. Es wird eine zweite Bedingung gebraucht; sie liegt in Form der Magnetisierungskennlinie vor: Bild 12-9. In dieses Diagramm hat man die erste Bedingung, also den

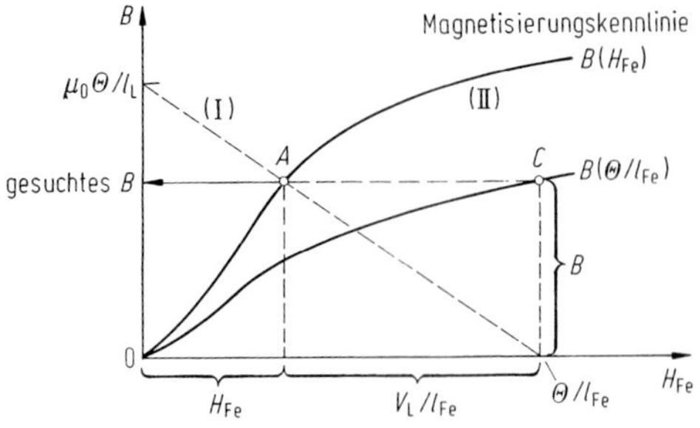

Bild 12–9. Zum Verfahren der Scherung

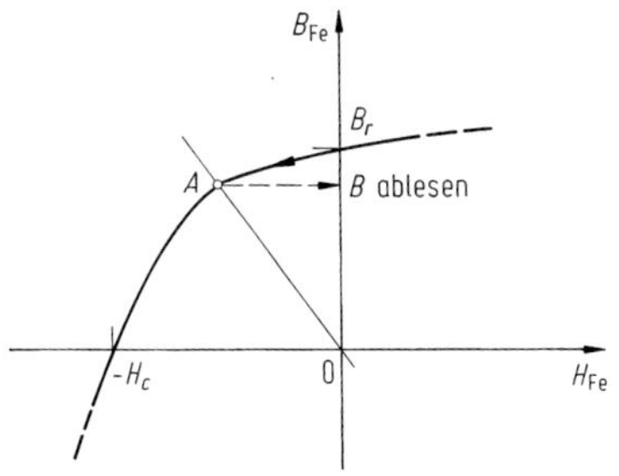

Bild 12-10. B im Luftspalt eines Dauermagneten

linearen Zusammenhang zwischen H_{Fe} und B gemäß (12-35) (Scherungsgerade), einzutragen. Der Schnittpunkt zwischen beiden Kurven liefert die gesuchte Flussdichte.

Von einem Dauermagneten mit Luftspalt sind die Abmessungen l_{Fe} und l_L (Bild 12-8) und die Hystereseschleife bekannt; eine Wicklung ist nicht vorhanden. Gesucht ist die Flussdichte. Anstelle von (12-34) hat man (mit $\Theta = 0$):

$$H_{Fe} l_{Fe} + \frac{B}{\mu_0} l_L = 0$$

oder

$$B = -\mu_0 H_{Fe} \frac{l_{Fe}}{l_L} \,. \tag{12-36}$$

Die zweite Bedingung liegt als Kurve vor (Bild 12-10). Dabei wird vorausgesetzt, dass das Material sich für $l_L = 0$ in dem durch $H_{Fe} = 0$, $B_{Fe} = B_r$ gekennzeichneten Zustand befindet. Bei Vergrößern des Abstandes zwischen den Magnetpolen auf das vorgegebene l_L verringert sich B_{Fe}. Das gesuchte B_{Fe} kann im Punkt A abgelesen werden (Bild 12-10).

13 Zeitlich veränderliche Magnetfelder

13.1 Das Induktionsgesetz

Bewegt man einen insgesamt ungeladenen Leiter durch ein Magnetfeld, so wirken auf die Ladungsträger Kräfte nach (12-10). Die negativ geladenen Leitungselektronen wandern hier an das untere Ende des Leiterstabes, während sich am oberen Ende eine positive Ladung (Elektronenmangel) zeigt. Zwischen

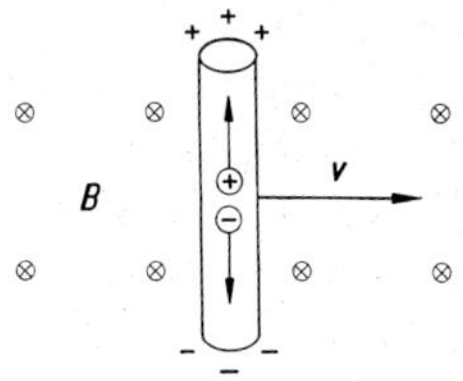

Bild 13-1. Ungeladener Leiterstab bewegt sich durch Magnetfeld

den Ladungen an den Stabenden existiert ein elektrisches Feld und damit eine elektrische Spannung. Diese kann man messen, indem man den bewegten Leiter über leitende Federn mit einem ruhenden Spannungsmesser verbindet: Bild 13-2.

Man findet experimentell:

$$u_1 = \frac{d\Phi}{dt} \,,$$

wenn die Leiterschleife den Widerstand Null hat. Es ist dt der Zeitraum, in dem der von der Leiterschleife bzw. dem Umlauf umfasste Fluss um $d\Phi$ zunimmt. Dem Fluss Φ ordnet man die Umlaufrichtung und zugleich die Zählrichtung der Umlaufspannung $\mathring{u}$ (= induzierte Spannung) nach der Rechtsschraubenregel zu. Damit lautet das *Induktionsgesetz*

$$\mathring{u} = -\frac{d\Phi}{dt} \,. \tag{13-1}$$

Die Erfahrung zeigt, dass (13-1) auch dann gilt, wenn die Flussänderung $d\Phi/dt$ durch eine zeitliche Änderung der Flussdichte zustandekommt. Ist z. B. $\Phi(t) = B(t)A(t)$, so geht (13-1) über in

$$\mathring{u} = -B(t)\frac{dA}{dt} - A(t)\frac{dB}{dt} \,. \tag{13-2}$$

Hieraus folgt, wenn B zeitlich konstant ist, für die in Bild 13-2 skizzierte Anordnung (mit $A = xl$):

$$\mathring{u} = -B\frac{d(xl)}{dt} = -Bl\frac{dx}{dt} = -Blv \,. \tag{13-3}$$

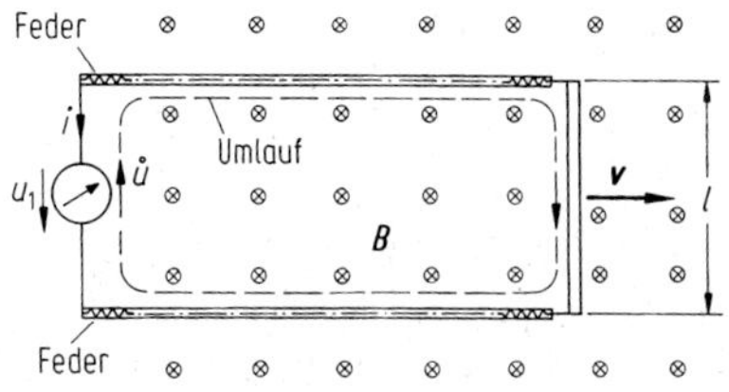

Bild 13-2. Zum Induktionsgesetz

Bild 13-2 enthält auch den von der induzierten Spannung verursachten Strom i. Mit diesem ist ein „sekundäres" Magnetfeld verknüpft, das dem vorgegebenen „primären" Magnetfeld entgegenwirkt: Lenz'sche Regel.
Die allgemeine Form des Induktionsgesetzes erhält man, indem man in (13-1) den Fluss durch (12-20) und die Spannung durch (10-8) darstellt:

$$\oint_C \boldsymbol{E} \cdot \mathrm{d}\boldsymbol{s} = -\frac{\mathrm{d}}{\mathrm{d}t} \int_A \boldsymbol{B} \cdot \mathrm{d}\boldsymbol{A} . \tag{13-4}$$

Das ist die *2. Maxwell'sche Gleichung*. Sie gilt ganz allgemein für beliebige Umläufe. Wichtig ist, dass die Umlaufrichtung und die Orientierung der Fläche gemäß der Rechtsschraubenregel miteinander verknüpft sind.
Im Gegensatz zum elektrostatischen Feld ist das durch Induktionswirkungen entstehende elektrische Feld nicht wirbelfrei. Damit folgt, dass das Integral in (10-8) nicht wegunabhängig ist.
Bei einer Wicklung mit N Windungen umfasst u. U. jede Windung einen anderen Fluss (Teil- oder Bündelfluss): $\Phi_1, \Phi_2, \ldots, \Phi_N$. Dann ist (13-1) durch

$$\mathring{u} = -\frac{\mathrm{d}}{\mathrm{d}t}(\Phi_1 + \Phi_2 + \ldots + \Phi_N) \tag{13-5}$$

zu ersetzen. Die Summe der Teilflüsse nennt man den Gesamt- oder Induktionsfluss ψ, also ist

$$\mathring{u} = -\frac{\mathrm{d}\psi}{\mathrm{d}t} . \tag{13-6}$$

Sind die N Teilflüsse gleich, so hat man

$$\mathring{u} = -N\frac{\mathrm{d}\Phi}{\mathrm{d}t} . \tag{13-7}$$

13.2 Die magnetische Energie

Um die zum Aufbau des magnetischen Feldes erforderliche Energie zu bestimmen, stellt man zunächst die Umlaufgleichung auf. Nach (13-1) lautet sie für die Anordnung nach Bild 13-3:

$$\mathring{u} = -u + Ri = -N\frac{\mathrm{d}\Phi}{\mathrm{d}t} . \tag{13-8}$$

Durch Multiplizieren mit $i\,\mathrm{d}t$ entsteht

$$ui\,\mathrm{d}t = Ri^2\,\mathrm{d}t + Ni\,\mathrm{d}\Phi . \tag{13-9}$$

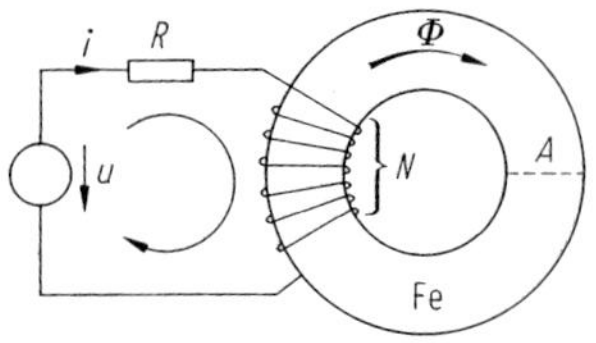

Bild 13-3. Zur Bestimmung der magnetischen Feldenergie

Die linke Seite stellt die von der Spannungsquelle in der Zeit $\mathrm{d}t$ abgegebene Energie dar, der erste Summand rechts ist die im Widerstand in Wärme umgesetzte Energie und der zweite Summand die zum Aufbau des Feldes aufgewendete Energie. Für diese Energieaufwendung lässt sich mit (12-22) schreiben (wobei bezüglich der Abmessungen des Kerns vorausgesetzt wird, dass das Feld als homogen betrachtet werden kann):

$$\mathrm{d}W_\mathrm{m} = Ni\,\mathrm{d}\Phi = NiA\,\mathrm{d}B . \tag{13-10}$$

Hier lässt sich Ni aufgrund des Durchflutungsgesetzes (12-16) durch $2\pi\varrho H$ ersetzen:

$$\mathrm{d}W_\mathrm{m} = 2\pi\varrho AH\,\mathrm{d}B = VH\,\mathrm{d}B . \tag{13-11}$$

Dabei ist V das Volumen des Kerns. Durch Integration folgt

$$W_\mathrm{m} = V\int_0^{B_\mathrm{e}} H\,\mathrm{d}B ; \quad B_\mathrm{e} = \text{Endwert}$$

Für die *Energiedichte* $w_\mathrm{m} = W_\mathrm{m}/V$ gilt also

$$w_\mathrm{m} = \int_0^{B_\mathrm{e}} H\,\mathrm{d}B . \tag{13-12}$$

Mit (12-11) erhält man hieraus für konstantes μ den Ausdruck

$$w_\mathrm{m} = \frac{1}{2}\mu H^2 = \frac{1}{2}BH = \frac{1}{2}\cdot\frac{B^2}{\mu} . \quad \text{vgl. 16.1.1} \tag{13-13}$$

Verringert man die magnetische Feldstärke von ihrem Endwert auf null, so gewinnt man die magnetische Energie vollständig zurück, wenn das Material keine Hysterese zeigt. Wird dagegen bei einem Material mit Hysterese die Hystereseschleife einmal vollständig durchlaufen, so kommt es – wie sich aus (13-12)

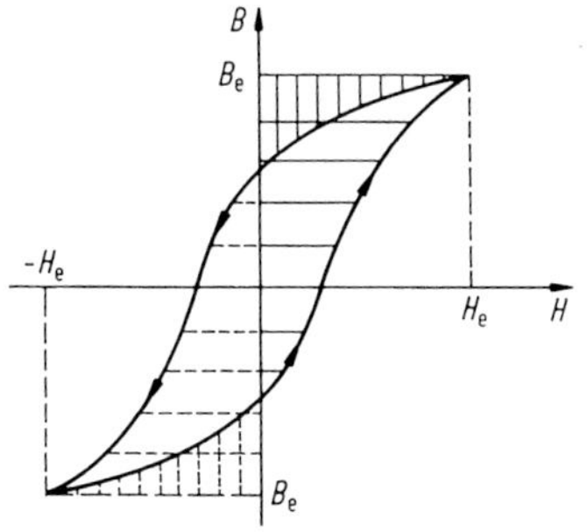

Bild 13-4. Hystereseverlust

ergibt – zu einem Energieverlust (Hystereseverlust, Ummagnetisierungsverlust), der der von der Hystereseschleife umschlossenen Fläche proportional ist: Bild 13-4 (die waagrecht schraffierten Flächen entsprechen der aufgewendeten Energie, die senkrecht schraffierten der zurückgewonnenen Energie).

13.3 Induktivitäten

13.3.1 Die Selbstinduktivität

Für die Leiterschleife (Spule) nach Bild 13-5 gilt die Umlaufgleichung (13-8). Besteht zwischen dem Fluss Φ und dem verursachenden Strom i ein linearer Zusammenhang, so setzt man

$$\Psi = N\Phi = Li \tag{13-14}$$

und nennt L die Selbstinduktivität der Spule. Mit (13-14) folgt aus (13-8) der Zusammenhang

$$u = Ri + L\frac{\mathrm{d}i}{\mathrm{d}t}, \tag{13-15}$$

für den man das Ersatzschaltbild 13-6 angeben kann. Die Selbstinduktivität entspricht also einem Schaltelement, bei dem gilt:

$$u_\mathrm{L} = L\frac{\mathrm{d}i}{\mathrm{d}t}. \tag{13-16}$$

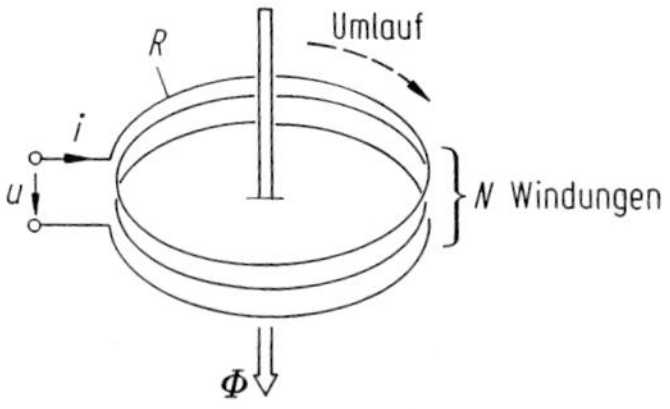

Bild 13-5. Stromdurchflossene Leiterschleife, Selbstinduktivität

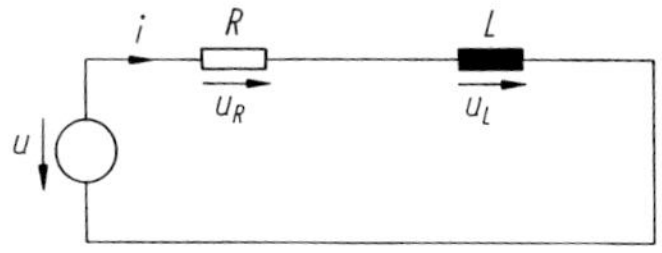

Bild 13-6. Ersatzschaltbild zu Bild 13-5

13.3.2 Die Gegeninduktivität

Zwischen zwei stromdurchflossenen Spulen nach Bild 13-7 tritt eine magnetische Kopplung auf. Zunächst ist wegen (13-7)

$$\begin{aligned} \mathring{u}_1 &= -u_1 + R_1 i_1 = -N_1\frac{\mathrm{d}\Phi_1}{\mathrm{d}t}, \\ \mathring{u}_2 &= -u_2 + R_2 i_2 = -N_2\frac{\mathrm{d}\Phi_2}{\mathrm{d}t}. \end{aligned} \tag{13-17}$$

Die Flüsse werden von beiden Strömen verursacht. Bei Linearität gilt

$$\begin{aligned} \Psi_1 &= N_1\Phi_1 = L_{11}i_1 + L_{12}i_2, \\ \Psi_2 &= N_2\Phi_2 = L_{21}i_1 + L_{22}i_2. \end{aligned} \tag{13-18}$$

Hier sind L_{11} und L_{22} die Selbstinduktivitäten der Spulen 1 bzw. 2, L_{12} und L_{21} die Gegeninduktivitäten zwischen den Spulen. Diese stimmen (bei isotropen Medien) überein, wie mit einer Energiebetrachtung gezeigt werden kann. Üblich sind die vereinfachten Bezeichnungen

$$L_1 = L_{11}, L_2 = L_{22}, \quad M = L_{12} = L_{21}. \tag{13-19}$$

Mit (13-18) und (13-19) folgt aus (13-17):

$$\begin{aligned} u_1 &= R_1 i_1 + L_1\frac{\mathrm{d}i_1}{\mathrm{d}t} + M\frac{\mathrm{d}i_2}{\mathrm{d}t}, \\ u_2 &= R_2 i_2 + L_2\frac{\mathrm{d}i_2}{\mathrm{d}t} + M\frac{\mathrm{d}i_1}{\mathrm{d}t}. \end{aligned} \tag{13-20}$$

Durch Umformung entsteht das Gleichungspaar

$$\begin{aligned} u_1 &= R_1 i_1 + (L_1 - M)\frac{\mathrm{d}i_1}{\mathrm{d}t} + M\frac{\mathrm{d}(i_1 + i_2)}{\mathrm{d}t}, \\ u_2 &= R_2 i_2 + (L_2 - M)\frac{\mathrm{d}i_2}{\mathrm{d}t} + M\frac{\mathrm{d}(i_1 + i_2)}{\mathrm{d}t}, \end{aligned} \tag{13-21}$$

für das das Ersatzschaltbild 13-8 gilt.

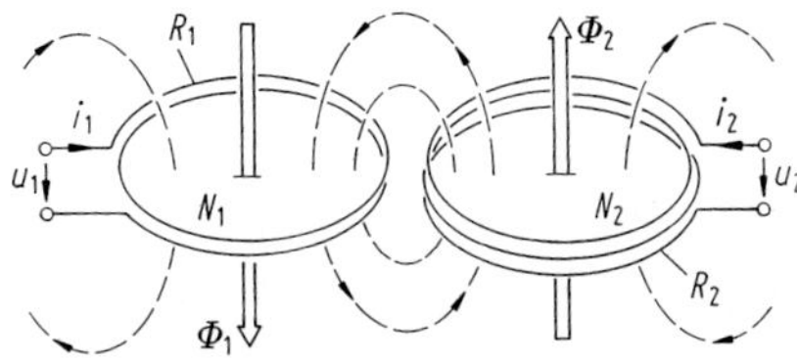

Bild 13-7. Zwei magnetisch gekoppelte Leiterschleifen

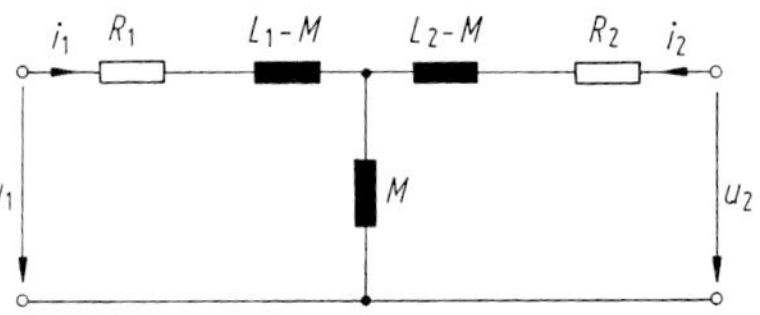

Bild 13-8. Ersatzschaltbild zu Bild 13-7

13.3.3 Berechnung von Selbst- und Gegeninduktivitäten

Mit (13-14) und (13-18), (13-19) folgt – in Analogie zu (10-30) –

$$L = \frac{\Psi}{i} = \frac{N\Phi}{i} \tag{13-22}$$

und

$$M = L_{12} = L_{21} = \frac{\Psi_{12}}{i_2} = \frac{N_1\Phi_{12}}{i_2} = \frac{\Psi_{21}}{i_1} = \frac{N_2\Phi_{21}}{i_1}\,. \tag{13-23}$$

Man gibt sich also einen Strom vor, berechnet den Fluss und bildet den Quotienten (13-22) bzw. (13-23).

Beispiel

Die Ermittlung einer Selbstinduktivität soll für die mit N gleichmäßig verteilten Windungen bewickelte Ringspule mit rechteckigem Querschnitt und den Abmessungen nach Bild 13-9 durchgeführt werden. Wegen (12-20), (12-11) und (12-12) mit Ni statt I erhält man

$$\Phi = \int B\,\mathrm{d}A = \int \mu H l\,\mathrm{d}\varrho = \frac{\mu l N i}{2\pi}\int_{\varrho_i}^{\varrho_a}\frac{\mathrm{d}\varrho}{\varrho} = \frac{\mu l N i}{2\pi}\ln\frac{\varrho_a}{\varrho_i}\,.$$

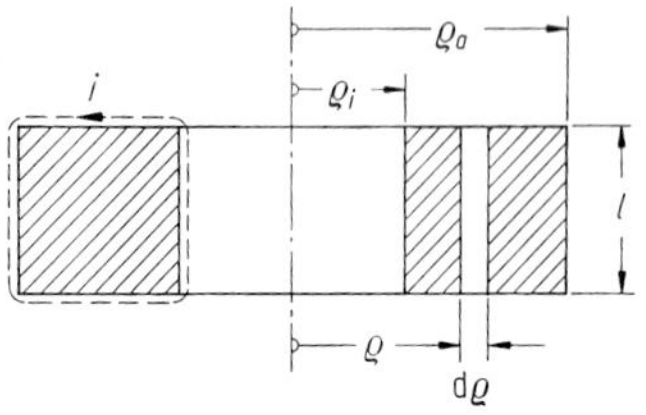

Bild 13-9. Ringspule im Querschnitt (Es ist nur eine der N Windungen dargestellt)

Daraus folgt mit (13-22):

$$L = \frac{\mu l N^2}{2\pi}\ln\frac{\varrho_a}{\varrho_i}\,. \tag{13-24}$$

Beispiel

Als Beispiel für die Berechnung einer Gegeninduktivität werden die beiden senkrecht zur Papierebene sehr langen Leiterschleifen (Länge l) mit N_1 bzw. N_2 Windungen nach Bild 13-10 betrachtet. Bei vorgegebenem Strom i_1 wird der Beitrag der Leiter a wegen (12-20), (12-11), (12-12) mit $I = N_1 i_1$

$$\Phi_{2a} = \frac{\mu l N_1 i_1}{2\pi}\int_{\varrho_{ac}}^{\varrho_{ad}}\frac{\mathrm{d}\varrho}{\varrho} = \frac{\mu l N_1 i_1}{2\pi}\ln\frac{\varrho_{ad}}{\varrho_{ac}}\,.$$

Dabei wurde statt über A über die Fläche A' integriert, da die Feldvektoren senkrecht auf A' stehen und diese Integration einfacher ist.
Ganz entsprechend erhält man für den Beitrag der Leiter b

$$\Phi_{2b} = \frac{\mu l N_1 i_1}{2\pi}\ln\frac{\varrho_{bc}}{\varrho_{bd}}\,.$$

Mit $\Phi_{21} = \Phi_{2a} + \Phi_{2b}$ liefert (13-23):

$$M = \frac{\mu l N_1 N_2}{2\pi}\ln\frac{\varrho_{ad}\varrho_{bc}}{\varrho_{ac}\varrho_{bd}}\,. \tag{13-25}$$

Die Ergebnisse (13-24) und (13-25) zeigen, dass die Windungszahl in der Selbstinduktivität als N^2 enthalten ist, während die beiden Windungszahlen in die Gegeninduktivität als Produkt $N_1 N_2$ eingehen.

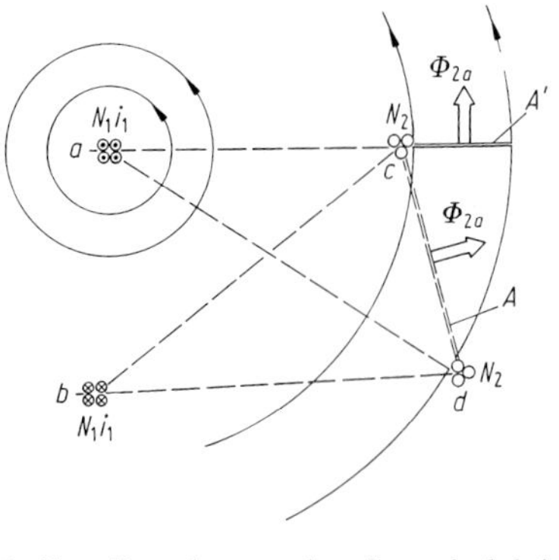

Bild 13-10. Zur Berechnung der Gegeninduktivität zwischen zwei senkrecht zur Papierebene sehr langen rechteckigen Spulen mit N_1 bzw. N_2 Windungen

13.3.4 Die gespeicherte Energie

Die im Feld einer Spule gespeicherte Energie ergibt sich aus (10-36) mit (13-16) zu

$$W_\mathrm{m} = \int ui\,\mathrm{d}t = \int L\frac{\mathrm{d}i}{\mathrm{d}t}i\,\mathrm{d}t = \int Li\,\mathrm{d}i\,.$$

Für konstantes L folgt

$$W_\mathrm{m} = L\int_0^I i\,\mathrm{d}i = \frac{1}{2}LI^2 = \frac{1}{2}\Psi I = \frac{1}{2}\cdot\frac{\Psi^2}{L}\,, \quad (13\text{-}26)$$

wobei die beiden letzten Ausdrücke auf (13-14) beruhen.
Durch ähnliche Überlegungen erhält man für zwei magnetisch gekoppelte Spulen (Bild 13-7):

$$W_\mathrm{m} = \frac{1}{2}L_1I_1^2 + MI_1I_2 + \frac{1}{2}L_2I_2^2\,. \quad (13\text{-}27)$$

Dabei ist vorausgesetzt, dass die von beiden Strömen erzeugten Beiträge zum „koppelnden" Fluss sich addieren. Andernfalls steht vor M ein Minuszeichen.
Für n gekoppelte Spulen kann man herleiten:

$$W_\mathrm{m} = \frac{1}{2}\sum_{\mu=1}^{n}\sum_{\nu=1}^{n} L_{\mu\nu}I_\mu I_\nu\,, \quad (13\text{-}28)$$

wobei $L_{\mu\nu} = L_{\nu\mu}$ die Gegeninduktivität zwischen der μ-ten und ν-ten Spule ist.
Übrigens können Selbst- und Gegeninduktivitäten auch über die Energie ermittelt werden. Im ersten Fall bestimmt man für einen vorgegebenen Strom I die Energie W und bildet mit (13-26):

$$L = \frac{2W}{I^2}\,. \quad (13\text{-}29)$$

Bei zwei Spulen gibt man sich I_1 und I_2 vor, berechnet W und liest aus (13-27) die gesuchten Koeffizienten L_1, L_2, M ab.

13.4 Kräfte im Magnetfeld

Das Prinzip der virtuellen Verschiebung werde auf die in Bild 13-11 skizzierte Anordnung angewendet, und zwar unter den folgenden Voraussetzungen: Die Stromquelle gibt einen konstanten Strom ab, die Leitungen sind widerstandsfrei,

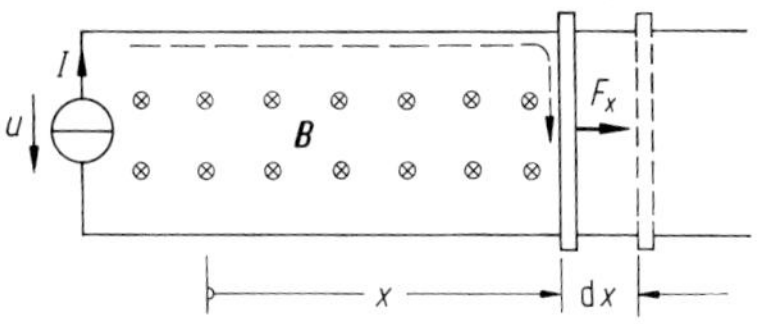

Bild 13-11. Zur Herleitung der Kraft mithilfe des Prinzips der virtuellen Verschiebung

der senkrechte Leiterstab kann sich reibungsfrei bewegen, weiter ist der Übergangswiderstand zwischen dem beweglichen Leiterstab und den feststehenden Leitern gleich null. Bei einer Verschiebung um $\mathrm{d}x$ wird die mechanische Energie $F_x\,\mathrm{d}x$ gewonnen. Gleichzeitig ändern sich die magnetische Feldenergie und die in der Quelle gespeicherte Energie um $\mathrm{d}W_\mathrm{m}$ bzw. $\mathrm{d}W_\mathrm{q}$. Die Summe der Änderungen ist null: $F_x\mathrm{d}x + \mathrm{d}W_\mathrm{m} + \mathrm{d}W_\mathrm{q} = 0$. Hierin ist nach (13-26) $\mathrm{d}W_\mathrm{m} = \frac{1}{2}I\,\mathrm{d}\Psi = \frac{1}{2}I\,\mathrm{d}\Phi$ (für $N = 1$) und mit (13-1) $\mathrm{d}W_\mathrm{Q} = -uI\,\mathrm{d}t = -\frac{\mathrm{d}\Phi}{\mathrm{d}t}I\,\mathrm{d}t = -I\,\mathrm{d}\Phi$. Das Minuszeichen bringt zum Ausdruck, dass die Quelle Energie abgibt. Damit hat man

$$F_x\,\mathrm{d}x + \frac{1}{2}I\,\mathrm{d}\Phi - I\,\mathrm{d}\Phi = 0$$

oder

$$F_x\,\mathrm{d}x = \frac{1}{2}I\,\mathrm{d}\Phi\,.$$

Ersetzt man $\frac{1}{2}I\,\mathrm{d}\Phi$ wieder durch $\mathrm{d}W_\mathrm{m}$, so erhält man

$$F_x = \frac{\mathrm{d}W_\mathrm{m}}{\mathrm{d}x} \quad (I = \mathrm{const})\,. \quad (13\text{-}30)$$

Mit (13-30) soll die Kraft zwischen zwei Eisenjochen nach Bild 13-12 bestimmt werden (Anwendung: Elektromagnet). Die Abmessungen seien so gewählt, dass man von Randeffekten absehen kann. Die magnetische Energie ist nach (13-13) und mit (12-22), (12-29), (12-33):

$$W_\mathrm{m} = Al_\mathrm{Fe}\frac{B^2}{2\mu_\mathrm{Fe}} + Al_\mathrm{L}\frac{B^2}{2\mu_0} = \frac{\Phi^2}{2}\left(\frac{l_\mathrm{Fe}}{\mu_\mathrm{Fe}A} + \frac{l_\mathrm{L}}{\mu_0 A}\right) = \frac{\Phi^2 R_\mathrm{m\,ges}}{2} = \frac{\Theta^2}{2R_\mathrm{m\,ges}}\,.$$

Nach (13-30) wird mit (12-23)

$$F_x = \frac{\Theta^2}{2}\cdot\frac{\mathrm{d}}{\mathrm{d}x}\cdot\frac{1}{R_\mathrm{m\,ges}} = -\frac{\Theta^2}{2}\cdot\frac{1}{R_\mathrm{m\,ges}^2}\cdot\frac{\mathrm{d}R_\mathrm{m\,ges}}{\mathrm{d}x} = -\frac{\Phi^2}{2}\cdot\frac{\mathrm{d}R_\mathrm{m\,ges}}{\mathrm{d}x}\,.$$

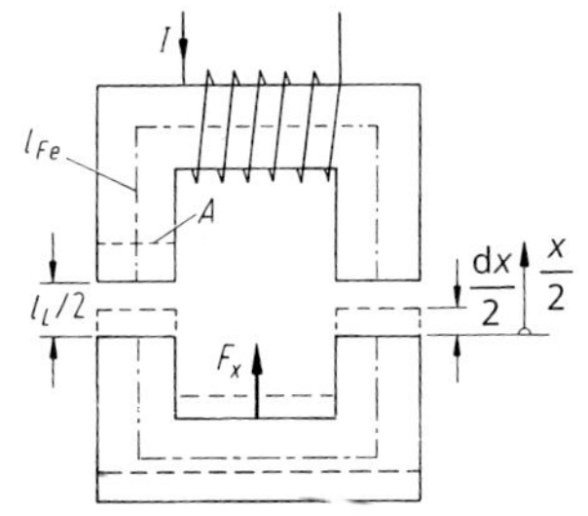

Bild 13-12. Kraft zwischen Eisenjochen

Darin ist mit (12-30), wenn μ_{Fe} nicht von x abhängt:

$$R_{\text{m ges}}(x) = \frac{l_{\text{Fe}}}{\mu_{\text{Fe}}A} + \frac{l_{\text{L}} - x}{\mu_0 A}\,, \quad \frac{\mathrm{d}R_{\text{m ges}}}{\mathrm{d}x} = -\frac{1}{\mu_0 A}\,,$$

also wird mit (12-22)

$$F_x = \frac{\Phi^2}{2\mu_0 A} = \frac{B^2}{2\mu_0}A\,. \tag{13-31}$$

Die Kraft pro Fläche (der Kraftbelag) ist also

$$\frac{1}{2}\frac{B^2}{\mu_0} = \frac{1}{2}BH_{\text{L}} = \frac{1}{2}\mu_0 H_{\text{L}}^2, \text{ vgl. (13-13)}\,.$$

14 Elektromagnetische Felder

14.1 Die Maxwell'schen Gleichungen in integraler und differenzieller Form

Die beiden Maxwell'schen Hauptgleichungen machen Aussagen über die Wirbel des magnetischen bzw. elektrischen Feldes:

$$\text{(12-19)} \quad \oint_C \boldsymbol{H}\cdot \mathrm{d}\boldsymbol{s} = \int_A \left(\boldsymbol{J} + \frac{\partial \boldsymbol{D}}{\partial t}\right)\cdot \mathrm{d}\boldsymbol{A}\,, \tag{14-1}$$

$$\text{(13-4)} \quad \oint_C \boldsymbol{E}\cdot \mathrm{d}\boldsymbol{s} = -\frac{\mathrm{d}}{\mathrm{d}t}\int_A \boldsymbol{B}\cdot \mathrm{d}\boldsymbol{A}\,. \tag{14-2}$$

Aussagen über die Quellen der Felder machen

$$\text{(12-23)} \quad \oint_S \boldsymbol{B}\cdot \mathrm{d}\boldsymbol{A} = 0\,, \tag{14-3}$$

$$\text{(10-20)} \quad \oint_S \boldsymbol{D}\cdot \mathrm{d}\boldsymbol{A} = \int_V \varrho\,\mathrm{d}V\,, \tag{14-4}$$

die auch als 3. und 4. Maxwell'sche Gleichung bezeichnet werden. In (14-4) ist ϱ die Raumladungsdichte. Zu (14-1) bis (14-4) kommen noch die sog. Materialgleichungen (14-10-14), (14-11-14-6), (14-12-14-11) hinzu:

$$\boldsymbol{D} = \varepsilon \boldsymbol{E}\,, \quad \boldsymbol{J} = \varkappa \boldsymbol{E}\,, \quad \boldsymbol{B} = \mu \boldsymbol{H}\,. \tag{14-5 a,b,c}$$

Mit dem Stokes'schen Satz (siehe A17.3) lässt sich (14-1) umformen:

$$\oint_C \boldsymbol{H}\cdot \mathrm{d}\boldsymbol{s} = \int_A \operatorname{rot}\boldsymbol{H}\cdot \mathrm{d}\boldsymbol{A} = \int_A \left(\boldsymbol{J} + \frac{\partial \boldsymbol{D}}{\partial t}\right)\cdot \mathrm{d}\boldsymbol{A}\,.$$

Damit ist

$$\operatorname{rot}\boldsymbol{H} = \boldsymbol{J} + \frac{\partial \boldsymbol{D}}{\partial t}\,. \tag{14-6}$$

Entsprechend folgt aus (14-2)

$$\operatorname{rot}\boldsymbol{E} = -\frac{\partial \boldsymbol{B}}{\partial t}\,. \tag{14-7}$$

Mit dem Gauß'schen Satz (siehe A17.3) ergibt sich aus (14-4):

$$\oint_S \boldsymbol{D}\cdot \mathrm{d}\boldsymbol{A} = \int_V \operatorname{div}\boldsymbol{D}\,\mathrm{d}V = \int_V \varrho\,\mathrm{d}V$$

und somit

$$\operatorname{div}\boldsymbol{D} = \varrho\,. \tag{14-8}$$

Entsprechend kann (14-3) durch

$$\operatorname{div}\boldsymbol{B} = 0 \tag{14-9}$$

ersetzt werden. Die Gleichungen (14-6) bis (14-9) sind die Maxwell'schen Gleichungen in differenzieller Form.

14.2 Die Einteilung der elektromagnetischen Felder

Die Einteilung der Felder in die Kapitel 10 bis 15 erscheint sinnvoll, wenn man die Maxwell'schen Gleichungen unter verschiedenen einschränkenden Annahmen betrachtet.

Der speziellste und zugleich einfachste Fall ist der, dass keine zeitlichen Änderungen auftreten und kein Strom fließt ($\partial/\partial t = 0,\ \boldsymbol{J} = \boldsymbol{o}$). Die Grundgleichungen zerfallen dann in zwei Gruppen

$$\begin{array}{ll} \operatorname{rot}\boldsymbol{E} = \boldsymbol{o} & \operatorname{rot}\boldsymbol{H} = 0 \\ \operatorname{div}\boldsymbol{D} = \varrho & \operatorname{div}\boldsymbol{B} = 0 \\ \boldsymbol{D} = \varepsilon\boldsymbol{E} & \boldsymbol{B} = \mu\boldsymbol{H}\,, \end{array}$$

zwischen denen keine Beziehungen bestehen: in die *Elektrostatik* und die *Magnetostatik*. Diese Gebiete lassen sich also völlig unabhängig voneinander behandeln.
Setzt man weiterhin $\partial/\partial t = 0$ voraus, lässt aber Gleichströme zu, so sind das elektrische und das magnetische Feld über rot $\boldsymbol{H} = \varkappa \boldsymbol{E}$ verknüpft. Hier spricht man von *Feldern stationärer Ströme*.
Eine recht enge Verbindung zwischen elektrischen und magnetischen Größen liegt dann vor, wenn zeitliche Änderungen der magnetischen Flussdichte berücksichtigt werden (die magnetisierende Wirkung des Verschiebungsstromes jedoch noch nicht). Dieses Teilgebiet heißt *Felder quasistationärer Ströme*.
Die Maxwell'schen Gleichungen in der allgemeinsten Form bilden die Grundlage zur Behandlung *elektromagnetischer Wellen*.

14.3 Die Maxwell'schen Gleichungen bei harmonischer Zeitabhängigkeit

Ändern sich die Feldgrößen zeitlich nach einem Sinusgesetz, so geht man wie in 2.1 zur komplexen Darstellung über und macht z. B. für die elektrische Feldstärke den Ansatz

$$\boldsymbol{E}(x, y, z; t) \equiv \boldsymbol{E}(P, t) = \mathrm{Re}\{\boldsymbol{E}(P)\mathrm{e}^{\mathrm{j}\omega t}\} .$$

Hier ist P der Aufpunkt, der z. B. in kartesischen Koordinaten durch (x, y, z) bestimmt ist. Aus (14-1) und (14-2) ergeben sich

$$\oint_C \boldsymbol{H} \cdot \mathrm{d}\boldsymbol{s} = \int_A (\boldsymbol{J} + \mathrm{j}\omega \boldsymbol{D}) \cdot \mathrm{d}\boldsymbol{A} , \qquad (14\text{-}10)$$

$$\oint_C \boldsymbol{E} \cdot \mathrm{d}\boldsymbol{s} = -\mathrm{j}\omega \int_A \boldsymbol{B} \cdot \mathrm{d}\boldsymbol{A} . \qquad (14\text{-}11)$$

Statt (14-6) und (14-7) hat man

$$\mathrm{rot}\,\boldsymbol{H} = \boldsymbol{J} + \mathrm{j}\omega \boldsymbol{D} , \qquad (14\text{-}12)$$

$$\mathrm{rot}\,\boldsymbol{E} = -\mathrm{j}\omega \boldsymbol{B} . \qquad (14\text{-}13)$$

Die allein vom Ort P abhängenden komplexen Amplituden $\boldsymbol{E}(P)$, $\boldsymbol{H}(P)$ usw. nennt man Phasoren. (Anders als in der Wechselstromlehre arbeitet man in der Feldtheorie mit Amplituden und nicht mit Effektivwerten.)

15 Elektromagnetische Wellen

15.1 Die Wellengleichung

Die Maxwell'schen Gleichungen (in der allgemeinsten Form) beschreiben die sehr enge Verknüpfung zwischen elektrischen und magnetischen Feldern: beide Felder „induzieren" sich gegenseitig. Wenn dieser Vorgang nicht an einen Ort gebunden ist, sondern im Raum fortschreitet, liegt eine *elektromagnetische Welle* vor.
Die folgenden Überlegungen beschränken sich auf den Fall sinusförmiger Zeitabhängigkeit. (Die Erweiterung auf den allgemeinen Fall beliebiger zeitlicher Änderung lässt sich mithilfe von Fourierreihen bzw. von Fourierintegralen leicht durchführen.) Außerdem wird vorausgesetzt, dass das betrachtete Gebiet raumladungsfrei, homogen und isotrop ist. Dann folgt aus (15-14-15-12) und (15-14-15-13), wenn man jeweils auf beiden Seiten die Rotation bildet:

$$\mathrm{rot\,rot}\,\boldsymbol{H} + \gamma^2 \boldsymbol{H} = 0 \qquad (15\text{-}1)$$

$$\mathrm{rot\,rot}\,\boldsymbol{E} + \gamma^2 \boldsymbol{E} = 0 \qquad (15\text{-}2)$$

mit der Abkürzung

$$\gamma^2 = \mathrm{j}\omega\mu(\varkappa + \mathrm{j}\omega\varepsilon) ; \quad \gamma = \alpha + \mathrm{j}\beta\,(\alpha, \beta \text{ reell}) . \qquad (15\text{-}3)$$

(Häufig wird die Abkürzung $k^2 = -\gamma^2$ verwendet; man nennt k die komplexe Kreisrepetenz.)
Statt (15-1) und (15-2) kann mit der aus der Vektoranalysis (A 17.1, (17-6)) bekannten Beziehung

$$\mathrm{rot\,rot}\,\boldsymbol{A} = \mathrm{grad\,div}\,\boldsymbol{A} - \Delta \boldsymbol{A}$$

und bei Beachtung von (14-8), (14-9) und $\varrho = 0$ geschrieben werden:

$$\Delta \boldsymbol{H} - \gamma^2 \boldsymbol{H} = 0 \qquad (15\text{-}4)$$

$$\Delta \boldsymbol{E} - \gamma^2 \boldsymbol{E} = 0 . \qquad (15\text{-}5)$$

Diese Gleichungen nennt man *Helmholtz-Gleichungen* oder auch *Wellengleichungen*.
Bei Verwendung rechtwinkliger Koordinaten ist

$$\Delta = \frac{\partial^2}{\partial x^2} + \frac{\partial^2}{\partial y^2} + \frac{\partial^2}{\partial z^2} ,$$

d. h., jede rechtwinklige Komponente von $\boldsymbol{E}$ und $\boldsymbol{H}$ (z. B. E_x) genügt der Gleichung

$$\frac{\partial^2 E_x}{\partial x^2} + \frac{\partial^2 E_x}{\partial y^2} + \frac{\partial^2 E_x}{\partial z^2} - \gamma^2 E_x = 0 . \qquad (15\text{-}6)$$

Zur Illustration eines Wellenfeldes soll eine möglichst einfache Lösung betrachtet werden. Es sei

$$\boldsymbol{E} = \boldsymbol{e}_x E_x(z) \,. \qquad (15\text{-}7)$$

Damit folgt aus (15-5) bzw. (15-6)

$$\frac{\mathrm{d}^2 E_x}{\mathrm{d}z^2} - \gamma^2 E_x = 0 \qquad (15\text{-}8)$$

mit der Lösung (vgl. 9.1)

$$E_x(z) = E_\mathrm{p} \mathrm{e}^{-\gamma z} + E_\mathrm{r} \mathrm{e}^{\gamma z} \,. \qquad (15\text{-}9)$$

Die zugehörige magnetische Feldstärke ergibt sich aus (15-14-15-13) mit (15-14-15-5):

$$\operatorname{rot} \boldsymbol{E} = \begin{vmatrix} \boldsymbol{e}_x & \boldsymbol{e}_y & \boldsymbol{e}_z \\ 0 & 0 & \partial/\partial z \\ E_x & 0 & 0 \end{vmatrix} = \boldsymbol{e}_y \frac{\mathrm{d}E_x}{\mathrm{d}z}$$

$$= -\mathrm{j}\omega\mu \boldsymbol{H} = -\mathrm{j}\omega\mu \boldsymbol{e}_y H_y \,.$$

Da rot $\boldsymbol{E}$ hier nur eine y-Komponente aufweist, kann $\boldsymbol{H}$ (auf der rechten Seite) auch nur eine y-Komponente besitzen:

$$\frac{\mathrm{d}E_x}{\mathrm{d}z} = -\mathrm{j}\omega\mu H_y \,. \qquad (15\text{-}10)$$

Auf die gleiche Weise folgt aus (14-14-12)

$$\frac{\mathrm{d}H_y}{\mathrm{d}z} = -(\varkappa + \mathrm{j}\omega\varepsilon) E_x \,. \qquad (15\text{-}11)$$

Mit (15-10) erhält man aus (15-9), wenn man die *Feldwellenimpedanz* (Feldwellenwiderstand)

$$Z_\mathrm{F} = \frac{\mathrm{j}\omega\mu}{\gamma} = \sqrt{\frac{\mathrm{j}\omega\mu}{\varkappa + \mathrm{j}\omega\varepsilon}} \qquad (15\text{-}12)$$

einführt, für das magnetische Feld:

$$H_y(z) = \frac{E_\mathrm{p}}{Z_\mathrm{F}} \mathrm{e}^{-\gamma z} - \frac{E_\mathrm{r}}{Z_\mathrm{F}} \mathrm{e}^{\gamma z} \,. \qquad (15\text{-}13)$$

Das Gleichungspaar ((15-9), (15-13)) stellt eine Welle dar, bei der beide Felder senkrecht auf der Ausbreitungsrichtung (z-Achse) stehen und keine Feldkomponenten in Ausbreitungsrichtung auftreten. Eine solche Welle nennt man transversal-elektromagnetisch (abgekürzt: *TEM-Welle*).

Anmerkung: Weist dagegen das elektrische oder das magnetische Feld eine Komponente in Ausbreitungsrichtung auf, so spricht man im 1. Fall von einer E-Welle oder *TM-Welle* (transversal-magnetisch) und im 2. Fall von einer H-Welle oder *TE-Welle* (transversal-elektrisch).

Die Lösung soll noch für zwei Sonderfälle betrachtet werden.

Breitet sich die **Welle im Vakuum** aus (die folgenden Beziehungen gelten näherungsweise auch für den Luftraum), so wird Z_F nach (15-12)

$$Z_\mathrm{F} = \sqrt{\frac{\mu_0}{\varepsilon_0}} \approx 377\,\Omega \quad \text{(reell)} \,, \qquad (15\text{-}14)$$

d. h., das elektrische und das magnetische Feld der Hauptwelle sind in Phase; das gleiche gilt für die Echowelle. Beide Wellen sind in Bild 15-1 veranschaulicht.

Für γ ergibt sich nach (15-3)

$$\gamma = \mathrm{j}\omega\sqrt{\varepsilon_0\mu_0} = \mathrm{j}\beta = \mathrm{j}\frac{\omega}{c_0} \quad \text{(rein imaginär)} \,. \qquad (15\text{-}15)$$

Die Welle ist ungedämpft und breitet sich nach (15-9-15-15) mit der Geschwindigkeit

$$v = 1/\sqrt{\varepsilon_0\mu_0} \approx 3 \cdot 10^8 \,\mathrm{m/s} \,,$$

also mit der Lichtgeschwindigkeit c_0, aus. Die Wellenlänge beträgt nach (15-9-15-16) $\lambda = c_0/f$.

Der zweite Sonderfall betrifft die **Wellenausbreitung in einem Leiter**; es soll dabei $\varkappa \gg \omega\varepsilon$ sein, d. h., die

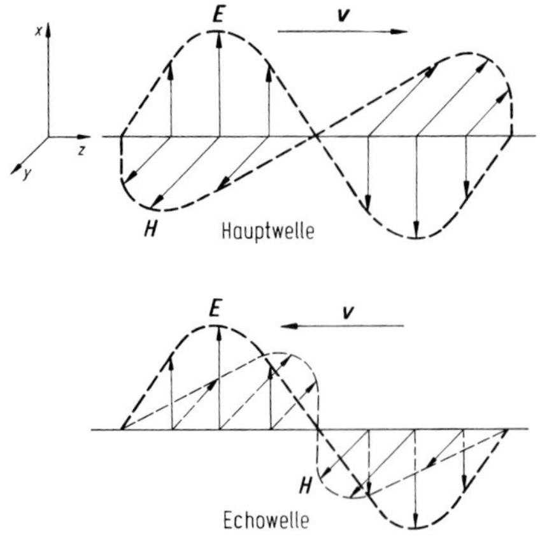

Bild 15-1. Transversalwelle

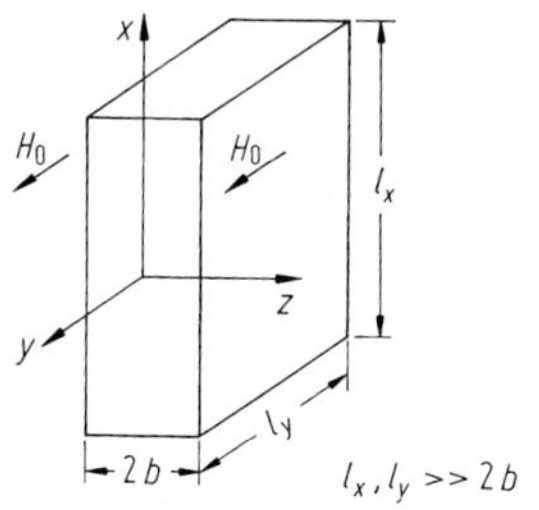

Bild 15-2. Leitende Platte im magnetischen Wechselfeld (Transformatorblech)

Verschiebungsstromdichte $\partial \boldsymbol{D}/\partial t$ wird gegenüber der Leitungsstromdichte $\boldsymbol{J}$ vernachlässigbar. Dann folgt aus (15-12)

$$Z_F = \sqrt{\frac{j\omega\mu}{\varkappa}} = (1+j)\sqrt{\frac{\omega\mu}{2\varkappa}} \qquad (15\text{-}16)$$

und aus (15-3)

$$\gamma = \sqrt{j\omega\mu\varkappa} = (1+j)\sqrt{\frac{\omega\mu\varkappa}{2}}$$
$$=: \frac{1+j}{d} = \alpha + j\beta \,. \qquad (15\text{-}17)$$

Man nennt d die *Eindringtiefe*. Die Welle in diesem Fall heißt *Wirbelstromwelle*, obwohl die diesem Sonderfall zugrunde liegende Differenzialgleichung die Wärmeleitungs- oder Diffusionsgleichung ist.

Für die in Bild 15-2 skizzierte Anordnung (Transformatorblech) ergibt sich aus Symmetriegründen mit (15-13):

$$H_y(z) = \frac{E}{Z_F}(e^{\gamma z} + e^{-\gamma z}) = \frac{2E}{Z_F}\cos\gamma z \,.$$

Arbeitet man hier die Randbedingung $H_y(\pm b) = H_0$ ein, so erhält man

$$H_y(z) = H_0 \frac{\cosh\gamma z}{\cosh\gamma b} \,. \qquad (15\text{-}18)$$

Die Ströme in dem Leiter bezeichnet man als Wirbelströme. Die Stromdichte folgt mit (15-11):

$$\varkappa E_x(z) = J_x(z) = -H_0\gamma \frac{\sinh\gamma z}{\cosh\gamma b} \,. \qquad (15\text{-}19)$$

15.2 Die Anregung elektromagnetischer Wellen

Elektromagnetische Wellen werden von (Sende-) *Antennen* angeregt. Eine Elementarform einer solchen Antenne stellt eine um ihre Ruhelage schwingende Ladung Q dar. Gleichwertig ist die Vorstellung, dass ein Wechselstrom I in einem Leiter der sehr kleinen Länge l fließt. Es lässt sich zeigen, dass ein im Ursprung eines Kugelkoordinatensystems nach Bild 15-3 angeordnetes Stromelement das folgende Feld verursacht (der das Leiterelement umgebende Raum sei nichtleitend, damit wird $\gamma = j\omega/c = jk$ imaginär):

$$E_r = \frac{\hat{i}l}{2\pi} e^{-j\frac{\omega}{c}r}\left(\frac{Z_F}{r^2} + \frac{1}{j\omega\varepsilon r^3}\right)\cos\theta \,, \qquad (15\text{-}20)$$

$$E_\theta = \frac{\hat{i}l}{4\pi} e^{-j\frac{\omega}{c}r}\left(\frac{j\omega\mu}{r} + \frac{Z_F}{r^2} + \frac{1}{j\omega\varepsilon r^3}\right)\sin\theta \,, \qquad (15\text{-}21)$$

$$H_\varphi = \frac{\hat{i}l}{4\pi} e^{-j\frac{\omega}{c}r}\left(\frac{j\omega/c}{r} + \frac{1}{r^2}\right)\sin\theta \,. \qquad (15\text{-}22)$$

Die übrigen Feldkomponenten sind null. Das Feld in unmittelbarer Nähe des Stromelements bezeichnet man als *Nahfeld*. Für die Funktechnik interessant ist das Feld in großer Entfernung, das *Fernfeld*; dieses wird durch die Terme beschrieben, die proportional zu $1/r$ sind:

$$E_\theta = \frac{\hat{i}l}{4\pi} e^{-j\frac{\omega}{c}r} \frac{j\omega\mu}{r}\sin\theta \,, \qquad (15\text{-}23)$$

$$H_\varphi = \frac{\hat{i}l}{4\pi} e^{-j\frac{\omega}{c}r} \frac{j\omega/c}{r}\sin\theta \,, \qquad (15\text{-}24)$$

Die Gleichungen (15-20) bis (15-24), die die Entstehung der elektromagnetischen Welle und ihre Ablösung von dem Elementarerreger beschreiben, kann man durch Feldbilder veranschaulichen: Bild 15-4.

Die bis jetzt betrachtete Elementarantenne nennt man auch einen *Hertz'schen Dipol*, entsprechend der Vorstellung, dass hier ein elektrischer Dipol oszilliert. Hat der Elementarerreger dagegen die Form einer

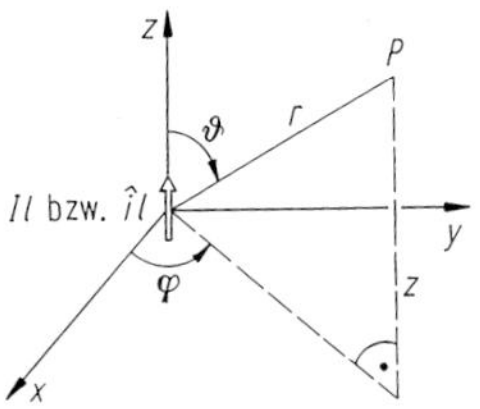

Bild 15-3. Im Ursprung eines Kugelkoordinatensystems angeordnetes Stromelement (Hertz'scher Dipol)

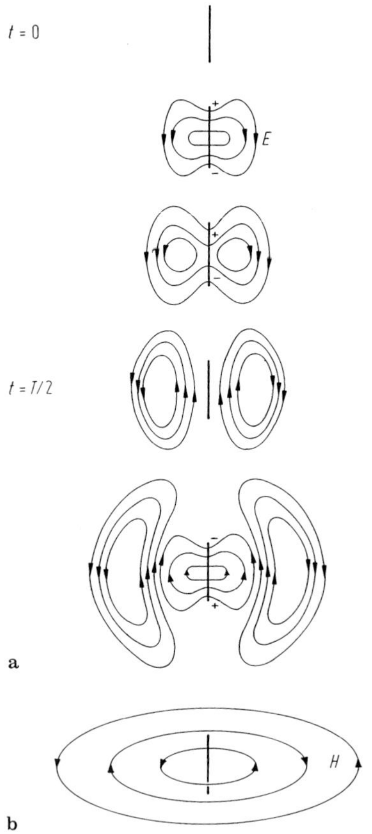

Bild 15-4. Die Entstehung einer elektromagnetischen Welle in der Umgebung eines Hertz'schen Dipols

kleinen stromdurchflossenen Leiterschleife (die einen oszillierenden magnetischen Dipol darstellt), so benutzt man die Bezeichnung *Fitzgerald'scher Dipol.*

15.3 Die abgestrahlte Leistung

Einen Ausdruck für die von der Welle transportierte Leistung gewinnt man, indem man von dem zeitlichen Zuwachs der elektrischen und magnetischen Energiedichte ausgeht. Dieser ist wegen (15-10-39) und (15-13-15-13)

$$\frac{\mathrm{d}w}{\mathrm{d}t} = \boldsymbol{E} \cdot \frac{\partial \boldsymbol{D}}{\partial t} + \boldsymbol{H} \cdot \frac{\partial \boldsymbol{B}}{\partial t}$$

oder mit (15-14-15-6) und (15-14-15-7)

$$\frac{\mathrm{d}w}{\mathrm{d}t} = -\boldsymbol{E} \cdot \boldsymbol{J} + \boldsymbol{E} \cdot \mathrm{rot}\,\boldsymbol{H} - \boldsymbol{H} \cdot \mathrm{rot}\,\boldsymbol{E} \,.$$

Die beiden letzten Terme lassen sich zusammenfassen (vgl. A17.1):

$$\frac{\mathrm{d}w}{\mathrm{d}t} = -\boldsymbol{E} \cdot \boldsymbol{J} - \mathrm{div}(\boldsymbol{E} \times \boldsymbol{H}) \,. \tag{15-25}$$

Durch Integration über das Volumen und Benutzung des Gauß'schen Satzes (siehe A17.3) entsteht

$$-\oint_S (\boldsymbol{E} \times \boldsymbol{H})\mathrm{d}\boldsymbol{A} = \int_V \boldsymbol{E} \cdot \boldsymbol{J}\,\mathrm{d}V + \int_V \frac{\mathrm{d}w}{\mathrm{d}t}\mathrm{d}V \,. \tag{15-26}$$

Die Terme auf der rechten Seite sind die in Wärme umgesetzte Leistung und der auf die Zeit bezogene Zuwachs der Feldenergie; demnach muss die linke Seite die in das Volumen eingestrahlte Leistung sein; deren Flächendichte nennt man den *Poynting-Vektor*:

$$\boldsymbol{S} = \boldsymbol{E} \times \boldsymbol{H} \tag{15-27}$$

Mit den soeben entwickelten Beziehungen soll die vom Fernfeld eines Hertz'schen Dipols transportierte Leistung berechnet werden. Man denkt sich um den Dipol eine geschlossene Fläche gelegt, am einfachsten eine Kugel, in deren Mittelpunkt sich der Dipol befindet. Dann erhält man (ohne Zwischenrechnung) mit (15-26), (15-23), (15-24) für den Mittelwert der Leistung (Wirkleistung):

$$P = \mathrm{Re}\frac{1}{2}\oint_S (\boldsymbol{E} \times \boldsymbol{H}^*)\mathrm{d}\boldsymbol{A} = \frac{2\pi}{3} Z_\mathrm{F} \left(\frac{l}{\lambda}\right)^2 |I|^2 \,. \tag{15-28}$$

Ordnet man der Antenne durch die Gleichung

$$P = R_\mathrm{rd}|I|^2 \tag{15-29}$$

einen *Strahlungswiderstand* R_rd zu, so ergibt sich für den Hertz'schen Dipol

$$R_\mathrm{rd} = \frac{2\pi}{3} Z_\mathrm{F} \left(\frac{l}{\lambda}\right)^2 \tag{15-30}$$

und, falls dieser sich im Vakuum befindet:

$$R_\mathrm{rd} \approx 80\pi^2\Omega \left(\frac{l}{\lambda}\right)^2 \approx 789{,}6\,\Omega \left(\frac{1}{\lambda}\right)^2 .$$

15.4 Die Phase und aus dieser abgeleitete Begriffe

Die komplexe Wellenfunktion, die man als Lösung von (15-6) erhält, kann in der Form

$$A(P)\mathrm{e}^{\mathrm{j}\varphi(P)} \quad \text{oder} \quad A(x,y,z)\mathrm{e}^{\mathrm{j}\varphi(x,y,z)} \tag{15-31}$$

geschrieben werden. Die Amplitude A und der Nullphasenwinkel φ sind reelle Größen. Zu der komplexen Wellenfunktion gehört der Augenblickswert

$$A(P)\cos[\omega t + \varphi(P)]\,. \tag{15-32}$$

Flächen, auf denen φ konstant ist, heißen *Flächen gleicher Phase* oder *Phasenflächen*. Nach der Form dieser Flächen unterscheidet man *ebene Wellen, Zylinderwellen, Kugelwellen* u. a. Wenn A auf den Phasenflächen konstant ist, spricht man von gleichförmigen (uniformen) Wellen. Die *Wellennormale* (in irgendeinem Punkt) steht senkrecht auf der Phasenfläche und hat die Richtung von grad φ. (Der Betrag von grad φ gibt die stärkste Änderungsrate der Nullphase φ an.) Die auf die Länge bezogene Abnahme der Phase in irgendeiner Richtung ist der der betreffenden Richtung zugeordnete Phasenkoeffizient:

$$\beta_x = -\frac{\partial\varphi}{\partial x}\,, \quad \beta_y = -\frac{\partial\varphi}{\partial y}\,, \quad \beta_z = -\frac{\partial\varphi}{\partial z}\,. \tag{15-33}$$

Diese Terme lassen sich zu einem vektoriellen Phasenkoeffizienten zusammenfassen:

$$\boldsymbol{\beta} = -\mathrm{grad}\,\varphi\,. \tag{15-34}$$

Das Argument der Cosinusfunktion in (15-32) gibt die augenblickliche Phase der Welle an. Eine *Fläche konstanter Phase* ist durch

$$\omega t + \varphi(P) = \mathrm{const} \tag{15-35}$$

definiert. Die Fläche konstanter Phase stimmt in jedem Augenblick mit einer Phasenfläche überein. Bei einer Zeitänderung um $\mathrm{d}t$ muss, wenn (15-35) erfüllt sein soll, die Phase um $\mathrm{d}\varphi$ abnehmen. In kartesischen Koordinaten gilt:

$$\mathrm{d}\varphi = \frac{\partial\varphi}{\partial x}\,\mathrm{d}x + \frac{\partial\varphi}{\partial y}\,\mathrm{d}y + \frac{\partial\varphi}{\partial z}\,\mathrm{d}z = \mathrm{grad}\,\varphi\cdot\mathrm{d}\boldsymbol{s}\,.$$

Damit lautet die Bedingung für die Bewegung einer Fläche konstanter Phase

$$\omega\,\mathrm{d}t + \mathrm{grad}\,\varphi\cdot\mathrm{d}\boldsymbol{s} = 0\,. \tag{15-36}$$

Daraus folgen die Phasengeschwindigkeiten in den drei Richtungen der kartesischen Koordinaten:

$$\begin{aligned} v_x &= -\frac{\omega}{\partial\varphi/\partial x} = \frac{\omega}{\beta_x} \\ v_y &= -\frac{\omega}{\partial\varphi/\partial y} = \frac{\omega}{\beta_y} \\ v_z &= -\frac{\omega}{\partial\varphi/\partial z} = \frac{\omega}{\beta_z}\,. \end{aligned} \tag{15-37}$$

Die Phasengeschwindigkeit in Richtung der Wellennormalen ist

$$v_\mathrm{p} = -\frac{\omega}{|\mathrm{grad}\,\varphi|}\,. \tag{15-38}$$

Die Größe v_p ist kein Vektor (mit den Komponenten (15-37)), sondern die kleinste Phasengeschwindigkeit der Welle.

Energietechnik
H. Zürneck

16 Prinzipien der Energieumwandlung

16.0 Grundbegriffe

16.0.1 Energie, Leistung, Wirkungsgrad

Energieumwandlung und Energietransport sind die Aufgaben der elektrischen Energietechnik im weitesten Sinn. Elektrische Energie ist ohne grundsätzliche physikalische Einschränkung, wie sie z. B. der 2. Hauptsatz in der Thermodynamik darstellt, in andere Energieformen umwandelbar („Exergie"), wobei sich die Umwandlungsverluste gering halten lassen. Ihre Höhe ist durch die Bemessung der verwendeten Betriebsmittel beeinflussbar, und damit im Wesentlichen eine Frage wirtschaftlicher Abwägung.
Ist W eine übertragene oder umgesetzte Energie, dann ist

$$P = \frac{\mathrm{d}W}{\mathrm{d}t} \qquad (16\text{-}1)$$

die zugehörige momentane Leistung.
Ein Teil der umgesetzten Leistung kommt nicht dem gewünschten Ziel zugute, geht dem Prozess „verloren". Die übliche, wenn auch nicht korrekte Bezeichnung dafür ist „Verluste".
Leistungswirkungsgrad, kurz *Wirkungsgrad* η, ist das Verhältnis von abgegebener Leistung zur aufgenommenen Leistung eines Betriebsmittels oder einer Übertragungsstrecke.

$$\eta = \frac{P_{\text{ab}}}{P_{\text{auf}}} \,. \qquad (16\text{-}2)$$

Gelegentlich wird mit dem Arbeitswirkungsgrad gerechnet, bei dem man das Verhältnis der entsprechenden Energien bildet.

16.0.2 Energietechnische Betrachtungsweisen

Wichtigste Form, in der elektrische Energie angewandt und erzeugt wird, ist 3-phasiger Drehstrom. Daraus abgeleitet wird zum Betrieb kleinerer Verbraucher auf der Niederspannungsebene einphasiger Wechselstrom.

Tabelle 16-1. Typische elektrische Leistungen

Gerät, Prozess	Leistung P
Signal in Fernsehempfangsantenne	10 nW
Leuchtdiode	10 mW
Glühlampen (ohne Speziallampen)	0,1 ... 200 W
Lichtmaschine in Kfz	400 W
Dauerleistung aus 16-A-Steckdose	3,5 kW
E-Lokomotive	2 ... 6 MW
Synchrongenerator	... 1300 MW

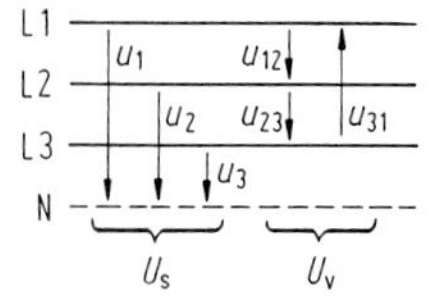

Bild 16-1. Symmetrisches Drehspannungssystem U_V verkettete Spannungen, U_S Sternspannungen

Im symmetrischen Drehstromnetz gilt für die Sternspannungen U_S in der Darstellung als Zeitfunktionen

$$u_1 = \hat{u}\cos\omega t\,,\quad u_2 = \hat{u}\cos\left(\omega t - \frac{2\pi}{3}\right),\quad u_3 = \hat{u}\cos\left(\omega t - \frac{4\pi}{3}\right). \qquad (16\text{-}3)$$

Bei symmetrischem Verbraucher bilden die Ströme ein Drehstromsystem:

$$i_1 = \hat{i}\cos(\omega t - \varphi)\,,\quad i_2 = \hat{i}\cos\left(\omega t - \frac{2\pi}{3} - \varphi\right),\quad i_3 = \hat{i}\cos\left(\omega t - \frac{4\pi}{3} - \varphi\right). \qquad (16\text{-}4)$$

Für die verketteten Spannungen U_V ergibt sich

$$u_{12} = u_1 - u_2\,,\quad u_{23} = u_2 - u_3\,,\quad u_{31} = u_3 - u_1\,, \qquad (16\text{-}5)$$

und nach Auflösung

$$|U_V| = \sqrt{3}\,|U_S|\,. \qquad (16\text{-}6)$$

Bildet man aus (16-4) und (16-5)

$$P = u_1 i_1 + u_2 i_2 + u_3 i_3 \qquad (16\text{-}7)$$

die Summe der Leistungen aller drei Stränge, so erhält man

$$P = \frac{3}{2} \hat{u}_S \hat{i} \cos\varphi \qquad (16\text{-}8)$$

oder in Effektivwerten:

$$P = 3\,U_S I \cos\varphi = \sqrt{3}\,U_V I \cos\varphi \qquad (16\text{-}9)$$

für die übertragene (Wirk-)Leistung.
Eine einzelne Teilleistung aus (15-7), die die Leistung eines Wechselstromsystems darstellt, pulsiert mit doppelter Netzfrequenz (2ω). Bei der Summation der Teilleistungen zur Gesamtleistung des Drehstromsystems heben sich die pulsierenden Anteile auf. Die Leistung wird also durch symmetrischen Drehstrom kontinuierlich, und nicht pulsierend übertragen.

Dies hat weit reichende Folgen:
Verbraucher und Generator arbeiten mit zeitlich konstantem Leistungsfluss.
Ist der Verbraucher ein Drehstrommotor, so ist dessen Drehmoment $M = P/\omega$. Da der Leistungsfluss P nicht pulsiert, ist auch das Drehmoment zeitlich konstant. Die gleiche Überlegung gilt für den Generator.

16.0.3 Definitionen

Wirkleistung *P*

(a) *Wechselstrom*:

$$P = UI\cos\varphi\,. \qquad (16\text{-}10)$$

Mittelwert der zeitlich pulsierenden Leistung. Spannung und Strom sinusförmig und gegeneinander um den Phasenwinkel φ verschoben.

(b) *Drehstrom*:

$$P = 3\,U_S I \cos\varphi = \sqrt{3}\,U_V I \cos\varphi\,. \qquad (16\text{-}11)$$

Übertragungsleistung nicht pulsierend.

Scheinleistung *S*

(a) *Wechselstrom*:

$$S = UI\,, \qquad (16\text{-}12)$$

(b) *Drehstrom*:

$$S = 3\,U_S I = \sqrt{3}\,U_V I\,. \qquad (16\text{-}13)$$

Formales Produkt (bzw. Summe der Produkte) der Effektivwerte von Strom und Spannung. Keine physikalische Größe, da entgegen (16-10) und (16-11) nicht maßgebend für die übertragene Wirkleistung und damit die Energie. Maßgebend für die Auswahl von Betriebsmitteln, deren Beanspruchung unabhängig von der Phasenlage des Stromes ist, z. B. Transformatoren. Angaben nicht in physikalischer Einheit Watt (W), sondern Kunstbezeichnungen VA, kVA.

Blindleistung *Q*

(a) Wechselstrom:

$$Q = UI\sin\varphi\,, \qquad (16\text{-}14)$$

(b) Drehstrom:

$$Q = 3U_S I \sin\varphi = \sqrt{3}\,U_V I \sin\varphi\,. \qquad (16\text{-}15)$$

Formales Produkt (oder bei Drehstrom Summe der Produkte) aus Spannung und derjenigen Komponente des Stromes $I\sin\varphi$, die im Mittel nichts zur Übertragung von Energie beiträgt. Angabe in Var (var), kvar oder Mvar.

Andere Darstellungen:
Statt der Zeitfunktionen für die Größen des symmetrischen Drehstromsystems werden vorzugsweise bei der Behandlung unsymmetrischer (Fehler-)Fälle (z. B. bei der Kurzschlussberechnung) andere Darstellungen bevorzugt. Beim Verfahren der „symmetrischen Komponenten“ [1], transformiert man das Drehstromsystem in einen Bildraum, in dem ihrerseits wieder symmetrische Mit-, Gegen- oder Nullkomponenten auftreten. Auch werden die Ersatzbilder der Betriebsmittel (Maschinen, Leitungen, Transformatoren, Fehlerstellen) in diesen Bildbereich transformiert. Nach Berechnung der im Bildbereich symmetrischen, und damit einfacher zu behandelnden Vorhänge, wird ggf. zurücktransformiert und man erhält die Auswirkungen im Originalnetz.

16.1 Elektrodynamische Energieumwandlung

16.1.1 Energiedichte in magnetischen und elektrischen Feldern

Die Umwandlung mechanischer in elektrische Energie (Generator) sowie die Wandlung elektrischer in

mechanische Energie (Motor) ist prinzipiell sowohl unter Ausnutzung der elektrischen wie auch der magnetischen Feldstärke möglich. In der Technik kommt bis auf wenige Ausnahmen (elektrostatischer Bandgenerator für Hochspannungsuntersuchungen, Kondensatormikrofon) nur die Verwendung der magnetischen Kraftwirkungen zur Anwendung, da die unter technisch realisierbaren Feldstärken erzielbaren Energiedichten im Magnetfeld wesentlich größer sind als im elektrischen Feld [2].
Bei einer elektrischen Feldstärke von $E = 1\,\mathrm{kV/mm}$ (unterhalb der Durchbruchsfeldstärke für Luft) ist die Energiedichte (vgl. (16-10-16-39))

$$w = \frac{1}{2}\varepsilon_0 E^2 = 4{,}4\,\mathrm{J/m^3}\,. \tag{16-16}$$

Im Magnetfeld der Flussdichte $|B| = 1{,}5\,\mathrm{T}$ (Eisen schon im Sättigungsgebiet) beträgt die Energiedichte (vgl. (16-13-16-13))

$$w = \frac{1}{2}\frac{B^2}{\mu_0} = 0{,}9\cdot 10^6\,\mathrm{J/m^3}\,. \tag{16-17}$$

Letztere ist also um mehr als 5 Zehnerpotenzen größer als im Fall des angenommenen elektrischen Feldes.

16.1.2 Energiewandlung in elektrischen Maschinen

Allen elektrodynamischen Energiewandlern (Generatoren, Motoren, Schallwandlern) gemeinsam ist das Prinzip, dass sich ein stromdurchflossenes Leitersystem in einem Magnetfeld befindet und dass Strom und Feld gegeneinander Relativbewegungen ausführen *können*. Im Schema der Elementarmaschine (Bild 16-2) ist ein ortsfestes und (hier) zeitlich konstantes Feld der Flussdichte B angenommen, in dem senkrecht zur Flussrichtung ein Leiter der Länge l den Strom i führen kann. Die Art der Stromzuführung, die vom Maschinentyp abhängig

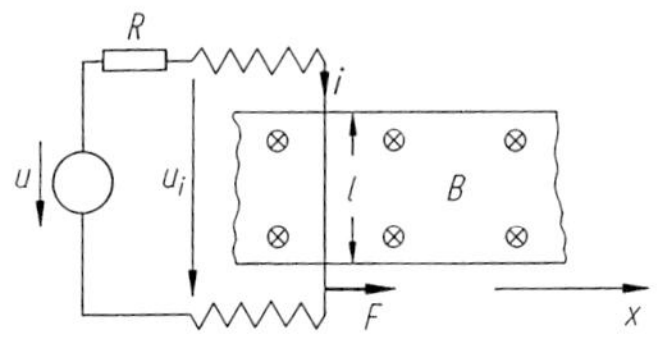

Bild 16-2. Elementarmaschine

ist, wird schematisch durch flexibel angenommene Leitungen dargestellt. u_i ist die durch Bewegung induzierte Spannung, R soll den Widerstand der Leiteranordnung symbolisieren, und u ist eine von außen wirkende „Betriebsspannung". Die Rückwirkung, die der Leiterstrom auf das Feld hat, und die bei vielen elektrischen Maschinen große Bedeutung für das Betriebsverhalten hat, wird durch das Schema nicht erfasst.
Unabhängig von einer Bewegung des Leiters entsteht eine Kraft (z. B. Teil der Umfangskraft bei einer rotierenden Maschine)

$$F = Bli\,. \tag{16-18}$$

Bewegt sich der Leiter in x-Richtung mit der Geschwindigkeit v, so ist die Flussänderung in der Leiterschleife

$$\mathrm{d}\Phi = B\,\mathrm{d}A = Bl\,\mathrm{d}x \tag{16-19}$$

und bei zeitlich und örtlich konstanter Flussdichte

$$u_\mathrm{i} = \frac{\mathrm{d}\Phi}{\mathrm{d}t} = Bl\frac{\mathrm{d}x}{\mathrm{d}t} = Blv\,. \tag{16-20}$$

Der Momentanwert der dabei umgesetzten mechanischen Leistung,

$$P_\mathrm{mech} = Fv\,, \tag{16-21}$$

entspricht dem Momentanwert der „inneren" elektrischen Leistung

$$P_\mathrm{el} = u_\mathrm{i} i\,. \tag{16-22}$$

Sie unterscheidet sich um die „Verluste"

$$P_\mathrm{v} = (u - u_\mathrm{i})i = i^2 R \tag{16-23}$$

von der außen, an den Maschinenklemmen wirksamen Leistung

$$P = ui\,. \tag{16-24}$$

Bewegt sich der Leiter stromlos, d. h., sind induzierte und äußere Spannung im Gleichgewicht, so stellt sich eine Leerlaufgeschwindigkeit

$$v_0 = \frac{u}{Bl} \tag{16-25}$$

ein. Wird der Leiter abgebremst, also $v < v_0$ und $u_\mathrm{i} < u$, so gibt er mechanische Leistung ab, die er zuzüglich der Verluste P_v der Spannungsquelle u als elektrische Leistung entnimmt: Fall des Motorbetriebes. Wird der Leiter in Richtung der Bewegung angetrieben, $v > v_0$, $u_\mathrm{i} > u$, so kehrt sich der Strom gegenüber dem Motorbetrieb um und die dem Leiter zugeführte mechanische Leistung fließt, abzüglich der

Verluste, der Spannungsquelle als elektrische Leistung zu: Generatorbetrieb.
Der Anordnung der „Elementarmaschine" unmittelbar entsprechen Energiewandler, von denen nur eine begrenzte translatorische, u. U. oszillierende, Bewegung verlangt wird. Dynamische Lautsprecher/Mikrofone, Aktuatoren in Plattenlaufwerken (Momentanleistungen im Kilowattbereich). Der Leiter ist dort in Form einer Spule ausgebildet, die sich in einem im Bewegungsbereich homogenen Magnetfeld befindet.

Rotierende Maschinen

Die Maschinen bestehen grundsätzlich aus einem zylindrischen Stator, siehe Bild 16-3a, und einem Rotor R, der innerhalb der „Bohrung" des Stators S im Abstand des Luftspaltes L drehbar gelagert ist. Die dem Luftspalt benachbarten Zonen von Stator und Rotor sind mit Längsnuten versehen, in die der jeweiligen Bauart entsprechende Wicklungen eingelegt sind.
Bei einigen Maschinentypen sind Rotor oder Stator nicht als rotationssymmetrische Körper ausgebildet, sondern es handelt sich um Rotoren bzw. Statoren mit „ausgeprägten Polen", Bild 16-3b.

Drehmoment und Bauvolumen. Mit dem Strombelag a, der die Stromstärke pro Umfangseinheit an der Luftspaltoberfläche angibt und der wirksamen Leiterlänge l ergibt sich das Element der Umfangskraft zu

$$\mathrm{d}F = a(x)\,\mathrm{d}x\, lB(x) \tag{16-26}$$

und damit das Element des Drehmomentes zu

$$\mathrm{d}M = a(x)\,\mathrm{d}x\, lB(x)r\,. \tag{16-27}$$

Unter der idealisierenden Annahme rechteckförmiger Verteilung von Strombelag a und Flussdichte B über

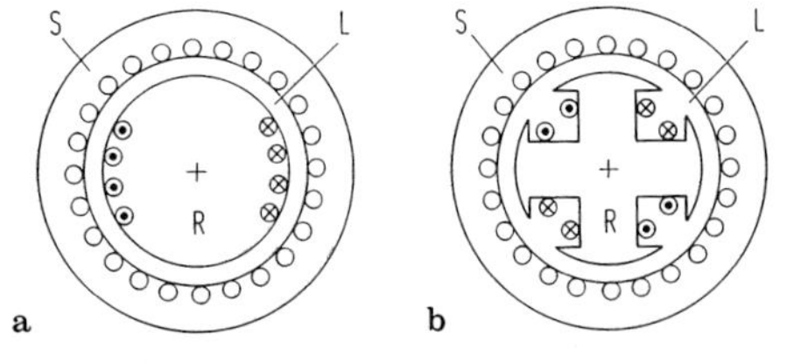

Bild 16-3. **a** Schematischer Querschnitt der rotationssymmetrischen Maschine; **b** Schematischer Querschnitt durch Maschine mit ausgeprägten Polen im Rotor

dem Umfang sowie der Polpaarzahl $p = 1$ ergibt sich für das Drehmoment

$$M = \int_{x=0}^{2\pi r} \mathrm{d}M = aBl\cdot 2\pi r^2\,, \tag{16-28}$$

$$M = aB\cdot 2V\,. \tag{16-29}$$

mit $V = \pi r^2 l$ (dem Volumen des Läufers). Da die Größe des Strombelages die Wicklungserwärmung bestimmt und damit auch in den Wirkungsgrad eingeht, sind ihm enge Grenzen gesetzt.
Ebenso ist die maximale Flussdichte durch die Sättigungseigenschaften des stets verwendeten Eisens begrenzt. Ein Vergleich von Maschinen unterschiedlicher Größe, jedoch gleicher Bauart, zeigt gemäß (16-29), dass das erzielbare Drehmoment proportional dem Läufervolumen ist. Damit bestimmt Ersteres auch das Gesamtvolumen und im Wesentlichen das Gewicht der Maschine.
Auch bei anderen Verteilungen der Feldgrößen über dem Umfang, z. B. bei der bei Drehfeldmaschinen angestrebten sinusförmigen Verteilung, trifft diese Aussage zu, lediglich sind in (16-27) dann andere räumliche Verläufe der Feldgrößen einzusetzen und ggf. z. B. die Scheitelwerte von a und B.
Die mechanische Wellenleistung P_{mech} einer Maschine ist

$$P_{\mathrm{mech}} = M\omega_{\mathrm{mech}} \tag{16-30}$$

mit der Kreisfrequenz ω_{mech} der Rotation. Die Leistung geht über das Drehmoment in die Baugröße ein. Demgemäß sind Maschinen mit geringem Verhältnis Gewicht/Leistung solche, die möglichst hohe Drehzahlen haben.

16.1.3 Kommutatormaschinen

Bei Kollektormaschinen wird das Feld von Erregerpolen geführt, die über eine Erregerwicklung die Durchflutung erhalten. Bei kleineren Gleichstrommaschinen werden auch Permanentmagnete eingesetzt. Ein Rotor („Anker") aus geblechtem Eisen dreht sich relativ zum Feld. Er trägt in Nuten eine Wicklung, deren einzelne Wicklungsstränge zu einem Polygon zusammengeschaltet sind. Die Ecken des Polygons sind an Lamellen eines Kollektors angeschlossen, der mit dem Rotor umläuft. Die Stromzuführung zu den

Lamellen des Kollektors erfolgt über Gleitkontakte (Bürsten) in der Weise, dass, unbeschadet der Rotation, stets gleichbleibende Zuordnung von Strom- und Feldrichtung auftritt, d. h., die Umfangskraft in allen Leitern in gleicher tangentialer Richtung zeigt. Gleichzeitig sorgt die Umschaltung von einer zur benachbarten Lamelle, die Kommutierung, auch für die geeignete Zuordnung der Polaritäten von induzierter Spannung und Klemmenspannung an den Bürsten.

Kollektormaschinen werden als Motoren mit Gleichstromspeisung für Antriebe, die kontinuierlich steuerbare Drehmomente und Drehzahl haben sollen, noch in großem Umfang eingesetzt.

Im Grunddrehzahlbereich wird die Drehzahl über die Ankerspannung gesteuert. Zur Speisung werden heute fast ausschließlich Geräte der Leistungselektronik verwendet. Oberhalb des Grunddrehzahlbereiches kann durch Feldschwächung die Drehzahl nochmals erhöht werden, jedoch wird aus Gründen einer oberen Grenze für den Ankerstrom (Erwärmung, Kollektor) das erreichbare Drehmoment mit zunehmender Feldschwächung kleiner.

Sollen Kollektormaschinen an Wechselstrom betrieben werden, müssen die zeitlichen Verläufe von Fluss und Ankerstrom übereinstimmen. Erreicht wird dies durch Reihenschaltung der entsprechend bemessenen Erregerwicklung und des Ankers. Als Universalmotor hat diese Form des Reihenschlussmotors erhebliche Bedeutung bis zur Leistung von etwa 2 kW, da die Kollektormaschine, prinzipiell in ihrer Drehzahl, unabhängig von der Netzfrequenz ist.

Weitere Einzelheiten: Kommutierung wird durch zusätzliche „Wendepole“, deren Wicklung vom Ankerstrom durchflossen ist, verbessert. „Kompensationswicklung“, ebenfalls vom Ankerstrom durchflossen, hebt das Ankerfeld ganz oder teilweise auf. Dadurch auch Verbesserung der Kommutierung und Verbesserung der dynamischen Eigenschaften, insbesondere bei geregelten Antrieben.

16.1.4 Magnetisches Drehfeld

In Bild 16-4 sind drei gleiche Spulen an symmetrische Drehspannung u_1, u_2, u_3 angeschlossen. Die Spulenachsen sind um jeweils $2\pi/3$ entsprechend den Phasewinkeln des Drehspannungssystemes räumlich gegeneinander versetzt, die räumlichen Einheitsvekto-

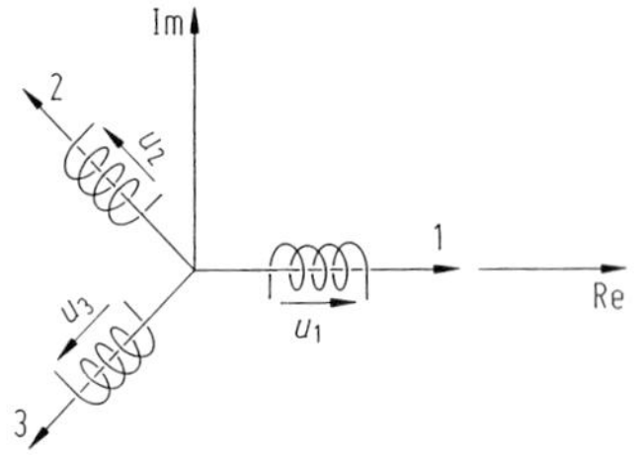

Bild 16-4. Zur Entstehung eines magnetischen Drehfeldes

ren der Achsrichtung lauten:

$$\boldsymbol{E}_1 = \mathrm{e}^{\mathrm{j}0}, \quad \boldsymbol{E}_2 = \mathrm{e}^{\mathrm{j}\frac{2\pi}{3}}, \quad \boldsymbol{E}_3 = \mathrm{e}^{\mathrm{j}\frac{4\pi}{3}}.$$

In jeder Achsrichtung bildet sich ein magnetisches Wechselfeld der Form

$$b(t) = \hat{b} \cdot \cos(\omega t + \alpha), \qquad (16\text{-}31)$$

wobei α der Phasenlage der jeweiligen Spannung entspricht, im Dreiphasensystem also 0, $-2\pi/3$, $-4\pi/3$. Multiplikation dieser Wechselfelder mit dem entsprechenden Einheitsvektor und Addition der Produkte liefert die Flussdichte im Koordinatenursprung:

$$b = \hat{b} \cdot \cos(\omega t - 0) \cdot \mathrm{e}^{\mathrm{j}0} + \hat{b} \cdot \cos\left(\omega t - \frac{2\pi}{3}\right) \cdot \mathrm{e}^{\mathrm{j}\frac{2\pi}{3}} + \hat{b} \cdot \cos\left(\omega t - \frac{4\pi}{3}\right) \cdot \mathrm{e}^{\mathrm{j}\frac{4\pi}{3}},$$

$$b = \frac{\hat{b}}{2} \cdot \left[\mathrm{e}^{\mathrm{j}\omega t} + \mathrm{e}^{-\mathrm{j}\omega t} + \mathrm{e}^{\mathrm{j}\omega t} + \mathrm{e}^{-\mathrm{j}\omega t} \cdot \mathrm{e}^{\mathrm{j}\frac{4\pi}{3}} + \mathrm{e}^{\mathrm{j}\omega t} + \mathrm{e}^{-\mathrm{j}\omega t} \cdot \mathrm{e}^{\mathrm{j}\frac{8\pi}{3}}\right],$$

und wegen

$$\mathrm{e}^{-\mathrm{j}\omega t} \cdot \left(\mathrm{e}^{\mathrm{j}0} + \mathrm{e}^{\mathrm{j}\frac{4\pi}{3}} + \mathrm{e}^{\mathrm{j}\frac{8\pi}{3}}\right) = 0,$$

$$b = \frac{3}{2} \cdot \hat{b} \cdot \mathrm{e}^{\mathrm{j}\omega t}$$

ein Drehfeld, welches sich durch einen Zeiger konstanter Länge $(3/2 \cdot \hat{b})$ und konstanter Rotationskreisfrequenz ω darstellen lässt (Kreisdrehfeld).

Etwaige Unsymmetrien der Spannungen oder der Spulen erzeugen ein überlagertes gegenläufiges Drehfeld $(\mathrm{e}^{-\mathrm{j}\omega t})$, damit periodische zeitliche Pulsationen von $|b|$ und somit ein elliptisches Drehfeld.

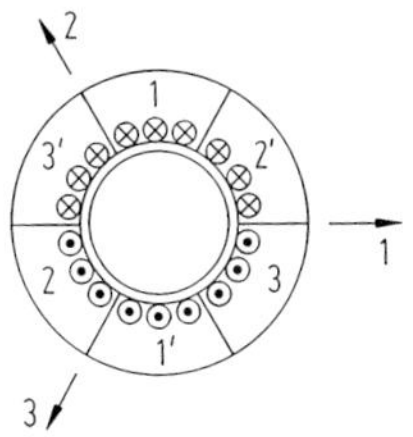

Bild 16-5. Schema einer Drehstromwicklung

In realen Maschinen sind die Spulen der Drehstromwicklung über dem Umfang verteilt (Bild 16-5).
Die Wicklungsanordnung bewirkt, dass das von einer Spule ausgehende Feld räumlich annähernd sinusförmig im Luftspalt verteilt ist. Die Anwendung der vorhergehenden Überlegung auf diese Verteilung ergibt eine als Drehfeld im Luftspalt umlaufende Welle der Flussdichte.
Die gleichen Überlegungen gelten auch für die umlaufende Welle des Strombelages a.
Bild 16-5 stellt eine Wicklung mit der Polpaarzahl $p = 1$ dar. Bei größeren Polpaarzahlen werden p derartiger Spulenanordnungen am Umfang verteilt untergebracht, wobei das Einzelsystem auf den Bogen $2\pi p$ zusammengedrängt wird. Allgemein gilt für die Kreisfrequenz ω_D des Drehfeldes

$$\omega_D = \omega_1 / p \qquad (16\text{-}32)$$

mit der Drehspannungsfrequenz ω_1.

16.1.5 Synchronmaschine

Der Stator trägt eine Drehstromwicklung der Polpaarzahl p, der Rotor eine vom Erregergleichstrom i_e durchflossene Wicklung derselben Polpaarzahl. Der Erregerstrom i_e wird über Schleifringe und Bürsten zugeführt. Bei kleineren Leistungen sind gelegentlich die Aufbauten von Stator und Rotor vertauscht (Außenpolmaschine).
Die an das Drehstromnetz angeschlossene Statorwicklung erzeugt ein umlaufendes Drehfeld (Feldwelle), deren Rotationsfrequenz ω_D von der Netzkreisfrequenz ω_N und der Polpaarzahl p abhängt:

$$\omega_D = \frac{\omega_N}{p} . \qquad (16\text{-}33)$$

Die entsprechende Drehzahl ist die „synchrone" Drehzahl n_0. Der Rotor dreht sich im normalen stationären Betrieb mit der synchronen Drehzahl, sein Gleichfeld wird also mit ω_D in Richtung des Statorfeldes gedreht. Er erzeugt damit ein Drehfeld, welches synchron mit dem Statordrehfeld umläuft.
Für die Behandlung des Betriebsverhaltens wird räumlich sinusförmige Verteilung beider Drehfelder angenommen, was auch in der Praxis durch entsprechenden Wicklungsaufbau und andere konstruktive Maßnahmen annähernd erreicht wird. Beide mit gleicher Geschwindigkeit umlaufende Felder addieren sich zu einem resultierenden Drehfeld, welches für Spannungsbildung und Drehmomenterzeugung maßgebend ist. Entscheidend für die Größe des resultierenden Feldes ist der räumliche Winkel zwischen Stator- und Rotorfeld.
Für stationäre Betriebsverhältnisse (Hauptanwendungsfall: Generator in Kraftwerken) lässt sich der Turbogenerator durch eine Ersatzschaltung nach Bild 16-6 nachbilden |3|.
Die „innere" Spannung $\underline{E}$ und die Klemmenspannung $\underline{U}$ unterscheiden sich durch den Spannungsabfall, den der Laststrom $\underline{I}$ an der Reaktanz X, die die Wirkung der Fehler innerhalb der Maschine beschreibt, hervorruft:

$$\underline{I} = -\frac{\underline{U}}{\mathrm{j}X} + \frac{\underline{E}}{\mathrm{j}X} . \qquad (16\text{-}34)$$

Ist θ der Winkel zwischen $\underline{E}$ und $\underline{U}$ (Polradwinkel), so beträgt die Wirkleistung

$$P = 3UI_w = \frac{3|E||U|}{X} \sin\theta . \qquad (16\text{-}35)$$

Für das Moment gilt

$$M = p\frac{P}{\omega} = \frac{3p}{\omega} \cdot \frac{|E||U|}{X} \sin\theta . \qquad (16\text{-}36)$$

Das den Generator antreibende (oder den Synchronmotor belastende) Moment darf den Scheitelwert, der sich aus (16-36) ergibt, nicht überschreiten und muss bei Winkeländerungen (Lastschwankungen) zu einem stabilen Punkt zurückkehren. Grenzlagen des Polradwinkels sind $\theta = 0°$ und $90°$, in der Praxis $\theta < 90°$.

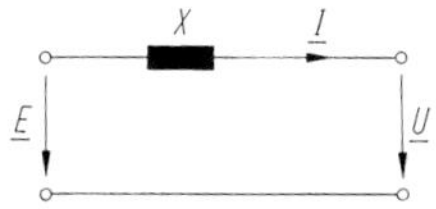

Bild 16-6. Vereinfachtes Ersatzbild des Synchronturbogenerators

Die Regelung für den Generator greift an zwei Stellen ein:

1. Über den Erregerstrom als Stellgröße wird der Blindleistungsaustausch zwischen Generator und Netz beeinflusst und damit die Spannung der Maschine geregelt.
2. Das Drehmoment des Antriebes (Turbine) ist Stellgröße für die vom Generator abgegebene Wirkleistung. Die statische Einstellung des Reglers ist so, dass mit fallender Frequenz (steigende Last) die Wirkleistungsabgabe steigt.

16.1.6 Asynchronmotoren

Asynchronmaschinen enthalten in ihrem Stator eine Drehstromwicklung der Polpaarzahl p. Der Rotor (auch Läufer) enthält bei der Schleifringausführung auch eine Drehstromwicklung mit derselben Polpaarzahl wie der Stator, deren Anschlüsse über Schleifringe zugänglich sind. Über diese Anschlüsse können Widerstände zur Anlaufhilfe bei Schweranlauf angeschlossen werden oder – in seltenen Fällen – leistungselektronische Einrichtungen zur Verstellung der Drehzahl.

Bei der sehr viel häufiger verwendeten Käfigläuferausführung besteht die „Rotorwicklung" aus Stäben, die an den Stirnseiten des Rotors untereinander kurzgeschlossen sind (Käfig). Die Vielzahl der Stäbe hat magnetisch die Wirkung einer vielphasigen, in sich kurzgeschlossenen Drehstromwicklung. Die Ausdehnung der Stäbe in radialer Richtung ist in fast allen Fällen größer als in Richtung des Rotorumfanges (Stromverdrängungsläufer zur Verbesserung des Anlaufverhaltens).

Meistens wird der Stator an ein Drehstromnetz konstanter Spannung und Frequenz angeschlossen. Die Drehzahl ist dann eng an die durch Netzfrequenz f_N und Polarpaarzahl p bestimmte synchrone Drehzahl $n_0 = f_N/p$ gebunden ($n \approx (0{,}95 \cdots 0{,}97)n_0$).

Sollen Drehzahl und/oder Drehmoment steuerbar sein, so erfolgt die Speisung leistungselektronisch aus dem Drehstrom- oder Gleichstromnetz (dies z. B. bei elektrischen Bahnen) über Umrichter (s. Kap. 18) mit variabler Frequenz und Spannung. Die Drehspannung erzeugt ein magnetisches Drehfeld, welches in Bezug auf ein statorfestes Koordinatensystem mit der Kreisfrequenz $\omega_{el} = \omega_1/p$ (ω_1 = Kreisfrequenz der Statorspannung) rotiert.

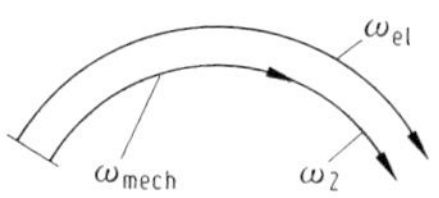

Bild 16-7. Drehrichtung von Läufer (ω_{mech}), Drehfeld (ω_{el}) und Läufer-Drehstromsystem (ω_2)

Von der Differenz der Rotationsgeschwindigkeit des Feldes ω_{el} und der Rotationsfrequenz des Läufers ω_{mech} hängen Kreisfrequenz ω_2 und Größe der im Läufer induzierten Drehspannung ab:

$$\omega_2 = \omega_{el} - \omega_{mech} \,. \tag{16-37}$$

Der Schlupf

$$s = \frac{\omega_2}{\omega_{el}} = \frac{\omega_{el} - \omega_{mech}}{\omega_{el}} = \frac{n_0 - n}{n_0} \tag{16-38}$$

gibt die relative Abweichung der mechanischen Drehzahl von der des Drehfeldes an.

n Drehzahl des Läufers

$n_0 = f_1/p$ „synchrone" Drehzahl (Drehzahl im verlustfreien Leerlauf des Motors)

f_1 Frequenz der angelegten Drehspannung

Die induzierte Läuferspannung hat in der kurzgeschlossenen Läuferwicklung Drehstrom zur Folge, der bezogen auf das Läufersystem die Kreisfrequenz ω_2 besitzt. Vom Stator aus betrachtet hat der Läuferstrom wegen der Rotation des Läufers jedoch scheinbar die Kreisfrequenz ω_{el}. Damit kann er zusammen mit dem mit ω_{el} rotierenden Feld ein Drehmoment entwickeln.

Wie beim Transformator können Läuferwiderstand und -reaktanz auf die Primärseite (Stator) umgerechnet werden. Vernachlässigt man den für das Betriebsverhalten der Maschine nicht bedeutenden Statorwiderstand, so überträgt das Drehfeld die Wirkleistung

$$P_{el} = 3\,\mathrm{Re}\left\{\underline{U}_1 \underline{I}_1^*\right\} \tag{16-39}$$

auf den Rotor.

Diese Leistung teilt sich auf in die mechanische Leistung

$$P_{mech} = (1 - s)P_{el} \tag{16-40}$$

und die im Läuferwiderstand umgesetzte Verlustleistung

$$P_{vl} = sP_{el} \,. \tag{16-41}$$

Nach Umrechnung |1| ist

$$P_{\text{mech}} = 3(1-s)U_1^2 \frac{R_1/s}{(R_1/s)^2 + X_\sigma^2}\,, \tag{16-42}$$

R_1 umgerechneter Läuferwiderstand ,

X_σ umgerechnete Streureaktanz .

Damit ist das Moment nach Einführung von $\omega_{\text{el}} = 2\pi f_1/p$

$$M = \frac{P_{\text{mech}}}{\omega_{\text{mech}}} = \frac{P_{\text{mech}}}{(1-s)\omega_{\text{el}}} = \frac{3pU_1^2}{2\pi f_1 X_\sigma} \cdot \frac{1}{\frac{R_1}{sX_\sigma} + \frac{sX_\sigma}{R_1}}\,. \tag{16-43}$$

Beim sog. Kippschlupf

$$s_{\text{kp}} = \frac{R_1}{X_\sigma} \tag{16-44}$$

durchläuft das Moment ein Maximum, das Kippmoment M_{kp}.

Bezieht man das Moment darauf und führt s_{kp}, den Kippschlupf, als charakteristische Größe der Maschine ein, so gilt für das Moment die Kloss'sche Gleichung

$$\frac{M}{M_{\text{kp}}} = \frac{2}{\frac{s}{s_{\text{kp}}} + \frac{s_{\text{kp}}}{s}}\,. \tag{16-45}$$

Bild 16-8 stellt diesen Zusammenhang dar.

Tabelle 16-2 zeigt zusammengefasst die Betriebsarten der Asynchronmaschine.

Im Anlauffall $s = 1$ stellt die Maschine einen kurzgeschlossenen Transformator dar. Reduktion des Anlaufstromes evtl. durch Verringern der Spannung (Stern-Dreieck-Schaltung), (vermindert nach (16.1.6.7) das Anlaufmoment) oder/und Erhöhung des Läuferwiderstandes beim Anfahren (Schleifringläufer, Stromverdrängungsläufer).

Tabelle 16-2. Betriebsarten der Asynchronmaschine

s	n	Betriebsart
1	0	Anlauf
$0 \ldots 1$	$n_0 \ldots 0$	Motor, Dauerbetrieb bis $s = (3 \ldots 5)\%$
< 0	$> n_0$	Generator
> 1	< 0	Gegenstrombremsbetrieb

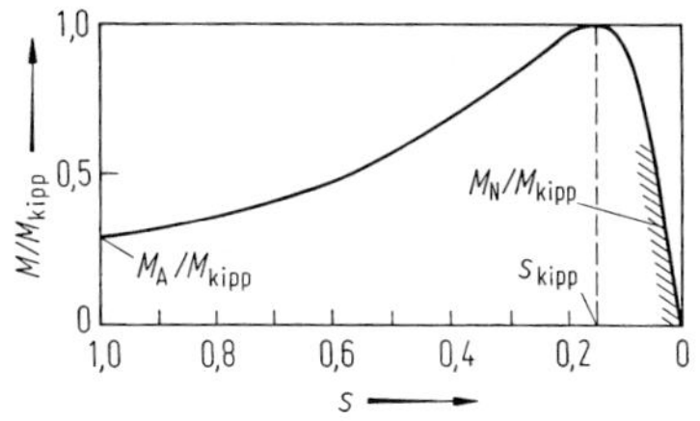

Bild 16-8. Betriebskennlinie des Asynchronmotors (schraffiert: normaler Betriebsbereich)
M_A Anlaufmoment, M_N Nennmoment

Bereich $s = 1$ bis s_{kp} wird beim Hochlauf durchfahren. Arbeitspunkt im Motorbetrieb im Bereich $s = s_{\text{kp}} \ldots s = 0$, für Dauerbetrieb wegen der Läuferverluste etwa bis $M = 0{,}5M_{\text{kp}}$. Dort „harte Kennlinie", d. h., im normalen Betriebsbereich hängt die Drehzahl nur wenig vom Lastmoment ab.

Im übersynchronen Generatorbetrieb ($n > n_0, s < 0$) nimmt die Maschine, wie auch im Motorbetrieb, induktive Blindleistung auf und kann Wirkleistung abgeben. Betrieb daher nur am Netz möglich, welches induktive Blindleistung abgeben kann. Anwendung praktisch auf „Senkbremsschaltung" beschränkt (Aufzüge, Förderanlagen).

16.2 Elektromagnete

Das Feld B im Luftspalt eines Elektromagneten (Bild 16-9), werde homogen angenommen. Die im Volumen Ax gespeicherte Energie beträgt

$$W = \frac{Ax}{2} \cdot \frac{B^2}{\mu_0}\,. \tag{16-46}$$

Dagegen ist die in den Eisenteilen des magnetischen Kreises herrschende Energiedichte, wegen der wesentlich größeren Permeabilität des Ferromagnetikums gegenüber derjenigen von Luft, sehr viel kleiner als im Luftspalt.

Unter Annahme aufgeprägter Flussdichte B bewirkt eine Verschiebung dx der Pole in Richtung der An-

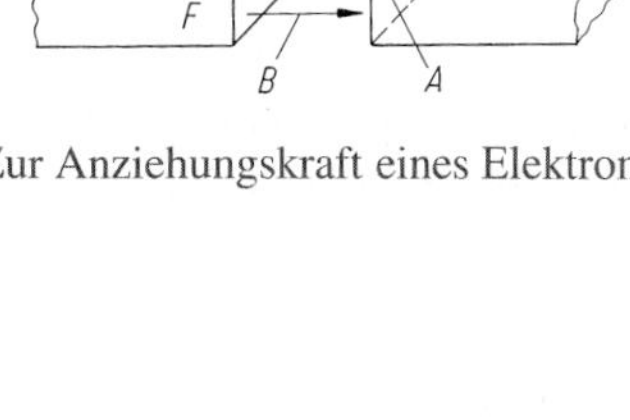

Bild 16-9. Zur Anziehungskraft eines Elektromagneten

zugskraft eine Volumenänderung und damit eine Änderung der gespeicherten Energie:

$$dW = dx A \frac{1}{2} \cdot \frac{B^2}{\mu_0} . \quad (16\text{-}47)$$

Die Kraft F des Magneten wird damit

$$F = \frac{dW}{dx} = \frac{1}{2} A \frac{B^2}{\mu_0} . \quad (16\text{-}48)$$

16.3 Thermische Wirkungen des elektrischen Stromes

Technisch bedeutsam sind neben vielen thermisch-elektrischen Effekten im Wesentlichen die Widerstandserwärmung und die Bogenentladung.

16.3.1 Widerstandserwärmung

Ein durch einen Leiter fließender Strom i setzt im Widerstand R des Leiters die Leistung

$$P = i^2 R \quad (16\text{-}49)$$

um. Diese wird in Wärme umgewandelt, in Form von Wärme abgegeben und, bei entsprechend hohen Temperaturen, auch in Form von kurzwelliger Strahlung z. B. sichtbarem Licht, abgestrahlt. Sofern die Wandlung der elektrischen Energie in Wärme Ziel der technischen Anwendung ist, der Widerstand also einen „Verbraucher" darstellt, ist die Wandlung vollständig, der Wirkungsgrad 100%.

Die Wärmewirkung tritt als Verlust in Erscheinung wo immer Ströme durch Leiter fließen, also auch dort, wo die Wärmewirkung nicht Ziel der Anwendung ist, wie z. B. in Leitungen, Wicklungen elektrischer Maschinen und Halbleiterbauelementen. Die Verlustleistung beeinträchtigt den Wirkungsgrad und muss oft unter erheblichem Aufwand abgeführt werden, damit die Temperaturgrenzen nicht überschritten werden.

16.3.2 Bogenentladung

Gasentladungen entstehen, wenn das elektrische Feld in einem Gas auf Ionen, d. h. elektrisch nicht neutrale Gasmoleküle, einwirkt. Bei der Bogenentladung sorgt der im Plasma herrschende Leistungsumsatz für die stete Bildung einer zur Aufrechterhaltung der Entladung ausreichenden Zahl von Ionen. Außerdem erwärmt der Aufprall der positiven Ionen die Kathode und schafft hier die Bedingungen für Elektronenemission.

Charakteristisch für Bogenentladungen ist die „negative" Spannungs-Strom-Charakteristik der Entladung, d. h., mit zunehmendem Strom sinkt die Spannung, die Entladungsstrecke wird mit steigender Stromstärke leitfähiger. Bogenentladungen sind daher für direkten Betrieb aus Konstantspannungsquellen nicht geeignet. Durch geeignete Maßnahmen (aufgeprägter Strom, Vorschaltinduktivitäten bei Wechselstrom) muss für stabilen Betrieb gesorgt werden.

Die Leistungsabgabe des Plasmas erfolgt abhängig von den Bedingungen wie Gasart, Gasdruck, Stromdichte, Elektrodenmaterial und Temperatur in Form von Wärme und anderen kurzwelligen Strahlungskomponenten, wie z. B. von ultraviolettem Licht zur Anregung der Leuchtstoffe in Niederdruck-Leuchtstofflampen.

Anwendung: Lichtbogenofen zum Schmelzen von Metallen, Elektroschweißen, Beleuchtung.

16.4 Chemische Wirkungen des elektrischen Stromes

Beim Stromdurchgang durch Elektrolyte ist der Ladungstransport, im Gegensatz zur metallischen Leitung, mit einem Stofftransport verbunden. Positive Ionen (Wasserstoff, Metalle) bewegen sich in Richtung der Kathode, negative Ionen wandern zur Anode. Die transportierte Stoffmenge ist proportional der transportierten Ladung $q = \int i \, dt$. Werden der Elektrolyse keine neuen Ionen (etwa durch Auflösung der Anode) zugeführt, verarmt der Elektrolyt an Ladungsträgern, d. h., er verliert die Leitfähigkeit.

Beispiele

Bei der Elektrolyse des geschmolzenen Kryoliths, einer natürlich vorkommenden Aluminiumverbindung, schlägt sich an der Kathode das gewonnene Aluminium nieder. Die Elektrolyse von Kupfersulfat mit Anoden aus Kupfer bewirkt, dass das Anoden-Kupfer in Lösung geht und sich als raffiniertes Kupfer an der

Kathode niederschlägt. Chlor wird durch die Elektrolyse von NaCl-Lösung gewonnen, es entsteht an der Anode der Elektrolyseanlage.
Die erwähnten großtechnisch durchgeführten Prozesse bedingen den Einsatz erheblicher elektrischer Energiemengen in Form von Gleichstrom.

16.4.1 Primärelemente

Primärelemente (fälschlich oft „Batterien") sind elektrolytische Zellen, in denen durch Elektrolyse eine Stoffumsetzung derart erfolgt, dass die dabei freiwerdende Energie zum Teil in Form von elektrischer Energie entnommen werden kann. Die Stoffumsetzung ist irreversibel, d. h., die Zelle ist nach Entladung verbraucht. Die negative Elektrode ist i. Allg. Zn, als positive Elektroden werden MnO_2, HgO oder Ag_2O verwendet. Der Elektrolyt ist bei den heutigen Bauformen pastös.
In *Brennstoffzellen* werden meist gasförmig (z. B. H_2 und O_2) die Reaktionsstoffe zugeführt und mithilfe katalytischer Prozesse verbrannt. Ein Teil der dabei frei werdenden chemischen Energie kann in Form elektrischer Energie abgenommen werden. Die Verbrennungsprodukte (H_2O im obigen Beispiel) werden abgeführt und damit eine kontinuierliche Energieumsetzung gewährleistet (Anwendung zur Energieversorgung in der Raumfahrt).
Die technische Bedeutung von Primärelementen steigt, da die Fortschritte der Mikroelektronik mit ihrem spezifisch niedrigen Energieverbrauch zu immer neuen Anwendungen dafür führen.

16.4.2 Akkumulatoren

Akkumulatoren wird beim Laden elektrische Energie zugeführt. Die durch den Ladestrom bewirkte Elektrolyse ruft unterschiedliche stoffliche Veränderungen der Elektroden hervor. Bei der Entladung werden die Veränderungen unter Abgabe elektrischer Energie rückgängig. So ist z. B. beim Bleiakkumulator in geladenem Zustand der wirksame Teil der negativen Elektrode in Blei, der der positiven Elektrode in Bleidioxid PbO_2 gewandelt. Die Dichte des Elektrolyten (Schwefelsäure H_2SO_4) hat ihren Maximalwert.
Bei der Entladung bewirkt die Elektrolyse die Wandlung beider Elektroden in Bleisulfat ($PbSO_4$) und eine Verdünnung des Elektrolyten durch das bei der Entladung frei werdende Wasser.
Akkumulatoren können nur geringere Energiemengen/Gewicht speichern, als sie in Primärelementen vorhanden sind, die Wiederaufladbarkeit macht sie jedoch für bestimmte Anwendungen unentbehrlich.
Im Bemühen, die Energiedichten über diejenigen „klassischer" Blei- oder Nickel-Cadmium-Akkumulatoren hinaus zu steigern, gibt es Entwicklungen an Energiespeichern mit heißen Elektrolyten. In Verbindung mit der Leistungselektronik besteht das Ziel, gewichtsarme Versorgungssysteme für Fahrzeugantriebe zu realisieren. Auch gibt es Entwicklungsprojekte zur kurzzeitigen Stützung von Energieversorgungsnetzen während Starklastzeiten mithilfe von Akkumulatoren.

16.5 Direkte Energiewandlung, fotovoltaischer Effekt, Solarzellen

Wird der PN-Übergang (Sperrschicht) einer Halbleiterdiode ionisierender Strahlung ausgesetzt, so verschiebt sich die Diodenkennlinie gemäß Bild 16-10 in den Quadranten negativer Ströme und positiver Spannungen (6). Der Kurzschlussstrom i_k ist abhängig von den Parametern des PN-Überganges, dem Spektrum der Strahlung und im Übrigen proportional der Strahlungsdichte. Die Leerlaufspannung u_e erreicht schon bei kleinen Strahlungsdichten ihren praktischen Grenzwert von unter 1 V (0,6 V bei Silicium). Ist der äußere Stromkreis so aufgebaut, dass der Arbeitspunkt in den schraffierten Bereich fällt, so arbeitet der PN-Übergang generatorisch, d. h., ein Teil der mit der Strahlung zugeführten Leistung wird in Form elektrischer Leistung abgegeben.

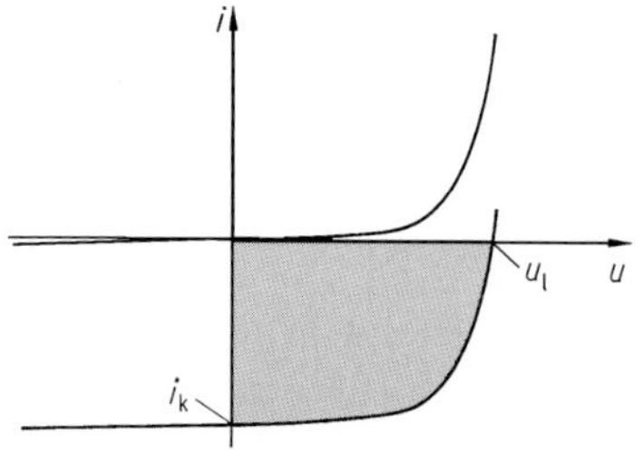

Bild 16-10. Verschiebung des u, i-Verhaltens eines PN-Überganges bei Einwirkung von ionisierender Strahlung auf die Sperrschicht

Praktisch angewendet werden Solarzellen auf Siliciumbasis, da die Siliciumtechnologie auf dem Gebiet der Halbleiter am weitesten fortgeschritten ist.
Die Energieversorgung von Satelliten geschieht überwiegend durch Solarzellen. Im freien Raum werden Wirkungsgrade um 16% erzielt.
In der Regel werden Solargeneratoren so betrieben, dass eine nachgeschaltete Elektronik dafür sorgt, dass der Punkt maximaler Leistungsabgabe aus der Kennlinie erreicht wird.

17 Übertragung elektrischer Energie

17.1 Leistungsdichte, Spannungsabfall

Übertragungsmedium für elektrische Energie ist das elektromagnetische Feld, vorwiegend in der Umgebung von Leitungen. Der im Leiter fließende Strom hat im Leiter selbst und in dessen Umgebung ein Magnetfeld zur Folge. In der Umgebung des Leiters und zu einem verschwindend kleinen Teil auch in dessen Inneren, bildet sich ein elektrisches Feld aus.
An jedem Punkt dieser beiden Felder lässt sich nach Poynting die Leistungsdichte (Strahlungsdichte)

$$\boldsymbol{S} = \boldsymbol{E} \times \boldsymbol{H}\,, \quad \text{vgl. 15.3}\,, \qquad (17\text{-}1)$$

ausdrücken, ein Vektor, der in Richtung des Leistungsflusses zeigt.
Im (verlustlosen) Idealfall ist er der Energieleitung parallel gerichtet. Dazu orthogonale Komponenten stellen die in den Leiter einziehenden Verlustleistungsanteile dar.
Im Fall höherer Frequenzen kann sich das elektromagnetische Feld von dafür besonders geformten Leitern (Antennen) lösen, und es findet eine Abstrahlung statt. (Nachrichtentechnik, Sender, Energie als Träger der Nachricht.) Die Strahlungsleistung der Sonne ist eine Freiraumausbreitung einer elektromagnetischen Welle.
Die Übertragung erfolgt in den meisten Fällen in Form von Drehstrom (Europa 50 Hz, USA 60 Hz). In besonderen Fällen, z. B. bei sehr großen Übertragungsleistungen und weiten Entfernungen, wird hochgespannter Gleichstrom übertragen (HGÜ). Übertragung einphasigen Wechselstroms erfolgt in Europa in Netzen der Bahnstromversorgung (16 2/3 Hz, 15 kV), in USA auch auf der Mittelspannungsebene der öffentlichen Versorgung (3 kV).
Die am Verbrauchsort gewünschte Spannung stimmt selten mit der für die Übertragung technisch und wirtschaftlich optimalen Übertragungsspannung überein. Die Übertragung bedient sich daher verschiedener Spannungsebenen, die durch Transformatoren verlustarm gekoppelt werden.
Bild 17-1 stellt ein Ersatzbild einer Drehstrom-Übertragungsleitung dar, welches die Leitungsverluste und den Spannungsabfall ΔU repräsentiert. Ableitung und Wirkung von Koronaverlusten sind hier nicht miterfasst.
Die *Übertragungs-Wirkleistung* ist

$$P_1 = \sqrt{3}\, U_1 I_1 \cos\varphi_1\,. \qquad (17\text{-}2)$$

Der auf die Übertragungsspannung bezogene Spannungsabfall beträgt

$$\frac{|\Delta U|}{U_1} = \frac{P_1 \sqrt{R^2 + X^2}}{\sqrt{3}\, U_1^2 \cos\varphi_1}\,. \qquad (17\text{-}3)$$

Die *Leitungsverluste*

$$P_\mathrm{v} = 3\, I_1^2 R \qquad (17\text{-}4)$$

ergeben das Verlustverhältnis v, wenn sie auf die Übertragungsleistung bezogen werden:

$$v = \frac{P_\mathrm{v}}{P_1} = \frac{P_1}{\left(U_1^2/R\right)\cos\varphi_1}\,. \qquad (17\text{-}5)$$

Für den Übertragungswirkungsgrad ergibt sich

$$\eta = 1 - \frac{P_\mathrm{v}}{P_1} = 1 - \frac{P_1 R}{U_1^2 \cos\varphi_1}\,. \qquad (17\text{-}6)$$

Da am Verbrauchsort die Spannung konstant sein soll (Konstantspannungsnetze), muss der strom- bzw. leistungsabhängige Spannungsabfall in Grenzen gehalten werden. Geringe Verluste und damit hoher Wirkungsgrad sind ein wirtschaftliches Erfordernis und ggf. auch eines der zulässigen Erwärmung.

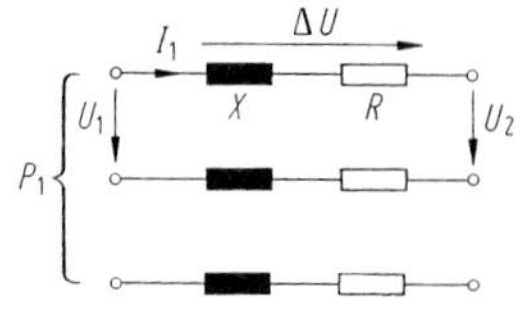

Bild 17-1. Ersatzbild einer Drehstromleitung

Beide Forderungen zielen wegen des Faktors P_1/U_1^2 in (17-3) grundsätzlich auf möglichst hohe Übertragungsspannungen, da die Variationsbreite möglicher Leitungsdaten (R und X) begrenzt ist (Baustoffaufwand, Form der Leitung).
Für die Obergrenze der zu wählenden Übertragungsspannung von Freileitungen sind u. a. die bei großen Feldstärken auftretende Ionisation der Luft (Korona) und die damit verbundenen Leistungsverluste maßgebend. Durch Vergrößerung der wirksamen Leiteroberfläche (Bündelleiter) wird bei Freileitungen diese Grenze heraufgesetzt.

17.2 Stabilitätsprobleme

Bei Drehstromübertragungen über größere Entfernungen, bei denen mehrere Generatoren an verschiedenen Orten miteinander verbunden sind (allgemeiner Fall des Verbundnetzes), kann der Fall auftreten, dass der Winkel θ zwischen den Generatorspannungen so groß wird, dass Lastschwankungen zum Überschreiten des Kipppunktes eines Generators führen und damit stabiler Betrieb nicht mehr möglich ist.
Der theoretische Grenzfall für den Winkel ist $\theta = 90°$, aus Gründen stets notwendiger Lastreserven bleibt man immer deutlich unter diesem Wert.
Dem Grenzwert des Winkels entspricht bei 50 Hz und einer Freileitung, die mit der natürlichen Leistung P_n betrieben wird,

$$P_n = \frac{U^2}{Z_L}, \quad Z_L = \sqrt{\frac{L'}{C'}} \qquad (17\text{-}7)$$

eine Entfernung von 1500 km (Wellenlänge bei 50 Hz: 6000 km).
Reichen die unter Berücksichtigung notwendiger Stabilitätsreserven erzielbaren Leitungslängen nicht aus, so können Kompensationsmittel (in Abständen der Leitung parallel geschaltete Induktivitäten oder Reihenkondensatoren) eingesetzt werden.

Hochspannungs-Gleichstromübertragung (HGÜ)

Sind sehr große Entfernungen zu überbrücken (1000 km und mehr) oder sollen Netze völlig unterschiedlicher Leistung miteinander verbunden werden, so werden die Stabilitätsprobleme durch Entkopplung mithilfe einer HGÜ-Verbindung gelöst. Anfang und Ende der HGÜ-Verbindung enthalten Stromrichter in Halbleiterbauweise, die auf jeder Seite sowohl als (gesteuerte) Gleichrichter als auch als Wechselrichter betrieben werden können. Damit weist die Verbindung Stellglieder auf, die es gestatten, den Leistungsfluss zwischen den gekoppelten Netzen zu steuern und zu regeln, ohne dass die bei Drehstromübertragungen zu erwartenden Stabilitätsprobleme auftreten.
Darüber hinaus kann der Aufwand für die Fernleitung bei Gleichstrom unter Umständen kleiner sein als bei leistungsgleicher Drehstromübertragung.

17.3 Grundsätzliches zum Berührungsschutz

Rechtlicher Hinweis: Der folgende Abschnitt kann nur die technische Seite der Unfallverhütung umreißen und auch dies nicht vollständig. Technisches Handeln hat sich an den gültigen Bestimmungen und Normen (Gerätesicherheitsgesetz, DIN-VDE-Bestimmungen, Unfallverhütungsvorschriften und evtl. ausländischen Bestimmungen) zu orientieren. Die Beachtung der nachfolgenden Grundsätze allein genügt daher weder im technischen noch im rechtlichen Sinn.

17.3.1 Körperströme

Stromfluss durch den menschlichen Körper hat zur Folge, dass das Herz in das elektrische Strömungsfeld gelangen kann. In Abhängigkeit von der Stromstärke, der Stromart, der Zeitdauer der Einwirkung kann es dabei zum Herzkammerflimmern, einer Funktionslosigkeit des Herzmuskels mit tödlichem Ausgang, kommen [4]. Bild 17-2 zeigt die für die Schutztechnik maßgebenden Strom-Zeit-Kennlinien bei Wechselstrom 50 Hz für Stromdurchgang Hand-Fuß. Man erkennt, dass im Fall des Stromdurchganges der kurzfristigen Abschaltung lebensrettende Bedeutung zukommen kann.

17.3.2 Schutzmaßnahmen (5)

Nennspannungen bis zu 25 V Wechselspannung und 60 V Gleichspannung, gelten als ungefährlich, sodass sich ein Berührungsschutz erübrigt (Ausnahme: Medizinische Anwendungen, Operationsräume).

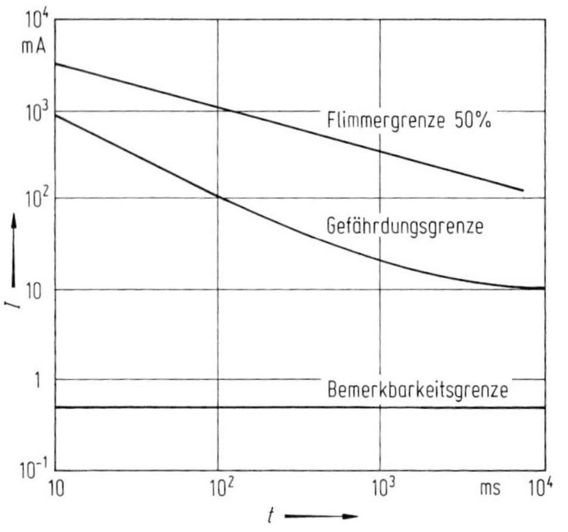

Bild 17-2. Auswirkungen von Körperströmen linke Hand – Fuß [4]

Oberhalb dieser Spannungen und bis zu 1 kV, dem besonders wichtigen Fall der Verteilung elektrischer Energie auf der Niederspannungsebene, sind mehrere Schutzmaßnahmen genormt, die allein oder gemeinsam angewendet werden müssen.
Gegen „direktes" Berühren sind aktive Teile durch Isolieren zu schützen. In Fällen von Betriebsmitteln der Schutzklasse I ist zwischen der Basisisolierung und den von außen berührbaren Teilen eine Zusatzisolierung vorzusehen (Schutzisolierung).
„Indirektes" Berühren liegt vor, wenn das Metallgehäuse (Körper) eines Betriebsmittels durch einen internen Isolationsfehler eine gefährliche Berührungsspannung annimmt, und eine Person den Körper berührt. Schutzmaßnahmen hiergegen zielen darauf ab, das Bestehen bleiben der gefährlichen Berührungsspannung zu vermeiden, also an geeigneter Stelle schnell abzuschalten.
Die Art dieser Schutzmaßnahmen sind vom Netztyp abhängig. Im wichtigsten Fall des TN-C-S-Netzes (DIN VDE 0100-300 (01.96)) ist der Sternpunkt des Speisetransformators geerdet und als PEN-Leiter (Protect, Earth, Neutral) an die Verbrauchsorte geführt. Reduziert sich im Verlauf der Leitung deren Querschnitt auf unter 10 mm^2 oder liegt ein Übergang zu einem beweglichen Betriebsmittel vor, so wird ab dort neben dem Neutralleiter (N) ein getrennter Schutzleiter (PE) verwendet. Dieser Schutzleiter wird mit den Körpern angeschlossener Betriebsmittel verbunden. Im Fall eines Körperschlusses fließt ein Kurzschlussstrom über die Fehlerstelle und den Schutzleiter, der ein im Zuge des Leiters L (nicht des Schutzleiters) liegendes Überstromschutzorgan zum schnellen Abschalten bringt.
Die Auswahl des Schutzorganes hat u. a. nach der Größe dieses Kurzschlussstromes zu erfolgen.
Bei einer anderen Schutzmaßnahme, der Fehlerstrom-Schutzschaltung, wird die Summe der Momentanwerte der Ströme in den Leitern und dem Neutralleiter gemessen. Sie ist im Normalfall Null. Fließt im Fehlerfall ein Strom aus dem System, das überwacht wird, in den Schutzleiter oder, z. B. über einen menschlichen Körper gegen Erde, so tritt dieser „Fehlerstrom" als Messgröße in der Überwachungseinrichtung (Summenstromwandler im Fehlerstrom-Schutzschalter) hervor und löst in sehr kurzer Zeit (weniger als 200 ms laut Vorschrift, in praxi innerhalb von 30 ms) ein Abschaltvorgang für den gesamten nachgeschalteten Netzteil aus. Neben den beschriebenen Maßnahmen sind eine ganze Reihe zusätzlicher und/oder alternativer Schutzmaßnahmen genormt, die z. T. auf andere Netztypen bezogen sind.

18 Umformung elektrischer Energie

18.1 Schalten

In der elektrischen Energietechnik werden mechanische Schalter zur Unterbrechung und Umschaltung von Stromkreisen benutzt. In der überwiegenden Zahl dieser Fälle findet der Schaltvorgang in einer Schaltstrecke statt, die Luft enthält. In der Hochspannungstechnik werden spezielle Isoliergase und -flüssigkeiten eingesetzt und auch Vakuumschalter haben ein breites Anwendungsfeld.
Periodische Schaltvorgänge in Stromrichtern und Schaltnetzgeräten werden mithilfe von Leistungshalbleitern (Transistoren, Thyristoren, Dioden usw.) bewerkstelligt.

Einschalten

Vor dem eigentlichen Schaltvorgang ist die Schaltstrecke spannungsbeansprucht und es fließt kein Strom, oder, im Fall der Leistungshalbleiter, ein sehr kleiner Reststrom. In der Übergangsphase des Einschaltens baut sich der Strom auf, bei gleichzeitigem Vorhandensein einer Spannung; in der Schaltstrecke wird *Einschaltarbeit* in Wärme umgesetzt. Die zeitlichen Verläufe von Strom und Spannungen werden im Wesentlichen durch die Daten des einzuschaltenden Stromkreises bestimmt. Bei Halbleitern mit sehr raschem Stromaufbau bestimmen auch die Eigenschaften des Halbleiters (Abbau der Sperrschicht, Ladungsträgergeschwindigkeiten) den zeitlichen Verlauf des Schaltvorganges.

Eingeschalteter Zustand

Bei mechanischen Schaltern bildet der Strom mit dem Spannungsabfall an der Schaltstrecke, der sich aus der Übergangsspannung an den sich berührenden Kontakten und den Ohm'schen Spannungsabfällen in den Kontakten und anderen stromdurchflossenen Teilen zusammensetzt, eine dauernd wirkende Verlustleistung, die die Obergrenze des Stromes festsetzt, welchen der Schalter dauernd führen kann.

Halbleiter haben in eingeschaltetem Zustand eine Restspannung in der Größenordnung von 1 V, bei Dioden und Thyristoren Durchlassspannung genannt, die mit dem Strom Verluste bildet, welche durch entsprechende Gestaltung der thermisch wirksamen Teile abgeführt werden müssen.

Ausschalten

In mechanischen Schaltern bildet sich unmittelbar nach Öffnen der Kontakte ein Lichtbogen aus, der den im Wesentlichen durch die Daten des Stromkreises bestimmten Strom führt. Die Brennspannung des Lichtbogens liegt an der Schaltstrecke an. Schalter für Wechselstrom nutzen die Tatsache aus, dass der Strom periodische Nulldurchgänge hat, in denen der Lichtbogen verschwindet. Kühlung sorgt für Entionisierung des Lichtbogenraumes und verhindert ein Wiederzünden. Die im Lichtbogen umgesetzte Energie ist im Allgemeinen die stärkste Beanspruchung des Schalters, insbesondere beim Abschalten von Kurzschlüssen.

Beim Abschalten größerer Gleichströme in induktiven Stromkreisen (Glättungsdrosselspulen, Motoren), muss der Lichtbogen durch magnetische Kräfte (Blasmagneten) in einer entsprechend gestalteten Brennkammer erweitert werden, sodass er nach Abbau der in der Induktivität gespeicherten Energie verlischt. Dieses Hilfsmittel wird auch bei Schaltern für Wechselstrom angewandt.

Abschalten von Dioden und *Thyristoren* (vgl. 27-4) erfolgt dadurch, dass der zeitliche Verlauf der treibenden Spannung einen Stromnulldurchgang erzwingt. Bei Stromrichtern, die am Dreh- oder Wechselstromnetz arbeiten, erfolgt dieser Nulldurchgang periodisch („natürliche" Kommutierung). In Schaltungen, die keine natürlichen Stromnulldurchgänge aufweisen, wie z. B. bei Wechselrichtern die aus Gleichspannung betrieben werden, wird durch eine Hilfsschaltung, die einen Energiespeicher enthält, ein Stromnulldurchgang erzwungen (Zwangskommutierung). Charakteristisch für beide Bauelemente ist das Auftreten eines negativen Rückstromes unmittelbar nach dem Stromnulldurchgang, der, von der negativen Sperrspannung getrieben, Ladungsträger aus dem Kristall entfernt. Erst nach Abklingen dieses Rückstromes, das unter Umständen mit großer Stromsteilheit $\mathrm{d}i/\mathrm{d}t$ erfolgt, ist die Schaltstrecke für negative Spannungen aufnahmefähig, d. h. abgeschaltet. Beim Thyristor, der im Gegensatz zur Diode auch positive Sperrspannungen aufzunehmen vermag, darf letztere erst nach Ablauf einer Freiwerdezeit, die länger als die Rückstromzeit ist, auftreten, da sonst „Durchzünden", d. h. unkontrolliertes Wiedereinschalten der Schaltstrecke, erfolgt. Die Freiwerdezeit wird durch die Daten des Bauelementes und die Höhe der negativen Sperrspannung, die der positiven Sperrspannung vorausgehen muss, bestimmt [6].

Bei Transistoren wird der Abschaltvorgang durch Wegnahme des Basisstromes (bipolarer Transistor in Emittergrundschaltung) oder durch Steuerung der Spannung am Gate (Feldeffekttransistor) eingeleitet. Unter Annahme von Übergangszeiten der Steuergrößen, die kurz gegenüber allen anderen beteiligten transienten Vorgängen sind (Verhältnisse, die in der Praxis der Schalttransistoren angestrebt und erreicht werden), beginnt der Strom nach Ablauf einer Speicherzeit zu fallen und gleichzeitig tritt Spannung an der Schaltstrecke auf. Die zeitlichen Verläufe dieser Größen werden durch die Charakteristik des abzuschaltenden Stromkreises bestimmt und, falls dieser nur kleine Zeitverzögerungen aufweist, auch durch die Eigenschaften des Bauelementes. In jedem Fall tritt beim Ausschalten Verlustarbeit auf, die durch Kühlung abgeleitet werden muss.

Beschaltung

Zur Begrenzung und auch zur zeitlichen Steuerung der beanspruchenden Größen, werden Schaltstrecken, insbesondere Halbleiterschaltstrecken, „beschaltet“, d. h., zu ihnen parallel werden Entlastungsnetzwerke angebracht, welche aus Kombinationen von Kapazitäten, Widerständen und in einigen Fällen auch nichtlinearen Elementen zusammengesetzt sind.

18.2 Gleichrichter, Wechselrichter, Umrichter

18.2.1 Leistungselektronik

Unter Leistungselektronik versteht man den Einsatz von elektronischen Bauelementen (vorwiegend Halbleiter, gelegentlich noch Ionen- und Hochvakuumröhren) zum Zweck der Steuerung, des Schaltens und der Umformung elektrischer Energie, wobei Umformung die Wandlung von elektrischer Energie der einen Stromart in eine andere bedeutet, z. B. Drehstrom in Gleichstrom.

Zu den Elementen der Leistungselektronik gehören die Diode (Kennlinie in Bild 18-1), der Thyristor in mehreren Varianten, jedoch am häufigsten in Form des vorwärtsleitenden steuerbaren Ventils (Kennlinie Bild 18-2) und Leistungstransistoren, sowohl als bipolare Transistoren und in zunehmendem Maße als MOS-Feldeffekttransistoren [6].

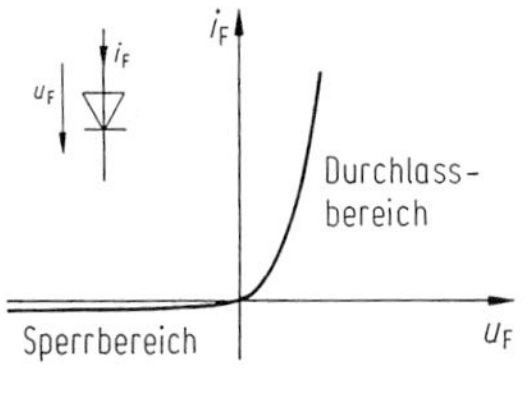

Bild 18-1. Diodenkennlinie

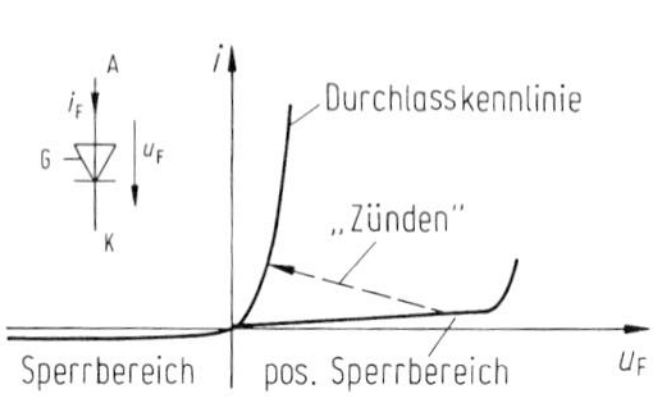

Bild 18-2. Kennlinie eines Thyristors

18.2.2 Netzgeführte Stromrichter mit natürlicher Kommutierung

Der Anschluss erfolgt an Drehstromnetze, in Fällen kleiner Leistung auch an einphasigen Wechselstrom. Unter Verwendung von ungesteuerten Ventilen, Dioden, ergibt sich Gleichrichtung der Spannung. Drehspannung und erzeugte Gleichspannung stehen je nach angewandter Schaltungsart in festem Verhältnis zueinander. Die erzeugte Gleichspannung ist durch die Wirkung der Kommutierung und die übrigen Spannungsabfälle lastabhängig, der Energiefluss geht ausschließlich in Richtung der Gleichstromseite (ungesteuerter Gleichrichter).

Bei Verwendung steuerbarer Ventile und Zufuhr von geeignet gelagerten netzsynchronen Zündimpulsen, die in einer der Steuerungsaufgabe angepassten Elektronik erzeugt werden, lässt sich der Mittelwert der Gleichspannung steuern. Ist der Zünd-(verzugs)Winkel α der Winkel zwischen dem natürlichen Zündzeitpunkt und dem Auftreten des Zündimpulses, so beträgt die unbelastete Gleichspannung

$$U_{\mathrm{di}} = U_{\mathrm{di0}} \cos\alpha$$

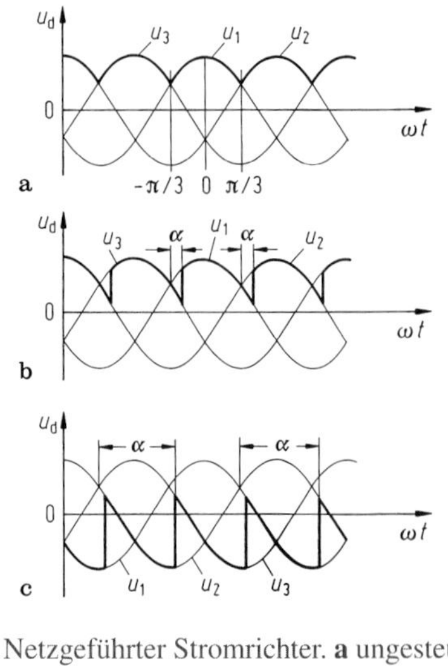

Bild 18-3. Netzgeführter Stromrichter. **a** ungesteuert; **b** $\alpha = 20°$, angesteuerter Gleichrichter; **c** $\alpha = 130°$, Wechselrichter

mit der Leerlaufspannung U_{di0} des ungesteuerten Gleichrichters ($\alpha = 0$).
Übersteigt der Zündverzug den Winkel $\alpha = \frac{1}{2}\pi$, so kehrt die Gleichspannung ihr Vorzeichen um. Unter Voraussetzung ausreichender Stromglättung (nichtlückender Betrieb, bei Stromrichtern einiger Leistung stets gegeben) und für den Fall, dass auf der Gleichspannungsseite Leistung zugeführt werden kann, kehrt sich die Richtung des Leistungsflusses um, der Stromrichter wird zum netzgeführten *Wechselrichter*.
Die Stromglättung bewirkt, dass der Netzstrom nicht sinusförmig ist. Durch Zündverzug verschiebt sich die Phase der Stromgrundschwingung gegenüber der Netzspannung, sodass dem Netz *Steuer*blindleistung entnommen wird.

18.2.3 Selbstgeführte Stromrichter mit Zwangskommutierung oder abschaltbaren Ventilen

Wird die Ablösung der zeitlich aufeinander folgend betriebenen Schaltstrecken nicht durch die Betriebswechselspannung bewirkt, so müssen abschaltbare Schaltstrecken (Transistoren, Gate-turn-off-Elemente) verwendet werden oder die Kommutierung durch *Zwangslöschung* normaler steuerbarer Ventile bewirkt werden. Bei der Zwangslöschung wird die leitfähige Schalterstrecke für einen Mindestzeitraum vom Strom entlastet. Dieser Zeitraum muss größer sein als diejenige Zeit, die der Halbleiter benötigt, um wieder Sperrspannung aufnehmen zu können. Der entlastende Parallelweg (Löschkreis) für den Strom enthält im Allgemeinen einen aufgeladenen Kondensator und einen Hilfsthyristor zum Einschalten des Löschkreises.
Selbstgeführte Stromrichter sind sowohl für Speisung aus Drehstromnetzen, wie auch für den Betrieb aus Gleichspannungsquellen ausführbar. Sie benötigen im Gegensatz zu Stromrichtern mit natürlicher Kommutierung keine Blindleistung. Der Ausgang stellt entweder eine gesteuerte Gleichspannung bereit (Gleichstromsteller) oder ein Drehstromsystem einstellbarer Spannung und Frequenz (Wechselrichter, insbesondere zur Speisung drehzahlvariabler Antriebe).
Leistungstransistoren und abschaltbare Thyristoren (Gate-turn-off-switches, GTO) sowie andere Elemente, deren Entwicklung voll im Fluss ist, ermöglichen den Fortfall des aufwändigen Löschkreises. Sie können über die Steuerelektrode abgeschaltet werden. Für kleinere und mittlere Leistungen werden sie als Schaltelemente in selbstgeführten Schaltungen angewandt. Mit Verbreiterung des Anwendungsbereiches ist zu rechnen.

Nachrichtentechnik

K. Hoffmann, W. Mathis

Grundlagen der Nachrichtentechnik

Nachrichtentechnische Sachverhalte beziehen sich auf die Zusammenhänge zeitlich veränderlicher Größen. Ihre Beschreibung kann in allgemein gültiger strukturunabhängiger Form hergeleitet werden. Für die Bemessung der zugehörigen Schaltungen sei auf die einschlägige Literatur verwiesen [1].

19 Grundbegriffe

19.1 Signal, Information, Nachricht

19.1.1 Beschreibung zeitabhängiger Signale

Als elektrische Größen, die eine Nachricht enthalten können, kommen Spannungen oder Ströme, aber auch elektromagnetische Felder in Betracht, die dazu zeitabhängige Veränderungen aufweisen müssen und unter dem Begriff des Signales $s(t)$ zusammengefasst werden. Durch die Art der Betrachtung und gerätetechnische Bearbeitung ist eine Einteilung der Signale in vier Gruppen nach Bild 19-1 (vgl. DIN 40 146) zweckmäßig, je nachdem, ob ein Signal in seiner Amplitude und/oder seiner Zeiteinteilung an allen oder nur an bestimmten Stellen ausgewertet wird.

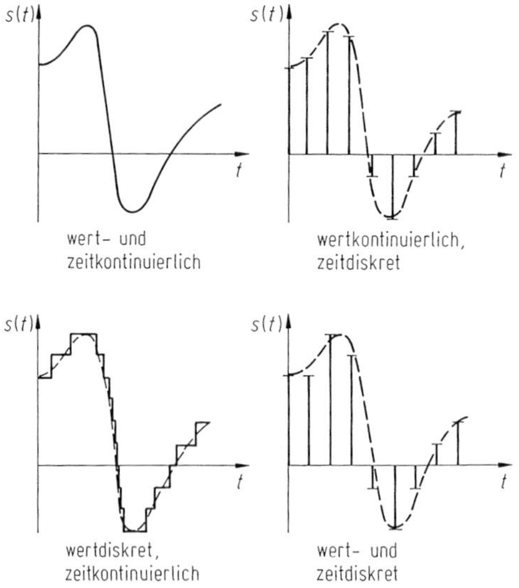

Bild 19-1. Kontinuierliche und diskrete Signalverläufe

Mit der Fourier-Transformation kann zu jedem zeitabhängigen Signalverlauf $s(t)$ eine, Spektrum genannte, Frequenzabhängigkeit ermittelt werden. Aus einem reellen Signal $s(t)$ entsteht ein komplexes Spektrum $\underline{S}(f) = S(f)e^{j\varphi(f)}$, wobei $S(f)$ Betragsspektrum und $\varphi(f)$ Phasenspektrum genannt wird. Systemanalysen erfordern häufig die Einführung von Amplituden- und Frequenzgrenzen ohne Kenntnis des Signales $s(t)$. Dazu dient die Frequenzband genannte, ebenfalls mit $S(f)$ bezeichnete Größe als Einhüllende der Betragsspektren aller damit erfassbaren Signalverläufe.

Eine Nachricht besteht aus einer zufälligen Folge von Ereignissen, die Informationen genannt werden und unvorherbestimmbare Veränderungen der zugehörigen Signale erfordern. Diese Veränderungen müssen auf eine begrenzte Anzahl von Zuständen aus einem bekannten Vorrat beschränkt werden, um nach eindeutigen Regeln und in endlicher Zeit eine Zuordnung zu der damit beschriebenen Nachricht treffen zu können.

19.1.2 Deterministische und stochastische Signale

Durch geschlossene Formeln beschreibbare Vorgänge wären in jedem Zeitpunkt vorherbestimmbar. Da aber eine Nachricht stets zufällige Informationsanteile enthalten muss, können vollständig berechenbare (deterministische) Zeitabhängigkeiten keine Nachricht enthalten. In der Nachrichtentechnik werden trotzdem deterministische Signaleverläufe, harmonische oder Pulsschwingungen zur Systemanalyse verwendet. Dabei wird vorausgesetzt, dass solche Modellsignale durch Amplituden- und/oder Frequenzänderungen die nachrichtenbeinhaltenden Frequenzbänder $S(f)$ vollständig ausfüllen.

Stochastische Signale, die keine vorherbestimmbare Bindungen zwischen den Signalwerten aufweisen, enthalten zeitbezogen die meisten Informationen und damit auch den höchsten Nachrichtengehalt. Jede störungsbedingte Veränderung des Signalverlaufes bewirkt dann jedoch eine unerkennbare Verfälschung von Informationen und damit auch der Nachricht. Durch deterministische und damit vorherbestimmbare Signalanteile kann diese Gefahr vermindert werden. Deshalb bestehen die Nachrichtensignale in praktischen Systemen meist aus einer Mischung deterministischer und stochastischer Signalanteile.

19.1.3 Symbolische Darstellungsweise, Bewertung

Der Informationsgehalt eines Signales wird durch die Häufigkeit der Veränderungen und die Zahl der Entscheidungen zwischen den zugrunde liegenden Unterschieden bestimmt. Durch eine Umsetzung von Signalwerten in Symbole, die nur an diese Unterschiede gebunden sind, wird die Auswertung von Nachrichten ganz wesentlich vereinfacht. Dazu können analoge mit wert- und zeitkontinuierlichen Signalen arbeitende oder digitale auf zweistufige wert- und zeitdiskrete Signale gegründete Verfahren eingesetzt werden, die entsprechend den Qualitätsanforderungen unterschiedlichen Aufwand erfordern. Subjektive Bewertungen, die eine Meinung über den Wert einer Nachricht beinhalten, dürfen dabei nicht enthalten sein.

19.1.4 Unverschlüsselte und codierte Darstellung

Die unverschlüsselte Darstellung eines, eine Nachricht enthaltenden Signales erlaubt, dieses jederzeit in die enthaltenen Informationen umzuwandeln. Zur Vereinfachung von Entscheidungen bei der Auswertung und wegen unvermeidbarer Störeinflüsse bei der Übertragung ist die symbolisch verschlüsselte Darstellung von größter Wichtigkeit, da sie die beste Ausnutzung von Nachrichtenübertragungswegen ermöglicht. Symbolische Verschlüsselungen werden in der Nachrichtentechnik als Codierung bezeichnet. Ein typisches Beispiel stellt die Wandlung von Schriftzeichen in Symbole des internationalen Fernschreibcodes dar, siehe Bild 19-2.

19.2 Aufbereitung, Übertragung, Verarbeitung

19.2.1 Grundprinzip der Signalübertragung

Die Nachrichtentechnik ermöglicht die Übertragung von Informationen zwischen räumlich getrennten Orten. Dabei ist der Übertragungsweg bei größerer Entfernungen der aufwändigste und störempfindlichste Teil des Systems. Die Beschreibung solcher Systeme erfolgt nach dem Grundschema in Bild 19-3. Die Signale entstammen einer Quelle, ihr Ziel ist die Senke. Moderne nachrichtentechnische Systeme bedienen sich der Verfahren der Codierung, um Übertragungswege besser zu nutzen und eine störfestere Auswertung zu ermöglichen. Quellenseitig wird dazu vor den Übertragungsweg eine Aufbereitung genannte Einrichtung eingefügt, in der die Signale so umgeformt werden, dass ihre senkenseitige Rückwandlung in der Verarbeitung genannten Einrichtung diese übertragungstechnischen Vorteile zu nutzen erlaubt. Die bepfeilten Linien geben dabei die möglichen Wege und die Laufrichtungen der auf ihnen geführten Signale an.

19.2.2 Eigenschaften von Quellen und Senken

Werden die Quellen und Senken einer Nachrichtenübertragung durch das menschliche Kommunikationsvermögen bestimmt, so ist auf jeder Seite eine Signalwandlung erforderlich, da der Mensch für elektrische Signale kein angemessenes Unterscheidungsvermögen besitzt. Dies gilt in ähnlicher Weise auch für andere nichtelektrische Vorgänge, deren Informationen übertragen oder verarbeitet werden

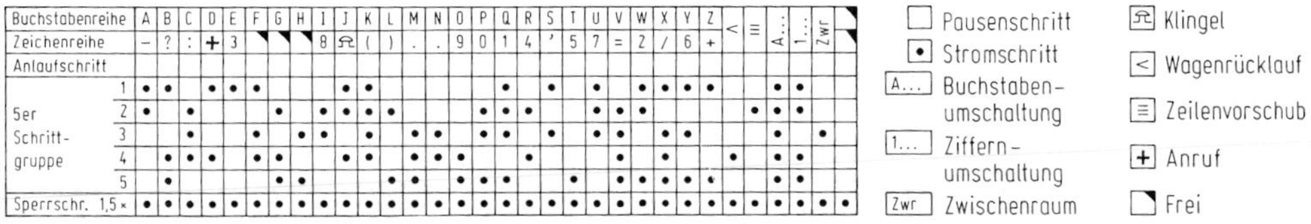

Bild 19-2. Der internationale Fernschreibcode (nach CCITT)

Bild 19-3. Grundschema einer Nachrichtenübertragung

sollen. Die erforderlichen Wandler sind Teile der Aufbereitung und Verarbeitung und erfordern eine Umsetzung der Energieform. Bei Nachrichtensignalwandlern finden je nach der Art der zu wandelnden Signale und deren Frequenzbereich sehr unterschiedliche physikalische Prinzipien Anwendung. Neuere Wandlerkonstruktionen führen außer der eigentlichen Energieumwandlung zunehmend auch Codierungs- oder Decodierungsaufgaben durch.

19.2.3 Grundschema der Kommunikation

In dem Schema Bild 19-3 ist nur eine Übertragung nach rechts hin zur Senke möglich. Eine Antwort auf eine übermittelte Nachricht erfordert aber, dass auch eine Verbindung in Gegenrichtung besteht. Dies kann zwar durch zwei gleiche Anordnungen, für jede Richtung eine, erreicht werden, würde aber den doppelten technischen Aufwand erfordern. Durch das Einfügen von Richtungsweichen bzw. Richtungsgabeln in die Aufbereitung und Verarbeitung entsprechend Bild 19-4 kann eine Kommunikationsverbindung über einen einzigen Übertragungsweg hergestellt werden. Diese Betriebsart erlaubt gleichzeitig oder auch in zeitlich wechselnder Folge die Nachrichtenübertragung zwischen Quelle A und Senke B und umgekehrt.

19.2.4 Betriebsweise der Vielfachnutzung

Durch Erweiterungen in der Aufbereitung und in der Verarbeitung kann ein einziger Nachrichtenübertragungsweg auch von einer Vielzahl einzelner Quellen-Senken-Verbindungen gleichzeitig oder in zeitlicher

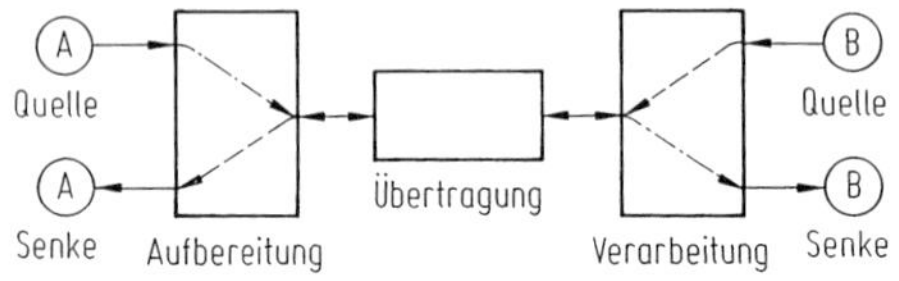

Bild 19-4. Prinzip der Einwegkommunikation

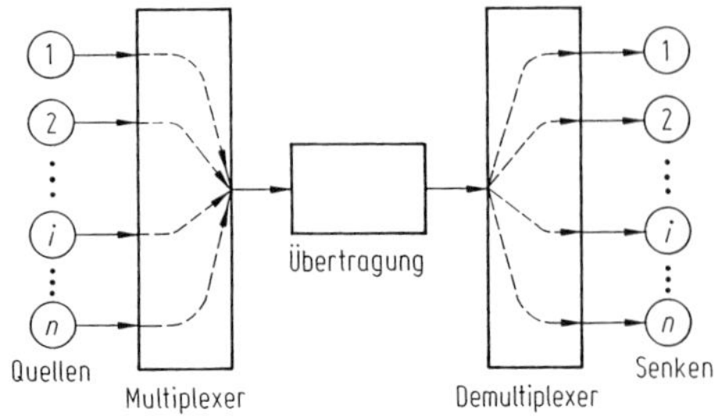

Bild 19-5. Vielfachnutzung eines Nachrichtenübertragungsweges

Folge genutzt werden. Diese Betriebsweise wird als Vielfach oder Multiplex bezeichnet. Das in Bild 19-5 gezeigte Schema eines Multiplexsystemes erfordert eine Multiplexer genannte Einrichtung zur Zusammenführung der einzelnen Kanäle vor dem Übertragungsweg und seine funktionsmäßige Umkehr, den Demultiplexer, der die Kanaltrennung auf der Verarbeitungsseite bewirkt.

Die störungsarme Zusammenführung und Wiederauftrennung der Signale auf dem als Bündel bezeichneten gemeinsamen Übertragungsweg stellt hohe Anforderungen an die Eigenschaften der Systemteile. Dem Übertragungsweg zugeordnete Einrichtungen zur Verbesserung seiner Eigenschaften kommen aber allen Multiplexkanälen gleichermaßen zugute, sodass sich der Aufwand je Kanal mit deren steigender Zahl vermindert. Ein weitverbreitetes System dieser Art stellt bei analoger Aufbereitung und Verarbeitung 2700 Telefonkanäle auf einem einzigen Übertragungsweg zur Verfügung, wie in Abschnitt 22.4.4 erläutert wird.

19.3 Schnittstelle, Funktionsblock, System

19.3.1 Konstruktive und funktionelle Abgrenzung

Die Eigenschaften nachrichtentechnischer Einrichtungen werden durch logische und funktionelle Zusammenhänge zwischen ihren Ein- und Ausgangssignalen beschrieben. Zeitabhängige Veränderungen der Signale besitzen dabei ein besonderes Gewicht, da sie die Informationen enthalten. Um das Gesamtverhalten umfangreicherer Systeme überschaubarer zu machen, ist eine Untergliederung in Einzelfunktionen sinnvoll. Dazu werden verknüpfte Signale auf Schnittstellen bezogen. Diese Schnittstellen decken sich vielfach mit konstruktiv vorhandenen Verbindungsstellen, die dann als Messpunkte zum Nachweis der einwandfreien Funktion von Einrichtungen dienen können.

19.3.2 Mathematische Beschreibungsformen

Das Zusammenwirken von Signalen $s = f(s_i)$ $(i = 1, \ldots, n)$ kann sehr unterschiedliche Abhängigkeiten aufweisen, wobei f die funktionale Abhängigkeit beschreibt. Für die Beschreibung solcher Beziehungen werden in der Nachrichtentechnik vorzugsweise mathematische Darstellungsformen benutzt. Die meisten Aufbereitungs- und Verarbeitungsverfahren verwenden deshalb logische, arithmetische oder stetige Funktionen. Dabei ist zu beachten, dass es sich stets um technische Näherungen handelt und die Signalwerte s_i nur mit einer endlichen, aufwandsbestimmten Auflösung der Abweichung Δs_i eingehalten werden können. In zunehmendem Maße gewinnen rechnergestützte Verfahren an Bedeutung, da mit ihnen die informationstragenden Signalanteile von dafür unwesentlichen getrennt werden können. Integrierbare elektronische Schaltungen erlauben umfangreiche Berechnungsverfahren mit Signalbandbreiten bis einige MHz, sodass damit auch in bewegten Fernsehbildern enthaltene Muster analysiert werden können, was in Abschnitt 24.3.1 erörtert wird

19.3.3 Darstellung in Funktionsblockbildern

Die Analyse des Verhaltens und der Entwurf nachrichtentechnischer Einrichtungen, die eine Vielzahl von gegenseitigen Abhängigkeiten aufweisen, erfordert eine bis zur Einzelfunktion gehende Untergliederung. Das geschieht in Form von Blockschaltbildern, wobei die einzelnen Funktionsblöcke durch Schnittstellen voneinander abgegrenzt sind. Die Verknüpfungsbeziehungen können durch mathematische Zusammenhänge in Form funktionaler Abhängigkeiten, durch Schaltzeichen nach DIN 40 900 oder durch beschreibenden Text angegeben werden, siehe Bild 19-6.

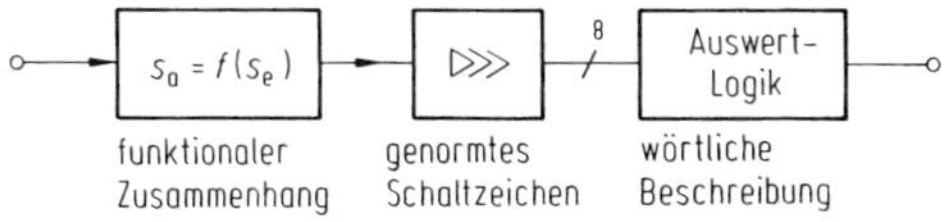

Bild 19-6. Darstellungsweisen für Funktionsblöcke

19.3.4 Zusammenwirken und Betriebsverhalten

Das Zusammenwirken einzelner Funktionsblöcke in einem nachrichtentechnischen System führt zu gegenseitiger Beeinflussung wie auch zum Übergriff von Signalen auf andere Abläufe. Für einen zuverlässigen Betrieb von Einrichtungen während eines Zeitraumes müssen bestimmte Toleranzen sowohl der Funktion als auch der Signalwerte eingehalten werden. Eine Überschreitung von Toleranzgrenzen bedeutet einen Ausfall, der durch jedes einzelne Element hervorgerufen werden kann. Hochzuverlässige Nachrichtensysteme sind deshalb oft redundant aufgebaut, wobei ausfallbedrohte Teile mehrfach vorhanden sind und im Störungsfall das geschädigte Teil ersetzt werden kann, sodass sich dieses im Gesamtbetriebsverhalten der Einrichtung nicht bemerkbar macht [2].

20 Signaleigenschaften

20.1 Signaldynamik, Verzerrungen

20.1.1 Dämpfungsmaß und Pegelangaben

Signale der Nachrichtentechnik können einen Wertebereich von vielen Zehnerpotenzen überstreichen. Eine lineare Skalierung solcher Größen würde auf unhandliche Zahlenwerte und eine unübersichtliche Darstellung von Abhängigkeiten führen. Man bevorzugt deshalb eine logarithmische Skalierung, wobei Übertragungseigenschaften als Maße und Signalwerte als Pegel bezeichnet werden.
Das *Dämpfungsmaß* beschreibt das logarithmierte Verhältnis

$$d = 10 \lg (P_1/P_2)\,\mathrm{dB} \qquad (20\text{-}1)$$

von Eingangsleistung P_1 zu Ausgangsleistung P_2 eines Systems. Die „Quasi-Einheit" Dezibel (dB) dient dabei als Hinweis auf den dekadischen Logarithmus. Werte $d > 0$ werden als Dämpfung, Werte $d < 0$ nach Betragsbildung auch als Verstärkung bezeichnet.

Zur Angabe absoluter Signalwerte werden *Pegel* verwendet,

$$L_P = 10\lg(P/P_0)\,\mathrm{dB}$$

und

$$L_U = 20\lg(U/U_0)\,\mathrm{dB} \qquad (20\text{-}2)$$

bei denen ein Bezug auf eine konstante Leistung P_0 bzw. eine konstante Spannung U_0 vorgenommen wird. Die am häufigsten verwendeten Bezugswerte sind $P_0 = 1\,\mathrm{mW}$, der mit der „Quasi-Einheit" dB (1 mW) = dBm und $U_0 = 1\,\mathrm{V}$, der mit der „Quasi-Einheit" dB (1 V) = dBV bezeichnet wird. Für den Bezugswiderstand $R_0 = (U_0)2/P_0 = 1\,\mathrm{k\Omega}$ gilt dann $L_P/\mathrm{dBm} = L_U/\mathrm{dBV}$.
Die *Signaldynamik* $D_\mathrm{s} = s_\mathrm{max}/s_\mathrm{min}$ als Verhältnis von Größt- zu Kleinstwert eines Signals kann damit auch als Pegeldifferenz $d_\mathrm{s} = L_\mathrm{s,max} - L_\mathrm{s,min} = 20\lg D_\mathrm{s}\,\mathrm{dB}$ ausgedrückt werden.

20.1.2 Lineare und nichtlineare Verzerrungen

Nachrichtensignale werden zur Trennung von Kanälen und zur Ausblendung von Störungen häufig einer frequenzabhängigen Aufbereitung oder Verarbeitung durch Filter unterzogen. Diese bewirken eine frequenzabhängige Veränderung der Amplituden- und Phasenwerte des Signalspektrums, erzeugen jedoch keine zusätzlichen Spektralanteile. Voraussetzung dafür ist ein linearer Zusammenhang zwischen Ausgangssignal s_a und Eingangssignal s_e, sodass das Verhältnis $s_\mathrm{a}/s_\mathrm{e}$ keine Abhängigkeit von den Signalen selbst aufweisen darf. Im Gegensatz dazu werden beim Übergang auf diskrete Signale und zur frequenzmäßigen Umsetzung von Signalen in andere Bänder Einrichtungen verwendet, die nichtlineare Zusammenhänge aufweisen. Eine Abhängigkeit dieser Art ist die Multiplikation zweier Signale. Dabei können jedoch auch verarbeitungsseitig nicht ausgleichbare Überlagerungen linearer und nichtlinearer Verzerrungen entstehen.

20.2 Auflösung, Störungen, Störabstand

20.2.1 Empfindlichkeit und Aussteuerung

Die Grenze der Auswertbarkeit von Signalen wird durch den kleinstzulässigen Signalpegel bestimmt, der Grenzempfindlichkeit genannt wird. Zusammen mit dem aus der Signaldynamik bestimmten höchsten Signalpegel ergibt sich der Aussteuerbereich, der für einen wirtschaftlichen und verzerrungsarmen Betrieb vorzusehen ist. Hier liegen die Vorteile der digitalen Nachrichtentechnik, bei der nur zwischen zwei Signalwerten zu unterscheiden ist.

20.2.2 Störungsarten und Auswirkungen

Die Sicherheit einer Nachrichtenübertragung wird durch die Auswirkungen von Störungen bestimmt, gleichgültig ob diese aus systeminternen Kanälen oder von systemfremden Einflüssen herrühren. Es ist zwischen kurzzeitigen und kontinuierlichen Störungen zu unterscheiden, wobei Erstere meist durch betriebsbedingte Zustandswechsel, Letztere vorwiegend durch physikalische Unvollkommenheiten hervorgerufen werden. Störungen können gleichermaßen aus deterministischen wie stochastischen Signalen bestehen. Ihre Auswirkungen in analogen wie digitalen Systemen liegen in einer Unschärfe der Signalauswertung. Die Störanteile werden durch das Leistungsverhältnis

$$S/N \mathrel{\hat{=}} 10\lg(P_\mathrm{Nutzsignal}/P_\mathrm{Störsignal})\,\mathrm{dB} \qquad (20\text{-}3)$$

beschrieben, das Störabstand (signal to noise ratio) heißt.

20.2.3 Maßnahmen zur Störverminderung

Bessere Eigenschaften lassen sich mit einer störungsbezogenen Signalbewertung erzielen, weil damit alle Nutzsignalanteile gleichen Störabstand besitzen können. Verfahren dieser Art filtern die spektrale Verteilung der Signale entsprechend den Störspektren. Durch eine Preemphasis genannte lineare Verzerrung wird in der Aufbereitung ein frequenzunabhängiger Störabstand hergestellt. Der verarbeitungsseitige, Deemphasis genannte Ausgleich bezüglich des Nutzsignales liefert danneine Verbesserung, die in Bild 20-1 als Fläche mit Schraffur gekennzeichnet ist. Einrichtungen dieser Art heißen Optimalfilter [3].
Digitale Codierungsverfahren erlauben eine frequenzmäßige Umsetzung von Signalen mit den darin enthaltenen Informationen auf einzelne, voneinander getrennte Frequenzbänder. Damit kann eine wirksame-

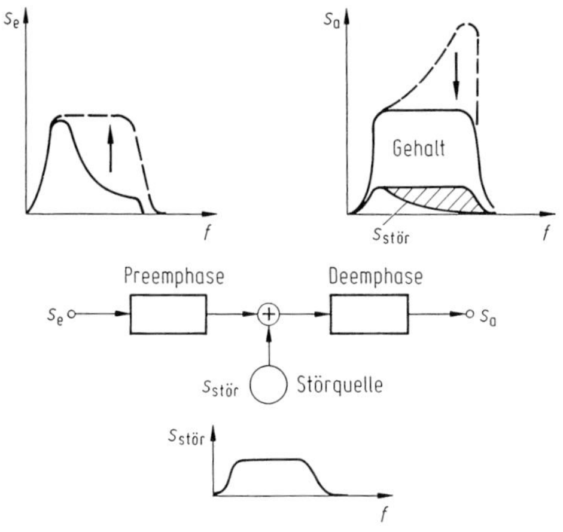

Bild 20-1. Störverminderung durch lineare Filterung

re Verbesserung des Störabstandes als mit Analogverfahren erreicht werden, indem mithilfe von Filtern, die kammartige Frequenzgänge besitzen, ineinander verschachtelte Signal- und Störfrequenzbänder getrennt werden können.

20.3 Informationsfluss, Nachrichtengehalt

20.3.1 Herleitung des Entscheidungsbaumes

Die Auswertung nachrichtenbeinhaltender Signale bezieht sich auf Symbole, die sich in ihren Signalwerten oder deren zeitlicher Folge unterscheiden können. Die Zuordnung der Symbole erfordert den Vergleich von Unterscheidungsmerkmalen und lässt sich im einfachsten Fall auf die zweiwertige Entscheidung „zutreffend“ oder „nicht zutreffend“ zurückführen. Mit n Entscheidungen können $m = 2^n$ verschiedene Symbole voneinander getrennt werden. Dies erfordert bei einem Vorrat von m Symbolen im Mittel einen Durchlauf durch einen Entscheidungsbaum mit $n = \mathrm{ld}\, m$ Verzweigungen. Werden statt dessen p-wertige Entscheidungen verwendet, so gilt $n = \log_p m = \ln m / \ln p$. Für das Alphabet mit $m = 27$ Buchstaben und Leerzeichen sind dann $n = \ln 27 / \ln 3 = 3$ dreiwertige Entscheidungen für eine Zuordnung zu treffen.

20.3.2 Darstellung mit Nachrichtenquader

Um den Vorrat an Symbolen, deren Änderungsgeschwindigkeit und die zeitliche Dauer eines

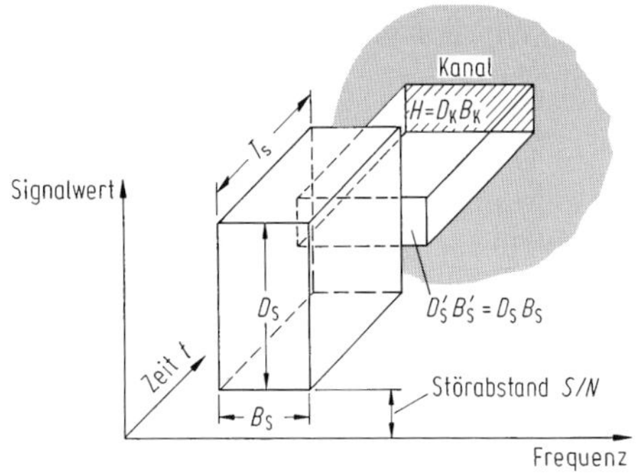

Bild 20-2. Nachrichtenquader und Kanalkapazität

Nachrichtensignales zugleich wiedergeben zu können, benötigt man eine dreidimensionale Darstellung, da diese Größen voneinander unabhängig sind. Der Inhalt des umfassten Volumens ist ein Maß für die Nachrichtenmenge des betreffenden Signales. Bezieht man sich auf stationäre Grenzwerte, so ergibt sich ein prismatischer Körper, der Nachrichtenquader genannt wird. Die Codierungsverfahren der Nachrichtentechnik ermöglichen Veränderungen sowohl seiner Lage als auch seiner Form, wie Bild 20-2 zeigt, wobei inhaltliche Verluste durch gleichbleibendes Volumen vermieden werden können.

20.3.3 Grenzwerte und Mittelungszeitraum

Die Grenzen jeder Nachrichtenaufbereitung und -übertragung werden durch die Sicherung der Auswertbarkeit auf der Verarbeitungsseite bestimmt. Hier spielen die Dynamik

$$d_s = 20 \lg D_s \,\mathrm{dB} = 20 \lg (s_{\max} / s_{\min}) \,\mathrm{dB}\,, \qquad (20\text{-}4)$$

der Störabstand S/N und die Frequenzbandbreite B_s des Signales eine entscheidende Rolle, damit keine Überdeckungseffekte durch Störungen auftreten oder informationstragende Signalanteile durch Filterung abgetrennt werden. Die zeitliche Zuordnung kann bei der Auswertung von Signalen auch durch Laufzeiteffekte gestört werden, wenn die Information im zeitlichen Bezug von Signalwerten zueinander steckt.

20.3.4 Kanalkapazität und Informationsverlust

Die Gesamtzahl N_s der Entscheidungen, die zur vollständigen Auswertung eines die Zeitdauer T_s währenden Nachrichtensignales zu treffen sind, kann über den Zusammenhang

$$N_s = (T_s/\Delta t)\, n \,\text{bit} = 2B_s T_s \,\text{ld}\, m \,\text{bit} \qquad (20\text{-}5)$$

aus der Anzahl $n = \text{ld}\, m$ zweiwertiger Entscheidungen für jeden Auswertungszeitpunkt bestimmt werden. Der Zeitabstand Δt der einzelnen Auswertungen erfordert wegen des Einschwingverhaltens eine Systembandbreite von mindestens $B_s = 1/2\Delta t$. Wird die Anzahl m der Signalwertstufen durch das Verhältnis

$$m = s_{max}/s_{min} = \sqrt{(P_{max}/P_{min})} = \sqrt{(1 + S/N)} \qquad (20\text{-}6)$$

bei Bezug auf die Leistungen $P_{max} = P_s + P_N$ und $P_{min} = P_N$ des Störabstandes S/N gebildet, so entspricht dies einer linearen Unterteilung der Signalwerte. Aus den Beziehungen (20-5) und (20-6) kann dann die Rate der Entscheidungen

$$H' = N_s/T_s = B_s \,\text{ld}\,(1 + S/N)\,\text{bit} \qquad (20\text{-}7)$$

bestimmt werden. Diese Größe H' wird Informationsfluss und bei Übertragungswegen Kanalkapazität genannt. Zur Unterscheidung von der Bandbreite B_s benutzt man wegen der zweiwertigen Entscheidungen für die Größe H' die unechte Sondereinheit bit/s (Bit je Sekunde).

Die Übertragungsfähigkeit eines Kanals kann in dieser Darstellung als Öffnung in einer aus Signalwert und Frequenz aufgespannten Ebene beschrieben werden. Um Informationsverluste zu vermeiden, muss der Kanal in seiner Dynamik D_k und Bandbreite B_k so ausgelegt sein, dass er das zu Signal verlustfrei zu übertragen vermag oder es muss eine Umcodierung des Signales zur Anpassung an die Kanaleigenschaften vorgenommen werden, siehe Bild 20-2.

20.4 Relevanz, Redundanz, Fehlerkorrektur

20.4.1 Erkennungssicherheit bei Mustern

Die Signalauswertung mithilfe eines Entscheidungsbaumes erlaubt nur dann eine sichere Zuordnung von Symbolen, wenn die Unterscheidungsmerkmale eindeutig erkannt werden können. Dazu ist ein Vergleich der auszuwertenden Signale untereinander oder mit gespeicherten Werten erforderlich. Derartige Verfahren bezeichnet man als Mustererkennung. Die als Erkennungssicherheit bezeichnete Wahrscheinlichkeit der richtigen Symbolzuordnung wird durch das Verhältnis aus richtigen Entscheidungen zur Gesamtzahl aller Entscheidungen bestimmt. Zuverlässige Nachrichtenübertragung erfordert Werte für die dazu komplementäre, Fehlerwahrscheinlichkeit genannte Größe zwischen 10^{-8} und 10^{-10}.

20.4.2 Störeinflüsse und Redundanz

Die für richtige Entscheidungen erforderlichen Informationen heißen relevant. Ihre Mindestzahl ist aus (20-5) zu bestimmen. Die Erkennungssicherheit kann durch Hinzunahme weiterer, bei störfreier Übertragung der Signale für die Zuordnung nicht unbedingt erforderlicher Merkmale und damit zusätzlicher Entscheidungen gesteigert werden. Diese Vergrößerung des Informationsflusses wird als Redundanz bezeichnet und durch das Verhältnis

$$R = \frac{H' - H'_{min}}{H'} = 1 - \frac{H'_{min}}{H'} \approx \left(1 - \frac{3}{S/N}\right) \text{dB} \qquad (20\text{-}8)$$

beschrieben, wobei H' der Informationsfluss des redundanzbehafteten Signales und H'_{min} der des entsprechenden, völlig redundanzfreien Signales ist. Kanalstörungen führen bei redundanzfreien Signalen zu nicht erkennbaren Übertragungsfehlern. Der angegebene Näherungswert gilt für rauschartige Störeinflüsse, wenn der Störabstand S/N mindestens den Wert 20 dB aufweist.

20.4.3 Fehlererkennung und Fehlerkorrektur

Die Fortschritte auf dem Gebiet der digitalen Signalverarbeitung erlauben durch Speicherung immer größerer Informationsmengen und immer raschere vergleichende Auswertung bei Anwendung geeigneter Codierungsarten sowohl die Verminderung der redundanten Signalanteile als auch die Erkennung und Korrektur von Fehlern, die bei der Übertragung durch Störeinflüsse aufgetreten sind. Dazu wird die Redundanz R genutzt, die dafür in ihrer Verteilung dem Verarbeitungsprozess und auch den fehlerverursachenden Störungen angepasst werden kann.

21 Beschreibungsweisen

21.1 Signalfilterung, Korrelation

21.1.1 Reichweite des Filterungsbegriffes

Alle Arten der Signalverarbeitung, die auf eine frequenz- oder amplitudenabhängige Signalbewertung $\underline{h}(f)$ bzw. $\underline{h}(s)$ führen, werden mit dem Oberbegriff der Filterung erfasst. Jeder Bearbeitungsschritt, der die Verzerrung des Zeitverlaufes $s(t)$ eines Signales oder dessen Amplituden- und/oder Phasenspektrums $S(f)$ bzw. $\varphi(f)$ bewirkt, ist eine solche Filterung, gleichgültig, ob diese beabsichtigt oder eine unerwünschte Nebenwirkung ist. Bedingt durch den Einsatz digitaler Rechner, kommen in zunehmendem Maße rekursive und adaptive Verfahren zum Einsatz, die eine signalwertabhängige Steuerung der Filter ermöglichen.
Gestützt auf die zeitlichen Veränderungen wert- und zeitdiskreter Signalwerte $s(t)$ erfolgt deren Betrachtung meist im Zeitbereich. Das Frequenzverhalten $\underline{S}(f)$ lässt sich daraus mithilfe der Fouriertransformation bestimmen

$$\underline{S}(f) = \int_0^\infty s(t)\,\mathrm{e}^{-\mathrm{j}\cdot 2\pi f t}\,\mathrm{d}t\,. \tag{21-1}$$

21.1.2 Lineare und nichtlineare Verzerrungen

Jede Art der Verzerrung erfordert eine Unterscheidung zwischen linearem und nichtlinearem Betrieb. Die mathematisch einfacher beschreibbaren linearen Verzerrungen führen auf lineare Gleichungssysteme für die Signalspektren, wobei der Überlagerungssatz

$$\underline{S}_{\mathrm{a}}(f) = \underline{S}_{\mathrm{e}}(f)\underline{h}(f) \tag{21-2}$$

gilt und dies bevorzugt zur Begrenzung von Frequenzbändern eingesetzt wird. Dabei ist die Stationarität aller Parameter $\underline{h}(f)$ und die Beschränkung der Eingangssignalamplituden $\underline{S}_{\mathrm{e}}$ auf die verarbeitbare Dynamik vorausgesetzt. Alternativ kann das Eingangs-/Ausgangsverhalten eines linearen zeitinvarianten Systems auch im Zeitbereich mit dem Faltungsintegral

$$s_{\mathrm{a}}(t) = (s_{\mathrm{e}} * h)(t) = \int_0^t s_{\mathrm{e}}(\tau)h(\tau - t)\,\mathrm{d}\tau \tag{21-3}$$

betrachtet werden.

Nachführbare adaptive Prozesse und Signalwertbegrenzungen führen auf nichtlineare Verzerrungen, das Systemverhalten wird dadurch signalabhängig und eine Betrachtung im Frequenzbereich ist dann nicht mehr ohne weiteres möglich. Unerwünschte Spektralanteile können entweder durch Kompensation oder durch frequenzabhängige Filterung gedämpft werden. Sind die zeitlichen Veränderungen der Systemeigenschaften hinreichend klein, $\Delta h(t) \ll s(t)$, kann die Betrachtung durch intervallweise Linearisierung vereinfacht werden.

21.1.3 Redundanzverteilung in Mustern

Die senkenseitige Verarbeitung von Nachrichtensignalen zur Wiedergewinnung darin enthaltener Informationen erfordert im Falle der codierten Übertragung den Vergleich von Unterschieden, um die erforderliche Zuordnung vornehmen zu können. In störbehafteter Umgebung muss jedes Symbol mit einer gewissen Redundanz behaftet sein, um seine Erkennungssicherheit zu gewährleisten. Die Redundanz kann dabei jedem einzelnen Signalwert aber auch Signalwertfolgen, die Muster genannt werden, zugeordnet sein. Kurzzeitstörungen, deren Häufigkeit reziprok zu ihrer Dauer ist, wirken sich deshalb in länger währenden Mustern zunehmend weniger aus. Dies ist bei der Auswertung von störbehafteten Signalen durch Mustererkennung von großer Bedeutung, da damit Verdeckungseffekte beherrscht werden können.

21.1.4 Kreuz- und Autokorrelation

Der Gehalt eines bestimmten Musters in einem Signal $s(t)$ lässt sich durch Vergleich mit dem dieses Muster beschreibenden Bezugssignal $s_{\mathrm{b}}(t)$ ermitteln. Die zeitvariable Produktbildung liefert bei anschließender Integration nur für phasenrichtige Spektralanteile von Null verschiedene Werte. Diese Vorgehensweise wird im Zeitbereich durchgeführt und als Korrelation

$$B(t) = \lim_{T->\infty} \frac{1}{2T} \int_0^T s(t)s_{\mathrm{b}}(t+\tau)\,\mathrm{d}t \tag{21-4}$$

bezeichnet. Die Korrelation stellt eine spezielle Art adaptiver Filterung dar. Die Korrelation eines Signales mit sich selbst heißt Autokorrelation, wobei der Zusammenhang

$$A(t) = \lim_{T->\infty} \frac{1}{2T} \int_0^T s(t)s(t+\tau)\,\mathrm{d}t$$

$$= 2\pi \int_0^8 P(f)\cos(2\pi f t)\,\mathrm{d}f \qquad (21\text{-}5)$$

über die Fourier-Transformation eine frequenzunabhängige Leistungsverteilung $P(f)$ = const bei Redundanzfreiheit erfordert und deshalb zur Prüfung auf Redundanzgehalt verwendet werden kann.

21.1.5 Änderung der Redundanzverteilung

Die Veränderung des Redundanzgehaltes von Nachrichtensignalen zur Verbesserung des Störabstandes kann durch gezielten Zusatz von signalbezogenen Informationen erreicht werden. Dazu gibt es sowohl festeingestellte als auch von den Signalverläufen abhängige lineare und nichtlineare Verfahren. Eine Steigerung des Störabstandes unter Verwendung korrelativer Verfahren erhöht jedoch wegen der zeitlichen Integration nach (21-4) stets die Auswertzeit.

21.2 Analoge und digitale Signalbeschreibung

21.2.1 Lineare Beschreibungsweise, Überlagerung

Aus Aufwandsgründen muss die Dynamik nachrichtentechnischer Systeme beschränkt werden. Ihr Verhalten lässt sich bei vernachlässigbaren nichtlinearen Verzerrungen mit proportionalen Zusammenhängen

$$\underline{S}_{\mathrm{a}}(f) = \underline{S}_{\mathrm{e}}(f) \prod_0^n \underline{h}_i(f) \qquad (21\text{-}6)$$

beschreiben. Dieser Betrachtungsweise liegt die lineare Filterung und Analyse im Spektralbereich zugrunde. Bei Entkopplung der Parameter $\underline{h}_i(f)$ kann der Prozess umgekehrt und der Überlagerungssatz zur Bemessung genutzt werden [4].

21.2.2 Beschreibung nichtlinearer Zusammenhänge

Nichtlineare Signalzusammenhänge erfordern eine funktionale Darstellungsweise der Art $s_{\mathrm{a}} = f(s_{\mathrm{e}})$, die bei Frequenzabhängigkeit $S(f)$ stets auf nichtlineare Differenzial- oder Integralgleichungen führt. Eine geschlossene Lösung und Umkehrung ist nur in sehr einfachen Fällen möglich. Zur Betrachtung haben sich deshalb zwei Näherungsverfahren herausgebildet: Funktionalreihenansätzen $s_{\mathrm{a}}(t) = \sum_0^n f_i(s_{\mathrm{e}}(t))$ und die intervallweise Linearisierung unter Berücksichtigung der Übergangsbedingungen von energiespeichernden Elementen an den Intervallgrenzen. Bei der zuerst genannten Vorgehensweise werden u. a. sogenannte Volterrareihen verwendet, bei denen es sich bei zeitinvarianten Systemen um eine Verallgemeinerung der Faltungsintegral-Darstellung des Eingangs-/Ausgangsverhaltens handelt. Die Impulsantwortfunktion, die als Volterrakern 1. Ordnung gedeutet werden kann, treten auch Volterrakerne höherer Ordnung auf. Weitere Einzelheiten findet man u. a. bei Schetzen [15].

21.2.3 Parallele und serielle Bearbeitung

Im Gegensatz zu analogen nachrichtentechnischen Einrichtungen, bei denen die zu verknüpfenden Signale in kontinuierlicher Form gleichzeitig und damit parallel verfügbar sind, verwenden digitale Aufbereitungs- und Verarbeitungsverfahren in Anlehnung an den Rechnerbetrieb meist eine serielle Signalbehandlung. Dies ist darin begründet, dass digitale Einrichtungen Zwischenwerte speichern und deshalb im Multiplexbetrieb umschaltbare Verknüpfungseinrichtungen verwenden können. Bei hohem Informationsfluss kann die zeitliche Folge der Bearbeitungsschritte zu Durchsatzschwierigkeiten führen, wenn Echtzeitbetrieb gefordert wird. Besondere auf die nachrichtentechnischen Anforderungen der Codierung und Filterung zugeschnittene Signalprozessoren erlauben durch eine raschere, zum Teil auch parallel ablaufende Signalbearbeitung die erforderliche Erhöhung des Informationsflusses.

Verfahren der Nachrichtentechnik

Die in der Nachrichtentechnik verwendeten Verfahren der Signalbehandlung zur Übermittlung und Verarbeitung von Informationen unterliegen stets störenden

Beeinflussungen aufgrund nichtidealer Eigenschaften der verwendeten Einrichtungen. Im Gegensatz zu den physikalisch bedingten absoluten Grenzwerten müssen auch verfahrensbedingte Einflüsse berücksichtigt und in ihren Auswirkungen auf ein vorherbestimmtes Mindestmaß reduziert werden. Die dafür zutreffenden Abhängigkeiten werden mit Blick auf die verwendeten technischen Einrichtungen in den Kapiteln 22 bis 24 erörtert.

22 Aufbereitungsverfahren

22.1 Basisbandsignale, Signalwandler

22.1.1 Dynamik der Signalquellen

Der Begriff des Basisbandsignales umfasst Signale mit der von den Quellen zur Verfügung gestellten Dynamik und Frequenzbandbreite. Dabei ist die Energieform unerheblich, da der Einsatz von Signalwandlern keine Einschränkung darstellt, wenn sie keine Veränderung relevanter Signalanteile bewirken. Bandbreite, Dynamik und Störabstand von Basisbandsignalen für Systeme zur Nachrichtenübertragung sind in Tabelle 22-1 zusammengestellt. Diese Angaben gründen sich auf Untersuchungen, die zu Normwerten geführt haben.

Die Anpassung der Signale an die Eigenschaften zugeordneter Übertragungswege kann bei Verminderung der Dynamik und/oder Bandbreite ohne Verlust an Informationsgehalt durch eine Umcodierung vorgenommen werden. Dazu können informationsverarbeitende Signalwandler mit kontinuierlicher oder diskreter Wertzuordnung verwendet werden. Besondere Vorteile ergeben sich damit durch Anpassung an das Kanalverhalten unter Verminderung des Einflusses kanaltypischer Störungen. Zeitbezogene Zuordnungen haben sich, da verarbeitungsseitig mit festen Takten korrelierbar, für die Übertragung in stark gestörter Umgebung besonders bewährt.

22.1.2 Direktwandler, Steuerungswandler

Die Signalwandlung bei der Aufbereitung und Verarbeitung nichtelektrischer Quellen- bzw. Senkensignale kann durch die physikalischen Effekte des betreffenden Energieumsatzes erfolgen. Wegen unvermeidlicher Verluste wird stets ein gewisser Energieanteil in Verlustwärme umgewandelt und geht der Signalübertragung verloren. Diese Verluste bewirken eine Dämpfung

$$d_v = 10\lg(P_a/P_e) = 10\lg\eta \qquad (22\text{-}1)$$

und damit eine Verschlechterung des Störabstandes

$$(S/N)_{\text{Ausgang}} = (S/N)_{\text{Eingang}} - d_v\,. \qquad (22\text{-}2)$$

Anforderungen an die Bandbreite von Signalwandlern können oft nur durch Bedämpfung frequenzabhängiger Einflüsse erfüllt werden, was die niedrigen Wirkungsgrade η einiger Wandlerarten in der Tabelle 22-2 erklärt.

Außer den Direktwandler genannten Einrichtungen mit Energiekonversion gibt es noch eine weitere Wandlergruppe, bei der eine informationsfreie Hilfsenergie zugeführt wird und der Wandlungseffekt in einer signalabhängigen Steuerung der Hilfsquelle besteht. Der Wirkungsgrad η für das Signal kann dadurch >1 werden, da ein Verstärkungseffekt vorliegt. Bei Berücksichtigung der Hilfsquellenleistung muss jedoch der Gesamtwirkungsgrad stets <1 bleiben. Bei diesen Steuerungswandlern ist deshalb die Angabe eines Wirkungsgrades in Tabelle 22-2 nicht sinnvoll. Dagegen spielen hier Verzerrungen, vor allem nichtlinearer Art eine wichtige Rolle.

Tabelle 22-1. Eigenschaften von Nachrichtenübertragungssystemen

Art des Nachrichtensignals	Frequenzbandbreite	Dynamik $\hat{=}$ Amplitudenverhältnis	Störabstand $\hat{=}$ Leistungsverhältnis
Fernschreiben (Telegrafie 120 Baud)	(0 ... 240) Hz	3 dB $\hat{=}$ $\sqrt{2}$	10 dB $\hat{=}$ 10
Fernsprechen (Telefonie)	(0,3 ... 3,4) kHz	30 dB $\hat{=}$ 32	34 dB $\hat{=}$ 2500
Bildübertragung (Fernsehrundfunk)	(0 ... 5,5) MHz	24 dB $\hat{=}$ 16	30 dB $\hat{=}$ 1000
Tonübertragung (UKW-Tonrundfunk)	(0,05 ... 15) kHz	55 dB $\hat{=}$ 560	15 dB $\hat{=}$ 32

Tabelle 22–2. Eigenschaften von Signalwandlern

Art	Verfahren	Eingabe (typ. Bsp.)	Ausgabe (typ. Bsp.)	Übertragungsfrequenzbereich	Empfindlichkeit	Wirkungsgrad
Mechanisch	Elektromechanisch	Tastatur	Wähler	(0...100) Hz	(0,01...1) N/(0,1...10) W	gesteuert
	Elektromagnetisch	Magnettonkopf	Relais	(0...10) MHz/(0...1) kHz	–/(0,1...10) W	1% gesteuert
	Elektrodynamisch	–	Drehspulinstrument	(0...1) Hz	$(0{,}1\ldots 10)\,\frac{\mu A}{Grad}$	–
	Druckempfindliche Widerstandsänderung	Kontaktfreie Tastatur	–	(0...1) kHz	(0,01...1) N	gesteuert
Akustisch	Elektromagnetisch	Magnettonabnehmer	Telefonhörer	(50 Hz ...20) kHz/ (300...3400) Hz	$ca.\ 1\,\frac{mV\,s}{cm}/100\,\frac{\mu B}{mA}\,(50\,\Omega)$	gesteuert / 20%
	Elektrodynamisch	Dynamisches Mikrofon	Lautsprecher	50 Hz...20 kHz	$0{,}3\ldots 3\,\frac{mV}{\mu B}/0{,}01\ldots 0{,}2$	1...20%
	Druckempfindliche Widerstandsänderung	Telefonmikrofon	–	(300...3400) Hz	$50\,\frac{mV}{\mu B}\,(100\,\Omega)$	gesteuert
	Piezoeffekt	Kristalltonabnehmer	Ultraschallwandler	(0,1...10) kHz/ (10 kHz...1 MHz)	$ca.\ 50\,\frac{mV\,s}{cm}/(0{,}6\ldots 0{,}8)$	3% / (60...80)%
Optisch	Strahlungsempfindliche Widerstandsänderung	Fotowiderstand, -diode, -transistor	–	(0...10) MHz	$(30\ldots 400)\,\frac{\mu A}{lx}$	gesteuert
	Innerer Fotoeffekt	Fotozelle	–	(0...5) MHz	$1\,\frac{mV}{lx}$	ca. 12%
	Elektronenerregte Strahlungsemission	–	Glühlampe, Elektronenleuchtschirm, Laserdiode	(0...100) Hz (0...100) MHz (0...10) MHz	–	(0,1...1)% (0,1...10)% (1...10)%

Durch kleine Aussteuerungswerte s im Verhältnis zum Hilfsquellensignal s_h können sie in vertretbaren Grenzen gehalten werden, wie die Entwicklung der Nichtlinearität als Potenzreihe

$$(s + s_\mathrm{h})^x \approx x s s_\mathrm{h}^{x-1} + s_\mathrm{h}^x \sim s + \mathrm{const} \qquad \text{für} \quad s \ll s_\mathrm{h} = \mathrm{const} \tag{22-3}$$

erkennen lässt.

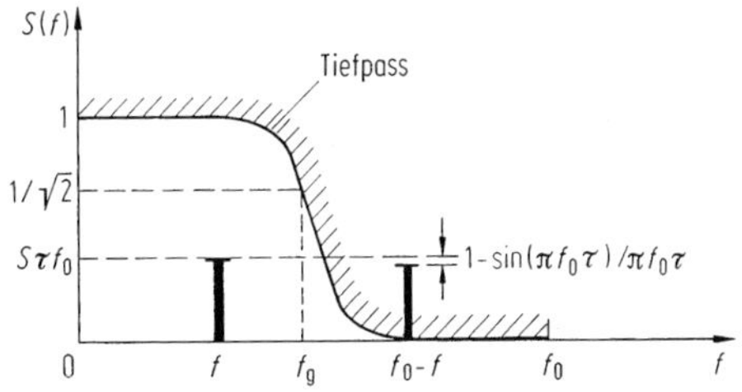

Bild 22-2. Rekonstruktion abgetasteter Signale

22.2 Abtastung, Quantisierung, Codierung

22.2.1 Zeitquantisierung, Abtasttheorem

Signale endlichen Nachrichtengehaltes sind stets durch eine bestimmte Anzahl von Entscheidungen vollständig zu beschreiben, sodass eine lückenlose Kenntnis des zeitlichen Signalverlaufes $s(t)$ nicht erforderlich ist. Dies führt auf die zeitliche Quantisierung, die nur einer endlichen Anzahl n von Stützstellen bei $s(t_i)$ $(i = 1, \ldots, n)$ bedarf. Aus Gründen des technischen Aufwandes ist es vorteilhaft, den Abstand der Abtastzeitpunkte, $T_0 = \Delta t = t_i - t_{i-1}$, konstant und damit die Frequenz $f_0 = 1/\Delta t$ des zugehörigen Abtastsignales s_0 konstant zu halten und so festzulegen, dass das abzutastende Signal $s(t)$ ohne Informationsverlust rekonstruiert werden kann. Dies lässt sich durch Multiplikation mit einem Rechteckpuls $s_0(t)$ der Werte 1 und 0 entsprechend Bild 22-1 zeigen. Dabei ist vorausgesetzt, dass das Signal $s(t)$ nur Spektralanteile bis zur Grenzfrequenz f_g aufweist, also bei f_g bandbegrenzt ist. Der Rechteckpuls kann durch den Zusammenhang

$$s_0(t) = t f_0 \left\{ 1 + 2 \sum_1^n [\sin(\mathrm{i}\pi f_0 t)/\mathrm{i}\pi f_0 t] \cos(2\mathrm{i}\pi f_0 t) \right\} \tag{22-4}$$

beschrieben werden. Das Produkt für eine Signalschwingung $s(t) = s \cos 2\pi f t$ innerhalb des Frequenzbandes $S(f_\mathrm{g})$ liefert dann als niedrigste Spektralanteile für $i = 1$ im Ausgangssignal die beiden Beiträge

$$\begin{aligned} s_\mathrm{a}(t) = s(t) s_0(t) &\approx s \cos 2\pi f t \\ &+ s \cos 2\pi (f_0 - f) t (\sin \pi f_0 t / \pi f_0 t)\,. \end{aligned} \tag{22-5}$$

Zur fehlerfreien Rekonstruktion des Signalverlaufes $s(t)$ muss das Ausgangssignal $s_\mathrm{a}(t)$ von dem frequenzmäßig nächstgelegenen Spektralanteil bei $f_0 - f$ befreit werden, was durch Tiefpassfilterung entsprechend dem Spektrogramm Bild 22-2 geschieht. Da praktische Tiefpässe nur einen begrenzten Dämpfungsanstieg aufweisen können, muss die Abtastfrequenz stets

$$f_0 > 2 f_\mathrm{g} \tag{22-6}$$

gewählt werden, da für $f_0 = 2 f_\mathrm{g}$ die beiden Spektralanteile zusammenfallen. Gleichung (22-6) wird als Abtasttheorem bezeichnet.

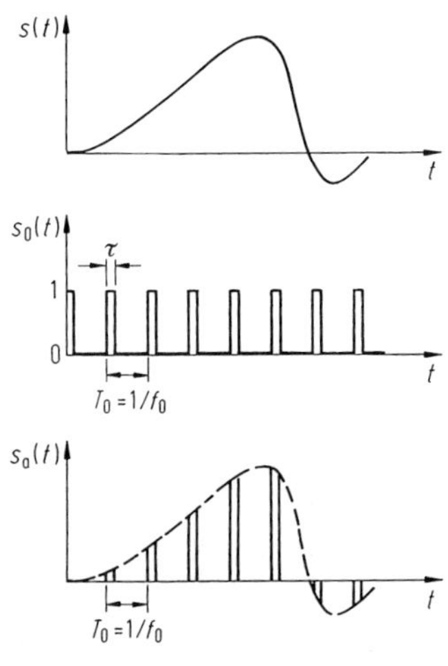

Bild 22-1. Abtastung von Nachrichtensignalen

22.2.2 Amplitudenquantisierung

Zur wertdiskreten Darstellung von Signalen ist eine schwellenbehaftete Amplitudenbewertung erforderlich, die sich bei konstanter Auflösung als Treppenkurve einheitlicher Stufenhöhe nach Bild 22-3

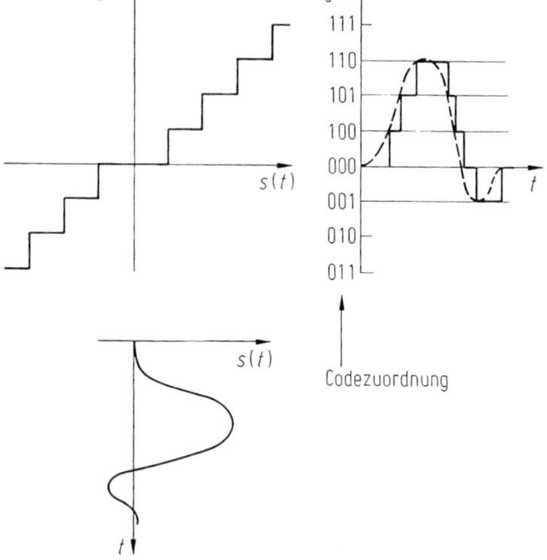

Bild 22-3. Codierte Amplitudenbewertung

darstellt. Zweiwertigen Entscheidungen entsprechen der digitalen Codierung, z. B. den im Bild 22-3 angegebenen Dualzahlen. Zuordnungsunterschiede ergeben sich zwischen fortlaufenden Zahlenfolgen und vorzeichenbehafteter Betragsdarstellung sowie in der Beschreibung des Nullwertes.

Akustische Signalpegel werden vom menschlichen Ohr logarithmisch bewertet, sodass die expontielle Stufung bei Schallsignalen stets eine Reduktion des Informationsflusses ohne Verlust relevanter Anteile bewirkt. Die nichtlinearen Wertzuordnungen werden allgemein unter dem Begriff der Pulscodemodulation (PCM) zusammengefasst. Bild 22-4 zeigt den Störabstand S/N eines Telefonkanales in Abhängigkeit vom Signalpegel L_s bei logarithmischer Signalquantisierung.

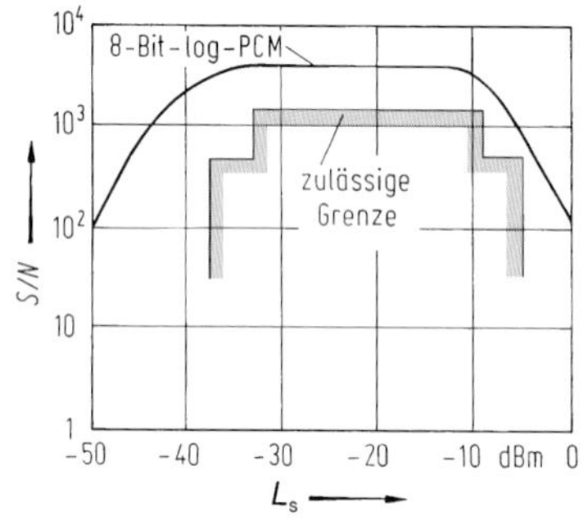

Bild 22-4. Störabstand von PCM-Telefonsignalen

22.2.3 Differenz- und Blockcodierung

Schöpft ein wertquantisiertes Nachrichtensignal den Dynamikbereich der Codierung im zeitlichen Mittel nicht voll aus, kann die zur Übertragung erforderliche Kanalkapazität durch Differenzbildung mit zeitlich vorangegangenen Signalwerten vermindert werden. Verfahren der Differenzcodierung erfordern deshalb zur Verminderung des Informationsflusses zumindest zeitweise redundante Signalanteile. Die Wiedergewinnung der Signalwerte erfolgt im einfachsten Fall durch Summenbildung aus der übertragenen Differenz und dem zuletzt bestimmten Signalwert, wie dies Bild 22-5 zeigt. Daraus folgt bis zum Verfügbarkeitszeitpunkt eines Signalwertes $s_a(t)$ am Ausgang des Systems ein Zeitverzug von zwei Abtastperioden Δt. Die Differenzbildung kann auch aus mehreren zeitlich vorhergehenden Signalwerten nach feststehenden oder auch signalwertabhängigen Regeln vorgenommen werden. Bei der Fernsehbildübertragung ist so mit Bildpunkten von Nachbarzeilen (Interframe-Codierung) und Nachbarbildern (Intraframe-Codierung) ohne merklichen Qualitätsverlust etwa eine Halbierung des Informationsflusses erreicht worden.

Kann dagegen ein Signalverlauf durch eine feste Anzahl von Mustern beschrieben werden, deren codierte Übertragung eine geringere Kanalkapazität als die des ursprünglichen Signales erfordert, so bringt dies übertragungstechnische Vorteile. Diese Blockquantisierung genannte Codierungsart benötigt zur Auswertung Referenzmuster, die durch Korrelation von Signalausschnitten zu gewinnen sind und für die bestmögliche Redundanzreduktion eine adaptive Anpassung an den augenblicklichen Signalverlauf erfordern.

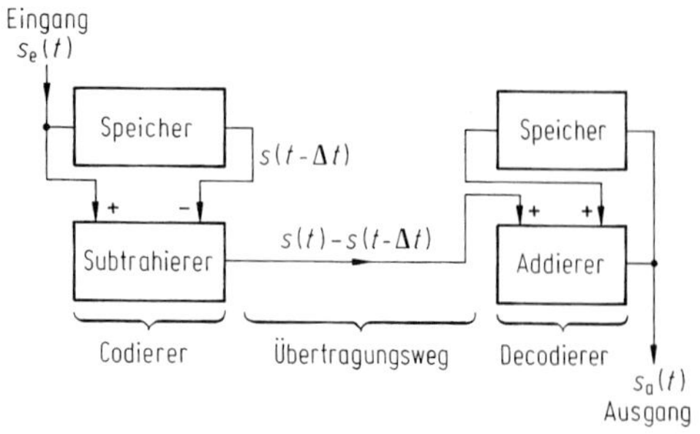

Bild 22-5. Prinzip der Differenzcodierung

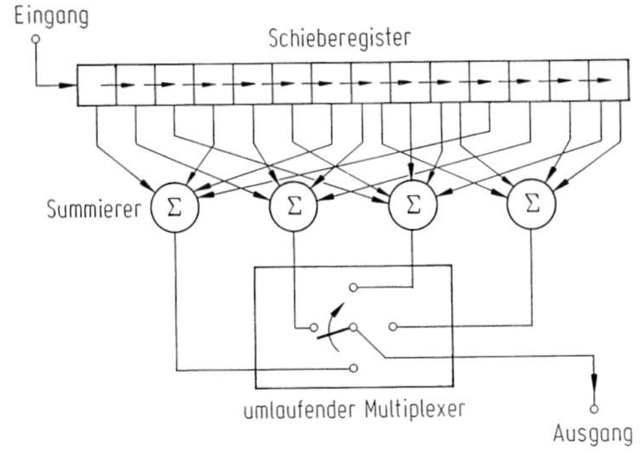

Bild 22-6. Blockorientierte Kanalcodierung

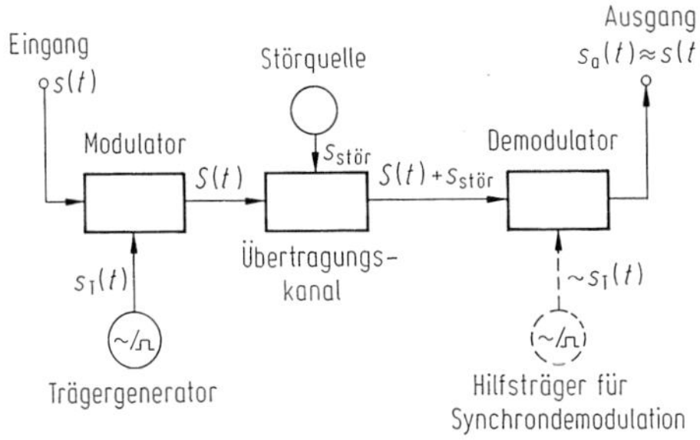

Bild 22-7. Prinzip der Modulationsübertragung

22.2.4 Quellen- und Kanalcodierung

Bei redundanzverändernden Codierungsarten ist zwischen der Berücksichtigung quellenspezifischer Merkmale und kanalspezifischer Störungseinflüsse zu unterscheiden. Bei Kenntnis des Mustervorrates einer Signalquelle und der Häufigkeit des Auftretens einzelner Muster kann der Informationsfluss auch durch eine verteilungsabhängige Codierung vermindert werden. Codierungen, die solche quellenbezogenen Merkmale berücksichtigen, werden als Quellencodierung bezeichnet.

Durch Umcodierung von Nachrichtensignalen ohne Berücksichtigung quellenbezogener Merkmale kann eine Veränderung der Redundanzverteilung und damit meist eine Verbesserung des Störabstandes erreicht werden. Da Umcodierungen in einer Veränderung der Zuordnung zwischen Signalwerten und Codes bestehen, kann damit vor allem musterabhängigen Störeinflüssen entgegengewirkt werden. Bild 22-6 zeigt dazu ein blockorientiertes Kanalcodierverfahren, bei dem durch partielle Summation aus einer Folge von Signalwerten eine Umordnung und Zusammenfassung erfolgt.

22.3 Sinusträger- und Pulsmodulation

22.3.1 Modulationsprinzip und Darstellungsarten

Wird einem zu übertragenden Nachrichtensignal $s(t)$ ein deterministisches und damit informationsfreies Hilfssignal durch eine nichtlineare Operation hinzugefügt, so bezeichnet man diese Art der Signalaufbereitung als Modulation. Sie dient vor allem zur Veränderung von Kanalfrequenzlagen für die Nutzung in Frequenzmultiplexsystemen. Bei einigen Modulationsarten können durch die Verarbeitungsverfahren Störeinflüsse des Übertragungsweges vermindert werden. Voraussetzung jeder Modulation ist die Kenntnis des zeitlichen Verlaufes des als Träger bezeichneten Hilfssignales $s_T(t)$, dem das zu übertragende Nachrichtensignal $s(t)$ aufgeprägt wird. Aus dem entstehenden Signal $S(t)$ kann mit einer als Demodulator bezeichneten Einrichtung das Modulationssignal $s(t)$ wiedergewonnen werden. Das Schema von Modulationsübertragungen zeigt Bild 22-7, wobei für bestimmte Demodulationsverfahren ein Hilfsträger erforderlich ist, dessen Signal phasenstarr mit dem Trägersignal $s_T(t)$ verkoppelt sein muss. Die Modulationsarten stützen sich zum überwiegenden Teil auf sinus- oder pulsförmige Trägersignale $s_T(t)$, da die harmonische oder binäre Darstellungsweise den analogen bzw. digitalen Verfahren zur Signalaufbereitung und Signalverarbeitung besonders entspricht. Für wertkontinuierlich und für wertdiskret quantisierte Nachrichtensignale sind die Bezeichnungen der üblichen Modulationsarten in Tabelle 22-3 zusammengestellt.

Nach der Aufprägung des Nachrichtensignales $s(t)$ ist unabhängig von der Modulationsart stets ein Frequenzband zur Übertragung der signalabhängigen Veränderungen erforderlich. Die Anforderungen an die Bandbreite B des Übertragungskanales lassen sich aus der spektralen Amplitudenverteilung $S(f)$ des modulierten Signales, die Dynamikverhältnisse aus seinem Zeitverlauf $S(t)$ erkennen.

22.3.2 Zwei-, Ein- und Restseitenbandmodulation

Wird eine harmonische Schwingung $S(t)$ der Frequenz F als Trägersignal verwendet, so lässt sich ein

Tabelle 22-3. Übersicht über gebräuchliche Modulationsarten

Modulationssignal Amplitudenverlauf	Trägersignal Verlauf	Modulationsart (Kurzzeichen)	
Wertkontinuierlich	sinusförmig	Amplitudenmodulation	(AM)
		– Restseitenbandmodulation	(RM)
		– Einseitenbandmodulation	(ESB)
		Frequenzmodulation	(FM)
		Phasenmodulation	(PM)
	pulsförmig	Amplitudenumtastung	(ASK)
		– Trägertastung	(A1)
		Frequenzumtastung	(FSK)
		Phasenumtastung	(PSK)
Wertdiskret	sinusförmig	Pulsamplitudenmodulation	(PAM)
		– je 2^n Signalwerte auf 2 orthogonalen Trägern	(QAM)
		Pulsfrequenzmodulation	(PFM)
		Pulsphasenmodulation	(PPM)
	pulsförmig	verschiedene Arten von PCM, wegen Störspektren bandbegrenzt, gibt quantisierte PAM-, PFM- oder PPM-Modulation	

Nachrichtensignal $s(t)$ im einfachsten Falle auf deren Amplitude A aufprägen.

$$S(t) = A(s)\cos(2\pi F t) = A_0(1 + ms(t)/s_{max})\cos(2\pi F t) \qquad (22\text{-}7)$$

Dabei wird der Faktor m *Modulationsgrad* genannt und darf für verzerrungsarme Modulation nur Werte $m < 1$ annehmen. Füllt das Spektrum $s(f)$ des Nachrichtensignales $s(t)$ ein Frequenzband mit der Amplitude s_{max} aus, so lässt sich das modulierende Signal durch die Beziehung $s(t) = s_{max}\cos(2\pi f t)$ beschreiben und das Produkt der trigonometrischen Funktionen in Summen und Differenzen angeben. Damit gilt für die Zeitabhängigkeit

$$S(t) = A_0 \cos 2\pi F t + m(A_0/2)(\cos 2\pi(F - f)t) + \cos(2\pi(F + f)t)) \,. \qquad (22\text{-}8)$$

Wird der Zusammenhang (22-8) im Spektralbereich $S(f)$ dargestellt, so ergeben sich neben dem Träger mit der Amplitude A_0 zwei Seitenbänder mit Amplitude $mA_0/2$ symmetrisch auf beiden Seiten der Trägerfrequenz F_0. Die Richtung steigender Modulationsfrequenz f ist in den Seitenbändern entgegengesetzt, wie dies die Pfeile in Bild 22-8a andeuten. Die unverzerrte Übertragung eines zweiseitenband-amplitudenmodulierten Signales erfordert deshalb die doppelte Kanalbandbreite B des modulierenden Signales $s(t)$. Der zeitliche Verlauf des modulierten Signales $s(t)$ weist als Produkt aus modulationssignalabhängiger Amplitude und Trägeramplitude nach (22-7) und Bild 22-8b als Einhüllende das Modulationssignal $s(t)$ auf. Diesen

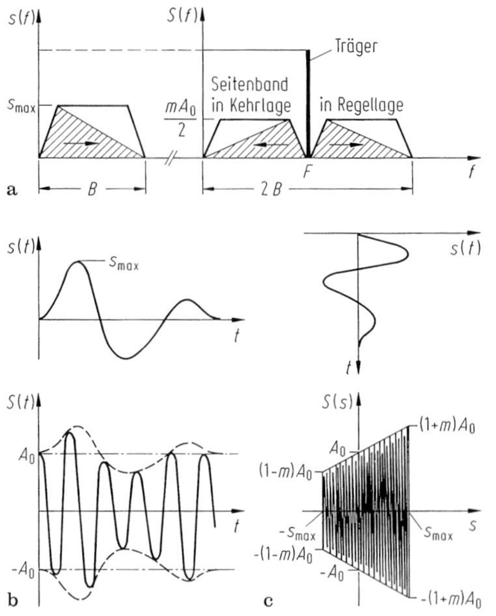

Bild 22-8. Zweiseitenband-Amplitudenmodulation. **a** Frequenzbänder, **b** Modulationssignal $s(t)$ und moduliertes Signal $S(t)$, **c** Modulationstrapez

Zusammenhang lässt auch die Modulationstrapez genannte Abhängigkeit $s(s)$, Bild 22-8c, erkennen, mit der der Modulationsgrad m und nichtlineare Verzerrungen bei dieser Modulationsart auf einfache Weise darstellbar sind.
Da die Information des aufmodulierten Signales $s(t)$ in jedem der beiden Seitenbänder vollständig enthalten ist, muss die Übertragung eines einzigen Seitenbandes zur Wiedergewinnung des Signales $s(t)$ auf der Empfangsseite und damit auch dessen Bandbreite B für den Übertragungskanal genügen. Frequenzbandsparende Nachrichtensysteme benutzen deshalb das Einseitenbandmodulation (ESB) genannte Übertragungsverfahren, das nur ein einziges Seitenband nutzt. Dazu wird sendeseitig ein Filter mit steilen Dämpfungsanstieg zur Trennung der Seitenbänder eingesetzt und empfangsseitig durch Zusatz eines Hilfsträgersignales der Frequenz F im Demodulator entsprechend Bild 22-7 durch Synchrondemodulation eine verzerrungsarme Wiedergewinnung des Nutzsignales erreicht. Die Bewegtbildübertragung des Fernsehens erfordert wegen des großen Informationsflusses eine Verminderung der Kanalbandbreite. Helligkeitsschwankungen verbieten jedoch als sehr niederfrequente Signalanteile aufgrund unzureichender Filtereigenschaften die Einseitenbandmodulation als Übertragungsverfahren. Durch eine teilweise Übertragung des anderen Seitenbandes kann jedoch die Flankensteilheit der Filter auf einen technisch beherrschbaren Wert vermindert werden, siehe Bild 22-9. Der zum halben Trägerwert $A/2$ und zur Trägerfrequenz F_0 punktsymmetrische Dämpfungsverlauf im Bereich niederer Frequenzen wird als Nyquist-Flanke bezeichnet und bestimmt die Eigenschaften dieses Restseitenbandmodulation (RM) genannten Übertragungsverfahrens.

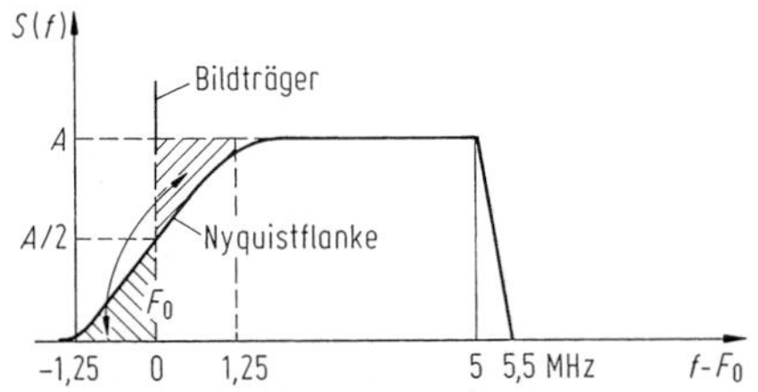

Bild 22-9. Spektrum der Fernseh-Restseitenbandmodulation

22.3.3 Frequenz- und Phasenmodulation

Wird die Phase φ des Übertragungssignales $S(t) = A_0 \cos\varphi$ moduliert und die Amplitude A_0 konstant gehalten, so bezeichnet man dies je nach der Art der Abhängigkeit als Frequenz- oder als Phasenmodulation. Über den Zusammenhang $\Phi = 2\pi \int_0^\infty F(t)\,\mathrm{d}t$ besteht die Verbindung zwischen Phase F und Frequenz F eines Signales. Für die aus Aufwandsgründen bevorzugte Frequenzmodulation ist der modulationsabhängige Verlauf der Momentanfrequenz $F(t)$ und das zugehörige Ausgangssignal $S(t)$ in Bild 22-10 dargestellt. Dafür gilt der Zusammenhang

$$S(t) = A_0 \cos\left\{2\pi F_0\left[t + (\Delta F/F_0)\int_0^\infty [s(t)/s_{\max}]\mathrm{d}t\right]\right\}, \tag{22-9}$$

dessen Zerlegung in harmonische Komponenten eine Summe von Besselfunktionen liefert. Daraus ergeben sich in Abhängigkeit von dem auf die höchste Modulationsfrequenz $f_{\max}$ bezogenen Frequenzhub ΔF sehr unterschiedliche Spektralverteilungen $S(f)$, siehe Bild 22-11. Die Kanalbandbreite B für eine verzerrungsarme Übertragung muss in beiden Fällen mindestens $B > 2(\Delta F + f_{\max})$ betragen. Phasenmodulationsverfahren erlauben zur Frequenzaufbereitung zwar eine besserer Kontrolle der Ruhefrequenzlage, haben aber wegen des höheren technischen Aufwandes weniger praktische Bedeutung erlangt.

22.3.4 Zeitkontinuierliche Umtastmodulation

Die Übertragung digitaler Modulationssignale führt bei konstanten Amplitudenwerten im einfachsten Falle auf das zeitabhängige Ein- und Ausschalten eines Hilfsträgersignales. Dieses Verfahren wird Trägertastung (A1) genannt und in der Morsefunktelegrafie noch verwendet. Da nachregelnde Empfangseinrichtungen in den signalfreien Zeitabschnitten keine Information erhalten, bevorzugt man heute Umtastmodulationsarten, die ständig ein Übertragungssignal bereitstellen. Die modulationsabhängige Umschaltung zwischen zwei Trägergeneratoren der Frequenzen F_1 und F_2 zeigt Bild 22-12. Sie wird als Frequenzumtastung (FSK, frequency-shift keying) bezeichnet. Das

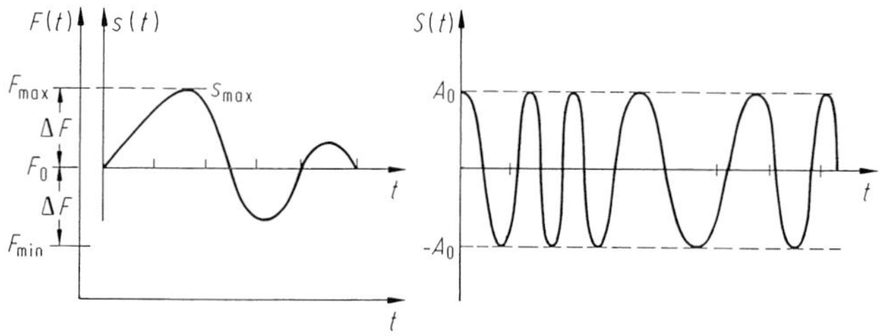

Bild 22-10. Frequenzmodulationsverfahren (FM)

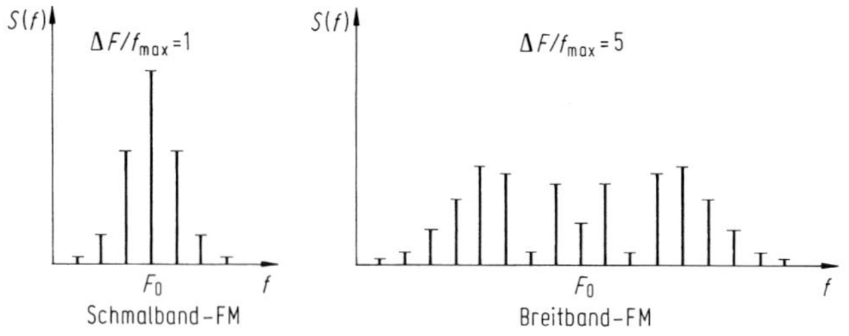

Bild 22-11. Spektrum einer Schmalband- und einer Breitband-FM

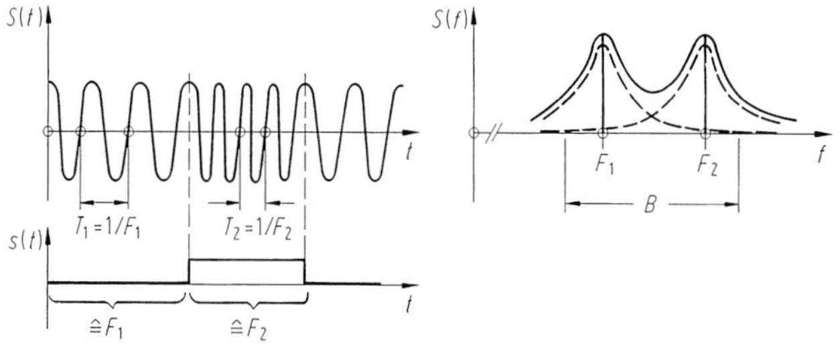

Bild 22-12. Frequenzumtastung (FSK)

zugehörige Spektrum $S(f)$ des Übertragungssignales setzt sich aus den Pulsspektren beider Modulationsintervalle zusammen. Die Beschränkung der Übertragungsbandbreite auf $B = 2(F_2 - F_1 + 3f_{\max})$ erfasst etwa 95% der Signalleistung, wenn die beiden Trägerfrequenzen F_1 und F_2 als ganzzahliges Vielfaches der modulierenden Frequenzen f gewählt werden und keine sprunghaften Übergänge im Umschaltaugenblick auftreten.

Durch Signalfilterung kann eine modulationsabhängige Phasenzuordnung erreicht werden. Dieses

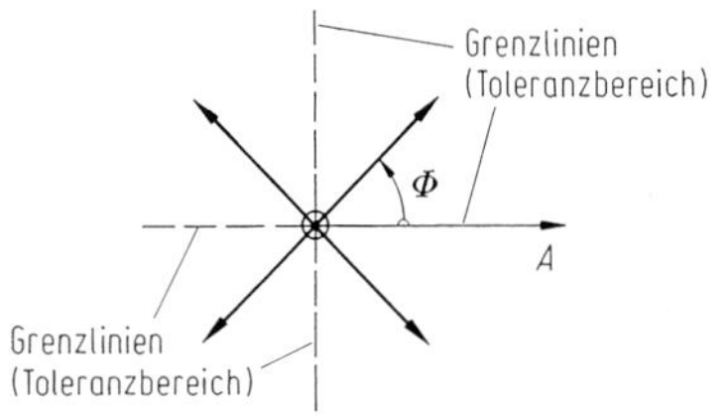

Bild 22-13. Zeigerdiagramm einer Vierphasenumtastung (PSK)

Phasenumtastung (PSK, phase-shift keying) genannte Verfahren lässt sich durch ein Vektordiagramm z. B. für vier Phasenzustände entsprechend Bild 22-13 beschreiben. Bei einer Beschränkung der Phasenänderungsgeschwindigkeit $\mathrm{d}\Phi/\mathrm{d}t = 2\pi f_{\max}$ auf die höchste Modulationsfrequenz $f_{\max}$ ergibt sich die geringste Bandbreiteforderung an den Übertragungskanal.

22.3.5 Kontinuierliche Pulsmodulation

Anstelle harmonischer Schwingungen kann als Trägersignal auch ein rechteckförmiges Pulssignal dienen, das weniger Aufwand bei der Signalauswertung erfordert. Zur analogen Aufprägung des Modulationssignales $s(t)$ bieten sich die Pulsamplitude $A(s)$ bei der Pulsamplitudenmodulation (PAM), die Pulsfrequenz $F(s)$ bei der Pulsfrequenzmodulation (PFM), die Pulsphase $\Phi(s)$ bei der Pulsphasenmodulation (PPM) und die Pulsdauer $t(s)$ bei der Pulsdauermodulation (PDM) oder auch Pulsweitenmodulation (PWM) an. Zur Veranschau-

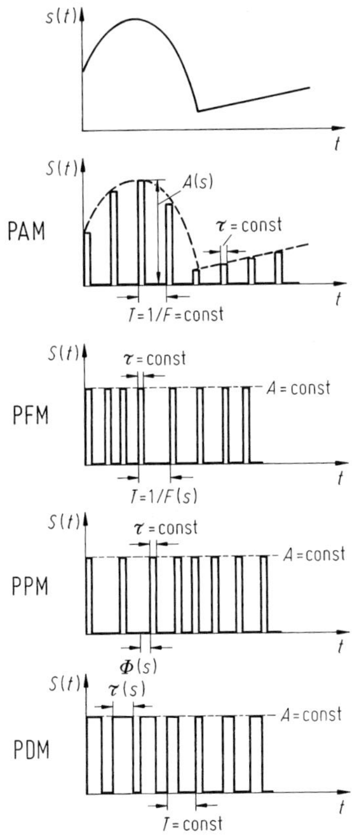

Bild 22-14. Kontinuierliche Pulsmodulationsarten

lichung sind die Ausgangssignale $S(t)$ bei diesen Modulationsarten in Bild 22-14 dargestellt. Die volldigitale Betriebsweise von Nachrichtenkanälen hat diese Verfahren jedoch weitgehend verdrängt, sodass sie nur noch vereinzelt zur Signalaufbereitung und Signalverarbeitung eingesetzt werden. Der Einfluss unterschiedlicher spektraler Energieverteilungen und Störabstände ist bei diesen Verfahren von Bedeutung.

22.3.6 Pulscode-, Delta- und Sigma-Delta Modulation

Im Unterschied zur PAM wird bei der Pulscodemodulation (PCM) nicht nur die Zeit diskretisiert, sondern es erfolgt auch eine Amplitudendiskretisierung, die man (Amplituden-)Quantisierung nennt. Die Quantisierung ist ein nichtlinearer Prozess. Die Signalübertragung erfolgt mit seriellen synchronen Pulsmustern, wobei bevorzugt Dualzahlen verwendet

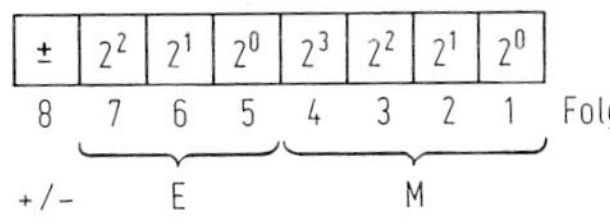

Bild 22-15. Muster einer 8-Bit-Pulscodemodulation (PCM)

werden. Mit dem Faktor 2 kann dabei die Dynamik auf einfache Weise exponentiell erweitert werden. Das zur Sprachübertragung in Telefonqualität bevorzugte logarithmische PCM-Codierungsschema zeigt Bild 22-15, bei dem für die Signalwerte $s = (+/-)M \cdot 2^E$ gilt. Die Modulationseinrichtungen sind dabei Analog-Digital-Umsetzer, die diese Stufung bei serieller Ausgabe der Signalwerte aufweisen.

Bei der Standard-PCM wird jeder Amplitudenwert einzeln quantisiert, was mit einem erheblichen Aufwand in Kodierer und Dekodierer verbunden ist. Vielfach sind jedoch die Amplitudenproben des PAM-Signal korreliert, was bei der Standard-PCM nicht berücksichtigt wird. Bei der DPCM (Differential Pulse Code Modulation) wird daher bei solchen Signalen nur die Differenz des Signals mit einem Prädiktor kodiert, der sich aus vergangenen Amplitudenwerten berechnet und somit die Vergangenheit des Signals und damit dessen Korrelationen berücksichtigt.

Ein besonders einfaches digitales Modulationsverfahren mit Prädiktion ist die Deltamodulation (DM), welche im Unterschied zu DPCM-Varianten das Ausgangssignal jeweils nur um einen Schritt verändert. Die zugehörige sehr einfache Modulationseinrichtung nach Bild 22-16 besteht aus einer schwellenbehafteten Differenzbildung (Komparator) für zweiwertige Ausgangssignale $S(t) = +/-A$, einem Einstufenkomparator und einem Integrierglied. Bei verschwindendem Eingangssignal $s(t)$ liefert sie eine konstante Pulsfolge höchstmöglicher Änderungsrate (granulares Rauschen). Sie erreicht

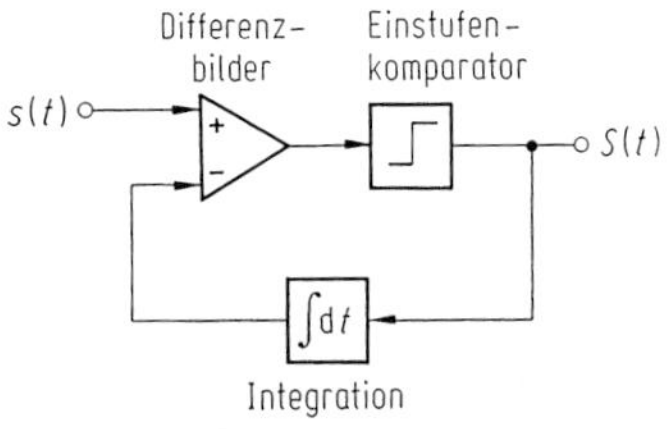

Bild 22-16. Prinzip der Deltamodulation (DM)

jedoch nur eine tiefpassbegrenzte zeitliche Anstiegsgeschwindigkeit (Steigungsüberlastung oder Slope Overload) und ist auch noch durch den Integrationsverzug mit Überschwingen behaftet. Diese Nachteile beschränken die Anwendbarkeit des Deltamodulationsverfahrens. Daher muss ein Kompromiss hinsichtlich der Schrittweite erzielt werden, damit diese Effekte minimiert werden können. Besser ist es noch, die Schrittweite an das Eingangssignal zu adaptieren, sodass man einen adaptiven Delta-Modulator (ADM) erhält.

Zur der Dekodierung eines von einem Delta-Modulator erzeugten Signals, das man über einen Kanal überträgt, wird zunächst ein Integrator und anschließend ein Tiefpass benötigt. Verschiebt man diesen Integrator an den Anfang der Kodierer-Dekodierer-Kette und somit vor den Delta-Modulator und zieht diesen Integrator zusammen mit dem in der Rückkopplungsschleife befindlichen Integrator hinter die Differenzbildung, dann erhält man die Struktur eines Sigma-Delta-Modulators. Das von einem Sigma-Delta-Modulator erzeugte Signal braucht nur mit einem Tiefpass gefiltert werden, um das Eingangssignal zurück zu gewinnen. Um eine gute Signalqualität zu erhalten, muss allerdings eine hohe Überabtastung verwendet werden.

Diese scheinbar unbedeutende äquivalente Umformung der Kette aus Delta-Modulator und zugehörigem Demodulator führt aber bei dem neuen System zu ganz unterschiedlichen Eigenschaften. Während beim Delta-Modulator die Übertragungsfunktionen für Eingangs- und Rauschsignal gleichartigen Charakter haben, besitzt beim Sigma-Delta-Modulator die Übertragungsfunktion für das Eingangssignal Tiefpass-Charakter, für das Rauschsignal aber Hochpass-Charakter. Damit ist sogenanntes Noise-Shaping – d. h. Hochpass-mäßige Verformung des Rauschens – möglich, wodurch das Rauschspektrum zu den hohen Frequenzen verschoben wird. Weiterhin wird beim Deltamodulator die Signaldifferenz kodiert, was zu der bereits erwähnten Steigungsüberlastung (Overload) führen kann, während beim Sigma-Delta-Modulator das Signal kodiert wird, wodurch nur das Signal begrenzt wird. Weitere Einzelheiten findet man in der weiterführenden Literatur und insbesondere in der Monographie von Zölzer [17].

22.4 Raum-, Frequenz- und Zeitmultiplex

22.4.1 Baum- und Matrixstruktur

Die Nutzung verfügbarer Nachrichtenkanäle für wechselnde Quellen und Senken erfordert deren bedarfgerechte Zuordnung und damit Einrichtungen, die Umschaltungen ermöglichen. Die Struktur derartiger Anordnungen unterscheidet sich darin, ob die Kanäle in Folge oder parallel mit den Schaltpunkten verbunden sind, wie siehe Bild 22-17 erkennen lässt. Die Folgeschaltung Bild 22-17a wird auch Baumstruktur genannt und schützt durch räumliche Trennung vor Fehlschaltungen von Kanälen, hat jedoch den Nachteil, dass die als Bündel bezeichneten parallel laufenden Verbindungswege wegen der räumlichen und zeitlichen Abfragefolge nur unvollständig genutzt werden können. Abhilfe schafft hier ein Mehrfachzugriff in unterschiedlicher Reihenfolge, der als Mischung bezeichnet wird und dem Informationsfluss angepasst werden kann. Im Gegensatz dazu erfordert die kreuzschienenartige Matrixstruktur nach Bild 22-17b stets ein Steuerwerk, das ist eine Hilfseinrichtung, die für die störungsfreie Auswahl der Durchschaltepunkte sorgt. Voraussetzung ist die Kenntnis über bereits belegte Schaltpunkte, um eine innere Blockierung zu vermeiden. Aus diesem Grunde können derartige Einrichtungen sinnvoll nur mit digitaler Steuerungen betrieben werden. Sie haben wegen der besseren Ausnutzung der Bündel die Baumstruktur weitgehend verdrängt.

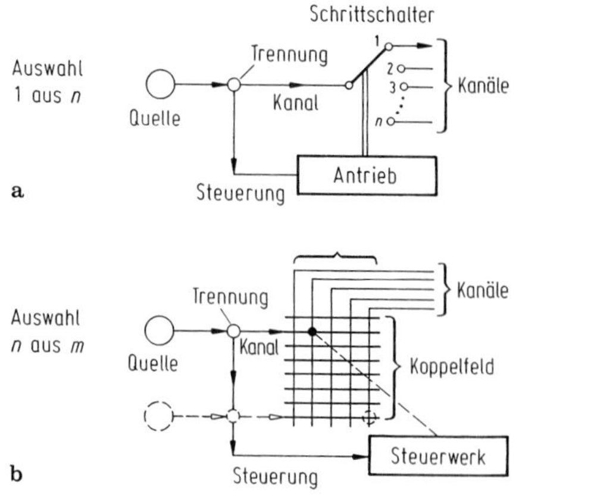

Bild 22-17. Raummultiplex in **a** Baum- und **b** Matrixstruktur

22.4.2 Durchschalt- und Speicherverfahren

Der wichtigste Unterschied beim Betrieb von Einrichtungen zur bedarfsabhängigen Kanalzuweisung besteht darin, ob die Durchschaltung entweder direkt auf Anforderung hin oder erst nach einer Überprüfung des Gesamtschaltzustandes erfolgen kann. Letzteres erfordert die zeitunabhängige Verfügbarkeit unbearbeiteter Anforderungen und wird deshalb als Speicherverfahren bezeichnet. Damit kann die Nutzung von Durchschaltmöglichkeiten in Systemen hoher Kanalzahl erheblich verbessert werden, es erfordert jedoch eine besondere Signalisierung des Schaltzustandes. Im Gegensatz dazu ist bei dem jeder Anforderung folgenden Durchschaltverfahren zu jedem Zeitpunkt der Schaltzustand systembedingt festgelegt. Der höhere Aufwand des Speicherverfahrens hat sich durch den Einsatz von Digitalrechnern zur Speicherung und Steuerung beträchtlich vermindert und den Ablauf so beschleunigt, dass verfahrensbedingte Verzögerungen kaum mehr in Erscheinung treten. In Systemen hoher Kanalzahl werden heute deshalb vorzugsweise digitale Speicherverfahren verwendet.

22.4.3 Zugänglichkeit und Blockierung

Für die Zugänglichkeit von Nachrichtenkanälen in kanalzuweisenden Systemen ist zwischen Wähl- und Suchsystemen zu unterscheiden, die von der anfordernden Quelle ausgehend einen freien Kanal nach Bild 22-18a oder von einem freien Kanal aus die anfordernde Quelle nach Bild 22-18b aufsuchen. Dabei sind neben der Anzahl der abzusuchenden Verbindungsstellen auch deren zeitliche Verfügbarkeit für die Auslastung solcher Einrichtungen von Bedeutung. Entsprechend den Regeln zur Anforderungsbearbeitung besteht jedoch die Gefahr der Blockierung, sodass in bestimmten Belastungsfällen keine weitere Anforderungsbearbeitung mehr erfolgen kann. Dabei ist zwischen der inneren, durch die Systemstruktur bedingten Blockierung und der äußeren, durch das Anforderungsverhalten bedingten Blockierungen zu unterscheiden. Durch zunehmenden Einsatz von Speicherverfahren anstelle von Durchschaltverfahren hat sich das Blockierungsverhalten von äußeren auf innere Einflüsse verlagert und wird vorwiegend durch eine nicht hinreichende Berücksichtigung des Systemverhaltens in den programmierten Steuerungsabläufen bestimmt.

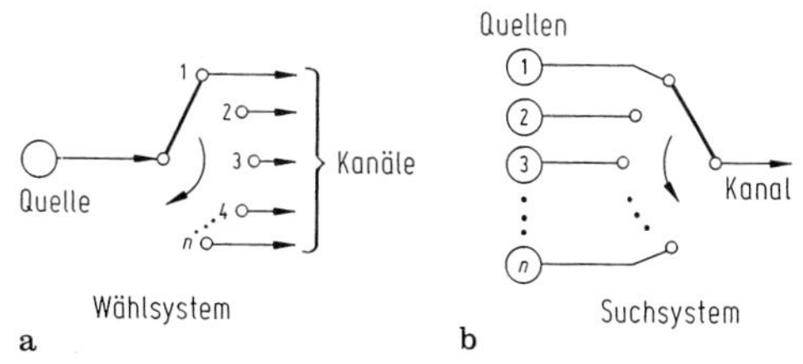

Bild 22-18. Prinzip **a** des Wähl- und **b** des Suchsystems

22.4.4 Trägerfrequenzverfahren

Der Hauptvorteil moderner Nachrichtensysteme besteht in der Mehrfachnutzung von Übertragungswegen nach dem Multiplexverfahren. Das älteste und verbreitetste Verfahren dieser Art ist das Trägerfrequenzverfahren, bei dem mithilfe von Modulation und frequenzselektiver Filterung eine Änderung der von den Nachrichtenkanälen benutzten Frequenzbänder herbeigeführt wird. Bei hinreichend linearem Übertragungsverhalten des Übertragungsweges können so eine Vielzahl von Kanälen störungsfrei zusammengeführt und wieder getrennt werden, siehe Bild 22-19. Der Vorteil des Trägerfrequenzverfahrens besteht darin, dass bei nichtkorrelierten Signalen s_i in den n Einzelkanälen sich deren Leistungen addieren und deshalb die Amplitude des Gesamtsignales S auf

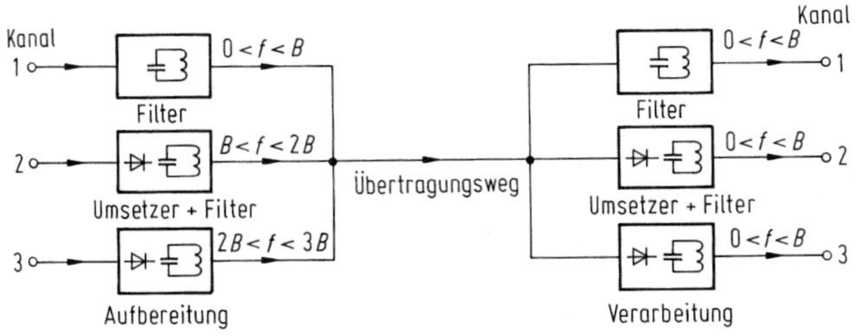

Bild 22-19. Prinzip des Trägerfrequenz-Multiplexverfahrens

Tabelle 22-4. Eigenschaften von Trägerfrequenzsystemen

Bezeichnung	Kanalzahl	Frequenzband	Leitungsart	Verstärkerabstand
V 60	60	(12–252) kHz	symmetrisch 1,3 mm ∅	18,6 km
V 120	120	(12–552) kHz		
V 960	960	(60–4028) kHz	koaxial 2,6/9,5 mm ∅	9,3 km
V 2700	2700	(312–12 388) kHz		4,65 km
V 10 800	10 800	(4332–61 160) kHz		1,55 km

dem Übertragungsweg bei gleichen Maximalwerten $s_{\max}$ in den Einzelkanälen

$$S = \sqrt{P_s} = \sqrt{\sum_1^n (s_i)^2} = \sqrt{\sum_1^n (s_{\max})^2} = s_{\max}\sqrt{n} \tag{22-10}$$

nur mit der Wurzel der Kanalzahl n ansteigt. Die Kennwerte der fünf meistverwendeten Trägerfrequenzsysteme für den Einsatz auf Telefonfernleitungen sind in Tabelle 22-4 zusammengestellt.

22.4.5 Geschlossene und offene Systeme

Trägerfrequenzsysteme erlauben nur die einmalige Verwendung eines Frequenzbandes auf einem Übertragungsweg, um Übersprechstörungen zwischen Kanälen zu vermeiden. Mehrfache Frequenzzuweisung auf unterschiedlichen Übertragungswegen erfordert einen hohen Entkopplungsgrad zwischen diesen und kann mit Koaxialleitungen (80 bis 100 dB) oder Lichtwellenleitern (∞) am besten gesichert werden. Solche leitungsgebundenen Übertragungssysteme arbeiten mit getrennten Räumen zur Ausbreitung der die Nachricht tragenden elektromagnetischen Wellen und werden als geschlossene Systeme bezeichnet. Im Gegensatz dazu werden Systeme, die sich des freien Raumes zur Wellenausbreitung bedienen, als offene Systeme bezeichnet. Hierzu rechnet der Rundfunk, aber auch Funkverbindungen, bei denen mit strahlbündelnden Antennen für das Aussenden und den Empfang der elektromagnetischen Wellen durch Richtfunk eine räumliche Entkopplungen gegen gleichfrequent genutzte Übertragungskanäle geschaffen wird.

22.4.6 Zeitschlitz- und Amplitudenauswertung

Durch die Verwendung zeitdiskret quantisierter Signale wird eine zeitbezogene Kanalzuordnung möglich, die als Zeitmultiplexverfahren bezeichnet wird. Das Grundprinzip der Arbeitsweise ist in Bild 22-20 dargestellt. Der typische Verlauf des Signals $S(t)$ auf dem Übertragungsweg bei Pulsamplitudenmodulation zeigt Bild 22-21. Unter Beachtung des Abtasttheoremes (22-6) kann durch selektive Filterung die Bandbreite ohne Informationsverlust beschränkt werden. Moderne Systeme dieser Art arbeiten mit Pulscodemodulation, wobei die Information der Kanäle in binär codierter Folge in den zugeordneten Zeitschlitzen übertragen wird. Einige im Telefonweitverkehr eingesetzten Systeme dieser Art sind in Tabelle 22-5 aufgeführt.

Ein vereinfachtes Zeitmultiplexverfahren ergibt sich bei unterschiedlichen Signalamplituden in den Kanälen. Die verarbeitungsseitige Kanaltrennung kann dann an einfachen Amplitudenschwellen erfolgen und erfordert keinen quellsynchronen Zeitbezug.

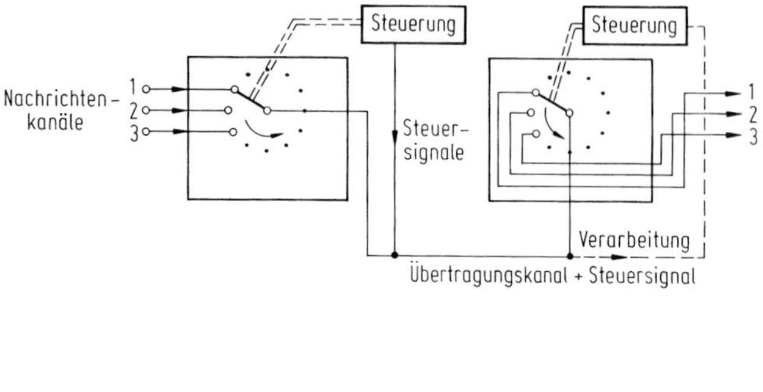

Bild 22-20. Prinzip des Zeitmultiplexverfahrens

Tabelle 22-5. Eigenschaften von PCM-Übertragungssystemen

Bezeichnung	Kanalzahl	Bitrate	Leitungsart	Verstärkerabstand
PCM 30	30	2048 kbit/s	symmetrisch 1,4 mm ∅	4,8 km
PCM 120	120	8448 kbit/s		4,3 km
PCM 480	480	34 368 kbit/s	koaxial 1,2/4,4 mm ∅	4,1 km
PCM 1920	1920	104 448 kbit/s		2,0 km

Dieses Verfahren wird bei der Fernsehbildübertragung eingesetzt, wo neben dem Bildinhalt stets Synchronisiersignale zu übertragen sind. Einen Signalausschnitt nach der Gerber-Norm zeigt Bild 22-22. Die Kanaltrennung erfolgt hier bei einem Amplitudenwert von 75% des Maximalwertes, sodass Synchronisierimpulse „ultraschwarz" werden und bei der Bildwiedergabe nicht in Erscheinung treten. Die dafür erforderliche Amplitudenumkehr des Bildsignales wird Negativmodulation genannt und ist auch zur optischen Ausblendung von Störimpulsen im Bildinhalt besonders vorteilhaft.

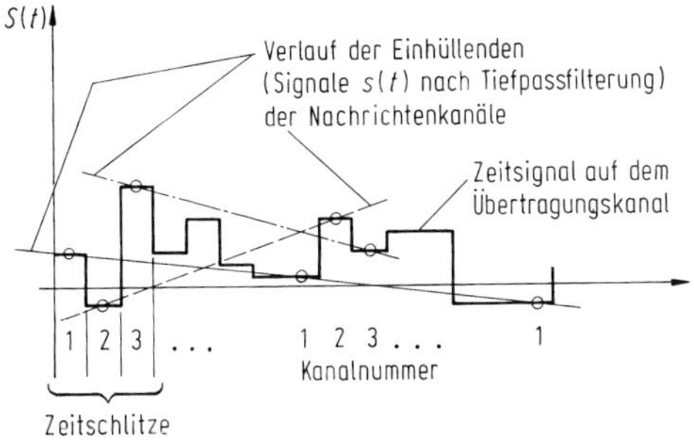

Bild 22-21. Verlauf eines Zeitmultiplexsignals

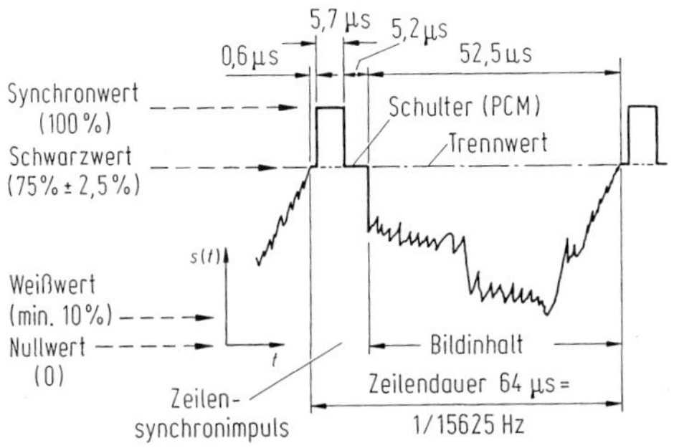

Bild 22-22. Amplitudenmultiplex beim Fernsehbildsignal

23 Signalübertragung

23.1 Kanaleigenschaften, Übertragungsrate

23.1.1 Eigenschaften, Verzerrungen, Entzerrung

Das Übertragungsverhalten eines Nachrichtenkanals wird durch seine linearen und nichtlinearen Verzerrungen sowie durch die Einprägung von Störsignalen bestimmt. Diese Einflüsse bewirken meist eine Verschlechterung des Störabstandes und können durch verarbeitungsseitige Signalfilterung vermindert werden. Entsprechend der modellartigen Betrachtung nach Bild 23-1 lassen sich amplituden- und phasenabhängige Kanalverzerrungen über den Zusammenhang

$$\underline{h}_{\mathrm{k}} = (1/\underline{h}_{\mathrm{f}})\underline{h}_{\mathrm{e}} \qquad (23\text{-}1)$$

ausgleichen, soweit das auf den Kanaleingang bezogene Störsignal $s_{\text{stör}} \ll s_{\mathrm{f}}$ hinreichend klein ist. Der frequenzabhängige Amplitudenverlauf kann durch die Signalfilterung $\underline{h}_{\mathrm{f}}$ so beeinflusst werden, dass sich für das Ausgangssignal s_{a} der größtmögliche Störabstand ergibt. Diese Art der Entzerrung des Übertragungsverhaltens wird Optimalfilterung genannt [3], vgl. Bild 20-1. Kanalbedingte nichtlineare Verzerrungen müssen für einen störungsfreien Multiplexbetrieb zur einwandfreien Kanaltrennung mit Filtern vermindert werden. In praktischen Übertragungsmedien herrschen jedoch die linearen Verzerrungen vor, deren Ausgleich stets mit einem verarbeitungsseitigen Filter des Übertragungsverhaltens $\underline{h}_{\mathrm{e}} = 1/\underline{h}_{\mathrm{k}}$ vorgenommen werden kann und als Kanalentzerrung bezeichnet wird. Ein frequenzabhängiger Störabstand im Kanal erfordert dann eine aufbereitungsseitige Vorverzerrung $\underline{h}_{\mathrm{f}}$ des Eingangssignals s_{e} um allen relevanten Anteilen den gleichen Störabstand zu sichern.

23.1.2 Nutzungsgrad und Kompressionssysteme

Entscheidend für die optimale Nutzung eines Nachrichtenkanales ist allein die einwandfreie Wiedergewinnung übertragener Informationen. Deshalb ist nicht der Störabstand des augenblicklichen Signalverlaufes $s(t)$ von Bedeutung sondern der Störabstand des gesamten die Nachricht tragenden Musters. Im Allgemeinen bestehen diese Muster aus der blockweisen Zusammenfassung von Einzelsignalen und besitzen den aus Dynamik und Bandbreite multiplikativ gebildeten Informationsfluss H'_s. Bei endlichem Auflösungsvermögen kann der momentane Informationsfluss $H'_s(t)$ für jedes Signal bestimmt werden, wobei die Kanalkapazität des Übertragungsweges $H'_k \geq H'_s(t)$ zur verlustfreien Übertragung sein muss. Das Verhältnis dieser beiden Größen wird Kanalnutzungsgrad η_k genannt und als zeitlicher Mittelwert angegeben

$$\eta_k = (1/T) \int_0^T \left(H'_s(t)/H'_k \right) \mathrm{d}t \,. \tag{23-2}$$

Einsparungen an Kanalkapazität können für $\eta_k < 1$ durch eine bessere aufbereitungsseitige Anpassung des Informationsflusses H'_s an die Kanalkapazität H'_k erreicht werden, da sich die amplituden- und frequenzmäßige Zuordnung durch Umcodierung verändern lässt. Dazu dienen nichtlineare Signalquantisierungsarten und die spektrale Energieumverteilung durch Modulationsverfahren. Übertragungseinrichtungen dieser Art werden als Kompressionssysteme bezeichnet und in zunehmendem Maße auf stark gestörten Übertragungswegen zur Reduktion der Bandbreite oder zur Verbesserung des Störabstandes eingesetzt. Der Ausgleich momentaner Nutzungsgrad- und/oder Störabstandsschwankungen

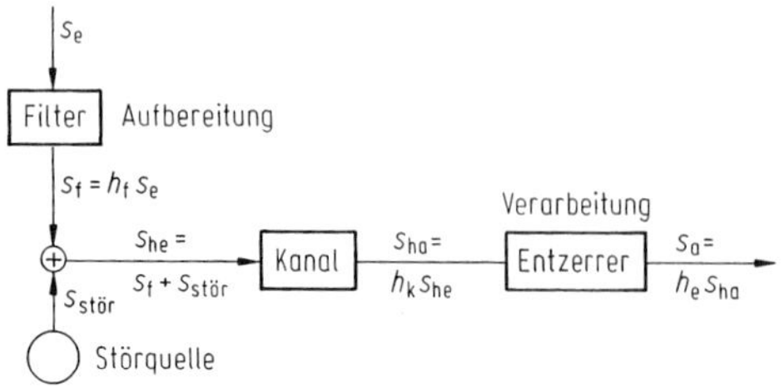

Bild 23-1. Ausgleich von Amplituden- und Phasenverzerrungen

erfolgt dabei durch zeitabhängige Musterzuweisung und verarbeitungsseitige Mittelwertbildung. Bei Quellen mit zeitvarianten Informationsfluss kann zusätzlich eine adaptive Anpassung an die Kanalkapazität vorgenommen werden.

23.2 Leitungsgebundene Übertragungswege

23.2.1 Symmetrische und unsymmetrische Leitungen

Übertragungsleitungen können Nachrichtensignale mithilfe elektromagnetischer Wellen dämpfungsarm über große Entfernungen führen. Sie werden für erdsymmetrischen Betrieb als Zweidrahtleitungen ausgeführt, die aus konstruktiven Gründen paarweise zu „Sternvierer" genannten Bündeln in Kabeln zusammengefasst werden, Bild 23-2a. Für den erdunsymmetrischen Betrieb verwendet man Koaxialleitungen nach Bild 23-2b zum Aufbau der Kabel. Eigenschaften einiger für die Trägerfrequenzübertragung eingesetzter Ausführungsformen enthält Tabelle 23-1. Das Übersprechen in den zu Viererbündeln zusammengefassten Zweidrahtleitungen wird durch Verdrillung der Bündel mit unterschiedlicher Schlagweite, das bei Koaxialleitungen dagegen durch die Schirmwirkung des Außenleiters bestimmt.

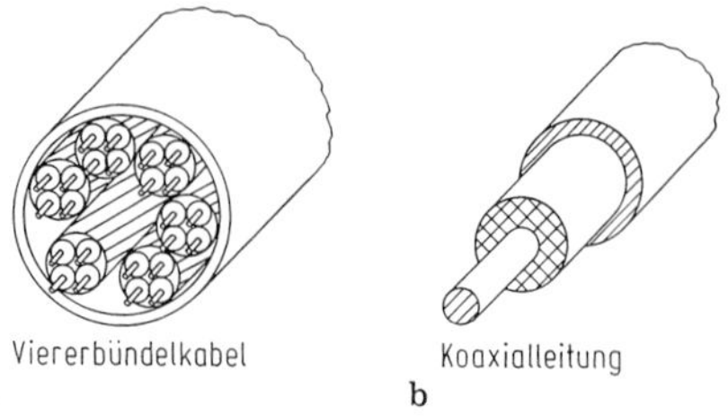

Bild 23-2. Schnittbilder von Übertragungsleitungen

Tabelle 23-1. Eigenschaften von Trägerfrequenzleitungen

Art	Bezeichnung Abmessung	Wellenwiderstand Z_L	Dämpfungsmaß bei 1 MHz dB/km
Symmetrisch	2 × 0,6 mm ∅	ca. 175 Ω	2,1
	2 × 1,4 mm ∅		0,9
Koaxial	1,2/4,4 mm ∅	ca. 75 Ω	5,2
	2,6/9,5 mm ∅		2,4

23.2.2 Hohlleiter- und Glasfaserarten

Zur Übertragung von Signalen bei höheren Pegeln $p > 40\,\text{dBm}$ kommen im Höchstfrequenzbereich ($1\,\text{GHz} < f < 100\,\text{GHz}$) metallische Wellenleiter in Betracht. Eindeutige Schwingungsformen ergeben sich z. B. bei einem Frequenzverhältnis von $f_{\max}/f_{\min} \approx 2$ in rechteckförmigen Hohlleitern deren Seitenverhältnis 1:2 beträgt. Die zulässigen Grenzpegel $p_{\max}$ und die Dämpfung d/R können dann näherungsweise aus der leitend umschlossenen materialfreien Querschnittsfläche q nach den Beziehungen

$$p_{\max} \approx [60 + 10\,\lg(400\,\text{cm}^2/q)]\,\text{dBm}$$

$$\text{und} \quad d/R \approx 0{,}22\,(q/\text{cm}^2)^{0{,}83}\,\text{dB/m} \qquad (23\text{-}3)$$

bestimmt werden. Für die Nachrichtenübertragung wird in zunehmendem Maße der optische Wellenbereich genutzt, seit es gelingt dämpfungsarme, dielektrische Wellenleiter auf der Basis von Quarzglasfasern (SiO_2) herzustellen. Es gibt zwei Faserarten, die sich durch ihre relativen Querschnittsabmessungen a/λ unterscheiden. Die Gradientenfaser nutzt bei einem Durchmesser $a \approx 50\,\lambda$ eine radial abnehmende Brechzahl zur Reduktion der Abstrahlung aus dem Leiterinneren und damit zur Verminderung der Übertragungsdämpfung. Bild 23-3 zeigt den typischen Verlauf der längenbezogenen Dämpfung d/R einer solchen Faser. Bei den neueren Monomode- oder Stufenindexfasern werden diese Energieverluste

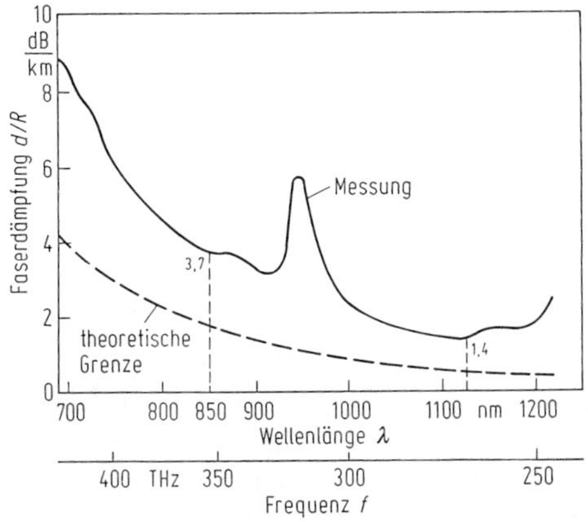

Bild 23-3. Dämpfungsverlauf einer Glasfaser

durch den Betrieb mit eindeutiger Schwingungsform der ausbreitungsfähigen Wellen in einem kleineren Querschnitt des Durchmessers $a \approx \lambda$ vermieden.

23.2.3 Kabelnetze

Die Bereitstellung leitungsgebundener Übertragungswege fordert einen wirtschaftlichen Ausgleich zwischen dem Herstellungsaufwand und der Auslastung der Kanalkapazität. In Kommunikationssystemen hat sich die hierarchische organisierte Informationsbündelung in fest zugeordneten oder umschaltbaren Kanälen als wirtschaftlichste und störungsärmste Art der Nachrichtenübertragung erwiesen. Entsprechend Bild 23-4 werden die Anschlussleitungen A genannten Wege zwischen den, die Signalquellen und -senken beinhaltenden Teilnehmern T und den in den Knoten K_i befindlichen Vermittlungseinrichtungen fest zugeordnet. Die Fernleitungen F genannten Verbindungen zwischen den auch Netzknoten K_i genannten Vermittlungseinrichtungen werden dagegen umschaltbar gemacht. Hohe Belegungsdichte fördert die Zusammenfassung parallelgeführter Kanäle eines Fernleitungsweges F im Multiplexbetrieb und erhöht den Nutzungsgrad des Netzes. Das Ausfallverhalten ist im Anschlussbereich teilnehmerbezogen, im Fernbereich dagegen vermittlungsbezogen und kann durch Ersatzschaltung verbessert werden. Dies bedeutet, dass ein dem Knoten K_2 zugeordneter Teilnehmer in Bild 23-4 von den zum Knoten K_1 gehörigen Teilnehmern über den Knoten K_3 erreicht werden kann. Konstruktiv werden die Einzelleitungen zur Verminderung der Herstellungs- und Verlegekosten so weit wie möglich in Form von Bündeln in Kabeln zusammengefasst [5].

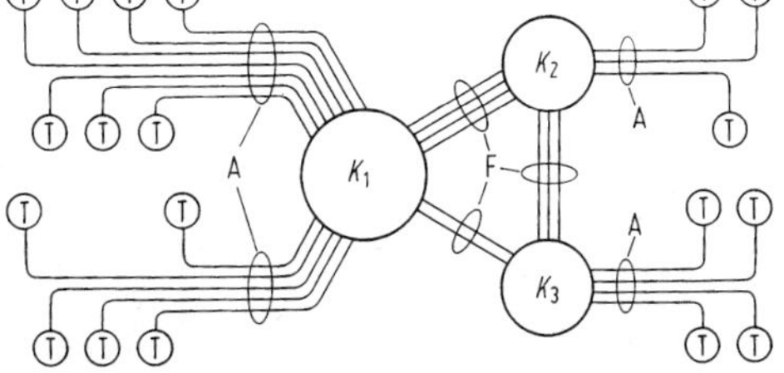

Bild 23-4. Teilnehmerzuordnung eines Nachrichtennetzes

23.3 Datennetze, integrierte Dienste

23.3.1 Netzgestaltung, Vermittlungsprotokoll

Durch den Einsatz von Datenspeichern in den Endstellen T und den Vermittlungsknoten K bei der digitalen Nachrichtenübertragung kann der Informationsfluss unterschiedlichster Signale blockweise zusammengefasst und im Zeitmultiplex übertragen werden, s. Bild 23-5. Durch die sequentielle Auswertung vorangestellter Kennzeichnungssegmente, hier mit x, y und z bezeichnet, können die Datenpakete belastungsabhängig vermittelt werden. Trotz der zur Zustandskennzeichnung erforderlichen Zusatzinformation nutzt diese Art der Blockvermittlung die Kanalkapazitäten eines Netzes besser als die einfache Leitungsvermittlung aus. Alle Steuerungs-, Bearbeitungs- und Zuweisungsinformationen werden in dem Vermittlungsprotokoll genannten Kennzeichnungssegment zusammengefasst. Die folgerichtige Auswertbarkeit dieser Information erfordert eine Rangfolge in Schichten nach Tabelle 23-2, wobei den Anforderungen der Netzknoten und Endgeräte entsprechend ein stufenweiser Ausbau vorgenommen werden kann.

23.3.2 Fernschreiben, Bildfernübertragung

Aus der Telegrafie, der historisch ersten Art elektrischer Nachrichtenübertragung hat sich die

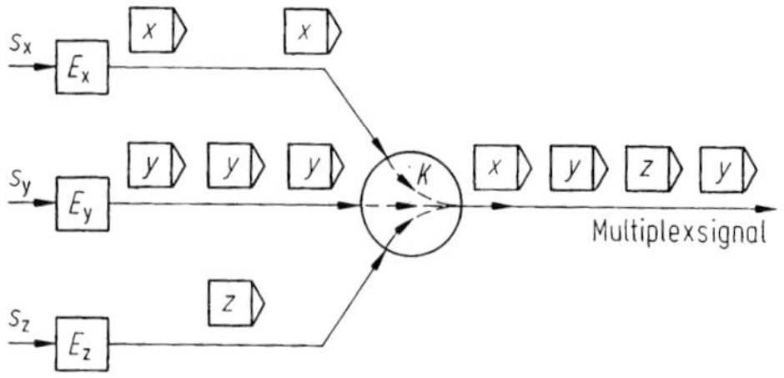

Bild 23-5. Betrieb protokollgesteuerter Nachrichtennetze

Tabelle 23-2. Protokollschema zum ISDN-Netzbetrieb

Ebene	Protokollbeschreibung	Auswertung	
7	Anwendungsart		Endgeräte (Ebenen 1–7)
6	Darstellungsart	Knoten (Ebenen 1–6)	
5	Folgeart		
4	Transportart		
3	Vermittlungsart		
2	Sicherungsart		
1	Übertragungsart		

Fernschreibtechnik entwickelt, die sich des international genormten Codes nach Bild 19-2 zur Übertragung alphanumerischer Zeichen bedient. Als Basisbandsignal können derartige Zeichen im Frequenzmultiplex zusammen mit Sprachsignalen über Fernsprechanschlussleitungen geführt und durch Hoch-Tiefpassfilter mit einer Grenzfrequenz von 300 Hz abgetrennt werden. Dabei ist die Übertragungsrate 50 Schritte/s = 50 Baud bei moderneren Einrichtungen auch 100 Baud. Die ungünstigen Übertragungseigenschaften längerer Leitungen für gleichstrombehaftete Signale vermeidet das WT-Verfahren (WT, Wechselstromtelegrafie), bei dem das Fernschreibsignal einer Trägerfrequenz von 120 Hz als tonlose Amplitudenmodulation (Al) aufgeprägt wird. Zur Fernübertragung im Multiplexbetrieb und für Übertragungsraten bis 1,2 kBaud benutzt man Fernsprechkanäle der Frequenzbreite 300 bis 3400 Hz und setzt die Modulationsart FSK (frequency shift keying) ein. Modernere Verfahren mit QAM-Modulation (Quaternär-Amplituden-Modulation) ermöglichen auf derartigen Kanälen Übertragungsraten bis 9,6 kBaud. Bei der Bildfernübertragung wird wegen des Endgeräteaufwandes und der erforderlichen Kanalkapazitäten die Übertragungsrate dadurch begrenzt, dass nur Verfahren für ruhende farbfreie Vorlagen hoher Gradation und Auflösung, Fernkopie oder Telefax genannt, und Verfahren für langsamveränderliche farbiger Bilder geringer Auflösung als Bildschirm- bzw. Videotext sowie die farbfreie Grauwertübertragung des Bildfernsprechens vorgesehen sind. Die Zuordnung der Bildinformation auf Quell- und Senkenseite wird in allen Fällen durch eine zeilenweise Abtastung und Synchronisation gewährleistet. Die Übertragungsverfahren orientieren sich für ruhende Bilder an der Fernschreibübertragung, für bewegte Bilder dagegen an der Fernsehübertragung.

23.3.3 Verbundnetze mit Dienstintegration

Die Zusammenschaltung von Übertragungswegen zu einem Nachrichtennetz bezog sich in der Vergangenheit immer auf die zu übertragenden Signale und führte zu Netzen, die nur bestimmte Endgeräte für Quellen und Senken zuließen. Durch die digitale signalunabhängige Auslegung dieser Einrichtungen entstanden die sogenannten offenen Netze, bei denen im Rahmen der verfügbaren Kanalkapazitäten eine beliebige Quellen- und Senkenbeschaltung zugelassen ist. Dabei kann auch eine bedarfsabhängige Zusammenschaltung unterschiedlicher Übertragungswege erfolgen, was als Verbundnetz bezeichnet wird. Bezüglich der verfügbaren Signale muss zwischen netzfremden und netzinternen Quellen unterschieden werden, wobei letztere bedarfsabhängig vom Benutzer abrufbare Sonderfunktionen ermöglichen. Das ISDN-Netzkonzept (Integrated Services Digital Network) verfügt über eine Kanalkapazität von 144 kbit/s in beiden Richtungen, die in zwei Kanäle mit je 64 kbit/s Kanalkapazität und einen Signalisationskanal mit einer Kanalkapazität von 16 kbit/s aufgeteilt ist. Diese Werte beruhen zwar auf der Codierung von Fernsprechsignalen, bedeuten jedoch keine Einschränkungen bei der Zuordnung von Endgeräten entsprechend Bild 23-6. Das ISDN-Netz kann durch Austausch der Vermittlungs- und Endgeräte auf den Anschluss- und Fernleitungen des analogen Fernsprechnetzes eingerichtet werden. Zur Fernsehbildübertragung in Echtzeit ist eine Kanalkapazität von 140 Mbit/s erforderlich, die breitbandigere Übertragungswege erfordert (Breitband-ISDN). Glasfasern bieten Kanalkapazitäten bis Gbit/s bei höchster elektromagnetischer Störsicherheit und werden deshalb gegenüber den vorhandenen Koaxialkabeln sowohl als Fernleitungen wie auch als Breitbandanschlussleitungen bevorzugt werden.

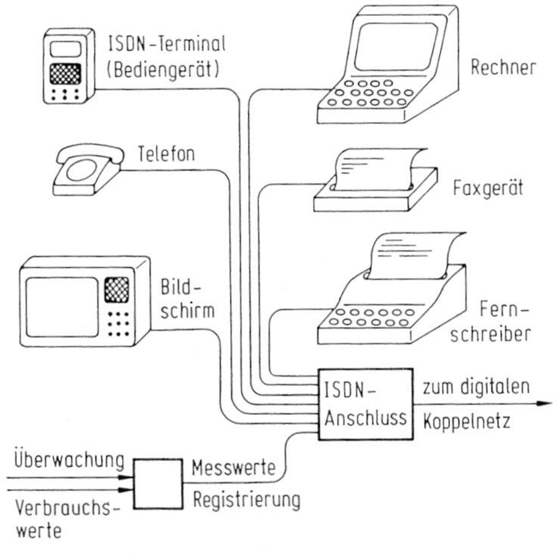

Bild 23-6. Endgeräte des ISDN-Nachrichtennetzes

23.4 Richtfunk, Rundfunk, Sprechfunk

23.4.1 Funkwege, Antennen, Wellenausbreitung

Bei der Verwendung elektromagnetischer Wellen im freien Raum zur Übertragung von Nachrichten sind keine Einrichtungen auf den Übertragungswegen erforderlich, da sich die Wellen im Gegensatz zur Führung in metallischen oder dielektrischen Wellenleitern auch ungeführt ausbreiten können. Dadurch kann die räumliche Lage von Empfangs- und Sendestellen in weiten Grenzen frei gewählt werden. Von Hindernissen abgesehen unterliegt die Wellenausbreitung einer rückwirkungsfreien Zerstreuung der Energie längs der Wegstrecke R und ergibt eine von der Betriebsfrequenz f abhängige Grundübertragungsdämpfung

$$d = 20\,\lg((R/\mathrm{km})(f/\mathrm{MHz}))\,\mathrm{dB} + 32{,}44\,\mathrm{dB}\ . \qquad (23\text{-}4)$$

Durch den Einsatz strahlbündelnder Antennen am Übergang von bzw. zu leitungsgebundenen Sende-/Empfangseinrichtungen kann eine richtungsmäßige Entkopplung von Übertragungswegen erreicht werden. Für Antennen mit relativ zum Quadrat der Wellenlänge λ großer Öffnungsfläche A kann die als Antennengewinn g bezeichnete, auf eine allseitig gleichmäßige Energiezerstreuung bezogene Kenngröße aus der Beziehung

$$g = 10\,\lg(4\pi q A/\lambda^2)\,\mathrm{dB}\ , \qquad (23\text{-}5)$$

bestimmt werden. Dabei stellt der Faktor $q < 1$ ein Maß für die Gleichförmigkeit der Energieverteilung in der strahlenden Öffnung A dar. Oberhalb von 1 GHz werden vor allem Reflektorspiegel aus rotationsparabolischen Abschnitten leitender Flächen verwendet, die quasioptischen Gesetzmäßigkeiten der Strahlbündelung gehorchen. Unter 1 GHz dienen dagegen Antennen aus stabförmigen Monopolen oder Dipolen oder Gruppen derartiger Elemente zur Strahlbündelung. Bild 23-7 zeigt eine solche Yagi-Antenne, bei der durch mehrere mit dem schleifenförmigen Speisedipol strahlungsgekoppelte stabförmige Hilfselemente die Richtwirkung erreicht wird. Da es sich bei den Antennen im Allgemeinen um geometriebezogene auf metallischer Wellenführung beruhende Feldwandler handelt, ist ihr

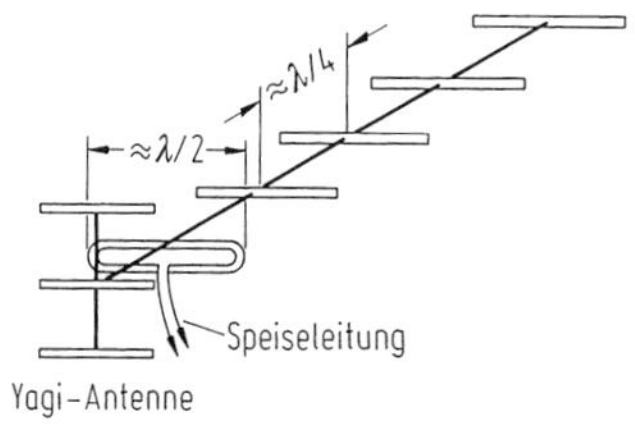

Bild 23-7. Bauweise einer Yagi-Antenne

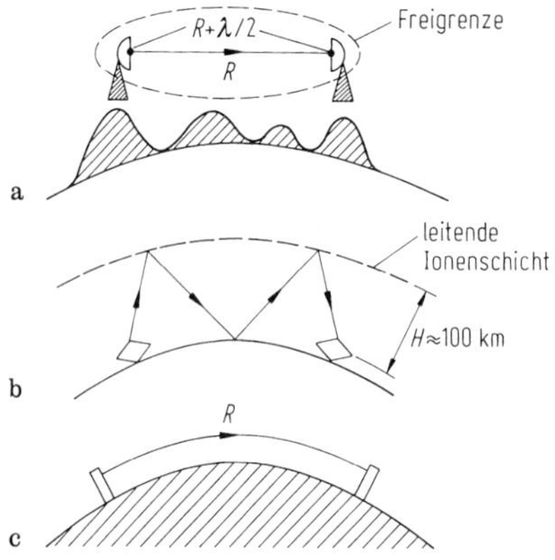

Bild 23-8. Arten der Wellenausbreitung. **a** Sichtverbindung, **b** Spiegelung in der Ionosphäre, **c** erdgeführte Wellen

elektrisches Verhalten umkehrbar, also ihr Gewinn g für den Sende- und Empfangsfall, abgesehen von ihrer leistungsmäßigen Belastbarkeit, gleich.
Zwischen 2 und 20 GHz erfordern Funkverbindungen weitgehend hindernisfreie Wege, siehe Bild 23-8a. Der Kurzwellenbereich zwischen 3 und 30 MHz kann dagegen durch Spiegelung an sonnenbedingten Ionisationsschichten in der hohen Atmosphäre bei Dämpfungswerten von nur 70 dB für Reichweiten bis 8000 km Abstand genutzt werden, siehe Bild 23-8b. Im Langwellenbereich unter 300 kHz werden Freiraumwellen an der Erdoberfläche durch deren Leitfähigkeit geführt, siehe Bild 23-8c. In dem dazwischenliegenden Frequenzbereich zeigt sich ein Übergangsverhalten.

23.4.2 Punkt-zu-Punkt-Verbindung, Systemparameter

Die Ausbreitung der von strahlbündelnden Antennen ausgesendeten elektromagnetischen Wellen erlaubt bei Störungs- und Hindernisfreiheit die

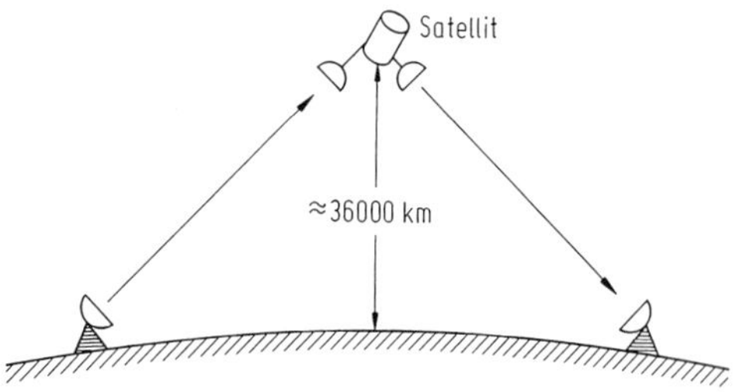

Bild 23-9. Prinzip der Satellitenfunkübertragung

aufwandsgünstigste Art der Nachrichtenübertragung. Im Frequenzbereich zwischen 2 und 20 GHz und für Entfernungen bis 50 km wird die Punkt-zu-Punkt-Verbindung zwischen erhöhten Standorten für Sende- und Empfangsstelle nach Bild 23-8a als erdgebundener Richtfunk bezeichnet. Die interkontinentalen Punkt-zu-Punkt-Verbindungen bedienen sich bei Übertragungsfrequenzen von einigen GHz geostationärer Satelliten als Umlenkstationen im Weltraum, siehe Bild 23-9. Die Eigenschaften solcher Funkübertragungen werden durch die Systemparameter Störabstand S/N, Grundübertragungsdämpfung d, Gewinn g_s und g_e von Sende- und Empfangsantenne sowie je einen Dämpfungsanteil d_s und d_e für deren Zuleitungen und Weichen als Systemkennwert

$$k = 20 \lg (S/N)\,\mathrm{dB} + d - (g_s + g_e) + (d_s + d_e) \qquad (23\text{-}6)$$

angegeben.

23.4.3 Ton- und Fernsehrundfunk

Die Nachrichtenübertragung bei flächenhafter Versorgung einer beliebigen Anzahl von Empfangsstellen von einer Sendestelle aus wird als Rundfunk bezeichnet. Nach der Art der übertragenen Signale unterscheidet man zwischen Ton- und Fernsehrundfunk. Tonrundfunk bedient sich bei Frequenzen unter 30 MHz der Zweiseitenband-Amplitudenmodulation bei einer Kanalbandbreite von 9 kHz und im Ultrakurzwellenbereich zwischen 88 und 108 MHz bei einer Kanalbandbreite von 200 kHz der Frequenzmodulation als Übertragungsverfahren. Der Fernsehrundfunk mit 52 Kanälen der Bandbreite 7 MHz in den Frequenzbereichen 47 bis 68 MHz (I) und 174 bis 223 MHz (III) sowie 470 bis 789 MHz

(IV/V) benutzt Restseitenbandmodulation für die Bildübertragung bei einer in 5,5 MHz Abstand zum Bildträger an der oberen Bandgrenze eingelagerten Frequenzmodulation mit einem Frequenzhub von 50 kHz für den zugeordneten Tonkanal. Zur digitalen Mehrkanal-Tonübertragung höherer Qualität wird ein PCM-Signal auf der Synchronschulter an der in Bild 22-22 gezeigten Stelle eingefügt. Zunehmend werden in dichtbesiedelten Gebieten zur Fernsehübertragung leitungsgebundene Übertragungswege für zusätzliche Kanäle geschaffen. Die in solchen Kabelnetzen angewendeten Übertragungsverfahren gründen sich auf die für Funkkanäle, um die vorhandenen Empfangsgeräte benutzen zu können.

Maßgebend für die Qualität einer Rundfunkversorgung ist die Größe des Empfangssignales an den Orten des Empfangsbereiches und der aus der Erreichung eines Mindestwertes abgeleitete Versorgungsgrad. Bei Funkübertragung kann durch sende- und empfangsseitigen Einsatz von Richtantennen höheren Gewinnes stets eine Verminderung der Übertragungsdämpfung und damit Einsparung von Sendeleistung erzielt werden. Bei Kabelnetzen gelingt dies durch Einfügen von Zwischen- und Verteilverstärkern in den Leitungszügen.

23.4.4 Stationärer und mobiler Sprechfunk

Die bedarfsabhängige Übertragung von Sprachsignalen im Wechsel- oder Gegenverkehr über Funkkanäle bezeichnet man als Sprechfunk. Verbindungswechsel zwischen ortsfesten und/oder ortsveränderlichen Sende- und Empfangsstellen erfordern Rundstrahlantennen oder bündelnde Antennen mit schwenkbarer Hauptstrahlrichtung. Qualitätsminderungen durch Funkstörungen bei hinreichender Verständlichkeit lassen sich bei Kanalbandbreiten unter 10 kHz im Frequenzbereich zwischen 3 und 300 MHz mit Schmalbandfrequenzmodulation durch Signalbegrenzung am besten beherrschen. Zunehmend werden jedoch digitale PCM-Verfahren eingesetzt, da sie eine bessere Nutzung der Kanäle erlauben. Die Einteilung nach Benutzerkreis in öffentliche, lizenzierte und nichtöffentliche Funkdienste sowie die Begrenzung der Sendeleistung ermöglicht eine Mehrfachbelegung gleicher Kanäle in größerem örtlichen Abstand.

24 Signalverarbeitung

24.1 Detektionsverfahren, Funkmessung

24.1.1 Detektionsprinzipien, Auflösungsgrenze

Um eine Nachricht aus dem sie enthaltenden zeitabhängigen Signal zu entnehmen, müssen die informationstragenden Merkmale bekannt sein und dürfen nicht durch Störsignale verdeckt werden. Detektionsverfahren für diesen Zweck lassen sich als eine besondere Art der Modulation beschreiben, wobei das Ausgangssignal dem aufbereitungsseitig zugeführten Nachrichtensignal $s(t)$ entsprechen muss. Dazu kann die in Bild 22-7 gestrichelt eingetragene synchrone Hilfsträgerquelle dienen. Modulierte Übertragungssignale weisen oft einen nicht zur Nachricht gehörenden Informationsanteil auf, der zur Signalabtrennung und zur Verminderung von Störeinflüssen genutzt werden kann. Einfache Demodulatoranordnungen ergeben sich, wenn anstelle eines Hilfsträgers solche im Übertragungssignal enthaltenen Signalanteile genutzt werden können. Die Empfindlichkeit von Detektoren wird durch die im logarithmischen Dämpfungsmaß angegebene Auflösungsgrenze

$$\begin{aligned} d_g &= 20\,\lg\,(s_{\min}/\mu\text{V})\,\text{dB} \qquad (24\text{-}1)\\ &= 20\,\lg\,(s_{\text{stör}}/1\,\mu\text{V})\,\text{dB}\mu\text{V} + 10\,\lg\,(S/N)\,\text{dB} \end{aligned}$$

bestimmt, die das Störsignal $s_{\text{stör}}$ als kleinstzulässigen Wert des Eingangssignales $s_{\min}$ mit dem Störabstand S/N verknüpft.

24.1.2 Aussteuerung und Verzerrungen

Da jede Demodulation eine nichtlineare Signalverarbeitung erfordert, entstehen neben dem Nachrichtensignal $s(t)$ auch noch Störspektren, die den Störabstand verschlechtern, wenn sie in das Nutzsignalband $S(f)$ fallen und nicht mit Filtern abgetrennt werden. Demodulatoren sind durch die zu ihrem Aufbau verwendeten elektronischen Bauteile in ihrem amplitudenmäßigen Aussteuerbereich begrenzt. Der zulässige Verzerrungsgrad bestimmt also das höchstzulässige Eingangssignal $s_{\max}$ und damit die Signaldynamik

$$\begin{aligned} d_g &= 20\,\lg\,(s_{\max}/s_{\min})\,\text{dB} = 20\,\lg\left(\frac{s_{\max}}{\text{V}}\cdot\frac{10^6\,\mu\text{V}}{s_{\min}}\right)\text{dB}\\ &= 20\,\lg\,(s_{\max}/\,\text{V})\,\text{dB} + 120\,\text{dB} + (d_g/\text{dB}_{\mu}V)\,\text{dB}\,. \qquad (24\text{-}2) \end{aligned}$$

24.1.3 Amplituden- und Frequenzdemodulation

Bei der Demodulation von Signalen unterscheidet man grundsätzlich inkohärente und kohärente Verfahren, die auch Asynchron- und Synchron-Demodulation genannt werden; vgl. [8]. Im Gegensatz zur inkohärenten Demodulation wird bei der kohärenten Demodulation der Signalträger frequenz- und phasenrichtig – also in synchroner Form – benötigt, was den Aufwand erheblich erhöht. Wir gehen an dieser Stelle im Wesentlichen auf inkohörente Demodulationsverfahren für die Zweiseitenband-Amplitudenmodulation (AM) und die Frequenzmodulation (FM) ein.

Die AM gründet ihre Verbreitung auf die Einfachheit analoger inkohärenter AM-Demodulation. Die Information steckt bei dieser Modulationsart nach Bild 22-8b in den Einhüllenden des Signales $S(t)$ und kann durch einfache Gleichrichtung gewonnen werden, wie dies Bild 24-1 zeigt. Das verzerrungsbedingte Störspektrum lässt sich mit einem RC-Tiefpass vom Nutzsignal trennen, wenn der Spektralanteil bei der Frequenz $f_T - f_{s,\max}$ gegenüber der höchsten Signalfrequenz $f_{s,\max}$ genügend gedämpft werden kann. Bei der klassischen inkohärenten Demodulation von analogen FM-Signalen wird zunächst eine Umwandlung des FM-Signals in ein AM-Signal durchgeführt – im einfachsten Fall des Flankendemodulators an der Flanke eines Filters oder im Gegentaktbetrieb – und anschließend kann dann ein inkohärenter AM-Demodulator benutzt werden.

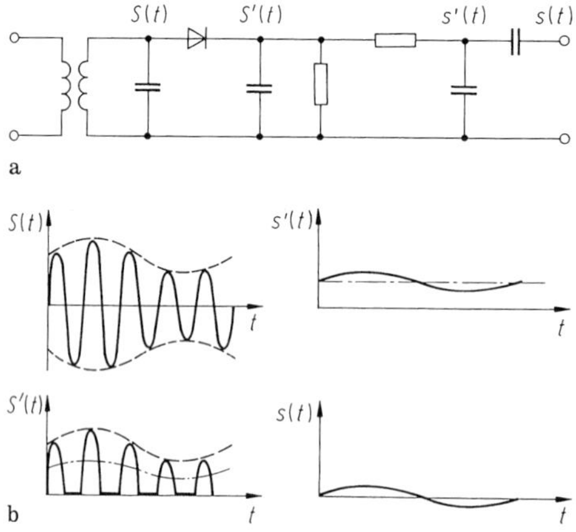

Bild 24-1. Verfahren der Zweiseitenband-Demodulation. **a** Schaltung, **b** Signale

Eine FM-Modulation analoger Signale kann auch mit Hilfe von Rückkopplungsschleifen (engl. Feedback Loops) erfolgen, bei denen ein spannungsgesteuerter Oszillator (engl. Voltage Controlled Oscillator (VCO)) durch eine von der Frequenz bzw. Phase des FM-Eingangssignals abgeleitete Regelspannung nachgesteuert wird. Verwendet man eine Frequenzrückkopplungsschleife (engl. Frequency Locked Loops (FLL)), dann folgt die momentane Frequenz des VCOs der Frequenz des Eingangssignals. Die Regelspannung ist direkt proportional zu dem Signal, das dem Trägersignal des FM-Signals aufmoduliert wurde. Auch eine Phasenregelschleife (engl. Phase Locked Loop (PLL)) kann in ähnlicher Weise zur FM-Demodulation verwendet werden, bei welcher die momentane Phase des VCOs an das FM-Eingangssignal angepasst wird; siehe 24-2. FLL und PLL unterscheiden sich nur durch ein Differenzierglied in der Rückkopplungsschleife. Zum vollen Verständnis beider Systeme wird eine nichtlineare Analyse benötigt, da der Frequenz- bzw. Phasenvergleicher ein nichtlineares Teilsystem (z. B. Multiplizierer) ist. Insbesondere der Einrastvorgang von FLL und PLL kann von einem linearen Standpunkt aus nicht verstanden werden. Einzelheiten findet man in der weiterführenden Literatur [12], [13].

Wir wollen auf die wichtigsten Aspekte einer analogen PLL-Struktur eingehen. Die Grundaufgabe eines PLL besteht darin, die Momentanphasen zweier Signale anzugleichen; im Fall von Sinussignalen sind das $s(t) = \sin(\omega_0 t + \Phi(t))$ und $\tilde{s}(t) = \sin(\tilde{\omega}_0 t + \tilde{\Phi}(t))$. Dabei sei $s(t)$ das Eingangssignal und $\tilde{s}(t)$ das VCO-Signal des PLL; vgl. 24-3. Unter der Annahme kleiner Phasenänderungen und bei gleichen Frequenzen ($\omega_0 = \tilde{\omega}_0$) können wir aus dem Produkt der beiden Signale eine sinusförmig von der Differenzphase $\phi := \Phi - \tilde{\Phi}$ abhängige Regelspannung ableiten, wenn man $\tilde{s}(t)$ um 90° phasenverschiebt; es ergibt sich

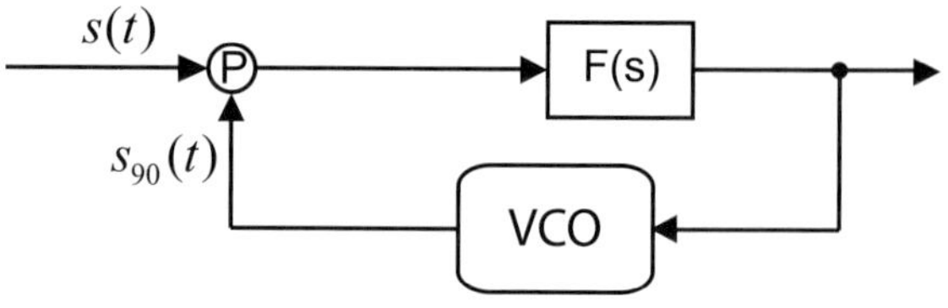

Bild 24-2. Blockbild eines PLL

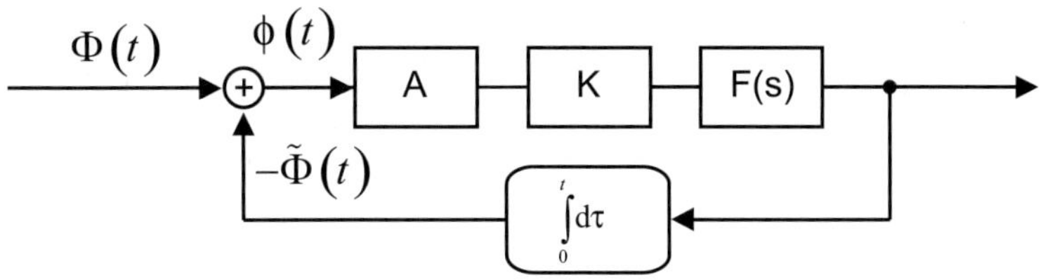

Bild 24-3. Nichtlineares Basisbandmodell eines PLL

$$s(t)\cdot s_{90}(t)=\frac{1}{2}\sin\left(\Phi-\tilde{\Phi}\right)+\frac{1}{2}\sin\left(2\omega_0 t+\Phi+\tilde{\Phi}\right).$$

Wenn man den zweiten Term mit doppelter Kreisfrequenz mit Hilfe eines Tiefpassfilters eliminiert, dann kommt man zum Basisbandmodell des PLL, das bezüglich der Differenzphase ϕ mithilfe einer Integralgleichung beschrieben wird

$$\frac{d\phi}{dt}=\frac{d\Phi}{dt}-K\cdot A\int_0^t f(t-\tau)\sin(\phi(\tau))\,d\tau\,,$$

wobei A und K der Verstärkungsfaktor des Multiplizierers bzw. des Filters und $f(t)$ die Impulsantwort des Tiefpassfilters ($F(s)$ ist die Laplace-Transformierte von $f(t)$) sind; vgl. 24-3. Der VCO kann als Integrator $\int_0^t d\tau$ modelliert werden. Bei vorgegebener Eingangsphase Φ kann man Lösungen dieser Integralgleichung diskutieren. Eine lineare Näherung erhält man, wenn die Sinusfunktion nach dem ersten Glied der Taylorreihe abgebrochen wird. Diese Näherung dient zur Dimensionierung des Filters und zu approximativen Rauschbetrachtungen; vgl. [12]. Die Ordnung eines PLL bestimmt sich aus der Ordnung des Tiefpassfilters plus eins, sodass ein PLL 2. Ordnung ein TP-Filter 1. Ordnung enthält. Der Prozess des Einrastens kann nur mithilfe des nichtlinearen Basisbandmodells diskutiert werden. Im Fall des PLL 2. Ordnung kann man eine geometrische Analyse der resultierenden Differenzialgleichung durchführen und die wichtigsten nichtlinearen Eigenschaften des PLL diskutieren; vgl. [13].

Zur Demodulation von FM-Signalen können auch digitale Koinzidenzschaltungen verwendet werden. Dazu wird das FM-Signal zur Demodulation in ein PWM-Signal überführt. Die momentane Frequenzabweichung wird mithilfe der frequenzabhängigen Phasenlaufzeit eines LC-Schwingkreises nach Rechteckformung mit dem ebenso geformten

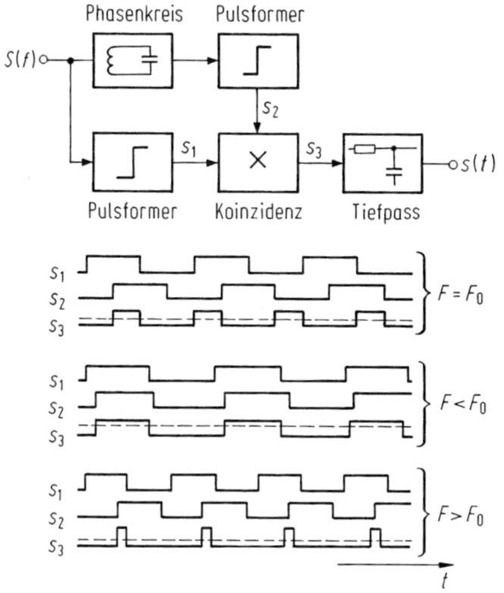

Bild 24-4. Koinzidenzdemodulator für FM-Signale

Eingangssignal $S(f)$ multipliziert. Das Nutzsignal $s(t)$ ergibt sich dann als zeitlicher Mittelwert am Ausgang eines RC-Tiefpassgliedes, s. Bild 24-4.

Hinsichtlich Demodulation digitaler Signale soll auf die weiterführende Literatur verwiesen werden [8], [14].

24.1.4 Pulsdemodulation, Augendiagramm

Zur Wiedergewinnung von Nachrichten aus pulsmodulierten Übertragungssignalen bedient man sich bei wertquantisiertem Modulationssignal stets schwellenbehafteter Koinzidenzschaltungen, da diese in hohem Maße die Ausblendung kanalbedingter Störungen erlauben. Gute Kanalnutzung bei hohem Störabstand erfordert eine Begrenzung des Übertragungsfrequenzbandes $S(f)$, sodass sich sinusartige Signalverläufe $S(t)$ ergeben, wie dies Bild 24-5a erkennen lässt. Durch lineare und nichtlineare Verzerrungen des Übertragungskanales werden die

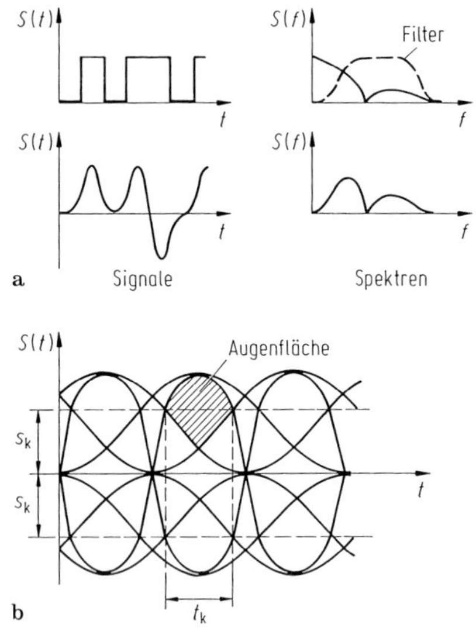

Bild 24-5. **a** PCM-Frequenzbandbegrenzung und **b** Augendiagramm

Zeitverläufe $S(t)$ jedoch von den Musterfolgen abhängig. Die graphische Überlagerung aller möglichen Signalfolgen führt auf das Augendiagramm, das für störsichere Detektion eine geöffnete, im Bild 24-5b schraffierte Augenfläche aufweisen muss. Deren zeitliche Ausdehnung entspricht der Koinzidenzzeit t_k und deren mittlerer Signalwert dem bestmöglichen Wert s_k für die Entscheidungsschwelle.

24.1.5 Funkmessprinzip und Signalauswertung

Durch Pulsmodulation einer hochfrequenten Trägerschwingung kann bei sich ungehindert geradlinig ausbreitenden elektromagnetischen Wellen die Laufzeit zwischen einem Sende- und Empfangsort durch Zeitvergleich aus einem aufmodulierten Signal bestimmt werden. Mit einer einzigen Richtantenne für Senden und Empfang ergeben sich gleiche Ausbreitungswege zu und von einem reflektierenden Hindernis, sodass sich die Richtung aus der Antennenstellung und der Abstand des Hindernisses aus der Laufzeit ermitteln lässt. Verfahren dieser Art werden unter dem Begriff Puls-Radar (Radio Detection and Ranging) zusammengefasst. Die Reichweite R einer solchen Einrichtung kann aus der Beziehung

$$R = 0{,}080\sqrt[4]{4\pi\sigma}\,\sqrt{\lambda}\,10^{(2g+d)/40\,\mathrm{dB}} \tag{24-3}$$

bestimmt werden, wobei λ die Wellenlänge, g der Antennengewinn und d die zugelassene Dämpfung zwischen Sende- und Empfangssignal bedeutet. Die Größe σ ist eine das Reflexionsverhalten des Hindernisses beschreibende, Radarquerschnitt genannte Kenngröße mit der Dimension einer Fläche. Durch den Doppler-Effekt wird bei zeitlicher Veränderung des Abstandes R an der Reflexionsstelle der elektromagnetischen Welle eine Frequenzmodulation aufgepägt. Verfahren, die diese zusätzliche Information nutzen, werden als Doppler-Radar bezeichnet. Sie liefern aus der Geschwindigkeit $v_R = \mathrm{d}R/\mathrm{d}t$ der Abstandsänderung in der Ausbreitungsrichtung R der elektromagnetischen Welle die Doppler-Modulationsfrequenz

$$\Delta f_D = f(t) - f_T = 2(f/c)(\mathrm{d}R/\mathrm{d}t) = 2v_R/\lambda\,. \tag{24-4}$$

Durch eine trägerphasenbezogene Synchrondemodulation oder auch inkohärente Demodulation kann auch die Bewegungsrichtung bestimmt werden [6]. Die räumliche Abtastung, aus Aufwandsgründen meist in zeitlicher Folge vorgenommen, lässt mit speicherbehafteter Signalverarbeitung eine Zeit-Orts-Transformation zu, die bei phasenrichtiger Überlagerung der Ergebnisse ein räumliches Abbild aller erfassten reflektierenden Stellen zu liefern vermag. Verfahren dieser Art werden unter dem Begriff der Mikrowellenholografie zusammengefasst.

24.2 Signalrekonstruktion, Signalspeicherung

24.2.1 Systemadaption und Umsetzalgorithmen

Die Wiedergewinnung nachrichtentechnischer Signale auf der Verarbeitungsseite kann umso einfacher und von kanalspezifischen Störeinflüssen unabhängiger geschehen, je mehr redundante Anteile für die Auswertung zur Verfügung stehen. Diese Anteile brauchen nicht in den augenblicklichen Signalen enthalten zu sein, sondern können auch aus dem Systemverhalten oder dessen Veränderungen gewonnen werden. Dies erfordert eine Informationsspeicherung, da Entscheidungen über die zu erwartenden Veränderungen dann aus bereits übertragenen Informationen gewonnen werden können. Solche Systeme bezeichnet man als adaptiv, da sie in ihrem

Verhalten signalabhängig angepasst werden können, wobei sich Verzugseffekte und Auflösungsgrenzen bemerkbar machen. Durch redundante Signalanteile kann zwar das Verhalten verbessert werden, jedoch kostet dies zusätzliche Kanalkapazität. Zur Adaption signalabhängigen Systemverhaltens kann in endlicher Zeit nur eine beschränkte Anzahl von Werten und Verfahren genutzt werden. Die Regeln nach denen dies erfolgt, müssen eindeutig sein und werden Umsetzalgorithmen genannt. Umsetzungen, die viele verschiedenartige Einflüsse berücksichtigen und/oder längere Zeiträume erfassen, erfordern aus Aufwandsgründen digitale Rechenwerke.

24.2.2 Speicherdichte, Schreib- und Leserate

Die systemangepasste algorithmische Signalverarbeitung erfordert veränderbare Bezugs- und/oder Steuerwerte, die den Entscheidungskriterien zugrunde liegen. Anordnungen mit Speichern erlauben bei digitalem Aufbau einen besonders einfachen Austausch dieser Werte. Durch Zwischenspeicherung des diskontinuierlichen Informationsflusses H'_q einer Quelle kann dieser auf den Mittelwert reduziert und damit Kanalkapazität H'_k des Übertragungsweges eingespart werden. Der in dem Pufferspeicher aufzunehmende Informationsgehalt beträgt dann

$$H_\mathrm{s} = \int_0^T \left(H'_\mathrm{q} - H'_\mathrm{k}\right) \mathrm{d}t \,. \qquad (24\text{-}5)$$

Dies ist für die schmalbandige störarme Übertragung großer redundanzbehafteter Informationsflüsse auf schmalbandigen Kanälen, wie z. B. von Bewegtbildern aus dem Weltraum, von Interesse.

Der in einem Speicher aufnehmbare Informationsgehalt H_s spielt dann eine entscheidende Rolle, wenn es sich um eine Signalreproduktion handelt, da die speicherbare Signaldauer T_s bei konstantem Informationsfluss H' durch $T_\mathrm{s} = H_\mathrm{s}/H'$ bestimmt wird. Der Informationsgehalt hochwertiger akustischer und optischer Nachrichtensignale erfordert bei Signaldauern von einigen Stunden Speicher der Größenordnung Gbit bis Tbit, sodass die Speicherdichte, auf die Fläche bezogen, der üblicherweise benutzte Kennwert ist.

Es sind Schreib-Lese-Speicher und reine Reproduktionsspeicher zu unterscheiden, wobei Erstere eine betriebsmäßige Änderung der gespeicherten Information ermöglichen, Letztere dagegen nur der Signalkonservierung dienen. Die Art des Zugriffs auf die zur Speicherung benutzten Medien bestimmt die Anwendbarkeit der Speicherverfahren für nachrichtentechnische Zwecke, da die abzulegenden oder aufzurufenden Informationen sowohl in ihrer Reihenfolge als auch in ihrer Geschwindigkeit den zugeordneten Quellen und Senken entsprechen müssen. Man bezeichnet diese Informationsflüsse als Schreib- bzw. Leserate, wobei zur Übertragung sowohl einkanalige serielle als auch vielkanalige parallele und Multiplex-Verfahren gleichermaßen zum Einsatz kommen.

24.2.3 Flüchtige und remanente Speicherung

Alle Verfahren zur Signalspeicherung beruhen auf Zustandsänderungen in den Speichermedien. Nach signalabhängiger Einprägung der Veränderungen kann mithilfe von zuordnungsabhängigen Detektionsverfahren zeitversetzt das gespeicherte Signal ein- oder auch mehrmals reproduziert werden. Die einfachste Speicheranordnung ist der Laufzeitspeicher, der als verzerrungsfreier Übertragungsweg eine Signalverzögerung $s(t-\tau)$ bewirkt und in analoger wie auch digitaler Bauweise verwendet wird. Derartige Speicher verlieren nach jedem Durchlauf die Information und werden deshalb als flüchtige Speicher bezeichnet. Ähnliche Eigenschaften weisen auch die meisten vollelektronischen Speicher auf, da die in ihnen enthaltenen Halbleiterbauteile für den Speichervorgang eine kontinuierliche Stromversorgung benötigen. Im Gegensatz dazu benötigen mechanische und elektromagnetische Speicherverfahren keine Hilfsenergie und werden deshalb als remanente Speicher bezeichnet.

24.2.4 Magnetische, elektrische und optische Speicher

Ausgehend von Lochstreifen und Schallplatten zur Signalspeicherung für Reproduktionszwecke werden heute vorwiegend remanente Magnetfelder in dünnen permeablen Schichten genutzt. Dieses Verfahren erlaubt einen wahlfreien Schreib- und Lesebetrieb bei Speicherdichten von einigen kbit/mm^2 und Bandbreiten bis zu mehreren MHz. In Spurform auf Bändern oder Scheiben mit Köpfen nach Bild 24-6 aufmagnetisierte und auslesbare Signalfolgen sind vor allem

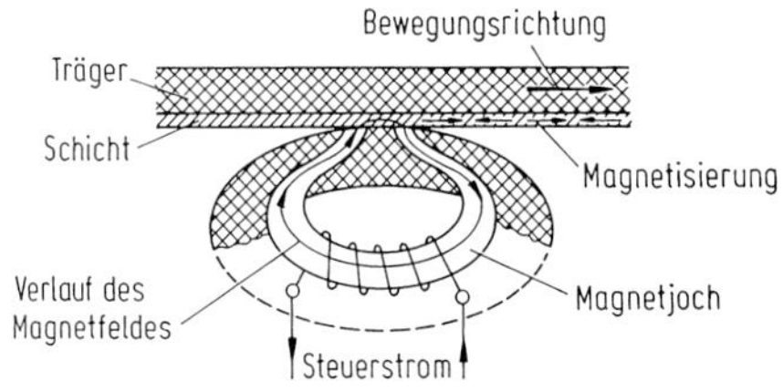

Bild 24-6. Schnittbild eines Magnetkopfes

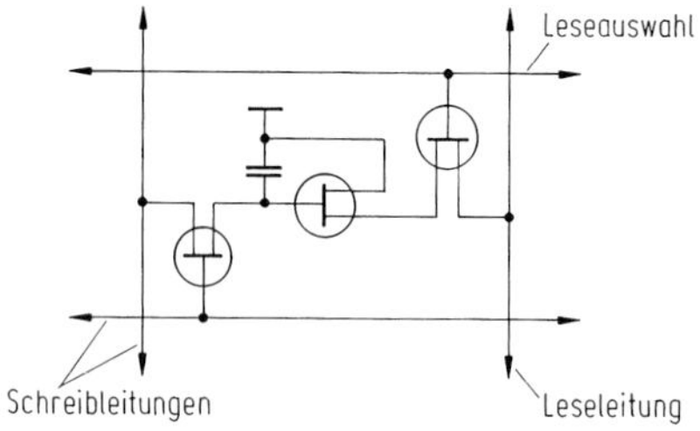

Bild 24-7. Schaltung eines FET-Speicherelementes

für die Signalreproduktion längerer Signaldauern und Speicherzeiten geeignet.

Für die Kurzzeitspeicherung der adaptiven Nachrichtenverarbeitung werden bedarfsabhängig einteilbare Speicher mit hoher Schreib- und Leserate benötigt. Hier werden elektrische Verfahren unter Verwendung digitaler mikroelektronischer Schaltungen aus Feldeffekttransistoren nach Bild 24-7 bevorzugt, da sie einschränkungsfrei adressierbar bei Speicherdichten von Mbit/cm^2 bei einem Strombedarf von einigen mA/Mbit aufweisen. Der Nachteil der Flüchtigkeit kann durch Pufferung der Stromversorgung ausgeglichen werden. Zur Speicherung sehr umfangreicher Nachrichten bedient man sich zunehmend digitaler optischer Verfahren holographischer Art, die Speicherdichten bis zu Mbit/mm^2 ermöglichen. Die hierzu verwendeten Verfahren gestatten jedoch vorerst nur eine sequentiell serielle Signalreproduktion.

24.3 Signalverarbeitung und Signalvermittlung

24.3.1 Strukturen für die Verarbeitung analoger und digitaler Signale

Die signalwertabhängige Beeinflussung von Eigenschaften nachrichtentechnischer Einrichtungen wird als Signalverarbeitung bezeichnet. Es können sowohl signalabhängige als auch durch Störeinflüsse bedingte Veränderungen gleichermaßen vermindert oder ausgeglichen werden. Gesteuerte Systemveränderungen sind den Signalwerten starr zugeordnet, wie z. B. bei der nichtlinearen Quantisierung. Bei den geregelten Systemveränderungen dagegen werden mittels Detektion bestimmte Systemeigenschaften nachgeführt, wie z. B. der Dämpfungsausgleich in Systemen mit pilotabhängiger Verstärkungsregelung, bei denen ein Trägersignal konstanter Amplitude als Bezugsgröße dient.

Die Signalverarbeitung bediente sich früher vorwiegend analoger Einrichtungen, die jedoch zunehmend durch digitale ersetzt wurden, weil sich damit systembedingte Abhängigkeiten einfacher berücksichtigen ließen. Analoge Einrichtungen zeigen zwar signalspeicherndes Tiefpassverhalten, das bei einfacheren Verarbeitungszusammenhängen zu aufwandsgünstigeren Anordnungen bei hoher Bandbreite führt, sind jedoch Einschränkungen hinsichtlich der Stabilität unterworfen. Auflösung und Bandbreite digitaler Einrichtungen sind dagegen nur vom Aufwand und den Eigenschaften der Signalwandler abhängig. Informationsflüsse bis 100 Mbit/s und Störabstände bis 100 dB lassen sich bei vertretbarem Aufwand beherrschen. Dabei werden die modernen Signalprozessoren genutzt. Diese Elemente sind höchstintegrierte Spezialrechner, die bei Auflösungen von 16 Bit Signalflüsse bis 100 Mbit/s mit Filterungs- und Korrelationsverfahren in parallelen Strukturen verarbeiten können, siehe Bild 24-8.

24.3.2 Signalauswertung und Parametersteuerung

Die Anpassung von Systemeigenschaften erfordert steuerungsabhängige Informationen. Verfahren dieser Art setzen voraus, dass die entscheidenden Störungseinflüsse bekannt sind und durch in eindeutig steuerungsfähige Parameter beschrieben werden können. Durch Vergleich zwischen erwartetem und vorhandenem Signal können dabei diese Systemparameter durch Korrelation bei trennbaren Mustern gewonnen werden. Dazu müssen gespeicherte Referenzmuster vorliegen oder durch Berechnung aus Signalwertfolgen bestimmt werden. Die Korrelationsintervalle müssen dazu den Änderungsgeschwindigkeiten der Störeinflüsse angepasst werden. Daraus folgt stets eine Verzögerung in

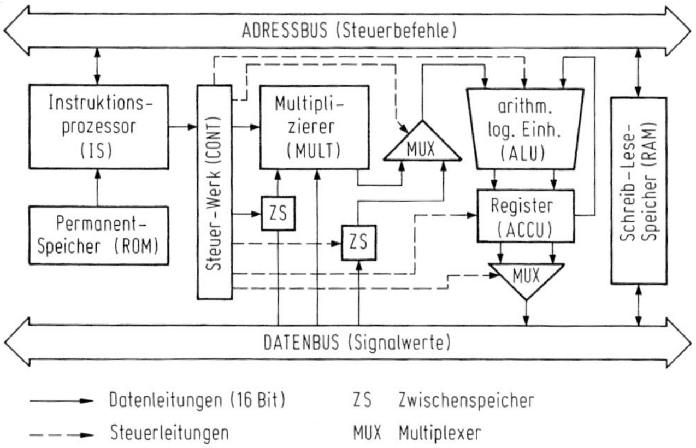

Bild 24-8. Aufbauprinzip eines Signalprozessors

der Nachführung, die Vorhalt genannt wird und zu Fehlern bei sprunghaften Zustandsänderungen führt.

24.3.3 Rekursion, Adaption, Stabilität, Verklemmung

Die Signalverarbeitung besteht aus rekursiven und nichtrekursiven Verfahren, die sich auf die Bearbeitung vorhergehender Zustände stützen bzw. diese nicht benötigen. Die Grundstrukturen gliedern sich in Schleifenschaltungen für den rekursiven Betrieb, siehe Bild 24-9a und in Abzweigschaltungen für den nichtrekursiven Betrieb, siehe Bild 24-9b. Maßgebend für die Annäherung an Sollwerte ist bei digitalen Einrichtungen mit schrittweisem Vorgehen die zeitabhängige Veränderung der Systemparameter z, die als Adaption bezeichnet wird und sich auf die vorgenannte Parametersteuerung stützt.
Die beiden Strukturen von Bild 24-9 zeigen insoweit unterschiedliches Verhalten, als bei rekursiven Verfahren durch phasenrichtige Rückführung die Anordnung zu Eigenschwingungen erregt werden kann. Die Stabilität des Betriebsverhaltens kann so ungünstig beeinflusst werden, dass vom Eingangs-

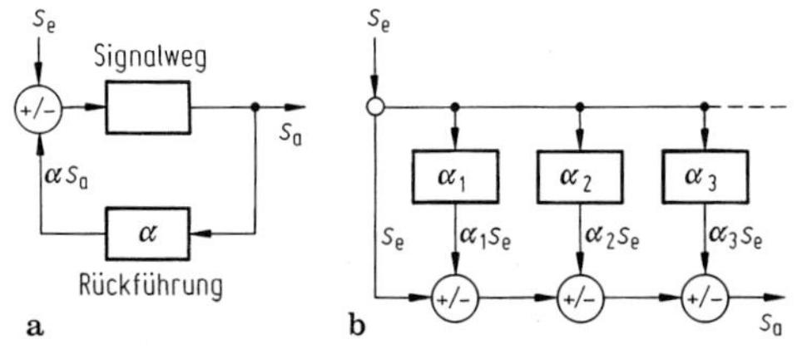

Bild 24-9. a Rekursiv- und **b** Abzweigstruktur

signal unabhängige Ausgangssignale auftreten, die Grenzzyklen genannt werden. Andererseits neigen alle parametergesteuerten Signalverarbeitungsverfahren mit auswertungsabhängiger Rückkopplung zur Verklemmung, bei der das System fortwährend in einem durch Signaländerungen unbeeinflussbaren Zustand verharrt und damit untauglich wird [7].
Im Gegensatz zu den analogen Systemen, die durch Differentialgleichungen beschrieben werden, hat man es bei zeitdiskreten Systemen mit Differenzengleichungen zu tun. Im Fall linearer zeitinvarianter Systeme besitzen die Analysemethoden für beide Arten der Beschreibungsgleichungen gewisse Ähnlichkeiten, da die Lösungen dieser Gleichungen in Funktionenvektorräumen endlicher Dimension (Ordnung der Differenzial- oder Differenzengleichungen bzw. Anzahl der Zustandsgrößen) enthalten sind. Daher kann man die entsprechenden Lösungstheorien auf der Grundlage der linearen Algebra entwickeln; vgl. Literaturhinweise in Mathis [9]. In der weiterführenden Literatur wird auf die mathematischen Grundlagen analoger Schaltungen eingegangen (z. B. in [9], [11]) und in [10] werden die verschiedenen Architekturen der digitalen Signalverarbeitung, deren Eigenschaften und grundlegende Entwurfsverfahren behandelt.

24.3.4 Netzarten, Netzführung, Ausfallverhalten

Eine besondere Art der Signalverarbeitung stellt die gesteuerte Umschaltung von Nachrichtenkanälen in Verteilsystemen mit mehr als 2 Knoten dar. Man nennt derartige Systeme Nachrichtennetze. Je nach der Anordnung der zwischen den Knoten

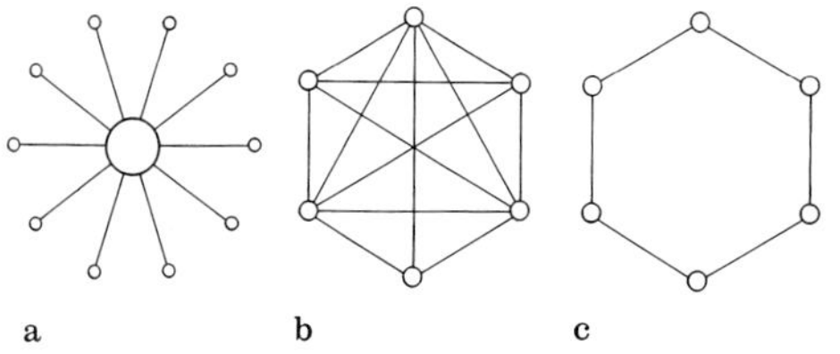

Bild 24-10. Grundstrukturen von Nachrichtennetzen. **a** Sternnetz, **b** Maschennetz, **c** Schleifennetz

vorhandenen Kanäle ist zwischen dem Sternnetz nach Bild 24-10a, dem Maschennetz nach Bild 24-10b und dem Schleifennetz Bild 24-10c zu unterscheiden. Die Vermittlungsstellen in den Knoten bestehen aus Multiplexeinrichtungen zur bedarfsabhängigen Umschaltung der Übertragungskanäle und werden zur informationsflussabhängigen Zuweisung der Kanalkapazität durch Signalverarbeitungseinrichtungen gesteuert. Diese Funktion wird als Netzführung bezeichnet.

Im Sternnetz kann nur der erste Teil dieser Funktion erfüllt werden, da die Übertragungswege den Teilnehmern starr zugeordnet sind und deshalb ein Austausch verfügbarer Kanalkapazität nicht möglich ist. Im Gegensatz dazu erlaubt das Maschennetz eine bedarfsabhängige Zuweisung von Kanalkapazität, was sich bei hoher Auslastung oder Ausfällen von Übertragungswegen für Umweg- bzw. Ersatzschaltungen nutzen lässt. Voraussetzung dafür sind Informationen über die Belastungsverhältnisse des Netzes und über die Veränderungen des Schaltzustandes. Informationen dieser Art können zwar in einem übergeordneten Steuerungsnetz übertragen werden, heute wird aber ihre Aufnahme in das sog. Vermittlungsprotokoll bevorzugt. Das Schleifennetz ist meist protokollgesteuert und fordert zwar den geringsten Aufwand, doch besteht selbst bei Gegenverkehr hier im Überlastungs- oder Störungsfall die Gefahr der Inselbildung, bei der nicht mehr alle Knoten jederzeit miteinander in Verbindung treten können.

24.3.5 Belegungsdichte, Verlust und Wartezeitsysteme

Die Belastung eines Nachrichtennetzes wird durch die Ausnutzung von bereitgestellter Kanalkapazität bestimmt. Für ein Netz mit n gleichen Kanälen ergibt sich dann die Belegungsdichte E als Verhältnis aus Nutzungsdauer t_N und Verfügbarkeitszeit t_V. Der Größe E wird zur Unterscheidung die unechte Sondereinheit Erlang (Erl) zugewiesen. Sind in einem Netz n Kanäle unterschiedlicher Kanalkapazität H'_i zusammengefasst, so sind diese entsprechend zu bewerten und es gilt

$$E = (t_\mathrm{N}/t_\mathrm{V})\mathrm{Erl} = \left[\sum_1^n (H'_i t_{\mathrm{N}i}) \Big/ \sum_1^n (H'_i t_{\mathrm{V}i})\right] \mathrm{Erl}\,. \tag{24-6}$$

Die Kanalanforderung und Zuweisung kann entweder in einem festgelegten Zeitrahmen in der Reihenfolge der Anforderungen oder auch nach einer zustandsabhängigen Prüfung in einer belastungsgünstigeren Reihenfolge vorgenommen werden. Vermittlungsnetze der ersten Art werden als Verlustssysteme bezeichnet, da in ihnen bei hoher Belegungsdichte Anforderungen als undurchführbar zurückgewiesen werden. Im Gegensatz dazu ergeben sich bei den Wartezeitsystemen belastungsabhängige Verzugszeiten zwischen Bedarfsanforderung und Kanalzuweisung. Durch die Anpassungsfähigkeit digitaler signalspeichernder Verarbeitungseinrichtungen zur bedarfsgesteuerten Zuweisung von Übertragungswegen unterschiedlicher Kanalkapazität ist es inzwischen gelungen, die Suchzeit so weit zu verkürzen und betriebsbedingte Umsteuerungen so zu beschleunigen, dass sich kaum noch Unterschiede zwischen diesen beiden Betriebsarten ergeben und Wartezeitsysteme fast echtzeittauglich geworden sind.

ELEKTRONIK

K. Hoffmann, W. Mathis, G. Wiesemann

25 Analoge Grundschaltungen

Das Betriebsverhalten elektronischer Schaltungen wird vor allem von den in ihnen enthaltenen elektronischen Bauelementen (vgl. 27) bestimmt. Ihre besonderen Eigenschaften sind nichtlineare Zusammenhänge zwischen Strom und Spannung oder die verstärkende Wirkung gesteuerter Energieumsetzung. Dazu sind Ruhespannungen und -ströme erforderlich, die sogenannte Arbeitspunkte bilden und eine Beschaltung dieser Elemente erfordern. Neben Versorgungsquellen werden dafür passive lineare Netze oder auch elektronische Bauteile eingesetzt. Durch Störeffekte der Beschaltung und Trägheitseffekte der elektronischen Ladungsträgersteuerung ergeben sich Frequenzabhängigkeiten, die auf nichtlineare Differenzialgleichungen führen. Aus ihnen lassen sich jedoch keine überschaubaren Bemessungskriterien ableiten [1]. In der Praxis wird die Zerlegung in Grundschaltungen bevorzugt, da sich damit Einflussfaktoren getrennt betrachten lassen. Umfangreichere Anordnungen werden dann aus solchen Grundschaltungen zusammengesetzt.

25.1 Passive Netzwerke (RLC-Schaltungen)

Widerstände, Kondensatoren, Spulen und Übertrager sind zwar keine elektronischen Elemente, werden wegen der sicheren Einhaltung ihrer Kennwerte, wegen ihres einfacheren Aufbaues und geringeren Störbeeinflussung aber bevorzugt zur stabilisierenden Beschaltung elektronischer Bauteile eingesetzt. Dies trifft vor allem auf die signalunabhängige Festlegung von Arbeitspunkten und die Vermeidung von Rückwirkungen zwischen Signal- und Versorgungsquellen zu, damit passiven Netzwerken Signale besonders einfach frequenzselektiv voneinander getrennt werden können.

25.1.1 Tief- und Hochpassschaltung

Die einfachste Art frequenzselektiver Entkopplung besteht in einer aus einem Kondensator C und einem Widerstand R gebildeten Weiche nach Bild 25-1. Diese wird vorzugsweise zur Trennung der Gleichstrom-Arbeitspunkteinstellung von der Wechselstromansteuerung in elektronischen Schaltungen eingesetzt und als kapazitive Ankopplung bezeichnet. Für den Versorgungspfad gilt mit der Eingangsimpedanz $|Z_e| = |U/I| \gg R, |1/\omega C|$ und $U_s \ll U_0$

$$U(f)/U_0 = (1/\mathrm{j}\omega C)/(R + 1/\mathrm{j}\omega C) = 1/(1 + \mathrm{j}\omega RC) = 1/(1 + \mathrm{j}f/f_g)\,. \quad (25\text{-}1)$$

Wichtigster Kennwert dieser Anordnung ist die Eckfrequenz $f_g = 1/2\pi RC$, bei der die Eingangsamplitude U auf das $1/\sqrt{2}$-fache des Bezugswertes U_0 absinkt, der hier der Gleichspannungswert $U_0 = U(f = 0)$ ist. Diese Frequenzabhängigkeit $h(f)$ wird Tiefpassverhalten genannt und als Bode-Diagramm in doppeltlogarithmischer Darstellung nach Bild 25-2 wiedergegeben. Der Signalpfad besitzt dagegen bei Bezug auf den Signalwert

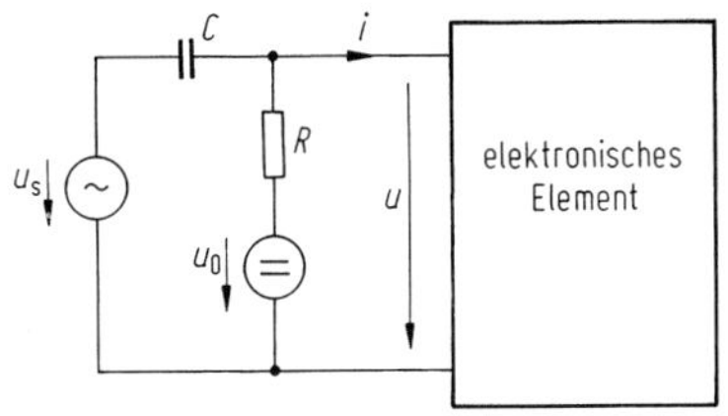

Bild 25-1. Signal- und Versorgungsquellenentkopplung durch Hoch-Tiefpass-Glied

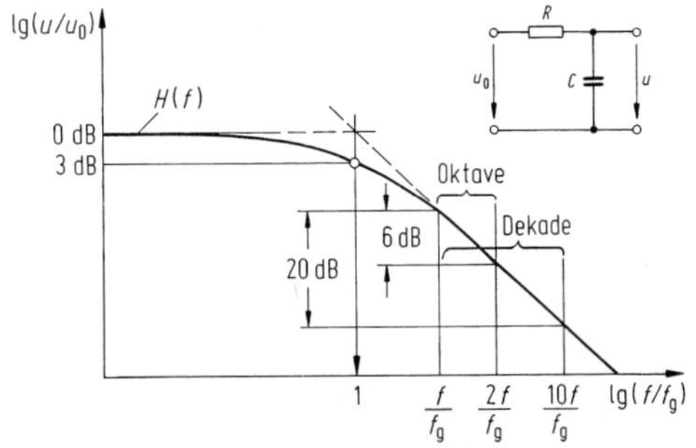

Bild 25-2. Bode-Diagramm eines Tiefpass-RC-Gliedes

$U_s = U(f \to \infty)$ Hochpassverhalten mit derselben Eckfrequenz f_g:

$$U(f)/U_s = R/(R + 1/j\omega C) = 1/(1 + 1/j\omega RC) = 1/(1 - jf_g/f) \quad (25\text{-}2)$$

25.1.2 Differenzier- und Integrierglieder

Hoch- und Tiefpassverhalten führen im Zeitbereich auf Differenzialgleichungen, deren Lösungen Exponentialfunktionen der Art $e^{-t/\tau}$ oder $1 - e^{-t/\tau}$ sind. Sprunghafter Signalanstieg zum Zeitpunkt $t = 0$ bewirkt ein Einschwingverhalten nach Bild 25-3. Als Kennwert dient die Zeitkonstante τ, die mit der Grenzfrequenz f_g und Werten R und C über die Beziehung

$$\tau = 1/(2\pi f_g) = RC \quad (25\text{-}3)$$

zusammenhängt. Die Übertragung pulsförmiger Signale in elektronischen Schaltungen führt wegen Tiefpassverhaltens stets auf Signalverzögerungen. Bei einer relativen Schwellamplitude von $U/U_0 = 0{,}5$ ergibt sich dadurch ein Zeitversatz um $t_V = \tau \ln 2 = 0{,}69\tau$, wie in Bild 25-3 eingetragen. Die Eingangsimpedanz Z_e elektronischer Bauteile kann durch ein RC-Glied nach Bild 25-4 genähert werden. Durch Überbrückung eines vorgeschalteten Widerstandes R mit einer Zusatzkapazität C_z kann diese

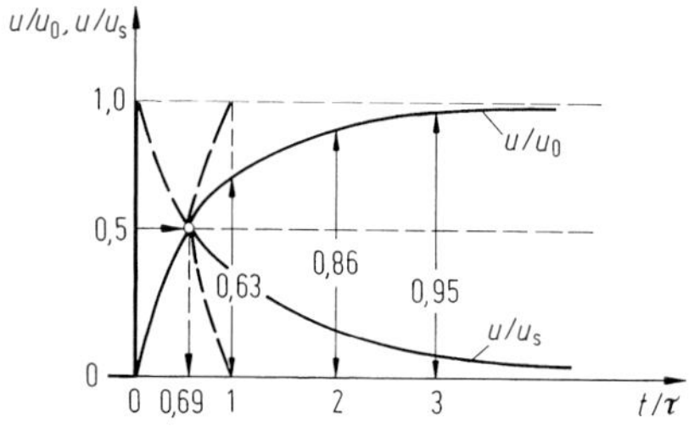

Bild 25-3. Einschwingverhalten von RC-Gliedern

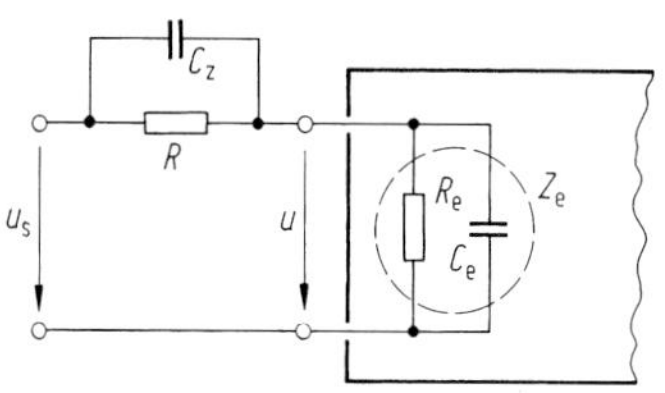

Bild 25-4. Frequenzkompensierte Teilerschaltung

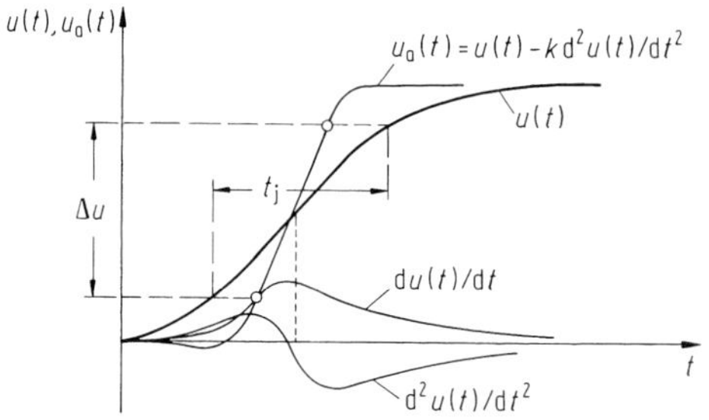

Bild 25-5. Zur Versteilerung von Impulsflanken

Störung vermindert werden, wenn die Zeitkonstanten der beiden RC-Glieder gleich bemessen werden,

$$\tau = R_e C_e = RC_z \text{ und damit } C_z = R_e C_e / R\,. \quad (25\text{-}4)$$

Diese Anordnung bezeichnet man als frequenzkompensierten Spannungsteiler. Die Abflachung von Impulsflanken durch Tiefpassverhalten führt bei ungenauer schwellenbehafteter Auswertung auf zeitliche Schwankungen t_j, die als sog. *Jitter* bezeichnet werden. Durch Signalumkehr und zweimalige Differenziation mit Hochpassschaltungen können Impulsflanken versteilert und dadurch ein in Schwellpegelschwankungen ΔU begründeter Jitter t_j gemäß Bild 25-5 vermindert werden.

25.1.3 Bandpässe, Bandsperren, Allpässe

Die selektive Trennung von Signalanteilen in einzelne Frequenzbänder erfordert die Zusammenschaltung frequenzabhängiger Übertragungsglieder, im einfachsten Fall je eines Hoch- und eines Tiefpasses. Dabei ist zwischen zwei Fällen zu unterscheiden, da $f_{g,HP} > f_{g,TP}$ oder $f_{g,HP} < f_{g,TP}$ gewählt werden kann, wie Bild 25-6 erkennen lässt. Innerhalb der Bandbreite $B = |f_{g,TP} - f_{g,HP}| = f_o - f_u$ wird das

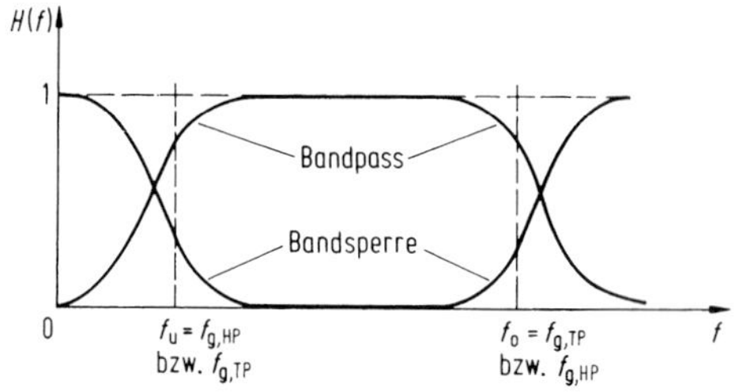

Bild 25-6. Frequenzverlauf von Bandpass und Bandsperre

Signal übertragen oder unterdrückt. Man bezeichnet solche Schaltungen als Bandpässe bzw. Bandsperren. Die Frequenzabhängigkeit ihres Übertragungsverhaltens $h(f) = U_a(f)/U_e$ lässt sich als Produkt von (25-1) und (25-2) aus je einem entkoppelten RC-Hoch- und Tiefpass gewinnen:

$$h(f) = 1/(1 + (f_{g,\,HP}/f_{g,\,TP}) + j(f/f_{g,\,TP} - f_{g,\,HP}/f))\,. \qquad (25\text{-}5)$$

Schwingkreise aus Spulen und Kondensatoren weisen wegen geringerer Verluste gegenüber RC-Schaltungen höhere Kreisgüten

$$Q = \sqrt{f_{g,TP} f_{g,HP}}/B = f_m/B$$

auf und ermöglichen deshalb den Bau von Filtern geringerer Bandbreite B. Eine Steigerung der Kreisgüte Q erfordert eine bessere Konstanz der Mittenfrequenz f_m, was durch Bauteile mit mechanischen Resonanzen, z. B. durch Schwingquarze, erreicht werden kann.

Allgemein lässt sich frequenzselektives Verhalten auf das entsprechender Tiefpässe zurückführen, indem eine Frequenznormierung $|f - f_m|f_g$ vorgenommen wird, sodass bei zur Mittenfrequenz f_m symmetrischem Dämpfungsverlauf die Angabe einer Eckfrequenz f_g genügt. Die Bemessung von Filterschaltungen höheren Grades richtet sich dabei nach der für den Dämpfungsverlauf gewählten Polynomfunktion [2]. Dabei ist zwischen Bessel-, Butterworth- und Tschebyscheff-Filtern zu unterscheiden, deren Übertragungs- und Einschwingverhalten in Bild 25-7 vergleichend dargestellt ist. Die in der elektronischen Schaltungstechnik bevorzugten Butterworth-Filter bieten einen gewissen Ausgleich zwischen Dämpfungsanstieg und Überschwingen.

Eine besondere Filterart sind *Allpässe*. Sie bewirken eine frequenzabhängige Phasendrehung der übertragenen Signale ohne Amplitudenveränderung. Werden sie als RC-Schaltung entsprechend Bild 25-8 ausgeführt, so gilt mit der Eckfrequenz $f_g = 1/2\pi RC$ für ihr Übertragungsverhalten

$$\begin{aligned} h(f) &= (1 - jf/f_g)/(1 + jf/f_g) \\ &= \exp(-j \cdot 2\arctan(f/f_g))\,. \qquad (25\text{-}6) \end{aligned}$$

Die verzerrungsfreie Auftrennung und Wiederzusammenführung von Signalen durch selektive Filterschal-

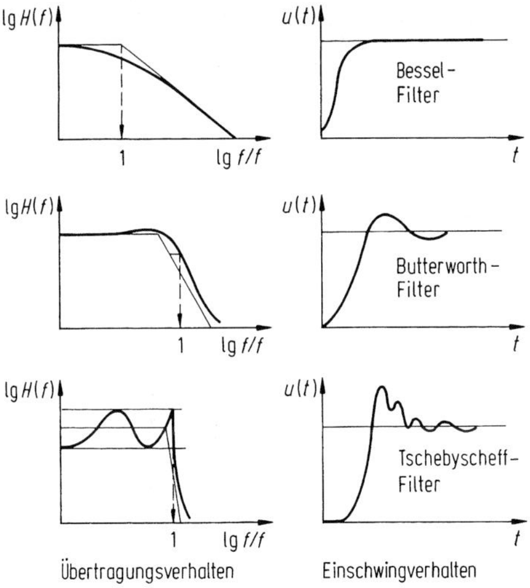

Bild 25-7. Übertragungs- und Einschwingverhalten von Bessel-, Butterworth- und Tschebyscheff-Filtern

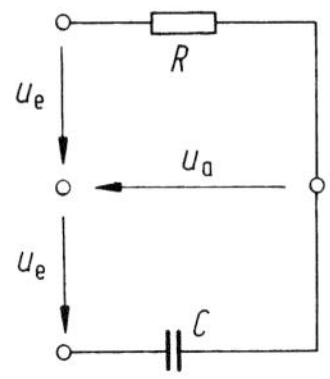

Bild 25-8. Allpassfilter

tungen wird als Frequenzweiche bezeichnet und erfordert, dass das Summensignal U_a am Ausgang keine Abhängigkeit von der Frequenz f aufweisen darf. Diese Forderung wird durch je eine einfache RC-Hoch- und Tiefpassschaltung gleicher Eckfrequenz f_g nach Bild 25-1 erfüllt. Dies zeigt die Summenbildung der Ausgangssignale U_0 und U_s in Bild 25-3 für beide Schaltungen, die verzerrungsfrei die anregende Sprungfunktion liefert.

25.1.4 Resonanzfilter und Übertrager

Schmale Bandpässe zur selektiven Abtrennung von Spektralanteilen werden als Resonanzfilter bezeichnet. In der Elektronik werden dazu je nach Anforderungen sehr unterschiedliche Ausführungen und Bemessungsprinzipien verwendet. Weit verbreitet sind Potenzfilter bei denen mehrere Resonanzkreise rückwirkungsfrei so überlagert werden, dass sich das Gesamtübertragungsverhalten als Produkt in der Form

$$h(f) = U_a(f)/U_a(f_m) = 1 \Big/ \prod_{i=1}^{n} [1 + jQ_i(f/f_{mi} - f_{mi}/f)] \qquad (25\text{-}7)$$

schreiben lässt, wobei f_{mi} die Mittenfrequenzen und Q_i die Güten der einzelnen Kreise sind. Je nach Ansatz des Polynomes für den Dämpfungsverlauf ergeben sich Butterworth-, Bessel- und Tschebycheff-Filter. Wenn bei Filtern neben der Welligkeit (Ripple) im Durchlassbereich auch im Sperrbereich der Übertragungsfunktion eine Welligkeit vorgeschrieben ist, dann spricht man von Cauer-Filtern oder elliptischen Filtern; vgl. weiterführende Literatur. Einen einfacheren Aufbau bietet die Zusammenfassung je zweier Resonanzkreise zu einem Koppelfilter, das meist mit transformatorischer Kopplung nach Bild 25-9 ausgeführt wird. Bei gleicher Mittenfrequenz $f_m = 1/(2\pi\sqrt{L_1C_1}) = 1/(2\pi\sqrt{L_2C_2})$ der beiden Kreise und überkritisch bemessener Kopplung $K > M\sqrt{Q_1Q_2}/\sqrt{L_1L_2}$ ergibt sich ein höckerartiger zur Mittenfrequenz f_m symmetrischer Dämpfungsverlauf mit steilerem Anstieg in Resonanznähe als bei Einzelkreisen. Die transformatorische Signalübertragung erlaubt außerdem eine Potenzialtrennung zwischen Ein- und Ausgang.

Mitten- und Grenzfrequenzen sollen in elektronischen Schaltungen die geforderten Werte frei von Schwankungseinflüssen einhalten. Dazu bedient man sich der Empfindlichkeitsanalyse und vermindert störende Abhängigkeiten durch Kompensationsmaßnahmen. Die wichtigste Einflussgröße stellt die Betriebstemperatur θ dar, deren Einfluss durch den Temperaturkoeffizienten α als relative temperaturbezogene Abweichung beschrieben wird. Für Kapazitäten gilt so z. B. $\alpha = (\Delta C/C)/\Delta\theta$. Kompensationsmaßnahmen erfordern Bauteile entgegengesetzt wirkenden Temperaturverhaltens, also umgekehrtes

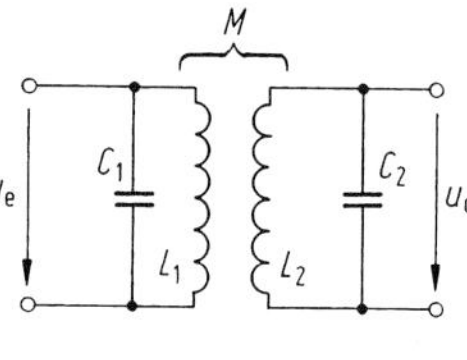

Bild 25-9. Koppelfilter

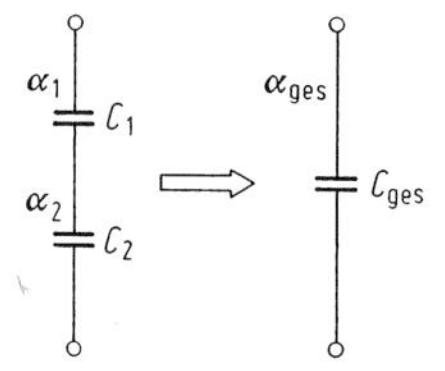

Bild 25-10. Zur Temperaturkompensation

Vorzeichen des Temperaturkoeffizienten α. Für die Reihenschaltung zweier temperaturabhängiger Kondensatoren C_1 und C_2 nach Bild 25-10 gilt damit

$$1/C_{ges} = (1/C_1 + 1/C_2)$$

und

$$\alpha_{ges} = \frac{\alpha_1 C_2 + \alpha_2 C_1}{C_1 + C_2} \,. \qquad (25\text{-}8)$$

25.2 Nichtlineare Zweipole (Dioden)

Grundsätzlich besitzen alle elektronischen Bauteile nichtlineare Zusammenhänge zwischen ihren Klemmenspannungen und/oder -strömen, die mit wachsender Aussteuerung zunehmend zu Verzerrungen führen. Je nach Anwendungszweck werden bestimmte Verzerrungen funktionsmäßig genutzt oder sie werden durch Begrenzung der Aussteuerung und/oder durch Beschaltung mit linearen passiven Bauteilen entsprechend den Anforderungen vermindert.

25.2.1 Diodenverhalten (Beschreibung)

Das einfachste aus einem Halbleiterübergang (siehe 27.2) bestehende elektronische Bauelement ist die Diode. Der Zusammenhang zwischen I und U wird bei überlastungsfreiem Betrieb durch eine Exponentialfunktion beschrieben:

$$I = I_s(e^{U/U_T} - 1) \approx I_s e^{U/U_T} \text{ für } |I| \gg I_s \,. \qquad (25\text{-}9)$$

Dabei bedeutet I_s den Sperrstrom und U_T die Temperaturspannung. Die Temperaturspannung U_T, im praktischen Fall stets etwas größer als ihr theoretischer Wert (kT/e): Boltzmann-Konstante × Temperatur/Elementarladung), besitzt für Siliciumhalbleiter einen Wert von etwa 40 mV. Der Zusammenhang (25-9) führt auf den spannungsabhängigen Widerstand $R = U/I = R(U)$,

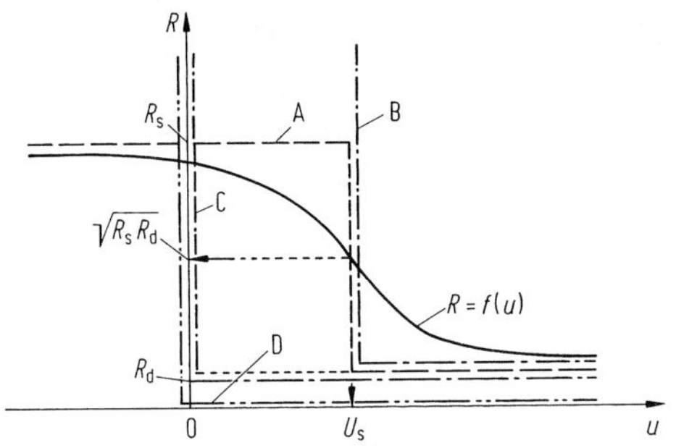

Bild 25-11. Spannungsabhängiger Widerstandsverlauf einer Diode mit Näherungen

den Bild 25-11 zeigt und der durch den Sperrwiderstand R_s und den Durchlasswiderstand R_d sowie die Schleusenspannung $U_S = U(R = \sqrt{R_s R_d})$ gekennzeichnet ist, die für Siliciumdioden etwa $U_S = 0{,}7\,\mathrm{V}$ beträgt. Das Verhalten von Dioden kann aussteuerungs- und beschaltungsabhängig in folgenden Schritten angenähert werden:

A. Sprungartige Umschaltung zwischen Sperr- und Durchlasswiderstand bei der Schleusenspannung U_S
B. Sperrwiderstand der Diode vernachlässigbar hoch: $R_s \to \infty$
C. Schleusenspannung vernachlässigbar klein: $U_S \approx 0$
D. Diodenstrom vom Durchlasswiderstand $R_d = 0$ unabhängig und damit das Verhalten des idealen Schalters.

Die Geschwindigkeit der Umschaltung wird durch die Trägheit der Ladungsträger im Halbleiter und durch die Umladung innerer spannungsabhängiger wie auch aufbaubedingter fester Kapazitäten begrenzt. Daraus folgt Tiefpassverhalten nach (25-1), das sich dem spannungsabhängigen nichtlinearen Verhalten der Diode überlagert.

Im Großsignalbetrieb kann man eine Diode übrigens durch die folgende Beziehung in impliziter Weise beschreiben

$$u \cdot i = 0\,, \quad u, i > 0\,.$$

25.2.2 Gleichrichterschaltungen

Gleichrichterschaltungen werden zur Erzeugung von Gleichspannungen und -strömen aus der netzfrequen-

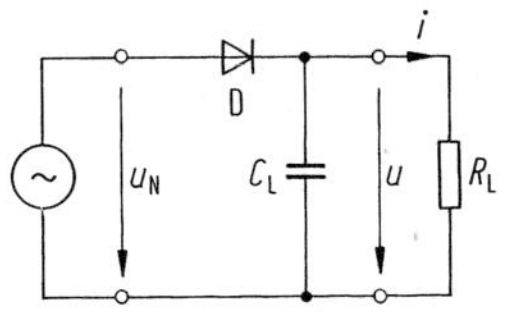

Bild 25-12. Diodengleichrichterschaltung

ten Wechselstromversorgung eingesetzt und bestehen im einfachsten Fall aus einer Anordnung mit einer Diode D nach Bild 25-12. Ein dem Verbraucherlastwiderstand R_L parallel geschalteter Ladekondensator C_L liefert dabei Ausgangsgleichstrom I in der Sperrphase der Diode. Bei sinusförmiger Netzspannung U_N der Frequenz $f = 1/T$, exponentiellem Verlauf der Spannung $U(t)$ in der Sperrphase nach Bild 25-13 und linearer Entwicklung dieser Abhängigkeit gilt für die *Brummspannung* genannte Spannungsschwankung

$$\Delta U = U_{max} - U_{min} = U_{max}(1 - e^{-T/R_L C_L}) \approx U_{max} T / R_L C_L \qquad (25\text{-}10)$$

am Ausgang dieser Einwegschaltung genannten Anordnung. Für die Bemessung des Ladekondensators ergibt sich daraus

$$C_L \approx U_{max}/\Delta U f R_L = I/\Delta U f\,. \qquad (25\text{-}11)$$

Der Ausgangsgleichstrom I durchfließt in dieser Schaltung auch die Speisequelle. Sie muss deshalb gleichstromdurchgängig sein und wird dadurch belastet. Für eine analytische Betrachtung der Einweggleichrichtung wird übrigens erheblicher mathe-

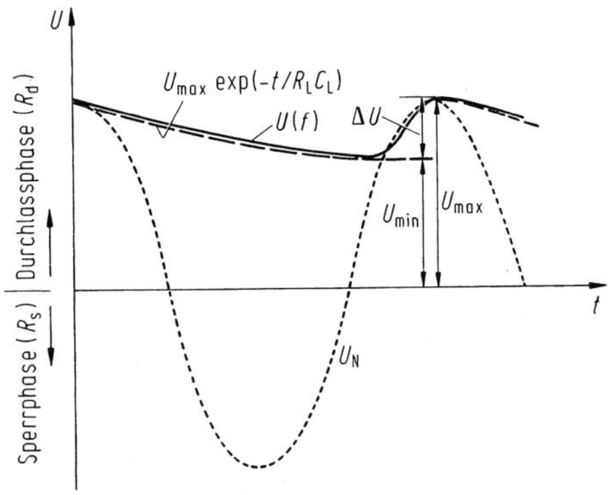

Bild 25-13. Brummspannungsverlauf beim Einweggleichrichter

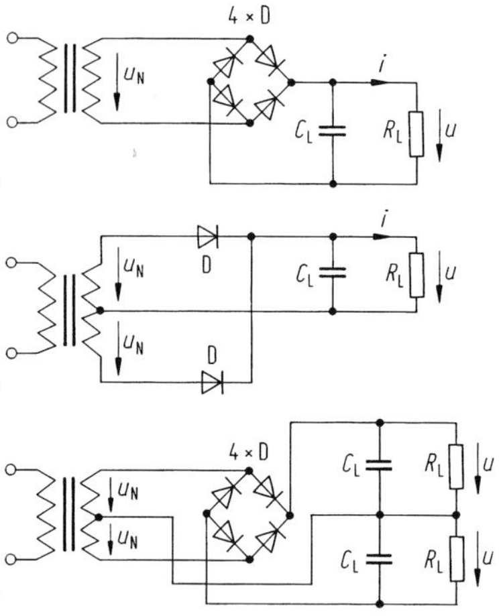

Bild 25-14. Zweiweg-Gleichrichterschaltungen

matischer Aufwand benötigt; vgl. die weiterführende Literatur und insbesondere Kriegsmann's Arbeit [12]. Die in Bild 25-14a gezeigte Brückenschaltung vermeidet diesen Nachteil, da sich der Gleichstrompfad in der Gleichrichterschaltung schließt. Zur Bemessung des Siebkondensators C_L ist wie bei der für größere Ströme günstigeren Mittelpunktschaltung Bild 25-14b und der für symmetrische Ausgangsspannungen bevorzugten Doppelmittelpunktschaltung Bild 25-14c die Frequenz f der Brummspannung ΔU in (25-11) gleich der doppelten Netzfrequenz $2f_N$ zu setzen, da die Zweiwegschaltungen von Bild 25-14 beide Halbschwingungen zur Gleichrichtung nutzen. Wird die untere Hälfte der Gleichrichterbrücke in Bild 25-14c nebst der zugehörigen Speisung fortgelassen, so ergibt sich die Delon-Schaltung Bild 25-15a, die eine Verdopplung der Ausgangsspannung auf $2\,U$ bewirkt und aus zwei Einwegschaltungen besteht. Entsprechendes Verhalten besitzt auch die Villard-Schaltung Bild 25-15b, mit einer galvanischen Verbindung zwischen Ein- und Ausgang. Der Koppelkondensator C_K wird von der Überlagerung der Gleich- und der Wechselspannung $U + U_N$ beansprucht. Diese Schaltung n-stufig fortgesetzt, wie in Bild 25-15c gezeigt, wird Greinacher-Kaskade genannt und dient zur Erzeugung hoher Gleichspannungen. Spannungsvervielfacherschaltungen haben einen hohen ausgangsseitigen Innenwiderstand, der auf die kapazitive Zuführung der Netzspannung U_N zurückzuführen ist.

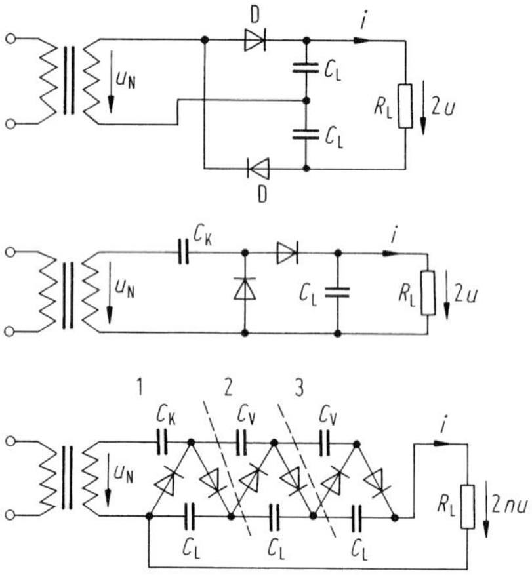

Bild 25-15. Schaltungen zur Spannungsvervielfachung

25.2.3 Mischer und Demodulatoren

Das nichtlineare Diodenverhalten wird auch zur Frequenzumsetzung von Signalbändern in Modulationsschaltungen genutzt. Im einfachsten Fall nach Bild 25-16 wird dazu der Signalspannung U_s eine monofrequente Trägerspannung $U_t \gg U_s$ überlagert und eine Diode verwendet, die im Aussteuerbereich um ihren Arbeitspunkt (U_A, I_A) einen möglichst quadratischen Kennlinienverlauf besitzt. Dann gilt für den nichtlinearen Spannungsanteil U_L am Lastwiderstand R_L

$$U_L = IR_L = I_A R_L((U_0 + U_s \cos(2\pi f_s t) + U_t \cos(2\pi f_t t))/U_A)^2 \qquad (25\text{-}12)$$

Nach Abtrennen der Gleichstromkomponente mit dem Koppelkondensator C_K und trigonometrischen Umformungen ergibt sich für die Ausgangsspannung

$$U = K\Big[\sqrt{U_s U_t}\,(\cos(2\pi(f_s + f_t))t + \cos(2\pi(f_s - f_t)t)) + (U_s/\sqrt{2})\cos(4\pi f_s t) + (U_t/\sqrt{2})\cos(4\pi f_t t)\Big]\,, \qquad (25\text{-}13)$$

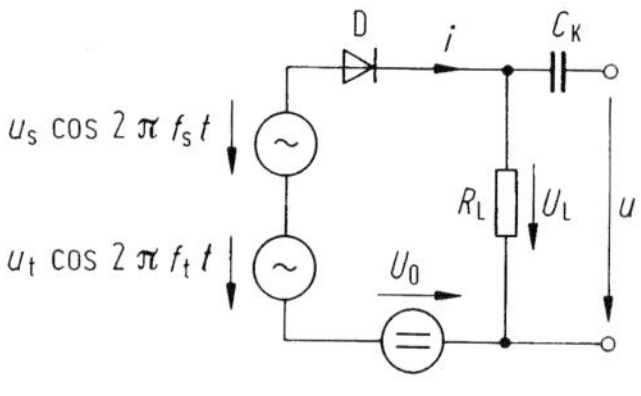

Bild 25-16. Diodenmodulatorschaltung

wobei der Vorfaktor K Konversionskonstante genannt wird. Es entstehen neben der doppelten Signal- und Trägerfrequenz zwei proportionale Seitenbandspektren bei $f_s + f_t$ und bei $f_s - f_t$ von denen eines durch selektive Filterung hervorgehoben, das andere unterdrückt wird. Dieser als *Mischung* bezeichnete Vorgang wird zur Frequenztransponierung benutzt. Mit dem gleichen Verfahren kann auch eine Demodulation amplitudenmodulierter Signale vorgenommen werden, wenn dem Empfangssignal U_s das Trägersignal U_t aufgemischt wird und am Ausgang durch Tiefpassfilterung eine Signalbandbegrenzung erfolgt. Diese Anordnung erfordert ein Trägersignal und ist deshalb zur Einseitenbanddemodulation bei unterdrücktem Träger geeignet. Sie wird als *Synchrondemodulator* bezeichnet. Der Demodulatoraufwand kann durch Verzicht auf den Trägergenerator und die Vorspannungsquelle so vermindert werden, dass die Gleichrichterschaltung von Bild 25-12 entsteht. Die verzerrungsarme Demodulation erfordert zur Mischung des Empfangssignales $U_s \mathrel{\hat{=}} U_N$, dass in ihm ein hinreichend großer Trägeranteil enthalten ist. Der zusammen mit dem Innenwiderstand der Anordnung auf die Signalbandgrenze $f_{s,\max}$ bemessene Ladekondensator C_L dient dann der Tiefpassfilterung. In der modernen Empfangstechnik im GHz-Bereich werden allerdings hauptsächlich Mischer auf der Basis der Gilbertzelle verwendet, die sich aus einem Differenzverstärker mit Transistoren ableitet; vgl. die weiterführende Literatur und insbesondere die Monographie von Razavi [13].

25.2.4 Besondere Diodenschaltungen

Das Sperrverhalten von Dioden wird nach Bild 25-17a durch die Stromzunahme im Zener-Bereich bestimmt. Die Grenze wird für Gleichrichterdioden als Spannung U_{zd} bei dem Strom $I = 1$ mA angegeben. Dioden für größere Ströme im Zener-Bereich mit kleinem differenziellen Widerstand $R_z = \mathrm{d}U_z/\mathrm{d}I_z$ werden als Z-Dioden bezeichnet (siehe 27.2.4). Sie dienen zur Erzeugung von Referenzspannungen und zur Überspannungsbegrenzung. Durch Vorschalten eines Widerstandes R nach Bild 25-17b kann eine Spannungsänderung ΔU_0 mit der Z-Diode ZD auf den Wert ΔU_z vermindert werden, wenn der Vorwiderstand $R > R_z$ gewählt wird. Bild 25-17a zeigt, wie über den Widerstand $R = \mathrm{d}U/\mathrm{d}I$ die Spannungsgrenzwerte $U_{0,\max}$ und $U_{0,\min}$ zu gewinnen sind. Das Ersatzbild einer Z-Diode ZD besteht nach Bild 25-17c aus einer Gleichspannungsquelle $U_{z,d}$ mit vorgeschaltetem Zenerwiderstand R_z. Kurzzeitig überlastungsfeste Z-Dioden werden als Suppressordioden (TAZ, transient absorption zener) bezeichnet und dienen dem Schutz elektronischer Schaltungen durch Ableitung von Strömen bis zu $I = 100$ A bei Anstiegszeiten von wenigen Pikosekunden.

Thyristoren sind steuerbare Dioden, bei denen durch einen Steuerstrom I_s in einer zusätzlichen Elektrode bei positiven Spannungen U wahlweise eine Öffnung oder Sperrung erfolgen kann (siehe 27.4.1). Das Unterbrechen des Stromes erfordert die Unterschrei-

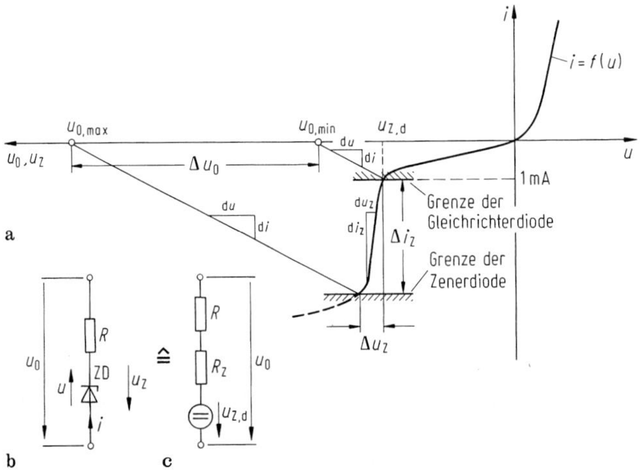

Bild 25-17. a Zenerverhalten von Dioden, **b**; **c** Ersatzbild

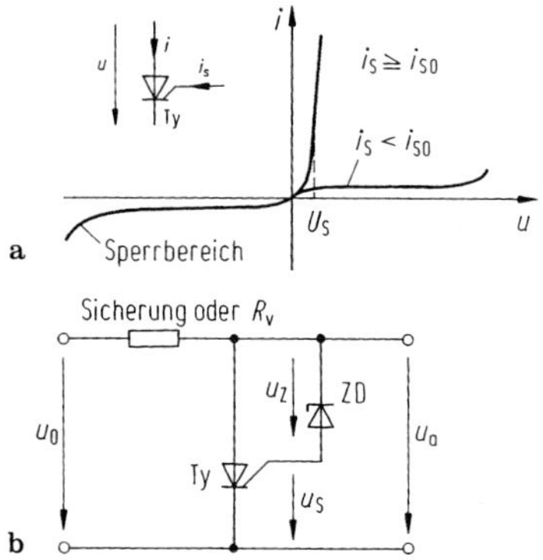

Bild 25-18. **a** Thyristorkennlinie und **b** Sicherungsschaltung

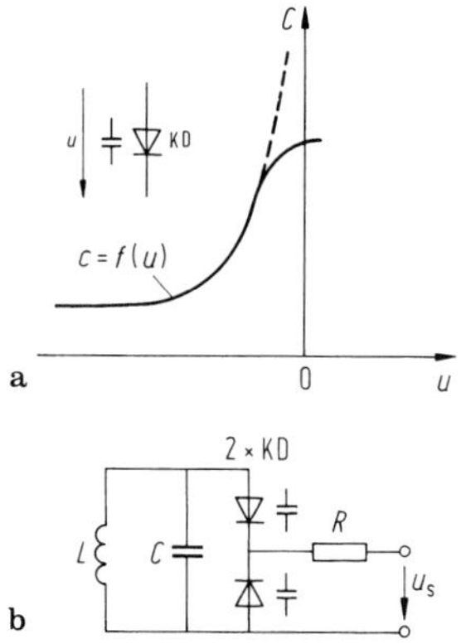

Bild 25-20. **a** Kapazitätsdiodenkennlinie und **b** Varaktorschaltung

tung eines Haltestrom I_h genannten Mindestwertes: $I < I_h$. Der Kennlinienverlauf Bild 25-18a weist für $U > 0$ eine steuerstromabhängige Verzweigung für den Grenzwert I_{s0} auf. Thyristoren werden als elektronische Schalter eingesetzt, z. B. in Überspannungssicherungen nach Bild 25-18b. Bei einem Anstieg der Ausgangsspannung U_a über Summe aus Zenerspannung U_Z der Z-Diode ZD und Schleusenspannung U_S der Steuerelektrode wird der Thyristor Th geöffnet und die vorgeschaltete Sicherung Si ausgelöst oder die Ausgangsspannung U_a an einem Vorwiderstand $R_v < (U_0 - U_S)/I_h$ abgesenkt.

Dioden mit bereichsweise fallenden Kennlinien, wie z. B. die von Tunneldioden nach Bild 25-19a, erlauben eine Entdämpfung und bei resonanzfähiger Beschaltung mit einem LC-Reihenkreis nach Bild 25-19b kann eine stabile nichtlineare

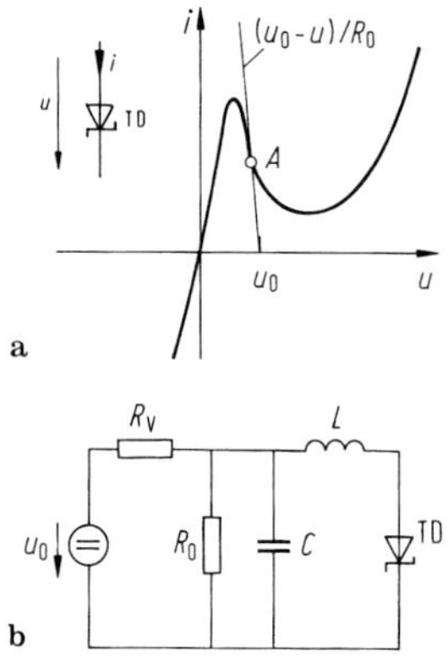

Bild 25-19. **a** Tunneldiodenkennlinie und **b** Oszillatorschaltung

Schwingung erregt werden; Einzelheiten siehe 25.3.3. Der Arbeitspunkt A wird dann bei sehr niedrigem Innenwiderstand R_0 der Gleichspannungsquelle U_0 instabil; vgl. 8.3.2.

Die Sperrschichtkapazität von Dioden ist nach Bild 25-20a spannungsabhängig, was zur elektronischen Abstimmung von Resonanzkreisen genutzt wird. Wegen des nichtlinearen Zusammenhanges $C = f(U)$ können aus Verzerrungsgründen jedoch nur kleine Wechselspannungsamplituden zugelassen werden. Die Trennung der Steuerspannung U_s von der Signalspannung des abzustimmenden Schwingkreises kann am einfachsten durch die gegensinnige Reihenschaltung zweier Kapazitätsdioden (KD) nach Bild 25-20b erreicht werden.

25.3 Aktive Dreipole (Transistoren)

Zur Verstärkung von Signalen höherer Änderungsgeschwindigkeit sind trägheitsarm elektronisch steuerbare Bauteile erforderlich, die für eine stabile Betriebsweise über hinreichend entkoppelte Ein- und Ausgänge verfügen müssen. Einzelbauteile dieser Art werden als Transistoren (siehe 27.3) bezeichnet.

25.3.1 Transistorverhalten

Gesteuerte Verstärkung lässt sich elektronisch durch Stromsteuerung zweier ladungsgekoppelter Diodenstrecken erzielen. Diese Anordnung wird Bipolartransistor genannt. Das Klemmenverhalten ist durch den zum Steuerstrom I_B in der Basis B proportionalen, jedoch vom Potenzial des Kollektors C weitgehend unabhängigen Kollektorstrom I_C, der in Sperrrichtung betriebenen Steuerstrecke C–E, sowie dem Impedanzverhalten der in Durchlassrichtung betriebenen Basis-Emitter-Strecke B–E bestimmt. Transistoren werden meist im Strombereich $I_B \gg I_S$ betrieben, sodass sich mit (25-9) der Zusammenhang

$$I_C = \beta_0 I_B \approx \beta_0 I_S \, e^{U_{BE}/U_T} \qquad (25\text{-}14)$$

ableiten lässt. Der Faktor $\beta_0 = I_C/I_B$ wird als Stromverstärkung bezeichnet. Die Temperaturspannung U_T ist für Siliziumtransistoren etwa $U_T = 40\,\text{mV}$. Typische Kennlinienverläufe $I_B = f(U_{BE})$ und $I_C = f(I_B)$ sind in Bild 25-21 für NPN-Transistoren dargestellt und ein für Aussteuerung mit kleinen Signalamplituden günstiger Arbeitspunkt A ist eingetragen. Die entsprechenden Werte für PNP-Transistoren unterscheiden sich nur durch entgegengesetztes Vorzeichen aller Ströme und Spannungen.

Das frequenzabhängige Übertragungsverhalten von Bipolartransistoren wird vor allem durch die Impedanz der Basis-Emitter-Diode bestimmt, deren Verhalten durch das in Bild 25-22a gezeigte RC-Netzwerk angenähert werden kann und den Eingangsleitwert

$$Y = 1/(R_b + 1/(j \cdot 2\pi f C_e + 1R_e)) \qquad (25\text{-}15)$$

liefert. Der Anfangswert $Y_0 = Y(f \to 0) = 1(R_b + R_e)$ kann auch aus (25-14) durch Differenziation im Arbeitspunkt an der Stelle $I_B = I_{B,A}$ gewonnen werden:

$$Y_0 = dI_B/dU_{BE} = I_s(e^{U_{BE}U_T})/U_T = I_{B,A}/U_T \,. \qquad (25\text{-}16)$$

Für ein- und ausgangsseitig parallelgeschaltete Impedanzen ist die Umwandlung der Stromverstärkung β_0 in den Leitwertparameter der Steilheit S vorteilhaft.

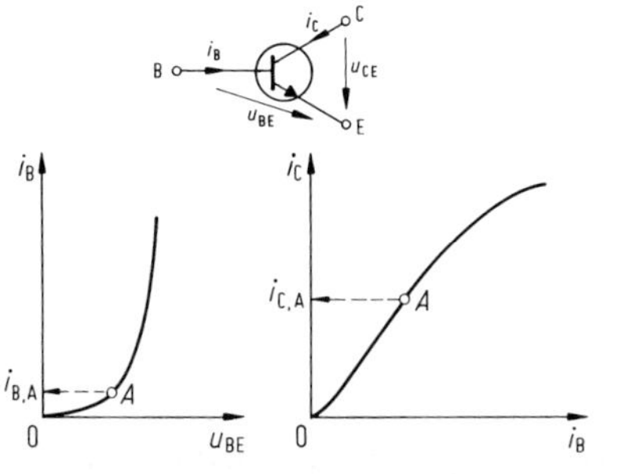

Bild 25-21. Stromkennlinien eines Bipolartransistors

Im Arbeitspunkt $I_C = I_{C,A}$ ergibt sich aus (25-14) der Zusammenhang

$$S = dI_C/d\,U_{BE} = \beta_0 I_s(e^{U_{BE}/U_T})/U_T = I_{C,A}/U_T \qquad (25\text{-}17)$$

und damit das Ersatzbild 25-22b. Die Gleichungen (25-16) und (25-17) zeigen, dass die dynamischen Kenngrößen Y_0 und $S = \beta_0 Y_0$ eines Bipolartransistors aus seinen statischen Betriebsströmen im Arbeitspunkt $I_{B,A}$ oder $I_{C,A} = \beta_0 I_{B,A}$ und der Stromverstärkung β_0 ermittelt werden können.

Feldeffektgesteuerte Transistoren (FET) können in vier Gruppen eingeteilt werden, die sich nicht nur durch die Polarität des steuerbaren Strompfades zwischen Source S und Drain D, sondern auch dadurch unterscheiden, ob das Gate G als in Sperrrichtung betriebene Diode (Sperrschicht-Feldeffekt-Transistor JFET) oder als vollisolierte Feldelektrode, (Isolierschicht-Feldeffekt-Transistor, IGFET, auch MOSFET) ausgeführt ist [3]. Bild 25-23 zeigt die vier Stromabhängigkeiten, für die der einheitliche Zusammenhang

$$I_D = \left(I_{D0}/U_p^2\right)\left(U_{GS} - U_p\right)^2 \,, \qquad (25\text{-}18)$$

gilt, wenn als Pinch-off-Spannung U_p die dem Transistortyp entsprechende Bedingung $U_{pp} \geqq U \geqq U_{pn}$

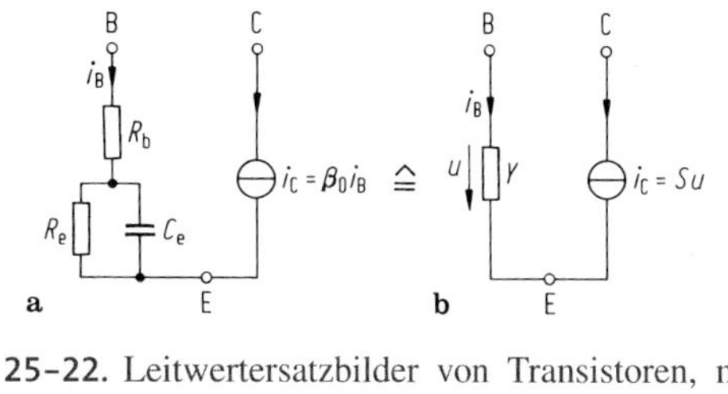

Bild 25-22. Leitwertersatzbilder von Transistoren, mit **a** Stromverstärkung β_0 und **b** Steilheit S

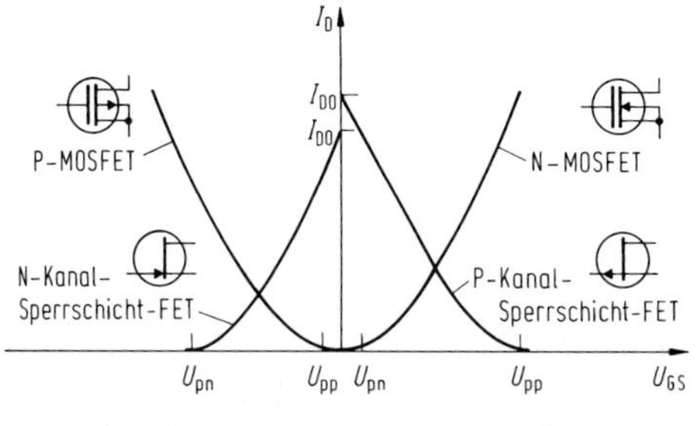

Bild 25-23. Drainstromkurven von Feldeffekttransistoren (FET)

erfüllt wird. Feldeffekttransistoren werden meist mit dem Ersatzbild 25-22b beschrieben, wobei der Eingangsleitwert $Y = \mathrm{j} \cdot 2\pi f C_\mathrm{e}$ kapazitiv und die Steilheit

$$S = \mathrm{d}I_\mathrm{D}/\mathrm{d}U_\mathrm{GS} = 2\left(I_\mathrm{D0}/U_\mathrm{p}^2\right)(U_\mathrm{GS,\,A} - U_\mathrm{p})$$
$$= 2\sqrt{I_\mathrm{D0}I_\mathrm{D,\,A}}\,\big/|U_\mathrm{p}| \qquad (25\text{-}19)$$

proportional der Gate-Source-Spannung $U_\mathrm{GS,\,A}$ im Arbeitspunkt ist und von der Wurzel des Drainstromes $I_\mathrm{D,\,A}$ abhängt.

25.3.2 Lineare Kleinsignalverstärker

Die Einstellung von Arbeitspunkten wird durch Temperaturabhängigkeit und damit vom Leistungsumsatz im Halbleiter beeinflusst. Für übliche Transistoren mit Stromverstärkungen $\beta_0 = I_\mathrm{C}/I_\mathrm{B} \geqq 10$ und damit $I_\mathrm{C} \approx I_\mathrm{E}$ ist die Kollektorverlustleistung

$$Q_\mathrm{C} = U_\mathrm{CE}I_\mathrm{C} = (U_0 - I_\mathrm{E}R_\mathrm{E} - I_\mathrm{C}R_\mathrm{C})I_\mathrm{C}$$
$$= U_0 I_\mathrm{C} - I_\mathrm{C}^2(R_\mathrm{E} + R_\mathrm{C}) \qquad (25\text{-}20)$$

die bestimmende Größe. Die Stabilität ist gesichert, wenn sich diese Leistung unabhängig von der Aussteuerung ist, also der Differenzialquotient $\mathrm{d}Q_\mathrm{C}/\mathrm{d}I_\mathrm{C}$ im Arbeitspunkt $I_\mathrm{C,\,A}$ verschwindet.

$$R_\mathrm{E} + R_\mathrm{C} = U_0/2I_\mathrm{C,\,A}\,. \qquad (25\text{-}21)$$

Die Basis-Emitter-Spannung von Bipolartransistoren weist eine Temperaturabhängigkeit von etwa 2 mV/K auf, sodass die Reduktion der dadurch bedingten Stromänderung auf 1/10 bei einer Übertemperatur von etwa 100 K näherungsweise einen statischen Spannungsabfall von 2V am Emitterwiderstand $R_\mathrm{E} = 2\,\mathrm{V}/I_\mathrm{C,\,A}$ erfordert. Damit ergibt sich für den Kollektorwiderstand

$$R_\mathrm{C} = (U_0 - 4\,\mathrm{V})/2I_\mathrm{C,\,A}\,.$$

Der Querstrom I_t im Spannungsteiler R_t1 und R_t2 sollte $I_\mathrm{t} \geqq 10 I_\mathrm{B}$ sein und die Betriebsspannung U_0 mindestens 5 V betragen.

Eine systematische Arbeitspunktfestlegung von Transistorschaltungen kann mithilfe des Fixators durchgeführt werden. Bei diesem Netzwerkelement handelt es sich um einen Zweipol, bei dem Strom und Spannung festgelegt sind – also gewissermaßen um eine Strom- und Spannungsquelle zugleich. Ein Bipolartransistor kann hinsichtlich des Gleichstromverhaltens mit zwei Fixatoren modelliert werden: ein Fixator zwischen Basis- und Emitter-Klemme (legt U_BE und I_B fest), und ein Fixator zwischen Kollektor- und Emitter-Klemme (legt U_CE und I_D fest). Die Werte dieser Ströme und Spannungen können aus einem Datenblatt des entsprechenden Transistors übernommen werden. Danach kann man die Netzwerkgleichungen (bei Nullsetzen aller Wechselstrom- und Wechselspannungsquellen) des Netzwerkes in üblicher Weise aufstellen, wobei die Werte der Widerstände die unbekannten Größen sind. Gegebenenfalls müssen noch zusätzliche Bedingungs(un)gleichungen hinzugefügt werden wie z. B. die Größe des Querstromes eines Spannungsteilers; vgl. die obenstehenden Betrachtungen. Diese systematische Methode eignet sich besonders dann, wenn es sich um Netzwerke mit mehreren Transistoren handelt, die gleichstrommäßig gekoppelt sind; vgl. die weiterführende Literatur und insbesondere das Buch von Vago [14].

Das Übertragungsverhalten von Transistorstufen nach Bild 25-24 kann unter Verwendung des Ersatzbildes 25-22b durch Bild 25-25 beschrieben werden, bei dem die Versorgungsquelle U_0 als Wechselstromkurzschluss zu betrachten ist. Das als Verstärkung

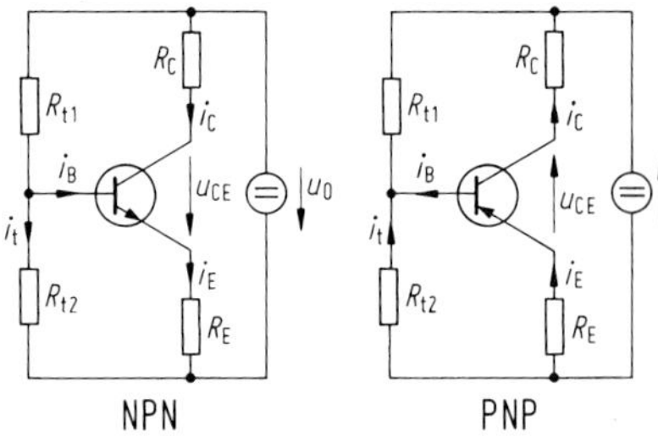

Bild 25-24. Zur Stabilisierung von NPN- und PNP-Transistoren

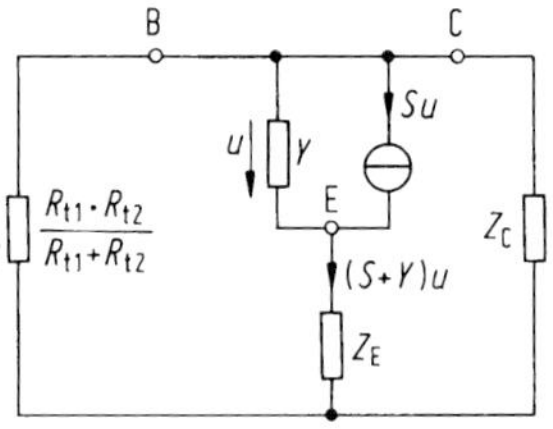

Bild 25-25. Wechselstromersatzbild der Bipolartransistorschaltungen nach Bild 25-24

bezeichnete Verhältnis von Ausgangs- zu Eingangsspannung wird damit

$$v = U_a/U_e = -SZ_C/(S+Y)Z_E\,. \qquad (25\text{-}22)$$

Für den praktischen Fall von Stromverstärkungen $\beta_0 > 10$ ist $S \gg Y$ und damit die Spannungsverstärkung $v = -Z_C/Z_E$ nur von den Impedanzen Z_C und Z_E, nicht jedoch von Transistorkennwerten S, Y und β_0 abhängig. Diese Art der Schaltungsbemessung erlaubt den exemplar- und typunabhängigen Einsatz von Transistoren in Verstärkerschaltungen.

Mit steigender Aussteuerung ergeben sich zunehmende Verzerrungen, die in vielen Fällen den nutzbaren Signalbereich begrenzen. Eine Gegenkopplung über passive lineare Bauteile vermindert diese Einflüsse. Die bevorzugte Anordnung besteht in einer wechselstrommäßig nicht überbrückten Gegenkopplungsimpedanz Z_E am Emitter- bzw. Sourceanschluss. Bild 25-26 zeigt das Verhalten einer solchen Stufe mit N-Kanal-Sperrschicht-FET. Die Steuerspannung U_{GS} des Transistors ergibt sich als Differenz der Eingangsspannung U_e und der Gegenkopplungsspannung U_g, sodass sich der Drainstrom $I_D = f(U_{GS})$ des Transistors auf den Wert $I_D = f(U_e)$ der Anordnung vermindert, wie die obere Bildhälfte zeigt. Der verstärkungsbestimmende Kennwert der Steilheit wird im Gegenkopplungsfall

$$S_g = dI_D/dU_e = S/(1+SR_g) = 1/(R_g + 1/S)\,, \qquad (25\text{-}23)$$

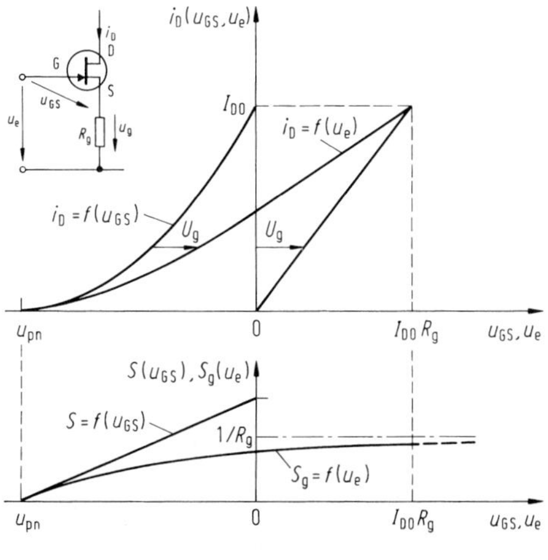

Bild 25-26. Zur Verzerrungsverminderung durch Gegenkopplung, Beispiel N-Kanal-Sperrschicht-FET-Schaltung

er weist zwar eine geringere Größe, dafür aber eine kleinere Änderung auf, wie der untere Bildteil von 25-26 zeigt. Für die Bemessung $R_g \gg 1/S$ wird die Steilheit $S_g \approx 1/R_g$ und damit für Signalwerte $U_e > 0$ von der Aussteuerung und dem Transistorkennwert S weitgehend unabhängig.

Die Zusammenschaltung zweier Transistoren in der Schaltung von Bild 25-27a liefert mit der Kopplung über den gemeinsamen Emitterwiderstand R_E eine Verstärkeranordnung mit zwei Eingängen, die als Differenzverstärker bezeichnet wird. Transistoren T1 und T2 mit gleicher Steilheit S führen bei Vernachlässigung des Eingangsleitwertes Y auf das Wechselstromersatzbild 25-27b. Für unterschiedliche Eingangssignale U_{e1} und U_{e2} kann daraus das Differenzverstärkung genannte Übertragungsverhalten

$$\begin{aligned} v_D &= U_a/(U_{e1}-U_{e2}) \\ &= -SR_C(U_{e2}-U_E)/(U_{e1}-U_{e2}) \\ &= -SR_C(U_{e2}-(U_{e1}+U_{e2})/2(1+1/2SR_E))/ \\ &\quad (U_{e1}-U_{e2}) \end{aligned} \qquad (25\text{-}24)$$

gewonnen werden. Wird die Gegenkopplung $SR_E \gg 1$ gewählt, so ergibt sich $v_D = SR_C$. Werden dagegen beide Eingänge mit dem gleichen Signal $U_{e1} = U_{e2}$ beaufschlagt, so ergibt sich unter den gleichen Voraussetzungen das Gleichtaktverstärkung genannte Übertragungsverhalten

$$v_G = SR_C/(1+2SR_E) \approx R_C/2R_E\,. \qquad (25\text{-}25)$$

Durch die Bemessung $SR_E \gg 1$ kann mit dieser Schaltung ein großes Verhältnis v_D/v_G erreicht und damit können Gleichtaktstörsignale von Gegentaktnutzsignalen getrennt werden.

Transistoren für große Kollektorströme verfügen nur über kleine Stromverstärkungen. Dieser Nachteil lässt sich für NPN- wie auch PNP-Transistoren mit einer

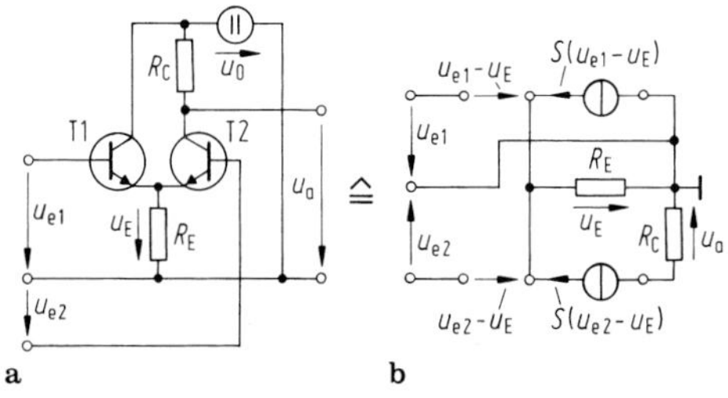

Bild 25-27. a Differenzverstärkerschaltung mit **b** Ersatzbild

Darlington-Schaltung genannten Anordnung zweier Transistoren nach Bild 25-28a ausgleichen. Das zugehörige Ersatzbild 25-28b führt auf die Stromverstärkung der Gesamtanordnung

$$\beta = I_C/I_B = \beta_1\beta_2 + \beta_1 + \beta_2 \approx \beta_1\beta_2\,, \qquad (25\text{-}26)$$

wenn $\beta_1 \gg 1$ und $\beta_2 > 1$ gilt.

Werden mehrere Transistorverstärkerstufen zu Erhöhung der Verstärkung nach Bild 25-29a hintereinandergeschaltet, so bezeichnet man diese Anordnung als Kaskaden- oder Kettenschaltung. Die arbeitspunktstabilisierende Gegenkopplung des Emitterwiderstandes R_E kann in der gezeigten Weise wechselstrommäßig durch einen parallelgeschalteten Kondensator C_E unwirksam gemacht werden. Für seine Bemessung muss die Impedanz Z_E nach Ersatzbild 25-29b für diesen Schaltungsteil so gewählt werden, dass der Spannungsabfall U_E an ihr klein gegen die Steuerspannung U des betreffenden Transistors bleibt.

$$|U_E|/U = (S + Y)Z_E$$
$$= (S + Y)\Big/\sqrt{(1/R_E)^2 + (\omega C)^2} \ll 1\,. \qquad (25\text{-}27)$$

Die Nebenbedingung $\omega C R_E \gg 1$ ergibt für Transistoren größerer Stromverstärkung $\beta \gg 1$ und damit Steilheit $S \gg Y$ aus (25-25) die Bemessungsvorschrift $\omega C \gg S$, sodass die Eckfrequenz $f_g = 1/2\pi SC$ beträgt. Die in Bild 25-29a abgegrenzte Verstärkerstufe hat dann bei Frequenzen $f \gg f_g$ entsprechend dem Wechselstromersatzbild 25-29c die Verstärkung

$$v = U_a/U_e = -S/(Y + 1/R_C)\,, \qquad (25\text{-}28)$$

wenn der punktiert eingetragene Koppelkondensator C_K die Bedingung $C_K \gg Y/2\pi f$ erfüllt. Für den Arbeitswiderstand $R_C \gg 1/Y$ ergibt sich die Maximalverstärkung $v_{max} = -S/Y$. Sie ist von der Belastung durch den Eingangsleitwert Y des Folgetransistors abhängig. Dieser Nachteil kann durch Einfügen einer Emitterfolger genannten Schaltung nach Bild 25-30a vermieden werden. Die Anordnung enthält einen zusätzlichen Transistor T2, bei dem das Ausgangssignal U_a an der Emitterklemme E abgegriffen wird. Das Ersatzbild mit beiden Transistoren zeigt Bild 25-30b. Die Verstärkung wird danach

$$v = U_a/U_e$$
$$= -S_1R_C/(1 + (1 + Y_2R_C)/(S_2 + Y_2)R_L)\,. \qquad (25\text{-}29)$$

Sind die Bedingungen $S_2 \gg Y_2$ und $Y_2R_C \gg 1$ erfüllt und wird der Lastwiderstand $R_L \gg 1/S_2$ bemessen, so ist die Verstärkung $v = -S_1R_C$ vom Lastwiderstand R_L unabhängig.

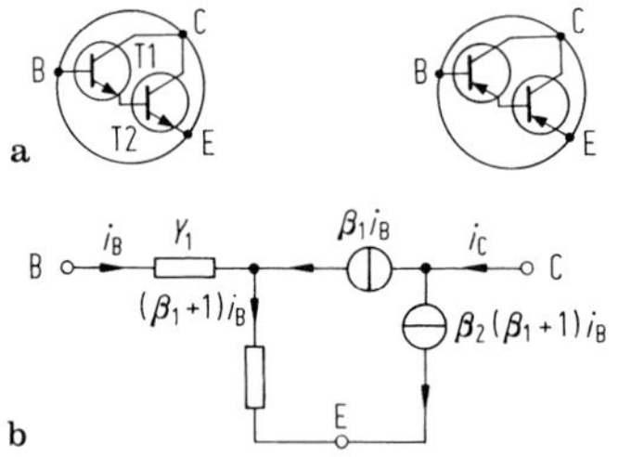

Bild 25-28. **a** Darlington-Schaltungen mit **b** Ersatzbild

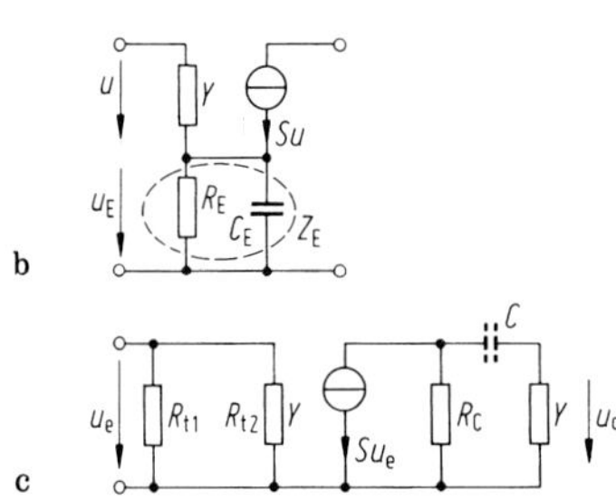

Bild 25-29. Ausschnitt aus einer Verstärkerkette. **a** Schaltung, **b** zur Bemessung der Emitterkombination und **c** Wechselstromersatzbild

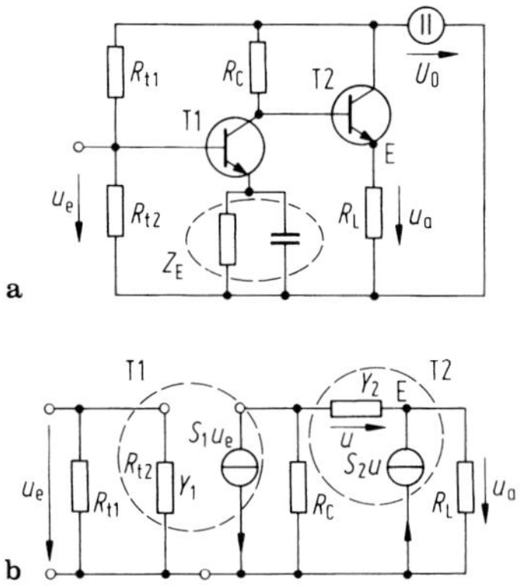

Bild 25-30. Verstärkerstufe mit Emitterfolger. **a** Schaltung und **b** Wechselstromersatzbild

25.3.3 Lineare Großsignalverstärker (A- und B-Betrieb) und Sinusoszillatoren

Die in einer RC-Verstärkerschaltung auftretende größte Ausgangsspannungsamplitude wird durch den Wert der Versorgungsspannung U_0 bestimmt und bewirkt als Produkt mit dem in der Stufe geführten Strom die in Wärme umgesetzte Verlustleistung Q_v. Transistoren unterliegen hinsichtlich ihrer Spannungsfestigkeit U_{max}, ihrer Stromergiebigkeit I_{max} und ihrer zulässigen Verlustleistung Q_v Grenzen, die in das Ausgangskennlinienfeld $I = f(U)$, Bild 25-31, eingetragen werden können. Bei kollektor- bzw. drainseitigem Arbeitswiderstand R und Speisung aus einer Versorgungsquelle U_0 kann der Zusammenhang $U = f(I) = U_0 - RI$ auf der als Arbeitsgerade bezeichneten Kurve abgegriffen werden. Der Transistor wird bei symmetrischer Aussteuerung zwischen dem Sättigungspunkt G und dem Sperrpunkt B am besten genutzt, wenn der Arbeitspunkt A in der Mitte der Arbeitsgerade bei dem Wert $U_0/2$ liegt und an dieser Stelle die Verlustleistungshyperbel $Q = U_0^2/4R$ tangiert wird. Diese Betriebsweise heißt A-Betrieb. Um eine Überlastung bei fehlender Ansteuerung zu vermeiden, darf in diesem Betriebszustand höchstens die Grenzleistung $Q = Q_\text{v}$ erreicht werden. Bei Vollaussteuerung und sinusförmigem Spannungs- und Stromverlauf ergibt sich näherungsweise die entnehmbare Wechselstromleistung

$$P_\text{A} = (1/T)\int_0^T UI\,\text{d}t = \left(U_0^2/RT\right)\int_0^T \sin^2 t\,\text{d}t$$

$$= U_0^2/8R = Q/2 \qquad (25\text{-}30)$$

als halbe Ruheleistung.

Wird dagegen der Arbeitspunkt des Transistors im Sperrpunkt B in der Nähe der Versorgungsspannung U_0 gewählt, so ergibt sich bei Vollaussteuerung mit sinusförmigen Halbwellen

$$P_\text{B} = (2/T)\int_0^T UI\,\text{d}t = 2P_\text{A}$$

$$= U_0^2/4R = Q \qquad (25\text{-}31)$$

die doppelte Leistung und damit eine bessere Ausnutzung, die jedoch durch die Nichtumkehrbarkeit des Ausgangsstromes erkauft wird. Eine entgegengerichtete Stromaussteuerung kann durch einen gegensinnig betriebenen weiteren Transistor erreicht werden. Man spricht vom Gegentakt-B-Betrieb, dessen Übertragungsverhalten linear ist, aber das Umschalten von einem Transistor auf den anderen ein nichtlinearer Prozess ist. In realen Schaltungen kommt es daher zu sogenannten Übernahmeverzerrungen im Umschaltpunkt (Arbeitspunkt B), wobei die nichtlinearen Verzerrungen ansteigen, wenn sich das Eingangssignal verkleinert.

Schaltungstechnisch wird der Gegentakt-B-Betrieb im einfachsten Falle durch Reihenschaltung eines komplementären Transistors realisiert, was Bild 25-32a zeigt. Diese Anordnung wird als Gegentakt-B-Komplementärstufe bezeichnet. Der Widerstand R_d dient der Einstellung des Arbeitspunktes und erlaubt, die Sperrströme zu kompensieren, sodass sich bei gleichen Kennwerten die Arbeitskennlinien nach Bild 25-32b verzerrungsarm zusammenfügen. Durch Verwendung eines Widerstandes R_d mit negativem Temperaturkoeffizienten (NTC) kann einer vom Leistungsumsatz abhängigen Arbeitspunktverlagerung entgegengewirkt werden. Der Koppelkondensator C_K sperrt den Gleichstromweg

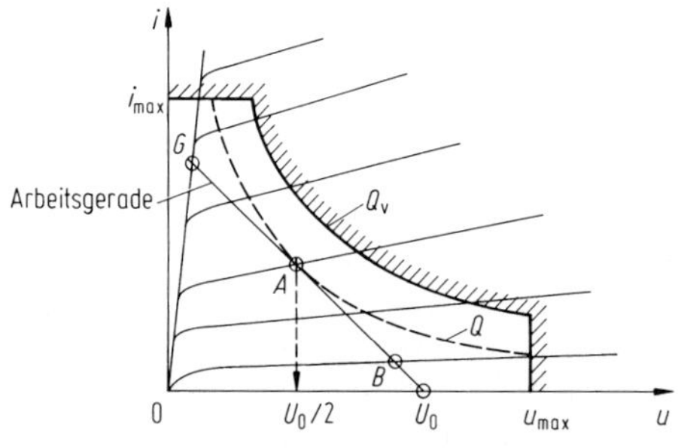

Bild 25-31. Zur Aussteuerung eines Großsignalverstärkers

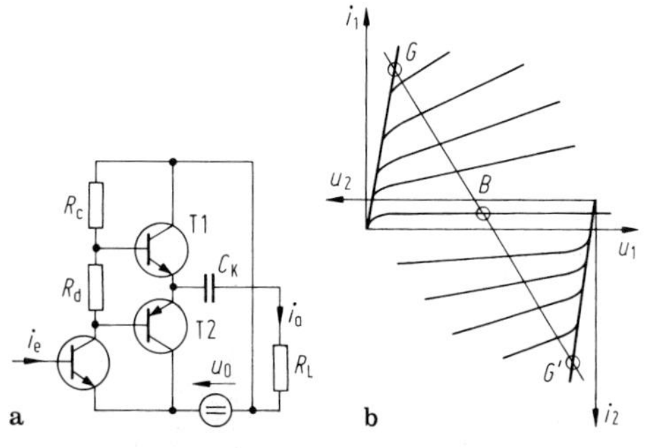

Bild 25-32. Komplementär-Gegentakt-B-Stufe. **a** Schaltung und **b** Ausgangskennlinienfelder

zum Lastwiderstand R_L. Die beiden sequentiell eingeschalteten Transistoren T1 und T2 werden in dieser Anordnung im Hinblick auf einen kleinen ausgangsseitigen Innenwiderstand als Emitterfolger betrieben. In der Brückenverstärkerschaltung Bild 25-33 sind zwei gleichartige Gegentakt-B-Stufen symmetrisch zum Lastwiderstand R_L zusammengeschaltet, sodass der Koppelkondensator entfallen kann und mit einem Differenzsignal an den Eingängen beliebig langsame Signaländerungen übertragen werden können.

Die Übernahmeverzerrungen sind beim reinen Gegentakt-B-Betrieb insbesondere für Audioverstärker allerdings unvertretbar groß, sodass man den Arbeitspunkt in beiden Transistoren in Richtung A-Betrieb verschiebt. Dadurch erhöht sich der Ruhestrom ein wenig, aber die Übertragungskennlinie des Verstärkers wird „linearisiert". Man spricht dann vom Gegentakt-AB-Betrieb; vgl. weiterführende Literatur [4].

Verstärkeranordnungen nach Bild 25-34, die über eine Signalrückführung vom Ausgang zum Eingang verfügen, können sich bei entsprechender Bemessung stabile Schwingungen ausführen, die unabhängig von den Anfangsbedingungen der Schaltung sind. Das man nur verständlich machen kann, wenn nichtlineare Eigenschaften der Schaltungen in die Betrachtungen einbezogen werden. Eine notwendige Bedingung dazu ist, dass ein Paar von Systemeigenschwingungen der linearisierten Schaltung auf der imaginären Achse liegt, was u. a. mithilfe der sogenannten *Barkhausen'schen Schwingbedingung*

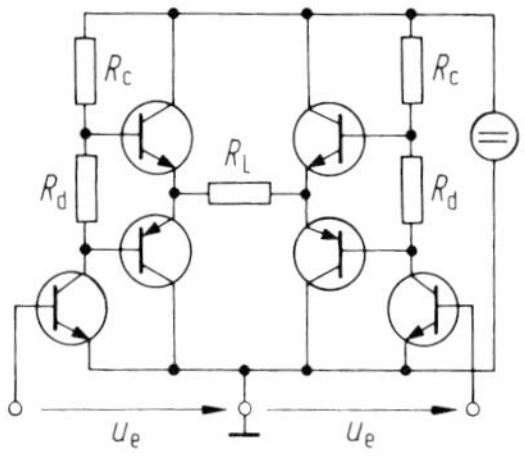

Bild 25-33. Schaltung eines Brückenverstärkers

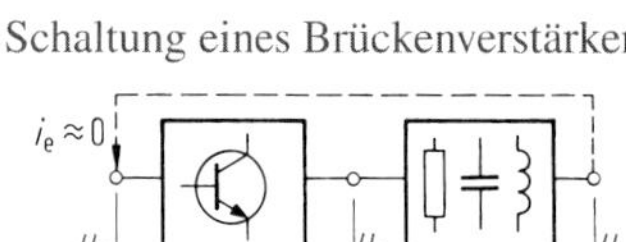

Bild 25-34. Zur Erläuterung der Schwingbedingung

analysiert werden kann. Dazu wird das Netzwerk in zwei Teile zerlegt und das Klemmenverhalten der rückgekoppelten Gesamtschaltung untersucht. Bei hinreichend hohem Verstärkereingangswiderstand $Z_e = U_e/I_e$ kann mit der gestrichelt gezeichneten Verbindung für $U = U_e$ die Schwingbedingung sehr einfach abgeleitet werden, wenn der Verstärker mit der Verstärkung $U_a/U_e = v\,e^{j\varphi_v}$ die Dämpfung des Koppelnetzes mit dem Koppelfaktor $U/U_a = k\,e^{j\varphi_k}$ auszugleichen vermag. Mithilfe der komplexen Bedingungsgleichung können nach Barkhausen

$$(U_a/U_e)(U/U_a) = 1 = vk\,e^{j(\varphi_v+\varphi_k)} \qquad (25\text{-}32)$$

die Schaltungsparameter so bestimmt werden, dass ein Paar von Systemeigenschwingungen auf der imaginären Achse liegen. Wird die Schaltungen mithilfe von Zustandsgleichungen beschrieben, dann kann man auch die Systemeigenwerte der Systemmatrix untersuchen. Die Betragsbedingung $kv = 1$ und die Phasenbedingung $\varphi_v + \varphi_k = 2n\pi$ werden bei niederen Frequenzen oder für pulsförmige Schwingungen meist über RC-Glieder, bei höheren Frequenzen und für harmonische Schwingungen meist über einen LC-Schwingkreis oder piezomechanische Resonanzen (Schwingquarz) im Kopplungsvierpol erfüllt. Die Barkhausensche Bedingung als auch die anderen Kriterien sind für das Auftreten einer Schwingung nur notwendige aber nicht hinreichende Bedingungen. Wenn man die Schwingamplitude und deren Stabilität ermitteln möchte, dann muss man alle Voraussetzungen des Satzes von Andronov und Hopf berücksichtigen und eine analytische Störungsrechnung oder Simulationen verwenden [5], wobei die Nichtlinearitäten der Schaltung einbezogen werden müssen. Mit der Methode der Beschreibungsfunktion (siehe Abschnitt I Regelungs- und Steuerungstechnik) kann man zeigen, dass eine zunehmenden Aussteuerung der Nichtlinearität zu einer abnehmenden mittleren Verstärkung $v = f(U)$ und in bestimmten Fällen auto-

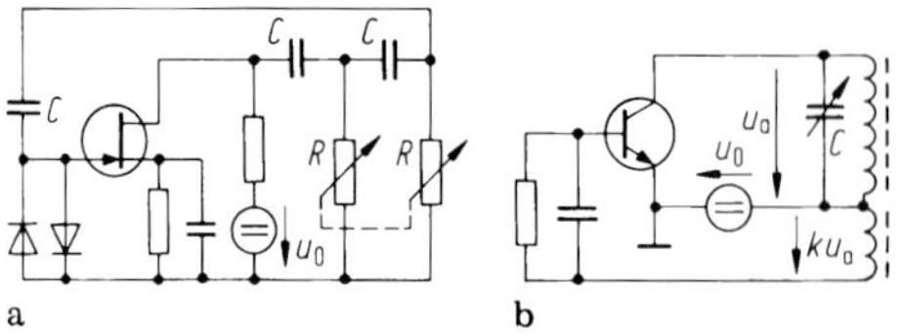

Bild 25-35. Oszillatorschaltungen, Beispiele: **a** RC-Oszillator und **b** LC-Oszillator

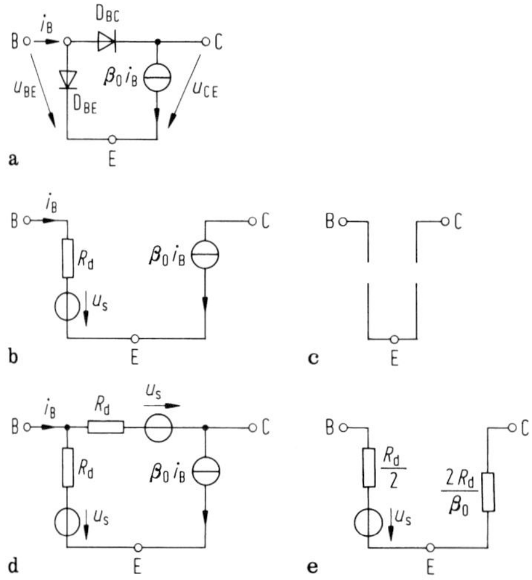

Bild 25-36. Ersatzbilder für nichtlineares Transistorverhalten. **a** Diodenersatzbild allgemein und Ersatzbilder für **b** den aktiv normalen Betrieb; **c** den Sperrzustand und **d** den Sättigungszustand mit Vereinfachung **e**

matisch zur Einhaltung der zugehörigen Schwingamplitude U führt; weitere Einzelheiten kann man der weiterführenden Literatur und insbesondere der Monographie von Kurz und Mathis [5] entnehmen. Klassische Oszillatorschaltungen dieser Art sind z. B. der Phasenschieberoszillator nach Bild 25-35a, bei dem die Frequenzeinstellung meist durch gleichlaufende Veränderung der beiden Widerstände R vorgenommen wird, und der Meißneroszillator nach Bild 25-35b mit transformatorischer Phasenumkehr und Abstimmung über die Schwingkreiskapazität C. Die Schwingamplitude der Oszillatorschaltungen wird in a) durch eine automatische Verstärkungsregelung mit (nichtlinearer) Signalgleichrichtung mit Dioden bzw. b) durch die Eigenschaften der Nichtlinearität der Basis-Emitter-Strecke des Transistors festgelegt (siehe 25-36a). Moderne Sinusoszillatoren im GHz-Bereich arbeiten auf der Basis eines Differenzverstärkers; vgl. z. B. die Monographie von Razavi [13].

25.3.4 Nichtlineare Großsignalverstärker, Flip-Flop und Relaxationsoszillatoren

Mit hinreichend großen Ansteueramplituden kann ein Transistor zwischen voller Öffnung und Sperrung durchgesteuert werden und damit in den mit G und B bezeichneten Zuständen in Bild 25-31 verharren. Die Betrachtung erfordert dann die Berücksichtigung nichtlinearer Zusammenhänge. Für einen NPN-Transistor ergibt sich für den linearen Verstärkerbetrieb das Ersatzbild in Bild 25-36a, das aus dem Ersatzbild in Bild 25-22b dadurch entsteht, dass der Eingangsleitwert Y durch die spannungsabhängige Basis-Emitter-Diode D_{BE} ersetzt und die Basis-Kollektor-Diode D_{BC} eingefügt wird. Für PNP-Transistoren sind die Richtungen aller Ströme und Spannungen wie auch die Polarität der beiden Dioden umzukehren. Wird das Diodenverhalten nach Näherung B von Abschnitt 25.2.1 mit Durchlasswiderstand R_d und Schleusenspannung U_S angenähert, so führt dies zu drei unterschiedlichen Ersatzbildern. Für den aktiv normalen Betrieb auf der Arbeitsgeraden gilt Bild 25-36b:

$$U_{BE} \text{ und } U_{CE} - U_{BE} > U_S \; ;$$
$$D_{BE} \to R_d \; ; \; D_{CE} \to R_s \; ;$$

für den Sperrzustand gilt Bild 25-36c:

$$U_{BE} \text{ und } U_{BE} - U_{CE} < U_S \; ;$$
$$D_{BE} \text{ und } D_{BC} \to R_s \; ;$$

und für den Sättigungszustand gilt Bild 25-36d:

$$U_{BE} \text{ und } U_{BE} - U_{CE} > U_S \; ;$$
$$D_{BE} \text{ und } D_{BC} \to R_d \; .$$

Bei Sättigung ist die Kollektor-Emitter-Spannung $U_{CE} \ll U_S$, sodass die beiden Dioden D_{BE} und D_{BC} näherungsweise parallelgeschaltet sind und das Ersatzbild 25-36d in das Bild 25-36e überführt werden kann. Diese nichtlineare Betriebsweise wird vor allem zur Hochfrequenz- und Pulsverstärkung genutzt, da dann der Arbeitspunkt entsprechend Bild 25-37a von B nach C in den Sperrbereich des Transistors verlagert und so die stromführende Betriebszeit weiter verkürzt werden kann. Die Arbeitsgerade überschneidet die Verlustleistungshyperbel Q_v. Trotzdem kann die mittlere Kollektorverlustleistung

$$Q_C = (1/T) \int_0^T U_{CE}(t) I_C(t) \, dt \leqq Q_v \qquad (25\text{-}33)$$

im Rahmen der thermischen Integrationsfähigkeit des betreffenden Transistors unter dem zulässigen

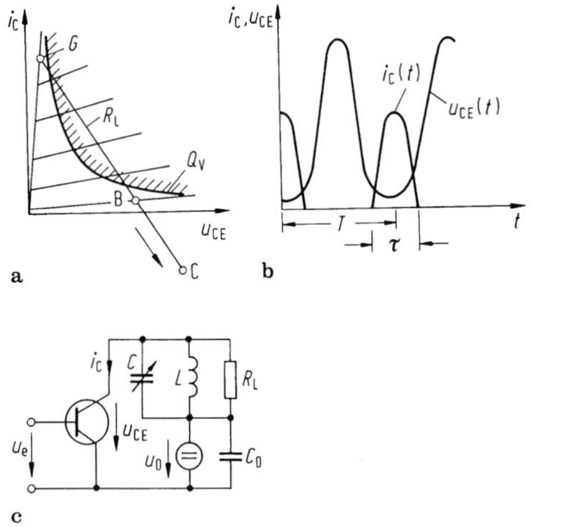

Bild 25-37. C-Betrieb eines Transistorverstärkers mit **a** Ausgangskennlinienfeld und **b** dem Ausgangsspannungs- und Stromverlauf der Schaltungsanordnung des Sendeverstärkers **c**

Grenzwert Q_v bleiben. Bei harmonischer Ansteuerung treten dann Stromimpulse $I_C(t)$ der Dauer $\tau < T/2$ auf, wie Bild 25-37b zeigt. Sinusförmige Schwingungen $U_{CE}(t)$ am Ausgang werden mit einem LC-Schwingkreis am Kollektoranschluss in der Anordnung nach Bild 25-37c erreicht. Dieser Kreis wird meist auf die Frequenz $f_0 = 1/2\pi\sqrt{LC}$ abgestimmt, kann aber auch auf eine ungerade Harmonische $(2n+1)f_0$ eingestellt werden. Die Anordnung Bild 25-37c wird als Sendeverstärker, seine Arbeitspunkteinstellung weit im Sperrbereich als C-Betrieb bezeichnet. Wird eine solche Verstärkerstufe ohne ausgangsseitigen Resonanzkreis betrieben, so stellt sich am Lastwiderstand R_L bei Aussteuerung bis an den Sättigungspunkt G ein trapezförmiger Spannungs- und Stromverlauf mit der Anstiegs- und Abfallzeit Δt nach Bild 25-38b ein. Im Kollektor des Transistors wird dabei die Leistung Q_C umgesetzt, die einen parabelförmigen Zeitverlauf $Q_C(t)$ und damit den zeitlichen Mittelwert

$$\begin{aligned}\widetilde{Q}_C &= (2/T)\int_0^T U_{CE}(t)I_C(t)\,dt\\ &= 2\left(\widehat{U}_{CE}\widehat{I}_C/T\right)\int_0^T (t/\Delta t)(1-t/\Delta t)\,dt\\ &= 2\left(\widehat{U}_{CE}\widehat{I}_C/T\right)[(t^2/2\Delta t)-(t^3/3\Delta t^2)]\\ &= \widehat{U}_{CE}\widehat{I}_C\Delta t/3T \qquad (25\text{-}34)\end{aligned}$$

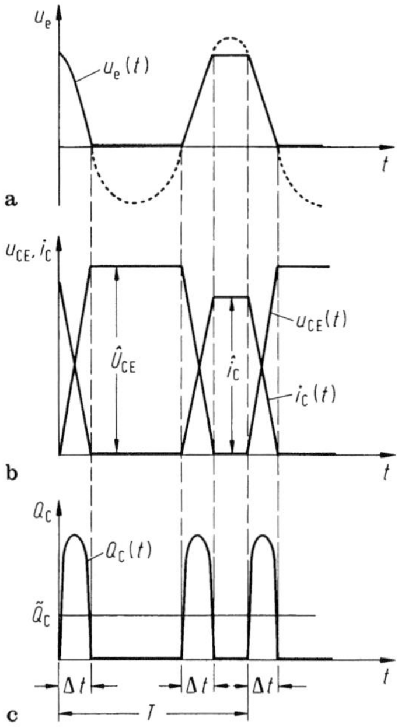

Bild 25-38. Verhalten eines Verstärkers im D-Betrieb. **a** Eingangs- und **b** Ausgangsspannungsverlauf und **c** die daraus abgeleitete Verlustleistung

aufweist. Um eine Überlastung des Transistors zu vermeiden, darf dieser Wert den zulässigen Grenzwert Q_v nicht überschreiten. Diese zur Verstärkung von Impulsen variabler Breite (Pulslängen-modulierte (PLM-) Signale) bevorzugte Art der Transistoraussteuerung wird D-Betrieb genannt; man spricht auch Pulsweitenmodulation (PWM) oder von Pulsdauermodulation (PDM). Im einfachsten Fall kann ein gesteuerter Schalter verwendet werden, der zu einem idealen Wirkungsgrad von 100% führt. Das Klasse-D-Verstärkerprinzip wird aufgrund seines hohen realen Wirkungsgrades von mehr als 90% neuerdings auch bei Audioleistungsverstärkern eingesetzt. Die PLM-Signale müssen natürlich wieder in analoge Signale umgesetzt werden, wofür nur sehr verlustarme LC-Tiefpassfilter geeignet sind. Demnach benötigt man ein Modulationsverfahren, bei dem das abgetastete analoge Eingangssignal in ein PLM-Signal überführt wird, wobei das analoge Signal nach Tiefpassfilterung möglichst störungsfrei zurückgewonnen werden kann. Vielfach verwendet man einen Pulsweiten-(PWM-)Modulator, mit dem die Amplitudenproben direkt in eine Pulslänge überführt wird. Ein störungsarmes analoges Ausgangssignal kann nur dann konstruiert werden, wenn die Schaltfrequenz ca. 7-fach über der höchsten (Audio-)Bandgrenze liegt, was u. a. zu Verlustleistungserhöhung und EMV-Problemen führen kann. Mit dem ZePoC-Verfahren steht jedoch ein alternatives Modulationsverfahren zur Verfügung, welches diese Nachteile stark reduziert; vgl. weiterführende Literatur [15].

Werden zwei derartige nichtlineare Verstärkerstufen nach Bild 25-39a in Kette geschaltet, wie Bild 25-39a zeigt, so verläuft der Zusammenhang zwischen Aus- und Eingangssignal $U_a = f(U_e)$ nach Bild 25-39b treppenförmig, da der Transistor T2 aussteuerungsabhängig in den Sättigungs- und Sperrzustand gelangen kann. In dem Übergangsbereich zwischen diesen Betriebszuständen sind beide Transistoren T1 und T2 im aktiv normalen Betrieb, sodass das Ersatzbild 25-39b gilt. Bei gleichen Kennwerten beider Transistoren wird damit

$$U_a = \frac{U_0 - \beta_0 R_C (U_0 - U_S - \beta_0 R_C \times (U_e - U_S)/R_d)}{R_C + R_d}\,. \tag{25-35}$$

Die Grenzen der Gültigkeit dieser Beziehung sind die Ausgangsspannungen $U_a = 0$ und $U_a = U_0$ und damit bei hinreichend hoher Stromverstärkung $\beta_0 \gg 1$ und Versorgungsspannung $U_0 \gg U_S$ die zugehörigen Eingangsspannungen

$$U_{e1,\,e2} = U_S \pm (U_0 - U_S)/\beta_0 R_C/R_d\,. \tag{25-36}$$

Wird in der Schaltung Bild 25-39a die strichpunktierte Verbindung zwischen Ein- und Ausgang hergestellt, so führt dies auf die Zusatzbedingung $U_a = U_e$, und es können nur noch die drei Punkte O, L oder S eingenommen werden. Da es sich um einen rückgekoppelten schwingfähigen Analogverstärker handelt, ist der Betriebspunkt L ein instabiler Zustand, von dem aus die Anordnung sofort in den Punkt O oder S umschlägt, wenn sie sich selbst überlassen wird. Wegen ihres umsteuerbaren in zwei stabilen Zuständen verharrenden Verhaltens wird sie Flipflop-Schaltung genannt und bildet das Grundelement aller statischen digitalen Speicherschaltungen; vgl. 26.2.

Werden die beiden Verstärkerstufen dagegen über RC-Hochpassglieder nach Bild 25-40a miteinander gekoppelt und die Basisvorwiderstände R_{B1} und R_{B2} so bemessen, dass die beiden Transistoren T1 und T2 im Ruhezustand Arbeitspunkte im aktiv normalen Betriebszustand einnehmen, erregen sich nichtharmonische Schwingungen. Diese Anordnung führt die Bezeichnung Multivibrator oder Relaxtionsoszillator. Aufgrund des Ausweichens der Anordnung in die

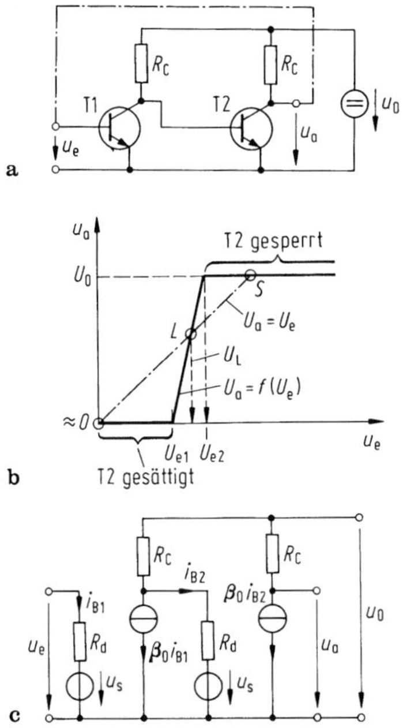

Bild 25-39. **a** Flipflop-Schaltung mit **b** Übergangsverhalten und **c** Ersatzbild

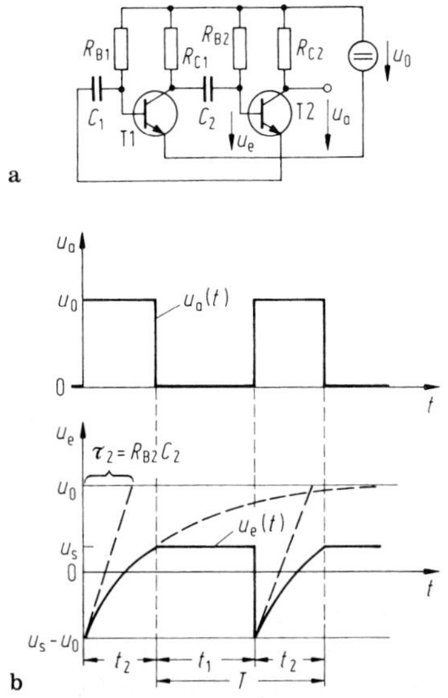

Bild 25-40. **a** Multivibratorschaltung mit **b** Verlauf der Spannung an Ein- und Ausgang von Transistor T2

stabilen Betriebspunkte ergeben sich sehr rasche Zustandsübergänge und damit eine wechselseitige Sperrung und Sättigung der beiden Transistoren T1 und T2. Die Öffnungs- und Sperrzeiten hängen von den Zeitkonstanten τ der RC-Glieder und den Schwellenspannungswerten U_S der Transistoren sowie der Versorgungsspannung U_0 ab. Für den Transistor T2 dieser Schaltung sind in Bild 25-40b die Spannungsverläufe $U_a(t)$ und $U_e(t)$ dargestellt. Aus ihnen geht hervor, dass die Spannung $U_e(t)$ wegen exponentiell zeitabhängiger Umladung des Kondensators C_2 zum Öffnungszeitpunkt $t = t_2$ die Schleusenspannung U_S erreicht:

$$U_e(t_2) = U_S = U_0 + (U_S - 2U_0)e^{-t_2/\tau_2} . \qquad (25\text{-}37)$$

Aus dieser Beziehung kann die Sperrzeit t_2 des Transistors T2 gewonnen werden. Ein entsprechender Zusammenhang gilt für die Sperrzeit t_1 des Transistors T1. Die Periodendauer als Summe der beiden Sperrzeiten beträgt damit

$$\begin{aligned} T &= t_1 + t_2 \\ &= (R_{B1}C_1 + R_{B2}C_2)\ln(2U_0 - U_S)/(U_0 - U_S) , \end{aligned} \qquad (25\text{-}38)$$

wobei die Versorgungsspannung $U_0 > U_S$ sein muss und bei $U_0 \gg U_S$ für die Schwingfrequenz die Näherung

$$f = 1/T = 1/(\tau_1 + \tau_2)\ln 2 = 1{,}44/(\tau_1 + \tau_2) \qquad (25\text{-}39)$$

gilt.

Multivibratoren nach Bild 25-40a können nur für relativ niedrige Frequenzen verwendet werden, da die eingeschalteten Transistoren in Sättigung gehen und beim Ausschalten die Ladungsträger aus der Basis ausgeräumt werden müssen. Daher verwendet man für Multivibratoren, die bei höheren Frequenzen arbeiten sollen, andere Schaltungsarchitekturen. Eine wichtige Schaltungsklasse sind Emitter-gekoppelten Multivibratoren, die auch im MHz-Bereich noch arbeitsfähig sind; vgl. die weiterführende Literatur.

Elektronische Kippschaltungen können besonders einfach mit bistabilen schwellenbehafteten Elementen aufgebaut werden. Der Thyristor Ty besteht aus einer komplementären Transistorenschaltung nach Bild 25-41a und stellt einen gesteuerten Schalter dar. Seine Schließbedingung wird durch Überschreiten der Schleusenspannung U_S und des

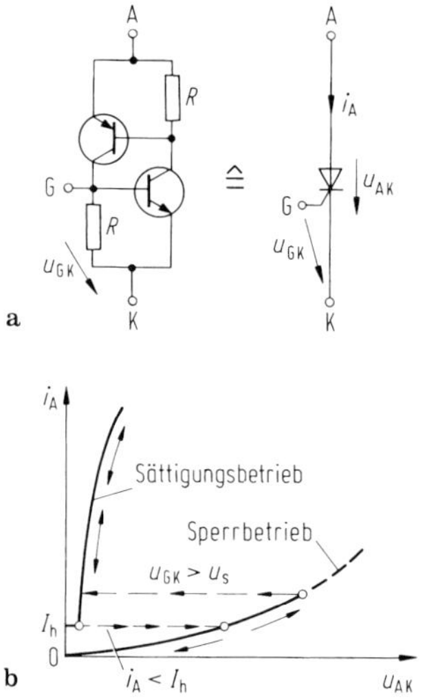

Bild 25-41. **a** Thyristorprinzipschaltung und Klemmenbezeichnung; **b** Strom-Spannungs-Abhängigkeit im Schaltbetrieb

Haltestromes I_h als hysteresebehaftete Umschaltung zwischen Sättigungs- und Sperrbetrieb nach Bild 25-41b bewirkt. Dieses Schaltelement kann mit einem einzigen RC-Glied periodische Kippschwingungen liefern, wenn die Versorgungsspannung die Bedingung $U_B > U_S + U_z$ und der Haltestrom die Bedingung $I_h < U_B/R$ erfüllt. Zur Erhöhung der Ausgangsspannung wird der Steuerelektrode G eine Zenerdiode ZD vorgeschaltet. Im Ladefall herrscht dann in der Schaltstrecke A–K des Thyristors sein Sperrwiderstand R_s im Entladefall sein Durchlasswiderstand R_d, wie dies die Ersatzbilder 25-42b zeigen. Die Kondensatorspannung setzt sich dann aus exponentiellen RC-Umladungen nach Bild 25-42c zusammen und die Schwingfrequenz $f = 1/T$ ist damit aus den Schwellenwerten $U_z + U_S$ bzw. I_hR_d zu bestimmen:

$$\begin{aligned} T = t_{an} + t_{ab} &= U_B(1 - e^{-t/\tau_{an}}) \\ &+ I_hR_de^{-t/\tau_{ab}} + (U_z + U_S)e^{-t/\tau_{ab}} . \end{aligned} \qquad (25\text{-}40)$$

Die Zeitkonstanten besitzen die Werte $\tau_{an} = RC/(1 + R/R_s)$ und $\tau_{ab} = RC/(1 + R/R_d)$. Zur Linearisierung des Anstieges der Kondensatorspannung U_C im Zeitbereich t_{an} kann der Ladewiderstand R durch eine Konstantstromquelle ersetzt werden.

Die Erregung von Kippschwingungen in stark nichtlinearen elektronischen Verstärkerschaltungen lässt

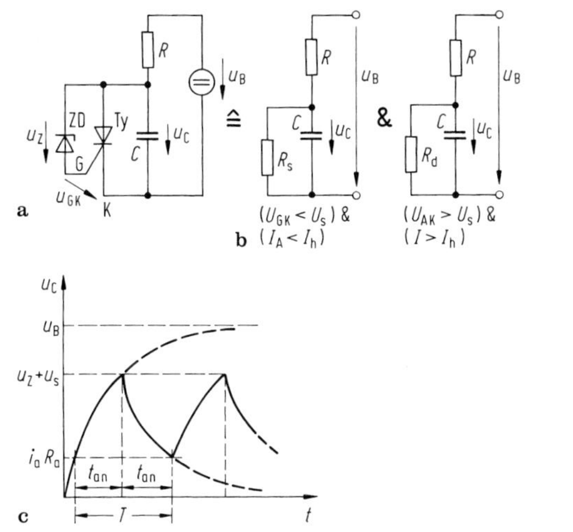

Bild 25-42. Sägezahngenerator mit Thyristor: **a** Schaltung; **b** Ersatzbilder und **c** Kondensatorspannungsverlauf

sich mit dem für diesen Zweck entwickelten *Unijunktiontransistor UIT* besonders gut veranschaulichen, der allerdings nur noch historische Bedeutung besitzt. Für seine Beschaltung wird nach Bild 25-43a außer dem RC-Zeitglied nur noch ein einziger Widerstand R_C zum Abgreifen des Ausgangssignales U_a benötigt. Zur Erregung muss der statische Arbeitspunkt A des Elementes in den fallenden Teil der Arbeitskennlinie

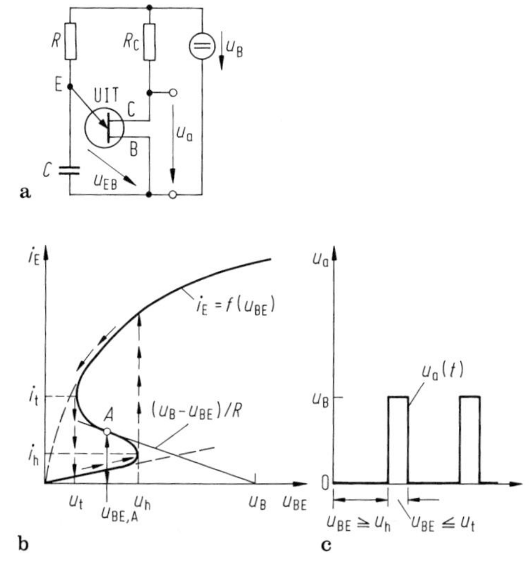

Bild 25-43. Sägezahngenerator mit Unijunktiontransistor: **a** Schaltung, **b** Strom-Spannungs-Kennlinie und **c** Zeitverlauf der Ausgangsspannung

$I_E = f(U_{BE})$ gebracht werden, wie Bild 25-43b zeigt. Dadurch stellt sich der labile Zustand ein, aus dem sich die Anordnung aufzuschaukeln vermag. Die Kondensatorspannung ist gleich der Steuerspannung U_{EB} des Unijunktiontransistors, sodass sein Emitterstrom I_E zwischen dem Höckerwert I_h und dem Talwert I_t springt. Periodische Durchschaltung und Sperrung der Kollektor-Basis-Strecke des Transistors UIT liefert dann die pulsförmige Ausgangsspannung $U_a(t)$ von Bild 25-43c.

25.4 Operationsverstärker

25.4.1 Verstärkung

Spannungsverstärkung

Im Beispiel (Bild 25-44) gilt: für

$$-2{,}5\ \mathrm{V} < u_1 < 2{,}5\ \mathrm{V}$$

(Bereich linearer Verstärkung)

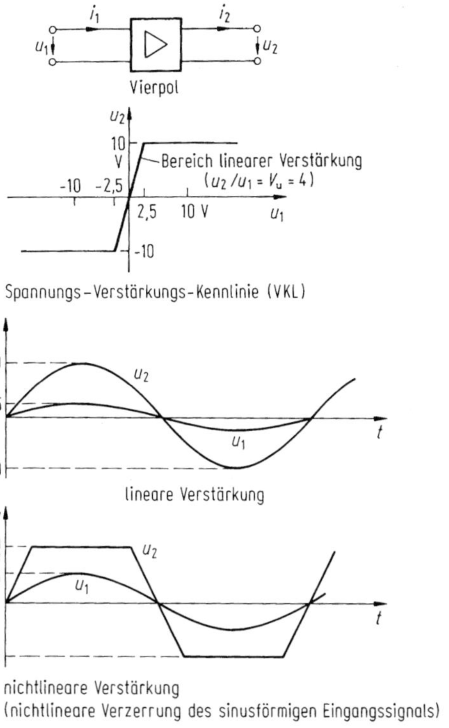

Bild 25-44. Beispiel für Spannungsverstärkung

ist $u_2 \sim u_1$ oder anders ausgedrückt:

$$u_2 = V_u u_1 \quad (\text{mit } V_u = 4) . \qquad (25\text{-}41)$$

Man kann den Vierpol im Bereich linearer Verstärkung als spannungsgesteuerte Spannungsquelle auffassen (u_1 ist die *steuernde*, u_2 die *gesteuerte* Spannung), vgl. 3.2.3. V_u bezeichnet man als *Spannungsverstärkung*.

Stromverstärkung

In dem Fall, den das Bild 25-45 darstellt, kann der Vierpol im Bereich

$$-1\,\text{mA} < i_1 < 1\,\text{mA}$$

als stromgesteuerte Stromquelle aufgefasst werden:

$$i_2 = V_i i_1 . \qquad (25\text{-}42)$$

Hierbei bezeichnet man V_i als Stromverstärkung, im Beispiel ist $V_i = 10$.

Leistungsverstärkung

Wenn $-2{,}5\,\text{V} < u_1 < 2{,}5\,\text{V}$ und $-1\,\text{mA} < i_1 < 1\,\text{mA}$ ist, so gilt für die Ausgangsleistung:

$$p_2 = u_2 i_2 = V_u u_1 V_i i_1 = V_u V_i p_1 = V_p p_1 . \qquad (25\text{-}43)$$

Hierbei bezeichnet man

$$V_p = V_u V_i$$

als *Leistungsverstärkung*. Im Beispiel wird $V_p = 40$, d. h.,

$$p_2 = 40 p_1 \ (\text{für } 2{,}5\,\text{V} < u_1 < 2{,}5\,\text{V} \text{ und } -1\,\text{mA} < i_1 < 1\,\text{mA}) .$$

Speziell für $u_1 = 2{,}5\,\text{V} \sin \omega t$, $i_1 = 1\,\text{mA} \sin \omega t$ ergeben sich

$$p_1 = u_1 i_1 = 2{,}5\,\text{V} \cdot 1\,\text{mA} \sin^2 \omega t = 1{,}25\,\text{mW}(1 - \cos 2\omega t)$$

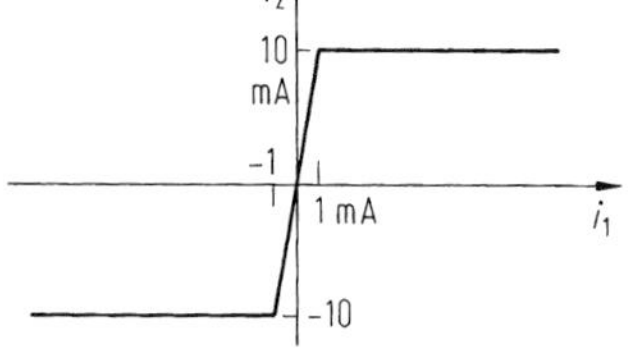

Bild 25-45. Beispiel für eine Stromverstärkungskennlinie

und

$$p_2 = 40\, p_1 = 50\,\text{mW}\,(1 - \cos 2\omega t) .$$

Die zeitlichen Mittelwerte dieser Leistungen (die sog. *Wirkleistungen*) sind

$$P_1 = 1{,}25\,\text{mW}; P_2 = 50\,\text{mW} .$$

Logarithmische Verhältnisgrößen (Pegel)

Von Spannungs-, Strom- und Leistungsverhältnissen (u_2/u_1; i_2/i_1; p_2/p_1) bildet man gern den dekadischen (lg) oder den natürlichen Logarithmus (ln); diese logarithmischen Verhältnisgrößen nennt man Pegel oder Dämpfungen (je nach dem Zusammenhang), vgl. Abschnitt 20.1.

25.4.2 Idealer und realer Operationsverstärker

Idealer Operationsverstärker

Bild 25-46 stellt das Schaltzeichen für einen Operationsverstärker dar. Der innere Aufbau eines solchen Integrierten Schaltkreises (IC, integrated circuit) soll hier nicht betrachtet werden.

Die Eingangsgröße u_D (Eingangs-Differenzspannung: u_D ist die Potenzialdifferenz der beiden Eingänge) steuert die von den Versorgungsquellen gelieferte Leistung so, dass eine hohe (Gegentakt-)-Spannungsverstärkung V_0 (Leerlaufverstärkung) möglich ist (Bild 25-47). Die beiden Versorgungsspannungen müssen übrigens nicht bei allen Verstärkern gleich groß sein.

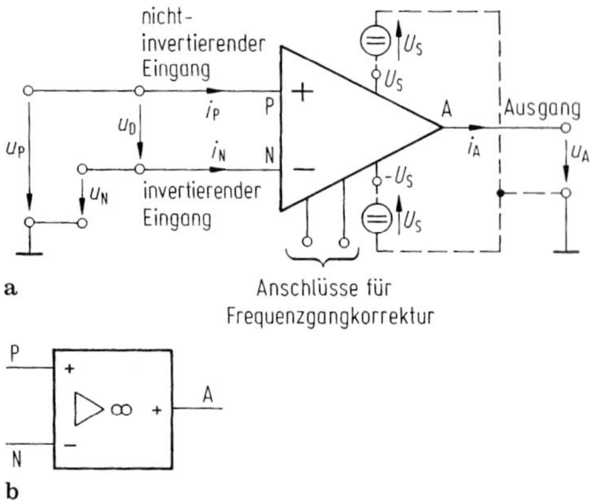

Bild 25-46. Schaltzeichen für den Operationsverstärker

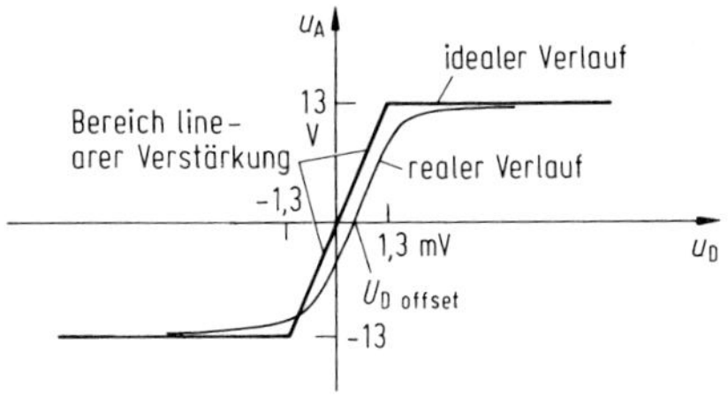

Bild 25-47. Beispiel einer Verstärkungskennlinie (VKL): $U_{Do} = +1{,}3\ \text{mV}$, $U_{Du} = -1{,}3\ \text{mV}$, $U_{A\max} = 13\ \text{V}$, $U_{A\min} = -13\ \text{V}$, $V_0 = 10^4$

In vielen Prinzipschaltbildern zeichnet man zur Vereinfachung die Versorgungsspannungs-Anschlüsse und eventuelle weitere IC-Anschlüsse nicht mit ein. Hierdurch entsteht eine Darstellung, bei der die Gleichung $\sum i = 0$ nicht erfüllt zu sein scheint, weil eben nicht alle Ströme berücksichtigt werden, die aus dem Verstärker herausfließen (oder in ihn hinein).
Ein idealer Verstärker hat außer dem Idealverlauf der VKL noch weitere (niemals vollständig realisierbare) Eigenschaften, deren wichtigste in Tabelle 25-2 zusammengefasst sind; dazu gehören:

$$U_{D\,\text{offset}} = 0$$

(durch Offsetspannungskompensation erreichbar);

für $U_{Du} < u_D < U_{Do}$

ist $u_A = V_0 u_D$, wobei $V_0 \gg 1$ ist.

Realer Operationsverstärker (Beispiel: LM 148)

Der in Bild 25-48 dargestellte integrierte Schaltkreis LM 148 enthält vier Verstärker des Typs 741. Einige typische Werte eines solchen Verstärkers sind in den Tabellen 25-1 und 25-2 zusammengestellt. Es muss immer beachtet werden, dass die Bedingungen

$$u_D < 2U_s \quad \text{und} \quad |u_P| < U_S\ ,\ |u_N| < U_S \qquad (25\text{-}44)$$

eingehalten werden, damit der Schaltkreis nicht beschädigt wird. Im Normalfall wird gewählt $U_S = (5 \ldots 18)\ \text{V}$.

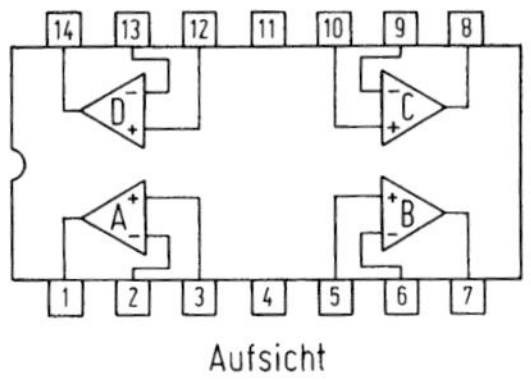

Anschluss (pin)	Funktion
1	Ausgang (output) A
2	invertierender Eingang ($-V_{IN}$) A
3	nichtinvertierender Eingang ($+V_{IN}$) A
4	Versorgungsspannung $+U_S$ ($+V_S$)
5	nichtinvertierender Eingang B
6	invertierender Eingang B
7	Ausgang B
8	Ausgang C
9	invertierender Eingang C
10	nichtinvertierender Eingang C
11	Versorgungsspannung $-U_S$
12	nichtinvertierender Eingang D
13	invertierender Eingang D
14	Ausgang D

Bild 25-48. Anschlüsse eines Vierfach-Operationsverstärker-ICs (LM 148), 14-Lead-dual-in-line-Package

Tabelle 25-1. Grenzen der Betriebsgrößen (Op. Verst. 741)

Maximum der Versorgungsspannungen (supply voltages)	$U_{S\max}$	22 V
Extremwerte der Eingangs(differenz)spannung	$U_{D\max}$	44 V
(differential input voltage)	$U_{D\min}$	-44 V
Extremwerte der Eingangspotenziale (input voltage)	$U_{P\max}$, $U_{N\max}$	22 V
	$U_{P\min}$, $U_{N\min}$	−22 V
Betriebstemperaturbereich (operating temperature range)	T_A	−55 °C ... 125 °C
Maximum des Ausgangsstromes (output current)	$I_{A\max}$	20 mA
Minimum des Ausgangsstromes	$I_{A\min}$ (kurzschlusssicher)	−20 mA

Tabelle 25-2. Abweichungen eines Operationsverstärkers vom Idealverhalten

		Idealer Verstärker	Op. Verst. 741
(Statische) Leerlaufverstärkung (open loop voltage gain)	$V_{0\,\text{stat}}$	∞	$(0{,}5\ldots1{,}6)\cdot10^5$
Eingangswiderstand (input resistance)	R_E	∞	$(0{,}8\ldots2{,}5)\,\text{M}\Omega$
Ausgangswiderstand (output resistance)	R_A	0	$100\,\Omega$
(Eingangs-)Offsetspannung (input offset voltage)	$u_{D\,\text{offset}}$	0	$(1\ldots5)\,\text{mV}$
Offsetspannungsdrift	$\mathrm{d}u_{D\,\text{offset}}/\mathrm{d}T$	0	$10\,\mu\text{V/K}$
Mittlerer Eingangsruhestrom (input bias current)	$i_{Eb}=0{,}5\,(i_P+i_N)$	0	$(30\ldots100)\,\text{nA}$
Eingangs-Offsetstrom (input offset current)	$i_{E\,\text{offset}}=i_P-i_N$	0	$(4\ldots25)\,\text{nA}$
Gleichtaktverstärkung (common mode voltage gain)	$V_{cm}=\mathrm{d}u_A/\mathrm{d}u_{cm}$ mit $u_{cm}=0{,}5\,(u_P+u_N)$	0	10^{-5}
(Maximale) Anstiegsgeschwindigkeit der Ausgangsspannung (slew rate)	$r_s=\left.\frac{\mathrm{d}u_A}{\mathrm{d}t}\right\|_{max}$	∞	$0{,}5\,\text{V}/\mu\text{s}$
Transitfrequenz (unity gain bandwidth)	f_T	∞	1 MHz

Soll z. B. $U_{A\,max}=-U_{A\,min}=13\,\text{V}$ sein (vgl. Bild 25-47), so muss $U_S=15\,\text{V}$ gewählt werden. Im Übrigen können die Operationsverstärker auch bei Versorgungsspannungen $|U_S|<|U_{S\,\text{nenn}}|$ arbeiten, i. Allg. bis zum Wert $|U_S|=0{,}3|U_{S\,\text{nenn}}|$.

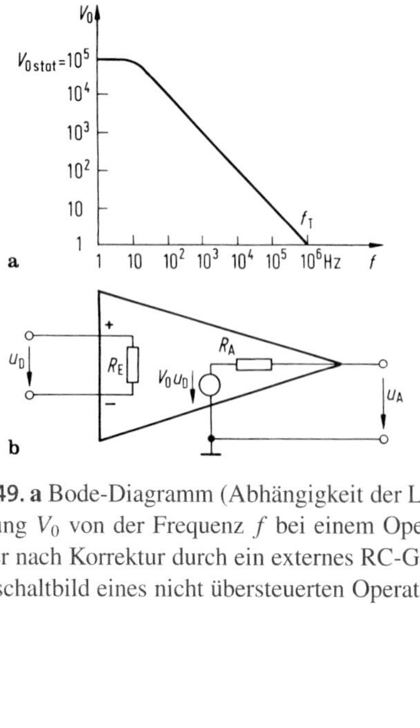

Bild 25-49. **a** Bode-Diagramm (Abhängigkeit der Leerlaufverstärkung V_0 von der Frequenz f bei einem Operationsverstärker nach Korrektur durch ein externes RC-Glied). **b** Ersatzschaltbild eines nicht übersteuerten Operationsverstärkers

Wie sehr ein realer Verstärker vom Idealverhalten abweichen kann, zeigt die Tabelle 25-2: So ist z. B. die Verstärkung V_0 nur für niedrige Frequenzen sehr hoch und sinkt schließlich bis auf den Wert 1 ab (die zugehörige Frequenz nennt man Transitfrequenz f_T), vgl. Bild 25-49a. Wegen dieser dynamischen Unvollkommenheit können Operationsverstärker nur im Niederfrequenzbereich eingesetzt werden.

Bestimmte Operationsverstärker kommen in einzelnen Eigenschaften dem Idealverhalten näher als der Standardverstärker 741: es gibt z. B. Verstärker mit $R_E=10^6\,\text{M}\Omega$ (FET-Eingang), $r_s=800\,\text{V}/\mu\text{s}$, $i_{Eb}=0{,}1\,\text{nA}$, $u_{D\,\text{offset}}=\pm0{,}7\,\mu\text{V}$, $\mathrm{d}u_{D\,\text{offset}}/\mathrm{d}T=0{,}01\,\mu\text{V/K}$ oder $f_T=10\,\text{MHz}$.

Das Bild 25-49b zeigt ein einfaches Ersatzschaltbild für den nichtübersteuerten Operationsverstärker als spannungsgesteuerte Spannungsquelle.

25.4.3 Komparatoren

Nichtinvertierender Komparator

Wählt man für die Darstellung der VKL auf beiden Achsen gleiche Maßstäbe, so erscheint der lineare

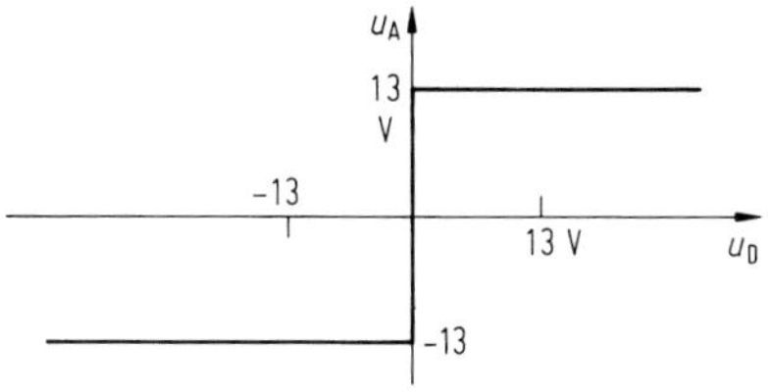

Bild 25-50. Verstärkungskennlinie

Verstärkungsbereich praktisch als Spannungssprung (Bild 25-50).
Für den Verlauf $u_A = f(u_D)$ gilt im Beispiel aus Bild 25-47:

$$u_A = \begin{cases} 13\,\text{V} & \text{für } u_D \geqq 1{,}3\,\text{mV} \\ -13\,\text{V} & \text{für } u_D \leqq -1{,}3\,\text{mV}\,. \end{cases}$$

Eine an das Eingangsklemmenpaar angelegte Spannung wird also praktisch mit dem Wert 0 V verglichen: $u_A = -13$ V bedeutet, dass $u_D < 0$ ist.
So gesehen ist jeder Operationsverstärker auch ein Vergleicher (Komparator). Die Bezugsschwelle muss nicht bei 0 V liegen, sondern lässt sich auch verschieben (Bild 25-51b).

Invertierender Komparator

Vertauscht man in Bild 25-51a die beiden Eingänge miteinander (Bild 25-52a), so erhält man eine Inversion der Kennlinie $u_A = f(u_E)$, vgl. Bild 25-52b.

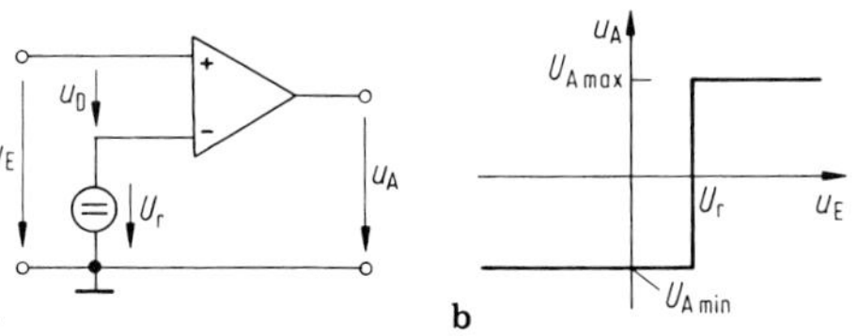

Bild 25-51. Nichtinvertierender Komparator

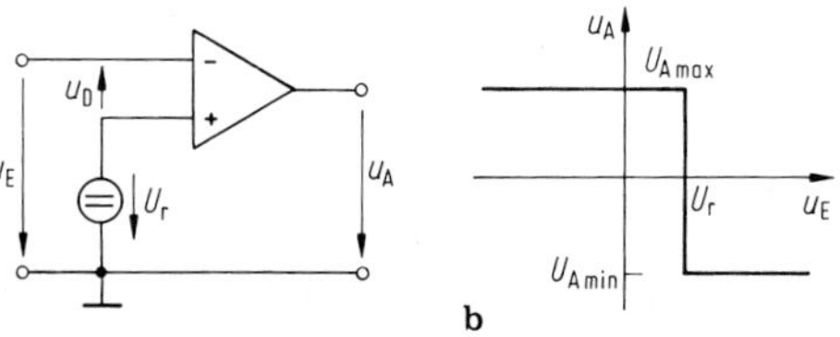

Bild 25-52. Invertierender Komparator

Fensterkomparator

Am folgenden Beispiel wird dargestellt, wie eine Kombination zweier Komparatoren anzeigt, ob eine Spannung u_E z. B. im Bereich

$$5\,\text{V} < u_E < 10\,\text{V}$$

liegt oder außerhalb davon.

Beispiel

Für die beiden Operationsverstärker in der Schaltung in Bild 25-53 soll gelten $V_0 = \infty$ und

$$U_{A\,max} = -U_{A\,min} = 15\,\text{V}.$$

Die beiden Dioden können als ideal angesehen werden (vgl. Kennlinie $i = f_{(u)}$). Außerdem ist

$$U_{r1} = 10\,\text{V}\,; \quad U_{r2} = 5\,\text{V}\,.$$

Ein Tiefstwert-Gatter (vgl. 26.1.1) verknüpft die Ausgänge zweier Komparatoren und wirkt (mit der Zuordnung $-15\,\text{V} \mathrel{\hat{=}} 0$; $+15\,\text{V} \mathrel{\hat{=}} 1$) als UND-Gatter:

$$u_A = u_{A1} \,\&\, u_{A2}\,.$$

u_A, u_{A1}, u_{A2} sind in Bild 25-54 dargestellt.

Umwandlung einer Sinus- in eine Rechteckspannung

Bild 25-55 zeigt, welchen Verlauf $u_A(t)$ hat, wenn eine sinusförmige Spannung u_E am Eingang eines

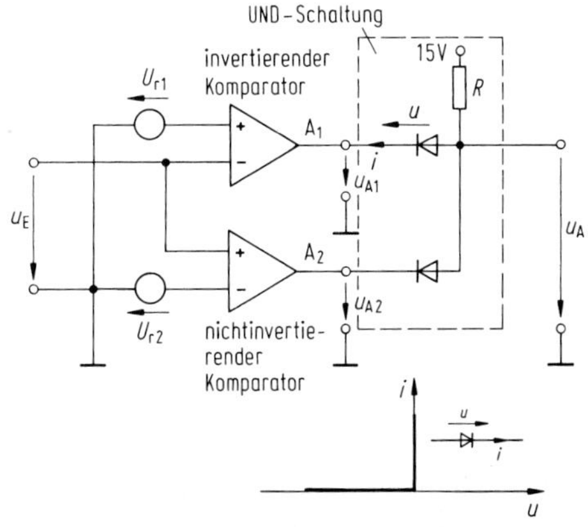

Bild 25-53. Fensterkomparator

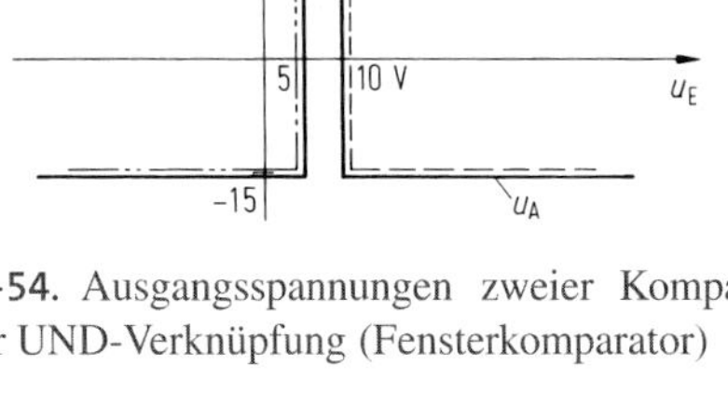

Bild 25-54. Ausgangsspannungen zweier Komparatoren und ihrer UND-Verknüpfung (Fensterkomparator)

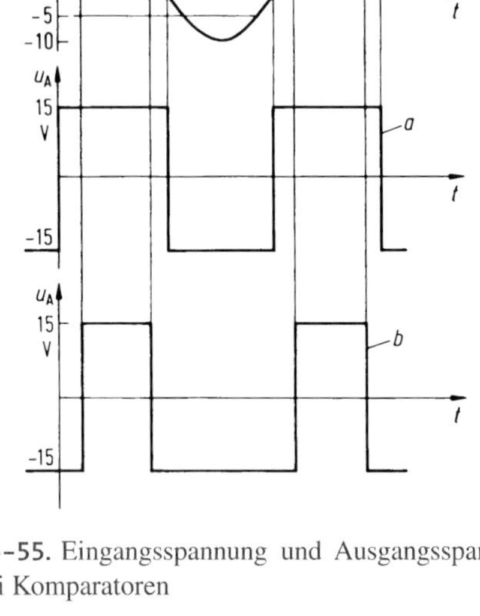

Bild 25-55. Eingangsspannung und Ausgangsspannungen an zwei Komparatoren

nichtinvertierenden Komparators (Bild 25-51) liegt. Die Schwingung a gibt den Verlauf für $U_r = 0$ an, Schwingung b für $U_r = 5$ V.

25.4.4 Anwendungen des Umkehrverstärkers

Die Gesamtverstärkung des Umkehrverstärkers

In 8.3.3 sind vier Rückkopplungsprinzipien dargestellt; eines davon ist die invertierende Gegenkopplung (Umkehrverstärker, Bild 25-56) mit der Gesamtverstärkung

$$V_{ges} = \frac{u_A}{u_E} \approx -\frac{R_2}{R_1} . \qquad (25\text{-}45)$$

Falls V_0 sehr groß (d.h. $u_D \approx 0$ im Bereich linearer Verstärkung) ist, hängt also beim idealen Verstärker das Verhältnis u_A/u_E praktisch nur von der äußeren Beschaltung ab.

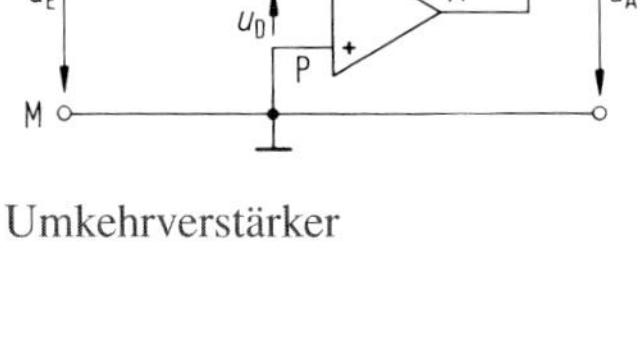

Bild 25-56. Umkehrverstärker

Eine genauere Berechnung ergibt

$$V_{ges} = \frac{u_A}{u_E} \approx -\frac{R_2/R_1}{1 + \dfrac{1 + R_2/R_1}{V_0}} . \qquad (25\text{-}46)$$

Wenn $V_0 \to \infty$ geht, so folgt hieraus (45). Die Formel (46) zeigt, dass sich stets $|V_{ges}| < V_0$ ergibt. Durch die Gegenkopplung (GK) ergibt sich eine Verkleinerung der Verstärkung. Der Vorteil der GK besteht darin, dass durch das Verhältnis zweier zugeschalteter Widerstände ein beliebiger Verstärkungswert $|V_{ges}| < V_0$ eingestellt werden kann. Solange $|V_{ges}| \ll V_0$ bleibt, wird V_{ges} damit praktisch unabhängig von Schwankungen der Leerlaufverstärkung V_0, die sich z. B. in Abhängigkeit von der Temperatur oder der Betriebsfrequenz ergeben können. Durch GK wird also eine Verstärkungsbegrenzung (Verstärkungs-„Stabilisierung") erreicht.

Rechenverstärker

Umkehraddierer. Für den nichtübersteuerten idealen Verstärker mit hoher Leerlaufverstärkung V_0 ist $u_D \approx 0$, sodass gilt (vgl. Bild 25-57):

$$i_{11} + i_{12} \approx i_2$$

$$\frac{u_{E1}}{R_{11}} + \frac{u_{E2}}{R_{12}} \approx -\frac{u_A}{R_2}$$

$$u_A \approx -\left(\frac{R_2}{R_{11}} u_{E1} + \frac{R_2}{R_{12}} u_{E2}\right) . \qquad (25\text{-}47)$$

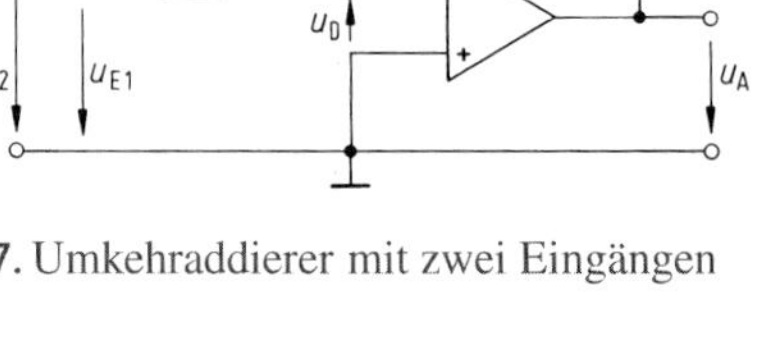

Bild 25-57. Umkehraddierer mit zwei Eingängen

Subtrahierer. In Bild 25-58 gilt mit $u_\mathrm{D} = 0$ und wegen $\sum u = 0$ für den Umlauf 1

$$\frac{R_\mathrm{N}}{\alpha} i_\mathrm{E1} - \frac{R_\mathrm{p}}{\alpha} i_\mathrm{E2} + u_\mathrm{E2} - u_\mathrm{E1} = 0 \qquad (25\text{-}48)$$

und für den Umlauf 2

$$u_\mathrm{A} - R_\mathrm{p} i_\mathrm{E2} + R_\mathrm{N} i_\mathrm{E1} = 0$$

$$\frac{R_\mathrm{N}}{\alpha} i_\mathrm{E1} - \frac{R_\mathrm{p}}{\alpha} i_\mathrm{E2} + \frac{u_\mathrm{A}}{\alpha} = 0\,. \qquad (25\text{-}49)$$

Zieht man (25-49) von (25-48) ab, so entsteht

$$-\frac{u_\mathrm{A}}{\alpha} + u_\mathrm{E2} - u_\mathrm{E1} = 0\,; \quad u_\mathrm{A} = \alpha(u_\mathrm{E2} - u_\mathrm{E1})\,. \qquad (25\text{-}50)$$

Integrierer. In Bild 25-59 gilt mit $u_\mathrm{D} \approx 0$:

$$i_1 \approx \frac{u_\mathrm{E}}{R} \quad \text{und} \quad u_\mathrm{A} \approx \frac{-1}{C} \int i_2 \mathrm{d}t\,.$$

Wegen $i_1 \approx i_2$ folgt dann

$$u_\mathrm{A} \approx -\frac{1}{RC} \int u_\mathrm{E}(t)\,\mathrm{d}t\,,$$

$$u_\mathrm{A} \approx -\frac{1}{RC} \int_{-\infty}^{t} u_\mathrm{E}(\tau)\,\mathrm{d}\tau\,,$$

$$= -\frac{1}{RC} \int_{0}^{t} u_\mathrm{E}(\tau)\,\mathrm{d}\tau + u_\mathrm{A}(0)\,. \qquad (25\text{-}51)$$

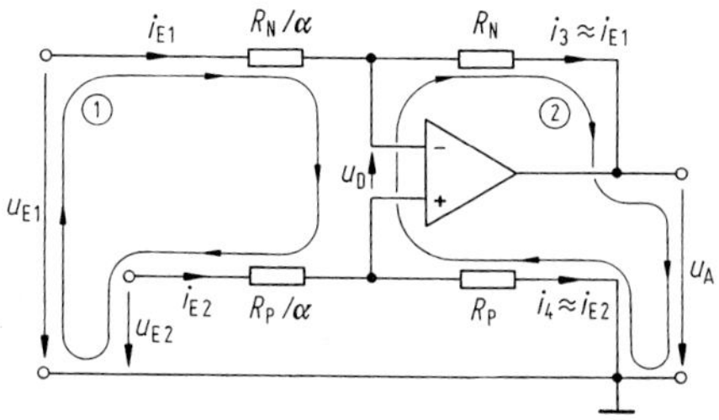

Bild 25-58. Subtrahierer

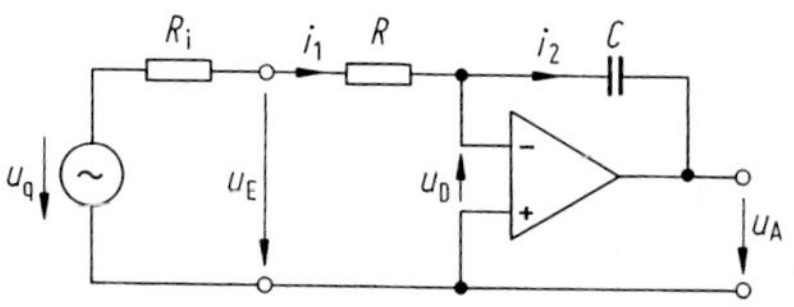

Bild 25-59. Integrierer

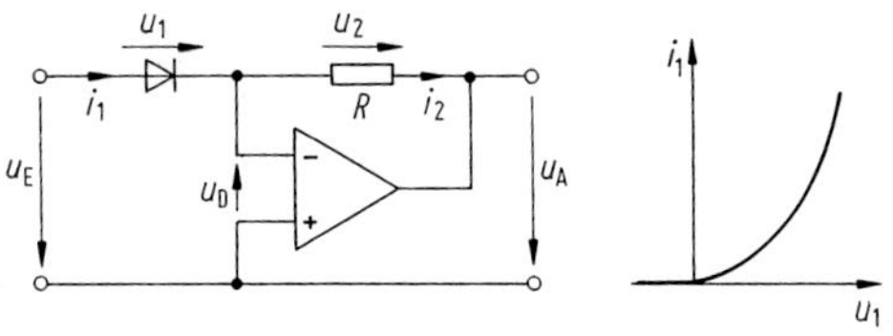

Bild 25-60. Quadrierer, Schaltung und Diodenkennlinie

Vertauscht man den Widerstand R mit dem Kondensator C, so entsteht im Prinzip ein Differenzierer.

Quadrierer. Mit $u_\mathrm{D} = 0$ und $i_1 = K u_1^2$ (Approximation der Diodenkennlinie im Durchlassbereich durch eine quadratische Parabel) wird wegen $i_1 \approx i_2$ (Bild 25-60)

$$K u_\mathrm{E}^2 = -\frac{u_\mathrm{A}}{R}\,, \quad u_\mathrm{A} = -RK u_\mathrm{E}^2\,. \qquad (25\text{-}52)$$

Multiplizierer. Eine Analogmultiplikation lässt sich auf Addition, Subtraktion und Quadratbildung zurückführen (Bild 25-61).

Umkehraddierer als Digital-Analog-Umsetzer

Für den Umkehraddierer in Bild 25-62 gilt:

$$u_\mathrm{A} = -\left(u_2 + \frac{1}{2} u_1 + \frac{1}{4} u_0\right)\,; \text{ vgl. Tabelle 25-3}\,. \qquad (25\text{-}53)$$

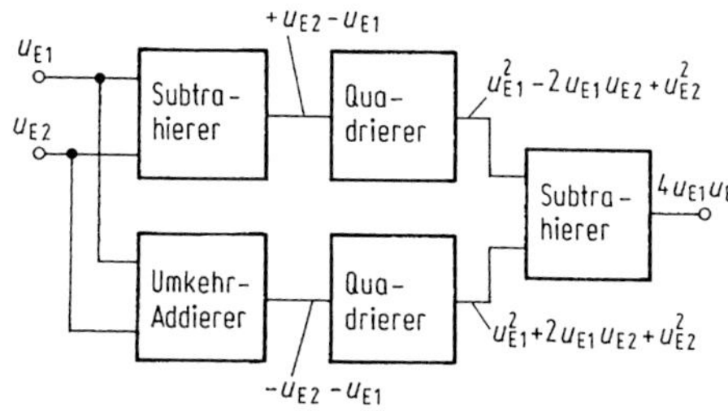

Bild 25-61. Blockschaltbild eines Multiplizierers

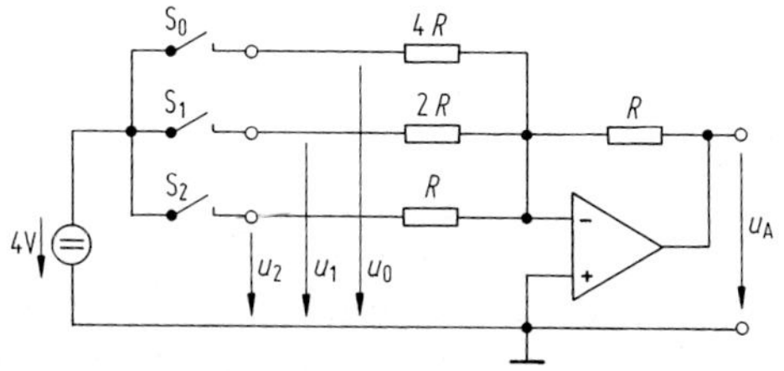

Bild 25-62. Digital-Analog-Umsetzer (DAU) zur Darstellung einer dreistelligen Binärzahl

Tabelle 25-3. Zuordnung der analogen Ausgangsspannung zu den Schalterstellungen bei einem D/A-Wandler (Geschlossener Schalter ≙ 1, Offener Schalter ≙ 0)

S_2	S_1	S_0	$-u_A$/V
0	0	0	0
0	0	1	1
0	1	0	2
0	1	1	3
1	0	0	4
1	0	1	5
1	1	0	6
1	1	1	7

Der Umkehraddierer mit vorgeschalteten Komparatoren als Analog-Digital-Umsetzer

Für die vier Operationsverstärker eines Analog-Digital-Umsetzers (Bild 25-63) soll gelten $V_0 = \infty$ und $U_{A\,max} = -U_{A\,min} = 15$ V.

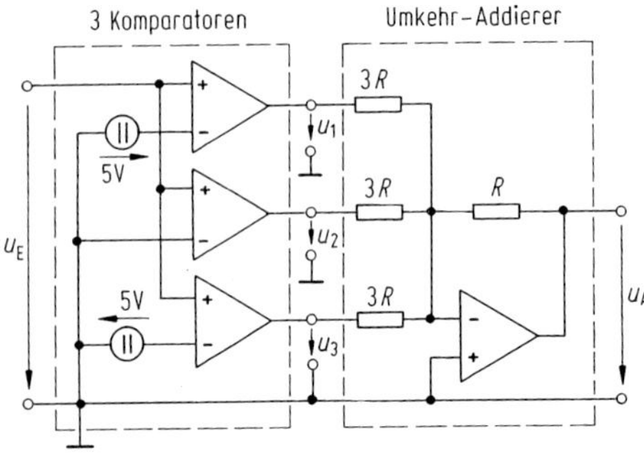

Bild 25-63. Analog-Digital-Umsetzer (ADU)

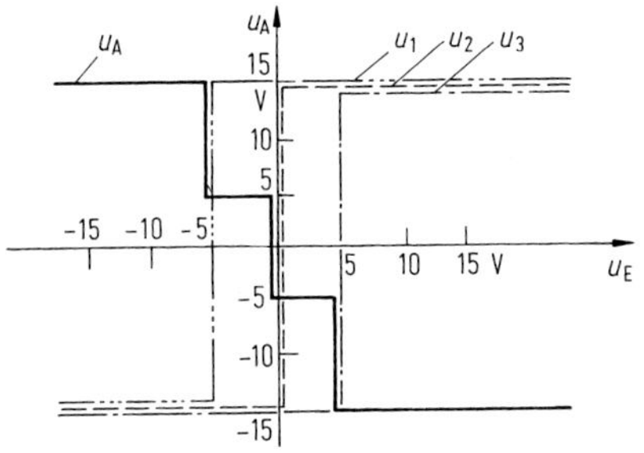

Bild 25-64. Quantisierungs-Kennlinie eines Analog-Digital-Umsetzers (ADU)

Für den Umkehraddierer in Bild 25-63 gilt:

$$u_A = -\frac{1}{3}(u_1 + u_2 + u_3)\,.$$

In Bild 25-64 sind u_1, u_2, u_3 und u_A dargestellt. Hier ist u_A (ebenso wie beim DAU, Bild 25-62) ein stufiges Analogsignal. Die Spannungen u_1, u_2, u_3 bilden die Digitalinformation, die noch einem Codier-Schaltnetz zugeführt werden müsste, damit an dessen zwei Ausgängen y_0, y_1 schließlich die Dualzahl $y = y_1 2^1 + y_0 2^0$ zur Verfügung steht.

25.4.5 Anwendungen des Elektrometerverstärkers

Beim Elektrometerverstärker (Bild 25-65) gilt im linearen Verstärkungsbereich für die Gesamtverstärkung (vgl. 8.3.3)

$$V_{ges} = \frac{u_A}{u_E} \approx 1 + \frac{R_4}{R_3}\,. \qquad (25\text{-}54)$$

Der Elektrometerverstärker als spannungsgesteuerte Stromquelle

Wegen $i_N \approx 0$ ist $u_A \approx i_A(R_3 + R_4)$ und mit (25-54) daher

$$\frac{i_A(R_3 + R_4)}{u_E} \approx \frac{R_3 + R_4}{R_3} \qquad i_A \approx \frac{u_E}{R_3}\,. \qquad (25\text{-}55)$$

Der Strom i_A ist also zur Eingangsspannung u_E proportional und von R_4 unabhängig (Konstantstromquelle). (Wenn u_E bzw. R_4 zu groß werden, dann wird der Bereich linearer Verstärkung verlassen, sodass die Voraussetzung $u_D \approx 0$ nicht mehr zutrifft; (25-55) wird dadurch ungültig.)

Der Elektrometerverstärker als Widerstandswandler (Impedanzwandler)

Macht man beim Elektrometerverstärker $R_4 = 0$, so wird (falls $u_D \approx 0$) $u_A/u_E \approx 1$. Eingangs- und Ausgangsspannung sind also gleich (Spannungsfolger),

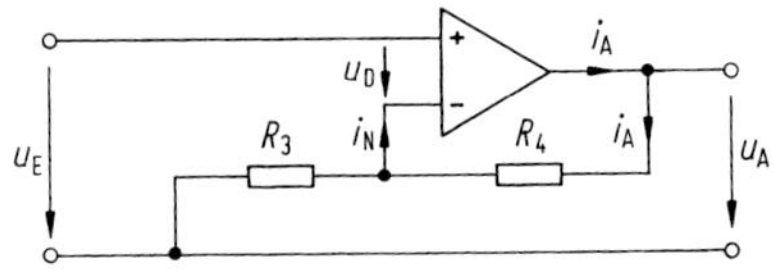

Bild 25-65. Elektrometerverstärker

der Eingangswiderstand ist aber praktisch unendlich groß und der Ausgangswiderstand niedrig (Stromverstärkung).

25.4.6 Mitkopplungsschaltungen (Schmitt-Trigger)

Nichtinvertierende Mitkopplung

In einer nichtinvertierenden Mitkopplungsschaltung (Bild 25-66; vgl. 8.3.3) gilt für die Sprungspannungen

$$U_{\mathrm{E\,auf}} = \left(1 + \frac{R_1}{R_2}\right) U_\mathrm{r} - \frac{R_1}{R_2} U_{\mathrm{A\,min}}\,, \qquad (25\text{-}56a)$$

$$U_{\mathrm{E\,ab}} = \left(1 + \frac{R_1}{R_2}\right) U_\mathrm{r} - \frac{R_1}{R_2} U_{\mathrm{A\,max}}\,. \qquad (25\text{-}56b)$$

Aufgelöst nach R_2/R_1 und U_r:

$$\frac{R_2}{R_1} = \frac{U_{\mathrm{A\,max}} - U_{\mathrm{A\,min}}}{U_{\mathrm{E\,auf}} - U_{\mathrm{E\,ab}}}\,, \qquad (25\text{-}57a)$$

$$U_\mathrm{r} = \frac{U_{\mathrm{A\,max}} U_{\mathrm{E\,auf}} - U_{\mathrm{A\,min}} U_{\mathrm{E\,ab}}}{(U_{\mathrm{A\,max}} - U_{\mathrm{E\,auf}}) - (U_{\mathrm{A\,min}} + U_{\mathrm{E\,ab}})}\,. \qquad (25\text{-}57b)$$

Diese Formeln können also zur Dimensionierung der Schaltung dienen, wenn der Verlauf $u_\mathrm{A}(u_\mathrm{E})$ vorgegeben ist.

Invertierende Mitkopplung

In einer invertierenden Mitkopplungsschaltung (Bild 25-67, vgl. 8.3.3) gilt für die Sprungspannungen:

$$U_{\mathrm{E\,auf}} = \frac{U_{\mathrm{A\,min}} + \dfrac{R_4}{R_3} U_\mathrm{r}}{1 + R_4/R_3}\,, \qquad (25\text{-}58a)$$

$$U_{\mathrm{E\,ab}} = \frac{U_{\mathrm{A\,max}} + \dfrac{R_4}{R_3} U_\mathrm{r}}{1 + R_4/R_3}\,. \qquad (25\text{-}58b)$$

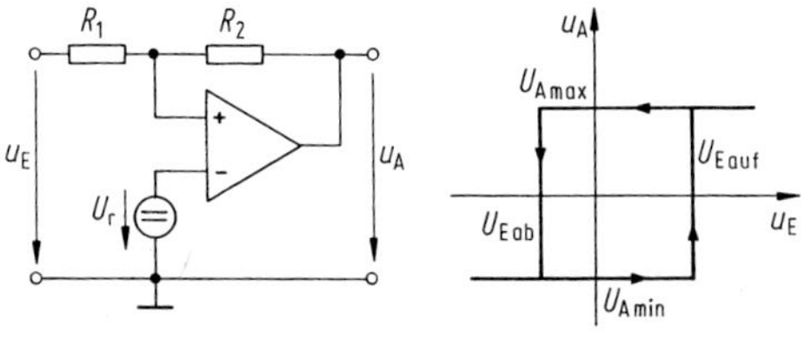

Bild 25-66. Schalthysterese bei nichtinvertierender Mitkopplung

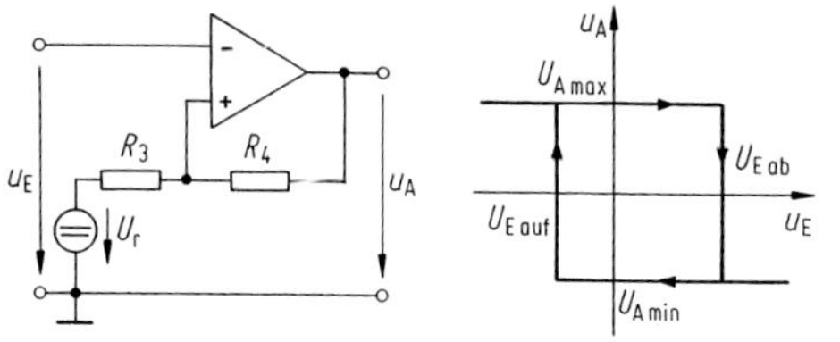

Bild 25-67. Schalthysterese bei invertierender Mitkopplung

Aufgelöst nach R_4/R_3 und U_r:

$$\frac{R_4}{R_3} = \frac{U_{\mathrm{A\,max}} - U_{\mathrm{A\,min}}}{U_{\mathrm{E\,ab}} - U_{\mathrm{E\,auf}}} - 1\,, \qquad (25\text{-}59a)$$

$$U_\mathrm{r} = \frac{U_{\mathrm{A\,max}} U_{\mathrm{E\,auf}} - U_{\mathrm{A\,min}} U_{\mathrm{E\,ab}}}{(U_{\mathrm{A\,max}} + U_{\mathrm{E\,auf}}) - (U_{\mathrm{A\,min}} + U_{\mathrm{E\,ab}})}\,. \qquad (25\text{-}59b)$$

26 Digitale Grundschaltungen

26.1 Gatter

26.1.1 Diodengatter

Höchstwertgatter

Wenn man voraussetzt, dass die Dioden in Bild 26-1 ideale elektronische Ventile darstellen (Diodenwiderstand im Durchlassbereich $u > 0$: $R_\mathrm{durchlass} = 0$; im Sperrbereich $u < 0$: $R_\mathrm{sperr} = \infty$), dann ist die Diode mit der höchsten Spannung u_x durchlässig; es wird $u_\mathrm{y} = \mathrm{Max}(u_{\mathrm{x}0}, u_{\mathrm{x}1}, u_{\mathrm{x}2})$ und alle Dioden mit $u_\mathrm{x} < u_\mathrm{y}$ sperren. Die höchste Eingangsspannung setzt sich also am Ausgang durch (*Höchstwertgatter*). Falls nur zwei verschiedene Eingangsspannungswerte vorkommen, nämlich

L: Low = niedriger Pegel und
H: High = hoher Pegel ,

so ergibt sich damit zwischen den Eingangsspannungen und der Ausgangsspannung der Zusammenhang nach Tabelle 26-1a.

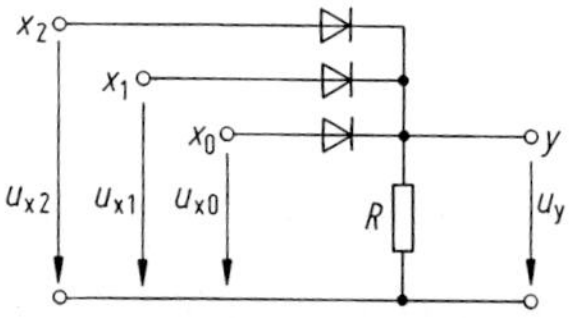

Bild 26-1. Höchstwertgatter: $u_\mathrm{y} = \mathrm{Max}(u_{\mathrm{x}0}, u_{\mathrm{x}1}, u_{\mathrm{x}2})$

Tabelle 26-1. Verknüpfung der Eingangsgrößen durch das Höchstwertgatter

u_{x2}	u_{x1}	u_{x0}	u_y	x_2	x_1	x_0	y	x_2	x_1	x_0	y
L	L	L	L	0	0	0	0	1	1	1	1
L	L	H	H	0	0	1	1	1	1	0	0
L	H	L	H	0	1	0	1	1	0	1	0
L	H	H	H	0	1	1	1	1	0	0	0
H	L	L	H	1	0	0	1	0	1	1	0
H	L	H	H	1	0	1	1	0	1	0	0
H	H	L	H	1	1	0	1	0	0	1	0
H	H	H	H	1	1	1	1	0	0	0	0
a Spannungsverknüpfung				b Zuordnung $L \mathrel{\hat{=}} 0$; $H \mathrel{\hat{=}} 1$ („positive Logik"): führt hier zur disjunktiven Verknüpfung (ODER-Verknüpfung): $y = x_2 + x_1 + x_0$ $(y = x_2 \vee x_1 \vee x_0)$.				c Zuordnung $L \mathrel{\hat{=}} 1$; $H \mathrel{\hat{=}} 0$ („negative Logik"): führt hier zur konjunktiven Verknüpfung (UND-Verknüpfung): $y = x_2 \cdot x_1 \cdot x_0$ $(y = x_2 \wedge x_1 \wedge x_0)$.			
				Boole'sche Verknüpfungen							

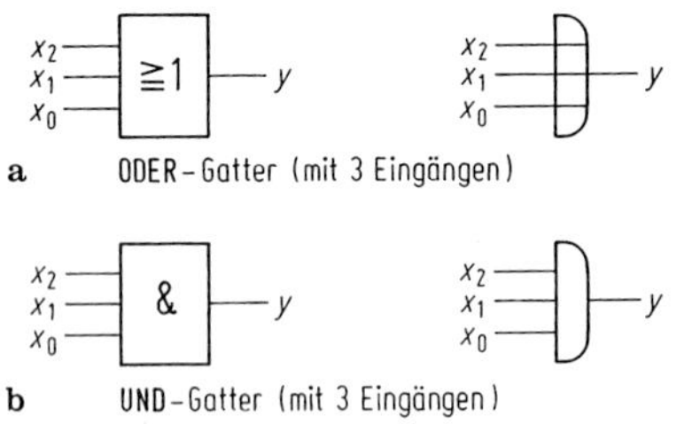

Bild 26-2. Schaltzeichen für Gatter zur disjunktiven und konjunktiven Verknüpfung

Im Allgemeinen wählt man die „positive Logik" (Tabelle 26-1b): dann wird das Höchstwertgatter zur ODER-Schaltung (Bild 26-2a); andernfalls wird es zur UND-Schaltung (Bild 26-2b).

Tiefstwertgatter

Beim Tiefstwertgatter (Bild 26-3) bestimmt die Diode mit der niedrigsten Spannung u_x die Spannung u_y am Ausgang: $u_y = \mathrm{Min}(u_{x0}, u_{x1}, u_{x2})$. Bei positiver Logik stellt dieses Gatter eine UND-Verknüpfung her, bei negativer eine ODER-Verknüpfung.

Fehlende Signalregeneration, Belastung

Berücksichtigt man, dass an einer Diode auch im Durchlassbetrieb eine Spannung abfällt (Schwellen-

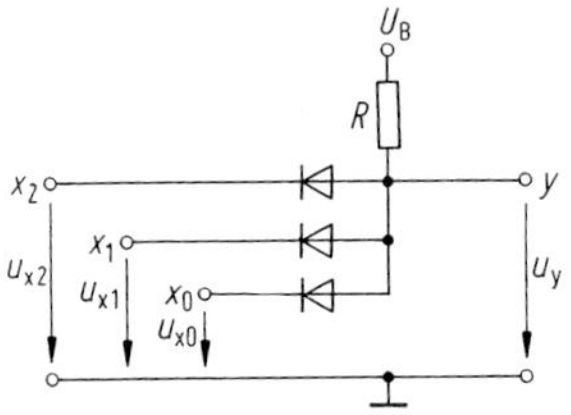

Bild 26-3. Tiefstwertgatter: $u_y = \mathrm{Min}(u_{x0}, u_{x1}, u_{x2})$

spannung U_S, z. B. $U_S \approx 0{,}6$ V), so wird klar, dass in einem Diodenschaltnetz der Abstand zwischen L- und H-Pegel von Stufe zu Stufe abnimmt und in den (passiven) Diodenschaltungen nicht regeneriert werden kann (Signalregeneration ist nur in Schaltungen mit Verstärkungseigenschaften möglich, z. B. in Transis-

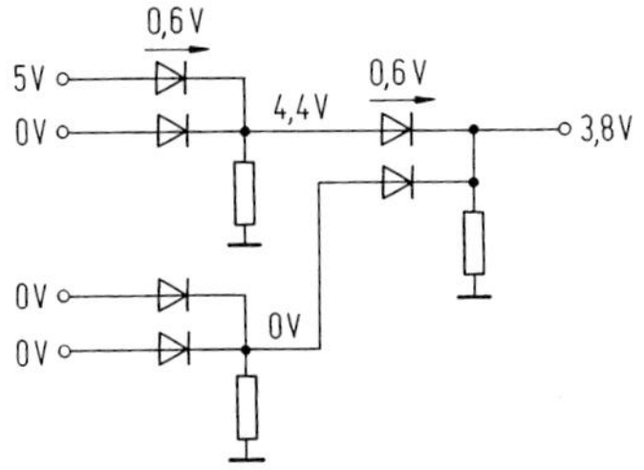

Bild 26-4. Verringerung des Abstandes zwischen H- und L-Pegel in einem Diodenschaltnetz

torschaltungen); vgl. Bild 26-4. Außerdem kann mit Dioden kein Inverter aufgebaut werden, sodass mit ihnen nicht alle möglichen Verknüpfungen realisierbar sind. Legt man übrigens (mit z. B. $U_B = 6$ V, $U_S = 0{,}6$ V) an alle drei Eingänge des Höchstwertgatters (Bild 26-1) 0 V an und belastet seinen Ausgang y mit einem Eingang eines Tiefstwertgatters (Bild 26-3), dessen andere Eingänge an 6 V gelegt werden, so ergibt sich am Tiefstwertgatterausgang 3,3 V (statt 0 V im Idealfall), falls beide Gatter gleiche Ohm'sche Widerstände haben.

Entkopplung der Eingänge

Voraussetzung für die logische Verknüpfung mehrerer Eingangsgrößen ist, dass die Dioden die einzelnen Eingänge voneinander entkoppeln.
Dies ist bei beiden Schaltungen (Bilder 26-1 und 26-3) der Fall (es könnte z. B. kein Strom von x_0 nach x_1 fließen).
In beiden Schaltungen können nicht nur 3, sondern auch 2 oder mehr als 3 Eingänge vorgesehen werden; es entstehen dann UND- und ODER-Verknüpfungen von entsprechend vielen Eingangsgrößen.

26.1.2 Der Transistor als Inverter

In einer Emitterschaltung (Bild 26-5) wird bei geeigneter Wahl der Widerstandswerte erreicht, dass der Transistor (vgl. 25.3.1) für $u_x \hat{=}$ L sperrt und für $u_x \hat{=}$ H (= U_B) leitet, sodass an ihm (fast) keine Spannung abfällt. Damit gilt für u_x und u_y die Zuordnung nach Bild 26-6a. Sowohl bei positiver als auch bei negativer Logik ist somit $x = \bar{y}$ (Schaltzeichen: Bild 26-6b).

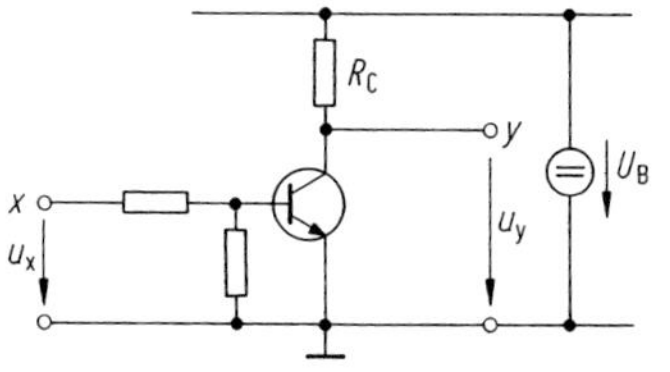

Bild 26-5. NPN-Transistor in Emitterschaltung

a

u_x	u_y
L	H
H	L

b

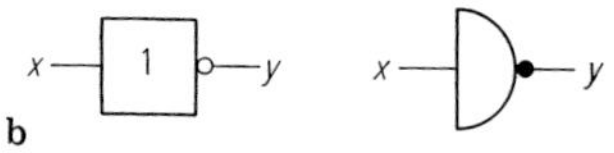

Bild 26-6. Inversion

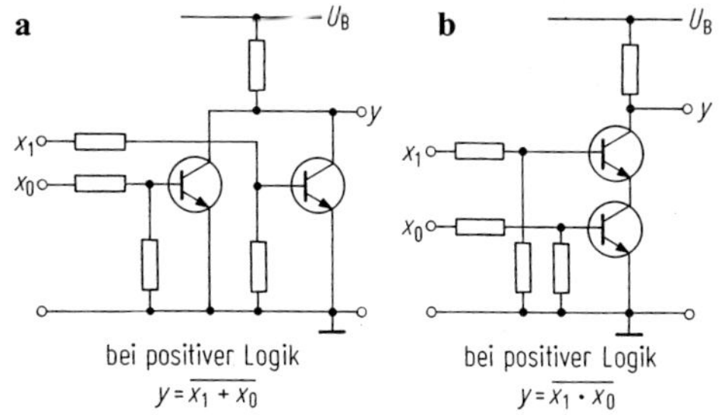

Bild 26-7. Parallel- und Reihenschaltung der Kollektor-Emitter-Strecken

Bild 26-7 zeigt eine Reihen- und eine Parallelschaltung von Invertern.

26.1.3 DTL-Gatter

Dem Inverter (Bild 26-5) kann ein Dioden-ODER-Gatter oder ein Dioden-UND-Gatter (Bilder 26-1 und 26-3) vorgeschaltet werden (Bild 26-8): so entstehen eine NOR-Schaltung ($y = \overline{x_1 + x_0}$) oder eine NAND-Schaltung ($y = \overline{x_1 \cdot x_0}$) in Dioden-Transistor-Technik (Dioden-Transistor-Logik, DTL-Technik).

26.1.4 TTL-Gatter

Wenn die Eingangsdioden der DTL-Schaltungen (Bild 26-8) in einem Multiemittertransistor zusammengefasst werden, dann entstehen die Grundformen von TTL-Schaltkreisen (TTL, Transistor-Transistor-Logik). Das Bild 26-9 zeigt dies am Beispiel der Schaltung von Bild 26-8b (inverser Betrieb von T1, wenn $x_1 = x_0 = T$).

a

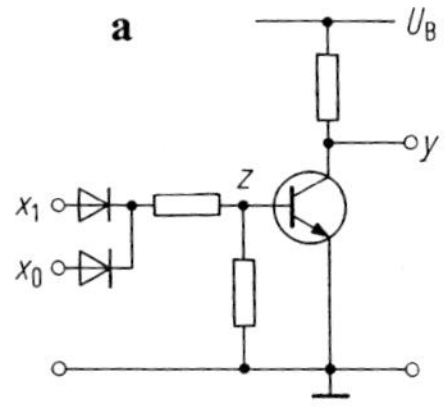

x_1	x_0	z	y
L	L	L	H
L	H	H	L
H	L	H	L
H	H	H	L

bei positiver Logik
$y = \bar{z} = \overline{x_1 + x_0}$

b

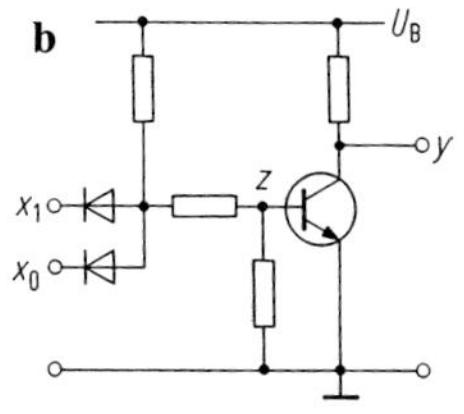

x_1	x_0	z	y
L	L	L	H
L	H	L	H
H	L	L	H
H	H	H	L

bei positiver Logik
$y = \bar{z} = \overline{x_1 \cdot x_0}$

Bild 26-8. DTL-Gatter

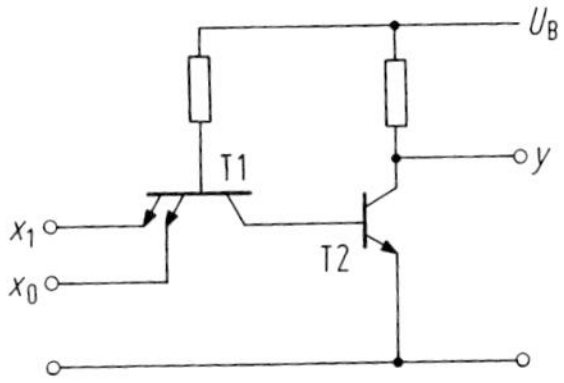

Bild 26-9. Grundform einer TTL-Schaltung (bei positiver Logik NAND-Verknüpfung: $y = \overline{x_1 \cdot x_0}$)

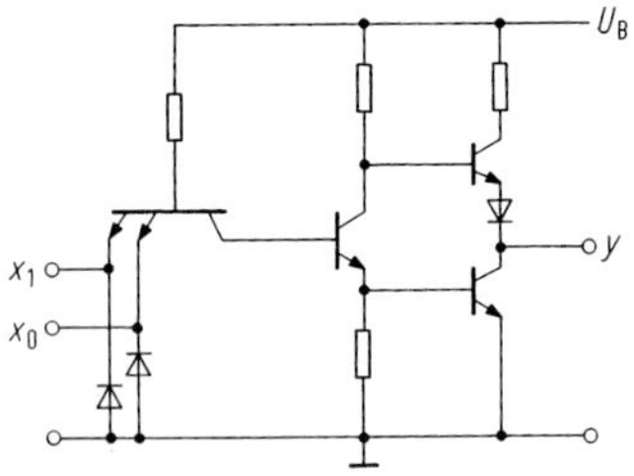

Bild 26-10. Standard-TTL-Schaltung (bei positiver Logik NAND-Verknüpfung: $y = \overline{x_1 \cdot x_0}$)

Besondere technische Bedeutung haben TTL-Standardschaltkreise. Die Erweiterung der NAND-Schaltung von Bild 26-9 zu einem solchen Schaltkreis zeigt Bild 26-10.

26.1.5 Schaltkreisfamilien (Übersicht)

Außer den erwähnten gibt es noch wichtige andere Schaltkreisfamilien (Tabelle 26-2). Um die Vor- und Nachteile beurteilen zu können, muss man vor allem folgende Kriterien betrachten:

Betriebsspannung. Die meisten Schaltungen verwenden $U_B = 5\,V$. MOS- und LSL-Schaltungen brauchen höhere Spannungen. CMOS-Schaltungen können mit verschieden hohen Betriebsspannungen betrieben werden: bei höheren Spannungen arbeiten sie schneller und der Störspannungsabstand wird größer; vgl. J 3.1.2.

Stör(spannungs)abstand. Ein H-Ausgangssignal darf nach Überlagerung eines Störsignals nur um einen bestimmten Betrag U_{SH} unterschritten werden, wenn es am Eingang des nachfolgenden Gatters noch sicher als H-Signal erkennbar sein soll. Ebenfalls darf das L-Ausgangssignal nur um U_{SL} überschritten werden. Als Störabstand definiert man $U_S = 0{,}5(U_{SH} + U_{SL})$. Bei LSL-Schaltungen ist U_S besonders groß.

Verlustleistung. Als (mittlere) Verlustleistung wird definiert: $P_v = 0{,}5(P_{vH} + P_{vL})(P_{vH}, P_{vL}$: Leistung bei H- bzw. L-Signal am Ausgang). Insbesondere bei TTL-Schaltungen werden kurze Signallaufzeiten durch hohe Verlustleistung erkauft. CMOS-Schaltungen nehmen besonders kleine Leistungen auf (allerdings frequenzabhängig).

Signallaufzeit. Als (mittlere) Signallaufzeit wird definiert: $T = 0{,}5(T_{LH} + T_{HL})(T_{LH}$ ist die Zeit, um die der Wechsel des Ausgangspegels von L auf H verzögert ist gegenüber dem Wechsel des Eingangspegels; T_{HL} ist die Zeit, um die der Wechsel des Ausgangspegels von H auf L verzögert wird). Schnelle Standard- und Schottky-TTL haben besonders kleine Laufzeiten; noch schneller sind die ECL-Bausteine.

Maximale Schaltfrequenz. Taktgesteuerte Flipflops (siehe 26.2.2 und 26.2.3) arbeiten mit (periodischen) Folgen von Rechteck-Steuerimpulsen. Die maximale Frequenz, die das Flipflop (beim Tastverhältnis $V_T = 0{,}5$) verarbeiten kann, nennt man die maximale Schaltfrequenz (V_T = Impulsdauer/Periodendauer).

Ausgangslastfaktor. Der Ausgangslastfaktor (fan-out) F_A gibt an, wie viele Eingänge folgender Bausteine derselben Schaltkreisfamilie höchstens an den Ausgang angeschlossen werden dürfen. CMOS-Schaltungen haben einen hohen Ausgangslastfaktor ($F_A = 50$).

Preis. Am preisgünstigsten sind die TTL-Standard-Schaltkreise.
Aus der Tabelle 26-2 können charakteristische Werte zum Vergleich wichtiger Schaltkreisfamilien entnommen werden. In den Spalten für P_v und f_{max} würden sich durchweg ungünstigere Werte ergeben, wenn man statt der typischen (mittleren) Verlustleistung P_v die maximale Verlustleistung nähme bzw. statt der typischen maximalen Schaltfrequenz f_{max} deren garantierten Wert (z. B. ist für Standard-TTL: $P_v = 10\,mW$, $P_{v\,gar} = 19\,mW$; $f_{max} = 25\,MHz$, $f_{max\,gar} = 15\,MHz$). Zur Großintegration (LSI, large-scale integration) eignet sich besonders die MOS- und die CMOS-Technik, deren Empfindlichkeit gegen statische Aufladungen allerdings ein Problem darstellt (Eingangsschutzschaltung!). Weiterentwicklungen der CMOS-Technik sind die LOCMOS- und die HCMOS-Technik (geringere Signallaufzeiten als bei CMOS).

Tabelle 26–2. Vergleich wichtiger Schaltkreisfamilien

		Betriebsspannung U_B/V	Typische Verlustleistung P_v/mW	Typische maximale Schaltfrequenz f_{max}/MHz	Typische Signallaufzeit T/ns	Typischer statischer Störspannungsabstand U_S/V	Ausgangslastfaktor (Fan-out) F_A
TTL (Transistor-Transistor-Logik, Standard-Technik)	Standard TTL Serie 74	5	10	25	9	1	10
	Leistungsarme Standard-TTL (Low Power TTL) Serie 74 L	5	1	3	33	1	20
	Schnelle Standard-TTL (High Speed TTL) Serie 74 H	5	22,5	30	6	1	10
Schottky-TTL	Schnelle Schottky-TTL Serie 74 S	5	20	125	3	0,8	10
	Leistungsarme Schottky-TTL (Low Power Schottky) Serie 74 LS	5	2	50	10	0,8	20
MOS (Metal-Oxide Semiconductor)	P-MOS (P-Kanal-MOS)	−12	6	2	100	3	20
	N-MOS (N-Kanal-MOS)	10	2	15	15	2	20
C(OS)MOS [Complementary (Symmetrical) Metal-Oxide Semiconductor]		5…15	$10^{-5}…10^{1}$ [a]	2…7	100…40	1,5…4,5	50
Dioden-Transistor-Logik	Standard-DTL	5…6	9	2	30	1,2	8
	LSL (langsame störsichere Logik)	12…15	20…30	1	200	5…8	10
ECL (Emitter Coupled Logic)		−5	60	500	1…2	0,3	15

[a] von der Schaltfrequenz abhängig

26.1.6 Beispiele digitaler Schaltnetze

Rückkopplungsfreie Schaltungen aus Logikgattern nennt man Schaltnetze. In den folgenden drei Beispielen sollen Schaltnetze entworfen werden, die vorgegebene logische Funktionen realisieren.

Beispiel 1: Zweidrittel-Mehrheit

Die Feststellung einer Zweidrittel-Mehrheit (Tabelle 26–3) kann man mithilfe der disjunktiven Normalform (vgl. Abschnitt J)

$$y = (\bar{x}_2 x_1 x_0) + (x_2 \bar{x}_1 x_0) + (x_2 x_1 \bar{x}_0) + (x_2 x_1 x_0) \qquad (26\text{-}1a)$$

oder mithilfe der konjunktiven Normalform

$$y = (x_2 + x_1 + x_0)(x_2 + x_1 + \bar{x}_0) \times (x_2 + \bar{x}_1 + x_0)(\bar{x}_2 + x_1 + x_0) \qquad (26\text{-}1b)$$

treffen. Beide Formen können nach den Regeln der Boole'schen Algebra minimiert und auch ineinander überführt werden:

$$y = (x_1 x_0) + (x_2 x_0) + (x_2 x_1) \quad \text{bzw.} \qquad (26\text{-}2a)$$

$$y = (x_2 + x_1)(x_2 + x_0)(x_1 + x_0)\,. \qquad (26\text{-}2b)$$

Tabelle 26-3. Funktionstabelle (Wahrheitstabelle) zur Feststellung einer Zweidrittel-Mehrheit ($y = 1$ zeigt an, dass 2 oder 3 Eingangsvariable den Wert 1 haben)

n	x_2	x_1	x_0	y
0	0	0	0	0
1	0	0	1	0
2	0	1	0	0
3	0	1	1	1
4	1	0	0	0
5	1	0	1	1
6	1	1	0	1
7	1	1	1	1

Schaltungen zu den beiden Minimalformen (2) sind in Bild 26-11 dargestellt. Meist jedoch geschieht die Minimierung (1) → (2) anhand eines Karnaugh-Veitch-Diagrammes (KV-Diagramm); Bild 26-12 zeigt dies für die Darstellung (la): den Zeilen $n = 0, \ldots, 7$ der Tabelle 26-3 entsprechen die Felder $0, \ldots, 7$ des KV-Diagrammes.

Beispiel 2: Vergleich zweier zweistelliger Dualzahlen (Zwei-BitKomparator)

Wenn festgestellt werden soll, ob für die beiden Zahlen

$$x = x_1 \cdot 2^1 + x_0 \cdot 2^0 \quad \text{und} \quad y = y_1 \cdot 2^1 + y_0 \cdot 2^0$$

gilt $x > y, x = y$ oder $x < y$, so kann man die Zuordnung der Tabelle 26-4 wählen: $A = 1$ bedeutet $x > y, B = 1$ bedeutet $x = y$ und $C = 1$ bedeutet $x < y$. Hierbei ist

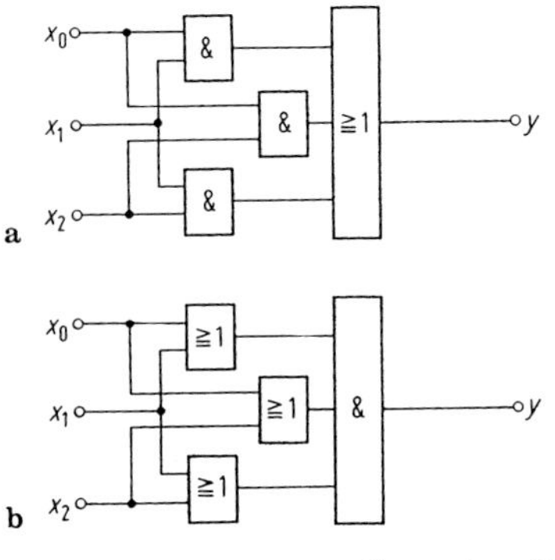

Bild 26-11. Schaltungen zur Feststellung einer Zweidrittel-Mehrheit

Tabelle 26-4. Vergleich zweier zweistelliger Dualzahlen x und y

	x_1	x_0	y_1	y_0	A	B	C
0	0	0	0	0	0	1	0
1	0	0	0	1	0	0	1
2	0	0	1	0	0	0	1
3	0	0	1	1	0	0	1
4	0	1	0	0	1	0	0
5	0	1	0	1	0	1	0
6	0	1	1	0	0	0	1
7	0	1	1	1	0	0	1
8	1	0	0	0	1	0	0
9	1	0	0	1	1	0	0
10	1	0	1	0	0	1	0
11	1	0	1	1	0	0	1
12	1	1	0	0	1	0	0
13	1	1	0	1	1	0	0
14	1	1	1	0	1	0	0
15	1	1	1	1	0	1	0

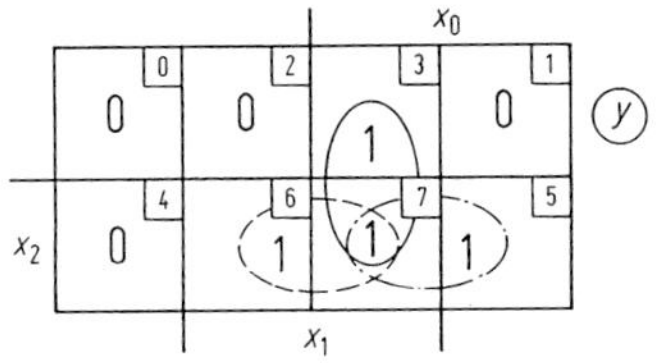

Bild 26-12. KV-Diagramm zur Tabelle 26-3: $y = x_0x_1 + x_1x_2 + x_2x_0$

$$A = (x_1\bar{y}_1) + (x_0x_1\bar{y}_0) + (x_0\bar{y}_0\bar{y}_1) ,$$

$$B = (x_0 \leftrightarrow y_0)(x_1 \leftrightarrow y_1) , \quad C = \overline{A + B} .$$

$x_0 \leftrightarrow y_0$ ist die Äquivalenz-Verknüpfung von x_0 mit y_0; der invertierte Wert $\overline{x_0 \leftrightarrow y_0} = x_0 \nleftrightarrow y_0$ ist die Antivalenz-Verknüpfung (Exklusiv-ODER-Verknüpfung von x_0 mit y_0, vgl. J 1.1).

Beispiel 3: Decodiermatrix

Zehn verschiedene vierstellige Dualzahlen

$$x = x_3 \cdot 2^3 + x_2 \cdot 2^2 + x_1 \cdot 2^1 + x_0 \cdot 2^0$$

sollen den 10 Ausgängen $(y_0, \ldots, y_9)$ eines Decoders eindeutig zugeordnet werden (Tabelle 26-5). Die übrigen sechs Binärzahlen sollen bei fehlerfreier Über-

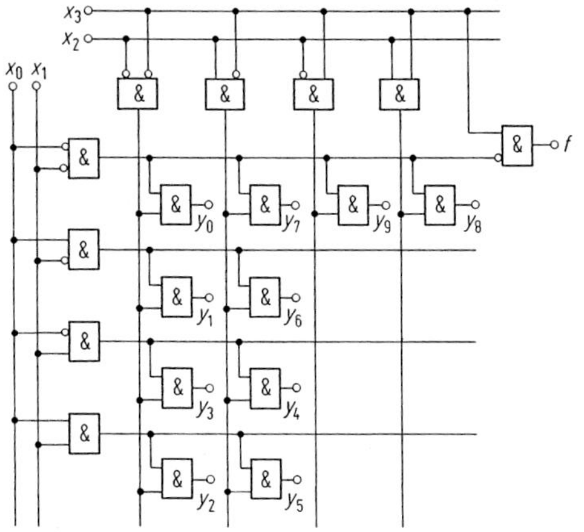

Bild 26-13. Decodiermatrix (für Glixon-Code)

tragung nicht auftreten; andernfalls soll es zu einer Fehleranzeige ($f = 1$) kommen.

In Bild 26-13 wird eine Decodiermatrix angegeben, die den Code nach Tabelle 26-5 realisiert (der übrigens *einschrittig* und für 10 Schritte zyklisch permutiert ist: bei der Bildung der Nachbarzahl ändert sich in der vierstelligen Binärzahl x nur eine einzige Stelle – ein Bit –, und zwar auch beim Übergang von 9 ($\hat{=}$ 1000) zu 0 ($\hat{=}$ 0000).

Tabelle 26-5. Zuordnung der Dezimalziffern $0, \ldots, 9$ zu zehn verschiedenen vierstelligen Dualzahlen (x) nach dem Glixon-Code

x	y	x_3	x_2	x_1	x_0	f
0	0	0	0	0	0	0
1	1	0	0	0	1	0
3	2	0	0	1	1	0
2	3	0	0	1	0	0
6	4	0	1	1	0	0
7	5	0	1	1	1	0
5	6	0	1	0	1	0
4	7	0	1	0	0	0
12	8	1	1	0	0	0
8	9	1	0	0	0	0
9	–	1	0	0	1	1
10	–	1	0	1	0	1
11	–	1	0	1	1	1
13	–	1	1	0	1	1
14	–	1	1	1	0	1
15	–	1	1	1	1	1

26.2 Ein-Bit-Speicher

26.2.1 Einfache Kippschaltungen

Bistabile Kippstufe (SR-Flipflop = RS-Flipflop)

Bei aktiven Systemen spricht man von Rückkopplung, wenn ein Systemausgang mit einem Systemeingang verbunden ist; speziell bei Mitkopplung können Schaltungen mit Selbsthalte-Eigenschaften (Speicher) entstehen (vgl. 8.3.3 und 25.4.6): Übertragungscharakteristik mit Hysterese. Diesen Effekt gibt es auch bei mitgekoppelten (aktiven) Digitalschaltkreisen, z. B. zwei kreuzweise mitgekoppelten NOR-Gattern; Bild 26-14. Eine solche Schaltung ist kein Schaltnetz mehr im Sinne von 26.1.6, sondern ein (einfaches) *Schaltwerk*.

Wenn an einem der beiden NOR-Gatter (z. B. A) das Eingangssignal den Wert H hat (x_1 = H), so gilt am Ausgang y_2 = L. Ist zugleich x_2 = L, so liegt an beiden Eingängen von B das Signal L; also wird y_1 = H (Zeile 1 in Tabelle 26-6). Falls danach x_1 = L wird und weiterhin x_2 = L bleibt, ändern sich die Ausgangssignale nicht (Zeile 2 in Tabelle 26-6). Die Eingangskombination x_1 = H, x_2 = L bewirkt also eine Ausgangskombination, die auch dann erhalten bleibt (gespeichert wird), wenn $x_1 = x_2$ = L wird; man nennt einen solchen Speicher ein *Flipflop*.

In der Tabelle 26-6 bezeichnen $y_2^{(n)}$, $y_1^{(n)}$ die Ausgangsgrößen im n-ten Schaltzustand; $y_2^{(n-1)}$, $y_1^{(n-1)}$ bezeichnen den vorangehenden Ausgangszustand.

Falls der Eingangszustand $x_2 = x_1$ = H vermieden wird, so ist immer $y_2 = \overline{y}_1$, und man stellt den Speicher aus Bild 26-14 durch ein einfaches Schaltzei-

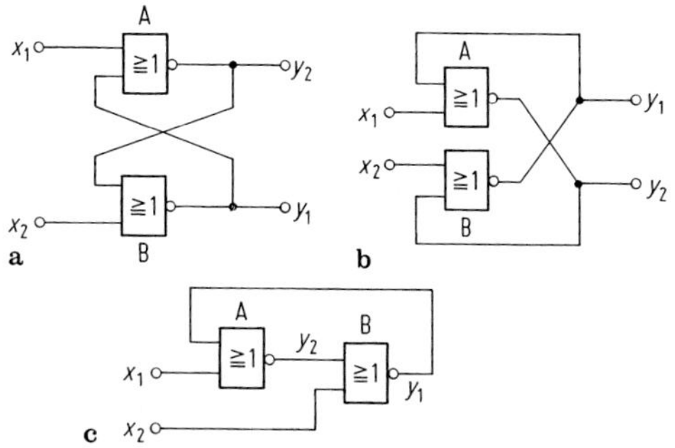

Bild 26-14. Bistabiler Ein-Bit-Speicher (drei verschiedene Darstellungen für zwei kreuzweise mitgekoppelte NOR-Gatter)

Tabelle 26-6. Schaltfolgetabelle eines Ein-Bit-Speichers

n	x_2	x_1	$y_2^{(n-1)}$	$y_1^{(n-1)}$	$y_2^{(n)}$	$y_1^{(n)}$
1	L	H	b	b	L	H
2	L	L	L	H	L	H
3	H	L	b	b	H	L
4	L	L	H	L	H	L
5	H	H	b	b	L	L

Bild 26-15. SR-Flipflop (= RS-Flipflop)

chen dar (Bild 26-15), wobei $x_1 = S$ (Setzen, set), $x_2 = R$ (Rücksetzen, reset, Löschen), $y_1 = Q$ und $y_2 = \bar{Q}$ gesetzt wird. Die Schaltfolgetabelle 26-7 für ein SR-Flipflop (Bild 26-15) braucht nur *eine* Ausgangsgröße (Q) zu enthalten, weil am zweiten Ausgang stets die komplementäre Größe liegt (falls $S = R = \mathrm{H}$ ausgeschlossen ist).

Bei dem SR-Flipflop in den Bildern 26-14 und 26-15 ist das H-Signal die aktive Größe. Bei einem SR-Flipflop aus zwei NAND-Gattern wird das L-Signal zur aktiven Größe; um auch hier das in Tabelle 26-6 beschriebene Verhalten zu erreichen, müssen alle Ein- und Ausgänge invertiert werden (Bild 26-16).

Tabelle 26-7. Schaltfolgetabelle des SR-Flipflops: $Q^{(n)} = S + \bar{R} \cdot Q^{(n-1)}$

n	R	S	$Q^{(n-1)}$	$Q^{(n)}$
1	L	H	b	H
2	L	L	H	H
3	H	L	b	L
4	L	L	L	L

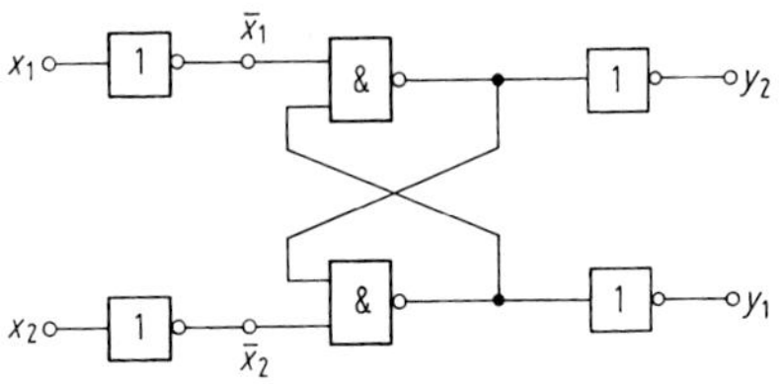

Bild 26-16. Aus zwei NAND-Gattern aufgebauter Ein-Bit-Speicher mit dem gleichen Verhalten wie der Speicher in Bild 26-14

Monostabile Kippstufe (Monoflop)

Bei einem Monoflop ist nur ein Zustand stabil (in Bild 26-17 ist dies $y = \mathrm{L}$). Ein H-Impuls am Eingang (x) bewirkt, dass während der Zeit T $y = \mathrm{H}$ wird. Die Dauer T des Ausgangsimpulses hängt von der Zeitkonstante RC des Verzögerungsgliedes ab; der Widerstand R und der Kondensator C müssen extern an den integrierten Schaltkreis angeschlossen werden (Bild 26-17c).

Astabile Kippstufe

Aus zwei Monoflops (Bild 26-17c) kann eine Rückkopplungsschaltung (Bild 26-18a) gebildet werden, bei der die Rückflanke des Ausgangsimpulses von MF1 den Ausgangsimpuls von MF2 bewirkt; dessen Rückflanke stößt wiederum MF1 an usw. (u. U. kann die Schaltung nicht anschwingen).

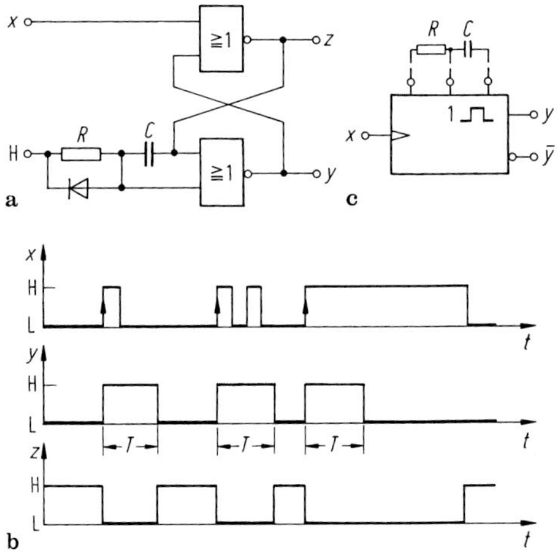

Bild 26-17. Monoflop (SR-Flipflop mit vorgeschaltetem Differenzierglied)

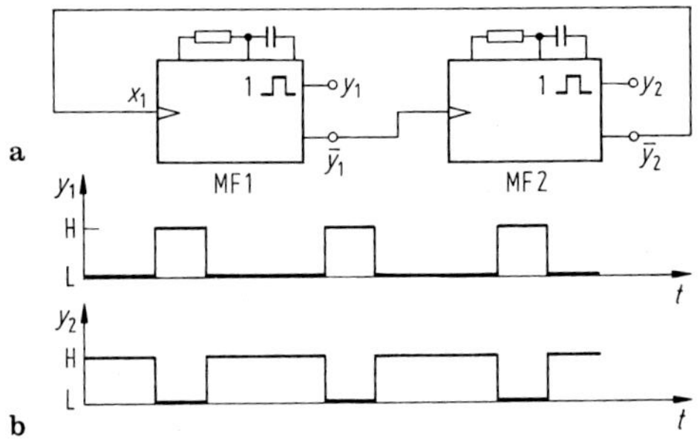

Bild 26-18. Taktgenerator

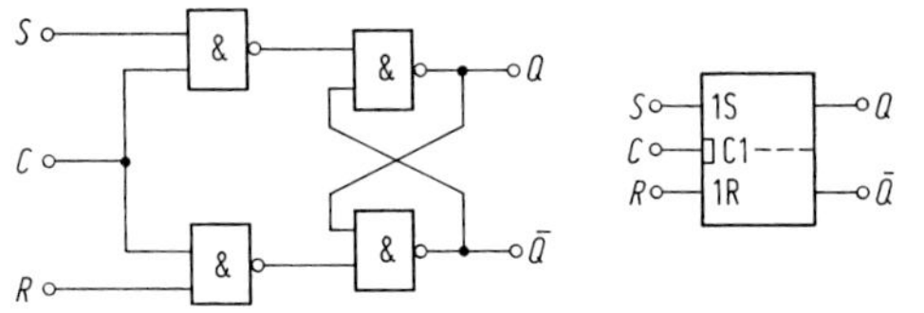

Bild 26-19. Taktzustandsgesteuertes SR-Flipflop

26.2.2 Getaktete SR-Flipflops

Taktzustands-Steuerung. In Bild 26-19 wird ein taktzustandsgesteuertes SR-Flipflop dargestellt. Es kann nur dann durch das Eingangssignal S = H gesetzt (Q → H) oder durch R = H gelöscht (Q → L) werden, wenn zugleich am Takteingang ein Freigabeimpuls C = H auftritt (C clock = Takt).

Taktflanken-Steuerung. Das Bild 26-20a zeigt ein taktflankengesteuertes SR-Flipflop: dieses Flipflop ist nicht während der gesamten Dauer des Eingangsimpulses (C = H) aufnahmebereit, sondern nur für kurze

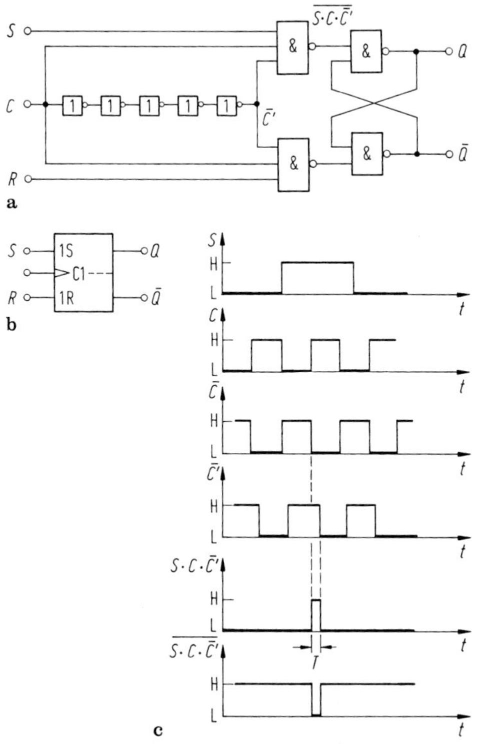

Bild 26-20. Mit der ansteigenden Taktflanke gesteuertes SR-Flipflop

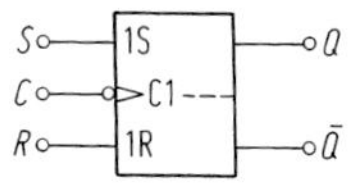

Bild 26-21. Mit der abfallenden Taktflanke gesteuertes SR-Flipflop

Zeit nach Beginn des Impulses (die Aufnahmebereitschaft beginnt mit der *ansteigenden* Taktflanke und bleibt nur für die sehr kurze Zeit T erhalten; siehe Bild 26-20c). Ein Impuls mit der (sehr kurzen) Dauer T entsteht als Laufzeit eines Inverters (evtl. 3 oder 5 Inverter usw.; vgl. die Spalte für die Signallaufzeit in Tabelle 26-2): dynamischer Takteingang. Falls ein SR-Flipflop das Eingangssignal mit der *abfallenden* Taktflanke übernimmt, wählt man das Schaltbild nach Bild 26-21.

26.2.3 Flipflops mit Zwischenspeicherung (Master-Slave-Flipflops, Zählflipflops)

SR-Master-Slave-Flipflop (SR-MS-FF). In Bild 26-22a bewirken die differenzierenden Eingänge (für C und $\bar{C}$) der UND-Gatter, dass zwei taktflankengesteuerte SR-Flipflops entstehen. Das linke („Master") übernimmt ein H-Signal an einem der beiden Eingänge mit der ansteigenden Impulsflanke. Das rechte („Slave") übernimmt vom Master dessen Inhalt aber erst mit der Beendigung des Eingangsimpulses, also um die Dauer τ dieses Impulses verzögert (Bild 26-23).

JK-(MS-)Flipflop. Ein besonders vielseitig verwendbares Flipflop ist das JK-Flipflop. Bei ihm

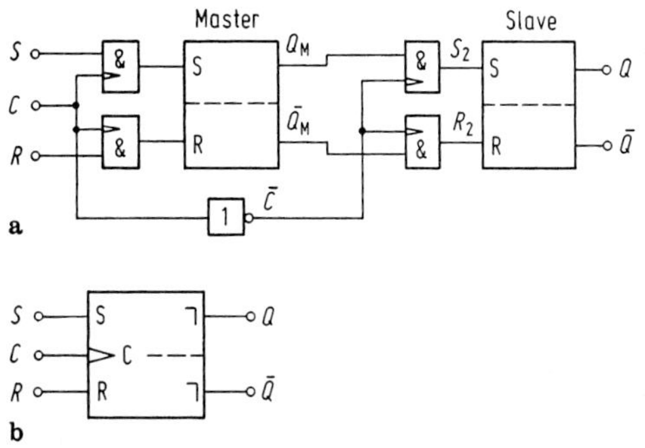

Bild 26-22. SR-MS-Flipflop (Übernahme der Information in den Master mit der ansteigenden Taktflanke, Weitergabe an den Slave mit der abfallenden Taktflanke)

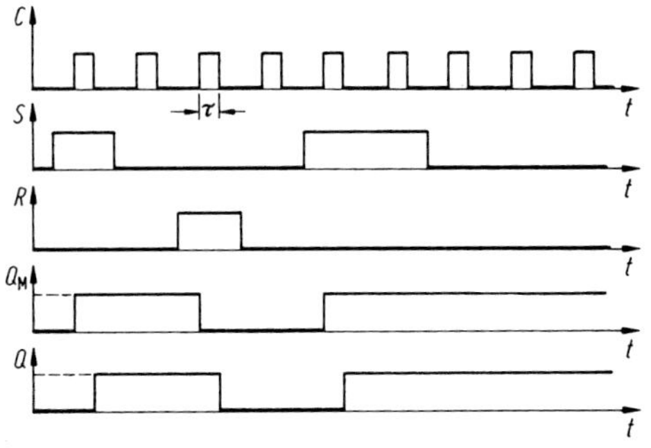

Bild 26-23. Setzen und Löschen eines SR-MS-Flipflops (Impulsdiagramm)

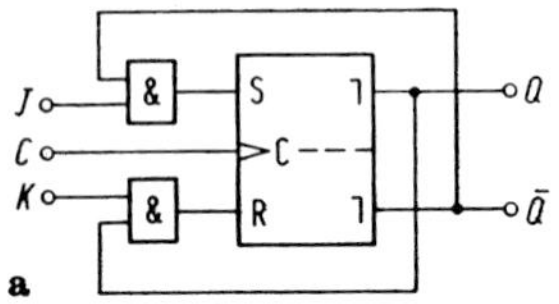

Bild 26-24. JK-Flipflop (Weitergabe der Information an die Ausgänge mit der abfallenden Taktflanke)

darf im Gegensatz zum SR-Flipflop oder zum SR-MS-Flipflop an beiden Haupteingängen (J, K) gleichzeitig das H-Signal auftreten: in diesem Fall kehrt sich Q mit jedem Eingangsimpuls C um. Im Übrigen verhält sich das JK-Flipflop genauso wie das SR-MS-Flipflop (Bild 26-25). JK-FFs haben gewöhnlich außer den (Vorbereitungs-)Eingängen J, K noch zwei Eingänge zum *direkten* Setzen (preset, S) und Rücksetzen (clear, R), die auch beim SR-MS-FF (Bild 26-22a) entstehen würden, wenn man S_2 disjunktiv mit dem Direkt-Setzsignal S und R_2 disjunktiv mit dem Direkt-Rücksetzsignal R verknüpft. Bild 26-26 zeigt ein JK-FF mit direkter Setz- und Rücksetz-Möglichkeit.

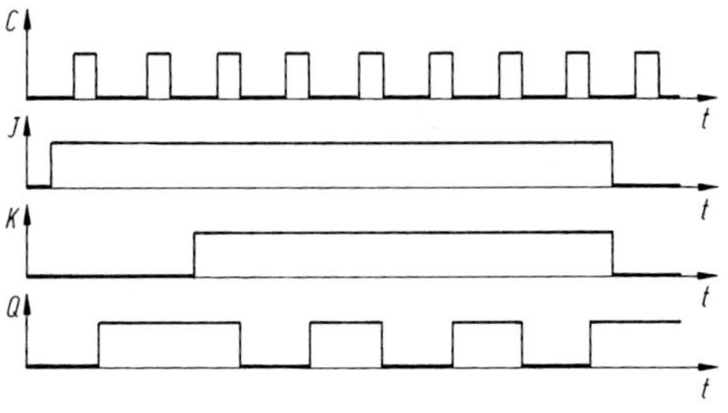

Bild 26-25. Impulsdiagramm eines JK-Flipflops

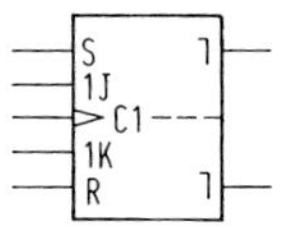

Bild 26-26. Schaltzeichen für das JK-Flipflop mit Eingängen zum direkten Setzen und Löschen (S, R), Übernahme an den Ausgang mit den Taktrückflanken

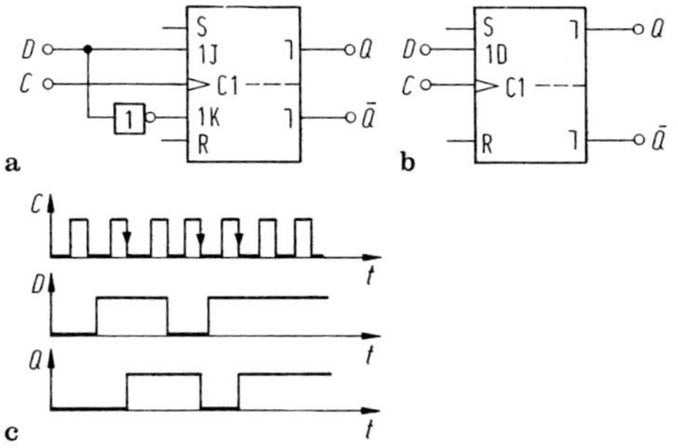

Bild 26-27. D-Flipflop

D-Flipflop. Das Bild 26-27a zeigt, wie ein JK-Flipflop als D-Flipflop verwendet werden kann. Das D-Flipflop (Bild 26-27b) wird gesetzt (Q = H), wenn $D = J$ = H wird, und es wird mit D = L rückgesetzt (wegen $K = \bar{J}$), vgl. Bild 26-27c.

T-Flipflop. Das Bild 26-28a zeigt, wie ein JK-Flipflop als T-Flipflop (Toggle-Flipflop) verwendet werden kann. Das T-Flipflop (Bild 26-28b) ändert seinen Ausgangszustand mit jeder Rückflanke des Eingangssteuertaktes (C), falls zugleich T = H ist; die Frequenz von Q ist halb so groß wie die von C: Binäruntersetzung. Ist dagegen T = L, so bleibt der Ausgangszustand unverändert, vgl. Bild 26-28c.

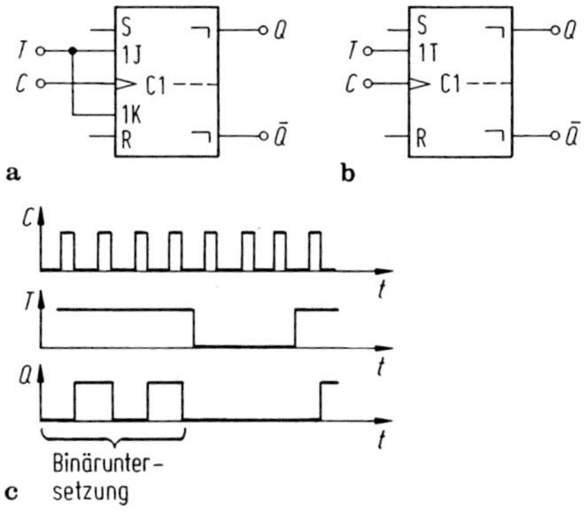

Bild 26-28. T-Flipflop

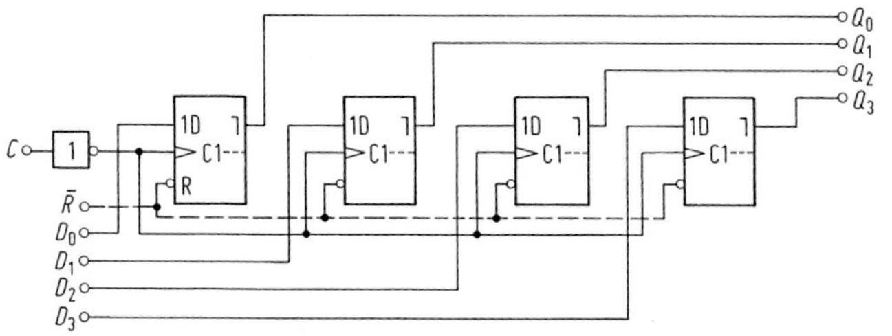

Bild 26–29. 4-Bit-Auffangregister mit D-Flipflops (positiv flankengesteuert)

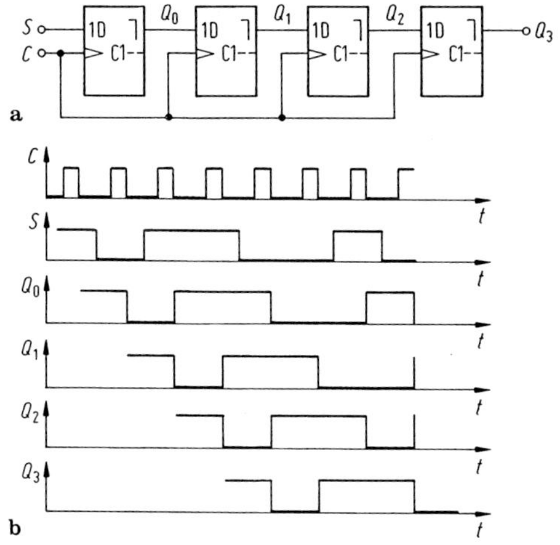

Bild 26–30. 4-Bit-Schieberegister

26.3 Schaltwerke

Schaltungen zur logischen Verknüpfung nennt man Schaltwerke, wenn sie Speicher (Flipflops) enthalten.

26.3.1 Auffang- und Schieberegister

Auffangregister übernehmen mehrere Bits gleichzeitig (in Bild 26–29: mit der Taktvorderflanke) und speichern sie so lange, bis ein Reset-Impuls ($\bar{R}$ = L) das Register löscht oder bis durch einen neuen Steuerimpuls ein neuer Inhalt eingelesen wird. Es gibt Auffangregister für 4, 8, 16 oder 32 Bit.

Schieberegister übernehmen mehrere Bits nacheinander (sequentiell; in Bild 26–30 mit der Taktrückflanke). Gebräuchlich sind 4- oder 8-Bit-Schieberegister.

26.3.2 Zähler

Asynchrone Zähler

Flipflop-Ketten können als Zähler arbeiten. Wenn der Takt C nur das erste FF steuert (Bild 26–31a), man eine solche Zählschaltung asynchron. Das Diagramm 26–31b zeigt, dass die Dualzahl

$$y = Q_3 \cdot 2^3 + Q_2 \cdot 2^2 + Q_1 \cdot 2^1 + Q_0 \cdot 2^0 \qquad (26\text{-}3)$$

nacheinander die Werte 0, 1, 2, ..., 15, 0, 1, 2, ..., 15, 0, 1, ... durchläuft: es sind 16 verschiedene Zustände möglich (16er-Zähler).

Synchrone Zähler

Zähler, deren Flipflops alle von einem gemeinsamen Takt gesteuert werden, nennt man synchron.

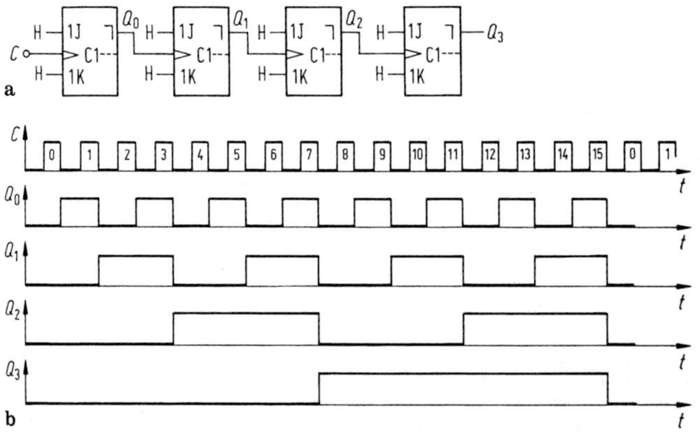

Bild 26–31. Asynchroner 4-Bit-Binärzähler

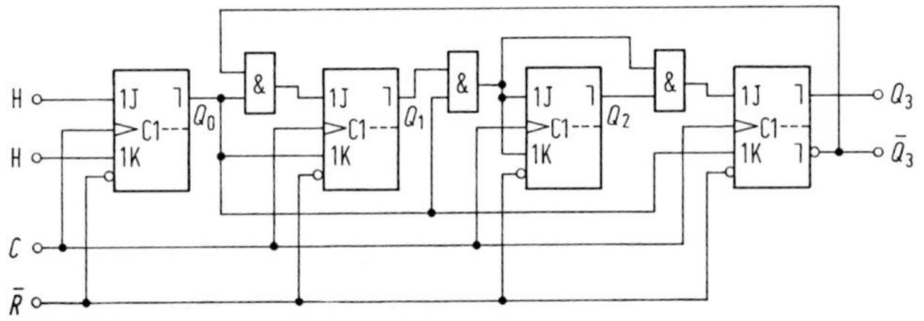

Bild 26-32. Synchroner Dezimalzähler aus 4 JK-Flipflops

Das Bild 26-32 zeigt als Beispiel einen synchronen Dezimalzähler. Bei ihm kann durch das Lösch-Signal (Reset) $\bar{R}$ = L der Anfangszustand $Q_0 = Q_1 = Q_2 = Q_3 =$ L eingestellt werden. Danach durchläuft die Binärzahl y (vgl. (26-3)) nacheinander die Werte 1, ..., 9, 0, 1, ..., 9, 0, 1, ...

Ringzähler und Johnson-Zähler

Durch Rückkopplung kann ein Schieberegister (Bild 26-30) zu einem Zähler werden: entweder zu einem Ringzähler (Bild 26-33) oder zu einem Johnson-Zähler (Bild 26-34).

Beim Johnson-Zähler (Bild 26-34a) hängt der periodische Verlauf des Zählerzustandes vom Anfangszustand ab, der über die S- und R-Eingänge der Flipflops vorgegeben werden kann. Es entsteht entweder (Bild 26-34b) die Folge

$$y = \underbrace{1, 3, 7, 15, 14, 12, 8, 0}_{\text{Periode}}, 1, 3, 7 \ldots$$

oder (Bild 26-34c)

$$y = \underbrace{5, 11, 6, 13, 10, 4, 9, 2}_{\text{Periode}}, 5, 11, 6 \ldots$$

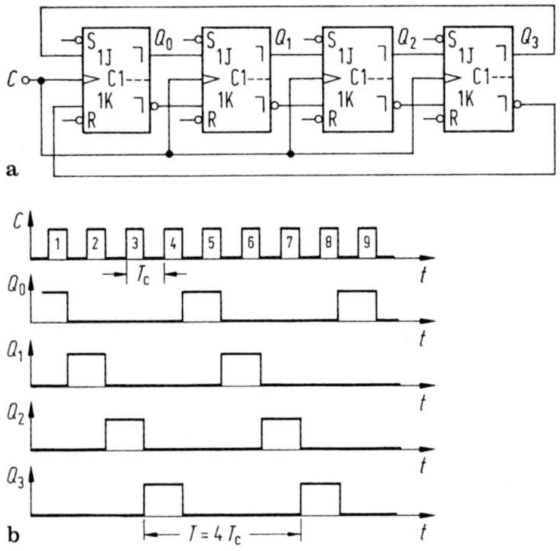

Bild 26-33. Ringzähler

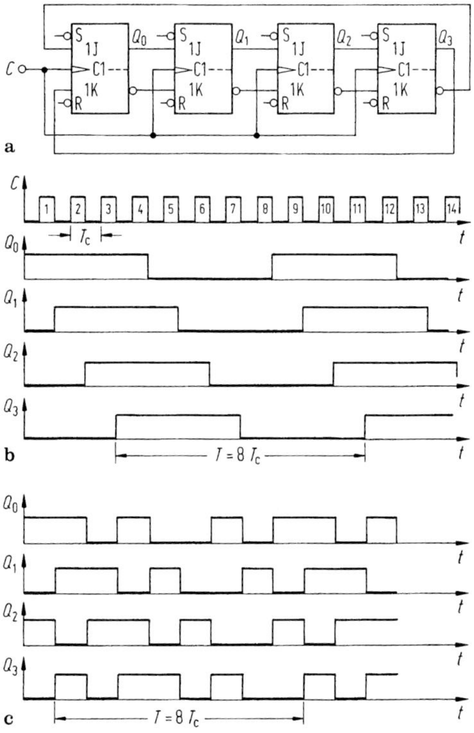

Bild 26-34. Johnson-Zähler

Bei einem Johnson-Zähler aus beispielsweise fünf JK-Flipflops sind je nach Anfangszustand vier verschiedene periodische Verläufe möglich; für drei von ihnen gilt $T = 10T_C$ und für einen $T = 2T_C$.

Beispiel: Johnson-Zähler mit asymmetrischer Rückkopplung

Es soll eine Schaltung aufgebaut werden, bei der sieben Leuchtdioden ständig nacheinander aufleuchten: wenn Diode 1 erlischt, leuchtet 2 auf; wenn 2 erlischt, leuchtet 3 auf; ...; wenn 7 erlischt, leuchtet

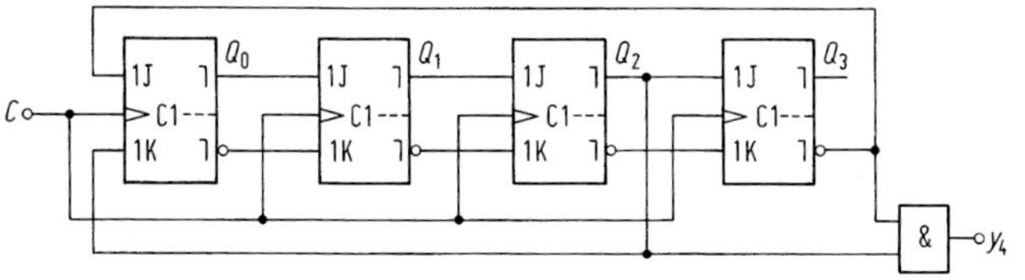

Bild 26-35. Schieberegister mit asymmetrischer Rückkopplung

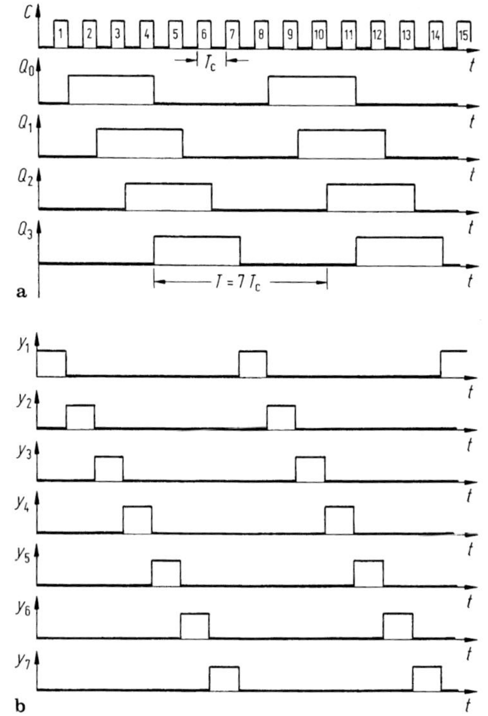

Bild 26-36. Nacheinanderansteuerung von 7 Leuchtdioden, Lampen oder dgl.

wieder 1 auf usw. Dies kann z. B. mit einem asymmetrisch rückgekoppelten Schieberegister realisiert werden (Bild 26-35).

Geht man von dem Anfangszustand $Q_0 = Q_1 = Q_2 = Q_3 = 0$ aus, so ergibt sich ein Impulsdiagramm, bei dem für die Periode T der Flipflopausgänge gilt: $T = 7T_C$ (Bild 26-36a).

Die Verknüpfungen

$$y_1 = \bar{Q}_3\bar{Q}_0\,, \quad y_2 = Q_0\bar{Q}_1\,, \quad y_3 = Q_1\bar{Q}_2\,,$$
$$y_4 = Q_2\bar{Q}_3 = Q_2Q_0\,, \quad y_5 = Q_3Q_1\,, \quad y_6 = \bar{Q}_1Q_2\,,$$
$$y_7 = \bar{Q}_2Q_3$$

liefern eine Folge von Impulsen, mit denen die Leuchtdioden angesteuert werden können (Bild 26-36b). Für y_4 ist die Realisierung in Bild 26-35 eingezeichnet, die Steuerausgänge für die anderen 6 Dioden sind nicht dargestellt, um das Schaltbild übersichtlich zu lassen.

Wählt man übrigens einen Anfangszustand aus, der in der Abfolge des Impulsdiagramms ($y = 0, 1, 3, 7, 14, 12, 8, 0, 1, 3\ldots$) nicht vorkommt, so stellt sich trotzdem nach spätestens fünf Steuerimpulsen C der periodische Ablauf des Impulsdiagrammes Bild 26-36a ein. Daher ist es für die Erzeugung der aufeinander folgenden Impulse an den sieben Ausgängen $y_1, \ldots, y_7$ zur Ansteuerung der Leuchtdioden nicht nötig, das Register zu Beginn mithilfe von S- und R-Eingängen in einen bestimmten Anfangszustand zu versetzen.

27 Halbleiterbauelemente

27.1 Grundprinzipien elektronischer Halbleiterbauelemente

27.1.1 Ladungsträger in Silizium

Eigenschaften des eigenleitenden Siliziums

Das heute technisch bedeutendste Halbleitermaterial ist das vierwertige Silizium. Es steht in der IV. Hauptgruppe des Periodensystems der Elemente und kristallisiert in einer sog. Diamantgitterstruktur. Diese räumliche Tetraederstruktur kann man in der Ebene, wie Bild 27-1 zeigt, vereinfacht darstellen. Jede der vier freien Bindungen eines Siliziumeinzelatoms findet im idealen Gitteraufbau einen Partner bei insgesamt vier Nachbaratomen. Alle Elektronen des Siliziums sind demnach im Gitteraufbau gebunden; es stehen keine freien Elektronen, wie beispielsweise bei Metallen, zum Stromtransport zur Verfügung. Bei sehr tiefen Temperaturen ist Silizium tatsächlich extrem hochohmig, und die Leitfähigkeit nimmt – anders als bei metallischen Leitern – mit steigender

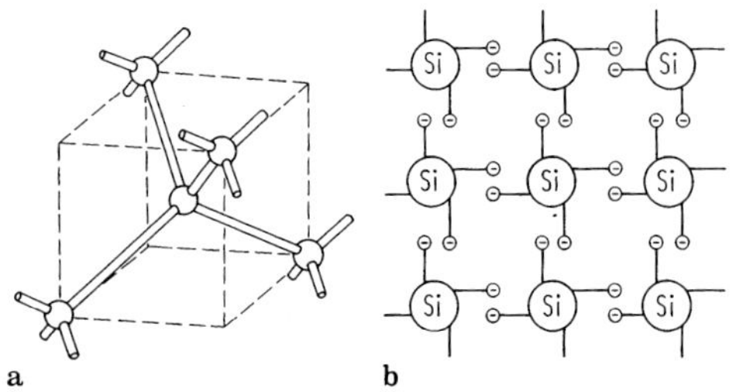

Bild 27-1. **a** Kristallgitter des Siliziums; **b** ebene Darstellung des Siliziumgitters

Temperatur zu. Die Erklärung dafür liegt in der mit der Temperatur zunehmenden Instabilität des Gitters. Einige Gitterbindungen brechen auf, d. h., Elektronen werden frei und können sich im Gitter bewegen. In die entstandene Bindungslücke, deren Gebiet durch das fehlende Elektron elektrisch positiv wirkt, kann ein benachbartes Elektron springen, das seinerseits eine Bindungslücke hinterlässt. Obwohl dieser Vorgang aus Elektronenbewegungen besteht, erscheint es so, als ob sich die Bindungslücke bewegt, und es hat sich als zweckmäßig erwiesen, die bewegliche Bindungslücke als ein eigenständiges, einfach positiv geladenes Teilchen, ein sog. *Loch*, aufzufassen (Bild 27-2). Diesen Vorgang des Aufbrechens einer Gitterbindung und des gleichzeitigen Entstehens eines Elektron-Loch-Paares, nennt man Generation. Beim Anlegen einer Spannung an den Halbleiterkristall sind bewegliche Ladungsträger (Elektronen und Löcher) für den Ladungsträgertransport vorhanden: der Kristall ist leitfähig. Treffen ein Elektron und ein Loch zusammen, wird die Gitterbindung wieder geschlossen und beide Ladungsträger verschwinden gleichzeitig: sie *rekombinieren*. Die räumliche Dichte der Elektron-Loch-Paare, heißt *Eigenleitungsdichte* n_i. Ein von außen angelegtes elektrisches Feld übt auf Elektronen und Löcher Kräfte entgegengesetzter Richtungen aus: es kommt zum Ladungstransport infolge der Elektronen- und des Löcherstroms. Reine Halbleiter werden als *NTC-Widerstände* (negative temperature coefficient) angewendet.

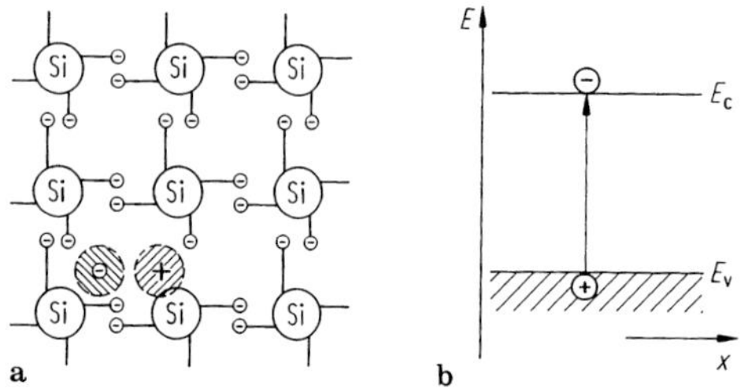

Bild 27-2. Elektron-Loch-Paarbildung durch thermische Generation, **a** im ebenen Gittermodell und **b** im Bändermodell

Eigenschaften des dotierten Siliziums

Die Konzentration der freien Ladungsträger ist in einem reinen Siliziumkristall bei Zimmertemperatur mit $10^{10}\,\mathrm{cm}^{-3}$ außerordentlich klein gegenüber der Elektronenzahldichte eines metallischen Leiters von etwa $10^{23}\,\mathrm{cm}^{-3}$. Die Elektronenzahldichte und damit die Leitfähigkeit von Silizium kann erhöht werden, wenn man Atome der V. Hauptgruppe des periodischen Systems (z. B. Phosphor oder Arsen) anstelle von Siliziumatomen auf regulären Gitterplätzen einbaut (Donatoren). Das fünfte Elektron, das keine Gitterbindung eingehen kann, wird schon durch die Zufuhr einer geringen Energie (sehr viel niedriger als Zimmertemperatur) vom Atom gelöst. Zusätzlich zu den Elektron-Loch-Paaren befinden sich etwa so viele Elektronen im Kristall, wie fünfwertige Atome in das Gitter eingebaut sind. Die Zahl der im Kristall vorhandenen freien Elektronen ist dann weit größer, als die der Löcher, man spricht von einem N-dotierten Silizium oder kurz N-Silizium. Die Elektronen bezeichnet man in diesem Fall als die *Majoritätsträger*, die Löcher als die *Minoritätsträger*. Der Kristall ist elektrisch neutral, weil jedes ionisierte Donatoratom elektrisch positiv geladen ist. Im Gegensatz zu einem Loch ist das ionisierte positive Störatom fest im Gitter eingebaut und daher unbeweglich und kann nicht zum Stromtransport beitragen (Bild 27-3). Die Zahl der Löcher im Kristall wird kleiner als im Fall der Eigenleitung. Das Verhältnis von Majoritätsträgern zu Minoritätsträgern wird durch das Massenwirkungsgesetz, $p \cdot n = n_i^2$, geregelt.

Die Leitfähigkeit lässt sich analog auch durch den Einbau von dreiwertigen Atomen (z. B. Aluminium, Bor oder Gallium) in das Siliziumgitter erreichen. In die unvollständige Gitterbindung am Ort des dreiwertigen Störatoms kann schon bei geringer Energiezufuhr leicht ein Elektron springen. Es fehlt dann für andere Gitterbindungen; ein Loch ist gleichzei-

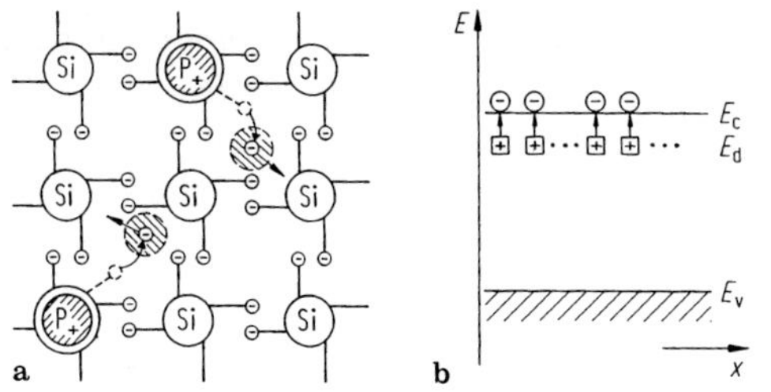

Bild 27-3. N-Leitung in einem Siliziumkristall infolge ionisierter fünfwertiger Störstellen (Phosphor), **a** im ebenen Gittermodell und **b** im Bändermodell

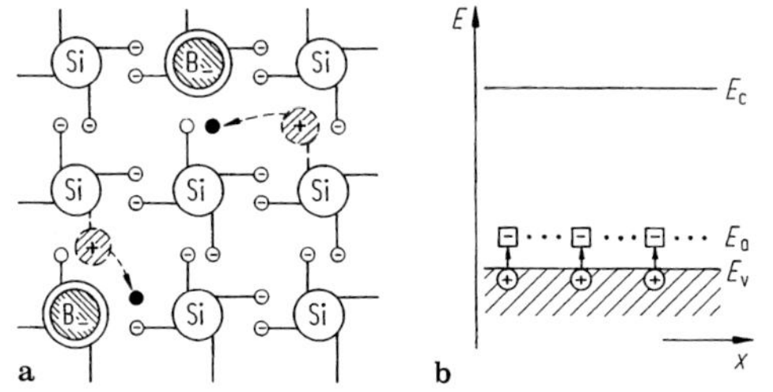

Bild 27-4. P-Leitung in einem Siliziumkristall infolge ionisierter dreiwertiger Störstellen (Bor); **a** im ebenen Gittermodell und **b** im Bändermodell

tig mit einer ortsfesten negativen Ladung entstanden (Bild 27-4). Der Halbleiter ist P-dotiert, P-leitend oder ein P-Halbleiter. In diesem Fall sind die Löcher Majoritätsträger, die Elektronen die Minoritätsladungsträger.

27.1.2 Das Bändermodell

Zur Erklärung vieler Eigenschaften von Halbleiterbauelementen ist es zweckmäßig, die potenziellen Energien der beteiligten Elektronen im Halbleiterkristall heranzuziehen. Eine Darstellung, die die Energie der Elektronen unter Einbeziehung ihres Wellencharakters über dem Ort des Kristalls beschreibt, ist das *Bändermodell.* Es berücksichtigt die Coulomb-Wechselwirkung der eng im Kristall benachbarten Elektronen. Die im Bohr'schen Atommodell auftretenden diskreten Energiewerte der Elektronen und die zugeordneten festen Bahnen spalten sich theoretisch in so viele Einzelwerte auf, wie Atome im Kristall in Wechselwirkung stehen: d. h., die diskreten Energiewerte der Siliziumeinzelatome spalten sich in dichte Energiebänder auf, die durch verbotene Zonen getrennt sind (Bild 27-5). Wichtig für das Verständnis der Bauelemente ist die Elektronenbesetzung bzw. -Nichtbesetzung der oberen beiden Bänder: dem Leitungs- und dem Valenzband. In Bild 27-2 ist das Bändermodell eines eigenleitenden Kristalls dargestellt. Statistische Betrachtungen liefern die Ergebnisse für die Besetzung des Leitungs- und des Valenzbandes mit Elektronen bzw. Löchern. Die Angaben werden in Abhängigkeit von der energetischen Lage des *Fermi-Niveaus* E_F geliefert. Das Fermi-Niveau ist eine markante Größe der Fermi-Statistik, die die Wahrscheinlichkeit der Besetzung von Energieniveaus mit Elektronen in Festkörpern in Abhängigkeit von der Temperatur und der Teilchenenergie beschreibt, und ist der Energiewert, bei dem die Wahrscheinlichkeit von 50% vorliegt, ob der dort vorhandene Platz mit einem Elektron besetzt ist oder nicht. Dabei kann das Fermi-Niveau durchaus auch in der verbotenen Zone liegen, obwohl sich dort keine Elektronen aufhalten dürfen. (Im Normalfall befindet sich das Fermi-Niveau in Halbleitern in der verbotenen Zone, in Metallen dagegen innerhalb des Leitungsbandes.) Die Abbildungen 27-3 und 27-4 zeigen neben den vereinfachten Kristalldarstellungen die entsprechenden Bändermodelle für dotierte Halbleiter. Die geringe Energiezufuhr zur Ionisierung von Donatoren bzw. Akzeptoren wird durch die kleinen energetischen Abstände zu den Bandkanten E_c (Unterkante Leitungsband) und E_v (Oberkante Valenzband) deutlich.

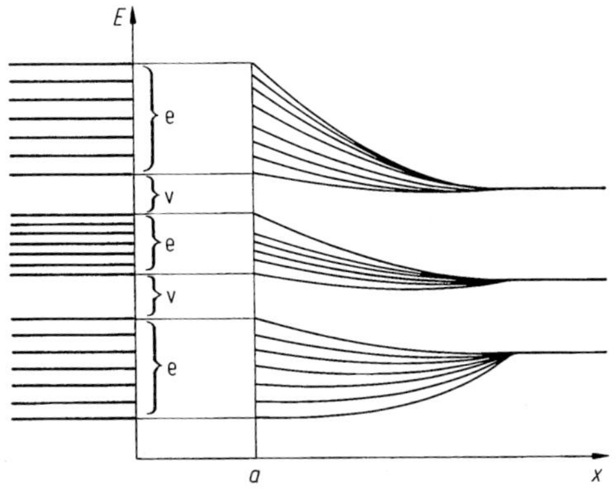

Bild 27-5. Entstehung von Energiebändern aus den Energieniveaus der Einzelatome. *a* Gitterkonstante; e erlaubte Energiewerte; v verbotene Energiewerte

27.1.3 Stromleitung in Halbleitern

Beweglichkeit, Driftgeschwindigkeit

Ohne elektrisches Feld bewegen sich die Elektronen mit thermischer Bewegung durch Stöße mit den äußeren Schalen der Gitteratome oder anderen freien Ladungsträgern auf Zickzackbahnen durch den Kristall (Bild 27-6). Zwischen zwei Stößen legen sie die mittlere freie Weglänge zurück. Da keine Richtung bevorzugt ist, ist der Mittelwert der Geschwindigkeit $\bar{v} = 0$; es fließt kein Strom. Unter dem Einfluss eines angelegten elektrischen Feldes $\boldsymbol{E}$ wird ein Elektron zwischen den Stößen mit der Coulombkraft $\boldsymbol{F} = -\mathrm{e}\boldsymbol{E}$ beschleunigt. Daraus ergibt sich eine mittlere Geschwindigkeit der Elektronen von $\boldsymbol{v}_\mathrm{n} = -\mu_\mathrm{n} \cdot \boldsymbol{E}$. Den Proportionalitätsfaktor μ_n nennt man die *Beweglichkeit* der Elektronen. Analog gilt für die Löcher $\boldsymbol{v}_\mathrm{p} = \mu_\mathrm{p} \cdot \boldsymbol{E}$.

Leitfähigkeit

Die sich mit der Driftgeschwindigkeit v durch den Kristall bewegenden Ladungsträger stellen per definitionem einen elektrischen Strom dar. Den Zusammenhang zwischen Stromdichte und elektrischer Feldstärke beschreibt das Ohm'sche Gesetz.

$$\begin{aligned} j_\mathrm{ges} &= (I_\mathrm{n} + I_\mathrm{p}) \cdot \frac{1}{A} \\ &= q \cdot (n \cdot \mu_\mathrm{n} + p \cdot \mu_\mathrm{p}) \cdot E = \sigma \cdot E \, , \end{aligned}$$

σ ist die Leitfähigkeit des Halbleitermaterials.

Diffusionsströme in Halbleitern

In Metallen spielen Diffusionsströme keine Rolle, da Anhäufungen der einzigen beweglichen Ladungsträgersorte, der Elektronen, durch Feldströme in der Relaxationszeit $\tau_\mathrm{R} \approx 10^{-14}$ s abgebaut werden. Im Halbleiter dagegen gibt es positive und negative Ladungsträger, sodass neutrale Ladungsträgeranhäufungen entstehen können, die sich durch gegen τ_R langsame Diffusionsvorgänge ausgleichen.

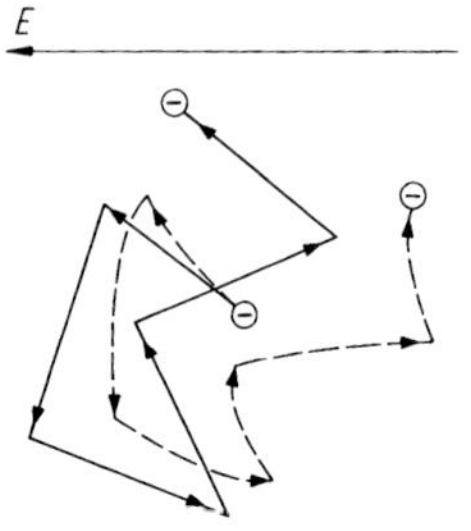

Bild 27-6. Thermische Wärmebewegung freier Elektronen im Festkörper; ausgezogene Linie: ohne elektrisches Feld; gestrichelte Linie: unter Einfluss eines elektrischen Feldes

Das Auftreten von Diffusionsströmen ist ein wesentliches Merkmal der Halbleiter und eine Voraussetzung für die Funktion aller bipolaren Bauelemente.

Teilchen, die sich statistisch bewegen, strömen in Richtung des Konzentrationsgefälles. Elektronen und Löcher bewegen sich im ungestörten Halbleitermaterial mit thermischer Geschwindigkeit ohne Vorzugsrichtung. Liegt ein Konzentrationsgefälle der freien Ladungsträger vor, kommt eine gezielte Bewegung der geladenen Teilchen durch Diffusion zustande, was gleichbedeutend mit einem elektrischen Strom ist:

$$j_\mathrm{n,\,diff} = e \cdot D_\mathrm{n} \cdot \mathrm{grad}\, n \, ; \quad j_\mathrm{p,\,diff} = -e \cdot D_\mathrm{p} \cdot \mathrm{grad}\, p$$

27.1.4 Ausgleichsvorgänge bei der Injektion von Ladungsträgern

Unter dem Begriff *Injektion* versteht man das Einbringen einer zusätzlichen Ladungsträgermenge in den Halbleiter. Dabei ergeben sich zwei grundsätzlich verschiedene Möglichkeiten:

Majoritätsträgerinjektion. Beispiel der Injektion von Elektronen in einen N-dotierten Halbleiter (Bild 27-7b):

Der Elektronenüberschuss wird im Wesentlichen durch einen Elektronen-Feldstrom in der Relaxationszeit τ_R abgebaut. Es liegen ähnliche Verhältnisse wie im Metall vor.

Minoritätsträgerinjektion. Beispiel der Injektion von Elektronen in einen P-dotierten Halbleiter (Bild 27-7a):

Die Raumladung der injizierten Elektronen baut ein elektrisches Feld im P-Halbleiter auf, das einen Löcherfeldstrom zur Folge hat. Die Ladungsanhäufung wird zwar in der Relaxationszeit neutralisiert, aber nicht abgebaut. Der Konzentrationsausgleich erfolgt über Rekombinationsvorgänge bei gleichzeitiger Diffusion. Der Abbau der Ladungsträgerüberschüsse erfolgt mit der Zeitkonstante τ, der Minoritätsladungsträgerlebensdauer, die in Silizium in der Größenordnung von einigen µs liegt. Sie ist etwa um den Faktor 10^8 größer als die Relaxationszeit τ_R. Dieses Verhal-

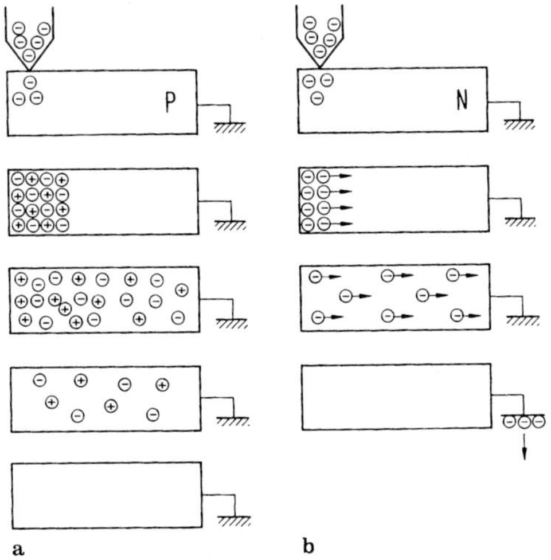

a b

Bild 27-7. Veranschaulichung des Injektionsvorganges. **a** Minoritätsträgerinjektion, Elektronen in einen P-Halbleiter; **b** Majoritätsträgerinjektion, Elektronen in einen N-Halbleiter

ten unterscheidet den Leitungsmechanismus in Halbleitermaterial wesentlich von dem im Metall.

27.2 Halbleiterdioden

27.2.1 Aufbau und Wirkungsweise des PN-Überganges

Der PN-Übergang bildet die Grundlage zum Verständnis aller Halbleiterbauelemente. Man kann ihn sich aus zwei aneinanderstoßenden P- und N-Halbleitern aufgebaut vorstellen. Legt man an den PN-Übergang eine Spannung, so fließt ein erheblich höherer Strom, wenn das P-Gebiet positiv gegenüber dem N-Gebiet ist, als bei entgegengesetzter Polung. Der PN-Übergang wirkt als *Gleichrichter oder Diode*. Bei Durchlassspannungen von einigen Volt können je nach Querschnitt bis zu mehreren hundert Ampere geführt werden. In Sperrichtung dagegen beträgt der Strom nur wenige Mikroampere. Erhöht man die Sperrspannung über einen bestimmten Wert (Durchbruchsspannung U_B), verliert der PN-Übergang seine Sperrfähigkeit und der Strom steigt steil an.

Wegen seiner grundlegenden Bedeutung wird der abrupte PN-Übergang hier eingehender behandelt, wobei das grundsätzliche Transportgeschehen durch Drift und Diffusion erklärt werden kann.

Stromloser Zustand. Ausbildung der Raumladungszone

In einem Gedankenmodell werden zwei Halbleiterquader, der eine P-dotiert, der andere N-dotiert, miteinander in Berührung gebracht. Unmittelbar nach der Berührung diffundieren Elektronen aus dem N-Gebiet entlang dem steilen Konzentrationsgefälle in das P-Gebiet und entsprechend Löcher aus dem P-Gebiet in das N-Gebiet. Sie rekombinieren dort und hinterlassen ortsfest gebundene ionisierte Störstellen, die elektrisch geladene Bereiche, Raumladungen, darstellen. Damit verbunden ist ein von den positiven Donatorionen im N-Gebiet zu den negativen Akzeptorionen im P-Gebiet gerichtetes elektrisches Feld. Es behin-

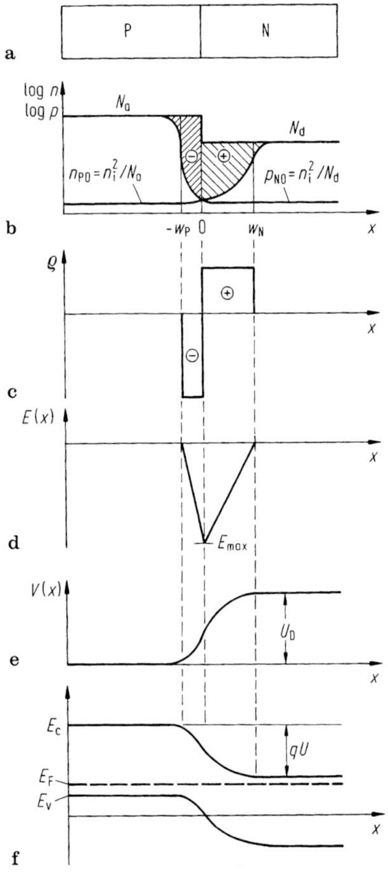

Bild 27-8. Stromloser abrupter PN-Übergang. **a** Eindimensionales Modell. Örtliche Verläufe **b** der Dotier- und freien Ladungsträgerkonzentrationen, **c** der Raumladungsdichte, **d** der Feldstärke, **e** des Potenzials, **f** der Bandkanten des Bändermodells

dert sowohl die Elektronen als auch die Löcher an einer weiteren Diffusion in die Nachbargebiete. Die entstandene Raumladungszone vergrößert sich so lange, bis das mit ihr verknüpfte elektrische Feld keinen Nettostrom mehr über die Grenzfläche zwischen P- und N-Gebiet zulässt. Der PN-Übergang befindet sich in diesem Zustand im thermodynamischen Gleichgewicht. Die Integration über die entstandene elektrische Feldstärke ergibt die Diffusionsspannung U_D. Sie beträgt für Silizium bei üblichen Dotierungen etwa 0,8 V. Die Raumladungszone wird sich in das niedriger dotierte Gebiet weiter ausbreiten als in das benachbarte hochdotierte Gebiet, weil sich in beiden Raumladungsbereichen die gleiche Gesamtladung befinden muss.

Der Kristall besteht demnach aus den raumladungsfreien Bahngebieten und der Raumladungszone. Die Sperrschichtgrenzen sind von der Dotierung der beiden aneinandergrenzenden Gebiete abhängig. In Bild 27-8 wird, ausgehend vom vereinfachten eindimensionalen Modell des PN-Überganges, die Raumladungszone schrittweise ausgehend von der Poissongleichung über den Ort integriert. Als erstes Ergebnis erhält man den Feldstärkeverlauf $E(x)$ und aus dem zweiten Integrationsschritt den örtlichen Verlauf des Potenzials $V(x)$. Aus der Potenzialdifferenz über der Raumladungszone lässt sich die Diffusionsspannung U_D ablesen. Die Multiplikation des Potenzials mit der Elektronenladung liefert die potenzielle Energie der Elektronen und damit den örtlichen Verlauf der Bandkanten des Bändermodells eines PN-Überganges.

27.2.2 Der PN-Übergang in Flusspolung

Das thermodynamische Gleichgewicht, das zur Ausbildung der Raumladungszone geführt hatte, wird durch Anlegen einer äußeren Spannung gestört. Die Spannung des P-Gebietes soll positiv gegenüber dem N-Gebiet sein:

Bei Flusspolung überlagert sich die von außen angelegte Spannung U der Diffusionsspannung U_D, wodurch das über der Raumladungszone liegende elektrische Feld geschwächt wird. Es können jetzt mehr Elektronen und Löcher über die Sperrschicht diffundieren, als vom elektrischen Feld zurücktransportiert werden, weil das elektrische Feld, das den Diffusionsstrom im stromlosen Fall noch kompensieren

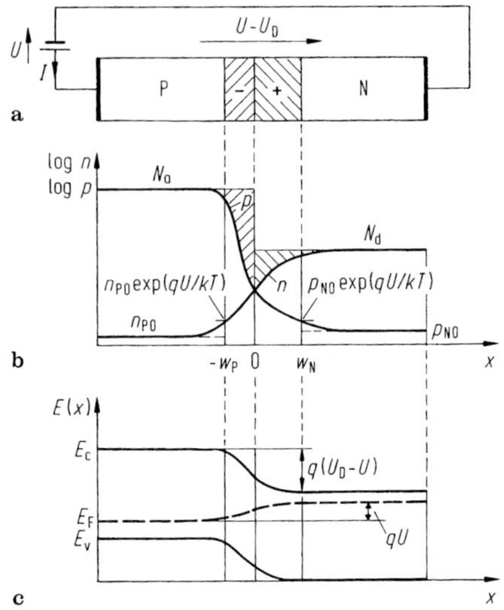

Bild 27-9. PN-Übergang in Flusspolung. **a** Polarität der angelegten Spannung, **b** Konzentrationsverlauf, **c** Bandverlauf

konnte, nun kleiner geworden ist. Die in die Nachbargebiete diffundierenden Ladungsträger stellen eine Minoritätsträgerinjektion dar und erhöhen die Minoritätsträgerkonzentrationen an den Sperrschichträndern. Die zu ihrer Kompensation notwendigen Ladungsträger werden von den Kontakten geliefert und stellen den Strom dar, den der PN-Übergang führt.

Der wesentliche Effekt bei Flusspolung am PN-Übergang ist also, dass nach Anlegen der Spannung die Diffusion überwiegt und damit das ursprüngliche Gleichgewicht von Diffusion und Drift stört. Die Verkleinerung der Raumladungszone bei Flusspolung ist als ein Nebeneffekt zu betrachten, der allein nicht die gute Durchlasseigenschaft erklärt.

27.2.3 Der PN-Übergang in Sperrpolung (Bild 27-10)

Bei Anlegen einer Spannung, die das N-Gebiet positiv gegenüber dem P-Gebiet polt, wird das elektrische Feld der Raumladungszone noch verstärkt. Der Driftstrom überwiegt den Diffusionsstrom in der Raumladungszone. Das elektrische Feld ist so gerichtet, dass es nur Minoritätsträger transportieren kann. Die sind allerdings in den Bahngebieten nicht zahlreich vorhanden und müssen aus einer kleinen Konzentration an die Sperrschichtränder herandiffundieren. Deshalb

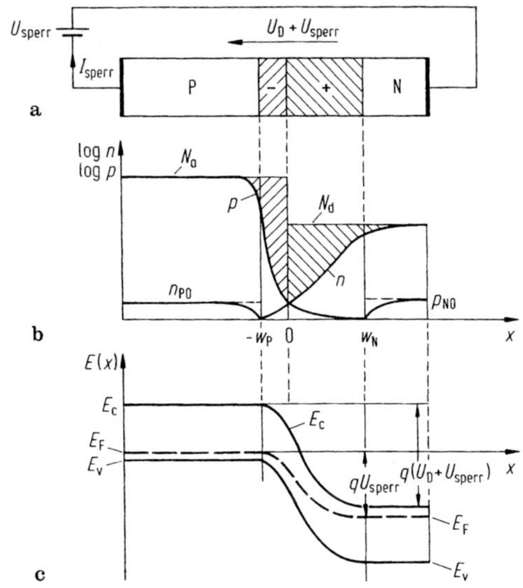

Bild 27-10. PN-Übergang in Sperrpolung. **a** Polarität der angelegten Spannung, **b** Konzentrationsverlauf, **c** Bandverlauf

führt der PN-Übergang in Sperrichtung nur einen sehr kleinen Strom, der in erster Näherung unabhängig von der angelegten Sperrspannung ist.

Bei dieser Polung der Spannung weitet sich die Raumladungszone abhängig von der angelegten Spannung weit in den Halbleiter aus.

27.2.4 Durchbruchmechanismen

Lawinendurchbruch (Bild 27-11)

An dem im Bild 27-8 dargestellten Verlauf der Feldstärke ändert sich bei angelegter Sperrspannung die Höhe des Feldstärkemaximums an der Dotierungsgrenze. Da auch der Weg, der durch die Sperrschicht gelangenden Minoritätsträger länger wird, kann die Aufnahme der kinetischen Energie auf der mittleren freien Weglänge zu Ionisierungen von Gitteratomen, d. h. zur Generation von Elektron-Loch-Paaren, führen. Die neu entstandenen freien Ladungsträger können wiederum Ionisierungen auslösen. Das kann zum lawinenartigen Anwachsen des Sperrstromes führen. Der Wert der Sperrspannung, bei dem der Lawinendurchbruch auftritt, nennt man Durchbruchspannung U_B.

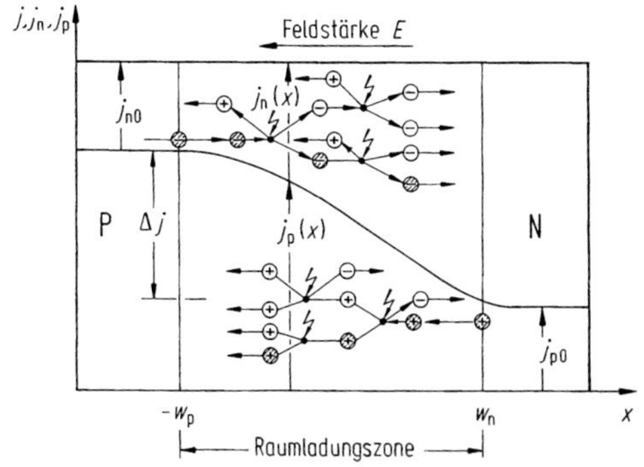

Bild 27-11. Ladungsträgermultiplikation beim Lawinendurchbruch

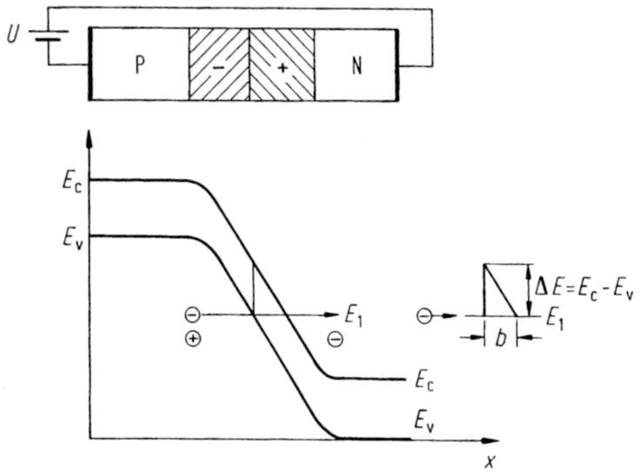

Bild 27-12. Zener-Durchbruch als Folge des quantenmechanischen Tunneleffekts

Zener-Durchbruch (Bild 27-12)

Der Zener-Durchbruch tritt bei Dioden mit beidseitig hochdotierten Zonen auf. Er beruht auf dem quantenmechanischen Tunneleffekt: Ein Elektron kann hinreichend dünne Potenzialschwellen ohne Energieverlust überwinden. Ein Elektron mit der Energie E_1 sieht sich in der Sperrschicht einer dreieckigen Potenzialschwelle gegenüber, deren Höhe dem Bandabstand $E_c - E_v$ entspricht und deren Breite b ist. Die Steigung der Bandkante entspricht der elektrischen Feldstärke, d. h., die Breite b nimmt mit steigender Feldstärke ab. Die Tunnelwahrscheinlichkeit steigt mit abnehmender Breite b, sodass ab einer kritischen Feldstärke viele Ladungsträger die Sperrschicht überwinden können.

27.2.5 Kennliniengleichung des PN-Überganges

Trifft man einige Vereinfachungen, wie ladungsneutrale Bahngebiete, keine Generation oder

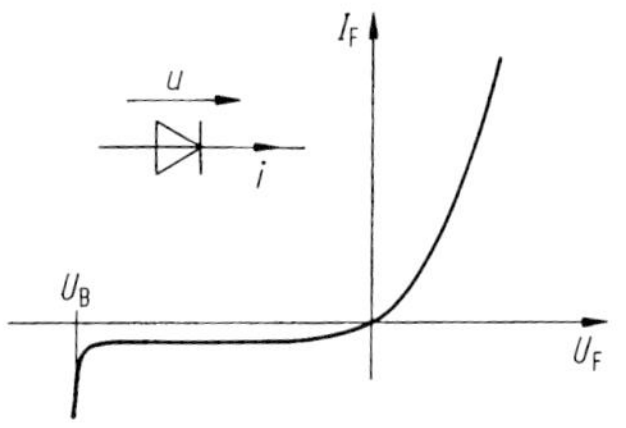

Bild 27-13. Diodenkennlinie mit dem Schaltzeichen und Spannungsrichtung

Rekombination in der Sperrschicht und keine starken Injektionen, d. h., die Minoritätsträgerkonzentrationen an den Sperrschichträndern bleiben klein gegenüber den Majoritätsträgerkonzentrationen, ergibt sich bei eindimensionaler Rechnung die Kennlinie eines PN-Übergangs.

$$j = j_0[\exp(eU/kT) - 1] .$$

Für große negative Spannungen nimmt die Stromdichte j den Wert j_0 an, die deshalb *Sättigungsstromdichte* heißt. In Bild 27-13 ist die Kennlinie und das Schaltbild einer Diode dargestellt.

27.2.6 Zenerdioden

Dioden sperren nur bis zu einer bestimmten Durchbruchspannung U_B. Von U_B an steigt der Sperrstrom steil mit der Spannung an. Sind P- und N-Gebiet hochdotiert, ($N_a, N_d > 10^{17}\,\text{cm}^{-3}$), so ist der Durchbruch auf den *Zener-Durchbruch* ($U_B < 5\,\text{V}$) zurückzuführen, sonst auf den Lawinendurchbruch ($U_B > 5\,\text{V}$). Den steilen Stromanstieg oberhalb U_B nutzt man zur Spannungsstabilisierung aus. Die Spannung ändert sich selbst bei Stromänderungen von mehreren Größenordnungen nur wenig. Dioden, die bestimmungsgemäß im Durchbruch betrieben werden, nennt man unabhängig vom Durchbruchmechanismus Z-Dioden oder auch *Zenerdioden*.
Bild 27-14 zeigt das Schaltzeichen der Z-Diode, die Kennlinie und die Grundschaltung zur Spannungsstabilisierung. Als Stabilisierungsfaktor bezeichnet man das Spannungsverhältnis U_0/U_z.

27.2.7 Tunneldioden

Eine Tunneldiode ist so hoch dotiert, dass die (mit der Elementarladung e multiplizierte) Diffusionsspannung größer wird als der Bandabstand.

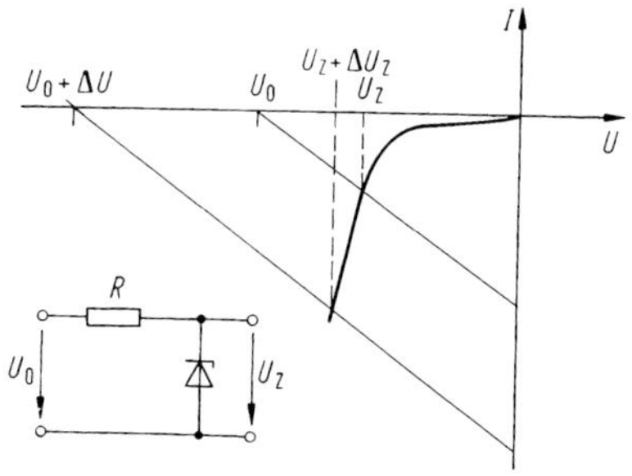

Bild 27-14. Spannungsstabilisierung mit einer Zenerdiode

Das Ferminiveau liegt dann in den erlaubten Bändern. Dadurch wird der Tunnelprozess auch in Flussrichtung möglich. Die Wirkungsweise wird an dem vereinfachten Bändermodell in den Bildern 27-15a bis e erläutert. Für die verschiedenen Spannungszustände ergeben sich unterschiedliche Tunnelwahrscheinlichkeiten, die in der Kennlinie der Tunneldiode zu einem negativen Kennlinienbereich („negativen Widerstand") führen. Das kann zur Entdämpfung von Schwingkreisen ausgenutzt werden. (Anwendungsbereich: Erzeugung und Verstärkung sehr hoher Frequenzen bis 100 GHz).

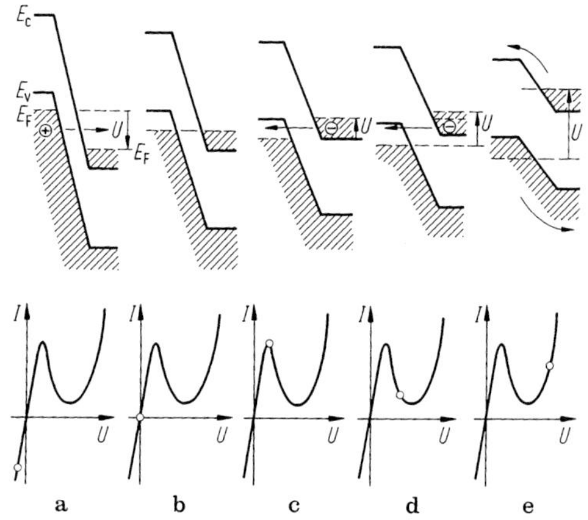

Bild 27-15. Bändermodell und Kennlinie der Tunneldiode, **a** Tunnelstrom in Sperrichtung aufgrund des Zener-Durchbruchs; **b** stromloser Fall; **c** maximaler Tunnelstrom in Vorwärtsrichtung. Elektronen aus dem Leitungsband tunneln in den freien Teil des Valenzbandes; **d** Zurückgehen des Tunnelstromes wegen kleiner werdender Überlappung zwischen dem besetzten Teil des Leitungsbandes und dem leeren Teil des Valenzbandes; **e** Zunahme des Stromes aufgrund des Injektionsstromes wie bei einer normalen Diode

27.2.8 Kapazitätsdioden („Varaktoren")

Bei den Kapazitätsdioden (siehe Bild 27-16) wird die Abhängigkeit der differenziellen Sperrschichtkapazität von der Sperrspannung ausgenutzt. Bei einer Erhöhung der Sperrspannung nimmt die Dicke der Raumladungszone zu. Während der Spannungserhöhung fließt ein Strom, um die freien Ladungsträger aus dem sich ausdehnenden Raumladungsgebiet abzuführen. Wird die Spannung wieder angesenkt, muss die sich verkleinernde Raumladungszone mit freien Ladungsträgern gefüllt werden. Der PN-Übergang zeigt ein kapazitives Verhalten. Das von der Sperrschicht herrührende kapazitive Verhalten wird deswegen Sperrschichtkapazität C_S genannt. Für den abrupten PN-Übergang ist die Sperrschichtkapazität dem reziproken Quadrat der Sperrspannung proportional. Dieser funktionale Zusammenhang kann durch die Wahl des Dotierungsprofiles beeinflusst werden. Wählt man für die Dotierung einen geeigneten Verlauf des Dotierungsprofiles, lässt sich daraus ein Kapazitätsverlauf $C_S(U)$ erzielen, der in Schwingkreisen zu einer linearen Beziehung zwischen Spannung und Frequenz führt. Die Kapazitätsdiode ist für elektronische Frequenzabstimmung, Frequenzmodulation und parametrische Verstärkung geeignet.

27.2.9 Leistungsgleichrichterdioden, PIN-Dioden

Als Anforderung an eine gute Leistungsdiode stehen hohe Sperrfähigkeit bei geringen Durchlassverlusten im Vordergrund. Für die Herstellung stellt sich diese Doppelforderung als ein Widerspruch heraus, weil eine hohe Sperrspannung lange, gering dotierte Gebiete erforderlich macht, die wiederum zu schlechten Durchlasseigenschaften (hohe Bahnwiderstände) führen. Einen gelungenen Kompromiss stellt die PIN-Diode dar. Der Name PIN-Diode beschreibt den Aufbau dieses Diodentyps. Eine im Idealfall eigenleitende I-Zone wird zwischen zwei hochdotierte P- und N-Gebiete angeordnet. In der Praxis wird es eine schwach dotierte Zone sein, deshalb wird auch oft der Name PSN-Diode verwendet. Der Vorteil dieser Anordnung liegt im Sperrverhalten. Die beweglichen Ladungsträger werden aus der I-Zone und dem Rand der hochdotierten Gebiete abgesaugt. Die Feldlinien laufen dann von den entblößten Donatoren der N-Seite zu den negativen Akzeptoren der P-Seite. Die Feldverhältnisse sind ähnlich wie beim Plattenkondensator. Die PIN-Diode kann bei gleicher Sperrschichtweite die doppelte Spannung gegenüber einer P^+N-Diode (P^+ bedeutet ein sehr hoch dotiertes P-Gebiet) bei gleicher maximaler Feldstärke aufnehmen (Bild 27-17).

Das Durchlassverhalten der PIN-Diode ist grundsätzlich unterschiedlich zu dem eines PN-Überganges: Von beiden Randzonen werden Ladungsträger in das I-Gebiet injiziert, das dadurch mit Ladungsträgern überschwemmt wird (Bild 27-18).

Der Strom, den die PIN-Diode führt, wird durch die im I-Gebiet rekombinierenden Ladungsträger verursacht. Die Kennliniengleichung ist mit der eines P^+N-Überganges vergleichbar und lautet:

$$j_{\text{PIN}} = j_{0\,(\text{PIN})}\left(e^{\frac{eU}{2kT}} - 1\right)$$

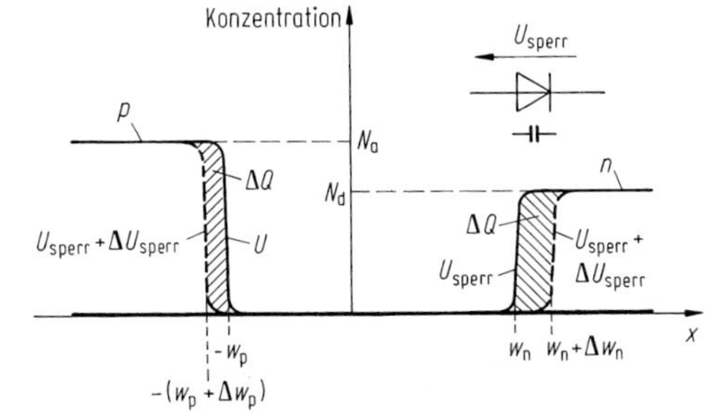

Bild 27-16. Zur Veranschaulichung der differenziellen Sperrschichtkapazität C_s bei Belastung des PN-Überganges in Sperrichtung und Schaltzeichen der Kapazitätsdiode

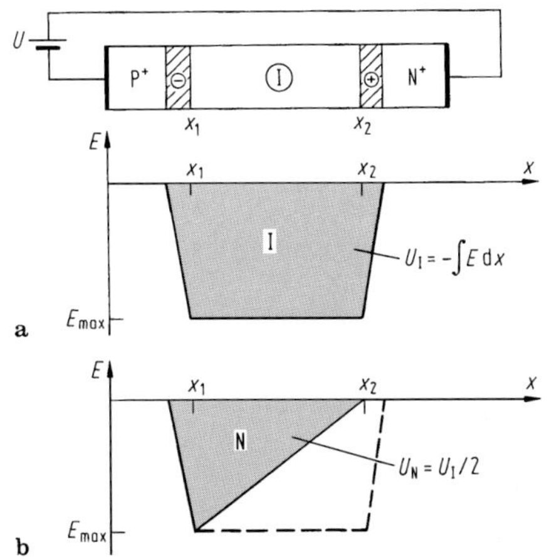

Bild 27-17. Sperrspannung und Feldstärkeverlauf in einer PIN-Diode im Vergleich zur P^+N-Diode

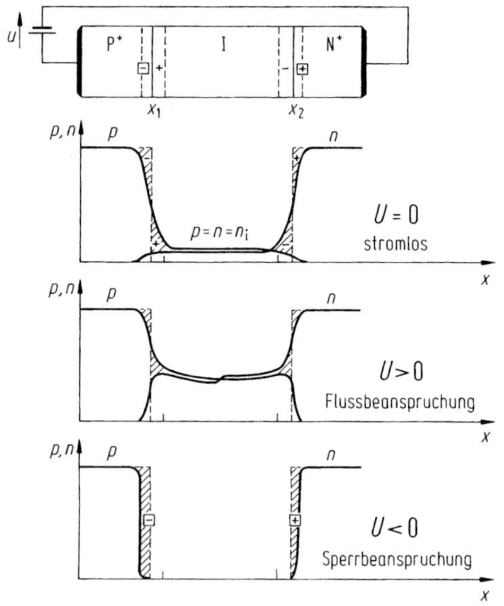

Bild 27-18. Konzentrationsverläufe in einer PIN-Diode

Die Sättigungsstromdichte ist um ein Vielfaches größer als beim PN-Übergang.

27.2.10 Mikrowellendioden, Rückwärtsdioden

Bei der Rückwärtsdiode (siehe Bild 27-19) ist die P- und N-Dotierung so gewählt, dass der Zenerdurchbruch schon bei beliebig kleinen Sperrspannungen auftritt. In Vorwärtsrichtung ist der Strom bis zu einigen Zehntel Volt beträchtlich kleiner als der Tunnelstrom in Rückwärtsrichtung. Sie wird deswegen in Rückwärtsrichtung als Flussrichtung eingesetzt. Der Tunnelstrom ist ein Majoritätsträgereffekt und unterliegt nicht den Diffusions- und Speichereffekten, sodass die Eigenschaften der Rückwärtsdiode weitgehend frequenzunabhängig sind. Sie ist bis in das GHz-Gebiet einsetzbar und findet ihre Hauptanwendung in der Mikrowellengleichrichtung und Mikrowellenmischung.

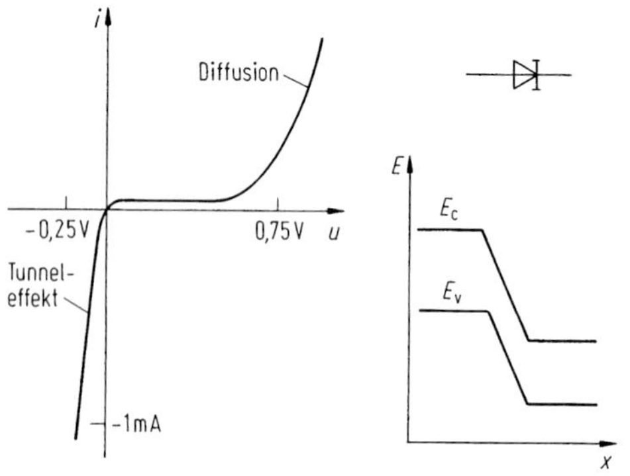

Bild 27-19. Kennlinie, Bändermodell (stromloser Fall) und Schaltzeichen einer Rückwärtsdiode

27.3 Bipolare Transistoren

27.3.1 Prinzip und Wirkungsweise

Der Bipolartransistor ist ein Bauelement, das aus drei Halbleiterschichten, die entweder in der Reihenfolge NPN oder PNP aufgebaut sind. Daraus ergibt sich eine Anordnung von zwei hintereinandergeschalteten PN-Übergängen, verbunden durch eine einkristalline Halbleiterschicht, die Basis. Jede Schicht ist mit einem metallischen Kontakt versehen. Bild 27-20 zeigt ein eindimensionales PNP-Transistormodell mit seinen Anschluss-, Spannungs- und Strombezeichnungen sowie den prinzipiellen Aufbau eines NPN-Transistors. Daneben sind die Schaltzeichen für beide Transistortypen dargestellt. Das Transportverhalten der Ladungsträger betrachten wir im Folgenden beispielhaft für den PNP-Transistor.

Im Normalbetrieb ist die Basis-Emitter-Diode in Durchlassrichtung, die Basis-Kollektor-Diode in Sperrichtung gepolt. Aus der Diodentheorie (27.2.2) ergibt sich wegen der Flusspolung eine Anhebung der Minoritätsträgerkonzentration (gegenüber dem Gleichgewichtswert) am emitterseitigen Basisrand; am kollektorseitigen Basisrand stellt sich dagegen

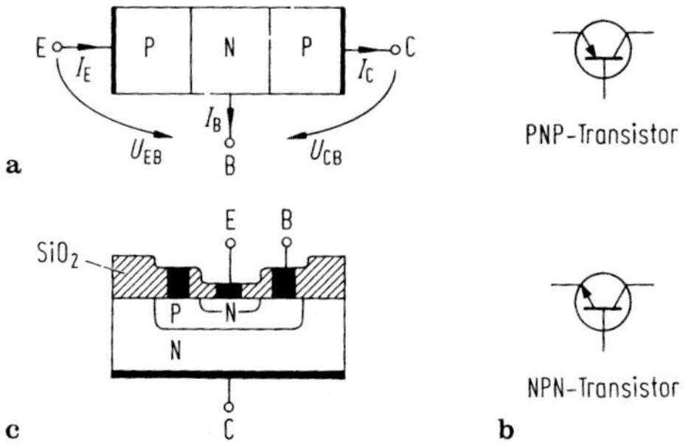

Bild 27-20. Modell eines PNP-Transistors. **a** Schematische Anordnung der Dreischichtenfolge; **b** Schaltzeichen für PNP- und NPN-Transistor; **c** prinzipieller Aufbau eines NPN-Transistors

wegen der Sperrpolung eine Absenkung auf nahezu Null ein. Die vom Emitter in die Basis injizierten Löcher diffundieren bis zur Kollektorsperrschicht und werden dort als Minoritätsträger vom elektrischen Feld der Raumladungszone in den Kollektor gesaugt. Für den Kollektor bedeutet das eine Majoritätsträgerinjektion, d. h., die Überschussladung wird in Form eines Stromes aus dem Kollektorkontakt abgeführt. Bei großer Basisbreite ist dieser Strom allerdings sehr klein und die PNP-Schicht wirkt nur als Zusammenschaltung von Dioden (vgl.Bild 27-22 ohne gesteuerte Quellen), die passiv ist.

Der eigentliche *Transistoreffekt*, der zu einer Verstärkungswirkung des Bauelementes führt, ergibt sich erst bei einer sehr starken Verringerung der Basisweite, sodass genügend viele Löcher über die Basiszone diffundieren können und in den Kollektor injiziert werden. Bei entsprechender Dimensionierung der Basisweite – bezogen auf die Diffusionslänge – ergibt sich ein nahezu geradliniger Verlauf der Minoritätsträger in der Basis (Bild 27-21). Die Größe des Kollektorstromes ist von der Menge der in den Kollektor diffundierenden Löcher und damit von der Steigung der Löcherkonzentration am Sperrschichtrand abhängig und kann mithilfe der Durchlassspannung über dem Emitter-Basis-PN-Übergang gesteuert werden. Die Steigung lässt sich durch die Höhe der Injektion durch den P-Emitter einstellen. Rekombinationsverluste in der Basis führen zu einer Abnahme der

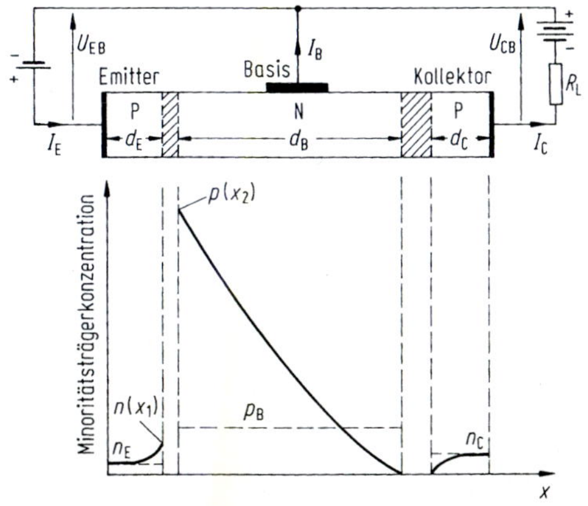

Bild 27-21. Transistormodell und Minoritätsträgerkonzentrationsverlauf

Steigung und damit Verkleinerung des Kollektorstromes. Der Transistoreffekt ist also auf einen reinen Minoritätsträgereffekt in der Basis zurückzuführen. Von der Dimensionierung der Basis hängt das elektrische Verhalten des Transistors entscheidend ab.

Die Wirkungsweise des bipolaren Transistors ist mit der eines gesperrten PN-Überganges vergleichbar, dessen Sperrstrom steuerbar ist.

Der Kollektorstrom ergibt sich aus dem Anteil $\alpha \cdot I_E$ des Emitterstromes, der den Kollektor erreicht und dem Sperrstrom der Basis-Kollektor-Diode I_{CBO}: (üblicherweise $0{,}99 < \alpha < 1$)

$$I_C = \alpha \cdot I_E + I_{CB0} \,.$$

Für einen Faktor α der möglichst nahe bei 1 liegt, ist eine hohe Löcherinjektion am Emitterrand der Basis notwendig. Diese Eigenschaft wird als Emitterwirkungsgrad bezeichnet und erfordert eine hohe Dotierung des Emitters gegenüber der Basis. Weiterhin sollen möglichst alle Löcher ohne zu rekombinieren den Kollektorsperrschichtrand erreichen (Transportfaktor), das erfordert eine kleine Basisweite gegenüber der Diffusionslänge. Damit sind die Grundbedingungen für die Herstellung von Transistoren genannt. Aufgrund der Beziehung $I_E = I_B + I_C$ erhalten wir

$$I_C = \beta \, I_B$$

mit der Stromverstärkung $\beta = I_C/I_B = \alpha/(1-\alpha)$; ein typischer Wert ist $\beta = 99$ (für $\alpha = 0{,}99$).

Das für den PNP-Transistor erläuterte Prinzip gilt entsprechend für den NPN-Transistor.

Ersatzschaltbilder und Vierpolparameter

Ähnlich wie für den PN-Übergang lässt sich auch der Transistor mit dem Halbleitergleichungssystem berechnen und man erhält als Ergebnis zwei Ausdrücke für den Emitterstrom I_E und den Kollektorstrom I_C:

$$I_E = I_{ED} - \alpha_1 \cdot I_{CD} \quad \text{und} \quad I_C = \alpha \cdot I_{ED} - I_{CD} \,.$$

Die Ausdrücke für I_{ED} und I_{CD} sind Diodenströme, die die Spannungsabhängigkeiten der Basis- und Kollektordiode beschreiben. Daraus lässt sich ein Ersatzschaltbild mit gesteuerten Stromquellen (Bild 27-22) konstruieren. Je nach Anwendungsgebiet kann das Ersatzschaltbild vereinfacht werden.

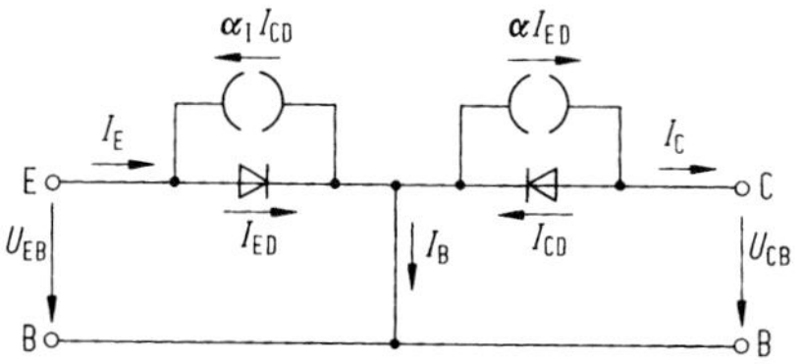

Bild 27-22. Ersatzschaltbild eines Transistors

Für die Vierpoldarstellung des Transistors wird das Ergebnis der Kennlinienberechnung für die Leitwertparameterdarstellung in der Form:

$$I_E = I_E(U_{EB}, U_{CB})\;; \quad I_C = I_C(U_{EB}, U_{CB})$$

geschrieben.
Für kleine Wechselspannungen u und kleine Wechselströme i werden die Kennliniengleichungen durch eine Taylorentwicklung angenähert:

$$i_e = y_{11} \cdot u_e + y_{12} \cdot u_c\;; \quad i_C = y_{21} \cdot u_e + y_{22} \cdot u_C\,.$$

Spannungsgrenzen des Transistors. Lawinendurchbruch
Wie in einer Diode kann in der Kollektorsperrschicht der Lawinendurchbruch auftreten, der bei offenem oder kurzgeschlossenem Emitter bei den gleichen Spannungswerten einer vergleichbaren Diode liegt. Ist dagegen die Basis offen, wird durch den Lawinenstrom die Majoritätsträgerkonzentration in der Basis erhöht und dadurch der Emitter veranlasst, noch stärker zu injizieren. Dadurch sinkt die Spannungsgrenze des Transistors unter den entsprechenden Wert einer vergleichbaren Diode.

Punch-through-Effekt
Durch Erhöhung der Kollektorspannung breitet sich die Raumladungszone weiter in die Basis aus. Berührt die Kollektorsperrschicht den Emittersperrschichtrand, ist die Punch-through-Spannung erreicht und die Basis kann den Transistor nicht mehr steuern, es fließt ein starker Emitter-Diffusionsstrom.

Frequenzverhalten des Transistors
Der Transistoreffekt beruht auf der Diffusion von Minoritätsträgern durch die Basis. Dafür benötigen sie eine Laufzeit oder Transitzeit t_{tr}, die von der Basisdicke und der Diffusionskonstanten D abhängt. Als Grenzfrequenz ergibt sich für die Basisschaltung eine der reziproken Transitzeit proportionale Größe.

27.3.2 Universaltransistoren. Kleinleistungstransistoren

Kleinleistungstransistoren sind typischerweise PNP-Transistoren mit diffundierten PN-Übergängen. Ihre Verlustleistung liegt bei einigen 100 mW. Sie werden in Baureihen von 30 V, 60 V und 100 V für die Kollektorspannung, 5 bis 10 V für die Emitter-Basis-Spannung und bis zu maximal 500 mA für den Kollektorstrom, angeboten. Die Grenzfrequenzen liegen zwischen 10 und 100 MHz.

27.3.3 Schalttransistoren

Transistoren lassen sich auch als Schalter betreiben. Die eingeführten Vereinfachungen bei der Vierpolbetrachtung sind nicht anwendbar, denn sie gelten für Kleinsignalaussteuerungen. Wichtig sind für den Betrieb eines Schalttransistors die beiden Zustände EIN und AUS und die dynamischen Übergänge. Im AUS-Zustand muss der Transistor einen hohen Widerstand bei hoher Sperrfähigkeit besitzen und im EIN-Zustand muss er einen möglichst großen Strom bei kleinem Spannungsabfall führen können. In der Praxis wird man für Schalttransistoren die Emitterschaltung verwenden, da mit ihr sowohl Strom- als auch Spannungsverstärkung erzielt werden können.
Im Kennlinienfeld der Emitterschaltung ändert sich der Arbeitspunkt beim Schaltbetrieb schnell zwischen den beiden in Bild 27-23 markierten Endzuständen. Der Kennlinienbereich unterhalb des AUS-Zustandes

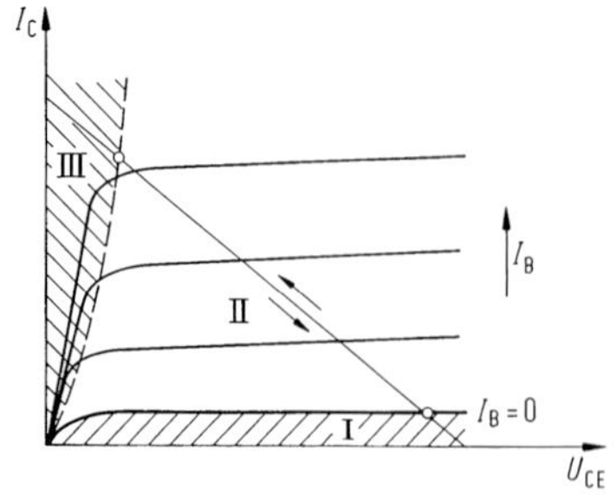

Bild 27-23. Arbeitspunkte im Emitterkennlinienfeld eines Schalttransistors. I Sperrbereich, II Aktiver Bereich, III Sättigungsbereich

(*Sperrbereich*) wird durch Anlegen von Sperrspannungen an den Emitter- und den Kollektorübergang erreicht. Der Kennlinienzweig für $I_B = 0$ trennt den *Sperrbereich* vom *aktiven Bereich*. Im aktiven Bereich, dem Normalbetrieb für Transistoren, liegt der Emitter an Durchlasspolung, der Kollektor wird in Sperrichtung betrieben.

Wird die Kollektor-Emitter-Spannung vom EIN-Zustand weiter verkleinert, wird auch die Kollektordiode in Durchlassrichtung betrieben und beide Übergänge injizieren in die Basis und überschwemmen sie mit Ladungsträgern. Dieser Betriebsbereich hat deswegen sinngemäß den Namen *Sättigungsbereich* erhalten.

In Bild 27-24 wird der Schaltvorgang erläutert. Zum Zeitpunkt $t = 0$ wird ein konstanter Basisstrom eingeschaltet. Während der Zeit t_d wird das Konzentrationsgefälle in der Basis aufgebaut, ohne dass ein nennenswerter Kollektorstrom fließt. Diese Anfangsphase heißt Verzögerungszeit t_d (delay time) und wird als die Zeit bis zum Erreichen des 10%-Wertes des endgültigen Kollektorstromes definiert. Während der Zeit t_r (rise time) steigt das Konzentrationsgefälle am Kollektorsperrschichtrand. Sie wird bis zum Erreichen des 90%-Wertes des Kollektorstromes definiert. Anschließend wird die Speicherladung in der Basis noch weiter erhöht, ohne dass sich die Steigung

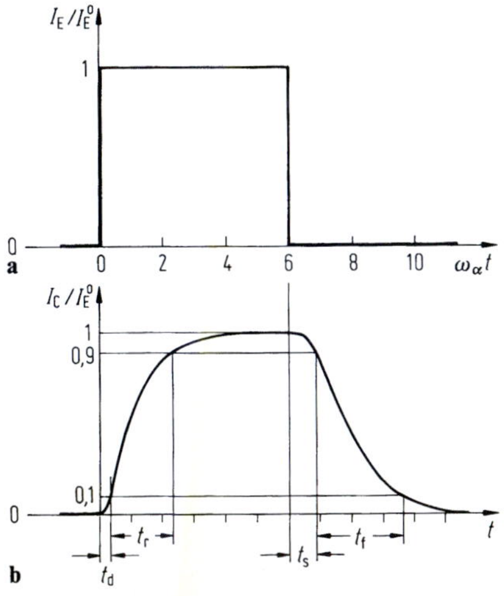

Bild 27-24. Schaltvorgang zwischen Sperrbereich und aktivem Bereich. **a** Emitterstrompuls, **b** zeitlicher Verlauf des Kollektorstromes; t_d Verzögerungszeit, t_r Anstiegszeit, t_f Abfallzeit

oder der Kollektorstrom noch merklich ändern. Der Ausschaltvorgang gestaltet sich ähnlich. Während der Speicherzeit t_s (storage time) wird die Speicherladung abgebaut, der Strom ändert sich nur wenig. Erst während der Abfallzeit t_f (fall time) wird das Konzentrationsgefälle kleiner und der Strom nimmt ab. Die Zeitgrenzen werden wie beim Einschalten bei Erreichen des 90%- und 10%-Wertes vom Kollektorstrom abgelesen. Zu bemerken ist, dass ein Ausschaltvorgang aus dem Sättigungsbetrieb längere Speicherzeiten benötigt. Diesen Nachteil muss der Anwender mit dem Vorteil der kleineren Verlustleistung im eingeschalteten Zustand abwägen. Beispiel für die Anwendung von Schalttransistoren sind astabile, bistabile und monostabile Kippschaltungen.

27.4 Halbleiterleistungsbauelemente

27.4.1 Der Thyristor

Aufbau und Wirkungsweise

Der Thyristor ist ein Halbleiterbauelement, das ohne einen Gatestrom gesperrt ist, gleichgültig, welche Polarität der angelegten Spannung vorliegt. Ist die Spannung positiv, lässt er sich durch einen kleinen Steuerstrom in einen gut leitenden Zustand schalten und hat dann eine ähnliche Strom-Spannungs-Kennlinie wie die PIN-Diode.

Der elektrische aktive Teil eines Thyristors besteht aus drei PN-Übergängen. Die beiden äußeren Schichten sind stark dotiert, während die beiden inneren Basisschichten schwach dotiert sind. Der Anschluss an die äußere P-Schicht wird als Anode, der Anschluss an die äußere N-Schicht wird als Kathode bezeichnet; die Steuerelektrode (Gate[anschluss]) ist an der P-Zone angebracht (Bild 27-25).

Zum besseren Verständnis der Funktionsweise zerlegt man den Thyristor gedanklich in zwei Transistoren (Bild 27-26). Die beiden Kollektoranschlüsse des NPN- und des PNP-Transistors sind jeweils mit dem Basisanschluss des anderen Transistors verbunden. Der Kollektorstrom $\alpha_{PNP}I$ des PNP-Transistors fließt als Basisstrom in den PNP-Transistor. Der fehlende Anteil $(1 - \alpha_{PNP}I)$ geht als Rekombinationsstrom in der N-Basis verloren. Entsprechend fließt vom NPN-Transistor der Kollektorstrom $\alpha_{NPN}I$ in die N-Basis des PNP-Transistors, in die zusätzlich noch der Steuerstromanteil $\alpha_{NPN}I_s$ fließt. Über den

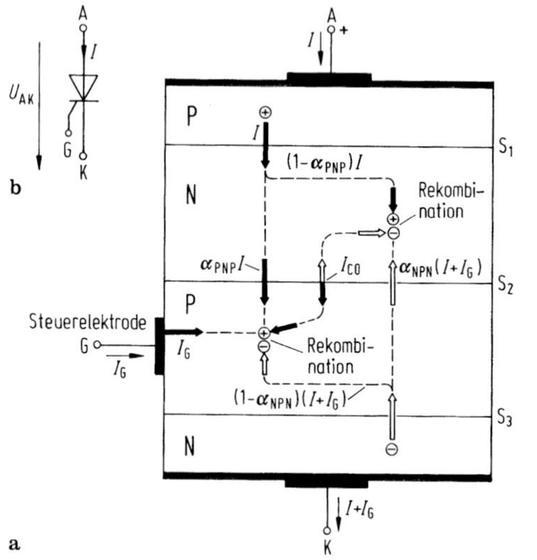

Bild 27-25. Thyristor. **a** Schematischer Aufbau der Vierschichtstruktur; **b** Schaltzeichen

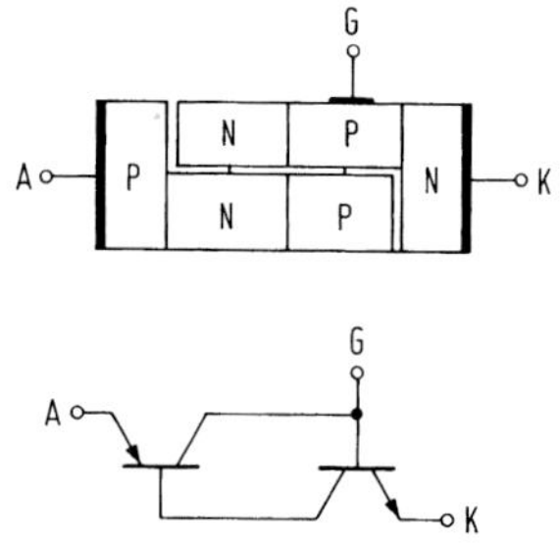

Bild 27-26. Zweitransistormodell des Thyristors

PN-Übergang S_2, der für beide Teiltransistoren als Kollektor wirkt, fließt in die beiden Basiszonen des Thyristors noch der Sperrstrom I_{C0}. Die Bilanz der Rekombinationspartner in der N- oder P-Basis liefert nach einer Umformung:

$$I_A = \frac{I_{C0}}{1-(\alpha_{NPN}+\alpha_{PNP})} + \frac{\alpha_{NPN}\cdot I_G}{1-(\alpha_{NPN}+\alpha_{NPN})}\,.$$

Dieser Zusammenhang wird als Kennliniengleichung bezeichnet. Die Spannung tritt in ihr zwar nicht unmittelbar in Erscheinung, sie ist jedoch im Sperrstrom I_{c0} und in den Stromverstärkungsfaktoren α_{NPN} und α_{PNP} enthalten. Für den Verlauf der Kennlinie ist darüber hinaus die Stromabhängigkeit der Stromverstärkungsfaktoren maßgeblich, deren Summe in Bild 27-27 dargestellt ist.

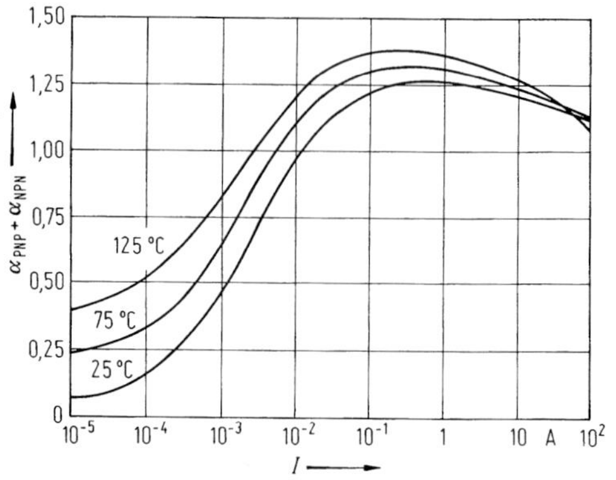

Bild 27-27. Summe der Stromverstärkungsfaktoren α_{NPN} + α_{PNP} als Funktion des Stromes bei einer Kathodenfläche von 20 mm^2

Diskussion der Kennlinie für $I_s = 0$ (offenes Gate)

Bei Erhöhung der Sperrspannung wächst I_{C0} infolge der Ladungsträgermultiplikation im Übergang S_2 an. Wird die Durchbruchspannung erreicht, steigt I_{C0} steil an und die Summe der Stromverstärkungsfaktoren ($\sum\alpha$) wächst gemäß Bild 27-27 gegen 1. Dies führt zu einer Abnahme von I_{C0} und damit zu einer Abnahme von U_2. Es entsteht ein Kennlinienteil mit negativer Steigung. Erreicht die $\sum\alpha$ den Wert 1, wird I_{c0} zu null, d. h., die Spannung U_2 wird null. Wächst der Strom I_A weiter an, übersteigt die $\sum\alpha$ den Wert 1, der Sperrstrom I_{c0} wird negativ; der Übergang S_2 wird in Flussrichtung betrieben. Beide Teiltransistoren des Thyristors arbeiten im Sättigungsbereich.

Diskussion der Kennlinie für $I_s > 0$. Bei zusätzlicher Einspeisung eines Gatestromes gehört ein kleineres I_{c0} zu einem vorgegeben I_A als bei $I_s = 0$, damit wird der Spannungswert für die Zündung des Thyristors herabgesetzt (Bild 27-28).

Ausschalten des Thyristors

Im Durchlassbereich sind die Basiszonen mit beweglichen Ladungsträgern „überschwemmt". Es liegen Verhältnisse wie in einer durchlassbelasteten PIN-Diode vor. Damit der Thyristor in Sperrrichtung oder in der Vorwärtsrichtung sperren kann, müssen diese gespeicherten Ladungsträger abgebaut werden. In welcher Zeit das erfolgt, hängt von den Bedingungen des äußeren Stromkreises und den Rekombinationsverhältnissen im Thyristor ab. Den Anwender inter-

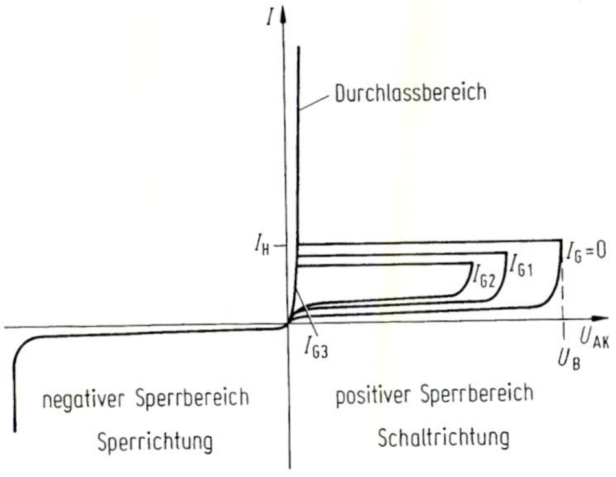

Bild 27-28. Strom-Spannungs-Kennlinie eines Thyristors mit I_G als Parameter

essiert in erster Linie die Zeitspanne nach Abschalten des Stromes, bis der Thyristor in Vorwärtsrichtung sperrfähig wird. Diese Zeit bezeichnet man als Freiwerdezeit.

27.4.2 Der abschaltbare Thyristor

Um einen Thyristor mittels Steuerstrom abzuschalten, muss der Steuerbasis ein hinreichend großer negativer Steuerstrom entzogen werden, (GTO-, Gate-turn-off-Thyristor), (Bild 27-29). Der Thyristor schaltet aus, wenn die Flusspolung am Übergang S_1 wieder aufgehoben wird, d. h. wenn U_2 null oder gar negativ wird. Der zum Abschalten eines Anodenstroms I_{A0} notwendige negative Steuerstrom heißt I_{G0}. Als Abschaltverstärkung β_0 bezeichnet man:

$$\beta_0 = \frac{I_{A0}}{|I_{G0}|} \, .$$

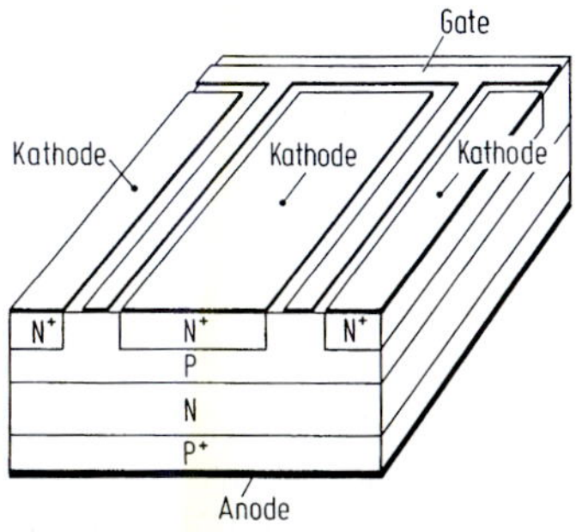

Bild 27-29. Schema der Gate-Kathoden-Struktur eines GTO-Thyristors

Die heute üblichen Werte für β_0 liegen zwischen 5 und 10. Man muss zwar einen kräftigen Steuerstrom aufwenden um den Thyristor abzuschalten, dieser Strom braucht aber nur für kurze Zeit von wenigen µs zu fließen. Darin liegt ein wesentlicher Vorteil des GTO-Thyristors gegenüber Transistoren.

27.4.3 Zweirichtungs-Thyristordiode (Diac)

Wird in ein symmetrisches PNP-System die Kathoden-N-Zone in der einen Scheibenhälfte in die obere und in der anderen Scheibenhälfte in die untere P-Schicht eingelassen und werden beide Scheibenseiten ganz kontaktiert, so entsteht ein fünfschichtiges Gebilde, das einer integrierten Schaltung aus zwei antiparallelen Thyristoren ohne Steueranschluss entspricht. Die Strom-Spannungskennlinie dieser Anordnung verfügt über je eine Schaltcharakteristik in Vorwärts- und Rückwärtsrichtung. Solche bidirektionalen Thyristordioden können durch Überschreiten der Kippspannung oder durch steilen Anstieg der Spannung gezündet werden (Bild 27-30).

27.4.4 Bidirektionale Thyristordiode (Triac)

Bidirektionale Thyristordioden (Triacs) können sowohl bei positiver als auch bei negativer Spannung durch einen positiven *oder* negativen Gatestrom

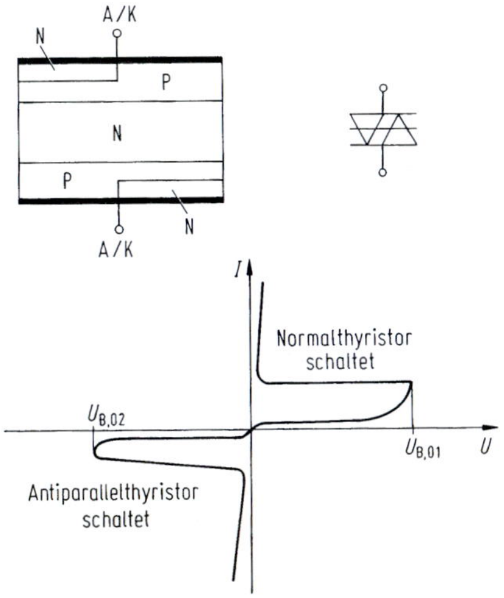

Bild 27-30. Schematischer Schichtenaufbau, Schaltzeichen und Kennlinie einer Zweirichtungs-Thyristordiode (auch „eines Diacs")

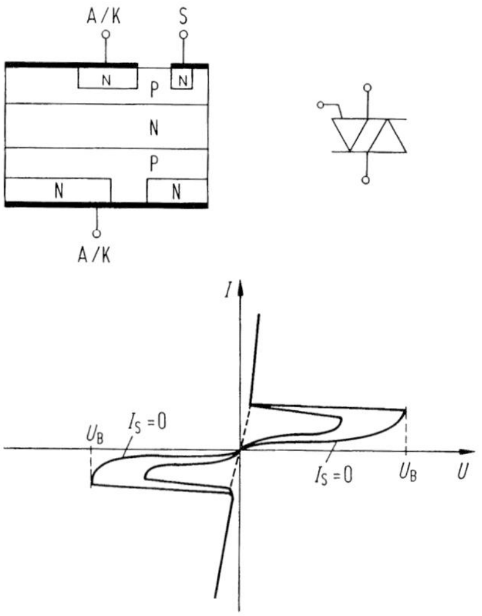

Bild 27-31. Schematischer Aufbau der Schichtenfolge, Schaltzeichen und Kennlinie eines Triacs

gezündet werden. Dadurch können Wechselstromverbraucher in einem großen Leistungsbereich geregelt werden. Ähnlich aufgebaut wie das Diac ist das Triac eine integrierte Schaltung aus zwei antiparallelen Thyristoren, die mit einem Gatestrom gezündet werden können (Bild 27-31).

27.5 Feldeffektbauelemente

Bei den Feldeffekt(FE)-Bauelementen werden Majoritätsträger durch ein elektrisches Querfeld gesteuert. Minoritätsträger spielen untergeordnete Rolle. Es gibt zwei Klassen von FE-Transistoren: a) Sperrschicht-FE-Transistoren (JFET), b) FE-Transistoren mit isoliertem Gate (IGFET). Auch wenn die JFETs in den Anwendungen inzwischen kaum noch eine Bedeutung besitzen, wollen wir auf deren Funktionsweise zunächst eingehen, da der PN-Übergang wie bei den Bipolartransistoren wesentlich ist. Danach gehen wir auf die IGFETs und insbesondere auf deren wichtigste Vertreter, die MOSFETs, näher ein.

27.5.1 Sperrschicht-Feldeffekt-Transistoren (Junction-FET, PN-FET, MSFET oder JFET)

Aufbau und Wirkungsweise (N-Kanal-FET)

Ein N-Halbleiter ist an den Enden mit einer Spannungsquelle verbunden. Elektronen fließen von dem als Source (Quelle) bezeichneten Kontakt zum Drain (Senke). Die Breite des Kanals, durch den die Elektronen fließen, wird durch zwei seitliche P-Gebiete bestimmt. Die Breite des Kanals kann durch eine an diese PN-Übergänge angeschlossene Spannung noch verändert werden. Den sperrschichtfreien Anschluss an die P-Zonen nennt man Gate. Wird das Gate aus einem sperrenden Metall-Halbleiter-Kontakt (Schottky-Diode) gebildet, wird das Bauelement als MeSFET oder MSFET bezeichnet. Die Dotierungen können auch umgekehrt gewählt werden, dann liegt ein P-Kanal-FET vor.

Bild 27-32 zeigt das Prinzipbild des Sperrschicht-FET (JFET) mit seinem Schaltzeichen und den Betriebsspannungen. Die JFETs werden vorzugsweise in Planartechnik hergestellt. Die Spannung U_{DS} (Drain-Source) bewirkt den Drainstrom I_D durch den Kanal. An das Gate wird eine Sperrspannung U_{GS} gegen den Source-Kontakt angeschlossen, sodass sich eine Raumladungszone weit in den Kanal ausbreitet, die den nutzbaren Querschnitt für den Kanal herabsetzt. Die Spannung U_{GS}, bei der der Kanal auf seiner vollen Breite bei $U_{DS} = 0$ abgeschnürt wird, nennt man Abschnürspannung U_P. Bei fließendem Drainstrom fällt längs des Kanals

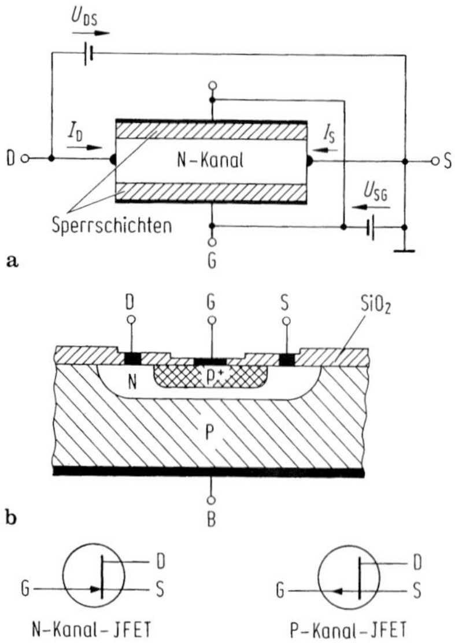

Bild 27-32. **a** Vereinfachtes Prinzip des Feldeffekttransistors (JFET); **b** prinzipieller Aufbau als N-Kanal-PN-FET; **c** Schaltzeichen

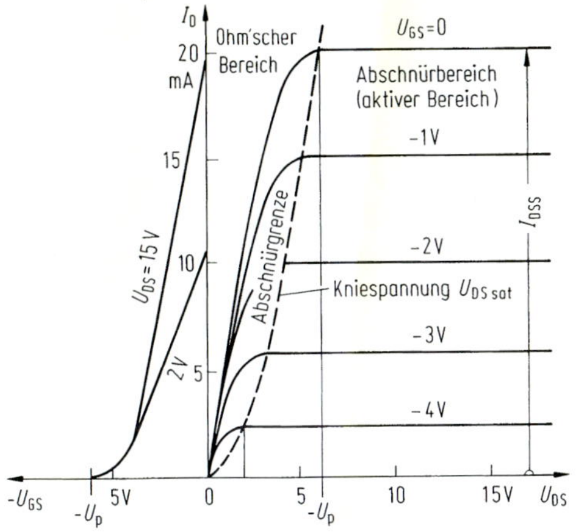

Bild 27-33. Kennlinienfeld des JFET, links Übertragungskennlinien, rechts Ausgangskennlinienfeld

die Spannung U_{DS} ab. Die Spannungsquellen sind so gepolt, dass sich U_{DS} am drainseitigen Ende des Kanals zu der Gate-Source-Spannung U_{GS} addiert, sodass der Kanal dort am engsten wird. Die Spannung U_{DS}, bei der sich der Kanal abzuschnüren beginnt, bezeichnet man als Kniespannung $U_{DS\,sat}$; den Strom an der Sättigungsgrenze bei $U_{GS} = 0$ nennt man Drain Source-Kurzschlussstrom I_{DSS}. Bei Steigerung der Drain-Source-Spannung über die Kniespannung hinaus bleibt der Drainstrom nahezu konstant, weil der leitende Kanal durch die mit U_{DS} anwachsende Sperrschicht den Kanal weiter abschnürt und die in die Sperrschicht einströmenden Majoritätsträger – abgesehen von dem Einfluss der Verkürzung der verbleibenden leitenden Kanallänge – auf den gleichen Wert begrenzt bleiben. Legt man zusätzlich an die Gate-Source-Strecke eine Sperrspannung, beginnt die Abschnürung des Kanals bei entsprechend kleineren Drain-Source Spannungen (siehe Ausgangskennlinienfeld Bild 27-33).

27.5.2 Feldeffekttransistoren mit isoliertem Gate (IG-FET, MISFET, MOSFET oder MNSFET)

Die Steuerung des leitenden Kanals erfolgt beim IG-FET ebenfalls durch ein elektrisches Querfeld, das im Gegensatz zum JFET durch ein isoliertes Gate erzeugt wird. Wird die Isolierschicht durch eine Siliziumdioxidschicht gebildet, spricht man von einem MOSFET (Metal oxide semiconductor FET), wird sie durch eine Siliziumnitritschicht gebildet, von einem MNSFET (Metal nitride semiconductor FET), allgemein von einem MISFET (Metal insulator semiconductor FET).

Ist der Kanal bei offenem Gate bereits abgeschnürt, spricht man von einem Anreicherungs- oder selbstsperrenden (engl. „normal off" oder Enhancement-) IGFET, besitzt der Kanal dagegen bei offenem Gate bereits eine nennenswerte Leitfähigkeit, bezeichnet man diesen Typ als Verarmungs- oder selbstleitenden (engl. „normal on" oder Depletion-)IGFET. In Bild 27-34b werden die Schaltzeichen der verschiedenen IGFETs gezeigt.

In den meisten Anwendungen werden inzwischen MOSFETs eingesetzt, sodass sich die folgenden Ausführungen auf diesen Typ eines IGFET beziehen.

Aufbau und Wirkungsweise des Anreicherungs-MOSFET

Wir betrachten beispielhaft einen P-Kanal-Anreicherungs-MOSFET, dessen planarer Aufbau in Bild 27-34a gezeigt wird. In das N-Halbleiter-Substrat (oder Bulk) sind die hochdotierten P-leitenden Drain- und Source-Inseln eindiffundiert. Zwischen den Inseln ist auf das N-Substrat eine dünne Siliziumdioxid-SiO_2-Schicht aufgebracht, die mit einem metallisierten Gatekontakt versehen ist. Die entsprechenden Klemmen sind demnach S (Source), D (Drain), B (Bulk) und G (Gate). Das

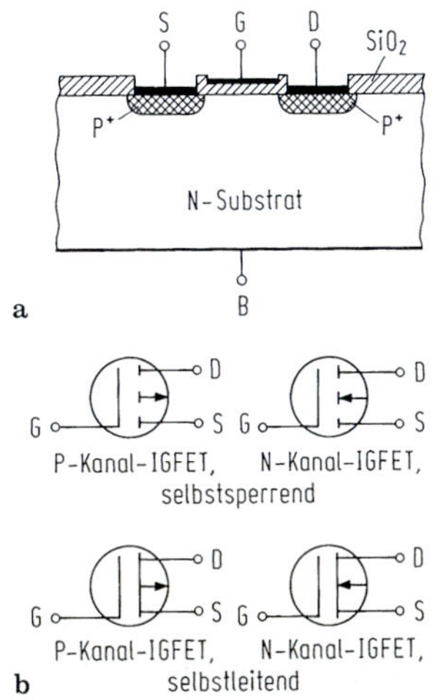

Bild 27-34. a Schematischer Aufbau eines N-Kanal-JGFET; **b** Schaltzeichen verschiedener JGFET

Verhalten des Transistors wird ganz wesentlich vom elektrischen Potenzial ψ_s auf der kanalseitigen Oberfläche des Substrats bestimmt, dass natürlich durch das Gatepotenzial beeinflusst wird.
Seien Source S und Bulk B auf Massepotenzial und ($U_{GS} > 0$), dann ist immer eine der beiden PN-Übergänge unabhängig von der Polung von U_{DS} in Sperrichtung gepolt. Dabei kann man sich PN-Dioden vorstellen, deren Kathoden (N-Gebiete) zusammengeschaltet sind und die durch das Substrat gebildet werden, während Source und Drain den Anoden (P-Gebiete) entsprechen. Man spricht vom Akkumulations-Mode.
Legt man eine negative Spannung an das Gate, enden die elektrischen Feldlinien senkrecht auf der Oberfläche des Halbleiters unterhalb der Isolierschicht und binden dort freie Löcher im von Elektronen dominierten N-Substrat. Die Löcherkonzentration steigt mit wachsender Gatespannung und erreicht den Wert der Elektronenkonzentration bei der sogenannten Schwellenspannung (engl. Threshold Voltage) U_{T0}.
Legt man eine Drain-Source-Spannung $U_{DS} < 0$ an, dann wird dennoch das Transportverhalten im Löcher- oder P-Kanal hauptsächlich durch Diffusion der Löcher von S nach D und nicht durch eine Drift aufgrund der Drain-Source-Spannung bestimmt. Man spricht vom Gebiet der schwachen Inversion, die bei Low-Power-Transistorschaltungen heute eine wichtige Rolle spielt.
Steigert man den Betrag der Gatespannung über U_{T0} hinaus, reichert sich der P-leitende Kanal zwischen S und D mit Ladungsträgern an und bildet eine sehr gute leitende Verbindung von Source und Drain. Wie jeder PN-Übergang umgibt sich der P-Kanal ebenso wie die S- und D-Gebiete Substrat-seitig mit einer Verarmungs-(Depletion-)Zone. Wir befinden uns im Gebiet der starken Inversion. Es herrscht zwischen Source und Drain völlige Symmetrie. Legt man nun eine Drain-Source-Spannung $U_{DS} < 0$ an, dann kann aufgrund der vielen Löcher im P-Kanal ein von der Gatespannung gesteuerter und hauptsächlich durch Drift erzeugter Drainstrom fließen. Wie beim JFET addiert sich der Spannungsabfall über der Source-Drain-Strecke zur Gatespannung. Daher ist der Kanal am drainseitigen Ende am kleinsten und an der Sourceseite am größten und dementsprechend ist dort die Depletionzone kleiner bzw. größer. Solange der Kanal zwischen S und D noch ausgebildet ist, befindet man sich im Ohm'schen, linearen oder auch Trioden-Bereich.
Reicht die Spannung von der Draininsel zur Kanalbildung nicht mehr aus, beginnt sich der Kanal abzuschnüren (engl. „Pinch-Off"). Den Spannungswert der Drain-Source-Spannung an der Abschnürgrenze bezeichnet man als Sättigungsspannung $U_{DS\,sat}$ und von da ab befinden wir uns im Sättigungsbereich. Bei einer Steigerung von U_{DS} über $U_{DS\,sat}$ hinaus wird kein durchgehender P-Kanal mehr ausgebildet und der Drainstrom wird auf seinen Sättigungswert $I_{DS\,sat}$ begrenzt; vgl. auch die Situation beim JFET in 27.5.1. Der MOSFET arbeitet dann wie eine durch die Gate-Source-Spannung gesteuerte Stromquelle mit Innenwiderstand, was an der leichten Steigung der Kurven des Kennlinienfeldes in Bild 27-35 zusehen ist.
Für den Schaltungsentwurf und die Schaltungssimulation werden für MOSFETs ebenso wie bei PN-Dioden und Bipolartransistoren mathematische Modelle benötigt, die sich mithilfe von Netzwerkelementen darstellen lassen; man spricht von Kompaktmodellen. Von besonderem Interesse sind Großsignalmodelle, die in sämtlichen Arbeitsbereichen gültig sind. Weiterhin werden Modelle gebraucht, die hinsichtlich der Source/Drain-Beschreibung symmetrisch sind. Der Drainstrom sollte daher dem folgenden Ansatz genügen

$$I = \frac{W}{L} I_s \left(f(V_{GB},\ V_{SB}) - f(V_{GB},\ V_{DB})\right) ,$$

wobei I_s mit dem Kanalstrom eines rechteckigen Transistors bei der Schwellenspannung U_{T0} im

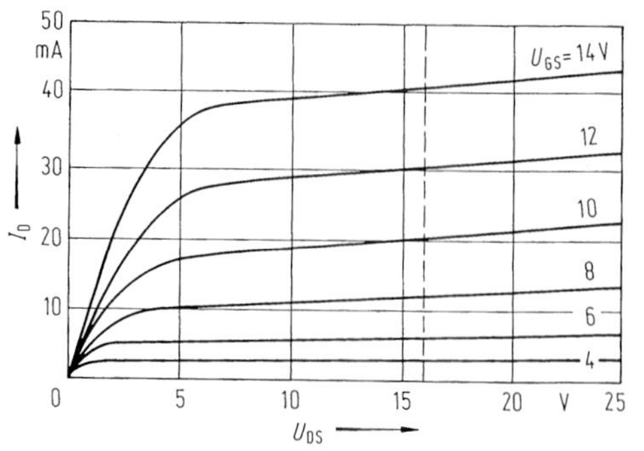

Bild 27-35. Kennlinienfeld eines IGFET vom Anreicherungstyp

Zusammenhang steht und $f(\cdot)$ ein Funktional ist, das eine exponentielle Form unterhalb und eine quadratische Form oberhalb der U_{T0} annimmt. Um somit den Kanalstrom in allen Arbeitsgebieten zu modellieren, müssen wir Drift- als auch Diffusionsterme in die Stromflussgleichung einbeziehen. Damit notieren wir den Kanalstrom I als Funktion der Position entlang des Kanals als

$$I(x) = I_{\text{Drift}}(x) + I_{\text{Diffusion}}(x) \,.$$

Mithilfe einer Vereinfachung und den Transportgleichungen für Diffusion und Drift erhält man

$$I = \frac{W}{L}\frac{\mu}{2C}\left(Q_S^2 - 2CU_T Q_S\right) - \frac{W}{L}\frac{\mu}{2C}\left(Q_D^2 - 2CU_T Q_D\right) \,, \qquad (27\text{-}1)$$

wobei Q_S die mobile Ladung pro Einheitsfläche am Source-Ende des Kanals und Q_D die mobile Ladung pro Einheitsfläche am Drain-Ende des Kanals sowie $U_T := kT/q$ die Temperaturspannung sind. Man beachte, dass die quadratischen Terme in dieser Gleichung von der Drift-Komponente des Kanalstroms verursacht werden, während die linearen Terme von der Diffusionskomponente stammen. Im Fall der Gleichheit von Diffusions- und Driftkomponente sind die Terme $|Q_{S,D}|$ und $2CU_T$ gleich und am Gate liegt die Schwellen- oder Threshold-Spannung an.

Im Rahmen der Kompaktmodellierung von MOSFETs benötigt man also eine sogenannte Spannungsgleichung, welche die Eingangs-Gate-Spannung (und ggf. weitere Spannungen) mit dem elektrischen Potenzial der Halbleiteroberfläche des Kanals – dem Oberflächenpotenzial ψ_s – über einen nichtlinearen Zusammenhang verbindet, und eine Ausgangs-Stromgleichung, die den Ausgangs-Drain-Strom mit dem Oberflächenpotenzial verbindet. Die Ladungen Q_S und Q_D können wie hier als weitere Zwischengrößen auftreten. Einzelheiten dazu findet man in der weiterführenden Literatur. Im Folgenden wollen wir zunächst einige Grenzfälle betrachten und anschließend eine globale Beschreibung von MOSFETs für alle Arbeitsbereiche angeben.

In schwacher Inversion lassen sich die Ladungen Q_S und Q_D näherungsweise in Abhängigkeit von ψ_s bzw. von U_G ausdrücken und man erhält den Kanalstrom zu

$$I \approx \frac{W}{L} I_s e^{(\kappa(U_G - U_{T0}))/U_T} \left(e^{-\frac{U_S}{U_T}} - e^{-\frac{U_D}{U_T}}\right) \,,$$

wobei U_S, U_D und U_G die Potenziale von S, D und G sowie W die Weite und L die Länge des MOSFETs sind.

Im Bereich starker Inversion kann man die Ladungen mit dem Modell einer MOS-Kapazität berechnen und im Ohm'schen Bereich ergibt sich der Kanalstrom zu

$$I \approx \frac{W}{L}\frac{\mu C_{Ox}}{2\kappa}\left((\kappa(U_G - U_{T0}) - U_S)^2 - (\kappa(U_G - U_{T0}) - U_D)^2\right) \,, \qquad (27\text{-}2)$$

wobei $C_{Ox} := \varepsilon_{Ox}/t_{Ox}$ die Kapazität pro Einheitsfläche über dem Oxyd (t_{Ox}: Oxyddicke) und μ die Löcher-Beweglichkeit sowie κ den sogenannten Body-Effekt repräsentiert. Die Beziehung für den Kanalstrom kann auch dargestellt werden durch

$$I \approx \frac{W}{L}\frac{\mu C_{Ox}}{2\kappa}\left(2\kappa(U_{GS} - U_{T0})U_{DS} - U_{DS}^2\right) \,.$$

Im Sättigungsbereich, also oberhalb der Sättigungsspannung $U_{DS\,sat}$, wird die entsprechende Kennlinie mit dem Sättigungsstrom $I_{DS\,sat}$ fortgesetzt, wobei noch eine Korrektur durch die Verkürzung des Kanals (Kanallängenmodulation) hinzugefügt werden muss, die zu dem bereits erwähnten linearen Stromanstieg im Sättigungsbereich führt.

Mit dem sogenannten EKV-Modell (Enz-Krummenacher-Vittoz) kann man eine gute Näherung für den Kanalstrom angeben, die in sämtlichen Arbeitsbereichen eines MOSFETs gültig ist,

$$I = \frac{W}{L} I_s \log^2\left(1 + e^{(\kappa(U_G - U_{T0}) - U_S)/2U_T}\right) - \frac{W}{L} I_s \log^2\left(1 + e^{(\kappa(U_G - U_{T0}) - U_D)/2U_T}\right) \,. \qquad (27\text{-}3)$$

Die zuvor genannten Näherungsausdrücke für die einzelnen Arbeitsbereiche des MOSFETs lassen sich aus dieser Darstellung durch geeignete Näherungen der Funktion $\log^2\left(1 + e^{x/2}\right)$ gewinnen.

Weitere Effekte im realen MOSFET führen zu komplexeren Kompaktmodellen, die jedoch über den Rahmen dieser Einführung hinaus gehen; vgl. die weiterführende Literatur.

Aufbau und Wirkungsweise des Verarmungs-MOSFET

Im Gegensatz zum Anreicherungs-MOSFET besteht beim Verarmungstyp, bei sonst ähnlichem Aufbau, bereits ein leitender Kanal zwischen Source und Drain. Je nach Polarität der Gatespannung wird der leitende Kanal breiter oder schmaler, sodass die Kennlinien (Bild 27-36) gegenüber dem Anreicherungstyp verschoben sind. Die Gatespannung, bei der der Kanal abgeschnürt wird, bezeichnet man wie beim JFET als Abschnürspannung U_P.

Schalteigenschaften des MOSFET

Die MOSFETs besitzen wegen ihrer (a) einfachen Ansteuerung, (b) kleinen Restströme im gesperrten Zustand und (c) spannungsunabhängigen Gatekapazitäten gute Schalteigenschaften und sind deswegen Grundbausteine für integrierte Schaltungen der Digitaltechnik. In der CMOS-Technik (complementary) werden in ein Substrat (N-Typ) sowohl N-Kanal- als auch P-Kanal-Transistoren integriert (Inverter), wobei der N-Kanal-MOSFET in eine Wanne aus P-dotiertem Halbleitermaterial gesetzt mit SiO_2-Material isoliert wird. Wenn man N- und P-Kanal-MOSFETs zur Verfügung hat, kann die Schaltungstechnik wie in der Bipolarschaltungstechnik mit (komplementären) NPN- und PNP-Transistoren (vgl. Abschnitt 25.3.3) teilweise erheblich vereinfacht werden.

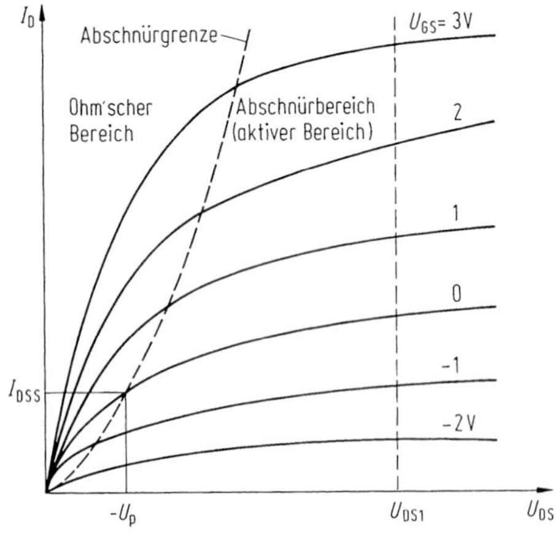

Bild 27-36. Kennlinienfeld eines IGFET vom Verarmungstyp

27.6 Optoelektronische Halbleiterbauelemente

27.6.1 Innerer Fotoeffekt

Wird in ein Halbleitermaterial Lichtenergie (Photonen) eingestrahlt, so können Elektronen aus ihren Gitterbindungen gelöst werden; es werden zusätzliche Elektronen-Loch-Paare erzeugt. Vereinfachend wird angenommen, dass die Absorption eines Lichtquantes durch einen Band-Band-Übergang (Bild 27-37) erfolgt. Das erfordert, dass die Photonen über eine Mindestenergie verfügen müssen, die dem Bandabstand von $E_c - E_v$ entspricht:

$$E_\gamma = h\nu \geqq E_c - E_v \,.$$

Aus $\lambda\nu = c$ (ν Frequenz und λ Wellenlänge des eingestrahlten Lichtes, c Lichtgeschwindigkeit, h Planck-Konstante) ergibt sich, dass für Silizium (Bandabstand $E_c - E_v = 1{,}106\,\text{eV}$) $\lambda_{min} \leqq 1{,}1\,\mu\text{m}$ sein muss. Gleichzeitig mit der Entstehung eines Elektron-Loch-Paares ist die Absorption von Lichtquanten verbunden. Bezeichnet man mit I_0 die Quantenstromdichte (Zahl der in den Halbleiter eindringenden Lichtquanten bezogen auf die Zeit und die Fläche), auch („Intensität“) und mit $\alpha(\lambda)$ den wellenlängenabhängigen Absorptionsgrad, so ist $I(x)$, die Quantenstromdichte durch den Querschnitt mit der Koordinate x, eine exponentiell abklingende Funktion

$$I(x) = I_0 \exp(-\alpha x) \,.$$

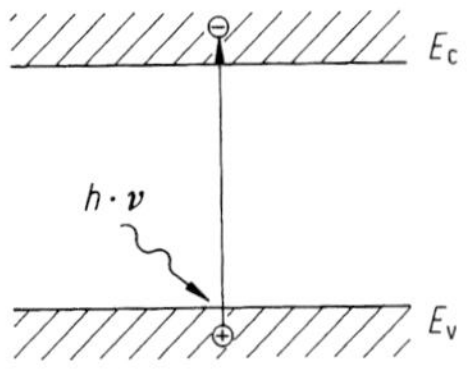

Bild 27-37. Absorption eines Lichtquantes durch einen Band-Band-Übergang (Generation eines Ladungsträger-Paares)

Der Kehrwert der Absorptionskonstanten α wird auch als *Eindringtiefe* der Strahlung in den Halbleiter bezeichnet.

27.6.2 Der Fotowiderstand

Das Funktionsprinzip des Fotowiderstandes beruht auf dem inneren Fotoeffekt, der die Leitfähigkeit des Halbleitermaterials erhöht. Er ist ein passives Bauelement ohne Sperrschicht. Verwendet werden je nach Anwendungsbereich Halbleiterwerkstoffe, deren Bandabstand der zu detektierenden Strahlung angepasst ist: CdS (Cadmiumsulfid), CdSe (Cadmiumselenid), ZnS (Zinksulfid) oder deren Mischkristalle. Beurteilt werden Fotowiderstände nach:

(a) der Fotoleitfähigkeit $\sigma_{\text{fot}}(u)$ im Verhältnis zur Dunkelleitfähigkeit σ_0 als Funktion der Bestrahlungsstärke E des mit konstanter Wellenlänge λ eingestrahlten Lichtes,

(b) der spektralen Empfindlichkeit $\sigma_{\text{fot}}(\lambda)$ als Funktion der Wellenlänge des mit konstanter Bestrahlungsstärke E eingestrahlten Lichtes,

(c) dem Zeitverhalten $\sigma_{\text{fot}}(t)$,

(d) und den Rauscheigenschaften NEP (noise-equivalent power).

Bild 27-38 zeigt eine Auswahl von Halbleiterwerkstoffen mit deren relativen spektralen Empfindlichkeiten als Funktion der Wellenlänge.

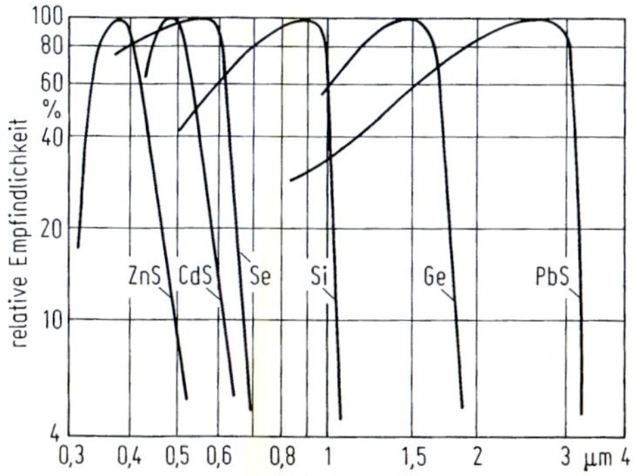

Bild 27-38. Relative spektrale Empfindlichkeit verschiedener Fotohalbleiterwerkstoffe abhängig von der Wellenlänge des eingestrahlten Lichtes

27.6.3 Der PN-Übergang bei Lichteinwirkung

Wird die Umgebung eines PN-Überganges beleuchtet, so werden durch den inneren Fotoeffekt örtlich Ladungsträgerpaare generiert. Die Ladungsträger, die durch Diffusion die Sperrschicht erreichten oder in ihr generiert werden, werden durch das elektrische Feld getrennt und können einen äußeren Strom hervorrufen. Der Fotostrom fließt sowohl bei positiver als auch bei negativer äußerer Spannung in Sperrichtung, d. h., die Kennlinie des unbeleuchteten PN-Überganges wird nach unten verschoben (Bild 27-39). Wird der PN-Übergang im 1. oder 3. Quadranten betrieben, so bezeichnet man ihn als Fotodiode und bei generatorischem Betrieb im 4. Quadranten als Solarzelle.

Die Fotodiode

In Anwendungsschaltungen wird die Fotodiode meist in Sperrichtung betrieben. Ohne Beleuchtung fließt der sehr kleine Sperrstrom. Dieser Sperrstrom erhöht sich bei Beleuchtung proportional zur Beleuchtungsstärke, deshalb eignen sie sich besonders gut zur Lichtmessung. Bild 27-40 zeigt den schematischen Aufbau einer Fotodiode in Planartechnik. Zur Verbesserung des kapazitiven Verhaltens für schnelle Detektoren, wird die Fotodiode auch als PIN-Diode ausgeführt.

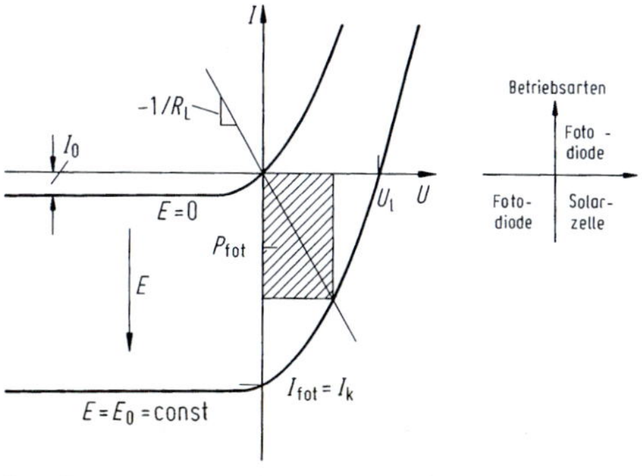

I_{fot} Fotokurzschlussstrom
U_l Fotoleerlaufspannung
P_{fot} Fotoleistung
I_0 Shockley-Sättigungsstrom
E, E_0 Bestrahlungsstärke in W/m^2 oder Beleuchtungsstärke in lx

Bild 27-39. Kennlinie eines beleuchteten ($E = E_0$) und unbeleuchteten ($E = 0$) PN-Überganges

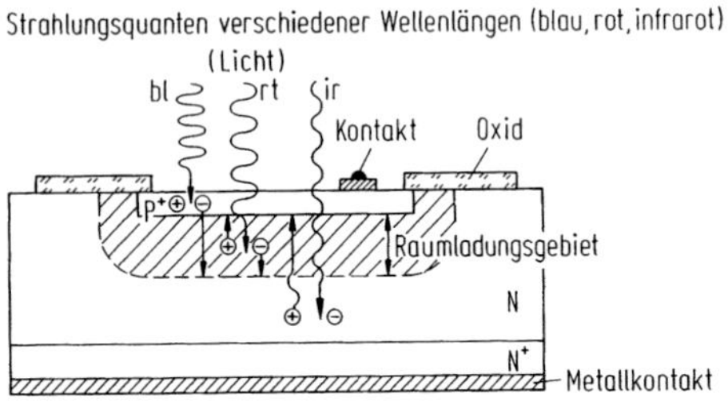

Bild 27-40. Schematischer Aufbau einer Fotodiode. Die gestrichelt gezeichnete Linie gibt die Grenze der Raumladungszone an

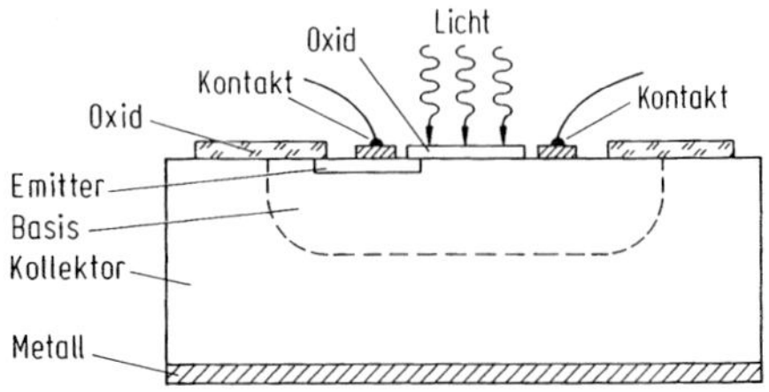

Bild 27-41. Schematischer Aufbau eines Fototransistors. Die gestrichelt gezeichnete Linie gibt die Grenze der Basis-Kollektor-Raumladungszone an

Die Solarzelle

Die Solarzelle ist in der Lage, bei Lichteinwirkung eine Wirkleistung P_{Fot} abzugeben (siehe schraffierte Fläche in Bild 27-39). Die abgegebene Leistung hängt von der spektralen Bestrahlungsstärke $E(\lambda)$ der einfallenden Strahlung, dem Verlauf der Diodenkennlinie und der Wahl des Arbeitspunktes ab. Die Emitterschicht wird bei Solarzellen (wie auch bei Fotodioden) möglichst dünn ausgeführt, um auch bei kurzen Wellenlängen des Lichtes (hohe Absorption bzw. geringe Eindringtiefe) noch die Nähe der Raumladungszone zu erreichen. Die Oberflächen werden oft mit Antireflexschichten versehen. Großflächige Solarzellen sind mit dünnen fingerförmigen Metallkontakten ausgerüstet, um möglichst viel Licht einfallen zu lassen. Der auf der Erde gegenwärtig technisch erreichbare Wirkungsgrad η (abgegebene zu eingestrahlter Leistung) liegt bei Silizium-Solarzellen bei etwa 11% (vgl. 16.5).

27.6.4 Der Fototransistor

In der Wirkungsweise entspricht ein Fototransistor einer Fotodiode mit eingebautem Verstärker und weist eine bis zu 500-mal größere Fotoempfindlichkeit im Vergleich zur Fotodiode auf. Im Bild 27-41 ist der Aufbau eines Fototransistors wiedergegeben. Emitter- und Basisanschluss sind so angebracht, dass eine möglichst große Öffnung für die einfallende Strahlung entsteht. Der Basis-Kollektor-Sperrstrom wird bei Bestrahlung um den Fotostrom erhöht. Der Kollektor führt dann in Emitterschaltung den um den Stromverstärkungsfaktor β erhöhten Fotostrom.

27.6.5 Die Lumineszenzdiode (LED)

Unter Lumineszenz versteht man alle Fälle von optischer Strahlungsemission, deren Ursache nicht auf der Temperatur des strahlenden Körpers beruht. Ein in Durchlassrichtung betriebener PN-Übergang injiziert in die Bahngebiete Minoritätsträger, die dort unter Abgabe von Photonen rekombinieren. Diese Eigenschaft bezeichnet man als Injektionslumineszenz und die speziell auf diese Eigenschaft gezüchteten Dioden als Lumineszenzdioden. Bild 27-42 zeigt den schematischen Aufbau einer LED am Beispiel von GaAsP. Die Strahlung wird durch die Rekombinationsprozesse in der P-Schicht erzeugt. Aufgrund des Bandabstandes emittiert Silizium nichtsichtbare Strahlung im nahen Infrarotbereich und ist deshalb als Material für Lumineszenzdioden nicht geeignet. Die wichtigsten Materialien, mit denen Injektionslumineszenz im sichtbaren Bereich des Spektrums möglich ist, sind GaAs (Galliumarsenid für Infrarot und Rot), GaAsP (Galliumarsenidphosphid für Rot und Gelb) und GaP (Galliumphosphid für Rot, Gelb und Grün). Das Anwendungsgebiet der LEDs liegt hauptsächlich im Ein-

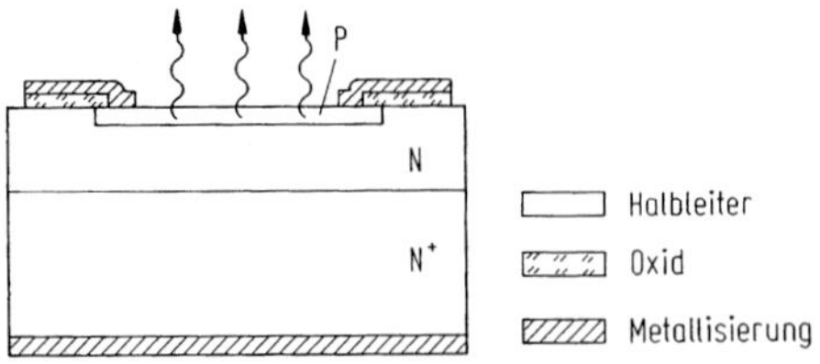

Bild 27-42. Schematischer Aufbau einer GaAsP-Lumineszenzdiode. Die Rekombinationsstrahlung entsteht in der 2 bis 4 μm dicken P-Zone unter der Halbleiteroberfläche

satz als Signal- und Anzeigelämpchen oder als Strahlungsquellen für infrarote Lichtschranken; ihre Vorteile gegenüber Glühlampen sind hauptsächlich die höhere Lebensdauer und Stoßfestigkeit sowie die bessere Modulierbarkeit.

Literatur

Kapitel 1 bis 15

Bauer, W.; Wagener, H.H.: Bauelemente und Grundschaltungen der Elektronik. Bd. 1: Grundlagen und Anwendungen. 3. Aufl. 1989; Bd. 2: Grundschaltungen, 2. Aufl. 1990. München: Hanser

Blume, S.; Witlich, K.-H.: Theorie elektromagnetischer Felder. 4. Aufl. Heidelberg: Hüthig 1994

Böhmer, E.: Elemente der angewandten Elektronik. 14. Aufl. Braunschweig: Vieweg 2004

Böhmer, E.: Rechenübungen zur angewandten Elektronik. 5. Aufl. Braunschweig: Vieweg 1997

Bosse, G.: Grundlagen der Elektrotechnik, Bd. 1: Elektrostatisches Feld und Gleichstrom, 3. Aufl.; Bd. 2: Magnetisches Feld und Induktion, 4. Aufl.; Bd. 3: Wechselstromlehre, Vierpol- und Leitungstheorie, 3. Aufl.; Bd. 4: Drehstrom, Ausgleichsvorgänge in linearen Netzen, 2. Aufl. Berlin: Springer 1996

Clausert, H.; Wiesemann, G.: Grundgebiete der Elektrotechnik. Bd. 1: Gleichstrom, elektrische und magnetische Felder, 8. Aufl. 2003; Bd. 2: Wechselströme, Leitungen, Anwendungen der Laplace- und Z-Transformation, 8. Aufl. 2003. München: Oldenbourg

Constantinescu-Simon, L. (Hrsg.); Handbuch Elektrische Energietechnik, 2. Aufl. Braunschweig: Vieweg 1997

Felderhoff, R; Freyer, U.: Elektrische und elektronische Messtechnik. 7. Aufl. München: Hanser 2003

Fischer, H.; Hofmann, H.; Spindler, J.: Werkstoffe in der Elektrotechnik, 5. Aufl. 2003. München: Hanser 2003

Frohne, H.; Löcherer, K.-H.; Müller, H.: Moeller Grundlagen der Elektrotechnik. 19. Aufl. Stuttgart: Teubner 2002

Führer, A.; Heidemann, K.; Nerreter, W.: Grundgebiete der Elektrotechnik, Bd. 1, 7. Aufl. 2003; Bd. 2, 5. Aufl. 1998, München: Hanser

Grafe, H. u. a.: Grundlagen der Elektrotechnik, Bd. 1: Gleichspannungstechnik, 13. Aufl. 1988, Bd. 2: Wechselspannungstechnik, 12. Aufl. 1992. Berlin: Verlag Technik

Haase, H.; Garbe, H.; Gerth, H.: Grundlagen der Elektrotechnik. Witte: Uni Verlag 2004

Jackson, J. D.: Klassische Elektrodynamik. 3. Aufl. Berlin: De Gruyter 2002

Jötten, R.; Zürneck, H.: Einführung in die Elektrotechnik, Bd. 1 und 2. Braunschweig: Vieweg 1970; 1972

Krämer, H.: Elektrotechnik im Maschinenbau. 3. Aufl. Braunschweig: Vieweg 1991

Küpfmüller, K.; Mathis, W.; Reibiger, A.: Theoretische Elektrotechnik. 18. Aufl. Berlin: Springer 2007

Leuchtmann, P.: Einführung in die elektromagnetische Feldtheorie. München: Pearson Studium 2005

Lehner, G.: Elektromagnetische Feldtheorie. 4. Aufl. Berlin: Springer 2004

Lindner, H.; Brauer, H.; Lehmann, C.: Taschenbuch der Elektrotechnik und Elektronik. 7. Aufl. Leipzig: Fachbuchverl. 1998

Lunze, K.: Theorie der Wechselstromschaltungen. 8. Aufl. Berlin: Verl. Technik 1991

Lunze, K.: Einführung in die Elektrotechnik (Lehrbuch). 13. Aufl. Berlin: Verl. Technik 1991

Lunze, K.; Wagner, E.: Einführung in die Elektrotechnik (Arbeitsbuch). 7. Aufl. Berlin: Verl. Technik 1991

Mäusl, R.; Göbel, J.: Analoge und digitale Modulationsverfahren. Heidelberg: Hüthig 2002

Mende/Simon: Physik: Gleichungen und Tabellen. 11. Aufl. Leipzig: Fachbuch-Verl. 1994

Papoulis, A.: Circuits and systems: A modern approach. New York: Holt, Rinehart and Winston 1980

Paul, R.: Elektrotechnik, Bd. 1: Felder und einfache Stromkreise, 3. Aufl. 1993; Bd. 2: Netzwerke, 3. Aufl. 1994. Berlin: Springer

Philippow, E.: Taschenbuch Elektrotechnik, Bd. 1: Allgemeine Grundlagen. 3. Aufl. München: Hanser 1986

Piefke, G.: Feldtheorie, Bd. 1-3. Mannheim: Bibliogr. Inst. 1973–1977

Prechtl, A.: Vorlesungen über die Grundlagen der Elektrotechnik. Bd. 1+2. Wien: Springer, 1994/95

Pregla, R.: Grundlagen der Elektrotechnik, 7. Aufl. Heidelberg: Hüthig 2004

Profos, P.; Pfeifer T. (Hrsg.): Grundlagen der Messtechnik. 5. Aufl. München: Oldenbourg 1997

Schrüfer, E.: Elektrische Messtechnik. 6. Aufl. München: Hanser 1995

Schüßler, H.W.: Netzwerke, Signale und Systeme; Bd. 1: Systemtheorie linearer elektrischer Netzwerke; Bd. 2: Theorie kontinuierlicher und diskreter Signale und Systeme. 3. Aufl. Berlin: Springer 1991

Seidel, H.-U.; Wagner, E.: Allgemeine Elektrotechnik. 3. Aufl. München: Hanser 2003

Simonyi, K.: Theoretische Elektrotechnik. Weinheim: Wiley-VCH

Steinbuch, K.; Rupprecht, W.: Nachrichtentechnik. 3. Aufl. Berlin: Springer 1982

Tholl, H.: Bauelemente der Halbleiterelektronik, Teil 1: Grundlagen, Dioden und Transistoren; Teil 2: Feldeffekt-Transistoren, Thyristoren und Optoelektronik. Stuttgart: Teubner 1976; 1978

Unbehauen, R.: Grundlagen der Elektrotechnik (2 Bde.). 5. Aufl. Berlin: Springer 1999/2000

Wunsch, G.; Schulz, H.-G.: Elektromagnetische Felder. 2. Aufl. Berlin: Verlag Technik 1996

Zinke, O.; Seither, H.: Widerstände, Kondensatoren, Spulen und ihre Werkstoffe. 2. Aufl. Berlin: Springer 1982

Kapitel 16 bis 18

Hosemann, G.; Boeck, W.: Grundlagen der elektrischen Energietechnik. 3. Aufl. Berlin: Springer 1987

Küpfmüller, K.; Mathis, W.; Reibiger, A.: Theoretische Elektrotechnik. 18. Aufl. Berlin: Springer 2007

Happoldt, H.; Oeding, D.: Elektrische Kraftwerke und Netze. 5. Aufl. Berlin: Springer 1978

Brinkmann, K.; Schäfer, H. (Hrsg.): Der Elektrounfall. Berlin: Springer 1982

DIN VDE 0100: Errichten von Starkstromanlagen mit Nennspannungen bis 1000 V

Hütte. Elektrische Energietechnik. Bd. 2: Geräte. Berlin: Springer 1978

Spring, E.: Elektrische Maschinen. Berlin: Springer 1998

Kapitel 19 bis 24

Allgemeine Literatur

Herter, E.; Lörcher, W.: Nachrichtentechnik. 9. Aufl. München: Hanser 2004

Spezielle Literatur

1. Steinbuch, K.; Rupprecht, W.: Nachrichtentechnik, Band I: Schaltungstechnik. 3. Aufl. Berlin: Springer 1982, S. 23–170
2. Hoffmann, K.: Planung und Aufbau elektronischer Systeme. 3. Aufl. Ulmen: Zimmermann. Neufang 1992, S. 48–64
3. Hänsler, E.: Statistische Signale. 3. Aufl. Berlin: Springer 2001
4. Ohm, J.-R.; Lüke, H.D.: Signalübertragung. 9. Aufl. Berlin: Springer 2004
5. Hütte, Band IV B: Fernmeldetechnik. 28. Aufl. Berlin: Ernst 1962, S. 487–517
6. Philippow, E.: Taschenbuch Elektrotechnik, Bd. 4: Systeme der Informationstechnik. München: Hanser 1979, S. 369–397
7. Lacroix, A.: Digitale Filter. München: Oldenbourg 1980, S. 164–188
8. Kammeyer, K.-D.: Nachrichtenübertragung. 3. Aufl. Wiesbaden: Vieweg 2004
9. Mathis, W.: Theorie nichtlinearer Netzwerke. Berlin: Springer 1987
10. Oppenheim, A.V.; Schafer, R. W.; Buck, J. R.: Zeitdiskrete Signalverarbeitung. 2. Aufl. München: Pearson Studium 2004
11. Chua, L.O., C.A. Desoer, C. A.; Kuh, E.S.: Linear and Nonlinear Circuits. New York: McGraw-Hill 1987
12. Best, R.E.: Phase-Locked Loops. 5. Ed. New York: McGraw-Hill 2003
13. Stensby, J.L.: Phase Locked Loops Theory and Applications. Boca Raton: CRC Press 1997
14. Weidenfeller, H.; Vlceck, A.: Digitale Modulationsverfahren mit Sinusträgern. Berlin-Heidelberg: 1996
15. Schetzen, M.: The Volterra and Wiener Theories of Nonlinear Systems. New York: John Wiley and Sons 1980
16. Weidenfeller, H.; Vlcek, A.: Digitale Modulationsverfahren. Berlin-Heidelberg: Springer 1996
17. Zölzer, U.: Digitale Audiosignalverarbeitung. 3. Aufl., Teubner Verlag: Wiesbaden 2005

Abschnitte 25.1 bis 25.3

Allgemeine Literatur

Wupper, H.; Niemeyer, U.: Elektronische Schaltungen I+II. Berlin: Springer 1996

Spezielle Literatur

1. Nerreter, W.: Berechnung elektrischer Schaltungen mit dem Personal Computer. München: Hanser 1987, S. 125–188

2. Tietze, U.; Schenk, Ch.: Halbleiter-Schaltungstechnik. 12. Aufl. Berlin: Springer 2002, S. 391–414
3. Horowitz, P.; Hill, W.: The art of electronics. 2nd ed. London: Cambridge Univ. Press 1989, p. 113–171
4. Seifart, M.; Becker, W.-J.: Analoge Schaltungen. 6. Aufl. Berlin: Verlag Technik 2003
5. Kurz, G.; Mathis, W.: Oszillatoren. Heidelberg: Huthig 1994
6. Zölzer, U.: Digitale Audiosignalverarbeitung. 3. Aufl. Stuttgart: Teubner 2005
7. Williams, A.B.; Taylor, F.J.: Filter Design Handbook. 4. Aufl. New York: McGraw-Hill 2006
8. Mathis, W.: Theorie nichtlinearer Netzwerke. Berlin: Springer 1987
9. O'Dell, T. H.: Electronic Circuit Design – Art and Practice. Cambridge: Cambridge Univ. Press 1988 (deutsche Übersetzung: Krehnke, J.; Mathis, W.: Die Kunst des Entwurfs elektronischer Schaltungen. Berlin: Springer 1990)
10. O'Dell, T. H.: Circuits for Electronic Instrumentation. Cambridge: Cambridge Univ. Press 1991
11. Cauer, W.: Theorie der linearen Wechselstromschaltungen. Leipzig: Akad. Verlags-Gesellschaft Becker und Erler 1941
12. Kriegsmann, G.: An asymptotic theory of rectifcation and detection. IEEE Transactions Circuits and Systems, Volume 32, Issue 10, S. 1064–1068, 1985
13. Razavi, B.: RF Microelectronics. New Jersey: Prentice Hall 1998
14. Vago, I.: Graph Theory: Application to the Calculation of Electrical Networks. New York: Elsevier 1985
15. Streitenberger, M.: Zur Theorie digitaler Klasse-D Audioleistungsverstärker und deren Implementierung. VDE-Verlag 2005

Abschnitt 25.4

Beuth, K.; Beuth, O.: Elementare Elektronik. 7. Aufl. Würzburg: Vogel 2003

Böhmer, E.: Elemente der angewandten Elektronik. 13. Aufl. Braunschweig: Vieweg 2002

Federau, J.: Operationsverstärker. 2. Aufl. Braunschweig: Vieweg 2001

Fliege, N.: Lineare Schaltungen mit Operationsverstärkern. Berlin: Springer 1979

Fritzsche, G.; Seidel, V.: Aktive RC-Schaltungen in der Elektronik. Heidelberg: Hüthig 1981

Mennenga, H.: Operationsverstärker. 2. Aufl. Heidelberg: Hüthig 1981

Nanndorf, U.: Analoge Elektronik. Heidelberg: Hüthig 2001

Palotas, L. (Hrsg.): Elektronik für Ingenieure. Braunschweig: Vieweg 2003

Wiesemann, G.; Kraft, K.H.: Aufgaben über Operationsverstärker- und Filterschaltungen. Mannheim: Bibliograph. Inst. 1985

Zastrow, D.: Elektronik. 6. Aufl. Braunschweig: Vieweg 2002

Kapitel 26

Beuth, K.: Elektronik-Grundwissen, Bd. 4: Digitaltechnik. 12. Aufl. Würzburg: Vogel 2003

Böhmer, E.: Elemente der angewandten Elektronik. 13. Aufl. Braunschweig: Vieweg 2004

Borucki, L.: Grundlagen der Digitaltechnik. 5. Aufl. Stuttgart: Teubner 2000

Leonhardt, E.: Grundlagen der Digitaltechnik. 3. Aufl. München: Hanser 1984

Oberthür, W.; u. a.: Digitale Steuerungstechnik (HPI-Fachbuchreihe Elektronik, IVD). 4. Aufl. München: Pflaum 1987

Pernards, P.: Digitaltechnik. Bd. I, 4. Aufl.; Bd. II. Heidelberg: Hüthig 2001/1995

Schaller, G.; Nüchel, W.: Nachrichtenverarbeitung; Bd. 1: Digitale Schaltkreise, 3. Aufl.; Bd. 2: Entwurf digitaler Schaltwerke. 4. Aufl. Stuttgart: Teubner 1987

Seifart, M.; Beikirch, H.: Digitale Schaltungen. 5. Aufl. Berlin: Verlag Technik 1998

Kapitel 27

Bludau, W.: Halbleiter-Optoelektronik. München: Hanser 1995

Gerlach, W.: Thyristoren. Berlin: Springer 1979

Löcherer, K.-H.: Halbleiterbauelemente. Stuttgart: Teubner 1992

Müller, R.: Bauelemente der Halbleiter-Elektronik. 4. Aufl. Berlin: Springer 1991

Müller, R.: Grundlagen der Halbleiter-Elektronik. 7. Aufl. Berlin: Springer 1995

Paul, R.: Elektronische Halbleiterbauelemente. 3. Aufl. Stuttgart: Teubner 1992

Paul, R.: MOS-Transistoren. Berlin: Springer 1994

Paul, R.: Optoelektronische Halbleiterbauelemente. 2. Aufl. Stuttgart: Teubner 1992

Sze, S.M.: Modern semiconductor device physics. New York: Wiley 1998

Wagemann, H.-G.; Schmidt, A.: Grundlagen der optoelektronischen Halbleiterelemente. Stuttgart: Teubner 1998

Sze, S.M.: Semiconductor Devices: Physics and Technology. 2. Aufl. New York: Wiley 2002

Rohe, K.-H.: Elektronik für Physiker. 2. Aufl. Stuttgart: Teubner 1983

Gray, P.R.; Hurst, P.J.; Lewis, S.H.; Meyer, R.G.: Analysis and Design of Analog Integrated Circuits. 4. Aufl. New York: Wiley 2001

Allen, P.E.; Holberg, D.R.: CMOS Analog Circuit Design. 2. Aufl. New York: Oxford Univ. Press 2002

Hering, E.; Bressler, K.; Gutekunst, J.: Elektronik für Ingenieure und Naturwissenschaftler. 5. Aufl. Berlin: Springer 2005

Siegl, J.: Schaltungstechnik. 2. Aufl. Berlin: Springer 2005

Tille, Th.; Schmitt-Landsiedel, D.: Mikroelektronik. Berlin: Springer 2005

Göbel, H.: Einführung in die Halbleiter- und Schaltungstechnik. Berlin: Springer 2005

Goser, K.; Glösekötter, P.; Dienstuhl, J.: Nanoelectronics and Nanosystems. Berlin: Springer 2003

Grabinski, W.; Nauwelaers, B.; Schreurs, D. (Eds.): Transistor Level Modeling for Analog/RF IC Design. New York: Springer 2006

Enz, C. C.; Vittoz, E.: Charge-based MOS Transistor Modeling – The EKV model for low-power and RF IC design. New York: Wiley 2006

Chua, L.O., C.A. Desoer, C.A.; Kuh, E.S.: Linear and Nonlinear Circuits. New York: McGraw-Hill 1987

Vlach, J.; Singhal, K.: Computer Methods for Circuit Analysis and Design. 2. Ed. New York: Van Nostrand 1994

Messtechnik

H.-R. Tränkler
G. Fischerauer

1 Grundlagen der Messtechnik

1.1 Übersicht

1.1.1 Messsysteme und Messketten

Die Messtechnik hat die Aufgabe, eindimensionale Messgrößen und mehrdimensionale Messvektoren technischer Prozesse aufzunehmen, die erhaltenen Messsignale umzuformen und umzusetzen (Messwerterfassung) sowie die erhaltenen Messwerte so zu verarbeiten (Messwertverarbeitung), dass das gewünschte Messergebnis (die Zielgröße) gewonnen wird.

In Messeinrichtungen oder in Messsystemen (Bild 1-1) formen zunächst Aufnehmer (Sensoren) die im Allgemeinen nichtelektrische Messgröße in ein elektrisches Messsignal um.

Dieses wird in der Regel mit geeigneten Messschaltungen, Messverstärkern und analogen Rechengliedern so umgeformt, dass ein normiertes analoges Messsignal gewonnen wird (Messumformer zur Signalanpassung). Es schließt sich ein Analog-Digital-Umsetzer an, der das normierte analoge in ein digitales Messsignal umsetzt. Nach einer Messwertverarbeitung liegen die gesuchten Informationen vor. Sie können analog oder digital ausgegeben werden.

In Messeinrichtungen und Messsystemen spielen lineare Umformungen und Umsetzungen von Messsignalen eine wesentliche Rolle. Wegen nichtidealer Messglieder (besonders unter den Sensoren) sind die Messsignale häufig verfälscht. In solchen Fällen ist eine korrigierende Signalverarbeitung erforderlich; ebenso wie Messsignalverarbeitung bei einer Reihe von Messaufgaben erst zu den interessierenden Zielgrößen führt (Intelligente Sensoren und Messsysteme).

1.1.2 Anwendungsgebiete und Aufgabenstellungen der Messtechnik

Die verschiedenen Anwendungsgebiete der Messtechnik können zum Teil im Rahmen von Automatisierungssystemen gesehen werden. Bei einer Vielzahl von Anwendungen ist jedoch der Mensch der Empfänger der Information.

Die Anwendungsgebiete der Messtechnik lassen sich in drei Gruppen unterteilen, nämlich in

- Mess- und Prüfprozesse in Forschung und Entwicklungslabors, im Prüffeld und bei Anlagenerprobungen
- Industrielle Großprozesse zur Herstellung und Verteilung von Fließ- und Stückgut und von Energie

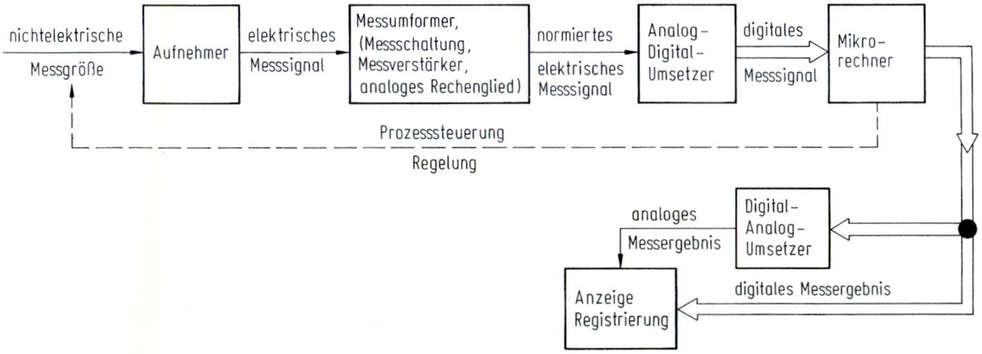

Bild 1-1. Messglieder einer Messkette in einem Messsystem

- Dezentrale Einzelprozesse, z. B. der Gebäudetechnik, Fahrzeugtechnik oder der privaten Haushalte.

Typische Aufgabenstellungen sind:

- Sicherstellung der Genauigkeit (Kalibrierung)
- Verrechnung (Energie, Masse, Stückzahl)
- Prüfung (z. B. Lehrung)
- Qualitätssicherung (z. B. Materialprüfung)
- Steuerung und/oder Regelung
- Optimierung
- Überwachung (z. B. Schadensfrüherkennung)
- Meldung und/oder Abschaltung (Schutzsystem)
- Mustererkennung (Gestalt, Oberfläche, Geräusch, z. B. für Handhabungs- und Montagezwecke).

1.2 Übertragungseigenschaften von Messgliedern

Für die Beurteilung einer aus mehreren Messgliedern aufgebauten Messeinrichtung sind verschiedene Eigenschaften von Bedeutung. Dazu zählen die statischen Übertragungseigenschaften (z. B. die Genauigkeit), die dynamischen Übertragungseigenschaften (z. B. die Einstellzeit), die Zuverlässigkeit (z. B. die Ausfallrate) und nicht zuletzt die Wirtschaftlichkeit und Wartbarkeit einer Messeinrichtung.

1.2.1 Statische Kennlinien von Messgliedern

Der Zusammenhang zwischen der stationären Ausgangsgröße y und der Eingangsgröße x eines Messgliedes bzw. seine graphische Darstellung wird als *statische Kennlinie* bezeichnet (Bild 1-2).
Der *Messbereich* geht hier von x_0 bis $x_0+\Delta x$. Die Differenz zwischen Messbereichsende $x_0+\Delta x$ und Messbereichsanfang x_0 ist die *Eingangsspanne* Δx. Die zugeordneten Ausgangsgrößen y_0 und $y_0+\Delta y$ begrenzen den Ausgangsbereich mit der Ausgangsspanne Δy.

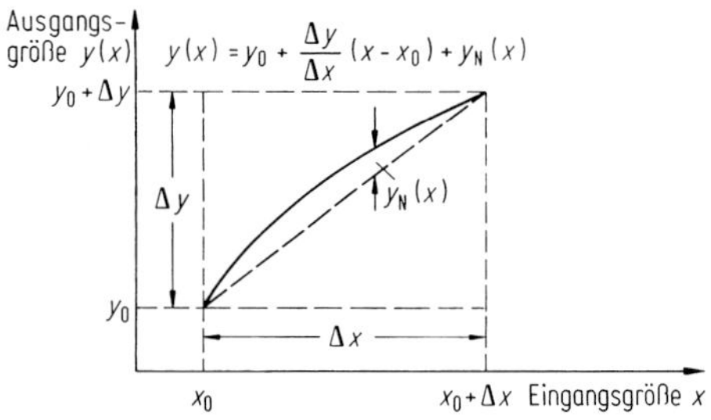

Bild 1-2. Kennlinie eines Messgliedes

Dem *linearen Anteil* der Kennlinie (gestrichelt) ist i. Allg. ein unerwünschter *nichtlinearer Anteil* $y_N(x)$ überlagert. Die *Kennlinienfunktion* $y(x)$ lässt sich darstellen durch

$$y(x) = \underbrace{y_0 + \frac{\Delta y}{\Delta x}(x - x_0)}_{\text{linearer Anteil}} + y_N(x)\,.$$

Die *Empfindlichkeit* $E(x)$ von nichtlinearen Messgliedern ist nicht konstant. Sie ist identisch mit der Steigung der Kennlinie im betrachteten Arbeitspunkt $(x, y(x))$:

$$E(x) = \frac{\mathrm{d}y(x)}{\mathrm{d}x} = \frac{\Delta y}{\Delta x} + \frac{\mathrm{d}y_N(x)}{\mathrm{d}x}\,.$$

Bei linearen Messgliedern, deren Kennlinie durch den Ursprung des Koordinatensystems geht ($x_0 = 0, y_0 = 0$), berechnen sich Kennlinienfunktion und Empfindlichkeit zu

$$y(x) = \frac{\Delta y}{\Delta x} x\,,$$

$$E(x) = \frac{\mathrm{d}y(x)}{\mathrm{d}x} = \frac{\Delta y}{\Delta x} = \text{const}\,.$$

Eine näherungsweise konstante Empfindlichkeit haben z. B. anzeigende Drehspulinstrumente.

1.2.2 Dynamische Übertragungseigenschaften von Messgliedern

Die Ausgangssignale von Messgliedern folgen Änderungen des Eingangssignals i. Allg. nur mit Verzögerungen. Gewöhnlich lassen sich dann zur Beschreibung der dynamischen Übertragungseigenschaften bestimmte Systemstrukturen und bestimmte Kenngrößen angeben. Besonders häufig treten lineare verzögernde Messglieder 1. und 2. Ordnung auf, die durch eine bzw. durch zwei Kenngrößen (Parameter) im Zeit- und/oder Frequenzbereich charakterisiert werden. Zuweilen besteht die Notwendigkeit, auch Messglieder höherer Ordnung durch geeignete Kenngrößen zu beschreiben. Schließlich tritt nichtlineares Verhalten bei Messgliedern auf, wenn Signale Sättigungs- oder Begrenzungserscheinungen aufweisen.

Zeitverhalten linearer Übertragungsglieder

Bei einem verzögerungsfreien Messglied folgt das Ausgangssignal direkt dem Eingangssignal $x(t)$ und ist diesem im einfachsten Fall gemäß $k \cdot x(t)$ proportional. Die Ausgangssignale $y(t)$ verzögerungsbehafteter Messglieder können veränderlichen Eingangssignalen $x(t)$ nicht direkt folgen. Es ergibt sich ein dynamischer Fehler

$$F_{\mathrm{dyn}}(t) = y(t) - kx(t)$$

als Differenz des realen Ausgangssignals $y(t)$ und des unverzögerten Sollsignals $kx(t)$, das sich bei gleicher Eingangsgröße im Beharrungszustand ergeben hätte (Bild 1-3, vgl. 1.3.2).

Am Beispiel eines fundamentalen passiven Messgliedes soll gezeigt werden, wie man das Zeitverhalten beschreiben kann und welche Verallgemeinerungen sinnvoll und möglich sind.

In der Messschaltung in Bild 1-4 liegt die Eingangsspannung $u_e(t)$ an der Serienschaltung eines Ohm'schen Widerstandes R und einer Kapazität C, an der die Ausgangsspannung $u_a(t)$ abgegriffen werden kann.

Die Spannung $u_a(t)$ an der Kapazität ist proportional der Ladung $\int_0^t i(\tau)\,\mathrm{d}\tau$, der Strom beträgt also $i(t) = C(\mathrm{d}u_a(t)/\mathrm{d}t)$ und die Spannung am Widerstand R ist

$$u_R(t) = Ri(t) = RC\frac{\mathrm{d}u_a(t)}{\mathrm{d}t}\,.$$

Aus $u_R(t) + u_a(t) = u_e(t)$ erhält man für das Zeitverhalten dieses Übertragungsgliedes

$$RC\frac{\mathrm{d}u_a(t)}{\mathrm{d}t} + u_a(t) = u_e(t)\,.$$

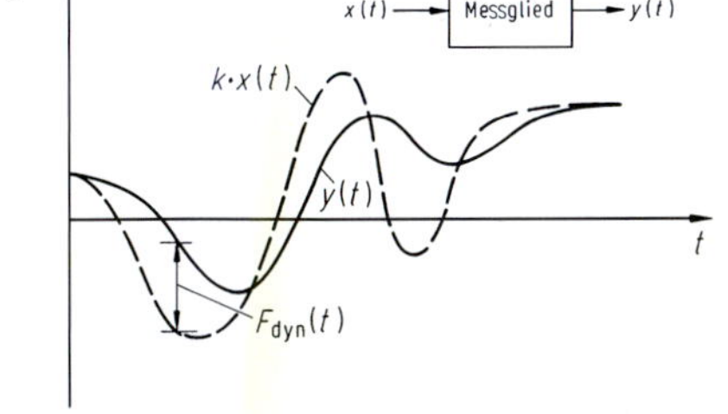

Bild 1-3. Dynamischer Fehler eines verzögerungsbehafteten Messgliedes

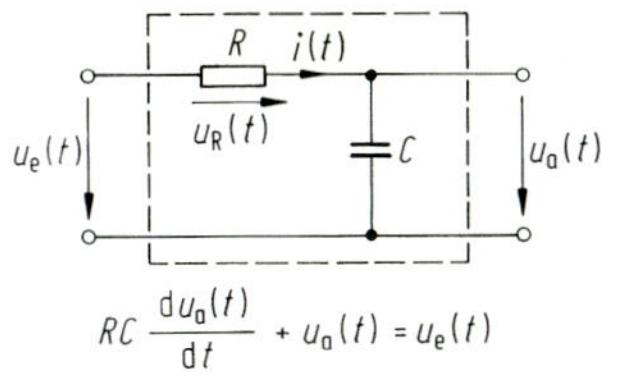

Bild 1-4. Passives Messglied 1. Ordnung (Tiefpassfilter)

Das Zeitverhalten wird also durch eine Differenzialgleichung (Dgl.) der Form

$$\tau\frac{\mathrm{d}y(t)}{\mathrm{d}t} + y(t) = kx(t)$$

beschrieben, in der $x(t)$ die Eingangsgröße, $y(t)$ die Ausgangsgröße und τ eine Zeitkonstante ist. Die Dgl. ist gewöhnlich, linear mit konstanten Koeffizienten und von 1. Ordnung (die höchste vorkommende Ableitung ist die erste; siehe A 24.1ff. Daher handelt es sich hier um ein lineares Übertragungsglied 1. Ordnung. Wird bei einem linearen Messglied das Eingangssignal mit einem Faktor c multipliziert, so nimmt auch das Ausgangssignal den c-fachen Wert an. Unter der Annahme $x_1(t) \rightarrow y_1(t)$ und $x_2(t) \rightarrow y_2(t)$ gilt also:

$$x_2(t) = c \cdot x_1(t) \rightarrow y_2(t) = c \cdot y_1(t)\,.$$

Außerdem gilt bei linearen Messgliedern das Superpositionsgesetz:

$$x(t) = x_1(t) + x_2(t) \rightarrow y(t) = y_1(t) + y_2(t)\,.$$

In ähnlicher Weise liefern differenzierte oder integrierte Eingangssignale bei linearen Messgliedern am Ausgang differenzierte oder integrierte Ausgangssignale:

$$x_2(t) = \frac{\mathrm{d}x_1(t)}{\mathrm{d}t} \rightarrow y_2(t) = \frac{\mathrm{d}y_1(t)}{\mathrm{d}t}\,,$$

$$x_2(t) = \int_0^t x_1(\tau)\mathrm{d}\tau \rightarrow y_2(t) = \int_0^t y_1(\tau)\mathrm{d}\tau\,.$$

Das Zeitverhalten linearer Verzögerungsglieder n-ter Ordnung wird allgemein durch die Dgl.

$$a_n\frac{\mathrm{d}^n y(t)}{\mathrm{d}t^n} + \ldots + a_1\frac{\mathrm{d}y(t)}{\mathrm{d}t} + a_0 y(t) = kx(t)$$

beschrieben, wobei die Konstante k meist so gewählt wird, dass $a_0 = 1$ wird.

1.2.3 Testfunktionen und Übergangsfunktionen für Übertragungsglieder

Um das Zeitverhalten von Übertragungsgliedern überprüfen zu können, legt man an den Eingang bestimmte typische Testfunktionen, die sich vergleichsweise einfach realisieren lassen, und beobachtet das sich ergebende Ausgangssignal (vgl. I 3.2).
Besonders häufig dient als Testfunktion die Einheitssprungfunktion $\varepsilon(t)$, die zur Zeit $t = 0$ vom Wert 0 auf einen konstanten Wert x_0 springt. Zuweilen verwendet man als Testfunktion auch die zeitliche Ableitung oder das zeitliche Integral der Sprungfunktion und es ergeben sich auf diese Weise als Testfunktionen die Impulsfunktion $\delta(t)$ (eine Distribution, siehe A 8.3) und die Rampenfunktion $r(t) = t\varepsilon(t)$ (Bild 1-5).
Wird ein Übertragungsglied 1. Ordnung mit einer Sprungfunktion $x_0\varepsilon(t)$ erregt, so lautet die Dgl.

$$\tau\frac{\mathrm{d}y(t)}{\mathrm{d}t} + y(t) = y_0 \ (= kx_0) \ .$$

Die homogene Dgl. $\tau(\mathrm{d}y(t)/\mathrm{d}t) + y(t) = 0$ ist separierbar, und man erhält die vollständige Lösung

$$y(t) = c_0 + c_1\mathrm{e}^{-t/\tau} \ .$$

Wegen $y(t) = 0$ für $t = 0$ und $y(t) = y_0$ für $t \to \infty$ ergibt sich als Sprungantwort

$$y(t) = y_0(1 - \mathrm{e}^{-t/\tau}) \ .$$

Durch Normierung auf die Höhe x_0 der Sprungfunktion am Eingang erhält man die *Übergangsfunktion* oder *Sprungantwort*

$$h(t) = \frac{y(t)}{x_0} = k(1 - \mathrm{e}^{-t/\tau}) \ .$$

Die Steigung der Übergangsfunktion im Ursprung beträgt

$$\left(\frac{\mathrm{d}h(t)}{\mathrm{d}t}\right)_{t=0} = \frac{k}{\tau}|\mathrm{e}^{-t/\tau}|_{t=0} = \frac{k}{\tau} \ .$$

Die Tangente schneidet also die Asymptote zur Zeit $t = \tau$ (Bild 1-6). Ebenfalls dort hat die Übergangsfunktion den Wert $(1 - 1/\mathrm{e})k$, also 63,2% ihres Endwertes erreicht.
Der dynamische Fehler ist

$$F_{\mathrm{dyn}}(t) = h(t) - k = -k\mathrm{e}^{-t/\tau} \ .$$

Der relative dynamische Fehler ist

$$\frac{F_{\mathrm{dyn}}}{k} = -\mathrm{e}^{-t/r} \ .$$

Er ist im logarithmischen Maßstab ebenfalls in Bild 1-6 dargestellt. Man kann dort ablesen, dass der Betrag des relativen dynamischen Fehlers erst nach fast 5 Zeitkonstanten unter 1% gesunken ist. Da sich die Impulsfunktion $\delta(t)$ durch Differenziation der Einheitssprungfunktion $\varepsilon(t)$ ergibt, berechnet sich die *Impulsantwort* oder *Gewichtsfunktion* $g(t)$ durch Differenziation der Übergangsfunktion zu

$$g(t) = \frac{\mathrm{d}h(t)}{\mathrm{d}t} = \frac{k}{\tau}\mathrm{e}^{-t/\tau} \ .$$

Wird die durch Integration aus der Sprungfunktion $\varepsilon(t)$ erhaltene Rampenfunktion $r(t) = t\varepsilon(t)$ als Testfunktion an ein Übertragungsglied 1. Ordnung gelegt,

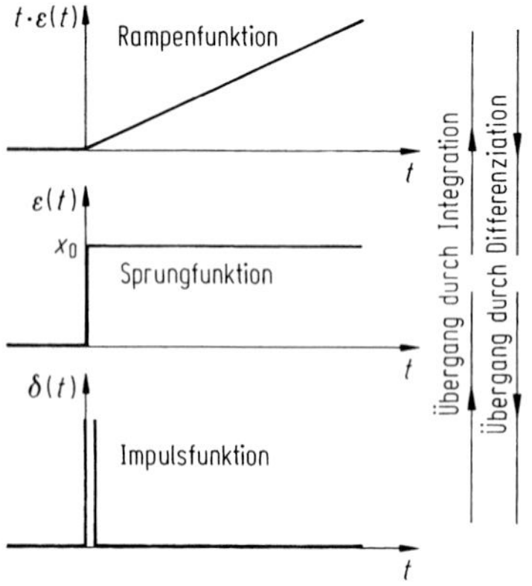

Bild 1-5. Typische Testfunktionen

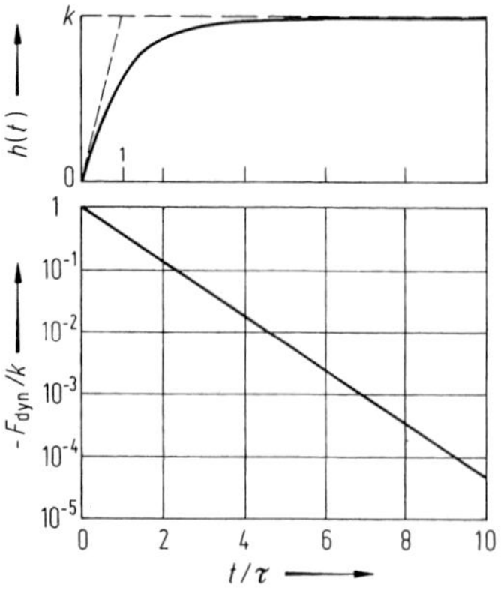

Bild 1-6. Übergangsfunktion $h(t)$ und relativer dynamischer Fehler $-F_{\mathrm{dyn}}/k$ eines Messgliedes 1. Ordnung

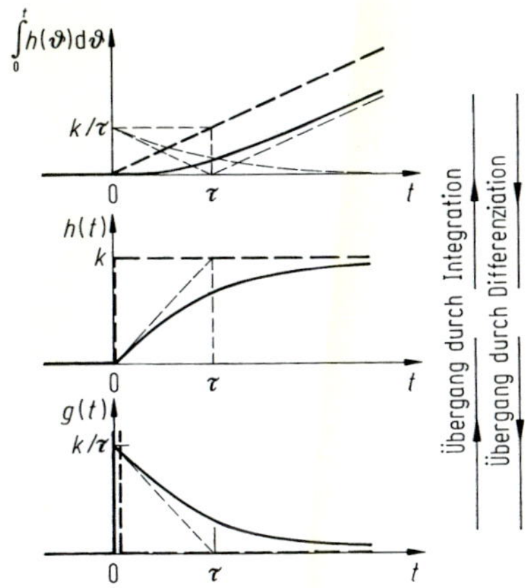

Bild 1-7. Gewichtsfunktion $g(t)$, Übergangsfunktion $h(t)$ und Rampenantwort $\int_0^t h(\vartheta)\mathrm{d}\vartheta$ eines Messgliedes 1. Ordnung

so liefert dieses die *Rampenantwort*

$$\int_0^t h(\vartheta)\mathrm{d}\vartheta = k\tau\left[\left(\frac{t}{\tau}-1\right)+\mathrm{e}^{-t/\tau}\right] .$$

Die Verläufe von Gewichtsfunktion (Impulsantwort), Übergangsfunktion (Sprungantwort) und Rampenantwort sind in Bild 1-7 dargestellt, wobei die jeweiligen Testfunktionen gestrichelt eingetragen sind.

1.2.4 Das Frequenzverhalten des Übertragungsgliedes 1. Ordnung

Als Testfunktionen eignen sich auch Sinusfunktionen veränderlicher Frequenz (bei konstanter Amplitude). Nach dem jeweiligen Einschwingen des Ausgangssignals beobachtet man bei linearen Messgliedern wieder ein sinusförmiges Signal derselben Frequenz wie die Anregungsfunktion, dessen Amplitude und Phase jedoch von der Frequenz abhängig sind.

Das Frequenzverhalten des elektrischen Übertragungsgliedes 1. Ordnung (passives Tiefpassfilter) in Bild 1-4 lässt sich mithilfe der (in der Elektrotechnik üblichen) komplexen Rechnung zu

$$G(\mathrm{j}\omega) = \frac{U_\mathrm{a}}{U_\mathrm{e}} = \frac{1/(\mathrm{j}\omega C)}{R+1/(\mathrm{j}\omega C)} = \frac{1}{1+\mathrm{j}\omega RC}$$

bestimmen (vgl. G 2.1). Hier beträgt die Zeitkonstante $\tau = RC = 1/\omega_\mathrm{g}$. Das Amplitudenverhältnis ergibt sich zu (Bild 1-8)

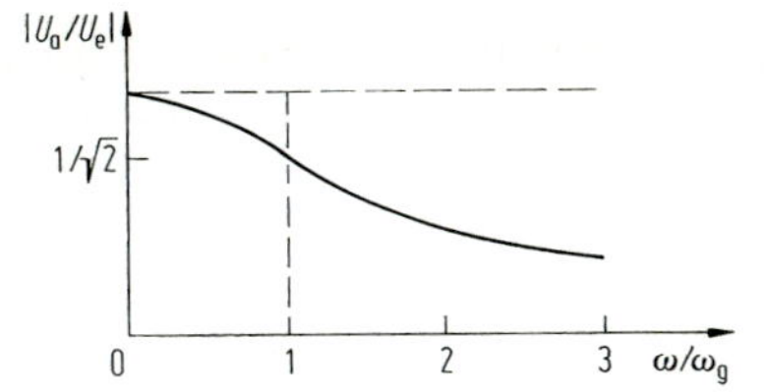

Bild 1-8. Frequenzverhalten des Amplitudenverhältnisses bei einem Messglied 1. Ordnung

$$\left|\frac{U_\mathrm{a}}{U_\mathrm{e}}\right| = \frac{1}{\sqrt{1+(\omega/\omega_\mathrm{g})^2}} .$$

Legt man z. B. die Grenzfrequenz auf $f_g = 1/(2\pi\tau) = 1/(2\pi RC) = 1$ Hz fest, so beträgt von 0 bis 0,2 Hz der Amplitudenabfall höchstens etwa 2%, während Störsignale von 50 Hz ebenfalls nur mit etwa 2% durchgelassen werden.

1.2.5 Das Frequenzverhalten des Übertragungsgliedes 2. Ordnung

Übertragungsglieder 2. Ordnung enthalten in ihrer Dgl. die erste und die zweite zeitliche Ableitung der Ausgangsgröße. Typische Beispiele mechanischer Messglieder 2. Ordnung sind translatorische Feder-Masse-Systeme, wie Federwaagen oder Beschleunigungsmesser, oder rotatorische Systeme mit Drehfeder und Trägheitsmoment, wie anzeigende *Drehspulmesswerke.*

Für dynamische Betrachtungen muss die statische Drehmomentengleichung

$$D\alpha = M_\mathrm{el}$$

für den Skalenverlauf eines linearen Drehspulmesswerks um das Dämpfungsmoment $p\dot{\alpha}$ und das Beschleunigungsmoment $J\ddot{\alpha}$ erweitert werden. Die Dgl. lautet also

$$J\frac{\mathrm{d}^2\alpha(t)}{\mathrm{d}t^2} + p\frac{\mathrm{d}\alpha(t)}{\mathrm{d}t} + D\alpha(t) = M_\mathrm{el}(t) .$$

Sie beschreibt den zeitlichen Verlauf $\alpha(t)$ der Winkelanzeige als Funktion des elektrisch erzeugten Moments $M_\mathrm{el}(t)$ und des Trägheitsmoments J, der Dämpfungskonstanten p und der Drehfederkonstanten D des rotatorischen Systems.

Das Zeitverhalten eines allgemeinen Übertragungsglieds 2. Ordnung wird durch die folgende Dgl. beschrieben, deren Glieder in Einheiten der Ausgangsgröße $y(t)$ angegeben werden:

$$\frac{1}{\omega_0^2}\cdot\frac{d^2y(t)}{dt^2}+\frac{2\vartheta}{\omega_0}\cdot\frac{dy(t)}{dt}+y(t)=kx(t)\ .$$

($x(t)$ Eingangsgröße, ω_0 Kreisfrequenz der ungedämpften Eigenschwingung, ϑ Dämpfungsgrad und k statische Empfindlichkeit.

Durch einen Vergleich der obigen speziellen Dgl. des Drehspulmesswerks mit der allgemeinen Dgl. erhält man:

$$\omega_0=\sqrt{\frac{D}{J}}\quad\text{bzw.}\quad\vartheta=\frac{p}{2\sqrt{DJ}}\ .$$

1.2.6 Sprungantwort eines Übertragungsgliedes 2. Ordnung

Nach sprungförmiger Änderung der Eingangsgröße $x(t)$ eines Messgliedes 2. Ordnung auf den Wert $x = x_0$ lautet die Dgl.

$$\frac{1}{\omega_0^2}\ddot{y}+\frac{2\vartheta}{\omega_0}\dot{y}+y=kx_0\ (=y_0)\ .$$

Abhängig vom Dämpfungsgrad ϑ ergibt sich für die normierte Sprungantwort y/y_0

bei ungedämpfter Einstellung ($\vartheta = 0$):

$$y/y_0=1-\cos\omega_0 t\ ,$$

bei periodischer (schwingender) Einstellung ($\vartheta < 1$):

$$y/y_0=1-\frac{\omega_0}{\omega}e^{-\vartheta\omega_0 t}\cos(\omega t-\varphi)$$

$$\text{mit }\omega=\omega_0\sqrt{1-\vartheta^2}\quad\text{und}\quad\tan\varphi=\frac{\vartheta}{\sqrt{1-\vartheta^2}}\ ,$$

beim aperiodischen Grenzfall ($\vartheta = 1$):

$$y/y_0=1-e^{-\omega_0 t}(1+\omega_0 t)\ ,$$

bei aperiodischer (kriechender) Einstellung ($\vartheta > 1$):

$$\frac{y}{y_0}=1-\left[\frac{T_1}{T_1-T_2}e^{-t/T_1}-\frac{T_2}{T_1-T_2}e^{-t/T_2}\right]$$

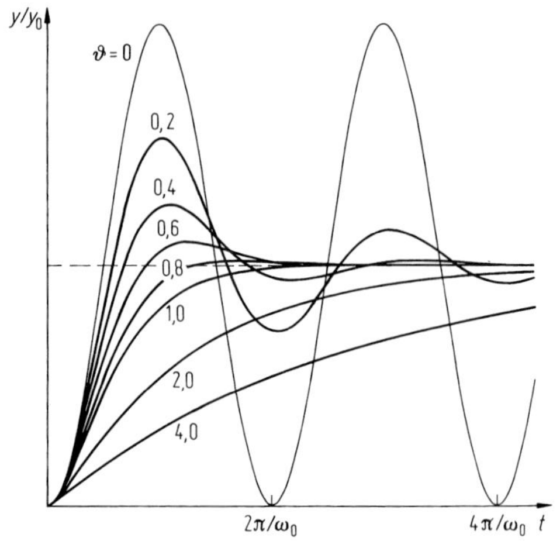

Bild 1-9. Sprungantwort eines Messgliedes 2. Ordnung bei verschiedenen Dämpfungsgraden ϑ

$$\text{mit }T_1=\frac{1}{\omega_0(\vartheta-\sqrt{\vartheta^2-1})}$$

$$\text{und }T_2=\frac{1}{\omega_0(\vartheta+\sqrt{\vartheta^2-1})}\ .$$

Sprungantworten eines Messgliedes 2. Ordnung sind für verschiedene Dämpfungsgrade ϑ in Bild 1-9 dargestellt.

Kenngrößen bei schwingender Einstellung ($\vartheta < 1$)

Die Kreisfrequenz ω bei gedämpft schwingender Einstellung ($\vartheta < 1$) ist gegenüber der Kreisfrequenz ω_0 bei ungedämpfter Einstellung ($\vartheta = 0$) um den Faktor $\sqrt{1-\vartheta^2}$ verringert. Bei schwingender Einstellung (Bild 1-10) sind die Hüllkurven der Sprungantwort

$$(y/y_0)_{\text{hüll}}=1\mp\frac{\omega_0}{\omega}e^{-\vartheta\omega_0 t}\ .$$

Berührungspunkte mit den Hüllkurven ergeben sich zu den Zeiten t_B gemäß

$$\cos(\omega t_B-\varphi)=1\ ,\quad \omega t_B-\varphi=i\pi\ ,$$

$$t_B=\frac{\varphi}{\omega}+i\frac{\pi}{\omega}\quad(i=0,1,\ldots)\ .$$

Der Nullphasenwinkel φ wird dabei wie angegeben über den Dämpfungsgrad ϑ berechnet.

Schnittpunkte mit der Asymptoten $y/y_0 = 1$ ergeben sich zu den Zeiten t_S gemäß

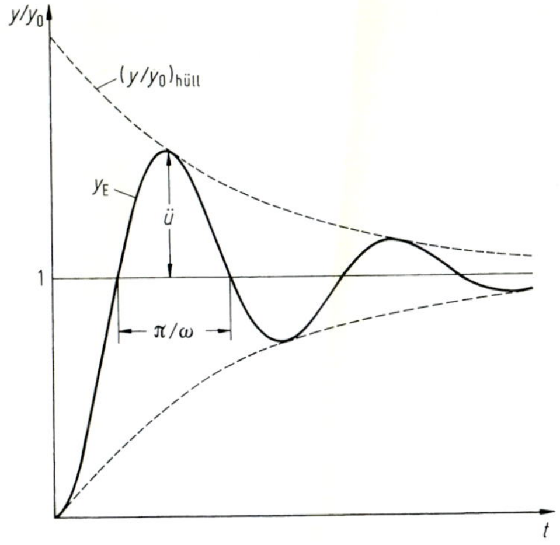

Bild 1-10. Kenngrößen bei schwingender Einstellung (Messglied 2. Ordnung)

$$\cos(\omega t_S - \varphi) = 0\,,\ \omega t_S - \varphi = \frac{\pi}{2} + i\pi\,,$$

$$t_S = \frac{\varphi}{\omega} + \frac{\pi}{2\omega} + i\frac{\pi}{\omega}\ (i = 0, 1, \ldots)\,.$$

Die Berührungspunkte mit den Hüllkurven und die Schnittpunkte mit der Asymptoten liegen jeweils um $T/4 = \pi/2\omega$ voneinander entfernt. Damit lässt sich die Kreisfrequenz ω einfach bestimmen.

Extrema erhält man durch Nullsetzen der Ableitung der Sprungantwort zu den Zeiten t_E gemäß

$$\frac{d(y/y_0)}{dt} = 0\,,\ t_E = i\frac{\pi}{\omega}\ (i = 0, 1, \ldots)\,.$$

Im Ursprung weist die Sprungantwort also ein Minimum auf. Die Extrema liegen jeweils um $T/2 = \pi/\omega$ voneinander entfernt.

Für die *Bestimmung des Dämpfungsgrades* ϑ aus der Sprungantwort benötigt man die Abweichungen der Funktionswerte y_E an den Extremstellen vom asymptotischen Wert y_0. Die Beträge dieser Abweichungen sind

$$|y_E/y_0 - 1| = \frac{\omega_0}{\omega} e^{-\vartheta\omega_0 t_E} \cos\varphi\,.$$

Das Verhältnis q_1 zweier aufeinander folgender maximaler Abweichungen beträgt

$$q_1(\vartheta) = \frac{e^{-\vartheta\omega_0 \frac{\pi}{\omega}(i+1)}}{e^{-\vartheta\omega_0 \frac{\pi}{\omega} i}} = e^{-\vartheta\omega_0 \frac{\pi}{\omega}} = e^{-\pi\vartheta/\sqrt{1-\vartheta^2}}\,.$$

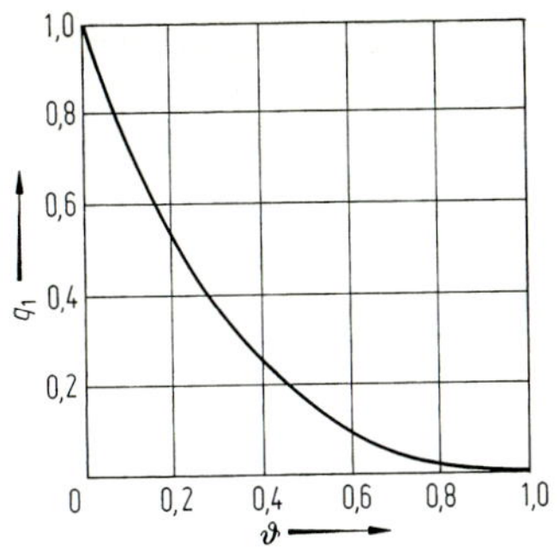

Bild 1-11. Relative Überschwingweite q_1 als Funktion des Dämpfungsgrades ϑ

Die relative Überschwingweite q_1 ist in Bild 1-11 als Funktion des Dämpfungsgrades ϑ aufgetragen und ergibt den Dämpfungsgrad gemäß

$$\vartheta = \frac{-\ln q_1}{\sqrt{\pi^2 + (\ln q_1)^2}}\,.$$

Aperiodischer Grenzfall ($\vartheta = 1$)

Bei kriechender Einstellung ($\vartheta > 1$) findet kein Überschwingen der Sprungantwort statt. Von Interesse ist der aperiodische Grenzfall ($\vartheta = 1$). Die Sprungantwort und die zweite Ableitung lauten

$$y/y_0 = 1 - (1 + \omega_0 t)\, e^{-\omega_0 t}\,,$$

$$\frac{d^2(y/y_0)}{dt^2} = \omega_0^2(1 - \omega_0 t)\, e^{-\omega_0 t}\,.$$

Der Wendepunkt der Sprungantwort wird zur Zeit $t_w = 1/\omega_0$ erreicht. Der normierte Funktionswert am Wendepunkt beträgt

$$y_W/y_0 = 1 - 2/e = 26{,}4\%\,.$$

1.2.7 Frequenzgang eines Übertragungsgliedes 2. Ordnung

Beim Übertragungsglied 2. Ordnung erhält man den Frequenzgang $G(j\omega)$, indem man in die Dgl. sinusförmige Ansätze für die Eingangs- und die Ausgangsgröße einführt. Es ergibt sich mit der normierten Frequenz $\eta = \omega/\omega_0$ (= f/f_0)

$$G(j\eta) = \frac{k}{1 + j\cdot 2\vartheta\eta - \eta^2}\,.$$

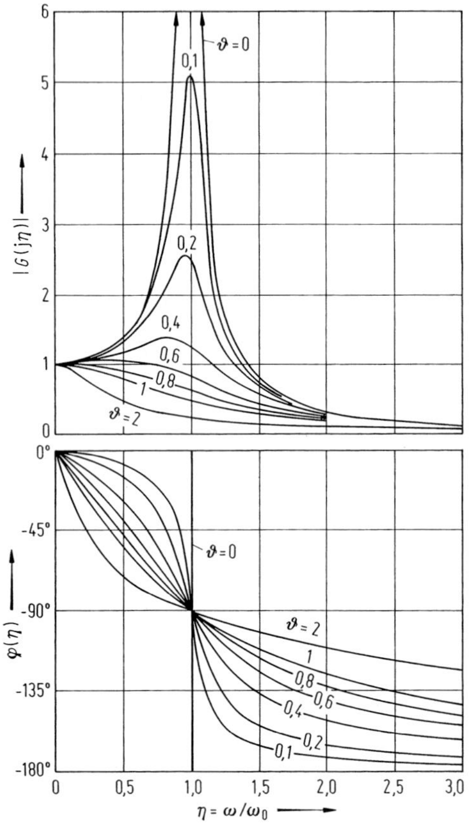

Bild 1-12. Amplitudengang $|G(\mathrm{j}\eta)|$ und Phasengang $\varphi(\eta)$ eines Messgliedes 2. Ordnung als Funktion der normierten Frequenz $\eta = \omega/\omega_0$ (Parameter ist der Dämpfungsgrad ϑ)

Amplitudengang $|G(\mathrm{j}\omega)|$ und Phasengang $\varphi(\omega)$ sind in Bild 1-12 dargestellt.
Der Amplitudengang ist

$$|G(\mathrm{j}\eta)| = \frac{k}{\sqrt{(1-\eta^2)^2 + (2\vartheta\eta)^2}} .$$

Für Dämpfungsgrade ϑ von 0 bis $1/\sqrt{2}$ treten im Amplitudengang bei den Kreisfrequenzen $\omega/\omega_0 = \sqrt{1-2\vartheta^2}$ Resonanzüberhöhungen um den Faktor $\frac{1}{2}\vartheta\sqrt{1-\vartheta^2}$ auf.

Der Phasengang ist

$$\varphi(\eta) = -\arctan\left(\frac{2\vartheta\eta}{1-\eta^2}\right) \ (-\pi \text{ für } \eta > 1) .$$

Unabhängig vom Dämpfungsgrad ϑ ist bei $\eta = 1$ die Phase gleich $-90°$.

Die Kenngrößen ω_0 und ϑ eines Messgliedes können sowohl aus der Sprungantwort oder der Gewichtsfunktion als auch aus dem komplexen Frequenzgang ermittelt werden. Welche Methode im Einzelfall am vorteilhaftesten ist, hängt von den verfügbaren Messeinrichtungen und von möglichen Einschränkungen der Betriebsparameter ab.

1.2.8 Kenngrößen für Messglieder höherer Ordnung

Bei Messgliedern höherer als 2. Ordnung ist die exakte Bestimmung der mindestens 3 dynamischen Kenngrößen oft nur schwer möglich und teilweise auch nicht notwendig. Man behilft sich in diesen Fällen mit Ersatzkenngrößen und unterscheidet, ähnlich wie bei Messgliedern 2. Ordnung, zwischen schwingender und kriechender Einstellung. Bei *schwingender Einstellung* nach Bild 1-13a verwendet man als Kenngröße gerne die *Einstellzeit* T_e, die notwendig ist, bis die Sprungantwort eines Messgliedes innerhalb vorgegebener Toleranzgrenzen bleibt.
Als weitere Kenngröße ist die Größe $y_\mathrm{ü}$ des *ersten* Überschwingers üblich. Sie gibt einen Anhaltspunkt über die Größe der Dämpfung des Messgliedes.
Bei *kriechender Einstellung* nach Bild 1-13b verwendet man als Kenngrößen neben der Einstellzeit T_e (wie bei schwingender Einstellung) gerne die *Ersatztotzeit* T_t und die Ersatzzeitkonstante T_s. Die Wende-

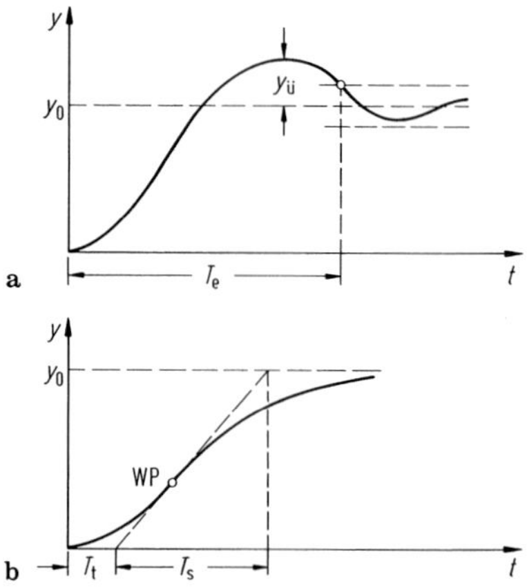

Bild 1-13. Kenngrößen eines Messgliedes höherer Ordnung. **a** Bei schwingender Einstellung, **b** bei kriechender Einstellung

tangente der Sprungantwort trifft die Zeitachse nach Ablauf der Ersatztotzeit T_t. Die Ersatzzeitkonstante T_s ist als die Differenz zwischen den Zeitpunkten definiert, die durch den Schnitt der Wendetangente mit der Zeitachse einerseits und mit der Asymptote andererseits gegeben sind.

1.3 Messfehler

1.3.1 Zufällige und systematische Fehler

Die in technischen Prozessen vorkommenden Messgrößen und die über Messeinrichtungen gewonnenen Messwerte sind i. Allg. fehlerbehaftet und weichen vom Soll- bzw. Nennwert ab. Die beobachteten Fehler setzen sich dabei aus systematischen (deterministischen) und zufälligen (stochastischen) Anteilen zusammen.

Die Ursachen für systematische Fehler können z. B. fehlerhafte Einstellungen oder deterministische Einflusseffekte, aber auch bleibende Veränderungen oder definierte Zeitabhängigkeiten der Messgrößen sein. Die Größe eines systematischen Fehlers ist prinzipiell feststellbar. Systematische Fehler lassen sich deshalb korrigieren.

Im Gegensatz dazu sind die Ursachen der die Einzelmessung beeinflussenden zufälligen Fehler nicht erkennbar. So ist z. B. die örtliche Verteilung der Dichte bei inhomogenen Gemischen nicht reproduzierbar; ebenso wenig wie die zeitliche Folge der Kernzerfälle, die bei bestimmten Strahlungsmessgeräten aufgenommen wird. Es handelt sich also um zufällige Fehler, wenn deren Ursachen bei den gegenwärtigen Kenntnissen und technischen Möglichkeiten nicht gemessen und reproduziert werden können.

Zufällige Fehler lassen sich in ihrer Gesamtheit durch Verteilungsfunktionen und durch statistische Kennwerte erfassen, und zwar umso genauer, je größer die Zahl der zur Verfügung stehenden Einzelwerte ist.

1.3.2 Definition von Fehlern, Fehlerkurven und Fehleranteilen

Der Fehler eines Messgliedes zeigt sich als unerwünschte Abweichung des Istwertes y_{ist} vom Sollwert y_{soll} der Ausgangsgröße bei derselben Eingangsgröße x (Bild 1-14).

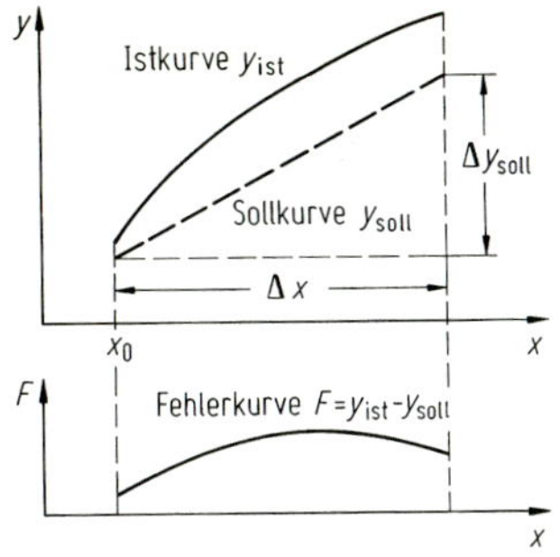

Bild 1-14. Istkurve, Sollkurve und Fehlerkurve eines Messgliedes

Der (absolute) *Fehler F* ist definiert als die Differenz von Istwert y_{ist} und Sollwert y_{soll}. Der *relative Fehler* F_{rel} ist der auf einen Bezugswert B bezogene (absolute) Fehler, wobei für B häufig die Ausgangsspanne Δy oder (bei Messverkörperungen, z. B. Widerständen) der Sollwert y_{soll} eingesetzt wird. Er hat die Dimension eins (ist „dimensionslos"):

$$F = y_{\text{ist}} - y_{\text{soll}}\ , \quad F_{\text{rel}} = \frac{y_{\text{ist}} - y_{\text{soll}}}{\Delta y}\ .$$

Absolute Fehler werden häufig in Einheiten der Eingangsgröße angegeben. Bei linearen Messgliedern ist dies in einfacher Weise durch Umrechnung mit der Empfindlichkeit E möglich:

$$F_x = (y_{\text{ist}} - y_{\text{soll}})/E\ .$$

Der in der Fehlerkurve dargestellte Gesamtfehler F lässt sich aufspalten (Bild 1-15) in den

- Nullpunktfehler F_0,
- Steigungsfehler $F_S(x)$,
- Linearitätsfehler $F_L(x)$,
- Hysteresefehler $F_H(x, h)$.

Istkennlinie y_{ist}, Sollkennlinie y_{soll} und Fehler $F = y_{\text{ist}} - y_{\text{soll}}$ sind gegeben durch

$$y_{\text{ist}} = y_{0\,\text{ist}} + \frac{\Delta y_{\text{ist}}}{\Delta x}(x - x_0) + F_L(x) + F_H(x, h)\ ,$$

$$y_{\text{soll}} = y_{0\,\text{soll}} + \frac{\Delta y_{\text{soll}}}{\Delta x}(x - x_0)\ ,$$

$$F = \underbrace{(y_{0\,\text{ist}} - y_{0\,\text{soll}})}_{F_0} + \underbrace{(\Delta y_{\text{ist}} - \Delta y_{\text{soll}})\frac{x - x_0}{\Delta x}}_{F_S(x)}$$
$$+ F_L(x) + F_H(x, h)\ .$$

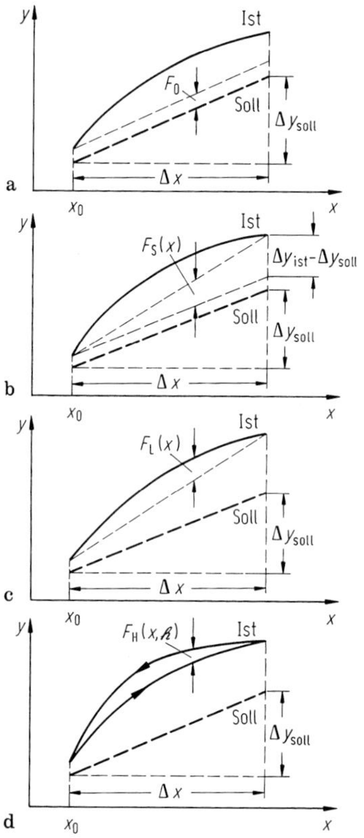

Bild 1-15. Aufspaltung des Gesamtfehlers. **a** Nullpunktfehler, **b** Steigungsfehler, **c** Linearitätsfehler, **d** Hysteresefehler

Alle Fehleranteile sind absolute Fehler (in Einheiten) der Ausgangsgröße.

Häufig gibt man relative Fehler an, die auf den Sollwert Δy_{soll} der Ausgangsspanne bezogen werden. Schwierigkeiten bereiten die Hysteresefehler $F_H(x,h)$, die naturgemäß außer von der Eingangsgröße x auch von der Vorgeschichte h(history) abhängen.

1.3.3 Linearitätsfehler und zulässige Fehlergrenzen

Bei der Zerlegung des Gesamtfehlers in Fehleranteile haben wir den Linearitätsfehler etwas willkürlich nach der *Festpunktmethode* bestimmt. Die Sollkennlinie geht dabei durch die zwei Punkte der Istkennlinie am Anfang und am Ende des Messbereichs (Bild 1-16a).

Andere Möglichkeiten zur Festlegung dieser Ausgleichsgeraden sind:

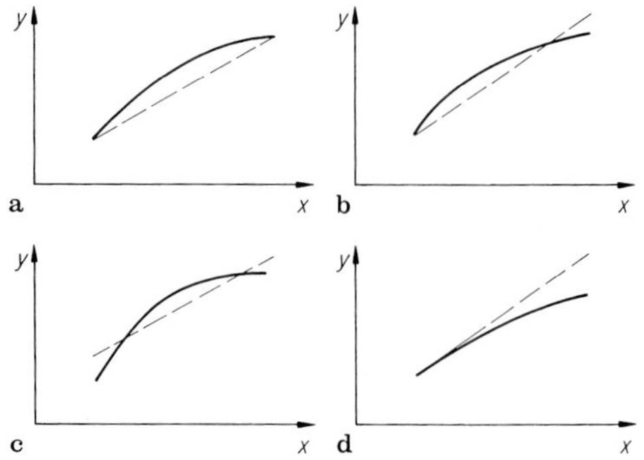

Bild 1-16. Verschiedene Ausgleichsgeraden zur Festlegung des Linearitätsfehlers. **a** Festpunktmethode, **b** Gerade durch Messbereichsanfang, **c** Toleranzbandmethode, **d** wie **b**, jedoch mit Steigung wie im Messbereichsanfang

- Gerade durch den Messbereichsanfang, aber mit einer Steigung, die ein bestimmtes Minimalprinzip erfüllt (Bild 1-16b).
- Gerade, deren Lage so gewählt wird (Toleranzbandmethode), dass ausschließlich ein bestimmtes Minimalprinzip erfüllt wird (Bild 1-16c).
- Gerade durch den Messbereichsanfang mit einer Steigung gleich der der Istkennlinie im Messbereichsanfang (Bild 1-16d). Diese Festlegung ist besonders bei kleinen Aussteuerungen sinnvoll.

Bei der Klassenangabe für elektrische Messgeräte ist über den ganzen Messbereich ein konstanter Fehler zugelassen.

Im Gegensatz dazu ist es bei Messgliedern i. Allg. sinnvoll, die zulässigen Fehler in der Umgebung des Messbereichsanfangs kleiner festzulegen als am Messbereichsende. Linearitätsfehlerfestlegungen mit Sollgeraden durch den Messbereichsanfang der Istkennlinie nehmen darauf Rücksicht, dass der Messbereichsanfang, auch aufgrund von Fertigungsmaßnahmen (Abgleich des Nullpunktes), in der Regel geringere Fehler aufweist als das Messbereichsende (Bild 1-17).

Zum konstanten maximalen Nullpunktfehler $|F_0|_{max}$ addiert sich der zur Eingangsgröße $(x - x_0)$ proportionale maximale Steigungsfehler

$|F_S(x)|_{max}$:

$$|F_0|_{max} = |y_{0\,ist} - y_{0\,soll}|_{max} ,$$

$$|F_S(x)|_{max} = \frac{x - x_0}{\Delta x} |\Delta y_{ist} - \Delta y_{soll}|_{max} .$$

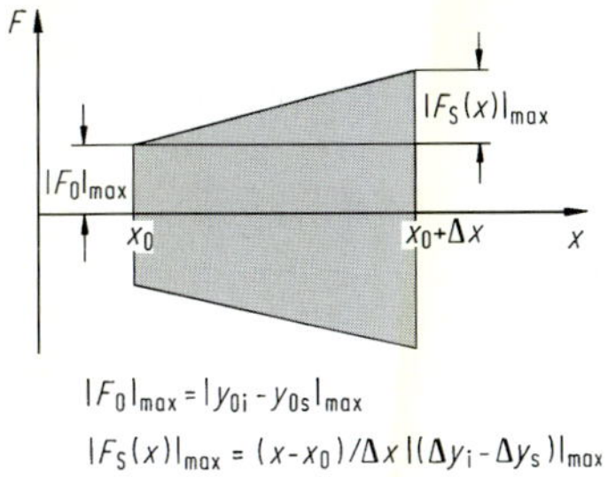

Bild 1-17. Sinnvolle Festlegung zulässiger Fehlergrenzen bei Messgliedern

Die Angabe des zulässigen Fehlers F_{zul} muss durch die (konstante) Empfindlichkeit E dividiert werden, um den Fehler in Einheiten der Eingangsgröße zu erhalten, wie z. B. bei einem Gerät zur Messung der Länge l:

$$F_{zul} = \pm(50 + 0{,}1\, l/\mathrm{mm})\mu\mathrm{m}\ .$$

Man kann auch den zulässigen Fehler F_{zul} durch die Ausgangsspanne Δy (bzw. die Eingangsspanne Δx) dividieren und erhält so den zulässigen relativen Fehler. Nimmt man beim gleichen Längenmessgerät (z. B. einem Messschieber mit elektronischer Anzeige) eine maximale Messlänge $l_{max} = \Delta x = 500\,\mathrm{mm}$ an, so beträgt der zulässige relative Fehler

$$F_{rel,zul} = \pm(10^{-4} + 10^{-4} l / l_{max})\ .$$

Der Fehler besteht also wieder aus der Summe eines konstanten Nullpunktfehlers und eines proportionalen Steigungsfehlers.

1.3.4 Einflussgrößen und Einflusseffekt

Bisher wurde immer angenommen, dass die *Einflussgrößen* (auch: *Störgrößen*) als konstant angesehen werden können. In Wirklichkeit können Einflussgrößen nicht unerheblich zu den Messfehlern beitragen. Wichtige Einflussgrößen sind:

- die *Temperatur* (wenn sie nicht gerade selbst die Messgröße ist),
- die *Versorgungsspannung* von aktiven Sensoren, Verstärkern oder Messschaltungen,
- die fertigungsbedingten Abweichungen von wesentlichen Bauteilen und Komponenten,
- ein- und/oder ausgangsseitige Rückwirkungen, z. B. durch die Belastung einer Quelle von endlichem Innenwiderstand.

Zuweilen beeinflussen auch Luftdruck und Luftfeuchte, mechanische Erschütterung, elektrische und magnetische Felder oder die Einbaulage die Messwerte in unerwünschter Weise. Es finden Verknüpfungen mit der Messgröße statt, deren Entflechtung aufwändig sein kann. Am einfachsten lassen sich die Wirkungen von Einflussgrößen in Kennlinienfeldern darstellen (Bild 1-18).

In Sonderfällen kann es vorkommen, dass eine Einflussgröße nur den Nullpunkt (a) oder nur die Steigung (b) der Kennlinie eines Messgliedes beeinflusst. Im Allgemeinen ist jedoch mit gemischter (c), und auch mit Beeinflussung des Linearitätsfehlers (d) zu rechnen.

In den Kennlinienfunktionen y treten neben der Messgröße x als Parameter die Einflussgrößen auf. Bei nur einer Einflussgröße ϑ lässt sich die Kennlinienfunktion in folgende Taylorreihe entwickeln

$$\begin{aligned} y(x,\vartheta) &= y(x_0 \pm \xi, \vartheta_0 + \tau) \\ &= y(x_0,\vartheta_0) + \left(\frac{\partial y}{\partial x}\right)_{(x_0,\vartheta_0)} \xi \\ &\quad + \frac{1}{2}\left(\frac{\partial^2 y}{\partial x^2}\right)_{(x_0,\vartheta_0)} \xi^2 + \ldots \\ &\quad + \left(\frac{\partial y}{\partial \vartheta}\right)_{(x_0,\vartheta_0)} \tau + \frac{1}{2}\left(\frac{\partial^2 y}{\partial \vartheta^2}\right)_{(x_0,\vartheta_0)} \tau^2 \\ &\quad + \ldots + \frac{1}{2}\left(\frac{\partial^2 y}{\partial x \partial \vartheta}\right)_{(x_0,\vartheta_0)} \xi\tau + \ldots \end{aligned}$$

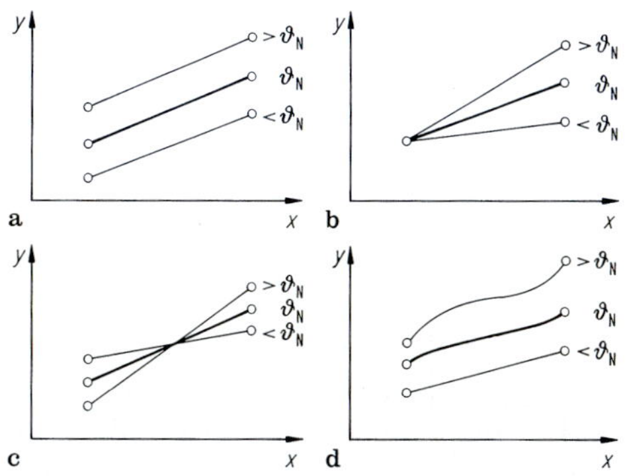

Bild 1-18. Darstellung von Einflussgrößen

Die Einflussgröße tritt i. Allg. nicht unabhängig von der Messgröße auf, was sich in dem gemischtquadratischen Glied der Reihe ausdrückt.
In Analogie zur Empfindlichkeit $(y/x)_{x=x_0}$ eines ungestörten Messgliedes wird der Einflusseffekt (auch: Störempfindlichkeit) als partielle Ableitung der Ausgangsgröße nach der Einflussgröße im Arbeitspunkt definiert:

$$E_\vartheta(x_0, \vartheta_0) = \left(\frac{\partial y}{\partial \vartheta}\right)_{(x_0,\vartheta_0)} .$$

Er gibt an, um welchen Betrag ∂y sich die Ausgangsgröße ändert, wenn bei konstanter Messgröße sich die Einflussgröße ϑ von ϑ_0 auf $\vartheta_0 + \partial\vartheta$ ändert.

1.3.5 Diskrete Verteilungsfunktionen zufälliger Messwerte

Diskrete Messwertverteilungen entstehen im einfachsten Fall dadurch, dass ganzzahlige absolute Häufigkeiten n_k über äquidistanten diskreten Messwerten x_k aufgetragen werden, die der jeweiligen Klassenmitte entsprechen (Bild 1-19). Die Klassenbreite ist dabei gleich der Differenz benachbarter diskreter Messwerte $\Delta x = x_{k+1} - x_k$.
Wenn insgesamt n Messwerte x_i zur Verteilungsfunktion beitragen, so ist die empirische Wahrscheinlichkeit P_k, dass Messwerte in die Klasse k fallen, gleich der relativen Häufigkeit

$$P_k = \frac{n_k}{n}$$

und die Wahrscheinlichkeit P für das Auftreten von Messwerten in mehreren benachbarten Klassen beträgt

$$P = \sum_k P_k = \sum_k \frac{n_k}{n} = \frac{1}{n}\sum_k n_k .$$

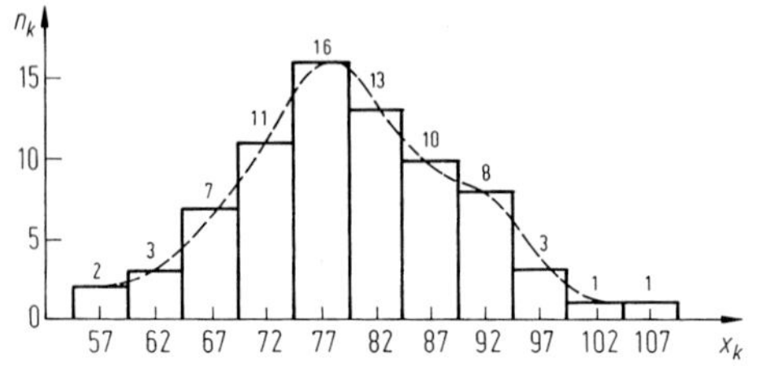

Bild 1-19. Diskrete Messwertverteilung

Werden alle besetzten Klassen einbezogen, so ist natürlich $\sum_k n_k$ und die Wahrscheinlichkeit ist

$$P = 1 .$$

Anstelle der gesamten Verteilungsfunktion verwendet man gerne charakteristische Kennwerte für ihre Lage und Form, welche sich aus den n Messwerten x_i berechnen lassen. Betrachtet man die Verteilungsfunktion in Bild 1-19, so erkennt man zunächst, dass sich die Messwerte in der Umgebung eines etwa in der Mitte liegenden Wertes häufen. Es ist deshalb sinnvoll, den (arithmetischen) Mittelwert $\bar{x}$ als erste Kenngröße festzulegen:

$$\bar{x} = \frac{1}{n}\sum_{i=1}^{n} x_i .$$

Weicht der Mittelwert vom Soll- oder Nennwert der Messgrößen ab, so liegt ein systematischer Fehler vor, der gerade gleich der Differenz zwischen Mittelwert und Soll- bzw. Nennwert ist.
Zur Charakterisierung der zufälligen Fehler ist als zweite Kenngröße der mittlere quadratische Fehler, die sog. *empirische Standardabweichung* s üblich. Deren Quadrat, die *Varianz* oder *Streuung* s^2, ist

$$s^2 = \frac{1}{n-1}\sum_{i=1}^{n}(x_i - \bar{x})^2 .$$

Wie man leicht zeigen kann, gilt auch die numerisch günstigere Beziehung

$$s^2 = \frac{1}{n-1}\left[\sum_{i=1}^{n} x_i^2 - \frac{1}{n}\left(\sum_{i=1}^{n} x_i\right)^2\right] .$$

Mittelwert und Standardabweichung sagen nicht alles über die Form der Verteilungsfunktion aus. Außerdem ist es für weiterführende Überlegungen oft zweckmäßig, statt von einer diskreten Verteilungsfunktion von einer kontinuierlichen Verteilung der Messwerte auszugehen, die dann aber nur für eine große Anzahl n von Messwerten x gültig ist. Praktisch beobachtete Verteilungen lassen sich häufig näherungsweise durch die Normalverteilung beschreiben, weil dies die Grenzverteilung beim Zusammenwirken vieler voneinander unabhängiger und ähnlich großer Einflusseffekte ist (*Zentraler Grenzwertsatz*).

1.3.6 Die Normalverteilung

Die Normalverteilung (Gauß'sche Verteilung) $f(x)$ ist eine stetige symmetrische Verteilung der streuenden Messwerte x um den Mittelwert μ. Betragsmäßig gleich große positive und negative Abweichungen (zufällige Fehler) besitzen gleiche Häufigkeit. Große Abweichungen sind weniger häufig als kleine. Schließlich liegt an der Stelle des Mittelwerts $x = \mu$ (zufälliger Fehler = 0) das Maximum der Verteilungsfunktion.
Weiterhin gilt wie bei allen stetigen Verteilungsfunktionen, dass die Standardabweichung σ die Beziehung

$$\sigma^2 = \int_{-\infty}^{\infty} (x-\mu)^2 f(x)\,\mathrm{d}x$$

erfüllt und die Gesamtfläche unter der Verteilungsfunktion

$$\int_{-\infty}^{\infty} f(x)\mathrm{d}x = 1$$

ist, da sie die Wahrscheinlichkeit für das Auftreten jedes beliebigen Messwertes im Bereich $-\infty < x < \infty$ darstellt.
Formelmäßig gilt für die Normalverteilung $f(x)$ abhängig von den Messwerten x bzw. den zufälligen Fehlern $x - \mu$

$$f(x) = \frac{1}{\sqrt{2\pi}\sigma} \exp\left[-\frac{(x-\mu)^2}{2\sigma^2}\right] .$$

Die Diskussion dieser in Bild 1-20 dargestellten Verteilungsfunktion liefert das Maximum $f_{max} = 1/(\sigma\sqrt{2\pi})$ bei $x = \mu$ und Wendepunkte bei $x = \mu \pm \sigma$.
Allgemein erhält man durch Integration einer Verteilungsfunktion über einem bestimmten Intervall die Wahrscheinlichkeit für das Auftreten von Messwerten in diesem Intervall. Eine Verteilungsfunktion wird deshalb oft auch als Wahrscheinlichkeitsdichte bezeichnet.

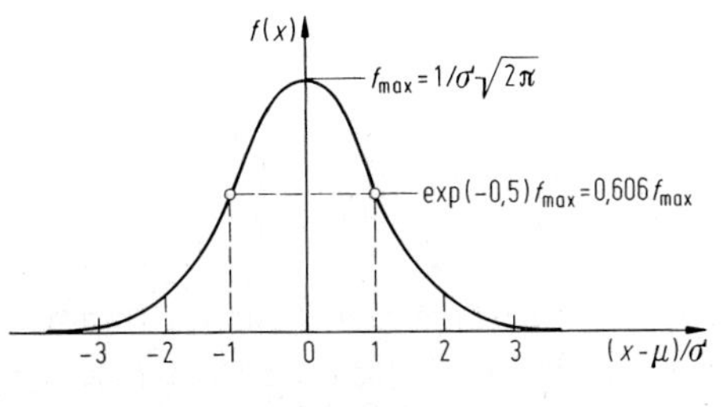

Bild 1-20. Normalverteilung $f(x)$

1.3.7 Gauß'sche Fehlerwahrscheinlichkeit

Die differenzielle Wahrscheinlichkeit $\mathrm{d}P$ für das Auftreten von Messwerten x (bzw. Fehlern $x - \mu$) im differenziellen Intervall der Breite $\mathrm{d}x$ beträgt

$$\mathrm{d}P = f(x)\mathrm{d}x .$$

In einem endlichen Intervall $x_1 \leqq x \leqq x_2$ nach Bild 1-21 ergibt sich also bei Normalverteilung für die Wahrscheinlichkeit

$$P = \int_{x_1}^{x_2} f(x)\mathrm{d}x = \frac{1}{\sigma\sqrt{2\pi}} \int_{x_1}^{x_2} \exp\left[-\frac{(x-\mu)^2}{2\sigma^2}\right] \mathrm{d}x .$$

Das auftretende Integral ist elementar nicht lösbar. In verschiedenen Tabellenwerken ist ein entsprechendes normiertes Integral als *Fehlerfunktion* (*error function*)

$$\operatorname{erf}(x) = \frac{2}{\sqrt{\pi}} \int_0^x \mathrm{e}^{-t^2}\mathrm{d}t$$

tabelliert. Mit der Substitution

$$\frac{x-\mu}{\sigma\sqrt{2}} = t$$

ergibt sich nach Zwischenrechnung

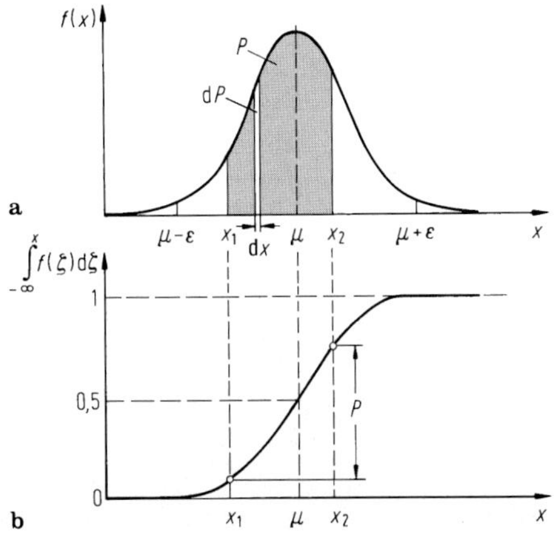

Bild 1-21. Fehlerwahrscheinlichkeit P

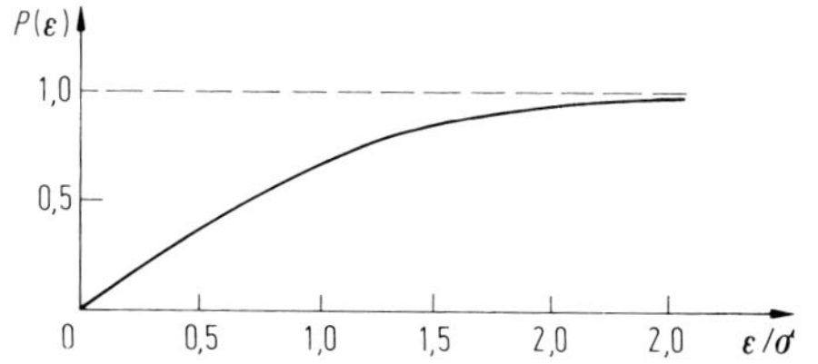

ε/σ	0,5	0,67	1	1,65	1,96	2	2,58	2,81	3	3,3
$P(\varepsilon)$	0,383	0,50	0,6826	0,90	0,95	0,954	0,99	0,995	0,9973	0,999

Bild 1-22. Fehlerwahrscheinlichkeit $P(\varepsilon)$ bei symmetrischem Intervall $-\varepsilon \leqq x - \mu \leqq \varepsilon$

$$P = \frac{1}{2}\left[\operatorname{erf}\frac{x_2 - \mu}{\sigma\sqrt{2}} - \operatorname{erf}\frac{x_1 - \mu}{\sigma\sqrt{2}}\right].$$

Die Wahrscheinlichkeit des Auftretens von Fehlern im symmetrischen Intervall $-\varepsilon \leqq x - \mu \leqq \varepsilon$ ist wegen erf $(x) = -$ erf $(-x)$

$$P(\varepsilon) = \operatorname{erf}\frac{\varepsilon}{\sigma\sqrt{2}}.$$

Diese Fehlerwahrscheinlichkeit ist in Bild 1-22 grafisch und in einer Wertetabelle dargestellt.

1.3.8 Wahrscheinlichkeitspapier

Abweichungen von der Glockenform der Normalverteilung können im sog. Wahrscheinlichkeitsnetz (Bild 1-23) häufig leichter erkannt werden.

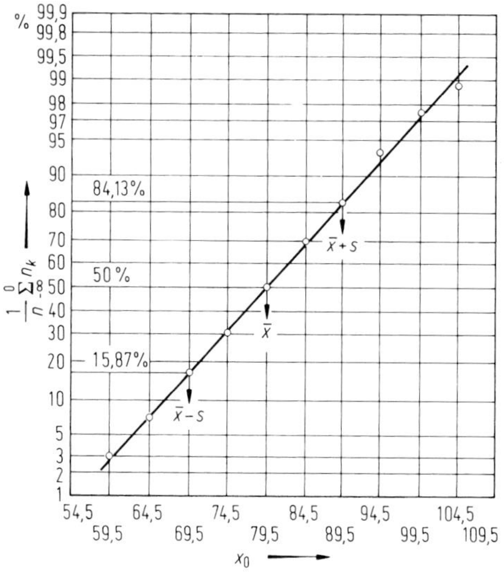

Bild 1-23. Wahrscheinlichkeitsnetz

Dort ist die Summenwahrscheinlichkeit bzw. die relative Summenhäufigkeit

$$\int_{-\infty}^{x_0} f(x)\,\mathrm{d}x \quad \text{bzw.} \quad \frac{1}{n}\sum_{-\infty}^{0} n_k$$

abhängig von der jeweils oberen Messwertgrenze x_0 aufgetragen. Die Ordinatenachse der Summenwahrscheinlichkeit ist derart geteilt, dass sich für die Normalverteilung eine Gerade ergibt. Abweichungen von der Geradenform zeigen also entsprechende Abweichungen von der Normalverteilung.

Der Schnittpunkt der erhaltenen Geraden mit der 50%-Linie liefert den Mittelwert $\bar{x}$. Die Werte $\bar{x} \pm s$ erhält man bei den Summenwahrscheinlichkeiten 84,13% und 15,87% (50% ± 0,5 · 68,26%).

1.3.9 Fehlerfortpflanzung zufälliger Fehler

Der Fehler dy eines Messergebnisses $y = f(x_1, x_2, \ldots, x_n)$ berechnet sich aus den Fehleranteilen dx_1, d$x_2, \ldots,$ dx_n der Eingangsgrößen $x_1, x_2, \ldots, x_n$ über das totale Differenzial zu

$$\mathrm{d}y = \frac{\partial y}{\partial x_1}\mathrm{d}x_1 + \frac{\partial y}{\partial x_2}\mathrm{d}x_2 + \ldots + \frac{\partial y}{\partial x_n}\mathrm{d}x_n .$$

Zur Berechnung der Standardabweichung eines zufällig schwankenden Messergebnisses sind die auftretenden Fehler zunächst zu quadrieren. Man erhält

$$(\mathrm{d}y)^2 = \sum_{i=1}^{n}\left(\frac{\partial y}{\partial x_i}\mathrm{d}x_i\right)^2 + 2\sum_{i \neq j}\frac{\partial y}{\partial x_i}\cdot\frac{\partial y}{\partial x_j}\,\mathrm{d}x_i\,\mathrm{d}x_j .$$

Die gemischten Glieder ($i \neq j$) heben sich im statistischen Mittel gegenseitig auf, da die Wahrscheinlichkeit positiver zufälliger Fehler gleich der von negativen zufälligen Fehlern ist. Unter der Voraussetzung einer Normalverteilung und für kleine Standardabweichungen $s_i \ll x_i$ ergibt sich die Standardabweichung s_y des Messergebnisses y aus den Standardabweichungen $s_1, s_2, \ldots, s_n$ der Messwerte $x_1, x_2, \ldots, x_n$ zu

$$s_y = \sqrt{\left(\frac{\partial y}{\partial x_1}s_1\right)^2 + \left(\frac{\partial y}{\partial x_2}s_2\right)^2 + \ldots + \left(\frac{\partial y}{\partial x_n}s_n\right)^2}.$$

Für Summen- und Produktfunktionen y ergeben sich die Standardabweichungen s_y zu

$$y = a_1 x_1 + a_2 x_2 - a_3 x_3 :$$
$$s_y = \sqrt{a_1^2 s_1^2 + a_2^2 s_2^2 + a_3 s_3^2}\ , \text{bzw.}$$
$$y = \frac{x_1 x_2}{x_3} :$$
$$\frac{s_y}{y} = \sqrt{\left(\frac{s_1}{x_1}\right)^2 + \left(\frac{s_2}{x_2}\right)^2 + \left(\frac{s_3}{x_3}\right)^2}\ .$$

1.3.10 Fehlerfortpflanzung systematischer Fehler

Die Bedeutung der Gesetze der Fehlerfortpflanzung liegt darin, dass man mit ihnen Aussagen über die Zuverlässigkeit eines von mehreren Eingangsgrößen bestimmten Ergebnisses oder eines Messverfahrens machen kann, wenn nur die Fehler bei der Messung der einzelnen Eingangsgrößen bekannt sind.

Häufig ist das Messergebnis y eine Funktion einer oder mehrerer Eingangsgrößen x_i, von denen jede entweder durch einen einzelnen Messwert oder den Mittelwert einer Anzahl von Messwerten repräsentiert wird (Bild 1-24).

Diese Eingangsgrößen sind mit Fehlern behaftet, deren Auswirkung auf das Messergebnis unterschiedlich ist, je nachdem, ob es sich um systematische oder um zufällige Fehler handelt. Hier werden systematische Fehler behandelt, deren Größe nach Betrag und Vorzeichen bekannt ist.

Bei großen Fehlern $F_{x1}, F_{x2}, \ldots$ der Eingangsgrößen führt die Differenzenrechnung zum Fehler F_y des Messergebnisses y. Bei einem multiplikativen Zusammenhang $y = x_1 \cdot x_2$ ist der relative Fehler des Messergebnisses

$$\frac{F_y}{y} = \frac{F_{x1}}{x_1} + \frac{F_{x2}}{x_2} + \frac{F_{x1}}{x_1} \cdot \frac{F_{x2}}{x_2}\ .$$

Bei genügend kleinen Fehleranteilen können die endlichen Fehler F_{xi} durch Differenziale $\mathrm{d}x_i$ ersetzt werden. Der Fehler $\mathrm{d}y$ des Messergebnisses y berechnet sich dann aus den Fehleranteilen $\mathrm{d}x_1$, $\mathrm{d}x_2, \ldots, \mathrm{d}x_n$ über das totale Differenzial zu

Bild 1-24. Fortpflanzung systematischer Fehler bei Verknüpfungen und Funktionsbildungen

$$\mathrm{d}y = \left(\frac{\partial y}{\partial x_1}\right)\mathrm{d}x_1 + \left(\frac{\partial y}{\partial x_2}\right)\mathrm{d}x_2 + \ldots + \left(\frac{\partial y}{\partial x_n}\right)\mathrm{d}x_n\ .$$

Für Summen-, Produkt- und Potenzfunktionen y erhält man die „fortgepflanzten“ systematischen Fehler $\mathrm{d}y$

$$y = x_1 + x_2 - x_3 - x_4 :$$
$$\mathrm{d}y = \mathrm{d}x_1 + \mathrm{d}x_2 - \mathrm{d}x_3 - \mathrm{d}x_4\ ,$$
$$y = \frac{x_1 x_2}{x_3 x_4} :$$
$$\frac{\mathrm{d}y}{y} = \frac{\mathrm{d}x_1}{x_1} + \frac{\mathrm{d}x_2}{x_2} - \frac{\mathrm{d}x_3}{x_3} - \frac{\mathrm{d}x_4}{x_4}\ ,$$
$$y = kx^m :$$
$$\frac{\mathrm{d}y}{y} = m\frac{\mathrm{d}x}{x}.$$

Bei der Summenfunktion addieren sich also die absoluten Fehler, bei der Produktfunktion die relativen Fehler und bei der Potenzfunktion wird der relative Fehler mit dem Exponenten m multipliziert.

2 Strukturen der Messtechnik

2.1 Messsignalverarbeitung durch strukturelle Maßnahmen

Für die erreichbaren Übertragungseigenschaften von Messeinrichtungen ist in starkem Maße die Struktur der Vermaschung der einzelnen Messglieder maßgebend. Die Qualität der Messeinrichtungen ist von der durch strukturelle Maßnahmen bedingten Messsignalverarbeitung abhängig. Es lassen sich drei Grundstrukturen, nämlich (1.) die Kettenstruktur, (2.) die Parallelstruktur und (3.) die Kreisstruktur unterscheiden.

2.1.1 Die Kettenstruktur

In der Kettenstruktur werden Messketten von der nichtelektrischen Messgröße als Eingangsgröße eines Aufnehmers bis zum Ausgangssignal eines Ausgabegerätes realisiert. Die Anpassung des

Aufnehmer-Ausgangssignals an das Eingangssignal des sog. Ausgebers erfolgt meist über eine Messschaltung, einen Messverstärker und/oder ein geeignetes Rechengerät. Häufig wird in einer Kettenstruktur auch die nichtlineare Kennlinie eines Messgrößenaufnehmers linearisiert, indem ein Messglied mit inverser Übertragungskennlinie nachgeschaltet wird.

Die Kettenstruktur nach Bild 2-1a ist dadurch gekennzeichnet, dass das Ausgangssignal y_i des vorangehenden Messgliedes jeweils das Eingangssignal x_{i+1} des nachfolgenden Messgliedes bildet.

Die resultierende statische Kennlinie $y_3 = f(x_1)$ ergibt sich i. Allg. am einfachsten grafisch gemäß Bild 2-1b. Für den Spezialfall linearer Kennlinien mit konstanten Empfindlichkeiten E,

$$y_i = c_i + E_i x_i \quad \text{mit} \quad E = \frac{\mathrm{d}y_i}{\mathrm{d}x_i} \,,$$

ergibt sich bei der Kettenstruktur wieder eine lineare Kennlinie mit der Empfindlichkeit

$$E = \prod_{i=1}^{n} E \ (n \text{ Anzahl der Messglieder}) \,.$$

Beispiel: Im Zusammenhang mit der Durchflussmessung nach dem Wirkdruckverfahren (3.4.1) ist der Differenzdruck Δp über einer Drosselstelle näherungsweise dem Quadrat des Volumendurchflusses Q proportional ($\Delta p \sim Q^2$). Eine Linearisierung ist mit einem nachgeschalteten radizierenden Differenzdruck-Messumformer möglich, dessen Ausgangsstrom I der Wurzel aus dem Differenzdruck proportional ist ($I \sim \sqrt{\Delta p}$). In Bild 2-1c sind die nichtlinearen Einzelkennlinien und die resultierende lineare Gesamtkennlinie grafisch dargestellt.

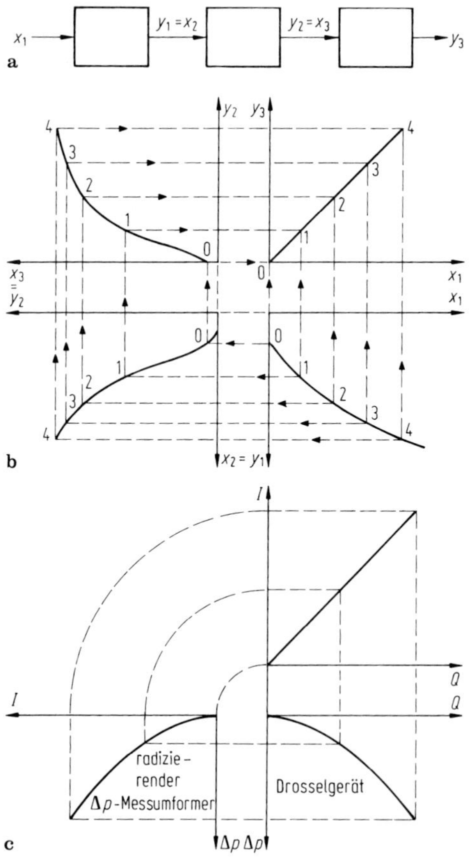

Bild 2-1. Die Kettenstruktur. **a** Prinzip, **b** grafische Konstruktion der resultierenden statischen Kennlinie, **c** Linearisierung durch Radizierung bei der Durchflussmessung nach dem Wirkdruckverfahren

2.1.2 Die Parallelstruktur (Differenzprinzip)

Besondere Bedeutung hat die Parallelstruktur in Gestalt des *Differenzprinzips* erlangt. Ähnlich wie bei Gegentaktschaltungen für Verstärkerendstufen, können z. B. zwei sonst gleichartige nichtlineare Wegsensoren um einen bestimmten Arbeitspunkt x_0 herum, von der Messgröße x (dem Messweg) gegensinnig ausgesteuert werden, während Einflussgrößen, wie z. B. die Temperatur ϑ, gleichsinnig wirken (Bild 2-2a). Durch Subtraktion der Ausgangssignale y_1 und y_2 kann die Übertragungskennlinie linearisiert und der Einfluss gleichsinnig wirkender Störungen reduziert werden.

Lässt sich die Abhängigkeit der Ausgangsgrößen y beider Messglieder von der allgemeinen Eingangsgröße ξ und der Temperatur ϑ durch

$$y = a_0 + a_1\xi + a_2\xi^2 + f(\vartheta)$$

beschreiben und werden die beiden Messglieder mit $\xi_1 = x_0 - x$ bzw. $\xi_2 = x_0 + x$ ausgesteuert, so sind ihre Ausgangssignale

$$y_1 = a_0 + a_1(x_0 - x) + a_2(x_0 - x)^2 + f(\vartheta) \,,$$
$$y_2 = a_0 + a_1(x_0 + x) + a_2(x_0 + x)^2 + f(\vartheta) \,.$$

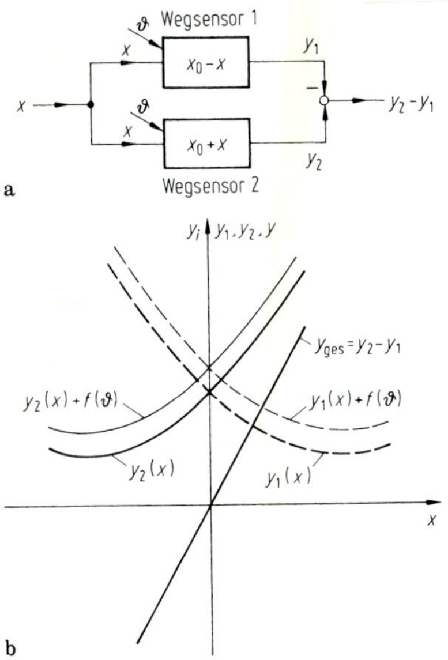

Bild 2-2. Die Parallelstruktur (Differenzprinzip). **a** Differenzprinzip, **b** Linearisierung durch Anwendung des Differenzprinzips

Das Differenzsignal ist dann

$$y_{ges} = y_2 - y_1 = 2(a_1 + 2a_2x_0)x \,.$$

Das Differenzsignal y_{ges} ist unter den getroffenen Annahmen streng linear von der Messgröße x abhängig und völlig unabhängig von der Temperatur ϑ (Bild 2-2b).
Die Empfindlichkeit E_{ges} ist konstant und doppelt so groß wie der Betrag der Empfindlichkeiten E der einzelnen Messglieder im Arbeitspunkt $\xi = x_0 (x = 0)$:

$$E_{1,2} = \left(\frac{\partial y_{1,2}}{\partial x}\right)_{x=0} = \mp(a_1 + 2a_2x_0) \,,$$

$$E_{ges} = \left(\frac{\partial y_{ges}}{\partial x}\right)_{x=0} = 2(a_1 + 2a_2x_0) \,.$$

Allgemein ergibt sich im Arbeitspunkt ein Wendepunkt, also eine Linearisierung der Gesamtkennlinie, und eine Reduktion des Einflusses gleichsinnig wirkender Störungen.

Anwendungen des Differenzprinzips

Das Differenzprinzip kann in Messschaltungen immer dann angewendet werden, wenn an einen zweiten Messgrößenaufnehmer die Messgröße gegensinnig angelegt werden kann, wie z. B. bei Kraft-, Dehnungs- oder Wegsensoren. Zwei gegensinnig ausgesteuerte *Dehnungsmessstreifen* können in einer *Brückenschaltung* sowohl den Messeffekt verdoppeln als auch den gleichsinnigen Temperatureinfluss stark reduzieren.

Der Linearisierungseffekt spielt in diesem Fall nur eine untergeordnete Rolle, da die Dehnungen und die daraus resultierenden relativen Widerstandsänderungen nur klein sind und gewöhnlich unter 1% liegen.
Beispiel: Exakte Linearisierung wird bei einem Differenzialkondensator-Wegaufnehmer (siehe 3.2.3) erreicht, wenn nach Bild 2-3 die Plattenabstände x_1 und x_2 der beiden Kondensatoren C_1 und C_2 durch den Messweg x gemäß $x_1 = x_0 - x$ und $x_2 = x_0 + x$ gegensinnig beeinflusst werden. Die normierte Ausgangsspannung U/U_0 der wechselspannungsgespeisten Brückenschaltung beträgt mit $C_i = \varepsilon A/x_i$ (A Plattenfläche, Permittivität $\varepsilon = \varepsilon_0\varepsilon_r$, $i = 1, 2$).

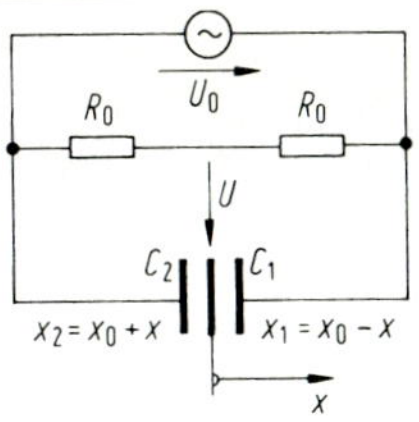

Bild 2-3. Anwendung des Differenzprinzips: Linearer Wegaufnehmer mit Differenzialkondensator

$$\frac{U}{U_0} = \frac{1/\mathrm{j}\omega C_2}{(1/\mathrm{j}\omega C_1) + (1/\mathrm{j}\omega C_2)} - \frac{1}{2} = \frac{1}{2} \cdot \frac{x}{x_0} \,.$$

Die Ausgangsspannung U ist also dem Messweg x direkt proportional.

2.1.3 Die Kreisstruktur

Die Kreisstruktur in Gestalt des Kompensationsprinzips (Gegenkopplung) ergibt sich nach Bild 2-4a. Der zu messenden Eingangsgröße x wird die Ausgangsgröße x_K eines in der Rückführung liegenden Messgliedes entgegengeschaltet und so lange verändert, bis sie näherungsweise gleich der Eingangsgröße ist.
Im Falle konstanter Übertragungsfaktoren v und G der Messglieder im Vorwärtszweig bzw. in der Rückfüh-

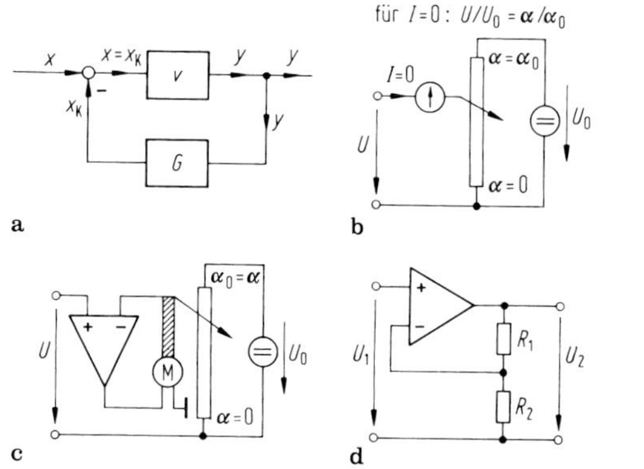

Bild 2-4. Die Kreisstruktur. **a** Prinzip, **b** Spannungskompensation von Hand, **c** motorische Kompensation einer Spannung, **d** gegengekoppelter reiner Spannungsverstärker

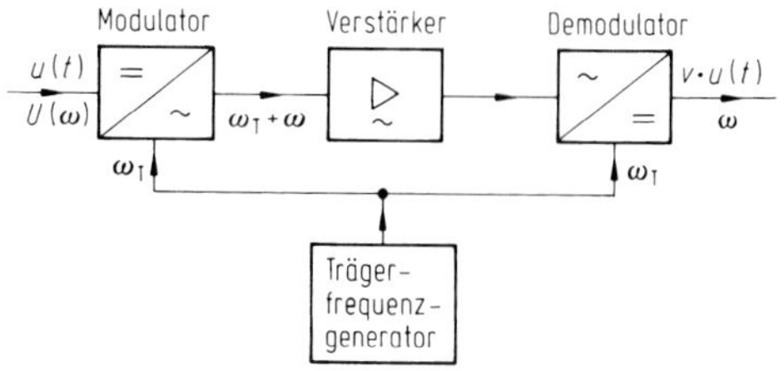

Bild 2-5. Das Prinzip der Modulation

rung berechnet sich der Übertragungsfaktor y/x bei Gegenkopplung aus

$$y = v(x - x_K) = v(x - Gy) \quad zu$$

$$\frac{y}{x} = \frac{v}{1 + Gv} = \frac{1}{\frac{1}{v} + G}$$

Bei sehr großen Übertragungsfaktoren $v \gg 1/G$ des Messgliedes im Vorwärtszweig vereinfacht sich der Übertragungsbeiwert bei Gegenkopplung zu $y/x = 1/G$.

Als Beispiele können die verschiedenen Methoden der Spannungsmessung und Spannungsverstärkung in Bild 2-4b bis d dienen. Im Fall (b) führt die Kompensation von Hand, im Fall (c) die motorische Kompensation („Servo") zu einem der Messspannung U proportionalen Winkel α. Im Fall (d) des reinen Spannungsverstärkers vergrößert sich die Ausgangsspannung U_2 so lange, bis die rückgeführte Spannung $[R_2/(R_1+R_2)]U_2$ gleich der Eingangsspannung U_1 ist. Damit ist U_2 auch proportional zu U_1.

2.2 Das Modulationsprinzip

Die nullpunktsichere Verstärkung oder Umformung kleiner Messsignale ist häufig in unerwünschter Weise durch vorhandene – teils extrem niederfrequente – Störsignale begrenzt. In erster Linie handelt es sich dabei um Temperaturdrift oder um Langzeitdrift wegen Alterung.

Mithilfe des Modulationsprinzips nach Bild 2-5 kann Nullpunktsicherheit gewährleistet werden (vgl. G 22.3). Die Amplitude einer oft sinus- oder rechteckförmigen Trägerschwingung wird mit dem zu verstärkenden Messsignal moduliert, dann mit einem a priori nullpunktsicheren Wechselspannungsverstärker verstärkt und anschließend wieder vorzeichenrichtig demoduliert.

Die Frequenz ω_T der Trägerschwingung wählt man so, dass sie in einen vergleichsweise ungestörten Frequenzbereich zu liegen kommt. Die Frequenz muss daher einerseits größer sein als die Frequenz der höchsten Oberwellen der Netzfrequenz, die Störungen verursachen können. Andererseits soll die Frequenz niedriger als die Frequenz störender Rundfunksender liegen. Aus diesen Überlegungen heraus bietet sich als Frequenz für die Trägerschwingung etwa der Bereich zwischen 500 Hz und 50 kHz an.

Modulatoren zur Messung nichtelektrischer Größen

Bei trägerfrequenzgespeisten Messbrücken (Bild 2-6a) erfolgt eine nullpunktsichere Umformung von Widerstands-, Kapazitäts- oder Induktivitätsänderungen in amplitudenmodulierte Wechselspannungen.

Bei einer mit vier Widerstandsaufnehmern ausgestatteten (sogenannten Voll-)Brücke, die mit der Trägerfrequenz-Spannung $U_0 \cos \omega_T t$ gespeist wird, ist die normierte Ausgangsspannung

$$\frac{U}{U_0} = \left(\frac{R_0 + \Delta R}{2R_0} - \frac{R_0 - \Delta R}{2R_0}\right) \cos \omega_T t$$
$$= \frac{\Delta R}{R_0} \cos \omega_T t \,.$$

Diese Brückenausgangsspannung kann mit einem nullpunktsicheren Wechselspannungsverstärker verstärkt und anschließend phasenabhängig gleichgerichtet werden. Dieser Synchrongleichrichter wird

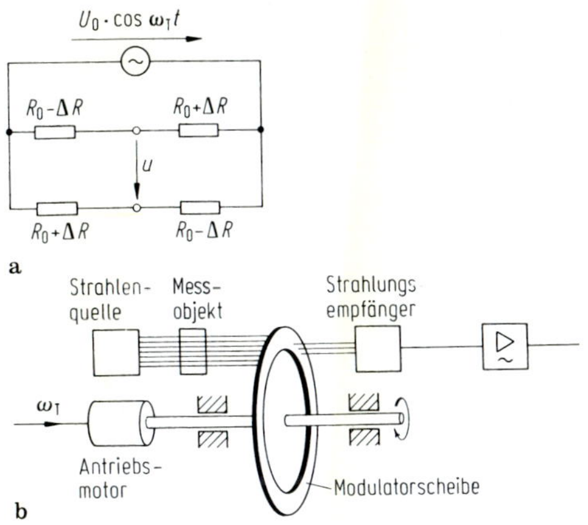

Bild 2-6. Modulatoren zur Messung nichtelektrischer Größen. **a** Trägerfrequenz-Messbrücke, **b** Rotierende Modulatorscheibe im Wechsellicht-Fotometer

von derselben Trägerfrequenz gesteuert, die die Messbrücke speist.

Für die Messung optischer und daraus abgeleiteter Größen kann mit einer *rotierenden Modulatorscheibe* ein Lichtstrom periodisch moduliert werden (Bild 2-6b). Dieses Verfahren ist dann von Vorteil, wenn die Intensität eines Lichtstroms nullpunktsicher ausgewertet werden soll. Beispiele sind das Wechsellichtfotometer, mit dem die Transparenz einer Probe bestimmt werden kann, und Gasanalysegeräte, bei denen aus der Infrarotabsorption auf die Gaskonzentration geschlossen werden kann.

Die Drehzahl des Antriebsmotors der Modulatorscheibe bestimmt die Trägerfrequenz. Die Modulatorscheibe moduliert die von der Strahlenquelle zum Strahlungsempfänger gelangende Intensität. Die Modulation kann rechteckförmig oder sinusähnlich sein. Das vom Strahlungsempfänger abgegebene Signal wird mit einem Wechselspannungsverstärker verstärkt und dann gleichgerichtet.

2.3 Struktur eines digitalen Instrumentierungssystems

Die Struktur digitaler Instrumentierungssysteme ist durch dezentrale, „intelligente“ Komponenten gekennzeichnet, die über ein digitales Sammelleitungssystem (Bussystem) miteinander kommunizieren. Jede individuelle Peripheriekomponente enthält dabei einen Mikrorechner, mit dem spezifische Signalverarbeitungsmaßnahmen vollzogen werden können (Mikroperipherik-Komponenten). Dadurch sind spezifische Anforderungen des Prozesses, des Bedienungspersonals, des Sammelleitungssystems und der Mikroperipherik-Komponenten erfüllbar.

2.3.1 Erhöhung des nutzbaren Informationsgehalts

Der nutzbare Informationsgehalt H jedes Sensors ist begrenzt und lässt sich i. Allg. durch Messsignalverarbeitung erhöhen. Nur von theoretischer Bedeutung ist der unendlich hohe Informationsgehalt eines analogen Sensors, dessen Kennlinie unabhängig von Einflussgrößen und ideal reproduzierbar ist.

In Wirklichkeit ist jedem Sensor-Ausgangssignal aufgrund der Messunsicherheit ein *bestimmter* Eingangsbereich zugeordnet. Die Zahl der unterscheidbaren Eingangssignale ist also begrenzt und lässt sich bei gegebenem Streubereich auch bei einer nichtlinearen Kennlinie grafisch bestimmen (Bild 2-7).

Bei einer linearen Sollkennlinie und einem zulässigen relativen Fehler F_{rel} berechnet sich die Zahl z der unterscheidbaren Eingangssignale zu

$$z = \frac{1}{2F_{rel}} \, .$$

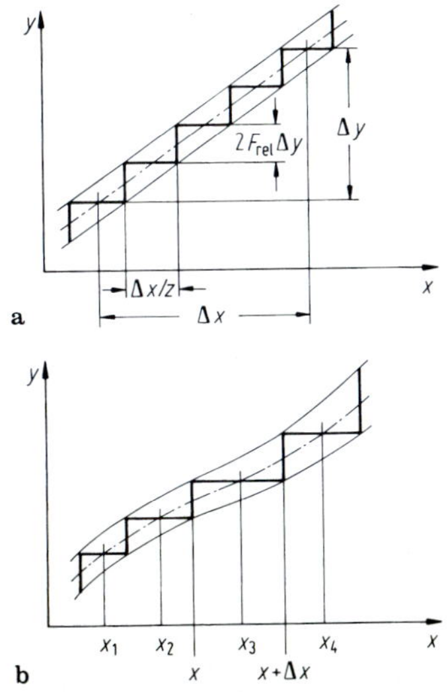

Bild 2-7. Bestimmung der Zahl z der unterscheidbaren Zustände

Der Nutz-Informationsgehalt H_{nutz} beträgt allgemein

$$H_{nutz} = \text{ld}\, z$$

und wird in der Pseudoeinheit Shannon (Sh) angegeben (frühere Einheit: bit).
Bei linearer Sollkennlinie ist daher der Nutz-Informationsgehalt

$$H_{nutz} = \text{ld}(1/F_{rel}) - \text{ld}\, 2 = -\text{ld}\, F_{rel} + 1\,.$$

Typischerweise liegt der Nutz-Informationsgehalt eines industriellen Drucksensors ohne Korrektur des Temperatureinflusses zwischen 4 und 6 Sh. Mit rechnerischer Korrektur des Temperatureinflusses lassen sich möglicherweise Werte zwischen 8 und 12 Sh erreichen.

2.3.2 Struktur von Mikroelektroniksystemen mit dezentraler Intelligenz

Die grundsätzliche Struktur von Mikroelektroniksystemen und Mikroperipherikkomponenten (speziell der Sensoren) ist gekennzeichnet durch die Anwendung der Mikroelektronik zur Prozessführung und durch die notwendigen Mikroperipherikkomponenten zur Verbindung von Prozess, Mikroelektronik und Mensch (Bild 2-8).
In einer fortgeschrittenen Version sind die dezentralen Mikroperipherikkomponenten (speziell die Sensoren) „intelligent", beinhalten einen Mikrorechner und sind mit einem Datenbus verbunden (Bild 2-9).

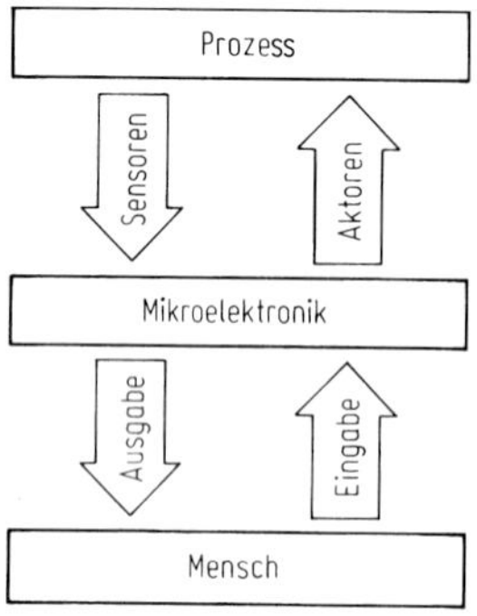

Bild 2-8. Komponenten der Mikroperipherik

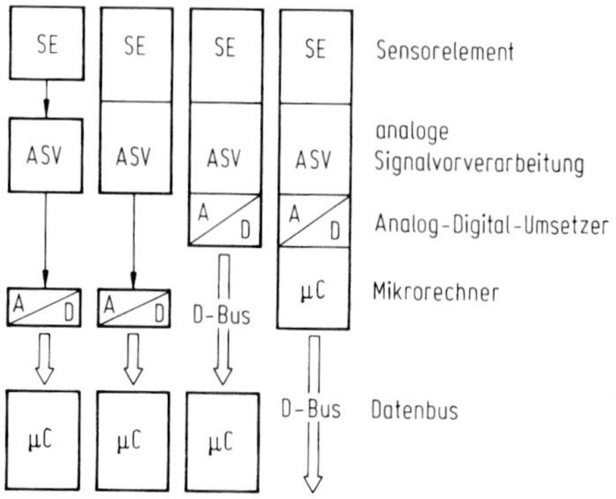

Bild 2-9. Sensorgenerationen

Ausgehend von diesen Vorstellungen und dem Wunsche nach möglichst vollständiger Integration von Komponente (speziell Sensor) und Signalverarbeitung ergibt sich die Struktur eines Mikroelektronik-Systems nach Bild 2-10.
Mit der sog. *anthropospezifischen Messsignalverarbeitung* in der Ausgabekomponente ist eine Anpassung an die Eigenschaften des Menschen, speziell an die zulässige Informationsrate, möglich. Im einfachsten Fall wird außer einem besonders interessierenden Messwert dessen Änderungs-

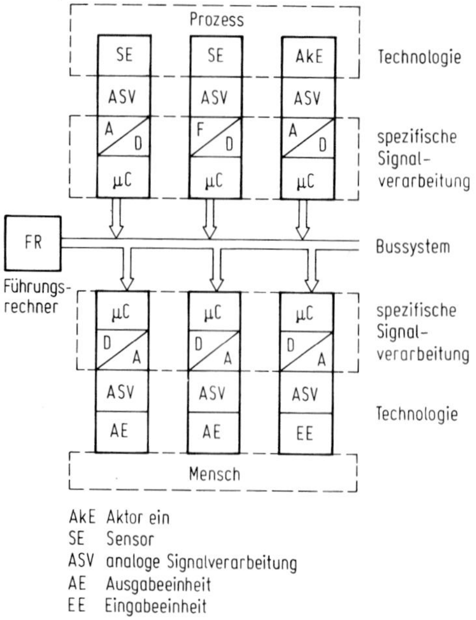

Bild 2-10. Struktur eines futuristischen Mikroelektronik-Systems

geschwindigkeit oder Streuung angegeben. Die Änderungsgeschwindigkeit kann dabei in Form des Wertes angegeben werden, der erreicht wird, wenn die momentane Änderungsgeschwindigkeit für einen konstanten Zeitraum, z. B. von 10 s, beibehalten wird. Die Angabe der Streuung eines Messwertes, z. B. durch die Breite einer Messmarke, verhindert fälschliche Interpretationen, die nur bei entsprechend höherer Messgenauigkeit Gültigkeit besäßen.

Besondere Bedeutung hat die *flexible Anpassung* einer Mikroperipherikkomponente an den Peripheriebus, was gegenwärtig in der Industrie noch wenig beachtet wird. Dabei ist es die Aufgabe der „komponentenspezifischen Intelligenz", nur die tatsächlich benötigte Übertragungsrate anzufordern und zu benutzen und bei Überlastung des Busses ein Notprogramm zu fahren, das den wichtigsten Systemaufgaben noch gerecht wird.

3 Messgrößenaufnehmer (Sensoren)

3.1 Sensoren und deren Umfeld

3.1.1 Aufgabe der Sensoren

Beim Entwurf und beim Betrieb von Mess- und Automatisierungssystemen kommt den Sensoren besondere Bedeutung zu. Ihre Aufgabe ist es, die Verbindung zum technischen Prozess herzustellen und die nichtelektrischen Messgrößen in elektrische Signale umzuformen.

Bei dieser Umformung bedienen sie sich eines physikalischen oder chemischen Messeffektes, der von unerwünschten Stör- oder Einflusseffekten überlagert ist. Jedes Sensorsystem enthält eine im Allgemeinen individuelle Auswerteschaltung, mit deren Hilfe das Signal in ein Amplituden- oder Frequenzsignal umgeformt wird, eine Verstärkerschaltung, eine Umsetzungsschaltung ins digitale Signalformat und an geeigneter Stelle Maßnahmen zu analogen oder digitalen Signalverarbeitung.

Die Realisierung des Messeffektes in einem Sensor bedarf konstruktiver und fertigungstechnischer Maßnahmen. Ein Sensor muss kalibriert und gegebenenfalls nachkalibriert werden. Schließlich muss auch die für den Betrieb des Sensors erforderliche Infrastruktur, wie z. B. Hilfsenergie oder Steuerungssignale, verfügbar sein.

Je nach Anwendungsbereich lassen sich verschiedene Sensorklassen unterscheiden. Typisch sind dabei Sensoren für die industrielle Technik, z. B. Verfahrenstechnik oder Fertigungstechnik, aber auch Sensoren für Präzisionsanwendungen oder für Anwendungen in Massengütern, also in dezentralen Einzelprozessen.

Abhängig vom Anwendungsbereich werden unterschiedliche Anforderungen an die Sensoren gestellt. Eine wesentliche Rolle spielen die erreichbare Genauigkeit, die Einflusseffekte, die dynamischen Eigenschaften, die Signalform bei der Signalübertragung, die Zuverlässigkeit und natürlich auch die Kosten.

3.1.2 Messeffekt und Einflusseffekt

Von grundsätzlicher Bedeutung beim Entwurf eines Sensors sind der verwendete Messeffekt und die zu erwartenden störenden Einflusseffekte. Nicht für jede Messaufgabe stehen einfach aufgebaute, selektive Sensoren zur Verfügung. Die Art und die Zahl der verfügbaren physikalischen und chemischen Messeffekte sind begrenzt. In manchen Fällen liegt ein leicht realisierbarer Effekt zu Grunde wie z. B. der thermoelektrische Effekt, bei dem eine Temperaturdifferenz in eine eindeutig davon abhängige Spannung umgeformt wird.

Vom Prinzip her schwieriger gestaltet sich schon die Messung mechanischer Größen, wie z. B. die Druckmessung. Neben dem eigentlichen Messeffekt tritt dabei immer die Temperatur als Einflussgröße auf. Die Kunst des Sensorentwicklers ist es dabei, die Auswirkung des Einflusseffekts möglichst zu eliminieren.

3.1.3 Anforderungen an Sensoren

Zu den wichtigsten Anforderungen, die an Sensoren gestellt werden, zählen statische Übertragungseigenschaften, Einflusseffekte und Umgebungsbedingungen, dynamische Übertragungseigenschaften, Zuverlässigkeit und Wirtschaftlichkeit.

Als statische Übertragungseigenschaften interessieren zunächst die *Empfindlichkeit* des Sensors und die zulässigen *Fehlergrenzen*. Eine zu geringe Empfindlichkeit kann wegen der notwendigen Nachverstär-

kung zusätzliche Fehler verursachen. Ein niedriger resultierender Gesamtfehler des Sensors ist von Bedeutung, wenn z. B. genaue Temperatur- oder Lageregelungen erforderlich sind.
Weiterhin sollen Sensoren möglichst geringe *Einflusseffekte* aufweisen. Eine Einflussgröße, z. B. eine Temperatur, kann dabei dann entweder durch geeignete Maßnahmen konstant gehalten werden, oder aber der Einfluss wird in der Auswerteschaltung korrigiert. Daneben können sich mechanische Erschütterungen und Schwingungen als Störgrößen auswirken, ebenso wie elektromagnetische Einflüsse unterschiedlich vertragen werden (Elektromagnetische Verträglichkeit, EMV).
Neben diesen Einflusseffekten existieren gewöhnlich Grenzwerte für die Umgebungsbedingungen, die nicht überschritten werden dürfen, wenn ein zuverlässiger Betrieb angestrebt wird. Die zulässigen mechanischen und thermischen Beanspruchungen sind z. B. gewöhnlich durch bestimmte maximale Beschleunigungswerte bzw. auf bestimmte Temperaturbereiche begrenzt.

3.1.4 Signalform der Sensorsignale

Die Entscheidung darüber, welche Signalform der Sensorsignale möglich und vorteilhaft ist, hängt u. a. von den erforderlichen Eigenschaften bei der Signalübertragung und von der Art der erforderlichen Messwertverarbeitung ab. Im Wesentlichen lassen sich dabei die amplitudenanaloge, die frequenzanaloge und die (direkt) digitale Signalform unterscheiden.
Für amplitudenanaloge Signale gilt:

- Die erreichbare statische Genauigkeit ist beschränkt.
- Die dynamischen Übertragungseigenschaften sind im Allgemeinen sehr gut.
- Die Störsicherheit ist gering.
- Die möglichen Rechenoperationen sind beschränkt.
- Die galvanische Trennung ist sehr aufwändig.
- Die anthropotechnische Anpassung ist gut, da z. B. Tendenzen schneller erkennbar sind.

Für frequenzanaloge und für digitale Signale gilt:

- Die mögliche statische Genauigkeit ist im Prinzip beliebig hoch.
- Die Dynamik ist begrenzt.
- Die Störsicherheit bei der Signalübertragung ist hoch.
- Rechenoperationen sind wegen der einfachen Anpassung an einen Mikrorechner leicht möglich.
- Eine galvanische Trennung ist mit Übertragern oder Optokopplern einfach möglich.

Eine anthropotechnische Anpassung ist im Falle frequenzanaloger Signale akustisch möglich. Bei digitalen Signalen kann durch Erhöhung der Stellenzahl eine sehr hohe Auflösung erzielt werden.
Für spezielle Rechenoperationen, wie z. B. Quotienten- oder Integralwertbildung, sind frequenzanaloge Signale sehr gut geeignet. Frequenzanaloge Signale lassen sich mit wenig Aufwand ins digitale Signalformat umsetzen. Da außerdem eine Reihe wichtiger Sensoren frequenzanaloge Ausgangssignale liefern und zudem einfacher aufgebaut sind als vergleichbare amplitudenanaloge Sensoren, steigt die Bedeutung frequenzanaloger Signale und Sensoren.

3.2 Sensoren für geometrische und kinematische Größen

3.2.1 Resistive Weg- und Winkelaufnehmer

Vom Prinzip her besonders einfach sind resistive Weg- und Winkelaufnehmer, bei denen ein veränderlicher Ohm'scher Widerstand an einem Draht oder an einer Wicklung abgegriffen wird. Im einfachsten Fall bewegt sich nach Bild 3-1a und b ein vom Messweg oder Messwinkel angetriebener Schleifer auf einem gestreckten oder kreisförmigen Messdraht.
Der abgegriffene Widerstand R ist im unbelasteten Zustand dem Messweg x proportional. Mit dem Widerstandswert R_0 beim Messbereichsendwert x_0 ergibt sich

$$R = \frac{x}{x_0} R_0 \,.$$

Im belasteten Zustand hängt die Kennlinie vom Verhältnis R_0/R_L (R_L Lastwiderstand) ab, siehe 4.1.2.
Die Querschnittsfläche A des Widerstandsdrahtes soll möglichst konstant und der spezifische Widerstand ϱ hinreichend groß und temperaturunabhängig sein.
Beim *Ringrohr-Winkelaufnehmer* nach Bild 3-1c fungiert Quecksilber als Abgriff, indem es unterschied-

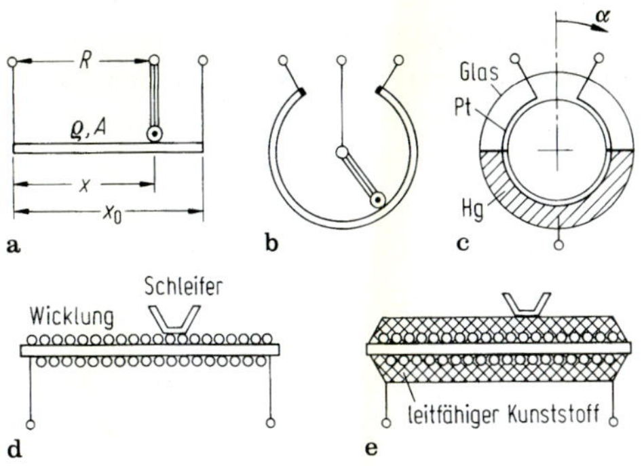

Bild 3-1. Resistive Weg- und Winkelaufnehmer. **a** Prinzip eines Wegaufnehmers, **b** Prinzip eines Winkelaufnehmers, **c** Ringrohr-Winkelaufnehmer, **d** gewickelter Wegaufnehmer, **e** Leitplastik-Aufnehmer

liche Teilbereiche des Messdrahtes kurzschließt und damit den Widerstand zwischen Quecksilber und den Drahtenden winkelproportional verändert.

Ein wesentlich höherer Gesamtwiderstand kann bei resistiven Weg- und Winkelaufnehmern nach Bild 3-1d durch *Wendelung des Messdrahtes* auf einem isolierenden Trägermaterial erzielt werden. Dadurch ergeben sich Unstetigkeiten im Widerstandsverlauf des Aufnehmers; es tritt der sog. Windungssprung auf. Durch eine zusätzliche Schicht aus *leitfähigem Kunststoff* („Leitplastik") über der Messwicklung (Bild 3-1e) kann sowohl der Windungssprung eliminiert als auch der Abrieb stark vermindert werden.

3.2.2 Induktive Weg- und Längenaufnehmer

Bei induktiven Aufnehmern wird durch Weg oder Winkel die Selbstinduktivität einer Spule oder die Gegeninduktivität (Kopplung) zwischen zwei Spulen gesteuert.

Drossel als Wegaufnehmer

Beim Drosselsystem nach Bild 3-2a wird die Induktivität $L(x)$ durch Veränderung des Luftspaltes x eines weichmagnetischen Kreises gesteuert.

Bei Normierung mit der Induktivität $L(0) = L_0$ ergibt sich unter vereinfachenden Annahmen (homogenes Feld im Eisen usw.)

$$\frac{L}{L_0} = \frac{1}{1 + \mu_r \dfrac{x}{x_M}} .$$

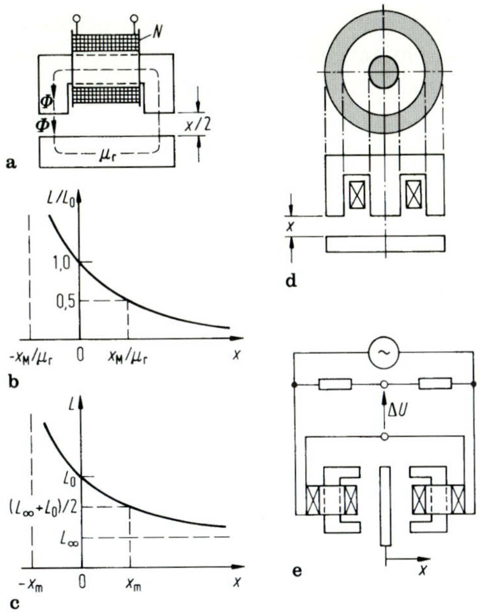

Bild 3-2. Drosselprinzip für induktive Wegaufnehmer. **a** Prinzip eines Drosselsystems, **b** Kennlinie ohne Streufluss, **c** Kennlinie mit Streufluss, **d** Schalenkernsystem aus Ferritmaterial, **e** Doppeldrossel (Differenzprinzip)

Dabei ist μ_r, die Permeabilitätszahl (relative Permeabilität) und x_M die Weglänge im magnetischen Material.

Der Zusammenhang zwischen der Induktivität L und dem Messweg x ist in Bild 3-2b qualitativ dargestellt. Tatsächlich ergibt sich unter Berücksichtigung von Streuflüssen auch bei sehr großem Luftspalt eine endliche Induktivität $L(x \to \infty) = L_\infty > 0$. Die reale Kennlinie kann dann mit guter Näherung durch eine gebrochen rationale Funktion 1. Grades der Form

$$\frac{L}{L_0} = \frac{1 + \dfrac{L_\infty}{L_0} \cdot \dfrac{x}{x_m}}{1 + \dfrac{x}{x_m}}$$

beschrieben werden und ist in Bild 3-2c dargestellt. Dabei ist x_m der mittlere Weg, für den sich die mittlere Induktivität $\frac{1}{2}(L_0 + L_\infty)$ ergibt.

Wegaufnehmer nach diesem Prinzip können auch mit kreiszylindrischen Schalenkernen aus Ferritmaterial nach Bild 3-2d realisiert und mit Frequenzen bis etwa 100 kHz betrieben werden. Oft ist es von Vorteil, zwei Aufnehmer (Doppeldrossel) mit der Messgröße x gegensinnig auszusteuern (Bild 3-2e) und die Ausgangssignale voneinander zu subtrahieren (Spannung ΔU). Durch dieses Differenzprinzip kann eine Linearisierung der Kennlinie und eine Kompensierung des Temperatureinflusses erreicht werden.

Tauchkernsysteme

Tauchkernsysteme sind zur Messung mittlerer und auch größerer Wege geeignet. Nach Bild 3-3a besteht ein einfacher Tauchkernaufnehmer aus einer, in der Regel mehrlagigen Spule, deren Induktivität durch die Eintauchtiefe eines ferromagnetischen Tauchkerns gesteuert wird.

Die Anwendung des Differenzprinzips führt entweder zum *Doppelspulen-Tauchkernsystem* (Bild 3-3b) oder zum *Differenzialtransformator-Tauchkernsystem* (linear variable differential transformer, LVDT) nach Bild 3-3c, wobei beide Differenzialsysteme bessere Kennlinienlinearität (Bild 3-3d) aufweisen als das einfache Tauchkernsystem.

Weitere induktive Aufnehmer

In der Werkstoffprüfung, für die Schwingungsmessung sowie als Präsenzdetektoren und Aufnehmer für kleine und mittlere Wege haben *Wirbelstromaufnehmer* (Bild 3-4a) Bedeutung erlangt.

Durch das von der Spule erzeugte Wechselfeld werden in der nichtmagnetischen leitenden Platte Wirbelströme erzeugt, die zu einer Bedämpfung der Spule und zu einer Verringerung der Induktivität führen. Es haben sich sogar gedruckte spiralförmige Flachspulen (Bild 3-4b) als sehr geeignet zur Wegaufnahme erwiesen. Verwendet man statt einer leitenden eine ferromagnetische Platte, so steigt die Induktivität der Spule bei Annäherung an. So lassen sich z. B. Eisenteile von unmagnetischen Metallen unterscheiden.

Als induktiver Aufnehmer für größere Wege im Bereich von etwa 10 bis 200 mm eignen sich auch Luftspulen, die aus Federmaterial, z. B. Kupfer-Beryllium, gefertigt und als *konische Schraubenfedern* ausgebildet sind (Bild 3-4c). Näherungsweise ist die Windungszahl einer solchen Spule und ihre wirksame Fläche konstant. Die Induktivität dieser Spule, die bei Frequenzen im MHz-Bereich betrieben wird, ist der wirksamen Länge umgekehrt proportional. Die Baulänge der Spule ist praktisch identisch mit der Messspanne. Bei kleinen Wegen x legt sich die Spule fast vollständig flach zusammen.

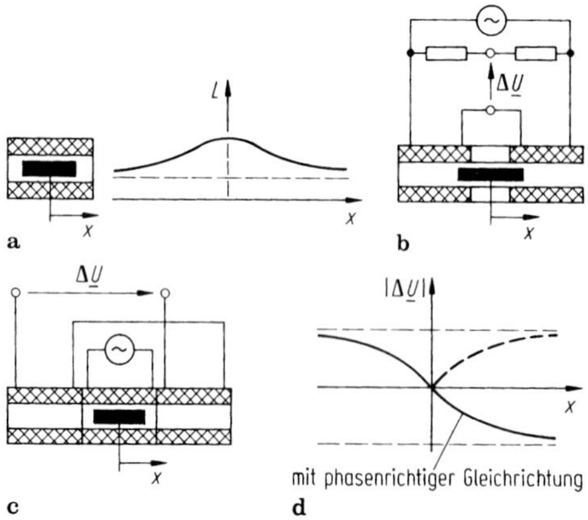

Bild 3-3. Tauchkernprinzip für induktive Aufnehmer. **a** Einfacher Tauchkernaufnehmer, **b** Doppelspulen-Tauchkernsystem, **c** Differenzialtransformator-Tauchkernsystem, **d** Kennlinie von Differenzialsystemen

3.2.3 Kapazitive Aufnehmer für Weg und Füllstand

Bei kapazitiven Aufnehmern wird durch den Messweg oder durch den Höhenstand einer Flüssigkeit die Kapazität eines Platten- oder Zylinderkondensators gesteuert. Die Kapazität C eines Plattenkondensators berechnet sich aus der Fläche A und dem Abstand d zu

$$C = \varepsilon_0 \varepsilon_r \frac{A}{d} \; .$$

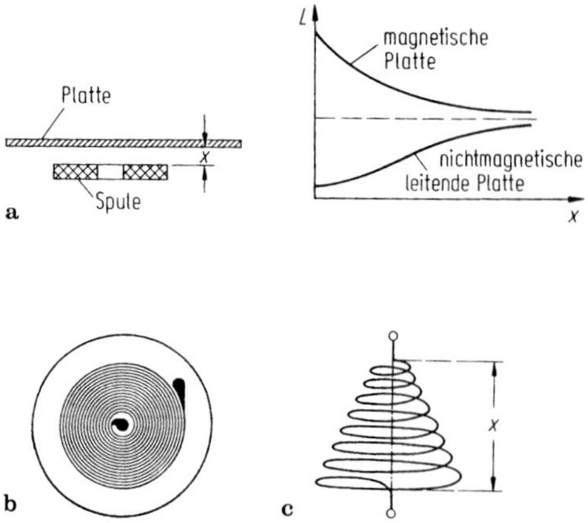

Bild 3-4. Weitere induktive Aufnehmer. **a** Prinzip des Wirbelstromaufnehmers, **b** gedruckte spiralförmige Flachspule, **c** konische Schraubenfeder als Wegaufnehmer

Dabei ist $\varepsilon_0 = 1/\mu_0 c_0^2 = 8{,}854\ldots$ pF/m die elektrische Feldkonstante und ε_r die relative Permittivität (Dielektrizitätszahl). Verändert der Messweg x den Plattenabstand wie in Bild 3-5a gezeigt, so ist die daraus resultierende Kapazität dem Messweg näherungsweise umgekehrt proportional. Beeinflusst der Messweg x die Plattenfläche nach Bild 3-5b, so ergibt sich ein näherungsweise linearer Anstieg der Kapazität mit dem Weg. Während bei der gewöhnlichen Wegmessung Luft das Dielektrikum ist ($\varepsilon_r = 1$), kann bei bekannter Dielektrizitätszahl die Dicke von Kunststofffolien und -platten bestimmt werden.

Die *Höhenstandsmessung* von Flüssigkeiten in Behältern ist mithilfe eines Zylinderkondensators möglich. Die Kapazität besteht dabei aus einem konstanten Anteil C_0, der sich beim Füllstand x_0 ergibt, und aus einem Anteil, der dem Füllstand $(x - x_0)$ proportional ist:

$$C = C_0 + \frac{2\pi\varepsilon_0}{\ln(D/d)}(x - x_0)(\varepsilon_r - 1)$$

Dabei ist D der Innendurchmesser der Außenelektrode und d der Außendurchmesser der Innenelektrode. Bei isolierenden Flüssigkeiten bildet das Füllgut das Dielektrikum des Zylinderkondensators (Bild 3-5c). Bei leitenden Flüssigkeiten besitzt der Zylinderkondensator ein festes Dielektrikum, während das Füllgut die Außenelektrode des Zylinderkondensators bildet (Bild 3-5d).

3.2.4 Magnetische Aufnehmer

Mit magnetischen Aufnehmern lassen sich Wege und Winkel messen, wenn der Aufnehmer durch die jeweiligen Messgrößen unterschiedlichen magnetischen Induktionen ausgesetzt ist, die eindeutig der Messgröße zugeordnet werden können.

Die wichtigsten magnetischen Aufnehmer sind Hall-Sensoren, die auf dem Hall-Effekt beruhen, und Feldplatten (magnetfeldabhängige Widerstände), die auf dem Gauß-Effekt beruhen.

Hall-Sensoren

Bei den Hall-Sensoren (Bild 3-6a) wird ein Halbleiterstreifen der Dicke d einem magnetischen Feld der Induktion B ausgesetzt. Lässt man durch den Streifen in Längsrichtung einen Steuerstrom I fließen, so bewirkt die Lorentzkraft auf die bewegten Ladungen eine Ladungsverschiebung im Streifen und damit ein elektrisches Querfeld. Zwischen den Längsseiten ist deshalb eine Hall-Spannung abgreifbar:

$$U_H = R_H \frac{IB}{d} \, .$$

R_H ist der *Hall-Koeffizient*. Hall-Sensoren aus GaAs besitzen eine vergleichsweise geringe Temperaturabhängigkeit und sind bis etwa 120 °C geeignet.

Feldplatten

Bei der Feldplatte (Bild 3-6b) wird die Abhängigkeit des Widerstandes R_B in Längsrichtung des Halbleiterstreifens von der Induktion B ausgenutzt. Beim MDR

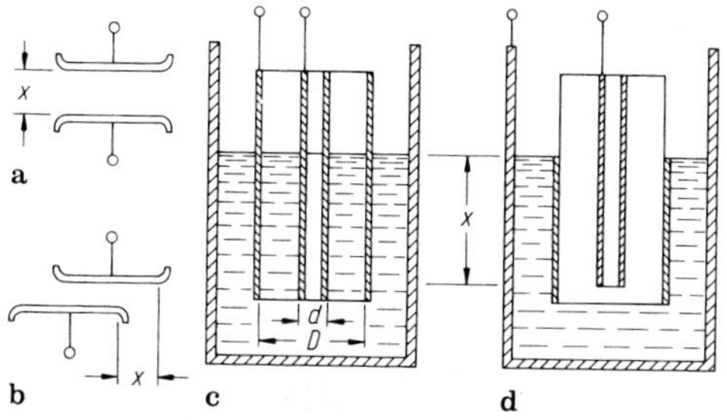

Bild 3-5. Kapazitive Aufnehmer. **a** und **b** Kapazitive Wegaufnehmer, **c** Höhenstandsmessung bei isolierenden Flüssigkeiten, **d** Höhenstandsmessung bei leitenden Flüssigkeiten

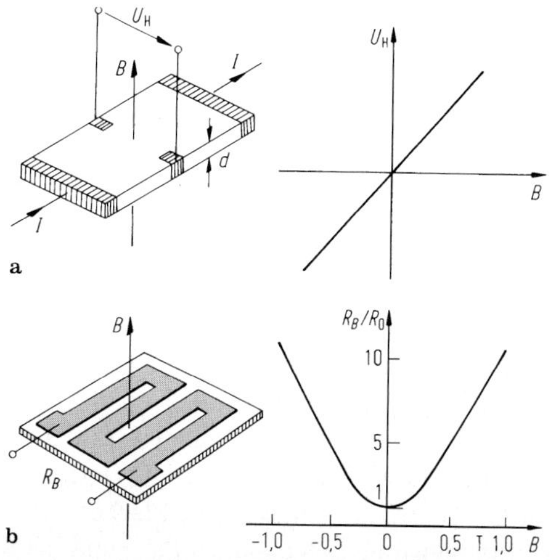

Bild 3-6. Magnetische Aufnehmer. **a** Hall-Sensor und Kennlinie, **b** Feldplatte und Kennlinie

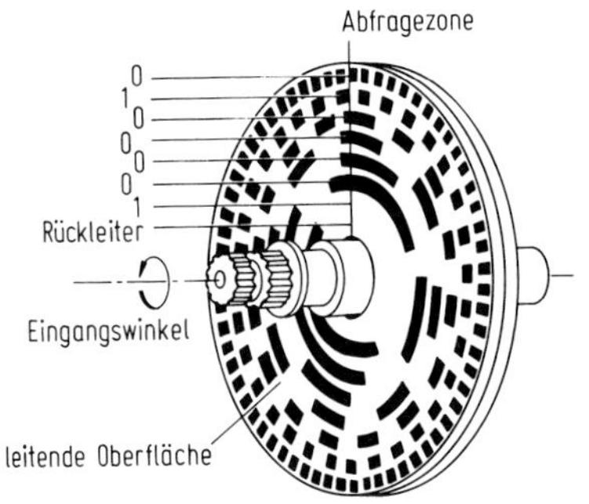

Bild 3-7. Winkelcodierer (Codescheibe)

(magnetic field depending resistor) spricht man auch vom magnetischen Widerstandseffekt oder Gauß-Effekt. Der Widerstand R_B der Feldplatten nimmt etwa quadratisch mit der Induktion B zu und beträgt

$$R_B = R_0(1 + kB^2)\ .$$

Der typische Widerstandsverlauf einer Feldplatte ist in Bild 3-6b dargestellt. Da die Empfindlichkeit der Feldplatten mit steigender Induktion gemäß

$$\frac{\mathrm{d}R_B}{\mathrm{d}B} = 2kR_0B$$

wächst, werden Feldplatten in der Umgebung eines Arbeitspunktes $|B| > 0$ betrieben. Wegen ihrer hohen Temperaturabhängigkeit werden Feldplatten gerne in einer Differenzialanordnung eingesetzt. So lassen sich Weg-, Winkel- und auch Drehzahlaufnehmer realisieren.

3.2.5 Codierte Weg- und Winkelaufnehmer

Bei codierten Längen- und Winkelmaßstäben ist jeder Messlänge bzw. jedem Messwinkel ein umkehrbar eindeutiges, binär codiertes digitales Signal zugeordnet. Dieses liegt in räumlich parallel codierter Form vor und kann unmittelbar abgelesen werden.

Der Winkelcodierer oder die Codescheibe besteht aus einer Welle und einer Scheibe oder einer Trommel, die mit einem Codemuster versehen ist (Bild 3-7).

Das Codemuster besteht entweder aus einer Kombination leitender und nichtleitender Flächen oder aus einer Kombination lichtdurchlässiger und lichtundurchlässiger Flächen. Es sind auch magnetische Winkelcodierer bekannt, bei denen das Codemuster aus magnetischen und nichtmagnetischen Flächen aufgebaut ist. Die erreichbare Auflösung liegt je nach Ausführungsform etwa zwischen 100 und 50 000 auf dem Umfang.

Damit bei der Abtastung von Winkelcodierern der Fehler nicht größer als eine Quantisierungseinheit werden kann, wird die Codescheibe mit einer redundanten Abtasteinrichtung abgefragt oder es werden sog. einschrittige Codes, wie der *Gray-Code*, angewendet, bei dem sich beim Übergang von einer Zahl zur nächsten stets nur ein einziges Bit ändert.

3.2.6 Inkrementale Aufnehmer

Bei den sog. inkrementalen Messverfahren wird der gesamte Messweg bzw. der gesamte Messwinkel in eine Anzahl gleich großer Elementarschritte zerlegt. Die Breite eines Elementarschrittes kennzeichnet das Auflösungsvermögen.

Der Aufbau eines inkrementalen Längenmesssystems ist in Bild 3-8 gezeigt. Es besteht aus dem Maßstab und dem zugehörigen Abtastkopf. Der Abtastkopf ist über dem Maßstab in einem Abstand von wenigen Zehntelmillimetern montiert. Die Abtastplatte besteht aus vier Abtastfeldern und ist im Abtastkopf enthalten.

Der Aufbau ist wie bei einem Strichgitter und setzt sich aus lichtundurchlässigen Strichen und aus durchsichtigen Lücken zusammen, deren Teilung mit der Maßstabsteilung übereinstimmt. Das Licht der im Abtastkopf eingebauten Lampe fällt schräg auf die Abtastplatte und durch die Lücken der vier Abtastfelder auf den Maßstab. Von den blanken Maßstabslücken wird das Licht reflektiert. Es tritt wieder durch die Lücken der Abtastplatte und trifft auf die zugeordneten Fotoempfänger.

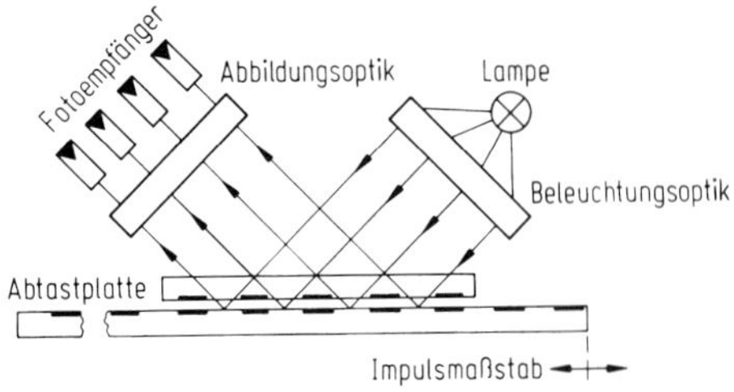

Bild 3-8. Inkrementales Längenmesssystem

Wird nun der Maßstab relativ zum Abtastkopf verschoben, so schwankt die Intensität des auf die Fotoempfänger gelangenden Lichtes periodisch. Die Fotoempfänger wiederum liefern eine sinusähnliche Spannung, deren Periodenzahl nach Impulsformung gezählt wird.

Die vier Gitterteilungen sind jeweils um eine Viertel Gitterperiode gegeneinander versetzt angeordnet. Durch Antiparallelschaltung der Gegentaktsignale ergeben sich zwei um 90° verschobene Differenzsignale, deren Gleichanteil kompensiert ist. Diese um 90° gegeneinander verschobenen Signale ergeben nach Auswertung der Phasenlage die Richtungsinformation der Bewegung. Je nach Bewegungsrichtung, eilt das eine Signal dem anderen um 90° vor oder nach. Mit einem Richtungsdiskriminator kann deshalb die Zählrichtung für den nachgeschalteten Vorwärts-Rückwärts-Zähler bestimmt werden.

Neben den inkrementalen Längenmaßstäben mit optischer Abtastung gibt es auch inkrementale Winkelmaßstäbe mit optischer, magnetischer oder induktiver Abtastung. Ein typischer Wert der erreichbaren Auflösung liegt bei einer Winkelminute.

3.2.7 Laser-Interferometer

Höhere Genauigkeit und höhere Auflösung als mit inkrementalen Gittermaßstäben ist mit einem Laser-Interferometer erreichbar, dessen Prinzip bereits von Michelson beschrieben wurde. Das Funktionsprinzip eines Laser-Interferometers kann mit Bild 3-9 erklärt werden.

Durch einen halbdurchlässigen Spiegel wird das von einem Laser erzeugte monochromatische Licht in einen Messstrahl und einen Vergleichsstrahl aufgespalten (A). Der Messstrahl trifft auf einen rechtwinkeligen Reflektor, dessen Abstand gemessen werden soll. Der Vergleichsstrahl wird über einen fest angeordneten Reflektor zum Punkt B des halbdurchlässigen Spiegels zurückgeführt. Dort werden durch Überlagerung mit dem reflektierten Messstrahl die Interferenzstreifen gebildet und von den Fotodetektoren C und D analysiert.

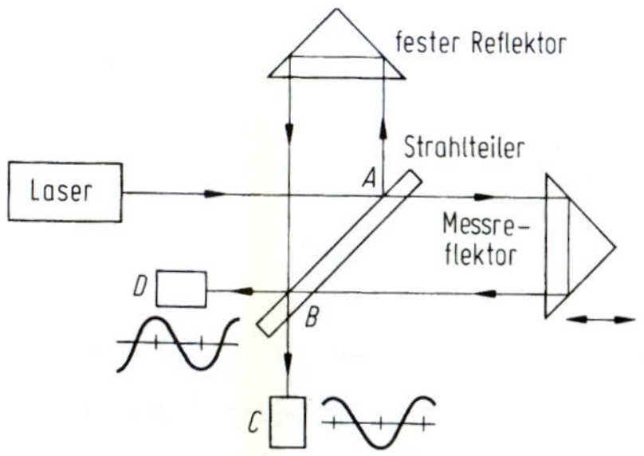

Bild 3-9. Funktionsprinzip des Laser-Interferometers

Durch eine Abstandsänderung von $\lambda/4$ wird so die Lichtintensität vom Maximalwert auf einen Minimalwert geändert. Bei Bewegung des Messreflektors wird in den Fotodetektoren ein sinusähnliches Signal erzeugt, dessen Periodenzahl nach Impulsformung in einem elektronischen Zähler ermittelt werden kann.

Die Genauigkeit eines Laser-Interferometers hängt nur von der Genauigkeit der Wellenlänge des monochromatischen Lichtes ab. Diese Wellenlänge ist von den Umgebungsbedingungen abhängig. Eine Abstandsänderung d des Messreflektors hängt mit der Wellenlänge λ_0 bei Normalbedingungen und der Zahl N der Interferenzstreifen über folgende Beziehung zusammen:

$$2d = \lambda_0 N(1 + K) .$$

Der Korrekturfaktor K berücksichtigt die vorhandenen Werte von Druck, Temperatur und relativer Luftfeuchte nach der Beziehung

$$K = k_\mathrm{p}(p - p_0) + k_\mathrm{T}(T - T_0) + k_\mathrm{f}(f - f_0) .$$

$k_\mathrm{p}, k_\mathrm{T}$ und k_f sind die Korrekturbeiwerte für den Druck p, die Temperatur T bzw. die relative Luftfeuchte f. Die mit 0 indizierten Größen kennzeichnen die Normalbedingungen. Die Korrekturbeiwerte betragen

$$k_\mathrm{p} = -0{,}2 \cdot 10^{-6}/\mathrm{hPa} ,$$
$$k_\mathrm{T} = 0{,}9 \cdot 10^{-6}/\mathrm{K} ,$$
$$k_\mathrm{f} = 3{,}0 \cdot 10^{-6} .$$

Die herrschenden Umgebungsbedingungen müssen also bei genauen Messungen mit Sensoren erfasst und berücksichtigt werden.

3.2.8 Drehzahlaufnehmer

Nach dem Funktionsprinzip unterscheidet man analoge Tachogeneratoren, bei denen eine Spannung induziert wird, deren Amplitude der Drehzahl proportional ist, und Impulsabgriffe, bei denen die Impulsfolgefrequenz der Drehzahl proportional ist (siehe 6.3.4).

Wirbelstromtachometer

Beim Wirbelstromtachometer (Bild 3-10a) wird die induzierte Spannung nicht direkt abgegriffen, sondern das Drehmoment der von ihr erzeugten Wirbelströme erfasst. Ein mehrpoliger Dauermagnet rotiert in einem getrennt gelagerten Kupfer- oder Aluminiumzylinder. Dieser taucht in den Luftspalt zwischen dem ringförmigen Dauermagneten und einer Eisenrückschlussglocke ein. Die Feldlinien zwischen Magnet und Eisenrückschlussglocke erzeugen bei Rotation im Zylinder Wirbelströme, die ein Moment bewirken, das proportional der Drehzahl steigt. Diesem Moment wirkt ein von einer Spiralfeder erzeugtes Gegendrehmoment entgegen. Im Gleichgewicht ist der Winkelausschlag von der Drehzahl linear abhängig.

Tachogeneratoren

Bei Wechselspannungs-Tachogeneratoren werden über feststehende Spulen und rotierende Magnete Wechselspannungen erzeugt, deren Amplitude der Drehzahl proportional ist. Bei einphasigen Tachogeneratoren kann die Messung dieser Amplitude entweder durch Brückengleichrichtung und nachfolgende Mittelwertbildung erfolgen oder es wird die Spannung in ihrem Maximum abgetastet und so lange gehalten (sample and hold), bis der gesuchte Maximalwert ausgewertet worden ist.

Bei dreiphasigen Tachogeneratoren (Bild 3-10b) besitzt die gleichgerichtete Ausgangsspannung nur eine geringe Restwelligkeit. Der Anker besteht aus einem umlaufenden Polrad mit gerader Polzahl, wobei Nord- und Südpole abwechseln. Die Ständerwicklungen sind natürlich (anders als im Bild 3-10b) gleichmäßig am Umfang angeordnet.

Impulsabgriffe

Eine drehzahlproportionale Frequenz erhält man über Impulsabgriffe, die nach Bild 3-11a entweder als Induktionsabgriff oder nach Bild 3-11b, c und d als induktive, magnetische oder optische Begriffe realisiert sein können.

Ein *Induktionsabgriff*, der im Prinzip in Bild 3-11a dargestellt ist, besteht aus einem Dauermagnetstab, einer Induktionsspule und einem Eisenrückschluss-

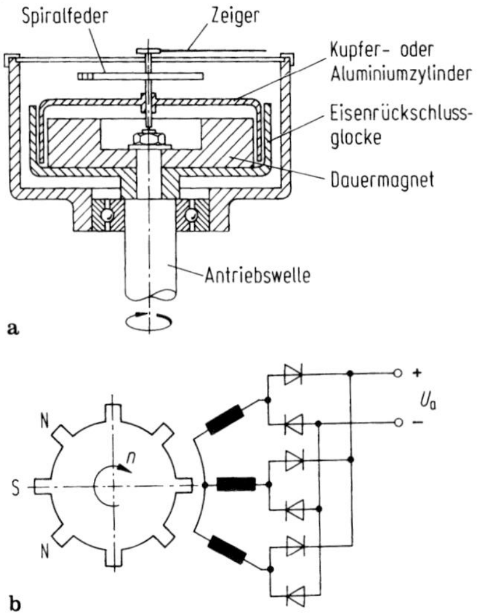

Bild 3-10. Analoge Drehzahlaufnehmer. **a** Wirbelstromtachometer (Merz), **b** dreiphasiger Tachogenerator

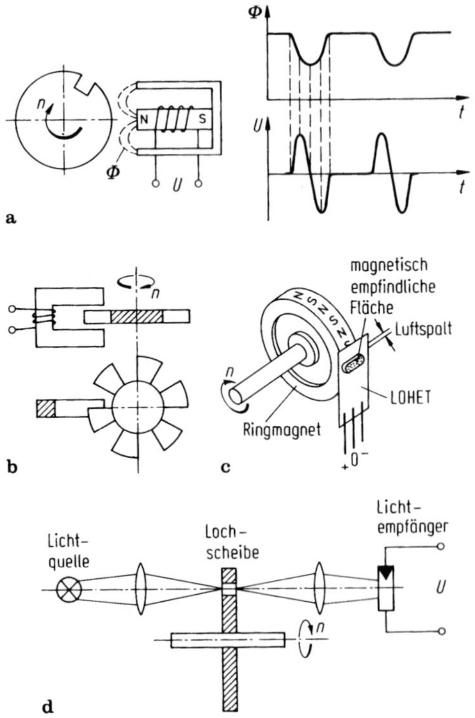

Bild 3-11. Impulsabgriffe zur Drehzahlaufnahme. **a** Induktionsabgriff (Hartmann & Braun), **b** induktiver Abgriff, **c** magnetischer Abgriff (Honeywell), **d** optischer Abgriff

mantel. Die Marken auf der Messwelle sind so ausgebildet, dass der magnetische Fluss in der Induktionsspule geändert wird. Im einfachsten Fall dienen Nuten oder ein weichmagnetisches Zahnrad zur Modulation des magnetischen Flusses. Nach dem Induktionsgesetz ist die induzierte Spannung U der Änderungsgeschwindigkeit des magnetischen Flusses und der Windungszahl N proportional:

$$U = N\frac{d\Phi}{dt} \sim n .$$

Die induzierte Spannung ist der Drehzahl n proportional. Bei der Messung kleiner Drehzahlen treten deshalb höhere relative Fehler auf.
Induktive, magnetische und optische Abgriffe sind im Prinzip Wegaufnehmer und haben diesen Nachteil nicht.
Beim *induktiven Abgriff* wird durch Marken auf der Messwelle der magnetische Widerstand eines magnetischen Kreises und damit die Induktivität geändert.
Beim *magnetischen Abgriff* werden ähnlich wie beim Induktionsabgriff ein oder mehrere Permanentmagnete verwendet, um durch die Marken der Messwelle den magnetischen Fluss zu modulieren. Mit Hall-Sonden oder Feldplatten (magnetfeldempfindlichen Widerständen) ergibt sich dann ein vom Wert der magnetischen Induktion abhängiges Ausgangssignal.
Beim *optischen Abgriff* (Bild 3-11d) wird das von einer Lichtquelle (z. B. von lichtemittierenden Dioden) auf einen Lichtempfänger (z. B. Fototransistor) gerichtete Licht durch entsprechende Marken auf einer Messwelle oder -scheibe (Schlitzscheibe oder Fotoscheibe) moduliert.
In allen drei Fällen ist die Frequenz des Ausgangssignals der Drehzahl proportional. Die Messung dieser Frequenz ist mit einfachen Mitteln mithilfe der digitalen Zählertechnik möglich. Es können auch eine oder mehrere Perioden des Messsignals durch nachfolgende Reziprokwertbildung ausgewertet werden.

Analoganzeige der Drehzahl

Analoge Anzeiger sind immer dann von Bedeutung, wenn der Mensch eine grobe, aber schnelle Information, z. B. über die Drehzahl eines Verbrennungsmotors erhalten soll.
Liegen drehzahlproportionale Frequenzsignale vor, so können diese nach Bild 3-12 mit einem Frequenz-Spannungs-Umsetzer in eine proportionale Spannung umgeformt werden. Nach Impulsformung wird das Signal des Impulsabgriffes auf eine monostabile Kippstufe geleitet, die am Ausgang Impulse konstanter Breite τ und konstanter Höhe U_0 liefert. Der arithmetische Mittelwert dieses Signales ist

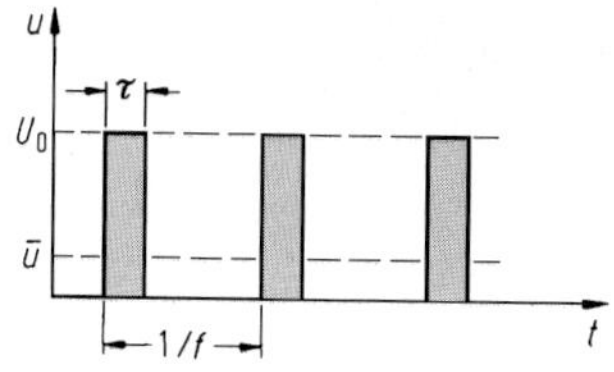

Bild 3-12. Frequenz-Spannungs-Umsetzung

$$\bar{u} = \frac{1}{T}\int_0^T u(t)\,dt = f\int_0^\tau U_0\,dt = U_0\tau f .$$

3.2.9 Beschleunigungsaufnehmer

Mit Sensoren zur Messung der Linearbeschleunigung kann die Beanspruchung von Mensch oder Material ermittelt werden. Ferner ist durch einfache bzw. doppelte Integration von Beschleunigungssignalen die Bestimmung der Geschwindigkeit oder des zurückgelegten Weges von Luft- und Raumfahrzeugen möglich (Trägheitsnavigation).
Beschleunigungsmessungen werden in der Regel auf Kraftmessungen zurückgeführt. Für die Beschleunigung a einer Masse m und die Trägheitskraft F gilt nach Newton $a = F/m$. Gemäß dem verwendeten Prinzip der Kraftmessung unterscheidet man Beschleunigungssensoren mit elektrischer Kraftkompensation, mit piezoelektrischer Kraftaufnahme und mit Federkraftmessung. Zu der zuletzt genannten Gruppe gehören z. B. *Feder-Masse-Systeme* nach Bild 3-13a, bei denen die Beschleunigung a eine proportionale Auslenkung x der Masse bewirkt.
Eine scheibenförmige Masse ist an zwei Membranfedern aufgehängt und unterliegt wegen der Ölfüllung des Gehäuses einer näherungsweise geschwindigkeitsproportionalen Dämpfung. Der Verschiebeweg x der Masse wird über ein induktives Doppeldrosselsystem erfasst. (Die Induktivität der einen Drossel

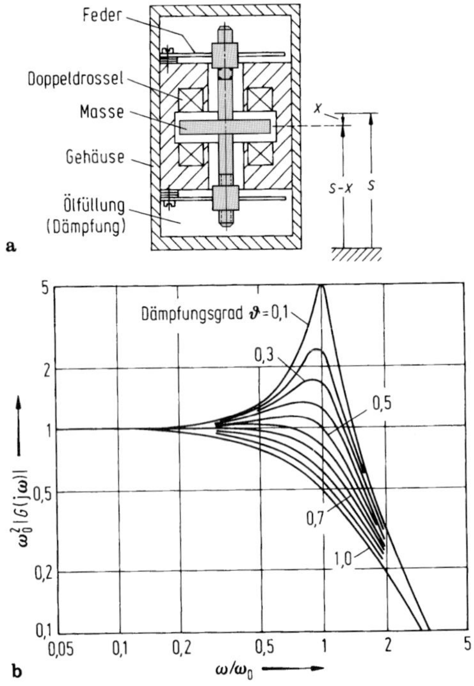

Bild 3-13. Feder-Masse-System als Beschleunigungs-Aufnehmer. **a** Konstruktionsskizze, **b** Amplitudengang

wird dabei vergrößert, die der anderen Drossel verkleinert.) In einer Wechselstrom-Brückenschaltung können diese gegensinnigen Induktivitätsänderungen ausgewertet werden (Differenzprinzip).

Dynamisches Verhalten

Das dynamische Verhalten eines Beschleunigungsaufnehmers mit Feder-Masse-System lässt sich durch die Dgl.

$$k\frac{\mathrm{d}x}{\mathrm{d}t} + cx = m\frac{\mathrm{d}^2(s-x)}{\mathrm{d}t^2}$$

beschreiben. Darin bedeuten

- x Auslenkung der Masse (gegen das Gehäuse),
- s Absolutweg des Gehäuses,
- $s-x$ Absolutweg der Masse, sowie
- k Dämpfungskonstante,
- c Federkonstante,
- m Masse.

Führt man die Kreisfrequenz ω_0 der ungedämpften Eigenschwingung und den Dämpfungsgrad ϑ gemäß

$$\omega_0 = \sqrt{\frac{c}{m}} \quad \text{und} \quad \vartheta = \frac{k}{2m\omega_0}$$

ein, so erhält man für die Beschleunigung

$$a = \frac{\mathrm{d}^2 s}{\mathrm{d}t^2} = \omega_0^2 x + 2\vartheta\omega_0\frac{\mathrm{d}x}{\mathrm{d}t} + \frac{\mathrm{d}^2 x}{\mathrm{d}t^2}\,.$$

Während „tief abgestimmte“ Systeme mit sehr niedriger Eigenfrequenz als seismische Wegaufnehmer verwendet werden ($s \approx x$), müssen Feder-Masse-Systeme für Beschleunigungsaufnehmer „hoch abgestimmt“ sein, um auch schnellen Änderungen möglichst verzögerungsfrei folgen zu können. Der Wunsch nach möglichst hoher Kreisfrequenz ω_0 der ungedämpften Eigenschwingung widerspricht der Forderung nach hoher statischer Empfindlichkeit E. Die *Empfindlichkeit* ist nämlich

$$E = \frac{\mathrm{d}x}{\mathrm{d}a} = \frac{1}{\omega_0^2} = \frac{m}{c}\,,$$

ist also umgekehrt proportional dem Quadrat der Eigenfrequenz. Der Amplitudengang $|G(\mathrm{j}\omega)|$ eines Feder-Masse-Systems als Beschleunigungsaufnehmer ist gleich dem Verhältnis der Amplitude der Relativbewegung der Masse zur Amplitude der sinusförmigen Beschleunigung am Eingang. Aus der Theorie der Übertragungsglieder 2. Ordnung, siehe 1.2.7, folgt:

$$|G(\mathrm{j}\omega)| = \frac{|x|}{|a|} = \frac{1}{\omega_0^2}\cdot\frac{1}{\sqrt{\left[1-\left(\frac{\omega}{\omega_0}\right)^2\right]^2 + \left(2\vartheta\frac{\omega}{\omega_0}\right)^2}}\,.$$

Der Verlauf des Amplitudengangs (Bild 3-13b) hängt stark vom Dämpfungsgrad ϑ ab. Der wiederum hängt stark von der Viskosität des zur Dämpfung verwendeten Öles und damit von der Temperatur der Ölfüllung ab. Beschleunigungsaufnehmer mit Feder-Masse-Systemen sind bei hohen Genauigkeitsansprüchen nur bis zu Messfrequenzen von etwa 10% der Eigenfrequenz und bei verminderten Ansprüchen etwa bis zu 50% der Eigenfrequenz geeignet.

Beschleunigungsaufnehmer werden bei Schwingungsuntersuchungen und für Schocktests eingesetzt. In Kraftfahrzeugen werden sie zur Auslösung von Airbags verwendet, sobald zulässige Werte der Stoßbeschleunigung überschritten werden.

3.3 Sensoren für mechanische Beanspruchungen

Bei der Messung mechanischer Beanspruchungen sind Sensoren für Kräfte, Drücke und Drehmomente von Bedeutung. Diese mechanischen Beanspruchungen können zunächst mit Federkörpern gemessen werden, deren Dehnung oder Auslenkung ausgewertet wird. Außerdem gibt es Aufnehmer mit selbsttätiger Kompensation über die Schwerkraft oder mit elektrischer Kraftkompensation. Kräfte und Drücke lassen sich auch mit magnetoelastischen und piezoelektrischen Aufnehmern erfassen. Präzisions-Druckmessungen sind mit Schwingquarzen möglich. Ein kraftanaloges Frequenzsignal liefern Aufnehmer mit Schwingsaite, schwingender Membran oder Schwingzylinder.

3.3.1 Dehnungsmessung mit Dehnungsmessstreifen

Beim Dehnungsmessstreifen (DMS) ändert sich der elektrische Widerstand eines Drahtes unter dem Einfluss einer Dehnung. Nach Bild 3-14a wird dabei die Länge l des Drahtes um die Länge $\mathrm{d}l$ vergrößert und der Durchmesser D um den Betrag $\mathrm{d}D$ verringert.
Mit dem spezifischen Widerstand ϱ ist der Widerstand des Drahtes vor der Dehnung

$$R = \frac{4\varrho l}{\pi D^2} .$$

Durch die Dehnung wird der Widerstand

$$R + \mathrm{d}R = \frac{4}{\pi} \cdot \frac{(\varrho + \mathrm{d}\varrho)(l + \mathrm{d}l)}{(D + \mathrm{d}D)^2}$$

Für differenzielle Änderungen $\mathrm{d}\varrho$, $\mathrm{d}l$ und $\mathrm{d}D$ ergibt sich die relative Widerstandsänderung

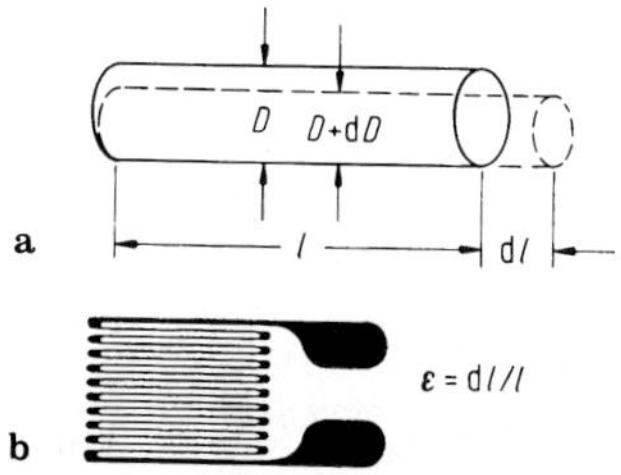

Bild 3-14. Dehnungsmessung. **a** Dehnung eines Drahtes, **b** Folien-Dehnungsmessstreifen

$$\frac{\mathrm{d}R}{R} = \frac{\mathrm{d}l}{l} - 2\frac{\mathrm{d}D}{D} + \frac{\mathrm{d}\varrho}{\varrho}$$
$$= \frac{\mathrm{d}l}{l}\left(1 - 2\frac{\mathrm{d}D/D}{\mathrm{d}l/l} + \frac{\mathrm{d}\varrho/\varrho}{\mathrm{d}l/l}\right) .$$

Die relative Längenänderung $\varepsilon = \mathrm{d}l/l$ bezeichnet man als *Dehnung*, die relative Längenänderung $\varepsilon_\mathrm{q} = \mathrm{d}D/D$ als Querdehnung.
Der Quotient aus negativer Querdehnung und Dehnung heißt *Poisson-Zahl*

$$\mu = \frac{-\varepsilon_\mathrm{q}}{\varepsilon} .$$

Mit diesen Größen ist die relative Widerstandsänderung

$$\frac{\mathrm{d}R}{R} = \left(1 + 2\mu + \frac{\mathrm{d}\varrho/\varrho}{\varepsilon}\right)\varepsilon = k\varepsilon .$$

Der sog. *k-Faktor* beschreibt die Empfindlichkeit des DMS. Aus dem Volumen $V = \frac{1}{4}\pi D^2 l$ berechnet sich die relative Volumenänderung

$$\frac{\mathrm{d}V}{V} = \frac{\mathrm{d}l}{l} + 2\frac{\mathrm{d}D}{D} = \frac{\mathrm{d}l}{l}(1 - 2\mu) .$$

Da unter der Wirkung eines Zuges allenfalls eine Volumenzunahme erfolgt, kann die Poisson-Zahl höchstens gleich 0,5 sein. Gemessene Werte der Poisson-Zahl liegen etwa zwischen 0,15 und 0,45.
Bei Dehnung ohne Volumenänderung ist die Poisson-Zahl 0,5. Bleibt gleichzeitig der spezifische Widerstand konstant, so wird der k-Faktor

$$k = 1 + 2\mu + \frac{\mathrm{d}\varrho/\varrho}{\varepsilon} = 1 + 2 \cdot 0{,}5 + 0 = 2 .$$

Dieser Wert wird bei Metallen wie Konstantan (60% Cu, 40% Ni) und Karma (74% Ni, 20% Cr, 3% Al) tatsächlich beobachtet. Bei höheren Temperaturen bis 650 °C bzw. 1000 °C ist Platiniridium (90% Pt, 10% Ir) oder Platin als DMS-Material geeignet. Beide Materialien haben etwa den k-Faktor $k = 6$.
Besonders hohe Widerstandsänderungen ergeben sich bei Halbleiterdehnungsmessstreifen. In dotiertem Silizium ist der Piezowiderstandseffekt $\mathrm{d}\varrho/\varrho$ stark ausgeprägt. Typisch sind k-Faktoren von etwa 100. Zulässige Dehnungen von etwa $3 \cdot 10^{-3}$ führen zu vergleichsweise hohen relativen Widerstandsänderungen. Störend ist u. U. die starke

Temperaturabhängigkeit von Nullpunkt und Steilheit (Widerstand und k-Faktor), die sich jedoch in gewissen Grenzen kompensieren lässt.
Die gebräuchliche Ausführungsform ist heute der *Folien-DMS* (vgl. Bild 3-14b) für beschränkte Umgebungstemperaturen. Nur bei höheren Temperaturen werden noch *Draht-DMS* verwendet. Folien-DMS lassen sich leicht in großen Stückzahlen in Ätztechnik herstellen (ähnlich wie gedruckte Schaltungen). Die Gestalt des Leiters kann nahezu beliebig sein, deshalb können die Querverbindungen auch breiter ausgeführt werden als die Leiter in Messrichtung. Typische Widerstandswerte von DMS liegen zwischen 100 und 600 Ω.

3.3.2 Kraftmessung mit Dehnungsmessstreifen

Wirkt an einem Stab mit dem Querschnitt A die Zug- oder Druckkraft F, so entsteht nach Bild 3-15a in diesem eine mechanische Spannung σ.
Sie bewirkt nach dem Hooke'schen Gesetz innerhalb des Elastizitätsbereiches eine proportionale Dehnung

$$\varepsilon = \frac{\sigma}{E} ,$$

(E Elastizitätsmodul). Bei der in Bild 3-15b dargestellten Kraftmessdose mit DMS sind zwei DMS in Kraftrichtung und zwei DMS senkrecht dazu auf einem Hohlzylinder aufgeklebt, der durch die Messkraft gestaucht wird. Im Idealfall erfahren die DMS in Kraftrichtung eine Längsdehnung

$$\varepsilon_l = \frac{F}{AE}$$

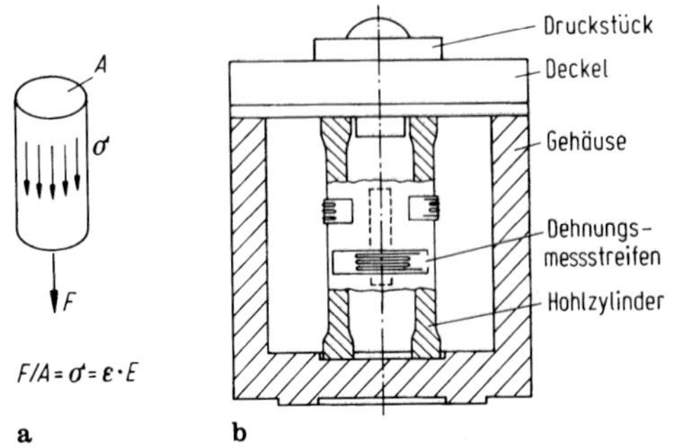

Bild 3-15. Kraftmessung mit Dehnungsmessstreifen. **a** Elastische Verformung eines Federkörpers, **b** Kraftmessdose mit Dehnungsmessstreifen (Siemens)

und die DMS senkrecht dazu eine kleinere Querdehnung

$$\varepsilon_q = -\mu\varepsilon_l .$$

(F Messkraft, A Querschnittsfläche des Stauchzylinders, E Elastizitätsmodul, μ Poisson-Zahl.)
Der Widerstand der beiden DMS in Kraftrichtung verringert sich dabei, der Widerstand der beiden DMS senkrecht dazu vergrößert sich. Die vier DMS werden so in einer Brückenschaltung im Ausschlagverfahren (siehe 4.2.3) angeordnet, dass die maximale Empfindlichkeit erreicht wird. Gleichzeitig ergibt sich bei geeigneter Dimensionierung eine Verringerung der Temperaturabhängigkeit des Ausgangssignals durch das Differenzprinzip (Unterdrückung von Gleichtaktstörungen).
Zur Abschätzung der im elastischen Bereich erhaltenen Dehnungen nehmen wir für Stahl ein Elastizitätsmodul von $E = 200\,\text{kN/mm}^2$ und eine zulässige Spannung $\sigma_{\text{zul}} = 500\,\text{N/mm}^2$ an. Daraus errechnet sich die Dehnung

$$\varepsilon = \sigma_{\text{zul}}/E = 2{,}5\,‰ = 2{,}5\,\text{mm/m} .$$

Im elastischen Bereich sind also nur Dehnungen von wenigen ‰ zulässig. Typische Messbereiche bei der Dehnungsmessung an metallischen Werkstoffen liegen bei ± 5000 µm/m = ± 5 ‰. Dehnungen von 1% dürfen im Normalfall nicht erreicht werden, da sie zu plastischen Verformungen führen.

3.3.3 Druckmessung mit Dehnungsmessstreifen

Häufig werden zur Druckmessung elastische Membranen oder Plattenfedern eingesetzt, die sich bei Belastung mit einem Druck p bzw. einem Differenzdruck Δp verformen. Die an der Membranoberfläche entstehenden radialen und tangentialen Spannungen σ_r und σ_t bewirken Dehnungen ε_r und ε_t und können mit geeigneten DMS erfasst werden (Bild 3-16).
Für gegen die Membrandicke h kleine Durchbiegungen sind die Dehnungen der Membran mit fester Randeinspannung nach Bild 3-16a

$$\varepsilon_r = \frac{\sigma_r}{E} = \frac{3}{8}\left(\frac{R}{h}\right)^2 \frac{p}{E}(1+\mu)\left[1 - \frac{3+\mu}{1+\mu}\left(\frac{r}{R}\right)^2\right],$$

$$\varepsilon_t = \frac{\sigma_t}{E} = \frac{3}{8}\left(\frac{R}{h}\right)^2 \frac{p}{E}(1+\mu)\left[1 - \frac{1+3\mu}{1+\mu}\left(\frac{r}{R}\right)^2\right] .$$

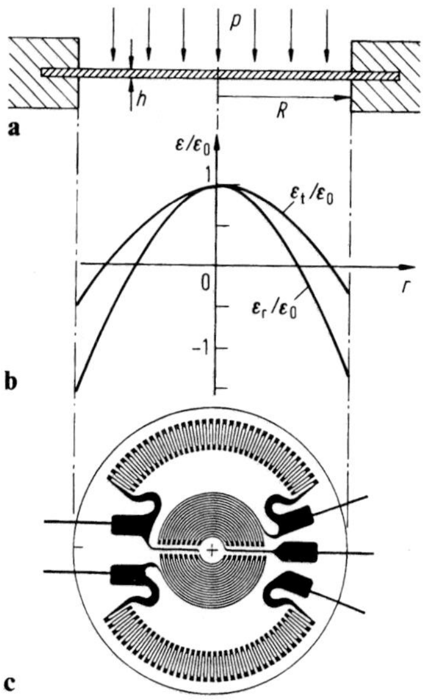

Bild 3-16. Druckmessung mit Dehnungsmessstreifen. **a** Durch Druck verformte Membran, **b** Radialer Verlauf der tangentialen und radialen Dehnung, **c** Rosetten-Dehnungsmessstreifen (Hottinger Baldwin Messtechnik)

(E Elastizitätsmodul, μ Poisson-Zahl, r radiale Koordinate, R Membranradius.)

Die Dehnungen verlaufen parabelförmig und haben am Membranrand das entgegengesetzte Vorzeichen gegenüber der Mitte. In Membranmitte sind die radialen und tangentialen Dehnungen gleich groß (vgl. Bild 3-16b).

Zur Dehnungsmessung an der Membranoberfläche verwendet man spezielle *Rosetten-Dehnungsmessstreifen* (Bild 3-16c). Diese DMS sind so gestaltet, dass je zwei Streifen die große Radialdehnung in der Nähe des Membranrandes bzw. die darauf senkrechte Tangentialdehnung in der Nähe der Membranmitte erfassen.

3.3.4 Drehmomentmessung mit Dehnungsmessstreifen

Zur *Drehmomentmessung* mit Dehnungsmessstreifen verwendet man eine elastische Hohlwelle mit den Radien R_1 und R_2 nach Bild 3-17a, die auf einer Messlänge L unter dem Einfluss des Torsionsmomentes M_T um den Winkel φ verdreht wird.

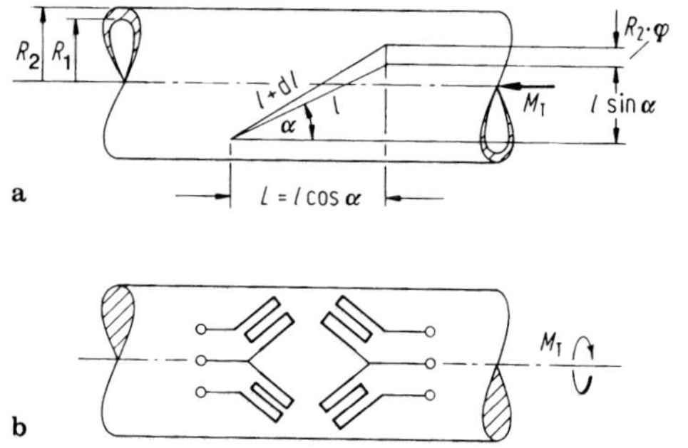

Bild 3-17. Drehmomentmessung mit Dehnungsmessstreifen. **a** Dehnung an der Oberfläche einer Messwelle, **b** Drehmoment-Messwelle mit Dehnungsmessstreifen

Der Torsionswinkel φ ist

$$\varphi = \frac{2}{\pi} \cdot \frac{L M_T}{\left(R_2^4 - R_1^4\right) G}$$

(G Schubmodul). Mit Bild 3-17a ergibt sich für die Dehnung ε an der Oberfläche der Messwelle abhängig vom Winkel α

$$\varepsilon = \frac{1}{2} \cdot \frac{R_2 \varphi}{L} \sin 2\alpha = \frac{1}{\pi} \cdot \frac{R_2}{R_2^4 - R_1^4} \cdot \frac{M_T}{G} \sin 2\alpha \,.$$

Das Torsionsmoment M_T kann also durch Messung der Dehnung an der Oberfläche der Messwelle bestimmt werden. Dazu werden DMS auf die Messwelle aufgeklebt. Parallel und auch senkrecht zur Achse der Messwelle ist die Dehnung gleich null. Betragsmäßig maximale Dehnung erhält man bei den Aufklebewinkeln $\alpha_{max} = 45°$ und $135°$.

Bild 3-17b zeigt eine Messwelle mit vier Dehnungsmessstreifen, deren Widerstandsänderungen in einer Vollbrückenschaltung ausgewertet werden können.

3.3.5 Messung von Kräften über die Auslenkung von Federkörpern

Parallelfeder

Beim einfachen Biegebalken als Messfeder stört die bei der Durchbiegung auftretende Neigung des freien Endes. Durch parallele Anordnung zweier gleicher Blattfedern nach Bild 3-18a wird erreicht, dass sich das freie Ende nur parallel bewegt. Die Auslenkung der Parallelfeder ist

$$x = \frac{1}{2b} \left(\frac{l}{h}\right)^3 \frac{F}{E}$$

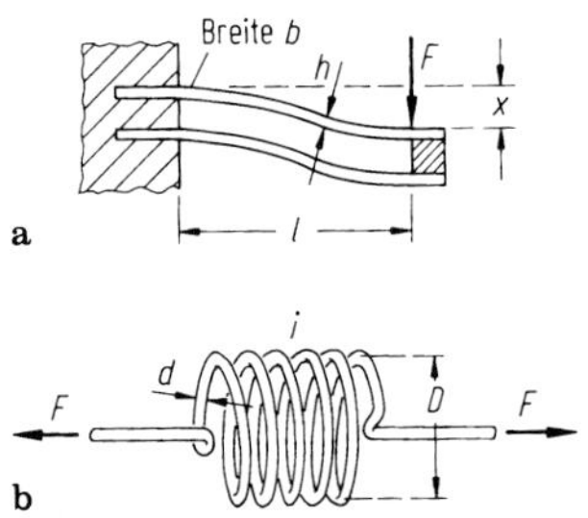

Bild 3-18. Messung von Kräften über die Auslenkung von Federkörpern. **a** Parallelfeder als Federkörper, **b** zylindrische Schraubenfeder

(l Länge, b Breite und h Höhe der Biegefedern, E Elastizitätsmodul).

Die Umformung einer Messkraft F in eine Auslenkung x ist auch mit einer zylindrischen Schraubenfeder (Bild 3-18b) möglich. Die Auslenkung ist

$$x = \frac{8iD^3}{d^4} \cdot \frac{F}{G}$$

(i Windungszahl, d Drahtdurchmesser, D Federdurchmesser, G Schubmodul, F Messkraft).

3.3.6 Messung von Drücken über die Auslenkung von Federkörpern

Druckmessung mit Membranen ist auch durch Messung der maximalen Auslenkung in Membranmitte nach Bild 3-19a möglich.

Die Auslenkung x berechnet sich abhängig vom Messdruck p zu

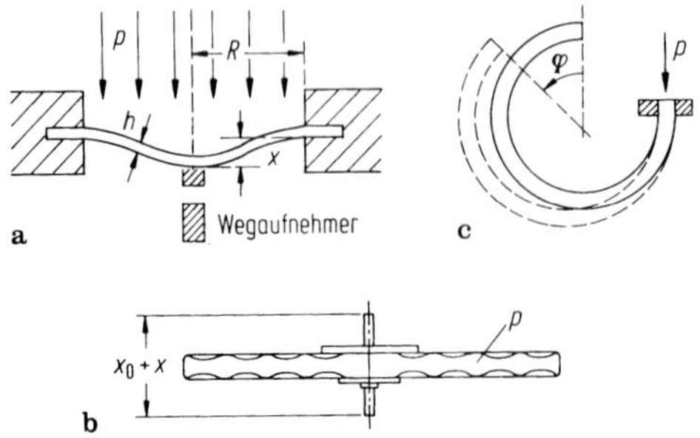

Bild 3-19. Messung von Drücken über die Auslenkung von Federkörpern. **a** Membran als Plattenfeder, **b** Kapselfeder (Siemens), **c** Rohrfeder (Bourdonfeder)

$$x = \frac{3}{16}(1 - \mu^2)\frac{R^4}{h^3} \cdot \frac{p}{E}$$

(μ Poisson-Zahl, R Radius, h Dicke, E Elastizitätsmodul der eingespannten Membran).

Dieser Zusammenhang gilt nur für kleine Auslenkungen x (etwa bis zur Membrandicke h), da sich die *Plattenfeder* durch auftretende Zugspannungen versteift. Größere mögliche Auslenkungen bei sonst gleicher Geometrie erhält man durch gewellte Membranen.

Zur Aufnahme kleiner Drücke, z. B. zur Luftdruckmessung oder zur Messung kleiner Differenzdrücke eignen sich *Kapselfedern*, die vergleichsweise dünn, großflächig und gewellt ausgeführt sind und in ihrem Aufbau einer Dose ähneln, die auf Ober- und Unterseite mit einer Membran abgeschlossen ist (Bild 3-19b).

Für hohe Drücke bis etwa 1000 bar werden *Rohrfedern* (Bild 3-19c) (*Bourdonfedern*) verwendet, bei denen sich ein kreisförmig gebogenes Rohr mit ovalem Querschnitt bei Druckbeanspruchung um einen Winkel φ aufbiegt, weil wegen der größeren Außenbogenlänge die Kraft auf die bogenäußere Innenwand größer ist als die auf die bogeninnere Wand.

3.3.7 Kraftmessung über Schwingsaiten

Eine gespannte, meist metallische Saite kann nach Bild 3-20a z. B. elektromagnetisch zu Transversalschwingungen angeregt werden.

Die Grundfrequenz f der schwingenden Saite ist

$$f = \frac{1}{2l}\sqrt{\frac{\sigma}{\varrho}}$$

(l Länge, ϱ Dichte des Saitenmaterials, σ mechanische Spannung).

Die mechanische Spannung σ kann durch die Spannkraft F und den Durchmesser d der Saite ausgedrückt werden: $\sigma = F/(\frac{\pi}{4}d^2)$. Für die Grundfrequenz f der Schwingsaite ergibt sich damit

$$f = \frac{1}{ld}\sqrt{\frac{F}{\pi\varrho}}\,.$$

Für praktische Anwendungen ist die Schwingsaite mit einer Mindestkraft F_0 vorgespannt und schwingt dabei bei der Frequenz f_0. Wirkt die zusätzliche Messkraft F, so resultiert die neue Frequenz f. Aus

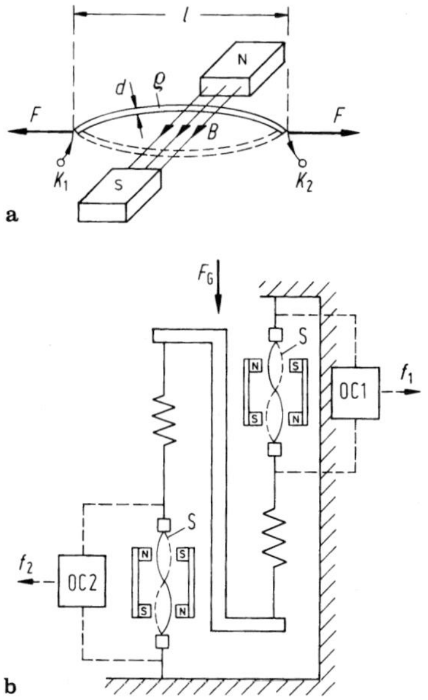

Bild 3-20. Kraft- und Druckmessung über Schwingsaiten. **a** Prinzip der Schwingsaitenaufnehmer, **b** Schwingsaitenwaage (Mettler)

$$f = \frac{1}{ld}\sqrt{\frac{F_0 + F}{\pi\varrho}} \quad \text{und} \quad f_0 = \frac{1}{ld}\sqrt{\frac{F_0}{\pi\varrho}}$$

ergibt sich

$$\frac{F}{F_0} = \left(\frac{f}{f_0}\right)^2 - 1 \,.$$

Mit dem Differenzprinzip (siehe 2.1.2) lässt sich die Linearität wesentlich verbessern. Bei der *Schwingsaiten-Waage* (Bild 3-20b) sind zwei Schwingsaiten durch je eine Schraubenfeder vorgespannt. Durch die Gewichtskraft F_G wird die Spannkraft und damit die Frequenz der ersten Schwingsaite erhöht und die der zweiten Schwingsaite erniedrigt. Aus der Frequenzdifferenz $f_1 - f_2$ lässt sich F_G bestimmen.

3.3.8 Waage mit elektrodynamischer Kraftkompensation

Bei elektrischen Präzisionswaagen wird nach Bild 3-21 die zu messende Gewichtskraft F_G durch eine Gegenkraft F_K kompensiert, die von einem

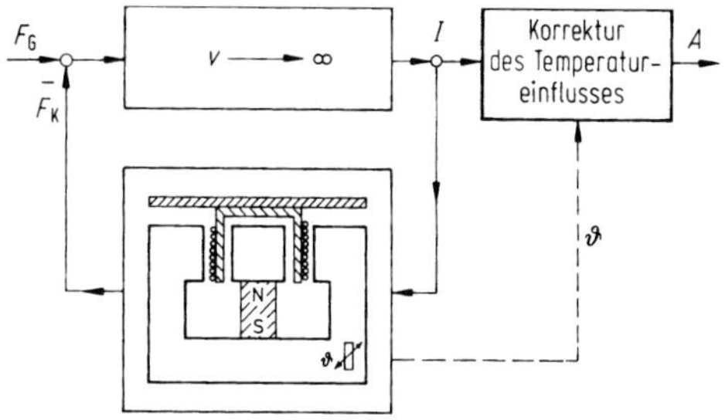

Bild 3-21. Waage mit elektrodynamischer Kraftkompensation

Tauchspulsystem erzeugt wird, das vom Strom I durchflossen wird.
Der Tauchspulstrom I ist der Kompensationskraft F_K und für die Verstärkung $v \to \infty$ der Gewichtskraft F_G proportional. Es handelt sich hierbei um eine Kreisstruktur, die die Wirkungsrichtung des Tauchspulsystems umkehrt. Ein mit der Waagschale verbundener Wegaufnehmer liefert über einen Verstärker den Tauchspulstrom I, der so nachgeregelt wird, dass das Kräftegleichgewicht $F_G = F_K$ für eine bestimmte Position der Waagschale erreicht wird. Lediglich der Temperatureinfluss muss noch gesondert korrigiert werden.
Die Kompensationskraft F_K des Tauchspulsystems ist

$$F_K = \pi DBNI$$

(πD mittlerer Wicklungsumfang, B magnetische Induktion, N Windungszahl, I Stromstärke. $NI = \Theta$ heißt auch Durchflutung oder „Amperewindungszahl").
In ähnlicher Weise wird bei *Messumformern für Niederdruck* der zu messende Druck oder Differenzdruck über eine richtkraftlose Membran in eine Kraft umgeformt, die dann über einen Hebel, an dem auch die Tauchspule angreift, kompensiert wird.

3.3.9 Piezoelektrische Kraft- und Druckaufnehmer

Belastet man ein Piezoelektrikum wie Quarz (SiO_2) oder Bariumtitanat ($BaTiO_3$) in bestimmten Richtungen mechanisch, so treten an deren Oberfläche elektrische Polarisationsladungen auf.
Synthetisch erzeugter Quarz kristallisiert in sechseckigen Prismen (Bild 3-22a).

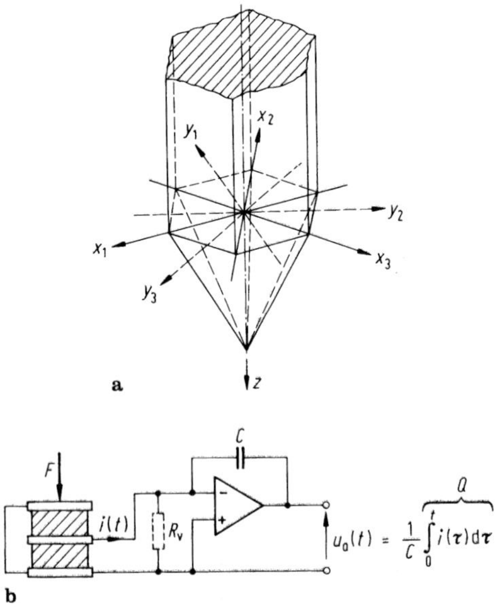

Bild 3-22. Piezoelektrische Kraft- und Druckaufnehmer. **a** Achsen und Struktur eines Quarzkristalls (Grave), **b** Ladungsverstärker für statische Messungen

Wirkt eine Kraft F in Richtung einer der x_i-Achsen, so entsteht auf den senkrecht dazu stehenden Flächen eine Ladung

$$Q = k_p F .$$

Die *piezoelektrische Konstante* (der sog. Piezomodul) k_p beträgt bei

Quarz	$k_p = 2{,}3\,\mathrm{pC/N}$,
Bariumtitanat	$k_p = 250\,\mathrm{pC/N}$.

Die Empfindlichkeit ist also bei Bariumtitanat etwa 100-mal so groß wie bei Quarz. Nachteilig ist beim Bariumtitanat der gleichzeitig vorhandene pyroelektrische Effekt, bei dem durch Wärmeeinwirkung Ladungen erzeugt werden.

Piezokeramische Aufnehmer sind im Besonderen für Körperschallmessungen, Schwingungs- und Beschleunigungsmessungen geeignet.

Die Eigenkapazität von Quarzaufnehmern liegt bei etwa 200 pF. Dies bedeutet, dass bei einem Isolationswiderstand von $10^{12}\,\Omega$ mit einer Zeitkonstanten von 200 s bzw. mit einer Spannungsverringerung von 0,5%/s zu rechnen ist. Für statische Messungen werden deshalb *Ladungsverstärker* nach Bild 3-22b eingesetzt. Die entstehenden Ladungen werden dabei sofort über den niederohmigen Eingang des Stromintegrierers auf die vergleichsweise verlustfreie Integrationskapazität abgesaugt, sodass Verluste des Piezoaufnehmers und des Eingangskabels keine Schwächung des Signals mehr bewirken können.

Piezoelektrische Aufnehmer sind zur Messung schnell veränderlicher Drücke, wie sie z. B. in Verbrennungsmotoren auftreten, sehr gut geeignet. Mit ihrer Hilfe kann das sog. Indikatordiagramm (p, V-Diagramm) im Betrieb aufgenommen werden.

3.4 Sensoren für strömungstechnische Kenngrößen

Sensoren zur Messung von Durchflüssen sind z. B. bei Verbrennungsvorgängen erforderlich, wenn der Durchfluss von Flüssigkeiten oder Gasen gesteuert oder geregelt werden muss. Ferner sind Aufnehmer für Durchflüsse z. B. für Abrechnungszwecke und zur Überwachung von Anlagen erforderlich.

3.4.1 Durchflussmessung nach dem Wirkdruckverfahren

Schnürt man den Querschnitt einer Rohrleitung durch eine Drosseleinrichtung nach Bild 3-23 ein, so lässt sich aus der Druckerniedrigung (dem sog. Wirkdruck oder dynamischen Druck) der Durchfluss berechnen (vgl. E 8.1.3).

Bei horizontaler Rohrleitung, bei inkompressiblem Messmedium (Flüssigkeit) und unter Vernachlässigung von Reibungskräften besagt das Gesetz von Bernoulli, dass für eine betrachtete Massenportion m die Summe aus statischer Druckenergie pV und kinetischer Energie $\frac{1}{2}mv^2$ konstant ist (vgl. B 10.1). Nach Division durch das Volumen V und mit der Dichte $\varrho = m/V$ führt die Gleichheit der Energiedich-

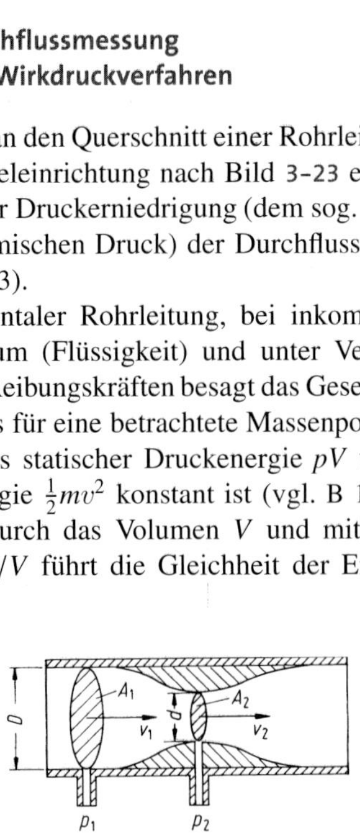

Bild 3-23. Durchflussmessung nach dem Wirkdruckverfahren

ten vor (Index 1) und an (Index 2) der Drosselstelle auf

$$p_1 + \frac{1}{2}\varrho v_1^2 = p_2 + \frac{1}{2}\varrho v_2^2 \, .$$

(p_1, p_2 statischer Druck, v_1, v_2 Geschwindigkeit vor bzw. an der Drosselstelle.) Aus einer Erhöhung der Geschwindigkeit, $\Delta v = v_2 - v_1$, folgt also eine Abnahme des Drucks an der Drosselstelle, der sog. Wirkdruck

$$\Delta p = p_1 - p_2 = \frac{\varrho}{2}\left(v_2^2 - v_1^2\right) = \frac{\varrho}{2}v_1^2\left[\left(\frac{v_2}{v_1}\right)^2 - 1\right] .$$

Außerdem gilt das Kontinuitätsgesetz für den Volumendurchfluss

$$Q = A_1 v_1 = A_2 v_2 \, .$$

Dabei bedeuten A_1 und A_2 die Strömungsquerschnitte vor bzw. an der Drosselstelle. Führt man das aus der Kontinuitätsgleichung errechnete Öffnungsverhältnis $m = A_2/A_1 = v_1/v_2$ in die Bernoulli'sche Gleichung ein, so ergibt sich die Durchflussgleichung

$$Q = A_1 v_1 = m A_1 \sqrt{\frac{2\Delta p}{\varrho} \cdot \frac{1}{1 - m^2}} \, .$$

Der Durchfluss ist also proportional der Wurzel aus dem Differenzdruck Δp. Deshalb werden Radiziereinrichtungen zur Durchflussberechnung eingesetzt. Bei einer Strömungsgeschwindigkeit $v_1 = 1\,\text{m/s}$, einem Öffnungsverhältnis $m = 0{,}5$ des Drosselgerätes und einer Dichte $\varrho = 1\,\text{kg/dm}^3$ des Messmediums berechnet sich ein theoretischer Differenzdruck von

$$\Delta p = \frac{\varrho}{2}v_1^2\left(\frac{1}{m^2} - 1\right) = 1500\,\text{Pa} = 15\,\text{mbar} \, .$$

In DIN 1952 sind Blende, Düse und Venturidüse als Bauarten von Drosselgeräten genormt.

3.4.2 Schwebekörper-Durchflussmessung

Bei der Durchflussmessung mit Schwebekörper wird nach Bild 3-24 auf einen Schwebekörper in einem vertikalen, konischen Rohr von unten eine Kraft F von der Strömung ausgeübt:

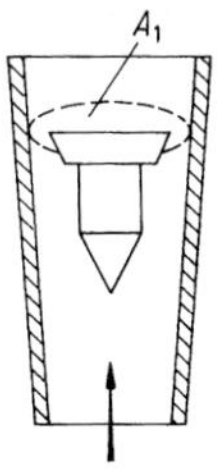

Bild 3-24. Schwebekörper-Durchflussmessung

$$F = \frac{\varrho}{2} \cdot \frac{A_2}{(A_1 - A_2)^2} Q^2 \, .$$

A_1 ist der Querschnitt des konischen Rohres in der Höhe des größten Querschnittes des Schwebekörpers, A_2 ist die Querschnittsfläche des Schwebekörpers. Der durch die Strömung erzeugten Kraft F wirkt die Differenz aus Gewichtskraft F_G und Auftriebskraft F_A auf den Schwebekörper (Dichte ϱ_S, Volumen V_S) entgegen. Diese nach unten gerichtete Kraft beträgt

$$F_G - F_A = (\varrho_S - \varrho) V_S g \, .$$

Der Schwebekörper stellt sich auf eine Höhe h bzw. einen Querschnitt ein, wo die wirksamen Kräfte im Gleichgewicht sind:

$$\frac{\varrho}{2} \cdot \frac{A_2}{(A_1 - A_2)^2} Q^2 = g(\varrho_S - \varrho) V_S \, .$$

Daraus ergibt sich der Volumendurchfluss

$$Q = \frac{A_1 - A_2}{\sqrt{A_2}} \sqrt{\frac{2}{\varrho} g (\varrho_S - \varrho) V_S} \, .$$

3.4.3 Durchflussmessung über magnetische Induktion

Nach dem Induktionsgesetz lässt sich die Geschwindigkeit v eines senkrecht zur Richtung eines magnetischen Feldes mit der Induktion B bewegten Leiters der Länge D über die an den Enden dieses Leiters induzierte Spannung U bestimmen. Das darauf basierende Durchflussmessverfahren über die magnetische Induktion ist im Prinzip in Bild 3-25 dargestellt.

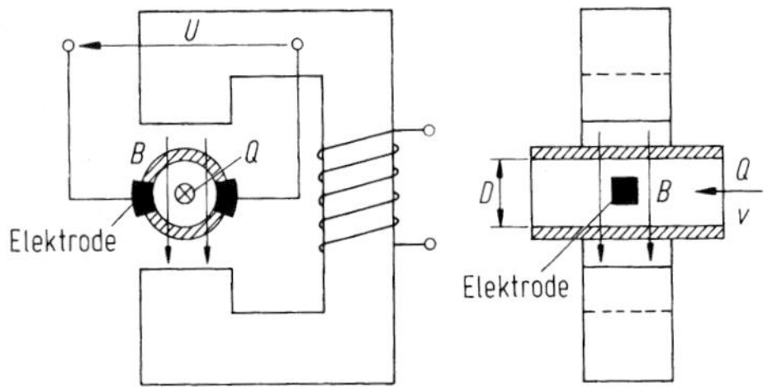

Bild 3-25. Durchflussmessung über magnetische Induktion

Die strömende Flüssigkeit wird hierbei als Leiter angesehen, d. h., sie muss eine Mindestleitfähigkeit von etwa 0,1 mS/m besitzen. Die meisten technischen Flüssigkeiten erfüllen diese Anforderung, z. B. Leitungswasser mit etwa 50 bis 80 mS/m. Destilliertes Wasser liegt mit 0,1 mS/m an der Grenze, Kohlenwasserstoffe sind ungeeignet.

Das erforderliche Magnetfeld muss das Rohrstück senkrecht zur Strömungsrichtung durchsetzen. Senkrecht zur Richtung der magnetischen Induktion B und senkrecht zur Strömungsrichtung wird eine Spannung induziert. Sie kann durch zwei Elektroden, die in dem isolierten Rohr angebracht sind, abgegriffen werden. Die induzierte Spannung ergibt sich aus dem Induktionsgesetz zu

$$U = \frac{d\Phi}{dt} = B\frac{dA}{dt} = B\frac{D\,ds}{dt} = BDv$$

(Φ magnetischer Fluss, B magnetische Induktion, A Fläche, D Rohrinnendurchmesser, s Weglänge, v Geschwindigkeit).

Der wesentliche Vorteil gegenüber dem Wirkdruckverfahren liegt in dem linearen Zusammenhang und in der Tatsache, dass kein Druckverlust durch Drosselgeräte oder Strömungskörper auftritt. Der Volumendurchfluss Q als Produkt von Rohrquerschnitt $\frac{\pi}{4}D^2$ und Geschwindigkeit v beträgt dann

$$Q = \frac{\pi}{4}D^2 v = \frac{\pi}{4} \cdot \frac{D}{B}U\,.$$

Im Allgemeinen ist die induzierte Spannung U gering. Sie beträgt z. B. bei $B = 0{,}1\,\text{T}, D = 0{,}1\,\text{m}$ und $v = 0{,}1\,\text{m/s}$ nur 1 mV.

Der Innenwiderstand des Aufnehmers bezüglich der beiden Elektroden hängt von der Leitfähigkeit der strömenden Flüssigkeit und von der Geometrie der Anordnung ab. Üblicherweise ergibt sich ein Innenwiderstand im MΩ-Bereich; deshalb muss der Eingangswiderstand des nachfolgenden Messverstärkers besonders hochohmig sein (vgl. 4.4.4).

3.4.4 Ultraschall-Durchflussmessung

Bei der Ultraschall-Durchflussmessung wird nach Bild 3-26 an einem Piezokristall ein kurzer Schallimpuls erzeugt, der stromabwärts mit der Geschwindigkeit $c_1 = c + v\cos\varphi$ und stromaufwärts mit $c_2 = c - v\cos\varphi$ unter dem Winkel φ zur Strömungsrichtung der Messflüssigkeit auf den Empfängerkristall zuläuft. Dabei ist c die Schallgeschwindigkeit und v die durchschnittliche Strömungsgeschwindigkeit der Flüssigkeit. Die beiden Laufzeiten t_1 und t_2 auf den beiden Strecken der Länge L betragen

$$t_1 = \frac{L}{c_1} = \frac{L}{c + v\cos\varphi}\,,$$
$$t_2 = \frac{L}{c_2} = \frac{L}{c - v\cos\varphi}\,.$$

Wird der am Empfängerkristall empfangene Impuls ohne Verzögerung, aber mit verstärkter Amplitude wieder auf den Sender gegeben (Singaround-Verfahren), so ergeben sich die Impulsfolgefrequenzen f_1 und f_2 zu

$$f_1 = \frac{1}{t_1} = \frac{c + v\cos\varphi}{L}\,;$$
$$f_2 = \frac{1}{t_2} = \frac{c - v\cos\varphi}{L}\,;$$

Da die Strömungsgeschwindigkeit v klein ist gegen die Schallgeschwindigkeit c (im Wasser z. B. 1450 m/s), können schon kleine temperaturbedingte Änderungen der Schallgeschwindigkeit (in Wasser z. B. 3,5 (m/s)/K) das Messergebnis stark

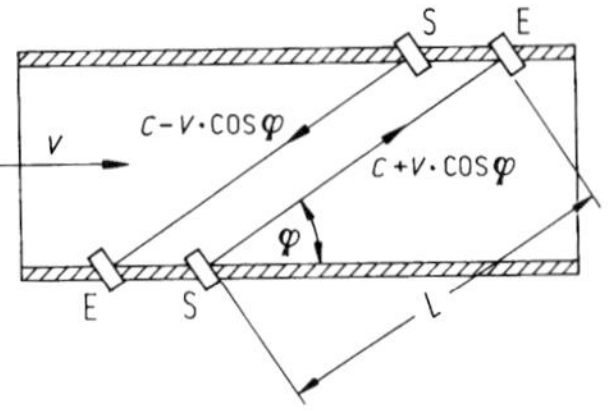

Bild 3-26. Prinzip der Ultraschall-Durchflussmessung

verfälschen. Deshalb wird die Differenz der beiden Impulsfolgefrequenzen,

$$f_1 - f_2 = \frac{2}{L} v \cos\varphi \,,$$

ausgewertet, die – unabhängig von der momentanen Schallgeschwindigkeit – der Strömungsgeschwindigkeit v und damit auch dem Volumendurchfluss $Q = Av$ proportional ist (A Rohrquerschnitt).

Zur Bestimmung des Massendurchflusses aus dem Volumendurchfluss Q oder der Strömungsgeschwindigkeit v muss die Dichte ϱ der Messflüssigkeit bekannt sein, die sich bei bekanntem Kompressionsmodul K aus der Schallgeschwindigkeit c zu $\varrho = K/c^2$ ergibt. Die Schallgeschwindigkeit c wiederum erhält man beim Ultraschallverfahren aus der Summe der beiden Impulsfolgefrequenzen:

$$f_1 + f_2 = \frac{2}{L} c \,.$$

Der Massendurchfluss ist damit

$$q = \varrho Q = \frac{K}{c^2} Av = \frac{2KA}{L\cos\varphi} \cdot \frac{f_1 - f_2}{(f_1 + f_2)^2} \,.$$

3.4.5 Turbinen-Durchflussmesser (mittelbare Volumenzähler mit Messflügeln)

Bei den mittelbaren Volumenzählern mit Messflügeln (Turbinen-Durchflusszählern) versetzt die Strömung im Messrohr ein drehbar gelagertes Turbinenrad in Rotation. Die Drehzahl ist unter bestimmten Bedingungen proportional zur Strömungsgeschwindigkeit.

Bei den als Hauswasserzähler verwendeten *Flügelradzählern* (Bild 3-27) wird mit einem Flügelrad die Geschwindigkeit erfasst.

Das Wasser tritt durch die Öffnung im Boden des Grundbechers ein, treibt das Flügelrad an und tritt oben wieder aus.

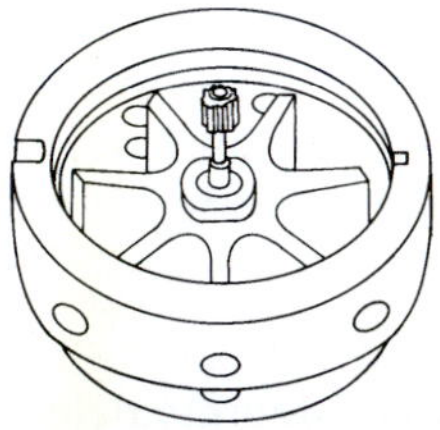

Bild 3-27. Turbinen-Durchflussmessung (Flügelradzähler, Siemens)

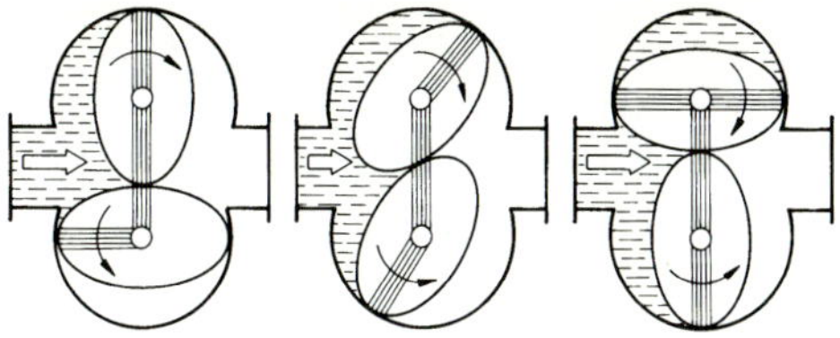

Bild 3-28. Verdrängungszähler (Ovalradzähler, Orlicek)

3.4.6 Verdrängungszähler (unmittelbare Volumenzähler)

Verdrängungszähler haben bewegliche, meist rotierende Messkammerwände, die vom Messgut angetrieben werden.

Beim *Ovalradzähler* (Bild 3-28) rollen in einer Messkammer zwei drehbar gelagerte Ovalräder mit Evolventenverzahnung aufeinander ab. In der links gezeichneten Stellung wird vom Druck der eintretenden Messflüssigkeit auf das untere Ovalrad ein linksdrehendes Drehmoment ausgeübt. Das obere rechtsdrehende Ovalrad schließt ein Teilvolumen zur Messkammerwand hin ab und transportiert diesen Teil der Messflüssigkeit auf die Ausgangsseite. Bei einer Umdrehung der Ovalräder werden so vier Teilvolumina transportiert, die dem Messkammerinhalt V_M entsprechen.

3.5 Sensoren zur Temperaturmessung

3.5.1 Platin-Widerstandsthermometer

Nach DIN EN 60751 wird die Temperaturabhängigkeit des Widerstandes eines Platin-Widerstandsthermometers im Bereich $0\,°\mathrm{C} \leqq \vartheta \leqq 850\,°\mathrm{C}$ durch

$$R = R_0(1 + A\vartheta + B\vartheta^2)$$

beschrieben (Bild 3-29a; ϑ Celsiustemperatur, R_0 Widerstand bei 0 °C).

Die Koeffizienten betragen

$$A = 3{,}9083 \cdot 10^{-3}/\mathrm{K},\, B = -0{,}5775 \cdot 10^{-6}/\mathrm{K}^2 \,.$$

Ersetzt man A und B durch den mittleren Temperaturkoeffizienten α im Bereich von 0 bis 100 °C, so ergibt sich

$$\alpha = A + 100\,\mathrm{K} \cdot B = 3{,}85 \cdot 10^{-3}/\mathrm{K} \,.$$

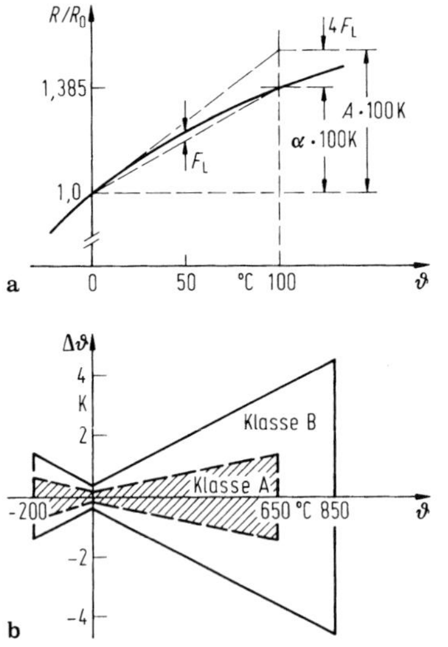

Bild 3-29. Platin-Widerstandsthermometer. **a** Temperaturabhängigkeit des elektrischen Widerstandes, **b** Toleranzgrenzen der Klassen A und B

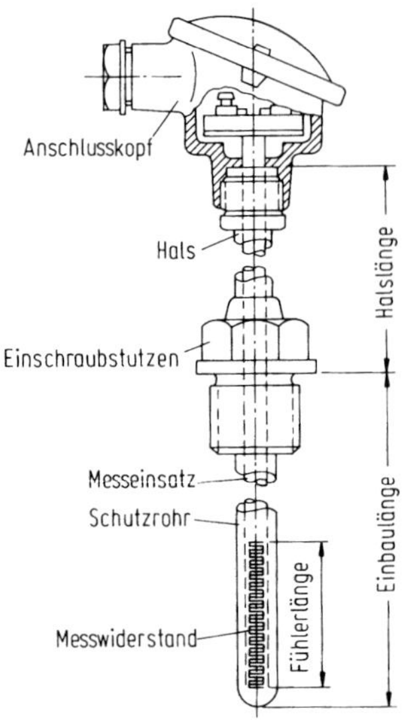

Bild 3-30. Platin-Widerstandsthermometer im Schutzrohr (Siemens)

Der maximale Linearitätsfehler F_L im Bereich $0 \leqq \vartheta \leqq 100\,°C$ ergibt sich bei $\vartheta = 50\,°C$ zu

$$F_L = 1{,}44 \cdot 10^{-3} .$$

Bei Bezug auf die Ausgangsspanne $(100\,K) \cdot \alpha$ ergibt sich ein relativer Fehler

$$F_L/(100\,K \cdot \alpha) = 3{,}75\% .$$

Die Toleranzgrenzen der genormten Toleranzklassen A und B sind in Bild 3-29b dargestellt und betragen für Platin-Widerstandsthermometer

$$|\Delta\vartheta| = 0{,}15\,K + 0{,}002\,\vartheta \quad \text{(Klasse A bis } 650\,°C) ,$$
$$|\Delta\vartheta| = 0{,}3\,K + 0{,}005\,\vartheta \quad \text{(Klasse B bis } 850\,°C) .$$

Für technische Messungen baut man den Messwiderstand in einen Messeinsatz und diesen wiederum in eine Schutzarmatur ein (Bild 3-30).

3.5.2 Andere Widerstandsthermometer

Nickel besitzt im Vergleich zu Platin eine höhere Temperaturempfindlichkeit des elektrischen Widerstandes. Der mittlere Temperaturkoeffizient im Bereich zwischen 0 und 100 °C beträgt $\alpha = 6{,}18 \cdot 10^{-3}/K$. Messwiderstände Ni 100 können im Temperaturbereich von −60 °C bis +250 °C eingesetzt werden.

Von den reinen Metallen eignet sich Kupfer nur in dem eingeschränkten Temperaturbereich von −50 °C bis +150 °C (max. +250 °C) als Material für Widerstandsthermometer.

Heißleiter

Für Heißleiter werden sinterfähige Metalloxide, im Besonderen oxidische Mischkristalle, verwendet.

Die Abhängigkeit des elektrischen Widerstandes R eines Heißleiters von der Temperatur ϑ ist im Vergleich zu „Kaltleitern" in Bild 3-31 dargestellt.

Wegen ihres negativen Temperaturkoeffizienten werden Heißleiter häufig auch als NTC-Widerstände (negative temperature coefficient) bezeichnet. Im Umgebungstemperaturbereich ergeben sich Temperaturkoeffizienten von etwa −3 bis −6%/K. Heißleiter werden bis zu +250 °C, in Sonderfällen bis zu +400 °C und darüber, eingesetzt. Messschaltungen für Heißleiter: siehe 4.1.3.

Silizium-Widerstandsthermometer

Reines monokristallines Silizium ist als Widerstandsmaterial für Temperatursensoren im Bereich

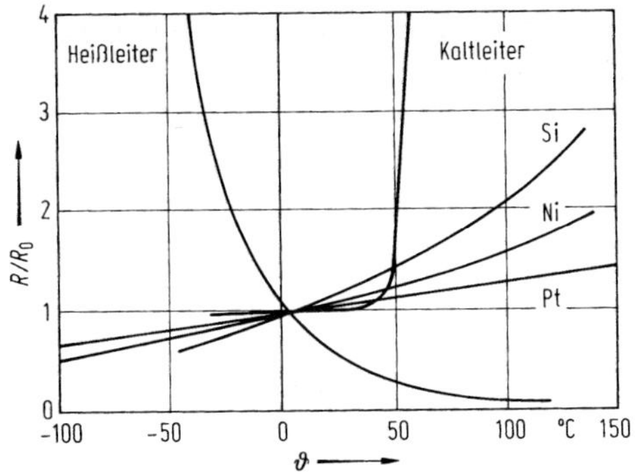

Bild 3-31. Kennlinien von Widerstandsthermometern

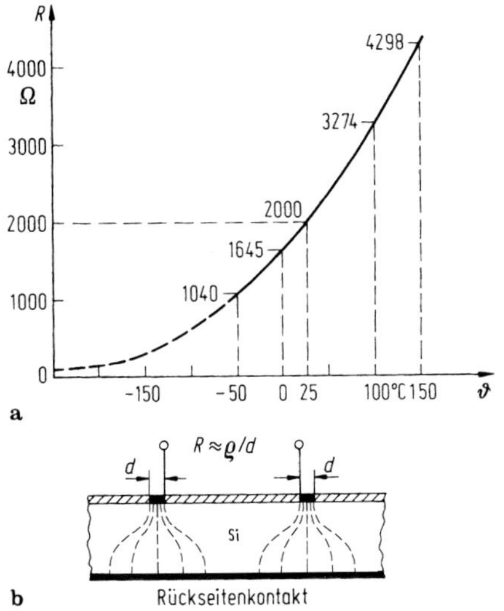

Bild 3-32. Silizium-Temperatursensor. **a** Kennlinie, **b** Aufbau

von $-50\,°\mathrm{C}$ bis $+150\,°\mathrm{C}$ gut geeignet. Mit steigender Temperatur nimmt die Leitfähigkeit ab, da die Beweglichkeit der Ladungsträger geringer wird. Silizium-Temperatursensoren haben einen positiven Temperaturkoeffizienten mit näherungsweise parabelförmiger Temperaturabhängigkeit (Bild 3-32a). Es gilt

$$R = R_0 + k(\vartheta - \vartheta_0)^2\,.$$

Ein typischer Temperatursensor hat bei $25\,°\mathrm{C}$ einen Widerstand von $2000\,\Omega$. Im Bereich zwischen 0 und $100\,°\mathrm{C}$ beträgt der mittlere Temperaturkoeffizient

$$\alpha = \frac{R(100\,°\mathrm{C}) - R(0\,°\mathrm{C})}{100\,\mathrm{K} \cdot R(0\,°\mathrm{C})} \approx 1\%/\mathrm{K}\,.$$

Er ist etwa doppelt so groß wie der von Metallen.
Eine Linearisierung der Sensorkennlinie ist entweder in einer Spannungsteilerschaltung oder durch Parallelschalten eines konstanten Widerstandes R_p möglich.
Silizium-Temperatursensoren werden gewöhnlich als Ausbreitungswiderstände realisiert. Der Widerstand zwischen einer kreisförmigen Kontaktierung mit dem Durchmesser d und dem flächigen Rückseitenkontakt einer Siliziumscheibe mit dem spezifischen Widerstand ϱ beträgt $R = \frac{1}{2}\varrho/d$ und ist unabhängig von der Dicke und dem Durchmesser der Scheibe, solange diese beiden Größen groß gegen den Kontaktdurchmesser d sind. Praktisch ausgeführt wird ein symmetrischer Aufbau (Bild 3-32b), bei dem sich mit $\varrho = 0{,}06\,\Omega \cdot \mathrm{m}$ bei $25\,°\mathrm{C}$ und $d = 25\,\mu\mathrm{m}$ der Widerstand $\varrho/d \approx R \approx 2\,\mathrm{k\Omega}$ ergibt.

3.5.3 Thermoelemente als Temperaturaufnehmer

Verbindet man nach Bild 3-33a zwei Metalle A und B an ihren Enden durch Löten oder Schweißen, so erhält man ein Thermoelement (Thermopaar).
Bringt man die Verbindungsstellen auf Messtemperatur ϑ bzw. Vergleichstemperatur ϑ_v, so entsteht zwischen den Drähten eine Thermospannung U_th, die in erster Näherung der Temperaturdifferenz $(\vartheta - \vartheta_\mathrm{v})$ zwischen Messstelle und Vergleichsstelle proportional ist:

$$U_\mathrm{th} = k_\mathrm{th}(\vartheta - \vartheta_\mathrm{v})\,.$$

Die Thermoempfindlichkeit k_th hängt im Wesentlichen von den verwendeten Metallen ab. Bei metallischen Thermopaaren liegen die Thermoempfindlichkeiten etwa bei

$$k_\mathrm{th} = \frac{k}{e}\ln\frac{n_\mathrm{B}}{n_\mathrm{A}} = 86\,\mu\mathrm{V/K} \cdot \ln\frac{n_\mathrm{B}}{n_\mathrm{A}}\,.$$

(k Boltzmann-Konstante, e Elementarladung, $n_\mathrm{A}, n_\mathrm{B}$ Elektronenkonzentration in den beiden Metallen).
Die Thermoempfindlichkeit k_AB eines Metalls A gegen ein Metall B ergibt sich auch aus den Thermoempfindlichkeiten k_ACu und k_BCu von A bzw. B gegen Kupfer zu

$$k_\mathrm{AB} = k_\mathrm{ACu} - K_\mathrm{BCu}\,.$$

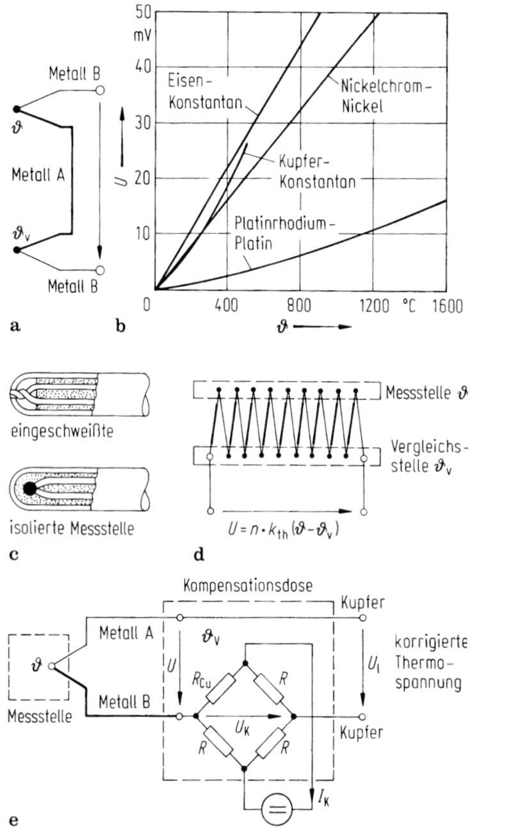

Bild 3-33. Thermoelemente. **a** Verbindungsstellen eines Thermopaars, **b** Kennlinien verschiedener Thermopaare, **c** Mantel-Thermoelemente, **d** Prinzip der Thermoketten, **e** Kompensationsdose zur Korrektur der Vergleichsstellentemperatur

Für ein Eisen-Konstantan-Thermoelement z. B. beträgt die Thermoempfindlichkeit bei $\vartheta = 100\,°\mathrm{C}$ und $\vartheta_\mathrm{v} = 0\,°\mathrm{C}$

$$k_\mathrm{FeKon} = [+1{,}05 - (-4{,}1\,\mathrm{mV})]/(100\,\mathrm{K}) \approx 5{,}15 \frac{\mathrm{mV}}{100\,\mathrm{K}}\,.$$

Die obere Messgrenze liegt bei Kupfer-Konstantan bei etwa 500 °C, bei Eisen-Konstantan bei etwa 700 °C, bei Nickelchrom-Nickel bei etwa 1000 °C und bei Platinrhodium-Platin bei etwa 1300 °C (mit Einschränkungen bei 1600 °C). Die Kennlinien dieser Thermopaare sind in Bild 3-33b eingetragen.
Für industrielle Anwendungen werden die Thermopaardrähte z. B. mit Keramikröhrchen isoliert und in eine Schutzarmatur eingebaut. Kürzere Einstellzeiten erhält man mit *Mantelthermoelementen* nach Bild 3-33c, bei denen die Thermopaare zur Isolation in Al_2O_3 eingebettet und mit einem Edelstahlmantel umhüllt sind. Außendurchmesser von weniger als 3 mm sind dabei realisierbar.
Zur Messung kleiner Temperaturdifferenzen können Thermoketten nach Bild 3-33d verwendet werden, bei denen z. B. mit $n = 10$ Mess- und Vergleichsstellen der Messeffekt entsprechend vergrößert ist.
Bei Thermoelementmessungen handelt es sich im Prinzip um Differenztemperaturmessungen zwischen Messstelle und Vergleichsstelle. Soll die absolute Temperatur einer Messstelle bestimmt werden, dann muss entweder mit einem Vergleichsstellenthermostaten die Temperatur der Vergleichsstelle z. B. auf $\vartheta_\mathrm{v} = 50\,°\mathrm{C}$ konstant gehalten werden, oder man verwendet eine sog. Kompensationsdose nach Bild 3-33e, die den Einfluss einer veränderlichen Vergleichsstellentemperatur korrigiert. Die Kompensationsdose enthält im Wesentlichen eine Brückenschaltung im Ausschlagverfahren mit einem temperaturabhängigen Kupferwiderstand als Widerstandsthermometer. Abhängig von der Vergleichsstellentemperatur liefert die Brückenschaltung eine Kompensationsspannung U_K, die zur Thermospannung addiert wird und dadurch die Temperaturänderung der Vergleichsstelle kompensiert.

3.5.4 Strahlungsthermometer (Pyrometer)

Physikalische Grundlagen

Strahlungsthermometer arbeiten im Gegensatz zu Widerstandsthermometern und Thermoelementen berührungslos und sind besonders zur Messung höherer Temperaturen (etwa 300 °C bis 3000 °C) geeignet.
Die physikalische Grundlage für die Strahlungsthermometer bildet das *Planck'sche Strahlungsgesetz*. Danach beträgt die von der Fläche A des schwarzen Körpers bei der Temperatur T in den Halbraum (Raumwinkel 2π) ausgesandte spektrale spezifische Ausstrahlung $M_\lambda(\lambda)$ im Wellenlängenbereich zwischen λ und $\lambda + \mathrm{d}\lambda$

$$M_\lambda(\lambda) = \frac{\mathrm{d}M(\lambda)}{\mathrm{d}\lambda} = \frac{c_1}{\lambda^5 \left[\exp\left(\frac{c_2}{\lambda T}\right) - 1\right]}\,.$$

Die Größen c_1 und c_2 sind dabei Konstanten.

Die spektrale spezifische Ausstrahlung $M_\lambda(\lambda)$ des schwarzen Körpers ist in Bild 3-34a als Funktion der Wellenlänge λ mit der Temperatur T als Parameter dargestellt.
Die spektrale spezifische Ausstrahlung besitzt abhängig von der Temperatur T ein ausgeprägtes Maximum bei einer bestimmten Wellenlänge λ_{max}. Nach dem *Wien'schen Verschiebungsgesetz* verschiebt sich dieses Maximum mit wachsender Temperatur T nach kleineren Wellenlängen. Das Maximum der spektralen spezifischen Ausstrahlung liegt bei

$$\lambda_{max} = \frac{a}{T}$$

und hat den Wert

$$\left(\frac{M_\lambda(\lambda)}{A}\right)_{max} = bT^5 .$$

Die Größen a und b sind ebenfalls Konstanten.

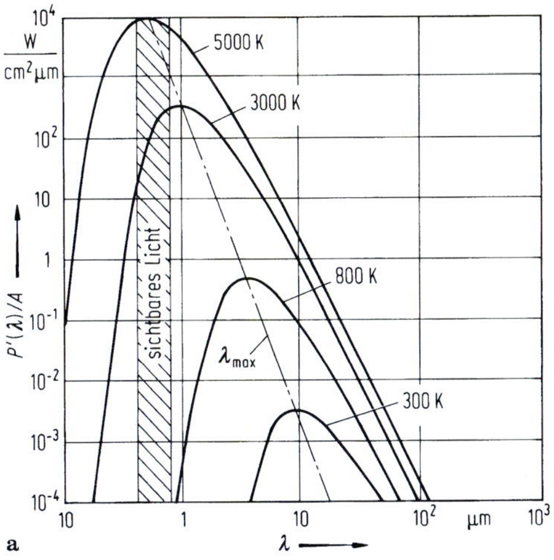

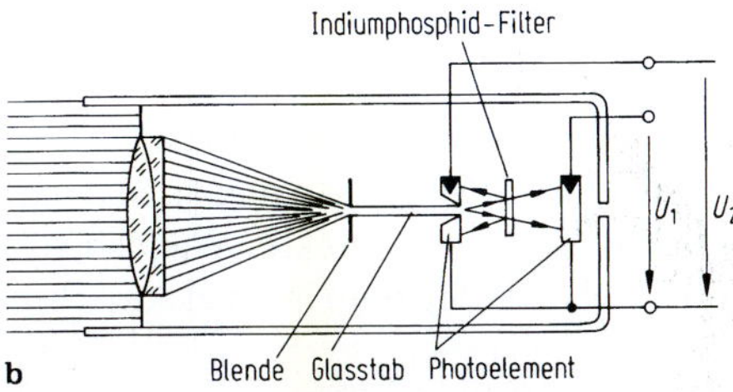

Bild 3-34. Strahlungsthermometer. **a** Spektrale Strahlungsleistung nach dem Planck'schen Strahlungsgesetz (Mester), **b** Farbpyrometer (Siemens)

Durch Integration über alle Wellenlängen ergibt sich das *Stefan- Boltzmann'sche Gesetz* für die gesamtspezifische Ausstrahlung M des schwarzen Körpers bei der Temperatur T

$$M = \int_0^\infty M_\lambda(\lambda)\mathrm{d}\lambda = c_1 \int_0^\infty \frac{\mathrm{d}\lambda}{\lambda^5[\exp(c_2/\lambda T) - 1]} = \sigma T^4 ,$$

σ ist die Stefan-Boltzmann-Konstante:

$$\sigma = 5,67 \cdot 10^{-8}\,\mathrm{W/m^2 \cdot K^4} .$$

Emissionsgrad technischer Flächen

Technische Flächen können i. Allg. nicht als schwarze Körper angesehen werden. Ihre spektrale (spezifische) Ausstrahlung ist um den spektralen Emissionsgrad $\varepsilon(\lambda)$ kleiner als die aus dem Planckschen Strahlungsgesetz sich ergebende spektrale spezifische Ausstrahlung des schwarzen Körpers, der die gesamte auffallende Strahlung absorbiert. Der spektrale Emissionsgrad $\varepsilon(\lambda)$ eines nichtschwarzen Körpers ist i. Allg. von der Wellenlänge λ abhängig. Als Integralwert verwendet man den Gesamtemissionsgrad ε_{tot}, der nur von der Temperatur abhängt.
Für 20 °C erhält man folgende Gesamtemissionsgrade ε_{tot}.

Metalle, blank poliert	3%
Aluminiumblech, roh	7%
Nickel, matt	11%
Messing, matt	22%
Stahl, blank	24%
Stahlblech, Walzhaut	77%
Stahl, stark verrostet	85%

Mit Ausnahme der Metalle verhalten sich bei niedrigen Temperaturen alle Stoffe angenähert wie der schwarze Körper. Wasser hat z. B. bei 20 °C einen Gesamtemissionsgrad von 96%.
Für den Sonderfall, dass der spektrale Emissionsgrad unabhängig von der Wellenlänge ist, spricht man von einem grauen Strahler. Die spezifische Ausstrahlung von grauen Strahlen unterscheidet sich von der des schwarzen Körpers gleicher Temperatur nur durch einen konstanten Faktor ε.

Aufbau und Eigenschaften von Pyrometern

Praktisch ausgeführte Strahlungsthermometer (Pyrometer) unterscheiden sich in ihrem Aufbau im Wesentlichen durch die verwendete Optik zum Sammeln der Strahlung und durch die verwendeten Strahlungsempfänger.

Mit einem Hohlspiegelpyrometer mit metallischer Oberfläche kann nahezu verlustlos und unabhängig von der Wellenlänge die Strahlung des Messobjekts auf den Strahlungsempfänger übertragen werden.

Zur Messung höherer Temperaturen werden *Linsenpyrometer* bevorzugt. Linsen aus Glas, Quarz oder Lithiumfluorid besitzen jedoch eine obere Absorptionsgrenze bei 2,5 µm für Glas, bei 4 µm für Quarz und bei 10 µm für Lithiumfluorid.

Linsenpyrometer mit Silizium-Fotoelement als Strahlungsempfänger besitzen einen beschränkten Wellenlängenbereich von 0,55 bis 1,15 µm. Wegen der kurzen Einstellzeiten von etwa 1 ms sind diese Pyrometer besonders zum Messen von Walzguttemperaturen geeignet.

Beim *Farbpyrometer* nach Bild 3-34b wird das Verhältnis zweier spektraler Strahlungsleistungen, z. B. bei den beiden Wellenlängen 0,888 und 1,034 µm (oder bei zwei Spektralbereichen) bestimmt. Die beiden Wellenlängen(-bereiche) werden z. B. mit einem Indiumphosphid-Filter erzeugt, das Strahlen mit Wellenlängen bis 1 µm reflektiert und über 1 µm durchlässt. Die Strahlung dieser beiden Wellenlängen(-bereiche) trifft auf je ein Silizium-Fotoelement.

Bei diesem Farbpyrometer wird das Verhältnis der beiden Ausgangssignale U_1 und U_2 gebildet und deshalb die Temperaturmessung unabhängig vom Emissionsgrad ε des Messobjekts, solange dieser für beide Wellenlängen gleich groß ist.

3.6 Mikrosensorik

Unter Mikrosensoren versteht man Sensoren, bei denen mindestens eine Abmessung im Submillimeterbereich liegt. Diese Kleinheit ermöglicht eine hohe Funktionsdichte und Messungen mit hoher Orts- oder Zeitauflösung. Entsprechende Herstellungstechnologien führen zudem in der Massenfertigung zu niedrigen Preisen und reproduzierbaren Eigenschaften. Und schließlich lassen sich die Mikrosensoren zusammen mit der Mikroelektronik auf ein gemeinsames Substrat integrieren, um „intelligente" Sensoren zu realisieren. Aufgrund all dieser Vorteile wurden Mikrosensoren in den letzten zehn Jahren rasant weiterentwickelt. Einige kommerzielle Anwendungen konnten nur durch den Einsatz der Mikrosensorik realisiert werden, etwa der Auto-Airbag (Beschleunigungssensor).

3.6.1 Herstellungstechnologien

Die Herstellung von Mikrosensoren beruht in weiten Teilen auf Techniken, die von der Mikroelektronik her bekannt sind. Wichtige Prozessschritte sind:

- die Bereitstellung geeigneter Substrate (Keramiken, Halbleiter, Piezoelektrika);
- die Abscheidung von Schichten;
- die Strukturübertragung von computergestützten Entwurfsdateien auf den Wafer (Lithografie);
- die Entfernung von Schichten (Nassätzen in Ätzlösungen, Trockenätzen durch Beschuss mit physikalisch oder chemisch ätzenden Teilchen);
- die Modifikation von Schichten (Oxidation, Dotieren).

Bei der *Dickschichttechnik* wird eine Paste durch ein Sieb auf das Substrat (häufig Aluminiumdioxid, Al_2O_3) gedrückt, getrocknet und eingebrannt. Die damit herstellbaren Strukturen sind typisch 10 µm dick und 100 µm breit. Sensorische Funktionen verwirklicht man etwa mit Pasten aus Pt oder Ni (Widerstandsthermometer), aus Au/PtAu (Thermoelement), aus MnO oder RuO_2 (Heißleiter), aus $Bi_2Ru_2O_7$ (piezoresistiver Drucksensor) oder aus SnO_2 (Gassensoren).

Bei der *Dünnschichttechnik* werden Schichten von in der Regel kleinerer Dicke als 1 µm auf das Substrat aufgebracht und strukturiert. Das weitaus am häufigsten benutzte Substrat ist einkristallines Silizium (Si), dem an Wichtigkeit Glas und Quarz (einkristallines Siliziumdioxid, SiO_2) nachfolgen. Silizium selber zeigt zahlreiche Sensoreffekte; so ändert etwa eine Materialprobe aus Silizium ihren elektrischen Widerstand

- mit der Temperatur (Thermowiderstandseffekt),
- bei mechanischer Verzerrung (Piezowiderstandseffekt),

- bei Lichteinstrahlung (innerer lichtelektrischer Effekt) oder
- in einem Magnetfeld (Hall-Effekt).

Alternativ werden häufig Dünnschichten mit sensorischen Eigenschaften auf dem Substrat abgeschieden, etwa Pt oder Ni (Widerstandsthermometer), Cadmiumsulfid (Fotowiderstand), Zinkoxid oder andere Piezoelektrika (mechanische Sensoren), Metalloxide wie SnO_2 (Gassensoren) und Ferromagnetika (Magnetfeldsensoren). Das Schichtwachstum geht entweder auf physikalische Effekte wie Kondensation oder auf chemische Reaktionen zurück und wird in der Regel im Vakuum durchgeführt (physikalische bzw. chemische Dampfabscheidung [PVD, physical vapor deposition, bzw. CVD, chemical vapor deposition]).
Sensoren für mechanische Größen wie Druck, Kraft oder Beschleunigung erfordern bewegliche Elemente. Mikromembranen, -biegebalken und ähnliche Elemente lassen sich entweder durch sukzessive Abscheidung und Entfernung von Dünnschichten realisieren (*Oberflächenmikromechanik*) oder durch Hineinätzen in das Volumen eines Siliziumsubstrates (*Volumenmikromechanik*).

3.6.2 Mikrosensoren für mechanische Größen

Nahezu ein Viertel des Weltmarktes für Si-Mikrosysteme entfiel im Jahre 2005 auf Drucksensoren, ein weiteres Sechstel auf Beschleunigungs- und Drehratensensoren (Anwendung in Kraftfahrzeugen und Mobiltelefonen). Große Steigerungsraten werden für kostengünstige Mikroschallaufnehmer vorhergesagt (Anwendung in Mobiltelefonen).
Die meisten Mikrodruckaufnehmer nützen die Tatsache aus, dass der spezifische Widerstand von dotiertem Silizium stark von der mechanischen Verzerrung abhängt (Piezowiderstandseffekt). Daher lässt sich die druckabhängige Auslenkung einer Si-Membran über die Widerstandsänderung eines dotierten Bereiches der Membran detektieren (Prinzip der Kraft-Weg-Wandlung, Bild 3-35).
Beschleunigungs- und Drehratensensoren erfassen die (Winkel-)Beschleunigung a indirekt über die Auslenkung einer seismischen Testmasse m infolge der Newton'schen Trägheitskraft $F = m \cdot a$.

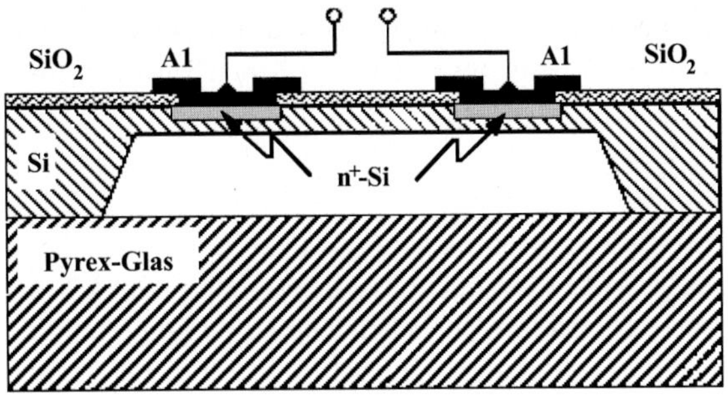

Bild 3-35. Drucksensor nach dem Piezowiderstandsprinzip, realisiert in Volumenmikromechanik

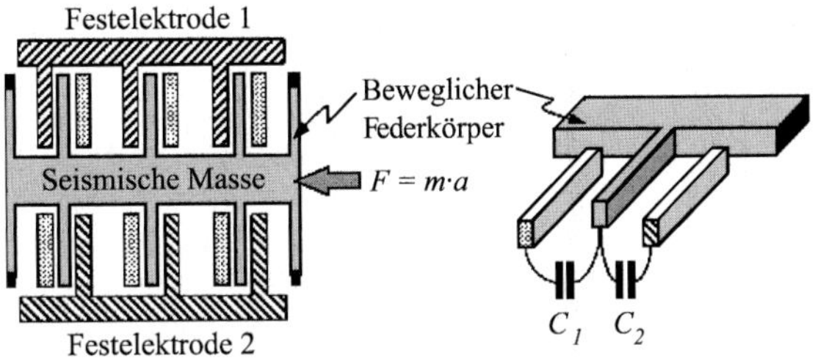

Bild 3-36. Kapazitiver Beschleunigungssensor, realisiert in Oberflächenmikromechanik

Als Messprinzip für die Auslenkung kommt der Piezowiderstandseffekt ebenso in Frage wie optische, magnetische, piezoelektrische, induktive, kapazitive und sogar thermische Prinzipien. Der erste kommerziell erhältliche Mikrobeschleunigungssensor (Analog Devices, 1991) verwendete ein kapazitives Prinzip (Bild 3-36). Die Testmasse liegt im µg-Bereich, und es müssen Kapazitätsänderungen von weniger als 1 fF detektiert werden. Dies ist nur durch eine sensornahe Signalverarbeitung möglich (Integration des Sensors und der Auswerteelektronik auf einem gemeinsamen Si-Substrat).

3.6.3 Mikrosensoren für Temperatur

Alle in 3.5 aufgeführten Prinzipien zur Temperaturmessung lassen sich miniaturisieren. Reine Halbleitersensoren verwenden entweder die Temperaturabhängigkeit der Leitfähigkeit homogener Halbleiterproben (Prinzip des Ausbreitungswiderstands 3.5.2), oder aber die Temperaturabhängigkeit der Kennlinie von PN-Übergängen (*Dioden-, Tran-*

sistorthermometer). So folgt etwa aus der Kennlinie eines PN-Übergangs von G 27.2.5 im Vorwärtsbetrieb ($U > 4kT$):

$$U = \frac{kT}{e} \ln \frac{I}{I_0} .$$

Um die Temperaturabhängigkeit des Sättigungssperrstromes I_0 zu eliminieren, arbeitet man praktisch mit zwei möglichst identischen Dioden (räumliche Nähe auf einem gemeinsamen Si-Substrat!), welche mit verschiedenen Konstantströmen I_1, I_2 betrieben werden. Dann hängt die Differenzspannung linear von der Temperatur ab:

$$\Delta U = U_2 - U_1 = \frac{k}{e} \ln \frac{I_2}{I_1} \cdot T$$

3.6.4 Mikrosensoren für (bio)chemische Größen

Bio- und Chemosensoren wandeln biologische bzw. chemische Größen in elektrische Signale. Meistens interessiert die Konzentration eines Stoffes (des *Analyten*) in einem gasförmigen oder flüssigen Medium. Die wichtigsten in Mikrosensoren verwendeten Prinzipien sind:

- Konduktometrie: Leitfähigkeitsänderung nach Analytabsorption (Bsp.: Zinndioxid-Gassensor);
- Potenziometrie: Änderung der elektromotorischen Kraft einer elektrochemischen Zelle nach Analytabsorption (Bsp.: ionenselektiver Feldeffekttransistor [ISFET] zur pH-Wertmessung);
- Kapazitives Prinzip: Kapazitätsänderung nach Analytabsorption (Bsp.: Feuchtemessung mit hygroskopem Polymer);
- Optische Prinzipien: Dämpfungs- oder Phasenänderungen bei Lichtwellen infolge des Einflusses des Analyten (Bsp.: Infrarotspektrometer);
- Thermometrie: Wärmetönung einer chemischen Reaktion des Analyten (Bsp.: Si-Mikropellistor für brennbare Gase);
- Gravimetrie: Änderung der Resonanzfrequenz eines Piezoschwingers nach Analytadsorption (Bsp.: Quarz-Mikrowaage).

Stellvertretend wird im Weiteren das Prinzip der Gravimetrie erläutert. Dieses Sensorprinzip hat zwar bislang keine kommerzielle Bedeutung erlangt, ist aber im Labor beliebt, weil sich damit auch chemo- oder biosensorische Aufgaben lösen lassen, für die

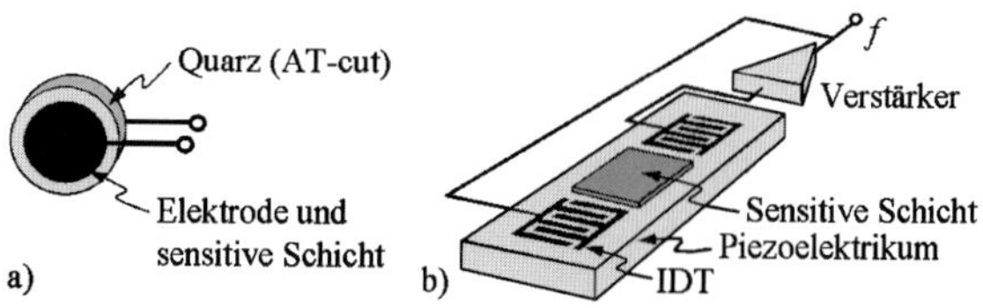

Bild 3-37. Gravimetrische Sensoren. **a** Quarz-Mikrowaage (Schwingfrequenz bis zu einigen 10 MHz), **b** Oszillator aus SAW-Bauelement und Verstärker (Schwingfrequenz bis zu einigen GHz; SAW = *surface acoustic wave*, akustische Oberflächenwelle; IDT = *interdigital transducer*, Interdigitalwandler zur Umsetzung elektrischer Signale in akustische Oberflächenwellen und umgekehrt)

keine fertigen Lösungen auf dem Markt existieren. Dazu werden piezoelektrische Substrate, die mechanisch schwingen oder auf deren Oberfläche sich hochfrequente akustische Wellen ausbreiten, mit einer Schicht bedeckt, die selektiv nur den nachzuweisenden Analyten einlagert (Bild 3-37). Bei Anlagerung von Analytmolekülen verändert sich die Frequenz der mechanischen Resonatoren aufgrund veränderter elastischer oder elektrischer Eigenschaften der sensitiven Schicht.
Im einfachsten Fall spielt nur die zusätzliche Masse Δm der angelagerten Moleküle eine Rolle. Dann gilt für die relative Änderung der Schwingfrequenz f die *Sauerbrey-Gleichung*

$$\frac{\Delta f}{f} = -K f \Delta m .$$

Die Konstante K hängt dabei vom verwendeten Substrat, dem akustischen Wellentyp und der Wechselwirkung zwischen Analyt und sensitiver Schicht ab. In jedem Fall steigt der Messeffekt $\Delta f / f$ mit der Frequenz, sodass höhere Arbeitsfrequenzen und daher kleinere Bauelemente vorteilhaft sind.
Ansätze, mithilfe von Matrixanordnungen aus mehreren Mikrosensoren Analytgemische zu erfassen, haben noch zu keinen kommerziellen Produkten geführt, werden aber mit Nachdruck weiterverfolgt (*elektronische Nase*).

3.6.5 Mikrosensoren für magnetische Größen

Alle praktisch relevanten Mikrosensoren für Magnetfelder beruhen auf der Wechselwirkung zwischen

elektrischen Strömen und Magnetfeldern (Galvanomagnetismus). Neben Hall-Sensoren und Feldplatten (3.2.4) haben in den letzten Jahren vor allem Sensoren eine große Bedeutung erlangt, die Materialeffekte in elektrisch leitfähigen Ferromagnetika ausnutzen. Die Leitfähigkeit solcher Stoffe ist senkrecht zur Magnetisierungsrichtung um einige Prozent größer als parallel dazu. Ein äußeres Magnetfeld, das die Magnetisierung des Ferromagnetikums aus ihrer Ruherichtung ablenkt, macht sich daher in einer Widerstandsänderung bemerkbar (anisotroper Magnetowiderstandseffekt, verwendet im *AMR-Sensor* [*anisotropic magnetoresistance*]).
Der *GMR-Sensor* (*giant magnetoresistance*) basiert auf dem Umstand, dass sich der elektrische Widerstand von Vielschichtsystemen aus abwechselnd ferromagnetischen und unmagnetischen metallischen Dünnschichten abhängig von der relativen Orientierung der Magnetisierung in den ferromagnetischen Schichten um einige 10% ändert. Der Einsatz von GMR-Sensoren im Lesekopf von Computerfestplatten seit 1997 hat eine starke Zunahme der Speicherdichte und damit der Festplattenkapazität ermöglicht.

3.7 Sensorspezifische Messsignalverarbeitung

3.7.1 Analoge Messsignalverarbeitung

Zu den bisher vorherrschenden Verfahren der analogen Messsignalverarbeitung zählen neben den strukturellen Maßnahmen die mechanisch-konstruktiven Verfahren und die analog-elektronische Messsignalverarbeitung.
Von den *mechanisch-konstruktiven Verfahren* sind besonders bekannt geworden:

- das sog. Radizierschwert, eingesetzt z. B. zur Radizierung des Differenzdrucks bei der Durchflussmessung nach dem Wirkdruckverfahren,
- der Reibradintegrator zur Integration von Signalen,
- Einrichtungen zur Linearisierung durch konstruktive Maßnahmen, z. B. der Teleperm-Abgriff als magnetischer Winkelaufnehmer.

Bei der *analog-elektronischen* Messsignalverarbeitung haben sich bewährt

- die Addition und Subtraktion mit Operationsverstärkern,
- die Integration mit Integrationsverstärkern,
- die Multiplikation (zur Leistungsmessung) mit Impulsflächenmultiplizierern,
- die Division mithilfe von Kompensationsschreibern.

3.7.2 Inkrementale Messsignalverarbeitung

Zu den bisher vorherrschenden Verfahren der inkrementalen bzw. hybriden Messsignalverarbeitung zählen die Messsignalverarbeitung bei der Analog-Digital-Umsetzung und die rein inkrementale Messsignalverarbeitung.
Bei der *Analog-Digital-Umsetzung* bestehen folgende Möglichkeiten der Signalverarbeitung:

1. Die Division bei der Spannungs-Digital-Umsetzung durch Ersatz der Referenzspannung durch eine veränderliche Eingangsspannung.
2. Die Division bei der Frequenz-Digital-Umsetzung durch Ersatz der Referenzfrequenz durch eine veränderliche Eingangsfrequenz.
3. Die zeitliche Integration einer zeitlich veränderlichen Frequenz durch Aufzählen in einem Zähler.
4. Die Subtraktion zweier Frequenzen durch Subtraktion zweier Impulszahlen, die bei gleichen Torzeiten von den beiden Eingangsfrequenzen erhalten wurden und nacheinander in einen Vorwärts-Rückwärts-Zähler einlaufen.

Schließlich ist bei der rein *inkrementalen* Messsignalverarbeitung ein Impulslogarithmierer zu erwähnen, der immer dann einen Ausgangsimpuls abgibt, wenn die Zahl der Eingangsimpulse sich um die Zahl der bereits vorhandenen Impulse erhöht hat.

3.7.3 Digitale Grundverknüpfungen und Grundfunktionen

Neben den vier Grundrechenarten stehen bei Mikrorechnern mit arithmetischen Koprozessoren eine Reihe von Grundfunktionen in einem ROM (read-only memory) zur Verfügung. Dazu zählen z. B. Radizierung, Logarithmierung, trigonometrische Funktionen und deren Umkehrfunktionen.
Die *Grundverknüpfungen* finden Anwendung bei der

- Summation und Subtraktion für Verrechnungszwecke,

- Multiplikation für die Leistungsmessung,
- Quotientenbildung zur Bezugnahme auf eine zweite Größe. Beispielsweise wird eine Frequenz bei der Multiperiodendauermessung durch die Division zweier Zählerstände ermittelt.

Die *Grundfunktionen* finden Anwendung bei der Berechnung

- des Durchflusses durch Radizierung des Differenzdruckes an einem Drosselgerät,
- der Leistung eines Kernreaktors durch Logarithmierung seiner Aktivität,
- des Winkels eines Resolversystems durch Bildung des Arcussinus bzw. Arcuscosinus.

Integration über die Zeit ist durch genügend häufige Abtastung und Aufsummierung der Abtastwerte möglich oder besser durch Integration des durch Interpolation gewonnenen Funktionsverlaufes. Die Integration über die Zeit gehört also nicht zu den Grundfunktionen.

3.7.4 Physikalische Modellfunktionen für einen Sensor

Ist das statische Verhalten eines Sensors durch physikalische Gesetze hinreichend genau beschreibbar, so ist es natürlich zweckmäßig, eine so erhaltene Modellfunktion für die rechnergestützte Korrektur zu verwenden.

Beispiel: Induktive Drosselsysteme als Wegaufnehmer lassen sich z. B. ohne Berücksichtigung des Streuflusses mit einer vereinfachten Theorie durch eine in Richtung des Messweges verschobene Hyperbel beschreiben. Bei Berücksichtigung von Streuflüssen ergibt sich jedoch auch bei sehr großem Luftspalt, der dem Messweg entspricht, eine von null verschiedene Induktivität. Der prinzipielle Kennlinienverlauf der Induktivität L, abhängig vom Messweg x, ist in Bild 3-38 dargestellt.
Mit L_0 und L_∞ sind die Induktivitäten bei den Weglängen $x = 0$ bzw. $x \to \infty$ bezeichnet, während die mittlere Induktivität $\frac{1}{2}(L_0 + L_\infty)$ die Weglänge x_m bestimmt. Zwei Modellfunktionen bieten sich an, eine Exponentialfunktion und eine gebrochen rationale Funktion 1. Grades.

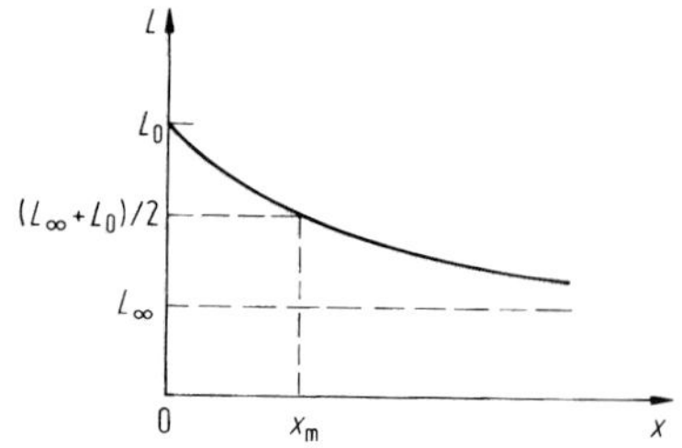

Bild 3-38. Kennlinie eines induktiven Wegsensors

Für die Exponentialfunktion kann man ansetzen

$$L = L_\infty + (L_0 - L_\infty)\mathrm{e}^{-(x/x_\mathrm{m})\ln 2} \ .$$

Für die gebrochen rationale Funktion 1. Grades ergibt sich

$$L = \frac{L_0 x_\mathrm{m} + L_\infty x}{x_\mathrm{m} + x} \ .$$

Sind drei Punkte (x_i, L_i) der Kennlinie bekannt, so lassen sich die Koeffizienten x_m, L_∞ und L_0 berechnen zu

$$x_\mathrm{m} = \frac{(x_3L_3 - x_2L_2)(x_2 - x_1) - (x_2L_2 - x_1L_1)(x_3 - x_2)}{(L_2 - L_1)(x_3 - x_2) - (L_3 - L_2)(x_2 - x_1)} \ ,$$

$$L_\infty = \frac{x_3L_3 - x_2L_2 + x_\mathrm{m}(L_3 - L_2)}{x_3 - x_2} \ ,$$

$$L_0 = (x_3L_3 - x_3L_\infty + x_\mathrm{m}L_3)\frac{1}{x_\mathrm{m}} \ .$$

Durch Vergleich mit den Messergebnissen an einem Sensor muss entschieden werden, welche der beiden Modellfunktionen besser geeignet ist.

3.7.5 Skalierung und Linearisierung von Sensorkennlinien durch Interpolation

Durch Konstantenaddition und Konstantenmultiplikation ist der Ausgleich herstellungsbedingter Streuungen von Nullpunkt und Steilheit bei im Übrigen linearer Sollkennlinie eines Sensors möglich. Man spricht hier von Skalierung.
Nichtlineare Sollkennlinien können durch folgende Maßnahmen nachgebildet werden:

1. Tabellarische Abspeicherung (look-up tables),
2. Polygonzug-Interpolation,
3. Polynom-Interpolation (niedrigen Grades),
4. Spline-Interpolation.

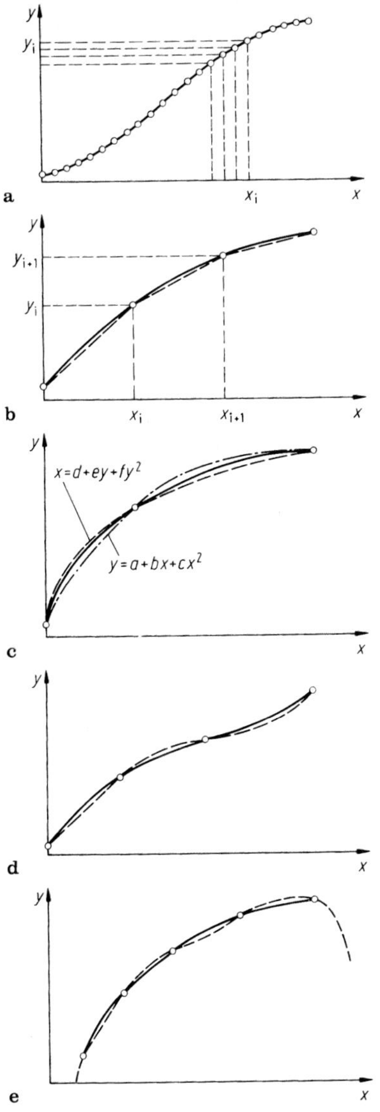

Bild 3-39. Nachbildung von Kennlinien und Polynominterpolation. **a** Tabellenverfahren, **b** Polygonzug-Interpolation, **c** Parabel-Interpolation, **d** Interpolation mit kubischer Parabel, **e** mangelnde Eignung von Polynomen höheren Grades

Der meiste Speicherplatz und die geringste Rechenzeit wird bei der tabellarischen Abspeicherung aller vorkommenden Wertepaare benötigt, wobei eine der gewünschten Genauigkeit entsprechende Quantisierung eingehalten werden muss (Bild 3-39a). Die tabellarische Abspeicherung ist für Kennlinienscharen (Kennfelder) wegen des hohen Speicherbedarfs weniger geeignet.

Geringeren Speicherbedarf und nur sehr geringe Rechenzeit benötigt die Polygonzug-Interpolation (Interpolation mit Geradenstücken, Bild 3-39b). Die Zahl der Definitionsbereiche bleibt jedoch meist verhältnismäßig hoch. Gewöhnlich wird zwischen mindestens 10 Stützwerten interpoliert.

Polynom-Interpolation 2. Grades (Parabelinterpolation) ist in Bild 3-39c für Parabeln mit Symmetrieachse parallel zur y-Achse bzw. x-Achse dargestellt. Drei Wertepaare der Kennlinie legen die jeweilige Parabel fest.

	Symmetrieachse parallel zur
$y = a + bx + cx^2$	y-Achse
$x = d + ey + fy^2$	x-Achse

Mit einer *Polynom-Interpolation 3. Grades* (kubische Parabel) ist die Einbeziehung eines Wendepunktes in die Kennlinie möglich (Bild 3-39d). Mit vier Wertepaaren lassen sich die vier Koeffizienten a, b, c und d des Polynomus

$$y = a + bx + cx^2 + dx^3$$

bestimmen.

Für die Interpolation von Sensorkennlinien zwischen festen Stützwerten sind Polynome höheren als 3. Grades i. Allg. wenig geeignet, weil solche Polynome außerhalb der Intervallgrenzen schnell über alle Grenzen wachsen und meist alle $k - 2$ Wendepunkte des Polynoms k-ten Grades innerhalb des Interpolationsintervalles liegen. Diese Eigenschaften widersprechen dem eher glatten Verlauf realer Sensorkennlinien. Die mangelhafte Eignung eines Polynoms 4. Grades zur Interpolation einer Sensorkennlinie ist in Bild 3-39e an den Oszillationen des Interpolations-Polynoms deutlich zu erkennen.

3.7.6 Interpolation von Sensorkennlinien mit kubischen Splines

Glatte Kennlinienverläufe und höchstens ein Wendepunkt je Definitionsbereich ergeben sich bei kubischen Spline-Polynomen. Nach Bild 3-40 handelt es sich dabei um aneinandergesetzte Polynome 3. Grades (kubische Parabeln), die in den Übergangspunkten im Funktionswert, in der Steigung und in der Krümmung übereinstimmen.

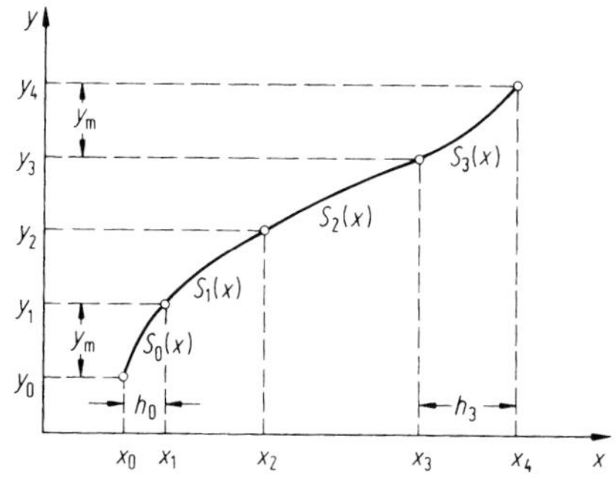

Bild 3-40. Interpolation mit kubischen Spline-Polynomen

Die Spline-Funktionen $S_i(x)$ zwischen zwei benachbarten Stützwerten x_i, y_i und $x_{i+1}, y_{i+1} (i = 0,1,\ldots,$ m-1) lauten

$$S_i(x) = a_i + b_i(x - x_i) + c_i(x - x_i)^2 + d_i(x - x_i)^3 \ .$$

Durch $m + 1$ Stützwerte werden also m Spline-Polynome $S_0(x)$ bis $S_{m-1}(x)$ gelegt. Die $4m$ Koeffizienten der m Spline-Polynome berechnen sich aus den

- $2m$ Bedingungen für die Funktionswerte, da jedes Spline-Polynom am Anfang und am Ende des Definitionsbereiches durch die beiden dort vorhandenen Stützwerte gehen soll,
- $m - 1$ Bedingungen für die Steigungsgleichheit in den Übergangspunkten und
- $m - 1$ Bedingungen für Krümmungsgleichheit in den Übergangspunkten.

$(4m - 2)$ Bedingungen sind also festgelegt. Es verbleiben zwei noch frei wählbare Bedingungen, die im einfachsten Fall so festgelegt werden, dass die Krümmungen (nicht die Steigungen!) am Anfang und Ende der Gesamtfunktion verschwinden ($c_0 = c_m = 0$).
Mit $y_{i+1} - y_i = y_m = \text{const}$ und $x_{i+1} - x_i = h_i$ ergibt sich als Algorithmus zur Koeffizientenbestimmung:

$$\begin{aligned} a_i &= S_i(x_i) = y_i \ , \\ h_{i-1}c_{i-1} &+ 2c_i(h_{i-1} + h_i) + h_i c_{i+1} \\ &= 3y_m(1/h_i - 1/h_{i-1}) \ , \\ b_i &= y_m/h_i - (c_{i+1} + 2c_i)h_i/3 \ , \\ d_i &= (c_{i+1} - c_i)/3h_i \ . \end{aligned}$$

Dieser Algorithmus für die Bestimmung der Koeffizienten a_i, b_i, c_i und d_i der m Spline-Polynome ist noch überschaubar und liefert sehr gute Ergebnisse für die Kennlinieninterpolation.

3.7.7 Ausgleichskriterien zur Approximation von Sensorkennlinien

Bei der Kennlinieninterpolation geht die approximierende Funktion exakt durch die Stützwerte. Da die Stützwerte jedoch in der Regel nicht genau bekannt und selbst mit Streuungen behaftet sind, ist eine Interpolation nicht immer die beste Approximation einer Kennlinie. Man benutzt daher gerne die Ausgleichsrechnung (Regression). Die Koeffizienten der Approximationsfunktion werden dabei gewöhnlich durch Minimierung eines Fehlermaßes gewonnen. Die erhaltene Approximationsfunktion verläuft dann i. Allg. nicht durch die Stützwerte.
Häufig verwendete Fehlermaße sind das

- Fehlermaß R für die L_1-Approximation,
- Fehlermaß S für die L_2-Approximation,
- Fehlermaß T für die L_∞-Approximation.

Bezeichnet man die gemessenen Stützwerte mit (x_k, y_k), die mit der Approximationsfunktion gewonnenen Werte mit $f(x_k)$ und die Koeffizienten der Approximationsfunktion mit $a_1, \ldots, a_m$, so berechnen sich die Fehlermaße R, S und T gemäß

$$R(a_1, \ldots, a_m) = \sum_{k=1}^{n} p_k |y_k - f(a, \ldots, a_m, x_k)| \stackrel{!}{=} \text{Min} \ ,$$

$$S(a_1, \ldots, a_m) = \sum_{k=1}^{n} p_k [y_k - f(a_1, \ldots, a_m, x_k)]^2 \stackrel{!}{=} \text{Min} \ ,$$

$$T(a_1, \ldots, a_m) = \max_k p_k |y_k - f(a_1, \ldots, a_m, x_k)| \stackrel{!}{=} \text{Min} \ .$$

Die Gewichtsfaktoren p_K werden im einfachsten Fall gleich eins gesetzt.
Das Fehlermaß R ist die gewichtete Summe der Absolutbeträge der Abweichungen und ergibt die L_1-*Approximation* bei minimaler Abweichung. Die L_1-*Approximation* ist zur Ausreißererkennung gut geeignet. Liegt lediglich ein einziger Punkt außerhalb eines sonst linearen Zusammenhangs, so bleibt dieser Ausreißer unberücksichtigt und die Approximationsfunktion verläuft exakt durch alle anderen Punkte.
Das Fehlermaß S ist die gewichtete Summe der quadratischen Abweichungen und liefert die

L_2-Approximation (*least squares method*) oder *Gauß'sche Fehlerquadratmethode* nach Minimierung. Diese Methode wird im Regelfall angewendet. Große Abweichungen gehen dabei besonders stark in die Fehlersumme ein.
Das Fehlermaß T ergibt sich als die größte (gewichtete) vorkommende Abweichung. Man spricht von der *L_∞-Approximation* oder *Tschebyscheff-Approximation*, wenn die größte vorkommende Abweichung minimal ist. Für die Sensortechnik ist diese Approximation von besonderer Bedeutung.
Für die Anwendungen gilt als Faustregel, dass die Zahl der Stützwerte 3- bis 5-mal so groß sein soll wie die Zahl der zu bestimmenden Parameter.

Beispiel für die Ausgleichsrechnung

Die Steigung m einer linearen Kennlinie $y = mx$ durch den Ursprung soll so bestimmt werden, dass die Summe der quadratischen Abweichungen von n Messpunkten (x_k, y_k) minimal wird (Bild 3-41).
Bei identischen Gewichtsfaktoren $p_k = 1$ ergibt sich das Fehlermaß

$$S(m) = \sum_{k=1}^{n} [y_k - f(m, x_k)]^2$$

$$= \sum_{k=1}^{n} [y_k - mx_k]^2$$

$$= \sum_{k=1}^{n} \left[y_k^2 - 2mx_k y_k + (mx_k)^2\right] \stackrel{!}{=} \text{Min} ,$$

$$\frac{\mathrm{d}S}{\mathrm{d}m} = \sum_{k=1}^{n} \left(-2x_k y_k + 2mx_k^2\right) = 0 .$$

Die Steigung ergibt sich zu

$$m = \frac{\sum\limits_{k=1}^{n} x_k y_k}{\sum\limits_{k=1}^{n} x_k^2} .$$

3.7.8 Korrektur von Einflusseffekten auf Sensorkennlinien

Ist der prinzipielle Verlauf einer Sensorkennlinie (Stammfunktion) bekannt und erfährt diese durch fertigungsbedingte Streuungen und Einflusseffekte

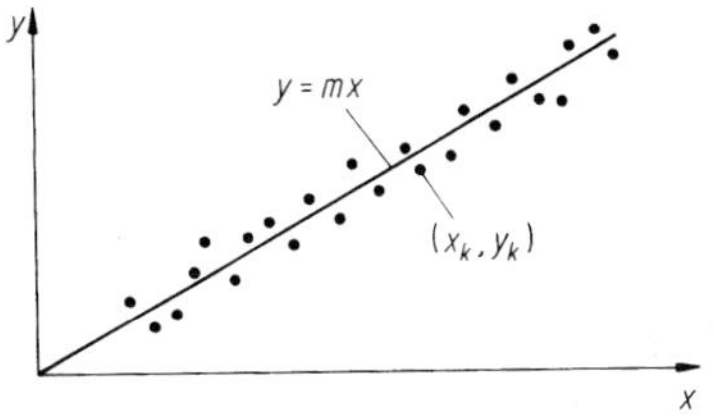

Bild 3-41. Regressionsgerade durch Ursprung mit Steigung m

keine Veränderungen des qualitativen Verlaufs, so bewährt sich das Stammfunktionsverfahren zur Beschreibung des Einflusseffektes auf die Sensorkennlinie.
Nach Bild 3-42a fungiert die Stammfunktion

$$y_0 = f(x_1, x_{20})$$

bei konstanter Einflussgröße als Nennkennlinie.
Bei veränderlicher Einflussgröße x_2 wird beim Stammfunktionsverfahren das Ausgangssignal y abhängig von der Messgröße x_1

$$y(x_1, x_2) = c_0(x_2) + [1 + c_1(x_2)]y_0(x_1, x_{20})$$
$$+c_2(x_2)y_0^2(x_1, x_{20}) + \ldots$$

Die Funktionen $c_0(x_2), c_1(x_2), c_2(x_2), \ldots$ beschreiben den Einflusseffekt und sind beim Nennwert x_{20} der Einflussgröße x_2 gleich null.

Beispiel: In Anlehnung an dieses Stammfunktionsverfahren kann bei einem ausgeführten mikrorechnerorientierten *Sensorsystem* nach Bild 3-42b der Temperatureinfluss auf induktive Sensoren zur Messung von Weggrößen korrigiert werden. Die Weggröße steuert die Induktivität der Sensoren und damit die Frequenz eines LC-Oszillators, in dem die Sensoren betrieben werden. Die Einflussgröße Temperatur wird mit einem Silizium-Temperatursensor erfasst und steuert durch Veränderung des Widerstandes die Frequenz eines RC-Oszillators. Die beiden frequenzanalogen Ausgangssignale im MHz-Bereich (Messgröße) bzw. kHz-Bereich (Einflussgröße) werden zum Mikrorechnersystem übertragen. Dort wird sensorspezifisch die Kennlinie linearisiert und der Temperatureinfluss korrigiert. Auf diese Weise ist auch eine einfache Kalibrierung ohne Abgleichelemente möglich.

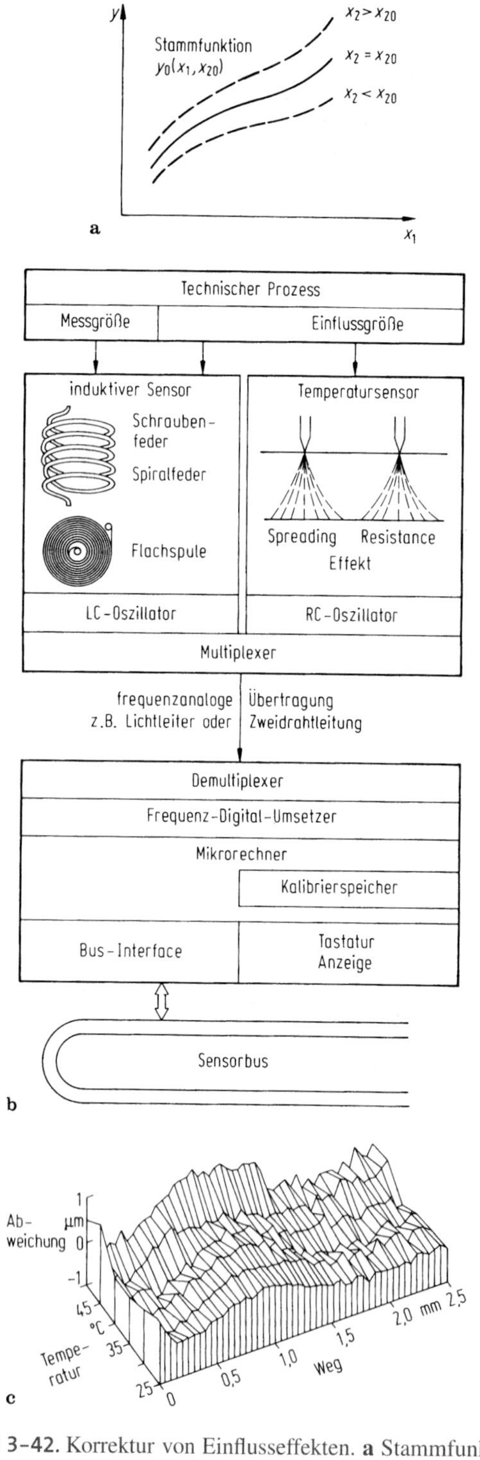

Bild 3-42. Korrektur von Einflusseffekten. **a** Stammfunktion und Einflusseffekt, **b** mikrorechnerorientiertes Sensorsystem, **c** Restfehler eines rechnerkorrigierten Wegsensors

Bei einem ausgeführten rechnerkorrigierten Wegsensor ergaben sich gemäß Bild 3-42c bei einem Messbereich von 2,5 mm in einem Temperaturbereich von 25 bis 50 °C Abweichungen vom Sollwert, deren Betrag 1 µm nicht überschritt.

3.7.9 Dynamische Korrektur von Sensoren

Mit geeigneten Algorithmen auf Mikrorechnern ist eine dynamische Korrektur von Sensoren möglich. Bei bekannten Systemparametern muss für die dynamische Korrektur linearer Systeme i. Allg. das Faltungsintegral ausgewertet werden (vgl. I 3.2.3).
Mit den Bezeichnungen in Bild 3-43 wird die berechnete (rekonstruierte) Eingangsgröße zu

$$x_e^*(t) = \int_0^t x_a(t-\tau)g(\tau)\,d\tau = x_a(t) * g(t)\,.$$

Die Gewichtsfunktion $g(t)$ ergibt sich dabei durch Laplace-Rücktransformation aus der reziproken Übertragungsfunktion $1/F(s)$ des Sensors:

$$g(t) = \mathscr{L}^{-1}[1/F(s)]\,.$$

Einfacher wird die dynamische Korrektur, wenn sich der in der Differenzialgleichung enthaltene zeitliche Verlauf $x_e(t)$ der Eingangsgröße des Sensors explizit als Funktion der Ausgangsgröße $x_a(t)$ darstellen lässt. Bei vielen Sensoren ist dies der Fall. Sie verhalten sich in guter Näherung wie Verzögerungsglieder 1. oder 2. Ordnung. Für die Eingangsgröße $x_e(t)$ ergibt sich beim Verzögerungsglied 2. Ordnung

$$x_e(t) = \frac{1}{k}\left[x_a + \frac{2\vartheta}{\omega_0}\dot{x}_a + \frac{1}{\omega_0^2}\ddot{x}_a\right]\,.$$

(ϑ Dämpfungsgrad, ω_0 Kreisfrequenz der ungedämpften Eigenschwingung.)

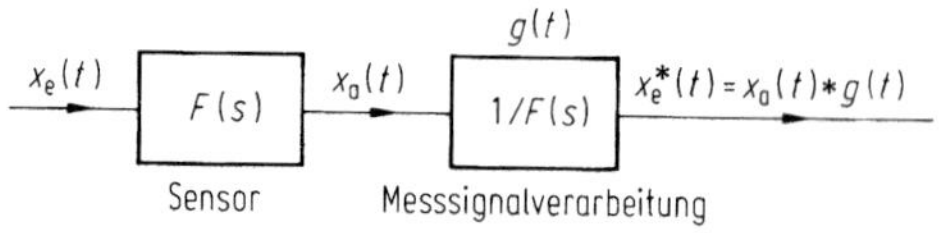

Bild 3-43. Dynamische Korrektur durch Berechnung des Faltungsintegrals

Für ein Verzögerungsglied 1. Ordnung mit der Zeitkonstanten τ ist die Eingangsgröße

$$x_e(t) = \frac{1}{k}(x_a + \tau \dot{x}_a) .$$

Die Eingangsgröße $x_e(t)$ lässt sich also aus der Ausgangsgröße $x_a(t)$ und deren Ableitung(en) berechnen. Die Ausgangsgröße $x_a(t)$ wird dabei unter Verwendung mehrerer vorangegangener Abtastwerte approximiert. Auch hier erweisen sich bei Sensoren 2. Ordnung Spline-Polynome 3. Ordnung als vorteilhaft, da die 2. Ableitung der Ausgangsgröße $x_a(t)$ dann noch zumindest linear von der Zeit t abhängen kann.

4 Messschaltungen und Messverstärker

Mit Messschaltungen und Messverstärkern werden analoge elektrische Signale verarbeitet, die entweder am Ausgang von Messgrößenaufnehmern für nichtelektrische Größen anfallen oder selbst elektrische Messgrößen darstellen.

4.1 Signalumformung mit verstärkerlosen Messschaltungen

Mit verstärkerlosen Messschaltungen lassen sich analoge Messsignale proportional umformen oder gezielt verarbeiten.
Bei der proportionalen Umformung wird entweder nur die Größe des Messsignals verändert, wie z. B. bei einem Spannungsteiler oder es wird die Art des Messsignals umgewandelt, wie z. B. bei der Strom-Spannungs-Umformung.

4.1.1 Strom-Spannungs-Umformung mit Messwiderstand

Die Aufgabe der linearen Umformung eines Messstromes I in eine Spannung U stellt sich bei der Darstellung des zeitlichen Verlaufs eines Stromes mithilfe eines Oszillografen, da dieser gewöhnlich nur Spannungseingänge besitzt.
Die Güte der Umformung gemäß $U = R \cdot I$ hängt von der Präzision des Widerstandes R ab. Sein Wert soll nicht nur möglichst exakt abgeglichen, sondern auch möglichst unabhängig sein vom Messstrom (Eigenerwärmung), von der Umgebungstemperatur (Fremderwärmung), von der Anschlusstechnik, von Alterungseffekten und von der Betriebsfrequenz.
Daneben ist eine möglichst geringe Thermospannung gegen Kupfer und ein höherer spezifischer Widerstand erwünscht. Reine Metalle sind vorwiegend wegen ihres zu hohen Temperaturkoeffizienten von etwa $4 \cdot 10^{-3}$/K, teilweise auch wegen ihres zu geringen spezifischen Widerstandes für Messwiderstände ungeeignet.
Bei geringeren Anforderungen verwendet man Kohle- oder Metallschichtwiderstände; ebenso für hochohmige Messwiderstände, die gewendelt oder mäanderförmig ausgeführt werden. Eine Abgleichtoleranz und Langzeitstabilität von 0,5%, bestenfalls 0,1% wird dabei eingehalten. Widerstandswerte von ca. 10 Ω bis über 10 MΩ sind realisierbar.
Bei höheren Anforderungen an die Genauigkeit und bei niederohmigen Widerständen sind Drähte oder Stäbe aus bestimmten Metalllegierungen üblich. Manganin (86 Cu, 12 Mn, 2 Ni; $\varrho = 0{,}43\ \Omega \cdot \text{mm}^2/\text{m}$) ist gut bewährt. Gute Alternativen stellen die Legierungen Isaohm und Konstantan (54 Cu, 45 Ni, 1 Mn; $\varrho = 0{,}5\ \Omega \cdot \text{mm}^2/\text{m}$) dar. Die Abhängigkeit des elektrischen Widerstandes dieser Legierungen von der Temperatur ist näherungsweise parabelförmig. Der Parabelscheitel liegt dabei gewöhnlich bei Temperaturen zwischen 30 °C und 50 °C (Bild 4-1).
Der Betrag der relativen Widerstandsänderung liegt in dem Temperaturbereich von −20 bis +80 °C im Mittel bei einigen 10^{-5}/K. In der Umgebung des Extremums sind die temperaturbedingten Widerstandsänderungen natürlich kleiner.
Niederohmige Messwiderstände müssen in Vierleitertechnik ausgeführt werden, damit der Einfluss von

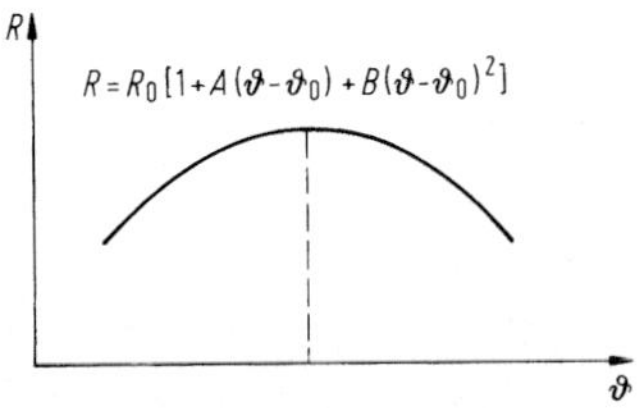

Bild 4-1. Typische Temperaturabhängigkeit von Legierungen für Präzisionswiderstände

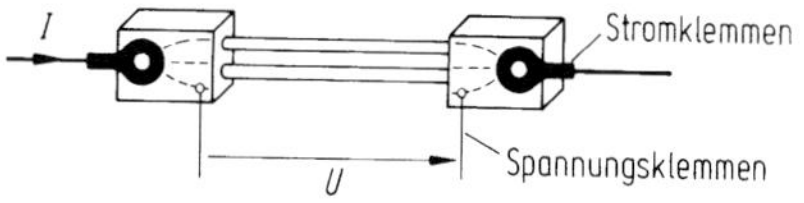

Bild 4-2. Niederohmiger Messwiderstand in Vierleitertechnik

Übergangs- und Zuleitungswiderständen genügend klein gehalten werden kann. Nach Bild 4-2 fließt der Messstrom I durch die konstruktiv außen liegenden Stromklemmen, während an den innen angeordneten Spannungsklemmen (Potenzialklemmen) die Messspannung U abgegriffen wird.
Der Messwiderstand $R = U/I$ wird damit unabhängig von Übergangs- und Zuleitungswiderständen, die außerhalb der Potenzialklemmen wirksam sind.

4.1.2 Spannungsteiler und Stromteiler

Das Teilerverhältnis eines unbelasteten Spannungsteilers nach Bild 4-3 ist

$$\frac{U_2}{U_1} = \frac{R_2}{R_1 + R_2} = \frac{R_{20}[1 + \alpha_2(\vartheta_2 - \vartheta_0)]}{R_{10}[1 + \alpha_1(\vartheta_1 - \vartheta_0)] + R_{20}[1 + \alpha_2(\vartheta_2 - \vartheta_0)]},$$

wobei die Temperaturabhängigkeit der beiden Teilerwiderstände explizit berücksichtigt wurde. Das Teilerverhältnis wird temperaturunabhängig gleich $R_{20}/(R_{10} + R_{20})$, wenn $\alpha_1(\vartheta_1 - \vartheta_0) = \alpha_2(\vartheta_2 - \vartheta_0)$, was bei gleichen Temperaturkoeffizienten $\alpha_1 = \alpha_2$ und gleichen Temperaturen $\vartheta_1 = \vartheta_2$ der Teilerwiderstände gegeben ist.
Das Teilerverhältnis eines Stromteilers (Bild 4-3) ist

$$t = \frac{I_2}{I_1} = \frac{R_1}{R_1 + R_2}$$

und wird bei gleichen Temperaturen und Temperaturkoeffizienten der Teilerwiderstände ebenfalls temperaturunabhängig.

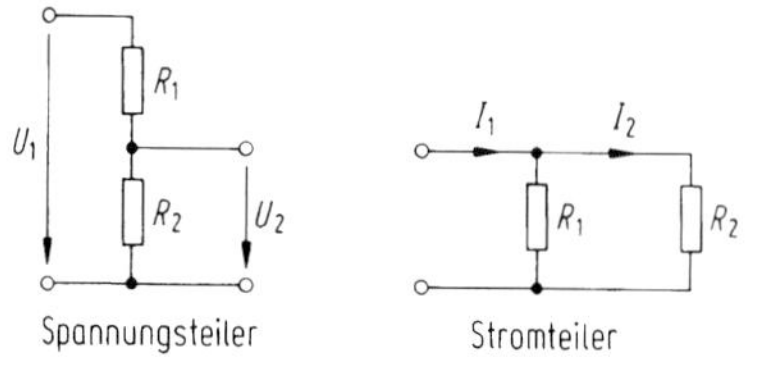

Bild 4-3. Spannungs- und Stromteiler

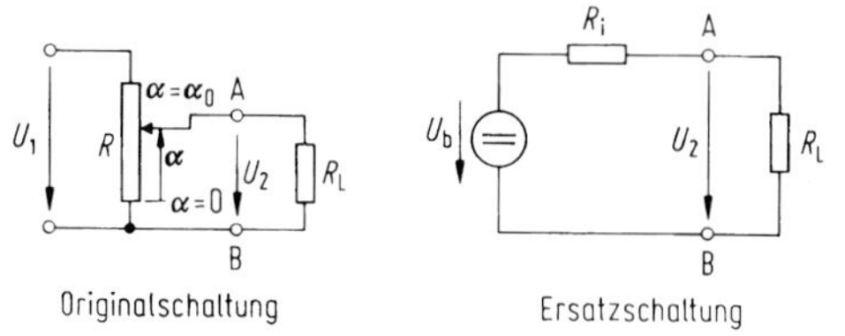

Bild 4-4. Einstellbarer Spannungsteiler und Ersatzschaltbild

Der als resistiver Weg- oder Winkelaufnehmer häufig verwendete *einstellbare belastete Spannungsteiler* (vgl. 3.2.1) nach Bild 4-4 verwendet ein lineares Präzisionspotenziometer mit dem Gesamtwiderstand R, das häufig als Mehrgangpotenziometer (z. B. für 10 volle Umdrehungen) ausgeführt ist.
Das Teilerverhältnis U_2/U_1 berechnet man mit dem Satz von der Zweipolquelle. Die Leerlaufspannung U_1 und der Innenwiderstand R_i der Ersatzschaltung in Bild 4-4, sowie die der Original- und der Ersatzschaltung gemeinsame Ausgangsspannung U_2 sind

$$U_1 = \frac{\alpha}{\alpha_0} U_1 , \quad R_i = \frac{\alpha}{\alpha_0}\left(1 - \frac{\alpha}{\alpha_0}\right) R ,$$

$$U_2 = \frac{R_L}{R_i + R_L} U_1 = \frac{1}{1 + R_i/R_L} U_1 .$$

Das Teilerverhältnis U_2/U_1 hängt damit vom bezogenen Winkel α/α_0 ab, bei Belastung aber auch vom Lastwiderstand R_L:

$$\frac{U_2}{U_1} = \frac{1}{1 + \frac{R}{R_L} \cdot \frac{\alpha}{\alpha_0}\left(1 - \frac{\alpha}{\alpha_0}\right)} \cdot \frac{\alpha}{\alpha_0} .$$

Diese Abhängigkeit ist in Bild 4-5 mit R/R_L als Parameter aufgetragen.

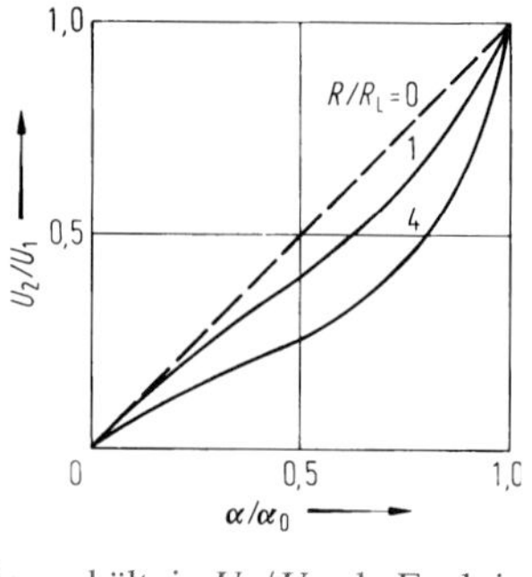

Bild 4-5. Teilerverhältnis U_2/U_1 als Funktion des bezogenen Winkels α/α_0 mit Lastwiderstand R_L als Parameter

Für $\alpha/\alpha_0 = 0$ und für $\alpha/\alpha_0 = 1$ ist der Innenwiderstand $R_i = 0$. Die Anfangs- und Endpunkte der Kennlinie sind deshalb unabhängig vom Lastwiderstand. Im Bereich $0 < \alpha/\alpha_0 < 1$ ergibt sich jedoch wegen des endlichen Lastwiderstands eine Durchbiegung der Kennlinie gegenüber dem unbelasteten Fall $R/R_L = 0$.

4.1.3 Direktanzeigende Widerstandsmessung

Mit der in Bild 4-6 angegebenen Messschaltung können unbekannte Widerstände R im Bereich von ∞ bis 0 in eine Stromspanne von $I = 0$ bis $I = I_0$ umgeformt werden.
Mit dem Satz von der Ersatzspannungsquelle bezüglich der Klemmen A,B ergibt sich für den Strom

$$I = \frac{U_1}{R_i + R_0} = \frac{\dfrac{R_1}{R_1 + R} U_0}{\dfrac{R_1 R}{R_1 + R} + R_0} = \frac{U_0}{R_0 + (1 + R_0/R_1)R} .$$

Vor der Messung wird für $R = 0$ der in Serie zum Messinstrument liegende Widerstand so eingestellt, dass Vollausschlag $I = I_0$ angezeigt wird. Es ist dann $R_0 = U_0/I_0$ und der normierte Strom ist

$$\frac{I}{I_0} = \frac{1}{1 + \left(\dfrac{1}{R_0} + \dfrac{1}{R_1}\right) R} .$$

Mit umschaltbaren Widerständen R_1 sind verschiedene Strommessbereiche realisierbar. Die Bemessung der Widerstände R_1 erfolgt so, dass bei bestimmten Widerständen $R = R_{1/2}$ gerade halber Vollausschlag $I = I_0/2$ erreicht wird.

$$\frac{1}{2} = \frac{1}{1 + \left(\dfrac{1}{R_0} + \dfrac{1}{R_1}\right) R_{1/2}} \quad \text{oder} \quad \frac{1}{R_1} = \frac{1}{R_{1/2}} - \frac{1}{R_0} .$$

Da sich schwankende Versorgungsspannungen U_0 auf R_0 auswirken, ist die Bemessung von R_1 nur für einen Wert von R_0 möglich, der z. B. der mittleren Versorgungsspannung entsprechen kann.
Bei konstanter Versorgungsspannung U_0, entsprechend eingestelltem Widerstand R_0 und einem danach bemessenen Widerstand R_1 ergibt sich für den normierten Strom (siehe Bild 4-6)

$$\frac{I}{I_0} = \frac{1}{1 + R/R_{1/2}} .$$

Der Vorteil dieses Verfahrens liegt in der nichtlinearen Transformation des Widerstandsbereiches $0 \leqq R < \infty$ in den endlichen Strombereich $1 \geqq I/I_0 > 0$. Gegen $R_{1/2}$ hochohmige bzw. niederohmige Widerstände lassen sich damit schnell erkennen.
Nach diesem Schaltungsprinzip lassen sich Temperaturen mithilfe von *Heißleitern* (NTC-Widerstände) messen (siehe 3.5.2). Die Temperaturabhängigkeit des normierten Widerstandes eines Heißleiters lässt sich näherungsweise beschreiben durch

$$R_\vartheta/R_0 = \exp\left[B\left(\frac{1}{\vartheta} - \frac{1}{\vartheta_0}\right)\right] .$$

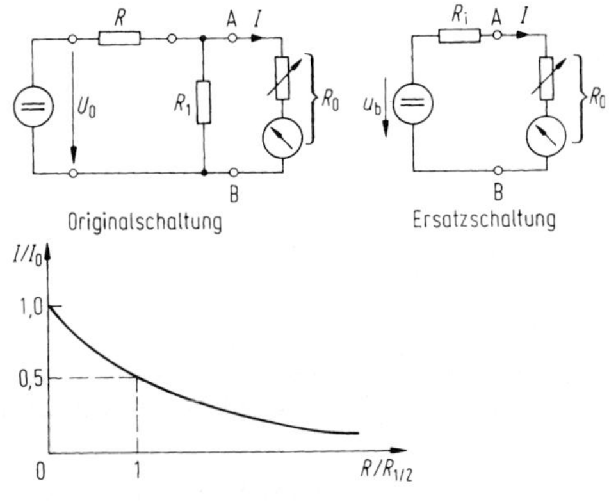

Bild 4-6. Direktanzeigende Widerstandsmessung

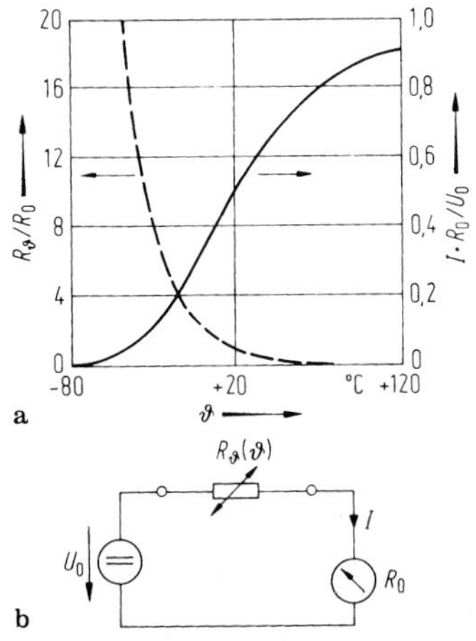

Bild 4-7. Heißleiter-Thermometer. **a** Widerstands- und Stromverlauf, **b** Messschaltung

Eine Kennlinie für $\vartheta_0 = 20\,°\text{C}$ und $B = 3000\,\text{K}$ ist in Bild 4-7a dargestellt.

Betreibt man diesen Heißleiter in der Messschaltung von Bild 4-7b, so ist der normierte Strom

$$\frac{I}{U_0/R_0} = \frac{1}{1 + R_\vartheta/R_0} .$$

Der in Bild 4-7a eingetragene Stromverlauf besitzt einen Wendepunkt. In der Umgebung dieses Wendepunktes (etwa von −20 bis +50 °C) ist die Empfindlichkeit $\mathrm{d}I/\mathrm{d}\vartheta$ näherungsweise konstant.

4.2 Messbrücken und Kompensatoren

4.2.1 Qualitative Behandlung der Prinzipschaltungen

Kompensationsschaltungen zur Spannungs-, Strom- oder Widerstandsmessung enthalten eine Spannungsquelle, mindestens zwei Widerstände zur Spannungs- bzw. Stromteilung und ein Spannungs- bzw. Strommessinstrument, das bei Teilkompensation im Ausschlagverfahren, bei vollständiger Kompensation als Nullindikator betrieben wird (Bild 4-8).

Teilkompensation oder vollständige Kompensation wird bei diesen mit Gleichspannung betriebenen Schaltungen durch geeignete Einstellung eines Widerstandes, z. B. des Widerstandes R_1, erzielt.

In der Kompensationsschaltung nach Bild 4-8a kann eine unbekannte Spannung U_x durch die am Widerstand R_2 anliegende Spannung U_K kompensiert werden.

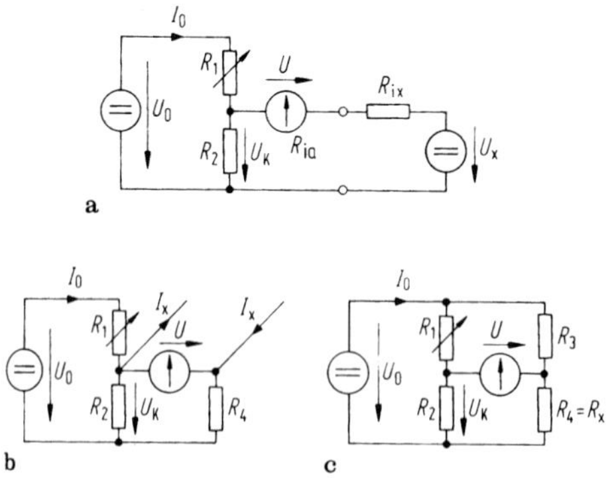

Bild 4-8. Kompensationsschaltungen zur **a** Spannungsmessung (U_x), **b** Strommessung (I_x), **c** Widerstandsmessung (R_x)

In der Kompensationsschaltung nach Bild 4-8b wird ein unbekannter Strom I_x kompensiert, indem Spannungsgleichheit an dem von $(I_0 - I_x)$ durchflossenen Widerstand R_2 und an dem von I_x durchflossenen Widerstand R_4 erreicht wird.

Schließlich wird in der Kompensationsschaltung nach Bild 4-8c – einer Wheatstone-Brücke – ein unbekannter Widerstand R_x dadurch bestimmt, dass die Spannung an R_x durch die Spannung U_K an R_2 kompensiert wird. Eine Wheatstone-Brücke kann man sich also entstanden denken aus zwei Spannungsteilern, die durch die gleiche Quelle gespeist werden und deren Teilspannungen miteinander verglichen werden.

4.2.2 Spannungs- und Stromkompensation

Bei vollständiger *Spannungskompensation* ($U = 0$) nach Bild 4-8a wird die Leerlaufspannung U_x der Messspannungsquelle belastungsfrei gemessen und ist

$$U_x = \frac{R_2}{R_1 + R_2} U_0 .$$

Mit der in Bild 4-8b dargestellten Schaltung kann ein unbekannter Strom I_x rückwirkungsfrei kompensiert werden. Dazu wird der Widerstand R_1 verändert, bis die Spannung U am Nullindikator (und damit auch der Strom durch den Nullindikator) zu null wird.

Im abgeglichenen Zustand ($U = 0$) ist

$$(I_0 - I_x)R_2 = U_K = I_K R_4 .$$

Der Strom ist damit

$$I_x = I_0 \frac{R_2}{R_2 + R_4} .$$

4.2.3 Messbrücken im Ausschlagverfahren (Teilkompensation)

Unterschiedliche Darstellungsmöglichkeiten von Messbrücken

Die in Bild 4-8c angegebene Prinzipschaltung einer Messbrücke lässt sich auf unterschiedliche Weise darstellen. Die in Bild 4-9 angegebenen 6 Varianten a bis f sind funktionsgleich.

Ausgehend von der Originalschaltung mit außenliegender Spannungsquelle in (a) ist in Schaltung (d) die

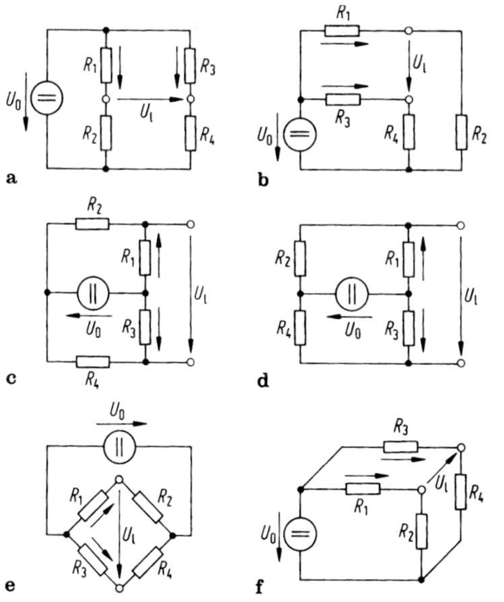

Bild 4-9. Varianten der Prinzipschaltung einer Messbrücke

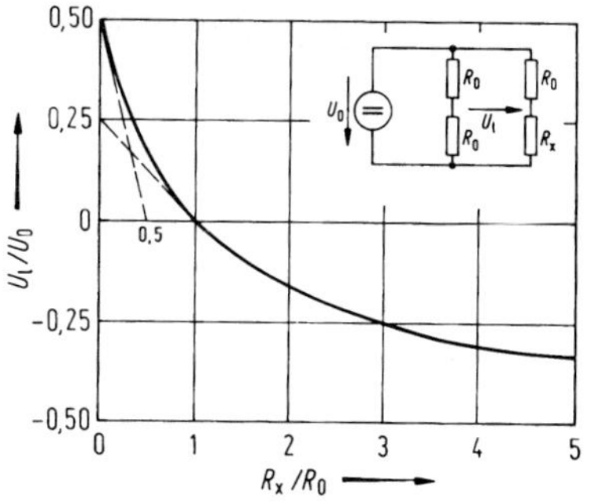

Bild 4-10. Normierte Leerlauf-Ausgangsspannung U_l/U_0 als Funktion von R_x/R_0

Spannungsquelle nach innen verlegt und die Brückenausgangsspannung kann außen abgegriffen werden; Variante (e) lässt erkennen, warum die Brückenausgangsspannung auch als Brückendiagonalspannung bezeichnet wird.

Variante (f) bietet aufgrund der dreidimensionalen Darstellung einen besonders guten Einblick in den Aufbau der Schaltung.

Brückenspeisung mit konstanter Spannung

Bei Teilkompensation kann aus der Brückenausgangsspannung nach Bild 4-9 einer der Brückenwiderstände bestimmt werden, wenn die Speisespannung U_0 und die drei anderen Widerstände bekannt sind. Bei diesem Ausschlagverfahren ist die Ausgangsspannung U_l im Leerlauf

$$U_l = \left(\frac{R_3}{R_3 + R_4} - \frac{R_1}{R_1 + R_2}\right) U_0 \; .$$

Für den Spezialfall $R_1 = R_2 = R_3 = R_0$ und $R_4 = R_x$ ist die normierte Ausgangsspannung

$$\frac{U_l}{U_0} = \frac{1}{1 + R_x/R_0} - \frac{1}{2} \; .$$

Die spezielle Messschaltung und ihre Kennlinie sind in Bild 4-10 dargestellt.

Die normierte Empfindlichkeit ist

$$E = \frac{d(U_l/U_0)}{d(R_x/R_0)} = \frac{-1}{(1 + R_x/R_0)^2} \; .$$

Die Empfindlichkeit bei $R_x/R_0 = 0$ ist 4-mal so groß wie bei $R_x/R_0 = 1$. Typisch für Brückenschaltungen dieser Art ist ihre nichtlineare Kennlinie.

Bei *Belastung der Brückendiagonalen* mit dem endlichen Widerstand R_5 berechnet man die Ausgangsspannung U an den Klemmen A,B am besten mit dem Satz von der Zweipolquelle (Bild 4-11).

Die Leerlaufspannung U_l (ohne R_5!) ist bereits bestimmt, den Innenwiderstand R_i berechnet man, indem man die starre Spannungsquelle durch einen Kurzschluss ersetzt, zu

$$R_i = \frac{R_1 R_2}{R_1 + R_2} + \frac{R_3 R_4}{R_3 + R_4} \; .$$

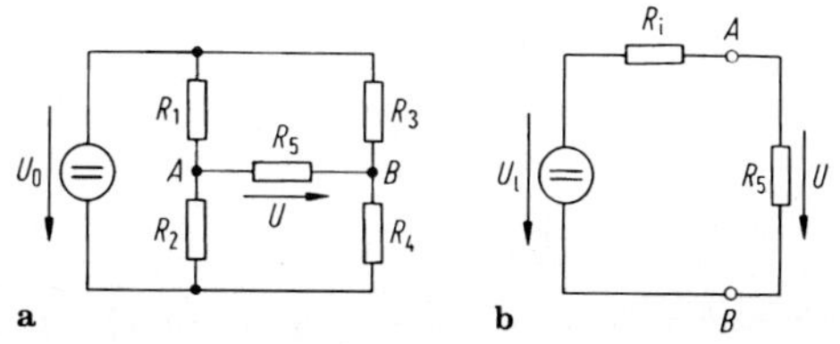

Bild 4-11. Mit konstanter Spannung gespeiste und am Ausgang belastete Brückenschaltung. **a** Originalschaltung, **b** Ersatzschaltung

Nach Zwischenrechnung ergibt sich die Ausgangsspannung

$$U = \frac{R_5}{R_5 + R_i} U_1 ,$$

$$\frac{U}{U_0} = \frac{R_2R_3 - R_1R_4}{(R_1 + R_2)(R_3 + R_4) + [R_1R_2(R_3 + R_4) + R_3R_4(R_1 + R_2)]/R_5}$$

Brückenspeisung mit konstantem Strom

Bei Speisung der Brückenschaltung nach Bild 4-12a mit konstantem Strom I_0 ergibt sich für die Spannung an der Brücke

$$U_0 = I_0 \frac{(R_1 + R_2)(R_3 + R_4)}{R_1 + R_2 + R_3 + R_4} .$$

Die Leerlauf-Ausgangsspannung U_1 ist wie bei der spannungsgespeisten Brücke

$$U_1 = \left(\frac{R_3}{R_3 + R_4} - \frac{R_1}{R_1 + R_2} \right) U_0 .$$

Damit ist die Leerlauf-Ausgangsspannung U_1 bei Stromspeisung

$$U_1 = \frac{R_2R_3 - R_1R_4}{R_1 + R_2 + R_3 + R_4} I_0 .$$

Für den Spezialfall $R_1 = R_4 = R_0$ und $R_2 = R_3 = R_0 + \Delta R$ ist die auf den Speisestrom I_0 bezogene Leerlauf-Ausgangsspannung

$$\frac{U_1}{I_0} = \frac{(R_0 + \Delta R)^2 - R_0^2}{2(2R_0 + \Delta R)} = \frac{\Delta R}{2} .$$

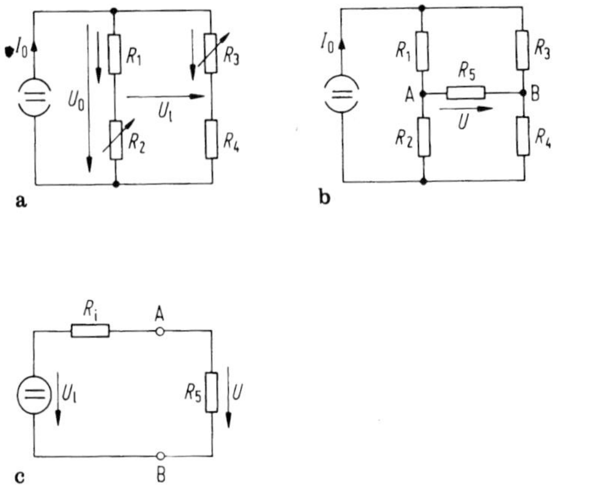

Bild 4-12. Mit konstantem Strom gespeiste Brückenschaltung. **a** Im Leerlauf, **b** mit Lastwiderstand R_5 am Ausgang, **c** Ersatzschaltung

Mit zwei gleichen Platin-Widerstandsthermometern, die die Brückenwiderstände

$$R_2 = R_3 = R_0[1 + \alpha(\vartheta - \vartheta_0)]$$

bilden (Bild 4-12a), ist also eine lineare Temperaturmessung möglich gemäß

$$\frac{U_1}{I_0} = \frac{\Delta R}{2} = \frac{1}{2}\alpha(\vartheta - \vartheta_0)R_0 .$$

Bei belasteter Brückendiagonale benötigt man außer der bereits berechneten Leerlaufspannung U_1 den Innenwiderstand, der

$$R_i = \frac{(R_1 + R_3)(R_2 + R_4)}{R_1 + R_2 + R_3 + R_4}$$

ist, da die Stromquelle für die Bestimmung des Innenwiderstandes durch eine Unterbrechung ersetzt werden muss. Die Ausgangsspannung bei Belastung mit R_5 beträgt damit

$$U = \frac{R_5}{R_5 + R_i} U_1 ,$$

$$\frac{U}{I_0} = \frac{R_2R_3 - R_1R_4}{(R_1 + R_2 + R_3 + R_4) + (R_1 + R_3)(R_2 + R_4)/R_5} .$$

4.2.4 Wheatstone-Brücke im Abgleichverfahren

Da ein Handabgleich von Messbrücken in Mess- und Automatisierungssystemen kaum mehr praktikabel ist, sind die heute verwendeten Abgleichverfahren entweder auf den Einsatz von Verstärkern, die in geeigneter Weise den Abgleich herbeiführen, oder aber auf den Laborbereich beschränkt, der in vielen Fällen an die Dynamik der Messungen keine höheren Anforderungen stellt.

Bei vollständigem Abgleich wird die Brückenausgangsspannung U nach Bild 4-13a zu null und die zugehörige *Abgleichbedingung* lautet

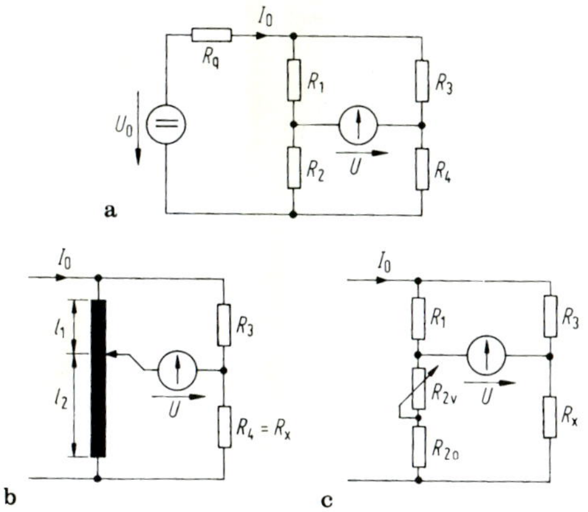

Bild 4-13. Wheatstone'sche Brücken im Abgleichverfahren. **a** Prinzip, **b** Schleifdraht-Messbrücken, **c** Toleranz-Messbrücke

$$\frac{R_1}{R_2} = \frac{R_3}{R_4} .$$

Um den Abgleich möglichst genau durchführen zu können, ist außer einem hohen Brückenspeisestrom I_0 eine hohe Empfindlichkeit des Nullindikators notwendig. Der Brückenspeisestrom kann jedoch wegen der Verlustleistung nicht beliebig hoch sein. Die Eigenerwärmung würde zu Widerstandsänderungen und damit zu Messfehlern führen. Die hohe Empfindlichkeit des Nullindikators wiederum wird am besten durch einen sog. nullpunktsicheren Verstärker erreicht.

Schleifdraht-Messbrücke

Bei der sog. Schleifdraht-Messbrücke nach Bild 4-13b sind die Widerstände R_1 und R_2 durch einen möglichst homogenen Widerstandsdraht konstanten Querschnitts ersetzt. Die den Längen l_1 und l_2 proportionalen Widerstände R_1 und R_2 sind durch die Stellung des Schleifkontaktes gegeben. Die Abgleichbedingung lautet

$$R_3/R_4 = l_1/l_2 .$$

Der Schleifdraht wird gewöhnlich als Schleifdrahtwendel auf einer Walze in mehreren Windungen aufgebracht. Bei geringeren Anforderungen ist auch ein Schleifdrahtring geeignet. Für didaktische Zwecke wird gerne ein gestreckter Schleifdraht von 1 m Länge verwendet.

Toleranz-Messbrücke (Bild 4-13c)

Die Abweichungen unbekannter Widerstände R_x von ihrem Sollwert R_3 können aus dem Einstellwinkel α des zum Abgleich benötigten linearen Potenziometers mit dem Gesamtwiderstand R_{2v} ermittelt werden. Allgemein gilt

$$\frac{R_x}{R_3} = \frac{R_{20} + (\alpha/\alpha_0)R_{2v}}{R_1} .$$

Mit $\alpha = 0$ für $R_x = R_3 - \Delta R$ und $\alpha = \alpha_0$ für $R_x = R_3 + \Delta R$ ergibt sich

$$\frac{R_3 - \Delta R}{R_3} = \frac{R_{20}}{R_1} , \quad \frac{R_3 + \Delta R}{R_3} = \frac{R_{20} + R_{2v}}{R_1} .$$

Bei gegebenen Werten von $R_3, \Delta R$ und R_{2v} sind die Widerstände

$$R_1 = \frac{R_{2v}R_3}{2\Delta R} , \quad R_{20} = \frac{R_{2v}(R_3 - \Delta R)}{2\Delta R} .$$

Der Fehler $R_x - R_3$ des unbekannten Widerstandes R_x ist damit

$$R_x - R_3 = \Delta R(2\alpha/\alpha_0 - 1) ,$$

er ist linear vom Einstellwinkel α abhängig.

4.2.5 Wechselstrombrücken

Prinzip und Abgleichbedingungen

Wechselstrommessbrücken können zur Messung von Kapazitäten, Induktivitäten und deren Verlustwiderständen sowie ganz allgemein zur Messung komplexer Widerstände eingesetzt werden. Der grundsätzliche Aufbau einer Wechselstrombrücke (Bild 4-14a) besteht aus einer (meist niederfrequenten) Wechselspannungsquelle, aus einem Nullindikator (mit selektivem Verstärker) und aus den vier komplexen Widerständen $\underline{Z}_1$ bis $\underline{Z}_4$.

Wie bei den Gleichstrom-Messbrücken ergibt sich die Abgleichbedingung ($\underline{U} = 0$) aus dem Verhältnis der entsprechenden Widerstände. Bei Wechselstrombrücken handelt es sich um die komplexe Gleichung

$$\frac{\underline{Z}_1}{\underline{Z}_2} = \frac{\underline{Z}_3}{\underline{Z}_4} .$$

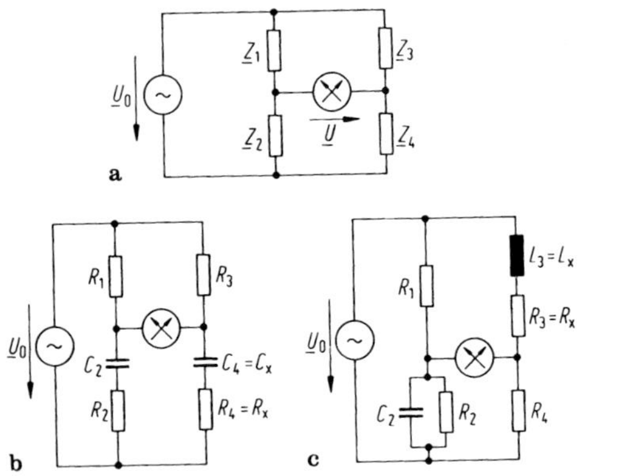

Bild 4-14. Wechselstrom-Messbrücken. **a** Prinzipieller Aufbau, **b** Kapazitäts-Messbrücke, **c** Induktivitäts-Messbrücke

Mit $\underline{Z}_i = |\underline{Z}_i| e^{j\varphi_i}$ resultieren die beiden reellen Abgleichbedingungen

$$\frac{|\underline{Z}_1|}{|\underline{Z}_2|} = \frac{|\underline{Z}_3|}{|\underline{Z}_4|} \quad \text{und} \quad \varphi_1 + \varphi_4 = \varphi_2 + \varphi_3 \, .$$

Für den Brückenabgleich werden im Allgemeinen zwei Einstellelemente benötigt. Ein Abgleich ist nur möglich, wenn die Summe der Phasenwinkel der beiden jeweils schräg gegenüberliegenden komplexen Widerstände gleich ist.

Kapazitäts- und Induktivitätsbrücken

Eine *Kapazitätsmessbrücke* (nach Wien) ist im einfachsten Fall symmetrisch aufgebaut (Bild 4-14b). Aus der Abgleichbedingung

$$\frac{R_2 + 1/(j\omega C_2)}{R_1} = \frac{R_x + 1/(j\omega C_x)}{R_3}$$

ergibt sich sofort

$$R_x = R_2 \frac{R_3}{R_1} \, , \quad C_x = C_2 \frac{R_1}{R_3} \, .$$

Ähnlich lassen sich entsprechende Parallelverlustwiderstände R_{xp} aus R_{2p} bestimmen.

Bei einer *Induktivitätsmessbrücke* (nach Maxwell und Wien) verwendet man bevorzugt Vergleichskapazitäten (Bild 4-14c), da sie einfacher und genauer herstellbar sind als Induktivitäten. Die Abgleichbedingung ist

$$\frac{R_2 \dfrac{1}{j\omega C_2}}{R_2 + \dfrac{1}{j\omega C_2}} = \frac{R_1 R_4}{R_x + j\omega L_x} \, .$$

Daraus ergibt sich

$$R_x = \frac{R_1 R_4}{R_2} \, , \quad L_x = R_1 R_4 C_2 \, .$$

4.3 Grundschaltungen von Messverstärkern

Mit hochverstärkenden Operationsverstärkern lassen sich durch Substraktion einer dem Ausgangssignal proportionalen Größe vom Eingangssignal (Gegenkopplung) lineare Messverstärker mit konstanter Übersetzung realisieren.

4.3.1 Operationsverstärker

In der Mess- und Automatisierungstechnik ist es häufig notwendig, kleine elektrische Spannungen oder Ströme zu verstärken. Eine Besonderheit dabei ist, dass Gleichgrößen und auch Differenzen von Gleichgrößen verstärkt werden müssen.

Als Grundbausteine für derartige *Messverstärker* eignen sich sog. *Operationsverstärker*, die im Wesentlichen aus Widerständen und Transistoren aufgebaut sind und als analoge integrierte Schaltungen (sog. lineare ICs) verfügbar sind (Bild 4-15), vgl. G 8.2.2.

4.3.2 Anwendung von Operationsverstärkern als reine Nullverstärker

Da die Grundverstärkung v eines unbeschalteten Operationsverstärkers endlich ist und, z. B. aufgrund

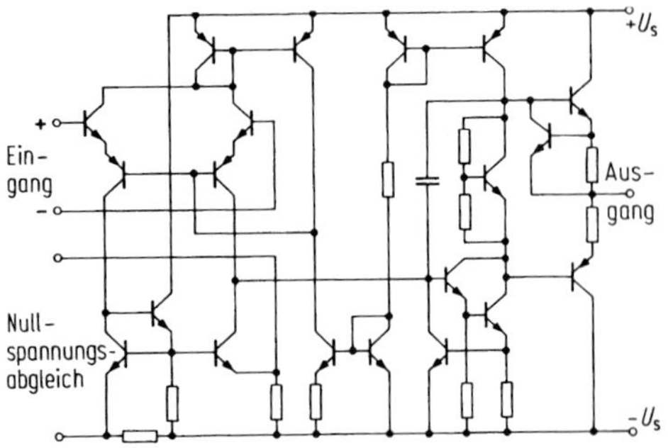

Bild 4-15. Innenschaltung eines Operationsverstärkers (TBB 741, Siemens)

von Temperaturänderungen, starken Schwankungen unterliegen kann, eignen sich Operationsverstärker grundsätzlich nur als Nullverstärker. Die Anwendung als *Vergleicher* (*Komparator*) ist sofort verständlich, da bei positiver bzw. negativer Übersteuerung die Ausgangsspannung angenähert die positive bzw. negative Versorgungsspannung erreicht. Auf diese Weise lässt sich leicht ein Grenzwertschalter aufbauen, dessen Ausgangssignal beim Über- oder Unterschreiten eines bestimmten Sollwertes den einen oder den anderen Pegel (logischen Zustand) annimmt.

Nach Bild 4-16 kann mithilfe eines Operationsverstärkers auch ein automatischer (motorischer) Abgleich einer Kompensations- oder einer Brückenschaltung durchgeführt werden.

Der Nullindikator zur Anzeige der Differenzspannung und der Mensch als Regler (a) werden dabei durch einen Operationsverstärker und einen Messmotor ersetzt (b), der den Abgriff des Potenziometers so lange verstellt, bis die Differenzspannung angenähert zu null geworden ist.

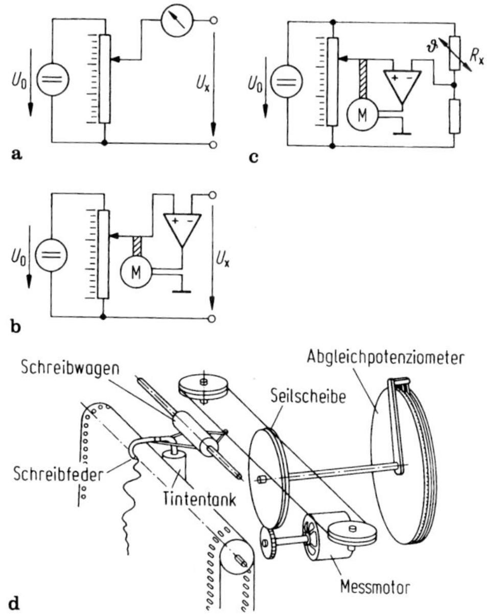

Bild 4-16. Operationsverstärker als Nullverstärker. **a** Handabgleich einer Kompensationsschaltung, **b** motorischer Abgleich einer Kompensationsschaltung, **c** motorischer Abgleich einer Brückenschaltung, **d** Prinzip des Kompensationsschreibers (Siemens)

In ähnlicher Weise können Operationsverstärker zum automatischen Abgleich von Messbrücken eingesetzt werden (c). Die Stellung des Abgriffs am Potenziometer ist dabei ein Maß entweder für die unbekannte Spannung U_x(b) oder für den unbekannten Widerstand R_x(c), der wiederum zur Messung von Temperaturen als Widerstandsthermometer ausgeführt sein kann.

Nach diesem Prinzip werden *Kompensationsanzeiger*, besonders aber Kompensationsschreiber aufgebaut, bei denen die Stellung des Abgriffes am Potenziometer auf einem mit konstanter Geschwindigkeit vorbeigezogenen Registrierpapier aufgezeichnet wird.

Eine wichtige Anwendung von Operationsverstärkern besteht jedoch im Aufbau automatischer Kompensationsschaltungen (ohne Stellmotor). Durch Gegenkopplung lassen sich damit lineare Messverstärker mit konstanter Übersetzung realisieren.

4.3.3 Das Prinzip der Gegenkopplung am Beispiel des reinen Spannungsverstärkers

Ein auf Gegenkopplung beruhender Messverstärker mit Spannungseingang und Spannungsausgang besteht nach Bild 4-17 aus dem als rückwirkungsfrei ($R_e \to \infty, R_a = 0$) betrachteten Operationsverstärker mit der Grundverstärkung $v = U_2/U_{st}$ und einem als Gegenkopplungsnetzwerk wirkenden Spannungsteiler mit dem Teilerverhältnis $G = R_2/(R_1 + R_2)$.

Der Operationsverstärker im Vorwärtszweig mit der Grundverstärkung v vergrößert die Ausgangsspannung $U_2 = vU_{st}$ so lange, bis die vom Gegenkopplungsnetzwerk zurückgeführte Spannung

$$\frac{R_2}{R_1 + R_2} U_2$$

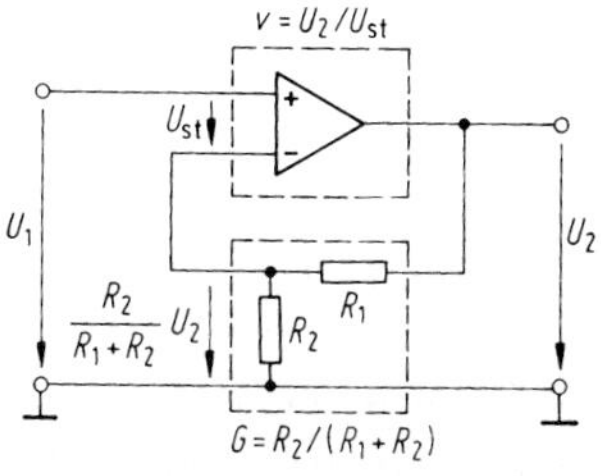

Bild 4-17. Gegenkopplung beim reinen Spannungsverstärker

angenähert gleich der zu verstärkenden Eingangsspannung U_1 geworden ist. Da die gegengekoppelte Spannung der Eingangsspannung entgegengeschaltet ist, verbleibt am Eingang des Operationsverstärkers nur die kleine Steuerspannung $U_{st} = U_2/v$

$$U_{st} = U_1 - \frac{R_2}{R_1 + R_2} U_2 = \frac{U_2}{v} .$$

Die Übersetzung $G = U_2/U_1$ des reinen Spannungsverstärkers ist damit

$$G = \frac{U_2}{U_1} = \frac{1}{\dfrac{R_2}{R_1 + R_2} + \dfrac{1}{v}} .$$

Unter der Annahme eines idealen Operationsverstärkers mit sehr hoher Grundverstärkung v

$$v \gg \frac{R_1 + R_2}{R_2}$$

ist die ideale Übersetzung

$$G_{id} = \frac{U_2}{U_1} = \frac{R_1 + R_2}{R_2} .$$

4.3.4 Die vier Grundschaltungen gegengekoppelter Messverstärker

Jede der vier Grundschaltungen für gegengekoppelte Messverstärker enthält im Vorwärtszweig einen, hier als ideal betrachteten Operationsverstärker. In der Rückführung liegt ein Gegenkopplungsnetzwerk aus einem oder aus zwei Widerständen, das die Spannung (den Strom) am Ausgang in eine proportionale Spannung (einen proportionalen Strom) umformt, die (der) der (dem) zu verstärkenden Eingangsspannung (Eingangsstrom) entgegengeschaltet wird (Bild 4-18). Schaltung (a) ist bereits erklärt. Die ideale Übersetzung übergab sich zu

$$G_{id} = \frac{U_2}{U_1} = \frac{R_1 + R_2}{R_2} .$$

In Schaltung (b) fließt bei Vernachlässigung des Steuerstromes am Eingang des Operationsverstärkers der Ausgangsstrom I_2 durch den Gegenkopplungswiderstand R und erzeugt an diesem die Spannung I_2R. Bei Vernachlässigung der Steuerspannung des Operationsverstärkers wird die gegengekoppelte

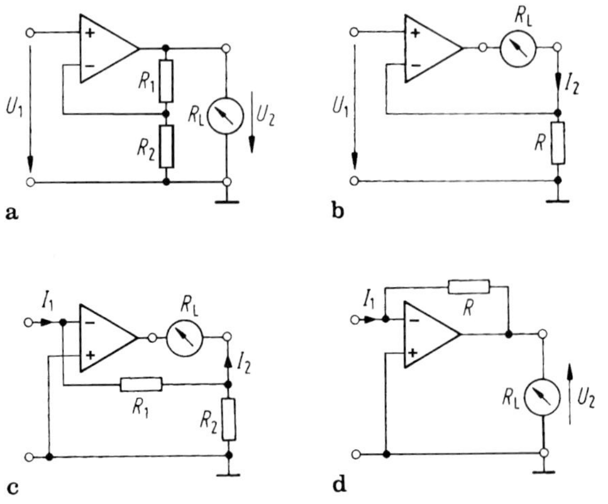

Bild 4-18. Grundschaltungen gegengekoppelter Messverstärker. **a** Reiner Spannungsverstärker, **b** Spannungsverstärker mit Stromausgang, **c** reiner Stromverstärker, **d** Stromverstärker mit Spannungsausgang

Spannung I_2R gleich der Eingangsspannung U_1. Deshalb ist die ideale Übersetzung

$$G_{id} = \frac{I_2}{U_1} = \frac{1}{R} .$$

In Schaltung (c) fließt bei Vernachlässigung des Steuerstromes am Eingang des Operationsverstärkers der Eingangsstrom I_1 durch den Widerstand R_1 und erzeugt an diesem die Spannung I_1R_1. Durch den Widerstand R_2 fließt der Differenzstrom $I_2 - I_1$ und bewirkt am Widerstand die Spannung $(I_2 - I_1)R_2$. Bei Vernachlässigung der Steuerspannung des Operationsverstärkers sind die Spannungen an den beiden Widerständen gleich groß. Daraus ergibt sich die ideale Übersetzung zu

$$G_{id} = \frac{I_2}{I_1} = \frac{R_1 + R_2}{R_2} .$$

In Schaltung (d) fließt bei Vernachlässigung des Steuerstromes am Eingang des Operationsverstärkers der Eingangsstrom I_1 durch den Widerstand R und bewirkt an diesem die Spannung I_1R. Bei Vernachlässigung der Steuerspannung des Operationsverstärkers ist diese Spannung I_1R gleich der Ausgangsspannung U_2. Die ideale Übersetzung ist also

$$G_{id} = \frac{U_2}{I_1} = R .$$

4.4 Ausgewählte Messverstärker-Schaltungen

4.4.1 Vom Stromverstärker mit Spannungsausgang zum Invertierer

Der Stromverstärker mit Spannungsausgang in Bild 4-19a besitzt im Idealfall die Übersetzung

$$G_{id} = \frac{U_2}{I_1} = R_2 \, .$$

Der Eingangswiderstand R_E geht bei genügend hoher Grundverstärkung v wegen $U_{st} \to 0$ gegen 0.
Schaltet man nun – wie in Bild 4-19b gezeigt – in Serie zum invertierenden Eingang einen Widerstand R_1, so entsteht ein *Invertierer* (*Umkehrverstärker*; der Name rührt daher, dass die auf Masse bezogene Ausgangsspannung das entgegengesetzte Vorzeichen trägt wie die auf Masse bezogene Eingangsspannung). Der Eingangsstrom I_1 wird in eine proportionale Eingangsspannung $U_1 = I_1 R_1$ umgeformt, und der Invertierer hat die Übersetzung

$$G_{id} = \frac{U_2}{U_1} = \frac{U_2}{I_1 R_1} = \frac{R_2}{R_1} \, .$$

Der Eingangswiderstand beträgt in diesem Fall $R_E = U_1/I_1 = R_1$ und ist also keineswegs besonders hochohmig, wie dies beim nichtinvertierenden reinen Spannungsverstärker der Fall ist. Wegen der einfachen Programmierbarkeit der Übersetzung wird diese Verstärkerschaltung jedoch gerne verwendet.
Ein *lineares Ohmmeter* entsteht, wenn die Eingangsspannung U_1 konstant gehalten wird und der Gegenkopplungswiderstand R_2 durch den zu messenden Widerstand R_x ersetzt wird. Die Ausgangsspannung U_2 ist dem Widerstand R_x proportional und beträgt

$$U_2 = \frac{U_1}{R_1} R_x \, .$$

Der Serienwiderstand R_1 am Eingang kann zur Messbereichsumschaltung verwendet werden. Beträgt beispielsweise die Spannung $U_1 = 1$ V und soll die Ausgangsspannung U_2 im Bereich von 0 bis 1 V liegen, so ist für einen Messbereich von $R_x = (0 \ldots 1)\,\mathrm{k\Omega}$ ein Widerstand $R_1 = 1\,\mathrm{k\Omega}$ erforderlich und der Messstrom beträgt $I_1 = 1$ mA. Für einen Messbereich von $R_x = (0 \ldots 1)\,\mathrm{M\Omega}$ muss $R_1 = 1\,\mathrm{M\Omega}$ gewählt werden, und der Messstrom ist $I_1 = 1\,\mu\mathrm{A}$.

4.4.2 Aktive Brückenschaltung

Ein Beispiel möge verdeutlichen, wie Operationsverstärker mit Vorteil in Brückenschaltungen eingesetzt werden können.
Bei der *aktiven Brückenschaltung* in Bild 4-20 erzwingt der Operationsverstärker in der Brückendiagonalen die Spannung null, indem er im Zweig des veränderlichen Widerstandes R_x eine Spannung U_x mit umgekehrter Polarität (für $R_x > R$) addiert. Diese Spannung U_x muss zusammen mit der Spannung an R_x gerade die halbe Versorgungsspannung der Brückenschaltung $U_0/2$ ergeben. Da der Strom im Widerstand R_x identisch mit dem Strom $U_0/2R$ in jeder der beiden Brückenhälften sein muss, ist die Spannung

$$U_x = \frac{U_0}{2R} R_x - \frac{U_0}{2} \, .$$

Mit $R_x = R + \Delta R$ ergibt sich

$$\frac{U_x}{U_0} = \frac{1}{2}\left(\frac{R_x}{R} - 1\right) = \frac{1}{2} \cdot \frac{\Delta R}{R} \, .$$

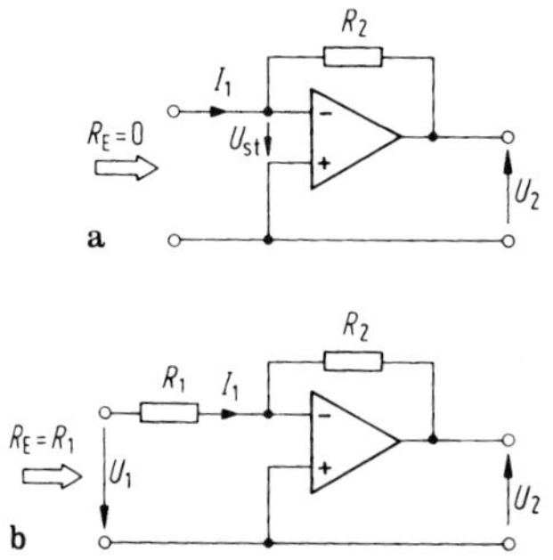

Bild 4-19. **a** Stromverstärker mit Spannungsausgang, **b** Invertierer (Umkehrverstärker)

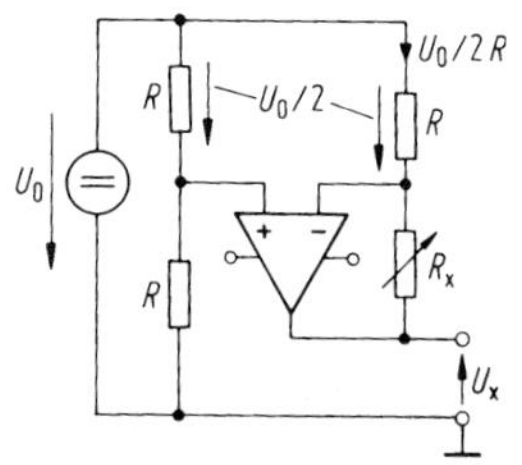

Bild 4-20. Aktive Brückenschaltung

Die Spannung U_x ist der Widerstandsänderung ΔR direkt proportional.

4.4.3 Addier- und Subtrahierverstärker

Die Addition nach Bild 4-21a beruht auf der Addition der drei Ströme I_1, I_2 und I_3 am Knotenpunkt K zum Gesamtstrom $I = I_1 + I_2 + I_3$, der vom nachfolgenden Stromverstärker mit Spannungsausgang um den Faktor R verstärkt wird, der dem Gegenkopplungswiderstand entspricht.

Da der Eingangswiderstand R_E am Stromverstärker mit Spannungsausgang wegen der Gegenkopplung gegen null geht, berechnet sich die Ausgangsspannung zu

$$U_4 = IR = \frac{R}{R_1}U_1 + \frac{R}{R_2}U_2 + \frac{R}{R_3}U_3 .$$

Wählt man alle Widerstände gleich, so ist die Ausgangsspannung U_4 direkt die Summe der Eingangsspannungen.

Beim *Subtrahierverstärker* nach Bild 4-21b berechnet man die Ausgangsspannung U_3 am besten durch Superposition der beiden Spannungen U_{31} und U_{32}, die sich ergeben, wenn $U_2 = 0$ bzw. wenn $U_1 = 0$ gesetzt wird. Für $U_2 = 0$ handelt es sich um einen Invertierer, und es ergibt sich

$$U_{31} = -\frac{R_2}{R_1}U_1 , \quad \text{wenn} \quad U_2 = 0 .$$

Für $U_1 = 0$ entsteht ein nichtinvertierender Verstärker mit den Gegenkopplungswiderständen R_1 und R_2, an dessen Plus-Eingang ein Spannungsteiler, bestehend aus den Widerständen R_3 und R_4 vorgeschaltet ist. Man erhält

$$U_{32} = \frac{R_4}{R_3 + R_4} \cdot \frac{R_1 + R_2}{R_1}U_2 , \quad \text{wenn} \quad U_1 = 0 .$$

Durch Superposition berechnet man die Ausgangsspannung zu

$$U_3 = U_{31} + U_{32} = \frac{R_4}{R_3 + R_4} \cdot \frac{R_1 + R_2}{R_1}U_2 - \frac{R_2}{R_1}U_1 .$$

Wählt man alle Widerstände gleich groß, so ergibt sich die Ausgangsspannung direkt aus der Differenz $U_3 = U_2 - U_1$.

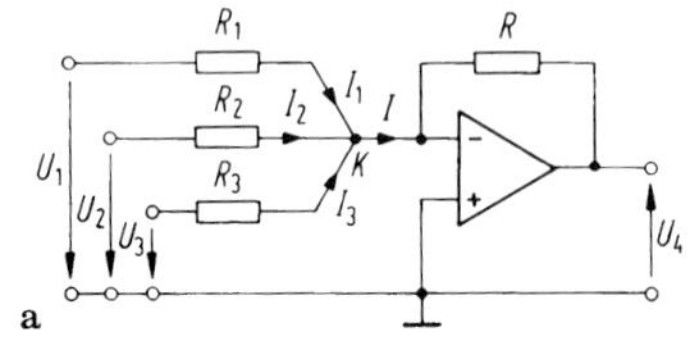

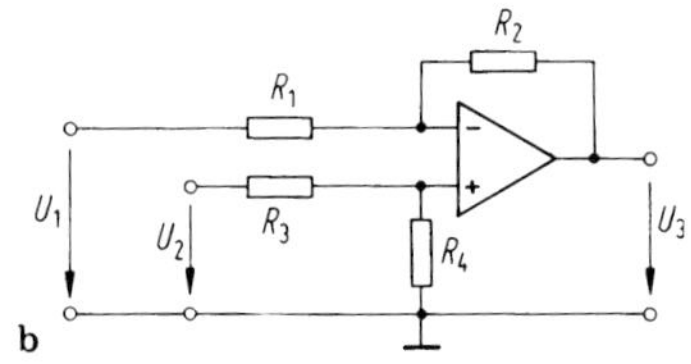

Bild 4-21. **a** Addierverstärker, **b** Subtrahierverstärker

4.4.4 Der Elektrometerverstärker (Instrumentation Amplifier)

Wird ein besonders hochohmiger Eingangswiderstand benötigt, so wurde dies früher mit Elektrometerröhren im Eingangskreis erreicht. Aus drei Operationsverstärkern aufgebaute Messverstärker mit besonders hohem Differenz-Eingangswiderstand werden deshalb noch heute gerne als Elektrometerverstärker bezeichnet (Bild 4-22).

Sind die Grundverstärkungen der verwendeten Operationsverstärker genügend hoch und deshalb die erforderlichen Steuerspannungen genügend klein, so wird die Differenz-Eingangsspannung $U_2 - U_1$ gleich der von der Ausgangsspannung U_a heruntergeteilten Spannung am Widerstand R_2:

$$U_2 - U_1 = \frac{R_2}{R_2 + 2R_1}U_a .$$

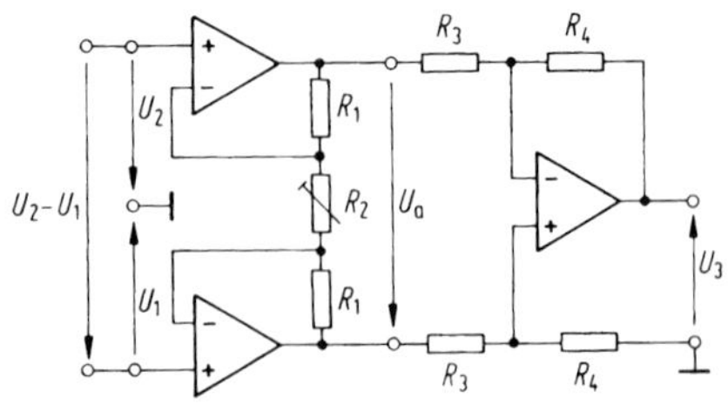

Bild 4-22. Elektrometerverstärker (Instrumentation Amplifier)

Der nachgeschaltete Subtrahierer erzeugt lediglich eine der Spannung U_a proportionale, geerdete Ausgangsspannung

$$U_3 = \frac{R_4}{R_3} U_a .$$

Die Übersetzung des Elektrometerverstärkers beträgt also

$$G_{id} = \frac{U_3}{U_2 - U_1} = \frac{R_4}{R_3}\left(1 + \frac{2R_1}{R_2}\right) .$$

Ein solcher „Instrumentierungsverstärker" ist z. B. bei der induktiven Durchflussmessung (siehe 3.4.3) sehr gut zur Messung der induzierten Spannung geeignet, da bei Flüssigkeiten mit geringer Leitfähigkeit der hohe Quellenwiderstand einen sehr hohen Eingangswiderstand des Messverstärkers erfordert.

4.4.5 Präzisionsgleichrichtung

Legt man nach Bild 4-23 an den Ausgang eines mit dem Widerstand R gegengekoppelten Spannungsverstärkers mit Stromausgang eine Diodenbrücke, die ein Drehspulmesswerk speist, so fließt durch dieses Anzeigeinstrument der gleichgerichtete Ausgangsstrom $|I_2| = |U_1|/R$.
Die Eingangsspannung U_1 wird also exakt gleichgerichtet. Den Spannungsbedarf der Dioden deckt der Operationsverstärker. Das Anzeigeinstrument hat keinen eindeutigen Bezug zum Massepotenzial; es liegt auf „schwebendem" (floating) Potenzial, man spricht auch von einer Schwebespannung. Der Eingangswiderstand ist wegen der gewählten Gegenkopplungsschaltung sehr hochohmig. Als Tiefpassfilter fungiert das Anzeigeinstrument.

4.4.6 Aktive Filter

Aktive Filter bestehen aus frequenzabhängigen Netzwerken, die Widerstände, Kapazitäten oder andere frequenzabhängige Bauelemente enthalten, die mithilfe von Operationsverstärkern rückwirkungsfrei bezüglich des Ein- und des Ausgangs betrieben werden können. Induktivitäten erheblicher Baugröße und mit nichtidealem Verhalten können vermieden werden. Hier soll nur das Prinzip aktiver Filter dargestellt werden.

Ersetzt man nach Bild 4-24a den Gegenkopplungswiderstand beim Stromverstärker mit Spannungsausgang durch einen komplexen Widerstand $\underline{Z}_2$, so ist die komplexe Übersetzung $\underline{G} = \underline{U}_2/\underline{I}_1 = \underline{Z}_2$. Legt man in Serie zum Eingang einen weiteren komplexen Widerstand $\underline{Z}_1$, so resultiert daraus ein Eingangsstrom $\underline{I}_1 = \underline{U}_1/\underline{Z}_1$. Mit der Eingangsspannung $\underline{U}_1$ ergibt sich der Frequenzgang $\underline{G}(\mathrm{j}\omega)$ des so entstandenen aktiven Filters

$$\underline{G}(\mathrm{j}\omega) = \frac{\underline{U}_2}{\underline{U}_1} = \frac{\underline{Z}_2}{\underline{Z}_1} .$$

Beim aktiven Tiefpassfilter 1. Ordnung nach Bild 4-24b ist $\underline{Z}_1$ durch den Widerstand R_1 ersetzt und $\underline{Z}_2$ durch die Parallelschaltung eines Widerstandes R_2 und einer Kapazität C. Der Frequenzgang $G(\mathrm{j}\omega)$ dieses aktiven Tiefpassfilters ist

$$\underline{G}(\mathrm{j}\omega) = \frac{\underline{U}_2}{\underline{U}_1} = \frac{R_2}{R_1} \cdot \frac{1}{(1 + \mathrm{j}\omega R_2 C)} .$$

Es besitzt die gleiche Frequenzabhängigkeit wie ein R_2C-Glied, hat aber bei niedrigen Frequenzen die Spannungsverstärkung R_2/R_1. Der Eingangswider-

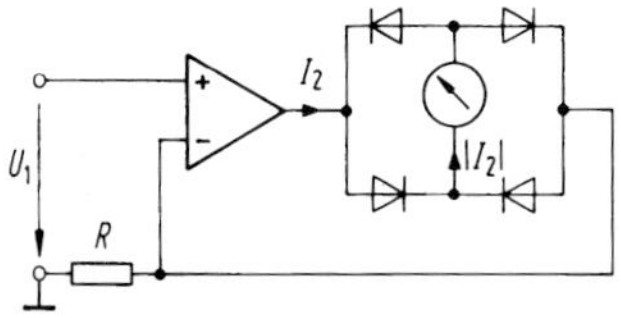

Bild 4-23. Präzisionsgleichrichtung

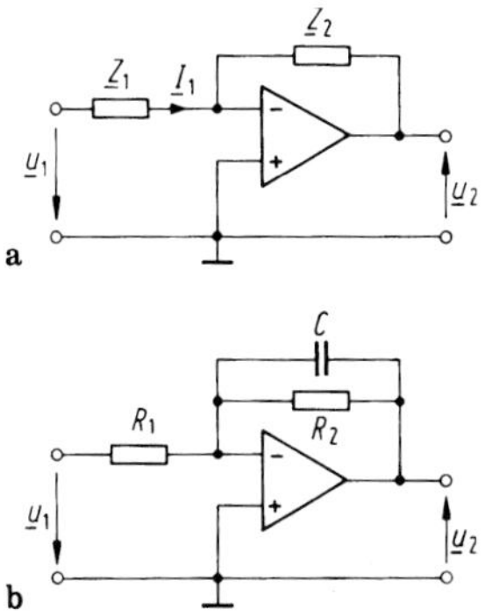

Bild 4-24. Aktive Filter. **a** Mit den komplexen Widerständen $\underline{Z}_1$ und $\underline{Z}_2$, **b** aktives Tiefpassfilter 1. Ordnung

stand ist konstant $R_E = R_1$, der Ausgangswiderstand geht gegen $R_A = 0$. Der Amplitudengang ist

$$|G(j\omega)| = \frac{R_2}{R_1} \cdot \frac{1}{\sqrt{1 + (\omega R_2 C)^2}} = \frac{R_2}{R_1} \cdot \frac{1}{\sqrt{1 + (\omega/\omega_g)^2}} .$$

Er ist bei der Grenzkreisfrequenz $\omega_g = 1/R_2C$ auf $1/\sqrt{2}$ des Wertes bei $\omega = 0$ abgesunken und geht für hohe Kreisfrequenzen gegen null. Die Phasenverschiebung ist bei niedrigen Frequenzen null, bei der Grenzfrequenz $-45°$ und geht bei hohen Frequenzen gegen $-90°$.
Wegen des Tiefpasscharakters eignet sich dieses aktive RC-Filter zur *Mittelwertbildung* eines Eingangssignals $u_1(t)$. Die hochfrequenten Signalanteile werden wegen $\omega \gg \omega_g$ unterdrückt, und der langsam veränderliche Mittelwert wird am Ausgang ausgegeben.

4.4.7 Ladungsverstärker

Verlustarme Kapazitäten eignen sich vorzüglich zur (zeitlichen) Integration von Strömen.
Die Spannung $u(t)$ an einer Kapazität C ist

$$u(t) = \frac{1}{C} q(t) = \frac{1}{C} \int_0^t i(\tau)\, d\tau .$$

Um diesen Zusammenhang zur Integration anwenden zu können, muss Rückwirkungsfreiheit zwischen dem Eingangsstrom $i_1(t)$ und dem Strom $i(t)$ durch den Kondensator sowie zwischen der Ausgangsspannung $u_2(t)$ und der Spannung $u(t)$ am Kondensator gewährleistet sein. Dies geschieht nach Bild 4-25a durch einen Stromverstärker mit Spannungsausgang, bei dem der Gegenkopplungswiderstand durch die Kapazität C ersetzt ist.
Bei vernachlässigbarem Steuerstrom i_{st} und vernachlässigbarer Steuerspannung u_{st} ergibt sich wegen $i_1(t) = i(t)$ und $u_2(t) = u(t)$:

$$u_2(t) = \frac{1}{C} \int_0^t i_1(\tau)\, d\tau = \frac{1}{C} q(t) .$$

Die Ausgangsspannung $u_2(t)$ ist also proportional dem Integral des Eingangsstroms $i_1(t)$ und damit

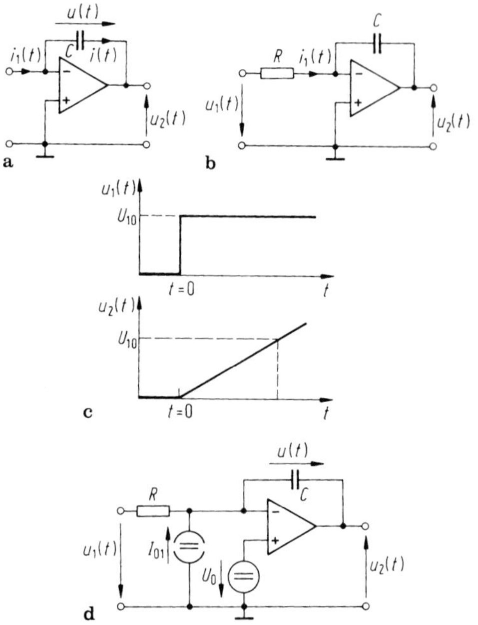

Bild 4-25. **a** Ladungsverstärker, **b** Integrationsverstärker, **c** Erzeugung einer Sägezahnspannung, **d** Einfluss von Nullpunktfehlergrößen

proportional der Ladung $q(t)$. Man bezeichnet diese Schaltung deshalb auch als *Ladungsverstärker*, obwohl nicht etwa die Ladung, sondern die am Ausgang verfügbare Leistung verstärkt wird. Der Eingangswiderstand beträgt im Idealfall $R_E = 0$ und der Ausgangswiderstand $R_A = 0$.

4.4.8 Integrationsverstärker für Spannungen

Zur Integration von Spannungen $u_1(t)$ wird beim Ladungsverstärker am Eingang ein Widerstand R in Serie geschaltet, und es ergibt sich ein *Integrationsverstärker* für Spannungen nach Bild 4-25b. Mit $u_1(t) = Ri_1(t)$ beträgt die Ausgangsspannung

$$u_2(t) = \frac{1}{RC} \int_0^t u_1(\tau)\, d\tau \; (+U_{20}) .$$

Integrationsverstärker werden zur Integration unbekannter Spannungsverläufe verwendet, wie z. B. zur Bestimmung der Flächenanteile des von einem Gaschromatografen gelieferten Messsignals, um daraus auf die verschiedenen Gaskonzentrationen

schließen zu können. Andere typische Integrationsaufgaben sind die Bestimmung des magnetischen Flusses durch Integration der induzierten Spannung, die Bestimmung der Arbeit aus der Momentanleistung oder die Bestimmung von Geschwindigkeit und Weg aus der Beschleunigung (Trägheitsnavigation).
Integrationsverstärker werden aber auch zur gezielten Erzeugung bestimmter Signalverläufe eingesetzt. Durch periodisch wiederholte Integration einer konstanten Eingangsspannung erhält man eine linear ansteigende Ausgangsspannung, die die Form einer Rampe besitzt und auch als Sägezahnspannung bezeichnet wird (Bild 4-25c).
Integrationsverstärker werden auch in Analog-Digital-Umsetzern zur Erzeugung von Zeiten oder Frequenzen als Zwischengrößen eingesetzt, die dann leicht digitalisiert werden können.
Ein Problem sind bei Integrationsverstärkern die *Nullpunktfehlergrößen*, die auch beim Eingangssignal Null eine Hochintegration der Ausgangsspannung bis zur Begrenzung durch eine der beiden Speisespannungen bewirken können, wenn keine geeigneten Gegenmaßnahmen getroffen werden. Mit der Nullpunktfehlerspannung U_0 und dem Nullpunktfehlerstrom I_{01} nach Bild 4-25d ergibt sich die Ausgangsspannung

$$u_2(t) = \frac{1}{RC}\int_0^t u_1(\tau)\,\mathrm{d}\tau + \frac{1}{C}\int_0^t I_{01}\,\mathrm{d}\tau - \frac{1}{RC}\int_0^t U_0\,\mathrm{d}\tau\ (+U_{20})\,.$$

Besonders störend ist der Anstieg der Ausgangsspannung aufgrund des Integralanteils

$$\frac{1}{C}\int_0^t (I_{01} - U_0/R)\,\mathrm{d}\tau\,,$$

der bei vorgegebener Integrationszeit t nur durch kleine Nullpunktfehlergrößen klein gehalten werden kann. Große Integrationskapazitäten C verringern dabei den Einfluss des Nullpunktfehlerstromes I_{01}.
Im Dauerbetrieb ist entweder eine zyklische Rücksetzung der Spannung an der Integrationskapazität notwendig, oder es muss mit einem hochohmigen Parallelwiderstand zur Kapazität dafür gesorgt werden, dass die durch Nullpunktfehler bedingten, extrem langsamen Aufladungen der Integrationskapazität durch mindestens ebenso große Entladeströme ausgeglichen werden.

5 Analoge Messtechnik

Analoges Messen ist immer dann zweckmäßig, wenn der Mensch in einen technischen Prozess eingebunden ist. Dies ist z. B. bei Abgleichvorgängen oder Arbeitspunkteinstellungen im Labor der Fall oder bei Nachlaufregelungen im Zusammenhang mit Fahrzeugen oder bei der optischen Überwachung von Prozessen in einer Messwarte. Immer müssen Abweichungen vom Sollwert schnell erkannt werden und zu einer entsprechenden Reaktion führen. Bei analogen Messwertausgaben werden diese Abweichungen gewöhnlich als Weg- oder Winkeldifferenzen dargestellt, da diese vom Menschen unmittelbar aufgenommen werden können.

5.1 Analoge Messwerke

Analoge Weg- oder Winkelanzeigen können aus Gleichgewichtsbedingungen für Kräfte oder Drehmomente gewonnen werden, die elektrostatisch, elektromagnetisch oder thermisch erzeugt werden.
Beispiele für Messwerke mit signalverarbeitenden Eigenschaften sind das Dreheisenmesswerk zur Effektivwertmessung, das elektrodynamische Messwerk zur Wirkleistungsmessung und das Kreuzspulmesswerk zur Widerstandsbestimmung über eine Quotientenbildung.
Eine Sonderstellung unter allen Messwerken nimmt das *lineare Drehspulmesswerk mit Außenmagnet* ein.

5.1.1 Prinzip des linearen Drehspulmesswerks

Die Wirkungsweise des Drehspulmesswerks beruht auf der selbstständigen Kompensation des durch einen proportionalen Messstrom I in einer Drehspule elektrisch erzeugten Drehmomentes M_{el} mit einem über zwei Drehfedern mechanisch erzeugten Gegendrehmoment M_{mech}, das wiederum dem Ausschlagwinkel α der Drehspule proportional ist.

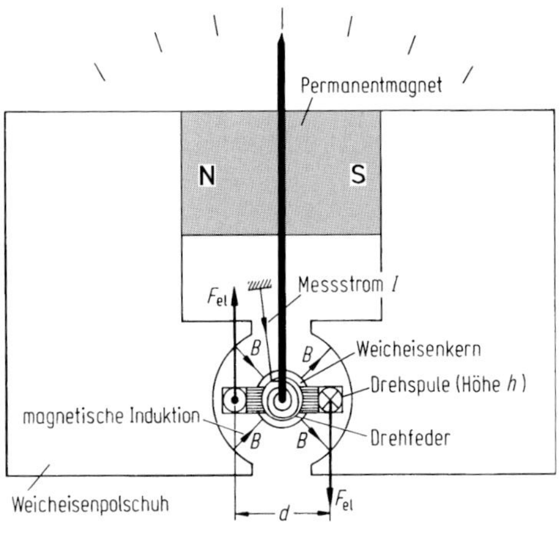

Bild 5-1. Prinzip eines linearen Drehspulmesswerks

Bei linearen Drehspulmesswerken (mit Außenmagneten) wird mithilfe eines im Magnetkreis angeordneten Permanentmagneten ein radialsymmetrisches Magnetfeld der Induktion B erzeugt. In diesem Feld können sich die Flanken einer drehbar gelagerten Spule (Drehspule) auf einer Kreisbahn bewegen (Bild 5-1). Innerhalb der Drehspule befindet sich ein Weicheisenkern, der den Luftspalt zwecks optimaler Ausnutzung des verwendeten Magneten verkleinert. Außerdem ergibt sich bei ebenfalls kreisförmig ausgebildeten Polschuhen ein etwa konstanter Luftspalt und damit näherungsweise das gewünschte radialsymmetrische Magnetfeld. Solange sich die Flanken der Drehspule im Luftspalt befinden, ist die magnetische Induktion unabhängig von der Winkelstellung der Drehspule.
Bei dem Messstrom I, der magnetischen Induktion B, einer Windungszahl N der Drehspule, einem Rähmchendurchmesser d und einer Rähmchenhöhe h beträgt das elektrisch erzeugte Drehmoment

$$M_{el} = 2F_{el}\frac{d}{2} = BdhNI\ .$$

Diesem Moment entgegen wirkt das in zwei Drehfedern mit der gemeinsamen Drehfederkonstanten (Richtmoment) D mechanisch erzeugte Moment M_{mech}, das dem Ausschlagwinkel α der Drehspule und des mit ihr fest verbundenen Zeigers proportional ist:

$$M_{mech} = D\alpha\ .$$

Im eingeschwungenen Zustand errechnet sich der Skalenverlauf aus $M_{el} = M_{mech}$ zu

$$\alpha = \frac{1}{D}BdhNI\ .$$

Der Ausschlagwinkel α ist damit linear vom Messstrom I abhängig und die stationäre *Stromempfindlichkeit* ist konstant:

$$\frac{d\alpha}{dI} = \frac{BdhN}{D}\ .$$

Die Drehspule ist gewöhnlich mit lackisoliertem Kupferdraht von 0,02 bis 0,3 mm Durchmesser bewickelt. Die Wicklung wird vom Rähmchen getragen, das in der Regel aus Aluminium gefertigt ist und eine Kurzschlusswindung darstellt. Bei Bewegung des Rähmchens wird durch die im Rähmchen induzierte Spannung und dem daraus resultierenden Kurzschlussstrom ein der Winkelgeschwindigkeit proportionales Bremsmoment erzeugt, das zur Dämpfung des Einstellvorgangs benötigt wird (Induktionsdämpfung).

5.1.2 Statische Eigenschaften des linearen Drehspulmesswerks

Typische Fehlerkurven von Drehspulmesswerken, die sich als Differenz zwischen den Istwerten α_{ist} und den Sollwerten α_{soll} ergeben, sind in Bild 5-2 dargestellt.
Bezieht man den *Fehler* $F = \alpha_{ist} - \alpha_{soll}$ auf den Messbereichsendwert α_0, so erhält man den dimensionslosen *relativen Fehler* F_{rel}, der unter Nennbedingungen der Einflussgrößen (z. B. der Temperatur) für alle Messströme innerhalb des Messbereiches sicher unter einer bestimmten zulässigen Grenze (z. B. 1%) bleiben muss, damit ein Messwerk einer bestimmten *Genauigkeitsklasse* (z. B. Klasse 1) zugeordnet werden kann. Als Genauigkeitsklassen sind für Betriebsmessinstrumente die Klassen 1, 1,5, 2,5 und 5 üblich.
Der *Einflusseffekt* darf einen zusätzlichen, der jeweiligen Klasse entsprechenden Fehler verursachen, wenn sich dabei die jeweilige Einflussgröße nur innerhalb festgelegter Grenzen ändert.
Bei der Verwendung eines Drehspulmesswerks als *Spannungsmessgerät* muss die Temperaturabhängigkeit des Innenwiderstandes der Drehspulwicklung aus

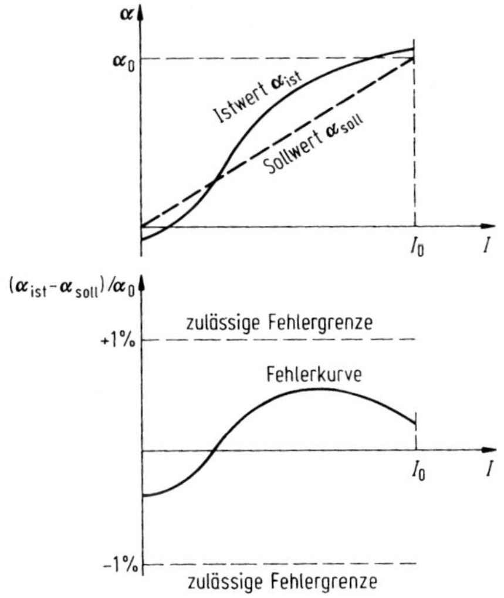

Bild 5-2. Fehlerkurve eines linearen Drehspulmesswerks

Kupfer berücksichtigt werden. Näherungsweise genügt häufig die Berücksichtigung des linearen Temperaturkoeffizienten α, bei einer Übertemperatur ϑ gegenüber der Bezugstemperatur ϑ_0:

$$R_\mathrm{i}(\vartheta) = R_{\mathrm{i}0}[1 + \alpha(\vartheta - \vartheta_0)] .$$

Der Innenwiderstand bei Bezugstemperatur ϑ_0 beträgt dabei $R_\mathrm{i}(\vartheta_0) = R_{\mathrm{i}0}$ und der Temperaturkoeffizient α liegt für Kupfer bei etwas über $4 \cdot 10^{-3}/\mathrm{K}$.
Der Temperatureinfluss kann bei Spannungsmessgeräten durch Serienschaltung eines größeren temperaturunabhängigen Widerstandes verkleinert werden. Besonders für kleine Spannungsbereiche kann ein Vorwiderstand mit negativem Temperaturkoeffizienten den Temperatureinfluss in einem begrenzten Temperaturbereich näherungsweise aufheben, ohne den Gesamtwiderstand wesentlich zu erhöhen.

5.2 Funktionsbildung und Verknüpfung mit Messwerken

Verschiedene Aufgaben der Messsignalverarbeitung können mit anderen Messwerkstypen, z. B. mit Kreuzspulmesswerken oder mit elektrodynamischen Messwerken gelöst werden. Neben der Bestimmung von Mittelwerten von Wechsel- und Mischgrößen ist auf diese Weise die Quotientenbildung zur Widerstandsmessung, die Produktbildung zur Leistungsmessung oder die Integralbildung zur Energiemessung möglich.
Bestimmte Messwerkstypen werden überwiegend aus wirtschaftlichen Gründen oder wegen ihrer geringen Baugröße eingesetzt. So besitzen z. B. Kernmagnetmesswerke eine besonders kompakte Bauform, weisen aber gewöhnlich einen nichtlinearen Skalenverlauf auf.

5.2.1 Kernmagnetmesswerk mit radialem Sinusfeld

Beim Kernmagnetmesswerk mit radialem Sinusfeld beträgt nach Bild 5-3a die magnetische Induktion B am Ort der Drehspulflanke

$$B = B_0 \cos(\alpha - \beta) .$$

Dabei bedeutet B_0 die maximale magnetische Induktion in Magnetisierungsrichtung des Kernes, α den Ausschlagwinkel und β den Magnetisierungswinkel zwischen der Ruhelage der Rähmchenflanke und der Magnetisierungsrichtung. Das elektrisch erzeugte Drehmoment M_el ist der wirksamen magnetischen Induktion B und dem Spulenstrom I proportional und ist gleich dem mechanischen Gegendrehmoment M_mech, das wiederum dem Ausschlagwinkel α proportional ist. Der Skalenverlauf folgt daher der Beziehung

$$I = \frac{k\alpha}{\cos(\alpha - \beta)} ,$$

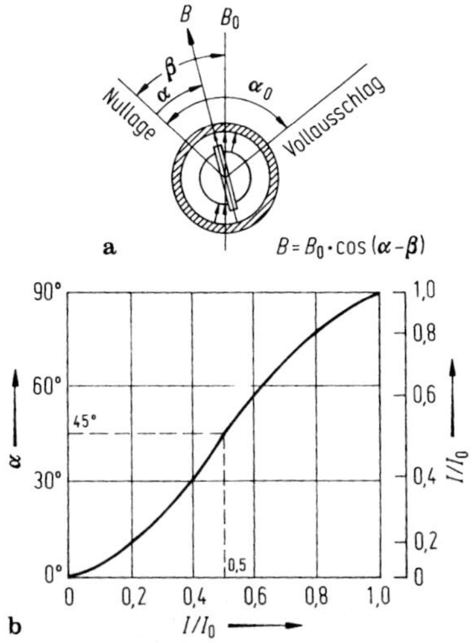

Bild 5-3. Kernmagnetmesswerk mit radialem Sinusfeld. **a** Prinzip, **b** Skalenverlauf für $\beta = 3\alpha_0/4$

wobei k eine Konstante ist. Der Skalenverlauf lässt sich durch den Magnetisierungswinkel β beeinflussen. Fordert man z. B. $I = I_0/2$ für $\alpha = \alpha_0/2$, so erhält man unter Berücksichtigung von $I = I_0$ für $\alpha = \alpha_0$

$$\cos(\alpha_0 - \beta) = \cos(\alpha_0/2 - \beta)\ ,\ \beta = 3\alpha_0/4\ .$$

Unter dieser Annahme und mit $\alpha_0 = 90°$ ergibt sich der in Bild 5-3b gezeichnete Skalenverlauf.

5.2.2 Quotientenbestimmung mit Kreuzspulmesswerken

Bei Kreuzspulmesswerken werden in den beiden unter dem Kreuzungswinkel 2δ fest miteinander verbundenen Drehspulen elektrisch zwei entgegengerichtete Drehmomente erzeugt, die im Gleichgewichtsfall gleich sind. Eine richtkraftlose Aufhängung ist möglich, da kein mechanisches Gegendrehmoment benötigt wird. Der radiale Verlauf des Permanentmagnetfeldes muss jedoch unsymmetrisch sein, damit bestimmten Werten für den Quotienten der beiden Ströme I_1 und I_2 durch die beiden gekreuzten Spulen definierte Ausschlagwinkel α zugeordnet werden können. Wegen der einfachen Konstruktion werden gerne Kreuzspulmesswerke mit Kernmagnet nach Bild 5-4a verwendet.

Die Drehmomente in den beiden Spulen gleicher Windungsflächen sind den jeweiligen Strömen I_1 und I_2, den jeweiligen Windungszahlen N_1 und N_2 und der am Ort der jeweiligen Spulenflanke herrschenden Induktion $B_0 \cos(\alpha - \delta)$ bzw. $B_0 \cos(\alpha + \delta)$ proportional. Der Skalenverlauf folgt wegen des sinusförmigen Feldverlaufs der Beziehung

$$\frac{I_1 N_1}{I_2 N_2} = \frac{\cos(\alpha - \delta)}{\cos(\alpha + \delta)}\ .$$

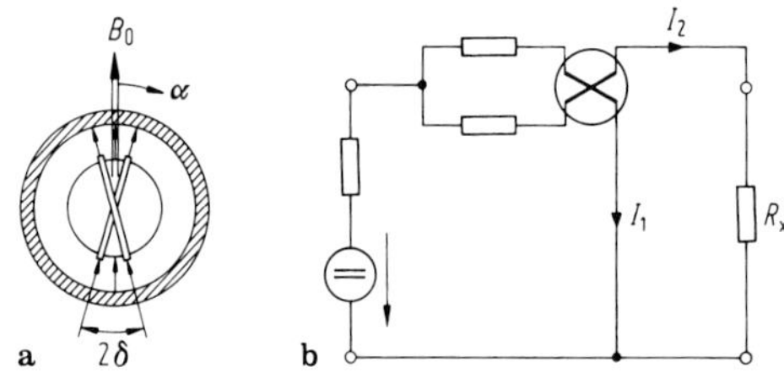

Bild 5-4. Kreuzspulmesswerk. **a** Prinzip des Kreuzspulmesswerks mit Kernmagnet, **b** Messschaltung für Widerstandsmessungen mit Kreuzspulmesswerk

Damit besteht ein eindeutiger Zusammenhang zwischen dem Winkel α und dem Quotienten I_1/I_2 der Spulenströme. Kreuzspulmesswerke sind daher besonders für Widerstandsmessungen geeignet.

Bei den Messschaltungen zur Widerstandsmessung mit Kreuzspulmesswerken nach Bild 5-4b sorgt man dafür, dass die Ströme I_1 und I_2 durch die beiden Spulen angenähert proportional der Spannung am bzw. dem Strom durch den zu messenden Widerstand R_x sind.

Der Ausschlagwinkel α des Kreuzspulmesswerks ist dann näherungsweise unabhängig von der Versorgungsspannung der Messschaltungen, weil bei einer Änderung der Quotient konstant bleibt.

5.2.3 Bildung von linearen Mittelwerten und Extremwerten

Linearer Mittelwert

Das dynamische Verhalten vieler Messwerke entspricht dem eines Messgliedes 2. Ordnung mit (gerade noch) schwingender Einstellung. Ändert sich der Messstrom nur langsam, dann ist die Anzeige proportional dem Messstrom. Bei hoher Frequenz des Messstromes geht die Anzeige gegen null. Ist einem Messstrom $i(t)$ mit dem Gleichanteil I_- ein höherfrequenter Messstrom $I_\sim = I_0 \sin \omega t$ (Wechselanteil) überlagert, so wird aufgrund des dynamischen Verhaltens der lineare Mittelwert

$$\bar{i} = \frac{1}{T} \int_0^T i(t)\, \mathrm{d}t$$

angezeigt, der durch Integration über die Dauer T einer Periode bestimmt werden kann. Verzögernde Messglieder wirken wie Tiefpassfilter. Sind z. B. einem Gleichsignal störende netzfrequente Wechselanteile mit Frequenzen von 50 Hz, 150 Hz, usw. überlagert, so werden diese Störanteile von den üblichen Messwerken herausgefiltert, da sie den linearen Mittelwert anzeigen.

Gleichrichtwert

Wechselströme und Wechselspannungen werden entweder aus dem quadratischen Mittelwert (Effektivwert) oder aus dem nach Gleichrichtung erhaltenen

Mittelwert, dem sog. Gleichrichtwert, bestimmt. Der Gleichrichtwert $\overline{|i|}$ eines Stromes $i(t)$ ist

$$\overline{|i|} = \frac{1}{T}\int_0^T |i(t)|\,\mathrm{d}t$$

und berechnet sich für sinusförmige Wechselströme $i(t) = I_0 \sin \omega t$ zu

$$\overline{|i|} = \frac{2}{T}\int_0^{T/2} I_0 \sin \omega t\,\mathrm{d}t = \frac{2}{\pi} I_0$$

$$= \frac{2\sqrt{2}}{\pi} I_{\mathrm{eff}} = 0{,}9003\, I_{\mathrm{eff}}\,.$$

In Bild 5-5 sind verschiedene Gleichrichterschaltungen dargestellt.

Unter der Annahme idealer Gleichrichter (Durchlasswiderstand gleich null, Sperrwiderstand unendlich) wird mit den Zweiweggleichrichterschaltungen und einem mittelwertanzeigenden Messwerk der Gleichrichtwert gebildet. Bei den Einweggleichrichterschaltungen erhält man bei reinen Wechselgrößen den halben Gleichrichtwert.

Die Brückenschaltung in (a) wird auch als Graetzschaltung bezeichnet. In der Schaltung (b) sind zwei Dioden durch Widerstände ersetzt. Die reale, gekrümmte Diodenkennlinie wirkt sich hier nur einmal aus, und ein Teil des Messstromes fließt nicht durch das Messwerk. Bei der Mittelpunktschaltung (c) ist eine Mittelanzapfung der Sekundärwicklung des Wandlers notwendig. Der Einweggleichrichter in (d) ist nur für Spannungsgleichrichtung und der in (e) nur für Stromgleichrichtung geeignet; in dieser Schaltung muss auch bei umgekehrter Polarität Stromfluss möglich sein.

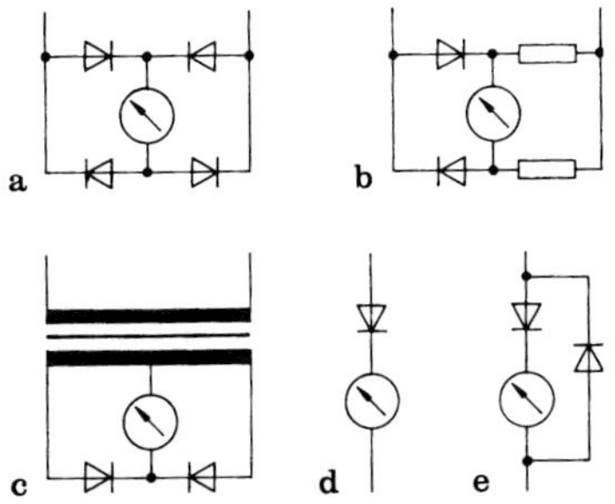

Bild 5-5. Gleichrichterschaltungen. **a** bis **c** Zweiweggleichrichterschaltungen, **d** und **e** Einweggleichrichterschaltungen

Spitzenwertgleichrichtung

Bei Spitzenwertgleichrichtung wird eine Kapazität über eine Diode auf den positiven oder negativen Extremwert einer Wechselspannung aufgeladen, bei sinusförmiger Wechselspannung im Idealfall auf den Scheitelwert U_0 (Bild 5-6a).

Bei realen Gleichrichterdioden ist der erhaltene Spitzenwert mindestens um die minimale Durchlassspannung der Diode vermindert. Außerdem sinkt bei Belastung der Kapazität C mit einem Lastwiderstand R die Spannung innerhalb einer Periode exponentiell um einen Anteil $\Delta U/U_0$ ab, der durch die Zeitkonstante RC und die Periodendauer T des Messsignals gegeben ist (Bild 5-6b). Für $T \ll RC$ gilt

$$\frac{\Delta U}{U_0} = \frac{U_0 - U}{U_0} = 1 - \frac{U}{U_0} = 1 - \mathrm{e}^{-T/RC} \approx \frac{T}{RC}\,.$$

Bei einer Frequenz von 10 kHz ($T = 0{,}1$ ms) und einer Zeitkonstanten von $RC = 100\,\mathrm{k\Omega} \cdot 100\,\mathrm{nF} = 10$ ms ergibt sich für die Restwelligkeit $\Delta U/U_0 = 1\%$.

Die sog. Schwingungsbreite (Schwankung) einer Wechselspannung kann mit der Greinacherschaltung nach Bild 5-6c bestimmt werden, die bei sinusförmigen Wechselspannungen im Idealfall zu einer Verdoppelung des Scheitelwerts auf den Wert $2U_0$ führt. Spitzenwertgleichrichtung wird besonders bei höheren Frequenzen angewendet.

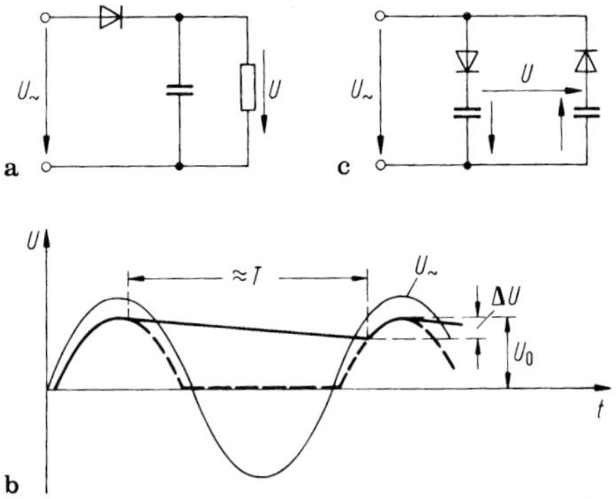

Bild 5-6. Spitzenwertgleichrichtung. **a** Prinzip, **b** Restwelligkeit, **c** Greinacherschaltung (Spitze-Spitze-Wert)

5.2.4 Bildung von quadratischen Mittelwerten

Der quadratische Mittelwert (Effektivwert) I eines zeitlich veränderlichen, periodischen Stromes $i(t)$ ist als der Strom definiert, der in einem Widerstand R während der Dauer einer Periode T die gleiche Energie umsetzt wie der periodische Strom. Für den Effektivwert erhält man daraus

$$I = \sqrt{\frac{1}{T}\int_0^T i^2(t)\,\mathrm{d}t}\,.$$

Für einen sinusförmigen Wechselstrom $i(t) = I_0 \sin \omega t$ ergibt sich für den Effektivwert $I = I_0/\sqrt{2}$. Will man mit Messinstrumenten, die den Gleichrichtwert bilden, den Effektivwert I anzeigen, dann muss der Gleichrichtwert $\overline{|i|}$ mit dem *Formfaktor* $F_g = I/\overline{|i|}$ multipliziert werden. Der Formfaktor hängt von der Kurvenform der Wechselgröße ab. Bei sinusförmigen Wechselgrößen ist

$$F_g = \frac{I}{\overline{|i|}} = \frac{\pi}{2\sqrt{2}} \approx 1{,}111\,.$$

In Effektivwerten geeichte Messgeräte mit linearer Mittelwertgleichrichtung zeigen also bei Gleichgrößen um 11,1% zu viel an, da der Formfaktor der Gleichgrößen gleich eins ist.

Effektivwertmessung mit Thermoumformern

Bei Thermoumformern wird die Übertemperatur $\Delta\vartheta$ eines vom Messstrom $i(t)$ durchflossenen Heizleiters mit einem Thermoelement (siehe 3.5.3) und einem nachgeschalteten Drehspulinstrument gemessen. Wesentlich ist dabei, dass die Übertemperatur $\Delta\vartheta$ näherungsweise der Joule'schen Wärme I^2R proportional und die Thermospannung des Thermoelements ebenfalls näherungsweise dieser Übertemperatur proportional ist. Die Ausgangsspannung eines Thermoumformers ist also der Leistung und damit dem Quadrat des Effektivwertes des Messstromes proportional. Thermoumformer eignen sich bis zu sehr hohen Frequenzen zur Leistungs- bzw. Effektivwertmessung. Sie sind leider nur wenig überlastbar.

Effektivwertmessung mit Dreheisenmesswerken

Zur Anzeige von Effektivwerten bei Netzfrequenz werden in Schaltwarten bis heute gerne Dreheisenmesswerke verwendet. Das für didaktische Zwecke gerne benutzte translatorische Prinzip, bei dem ein Eisenstab in eine stromdurchflossene Spule gezogen wird, ist in der Praxis durch eine rotatorische Anordnung ersetzt. In dem in Bild 5-7a dargestellten Mantelkern-Dreheisenmesswerk magnetisiert die vom Messstrom durchflossene Rundspule ein festes und ein beweglich mit der Drehachse verbundenes zylinderförmiges Eisenteil.

Aufgrund der gleichnamigen Magnetisierung stoßen die beiden Eisenteile einander ab und erzeugen so ein Drehmoment, das mit dem mechanischen winkelproportionalen Gegendrehmoment im Gleichgewicht steht. Zur Dämpfung des Messwerkes verwendet man bevorzugt eine Luftdämpfung.

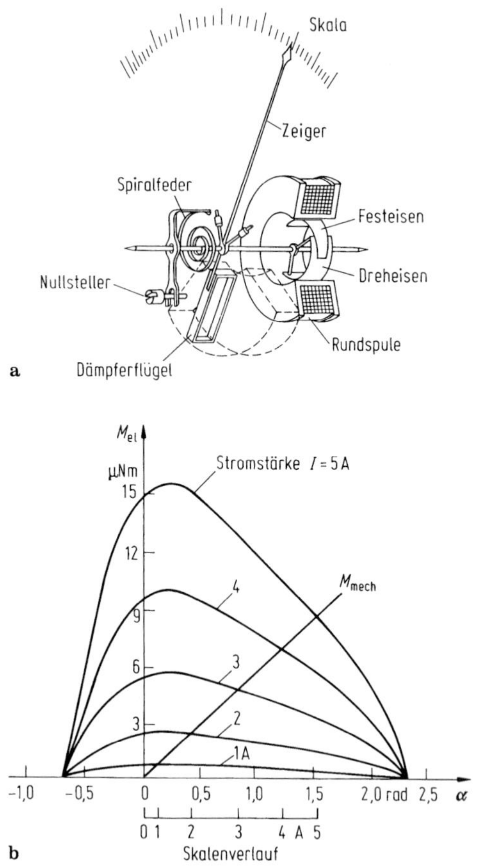

Bild 5-7. Dreheisen-Messwerk. **a** Mantelkern-Dreheisenmesswerk (Hartmann & Braun), **b** Typische Drehmomentkurve (Palm)

Das elektrisch erzeugte Drehmoment lässt sich durch Differenziation der Energie E nach dem Ausschlagwinkel α berechnen. Die gespeicherte magnetische Energie ist

$$E_{\text{mag}} = \frac{1}{2} L I^2 \,.$$

Dabei ist I der Messstrom und L die Selbstinduktivität des Messwerks. Das elektrisch erzeugte Drehmoment M_{el} ist bei konstantem Strom I abhängig vom Ausschlagwinkel α

$$M_{\text{el}} = \frac{\mathrm{d}E_{\text{mag}}}{\mathrm{d}\alpha} = \frac{1}{2} \cdot \frac{\mathrm{d}L}{\mathrm{d}\alpha} I^2$$

und steht mit dem mechanischen Gegendrehmoment

$$M_{\text{mech}} = D\alpha$$

im Gleichgewicht.
Mit der Drehfederkonstanten D ergibt sich für den Skalenverlauf

$$\alpha = \frac{1}{2D} \cdot \frac{\mathrm{d}L}{\mathrm{d}\alpha} I^2 \,.$$

Der Skalenverlauf hängt also vom Quadrat des Stromes und vom Verlauf $\mathrm{d}L/\mathrm{d}\alpha$ der Selbstinduktivität des Messwerks ab. Bei linearem Induktivitätszuwachs ergibt sich ein quadratischer Skalenverlauf, bei ungefähr logarithmischem Induktivitätszuwachs ergibt sich ein näherungsweise linearer Skalenverlauf (Bild 5-7b).
Dreheisenmesswerke werden bevorzugt zur Effektivwertmessung von Strömen oder Spannungen bei niedrigen Frequenzen eingesetzt, sind aber auch für Gleichgrößenmessung geeignet. Der Eigenverbrauch liegt bei Strommessung bei mindestens 0,1 VA, bei Spannungsmessung wegen des notwendigen hohen, temperaturunabhängigen Vorwiderstandes bei mindestens 1 VA. Bei Spannungsmessern kann man den Frequenzfehler bis etwa 500 Hz durch einen geeignet dimensionierten Parallelkondensator zum Vorwiderstand kompensieren.

5.2.5 Multiplikation mit elektrodynamischen Messwerken

Zur Bestimmung der Wirkleistung in Wechselstromnetzen werden in Warten bevorzugt elektrodynamische Messwerke eingesetzt. Sie ähneln in ihrem Aufbau einem Drehspulmesswerk mit Außenmagnet (siehe 5.1.1), wobei der Permanentmagnet durch einen Elektromagneten ersetzt ist.

Prinzip der Leistungsmessung mit elektrodynamischen Messwerken

Die in einem komplexen Verbraucher $\underline{Z}$ umgesetzte Momentanleistung $p(t)$ berechnet sich aus der sinusförmigen Spannung $u(t) = U_0 \sin \omega t$ und dem phasenverschobenen sinusförmigen Strom $i(t) = I_0 \sin(\omega t + \varphi)$ zu

$$p(t) = u(t)\, i(t) = U_0 \sin \omega t \; I_0 \sin(\omega t + \varphi) \,.$$

Mit der Formel

$$\sin \alpha \sin \beta = \frac{1}{2}[\cos(\alpha - \beta) - \cos(\alpha + \beta)]$$

wird die *Momentanleistung*

$$p(t) = \frac{1}{2} U_0 I_0 [\cos \varphi - \cos(2\omega t + \varphi)] \,.$$

Der in der Momentanleistung enthaltene Gleichanteil ist die im Verbraucher umgesetzte Wirkleistung

$$P_{\text{w}} = \frac{1}{2} U_0 I_0 \cos \varphi = U I \cos \varphi \,.$$

Der überlagerte Wechselanteil stellt eine mit der doppelten Frequenz pulsierende Leistung dar. Bei linearer Mittelwertbildung der Momentanleistung $p(t)$ ergibt sich also die Wirkleistung P_{w}.
Schickt man durch die Drehspule eines elektrodynamischen Messwerkes einen Strom i_{D}, der der Spannung $u(t)$ am Verbraucher und durch die Feldspule einen Strom i_{F}, der dem Strom $i(t)$ durch den Verbraucher proportional ist, so ist die Anzeige des mittelwertbildenden Messwerks der Wirkleistung proportional:

$$\alpha \sim \frac{1}{T} \int_0^T i_{\text{D}} i_{\text{F}} \, \mathrm{d}t \sim \frac{1}{T} \int_0^T u(t)\, i(t) \, \mathrm{d}t = P_{\text{w}} \,,$$

$$P_{\text{w}} = U I \cos \varphi \sim \alpha \,.$$

Bei einem Phasenwinkel $\varphi = 90°$ zwischen Spannung und Strom ist die von einem elektrodynamischen Messwerk angezeigte Wirkleistung null, da wegen fehlender Wirkwiderstände nur Blindleistung pendeln kann.

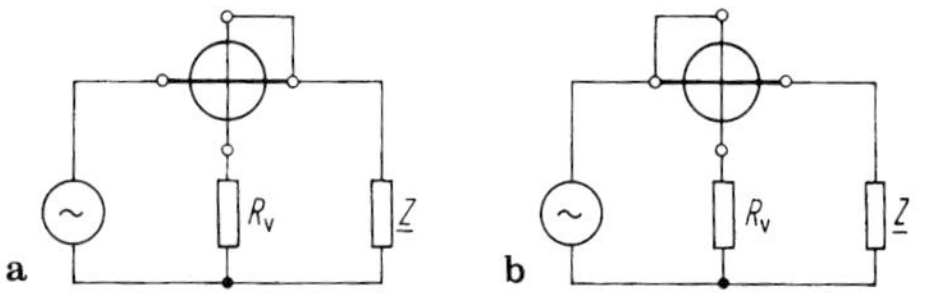

Bild 5-8. Wirkleistungsmessung mit elektrodynamischen Messwerken. **a** Spannungsrichtige Verbraucherleistungsmessung, **b** stromrichtige Verbraucherleistungsmessung

Messschaltungen zur Leistungsmessung

Bei den in Bild 5-8 dargestellten Messschaltungen zur Bestimmung einer Leistung müssen die Vorwiderstände R_v so ausgelegt werden, dass bei Nennspannung der Strom in der Drehspule einen bestimmten Nennwert nicht überschreitet.
Außerdem muss der Vorwiderstand R_v im Spannungspfad so angeordnet werden, dass zwischen Feld-(Strom-) und Dreh-(Spannungs-)spule möglichst keine Potenzialdifferenz entsteht, die zu Isolationsproblemen führen könnte.
Mit Messschaltung (a) ist spannungsrichtige Verbraucherleistungsmessung oder aber stromrichtige Quellenleistungsmessung möglich. Bei Messschaltung (b) wird die Verbraucherleistung stromrichtig, die Quellenleistung jedoch spannungsrichtig gemessen.

Leistungsmessung in Netzen

Zur Anpassung an die unterschiedlichen Nennströme und Nennspannungen werden Spannungs- und Stromwandler eingesetzt, die gleichzeitig eine galvanische Trennung vom Netz bewirken.
In symmetrisch belasteten Drehstromnetzen braucht nur die Leistung einer Phase gemessen und mal drei genommen zu werden.
Bei einem Dreileiternetz wird der fehlende Sternpunkt mithilfe dreier Widerstände künstlich gebildet.
Bei einem beliebig belasteten Dreileiternetz genügen zwei Messwerke zur Bestimmung der Gesamtleistung, wenn die beiden mit der 3. Phase verketteten Spannungen an die jeweiligen Spannungspfade angeschlossen werden (Aron-Schaltung). Die komplexe Gesamtleistung $\underline{P}$

$$\underline{P} = \underline{U}_{R0}\underline{I}_R + \underline{U}_{S0}\underline{I}_S + \underline{U}_{T0}\underline{I}_T$$

kann nämlich wegen $\underline{I}_S = -(\underline{I}_R + \underline{I}_T)$ in

$$\begin{aligned}\underline{P} &= (\underline{U}_{R0} - \underline{U}_{S0})\underline{I}_R + (\underline{U}_{T0} - \underline{U}_{S0})\underline{I}_T \\ &= \underline{U}_{RS}\underline{I}_R + \underline{U}_{TS}\underline{I}_T\end{aligned}$$

umgeformt werden.
Blindleistungsmessungen sind in Drehstromnetzen vergleichsweise einfach möglich, wenn bei symmetrischen Spannungsverhältnissen an den Spannungspfad eines wirkleistungsmessenden elektrodynamischen Messwerks statt der Phasenspannung die um 90° verschobene verkettete Spannung zwischen den beiden anderen Phasen angelegt wird. Bei der Auswertung sind die Teilleistungen dann aber durch $\sqrt{3}$ zu dividieren.

5.2.6 Integralwertbestimmung mit Induktionszählern

Durch zeitliche Integration der an einen Verbraucher abgegebenen Wirkleistung $P_w(t)$ lässt sich die während der Zeit t_1 bis t_2 verbrauchte Energie bestimmen:

$$E = \int_{t_1}^{t_2} P_w\,(\mathrm{t})\,\mathrm{d}t\,.$$

Bei dem in Bild 5-9 skizzierten Induktionszähler wirkt auf eine drehbar gelagerte Aluminiumscheibe parallel zur Lagerachse ein von einer Spannungsspule erzeugter magnetischer Fluss Φ_U und ein von einer Stromspule erzeugter Fluss Φ_I.
Die in der Scheibe induzierten Spannungen bewirken Wirbelströme in der Scheibe. Das elektromagnetisch erzeugte Moment M_{el} ergibt sich aus der Kraftwirkung der beiden Flüsse Φ_U und Φ_I mit den jeweils

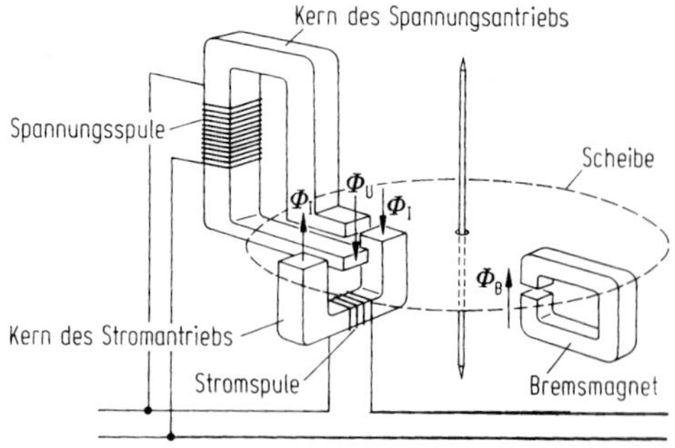

Bild 5-9. Prinzip eines Induktionszählers (Pflier)

vom anderen Fluss erzeugten Wirbelströmen. Das resultierende Drehmoment M_{el} ist der Netzfrequenz f, den Flüssen Φ_U und Φ_I und dem Sinus des Phasenwinkels zwischen den beiden Flüssen proportional:

$$M_{el} \sim f \Phi_U \Phi_I \sin \sphericalangle(\Phi_U, \Phi_I) .$$

Um ein der Wirkleistung P_w proportionales Drehmoment

$$M_{el} \sim P_w = UI \cos \varphi$$

zu erzielen, muss der Stromfluss Φ_I dem Strom I proportional sein. Der den Spannungsfluss Φ_U erzeugende Strom durch die Spannungsquelle muss dem Betrage nach der Spannung U proportional sein, in der Phase jedoch um 90° gegenüber der Spannung U verschoben sein, was bei einer Drosselspule in etwa gegeben ist. Bei rein Ohm'schem Verbraucher muss also der Fluss Φ_U gegenüber dem Fluss Φ_I um genau 90° verschoben sein (90°-Abgleich).
Da außerdem auf die Scheibe über einen Permanentmagneten ein der Winkelgeschwindigkeit ω_S der Scheibe proportionales Bremsmoment $M_b \sim \omega_S$ ausgeübt wird, stellt sich die momentane Winkelgeschwindigkeit $\omega_S(t)$ der Scheibe proportional zur momentanen Wirkleistung $P_w(t)$ ein:

$$\omega_S(t) \sim P_w(t) .$$

Die über ein mechanisches Untersetzungsgetriebe erhaltene Zahl N der Umdrehungen wird bei den in Haushalten üblichen Ein- und Dreiphasen-Induktionszählern mit einem mechanischen Zählwerk gezählt und ist dem während der Zeitdauer $t_2 - t_1$ erhaltenen Integral über die Winkelgeschwindigkeit $\omega_S(t)$ der Scheibe proportional:

$$N = k_1 \int_{t_1}^{t_2} \omega_S(t)\, dt = k_2 \int_{t_1}^{t_2} P_w(t)\, dt .$$

5.3 Prinzip und Anwendung des Elektronenstrahloszilloskops

Das Elektronenstrahloszilloskop, das klassische analoge elektronische Messgerät in Labor und Prüffeld, gestattet die Darstellung einer oder mehrerer Messgrößen in Abhängigkeit einer anderen Größe auf einem flächenförmigen Bildschirm. Besonders geeignet ist ein gewöhnliches *analoges* Oszilloskop zur Darstellung periodischer Signalverläufe, da durch messsignalgesteuerte Auslösung (*Triggerung*) der Ablenkung des Elektronenstrahls ein *stehendes Schirmbild* erzielt werden kann.
Seit der Markteinführung der ersten digitalen Echtzeit-Oszilloskope im Jahre 1998 ist der Marktanteil reiner Analogoszilloskope auf nur noch einige Prozent zurückgegangen (leichtere Speicherung, Weiterverarbeitung und Analyse digitaler Daten sowie Rekonfigurierbarkeit durch Software). Dennoch sollen im Folgenden die analogen Prinzipien vorgestellt werden, weil sie das Verständnis für das Oszilloskop als Messgerät erleichtern, gleichgültig ob es analog oder digital realisiert wird. Die besten Oszilloskope erreichen heute Bandbreiten von über 15 GHz.

5.3.1 Elektronenstrahlröhre. Ablenkempfindlichkeit

Das Herz eines Oszilloskops stellt die Elektronenstrahlröhre dar, deren prinzipieller Aufbau in Bild 5-10 angegeben ist.
Von einer meist indirekt geheizten Kathode werden Elektronen emittiert und in Richtung der positiven Anode beschleunigt, an der eine Spannung von einigen kV gegenüber der Kathode anliegt. Die Intensität des Elektronenstroms kann durch die Steuerelektrode, den negativ geladenen Wehneltzylinder, gesteuert werden. So ist es z. B. möglich, den Elek-

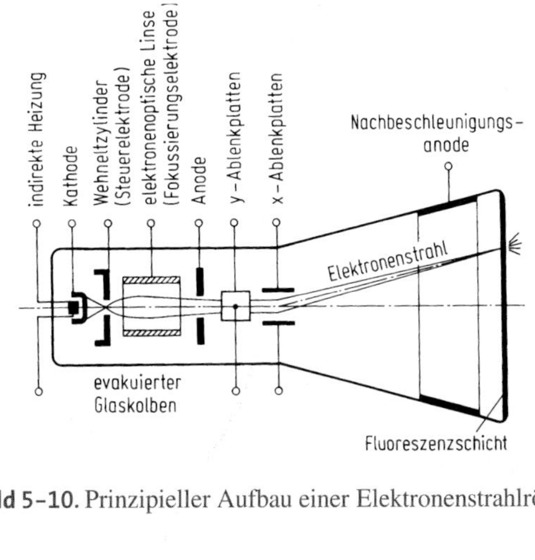

Bild 5-10. Prinzipieller Aufbau einer Elektronenstrahlröhre

tronenstrahl zu bestimmten Zeiten dunkel zu steuern. Die Linsenelektrode dient zur Fokussierung des Elektronenstrahls auf dem fluoreszierenden Bildschirm. Dadurch wird ein scharfer Leuchtpunkt bzw. eine scharfe Leuchtspur erreicht. Die Ablenkung des Elektronenstrahls erfolgt elektrostatisch über die x- und y-Ablenkplatten, die an den Ablenkspannungen U_x und U_y liegen.

Berechnung der Ablenkempfindlichkeit
(Bild 5-11)
Die von der Kathode emittierten Elektronen mit der Elementarladung e und der Ruhemasse m_e werden durch die Anodenspannung U_z auf die Geschwindigkeit v_z beschleunigt.
Da die kinetische Energie jedes Elektrons gleich der längs des Weges geleisteten Arbeit ist, ergibt sich

$$\frac{m_e}{2} v_z^2 = e\, U_z \,.$$

Daraus berechnet man mit $e = 1{,}602 \cdot 10^{-19}$ A s und $m_e = 9{,}109 \cdot 10^{-31}$ kg die Geschwindigkeit

$$v_z = \sqrt{\frac{2e}{m_e} U_z} = \sqrt{U_z/\mathrm{V}} \cdot 593\,\mathrm{km/s} \,.$$

Im Bereich der Ablenkplatten wirkt wegen der Feldstärke $E_y = U_y/d$ auf die Elektronen die Kraft $F = eE_y$, die gleich dem Produkt aus Masse m_e und Beschleunigung a_y ist:

$$F = eE_y = m_e a_y \,.$$

Mit der Verweilzeit $t = l/v_z$ ist die Geschwindigkeit in y-Richtung nach Verlassen der Ablenkplatten

$$v_y = a_y t = \frac{e}{m_e} \cdot \frac{U_y}{d} \cdot \frac{l}{v_z^2} \,.$$

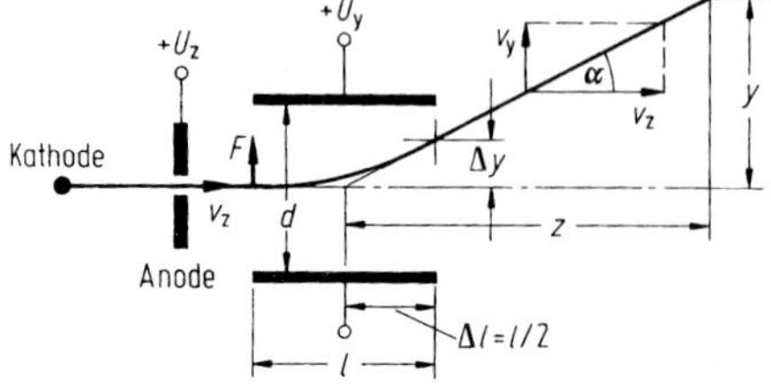

Bild 5-11. Elektrostatische Ablenkung des Elektronenstrahls

Der Tangens des Ablenkwinkels α ist damit

$$\tan\alpha = \frac{v_y}{v_z} = \frac{e}{m_e} \cdot \frac{U_y}{d} \cdot \frac{l}{v_z^2} \,.$$

Setzt man $v_z^2 = (2e/m_e)U_z$ ein, so wird

$$\tan\alpha = \frac{l}{2d} \cdot \frac{U_y}{U_z} \,.$$

Mit der Auslenkung y, dem Abstand z der Platten vom Bildschirm und mit $y = z\tan\alpha$ ist die Ablenkempfindlichkeit E_y

$$E_y = \frac{y}{U_y} = \frac{zl}{2d} \cdot \frac{1}{U_z} \,.$$

Als Kenngröße ist jedoch der Reziprokwert der Ablenkempfindlichkeit, der sog. *Ablenkkoeffizient*

$$k_y = \frac{1}{E_y} = \frac{U_y}{y} \,,$$

genormt.

5.3.2 Darstellung des zeitlichen Verlaufs periodischer Messsignale

Zur Darstellung des zeitlichen Verlaufs $y(t)$ eines periodischen Messsignals auf einem Oszilloskop wird zunächst ein steuerbarer Zeitablenkgenerator als Zeitbasis benötigt, der – ausgehend von einer negativen Anfangsspannung – eine linear mit der Zeit ansteigende Sägezahnspannung für die x-Ablenkplatten liefert. Das Messsignal selbst wird an die y-Ablenkplatten gelegt. Das *entstehende Schirmbild* lässt sich nach Bild 5-12 aus dem zeitlichen Verlauf der Messsignalspannung $y(t)$ – im Beispiel sinusförmig – und aus der Sägezahnspannung $x(t)$ konstruieren.
Durch die vom Messsignal $y(t)$ gesteuerte Auslösung des Zeitablenkgenerators ergibt sich ein stehendes Schirmbild. Im einfachsten Fall erhält man aus der vertikalen Auslenkung y und dem Ablenkkoeffizienten k_y (in V/cm) die Amplitude

$$U_y = k_y y$$

und aus dem horizontalen Abstand Δx und dem Zeitkoeffizienten k_t (in s/cm) die Periodendauer T des Messsignals entsprechend

$$T = \Delta t = k_t \Delta x \,.$$

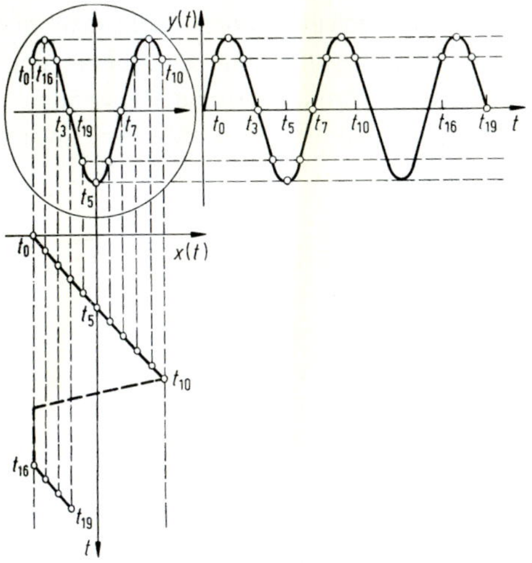

Bild 5-12. Darstellung eines zeitlichen Verlaufs auf dem Bildschirm

Der *Zeitablenkgenerator* besteht im Prinzip aus einem Integrationsverstärker, dessen Kapazität zu Beginn des Ablenkvorgangs negativ aufgeladen ist und dessen Ausgangsspannung bei konstantem negativen Eingangsstrom linear ansteigt.

Die *Auslösung oder Triggerung* des Zeitablenkgenerators erfolgt im Regelfall durch das Messsignal, wenn dieses einen bestimmten einstellbaren Pegel bei einer bestimmten Flanke erreicht.

5.3.3 Blockschaltbild eines Oszilloskops in Standardausführung

Das Blockschaltbild eines typischen Oszilloskops ist in Bild 5-13 dargestellt.

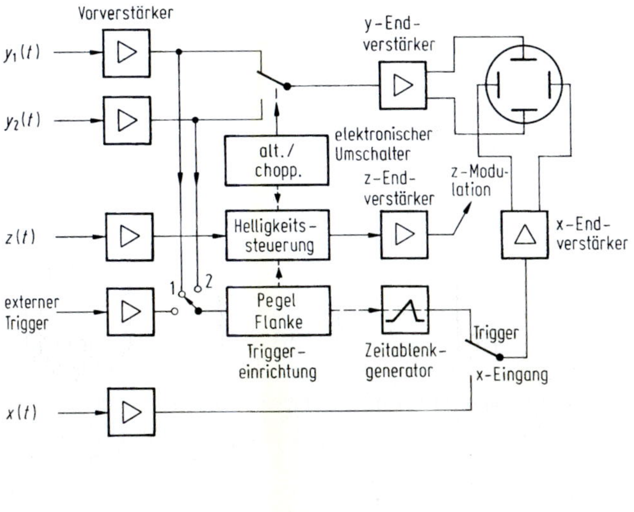

Über je einen *Vorverstärker*, einen elektronischen Umschalter und einen y-Endverstärker gelangen die Messsignale $y_1(t)$ und $y_2(t)$ an die y-Ablenkplatten der Elektronenstrahlröhre. Die breitbandigen Vorverstärker mit einem Frequenzbereich von 0 bis etwa 20 (50) MHz (Grenzfrequenz) sind im Nullpunkt und in der Verstärkung einstellbar. *Ablenkkoeffizienten* bis herab zu etwa 5 mV/cm sind üblich.

Im y,t-Betrieb kann die *Triggerung* entweder extern oder über eines der beiden Messsignale erfolgen. Bei fehlendem Triggersignal kann durch Freilauf des Zeitablenkgenerators die Nulllinie geschrieben werden. An der Triggereinrichtung sind der Signalpegel und die Signalflanke einstellbar.

Besonders bei der Messung kurzer Anstiegszeiten ist eine einstellbare *Verzögerungszeit* für die Zeitablenkung von Vorteil. Bis kurz vor der ansteigenden Flanke eines Messsignals kann die Ablenkung verzögert und dann mit höherer Ablenkgeschwindigkeit dessen Anstiegsflanke, über den ganzen Bildschirm gedehnt, dargestellt werden.

Der Elektronenstrahl kann bei Bedarf über eine negative Spannung am Wehneltzylinder dunkelgesteuert werden. Diese *Dunkelsteuerung* erfolgt immer dann, wenn der Elektronenstrahl am rechten Rand des Schirmes angelangt ist und an den linken Rand zurückgesetzt wird. Eine Dunkelsteuerung kann auch über einen getrennten Eingang, den sog. z-Eingang erfolgen. Mithilfe dieser z-Modulation können bestimmte Amplituden oder Zeitmarken eingeblendet werden.

Die *Umschaltung* zwischen den beiden Messsignalen am y-Eingang erfolgt entweder alternierend oder

Bild 5-13. Blockschaltbild eines Oszilloskops in Standardausführung mit einer Rechteckfrequenz („Chopperfrequenz“) von etwa 1 MHz. Im alternierenden Betrieb steuert der Zeitablenkgenerator den Umschalter, wobei abwechselnd jedes der beiden Messsignale für einen Durchlauf durchgeschaltet wird. Schließlich kann die x-Ablenkung statt vom Zeitablenkgenerator auch über einen getrennten Eingang mit eigenem Vorverstärker angesteuert werden. Man spricht dann von einem x,y-Betrieb.

5.3.4 Anwendung eines Oszilloskops im x,y-Betrieb

Im x,y-Betrieb sind eine Vielzahl von Anwendungen möglich. Hier soll auf die Darstellung von Spannungs-Strom-Kennlinien eingegangen werden.
Für die Darstellung der *Spannungs-Strom-Kennlinie* eines nichtlinearen, passiven Zweipols muss nach Bild 5-14 eine Wechselspannung an die Serienschaltung eines Ohm'schen Widerstandes und des Zweipols gelegt werden.
Die Spannung am Zweipol, z. B. einer Testdiode, wird an den x-Eingang und die Spannung am Widerstand an den y-Eingang gelegt. Da die Spannung am Widerstand dem Strom proportional ist, entsteht ein Schirmbild, das die Spannungs-Strom-Kennlinie des Zweipols darstellt. Die Kennlinie wird dabei mit der Frequenz der speisenden Wechselspannung durchfahren. Für ein stehendes Bild sind Frequenzen von mindestens etwa 25 Hz notwendig. Für didaktische Zwecke kann die Kennlinie langsam, z. B. mit 1 Hz durchfahren werden.
Probleme machen die fast immer vorhandenen Bezugspotenziale, häufig das sog. Massepotenzial. Sind die Eingänge am Oszilloskop nicht massefrei, so muss eine massefreie Wechselspannung zur Ansteuerung verwendet werden. Die Verbindung von Widerstand und nichtlinearem Zweipol kann

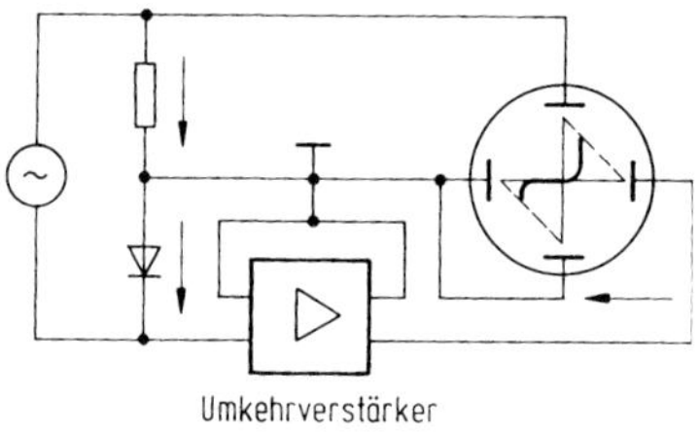

Bild 5-14. Darstellung von Spannungs-Strom-Kennlinien

dann an Masse gelegt werden. Will man die aus dieser Schaltung resultierende Spiegelung der *U,I*-Kennlinie um die vertikale Stromachse vermeiden, so muss zusätzlich ein Umkehrverstärker (Invertierer) eingesetzt werden.

5.3.5 Frequenzkompensierter Eingangsteiler

Der Anschluss eines Messobjekts geschieht häufig über einen Tastteiler, der dieses mit dem Eingangsverstärker eines Oszillografen verbindet. Die Vorverstärker am Eingang eines Oszillografen besitzen eine Eingangsimpedanz, die durch die Parallelschaltung eines Widerstandes R_2 und einer Kapazität C_2 beschrieben werden kann (typische Werte: 1 MΩ, 27 pF). Der Tastteiler enthält nach Bild 5-15a einen Teilerwiderstand R_1 und eine einstellbare Kapazität C_1.
Durch geeigneten Abgleich der Kapazität C_1 entsteht ein frequenzkompensierter Tastteiler mit erhöhtem Eingangswiderstand R_{res} und erniedrigter Eingangskapazität C_{res}, wie dies bei vielen Messaufgaben wünschenswert ist. Der komplexe Teilerfaktor ist

$$\underline{t} = \frac{\underline{U}_1}{\underline{U}_2} = 1 + \frac{R_1}{R_2} \cdot \frac{1 + \mathrm{j}\omega R_2 C_2}{1 + \mathrm{j}\omega R_1 C_1} \, .$$

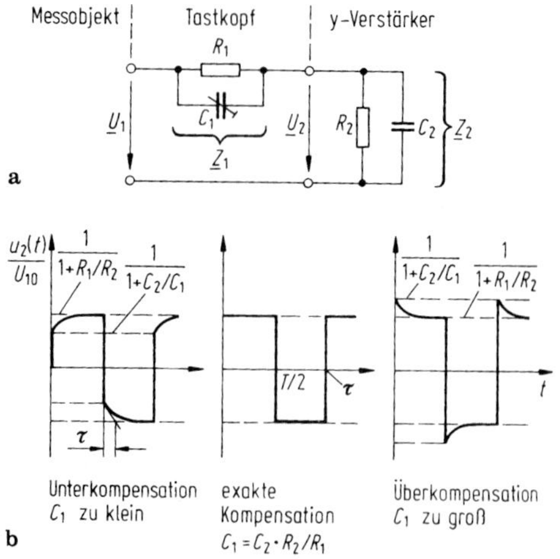

Bild 5-15. Frequenzkompensation des Eingangsteilers. **a** Ersatzschaltung eines Tastteilers am Verstärkereingang, **b** Unterkompensation, Kompensation und Überkompensation

Bei gleichen Zeitkonstanten, $R_1C_1 = R_2C_2$, wird der Teilerfaktor frequenzunabhängig:

$$t = \frac{\underline{U}_1}{\underline{U}_2} = 1 + \frac{R_1}{R_2} = 1 + \frac{C_2}{C_1}\,.$$

Der erhöhte Eingangswiderstand R_{res} und die erniedrigte Eingangskapazität C_{res} sind im Falle der Frequenzkompensation

$$R_{res} = R_1 + R_2 = tR_2\,, C_{res} = \frac{C_1C_2}{C_1 + C_2} = \frac{C_2}{t}\,.$$

Bei einem Eingangswiderstand $R_2 = 1\,\mathrm{M\Omega}$, einer Eingangskapazität $C_2 = 27\,\mathrm{pF}$ und einem reellen Teilerfaktor $t = 10$ betragen der resultierende Eingangswiderstand $R_{res} = 10\,\mathrm{M\Omega}$ und die resultierende Eingangskapazität $C_{res} = 2{,}7\,\mathrm{pF}$.

Der Abgleich des Tastteilers kann am besten durch eine Rechteckspannung überprüft werden.

Bei Frequenzkompensation erscheint am Bildschirm eine saubere Rechteckspannung. Nach Bild 5-15b ergeben sich bei abweichender Kapazität C_1 Abweichungen von der Rechteckform. Man spricht dann von Unterkompensation bzw. Überkompensation.

Im ersten Augenblick sind nur die Kapazitäten wirksam, und das Spannungsverhältnis $u_2(0)/U_{10}$ hat den gleichen Wert wie bei sehr hohen Frequenzen, nämlich $C_1/(C_1 + C_2)$.

Im eingeschwungenen Zustand sind nur die Widerstände wirksam und das Spannungsverhältnis $u_2(T/2)/U_{10}$ hat den gleichen Wert wie bei niedrigen Frequenzen, nämlich $R_2/(R_1 + R_2)$.

Für den frequenzkompensierten Zustand $R_1/C_1 = R_2C_2$ sind beide Spannungsverhältnisse gleich.

Die Periodendauer des Testrechtecksignals soll so groß sein, dass der eingeschwungene Zustand während jeder Halbperiode praktisch erreicht wird. Dies ist etwa bei Frequenzen unter 5 kHz der Fall.

6 Digitale Messtechnik

Wichtige Gründe für die Bedeutung der digitalen Messtechnik sind die kostengünstige Verfügbarkeit der Mikrorechner sowie damit verbunden die der digitalen Messsignalverarbeitung.

Digitale Messsignale besitzen außerdem Vorteile im Hinblick auf die Störsicherheit der Signalübertragung und die Einfachheit der galvanischen Trennung.

6.1 Quantisierung und digitale Signaldarstellung

6.1.1 Informationsverlust durch Quantisierung

Im Gegensatz zur analogen Signaldarstellung, bei der die Messgrößen auf stetige Messsignale abgebildet werden, sind bei der digitalen Messsignaldarstellung nur diskrete Messsignale vorhanden, die durch Abtastung, Quantisierung und Codierung erhalten werden.

Bei der Quantisierung ist ein Informationsverlust unvermeidlich. Die sinnvolle Quantisierung hängt von der Art des physikalischen Messsignals und von der vorgesehenen Anwendung ab. Bei akustischen Signalen bietet sich z. B. eine *ungleichförmige* Quantisierung an. Durch logarithmische Quantisierung wird z. B. vermieden, dass sehr kleine Messsignale im sog. Quantisierungsrauschen untergehen (Anwendung beim Kompander). Die Quantisierung bei gleichförmiger Quantisierung wird i. Allg. so gewählt, dass sie in etwa dem zulässigen Fehler des Messsignals entspricht. Dadurch wird sichergestellt, dass weder durch übermäßige Quantisierung eine zu hohe Genauigkeit vorgetäuscht wird, noch durch zu geringe Quantisierung die vorhandene Genauigkeit des Messgrößenaufnehmers verschenkt wird.

In Bild 6-1a ist eine Quantisierungskennlinie für 8 Quantisierungsstufen dargestellt. Bild 6-1b zeigt den Quantisierungsfehler, der gleich der Differenz von digitalem Istwert (Treppenkurve) und linear verlaufendem Sollwert ist. Er springt an den Sprungstellen von $-0{,}5$ auf $+0{,}5$ und sinkt dann wieder linear auf den Wert $-0{,}5$ ab, wo die nächste Sprungstelle ist.

Der mit der Quantisierung verbundene Informationsverlust ist deutlich in Bild 6-1c zu erkennen, da sämtlichen Analogwerten A im Bereich

$$N - 0{,}5 < A \leqq N + 0{,}5$$

der eine diskrete Wert $D = N$ zugeordnet ist.

6.1.2 Der relative Quantisierungsfehler

Im einfachsten Fall werden den bei der Quantisierung erhaltenen diskreten Quantisierungsstufen (posi-

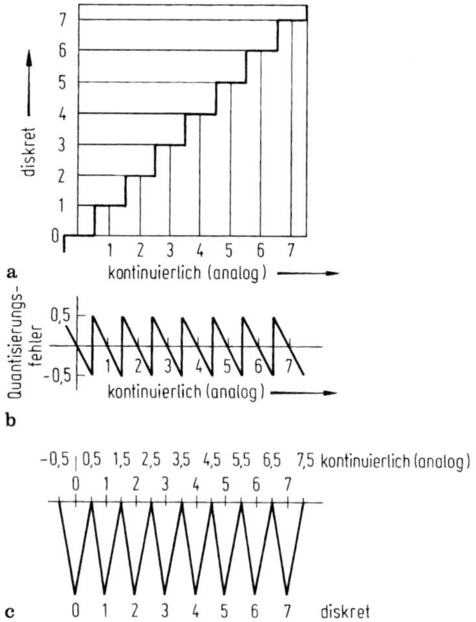

Bild 6-1. Quantisierung. **a** Kennlinie, **b** Quantisierungsfehler, **c** Informationsverlust

tive ganze n-stellige) Dualzahlen zugeordnet, für die gilt

$$N = \sum_{i=0}^{n-1} a_i \cdot 2^i \,.$$

(Weitere Codes zur Zahlendarstellung siehe J 4.1.)
Mit einer n-stelligen Dualzahl lassen sich die Werte 0 bis $2^n - 1$ darstellen, die Anzahl der darstellbaren Werte ist also 2^n. Die Koeffizienten a_i sind binäre Größen, die also nur die Werte 0 oder 1 annehmen können. Der größtmögliche Informationsgehalt H einer n-stelligen Dualzahl ist

$$H = \text{ld}\; 2^n = n \;\text{Sh}\,.$$

Die Wortlänge (Stellenzahl) eines binären Datenworts wird häufig in der Einheit Bit als die Zahl der Binärstellen angegeben. Eine einzelne Binärstelle wird ebenfalls als Bit (binary digit) bezeichnet. Ein Datenwort mit einer Wortlänge von 8 Bit nennt man ein Byte. Ein Speicher mit einer Kapazität von 1 Kbyte (Kilobyte) kann $2^{10} = 1024$ Datenworte zu 8 Bit speichern.
Setzt man bei ganzen Dualzahlen den Quantisierungsfehler gleich eins, so ist der *relative Quantisierungsfehler* bei Bezug auf den Codeumfang von 2^n

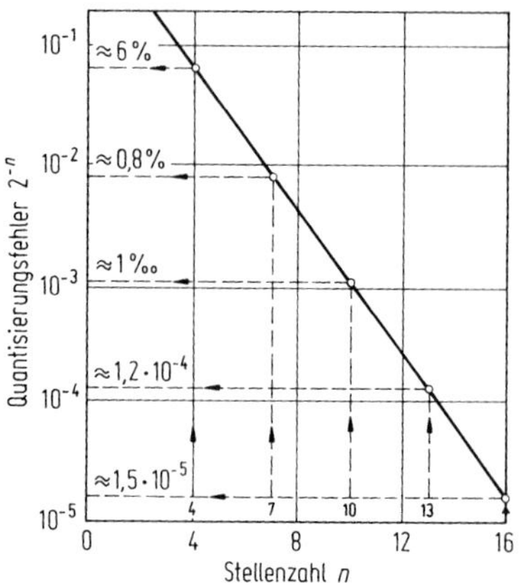

Bild 6-2. Relativer Quantisierungsfehler abhängig von der Stellenzahl

$$F_{\text{q rel}} = 2^{-n}\,.$$

Abhängig von der Stellenzahl n ist in Bild 6-2 der relative Quantisierungsfehler aufgetragen. Bei einem 10-stelligen Digitalsignal liegt der Quantisierungsfehler von $2^{-10} = 1/1024$ also bereits unter 1 ‰.

6.2 Abtasttheorem und Abtastfehler

6.2.1 Das Shannon'sche Abtasttheorem

Ein kontinuierliches, analoges Messsignal $x(t)$, dessen Funktionswerte für negative Zeiten verschwinden, besitzt das komplexe Spektrum $X(\mathrm{j}\omega)$, das sich mithilfe der Fourier-Transformation (vgl. A 23.1) zu

$$X(\mathrm{j}\omega) = \int_0^\infty x(t)\mathrm{e}^{-\mathrm{j}\omega t}\mathrm{d}t$$

berechnen lässt.
Wird das Signal $x(t)$ nach Bild 6-3a zu äquidistanten Zeiten $t = nT_0$ ($n = 0, 1, \ldots$) abgetastet, so erhält man eine Folge $x(nT_0)$ von Messwerten.
Mit der Abtastperiode T_0, der Kreisfrequenz ω und der differenziellen Abtastdauer τ ergibt sich das Differenzial $\mathrm{d}X_n(\mathrm{j}\omega)$ und das Spektrum $X_n(\mathrm{j}\omega)$ des abgetasteten Signals zu

$$\mathrm{d}X_n(\mathrm{j}\omega) = x(nT_0)\mathrm{e}^{-\mathrm{j}\omega nT_0}\tau\,,$$

$$X_n(\mathrm{j}\omega) = \tau \sum_{n=0}^{\infty} x(nT_0)\mathrm{e}^{-\mathrm{j}\omega nT_0}\,.$$

Für ein auf $f < f_m$ frequenzbandbegrenztes Signal ist der Betrag $|X_n(j\omega)|$ des Spektrums des abgetasteten Signals in Bild 6-3b dargestellt. Das Spektrum des zeitdiskreten Signals ist periodisch. Der spektrale Periodenabstand ist dabei gleich der Abtastfrequenz $f_0 = 1/T_0 = \omega_0/2\pi$.

Das Spektrum $X_n(j\omega)$ ist im Bereich $-f_m \leqq f \leqq f_m$ identisch mit dem Spektrum $X(j\omega)$ des kontinuierlichen Analogsignals. Wenn sich also die Teilspektren von $X_n(j\omega)$ nicht überlappen, dann kann durch ideale Tiefpassfilterung ohne Informationsverlust das kontinuierliche Signal $x(t)$ wiedergewonnen werden.

Das *Shannon'sche Abtasttheorem* besagt daher, dass die halbe Abtastfrequenz $f_0/2$ größer sein muss als die höchste im Signal enthaltene (nicht: gewünschte!) Frequenz f_m, damit der Verlauf eines Signals aus den Abtastwerten (im Idealfall vollständig) rekonstruiert werden kann. Für die Abtastfrequenz muss also gelten:

$$f_0 > 2f_m .$$

Um bei überlappenden Teilspektren eine Mehrdeutigkeit zu vermeiden, muss gegebenenfalls ein analoges sog. Antialiasing-Filter vorgeschaltet werden, das Signalanteile mit Frequenzen $f \geqq f_0/2$ ausfiltert (sperrt).

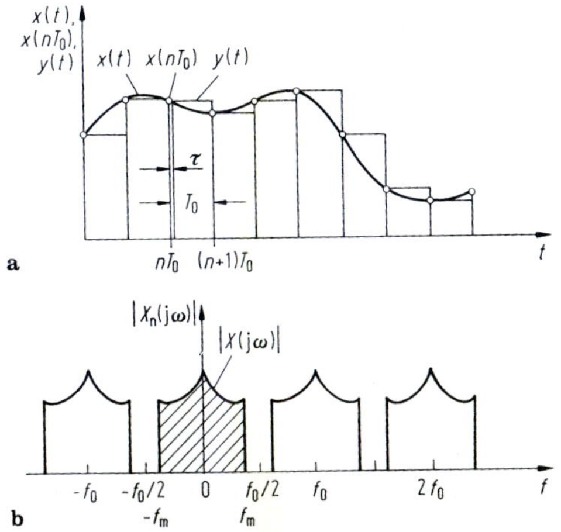

Bild 6-3. a Abtastung eines Messsignals $x(t)$ zu den Zeiten nT_0, **b** Spektrum $|X(j\omega)|$ eines frequenzbandbegrenzten, abgetasteten Messsignals

6.2.2 Frequenzgang bei Extrapolation nullter Ordnung

Die vollständige Rekonstruktion eines bandbegrenzten Signals aus den Abtastwerten ist entsprechend dem Abtasttheorem mit einem idealen Rechteckfilter möglich, das zum Abtastzeitpunkt nT_0 den Wert 1 und zu allen anderen Abtastzeitpunkten den Wert 0 liefert. Im Regelfall begnügt man sich mit einem einfachen *Abtast- und Haltekreis* nach Bild 6-4a, bei dem der abgetastete Wert bis zur nächsten Abtastung beibehalten wird. Man spricht deshalb auch von einer Extrapolation nullter Ordnung.

Das Spektrum $Y(j\omega)$ des Ausgangssignals $y(t)$ des Abtast- und Haltekreises berechnet sich durch Summation der Teilintegrale im jeweiligen Definitionsbereich $nT_0 \leqq t < (n+1)T_0$ zu

$$Y(j\omega) = \int_0^\infty y(t)e^{-j\omega t}dt = \sum_{n=0}^\infty \int_{nT_0}^{(n+1)T_0} x(nT_0)e^{-j\omega t}dt .$$

Die Lösung des Integrals liefert zunächst

$$\begin{aligned} Y(j\omega) &= \sum_{n=0}^\infty x(nT_0)\frac{1}{-j\omega}[e^{-j\omega t}]_{nT_0}^{(n+1)T_0} \\ &= \sum_{n=0}^\infty x(nT_0)e^{-j\omega nT_0}\frac{1-e^{-j\omega T_0}}{j\omega} \\ &= \sum_{n=0}^\infty x(nT_0)e^{-j\omega nT_0}e^{-j\omega T_0/2}T_0\mathrm{si}(\omega T_0/2) \end{aligned}$$

mit $\mathrm{si}(x) = \sin(x)/x$. Dabei wurde Gebrauch gemacht von $e^{j\varphi} - e^{-j\varphi} = 2j\sin\varphi$.

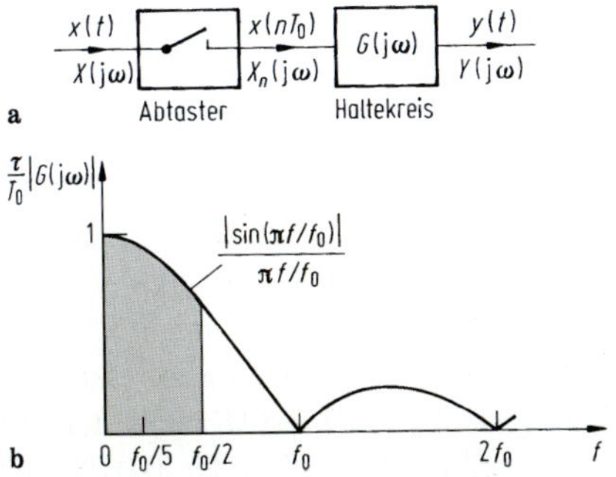

Bild 6-4. a Abtast- und Haltekreis, **b** Amplitudengang eines Haltekreises

Der Frequenzgang eines Haltekreises ergibt sich nach Division durch das oben berechnete Spektrum $X_n(\mathrm{j}\omega)$ zu

$$G(\mathrm{j}\omega) = \frac{Y(\mathrm{j}\omega)}{X_n(\mathrm{j}\omega)} = \frac{T_0}{\tau} \cdot \mathrm{si}(\omega T_0/2)\mathrm{e}^{-\mathrm{j}\omega T_0/2} .$$

Mit $\omega T_0/2 = \pi f/f_0$ ergibt sich der Amplitudengang zu

$$|G(\mathrm{j}\omega)| = \frac{T_0}{\tau} \cdot \mathrm{si}(\pi f/f_0) .$$

In Bild 6-4b ist der Frequenzbereich $0 \leqq f < f_0/2$, in dem das Abtasttheorem erfüllt ist, gestrichelt dargestellt.

6.2.3 Abtastfehler eines Haltekreises

Der relative Abtastfehler F_{rel} eines Abtastkreises beträgt

$$F_{\mathrm{rel}} = \mathrm{si}(\pi f/f_0) - 1 .$$

Dabei wurde für den Istwert die Funktion $\mathrm{si}(\pi f/f_0)$ und für den Sollwert der Wert 1 eingesetzt, der sich bei der Frequenz $f = 0$ ergibt. Nach Reihenentwicklung ergibt sich der Abtastfehler

$$F_{\mathrm{rel}} = -\frac{(\pi f/f_0)^2}{3!} + \frac{(\pi f/f_0)^4}{5!} - \ldots$$

Für Frequenzen unter etwa $0{,}2 f_0$ genügt es, nur das erste Glied dieser Reihe zu berücksichtigen, da das zweite Glied mit weniger als 2% zum Abtastfehler beiträgt wegen

$$F_{\mathrm{rel}} = -\frac{(\pi f/f_0)^2}{6} \cdot \left(1 - \frac{(\pi f/f_0)^2}{20} + \ldots\right) .$$

Bei einem zulässigen relativen Fehler F_{rel} ergibt sich die maximale Frequenz f_{m} als Funktion der Abtastfrequenz f_0 zu

$$f_{\mathrm{m}} = \frac{1}{\pi} \sqrt{6(-F_{\mathrm{rel}})}\, f_0 .$$

Das Frequenzverhältnis f_{m}/f_0 ist in Bild 6-5 abhängig von F_{rel} aufgetragen.
Bei 5 Abtastungen pro Periode der höchsten Messsignalfrequenz ($f_0 = 5 f_{\mathrm{m}}$) ist der relative Abtastfehler betragsmäßig noch 6,6%. Soll der zulässige Abtastfehler jedoch nur 1% oder 0,01% betragen, so sind 12,8 bzw. 128 Abtastungen pro Periode der höchsten Messsignalfrequenz erforderlich.

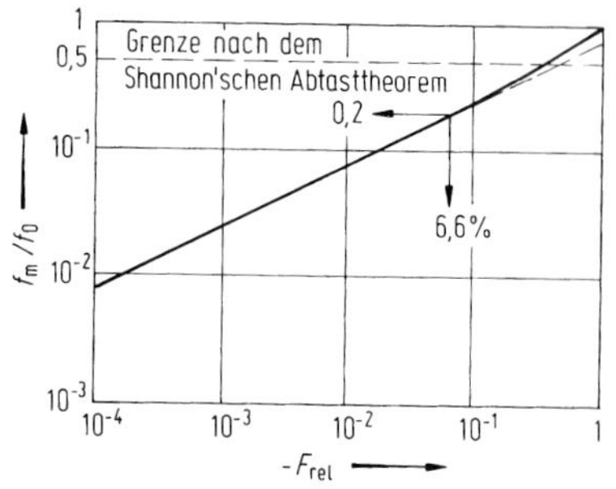

Bild 6-5. Bezogene Maximalfrequenz f_{m}/f_0 als Funktion des zulässigen relativen Fehlers F_{rel} bei einem Haltekreis

6.3 Digitale Zeit- und Frequenzmessung

Der Übergang von der analogen zur digitalen Signalstruktur erfordert prinzipiell eine Quantisierung mithilfe von Komparatoren oder Schmitt-Triggern (Grundschaltungen siehe G 25).

6.3.1 Prinzip der digitalen Zeit- und Frequenzmessung

Bei der *digitalen Zeitmessung* werden die von einem Signal bekannter Frequenz während der unbekannten Zeit in einen Zähler einlaufenden Impulse gezählt. Bei der *digitalen Frequenzmessung* werden umgekehrt die während einer bekannten Zeit von dem Signal unbekannter Frequenz herrührenden Impulse gezählt. Nach Bild 6-6a gelangen Zählimpulse vom Frequenzeingang zum Impulszähler, solange durch eine logische Eins am Zeiteingang das UND-Gatter freigeschaltet ist.
Im Ablaufdiagramm nach Bild 6-6b sind die Start- und Stoppsignale im Abstand t am Eingang des Flipflops, das Zeitsignal mit der Zeitdauer t am Ausgang des Flipflops, das Frequenzsignal mit der Frequenz f bzw. der Periodendauer $1/f$ und die begrenzte Impulsfolge am Ausgang des UND-Gatters, die in den Impulszähler einläuft, dargestellt. Schmale Impulse des Frequenzsignals vorausgesetzt, ist bei beliebiger Lage des Startzeitpunktes die Zeitdauer

$$t = N\frac{1}{f} + (t_1 - t_2) = N_{\mathrm{soll}}\frac{1}{f} .$$

Dabei ist N die ganzzahlige Impulszahl der begrenzten Impulsfolge, die in den Zähler einläuft, $1/f$ die Periodendauer des Frequenzsignals sowie t_1 und t_2 die

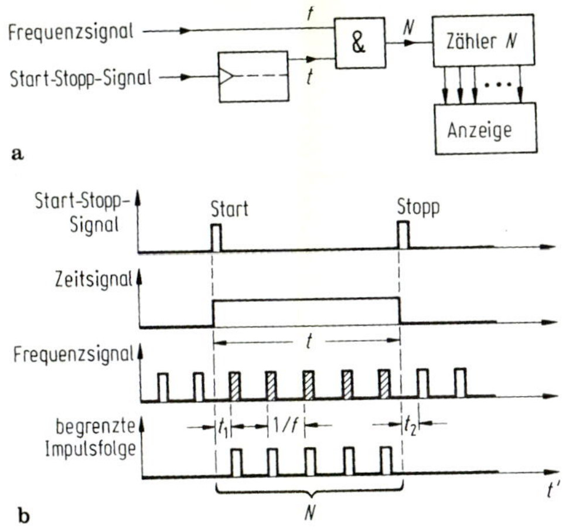

Bild 6-6. Prinzip der digitalen Zeit- und Frequenzmessung. **a** Blockschaltbild, **b** Ablaufdiagramm

kleinen Restzeiten zwischen Startsignal bzw. Stoppsignal und dem nächstliegenden Impuls des Frequenzsignals. Der Sollwert N_{soll} ist eine rationale Zahl, die angibt, wie oft die Periodendauer $1/f$ in der Messzeit t enthalten ist. Durch Multiplikation mit der Frequenz f erhält man die Beziehung

$$ft = N + f(t_1 - t_2) = N_{soll} .$$

Für große Messzeiten $t \gg t_1 - t_2$ ergibt sich der Zählerstand

$$N = ft .$$

Der absolute Quantisierungsfehler ist

$$F_q = N - N_{soll} = f(t_2 - t_1) .$$

Da der Betrag von $t_2 - t_1$ die reziproke Frequenz $1/f$ nicht überschreiten kann, kann der Betrag des Quantisierungsfehlers eins nicht überschreiten:

$$|F_q| \leqq 1 .$$

Ist die Zeitdauer t zufällig ein ganzzahliges Vielfaches der reziproken Frequenz $1/f$, so sind die Restzeiten gleich groß ($t_1 = t_2$) und der Quantisierungsfehler – unabhängig vom Startzeitpunkt – gleich null. Bei gleichverteiltem Startzeitpunkt beträgt für $t_1 > t_2$ die Wahrscheinlichkeit P, dass statt N der Wert $N + 1$ ausgegeben wird

$$P = (t_1 - t_2)f = ft - N .$$

Beobachtet man also beispielsweise Zählerstände $N + 1$ mit der Wahrscheinlichkeit P und Zählerstände N mit der Wahrscheinlichkeit $1 - P$, so ist bei einer genügenden Zahl von Beobachtungen der Sollwert

$$N_{soll} = N + P .$$

6.3.2 Der Quarzoszillator

Die Genauigkeit einer digitalen Zeit- oder Frequenzmessung hängt außer vom Quantisierungsfehler im Wesentlichen von der Genauigkeit der verwendeten Referenzfrequenz bzw. Referenzzeit ab. Ohne Berücksichtigung des Quantisierungsfehlers ist der Zählerstand $N = ft$ sowohl der Messzeit als auch der Messfrequenz proportional. Bei der digitalen Zeitmessung muss also die Referenzfrequenz f und bei der digitalen Frequenzmessung die Referenzzeit t konstant gehalten werden. Dies wird in beiden Fällen durch einen Quarzoszillator geleistet, an dessen Frequenzkonstanz hohe Anforderungen gestellt werden müssen.

Relative Frequenzabweichungen von weniger als 10^{-4} sind mit einfachsten Mitteln, Abweichungen von weniger als 10^{-8} noch mit vertretbarem Aufwand (Thermostatisierung) erreichbar. Typische Werte für relative Frequenzabweichungen liegen zwischen 10^{-6} und 10^{-5}.

Von besonderer Bedeutung für die Frequenzkonstanz des Quarzes ist dessen *Temperaturgang*. Die relativen Frequenzabweichungen $\Delta f/f$ lassen sich in ihrer Abhängigkeit von der Temperatur mit guter Näherung durch Polynome 2. oder 3. Grades beschreiben:

$$\frac{\Delta f}{f} = a(\vartheta - \vartheta_0) + b(\vartheta - \vartheta_0)^2 + c(\vartheta - \vartheta_0)^3 .$$

Dabei ist ϑ die Temperatur und ϑ_0 die Temperatur, bei der der Quarz abgeglichen wurde; a, b und c sind der lineare, quadratische bzw. kubische Temperaturkoeffizient.

Das Schaltzeichen eines Schwingquarzes (a) und ein typischer Temperaturgang der Resonanzfrequenz für AT-Schnitte (b) sind in Bild 6-7 angegeben.

Abweichungen vom Schnittwinkel $\Theta \approx 35°$ führen zu unterschiedlichen Maxima und Minima im Temperaturgang. Dadurch lassen sich bei einem gegebenen

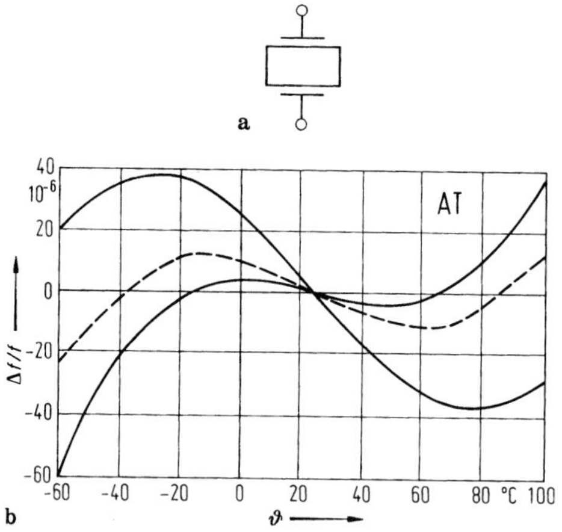

Bild 6-7. Schwingquarz. **a** Schaltzeichen, **b** Temperaturgang der Resonanzfrequenz

Temperaturbereich die Frequenzabweichungen minimieren. Die gestrichelte Kurve stellt den sog. optimalen AT-Schnitt dar, bei dem von −50 °C bis +100 °C die Frequenzabweichungen unter $\pm 12 \cdot 10^{-6}$ bleiben.

6.3.3 Digitale Zeitmessung

Bei der digitalen Zeitmessung werden nach Bild 6-8a die von der bekannten Frequenz $f_{\text{ref}}/N_{\text{f}}$ während der zu messenden Zeit t_{x} in einen Zähler einlaufenden Impulse gezählt.

Die zu messende Zeit ist

$$t_{\text{x}} = \frac{N_{\text{f}}}{f_{\text{ref}}} N \, .$$

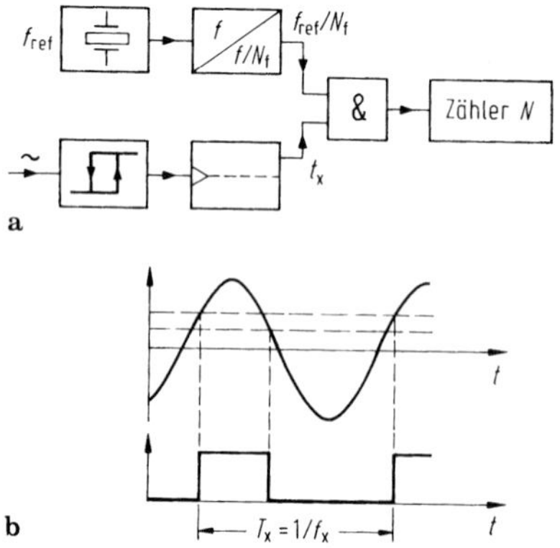

Bild 6-8. Digitale Zeitmessung. **a** Blockschaltbild, **b** Impulsformung bei Periodendauermessung

Die erreichbare Zeitauflösung hängt von der Quarzfrequenz ab und ist z. B. bei $f_{\text{ref}} = 10\,\text{MHz}$ und $N_{\text{f}} = 1$ gleich $1/f_{\text{ref}} = 0{,}1\,\mu\text{s}$.

Zur Messung längerer Zeiten wird dem Quarzoszillator ein digitaler Frequenzteiler mit dem ganzzahligen Teilerfaktor N_{f} nachgeschaltet. Bei Quarzuhren verwendet man z. B. einen Biegeschwinger-Quarz (Stimmgabelquarz) mit 32 768 Hz. Nach Frequenzteilung um den Faktor $N_{\text{f}} = 2^{15} = 32\,768$ ergibt sich eine Referenzfrequenz von 1 Hz, die zu der gewünschten Auflösung von 1 s führt.

Fordert man für eine Quarzuhr einen zulässigen Fehler von weniger als 1 Sekunde pro Tag, so entspricht dem ein mittlerer relativer Fehler der Quarzfrequenz von

$$\left|\frac{\Delta f}{f}\right| \leqq \frac{1\,\text{s}}{1\,\text{d}} = \frac{1}{86\,400} \approx 10^{-5} \, .$$

Ein relativer Fehler von 10^{-5} darf dann also nicht überschritten werden, was durch die Unmöglichkeit einer Thermostatisierung erschwert ist.

Zur digitalen Messung der Periodendauer eines Signals wird dieses nach Bild 6-8b zunächst über einen Schmitt-Trigger in ein Rechtecksignal umgeformt und dann wie bei der Differenzzeitmessung zur Bildung des Start- und des Stoppsignals benutzt. Kleine Frequenzen werden bevorzugt über die Periodendauer gemessen, um eine kleine Messzeit zu erhalten.

6.3.4 Digitale Frequenzmessung

Bei der digitalen Frequenzmessung werden nach Bild 6-9 die von einer unbekannten Frequenz f_{x} während der bekannten Zeit t_{T} (Torzeit) in einen Zähler einlaufenden N Impulse gezählt.

Die Torzeit t_{T} ist dabei identisch mit der Periodendauer der Frequenz, die durch digitale Teilung der

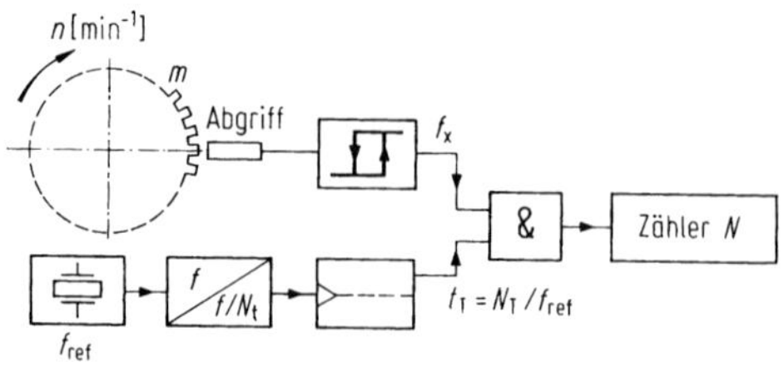

Bild 6-9. Digitale Frequenzmessung (Blockschaltbild)

Quarzfrequenz f_{ref} durch den Faktor N_{T} entsteht. Mit $t_{\text{T}} = N_{\text{T}}/f_{\text{ref}}$ ergibt sich für die unbekannte Frequenz

$$f_{\text{x}} = \frac{N}{t_{\text{T}}} = \frac{f_{\text{ref}}}{N_{\text{T}}} N\,.$$

Die erreichbare Frequenzauflösung hängt von der Torzeit (Messzeit) t_{T} ab. Oft ist aus dynamischen Gründen die Torzeit auf 1 s oder 10 s begrenzt. Die Frequenzauflösung ist dann 1 Hz bzw. 0,1 Hz.
Zur Messung von Frequenzen über 10 MHz bis in den GHz-Bereich kann die Messfrequenz mithilfe eines schnellen Teilers, z. B. in ECL-Technologie (emitter-coupled logic), in einen Frequenzbereich herabgeteilt werden, der mit der herkömmlichen Technologie beherrscht wird (5 bis 10 MHz).

Digitale Drehzahlmessung

Wichtig ist die digitale Frequenzmessung bei der digitalen Drehzahlmessung (vgl. 3.2.8). Auf einer mit der Drehzahl n (in U/min) rotierenden Messwelle sind m Marken gleichmäßig am Umfang verteilt. Über einen geeigneten Abgriff (z. B. optisch, magnetisch, induktiv oder durch Induktion) wird ein elektrisches Signal erzeugt, dessen Frequenz f_{x} nach Impulsformung ausgewertet werden kann. Diese Zählfrequenz f_{x} beträgt

$$f_{\text{x}} = m f_{\text{D}} = \frac{mn}{60}\,.$$

Dabei bedeutet f_{D} die Drehfrequenz der Welle in Hz, die sich aus der Drehzahl n in U/min durch Division durch den Faktor 60 ergibt. Der Zusammenhang zwischen Zählerstand N und Drehzahl n in U/min berechnet sich aus

$$f_{\text{x}} = \frac{N}{t_{\text{T}}} = \frac{mn}{60}\,.$$

Der Zählerstand N ergibt sich damit zu

$$N = \frac{m t_{\text{T}}}{60} n\,.$$

Drehzahl n und Zählerstand N stimmen also zahlenmäßig überein, wenn der Faktor

$$\frac{m}{60} t_{\text{T}} = 10^i \quad (i = 0, 1, \ldots)$$

einen dekadischen Wert einnimmt. Da bei Universalzählern Torzeiten t_{T} von 0,1, 1 und 10 s üblich sind, ergibt sich bei einer Markenzahl m von 600, 60 bzw. 6 Marken am Umfang ein der Drehzahl n in U/min zahlenmäßig entsprechender Zählerstand N. Bei $m = 1000$ oder 100 Marken am Umfang ist eine Torzeit t_{T} von 60 ms bzw. 600 ms notwendig.

6.3.5 Auflösung und Messzeit bei der Periodendauer- bzw. Frequenzmessung

Unter der Annahme einer Quarz-Referenzfrequenz von 10 MHz sollen die bei der Periodendauer- bzw. Frequenzmessung sich ergebenden Quantisierungsfehler und die zugehörigen Messzeiten bestimmt und miteinander verglichen werden.
Bei der digitalen *Periodendauermessung* beträgt der relative Quantisierungsfehler

$$\frac{1}{N} = \frac{1}{f_{\text{ref}} T_{\text{x}}} = \frac{f_{\text{x}}}{f_{\text{ref}}}\,.$$

In Bild 6-10 ist dieser relative Quantisierungsfehler $1/N$ abhängig von der Messfrequenz f_{x} im doppeltlogarithmischen Maßstab aufgetragen. Die Messzeit ist identisch mit einer Periode $T_{\text{x}} = 1/f_{\text{x}}$ der Messfrequenz.
Bei der digitalen *Frequenzmessung* ist der relative Quantisierungsfehler

$$\frac{1}{N} = \frac{1}{f_{\text{x}} t_{\text{T}}}\,.$$

Er ist im Bild 6-10 für verschiedene Torzeiten t_{T} als Parameter abhängig von der Messfrequenz aufgetragen. Man erkennt, dass bei einer zulässigen Messzeit

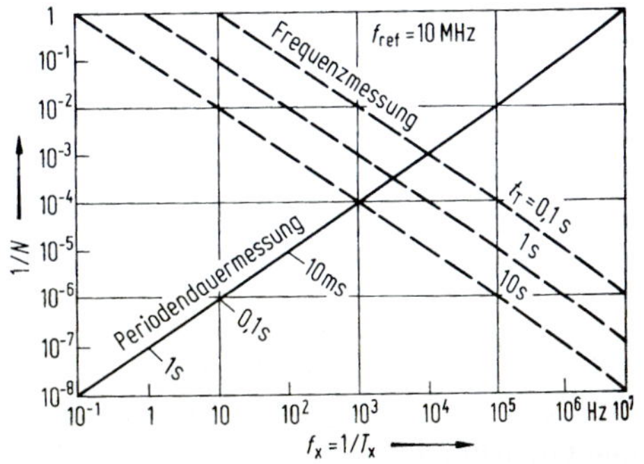

Bild 6-10. Relativer Quantisierungsfehler als Funktion der Messfrequenz bei Periodendauermessung und bei Frequenzmessung

von z. B. 1 s unter 1 kHz die Periodendauermessung und über 10 kHz die Frequenzmessung zum kleineren Quantisierungsfehler führt. Vom Standpunkt der Genauigkeit her gesehen ist es sinnvoll, keinen wesentlich kleineren Quantisierungsfehler $1/N$ als den relativen Fehler $\Delta f_{\mathrm{ref}}/f_{\mathrm{ref}}$ der Quarzfrequenz anzustreben.

6.3.6 Reziprokwertbildung und Multiperiodendauermessung

Bei kleinen Messfrequenzen, wie z. B. der Netzfrequenz von 50 Hz, liefert die Periodendauermessung in wesentlich kürzerer Zeit einen Messwert mit hinreichender *Auflösung*. Zum Vergleich beträgt bei Frequenzmessung mit einer Torzeit von 1 s der relative Quantisierungsfehler maximal $1/50 = 2\%$.

Bei Frequenzsignalen im kHz-Bereich wird bei digitaler Frequenzmessung zur Erzielung einer hohen Auflösung eine verhältnismäßig hohe Torzeit von etwa 10 s oder mehr benötigt. Im Vergleich dazu erfüllt die digitale Periodendauermessung zwar die Forderung nach einer geringen Messzeit, die Auflösung ist dann aber durch die maximale Referenzfrequenz beschränkt. Abhilfe schafft hier die *Multiperiodendauermessung* nach Bild 6-11a.

Die Messfrequenz $f_{\mathrm{x}} = 1/T_{\mathrm{x}}$ wird dabei um den Faktor N_{T} digital geteilt. Als Messergebnis ergibt sich der Zählerstand

$$N = N_{\mathrm{T}} f_{\mathrm{ref}} T_{\mathrm{x}} = N_{\mathrm{T}} \frac{f_{\mathrm{ref}}}{f_{\mathrm{x}}} \, .$$

Die Auflösung beträgt

$$\frac{1}{N} = \frac{1}{N_{\mathrm{T}}} \cdot \frac{f_{\mathrm{x}}}{f_{\mathrm{ref}}}$$

und ist in Bild 6-11b als Funktion der Messfrequenz f_{x} mit N_{T} als Parameter aufgetragen.

Die Messzeit ist

$$N_{\mathrm{T}} T_{\mathrm{x}} = \frac{N_{\mathrm{T}}}{f_{\mathrm{x}}} \, .$$

Das Produkt Auflösung $1/N$ und Messzeit $N_{\mathrm{T}}/f_{\mathrm{x}}$ ist konstant und beträgt

$$\frac{1}{N} \cdot \frac{N_{\mathrm{T}}}{f_{\mathrm{x}}} = \frac{1}{f_{\mathrm{ref}}} \, .$$

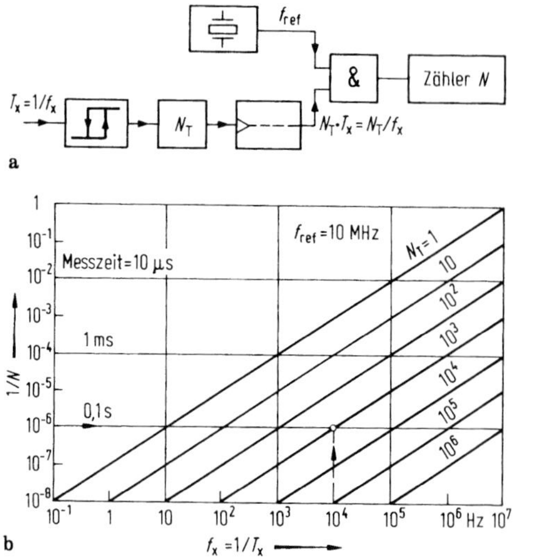

Bild 6-11. Multiperiodendauermessung. **a** Blockschaltbild, **b** Auflösung als Funktion der Messfrequenz

Der minimale Wert dieses Produkts ist durch die Höhe der Referenzfrequenz gegeben. Bei einer zulässigen Messzeit $N_{\mathrm{T}}/f_{\mathrm{x}} = 0{,}1$ s und einer Referenzfrequenz f_{ref} von 10 MHz ist eine Auflösung $1/N$ von 10^{-6} möglich. Bei einer Messfrequenz f_{x} von 10 kHz müssen dazu $N_{\mathrm{T}} = 1000$ Perioden der Messfrequenz ausgewertet werden (Bild 6-11b).

Der angezeigte Zählerstand N ist bei der Multiperiodendauermessung proportional der Periodendauer. Wird als Messergebnis die Frequenz gewünscht, so muss der Reziprokwert gebildet werden. Dies geschieht bei besseren Universalzählern mit einem Mikrorechner. Die Rechenzeit für die Bildung dieses Reziprokwertes liegt deutlich unter 100 µs. Die Multiperiodendauermessung ist deshalb heute für Frequenzmessungen in allen Frequenzbereichen bedeutungsvoll geworden. Die digitale Frequenzmessung mit voreingestellter Torzeit (preset time) wird deshalb in zunehmendem Maße durch die Multiperiodendauermessung mit voreingestellter Periodenzahl (preset count) ersetzt.

6.4 Analog-Digital-Umsetzung über Zeit oder Frequenz als Zwischengrößen

Bei einer Reihe von Anwendungsfällen, z. B. bei Labor-Digitalvoltmetern, werden keine hohen

Anforderungen an die Geschwindigkeit der Analog-Digital-Umsetzung gestellt. Dort können mit Vorteil Umsetzungsverfahren mit der Zeit oder der Frequenz als Zwischengröße eingesetzt werden, die teilweise eine sehr hohe Genauigkeit ermöglichen.

6.4.1 Charge-balancing-Umsetzer

Beim Charge-balancing-Umsetzer (Ladungskompensationsumsetzer) wird nach Bild 6-12 die umzusetzende Messspannung U_x fortlaufend integriert, während für eine konstante Zeit t_1 zusätzlich eine negative Referenzspannung U_{ref} an den Eingang des Integrationsverstärkers angelegt wird. Die Zeit t_1 wird dabei gestartet, wenn die Ausgangsspannung durch Integration der Messspannung auf den Wert null abgesunken ist. Der wesentliche Unterschied zum einfachen Spannungs-Frequenz-Umsetzer besteht also darin, dass für eine konstante Zeit t_1 auch eine am Eingang anliegende Referenzspannung U_{ref} integriert wird.
Die Ausgangsspannung, die nach Ablauf von t_1 am Integratorausgang erreicht wird, ist

$$u_a(t_1) = \left(\frac{U_{ref}}{R_2} - \frac{U_x}{R_1}\right)\frac{t_1}{C} \,.$$

Sie wird durch Integration der Messspannung U_x während der Zeit t_2 nach null abgebaut:

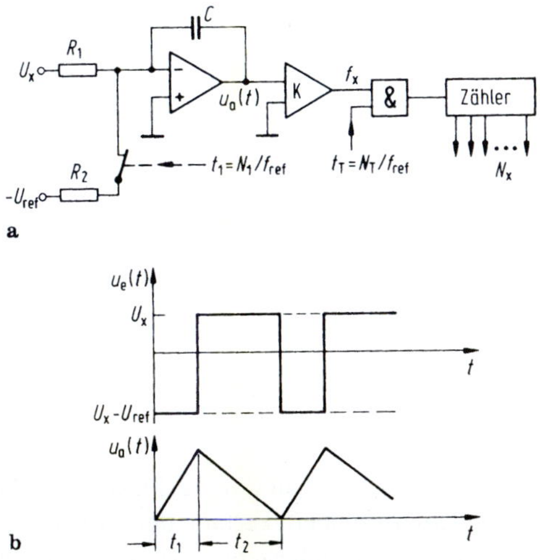

Bild 6-12. Charge-balancing-Umsetzer. **a** Prinzip, **b** Ablaufdiagramm

$$u_a(t_1) - \frac{U_x}{R_1}\cdot\frac{t_2}{C} = 0\,.$$

Durch Elimination von $u_a(t_1)$ ergibt sich:

$$t_2 = \left(\frac{U_{ref}}{R_2} - \frac{U_x}{R_1}\right)\frac{R_1}{U_x}t_1 = \left(\frac{R_1}{R_2}\cdot\frac{U_{ref}}{U_x} - 1\right)t_1 \,.$$

Die Frequenz f_x ist deshalb

$$f_x = \frac{1}{t_1 + t_2} = \frac{1}{t_1}\cdot\frac{R_2}{R_1}\cdot\frac{U_x}{U_{ref}}\,.$$

Die Frequenz f_x ist also der Messspannung U_x proportional. Der Charge-balancing-Umsetzer ist gleichzeitig ein Spannungs-Frequenz-Umsetzer. Im Gegensatz zum einfachen Spannungs-Frequenz-Umsetzer ist die Genauigkeit jedoch nicht von der Integrationskapazität abhängig. Über digitale Treiber wird aus einer Referenzfrequenz f_{ref} sowohl die Zeit t_1 zur Integration gemäß $t_1 = N_1/f_{ref}$ als auch die Torzeit t_T zur digitalen Frequenzmessung gemäß $t_T = N_T/f_{ref}$ gewonnen. Das Digitalsignal entspricht dann der Zahl

$$N_x = t_T f_x = \frac{N_T}{f_{ref}}\cdot\frac{f_{ref}}{N_1}\cdot\frac{R_2}{R_1}\cdot\frac{U_x}{U_{ref}} = \frac{N_T}{N_1}\cdot\frac{R_2}{R_1}\cdot\frac{U_x}{U_{ref}}\,.$$

Langzeitschwankungen der Referenzfrequenz f_{ref} beeinflussen also die Messgenauigkeit nicht.

6.4.2 Dual-slope-Umsetzer

Beim Dual-slope-Umsetzer (Zweirampenumsetzer) nach Bild 6-13 wird die Messspannung U_x während einer konstanten Zeit t_1 integriert. Nach Ablauf dieser Zeit t_1 wird an den Eingang eine Referenzspannung U_{ref} mit umgekehrter Polarität angelegt. Die für die Rückintegration bis zur Ausgangsspannung null benötigte Zeit t_x ist dabei der Messspannung U_x proportional. Die Ausgangsspannung zur Zeit $t = t_1$ ist nämlich

$$u_a(t_1) = -\frac{1}{RC}\int_0^{t_1} -U_x\,dt = \frac{U_x}{RC}t_1\,.$$

Nach der Zeit $t = t_1 + t_x$ ist die Ausgangsspannung auf null zurückintegriert worden:

$$u_a(t_1 + t_x) = u_a(t_1) - \frac{1}{RC} \int_{t_1}^{t_1+t_x} U_{ref}\,dt = 0\,.$$

Mit der Beziehung

$$u_a(t_1) = \frac{U_{ref} t_x}{RC}$$

ergibt sich die Zeit

$$t_x = t_1 \frac{U_x}{U_{ref}}\,.$$

Sie ist unabhängig vom Wert der Integrationszeitkonstante RC.

Über einen digitalen Teiler wird aus der Referenzfrequenz f_{ref} die Zeit t_1 zur Hochintegration gemäß $t_1 = N_1/f_{ref}$ gewonnen. Das digitale Ausgangssignal entspricht dann der Zahl

$$N_x = f_{ref} t_x = f_{ref} \frac{N_1}{f_{ref}} \cdot \frac{U_x}{U_{ref}} = N_1 \frac{U_x}{U_{ref}}\,.$$

Wie beim Charge-balancing-Umsetzer beeinflussen also auch beim Dual-slope-Umsetzer Langzeitschwankungen der Referenzfrequenz die Umsetzungsgenauigkeit nicht.

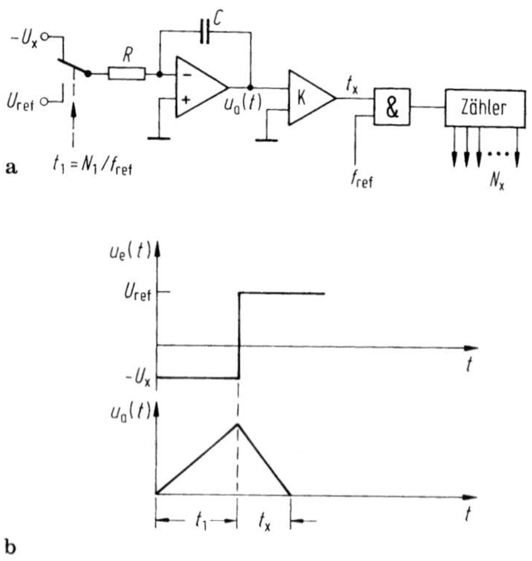

Bild 6-13. Dual-slope-Umsetzer. **a** Prinzip, **b** Ablaufdiagramm

6.4.3 Integrierende Filterung bei integrierenden Umsetzern

Da bei den integrierenden Analog-Digital-Umsetzern die Umsetzung durch Integration der umzusetzenden Eingangsspannung U_x erfolgt, können bei geeigneter Wahl der Integrationszeit überlagerte Störspannungen stark oder sogar vollständig unterdrückt werden.

Dieser Effekt der integrierenden Filterung ist sowohl beim einfachen Spannungs-Frequenz-Umsetzer und beim Charge-balancing-Umsetzer als auch beim Dual-slope-Umsetzer anwendbar. Die integrierende Filterung soll am Beispiel des Dual-slope-Umsetzers erklärt werden.

Einer umzusetzenden Messspannung U_0 sei eine sinusförmige Störspannung mit der Frequenz f_s und der Amplitude U_{sm} überlagert. Die am Eingang anliegende Spannung ist damit

$$u_x(t) = U_0 + U_{sm} \cos \omega_s t\,.$$

Im Zeitbereich $0 \leqq t \leqq t_1$ erhält man für die Ausgangsspannung des Integrationsverstärkers

$$u_a(t) = \frac{1}{RC} \int_0^t (U_0 + U_{sm} \cos \omega_s t)\,dt$$
$$= \frac{1}{RC} U_0 + \frac{\sin \omega_s t}{RC \cdot \omega_s} U_{sm}\,.$$

Der Verlauf von Eingangsspannung $u_x(t)$ und Ausgangsspannung $u_a(t)$ ist in Bild 6-14a dargestellt, wo angenommen ist, dass die Integrationszeit t_1 gerade gleich der Periodendauer $T_s = 1/f_s$ der überlagerten Störwechselspannung ist.

Eine überlagerte Störspannung wird vollständig unterdrückt, wenn die Integrationszeit t_1 ein ganzes Vielfaches der Periodendauer $1/f_s$ der Störspannung ist. Der relative Fehler, der durch die überlagerte Störspannung verursacht wird, ist allgemein

$$F_{rel} = \frac{U_{sm}}{U_0} \cdot \frac{\sin \omega_s t_1}{\omega_s t_1}\,.$$

Da in der Praxis keine definierte Phasenbeziehung zwischen dem zeitlichen Verlauf der Störspannung und der Integrationszeit besteht, muss der ungünstigste Fall zugrunde gelegt werden. Dieser ergibt sich, wenn anstelle der Integrationsgrenzen 0 und t_1 die

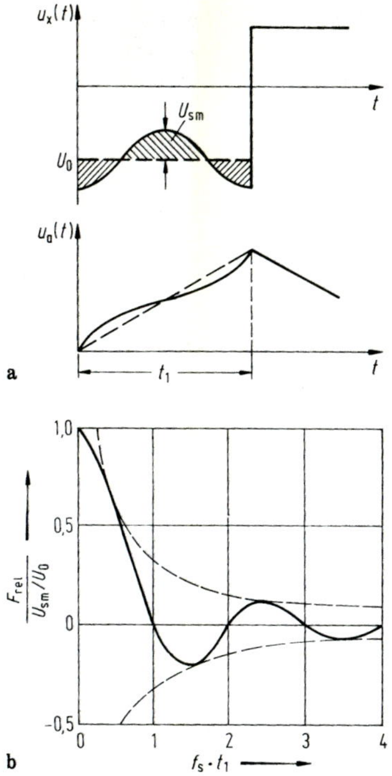

Bild 6-14. Integrierende Filterung. **a** Verlauf der Ein- und Ausgangsspannung, **b** relativer Fehler als Funktion des Produktes $f_s t_1$

Grenzen $-t_1/2$ und $+t_1/2$ eingeführt werden. Der relative Fehler wird dann

$$F_{rel} = \frac{U_{sm}}{U_0} \cdot \frac{\sin(\pi f_s t_1)}{\pi f_s t_1} .$$

Der relative Fehler F_{rel} ist abhängig von $f_s t_1 = t_1/T_s$ in Bild 6-14b aufgetragen.

Bei netzfrequenten Störspannungen mit einer Frequenz f_s von 50 Hz beträgt die kleinstmögliche Integrationszeit, für die die überlagerte Störspannung gerade vollständig unterdrückt wird, $t_1 = 1/f_s = 20$ ms.

Dual-slope-Umsetzer, die sowohl Störspannungen von 50 Hz als auch von 60 Hz (z. B. USA) integrierend filtern sollen, müssen also mindestens mit einer Integrationszeit t_1 von 100 ms, dem kleinsten gemeinsamen Vielfachen der beiden Periodendauern 20 ms bzw. $16\frac{2}{3}$ ms, oder mit ganzzahligen Vielfachen von 100 ms ausgestattet sein. Die meisten Digitalvoltmeter nach dem Dual-slope-Prinzip besitzen tatsächlich eine Hochintegrationszeit t_1 von 100 ms und ermöglichen wegen der Rückintegrationszeit gerade etwa 5 Messungen pro Sekunde, ein Wert, der für Laboranwendungen ausreichend ist.

6.5 Analog-Digital-Umsetzung nach dem Kompensationsprinzip

Neben den Analog-Digital-Umsetzern (ADUs) mit den Zwischengrößen Frequenz oder Zeit sind die direkten ADUs nach dem Kompensationsprinzip von Bedeutung. Diese enthalten gewöhnlich in der Rückführung Digital-Analog-Umsetzer (DAUs) mit bewerteten Leitwerten oder mit Widerstandskettenleiter. Abhängig von der Abgleichstrategie entstehen im einfachsten Fall Inkrementalumsetzer, die analogen Messsignalen in einer oder in beiden Richtungen (Nachlaufumsetzer) folgen können. Höherwertige Umsetzer arbeiten mit Zähleraufteilung oder erzeugen in jedem Takt ein Bit des digitalen Ausgangssignals. So entsteht der serielle ADU mit Taktsteuerung, der nach dem Prinzip der sukzessiven Approximation arbeitet.

6.5.1 Prinzip

Analog-Digital-Umsetzer nach dem Kompensationsprinzip enthalten nach Bild 6-15 in der Rückführung einen DAU.

Mithilfe einer Abgleichschaltung wird dessen digitales Eingangssignal D in geeigneter Weise verändert, bis das analoge Ausgangssignal U_v das umzusetzende analoge Eingangssignal U_x praktisch vollständig kompensiert. Das notwendige Steuersignal S empfängt die Abgleichschaltung von einem Kompa-

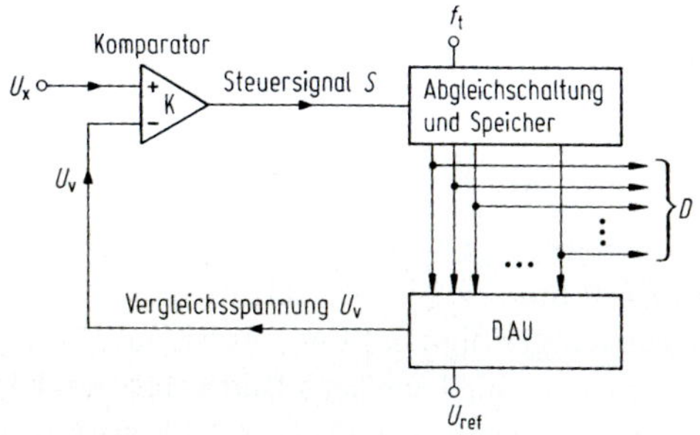

Bild 6-15. Prinzip der Analog-Digital-Umsetzung nach dem Kompensationsprinzip

rator K, der einer logische Eins liefert, solange die umzusetzende Eingangsspannung U_x größer ist als die rückgeführte Vergleichsspannung U_v. Im abgeglichenen Zustand ist das digitale Eingangssignal D des DAU identisch mit dem digitalen Ausgangssignal des gesamten ADU. Ein n-stelliges dualcodiertes Digitalsignal D lässt sich mit den n Koeffizienten a_1 bis a_n darstellen als

$$D = a_1 2^{-1} + a_2 2^{-2} + \ldots + a_{n-1} 2^{-(n-1)} + a_n 2^{-n} \ .$$

Der mögliche Quantisierungsfehler beträgt 2^{-n} und entspricht dem Wert der Stelle mit der kleinsten Stellenwertigkeit (LSB, least significant bit). Die Stelle mit der größten Stellenwertigkeit (MSB, most significant bit) hat den Wert $2^{-1} = 1/2$.
Der Endwert D_{max} ist erreicht, wenn alle Koeffizienten a_i der n Stellen 1 sind und beträgt

$$D_{max} = 2^{-1} + 2^{-2} + \ldots + 2^{-n} = 1 - 2^{-n} \approx 1 \ .$$

Dieser Endwert ist praktisch unabhängig von der Stellenzahl n und beträgt näherungsweise 1.

6.5.2 Digital-Analog-Umsetzer mit bewerteten Leitwerten

Digital-Analog-Umsetzer sind also eine wesentliche Komponente in ADUs nach dem Kompensationsprinzip. Unter den Digital-Analog-Umsetzern mit Widerstandsnetzwerken haben außer den Umsetzern mit Kettenleitern die Umsetzer mit bewerteten Leitwerten besondere Bedeutung erlangt.
Nach Bild 6-16a besteht ein 1-Bit-DAU im Prinzip aus einem Leitwert G_i, der über einen digital gesteuerten Schalter von einer Referenzspannung U_{ref} gespeist wird.
Der Ausgangsstrom I ist abhängig vom digitalen Eingangssignal a_i:

$$I = U_{ref} a_i G_i \ .$$

Ist das digitale Eingangssignal $a_i = 0$, so ist der Schalter geöffnet; für $a_i = 1$ ist der Schalter geschlossen.
Ein mehrstelliges digitales Eingangssignal D mit gewichteter Codierung kann nach Bild 6-16b durch Parallelschaltung entsprechend bewerteter Leitwerte umgesetzt werden. Der analoge Ausgangsstrom wird dabei über einen Stromverstärker rückwirkungsfrei in

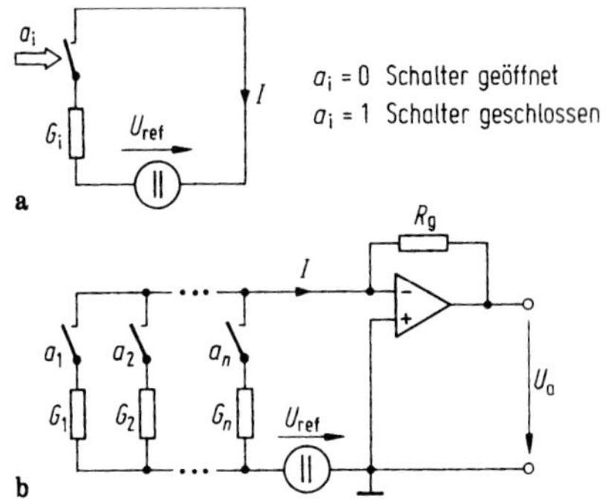

Bild 6-16. Digital-Analog-Umsetzer mit bewerteten Leitwerten. **a** Prinzip bei 1-Bit-Umsetzung, **b** mehrstellige Digital-Analog-Umsetzung

ein proportionales Ausgangssignal, z. B. in eine Spannung U_a, umgeformt.
Der wirksame Leitwert G berechnet sich durch Addition der jeweils zugeschalteten Leitwerte G_i zu

$$G = \sum_{i=1}^{n} a_i G_i \ .$$

Mit $I = U_{ref} G$ und $U_a = R_g I$ ergibt sich die analoge Ausgangsspannung U_a zu

$$U_a = R_g U_{ref} \sum_{i=1}^{n} a_i G_i \ .$$

Bei einem DAU für dualcodiertes Eingangssignal müssen also die Leitwerte G_1 bis G_n gemäß

$$G_1 : G_2 : \ldots : G_n = 2^{-1} : 2^{-2} : \ldots : 2^{-n}$$

dimensioniert werden. Der größte Leitwert ist der Stelle größter Wertigkeit zugeordnet.

6.5.3 Digital-Analog-Umsetzer mit Widerstandskettenleiter

Im Gegensatz zu den DAUs mit bewerteten Leitwerten sind beim DAU mit Widerstandskettenleiter die Stellenwertigkeiten durch die Lage der Einspeisepunkte gegeben. Nach Bild 6-17 enthält ein solcher Umsetzer in seiner einfachsten Form einen Kettenleiter mit Längswiderständen R und Querwiderständen $2R$. Die Stellungen a_1 bis a_n der n Schalter entsprechen dem digitalen Eingangssignal D. In der linksseitigen Stellung der Schalter

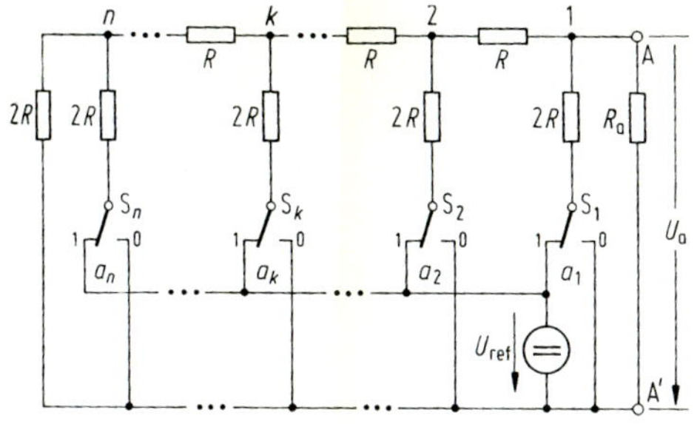

Bild 6-17. Digital-Analog-Umsetzer mit Widerstands-Kettenleiter

($a_i = 1$) werden die Querwiderstände $2R$ an die Referenzspannung U_{ref} gelegt, und es fließt ein Strom in den jeweiligen Knotenpunkt des Kettenleiters. Dieser Strom trägt umso mehr zur analogen Ausgangsspannung U_a am Abschlusswiderstand R_a bei, je näher der Knotenpunkt am Ausgang des Umsetzers liegt.

U_a ergibt sich durch Superposition der n Zustände, bei denen sich nur jeweils einer der n Schalter in der Stellung $a_k = 1$ befindet und die anderen in der Position $a_i = 0$:

$$U_a = \frac{R_a}{R_a + R} U_{\text{ref}} \underbrace{\left(a_1 2^{-1} + a_2 2^{-2} + \ldots + a_n 2^{-n}\right)}_{D} .$$

Das digitale Eingangssignal D ist durch die Koeffizienten a_1 bis a_n bestimmt und der analogen Ausgangsspannung U_a proportional.

Beim DAU mit Widerstandskettenleiter gehen nicht die absoluten Fehler der Widerstände, sondern nur die Abweichungen voneinander in die Genauigkeit der Umsetzung ein. Es ist deshalb zulässig, Widerstände mit gleichen Fehlern einzusetzen. Ebenso muss der Temperaturkoeffizient der verwendeten Widerstände nicht möglichst klein gehalten werden. Wesentlich ist jedoch eine möglichst gute Übereinstimmung des Temperaturgangs der Einzelwiderstände.

6.5.4 Nachlaufumsetzer mit Zweirichtungszähler

Der einfachste ADU nach dem Kompensationsprinzip ist der Inkrementalumsetzer mit Einrichtungszähler. Da solche Umsetzer entweder nur steigenden oder nur fallenden Eingangsspannungen folgen können, werden Inkrementalumsetzer gewöhnlich mit Zweirichtungszählern gebaut. Diese Nachlaufumsetzer können sowohl steigenden als auch fallenden

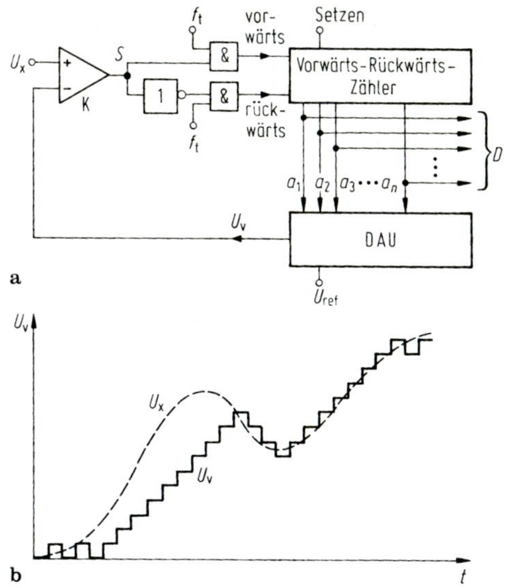

Bild 6-18. Nachlaufumsetzer mit Zweirichtungszähler. **a** Prinzip, **b** Ablaufdiagramm

Eingangssignalen folgen. Im Blockschaltbild nach Bild 6-18a ist gezeigt, wie mit einer geeigneten Logik der Vorwärts-Eingang des Zählers angesteuert wird, solange das Eingangssignal größer als das rückgeführte Signal U_v des DAU ist.

Der Rückwärts-Eingang des Vorwärts-Rückwärts-Zählers wird angesteuert, wenn die umzusetzende Eingangsspannung kleiner als U_v ist. Ohne zusätzliche Maßnahmen springt das digitale Ausgangssignal immer um eine Quantisierungseinheit hin und her, da ständig an einem der beiden Zählereingänge Taktimpulse anliegen. Dieses Hin- und Herspringen lässt sich vermeiden, indem der Komparator als sog. Fensterkomparator ausgeführt wird, der innerhalb einer bestimmten Totzone keinen der beiden Zählereingänge ansteuert.

Das Ablaufdiagramm nach Bild 6-18b zeigt, wie ein Nachlaufumsetzer steigenden und fallenden Eingangsspannungen folgt. Nur wenn die maximale Umsetzungsgeschwindigkeit überschritten ist, folgt der Umsetzer einer veränderlichen Eingangsspannung U_x mit Verzögerung.

Maximalfrequenz bei Nachlaufumsetzung

Bei einem n-Bit-Umsetzer mit einer Referenzspannung U_{ref}, die dem Messbereichsendwert entspricht, und bei einer Taktfrequenz f_t beträgt die maximale Änderungsgeschwindigkeit der Vergleichsspannung

$$\left(\frac{dU_v}{dt}\right)_{max} = 2^{-n} U_{ref} f_t .$$

Erfolgt die Änderung der umzusetzenden Eingangsspannung U_x sinusförmig mit der Frequenz f und der Amplitude U_m, dann kann der Wechselanteil $U_\sim$ der Eingangsspannung durch

$$U_\sim(t) = U_m \sin(2\pi f t)$$

beschrieben werden. Die maximale Änderungsgeschwindigkeit dieses Wechselanteils der Eingangsspannung ist

$$\left(\frac{dU}{dt}\right)_{max} = 2\pi f U_m [\cos(2\pi f t)]_{t=0} = 2\pi f U_m .$$

Soll der Nachlaufumsetzer verzögerungsfrei folgen können, dann darf die maximale Änderungsgeschwindigkeit der Eingangsspannung die maximale Änderungsgeschwindigkeit der Vergleichsspannung nicht überschreiten. Die daraus resultierende Ungleichung lautet

$$2^{-n} U_{ref} f_t \geqq 2\pi f U_m .$$

Die maximal zulässige Frequenz f_{max} der Eingangsspannung ergibt sich daraus zu

$$f_{max} = \frac{2^{-n}}{2\pi} \cdot \frac{U_{ref}}{U_m} f_t .$$

Für einen 10-Bit-Umsetzer ($n = 10$) beträgt bei einer Taktfrequenz f_t von 1 MHz und bei einer Amplitude von $U_m = \frac{1}{2} U_{ref}$ des Wechselanteils der Eingangsspannung die maximal zulässige Frequenz der Eingangsspannung etwa 310 Hz.

Kleinen Änderungen der Eingangsspannung kann ein Nachlaufumsetzer sogar schneller folgen als die seriellen Umsetzer, die in jeder Taktperiode 1 Bit des digitalen Ausgangssignals bilden, wie z. B. der ADU mit sukzessiver Approximation.

6.5.5 Analog-Digital-Umsetzer mit sukzessiver Approximation

Unter den Verfahren der Analog-Digital-Umsetzung ist die Methode der sukzessiven Approximation sehr verbreitet. Diese Umsetzer gehören zu den seriellen Umsetzern mit Taktsteuerung, bei denen in jeder Taktperiode eine Stelle des digitalen Ausgangssignals D gebildet wird (one bit at a time). Bei einem n-Bit-Umsetzer sind also n Schritte zur Umsetzung notwendig. Das Blockschaltbild eines ADUs nach dem Prinzip der sukzessiven Approximation ist in Bild 6-19a dargestellt.

Die Umsetzung beginnt mit dem Versuch, in die höchste Stelle eine logische Eins einzuschreiben. Ist die Ausgangsspannung U_v des DAU kleiner als die umzusetzende Eingangsspannung U_x, so bleibt diese Eins erhalten. Ist jedoch $U_v > U_x$, dann ist der Ausgang des Komparators erregt und die Stufe wird auf null zurückgesetzt.

Dieses Vorgehen wird nun mit der nächstniedrigeren Stelle fortgesetzt und schließlich mit der niedrigsten Stelle abgeschlossen. Nach jedem Schritt wird die Ausgangsspannung U_v des DAU mit der analogen Eingangsspannung U_x verglichen. Wird die Spannung U_x nicht überschritten, so verbleibt die Eins in der bistabilen Kippstufe BK. Bei Überkompensation jedoch wird die Kippstufe auf null zurückgesetzt (Bild 6-19b).

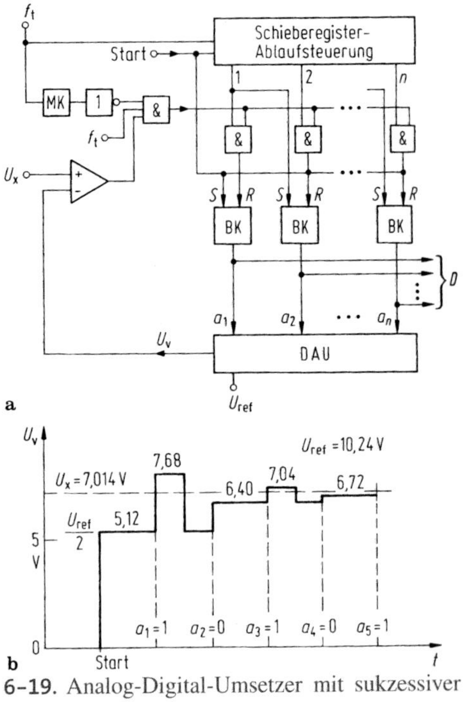

Bild 6-19. Analog-Digital-Umsetzer mit sukzessiver Approximation. **a** Prinzip, **b** Ablaufdiagramm

Die Ablaufsteuerung wird mit einem Schieberegister ausgeführt, das sowohl das UND-Gatter zur Löschung der Kippstufen bei Überkompensation freigibt, als auch das Setzen der Kippstufe der nächstkleineren Stelle übernimmt. Die monostabile Kippstufe MK verzögert das Signal des Komparators genügend lange, damit das Einschwingen von Übergangsvorgängen abgewartet werden kann.
Im Bild 6-19 ist am Beispiel einer Eingangsspannung von $U_x = 7{,}014$ V bei einer Referenzspannung U_{ref} von 10,24 V der Anfang der Umsetzung dargestellt.
Schnelle Umsetzer nach diesem Prinzip arbeiten mit einer Taktfrequenz von 1 MHz. Dies entspricht einer Taktperiode von 1 µs. Für die Umsetzung eines 10-stelligen Signals (10 Bits) werden dann 10 µs benötigt.

6.6 Schnelle Analog-Digital-Umsetzung und Transientenspeicherung

Für die Analog-Digital-Umsetzung schneller Vorgänge sind Umsetzer mit entsprechend hoher Umsetzungsgeschwindigkeit erforderlich. Laufzeitumsetzer arbeiten seriell wie die ADUs mit sukzessiver Approximation, besitzen aber keine Taktsteuerung. Ihre Umsetzzeit ist nur durch die Signallaufzeiten bestimmt und daher vergleichsweise niedrig. Besonders kleine Umsetzzeiten werden mit den simultan arbeitenden Parallelumsetzern (flash converter) erreicht. Ein guter Kompromiss zwischen Aufwand und Umsetzzeit sind die Serien-Parallel-Umsetzer. Schnelle ADUs werden bei der Umsetzung von Videosignalen, besonders auch bei der sog. Transientenspeicherung in der Mess- und Versuchstechnik eingesetzt. Damit wird eine digitale Signalanalyse in Echtzeit oder auch in einem geeignet gedehnten Zeitmaßstab ermöglicht.

6.6.1 Parallele Analog-Digital-Umsetzer (Flash-Converter)

Die höchsten Umsetzungsgeschwindigkeiten können mit den simultan arbeitenden Parallelumsetzern erreicht werden. Der Aufwand wächst etwa proportional mit der Zahl der Quantisierungsstufen. Wie in Bild 6-20a gezeigt, sind für 2^n Quantisierungsstufen $2^n - 1$ Komparatoren K notwendig, die die analoge Eingangsspannung U_x gegen $2^n - 1$, z. B. linear gestufte, Referenzspannungen vergleichen.

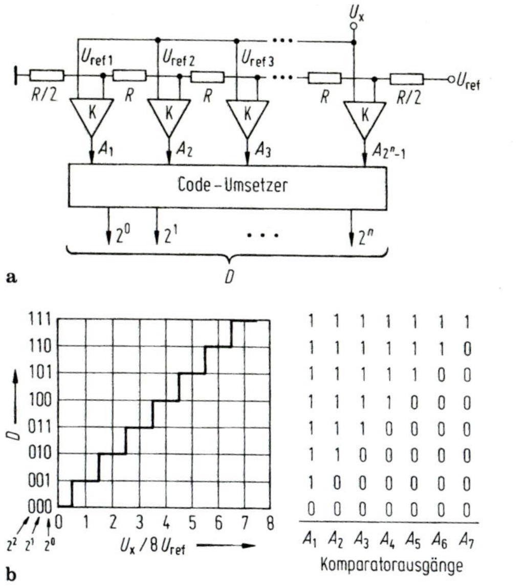

Bild 6-20. Paralleler Analog-Digital-Umsetzer. **a** Blockschaltbild, **b** Übertragungskennlinie

Die Ausgangssignale A_i der Komparatoren sind logisch null, wenn die Eingangsspannung U_x kleiner als die entsprechende Referenzspannung $U_{ref\,i}$ ist. Sie sind logisch eins für $U_x > U_{ref\,i}$. Über einen Codeumsetzer erfolgt die Codeumsetzung in den Dualcode. Für einen Parallelumsetzer mit 8 Dualstellen am Ausgang sind 255 Komparatoren nötig.
Für einen Umsetzer mit 3 Dualstellen ist in Bild 6-20b der Zusammenhang zwischen dem Dualzahl-Ausgangssignal und der auf die Referenzspannung U_{ref} bezogenen Eingangsspannung U_x dargestellt. Die Tabelle beschreibt die Codierungsvorschrift (den Code) zwischen den Komparatorausgangssignalen A_i und dem Dualzahlsignal D.
Mit den heute verfügbaren Integrationstechniken ist der Aufbau von Parallelumsetzern mit 10 Bit Auflösung möglich. Dabei müssen also 1023 Komparatoren und die erforderlichen Bauelemente zur Erzeugung der Referenzspannungen, die Umcodierung sowie der Ausgabespeicher auf einem Chip integriert werden. Dies bedeutet die Integration von über 60 000 Bauelementen auf einem Chip.
Typische Frequenzen bei diesen Flash-Convertern liegen etwa bei 100 MHz. Die zugehörigen Umsetzzeiten betragen also 10 ns.

6.6.2 Transientenspeicherung

Die Aufzeichnung der Vorgeschichte einmalig verlaufender Vorgänge ist durch die Verfügbarkeit schneller ADUs und preiswerter Halbleiterspeicher hoher Kapazität mithilfe von *Transientenspeichern* möglich geworden. In Verbindung mit einem Oszillografen oder einem Schreiber als Ausgabegerät stellen diese *Transientenrecorder* einen Ersatz für Schnellschreiber und Speicheroszillografen dar. Sie eignen sich vorzüglich für Aufgaben der Störwerterfassung und Messwertanalyse, da mit ihnen die Betriebszustände vor, während und nach der Störung mit genügend hoher Abtastrate und Auflösung aufgezeichnet werden können. Darüber hinaus sind Transientenrecorder wertvoll in Forschung und Entwicklung, wenn der Verlauf von Messsignalen bei nicht reproduzierbaren Versuchen aufgezeichnet werden soll (Digitaloszilloskop).

Gewöhnlich werden in einem Transientenrecorder über schnelle ADUs die interessierenden Signale mit Abtastfrequenzen im MHz-Bereich abgetastet, digitalisiert und in einen 8- oder 10-stelligen Schieberegisterspeicher bitparallel eingeschrieben (Bild 6-21).

Der Halbleiterspeicher besitzt in der Regel mindestens 2^{10} Speicherzellen, sodass mindestens 1024 Datenworte eingespeichert werden können und darüber hinaus dann die jeweils zuerst eingespeicherten Datenworte verloren gehen.

Ein Triggersignal stoppt beim Auftreten eines bestimmten Ereignisses nach Ablauf einer einstellbaren Verzögerungszeit t_v das Einspeichern weiterer Werte in den Speicher. Dieses Triggersignal kann von einem bestimmten Pegel des aufzuzeichnenden Signals selbst abgeleitet oder über andere Startkriterien ausgelöst werden, die das Auftreten von Anomalien oder Überschreiten zulässiger Grenzwerte anzeigen.

Mit einem variablen Auslesetakt kann dann der Transientenspeicher repetierend abgefragt werden. Mit einer erhöhten Taktfrequenz ist es so möglich, langsame Vorgänge flimmerfrei auf einem nichtspeichernden Oszillografen darzustellen oder einen sehr schnellen Vorgang mit hoher Auflösung auf einem einfachen Schreiber aufzuzeichnen, wenn dazu die Taktfrequenz entsprechend erniedrigt wird.

Ähnlich wie bei anderen Signalanalysatoren wird durch eine kleine Verzögerungszeit nach dem Trig-

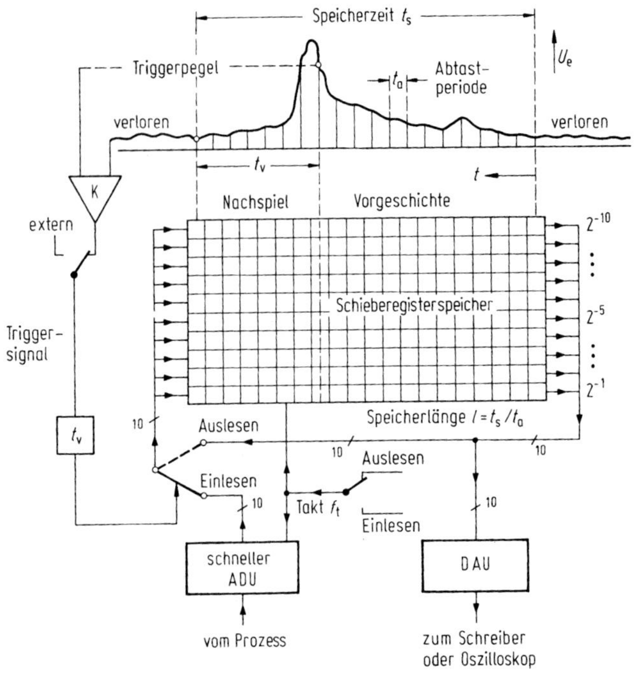

Bild 6-21. Prinzip des Transientenspeichers

gerereignis eine sog. Pretriggerung und durch eine größere Verzögerungszeit eine sog. Posttriggerung erreicht, d. h., es wird der Signalverlauf vor bzw. nach dem Triggerereignis ausgewählt.

Auf dem Raster-Scanner-Prinzip basiert ein extrem schneller Transientendigitalisierer. Ein Signal mit maximal 6 GHz Bandbreite wird auf ein Siliziumplättchen projiziert und hinterlässt eine Spur, die digital abgelesen wird. Für derartige Geräte besteht Bedarf u. a. in der Teilchenphysik und bei digitalen Kommunikationssystemen.

Literatur

Kapitel 1

DIN 1319-1: Grundlagen der Messtechnik – Teil 1: Grundbegriffe (01.95)

DIN 1319-4: Grundlagen der Messtechnik – Teil 4: Auswertung von Messungen: Messunsicherheit (02.99)

Doebelin, E.O.: Measurement Systems. 5th ed. New York: McGraw-Hill 2003

Kiencke, U.; Kronmüller, H.; Eger, R.: Messtechnik: Systemtheorie für Elektrotechniker. 5. Aufl. Berlin: Springer 2001

Pichlmaier, J.: Kalibrierung von Gassensoren in befeuchteter Atmosphäre und Modellierung des Feuchteeinflusses auf kapazitive SO_2-Sensoren. Düsseldorf: VDI-Verl. 1994

Richter, W.: Elektrische Messtechnik, Grundlagen. 3. Aufl. Berlin: Verl. Technik 1994

Sydenham, P.H.: Handbook of Measurement Science. Wiley 1999

Tränkler, H.-R.: Taschenbuch der Messtechnik. 4. Aufl. München: Oldenbourg 1996

Kapitel 2

Mark, J.: Beschreibung und Korrektur der Einflusseffekte bei Differenzdruckaufnehmern. Düsseldorf: VDI-Verl. 1998

Profos, P.; Pfeifer, T. (Hrsg.): Handbuch der industriellen Messtechnik. München: Oldenbourg 2002

Schöne, A.: Messtechnik. 2. Aufl. Berlin: Springer 1997

Kapitel 3

Czajor, A.: Modellierung der Temperatur- und Feuchteabhängigkeit des Nullpunkts von Halbleiter-Gassensoren. Düsseldorf: VDI-Verl. 1999

Eigler, H.: Mikrosensorik und Mikroelektronik. Renningen-Malmsheim: Expert-Verl. 2000

Forst, H.-J. (Hrsg.): Sensorik in der Prozessleittechnik. Berlin: VDE-Verl. 1994

Fraden, J.: AIP Handbook of Modern Sensors. Physics, Design and Application. Springer 2003

Gardner, J.W.: Microsensors. Chichester: Wiley 1995

Gardner, J.W.; Varadan, V.K.; Awadelkarim, O. O.: Microsensors, MEMS, and Smart Devices. Chichester: Wiley 2001

Gerlach, G.; Dötzel, W. (Hrsg.): Grundlagen der Mikrosystemtechnik. München: Hanser 1997

Heywang, W.: Sensorik. 4. Aufl. Berlin: Springer 1993

Holmer, R.: Untersuchungen zur Genauigkeitssteigerung der kalibrationsfreien Temperaturmessung mit Halbleiter-pn-Übergängen. Düsseldorf: VDI-Verl. 1996

Reichl, H.; u. a.: Halbleitersensoren. Ehningen: Expert-Verl. 1989

Schaumburg, H.: Sensoren. Stuttgart: Teubner 1992

Schaumburg, H. (Hrsg.): Sensoranwendungen. Stuttgart: Teubner 1995

Schubert, J.: Physikalische Effekte. Weinheim: Physik-Verl. 1982

Tränkler, H.-R.; Obermeier, E. (Hrsg.): Sensortechnik. Berlin: Springer 1998

VDI/VDE-Technologiezentrum Informationstechnik GmbH: Technologietrends in der Sensorik. Teltow: VDI/VDE IT 1998

Westbrook, M.H.; Turner, J.D.: Automotive sensors. Bristol, Philadelphia: Inst. of Physics Publishing 1994

Kapitel 4

Berlin, H.M.: Principles of Electronic Instrumentation and Measurement. Englewood Cliffs, N.J.: Prentice-Hall 1990

Felderhoff, R.; Freyer, U.: Elektrische und elektronische Messtechnik. München: 7. Aufl. Hanser 2002

Göpel, W.; Hesse, J.; Zemel, J.N. (Eds.): Sensors. Weinheim: VCH-Verl. 1989 ff.

Heyne, G.: Elektronische Messtechnik. München: Oldenbourg 1999

Klaasen, K.B.: Electronic Measurement and Instrumentation. Cambridge: Cambridge Univ. Pr. 1996

Klein, J.W.; Düllenkopf, P.; Glasmachers, A.: Elektronische Messtechnik. Stuttgart: Teubner 1992

Pfeiffer, W.: Simulation von Messschaltungen. Berlin: Springer 1994

Schrüfer, E.: Elektrische Messtechnik. 8. Aufl. München: Hanser 2003

Tietze, U.; Schenk, Ch.; Gamm, E.: Halbleiter-Schaltungstechnik. Berlin: Springer 2002

Kapitel 5

Lerch, R.: Elektrische Messtechnik. 3. Aufl. Berlin: Springer 2006

Schrüfer, E.: Elektrische Messtechnik. 8. Aufl. München: Hanser 2003

Stöckl, M.; Winterling, K.H.: Elektrische Messtechnik. 8. Aufl. Stuttgart: Teubner 1987

Kapitel 6

Haas, M.: Korrektur von Hysteresefehlern bei Sensoren durch Signalverarbeitung auf der Basis mathematischer Modelle. Düsseldorf: VDI-Verl. 1994

Joppich, M.: Schätzverfahren zur Genauigkeitssteigerung der Geschwindigkeitsmessung über Grund nach dem Dopplerprinzip. Düsseldorf: VDI-Verl. 1994

Löschberger, C.: Modelle zur digitalen Einflussgrößenkorrektur an Sensoren. Düsseldorf: VDI-Verl. 1992

Pfeiffer, W.: Digitale Messtechnik. Berlin: Springer 1988

Schrüfer, E.: Signalverarbeitung. 2. Aufl. München: Hanser 1991

Regelungs- und Steuerungstechnik

H. Unbehauen
F. Ley

Regelungstechnik

H. Unbehauen

1 Einführung

1.1 Einordnung der Regelungs- und Steuerungstechnik

Automatisierte industrielle Prozesse sind gekennzeichnet durch selbsttätig arbeitende Maschinen und Geräte, die häufig sehr komplexe Anlagen oder Systeme bilden. Die Teilsysteme derselben werden heute durch die übergeordnete, stark informationsorientierte *Leittechnik* koordiniert. Zu ihren wesentlichen Grundlagen zählen die Regelungs- und Steuerungstechnik sowie die Prozessdatenverarbeitung. Ein typisches Merkmal von Regel- und Steuerungssystemen ist, dass sich in ihnen eine zielgerichtete Beeinflussung gewisser Größen (Signale) und eine Informationsverarbeitung abspielt, die N. Wiener [1] veranlasste, für die Gesetzmäßigkeiten dieser Regelungs- und Steuerungsvorgänge (in der Technik, Natur und Gesellschaft) den Begriff der *Kybernetik* einzuführen. Da Regelungs- und Steuerungstechnik weitgehend geräteunabhängig sind, soll im Weiteren mehr auf die systemtheoretischen als auf die gerätetechnischen Grundlagen eingegangen werden.

1.2 Darstellung im Blockschaltbild

In einem Regel- oder Steuerungssystem erfolgt eine Verarbeitung und Übertragung von Signalen. Derartige Systeme werden daher auch als Übertragungssysteme (oder Übertragungsglieder) bezeichnet. Diese besitzen eine eindeutige Wirkungsrichtung, die durch die Pfeilrichtung der Ein- und Ausgangssignale angegeben wird, und sind rückwirkungsfrei. Bei einem Eingrößensystem wirkt jeweils *ein* Eingangs- und Ausgangssignal $x_e(t)$ bzw. $x_a(t)$. Bei Mehrgrößensystemen sind es dementsprechend mehrere Größen am Eingang oder Ausgang des Übertragungsgliedes (auch Teilsystem genannt). Einzelne Übertragungsglieder werden dabei durch Kästchen dargestellt, die über Signale untereinander zu größeren Einheiten (Gesamtsystemen) verbunden werden können. Der Begriff des *Systems* reicht dabei vom einfachen Eingrößensystem über das Mehrgrößensystem bis hin zu hierarchisch gegliederten Mehrstufensystemen. Bild 1-1 zeigt ein einfaches Beispiel eines Blockschemas. Die wichtigsten bei Blockschaltbildern verwendeten Symbole sind in Tabelle 1-1 aufgeführt.

Tabelle 1-1. Die wichtigsten Symbole für Signalverknüpfungen und Systeme im Blockschaltbild

Benennung	Symbol	Mathematische Operation
Verzweigungspunkt	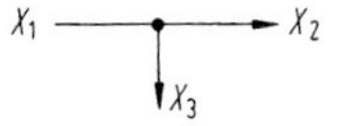	$X_3 = X_2 = X_1$
Summenpunkt	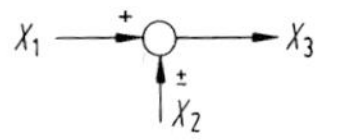	$X_3 = X_1 \pm X_2$
Multiplikationsstelle	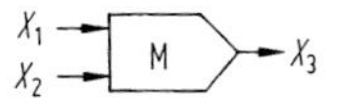	$X_3 = X_1 X_2$
Divisionsstelle	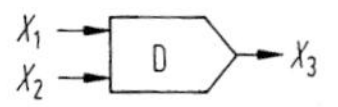	$X_3 = X_1 / X_2$
Allgemeine lineare Operation	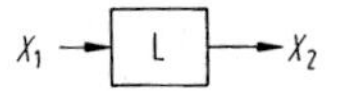	$X_2 = L(X_1)$
Allgemeine nichtlineare Operation		$X_2 = N(X_1)$

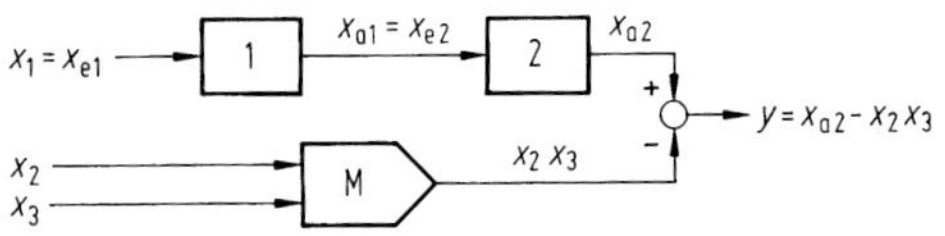

Bild 1-1. Beispiel für ein Blockschaltbild

1.3 Unterscheidung zwischen Regelung und Steuerung

Nach DIN 19 226 [2] ist „*Regeln* ein Vorgang, bei dem eine Größe, die *Regelgröße*, fortlaufend erfasst (gemessen), mit einer anderen Größe, der *Führungsgröße*, verglichen und abhängig vom Ergebnis dieses Vergleichs im Sinne der Angleichung an die Führungsgröße beeinflusst wird. Der sich daraus ergebende Wirkungsablauf findet in einem geschlossenen Kreis, dem *Regelkreis*, statt". Demgegenüber ist „*Steuern*" der Vorgang in einem System, bei dem eine oder mehrere Größen als Eingangsgrößen andere Größen als Ausgangsgrößen aufgrund der dem System eigentümlichen Gesetzmäßigkeiten beeinflussen. Kennzeichnend für das Steuern ist der *offene* Wirkungsablauf über das einzelne Übertragungsglied oder die Steuerkette.

Aus dem Blockschaltbild (Bild 1-2a) erkennt man leicht, dass die Regelung durch folgende Schritte charakterisiert wird:

- Messung der Regelgröße y,
- Bildung der Regelabweichung $e = w - y$ durch Vergleich des Istwertes der Regelgröße y mit dem Sollwert w (Führungsgröße),
- Verarbeitung der Regelabweichung derart, dass durch Verändern der Stellgröße u die Regelabweichung vermindert oder beseitigt wird.

Vergleicht man nun eine Steuerung mit einer Regelung, so lassen sich folgende Unterschiede leicht feststellen:

Die *Regelung*
- stellt einen geschlossenen Wirkungsablauf (Regelkreis) dar;
- kann wegen des geschlossenen Wirkungsprinzips allen Störungen z entgegenwirken (negative Rückkopplung);
- kann instabil werden, d. h., Schwingungen im Kreis klingen dann nicht mehr ab, sondern wachsen auch bei beschränkten Eingangsgrößen w und z (theoretisch) über alle Grenzen an.

Die *Steuerung*
- stellt einen offenen Wirkungsablauf (Steuerkette) dar;
- kann nur den Störgrößen entgegenwirken, auf die sie ausgelegt wurde; andere Störeinflüsse sind nicht beseitigbar;
- kann, sofern das zu steuernde Objekt selbst stabil ist, nicht instabil werden.

Gemäß Bild 1-2a besteht ein Regelkreis aus 4 Hauptbestandteilen: Regelstrecke, Messglied, Regler und Stellglied.

Anhand dieses Blockschaltbildes ist zu erkennen, dass die Aufgabe der Regelung einer Anlage oder eines Prozesses (*Regelstrecke*) darin besteht, die vom *Messglied* zeitlich fortlaufend erfasste *Regelgröße* $y(t)$ unabhängig von äußeren *Störungen* $z(t)$ entweder auf einem konstanten *Sollwert* $w(t)$ zu halten (Festwertregelung oder Störgrößenregelung) oder $y(t)$ einem veränderlichen Sollwert $w(t)$ (*Führungsgröße*) nachzuführen (Folgeregelung, Nachlauf- oder Servoregelung). Diese Aufgabe wird durch ein Rechengerät, den *Regler R*, ausgeführt. Der Regler bildet die *Regelabweichung* $e(t) = w(t) - y(t)$, also die Differenz zwischen Sollwert $w(t)$ und Istwert $y(t)$ der Regelgröße, verarbeitet diese entsprechend seiner Funktionsweise (z. B. proportional, integral oder differenzial) und erzeugt ein Signal $u_R(t)$, das über

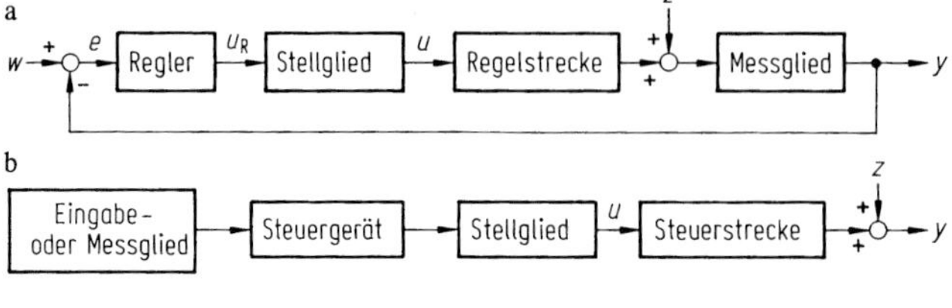

Bild 1-2. Gegenüberstellung **a** einer Regelung und **b** einer Steuerung im Blockschaltbild

das *Stellglied* als *Stellgröße* $u(t)$ auf die Regelstrecke einwirkt und z. B. im Falle der Störgrößenregelung dem Störsignal $z(t)$ entgegenwirkt. Durch diesen geschlossenen Signalverlauf ist der Regelkreis gekennzeichnet, wobei die Reglerfunktion darin besteht, eine eingetretene Regelabweichung $e(t)$ möglichst schnell zu beseitigen oder zumindest klein zu halten. Die hier benutzten Symbole werden in Anlehnung an die international üblichen Bezeichnungen im Folgenden verwendet.

1.4 Beispiele von Regel- und Steuerungssystemen

Anhand einiger typischer Anwendungsfälle wird im Folgenden die Wirkungsweise einer Regelung und einer Steuerung gezeigt, ohne dass dabei bereits die interne Funktionsweise der Geräte erläutert wird. Bild 1-3 zeigt die schematische Gegenüberstellung einer Regelung und einer Steuerung für eine Raumheizungsanlage. Bei der Steuerung, Bild 1-3a, wird die Außentemperatur ϑ_A über einen Temperaturfühler gemessen und dem Steuergerät zugeführt. Das Steuergerät verstellt in Abhängigkeit von ϑ_A über den Motor M und das Ventil V den Heizwärmestrom $\dot{Q}$. Am Steuergerät kann die Steigung der Kennlinie $\dot{Q} = f(\vartheta_A)$ voreingestellt werden. Wie aus dem Blockschaltbild hervorgeht, kompensiert eine gut eingestellte Steuerung nur die Auswirkungen einer Änderung der Außentemperatur $z_2 \mathrel{\hat{=}} \vartheta_A$, jedoch nicht Störungen der Raumtemperatur, z. B. durch Öffnen eines Fensters oder durch starke Sonneneinstrahlung. Im Falle einer Regelung der Raumtemperatur ϑ_R, Bild 1-3b, wird diese gemessen und mit dem eingestellten Sollwert w (z. B. $w = 20\,°\mathrm{C}$) verglichen. Weicht die Raumtemperatur vom Sollwert ab, so wird über einen Regler (R), der die Abweichung verarbeitet, der Heizwärmestrom $\dot{Q}$ verändert. Sämtliche Änderungen der Raumtemperatur ϑ_R werden vom Regler verarbeitet und möglichst beseitigt. Anhand der Blockschaltbilder erkennt man wiederum den geschlossenen Wirkungsablauf der Regelung (Regelkreis) und den offenen der Steuerung (Steuerkette).

Bild 1-4 zeigt einige weitere Anwendungsbeispiele für Regelungen. Daraus erkennt man anschaulich den Unterschied zwischen Festwertregelungen und Folgeregelungen. So muss z. B. bei einer Dampfturbine die Drehzahl entsprechend dem fest eingestellten Sollwert eingehalten werden (Festwertregelung), während bei der Kursregelung der Sollwert bei der Umfahrung eines Hindernisses u. U. verändert wird und die Kursregelung dann die Aufgabe hat, das Schiff diesem Sollkurs nachzuführen (Folgeregelung).

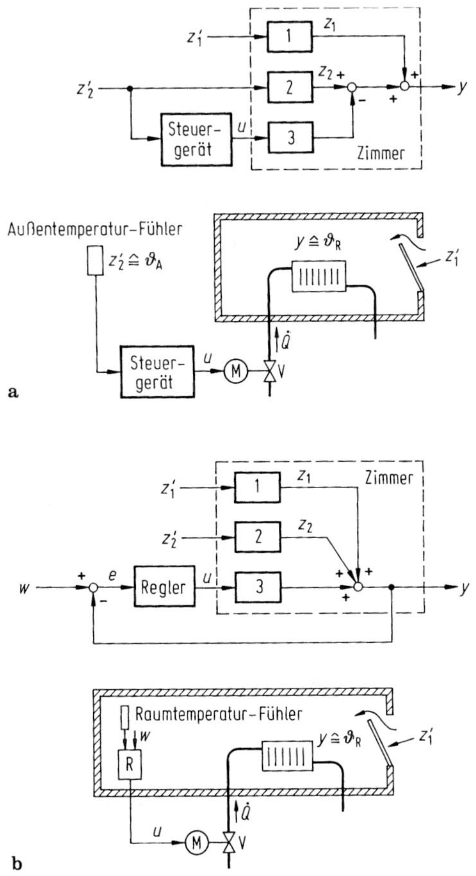

Bild 1-3. Gegenüberstellung **a** einer Steuerung und **b** einer Regelung für eine Raumheizung: Schemaskizzen und zugehörige Blockschaltbilder

Wie diese Beispiele bereits zeigen, kann die Signalübertragung in Regel- und Steuerungssystemen in verschiedenen Formen, d. h. durch mechanische, hydraulische, pneumatische oder elektrische Hilfsenergie erfolgen. Unabhängig von der technischen Realisierung werden die Signale im Weiteren aber

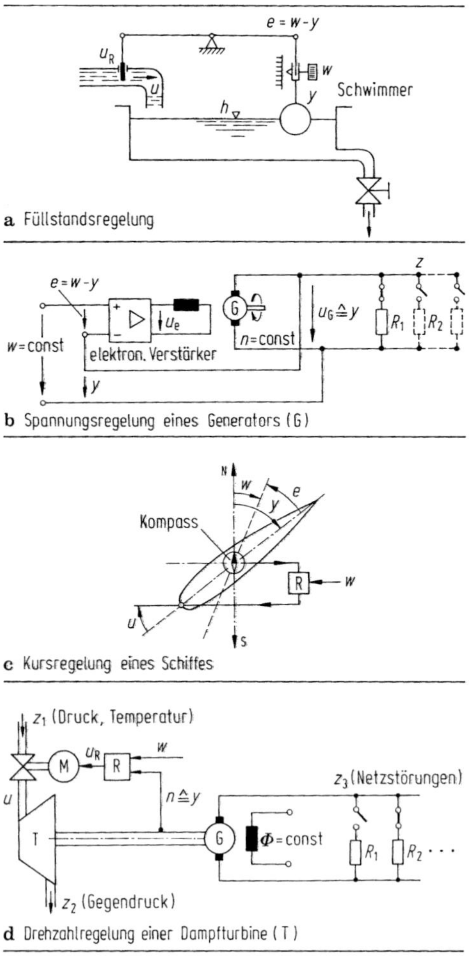

Bild 1-4a–d. Anwendungsbeispiele für Regelungen

nur hinsichtlich ihrer Information betrachtet und i. Allg. als reine (einheitenlose) mathematische Funktionen aufgefasst.

Das eingangs gezeigte Beispiel der Raumheizungssteuerung stellt einen bestimmten Typ einer Steuerung dar, der in die Gruppe der *Führungssteuerungen* fällt, die im Beharrungszustand durch einen festen Zusammenhang zwischen Eingangs- und Ausgangsgrößen, z. B. durch die Heizkurve, charakterisiert sind. Daneben gibt es noch die so genannten *Programmsteuerungen*, zu denen die Zeitplansteuerungen, Wegplansteuerungen und Ablaufsteuerungen sowie deren Kombinationen zählen. Zeitplansteuerungen laufen nach einem festen Zeitplan ohne Rückmeldungen ab. Wegplansteuerungen schalten in einzelnen Schritten erst dann weiter, wenn bestimmte Bedingungen erreicht sind, die durch Rückmeldesignale (nicht zu verwechseln mit der Rückkopplung in Regelkreisen), z. B. durch Endschalter, realisiert werden können. Ablaufsteuerungen sind durch ein bestimmtes festes oder variierbares Programm gekennzeichnet, das schrittweise abläuft, wobei die Einzelschritte durch Rückmeldesignale ausgelöst werden. Ein typisches Beispiel für eine kombinierte Zeitplan- und Ablaufsteuerung ist der Waschautomat. Da Programmsteuerungen heute weitgehend in digitaler Technik ausgeführt werden, bezeichnet man sie häufig auch als binäre Steuerungen. In diesen binären Steuerungen werden Signale verwendet, die nur zwei Werte annehmen können. Auf diesem Prinzip beruhen die modernen speicherprogrammierbaren Steuerungen (SPS), auf die ausführlich im Kapitel 14 eingegangen wird. Die Kapitel 2 bis 13 befassen sich mit der Behandlung regelungstechnischer Gesichtspunkte.

2 Modelle und Systemeigenschaften

2.1 Mathematische Modelle

Das statische und dynamische Verhalten eines Regel- oder Steuerungssystems kann entweder durch physikalische oder andere Gesetzmäßigkeiten analytisch beschrieben oder anhand von Messungen ermittelt und in einem *mathematischen Modell*, z. B. durch Differenzialgleichungen, algebraische oder logische Gleichungen usw. dargestellt werden. Die spezielle Form hängt hinsichtlich ihrer Struktur und ihrer Parameter dabei im Wesentlichen von den Systemeigenschaften ab. Die wichtigsten Eigenschaften von Regelsystemen sind im Bild 2-1 dargestellt. Mathematische Systemmodelle, die das Verhalten eines realen Systems in abstrahierender Form – eventuell vereinfacht, aber doch genügend genau – beschreiben, bilden gewöhnlich die Grundlage für die Analyse oder Synthese des realen technischen Systems sowie häufig auch für dessen rechentechnischer Simulation [1]. So lassen sich bereits im Entwurfsstadium verschiedenartige Betriebsfälle anhand einer Simulation des Systems leicht überprüfen.

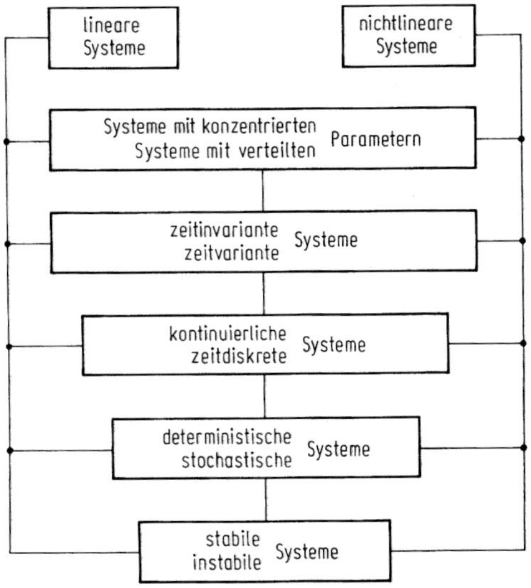

Bild 2-1. Gesichtspunkte zur Beschreibung der Eigenschaften von Regelungssystemen

2.2 Systemeigenschaften

2.2.1 Lineare und nichtlineare Systeme

Man unterscheidet bei Systemen gewöhnlich zwischen dem dynamischen und dem statischen Verhalten. Das *dynamische Verhalten* oder Zeitverhalten beschreibt den zeitlichen Verlauf der Systemausgangsgröße $x_a(t)$ bei vorgegebener Systemeingangsgröße $x_e(t)$. Somit stellen $x_e(t)$ und $x_a(t)$ zwei einander zugeordnete Größen dar. Als Beispiel dafür sei im Bild 2-2 die Antwort $x_a(t)$ eines Systems auf eine sprungförmige Veränderung der Eingangsgröße $x_e(t)$ betrachtet. In diesem Beispiel beschreibt $x_a(t)$ den zeitlichen Übergang von einem stationären Anfangszustand zur Zeit $t \leqq 0$ in einen stationären Endzustand (theoretisch für $t \to \infty$) $x_a(\infty)$.
Variiert man nun – wie im Bild 2-3 dargestellt – die Sprunghöhe $x_{e,s}$ = const und trägt die sich einstellenden stationären Werte der Ausgangsgröße $x_{a,s} = x_a(\infty)$ über $x_{e,s}$ auf, so erhält man die statische Kennlinie

$$x_{a,s} = f(x_{e,s}) \,, \tag{2-1}$$

die das *statische Verhalten* oder Beharrungsverhalten des Systems in einem gewissen Arbeitsbereich beschreibt. Gleichung (2-1) gibt also den Zusammenhang der Signalwerte im Ruhezustand an. Bei der weiteren Verwendung von (2-1) soll allerdings der einfacheren Darstellung wegen auf die Schreibweise $x_{a,s} = x_a$ und $x_{e,s} = x_e$ übergegangen werden, wobei x_a und x_e jeweils stationäre Werte von $x_a(t)$ und $x_e(t)$ darstellen. Beschreibt (2-1) eine Geradengleichung, so bezeichnet man das System als linear. Für ein lineares System gilt das Superpositionsprinzip, das folgenden Sachverhalt beschreibt: Lässt man nacheinander auf den Eingang eines Systems n beliebige Eingangsgrößen $x_{ei}(t)$ einwirken und bestimmt man die Systemantworten $x_{ai}(t)$, so ergibt sich die Systemantwort auf die Summe der n Eingangsgrößen als Summe der n Antworten $x_{ai}(t)$. Ist das Superpositionsprinzip nicht erfüllt, so ist das System nichtlinear.
Lineare kontinuierliche Systeme können gewöhnlich durch lineare Differenzialgleichungen beschrieben werden. Als Beispiel sei eine gewöhnliche lineare Differenzialgleichung betrachtet:

$$\sum_{i=0}^{n} a_i(t)\frac{\mathrm{d}^i x_a(t)}{\mathrm{d}t^i} = \sum_{j=0}^{n} b_j(t)\frac{\mathrm{d}^j x_e(t)}{\mathrm{d}t^j} \,. \tag{2-2}$$

Wie man leicht sieht, gilt auch hier das Superpositionsprinzip. Da heute für die Behandlung linearer Systeme eine weitgehend abgeschlossene Theorie zur Verfügung steht, ist man beim Auftreten von Nichtlinearitäten i. Allg. bemüht, eine Linearisierung durchzuführen. In vielen Fällen ist es möglich, durch einen linearisierten Ansatz das Systemverhalten hinreichend genau zu beschreiben. Die Durchführung der *Linearisierung* hängt vom jeweiligen nichtlinearen Charakter des Systems ab. Daher wird im Weiteren zwischen der Linearisierung einer statischen Kennlinie und der Linearisierung einer nichtlinearen Differenzialgleichung unterschieden.

(a) Linearisierung einer statischen Kennlinie
Wird die nichtlineare Kennlinie für das statische Verhalten eines Systems durch $x_a = f(x_e)$, also durch

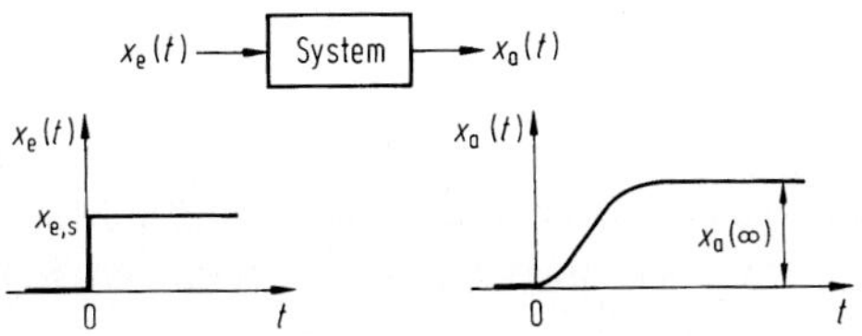

Bild 2-2. Beispiel für das dynamische Verhalten eines Systems

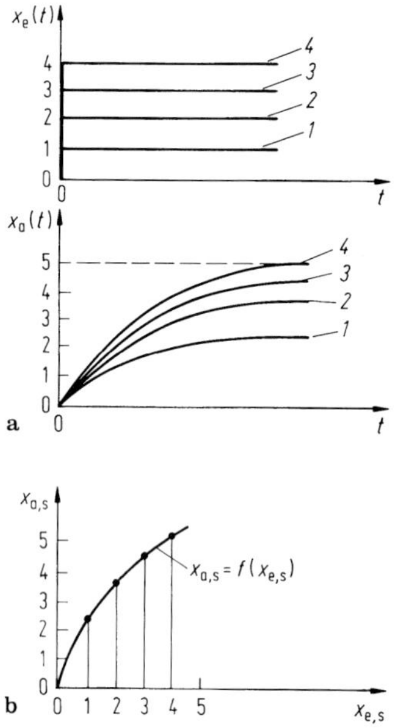

Bild 2-3. Beispiel für **a** das dynamische und **b** das statische Verhalten eines Systems

(2-1), beschrieben, so kann diese nichtlineare Gleichung im jeweils betrachteten Arbeitspunkt $(\bar{x}_e, \bar{x}_a)$ in die Taylor-Reihe

$$x_a = f(\bar{x}_e) + \left.\frac{\mathrm{d}f}{\mathrm{d}x_e}\right|_{x_e=\bar{x}_e} (x_e - \bar{x}_e) + \frac{1}{2!} \cdot \left.\frac{\mathrm{d}^2 f}{\mathrm{d}x_e^2}\right|_{x_e=\bar{x}_e} (x_e - \bar{x}_e)^2 + \ldots \tag{2-3}$$

entwickelt werden, siehe A 9.2.1 und A 11.2.1. Sind die Abweichungen $(x_e - \bar{x}_e)$ vom Arbeitspunkt klein, so können die Terme mit den höheren Ableitungen vernachlässigt werden, und aus (2-3) folgt die lineare Beziehung

$$x_a - \bar{x}_a \approx K(x_e - \bar{x}_e) \,, \quad \text{mit} \quad \bar{x}_a = f(\bar{x}_e) \quad \text{und} \quad K = \left.\frac{\mathrm{d}f}{\mathrm{d}x_e}\right|_{x_e=\bar{x}_e} . \tag{2-4}$$

Dieselbe Vorgehensweise ist auch für eine Funktion mit zwei oder mehreren unabhängigen Variablen $x_a = f(x_{e_1}, x_{e_2})$ möglich. In diesem Fall erhält man analog zu (2-4) die lineare Beziehung

$$x_a - \bar{x}_a \approx K_1(x_{e_1} - \bar{x}_{e_1}) + K_2(x_{e_2} - \bar{x}_{e_2}) \,. \tag{2-5}$$

(b) Linearisierung nichtlinearer Differenzialgleichungen

Ein nichtlineares dynamisches System mit der Eingangsgröße $x_e(t) = u(t)$ und der Ausgangsgröße $x_a(t) = y(t)$ werde beschrieben durch die nichtlineare Differenzialgleichung 1. Ordnung

$$\dot{y}(t) = f[\,y(t), u(t)] \,, \tag{2-6}$$

die in der Umgebung einer Ruhelage $(\bar{y}, \bar{u})$ linearisiert werden soll. Eine Ruhelage $\bar{y}$ zu einer konstanten Eingangsgröße $\bar{u}$ ist dadurch gekennzeichnet, dass $y(t)$ zeitlich konstant ist, d. h., es gilt $\dot{y}(t) = 0$. Man erhält zu einer gegebenen Eingangsgröße $\bar{u}$ die Ruhelagen des Systems durch Lösen der Gleichung $0 = f(\bar{y}, \bar{u})$. Bezeichnet man mit $y^*(t)$ die Abweichung der Variablen $y(t)$ von der Ruhelage $\bar{y}$, dann gilt $y(t) = \bar{y} + y^*(t)$, und daraus folgt $\dot{y}(t) = \dot{y}^*(t)$. Ganz entsprechend ergibt sich für die zweite Variable $u(t) = \bar{u} + u^*(t)$. Die Taylor-Reihenentwicklung von (2-6) um die Ruhelage $(\bar{y}, \bar{u})$ liefert bei Vernachlässigung der Terme mit den höheren Ableitungen näherungsweise die lineare Differenzialgleichung

$$\dot{y}^*(t) \approx Ay^*(t) + Bu^*(t) \,, \tag{2-7}$$

mit

$$A = \left.\frac{\partial f(y,u)}{\partial y}\right|_{\substack{y=\bar{y}\\ u=\bar{u}}} \quad \text{und} \quad B = \left.\frac{\partial f(y,u)}{\partial u}\right|_{\substack{u=\bar{u}\\ y=\bar{y}}} .$$

Ganz entsprechend kann auch bei nichtlinearen Vektordifferenzialgleichungen

$$\dot{\boldsymbol{x}}(t) = \boldsymbol{f}[\boldsymbol{x}(t), \boldsymbol{u}(t)] \,, \quad \text{mit}$$
$$\boldsymbol{x}(t) = [x_1(t) \ldots x_n(t)]^{\mathrm{T}} \,,$$
$$\boldsymbol{u}(t) = [u_1(t) \ldots u_r(t)]^{\mathrm{T}} \tag{2-8}$$

vorgegangen werden. Dabei stellen $\boldsymbol{f}(\boldsymbol{x}, \boldsymbol{u}), \boldsymbol{x}(t)$ und $\boldsymbol{u}(t)$ Spaltenvektoren dar. Hierbei liefert die Linearisierung die lineare Vektordifferenzialgleichung

$$\dot{\boldsymbol{x}}^*(t) = \boldsymbol{A}\boldsymbol{x}^*(t) + \boldsymbol{B}\boldsymbol{u}^*(t) \,, \tag{2-9}$$

wobei $\boldsymbol{A}$ und $\boldsymbol{B}$ als Jacobi-Matrizen die partiellen Ableitungen enthalten:

$$\boldsymbol{A} = \left.\begin{bmatrix} \dfrac{\partial f_1(\boldsymbol{x},\boldsymbol{u})}{\partial x_1} & \cdots & \dfrac{\partial f_1(\boldsymbol{x},\boldsymbol{u})}{\partial x_n} \\ \vdots & & \vdots \\ \dfrac{\partial f_n(\boldsymbol{x},\boldsymbol{u})}{\partial x_1} & \cdots & \dfrac{\partial f_n(\boldsymbol{x},\boldsymbol{u})}{\partial x_n} \end{bmatrix}\right|_{\substack{\boldsymbol{x}=\bar{\boldsymbol{x}}\\ \boldsymbol{u}=\bar{\boldsymbol{u}}}} \tag{2-10}$$

$$\boldsymbol{B} = \begin{bmatrix} \frac{\partial f_1(\boldsymbol{x},\boldsymbol{u})}{\partial u_1} & \cdots & \frac{\partial f_1(\boldsymbol{x},\boldsymbol{u})}{\partial u_r} \\ \vdots & & \vdots \\ \frac{\partial f_n(\boldsymbol{x},\boldsymbol{u})}{\partial u_1} & \cdots & \frac{\partial f_n(\boldsymbol{x},\boldsymbol{u})}{\partial u_r} \end{bmatrix}_{\substack{\boldsymbol{x}=\bar{\boldsymbol{x}} \\ \boldsymbol{u}=\bar{\boldsymbol{u}}}} \qquad (2\text{-}11)$$

2.2.2 Systeme mit konzentrierten und verteilten Parametern

Man kann sich ein Übertragungssystem aus endlich vielen idealisierten einzelnen Elementen zusammengesetzt denken, z. B. Ohm'schen Widerständen, Kapazitäten, Induktivitäten, Dämpfern, Federn, Massen usw. Derartige Systeme werden als Systeme mit konzentrierten Parametern bezeichnet. Diese werden durch gewöhnliche Differenzialgleichungen beschrieben. Besitzt ein System unendlich viele, unendlich kleine Einzelelemente der oben angeführten Art, dann stellt es ein System mit verteilten Parametern dar, das durch partielle Differenzialgleichungen beschrieben wird. Ein typisches Beispiel hierfür ist eine elektrische Leitung. Der Spannungsverlauf auf einer Leitung ist eine Funktion von Ort und Zeit und damit nur durch eine partielle Differenzialgleichung beschreibbar.

2.2.3 Zeitvariante und zeitinvariante Systeme

Sind die Systemparameter nicht konstant, sondern ändern sie sich in Abhängigkeit von der Zeit, dann ist das System zeitvariant (zeitvariabel, nichtstationär). Ist das nicht der Fall, dann wird das System als zeitinvariant bezeichnet. Beispiele für zeitvariante Systeme sind: Rakete (Massenänderungen), Kernreaktor (Abbrand), chemische Prozesse (Verschmutzung).
Häufiger und wichtiger sind zeitinvariante Systeme, deren Parameter konstant sind. Bei diesen Systemen hat z. B. eine zeitliche Verschiebung des Eingangssignals $x_e(t)$ um t_0 eine gleiche Verschiebung des Ausgangssignals $x_a(t)$ zur Folge, ohne dass dabei $x_a(t)$ sonst verändert wird.

2.2.4 Systeme mit kontinuierlicher und diskreter Arbeitsweise

Ist eine Systemvariable (Signal) y, z. B. die Eingangs- oder Ausgangsgröße eines Systems, zu jedem beliebigen Zeitpunkt gegeben, und ist sie innerhalb gewisser Grenzen stetig veränderlich, dann spricht man von einem *kontinuierlichen* Signalverlauf (Bild 2-4a). Kann das Signal nur gewisse diskrete Amplitudenwerte annehmen, dann liegt ein *quantisiertes* Signal vor (Bild 2-4b). Ist hingegen der Wert des Signals nur zu bestimmten diskreten Zeitpunkten bekannt, so handelt es sich um ein *zeitdiskretes* (oder kurz: diskretes) Signal (Bild 2-4c). Sind die Signalwerte zu äquidistanten Zeitpunkten mit dem Intervall T gegeben, so spricht man von einem Abtastsignal mit der Abtastperiode T. Systeme, in denen derartige Signale verarbeitet werden, bezeichnet man auch als *Abtastsysteme*. In sämtlichen Regelsystemen, in denen ein Digitalrechner z. B. die Funktionen eines Reglers übernimmt, können von diesem nur zeitdiskrete quantisierte Signale verarbeitet werden (Bild 2-4d).

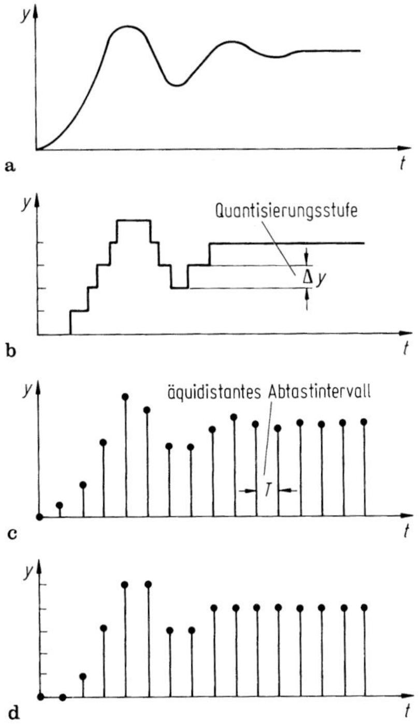

Bild 2-4. Unterscheidungsmerkmale für kontinuierliche und diskrete Signale **a** kontinuierlich, **b** quantisiert, **c** zeitdiskret, **d** zeitdiskret und quantisiert

2.2.5 Systeme mit deterministischen oder stochastischen Variablen

Eine Systemvariable kann entweder deterministischen oder stochastischen Charakter aufweisen. Die

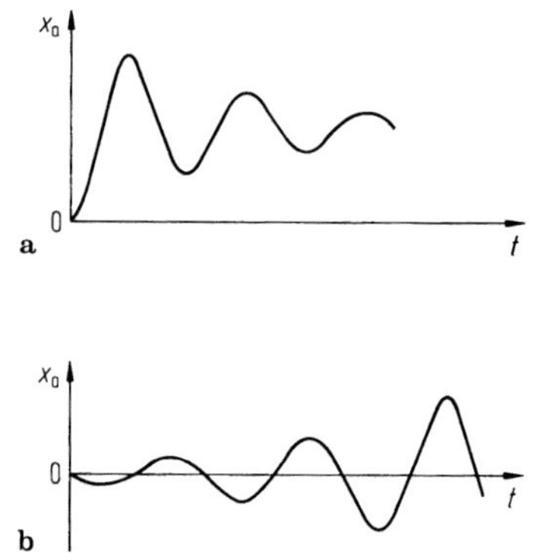

Bild 2-5. **a** stabiles und **b** instabiles Systemverhalten $x_a(t)$ bei beschränkter Eingangsgröße $x_e(t)$

deterministischen oder stochastischen Eigenschaften beziehen sich sowohl auf die in einem System auftretenden Signale als auch auf die Parameter des mathematischen Systemmodells. Im deterministischen Fall sind die Signale und das mathematische Modell eines Systems eindeutig bestimmt. Das zeitliche Verhalten des Systems lässt sich somit reproduzieren. Im stochastischen Fall hingegen können sowohl die auf das System einwirkenden Signale als auch das Systemmodell, z. B. ein Koeffizient der Systemgleichung, stochastischen, also regellosen Charakter, besitzen. Der Wert dieser in den Signalen oder im System auftretenden Variablen kann daher zu jedem Zeitpunkt nur durch stochastische Gesetzmäßigkeiten beschrieben werden und ist somit nicht mehr reproduzierbar.

2.2.6 Kausale Systeme

Bei einem kausalen System hängt die Ausgangsgröße $x_a(t_1)$ zu einem beliebigen Zeitpunkt t_1 nur vom Verlauf der Eingangsgröße $x_e(t)$ bis zu diesem Zeitpunkt t_1 ab. Es muss also erst eine Ursache auftreten,

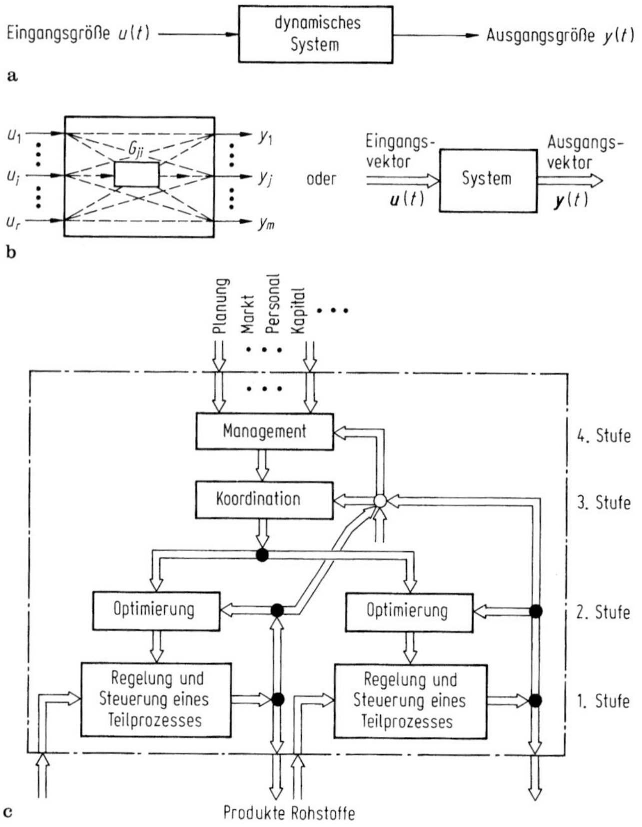

Bild 2-6. Symbolische Darstellung des Systembegriffs: **a** Eingrößensystem, **b** Mehrgrößensystem, **c** Mehrstufensystem

bevor sich eine Wirkung zeigt. Alle realen Systeme sind daher kausal.

2.2.7 Stabile und instabile Systeme

Ein System ist genau dann stabil, wenn jedes beschränkte zulässige Eingangssignal $x_e(t)$ ein ebenfalls beschränktes Ausgangssignal $x_a(t)$ zur Folge hat. Ist dies nicht der Fall, dann ist das System instabil (Bild 2-5).

2.2.8 Eingrößen- und Mehrgrößensysteme

Ein System, welches genau eine Eingangs- und eine Ausgangsgröße besitzt, heißt Eingrößensystem. Ein System mit mehreren Eingangsgrößen und/oder Ausgangsgrößen heißt Mehrgrößensystem. Große Systeme sind häufig in mehreren Stufen angeordnet. Man bezeichnet sie deshalb auch als Mehrstufensysteme (Bild 2-6).
Neben den hier diskutierten Systemeigenschaften gibt es noch einige weitere. So sind beispielsweise die *Steuerbarkeit* und *Beobachtbarkeit* eines Systems wesentliche Eigenschaften, die das innere Systemverhalten beschreiben.

3 Beschreibung linearer kontinuierlicher Systeme im Zeitbereich

3.1 Beschreibung mittels Differenzialgleichungen

Das Übertragungsverhalten linearer kontinuierlicher Systeme kann durch lineare Differenzialgleichungen beschrieben werden. Im Falle von Systemen mit konzentrierten Parametern führt dies auf gewöhnliche lineare Differenzialgleichungen gemäß (3-2) in 2.2,

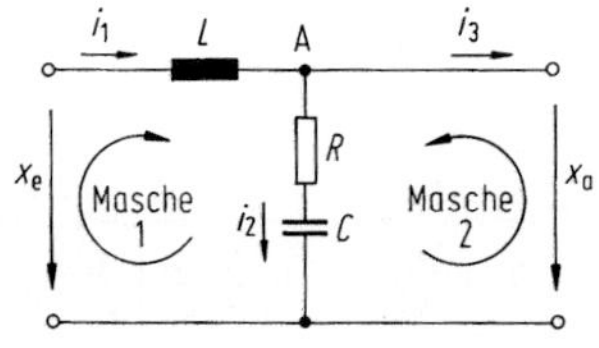

Bild 3-1. Ein elektrischer Schwingkreis

während bei Systemen mit verteilten Parametern sich partielle lineare Differenzialgleichungen als mathematische Modelle zur Systembeschreibung ergeben. Anhand einiger Beispiele soll die Aufstellung der das System beschreibenden Differenzialgleichungen gezeigt werden.

3.1.1 Elektrische Systeme

Für die Behandlung elektrischer Netzwerke benötigt man die Kirchhoff'schen Gesetze:

1. Die Summe der Ströme in einem Knotenpunkt ist gleich Null: $\sum i_i = 0$.
2. Die Summe der Spannungen bei einem Umlauf in einer Masche ist gleich Null: $\sum u_i = 0$.

Wendet man diese Gesetze auf die beiden Maschen und den Knoten A des in Bild 3-1 dargestellten Schwingkreises an und setzt voraus, dass $i_3 = 0$ ist, so erhält man nach kurzer Rechnung die lineare Differenzialgleichung 2. Ordnung mit konstanten Koeffizienten

$$T_2^2 \frac{d^2 x_a}{dt^2} + T_1 \frac{dx_a}{dt} + x_a = x_e + T_1 \frac{dx_e}{dt} , \qquad (3\text{-}1)$$

mit den Abkürzungen $T_1 = RC$ und $T_2 = \sqrt{LC}$. Zur eindeutigen Lösung müssen noch die beiden Anfangsbedingungen $x_a(0)$ und $\dot{x}_a(0)$ gegeben sein.

3.1.2 Mechanische Systeme

Zum Aufstellen der Differenzialgleichungen von mechanischen Systemen benötigt man die folgenden Gesetze:

- Newton'sches Gesetz,
- Kräfte- und Momentengleichgewichte,
- Erhaltungssätze von Impuls, Drehimpuls und Energie.

Als Beispiel für ein mechanisches System soll die Differenzialgleichung eines gedämpften Schwingers nach Bild 3-2 ermittelt werden. Dabei bezeichnen c die Federkonstante, d die Dämpfungskonstante und m die Masse desselben. Die Größen $x_1 (= x_a)$, x_2 und x_e beschreiben jeweils die Geschwindigkeiten in den gekennzeichneten Punkten. Die Anwendung obiger Gesetze liefert nach kurzer Zwischenrechnung dieselbe Differenzialgleichung (3-1) wie bei dem zuvor

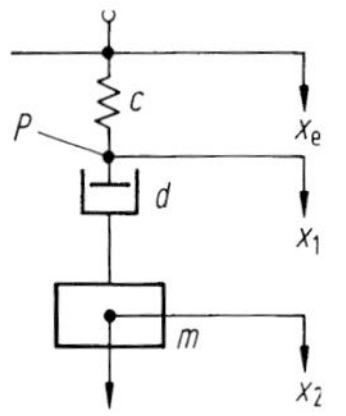

Bild 3-2. Gedämpfter mechanischer Schwinger

betrachteten elektrischen Schwingkreis, wobei allerdings $T_1 = m/d$ und $T_2 = \sqrt{m/c}$ gilt. Beide Systeme sind daher analog zueinander.

3.1.3 Thermische Systeme

Zur Bestimmung der Differenzialgleichungen thermischer Systeme benötigt man

- die Erhaltungssätze der inneren Energie oder Enthalpie sowie
- die Wärmeleitungs- und Wärmeübertragungsgesetze.

Als Beispiel soll das mathematische Modell des Stoff- und Wärmetransports in einem dickwandigen, von einem Fluid durchströmten Rohr gemäß Bild 3-3 betrachtet werden. Zunächst werden die folgenden vereinfachenden *Annahmen* getroffen:

- Die Temperatur, sowohl im Fluid, als auch in der Rohrwand, ist nur von der Koordinate z abhängig.
- Der gesamte Wärmetransport in Richtung der Rohrachse wird nur durch den Massetransport, nicht aber durch Wärmeleitung innerhalb des Fluids oder der Rohrwand bewirkt.
- Die Strömungsgeschwindigkeit des Fluids ist im ganzen Rohr konstant und hat nur eine Komponente in z-Richtung.
- Die Stoffwerte vom Fluid und Rohr sind über die Rohrlänge konstant.
- Nach außen hin ist das Rohr ideal isoliert.

Mit folgenden *Bezeichnungen*

$\vartheta(z,t)$	Fluidtemperatur
$\Theta(z,t)$	Rohrtemperatur
$\dot{m}$	Fluidstrom
L	Rohrlänge
w_F	Fluidgeschwindigkeit
ϱ_F, ϱ_R	Dichte (Fluid, Rohr)
c_F, c_R	spezifische Wärmekapazität (Fluid, Rohr)
α	Wärmeübergangszahl Fluid/Rohr
D_i, D_a	innerer und äußerer Rohrdurchmesser

sollen nun die Differenzialgleichungen des mathematischen Modells hergeleitet werden. Betrachtet wird ein Rohrelement der Länge dz. Das zugehörige Rohrwandvolumen sei dV_R, das entsprechende Fluidvolumen sei dV_F. Für die im Bild 3-3 eingetragenen Wärmemengen gilt:

$$dQ_1 = c_F \vartheta \dot{m}\, dt$$

$$dQ_2 = c_F \left(\vartheta + \frac{\partial \vartheta}{\partial z} dz\right) \dot{m}\, dt$$

$$dQ_3 = \alpha(\vartheta - \Theta)\pi D_i\, dz\, dt\ .$$

Während des Zeitintervalls dt ändert sich im Fluidelement dV_F die gespeicherte Wärmemenge um

$$dQ_F = \varrho_F \frac{\pi}{4} D_i^2 dz\, c_F \frac{\partial \vartheta}{\partial t} dt\ .$$

Nun lässt sich die Wärmebilanzgleichung für das Fluid im betrachteten Zeitintervall dt angeben:

$$dQ_F = dQ_1 - dQ_2 - dQ_3\ . \qquad (3\text{-}2)$$

Für die Wärmespeicherung im Rohrwandelement dV_R folgt andererseits im selben Zeitintervall:

$$dQ_R = \varrho_R \frac{\pi}{4}\left(D_a^2 - D_i^2\right) dz\, c_R \frac{\partial \Theta}{\partial t} dt\ .$$

Damit lässt sich nun die Wärmebilanzgleichung für das Rohrwandelement angeben. Es gilt

$$dQ_R = dQ_3\ , \qquad (3\text{-}3)$$

da nach den getroffenen Voraussetzungen an der Rohraußenwand eine ideale Wärmeisolierung vor-

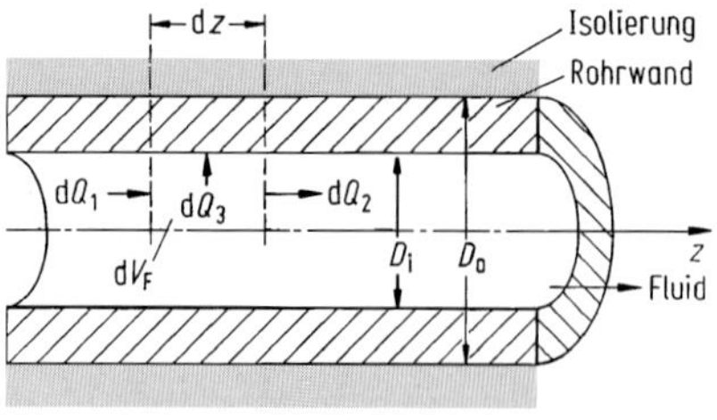

Bild 3-3. Ausschnitt aus dem untersuchten Rohr

handen ist. Werden in (3-2) und (3-3) die zuvor aufgestellten Beziehungen eingesetzt, so erhält man mit den Abkürzungen

$$K_1 = \frac{\alpha\pi D_i}{\frac{\pi}{4}D_i^2\varrho_F c_F}, \quad K_2 = \frac{\alpha\pi D_i}{\frac{\pi}{4}\left(D_a^2 - D_i^2\right)\varrho_R c_R}$$

und

$$w_F = \frac{\dot{m}}{\frac{\pi}{4}D_i^2 \varrho_F}$$

die beiden partiellen Differenzialgleichungen

$$\frac{\partial\vartheta}{\partial t} + w_F\frac{\partial\vartheta}{\partial z} = K_1(\Theta - \vartheta) \qquad (3\text{-}4a)$$

und

$$\frac{\partial\Theta}{\partial t} = K_2(\vartheta - \Theta)\,, \qquad (3\text{-}4b)$$

die das hier behandelte System beschreiben. Zur Lösung wird außer den beiden Anfangsbedingungen $\vartheta(z,0)$ und $\Theta(z,0)$ auch noch die Randbedingung $\vartheta(0,t)$ benötigt.

Als *Spezialfall* ergibt sich das dünnwandige Rohr, bei dem $dQ_3 = 0$ wird, da keine Wärmespeicherung stattfindet. Für diesen Fall geht (3-4a) über in

$$\frac{\partial\vartheta}{\partial t} + w_F\frac{\partial\vartheta}{\partial z} = 0\,. \qquad (3\text{-}5)$$

Bei Systemen mit örtlich verteilten Parametern braucht die Eingangsgröße $x_e(t)$ nicht unbedingt in den Differenzialgleichungen aufzutreten, sie kann vielmehr auch in die Randbedingungen eingehen. Im vorliegenden Fall wird als Eingangsgröße die Fluidtemperatur am Rohreingang betrachtet: $x_e(t) = \vartheta(0,t)\; t > 0$.

Entsprechend wird als Ausgangsgröße $x_a(t) = \vartheta(L,t)$ die Fluidtemperatur am Ende des Rohres der Länge L definiert. Unter der zusätzlichen Annahme $\vartheta(z,0) = 0$ erhält man als Lösung von (3-5)

$$x_a(t) = x_e(t - T_t) \quad \text{mit} \quad T_t = \frac{L}{w_F}\,. \qquad (3\text{-}6)$$

Diese Gleichung beschreibt somit den reinen Transportvorgang im Rohr. Die Zeit T_t, um die die Ausgangsgröße $x_a(t)$ der Eingangsgröße $x_e(t)$ nacheilt, wird als Totzeit bezeichnet.

3.2 Beschreibung mittels spezieller Ausgangssignale

3.2.1 Die Übergangsfunktion (Normierte Sprungantwort)

Für die weiteren Überlegungen wird der Begriff der *Sprungfunktion* (auch Einheitssprung) benötigt:

$$\sigma(t) = \begin{cases} 1 & \text{für} \quad t \geq 0 \\ 0 & \text{für} \quad t < 0 \end{cases}\,. \qquad (3\text{-}7)$$

Die sogenannte Sprungantwort lässt sich definieren als die Reaktion $x_a(t)$ des Systems auf eine sprungförmige Veränderung der Eingangsgröße

$$x_e(t) = \hat{x}_e\sigma(t) \quad \text{mit} \quad \hat{x}_e = \text{const}\,,$$

vgl. Bild 3-4.

Die *Übergangsfunktion* stellt dann die auf die Sprunghöhe $\hat{x}_e$ bezogene Sprungantwort

$$h(t) = \frac{1}{\hat{x}_e}x_a(t) \qquad (3\text{-}8)$$

dar, die bei einem kausalen System die Eigenschaft $h(t) = 0$ für $t < 0$ besitzt.

3.2.2 Die Gewichtsfunktion (Impulsantwort)

Die Gewichtsfunktion $g(t)$ ist definiert als die Antwort des Systems auf die Impulsfunktion (Einheitsimpuls oder Dirac-Impuls) $\delta(t)$. Dabei ist $\delta(t)$ keine Funktion im Sinne der klassischen Analysis, sondern muss als verallgemeinerte Funktion oder *Distribution* aufgefasst werden [1], vgl. A 8.3. Der Einfachheit halber wird $\sigma(t)$ näherungsweise als Rechteckfunktion

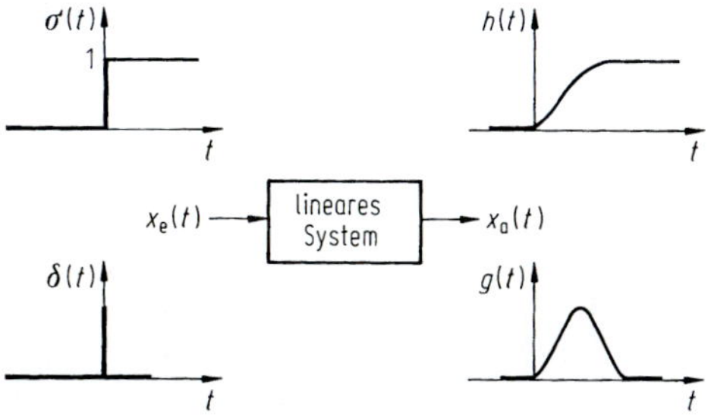

Bild 3-4. Zur Definition der Übergangsfunktion $h(t)$ und der Gewichtsfunktion $g(t)$

$$r_\varepsilon = \begin{cases} \frac{1}{\varepsilon} & \text{für} \quad 0 \leqq t \leqq \varepsilon \\ 0 & \text{sonst} \end{cases} \tag{3-9}$$

mit kleinem positiven ε beschrieben (vgl. Bild 3-5). Somit ist die Impulsfunktion definiert durch

$$\delta(t) = \lim_{\varepsilon \to 0} r_\varepsilon(t) \tag{3-10}$$

mit den Eigenschaften

$$\delta(t) = 0 \quad \text{für} \quad t \neq 0 \quad \text{und} \quad \int_{-\infty}^{\infty} \delta(t)\,\mathrm{d}t = 1\ .$$

Gewöhnlich wird die δ-Funktion gemäß Bild 3-5b für $t = 0$ symbolisch als Pfeil der Länge 1 dargestellt. Man bezeichnet die Länge 1 als die Impulsstärke (zu beachten ist, dass für die Höhe des Impulses dabei weiterhin $\delta(0) = \infty$ gilt). Im Sinne der Distributionentheorie besteht zwischen der δ-Funktion und der Sprungfunktion $\sigma(t)$ der Zusammenhang

$$\delta(t) = \frac{\mathrm{d}\sigma(t)}{\mathrm{d}t}\ . \tag{3-11}$$

Entsprechend gilt zwischen der Gewichtsfunktion $g(t)$ und der Übergangsfunktion $h(t)$ die Beziehung

$$g(t) = \frac{\mathrm{d}}{\mathrm{d}t} h(t)\ . \tag{3-12a}$$

Bezeichnet man den Wert von $h(t)$ für $t = 0+$ mit $h(0+)$, so lässt sich $h(t)$ in der Form

$$h(t) = h_0(t) + h(0+)\,\sigma(t)$$

darstellen, wobei angenommen wird, dass der sprungfreie Anteil $h_0(t)$ auf der gesamten t-Achse stetig und stückweise differenzierbar ist. Damit kann (3-12a) auch in der Form

$$g(t) = \dot{h}(t) = \dot{h}_0(t) + h(0+)\,\delta(t) \tag{3-12b}$$

geschrieben werden.

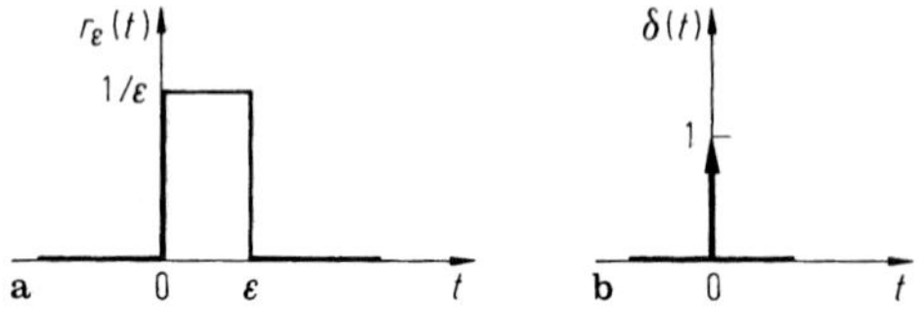

Bild 3-5. **a** Annäherung der $\delta(t)$-Funktion; **b** symbolische Darstellung der δ-Funktion

3.2.3 Das Faltungsintegral (Duhamel'sches Integral)

Bei den folgenden Überlegungen wird als das zu beschreibende dynamische System die Regelstrecke mit der Eingangsgröße $x_e(t) = u(t)$ und der Ausgangsgröße $x_a(t) = y(t)$ gewählt. Es sei jedoch darauf hingewiesen, dass diese Überlegungen selbstverständlich allgemein gültig sind. Das Übertragungsverhalten eines kausalen linearen zeitinvarianten Systems ist durch die Kenntnis eines Funktionspaares $[y_i(t); u_i(t)]$ eindeutig bestimmt. Kennt man insbesondere die Gewichtsfunktion $g(t)$, so kann für ein beliebiges Eingangssignal $u(t)$ das Ausgangssignal $y(t)$ mithilfe des Faltungsintegrals

$$y(t) = \int_0^t g(t-\tau)u(\tau)\,\mathrm{d}\tau \tag{3-13}$$

bestimmt werden, siehe A 25.6. Umgekehrt kann bei bekanntem Verlauf von $u(t)$ und $y(t)$ durch eine Umkehrung der Faltung die Gewichtsfunktion $g(t)$ berechnet werden. Sowohl die Gewichtsfunktion $g(t)$ als auch die Übergangsfunktion $h(t)$ sind für die Beschreibung linearer Systeme von großer Bedeutung, da sie die gesamte Information über deren dynamisches Verhalten enthalten.

3.3 Zustandsraumdarstellung

3.3.1 Zustandsraumdarstellung für Eingrößensysteme

Am Beispiel des im Bild 3-6 dargestellten RLC-Netzwerkes soll die Systembeschreibung in Form der Zustandsraumdarstellung in einer kurzen Einführung behandelt werden. Das dynamische Verhalten des Systems ist für alle Zeiten $t \geqq t_0$ vollständig definiert, wenn

- die Anfangswerte $u_C(t_0)$, $i(t_0)$ und
- die Eingangsgröße $u_K(t)$ für $t \geqq t_0$

bekannt sind. Durch diese Angaben lassen sich die

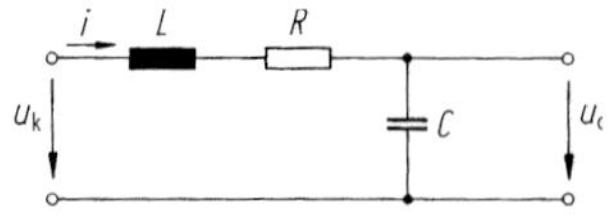

Bild 3-6. RLC-Netzwerk

Größen $i(t)$ und $u_C(t)$ für alle Werte $t \geqq t_0$ bestimmen. Die Größen $i(t)$ und $u_C(t)$ charakterisieren den „Zustand" des Netzwerkes und werden aus diesem Grund als dessen *Zustandsgrößen* bezeichnet. Für dieses Netzwerk gelten folgende Beziehungen:

$$L\frac{\mathrm{d}i}{\mathrm{d}t} + Ri + u_C = u_K \,, \qquad (3\text{-}14a)$$

$$C\frac{\mathrm{d}u_C}{\mathrm{d}t} = i \,. \qquad (3\text{-}14b)$$

Aus (3-14a,b) erhält man

$$LC\frac{\mathrm{d}^2u_C}{\mathrm{d}t^2} + RC\frac{\mathrm{d}u_C}{\mathrm{d}t} + u_C = u_K \,.$$

Diese lineare Differenzialgleichung 2. Ordnung beschreibt das System bezüglich des Eingangs-Ausgangs-Verhaltens vollständig. Man kann aber zur Systembeschreibung auch die beiden ursprünglichen linearen Differenzialgleichungen 1. Ordnung, also (3-14a,b), benutzen. Dazu fasst man diese beiden Gleichungen zweckmäßigerweise mithilfe der Vektorschreibweise zu einer linearen Vektordifferenzialgleichung 1. Ordnung

$$\begin{bmatrix} \frac{\mathrm{d}i}{\mathrm{d}t} \\ \frac{\mathrm{d}u_C}{\mathrm{d}t} \end{bmatrix} = \begin{bmatrix} -\frac{R}{L} & -\frac{1}{L} \\ \frac{1}{C} & 0 \end{bmatrix} \begin{bmatrix} i \\ u_C \end{bmatrix} + \begin{bmatrix} \frac{1}{L} \\ 0 \end{bmatrix} u_K \qquad (3\text{-}15)$$

mit dem Anfangswertvektor

$$\begin{bmatrix} i(t_0) \\ u_C(t_0) \end{bmatrix}$$

zusammen. Diese lineare Vektordifferenzialgleichung 1. Ordnung beschreibt den Zusammenhang zwischen der Eingangsgröße und den Zustandsgrößen. Man benötigt nun aber noch eine Gleichung, die die Abhängigkeit der Ausgangsgröße von den Zustandsgrößen und der Eingangsgröße angibt. In diesem Beispiel gilt, wie man direkt sieht, für die Ausgangsgröße

$$y(t) = u_C(t) \,.$$

Gewöhnlich stellt die Ausgangsgröße eine Linearkombination der Zustandsgrößen und der Eingangsgröße dar. Allgemein hat die Zustandsraumdarstellung für Eingrößensysteme daher folgende Form:

$$\dot{\boldsymbol{x}} = \boldsymbol{A}\boldsymbol{x} + \boldsymbol{b}u \,, \quad \boldsymbol{x}(t_0) = \boldsymbol{x}_0 \,, \qquad (3\text{-}16)$$

$$y = \boldsymbol{c}^\mathrm{T}\boldsymbol{x} + \mathrm{d}u \,. \qquad (3\text{-}17)$$

Dabei beschreibt (3-16) ein lineares Differenzialgleichungssystem 1. Ordnung für die Zustandsgrößen $x_1, x_2, \ldots, x_n$, die zum Zustandsvektor $x = [x_1 \ldots x_n]^\mathrm{T}$ zusammengefasst werden, wobei die Eingangsgröße u multipliziert mit dem Vektor $\boldsymbol{b}$ als Störterm auftritt. Gleichung (3-17) ist dagegen eine rein algebraische Gleichung, die die lineare Abhängigkeit der Ausgangsgröße von den Zustandsgrößen und der Eingangsgröße angibt. Mathematisch beruht die Zustandsraumdarstellung auf dem Satz, dass man jede lineare Differenzialgleichung n-ter Ordnung in n gekoppelte Differenzialgleichungen 1. Ordnung umwandeln kann, siehe A 26.

Vergleicht man die Darstellung gemäß (3-16) und (3-17) mit den Gleichungen des oben betrachteten Beispiels, so folgt:

$$x = \begin{bmatrix} x_1 \\ x_2 \end{bmatrix} = \begin{bmatrix} i \\ u_C \end{bmatrix}, \quad x_0 = \begin{bmatrix} i(t_0) \\ u_C(t_0) \end{bmatrix},$$

$$\boldsymbol{A} = \begin{bmatrix} -\frac{R}{L} & -\frac{1}{L} \\ \frac{1}{C} & 0 \end{bmatrix}, \quad \boldsymbol{b} = \begin{bmatrix} \frac{1}{L} \\ 0 \end{bmatrix}; u = u_K \,,$$

$$\boldsymbol{c}^\mathrm{T} = [0, 1] \,; \quad d = 0 \,.$$

3.3.2 Zustandsraumdarstellung für Mehrgrößensysteme

Für lineare Mehrgrößensysteme mit r Eingangsgrößen und m Ausgangsgrößen gehen (3-16), (3-17) in die allgemeine Form

$$\dot{\boldsymbol{x}} = \boldsymbol{A}\boldsymbol{x} + \boldsymbol{B}\boldsymbol{u} \text{ mit der Anfangsbedingung } \boldsymbol{x}(t_0) \,, \qquad (3\text{-}18)$$

$$\boldsymbol{y} = \boldsymbol{C}\boldsymbol{x} + \boldsymbol{D}\boldsymbol{u} \qquad (3\text{-}19)$$

über, wobei die folgenden Beziehungen gelten:

$$\text{Zustandsvektor} \quad \boldsymbol{x} = \begin{bmatrix} x_1 \\ \vdots \\ x_n \end{bmatrix},$$

$$\begin{matrix}\text{Eingangsvektor} \\ \text{(Steuervektor)}\end{matrix} \quad \boldsymbol{u} = \begin{bmatrix} u_1 \\ \vdots \\ u_r \end{bmatrix},$$

$$\text{Ausgangsvektor} \quad \boldsymbol{m} = \begin{bmatrix} y_1 \\ \vdots \\ y_m \end{bmatrix},$$

Systemmatrix	$\boldsymbol{A}$	$(n \times n)$-Matrix ,
Steuermatrix	$\boldsymbol{B}$	$(n \times r)$-Matrix ,
Ausgangs- oder Beobachtungsmatrix	$\boldsymbol{C}$	$(m \times n)$-Matrix ,
Durchgangsmatrix	$\boldsymbol{D}$	$(m \times r)$-Matrix .

Selbstverständlich schließt die allgemeine Darstellung von (3-18) und (3-19) auch die Zustandsraumdarstellung des Eingrößensystems mit ein.
Die Verwendung der Zustandsraumdarstellung hat verschiedene Vorteile, von denen hier einige genannt seien:

1. Ein- und Mehrgrößensysteme können formal gleich behandelt werden.
2. Diese Darstellung ist sowohl für die theoretische Behandlung (analytische Lösungen, Optimierung) als auch für die numerische Berechnung gut geeignet.
3. Die Berechnung des Verhaltens des homogenen Systems unter Verwendung der Anfangsbedingung $\boldsymbol{x}(t_0)$ ist sehr einfach.
4. Schließlich gibt diese Darstellung einen besseren Einblick in das innere Systemverhalten. So lassen sich allgemeine Systemeigenschaften wie die Steuerbarkeit oder Beobachtbarkeit des Systems mit dieser Darstellungsform definieren und überprüfen.

Durch (3-18) und (3-19) werden *lineare* Systeme mit konzentrierten Parametern beschrieben. Die Zustandsraumdarstellung lässt sich jedoch auch auf *nichtlineare* Systeme mit konzentrierten Parametern erweitern:

$$\dot{\boldsymbol{x}} = \boldsymbol{f}_1(\boldsymbol{x}, \boldsymbol{u}, t) \quad \text{(Vektordifferenzialgleichung)}, \tag{3-20}$$

$$\boldsymbol{y} = \boldsymbol{f}_2(\boldsymbol{x}, \boldsymbol{u}, t) \quad \text{(Vektorgleichung)}. \tag{3-21}$$

Der Zustandsvektor $\boldsymbol{x}(t)$ stellt für den Zeitpunkt t einen Punkt in einem n-dimensionalen euklidischen Raum (Zustandsraum) dar. Mit wachsender Zeit t ändert dieser *Zustandspunkt des Systems* seine räumliche Position und beschreibt dabei eine Kurve, die als *Zustandskurve* oder *Trajektorie* des Systems bezeichnet wird.

4 Beschreibung linearer kontinuierlicher Systeme im Frequenzbereich

4.1 Die Laplace-Transformation [1]

Die Laplace-Transformation kann als wichtiges Hilfsmittel zur Lösung linearer Differenzialgleichungen mit konstanten Koeffizienten angesehen werden. Bei regelungstechnischen Aufgaben erfüllen die zu lösenden Differenzialgleichungen meist die zum Einsatz der Laplace-Transformation notwendigen Voraussetzungen. Die Laplace-Transformation ist eine *Integraltransformation*, die einer großen Klasse von *Originalfunktionen* $f(t)$ umkehrbar eindeutig eine *Bildfunktion* $F(s)$ zuordnet, siehe A 23.2. Diese Zuordnung erfolgt über das *Laplace-Integral* von $f(t)$, also durch

$$F(s) = \int_0^\infty f(t)\mathrm{e}^{-st}\mathrm{d}t = \mathscr{L}\{f(t)\}, \tag{4-1}$$

wobei im Argument dieser *Laplace-Transformierten* $F(s)$ die komplexe Variable $s = \sigma + \mathrm{j}\omega$ auftritt und $\mathscr{L}$ die Operatorschreibweise darstellt. Die Voraussetzungen für die Gültigkeit von (4-1) sind:

(a) $f(t) = 0$ für $t < 0$;
(b) das Integral in (4-1) muss konvergieren.

Bei der Behandlung dynamischer Systeme ist die Originalfunktion $f(t)$ gewöhnlich eine Zeitfunktion. Da die komplexe Variable s die Frequenz ω enthält, wird die Bildfunktion $F(s)$ oft auch als Frequenzfunktion bezeichnet. Damit ermöglicht die Laplace-Transformation gemäß (4-1) den Übergang vom *Zeitbereich* (Originalbereich) in den *Frequenzbereich* (Bildbereich).
Die sogenannte Rücktransformation oder inverse Laplace-Transformation, also die Gewinnung der Originalfunktion aus der Bildfunktion wird durch das *Umkehrintegral*

$$f(t) = \frac{1}{2\pi\mathrm{j}} \int_{c-\mathrm{j}\infty}^{c+\mathrm{j}\infty} F(s)\mathrm{e}^{st}\mathrm{d}s = \mathscr{L}^{-1}\{F(s)\}, \quad t > 0 \tag{4-2}$$

ermöglicht, wobei $f(t) = 0$ für $t < 0$ gilt, siehe A 23.2. Die Laplace-Transformation ist eine *umkehrbar eindeutige* Zuordnung von Originalfunktion und Bildfunktion. Daher braucht in vielen Fällen das Umkehrintegral gar nicht berechnet zu werden; es können vielmehr *Korrespondenztafeln* verwendet werden, in denen für viele Funktionen die oben genannte Zuordnung enthalten ist, siehe Tabelle A 23.2.
Die Lösung von Differenzialgleichungen mithilfe der Laplace-Transformation erfolgt gemäß Bild 4-1 in folgenden drei Schritten:

1. Transformation der Differenzialgleichung in den Bildbereich,
2. Lösung der algebraischen Gleichung im Bildbereich,
3. Rücktransformation der Lösung in den Originalbereich.

Beispiel: Gegeben ist die Differenzialgleichung

$$\ddot{f}(t) + 3\dot{f}(t) + 2f(t) = \mathrm{e}^{-t}$$

mit den Anfangsbedingungen $f(0+) = \dot{f}(0+) = 0$. Die Lösung erfolgt in den zuvor angegebenen Schritten:

1. Schritt:

$$s^2F(s) + 3sF(s) + 2F(s) = \frac{1}{s+1} .$$

2. Schritt:

$$F(s) = \frac{1}{s+1} \cdot \frac{1}{s^2 + 3s + 2} .$$

3. Schritt:
Vor der Rücktransformation wird $F(s)$ in Partialbrüche zerlegt, da die Korrespondenztafeln nur bestimmte Standardfunktionen enthalten:

$$F(s) = \frac{1}{s+2} - \frac{1}{s+1} + \frac{1}{(s+1)^2} .$$

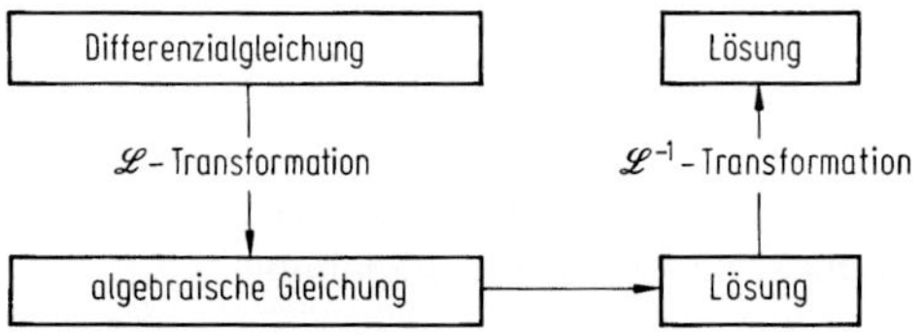

Bild 4-1. Schema zur Lösung von Differenzialgleichungen mit der Laplace-Transformation

Mittels der Korrespondenzen aus Tabelle A 23-2 folgt durch die inverse Laplace-Transformation als Lösung der gegebenen Differenzialgleichung:

$$f(t) = \mathrm{e}^{-2t} - \mathrm{e}^{-t} + t\mathrm{e}^{-t} .$$

Wie man leicht anhand dieses Beispiels erkennt, ist die Lage der Pole s_1, s_2 und s_3 für den Verlauf von $f(t)$ ausschlaggebend. Da hier sämtliche Pole von $F(s)$ negativen Realteil besitzen, ist der Verlauf von $f(t)$ gedämpft, d. h., er klingt für $t \to \infty$ auf null ab. Wäre jedoch der Realteil eines Poles positiv, dann würde für $t \to \infty$ auch $f(t)$ unendlich groß werden. Da bei regelungstechnischen Problemen die Originalfunktion $f(t)$ stets den zeitlichen Verlauf einer im Regelkreis auftretenden Systemgröße darstellt, lässt sich das Schwingungsverhalten dieser Systemgröße $f(t)$ durch die Untersuchung der Lage der Polstellen der zugehörigen Bildfunktion $F(s)$ direkt beurteilen. Auf diese so entscheidende Bedeutung der Lage der Polstellen einer Bildfunktion wird im Kapitel 6 ausführlich eingegangen.

4.2 Die Fourier-Transformation [2]

Oben wurde die Laplace-Transformation für Zeitfunktionen $f(t)$ mit der Eigenschaft $f(t) = 0$ im Bereich $t < 0$ behandelt. Zeitfunktionen mit dieser Eigenschaft kommen hauptsächlich bei technischen Einschaltvorgängen vor. Für Zeitfunktionen im gesamten t-Bereich $-\infty \leqq t \leqq +\infty$ wird die *Fourier-Transformierte* ($\mathcal{F}$-Transformierte, Spektral- oder Frequenzfunktion)

$$F(\mathrm{j}\omega) = \mathcal{F}\{f(t)\} = \int_{-\infty}^{\infty} f(t)\mathrm{e}^{-\mathrm{j}\omega t}\mathrm{d}t \qquad (4\text{-}3)$$

und die *inverse Fourier-Transformierte*

$$f(t) = \mathcal{F}^{-1}\{F(\mathrm{j}\omega)\} = \frac{1}{2\pi}\int_{-\infty}^{\infty} F(\mathrm{j}\omega)\mathrm{e}^{\mathrm{j}\omega t}\mathrm{d}\omega \qquad (4\text{-}4)$$

benutzt, wobei mit den Operatorzeichen $\mathcal{F}$ und $\mathcal{F}^{-1}$ formal die Fourier-Transformation bzw. ihre Inverse gekennzeichnet wird.
Da die Fourier-Transformierte meist eine komplexe Funktion ist, können ebenfalls die Darstellungen

$$F(\mathrm{j}\omega) = R'(\omega) + \mathrm{j}I'(\omega) \tag{4-5}$$

und

$$F(\mathrm{j}\omega) = A'(\omega)\mathrm{e}^{\mathrm{j}\varphi'}(\omega) \tag{4-6}$$

unter Verwendung von Real- und Imaginärteil $R'(\omega)$ und $I'(\omega)$ oder von Amplituden- und Phasengang $A'(\omega)$ und $\varphi'(\omega)$ gewählt werden, wobei

$$A'(\omega) = |F(\mathrm{j}\omega)| = \sqrt{R'^2(\omega) + I'^2(\omega)} \tag{4-7}$$

auch als *Fourier-Spektrum* oder *Amplitudendichtespektrum* von $f(t)$ bezeichnet wird, und außerdem für den *Phasengang* gilt:

$$\varphi'(\omega) = \arctan\frac{I'(\omega)}{R'(\omega)} \ . \tag{4-8}$$

Ähnlich wie die Laplace-Transformation stellt die Fourier-Transformation eine umkehrbar eindeutige Zuordnung zwischen Zeitfunktion $f(t)$ und Frequenz- oder Spektralfunktion $F(\mathrm{j}\omega)$ her. Die wichtigsten Funktionspaare sind in Tabelle A 23.1 zusammengestellt. Wegen Analogien von Fourier- und Laplace-Transformation vgl. A 23.1 und A 23.2.

4.3 Der Begriff der Übertragungsfunktion

4.3.1 Definition

Lineare, kontinuierliche, zeitinvariante Systeme mit konzentrierten Parametern, ohne Totzeit werden durch die Differenzialgleichung

$$\sum_{i=0}^{n} a_i \frac{\mathrm{d}^i x_\mathrm{a}(t)}{\mathrm{d}t^i} = \sum_{j=0}^{m} b_j \frac{\mathrm{d}^j x_\mathrm{e}(t)}{\mathrm{d}t^j}\ , \quad m \leqq n \tag{4-9}$$

beschrieben. Sind alle *Anfangswerte gleich null* und wendet man auf beide Seiten von (4-9) die Laplace-Transformation an, so folgt nach kurzer Umformung

$$\frac{X_\mathrm{a}(s)}{X_\mathrm{e}(s)} = \frac{b_0 + b_1 s + \ldots + b_m s^m}{a_0 + a_1 s + \ldots + a_n s^n} = G(s) = \frac{Z(s)}{N(s)}\ , \tag{4-10}$$

wobei $Z(s)$ und $N(s)$ das Zähler- bzw. Nennerpolynom von $G(s)$ sind. Die das Übertragungsverhalten des Systems vollständig charakterisierende Funktion $G(s)$ wird *Übertragungsfunktion* des Systems genannt. Ist noch eine *Totzeit* T_t zu berücksichtigen, dann erhält man anstelle von (4-9)

$$\sum_{i=0}^{n} a_i \frac{\mathrm{d}_i x_\mathrm{a}(t)}{\mathrm{d}t^i} = \sum_{j=0}^{m} b_j \frac{\mathrm{d}^j x_\mathrm{e}(t - T_\mathrm{t})}{\mathrm{d}t^j}\ . \tag{4-11}$$

Die Laplace-Transformation liefert in diesem Fall die *transzendente* Übertragungsfunktion

$$G(s) = \frac{Z(s)}{N(s)}\mathrm{e}^{-sT_\mathrm{t}}\ . \tag{4-12}$$

Die Erregung eines linearen Systems durch einen Einheitsimpuls $\delta(t)$ liefert als Ausgangsgröße die Gewichtsfunktion: $x_\mathrm{a}(t) = g(t)$, vgl. 3.2.2. Es ist nun wegen $\mathscr{L}\{\delta(t)\} = 1$ und mit (4-10)

$$\mathscr{L}\{g(t)\} = X_\mathrm{a}(s) = X_\mathrm{a}(s)/X_\mathrm{e}(s) = G(s)\ ; \tag{4-13}$$

d. h., die Übertragungsfunktion $G(s)$ ist identisch mit der Laplace-Transformierten der Gewichtsfunktion. Das Ergebnis (4-13) folgt auch durch Laplace-Transformation aus der Beziehung (4-3-4-13):

$$\mathscr{L}\{x_\mathrm{a}(t)\} = \mathscr{L}\left\{\int_0^t g(t-\tau)x_\mathrm{e}(\tau)\mathrm{d}\tau\right\} = G(s)X_\mathrm{e}(s)\ . \tag{4-14}$$

4.3.2 Pole und Nullstellen der Übertragungsfunktion

Häufig ist es zweckmäßig, die rationale Übertragungsfunktion $G(s)$ gemäß (4-10) faktorisiert in der Form

$$G(s) = \frac{Z(s)}{N(s)} = k_0 \frac{(s - s_{\mathrm{N}1})(s - s_{\mathrm{N}2})\ldots(s - s_{\mathrm{N}m})}{(s - s_{\mathrm{P}1})(s - s_{\mathrm{P}2})\ldots(s - s_{\mathrm{P}n})} \tag{4-15}$$

darzustellen. Da aus physikalischen Gründen nur reelle Koeffizienten a_i, b_j vorkommen, können die *Nullstellen* $s_{\mathrm{N}j}$ bzw. die *Polstellen* $s_{\mathrm{P}i}$ von $G(s)$ *reell* oder *konjugiert komplex* sein. Pole und Nullstellen lassen sich anschaulich in der komplexen s-Ebene entsprechend Bild 4-2 darstellen. Ein lineares zeitinvariantes System *ohne* Totzeit wird somit durch die Angabe der Pol- und Nullstellenverteilung sowie des Faktors k_0 vollständig beschrieben. Darüber hinaus haben die Pole der Übertragungsfunktion eine weitere Bedeutung. Betrachtet man das ungestörte System ($x_\mathrm{e}(t) \equiv 0$) nach (4-9) und will man den Zeitverlauf der Ausgangsgröße $x_\mathrm{a}(t)$ nach Vorgabe von n Anfangsbedingungen ermitteln, so hat man die zugehörige homogene Differenzialgleichung

$$\sum_{i=0}^{n} a_i \frac{\mathrm{d}^i x_\mathrm{a}(t)}{\mathrm{d}t^i} = 0 \tag{4-16}$$

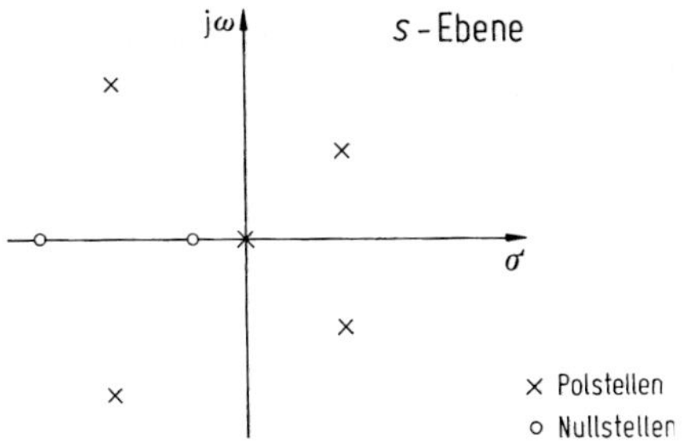

Bild 4-2. Pol- und Nullstellenverteilung einer Übertragungsfunktion in der s-Ebene

zu lösen. Wird für (4-16) der Lösungsansatz $x_a(t) = e^{st}$ gemacht, so erhält man als Bestimmungsgleichung für s die *charakteristische Gleichung*

$$\sum_{i=0}^{n} a_i s^i = 0 \,. \tag{4-17}$$

Diese Beziehung geht also unmittelbar durch Nullsetzen des Nenners ($N(s) = 0$) aus $G(s)$ hervor, sofern $N(s)$ und $Z(s)$ teilerfremd sind. Die Nullstellen s_k der charakteristischen Gleichung stellen somit Pole s_{Pj} der Übertragungsfunktion dar. Da das Eigenverhalten ($x_e(t) \equiv 0$) allein durch die charakteristische Gleichung beschrieben wird, enthalten somit die Pole s_{Pj} der Übertragungsfunktion diese Information vollständig.

4.3.3 Das Rechnen mit Übertragungsfunktionen

Für das Zusammenschalten von Übertragungsgliedern lassen sich nun einfache Rechenregeln zur Bestimmung der Übertragungsfunktion herleiten.

a) *Hintereinanderschaltung*: Aus der Schaltung entsprechend Bild 4-3 folgt

$$Y(s) = G_2(s)G_1(s)U(s) \,.$$

Damit ergibt sich als Gesamtübertragungsfunktion der Hintereinanderschaltung

$$G(s) = \frac{Y(s)}{U(s)} = G_1(s)G_2(s) \,. \tag{4-18}$$

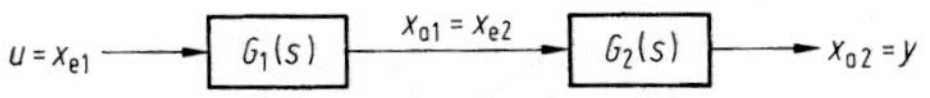

Bild 4-3. Hintereinanderschaltung zweier Übertragungsglieder

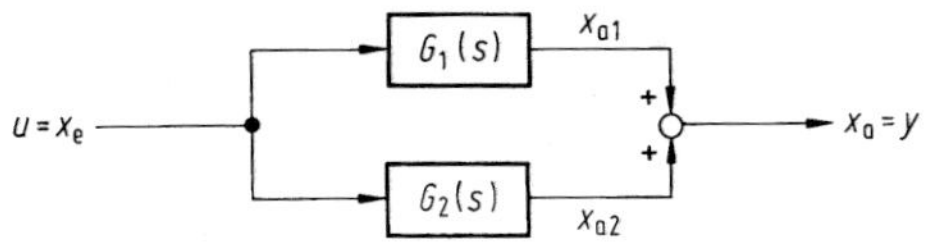

Bild 4-4. Parallelschaltung zweier Übertragungsglieder

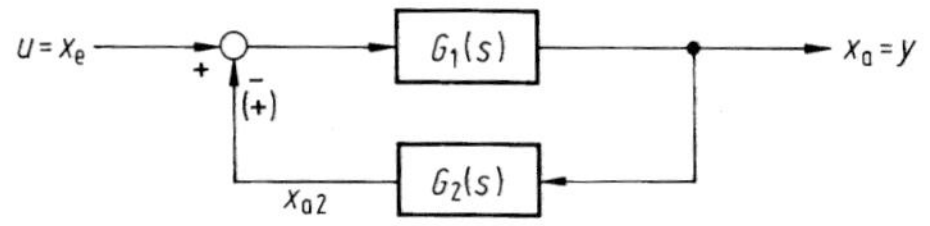

Bild 4-5. Kreisschaltung zweier Übertragungsglieder

b) *Parallelschaltung*: Für die Ausgangsgröße des Gesamtsystems nach Bild 4-4 erhält man

$$\begin{aligned} Y(s) &= X_a(s) \\ &= X_{a1}(s) + X_{a2}(s) = [G_1(s) + G_2(s)]\, U(s) \,, \end{aligned}$$

und daraus ergibt sich als Gesamtübertragungsfunktion der Parallelschaltung

$$G(s) = \frac{Y(s)}{U(s)} = G_1(s) + G_2(s) \,. \tag{4-19}$$

c) *Kreisschaltung:* Aus Bild 4-5 folgt unmittelbar für die Ausgangsgröße

$$Y(s) = X_a(s) = [U(s)(\mp)X_{a2}(s)]G_1(s) \,.$$

Mit $X_{a2}(s) = G_2(s)Y(s)$ erhält man daraus die Gesamtübertragungsfunktion der Kreisschaltung

$$G(s) = \frac{Y(s)}{U(s)} = \frac{G_1(s)}{1 \underset{(-)}{+} G_1(s)G_2(s)} \,. \tag{4-20}$$

Da die Ausgangsgröße von $G_1(s)$ über $G_2(s)$ wieder an den Eingang zurückgeführt wird, spricht man auch von einer Rückkopplung. Dabei unterscheidet man zwischen positiver Rückkopplung (*Mitkopplung*) bei positiver Aufschaltung von $X_{a2}(s)$ und negativer Rückkopplung (*Gegenkopplung*) bei negativer Aufschaltung von $X_{a2}(s)$.

4.3.4 Zusammenhang zwischen $G(s)$ und der Zustandsraumdarstellung

Wendet man auf die Zustandsraumdarstellung eines Eingrößensystems, in 3.3.1 beschrieben durch (4-16) und (4-17) mit $\boldsymbol{x}(t_0) = 0$, die Laplace-Transformation an, so folgt aus

$$s\boldsymbol{X}(s) = \boldsymbol{A}\boldsymbol{X}(s) + \boldsymbol{b}U(s) \quad \text{und}$$
$$Y(s) = \boldsymbol{c}^{\mathrm{T}}\boldsymbol{X}(s) + \mathrm{d}U(s)$$

nach Elimination von $\boldsymbol{X}(s)$ nach kurzer Rechnung die Übertragungsfunktion

$$G(s) = \frac{Y(s)}{U(s)} = \boldsymbol{c}^{\mathrm{T}}(s\boldsymbol{I} - \boldsymbol{A})^{-1}\,\boldsymbol{b} + d\,. \tag{4-21}$$

$\boldsymbol{I}$ ist dabei die Einheitsmatrix. Gleichung (4-21) stimmt natürlich mit (4-10) überein, wenn beide mathematischen Modelle dasselbe System beschreiben.

4.3.5 Die komplexe *G*-Ebene

Die komplexe Übertragungsfunktion $G(s)$ beschreibt eine lokal konforme Abbildung der s-Ebene auf die G-Ebene, vgl. A 19. Wegen der bei dieser Abbildung gewährleisteten Winkeltreue wird das orthogonale Netz achsenparalleler Geraden σ = const und ω = const der s-Ebene in ein wiederum orthogonales, aber krummliniges Netz der G-Ebene – wie im Bild 4-6 dargestellt – abgebildet. Dabei bleibt „im unendlich Kleinen" auch die Maßstabstreue erhalten. Einen sehr wichtigen speziellen Fall erhält man für $\sigma = 0$ und $\omega \geqq 0$. Er repräsentiert die konforme Abbildung der positiven Imaginärachse der s-Ebene und wird als *Ortskurve des Frequenzganges* $G(\mathrm{j}\omega)$ des Systems bezeichnet.

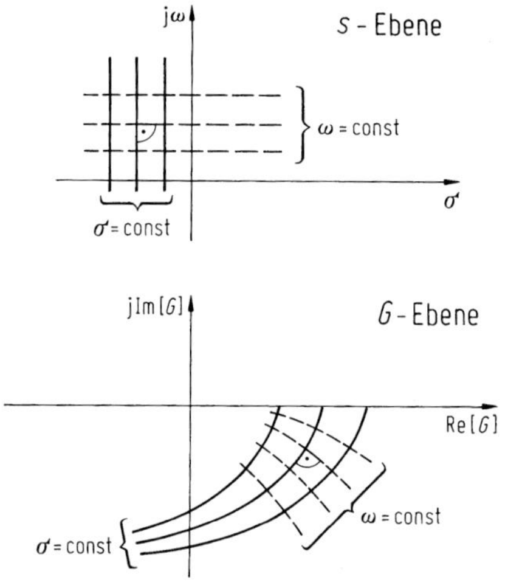

Bild 4-6. Lokal konforme Abbildung der Geraden σ = const und ω = const der s-Ebene in die G-Ebene

4.4 Die Frequenzgangdarstellung

4.4.1 Definition

Wie bereits kurz erwähnt, geht für $\sigma = 0$, also für den Spezialfall $s = \mathrm{j}\omega$, die Übertragungsfunktion $G(s)$ in den *Frequenzgang* $G(\mathrm{j}\omega)$ über. Während die Übertragungsfunktion $G(s)$ mehr eine abstrakte, nicht messbare Beschreibungsform zur mathematischen Behandlung linearer Systeme darstellt, kann der Frequenzgang $G(\mathrm{j}\omega)$ unmittelbar auch anschaulich physikalisch interpretiert werden. Dazu wird zunächst der Frequenzgang als komplexe Größe

$$G(\mathrm{j}\omega) = R(\omega) + \mathrm{j}I(\omega)\,, \tag{4-22}$$

mit dem Realteil $R(\omega)$ und dem Imaginärteil $I(\omega)$, zweckmäßigerweise durch seinen *Amplitudengang* $A(\omega)$ und seinen *Phasengang* $\varphi(\omega)$ in der Form

$$G(\mathrm{j}\omega) = A(\omega)\mathrm{e}^{\mathrm{j}\varphi(\omega)} \tag{4-23}$$

dargestellt. Denkt man sich nun die Systemgröße $x_{\mathrm{e}}(t)$ sinusförmig mit der Amplitude $\hat{x}_{\mathrm{e}}$ und der Frequenz ω erregt, also durch

$$x_{\mathrm{e}}(t) = \widehat{x}_{\mathrm{e}} \sin \omega t\,, \tag{4-24}$$

dann wird bei einem linearen kontinuierlichen System die Ausgangsgröße mit derselben Frequenz ω mit anderer Amplitude $\widehat{x}_{\mathrm{a}}$ und mit einer gewissen Phasenverschiebung $\varphi = \varphi(\omega)$ ebenfalls sinusförmige Schwingungen ausführen:

$$x_{\mathrm{a}}(t) = \widehat{x}_{\mathrm{a}} \sin(\omega t + \varphi)\,. \tag{4-25}$$

Führt man dieses Experiment für verschiedene Frequenzen $\omega = \omega_\nu\ (\nu = 1, 2, \ldots)$ mit $\widehat{x}_{\mathrm{e}}$ = const durch, dann stellt man eine Frequenzabhängigkeit der Amplitude $\widehat{x}_{\mathrm{a}}$ des Ausgangssignals sowie der Phasenverschiebung φ fest, und somit gilt für die jeweilige Frequenz ω_ν

$$\widehat{x}_{\mathrm{a},\nu} = \widehat{x}_{\mathrm{a}}(\omega_\nu) \quad \text{und} \quad \varphi_\nu = \varphi(\omega_\nu)\,.$$

Aus dem Verhältnis der Amplituden $\widehat{x}_{\mathrm{a}}$ und $\widehat{x}_{\mathrm{e}}$ lässt sich nun der *Amplitudengang* des Frequenzganges

$$A(\omega) = \frac{\widehat{x}_a(\omega)}{\widehat{x}_e} = |G(j\omega)| = \sqrt{R^2(\omega) + I^2(\omega)} \quad (4\text{-}26)$$

als frequenzabhängige Größe definieren. Weiterhin wird die frequenzabhängige Phasenverschiebung $\varphi(\omega)$ als *Phasengang* des Frequenzganges bezeichnet. Es gilt somit

$$\varphi(\omega) = \arg G(j\omega) = \arctan\frac{I(\omega)}{R(\omega)} . \quad (4\text{-}27)$$

Aus diesen Überlegungen ist ersichtlich, dass durch Verwendung sinusförmiger Eingangssignale $x_e(t)$ unterschiedlicher Frequenz der Amplitudengang $A(\omega)$ und der Phasengang $\varphi(\omega)$ des Frequenzganges $G(j\omega)$ direkt gemessen werden können. Der gesamte Frequenzgang $G(j\omega)$ für alle Frequenzen $0 \leqq \omega \leqq \infty$ beschreibt ähnlich wie die Übertragungsfunktion $G(s)$ oder die Übergangsfunktion $h(t)$ das Übertragungsverhalten eines linearen kontinuierlichen Systems vollständig.

4.4.2 Ortskurvendarstellung des Frequenzganges

Trägt man für das oben behandelte Experiment für jeden Wert von ω_ν mithilfe von $A(\omega_\nu)$ und $\varphi(\omega_\nu)$ den jeweiligen Wert von $G(j\omega_\nu) = A(\omega_\nu)e^{j\varphi(\omega_\nu)}$ in die komplexe G-Ebene ein, so erhält man die in ω parametrierte *Ortskurve des Frequenzganges*, die auch als *Nyquist-Ortskurve* bezeichnet wird. Bild 4-7 zeigt eine solche aus 8 Messwerten experimentell ermittelte Ortskurve.

Die Ortskurvendarstellung von Frequenzgängen hat u. a. den Vorteil, dass die Frequenzgänge sowohl von hintereinander als auch von parallel geschalteten Übertragungsgliedern sehr einfach grafisch konstruiert werden können. Dabei werden die zu gleichen ω-Werten gehörenden Zeiger der betreffenden Ortskurven herausgesucht. Bei der Parallelschaltung werden die Zeiger addiert (Parallelogrammkonstruktion); bei der Hintereinanderschaltung werden die Zeiger multipliziert, indem die Längen der Zeiger multipliziert und ihre Winkel addiert werden.

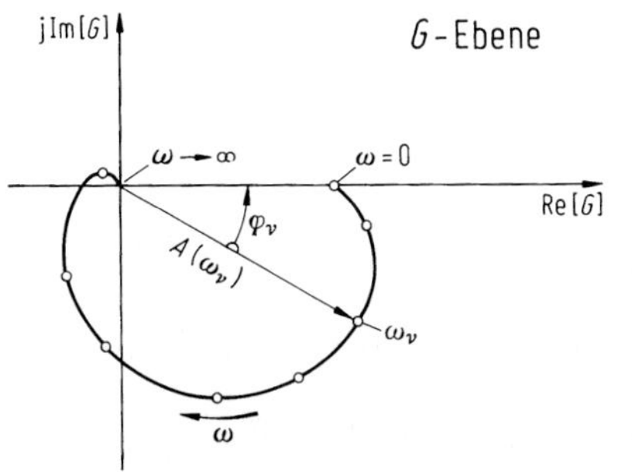

Bild 4-7. Beispiel für eine experimentell ermittelte Frequenzgangortskurve

4.4.3 Darstellung des Frequenzganges durch Frequenzkennlinien (Bode-Diagramm)

Trägt man den Betrag $A(\omega)$ und die Phase $\varphi(\omega)$ des Frequenzganges $G(j\omega) = A(\omega)e^{j\varphi(\omega)}$ getrennt über der Frequenz ω auf, so erhält man den Amplitudengang oder die *Betragskennlinie* sowie den *Phasengang oder die Phasenkennlinie* des Übertragungsgliedes. Beide zusammen ergeben die *Frequenzkennlinien* oder das *Bode-Diagramm* (Bild 4-8). $A(\omega)$ (ggf. nach Normierung auf die Dimension 1) und ω werden logarithmisch und $\varphi(\omega)$ linear aufgetragen. Es ist dabei üblich, $A(\omega)$ auf die Einheit Dezibel (dB) zu beziehen. Laut Definition gilt

$$A_{dB}(\omega) = 20 \lg A(\omega) .$$

Die logarithmische Darstellung bietet besondere Vorteile bei der *Hintereinanderschaltung* von Übertragungsgliedern, zumal sich kompliziertere Frequenzgänge, wie sie beispielsweise aus

$$G(s) = K\frac{(s - s_{N1})\dots(s - s_{Nm})}{(s - s_{P1})\dots(s - s_{Pn})} \quad (4\text{-}28)$$

mit $s = j\omega$ hervorgehen, als Hintereinanderschal-

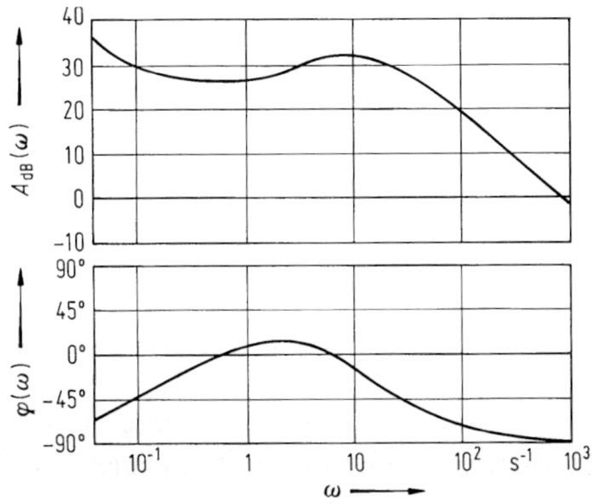

Bild 4-8. Darstellung des Frequenzganges durch Frequenzkennlinien (Bode-Diagramm)

tung der Frequenzgänge einfacher Übertragungsglieder der Form

$$G_i(\mathrm{j}\omega) = (\mathrm{j}\omega - s_{\mathrm{N}i}) \quad \text{für} \quad i = 1, 2, \ldots, m \qquad (4\text{-}29)$$

$$\text{und} \quad G_{m+i}(\omega) = \frac{1}{\mathrm{j}\omega - s_{\mathrm{P}i}} \quad \text{für} \quad i = 1, 2, \ldots, n \qquad (4\text{-}30)$$

darstellen lassen. Es gilt dann

$$G(\mathrm{j}\omega) = KG_1(\mathrm{j}\omega)G_2(\mathrm{j}\omega)\ldots G_{n+m}(\mathrm{j}\omega) . \qquad (4\text{-}31)$$

Aus der Darstellung

$$G(\mathrm{j}\omega) = KA_1(\omega)A_2(\omega) \ldots A_{n+m}(\omega)\mathrm{e}^{\mathrm{j}[\varphi_1(\omega)+\varphi_2(\omega)+\ldots+\varphi_{n+m}(\omega)]} \qquad (4\text{-}32)$$

bzw. aus $A(\omega) = |G(\mathrm{j}\omega)|$ erhält man den *logarithmischen Amplitudengang*

$$A_{\mathrm{dB}}(\omega) = K_{\mathrm{dB}} + A_{1\mathrm{dB}}(\omega) + A_{2\mathrm{dB}}(\omega) + \ldots A_{n+m\mathrm{dB}}(\omega) \qquad (4\text{-}33)$$

und den *Phasengang*

$$\varphi(\omega) = \varphi_0(\omega) + \varphi_1(\omega) + \ldots + \varphi_{n+m}(\omega) , \qquad (4\text{-}34)$$

wobei $\varphi_0(\omega) = 0°$ für $K > 0$ und $\varphi_0(\omega) = -180°$ für $K < 0$.
Der Gesamtfrequenzgang einer Hintereinanderschaltung ergibt sich also durch Addition der einzelnen Frequenzkennlinien.

4.5 Das Verhalten der wichtigsten Übertragungsglieder

Für die nachfolgend behandelten Übertragungsglieder ist jeweils der Verlauf der Übergangsfunktion $h(t)$ und des Frequenzganges $G(\mathrm{j}\omega)$ in Tabelle 4-1 zusammengestellt.

4.5.1 Das proportional wirkende Glied (P-Glied)

a) Darstellung im Zeitbereich:

$$x_{\mathrm{a}}(t) = Kx_{\mathrm{e}}(t) . \qquad (4\text{-}35)$$

K wird als *Verstärkungsfaktor* oder als Übertragungsbeiwert des P-Gliedes bezeichnet.

b) Übertragungsfunktion:

$$G(s) = K . \qquad (4\text{-}36)$$

c) Frequenzgang:

$$G(\mathrm{j}\omega) = K . \qquad (4\text{-}37)$$

Die Ortskurve von $G(\mathrm{j}\omega)$ stellt für sämtliche Frequenzen einen Punkt auf der reellen Achse mit dem Abstand K vom Nullpunkt dar, d. h., der Phasengang $\varphi(\omega)$ ist null für $K > 0$ oder $-180°$ für $K < 0$, während für den logarithmischen Amplitudengang

$$A_{\mathrm{dB}}(\omega) = 20 \lg K = K_{\mathrm{dB}} = \text{const}$$

gilt.

4.5.2 Das integrierende Glied (I-Glied)

a) Darstellung im Zeitbereich:

$$x_{\mathrm{a}}(t) = \frac{1}{T_{\mathrm{I}}} \int_0^t x_{\mathrm{e}}(\tau)\,\mathrm{d}\tau + x_{\mathrm{a}}(0) . \qquad (4\text{-}38)$$

T_{I} ist eine Konstante mit der Dimension Zeit und wird deshalb als *Integrationszeitkonstante* bezeichnet.

b) Übertragungsfunktion:

$$G(s) = \frac{1}{sT_{\mathrm{I}}} . \qquad (4\text{-}39)$$

c) Frequenzgang:

$$G(\mathrm{j}\omega) = \frac{1}{\mathrm{j}\omega T_{\mathrm{I}}} = \frac{1}{\omega T_{\mathrm{I}}}\mathrm{e}^{-\mathrm{j}\frac{\pi}{2}} , \qquad (4\text{-}40)$$

mit dem Amplituden- und Phasengang

$$A(\omega) = \frac{1}{\omega T_{\mathrm{I}}} \quad \text{und} \quad \varphi(\omega) = -\frac{\pi}{2} = \text{const} \qquad (4\text{-}41)$$

und dem logarithmischen Amplitudengang

$$A_{\mathrm{dB}}(\omega) = -20 \lg \omega T_{\mathrm{I}} = -20 \lg \frac{\omega}{\omega_{\mathrm{e}}} , \qquad (4\text{-}42)$$

wobei $\omega_{\mathrm{e}} = 1/T_{\mathrm{I}}$ als *Eckfrequenz* definiert wird.

4.5.3 Das differenzierende Glied (D-Glied)

a) Darstellung im Zeitbereich:

$$x_{\mathrm{a}}(t) = T_{\mathrm{D}}\frac{\mathrm{d}}{\mathrm{d}t}x_{\mathrm{e}}(t) . \qquad (4\text{-}43)$$

Tabelle 4-1. Übertragungsglieder mit Übergangsfunktion und Frequenzgang

lfd. Nr.	Glied	Übergangsfunktion $h(t)$	Gl. der Übergangsfunktion $h(t)$	Übertragungsfunktion $G(s)$	Ortskurve	Bode-Diagramm $A_{dB}(\omega)$ und $\varphi(\omega)$	Pole (×) und Nullstellen (○) in s-Ebene
1	P		$K\sigma(t)$	K			keine Pol- und Nullstellen
2	I		$\frac{t}{T_I}\sigma(t)$	$\frac{1}{sT_I}$			
3	PT_1		$K(1-e^{-t/T})\sigma(t)$	$\frac{K}{1+sT}$			
4	PT_2		$K(1-\frac{T_1}{T_1-T_2}e^{-t/T_1}+\frac{T_2}{T_1-T_2}e^{-t/T_2})\sigma(t)$	$\frac{K}{(1+sT_1)(1+sT_2)}$			
5	PT_2S		$K\{1-e^{-D\omega_0 t}\cdot[\cos(\sqrt{1-D^2}\,\omega_0 t)+\frac{D}{\sqrt{1-D^2}}\sin(\sqrt{1-D^2}\,\omega_0 t)]\}\sigma(t)$	$\frac{K}{1+2\frac{D}{\omega_0}s+\frac{1}{\omega_0^2}s^2}$, $D<1$			
6	IT_1		$[\frac{t}{T_I}+\frac{T}{T_I}(e^{-t/T}-1)]\sigma(t)$	$\frac{1}{T_I s(1+sT)}$			
7	PI		$K_R[1+t/T_I]\sigma(t)$	$K_R\frac{1+sT_I}{sT_I}$			
8	D		$T_D\,\delta(t)$	sT_D			
9	DT_1		$e^{-t/T}\sigma(t)$	$\frac{sT}{1+sT}$			
10	PD		$K_R[\sigma(t)+T_D\delta(t)]$	$K_R(1+sT_D)$			
11	PID		$K_R[\sigma(t)+\frac{t}{T_I}\sigma(t)+T_D\delta(t)]$	$K_R\frac{1+sT_I+s^2T_IT_D}{sT_I}$			

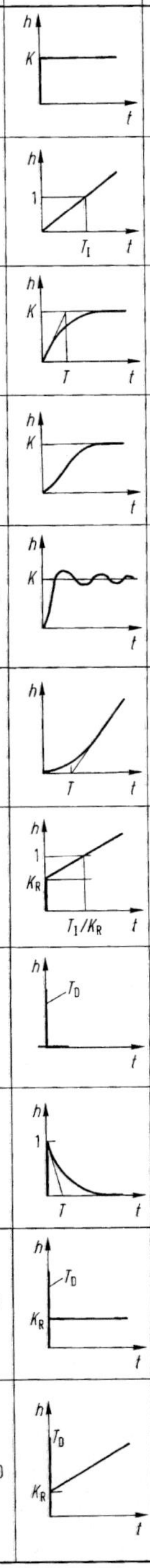

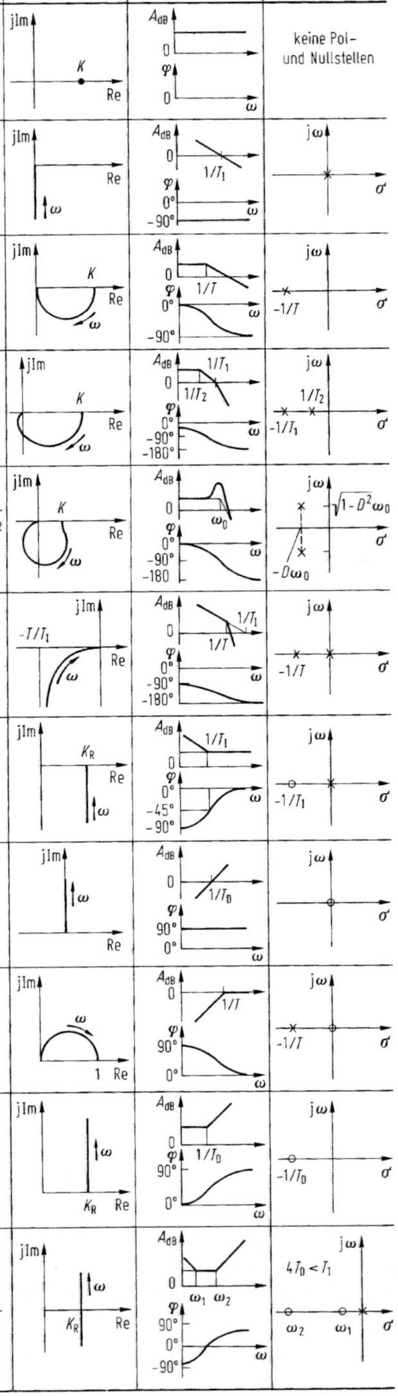

b) Übertragungsfunktion:

$$G(s) = sT_D \,. \quad (4\text{-}44)$$

c) Frequenzgang:

$$G(j\omega) = j\omega T_D = \omega T_D e^{j\frac{\pi}{2}} \,, \quad (4\text{-}45)$$

mit dem logarithmischen Amplitudengang

$$A_{dB}(\omega) = 20 \lg \omega T_D = 20 \lg \frac{\omega}{\omega_e} \quad (4\text{-}46)$$

und dem Phasengang

$$\varphi(\omega) = \frac{\pi}{2} = \text{const} \,. \quad (4\text{-}47)$$

Es ist leicht ersichtlich, dass die Übertragungsfunktionen von I- und D-Glied durch Inversion ineinander übergehen. Daher können die Kurvenverläufe für den Amplituden- und Phasengang des D-Gliedes durch Spiegelung der entsprechenden Kurvenverläufe des I-Gliedes an der 0-dB-Linie bzw. an der Linie $\varphi = 0$ gewonnen werden.

4.5.4 Das Verzögerungsglied 1. Ordnung (PT_1-Glied)

a) Darstellung im Zeitbereich:

$$x_a(t) + T\dot{x}_a(t) = Kx_e(t) \,, \quad \text{mit} \quad x_a(0) = x_{a0} \,. \quad (4\text{-}48)$$

b) Übertragungsfunktion:

$$G(s) = \frac{K}{1 + sT} \,. \quad (4\text{-}49)$$

c) Frequenzgang:

$$G(j\omega) = K \frac{1 - j\dfrac{\omega}{\omega_e}}{1 + \left(\dfrac{\omega}{\omega_e}\right)^2} \quad (4\text{-}50)$$

mit der Knickfrequenz $\omega_e = 1/T$. T wird als *Zeitkonstante* definiert. Als Amplitudengang ergibt sich

$$A(\omega) = |G(j\omega)| = K \Big/ \sqrt{1 + \left(\frac{\omega}{\omega_e}\right)^2} \quad (4\text{-}51)$$

und als Phasengang

$$\varphi(\omega) = \arctan \frac{I(\omega)}{R(\omega)} = -\arctan \frac{\omega}{\omega_e} \,. \quad (4\text{-}52)$$

Aus (4-51) lässt sich der logarithmische Amplitudengang

$$A_{dB}(\omega) = 20 \lg K - 20 \lg \sqrt{1 + \left(\frac{\omega}{\omega_e}\right)^2} \quad (4\text{-}53)$$

herleiten. Gleichung (4-53) kann asymptotisch durch zwei Geraden approximiert werden:

α) Im Bereich $\omega/\omega_e \ll 1$ durch die *Anfangsasymptote*

$$A_{dB}(\omega) \approx 20 \lg K = K_{dB} \,,$$

wobei $\varphi(\omega) \approx 0$ wird.

β) Im Bereich $\omega/\omega_e \gg 1$ durch die *Endasymptote*

$$A_{dB}(\omega) \approx 20 \lg K - 20 \lg \frac{\omega}{\omega_e} \,,$$

wobei $\varphi(\omega) \approx -\frac{\pi}{2}$ gilt.

Der Verlauf der Anfangsasymptote ist horizontal, wobei die Endasymptote eine Steigung von –20/Dekade aufweist. Als Schnittpunkt beider Geraden ergibt sich $\omega/\omega_e = 1$. Die maximale Abweichung des Amplitudenganges von den Asymptoten tritt bei $\omega = \omega_e$ auf und beträgt $\Delta A_{dB}(\omega_e) = -20 \lg \sqrt{2} \mathrel{\hat{=}} -3\,\text{dB}$.

4.5.5 Das Verzögerungsglied 2. Ordnung (PT_2-Glied und PT_2S-Glied)

Das Verzögerungsglied 2. Ordnung ist gekennzeichnet durch zwei voneinander unabhängige Energiespeicher. Je nach den Dämpfungseigenschaften bzw. der Lage der Pole von $G(s)$ unterscheidet man beim Verzögerungsglied 2. Ordnung zwischen schwingendem und aperiodischem Verhalten. Besitzt ein Verzögerungsglied 2. Ordnung ein konjugiert komplexes Polpaar, dann weist es schwingendes Verhalten (PT_2S-Verhalten) auf. Liegen die beiden Pole auf der negativ reellen Achse, so besitzt das Übertragungsglied ein verzögerndes PT_2-Verhalten.

a) Darstellung im Zeitbereich:

$$T_2^2 \frac{d^2 x_a(t)}{dt^2} + T_1 \frac{dx_a(t)}{dt} + x_a(t) = Kx_e(t) \,. \quad (4\text{-}54)$$

b) Übertragungsfunktion:

$$G(s) = \frac{K}{1 + T_1 s + T_2^2 s^2} . \qquad (4\text{-}55)$$

Führt man nun Begriffe ein, die das Zeitverhalten charakterisieren, und zwar den *Dämpfungsgrad* $D = T_1/2T_2$ sowie die *Eigenfrequenz* (der nicht gedämpften Schwingung) $\omega_0 = 1/T_2$, so erhält man aus (4-55)

$$G(s) = \frac{K}{1 + \frac{2D}{\omega_0} s + \frac{1}{\omega_0^2} s^2} . \qquad (4\text{-}56)$$

c) Frequenzgang:

$$G(j\omega) = K \frac{\left[1 - \left(\frac{\omega}{\omega_0}\right)^2\right] - j \cdot 2D\frac{\omega}{\omega_0}}{\left[1 - \left(\frac{\omega}{\omega_0}\right)^2\right]^2 + \left[2D\frac{\omega}{\omega_0}\right]^2} . \qquad (4\text{-}57)$$

Somit lautet der zugehörige Amplitudengang

$$A(\omega) = \frac{K}{\sqrt{\left[1 - \left(\frac{\omega}{\omega_0}\right)^2\right]^2 + \left[2D\frac{\omega}{\omega_0}\right]^2}} \qquad (4\text{-}58)$$

und der Phasengang

$$\varphi(\omega) = -\arctan \frac{2D\frac{\omega}{\omega_0}}{1 - \left(\frac{\omega}{\omega_0}\right)^2} . \qquad (4\text{-}59)$$

Für den logarithmischen Amplitudengang ergibt sich aus (4-58)

$$A_{\mathrm{dB}}(\omega) = 20 \lg K - 20 \lg \sqrt{\left[1 - \left(\frac{\omega}{\omega_0}\right)^2\right]^2 + \left[2D\frac{\omega}{\omega_0}\right]^2} . \qquad (4\text{-}60)$$

Der Verlauf von $A_{\mathrm{dB}}(\omega)$ lässt sich durch folgende Asymptoten approximieren:

α) Im Bereich $\omega/\omega_0 \ll 1$ durch die *Anfangsasymptote*

$$A_{\mathrm{dB}}(\omega) \approx 20 \lg K \quad \text{mit} \quad \varphi(\omega) \approx 0 .$$

β) Im Bereich $\omega/\omega_0 \gg 1$ durch die *Endasymptote*

$$A_{\mathrm{dB}}(\omega) \approx 20 \lg K - 40 \lg\left(\frac{\omega}{\omega_0}\right)$$

$$\text{mit} \quad \varphi(\omega) \approx -\pi .$$

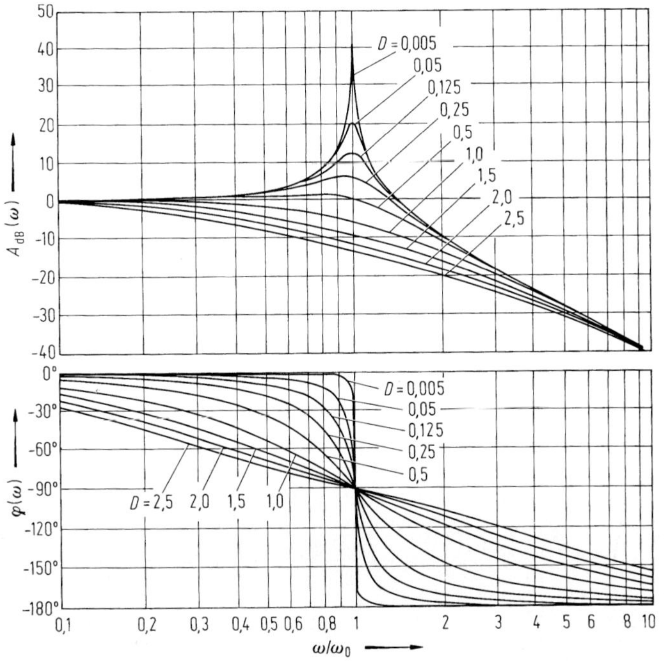

Bild 4-9. Bode-Diagramm eines Verzögerungsgliedes 2. Ordnung ($K = 1$)

Die Endasymptote stellt im Bode-Diagramm eine Gerade mit der Steigung –40dB/Dekade dar. Als Schnittpunkt beider Asymptoten folgt die auf ω_0 normierte Kreisfrequenz $\omega/\omega_0 = 1$. Der tatsächliche Wert von $A_{dB}(\omega)$ kann bei $\omega = \omega_0$ beträchtlich vom Asymptotenschnittpunkt abweichen. Für $D < 0{,}5$ liegt der Wert oberhalb, für $D > 0{,}5$ unterhalb der Asymptoten. Bild 4-9 zeigt für $0 < D \leqq 2{,}5$ und $K = 1$ den Verlauf von $A_{dB}(\omega)$ und $\varphi(\omega)$ im Bode-Diagramm. Daraus ist ersichtlich, dass beim Amplitudengang ab einem bestimmten Dämpfungsgrad D für die einzelnen Kurvenverläufe jeweils ein Maximalwert existiert. Dieser Maximalwert tritt für die einzelnen D-Werte bei der sogenannten *Resonanzfrequenz*

$$\omega_r = \omega_0 \sqrt{1 - 2D^2} \quad \text{für} \quad 0 \leqq D \leqq 0{,}707 \qquad (4\text{-}61)$$

auf. Für den Maximalwert des Amplitudenganges mit $K = 1$ erhält man

$$A_{max}(\omega) = A(\omega_r) = \frac{1}{2D\sqrt{1 - D^2}}\,. \qquad (4\text{-}62)$$

Das Eigenverhalten des Übertragungsgliedes wird durch die Pole der Übertragungsfunktion gemäß (4-56), also aus seiner charakteristischen Gleichung

$$N(s) = 0 = 1 + \frac{2D}{\omega_0}s + \frac{1}{\omega_0^2}s^2 \qquad (4\text{-}63)$$

Tabelle 4-2. Lage der Pole und Übergangsfunktion für Übertragungsglieder 2. Ordnung (PT_2- und PT_2S-Verhalten)

Dämpfung	Lage der Pole	Übergangsfunktion $h(t)$
$0 < D < 1$ PT_2S-Verhalten	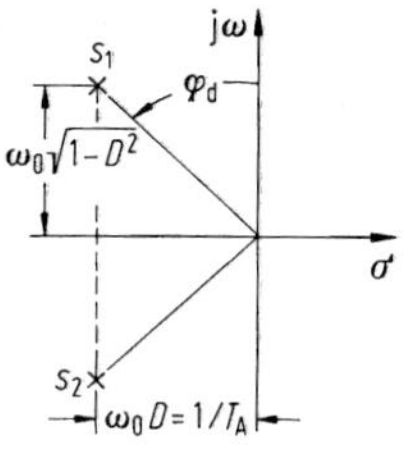	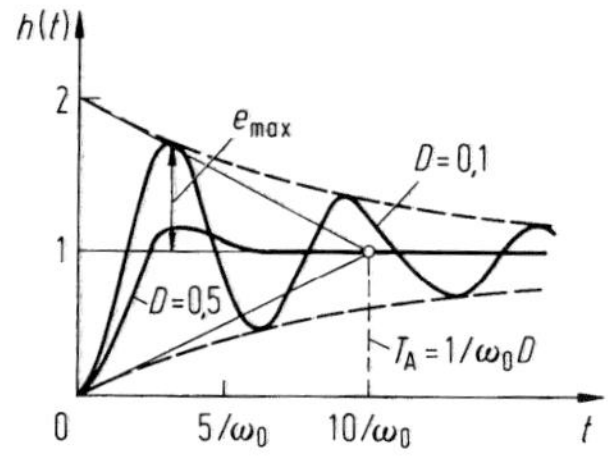
$D = 1$ PT_2-Verhalten $T_1 = T_2$	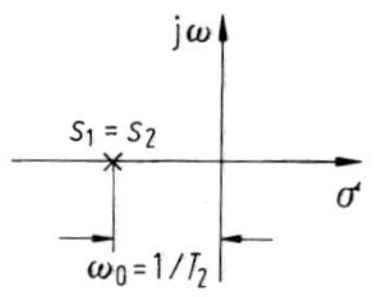	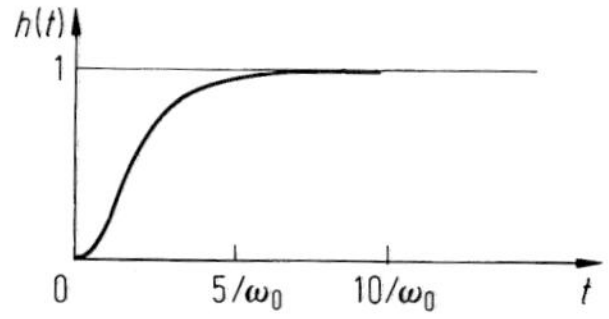
$D > 1$ PT_2-Verhalten $T_1 \neq T_2$	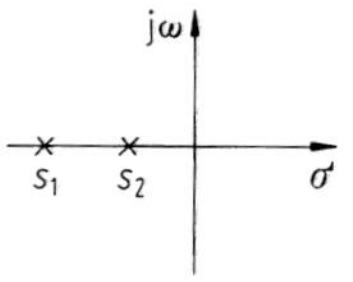	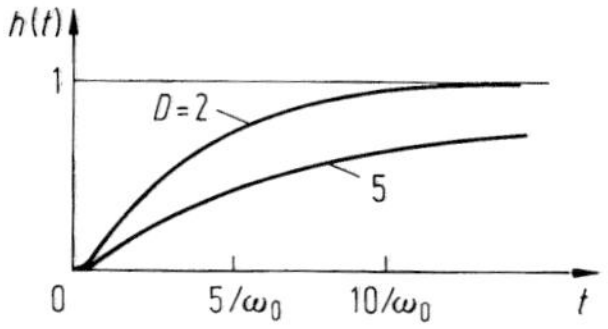
$D = 0$ ungedämpfter Fall	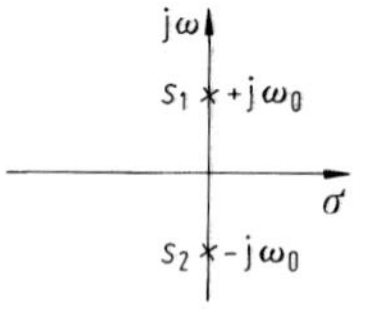	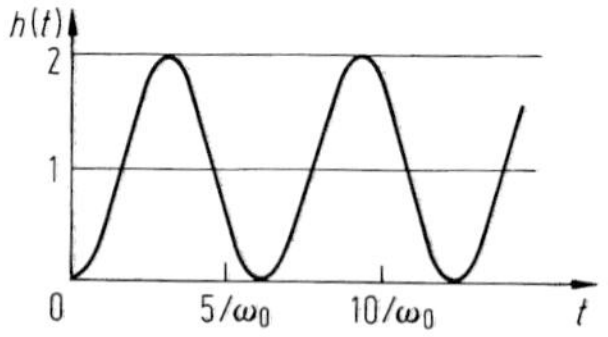
$-1 < D < 0$ instabiler Fall	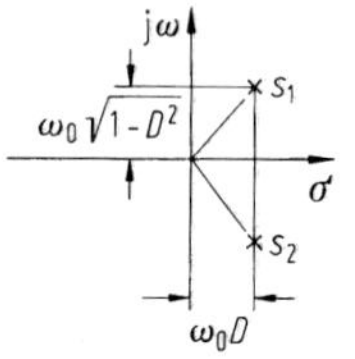	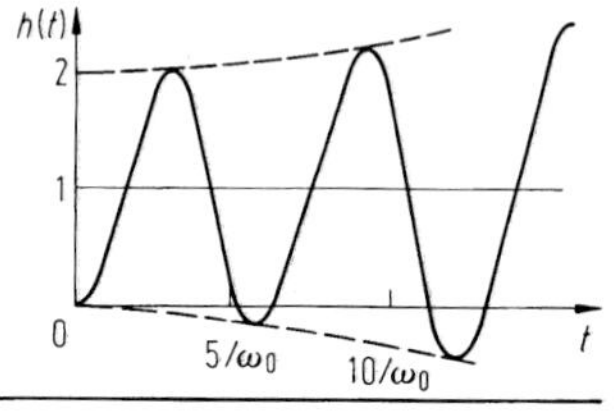

bestimmt. Als Pole der Übertragungsfunktion ergeben sich

$$s_{1,2} = -\omega_0 D \pm \omega_0 \sqrt{D^2 - 1} \,. \qquad (4\text{-}64)$$

In Abhängigkeit von der Lage der Pole in der s-Ebene lässt sich nun anschaulich das Schwingungsverhalten eines Verzögerungsgliedes 2. Ordnung beschreiben. Dazu wird zweckmäßigerweise der Verlauf der zugehörigen Übergangsfunktion $h(t)$ gewählt. Tabelle 4-2 zeigt in Abhängigkeit von D die Lage der Pole der Übertragungsfunktion und die dazugehörigen Übergangsfunktionen dieses Systems.

4.5.6 Bandbreite eines Übertragungsgliedes

Einen wichtigen Begriff stellt die *Bandbreite* eines Übertragungsgliedes dar. Verzögerungsglieder mit Proportionalverhalten, wie z. B. PT_1-, PT_2- und PT_2S-Glieder sowie PT_n-Glieder (Hintereinanderschaltung von n PT_1-Gliedern), besitzen so genannte Tiefpasseigenschaften, d. h., sie übertragen vorzugsweise tiefe Frequenzen, während hohe Frequenzen von Signalen entsprechend dem stark abfallenden Amplitudengang abgeschwächt übertragen werden. Zur Beschreibung dieses Übertragungsverhaltens führt man den Begriff der Bandbreite ein. Als Bandbreite eines Tiefpassgliedes bezeichnet man die Frequenz ω_b, bei der der logarithmische Amplitudengang gegenüber der horizontalen Anfangsasymptote um –3 dB abgefallen ist, siehe Bild 4-10.

4.5.7 Systeme mit minimalem und nichtminimalem Phasenverhalten

Durch eine Übertragungsfunktion, die keine Pole und Nullstellen in der rechten s-Halbebene besitzt,

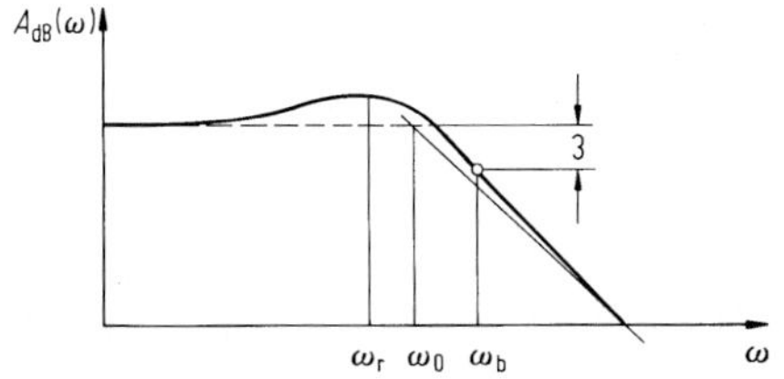

Bild 4-10. Zur Definition der Bandbreite ω_b bei Übertragungssystemen mit Tiefpassverhalten (ω_r Resonanzfrequenz, ω_0 Eigenfrequenz der ungedämpften Schwingung)

wird ein System mit *Minimalphasenverhalten* beschrieben. Es ist dadurch charakterisiert, dass bei bekanntem Amplitudengang $A(\omega) = |G(j\omega)|$ im Bereich $0 \leqq \omega < \infty$ der zugehörige Phasengang $\varphi(\omega)$ aus $A(\omega)$ mithilfe des Bode'schen Gesetzes [3] berechnet werden kann und das dabei ermittelte $\varphi(\omega)$ betragsmäßig den kleinstmöglichen Phasenverlauf zu dem vorgegebenen $A(\omega)$ besitzt. Weist eine Übertragungsfunktion in der rechten s-Halbebene Pole und/oder Nullstellen auf, dann hat das entsprechende System *nichtminimales Phasenverhalten.* Der zugehörige Phasenverlauf hat stets größere Werte als der bei dem entsprechenden System mit Minimalphasenverhalten, das denselben Amplitudengang besitzt. Die Übertragungsfunktion eines nichtminimalphasigen Übertragungsgliedes $G_b(s)$ lässt sich immer durch Hintereinanderschaltung des zugehörigen Minimalphasengliedes und eines reinen phasendrehenden Gliedes, die durch die Übertragungsfunktionen $G_a(s)$ und $G_A(s)$ beschrieben werden, darstellen:

$$G_b(s) = G_A(s)G_a(s) \,. \qquad (4\text{-}65)$$

Ein phasendrehendes Glied, auch *Allpassglied* genannt, ist dadurch charakterisiert, dass der Betrag seines Frequenzganges $G_A(j\omega)$ für alle Frequenzen gleich eins ist. So lautet z. B. die Übertragungsfunktion des Allpassgliedes 1. Ordnung

$$G_A(s) = \frac{1 - sT}{1 + sT} \,, \qquad (4\text{-}66)$$

woraus als Amplitudengang $A_A(\omega) = 1$ und als Phasengang $\varphi_A(\omega) = -2 \arctan \omega T$ folgen. Dieses Allpassglied überstreicht einen Winkel $\varphi_A(\omega)$ von 0° bis −180°. Die Bedingung für Allpassglieder, d. h. $|G_A(j\omega)| = 1$, wird nur von Übertragungsgliedern erfüllt, bei denen die Nullstellenverteilung von $G_A(s)$ in der s-Ebene *spiegelbildlich* zur Polverteilung bezüglich der $j\omega$-Achse ist.
Ein typisches System mit nichtminimalem Phasenverhalten ist das *Totzeitglied* (PT_t-Glied), das durch die Übertragungsfunktion

$$G(s) = e^{-sT_t} \qquad (4\text{-}67)$$

und den Frequenzgang

$$G(j\omega) = e^{-j\omega T_t} \qquad (4\text{-}68)$$

mit dem Amplitudengang

$$A(\omega) = |G(j\omega)| = |\cos \omega T_t - j \sin \omega T_t| = 1 \qquad (4\text{-}69)$$

sowie dem Phasengang (im Bogenmaß)

$$\varphi(\omega) = -\omega T_t \qquad (4\text{-}70)$$

beschrieben wird. Die Ortskurve von $G(j\omega)$ stellt somit einen Kreis um den Koordinatenursprung dar, der mit $\omega = 0$ auf der reellen Achse bei $R(\omega) = 1$ beginnend mit wachsenden ω-Werten fortwährend durchlaufen wird, da der Phasenwinkel ständig zunimmt. Bei Systemen mit Minimalphasenverhalten kann man eindeutig aus dem Amplitudengang $A(\omega)$ den Phasengang $\varphi(\omega)$ bestimmen. Dies gilt jedoch für Systeme mit nichtminimalem Phasenverhalten nicht. Die Überprüfung, ob ein System Minimalphasenverhalten aufweist oder nicht, lässt sich aus dem Verlauf von $\varphi(\omega)$ und $A_{dB}(\omega)$ für hohe Frequenzen leicht abschätzen. Bei einem Minimalphasensystem, das durch die gebrochen rationale Übertragungsfunktion $G(s) = Z(s)/N(s)$ dargestellt wird, wobei der Zähler $Z(s)$ vom Grade m und der Nenner $N(s)$ vom Grade n ist, erhält man nämlich für $\omega \to \infty$ den Phasengang

$$\varphi(\infty) = -90°(n - m)\,. \qquad (4\text{-}71)$$

Bei einem System mit nichtminimalem Phasenverhalten wird dieser Wert stets größer. In beiden Fällen wird der logarithmische Amplitudengang für $\omega \to \infty$ die Steigung $-20(n - m)$ dB/Dekade besitzen.

5 Das Verhalten linearer kontinuierlicher Regelkreise

5.1 Dynamisches Verhalten des Regelkreises

Bild 5-1 zeigt das Blockschema des geschlossenen Regelkreises mit den 4 klassischen Bestandteilen: Regler, Stellglied, Regelstrecke und Messglied. Meist ist es zweckmäßig, Regler und Stellglied zur Regeleinrichtung zusammenzufassen, während das Messglied oft der Regelstrecke zugerechnet wird. Man gelangt somit zur vereinfachten Beschreibung gemäß Bild 5-2. Da die Störgröße z gewöhnlich an einer anderen Stelle in der Regelstrecke eingreift als

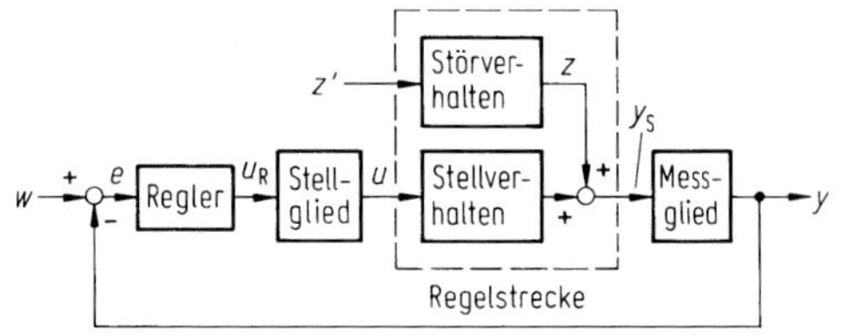

Bild 5-1. Die Grundbestandteile eines Regelkreises

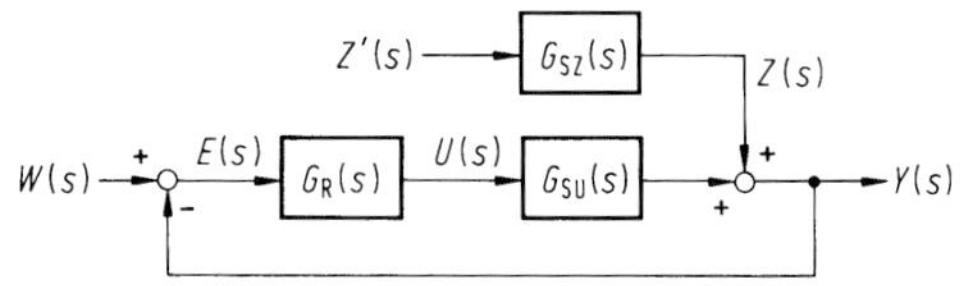

Bild 5-2. Blockschaltbild des Regelkreises

die Stellgröße u, stellt die Regelstrecke ein System mit mindestens zwei Eingangsgrößen dar (sofern nur eine Störung vorhanden ist). Im Allgemeinen wirkt auch jede dieser beiden Eingangsgrößen mit verschiedenem Übertragungsverhalten auf die Regelgröße y. Es wird daher unterschieden zwischen dem *Stellverhalten* und dem *Störverhalten* der Regelstrecke, die durch die Übertragungsfunktionen $G_{SU}(s)$ und $G_{SZ}(s)$ beschrieben werden. Weiterhin kennzeichnet die Übertragungsfunktion $G_R(s)$ das Übertragungsverhalten der Regeleinrichtung (im Weiteren meist wieder nur als „Regler“ bezeichnet). Wie aus Bild 5-2 leicht abzulesen ist, gilt im geschlossenen Regelkreis für die Regelgröße

$$Y(s) = \frac{G_{SZ}(s)}{1 + G_R(s)\,G_{SU}(s)} Z(s) + \frac{G_R(s)\,G_{SU}(s)}{1 + G_R(s)\,G_{SU}(s)} W(s)\,. \qquad (5\text{-}1)$$

Anhand dieser Beziehung lassen sich Übertragungsfunktionen für die beiden Aufgabenstellungen einer Regelung (vgl. 1.3) unterscheiden:

a) Für $W(s) = 0$ erhält man als Übertragungsfunktion des geschlossenen Regelkreises für *Störverhalten* (Festwertregelung oder Störgrößenregelung)

$$G_Z(s) = \frac{Y(s)}{Z(s)} = \frac{G_{SZ}(s)}{1 + G_R(s)\,G_{SU}(s)}\,. \qquad (5\text{-}2)$$

b) Für $Z(s) = 0$ folgt entsprechend als Übertragungsfunktion des geschlossenen Regelkreises für *Führungsverhalten* (Nachlauf- oder Folgeregelung)

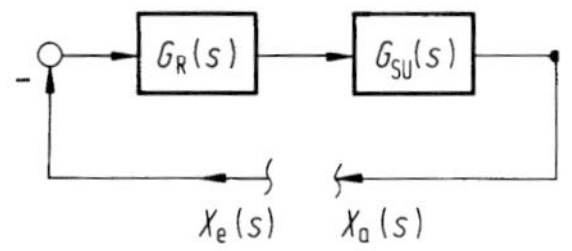

Bild 5-3. Offener Regelkreis

$$G_W(s) = \frac{Y(s)}{W(s)} = \frac{G_R(s)\,G_{SU}(s)}{1 + G_R(s)\,G_{SU}(s)} \,. \tag{5-3}$$

Beide Übertragungsfunktionen $G_Z(s)$ und $G_W(s)$ enthalten gemeinsam den *dynamischen Regelfaktor*

$$R(s) = 1/[1 + G_0(s)] \tag{5-4}$$

mit

$$G_0(s) = G_R(s)G_{SU}(s) \,. \tag{5-5}$$

Schneidet man für $W(s) = 0$ und $Z(s) = 0$ den Regelkreis gemäß Bild 5-3 an einer beliebigen Stelle auf, und definiert man unter Berücksichtigung der Wirkungsrichtung der Übertragungsglieder die Eingangsgröße $x_e(t)$ sowie die Ausgangsgröße $x_a(t)$, so erhält man als Übertragungsfunktion des *offenen Regelkreises*

$$G_{\text{offen}}(s) = \frac{X_a(s)}{X_e(s)} = -G_R(s)G_{SU}(s) = -G_0(s) \,. \tag{5-6}$$

Allerdings hat sich (inkorrekterweise) in der Regelungstechnik durchgesetzt, dass meist $G_0(s)$ als Übertragungsfunktion des offenen Regelkreises definiert wird. Für den geschlossenen Regelkreis erhält man durch Nullsetzen des Nennerausdrucks in (5-2) und (5-3) aus der Bedingung

$$1 + G_0(s) = 0 \tag{5-7}$$

die charakteristische Gleichung in der Form

$$a_0 + a_1 s + a_2 s^2 + \ldots + a_n s^n = 0 \,, \tag{5-8}$$

sofern $G_0(s)$ eine gebrochen rationale Übertragungsfunktion darstellt.

5.2 Stationäres Verhalten des Regelkreises

Sehr häufig lässt sich das Übertragungsverhalten des offenen Regelkreises durch eine allgemeine Standardübertragungsfunktion der Form

$$G_0(s) = \frac{K_0}{s^k} \cdot \frac{1 + \beta_1 s + \ldots + \beta_m s^m}{1 + \alpha_1 s + \ldots + \alpha_{n-k} s^{n-k}} \mathrm{e}^{-T_t s} \,, \quad m \leqq n \tag{5-9}$$

beschreiben, wobei durch die (ganzzahlige) Konstante $k = 0, 1, 2, \ldots$ der Typ der Übertragungsfunktion $G_0(s)$ im Wesentlichen charakterisiert wird. $K_0 = K_R K_S$ stellt die Verstärkung des offenen Regelkreises dar und wird auch als *Kreisverstärkung* bezeichnet; K_R und K_S sind die Verstärkungsfaktoren von Regler und Regelstrecke. $G_0(s)$ weist somit z. B. für

$k = 0$:	*Proportionales* Verhalten	(P-Verhalten)
$k = 1$:	*Integrales* Verhalten	(I-Verhalten)
$k = 2$:	*Doppelt-integrales* Verhalten	(I_2-Verhalten)

auf. Es sei nun angenommen, dass der in (5-9) auftretende Term der gebrochen rationalen Funktion nur Pole in der linken s-Halbebene besitzt. Damit kann im Weiteren für die einzelnen Typen der Übertragungsfunktion $G_0(s)$ bei verschiedenen Signalformen der Führungsgröße $w(t)$ oder der Störgröße $z(t)$ das stationäre Verhalten des geschlossenen Regelkreises für $t \to \infty$ untersucht werden.

Mit $E(s) = W(s) - Y(s)$ folgt aus (5-1) und (5-5) für die Regelabweichung

$$E(s) = \frac{1}{1 + G_0(s)} [W(s) - Z(s)] \,. \tag{5-10}$$

Unter der Voraussetzung, dass der Grenzwert der Regelabweichung $e(t)$ für $t \to \infty$ existiert, gilt mithilfe des Grenzwertsatzes der Laplace-Transformation für den stationären Endwert der Regelabweichung

$$\lim_{t\to\infty} e(t) = \lim_{s\to 0} sE(s) \,. \tag{5-11}$$

Für den Fall, dass alle Störgrößen auf den Streckenausgang bezogen werden, folgt aus (5-10), dass – abgesehen vom Vorzeichen – beide Arten von Eingangsgrößen, also Führungs- oder Störgrößen, gleich behandelt werden können. Im Folgenden wird daher stellvertretend für beide Signalarten die Bezeichnung $X_e(s)$ als Eingangsgröße gewählt. Mithilfe von (5-10) und (5-11) lassen sich nun die stationären Endwerte der Regelabweichung für die unterschiedlichsten Signalformen von $x_e(t)$ bei verschiedenen Typen der Übertragungsfunktion $G_0(s)$ des offenen Regelkreises berechnen. Diese Werte charakterisieren das statische Verhalten des geschlossenen Regelkreises. Sie sollen im Folgenden für die wichtigsten Fälle bestimmt werden.

Bei den weiteren Betrachtungen werden gemäß Bild 5-4 folgende Testsignale zugrunde gelegt:

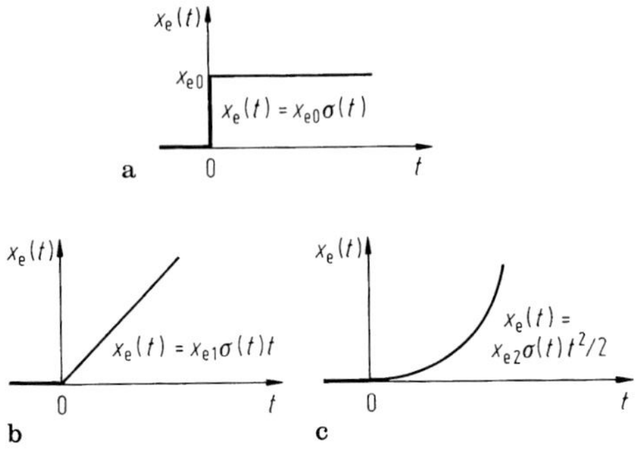

Bild 5-4. Verschiedene Eingangsfunktionen $x_e(t)$, die häufig für Störgrößen $z(t)$ und Führungsgrößen $w(t)$ zugrunde gelegt werden: **a** sprungförmiger, **b** rampenförmiger und **c** parabolischer Signalverlauf

a) *Sprungförmige Erregung*:

$$X_e(s) = \frac{x_{e0}}{s} , \tag{5-12}$$

wobei x_{e0} die Sprunghöhe darstellt.

b) *Rampenförmige Erregung*:

$$X_e(s) = \frac{x_{e1}}{s^2} , \tag{5-13}$$

wobei x_{e1} die Geschwindigkeit des rampenförmigen Anstiegs des Signals $x_e(t)$ beschreibt.

c) *Parabelförmige Erregung*:

$$X_e(s) = \frac{x_{e2}}{s^3} , \tag{5-14}$$

wobei x_{e2} ein Maß für die Beschleunigung des parabolischen Signalanstiegs $x_e(t)$ ist.

Für die Regelabweichung gilt nach (5-10)

$$E(s) = \frac{1}{1 + G_0(s)} X_e(s) , \tag{5-15}$$

wobei sich der Unterschied zwischen Führungs- und Störverhalten nur im Vorzeichen von $X_e(s)$ bemerkbar macht (Störverhalten: $X_e(s) = -Z(s)$; Führungsverhalten: $X_e(s) = W(s)$). Setzt man in diese Beziehung nacheinander (10) bis (14) ein, dann lässt sich damit die entsprechende Regelabweichung für verschiedene Typen der Übertragungsfunktion $G_0(s)$ berechnen. Die Ergebnisse sind in Tabelle 5-1 dargestellt. Daraus folgt, dass die bleibende Regelabweichung e_∞, die das statische Verhalten des Regelkreises charakterisiert, in all den Fällen, wo sie einen endlichen Wert annimmt, um so kleiner gehalten werden kann,

Tabelle 5-1. Bleibende Regelabweichung für verschiedene Systemtypen von $G_0(s)$ und unterschiedliche Eingangsgrößen $x_e(t)$ (Führungs- und Störgrößen, falls alle Störgrößen auf den Ausgang der Regelstrecke bezogen sind)

Systemtyp von $G_0(s)$ gemäß (5-9)	Eingangsgröße $X_e(s)$	Bleibende Regelabweichung e_∞
$k = 0$ (P-Verhalten)	$\frac{x_{e0}}{s}$	$\frac{1}{1 + K_0} x_{e0}$
	$\frac{x_{e1}}{s^2}$	∞
	$\frac{x_{e2}}{s^3}$	∞
$k = 1$ (I-Verhalten)	$\frac{x_{e0}}{s}$	0
	$\frac{x_{e1}}{s^2}$	$\frac{1}{K_0} x_{e1}$
	$\frac{x_{e2}}{s^3}$	∞
$k = 2$ (I_2-Verhalten)	$\frac{x_{e0}}{s}$	0
	$\frac{x_{e1}}{s^2}$	0
	$\frac{x_{e2}}{s^3}$	$\frac{1}{K_0} x_{e2}$

je größer die Kreisverstärkung K_0 gewählt wird. Bei P-Verhalten des offenen Regelkreises bedeutet dies auch, dass die bleibende Regelabweichung e_∞ um so kleiner wird, je kleiner der *statische Regelfaktor*

$$R = \frac{1}{1 + K_0} \tag{5-16}$$

wird.

Häufig führt jedoch eine zu große Kreisverstärkung K_0 schnell zur Instabilität des geschlossenen Regelkreises, wie in Kapitel 6 ausführlich besprochen wird. Daher ist bei der Festlegung von K_0 gewöhnlich ein entsprechender Kompromiss zu treffen, vorausgesetzt, dass nicht schon durch die Wahl eines geeigneten Reglertyps die bleibende Regelabweichung verschwindet.

5.3 Der PID-Regler und die aus ihm ableitbaren Reglertypen

Die gerätetechnische Ausführung eines Reglers umfasst die Bildung der Regelabweichung, sowie deren

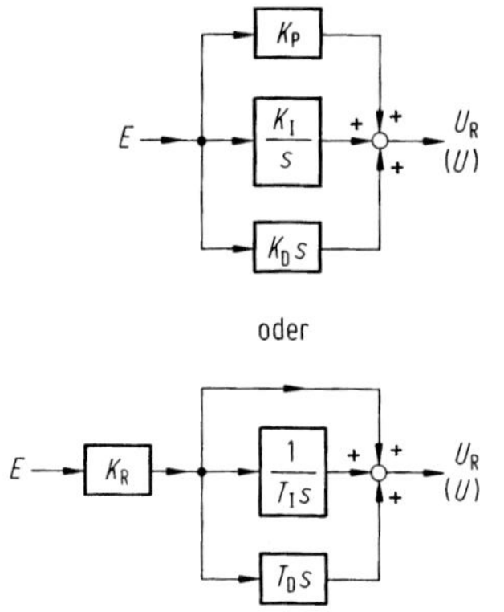

Bild 5-5. Zwei gleichwertige Blockschaltbilder des PID-Reglers

weitere Verarbeitung zur Reglerausgangsgröße $u_R(t)$ gemäß Bild 5-1 oder direkt zur Stellgröße $u(t)$, falls das Stellglied mit dem Regler zur Regeleinrichtung entsprechend Bild 5-2 zusammengefasst wird. Die meisten in der Industrie eingesetzten linearen Reglertypen sind Standardregler, deren Übertragungsverhalten sich auf die drei idealisierten linearen Grundformen des P-, I- und D-Gliedes zurückführen lässt. Der wichtigste Standardregler weist PID-Verhalten auf. Die prinzipielle Wirkungsweise dieses PID-Reglers lässt sich anschaulich durch die im Bild 5-5 dargestellte Parallelschaltung je eines P-, I- und D-Gliedes erklären. Aus dieser Darstellung folgt als *Übertragungsfunktion* des PID-Reglers

$$G_R(s) = \frac{U_R(s)}{E(s)} = K_P + \frac{K_I}{s} + K_D s\,. \qquad (5\text{-}17)$$

Durch Einführen der Größen

$K_R = K_P$ Verstärkungsfaktor

$T_I = \frac{K_P}{K_I}$ Integralzeit oder Nachstellzeit

$T_D = \frac{K_D}{K_P}$ Differenzialzeit oder Vorhaltezeit

lässt sich (5-17) so umformen, dass neben dem dimensionsbehafteten Verstärkungsfaktor K_R nur die beiden Zeitkonstanten T_I und T_D in der Übertragungsfunktion

$$G_R(s) = K_R\left(1 + \frac{1}{T_I s} + T_D s\right) \qquad (5\text{-}18)$$

auftreten. Diese drei Größen K_R, T_I und T_D sind gewöhnlich in bestimmten Wertebereichen einstellbar; sie werden daher auch als *Einstellwerte* des Reglers bezeichnet. Durch geeignete Wahl dieser Einstellwerte lässt sich ein Regler dem Verhalten der Regelstrecke so anpassen, dass ein möglichst günstiges Regelverhalten entsteht. Aus (5-18) folgt für den zeitlichen Verlauf der Reglerausgangsgröße

$$u_R(t) = K_R e(t) + \frac{K_R}{T_I}\int_0^t e(\tau)\,d\tau + K_R T_D \frac{de(t)}{dt}\,. \qquad (5\text{-}19)$$

Damit lässt sich nun leicht für eine sprungförmige Änderung von $e(t)$, also $e(t) = \sigma(t)$, die *Übergangsfunktion* $h(t)$ des PID-Reglers bilden. Sie ist im Bild 5-6a dargestellt.

Bei den bisherigen Überlegungen wurde davon ausgegangen, dass sich das D-Verhalten im PID-Regler realisieren lässt. Gerätetechnisch kann jedoch das ideale D-Verhalten nicht verwirklicht werden. Bei tatsächlich ausgeführten Reglern ist das D-Verhalten stets mit einer gewissen Verzögerung behaftet, sodass anstelle des D-Gliedes in der Schaltung von Bild 5-5 ein DT_1-Glied mit der Übertragungsfunktion

$$G_D(s) = K_D \frac{Ts}{1 + Ts} \qquad (5\text{-}20)$$

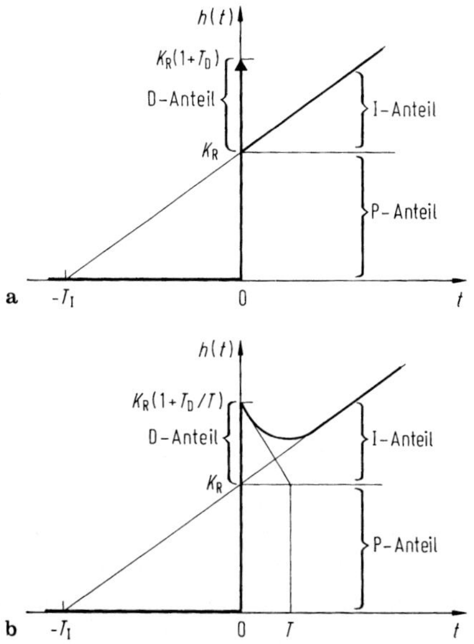

Bild 5-6. Übergangsfunktion **a** des idealen und **b** des realen PID-Reglers

zu berücksichtigen ist. Damit erhält man als Übertragungsfunktion des *realen* PID-Reglers oder genauer des $\mathrm{PIDT_1}$-Reglers die Beziehung

$$G_R(s) = K_P + \frac{K_I}{s} + K_D \frac{Ts}{1+Ts}\,, \qquad (5\text{-}21)$$

und durch Einführung der Reglereinstellwerte $K_R = K_P, T_I = K_R/K_I$ und $T_D = K_D T/K_R$ folgt daraus

$$G_R(s) = K_R \left(1 + \frac{1}{T_I s} + T_D \frac{s}{1+Ts}\right) \qquad (5\text{-}22)$$

Die Übergangsfunktion $h(t)$ des $\mathrm{PIDT_1}$-Reglers ist im Bild 5-6b dargestellt.

Als *Sonderfälle des PID-Reglers* erhält man für:

a) $T_D = 0$ den *PI-Regler* mit der Übertragungsfunktion

$$G_R(s) = K_R \left(1 + \frac{1}{T_I s}\right); \qquad (5\text{-}23)$$

b) $T_I \to \infty$ den *PD-Regler* mit der Übertragungsfunktion

$$G_R(s) = K_R(1 + T_D s) \qquad (5\text{-}24)$$

bzw. den $\mathrm{PDT_1}$-Regler mit der Übertragungsfunktion

$$G_R(s) = K_R \left(1 + T_D \frac{s}{1+Ts}\right); \qquad (5\text{-}25)$$

c) für $T_D = 0$ und $T_I \to \infty$ den P-Regler mit der Übertragungsfunktion

$$G_R(s) = K_R\,. \qquad (5\text{-}26)$$

Die Übergangsfunktionen dieser Reglertypen sind im Bild 5-7 dargestellt.

Neben den hier behandelten Reglertypen, die durch entsprechende Wahl der Einstellwerte sich direkt aus einem PID-Regler (Universalregler) herleiten lassen, kommt manchmal auch ein reiner *I-Regler* zum Einsatz. Die Übertragungsfunktion des I-Reglers lautet

$$G_R(s) = K_I \frac{1}{s} = \frac{K_R}{T_I s}\,. \qquad (5\text{-}27)$$

Erwähnt sei noch, dass D-Glieder nicht direkt als Regler eingesetzt werden, sondern nur in Verbindung mit P-Gliedern beim PD- und PID-Regler auftreten.

Wendet man die hier vorgestellten Regler z. B. auf Regelstrecken mit P-Verhalten an und stört den so entstandenen Regelkreis mit einem Sprung der Höhe z_0, so lassen sich folgende qualitative Aussagen machen [1]:

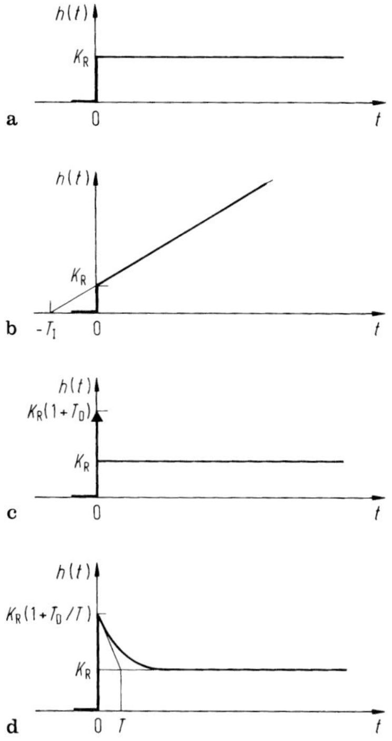

Bild 5-7. Übergangsfunktionen der aus dem PID-Regler ableitbaren Reglertypen: **a** P-Regler, **b** PI-Regler, **c** PD-Regler (ideal) und **d** $\mathrm{PDT_1}$-Regler (realer PD-Regler)

a) Der *P-Regler* weist ein relativ großes maximales Überschwingen $y_{max}/K_S z_0$ der normierten Regelgröße, eine große Ausregelzeit $t_{3\%}$ (dies ist der Zeitpunkt, bei dem die Differenz $|y(t) - y(\infty)| < 3\%$ des stationären Endwertes der Regelstreckenübergangsfunktion beträgt), sowie eine bleibende Regelabweichung auf.

b) Der *I-Regler* besitzt aufgrund des langsam einsetzenden I-Verhaltens ein noch größeres maximales Überschwingen als der P-Regler, dafür aber keine bleibende Regelabweichung.

c) Der *PI-Regler* vereinigt die Eigenschaften von P- und I-Regler. Er liefert ungefähr ein maximales Überschwingen und eine Ausregelzeit wie der P-Regler und weist keine bleibende Regelabweichung auf.

d) Der *PD-Regler* besitzt aufgrund des „schnellen" D-Anteils eine geringere maximale Überschwingweite als die unter a) bis c) aufgeführten Reglertypen. Aus demselben Grund zeichnet er sich auch durch die geringste Ausregelzeit aus. Aber auch

Tabelle 5-2. Realisierung der wichtigsten linearen Standardregler mittels Operationsverstärker

Regler-typ	Schaltung	Übertragungsfunktion $G_R(s) = U_R(s)/E(s)$	Einstellwerte
P	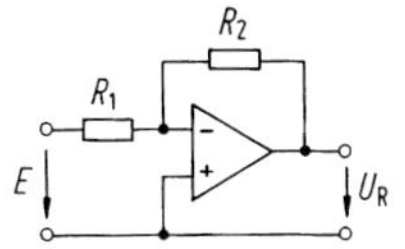	$-\frac{R_2}{R_1}$	Verstärkung $K_R = -\frac{R_2}{R_1}$
I	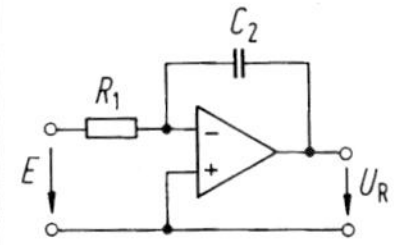	$-\frac{\frac{1}{sC_2}}{R_1} = -\frac{1}{sR_1C_2}$	Nachstellzeit $T_I = -R_1C_2$
PI	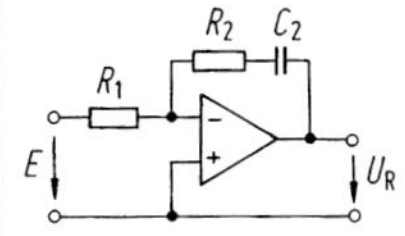	$-\frac{\frac{1}{sC_2}+R_2}{R_1} = -\frac{R_2}{R_1}\left(1+\frac{1}{sR_2C_2}\right)$	Verstärkung $K_R = -\frac{R_2}{R_1}$ Nachstellzeit $T_I = R_2C_2$
PD	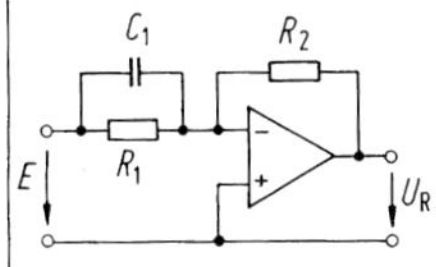	$-\frac{R_2}{\frac{R_1}{1+sR_1C_1}} = -\frac{R_2}{R_1}(1+sR_1C_1)$	Verstärkung $K_R = -\frac{R_2}{R_1}$ Vorhaltezeit $T_D = R_1C_1$
PID	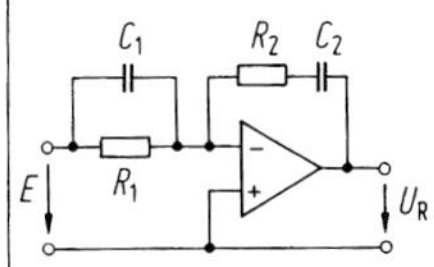	$-\frac{R_2+\frac{1}{sC_2}}{\frac{R_1}{1+sR_1C_1}}$ $= -\frac{R_1C_1+R_2C_2}{R_1C_2}\left[1+\frac{1}{R_1C_1+R_2C_2}\cdot\frac{1}{s}+\frac{R_1R_2C_1C_2}{R_1C_1+R_2C_2}s\right]$	Verstärkung $K_R = -\frac{R_1C_1+R_2C_2}{R_1C_2}$ Nachstellzeit $T_I = R_1C_1+R_2C_2$ Vorhaltezeit $T_D = \frac{R_1R_2C_1C_2}{R_1C_1+R_2C_2}$

hier stellt sich eine bleibende Regelabweichung ein, die allerdings geringer ist als beim P-Regler, da der PD-Regler im Allgemeinen aufgrund der phasenanhebenden Wirkung des D-Anteils mit einer höheren Verstärkung K_R betrieben wird.

e) Der *PID-Regler* vereinigt die Eigenschaften des PI- und PD-Reglers. Er besitzt ein noch geringeres maximales Überschwingen als der PD-Regler und weist aufgrund des I-Anteils keine bleibende Regelabweichung auf. Durch den hinzugekommenen I-Anteil wird die Ausregelzeit jedoch größer als beim PD-Regler.

Tabelle 5-2 zeigt mögliche Ausführungsformen der verschiedenen Reglertypen mit einem als Invertierer beschalteten Operationsverstärker.

6 Stabilität linearer kontinuierlicher Regelsysteme

6.1 Definition der Stabilität

Ein lineares zeitinvariantes Übertragungssystem heißt (*asymptotisch*) *stabil*, wenn seine Gewichtsfunktion asymptotisch auf null abklingt, d. h., wenn gilt

$$\lim_{t\to\infty} g(t) = 0\ . \qquad (6\text{-}1)$$

Geht dagegen die Gewichtsfunktion betragsmäßig mit wachsendem t gegen unendlich, so nennt man das System *instabil*. Als Sonderfall sollen noch solche Systeme betrachtet werden, bei denen der Betrag der Gewichtsfunktion mit wachsendem t einen endlichen

Wert nicht überschreitet oder einem endlichen Grenzwert zustrebt. Diese Systeme werden als *grenzstabil* bezeichnet. (Beispiele: ungedämpftes PT_2S-Glied, I-Glied.)
Die Stabiiitätsbedingung gemäß (6-1) kann auch als Bedingung für $G(s)$ formuliert werden. Ist $G(s)$ als rationale Übertragungsfunktion

$$G(s) = \frac{Z(s)}{N(s)} = \frac{Z(s)}{a_0 + a_1 s + \ldots + a_n s^n} \tag{6-2}$$

gegeben, und sind $s_k = \sigma_k + j\omega_k$ die Pole der Übertragungsfunktion $G(s)$, also die Wurzeln des Nennerpolynoms

$$N(s) = a_n(s - s_1)(s - s_2)\ldots(s - s_n) = \sum_{i=0}^{n} a_i s^i\,, \tag{6-3}$$

so setzt sich die zugehörige Gewichtsfunktion

$$g(t) = \sum_{j=1}^{n} g_j(t)$$

aus n Summanden der Form

$$g_{j'}(t) = c_j t^{\mu} e^{s_i t} \quad (\mu = 0, 1, 2, \ldots; j = 1, 2, \ldots, n) \tag{6-4}$$

zusammen. Dabei ist c_j im Allgemeinen eine komplexe Konstante, und die Zahl μ wird für mehrfache Pole s_i größer als null. Bildet man den Betrag dieser Funktion, so erhält man

$$|g_j(t)| = |c_j t^{\mu} e^{s_i t}| = |c_j| t^{\mu} e^{\sigma_i t}\,.$$

Ist nun $\sigma_i < 0$, so strebt die e-Funktion gegen 0, und damit der ganze Ausdruck, selbst wenn $\mu > 0$ ist.
Diese Überlegung macht deutlich, dass (6-1) genau dann erfüllt ist, wenn sämtliche Pole von $G(s)$ einen negativen Realteil haben. Ist der Realteil auch nur eines Pols positiv, oder ist der Realteil eines mehrfachen Pols gleich null, so wächst die Gewichtsfunktion mit t über alle Grenzen.
Es genügt also, zur Stabilitätsuntersuchung die Pole der Übertragungsfunktion $G(s)$ des Systems, d. h. die Wurzeln s_i seiner charakteristischen Gleichung

$$P(s) \equiv a_0 + a_1 s + a_2 s + \ldots + a_n s^n = 0 \tag{6-5}$$

zu überprüfen. Es lassen sich nun die folgenden notwendigen und hinreichenden *Stabilitätsbedingungen* formulieren:

a) Asymptotische Stabilität
Ein lineares Übertragungssystem ist genau dann asymptotisch stabil, wenn für alle Wurzeln $s_i (i = 1, 2, \ldots, n)$ seiner charakteristischen Gleichung Re $s_i < 0$ gilt oder, anders ausgedrückt, wenn *alle* Pole seiner Übertragungsfunktion in der linken s-Halbebene liegen.

b) Instabilität
Ein lineares System ist genau dann instabil, wenn mindestens ein Pol seiner Übertragungsfunktion in der rechten s-Halbebene liegt, oder wenn mindestens ein mehrfacher Pol (Vielfachheit $\mu \geqq 2$) auf der imaginären Achse der s-Ebene liegt.

c) Grenzstabilität
Ein lineares System ist genau dann grenzstabil, wenn kein Pol der Übertragungsfunktion in der rechten s-Halbebene liegt, keine mehrfachen Pole auf der imaginären Achse auftreten und auf dieser mindestens ein *einfacher* Pol vorhanden ist.

Für regelungstechnische Problemstellungen ist es oft nicht notwendig, die Wurzeln von (6-5) genau zu bestimmen. Für die Stabilitätsuntersuchung interessiert den Regelungstechniker nur, ob alle Wurzeln der charakteristischen Gleichung in der linken s-Halbebene liegen oder nicht. Hierfür gibt es einfache Kriterien, sog. *Stabilitätskriterien*, mit welchen dies leicht überprüft werden kann.

6.2 Algebraische Stabilitätskriterien

6.2.1 Das Hurwitz-Kriterium [1]

Mithilfe dieses Kriteriums lässt sich einfach prüfen, ob das durch (6-5) beschriebene charakteristische Polynom $P(s)$ zu einem asymptotisch stabilen System gehört. Notwendige und hinreichende Bedingungen für asymptotisch stabiles Verhalten des betrachteten Systems sind, dass

a) die Koeffizienten von $P(s)$ alle von Null verschieden sind und positives Vorzeichen haben und
b) folgende n Determinanten positiv sind, vgl. A 6.1:

$$D_1 = a_{n-1} > 0\,, \quad D_2 = \begin{vmatrix} a_{n-1} & a_n \\ a_{n-3} & a_{n-2} \end{vmatrix} > 0\,,$$

$$D_3 = \begin{vmatrix} a_{n-1} & a_n & 0 \\ a_{n-3} & a_{n-2} & a_{n-1} \\ a_{n-5} & a_{n-4} & a_{n-3} \end{vmatrix} > 0\,, \tag{6-6}$$

$$D_{n-1} = \begin{vmatrix} a_{n-1} & a_n & \dots 0 \\ a_{n-3} & a_{n-2} & \dots \cdot \\ \cdot & \cdot & \dots \cdot \\ \cdot & \cdot & \dots \cdot \\ 0 & 0 & \dots a_1 \end{vmatrix} > 0\,,$$

$$D_n = a_0 D_{n-1} > 0\,.$$

Während für ein System 2. Ordnung die Determinantenbedingungen von selbst erfüllt sind, sobald nur die Koeffizienten a_0, a_1, a_2 positiv sind, erhält man für den Fall eines Systems 3. Ordnung als Hurwitzbedingungen

$$D_1 = a_2 > 0\,, \quad D_2 = \begin{vmatrix} a_2 & a_3 \\ a_0 & a_1 \end{vmatrix} = a_1 a_2 - a_0 a_3 > 0$$

und $$D_3 = \begin{vmatrix} a_2 & a_3 & 0 \\ a_0 & a_1 & a_2 \\ 0 & 0 & a_0 \end{vmatrix} = a_0 D_2 > 0\,.$$

6.2.2 Das Routh-Kriterium [2]

Sind die Koeffizienten a_i des charakteristischen Polynoms $P(s)$ zahlenmäßig vorgegeben, so kann man zur Überprüfung der Stabilität eines Systems anstelle des Hurwitz-Kriteriums auch das Routh'sche Verfahren verwenden. Dabei werden die Koeffizienten $a_i (i = 0, 1, \dots, n)$ in folgender Form in den ersten beiden Zeilen des *Routh-Schemas* angeordnet, das insgesamt $(n + 1)$ Zeilen enthält:

$$\begin{array}{c|l} n & a_n \;\; a_{n-2} \;\; a_{n-4} \;\; a_{n-6} \dots 0 \\ n-1 & a_{n-1} \;\; a_{n-3} \;\; a_{n-5} \;\; a_{n-7} \dots 0 \\ \hline n-2 & b_{n-1} \;\; b_{n-2} \;\; b_{n-3} \;\; b_{n-4} \dots 0 \\ n-3 & c_{n-1} \;\; c_{n-2} \;\; c_{n-3} \;\; c_{n-4} \dots 0 \\ \vdots & \\ 3 & d_{n-1} \;\; d_{n-2} \;\; 0 \\ 2 & e_{n-1} \;\; e_{n-2} \;\; 0 \\ 1 & f_{n-1} \;\; 0 \\ 0 & g_{n-1} \end{array}$$

Die Koeffizienten $b_{n-1}, b_{n-2}, b_{n-3}, \dots$ in der dritten Zeile ergeben sich durch die Kreuzproduktbildung aus den beiden ersten Zeilen:

$$b_{n-1} = \frac{a_{n-1}a_{n-2} - a_n a_{n-3}}{a_{n-1}}\,,$$
$$b_{n-2} = \frac{a_{n-1}a_{n-4} - a_n a_{n-5}}{a_{n-1}}\,,$$
$$b_{n-3} = \frac{a_{n-1}a_{n-6} - a_n a_{n-7}}{a_{n-1}}\,, \dots$$

Bei den Kreuzprodukten wird immer von den Elementen der ersten Spalte ausgegangen. Die Berechnung dieser b-Werte erfolgt so lange, bis alle restlichen Werte null werden. Ganz entsprechend wird die Berechnung der c-Werte aus den beiden darüberliegenden Zeilen durchgeführt:

$$c_{n-1} = \frac{b_{n-1}a_{n-3} - a_{n-1}b_{n-2}}{b_{n-1}}\,,$$
$$c_{n-2} = \frac{b_{n-1}a_{n-5} - a_{n-1}b_{n-3}}{b_{n-1}}\,,$$
$$c_{n-3} = \frac{b_{n-1}a_{n-7} - a_{n-1}b_{n-4}}{b_{n-1}}\,, \dots$$

Aus diesen beiden neu gewonnenen Zeilen werden in gleicher Weise weitere Zeilen gebildet, wobei sich schließlich für die letzten beiden Zeilen die Koeffizienten

$$f_{n-1} = \frac{e_{n-1}d_{n-2} - d_{n-1}e_{n-2}}{e_{n-1}} \quad \text{und}$$
$$g_{n-1} = e_{n-2}$$

ergeben. Nun lautet das *Routh-Kriterium*:

> Das charakteristische Polynom $P(s)$ mit den positiven Koeffizienten $a_i (i = 0, 1, 2, \dots, n)$ beschreibt genau dann ein asymptotisch stabiles System, wenn alle Koeffizienten in der ersten Spalte des Routh-Schemas positiv sind:
>
> $$b_{n-1} > 0\,, c_{n-1} > 0\,, \dots, d_{n-1} > 0\,,\; e_{n-1} > 0\,,$$
> $$f_{n-1} > 0\,, g_{n-1} > 0\,.$$

Beispiel:

$$P(s) = 240 + 110s + 50s^2 + 30s^3 + 2s^4 + s^5$$

Das Routh-Schema lautet hierfür:

5	1	30	110	0
4	2	50	240	0
3	5	−10	0	
2	54	240		
1	−32,44	0		
0	240			

Da in der 1. Spalte des Routh-Schemas ein Koeffizient negativ wird, ist das zugehörige System instabil.

6.3 Das Nyquist-Verfahren [3]

Dieses Verfahren ermöglicht, ausgehend vom Verlauf des Frequenzganges $G_0(j\omega)$ des offenen Regelkreises, eine Aussage über die Stabilität des geschlossenen Regelkreises. Für die praktische Anwendung genügt es, dass der Frequenzgang $G_0(j\omega)$ grafisch vorliegt, z. B. auch in Form experimentell ermittelter Frequenzgänge. Dieses Kriterium ist sehr allgemein anwendbar. Es ermöglicht nicht nur die Stabilitätsanalyse von Systemen mit konzentrierten Parametern, sondern auch von solchen mit verteilten Parametern oder Totzeit-Systemen. Das Kriterium kann entweder in der Ortskurvendarstellung oder in der Frequenzkennliniendarstellung formuliert werden.

6.3.1 Das Nyquist-Kriterium in der Ortskurvendarstellung

Der offene Regelkreis wird durch die Übertragungsfunktion

$$G_0(s) = G_S(s)G_R(s) = Z_0(s)/N_0(s) , \qquad (6\text{-}7)$$

also durch die beiden teilerfremden Polynome $Z_0(s)$ und $N_0(s)$ beschrieben, für deren Grad gilt:

$$\text{Grad } Z_0(s) = m < n = \text{Grad } N_0(s) . \qquad (6\text{-}8)$$

Aus dem Nenner der Übertragungsfunktion des geschlossenen Regelkreises oder aus $1 + G_0(s) = 0$ folgt das charakteristische Polynom des geschlossenen Regelkreises

$$P(s) \equiv N_g(s) = N_0(s) + Z_0(s) = 0 , \qquad (6\text{-}9)$$

das den Grad n besitzt. Bezeichnet man die Pole des geschlossenen Regelkreises, also die Wurzeln von $P(s)$, mit α_i und diejenigen des offenen Regelkreises mit β_i, so ist folgende Darstellung möglich:

$$G'(s) = 1 + G_0(s) = \frac{N_g(s)}{N_0(s)} = k'_0 \frac{\prod_{i=1}^{n}(s-\alpha_i)}{\prod_{i=1}^{n}(s-\beta_i)} . \qquad (6\text{-}10)$$

Es sei nun angenommen, dass von den n Polen α_i des geschlossenen Regelkreises
N in der rechten s-Halbebene,
ν auf der imaginären Achse und
$(n - N - \nu)$ in der linken s-Halbebene liegen.
Entsprechend sollen von den n Polen β_i des offenen Regelkreises
P in der rechten s-Halbebene,
μ auf der imaginären Achse und
$(n - P - \mu)$ in der linken s-Halbebene liegen.
Bildet man aus (6-10) mit $s = j\omega$ den Frequenzgang $s(j\omega)$, so gilt für dessen Phasengang

$$\varphi(\omega) = \arg[G'(j\omega)] = \arg[N_g(j\omega)] - \arg[N_0(j\omega)] . \qquad (6\text{-}11)$$

Durchläuft ω den Bereich $0 \leqq \omega \leqq \infty$, so setzt sich die Änderung der Phase $\Delta\varphi = \varphi(\infty) - \varphi(0)$ aus den Anteilen der Polynome $N_g(j\omega)$ und $N_0(j\omega)$ zusammen:

$$\Delta\varphi = \Delta\varphi_g - \Delta\varphi_0 . \qquad (6\text{-}12)$$

Zu $\Delta\varphi$ liefert jede Wurzel der Polynome $N_g(s)$ oder $N_0(s)$ einen Beitrag von $+\pi/2$ bzw. $-\pi/2$, wenn sie in der linken s-Halbebene liegt, und jede Wurzel rechts der imaginären Achse liefert einen Beitrag von $-\pi/2$ bzw. $+\pi/2$. Diese Phasenänderungen erfolgen stetig mit ω. Jede Wurzel $j\delta$ auf der imaginären Achse bewirkt dagegen eine sprungförmige Phasenänderung beim Durchlauf von $j\omega$ durch $j\delta$. Dieser unstetige Phasenanteil kann im Weiteren unberücksichtigt bleiben. Für den stetigen Anteil $\Delta\varphi_s$ der Phasenänderung $\Delta\varphi$ erhält man dann aus (6-12)

$$\Delta\varphi_s = [2(P - N) + \mu - \nu]\pi/2 . \qquad (6\text{-}13)$$

Da der Frequenzgang des offenen Regelkreises $G_0(j\omega)$ vorgegeben ist, sind die Werte von P und μ meist bekannt. Mit dem Verlauf von $G_0(j\omega)$ ist aber auch $\Delta\varphi_s$ bekannt. Deshalb kann aus (6-13) ermittelt werden, ob $N > 0$ oder/und $\nu > 0$ ist, d. h., ob und wie viele Pole des geschlossenen Regelkreises in der rechten s-Halbebene und auf der imaginären Achse liegen.

Zur Ermittlung von $\Delta\varphi_s$ wird die Ortskurve von $G'(j\omega) = 1 + G_0(j\omega)$ gezeichnet und der Phasenwinkel überprüft. Zweckmäßigerweise verschiebt man jedoch diese Kurve um den Wert 1 nach links und verlegt den Drehpunkt des Zeigers vom Koordinatenursprung nach dem Punkt $(-1, j0)$ der $G_0(j\omega)$-Ebene, der nun auch als *kritischer Punkt* bezeichnet wird. Somit braucht man gemäß Bild 6-1 nur die Ortskurve $G_0(j\omega)$ des offenen Regelkreises zu zeichnen, um die Stabilität des geschlossenen Regelkreises zu überprüfen. Dabei gibt nun $\Delta\varphi_s$ die stetige Winkeländerung des Fahrstrahls vom kritischen Punkt $(-1, j0)$ zum laufenden Punkt der Ortskurve $G_0(j\omega)$ für $0 \leqq \omega \leqq \infty$ an. Da der geschlossene Regelkreis genau dann asymptotisch stabil ist, wenn $N = \nu = 0$ ist, und außerdem die Größen N und ν nichtnegativ sind, folgt aus (6-13) die allgemeine Fassung des *Nyquist-Kriteriums*:

> Der geschlossene Regelkreis ist dann und nur dann asymptotisch stabil, wenn die stetige Winkeländerung
>
> $$\Delta\varphi_s = P\pi + \mu\pi/2 \qquad (6\text{-}14)$$
>
> ist.

Das Nyquist-Kriterium gilt auch dann, wenn der offene Regelkreis eine *Totzeit* enthält. Es ist das einzige

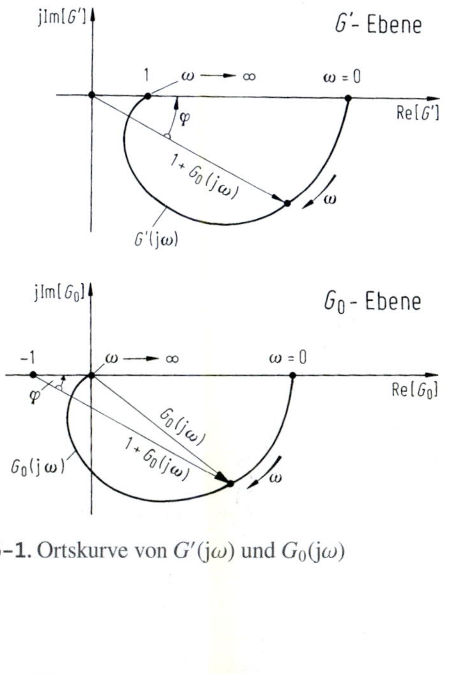

Bild 6-1. Ortskurve von $G'(j\omega)$ und $G_0(j\omega)$

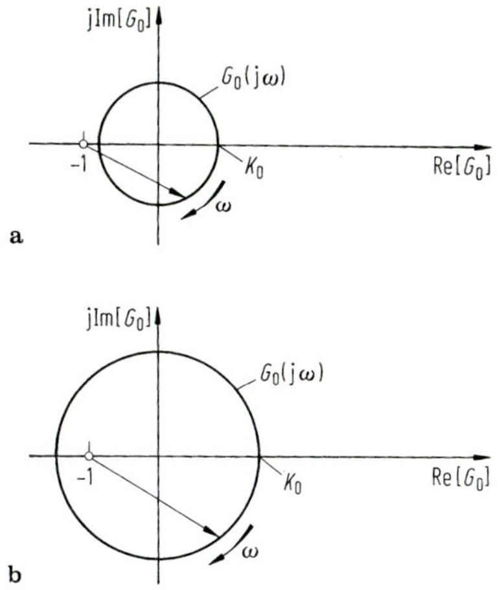

Bild 6-2. Ortskurve des Frequenzganges eines reinen Totzeitgliedes mit der Verstärkung K_0 für **a** stabiles und **b** instabiles Verhalten des geschlossenen Regelkreises

der hier behandelten Stabilitätskriterien, das für diesen Fall anwendbar ist.

Beispiel:

Bei einem Regelkreis, der aus einem P-Regler und einer reinen Totzeitregelstrecke besteht, lautet die charakteristische Gleichung

$$1 + G_0(s) = 1 + K_R K_S \, e^{-sT_t} = 0 \, .$$

Die Ortskurve von $G_0(j\omega) = K_0 e^{-j\omega T_t}$ (mit $K_0 = K_R K_S$) beschreibt einen Kreis mit dem Radius $|K_0|$, der für $0 \leqq \omega \leqq \infty$ unendlich oft im Uhrzeigersinn durchlaufen wird. Da der offene Regelkreis stabil ist, gilt $P = 0$ und $\mu = 0$. Gemäß Bild 6-2 können zwei Fälle unterschieden werden:

a) $K_0 < 1$: $\Delta\varphi_s = 0$. Der geschlossene Regelkreis ist somit stabil.

b) $K_0 > 1$: $\Delta\varphi_s = -\infty$. Der geschlossene Regelkreis weist instabiles Verhalten auf.

6.3.2 Das Nyquist-Kriterium in der Frequenzkennliniendarstellung

Der zur Ortskurve von $G_0(j\omega)$ gehörende logarithmische Amplitudengang $A_{0\text{dB}}(\omega)$ ist für die Schnittpunktfrequenzen der Ortskurve mit der reellen Achse im Intervall $(-\infty, -1)$ stets positiv. Andererseits entspricht diesen Schnittpunkten der Ortskurve jeweils der Schnittpunkt des Phasenganges $\varphi_0(\omega)$

mit den Geraden ±180°, ±540° usw., also einem ungeraden Vielfachen von 180°. Im Falle eines „positiven“ Schnittpunktes der Ortskurve erfolgt der Übergang des Phasenganges über die entsprechende $\pm(2k+1)180°$-Linie von unten nach oben und umgekehrt von oben nach unten bei einem „negativen“ Schnittpunkt gemäß Bild 6-3. Diese Schnittpunkte sollen im Weiteren als positive (+) und negative (–) Übergänge des Phasenganges $\varphi_0(\omega)$ über die jeweilige $\pm(2k+1)180°$-Linie definiert werden, wobei $k = 0, 1, 2, \ldots$ gilt. Beginnt die Phasenkennlinie bei $-180°$, so zählt dieser Punkt als halber Übergang mit dem entsprechenden Vorzeichen. Damit lässt sich das Nyquist-Kriterium in der für die Frequenzkennliniendarstellung passenden Form aufstellen:

Der offene Regelkreis mit der Übertragungsfunktion $G_0(s)$ besitze P Pole in der rechten s-Halbebene und möglicherweise einen einfachen oder doppelten Pol bei $s = 0$. Wenn für die ω-Werte, bei denen $A_{0\mathrm{dB}} > 0$ ist, S^+ die Anzahl der positiven und S^- die Anzahl der negativen Übergänge des Phasenganges $\varphi_0(\omega)$ über $\pm(2k+1)180°$-Linien ist, so ist der geschlossene Regelkreis genau dann asymptotisch stabil, wenn für die Differenz $D = S^+ - S^-$ die Beziehung

$$D = S^+ - S^- = \begin{cases} \dfrac{P}{2} & \text{für } \mu = 0, 1 \\ \dfrac{P+1}{2} & \text{für } \mu = 2 \end{cases} \tag{6-15}$$

gilt. Für den speziellen Fall, dass der offene Regelkreis stabil ist ($P = 0, \mu = 0$) muss also die Anzahl der positiven und negativen Schnittpunkte gleich groß sein ($D = 0$).

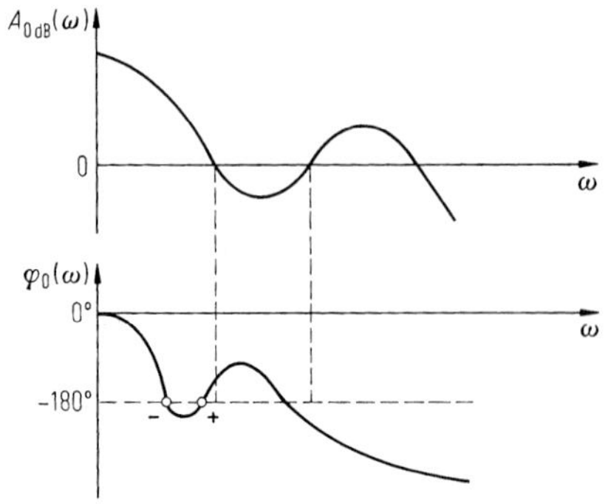

Bild 6-3. Frequenzkennliniendarstellung von $G_0(\mathrm{j}\omega) = A_0(\omega)\,\mathrm{e}^{\mathrm{j}\varphi_0(\omega)}$ und Definition der positiven (+) und negativen (–) Übergänge des Phasenganges $\varphi_0(\omega)$ über die $-180°$-Linie

6.3.3 Vereinfachte Formen des Nyquist-Kriteriums

In vielen Fällen ist der offene Regelkreis stabil, also $P = 0$ und $\mu = 0$. In diesem Fall folgt aus (6-14) für die Winkeländerung $\Delta\varphi_s = 0$. Dann kann das Nyquist-Kriterium wie folgt formuliert werden:

Ist der offene Regelkreis asymptotisch stabil, so ist der geschlossene Regelkreis genau dann asymptotisch stabil, wenn die Ortskurve des offenen Regelkreises den kritischen Punkt $(-1, \mathrm{j}0)$ weder umkreist noch durchdringt.

Eine andere Fassung des vereinfachten Nyquist-Kriteriums, die auch angewandt werden kann, wenn $G_0(s)$ Pole bei $s = 0$ besitzt, ist die sogenannte *Linke-Hand-Regel*:

Der offene Regelkreis habe nur Pole in der linken s-Halbebene außer einem 1- oder 2-fachen Pol bei $s = 0$ (P-, I- oder I_2-Verhalten). In diesem Fall ist der geschlossene Regelkreis genau dann asymptotisch stabil, wenn der kritische Punkt $(-1, \mathrm{j}0)$ in Richtung wachsender ω-Werte gesehen *links* der Ortskurve von $G_0(\mathrm{j}\omega)$ liegt.

Die Linke-Hand-Regel lässt sich auch für das Bode-Diagramm formulieren:

Der offene Regelkreis habe nur Pole in der linken s-Halbebene, außer möglicherweise einen 1- oder 2-fachen Pol bei $s = 0$ (P-, I- oder I_2-Verhalten). In diesem Fall ist der geschlossene Regelkreis genau dann asymptotisch stabil, wenn $G_0(\mathrm{j}\omega)$ für die *Durchtrittsfrequenz* ω_D bei $A_{0\mathrm{dB}}(\omega_\mathrm{D}) = 0$ den Phasenwinkel $\varphi_0(\omega_\mathrm{D}) = \arg G_0(\mathrm{j}\omega_\mathrm{D}) > -180°$ hat.

Dieses Stabilitätskriterium bietet auch die Möglichkeit einer praktischen Abschätzung der „Stabilitätsgüte“ eines Regelkreises. Je größer der Abstand der Ortskurve vom kritischen Punkt ist, desto weiter ist der geschlossene Regelkreis vom Stabilitätsrand entfernt. Als Maß hierfür benutzt man die Begriffe Phasenrand und Amplitudenrand, die in Bild 6-4 erklärt sind. Der *Phasenrand*

$$\varphi_\mathrm{R} = 180° + \varphi_0(\omega_\mathrm{D}) \tag{6-16}$$

ist der Abstand der Phasenkennlinie von der $-180°$-Geraden bei der Durchtrittsfrequenz ω_D, d. h. beim

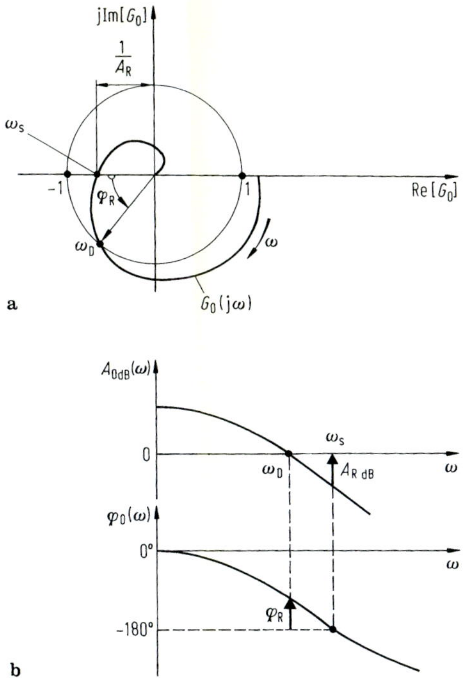

Bild 6-4. Phasen- und Amplitudenrand φ_R bzw. A_R **a** in der Ortskurvendarstellung und **b** im Bode-Diagramm

Durchgang der Amplitudenkennlinie durch die 0-dB-Linie ($|G_0| = 1$). Als *Amplitudenrand*

$$A_{R\,dB} = A_{0\,dB}(\omega_S) \quad (6\text{-}17)$$

wird der Abstand der Amplitudenkennlinie von der 0-dB-Linie beim Phasenwinkel $\varphi_0 = -180°$ bezeichnet.

Für eine gut gedämpfte Regelung, z. B. im Sinne der weiter unten behandelten betragsoptimalen Einstellung, sollten etwa folgende Werte eingehalten werden:

$$A_{R\,dB} \mathrel{\hat{=}} \begin{cases} -12\text{ dB bis } -20\text{ dB bei Führungsverhalten} \\ -3{,}5\text{ dB bis } -9{,}5\text{ dB bei Störverhalten} \end{cases}$$

$$\varphi_R = \begin{cases} 40°\text{ bis }60°\text{ bei Führungsverhalten} \\ 20\text{ bis }50°\text{ bei Störverhalten}\,. \end{cases}$$

Die Durchtrittsfrequenz ω_D stellt ein Maß für die dynamische Güte des Regelkreises dar. Je größer ω_D, desto größer ist die Grenzfrequenz des geschlossenen Regelkreises, und desto schneller die Reaktion auf Sollwertänderungen oder Störungen. Als *Grenzfrequenz* ist dabei jene Frequenz ω_g zu betrachten, bei der der Betrag des Frequenzganges des geschlossenen Regelkreises nahezu den Wert Null erreicht hat.

7 Das Wurzelortskurvenverfahren

7.1 Der Grundgedanke des Verfahrens [1]

Das Wurzelortskurvenverfahren erlaubt, aus der bekannten Pol- und Nullstellenverteilung der Übertragungsfunktion $G_0(s)$ des offenen Regelkreises in der s-Ebene in anschaulicher Weise einen Schluss auf die Wurzeln der charakteristischen Gleichung des geschlossenen Regelkreises zu ziehen. Variert man beispielsweise einen Parameter des offenen Regelkreises, so verändert sich die Lage der Wurzeln der charakteristischen Gleichung des geschlossenen Regelkreises in der s-Ebene. Die Wurzeln beschreiben somit in der s-Ebene Bahnen, die man als *Wurzelortskurven* (WOK) des geschlossenen Regelkreises definiert. Die Kenntnis der Wurzelortskurve, die meist in Abhängigkeit von einem Parameter dargestellt wird, ermöglicht neben der Aussage über die Stabilität des geschlossenen Kreises auch eine Beurteilung der Stabilitätsgüte, z. B. durch den Abstand der Pole von der imaginären Achse. Die WOK eignet sich daher nicht nur zur Analyse, sondern vorzüglich auch zur Synthese von Regelkreisen. Zur Bestimmung der WOK geht man von der Übertragungsfunktion des offenen Regelkreises

$$G_0(s) = k_0 \frac{\prod\limits_{\mu=1}^{m}(s - s_{N\mu})}{\prod\limits_{\nu=1}^{n}(s - s_{P\nu})} = k_0 G(s) \quad (7\text{-}1a)$$

aus, wobei $k_0 > 0, m \leqq n$ und $s_{N\mu} \neq s_{P\nu}$ gelte. Gleichung (7-1a) kann auch in der Form

$$G_0(s) = k_0 \frac{\prod\limits_{\mu=1}^{m}|s - s_{N\mu}|}{\prod\limits_{\nu=1}^{n}|s - s_{P\nu}|} \mathrm{e}^{\mathrm{j}\left(\sum\limits_{\mu=1}^{m}\varphi_{N\mu} - \sum\limits_{\nu=1}^{n}\varphi_{P\nu}\right)} \quad (7\text{-}1b)$$

dargestellt werden. Die charakteristische Gleichung des geschlossenen Regelkreises ergibt sich mit (7-1) aus

$$1 + k_0 G(s) = 0\,. \quad (7\text{-}2)$$

Hieraus folgt

$$G(s) = -1/k_0 \ . \qquad (7\text{-}3)$$

Die Gesamtheit aller komplexen Zahlen $s_i = s_i(k_0)$, die diese Beziehung für $0 \leqq k_0 \leqq \infty$ erfüllen, stellen die gesuchte WOK dar. Durch Aufspalten von (7-1b) in Betrag und Phase erhält man die *Amplitudenbedingung*

$$|G(s)| = \frac{1}{k_0} = \frac{\prod\limits_{\mu=1}^{m} |s - s_{\mathrm{N}\mu}|}{\prod\limits_{\nu=1}^{n} |s - s_{\mathrm{P}\nu}|} \qquad (7\text{-}4)$$

und die *Phasenbedingung*

$$\varphi(s) = \arg[G(s)] = \sum_{\mu=1}^{m} \varphi_{\mathrm{N}\mu} - \sum_{\nu=1}^{n} \varphi_{\mathrm{P}\nu} \qquad (7\text{-}5)$$
$$= \pm 180°(2k+1)$$

mit $k = 0, 1, 2, \ldots$. Hierbei kennzeichnen $\varphi_{\mathrm{N}\mu}$ und $\varphi_{\mathrm{P}\nu}$ die zu den komplexen Zahlen $(s - s_{\mathrm{N}\nu})$ bzw. $(s - s_{\mathrm{P}\nu})$ gehörenden Winkel. Offensichtlich ist die Phasenbedingung von k_0 unabhängig. Alle Punkte der komplexen s-Ebene, die die Phasenbedingung erfüllen, stellen also den geometrischen Ort aller möglichen Pole des geschlossenen Kreises dar, die durch die Variation des Vorfaktors k_0 entstehen können. Die Kodierung dieser WOK, d. h. die Zuordnung zwischen den Kurvenpunkten und den Werten von k_0, erhält man durch Auswertung der Amplitudenbedingung entsprechend (7-4).

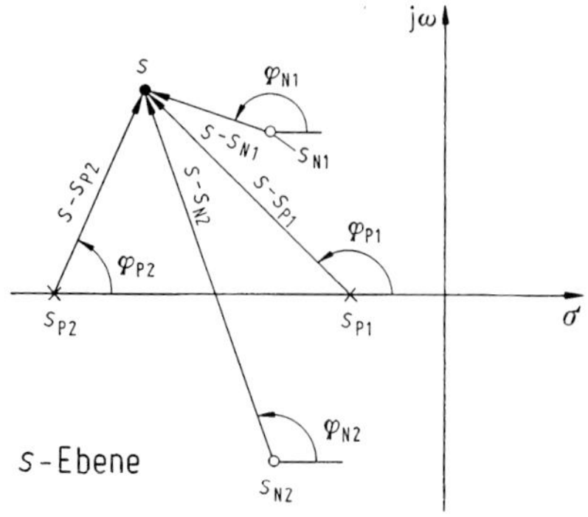

Bild 7-1. Überprüfung der Phasenbedingung

7.2 Regeln zur Konstruktion von Wurzelortskurven

Wie Bild 7-1 zeigt, könnte die Konstruktion von Wurzelortskurven unter Verwendung von (6-5) grafisch durchgeführt werden. Dieses Vorgehen ist jedoch nur zur Überprüfung der Phasenbedingung einzelner Punkte der s-Ebene zweckmäßig. Für die Konstruktion einer WOK werden daher folgende Regeln angewandt:

1. Die WOK ist symmetrisch zur reellen Achse.
2. Die WOK besteht aus n Ästen. $(n-m)$ Äste enden im Unendlichen. Alle Äste beginnen mit $k_0 = 0$ in den Polen der charakteristischen Gleichung des offenen Regelkreises, m Äste enden mit $k_0 \to \infty$ in den Nullstellen des offenen Regelkreises. Die Anzahl der in einem Pol beginnenden bzw. in einer Nullstelle endenden Äste der WOK ist gleich der Vielfachheit der Pol- bzw. Nullstelle.
3. Es gibt $n-m$ Asymptoten mit Schnitt im Wurzelschwerpunkt auf der reellen Achse $(\sigma_\mathrm{a}, \mathrm{j}0)$ mit
$$\sigma_\mathrm{a} = \frac{1}{n-m}\left\{\sum_{\nu=1}^{n} \mathrm{Re}\ s_{\mathrm{P}\nu} - \sum_{\mu=1}^{m} \mathrm{Re}\ s_{\mathrm{N}\mu}\right\} \ . \qquad (7\text{-}6)$$
4. Ein Punkt auf der reellen Achse gehört dann zur WOK, wenn die Gesamtzahl der rechts von ihm liegenden Pole und Nullstellen ungerade ist.
5. Mindestens ein Verzweigungs- bzw. Vereinigungspunkt existiert dann, wenn ein Ast der WOK auf der reellen Achse zwischen zwei Pol- bzw. Nullstellen verläuft; dieser reelle Punkt genügt der Beziehung
$$\sum_{r=1}^{n} \frac{1}{s - s_{\mathrm{P}\nu}} = \sum_{\mu=1}^{m} \frac{1}{s - s_{\mathrm{N}\mu}} \qquad (7\text{-}7)$$
für $s = \sigma_\mathrm{v}$ als Verzweigungs- bzw. Vereinigungspunkt. Sind keine Pol- oder Nullstellen vorhanden, so ist der entsprechende Summenterm gleich null zu setzen.
6. Austritts- und Eintrittswinkel aus Pol- bzw. in Nullstellenpaaren der Vielfachheit r_{P_ϱ} bzw. r_{N_ϱ}:
$$\varphi_{\mathrm{P}\varrho,\mathrm{A}} = \frac{1}{r_{\mathrm{P}\varrho}}\left\{-\sum_{\substack{\nu=1\\ \nu\neq\varrho}}^{n} \varphi_{\mathrm{P}\nu} + \sum_{\mu=1}^{m} \varphi_{\mathrm{N}\mu} \pm 180°(2k+1)\right\} \qquad (7\text{-}8a)$$
$$\varphi_{\mathrm{N}\varrho,\mathrm{E}} = \frac{1}{r_{\mathrm{N}\varrho}}\left\{-\sum_{\substack{\mu=1\\ \mu\neq\varrho}}^{n} \varphi_{\mathrm{N}\mu} + \sum_{\nu=1}^{m} \varphi_{\mathrm{P}\nu} \pm 180°(2k+1)\right\} . \qquad (7\text{-}8b)$$

Tabelle 7-1. Typische Beispiele für Pol- und Nullstellenverteilungen von $G_0(s)$ und zugehörige Wurzelortskurve des geschlossenen Regelkreises →

7. Belegung der WOK mit k_0-Werten: Zum Wert s gehört der Wert

$$k_0 = \frac{\prod_{\nu=1}^{n} |s - s_{\mathrm{P}\nu}|}{\prod_{\mu=1}^{m} |s - s_{\mathrm{N}\mu}|}, \qquad (7\text{-}9)$$

(für $m = 0$ ist der Nenner gleich eins).

8. Asymptotische Stabilität des geschlossenen Regelkreises liegt für alle k_0-Werte vor, die auf der WOK links von der imaginären Achse liegen. Die Schnittpunkte der WOK mit der imaginären Achse liefern die kritischen Werte $k_{0,\,\mathrm{krit}}$.

Ein typisches Beispiel für den Verlauf der WOK für den Fall der Übertragungsfunktion des offenen Systems

$$G_0(s) = \frac{k_0(s+1)}{s(s+2)(s^2+12s+40)}$$

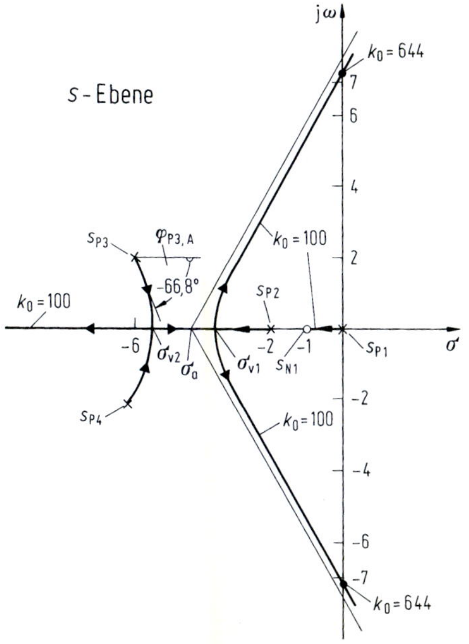

Bild 7-2. Die Wurzelortskurve des Regelkreises mit der Übertragungsfunktion des offenen Systems

$$G_0(s) = \frac{k_0(s+1)}{s(s+2)(s+6+2\mathrm{j})(s+6-2\mathrm{j})}.$$

lfd. Nr.	Wurzelortskurve
1	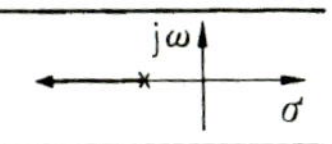
2	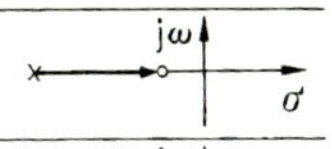
3	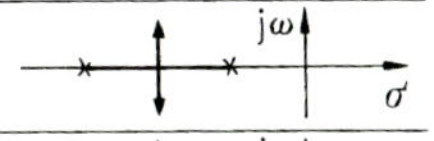
4	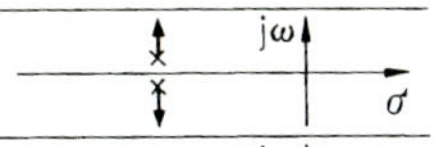
5	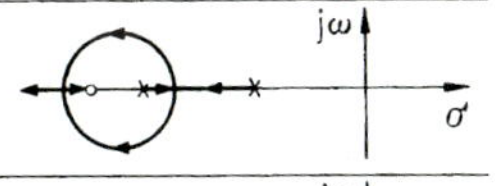
6	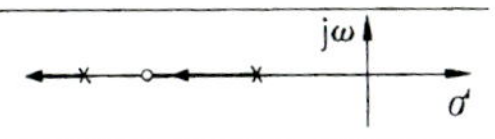
7	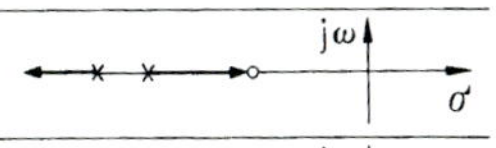
8	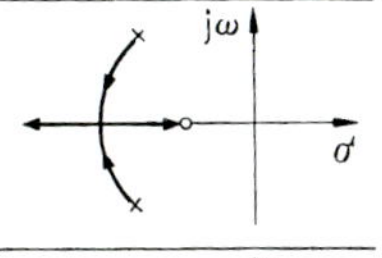
9	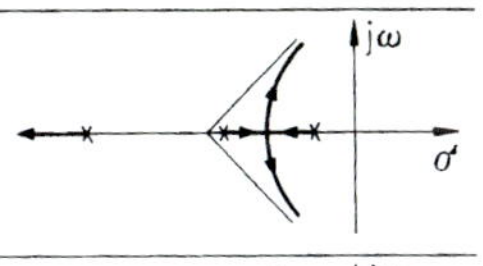
10	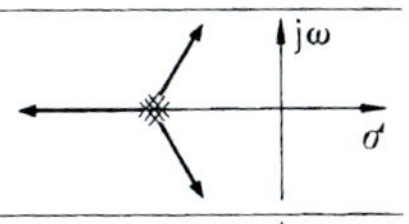
11	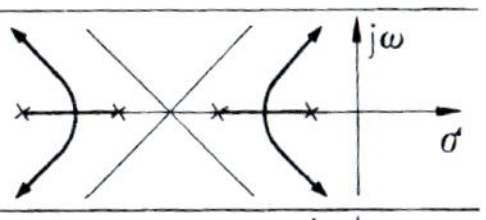
12	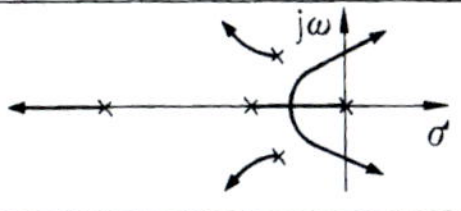
13	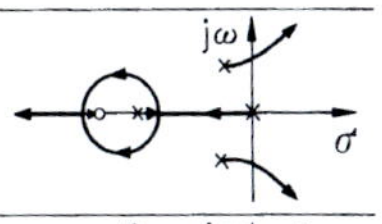
14	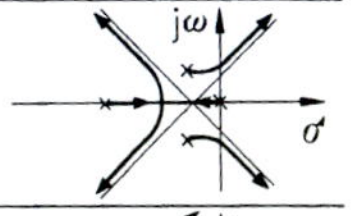
15	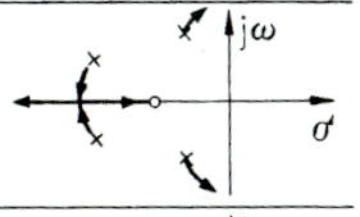
16	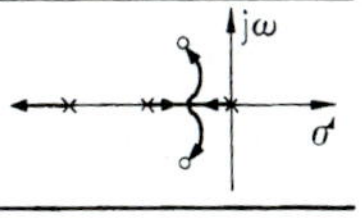

zeigt Bild 7-2. Aus dem Verlauf dieser WOK kann z. B. entnommen werden, dass für $k_0 > 644$ der geschlossene Regelkreis Pole in der rechten s-Halbebene aufweist und daher instabil wird. Weitere typische Fälle sind in Tabelle 7-1 aufgeführt.

8 Entwurfsverfahren für lineare kontinuierliche Regelsysteme

8.1 Problemstellung

Eine der wichtigsten Aufgaben stellt für den Regelungstechniker der Entwurf oder die Synthese eines Regelkreises dar. Diese Aufgabe, zu der streng genommen auch die komplette gerätetechnische Auslegung gehört, sei im Folgenden auf das Problem beschränkt, für eine vorgegebene Regelstrecke einen geeigneten Regler zu entwerfen, der die an den Regelkreis gestellten Anforderungen möglichst gut oder mit geringstem technischen Aufwand erfüllt. An den Regelkreis werden gewöhnlich folgende Anforderungen gestellt:

1. Als Mindestforderung muss der Regelkreis selbstverständlich stabil sein.
2. Störgrößen $z(t)$ sollen einen möglichst geringen Einfluss auf die Regelgröße $y(t)$ haben.
3. Die Regelgröße $y(t)$ soll einer zeitlich sich ändernden Führungsgröße $w(t)$ möglichst genau und schnell folgen.
4. Der Regelkreis soll möglichst unempfindlich (robust) gegenüber nicht zu großen Parameteränderungen sein.

Um die unter 2. und 3. gestellten Anforderungen zu erfüllen, müsste gemäß Forderung 3 im *Idealfall* für die Führungsübertragungsfunktion

$$G_W(s) = \frac{Y(s)}{W(s)} = \frac{G_0(s)}{1 + G_0(s)} = 1 \qquad (8\text{-}1)$$

und bei einer Störung z. B. am Ausgang der Regelstrecke für die Störungsübertragungsfunktion gemäß Forderung 2

$$G_Z(s) = \frac{Y(s)}{Z(s)} = \frac{1}{1 + G_0(s)} = 0 \qquad (8\text{-}2)$$

gelten. Eine strenge Verwirklichung dieser Beziehungen ist jedoch aus physikalischen und technischen Gründen nicht möglich, da hierzu unendlich große Stellgrößen erforderlich wären. Für eine praktische Anwendung muss daher stets überlegt werden, welche Abweichung vom idealen Fall zugelassen werden kann.

8.2 Entwurf im Zeitbereich

8.2.1 Gütemaße im Zeitbereich

Bei der Beurteilung der Güte einer Regelung erweist es sich als zweckmäßig, den zeitlichen Verlauf der Regelgröße $y(t)$ bzw. der Regelabweichung $e(t)$ unter Einwirkung wohldefinierter Testsignale zu betrachten. Als das wohl wichtigste Testsignal wird dazu gewöhnlich eine sprungförmige Erregung der Eingangsgröße des untersuchten Regelkreises verwendet. So kann man beispielsweise für eine sprungförmige Erregung der Führungsgröße den im Bild 8-1a dargestellten Verlauf der Regelgröße $y(t) = h_W(t)$ beobachten.

Zur Beschreibung dieser Führungsübergangsfunktion werden die folgenden Begriffe eingeführt:

– Die *maximale Überschwingweite* e_{max} gibt den Betrag der maximalen Regelabweichung an, die nach erstmaligem Erreichen des Sollwertes (100%) auftritt.

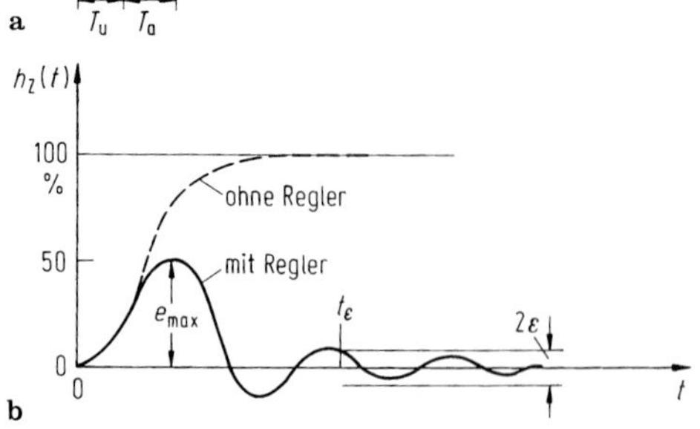

Bild 8-1. Typische Antwort eines Regelkreises bei einer sprungförmigen Änderung **a** der Führungsgröße und **b** der Störgröße

- Die t_{max}-Zeit beschreibt den Zeitpunkt des Auftretens der maximalen Überschwingweite.
- Die *Anstiegszeit* T_a ergibt sich aus dem Schnittpunkt der Tangente im Wendepunkt W von $h_W(t)$ mit der 0%- und 100%-Linie. Häufig wird allerdings die Tangente auch im Zeitpunkt t_{50} verwendet, bei dem $h_W(t)$ gerade 50% des Sollwertes erreicht hat. Zur besseren Unterscheidung soll dann für diesen zweiten Fall die Anstiegszeit mit $T_{a,50}$ bezeichnet werden.
- Die *Verzugszeit* T_u ergibt sich aus dem Schnittpunkt der oben definierten Wendetangente mit der t-Achse.
- Die *Ausregelzeit* t_ε ist der Zeitpunkt, ab dem der Betrag der Regelabweichung kleiner als eine vorgegebene Schranke ε ist (z. B. $\varepsilon = 3\%$, also $\pm 3\%$ Abweichung vom Sollwert).
- Als *Anregelzeit* t_{an} bezeichnet man den Zeitpunkt, bei dem erstmalig der Sollwert (100%) erreicht wird. Es gilt näherungsweise $t_{an} \approx T_u + T_a$.

In ähnlicher Weise lässt sich gemäß Bild 8-1b auch das Störverhalten charakterisieren. Hierbei werden ebenfalls die Begriffe „maximale Überschwingweite" und „Ausregelzeit" definiert.

Von den hier eingeführten Größen kennzeichnen im Wesentlichen e_{max} und t_ε die Dämpfung und t_{an}, T_a und t_{max} die Schnelligkeit, also die Dynamik des Regelverhaltens, während die bleibende Regelabweichung e_∞ das statische Verhalten charakterisiert.

8.2.2 Integralkriterien

Aus Bild 8-1a ist ersichtlich, dass die Fläche zwischen der 100%-Geraden und der Führungsübergangsfunktion $h_W(t)$ sicherlich ein Maß für die Abweichung des Regelkreises vom idealen Führungsverhalten darstellt. Ebenso ist in Bild 8-1b die Fläche zwischen der Störübergangsfunktion $h_Z(t)$ und der t-Achse ein Maß für die Abweichung des Regelkreises vom Fall der idealen Störungsunterdrückung. In beiden Fällen handelt es sich um die Gesamtfläche unterhalb der Regelabweichung $e(t) = w(t) - y(t)$, mit der man die Abweichung vom idealen Regelkreis beschreiben kann. Es liegt nahe, als Maß für die Regelgüte ein Integral der Form

$$I_k = \int_0^\infty f_k[e(t)]\,\mathrm{d}t \tag{8-3}$$

einzuführen, wobei für $f_k[e(t)]$ gewöhnlich die in Tabelle 8.1 angegebenen verschiedenen Funktionen, wie z. B. $e(t), |e(t)|, e^2(t)$ usw., verwendet werden. In einem derartigen integralen Gütemaß lassen sich zeitliche Ableitungen der Regelabweichung sowie zusätzlich die Stellgröße $u(t)$ berücksichtigen. Die wichtigsten dieser Gütemaße I_k sind in Tabelle 8-1 zusammengestellt.

Mithilfe solcher Gütemaße lassen sich die Integralkriterien folgendermaßen formulieren:

Eine Regelung ist im Sinne des jeweils gewählten Integralkriteriums umso besser, je kleiner I_k ist. Somit erfordert ein Integralkriterium stets die Minimierung von I_k, wobei dies durch geeignete Wahl der noch freien Entwurfsparameter oder Reglereinstellwerte $r_1, r_2, \ldots$ geschehen kann. Damit lautet das Integralkriterium schließlich

$$I_k = \int_0^\infty f_k[e(t)]\,\mathrm{d}t = I_k(r_1, r_2, \ldots) \stackrel{!}{=} \text{Min}\,. \tag{8-4}$$

Dabei kann das gesuchte Minimum sowohl im Innern als auch auf dem Rand des durch die möglichen Einstellwerte begrenzten Definitionsbereiches liegen. Dies ist zu beachten, da beide Fälle eine unterschiedliche mathematische Behandlung erfordern. Im ersten Fall handelt es sich gewöhnlich um ein *absolutes Optimum*, im zweiten um ein *Randoptimum*.

8.2.3 Quadratische Regelfläche

Aufgrund der verschiedenartigen Anforderungen, die beim Entwurf von Regelkreisen gestellt werden, ist es nicht möglich, für alle Anwendungsfälle ein einziges, gleichermaßen gut geeignetes Gütemaß festzulegen. In sehr vielen Fällen hat sich jedoch das Minimum der quadratischen Regelfläche als Gütekriterium sehr gut bewährt. Es besitzt außerdem den Vorteil, dass es für die wichtigsten Fälle auch leicht berechnet werden kann. Zur Berechnung der quadratischen Regelfläche wird die Parseval'sche Gleichung

$$I_3 = \int_0^\infty e^2(t)\,\mathrm{d}t = \frac{1}{2\pi \mathrm{j}} \int_{-\mathrm{j}\infty}^{+\mathrm{j}\infty} E(s)E(-s)\,\mathrm{d}s \tag{8-5}$$

verwendet. Ist $E(s)$ eine gebrochen rationale Funktion

$$E(s) = \frac{C(s)}{D(s)} = \frac{c_0 + c_1 s + \ldots + c_{n-1}s^{n-1}}{d_0 + d_1 s + \ldots + d_n s^n}\,, \tag{8-6}$$

Tabelle 8-1. Die wichtigsten Gütemaße für Integralkriterien

Gütemaß	Eigenschaft
$I_1 = \int_0^\infty e(t)\,dt$	*Lineare Regelfläche*: Eignet sich zur Beurteilung stark gedämpfter monotoner Regelverläufe; einfache mathematische Behandlung.
$I_2 = \int_0^\infty \lvert e(t)\rvert\,dt$	*Betragslineare Regelfläche*: Geeignet für nichtmonotonen Schwingungsverlauf. Umständliche Auswertung.
$I_3 = \int_0^\infty e^2(t)\,dt$	*Quadratische Regelfläche*: Berücksichtigung großer Regelabweichungen; liefert größere Ausregelzeiten als I_2. In vielen Fällen analytische Berechnung möglich.
$I_4 = \int_0^\infty \lvert e(t)\rvert t\,dt$	*Zeitbeschwerte betragslineare Regelfläche*: Wirkung wie I_2; berücksichtigt aber zusätzlich die Dauer der Regelabweichung.
$I_5 = \int_0^\infty e^2(t) t\,dt$	*Zeitbeschwerte quadratische Regelfläche*: Wirkung wie I_3; berücksichtigt zusätzlich die Dauer der Regelabweichung.
$I_6 = \int_0^\infty [e^2(t) + \alpha\dot{e}^2(t)]\,dt$	*Verallgemeinerte quadratische Regelfläche*: Wirkung günstiger als bei I_3, allerdings Wahl des Bewertungsfaktors α subjektiv.
$I_7 = \int_0^\infty [e^2(t) + \beta u^2(t)]\,dt$	*Quadratische Regelfläche und Stellaufwand*: Etwas größerer Wert von $e_{\max}$, jedoch t_ε wesentlich kürzer; Wahl des Bewertungsfaktors β subjektiv.

Anmerkung: Besitzt der betrachtete Regelkreis eine bleibende Regelabweichung e_∞, dann ist $e(t)$ durch $e(t) - e_\infty$ zu ersetzen, da sonst die Integrale in der obigen Form nicht konvergieren. Entsprechendes gilt auch für die Stellgröße $u(t)$.

deren sämtliche Pole in der linken s-Halbebene liegen, dann lässt sich das Integral in (8-5) durch Residuenrechnung bestimmen. Bis $n = 10$ liegt die Auswertung dieses Integrals in tabellarischer Form vor [1]. Tabelle 8-2 enthält die Integrale bis $n = 4$.

8.2.4 Ermittlung optimaler Einstellwerte eines Reglers nach dem Kriterium der minimalen quadratischen Regelfläche [2]

Bei vorgegebenem Führungs- bzw. Störsignal ist die quadratische Regelfläche

$$I_3 = \int_0^\infty [e(t) - e_\infty]^2\,dt = I_3(r_1, r_2, \ldots) \tag{8-7}$$

nur eine Funktion der zu optimierenden Reglerparameter $r_1, r_2, \ldots$. Die optimalen Reglerparameter sind nun diejenigen, durch die I_3 minimal wird. Zur Lösung dieser einfachen mathematischen Extremwertaufgabe

$$I_3(r_1, r_2, \ldots) \stackrel{!}{=} \text{Min} \tag{8-8}$$

gilt unter der Voraussetzung, dass der gesuchte Optimalpunkt $(r_{1\,\text{opt}}, r_{2\,\text{opt}}, \ldots)$ nicht auf dem Rand des möglichen Einstellbereichs liegt, somit für alle partiellen Ableitungen von I_3

$$\left.\frac{\partial I_3}{\partial r_1}\right|_{r_{2\,\text{opt}} r_{3\,\text{opt}},\ldots} = 0\,, \quad \left.\frac{\partial I_3}{\partial r_2}\right|_{r_{1\,\text{opt}} r_{3\,\text{opt}},\ldots} = 0\,, \ldots \tag{8-9}$$

Diese Beziehung stellt einen Satz von Bestimmungsgleichungen für die Extrema von (8-7) dar. Im Optimalpunkt muss I_3 ein Minimum werden. Ein derartiger Punkt kann nur im Bereich stabiler Reglereinstellwerte liegen. Beim Auftreten mehrerer Punkte, die (8-8) erfüllen, muss u. U. durch Bildung der zweiten partiellen Ableitungen von I_3 geprüft werden, ob der betreffende Extremwert ein Minimum ist. Treten mehrere Minima auf, dann beschreibt das absolute Minimum den Optimalpunkt der gesuchten Reglereinstellwerte $r_i = r_{i\,\text{opt}}$ $(i = 1, 2, \ldots)$.
Am Beispiel einer Reglerstrecke mit der Übertragungsfunktion

$$G_S(s) = \frac{1}{(1+s)^3}\,, \tag{8-10}$$

die mit einem PI-Regler mit der Übertragungsfunktion

$$G_R(s) = K_R\left(1 + \frac{1}{T_I s}\right)\,, \tag{8-11}$$

Tabelle 8-2. Quadratische Regelfläche $I_{3,n}$ für $n = 1$ bis $n = 4$

$I_{3,1} = \dfrac{c_0^2}{2d_0d_1}$
$I_{3,2} = \dfrac{c_1^2d_0 + c_0^2d_2}{2d_0d_1d_2}$
$I_{3,3} = \dfrac{c_2^2d_0d_1 + \left(c_1^2 - 2c_0c_2\right)d_0d_3 + c_0^2d_2d_3}{2d_0d_3(-d_0d_3 + d_1d_2)}$
$I_{3,4} = \dfrac{c_3^2\left(-d_0^2d_3 + d_0d_1d_2\right) + \left(c_2^2 - 2c_1c_3\right)d_0d_1d_4 + \left(c_1^2 - 2c_0c_2\right)d_0d_3d_4 + c_0^2\left(-d_1d_4^2 + d_2d_3d_4\right)}{2d_0d_4\left(-d_0d_3^2 - d_1^2d_4 + d_1d_2d_3\right)}$

zu einem Regelkreis zusammengeschaltet wird, soll die Ermittlung von $K_{R\,opt}$ und $T_{I\,opt}$ nach der minimalen quadratischen Regelfläche I_3 für eine sprungförmige Störung am Eingang der Regelstrecke gezeigt werden.

1. Schritt: *Bestimmung des Stabilitätsrandes*: Aus der charakteristischen Gleichung dieses Systems 4. Ordnung,

$$T_Is^4 + 3T_Is^3 + 3T_Is^2 + T_I(1 + K_R)s + K_R = 0\,, \quad (8\text{-}12)$$

erhält man nach Anwendung z. B. des Hurwitz-Kriteriums als Grenzkurven des Stabilitätsbereichs

$$K_R = 0 \text{ und } T_{I\,stab} = 9K_R/[(1+K_R)(8-K_R)]\,. \quad (8\text{-}13)$$

Der Bereich stabiler Reglereinstellwerte ist in Bild 8-2 dargestellt.

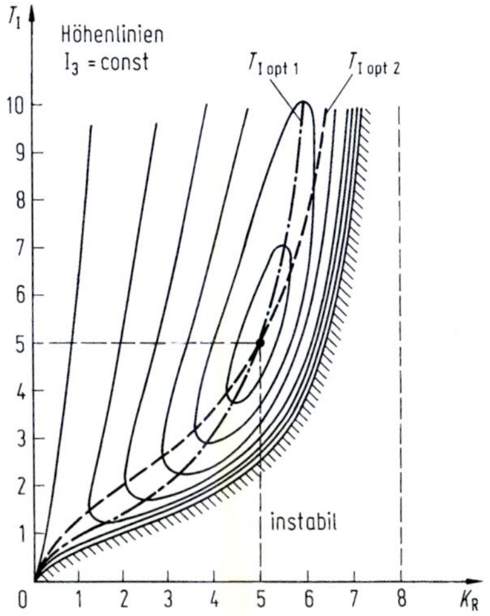

Bild 8-2. Das Regelgütediagramm für das untersuchte Beispiel

2. Schritt: *Bestimmung der quadratischen Regelfläche*: Die Laplace-Transformierte der Regelabweichung $E(s)$ lautet im vorliegenden Fall

$$E(s) = \frac{-T_I \cdot (1/s)}{K_R + (1 + K_R)T_Is + 3T_Is^2 + 3T_Is^3 + T_Is^4}\,.$$

Wendet man darauf den entsprechenden Ausdruck aus Tabelle 8-2 an, so erhält man die quadratische Regelfläche

$$I_3 = \frac{T_I(8 - K_R)}{2\,K_R\left\{(1 + K_R)(8 - K_R) - \dfrac{9K_R}{T_I}\right\}}\,. \quad (8\text{-}14)$$

3. Schritt: *Bestimmung des Optimalpunktes* ($K_{R\,opt}$, $T_{I\,opt}$): Da der gesuchte Optimalpunkt im Innern des Stabilitätsbereichs liegt, muss dort notwendigerweise

$$\frac{\partial I_3}{\partial K_R} = 0 \quad \text{und} \quad \frac{\partial I_3}{\partial T_I} = 0 \quad (8\text{-}15\text{a,b})$$

gelten. Jede dieser beiden Bedingungen liefert eine Optimalkurve $T_I(K_R)$ in der (K_R, T_I)-Ebene, deren Schnittpunkt, falls er existiert und im Innern des Stabilitätsbereichs liegt, der gesuchte Optimalpunkt ist. Aus (8-15a,b) erhält man die Optimalkurven

$$T_{I\,opt\,1} = \frac{9K_R(16 - K_R)}{(8 - K_R)^2(1 + 2K_R)}$$

$$\text{und} \quad T_{I\,opt\,2} = \frac{18K_R}{(1 + K_R)(8 - K_R)}\,. \quad (8\text{-}16\text{a,b})$$

Beide Optimalkurven gehen durch den Ursprung (Maximum von I_3 auf dem Stabilitätsrand) und haben, wie die Kurve für den Stabilitätsrand nach (8-13), bei $K_R = 8$ einen Pol. Durch Gleichsetzen der beiden rechten Seiten von (16a) und (16b) erhält man den gesuchten Optimalpunkt mit den Koordinaten

$$K_{\mathrm{R\,opt}} = 5 \quad \text{und} \quad T_{\mathrm{I\,opt}} = 5\,.$$

Der Optimalpunkt liegt im Bereich stabiler Reglereinstellwerte. *4. Schritt*: *Zeichnen des Regelgütediagramms*: Vielfach will man den Verlauf von $I_3(K_R, T_I)$ in der Nähe des gewählten Optimalpunktes kennen, um das Verhalten des Regelkreises bei Veränderung der Reglerparameter abschätzen zu können. Ein Optimalpunkt, in dessen Umgebung $I_3(K_R, T_I)$ stark ansteigt, kann nur dann gewählt werden, wenn die einmal eingestellten Werte möglichst genau eingehalten werden.

Nun ermittelt man Kurven $T_{\mathrm{Ih}}(K_R)$, auf denen die quadratische Regelfläche konstante Werte annimmt (Höhenlinien), und zeichnet einige in das Stabilitätsdiagramm ein. Gleichung (8-14), nach T_I aufgelöst, liefert als Bestimmungsgleichung für die gesuchten Höhenlinien

$$T_{\mathrm{Ih}_{1,2}} = K_R \left[I_3(K_R+1) \pm \sqrt{I_3^2(K_R+1)^2 - \frac{18 I_3}{8-K_R}} \right]. \tag{8-17}$$

Die Höhenlinien $I_3 = \text{const}$ stellen geschlossene Kurven in der (K_R, T_I)-Ebene dar. Zusammen mit der Grenzkurve des Stabilitätsrandes bilden sie das *Regelgütediagramm* nach Bild 8-2. Die optimalen Reglereinstellwerte hängen von der Art und dem Eingriffsort der Störgröße ab. Auch sind diese Werte für Führungsverhalten anders als für Störverhalten.

Die Berechnung optimaler Reglereinstellwerte nach dem quadratischen Gütekriterium ist im Einzelfall recht aufwändig. Daher wurden für die Kombinationen der wichtigsten Regelstrecken mit Standardreglertypen (PID-, PI-, PD- und P-Regler) die optimalen Einstellwerte in allgemein anwendbarer Form berechnet und für Regelstrecken bis 4. Ordnung tabellarisch dargestellt [2].

8.2.5 Empirisches Vorgehen

Viele industrielle Prozesse weisen Übergangsfunktionen mit rein aperiodischem Verhalten gemäß Bild 8-3 auf, d. h., ihr Verhalten kann durch PT_n-Glieder sehr gut beschrieben werden. Häufig können diese Prozesse durch das vereinfachte mathematische Modell

$$G_S(s) = \frac{K_S}{1+Ts}\mathrm{e}^{-T_t s}\,, \tag{8-18}$$

das ein Verzögerungsglied 1. Ordnung und ein Totzeitglied enthält, hinreichend gut approximiert werden. Bild 8-3 zeigt die Approximation eines PT_n-Gliedes durch ein derartiges $\mathrm{PT_1T_t}$-Glied. Dabei wird durch die Konstruktion der Wendetangente die Übergangsfunktion $h_S(t)$ mit folgenden drei Größen charakterisiert: K_S (Übertragungsbeiwert oder Verstärkungsfaktor der Regelstrecke), T_a (Anstiegszeit) und T_u (Verzugszeit). Bei einer groben Approximation nach (8-18) wird dann meist $T_t = T_u$ und $T = T_a$ gesetzt.

Für Regelstrecken der hier beschriebenen Art wurden zahlreiche Einstellregeln für Standardregler in der Literatur [3] angegeben, die teils empirisch, teils

Tabelle 8-3. Reglereinstellwerte nach Ziegler und Nichols

	Reglertypen	Reglereinstellwerte		
		K_R	T_I	T_D
Methode I	P	$0{,}5\,K_{\mathrm{R\,krit}}$	–	–
	PI	$0{,}45\,K_{\mathrm{R\,krit}}$	$0{,}85\,T_{\mathrm{krit}}$	–
	PID	$0{,}6\,K_{\mathrm{R\,krit}}$	$0{,}5\,T_{\mathrm{krit}}$	$0{,}12\,T_{\mathrm{krit}}$
Methode II	P	$\frac{1}{K_S}\cdot\frac{T_a}{T_u}$	–	–
	PI	$\frac{0{,}9}{K_S}\cdot\frac{T_a}{T_u}$	$3{,}33\,T_u$	–
	PID	$\frac{1{,}2}{K_S}\cdot\frac{T_a}{T_u}$	$2\,T_u$	$0{,}5\,T_u$

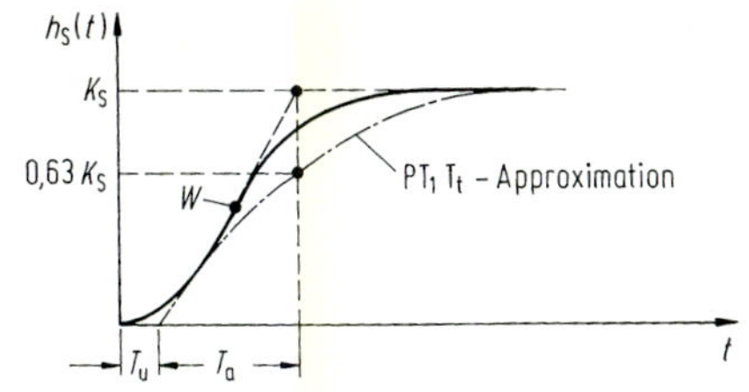

Bild 8-3. Beschreibung der Übergangsfunktion $h_S(t)$ durch K_S, T_a und T_u

durch Simulation an entsprechenden Modellen gefunden wurden. Die wohl am weitesten verbreiteten empirischen Einstellregeln sind die von *Ziegler* und *Nichols* [4]. Diese Einstellregeln wurden empirisch abgeleitet, wobei die Übergangsfunktion des geschlossenen Regelkreises je Schwingungsperiode eine Amplitudenabnahme von ca. 25% aufwies. Bei der Anwendung dieser Einstellregeln kann zwischen folgenden zwei Fassungen (Tabelle 8-3) gewählt werden:

a) *Methode des Stabilitätsrandes (I)*: Hierbei geht man in folgenden Schritten vor:
   1. Der jeweils im Regelkreis vorhandene Standardregler wird zunächst als reiner P Regler geschaltet.
   2. Die Verstärkung K_R dieses P-Reglers wird so lange vergrößert, bis der geschlossene Regelkreis Dauerschwingungen ausführt. Der dabei eingestellte K_R-Wert wird als kritische Reglerverstärkung $K_{R\,krit}$ bezeichnet.
   3. Die Periodendauer T_{krit} (kritische Periodendauer) der Dauerschwingung wird gemessen.
   4. Man bestimmt nun anhand von $K_{R\,krit}$ und T_{krit} mithilfe der in Tabelle 8-3 angegebenen Formeln die Reglereinstellwerte K_R, T_I und T_D.

b) *Methode der Übergangsfunktion (II)*: Häufig wird es bei einer industriellen Anlage nicht möglich sein, den Regelkreis zur Ermittlung von $K_{R\,krit}$ und T_{krit} im grenzstabilen Fall zu betreiben. Im Allgemeinen bereitet jedoch die Messung der Übergangsfunktion $h_S(t)$ der Regelstrecke keine Schwierigkeiten. Daher erscheint in vielen Fällen die zweite Form der Ziegler-Nichols-Einstellregeln, die direkt von der Steigung der Wendetangente K_S/T_a und der Verzugszeit T_u der Übergangsfunktion ausgeht, als zweckmäßiger. Dabei ist zu beachten, dass die Messung der Übergangsfunktion $h_S(t)$ nur bis zum Wendepunkt W erforderlich ist, da die Steigung der Wendetangente bereits das Verhältnis K_S/T_a beschreibt. Anhand der Messwerte T_u und K_S/T_a sowie mithilfe der in Tabelle 8-3 angegebenen Formeln lassen sich dann die Reglereinstellwerte einfach berechnen.

8.3 Entwurf im Frequenzbereich [5]

8.3.1 Kenndaten des geschlossenen Regelkreises im Frequenzbereich und deren Zusammenhang mit den Gütemaßen im Zeitbereich

Ein Regelkreis, dessen Übergangsfunktion $h_W(t)$ einen Verlauf entsprechend Bild 8-1a aufweist, besitzt gewöhnlich einen Frequenzgang $G_W(\mathrm{j}\omega)$ mit einer Amplitudenüberhöhung, der sich qualitativ im Bode-Diagramm nach Bild 8-4 darstellen lässt. Zur Beschreibung dieses Verhaltens eignen sich folgende teilweise bereits eingeführten Kenndaten: (a) Resonanzfrequenz ω_r, (b) Amplitudenüberhöhung $A_{W\,max\,dB}$, (c) Bandbreite ω_b und (d) Phasenwinkel $\varphi_b = \varphi(\omega_b)$. Für die weiteren Überlegungen wird die Annahme gemacht, dass der geschlossene Regelkreis näherungsweise durch ein PT_2S-Glied mit der Übertragungsfunktion

$$G_W(s) = \frac{G_0(s)}{1 + G_0(s)} = \frac{\omega_0^2}{s^2 + 2\,D\omega_0 s + \omega_0^2} \qquad (8\text{-}19)$$

beschrieben werden kann, wobei die Kenndaten der *Eigenfrequenz* ω_0 und des *Dämpfungsgrades* D das Regelverhalten vollständig charakterisieren. Dies ist sicherlich dann mit guter Näherung möglich, wenn die reale Führungsübertragungsfunktion ein *dominierendes Polpaar* besitzt, das in der s-Ebene der $\mathrm{j}\omega$-Achse am nächsten liegt, somit die langsamste Eigenbewegung beschreibt und damit das dynamische Eigenverhalten des Systems am stärksten beeinflusst, sofern die übrigen Pole hinreichend weit links davon liegen. Aus der zu (19) gehörenden Übergangsfunktion $h_W(t)$ können folgende dämpfungsabhängige Größen berechnet werden:

a) *Maximale Überschwingweite*:

$$e_{max} = h_W(t_{max}) - 1 = \mathrm{e}^{-\left(\frac{D}{\sqrt{1-D^2}}\right)\pi} = f_1(D)\,. \qquad (8\text{-}20)$$

b) *Anstiegszeit* $T_{a,50}$:
Die Anstiegszeit wird nachfolgend nicht über die Wendetangente, sondern über die Tangente im Zeitpunkt $t = t_{50}$ (vgl. Bild 8-1a) bestimmt, bei dem $h_W(t)$ gerade 50% des stationären Wertes $h_{W_\infty} = 1$ erreicht hat. Die Berechnung liefert

$$\omega_0 T_{a,50} = \frac{\sqrt{1-D^2}}{e^{-Df_2^*(D)} \sin\left(\sqrt{1-D^2} f_2^*(D)\right)} = f_2(D)\,, \quad (8\text{-}21)$$

wobei $f_2^*(D) = \omega_0 t_{50}$ numerisch bestimmt werden muss [8].

c) *Ausregelzeit* t_ε:
Wählt man $\varepsilon = 3\%$, dann erhält man über die Einhüllende des Schwingungsverlaufs

$$\omega_0 t_{3\%} \approx \frac{1}{D}[3{,}5 - 0{,}5\ln(1-D^2)] = f_3(D)\,. \quad (8\text{-}22)$$

d) *Bandbreite* ω_b *und Phasenwinkel* φ_b:
Aus der in Bild 8-4 dargestellten Definition der Bandbreite folgt

$$\frac{\omega_b}{\omega_0} = \sqrt{(1-2D^2) + \sqrt{(1-2D^2)^2+1}} = f_4(D) \quad (8\text{-}23)$$

und

$$\varphi_b = \arctan\frac{2D\sqrt{(1-2D^2)+\sqrt{(1-2D^2)^2+1}}}{2D^2 - \sqrt{(1-2D^2)^2+1}} = f_5(D)\,. \quad (8\text{-}24)$$

Weiterhin erhält man mit (8-21) aus (8-23)

$$\omega_b T_{a,50} = f_2(D) f_4(D) = f_6(D). \quad (8\text{-}25)$$

Der Verlauf der Funktionen $f_1(D)$ bis $f_6(D)$ ist im Bild 8-5 dargestellt. Durch Approximation von $f_4(D), f_5(D)$ und $f_6(D)$ lassen sich dann folgende Faustformeln ableiten:

1. $\frac{\omega_b}{\omega_0} \approx 1{,}8 - 1{,}1D$ für $0{,}3 < D < 0{,}8$, (8-26)
2. $|\varphi_b| \approx \pi - 2{,}23D$ für $0 \leqq D \leqq 1{,}0$, (8-27) (φ_b im Bogenmaß)
3. $\omega_b T_{a,50} \approx 2{,}3$ für $0{,}3 < D < 0{,}8$. (8-28)

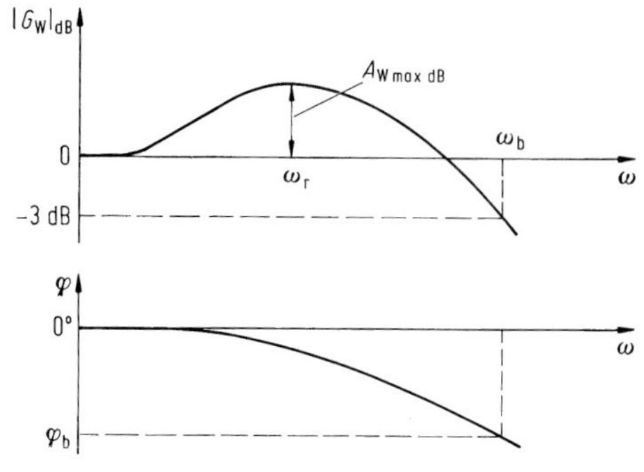

Bild 8-4. Bode-Diagramm des geschlossenen Regelkreises bei Führungsverhalten

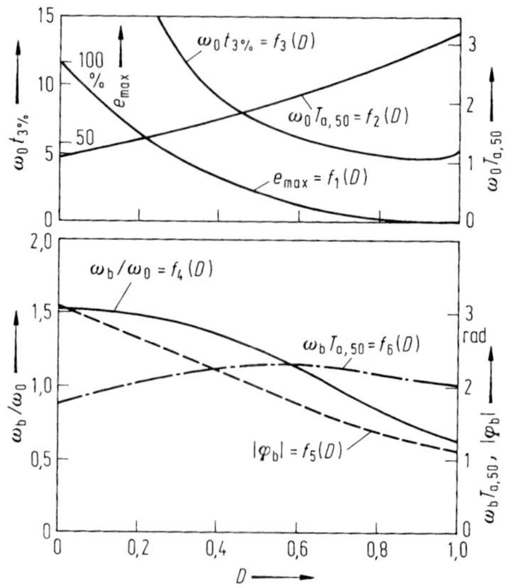

Bild 8-5. Abhängigkeit der Kenngrößen $f_1(D)$ bis $f_6(D)$ von der Dämpfung D des geschlossenen Regelkreises mit PT_2S-Verhalten

8.3.2 Kenndaten des offenen Regelkreises und deren Zusammenhang mit den Gütemaßen des geschlossenen Regelkreises im Zeitbereich

Im Folgenden wird davon ausgegangen, dass der offene Regelkreis Verzögerungsverhalten besitzt und somit ein Bode-Diagramm gemäß Bild 8-6 aufweist. Zur Beschreibung dieses Frequenzganges $G_0(j\omega)$ werden folgende Kenndaten verwendet: (a) Durchtrittsfrequenz ω_D, (b) Phasenrand φ_R und (c) Amplitudenrand $A_{R\,dB}$. Es sei wiederum angenommen, dass das dynamische Verhalten des geschlossenen Regelkreises angenähert durch ein dominierendes konjugiert komplexes Polpaar charakterisiert werden kann und somit durch (8-19) beschrieben wird. In diesem Fall folgt aus (8-19) als Übertragungsfunktion des offenen Regelkreises

$$G_0(s) = \frac{G_W(s)}{1 - G_W(s)} = \frac{\omega_0^2}{s(s + 2D\omega_0)} . \qquad (8\text{-}29)$$

Das zu (8-29) gehörende Bode-Diagramm weicht von dem in Bild 8-6 dargestellten wesentlich ab, da dieses offensichtlich keinen I-Anteil besitzt und von höherer als 2. Ordnung ist. In der Nähe der Durchtrittsfrequenz ω_D weisen allerdings beide Bode-Diagramme einen ähnlichen Verlauf auf und somit lässt sich $G_0(j\omega)$ gemäß Bild 8-6 in der Nähe der Durchtrittsfrequenz ω_D durch (8-29) approximieren. Damit erhält die zugehörige Führungsübertragungsfunktion $G_W(s)$ ein dominierendes konjugiert komplexes Polpaar. Um die für ein System 2. Ordnung hergeleiteten Gütespezifikationen auch auf Regelsysteme höherer Ordnung übertragen zu können, sollte man daher beim Entwurf anstreben, dass deren Betragskennlinien $|G_0(j\omega)|$ in der Nähe von ω_D mit etwa 20dB/Dekade abfallen. Für (8-29) ist dies nur erfüllt, wenn $\omega_D < \omega_0$ ist. Aus (8-29) erhält man mit der Bedingung $|G_0(j\omega_D)| = 1$ die Kenngröße

$$\frac{\omega_D}{\omega_0} = \sqrt{\sqrt{4D^4 + 1} - 2D^2} = f_7(D) , \qquad (8\text{-}30)$$

aus der für $\omega_D < \omega_0$ schließlich die Bedingung $D > 0{,}42$ folgt. Wählt man also als Dämpfungsgrad einen Wert $D > 0{,}42$, dann ist gewährleistet, dass die Beitragskennlinie $|G_0|_{dB}$ des offenen Regelkreises in der Umgebung der Durchtrittsfrequenz ω_D mit 20 dB/Dekade abfällt. Außerdem zeigt Bild 8-7, dass für den geschlossenen Regelkreis gerade das Intervall $0{,}5 < D < 0{,}7$ einen Bereich günstiger Dämpfungswerte darstellt, da hierbei sowohl die Anstiegszeit als

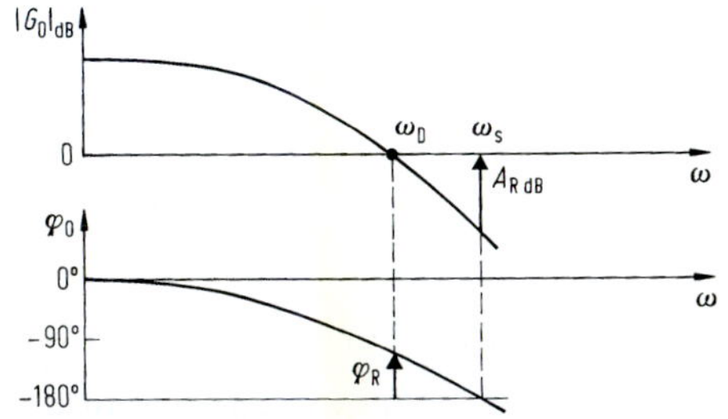

Bild 8-6. Bode-Diagramm des offenen Regelkreises

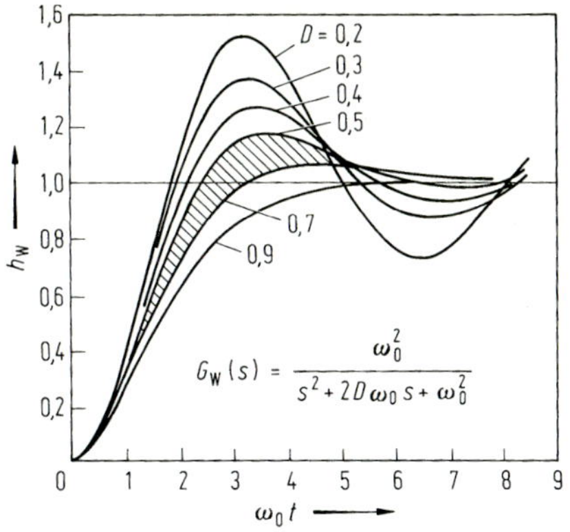

Bild 8-7. Übergangsfunktion $h_W(t)$ des geschlossenen Regelkreises mit PT_2S-Verhalten

auch die maximale Überschwingweite vom Standpunkt der Regelgüte aus akzeptable Werte annehmen. Dies bedeutet aber andererseits, dass dann auch Phasen- und Amplitudenrand φ_R und $A_{R\,dB}$ günstige Werte besitzen. Die Durchtrittsfrequenz ω_D stellt ein wichtiges Gütemaß für das dynamische Verhalten des geschlossenen Regelkreises dar. Je größer ω_D, desto größer ist gewöhnlich die Bandbreite ω_b von $G_W(j\omega)$ und desto schneller ist auch die Reaktion auf Sollwertänderungen.

Neben (8-30) lassen sich weitere wichtige Zusammenhänge zwischen den Kenndaten für das Zeitverhalten des geschlossenen Regelkreises und den Kenndaten für das Frequenzverhalten des offenen und damit teilweise auch des geschlossenen Regelkreises angeben. So folgt aus (8-30) unter Verwendung von (8-21) direkt

$$\omega_D T_{a,50} = f_2(D) f_7(D) = f_8(D) . \qquad (8\text{-}31)$$

Der Verlauf von $f_8(D)$ ist im Bild 8-8 dargestellt. Es lässt sich leicht nachprüfen, dass dieser Kurvenverlauf in guter Näherung im Bereich $0 < D < 1$ durch die Näherungsformel

$$\omega_D T_{a,50} \approx 1{,}5 - \frac{e_{max}[\text{in }\%]}{250} \qquad (8\text{-}32a)$$

oder

$$\omega_D T_{a,50} \approx 1{,}5 \quad \text{für} \quad e_{max} \leqq 20\% \quad \text{oder } D > 0{,}5 \qquad (8\text{-}32b)$$

beschrieben werden kann. Ein weiterer Zusammenhang ergibt sich aus der Durchtrittsfrequenz ω_D für

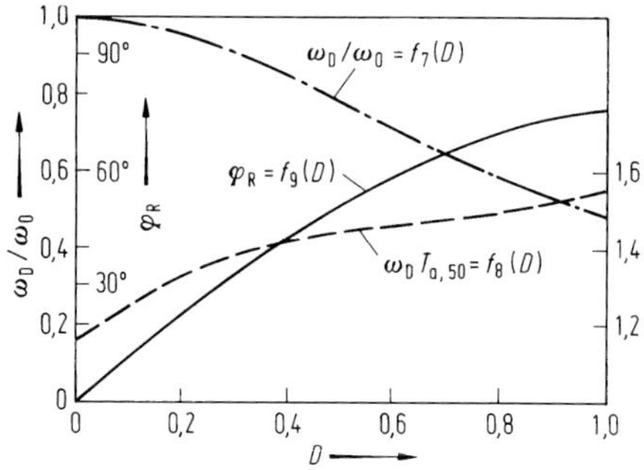

Bild 8-8. Abhängigkeit der Kenndaten $f_7(D)$ bis $f_9(D)$ von der Dämpfung D des geschlossenen Regelkreises mit PT_2S-Verhalten

den Phasenrand

$$\varphi_R = \arctan\left(2D\frac{\omega_0}{\omega_D}\right) = \arctan\left[2D\frac{1}{f_7(D)}\right] = f_9(D) \tag{8-33}$$

Bild 8-8 enthält den grafischen Verlauf dieser Funktion. Man kann hier durch Überlagerung von $f_9(D)$ mit $f_1(D)$ zeigen, dass im Bereich $0{,}3 \leqq D \leqq 0{,}8$, also für die hauptsächlich interessierenden Werte der Dämpfung, die Näherungsformel

$$\varphi_R\,[\text{in}\,^\circ] + e_{max}\,[\text{in}\,\%] \approx 70 \tag{8-34}$$

gilt.

8.3.3 Reglerentwurf nach dem Frequenzkennlinien-Verfahren

Ausgangspunkt dieses Verfahrens ist die Darstellung des Frequenzganges $G_0(\mathrm{j}\omega)$ des offenen Regelkreises im Bode-Diagramm. Die zu erfüllenden Spezifikationen des geschlossenen Regelkreises werden zunächst als Kenndaten des offenen Regelkreises formuliert. Die eigentliche Syntheseaufgabe besteht dann darin, durch Wahl einer geeigneten Reglerübertragungsfunktion $G_R(s)$ den Frequenzgang des offenen Regelkreises so zu verändern, dass er die geforderten Kenndaten erfüllt. Das Verfahren läuft im Wesentlichen in folgenden Schritten ab:

1. Schritt: Gewöhnlich sind bei einer Syntheseaufgabe die Kenndaten für das Zeitverhalten des geschlossenen Regelkreises, also e_{max}, $T_{a,50}$ und e_∞ vorgegeben. Aufgrund dieser Werte werden mithilfe von Tabelle 5-1 der Verstärkungsfaktor K_0, aus der Faustformel für $\omega_D T_{a,50} \approx 1{,}5$ gemäß (32b) die Durchtrittsfrequenz ω_D und über (8-34) φ_R [in °] $\approx 70 - e_{max}$ [in %] der Phasenrand φ_R berechnet, sowie zweckmäßigerweise aus $f_1(D)$ der Dämpfungsgrad D bestimmt.

2. Schritt: Zunächst wird als Regler ein reines P-Glied gewählt, sodass der im 1. Schritt ermittelte Wert von K_0 eingehalten wird. Durch Einfügen weiterer geeigneter Reglerübertragungsglieder (oft auch als *Kompensations- oder Korrekturglieder* bezeichnet) verändert man G_0 so, dass man die übrigen im 1. Schritt ermittelten Werte ω_D und φ_R erhält, und dabei in der näheren Umgebung der Durchtrittsfrequenz ω_D der Amplitudenverlauf $|G_0(\mathrm{j}\omega)|_{dB}$ mit etwa 20 dB/Dekade abfällt. Diese zusätzlichen Übertragungsglieder des Reglers werden meist in *Reihenschaltung* mit den übrigen Regelkreisgliedern angeordnet.

3. Schritt: Es muss nun geprüft werden, ob das ermittelte Ergebnis tatsächlich den geforderten Spezifikationen entspricht. Dies kann entweder durch Simulation an einem Rechner direkt durch Ermittlung der Größen von $e_{max}, T_{a,50}$ und e_∞ erfolgen oder indirekt unter Verwendung der Formeln zur Berechnung der Amplitudenüberhöhung $A_{W\,max} = 1/(2D\sqrt{1-D^2})$ und der Bandbreite $\omega_b \approx 2{,}3/T_{a,50}$. Diese Werte werden eventuell noch überprüft, indem man anhand der Frequenzkennlinien des offenen Regelkreises die Frequenzkennlinien des geschlossenen Regelkreises berechnet. Hieraus ist ersichtlich, dass dieses Verfahren nicht zwangsläufig im ersten Durchgang bereits den geeigneten Regler liefert. Es handelt sich hierbei vielmehr um ein systematisches Probierverfahren, das gewöhnlich erst bei mehrmaligem Wiederholen zu einem befriedigenden Ergebnis führt. Zum Entwurf des Reglers reichen bei diesem Verfahren die im Kapitel 5 vorgestellten Standardreglertypen gewöhnlich nicht mehr aus. Der Regler muss – wie oben bei Schritt 2 gezeigt wurde – aus verschiedenen Einzelübertragungsgliedern synthetisiert werden. Dabei sind die in 8.3.4 behandelten beiden Übertragungsglieder, die eine Phasenanhebung bzw. eine Phasenabsenkung ermöglichen, von besonderem Interesse.

8.3.4 Korrekturglieder für Phase und Amplitude

Derartige Übertragungsglieder, meist als Phasenkorrekturglieder bezeichnet, werden verwendet, um in gewissen Frequenzbereichen die Phase oder Amplitude anzuheben oder abzusenken. Die Übertragungsfunktion dieser Glieder ist

$$G_R(s) = \frac{1+Ts}{1+\alpha Ts} = \frac{1+\dfrac{s}{1/T}}{1+\dfrac{s}{1/(\alpha T)}} . \tag{8-35}$$

Daraus ergibt sich für $s = j\omega$ der Frequenzgang

$$G_R(j\omega) = \frac{1+j\dfrac{\omega}{\omega_Z}}{1+j\dfrac{\omega}{\omega_N}} \tag{8-36}$$

mit den beiden Eckfrequenzen

$$\omega_Z = \frac{1}{T} \quad \text{und} \quad \omega_N = \frac{1}{\alpha T} . \tag{8-37a,b}$$

Hierbei gilt für das *phasenanhebende Glied* (Lead-Glied)

$$0 < \alpha < 1 \quad \text{und} \quad m_h = \frac{1}{\alpha} = \omega_N/\omega_Z > 1 .$$

und für das *phasenabsenkende Glied* (Lag-Glied)

$$\alpha > 1 \quad \text{und} \quad m_s = \alpha = \omega_Z/\omega_N > 1 .$$

Bild 8-9 zeigt für beide Übertragungsglieder das zugehörige Bode-Diagramm. Man erkennt leicht die Symmetrieeigenschaften beider Korrekturglieder, die eine gleichartige Darstellung mit den entsprechenden Kenngrößen gemäß Tabelle 8-4 und dem Phasendiagramm nach Bild 8-10 ermöglichen. Für beide Glieder wird die untere Eckfrequenz mit ω_u, die obere Eckfrequenz mit ω_o bezeichnet.

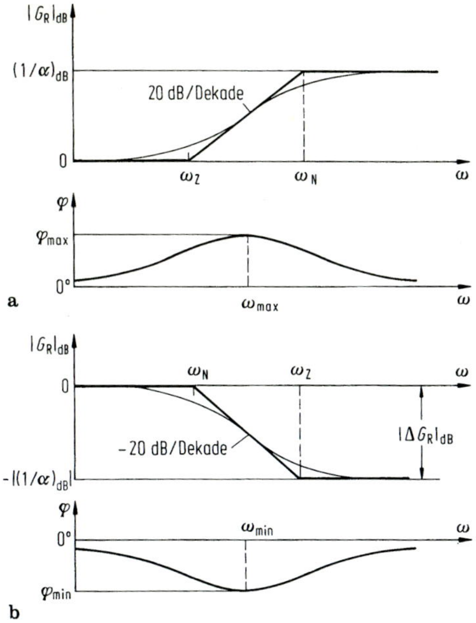

Bild 8-9. Bode-Diagramm **a** des phasenanhebenden und **b** des phasenabsenkenden Übertragungsgliedes

8.3.5 Reglerentwurf mit dem Wurzelortskurvenverfahren

Der Reglerentwurf mithilfe des Wurzelortskurvenverfahrens schließt unmittelbar an die Überlegungen in 8.3.1 an. Dort wurden die Forderungen an die Überschwingweite, die Anstiegszeit und die Ausregelzeit für den geschlossenen Regelkreis mit einem dominierenden Polpaar in Bedingungen für den Dämpfungsgrad D und die Eigenfrequenz ω_0 der zugehörigen Übertragungsfunktion $G_W(s)$ umgesetzt.

Tabelle 8-4. Gemeinsame Darstellung des phasenanhebenden und phasenabsenkenden Gliedes

Gemeinsame Kenngröße	phasenanhebendes Glied ($0 < \alpha < 1$)	phasenabsenkendes Glied ($\alpha > 1$)
m	$m_h = \dfrac{1}{\alpha}$	$m_s = \alpha$
ω_u	ω_Z	ω_N
ω_o	$m_h\omega_Z$	$m_s\omega_N$
φ	$\varphi > 0°$	$\varphi < 0°$
Extremwert des Phasenwinkels bei	$\omega_{max} = \omega_Z\sqrt{m_h}$	$\omega_{min} = \omega_N\sqrt{m_s}$
Extremwert der Amplitude	$\lvert\Delta G_R\rvert_{dB} = 20\lg m_h$	$\lvert\Delta G_R\rvert_{dB} = -20\lg m_s$

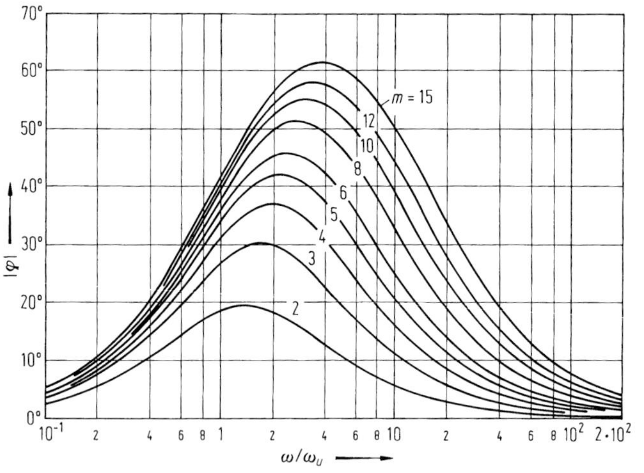

Bild 8-10. Phasendiagramm für Phasenkorrekturglieder

Mit D und ω_0 liegen aber unmittelbar die Pole der Übertragungsfunktion $G_W(s)$ fest. Es muss nun eine Übertragungsfunktion $G_0(s)$ des offenen Regelkreises so bestimmt werden, dass der geschlossene Regelkreis ein dominierendes Polpaar an der gewünschten Stelle erhält, die durch die Werte ω_0 und D vorgegeben ist. Einen solchen Ansatz bezeichnet man auch als *Polvorgabe*. Mit dem Wurzelortskurvenverfahren besitzt man ein grafisches Verfahren, mit dem eine Aussage über die Lage der Pole des geschlossenen Regelkreises gemacht werden kann. Es bietet sich an, das gewünschte dominierende Polpaar zusammen mit der Wurzelortskurve (WOK) des fest vorgegebenen Teils des Regelkreises in die komplexe s-Ebene einzuzeichnen und durch Hinzufügen von Pol- und Nullstellen des Reglers im offenen Regelkreis die WOK so zu verformen, dass zwei ihrer Äste bei einer bestimmten Verstärkung K_0 das gewünschte dominierende, konjugiert komplexe Polpaar schneiden. Bild 8-11 zeigt, wie man prinzipiell durch Hinzufügen eines Pols die WOK nach rechts und durch Hinzufügen einer Nullstelle die WOK nach links verformen kann.

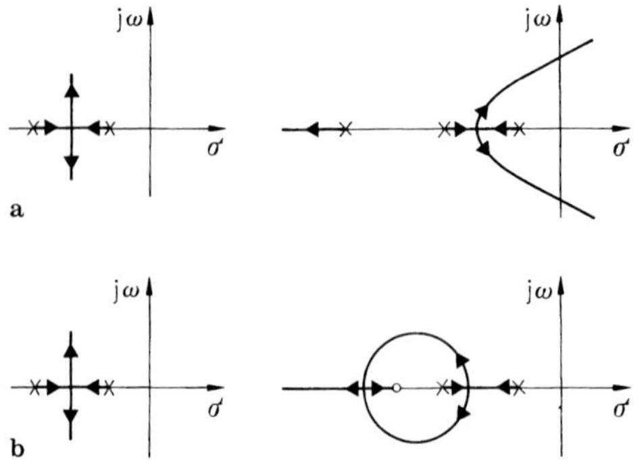

Bild 8-11. Verbiegen der Wurzelortskurve **a** nach rechts durch Hinzufügen eines zusätzlichen Pols, **b** nach links durch eine zusätzliche Nullstelle im offenen Regelkreis

8.4 Analytische Entwurfsverfahren

8.4.1 Vorgabe des Verhaltens des geschlossenen Regelkreises

Die gewünschte Führungsübertragungsfunktion $G_W(s) \stackrel{!}{=} K_W(s)$ des Regelkreises wird im einfachsten Falle durch

$$K_W(s) = \frac{\beta_0}{\beta_0 + \beta_1 s + \ldots + \beta_u s^u} \tag{8-38}$$

festgelegt. Für einen derartigen Regelkreis existieren verschiedene Möglichkeiten, sogenannte *Standardformen*, um die Übergangsfunktion $h_W(t)$ sowie die Polverteilung von $K_W(s)$ bzw. die Koeffizienten des Nennerpolynoms $\beta(s)$ aus tabellarischen Darstellungen zu entnehmen [5]. Eine dieser Standardformen ist z. B. gegeben durch

$$K_W(s) = \frac{5^k(1+\varkappa^2)\omega_0^{k+2}}{(s+\omega_0+\mathrm{j}\varkappa\omega_0)(s+\omega_0-\mathrm{j}\varkappa\omega_0)(s+5\omega_0)^k}\,, \tag{8-39}$$

also durch einen reellen k-fachen Pol ($k = u - 2$) und ein komplexes Polpaar. Tabelle 8-5 enthält für ver-

Tabelle 8-5. Übertragungsverhalten bei Vorgabe eines komplexen Polpaares und eines reellen k-fachen Pols für (39)

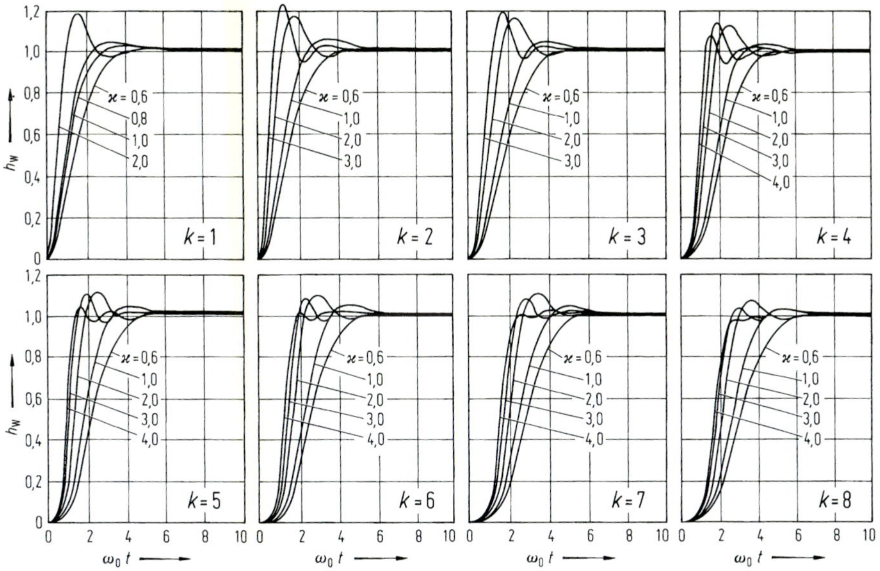

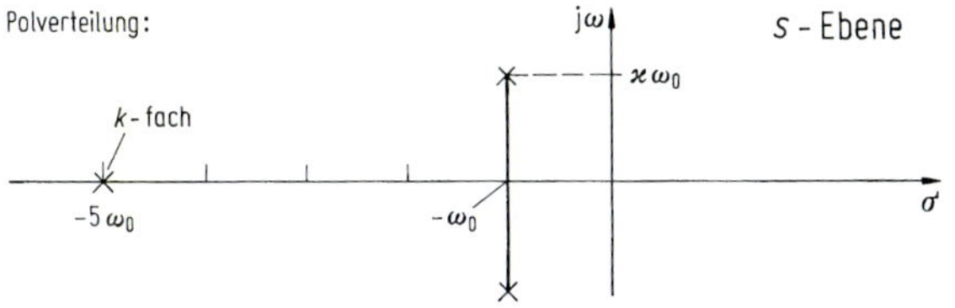

schiedene Werte von k und $\varkappa$ die zeitnormierten Übergangsfunktionen $h_W(\omega_0 t)$. Durch geeignete Wahl von k, $\varkappa$ und ω_0 lässt sich für zahlreiche Anwendungsfälle meist eine Führungsübertragungsfunktion finden, die die gewünschten Gütemaße im Zeitbereich erfüllt.

8.4.2 Das Verfahren nach Truxal-Guillemin [6]

Bei dem im Bild 8-12 dargestellten Regelkreis sei das Verhalten der Regelstrecke durch die gebrochen rationale Übertragungsfunktion

$$G_S(s) = \frac{d_0 + d_1 s + d_2 s^2 + \ldots + d_m s^m}{c_0 + c_1 s + c_2 s^2 + \ldots + c_n s^n} = \frac{D(s)}{C(s)} \qquad (8\text{-}40)$$

gegeben. Dabei sollen das Zähler- und Nennerpolynom $D(s)$ und $C(s)$ keine gemeinsamen Wurzeln besitzen; weiterhin sei $G_S(s)$ auf $c_n = 1$ normiert, und es gelte $m < n$. Zunächst wird angenommen, dass $G_S(s)$ stabil sei und minimales Phasenverhalten besitze. Für den zu entwerfenden Regler wird die Übertragungsfunktion

$$G_R(s) = \frac{b_0 + b_1 s + b_2 s^2 + \ldots + b_w s^w}{a_0 + a_1 s + a_2 a^2 + \ldots + a_z s^z} = \frac{B(s)}{A(s)} \qquad (8\text{-}41)$$

angesetzt und ebenfalls normiert mit $a_z = 1$. Aus Gründen der Realisierbarkeit des Reglers muss $w \leqq z$ gelten. Der Regler soll nun so entworfen werden, dass sich der geschlossene Regelkreis entsprechend einer gewünschten, vorgegebenen Führungsübertragungsfunktion

$$K_W(s) = \frac{\alpha_0 + \alpha_1 s + \ldots + \alpha_v s^v}{\beta_0 + \beta_1 s + \ldots + \beta_u s^u} = \frac{\alpha(s)}{\beta(s)} \qquad u > v \qquad (8\text{-}42)$$

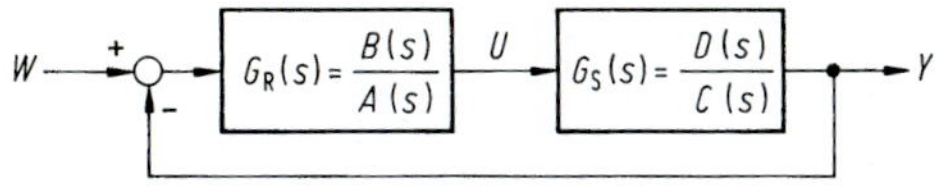

Bild 8-12. Blockschaltbild des zu entwerfenden Regelkreises

verhält, wobei $K_W(s)$ unter der Bedingung der Realisierbarkeit des Reglers frei wählbar sein soll. Aus der Führungsübertragungsfunktion des geschlossenen Regelkreises,

$$G_W(s) = \frac{G_R(s)G_S(s)}{1 + G_R(s)G_S(s)} \stackrel{!}{=} K_W(s) , \qquad (8\text{-}43)$$

erhält man die Reglerübertragungsfunktion

$$G_R(s) = \frac{1}{G_S(s)} \cdot \frac{K_W(s)}{1 - K_W(s)} \qquad (8\text{-}44)$$

oder mit den oben angegebenen Zähler- und Nennerpolynomen

$$G_R(s) = \frac{B(s)}{A(s)} = \frac{C(s)\alpha(s)}{D(s)[\beta(s) - \alpha(s)]} . \qquad (8\text{-}45)$$

Die *Realisierbarkeitsbedingung* für den Regler

$$\text{Grad}\, B(s) = w = n + v \leqq \text{Grad}\, A(s) = z = u + m$$

liefert somit

$$u - v \geqq n - m . \qquad (8\text{-}46)$$

Der Polüberschuss $(u - v)$ der gewünschten Übertragungsfunktion $K_W(s)$ für das Führungsverhalten des geschlossenen Regelkreises muss also größer oder gleich dem Polüberschuss $(n - m)$ der Regelstrecke sein. Im Rahmen dieser Forderung ist die Ordnung von $K_W(s)$ zunächst frei wählbar. Nach (8-44) enthält der Regler die reziproke Übertragungsfunktion $1/G_S(s)$ der Regelstrecke; es liegt hier also eine vollständige Kompensation der Regelstrecke vor. Dies lässt sich auch in einem Blockschaltbild veranschaulichen, wenn man in (8-44) $K_W(s)$ explizit als „Modell" einführt (Bild 8-13). Bei der physikalischen Realisierung des Reglers $G_R(s)$ ist natürlich von (8-45) auszugehen, da eine direkte Realisierung von $1/G_S(s)$ nicht möglich ist. Dieses Verfahren ist in erweiterter Form auch für minimalphasige und instabile Regelstrecken anwendbar [5].

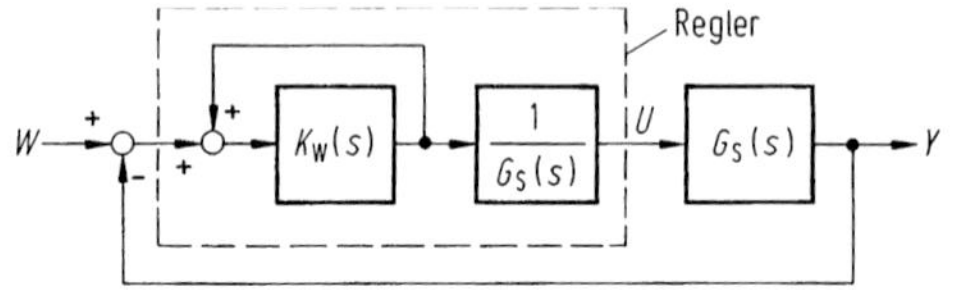

Bild 8-13. Kompensation der Regelstrecke

8.4.3 Algebraisches Entwurfsverfahren

Bei diesem Verfahren soll entsprechend Bild 8-12 für eine durch (8-40) beschriebene Regelstrecke ein Regler gemäß (8-41) so entworfen werden, dass der geschlossene Regelkreis sich nach einer gewünschten, vorgegebenen Führungsübertragungsfunktion, (8-42), verhält. Dabei wird die Ordnung von Zähler- und Nennerpolynom der Reglerübertragungsfunktion gleich groß gewählt $(w = z)$. Die Pole des geschlossenen Regelkreises sind die Wurzeln der charakteristischen Gleichung, die man aus $1 + G_R(s)G_S(s) = 0$ unter Berücksichtigung der in (8-40) und (8-41) definierten Polynome zu

$$\beta(s) = A(s)C(s) + B(s)D(s) = 0 \qquad (8\text{-}47)$$

erhält. Daraus folgt mit (8-42)

$$\beta(s) = \beta_0 + \beta_1 s + \ldots + \beta_u s^u = \beta_u \prod_{i=1}^{u} (s - s_i) = 0 . \qquad (8\text{-}48)$$

Dieses Polynom besitzt die Ordnung $u = z + n$; seine Koeffizienten hängen von den Parametern der Regelstrecke und des Reglers ab und sind lineare Funktionen der gesuchten Reglerparameter. Andererseits ergeben sich die Koeffizienten β_i unmittelbar aus den vorgegebenen Polen s_i des geschlossenen Regelkreises. Der Koeffizientenvergleich von (8-47) und (8-48) liefert die eigentlichen *Synthesegleichungen*, nämlich ein lineares Gleichungssystem für die $2z + 1$ unbekannten Reglerkoeffizienten $a_0, a_1, \ldots, a_{z-1}, b_0, b_1, \ldots, b_z$:

$$\begin{aligned}\beta_i &= b_0 d_i + b_1 d_{i-1} + \ldots + b_w d_{i-w} \\ &\quad + a_0 c_i + a_1 c_{i-1} + \ldots + a_z c_{i-z} , \end{aligned} \qquad (8\text{-}49)$$

wobei $d_k = 0$ für $k < 0$ und $k > m$, $c_k = 0$ für $k < 0$ und $k > n$ sowie $w = z$ nach Voraussetzung gilt. Die Zahl der Gleichungen ist $u = z + n$. Daraus ergibt sich als Bedingung für die eindeutige Auflösbarkeit die Ordnung des Reglers zu $z = n - 1$.

Für Regelstrecken mit integralem Verhalten genügt die Reglerordnung $z = n - 1$; bei Regelstrecken mit proportionalem Verhalten, oder wenn Störgrößen am Eingang integraler Regelstrecken berücksichtigt werden müssen, sollte die Verstärkung des Reglers beeinflussbar sein. Dies geschieht dadurch, dass man die Reglerordnung um 1 erhöht, d. h. $z = n$ setzt, sodass das Gleichungssystem unterbestimmt wird. Der so erzielte zusätzliche Freiheitsgrad erlaubt nun eine freie Wahl der Reglerverstärkung K_R, die zweckmäßig als reziproker Verstärkungsfaktor eingeführt wird:

$$1/K_R = c_R = a_0/b_0 \,. \tag{8-50}$$

Allerdings erhöht sich damit auch die Ordnung des geschlossenen Regelkreises; sie ist jetzt doppelt so groß wie die Ordnung der Regelstrecke.

a) Berücksichtigung der Nullstellen des geschlossenen Regelkreises

Bei dem oben beschriebenen Vorgehen ergeben sich die Nullstellen der Führungsübertragungsfunktion

$$K_W(s) \stackrel{!}{=} G_W(s) = \frac{B(s)D(s)}{A(s)C(s) + B(s)D(s)} \tag{8-51}$$

von selbst. Zwar können die Nullstellen der Regelstrecke, also die Wurzeln von $D(s)$, bei der Wahl der Polverteilung berücksichtigt und eventuell kompensiert werden, das Polynom $B(s)$ entsteht aber erst beim Reglerentwurf und muss nachträglich beachtet werden. Dies geschieht am einfachsten dadurch, dass man vor den geschlossenen Regelkreis, also in die Wirkungslinie der Führungsgröße, entsprechend Bild 8-14a ein Korrekturglied (Vorfilter) mit der Übertragungsfunktion

$$G_K(s) = c_K/B_K(s) \tag{8-52}$$

schaltet, mit dem sich die Nullstellen des Reglers und der Regelstrecke kompensieren lassen. Dies lässt sich

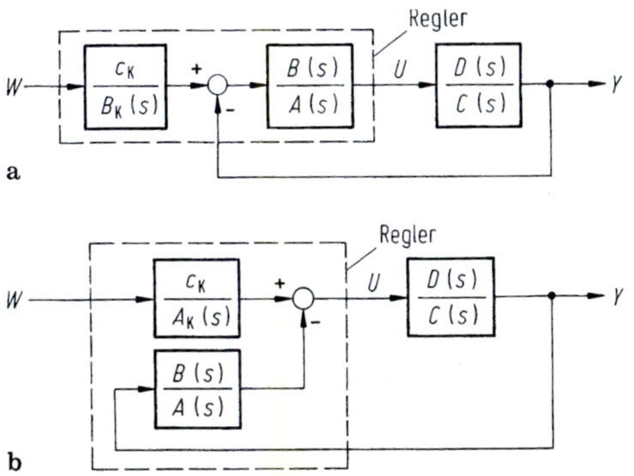

Bild 8-14. Kompensation der Reglernullstellen **a** mit Regler im Vorwärtszweig und **b** mit Regler im Rückkopplungszweig

aus Stabilitätsgründen allerdings nur für Nullstellen durchführen, deren Realteil negativ ist. Bezeichnet man die Teilpolynome von $B(s)$ und $D(s)$, deren Wurzeln in der linken s-Halbebene liegen als $B^+(s)$ und $D^+(s)$ sowie die Teilpolynome, deren Wurzeln in der rechten s-Halbebene bzw. auf der imaginären Achse liegen entsprechend als $B^-(s)$ und $D^-(s)$, so lassen sich die Zählerpolynome $B(s)$ und $D(s)$ wie folgt aufspalten:

$$B(s) = B^-(s)B^+(s) \quad \text{und} \quad D(s) = D^-(s)D^+(s) \,.$$

Für den Fall, dass $B(s)$ und $C(s)$ sowie $A(s)$ und $D(s)$ teilerfremd sind, also im geschlossenen Regelkreis der Regler weder Pol- noch Nullstellen der Regelstrecke kompensiert, lässt sich das Nennerpolynom der Übertragungsfunktion des Korrekturgliedes wie folgt bestimmen:

$$B_K(s) = B^+(s)D^+(s) \,. \tag{8-53}$$

Damit erhält man als Führungsübertragungsfunktion

$$G_W(s) = \frac{c_K B^-(s)D^-(s)}{A(s)C(s) + B(s)D(s)} \,. \tag{8-54}$$

Wenn sowohl der Regler als auch die Regelstrecke minimalphasiges Verhalten und deren Übertragungsfunktionen keine Nullstellen auf der imaginären Achse aufweisen, lassen sich sämtliche Nullstellen des geschlossenen Regelkreises kompensieren, sodass man anstelle von (8-54) die Beziehung

$$G_W(s) = \frac{c_K}{A(s)C(s) + B(s)D(s)} \,. \tag{8-55}$$

erhält. Soll der geschlossene Regelkreis auch vorgegebene Nullstellen enthalten, so ist in der Übertragungsfunktion $G_K(s)$ des Korrekturgliedes ein entsprechendes Zählerpolynom vorzusehen. Der Zählerkoeffizient c_K des Korrekturgliedes dient dazu, den Verstärkungsfaktor K_W der Führungsübertragungsfunktion $G_W(s)$ gleich 1 zu machen. Dies erreicht man mit

$$c_K = \beta_0/(b_0^- d_0^-) \,. \tag{8-56}$$

Im Falle eines Reglers mit I-Anteil wird $a_0 = 0$ und $c_R = 0$. Dann folgt direkt

$$c_K = b_0^+ d_0^+ \,. \tag{8-57}$$

Wird der Regler gemäß Bild 8-14b in den *Rückkopplungszweig* des Regelkreises geschaltet, so ändert das am Eigenverhalten des so entstandenen Systems gegenüber dem der Konfiguration nach Bild 8-14a nichts. Allerdings erscheinen nun nicht mehr die Nullstellen der Übertragungsfunktion des Reglers, sondern deren Polstellen als Nullstellen in der Übertragungsfunktion des geschlossenen Regelkreises. Es gelten jetzt analoge Überlegungen bei der Bestimmung des Nennerpolynoms in der Übertragungsfunktion des Korrekturgliedes

$$A_\mathrm{K}(s) = A^+(s)D^+(s)\,. \tag{8-58}$$

Als Führungsübertragungsfunktion erhält man

$$G_\mathrm{W}(s) = \frac{c_\mathrm{K}A^-(s)D^-(s)}{A(s)C(s) + B(s)D(s)}\,, \tag{8-59}$$

wobei für einen proportional wirkenden Regler

$$c_\mathrm{K}(s) = \beta_0/\left(a_0^- d_0^-\right) \tag{8-60}$$

gilt. Es sei darauf hingewiesen, dass für einen integrierenden Regler im Rückkopplungszweig keine Führungsregelung realisierbar ist.

b) Lösung der Synthesegleichungen

Das durch (8-49) beschriebene Gleichungssystem kann leicht in Matrixschreibweise dargestellt werden. Dabei werden die gesuchten Reglerparameter in einem Parametervektor zusammengefasst. Für *integrale Regelstrecken* ($c_0 = 0$) mit der Reglerordnung $z = n - 1$ und Normierung $c_n = 1$ lautet damit das Synthese-Gleichungssystem:

$$\left[\begin{array}{cccccc|cccccc}
d_0 & & & & & & 0 & & & & & \\
d_1 & d_0 & & \mathbf{0} & & & c_1 & 0 & & & \mathbf{0} & \\
d_2 & d_1 & d_0 & & & & c_2 & c_1 & 0 & & & \\
\vdots & \vdots\ddots & \ddots & & & & \vdots & \vdots & & \ddots & \ddots & \\
 & & & & & & c_{n-2} & c_{n-3} & \dots & & c_1 & 0 \\
d_{n-1} & d_{n-2} & & & d_1 & d_0 & c_{n-1} & c_{n-2} & \dots & & c_2 & c_1 \\
\hline
0 & d_{n-1} & d_{n-2} & \dots & & d_1 & 1 & c_{n-1} & c_{n-2} & \dots & & c_2 \\
 & & d_{n-1} & \dots & & d_2 & & 1 & c_{n-1} & \dots & & c_3 \\
 & & & & & & & & \ddots & & \ddots & \vdots \\
 & \mathbf{0} & & & \ddots & \vdots & & \mathbf{0} & & & & c_{n-1} \\
 & & & & & d_{n-1} & & & & & & 1
\end{array}\right]
\left[\begin{array}{c} b_0 \\ b_1 \\ b_2 \\ \vdots \\ b_{n-2} \\ b_{n-1} \\ \hline a_0 \\ a_1 \\ \vdots \\ a_{n-3} \\ a_{n-2} \end{array}\right]
=
\left[\begin{array}{c} \beta_0 \\ \beta_1 \\ \beta_2 \\ \vdots \\ \beta_{n-2} \\ \beta_{n-1} \\ \hline \beta_n \\ \beta_{n+1} \\ \vdots \\ \beta_{2n-3} \\ \beta_{2n-2} \end{array}\right]
-
\left[\begin{array}{c} 0 \\ 0 \\ 0 \\ \vdots \\ 0 \\ 0 \\ \hline c_1 \\ c_2 \\ \vdots \\ c_{n-2} \\ c_{n-1} \end{array}\right]
\tag{8-61a}$$

und

$$a_{n-1} = \beta_u\,. \tag{8-61b}$$

Für *Regelstrecken mit proportionalem Verhalten* oder bei Störungen am Eingang integraler Regelstrecken, bei der man die Reglerordnung auf $z = n$ erhöht, erhält man mit den Beziehungen

$$a_0 = c_\mathrm{R} b_0 \quad \text{und} \quad b_0 = \beta_0/(d_0 + c_\mathrm{R} c_0)$$

das Synthese-Gleichungssystem

$$\left[\begin{array}{ccccc|cccc} d_0 & & & & & c_0 & & & \\ d_1 & d_0 & & \mathbf{0} & & c_1 & c_0 & & \mathbf{0} \\ d_2 & d_1 & d_0 & & & c_2 & c_1 & c_0 & \\ \vdots & \ddots & \ddots & & & \vdots & & & \ddots \\ & & & & & & & & c_0 \\ d_{n-1} & d_{n-2} & \ldots & d_1 & d_0 & c_{n-1} & c_{n-2} & \ldots & c_1 \\ \hline 0 & d_{n-1} & d_{n-2} & \ldots & d_1 & 1 & c_{n-1} & \ldots & c_2 \\ & & & & & & 1 & & \\ & & \ddots & & \vdots & & \ddots & \ddots & \vdots \\ & \mathbf{0} & & & & & \mathbf{0} & & c_{n-1} \\ & & & & d_{n-1} & & & & 1 \end{array}\right] \left[\begin{array}{c} b_1 \\ b_2 \\ b_3 \\ \vdots \\ \\ b_n \\ \hline a_1 \\ a_2 \\ \vdots \\ \\ a_{n-1} \end{array}\right] = \left[\begin{array}{c} \beta_1 \\ \beta_2 \\ \beta_3 \\ \vdots \\ \\ \beta_n \\ \hline \beta_{n+1} \\ \\ \vdots \\ \\ \beta_{2n-1} \end{array}\right] - b_0 \left[\begin{array}{c} d_1 + c_R c_1 \\ d_2 + c_R c_2 \\ \\ \vdots \\ d_{n-1} + c_R c_{n-1} \\ c_R \\ \hline 0 \\ \\ \vdots \\ \\ 0 \end{array}\right] - \left[\begin{array}{c} 0 \\ 0 \\ \\ \vdots \\ 0 \\ c_0 \\ \hline c_1 \\ \\ \vdots \\ \\ c_{n-1} \end{array}\right] \quad (8\text{-}62a)$$

und

$$a_n = \beta_u \,. \quad (8\text{-}62b)$$

Die Matrizen jeweils der linken Seiten von (8-61a) und (8-62a) sind regulär. Damit sind die Synthesegleichungen eindeutig lösbar. Die Lösung kann bei Systemen niedriger Ordnung noch von Hand durchgeführt werden, zweckmäßigerweise wird aber die numerische Progammiersprache MATLAB hierzu verwendet.

9 Nichtlineare Regelsysteme

9.1 Allgemeine Eigenschaften nichtlinearer Regelsysteme

Die *Einteilung* nichtlinearer Übertragungssysteme erfolgt entweder nach mathematischen Gesichtspunkten (Form der das Regelsystem beschreibenden Differenzialgleichung) oder nach den wichtigsten nichtlinearen Eigenschaften, die insbesondere bei technischen Systemen auftreten. Hierzu zählen die stetigen und nichtstetigen nichtlinearen *Systemkennlinien*, die in Tabelle 9-1 zusammengestellt sind. Dabei unterscheidet man zwischen eindeutigen Kennlinien (z. B. die Fälle 1 bis 4) und doppeldeutigen Kennlinien (z. B. die Fälle 5 bis 7). Die Kennlinien können symmetrisch oder unsymmetrisch zur x_e-Achse sein. Oftmals empfiehlt sich auch eine Unterteilung in *ungewollte* und *gewollte Nichtlinearitäten.* Zur Behandlung nichtlinearer Regelkreise, insbesondere zur Stabilitätsanalyse eignen sich – in Anbetracht des Fehlens einer allgemeinen Theorie – folgende spezielle Methoden:

a) Methode der harmonischen Linearisierung,
b) Methode der Phasenebene,
c) Zweite Methode von Ljapunow sowie das
d) Stabilitätskriterium von Popov.

Im Übrigen wird man oft bei der Analyse und Synthese nichtlinearer Systeme direkt von der Darstellung im Zeitbereich ausgehen, d. h., man muss versuchen, die Differenzialgleichungen zu lösen. Hierbei ist die *Simulation*, z. B. mittels *Simulink* einer blockorientiertnen grafischen Erweiterung der numerischen Programmiersprache MATLAB ein wichtiges Hilfsmittel.

9.2 Regelkreis mit Zwei- und Dreipunktreglern

Während bei einem stetig arbeitenden Regler die Reglerausgangsgröße im zulässigen Bereich jeden beliebigen Wert annehmen kann, stellt sich bei Zwei- oder Dreipunktreglern gemäß Bild 9-1 die Reglerausgangsgröße jeweils nur auf zwei oder drei bestimmte Werte (Schaltzustände) ein. Bei einem Zweipunktregler können dies z. B. die beiden Stellungen „Ein“ und „Aus“ eines Schalters sein, bei einem Dreipunktregler z. B. die drei Schaltzustände „Vorwärts“, „Rückwärts“ und „Ruhestellung“ zur Ansteuerung eines Stellgliedes in Form eines Motors.

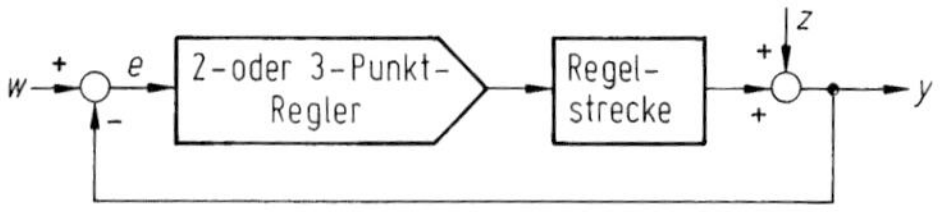

Bild 9-1. Regelkreis mit Zwei- oder Dreipunktregler

Somit werden diese Regler durch einfache Schaltglieder realisiert, deren Kennlinien in Tabelle 9-1 enthalten sind. Zweipunktregler werden häufig bei einfachen Temperatur- oder Druckregelungen (z. B. Bügeleisen, Pressluftkompressoren u. a.) verwendet. Dreipunktregler eignen sich hingegen zur Ansteuerung von Motoren, die als Stellantriebe in zahlreichen Regelkreisen eingesetzt werden. Ein typisches Kennzeichen der Arbeitsweise dieser Regler, insbesondere der Zweipunktregler, ist, dass sie bei Erreichen des Sollwertes kleine periodische Schwingungen (auch Arbeitsbewegung genannt) um diesen herum ausführen. Damit diese stabile Arbeitsbewegung zustande kommt und keine zu hohe Schalthäufigkeit auftritt, dürfen reine Zweipunktregler entweder nur mit totzeitbehafteten Regelstrecken zusammengeschaltet werden, oder aber das Zweipunktverhalten muss durch eine möglichst einstellbare Hysteresekennlinie erweitert werden.

Regelkreise mit einem Zwei- oder Dreipunktregler werden auch als *Relaissysteme* bezeichnet. Gemäß Bild 9-2 können diese Reglertypen zusätzlich auch durch eine innere Rückführung mit einem einstellbaren Zeitverhalten versehen werden. Das Rückführnetzwerk ist dabei linear. Die so entstehenden Regler weisen annähernd das Verhalten linearer Regler mit PI-, PD- und PID-Verhalten auf. Daher werden sie oft als *quasistetige Regler* bezeichnet. Diese Reglertypen besitzen näherungsweise folgende Übertragungsfunktionen [1]:

a) Zweipunktregler mit verzögerter Rückführung (PD-Verhalten): Nach Bild 9-2a gilt

$$G_{\mathrm{R}}(s) \approx \frac{1}{K_{\mathrm{R}}}(1 + T_{\mathrm{r}}s)\,. \tag{9-1}$$

b) Zweipunktregler mit verzögert-nachgebender Rückführung (PID-Verhalten): Nach Bild 9-2b gilt

$$G_{\mathrm{R}}(s) \approx \frac{T_{\mathrm{r1}} + T_{\mathrm{r2}}}{K_{\mathrm{R}}T_{\mathrm{r1}}} \cdot \left[1 + \frac{1}{(T_{\mathrm{r1}} + T_{\mathrm{r2}})s} + \frac{T_{\mathrm{r1}}T_{\mathrm{r2}}}{T_{\mathrm{r1}} + T_{\mathrm{r2}}}s\right]. \tag{9-2}$$

Tabelle 9-1. Zusammenstellung der wichtigsten nichtlinearen Regelkreisglieder

1	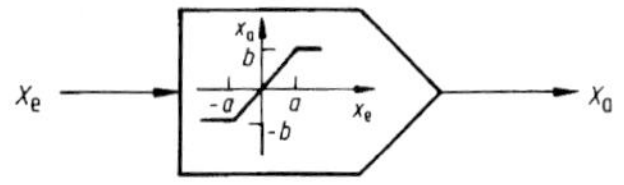 Begrenzung
2	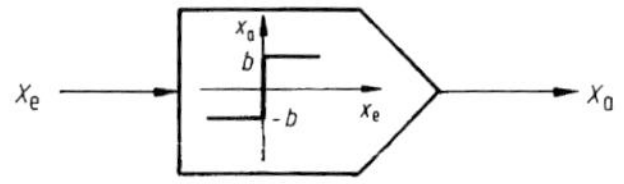 Zweipunktverhalten
3	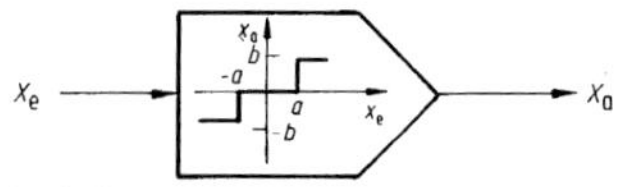 Dreipunktverhalten
4	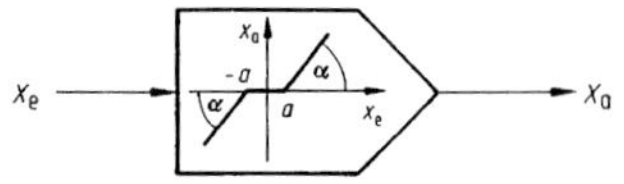 Tote Zone
5	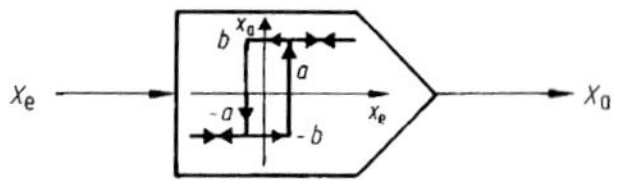 Hystereseverhalten
6	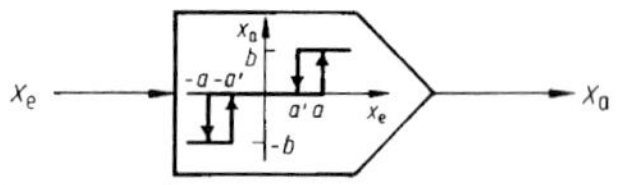 Dreipunktverhalten mit Hysterese
7	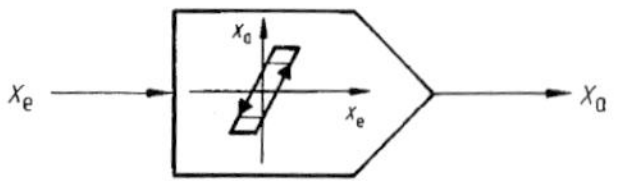 Getriebelose
8	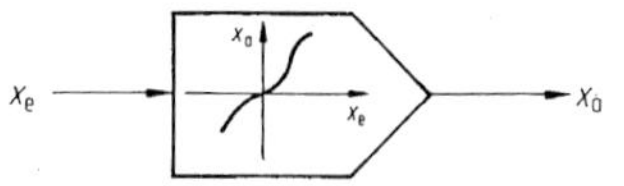 Beliebige nichtlineare Kennlinie
9	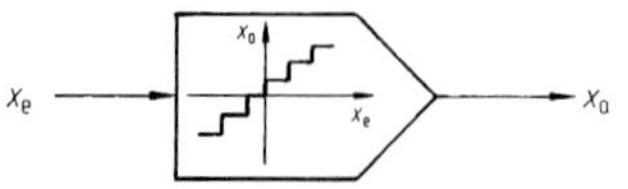 Quantisierung
10	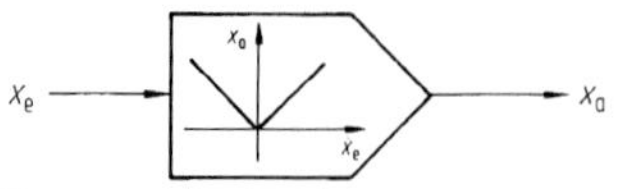 Betragsbildung

Tabelle 9-1. (Fortsetzung)

11	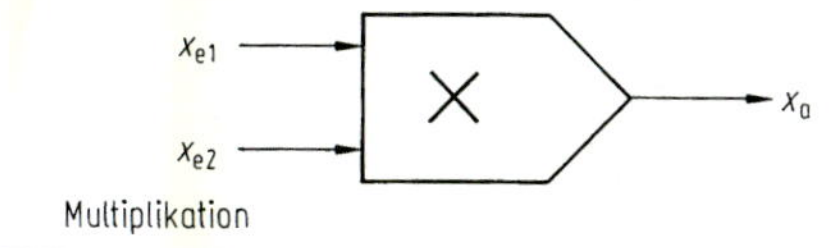
12	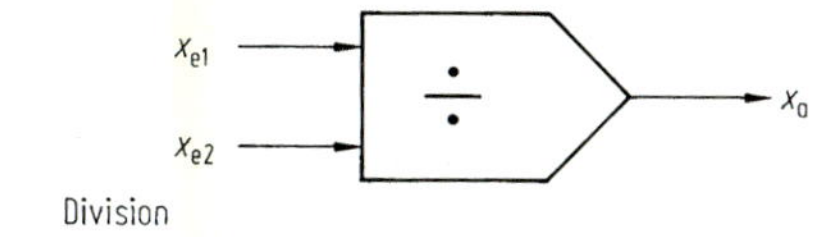

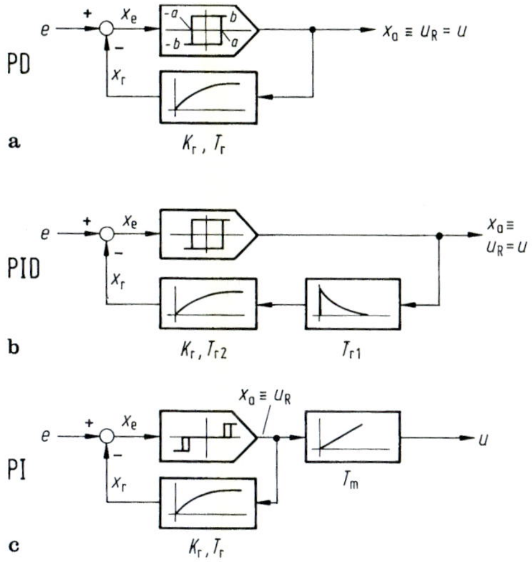

Bild 9-2. Die wichtigsten Zwei- und Dreipunktregler mit interner Rückführung

c) Dreipunktregler mit verzögerter Rückführung und nachgeschaltetem integralem Stellglied (PI-Verhalten): Nach Bild 9-2c gilt

$$G_R(s) \approx \frac{1}{G_r(s)} G_m(s) = \frac{T_r}{K_r T_m}\left(1 + \frac{1}{T_r s}\right) . \quad (9\text{-}3)$$

9.3 Analyse nichtlinearer Regelsysteme mithilfe der Beschreibungsfunktion

9.3.1 Definition der Beschreibungsfunktion

Nichtlineare Systeme sind unter anderem wesentlich dadurch gekennzeichnet, dass ihr Stabilitätsverhalten – im Gegensatz zu dem linearer Systeme – von den Anfangsbedingungen bzw. von der Erregung abhängig ist. Es gibt gewöhnlich stabile und instabile Zustände eines nichtlinearen Systems. Dazwischen existieren bestimmte stationäre Dauerschwingungen oder Eigenschwingungen, die man als *Grenzschwingungen* bezeichnet, weil unmittelbar benachbarte Einschwingvorgänge für $t \to \infty$ von denselben entweder weglaufen oder auf sie zustreben. Diese Grenzschwingungen können stabil, instabil oder semistabil sein. Zum Beispiel stellt die „Arbeitsbewegung" von Zwei- und Dreipunktreglern eine stabile Grenzschwingung dar. Das Verfahren der harmonischen Linearisierung, oft auch als Verfahren der harmonischen Balance bezeichnet, dient nun dazu, bei nichtlinearen Regelkreisen zu klären, ob solche Grenzschwingungen auftreten können, welche Frequenz und Amplitude sie haben und ob sie stabil oder instabil sind. Es handelt sich – dies sei ausdrücklich betont – um ein Näherungsverfahren zur Untersuchung des Eigenverhaltens nichtlinearer Regelkreise.

Bei diesem Verfahren wird für das nichtlineare Regelkreiselement die *Beschreibungsfunktion* als eine Art „Ersatzfrequenzgang" eingeführt. Erregt man ein nichtlineares Übertragungsglied mit ursprungssymmetrischer Kennlinie am Eingang sinusförmig, so ist das Ausgangssignal eine periodische Funktion mit derselben Frequenz, jedoch keine Sinusschwingung. Bezieht man die Grundschwingung des Ausgangssignals $x_a(t)$ – wie bei der Bildung des Frequenzganges – auf das sinusförmige Eingangssignal $x_e(t) = \hat{x}_e \sin \omega t$, so erhält man die Beschreibungsfunktion $N(\hat{x}_e, \omega)$. In der komplexen Ebene ist die Beschreibungsfunktion als eine Schar von Ortskurven mit $\hat{x}_e$ und ω als Parameter darstellbar. Betrachtet man jedoch nur statische Nichtlinearitäten, so ist deren Beschreibungsfunktion frequenzunabhängig und durch *eine* Ortskurve $N(\hat{x}_e)$ darstellbar. Die Beschreibungsfunktionen sind für zahlreiche einfache Kennlinien tabelliert [2].

9.3.2 Stabilitätsuntersuchung mittels der Beschreibungsfunktion

Die Methode der harmonischen Linearisierung stellt ein Näherungsverfahren zur Untersuchung von Frequenz und Amplitude der Dauerschwingungen in nichtlinearen Regelkreisen dar, die *ein* nichtlineares Übertragungsglied enthalten bzw. auf eine solche

Struktur zurückgeführt werden können. Geht man davon aus, dass die linearen Übertragungsglieder – bedingt durch die meist vorhandene Tiefpasseigenschaft – die durch das nichtlineare Glied bedingten Oberwellen der Stellgröße u unterdrücken, dann kann – ähnlich wie für lineare Regelkreise – eine „charakteristische Gleichung"

$$N(\hat{x}_e)G(j\omega) + 1 = 0 \,, \qquad (9\text{-}4)$$

auch Gleichung der harmonischen Balance genannt, aufgestellt werden. Diese Gleichung beschreibt die Bedingung für Dauerschwingungen oder Eigenschwingungen. Jedes Wertepaar $\hat{x}_e = x_G$ und $\omega = \omega_G$ das (9-4) erfüllt, beschreibt eine Grenzschwingung des geschlossenen Kreises mit der Frequenz ω_G und der Amplitude x_G. Die Bestimmung solcher Wertepaare (x_G, ω_G) aus dieser Gleichung kann analytisch oder grafisch erfolgen. Bei der grafischen Lösung benutzt man das *Zweiortskurvenverfahren*, wobei (9-4) auf die Form

$$N(\hat{x}_e) = -\frac{1}{G(j\omega)} \qquad (9\text{-}5)$$

gebracht wird. In der komplexen Ebene stellt man nun die beiden Ortskurven $N(\hat{x}_e)$ und $-1/G(j\omega)$ dar. Durch deren Schnittpunkt ist die Grenzschwingung gegeben. Die Frequenz ω_G der Grenzschwingung wird an der Ortskurve des linearen Systemteils, die Amplitude x_G an der Ortskurve der Beschreibungsfunktion abgelesen. Besitzen beide Ortskurven keinen gemeinsamen Schnittpunkt, so gibt es keine Lösung von (9-4) und es existiert keine Grenzschwingung des Systems. Allerdings gibt es aufgrund methodischer Fehler des hier betrachteten Näherungsverfahrens Fälle, in denen das Nichtvorhandensein von Schnittpunkten beider Ortskurven sogar zu qualitativ falschen Resultaten führt [2].

Ein Schnittpunkt der beiden Ortskurven stellt gewöhnlich eine *stabile Grenzschwingung* dar, wenn mit wachsendem $\hat{x}_e$ der Betrag der Beschreibungsfunktion abnimmt. Eine *instabile Grenzschwingung* ergibt sich, wenn $|N(\hat{x}_e)|$ mit $\hat{x}_e$ zunimmt. Diese Regel gilt nicht generell, ist jedoch in den meisten praktischen Fällen anwendbar. Sie gilt insbesondere bei mehreren Schnittpunkten (mit verschiedenen ω-Werten) nur für denjenigen mit dem kleinsten ω-Wert.

9.4 Analyse nichtlinearer Regelsysteme in der Phasenebene

Die Analyse nichtlinearer Regelsysteme im Frequenzbereich ist, wie oben gezeigt wurde, nur mit mehr oder weniger groben Näherungen möglich. Um exakt zu arbeiten, muss man im Zeitbereich bleiben, also die Differenzialgleichungen des Systems unmittelbar benutzen. Hierbei eignet sich besonders die Beschreibung in der *Phasen-* oder *Zustandsebene* als zweidimensionalem Sonderfall des Zustandsraumes [3].

9.4.1 Zustandskurven

Es sei ein System betrachtet, das durch die gewöhnliche Differenzialgleichung 2. Ordnung

$$\ddot{y} - f(y, \dot{y}, u) = 0 \qquad (9\text{-}6)$$

beschrieben wird, wobei $f(y, \dot{y}, u)$ eine lineare oder nichtlineare Funktion sei. Durch die Substitution $x_1 \equiv y$ und $x_2 \equiv \dot{y}$ führt man (9-6) in ein System zweier simultaner Differenzialgleichungen 1. Ordnung

$$\left.\begin{aligned} \dot{x}_1 &= x_2 \\ \dot{x}_2 &= f(x_1, x_2, u) \end{aligned}\right\} \qquad (9\text{-}7)$$

über. Die beiden Größen x_1 und x_2 beschreiben den Zustand des Systems in jedem Zeitpunkt vollständig. Trägt man in einem rechtwinkligen Koordinatensystem x_2 als Ordinate über x_1 als Abszisse auf, so stellt jede Lösung $y(t)$ der Systemgleichung (9-6) eine Kurve in dieser Zustands- oder Phasenebene dar, die der Zustandspunkt (x_1, x_2) mit einer bestimmten Geschwindigkeit durchläuft (Bild 9-3a). Man

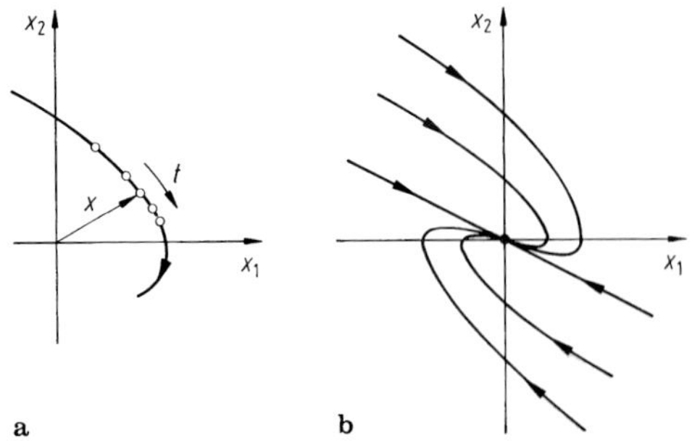

Bild 9-3. Systemdarstellung in der Phasenebene: **a** Trajektorie mit Zeitkodierung, **b** Phasenporträt

bezeichnet diese Kurve als *Zustandskurve, Phasenbahn* oder auch als *Trajektorie.* Wichtig ist, dass zu jedem Punkt der Zustandsebene bei gegebenem $u(t)$ eine eindeutige Trajektorie gehört. Insbesondere für $u(t) = 0$ beschreiben die Trajektorien das Eigenverhalten des Systems. Zeichnet man von verschiedenen Anfangsbedingungen (x_{10}, x_{20}) aus die Phasenbahnen, so erhält man eine Kurvenschar, das *Phasenporträt* (Bild 9-3b). Damit ist zwar der entsprechende Zeitverlauf von $y(t)$ nicht explizit bekannt, er lässt sich jedoch leicht aus (9-7) berechnen. Allgemein besitzen Zustandskurven folgende Eigenschaften [2]:

1. Jede Trajektorie verläuft in der *oberen* Hälfte der Phasenebene ($x_2 > 0$) *von links nach rechts* und in der *unteren* Hälfte der Phasenebene ($x_2 < 0$) *von rechts nach links.*
2. Trajektorien schneiden die x_1-Achse gewöhnlich senkrecht. Erfolgt der Schnitt der Trajektorien mit der x_1-Achse nicht senkrecht, dann liegt ein *singulärer Punkt* vor.
3. Die *Gleichgewichtslagen* eines dynamischen Systems werden stets durch *singuläre Punkte* gebildet. Diese müssen auf der x_1-Achse liegen, da sonst keine Ruhelage möglich ist. Dabei unterscheidet man verschiedene singuläre Punkte: Wirbelpunkte, Strudelpunkte, Knotenpunkte und Sattelpunkte.
4. Im Phasenporträt stellen die in sich geschlossenen Zustandskurven Dauerschwingungen dar. Die früher erwähnten stationären Grenzschwingungen bezeichnet man in der Phasenebene als *Grenzzyklen.* Diese Grenzzyklen sind wiederum dadurch gekennzeichnet, dass zu ihnen oder von ihnen alle benachbarten Trajektorien konvergieren bzw. divergieren. Entsprechend dem Verlauf der Trajektorien in der Nähe eines Grenzzyklus unterscheidet man *stabile, instabile* und *semistabile* Grenzzyklen [2].

9.4.2 Anwendung der Methode der Phasenebene zur Untersuchung von Relaissystemen

Je nach Regelstrecke und Reglertyp erfolgt die Umschaltung der Stellgröße auf einer speziellen *Schaltkurve.* Zwei derartige Beispiele sind in den Bildern 9-4 und 9-5 für eine I_2-Regelstrecke dargestellt. Bei dem im Bild 9-5 dargestellten Fall wird

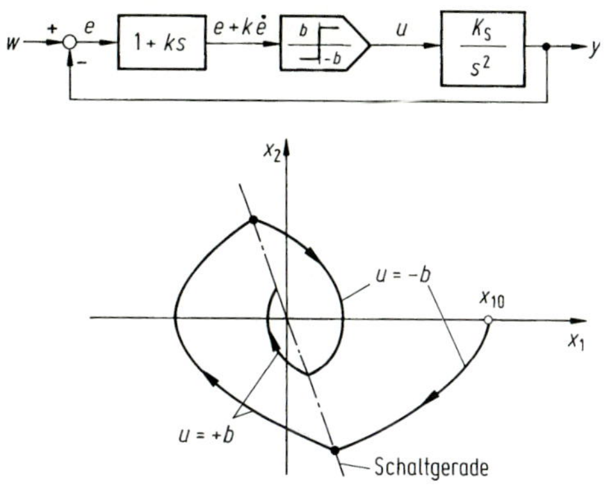

Bild 9-4. Blockschaltbild und Phasendiagramm einer Relaisregelung mit geneigter Schaltgerade

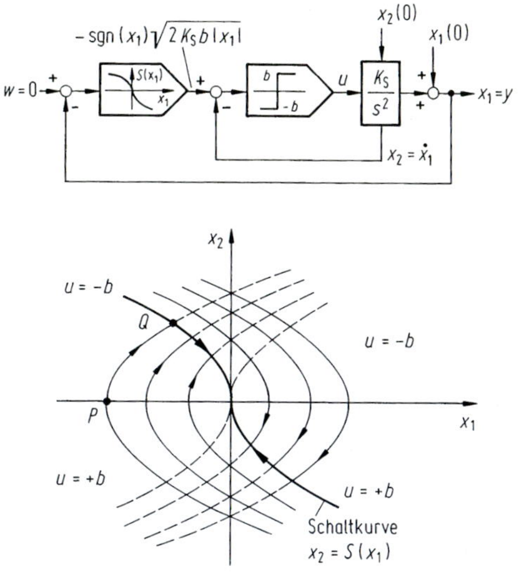

Bild 9-5. Blockschaltbild und Phasendiagramm einer zeitoptimalen Regelung für $x_1(0) \neq 0$ und $x_2(0) = 0$

die Regelstrecke in möglichst kurzer Zeit von einem beliebigen Anfangszustand $x_1(0)$ in die gewünschte Ruhelage ($x_1 = 0$ und $x_2 = 0$) gebracht. Dieses Problem tritt bei technischen Systemen recht häufig auf, besonders bei der Steuerung bewegter Objekte (Luft- und Raumfahrt, Förderanlagen, Walzantriebe, Fahrzeuge). Wegen der Begrenzung der Stellamplitude kann diese Zeit nicht beliebig klein gemacht werden. Bei diesem Beispiel befindet sich während des zeitoptimalen Vorgangs die Stellgröße immer an einer der beiden Begrenzungen; für das System 2. Ordnung ist *eine* Umschaltung erforderlich. Dieses

Verhalten ist für zeitoptimale Regelsysteme charakteristisch. Diese Tatsache wird durch den Satz von Feldbaum [4] bewiesen.
Im vorliegenden Beispiel vom Bild 9-5 ergibt sich das optimale Regelgesetz nach Struktur und Parametern von selbst [3]. Entgegen den bisherigen Gewohnheiten, einen bestimmten Regler vorzugeben (z. B. mit PID-Verhalten) und dessen Parameter nach einem bestimmten Kriterium zu optimieren, wird in diesem Fall über die Reglerstruktur keine Annahme getroffen. Sie ergibt sich vollständig aus dem *Optimierungskriterium* (minimale Zeit) zusammen mit den *Nebenbedingungen* (Begrenzung, Randwerte, Systemgleichung). Man bezeichnet diese Art der Optimierung, im Gegensatz zu der Parameteroptimierung vorgegebener Reglerstrukturen, gelegentlich auch als *Strukturoptimierung.* Diese Art von Problemstellung lässt sich mathematisch als *Variationsproblem* formulieren und zum Teil mithilfe der klassischen *Variationsrechnung* oder mithilfe des *Maximumprinzips von Pontrjagin* [5] lösen.

9.5 Stabilitätstheorie nach Ljapunow

Mithilfe der direkten Methode von Ljapunow [6] (siehe A 32.2) ist es möglich, eine Aussage über die Stabilität der Ruhelage ($\boldsymbol{x} = \boldsymbol{0}$) also des Ursprungs des Zustandsraumes, zu machen, ohne dass man die explizite Lösung $\boldsymbol{x}(t)$ der das nichtlineare Regelsystem beschreibenden Differenzialgleichung

$$\dot{\boldsymbol{x}} = \boldsymbol{f}[\boldsymbol{x}(t), \boldsymbol{u}(t), t], \quad \boldsymbol{x}(t_0) = \boldsymbol{x}_0 \tag{9-8}$$

kennt. Man bezeichnet dann alle Lösungen $\boldsymbol{x}(t)$ als *einfach stabil*, deren Trajektorien in der Nähe einer stabilen Ruhelage beginnen und für alle Zeiten in der Nähe der Ruhelage bleiben. Sie müssen nicht gegen diese konvergieren. Die Ruhelage $\boldsymbol{x}(t) = \boldsymbol{0}$ des Systems gemäß (9-8) heißt *asymptotisch stabil*, wenn sie stabil ist und wenn für alle Trajektorien $\boldsymbol{x}(t)$, die hinreichend nahe bei der Ruhelage beginnen,

$$\lim_{t\to\infty} \|\boldsymbol{x}(t)\| = \boldsymbol{0}$$

gilt.

9.5.1 Der Grundgedanke der direkten Methode von Ljapunow

Eine Funktion $V(\boldsymbol{x})$ heißt *positiv definit* in einer Umgebung Ω des Ursprungs $\boldsymbol{x} = \boldsymbol{0}$, falls

$$V(\boldsymbol{x}) > 0 \quad \text{für alle} \quad \boldsymbol{x} \in \Omega, \boldsymbol{x} \neq \boldsymbol{0} \quad \text{und}$$
$$V(\boldsymbol{x}) = 0 \quad \text{für} \quad \boldsymbol{x} = \boldsymbol{0}$$

gilt. $V(\boldsymbol{x})$ heißt *positiv semidefinit* in Ω, wenn sie auch für $\boldsymbol{x} \neq \boldsymbol{0}$ den Wert null annehmen kann, d. h., wenn

$$V(\boldsymbol{x}) \geqq 0 \quad \text{für alle} \quad \boldsymbol{x} \in \Omega \quad \text{und}$$
$$V(\boldsymbol{x}) = 0 \quad \text{für} \quad \boldsymbol{x} = \boldsymbol{0}$$

wird.
Eine wichtige Klasse von Funktionen $V(\boldsymbol{x})$ hat die *quadratische Form*

$$V(\boldsymbol{x}) = \boldsymbol{x}^{\mathrm{T}} \boldsymbol{P} \boldsymbol{x} , \tag{9-9}$$

wobei $\boldsymbol{P}$ eine symmetrische Matrix ist. Die quadratische Form ist positiv definit, falls alle Hauptdeterminanten von $\boldsymbol{P}$ positiv sind.

9.5.2 Stabilitätssätze von Ljapunow

Satz 1: *Stabilität im Kleinen.*
Das System $\dot{\boldsymbol{x}} = \boldsymbol{f}(\boldsymbol{x})$ besitze die Ruhelage $\boldsymbol{x} = \boldsymbol{0}$. Existiert eine Funktion $V(\boldsymbol{x})$, die in einer Umgebung Ω der Ruhelage folgende Eigenschaften besitzt:

1. $V(\boldsymbol{x})$ und der dazugehörige Gradient $\nabla V(\boldsymbol{x})$ sind stetig,
2. $V(\boldsymbol{x})$ ist positiv definit,
3. $\dot{V}(\boldsymbol{x}) = [\nabla V(\boldsymbol{x})]^{\mathrm{T}} \boldsymbol{f}(\boldsymbol{x})$ ist negativ semidefinit,

dann ist die Ruhelage stabil. Eine solche Funktion $V(\boldsymbol{x})$ wird als *Ljapunow-Funktion* bezeichnet.

Satz 2: *Asymptotische Stabilität im Kleinen.*
Ist $\dot{V}(\boldsymbol{x})$ in Ω negativ definit, so ist die Ruhelage asymptotisch stabil.

Der Zusatz „im Kleinen“ soll andeuten, dass eine Ruhelage auch dann stabil ist, wenn die Umgebung Ω, in der die Bedingungen erfüllt sind, beliebig klein ist. Man benutzt bei einer solchen asymptotisch stabilen Ruhelage mit sehr kleinem Einzugsbereich, außerhalb dessen nur instabile Trajektorien verlaufen, den Begriff der „*praktischen Instabilität*“.

Satz 3: *Asymptotische Stabilität im Großen.*
Das System $\dot{\boldsymbol{x}} = \boldsymbol{f}(\boldsymbol{x})$ habe die Ruhelage $\boldsymbol{x} = \boldsymbol{0}$. Es sei $V(\boldsymbol{x})$ eine skalare Funktion und Ω_k ein Gebiet des Zustandsraums, definiert durch $V(\boldsymbol{x}) < k$, $k > 0$. Ist nun

1. Ω_k beschränkt,
2. $V(\boldsymbol{x})$ und $\nabla V(\boldsymbol{x})$ stetig in Ω_k,
3. $V(\boldsymbol{x})$ positiv definit in Ω_k,
4. $\dot{V}(\boldsymbol{x}) = [\nabla V(\boldsymbol{x})]^{\mathrm{T}} \boldsymbol{f}(\boldsymbol{x})$ negativ definit in Ω_k,

dann ist die Ruhelage asymptotisch stabil und Ω_k gehört zu ihrem Einzugsbereich.

Wesentlich hierbei ist, dass der Bereich Ω_k, in dem $V(\boldsymbol{x}) < k$ ist, beschränkt ist. In der Regel ist der gesamte Einzugsbereich nicht identisch mit Ω_k, d. h., er ist größer als Ω_k.

Satz 4: *Globale asymptotische Stabilität.*
Das System $\dot{\boldsymbol{x}} = \boldsymbol{f}(\boldsymbol{x})$ habe die Ruhelage $\boldsymbol{x} = \boldsymbol{0}$. Existiert eine Funktion $V(\boldsymbol{x})$, die im gesamten Zustandsraum folgende Eigenschaften besitzt:

1. $V(\boldsymbol{x})$ und $\nabla V(\boldsymbol{x})$ sind stetig,
2. $V(\boldsymbol{x})$ ist positiv definit,
3. $\dot{V}(\boldsymbol{x}) = [\nabla V(\boldsymbol{x})]^{\mathrm{T}} \boldsymbol{f}(\boldsymbol{x})$ ist negativ definit, und ist außerdem
4. $\lim\limits_{\|x\| \to \infty} V(\boldsymbol{x}) = \infty$,

so ist die Ruhelage global asymptotisch stabil.

Mit diesen Kriterien lassen sich nun die wichtigsten Fälle des Stabilitätsverhaltens eines Regelsystems behandeln, sofern es gelingt, eine entsprechende Ljapunow-Funktion zu finden. Gelingt es nicht, so ist keine Aussage möglich.

9.5.3 Ermittlung geeigneter Ljapunow-Funktionen

Hat man beispielsweise eine Ljapunow-Funktion gefunden, die zwar nur den Bedingungen von Satz 1 genügt, so ist damit noch keineswegs ausgeschlossen, dass die Ruhelage global asymptotisch stabil ist, denn das Verfahren nach Ljapunow liefert nur eine hinreichende Stabilitätsbedingung. Ein systematisches Verfahren, das mit einiger Sicherheit zu einem gegebenen nichtlinearen System die beste Ljapunow-Funktion liefert, gibt es nicht. Für lineare Systeme mit der Zustandsraumdarstellung

$$\dot{\boldsymbol{x}} = \boldsymbol{A}\boldsymbol{x} \tag{9-10}$$

kann man allerdings zeigen, dass der Ansatz einer quadratischen Form entsprechend (9-9) mit einer positiv definiten symmetrischen Matrix $\boldsymbol{P}$ immer eine Ljapunow-Funktion liefert. Die zeitliche Ableitung von $V(\boldsymbol{x})$ liefert mit (9-10)

$$\dot{V}(\boldsymbol{x})\boldsymbol{x}^{\mathrm{T}}[\boldsymbol{A}^{\mathrm{T}}\boldsymbol{P} + \boldsymbol{P}\boldsymbol{A}]\boldsymbol{x}\ . \tag{9-11}$$

Diese Funktion besitzt wiederum eine quadratische Form, die bei asymptotischer Stabilität negativ definit sein muss. Mit einer positiv definiten Matrix $\boldsymbol{Q}$ gilt also

$$\boldsymbol{A}^{\mathrm{T}}\boldsymbol{P} + \boldsymbol{P}\boldsymbol{A} = -\boldsymbol{Q}\ . \tag{9-12}$$

Man bezeichnet diese Beziehung auch als *Ljapunow-Gleichung*. Gemäß Satz 4 gilt folgende Aussage: Ist die Ruhelage $\boldsymbol{x} = \boldsymbol{0}$ des Systems nach (9-10) global asymptotisch stabil, so existiert zu jeder positiv definiten Matrix $\boldsymbol{Q}$ eine positiv definite Matrix $\boldsymbol{P}$, die (9-12) erfüllt. Man kann also ein beliebiges positiv definites $\boldsymbol{Q}$ vorgeben, die Ljapunow-Gleichung nach $\boldsymbol{P}$ auflösen und anhand der Definitheit von $\boldsymbol{P}$ die Stabilität überprüfen.
Für nichtlineare Systeme ist ein solches Vorgehen nicht unmittelbar möglich. Es gibt jedoch verschiedene Ansätze, die in vielen Fällen zu einem befriedigenden Ergebnis führen. Hierzu gehören die Verfahren von Aiserman [7] und Schultz-Gibson [8].

9.6 Das Stabilitätskriterium von Popov

Es ist naheliegend, bei einem nichtlinearen Regelkreis den linearen Systemteil mit der Übertragungsfunktion $G(s)$ vom nichtlinearen abzuspalten. Dabei ist der Fall eines Regelkreises mit einer statischen Nichtlinearität entsprechend Bild 9-6 von besonderer Bedeutung. Für diesen Fall wurde von V. Popov [9] ein Stabilitätskriterium angegeben, das anhand des Frequenzgangs $G(\mathrm{j}\omega)$ des linearen Systemteils ohne Verwendung von Näherungen eine hinreichende Bedingung für die Stabilität liefert.

9.6.1 Absolute Stabilität

Die nichtlineare Kennlinie des im Bild 9-6 dargestellten Standardregelkreises darf in einem Bereich ver-

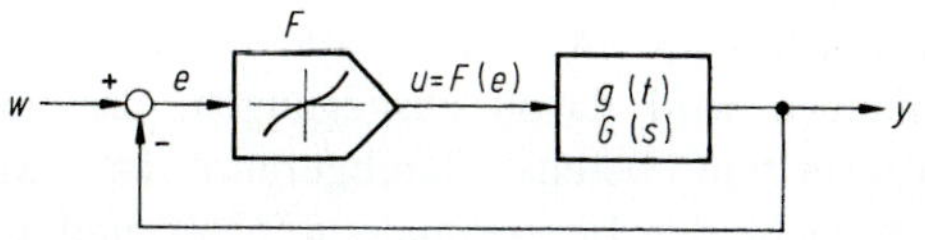

Bild 9-6. Standardregelkreis mit einer statischen Nichtlinearität

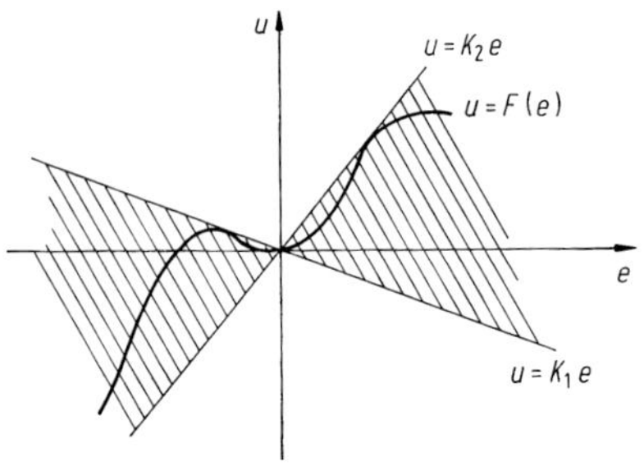

Bild 9-7. Zur Definition der absoluten Stabilität

laufen, der durch zwei Geraden begrenzt wird, deren Steigung K_1 und $K_2 > K_1$ sei (Bild 9-7). Man bezeichnet ihn als *Sektor* $[K_1, K_2]$. Es gilt also für eine Kennlinie, die in diesem Sektor liegt

$$K_1 \leqq \frac{F(e)}{e} \leqq K_2 , \quad e \neq 0 .$$

Diese Kennlinie geht außerdem durch den Ursprung ($F(0) = 0$) und sei im Übrigen eindeutig und stückweise stetig. Unter diesen Bedingungen ist folgende Definition der Stabilität des betrachteten nichtlinearen Regelkreises zweckmäßig:

Definition: *Absolute Stabilität.*
Der nichtlineare Regelkreis in Bild 9-6 heißt *absolut stabil* im Sektor $[K_1, K_2]$, wenn es für jede Kennlinie $F(e)$, die vollständig innerhalb dieses Sektors verläuft, eine global asymptotisch stabile Ruhelage des geschlossenen Regelkreises gibt.

Zur Vereinfachung ist es zweckmäßig, den Sektor $[K_1, K_2]$ auf einen Sektor $[0, K]$ zu transformieren. Dies geschieht, ohne dass sich das Verhalten des Regelkreises ändert, dadurch, dass anstelle von $F(e)$ und $G(s)$ die Beziehungen

$$F'(e) = F(e) - K_1 e \quad \text{und}$$
$$G'(s) = G(s)/[1 + K_1 G(s)]$$

eingeführt werden. $F'(e)$ verläuft nun im Sektor $[0, K]$ mit $K = K_2 - K_1$. Für die weiteren Betrachtungen wird davon ausgegangen, dass diese Transformation bereits durchgeführt ist, wobei jedoch nicht die Bezeichnungen $F'(e)$ und $G'(s)$ verwendet werden sollen, sondern der Einfachheit halber $F(e)$ und $G(s)$ beibehalten werden.

9.6.2 Formulierung des Popov-Kriteriums

Für das lineare Teilsystem in Bild 9-6 gelte

$$G(s) = \frac{b_0 + b_1 s + \ldots + b_m s^m}{a_0 + a_1 s + \ldots + s^n} \quad m < n . \tag{9-13}$$

Hier darf $G(s)$ keine Pole mit positivem Realteil enthalten, und es sollen zunächst auch Pole mit verschwindendem Realteil ausgeschlossen werden. Dann gilt das *Popov-Kriterium*:

Der Regelkreis nach Bild 9-6 ist absolut stabil im Sektor $[0, K]$, falls eine beliebige reelle Zahl q existiert, sodass für alle $\omega \geqq 0$ die *Popov-Ungleichung*

$$\mathrm{Re}[(1 + \mathrm{j}\omega q)G(\mathrm{j}\omega)] + \frac{1}{K} > 0 \tag{9-14}$$

erfüllt ist.

Da der Sektor $[0, K]$ auch die Möglichkeit zulässt, dass $F(e) = 0$ und somit $u = 0$ sein darf, entspricht dies der Untersuchung des Stabilitätsverhaltens des linearen Teilsystems. Absolute Stabilität im Sektor $[0, K]$ setzt jedoch voraus, dass dann im vorliegenden Fall das lineare Teilsystem asymptotisch stabil ist. Dies ist aber beim Vorhandensein von Polen auf der imaginären Achse nicht mehr der Fall. Deshalb muss der Fall $F(e) = 0$ ausgeschlossen werden, indem man als untere Sektorgrenze eine Gerade mit beliebig kleiner positiver Steigung γ benutzt, also den Sektor $[\gamma, K]$ betrachtet. Damit gilt das Popov-Kriterium auch für solche Systeme, wobei jedoch zusätzlich gefordert werden muss, dass der geschlossene Regelkreis mit der Verstärkung γ (linearer Fall) asymptotisch stabil ist. Dies ist immer erfüllt, wenn das lineare Teilsystem einen einfachen Pol bei $s = 0$ besitzt.

9.6.3 Geometrische Auswertung der Popov-Ungleichung

Schreibt man die Popov-Ungleichung (9-14) in der Form

$$\mathrm{Re}[G(\mathrm{j}\omega)] - q\omega\,\mathrm{Im}[G(\mathrm{j}\omega)] + \frac{1}{K} > 0 , \tag{9-15}$$

so lässt sich Re $[G(\mathrm{j}\omega)]$ als Realteil und ω Im $[G(\mathrm{j}\omega)]$ als Imaginärteil einer modifizierten Ortskurve, der sogenannten *Popov-Ortskurve*, definieren, die demnach beschrieben wird durch

$$G^*(\mathrm{j}\omega) = \mathrm{Re}[G(\mathrm{j}\omega)] + \mathrm{j}\omega\,\mathrm{Im}[G(\mathrm{j}\omega)] = X + \mathrm{j}Y . \tag{9-16}$$

Indem man nun allgemeine Koordinaten X und Y für den Real- und Imaginärteil von $G^*(\mathrm{j}\omega)$ ansetzt, erhält man aus der Ungleichung (9-15) die Beziehung

$$X - qY + 1/K > 0\,. \qquad (9\text{-}17)$$

Diese Ungleichung wird durch alle Punkte der X, Y-Ebene erfüllt, die rechts von einer Grenzlinie mit der Gleichung

$$X - qY + 1/K = 0 \qquad (9\text{-}18)$$

liegen. Diese Grenzlinie ist eine Gerade, deren Steigung $1/q$ beträgt und deren Schnittpunkt mit der X-Achse bei $-1/K$ liegt. Man nennt diese Gerade die *Popov-Gerade*. Ein Vergleich von (10-15) mit (10-18) zeigt, dass das Popov-Kriterium genau dann erfüllt ist, wenn die Popov-Ortskurve vollständig rechts der Popov-Geraden verläuft. Diese Zusammenhänge sind in Bild 9-8 dargestellt. Daraus ergibt sich folgendes Vorgehen bei der Anwendung des Popov-Kriteriums:

1. Man zeichnet gemäß (9-16) die Popov-Ortskurve $G^*(\mathrm{j}\omega)$ in der $X, \mathrm{j}Y$-Ebene.
2a. Ist K gegeben, so versucht man, eine Gerade durch den Punkt $-1/K$ auf der X-Achse zu legen, mit einer solchen Steigung $1/q$, dass die Popov-Gerade vollständig links der Popov-Ortskurve liegt. Gelingt dies, so ist der Regelkreis absolut stabil. Gelingt es nicht, so ist keine Aussage möglich.

Hier zeigt sich die Verwandtschaft zum Nyquist-Kriterium, bei dem zumindest der kritische Punkt $-1/K$ der reellen Achse ebenfalls links der Ortskurve liegen muss. Oft stellt sich auch die Aufgabe, den größten Sektor $[0, K_{\mathrm{crit}}]$ der absoluten Stabilität zu ermitteln. Dann wird der zweite Schritt entsprechend modifiziert:

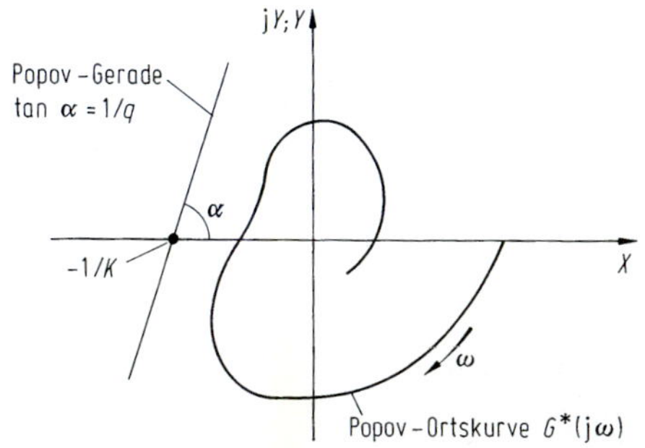

Bild 9-8. Zur geometrischen Auswertung des Popov-Kriteriums

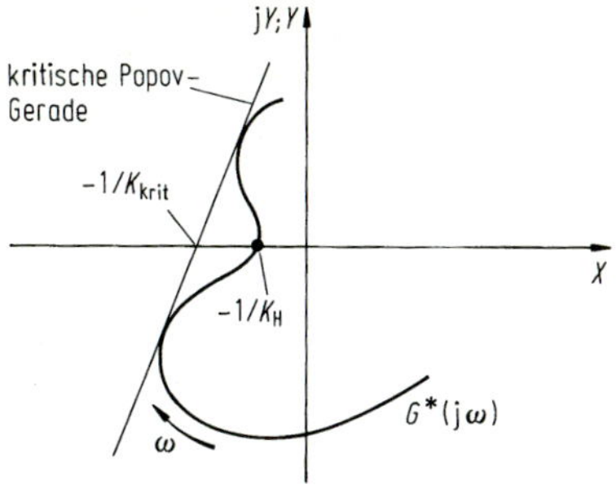

Bild 9-9. Ermittlung des maximalen Wertes K_{krit}

2b. Man legt eine Tangente von links so an die Popov-Ortskurve, dass der Schnittpunkt mit der X-Achse möglichst weit rechts liegt. Dies ergibt die maximale obere Grenze K_{krit}. Man nennt diese Tangente auch die *kritische Popov-Gerade* (Bild 9-9).

Der maximale Sektor $[0, K_{\mathrm{krit}}]$ wird als *Popov-Sektor* bezeichnet. Da das Popov-Kriterium nur eine hinreichende Stabilitätsbedingung liefert, ist es durchaus möglich, dass der maximale Sektor der absoluten Stabilität größer als der Popov-Sektor ist. Er kann jedoch nicht größer sein als der *Hurwitz-Sektor* $[0, K_{\mathrm{H}}]$, der durch die maximale Verstärkung K_{H} des entsprechenden linearen Regelkreises begrenzt wird und der sich aus dem Schnittpunkt der Ortskurve mit der X-Achse ergibt.

10 Lineare zeitdiskrete Systeme: Digitale Regelung

10.1 Arbeitsweise digitaler Regelsysteme

Beim Einsatz digitaler Regelsysteme erfolgt die Abtastung eines gewöhnlich kontinuierlichen Prozesssignals $f(t)$ meist zu äquidistanten Zeitpunkten, also mit einer konstanten *Abtastperiodendauer* oder auch *Abtastzeit* T bzw. Abtastfrequenz $\omega_{\mathrm{p}} = 2\pi/T$. Ein solches Abtastsignal oder zeitdiskretes Signal wird somit beschrieben durch die Zahlenfolge

$$f(kT) = \{f(0), f(T), f(2T), \ldots\} \qquad (10\text{-}1)$$

mit $k \geqq 0$ und $f(kT) = 0$ für $k < 0$, die meist auch abgekürzt als $f(k)$ bezeichnet wird. Den prinzipiellen

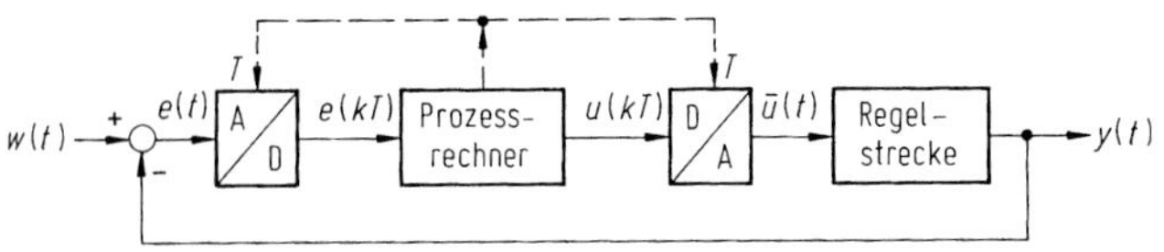

Bild 10-1. Prinzipieller Aufbau eines Abtastregelkreises

Aufbau eines Abtastsystems, bei dem ein Prozessrechner als Regler eingesetzt ist, zeigt Bild 10-1. Bei dieser *digitalen Regelung*, oft auch DDC-Betrieb genannt (DDC, *d*irect *d*igital *c*ontrol), wird der analoge Wert der Regelabweichung $e(t)$ in einen digitalen Wert $e(kT)$ umgewandelt. Dieser Vorgang entspricht einer Signalabtastung und erfolgt periodisch mit der Abtastzeit T. Infolge der beschränkten Wortlänge des hierfür erforderlichen Analog-Digital-Umsetzers (ADU) entsteht eine *Amplitudenquantisierung*. Diese Quantisierung oder auch Diskretisierung der Amplitude, die ähnlich auch beim Digital-Analog-Umsetzer (DAU) auftritt, ist im Gegensatz zur Diskretisierung der Zeit ein nichtlinearer Effekt. Allerdings können die Quantisierungsstufen im Allgemeinen so klein gemacht werden, dass der Quantisierungseffekt vernachlässigbar ist. Die Amplitudenquantisierung wird deshalb in den folgenden Ausführungen nicht berücksichtigt.

Der digitale Regler (Prozessrechner) berechnet nach einer zweckmäßig gewählten Rechenvorschrift (*Regelalgorithmus*) die Folge der Stellsignalwerte $u(kT)$ aus den Werten der Folge $e(kT)$. Da nur diskrete Signale auftreten, kann der digitale Regler als *diskretes Übertragungssystem* betrachtet werden.

Die berechnete diskrete Stellgröße $u(kT)$ wird vom Digital-Analog-Umsetzer in ein analoges Signal $\overline{u}(t)$ umgewandelt und jeweils über eine Abtastperiode $kT \leqq t < (k+1)T$ konstant gehalten. Dieses Element hat die Funktion eines *Haltegliedes*, und $\overline{u}(t)$ stellt – sofern das Halteglied nullter Ordnung ist – ein treppenförmiges Signal dar.

Eine wesentliche Eigenschaft solcher Abtastsysteme besteht darin, dass das Auftreten eines Abtastsignals in einem linearen kontinuierlichen System an der *Linearität* nichts ändert. Damit ist die theoretische Behandlung linearer diskreter Systeme in weitgehender Analogie zu der Behandlung linearer kontinuierlicher Systeme möglich. Dies wird dadurch erreicht, dass auch die kontinuierlichen Signale nur zu den Abtastzeitpunkten kT, also als Abtastsignale betrachtet werden. Damit ergibt sich für den gesamten Regelkreis eine *diskrete Systemdarstellung*, bei der alle Signale Zahlenfolgen sind.

10.2 Darstellung im Zeitbereich

Werden bei einem kontinuierlichen System Eingangs- und Ausgangssignal mit der Abtastzeit T synchron abgetastet, so erhebt sich die Frage, welcher Zusammenhang zwischen den beiden Folgen $u(kT)$ und $y(kT)$ besteht. Geht man von der das kontinuierliche System beschreibenden Differenzialgleichung aus, so besteht die Aufgabe in der *numerischen Lösung* derselben. Beim einfachsten hierfür in Frage kommenden Verfahren, dem Euler-Verfahren, werden die Differenzialquotienten durch Rückwärts-Differenzenquotienten mit genügend kleiner Schrittweite T approximiert:

$$\left.\frac{\mathrm{d}f}{\mathrm{d}t}\right|_{t=kT} \approx \frac{f(kT) - f[(k-1)T]}{T} \qquad (10\text{-}2a)$$

$$\left.\frac{\mathrm{d}^2 f}{\mathrm{d}t^2}\right|_{t=kT} \approx \frac{f(kT) - 2f[(k-1)T] + f[(k-2)T]}{T^2} . \qquad (10\text{-}2b)$$

Dadurch geht die Differenzialgleichung in eine *Differenzengleichung* über. Mithilfe einer solchen Differenzengleichung kann die Ausgangsfolge $y(k)$ rekursiv aus der Eingangsfolge $u(k)$ für $k = 0, 1, 2, \ldots$ berechnet werden. Allerdings handelt es sich dabei um eine Näherungslösung, die nur für kleine Schrittweiten T genügend genau ist.

Die allgemeine Form der Differenzengleichung zur Beschreibung eines linearen zeitinvarianten Eingrößensystems n-ter Ordnung mit der Eingangsfolge $u(k)$ und der Ausgangsfolge $y(k)$ lautet:

$$\begin{aligned} y(k) + \alpha_1 y(k-1) + \alpha_2 y(k-2) + \ldots + \alpha_n y(k-n) \\ = \beta_0 u(k) + \beta_1 u(k-1) + \ldots + \beta_n u(k-n) . \end{aligned} \qquad (10\text{-}3a)$$

Durch Umformen ergibt sich eine rekursive Gleichung für $y(k)$,

$$y(k) = \sum_{\nu=0}^{n} \beta_\nu u(k-\nu) - \sum_{\nu=1}^{n} \alpha_\nu y(k-\nu) , \qquad (10\text{-}3b)$$

die gewöhnlich zur numerischen Berechnung der Ausgangsfolge $y(k)$ verwendet wird. Die Größen $y(k-\nu)$ und $u(k-\nu), \nu = 1, 2, \ldots, n$, sind die zeitlich zurückliegenden Werte der Ausgangs- bzw. Eingangsgröße, die im Rechner gespeichert werden. Wie bei einer Differenzialgleichung werden auch bei einer Differenzengleichung Anfangswerte für $k = 0$ berücksichtigt.

Ähnlich wie bei linearen kontinuierlichen Systemen die Gewichtsfunktion $g(t)$ zur Beschreibung des dynamischen Verhaltens verwendet wurde, kann für diskrete Systeme als Antwort auf den diskreten Impuls

$$u(k) = \delta_\mathrm{d}(k) = \begin{cases} 1 & \text{für} \quad k = 0 \\ 0 & \text{für} \quad k \neq 0 \end{cases} \tag{10-4}$$

die *Gewichtsfolge* $g(k)$ eingeführt werden. Zwischen einer beliebigen Eingangsfolge $u(k)$, der zugehörigen Ausgangsfolge $y(k)$ und der Gewichtsfolge $g(k)$ besteht für lineare diskrete Systeme analog zu (3-3) der Zusammenhang über die *Faltungssumme*

$$y(k) = \sum_{\nu=0}^{\infty} u(\nu) g(k-\nu) , \tag{10-5}$$

wobei anstelle der oberen Summengrenze auch die Variable k gesetzt werden darf.

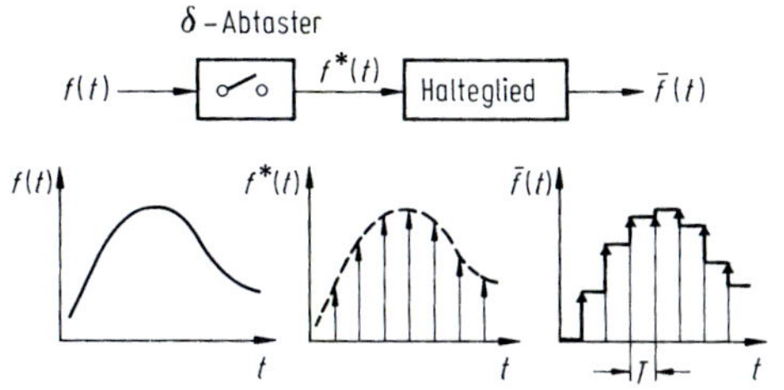

Bild 10-2. δ-Abtaster und Halteglied

Der Übergang zwischen kontinuierlichen und zeitdiskreten Signalen wird bei dem im Bild 10-1 dargestellten Abtastsystem durch den Analog-Digital-Umsetzer realisiert. Für eine mathematische Beschreibung eines solchen Systems ist jedoch eine einheitliche Darstellung der Signale erforderlich. Dazu wird eine Modellvorstellung entsprechend Bild 10-2 benutzt. Es wird also ein *δ-Abtaster* eingeführt, der eine Folge von gewichteten δ-Impulsen erzeugt. Diese Folge wird beschrieben durch die Pseudofunktion

$$f^*(t) = f(t) \sum_{k=0}^{\infty} \delta(t-kT) = \sum_{k=0}^{\infty} f(kT)\delta(t-kT) , \tag{10-6}$$

bei der die δ-Impulse durch Pfeile repräsentiert werden, deren Höhe jeweils dem Gewicht, also der „Fläche" des zugehörigen δ-Impulses, entspricht. Die Pfeilhöhe ist somit gleich dem Wert von $f(t)$ zu den Abtastzeitpunkten $t = kT$, also gleich $f(kT)$. Diese Pseudofunktion $f^*(t)$ stellt neben der Zahlenfolge entsprechend (9-1) eine weitere Möglichkeit zur mathematischen Beschreibung eines *Abtastsignals* dar. Die Bildung des im Bild 10-2 dargestellten treppenförmigen Signals $\bar{f}(t)$ aus dem Signal $f^*(t)$ erfolgt durch ein *Halteglied nullter Ordnung* mit der Übertragungsfunktion

$$H_0(s) = (1 - \mathrm{e}^{-Ts})/s . \tag{10-7}$$

Mit diesem Halteglied lässt sich der Abtastregelkreis durch eine der im Bild 10-3 dargestellten Blockstrukturen beschreiben. Fasst man jetzt Halteglied, Regelstrecke und δ-Abtaster zu einem Block zusammen (Bild 10-3b), so treten im Regelkreis nur noch Abtastsignale auf. Man erhält damit eine vollständige diskrete Darstellung des Regelkreises.

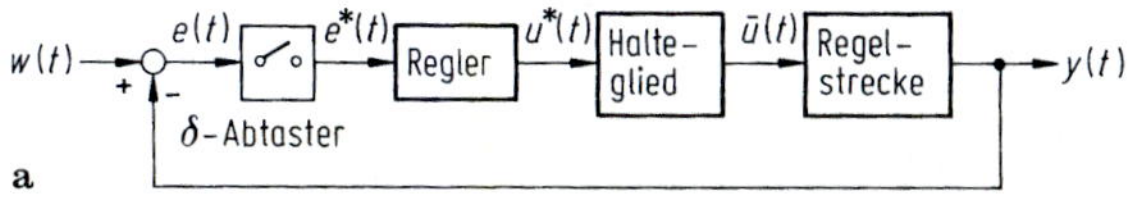

a

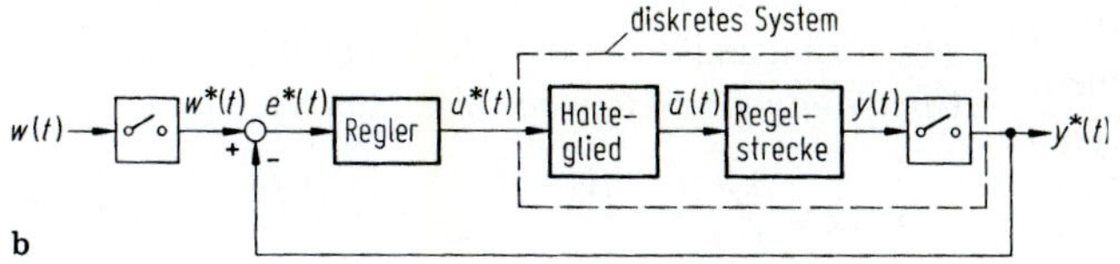

b

Bild 10-3. Äquivalente Blockschaltbilder eines Abtastregelkreises

10.3 Die z-Transformation

10.3.1 Definition der z-Transformation

Für die Darstellung der Abtastung eines kontinuierlichen Signals wurden oben bereits zwei äquivalente Möglichkeiten beschrieben: entweder die Zahlenfolge $f(k)$ gemäß (10-1) oder die Impulsfolge $f^*(t)$ als Zeitfunktion gemäß (10-6). Durch Laplace-Transformation von (10-6) erhält man die komplexe Funktion

$$F^*(s) = \sum_{k=0}^{\infty} f(kT)\mathrm{e}^{-kTs} . \qquad (10\text{-}8)$$

Da in dieser Beziehung die Variable s immer nur in Verbindung mit e^{Ts} auftritt, wird deshalb anstelle von e^{Ts} die komplexe Variable z eingeführt, indem man

$$\mathrm{e}^{Ts} = z , \quad \text{bzw.} \quad s = \frac{1}{T} \ln z \qquad (10\text{-}9)$$

setzt. Damit geht $F^*(s)$ in die Funktion

$$F_z(z) = \sum_{k=0}^{\infty} f(kT) z^{-k} \qquad (10\text{-}10)$$

über, wobei wegen der Substitution entsprechend (10-9) die Beziehungen

$$F^*(s) = F_z(\mathrm{e}^{Ts}) \quad \text{und} \quad F_z(z) = F^*\left(\frac{1}{T} \ln z\right) \qquad (10\text{-}11)$$

gelten. Man bezeichnet die Funktion $F_z(z)$ als *z-Transformierte* der Folge $f(kT)$, siehe A 23.3. Da für die weiteren Überlegungen anstelle von $f(kT)$ meist die abgekürzte Schreibweise $f(k)$ benutzt wird, erfolgt die Definition der z-Transformation für diese Form durch

$$\mathscr{Z}\{f(k)\} = F_z(z) = \sum_{k=0}^{\infty} f(kT) z^{-k} , \qquad (10\text{-}12)$$

wobei das Symbol $\mathscr{Z}$ als Operator der z-Transformation zu verstehen ist. Der Index z dient zur Unterscheidung dieser Transformierten gegenüber der Laplace-Transformierten $F(s)$ von $f(t)$.

Für die wichtigsten Zeitfunktionen $f(t)$ sind in Tabelle A 23.3 die z-Transformierten zusammengestellt. Die Haupteigenschaften und Rechenregeln der z-Transformation sind denen der Laplace-Transformation analog, siehe A 23.2.

Da $F_z(z)$ die z-Transformierte der Zahlenfolge $f(k)$ für $k = 0, 1, 2, \ldots$ darstellt, liefert die *inverse z-Transformation* von $F_z(z)$,

$$\mathscr{Z}^{-1}\{F_z(z)\} = f(k) , \qquad (10\text{-}13)$$

wieder die Zahlenwerte $f(k)$ dieser Folge, also die diskreten Werte der zugehörigen Zeitfunktion $f(t)|_{t=kT}$ für die Zeitpunkte $t = kT$. Da, die z-Transformation umkehrbar eindeutig ist, kommen für die inverse z-Transformation zunächst natürlich die sehr ausführlichen Tabellenwerke [4-1, 4-2] in Betracht, aus denen unmittelbar korrespondierende Transformationen entnommen werden können. Für kompliziertere Fälle, die nicht in den Tabellen enthalten sind oder auf solche in den Tabellen zurückgeführt werden können, kann die Berechnung auf verschiedene Arten durchgeführt werden. Hierzu gehören die Potenzreihenentwicklung von (10-12), die Partialbruchzerlegung von $F_z(z)$ in Standardfunktionen und die Auswertung des komplexen Kurvenintegrals

$$f(k) = \frac{1}{2\pi \mathrm{j}} \oint F_z(z) z^{k-1}\, \mathrm{d}z , \quad k = 1, 2, \ldots \qquad (10\text{-}14)$$

mithilfe der Residuenberechnung [3]

$$f(k) = \sum_i \mathrm{Res}\,\{F_z(z) z^{k-1}\}_{z=a_i} . \qquad (10\text{-}15)$$

Hierbei sind die Größen a_i die Pole von $F_z(z)z^k - 1$, also die Pole von $F_z(z)$.

10.4 Darstellung im Frequenzbereich

10.4.1 Die Übertragungsfunktion diskreter Systeme

Ein lineares diskretes System n-ter Ordnung wird durch die Differenzengleichung (10-3) beschrieben. Wendet man hierauf den Verschiebungssatz der z-Transformation an, so erhält man

$$\begin{aligned} &Y_z(z)(1 + \alpha_1 z^{-1} + \alpha_2 z^{-2} + \ldots + \alpha_n z^{-n}) \\ &= U_z(z)(\beta_0 + \beta_1 z^{-1} + \ldots + \beta_n z^{-n}) \end{aligned} \qquad (10\text{-}16)$$

woraus direkt als Verhältnis der z-Transformierten von Eingangs- und Ausgangsfolge die *z-Übertragungsfunktion* des diskreten Systems

$$G_z(z) = \frac{Y_z(z)}{U_z(z)} = \frac{\beta_0 + \beta_1 z^{-1} + \ldots + \beta_n z^{-n}}{1 + \alpha_1 z^{-1} + \ldots + \alpha_n z^{-n}} \qquad (10\text{-}17)$$

definiert werden kann. Dabei sind die Anfangswerte der Differenzengleichung als null vorausgesetzt. In Analogie zu den kontinuierlichen Systemen ist die z-Übertragungsfunktion $G_z(z)$ auch als z-Transformierte der Gewichtsfolge $g(k)$ definiert:

$$G_z(z) = \mathscr{Z}\{g(k)\} . \tag{10-18}$$

Dies folgt unmittelbar aus der z-Transformation der Faltungssumme gemäß (10-5) und dem Vergleich mit (10-17).

Mit der Definition der z-Übertragungsfunktion hat man die Möglichkeit, diskrete Systeme formal ebenso zu behandeln wie kontinuierliche Systeme. Beispielsweise lassen sich zwei Systeme mit den z-Übertragungsfunktionen $G_{1z}(z)$ und $G_{2z}(z)$ hintereinander schalten, und man erhält dann als Gesamtübertragungsfunktion

$$G_z(z) = G_{1z}(z)G_{2z}(z) . \tag{10-19}$$

Entsprechend ergibt sich für eine Parallelschaltung

$$G_z(z) = G_{1z}(z) + G_{2z}(z) . \tag{10-20}$$

Wie im kontinuierlichen Fall kann bei Systemen mit P-Verhalten (Systemen mit Ausgleich) auch der *Verstärkungsfaktor* K bestimmt werden, der sich bei sprungförmiger Eingangsfolge $u(k) = 1$ für $k \geqq 0$ als stationärer Endwert der Ausgangsfolge $y(\infty)$ über den Endwertsatz der z-Transformation zu

$$K = G_z(1) = \left(\sum_{\nu=0}^{n} \beta_\nu\right) \Bigg/ \left(1 + \sum_{\nu=1}^{n} \alpha_\nu\right) \tag{10-21}$$

ergibt.

10.4.2 Die z-Übertragungsfunktion kontinuierlicher Systeme

Zur theoretischen Behandlung von digitalen Regelkreisen wird auch für die kontinuierlichen Teilsysteme eine diskrete Systemdarstellung benötigt, also eine z-Übertragungsfunktion. Dazu betrachtet man den gestrichelt dargestellten Teil des Abtastregelkreises von Bild 10-3b. Gesucht ist nun das Übertragungsverhalten zwischen den Abtastsignalen $u^*(t)$ und $y^*(t)$. Betrachtet man zunächst die Gewichtsfunktion $g_{HG}(t)$ des kontinuierlichen Systems einschließlich Halteglied, also

$$g_{HG}(t) = \mathscr{L}^{-1}\{H(s)G(s)\} ,$$

so erhält man hierzu durch Abtasten die Gewichtsfolge

$$g_{HG}(kT) = \mathscr{L}^{-1}\{H(s)G(s)\}|_{t=kT} . \tag{10-22}$$

Damit ergibt sich die z-Transformierte

$$HG_z(z) = \mathscr{Z}\{\mathscr{L}^{-1}\{H(s)G(s)\}|_{t=kT}\} \tag{10-23}$$

für die Bestimmung von $HG_z(z)$ aus $G(s)$, die häufig auch als

$$HG_z(z) = Z\{H(s)G(s)\} \tag{10-24}$$

geschrieben wird, wobei das Symbol Z die in (10-23) enthaltene doppelte Operation $\mathscr{Z}\{\mathscr{L}^{-1}\{\ldots\}|_{t=kT}\}$ kennzeichnet. Es wäre somit falsch, $HG_z(z)$ als z-Transformierte der Übertragungsfunktion $H(s)G(s)$ zu betrachten; richtig ist vielmehr, dass $HG_z(z)$ die z-Transformierte der Gewichtsfolge $g_{HG}(kT)$ ist. Außerdem ist zu beachten, dass die durch (10-24) beschriebene Operation nicht umkehrbar eindeutig ist.

Verwendet man in (10-24) ein Halteglied nullter Ordnung gemäß (10-7), so folgt mit $H(s) = H_0(s)$ anstelle von (10-24) speziell

$$H_0G_z(z) = (1 - z^{-1})Z\left\{\frac{G(s)}{s}\right\} = \frac{z-1}{z}Z\left\{\frac{G(s)}{s}\right\} . \tag{10-25}$$

Generell stellt $HG_z(z)$ die diskrete Beschreibung des kontinuierlichen Systems mit der Übertragungsfunktion $G(s)$ dar. Besitzt $G(s)$ noch eine Totzeit

$$G(s) = G'(s)\,\mathrm{e}^{-T_t s} , \tag{10-26}$$

so ergibt sich – sofern $T_t = dT$ gewählt wird (d ganzzahlig) – für die zugehörige diskrete Übertragungsfunktion

$$HG_z(z) = HG'_z(z)\,z^{-d} . \tag{10-27}$$

Hieraus ist ersichtlich, dass die Totzeit nur eine Multiplikation von $HG_z(z)$ mit z^{-d} bewirkt, d. h., die z-Übertragungsfunktion bleibt eine rationale Funktion. Dies vereinfacht natürlich die Behandlung von Totzeit-Systemen im diskreten Bereich außerordentlich.

Die mithilfe des Euler-Verfahrens ermittelte Differenzengleichung lässt sich leicht in eine z-Übertragungsfunktion umwandeln. Zur Verallgemeinerung wird (10-2a) auf ein I-Glied angewandt, das durch die Beziehung

$$\dot{y}(t) = u(t) \quad \text{bzw.} \quad Y(s) = \frac{1}{s}U(s) \tag{10-28}$$

beschrieben wird. Daraus folgt als Differenzengleichung

$$y(k) = y(k-1) + Tu(k) ,$$

die bekannte Beziehung für die Rechteck-Integration. Die Anwendung der z-Transformation auf diese Beziehung liefert

$$Y_z(z)(1 - z^{-1}) = TU_z(z) ,$$

und hieraus folgt

$$Y_z(z) = \frac{Tz}{z-1} U_z(z) .$$

Durch Vergleich mit (10-28) ergibt sich für die entsprechenden Übertragungsfunktionen somit die Korrespondenz

$$\frac{1}{s} \to \frac{Tz}{z-1} . \qquad (10\text{-}29)$$

Bei Systemen höherer Ordnung geht man nun bei der Anwendung der *approximierten z-Transformation* so vor, dass man aus der Korrespondenz von (10-29) die Substitutionsbeziehung

$$s \approx \frac{z-1}{Tz} \qquad (10\text{-}30)$$

bildet und in $G(s)$ einsetzt, woraus sich die *approximierte z-Übertragungsfunktion* $G_z(z)$ ergibt. Allerdings ist nun $G_z(z)$ nicht mehr mit der Funktion vergleichbar, die durch die exakte Transformation mit Halteglied entsteht.
Eine etwas genauere Approximationsbeziehung erhält man aus (10-9),

$$s = \frac{1}{T} \ln z ,$$

durch die Reihenentwicklung der ln-Funktion:

$$s = \frac{1}{T} \cdot 2 \left[\frac{z-1}{z+1} + \frac{1}{3} \left\{ \frac{z-1}{z+1} \right\}^3 + \frac{1}{5} \left\{ \frac{z-1}{z+1} \right\}^5 + \ldots \right] . \qquad (10\text{-}31)$$

Durch Abbruch nach dem ersten Glied entsteht die *Tustin-Formel*

$$s \approx \frac{2}{T} \cdot \frac{z-1}{z+1} , \qquad (10\text{-}32)$$

mit der wiederum durch Substitution $G_z(z)$ aus $G(s)$ näherungsweise für kleine Werte von T berechnet werden kann [4].

10.5 Stabilität diskreter Regelsysteme

10.5.1 Stabilitätsbedingungen

Ein diskretes Regelsystem, beschrieben durch (10-3b) oder (10-5) oder auch in der Form

$$G_z(z) = \frac{\beta_0 z^n + \beta_1 z^{n-1} + \ldots + \beta_n}{z^n + \alpha_1 z^{n-1} + \ldots + \alpha_n} , \qquad (10\text{-}33)$$

°ist stabil, wenn zu jeder beschränkten Eingangsfolge $u(k)$ auch die Ausgangsfolge $y(k)$ beschränkt ist. Unter Benutzung dieser Stabilitätsdefinition kann man nun mithilfe der Faltungssumme (10-5) folgende notwendige und hinreichende Stabilitätsbedingung formulieren: Ist $g(k)$ die Gewichtsfolge eines diskreten Systems, so ist dieses System genau dann stabil, wenn

$$\sum_{k=0}^{\infty} |g(k)| < \infty \qquad (10\text{-}34)$$

ist.
Diese Stabilitätsbedingung im Zeitbereich ist allerdings recht unhandlich. Durch Übergang in den komplexen Bereich der z-Transformierten $G_z(z)$ von $g(k)$ erhält man folgende *notwendige und hinreichende Stabilitätsbedingung in der z-Ebene*:
Das durch die rationale Funktion $G_z(z)$ gemäß (10-33) bestimmte Abtastsystem ist genau dann stabil, wenn alle Pole z_i von $G_z(z)$ innerhalb des Einheitskreises der z-Ebene liegen, d. h., wenn gilt

$$|z_i| < 1 \quad \text{für} \quad i = 1, 2, \ldots, n . \qquad (10\text{-}35)$$

Diese Stabilitätsbedingung folgt unmittelbar aus der Analogie zwischen der s-Ebene für kontinuierliche und der z-Ebene für diskrete Systeme. Die linke s-Halbebene wird mithilfe der Substitution (10-9),

$$z = e^{Ts} \quad \text{mit} \quad s = \sigma + j\omega ,$$

in das Innere des Einheitskreises der z-Ebene abgebildet, wobei

$$|z| = e^{T\sigma} \qquad (10\text{-}36a)$$

und

$$\varphi = \arg z = \omega T \qquad (10\text{-}36b)$$

gilt. Da im kontinuierlichen Fall für asymptotische Stabilität alle Pole s_i der Übertragungsfunktion $G(s)$ in der linken s-Halbebene ($\text{Re}(s_i) < 0$) liegen müssen, folgt aus den Abbildungsgesetzen der

z-Transformation, dass entsprechend bei einem diskreten System alle Pole z_i der z-Übertragungsfunktion $G_z(z)$ im Innern des Einheitskreises liegen müssen, wie oben bereits festgestellt wurde. Anhand von (10-36a,b) lässt sich leicht zeigen, dass die gesamte linke s-Halbebene ($\sigma < 0$) in das Innere des Einheitskreises $0 \leqq |z| < 1$ und die rechte s-Halbebene ($\sigma > 0$) in das Äußere des Einheitskreises $|z| > 1$ abgebildet wird. Der jω-Achse der s-Ebene entspricht der Einheitskreis der z-Ebene ($|z| = 1$), der bei deren Abbildung unendlich oft durchlaufen wird. Anhand dieser Überlegungen ist leicht ersichtlich, dass Linien konstanter Dämpfung (σ = const) in der s-Ebene bei dieser Abbildung in Kreise um den Ursprung der z-Ebene übergehen. Linien konstanter Frequenz (ω = const) in der s-Ebene werden in der z-Ebene als Strahlen abgebildet, die im Ursprung der z-Ebene mit konstantem Winkel $\varphi = \omega T$ beginnen. Je größer die Frequenz, desto größer wird also auch der Winkel φ dieser Geraden (Bild 10-4).

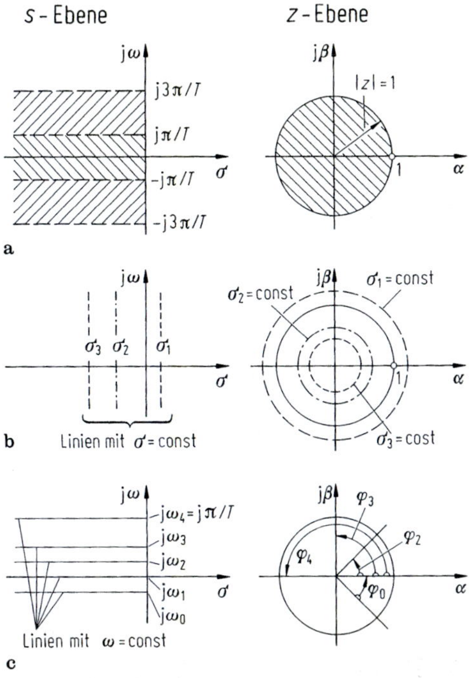

Bild 10-4. Abbildung der s-Ebene in die z-Ebene. **a** Abbildung der linken s-Halbebene in das Innere des Einheitskreises der z-Ebene, **b** Abbildung der Linien σ = const in Kreise der z-Ebene, **c** Abbildung der Linien ω = const in Strahlen aus dem Ursprung der z-Ebene

10.5.2 Stabilitätskriterien

Zur Überprüfung der oben definierten Stabilitätsbedingungen, dass alle Pole z_i von $G_z(z)$ innerhalb des Einheitskreises der z-Ebene liegen müssen, stehen auch bei diskreten Systemen Kriterien zur Verfügung, die ähnlich wie bei linearen kontinuierlichen Systemen von der *charakteristischen Gleichung*

$$f(z) = \gamma_0 + \gamma_1 z + \ldots + \gamma_n z^n = 0\,. \qquad (10\text{-}37)$$

ausgehen. Diese Beziehung folgt aus (10-33) durch Nullsetzen und triviale Umbenennung des Nennerpolynoms.

Eine einfache Möglichkeit, die Stabilität eines diskreten Systems zu überprüfen, besteht in der Verwendung der *w-Transformation*

$$w = \frac{z-1}{z+1} \quad \text{oder} \quad z = \frac{1+w}{1-w}\,. \qquad (10\text{-}38)$$

Diese Transformation bildet das Innere des Einheitskreises der z-Ebene in die linke w-Ebene ab. Damit werden bei einem stabilen System alle Wurzeln z_i der charakteristischen Gleichung in der linken w-Halbebene abgebildet. Mit (10-38) erhält man als charakteristische Gleichung in der w-Ebene

$$\gamma_0 + \gamma_1 \left[\frac{1+w}{1-w}\right] + \ldots + \gamma_n \left[\frac{1+w}{1-w}\right]^n = 0\,. \qquad (10\text{-}39)$$

Hierauf kann das Routh- oder Hurwitz-Kriterium (siehe 6.2) angewandt werden. Dieser Weg ist jedoch nicht erforderlich, wenn speziell für diskrete Systeme

Tabelle 10-1. Koeffizienten zum Jury-Stabilitätskriterium

Reihe	z^0	z^1	z^2	$\ldots$	z^{n-2}	z^{n-1}	z^n
1	γ_0	γ_1	γ_2	$\ldots$	γ_{n-2}	γ_{n-1}	γ_n
2	γ_n	γ_{n-1}	γ_{n-2}	$\ldots$	γ_2	γ_1	γ_0
3	b_0	b_1	b_2	$\ldots$	b_{n-2}	b_{n-1}	
4	b_{n-1}	b_{n-2}	b_{n-3}	$\ldots$	b_1	b_0	
5	c_0	c_1	c_2	$\ldots$	c_{n-2}		
6	c_{n-2}	c_{n-3}	c_{n-4}	$\ldots$	c_0		
$\vdots$				$\vdots$			
$2n-5$	r_0	r_1	r_2	r_3			
$2n-4$	r_3	r_2	r_1	r_0			
$2n-3$	s_0	s_1	s_2				

entwickelte Stabilitätskriterien verwendet werden, wie beispielsweise das Kriterium von Jury [5] oder das Schur-Cohn-Kriterium [6]. Im Folgenden sei kurz das Vorgehen beim *Jury-Stabilitätskriterium* gezeigt.
Zunächst wird in (10-37) das Vorzeichen so gewählt, dass

$$y_n > 0 \tag{10-40}$$

wird. Dann berechnet man das in Tabelle 10-1 dargestellte Koeffizientenschema. Zu diesem Zweck schreibt man die Koeffizienten γ_i in den ersten beiden Reihen vor- und rückwärts – wie dargestellt – an. Jeder nachfolgende Satz zweier zusammengehöriger Reihen wird berechnet aus folgenden Determinanten:

$$b_k = \begin{vmatrix} \gamma_0 & \gamma_{n-k} \\ \gamma_n & \gamma_k \end{vmatrix}, \quad c_k = \begin{vmatrix} b_0 & b_{n-1-k} \\ b_{n-1} & b_k \end{vmatrix}$$

$$d_k = \begin{vmatrix} c_0 & c_{n-2-k} \\ c_{n-2} & c_k \end{vmatrix}, \ldots$$

$$s_0 = \begin{vmatrix} r_0 & r_3 \\ r_3 & r_0 \end{vmatrix}, \quad s_1 = \begin{vmatrix} r_0 & r_2 \\ r_3 & r_1 \end{vmatrix}, \quad s_2 = \begin{vmatrix} r_0 & r_1 \\ r_3 & r_2 \end{vmatrix}.$$

Die Berechnung erfolgt solange, bis die letzte Reihe mit den drei Zahlen s_0, s_1 und s_2 erreicht ist. Das Jury-Stabilitätskriterium besagt nun, dass für asymptotisch stabiles Verhalten folgende notwendigen und hinreichenden Bedingungen erfüllt sein müssen:

a) $f(1) > 0$ und $(-1)^n f(-1) > 0$ (10-41)

b) außerdem folgende $(n-1)$ Bedingungen:

$$\begin{aligned} &|\gamma_0| < \gamma_n > 0 \quad |d_0| > |d_{n-3}| \\ &|b_0| > |b_{n-1}| \qquad \vdots \\ &|c_0| > |c_{n-2}| \quad\; |s_0| > |s_2|\,. \end{aligned} \tag{10-42}$$

Ist eine dieser Bedingungen nicht erfüllt, dann ist das System instabil. Bevor das Koeffizientenschema aufgestellt wird, muss zuerst $f(z=1)$ und $f(z=-1)$ berechnet werden. Erfüllt eine dieser Beziehungen die zugehörige obige Ungleichung nicht, dann liegt bereits instabiles Verhalten vor.

10.6 Regelalgorithmen für die digitale Regelung

10.6.1 PID-Algorithmus

Eine der einfachsten Möglichkeiten, einen Regelalgorithmus für die digitale Regelung zu realisieren, besteht darin, die Funktion des konventionellen analogen PID-Reglers einem Prozessrechner zu übertragen. Dazu muss der PID-Regler mit verzögertem D-Verhalten und der Übertragungsfunktion

$$G_{\text{PID}}(s) = K_{\text{R}}\left[1 + \frac{1}{T_{\text{I}}s} + \frac{T_{\text{D}}s}{1 + T_{\text{v}}s}\right] \tag{10-43}$$

in einen diskreten Algorithmus umgewandelt werden. Da hierbei der Zeitverlauf des Eingangssignals, nämlich die Regelabweichung $e(t)$ beliebig sein kann, ist die Bestimmung der z-Übertragungsfunktion des diskreten PID-Reglers nur näherungsweise möglich.
Für die Berechnung des I-Anteils wird die Tustin-Formel (10-32) benutzt, wodurch eine Integration nach der Trapezregel beschrieben wird. Zur Diskretisierung des D-Anteils erweist sich eine Substitution nach (10-30) als günstiger, sodass man insgesamt für den PID-Algorithmus die z-Übertragungsfunktion

$$\begin{aligned} D_{\text{PID}}(z) = K_{\text{R}}\Bigg[1 &+ \frac{T}{2T_{\text{I}}} \cdot \frac{z+1}{z-1} \\ &+ \frac{T_{\text{D}}}{T} \cdot \frac{z-1}{z(1 + T_{\text{v}}/T) - T_{\text{v}}/T}\Bigg] \end{aligned} \tag{10-44}$$

erhält. Fasst man die einzelnen Terme zusammen, so ergibt sich eine z-Übertragungsfunktion 2. Ordnung mit den Polen $z = 1$ und $z = -c_1$

$$D_{\text{PID}}(z) = \frac{U_z(z)}{E_z(z)} = \frac{d_0 + d_1 z^{-1} + d_2 z^{-2}}{(1 - z^{-1})(1 + c_1 z^{-1})}, \tag{10-45}$$

deren Koeffizienten aus den Parametern $K_{\text{R}}, T_{\text{I}}, T_{\text{D}}$ und T_{v} wie folgt berechnet werden:

$$d_0 = \frac{K_{\text{R}}}{1 + T_{\text{v}}/T}\left[1 + \frac{T + T_{\text{v}}}{2T_{\text{I}}} + \frac{T_{\text{D}} + T_{\text{v}}}{T}\right], \tag{10-46a}$$

$$d_1 = \frac{K_{\text{R}}}{1 + T_{\text{v}}/T}\left[-1 + \frac{T}{2T_{\text{I}}} - \frac{2(T_{\text{D}} + T_{\text{v}})}{T}\right], \tag{10-46b}$$

$$d_2 = \frac{K_{\text{R}}}{1 + T_{\text{v}}/T}\left[\frac{T_{\text{D}} + T_{\text{v}}}{T} - \frac{T_{\text{v}}}{2T_{\text{I}}}\right], \tag{10-46c}$$

$$c_1 = -\frac{T_{\text{v}}}{T + T_{\text{v}}}\,. \tag{10-46d}$$

Die zugehörige Differenzengleichung

$$\begin{aligned} u(k) = {} & d_0 e(k) + d_1 e(k-1) + d_2 e(k-2) \\ & + (1 - c_1)u(k-1) + c_1 u(k-2) \end{aligned} \tag{10-47}$$

Tabelle 10-2. Einstellwerte für diskrete Regler nach Takahashi

	Regler-typen	Reglereinstellwerte		
		K_R	T_I	T_D
Methode I	P	$0{,}5K_{R\,krit}$	–	–
	PI	$0{,}45K_{R\,krit}$	$0{,}83T_{krit}$	–
	PID	$0{,}6K_{R\,krit}$	$0{,}5T_{krit}$	$0{,}125T_{krit}$
Methode II	P	$\frac{1}{K_S}\cdot\frac{T_a}{T_u+T}$	–	–
	PI	$\frac{0{,}9}{K_S}\cdot\frac{T_a}{T_u+T/2}$	$3{,}33(T_u+T/2)$	–
	PID	$\frac{1{,}2}{K_S}\cdot\frac{T_a}{T_u+T}$	$2\frac{(T_u+T/2)^2}{T_u+T}$	$\frac{T_u+T}{2}$
		für $T/T_a \leqq 1/10$		

Übergangsfunktion der Regelstrecke

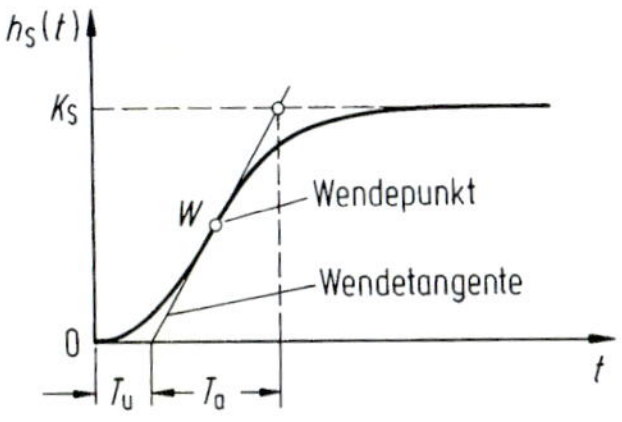

erhält man direkt aus (10-45) durch inverse z-Transformation. Gleichung (10-47) wird auch als *Stellungs-* oder *Positionsalgorithmus* bezeichnet, da hier die Stellgröße direkt berechnet wird. Im Gegensatz dazu wird beim *Geschwindigkeitsalgorithmus* jeweils die Änderung der Stellgröße

$$\Delta u(k) = u(k) - u(k-1) \qquad (10\text{-}48)$$

berechnet, wobei die entsprechende Differenzengleichung lautet:

$$\begin{aligned}\Delta u(k) = \; & d_0 e(k) + d_1 e(k-1) \\ & + d_2 e(k-2) - c_1 \Delta u(k-1)\,.\end{aligned} \qquad (10\text{-}49)$$

Durch Anwendung der z-Transformation folgt aus (10-49) direkt die z-Übertragungsfunktion des Geschwindigkeitsalgorithmus

$$D'_{PID}(z) = \frac{\Delta U_z(z)}{E_z(z)} = \frac{d_0 + d_1 z^{-1} + d_2 z^{-2}}{1 + c_1 z^{-1}}\,. \qquad (10\text{-}50)$$

In der Praxis wird der Geschwindigkeitsalgorithmus immer dann angewendet, wenn das Stellglied speicherndes Verhalten hat, wie es z. B. bei einem Schrittmotor der Fall ist.

Die hier besprochenen PID-Algorithmen stellen aufgrund ihrer Herleitung *quasistetige* Regelalgorithmen dar. Wählt man dabei die Abtastzeit T mindestens $1/10$ kleiner als die dominierende Zeitkonstante des Systems, so können unmittelbar die Parameter des kontinuierlichen PID-Reglers in (10-46a) bis (10-46d) eingesetzt werden, wie sie durch *Optimierung*, aufgrund von *Einstellregeln* oder Erfahrungswerten bekannt sind. Am meisten verbreitet sind die von Takahashi [7] für diskrete Regler entwickelten Einstellregeln, die sich weitgehend an die Regeln von Ziegler-Nichols (siehe 8) anlehnen.

Die Reglerparameter können entweder anhand der Kennwerte des geschlossenen Regelkreises an der Stabilitätsgrenze bei Verwendung eines P-Reglers (Methode I) oder anhand der gemessenen Übergangsfunktion der Regelstrecke (Methode II) ermittelt werden. Die hierfür notwendigen Beziehungen sind in Tabelle 10-2 für den P-, PI- und PID-Regler zusammengestellt. Dabei beschreiben die Größen $K_{R\,krit}$ den Verstärkungsfaktor eines P-Reglers an der Stabilitätsgrenze und T_{krit} die Periodendauer der sich einstellenden Dauerschwingung. Bezüglich der Wahl der Größe von T_v ist darauf zu achten, dass bei

kleinen Abtastzeiten das durch den Analog-Digital-Umsetzer verursachte „Quantisierungsrauschen“ am Reglereingang nicht zu sehr verstärkt wird.
Selbstverständlich kann der PID-Algorithmus auch mit größeren Abtastzeiten eingesetzt werden. Allerdings ist es dann nicht mehr möglich, die Parameter nach den zuvor erwähnten Regeln einzustellen. Sehr gute Ergebnisse erhält man in diesem Fall durch Optimierung der Parameter.

10.6.2 Der Entwurf diskreter Kompensationsalgorithmen

Der diskrete Entwurf ist besonders dann interessant, wenn die Abtastzeit so groß gewählt wird, dass nicht mehr von einem quasistetigen Betrieb ausgegangen werden kann. In diesem Fall erhält man aus dem Prinzip der Kompensation der Regelstrecke ein sehr einfaches und leistungsfähiges Syntheseverfahren für diskrete Regelalgorithmen, das es ermöglicht, die diskrete Führungsübertragungsfunktion des geschlossenen Regelkreises nahezu beliebig vorzugeben. Ausgangspunkt ist ein Abtastregelkreis in diskreter Darstellung gemäß Bild 10-5, wobei die Regelstrecke, die kein sprungfähiges Verhalten besitzen soll ($b_0 = 0$), durch die z-Übertragungsfunktion (der einfacheren Beschreibung halber wird im Folgenden auf den Index z verzichtet)

$$G(z) = \frac{B(z)z^{-d}}{A(z)} = \frac{b_1 z^{-1} + \ldots + b_n z^{-n}}{1 + a_1 z^{-1} + \ldots + a_n z^{-n}} z^{-d} \tag{10-51}$$

und der diskrete Regler durch $D(z)$ beschrieben werden. Hierbei ist d die diskrete Totzeit der Regelstrecke, für die $d = T_t/T$ gilt. Die Führungsübertragungsfunktion dieses Regelkreises lautet:

$$G_W(z) = \frac{Y(z)}{W(z)} = \frac{D(z)G(z)}{1 + D(z)G(z)} . \tag{10-52}$$

Nun gibt man für $G_W(z)$ ein gewünschtes Übertragungsverhalten in Form einer „Modellübertragungsfunktion“ $K_W(z)$ vor mit der Forderung

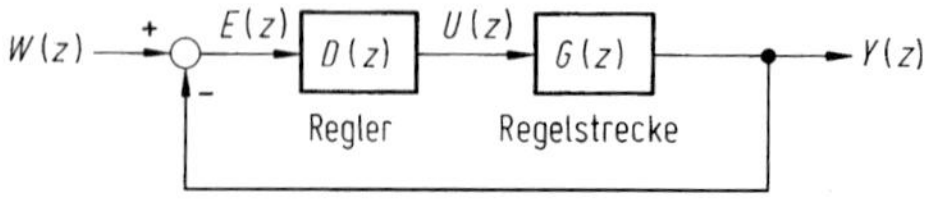

Bild 10-5. Diskreter Regelkreis

$$G_W(z) \overset{!}{=} K_W(z) .$$

Damit löst man (10-52) nach $D(z)$ auf und erhält analog zu (8-44) die Übertragungsfunktion des Reglers

$$D(z) = \frac{1}{G(z)} \cdot \frac{K_W(z)}{1 - K_W(z)} . \tag{10-53}$$

Diese Beziehung stellt die Grundgleichung der diskreten Kompensation dar.
Treten in $G(z)$ Pole und/oder Nullstellen außerhalb des Einheitskreises der z-Ebene auf, so muss $K_W(z)$ die folgenden Bedingungen erfüllen

$$K_W(z) = B^-(z)K_1(z)z^{-d} \tag{10-54}$$

und

$$1 - K_W(z) = A^-(z)K_2(z) , \tag{10-55}$$

wobei $A^-(z)$ und $B^-(z)$ die Teilpolynome von $A(z) = A^+(z)A^-(z)$ und $B(z) = B^+(z)B^-(z)$ darstellen, deren Wurzeln außerhalb und auf dem Einheitskreis liegen, d. h., es gilt $|z_i| \geqq 1$, während für $A^+(z)$ und $B^+(z)$ die Beziehung $|z_i| < 1$ gilt. Bei der Wahl von $K_1(z)$ und $K_2(z)$ ist weiter – wegen der stationären Genauigkeit für Führungsverhalten – die Bedingung $K_W(1) = 1$ einzuhalten. Diese Bedingung wird mit (10-54) und (10-55) gerade erfüllt durch die Ansätze

$$K_1(z) = \frac{B_K(z)P(z)}{N(z)} \tag{10-56}$$

und

$$K_2(z) = \frac{\left(1 - z^{-1}\right)Q(z)}{N(z)} . \tag{10-57}$$

In diesen beiden Beziehungen können die Polynome $N(z)$ und $B_K(z)$ noch frei gewählt werden.
Damit ist $K_W(z)$ vollständig festgelegt. Die unbekannten Polynome $P(z)$ und $Q(z)$ werden mit minimaler Ordnung so bestimmt, dass $B_K(z)$ und $N(z)$ alle frei wählbaren Parameter enthalten. Durch Einsetzen von (10-54) in (10-55) folgt unter Berücksichtigung von (10-56) und (10-57) die Polynomgleichung

$$N(z) - A^-(z)(1 - z^{-1})Q(z) = B^-(z)B_K(z)P(z)z^{-d} \tag{10-58}$$

zur Bestimmung von $P(z)$ und $Q(z)$. Durch Einsetzen von (10-54) bis (10-57) und (10-51) in (10-53) erhält man schließlich als Beziehung für den allgemeinen Kompensationsalgorithmus

$$D(z) = \frac{A^+(z)B_K(z)P(z)}{B^+(z)Q(z)(1 - z^{-1})} . \tag{10-59}$$

Für den Fall, dass alle Pole und Nullstellen von $G(z)$ im Bereich $|z_i| < 1$ liegen, werden (10-54) bis (10-59) vereinfacht, indem die Polynome $A^+(z)$, $A^-(z)$, $B^+(z)$ und $B^-(z)B_K(z)P(z)$ ersetzt werden durch $A(z)$, 1, $B(z)$ und $P'(z)$ [3], wobei $P'(z)$ und $N(z)$ frei wählbar sind.

10.6.3 Kompensationsalgorithmus für endliche Einstellzeit

Das Verfahren der diskreten Kompensation bietet die Möglichkeit, Regelkreise mit endlicher Einstellzeit (*deadbeat response*) zu entwerfen. Dies ist eine für Abtastsysteme typische Eigenschaft, die bei kontinuierlichen Regelsystemen nicht erreicht werden kann.
Es soll also $K_W(z)$ nun so gewählt werden, dass der Einschwingvorgang nach einer sprungförmigen Sollwertänderung innerhalb von $n_E = q + d$ Abtastschritten abgeschlossen ist. Offensichtlich wird diese Bedingung erfüllt, wenn $K_W(z)$ ein endliches Polynom in z^{-1} der Ordnung n_E ist. Dies ist gewährleistet, wenn

$$N(z) = 1$$

gewählt wird. Außerdem muss auch die Stellgröße nach n_E Abtastwerten einen konstanten Wert annehmen [3]. Somit ergibt sich für die Modellübertragungsfunktion des Führungsverhaltens des geschlossenen Regelkreises

$$K_W(z) = B(z)B_K(z)P(z)z^{-d} \,. \qquad (10\text{-}60)$$

Nach kurzer Zwischenrechnung erhält man für die Übertragungsfunktion des Reglers mit endlicher Einstellzeit

$$D(z) = \frac{A^+(z)B_K(z)P(z)}{Q(z)(1 - z^{-1})} \qquad (10\text{-}61)$$

und als Bestimmungsgleichung für $P(z)$ und $Q(z)$

$$1 - A^-(z)(1 - z^{-1})Q(z) = B(z)B_K(z)P(z)z^{-d} \,. \qquad (10\text{-}62)$$

$P(z)$ und $Q(z)$ können bei entsprechender Wahl von $B_K(z)$ mit (10-62) durch Koeffizientenvergleich gewonnen werden und ermöglichen so einen Entwurf, der den Anteil $A^-(z)$ der Streckenübertragungsfunktion berücksichtigt.
Für den speziellen Fall *stabiler Regelstrecken* führt das folgende Vorgehen auf sehr einfache Weise unmittelbar zum Entwurf eines Reglers mit endlicher Einstellzeit. Benutzt man in (10-60) noch die Abkürzung

$$B^*(z) = B(z)B_K(z) = \sum_{i=0}^{q} b_i^* z^{-1} \,, \qquad (10\text{-}63)$$

dann erhält man für die Übertragungsfunktion des zugehörigen Reglers [3]

$$D(z) = \frac{A(z)B_K(z)/B^*(1)}{1 - [B^*(z)/B^*(1)]\,z^{-d}} \,. \qquad (10\text{-}64)$$

Wählt man beispielsweise $B_K(z) = 1$, so wird $q = n$, also gleich der Ordnung der Regelstrecke. Damit ergibt sich als minimale Anzahl von Abtastschritten $n_E = n + d$ für die Ausregelung eines Sollwertsprunges, wodurch die *minimale Ausregelzeit* festgelegt wird. Bezüglich der Wahl von $B_K(z)$ können verschiedene Kriterien angewendet werden. Einerseits erhöht sich mit der Ordnung von $B_K(z)$ die Reglerordnung und damit bei einem Sollwertsprung die Anzahl der Abtastschritte bis zum Erreichen des stationären Endwertes der Regelgröße. Andererseits kann aber auch durch geeignete Wahl von $B_K(z)$ das Stellverhalten verbessert werden [3].

11 Zustandsraumdarstellung linearer Regelsysteme

11.1 Allgemeine Darstellung

Aufgrund ihrer Gemeinsamkeiten werden nachfolgend kontinuierliche und diskrete Systeme gemeinsam dargestellt und – soweit erforderlich – durch (a) und (b) in den Gleichungsnummern unterschieden. Eine Mehrgrößenregelstrecke wird durch die Zustandsgleichung

$$\dot{\boldsymbol{x}}(t) = \boldsymbol{A}\boldsymbol{x}(t) + \boldsymbol{B}\boldsymbol{u}(t)\,, \qquad \boldsymbol{x}(t_0) = \boldsymbol{x}_0 \qquad (11\text{-}1a)$$

$$\boldsymbol{x}(k+1) = \boldsymbol{A}_d\boldsymbol{x}(k) + \boldsymbol{B}_d\boldsymbol{u}(k)\,, \qquad \boldsymbol{x}(0) = \boldsymbol{x}_0 \qquad (11\text{-}1b)$$

und durch die Ausgangsgleichung

$$\boldsymbol{y}(t) = \boldsymbol{C}\boldsymbol{x}(t) + \boldsymbol{D}\boldsymbol{u}(t) \qquad (11\text{-}2a)$$

$$\boldsymbol{y}(k) = \boldsymbol{C}_d\boldsymbol{x}(k) + \boldsymbol{D}_d\boldsymbol{u}(k) \qquad (11\text{-}2b)$$

beschrieben, vgl. 3.3. Bei der Umrechnung eines kontinuierlichen Systems der Darstellung (a) in dem diskreten Fall von (b) existiert folgender Zusammenhang: $\boldsymbol{C}_d = \boldsymbol{C}$ und $\boldsymbol{D}_d = \boldsymbol{D}$, sowie

$$\boldsymbol{A}_d = \boldsymbol{I} + \boldsymbol{S}\boldsymbol{A} \quad \text{und} \quad \boldsymbol{B}_d = \boldsymbol{S}\boldsymbol{B} \qquad (11\text{-}3)$$

mit

$$\boldsymbol{S} = T\sum_{n=0}^{\infty} \boldsymbol{A}^n \frac{T^n}{(n+1)!} \,, \qquad (11\text{-}4)$$

wobei T die Abtastzeit ist, und $\boldsymbol{I}$ die Einheitsmatrix kennzeichnet. Die unendliche Reihe in (11-4) muss bei der praktischen Auswertung nach einer endlichen Zahl von Gliedern abgebrochen werden. Dabei wird zweckmäßigerweise ein zulässiger Abbruchfehler durch die Norm des Zuwachsterms vorgeschrieben.
Die Lösung von (11-1) lautet

$$\boldsymbol{x}(t) = \boldsymbol{\Phi}(t)\boldsymbol{x}_0 + \int_0^t \boldsymbol{\Phi}(t-\tau)\boldsymbol{B}\boldsymbol{u}(\tau)\mathrm{d}\tau\,, \qquad (11\text{-}5a)$$

$$\boldsymbol{x}(k) = \boldsymbol{\Phi}(k)\boldsymbol{x}_0 + \sum_{j=0}^{k-1} \boldsymbol{A}_\mathrm{d}^{k-j-1}\boldsymbol{B}_\mathrm{d}\boldsymbol{u}(j)\,, \qquad (11\text{-}5b)$$

$$\text{wobei} \quad \boldsymbol{\Phi}(t) = \mathrm{e}^{At}\,, \quad \boldsymbol{\Phi}(k) = \boldsymbol{A}_\mathrm{d}^k \qquad (11\text{-}6a,b)$$

als *Fundamental-* oder *Übergangsmatrix* bezeichnet wird. Diese Matrix spielt bei den Methoden des Zustandsraums eine wichtige Rolle. Sie ermöglicht auf einfache Weise die Berechnung des Systemzustands für alle Zeiten t allein aus der Kenntnis eines Anfangszustands x_0 und des Zeitverlaufs des Eingangsvektors. Der Term $\boldsymbol{\Phi x}_0$ in (11-5) beschreibt die homogene Lösung der Zustandsgleichung, die auch als *Eigenbewegung* oder als *freie Reaktion* des Systems bezeichnet wird. Der zweite Term entspricht der partikulären Lösung, also dem durch die äußere Erregung gegebenen Anteil (*erzwungene Reaktion*). Zur Berechnung von $\boldsymbol{\Phi}$ existieren verschiedene Methoden [1]. Eine einfache Möglichkeit besteht in der Berechnung im Frequenzbereich:

$$\boldsymbol{\Phi}(t) = \mathscr{L}^{-1}\{(s\boldsymbol{I}-\boldsymbol{A})^{-1}\}\,, \qquad (11\text{-}7a)$$

$$\boldsymbol{\Phi}(k) = \mathscr{Z}^{-1}\{(z\boldsymbol{I}-\boldsymbol{A}_\mathrm{d})^{-1}z\}\,. \qquad (11\text{-}7b)$$

Andererseits bietet sich für diskrete Systeme die rekursive Form

$$\boldsymbol{\Phi}(k+1) = \boldsymbol{A}_\mathrm{d}\boldsymbol{\Phi}(k) \quad \text{mit} \quad \boldsymbol{\Phi}(0) = \boldsymbol{I} \qquad (11\text{-}8)$$

zur einfachen Berechnung an.
Das Übertragungsverhalten der durch (11-1) beschriebenen Mehrgrößenregelstrecke lässt sich auch durch die *Übertragungsmatrix* $\underline{\boldsymbol{G}}$ in der Darstellung

$$\boldsymbol{Y}(s) = \underline{\boldsymbol{G}}(s)\boldsymbol{U}(s)\,, \quad \boldsymbol{Y}(z) = \underline{\boldsymbol{G}}(z)\boldsymbol{U}(z) \qquad (11\text{-}9a,b)$$

beschreiben, wobei die Elemente G_{ij} *von* $\underline{\boldsymbol{G}}(i = 1,2,\ldots,m; j = 1,2,\ldots,r)$ die Teilübertragungsfunktionen des Mehrgrößensystems sind. Für $\underline{\boldsymbol{G}}$ gilt

$$\underline{\boldsymbol{G}}(s) = \boldsymbol{C}(s\boldsymbol{I}-\boldsymbol{A})^{-1}\boldsymbol{B} + \boldsymbol{D}\,, \qquad (11\text{-}10a)$$

$$\underline{\boldsymbol{G}}(z) = \boldsymbol{C}_\mathrm{d}(z\boldsymbol{I}-\boldsymbol{A}_\mathrm{d})^{-1}\boldsymbol{B}_\mathrm{d} + \boldsymbol{D}_\mathrm{d}\,. \qquad (11\text{-}10b)$$

Im Falle eines Eingrößensystems geht z. B. (11-10a) über in die *Übertragungsfunktion*:

$$G(s) = \boldsymbol{c}^\mathrm{T}(s\boldsymbol{I}-\boldsymbol{A})^{-1}\boldsymbol{b} + d\,. \qquad (11\text{-}11)$$

Aus (11-10) bzw. (11-11) erhält man unmittelbar die *charakteristische Gleichung* des offenen Systems durch Berechnung der Determinanten

$$P^*(s) = |(s\boldsymbol{I}-\boldsymbol{A})| = 0\,, \qquad (11\text{-}12a)$$

$$P^*(z) = |(z\boldsymbol{I}-\boldsymbol{A}_\mathrm{d})| = 0\,, \qquad (11\text{-}12b)$$

wobei die sich aus diesem Polynom ergebenen Wurzeln die Pole des Systems darstellen, die auch als Eigenwerte von $\boldsymbol{A}$ bzw. $\boldsymbol{A}_\mathrm{d}$ anzusehen sind. Zur Beurteilung der Stabilität kann die Lage dieser Pole in der s- oder z-Ebene herangezogen werden.

11.2 Normalformen für Eingrößensysteme

Der kürzeren Schreibweise wegen erfolgt im Weiteren die Darstellung nur für kontinuierliche Systeme, die durch die Übertragungsfunktion

$$G(s) = \frac{Y(s)}{U(s)} = \frac{b_0 + b_1 s + \ldots + b_{n-1}s^{n-1} + b_n s^n}{a_0 + a_1 s + \ldots + a_{n-1}s^{n-1} + s^n} \qquad (11\text{-}13)$$

beschrieben werden. Um für derartige Systeme eine Zustandsraumdarstellung anzugeben, können Standardformen gewählt werden:

a) Regelungsnormalform:

$$\boldsymbol{A} = \begin{bmatrix} 0 & 1 & 0 & 0 & \ldots & 0 \\ 0 & 0 & 1 & 0 & & 0 \\ 0 & 0 & 0 & 1 & & 0 \\ \vdots & & & & \ddots & \vdots \\ 0 & 0 & 0 & 0 & \cdots & 1 \\ -a_0 & -a_1 & -a_2 & -a_3 & \cdots & -a_{n-1} \end{bmatrix}\,,$$

$$\boldsymbol{B} = \boldsymbol{b} = \begin{bmatrix} 0 \\ 0 \\ 0 \\ \vdots \\ 0 \\ 1 \end{bmatrix}\,, \qquad (11\text{-}14a,b)$$

$$\begin{aligned} C &= c^{\mathrm{T}} \\ &= [(b_0 - b_n a_0), (b_1 - b_n a_1), \ldots (b_{n-1} - b_n a_{n-1})] \,, \\ D &= d = b_n \,. \end{aligned} \qquad (11\text{-}14\text{c,d})$$

Die Struktur der Matrix A wird als *Frobenius-Form* oder *Regelungsnormalform* bezeichnet. Sie ist dadurch gekennzeichnet, dass sie in der untersten Zeile genau die negativen Koeffizienten ihres charakteristischen Polynoms (normiert auf $a_n = 1$) enthält.

b) Beobachtungsnormalform:

$$A = \begin{bmatrix} 0\;0 \ldots 0\;0 & -a_0 \\ 1\;0 \quad \vdots\;\vdots & \vdots \\ 0\;1 \quad \vdots\;\vdots & \vdots \\ 0\;0 \ldots 0\;0 & -a_{n-3} \\ \vdots\;\vdots \quad 1\;0 & -a_{n-2} \\ 0\;0 \ldots 0\;1 & -a_{n-1} \end{bmatrix}, \qquad (11\text{-}15\text{a,b})$$

$$b = \begin{bmatrix} b_0 & - b_n a_0 \\ b_1 & - b_n a_1 \\ & \vdots \\ b_{n-3} & - b_n a_{n-3} \\ b_{n-2} & - b_n a_{n-2} \\ b_{n-1} & - b_n a_{n-1} \end{bmatrix},$$

$$C = c^{\mathrm{T}} = [0\;0\;\ldots\;0\;1]\,,\quad D = d = b_n\,. \qquad (11\text{-}15\text{c,d})$$

Man erkennt unmittelbar, dass diese Systemdarstellung dual zur Regelungsnormalform ist, insofern als die Vektoren $\boldsymbol{b}$ und $\boldsymbol{c}$ gerade vertauscht sind, während die Matrix A eine transponierte Frobenius-Form besitzt, in der die negativen Koeffizienten des charakteristischen Polynoms als Spalte auftreten.

c) Diagonalform: Für einfache reelle Pole folgt:

$$A = \begin{bmatrix} s_1 & 0 & \ldots & 0 \\ 0 & s_2 & & \vdots \\ \vdots & & \ddots & 0 \\ 0 & \ldots & 0 & s_n \end{bmatrix}, \quad b = \begin{bmatrix} 1 \\ 1 \\ \vdots \\ 1 \end{bmatrix} \qquad (11\text{-}16\text{a,b})$$

$$\text{und} \quad c^{\mathrm{T}} = [c_1\; c_2\; \ldots\; c_n]\,. \qquad (11\text{-}16\text{c})$$

In dieser Darstellung sind die Zustandsgleichungen entkoppelt. Das System zerfällt in n voneinander unabhängige Einzelsysteme 1. Ordnung, wobei jedem dieser Teilsysteme genau ein Pol des Systems zugeordnet ist. Die Systemmatrix hat Diagonalform und besitzt die Pole als Diagonalelemente. Treten mehrfache und/oder komplexe Pole auf, so ist eine blockdiagonale Struktur der Matrix in Form einer Jordan-Matrix [1] erforderich.

11.3 Steuerbarkeit und Beobachtbarkeit

Das dynamische Verhalten eines Übertragungssystems wird, wie oben gezeigt wurde, durch die Zustandsgrößen vollständig beschrieben. Bei einem gegebenen System sind diese jedoch in der Regel nicht bekannt; man kennt gewöhnlich nur den Ausgangsvektor $\boldsymbol{y}(t)$ sowie den Steuervektor $\boldsymbol{u}(t)$. Dabei sind für die Analyse und den Entwurf eines Regelsystems folgende Fragen interessant, die eine erste Näherung der Begriffe Steuerbarkeit und Beobachtbarkeit ergeben:

- Gibt es irgendwelche Komponenten des Zustandsvektors $\boldsymbol{x}(t)$ des Systems, die keinen Einfluss auf den Ausgangsvektor $\boldsymbol{y}(t)$ ausüben? Ist dies der Fall, dann kann aus dem Verhalten des Ausgangsvektors $\boldsymbol{y}(t)$ nicht auf den Zustandsvektor $\boldsymbol{x}(t)$ geschlossen werden, und es liegt nahe, das betreffende System als nicht *beobachtbar* zu bezeichnen.
- Gibt es irgendwelche Komponenten des Zustandsvektors $\boldsymbol{x}(t)$ des Systems, die nicht vom Eingangsvektor (Steuervektor) $\boldsymbol{u}(t)$ beeinflusst werden? Ist dies der Fall, dann ist es naheliegend, das System als nicht *steuerbar* zu bezeichnen.

Die von Kalman [2] eingeführten Begriffe *Steuerbarkeit* und *Beobachtbarkeit* spielen in der modernen Regelungstechnik eine wichtige Rolle und ermöglichen eine schärfere Definition dieser soeben erwähnten Systemeigenschaften.

Definition der Steuerbarkeit: Das durch (11-1) beschriebene lineare System ist *vollständig zustandssteuerbar*, wenn es für jeden Anfangszustand $\boldsymbol{x}(t_0)$ eine Steuerfunktion $\boldsymbol{u}(t)$ gibt, die das System innerhalb einer beliebigen endlichen Zeitspanne $t_0 \leqq t \leqq t_1$ in den Endzustand $\boldsymbol{x}(t_1) = \boldsymbol{0}$ überführt.

Für die Steuerbarkeit eines linearen zeitinvarianten Systems ist folgende Bedingung notwendig und hinreichend:

$$\text{Rang}\,[\boldsymbol{B}|\boldsymbol{AB}|\ldots|\boldsymbol{A}^{n-1}\boldsymbol{B}] = n\,. \qquad (11\text{-}17)$$

Das bedeutet, die $(n \times nr)$-Hypermatrix

$$\boldsymbol{S}_1 = [\boldsymbol{B}|\boldsymbol{AB}|\ldots|\boldsymbol{A}^{n-1}\boldsymbol{B}]$$

muss n linear unabhängige Spaltenvektoren enthalten. Bei Eingrößensystemen ist $\boldsymbol{S}_1$ eine quadratische Matrix, deren n Spalten linear unabhängig sein müssen. In diesem Fall kann der Rang von $\boldsymbol{S}_1$ anhand der Determinante $|\boldsymbol{S}_1|$ überprüft werden. Ist $|\boldsymbol{S}_1| \neq 0$ dann besitzt $\boldsymbol{S}_1$ den vollen Rang.

Definition der Beobachtbarkeit: Das durch (11-1) und (11-2) beschriebene lineare System ist *vollständig beobachtbar*, wenn man bei bekannter Steuerfunktion $\boldsymbol{u}(t)$ und bekannten Matrizen $\boldsymbol{A}$ und $\boldsymbol{C}$ aus der Messung des Ausgangsvektors $\boldsymbol{y}(t)$ über ein endliches Zeitintervall $t_0 \leqq t \leqq t_1$ den Anfangszustand $\boldsymbol{x}(t_0)$ eindeutig bestimmen kann.

Zur Prüfung der *Beobachtbarkeit* eines linearen zeitinvarianten Systems bildet man die $(n \times nm)$-Hypermatrix

$$\boldsymbol{S}_2^{\mathrm{T}} = [\boldsymbol{C}^{\mathrm{T}}|(\boldsymbol{CA})^{\mathrm{T}}|\ldots|(\boldsymbol{CA}^{n-1})^{\mathrm{T}}]\,.$$

Das System ist genau dann beobachtbar, wenn gilt

$$\text{Rang}\,\boldsymbol{S}_2 = n\,. \qquad (11\text{-}18)$$

Diese Bedingung kann auch mithilfe der transponierten Matrix $\boldsymbol{S}_2^{\mathrm{T}}$ ausgedrückt werden:

$$\text{Rang}[\boldsymbol{C}^{\mathrm{T}}|\boldsymbol{A}^{\mathrm{T}}\boldsymbol{C}^{\mathrm{T}}|\ldots|(\boldsymbol{A}^{\mathrm{T}})^{n-1}\boldsymbol{C}^{\mathrm{T}}] = n\,,$$

woraus man durch Vergleich mit (11-17) erkennt, dass Beobachtbarkeit und Steuerbarkeit duale Systemeigenschaften sind.

11.4 Synthese linearer Regelsysteme im Zustandsraum

11.4.1 Das geschlossene Regelsystem

Ist eine Regelstrecke in der Zustandsraumdarstellung nach (11-1),

$$\dot{\boldsymbol{x}} = \boldsymbol{Ax} + \boldsymbol{Bu} \quad \text{mit} \quad \boldsymbol{x}_0 = \boldsymbol{x}(0)\,,$$

und (11-2),

$$\boldsymbol{y} = \boldsymbol{Cx} + \boldsymbol{Du}\,,$$

gegeben, so bieten sich für ihre Regelung folgende zwei wichtige Möglichkeiten an:

a) Rückführung des Zustandsvektors $\boldsymbol{x}$,
b) Rückführung des Ausgangsvektors $\boldsymbol{y}$.

Die Blockstrukturen beider Möglichkeiten sind in Bild 11-1 dargestellt. Die Rückführung erfolge in beiden Fällen über konstante Verstärkungs- oder *Reglermatrizen*

$$\boldsymbol{F}_{(r\times n)} \quad \text{oder} \quad \boldsymbol{F}'_{(r\times m)}\,,$$

die oft auch als *Rückführmatrizen* bezeichnet werden. Beide Blockstrukturen weisen des Weiteren für die Führungsgröße je ein *Vorfilter* auf, das ebenfalls durch eine konstante Matrix

$$\boldsymbol{V}_{(r\times m)} \quad \text{oder} \quad \boldsymbol{V}'_{(r\times m)}$$

beschrieben wird. Dieses Vorfilter sorgt dafür, dass der Ausgangsvektor $\boldsymbol{y}$ im stationären Zustand mit dem *Führungsvektor* $\boldsymbol{w}_{(m\times 1)}$ übereinstimmt. Für jede der beiden Regelkreisstrukturen lässt sich nun ebenfalls eine Zustandsraumdarstellung angeben.
Bei dem Regelsystem mit Rückführung des Zustandsvektors erhält man die Zustandsraumdarstellung

$$\dot{\boldsymbol{x}} = (\boldsymbol{A} - \boldsymbol{BF})\boldsymbol{x} + \boldsymbol{BVw} \qquad (11\text{-}19)$$

$$\text{und} \quad \boldsymbol{y} = (\boldsymbol{C} - \boldsymbol{DF})\boldsymbol{x} + \boldsymbol{DVw}\,. \qquad (11\text{-}20)$$

Diese beiden Beziehungen haben eine ähnliche Struktur wie (11-1) und (11-2). Somit gelten für den Übergang vom offenen zum geschlossenen Regelsystem die früher bereits eingeführten Beziehungen, nur dass nun die entsprechenden Korrespondenzen zwischen (11-1) und (11-19), bzw. (11-2) und (11-20), verwendet werden müssen. So erhält man z. B. mit der Systemmatrix $(\boldsymbol{A} - \boldsymbol{BF})$ die zur Stabilitätsuntersuchung des geschlossenen Systems erforderliche charakteristische Gleichung

$$P(s) = |s\boldsymbol{I} - (\boldsymbol{A} - \boldsymbol{BF})| = 0\,, \qquad (11\text{-}21)$$

aus der die Pole bzw. Eigenwerte des Regelkreises bestimmt werden können. Bei dem Regelsystem mit

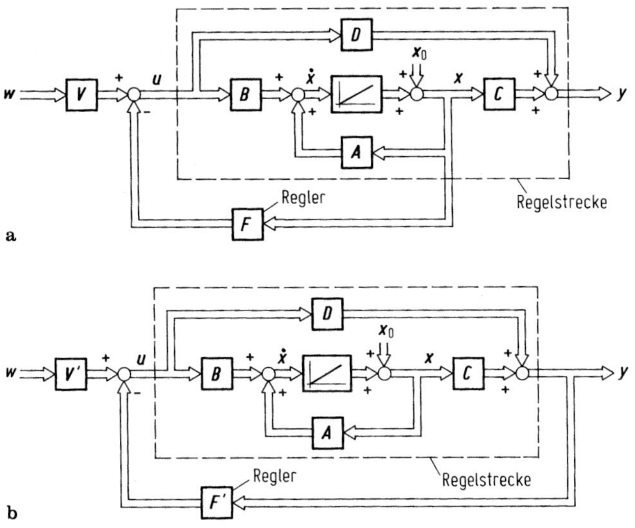

Bild 11-1. Regelung durch Rückführung **a** des Zustandsvektors $\boldsymbol{x}$ und **b** des Ausgangsvektors $\boldsymbol{y}$

Rückführung des Ausgangsvektors erhält man die Zustandsraumdarstellung

$$\dot{\boldsymbol{x}} = [\boldsymbol{A} - \boldsymbol{BF}'(\boldsymbol{I} + \boldsymbol{DF}')^{-1}\boldsymbol{C}]\boldsymbol{x} + \boldsymbol{B}(\boldsymbol{I} + \boldsymbol{F}'\boldsymbol{D})^{-1}\boldsymbol{V}'\boldsymbol{w}\,. \qquad (11\text{-}22)$$

$$\text{und} \quad \boldsymbol{y} = (\boldsymbol{I} + \boldsymbol{DF}')^{-1}(\boldsymbol{Cx} + \boldsymbol{DV}'\boldsymbol{w})\,. \qquad (11\text{-}23)$$

Im Folgenden soll für den Fall der Zustandsvektorrückführung die Berechnung der Matrix $\boldsymbol{V}$ des Vorfilters angegeben werden. Dabei werden folgende *Voraussetzungen* gemacht:

- Die Regler- oder Rückführmatrix $\boldsymbol{F}$ sei bereits bekannt.
- Die Anzahl von Stell- und Führungsgrößen sei gleich $(r = m)$.
- Zusätzlich gelte $\boldsymbol{D} = \boldsymbol{0}$.

Das Ziel des Entwurfs des Vorfilters ist, $\boldsymbol{V}$ so zu berechnen, dass im stationären Zustand Führungs- und Regelgrößen übereinstimmen. Als Lösung ergibt sich [1]

$$\boldsymbol{V} = [\boldsymbol{C}(\boldsymbol{BF} - \boldsymbol{A})^{-1}\boldsymbol{B}]^{-1}\,. \qquad (11\text{-}24)$$

11.4.2 Der Grundgedanke der Reglersynthese

Im Gegensatz zur klassischen Ausgangsgrößenregelung gehen die Verfahren zur Synthese linearer Regelsysteme im Zustandsraum von einer Rückführung der Zustandsgrößen gemäß Bild 11-1a aus, da diese ja das gesamte dynamische Verhalten der Regelstrecke beschreiben. Diese Struktur nennt man *Zustandsgrößenregelung*. Der Regler wird hierbei durch die konstante $(r \times n)$-Matrix $\boldsymbol{F}$ beschrieben. Er entspricht bezüglich der Zustandsgrößen einem P-Regler. Während man bei der klassischen Synthese dynamische Regler benutzt, um aus der Ausgangsgröße beispielsweise einen D-Anteil zu erzeugen, kann hier der D-Anteil direkt oder indirekt als Zustandsgröße der Regelstrecke entnommen werden.

Die Standardverfahren im Zustandsraum gehen zunächst davon aus, dass für $t > 0$ keine Führungs- und Störungssignale vorliegen. Damit hat der Regler $\boldsymbol{F}$ die Aufgabe, die *Eigendynamik* des geschlossenen Regelsystems zu verändern. Die homogene Differenzialgleichung, die das Eigenverhalten des geschlossenen Regelsystems beschreibt, erhält man aus (11-19):

$$\dot{\boldsymbol{x}} = (\boldsymbol{A} - \boldsymbol{BF})\boldsymbol{x} = \tilde{\boldsymbol{A}}\boldsymbol{x} \quad \text{mit} \quad \boldsymbol{x}(0) = \boldsymbol{x}_0\,. \qquad (11\text{-}25)$$

Die Aufgabe der Regelung besteht nun darin, das System von einem Anfangszustand $\boldsymbol{x}(0)$ in einen gewünschten Endzustand $\boldsymbol{x}(t_e) = 0$ überzuführen. Dazu haben sich im Wesentlichen die nachfolgend aufgeführten drei Verfahren besonders bewährt. Gewöhnlich wird für deren Anwendung vorausgesetzt, dass die Regelstrecke steuerbar ist und dass ihre Zustandsgrößen verfügbar (z. B. messbar) sind. Allerdings genügt meist bereits die Voraussetzung, dass die Regelstrecke *stabilisierbar* ist, d. h., dass instabile Pole der Regelstrecke durch den Regler stabilisiert, also in die linke s-Halbebene verschoben werden können.

11.4.3 Die modale Regelung

Der Grundgedanke der modalen Regelung besteht darin, die bestehenden Zustandsgrößen $x_i(t)$ des offenen Systems geeignet zu transformieren, sodass die neuen Zustandsgrößen $x_i^*(t)$ möglichst entkoppelt werden und getrennt geregelt werden können. Da der Steuervektor $\boldsymbol{u}$ nur r Komponenten besitzt, können nicht mehr als r modale Zustandsgrößen $x_i^*(t)$ unabhängig voneinander beeinflusst werden. Jede der r ausgesuchten modalen Zustandsgrößen $x_i^*(t)$ wirkt genau auf eine modale Steuergröße $u_i^*(t)$, sodass die Reglermatrix $\boldsymbol{F}$ Diagonalform erhält, sofern die Eigenwerte des offenen Systems einfach sind. Bei mehrfachen Eigenwerten ist eine derartige vollständige Entkopplung der Zustandsgleichungen im Allgemeinen nicht mehr möglich. Unter Verwendung der Jordan-Form lässt sich dennoch eine weitgehende Entkopplung erreichen.

11.4.4 Das Verfahren der Polvorgabe

Das dynamische Eigenverhalten des geschlossenen Regelsystems wird im Wesentlichen durch die Lage der Pole bzw. durch die Lage der Eigenwerte der zugehörigen Systemmatrix bestimmt. Durch die Elemente f_{ij} der Reglermatrix $\boldsymbol{F}$ können die Pole des offenen Systems aufgrund der Rückkopplung von $\boldsymbol{x}(t)$ an bestimmte gewünschte Stellen in der s-Ebene verschoben werden. Will man alle Pole verschieben, so muss das offene System steuerbar sein. Praktisch geht man so vor, dass die gewünschten Pole s_i des geschlossenen Regelsystems vorgegeben und dazu die Reglerverstärkungen f_{ij} ausgerechnet werden.
Ein allgemein anwendbares Verfahren [1] für Ein- und Mehrgrößensysteme liefert die Reglermatrix

$$\boldsymbol{F} = -[\boldsymbol{e}_{j1}\boldsymbol{e}_{j2}\dots\boldsymbol{e}_{jn}][\boldsymbol{\Psi}_{j_1}(s_1)\boldsymbol{\Psi}_{j_2}(s_2)\dots\boldsymbol{\Psi}_{j_n}(s_n)]^{-1}\,, \tag{11-26}$$

wobei $\boldsymbol{e}_{j_\nu}$ Einheitsvektoren sind und alle Pole s_i bei der Berechnung der Spaltenvektoren $\boldsymbol{\Psi}_{j_i}(s_i)$ berücksichtigt werden müssen. Diese Spaltenvektoren erhält man mit $\boldsymbol{\Phi}(s) = \mathscr{L}\{\boldsymbol{\Phi}(t)\}$ nach (7a) aus der $(n \times r)$-Matrix

$$\boldsymbol{\Psi}(s) = \boldsymbol{\Phi}(s)\boldsymbol{B} = [\boldsymbol{\Psi}_1(s)\dots\boldsymbol{\Psi}_r(s)]\,, \tag{11-27}$$

indem für alle n vorgegebenen Pole s_i die $(n \times nr)$-Matrix

$$[\boldsymbol{\Psi}(s_1)\boldsymbol{\Psi}(s_2)\dots\boldsymbol{\Psi}(s_n)]$$

gebildet wird und daraus n linear unabhängige Spaltenvektoren $\boldsymbol{\Psi}_{j_1}(s_1),\dots\boldsymbol{\Psi}_{j_n}(s_n)$ für die Berechnung von $\boldsymbol{F}$ ausgewählt werden, wobei j beliebige Werte von 1 bis r annehmen darf. Bei Eingrößensystemen $(r = 1)$ ist die Wahl der $(n \times n)$-Matrix $[\boldsymbol{\Psi}_1(s_1)\dots\boldsymbol{\Psi}(s_n)]$ eindeutig. Bei Mehrgrößensystemen bieten sich zum Aufbau der entsprechenden Matrix mehrere Möglichkeiten an. Aufgrund dieser Mehrdeutigkeit kann es verschiedene Reglermatrizen $\boldsymbol{F}$ geben, die zur gleichen charakteristischen Gleichung führen.
Bei einer Eingrößenregelstrecke, die in der Regelungsnormalform nach (11-14c,d) vorliegt, deren charakteristische Gleichung

$$P^*(s) = a_0 + a_1 s + \dots + a_{n-1}s^{n-1} + s^n \tag{11-28}$$

lautet und die durch einen Zustandsregler

$$u = vw - \boldsymbol{f}^{\mathrm{T}}\boldsymbol{x}$$

so geregelt werden soll, dass der geschlossene Regelkreis mit den vorgegebenen Polen s_i die charakteristische Gleichung

$$P(s) = p_0 + p_1 s + \dots + p_{n-1}s^{n-1} + s^n \tag{11-29}$$

erfüllt, ergeben sich die gesuchten Elemente des Rückführvektors zu

$$\boldsymbol{f}^{\mathrm{T}} = [(p_0 - a_0)(p_1 - a_1)\dots(p_{n-1} - a_{n-1})]\,. \tag{11-30}$$

11.4.5 Optimaler Zustandsregler nach dem quadratischen Gütekriterium

In Anlehnung an das klassische, für Eingrößenregelsysteme eingeführte Kriterium der quadratischen Regelfläche unter Einbeziehung des Stellgrößenaufwandes lässt sich generell für Mehrgrößenregelsysteme die Gütevorschrift

$$I = \boldsymbol{x}^{\mathrm{T}}(t_e)\boldsymbol{S}\boldsymbol{x}(t_e) + \int_{t_0}^{t_e}[\boldsymbol{x}^{\mathrm{T}}(t)\boldsymbol{Q}\boldsymbol{x}(t) + \boldsymbol{u}^{\mathrm{T}}(t)\boldsymbol{R}\,\boldsymbol{u}(t)]\,\mathrm{d}t \stackrel{!}{=} \mathrm{Min} \tag{11-31}$$

verwenden. Das Problem des Entwurfs eines optimalen Zustandsreglers lässt sich nach diesem Kriterium nun wie folgt formulieren: Für eine in der Zustandsraumdarstellung (11-1) und (11-2) gegebene Regelstrecke ist eine Reglermatrix $\boldsymbol{F}$ so zu ermitteln, dass ein optimaler Stellvektor

$$\boldsymbol{u}^*(t) = -\boldsymbol{F}^*\boldsymbol{x} \tag{11-32}$$

das System von einem Anfangswert $\boldsymbol{x}(t_0)$ derartig in die Ruhelage $\boldsymbol{x}(t_e) = \boldsymbol{0}$ überführt, dass das obige Kriterium (11-31) erfüllt wird. $\boldsymbol{Q}$ ist eine positiv semidefinite, $\boldsymbol{R}$ eine positiv definite jeweils symmetrische Bewertungsmatrix, die häufig in Diagonalform gewählt wird, $\boldsymbol{S}$ ist eine symmetrische positiv semidefinite Matrix, die den Endzustand bewertet. Das Problem hierbei besteht in der günstigen Wahl dieser drei Matrizen. Hierbei sollten weniger mathematische als vielmehr ingenieurmäßige Gesichtspunkte berücksichtigt werden. Als optimale Reglermatrix ergibt sich bei der Lösung dieser Aufgabe

$$\boldsymbol{F}^* = \boldsymbol{R}^{-1}\boldsymbol{B}^{\mathrm{T}}\boldsymbol{K}\,, \tag{11-33}$$

wobei $\boldsymbol{K}$ die positiv definite, symmetrische und zeitlich konstante Lösungsmatrix der algebraischen Matrix-Riccati-Gleichung

$$\boldsymbol{KA} + \boldsymbol{A}^{\mathrm{T}}\boldsymbol{K} - \boldsymbol{KBR}^{-1}\boldsymbol{B}^{\mathrm{T}}\boldsymbol{K} + \boldsymbol{Q} = \boldsymbol{0} \tag{11-34}$$

ist. Die Lösung lässt sich mittels MATLAB [4] einfach ermitteln.

11.4.6 Das Messproblem

Bis jetzt wurde bei der Reglersynthese vorausgesetzt, dass alle Zustandsgrößen messbar sind. In vielen Fällen stehen jedoch die Zustandsgrößen nicht unmittelbar zur Verfügung. Oft sind sie auch nur reine Rechengrößen und damit nicht direkt messbar. In diesen Fällen verwendet man einen so genannten *Beobachter*, der aus den gemessenen Stell- und Ausgangsgrößen einen Näherungswert $\hat{\boldsymbol{x}}(t)$ für den Zustandsvektor $\boldsymbol{x}(t)$ liefert. Dieser Näherungswert $\hat{\boldsymbol{x}}(t)$ konvergiert im Falle deterministischer Signale gegen den wahren Wert $\boldsymbol{x}(t)$, d. h., es gilt

$$\lim_{t\to\infty} [\boldsymbol{x}(t) - \hat{\boldsymbol{x}}(t)] = \boldsymbol{0}\,. \tag{11-35}$$

Die so entstehende Struktur eines Zustandsreglers mit Beobachter zeigt Bild 11-2. Für den Entwurf eines Beobachters eignen sich ähnlich wie beim Reglerentwurf Verfahren der Polvorgabe [1].

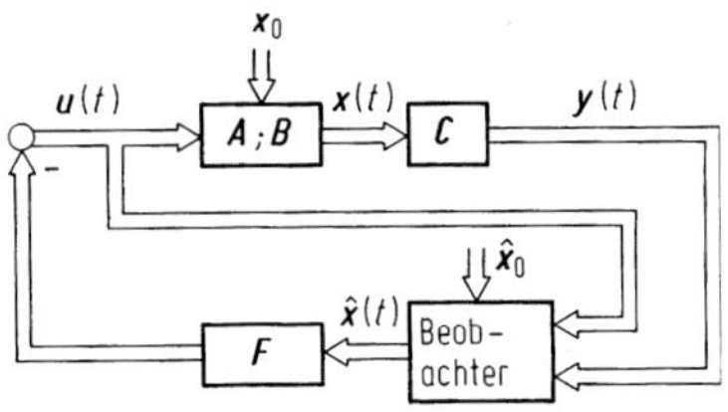

Bild 11-2. Zustandsregler mit Beobachter

Die Anordnung eines Zustandsbeobachters in Form eines Identitätsbeobachters (der im Wesentlichen ein Modell der Regelstrecke darstellt) zeigt Bild 11-3. Dabei erhält die Reglermatrix $\boldsymbol{F}$ als Eingangsgröße anstelle von $\boldsymbol{x}$ den geschätzten Zustandsvektor $\hat{\boldsymbol{x}}$. Das Gesamtsystem besitzt nun die Ordnung $2n$. Das Gesamtsystem kann durch folgende Zustandsraumdarstellung für die beiden Teilsysteme direkt anhand von Bild 11-3 angegeben werden:

$$\begin{bmatrix}\dot{\hat{\boldsymbol{x}}}\\ \dot{\tilde{\boldsymbol{e}}}\end{bmatrix} = \begin{bmatrix}(\boldsymbol{A}-\boldsymbol{BF}) & \boldsymbol{BF}\\ \boldsymbol{0} & (\boldsymbol{A}-\boldsymbol{F}_{\mathrm{B}}\boldsymbol{C})\end{bmatrix}\begin{bmatrix}\hat{\boldsymbol{x}}\\ \tilde{\boldsymbol{e}}\end{bmatrix} + \begin{bmatrix}\boldsymbol{BV}\\ \boldsymbol{0}\end{bmatrix}\boldsymbol{w}\,, \tag{11-36}$$

wobei $\tilde{\boldsymbol{e}} = \boldsymbol{x} - \hat{\boldsymbol{x}}$ als Rekonstruktionsfehler oder Schätzfehler bezeichnet wird. Zur Untersuchung der *Stabilität* des Gesamtsystems verwendet man die charakteristische Gleichung

$$P_{\mathrm{G}}(s) = \left|s\boldsymbol{I} - \begin{bmatrix}(\boldsymbol{A}-\boldsymbol{BF}) & \boldsymbol{BF}\\ \boldsymbol{0} & (\boldsymbol{A}-\boldsymbol{F}_{\mathrm{B}}\boldsymbol{C})\end{bmatrix}\right|$$

$$= \begin{vmatrix}s\boldsymbol{I}-(\boldsymbol{A}-\boldsymbol{BF}) & -\boldsymbol{BF}\\ \boldsymbol{0} & s\boldsymbol{I}-(\boldsymbol{A}-\boldsymbol{F}_{\mathrm{B}}\boldsymbol{C})\end{vmatrix} = 0\,.$$

Hieraus folgt schließlich

$$P_{\mathrm{G}}(s) = |s\boldsymbol{I} - \boldsymbol{A} + \boldsymbol{BF}|\cdot|s\boldsymbol{I} - \boldsymbol{A} + \boldsymbol{F}_{\mathrm{B}}\boldsymbol{C}| \tag{11-37}$$
$$= P(s)P_{\mathrm{B}}(s) = 0\,,$$

wobei $P(s)$ die charakteristische Gleichung des geschlossenen Regelsystems ohne Beobachter und $P_{\mathrm{B}}(s)$ die charakteristische Gleichung des Beobachters darstellt. Gleichung (11-37) enthält als wichtige Aussage das *Separationsprinzip*:

Sofern das durch die Matrizen $\boldsymbol{A}$, $\boldsymbol{B}$, $\boldsymbol{C}$ vorgegebene offene System vollständig steuerbar und beobachtbar ist, können die n Eigenwerte der charakteristischen Gleichung des Beobachters und die n Eigenwerte der charakteristischen Gleichung des

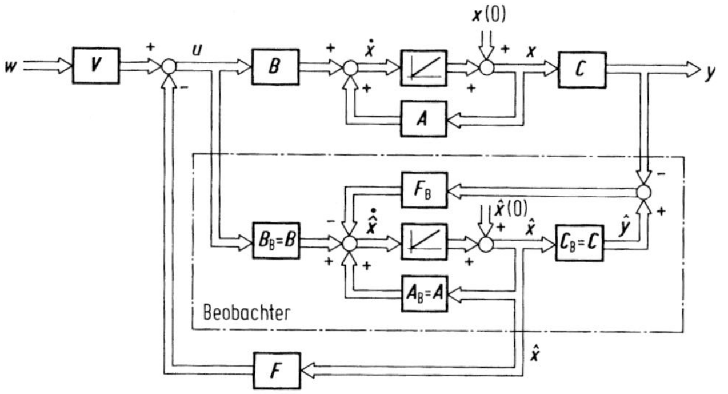

Bild 11-3. Geschlossenes Regelsystem mit Zustandsbeobachter

geschlossenen Regelsystems (ohne Beobachter) separat vorgegeben werden.

Anders formuliert besagt das Separationsprinzip auch, dass das Gesamtsystem stabil ist, sofern der Beobachter und das geschlossene Regelsystem (ohne Beobachter) je für sich stabil sind. Hieraus folgt, dass stets eine Reglermatrix $\boldsymbol{F}$ durch eine gewünschte Polvorgabe so entworfen werden kann, als ob alle Zustandsgrößen messbar wären. Dann kann in einem getrennten Entwurfsschritt durch entsprechende Polvorgabe der Beobachter ermittelt werden, wobei im Allgemeinen die Beobachterpole etwas links von den Polen des geschlossenen Regelsystems gewählt werden. Die hier dargestellten optimalen Entwurfsverfahren für Zustandsregler lassen sich z. B. durch Ausgangsrückführungen erweitern und modifizieren, sodass sie auch direkt für Störgrößen- und Führungsgrößenregelungen eingesetzt werden können [3].

12 Systemidentifikation

Die Systemidentifikation hat zum Ziel, für ein dynamisches System, z. B. die Regelstrecke, ein mathematisches Modell zu ermitteln. Dies kann einerseits durch Beschreibung der in einem System sich abspielenden Elementarvorgänge mittels physikalischer Gesetzmäßigkeiten, z. B. mit Bilanzgleichungen, erfolgen. Andererseits besteht aber bei einer experimentellen Identifikation die Möglichkeit, einfacher, schneller und hinreichend genau ein für regelungstechnische Zwecke geeignetes mathematisches Modell zur Beschreibung des Eingangs-Ausgangs-Verhaltens eines Übertragungssystems zu ermitteln, wobei sich an die Messung der Zeitverläufe der Ein- und Ausgangssignale eine deterministische oder statistische Auswertung mit dem Ziel der Ermittlung eines mathematischen Modells anschließt.

12.1 Deterministische Verfahren zur Systemidentifikation

Bei diesen Verfahren werden bestimmte leicht reproduzierbare Testsignale zur Erregung der Eingangsgrößen eines dynamischen Systems verwendet. Die Auswertung des zugehörigen Ausgangssignals ermöglicht dann meist eine einfache Ermittlung eines mathematischen Modells. Als Testsignale werden gewöhnlich sprungförmige, rechteckimpulsförmige, rampenförmige oder sinusförmige Signale verwendet [1]. Speziell für aperiodische Übergangsfunktionen kann die Identifikation schnell und meist mit hinreichender Genauigkeit durchgeführt werden.

12.1.1 Wendetangenten- und Zeitprozentkennwerte-Verfahren

Bei diesen Verfahren wird versucht, eine vorgegebene Übergangsfunktion $h_0(t)$ durch bekannte einfache Übertragungsglieder anzunähern, wobei die Modellstruktur gewöhnlich angenommen wird und die darin enthaltenen Koeffizienten zu bestimmen sind. Als Zeitprozentkennwert wird der Zeitpunkt t_m bezeichnet, bei dem $h_0(t_m)/K$ jeweils den Wert $m\%$ des stationären Endwertes bei 100% erreicht, wobei K den Verstärkungsfaktor des Systems darstellt. Bei der Wendetangentenkonstruktion ergeben sich aus $h_0(t)$ als Systemkennwerte die Verzugszeit T_u und die Anstiegszeit T_a. Liegt für eine PT_n-Regelstrecke (bestehend

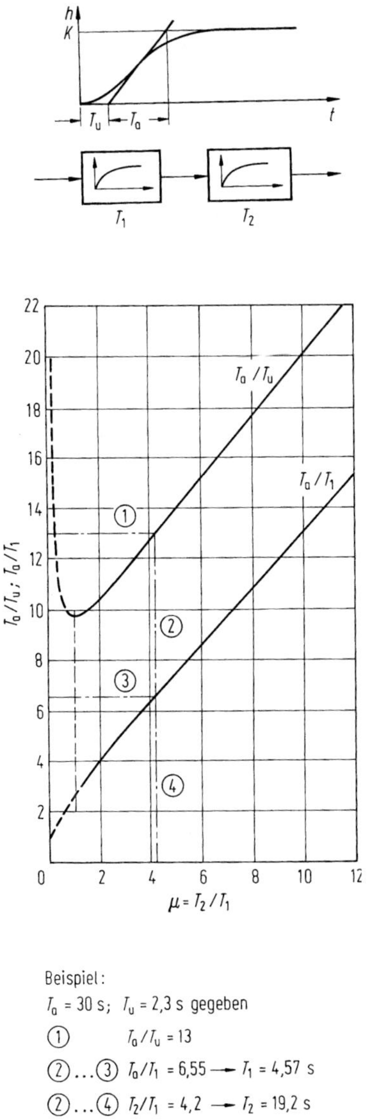

Bild 12-1. Diagramm zur Umrechnung der Verzugszeit T_u und der Anstiegszeit T_a auf die Einzelzeitkonstanten T_1 und T_2

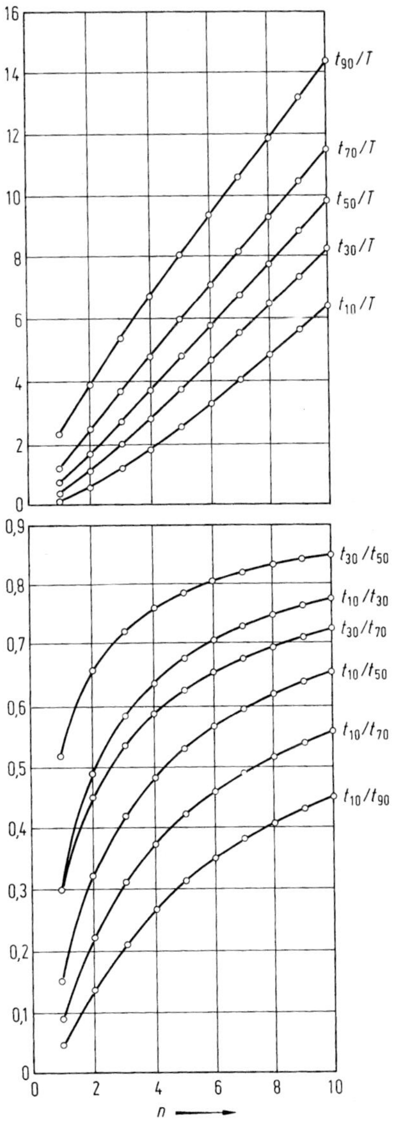

Bild 12-2. Bezogene Zeitprozentkennwerte für das mathematische Modell gemäß (12-2) in Abhängigkeit von der Systemordnung n

aus n hintereinander geschalteten PT_1-gliedern) eine gemessene Übergangsfunktion vor, so kann aus dem Verhältnis T_a/T_u der Wendetangentenkonstruktion (siehe Bild 12-1) beurteilt werden, ob sie sich zu einer Approximation durch ein PT_2-Glied mit

$$G(s) = \frac{K}{(1 + T_1 s)(1 + T_2 s)} \qquad (12\text{-}1)$$

eignet. Dies ist möglich für $T_a/T_u \geqq 9{,}64$. Durch die Approximation mittels eines PT_n-Gliedes mit gleichen Zeitkonstanten,

$$G(s) = K/(1 + Ts)^n\,, \qquad (12\text{-}2)$$

lassen sich Übergangsfunktionen auch mit wesentlich kleineren T_a/T_u-Werten anhand von Tabelle 12-1 und

Tabelle 12-1. Zur Approximation einer Übergangsfunktion durch ein mathematisches Modell gemäß (12-2)

n	T_a/T	T_a/T_u	n	T_a/T	T_a/T_u
1	1	∞	6	5,70	2,03
2	2,72	9,65	7	6,23	1,75
3	3,70	4,59	8	6,71	1,56
4	4,46	3,13	9	7,16	1,41
5	5,12	2,44	10	7,59	1,29

der Wendetangentenkonstruktion durch (12-2) gut annähern.

Da die Wendetangentenkonstruktion oft nicht hinreichend genau durchgeführt werden kann, wird man in vielen Fällen besser die genauer ablesbaren Zeitprozentkennwerte benutzen. Für das mathematische Modell gemäß (12-2) sind im Bild 12-2 die entsprechenden bezogenen Zeitprozentkennwerte in Abhängigkeit von n dargestellt.

Sehr gute Ergebnisse liefert eine weitere Zeitprozentkennwertmethode, bei der die Approximation mit einem PT_n-Glied mit zwei unterschiedlichen Zeitkonstanten,

$$G(s) = \frac{K}{(1+Ts)(1+\mu T s)^{n-1}}\,, \qquad (12\text{-}3)$$

im Bereich $n = 1, 2, \ldots, 6$ und $1/20 \leqq \mu \leqq 20$ durchgeführt wird [2].

12.1.2 Identifikation im Frequenzbereich

Mithilfe des oben dargestellten Frequenzkennlinien-Verfahrens (Bode-Diagramm) lässt sich für einen gemessenen Frequenzgang bei minimalphasigen Systemen bereits aus dem Verlauf des Amplitudenganges durch grafische Ermittlung der Eckfrequenzen ein gutes mathematisches Modell herleiten. Allgemein und auch bei nichtminimalphasigen Systemen anwendbar sind Verfahren, mit deren Hilfe der gemessene Verlauf z. B. der Ortskurve durch eine gebrochen rationale Funktion approximiert wird [3].

12.1.3 Berechnung des Frequenzganges aus der Übergangsfunktion [4]

Wird ein Regelkreisglied durch eine Sprungfunktion der Höhe K^* erregt, dann erhält man die Sprungantwort $h^*(t)$ und somit gilt definitionsgemäß für die Übergangsfunktion $h(t) = h^*(t)/K^*$. Der exakte Zusammenhang zwischen $h(t)$ und dem Realteil $R(\omega)$ und Imaginärteil $I(\omega)$ von $G(\mathrm{j}\omega)$ lautet:

$$R(\omega) = \omega \int_0^\infty h(t) \sin \omega t \,\mathrm{d}t \qquad (12\text{-}4a)$$

$$I(\omega) = \omega \int_0^\infty h(t) \cos \omega t \,\mathrm{d}t\,. \qquad (12\text{-}4b)$$

und daraus folgt durch Approximation

$$R(\omega) \approx \frac{1}{K^*}\left[h_0 - \frac{1}{\omega \Delta t}\sum_{\nu=0}^{N} p_\nu \sin(\omega \nu \Delta t)\right] \qquad (12\text{-}5a)$$

$$I(\omega) \approx \frac{1}{K^*}\left[\frac{1}{\omega \Delta t}\sum_{\nu=0}^{N} p_\nu \cos(\omega \nu \Delta t)\right]\,, \qquad (12\text{-}5b)$$

wenn man die Übergangsfunktion in $N + 2$ Punkten, also im Intervall $t_0 \leqq t \leqq t_{N+1}$, durch einen Geradenzug stückweise in äquidistanten Zeitintervallen Δt approximiert. Dabei gilt für die Hilfsgröße

$$p_\nu = \begin{cases} h_1 - h_0 & \text{für} \quad \nu = 0 \\ h_{\nu-1} - 2h_\nu + h_{\nu+1} & \text{für} \quad \nu = 1, 2, \ldots, N\,, \end{cases}$$

wobei die Werte h_i $(i = 0, 1, \ldots, N+1)$ direkt aus $h(t)$ abgelesen werden. Dieses Verfahren kann für jede beliebige Übergangsfunktion angewandt werden, die sich für $t \to \infty$ einer Geraden mit beliebiger endlicher Steigung nähert. Das Verfahren lässt sich für beliebige Eingangssignale erweitern [1].

12.1.4 Berechnung der Übergangsfunktion aus dem Frequenzgang [5]

Zwischen der Übergangsfunktion $h(t)$ und dem Frequenzgang $G(\mathrm{j}\omega) = R(\omega) + \mathrm{j}I(\omega)$ besteht der exakte Zusammenhang [1]:

$$h(t) = R(0) + \frac{2}{\pi}\int_0^\infty \frac{I(\omega)}{\omega} \cos \omega t \,\mathrm{d}\omega\,, \quad t > 0 \quad (12\text{-}6a)$$

oder

$$h(t) = \frac{2}{\pi}\int_0^\infty \frac{R(\omega)}{\omega} \sin \omega t \,\mathrm{d}\omega\,, \quad t > 0\,. \qquad (12\text{-}6b)$$

Verwendet man z. B. (12-6a), so wird der Verlauf von

$$v(\omega) = \frac{I(\omega)}{\omega}, \quad \omega \geqq 0, \quad v(0) \neq \infty, \qquad (12\text{-}7)$$

als gegeben vorausgesetzt. Durch einen Geradenzug wird $v(\omega)$ im Bereich $0 \leqq \omega \leqq \omega_N$ so approximiert, dass für $\omega \geqq \omega_N$ der Verlauf von $v(\omega) \approx 0$ wird. Dann folgt für die Übergangsfunktion unter Verwendung von (12-6a) die Approximation

$$h(t) \approx R(0) - \frac{2}{\pi t^2} \sum_{\nu=0}^{N} b_\nu \cos \omega_\nu t, \quad t > 0, \qquad (12\text{-}8)$$

mit

$$b_\upsilon = \begin{cases} \dfrac{v_1 - v_0}{\omega_1 - \omega_0}; & \omega_0 = 0 \quad \text{für} \quad \nu = 0 \\ \dfrac{v_{\nu+1} - v_\nu}{\omega_{\nu+1} - \omega_\nu} - \dfrac{v_\nu - v_{\nu-1}}{\omega_\nu - \omega_{\nu-1}} & \text{für } \nu = 1, 2, \ldots, N \end{cases}.$$

Die Werte von $v_\nu (\nu = 0, 1, \ldots, N)$ werden dabei direkt aus dem Verlauf von $v(\omega)$ bei geeignet gewählten Frequenzwerten $\omega = \omega_\nu$ entnommen, wobei $v_N = v_{N+1} = 0$ gewählt wird.

12.2 Statistische Verfahren zur Systemidentifikation [6]

Bei stochastisch gestörten Regelsystemen kann meist die Voraussetzung gemacht werden, dass der stochastische Prozess stationär und ergodisch ist. Dies bedeutet einerseits, dass die Berechnung der die Signale beschreibenden Verteilungs- und Dichtefunktionen unabhängig vom gewählten Anfangszeitpunkt der Messung ist, und andererseits, dass die über ein Ensemble von gleichartigen Messungen gebildeten Erwartungswerte mit den zeitlichen Mittelwerten jeder einzelnen Messung übereinstimmen. Unter diesen Voraussetzungen kann für ein Regelkreisglied aus den stochastischen Signalverläufen der Ein- und Ausgangsgröße ein mathematisches Modell für das Übertragungsverhalten bestimmt werden.

12.2.1 Korrelationsanalyse

Die Autokorrelationsfunktion (AKF)

$$R_{xx}(\tau) = \lim_{T\to\infty} \frac{1}{2T} \int_{-T}^{T} x(t)x(t+\tau)\,\mathrm{d}t \qquad (12\text{-}9)$$

und die Kreuzkorrelationsfunktion (KKF)

$$R_{xy}(\tau) = \lim_{T\to\infty} \frac{1}{2T} \int_{-T}^{T} x(t)y(t+\tau)\,\mathrm{d}t \qquad (12\text{-}10)$$

beschreiben die gegenseitige Abhängigkeit bzw. den Verwandtschaftsgrad zwischen $x(t)$ und $x(t+\tau)$ bzw. $y(t+\tau)$. Diese Funktionen haben folgende Eigenschaften:

a) $R_{xx}(\tau) = R_{xx}(-\tau)$. (12-11)

b) $R_{xx}(0) \geqq R_{xx}(\tau)$. (12-12)
$R_{xx}(0)$ beschreibt die mittlere Signalleistung von $x(t)$.

c) Für verschwindenden Mittelwert von $x(t)$ gilt bei nicht periodischen Signalen
$\lim_{\tau\to\infty} R_{xx}(\tau) = 0$. (12-13)

d) Für das stochastische Signal
$v(t) = x(t) + A\cos(\omega t + \vartheta) \quad \omega \neq 0$
folgt
$$R_{vv}(\tau) = R_{xx}(\tau) + \frac{A^2}{2}\cos\omega\tau, \qquad (12\text{-}14)$$
und für $v(t) = x(t) + A_0$ ergibt sich
$R_{vv}(\tau) = R_{xx}(\tau) + A_0^2$. (12-15)

g) $R_{xy}(\tau) = R_{yx}(-\tau)$. (12-16)

h) Sofern $x(t)$ oder $y(t)$ mittelwertfrei ist, gilt
$\lim_{\tau\to\pm\infty} R_{xy}(\tau) = 0$. (12-17)

Die AKF und KKF sind leicht messbare Funktionen. Sie können entweder mit einer digitalen Messwerterfassungsanlage oder mit einem speziellen Korrelator ermittelt werden.

12.2.2 Spektrale Leistungsdichte

Die spektrale Leistungsdichte eines Signals $x(t)$ (auch als Leistungsdichtespektrum oder Leistungsspektrum bezeichnet) ergibt sich formal aus der Fourier-Transformation von $R_{xx}(\tau)$, also

$$S_{xx}(\omega) = \mathscr{F}\{R_{xx}(\tau)\} = 2\int_0^\infty R_{xx}(\tau)\cos\omega\tau\,\mathrm{d}\tau. \qquad (12\text{-}18)$$

Durch inverse Fourier-Transformation erhält man umgekehrt

$$R_{xx}(\tau) = \mathscr{F}^{-1}\{S_{xx}(\omega)\} = \frac{1}{\pi}\int_0^\infty S_{xx}(\omega)\cos\omega\tau\,\mathrm{d}\omega. \qquad (12\text{-}19)$$

In entsprechender Weise kann für die KKF zwischen zwei stochastischen Signalen $x(t)$ und $y(t)$ das Kreuzleistungsspektrum

$$S_{xy}(\mathrm{j}\omega) = \mathscr{F}\{R_{xy}(\tau)\} = \int_{-\infty}^{\infty} R_{xy}(\tau)\,\mathrm{e}^{-\mathrm{j}\omega\tau}\,\mathrm{d}\tau \qquad (12\text{-}20)$$

mit

$$R_{xy}(\tau) = \mathscr{F}^{-1}\{S_{xy}(\mathrm{j}\omega)\} = \frac{1}{2\pi}\int_{-\infty}^{\infty} S_{xy}(\mathrm{j}\omega)\,\mathrm{e}^{\mathrm{j}\omega\tau}\,\mathrm{d}\omega \qquad (12\text{-}21)$$

definiert werden. Da gewöhnlich $R_{xy}(\tau)$ keine gerade Funktion ist, stellt S_{xy} im Gegensatz zu S_{xx} eine komplexe Funktion dar.

12.2.3 Statistische Bestimmung dynamischer Eigenschaften linearer Systeme

Für ein lineares dynamisches System mit dem stochastischen Eingangssignal $u(t)$ und dem stochastischen Ausgangssignal $y(t)$ lässt sich über das Faltungsintegral unter Verwendung der oben definierten Korrelationsfunktionen folgende grundlegende Beziehung angeben:

$$R_{uy}(\tau) = \int_{0}^{\infty} R_{uu}(\tau-\sigma)g(\sigma)\,\mathrm{d}\sigma\,, \qquad (12\text{-}22)$$

wobei $g(\cdot)$ die Gewichtsfunktion des Systems beschreibt. Diese wichtige Beziehung bietet die Möglichkeit, bei bekannter AKF $R_{uu}(\tau)$ und KKF $R_{uy}(\tau)$ durch eine Entfaltung von (12-22) die das untersuchte System beschreibende Gewichtsfunktion zu ermitteln.

Ein wichtiger Sonderfall von (12-22) liegt dann vor, wenn das erregende Eingangssignal $u(t)$ des untersuchten Systems als ideales weißes Rauschen beschrieben werden kann. Dann gilt für $R_{uu}(\tau) = \delta(\tau)$, und somit folgt aus (12-22) aufgrund der Ausblendeigenschaft der δ-Funktion

$$R_{uy}(\tau) = \int_{0}^{\infty} \delta(\tau-\sigma)g(\sigma)\,\mathrm{d}\sigma = g(\tau)\,. \qquad (12\text{-}23)$$

Dies bedeutet, dass hier die Messung der KKF identisch ist mit der Messung von $g(t)$. Verschiedene Signale, insbesondere quantisierte zwei- und dreistufige Signale (binäre und ternäre Signale), stehen zur Realisierung eines angenähert weißen Rauschsignals zur Verfügung. Mit diesen lässt sich (12-23) leicht realisieren.

Für beliebige Rauschsignale $u(t)$ und $y(t)$ ist es häufig zweckmäßig, (12-22) durch eine Fourier-Transformation im Frequenzbereich in der Form

$$S_{uy}(\mathrm{j}\omega) = S_{uu}(\omega)G(\mathrm{j}\omega) \qquad (12\text{-}24)$$

darzustellen. Liegen die Spektren $S_{uy}(\mathrm{j}\omega)$ oder $S_{uu}(\omega)$ vor, z. B. indem die zugehörige AKF und KKF numerisch transformiert wurden, so lässt sich aus (12-24) der Frequenzgang des untersuchten Systems in nichtparametrischer Form

$$G(\mathrm{j}\omega) = S_{uy}(\mathrm{j}\omega)/S_{uu}(\omega) \qquad (12\text{-}25)$$

berechnen.

In diesem Zusammenhang ist eine zweite Beziehung für die Berechnung des Betrages des Frequenzganges wichtig:

$$S_{yy}(\omega) = |G(\mathrm{j}\omega)|^2 S_{uu}(\omega)\,. \qquad (12\text{-}26)$$

Bei Systemen mit minimalphasigem Verhalten lässt sich dazu auch der Phasengang $\varphi(\omega)$ von $G(\mathrm{j}\omega)$ ermitteln.

Die für die Messung von Frequenzgängen eingesetzten Frequenzgangmessplätze beruhen auf dem Prinzip einer Kreuzkorrelationsmessung [6]. Wird das untersuchte System am Eingang sinusförmig erregt, dann erhält man für die betreffende Erregerfrequenz ω den Real- und Imaginärteil $R(\omega)$ und $I(\omega)$ von $G(\mathrm{j}\omega)$ durch die Messung der KKF-Werte

$$R(\omega) = R_{uy}(0)\,, \qquad (12\text{-}27\text{a})$$

$$I(\omega) = R_{uy}\left(-\frac{\pi}{2\omega}\right)\,. \qquad (12\text{-}27\text{b})$$

12.2.4 Systemidentifikation mittels Parameterschätzverfahren

Gegeben sind zusammenhängende Datensätze oder Messungen des zeitlichen Verlaufs der Ein- und Ausgangssignale $u(t)$ und $y(t)$ eines dynamischen Systems. Gesucht sind Struktur und Parameter eines geeigneten mathematischen Modells. Zur Lösung dieser Aufgabe wird meist die Modellstruktur festgelegt und

dann werden die zugehörenden Parameter geschätzt. Durch Strukturprüfverfahren lässt sich die günstigste Form des Modells überprüfen.
Für Parameterschätzverfahren werden gerne mathematische Modelle in diskreter Form gewählt. Dies erscheint zumindest im Hinblick auf die numerische Behandlung zweckmäßig. Bei der Parameterschätzung geht man gewöhnlich von der Vorstellung aus, dass dem tatsächlichen (zu identifizierenden) System ein Modell möglichst gleicher Struktur und mit zusätzlich noch frei einstellbaren Parametern, die in dem Parametervektor $\boldsymbol{p}$ zusammengefasst werden, parallel geschaltet sei. Beide Systeme werden durch $u(t)$ erregt. Die Qualität des Modells wird durch Vergleich der Ausgangsgrößen y und y_{M}, also durch den Modellausgangsfehler

$$e^*(k) = y(k) - y_{\mathrm{M}}(k) \tag{12-28}$$

überprüft. Das messbare Ausgangssignal

$$y(k) = y_{\mathrm{s}}(k) + r_{\mathrm{s}}(k) \tag{12-29}$$

setzt sich aus dem ungestörten Ausgangssignal $y_{\mathrm{s}}(k)$ und dem stochastischen Störsignal $r_{\mathrm{s}}(k)$ zusammen. Das parallel geschaltete Modell wird durch die Differenzengleichung

$$y_{\mathrm{M}}(k) = -\sum_{\nu=1}^{n} a_\nu y_{\mathrm{M}}(k-\nu) + \sum_{\nu=0}^{n} b_\nu u(k-\nu) \tag{12-30a}$$

bzw. durch die zugehörige Übertragungsfunktion

$$G_{\mathrm{M}}(z) = \frac{\mathscr{Z}\{y_{\mathrm{M}}(k)\}}{\mathscr{Z}\{u(k)\}} = \frac{Y_{\mathrm{M}}(z)}{U(z)} = \frac{b_0 + b_1 z^{-1} + \ldots + b_n z^{-n}}{1 + a_1 z^{-1} + \ldots + a_n z^{-n}} = \frac{B(z^{-1})}{A(z^{-1})} \tag{12-30b}$$

beschrieben, wobei die Modellparameter a_ν und b_ν identifiziert (geschätzt) werden müssen.
Der Modellausgangsfehler $e^*(k)$ wird gewöhnlich für das angepasste Modell nur dann verschwinden oder minimal werden, wenn das Modell einen zusätzlichen Teil für die Nachbildung des stochastischen Störsignals $r_{\mathrm{s}}(k)$ besitzt (Bild 12-3), der durch die Übertragungsfunktion

$$G_{\mathrm{r}}(z) = R_{\mathrm{M}}(z)/\mathscr{E}(z) \tag{12-31}$$

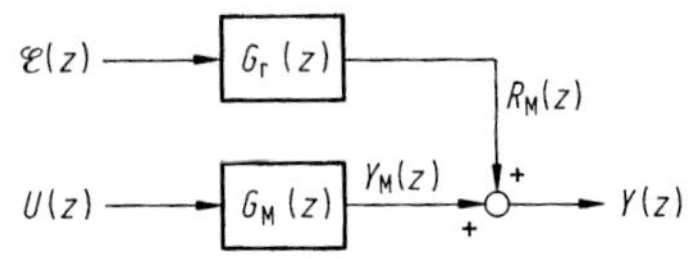

Bild 12-3. Vollständige Modellstruktur für das System und das stochastische Störsignal

beschrieben wird. Dieses Störmodell erzeugt das stochastische Störsignal $r_{\mathrm{M}}(k)$ durch Filterung von diskretem weißen Rauschen $\varepsilon(k)$, dessen Mittelwert Null ist. Im Fall der vollständigen Anpassung gilt dann

$$y(k) = y_{\mathrm{M}}(k) + r_{\mathrm{M}}(k)\,, \tag{12-32}$$

oder im z-Bereich

$$Y(z) = Y_{\mathrm{M}}(z) + G_{\mathrm{r}}(z)\mathscr{E}(z)$$

bzw. mit $G_{\mathrm{r}}(z) = G_{\mathrm{r}}^*(z)/A(z^{-1})$ und (12-30b) in der meist gebräuchlicheren Form

$$A(z^{-1})Y(z) - B(z^{-1})U(z) = G_{\mathrm{r}}^*(z)\mathscr{E}(z) = V(z)\,, \tag{12-33}$$

wobei $v(k) = \mathscr{Z}^{-1}[V(z)]$ ein autokorreliertes (farbiges) Rauschsignal ist. Mit

$$G_{\mathrm{r}}^*(z) = V(z)/\mathscr{E}(z) = C(z^{-1}) \tag{12-34}$$

stellt (12-33) die allgemeine Form eines ARMAX-Modells (*a*uto-*r*egressive *m*oving *a*verage with e*x*ogenious variable) dar. Durch spezielle Wahl von $G_{\mathrm{r}}^*(z)$ lassen sich damit direkt die wichtigsten Modellstrukturen zur Parameterschätzung angeben [6]. Das *LS-Verfahren* (Verfahren der kleinsten Quadrate, *least squares*) erhält man z. B. für $G_{\mathrm{r}}^*(z) = 1$ als ARX-Modellstruktur. Für dieses Verfahren folgt aus (12-33) durch inverse z-Transformation

$$y(k) = \boldsymbol{m}^{\mathrm{T}}(k)\boldsymbol{p} + \varepsilon(k) \tag{12-35}$$

mit dem Datenvektor

$$\boldsymbol{m}^{\mathrm{T}}(k) = [-y(k-1)\ldots - y(k-n)|u(k-1) \ldots u(k-n)]^{\mathrm{T}}$$

und dem Parametervektor

$$\boldsymbol{p} = [a_1 \ldots a_n | b_1 \ldots b_n]^{\mathrm{T}}\,,$$

wobei $b_0 = 0$ gesetzt wurde (d. h., es werden nichtsprungförmige Systeme betrachtet). Die Minimierung von

$$I(\boldsymbol{p}) = \frac{1}{2}\sum_{k=n+1}^{n+N} \varepsilon^2(k) = \frac{1}{2}\boldsymbol{\varepsilon}^{\mathrm{T}}(N)\boldsymbol{\varepsilon}(N) \overset{!}{=} \mathrm{Min} \quad (12\text{-}36)$$

liefert mit (12-35) als *direkte* analytische Lösung des Schätzproblems

$$\hat{\boldsymbol{p}} \equiv \hat{\boldsymbol{p}}(N) = [\boldsymbol{M}^{\mathrm{T}}(N)\boldsymbol{M}(N)]^{-1}\boldsymbol{M}^{\mathrm{T}}(N)\boldsymbol{y}(N) \quad (12\text{-}37)$$

aufgrund der endlichen Anzahl N der Messdaten, wobei

$$\boldsymbol{M}(N) = \begin{bmatrix} \boldsymbol{m}^{\mathrm{T}}(n+1) \\ \vdots \\ \boldsymbol{m}^{\mathrm{T}}(n+N) \end{bmatrix}, \quad \boldsymbol{y}(N) = \begin{bmatrix} y(n+1) \\ \vdots \\ y(n+N) \end{bmatrix}$$

und $$\boldsymbol{\varepsilon}(N) = \begin{bmatrix} \varepsilon(n+1) \\ \vdots \\ \varepsilon(n+N) \end{bmatrix}$$

die Datenmatrix der Messwerte von $u(k)$ und $y(k)$, sowie $\boldsymbol{y}(N)$ und $\boldsymbol{\varepsilon}(N)$ entsprechende Vektoren darstellen. Die Schätzung gemäß (12-37) ist konsistent.
Der Parametervektor $\hat{\boldsymbol{p}}$ lässt sich auch durch eine rekursive Lösung bestimmen (*RLS-Verfahren*):

$$\hat{\boldsymbol{p}}(k+1) = \boldsymbol{p}(k) + \boldsymbol{q}(k+1)\hat{\varepsilon}(k+1) \quad (12\text{-}38a)$$

$$\boldsymbol{q}(k+1) = \frac{\boldsymbol{P}(k)\boldsymbol{m}(k+1)}{1 + \boldsymbol{m}^{\mathrm{T}}(k+1)\boldsymbol{P}(k)\boldsymbol{m}(k+1)} \quad (12\text{-}38b)$$

$$\boldsymbol{P}(k+1) = \boldsymbol{P}(k) - \boldsymbol{q}(k+1)\boldsymbol{m}^{\mathrm{T}}(k+1)\boldsymbol{P}(k) \quad (12\text{-}38c)$$

$$\hat{\varepsilon}(k+1) = y(k+1) - \boldsymbol{m}^{\mathrm{T}}(k+1)\hat{\boldsymbol{p}}(k)\,. \quad (12\text{-}38d)$$

Bei dieser Lösung kann man nach einer gewissen Anlaufphase eine ständige Schätzung der Parameter zu jedem Zeitpunkt $(k+1)$ unter Verwendung der um einen Zeitpunkt zurückliegenden Information erhalten. Dem Vorteil, dass die Inversion einer Matrix bei der rekursiven Lösung entfällt, steht als Nachteil die freie Wahl der Startwerte für $\hat{\boldsymbol{p}}(0)$ und $\boldsymbol{P}(0)$ (Kovarianzmatrix) gegenüber. Während gewöhnlich $\hat{\boldsymbol{p}}(0) = \boldsymbol{0}$ gesetzt wird, sollte für $\boldsymbol{P}(0) = \alpha\boldsymbol{I}$ mit $\alpha = 10^4$ gewählt werden.

13 Weitere Reglerentwurfsverfahren

13.1 Übersicht

In den vorherigen Abschnitten wurden die wichtigsten klassischen Grundlagen zur Analyse und Synthese von Regelsystemen behandelt. Als wichtigste Regler wurden dabei der klassische PID-Regler sowie die aus ihm ableitbaren PI-, PD- und P-Regler und deren zweckmäßige Parametereinstellung eingeführt. Weiterhin wurden der Reglerentwurf nach dem Frequenzkennlinien- und dem Wurzelortskurven-Verfahren sowie analytische Kompensationsverfahren zum Entwurf kontinuierlicher und zeitdiskreter linearer Regler vorgestellt. Auch die Arbeitsweise von Zwei- und Dreipunktregler wurde gezeigt. Schließlich wurde für lineare Mehrgrößenregestrecken ein Verfahren zum Entwurf eines Polvorgabe-Reglers und eines Zustandsbeobachters hergeleitet. Der beschränkte Umfang dieses Kapitels ließ es leider nicht zu, näher auf weitere wichtige klassische und insbesondere moderne Reglerentwurfsverfahren einzugehen. Dennoch wird nachfolgend versucht, auf einige der wichtigsten Verfahren hinzuweisen.

13.2 Einige weitere klassische Regelkreisstrukturen

Klassische einschleifige Regelkreise können auch bei optimaler Auslegung besonders hohe Anforderungen bezüglich maximaler Überschwingweite, Anstiegszeit und Ausregelzeit bei Regelstrecken höherer Ordnung und eventuell vorhandener Totzeit häufig nicht erfüllen, insbesondere dann, wenn große Störungen und zwischen Stell- und Messglied große Verzögerungen auftreten. Eine Verbesserung des Regelverhaltens lässt sich jedoch erzielen, wenn die Signalwege zwischen Störung und Stelleingriff verkürzt werden, oder wenn Störungen bereits vor ihrem Eintritt in eine Regelstrecke weitgehend durch eine getrennte Vorregelung kompensiert werden, wozu allerdings die Störungen messbar und über ein Stellglied beeinflussbar sein müssen. Eine Verkürzung der Signalwege innerhalb eines Regelsystems führt zu einer strukturellen Erweiterung des Grundregelkreises und damit zu einem vermaschten Regelsystem. Nachfolgend werden einige dieser Regelkreisstrukturen erwähnt; bezüglich Details muss aber auf die tiefer gehende Fachliteratur zurückgegriffen werden.

13.2.1 Vermaschte Regelkreise

Störgrößenaufschaltung. Diese Struktur (Tabelle 13-1) besteht aus einem Regelkreis, dem eine Steuerglied (G_{ST}) mit dem Ziel so überlagert wird, dass die Störung weitgehend durch dieses kompensiert wird, bevor sie sich voll auf die Regelgröße Y auswirkt. Diese Schaltung lässt sich jedoch nur dann realisieren, wenn die Störung Z' am Eingang der Regelstrecke (G_S) messbar ist und somit im Steuerglied „verarbeitet" werden kann. Das vom Steuerglied erzeugte Kompensationssignal kann dann entweder auf den Eingang des Reglers (G_R) oder auf die Stellgröße U aufgeschaltet werden.

Regelsysteme mit Hilfsregelgröße. Bei Regelstrecken mit ausgeprägtem Verzögerungsverhalten kann häufig neben der eigentlichen Regelgröße Y eine Zwischengröße gemessen und als Hilfsregelgröße Y_H in einem Hilfsregler (G_{RH}) verwendet werden (Tabelle 13-1). Der dadurch entstehende Hilfsregelkreis besteht damit aus dem ersten Abschnitt der Regelstrecke (G_{S_1}) und diesem Hilfsregler. Das Ausgangssignal des Hilfsreglers wird mit negativem Vorzeichen dem Ausgangssignal des Hauptreglers zugeschaltet. Die so entstehende Stellgröße U wirkt wiederum auf den Eingang der Regelstrecke.

Kaskadenregelung. Diese Regelung (Tabelle 13-1) kann als Sonderfall des Regelverfahrens mit Hilfsregelgröße betrachtet werden. Hierbei bildet der Hilfsregler (G_{R_2}) direkt die Stellgröße U am Eingang der Regelstrecke. Die Eingangsgröße des Hilfsreglers wird aus der Differenz zwischen dem Ausgangssignal des Hauptreglers und der Hilfsregelgröße Y_H gebildet. Es entsteht so ein Hauptregelkreis, dem der Hilfsregelkreis unterlagert ist. Störungen im ersten Regelstreckenabschnitt (G_{S_1}) werden durch den Hilfsregler bereits so weit ausgeregelt, dass sie im zweiten Regelstreckenabschnitt (G_{S_2}) gar nicht oder nur stark reduziert bemerkbar sind. Der Hauptregler (G_{R_1}) muss dann nur noch geringfügig eingreifen. Werden in einer Regelstrecke mehrere Hilfsregelgrößen gemessen und in unterlagerten Hilfsregelkreisen verarbeitet, so spricht man von Mehrfachkaskaden.

Regelsysteme mit Hilfsstellgröße (Tabelle 13-1). Einer Störung innerhalb zweier Regelstreckenabschnitte kann auch dadurch entgegengewirkt werden, indem außer der vom Hauptregler erzeugten Stellgröße U, die auf den ersten Regelstreckenabschnitt (G_{S_1}) wirkt, am Eingang des zweiten Regelstreckenabschnitts (G_{S_2}) eine Hilfsstellgröße U_H aufgeschaltet wird. Dieses von einem Hilfsregler (G_{RH}) erzeugte Signal soll, möglichst nahe dem Eingriffsort der Störung durch den Einbau eines zusätzlichen Stellgliedes der Störung entgegenwirken. Der Hilfsregler ist dem Hauptregler parallel geschaltet und verarbeitet wie dieser dieselbe Regelabweichung.

13.2.2 Smith-Prädiktor

Dieser bereits 1959 vorgeschlagene Regler [1] (Tabelle 13-1) ist speziell zum Einsatz bei Regelstrecken mit aperiodischem Verhalten und großen Totzeiten geeignet. Für die Regelstrecke wird ein aus zwei in Reihe geschalteten Teilen (G_{M_1}) und (G_{M_2}) bestehendes Modell angesetzt, wobei das zweite Teilmodell nur die Totzeit nachbildet. Das Modell wird parallel zur Regelstrecke (G_S) geschaltet. Die zugehörende Regelungsstruktur besteht aus zwei Regelkreisen. Im inneren Regelkreis wird das erste Teilmodell (G_{M_1}) zur Bestimmung („Prädiktion") der Modellausgangsgröße Y_{M_1} verwendet, die dem eigentlichen Regler (G_R) aufgeschaltet wird, der dann die Stellgröße U liefert und dafür sorgt, dass die Regelgröße Y dem Sollwert W folgt. Da dieser innere Regelkreis keine Totzeit enthält, sollte die Reglerverstärkung so groß gewählt werden, dass man schnelle, aber noch gut gedämpfte Einschwingvorgänge bei Sollwertänderungen erhält. Die Auswirkungen einer nicht messbarer Störung Z oder auch kleinerer Modellungenauigkeiten werden über den „Prädiktionsfehler" $Y - Y_M$ im äußeren Regelkreis korrigiert. Diese Regelungsstruktur, die keine eigentliche Signalprädiktion enthält kann auch angewandt werden bei Regelstrecken mit ausgeprägtem nichtminimalem Phasenverhalten und durch gewisse Modifikationen bei instabilen Regestrecken [2].

13.2.3 IMC-Regler

Aus der in Tabelle 13-1 dargestellten Blockstruktur ist zu ersehen, dass ein Regelkreis mit IMC-Regler zwei identische Modelle (G_M) der Regelstrecke be-

Tabelle 13-1. Strukturen einiger wichtiger Regelkreisschaltungen (Bedeutung der Indizes der Übertragungsfunktionen G_i: ST Steuerglied; S Regelstrecke; SZ Störverhalten der Regelstrecke; M Modell; R Regler; RH Hilfsregler; 1 und 2 Teilregelstrecke/Teilmodell/Regler)

Nr.	Bezeichnung	Blockschaltbild
1	Störgrößen-aufschaltung (Störgröße messbar)	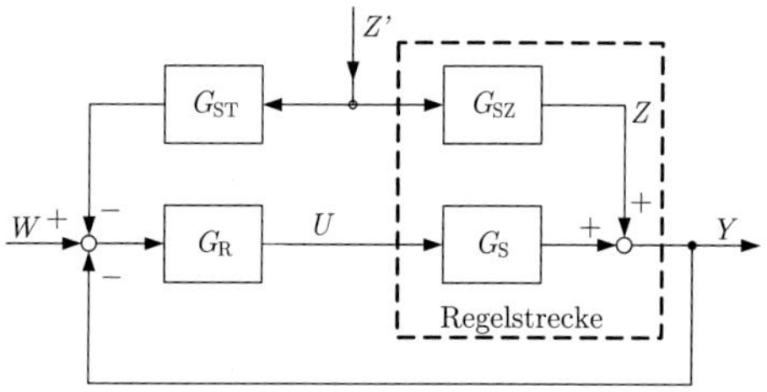
2	Regelsystem mit Hilfsregelgröße Y_H	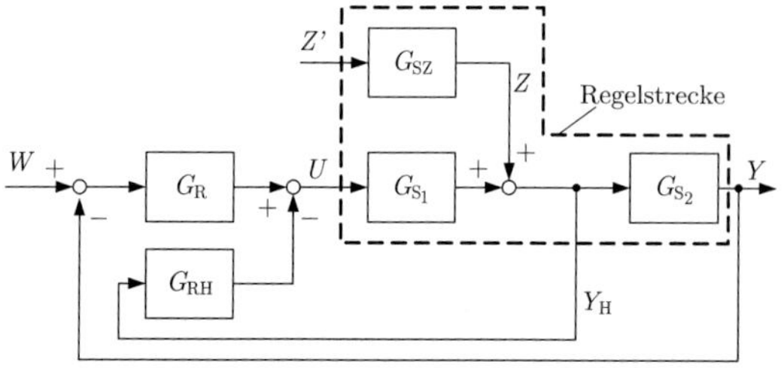
3	Kaskadenregelung	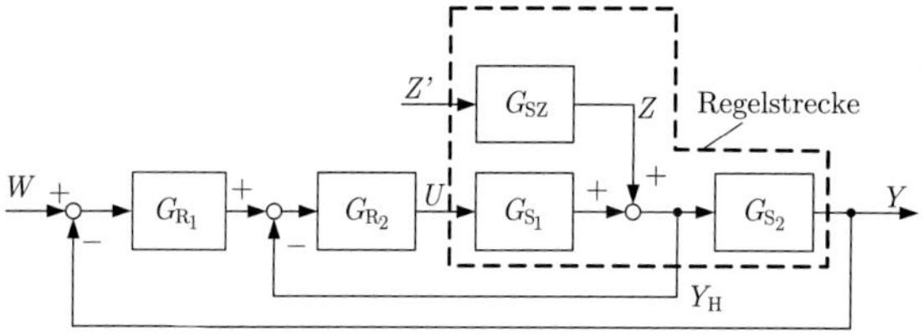
4	Regelsystem mit Hilfsregelgröße U_H	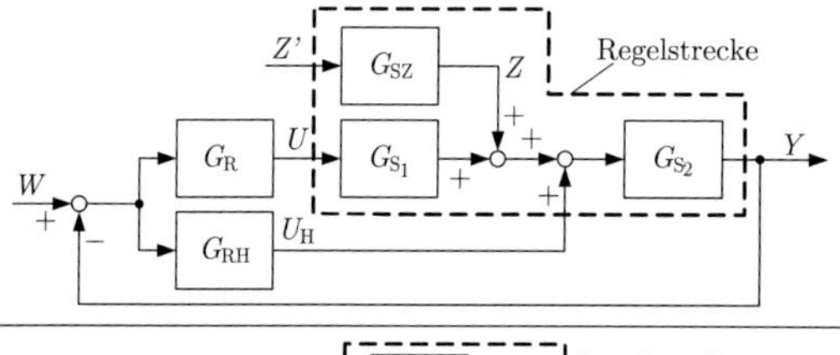
5	Smith-Prädiktor	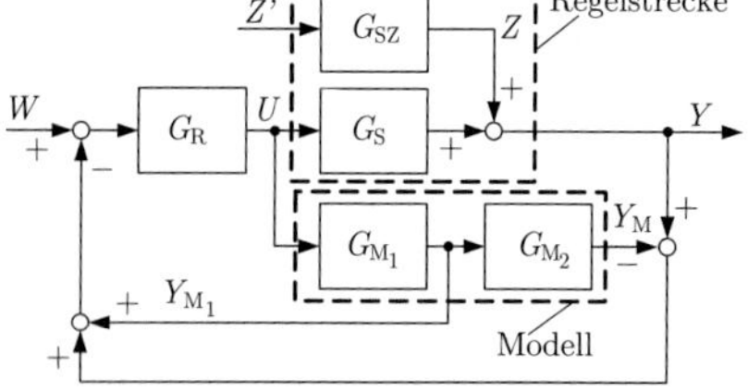
6	IMC-Regler	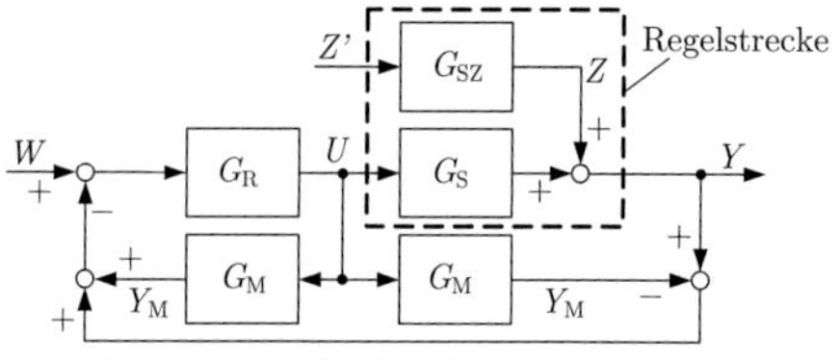

sitzt, von denen das eine parallel zur Regelstrecke das das andere in den direkten Rückkopplungszweig des Reglers (G_R) geschaltet ist. Die Stellgröße U dieses Reglers, der z. B. ein klassische PID-Verhalten aufweisen kann, wirkt sowohl auf die Regelstrecke (G_S) als auch auf beide Modelle. Fasst man nun G_M in der Rückkopplung mit G_R in einen Block zusammen, so erhält man den eigentlichen *Internal Model Controller (IMC)*, der im Weiteren als IMC-Regler (G_{IMC}) bezeichnet werden soll. Das Kennzeichen dieses Reglers ist also, dass er intern ein Modell der Regelstrecke besitzt. Im Idealfall, wenn $G_M = G_S$ wäre, würde die Störung Z direkt auf den Reglereingang wirken und könnte somit rasch beseitigt werden. Bei den normalerweise stets vorhandenen Modellunsicherheiten (Ungenauigkeiten und Parameteränderungen) ist ein systematischer Entwurf von G_{IMC} erforderlich, der im wesentliche aus zwei Schritten besteht und einen zweckmäßigen Kompromiss zwischen Regelgüte und Robustheit darstellt. Im Schritt 1 wird im Falle einer stabilen Regelstrecke ein stabiler, kausaler Regler G_{IMC} unter Vorgabe der Empfindlichkeitsfunktion $S = 1/(1+G_0)$, siehe auch (5-4) und (8-2) sowie deren Komplementärer $T = G_0/(1 + G_0)$, siehe auch (5-3) und (8-1), mit $G_0 = G_R G_S$ entworfen, z. B. auf der Basis eines Integralkriterium und unter Verwendung eines PID-Reglers für G_R. Im Schritt 2 wird der entworfene Regler G_{IMC} durch ein zugeschaltetes Filter so erweitert, dass seine Übertragungsfunktion proper wird, d. h. sie muss für $|s| \to \infty$ den Wert null annehmen und liefert damit bei einer sprungförmigen Erregung ein nichtsprungfähiges Ausgangsverhalten. Häufig eignet sich als Filterübertragungsfunktion ein PT_n-Glied nach (12-2) mit $K = 1$ und einstellbarer Zeitkonstante T.

Der IMC-Regler wurde in zahlreichen Varianten sowohl für Eingrößensysteme oder SISO (Single-Input/Single-Output)-Systeme als auch Mehrgrößensysteme oder MIMO (Multi-Input/Multi-Output)-Systeme für stabile, nichtminimalphasige und instabile Regelstrecken entwickelt [3] und wird vor allem in der Verfahrenstechnik eingesetzt.

13.3 Robuste Regler

Stabilität und Regelgüte sind zwei der wichtigsten Forderungen an eine Regelung (siehe 8.1). Eine ganz wesentliche weitere Forderung besteht darin, dass Stabilität und Regelgüte auch dann gewährleistet werden, wenn in der Regelstrecke Unsicherheiten oder Änderungen, z. B. in den Parametern oder bei verschiedenen Arbeitspunkten, auftreten. Weitere Unsicherheiten können Ausfälle von Komponenten (Mess- oder Stellgliedern) darstellen. In allen diesen Situationen sollte ein *robustes* oder möglichst unempfindliches Regelsystem zuverlässig arbeiten. Seit den 1980er Jahren wurde dem Entwurf robuster Regler in Fachkreisen besondere Aufmerksamkeit gewidmet [4–6]. Bei der Lösung dieses Problems zeigte sich, dass die optimale Zustandsregelung (siehe 8) zur Formulierung der robusten Stabilität sich nicht eignete. Da etwa zur gleichen Zeit für die Analyse von MIMO-Systemen sich wesentliche Entwicklungen in der Frequenzbereichsdarstellung vollzogen, wie z. B. die Polynommatrizendarstellung von MIMO-Systemen oder auch die Erweiterungen von Wurzelortskurven, Nyquist- und Bode-Diagrammen auf MIMO-Systeme, lag es nahe, auch für das Robustheitsproblem Lösungen im Frequenzbereich zu formulieren. Zames [7] schlug zur Lösung des Problems der optimalen Unterdrückung einer ganzen Klasse von Störungen vor, nicht nur die Minimierung der Empfindlichkeitsfunktion S zu betrachten, sondern auch diese in geeigneter Weise zu optimieren. Das Minimierungsproblem von S ist mathematisch äquivalent mit dem Problem der Minimierung der Norm der Fehlerübertragungsfunktion. Zames führte dazu die so genannte $H\infty$-Norm ein, deren optimaler Wert zum gewünschten robusten Regler führt, der auch als $H\infty$-optimaler Regler bezeichnet wird und sowohl für SISO- als auch MIMO-Regelstrecken entworfen werden kann. Sofern keine geschlossene Lösung für dieses Problem möglich ist, empfiehlt sich die Anwendung der numerischen LMI (Linear Matrix Inequalities)-Technik [8].

Ein von Kharitonov bereits 1978 vorgestelltes Stabilitätskriterium ermöglicht auf der Basis von nur vier festen „charakteristischen Polynomen" die Analyse und Synthese von linearen Regelsystemen mit großen Parameterunsicherheiten [9].

13.4 Modellbasierte prädiktive Regler

Modell**b**asierte **p**rädiktive(MBP)-Regler werden in der Praxis als digitale Regler realisiert. Sie verwenden gewöhnlich ein festes Modell der Regelstrecke im On-line-Betrieb, mit dessen Hilfe die zukünftigen Werte $y(k + j|k)$ der Regelgröße $y(k)$ für $j = 1, 2, \ldots, N_k$ zum Zeitpunkt k vorausberechnet, also prädiziert werden, wobei N_k den Prädiktionshorizont beschreibt. Die Prädiktion hängt jedoch nicht nur von dem Modellverhalten ab, sondern auch von den für $j = 0, 1, 2, \ldots, N_{k-1}$ sich ergebenden Werten $u(k + j|k)$ der Stellgröße. Optimale Stellgrößenwerte erhält man aus der Minimierung einer geeignet gewählten Gütefunktion, zweckmäßig einer quadratischen Summenfunktion, die bei diskreten Systemen einem der quadratischen Integral-Gütemaße in Tabelle 8-1 entspricht. Die zu minimierende Gütefunktion muss die Regelabweichung $e(k)$ und den Stellaufwand, ähnlich wie I_7 in Tabelle 8-1, berücksichtigen. Die Optimierungsaufgabe wird in jedem Abtastintervall – eventuell auch unter Berücksichtigung von Begrenzungen der Regelkreissignale – neu gelöst, jedoch wird von der berechneten optimalen Stellgrößenfolge gewöhnlich nur der erste Wert als Stellgröße im nächsten Abtastintervall verwendet. Diese Prozedur wird in derselben Weise im übernächsten Abtastintervall weitergeführt bis schließlich die Regelabweichung verschwindet. Da die hier beschriebene Optimierungsaufgabe nur selten analytisch gelöst werden kann, werden zur Lösung nummerische Verfahren eingesetzt.

Die zahlreichen seit etwa 1980 vorgeschlagenen linearen MBP-Regler [10–12] unterscheiden sich im Wesentlichen durch die Art des Ansatzes für das gewählte Modell sowie durch die Wahl des Gütekriteriums und des numerischen Lösungswegs. Dennoch weisen sie viele Gemeinsamkeiten auf und können teilweise direkt ineinander übergeführt werden. Hinzu stehen MBP-Regler in einem engen Zusammenhang mit dem optimalen Zustandsregler (siehe 11.4.5) sowie mit dem IMC-Regler und dem Smith-Prädiktor, da sie ebenfalls – wie die beiden letztgenannten – sich besonders für Regelstrecken mit Totzeitverhalten eignen. Auch lassen sich MBP-Regler auf einfache Weise mittels einer Adaption des Regelstreckenmodells im laufenden Betrieb zu einem adaptiven Regelsystem (siehe 13.6) erweitern [13]. Mittels eines solchen adaptiven MBP-Reglers können dann auch zeitvariante und zahlreiche nichtlineare Regelstrecken beherrscht werden. Für allgemeine Nichtlinearitäten liegen ebenfalls entsprechende Entwurfskonzepte vor [14; 15].

In zahlreichen industriellen Anwendungen haben sich die MBP-Regler bewährt. Dies war möglich durch die Einführung dezentraler offener Strukturen bei Prozessleitsystemen (siehe 14), die charakterisiert sind durch eine horizontale und vertikale Durchgängigkeit und die Einbeziehung speicherprogrammierbarer Steuerungen und spezieller Controller, für die heute leistungsfähige Programmiersprachen für die Realisierung auch anspruchsvoller Regelalgorithmen zur Verfügung stehen (siehe 14.5.1).

13.5 GMV-Regler

Dieser Regler basiert auf dem Minimum-Varianz (MV)-Regler [16], dessen Arbeitsweise als linearer diskreter stochastischer Regler darin besteht, die Varianz σ_e^2 der Regelabweichung $e(k + d)$ bei einer Regelstrecke mit der Totzeit d bzw. den Erwartungswert $E\{e(k + d)\}$ mittels einer zum Zeitpunkt k optimal ermittelten Stellgröße $\underline{u}(k)$ zu minimieren. Der MV-Regler stellt einen Spezialfall des verallgemeinerten (**g**eneralized) GMV-Reglers [17] dar, bei dem anstelle von σ_e^2 jedoch die Varianz eines Signals $y_e(k + d)$ minimiert wird, das sich aus der Summe der gefilterten Regelgröße $y(k)$, Stellgröße $u(k)$ und Führungsgröße $w(k)$ zusammensetzt. Die Filterung dieser Signale erfolgt über Polynome in z^{-1}, die in die Entwurfsgleichungen mit eingehen. Dieser Regler hat den Vorteil, dass er für stabile und instabile sowohl minimalphasige als auch nichtminimalphasige Regelstrecken eingesetzt werden kann. Sowohl der MV-Regler als auch der GMV-Regler basieren auf einer Einschritt-Vorhersage der Regelgröße und benötigen dazu ein explizites Modell der Regelstrecke und der Störgrößen, die auf die Regelstrecke einwirken, sowie die Kenntnis der aktuellen und zurückliegenden Messsignale der Ein- und Ausgangsgröße (im SISO-Fall) der Regelstrecke. Insofern existiert eine enge Verwandtschaft mit dem MBP-Regler, für den es übrigens eine äquivalente Verallgemeinerung, den GMBP-Regler, wie für den hier dargestellten GMV-Regler gibt. Dieser Regler kann ebenfalls wie der MBP-Regler bei unbekannter oder zeitvarianter Regelstrecke durch eine On-line-Identifikation mittels eines rekursiven

Parameterschätzverfahrens (siehe 12.2.4) zu einem adaptiven GMV-Regler [13] erweitert werden.

13.6 Adaptive Regler

In einem adaptiven Regelsystem hat der Regler die Aufgabe, sich entweder an die unbekannten Eigenschaften einer invarianten Regelstrecke oder bei zeitvarianten Regelstrecken – bedingt z. B. durch unterschiedliche Arbeitsbedingungen, Störungen, Lastwechsel, Alterung usw. – selbsttätig im Sinne eines Optimierungskriteriums oder einer Einstellvorschrift anzupassen. Im ersten Fall erfolgt die Anpassung meist nur einmalig oder gelegentlich nach Bedarf, im zweiten Fall ist gewöhnlich eine ständige Anpassung des Reglers erforderlich. Diese selbsttätige Anpassung oder Adaption des Reglers erfolgt meist über dessen Parameter, seltener über die Reglerstruktur. Selbsteinstellend, selbstanpassend, selbstoptimierend oder gar selbstlernend sind nur häufig benutzte Synonyme für den Begriff „adaptiv".
Bei der adaptiven Regelung wird dem klassischen Grundregelkreis (Bild 5-1) ein Anpassungssystem überlagert, das aus den drei charakteristischen Teilprozessen Identifikation, Entscheidungsprozess und Modifikation gebildet wird. Die *Identifikation* erfolgt im „On-line"-Betrieb meist mittels rekursiver Parameterschätzverfahren (12.2.4) unter Verwendung der Ein- und Ausgangssignale der Regelstrecke. Dabei werden entweder die Parameter der Regelstrecke oder direkt diejenigen des Reglers bestimmt. Im *Entscheidungsprozess* wird mittels der bei der Identifikation erhaltenen Information der Regler auf der Basis vorgegebener Gütekriterien berechnet und seine Anpassung festgelegt. Je nach der Art der Anpassung unterscheidet man zwischen *indirekter* Adaption – sofern ein explizites Regelstreckenmodell dem Reglerentwurf zugrunde liegt – und *direkter* Adaption bei Umgehung dieses Zwischenschrittes. Die *Modifikation* stellt die Realisierung der Resultate des Entscheidungsprozesses dar. Dem Anpassungssystem kann noch ein Überwachungssystem überlagert werden, dessen Aufgabe in der Sicherstellung einer fehlerfreien Funktion des Gesamtsystems besteht.
Adaptive Regelsysteme lassen sich entsprechend ihrer Struktur und Funktionsweise unterscheiden in Modellvergleichsverfahren, Self-tuning (ST)-Verfahren und Verfahren der gesteuerten Adaption. Beim *Modellvergleichsverfahren* [18] wird meist dem Grundregelkreis ein paralleles, festes Modell zugeschaltet, welches das gewünschte Verhalten darstellt. Der Modellfehler, also die Differenz zwischen der Regelgröße und dem Modellausgangssignal, wird dem Adaptivregler zugeführt und von diesem gemäß einem Gütekriteriums minimiert. Der *ST-Regler* [19] arbeitet ohne Vergleichsmodell. Sein Entwurfsprinzip besteht in einer „On-line"-Reglersynthese für eine Regelstrecke, deren Parameter entweder ständig identifiziert werden oder direkt in den Reglerentwurf eingehen. Als Basis des Entwurfs eignen sich zahlreiche unterschiedliche Regler, z. B. MV-, GMV-, PID-Regler, Polvorgaberegler, optimale Zustandsregler u. a. Die *gesteuerte Adaption* [20] wird dann eingesetzt, wenn das Verhalten eines Regelsystems für unterschiedliche messbare Parameteränderungen und Störungen der Regelstrecke bekannt ist. Dann kann die zugehörige Regleradaption über eine zuvor berechnete feste Zuordnung (*parameter scheduling*) ausgeführt werden.
Adaptive Regelsysteme weisen stets eine nichtlineare Struktur auf. Dadurch bedingt stellte die Garantie ihrer Stabilität lange ein unbefriedigend gelöstes Problem dar, das aber heute als grundsätzlich gelöst betrachtet werden kann [21]. Neben der Lösung vieler signifikanter theoretischer Probleme haben die spektakulären Fortschritte der modernen Rechentechnik dazu geführt, dass viele adaptive Regler sich sehr erfolgreich in der industriellen Praxis bewährt haben. So reichen die Anwendungen vom einfachen, auf den Ziegler-Nichols-Regeln und einer Relaisumschaltung basierenden PID-ST-Regler (auch als *Autotuning*-Regler bezeichnet) [22] bis hin zur theoretisch anspruchsvollen adaptiven *dualen* Regelung [23], bei der die Parameterunsicherheit durch eine „vorsichtige" Systemkomponente sowie eine ständige Erregungskomponente zur besseren Identifikation im Regelgesetz berücksichtigt werden.

13.7 Nichtlineare Regler

Neben den klassischen Methoden zur Analyse und Synthese nichtlinearer Regelsysteme soll nachfolgend auf einige der neueren Entwurfsverfahren für nichtlineare Regler noch kurz eingegangen werden.

Die *Singular perturbation*-Methode [24] wird schon länger zur Vereinfachung des Entwurfs nichtlinearer Regler eingesetzt. Sie ist dann anwendbar, wenn das dynamische Verhalten der Regelstrecke durch zwei unterschiedliche Zeitmaßstäbe beschrieben werden kann, z. B. erfolgt beim Flugzeug ein relativ langsamer Regeleingriff bei Reisegeschwindigkeit und eine schnellere Reaktion beim Manöverflug. Der Reglerentwurf erfolgt dann in zwei Schritten: Zunächst wird ein Regler für das langsame Verhalten entworfen, dann erfolgt der Entwurf für das schnelle Verhalten. Der gesamte Regler setzt sich dann aus beiden Teilreglern zusammen.

Ein anderer nichtlinearer Regler ist der *Sliding-mode* (SM)-Regler, auch als *Variable Structure* (VS)-Regler bezeichnet. Dieser Regler [25; 26] arbeitet diskontinuierlich als spezieller Zweipunktregler, der aufgrund äußerer Signale seine Struktur umschaltet, um ein gewünschtes Regelverhalten zu erzielen. Die Aufgabe eines SM-Reglers besteht darin, den Zustandsvektor $\boldsymbol{x}$ des betreffenden Regelsystems entlang einer Trajektorie auf die Schaltebene $\sigma(\boldsymbol{x}) = 0$ zu bringen, um ihn dann auf dieser in den Ursprung des Zustandsraumes gleiten zu lassen, der nun dem gewünschten Sollwert entspricht. Die Dynamik der zugehörigen Regelstrecke beeinflusst das Regelverhalten im Gleitzustand nicht. Zur Ermittlung der Schaltfunktion $\sigma(\boldsymbol{x})$ existieren verschiedene Methoden. Dieser Regler hat sich aufgrund seiner Robustheit und Unempfindlichkeit gegenüber Parameteränderungen der Regelstrecke und äußeren Störungen in der Praxis besonders bewährt.

Die nichtlineare *differenzial-geometrische Methode* [27], die im Wesentlichen seit Anfang der 1990er Jahre entwickelt wurde, liefert interessante Möglichkeiten zur Stabilitätsanalyse und Untersuchung der Steuerbarkeit und Beobachtbarkeit nichtlinearer Systeme. Diese Methode ist aber nur anwendbar bei Systemen, deren Nichtlinearität stetig differenzierbar ist. Diese Voraussetzung ist jedoch bei vielen Nichtlinearitäten, wie z. B. bei fast allen in Tabelle 9-1 aufgelisteten Kennlinien, nicht gegeben. Andererseits liefert diese Methode die Basis der *exakten Linearisierungsmethode*, die oft auch als externe Linearisierung mittels Zustands- und Ausgangsrückführung bezeichnet wird. Durch Anwendung dieser Methode können einige nichtlineare Systeme in ein äquivalentes lineares System gleicher Ordnung übergeführt werden. Dies wird erreicht durch eine nichtlineare Koordinatentransformation sowie einer daraus resultierenden nichtlinearen Rückkopplung. Dann kann im nächsten Schritt für das exakt linearisierte System ein linearer Regler entworfen werden. Leider ist diese Methode nur auf wenige nichtlineare Systeme anwendbar. Größere praktische Bedeutung haben jedoch die in letzter Zeit entwickelten *angenäherten Linearisierungsmethoden* erlangt. Verschiedene Verfahren stehen hierfür zur Verfügung, doch der erforderliche Rechenaufwand ist teilweise sehr groß.

13.8 „Intelligente" Regler

Expertensysteme oder *wissensbasierte Systeme* (WBS) werden seit den 1980er Jahren zur Regelung technischer Anlagen eingesetzt. Generell handelt es sich bei diesen Systemen um intelligente Rechenprogramme, die ein detailliertes Wissen auf einem eng begrenzten Spezialgebiet gespeichert haben und Entscheidungsregeln enthalten, sowie die Fähigkeit besitzen, logische Schlussfolgerungen zu ziehen ähnlich der Arbeitsweise eines menschliche Experten. Ein WBS kann sowohl für Überwachungsfunktionen in komplexen Automatisierungssystemen als auch direkt im geschlossenen Regelkreis als spezieller Regler eingesetzt werden. Der *Fuzzy-Regler* kann als ein spezielles Realzeit-WBS interpretiert werden. Bei diesem Regler [28] muss das Expertenwissen des Regelungsingenieurs in eine Reihe von Handlungsanweisungen in Form bestimmter Regeln, auch als Regelbasis bezeichnet, zur Verfügung gestellt werden. Der Fuzzy-Regler arbeitet intern mit Operatoren, z. B. „WENN", „UND" und „DANN", sowie den (unscharfen) Fuzzy-Variablen, wie z. B. groß, klein, mittel. Die gewünschte Arbeitsweise lässt sich leicht als Rechenalgorithmus darstellen. Das analoge Eingangssignal dieses Reglers muss zunächst einer Fuzzifizierung unterzogen werden, während das Ausgangssignal erst über eine Defuzzifizierung die Stellgröße liefert. Während früher der Entwurf eines Fuzzy-Reglers meist heuristisch erfolgte, verwendet man heute bewährte systematische Entwurfsmethoden, die auch eine vielseitige Kombination dieses Reglers mit anderen Regelungskonzepten,

z. B. adaptiven und prädiktiven Reglern oder Sliding-mode-Reglern, ermöglichen. Fuzzy-Regler stellen eine wertvolle Ergänzung zu den klassischen Regelverfahren dar. Durch ihre universale Approximationseigenschaft erweisen sie sich als besonders geeignet zur Regelung nichtlinearer Regelstrecken.
Auch *künstlich neuronale Netzwerke* (KNN) weisen als Hauptmerkmal eine universale Approximationsfähigkeit [29] auf. Sie sind daher besonders für die Regelung von linearen und nichtlinearen Regelstrecken mit unbekannter Struktur geeignet. Ein KNN besitzt die Eigenschaften der Lernfähigkeit und Adaption und wird daher in einer Trainingsphase dazu benutzt, anhand von Messwerten der Ein- und Ausgangssignale einer Regelstrecke ein dynamisches Modell derselben zu erstellen. Aber auch im On-line-Betrieb lässt sich ein KNN zur ständigen Identifikation einer stark zeitvarianten Regelstrecke oder zur Fehlerüberwachung einsetzen. Dann ist es möglich, einen geeigneten modellbasierten Regler unter Verwendung eines weiteren KNN zu entwerfen. Sowohl durch die in den letzten Jahren entwickelten speziellen, sehr schnellen und effizienten Lernalgorithmen als auch durch die Verfügbarkeit enormer prozessnaher Rechnerleistung haben KNN-Regler eine große Bedeutung in der industriellen Praxis erlangt.
Zum Abschluss soll noch erwähnt werden, dass KNN und Fuzzy-Systeme viele gemeinsame Eigenschaften aufweisen und daher auch – bei bestimmten Konfigurationen – unter dem Begriff der *Neuro-Fuzzy-Systeme* [30] zusammengefasst werden können, z. B. lässt sich zeigen, dass ein auf radialen Basis-Funktionen (RBF) beruhendes KNN als Spezialfall eines Fuzzy-Systems betrachtet werden kann. Neuro-Fuzzy-Regler werden u. a. in der Robotik mit Erfolg eingesetzt.
Im Zusammenhang mit Fuzzy-, Neuro-Fuzzy- und KNN-Reglern taucht seit kurzer Zeit immer häufiger auch der Begriff der *evolutionären* oder *genetischen* Regler auf [31]. Dahinter verbirgt sich eine Reihe sehr leistungsfähiger Algorithmen zur Optimierung der zuvor genannten Regler. Alle diese Regler werden neuerdings unter dem Begriff der „intelligenten" Regler zusammengefasst.

Steuerungstechnik

F. Ley

14 Binäre Steuerungstechnik

Die binäre Steuerungstechnik behandelt die Beeinflussung von Prozessen durch Binärsignale, also Signale, die entweder den Zustand „0" oder den Zustand „1" annehmen können. Diese Steuerung verarbeitet binäre Eingangssignale vorwiegend mit Verknüpfungs-, Zeit- und Speichergliedern zu binären Ausgangssignalen. Aufgabe einer binären Steuerung ist die Realisierung von vorgegebenen (zustands- oder zeitabhängigen) Abläufen, die Verriegelung von nicht erlaubten Stelleingriffen oder die Kombination von beiden.
Zu den wichtigsten theoretischen Grundlagen der Steuerungstechnik zählen die auf der Boole'schen Aussagenlogik aufbauende Theorie der kombinatorischen Schaltungen und die von den Modellvorstellungen der Automatentheorie ausgehende Theorie der sequentiellen Schaltungen.

14.1 Grundstruktur binärer Steuerungen

14.1.1 Signalflussplan

Jede binäre Steuerung verarbeitet einen Vektor von binären Eingangssignalen zu einem Vektor binärer Ausgangssignale. Wie Bild 14-1 zeigt, setzt sich der Eingangsvektor aus den Signalen zusammen, die von den Bedienelementen erzeugt werden, und den Signalen der den Prozess beobachtenden Sensoren (Messglieder). Der Ausgangsvektor steuert die Anzeigeel-

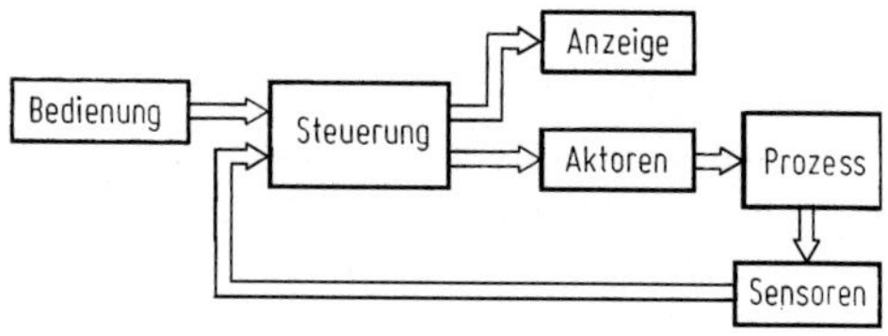

Bild 14-1. Elemente einer binären Steuerung

emente und die Aktoren (Stellglieder) an, mit deren Hilfe der Prozess beeinflusst wird.
Beispiele für die Elemente einer binären Steuerung sind:
Bedienelemente: Schalter, Wahlschalter, Taster, Notausschalter, Meisterschalter (‚Joysticks'), Schlüsselschalter, Schlüsseltaster, Tastaturen, Lichtgriffel.
Sensoren: Endschalter, Näherungsinitiatoren, Druckschalter, Lichtschranken, Kopierwerke (Endschalter an Kurvenscheiben, z. B. für Maschinenpressen), Temperaturschalter, Niveauschalter, Überstromschalter.
Anzeigeelemente: Kontrolllampen (Glühlampen, LEDs), Sichtmelderelais, Warnhupen, rechnergesteuerte Displays und Fließbilder, Protokolldrucker.
Aktoren: Motoren, Motorschieber, Magnetventile (hydraulisch, pneumatisch), Leistungsschalter, Magnetkupplungen, Magnetbremsen.

14.1.2 Klassifizierung binärer Steuerungen

- Eine *Verknüpfungssteuerung* ordnet im Sinne Boole'scher Verknüpfungen den Signalzuständen von Eingangsgrößen, Zwischenspeichern und Zeitgliedern Zustandsbelegungen der Ausgangssignale zu.
- Eine *Ablaufsteuerung* folgt einem festgelegten schrittweisen Ablauf (in dem auch bedingte Verzweigungen und Schleifen vorhanden sein dürfen), bei dem jeder Schritt einen Ausführungsteil und eine Weiterschaltbedingung enthält. Das Weiterschalten auf den jeweils nächsten Schritt erfolgt immer dann, wenn die aktuelle Weiterschaltbedingung erfüllt ist.

Nach der Art der technischen Realisierung wird zunächst, wie im Bild 14-2 dargestellt, zwischen verbindungs- und speicherprogrammierbaren Steuerungseinrichtungen unterschieden. Die gebräuchlichsten verbindungsprogrammierbaren Steuerungen sind die elektromechanischen Schütz- oder Relaissteuerungen. Bei speicherprogrammierbaren Steuerungen (SPS) wird die Funktion nicht durch eine Verschaltung einzelner Elemente, sondern durch ein im Speicher abgelegtes Programm realisiert. Ihr Vorteil liegt in der einfachen Modifizierbarkeit der Programme. Bei ihnen kann über eine Schnittstelle

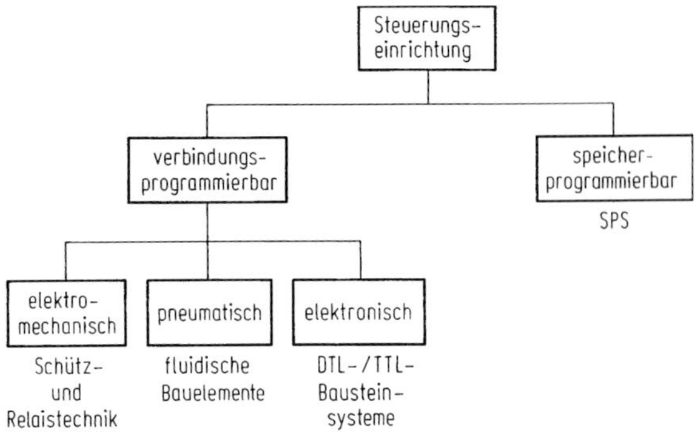

Bild 14-2. Einteilung binärer Steuerungen

vom Programmiergerät oder Personal-Computer das entwickelte Programm direkt in die Steuerung geladen werden. Man spricht deshalb von freiprogrammierbaren Steuerungen (FPS).
Jede binäre Steuerung kann durch einen *Mealy-Automaten* beschrieben werden. Bei diesem automatentheoretischen Modell geht man von der Vorstellung aus, dass es in jeder Steuerungseinrichtung gespeicherte binäre Zustände gibt, deren Veränderung von ihrer Vorgeschichte und der Signalbelegung abhängt. Die Signalbelegung des Ausgangsvektors lässt sich aus diesen Zuständen und der Eingangsbelegung bilden. Bild 14-3 zeigt die Struktur eines Mealy-Automaten. Die Funktionen $\boldsymbol{G}(\boldsymbol{U},\boldsymbol{X})$ und $\boldsymbol{F}(\boldsymbol{U},\boldsymbol{X})$ stellen kombinatorische Verknüpfungen dar. Die speichernde Eigenschaft des Automaten ergibt sich erst durch die Rückführung des Zustandsvektors $\boldsymbol{X}$. Eine Sonderform des Mealy-Automaten stellt der Moore-Automat dar. Bei ihm wird der Ausgangsvektor $\boldsymbol{Y}$ ausschließlich aus dem Zustandsvektor $\boldsymbol{X}$ gebildet. (Anmerkung: Bei Binärsteuerungen werden Vektoren mit großen Buchstaben charakterisiert.)

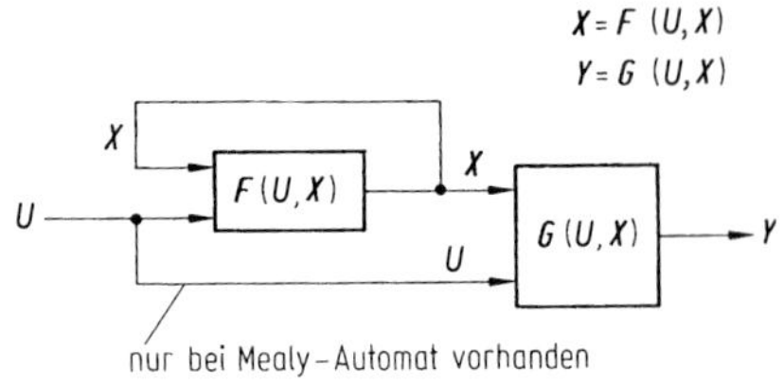

Bild 14-3. Struktur des Mealy-Automaten

14.2 Grundlagen der kombinatorischen und der sequentiellen Schaltungen

14.2.1 Kombinatorische Schaltungen

Eine kombinatorische Schaltung ist dadurch gekennzeichnet, dass der Signalzustand ihrer Ausgänge nur von der Signalbelegung ihrer Eingänge, nicht aber von der Vorgeschichte dieser Signalbelegungen abhängt. Eine kombinatorische Schaltung hat also keine Speichereigenschaften. Innerhalb einer solchen Struktur liegen nur logische Signalverknüpfungen, aber keine Signalrückführungen vor. Zur Beschreibung von logischen Funktionen ist es üblich, sogenannte *Wahrheitstabellen* aufzustellen, aus denen für jede Eingangssignalbelegung die kor-

Tabelle 14–1. Symbole für binäre Verknüpfungen

Graphisches Symbol DIN EN 60617-12	Erläuterung	Funktion nach DIN 66000	Funktionstabelle (Eingänge / Ausgang)	Altes deutsches Schaltzeichen	Amerikan. Schaltzeichen
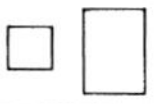	Allgemein, Grundformen	——	——	——	——
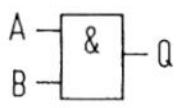	UND-Element mit 2 Eingängen	$A \wedge B = Q$	A B | Q 0 0 | 0 1 0 | 0 0 1 | 0 1 1 | 1	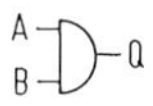	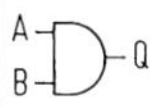
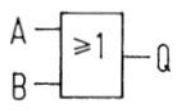	ODER-Element mit 2 Eingängen	$A \vee B = Q$	A B | Q 0 0 | 0 1 0 | 1 0 1 | 1 1 1 | 1	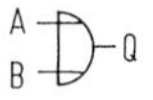	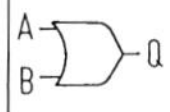
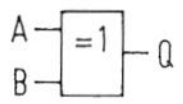	Exklusiv-ODER-Element	$A \nleftrightarrow B = Q$	A B | Q 0 0 | 0 1 0 | 1 0 1 | 1 1 1 | 0	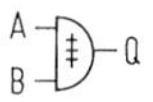	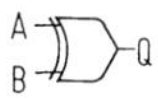
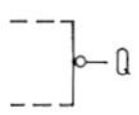	Negation eines Ausgangs	——	—— ——		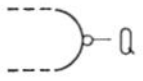
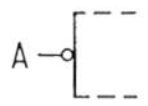	Negation eines Eingangs	——	—— ——	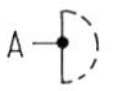	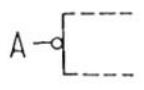
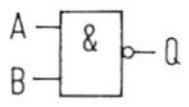	UND-Element mit negiertem Ausgang: NAND-Element	$A \bar{\wedge} B = Q$	A B | Q 0 0 | 1 1 0 | 1 0 1 | 1 1 1 | 0	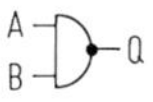	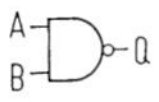
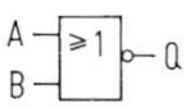	ODER-Element mit negiertem Ausgang: NOR-Element	$A \bar{\vee} B = Q$	A B | Q 0 0 | 1 1 0 | 0 0 1 | 0 1 1 | 0	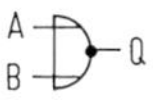	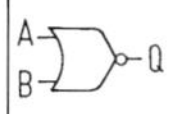
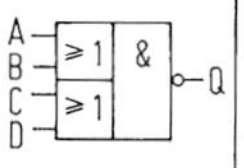	NAND-Element mit 2 ODER-Eingangsgruppen (ODER vor „UND NICHT")	$(A \vee B) \bar{\wedge} (C \vee D) = Q$	A∨B C∨D | Q 0 0 | 1 1 0 | 0 0 1 | 0 1 1 | 0	——	——
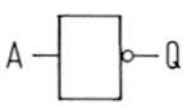	NICHT-Element	$\bar{A} = Q$	A | Q 0 | 1 1 | 0	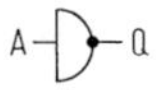	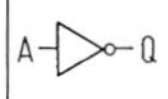

respondierende Ausgangssignalbelegung ersichtlich ist, siehe A 1.3.
Tabelle 14-1 zeigt die für logische Verknüpfungen festgelegte Symbolik, wie sie z. B. in Logik- und Funktionsplänen verwendet wird.

14.2.2 Synthese und Analyse sequentieller Schaltungen

Die meisten binären Steuerungen werden als sequentielle Schaltung ausgeführt. Dabei hängt die Signalbelegung des Ausgangsvektors nicht nur von der aktuellen Belegung des Eingangsvektors ab, sondern auch von dessen Vorgeschichte, also von der Sequenz der Eingangsbelegungen. Solche Schaltungen lassen sich nicht mehr nur mithilfe der Boole'schen Aussagenlogik (siehe A 1.3) beschreiben, da diese nicht die Behandlung von Signalspeichern, wie sie in jeder sequentiellen Schaltung enthalten sind, umfasst. Es ist aber möglich, jede Speicherschaltung auf logische Grundverknüpfungen mit mindestens einer Rückkopplung eines Signales auf den Eingang einer vorgeschalteten Verknüpfung zurückzuführen.
Trennt man alle Rückkopplungen einer sequentiellen Schaltung auf, so sind die verbleibenden Elemente einer Behandlung durch die Boole'sche Logik zugänglich. Allerdings hat diese Schaltung dann nur noch kombinatorischen Charakter. Der Ansatz, die rückgekoppelten Signale in einem System zu einem Vektor zusammenzufassen und die logischen Verknüpfungen von Signalvektoren zu Funktionsblöcken, führt zu den Modellen, wie sie auch in der Automatentheorie Verwendung finden. Für die weiteren Betrachtungen soll daher der zuvor eingeführte Mealy-Automat vorausgesetzt werden. Bei einem Mealy-Automaten mit aufgetrennter Zustandsrückführung hängen die logischen Funktionen $\boldsymbol{F}$ und $\boldsymbol{G}$ nun von den Signalvektoren $\boldsymbol{U}$ und $\boldsymbol{X}'$ ab, wobei $\boldsymbol{X}'$ den Ausgangszustand von $\boldsymbol{X}$ beschreibt.
Das wichtigste Verfahren, das auf diesen Modellen aufbaut, ist das Huffman-Verfahren zur Analyse und Synthese sequentieller Schaltkreise [1].

Beispiel:

Es soll eine Steuerung für eine Zweihandeinrückung an einer Maschinenpresse entworfen werden. Der Hub der Maschine (Y) darf hier nur dann ausgelöst werden, wenn beide Handtaster (U_1 und U_2) betätigt sind, sodass die Gefahr einer Verletzung des Bedienungspersonals ausgeschlossen ist. Zusätzlich soll jedoch überwacht werden, dass beide Taster nach einer Hubauslösung wieder losgelassen worden sind. Zunächst wird für dieses Beispiel eine *Flusstabelle* (Tabelle 14-2) aufgestellt, in der alle Schritte des zu realisierenden Ablaufes, die Übergänge zwischen den Schritten in Abhängigkeit von der Belegung der Eingangssignale U_1 und U_2 und die den Schritten zugeordnete Belegung des Ausgangssignals Y eingetragen sind. Die Schritte werden im Allgemeinen auch Zustände des Automaten genannt. Jede Zeile der Flusstabelle entspricht einem Zustand und jede Spalte für U_1 und U_2 einer Eingangsbelegung. Es sind drei Zustände vorgesehen. Im Zustand 1 ist das Ausgangssignal mit 0 belegt. Ein Übergang zum Zustand 2 ist nur bei der Eingangssignalbelegung $U_1 = 1$ und $U_2 = 1$ möglich, also nur dann, wenn beide Handtaster betätigt sind. In diesem Zustand ist auch das Ausgangssignal mit 1 belegt, sodass der Hub ausgelöst wird. Beim Loslassen nur eines der beiden Taster wird auf den Zustand 3 weitergeschaltet, bei dem der Hub abgeschaltet wird. Dieser Zustand kann nur verlassen werden, wenn beide Handtaster wieder losgelassen worden sind, also $U_1 = 0$ und $U_2 = 0$ sind. Nach dem Aufstellen der Flusstabelle ist zu überprüfen, ob die Anzahl der spezifizierten Schritte *minimal* ist, oder ob die zu realisierende Funktion nicht auch durch eine geringere Anzahl von Zuständen verwirklicht werden kann.
Nach der Minimierung der Zustände erfolgt die *Codierung*. Darunter versteht man die Zuordnung der Zustände zu den möglichen Binärkombinationen des Zustandsvektors. Da im vorliegenden Beispiel drei Zustände zu realisieren sind, muss der Zustandsvektor mindestens die Dimension 2 haben. (Mit der Dimension n können 2^n Zustände realisiert werden.) Die Zustände der Zweihandeinrückung sollen wie in Tabelle 14-3 dargestellt codiert werden.

Tabelle 14-2. Flusstabelle für eine Zweihandeinrückung

U_1 U_2 0 1	U_1 U_2 0 1	U_1 U_2 1 0	U_1 U_2 1 1	Y
1	1	1	2	0
1	3	3	2	1
1	3	3	3	0

Tabelle 14-3. Zustandscodierung

Zustand	X_1, X_2		
1	$\rightarrow 0$	0	
2	$\rightarrow 1$	0	
3	$\rightarrow 1$	1	
r	$\rightarrow 0$	1	(redundant, weil nicht genutzt).

Bei der Codierung ist darauf zu achten, dass keine *Wettläufe* entstehen können. Diese Wettlauferscheinungen treten immer dann auf, wenn sich bei einer Zustandsänderung mehr als ein Bit innerhalb des Zustandsvektors ändert und – bedingt durch unterschiedliche Signallaufzeiten in der kombinatorischen Schaltung, – der Signalübergang in diesen Binärpositionen nicht gleichzeitig erfolgt, sodass sich ein falscher Folgezustand einstellt.
Zur Bestimmung der kombinatorischen Gleichungen

$$\boldsymbol{X} = \boldsymbol{F}(\boldsymbol{U}, \boldsymbol{X}') \quad \text{und} \quad \boldsymbol{Y} = \boldsymbol{G}(\boldsymbol{U}, \boldsymbol{X}') \qquad \text{(14-1a,b)}$$

empfiehlt es sich, die Funktionen in Form von *Karnaugh-Diagrammen* darzustellen. Wesentliches Kennzeichen dieser Diagramme ist, dass sich bei einem Übergang von einem Feld zum Nachbarfeld nur eine der unabhängigen Binärgrößen ändern darf. Bild 14-4 zeigt die für die Zweihandeinrückung aufgestellten F- und G-Tabellen des Karnaugh-Diagramms. Die redundanten Elemente der Tabellen sind mit „r“ gekennzeichnet worden. Diese Redundanz kann man bei der sich anschließenden Schaltungsminimierung nutzen. Um einen kritischen Wettlauf zu vermeiden, ist in der untersten Zeile der F-Tabelle der Zustand $[X_1 \ X_2] = [0 \ 0]$ eingetragen. In der G-Tabelle ist, um den durch den verbleibenden nichtkritischen Wettlauf hervorgerufenen „Hazard“ zu vermeiden, eine 0 eingetragen.
Mithilfe des Karnaugh-Verfahrens können nun die kombinatorischen Gleichungen gewonnen werden. Sie lauten:

$$X_1 = X_1' \wedge (U_1 \vee U_2) \vee U_1 \wedge U_2$$
$$X_2 = X_2' \wedge (U_1 \setminus U_2) \vee X_1' \wedge (\bar{U}_1 \wedge U_2 \vee U_1 \wedge \bar{U}_2) \qquad \text{(14-2)}$$
$$Y = X_1' \wedge X_2' \wedge U_1 \wedge U_2$$

Zusammen mit der Schließbedingung

$$X_1 = X_1'; \quad X_2 = X_2' \qquad \text{(14-3)}$$

beschreiben sie die synthetisierte Steuerungsschaltung.

14.3 Darstellung von Zuständen durch Zustandsgraphen und Petri-Netze

Bild 14-5 zeigt einen Zustandsgraphen, der die oben entwickelte Zweihandeinrückung darstellt. Bei diesen Zustandsgraphen wird jedem Zustand des Automaten ein Platz zugeordnet, der gewöhnlich durch einen Kreis dargestellt wird. An den Zustandsübergängen sind die Eingangsbelegungen eingetragen, die zu einem Schalten auf den nächsten Zustand führen. Bei diesem Graphen ist zunächst keine Parallelarbeit darstellbar. Eine andere Möglichkeit der Darstellung von

F - Tabelle ($S_1 \ S_2$)

$X_1'X_2'$ \ $U_1 U_2$	00	01	11	10
00	00	00	10	00
10	00	11	10	11
11	00	11	11	11
01	00	r	r	r

G - Tabelle (Y)

$X_1'X_2'$ \ $U_1 U_2$	00	01	11	10
00	0	0	0	r
10	r	r	1	r
11	r	0	0	0
01	0	r	r	r

Bild 14-4. F- und G-Tabelle für Zweihandeinrückung

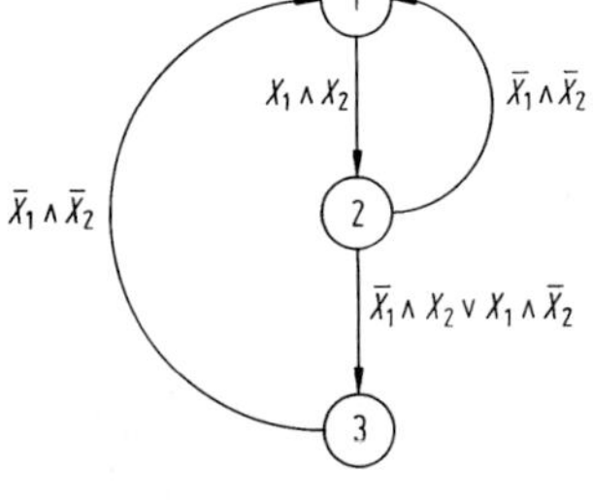

Bild 14-5. Zustandsgraph für Zweihandeinrückung

Steuerungsabläufen bieten die Petri-Netze [2]. Mit ihnen können auch parallele Prozesse beschrieben werden. Bei den Petri-Netzen handelt es sich um gerichtete Graphen, bei denen zwei Elemente immer einander abwechseln: *Transitionen* und *Plätze* (oder *Stellen*). Die Plätze stellen im Allgemeinen die Zustände eines Systems dar, während die Transitionen die möglichen Übergänge charakterisieren. Bild 14-6 zeigt einen einfachen Graphen, der den Zyklus der vier Jahreszeiten beschreibt. Ein Platz kann ein- oder mehrfach belegt werden. Man spricht hierbei meistens von einer *Markierung*. Für die Beschreibung steuerungstechnischer Prozesse eignen sich Petri-Netze, in denen nur eine Markierung pro Platz zugelassen ist. Man nennt solche Netze auch *Einmarkennetze*. Sie entsprechen dem Umstand, dass ein Automat einen Zustand annehmen oder auch nicht annehmen kann, der Zustand also nur markiert oder nicht markiert sein kann. Ein Übergang von einem Platz auf einen folgenden kann dann erfolgen, wenn die Transition „feuert". Vorbedingung ist hierzu eine Markierung des vorhergehenden Platzes. Bei Einmarkennetzen muss außerdem der nachfolgende Platz zunächst leer sein. Man spricht hier auch von einer Nachbedingung.

Von großer Bedeutung sind bei Petri-Netzen die Möglichkeiten der Aufspaltung und der Zusammenführung von Abläufen. In Bild 14-7 sind die möglichen Verzweigungen und Zusammenführungen in Petri-Netzen dargestellt. Grundsätzlich lassen sich diese Elemente beliebig kombinieren. Wichtige Standardformen stellen die in Bild 14-8 abgebildeten Verzweigungstypen dar. Bei der Alternativverzweigung wird nur ein einziger Zweig durchlaufen. Welcher Zweig dies ist, entscheidet sich an der ersten Transition eines jeden Zweiges. Die Transition, die zuerst feuert, leitet die Markierung des zugeordneten Pfades ein. Feuern mehrere Transitionen zur gleichen Zeit, so gilt die Konvention, dass der Pfad, der am

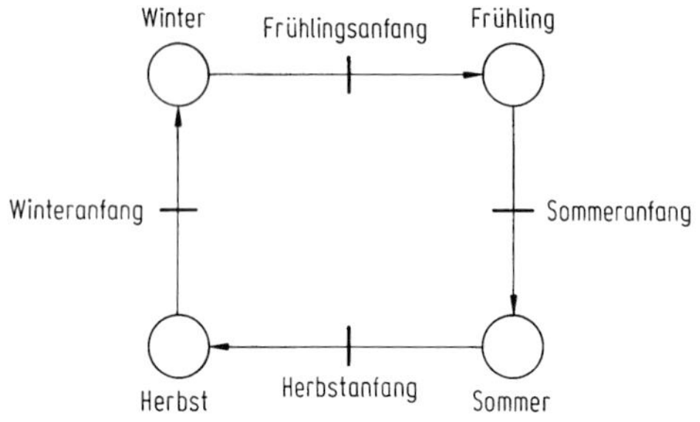

Bild 14-6. Einfaches Petri-Netz

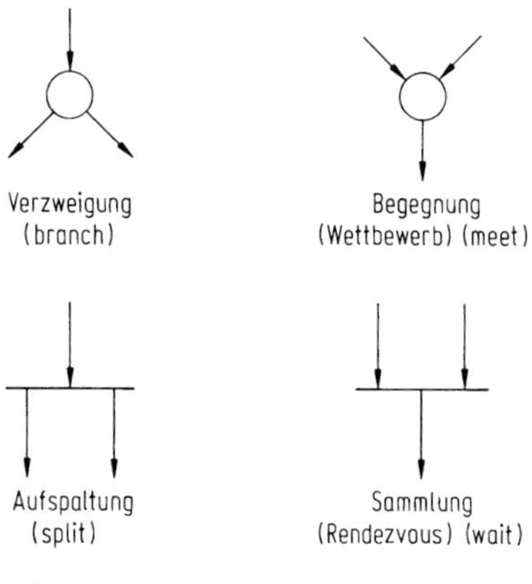

Bild 14-7. Verzweigungen und Zusammenführungen in Petri-Netzen

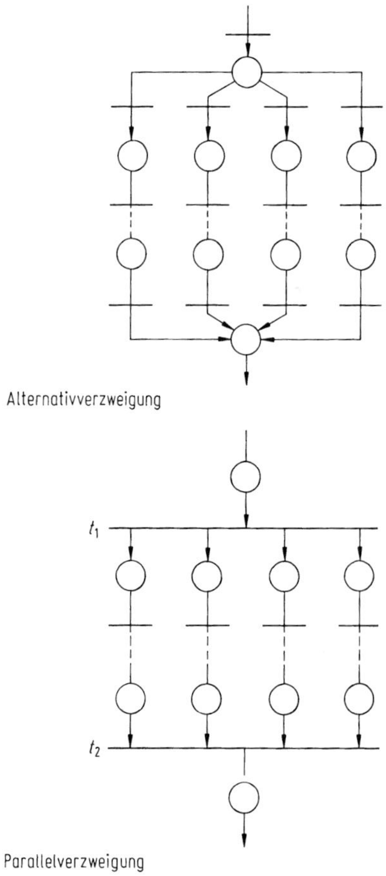

Bild 14-8. Verzweigungstypen in Petri-Netzen

weitesten ‚links' steht, durchlaufen wird. Bei der Parallelverzweigung werden alle Zweige gleichzeitig durchlaufen, wobei die abschließende Transition t_2 nur feuern kann, wenn alle letzten Plätze der Parallelpfade markiert sind. Probleme ergeben sich allerdings im Falle einer Parallelverzweigung bei der Zuordnung der Zustände eines Automaten. *Beispiel*: Funktionsschema einer Coilanlage, Bild 14-9. Von einem Blechhaspel (Coil) wird ein Blechband abgewickelt. Ein Zangenvorschub greift das Band und befördert es um die gewünschte Schnittlänge zur Schere, die eine Blechtafel abschneidet. Damit an der Schnittkante das Blech plan aufliegt und beim Zurückfahren des Vorschubes nicht zurückrutscht, spannt ein Niederhalter das Blechband fest. Nachdem der Niederhalter gespannt hat, kann einerseits der Zangenvorschub lösen, zurückfahren und wieder spannen, andererseits, unabhängig davon, kann die Schere sich absenken und wieder hochfahren. In Bild 14-10 ist das zugehörige Petri-Netz dargestellt. Die Bedeutungen der Plätze und Transitionen ergeben sich aus Tabelle 14-4. Wie aus Tabelle 14-5 hervorgeht, sind genau 7 Kombinationen (man spricht auch von ‚Fällen') mög-

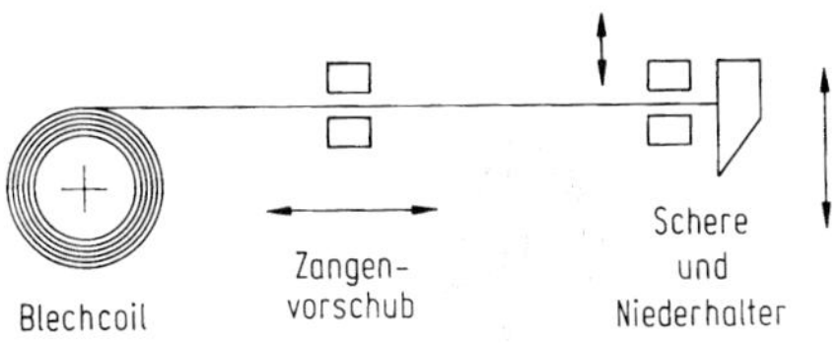

Bild 14-9. Coilanlage als steuerungstechnisches Beispiel

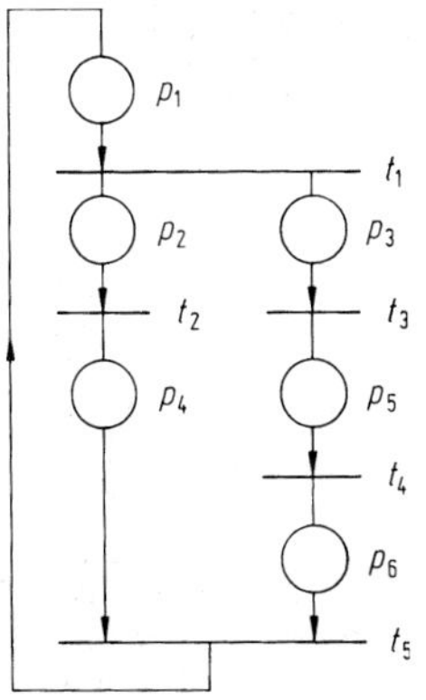

Bild 14-10. Petri-Netz für die Coilanlage

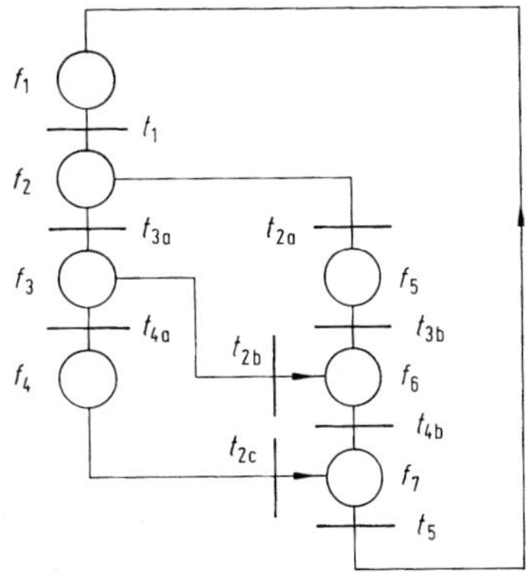

Bild 14-11. Übergeordneter Fallgraph für die Coilanlage

Tabelle 14-4. Bedeutung der Plätze und Transitionen der Coilanlage

Platz	Bedeutung	Transition	Bedeutung
p_1	Vorschub fährt vor	t_1	Vorschub vorne
p_2	Vorschub fährt zurück	t_2	Vorschub hinten
p_3	Schere fährt ab	t_3	Schere unten
p_4	Vorschub stoppt	t_4	Schere oben
p_5	Schere fährt hoch	t_5	immer erfüllt
p_6	Schere stoppt		

Tabelle 14-5. Mögliche Fälle der Steuerung einer Coilanlage

	Markierungen					
Fall	1	2	3	4	5	6
1	×					
2		×	×			
3		×			×	
4		×				×
5			×	×		
6				×	×	
7				×		×

lich. Man kann nun diesen Fällen wiederum Plätze in einem übergeordneten *Fallgraphen* zuordnen. Bild 14-11 zeigt den entsprechenden Fallgraphen. Wählt man die Abbildung der Zustände so, dass jedem Zustand des Automaten ein Platz im Fallgraphen, also einem Fall, entspricht, so lässt sich mit einem Automaten der gesamte Steuerungsprozess realisieren.

14.4 Technische Realisierung von verbindungsprogrammierten Steuerungseinrichtungen

14.4.1 Relaistechnik

Die ältesten Steuerungseinrichtungen waren ausschließlich in Relaistechnik ausgeführt. Die logischen Grundverknüpfungen werden durch die Art der Zusammenschaltung der Kontakte eines Relais realisiert. Die *Hintereinanderschaltung* von Kontakten bewirkt eine UND-Verknüpfung, die *Parallelschaltung* eine ODER-Verknüpfung. Außerdem ist eine Negation einzelner Signale dadurch möglich, dass man Kontakte verwendet, die bei Betätigung des Relais öffnen. Diese Kontakte werden Öffner genannt, im Gegensatz zu den Schließern, die beim Anziehen des Relais schließen.

14.4.2 Diskrete Bausteinsysteme (DTL- und TTL-Logikfamilien)

Mitte der sechziger Jahre entstanden die ersten elektronischen Logikbausteine. Sie waren zumeist zunächst in Dioden-Transistor-Logik (DTL) aufgebaut, später in integrierter Transistor-Transistor-Logik (TTL). Das Kennzeichen dieser Systeme ist die Anordnung verschiedener kombinatorischer Standardverknüpfungsglieder oder Speicher auf einem Modul. Die Module sind entweder als einfache Europakartensysteme aufgebaut oder in Form von vergossenen Blöcken für raue Umgebungsbedingungen. Die Programmierung geschieht durch die Zusammenschaltung der einzelnen Elemente.

14.5 Speicherprogrammierbare Steuerungen

Seit Anfang der siebziger Jahre gibt es spezielle, auf steuerungstechnische Problemstellungen zugeschnittene Kleinrechner. Bei ihnen war es erstmals (sieht man von den schon länger existierenden Prozessrechnern ab) möglich, die Funktion einer Steuerungseinrichtung durch ein im Speicher abgelegtes Programm zu bestimmen. Die ersten speicherprogrammierbaren Steuerungen waren nur auf die Abarbeitung von kombinatorischen Verknüpfungen ausgelegt. Später kamen an Erweiterungen hinzu:

Zählen, arithmetische Befehle, Zeitgliedverwaltung, Formulierung von Ablaufsteuerungen, Kopplungsmöglichkeiten an Rechner, Protokollieren, Regeln.

14.5.1 Sprachen für Steuerungen nach der Norm IEC61131-3

Übersicht über die Sprachen

Mit der Norm IEC61131-3 ist eine gemeinsame Plattform geschaffen worden, die eine Portierung zwischen den Systemen verschiedener Anbieter gestattet. Bild 14-12 zeigt eine erste Übersicht über die in dieser Norm definierten Sprachen. Da sich in der Praxis die englischen Fachausdrücke durchgesetzt haben, werden sie auch im Folgenden verwendet.
Innerhalb der IEC61131-3 gibt es für alle Sprachen gemeinsame Elemente, zu denen die Variablen-Typen und die „Literals" zählen, die im Folgenden näher erläutert werden. Hieraus ergibt sich die überaus wichtige Eigenschaft, dass für eine bestimmte Anwendung Programmiersprachen je nach Eignung gemischt eingesetzt werden können.

Das Software-Modell

SPS-Software ist – zumindest bei größeren Systemen – Multitasking- und Echtzeit-Software. Bild 14-13 gibt einen Überblick über die in der IEC61131-3 vorgesehenen Möglichkeiten, wie die Anbindung der

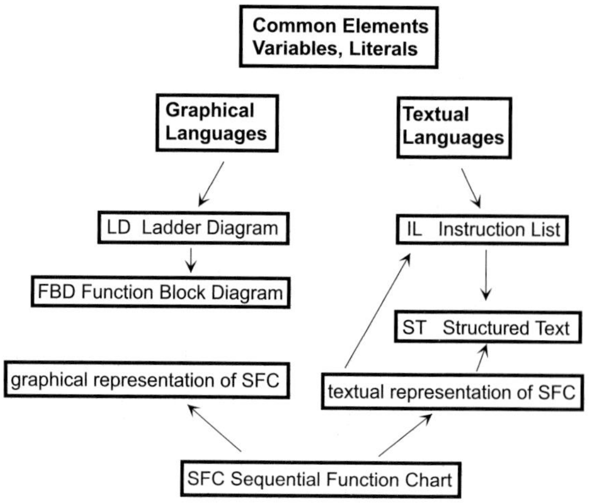

Bild 14-12. Übersicht über die Programmiersprachen nach IEC61131-3

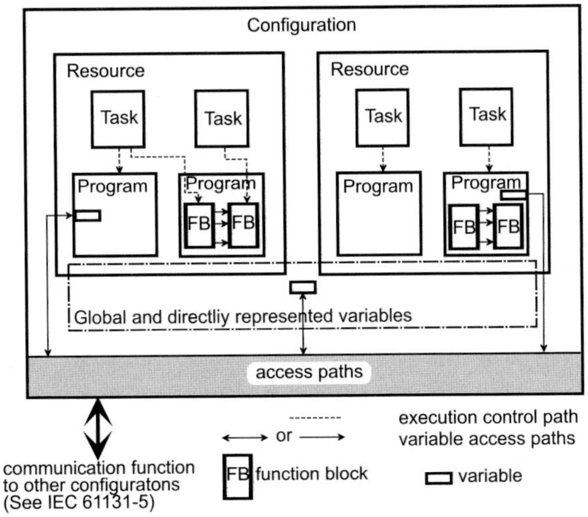

Bild 14-13. Software-Modell der IEC61131-3

einzelnen Programmteile und die Kommunikation dieser Blöcke untereinander organisiert werden soll. Allerdings sollte beachtet werden, dass nicht jede Implementierung alle diese Möglichkeiten umfassen muss. Die Verwendung von Teilen davon, also Subsets, ist durchaus möglich. So sind z. B. in der IEC61131-3 als eine Form der Kapselung Programme vorgesehen, obwohl diese nicht unbedingt erforderlich sind. Eine „Resource" entspricht i. Allg. einer SPS oder einem Rechner. Eine „Configuration" könnte einem Rechnerverbund (z. B. SPS mit mehreren Zentraleinheiten) entsprechen. Es ist nun möglich, sowohl einzelne Funktionsbausteine (FB) als auch – wenn implementiert – Programme komplett mit den darin eingeschlossenen Funktionsbausteinen an eine „Task" zur Abarbeitung anzubinden.

Variablen, Literals und Konstanten

1) Elementare Datentypen: Tabelle 14-6 gibt die Grunddatentypen der IEC61131-3 wieder.
2) Abgeleitete Datentypen:
   – Arrays: Diese werden aus Elementen des Gunddatentyps oder vom Benutzer definierter Datentypen definiert.

   Beispiel:

```
VAR
    Vector16 : ARRAY[1..16] OF REAL;
END_VAR
```

Tabelle 14-6. Elementare Datentypen

Nr.	Keyword	Datentyp	Bits
1	BOOL	Boolean	1
2	SINT	Short integer	8
3	INT	Integer	16
4	DINT	Double integer	32
5	LINT	Long integer	64
6	USINT	Unsigned short integer	8
7	UINT	Unsigned integer	16
8	UDINT	Unsigned double integer	32
9	ULINT	Unsigned long integer	64
10	REAL	Real numbers	32
11	LREAL	Long reals	64
12	TIME	Duration	
13	DATE	Date (only)	
14	TIME_OF_DAY or TOD	Time of day (only)	
15	DATE_AND_TIME or DT	Date and time of Day	
16	STRING	Variable-length character string	
17	BYTE	Bit string of length 8	8
18	WORD	Bit string of length 16	16
19	DWORD	Bit string of length 32	32
20	LWORD	Bit string of length 64	64

   – Strukturierte Datentypen: Hiermit können – wie bei anderen höheren Programmiersprachen auch – Grunddatentypen oder auch bereits strukturierte Datentypen („Structs") in einer neuen Struktur zusammengefasst werden.

   Beispiel:

```
TYPE
  PIDT1_Parameters : STRUCT
      P : LREAL;
      Ti : LREAL;
      Td : LREAL;
      Tv : LREAL;
  END_STRUCT
  PIDT1_Controller_Items : STRUCT
      Para : PIDT1_Parameters;
      manualOperation : BOOL;
      Umin, Umax : LREAL;
  END_STRUCT
END_TYPE
```

3) Literals:
   – *Numerische Literals*: Im Wesentlichen stimmen die Literals der IEC61131-3, die in Tabelle 14-7 dargestellt sind, mit denen anderer Rechnerhochspachen überein. Für hardwarenahe Problemstellungen ist es günstig, binäre, oktale oder hexadezimale Darstellungen zu

Tabelle 14–7. Literals

Nr.	Beschreibung der Eigenschaft	Beispiele
1	Integer literals	-12 0 123_456 +986
2	Real literals	-13.0 0.0 0.4567 3.14159_26
3	Real literals with exponents	-1.34E-12 oder -1.34e-12 1.0E+6 oder 1.0e+6 1.234E6 or 1.234e6
4	Base 2 literals	2#1111_1111 (255 dezimal) 2#1110_0000 (240 dezimal)
5	Base 8 literals	8#377 (255 dezimal) 8#340 (240 dezimal)
6	Base 16 literals	16#FF oder 16#ff (255 dezimal) 16#E0 oder 16#e0 (240) dezimal
7	Boolean zero and one	0 1
8	Boolean FALSE and TRUE	FALSE TRUE
Bemerkung: Die Keywords FALSE und TRUE korrespondieren jeweils zu den Bool'schen Werten 0 und 1		

verwenden. Diese werden deshalb bei der Darstellung als Literals unterstützt.

– *Zeitdauer-Literals*: Die Angabe der Zeitdauer (Duration) wird wahlweise durch die „Keywords“
T#
TIME#
eingeleitet.

Beispiele:

T#14ms T#14.7s T#14.7m T#14.7h t#14.7d
t#25h15m t#5d14h12m18s2.5ms

4) Variablen:
– Darstellung:
(i) Single-element Variablen: Eine Single-element Variable besteht aus keinem Array oder Struct sondern nur aus einem elementaren Datentyp oder einem davon direkt abgeleiteten Datentyp. Wichtig sind die direkt dargestellten (directly represented) Datentypen, wie sie für das Ansprechen des Prozessinterfaces Verwendung finden. Sie werden mit einem %-Zeichen eingeleitet.

Beispiel:

```
%IX5.7  (* Eingangsbit 7
           innerhalb von Byte 5 *)
%QX1.2  (* Ausgangsbit 2
           innerhalb von Byte 1 *)
```

(ii) Multi-element Variablen: Multielement-Variablen sind Arrays und Structs. Hier ist kein großer Unterschied zu den Programmiersprachen PASCAL und C festzustellen. Der indizierte Zugriff auf Array-Elemente erfolgt über eckige Klammern und die Bezeichner der hierarchischen Struktur eines Structs werden durch Punkte von einander getrennt.

Beispiel:

```
TempControllerData.Umin : = −10.0 ;
TempControllerData.Para.P : = 3.47 ;
```

– *Deklaration*: Vor der Variablenliste muss mithilfe eines entsprechenden Keywords spezifiziert werden, wie die Variable vom System behandelt werden soll. Dabei ergeben sich die in Tabelle 14-8 dargestellten Möglichkeiten.

Beispiel:

```
VAR_INPUT
  W, Y : LREAL;
END_VAR
VAR_OUTPUT
  U : LREAL;
END_VAR
```

(i) Type assignment: Diese Variablendeklaration lässt sich leicht aus den nachfolgend aufgeführten Beispielen ersehen.

Tabelle 14–8. Variablendeklaration

Keyword	Gebrauch der Variablen
VAR	Intern innerhalb des Organization Unit
VAR_INPUT	Extern befriedigt, kann nicht vom Organization Unit aus verändert werden
VAR_OUTPUT	Wird vom Organization Unit für externen Zugriff zur Verfügung gestellt
VAR_IN_OUT	Wird extern zur Verfügung gestellt, kann vom Organization Unit aus verändert werden (,call by reference')
VAR_GLOBAL	Globale Variablendeklaration
CONSTANT	Konstante (kann nicht verändert werden)
AT	Location assignement (Zuweisung auf einen bestimmte Adresse)

Graphische Darstellung (FBD-Sprache)	Textuelle Darstellung (ST - Sprache)

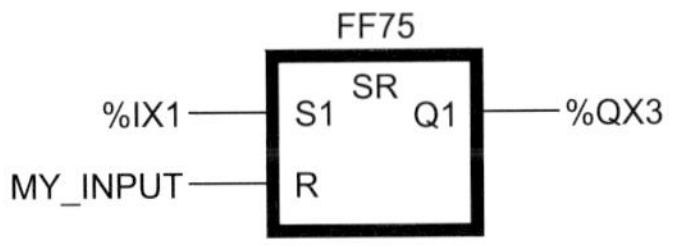	`VAR FF75:SR;END_VAR (*Declaration*)`
	`FF75(S1:=%IX1,R:= MY_INPUT); (*Invocation*)`
	`%QX3:=FF75.Q1; (*Assign Output*)`

Bild 14–14. Function Block Darstellung

```
VAR_GLOBAL
  (* Weist das entsprechende Input-Bit der
  Variable Nothalt zu *)
  Nothalt : BOOL AT %IX2.7;
  (* Einzelne Variable vom Typ LREAL *)
  Setpoint_Temp : LREAL;
  (* eindimensionales Array *)
  StateVector : ARRAY[0..5] OF LREAL;
END_VAR
```

(ii) Anfangswertzuweisung: Variablen ohne spezifizierte Anfangswerte sind nach IEC61131-3 grundsätzlich mit ‚Null' vorbelegt. Strings sind anfangs leer. Andere Anfangswerte lassen sich aber immer deklarieren.

Beispiel: AutomaticMode : BOOL := TRUE;

Function Blocks und Function Block Diagram (FBD)

1) *Darstellung und Instanzierung*:
Function Blocks stellen Programmorganisationseinheiten dar, die eine Kapselung erlauben, Ein- und Ausgänge besitzen und im Inneren Variablen aufweisen können, die über den Aufrufzeitraum hinweg gespeichert bleiben. Es handelt sich also um Klassen im Sinne der objektorientierten Programmierung. Die grafische Darstellung einer Verknüpfung dieser Bausteine stellt eine Programmiersprache der IEC61131-3, das sogenannte Function Block Diagram (FBD) dar. Es entspricht dem alten Logikplan (LOP) bzw. dem Funktionsplan (FUP). Wie nachfolgend gezeigt, kann ein Function Block nicht nur grafisch, sondern auch in einer textuellen Programmiersprache instanziert

```
FUNCTION_BLOCK DEBOUNCE
(** External Interface **)

VAR_INPUT
   IN       : BOOL;                (* Default = 0 *)
   DB_TIME  : TIME := t#10ms;      (* Default = t#10ms *)
END_VAR

VAR_OUTPUT
   OUT      : BOOL;                (* Default = 0 *)
   ET_OFF   : TIME;                (* Default = t#0s *)
END_VAR

VAR
   DB_ON    : TON;                 (* Internal Variables and Instances of Function Blocks *)
   DB_OFF   : TON;
   DB_FF    : SR;
END_VAR

(** Function Block Body **)
DB_ON(IN := IN, PT := DB_TIME);            (* DB_ON Timer Inputs *)
DB_OFF(IN := NOT IN, PT := DB_TIME);       (* DB_OFF Timer Inputs *)
DB_FF(S1 := DB_ON.Q, R := DB_OFF.Q);       (* DB_FF Flip Flop Inputs *)
OUT := DB_FF.Q;                        (* Get FF Output and Write it to Debounce Output *)
ET_OFF := DB_OFF.ET;                       (* Report Elapsed Time *)

END_FUNCTION_BLOCK
```

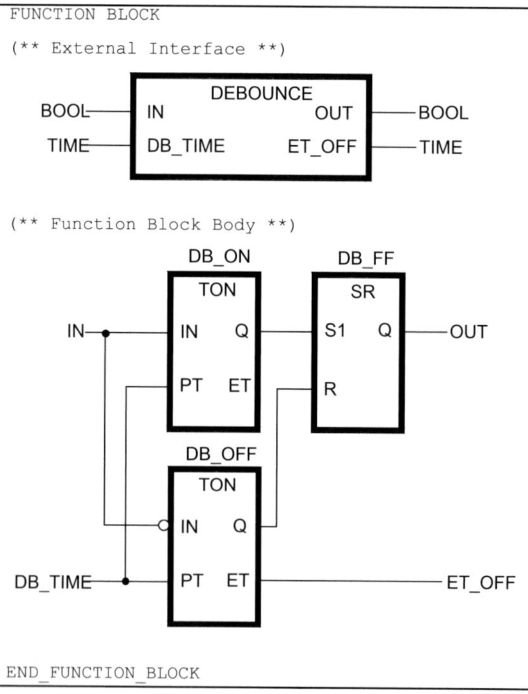

Bild 14–15. Beispiele für Deklarationen von Function Blocks

Tabelle 14-9. Erlaubte und nicht erlaubte Zuweisungen auf Ein-Ausgangsvariablen

Gebrauch	Innerhalb des Function Block	Außerhalb des Function Block
Input Read	`IF S1 THEN . . .`	Nicht erlaubt
Input Write	Nicht erlaubt	`FF75(S1 := %IX1,` `R := MY_INPUT);`
Output Read	`Q1 := Q1 AND NOT R;`	`%QX3 := FF75.Q1;`
Output Write	`Q1 := 1;`	Nicht erlaubt
Die hier nicht erlaubten Zugriffe können in Abhängigkeit von der jeweiligen Implementierung zu unerwünschten Nebeneffekten führen.		

werden. Bei der textuellen Deklaration wird das Sprachkonstrukt

VAR FB_NAME : FB_TYPE; END_VAR

verwendet. Bei der grafischen Darstellung gilt die Regel, dass der Klassenname (Typ des Function Block) und die Namen der Ein- und Ausgänge innerhalb des Blocks dargestellt werden. Der Name der Instanz (des Exemplars) und die aktuelle Belegung der Ein- und Ausgänge stehen außerhalb, wie in Bild 14-14 dargestellt. Man beachte auch die in Tabelle 14-9 gezeigten Zuweisungen auf die Ein- und Ausgangsvariablen.

2) *Deklarierung*: Die Function Blocks können textuell und grafisch deklariert werden. Die IEC61131-3 sieht eine Vielzahl von Möglichkeiten vor, wie Function Blocks verschachtelt angeordnet und miteinander verschaltet werden können. Dies wird anhand der in den Bildern 14-16 und 14-17 dargestellten Beispiele, die direkt der Norm entnommen wurden, gezeigt.
3) *Standard Function Blocks*: In einer IEC61131-3-Implementierung sind herstellerseits gewöhnlich eine Reihe von Funktionsblocks mit enthalten. Die Norm gibt eine Reihe von Standard Function Blocks vor, die nachfolgend definiert werden.
   - *Flip-Flops*: Bei RS-Flip-Flops ist grundsätzlich zwischen setz- und rücksetzdominanten Flip-Flops zu unterscheiden (Bild 14-17). Nach der Instanzierung soll der Ausgang Q immer gleich 0 sein.
   - *Timer*: Als Standard-Timer sind eine Einschaltverzögerung (TON-Timer) und eine Ausschaltverzögerung (TOF-Timer) in der Norm vorgesehen. Bild 14-18 zeigt die Symbole in der FBD und die Timing-Diagramme.

Nr.	Beschreibung	Beispiel	

1	Input/Output - Deklarierung (textual)	`VAR_INPUT X : INT; END_VAR`
		`VAR_IN_OUT A : INT; END_VAR`
		`A := A + X;`	

2	Input/Output - Deklarierung (grafisch)	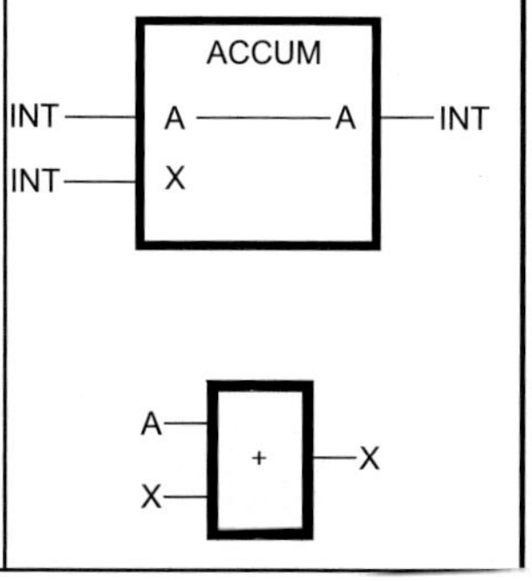	`FUNCTION_BLOCK`
			`VAR_IN_OUT A : INT; END_VAR`
			`VAR_INPUT X : INT; END_VAR`
			`A := A + X;`
			`END_FUNCTION_BLOCK`

Bild 14-16. Eigenschaften von Function Block Deklarierungen

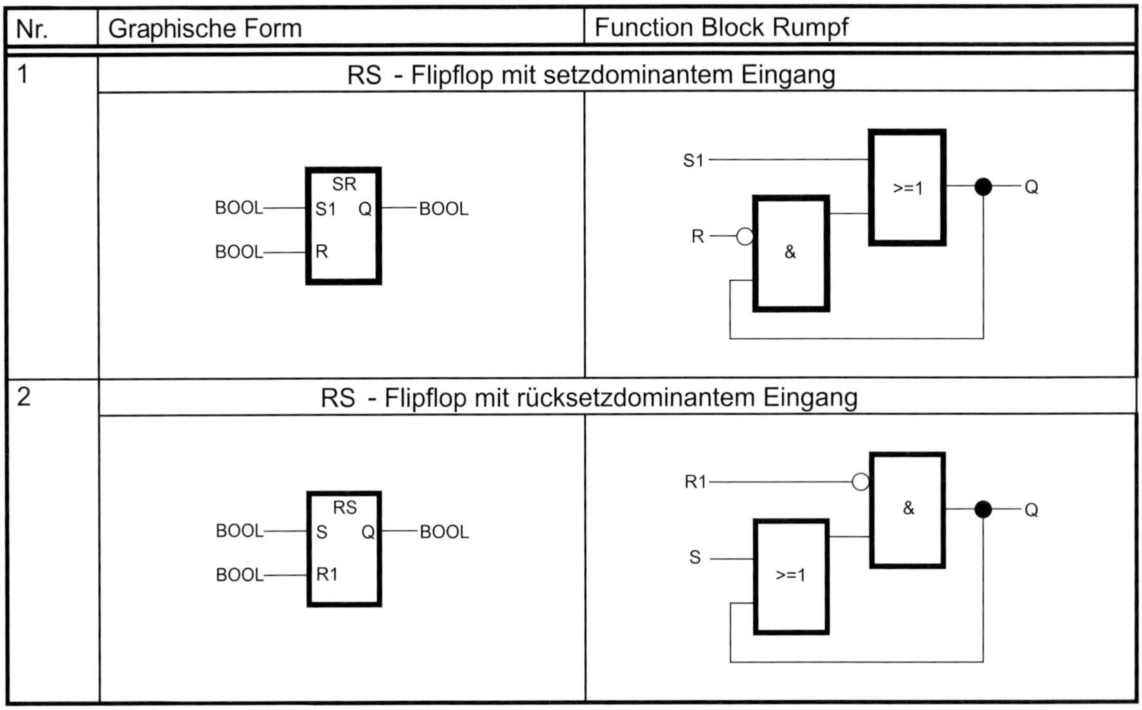

Bild 14–17. Flip-Flop–Function Blocks

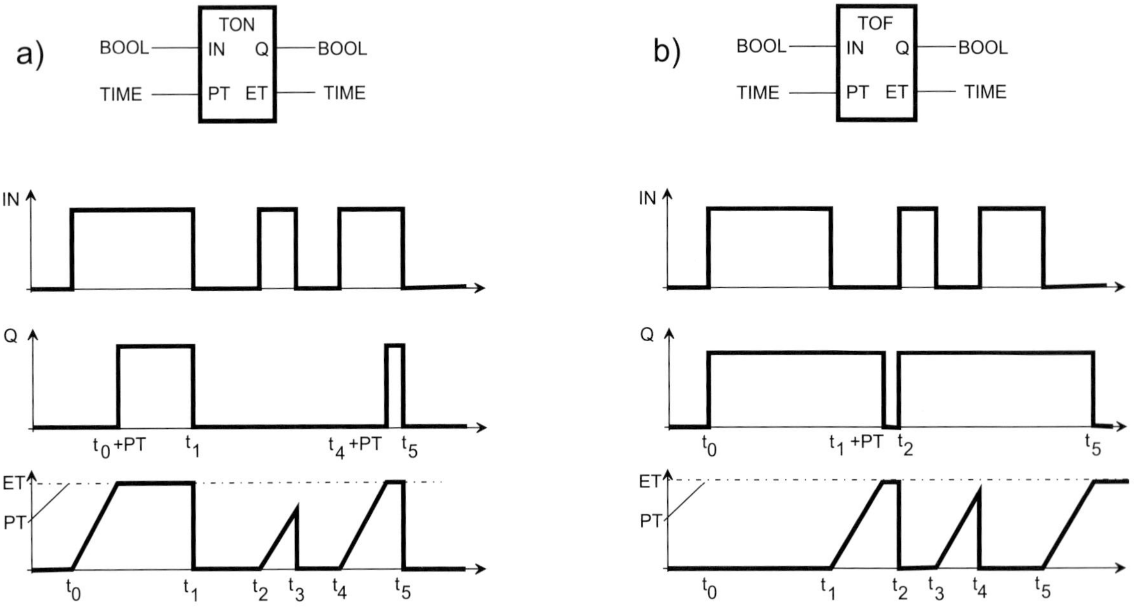

Bild 14–18. Darstellung und Timing eines **a** TON-Timers und eines **b** TOF-Timers

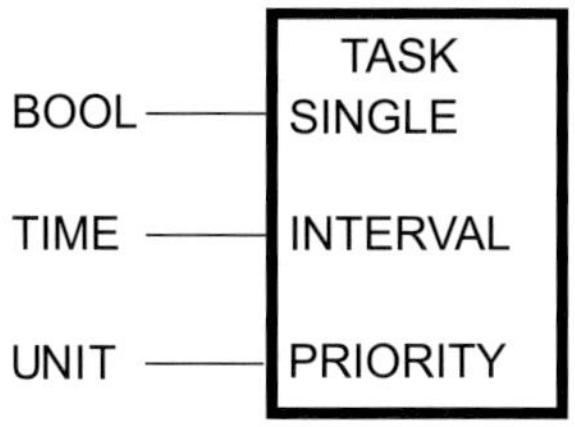

Bild 14-19. Task in FBD-Darstellung

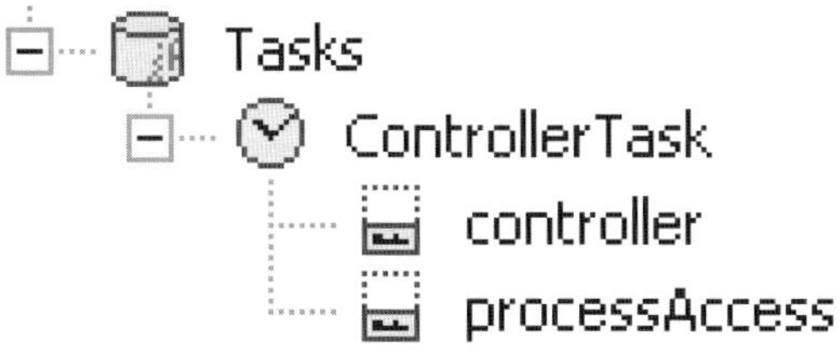

Bild 14-20. Graphische Darstellung von Funktionsblock-Instanzen in Taskliste

- *Tasks*: In der Norm IEC61131-3 können Tasks auch wie Function Blocks dargestellt werden. Die Bilder 14-19 und 14-20 zeigen eine solche FBD-Darstellung. Es können sowohl Programme als auch Function Blocks an Tasks angebunden werden. Grundsätzlich gelten – im Wesentlichen – folgende Regeln:
  1. Eine Task, deren Intervallzeit auf Null gesetzt ist (INTERVAL=T#0s) führt genau dann einen Zyklus aus, wenn am Eingang SINGLE ein positiver Flankenwechsel erfolgt.
  2. Liegt am Eingang INTERVAL eine von Null verschiedene Zeit an, so arbeitet die Task alle mit ihr verbundenen Elemente mit dieser Zykluszeit ab, solange der Eingang SINGLE mit 0 (FALSE) belegt ist. Bei einer Belegung mit 1 (TRUE) stoppt die Task.
  3. Es ist sowohl ein preemptives als auch ein non-preemptives scheduling möglich.

Die Sprachen

1) *Ladder Diagram* (LD): Das Ladder Diagram (früher Kontaktplan KOP genannt) stellt einen formalisierten Stromlaufplan einer Schütz- oder Relaisschaltung dar. Hierbei werden logische Verknüpfungen durch die Reihen- und Parallelschaltung von (Schütz-) Kontakten realisiert. Dabei wird ein Schließer durch das Symbol
   —| |—
   und ein Öffner (Negation) durch
   —| / |—
   dargestellt. Bei den Spulen gibt es – im Wesentlichen – die in Tabelle 14-10 aufgeführten Möglichkeiten.
   Bild 14-21 zeigt als kleines *Beispiel* einen Motor, der innerhalb eines Funktionsbausteines aus- oder eingeschaltet wird. Man kann Speicherfunktionen – wie in der Schütztechnik gewohnt – durch Selbsthaltekontakte realisieren. Bild 14-21 zeigt diese Realisierungsmöglichkeit. Man benutzt dann nur die direkte Zuweisung auf die Spule. Einfacher geht es, wenn man die Möglichkeit der speichernden Zuweisung nutzt. Diese Variante ist in Bild 14-22 dargestellt.
2) *Instruction List* (IL): Die Instruction List kommt der früher gebrauchten Anweisungsliste (AWL) sehr nahe. Allerdings sind hier alle Anwei-

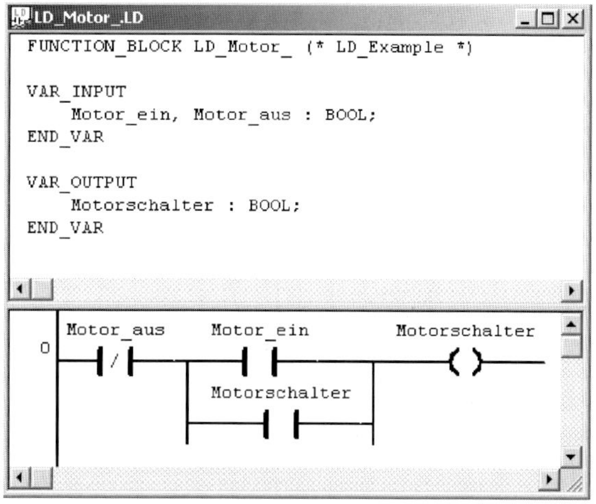

Bild 14-21. Beispiel eines in LD mit Selbsthaltekontakt geschalteten Ausgangs

Verknüpfungsergebnis	0 / FALSE	1 / TRUE
---( )---	0 / FALSE	1 / TRUE
---(R)---	y(k-1)	0 / FALSE
---(S)---	y(k-1)	1 / TRUE
---(/)---	1 / TRUE	0 / FALSE

Bild 14-22. Wirkungsweise eines Verknüpfungsergebnisses bei verschiedener Art der Zuweisung

Tabelle 14-10. Zuweisungsmöglichkeiten bei Spulen

Zuweisung des Verknüpfungsergebnisses auf Variable	---( )---
Negierte Zuweisung des Verknüpfungsergebnisses auf Variable	---(/)---
Setzen der Variablen, wenn Verknüpfungsergebnis TRUE	---(S)---
Rücksetzen der Variablen, wenn Verknüpfungsergebnis TRUE	---(R)---

Tabelle 14-11. Operatoren der IL

Nummer	Operator	Modifiers	Operand	Semantik
1	LD	N	(Bemerkung1)	Setzt das aktuelle Ergebnis auf denWert des Operanden
2	ST	N	(Bemerkung1)	Speichert das aktuelle Ergebnis an die Speicherstelle des Operanden
3	S R	(Bemerkung2) (Bemerkung2)	BOOL BOOL	Setzt Bool'schen Operanden auf 1 Setzt Bool'schen Operanden auf 0 zurück
4	AND	N, (	BOOL	Bool'sches UND
5	&	N, (	BOOL	Bool'sches UND
6	OR	N, (	BOOL	Bool'sches ODER
7	XOR	N, (	BOOL	Bool'sches Exklusiv - ODER
8	ADD	(	(Bemerkung 1)	Addition
9	SUB	(	(Bemerkung 1)	Subtraktion
10	MUL	(	(Bemerkung 1)	Multiplikation
11	DIV	(	(Bemerkung 1)	Division
12	GT	(	(Bemerkung 1)	Vergleich : >
13	GE	(	(Bemerkung 1)	Vergleich : >=
14	EQ	(	(Bemerkung 1)	Vergleich : =
15	NE	(	(Bemerkung 1)	Vergleich : <>
16	LE	(	(Bemerkung 1)	Vergleich : <=
17	LT	(	(Bemerkung 1)	Vergleich : <
18	JMP	C, N	LABEL	Sprung auf Label
19	CAL	C, N	NAME	Aufruf des Function-Blocks (Bemerkung 4)
20	RET	C, N		Return von aufgerufener Function oder Function - Block
21	)			Berechne vorhergehende Operation

Bemerkung 1:
Diese Operatoren können auch überladen oder typisiert werden. Das Verknüpfungsergebnis ist dann vom gleichen Typ, wie der Operand.

Bemerkung 2:
Diese Operationen werden nur durchgeführt, wenn das Verknüpfungsergebnis Bool'sch und vom Wert 1 ist.

sungen einschließlich der zugehörigen Regeln genormt. Die entsprechenden Operatoren sind in Tabelle 14-11 dargestellt.

Nachfolgend werden zwei Beispiele für Anwendungen in IL vorgestellt. Das erste Beispiel nach Bild 14-24 zeigt eine Zuweisung mit Haltekontakt

```
LD_Motor.LD
FUNCTION_BLOCK LD_Motor (* LD_Example *)

VAR_INPUT
    Motor_ein, Motor_aus : BOOL;
END_VAR

VAR_OUTPUT
```

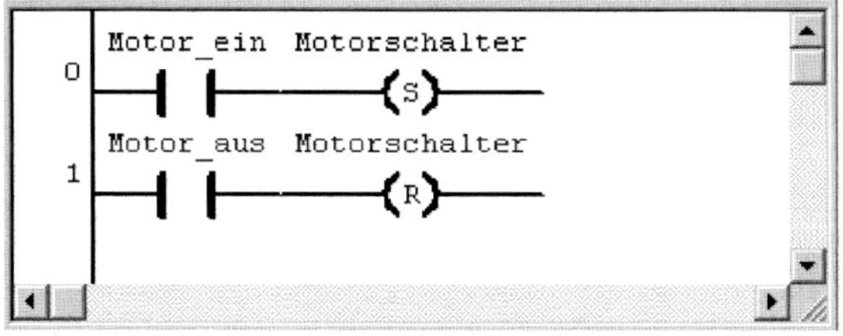

Bild 14-23. Beispiel eines mit setzender und rücksetzender Zuweisung geschalteten Ausgangs

```
IL_Motor_.IL
Label   Operation   Operand   Comment
FUNCTION_BLOCK IL_Motor_ (* IL_Example *)

VAR_INPUT
        Motor_ein, Motor_aus : BOOL;
END_VAR

VAR_OUTPUT
        Motorschalter : BOOL;
END_VAR

    (* lade negierten Wert von Austaster *)
    LDN         Motor_aus
    (* Und-Verknuepfung mit altem Schaltwert *)
    AND         (Motorschalter
    (* Oder-Verknuepfung mit Eintaster *)
    OR          Motor_ein
    )
    (* speichere neuen Wert auf Motorschalter *)
    ST          Motorschalter
    RET

END_FUNCTION_BLOCK
```

Bild 14-24. Beispiel einer Bool'schen Verknüpfung mit einem Selbsthaltekontakt in IL

```
IL_Motor.IL
Label   Operation   Operand   Comment
FUNCTION_BLOCK IL_Motor (* IL_Example *)

VAR_INPUT
        Motor_ein, Motor_aus : BOOL;
END_VAR

VAR_OUTPUT
        Motorschalter : BOOL;
END_VAR

        (* lade Wert von Eintaster *)
        LD          Motor_ein
        (* schalte Motor ein, falls TRUE *)
        S           Motorschalter
        (* lade Wert von Austaster *)
        LD          Motor_aus
        (* schalte Motor aus, falls TRUE *)
        R           Motorschalter
        RET

END_FUNCTION_BLOCK
```

Bild 14-25. Beispiel einer Bool'schen Verknüpfung mit setzender und rücksetzender Zuweisung in IL

```
ST_Motor_.ST
FUNCTION_BLOCK ST_Motor_ (* ST_Example *)

VAR_INPUT
    Motor_ein, Motor_aus : BOOL;
END_VAR

VAR_OUTPUT
    Motorschalter : BOOL;
END_VAR

(* Berechne Verknuepfung mit
   Selbsthaltekontakt *)
Motorschalter := NOT Motor_aus
        AND (Motor_ein OR Motorschalter);

END_FUNCTION_BLOCK
```

Bild 14-26. Beispiel einer Bool'schen Verknüpfung mit einem Selbsthaltekontakt in ST

und entspricht dem im Bild 14-21 gezeigten Beispiel.

Im zweiten Beispiel nach Bild 14-25 wird das gleiche Problem mit einer setzenden und rücksetzenden Zuweisung gemäß Bild 14-22 gelöst. Diese Art von Anweisungen werden immer nur dann ausgeführt, wenn das vorhergehende Verknüpfungsergebnis vom Typ BOOL und vom Wert 1 (TRUE) ist. Da nur der zuletzt zugewiesene Wert bleibt, ist die Wirkung des Aus-Tasters hier dominant.

Tabelle 14-12. Operatoren der Sprache ST

Nr.	Operation	Symbol	Priorität
1	Paranthesiazion	(expression)	höchste
2	Function evaluation Examples:	Identifier(argument list) LN(A), MAX(X,Y), . . .	
3	Exponentiation	**	
4	Negation	-	
5	Complement	Not	
6	Multiply	*	
7	Divide	/	
8	Modulo	MOD	
9	Add	+	
10	Subtract	-	
11	Comparison	<, >, <=, >=	
12	Equality	=	
13	Inequality	<>	
14	Boolean AND	&	
15	Boolean AND	AND	
16	Boolean Exclusive OR	XOR	
17	Boolean OR	OR	niedrigste

3) *Structured Text* (ST): Structured Text ist eine textuelle Hochsprache mit starker Ähnlichkeit zu Pascal. Sie bietet die meisten Freiheitsgrade. Durch die Sprache ST ist es möglich geworden, benutzerdefinierte, intelligente regelungstechnische Algorithmen auf speicherprogrammierbare Steuerungen zu bringen. Tabelle 14-12 zeigt die möglichen Operatoren in logischen oder arithmetischen Verknüpfungen. Operationen mit der zahlenmäßig geringsten Zuordnung haben die höchste Priorität und werden daher zuerst ausgeführt.
Auch die Kontrollstrukturen, die in Tabelle 14-13 dargestellt sind, sehen der Sprache Pascal sehr ähnlich. Geklammert werden hier mehrere Statements nicht mit ‚**begin**' und ‚**end**' wie in Pascal oder mit ‚{' und ‚}' wie in C, sondern werden mit einem typisierten ‚**end_xyz**' abgeschlossen, das auf den Typ des einleitenden Kontrollstatements xyz hinweist.
Auch hier sollen die beiden zuvor behandelten Beispiele eines Motors, der mit einem Austaster ausgeschaltet und mit einem Einschalter eingeschaltet wird, wieder verwendet werden. Die logischen Verknüpfungen nach Bild 14-26 beschreiben die gewünschte Struktur. Beim Aufruf einer Instanz eines Funktionsbausteins – in Bild 14-27 ist es ‚M' – müssen nicht alle Parameter übergeben werden. Die Identifikation der Parameter erfolgt hierbei nicht durch die Reihenfolge, sondern durch die explizite Zuweisung. Ein Aufruf des FB bedeutet auch immer zugleich, dass dieser operiert wird. Die Ausgänge des FB können dann einzeln in einem Ausdruck des entsprechenden Datentyps abgefragt werden. In der Realisierung des FB nach Bild 14-28 werden die Eingänge in einer geschachtelten IF-Abfrage behandelt. Da das Einschalten nur im ELSE-Teil der Abfrage des Aussignals erfolgt, hat dieses Signal Vorrang.

4) *Sequential Function* Chart (SFC): Die Sprache Sequential Function Chart basiert auf der Beschreibung sequentieller Prozesse durch Petri-Netze. Sie ist besonders zur Programmierung von Steuerungsabläufen geeignet und basiert auf den Elementen Step, Transition, Action und Action-Association.

Tabelle 14–13. Statements der Sprache ST

Nr.	Statement-Typ / Referenz	Beispiel
1	Assignment	A := B; CV := CV + 1; C:= COS(X)
2	Function block Invocation and FB output usage	PressCont(W := Setpoint; Y := CurrentValue; P := 2.3; TI := 12.5; T := 0.01); ControlValue := PressCont.U;
3	RETURN	RETURN
4	IF	D := B * B – 4 * A * C; IF D < 0.0 THEN NROOTS := 0; ELSIF D = 0.0 THEN NROOTS := 1; X1 := - B / (2.0 * A);; ELSE NROOTS := 2; X1 := (- B + SQRT(D)) / (2.0 * A); X2 := (- B - SQRT(D)) / (2.0 * A); END_IF;

5	CASE	CASE state OF
		1: IF v > 10.0 THEN
		state := 2;
		END_IF;
		1: IF v > 20.0 THEN
		state := 3;
		ELSIF v < 9.0 THEN
		state := 1;
		END_IF;
		3: IF v < 19.0 THEN
		state := 2;
		END_IF;
		ELSE Error := TRUE;
		END_CASE;

6	FOR	J := 101;
		FOR I := 1 TO 100 BY 2 DO
		IF WORDS[I] = 'KEY' THEN
		J := I;
		EXIT;
		END_IF;
		END_FOR;

7	WHILE	J := 101; WHILE J <= 100 & WORDS[J] <> 'KEY' DO J := J + 2; END_WHILE;
8	REPEAT	J := -1; REPEAT J := J + 2; UNTIL J = 101 ORWORDS[J] = 'KEY'; END_REPEAT;
9	EXIT	EXIT;
10	Empty Statement	;;

Bemerkung:
Wenn das EXIT – Statement (9) unterstützt wird, dann soll es in allen Iterations-Statements (FOR, WHILE, REPEAT) verwendet werden können. Hierbei erfolgt ein vorzeitiger Abbruch der Schleife.

Tabelle 14–14. Step-Eigenschaften

Nr.	Darstellung	Beschreibung
1	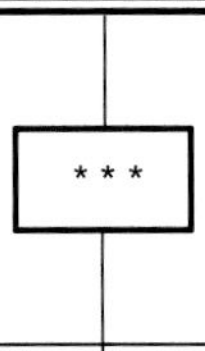	Grafische Darstellung mit gerichteten Links *** = Name des Step
2	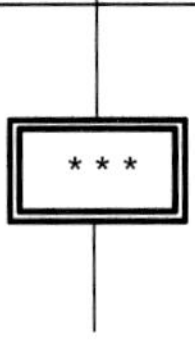	Initial step (Anfangsschritt) mit gerichteteten Links *** = Name des Initial step Bemerkung: Der obere Link ist nicht erforderlich, wenn der Step keine Vorgänger hat

Control.ST

```
FUNCTION_BLOCK Control

VAR_INPUT
    Ein, Aus : BOOL;
END_VAR

VAR_OUTPUT
    Motor : BOOL;
END_VAR

VAR
    M : ST_Motor;
END_VAR

(* Aufruf der Instanz *)
M(Motor_ein := Ein, Motor_aus := Aus);
(* Auslesen des Ausgangswertes *)
Motor := M.Motorschalter;

END_FUNCTION_BLOCK
```

Bild 14–27. Aufruf des Funktionsbausteins in ST

ST_Motor.ST

```
FUNCTION_BLOCK ST_Motor (* ST_Example *)

VAR_INPUT
    Motor_ein, Motor_aus : BOOL;
END_VAR

VAR_OUTPUT
    Motorschalter : BOOL;
END_VAR

(* Aus-Taster gedrueckt ? *)
IF Motor_aus THEN
    (* ja, schalte Motor aus *)
    Motorschalter := FALSE;
(* nein, dafuer Ein-Taster gedrueckt *)
ELSIF Motor_ein THEN
    (* ja, schalte Motor ein *)
    Motorschalter := TRUE;
END_IF;

END_FUNCTION_BLOCK
```

Bild 14–28. ST Beispiel mit IF-Abfragen

- *Steps*: Tabelle 14–14 zeigt die grafische Darstellung von Steps.
- *Transitions*: Tabelle 14-15 zeigt die grafische Darstellung von Transitions.
- *Actions*: In den meisten Fällen stellt eine gewöhnliche Variable vom Typ BOOL eine Action innerhalb einer SFC dar. Möglich sind aber auch unterlagerte Strukturen, die in beliebigen Sprachen der IEC61131-3 formuliert sein können. Sie werden dann pro Taskzyklus jeweils einmal abgearbeitet, so lange die Action aktiv ist.
- *Action-Associations mit Steps*: Action-Associations stellen die Verbindung eines Step

Tabelle 14–15. Transitionen und Transitionsbedingungen

Nr.	Darstellung	Beschreibung
1	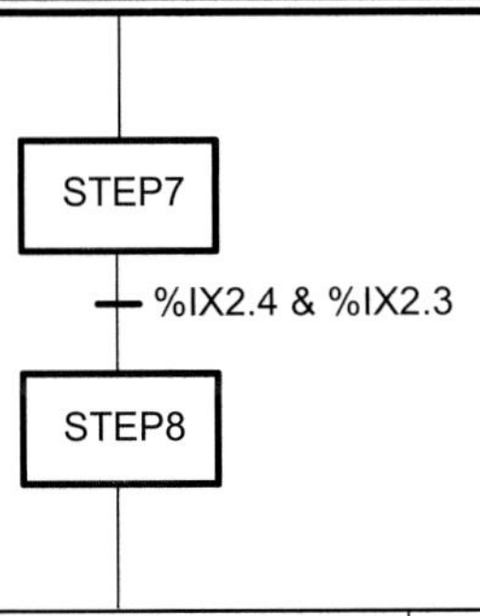	Vorgänger-Step Transitionsbedingung in ST formuliert Nachfolge-Step
2	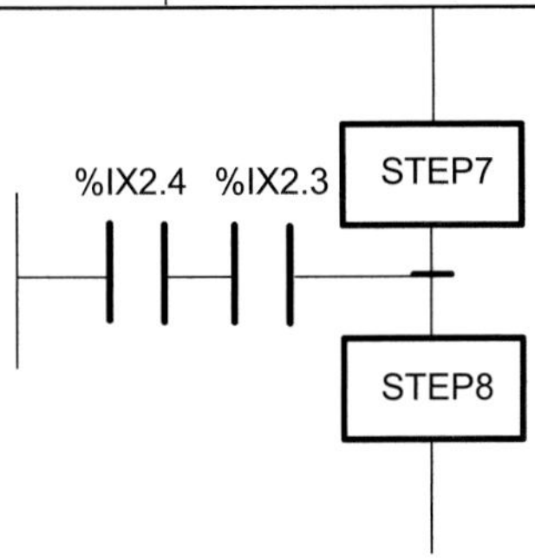	Vorgänger-Step Transitionsbedingung in LD formuliert Nachfolge-Step
3	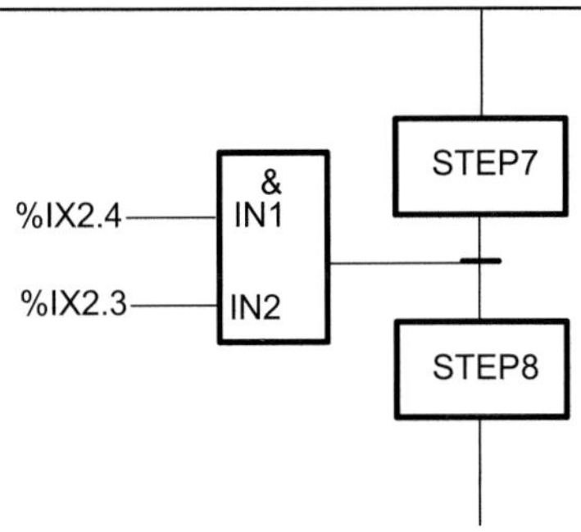	Vorgänger-Step Transitionsbedingung in FBD formuliert Nachfolge-Step

zu den korrespondierenden Actions dar. Sie legen fest, was jeweils mit einer dieser Actions geschehen soll, wenn ein solcher Step markiert ist.

- *Action-Qualifier*: Die Sequential Function Chart bietet eine große Pallette von Möglichkeiten hinsichtlich des Modus des Actions-Controls. Tabelle 14–17 enthält die vorgesehenen Qualifier.

Bild 14–29 zeigt ein Schaltbild, das die Funktion der Qualifier anschaulich beschreibt. Der Qualifier **R** bewirkt ein sofortiges Rücksetzen der hiermit assoziierten Action.

Nachfolgend ist im Bild 14–30 als abschließendes Beispiel die SFC-Realisierung der Steuerung der Coilanlage nach Bild 14–9 angegeben.

14.5.2 SPS und Prozessrechner

Speicherprogrammierbare Steuerungen sind seit ihrem ersten Auftreten immer leistungsfähiger geworden. Damit ist allerdings die Grenze zum Prozessrechner mehr und mehr fließend, weil die

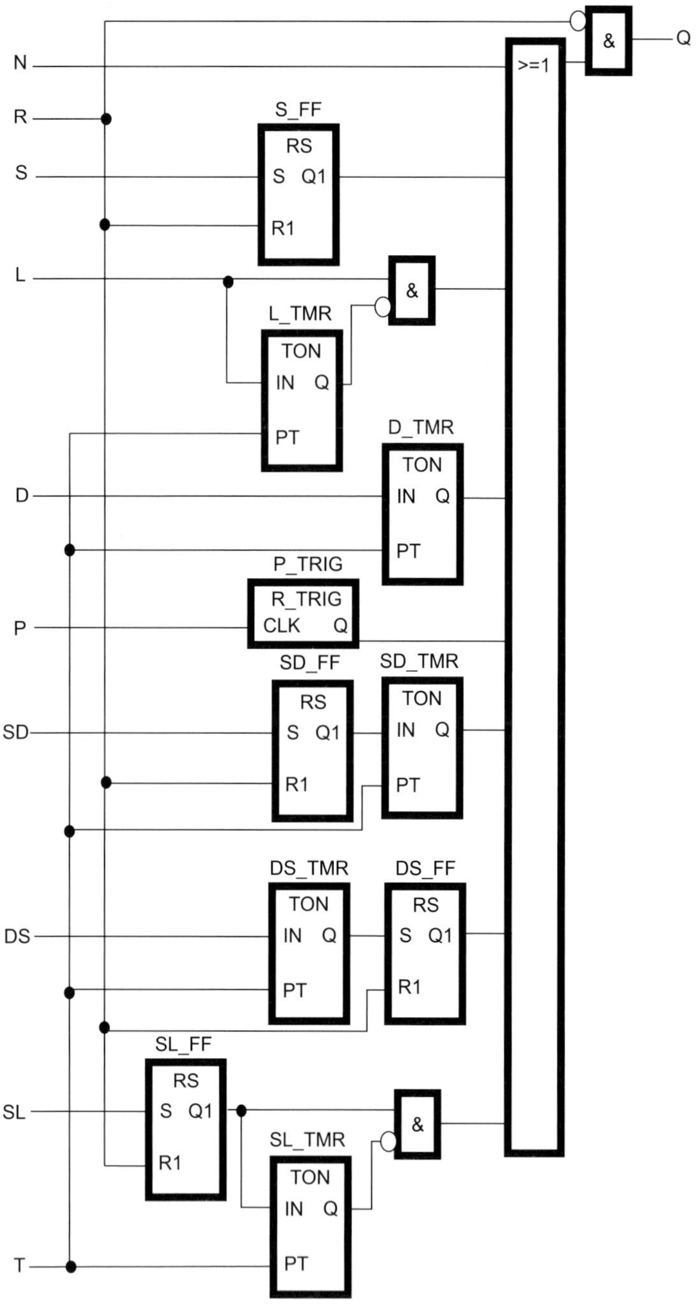

Bild 14–29. Action_Control function block body

leistungsfähigen speicherprogrammierbaren Steuerungen (SPS) immer mehr Funktionen übernehmen, die bisher Prozessrechnern bzw. Prozessleitsystemen (PLS) vorbehalten waren. Die Aufgaben eines PLS und einer SPS unterscheiden sich heute nicht mehr vom Inhalt, sondern durch den Umfang der zu lösenden Automatisierungsaufgabe. Herkömmliche SPS verarbeiten nicht nur binäre, sondern auch

Tabelle 14-16. Action-Associations

Nr.	Darstellung	Beschreibung
1	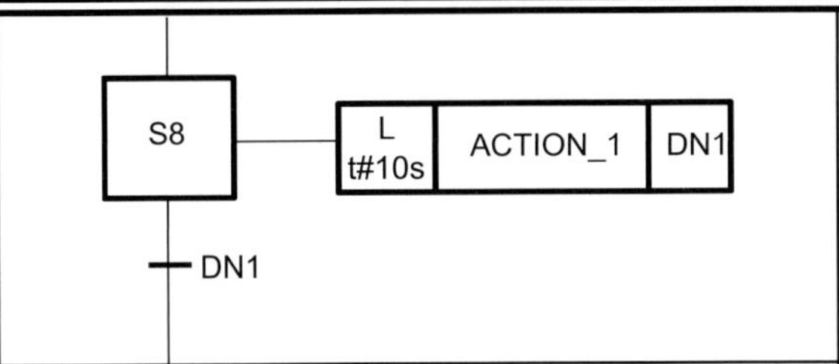	Action-Block
2	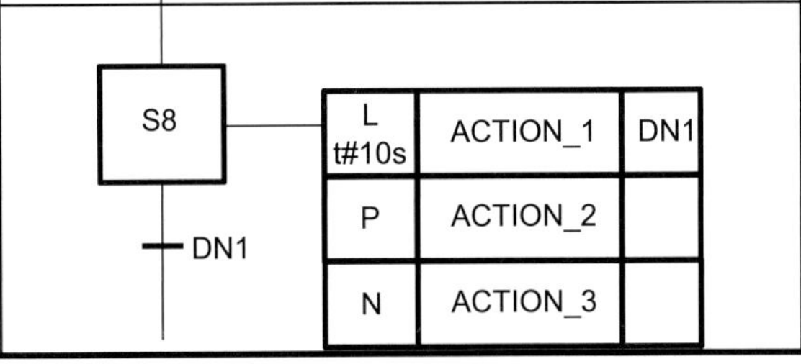	Aneinandergereihte Action-Blocks

digitalisierte analoge Signale. Die mitgelieferten Funktionsbibliotheken umfassen z. B. auch Module für diskrete PID-Regelalgorithmen (vergl. Abschn. 10.6.1).
Moderne SPS bieten außerdem die Möglichkeit, verschiedene Programmteile – für den Anwender quasi gleichzeitig – abzuarbeiten (vergl. Bild 14-13). Dadurch kann eine Gesamtaufgabe in struktuierte Teilaufgaben zerlegt werden, wobei z. B. eine Task verknüpfungsorientierte binäre Variablen verarbeitet, während eine andere Task z. B. für das Hochfahren einer Maschine oder deren Drehzahlregelung abhängig von äußeren Randbedingungen zuständig ist.

Tabelle 14-17. Action-Qualifiers

Nr.	Qualifier	Beschreibung
1	None	Non-stored (null qualifier)
2	N	**N** on-stored
3	R	overriding **R** eset
4	S	**S** et (stored)
5	L	time **L** imited
6	D	time **D** elayed
7	P	**P** ulse
8	SD	**S** tored and time **D** elayed
9	DS	**D** elayed and **S** tored
10	SL	**S** tored and time **L** imited

14.5.3 Prozesssignale von Speicherprogrammierbaren Steuerungen

Für die analogen Spannungs-Ein-/Ausgangssignale hat sich zumeist ein Standardwertebereich von +/−10 V oder 0...10 V eingebürgert. Bei den analogen Strom-Ein-/Ausgangssignalen sind es 0...20 mA bzw. 4–20 mA. Bei letzteren Schnittstellen lassen sich auf einfache Weise Drahtbrüche erkennen, wenn der eingeprägte Strom unter 4 mA sinkt. Bei analogen Eingängen unterscheidet man die beiden Betriebsarten Single-Ended-Mode und Differenzial-Mode. Im Differenzial-Mode werden zum Anschluss von Hin- und Rückleitung eines Analogsignals zwei Kanäle benutzt, die vor der AD-Wandlung auf einen Differenzverstärker gegeben werden. Eingekoppelte Störsignale, die sich gegen Massepotenzial aufbauen, werden so weitgehend eliminiert.
Digitale Ein-/Ausgänge werden größtenteils in 24 V-Technik ausgeführt. Die digitalen Ausgänge können dabei meistens einen Strom treiben, der ausreichend ist, ein 24 V-Gleichstromschütz anzusteuern.
Für die elektrische Betriebssicherheit der Anlage, ist es oft von Bedeutung, dass die Prozessschnittstellen galvanisch entkoppelt sind.

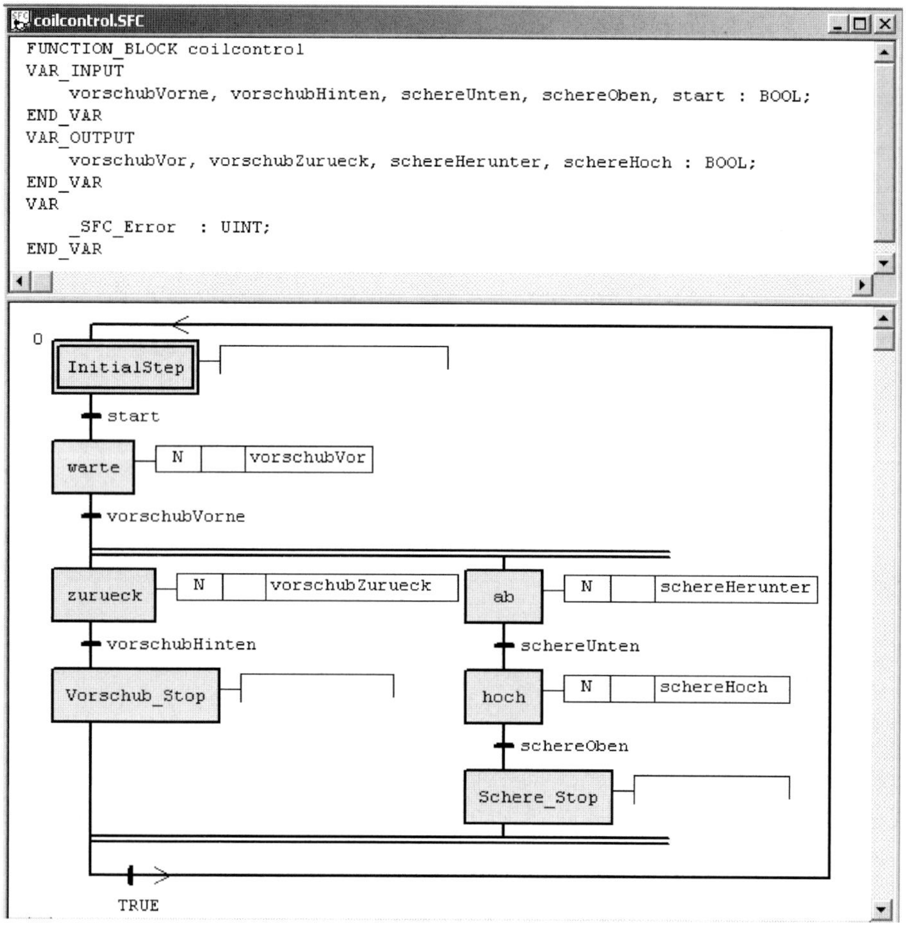

Bild 14-30. Beispiel Coil-Anlage

Formelzeichen der Regelungs- und Steuerungstechnik

a) *Allgemeine Darstellung*

$e(t), f(t), \ldots$	kontinuierliche Zeitfunktionen, Signale
$e(k), f(k), \ldots$	diskrete Zeitfunktionen, Folgen
$E(s), F(s), \ldots$	Laplace-Transformierte von $e(t), f(t), \ldots$
$E(\mathrm{j}\omega), f(\mathrm{j}\omega), \ldots$	Fourier-Transformierte von $e(t), f(t), \ldots$
$E_Z(z), F_Z(z), \ldots$	z-Transformierte von $e(k)$, $f(k) \ldots$
$\boldsymbol{x}, \boldsymbol{x}(t)$	Vektoren (konstant bzw. zeitabhängig) (anders in Kap. 14!)
$\boldsymbol{A}, \boldsymbol{A}(t), \boldsymbol{\Phi}(t)$	Matrizen (konstant bzw. zeitabhängig)
$\lvert\boldsymbol{A}\rvert$	Determinante der Matrix $\boldsymbol{A}$
$\boldsymbol{X}(s), \boldsymbol{U}(s), \ldots$	Laplace-Transformierte der Vektoren $\boldsymbol{x}(t), \boldsymbol{u}(t), \ldots$
$\underline{G}(s), \underline{\Phi}(s)$	Matrizen, deren Elemente Funktionen, z. B. Polynome, von s sind
$\mathscr{L}$	Operator der Laplace-Transformation
$\mathscr{F}$	Operator der Fourier-Transformation
$\mathscr{Z}$	Operator der z-Transformation
Z	doppelter Operator für $\mathscr{Z}\{\mathscr{L}^{-1}\{\ldots\}\vert_{t=kT}\}$

$\boldsymbol{x}^{\mathrm{T}}, \boldsymbol{A}^{\mathrm{T}}$	Transponierte des Vektors $\boldsymbol{x}$ bzw. der Matrix $\boldsymbol{A}$
$\boldsymbol{A}^{-1}$	Inverse der Matrix $\boldsymbol{A}$
$\hat{x}, \hat{p}$	Schätzwert oder rekonstruierter Wert von x oder p

b) *Spezielle Kennzeichnungen*

t	kontinuierliche Zeitvariable
$\sigma(t)$	Sprungfunktion
$\delta(t)$	Impulsfunktion
$h(t)$	Übergangsfunktion
$g(t)$	Gewichtsfunktion
k	diskrete Zeitvariable
$\delta_{\mathrm{d}}(k)$	diskreter Impuls
$h(k)$	Übergangsfolge
$g(k)$	Gewichtsfolge
u	Stellgröße
u_{R}	Reglerausgangsgröße
w	Führungsgröße
y	Regelgröße
z	Störgröße
s	$=\sigma+\mathrm{j}\omega$, komplexe Bildvariable für die Laplace-Transformation, auch als Frequenzvariable bezeichnet
ω	$=2\pi/T$, Kreisfrequenz
$G(s)$	Übertragungsfunktion
$G(\mathrm{j}\omega)$	Frequenzgang (allgemein)
$G_0(s), G_0(\mathrm{j}\omega)$	Übertragungsfunktion bzw. Frequenzgang des offenen Regelkreises
$G_{\mathrm{W}}(s)$	Führungsübertragungsfunktion
$G_{\mathrm{Z}}(s)$	Störungsübertragungsfunktion
z	komplexe Bildvariable der z-Transformation
$G(z)$	z-Übertragungsfunktion
$R(\omega)$	Realteil von $G(\mathrm{j}\omega)$
$I(\omega)$	Imaginärteil von $G(\mathrm{j}\omega)$
$\boldsymbol{x}(t)$	Vektor der Zustandsgrößen, Zustandsvektor
$\boldsymbol{u}(t)$	Vektor der Stellgrößen, Stellvektor (auch Steuervektor)
$\boldsymbol{y}(t)$	Vektor der Ausgangsgrößen, Ausgangsvektor
$R_{\mathrm{ab}}(\tau)$	Korrelationsfunktion
$S_{\mathrm{ab}}(\mathrm{j}\omega)$	Spektrum

c) *International genormte Formelzeichen* (in Klammern die in Deutschland bevorzugten Ausweichzeichen) nach DIN 19221

u	Eingangsgröße
w	Führungsgröße
$v, (z)$	Störgröße
e	Regeldifferenz, Regelabweichung
$m, (y)$	Stellgröße
$y, (x)$	Regelgröße
$q, (x_{\mathrm{A}})$	Aufgabengröße
$f, (r)$	Rückführgröße

Literatur

Allgemeine und weiterführende Literatur insbesondere zu den Kapiteln 1 bis 8

Angermann, A.; Beuschel, M.; Rau, M.; Wohlfarth, U.: Matlab – Simulink – Stateflow. München: 4. Aufl. Oldenbourg 2005

Antsaklis, P.; Michel, A.: Linear systems. New York: McGraw-Hill 1997

Belanger, P.: Control Engineering, Orlando, Fla.: Saunders 1995

Bode, H.: MATLAB in der Regelungstechnik. Stuttgart: Teubner 1998

Böttiger, A.: Regelungstechnik. 3. Aufl. München: Oldenbourg 1998

Cremer, M.: Regelungstechnik. 2. Aufl. Berlin: Springer 1995

De Carvalho, J.: Dynamical systems and automatic control. New York: Prentice-Hall 1993

Dickmanns, E.D.: Systemanalyse und Regelkreissynthese. Stuttgart: Teubner 1985

Dörrscheidt, F.; Latzel, W.: Grundlagen der Regelungstechnik. 2. Aufl. Stuttgart: Teubner 1993

Föllinger, O.: Regelungstechnik. 8. Aufl. Heidelberg: Hüthig 1994

Franke, D.; Krüger, K.; Knoop, M.: Systemdynamik und Reglerentwurf. München: Oldenbourg 1992

Geering, H.P.: Regelungstechnik. 3. Aufl. Berlin: Springer 1994

Grantham, W.: Modern control systems. New York: Wiley 1993

Leonhard, W.: Einführung in die Regelungstechnik. 6. Aufl. Wiesbaden: Vieweg 1992

Levine, W.: The control handbook, Boca Raton, Fla.: CRC Press 1996

Litz, L.: Grundlagen der Automatisierungstechnik. München: Oldenbourg 2005

Ludyk, G.: Theoretische Regelungstechnik, 2 Bde. Berlin: Springer 1995

Lunze, J.: Regelungstechnik, 2 Bde. Berlin: Springer 2006, 2007

Mann, H.; Schiffelgen, H.; Froriep, R.: Einführung in die Regelungstechnik. München: 9. Aufl. Hanser

Merz, L.; Jaschek, H.: Grundkurs der Regelungstechnik. 14. Aufl. München: Oldenbourg 2003

Ogata, K.: Modern control engineering. 2nd. Englewood Cliffs, N.J.: Prentice-Hall 1990

Olsson, G.; Piani, G.: Steuern, Regeln, Automatisieren. München: Hanser 1993

Oppelt, W.: Kleines Handbuch technischer Regelvorgänge. 5. Aufl. Weinheim: Verl. Chemie 1972

Philips, C.; Harbor, R.D.: Feedback control systems. 3rd ed. Englewood Cliffs, N.J.: Prentice-Hall 1996

Reinhardt, H.: Automatisierungstechnik. Berlin: Springer 1996

Reinisch, K.: Analyse und Synthese kontinuierlicher Steuerungssysteme. Berlin: Verl. Technik 1979

Reinschke, K.: Lineare Regelungs- u. Steuerungstheorie. Berlin: Springer 2006

Roppenecker, G.: Zeitbereichsentwurf linearer Regelungen. München: Oldenbourg 1990

Samal, E.; Becker, W.: Grundriß der praktischen Regelungstechnik. München: 21. Aufl. Oldenbourg 2004

Schlitt, H.: Regelungstechnik. 2. Aufl. Würzburg: Vogel 1993

Schmidt, G.: Grundlagen der Regelungstechnik. 2. Aufl. Berlin: Springer 1987

Schneider, W.: Regelungstechnik für Maschinenbauer. 2. Aufl. Wiesbaden: Vieweg 1994

Schulz, G.: Regelungstechnik Bd. 1 u. Bd. 2. München: Oldenbourg 2002 u. 2004

Solodownikow, W.W.: Analyse und Synthese linearer Systeme. Berlin: Verl. Technik 1971

Solodownikow, W.W.: Stetige lineare Systeme. Berlin: Verl. Technik 1971

Stefani, R.T. et al.: Design of feedback control systems. Orlando: Saunders College Publishing 1994

Unbehauen, H.: Regelungstechnik I: Klassische Verfahren zur Analyse und Synthese linearer kontinuierlicher Regelsysteme. 14. Aufl. Wiesbaden: Vieweg 2007

Weinmann, A.: Regelungen, Bd. I: Systemtechnik linearer und linearisierter Regelungen. 3. Aufl. Wien: Springer 1994

Wolovich, W.: Automatic control systems. Orlando, Fla.: Saunders 1994

Kahlert, J.; Frank, H.: Fuzzy-Logik und Fuzzy-Control. Braunschweig, Wiesbaden: Vieweg 1993

Kahlert, J.: Fuzzy Control für Ingenieure. Fuzzy-Regelsystemen. Braunschweig, Wiesbaden: Vieweg 1995

Zimmermann, H.: Fuzzy set theory and its applications. 2nd ed. Boston: Kluwer 1992

Boullart, L.: Krijgsman, A.: Vingerhoeds, R.A.: Application of artificial intelligence in process control. Oxford: Pergamon 1992

Hrycej, T.: Neurocontrol. New York: Wiley 1997

Spezielle Literatur zu Kapitel 1

1. Wiener, N.: Cybernetics; or, Control and communication in the animal and the machine. New York: Wiley 1948
2. DIN 19226-1/6: Leittechnik; Regelungstechnik und Steuerungstechnik

Spezielle Literatur zu Kapitel 2

1. Schöne, A.: Simulation technischer Systeme, 3 Bde. München: Hanser 1974

Spezielle Literatur zu Kapitel 3

1. Unbehauen, R.: Systemtheorie, Bd. 1 u. 2. München: Oldenbourg 1998/2002

Spezielle Literatur zu Kapitel 4

1. Doetsch, G.: Anleitung zum praktischen Gebrauch der Laplace-Transformation und der z-Transformation. 5. Aufl. München: Oldenbourg 1985
2. Föllinger, O.: Laplace- und Fourier-Transformation. Berlin: Elitera-Verl. 1977
3. [Unbehauen, Regelungstechnik I]

Spezielle Literatur zu Kapitel 5

1. [Unbehauen, Regelungstechnik I]
2. Tietze, U.; Schenk, Ch.: Halbleiter-Schaltungstechnik. 10. Aufl. Berlin: Springer 1993

Spezielle Literatur zu Kapitel 6

1. Hurwitz, A.: Über die Bedingungen, unter welchen eine Gleichung nur Wurzeln mit negativen reellen Teilen besitzt. Math. Ann. 46 (1895) 273–284
2. Routh, E.J.: A treatise on the stability of a given state of motion. London: Macmillan 1877
3. Nyquist, H.: Regeneration theory. Bell Syst. Tech. J. 11 (1932) 126–147

Spezielle Literatur zu Kapitel 7

1. Evans, W.R.: Control system dynamics. New York: McGraw-Hill 1954

Spezielle Literatur zu Kapitel 8

1. Newton, G.C.; Gould, L.A.; Kaiser, J.F.: Analytical design of linear feedback control. New York: Wiley 1957
2. Unbehauen, H.: Stabilität und Regelgüte linearer und nichtlinearer Regler in einschleifigen Regelkreisen bei verschiedenen Streckentypen mit P- und I-Verhalten. (Fortschr.-Ber., R. 8, 13) Düsseldorf: VDI-Verl. 1970
3. [Oppelt], S. 462–476
4. Ziegler, J.G.; Nichols, N.B.: Optimum settings for automatic controllers. Trans. ASME 64 (1942) 759–768
5. [Unbehauen, Regelungstechnik I]
6. Truxal, J.G.: Entwurf automatischer Regelsysteme. Wien, München: Oldenbourg 1960, S. 297–338

Allgemeine Literatur zu Kapitel 9

Atherton, D.: Nonlinear control engineering. London: Van Nostrand 1981

Föllinger, O.: Nichtlineare Regelung, 7. Aufl. München: Oldenbourg 1993

Khalil. K.: Nonlinear systems. New York: Macmillan 1992

Nijmeijer, H.; van der Schaft, A.: Nonlinear dynamical control systems. Berlin: Springer 1990

Parks, P.C.: Hahn, V.: Stabilitätstheorie. Berlin: Springer 1981

Schwarz, H.: Nichtlineare Regelungssysteme. München: Oldenbourg 1991

Unbehauen, H.: Regelungstechnik II: Zustandsregelungen, digitale und nichtlineare Regelsysteme. 9. Aufl. Wiesbaden: Vieweg 2007

Vidyasagar, M.: Nonlinear systems analysis. Englewood Clifs, N.J.: Prentice-Hall 1993

Spezielle Literatur zu Kapitel 9

1. Siehe [2] zu Kap. 8
2. [Unbehauen, Regelungstechnik II]
3. Gille, J.; Pelegrin, M.; Decaulne, O.: Lehrgang der Regelungstechnik, Bd. I. München: Oldenbourg 1960
4. Feldbaum, A.: Rechengeräte in automatischen Systemen. München: Oldenbourg 1962
5. Boltjanski, W.G.: Mathematische Methoden der optimalen Steuerung. München: Hanser 1972
6. Hahn, W.: Theorie und Anwendung der direkten Methode von Ljapunov. Berlin: Springer 1959
7. Aiserman, M.; Gantmacher, F.: Die absolute Stabilität von Regelsystemen. München: Oldenbourg 1965
8. Schultz, D.; Gibson, J.: The variable gradient method for generating Liapunov functions. Trans. AIEE 81, Part II (1962) 203–210
9. Popov, V.: Absolute stability of nonlinear systems of automatic control. Autom. Remote Control 22(1961) 961–978

Allgemeine Literatur zu Kapitel 10

Ackermann, J.: Sampled-data control systems. Berlin: Springer 1985

Braun, A.: Digitale Regelungstechnik. München: Oldenbourg 1997

Feindt, E.: Regeln mit dem Rechner. 2. Aufl. München: Oldenbourg 1994

Föllinger, O.: Lineare Abtastsysteme. 5. Aufl. München: Oldenbourg 1993

Franklin, G.; Powell, J.; Workman, M.: Digital control of dynamic systems. London: Addison-Wexley 1990

Gausch, F.; Hofer, A.: Schlachter, K.: Digitale Regelkreise. 2. Aufl. München: Oldenbourg 1993
Günther, M.: Zeitdiskrete Steuerungssysteme. Berlin: Verl. Technik 1986
Isermann, R.: Digitale Regelsysteme, 2 Bde. 2. Aufl. Berlin: Springer 1987
Kuo, B.: Digital control systems. Orlando, Fla.: Saunders 1992
Latzel, W.: Einführung in die digitalen Regelungen. Düsseldorf: VDI-Verlag 1995
Ogata, K.: Discrete-time control systems. 2nd ed. Englewood Cliffs, N.J.: Prentice-Hall 1995
Phillips, C.; Nagle, H.: Digital control system analysis and design. Englewood Cliffs, N.J.: Prentice-Hall 1984
Santina, M.; Stubberud, A.; Hostetter, G.: Digital control system design. Orlando, Fla.: Saunders 1994
Unbehauen, H.: Regelungstechnik II; siehe zu Kap. 9
Van den Enden, A.; Verhoeckx, N.: Digitale Signalverarbeitung. Wiesbaden: Vieweg 1990

Spezielle Literatur zu Kapitel 10

1. Siehe [1] zu Kap. 4
2. Zypkin, S.: Theorie der linearen Impulssysteme. München: Oldenbourg 1967
3. [Unbehauen, Regelungstechnik II]
4. Tustin, A.: Method of analysing the behaviour of linear systems in terms of time series. J. IEE 94, Part IIA (1947) 130–142
5. Jury, E.: Theory and application of the z-transform method. New York: Wiley 1964
6. [Föllinger, Abtastsysteme]
7. Takahashi, Y.; Chan, C.; Auslander, D.: Parametereinstellung bei linearen DDC-Algorithmen. Regelungstechnik 19 (1971) 237–244

Allgemeine Literatur zu Kapitel 11

Hippe, P.; Wurmthaler, Ch.: Zustandsregelung. Berlin: Springer 1985
Ludyk, G.: Theoretische Regelungstechnik Bd. 1 und Bd. 2. Berlin: Springer 1995
Ogata, K.: State space analysis of control systems. Englewood Cliffs, N.J.: Prentice-Hall 1967
Unbehauen, H.: Regelungstechnik II; siehe zu Kap. 9

Spezielle Literatur zu Kapitel 11

1. [Unbehauen, Regelungstechnik II]
2. Kalman, R.: On the general theory of control systems. Proc. 1st IFAC Congress, Moskau 1960, Bd. 1. München: Oldenbourg 1961, S. 481–492
3. [Unbehauen, Regelungstechnik III; siehe zu Kap. 12]
4. [Angermann, A., Beuschel, M.; Rau, M.; Wohlfarth, U.]

Allgemeine Literatur zu Kapitel 12

Eykhoff, P.: System identification. London: Wiley 1974
Gevers, M.; Li, G.: Parametrizations in control, estimation and filtering problems. Berlin: Springer 1993
Isermann, R.: Identifikation dynamischer Systeme. 2 Bde. 2. Aufl. Berlin: Springer 1992
Johansson, R.: System modeling and identification. New York: Prentice-Hall 1992
Juang, J.: Applied system identification. Englewood Cliffs, N.J.: Prentice-Hall 1994
Ljung, J.: System identification. 2nd ed. Englewood Cliffs, N.J.: Prentice-Hall 1999
Natke, H.G.: Einf. in Theorie und Praxis der Zeitreihen und Modalanalyse. 3. Aufl. Wiesbaden: Vieweg 1992
Sinha, N.; Rao, G.P.: Identification of continuous-time systems. Dortrecht: Kluwer 1991
Söderström, T.; Stoica, P.: System identification. New York: Prentice-Hall 1989
Unbehauen, H.: Regelungstechnik III: Identifikation, Adaption, Optimierung. 6. Aufl. Wiesbaden: Vieweg 2000
Unbehauen, H.; u.a.: Parameterschätzverfahren zur Systemidentifikation. München: Oldenbourg 1974
Unbehauen, H.; Rao, G. P.: Identification of continuous systems. Amsterdam: North-Holland 1987

Spezielle Literatur zu Kapitel 12

1. [Unbehauen, Regelungstechnik III]
2. Schwarze, G.: Algorithmische Bestimmung der Ordnung und Zeitkonstanten bei P-, I- und

D-Gliedern. messen, steuern, regeln 7 (1964) 10–18
3. [Unbehauen/Rao]
4. Unbehauen, H.: Kennwertermittlung von Regelsystemen an Hand des gemessenen Verlaufs der Übergangsfunktion. messen, steuern, regeln 9 (1966) 188–191
5. Unbehauen, H.: Bemerkungen zu der Arbeit von W. Bolte „Ein Näherungsverfahren zur Bestimmung der Übergangsfunktion aus dem Frequenzgang". Regelungstechnik 14 (1966) 231–233
6. [Unbehauen, Regelungstechnik III]

Allgemeine Literatur zu Kapitel 13

Ackermann, J.: Robust control: Systems with uncertain physical parameters. New York: Springer 1993

Aström, K.; Wittenmark, B.: Adaptive control. Reading (Ma.): Addison-Wesley 1989

Aström, K.; Wittenmark, B.: Computer-controlled systems: Theory and design. London: Prentice-Hall 1990

Chalam, V.: Adaptive control systems. New York: Dekker 1987

Cichocki A.; Unbehauen, R.: Neural networks for optimization and signal processing. Chichester (UK): Wiley 1993

De Keyser, R.; Van de Velde, P.; Dumortier, F.: A comparative study of self-adaptive long-range predictive control methods. Automatica 24 (1988) 149–163

Goodwin, G.; Sin, K.: Adaptive filtering and control. Englewood Cliffs (N.J.): Prentice-Hall 1984

Harris, C.; Billings, S.: Self-tuning and adaptive control. London: P. Peregrinus 1981

Ioannou, P.; Sun, J.: Robust adaptive control. Upper Saddle River (N.J.): Prentice-Hall 1996

Isermann, R.; Lachmann, K.; Matko, D.: Adaptive control systems. New York: Prentice-Hall 1992

Kahlert, J.; Frank, H.: Fuzzy-Logik und Fuzzy-Control. Braunschweig: Vieweg 1993

Kiendl, H.: Fuzzy Control methodenorientiert. München: Oldenbourg 1997

King, R.: Computational intelligence in control engineering. New York: Dekker 1999

Koch, H.; Kuhn, T.; Wernstedt, J.: Fuzzy Control. München: Oldenbourg 1996

Krstic, M.; Kanellakopoulos, I.; Kokotovic, P.: Nonlinear and adaptive control design. New York: Wiley 1995

Landau, Y.: Adaptive control. New York: Dekker 1979

Levine, W. (ed.): The control handbook. Boca Raton (Fl.): CRC Press 1996

Lin, C.: Advanced control systems design. Englewood Cliffs: Prentice-Hall 1994

Maciejowski, J.: Predictive control with constraints. London: Prentice-Hall 2002

Martin-Sanchez, J; Rodellar, J.: Adaptive predictive control. London: Prentice-Hall 1996

Mosca, E.: Optimal predictive and adaptive control. London: Prentice-Hall 1995

Mutambara, A.: Design and analysis of control systems. Boca Raton (Fl.): CRC Press 1999

Narendra, K.; Annaswami, A.: Stable adaptive systems. Englewood Cliffs (N.J.): Prentice-Hall 1989

Nijmeijer, H.; van der Schaft, A.: Nonlinear dynamic control systems. Berlin: Springer 1990

Nise, N.: Control systems engineering. New York: Wiley 2000

Rawlings, J.: Tutorial overview of model predictive control. IEEE Contr. Syst. Magazine 20-3 (2000) 38–52

Sastry, S.; Bodson, M.: Adaptive control – Stability, convergence and robustness. Englewood Cliffs: Prentice-Hall (N.J.) 1998

Strietzel, R.: Fuzzy-Regelung. München: Oldenbourg 1996

Unbehauen, H.: Regelungstechnik III; siehe zu Kap. 12

Wellstead, P.; Zarrop, M.: Self-tuning systems. Chichester (UK): Wiley 1991

Zilouchian, A.; Jamshidi, M. (eds.): Intelligent control systems using soft computing methodologies. Boca Raton (Fl.): CRC Press 2001

Spezielle Literatur zu Kapitel 13

1. Smith, O.: A controller to overcome dead-time. ISA Journal 6-2 (1959) 28–33
2. Hang, C.C.: Smith predictor and modifications. In: H. Unbehauen (ed.): Control systems, robotics and automation–UNESCO-Encyclopedia of

Life Support Systems (EOLSS). Oxford (UK): Eolss-Publishers (Internet) 2003
3. Francis, B.; Wonham, W.: The internal model principle for linear multivariable regulators. Applied Mathematics and Optimization 2 (1975) 170–194
4. Morari, M.; Zafiriou, E.: Robust process control. Englewood Cliffs (N.J.): Prentice-Hall 1989
5. Barmish, B.: New tools for robustness of linear systems. New York: Macmillan 1994
6. Bhattacharyya, S.; Chappelat, H.; Keel, L.: Robust control: The parametric approach. Upper Saddle River (N.J.): Prentice-Hall 1995
7. Zames, G.: Feedback and optimal sensitivity: Model reference transformations, multiplicative seminorms, and approximate inverses. IEEE Trans. AC 26 (1981) 301-320
8. Boyd, S.; Barratt, C.: Linear controller design: Limits of performance. Englewood Cliffs (N.J.): Prentice- Hall 1991
9. Kharitonov, V.: Über eine Verallgemeinerung eines Stabilitätskriteriums (russ.). Izvetiy Akademii Nauk Kazakhskoi SSR, Seria Fizikomatematicheskaia 26 (1978) 53–57
10. Camacho, E.; Bordons, C.: Model predictive control. London: Springer 1999
11. Soeterboek, A.: Predictive control: A unified approach. New York: Prentice-Hall 1992
12. Clarke, D.: Advances in model-based predictive control. New York: Oxford University Press 1994
13. Krämer, K.: Ein Beitrag zur Analyse und Synthese adaptiver prädiktiver Regler. Düsseldorf: VDI-Verlag 1992
14. Chen, H.; Allgöwer, F.: Nonlinear model predictive control schemes with guaranteed stability. In: Berber, R.; Kravaris, C. (eds.): Nonlinear model based process control.Dordrecht: Kluwer Academic Publishers 1998
15. Halldorsson, U.: Synthesis of multirate nonlinear predictive control. Düsseldorf: VDI-Verlag 2003
16. [Unbehauen, Regelungstechnik III]
17. Clarke, D.; Gawthrop, P.: Self-tuning controller. IEE Proc. Pt.D: Control Theory and Applications 122-9 (1975) 929–934
18. Annaswamy, A.: Model reference adaptive control. In: H. Unbehauen (ed.): Control systems, robotics and automation–UNESCO-Encyclopedia of Life Support Systems (EOLSS). Oxford (UK): Eolss-Publishers (Internet) 2003
19. Gawthrop, P.: Continuous-time self-tuning control. Vol. 1: Design. Lechworth (UK): Research Study Press 1987
20. [Unbehauen, Regelungstechnik III]
21. Anderson, B. et al.: Stability of adaptive systems. Cambridge (Ma.): M.I.T. Press, 1986
22. Aström, K.; Hägglund, T.: Automatic tuning of simple regulators with specification on phase and amplitude margins. Automatica 20 (1984) 645–651
23. Filatov, N.; Unbehauen, H.: Adaptive dual control. Berlin: Springer 2004
24. Kokotovic, P.; Khalil, H.; O'Reilly, J.: Singular perturbation methods in control: Analysis and design. Philadelphia: SIAM 1999
25. Utkin, V.: Variable structure systems with sliding modes. IEEE Trans. AC 22 (1977) 212–222
26. Hung, J.Y.; Gao, W.; Hung, J.C.: Variable structure control. IEEE Trans. IE 40-1 (1993) 2–22
27. Khalil, H.: Nonlinear systems. Upper Saddle River (N.J.): Prentice-Hall 2002
28. Driankov, D.; Hellendorn, H.; Reinfrank, M.: An introduction to fuzzy control. Berlin: Springer 1993
29. Funahashi, K.: On the approximate realization of continuous mapping by neural networks. Neural Networks 2 (1989) 183–192
30. Harris, C.; Brown, M.; Bossley, M.; Milis, D.; Feng, M.: Advances in neurofuzzy algorithms for real-time modelling and control. Engng. Applic. Artif. Intell. 9 (1996) 1–16
31. Linkens, D.; Nyongesa, H.: Learning systems in intelligent control: An appraisal of fuzzy, neural and genetic control applications. IEE Proc. CTA 143 (1996) 367–386

Allgemeine Literatur zu Kapitel 14

Bonfatti, F.; Monari, P.D.; Sampieri, U.: IEC 1131-3 programming methodology. Seyssins: CJ International 1997

John, K.-H.; Tiegelkamp, M.: SPS-Programmierung mit IEC 1131-3. Berlin: Springer 1997

Lewis, R.W.: Programming industrial control systems using IEC 1131-3. London: The Institution of Electrical Engineers 1998

Pickhardt, R.: Grundlagen und Anwendungen der Steuerungstechnik. Braunschweig: Vieweg 2000

Allgemeine Literatur zu Kapitel 1 bis 14

Früh, K.F. (ed.): Handbuch der Prozeßautomatisierung. München: Oldenbourg 2000

Singh, M.G. (ed.): Systems and control encyclopedia. Oxford: Pergamon Press 1987

Levine, W.S. (ed.): The Control Handbook. Boca Raton (Fl): CRC Press 1996

Unbehauen, H. (ed.): Component Encyclopedia of Control Systems Rolotics and Automation (ECSRA) of UNESCO-Encyclopedia of Life Support Systems (EOLSS). Oxford (UK): EOLSS-Publishes (Internet) 2003

J Technische Informatik

H. Liebig
Th. Flik
P. Rechenberg
H. Mössenböck

In der Informatik verbindet sich das axiomatische, logisch-strukturtheoretische Denken der Mathematik mit dem konstruktiven und ökonomischen, d. h. praktisch-ingenieurmäßigen Handeln der Technik. Die Informatik ist daher sowohl eine Strukturwissenschaft, die abstrakt (und immateriell) betrieben wird, als auch eine Ingenieurwissenschaft, die sich konkret (und materiell) mit der Entwicklung, dem Bau und dem Betrieb technischer Produkte befasst.

Von anderen Gebieten der Wissenschaften und der Technik unterscheidet sich die Informatik durch die Art dieser Produkte. Sie sind zum einen *Hardware*, die aufgrund ihrer materiellen Beschaffenheit nur schwer verändert werden kann, und zum andern *Software*, die – mechanistisch betrachtet – leicht zu verändern ist. Trotz ihrer gegensätzlichen Erscheinung sind Hardware und Software jedoch im Prinzip bis auf ein unvermeidliches Minimum an Rechenmaschine gegeneinander austauschbar.

In der Praxis existieren Hardware und Software nicht getrennt für sich, sondern bilden eine Einheit, wobei die Grenzziehung zwischen beiden von konstruktiven und ökonomischen Bedingungen abhängt. Diese Hardware-Software-Systeme erstrecken sich von kleinsten bis hin zu größten Anwendungen, die in ihrer Komplexität an die Grenzen der physikalischen Realisierbarkeit wie der intellektuellen Beherrschbarkeit stoßen.

Wie in anderen Wissenschaften, so versucht man auch in der Informatik, das millionenfache Zusammenwirken ihrer „Atome“ (bei der Hardware die elektronischen Schalter, bei der Software die Befehle der Programme) durch modulare und hierarchische Gliederung, d. h. durch wiederholte Abstraktion zu beherrschen.

Dieser mit *Technische Informatik* überschriebene Teil J orientiert sich am *Computer* als *dem* technischen Repräsentanten der Informatik. Er beginnt mit einer kurzen Einführung in wichtige theoretische

Tabelle. Historische Entwicklung von Hardware und Software

Generation	Entwicklung der Hardware	Entwicklung der Software
1	*Bis Ende der fünfziger Jahre* Elektronenröhren als Schaltelemente; zentrale Speicher von wenigen hundert Maschinenwörtern.	*Bis Ende der fünfziger Jahre* Assemblercode; einfachste Betriebssysteme; lochkartenorientierter Einzelbetrieb.
2	*Seit Anfang der sechziger Jahre* Transistorschaltkreise; Ferritkern-, Band-, Trommel-, Plattenspeicher.	*Seit Anfang der sechziger Jahre* FORTRAN, ALGOL 60, COBOL; umfangreichere Betriebssysteme; lochkartenorientierter Stapelbetrieb.
3	*Seit Mitte der sechziger Jahre* Teilweise integrierte Schaltkreise.	*Seit Mitte der sechziger Jahre* PL/I, Pascal, APL, C; Hochkomplexe Betriebssysteme; dialogorientierter Mehrbenutzerbetrieb.

Tabelle. (Fortsetzung)

Generation	Entwicklung der Hardware	Entwicklung der Software
4	*Seit Anfang der siebziger Jahre* Überwiegend hochintegrierte Schaltkreise; Halbleiterspeicher; 8-Bit-Prozessoren auf einem Chip, 1 000 bis 10 000 Transistorfunktionen, Taktfrequenzen um 1 MHz.	*Seit Anfang der achtziger Jahre* Programmiersprachen: Modula-2, Ada, Lisp, Prolog; Programmierumgebungen mit grafischer Benutzeroberfläche; hochentwickelte Textverarbeitungs- und Grafikprogramme.
5	*Seit Anfang der achtziger Jahre* Hochintegrierte Schaltkreise; 16- und 32-Bit-Prozessoren auf einem Chip, bis zu 200 000 Transistorfunktionen, Taktfrequenzen um 8 MHz.	*Seit Anfang der neunziger Jahre* Vordringen der objektorientierten Programmierung; Programmiersprachen: C++ und Java; Vereinigung der Verarbeitung von Text-, Audio- und Videodaten (Multimedia); Ausnutzung des Internets und seiner Kommuni- kationsmöglichkeiten (z. B. elektronische Post).
	Seit den neunziger Jahren 32- und 64-Bit-Prozessoren mit integrierten Caches und interner Parallelverarbeitung, bis zu 500 Millionen Transistorfunktionen, Taktfrequenzen von mehreren GHz.	
	Im neuen Jahrhundert Stromsparende Prozessoren; mehrere Prozessorkerne auf einem Chip, Kerne mit Multithreading, bis zu 2 Milliarden Transistorfunktionen.	*Im neuen Jahrhundert* C#; Integrierte Softwareentwicklungs- umgebungen; Programmkommunikation über das Internet.

Konzepte, den *Mathematischen Modellen*, fährt fort mit der Beschreibung des Zusammenwirkens der elektronischen Schaltungen, den *Digitalen Systemen*, behandelt dann Struktur- und Betriebsaspekte in Rechnern, d. h. die *Rechnerorganisation*, und schließt mit der Nutzbarmachung von Rechenanlagen für die verschiedensten Anwendungen, d. h. mit ihrer *Programmierung*. Dabei bleiben entsprechend dem Grundlagencharakter des Werkes besondere, nur für bestimmte Anwendungsgebiete relevante Computersysteme und -programme ausgespart.

Zur Kennzeichnung der historischen Entwicklung von Hardware und Software hat sich eine Einteilung in Generationen eingebürgert, die in der voranstehenden Tabelle skizziert ist.

Mathematische Modelle
H. Liebig, P. Rechenberg

1 Boole'sche Algebra

Die Boole'sche Algebra wurde 1854 von G. Boole zur Formalisierung der Aussagenlogik formuliert und 1938 von C. Shannon auf die Beschreibung von Funktion und Struktur sog. kombinatorischer Relais-Schaltungen angewendet. Seither wird sie zum Entwurf digitaler Rechensysteme eingesetzt. – Die Entsprechung zwischen falschen und wahren Aussagen in der Logik (Aussage x = falsch/wahr) und offenen und geschlossenen Schaltern in der Technik (Schalter x = offen/geschlossen) bildet die Grundlage des Rechnerbaus. Mit der Boole'schen Algebra können nämlich sowohl Aussagenverknüpfungen als auch Schalterverknüpfungen beschrieben werden (Boole'sche Variable $x = 0/1$).

1.1 Logische Verknüpfungen und Rechenregeln

1.1.1 Grundverknüpfungen

Die wichtigsten Grundoperationen sind in Tabelle 1-1 dargestellt. Zu ihnen zählen die Negation (NICHT, NOT; Operationszeichen: Überstreichungen oder vorangestelltes $\neg$), die Konjunktion (UND, AND; Operationszeichen: $\cdot$ oder $\wedge$) und die Disjunktion (ODER, OR; Operationszeichen $+$ oder $\vee$). Diese sog. Boole'schen Grundverknüpfungen stehen einerseits für Verbindungen von „Ja-/Nein-Aussagen" (z. B. umgangssprachlichen Sätzen, die nur wahr oder falsch sein können), können aber andererseits auch als Verknüpfungen binärer Systemzustände (z. B. von elektrischen Signalen) angesehen werden (siehe 3.1).

Negation $y = \bar{x}$: $y = 1$, wenn *nicht* $x = 1$ (d. h., $y = 1$, wenn $x = 0$).

Konjunktion $y = x_1 \cdot x_2$: $y = 1$, wenn $x_1 = 1$ *und* $x_2 = 1$.

Disjunktion $y = x_1 + x_2$: $y = 1$, wenn $x_1 = 1$ *oder* $x_2 = 1$.

Weitere Grundverknüpfungen sind die Antivalenz (ENTWEDER ODER, XOR; Operationszeichen: $\nleftrightarrow$ oder $\oplus$), die Äquivalenz (ÄQUIVALENT; Operationszeichen: $\leftrightarrow$ oder $\equiv$) sowie die Implikation (IMPLIZIERT, Operationszeichen: $\rightarrow$ oder $\supset$).

Antivalenz $y = x_1 \nleftrightarrow x_2$: $y = 1$, wenn *entweder* $x_1 = 1$ *oder* $x_2 = 1$ (d. h., x_1 ist ungleich x_2).

Äquivalenz $y = x_1 \leftrightarrow x_2$: $y = 1$, wenn x_1 *äquivalent* x_2 (d. h., x_1 ist gleich x_2).

Implikation $y = x_1 \rightarrow x_2$: $y = 1$, wenn x_1 *impliziert* x_2 (d. h., x_2 bezieht x_1 ein bzw. x_2 ist größer/gleich x_1).

Tabelle 1-1. Logische Operationen; Wahrheitstabellen, Formeln, Symbole

a Negation

x	y
0	1
1	0

$y = \bar{x} = \neg x$

x_1	x_2	b Konjunktion y	c Disjunktion y	d Antivalenz y	e Äquivalenz y	f Implikation y
0	0	0	0	0	1	1
0	1	0	1	1	0	1
1	0	0	1	1	0	0
1	1	1	1	0	1	1

b: $y = x_1 \cdot x_2 = x_1 \wedge x_2$; c: $y = x_1 + x_2 = x_1 \vee x_2$; d: $y = x_1 \nleftrightarrow x_2 = x_1 \oplus x_2$; e: $y = x_1 \leftrightarrow x_2 = x_1 \equiv x_2$; f: $y = x_1 \rightarrow x_2 = x_1 \supset x_2$

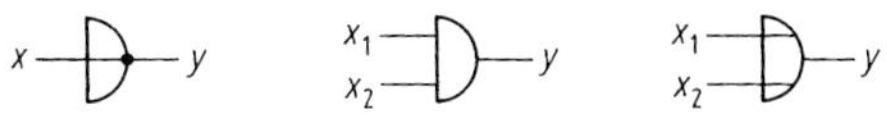

a b c

d e f

1.1.2 Ausdrücke

Logische Konstanten, Aussagenvariablen, Grundverknüpfungen und aus ihnen zusammengesetzte komplexere Verknüpfungen werden zusammenfassend als Ausdrücke bezeichnet. In Analogie zu arithmetischen Ausdrücken ist festgelegt, dass $\cdot$ Vorrang vor $+$ hat.

Ferner ist es weithin üblich, den Bereich einer Negation durch Überstreichung anzugeben und, wenn es nicht zu Verwechslungen kommen kann, Malpunkte wegzulassen. Klammern dürfen jedoch nur dann weggelassen werden, wenn für die eingeklammerte Verknüpfung das Assoziativgesetz gilt (das ist für $\cdot$, $+$, $\leftrightarrow$ und $\not\leftrightarrow$ der Fall, nicht jedoch für $\rightarrow$). – Werden Ausdrücke mit den Symbolen der Tabelle 1-1 dargestellt, so wird ihre „Klammerstruktur" durch die Symbolstufung besonders anschaulich (vgl. z.B. die Gleichung und das Blockbild für y_1 in Bild 1-1).
Die Vielfalt der Darstellungsmöglichkeiten erlaubt es, einzelne Operationen durch andere zu beschreiben. Eine gewisse Standardisierung ergibt sich, wenn nur die Operationen $\bar{\ }$, $\cdot$ und $+$ benutzt werden; $\not\leftrightarrow$, $\leftrightarrow$ und $\rightarrow$ lassen sich damit folgendermaßen ausdrücken (vgl. die Tabellen 1-1d bis f für die drei Grundverknüpfungen Antivalenz, Äquivalenz und Implikation)

$$x_1 \not\leftrightarrow x_2 = \bar{x}_1 \cdot x_2 + x_1 \cdot \bar{x}_2 \,,$$

$$x_1 \leftrightarrow x_2 = \bar{x}_1 \cdot \bar{x}_2 + x_1 \cdot x_2 \,,$$

$$x_1 \rightarrow x_2 = \bar{x}_1 + x_2 \,.$$

Auswertung. Zur Auswertung von Ausdrücken legt man Tabellen an: Links werden im Spaltenkopf die im Ausdruck vorkommenden Variablen und zeilenweise sämtliche Kombinationen von 0 und 1 eingetragen. Rechts werden für alle diese Kombinationen die Werte der Teilausdrücke so lange ausgewertet und niedergeschrieben, bis der Wert des Ausdrucks feststeht. Tabelle 1-2 gibt ein Beispiel.

Tabelle 1-2. Auswertung der Ausdrücke $a \cdot b + c$ und $(a + c) \cdot (b + c)$; beide haben für alle 0/1-Kombinationen von a, b und c die gleichen Werte, d. h., es gilt $a \cdot b + c = (a + c) \cdot (b + c)$

a	b	c	$a \cdot b$	$a \cdot b + c$	$a + c$	$b + c$	$(a + c) \cdot (b + c)$
0	0	0	0	0	0	0	0
0	0	1	0	1	1	1	1
0	1	0	0	0	0	1	0
0	1	1	0	1	1	1	1
1	0	0	0	0	1	0	0
1	0	1	0	1	1	1	1
1	1	0	1	1	1	1	1
1	1	1	1	1	1	1	1

1.1.3 Axiome

Die folgenden Axiome (1-1a) bis (1-5b) definieren mit den Variablen *a, b, c*, den Konstanten 0, 1 und den Operationen $-$, $\cdot$, $+$ die *Boole'sche Algebra*, die sich durch abweichende Rechenregeln und Operationen sowie durch das Fehlen von Umkehroperationen von der gewöhnlichen Algebra unterscheidet.

$$a \cdot b = b \cdot a \,, \tag{1-1a}$$

$$a + b = b + a \,, \tag{1-1b}$$

$$(a \cdot b) \cdot c = a \cdot (b \cdot c) \,, \tag{1-2a}$$

$$(a + b) + c = a + (b + c) \,, \tag{1-2b}$$

$$(a + b) \cdot c = a \cdot c + b \cdot c \,, \tag{1-3a}$$

$$a \cdot b + c = (a + c) \cdot (a + c) \,, \tag{1-3b}$$

$$a \cdot 1 = a \,, \tag{1-4a}$$

$$a + 0 = a \,, \tag{1-4b}$$

$$a \cdot \bar{a} = 0 \,, \tag{1-5a}$$

$$a + \bar{a} = 1 \,. \tag{1-5b}$$

Axiome (1-1a) und (1-1b) erlauben das Vertauschen von Operanden (Kommutativgesetze); Axiome (1-2a) und (1-2b) das Weglassen von Klammern (Assoziativgesetze), solange nicht $+$ und $\cdot$, wie in den Axiomen (1-3a) und (1-3b), gemischt auftreten (Distributivgesetze). Der durch (1-3a) beschriebene Vorgang wird auch als „Ausmultiplizieren", in Analogie dazu der durch (1-3b) beschriebene als „Ausaddieren" bezeichnet. Axiome (1-4a) und (1-4b) definieren das 1-Element und das 0-Element (Existenz der neutralen Elemente); Axiom (1-5a) mit (1-5b) definiert die „Überstreichung" (Existenz des Komplements). – Dass die Axiome für die in Tabelle 1-1 definierten logischen Operationen gültig sind, lässt sich durch Auswertung der Ausdrücke auf beiden Seiten des Gleichheitszeichens zeigen (siehe z. B. Tabelle 1-2 für (1-3b)).

Dualität. Den Axiomen ist eine Symmetrie zu eigen, die durch ihre paarweise Nummerierung betont ist. Sie ist gekennzeichnet durch Vertauschen von $\cdot$ und $+$ sowie 0 und 1 und wird als Dualität bezeichnet. Wenn, wie in (1-1a) bis (1-5b), zwei Ausdrücke äquivalent sind, so sind es auch die jeweiligen dualen

Ausdrücke. Dieses *Dualitätsprinzip* gilt nicht nur für die Axiome, sondern auch für alle Sätze.

1.1.4 Sätze

Aus den Axiomen der Boole'schen Algebra lässt sich eine Reihe von Sätzen ableiten, die zusammen mit den Axiomen als Rechenregeln zur Umformung von Ausdrücken dienen. (Einfacher als aus den Axiomen sind die Sätze durch Auswertung beider Gleichungsseiten zu beweisen.)

$$a \cdot a = a\,, \quad a + a = a\,, \tag{6a,b}$$

$$0 \cdot a = 0\,, \quad 1 + a = 1\,, \tag{7a,b}$$

$$a + a \cdot b = a\,, \quad a \cdot (a + b) = a\,, \tag{8a,b}$$

$$a + \bar{a} \cdot b = a + b\,, \quad a \cdot (\bar{a} + b) = a \cdot b\,, \tag{9a,b}$$

$$\overline{a \cdot b} = \bar{a} + \bar{b}\,, \quad \overline{a + b} = \bar{a} \cdot \bar{b}\,, \tag{10a,b}$$

$$\bar{\bar{a}} = a\,. \tag{11}$$

Sätze (6) bis (9) erlauben es, Boole'sche Ausdrücke zu vereinfachen bzw. Schaltungen hinsichtlich ihres Aufwands zu minimieren; (10a) und (10b), die De-Morgan'schen Regeln, erlauben es zusammen mit (11), die Operationen NICHT, UND und ODER durch NAND (negated AND) oder NOR (negated OR) auszudrücken, d. h. Schaltungen nur aus NAND-Schaltkreisen (siehe Bild 1-2c) oder nur aus NOR-Schaltkreisen (siehe Bild 1-2d) aufzubauen.

1.2 Boole'sche Funktionen

1.2.1 Von der Mengen- zur Vektordarstellung

Eine Funktion f bildet eine Menge E von Eingangselementen (Eingabemenge, Urmenge) in eine Menge A von Ausgangselementen (Ausgabemenge, Bildmenge) ab, formal beschrieben durch (vgl. A 2.5.1)

$$f\colon E \to A\,,$$

wobei es sich hier stets um Mengen mit diskreten Elementen handelt. Zur Beschreibung von Funktionen gibt es eine Vielzahl an Darstellungsmitteln. Wenn die Anzahl der Eingangselemente nicht zu groß ist, bedient man sich gerne der Tabellendarstellung. Bei der in Tabelle 1-3a definierten Funktion sind zwar alle Eingangs- und Ausgangselemente aufgeführt, aber

Tabelle 1-3. Tabellendarstellungen einer Funktion. **a** Darstellung von $f\colon E \to A$ mit Elementen von Mengen; **b** Darstellung von f, aufgefasst als eine Funktion $\boldsymbol{y} = \boldsymbol{f}(\boldsymbol{x})$ mit den Werten Boole'scher *Vektoren* bzw. als *zwei* Funktionen $y_1 = f_1(x_1, x_2, x_3)$ und $y_2 = f_2(x_1, x_2, x_3)$ mit den Werten Boole'scher *Variablen*

a

E	$\to A$
e_0	a_0
e_1	a_1
e_2	a_1
e_3	a_2
e_4	a_1
e_5	a_2
e_6	a_2
e_7	a_3

b

$x_1 x_2 x_3$	$y_1 y_2$
0 0 0	0 0
0 0 1	0 1
0 1 0	0 1
0 1 1	1 0
1 0 0	0 1
1 0 1	1 0
1 1 0	1 0
1 1 1	1 1

über ihre Art ist nichts ausgesagt; sie ergibt sich aus der jeweiligen Anwendung. In der elektronischen Datenverarbeitung sind die Elemente wegen der heute verwendeten Schaltkreise *binär* codiert, d. h., jedes Element von E und von A ist umkehrbar eindeutig durch 0/1-Kombinationen verschlüsselt; auf diese Weise entstehen aus den Eingangselementen Boole'sche Eingangs*variablen*. Tabelle 1-3b zeigt eine Codierung für die in Tabelle 1-3a definierte Funktion.

Beschreibung mit Boole'schen Vektoren. Funktionen mit binär codierten Elementen lassen sich durch Boole'sche Ausdrücke beschreiben, sie heißen dann Boole'sche Funktionen. Ihre Realisierung mit Schaltern (i. Allg. Transistoren) bezeichnet man als Schaltnetze (siehe 3).
Im einfachsten Fall ist eine Boole'sche Funktion von n Veränderlichen eine Abbildung der 0/1-Kombinationen der n unabhängigen Variablen x_1, $x_2, \ldots, x_n$ (Eingangsvariablen, zuweilen auch kurz: Eingänge) in die Werte 0 und 1 einer abhängigen Variablen y (Ausgangsvariable, zuweilen kurz: Ausgang). Fasst man die Eingangsvariablen zu einem Boole'schen Vektor zusammen (Eingangsvektor $\boldsymbol{x}$), so lässt sich dies kompakt durch $y = f(\boldsymbol{x})$ beschreiben. Liegen m Funktionen $y_1 = f_1(\boldsymbol{x}), \ldots, y_m = f_m(\boldsymbol{x})$ mit m Ausgangsvariablen vor (Ausgangsvektor $\boldsymbol{y}$), so lassen sich diese ebenso zusammenfassen und durch $\boldsymbol{y} = \boldsymbol{f}(\boldsymbol{x})$ beschreiben. Es entsprechen sich also

$$f\colon E \to A \quad \text{und} \quad \boldsymbol{y} = \boldsymbol{f}(\boldsymbol{x})\,.$$

Darin sind die binär codierten Elemente von E die Werte von $\boldsymbol{x}$ und die binär codierten Elemente von A die Werte von $\boldsymbol{y}$.
Eine Funktion, bei der für sämtliche 0/1-Kombinationen ihrer Eingangsvariablen die Funktionswerte ihrer Ausgangsvariable(n) definiert sind heißt vollständig definiert (totale Funktion), andernfalls unvollständig definiert (partielle Funktion).

1.2.2 Darstellungsmittel

Für Boole'sche Funktionen sind verschiedene Darstellungsformen möglich, die meist ohne Informationsverlust ineinander transformierbar sind. Deswegen bedeutet der Entwurf eines Schaltnetzes i. Allg. die *Transformation* von verbalen *Angaben* über die Funktion in eine wirtschaftlich akzeptable *Schaltung* für die Funktion; d. h. die Transformation der Beschreibung ihrer Funktionsweise in die Beschreibung ihrer Schaltungsstruktur.

Tabellen (Wertetabellen, Wahrheitstabellen; Tabelle 1-3b). In der Tabellendarstellung steht in jeder Zeile links eine 0/1-Kombination der Eingangsvariablen (ein Wert des Eingangsvektors, Eingangswert), der rechts die zugehörigen Werte der Ausgangsvariablen (der Wert des Ausgangsvektors, Ausgangswert) zugeordnet sind. Tabellenzeilen mit demselben Ausgangswert werden manchmal zu einer Zeile zusammengefasst, wobei eine Eingangsvariable, die den Ausgangswert nicht beeinflusst, durch einen Strich in der Tabelle gekennzeichnet wird. – Bei unvollständig definierten Funktionen sind die nicht definierten Wertezuordnungen nicht in der Tabelle enthalten.

Tafeln (Karnaugh-,Veitch-, auch kurz KV-Diagramme; Bild 1-1a). Bei der Tafeldarstellung sind die Eingangsvariablen entsprechend der matrixartigen Struktur der Tafeln in zwei Gruppen aufgeteilt. Die 0/1-Kombinationen der einen Gruppe werden nebeneinander den Spalten, die der anderen Gruppe zeilenweise untereinander den Zeilen der Tafel zugeordnet. Jede Tafel hat so viele Felder, wie es mögliche Kombinationen der Eingangswerte gibt, d. h. bei n Variablen 2^n Felder. In die Felder werden die Ausgangswerte eingetragen: entweder zusammengefasst als Vektor in eine einzige Tafel oder als dessen einzelne Komponenten in so viele Tafeln, wie der Vektor Komponenten hat. – Bei unvollständig definierten Funktionen entsprechen den nicht definierten Wertezuordnungen leere Felder (Leerstellen), sie werden auch als „don't cares" bezeichnet und spielen bei der Minimierung von Funktionsgleichungen eine wichtige Rolle.

Gleichungen (Bild 1-1b). In der Gleichungsdarstellung stehen die Ausgangsvariablen links des Gleichheitszeichens, und die Eingangsvariablen erscheinen innerhalb von Ausdrücken rechts des Gleichheitszeichens. Bei mehreren Ausgangsvariablen hat das Gleichungssystem so viele Gleichungen, wie der Ausgangsvektor Komponenten hat. – Bei unvollständig definierten Funktionen kann der eingeschränkte Gültigkeitsbereich einer Gleichung als Bedingung ausgedrückt werden.

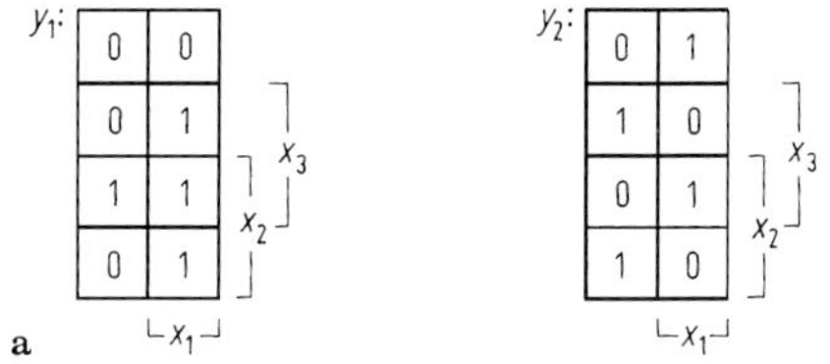

$y_1 = x_1 x_2 + x_1 x_3 + x_2 x_3 = x_1 x_2 + (x_1 + x_2) x_3$

$y_2 = x_1 \nleftrightarrow x_2 \nleftrightarrow x_3 = (x_1 \nleftrightarrow x_2) \nleftrightarrow x_3$

b

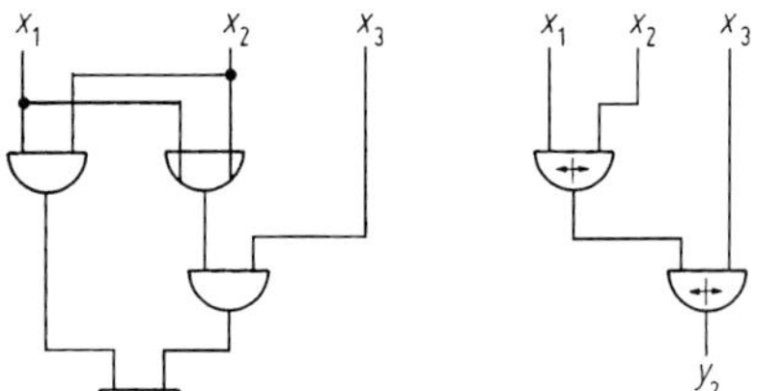

Bild 1-1. Darstellungsmittel für Boole'sche Funktionen am Beispiel der Funktion in Tabelle 1-3b. **a** Tafeln; **b** Gleichungen; **c** Blockbilder. Die abgebildeten Funktionen sind in mehrfacher Weise interpretierbar: 1. $y_1 = 1$, wenn 2 oder mehr der 3 Kandidaten x_i zustimmen (2-aus-3-Voter), 2. $y_2 = 1$, wenn die Quersumme der Dualzahl $x_3x_2x_1$ ungerade ist (Paritätsprüfung), 3. y_1 als Übertrag und y_2 als Summe bei der Addition der drei Dualziffern x_1, x_2, x_3 (Volladdierer, siehe 3.2.2)

Blockbilder (Strukturbilder, Schaltbilder; Bild 1-1c). Blockbilder beschreiben sowohl die formelmäßige Gliederung wie die schaltungsmäßige Struktur einer Boole'schen Funktion und haben somit eine Brückenfunktion beim Schaltnetzentwurf. Sie werden z. B. mit den in Tabelle 1-1 dargestellten Symbolen gezeichnet, die entsprechend der „Klammerstruktur" miteinander zu verbinden sind. Die Eingangsvariablen sind die Eingänge des Schaltnetzes. Die Negation einer Variablen wird entweder durch einen Punkt am Symbol oder durch Überstreichung der Variablen dargestellt. Die Ausgangsvariablen sind die Ausgänge des Schaltnetzes. – Im Blockbild kann die Eigenschaft einer Funktion, unvollständig definiert zu sein, nicht zum Ausdruck gebracht werden.

Verallgemeinerung der Darstellungsmittel. Nicht alle der aufgeführten Darstellungsmittel sind unbeschränkt anwendbar. Tabellen sind durch ihre Zeilenzahl begrenzt. Zeilen mit gleichen Ausgangswerten werden deshalb gerne zu einer Zeile zusammengefasst. Tafeln sind auf etwa sechs bis acht Eingangsvariablen begrenzt. Gleichungen bedürfen einer gewissen Übersichtlichkeit; sie lassen vektorielle Beschreibungen nur sehr eingeschränkt zu. – Bei umfangreichen Aufgabenstellungen abstrahiert man deshalb von der Boole'schen Algebra und wählt anwendungsspezifische Beschreibungsformen, z. B. die in höheren Programmiersprachen oder auf der sog. Registertransfer-Ebene üblichen Ausdrucksmittel (siehe 4), wie die Gleichung $Z = X + Y$ bzw. ein „+"-Kästchen oder das „+"-Zeichen für die Addition von zwei Dualzahlen (siehe z. B. in Bild 4-10). Sie sind Ausgangspunkt für den Entwurf von operativen Schaltnetzen, wie die folgende Kette von Darstellungstransformationen zeigt: „+"-Zeichen in Bild 4-10 → Bild 3-1a → Bild 3-1b → Bild 1-1a → Bild 1-1b → Bild 1-1c in der 3. Interpretation.

1.3 Normal- und Minimalformen

1.3.1 Kanonische Formen Boole'scher Funktionen

Unter den zahlreichen Möglichkeiten, eine Boole'sche Funktion durch einen Boole'schen Ausdruck zu beschreiben, gibt es bestimmte, die sich durch Übersichtlichkeit und Einfachheit besonders auszeichnen.

Normalformen. Jede Boole'sche Funktion kann in zwei charakteristischen Formen geschrieben werden: 1. als disjunktive Normalform, das ist eine i. Allg. mehrstellige Disjunktion (ODER-Verknüpfung) von i. Allg. mehrstelligen Konjunktionstermen (UND-Verknüpfungen): Bild 1-2a; 2. als konjunktive Normalform, das ist eine i. Allg. mehrstellige Konjunktion (UND-Verknüpfung) von i. Allg. mehrstelligen Disjunktionstermen (ODER-Verknüpfungen): Bild 1-2b.

Die disjunktive Normalform kann mit NAND-Gliedern (Bild 1-2c) und die konjunktive Normalform mit NOR-Gliedern (Bild 1-2d) dargestellt werden. Das ist deshalb wichtig, weil in der Technik vielfach nur NOR- oder NAND-Schaltkreise zur Verfügung stehen. Die Eingangsvariablen sind unmittelbar in normaler oder negierter Form an die Verknüpfungsglieder angeschlossen (man beachte den Wechsel der Überstreichung bei x_4).

Ausgezeichnete Normalformen. Enthalten alle Terme einer Normalform sämtliche Variablen der

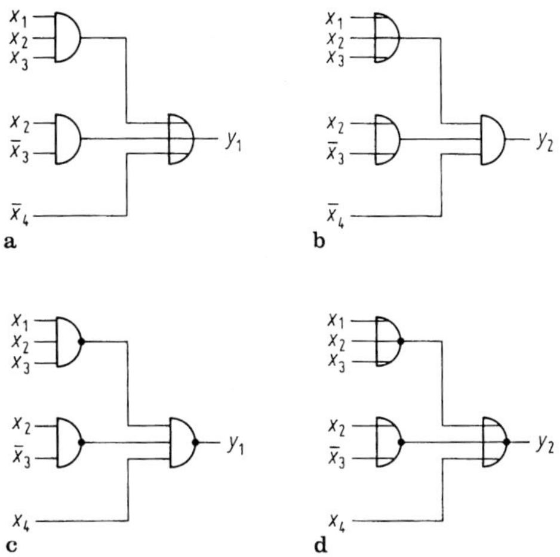

Bild 1-2. Blockbilder von Normalformen sowie davon abgeleiteter Formen. **a** Disjunktive Normalform (hier $y_1 = x_1x_2x_3 + x_2\bar{x}_3 + \bar{x}_4$); **b** konjunktive Normalform (hier $y_2 = (x_1 + x_2 + x_3) \cdot (x_2 + \bar{x}_3) \cdot \bar{x}_4$); **c** NAND/NAND-Form; **d** NOR/NOR-Form. Die in a und b bzw. c und d abgebildeten Formen sind jeweils dual, nicht äquivalent. Die in a und c bzw. b und d abgebildeten Formen sind hingegen äquivalent

Funktion genau einmal (normal oder negiert) und sind gleiche Terme nicht vorhanden, so liegt eine eindeutige Struktur vor, die als ausgezeichnete disjunktive bzw. ausgezeichnete konjunktive Normalform bezeichnet wird. – Jede Boole'sche Funktion lässt sich von einer in die andere Normalform umformen, mit den angegebenen Rechenregeln allerdings z. T. nur unter erheblichem Rechenaufwand; besser geht es unter Zuhilfenahme von Tafeln.

1.3.2 Minimierung von Funktionsgleichungen

Die Minimierung von Funktionsgleichungen dient zur Vereinfachung von Schaltnetzen. Sie hat heute wegen der geringeren Kosten der Transistoren innerhalb hochintegrierter Schaltungen nicht mehr die Bedeutung wie früher. Trotzdem wird sie beim Schaltungsentwurf, insbesondere beim automatisierten, computergestützten Entwurf, zur optimalen Nutzung der Chipfläche eingesetzt; und auch in der Programmierung, z. B. zur übersichtlicheren Formulierung bedingter Anweisungen, kann sie nützlich sein.
Die Minimierung besteht aus zwei Teilen: 1. dem Aufsuchen sämtlicher Primimplikanten, das ergibt UND-Verknüpfungen mit wenigen Eingängen, und 2. der Ermittlung der minimalen Überdeckung der Funktion, das ergibt wenige UND-Verknüpfungen und damit auch eine ODER-Verknüpfung mit wenigen Eingängen.

Primimplikant. Für jeden Konjunktionsterm einer Boole'schen Funktion in disjunktiver Normalform gilt, dass, wenn er den Wert 1 hat, auch die Funktion selbst den Wert 1 hat. Mit anderen Worten, jeder Konjunktionsterm impliziert die Funktion, man sagt, er ist Implikant der Funktion. Lässt sich aus einem solchen Implikanten keine Variable herausstreichen, ohne den Funktionswert zu ändern, so heißt er Primimplikant oder Primterm. In der Tafel sind Primterme anschaulich „rechteckige" Felder (ggf. unzusammenhängend) mit „maximal vielen" Einsen unter Einbeziehung von Leerstellen, die sich durch einen einzigen Konjunktionsterm darstellen lassen (z. B. sind $\bar{a}\bar{b}\bar{c}\bar{d}$, $a\bar{b}c$ und ad (auch $a\bar{b}c$ und bd), nicht aber z. B. $a\bar{b}c\bar{d}$ Primterme der Funktion f entsprechend den drei (fünf) umrandeten Feldern in Bild 1-3).

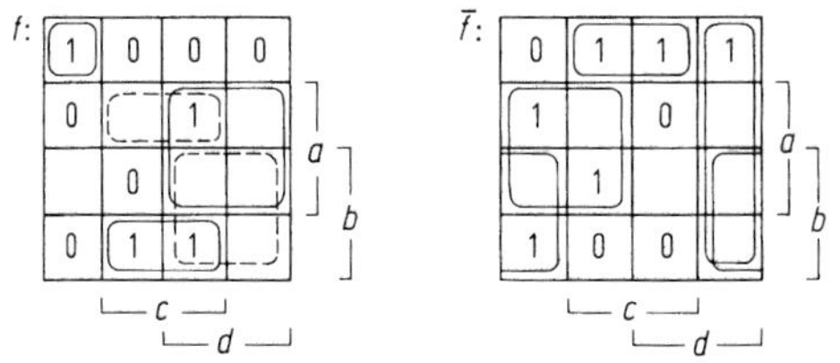

Bild 1-3. Tafeln unvollständig definierter Funktionen f und $\bar{f}$ mit vier Variablen. Die gestrichelt eingerahmten Primtermfelder sind zur Gleichungsdarstellung der Funktion unnötig

Minimale Überdeckung. Alle Konjunktionsterme einer Funktion, disjunktiv zusammengefasst, stellen die Funktion in ihrer Gesamtheit dar, man sagt, sie bilden eine Überdeckung der Funktion. Lässt sich aus einer solchen Überdeckung kein Term streichen, ohne die Funktion zu ändern, so heißt sie minimale Überdeckung. In der Tafel gibt es dann kein umrandetes Feld, das durch zwei oder mehrere andere „erzeugt" wird (z. B. ist $f = \bar{a}\bar{b}\bar{c}\bar{d} + \bar{a}bc + ad$, nicht aber $f = \bar{a}\bar{b}\bar{c}\bar{d} + \bar{a}bc + ad + bd$, eine minimale Überdeckung der Funktion f aus Bild 1-3).

Minimale Normalform. Die Minimierung führt gewöhnlich auf minimale disjunktive Normalformen. Programmierbare Verfahren zur exakten Minimierung folgen strikt der oben beschriebenen Zweiteilung (siehe z. B. [1]). Bei programmierten heuristischen Verfahren (siehe z. B. [2]) sowie bei manuellen grafischen Verfahren werden hingegen meist beide Teile zusammengefasst, wobei in Kauf genommen wird, gelegentlich nicht ganz das absolute Minimum an Verknüpfungen zu erhalten. Zur grafischen Minimierung wird die Funktion als Tafel dargestellt, und es werden alle jene Konjunktionsterme disjunktiv verknüpft herausgeschrieben, die jeweils maximal viele Einsen/Leerstellen umfassen, und zwar so lange, bis alle Einsen der Tafel berücksichtigt sind (z. B. entsteht gemäß Bild 1-3 $f = ad + \bar{a}bc + \bar{a}\bar{d}\bar{c}\bar{d}$). – Der hier skizzierte Minimierungsprozess bezieht sich auf Funktionen mit einem Ausgang. Funktionen mit mehreren Ausgängen werden grafisch komponentenweise, algorithmisch hingegen als Ganzes minimiert. Solche Funktionen spielen bei der Chipflächenreduzierung von Steuerwerken (siehe 4.4.1) eine gewisse Rolle.

„Rechnen" mit Tafeln. Die Minimierung wird auch beim Rechnen mit Boole'schen Funktionen angewendet, da es anderenfalls äußerst mühsam wäre, „don't cares" in den Rechenprozess einzubeziehen.

Beispiel: Es soll die zu $f = \bar{a}\bar{b}\bar{c}\bar{d} + \bar{a}bc + ad$ negierte Funktion $\bar{f}$ gebildet werden, und zwar unter Berücksichtigung der „don't cares" aus Bild 1-3. Nach Ablesen der „günstigsten" Primterme ergibt sich $\bar{f} = \bar{a}\bar{b}c + a\bar{d} + b\bar{c} + \bar{c}d$.

1.4 Boole'sche Algebra und Logik

In der mathematischen Logik wird die Boole'sche Algebra zur Beschreibung der logischen Struktur von Aussagen benutzt. Statt der Symbole 0 und 1 benutzt man deshalb meist *falsch* und *wahr*, F und W bzw. in den Programmiersprachen *false* und *true* oder F und T.

In der mathematischen Logik sind die folgenden Symbole üblich: Negation $\neg$, Konjunktion $\wedge$, Disjunktion $\vee$, Implikation $\rightarrow$, Äquivalenz $\leftrightarrow$. Aus Gründen der Einheitlichkeit wird im Folgenden hier auch die Symbolik der Boole'schen Algebra, d. h. auch die der Schaltalgebra benutzt.

Beispiel. Der Satz: „Wenn die Sonne scheint und es warm ist oder wenn ich müde bin und nicht schlafen kann, gehe ich spazieren." ist eine logische Verknüpfung der elementaren Aussagen „Die Sonne scheint" (A), „Es ist warm" (B), „Ich bin müde" (C), „Ich kann schlafen" (D), „Ich gehe spazieren" (E). Er wird als Formel der Aussagenlogik so geschrieben:

$$(A \wedge B) \vee (C \wedge \neg D) \rightarrow E \quad \text{bzw.} \quad (A \cdot B + C \cdot \overline{D}) \rightarrow E \,.$$

1.4.1 Begriffe

In der formalen Logik wird allein die *Struktur* von Aussagen betrachtet, nicht die Frage, ob sie inhaltlich wahr oder falsch sind. Die klassische formale Logik lässt für jede Aussage nur die beiden Möglichkeiten *wahr* und *falsch* zu („tertium non datur"); andere Logiksysteme (intuitionistische Logik, mehrwertige Logik, modale Logik) lockern diese Einschränkung. In der klassischen Logik unterscheidet man *Aussagenlogik* und *Prädikatenlogik*. Die Aussagenlogik betrachtet nur die Verknüpfungen elementarer Aussagen, d. h. ganzer Sätze. In der Prädikatenlogik kommt die Aufteilung der Sätze in Subjekte (Individuen) und Prädikate (Boole'sche Funktionen von Subjekten) und die Einführung von Quantoren hinzu. Da sich logische Formeln nach den Regeln der Boole'schen Algebra kalkülmäßig transformieren, z. B. vereinfachen oder in Normalformen überführen lassen, spricht man auch von Aussagen- und Prädikaten*kalkül*. Die folgenden Ausführungen beziehen sich hauptsächlich auf die einfachere, für viele Anwendungen aber ausreichende Aussagenlogik.

Die Wahrheit einer zusammengesetzten Formel der Aussagenlogik hängt nur von der Wahrheit ihrer Elementaraussagen ab. Dabei sind drei Fälle zu unterscheiden:

- *Allgemeingültigkeit* (*Tautologie*): Die Formel ist, unabhängig von der Wahrheit ihrer Elementaraussagen, immer wahr. Beispiel: „Wenn der Hahn kräht auf dem Mist, ändert sich das Wetter, oder es bleibt, wie es ist." ($H \rightarrow \overline{W} + W$).
- *Unerfüllbarkeit* (*Kontradikation*): Die Formel ist, unabhängig von der Wahrheit oder Falschheit ihrer Elementaraussagen, immer falsch. Beispiel: „Der Hahn kräht auf dem Mist und kräht nicht auf dem Mist." ($H \cdot \overline{H}$).
- *Erfüllbarkeit*: Es gibt mindestens eine Belegung der Elementaraussagen mit *wahr* oder *falsch*, die die Formel wahr macht. Beispiel: „Wenn der Hahn kräht auf dem Mist, ändert sich das Wetter." ($H \rightarrow \overline{W}$).

Wenn X eine Formel der Aussagen- oder Prädikatenlogik ist, gelten folgende wichtige Beziehungen:

$$X \text{ ist allgemeingültig} \leftrightarrow \overline{X} \text{ ist unerfüllbar}$$

$$X \text{ ist unerfüllbar} \leftrightarrow \overline{X} \text{ ist allgemeingültig}$$

$$X \text{ ist erfüllbar} \leftrightarrow \overline{X} \text{ ist nicht allgemeingültig}$$

Die große Bedeutung der formalen Logik für Mathematik und Informatik beruht vor allem darauf, dass sich mit ihr die Begriffe des logischen Schließens und des mathematischen Beweisens formal fassen lassen. Darauf bauen Verfahren zum automatischen Beweisen und die sog. logischen Programmiersprachen, wie Prolog, auf.

1.4.2 Logisches Schließen und mathematisches Beweisen in der Aussagenlogik

Die einfachste Form des logischen Schließens bildet die Implikation $A \to B$ (Bild 1-4). Sie spielt deshalb eine zentrale Rolle in der Logik.

Axiome sind ausgewählte wahre Aussagen. Ein (mathematischer) *Satz* ist eine Aussage, die durch logisches Schließen aus Axiomen folgt. Die Aussage „B folgt aus den Axiomen $A_1, A_2, \ldots, A_n$" lautet damit

$$A_1 \cdot A_2 \cdot \ldots \cdot A_n \to B \,.$$

Sie ist dann und nur dann ein Satz (*Theorem*), wenn mit der Wahrheit von $A_1, A_2, \ldots, A_n$, zugleich auch B wahr ist, d. h., *wenn sie allgemeingültig ist.* Umgekehrt gilt: Wenn man zeigen kann, dass eine Formel X allgemeingültig ist, so ist X ein Satz, und man hat X bewiesen. Der Beweis kann auch indirekt geführt werden, indem man nachweist, dass X unerfüllbar ist. Aus diesem Grund ist der Nachweis der Allgemeingültigkeit oder der Unerfüllbarkeit von zentraler Bedeutung. Alle Axiome der Boole'schen Algebra (siehe 1.1.3) sind allgemeingültige Aussagen. Weitere wichtige Beispiele aussagenlogischer Sätze:

$((A \to B) \cdot A) \to B$	Modus ponens (Abtrennungsregel)
$((A \to B) \cdot \overline{B}) \to \overline{A}$	Modus tollens
$(A \cdot (\overline{B} \to \overline{A})) \to B$	Indirekter Beweis (durch Widerspruch)
$(A \to B) \leftrightarrow (\overline{B} \to \overline{A})$	Kontraposition
$((A + B) \cdot (\overline{A} + C)) \to (B + C)$	Resolution

Für das Beweisen einer Formel X der Aussagenlogik stehen folgende vier Verfahren zur Verfügung, die alle in jedem Fall zum Ziel führen. Da sich aus n beteiligten Elementaraussagen maximal 2^n Kombinationen von *wahr* und *falsch* bilden lassen, wächst ihre Ausführungszeit in ungünstigen Fällen exponentiell mit n (Zeitkomplexität $O(2^n)$, vgl. 10.4).

A	B	A → B
falsch	falsch	wahr
falsch	wahr	wahr
wahr	falsch	falsch
wahr	wahr	wahr

a

$(A \to B) \leftrightarrow (\overline{A} + B)$

b

Wenn A, dann B
A impliziert B
Aus A folgt B
A ist hinreichend für B
B ist notwendig für A
B ist Voraussetzung für A

c

Bild 1-4. Implikation. **a** Definition; **b** Ersatz durch Negation und Disjunktion; **c** sprachliche Formulierungen

1. *Durch Exhaustion.* Man belegt die n Elementaraussagen mit den Werten *wahr* und *falsch* in allen Kombinationen und prüft, ob X für alle Belegungen *wahr* ist.
2. *Mit der konjunktiven Normalform.* Man transformiert X in die konjunktive Normalform. X ist dann allgemeingültig, wenn in der konjunktiven Normalform alle Disjunktionen eine Elementaraussage und zugleich ihre Negation enthalten.
3. *Mit der disjunktiven Normalform.* Man transformiert $\overline{X}$ in die disjunktive Normalform. X ist dann allgemeingültig, wenn in der disjunktiven Normalform von $\overline{X}$ alle Konjunktionen eine Elementaraussage und zugleich ihre Negation enthalten.
4. *Durch Resolution.* Man transformiert $\overline{X}$ in die konjunktive Normalform. In ihr sucht man ein Paar von Disjunktionen, in denen eine Elementaraussage bejaht und negiert vorkommt, zum Beispiel $(A+B) \cdot \ldots \cdot (\overline{A}+C)$. Da $(A+B) \cdot (\overline{A}+C) \to (B+C)$ gilt, kann man die „Resolvente" $(B + C)$ der Gesamtformel als neue Konjunktion hinzufügen, ohne ihren Wahrheitswert zu ändern. Entsprechend haben die Formeln $(A + B) \cdot \overline{A}$ und $(\overline{A} + B) \cdot A$ jede für sich die Resolvente B. Man wiederholt die Resolventenbildung („Resolution") in allen möglichen Kombinationen unter Einbeziehung der hinzugefügten Resolventen so lange, bis entweder alle Möglichkeiten erschöpft sind oder sich schließlich zwei Resolventen der Form A und $\overline{A}$ ergeben. Da $A \cdot \overline{A}$ *falsch* ist, bekommt dadurch die ganze konjunktive Normalform den Wert *falsch.* Somit ist $\overline{X}$ unerfüllbar und X allgemeingültig. Wenn dieser Fall nicht auftritt, ist X nicht allgemeingültig.

Die Resolution ist in der Aussagenlogik von untergeordneter Bedeutung. In der Prädikatenlogik ist sie aber oft das einzige Verfahren, das zum Ziel führt.

1.4.3 Beispiel für einen aussagenlogischen Beweis

(Aufgabe aus [3].) Gegeben sind die Aussagen:
1. Paul oder Michael haben heute Geburtstag.

2. Wenn Paul heute Geburtstag hat, bekommt er heute einen Fotoapparat. 3. Wenn Michael heute Geburtstag hat, bekommt er heute ein Briefmarkenalbum. 4. Michael bekommt heute kein Briefmarkenalbum. Folgt daraus der Satz „Paul hat heute Geburtstag"?
Elementaraussagen: „Paul hat heute Geburtstag" (P); „Michael hat heute Geburtstag" (M); „Paul bekommt heute einen Fotoapparat" (F); „Michael bekommt heute ein Briefmarkenalbum" (B). Es soll mit den in 1.4.2 angegebenen vier Methoden geprüft werden, ob die Formel X

$$((P + M) \cdot (P \to F) \cdot (M \to B) \cdot \overline{B}) \to P \qquad (1\text{-}12)$$

allgemeingültig ist. Zum leichteren Rechnen beseitigt man in 1-12 zuerst alle Implikationen $A \to B$ durch die Disjunktionen $\overline{A} + B$ (vgl. Bild 1-4b) und erhält

$$\overline{(P + M) \cdot (\overline{P} + F) \cdot (\overline{M} + B) \cdot \overline{B}} + P\,. \qquad (1\text{-}13)$$

Exhaustion. Prüfung aller 2^4 Wertekombinationen in verkürzter Weise:

B *wahr* ergibt sofort für X *wahr*.
B *falsch* ergibt:
P *wahr* ergibt sofort für X *wahr*.
P *falsch* ergibt für X:
$\overline{M \cdot wahr \cdot \overline{M} \cdot wahr}$, und das ist *wahr*.

Konjunktive Normalform. Eine der konjunktiven Normalformen von (1-13) lautet: $(\overline{P}+P+B+M)\cdot(\overline{M}+P+B+M)$. Die erste Disjunktion ist *wahr* wegen $\overline{P} + P$, die zweite wegen $\overline{M} + M$. Somit ist X allgemeingültig.

Disjunktive Normalform. Man bildet die Negation von (1-13):

$$(P + M) \cdot (\overline{P} + F) \cdot (\overline{M} + B) \cdot \overline{B} \cdot \overline{P} \qquad (1\text{-}14)$$

multipliziert aus und vereinfacht. Eine der dabei entstehenden disjunktiven Normalformen lautet

$$M \cdot \overline{B} \cdot \overline{P} \cdot \overline{M} + M \cdot \overline{B} \cdot \overline{P} \cdot F \cdot \overline{M} + M \cdot \overline{B} \cdot \overline{P} \cdot B + M \cdot \overline{B} \cdot \overline{P} \cdot F \cdot B\,.$$

Sie enthält in jeder Konjunktion eine Elementaraussage und deren Negation.

Resolution. Man bildet die Negation von X und erhält (1-14). In (1-14) ergeben $(P+M)$ und $\overline{P}$ die Resolvente M und $(\overline{M} + B)$ und $\overline{B}$ die Resolvente $\overline{M}$. M und $\overline{M}$ ergeben die Resolvente *falsch*. Das heißt, $\overline{X}$ ist unerfüllbar und somit X allgemeingültig.

1.4.4 Entscheidbarkeit und Vollständigkeit

Da sich von jeder aussagenlogischen Formel feststellen lässt, ob sie allgemeingültig ist oder nicht, bilden die Formeln der *Aussagenlogik* hinsichtlich ihrer Allgemeingültigkeit eine entscheidbare Menge. Man sagt, die Aussagenlogik ist *entscheidbar*. Darüber hinaus kann man Axiomensysteme angeben, aus denen sich *sämtliche* Sätze (d. h. alle allgemeingültigen Formeln) der Aussagenlogik ableiten lassen. Diese Eigenschaft bezeichnet man als *Vollständigkeit*. Es ergibt sich somit der Satz:

– *Die Aussagenlogik ist entscheidbar und vollständig.*

Für die *Prädikatenlogik* gelten die Sätze:

– *Die Prädikatenlogik 1. Stufe ist vollständig.* (Gödels Vollständigkeitssatz, 1930).
– *Die Prädikatenlogik 1. Stufe ist nicht entscheidbar* (Church, 1936).
– *Die Prädikatenlogik 2. Stufe ist nicht vollständig.* (Gödels Unvollständigkeitssatz, 1931).

Da man bereits für die formale Beschreibung der Grundgesetze der Arithmetik die Prädikatenlogik 2. Stufe benötigt, kann man die letzte Aussage so interpretieren, dass es arithmetische Sätze (d. h. wahre Aussagen über natürliche Zahlen) gibt, die sich nicht mit den Mitteln der Prädikatenlogik beweisen lassen.

2 Automaten

Automaten wurden in den fünfziger Jahren insbesondere von E.F. Moore als Modelle „mathematischer Maschinen" diskutiert, aber auch von G.H. Mealy 1955 auf die formale Beschreibung sog. sequentieller elektrischer Schaltungen angewendet. Aus diesen Ansätzen hat sich die Automatentheorie entwickelt. Ihre Ergebnisse sind grundlegend insbesondere für die

Konstruktion von Digitalschaltungen in Rechenanlagen und zur Definition der syntaktischen Struktur von Programmiersprachen.

2.1 Endliche Automaten

2.1.1 Automaten mit Ausgabe

Endliche Automaten haben endliche Speicher und somit eine endliche Menge von Zuständen. Nichtendliche Automaten haben demgegenüber einen unbegrenzten Speicher, bei der in 2.4 behandelten Turingmaschine in der Form eines unendlich langen Bandes. Ein endlicher Automat mit Ausgabe ist durch zwei Funktionen erklärt. Die Übergangsfunktion f bildet die Zustände (Zustandsmenge Z), im allgemeinen Fall kombiniert mit Eingangselementen (Eingangsgrößen, Eingabesymbolen; Eingabemenge E), auf die Zustände ab:

$$f: E \times Z \to Z\,.$$

Die Ausgangsfunktion g bildet entweder (nach Moore) die Zustände allein oder (nach Mealy) die Zustands-Eingangs-Kombinationen in die Ausgangselemente (Ausgangsgrößen, Ausgabesymbole; Ausgabemenge A) ab:

$$g: Z \to A \quad \text{(Moore-Automat)}\,,$$

$$g: E \times Z \to A \quad \text{(Mealy-Automat)}\,.$$

Dabei handelt es sich um Mengen mit diskreten Elementen. Beide Modelle sind zur Beschreibung von Automaten geeignet. Moore-Automaten erfordern i. Allg. mehr Zustände als die äquivalenten Mealy-Automaten. Sie sind etwas leichter zu verstehen, aber etwas aufwändiger zu realisieren. Die Wahl des Modells hängt letztlich von der Anwendung ab.

2.1.2 Funktionsweise

In Bild 2-1 ist das Verhalten beider Automatenmodelle illustriert und dem Verhalten der in 1.3 beschriebenen Funktionen gegenübergestellt. Darin bezeichnet *1* die zeitliche Folge der Eingangselemente, *2* die Folge der Zustände und *3* die Folge der Ausgangselemente. Die Eingangselemente werden gemäß den Teilbildern a, c und d folgendermaßen verarbeitet: Bei Funktionen (a) wird in jedem Schritt zu jedem Eingangselement entsprechend f ein Ausgangselement erzeugt. Bei Automaten (c und d) wird in jedem Schritt – ausgehend von einem vorgegebenen Anfangszustand – zu einem Eingangselement in Kombination mit einem Zustand gemäß f der für den nächsten Schritt benötigte Zustand (Folgezustand) erzeugt. Weiterhin wird im selben Schritt ein Ausgangselement erzeugt, beim Moore-Automat (c) gemäß g nur vom jeweiligen Zustand abhängig und beim Mealy-Automat (d) gemäß g von der Kombination von Eingangselement und Zustand abhängig.

Wie Bild 2-1b zeigt, gibt es auch Automaten ohne Eingangselemente, sog. autonome Automaten, deren Zustandsfortschaltung von selbst erfolgt. Auch gibt es Automaten, bei denen die Zustände gleichzeitig die Ausgangselemente sind; dann kann die Angabe der Ausgangsfunktion entfallen.

2.2 Hardwareorientierte Automatenmodelle

2.2.1 Von der Mengen- zur Vektordarstellung

Zur Beschreibung eines Automaten in Mengendarstellung gibt es eine Reihe an Darstellungsmitteln,

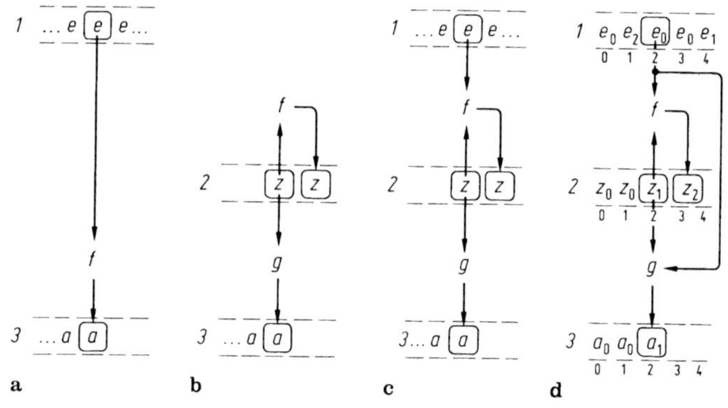

Bild 2-1. Gegenüberstellung des Verhaltens. **a** Funktion $f: E \to A$; **b** autonomer Automat $f: Z \to Z$ und $g: Z \to A$; **c** Moore-Automat $f: E \times Z \to Z$ und $g: Z = A$; **d** Mealy-Automat $f: E \times Z \to Z$ und $g: E \times Z \to A$. *1* Eingabe, *2* Zustände, *3* Ausgabe. Die bei d eingetragenen Symbole geben einen Ausschnitt der Eingangs-Ausgangs-Transformation für den in Tabelle 2-1a definierten Automaten mit z_0 als Anfangszustand wieder

wie Tabellen, Tafeln, Graphen; in Tabelle 2-1a ist nur die Tabellendarstellung gezeigt, und zwar für einen Mealy-Automaten mit $Z = \{z_0, z_1, z_2\}$, $E = \{e_0, e_1, e_2, e_3\}$ und $A = \{a_0, a_1, a_2\}$. Bei der Definition des Automaten in Mengendarstellung ist über die Art und die Wirkung der Elemente von E und A (und Z) nichts ausgesagt; sie wird durch die jeweilige Anwendung bestimmt. Bei einem Fahrkartenautomaten z. B. sind die Eingangselemente Münzen und die Ausgangselemente Fahrkarten. Das *Erscheinen* der Eingangselemente *bewirkt* hier gleichzeitig die Zustandsfortschaltung. Bei einem Ziffernrechenautomaten, einem Digitalrechner, sind Eingangs- wie Ausgangselemente Ziffern bzw. Zahlen; hier werden die *vorhandenen* Eingangselemente *abgefragt*, und die Zustandsfortschaltung erfolgt automatenintern durch ein Taktsignal. – In der elektronischen Datenverarbeitung sind die Elemente wegen der heute verwendeten Schaltkreise *binär* codiert. Tabelle 2-1b zeigt den Automaten von Tabelle 2-1a mit den Codierungen $[x_1x_2] = [00], [01], [10], [11]$ für e_0, e_1, e_2, e_3, $[y_1y_2y_3] = [000], [101], [010]$ für a_0, a_1, a_2 und $[u_1u_2] = [00], [01], [10]$ für z_0, z_1, z_2.

Beschreibung mit Boole'schen Vektoren. Automaten mit binär codierten Elementen lassen sich durch Boole'sche Funktionen beschreiben, und dementsprechend wird von Boole'schen Automaten gesprochen. Ihre Realisierung mit Schaltern (i. Allg. Transistoren) bezeichnet man als Schaltwerke (siehe 4).
Durch die Binärcodierung entstehen aus den Eingangs*elementen* Boole'sche Eingangs*variablen* $x_1, x_2, \ldots, x_n$ (im Folgenden kurz Eingänge), aus den

Tabelle 2-1. Tabellendarstellungen eines Automaten, **a** mit Elementen von Mengen, **b** mit den Werten Boole'scher Vektoren

a

$Z \times E$		$\to Z$	$\to A$
z_0	e_0	z_0	a_0
z_0	e_1	z_0	a_0
z_0	e_2	z_1	a_0
z_0	e_3	z_1	a_0
z_1	e_0	z_2	a_1
z_1	e_1	z_0	a_0
z_1	e_2	z_2	a_1
z_1	e_3	z_0	a_0
z_2	e_0	z_1	a_2
z_2	e_1	z_1	a_2
z_2	e_2	z_1	a_2
z_2	e_3	z_1	a_2

b

u_1	u_2	x_1	x_2	u_1	u_2	y_1	y_2	y_3
0	0	0	0	0	0	0	0	0
0	0	0	1	0	0	0	0	0
0	0	1	0	0	1	0	0	0
0	0	1	1	0	1	0	0	0
0	1	0	0	1	0	1	0	1
0	1	0	1	0	0	0	0	0
0	1	1	0	1	0	1	0	1
0	1	1	1	0	0	0	0	0
1	0	0	0	0	1	0	1	0
1	0	0	1	0	1	0	1	0
1	0	1	0	0	1	0	1	0
1	0	1	1	0	1	0	1	0

Ausgangs*elementen* Boole'sche Ausgangs*variablen* $y_1, y_2, \ldots, y_m$ (kurz Ausgänge) und aus den Zuständen Boole'sche „Übergangsvariablen" $u_1, u_2, \ldots, u_k$. Sie werden jeweils zu Boole'schen Vektoren zusammengefasst: zum Eingangsvektor $\boldsymbol{x}$, zum Ausgangsvektor $\boldsymbol{y}$ und zum Übergangsvektor $\boldsymbol{u}$. Es entsprechen sich also (vgl. 1.3.1)

$$f\colon \quad E \times Z \to Z \qquad \text{und} \qquad \boldsymbol{u} := \boldsymbol{f}(\boldsymbol{u}, \boldsymbol{x}) \,,$$
$$g\colon \quad E \times Z \to A \qquad \qquad \boldsymbol{y} = \boldsymbol{g}(\boldsymbol{u}, \boldsymbol{x}) \,.$$

Darin sind die binär codierten Elemente von E die Werte von $\boldsymbol{x}$ (Eingangswerte), die binär codierten Elemente von A die Werte von $\boldsymbol{y}$ (Ausgangswerte) und die binär codierten Zustände von Z die Werte von $\boldsymbol{u}$ (Übergangswerte).

2.2.2 Darstellungsmittel

Auch für Boole'sche Automaten gibt es eine Reihe von Darstellungsformen, die ineinander transformierbar sind und jeweils für unterschiedliche Zwecke besonders geeignet sind, z. B. zur Darstellung der Abläufe in einem Automaten oder zur Darstellung seines Aufbaus.
Der Entwurf eines Schaltwerkes – eine Hauptaufgabe der Digitaltechnik – kann unter diesem Aspekt aufgefasst werden als Transformation einer Funktionsbeschreibung des geforderten Verhaltens in eine Struktur einer verdrahteten oder programmierten Logikschaltung.

Graphen (Zustandsgraphen, Zustandsdiagramme; Bilder 2-2a und 2-2b). Die Graphendarstellung ist besonders nützlich zur Veranschaulichung der Funktionsweise von Automaten; sie beruht – mathematisch ausgedrückt – auf der Interpretation der Übergangsfunktion als bezeichneter gerichteter Graph in seiner zeichnerischen Darstellung mit Knoten und Kanten. Graphen machen die Verbindungen zwischen den Zuständen sichtbar und verdeutlichen so Zustandsfolgen, d. h. Abläufe im Automaten. Kreise (Knoten) stehen für jeden einzelnen Zustand. Sie werden ohne Eintrag gelassen, wenn dieser nach außen hin uninteressant ist, andernfalls werden sie symbolisch bezeichnet oder binär codiert (codierte Zustände, Übergangswerte). An den Übergangspfeilen (den Kanten) werden links die Eingänge berücksichtigt,

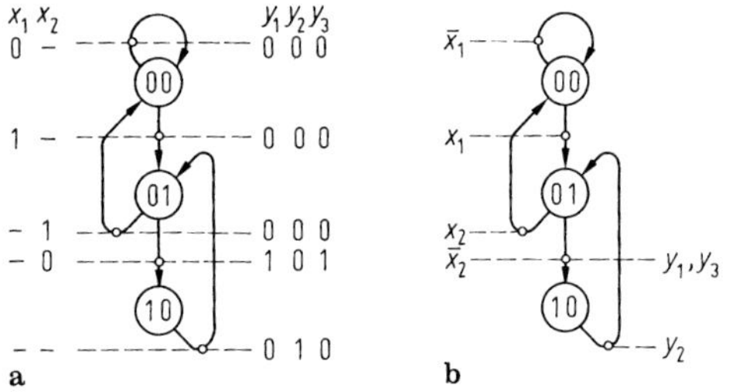

a b

u_1	u_2	x_1	x_2	u_1	u_2	y_1	y_2	y_3
0	0	0	–	0	0	0	0	0
0	0	1	–	0	1	0	0	0
0	1	–	0	1	0	1	0	1
0	1	–	1	0	0	0	0	0
1	0	–	–	0	1	0	1	0

c

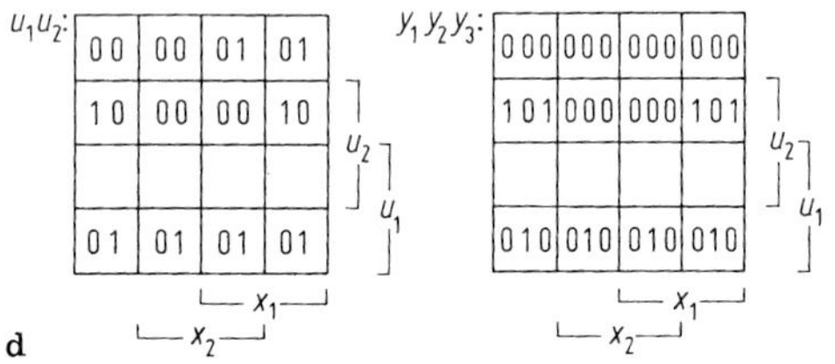

d

$u_1 := u_2 \cdot \bar{x}_2$

$u_2 := u_1 + \bar{u}_2 \cdot x_1$

$y_1, y_3 = u_2 \cdot \bar{x}_2$

$y_2 = u_1$

e

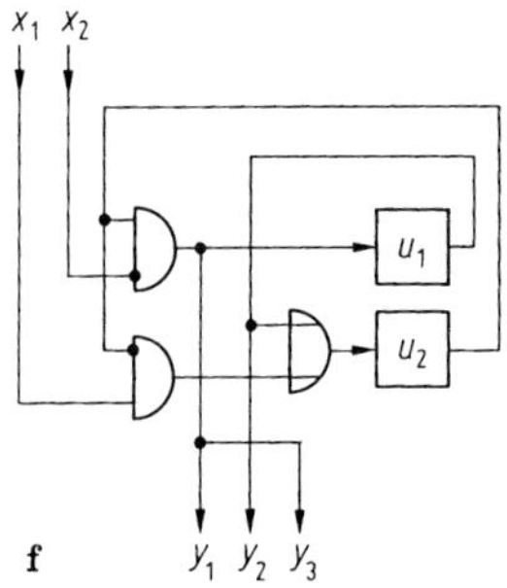

f

Bild 2-2. Darstellungsmittel Boole'scher Automaten am Beispiel des Automaten in Tabelle 2-1b. **a** Graph mit Boole'schen Werten für die Ein-/Ausgänge; **b** Graph mit Boole'schen Ausdrücken für die Eingänge und Boole'schen Variablen für die Ausgänge; **c** Tabelle in verkürzter Form; **d** Tafeln; **e** Gleichungen; **f** Blockbild. Der Automat dient als Steuerwerk für die Carry-save-Addition (siehe 4.4.2)

oft nur mit ihren relevanten Werten (Teilbild a) oder als Boole'sche Ausdrücke (Teilbild b); rechts werden die Ausgänge berücksichtigt, entweder mit ihren Werten (Teilbild a) oder oft nur deren aktive Komponenten (Teilbild b).

Tabellen (Tabelle 2-1b und Bild 2-2c). In der Tabellendarstellung erscheinen links die Kombinationen der Zustände mit allen möglichen Eingangswerten (ausführliche Form, Tabelle 2-1b) bzw. nur mit den relevanten Eingangswerten (komprimierte Form, Bild 2-2c). Rechts stehen die Folgezustände sowie die Ausgangswerte.

Tafeln (Bild 2-2d). Zur Tafeldarstellung werden gemäß den beiden Funktionen des Automaten, der Übergangsfunktion und der Ausgangsfunktion, zwei Tafeln benötigt. An den Tafeln werden wegen ihrer unterschiedlichen Bedeutung die codierten Zustände und die Eingangswerte zweidimensional angeschrieben, i. Allg. vertikal die Zustände und horizontal die Eingänge. In die eine Tafel werden die Folgezustände und in die andere die Ausgangswerte eingetragen.

Gleichungen (Bild 2-2e). Zur Gleichungsdarstellung werden die Übergangsfunktion und die Ausgangsfunktion komponentenweise mit den Eingangs-, Ausgangs- und Übergangsvariablen niedergeschrieben. Um zu verdeutlichen, dass es sich bei der Übergangsfunktion auf der linken Seite der Gleichungen um den Folgezustand handelt, wird das Ergibtzeichen := anstelle des Gleichheitszeichens benutzt.

Blockbilder (Strukturbilder, Schaltbilder; Bild 2-2f). Blockbilder illustrieren gleichermaßen die formelmäßige Gliederung wie den schaltungsmäßigen Aufbau eines Boole'schen Automaten und sind somit Bindeglied beim Schaltwerksentwurf. Im Gegensatz zum Graphen, bei dem jeder *Wert* des Übergangsvektors einzeln als Kreis dargestellt wird, treten in Blockbildern die einzelnen *Komponenten* des Übergangsvektors, d. h. die Übergangsvariablen selbst, in Erscheinung, und zwar als Kästchen für eine jede Variable. Die Inhalte der Kästchen sind die Übergangswerte, die bei jedem Schritt durch ihre Nachfolger ersetzt werden.

Verallgemeinerung der Graphendarstellung. Die in Bild 2-2 angegebenen Darstellungsmittel eignen sich für Automaten mit Steuerfunktion (Steuerwerke, Programmwerke, siehe 4.4). Von diesen wiederum eignen sich besonders die Graphendarstellung und die Blockbilder zur Verallgemeinerung (Abstraktion), insbesondere für Darstellungen auf der Registertransfer-Ebene. Beim Graphen werden in Anlehnung an höhere Programmiersprachen die

Eingänge als parallel abfragbare *Bedingungen* und die Ausgänge als parallel ausführbare *Anweisungen* formuliert. Mit dieser Einbeziehung von operativen Funktionen in die ablauforientierte Darstellung erhält man eine implementierungsneutrale grafische Darstellungsform von Algorithmen, in der der Fluss einer Zustandsmarke durch die Knoten des Graphen den Ablauf des Algorithmus veranschaulicht (siehe Bild 4-21a). Diese Darstellung dient insbesondere als Ausgangspunkt zum Entwurf der (Steuer-)Schaltnetze in den Steuerwerken, wie die folgende Kette von Darstellungstransformationen zeigt: Bild 4-21a → Bilder 2-2a oder b → Bild 2-2c → Bild 2-2d → Bild 2-2e → Bild 2-2f. – Solche „Programmflussgraphen" gibt es in vielerlei Varianten, z. B. auch als Flussdiagramme (siehe Bild 4-22a). Sie charakterisieren den typischen Datenverarbeitungsprozess in heutigen sog. v.-Neumann-Rechnern und werden auch bei der (imperativen) Programmierung verwendet.

Verallgemeinerung der Blockbilder. Mit Blockbildern lassen sich zwar auch Automaten mit Steuerfunktion darstellen, sie sind aber besonders für Automaten mit operativer Funktion geeignet (Operationswerke, Datenwerke, siehe 4.3). Charakteristisch für diese Werke ist die sehr große Anzahl von Zuständen, sodass diese nicht mehr wie bei Graphen einzeln dargestellt werden können. Stattdessen wird der gesamte Übergangsvektor als Einheit betrachtet und für ihn ein Kästchen gezeichnet. Das soll die Vorstellung der Zustände als veränderlicher Inhalt eines Registers im Automaten ausdrücken.
In den Registern werden also die Übergangswerte gespeichert; über die mit Pfeilen versehenen Pfade werden sie übertragen und dabei ggf. verarbeitet. Dabei gelangt der neue Wert entweder in dasselbe Register, wobei der alte Wert überschrieben wird (Ersetzen des Wertes), oder in ein anderes Register, wobei der alte Werte gespeichert bleibt (Kopieren des Wertes). Bei der Darstellung dieser Transfer- und Verarbeitungsfunktionen spricht man von der Registertransfer-Ebene. Dabei wird (ähnlich den verallgemeinerten Graphen bezüglich der Ein- und Ausgänge) von der Boole'schen Algebra abstrahiert und zu anwendungsspezifischen Beschreibungsweisen übergegangen, z. B. durch Angabe der Steuertabelle oder durch Benutzung von logischen und arithmetischen Operationszeichen in den Blockbildern oder Hardware-Programmen (siehe 4.4.2).
Im Allgemeinen arbeiten viele solcher operativer Automaten zusammen, sodass komplexe Verbindungs-/ Verknüpfungsstrukturen zwischen den Registern der Automaten entstehen (siehe Bilder 5-4 und 5-7, auch 5-9).

2.2.3 Netzdarstellungen

In technischen Systemen arbeitet praktisch immer eine Reihe von verschiedenen Werken (abstrakt gesehen: Automaten) zusammen. An ihren Schnittstellen entstehen Probleme hinsichtlich ihrer Synchronisation, gleichgültig ob die Werke in ein und derselben Technik oder unterschiedlich aufgebaut sind. Beispiele sind zwei Prozessoren, die einen gemeinsamen Speicher benutzen, oder ein (elektronischer) Prozessor und ein (mechanisches) Gerät, die gemeinsam Daten übertragen.
Synchronisationsprobleme dieser Art sind 1962 von C.A. Petri automatentheoretisch behandelt worden. Auf dieser abstrakten Ebene werden sie mit den nach ihm benannten Petri-Netzen gelöst. In der Software werden dazu spezielle Variablen benutzt, die man als Semaphore bezeichnet. In der Hardware werden spezielle Signale ausgetauscht, was als Handshaking bezeichnet wird. Während Netzdarstellungen in der Software eine eher untergeordnete Rolle spielen, sind sie in der Hardware vielerorts in Gebrauch (auch in der Steuerungstechnik, siehe I 14.3).

Beispiele zur Synchronisation von Prozessen. Synchronisation dient allgemein zur Abstimmung von Handlungen parallel arbeitender Werke bzw. ihrer „Prozesse". Die Aufgabe besteht darin, den Ablauf der Prozesse in eine bestimmte zeitliche Beziehung zueinander zu bringen, gewissermaßen zur Gewährleistung einer zeitlichen Ordnung im Gesamtprozess. Synchronisation kann erforderlich werden (1.) zur Bewältigung von Konfliktsituationen zwischen den Prozessen oder (2.) zur Herstellung einer bestimmten Reihenfolge im Ablauf der Prozessaktivitäten. Die folgenden zwei Beispiele illustrieren den Einsatz von Petri-Netzen zur Behandlung von Problemen

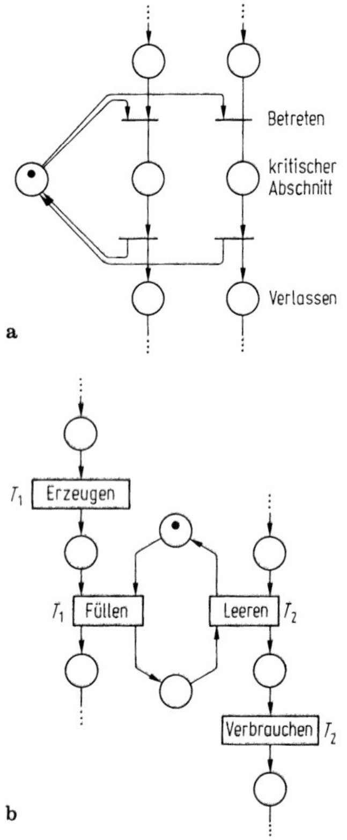

Bild 2-3. Petri-Netze. **a** Illustration des Problems des gegenseitigen Ausschlusses; **b** Illustration des Erzeuger-Verbraucher-Problems

dieser Art (zu Petri-Netzen sowie zu deren Symbolik siehe I 14.3).

Problem des gegenseitigen Ausschlusses (mutual exclusion). In Bild 2-3a sind zwei Prozesse miteinander vernetzt. Sie beschreiben zwei Werke, die einen gemeinsamen Abschnitt des Gesamtprozesses nur exklusiv benutzen dürfen (zur Veranschaulichung: zwei unabhängige Fahrzeuge, die auf eine Engstelle zufahren). – In einem Rechner bildet z. B. einen solchen kritischen Abschnitt (critical region) das gleichzeitige Zugreifen zweier Prozesse auf ein gemeinsames Betriebsmittel, wie den Systembus mit dem daran angeschlossenen Speicher (Problem der Busarbitration).
Die Prozesse in Bild 2-3a sind über einen gemeinsamen Zustand gekoppelt, der nur dann eine Marke enthält, wenn der kritische Abschnitt frei ist. Bei einem Zugriff auf diesen wird die Marke *entweder* von dem einen *oder* dem anderen Prozess mitgenommen und beim Verlassen des Abschnitts wieder in den gemeinsamen Zustand zurückgebracht. Auf diese Weise ist gewährleistet, dass sich immer nur genau einer der beiden Prozesse in dem kritischen Abschnitt befindet (Vermeidung der Konfliktsituation).

Erzeuger-Verbraucher-Problem (producer consumer problem). In Bild 2-3b sind drei Prozesse miteinander vernetzt. Der linke und der rechte Prozess beschreiben mit T_1 und T_2 getaktete Werke, von denen das linke Daten erzeugt und das rechte Daten verbraucht (zur Veranschaulichung: von denen das eine eine Ware produziert und das andere die Ware konsumiert). Der mittlere Prozess beschreibt ein ungetaktetes, d. h. asynchron zu den beiden anderen arbeitendes Werk, einen Puffer, der imstande ist, eine Dateneinheit (die Ware) zwischenzulagern. – In einem Rechner ist z. B. der Erzeuger ein Prozessor und der Verbraucher ein Ausgabegerät; und der Puffer ist das Datenregister eines Interface-Bausteins (gepufferte, asynchrone Datenübertragung). Der Puffer ist entweder leer (Marke im oberen Zustand) oder voll (Marke im unteren Zustand). Der Erzeuger produziert eine Dateneinheit und wartet, sofern der Puffer *nicht leer* ist, anderenfalls füllt er ihn. Der Verbraucher wartet, solange der Puffer *nicht voll* ist, sodann leert er ihn und konsumiert die Dateneinheit. Auf diese Weise ist gewährleistet, dass das im Puffer befindliche Datum vom Erzeuger nie überschrieben und vom Verbraucher nie doppelt gelesen werden kann (Einhaltung der Reihenfolge).

Grenzen der Anwendbarkeit von Petri-Netzen. In Bild 2-3 kommen die Vor- und Nachteile von Petri-Netzen gut zum Ausdruck. Petri-Netze zeigen das Zusammenwirken der Prozesse in einer *abstrakten*, das Verständnis des Gesamtprozessgeschehens fördernden Form; Konflikte werden deutlich, da eine Marke nur über einen von mehreren Wegen laufen darf (vgl. in Bild 2-3a die Aktionen „kritischer Abschnitt betreten"); es dominiert die Reihenfolge der Handlungen, d. h., ob sie nebeneinander (parallel) ausgeführt werden können oder nacheinander (sequentiell) ausgeführt werden müssen (vgl. in Bild 2-3b die Aktionen „Puffer füllen" bzw. „Puffer leeren"). Darüber hinaus erlauben die beiden gezeigten Petri-Netze eine Verallgemeinerung der jeweiligen Aufgabenstellung: Wenn das Netz in

Bild 2-3a auf n Prozesse erweitert wird und der allen gemeinsame Zustand mit m Marken initialisiert wird ($m < n$), so beschreibt es die Freigabe des kritischen Abschnitts für m von n Prozessen. Wenn im Netz in Bild 2-3b der obere Pufferzustand mit n Marken statt mit einer initialisiert wird, so beschreibt es die Daten-/Materialübertragung für einen Puffer mit einer Kapazität von n Speicher-/Lagerplätzen.

Die Teilbilder zeigen auch die Grenzen der Anwendbarkeit von Petri-Netzen: Während vernetzte Automatengraphen räumlich verbundenen Funktionseinheiten entsprechen und aufgrund ihrer als Eingänge und Ausgänge gekennzeichneten Synchronisationssignale auf diverse Blätter verteilt werden können, ist das bei Petri-Netzen wegen der gemeinsamen Übergangsbalken gar nicht beabsichtigt. Daher werden Petri-Netze schon bei wenig komplexen Aufgabenstellungen sehr unübersichtlich. Eine gewisse Abhilfe bringen sog. höhere Petri-Netze, die aber schwieriger zu interpretieren sind. Petri-Netze werden deshalb hauptsächlich zur Darstellung grundsätzlicher Zusammenhänge benutzt. In der Programmierung paralleler, verteilter Prozesse wird hingegen sprachlichen Formulierungen der Vorzug gegeben.

2.3 Softwareorientierte Automatenmodelle

2.3.1 Erkennende Automaten und formale Sprachen

In der theoretischen Informatik und im Übersetzerbau benutzt man Automaten als mathematische Modelle zur Erkennung der Sätze formaler Sprachen, d. h. zur Feststellung der Struktur von Zeichenketten. Man nennt diese Automaten deshalb auch *erkennende Automaten* und unterscheidet vier Arten, die in engster Korrespondenz mit den verschiedenen Arten formaler Sprachen stehen:

- *Endliche Automaten* erkennen *reguläre Sprachen.*
- *Kellerautomaten* erkennen *kontextfreie Sprachen.*
- *Linear beschränkte Automaten* erkennen *kontextsensitive Sprachen.*
- *Turingmaschinen* erkennen *unbeschränkte Sprachen.*

Softwareorientierte Automaten weisen gegenüber hardwareorientierten folgende charakteristische Unterschiede auf:

- Sie liefern während des Lesens und Verarbeitens einer Eingabe-Zeichenkette keine Ausgabe.
- Sie haben ausgezeichnete Zustände: den *Anfangszustand*, in dem sie starten, und *Endzustände*, in denen sie anhalten und die eingegebene Zeichenkette als erkannt signalisieren.
- Sie existieren alle in einer *deterministischen* und in einer *nichtdeterministischen* Variante.
- Die Unterscheidungen von synchroner und asynchroner Arbeitsweise und von Moore- und Mealy-Automat entfallen.

2.3.2 Erkennende endliche Automaten

Ein erkennender endlicher Automat (Bild 2-4) besteht aus einer endlichen Anzahl von Zuständen z_1 bis z_n, einem Eingabeband mit den Zeichen s_1 bis s_m, einem Lesekopf und einer Ja-Nein-Anzeige (Lampe). Ein Zustand ist als *Startzustand*, ein oder mehrere Zustände sind als *Endzustände* ausgezeichnet. Das Band enthält eine Kette von Zeichen eines gegebenen Alphabets, und der Automat hat die Aufgabe, durch schrittweises Lesen der Zeichenkette festzustellen, ob sie eine bestimmte, durch die Übergangsfunktion des Automaten festgelegte Struktur hat. Die Kette wird dazu vom Lesekopf von links nach rechts abgetastet. Die Erkennung geht folgendermaßen vor sich:

1. Am Anfang befindet sich der Automat im Anfangszustand, und das erste Zeichen s_1 der Kette steht über dem Lesekopf.
2. Der Automat führt *Züge* aus, indem er, gesteuert durch den augenblicklichen Zustand z_i und das aktuelle Zeichen s_j, in den nächsten Zustand übergeht und den Lesekopf um eine Stelle nach rechts bewegt.
3. Die Erkennung endet, wenn die Übergangsfunktion für den aktuellen Zustand und das aktuelle Bandzeichen undefiniert ist. (Das ist u. a. dann der Fall, wenn das Band vollständig gelesen ist. Die auf das letzte Bandzeichen folgende Kette ist die

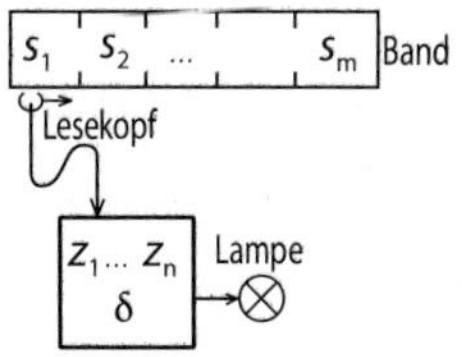

Bild 2-4. Erkennender endlicher Automat

leere Kette, durch ε bezeichnet.) Wenn dann der aktuelle Zustand ein Endzustand ist, ist die Kette erkannt (die Lampe leuchtet), wenn nicht, ist die Kette nicht erkannt.

Die vorstehende Beschreibung lässt sich durch folgende Definitionen präzisieren:
Ein *deterministischer endlicher Automat* DFA (*deterministic finite automaton*) ist ein Quintupel

$$\text{DFA} = (Z, V_T, \delta, z_1, F)\,.$$

Darin ist Z eine endliche Menge von *Zuständen*, V_T eine endliche Menge von *Eingabesymbolen*, δ die *Übergangsfunktion* (eine Abbildung $Z \times V_T \to Z$), $z_1 \in Z$ der *Anfangszustand*, $F \subseteq Z$ die *Menge der Endzustände*.
Eine *Konfiguration*, geschrieben (z, α), ist das Paar aus dem gegenwärtigen Zustand z und dem noch ungelesenen Teil α der Eingabekette. Dabei ist das am weitesten links stehende Zeichen von α dasjenige, das als nächstes gelesen wird.
Ein *Zug*, dargestellt durch das Zeichen $\vdash$, ist der Übergang von einer Konfiguration in die nächste. Wenn die gegenwärtige Konfiguration $(z_i, b\alpha)$ lautet, und es ist $\delta(z_i, b) = z_j$, dann führt der endliche Automat den Zug $(z_i, b\alpha) \vdash (z_j, \alpha)$ aus. Eine *Zugfolge* von $n \geq 0$ Zügen wird durch $\vdash^*$ ausgedrückt.
Eine Zeichenkette σ ist *erkannt*, wenn es eine Zugfolge $(z_1, \sigma) \vdash^* (p, \varepsilon)$ für irgendein $p \in F$ gibt.
Als *Sprache* L(DFA) eines endlichen Automaten definiert man die Menge aller Zeichenketten, die der Automat erkennt; formal

$$L(\text{DFA}) = \{\alpha : \alpha \in V_T^* \wedge ((z_1, \alpha) \vdash^* (p, \varepsilon) \wedge p \in F)\}\,.$$

Beispiel. Ein Automat zur Erkennung aller Zeichenketten aus Nullen und Einsen mit einer durch 3 teilbaren Anzahl von Einsen lautet:

$$\text{DFA} = (\{z_1, z_2, z_3\}, \{0, 1\}, \delta, z_1, \{z_1\})$$

Bild 2-5 zeigt die Übergangsfunktion δ als Tabelle und als Graph.
Bei der Erkennung der Kette 110010 führt der Automat folgende Züge aus:

$$(z_1, 110010) \vdash (z_2, 10010) \vdash (z_3, 0010) \vdash$$
$$(z_3, 010) \vdash (z_3, 10) \vdash (z_1, 0) \vdash (z_1, \varepsilon)$$

δ	0	1
z_1	z_1	z_2
z_2	z_2	z_3
z_3	z_3	z_1

a

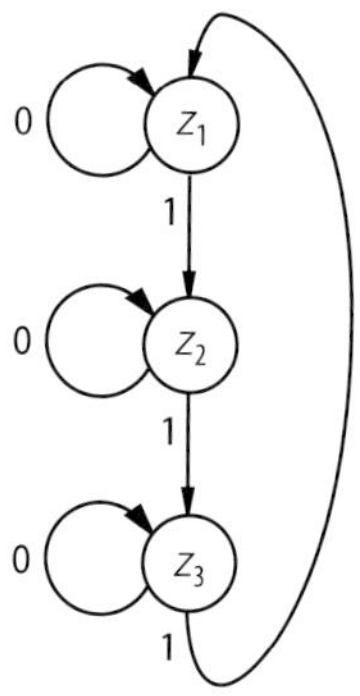

b

Bild 2-5. Übergangsfunktion eines erkennenden endlichen Automaten. **a** Tabelle, **b** Graph. z_1 ist Startzustand und zugleich einziger Endzustand

Nichtdeterministischer Automat. Ein nichtdeterministischer endlicher Automat kann von einem Zustand aus bei einem bestimmten Eingabewert in mehrere Folgezustände übergehen. Seine Übergangsfunktion wird dadurch i. Allg. mehrwertig; sie ist eine Abbildung von $Z \times V_T$ in Teilmengen der Potenzmenge von Z. Jeder nichtdeterministische endliche Automat lässt sich in einen äquivalenten deterministischen endlichen Automaten transformieren.

Grenzen der Anwendbarkeit. Endliche Automaten sind zur Beschreibung von formalen Sprachen nur beschränkt tauglich. Sie können nur Sätze von Grammatiken ohne Klammerstruktur, wie Bezeichner, Zahlen und einige andere erkennen.

2.3.3 Turingmaschinen

Die Turingmaschine (A.M. Turing, 1936) besteht aus einer endlichen Anzahl von Zuständen z_1 bis z_n, einem einseitig unendlichen Band, einem Schreib-/Lese-Kopf und einer Ja-Nein-Anzeige (Lampe). Im Unterschied zum endlichen Automaten wird das Band bei jedem Zug um eine Stelle nach links *oder* rechts bewegt und ein Zeichen gelesen *und* geschrieben. Alles Übrige ist wie beim endlichen Automaten. Die Übergangsfunktion hat zwei Argumente: den aktuellen Zustand und das aktuelle Bandsymbol; und sie hat drei Werte: den nächsten Zustand, das Bandsymbol, mit dem das aktuelle überschrieben werden soll, und die zweiwertige

Angabe {L, R}, ob der Schreib-/Lese-Kopf nach links oder rechts bewegt werden soll (Bild 2-6).
Formal ist eine Turingmaschine (TM) ein 6-Tupel:

$$\mathrm{TM} = (Z, V_\mathrm{T}, V, \delta, z_1, F)$$

Darin ist Z eine endliche Menge von *Zuständen*; V_T eine endliche Menge von *Eingabesymbolen; V* eine endliche Menge von *Bandsymbolen*, eines von ihnen, ⊔ (blank), bedeutet das Leerzeichen (es ist $V_\mathrm{T} \subseteq V - \{\sqcup\}$), δ die *Übergangsfunktion*, eine Abbildung von $Z \times V$ nach $Z \times V \times \{\mathrm{L}, \mathrm{R}\}$, $z_1 \in Z$ der *Anfangszustand* und $F \subseteq Z$, die Menge der *Endzustände*.
Eine *Konfiguration*, geschrieben $(z, \alpha.\beta)$ ist das Tripel aus dem gegenwärtigen Zustand z, dem links vom Schreib-/Lese-Kopf liegenden Teil α des Bandes und dem Bandrest β. Das erste Zeichen von β befindet sich über dem Schreib-/Lese-Kopf, alle übrigen Zeichen von β rechts von ihm.
Ein *Zug*, dargestellt durch $\vdash$, ist der Übergang von einer Konfiguration in die nächste. Eine Zeichenkette σ ist *erkannt*, wenn es eine Zugfolge $(z_1, .\sigma) \vdash^* (p, \alpha.\beta)$ für irgendein $p \in F$ und beliebigen Bandinhalt $\alpha.\beta$ gibt.

Beispiel. Gesucht ist eine Turingmaschine TM, die ihren anfänglichen Bandinhalt aus Nullen und Einsen – eingerahmt durch die Begrenzungszeichen A (Anfang) und E (Ende) – hinter diesen kopiert/transportiert. *Strategie:* 1. Zeichen (0 oder 1) merken und durch Hilfszeichen \$ überschreiben (Position merken). 2. Bis zum ersten Leerzeichen (⊔) vorwärtsgehen und ⊔ durch Zeichen überschreiben. 3. Zu \$ zurückgehen und \$ durch Zeichen überschreiben; zum nächsten Zeichen gehen. Schritte 1 bis 3 wiederholen, bis E erreicht ist.
TM hat 7 Zustände (Menge Z), die Eingabesymbole lauten 0, 1, A, E (Menge V_T), die Bandsymbole lauten 0, 1, A, E, \$, ⊔ (Menge V). Die Übergangsfunktion (δ)

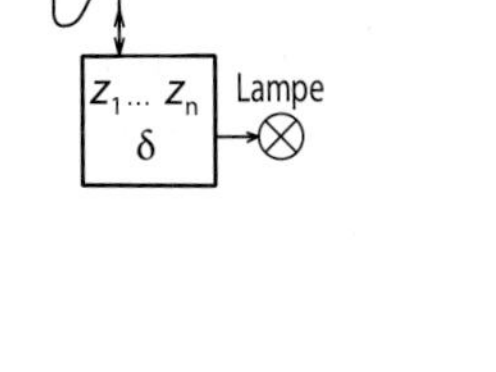

Bild 2-6. Turingmaschine

ist in Bild 2-7 als Zustandsgraph wiedergegeben; der Startzustand ist z_1, der Endzustand ist z_7.
Im Graphen bedeutet die Anschreibung $x \to y, z$ Überschreiben von Bandsymbol x durch Eingabesymbol y (aus x wird y) und Weiterrücken des Schreib-/Lesekopfes nach links oder rechts (z = L bzw. R). – Aus einer beispielsweisen Anfangsbandbeschriftung A 0 1 0 0 1 0 E entsteht die Endbandbeschriftung A 0 1 0 0 1 0 E 0 1 0 0 1 0.

Das Beispiel verdeutlicht gleichermaßen die Stärken und die Schwächen der Turingmaschine, wenn man an einen technischen Aufbau zur elektronischen Datenverarbeitung denkt (vgl. die Diskussion in [4]). Das ist allerdings für ihre Anwendung in der theoretischen Informatik weder beabsichtigt noch notwendig! – Ihre Stärke ist die Abfragbarkeit aller Bandsymbole auf einen Schlag (und somit die Ausführung von Programmverzweigungen in einem Schritt). Ihre Schwäche ist das Fehlen jeglicher arithmetischer und logischer Operationen. Wie am Beispiel zu sehen, muss selbst eine so elementare Operation wie Kopieren/Transportieren äußerst umständlich programmiert werden: Die Inspektion des Zustandsgraphen ergibt 20 Zeilen für die Tabellenform der Übergangsfunktion (20 Anschreibungen im Graphen); diese Tabelle bildet gewissermaßen das Programm der Turingmaschine. Zum Kopieren/Transportieren eines einzigen Zeichens sind für die oben gewählte Bandbeschriftung allein 15 Schritte notwendig (7 vor, 8 zurück).
Trotzdem: Man kann zeigen, dass Turingmaschinen auch addieren und alle anderen arithmetischen Operationen ausführen können. Der unbeschränkt große Bandspeicher und die Möglichkeit, Bandfelder wiederholt zu besuchen und ihren Inhalt zu ersetzen, verleihen der Turingmaschine theoretisch die Fähigkeit, alle Algorithmen auszuführen. Erweiterungen von Turingmaschinen auf mehrere Bänder, mehrere Schreib-/Lese-Köpfe und nichtdeterministische Turingmaschinen bringen keinen Zuwachs an algorithmischen Fähigkeiten.
Turingmaschinen werden in der theoretischen Informatik vor allem zu zwei Zwecken herangezogen:

- Zur Definition der Begriffe *Algorithmus* und *Berechenbarkeit*: Zu jedem denkbaren Algorithmus (jeder berechenbaren Funktion) gibt es eine Turingmaschine, die ihn ausführt. Man

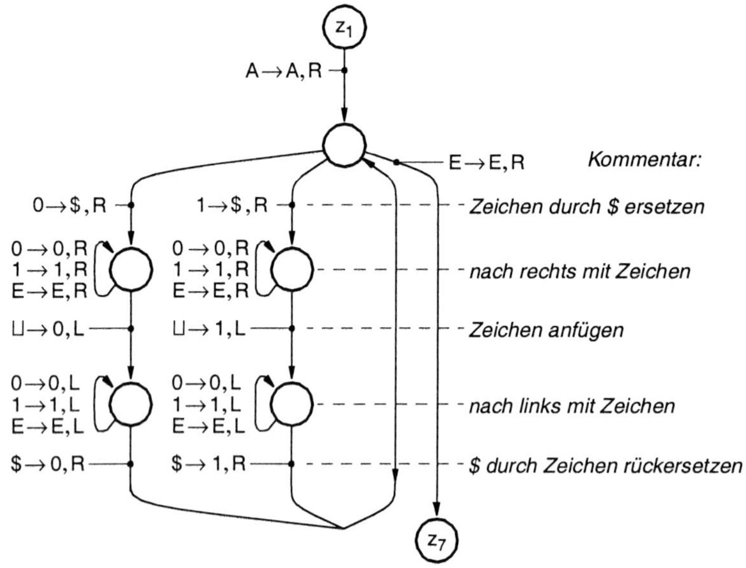

Bild 2-7. Graph für die Beispiel-Turingmaschine. Die entsprechende Tabelle kann durch Software (z.B. mit Excel) oder durch Hardware (binär codiert mit dem Steuerwerk) verwirklicht werden (siehe 4.4). Dabei wird anstelle des Bands besser ein Speicher mit wahlfreiem Zugriff mit vorgeschaltetem Vor-/Rückwärtszähler verwendet. Das Programm des Steuerwerks ist im Logikfeld „fest verdrahtet" oder mit Logikgattern „fest verdrahtet". Zum Hardware-Aufbau siehe auch [1]

schreibt die Eingangsparameter (Argumente) auf das Band, startet die Turingmaschine, und die Turingmaschine hält nach endlich vielen Schritten mit den Ausgabeparametern (dem Funktionswert) auf dem Band an. Man macht die Ausführbarkeit durch eine Turingmaschine sogar zur Definition des Algorithmusbegriffs, indem man sagt:
Turingmaschinen sind formale Modelle von Algorithmen, und kein Berechnungsverfahren kann algorithmisch genannt werden, das nicht von einer Turingmaschine ausführbar ist (*Churchsche These*).

- Zur Erkennung der allgemeinsten Klasse *formaler Sprachen*: Diese Klasse ist dadurch charakterisiert, dass es für jede zu ihr gehörende Sprache eine Turingmaschine gibt, die eine Zeichenkette, die ein Satz der Sprache ist, erkennt. Zur Erkennung wird die Kette auf das Band der Turingmaschine geschrieben und die Turingmaschine gestartet. Wenn die Kette ein Satz der Sprache ist, hält die Turingmaschine nach endlich vielen Schritten in einem Endzustand an; wenn sie kein Satz ist, hält die Turingmaschine entweder in einem Nicht-Endzustand oder überhaupt nicht an.

Universelle Turingmaschinen. Verschiedenen Algorithmen entsprechen verschiedene Turingmaschinen. Ihre Übergangsfunktionen kann man sich als ihre fest verdrahteten Programme denken (siehe Bildunterschrift zu Bild 2-7). Man kann jedoch als Gegenstück zum Computer auch universelle Turingmaschinen konstruieren, die eine beliebige auf ihr Band geschriebene Übergangsfunktion interpretieren und somit imstande sind, alle Turingmaschinen zu simulieren.

Bedeutung für die Programmierungstechnik. Obwohl Turingmaschinen nur mathematische Modelle ohne jede praktische Anwendbarkeit sind, liefern sie wertvolle Einsichten und haben deshalb Bedeutung z. B. in folgenden Fragestellungen:

- Wenn man Algorithmen, die in verschiedenen Programmiersprachen geschrieben sind, hinsichtlich bestimmter Eigenschaften miteinander vergleichen will, bietet sich die Turingmaschine als einfachster gemeinsamer Standard an.
- Um zu zeigen, dass eine neue Programmiersprache universell ist, d. h. alle Algorithmen zu formulieren gestattet, braucht man nur zu zeigen, dass man mit ihr eine Turingmaschine simulieren kann.
- Es gibt Probleme, die sich algorithmisch prinzipiell nicht lösen lassen, was sich am Modell der Turingmaschine besonders einfach zeigen lässt. Darunter ist von größtem allgemeinen Interesse das *Halteproblem*, d. i. die

Frage „Gibt es einen Algorithmus, der entscheidet, ob ein beliebiges gegebenes Programm für beliebig gegebene Eingabedaten nach endlich vielen Schritten anhält?" Die Antwort lautet „Nein." Viele andere Probleme der Berechenbarkeit lassen sich auf das Halteproblem zurückführen.

2.3.4 Grenzen der Modellierbarkeit

Endliche Automaten und Turingmaschinen sind autonome Modelle, d. h., sie modellieren nur Abläufe, die, einmal gestartet, unbeeinflusst durch die Außenwelt bis zu ihrem Ende ablaufen. Die Abläufe in Computern sind dagegen nicht autonom, sondern können durch Signale von außen unterbrochen werden (Interrupt, siehe 8.2.2). Zur Kommunikation einer Zentraleinheit mit der Außenwelt (E/A-Geräte, andere Computer in Computernetzen und verteilten Systemen) ist die Möglichkeit wesentlich, einen Ablauf in der Zentraleinheit durch ein von außen kommendes Signal zu unterbrechen. Mathematische Modelle von ähnlicher Einfachheit wie die Turingmaschine, die die Unterbrechbarkeit berücksichtigen, sind bisher nicht bekannt geworden.

Digitale Systeme

H. Liebig

Digitale Systeme sind wohlstrukturierte, sehr komplexe Zusammenschaltungen ganz elementarer, als Schalter wirkender Bauelemente. Am Anfang der Computertechnik Relais, heute fast ausschließlich Transistoren, haben solche elektronischen Schalter funktionell betrachtet nur zwei Zustände: Sie sind entweder offen oder geschlossen. Dementsprechend operieren digitale Systeme im mathematischen Sinn nur mit binären Größen. Bit steht dabei als Kurzform für „binary digit".

Auch arithmetische Operationen und logische Verknüpfungen lassen sich auf das „Rechnen" mit binären Größen zurückführen: die Ziffern von Dualzahlen sind entweder 0 oder 1; als Aussagen aufgefasste Sätze sind entweder falsch oder wahr. Diese Gemeinsamkeit ermöglicht es, arithmetische und logische Prozesse mit digitalen Systemen, d. h. durch das Zusammenwirken ihrer Schalter, nachzubilden.

Digitale Systeme können nach steigender Komplexität ihrer Struktur und ihrer Funktion in Schaltnetze, Schaltwerke und Prozessoren eingeteilt werden. *Schaltnetze* sind imstande, den Kombinationen ihrer Eingangsgrößen einmal festgelegte Kombinationen ihrer Ausgangsgrößen zuzuordnen; sie werden deshalb auch Zuordner oder im Englischen „combinational circuits" genannt. *Schaltwerke* sind darüber hinaus in der Lage, vorgegebene Sequenzen ihrer Eingangsgrößen in vorgegebene Sequenzen ihrer Ausgangsgrößen abzubilden; sie werden deshalb auch Automaten oder im Englischen „sequential machines" genannt. Sie bilden die Hardware-Implementierungen von Automaten/Algorithmen. *Prozessoren* entstehen aus der Zusammenschaltung von arithmetisch-logischen Schaltnetzen mit operativen und steuernden Schaltwerken. Sie eignen sich primär zur Durchführung numerischer Berechnungen, insbesondere für die Verarbeitung großer Datenmengen. Prozessoren bilden somit die zentralen Verarbeitungseinheiten der elektronischen Rechenanlagen (central processing units, CPUs).

3 Schaltnetze

Ihrer Struktur nach sind Schaltnetze rückwirkungsfreie Zusammenschaltungen von Schaltgliedern. Ihre Funktion folgt den Gesetzen der Boole'schen Algebra (Boole'sche Funktionen). Damit lässt sich der Begriff Schaltnetz wie folgt definieren: Ein Schaltnetz ist die schaltungstechnische Realisierung einer *Boole'schen Funktion*, mathematisch ausgedrückt durch die Abbildung f mit dem Eingangsvektor $\boldsymbol{x}$ und dem Ausgangsvektor $\boldsymbol{y}$:

$$\boldsymbol{x} \xrightarrow{f} \boldsymbol{y} \qquad \boldsymbol{x} - \boxed{f} - \boldsymbol{y} \qquad \boldsymbol{y} = f(\boldsymbol{x}) \tag{3-1}$$

3.1 Signaldurchschaltung und -verknüpfung

Binär codierte Information wird durch Signale repräsentiert (z. B. elektrische Spannungen), die nur zwei Pegel annehmen können (z. B. 0 V/+3 V, kurz ⏚/+ als „Potenziale"). Die Bezeichnung der Signale erfolgt durch beliebige Namen; die der Pegel durch die beiden Ziffern 0 und 1, üblicherweise 0 für ⏚ und 1 für + („positive Logik"). Entsprechend den in der Mathematik gebräuchlichen Bezeichnungsweisen sind die Signale Variablen und ihre Pegel deren Werte („das Signal x hat den Pegel 3 V" hat so die gleiche Bedeutung wie „die Variable x hat den Wert 1").
Die Übertragung und Verarbeitung von Signalen erfolgt mit Schaltern, die zu komplexen Gebilden verbunden sind (Schalterkombinationen). Dabei können mehrere Schalter mit ein und demselben Eingangssignal gesteuert werden. In Schaltbildern wird das dadurch ausgedrückt, dass an jedem dieser Schalter derselbe Signalnamen geschrieben wird; und der Bequemlichkeit halber gibt man den Schaltern selbst auch gleich die Namen ihrer Steuersignale (das Signal x schaltet alle mit x bezeichneten Schalter bei $x = 1$ auf „ein").
In digitalen Systemen dienen Schalter und Schalterkombinationen (1.) zum Durchschalten von Signalen (Durchschaltglieder, transmission gates), (2.) zum Verknüpfen von Signalen (Verknüpfungsglieder, combinational gates). Beide Arten von Schaltgliedern (Gattern) erscheinen in Digitalschaltungen in großer Mannigfaltigkeit und werden innerhalb eines Systems auch gemischt eingesetzt.

Beispiel. Ein Schaltnetz zur Addition von zwei Dualzahlen entsteht aus einer kettenförmigen Zusammenschaltung von „Kästchen" (Bild 3-1a), von denen jedes seinerseits Zusammenschaltungen von Durchschalt- und Verknüpfungsgliedern enthält (siehe Bild 3-9 und Bild 3-10). Jedes der Kästchen führt die Addition eines Ziffernpaares aus. Sie besteht aus der Berechnung der Ergebnisziffer z_i und des in Stelle i entstehenden Übertrags u_{i+1} aus den Summandenziffern x_i, y_i und dem von der Stelle $i-1$ kommenden Übertrag u_i (Bild 3-1b).

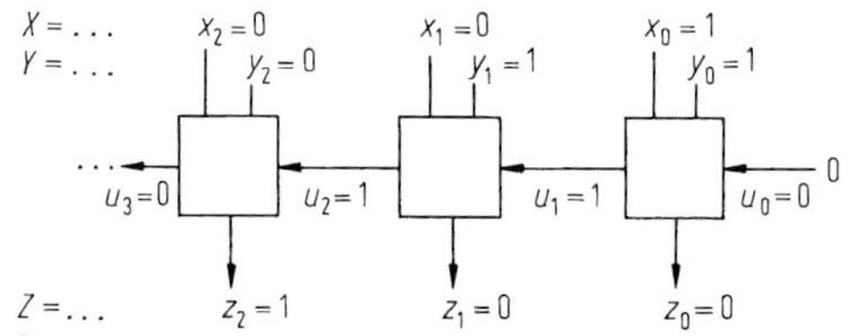

a

u_i	x_i	y_i	u_{i+1}	z_i
0	0	0	0	0
0	0	1	0	1
0	1	0	0	1
0	1	1	1	0
1	0	0	0	1
1	0	1	1	0
1	1	0	1	0
1	1	1	1	1

b

Bild 3-1. Addition von zwei Dualzahlen $Z = X+Y$. **a** Schaltnetz mit Zahlenbeispiel; **b** Definition einer Teilschaltung (Volladdierer)

3.1.1 Schalter und Schalterkombinationen

Schalter und Schalterkombinationen haben die Aufgabe, Leitungsverbindungen von einem zum anderen Ende der Schaltung herzustellen, und zwar nach Maßgabe der an den Schaltern liegenden Eingangssignale. Somit kann ein an dem einen Ende anliegendes variables oder konstantes Potenzial entweder an das andere Ende übertragen werden (Leitung durchgeschaltet) oder nicht übertragen werden (Leitung nicht durchgeschaltet).

Operationen mit Schaltern. Es gibt Schalter mit normaler und Schalter mit inverser Funktion; weiter können Schalter mit normalen und invertierten Signalen gesteuert werden; und schließlich können Schalter seriell und parallel verbunden werden. Diese Operationen erlauben die planmäßige Konstruktion von Schalterkombinationen.

Normalfunktion/-ansteuerung eines Schalters (*Identität*): Die Leitungsverbindung ist durchgeschaltet, wenn der Schalter geschlossen ist; das ist bei $x = 1$ der Fall (bei $x = 0$ ist er geöffnet), in Formeln durch x ausgedrückt (Bild 3-2a);

Inversfunktion/-ansteuerung eines Schalters (*Negation, NICHT-Operation*): Die Leitungsverbindung ist durchgeschaltet, wenn der Schalter geschlossen ist; das ist *nicht* bei $x = 1$ der Fall (sondern bei $x = 0$), in Formeln $\bar{x}$ (Bild 3-2b);

Serienschaltung von Schaltern (*Konjunktion, UND-Verknüpfung*): Die Leitungsverbindung ist durchge-

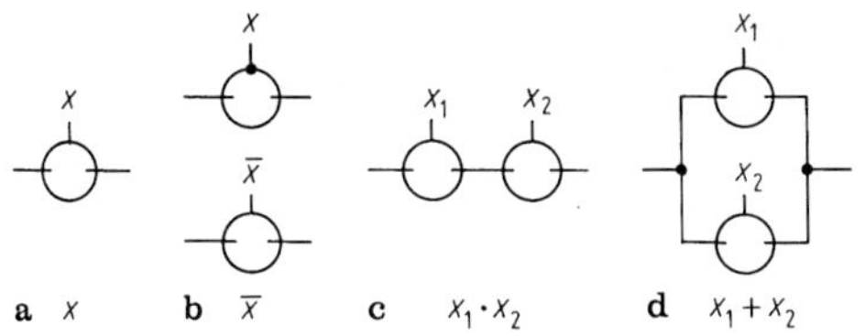

Bild 3-2. Schalterkombinationen. **a** Identität (Schalter normal arbeitend und normal angesteuert); **b** Negation (Schalter invers arbeitend bzw. invers angesteuert); **c** Konjunktion (Schalter in Serie geschaltet); **d** Disjunktion (Schalter parallelgeschaltet)

schaltet, wenn Schalter x_1 geschlossen ist ($x_1 = 1$) *und* Schalter x_2 geschlossen ist ($x_2 = 1$), als Formel $x_1 \cdot x_2$ (Bild 3-2c);

Parallelschaltung von Schaltern (*Disjunktion, ODER-Verknüpfung*): Die Leitungsverbindung ist durchgeschaltet, wenn Schalter x_1 geschlossen ist ($x_1 = 1$) *oder* Schalter x_2 geschlossen ist ($x_2 = 1$), als Formel $x_1 + x_2$ (Bild 3-2d).

Bei ausschließlicher Verwendung dieser Operationen zum Aufbau einer Schalterkombination lässt sich aus der Struktur einer Formel eine Schaltung „derselben" Struktur entwickeln. Andere als mit diesen Elementaroperationen aufgebaute Schaltungen lassen sich zwar auch durch Formeln beschreiben, jedoch sind ihre Strukturen nicht mehr von gleicher Gestalt. Schaltung Bild 3-3a wird z. B. durch die darunter angegebene Formel strukturgetreu wiedergegeben, während für Schaltung Bild 3-3b lediglich die vier Möglichkeiten von Leitungsverbindungen aus der Formel abgelesen werden können (eine oben, eine unten, zwei über Kreuz).

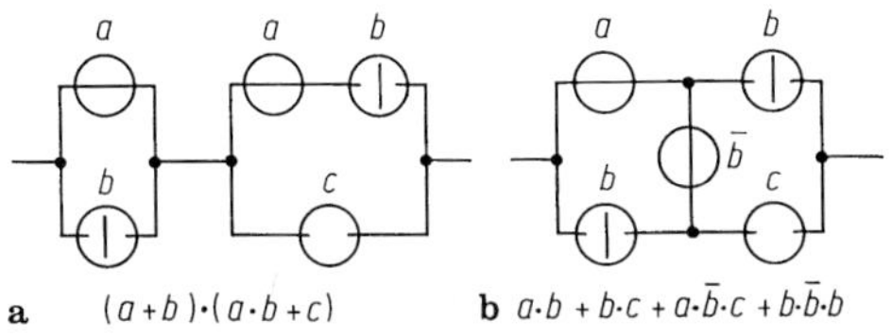

Bild 3-3. Zwei äquivalente Schalterkombinationen, **a** strukturgetreu, **b** nicht strukturgetreu durch Formeln beschreibbar. Die eingetragenen Schalterstellungen illustrieren den Fall $a = 1, b = 0, c$ unbestimmt

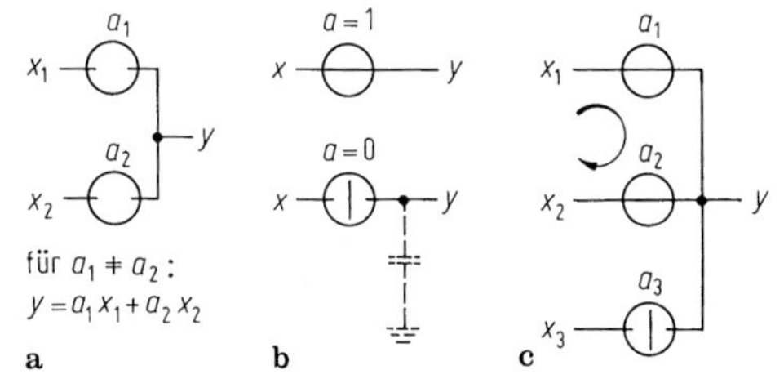

Bild 3-4. Durchschaltglieder (die Schalter stehen auch stellvertretend für Schalterkombinationen). **a** UND-ODER-Gatter; **b** Ladungsspeicherung (bei $a = 0$); **c** Kurzschlussstrom (bei z. B. $x_1 = 1$ und $x_2 = 0$)

3.1.2 Durchschaltglieder

Durchschaltglieder schalten die variablen Potenziale ihrer Eingangssignale x_i (siehe Bild 3-4a) entsprechend den Werten ihrer Eingangssignale a_i auf den Ausgang y entweder rückwirkungs*frei* durch ($y = x_1$, wenn $a_1 = 1$ *und* $a_2 = 0$; $y = x_2$, wenn $a_1 = 0$ *und* $a_2 = 1$), *gar nicht* durch ($y = ?$, wenn $a_1 = 0$ *und* $a_2 = 0$) oder rückwirkungs*behaftet* durch ($y = !$, wenn $a_1 = 1$ *und* $a_2 = 1$).

Im Falle $y = x_1$ oder x_2 gilt $a_1 \neq a_2$, und der Ausgang hat denselben Wert wie der durchgeschaltete Eingang, d. h., $y = 1$, wenn $a_1 = 1$ *und* $x_1 = 1$ *oder* $a_2 = 1$ *und* $x_2 = 1$.

Im Falle $y = ?$ „hängt" der Ausgang „in der Luft". Dieser (neben 0 und 1) dritte Zustand ist entweder unzulässig, weil undefiniert, oder er hat wegen der Leitungskapazität des Ausgangs denjenigen Wert $y = 0$ oder 1, den er vor der „Abtrennung" des Eingangssignals x_i hatte (Ladungsspeicherung). In Schaltung Bild 3-4b z. B. bleibt $y = 1$ bei $a = 0$ nur dann konstant, wenn sich die aufgeladene Kapazität nicht entladen kann, d. h., wenn kein Strom in die nachfolgende Schaltung fließt. Diese Annahme ist jedoch etwas unrealistisch, denn selbst bei sehr hohem Eingangswiderstand der Folgeschaltung (Eingang „hochohmig") fließen in Wirklichkeit – wenn auch sehr geringe – Leckströme, sodass sich die Kapazität entladen kann. Deswegen muss, wenn der Wert der Variablen y über einen längeren Zeitraum „gespeichert" werden soll, die Ladung periodisch durch ein Taktsignal erneuert werden oder durch Rückkopplung wieder aufgefrischt werden (siehe 4, insbesondere Bilder 4-3a bzw. 4-4a).

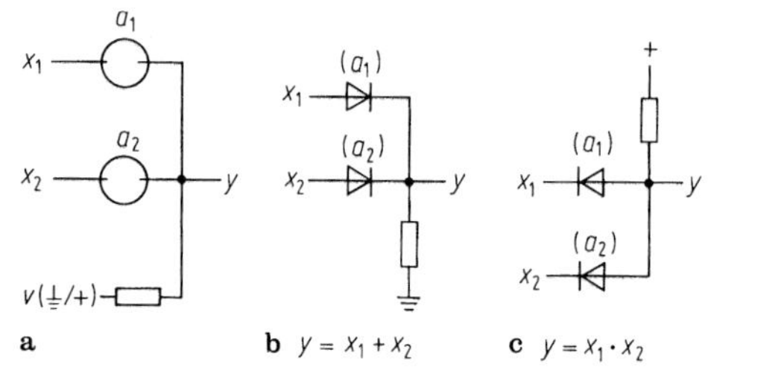

Bild 3-5. Durchschaltglieder. **a** Funktion $y = a_1 \cdot x_1 + a_2 \cdot x_2 + \bar{a}_1 \cdot \bar{a}_2 \cdot v$ (Ausgang auch bei $a_1 = 0, a_2 = 0$ definiert); **b** Dioden-ODER-Gatter; **c** Dioden-UND-Gatter

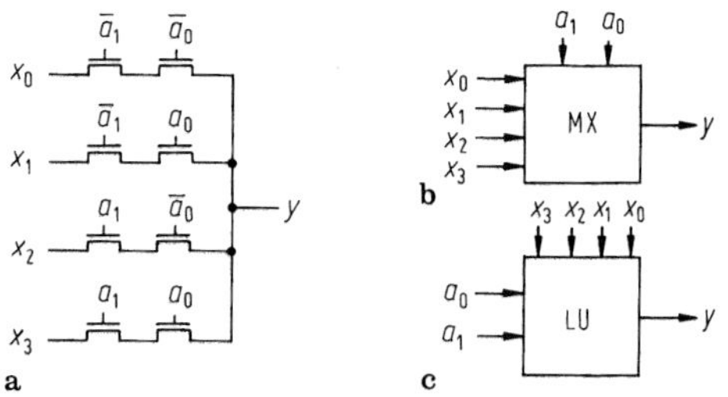

Bild 3-6. Universal-Durchschaltglied mit der Funktion $y = x_0 \cdot \bar{a}_1\bar{a}_0 + x_1 \cdot \bar{a}_1 a_0 + x_2 \cdot a_1\bar{a}_0 + x_3 \cdot a_1 a_0$. **a** MOS-UND-ODER-Gatter; **b** Verwendung als Multiplexer; **c** Verwendung als Logikeinheit. Die Schaltung kann auch in umgekehrter Richtung zum Demultiplexen oder Decodieren verwendet werden

Im Fall $y = !$ „verkoppelt" der Ausgang die Eingänge. Dieser Fall unterliegt der Bedingung, dass niemals zu hohe Ströme von $1 = +$ nach $0 = ⏚$ fließen dürfen, da sonst Schalter zerstört werden können (Kurzschlussströme). In Schaltung Bild 3-4c kann das bei $a_1 = 1$, $a_2 = 1$, $a_3 = 0$ eintreten, wenn mit $x_1 = 1$ in der vorhergehenden Schaltung (z. B. über einen Schalter ohne Widerstand – Ausgang „niederohmig") unmittelbar der Pluspol und mit $x_2 = 0$ unmittelbar der Massepol durchgeschaltet wird (z. B.,wenn Bild 3-8a Ausgangsschaltung ist).

Grundschaltungen mit Dioden. Ladungsspeicherung wird verhindert, wenn ein Zweig im Durchschaltglied mit einem Widerstand versehen wird. In Bild 3-5a z. B. ist bei $a_1 = 0$ und $a_2 = 0$ $y = v = 0/1 = ⏚/+$. (Da kein Strom durch den Widerstand fließt, entsteht an ihm kein Spannungsabfall, und das jeweilige Potenzial von v überträgt sich auf y.) Kurzschlussströme werden verhindert, indem selbststeuernde Schalter mit Ventilverhalten (Dioden) benutzt werden. Beim ODER-Gatter, Bild 3-5b, wird $v = ⏚$ gewählt, sodass die Dioden (Schalter a_i) bei $x_1 = 1$ durchgeschaltet sind (d. h. Normalsteuerung der Schalter: $a_i = x_i$); daraus folgt $y = 1$, wenn $x_1 = 1$ *oder* $x_2 = 1$. Beim UND-Gatter, Bild 3-5c, wird $v = +$ gewählt, sodass die Dioden (Schalter a_i) bei $x_i = 1$ gesperrt sind (d. h. Inverssteuerung der Schalter: $a_i = \bar{x}_i$); daraus folgt $y = 1$, wenn $x_1 = 1$ *und* $x_2 = 1$. In beiden Schaltungen ist bei ungleichen Eingangspotenzialen immer eine Diode gesperrt; und wie die Symbole zeigen, können Kurzschlussströme nicht auftreten.

Ein Durchschaltglied in MOS-Technik. Sowohl Ladungsspeicherung als auch Kurzschlussströme werden verhindert, wenn alle Zweige im Durchschaltglied mit Serienschaltungen von Schaltern ausgestattet sind (UND-Funktion) und die Schalter so gesteuert werden, dass immer genau ein Zweig durchgeschaltet ist. Bild 3-6 zeigt eine solche Schaltung mit MOS-Transistoren als Schalter (MOS, metal oxide semiconductor). Darin werden die Transistoren alle normal betrieben, jedoch mit normalen und invertierten Signalen gesteuert. – Die Schaltung kann als Multiplexer oder als Logikeinheit eingesetzt werden. Als Multiplexer hat sie die Aufgabe, genau eine der vier Eingangsleitungen x_0 bis x_3 mit den Steuersignalen a_1 und a_0 auf den gemeinsamen Ausgang y durchzuschalten, z. B. bei $[a_1 a_0] = [11]$ die unterste Leitung, d. h., $y = x_3$. Als Logikmodul kann sie durch Wahl der Steuersignale x_3, x_2, x_1, x_0 sämtliche $2^4 = 16$ Verknüpfungsmöglichkeiten mit den zwei Eingangsvariablen a_0 und a_1 bilden und der Ausgangsvariablen y zuordnen, z. B. bei $[x_3 x_2 x_1 x_0] = [1000]$ die UND-Funktion, d. h., $y = a_0 \cdot a_1$ und bei $[x_3 x_2 x_1 x_0] = [1110]$ die ODER-Funktion, d. h., $y = a_0 + a_1$.

3.1.3 Verknüpfungsglieder

Verknüpfungsglieder verknüpfen die Werte ihrer Eingangssignale x_i durch Schalterkombinationen (in den Bildern 3-7a,b und 3-8a steht ein Schalter jeweils stellvertretend für eine Schalterkombination) und schalten entweder das Pluspotenzial auf den Ausgang durch ($y = 1 = +$) oder das Massepotenzial ($y = 0 = ⏚$). Die Durchschaltung der konstanten Potenziale + und ⏚ der Stromversorgung bei Verknüpfungsgliedern anstelle der variablen Potenziale 1 bzw. 0 bei Durchschaltgliedern ermöglicht eine Regenerierung der Spannungspegel des Ausgangssignals. Deshalb können Verknüpfungsglieder (als „aktive“ Schaltungen) im Gegensatz zu Durchschaltgliedern (als „passive“ Schaltungen) problemlos hintereinandergeschaltet werden (vgl. G 26.1). Begrenzungen ergeben sich durch die Anzahl an Folgeschaltungen, die der Ausgang eines Verknüpfungsgliedes zu „treiben“ hat (fan-out) in Bezug auf den Strom, der zum Umladen der kapazitiven Last nötig ist (Lastfaktor).

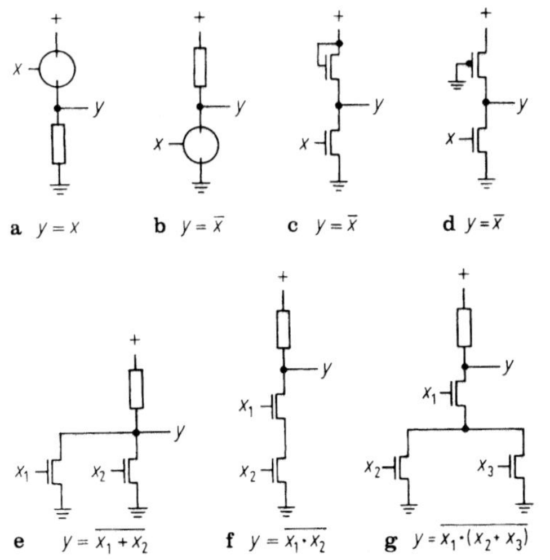

Bild 3-7. Verknüpfungsglieder. **a** Transmitter-, **b** Inverter-Grundschaltung; **c, d** NICHT-Gatter; **e** NOR-Gatter; **f** NAND-Gatter; **g** Komplexgatter. Der Lastwiderstand in e bis g ist entweder wie in c durch einen nMOS-Transistor (nMOS-Technik) oder wie in d durch einen (komplementären) pMOS-Transistor (Pseudo-nMOS-Technik) realisiert

Grundschaltungen mit Transistoren. Bild 3-7a dient als Grundschaltung für logische Operationen in der Relaistechnik; in der Transistortechnik wird sie hauptsächlich als Ausgangsschaltung verwendet (z. B. als Stromtreiber bei ECL, emitter coupled logic). In der Transistortechnik dient Bild 3-7b als Grundschaltung für logische Operationen ($y = 1$, wenn *nicht* $x = 1$). Dabei erscheint die Wirkung des Schalters (bzw. der Schalterkombination) am Ausgang in invertierter Form (Inverterschaltung). In Schaltungen mit bipolaren Transistoren werden nur die Schalter, in Schaltungen mit unipolaren Transistoren (MOS-Technik) darüber hinaus auch die Widerstände mit Transistoren aufgebaut (die dann nicht als Schalter arbeiten). Die in den Bildern 3-7c bis f dargestellten MOS-Schaltungen erklären sich aus der Invertierungseigenschaft der Grundschaltungen in Verbindung mit nur einem Schalter (Negation, NICHT-Gatter), mit mehreren parallelen Schaltern (negiertes ODER, negated OR, NOR-Gatter) bzw. mit mehreren seriellen Schaltern (negiertes UND, negated AND, NAND-Gatter).

Verknüpfungsglieder in CMOS-Technik. Bild 3-8a dient in der Transistortechnik gleichermaßen als Ausgangsschaltung (z. B. als Stromtreiber bei TTL, transistor transistor logic) wie als Grundschaltung für logische Operationen ($y = 1$, wenn *nicht* $x = 1$). Dabei muss die Wirkung der beiden Schalter (bzw. der Schalterkombinationen) immer gegensätzlich (komplementär) zueinander sein. In CMOS-Technik (CMOS, complementary MOS) werden dazu MOS-Transistoren mit komplementärer Funktion benutzt und ihre Verbindungsstrukturen „unten“ und „oben“ dual zueinander aufgebaut: in Bild 3-8b Transistor unten normal, oben invers (NICHT-Gatter), in Bild 3-8c Transistoren unten parallel/normal, oben seriell/invers (NOR-Gatter), in Bild 3-8d unten seriell/normal oben parallel/invers (NAND-Gatter).

Symbolik. Anstelle der vorgestellten, aufwändigen Zeichnungen der logischen Gatter kann man in logischen Blockbildern die in Tabelle 1-1 wiedergegebenen traditionellen Symbole nach der früheren DIN 40 700-14 benutzen. Die in DIN 40 900-12 definierte neue Symbolik sowie in USA vielfach benutzte Schaltzeichen sind in Tabelle I 14-1 dargestellt. – Das in (3-1) angewandte allgemeine Halbkreissymbol dient sowohl zum Ausdrücken des komplexen logischen Aufbaus elektronischer Schaltkreise (Abstraktion von Elektronik-Details) als auch der zusammenfassenden Darstellung von durch Tabellen oder Gleichungen definierten Schaltnetzen (Abstraktion von Logik-Details).

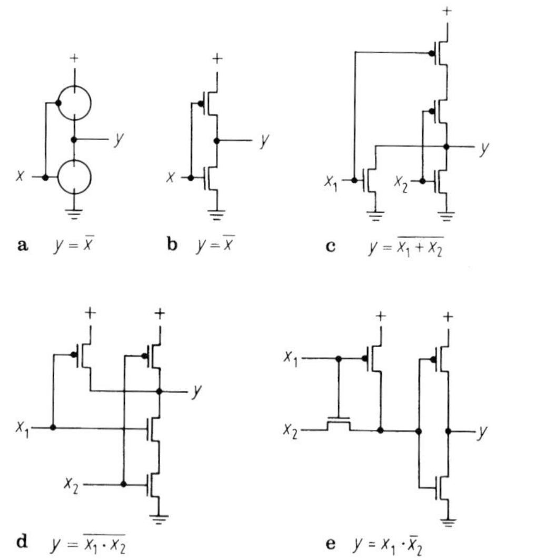

Bild 3-8. Komplementär-Verknüpfungsglieder (Inversbetrieb durch Punkt gekennzeichnet). **a** Inverter-Grundschaltung; **b** NICHT-Gatter; **c** NOR-Gatter; **d** NAND-Gatter; **e** Mischgatter (Durchschalt-/Verknüpfungsglied)

3.2 Schaltungen für Volladdierer

Beginnend mit Addierern in sog. zweistufiger Logik für Rechner der ersten und z. T. auch der zweiten Generation (Carry-save-Addition, siehe 4.4.2) sind in den späteren Generationen Addierer in mehrstufiger Logik entwickelt worden (Carry-ripple-Addition, siehe 3.2.1). Um eine Vorstellung vom Aufbau und dem Zusammenwirken der einzelnen Teilschaltungen gemäß Bild 3-1a, den sog. Volladdierern, zu vermitteln, sind in den Bildern 3-9 und 3-10 zwei von zahlreichen Schaltungsvarianten dargestellt. Anhand der Tabelle Bild 3-1b lässt sich ihre Funktion überprüfen, indem für jede Zeile die entsprechenden Schalterstellungen bzw. Gatterbelegungen eingetragen und daraus die Werte für u_{i+1} und z_i ermittelt werden.

3.2.1 Volladdierer mit Durchschaltgliedern

Die in Bild 3-9a wiedergegebene Schaltung enthält neben den vier NICHT-Gattern Bild 3-7c drei Durchschaltglieder gemäß Bild 3-6a und ein Durchschaltglied gemäß Bild 3-5a. Der Anschaulichkeit halber ist der Volladdierer mit Schaltersymbolen gezeichnet. Für eine funktionsfähige elektronische Schaltung in MOS-Technik kann seine Struktur grundsätzlich beibehalten werden, jedoch sind aus technischen Gründen zusätzliche Schaltungsmaßnahmen nötig. Insbesondere wird zur Steigerung der Schaltgeschwindigkeit das Verkettungssignal u_{i+1} der Schaltung „aufgeladen“ sowie nach vier Serienschaltungen „verstärkt“, siehe z. B. [1]. – *Funktion.* Mit $x_i = 0$ und $y_i = 0$ wird $u_{i+1} = 0$ (Übertrag „killed“ – $K_i = 1$), mit $x_i = 0$ *und* $y_i = 1$ *oder* $x_i = 1$ *und* $y_i = 0$ wird $u_{i+1} = u_i$ (Übertrag „propagated“ – $P_i = 1$), und mit $x_i = 1$ *und* $y_i = 1$ wird $u_{i+1} = 1$ (Übertrag weder „killed“ noch „propagated“, d. h. Übertrag „generated“ – $G_i = 1$). Mit $P_i = 1$ *und* $u_i = 0$ *oder* $P_i = 0$ *und* $u_{i+1} = 1$ wird $z_i = 1$, anderenfalls wird $z_i = 0$ (Summenziffer gleich 1 bzw. 0), in Gleichungsform

$$u_{i+1} = x_i y_i + (x_i \nLeftrightarrow y_i) u_i\,, \qquad (3\text{-}2)$$

$$z_i = x_i \nLeftrightarrow y_i \nLeftrightarrow u_i\,. \qquad (3\text{-}3)$$

Bemerkung. Die MOS-Schaltung in Bild 3-9a ist auf (normal arbeitende) nMOS-Transistoren zugeschnitten. Diese schalten 0 schneller durch als 1, was beim Aufbau der Übertragungskette im Volladdierer berücksichtigt ist (Durchschalten von ⏚ und ggf. Weiterleitung). Die in CMOS verwendeten (invers arbeitenden) pMOS-Transistoren schalten hingegen 1 schneller als 0 durch, weshalb in CMOS die Schalter in Durchschaltgliedern, sollen sie Variablen durchschalten, als Paar komplementär angesteuerter, parallel geschalteter nMOS/pMOS-Transistoren realisiert werden. Solche „Komplementär“schalterkombinationen werden nicht nur in Schaltnetzen, z. B. für Volladdierer, sondern auch in CMOS-Speichergliedern, wie z. B. in Bild 4-4, eingesetzt.

3.2.2 Volladdierer mit Verknüpfungsgliedern

Die in Bild 3-10a dargestellte Schaltung enthält vier Verknüpfungsglieder der Struktur Bild 3-7b, von denen zwei anstelle der einzelnen Schalter Schalterkombinationen enthalten. Der Anschaulichkeit halber sind die Verknüpfungsglieder mit Schalter- und Widerstandssymbolen gezeichnet. Für eine funktionsfähige Schaltung in MOS-Technik werden Schalter wie Widerstände durch Transistoren realisiert; in CMOS-Technik werden für die Schalter normal arbeitende Schalttransistoren und anstelle

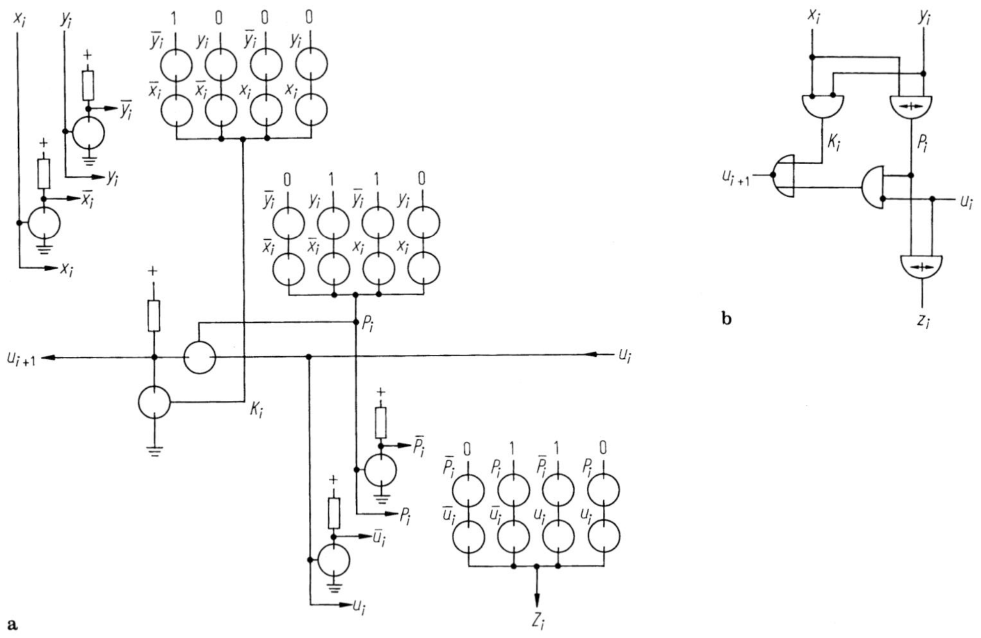

Bild 3-9. Volladdierer mit Übertragsweiterleitung über Durchschaltglieder. **a** Schaltung; **b** Blockbild mit Gattersymbolen

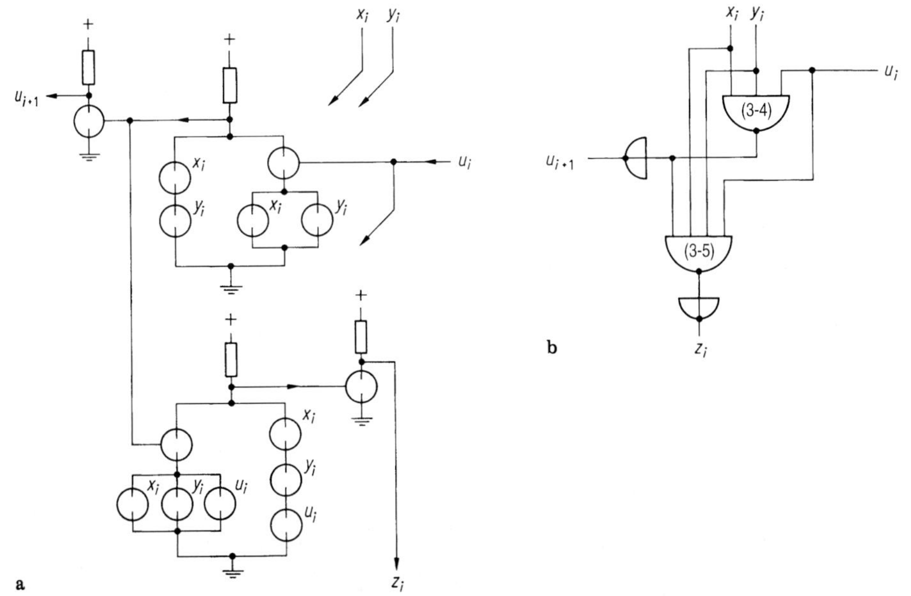

Bild 3-10. Volladdierer mit Übertragsweiterleitung über Verknüpfungsglieder. **a** Schaltung; **b** Blockbild mit Bezug auf Gleichungen

der Widerstände die zu diesen Schalterkombinationen dualen Schalterkombinationen mit invers arbeitenden Schalttransistoren eingesetzt. Es gibt zahlreiche Schaltungsvarianten von Volladdierern, siehe z. B. [2]. – *Funktion*: Mit $x_i = 1$ *und* $y_i = 1$ *oder* mit $u_i = 1$ *und* $x_i = 1$ *oder* $y_i = 1$ wird $u_{i+1} = 1$, anderenfalls wird $u_{i+1} = 0$ (Übertrag gleich 1 bzw. 0). Mit $u_{i+1} = 0$ *und* $x_i = 1$ *oder* $y_i = 1$ *oder* $u_i = 1$ *oder* mit $x_i = 1$ *und* $y_i = 1$ *und* $u_i = 1$ wird $z_i = 1$, anderenfalls wird $z_i = 0$ (Summenziffer gleich 1 bzw. 0), in Gleichungsform

$$u_{i+1} = x_i y_i + u_i(x_i + y_i)\ , \qquad (3\text{-}4)$$

$$z_i = \bar{u}_{i+1}(x_i + y_i + u_i) + x_i y_i u_i\ . \qquad (3\text{-}5)$$

Bemerkung. Der Volladdierer (zur Addition von Dualziffern) bildet eine Art Keimzelle elektronischer Datenverarbeitungswerke: n-mal gemäß Bild 3-1a aufgebaut, entsteht ein Schaltnetz zur Addition von Dualzahlen; aus diesem, gemäß Bild 3-11 verallgemeinert, entsteht ein Schaltnetz zur Durchführung arithmetischer und logischer Operationen; aus diesem wiederum, gemäß Bild 4-19b mit Registern zusammengeschaltet, entstehen Schaltwerke zur Datenverarbeitung mit in elektronischer Geschwindigkeit operierenden Schaltungen (universelle Datenwerke), wie sie für Prozessoren in Rechenanlagen benötigt werden (vgl. die Strukturbilder in 5, jeweils unterer Teil).

3.3 Schaltnetze zur Datenverarbeitung und zum Datentransport

Datenverarbeitung und -transport bildet den Kern des *operativen* Teils programmgesteuerter datenverarbeitender Geräte.

3.3.1 Arithmetisch-logische Einheiten

Arithmetisch-logische Einheiten werden oft nach Gesichtspunkten guter technischer Integrierbarkeit gebaut und enthalten deshalb neben sinnvollen arithmetischen und logischen Operationen auch eine große Anzahl sinnloser arithmetisch-logischer Mischoperationen. Als eigenständige Chips erlauben solche ALUs (arithmetic and logic units) die Ausführung auch dieser Mischoperationen; als Teile von Prozessoren sind ihre Operationen hingegen einer strengen Auswahl unterzogen, nur diese werden codiert (und ALU-intern decodiert; Bild 3-11a).

Aus der in Bild 3-9 dargestellten Volladdiererschaltung entsteht die Schaltung einer „1-Bit-Scheibe" einer arithmetisch-logischen Einheit, wenn die in der Volladdiererschaltung implizit enthaltenen *konstanten* Steuervektoren durch explizit aus der Schaltung herausgeführte *variable* Steuervektoren ersetzt werden; n solche ALU-Scheiben werden zu einer n-Bit-ALU zusammengesetzt, und es entsteht Bild 3-11b.

Arithmetik- und Logikoperationen. Mit den Steuervektoren $\boldsymbol{k} = [k_0 k_1 k_2 k_3]$ zur Erzeugung der Kill-Funktion K_i (speziell $\boldsymbol{k} = [1000]$ in Bild 3-9), $\boldsymbol{p} = [p_0 p_1 p_2 p_3]$ zur Erzeugung der Propagate-Funktion P_i, (speziell $\boldsymbol{p} = [0110]$ in Bild 3-9) und $\boldsymbol{r} = [r_0 r_1 r_2 r_3]$ zur Erzeugung der Result-Funktion z_i (speziell $\boldsymbol{r} = [0110]$ in Bild 3-9) lauten die Funktionsgleichungen zur Beschreibung von Bild 3-9 als ALU-Glied (zu seiner symbolischen Darstellung siehe auch Bild 3-9b mit (3-6) für K_i, (3-7) für P_i und (3-9) für z_i):

$$K_i = k_0 \bar{x}_i \bar{y}_i + k_1 \bar{x}_i y_i + k_2 x_i \bar{y}_i + k_3 x_i y_i\ , \qquad (3\text{-}6)$$

$$P_i = p_0 \bar{x}_i \bar{y}_i + p_1 \bar{x}_i y_i + p_2 x_i \bar{y}_i + p_3 x_i y_i\ , \qquad (3\text{-}7)$$

$$\bar{u}_{i+1} = K_i + P_i \bar{u}_i \quad \text{oder} \quad u_{i+1} = \overline{K}_i \cdot (\overline{P}_i + u_i)\ , \qquad (3\text{-}8)$$

$$z_i = r_0 \bar{u}_i \overline{P}_i + r_1 \bar{u}_i P_i + r_2 u_i \overline{P}_i + r_3 u_i P_i\ . \qquad (3\text{-}9)$$

Für arithmetische Operationen ist $\boldsymbol{r} = [0110]$ oder $\boldsymbol{r} = [1001]$ zu wählen; in diesem Fall ist z_i nach (3-9) von u_i abhängig, d. h., $z_i = P_i \nleftrightarrow u_i$ bzw. $z_i = P_i \leftrightarrow u_i$. Für logische Operationen ist $\boldsymbol{r} = [0101]$ zu wählen; in diesem Fall ist z_i nach (3-9) von u_i unabhängig, d. h., $z_i = P_i$. Mit der Zusammenschaltung von n solchen ALU-Gliedern entsprechend Bild 3-11b lassen sich arithmetische und logische Operationen mit n-stelligen 2-Komplement-Zahlen und Bitvektoren der Länge n durchführen, eine Auswahl zeigt Tabelle 3-1.

Bedingungsoperationen. Zu ihnen zählen Operationen mit arithmetischen Operanden (Zahlen) und logischem (Boole'schem) Ergebnis (wahr, falsch),

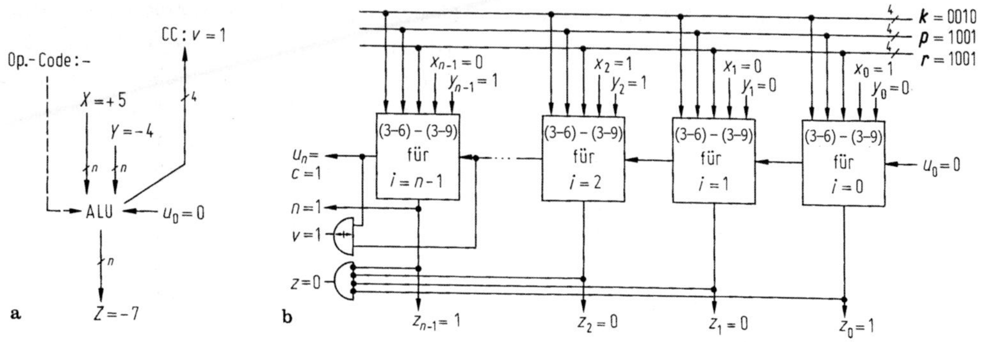

Bild 3-11. Arithmetisch-logische Einheit (ALU) für n Stellen mit Zahlenbeispiel $Z = X - Y$ ($X = +5$, $Y = -4$). Die Schrägstriche an den Leitungen geben deren Anzahl an (bei $n = 4$ entsteht – Z als 2-Komplement-Zahl interpretiert – das „falsche" Ergebnis $Z = -7$). **a** Symbol; **b** Schaltbild

z. B. $X = Y$, $X \neq Y$, $X < Y$, $X < 0$ usw. Die Boole'schen Werte dieser Relationen werden beim Anlegen des Operationscodes für die Subtraktion $Z = X - Y$ aus den zum Condition-Code CC zusammengefassten Bedingungsbits z, n, c und v der ALU gewonnen (Bild 3-11b):

das Zero-Bit z zeigt an, ob das Ergebnis null ist ($z = \bar{z}_{n-1}\,\bar{z}_{n-2}\ldots\bar{z}_1\,\bar{z}_0$),
das Negative-Bit n zeigt an, ob das Ergebnis negativ ist ($n = z_{n-1}$),
das Carry-Bit c zeigt an, ob ein Übertrag in der höchsten Stelle entsteht ($c = u_n$),
das Overflow-Bit v zeigt an, ob der Zahlenbereich für 2-Komplement-Zahlen von n Stellen (vgl. 6.3.3) überschritten wird ($v = v_n = u_n \nLeftrightarrow u_{n-1}$).

Carry-look-ahead-Technik. Funktionsgleichungen mit Propagate-Funktion, wie sie bei Arithmetik- und Vergleichsoperationen auftreten, beschreiben die stufenförmige Ausbreitung des Übertragssignals (carry) durch eine ganze Kette von Schaltgliedern (carry ripple). Der Übertrag ist für jede Stufe erforderlich und benötigt mit steigender Stufenanzahl immer höhere Laufzeiten (vgl. z. B. die Beeinflussung der u_i durch u_0 in Bild 3-11b). Um dies in Grenzen zu halten, wird er für eine gewisse Stufenzahl (z. B. 4) in jeder Stufe (d. h. der 2., der 3. und der 4.) vorausschauend berechnet (carry look-ahead, CLA). Dadurch verringert sich die Laufzeit (hier auf ein Viertel), und der Aufwand erhöht sich (nur auf etwas mehr als das Doppelte). Diese Aussage ist jedoch ggf. unter Berücksichtigung der Schaltungs-

Tabelle 3-1. Auswahl an ALU-Operationen (+ Addition, – Subtraktion, · Multiplikation)

k_0	k_1	k_2	k_3	p_0	p_1	p_2	p_3	r_0	r_1	r_2	r_3	Z=
1	0	0	0	0	1	1	0	0	1	1	0	$X + Y + u_0$
0	0	1	0	1	0	0	1	1	0	0	1	$X - Y - u_0$
1	1	0	0	0	0	1	1	0	1	1	0	$X + u_0$
0	0	1	1	1	1	0	0	1	0	0	1	$X - u_0$
1	1	0	0	0	0	0	0	0	0	1	1	$X \cdot 2 + u_0$
0	0	0	0	0	0	0	1	0	1	0	1	X UND Y
0	0	0	0	0	1	1	1	0	1	0	1	X ODER Y
0	0	0	0	1	1	0	0	0	1	0	1	NICHT Y
0	0	0	0	0	0	1	1	0	1	0	1	X
0	0	0	0	0	0	0	0	0	0	0	0	0

technik zu relativieren. Zu weiteren Techniken zur Beschleunigung des Übertrags siehe z. B. [3].

3.3.2 Multiplexer

Multiplexer dienen zum Durchschalten von mehreren Leitungsbündeln (im Folgenden kurz Leitungen genannt) auf eine Sammelleitung; und zwar wird diejenige Leitung durchgeschaltet, deren Steuereingang aktiv ist bzw. deren Adresse am Adresseingang anliegt (Bild 3-12a). Im Grenzfall hat der Multiplexer nur einen einzigen solchen Dateneingang (Torschaltung), der uncodiert oder mit einer Adresse angewählt wird (Bild 3-12b).

Funktionsgleichungen. Zu ihrer Darstellung in allgemeiner Form wäre die Einführung von Matrixoperationen nützlich [2]. Für den speziellen Fall eines Multiplexers mit 3 Dateneingängen $[c_{01}c_{00}]$, $[c_{11}c_{10}]$, $[c_{21}c_{20}]$, 3 Steuereingängen k_0, k_1, k_2 ohne Decodierung und $[y_0y_1]$ als Datenausgang lauten sie

$$y_0 = k_0c_{00} + k_1\,c_{10} + k_2\,c_{20}\,, \tag{3-10}$$

$$y_1 = k_0c_{01} + k_1\,c_{11} + k_2\,c_{21}\,. \tag{3-11}$$

Um die beschriebene Funktionsweise zu erfüllen, darf nur ein Steuereingang $k_i = 1$ sein; anderenfalls würde je nach Realisierung des Multiplexers die Eingangsinformation ODER-verknüpft (beim Aufbau mit Verknüpfungsgliedern), oder es können Kurzschlussströme entstehen (z. B. über die Schalter in Bild 3-12c). Sind andererseits alle $k_i = 0$, so entsteht entweder am Ausgang ein definierter Boole'scher Wert (z. B. 0 in (3-10)), oder der Ausgang ist von den Eingängen abgetrennt (z. B. in Bild 3-12c). – Bei Multiplexerschaltungen mit integrierter Decodierung treten diese Fälle nicht auf, da immer genau ein $k_i = 1$ ist (siehe z. B. Bild 3-6a).

Tristate-Technik. Schaltungen der in Bild 3-12c wiedergegebenen Art lassen sich zur Dezentralisierung der Multiplexerfunktion benutzen. Die Schalter (früher Dioden, heute Transistoren) dienen als Ausgänge verstreut angeordneter (verteilter) Informationsquellen und brauchen nur noch verdrahtet zu werden. Entsprechend der Multiplexerdefinition darf nur ein einziger Schalter „seine" Quelle durchschalten (Ausgang niederohmig), während alle anderen Schalter ihre Quellen von dem gemeinsamen Sammelpunkt abkoppeln müssen (Ausgänge hochohmig). Diese Quellen liefern weder 0 noch 1, befinden sich also in einem dritten Zustand (tristate). Sind die Ausgänge sämtlicher Quellen im dritten Zustand, so ist es i. Allg. auch der Zustand auf der Sammelleitung (in Signaldiagrammen als dritter Pegel zwischen dem 0- und dem 1-Pegel gezeichnet).
Während zur Erzielung geringer elektrischer Leistung Tristate-Ausgänge mit „passiven" Schaltern (Durchschaltglieder) ausreichen (Bild 3-12d oben), werden für größere Leistungen, z. B. zur Überbrückung größerer Entfernungen zwischen Informationsquelle und -senke, Tristate-Ausgänge mit „aktiven" Schaltern (Verknüpfungsglieder) benötigt (Bild 3-12d, unten). Solche Tristate-Treiber findet man bei Bausteinausgängen oder als Sonderbausteine in Anwendungen, bei denen die Multiplexerfunktion der Quellen über die einzelnen Bausteine hinweg auf das gesamte System verteilt ist, wie z. B. in Bus-Systemen.

3.3.3 Shifter

Shifter entstehen aus matrixförmigen Zusammenschaltungen von Multiplexern, mit denen durch geeignete Wahl ihrer Steuereingänge mannigfaltige Operationen ausführbar sind: z. B. mit dem Links-Rechts-Shifter in Bild 3-13a die Multiplikation mit 2, 4, 8 (durch Linksshift bei „Nachziehen" der

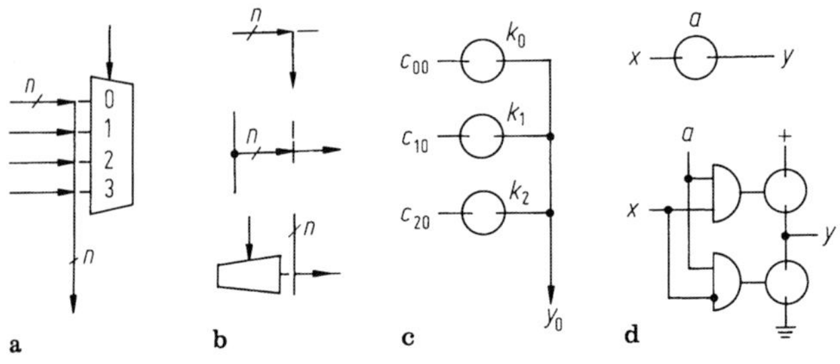

Bild 3-12. Datenweg-/Datentransportschaltungen. **a** Symbolische Darstellung eines Multiplexers; **b** Symbole für ein Tor; **c** 1-Bit-Multiplexer mit Schaltern (ohne Decodierer); **d** Tristate-Ausgang bzw. -Treiber (beide logisch äquivalent), in CMOS arbeitet der obere Treiber-Schalter invers und wird durch ein NAND-Gatter angesteuert

Konstanten 0), die Division durch 2, 4, 8 (durch Rechtsshift bei „Stehenlassen" der Variablen x_3) oder ein Rund-Shift nach links oder rechts (durch Nachziehen von x_3 bzw. x_0). Das angegebene Schema lässt sich auf n-stellige Operanden verallgemeinern sowie durch die Einbeziehung weiterer Leitungen, z. B. eines Eingangs für die Konstante 1, eines Carry-Eingangs oder eines Overflow-Ausgangs, erweitern. Um die Anzahl der Steuereingänge zu reduzieren, werden wie bei ALUs oft nur die relevanten Shiftoperationen codiert (und shifterintern decodiert). Spezielle Shifter mit nur einer einzigen Shiftoperation enthalten keine Gatter oder Schalter (z. B. werden bei $k_{01}, k_{12}, k_{23}, k_{40}$ immer gleich 1 und alle anderen k_{ij} immer gleich 0 in Bild 3-13a zur Bildung der Operation $[y_3y_2y_1y_0] = [x_2x_1x_00]$ keine Schalter benötigt).

Funktionsgleichungen. Für den speziellen Fall des Shifters Bild 3-13a lauten sie ausschnittweise

$$y_0 = x_0k_{00} + x_1k_{10} + x_2k_{20} + x_3k_{30} + 0 \cdot k_{40}\,, \quad (3\text{-}12)$$

$$y_1 = x_0k_{01} + x_1k_{11} + x_2k_{21} + x_3k_{31} + 0 \cdot k_{41}\,. \quad (3\text{-}13)$$

Der jeweils letzte Term kann entfallen, wenn die Ansteuerung der Multiplexer mit k_{ij} alle gleich 0 erlaubt ist. Das ist z. B. der Fall, wenn die Multiplexer mit Verknüpfungsgliedern, jedoch nicht, wenn sie als Durchschaltglieder aufgebaut sind.

Barrel-Shifter. Das sind spezielle Shifter, die zwei Operanden (ggf. auch dieselben) miteinander zu einem Bitvektor doppelter Länge verbinden (konkatenieren) und daraus einen Bitvektor einfacher Wortlänge ausblenden (extrahieren). Wegen ihres matrixförmigen Aufbaus (Zeilendrähte, Spaltendrähte, Transistoren in den Kreuzungspunkten) eignen sie sich besonders gut für hochintegrierte Schaltungen (Bild 3-13b). Je nach Ansteuerung der Transistoren lassen sich die konkatenierten Operandenteile an die Ausgänge durchschalten, z. B. $[z_3z_2z_1z_0] = [x_1x_0y_3y_2]$ bei $\boldsymbol{x}$ und $\boldsymbol{y}$ als Operanden oder $[z_3z_2z_1z_0] = [x_1x_0x_3x_2]$ bei $\boldsymbol{y} = \boldsymbol{x}$ als Operanden (2. und 6. Diagonale von links unten in Bild 3-13b). Shifter dieser Art benötigt man zur schnellen Durchführung von Shiftoperationen über zwei Register, wie sie in Rechnern bei den Shiftbefehlen, aber auch innerhalb arithmetischer Befehle auftreten, z. B. beim Multiplikations- oder beim Divisionsbefehl.

3.3.4 Busse

Busse entstehen durch Zusammenschaltung verteilter Informationsquellen (Sender) und -senken (Empfänger) über dezentralisierte Multiplexer und Torschaltungen. Bild 3-14a zeigt z. B. einen Bus, der die Sender (Index S) und die Empfänger (Index E) von sechs Systemkomponenten A bis F miteinander verbindet. – Ein Bus ist also eine Vorrichtung zum Transport von Information: Funktionell ein *Knoten* mit sternförmig angeordneten Schaltern und Abgriffen, technisch eine *Leitung* mit verteilt angeschlossenen Schaltungen für die (oft paarweise auftretenden) Sender und Empfänger der Systemkomponenten (z. B. ALUs, Register usw. innerhalb eines Mikroprozessors; Prozessoren, Speicher usw. innerhalb eines Mikroprozessorsystems).

Funktionsweise. Aufgrund der Multiplexerfunktion eines Busses (Bild 3-14b) darf immer nur *eine* Quelle senden, d. h. ihre Information auf den Bus schalten. Die Senken sind je nach Funktion *ohne* Tore ausgestattet, d. h. empfangen diese Information immer

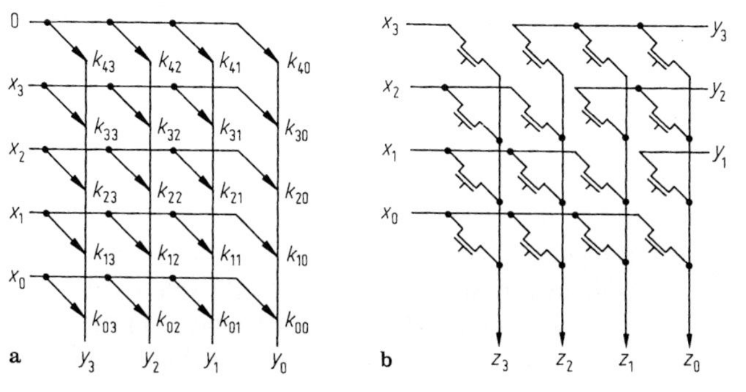

Bild 3-13. Shifter. **a** Prinzipschaltung für 4-Bit-Operand $\boldsymbol{x}$ und Konstante 0; **b** Barrel-Shifter in MOS-Technik für zwei 4-Bit-Operanden $\boldsymbol{x}$ und $\boldsymbol{y}$ (y_0 nicht ausgewertet)

(broadcasting), oder sie sind *mit* Toren ausgestattet und empfangen die Information nur, wenn sie angewählt werden (selective addressing).
Unidirektionale Busse haben nur *eine* Quelle oder nur *eine* Senke – die Information läuft von der Quelle aus bzw. zur Senke hin in nur einer Richtung. Anderenfalls handelt es sich um *bidirektionale Busse* – die Information läuft mal in der einen, mal in der anderen Richtung. Die Systemkomponenten können unidirektional und bidirektional an einen bidirektionalen Bus angeschlossen werden. Die Auflösung der Richtungen erfolgt i. Allg. innerhalb der Systemkomponenten.

Technischer Aufbau. Busse werden im Rechnerbau benutzt (1.) zum Informationsaustausch zwischen den Schaltungen innerhalb eines Chips (chipinterne Busse), (2.) zum Verbinden der Chips zu Systemen (chipübergreifende oder Systembusse).

Bei chipinternen Bussen (vgl. Bild 4-13 als Beispiel für die Zusammenschaltung von Speicher und ALU-Gliedern innerhalb eines Prozessorchips) dienen für Sender wie Empfänger einfache Schalter als Tore, die über die Phasen eines internen Takts gesteuert werden; zur Beschleunigung der Signalübertragung werden die Busleitungen ggf. vorgeladen.
Bei chipübergreifenden Bussen (vgl. Bild 7-1a als Beispiel einer Zusammenschaltung von Prozessor und Speicherchips zu einem Mikroprozessorsystem) dienen in den Sendern Tristate-Treiber und in den Empfängern Schalter oder Gatter als Tore, die auf chipintern getaktete Speicherschaltungen wirken. Die zeitliche Abfolge der (nicht getakteten) Bussignale zwischen den einzelnen (intern getakteten) Systemkomponenten ist durch bestimmte Regeln festgelegt (Busprotokolle, siehe 7.1.3).

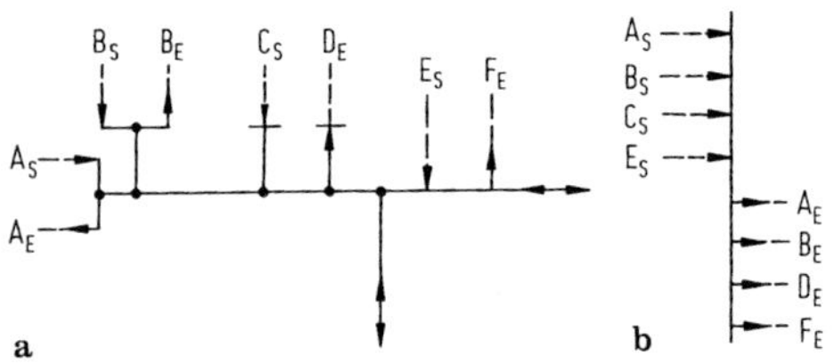

Bild 3-14. Bus (ausgezogen) mit Anschlüssen von Systemkomponenten (gestrichelt). **a** Technische Struktur, **b** logisches Äquivalent. Bidirektionaler Informationsfluss erfordert verdrahtete Logik

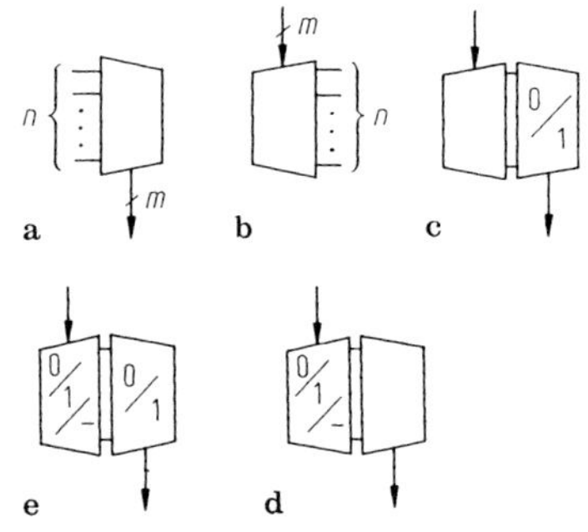

Bild 3-15. Datencodier-/-decodierschaltungen mit Andeutung ihrer Programmierbarkeit. **a** Codierer; **b** Decodierer; **c** ROM (read-only memory); **d** PAL (programmable array logic); **e** PLA (programmable logic array)

3.4 Schaltnetze zur Datencodierung/-decodierung und -speicherung

Datencodierung/-decodierung bildet – obwohl auch im operativen Teil zu finden – den Kern des *steuernden* Teils programmgesteuerter datenverarbeitender Geräte.

3.4.1 Codierer, Decodierer

Codierer dienen zum *Ver*schlüsseln (Codieren) von Information im 1-aus-n-Code (genau 1 Bit von n Bits gesetzt) durch die Codewörter eines Binärcodes fester Wortlänge (i. Allg. viel weniger als n Bits). Der Codierer, Bild 3-15a, gibt dasjenige Codewort aus, dessen zugeordneter Eingang (genau einer von n) aktiv ist. – Decodierer dienen zum *Ent*schlüsseln von Codewörtern eines Binärcodes fester Wortlänge in den 1-aus-n-Code. Der Decodierer, Bild 3-15b, aktiviert denjenigen Ausgang (genau einen von n), dessen Codewort an seinen Eingängen anliegt.
In den Symbolen kann der Code unmittelbar binär oder in symbolischer Entsprechung eingetragen werden (siehe z. B. Bild 4-22).

Funktionsgleichungen. Sie lauten für die Spezialfälle der Codierung/Decodierung der ersten vier Wörter des Dualcodes mit k_0 bis k_3 als Eingangs- und y_0, y_1 als Ausgangsgrößen (Codierer) bzw. x_0, x_1 als Eingangs- und k_0 bis k_3 als Ausgangsgrößen (Decodierer) in ausführlicher Form (links), sodass man die Codewörter [00], [01], [10] und [11] erkennen kann, und in vereinfachter Form (rechts), sodass ihre logische Struktur zum Ausdruck kommt (ODER-Verknüpfungen beim Codierer, UND-Verknüpfungen beim Decodierer)

$$y_1 = k_0 \cdot 0 + k_1 \cdot 0 + k_2 \cdot 1 + k_3 \cdot 1\,; y_1 = k_2 + k_3\,, \qquad (3\text{-}14)$$

$$y_0 = k_0 \cdot 0 + k_1 \cdot 1 + k_2 \cdot 0 + k_3 \cdot 1\,; y_0 = k_1 + k_3\,, \qquad (3\text{-}15)$$

$$k_0 = (x_1 \leftrightarrow 0) \cdot (x_0 \leftrightarrow 0)\,; \quad k_0 = \bar{x}_1 \bar{x}_0\,, \qquad (3\text{-}16)$$

$$k_1 = (x_1 \leftrightarrow 0) \cdot (x_0 \leftrightarrow 1)\,; \quad k_1 = \bar{x}_1 x_0\,, \qquad (3\text{-}17)$$

$$k_2 = (x_1 \leftrightarrow 1) \cdot (x_0 \leftrightarrow 0)\,; \quad k_2 = x_1 \bar{x}_0\,, \qquad (3\text{-}18)$$

$$k_3 = (x_1 \leftrightarrow 1) \cdot (x_0 \leftrightarrow 1)\,; \quad k_3 = x_1 x_0\,. \qquad (3\text{-}19)$$

Für die angegebene Funktionsweise des Codierers ist es erforderlich, dass genau ein Eingang $k_i = 1$ ist; anderenfalls werden die durch die Eingangssignale angewählten Codewörter ODER-verknüpft.

3.4.2 Festwertspeicher

Festwertspeicher entstehen durch Zusammenschaltung eines Decodierers (zur Entschlüsselung der Adressen) und eines Codierers (zur Speicherung der unter den Adressen stehenden Wörter). Im Gegensatz zu Schreib-/Lesespeichern kann die in einem Festwertspeicher stehende Information *nur gelesen* werden, weshalb er als ROM (read-only memory) bezeichnet wird. Das heißt aber nicht, dass sein Inhalt überhaupt nicht verändert werden kann. Beim ROM steht zwar der Decodierinhalt fest, aber der Codierer ist „programmierbar" (Bild 3-15c). Sein Inhalt wird von der Herstellerfirma festgelegt (factory ROM, FROM) oder vom Kunden mithilfe von Entwurfs-Software programmiert (programmable ROM, PROM), gegebenenfalls gelöscht und wieder programmiert (erasable PROM, EPROM). Dieser Vorgang geschieht *vor* der Inbetriebnahme des Gerätes, in dem der Festwertspeicher eingebaut ist.
Der Decodierteil enthält bei einer Adresslänge von n Bit die Adressen $0, 1 \ldots 2^n - 1$. Im Codierteil können demnach 2^n Wörter untergebracht werden; bei einer Wortlänge von m Bit beträgt die Kapazität des ROM dann 2^n m-Bit-Wörter, d. h. $2^n \cdot m$ Bit. – Die Zeit, die vom Anlegen der Adresse bis zum Erscheinen des Worts vergeht, heißt Zugriffszeit. (Zur Kennzeichnung von Speichern durch technische Daten siehe auch 4.2.3.)

Funktionsgleichungen. Sie entstehen für den speziellen Fall eines Festwertspeichers mit der Wortlänge 2 und der Kapazität 4 aus (3-14) und (3-15), wenn darin die k_i durch (3-16) bis (3-19) ersetzt werden, wobei anstelle der unveränderlichen Konstanten 0 und 1 veränderliche, d. h. programmierbare „Konstanten" c_{ij} treten:

$$y_1 = \bar{x}_1 \bar{x}_0 c_{01} + \bar{x}_1 x_0 c_{11} + x_1 \bar{x}_0 c_{21} + x_1 x_0 c_{31}\,, \qquad (3\text{-}20)$$

$$y_0 = \bar{x}_1 \bar{x}_0 c_{00} + \bar{x}_1 x_0 c_{10} + x_1 \bar{x}_0 c_{20} + x_1 x_0 c_{30}\,. \qquad (3\text{-}21)$$

Jede dieser Gleichungen beschreibt nach Einsetzung bestimmter Werte für c_{ij}, d. h. nach der Programmierung, die gespeicherte Funktion in ausgezeichneter disjunktiver Normalform.

3.4.3 Logikfelder

Logikfelder entstehen – wie ROMs – durch Zusammenschaltung eines Decodierers und eines Codierers. Ihre industriellen Bezeichnungen sind PAL (programmable array logic) und PLA (programmable logic array).
Beim PAL ist der Decodierer programmierbar, und der Codierinhalt steht fest (Bild 3-15d). Schaltungstechnisch wird das erreicht, indem die UND-Gatter im Decodierteil mit einem PAL-Eingang unmittelbar (Programmierung von 1), negiert (Programmierung von 0) oder überhaupt nicht verbunden werden (Programmierung von –, d. h., die entsprechende Variable wird nicht zur Decodierung herangezogen). Die ODER-Gatter im Codierteil sind nicht programmierbar, sondern mit einer festen Anzahl UND-Gatter verdrahtet.
Ein PLA kombiniert die Programmierbarkeit des PAL hinsichtlich seines Decodierteils mit der des ROM hinsichtlich seines Codierteils und ist damit der flexibelste Logikbaustein (Bild 3-15e). PLAs haben seit der Einführung der Mikroprogrammierung – zuerst als Diodenmatrizen, später mit Transistoren aufgebaut – im Rechnerbau eine große Bedeutung erlangt. Ihr Vorteil liegt im matrixförmigen Aufbau, was insbesondere bei ihrer Verwendung innerhalb hochintegrierter Schaltungen zum Tragen kommt. Ihr Einsatz als Bausteine in der Form „draußen" programmierbarer Felder (field PLA, FPLA) wird mehr und mehr durch universellere, d. h. intern mit Speichergliedern

versehene Bausteine, z. B. FPGAs (field programmable gate arrays), abgelöst.

Funktionsweise. Das Logikfeld gibt diejenigen „Codewörter" ODER-verknüpft aus, deren (gegebenenfalls unvollständige und mehrdeutige) „Adressen" hinsichtlich ihrer 0- und 1-Bits mit der eingangs anliegenden 0/1-Kombination übereinstimmen. Die hier benutzte Speicherterminologie ist streng genommen nur anwendbar, wenn die ODER-Verknüpfung der Codewörter nicht ausgenutzt wird. Das trifft bei vielen Anwendungen zu, z. B. bei der Speicherung von Funktionstabellen in Steuerwerken.
Mit einem PAL oder einem PLA lassen sich so viele Funktionen unmittelbar in disjunktiver Normalform verwirklichen, wie ODER-Gatter im Baustein enthalten sind, wobei die Anzahl der UND-Gatter beim PAL pro ODER-Gatter (Minimierung durchführen) und beim PLA in seiner Gesamtheit (Kapazität beachten) vorgegeben ist.

3.4.4 Beispiel eines PLA-Steuerwerks

Bild 3-16 zeigt ein PLA, dessen Struktur für eine bestimmte Anwendung programmiert ist. Dabei handelt es sich um die Speicherung der Tabelle einer Boole'schen Steuerungsfunktion (in Bild 4-21 im PLA-Symbol eingetragen). Die Anordnung der Transistoren ist in ihrer Gestalt gleich der Anordnung der 0/1-Werte in der Tabelle: Links ist überall dort ein Transistor mit einem normalen PLA-Eingang verbunden, wo in der Tabelle eine 0 steht, und überall dort mit einem negierten Eingang, wo in der Tabelle eine 1 steht. Rechts ist an all denjenigen Stellen ein Transistor vorhanden, an denen in der Tabelle eine 1 steht. Wenn das PLA Teil einer integrierten Schaltung ist, werden dazu vom Hersteller an den entsprechenden Kreuzungspunkten von Zeilen- und Spaltendrähten Transistoren eingebaut. Bei einem PLA-Baustein sind dagegen an allen Kreuzungspunkten Transistoren vorhanden: sie werden jedoch an den Stellen, an denen keine Transistoren sein sollen, mithilfe eines Programmiergerätes von ihren Eingängen abgetrennt und so wirkungslos gemacht (fusible links) oder dort, wo sie wirksam werden sollen, mit ihren Eingängen angeschlossen (antifuse technique).

Funktionsdarstellung/-speicherung. Obwohl die linke wie die rechte Transistormatrix als NOR-Funktionen verwirklicht sind (vgl. Bild 3-7d), lassen sich wegen der Negationsglieder an den Ein- und Ausgängen die linke Matrix als UND-Matrix (AND plane) und die rechte Matrix als ODER-Matrix (OR plane) interpretieren. Zum Beispiel sind in der 2. Zeile die NOR-Verknüpfung $\overline{u_0 + u_1 + \bar{x}_0}$ der UND-Verknüpfung $\bar{u}_0\bar{u}_1 x_0$ und in der 5. Zeile die NOR-Verknüpfung $\overline{\bar{u}_0 + u_1}$ der UND-Verknüpfung $u_0\bar{u}_1$ äquivalent. In der 2. Spalte rechts werden diese Terme durch die NOR-Verknüpfung $\overline{\bar{u}_0\bar{u}_1 x_0 + u_0\bar{u}_1}$ zusammengefasst und anschließend negiert, was der ODER-Verknüpfung $\bar{u}_0\bar{u}_1 x_0 + u_0\bar{u}_1$ äquivalent ist. Jede einzelne Funktion, hier an u_1^* gezeigt, ist also durch UND-ODER-Verknüpfungen, d. h. in disjunktiver Normalform beschreibbar. Auf diese Weise ist es möglich, mit einem PLA beliebige Boole'sche Funktionen in minimaler, in ausgezeichneter oder in irgendeiner disjunktiven Normalform „dazwischen" zu verwirklichen.
Aus der in Bild 3-16 wiedergegebenen Schaltung eines Steuerschaltnetzes lässt sich auf einfache Weise ein Steuerschaltwerk verwirklichen. Dazu werden die Ausgänge u_0^* und u_1^* mit den Eingängen u_0 bzw. u_1 verbunden, sodass die gestrichelt gezeichneten Schalttransistoren mit ihren nachgeschalteten Invertern zusammengenommen zwei sog. D-Flipflops gemäß Bild 4-3a bilden. Das PLA enthält das Steuerprogramm, und in den Flipflops wird der Zustand gespeichert, der den momentanen Stand des Programmablaufs widerspiegelt; vgl. Bild 4-21.

Bemerkung. Solche PLA-Steuerwerke bilden den Ausgangspunkt der Entwicklung elektronischer Programmsteuerwerke: Ein PLA, wie beschrieben rückgekoppelt, ergibt gemäß Bild 4-20a ein speziell auf eine bestimmte Aufgabenstellung zugeschnittenes Steuerwerk. Wird das Register in der Rückkopplungsschleife als Zähler ausgebildet und anstelle des PLA ein ROM verwendet, so ergibt sich gemäß Bild 4-20b ein universell für viele Anwendungen einsetzbares Steuerwerk. Wird darüber hinaus das ROM ersetzt durch ein RAM (Schreib-/Lesespeicher, siehe 4.2.3) oder ein CAM (Assoziativspeicher) mit der Funktion eines Cache (siehe 5.4.1), so entstehen Schaltwerke zur Programmsteuerung mit in elektronischer Geschwindigkeit austauschbaren

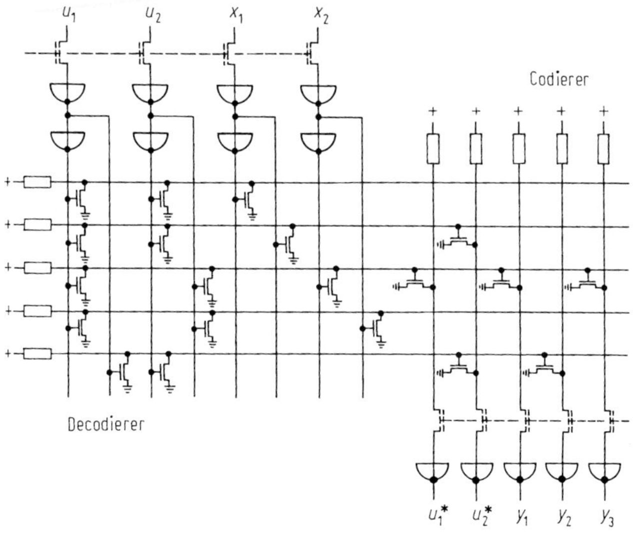

Bild 3-16. Transistorstruktur eines PLA. Zur Einsparung von Transistoren, Zeilendrähten oder ausgangsseitigen Spaltendrähten lassen sich die Matrizen komprimieren, was in etwa einer Minimierung der Funktionsgleichungen entspricht. Die Widerstande sind in Wirklichkeit wieder wie in Bildern 3-7c oder d mit Transistoren realisiert. Im Grunde handelt es sich bei PLAs innerhalb eines VLSI-Chips um eine Aufbautechnik, d. h. um eine von vielen Möglichkeiten der Transistorplatzierung und -verdrahtung. Man vergegenwärtige sich beispielsweise, dass die einzelnen Funktionen auch dezentralisiert aufgebaut werden können und dann als normale Gatterlogik erscheinen

Programmen (universelle Programmwerke), wie sie für Prozessoren in Rechenanlagen benötigt werden (vgl. die Strukturbilder in 5, jeweils oberer Teil).

4 Schaltwerke

Ihrer Struktur nach sind Schaltwerke rückgekoppelte Schaltnetze. Ihre Funktion wird beschrieben durch rückwirkungsbehaftete (rekursive) Boole'sche Funktionen (Boole'sche Automaten/Algorithmen). Damit lässt sich der Begriff Schaltwerk auch wie folgt definieren: Ein Schaltwerk ist die schaltungstechnische Realisierung eines *Boole'schen Automaten* bzw. *Algorithmus*, mathematisch ausgedrückt durch das Paar $\boldsymbol{f}, \boldsymbol{g}$ einer rekursiven Funktion $\boldsymbol{f}$ für den Übergangsvektor $\boldsymbol{u}$ (Übergangsfunktion) und einer gewöhnlichen Funktion $\boldsymbol{g}$ für den Ausgangsvektor $\boldsymbol{y}$ (Ausgangsfunktion), beide abhängig vom Übergangsvektor $\boldsymbol{u}$ und vom Eingangsvektor $\boldsymbol{x}$. Im Gegensatz zu einer Funktion, deren Ergebnis nur vom Argument abhängt, hängt das Ergebnis eines Algorithmus außerdem vom Zustand, d. h. dem Wert von $\boldsymbol{u}$ ab, der sich i. Allg. von Schritt zu Schritt ändert. Diese „Zustandsrekursion" wird – wie in höheren Programmiersprachen bei der Schreibweise von Anweisungen üblich – durch das Zeichen „:=" ausgedrückt (lies (4-1): Der Wert von $\boldsymbol{u}$ wird ersetzt durch den Wert von $\boldsymbol{f}(\boldsymbol{u}, \boldsymbol{x})$).

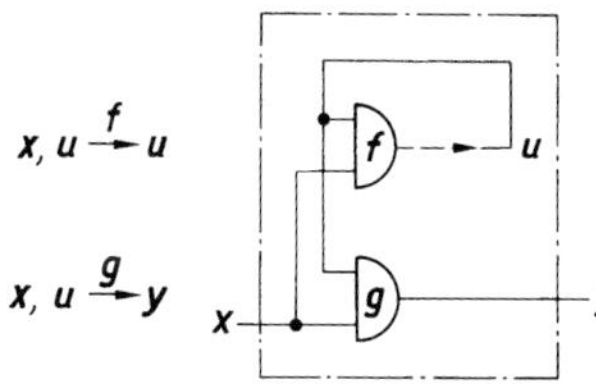

$$u := f(u, x) \quad (4\text{-}1)$$

$$y = g(u, x) \quad (4\text{-}2)$$

Modularer Aufbau. Schaltwerke verwirklichen verschiedene Arten von Algorithmen: (1.) operative, die aufgrund von Anweisungen bestimmte Operationen ausführen (*Operationswerke*), und (2.) steuernde, die solche Anweisungen in zeitlicher Reihenfolge ausgeben (*Steuerwerke*). Operative und steuernde Algorithmen sind in technischen Geräten als *einzelne* Schaltwerke realisiert (z. B. in Taschenrechnern zur Ausführung bestimmter Operationen oder in Werkzeugmaschinen zur Steuerung bestimmter Abläufe). Sie kommen aber auch – insbesondere in der elektronischen Datenverarbeitung – als *zusammenwirkende* Schaltwerke vor. Dann wird das Operationswerk oft *Datenwerk* genannt (es führt die Datenverarbeitung aus) und das Steuerwerk oft *Programmwerk* genannt (es führt die Programmabarbeitung durch). In dieser Konstellation bilden sie ein in gewisser Hinsicht autonomes Schaltwerk: ein *programmgesteuertes Datenverarbeitungswerk* (Prozessor, Rechner).

Zur Ermöglichung der durch das Zeichen := in (4-1) ausgedrückten Rekursion, d. h. des fortwährenden

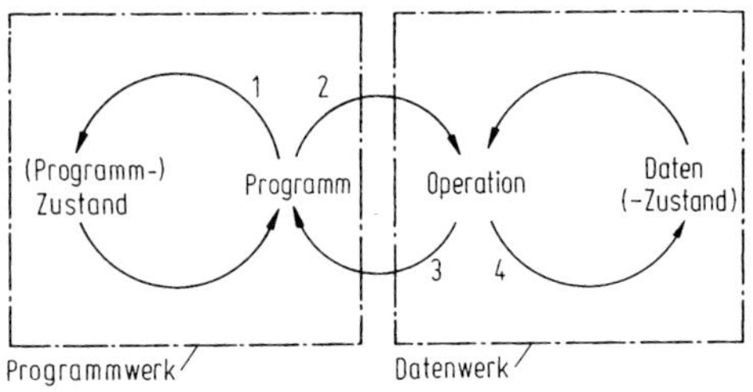

Bild 4-1. Informationsfluss in einem programmgesteuerten Datenverarbeitungswerk; die beiden Teilwerke sind untereinander zum Signalaustausch über ihre Eingangs- und Ausgangsleitungen verbunden. *1* Befehle zur Programmverzweigung, *2* Befehle zur Datenverarbeitung (operative Signale), *3* Bedingungen für Programmverzweigung (steuernde Signale), *4* Ergebnisse der Datenverarbeitung und -veränderung

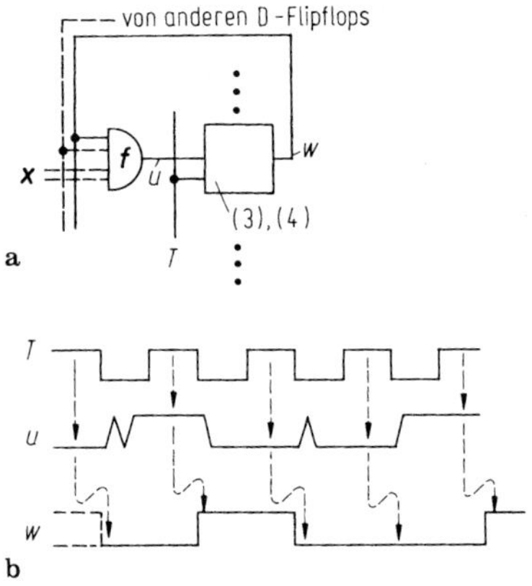

Bild 4-2. D-Flipflop in der Rückkopplung von $\boldsymbol{f}$. **a** Ausschnitt aus (4-1) für eine Komponente von $\boldsymbol{u}$; **b** Verhalten mit Einbeziehung des Taktsignals

schrittweisen Ersetzens des Zustands, dienen die natürlichen Signallaufzeiten im Übergangsschaltnetz, oder es bedarf für jede Komponente u von $\boldsymbol{u}$ des künstlichen Einbaus von Schaltungen, sog. Speicherglieder (kurz: Flipflops), die ihre Eingangswerte (den Zustand) mithilfe eines Taktsignals um eine Taktperiode verzögern oder über mehrere Taktperioden speichern (taktsynchrone Schaltwerke, kurz Synchronschaltwerke).
Da diese Art von Schaltwerken von weitaus größerer Bedeutung ist, wird der Zusatz taktsynchron bzw. Synchron- i. Allg. weggelassen. – In Datenwerken dienen die Speicherglieder zum Speichern des Zustands der Daten, d. h. der Werte der zu verarbeitenden Größen, und in Programmwerken zum Speichern des Zustands von Programmen, d. h. ihres gegenwärtigen Ausführungsstands. Programmgesteuerte Datenverarbeitung lässt sich demnach erklären als Komposition aus zwei sich gegenseitig beeinflussenden Zustandstransformationen (Bild 4-1).

4.1 Signalverzögerung und -speicherung

Bei den Speichergliedern in den Synchronschaltwerken handelt es sich gewöhnlich um getaktete Flipflops in vielerlei Varianten, die je nach Schaltung ihre Eingangsinformation über eine Taktperiode verzögern (D-Flipflops, D delay), über mehrere Takte speichern (SR-Flipflops, S set, R reset) und darüber hinaus ggf. invertieren (z. B. JK-Flipflops; J jump, K kill).

4.1.1 Flipflops, Darstellung mit Taktsignalen

Das D-Flipflop dient zur Verzögerung des Wertes genau einer Komponente u von $\boldsymbol{u}$ in (4-1) um genau ein Taktintervall (Bild 4-2). Mit dem Takt T tastet es den Pegel von u ab und hält ihn ab der negativen Taktflanke $T = 1 \rightarrow 0$ für die Dauer eines Taktintervalls stabil (Signal w). In getakteten digitalen Systemen erfolgen sämtliche Signaländerungen gleichzeitig, und zwar zu den z. B. durch die negative Taktflanke definierten Zeitpunkten, sodass neben w auch alle anderen Eingangswerte von $\boldsymbol{f}$ sich nur zu diesen Zeitpunkten ändern können, d. h., dass u nach einer gewissen Zeit (elektronisch gesprochen der Einschwingzeit von $\boldsymbol{f}$) stabil ist und danach für die nächste Abtastung zur Verfügung steht.

Grundschaltungen in Master-Slave-Technik. Das Signaldiagramm Bild 4-2b illustriert die Funktion des D-Flipflops anhand des zeitlichen Verlaufs von Eingangs- und Ausgangssignalen, sodass die Wirkung der Signalflanken unmittelbar zur Geltung kommt. Um seine Funktion durch Boole'sche Gleichungen beschreiben zu können, muss jedoch auf die Signalpegel zurückgegriffen werden. Die Funktion lautet in Worten (vgl. Bild 4-2b): Der Wert von u wird mit $T = 1$ einer (in Bild 4-2 nicht gezeichneten) Zwischengröße v zugewiesen (Vorspeicher, Master) und mit $T = 0$ gehalten, gleichzeitig erscheint er als Wert von v mit $T = 0$ als Ausgangsgröße w (Haupt-

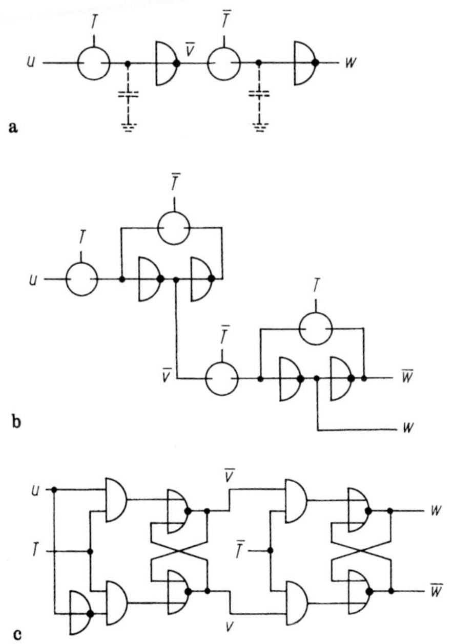

Bild 4-3. Schaltungen des D-Flipflops, **a** mit Schaltern, Invertern und deren natürlicherweise vorhandenen Eingangskapazitäten, **b** mit Latches, **c** mit Flipflops

speicher, Slave) und wird mit $T = 1$ gehalten. Die Funktion lautet in Gleichungsform (die Verwendung von „$u^{\mathrm{d}} = \ldots$" anstelle von „$u := \ldots$" entsprechend (4-1) soll auf die gatterinternen Signalverzögerungen in Schaltwerken hinweisen; d delay):

$$v^{\mathrm{d}} = Tu + \overline{T}v \,, \qquad (4\text{-}3)$$

$$w^{\mathrm{d}} = \overline{T}v + Tw .eq - j : 4 \qquad (4\text{-}4)$$

Gleichungen (4-3) und (4-4) lassen sich in zahlreichen Varianten als Schaltungen verwirklichen: Bild 4-3a eignet sich für Anwendungen, in denen der Eingang *nicht* mit einer Steuergröße geschaltet wird, d. h. T unmittelbar auf u wirkt, z. B. in den Registern von Steuerwerken. Bild 4-3b eignet sich für Anwendungen, in denen der Eingang *mit* einer Steuergröße geschaltet wird, d. h. T über ein UND-Gatter auf u wirkt, wie z. B. bei Registern in Operationswerken. Bild 4-3c ist die Grundschaltung von mit Verknüpfungsgliedern aufgebauten Master-Slave-Flipflops; durch Variation ihrer Eingangsbeschaltung entstehen verschiedene Typen getakteter Speicherglieder (siehe Bild 4-7).

Ungetaktete Flipflops. Die beiden elementaren rückgekoppelten Bausteine in den Bildern 4-3b und 4-3c werden (ohne Bezug auf ein Taktsignal) Fangschaltung oder (ungetaktetes) Latch bzw. Kippschaltung oder (ungetaktetes) Flipflop genannt (Bild 4-4). Sie dienen als Grundbausteine für Register- und Speicherelemente. Kennzeichnend für sie ist die Schleife mit den beiden hintereinandergeschalteten Invertern (in Bild 4-4a unmittelbar sichtbar, in Bild 4-4b in den NOR-Gattern versteckt). Diese elektrotechnisch „positive" Rückkopplung ermöglicht es, den Wert einer Boole'schen Variablen u, der vorher „gefangen" ($u^{\mathrm{d}} = d$ bei $l = 1$) bzw. „gesetzt" ($u^{\mathrm{d}} = 1$ bei $s = 1$) oder „rückgesetzt" wurde ($u^{\mathrm{d}} = 0$ bei $r = 1$), in den Schaltungen zu speichern ($u^{\mathrm{d}} = u$ bei $l = 0$ bzw. $s = 0$ und $r = 0$). Mit diesen Funktionsbeschreibungen der beiden ungetakteten Speicherglieder lässt sich die Funktion der Schaltungen Bilder 4-3b und 4-3c sowie die daraus entstehenden getakteten Speicherglieder in Bild 4-7 folgendermaßen erklären: Während $T = 1$ übernimmt der Master die eingangsseitig anstehende Information; und mit $T = 0$ übergibt er sie dem Slave, der sie am Ausgang zur Verfügung stellt.

Zweiphasentakt. Beim Entwurf von Schaltwerken mit Reaktion auf Signal*flanken* – man spricht auch von Asynchronschaltwerken (siehe z. B. [1]) – muss die Wirkung der ungleichmäßigen Signallaufzeiten durch die Gatter des Übergangsschaltnetzes berücksichtigt werden. Sie können zu strukturellen oder funktionellen Hazards führen (das sind zufällig auftretende, unerwünschte Signalflanken bei eigentlich konstantem Signalverlauf), oder sie können zu konkurrenten Hazards führen (z. B. zwischen zwei sich „gleichzeitig" ändernden Rückkopplungswerten, sodass zufällige, unerwünschte Wertekombinationen auftreten).

Die Schaltungen in Bild 4-3 sind frei von Hazards, wenn anstelle von T und $\overline{T}$ die Phasen φ_1 und φ_2 eines Zweiphasentakts benutzt werden (Bild 4-5). Bei einem solchen Takt dürfen sich die 1-Pegel der beiden Taktphasen zu keinem Zeitpunkt überlappen, auch nicht in unmittelbarer Nähe der Taktflanken. Dann ist sichergestellt, dass bei ihrer Verwendung in Synchronschaltwerken zu keinem Zeitpunkt der „Kreislauf" der über sie rückgekoppelten Zustandsgrößen „geschlossen" ist.

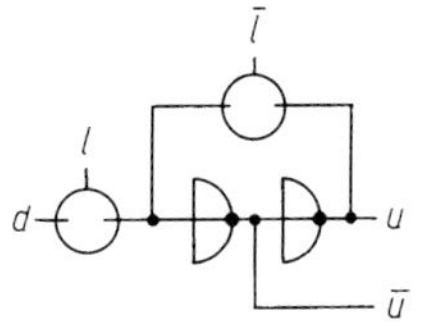

a

d	l	u^d
–	0	u
0	1	0
1	1	1

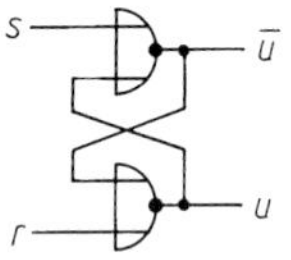

b

s	r	u^d
0	0	u
0	1	0
1	0	1

Bild 4-4. Schaltungen und Funktion ungetakteter Speicherglieder. **a** Latch (d data, l latch); **b** Flipflop (s set, r reset)

4.1.2 Flipflops, Abstraktion von Taktsignalen

Wie erläutert, wird vom Takt abstrahiert, indem er in seiner „logischen" Erscheinungsform als Boole'sche Variable ersetzt wird durch sein „technisches" Äquivalent in der Form hochgestellter Zeitindizes. Flipflops dienen als Bausteine beim Aufbau von Synchronschaltwerken.

D-Flipflop als Baustein. Der Signalverlauf im Bild 4-6b zeigt das Verhalten des D-Flipflops, aber in einer gegenüber Bild 4-2b von Einschwingvorgängen abstrahierten Form. Daraus lässt sich seine Funktion unmittelbar ablesen. Sie lautet in Worten: Der Wert von u wird über genau ein Taktintervall verzögert und der Ausgangsgröße w zugewiesen. Sie lautet als Gleichung (die Verwendung von „u^{t+1}/u^t" anstelle von „u :=" entsprechend (4-1) weist auf die gatterexterne Signalverzögerung in Synchronschaltwerken hin; t, $t+1$ zwei aufeinanderfolgende Taktzeitintervalle):

$$w^{t+1} = u^t \; . \qquad (4\text{-}5)$$

Die Beschreibung des Verzögerungsgliedes erfolgt also in 4.1.1 wie in 4.1.2 durch Boole'sche Gleichungen, jedoch dort mit und hier ohne T (vgl. (4-3), (4-4) gegenüber (4-5)).

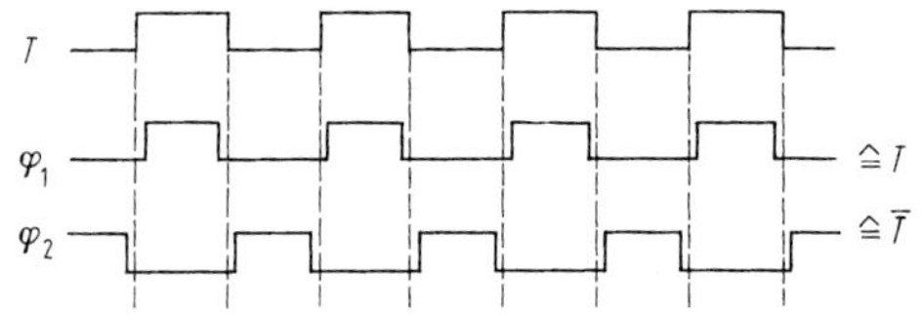

Bild 4-5. Zweiphasentakt mit den Taktphasen φ_1 und φ_2

D-, SR-, JK-Flipflop. Bild 4-3 zeigt drei Schaltungsbeispiele für das D-Flipflop in Master-Slave-Technik. Master-Slave-Schaltungen für das SR-Flipflop und das JK-Flipflop entstehen durch geringfügige Änderungen der Schaltung Bild 4-3c: Das SR-Flipflop entsteht durch Weglassen des Negationsgatters am Eingang der Schaltung; das JK-Flipflop entsteht aus dem SR-Flipflop, indem seine Ausgänge über Kreuz rückgekoppelt und zusätzlich auf die Eingangs-UND-Gatter geschaltet werden. Alle diese Flipflops können durch Symbole dargestellt werden, und ihr Verhalten lässt sich durch Tabellen beschreiben (Bild 4-7).

Einsatz in Synchronschaltwerken. Betrachtet man Bild 4-6a z. B. im Intervall $t+1$, so steht am Eingang des D-Flipflops u^{t+1} an, und an seinem Ausgang erscheint w^{t+1}, d. h. wegen (4-5) u^t. Da sich in Synchronschaltwerken die Ausgangssignale aller D-Flipflops (Vektor $\boldsymbol{u}^t$) mit allen Eingangssignalen des Schaltwerks nur gleichzeitig ändern können (Vektor $\boldsymbol{x}^t$), schreibt man die Übergangsfunktion (4-1) in der Form

$$\boldsymbol{u}^{t+1} = \boldsymbol{f}(\boldsymbol{u}^t, \boldsymbol{x}^t) \; . \qquad (4\text{-}6)$$

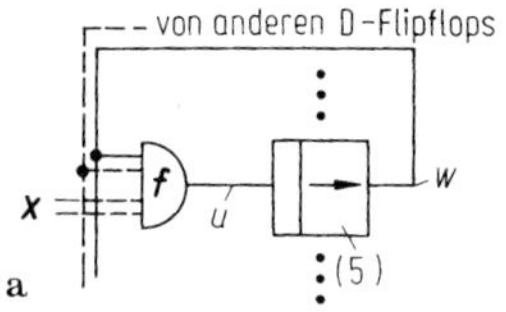

a

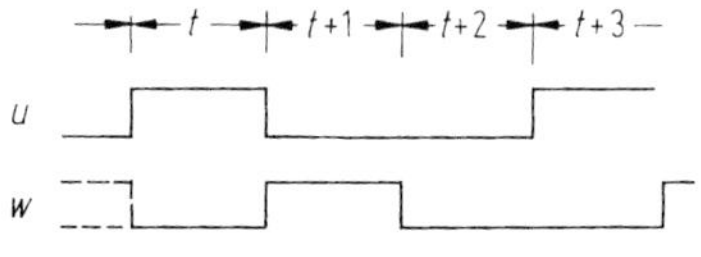

b

Bild 4-6. D-Flipflop. **a** Symbol für eine Komponente von $\boldsymbol{u}$; **b** von den Taktsignalen abstrahiertes Verhalten

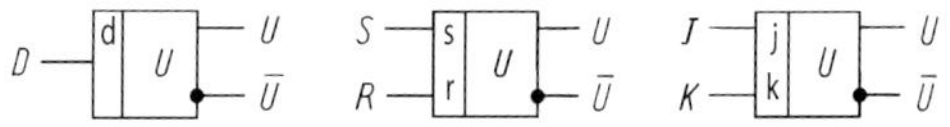

D	U^{t+1}
0	0
1	1

a

S	R	U^{t+1}
0	0	U^t
0	1	0
1	0	1

b

J	K	U^{t+1}
0	0	U^t
0	1	0
1	0	1
1	1	$\bar{U}^t$

c

Bild 4-7. Symbole und Funktion getakteter Speicherglieder. **a** D-Flipflop; **b** SR-Flipflop ($S=1$ und $R=1$ verboten); **c** JK-Flipflop (universelles Logik-/Speicherglied)

Bezüglich der Ausgangsfunktion lassen sich zwei Fälle unterscheiden (vgl. 2.1.1): 1. Die Ausgangssignale (Vektor $\boldsymbol{y}^t$) hängen nur von den Zuständen ab (Moore-Automat). 2. Sie hängen auch von den Eingangssignalen ab (Mealy-Automat); in Gleichungsform:

$$\boldsymbol{y}^t = \boldsymbol{g}(\boldsymbol{u}^t)\,, \tag{4-7}$$

$$\boldsymbol{y}^t = \boldsymbol{g}(\boldsymbol{u}^t, \boldsymbol{x}^t)\,. \tag{4-8}$$

Beide Schaltwerksstrukturen lassen sich ineinander überführen. Während die Schaltwerksstruktur (4-6) allein (Flipflopausgänge gleich Schaltwerksausgänge) typisch für Register und Speicher ist (siehe 4.2), findet die Struktur (4-6), (4-7) insbesondere in Datenwerken (siehe 4.3) und die Struktur (4-6), (4-8) insbesondere in Programmwerken Anwendung (siehe 4.4).

Bemerkung. Der Vorteil von Synchronschaltwerken ist, dass sämtliche „Einschwingvorgänge" am Ausgang des Übergangsschaltnetzes f beim Schaltwerksentwurf ignoriert werden können. Deshalb werden in der industriellen Praxis komplexe digitale Systeme entweder vollständig in Synchrontechnik aufgebaut (z. B. Prozessoren, ganze Rechner), oder sie werden in Asynchrontechnik mit sog. Handshake-Signalen versehen (z. B. zur Abstimmung der einzelnen Komponenten, wie Prozessoren, Speicher, Controller, Interfaces innerhalb eines Rechners).

4.2 Registertransfer und Datenspeicherung

Flipflops sind die kleinsten Einheiten zum Speichern von Information: die Speicher*elemente.* Sie dienen zur Speicherung einzelner *Bits*, z. B. des Zustands Boole'scher Variablen. *Register* dienen zur Speicherung von aus Bits zusammengesetzten *Wörtern*, z. B. der Werte Boole'scher Vektoren oder arithmetischer Größen. *Speicher* schließlich dienen zur Speicherung von aus solchen Wörtern aufgebauten Sätzen, z. B. zur kurz- oder längerfristigen Aufbewahrung von Daten jeglicher Art.

4.2.1 Flipflops auf der Registertransfer-Ebene

Zur Speicherung eines Bits wird bei D-Flipflops der Wert der Variablen rückgekoppelt, bei SR- oder JK-Flipflops ist das nicht nötig. Außerdem muss der Wert

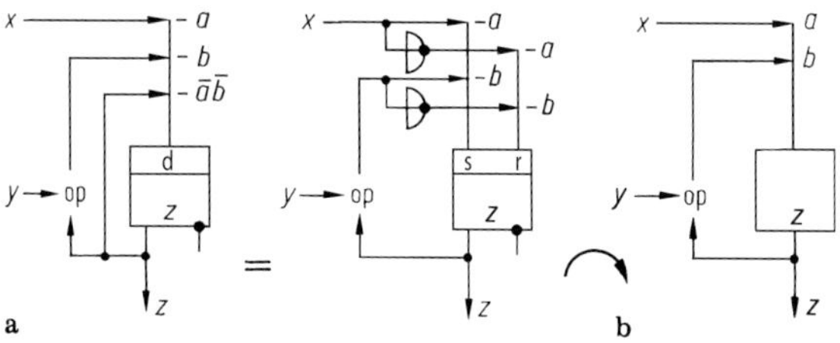

Bild 4-8. Speicherelement. **a** Schaltung mit D- bzw. SR-Flipflop; **b** Darstellung auf der Registertransfer-Ebene. Zur Hervorhebung der Speicherelemente ist das Schaltnetz *op* ohne sein (halbkreisförmiges) Funktionssymbol gezeichnet

der Variablen verändert werden können, z. B. indem ihr der Wert einer anderen Variablen oder einer Funktion zugewiesen wird. Bild 4-8a zeigt entsprechende Schaltungen und Bild 4-8b das Symbol für die „Ansteuerung" eines Flipflops als Speicherelement z (gleichzeitig der Name der Variablen des Speicherelements sowie die Bezeichnung seines Ausgangs) mit einer Variablen x und, im Vorgriff auf 4.3, einer Funktion $op(z, y)$ über einen Multiplexer (mit den Steuergrößen a und b).

Das Gleichheitszeichen in diesem wie in den folgenden Bildern weist auf die Äquivalenz der Schaltungen hin, während der gebogene Pfeil den Übergang auf eine höhere Abstraktionsebene, hier die Registertransfer-Ebene, anzeigt. In den Formeln stellt sich diese Abstraktion durch eine detailärmere, dafür aber übersichtlichere Ausdrucksweise mit den Mitteln algorithmischer Sprachen dar (Registertransfer-Sprachen, Hardware-Sprachen).

Die in Bild 4-8 dargestellte Schaltung lässt sich als *Gleichung* mit der Boole'schen Algebra beschreiben, und zwar mit implizit dargestelltem Takt bzw. vom Takt abstrahiert ($a = 1$ und $b = 1$ verboten):

$$z^{t+1} = a^t \cdot x^t + b^t \cdot op(z^t, y^t) = \overline{a^t} \cdot \overline{b^t} \cdot z^t\,, \tag{4-9}$$

$$z := a \cdot x + b \cdot op(z, y) + \bar{a} \cdot \bar{b} \cdot z\,. \tag{4-10}$$

Die Schaltung lässt sich auch als *Zuweisung* in einer algorithmischen Sprache beschreiben, zuerst unüblich ausführlich und dann wie üblich abgekürzt in drei verschiedenen Formen:

$z :=$ if a then x else if b then $op(z, y)$ else z (4-11)

$z :=$ if a then x else if b then $op(z, y)$ (4-12)

if a then $z := x$ else if b then $z := op(z, y)$ (4-13)

if a then $z := x$, if b then $z := op(z, y)$ (4-14)

Die letzte Form wird zur Beschreibung von Schaltungen bevorzugt. Sie gibt die in der Schaltung enthaltene Gleichzeitigkeit der Auswertung der Bedingungsgrößen durch die Verwendung des Kommas als Zeichen für (gleichberechtigte) Aufzählungen am besten wieder. In dieser Eigenschaft wird das Komma sowohl für die taktsynchron gleichzeitige Ausführung von bedingten wie von bedingungslosen Anweisungen benutzt (in der Programmierung guarded commands bzw. compount statements genannt).

4.2.2 Register, Speicherzellen

Zur Speicherung eines Wortes (von Bits) wird eine Anzahl von Speicherelementen „horizontal" aneinandergesetzt und als Einheit betrachtet. Die Speicherelemente werden parallel betrieben: bei n-maligem Aufbau einer Schaltung aus Bild 4-8 entsteht die Schaltung in Bild 4-9. Dann lautet (4-14) zuerst in einer auf Boole'sche Vektoren verallgemeinerten und dann in einer höheren Programmiersprachen angepassten Form (mit a und b als Steuergrößen, X, Y und Z als Rechengrößen und ADD z. B. als der arithmetischen Operation „Addition"):

$$\text{if } a \text{ then } \boldsymbol{z} := \boldsymbol{x},\ \text{if } b \text{ then } \boldsymbol{z} := \boldsymbol{op}(\boldsymbol{z}, \boldsymbol{y}) \qquad (4\text{-}15)$$

$$\text{if } a \text{ then } Z := X,\ \text{if } b \text{ then } Z := \text{ADD}(Z, Y) \qquad (4\text{-}16)$$

In Formeln wie Bildern wird die mit dem Übergang zur Registertransfer-Ebene verbundene Abstraktion vom Detail unterstützt, indem auf die explizite Angabe der Steuergrößen verzichtet wird und die Operationen durch ihre üblichen Operationszeichen wiedergegeben werden, z. B. ADD durch „+". Mit $Z := X$, $Z := Z + Y$ entsprechend (4-16) bzw. Bild 4-9b wird dann lediglich das Vermögen der Schaltung beschrieben, die Transport- oder die Additionsoperation auszuführen. Zu welchen Zeitpunkten und ggf. unter welchen Bedingungen sie ausgeführt werden, geht nur daraus hervor, an welchen Stellen sie im Hardware-Programm erscheinen.

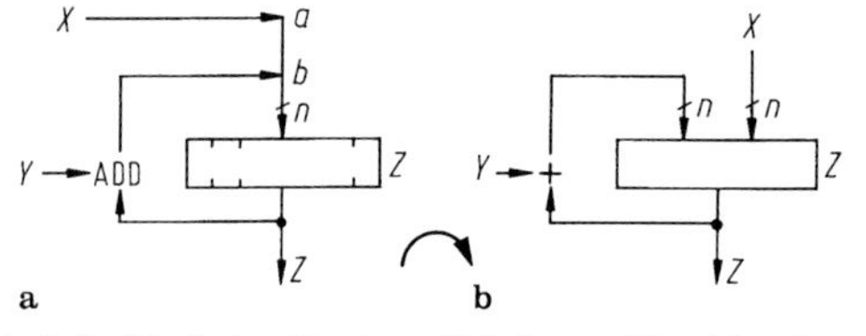

Bild 4-9. Einfache Register-Schaltnetz-Kombination auf der Registertransfer-Ebene. **a** mit Steuersignalen; **b** ohne Steuersignale

Operationen. Zur Kennzeichnung einzelner Registerelemente werden in spitze Klammern gesetzte Indizes verwendet; z. B. ist $Z\langle i\rangle$ das Element Nr. i des Registers Z. Die mit diesem Register Z ausführbaren Operationen lassen sich explizit beschreiben durch $Z\langle i\rangle := \ldots$ oder $Z := \ldots$ (Schreiben) sowie

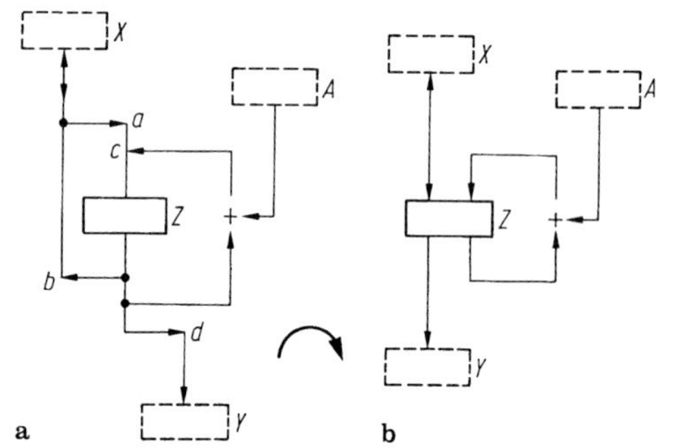

Bild 4-10. Komplexe Register-Schaltnetz-Kombination auf der Registertransfer-Ebene. **a** mit Steuersignalen; **b** ohne Steuersignale

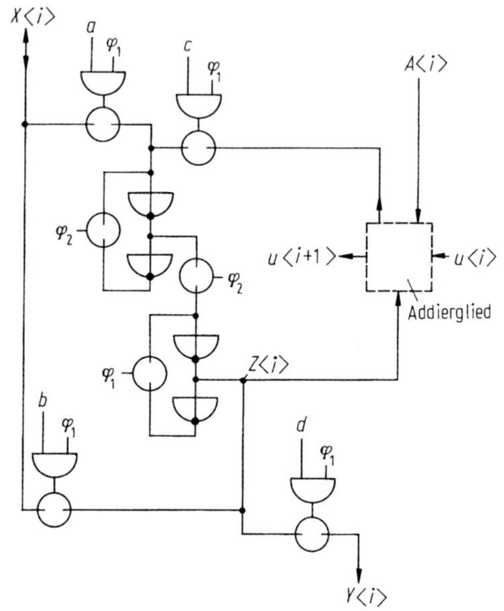

Bild 4-11. Beschaltung der Registerelements $Z\langle i\rangle$ aus Bild 4-10 mit D-Flipflop Bild 4-3b und z. B. Addierglied Bild 3-9a

implizit durch Verwendung von Z auf der rechten Seite solcher Anweisungen (Lesen). Allein aufgrund des Vorkommens solcher Anweisungen in ein und demselben Hardware-Programm entstehen die für die Registertransfer-Ebene typischen komplexen Zusammenschaltungen von Registern und Schaltnetzen (z. B. $X := Z$, $Y := Z$, $Z := X$, $Z := Z + A$ in Bild 4-10).

Schaltungsbeispiel. Bild 4-11 zeigt eine „Scheibe" von 1 Bit der in Bild 4-10 dargestellten Register-Schaltnetz-Kombination. Die eigentlich notwendige Rückkopplung des Flipflopinhalts auf sich selbst entfällt hier, da bei $a = 0$ und $c = 0$ sowie $\varphi_2 = 0$ die Eingangskapazität des ersten Inverters kurzzeitig die Speicherung der Master-Information übernimmt.

4.2.3 Schreib-/Lesespeicher

Zur Speicherung eines Satzes (von Wörtern) wird eine Anzahl von Registern/Speicherzellen „vertikal" untereinandergesetzt und als Einheit betrachtet. Die Speicherzellen werden über Torschaltungen/Multiplexer auf Schreib-/Lesebusse geschaltet, z. B. wie in Bild 4-12a dargestellt. Von den Speicherzellen ist immer nur eine auf einmal adressierbar, wobei alle hinsichtlich ihres Zugriffs gleichberechtigt sind. Zur Unterscheidung von Speichern mit anderen Zugriffsarten werden Schreib-/Lesespeicher deshalb als *Speicher mit wahlfreiem Zugriff* (random access memory, RAM) bezeichnet.

Operationen und Kenngrößen. Zur Kennzeichnung einzelner Speicherzellen werden in eckige Klammern gesetzte Indizes verwendet; z. B. ist Z[*i*] die Speicherzelle Nr. *i* des Speichers Z. Die mit diesem Speicher Z ausführbaren Operationen lassen sich explizit darstellen durch Z[*Adresse*] := *Datum* (Schreiben) sowie implizit durch Verwendung von Z[*Adresse*] innerhalb von Anweisungen in Hardware-Programmen (Lesen).
Der Inhalt einer Speicherzelle wird als *Wort* bezeichnet, ihre Kenn-Nummer als *Adresse*. Die Anzahl der Bits pro Wort heißt *Wortlänge* oder *-breite*, die der Bits pro Adresse *Adresslänge* oder *-breite*. Die Anzahl der Zellen pro Speicher heißt *Kapazität*; sie beträgt das 2^n-fache der Anzahl n der Adressbits. Die *Zugriffszeit* ist die Zeit vom Anlegen der Adresse bis zum Erscheinen des gelesenen Worts. – Mit diesen technischen Daten werden auch Festwertspeicher (ROMs) gekennzeichnet.

Einsatz im Rechnerbau. RAMs dienen (1.) hauptsächlich zur Speicherung von ausführbereiten Daten und Programmen innerhalb von Rechenanlagen (prozessorexterne Speicher) und (2.) zur Zwischenspeicherung von Operanden und Ergebnissen innerhalb von Prozessoren (prozessorinterne Speicher).
Als prozessorexterne Speicher (Hauptspeicher, Primärspeicher) haben RAMs große Kapazitäten. Ihre Speicherelemente sind nicht getaktet. Sie werden mit Signalen für die Bausteinanwahl (Select) und die Übertragungsrichtung (Read/Write) angesteuert (Symbol siehe Bild 4-12b). Eine im Baustein integrierte Steuerlogik sorgt für den ordnungsgemäßen zeitlichen Ablauf der Lese- und Schreiboperationen und schaltet die bidirektionalen Datenbustreiber durch. Aufbau und Schaltungstechnik prozessorexterner Speicher, insbesondere von Sekundärspeichern, folgen den unterschiedlichsten Prinzipien und Technologien (siehe 7.2).
Als prozessorinterne Speicher (Registerspeicher, Registersätze) haben RAMs kleine Kapazitäten, sind getaktet und i. Allg. als sog. Multiport-Speicher ausgelegt (Symbole für 2- und 3-Port-Speicher siehe Bilder 4-12c und d). Sie erlauben gleichzeitiges Lesen und Schreiben über mehrere Tore. Dazu dienen mehrere unabhängige interne Multiplexer/Demultiplexer einschließlich ihrer Adressdecodierer. Aufbau und Schaltungstechnik sind an die Struktur des Prozessors angepasst. Die einzelnen Speicherelemente bestehen i. Allg. nicht aus vollständigen Master-Slave-Flipflops, sondern z. B. nur aus den Mastern, während die Slaves für alle Speicherzellen und jeden Ausgang nur einmal aufgebaut werden (entweder im Symbol mit enthalten oder als Register an anderer Stelle im Prozessor vorhanden).

Schaltungsbeispiel. Bild 4-13 zeigt links einen 2-Port-Speicher der „Wortlänge" 1 Bit mit als Schalter gezeichneten Transistoren. Die Speicherelemente einer solchen „Speicherebene" sind eindimensional untereinander angeordnet und haben unterschiedliche Adressen. Ein Element wird durch seine Zeilen-

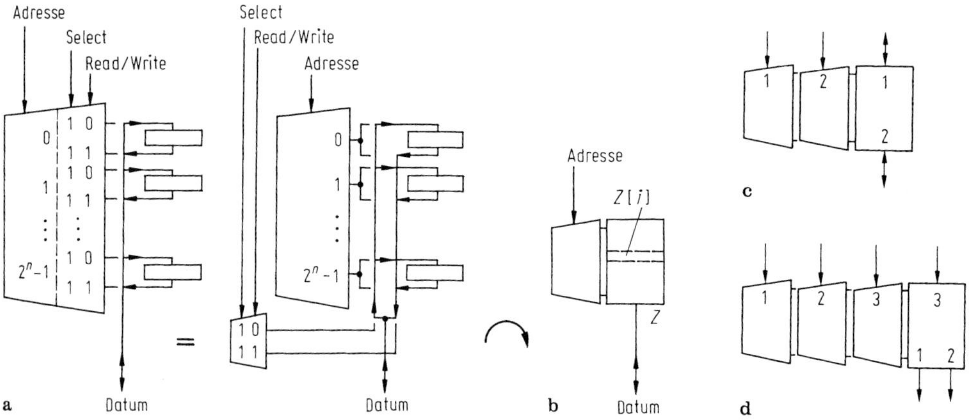

Bild 4-12. Schreib-/Lesespeicher auf der Registertransfer-Ebene. **a** Blockbilder mit Steuersignalen; **b** Symbol ohne Steuersignale; **c** Symbol eines 2-Port-Speichers mit 2 Schreib-/Lesebussen; **d** Symbol eines 3-Port-Speichers mit 1 Schreibbus und 2 Lesebussen

adresse und Angabe der Richtung angewählt und mit der Leitung *Bus1* oder *Bus2* verbunden. Zur Erzielung einer Wortlänge von mehr als einem Bit werden mehrere solcher Speicherebenen nebeneinander aufgebaut und mit denselben Adressleitungen angesteuert.

4.2.4 Speicher mit speziellem Zugriff

Zwei wichtige Speicher dieser Art sind LIFO-Speicher (kurz LIFOs) und FIFO-Speicher (kurz FIFOs).

Mit LIFO (last in first out) bezeichnet man einen Zugriffsalgorithmus, bei dem das jeweils als letztes in den Speicher eingegebene Wort am Speicherausgang als erstes wieder verfügbar ist. Man kann sich einen solchen Speicher als Stapel (stack) vorstellen, ähnlich einem Tellerstapel, oder als Keller (cellar), der oben (entspricht dem Speichereingang) gefüllt und auch oben (entspricht dem Speicherausgang) geleert wird. Mit Speichern dieser Zugriffsart ist es möglich, Information, die wegen wichtigerer Aufgaben zunächst nicht weiterverarbeitet werden soll, in einer Reihenfolge aufzubewahren, die bei der Rückkehr umgekehrt durchlaufen wird.

Mit FIFO (first in first out) bezeichnet man einen Zugriffsalgorithmus, bei dem das jeweils als erstes in den Speicher eingegebene Wort am Speicherausgang auch als erstes wieder verfügbar ist. Man kann sich einen solchen Speicher als Schlange (queue) vorstellen, ähnlich einer Menschenschlange, oder als Röhre (pipe), die hinten (entspricht dem Speichereingang) gefüllt und vorn (entspricht dem Speicherausgang) geleert wird. Mit Speichern dieser Zugriffsart ist es möglich, Information, die pulsierend ankommt, zum Durchsatzausgleich in derselben Reihenfolge zu puffern, in der sie später weiterverarbeitet werden soll.

4.3 Schaltwerke zur Datenverarbeitung

Wenn Schaltnetze zur Datenverarbeitung und zum Datentransport (3.3), z. B. zur Durchführung arithmetischer Operationen, mit Registern rückgekoppelt zusammengeschaltet werden, entstehen mannigfache Schaltwerke zur Datenverarbeitung (Datenwerke). Die Schaltnetze enthalten die Verarbeitungsfunktionen, und die Register speichern die momentanen Werte der Operanden (den Datenzustand).

4.3.1 Zähler

Zähler sind elementare Datenwerke, deren Registerelemente untereinander durch „Zähllogik" verknüpft sind. Im Register steht ein variabler Operand (die zu verändernde Zahl), zu/von dem durch das Schaltnetz ein konstanter Operand (die Zähleinheit) addiert/substrahiert wird. – Bild 4-14 zeigt eine Schaltung für den einfachsten Fall eines Vorwärtszählers für Dualzahlen (Symbol dieses Zählers siehe Bild 4-15a).

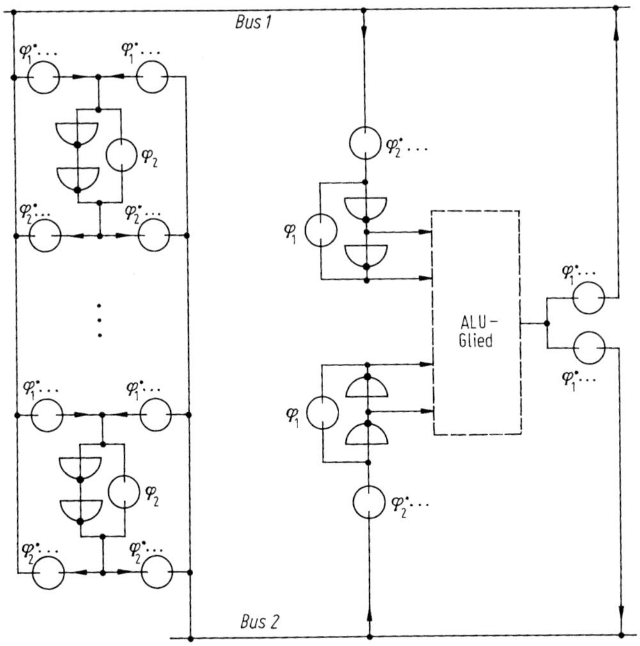

Bild 4-13. Zusammenschaltung eines 2-Port-Speichers mit einer ALU über 2 bidirektionale Busse für eine 1-Bit-Scheibe gemäß Bild 4-19b (die Punkte hinter den φ_1 und φ_2 bedeuten UND-Verknüpfungen mit Steuersignalen; zur Schaltung des ALU-Gliedes siehe z. B. Bild 3-9).

Ein Speicher- und ein ALU-Latch zusammengenommen gleichen in ihrer Wirkung einem Master-Slave-Flipflop. Mit φ_1 wird die am ALU-Ausgang anstehende und auf einen der Busse durchgeschaltete Information in ein Speicher-Latch (Master) übernommen; und mit φ_2 wird der Inhalt eines dieser Latches über einen der Busse in ein Register-Latch (Slave) übertragen und erscheint damit am ALU-Eingang (in MOS-Technik wegen des Voraufladens von Bus und ALU etwas komplizierter in 4 Taktphasen [2])

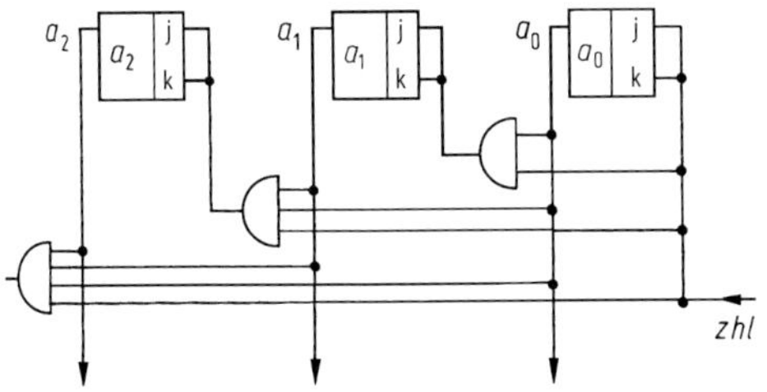

Bild 4-14. Schaltung des Zählers Bild 4-15a (Steuergröße $zhl = 1$: Zählen; $zhl = 0$: nicht Zählen, d. h. Speichern)

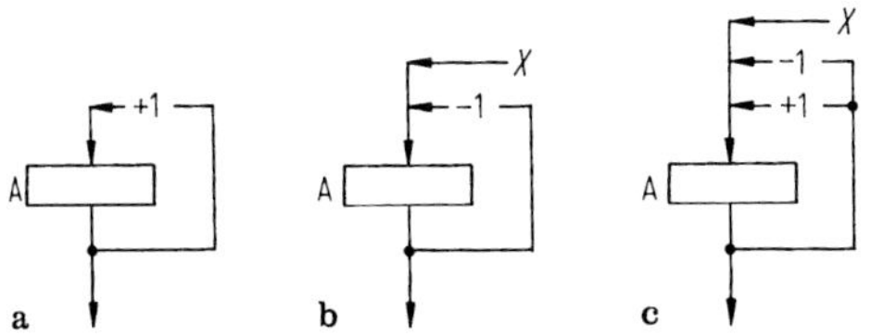

Bild 4-15. Zähler auf der Registertransfer-Ebene. **a** Vorwärtszähler; **b** Rückwartszähler mit Stelleingang; **c** Vor-/Rückwärtszähler mit Stelleingang

Operationen. Beim Vorwärtszählen wird die Zähleinheit Inkrement und beim Rückwärtszählen Dekrement genannt; Vorwärtszählen und Rückwärtszählen können in einem Zähler vereinigt sein ($A := A + 1$, $A := A - 1$). Zähler – wie überhaupt alle Schaltwerke – werden beim Einschalten in einen bestimmten Zustand versetzt. Dies erfolgt durch asynchron wirkende Set-/Reset-Signale, die wie Stromversorgung und Takt zu den „technischen" Signalen zählen und deren Leitungen in logischen Blockbildern nicht gezeichnet werden. Auch während des Betriebs kann ein Zähler auf bestimmte Werte gestellt werden ($A := X$). Wird der Zählmodus nicht geändert, so kehrt der Zähler nach n Schritten wieder in seinen Ausgangszustand zurück; er arbeitet modulo n.

Auf der Registertransfer-Ebene wird die in Bild 4-15 dargestellte Symbolik benutzt, wobei von den Steuersignalen abstrahiert wird.

4.3.2 Shiftregister

Shiftregister, auch als Schieberegister bezeichnet, sind elementare Datenwerke, deren Registerelemente untereinander durch „Shiftlogik" verbunden sind. Der im Register stehende Bitvektor kann durch das Schaltnetz um eine Position nach links oder nach rechts geschoben werden. – Bild 4-16 zeigt eine Schaltung für den einfachsten Fall eines Linksshiftregisters (Symbol dieses Shiftregisters siehe Bild 4-17a).

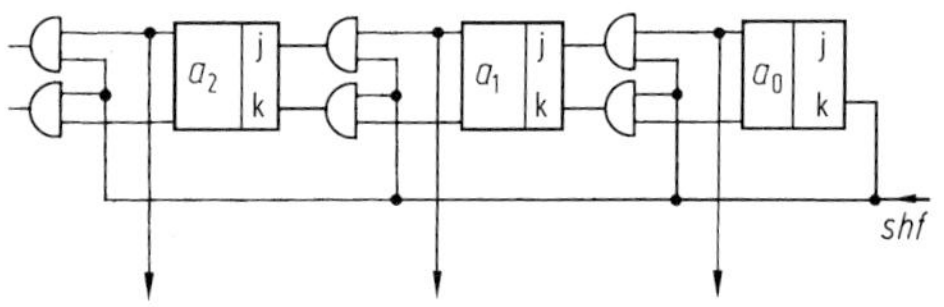

Bild 4-16. Schaltung des Shiftregisters Bild **4-17**a (Steuergröße $shf = 1$: Shiften; $shf = 0$: nicht Shiften, d. h. Speichern)

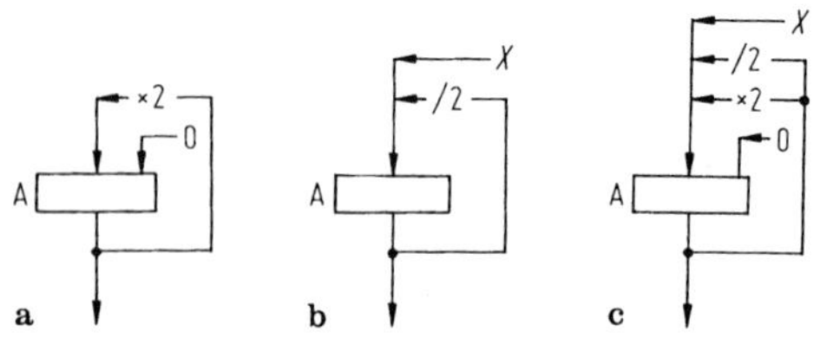

Bild 4-17. Shiftregister auf der Registertransfer-Ebene. **a** Linksshiftregister; **b** Rechtsshiftregister mit Paralleleingang; **c** Links-/Rechtsshiftregister mit Paralleleingang

Operationen. Beim arithmetischen Linksshift um eine Stelle wird in die Registerstelle rechts außen eine Null nachgezogen; dies entspricht der Multiplikation mit 2 bei „Abschneiden" des Überlaufs, wenn die im Register stehende 0/1-Kombination als Dualzahl in 2-Komplement-Darstellung aufgefasst wird ($A := A \cdot 2$). Beim arithmetischen Rechtsshift behält die Registerstelle links außen ihren Wert bei; dies entspricht der Division durch 2 mit „Abschneiden" des Rests ($A := A/2$).

Beim Rundshift sind die beiden äußeren Registerstellen gekoppelt, sodass beim Linksrundshift um eine Stelle in die Registerstelle rechts außen der Inhalt der Registerstelle links außen und beim Rechtsrundshift in die Registerstelle links außen der Inhalt der Registerstelle rechts außen hineingeschoben wird ($A :=$ linksrund A bzw. $A :=$ rechtsrund A).

Werden Rundshiftregister der Länge n Bit mit nur einer 1 initialisiert, so können sie zum Zählen modulo n benutzt werden (Ringzähler). Auch andere als die beschriebenen Möglichkeiten können für die Ansteuerung der äußersten rechten oder linken Stelle vorgesehen werden; so kann z. B. die Rückführung beim Rundshift negiert erfolgen, dann entsteht ein Zähler modulo $2n$ (Möbiusringzähler, auch Johnsonzähler genannt).

Mehrere Shiftregister können untereinander über Serienein- und -ausgänge verbunden werden. Besitzen sie darüber hinaus auch Parallelein- und -ausgänge, so kann parallel in seriell dargestellte Information umgeformt werden und umgekehrt.

Auf der Registertransfer-Ebene wird die in Bild **4-17** dargestellte Symbolik benutzt, wobei von den Steuersignalen abstrahiert wird.

4.3.3 Logik-/Arithmetikwerke

Logik-/Arithmetikwerke sind elementare bis komplexe Datenwerke, deren Register-/Speicherelemente über eine arithmetisch-logische Einheit (ALU) verbunden sind. Zu einer im Register stehenden Zahl können mit der ALU z. B. laufend weitere Zahlen addiert werden; man sagt, die Zahlen werden akkumuliert. – Bild **4-18** zeigt eine Schaltung für den einfachen Fall einer Kette aus Volladdierern (VA) als „ALU" (Symbol dieses Akkumulators siehe Bild **4-19**a).

Operationen. Bei den arithmetischen Operationen wird die im Register stehende 0/1-Kombination als Dualzahl interpretiert und je nach Operation allein oder mit einer weiteren Dualzahl „verknüpft". An Operationen sind i. Allg. vorgesehen: Inkrementierung ($A := A + 1$), Dekrementierung ($A := A - 1$), Komplementbildung ($A := -A$), Linksshift ($A := A \cdot 2$), Rechtsshift ($A := A/2$), Addition ($A := A + X$), Subtraktion ($A := A - X$). Dabei wird das Zwischenergebnis Y der jeweiligen Operation getestet: i. Allg. auf „zero" ($z = (Y = 0)$), auf

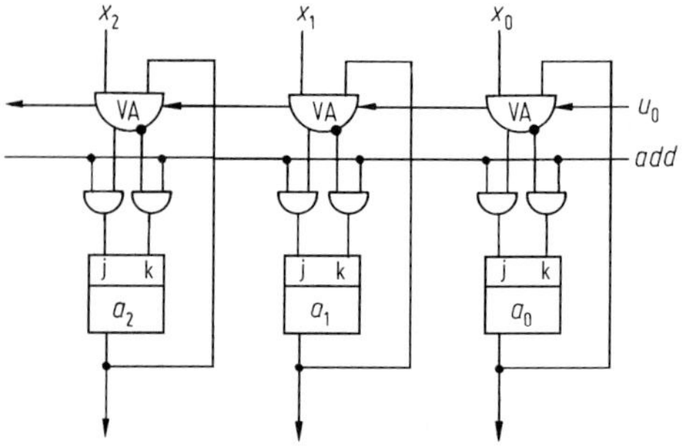

Bild 4-18. Schaltung des Akkumulators Bild **4-19**a (Steuergröße $add = 1$: Addieren; $add = 0$: nicht Addieren, d. h. Speichern)

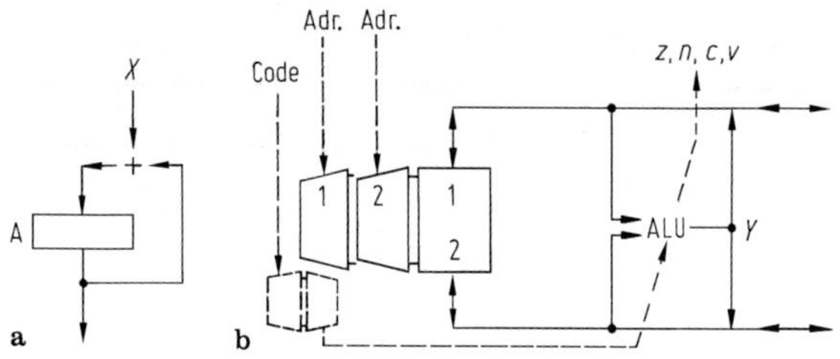

Bild 4-19. Logik-/Arithmetikwerke auf der Registertransfer-Ebene. **a** Addierwerk, Akkumulator; **b** Rechenwerk, oft auch als Integer-Unit bezeichnet

„negative" ($n = \langle Y - 1\rangle$), auf „carry" (c Übertrag), auf „overflow" (v Überschreitung des Zahlenbereichs bei 2-Komplement-Zahlen).

Bei den Boole'schen Operationen wird die im Register stehende 0/1-Kombination als Bitvektor aufgefasst. In der ALU sind entweder alle Operationen, die mit zwei Boole'schen Variablen möglich sind, oder eine bestimmte Auswahl aus diesen vorgesehen: Löschen (A := 0), Negation (A := NOT A), Transport (A := X), Konjunktion (A := A AND X), Disjunktion (A := A OR X), Antivalenz (A := A XOR X).

Auf der Registertransfer-Ebene wird die in Bild 4-19 dargestellte Symbolik benutzt.

4.4 Schaltwerke zur Programmsteuerung und zur programmgesteuerten Datenverarbeitung

Wenn Schaltnetze zur Datencodierung/-decodierung und -speicherung (3.4), z. B. zur Speicherung feststehender Steuerfunktionen, mit Registern rückgekoppelt zusammengeschaltet werden, entstehen Schaltwerke zur Programmsteuerung (Programmwerke). Die Schaltnetze enthalten die Steuerprogramme, und die Register speichern deren momentanen Ausführungsstand (Programmzustand). Sie reichen von elementaren, nur mit 0/1-Mustern programmierbaren bis zu komplexen, mit einem umfangreichen Befehlsvorrat programmierbaren Werken.

Zusammengeschaltet mit den in 4.3 behandelten Datenwerken entstehen Werke zur programmgesteuerten Datenverarbeitung (siehe Bild 4-1).

4.4.1 PLA- und ROM-Steuerwerke

PLA-Steuerwerke sind elementare Programmwerke, bei denen der Programmspeicher auf der Basis von Logikfeldern (vgl. 3.4.3) ausgeführt und über ein Register rückgekoppelt ist (Bild 4-20a). Typisch ist das gleichzeitig mögliche (parallele) Abfragen der Eingangssignale, sodass Mehrfachverzweigungen unmittelbar programmierbar sind. Technisch gesehen eignen sich PLA-Steuerwerke dann als Programmwerke, wenn die Anzahl der Ein-/Ausgänge und die Kapazität des PLA beim Entwurf frei wählbar sind, wie z. B. innerhalb eines hochintegrierten digitalen Systems, etwa eines Mikroprozessors. Bei der Programmierung des Steuerspeichers geht man unmittelbar von einer die Gleichzeitigkeit von Abfragen und Anweisungen betonenden Darstellung des Steuerungsalgorithmus aus, z. B. einem *Zustandsgraphen* (Bild 4-21a als Beispiel).

Anstelle der „regular logic" des PLA können auch andere Schaltnetzformen zur Verwirklichung der Steuertabelle verwendet werden, z. B. „random logic" in der Form von Gatternetzen. Dann ist das Programm in der Schaltnetzstruktur versteckt, und man spricht von fest verdrahteten Programmen bzw. Steuerwerken.

ROM-Steuerwerke sind komplexe Programmwerke, bei denen der Programmspeicher auf der Basis von Festwertspeichern (siehe 3.4.2) ausgebildet ist und vielfach mit einem Zähler (sequencer) adressiert wird (Bild 4-20b). Typisch ist die nur nacheinander mögliche (serielle) Auswertung der Eingangssignale, sodass nur Einfachverzweigungen unmittelbar programmierbar sind. ROM-Steuerwerke werden vorteilhaft dann als Programmwerke eingesetzt, wenn die Modifizierbarkeit der Steuerprogramme im Vordergrund steht, z. B. um Fehler im Programm korrigieren oder es an geänderte Anforderungen anpassen zu können. Die Programmierung des Steuerspeichers erfolgt in ähnlicher Weise wie bei einem Digitalrechner, d. h., man geht von einer die zeitliche Abfolge von Abfragen und Anweisungen betonenden Darstellung des Steuerungsalgorithmus aus, z. B. einem *Flussdiagramm* (Bild 4-22a als Beispiel).

Anstelle von ROMs können auch andere Speicher für die Steuertabelle eingesetzt werden, z. B. RAMs. Dann lassen sich Programme während des Betriebs

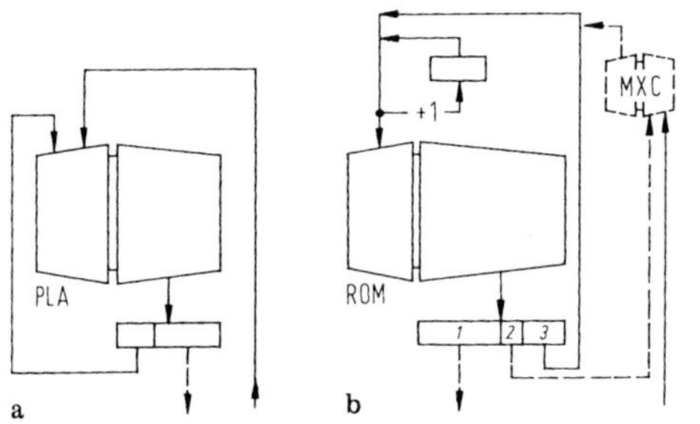

Bild 4-20. Programmwerke. **a** PLA-Steuerwerk; **b** ROM-Steuerwerk (*1* Operationen, *2* Code und *3* Adresse für Programmverzweigungen; MXC Multiplexer Control, steuert die Datenwege im Steuerwerk)

nachladen oder auswechseln, und man spricht von dynamisch programmierbaren Steuerwerken.

4.4.2 Beispiele für programmgesteuerte Datenverarbeitungswerke (Prozessoren)

Die Bilder 4-21 und 4-22 zeigen zwei Zusammenschaltungen von Programm- und Datenwerken (vgl. Bild 4-1) als speziell auf die Aufgabenstellung zugeschnittener (konstruierter) Prozessor bzw. als universell für verschiedene Aufgaben verwendbarer (programmierter) Prozessor.

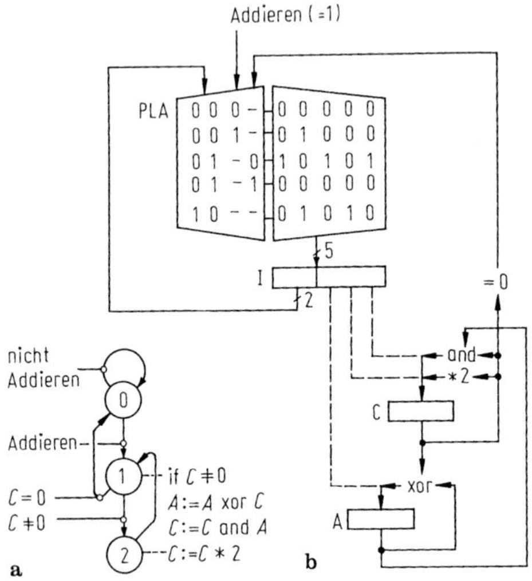

Bild 4-21. Carry-save-Addition von zwei Dualzahlen. **a** Zustandsgraph, **b** Blockbild auf der Registertransfer-Ebene. Initialisierung von I mit [00 000]. Zur Optimierung siehe [1]

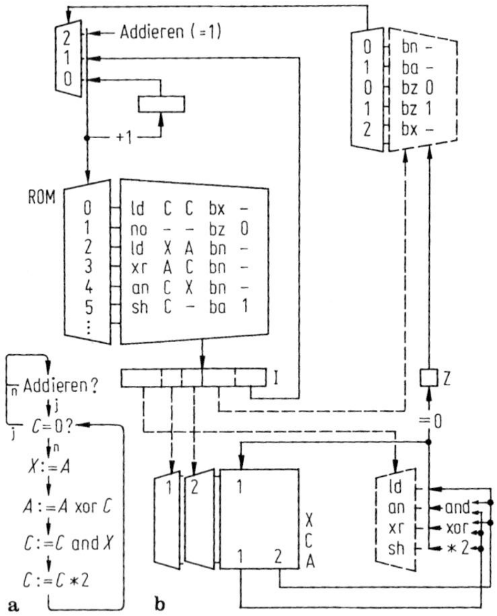

Bild 4-22. Carry-save-Addition von zwei Dualzahlen. **a** Flussdiagramm, **b** Blockbild, Codes: ld – load, no – no operation, xr – exclusive or, an – and, sh – shift, bn – branch never, ba – branch always, bx – branch if external, bz – branch if zero, Initialisierung von I mit „no – – ba 0“. Zur Optimierung und zu weiteren Varianten siehe [1]

Es handelt sich dabei um „Maschinen“ für die Berechnung der Summe von in zwei Registern A und C gespeicherten Dualzahlen nach einem Algorithmus, der von Burks, Goldstine und von Neumann für die Addition in ihrem Universalrechner der ersten Generation vorgesehen war und der in verallgemeinerter Form heute bei der Verwirklichung von Multiplikationsalgorithmen angewendet wird, siehe z. B. [1]. Dieser – weil die Überträge in allen Stellen gleichzeitig gebildet und für den jeweils nächsten Schritt gerettet werden – Carry-save-Addition genannte Algorithmus tritt hier in zwei charakteristischen Darstellungen auf.

Horizontale Darstellung. In Bild 4-21a ist der Algorithmus als „horizontales Programm“ in der Form eines Zustandsgraphen wiedergegeben. Das Attribut „horizontal“ soll darauf hinweisen, dass – wenn immer möglich – die Operationen „nebeneinander“, d. h. parallel, ausgeführt werden. Zum Beispiel wird im Zustand 1 (siehe Graph) der Operand C auf Null abgefragt, und bei $C = 0$ werden gleichzeitig die beiden

Operationen $A := A \text{ XOR } C$ (XOR für alle Stellen) und $C := C \text{ AND } A$ (AND für alle Stellen) ausgeführt und nach Zustand 2 verzweigt.
Im Programmwerk in Bild 4-21b findet sich dieser Programmausschnitt in der 3. Zeile des PLA in binär codierter Form wieder. Wenn dieser „Befehl" im Register I (instruction register) steht, so wird damit der Zustand [10] = 2 als Folgezustand festgelegt und gleichzeitig mit [101] im Datenwerk die parallele Ausführung der beiden oben genannten Operationen veranlasst. Die Bedingung $C = 0$ wird im Datenwerk in jedem Schritt ermittelt und steht so dem Programmwerk dauernd zur Auswertung zur Verfügung. Die Bedingung *Addieren* hingegen kommt von „außen", sie kann man sich vorstellen als von der Add-Taste eines Taschenrechners abgeleitet oder dem Add-Befehl eines Universalrechners decodiert (dann heißt das Addiere-Programm Mikroprogramm).
Schaltungsdetails folgen den früher behandelten Prinzipien (siehe z. B. Bild 3-16 oder Bild 2-2f für das PLA-Steuerwerk).

Vertikale Darstellung. In Bild 4-22a ist der Algorithmus als „vertikales Programm" in der Form eines Flussdiagramms dargestellt. Das Attribut „vertikal" soll darauf hinweisen, dass die Operationen – so gut wie immer – nacheinander, d. h. seriell, ausgeführt werden. Zum Beispiel wird in Schritt 2 (siehe Diagramm) der Operand C auf Null abgefragt, und bei $C \neq 0$ wird Schritt 3 ausgeführt. Dort und in den Schritten 4 und 5 werden nacheinander die drei Operationen $X := A$, $A := A \text{ XOR } C$ und $C := C \text{ AND } X$ ausgeführt.
Im Programmwerk in Bild 4-22b findet man diesen Programmausschnitt unter den Adressen 1 bis 4 des ROM wieder. Wenn z. B. der Befehl Nr. 1 in I steht, so wird mit „no" im Datenwerk keine Operation veranlasst, mit „bz 0" wird jedoch das Z-Bit abgefragt (zuvor mit „ld C C" oder „sh C" beeinflusst). Bei $Z = 0$ wird bei Adresse 2 fortgefahren, und die drei oben genannten Operationen werden seriell ausgeführt. Auch hier wird die Abfrage auf 0 im Datenwerk dauernd ermittelt; die Bedingung *Addieren* kommt wieder von „außen".
Wegen seines Befehlsformates, bei dem jeder Befehl neben der logischen Operation eine bedingte Sprungoperation enthält, ist ein solcher Prozessor gewissermaßen die Minimalform eines Superskalarprozessors.

Hardware-/Software-Programme. Sowohl das horizontale als auch das vertikale Programm in den Bildern enthalten einen operativen Anteil, die Datenanweisungen, und einen steuernden Anteil, die Programmverzweigungen, die in den Programmen nicht modular getrennt in Erscheinung treten, sondern ineinander verwoben sind. Mit der Abstraktion von diesen beiden Teilwerken eines programmgesteuerten Datenverarbeitungswerkes wird die Registertransfer-Ebene verlassen und die Ebene der Beschreibungsformen algorithmischer Programmiersprachen erreicht. Die Art der Realisierung des Algorithmus, ob als Schaltung (Hardware) oder als Programm (Software) tritt in den Hintergrund. Hardware- und Software-Beschreibung des Algorithmus unterscheiden sich nur durch mehr oder weniger Parallelität, z. B. in (1) und (2) durch die unterschiedliche Verwendung von Kommas und Semikolons.

```
(1) do                                   Zustände im PAL/PLA:
      if Addieren,
      then while C≠0;                                      0
             do A:=A xor C, C:=C and A;                    1
                C:=C*2 end;                                2

(2) do                                   Befehle im ROM/RAM:
      if Addieren;
      then while C≠0;                                  0,1,2
             do X:=A;                                      3
                A:=A xor C;                                4
                C:=C and X;                                5
                C:=C*2 end;                                6
```

Auf die in den Beispielen beschriebene Weise kann man für technisch-mathematische Probleme spezielle Rechner *konstruieren* oder diese auf universellen Rechnern *programmieren*. „Eingekapselt" unterscheiden sie sich nur durch ihre Geschwindigkeit bei der Bearbeitung des Problems. Komplexere als in diesem Beispiel behandelte Probleme enthalten anstelle solcher elementarer (logischer) komplexere (arithmetische) Operationen, sodass ihre Beschreibungen mehr den üblichen Rechenprogrammen technisch-wissenschaftlicher Anwendungen ähneln. Die Konstruktion solcher Spezialrechner erfolgt heute von ihrer algorithmischen Beschreibung ausgehend, z. B. in VHDL [3], einer Hardware-Beschreibungssprache, in Zukunft evtl. über sog. Silicon-Compiler, ähnlich wie heute ihre Program-

mierung auf einem Universalrechner z. B. von einem C/C++-Programm ausgehend über einen C/C++-Compiler läuft.
Praktisch relevante Aufgabenstellungen, wie z. B. der Bau eines Spezialrechners für die Schnelle Fourier-Transformation oder der Bau eines Universalrechners zur Programmierung aller möglichen Anwendungsfälle, unterscheiden sich von diesem Beispiel hauptsächlich durch eine drastische Steigerung der Komplexität.

5 Prozessorstrukturen

Während Kapitel 4 Spezialprozessoren behandelt, also Prozessoren, die aus Anwendersicht *nicht* programmierbar sind, sondern nur auf ihren Bestimmungszweck hin aufgebaut sind, behandelt Kapitel 5 Universalprozessoren, also Prozessoren, die *voll* programmierbar und somit keinen Einschränkungen hinsichtlich ihrer Bestimmung unterworfen sind. – Die Formulierung „aus Anwendersicht" ist interpretierbar. Es kann sich um *irgendeine* Anwendung handeln: die Simulation einer „Welt", die programmiert werden soll. Es kann sich auch um eine *besondere* Anwendung handeln: die Simulation eines „Prozessors" oder eines „Rechners", die programmiert werden soll. Dann handelt es sich um Prozessor- bzw. Rechnerbau.

5.1 Überblick

Dieser erste Abschnitt vermittelt eine grundlegende und übergreifende Sicht des Universalprozessorbaus; für den nicht an grundsätzlichen Fragestellungen Interessierten ist er entbehrlich.
Ausgehend von den beiden CSA-Spezialprozessoren Bilder 4-21b und 4-22b gelangt man auf zwei ganz unterschiedlichen Wegen zu Universalprozessoren, wobei die entstehenden Architekturformen zwar im Prinzip den CSA-Prozessoren folgen, aber von einer drastischen Komplexitätssteigerung begleitet sind:

Weg 1. *Zusätzlich* zum Addiere-Programm („oben" in den Bildern) wird eine Reihe weiterer operativer Programme eingebracht, die zusammengenommen den Befehlssatz (instruction set) des auf diese Weise entstehenden Rechners bilden.
Weiterhin wird ein übergeordnetes Simulationsprogramm eingebracht, das die Befehle eines Anwenderprogramms samt der durch sie zu verarbeitenden Daten aus einem zusätzlichen, i. Allg. prozessorexternen Speicher holt und den Aufruf der diesen Befehlen zugeordneten operativen Programme organisiert.

Das so entstehende Gesamtprogramm wird Mikroprogramm genannt, wobei dieser Begriff gleichfalls auch für ein einzelnes operatives Programm benutzt wird. Die Entwicklung des Mikroprogramms ist Aufgabe des Hardware-Ingenieurs. Ein mit den Befehlen des Befehlssatzes geschriebenes Programm wird Maschinenprogramm genannt.
Mit diesem Ansatz entstehen universell programmierbare Rechner: durch Verallgemeinerung von Bild 4-21b die klassische Akkumulator-Rechnerarchitektur, traditionell als v.-Neumann-Rechner bezeichnet, durch Verallgemeinerung von Bild 4-22b die klassische Register-Rechnerarchitektur, seit dem Aufkommen der RISCs als CISC bezeichnet (complex instruction set computer).
Die angesprochene Komplexitätssteigerung betrifft

- *oben* in den beiden Bildern das Interpretationsprogramm des Rechners, das Mikroprogramm: beim v.-Neumann-Rechner unveränderlich gespeichert im PLA (horizontal mikroprogrammiert, d. h. Mikrooperationen mehr neben- als untereinander), beim CISC veränderbar gespeichert im ROM (vertikal mikroprogrammiert, d. h. Mikrooperationen mehr unter- als nebeneinander),
- *unten* in den Bildern das Maschinenprogramm und seine Daten in Kopie als extrem kleiner Ausschnitt: beim v.-Neumann-Rechner in den Registern, beim CISC im Registerblock.
- Die Originale von Maschinenprogramm und Daten befinden sich im zusätzlichen Speicher. Bild 5-1 illustriert die Zusammenhänge.

Obwohl verallgemeinert zu Universalprozessoren, interpretiert die geschilderte Sicht der Dinge die entstehenden Prozessoren im Grunde doch als *Spezial*prozessoren, nämlich Instruktionsinterpretationsprozessoren. Sie werden für einen bestimmten Zweck, nämlich zur Interpretation (allgemeiner: Simulation) der Architektur des zu „bauenden" Universalprozessors konstruiert. Davon unbenommen bleibt, dass wirkungsvollere Elementaroperationen vorgesehen werden und dass man durch Programmierbarkeit des jetzt Mikroprogrammspeicher oder Steuerspeicher (control store) genannten Programmspeichers das Mikroprogramm in gewissen Grenzen ändern kann – man spricht von Mikroprogrammierbarkeit – und so ohne Hardwareänderungen Prozessorvarianten herstellen kann.

Weg 2. *Anstelle* des Addiere-Programms („oben" in Bild 4-22b) wird automatisch, d. h. mittels Hardware, irgendein Anwenderprogramm geladen, und zwar ausschnittweise aus einem zusätzlichen, i. Allg. prozessorexternen Speicher in den Programmspeicher des entstehenden Rechners.

Anstelle der Addiere-Daten („unten" im Bild) wird programmiert, d. h. durch Software, ein Ausschnitt der zugehörigen Anwenderdaten geladen, und zwar aus dem zusätzlichen Speicher in den Datenspeicher des Rechners.

Hier gibt es keine Programm-Interpretationshierarchie, und man spricht traditionell nicht von Mikroprogrammierung (ggf. in extenso von extrem horizontaler Mikroprogrammierung: Mikrooperationen sämtlich nebeneinander), sondern nur von Maschinenprogrammierung. Während vorher das Problem bestand, das Mikroprogramm möglichst effizient zu erstellen, ist jetzt das Problem, den Programmspeicher vorausschauend mit den als nächstes auszuführenden Maschinenprogrammteilen zu füllen. Mit diesem Ansatz entstehen ebenfalls universell programmierbare Rechner: durch Verallgemeinerung von Bild 4-22b die moderne Register-Rechnerarchitektur, gemeinhin als RISC bezeichnet (reduced instruction set computer), sowie die modernen Parallel-Rechnerarchitekturen: die Superskalar-Rechner und die VLIW-Rechner (very long instruction word).

Die angesprochene Komplexitätssteigerung bedingt

- *oben* im Bild irgendein Anwenderprogramm (Maschinenprogramm), gespeichert als kleiner Ausschnitt in der Form einer laufend sich ändernden Kopie im prozessorinternen Programmspeicher (Cache),
- *unten* irgendwelche Daten des Maschinenprogramms, gespeichert in Kopie als kleiner Ausschnitt im Multiport-Registerblock und darüber hinaus ggf. in einem weiteren schnellen prozessorinternen Speicher.
- Das Originalprogramm mit seinen Daten befindet sich im zusätzlichen Speicher. Bild 5-2 illustriert die Zusammenhänge.

Diese Sicht der Dinge interpretiert die entstehenden Prozessoren nun von vornherein als *Universal*prozessoren, denn sie werden für keinen bestimmten Zweck konstruiert, abgesehen von wenigen speziellen Funktionseinheiten, die zusätzlich eingebaut werden. Davon unbenommen bleibt, dass wirkungsvollere Elementaroperationen vorgesehen werden, z. B. solche, die sich gut in Einzelschritte zerlegen lassen und somit mehr als einen Takt benötigen (sodass – genau genommen – doch wieder Mikroprogrammierung ins Spiel kommt).

Eine weitere, ganz andere Art von Prozessor„bau" ist die, auf einem existierenden Rechner A, dem „Wirts"rechner, einen neuen Rechner B, den „Gast"rechner, mittels eines Instruktionsinterpre-

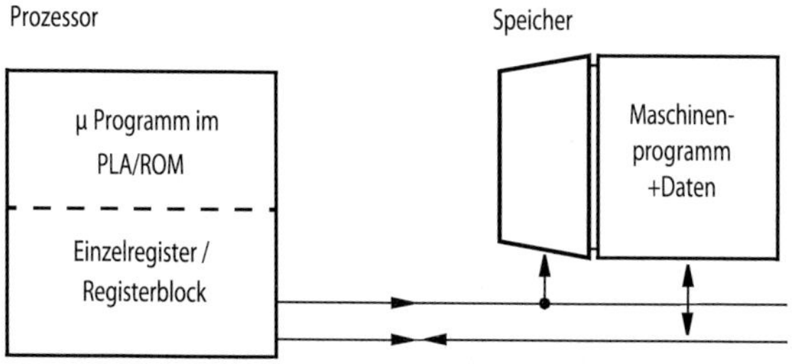

Bild 5-1. Weg zum Universalprozessor: Bild 4-21 → v.-Neumann-Rechner Bild 5-4, Bild 4-22 → CISC (ohne Bild)

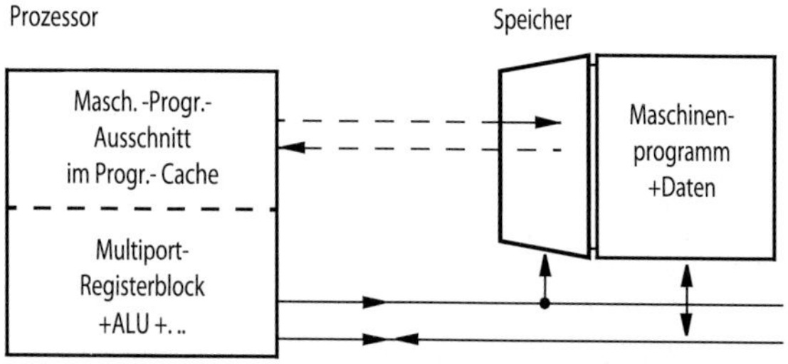

Bild 5-2. Weg 2 zum Universalprozessor: Bild 4-22 → RISC Bild 5-7, → Superskalar-Rechner (ohne Bild), → VLIW-Rechner Bild 5-9

tationsprogramms zu programmieren. Hier gibt es zwar eine Programm-Interpretationshierarchie, man spricht aber auch hier nicht von Mikroprogrammierung (bzw. in extenso von extrem vertikaler Mikroprogrammierung: Mikrooperationen sämtlich untereinander). Dies ist reine Programmierung und somit weder dem Hardware-Design noch dem Hardware-Software-Codesign, sondern ganz dem Software-Design zuzuordnen, nämlich der allumfassenden Aufgabenstellung der Simulation. – Man könnte einen solchen Rechner der Systematik folgend als VISC bezeichnen (virtual instruction set computer).

Zur Maschinenprogrammierung. Die Funktion eines Prozessors erfolgt durch Festlegung seines Maschinenprogramms, d. h. bestimmter Abfolgen seiner Befehle. Die Programmierung stützt sich dabei natürlich auf die Maschinenbefehle des Prozessors, repräsentiert durch Befehlsformate, Befehlssatz, Adressierungsarten; siehe 5.2 – Typisch für einen *v.-Neumann-Rechner* ist seine Programmierbarkeit „über" den Akkumulator mit dem einen Operanden und dem Speicher für den anderen Operanden; siehe 5.3: Akkumulator-Architektur. – Typisch für die Programmierung eines *CISC* ist, dass Operanden bzw. deren Adressen in die Register gebracht werden und dass mit den Operanden dort direkt oder gleich im Speicher, nun aber registerindirekt gerechnet wird (deshalb auch Speicher-/Speicher-Architektur genannt). Auf diese Weise werden wegen der kurzen Registeradressen auch Mehradressbefehle so kurz, dass sie in ein Speicherwort passen. Das gilt erst recht für einen *RISC*, wo ausschließlich in den Registern gerechnet wird mit der Konsequenz, sie programmiert mit Lade-/Speichere-Befehlen füllen bzw. leeren zu müssen (deshalb auch Lade-/Speichere-Architektur genannt). Kennzeichnend für diese beiden Architekturen ist also, dass die Programmierung über die Register erfolgt; siehe 5.4: Register-Architektur. – Typisch für die Programmierung eines *Superskalar-Rechners* ist, dass auf die hier mögliche parallele Arbeitsweise auf Befehlsebene keine Rücksicht genommen zu werden braucht, da sie im Prozessor – für den Programmierer unsichtbar – automatisiert abläuft. Die Maschinenprogrammierung eines *VLIW-Rechners* hingegen muss auf dessen parallele Arbeitsweise auf Befehlsebene zugeschnitten sein; hier wird die Parallelisierung zwar auch automatisiert, aber durch den Compiler bewerkstelligt. Kennzeichnend für diese beiden Architekturen ist also, dass die Programmierung mit parallel angeordneten Befehlen erfolgt; siehe 5.5: Parallel-Architektur.

Weitere Rechnerarchitekturen, insbesondere mit Parallelverarbeitung auf höheren Ebenen, wie Vektorrechner, Feldrechner und Mehrprozessorsysteme, werden in 7.4 behandelt.

5.2 Maschinenbefehle

Prozessoren haben viele, oft sich über mehrere Speicherwörter erstreckende und ggf. viele Takte dauernde Maschinenbefehle (complex instruction set computer, CISC) oder vergleichsweise wenige, in ein Speicherwort passende und nur wenige Takte dauernde Befehle (reduced instruction set computer, RISC), bei Skalar-Prozessoren mit nur einem Operationscode, aber mehreren, in ihrer Anzahl wechselnden Adressen und mehr oder weniger Möglichkeiten zur deren Modifikation (Adressierungsarten).

5.2.1 Befehlsformate

Dreiadressbefehle. Arithmetik-/Logikbefehle enthalten zwei Adressen für die beiden Operanden und eine für das Ergebnis. *Beispiel:* Add-Befehl mit der Wirkung $S := X + Y$

```
ADD  S, X, Y
```
(5-1)

Bedingte Sprungbefehle enthalten zwei Adressen für die beiden Vergleichsgrößen und eine für das Sprungziel. *Beispiel:* Branch-if-equal-Befehl mit der Wirkung if $X = Y$ then goto L

```
BEQ  X, Y, L
```
(5-2)

Zweiadressbefehle. Bei Arithmetik-/Logikbefehlen muss zur Adressierung des Ergebnisses eine der Operandenadressen mitbenutzt werden, d. h., der Inhalt der Speicherzelle für den einen Operanden wird durch das Ergebnis der Operation ersetzt. Sollen die Werte beider Operanden erhalten bleiben, so muss der Operation ein Move- oder Load-Befehl vorangestellt werden; dann ist (5-1) der folgenden Befehlsfolge äquivalent:

```
LOAD  S, X    d.h.  S := X ;
ADD   S, Y          S := S + Y ;
```

Bei bedingten Sprungbefehlen ist kein Platz für die notwendigen drei Größen, sodass Programmverzweigungen mit zwei Befehlen programmiert werden müssen: Ein Compare-Befehl enthält die Adressen der Vergleichsgrößen und speichert die Vergleichsergebnisse als Condition-Code CC = $[z\,n\,c\,v]$ im Statusregister SR des Prozessors, Branch-if-…-Befehle enthalten die Sprungadresse und werten den Condition-Code aus; somit ist (5-2) der folgenden Befehlsfolge äquivalent:

```
CMP  X, Y    d.h.  z := Y − X = 0 ;
BEQ  L             if z then goto L ;
```

Einadressbefehle. Bei Arithmetik-/Logikbefehlen sowie beim Compare-Befehl entfällt eine der Operandenadressen, sodass seine Adresse einem ausgezeichneten Register zugeordnet werden muss, dem Akkumulator (AC). Der Akkumulator hat seinen Namen von der Möglichkeit fortwährenden Aufaddierens (Sammelns, Akkumulierens) von Zahlen. Die „Adresse" dieses Registers ist implizit im Operationscode enthalten. Mit Load- und Store-Befehlen wird der Akkumulator geladen bzw. sein Inhalt gespeichert; somit sind (5-1) und (5-2) den folgenden Befehlsfolgen äquivalent:

```
LDA  X    d.h.  AC := X ;
ADD  Y          AC := AC + Y ;
STA  S          S := AC ;

LDA  X    d.h.  AC := X ;
CMP  Y          z := (AC − Y = 0) ;
BEQ  L          if z then goto L ;
```

Nulladressbefehle. Fehlt in den Befehlen die Angabe von Adressen völlig, so müssen die Operanden zur Verarbeitung immer in zwei ganz bestimmten Speicherzellen vorliegen. Das sind z. B. die „obersten" beiden Zellen eines LIFO-Speichers (Keller, Stack), weshalb entsprechende Rechner auch als Keller- oder Stack-Architekturen bezeichnet werden. Bei der Durchführung einer Operation wird der oberste Stack-Eintrag (top of stack, TOS) ersetzt durch die Verknüpfung des zweitobersten (TOS_{-1}) mit dem obersten Stack-Eintrag (TOS). Die Reihenfolge der Befehle muss dieser Verarbeitungsweise angepasst werden. Sie entspricht der sog. Postfixnotation, auch umgekehrte polnische Notation genannt, wie sie bei Anwendung bestimmter Übersetzungsverfahren aus der syntaktischen Analyse arithmetischer Ausdrücke entsteht. Zum Füllen und Leeren des Stack (und somit seiner obersten Stack-Zelle TOS) sind neben den Nulladressbefehlen auch Lade- und Speichere-Befehle nötig, die mit Push bzw. Pop bezeichnet werden. – *Beispiel:* Der arithmetische Ausdruck in $y := a \cdot b + u \cdot (v + w)$ lautet in Postfixnotation (Operationszeichen *nach* den Operanden) vollständig geklammert bzw. in klammerfreier Form:

$$((a,b)\cdot,(u,(v,w)+)\cdot)+$$

$$a\,b\cdot u\,v\,w+\cdot+$$

Die Reihenfolge der Befehle einer Stack-Architektur folgt dieser Notation (für das Beispiel siehe Tabelle 5-1):

5.2.2 Befehlssatz

Der Vorrat an Maschinenbefehlen, der Befehlssatz, variiert von Rechner zu Rechner stark. Allen gemeinsam ist ein Repertoire grundlegender Befehle, ohne

Tabelle 5-1. Programm mit Stackbelegung bei einem Nulladressrechner

Programm	TOS	TOS_{-1}	TOS_{-2}	TOS_{-3}
PUSH A	A			
PUSH B	B	A		
MUL	$A \cdot B$			
PUSH U	U	$A \cdot B$		
PUSH V	V	U	$A \cdot B$	
PUSH W	W	V	U	$A \cdot B$
ADD	$V + W$	U	$A \cdot B$	
MUL	$U \cdot (V + W)$	$A \cdot B$		
ADD	$A \cdot B + U \cdot (V + W)$			
POP Y				

die selbst kleine Aufgaben nur sehr umständlich und ineffizient zu programmieren wären (obwohl im Prinzip eine Handvoll elementarer Befehle genügt, jede Aufgabe zu programmieren). Das im Folgenden skizzierte Grundrepertoire enthält eine Auswahl typischer Maschinenbefehle, wobei die Adressen `X`, `Y`, `Z` in den Befehlen Datenspeicher- oder Registeradressen sein können. Bei `L` handelt es sich um eine Programmspeicheradresse (Label). Genaueres zu den durch ihre Wirkung definierten Datentypen siehe 6.3.

Arithmetik-/Logikbefehle. Zu den *Arithmetikbefehlen* zählen alle Befehle, die ihre Operanden als Dualzahlen interpretieren (vorzeichenlos, unsigned; vorzeichenbehaftet, signed, integer):

Clear	`CLR`	`X`	$X := 0$
Increment	`INC`	`X`	$X := X + 1$
Decrement	`DEC`	`X`	$X := X - 1$
Negate	`NEG`	`X`	$X := -X$
Shift Left	`ASL`	`X,k`	$X := X \cdot 2^k$
Shift Right	`ASR`	`X,k`	$X := X/2^k$ ohne Rest
Add	`ADD`	`Z,X,Y`	$Z := X + Y$
Subtract	`SUB`	`Z,X,Y`	$Z := X - Y$
Multiply	`MUL`	`Z,X,Y`	$(Z, Z + 1) := X \cdot Y$
Divide	`DIV`	`Z,X,Y`	$Z := (X, X + 1)/Y$, $X + 1 :=$ Rest

Zu den *Logikbefehlen* zählen alle Befehle, die ihre Operanden als Bitvektoren interpretieren:

Not	`NOT`	`X`	$X :=$ not X
And	`AND`	`Z,X,Y`	$Z := X$ and Y
Or	`OR`	`Z,X,Y`	$Z := X$ or Y
Exclusive Or	`XOR`	`Z,X,Y`	$Z := X$ xor Y

Neben den Arithmetik- und den Logikbefehlen gibt es Befehle, die keiner dieser beiden Gruppen eindeutig zugeordnet werden können:

Move	`MOV`	`Z,X`	$Z := X$
Rotate Left	`RSL`	`X,k`	$X :=$ rotate left k bits
Rotate Right	`RSR`	`X,k`	$X :=$ rotate right k bits

Sprungbefehle. Dazu zählen alle Befehle, die den Programmzähler beeinflussen und damit Programmverzweigungen hervorrufen können. *Jump-* oder *Unconditional-Branch-Befehle* entsprechen den *Gotos* höherer Programmiersprachen:

Branch Always	`BRA`	`L`	goto L

Conditional-Branch-Befehle werten die Bedingungsbits des Statusregisters aus, die i. Allg. durch den unmittelbar davor stehenden Befehl beeinflusst werden. Das sind in der Regel ein *Compare-Befehl* oder – als Nebeneffekt wirkend – auch viele der anderen Befehle, insbesondere Arithmetikbefehle. Steht genügend Platz im Befehlswort zur Verfügung, sodass drei Adressen untergebracht werden können, entfällt diese Zweischrittigkeit (und somit der Compare-Befehl). – Im Folgenden steht `cc` für einen Bedingungscode, der die auszuwertende Relation :: bestimmt, konkret `EQ` für =, `NE` für ≠, `LO` für <, `LS` für ≤, `GR` für >, `GS` für ≥:

Compare	`CMP`	`X,Y`	if X::Y
Branch if cc	`Bcc`	`L`	then goto L

Weiterhin gibt es Sprungbefehle, die vor der Ausführung des Sprungs den Programmzähler retten, sodass später an diese Stelle im Programm zurückgesprungen werden kann. Diese Befehle sind paarweise definiert und dienen zum Anschluss von Unterprogrammen (Subroutinen), d. h. zum Hinsprung ins Unterprogramm und zum Rücksprung ins Hauptprogramm (siehe 6.4.4):

Jump to Subroutine	`JSR SUB`	call SUB
Return from Subroutine	`RTS`	return

Systembefehle. Dazu zählen Befehle, die auf den Betrieb des Rechners wirken, wie Statusregister-Befehle, Trap- und Interrupt-Befehle (siehe 8.2), auch die Befehle

No Operation	`NOP`
Halt	`HLT`

5.2.3 Adressierungsarten

Um effizient programmieren zu können, insbesondere immer wiederkehrende Befehlsfolgen in der Form sog. Schleifen, bedient man sich verschiedener Möglichkeiten, die Adressen in den Befehlen zu modifizieren. Die elementarsten Adressierungsarten sind

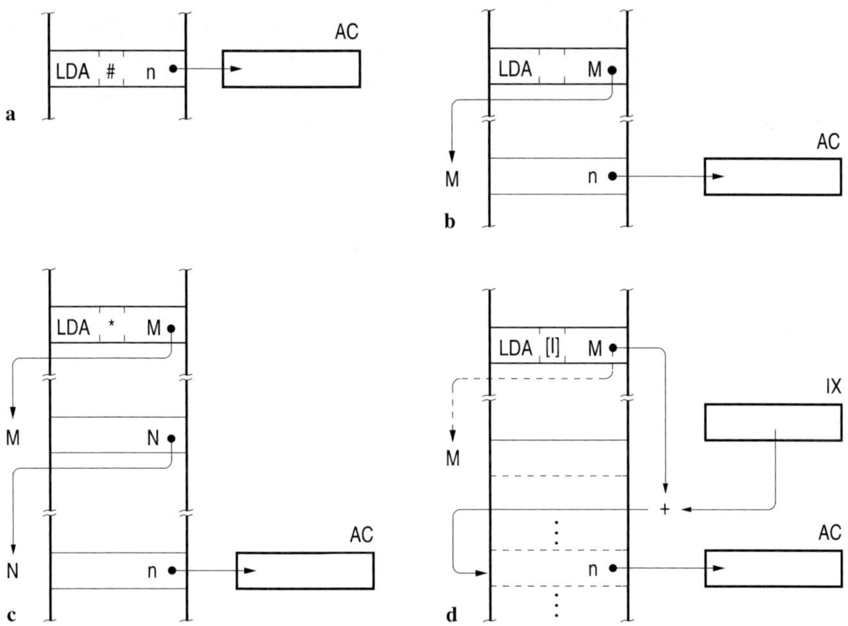

Bild 5-3. Veranschaulichung der Wirkung der Adressierungsarten am Beispiel des LDA-Befehls: **a** immediat, **b** direkt, **c** indirekt, **d** indiziert

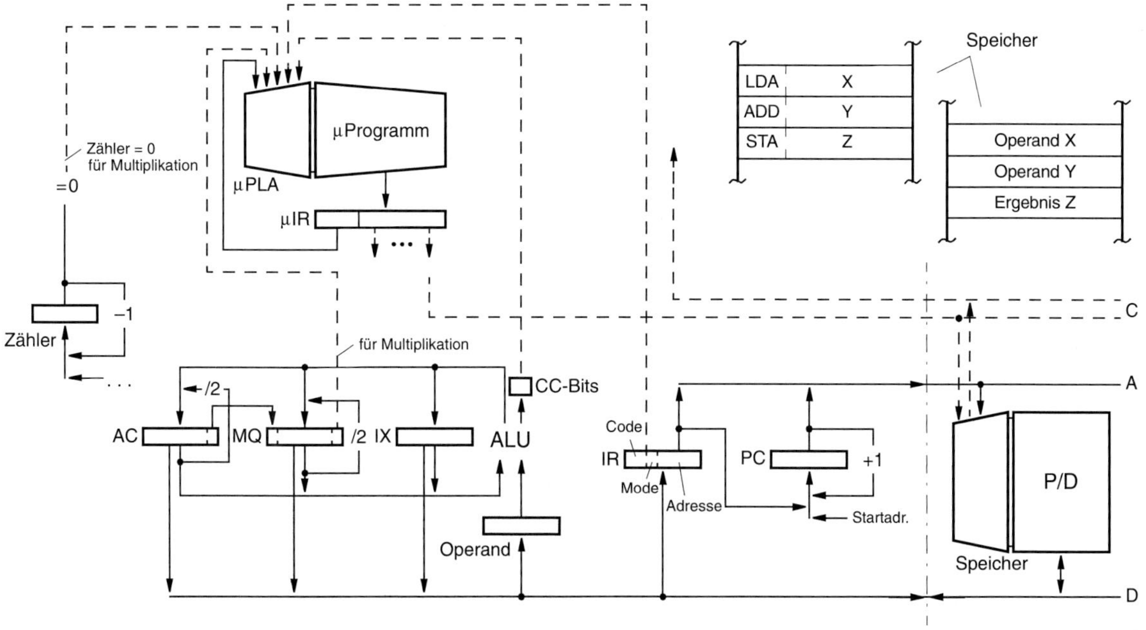

Bild 5-4. Einadressrechner mit Beispielprogramm $Z := X + Y$ im Speicher. Die Register IR, Operand, Zähler sowie μIR sind nur vom Mikroprogramm, nicht vom Maschinenprogramm beeinflussbar

neben der direkten oder absoluten Adressierung die folgenden Adressmodifizierungen: (1.) Anstelle der Adresse des Operanden im Befehl wird der Operand selbst als Konstante angegeben, um ihn direkt zu verarbeiten (immediat). (2.) Anstelle der Adresse des Operanden wird die Adresse der Adresse des Operanden angegeben, um mit verschiedenen, erst später bekannten Parametern zu arbeiten (indirekt). (3.) Die Adresse des Operanden wird hochgezählt, um die Größen eines Feldes, d. h. die mit einem Index ansprechbaren Elemente des Feldes, nacheinander erreichen zu können (indiziert). – Weitere Adressierungsarten siehe 6.4.4 und 8.3.3; eine systematische Darstellung gibt [1].
Bild 5-3 zeigt die Wirkung der immediaten, der indirekten und der indizierten Adressierung. Zum Vergleich ist die „direkte" Adressierung mit einbezogen, also der ohne weitere Kennzeichnung benutzte Normalfall der Adressierung.

Immediate Adressierung. Im Befehl zeigt ein Bit an, ob die Adresse des Operanden oder der Operand selbst gemeint ist; zur symbolischen Kennzeichnung der immediaten Adressierung, des Direktoperanden, wird gewöhnlich das Zeichen # benutzt, siehe Bild 5-3a: nach Ausführung des LDA-Befehls steht die Zahl n im AC.

Indirekte Adressierung. Im Befehl zeigt ein Bit an, ob die Adresse des Operanden oder die Adresse einer Adresse des Operanden gemeint ist; zur symbolischen Kennzeichnung eines indirekt angesprochenen Operanden wird gewöhnlich das Zeichen @ benutzt, siehe Bild 5-3c: nach Ausführung des LDA-Befehls steht die Zahl n im AC; man sieht im Bild gut den zweiten Speicherzugriff, die dabei entstehende, wirksam werdende Adresse heißt effektive Adresse. Bei registerindirekter Adressierung – die Adresse des Operanden steht im Register – wird statt @ das Register in Klammern gesetzt.

Indizierte Adressierung. Im Befehl gibt bei einem einzigen Indexregister das Indexbit, bei mehreren die Registernummer an, ob ein bzw. welcher Index zur Adresse hinzuaddiert wird; zur symbolischen Kennzeichnung eines indiziert angesprochenen Operanden gibt man das in [ ] eingeschlossene Indexregister an, z. B. [I] für das Indexregister IX, siehe Bild 5-3d: nach Ausführung des LDA-Befehls steht die Zahl n im AC; man sieht im Bild die Addition vor dem Zugriff auf den Operanden, die dabei entstehende, wirksam werdende Adresse ist die effektive Adresse.

5.3 Akkumulator-Architektur

Die klassische Akkumulator-Rechnerarchitektur führt auf den Einadressrechner, in Bild 5-4 exemplarisch dargestellt: „oben" das PLA mit dem Mikroprogramm und das μIR (Mikroinstruktionsregister), „unten" das Register IR (Instruktionsregister) für die Aufnahme eines Befehls mit seinen Teilen Code, Mode, und Adresse, der Programmzähler PC (siehe 5.3.1), des Weiteren die Register AC (Akkumulator), MQ (Multiplikator/Quotient), IX (Index) usw. Das Programm mit seinen Daten befindet sich im Speicher P/D (Programm/Daten). – Die Struktur des Rechners ist auf seine Spezifikation und somit auf das Mikroprogramm zugeschnitten: mit speicherbezogenen Einadressbefehlen von im Prinzip hoher Komplexität. Jeder Befehl benötigt wenige bis viele Takte, und die Maschinenprogrammierung ist einfach, etwa in der Art der Programmierung eines Taschenrechners, jedoch mit Möglichkeiten zur Programmsteuerung.

5.3.1 Einadressrechner

Zur Illustration seiner Arbeitsweise zeigt Bild 5-4 rechts oben eine sehr kleine Programmieraufgabe: Zwei im Speicher befindliche Zahlen mit den Variablennamen bzw. den symbolischen Adressen X und Y sind zu addieren und das Ergebnis an eine dritte Größe mit der symbolischen Adresse Z zuzuweisen (in Wirklichkeit anstatt der symbolischen Adressen drei Nummern, zwei als Quelladressen und eine als Zieladresse). Die Befehlslänge ist gleich der Wortlänge des Speichers. Das Programm benötigt 6 Speicherzugriffe (von i. Allg. je mehreren Takten). – In einer höheren Programmiersprache würde man die Aufgabe durch $Z := X + Y$ beschreiben.

Programmzähler (besser Befehlszähler, Instruktionszähler). Der Programmzähler (program counter PC) hat die elementare Aufgabe, die hintereinander angeordneten Befehle bzw. Instruktionen eines Maschinenprogramms einzeln aus dem Speicher zu holen und in das Instruktionsregister IR des Prozessors zu bringen. Dort werden sie decodiert und ihrer speziellen Bestimmung zugeführt: Mit dem Befehls-*Code* wird die dem Befehl zugeordnete Stelle im Mikroprogramm angewählt, mit dem Adress-*Mode* wird die Adressierungsart ausgewählt und der Befehlsteil *Adresse* entsprechend interpretiert. Ein Einadressbefehl besteht also aus den drei Teilen Code, Mode und Adresse.

Statusregister. Der Condition-Code CC wird mit weiteren Informationen insbesondere für die Interruptverarbeitung und Managementaufgaben des Betriebssytems, wie z. B. Supervisor-/User-Betrieb, im Statusregister gespeichert. Zusammen mit dem Programmzähler enthält es in jedem Moment die relevante Information über den Zustand des Prozessors (siehe auch 8.2).

5.3.2 Beispiel für Mikroprogrammierung

Bild 5-5 zeigt einen Teil des Mikroprogamms des Einadressrechners, und zwar für die drei Befehle LDA, ADD und STA des Beispielprogramms aus Bild 5-4: das oben beschriebene Befehl-Holen (Abruf), das Adresse-Interpretieren und ggf. -Modifizieren (Modif) sowie das Befehl-Decodieren/-Ausführen (Decode/Execute). Um sich die Funktionsweise eines solch elementaren Rechners in allen Einzelheiten klarzumachen, spiele man das Beispielprogramm in Bild 5-4 mithilfe des Mikroprogramms Bild 5-5 Schritt für Schritt bzw. Takt für Takt durch und simuliere auf diese Weise die Ausführung des Programms und somit die Arbeitsweise des Rechners. Dazu wähle man eine Startadresse für den ersten Befehl LDA X, schreibe sie in das PC-Kästchen und trage die Veränderungen infolge der Ausführung von := fortlaufend in die Register ein; die Ausführung von .= wirkt auf Leitungen, nicht auf Register. – Der Nutzen dieser Übung besteht darin, dass man auf diese Weise einen guten Einblick in die Funktionsweise eines Digitalrechners gewinnt. Weitergehende Ausführungen zur Mikroprogrammierung findet man insbesondere in [1].

```
Abruf:
  Befehl := Speicher[PC],
  PC := PC + 1,
  -> Modif;
Modif:
  if Mode=000                // Normal
    Operand := Speicher[Adresse],
    -> Decode;
  if Mode=001                // Immediat
    Operand := Adresse,
    -> Decode;
  if Mode=010                // Index
    Mode := 0,
    Adresse := Adresse + IX,
    -> Modif;
  if Mode=100                // Indirekt
    Mode := 0,
    Adresse := Speicher[Adresse],
    -> Modif;
Decode/Execute:
  :
  if Code=LDA                // LDA
    AC := Operand,
    -> Abruf;
  if Code=ADD                // ADD
    ac.= AC + Operand,       // ALU-Ergebnis
    c := ac_n,               // carry
    v := ac_n xor ac_n-1,    // overflow
    AC := ac,
    -> Abruf;
  if Code=STA                // STA
    Speicher[Adresse] := AC,
    -> Abruf;
  :
```

Bild 5-5. Ausschnitt aus dem Mikroprogramm des Einadressrechners mit den Befehlen des Beispielprogramms aus Bild 5-4 (-> bedeutet goto). Alle mit , getrennten Anweisungen werden im selben Takt ausgeführt. Somit benötigt das Mikroprogramm zur Decodierung/Ausführung der Befehle LDA, ADD und STA jeweils 1 Takt (unter der hier gewählten Annahme von Speicherzugriffen zu je 1 Takt)

5.3.3 Beispiel zur Maschinenprogrammierung

Zur Programmierung des Polynoms

$$p = a_0 x^n + a_1 x^{n-1} + \ldots + a_{n-1} x + a_n$$

ist die indizierte Adressierung geeignet. Damit braucht das Inkrementieren der Adresse des Koeffizientenfeldes nicht explizit programmiert zu werden. Das folgende Maschinenprogramm orientiert sich an der mathematischen Formulierung der Aufgabe in der Form des sog. Horner-Schemas, bekannt vom

Programm:

```
       :
      LDI   #0
      LDA   A[I]
LOOP: ADDI  #1
      MUL   X
      ADD   A[I]
      CMPI  N
      BNE   LOOP
      STA   P
       :
```

Daten:

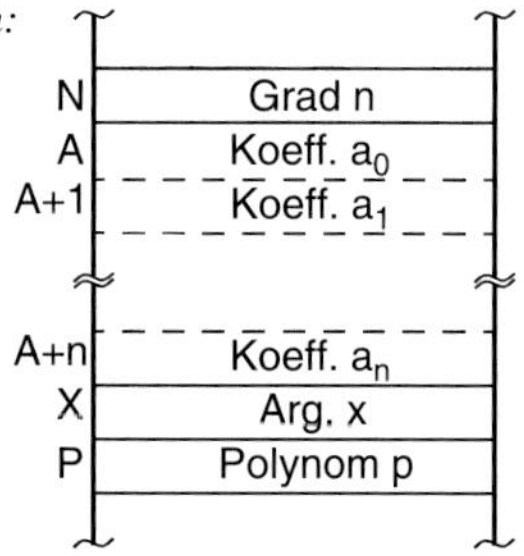

Bild 5-6. Maschinenprogramm zur Polynomberechnung; die Operanden (Variablenwerte) und ihre symbolischen Adressen (Variablennamen) als Speicherabzug

numerischen Rechnen lange vor der Erfindung des Computers.

$$p = (\ldots((a_0x + a_1)x + \ldots + a_{n-1})x + a_n$$

Das Programm in Bild 5-6 ist als Schleife organisiert, sodass es für Polynome mit wählbarem Grad n gilt. Der Grad, die Koeffizienten sowie das Argument müssen gegeben sein und im Speicher stehen, entweder zuvor ermittelt oder eingelesen. Das Ergebnis wird im Akkumulator fortschreitend aufgebaut und ist beim Verlassen der Schleife, nach Addition des letzten Koeffizienten, dort verfügbar. – Code, Mode und Adresse in den Befehlen sind symbolisch angegeben. Ein solches symbolisches Programm wird von einem Systemprogramm des Betriebssystems, dem Assembler, übersetzt, und zwar in die binären Entsprechungen der Befehlsteile; dabei werden die Adressquerbezüge und somit die Nummern für die Adressen automatisch ermittelt (siehe 6.4). – Auch hier ist es eine hilfreiche Übung, das Programm durchzuspielen, nun aber Befehl für Befehl, wodurch man einen guten Einblick in die Maschinenprogrammierung/-ausführung gewinnt.

5.4 Register-Architektur

Die moderne Register-Rechnerarchitektur führt auf den Dreiadressrechner, in Bild 5-7 exemplarisch

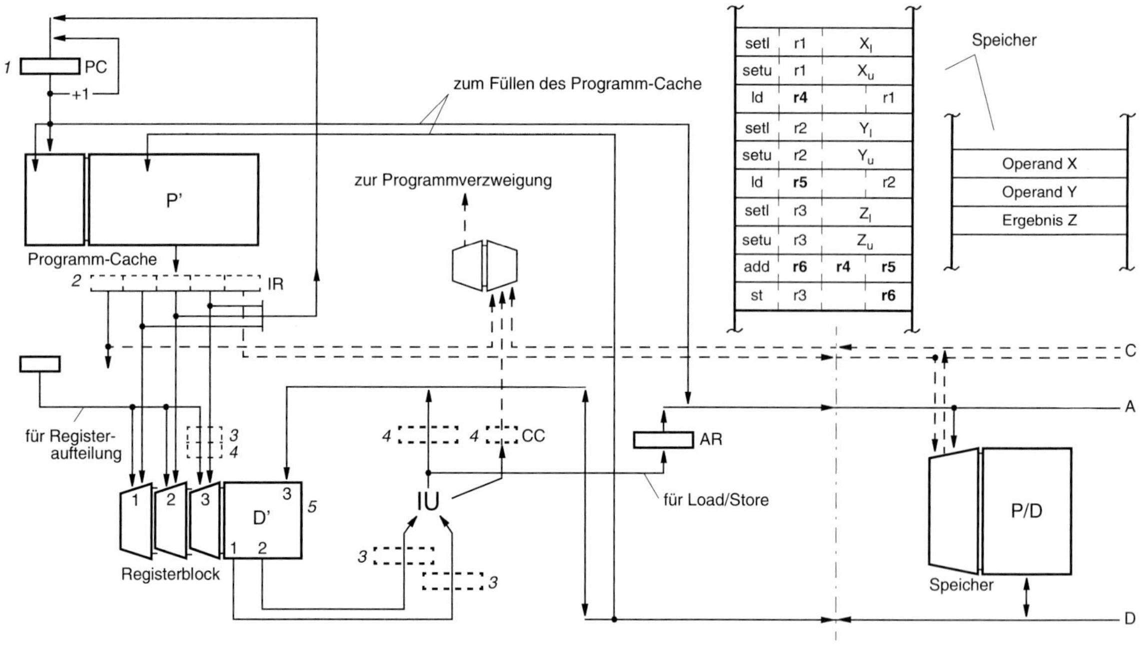

Bild 5-7. Dreiadressrechner mit Beispielprogramm $Z := X + Y$ im Cache und im Speicher. Fließbandregister gestrichelt gezeichnet. Die vier Stufen: 1. Befehl lesen, d. h. PC → Programm-Cache → IR; 2. Operanden lesen, d. h. IR → Registerblock → IU-Eingänge, bzw. Sprungadresse bereitstellen, d. h. IR → PC; 3. Ergebnis ermitteln und bereitstellen, d. h. IU-Eingänge → IU → IU-Ausgang und ggf. → CC; 4. Ergebnis schreiben, d. h. IU-Ausgang → Registerblock. Im Programm sind Register, die Operanden enthalten, durch Fettdruck hervorgehoben

dargestellt (wobei – vgl. 5.1 – gegenüber Bild 4-22b die bedingten Sprungbefehle der Maschinenprogramme im Speicher hier nicht neben, sondern unter den Arithmetik-/Logikbefehlen angeordnet sind, sodass alle Befehle streng sequentiell ausgeführt werden müssen, dafür aber letztere als Dreiadressbefehle). Zu sehen sind: „oben" der Programm-Cache P' für den Ausschnitt aus einem Maschinenprogramm (siehe 5.4.1), weiterhin der PC und das IR, „unten" der 3-Port-Registerblock D' für einen Datenausschnitt sowie die arithmetisch-logische Einheit plus Multiplizierer, zur Festkomma- oder Ganzzahl-Einheit zusammengefasst (Integer-Unit, IU). Das gesamte Programm mit seinen Daten befindet sich im Speicher P/D.

Der Rechner weist in erster Linie Dreiadressbefehle geringer Komplexität auf (bis +, – und ·, insbesondere keine Befehle, die auf Iterationen basieren). Sie arbeiten ausschließlich mit den Registern des Registerblocks. Nur die wichtigsten Adressierungsarten sind eingebaut. Für das Register-Laden und -Speichern werden weitere Befehlsformate nötig, da Lade- und Speichere-Befehle anders aufgebaut sind als Arithmetik-/Logikbefehle und bedingte Sprungbefehle. In jedem Takt wird genau ein Befehl fertiggestellt. Lade-/Speichere-Befehle benötigen jedoch oft einen zusätzlichen Takt. Die Maschinenprogrammierung ist schwierig; sie geht in Richtung Mikroprogrammierung, entsprechend aufwändig ist der Compilerbau.

5.4.1 Dreiadressrechner (RISC)

Bild 5-7 zeigt rechts oben die sehr kleine Programmieraufgabe, zwei im Speicher befindliche Zahlen X und Y zu addieren und das Ergebnis an eine dritte Größe Z zuzuweisen. Das Programm im Cache (als Kopie) benötigt 3 (Haupt-)Speicherzugriffe (von nur wenigen Takten).

Wie man am Programm in Bild 5-7 sieht, gibt es bei dieser Art Rechner zum Laden und Speichern der Register ein Problem. Da Befehlslänge und Adresslänge beide gleich der Wortlänge des Speichers sind, kann ein ld- bzw. ein st-Befehl nicht die benötigte Information aufnehmen, sodass mehrere Befehle notwendig werden. Spezielle set-Befehle laden die Speicheradresse eines Operanden in ein Register: setl lädt die entsprechende Nummer als den unteren Teil (l lower part), setu als den oberen Teil (u upper part) in das Register r_i. Erst damit sind ld und st in der Lage, einen Operanden zwischen Register und Speicher zu transportieren: ld lädt Register r_j (z. B. r4 im Programm in Bild 5-7) mit dem Inhalt der Speicherzelle, dessen Adresse in r_i steht (r1 im Programm), st speichert den Inhalt eines Registers r_i (r6 im Programm) in eine Speicherzelle, deren Adresse in r_j steht (r3 im Programm). Aus dieser Umständlichkeit in der Maschinenprogrammierung darf aber nicht geschlossen werden, ein RISC sei ineffizienter als ein CISC. Was beim RISC als Maschinenprogramm abläuft, muss ein CISC im Mikroprogramm bewerkstelligen (wobei die Taktfrequenz des CISC i. Allg. niedriger als die des RISC ist).

Die Aufgabe ist aber nicht typisch für die übliche Verwendung von Rechnern dieser Art. Es werden nicht im Speicher *einzelne* Rechenoperationen durchgeführt; vielmehr werden zuerst die zu verarbeitenden Größen mittels set-/ld-Befehle in die Register gebracht, dort wird gerechnet, und anschließend werden die Ergebnisse mittels set-/st-Befehlen zurück in den Speicher gebracht (siehe 5.4.3).

Programm-Cache (vielfach Instruction-Cache oder Befehls-Cache). Der Programm-Cache hat die Aufgabe, aktuelle Ausschnitte des Maschinenprogramms bereitzustellen (cache: etwa Depot). Er ist als schneller, prozessorinterner Speicher mit der Wirkung eines Assoziativspeichers (content addressable memory, CAM) realisiert, der nicht nur die zur Programmausführung benötigten Befehlswörter, sondern auch deren (Haupt-)Speicheradressen enthält. Dadurch können für Befehle, die im Cache stehen, Speicherzugriffe und damit Systembusbelegungen entfallen. Befehle hingegen, die nicht im Cache stehen, werden wie üblich aus dem Speicher geholt und verarbeitet, darüber hinaus aber auch in den Cache geladen in der Annahme, dass sie in allernächster Zukunft wieder benötigt werden (Ausnutzung der Programmlokalität bei Programmschleifen). Dabei werden bei kleineren Caches diejenigen Befehle überschrieben, deren Benutzung am weitesten zurückliegt (least recently used, LRU; eine besonders anschauliche Erklärung liefert [1]). Bei größeren Caches, insbesondere bei solchen, die neben Befehlen auch Operanden

enthalten, geht man in der Aufbautechnik andere Wege (siehe 7.2.3).
Allgemein lassen sich in Assoziativspeichern abgelegte Tabellen unter Vorgabe einer oder mehrer Tabellenspalten durchsuchen, und zwar in einem einzigen Schritt, wobei Tabellenzeilen durch Treffer markiert werden. Die damit verbundenen (assoziierten) Tabelleninhalte (hier die Befehle) werden anschließend ausgelesen (beim Cache im selben Schritt). – Trotz ihrer Vielseitigkeit sind Assoziativspeicher bisher im Rechnerbau nicht in größerem Umfang eingesetzt worden.

5.4.2 Beschleunigung durch Fließbandtechnik

Der in Bild 5-7 gezeigte Rechner hat die Eigenschaft, dass ein Dreiadressbefehl in genau einem Takt *vollständig* ausgeführt wird; man erkennt im Bild die kursiv nummerierten vier Phasen der Befehlsausführung, die räumlich/zeitlich innerhalb eines Takts durchlaufen werden: $1 \to 2$ Befehl lesen, $2 \to 3$ Operanden lesen, $3 \to 4$ Ergebnis ermitteln, $4 \to 5$ Ergebnis schreiben. Die einzelnen Phasen, nun aber mehrerer, aufeinander folgender Befehle, lassen sich auch *überlappend* ausführen, man sagt: in Fließbandtechnik, in Pipelining. Aber nur, wenn an den kursiv nummerierten Stellen Register eingebaut werden (bis auf *5*). Im Fließbandbetrieb werden „oben" in die Pipeline laufend neue Befehle hineingeschoben, die in dieser Reihenfolge die Pipeline durchlaufen. In ihr befinden sich immer vier Befehle in jeweils aufeinander folgenden Phasen. Auf diese Weise wird in jedem Takt ein Befehl *fertig*, obwohl ein jeder 4 Takte *dauert*. – Die Taktfrequenz wird von der Signallaufzeit der sog. längsten Logikkette bestimmt (kritischer Pfad). Sie lässt sich mit Pipelining erhöhen, sodass die Leistung des Rechners signifikant steigt. Man spricht anstelle von Phasen von Stufen, dennoch gelegentlich zur Abgrenzung gegenüber anderen Pipelines von Phasen-Pipelining.
Auffallend ist, dass die Mikroprogrammsteuerung des Rechners verkümmert. Ganz entfällt sie aber nur, wenn keine Leertakte nötig sind, was aber im Rechnerbau nur theoretisch möglich ist. Sofern nämlich z. B. die immer notwendigen Lade-/Speichere-Befehle mehr als einen Takt kosten, müssen Leertakte erzeugt werden, sodass Lücken auf dem Fließband entstehen, anschaulich „bubbles" in der Pipeline. – Sehr grundsätzliche Ausführungen zur Fließbandtechnik findet man in [1].
Fazit. Die Leistungssteigerung ist durch räumliche und zeitliche Parallelität zu erklären, wobei die zeitliche Parallelität nicht auf Gleichzeitigkeit derselben Operationen, sondern auf Überlappung aufeinander folgender Operationen beruht.

Fließbandkonflikte und deren Lösungen. Es gibt im Wesentlichen zwei Arten von Fließbandkonflikten: (1.) Datenkonflikte; sie entstehen, wenn ein Registeroperand benötigt wird, der sich noch in der Pipeline befindet, also noch nicht ins Register geschrieben wurde (dort steht noch der vorige Wert). (2.) Sprungkonflikte; sie entstehen dadurch, dass bei einer Programmverzweigung Befehle geholt werden (vorsorglich), bevor das Ergebnis der Verzweigung ermittelt worden ist (und die dann gültig oder ungültig sind).
Beide Konfliktarten können verhindert werden durch Leertakte (interlocking), was aber zu einer Leistungsminderung führt. Datenkonflikte werden effizient dadurch vermieden, dass nicht erst gewartet wird, bis das IU-Ergebnis im Register steht, sondern das Ergebnis gewissermaßen am Registerblock vorbei gleich wieder an die IU-Eingänge gelegt wird (bypassing, forewarding). Fehlfunktionen bei Sprungkonflikten – Befehle des falschen Zweigs sind in der Pipeline – werden durch diverse, teilweise raffiniert ausgeklügelte Vorhersagemechanismen gemindert. Einfachere Lösungen hängen operativen Befehlen eine Bedingung an, sodass Sprungbefehle z. T. vermeidbar werden (predication). Oder nach dem Sprung angeordnete Befehle werden einfach immer mit ausgeführt (delayed branches); dann muss der Compiler diesen Schlitz (delay slot) geschickt füllen. Komplexere Lösungen, die auf den angesprochenen Vorhersagetechniken beruhen, sind die statische, die dynamische und die adaptive Sprungvorhersage; auch die Vorhersage des Sprungziels ist in Gebrauch. Schließlich werden zur Lösung beider Konfliktarten Wertvorhersagetechniken benutzt sowie eine ganz andere Art von Konfliktvermeidung, nämlich Programmpfade unterschiedlicher, eigenständiger Prozesse, sog. Threads, reihum auszuführen, sodass Abhängigkeiten selbst bei „tiefen" Pipelines gar nicht erst auftreten können (multithreading). – Zu allen diesen Techniken siehe [2].

5.4.3 Beispiel zur Maschinenprogrammierung

Das Programm zur Polynomberechnung aus 5.3.3, nun für den Dreiadressrechner formuliert, zeigt Bild 5-8. Dabei ist die Aufgabenstellung insofern modifiziert, als der Grad des Polynoms als fest angenommen wird ($n = 3$). Dann kann die Schleife „abgerollt“ werden, sodass Sprünge überflüssig sind. Das ergibt eine geringere Ausführungszeit und kommt überdies der Fließbandtechnik zugute. – Das Programm zeigt die typische Programmierung eines Rechners in Lade-/Speichere-Architektur, wobei für die skalare Größe X die Vorteile dieser Architektur mehr zum Tragen kommen als für die vektorielle Größe A (A benötigt viel Platz!). In Wirklichkeit ist das Programm viel länger, da die gezeigten load- und store-Befehle Pseudobefehle sind; das sind eigentlich sog. Makrobefehle (siehe 6.4.3), erst vom Assembler werden sie in wirkliche Maschinenbefehlsfolgen transformiert (vgl. das Programm in Bild 5-7).

Das Programm Bild 5-8 hat gegenüber dem Programm Bild 5-6 den Vorteil einer viel höheren Geschwindigkeit, aber den Nachteil eines nur maximal zulässigen n (hier $n = 3$). Dieser Nachteil lässt sich eliminieren, wenn die Erzeugung des Maschinenprogramms dem Assembler oder dem Compiler übertragen wird. Diesem muss somit n vor der Programm-Übersetzung bekannt sein, d. h. genau genommen beim Programm-Schreiben. Steht diese Information aber erst zur Programm-Laufzeit fest, etwa durch Berechnen oder Einlesen, so lässt sich das Problem einer solchen Flexibilisierung von n nur lösen, indem Programm-Ausführen und Programm-Übersetzen verzahnt ablaufen. Das geschieht folgendermaßen: (1) Fehlt dem Prozessor beim Ausführen Information, hier z. B., wie viele mul/add-Paare ausgeführt werden sollen, so wird auf Übersetzen umgeschaltet. (2) Mit der berechneten bzw. eingelesenen Information wird beim Übersetzen das nächste Programmstück generiert und wieder auf Ausführen umgeschaltet. – Auf diese Weise lassen sich auch Programmläufe untersuchen und Laufzeitcharakteristika ermitteln, sodass entschieden werden kann, ob das betrachtete Programmstück so, wie es vorliegt, ausgeführt wird oder neu übersetzt wird, bevor es weiter ausgeführt wird (profiling, Profilbildung). Man schreibt diese Eigenschaft

Programm:

```
  :
load   r3, X
load   r4, A
load   r5, A+1
load   r6, A+2
load   r7, A+3
move   r0, r3
mul    r0, r0, r3
add    r0, r0, r4
mul    r0, r0, r3
add    r0, r0, r5
mul    r0, r0, r3
add    r0, r0, r7
store  P,  r0
  :
```

Daten:

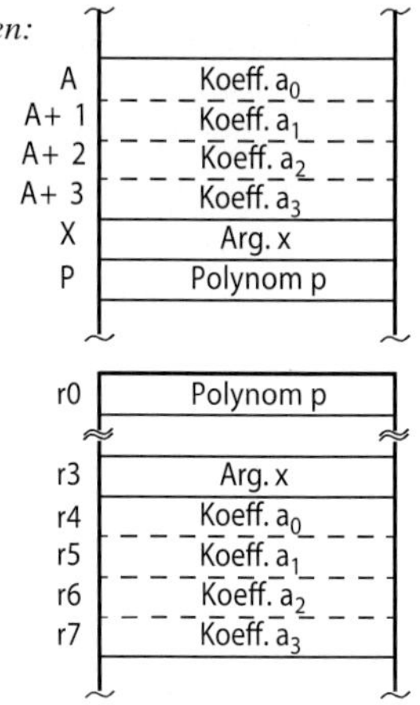

Bild 5-8. Maschinenprogramm zur Polynomberechnung mit Operanden im Speicher und im Registerblock

JIT-Compilern zu (just in time compiling, Laufzeitübersetzung). Ausführliches zu dieser Thematik siehe [2].

5.5 Parallel-Architektur

Als Kern einer Parallel-Rechnerarchitektur dienen Superskalar-Prozessoren. Sie arbeiten mit mehr als einem Befehl pro Instruktion, *wirken* jedoch wie Skalar-Prozessoren (mit einem einzigen Befehl pro Instruktion, siehe 5.3 und 5.4). Als Kern einer solchen Rechnerarchitektur dienen des Weiteren VLIW-Prozessoren. Diese arbeiten mit mehreren Befehlen pro Instruktion und *wirken* auch so (siehe 5.5.2, 5.5.3).

5.5.1 Superskalar vs. VLIW

Bezüglich der Hardware zur Parallelisierung sind Superskalar-Prozessoren viel aufwändiger als VLIW-Prozessoren aufgebaut. (Bezüglich prozessorinterner Speicher ist es umgekehrt.) In beiden Fällen müssen die Probleme, die aufgrund der parallelen Ausführung von eigentlich sequentiell gemeinten Befehlen entstehen, gelöst werden: entweder durch Hardware (beim Rechnerbau) oder durch Software (im Compilerbau).

Im einfachsten Fall „injizieren“ Hardwarelösungen Leertakte (interlocks) und Softwarelösungen

Leerbefehle (no operations) in den Befehlsstrom. Anspruchsvollere Lösungen ordnen – wann immer möglich – die Befehlsreihenfolge um, selbstverständlich ohne die beabsichtigte Wirkung des Programms zu verändern. Wenn man der Vorstellung folgt – von einem Programm in höherer Programmiersprache ausgehend –, dass die Befehle immer streng sequentiell ausgeführt werden, so muss der Prozessor bzw. der Compiler die im Programm enthaltenen Parallelisierungsmöglichkeiten erkennen und umsetzen (instruction scheduling). Dabei sind die Anforderungen bezüglich der Superskalar- und der VLIW-Befehlsausführung unterschiedlich:
Im Superskalar-Fall werden zur Laufzeit, d. h. durch den Prozessor, die Abhängigkeiten erkannt und Konflikte aufgelöst. Im VLIW-Fall geschieht dasselbe zur Übersetzungszeit, also durch den Compiler. Das Ziel ist, Interlocks bzw. No-Operations zu minimieren. Im Superskalar-Fall verteilt die Hardware die Befehle „dynamisch" auf die parallelen Funktionseinheiten. Im VLIW-Fall verteilt die Software die Befehle „statisch" auf die entsprechenden Positionen der Instruktionen. – Weitere Möglichkeiten, diese statische Operationsparallelität zu erhöhen, sind das Schleifen-Abrollen (siehe 5.4.3) und das Software-Pipelining (siehe 5.5.3). Dazu sowie zur Erhöhung der sog. dynamischen Operationsparallelität siehe [2].

5.5.2 Fünfbefehlrechner (VLIW)

Als Modellrechner mit VLIW-Architektur dient der Fünfbefehlrechner Bild 5-9 (wobei gegenüber Bild 4-22b in den Maschinenprogrammen im Speicher nun nicht nur zwei, sondern mehrere Befehle nebeneinander gespeichert vorliegen und ein Multiport-Registerblock mit so vielen Ports vorhanden ist, dass die fünf Befehle voll parallel ausgeführt werden können). Zu sehen sind: „oben" der Programm-Cache P' für den Ausschnitt eines Maschinenprogramms, der PC, das IR und „unten" der 8-Port-Registerblock D" für einen kleineren Ausschnitt der Daten und ein 2-Port-Daten-Cache D' für einen größeren Ausschnitt der Daten sowie die beiden Integer-Units IU, i. Allg. kombiniert mit weiteren speziellen Einheiten, wie einer Floating-Point-Unit. Das gesamte Programm mit seinen Daten befindet sich im Speicher P/D.

Der Rechner besitzt registerbezogene Dreiadressbefehle. Für das Füllen und Leeren der Register sind Lade- und Speichere-Befehle nötig. In jedem Takt werden mehrere Befehle fertiggestellt (hier bis zu fünf). Lade-/Speichere-Befehle benötigen jedoch oft einen zusätzlichen Takt, wodurch Bubbles in der Lade-/Speichere-Pipeline entstehen. Die Maschinenprogrammierung ist sehr schwierig, u. a. wegen Berücksichtigung der Befehlsparallelität in Verbindung mit der Fließbandverarbeitung. Sie entspricht im Schwierigkeitsgrad anspruchsvoller Mikroprogrammierung, und dementsprechend hochkomplex ist der Compilerbau.
Hervorstechend in Bild 5-9 ist der gegenüber dem Speicher P/D auf mehrfache Wortlänge erweiterte Programm-Cache P' mit dem langen IR. Die fünf Befehle sind nebeneinander angeordnet: zwei Dreiadressbefehle für die Fließbänder mit den IUs, zwei Lade-/Speichere-Befehle sowie ein bedingter Sprungbefehl. Die beiden Integer-Operationen werden taktsynchron parallel ausgeführt, d. h., die sie auslösenden Befehle werden als Doppelbefehle behandelt. Alle Befehle befinden sich, vom Compiler parallelisiert, im Speicher P/D, und zwar so, dass sie in der beabsichtigten Ordnung in den Programm-Cache P geladen werden können. Die Lade-/Speichere-Befehle ermöglichen es, Operanden zwischen dem Registerblock und dem Speicher bzw. dem 2-Port-Daten-Cache zu transportieren: ld lädt ein Register mit dem Inhalt einer Speicher-/Cachezelle, st speichert einen Registerinhalt in eine Speicher-/Cachezelle.

Das Programmbeispiel. Bild 5-10 zeigt das sehr kleine Programm zur Addition von zwei Zahlen, wie es im Programm-Cache steht, des Weiteren die Daten im Daten-Cache. Es benötigt unter der Annahme von 1 Takt pro Cache-Zugriff 6 Takte (gefüllte Fließbänder auch für die anfänglichen Befehlsausführungen vorausgesetzt).

5.5.3 Beispiel zur Maschinenprogrammierung

Wie bei Rechnern in Register-Architektur so auch bei Rechnern in Parallel-Architektur: Zuerst werden die zu verarbeitenden Größen mittels ld-Befehle in die Register gebracht, dann in oft vielstufigen Fließ-

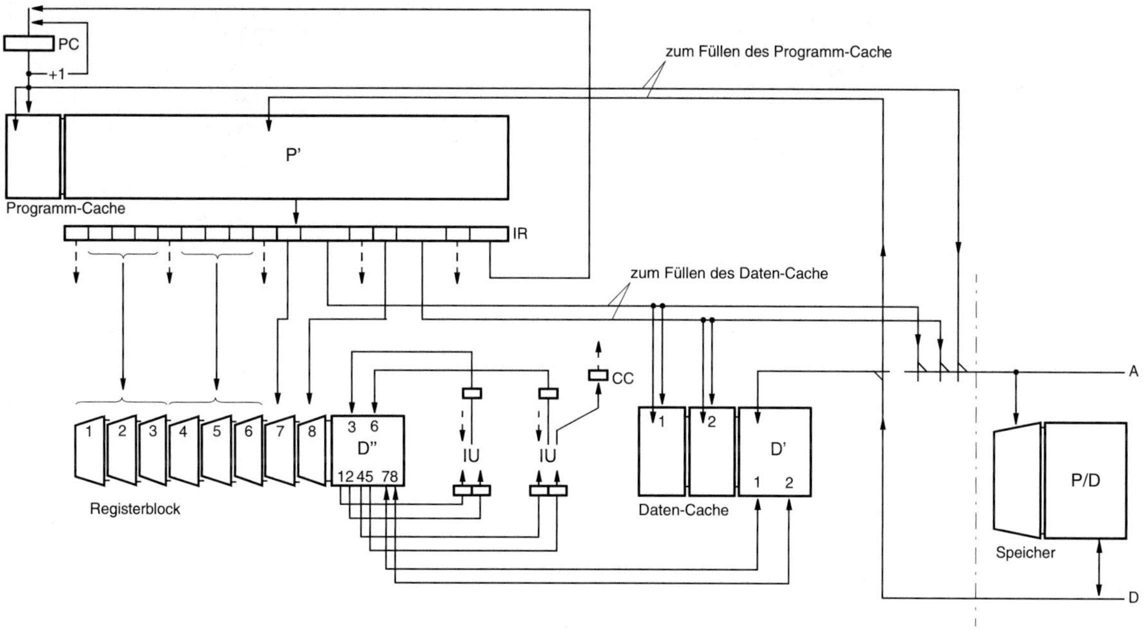

Bild 5-9. Fünfbefehlrechner (Fließbandregister unvollständig gezeichnet); neben den in der Mitte hervorstechenden zwei Integer-Einheiten IU befinden sich – nicht durch eigenständige Symbolik gekennzeichnet – die Lade-/Speichere-Einheit und die Programm-Verzweige-Einheit. – Der Prozessor arbeitet fünffach parallel, d. h. maximal fünf Einheiten können fünf Befehle pro Instruktion gleichzeitig ausführen

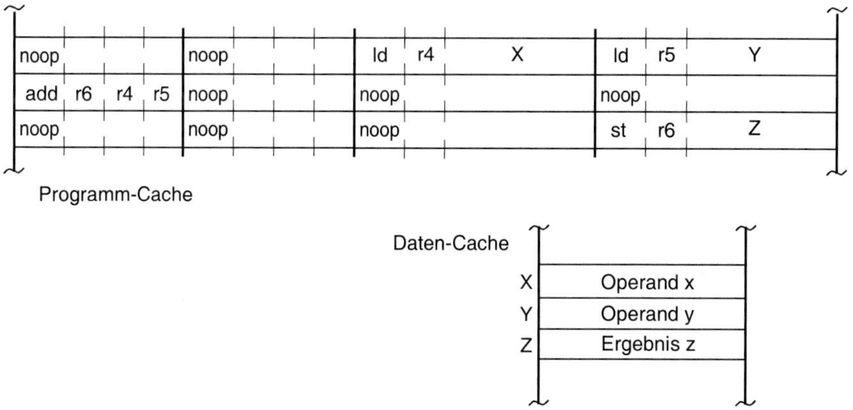

Bild 5-10. Beispielprogramm $Z := X + Y$ für den Fünfbefehlrechner (Sprungbefehle treten nicht auf)

bändern direkt verarbeitet und schließlich ihre Ergebnisse mittels st-Befehle zurück in den Daten-Cache gebracht. Die Leistungsfähigkeit gegenüber einem skalaren Rechner in Register-Architektur ist nur dann höher, wenn Parallelverarbeitung von der Aufgabenstellung her möglich ist. Das ist bei der kleinen Aufgabe aus 5.5.2 nicht der Fall. Es trifft hingegen zu, wenn die Addition zweier Skalare aus Bild 5-10 verallgemeinert wird zur Addition eines Skalars mit einem Vektor. Dann lässt sich ein entsprechendes Additionsprogramm für einen VLIW-Rechner so organisieren, dass die drei Operationen ld, add, st für die Additionen der skalaren Größe, etwa einer Konstanten, mit den Komponenten des Vektors in Fließbandorganisation erfolgen, wobei die Register des Registerblocks – programmiert – dieselbe Rolle wie die Pipeline-Register – strukturiert – einer entsprechenden Hardware spielen. Man spricht deshalb von Software-Pipelining.

Programm:

```
        :
        move    lc, 100
        set     r1, X       ;
        set     r2, 314
        set     r3, Y       ;
        ld      r4, r1, +1  ;
        ld      r4, r1, +1
        add     r5, r2, r4  ;
loop:   ld      r4, r1, +1
        add     r5, r2, r4
        st      r5, r3, +1
        br.lc   loop        ;
        add     r5, r2, r4
        st      r5, r3, +1  ;
        st      r5, r3, +1  ;
        :
```

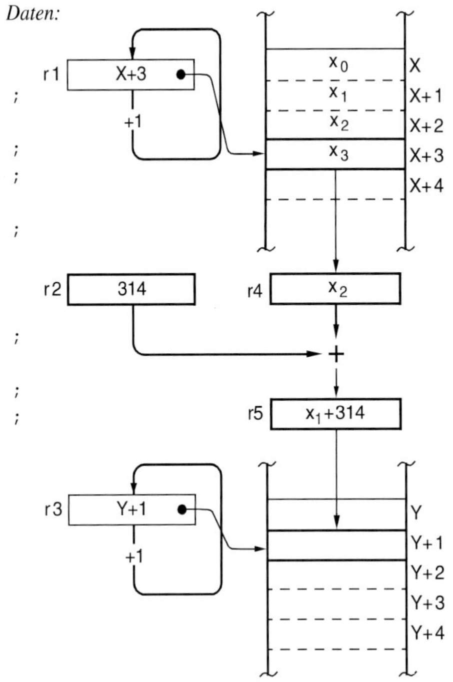

Bild 5-11. Maschinenprogramm für Software-Pipelining mit Adressen und Operanden im Speicher und im Registerblock. Register, die Operanden enthalten, sind im Programm durch Fettdruck hervorgehoben. Die eingetragenen Größen zeigen einen Schnappschuss während der Ausführung der Instruktion „loop". Der loop-Counter lc ist anfänglich auf 100 gestellt

Bild 5-11 zeigt das entsprechende Programm, wobei realistischerweise gegenüber dem Fünfbefehlrechner Bild 5-9 nun die Adressen wieder in den Registern stehen (wie bei der Registerarchitektur). In ein und derselben Instruktion codierte und in ein und demselben Takt parallel ablaufende Befehle sind durch das Fehlen von ; am Ende einer Programmzeile kenntlich gemacht. (Instruktionen als Ganzes sind nach wie vor mit ; abgeschlossen.) Bild 5-11 zeigt neben dem Programm eine schematische Darstellung, in der die Cache-Zellen sowie die Register nicht als Blocks gezeichnet sind, sondern „verstreut", um die Wirkung des Pipelining besser erkennen zu können. Die hervorgehobenen Zellen und Register bilden die dreistufige Pipeline, die Einträge geben eine ausgewählte, bestimmte Situation innerhalb der Schleife wieder, also bei gefüllter Pipeline. – Zum Laden der Register mit den Anfangsdaten sowie zum anfänglichen Füllen der Pipeline sind vor der eigentlichen Pipeline-Schleife – es handelt sich um eine einzige Instruktion aus vier Befehlen! – ein Vorspann und zum abschließenden Leeren der Pipeline ein Nachspann erforderlich, was im Programm durch Linien markiert ist.

Der augenscheinliche Nachteil der Speicherung vieler No-Operation-Befehle in VLIW-Programmen – in Bild 5-10 zu sehen, in Bild 5-11 versteckt – lässt sich durch höhere Organisationsformen bezüglich des Instruktion-Holens vermeiden, etwa durch Anheften der Anzahl der Befehle pro Instruktion, durch Angabe einer Endekennung für jede Instruktion oder – wiederum – durch den Aufbau von Multiport-Caches, nun aber zur Programmspeicherung; zu diesen Möglichkeiten siehe z. B. [2].

Die vorgestellte Aufgabe ist hinsichtlich des Software-Pipelining auf den Fünfbefehlrechner Bild 5-9 abgestimmt (nämlich die Addition eines Skalars mit einem Vektor). Wird die Aufgabe weiter verallgemeinert, nämlich auf die Addition *zweier* Vektoren, so ist mit diesem Rechner kein optimales Software-Pipelining mehr möglich. Denn dann kann das dafür notwendige gleichzeitige Lesen nun der zwei Vektorkomponenten und Schreiben der dritten Komponente wegen des 2-Port-Daten-Cache nicht mehr in ein und demselben Takt erfolgen. Es stehen also – allgemein formuliert – nicht ausreichend Betriebsmittel zur Verfügung, was nun zu Bubbles in der Pipeline führt; man spricht von Ressourcen-Konflikten.

Zur konfliktfreien Ausführung der so verallgemeinerten Aufgabe genügt also der vorgestellte *Fünf*befehlrechner nicht. Dazu wäre ein *Sechs*befehlrechner mit einem *3-Port*-Daten-Cache mit *3-fach*-Cache-Zugriff nötig, sodass Zweimal-Operanden-Lesen und Einmal-Ergebnis-Schreiben ohne Störung parallel ablaufen könnten. Eine nun mögliche ld-ld-add-st-Instruktion würde zwar drei Takte dauern, aber jeden Takt ein Ergebnis liefern. (Man erweitere die Bilder 5-9 und 5-11 in dieser Weise, sodass – ungeachtet einer Realisierung – eine zwar aufwändigere, aber auch leistungsfähigere Parallel-Architektur entsteht.)

Konklusion. Mit den Parallel-Rechnerarchitekturen schließt sich – abstrahiert – der Kreis der hier in Kapitel 5 behandelten Rechner. Stellt man sich nämlich vor, einen ersten Rechner (Ende Kapitel 5!), einen VLIW-Rechner „Wirt", mit einem Instruktionsinterpretations- bzw. -simulationsprogramm für einen zweiten Rechner (Anfang Kapitel 5!), einen v.-Neumann-Rechner „Gast", zu betreiben, und zwar nur zu diesem einen Zweck, so würde sich der Programm-Cache während des ersten Programmlaufs mit dem Simulationsprogramm füllen. Ist der Cache so groß, dass er das gesamte Simulationsprogramm aufnimmt, bleibt dieses unverändert, und der Cache wird vorteilhaft durch ein PLA ersetzt. Weiterhin werden bis auf Akkumulator und ALU die universellen durch spezielle Funktionseinheiten ersetzt und anstelle der universellen Mehradressbefehle nur noch spezielle Codes für ein paar Möglichkeiten an Befehlsausführungen verwendet. Auf diese Weise entsteht aus dem VLIW-Rechner Bild 5-9 der v.-Neumann-Rechner Bild 5-4: in gängiger Terminologie horizontal mikroprogrammiert mit dem Mikroprogramm im PLA und darauf zugeschnittener Register-/Logik-Struktur. Das heißt umgekehrt, nämlich Mikroprogrammierung eine Ebene höher auf die Maschinenprogrammierung übertragen: Ein VLIW-Rechner ist horizontal programmierbar (hohe Parallelität), ein Superskalar-Rechner ist vertikal programmierbar (geringe Parallelität) und RISC, CISC und der v.-Neumann-Rechner sind extrem vertikal programmierbar (keine Parallelität an Maschinenbefehlen).

Bemerkung. Leistungsangaben und -vergleiche blieben in diesem Kapitel bewusst ausgespart. Sie erscheinen wegen der völlig freien Programmierbarkeit von Universalrechnern nur sinnvoll, wenn sie streng aufgabenbezogen sind, d. h., wenn die zu lösende Aufgabe auf den zu vergleichenden Rechnern programmiert wird; dementsprechend gelten die Messergebnisse dann nur für diese Aufgabenstellung. (Einen gewissen Anhaltspunkt liefern Benchmark-Angaben.) – Wie die vorangehenden Beispiele zeigen, gibt es bei der Auslegung eines Prozessors einen weiten Spielraum, der begrenzt ist einerseits durch das schaltungstechnisch Machbare und andererseits durch das programmierungstechnisch Wünschenswerte. Wie dieser Spielraum zu nutzen ist, wird durch die Einbettung des Prozessors in das gesamte Rechensystem bestimmt, d. h. die Einbeziehung des Prozessors in die Rechnerorganisation (siehe Kapitel 6 bis 8) und die Programmierung (siehe Kapitel 9 bis 12).

RECHNERORGANISATION

Th. Flik

Rechnerorganisation umfasst die Struktur und die Funktion der Komponenten eines Rechnersystems sowie die für deren Zusammenwirken erforderlichen Verbindungsstrukturen und Kommunikationstechniken; hinzu kommt die für den Betrieb benötigte Systemsoftware. Zentraler Teil eines Rechnersystems ist der *Prozessor*, wie er in seinen prinzipiellen Strukturen in Kapitel 5 beschrieben ist. Er bestimmt die *Informationsdarstellung*, d. h. die Codierung der Befehle und Daten für deren Speicherung, Transport und Verarbeitung. Zusammen mit den Speicher- und Ein-/Ausgabeeinheiten sowie den sie verbindenden Übertragungswegen entstehen leistungsfähige *Rechnersysteme*. Systeme höchster Leistungsfähigkeit sind dabei als Mehrprozessorsysteme oder als Verbund von Rechnern in Rechnernetzen ausgelegt. Die für den Betrieb von Rechnersystemen erforderliche Systemsoftware bezeichnet man als *Betriebssystem*. Abhängig von verschiedenen Rechneranwendungen gibt es unterschiedliche Betriebssystemarten.

Bemerkung. Die hier genannten Kennwerte für Speicherkapazitäten, Taktfrequenzen und Übertragungsraten sind für 2007 aktuell; sie nehmen aufgrund des technischen Fortschritts ständig zu.

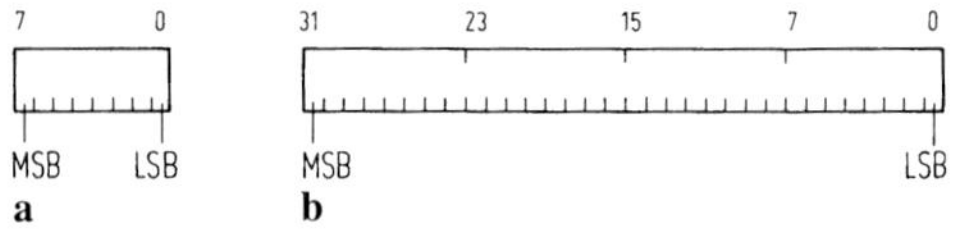

Bild 6-1. Datenformate. **a** Byte; **b** 32-Bit-Wort

6 Informationsdarstellung

Die Informationsverarbeitung in Rechnersystemen geschieht durch das Ausführen von Befehlen mit Operanden (Rechengrößen). Da Befehle selbst wieder Operanden sein können, z. B. bei der Übersetzung (Assemblierung, Compilierung eines Programms), bezeichnet man Befehle und Operanden zusammenfassend als *Daten*. Ihre Darstellung erfolgt heute ausschließlich in binärer Form. Die kleinste Informationseinheit ist das *Bit* (binary digit, Binärziffer), das zwei Werte (Zustände) annehmen kann, die mit 0 und 1 bezeichnet werden (vgl. 3.1).

Technisch werden die beiden Werte in unterschiedlichster Weise dargestellt, z. B. durch Spannungspegel, Spannungssprünge, Kondensatorladungen, Magnetisierungsrichtungen oder Reflexionseigenschaften von Oberflächen. Zur Codierung der Daten werden Bits zu *Codewörtern* zusammengefasst, die in ihrer Bitanzahl den für Speicherung, Transport und Verarbeitung erforderlichen Datenformaten entsprechen. Standardformate sind das *Byte* (8 Bits) und geradzahlige Vielfache davon, wie das *Halbwort* (half word, 16 Bits), das *Wort* (word, 32 Bits) und das *Doppelwort* (double word, 64 Bits). Der Terminus Wort bezeichnet einen *Bitvektor* von der Länge der jeweiligen Verarbeitungs- und Speicherbreite eines Rechners, hier eines 32-Bit-Rechners, er wird aber auch unabhängig davon im Ausdruck Codewort verwendet. Weitere Datenformate sind das *Bit*, das *Halbbyte* (4 Bits, *Nibble*, *Tetrade*) und das *Bitfeld* (mit variabler Bitanzahl – im Gegensatz zum Bitvektor). – Zur Angabe der Anzahl von Bits oder Codewörtern verwendet man in der Informatik in Anlehnung an die Einheitenvorsätze der Physik die Vorsätze: Kilo K = 2^{10} = 1024, Mega M = 2^{20} = 1 048 576, Giga G = 2^{30} = 1 073 741 824, Tera T = 2^{40}, Peta P = 2^{50}.

In grafischen Darstellungen von Datenformaten werden die Bits mit null beginnend von rechts nach links nummeriert. Gleichzeitig wird ihnen die im Hinblick auf die Darstellung von Dualzahlen zukommende Wertigkeit zugewiesen (Bild 6-1). Das Bit ganz rechts gilt als niedrigstwertiges Bit (*least significant bit*, LSB), das Bit ganz links als höchstwertiges Bit (*most significant bit*, MSB).

6.1 Zeichen- und Zifferncodes

Die rechnerexterne Informationsdarstellung erfolgt symbolisch mit den Buchstaben, Ziffern und Sonderzeichen unseres Alphabets. Rechnerintern werden diese Zeichen (characters) binär codiert. Die wichtigsten hierfür eingesetzten Zeichencodes sind der ASCII und der EBCDIC mit 7- bzw. 8-Bit-Zeichendarstellung. Um die internationale Vielfalt an Zeichensätzen erfassen zu können, werden größere Codetabellen mit 16 Bits (*Unicode* UTF-16 [11]) und 32 Bits (*Unicode* UTF-32 und *UCS*, Universal Character Set, ISO/IEC 10 646) verwendet. Neben den Zeichencodes gibt es reine Zifferncodes: die Binärcodes für Dezimalziffern, den Oktalcode und den Hexadezimalcode. – Zu Zeichen- und Zifferncodes siehe z. B. [1].

6.1.1 ASCII

Der ASCII (American Standard Code for Information Interchange) ist ein 7-Bit-Code mit weltweiter Verbreitung in der Rechner- und Kommunikationstechnik (Tabelle 6-1). Er erlaubt die Codierung von 128 Zeichen, und zwar von 96 Schriftzeichen und 32 Zeichen zur Steuerung von Geräten und von Datenübertragungen (Tabelle 6-2). Der ASCII ist in der internationalen Norm ISO/IEC 646 festgelegt. Diese behält zwölf der 96 Schriftzeichen einer sprachenspezifischen Nutzung vor, wobei nach DIN 66 003 acht zur Codierung der Umlaute, des Zeichens ß und des Paragraphzeichens § genutzt werden (siehe Tabelle 6-1). – Rechnerintern wird den ASCII-Codewörtern wegen des Datenformats Byte ein achtes Bit (MSB) hinzugefügt, teils mit festem

Tabelle 6-1. ASCII. US-amerikanische Version/deutsche Version (die mit Schrägstrich unterteilten Tabellenplätze des ASCII sind nationalen Varianten vorbehalten)

		höherwertige Bits							
binär		0	0	0	0	1	1	1	1
		0	0	1	1	0	0	1	1
		0	1	0	1	0	1	0	1
	hex	0	1	2	3	4	5	6	7
niederwertige Bits 0000	0	NUL	DLE	SP	0	@/§	P	`/`	p
0001	1	SOH	DC1	!	1	A	Q	a	q
0010	2	STX	DC2	"	2	B	R	b	r
0011	3	ETX	DC3	#/#	3	C	S	c	s
0100	4	EOT	DC4	$/$	4	D	T	d	t
0101	5	ENQ	NAK	%	5	E	U	e	u
0110	6	ACK	SYN	&	6	F	V	f	v
0111	7	BEL	ETB	'	7	G	W	g	w
1000	8	BS	CAN	(	8	H	X	h	x
1001	9	HT	EM	)	9	I	Y	i	y
1010	A	LF	SUB	*	:	J	Z	j	z
1011	B	VT	ESC	+	;	K	[/Ä	k	{/ä
1100	C	FF	FS	,	<	L	\/Ö	l	\ /ö
1101	D	CR	GS	–	=	M	]/Ü	m	}/ü
1110	E	SO	RS	.	>	N	^/^	n	~/ß
1111	F	SI	US	/	?	O	_	o	DEL

Wert, teils als Paritätsbit oder aber zur Codeerweiterung (ISO/IEC 8859). Mit unterschiedlichen Erweiterungen werden verschiedene Sprachgruppen berücksichtigt, so z. B. die Gruppe Europa, Amerika, Australien (ISO/IEC 8859-1 und -15, als Latein 1 bzw. Latein 9 bezeichnet).

6.1.2 EBCDIC

Der EBCDIC (Extended Binary Coded Decimal Interchange Code) ist ein 8-Bit-Code (Tabellen 6-3 und 6-2), der vorwiegend bei Großrechnern Verwendung findet. Von den 256 Tabellenplätzen sind 64 mit Steuerzeichen belegt. Die in Tabelle 6-3 angegebenen Schriftzeichen entsprechen denen des ASCII, die nicht besetzten Plätze sind bestimmten Sprachbereichen oder bestimmten Sprachen vorbehalten: westliche Sprachen (Latein 1), östliche Sprachen (Latein 2), Kyrillisch, Griechisch oder Arabisch.

6.1.3 Binärcodes für Dezimalziffern (BCD-Codes)

BCD-Codes benutzen vier oder mehr Bits pro Codewort zur binären Codierung von Dezimalziffern. Der gebräuchlichste ist der Dualcode mit 4-Bit-Codewörtern (Tetraden), bei dem den Bits die Gewichte 8, 4, 2 und 1 zugeordnet sind (Dualzahlcodierung der Dezimalziffern). Man spricht von gepackter Darstellung. Bei Dezimalziffern in einem der Zeichencodes ASCII oder EBCDIC, bei denen der 4-Bit-Dualcode um die höherwertigen Bits 011 bzw. 1111 erweitert ist, spricht man von ungepackter Darstellung. Andere BCD-Codes sind z. B. der Exzess-3-, der Aiken-, der Gray-, der Biquinär- und der 2-aus-5-Code (Tabelle 6-4). Da bei diesen Codes der Vorrat der möglichen Codewörter nicht voll ausgeschöpft wird, ist der Aufwand an Bits zur Darstellung von Dezimalziffern (allgemein: Zahlen) höher als bei der reinen Dualzahlcodierung. Diese Redundanz wird bei einigen Codes zur Codesicherung genutzt.

6.1.4 Oktalcode und Hexadezimalcode

Zifferncodes gibt es auch für die Zahlensysteme zur Basis 8 und 16, den Oktal- bzw. Hexadezimalcode (Sedezimalcode). Sie haben für die Arithmetik nur geringe Bedeutung und werden fast ausschließlich zur kompakten rechnerexternen Darstellung von binär codierter Information benutzt. Bei der oktalen Darstellung werden, beginnend beim LSB, jeweils drei Bits zusammengefasst, denen entsprechend ihrem Wert als Dualzahl, die „Oktalziffern" 0 bis 7 zugeordnet wer-

Tabelle 6-2. Alphabetisch geordnete Zusammenfassung der Steuerzeichen des ASCII und des EBCDIC mit ihren Bedeutungen

Zeichen	Bedeutung
ACK	Acknowledge
BEL	Bell
BS	Backspace
BYP	Bypass
CAN	Cancel
CR	Carriage Return
CSP	Control Sequence Prefix
CUi	Customer Use *i*
DCi	Device Control *i*
DEL	Delete
DLE	Data Link Escape
DS	Digit Select
EM	End of Medium
ENP	Enable Presentation
ENQ	Enquiry
EO	Eight Ones
EOT	End of Transmission
ESC	Escape
ETB	End of Transmission Block
ETX	End of Text
FF	Form Feed
FS	File/Field Separator
GE	Graphic Escape
GS	Group Separator
HT	Horiziontal Tabulation
IFS	Interchange File Separator
IGS	Interchange Group Separator
INP	Inhibit Presentation
IR	Index Return
IRS	Interchange Record Separator
IT	Indent Tab
IUS	Interchange Unit Separator
ITB	Intermediate Transmission Block
LF	Line Feed
MFA	Modified Field Attribute
NAK	Negative Acknowledge
NBS	Numeric Backspace
NL	New Line
NUL	Null
POC	Program-Operator Communication
PP	Presentation Position
RES	Restore
RFF	Required Form Feed
RNL	Required New Line
RPT	Repeat
RS	Record Separator
SA	Set Attribute
SBS	Subscript
SEL	Select
SFE	Start Field Extended
SI	Shift In
SM	Set Mode
SO	Shift Out
SOH	Start of Heading
SOS	Start of Significance
SPS	Superscript
SP	Space
STX	Start of Text
SUB	Substitute
SW	Switch
SYN	Synchronous Idle
TRN	Transparent
UBS	Unit Backspace
US	Unit Separator
VT	Vertical Tabulation
WUS	Word Underscore

den. Bei der hexadezimalen Darstellung werden jeweils vier Bits zusammengefasst und ihnen die Ziffern 0 bis 9 und A bis F (oder 0 bis f) des Hexadezimalsystems zugeordnet. Dazu je ein Beispiel für dasselbe Muster von 16 Bits:

$$1\,010\,011\,100\,101\,110_2 = 123456_8$$
$$1010\,0111\,0010\,1110_2 = \mathrm{A72E}_{16}$$

6.2 Codesicherung

Transport und Speicherung von Daten können Störungen unterliegen, die auf Übertragungswege bzw. Speicherstellen wirken. Dadurch hervorgerufene Änderungen von Binärwerten führen zu Fehlern in der Informationsdarstellung. Um solche Fehler erkennen und ggf. korrigieren zu können, muss die Nutzinformation durch Prüfinformation ergänzt werden (redundante Informationsdarstellung). Eine solche Codesicherung erfolgt entweder für einzelne Codewörter oder für Datenblöcke (Blocksicherung). Die Einzelsicherung ist kennzeichnend für die Übertragung einzelner Zeichen, z. B. zwischen Prozessor und einem Terminal. Die Blocksicherung wird bei blockweiser Datenübertragung, z. B. bei

Tabelle 6-3. EBCDIC

		höherwertige Bits															
binär		0	0	0	0	0	0	0	0	1	1	1	1	1	1	1	1
		0	0	0	0	1	1	1	1	0	0	0	0	1	1	1	1
		0	0	1	1	0	0	1	1	0	0	1	1	0	0	1	1
		0	1	0	1	0	1	0	1	0	1	0	1	0	1	0	1
niederwertige Bits	hex	0	1	2	3	4	5	6	7	8	9	A	B	C	D	E	F
0000	0	NUL	DLE	DS		SP	&	–						{	}	\	0
0001	1	SOH	DC1	SOS				/		a	j	~		A	J		1
0010	2	STX	DC2	FS	SYN					b	k	s		B	K	S	2
0011	3	ETX	DC3	WUS	IR					c	l	t		C	L	T	3
0100	4	SEL	RES/ENP	BYP/INP	PP					d	m	u		D	M	U	4
0101	5	HT	NL	LF	TRN					e	n	v		E	N	V	5
0110	6	RNL	BS	ETB	NBS					f	o	w		F	O	W	6
0111	7	DEL	POC	ESC	EOT					g	p	x		G	P	X	7
1000	8	GE	CAN	SA	SBS					h	q	y		H	Q	Y	8
1001	9	SPS	EM	SFE	IT				`	i	r	z		I	R	Z	9
1010	A	RPT	UBS	SM/SW	RFF	[	]	¦	:								
1011	B	VT	CU1	CSP	CU3	.	$	,	#								
1100	C	FF	IFS	MFA	DC4	<	*	%	@								
1101	D	CR	IGS	ENQ	NAK	(	)	_	’								
1110	E	SO	IRS	ACK		+	;	>	=								
1111	F	SI	ITB/IUS	BEL	SUB	!	^	?	”								

Tabelle 6-4. Binärcodes für Dezimalziffern. (Beim 2-aus-5-Code folgt die Darstellung der Ziffer 0 nicht der Gewichtung.)

	Dual	Exzess-3	Aiken	Gray	Biquinär	2-aus-5
Gewichte	8421		2421		543210	74210
0	0000	0011	0000	0000	000001	11000
1	0001	0100	0001	0001	000010	00011
2	0010	0101	0010	0011	000100	00101
3	0011	0110	0011	0010	001000	00110
4	0100	0111	0100	0110	010000	01001
5	0101	1000	1011	0111	100001	01010
6	0110	1001	1100	0101	100010	01100
7	0111	1010	1101	0100	100100	10001
8	1000	1011	1110	1100	101000	10010
9	1001	1100	1111	1101	110000	10100

der Datenfernübertragung und in Rechnernetzen, sowie bei blockweiser Speicherung eingesetzt. Alle Sicherungsverfahren beruhen darauf, dass die vom Sender erzeugte und mit übertragene Prüfinformation mit der vom Empfänger unabhängig errechneten Prüfinformation übereinstimmen muss. Nutzbits und Prüfbits sind bezüglich einer Störung und der Fehlererkennung oder -korrektur gleichrangig. – Zur Codesicherung siehe auch [5] und z. B. [10].

Einzelsicherung. Ein Maß für die Anzahl der bei einem bestimmten Code erkennbaren bzw. korrigierbaren Fehler in einem Codewort ist die *Hamming-Distanz* h des redundanten Codes. Diese gibt an, wie viele Stellen eines Codewortes mindestens geändert werden müssen, damit ein anderes gültiges Codewort entsteht. Bei der einfachsten Codesicherung durch ein *Paritätsbit* ist $h = 2$, womit ein 1-Bit-Fehler erkannt, jedoch nicht korrigiert werden kann. Der Wert des Paritätsbits wird so bestimmt, dass die Quersumme des redundanten Codewortes entweder gerade (*even parity*, angewandt bei asynchron-serieller Übertragung) oder ungerade wird (*odd parity*, angewandt bei synchron-serieller Übertragung). Die Hamming-Distanz $h = 3$ erreicht man z. B. bei acht Bit Nutzinformation durch vier zusätzliche Prüfbits in geeigneter Codierung. Dies erlaubt es, *entweder* einen 2-Bit-Fehler zu erkennen *oder* einen 1-Bit-Fehler zu korrigieren. Entscheidet man sich für eine 1-Bit-Fehlerkorrektur, so ist diese bei einem 2-Bit-Fehler schädlich.

Blocksicherung. Bei der Blocksicherung wird einem Datenblock eine aus allen Codewörtern abgeleitete, gemeinsame Blocksicherungsinformation hinzugefügt. Einfache Verfahren sind z. B. das Bilden von Paritätsbits über alle Bits für jede Bitposition oder das Bilden der Summe über alle Codewörter.
Durch Kombination der Einzelsicherung jedes Codeworts und der Blocksicherung entsteht die sog. *Rechtecksicherung*. Sie erlaubt das Erkennen und Korrigie-

ren von 1-Bit-Fehlern im Schnittpunkt einer fehlerhaften Zeile und einer fehlerhaften Spalte (error correcting code, ECC). Für einen Datenblock von z. B. 8 Bytes benötigt man 15 Prüfbits.
Mit weniger Prüfbits kommen die *Hamming-Codes* aus. Hier genügen für einen Block von 8 Bytes (z. B. ein 64-Bit-Speicherwort) 7 Prüfbits, um 1-Bit-Fehler zu erkennen und zu korrigieren. Mit einem achten Prüfbit können zusätzlich 2-Bit-Fehler erkannt werden (single error correction, double error detection, SECDED). Angewandt wird diese Sicherung z. B. bei Hauptspeichern in Servern. (*Server* sind Rechner, die in Rechnernetzen für das Speichern und Bereitstellen von Information für die Nutzer der Netze, die *Clients*, zuständig sind.)
Ein weiteres Verfahren der Blocksicherung, das bei der Datenübertragung und bei blockweiser Speicherung eingesetzt wird, ist die Blocksicherung mit *zyklischen Codes* (cyclic redundancy check, CRC, [10]). Dabei werden die Bits der aufeinanderfolgenden Codewörter als Koeffizienten eines Polynoms betrachtet und durch ein fest vorgegebenes, sog. Generatorpolynom dividiert. Die binären Koeffizienten des sich ergebenden Restpolynoms bilden die Prüfinformation, meist zwei Bytes, die an den Datenblock angefügt wird. Bei Fehlerfreiheit lässt sich der gesicherte Code ohne Rest durch das Generatorpolynom dividieren. Tritt ein Restpolynom (Fehlerpolynom) auf, so kann aus diesem ggf. auf die Fehlerart geschlossen werden. Durch geeignete Wahl des Generatorpolynoms kann das Prüfverfahren auf die Erkennung bestimmter Fehlerarten zugeschnitten werden. Die Polynomdivision lässt sich mit geringem Hardwareaufwand durch ein mit Exklusiv-ODER-Gattern rückgekoppeltes Schieberegister realisieren [2].

6.3 Datentypen

Dieser Abschnitt behandelt die Datentypen aus hardwarebezogener Sicht. Eine programmierungsorientierte Darstellung gibt Kapitel 10. Der Begriff *Datentyp* umfasst die Eigenschaften von Datenobjekten hinsichtlich ihres *Datenformats* und ihrer inhaltlichen Bedeutung (Interpretation). Elementare Datenformate, d. h. Formate, die nur eine Rechengröße umfassen, sind die Standardformate Byte, Halbwort, Wort, Doppelwort, die als Speicher- und Transporteinheiten benutzt werden. Hinzu kommen die Zusatzformate Bit und Bitfeld. Bitoperanden werden im Prozessor als Elemente der Standardformate adressiert. Bitfelder werden zur Verarbeitung in den Registerspeicher des Prozessors geladen, dort rechtsbündig gespeichert und um die zum Standardformat fehlenden höherwertigen Bits ergänzt. Abhängig von der Transportoperation sind dies 0-Bits (*zero extension*) oder Kopien des höchstwertigen Operandenbits (*sign extension*).
Die Interpretation der in diesen Datenformaten enthaltenen Bits erfolgt durch die logischen und arithmetischen Operationen des Prozessors (siehe 5.2.2). Die zu einem bestimmten Datentyp gehörenden Operationen interpretieren die Bits in gleicher Weise, z. B. die arithmetischen Befehle für Operanden einer bestimmten Zahlendarstellung. Aufgrund der elementaren Datenformate spricht man von elementaren Datentypen; Tabelle 6-5 zeigt deren wichtigste Vertreter, nach denen dieser Abschnitt gegliedert ist.
Fasst man Rechengrößen zu komplexeren Datenobjekten zusammen, so erhält man *Datenstrukturen*. Sie sind vor allem in den höheren Programmiersprachen von Bedeutung (siehe 10). Häufig vorkommende Strukturen, wie Stack und Feld, werden hinsichtlich des Zugriffs durch den Prozessor unterstützt, z. B. durch ein Stackpointerregister und dazu passende Maschinenbefehle oder Adressierungsarten. Sind für die Interpretation einer solchen Datenstruktur spezielle Maschinenbefehle vorhanden, so spricht man – aus der Sicht der Rechnerhardware – von einem *höheren Datentyp*. Dies ist z. B. bei den sog. Vektorrechnern der Fall, deren Datentypen in diesem Abschnitt mitbetrachtet werden.

6.3.1 Zustandsgröße

Der Datentyp Zustandsgröße basiert auf dem Datenformat Bit mit den zwei Werten 0 und 1. Typische bitverarbeitende Operationen sind: Testen, Testen und Setzen, Testen und Rücksetzen, Testen und Invertie-

Tabelle 6-5. Elementare Datentypen

Datentyp	Datenformate
Zustandsgröße	Bit
Bitvektor	Standardformate, Bitfeld
ganze Zahl	Standardformate, Bitfeld
Gleitpunktzahl	Wort, Doppelwort

ren. Das Testergebnis wird für Verzweigungen ausgewertet. *Beispiel:* Test von Bit 5 des Registers r2. Wenn Bit 5 = 1, dann Sprung zur Adresse, die durch Addition des Displacements d16 (2-Komplement-Zahl) zum Befehlszähler entsteht (Branch on Bit Set).

```
bb1 5,r2,d16
```

6.3.2 Bitvektor

Ein Bitvektor besteht aus einer Aneinanderreihung einzelner Bits in z.b. einem der Standarddatenformate. Die auf diesen Datentyp anwendbaren Operationen umfassen die Boole'schen Operationen AND, OR und XOR sowie NOT. *Beispiel:* Ausblenden („maskieren") der Bits 0 bis 3 eines im Register r1 stehenden ASCII-Zeichens (Ziffer 5) mittels der Maske 0x0f und Speichern des Ergebnisses in r2. Das Präfix 0x steht als programmiersprachliche Kennzeichnung hexadezimaler Angaben (6.4.1).

```
and.b r2,r1,0x0f
```

Quelle r1:	00110101
Maske 0x0f:	00001111
Ziel r2:	00000101

6.3.3 Ganze Zahl

Beim Datentyp ganze Zahl unterscheidet man die vorzeichenlose Zahl (*unsigned binary number, Dualzahl*) und die vorzeichenbehaftete Zahl in 2-Komplement-Darstellung (*signed binary number, integer, 2-Komplement-Zahl*), dargestellt in den Standardformaten. Die wichtigsten Operationen sind die vier Grundrechenoperationen Addition, Subtraktion, Multiplikation und Division sowie die Vorzeichenumkehr.

Der Zahlenwert einer n-stelligen vorzeichenlosen Zahl Z_U mit den binären Ziffern a_i ist

$$Z_U = \sum_{i=0}^{n-1} a_i 2^i \,.$$

Bei einer n-stelligen 2-Komplement-Zahl Z_S ergibt er sich zu

$$Z_S = -a_{n-1}2^{n-1} + \sum_{i=0}^{n-2} a_i 2^i \,,$$

wobei das höchstwertige Bit a_{n-1} als Vorzeichenbit interpretiert wird. Bei positivem Vorzeichen ($a_{n-1} = 0$) ist der Zahlenwert gleich dem der vorzeichenlosen Zahl gleicher Codierung, bei negativem Vorzeichen ($a_{n-1} = 1$) ist er gleich der vorzeichenlosen Zahl gleicher Codierung, jedoch um die Größe des halben Wertebereichs (2^{n-1}) in den negativen Zahlenraum verschoben (Tabellen 6-6 und 6-7).

Die Befehle für die Addition und die Subtraktion sind von den beiden Zahlendarstellungen unabhängig. Die ALU erzeugt jedoch Bedingungsbits (siehe 3.3.1) zur Anzeige von Bereichsüberschreitungen, die eine nachträgliche Interpretation zulassen: für die vorzeichenlosen Zahlen zeigt das Carry-Bit C (Übertragsbit) eine Bereichsüberschreitung an, für vorzeichenbehaftete Zahlen das Overflow-Bit V (Überlaufbit). Ausgewertet werden diese Bits z. B. bei Programmverzweigungen (siehe 5.2.2). Spezielle Additions- und Subtraktionsbefehle beziehen das Übertragsbit C in die Operationen mit ein, sodass Zahlen, deren Stellenanzahl die Standardformate überschreitet, in mehreren Schritten addiert bzw. subtrahiert werden können.

Tabelle 6-6. Darstellung ganzer Zahlen Z_U (vorzeichenlos) und Z_S (vorzeichenbehaftet) im Datenformat Byte

Binärcode	Z_U	Z_S
00000000	0	0
00000001	1	1
00000010	2	2
⋮	⋮	⋮
01111111	127	127
10000000	128	−128
10000001	129	−127
⋮	⋮	⋮
11111111	255	−1

Tabelle 6-7. Wertebereich für ganze Zahlen Z_U (vorzeichenlos) und Z_S (vorzeichenbehaftet) bei der Darstellung mit n Bits

n	Z_U	Z_S
8	0 bis 255	−128 bis +127
16	0 bis 65 535	−32 768 bis +32 767
n	0 bis $2^n - 1$	-2^{n-1} bis $+2^{n-1} - 1$

Die Multiplikation führt bei einfacher Operandenbreite von Multiplikand und Multiplikator (meist gleich der Verarbeitungsbreite des Prozessors) auf ein Produkt doppelter Breite, wahlweise auch einfacher Breite. Bei der Division hat der Dividend doppelte (wahlweise einfache) Breite; Divisor, Quotient und Rest haben einfache Breite. Ein Divisor mit dem Wert null führt zum Befehlsabbruch (zero-divide trap, 8.2.2). – Zur Arithmetik mit ganzen Zahlen siehe z. B. [6, 8, 9].

6.3.4 Gleitpunktzahl

Zahlendarstellung. Für das Rechnen mit reellen (eigentlich: rationalen) Zahlen hat sich in der Rechnertechnik die halblogarithmische Zahlendarstellung mit Vorzeichen, Mantisse und Exponent, d. h. die der Gleitpunktzahlen (*floating-point numbers*) durchgesetzt. Gegenüber den ganzen Zahlen erreicht man mit ihnen einen wesentlich größeren Wertebereich bei allerdings geringerer Genauigkeit. Die Gleitpunktdarstellung ist in IEEE 754–1985 bzw. DIN/IEC 60 559 festgelegt; nach ihr ergibt sich der Wert Z_{FP} einer Zahl zu

$$Z_{\mathrm{FP}} = (-1)^s (1.f) 2^{e-\mathrm{bias}} .$$

Gleitpunktzahlen werden in zwei *Grundformaten* codiert (Bild 6-2): *einfach lang* mit 32 Bits (single precision), *doppelt lang* mit 64 Bits (double precision). Rechenwerksintern kann überdies in je einem *erweiterten Format* gearbeitet werden, um höhere Rechengenauigkeiten zu erzielen (meist wird einheitlich ein 80-Bit-Format benutzt). Der Übergang auf die Grundformate erfolgt dann durch Runden.
s ist das Vorzeichen (sign) der Gleitpunktzahl (0 positiv, 1 negativ). Die Mantisse $1.f$ (significand) wird als gemischte Zahl in *normalisierter Form* angegeben. Dazu wird sie, bei entsprechendem Vermindern des Exponenten, so weit nach links verschoben, bis sie eine führende Eins aufweist. Der „Dualpunkt" steht immer rechts von dieser Eins. In den Grundformaten gespeichert wird lediglich der Bruch f (*fraction*); die führende Eins wird von der *Gleitpunktrecheneinheit* (*floating-point unit, FPU*) automatisch hinzugefügt. Die Mantisse hat den Wertebereich $1.0 \leq 1.f < 2.0$. Die Information des vorzeichenbehafteten Exponenten E wird im Datenformat durch den *transformierten Exponenten e* (*biased exponent*) dargestellt. Dazu wird zu E in seiner 2-Komplement-Darstellung eine Konstante (bias = 127 bzw. 1023) addiert, sodass sich eine positive (vorzeichenlose) Zahl ergibt: $e = E + \mathrm{bias}$. Dadurch kann das Vergleichen von Gleitpunktzahlen, genauer, von deren Beträgen, als Ganzzahloperation realisiert werden. – Tabelle 6-8 zeigt für beide Grundformate die Zahlenbereiche und die Genauigkeiten bei normalisierter Darstellung (siehe auch 10.2).
Der kleinste und der größte Exponentwert (e) sind zur Darstellung von null und *unnormalisierten Zahlen* bzw. von unendlich und *Nichtzahlen* (*not a numbers, NaNs*) reserviert (Bild 6-3). Unnormalisierte Zahlen haben mit der Mantisse der Form $0.f$ eine geringere Genauigkeit als normalisierte Zahlen (Bereichsunterschreitung); sie werden mit $e = 1$ interpretiert (Tabelle 6-9). Nichtzahlen dienen u. a. zur Kennzeichnung nichtinitialisierter Variablen und zur Übermittlung von Diagnoseinformation, wie sie z. B. während einer Berechnungsfolge aufgrund ungültiger oder nicht verfügbarer Operanden erzeugt wird.

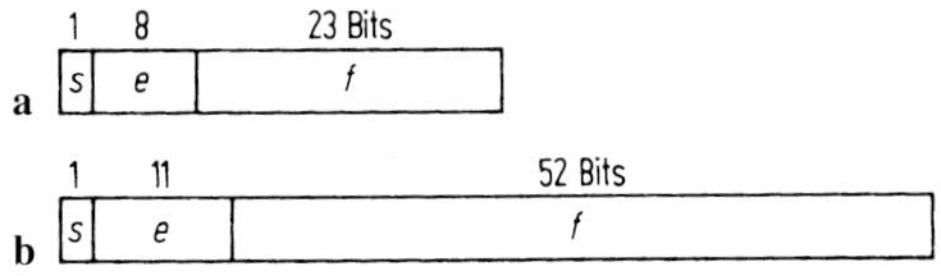

Bild 6-2. Grundformate für Gleitpunktzahlen. **a** Einfach lang (32 Bits); **b** doppelt lang (64 Bits)

Operationen. Die Norm sieht als arithmetische Operationen die Addition, die Subtraktion, die Multiplikation, die Division, die Restbildung, den Vergleich und das Radizieren vor. Hinzu kommen Konvertierungsoperationen zwischen den Gleitpunktformaten und solche zwischen Gleitpunktzahlen und 2-Komplement-Zahlen sowie wenigstens einer Darstellung für Dezimalzahlen (BCD-Strings). Heutige Gleitpunktrecheneinheiten unterstützen ferner u. a. trigonometrische und logarithmische Operationen. – Zur Arithmetik mit Gleitpunktzahlen siehe z. B. [3, 4, 8, 9].

Runden. Die rechenwerksinterne Verarbeitung in den erweiterten Formaten erfordert, sofern die überzähli-

Tabelle 6-8. Zahlenbereiche und Genauigkeiten für Gleitpunktzahlen einfacher und doppelter Länge

	einfache Länge	doppelte Länge
Datenformat	32 Bits	64 Bits
Mantisse	24 Bits	53 Bits
größter relativer Fehler	2^{-24}	2^{-53}
Genauigkeit	≈ 7 Dezimalstellen	≈ 16 Dezimalstellen
transformierter Exponent *e*	8 Bits	11 Bits
Bias	127	1023
Bereich für *E*	−126 bis 127	−1022 bis 1023
kleinste positive Zahl	$2^{-126} \approx 1,2 \cdot 10^{-38}$	$2^{-1022} \approx 2,2 \cdot 10^{-308}$
größte positive Zahl	$(2-2^{-23})\,2^{127} \approx 3,4 \cdot 10^{38}$	$(2-2^{-52})\,2^{1023} \approx 1,8 \cdot 10^{308}$

a	$(-1)^s * 0$	$e = 0,\ f = 0$
b	$(-1)^s\ (0.f)\,2^{-126/-1022}$	$e = 0,\ f \neq 0$
c	$(-1)^s\ (1.f)\,2^{e-127/-1023}$	$0 < e < 255/2047$
d	$(-1)^s * \infty$	$e = 255/2047,\ f = 0$
e	Nichtzahl	$e = 255/2047,\ f \neq 0$

Bild 6-3. Darstellung von Gleitpunktzahlen. **a** Null; **b** unnormalisiert; **c** normalisiert; **d** unendlich; **e** Nichtzahl

Tabelle 6-9. Beispiele zur Codierung von Gleitpunktzahlen einfacher Länge. a Null; b unnormalisiert; c normalisiert; d unendlich; e Nichtzahlen

	s	*e*	*f*		Wert
a	0/1	00000000	00...00	=	±0
b	0/1	00000000	00...01	=	$\pm 0.00\ldots01 \cdot 2^{-126}$
	0/1	00000000	11...11	=	$\pm 0.11\ldots11 \cdot 2^{-126}$
c	0/1	00000001	00...00	=	$\pm 1.00\ldots00 \cdot 2^{-126}$
	0/1	11111110	11...11	=	$\pm 1.11\ldots11 \cdot 2^{+127}$
d	0/1	11111111	00...00	=	±∞
e	0/1	11111111	00...01	=	Nichtzahl
	0/1	11111111	11...11	=	Nichtzahl

gen Stellen des Bruches *f* relevante Werte aufweisen, ein Runden der Werte beim Anpassen an die Grundformate. Dabei sollen exakte Ergebnisse arithmetischer Operationen erhalten bleiben (z. B. bei der Multiplikation mit 1). Die bestmögliche Behandlung von Rundungsfehlern geschieht durch das sog. *korrekte Runden*. Dabei wird der Wert gleich dem nächstgelegenen Wert im Zielformat gesetzt, im Zweifelsfall gleich dem Wert mit geradzahliger Endziffer. Hingegen wird beim *Aufrunden* der Wert in Richtung plus unendlich, beim *Abrunden* in Richtung minus unendlich gerundet. Durch den Einsatz beider Verfahren lassen sich Resultate mittels zweier Schranken darstellen, innerhalb deren der korrekte Wert liegt (Intervallarithmetik). Beim *Runden gegen null* werden die das Grundformat überschreitenden Bitpositionen abgeschnitten.

6.3.5 Vektor

Der Begriff Vektor steht in der Informatik für einen höheren Datentyp, der auf der Datenstruktur Feld mit Datenobjekten eines einheitlichen elementaren Datentyps basiert. Vektoren werden durch sog. *Vektorbefehle* elementweise verarbeitet, d. h., ein Befehl löst mehrere Elementaroperationen aus. Implementiert werden diese Datentypen auf *Vektorrechnern* (siehe 7.4.1). Die wichtigsten Vektordatentypen sind: *Vektor aus Bitvektoren* mit den Elementaroperationen AND, OR und XOR, *Vektor aus ganzen Zahlen* mit den Elementaroperationen Addition und Subtraktion und *Vektor aus Gleitpunktzahlen* mit den Elementaroperationen Addition, Subtraktion, Multiplikation, Reziprokwertbildung, Normalisieren sowie weiteren, speziellen Operationen.

6.4 Maschinen- und Assemblerprogrammierung

Die Informationsverarbeitung in einem Rechner erfolgt durch ein Programm, das als Folge von Maschinenbefehlen im Hauptspeicher steht und vom Prozessor Befehl für Befehl gelesen und ausgeführt wird. Die Befehle sind, wie Texte und Zahlen, binär codiert. Bei der Programmierung des Rechners wird zur leichteren Handhabung eine symbolische Schreibweise angewandt. In der hardwarenächsten Ebene, der *Assemblerebene*, entspricht dabei ein symbolischer Befehl einem Maschinenbefehl. Die symbolische Schreibweise wird *Assemblersprache* genannt. Sie ist durch den Befehlssatz des Prozessors geprägt, jedoch in ihrer Symbolik und Befehlsdarstellung (Notation, Syntax) von der Hardware unabhängig. Die Umsetzung eines in einer Assemblersprache geschriebenen Programms (*Assemblerprogramm*, Assemblercode) in ein vom Prozessor ausführbares Programm (Maschinenprogramm, *Maschinencode*) übernimmt ein Übersetzungsprogramm, der *Assembler* (siehe z. B. [7]). Anweisungen an den Assembler, wie z. B. das explizite Zuordnen von symbolischen zu numerischen Adressen, erfolgen durch *Assembleranweisungen* (Direktiven), die wie die Maschinenbefehle in das Programm eingefügt werden. Sie haben mit wenigen Ausnahmen keine codeerzeugende Wirkung.

6.4.1 Assemblerschreibweise

Assemblerprogramm. Bild 6-4 zeigt links den grundsätzlichen Aufbau eines Assemblerprogramms am Beispiel der Polynomauswertung, wie sie für die Akkumulator-Architektur in 5.3 beschrieben ist:

$$\begin{aligned} y &= a_3x^3 + a_2x^2 + a_1x^1 + a_0 \\ &= ((a_3x + a_2)x + a_1)x + a_0 \end{aligned}$$

Jede der Programmzeilen enthält einen Befehl mit den Bestandteilen Marke (optional), Operation und Adresse, die durch Leerzeichen (spaces) oder Tabulatoren voneinander getrennt sind. Operations- und Adressteil beschreiben dabei den eigentlichen Maschinenbefehl. Mit der Marke (label) kann man einen Befehl als Einsprungstelle für Programmverzweigungen kennzeichnen. Der Adressteil ist hier für einen Einadressrechner ausgelegt, insofern ist hier nur ein einziger Operand angegeben. Bei einem Dreiadressrechner wären es drei Operanden, z. B. drei durch Komma getrennte Registeradressen. Daran anschließend kann, mit z. B. einem Semikolon beginnend, die Zeile kommentiert werden. Dieser Kommentar unterstützt die Programmdokumentation und hat keine Wirkung auf den Assembliervorgang. Die Assembleranweisungen des Programms mit den hier gewählten Abkürzungen ORG, DC, DS, EQU und END unterliegen der gleichen Formatierung, wobei jedoch ihre Marken- und Adressteile in individueller Weise genutzt werden. – Bild 6-4 zeigt rechts das gleiche Programm, jedoch in der höheren, aber hardwarenahen Programmiersprache C.

Symbole, Zahlen und Ausdrücke. Als Operationssymbole werden üblicherweise leicht merkbare Abkürzungen (mnemonics) verwendet. Sie können um ein Suffix zur Bezeichnung des Datenformats erwei-

Marke	Operation	Adresse	C-Programm (als Gegenüberstellung)
	ORG	0x1000	void main () {
IO	EQU	0xFFC0	#define io 0xffc0
N	DC	3	short n=3, array[4]={5,-2,3,1};
ARRAY	DC	5,-2,3,1	
X	DS	1	short x, p;
P	DS	1	
POLY:	LDA	IO	read (x, io);
	STA	X	
	LDI	#0	
	LDA	ARRAY[I]	p=array[0];
LOOP:	ADDI	#1	for (short i=1; i<n; i++)
	MUL	X	p=p*x+array[i];
	ADD	ARRAY[I]	
	CMPI	N	
	BNE	LOOP	
	STA	P	write (p, io);
	STA	IO+2	
	TRAP		
	END	POLY	}

Bild 6-4. Polynomauswertung, links als Assemblerprogramm für einen Einadressrechner (angelehnt an Bild 5-6), rechts als C-Programm. Der Befehl TRAP bewirkt eine Programmunterbrechung und führt in das Betriebssystem zurück (8.2.2)

tert sein, z. B. der Maschinenbefehl „Addiere wortweise“ ADD.W oder die Assembleranweisung „Definiere Konstante als Byte“ DC.B. Mnemonisch vorgegeben sind auch die Bezeichner der allgemeinen Register des Prozessors, z. B. R0, R1, ... sowie SP für das Stackpointerregister und SR für das Statusregister. – Adresssymbole im Markenfeld sind weitgehend frei wählbar, unterliegen jedoch Vorschriften, wie: das erste Zeichen muss ein Buchstabe (Alphazeichen) sein, gewisse Sonderzeichen, z. B. das Leerzeichen, dürfen nicht verwendet werden. Gültige Symbole sind z. B. LOOP und VAR_1. Marken vor Maschinenbefehlen werden meist mit „:“ abgeschlossen, vor Assembleranweisungen nicht. – Je nach Assembler wird Groß- oder Kleinschreibung verwendet, oder es ist beides zugelassen.

Zahlen sind dezimal (in Bild 6-4 keine Kennung), hexadezimal (in Bild 6-4 mit dem Präfix 0x, ggf. $) und oktal (Präfix @) darstellbar, z. B. 5, –2, 0xFFC0, @701. Zeichen und Zeichenketten (Textoperanden) werden üblicherweise durch einschließende Hochkommas gekennzeichnet, z. B. ‘TEXT NR. 1‘. Sie werden vom Assembler im ASCII oder EBCDIC dargestellt. Bitvektoren werden in binärer Schreibweise (z. B. Präfix %) oder in Hexadezimal- oder Oktalschreibweise dargestellt.

Adresssymbole, Zahlen, Bitvektoren und Textoperanden im Adressteil können durch arithmetische und logische Operatoren zu Ausdrücken verknüpft werden, die vom Assembler ausgewertet werden. Sie dienen zur Darstellung von Konstanten und Speicheradressen. *Beispiel:* Der Wert von IO+2 in Bild 6-4 ergibt sich aus dem vom Assembler ermittelten Wert von IO, erhöht um 2.

6.4.2 Assembleranweisungen

Die Assembleranweisungen in Bild 6-4 haben folgende Wirkungen: ORG (origin) gibt mit 0x1000 die Anfangsadresse der nachfolgenden Speicherbelegung an. Diese erfolgt hier für eine Speicherwortbreite von 16 Bit und mit byteweiser Adressierung. Die EQU-Anweisung (equate) weist dem Symbol IO die Konstante 0xFFC0 zu. Dies hat keinen Einfluss auf die Speicherbelegung, sondern nur textersetzende Wirkung. Im vorliegenden Programm bezeichnet die Konstante die Adresse eines Geräteregisters, über das der Wert X im Wortformat eingelesen wird. Der um 2 erhöhte Wert IO+2 bezeichnet ein zweites Geräteregister, an das zum Programmende der Ergebniswert P ausgegeben wird. Die Berechnung des Ausdrucks IO+2 führt der Assembler während der Übersetzung des Programms durch. EQU dient grundsätzlich der Übersichtlichkeit und erleichtert eine nachträgliche Änderung eines solchen Wertes (wie #define in C).

Die erste DC-Anweisung (define constant) erzeugt im Speicher eine Konstante im Wortformat (16 Bit) mit dem Wert 3 und der symbolischen Adresse N und weist N die durch ORG vorgegebene erste numerische Adresse 0x1000 zu. Die zweite DC-Anweisung erzeugt ein Speicherfeld mit vier Konstanten im Wortformat und weist dem Symbol ARRAY die nächste freie Adresse 0x1002 als Feldanfangsadresse zu. Mit DS (define storage) wird entsprechend der Angabe im Adressteil und abhängig vom Suffix ein Wortspeicherplatz für die Variable X reserviert, ohne ihn zu initialisieren. Das Symbol X erhält als Wertzuweisung den um die acht Byteadressen (vier Wörter) des Feldes erhöhten Wert 0x100A. Die zweite DS-Anweisung reserviert in gleicher Weise das Speicherwort mit der Adresse 0x100C für die Variable P.

Die Adressvergabe für die Maschinenbefehle beginnt im Anschluss an die Variable P mit der Adresse 0x100E, die so den Adresswert für die Marke POLY bildet. Durch Weiterzählen dieser Adresse, entsprechend den von den Befehlen belegten Speicherwörtern, wird auch der Marke LOOP ein Adresswert zugeordnet. Auf diese Weise ermittelt der Assembler in einem ersten Durchgang durch das Assemblerprogramm die Adresswerte aller als Marken auftretenden symbolischen Adressen. In einem zweiten Durchgang codiert er dann die Befehlszeilen und erzeugt so das Maschinenprogramm. Das Ende des Assemblercodes (physischer Abschluss) wird dem Assembler mit der END-Anweisung angezeigt. Sie gibt außerdem in ihrem Adressteil mit POLY die Programmstartadresse (hier 0x100E) für das Betriebssystem vor. Der logische Abschluss des Programms, d. h. der Rücksprung in das Betriebssystem erfolgt durch einen Trap-Befehl (siehe auch 8.2.2). – Der Maschinencode wird entweder direkt im Speicher an der von der ORG-Anweisung angegebenen Adresse erzeugt, oder er wird zunächst in eine Datei geschrieben und dann später in einem eigenen Ladevorgang dort abgelegt.

6.4.3 Makros

Assemblersprachen erlauben neben der 1-zu-1-Umformung symbolischer Maschinenbefehle auch die 1-zu-*n*-Übersetzung sog. *Makrobefehle* in i. Allg. mehrere Maschinenbefehle. Diese Ausdehnung einer Zeile Assemblercode in *n* Zeilen Maschinencode während des Übersetzungsvorgangs wird als Makroexpansion bezeichnet. Ein solcher Makrobefehl hat dabei den gleichen Aufbau wie ein symbolischer Maschinenbefehl. *Beispiel:* Makrobefehl load für das Laden eines Speicheroperanden, bestehend aus der Befehlsfolge setl, setu und ld, angelehnt an das Programm in Bild 5-7 in 5.4.1. Beschrieben wird der Makrobefehl durch eine Makrodefinition, die vom Assembler (jetzt auch als Makroassembler bezeichnet) während des Assembliervorgangs ausgewertet wird:

```
load    macro   /1,/2,/3
        setl    /2,/3
        setu    /2,/3
        ld      /1,/2
        endm
```

An den Stellen der Makroaufrufe „load" im Assemblerprogramm, z. B.

```
          :
        load    r4,r1,x
          :
```

erzeugt der Makroassembler die in der Makrodefinition durch die Anweisungen macro und endm (end macro) eingeschlossene Befehlsfolge und ersetzt dabei die formalen *Parameter* /1, /2, /3 durch die jeweils im Aufruf angegebenen aktuellen Parameter, hier durch r4, r1 und x:

```
          :
        setl    r1,x
        setu    r1,x
        ld      r4,r1
          :
```

Zur Steigerung der Effizienz der Codeerzeugung bedient man sich zusätzlich der bedingten Assemblierung. Sie ermöglicht es, bei der Makroexpansion in Abhängigkeit der aktuellen Parameter unterschiedlichen Maschinencode zu erzeugen. So kann z. B. eine Programmschleife, wenn die Anzahl ihrer Durchläufe während der Assemblierung bekannt ist, davon abhängig „abgerollt" codiert oder als Schleife codiert werden. – Standardmakros können in Makrobibliotheken zur Verfügung gestellt werden.

6.4.4 Unterprogramme

Ein Unterprogramm (*Prozedur*, *subroutine*) ist eine in sich abgeschlossene Befehlsfolge mit meist eigenem lokalen Datenbereich, die an beliebigen Stellen eines übergeordneten Programms, des Haupt- oder Oberprogramms, wiederholt aufgerufen und ausgeführt werden kann. Nach Abarbeitung der Befehlsfolge wird das übergeordnete Programm hinter der Aufrufstelle fortgesetzt (Bild 6-5). Beim Aufruf wird das Unterprogramm i. Allg. mit Rechengrößen versorgt, und es gibt Ergebnisse an das Oberprogramm zurück. Man bezeichnet diese Größen (wie bei der Makrotechnik) als *Parameter* und den Vorgang als *Parameterübergabe*. Vorteile dieser Technik sind: sich wiederholende Befehlsfolgen werden (anders als bei der Makrotechnik) nur einmal gespeichert; die Programme werden gegliedert und sind dadurch übersichtlicher und leichter zu testen; Unterprogramme können unabhängig vom Oberprogramm übersetzt werden; Standardunterprogramme können in Programm bibliotheken zur Verfügung gestellt werden.

Aufruf und Rückkehr. Der Aufruf eines Unterprogramms erfolgt durch einen speziellen Sprungbefehl (z. B. jump to subroutine, jsr) mit der Angabe der Startadresse des Unterprogramms als Sprungziel. Vor Neuladen des Befehlszählers wird dessen Inhalt als *Rücksprungadresse* auf den durch ein Stackpointerregister sr verwalteten Stack oder in ein Pufferregister des Prozessors (Link-Register) geschrieben. Die

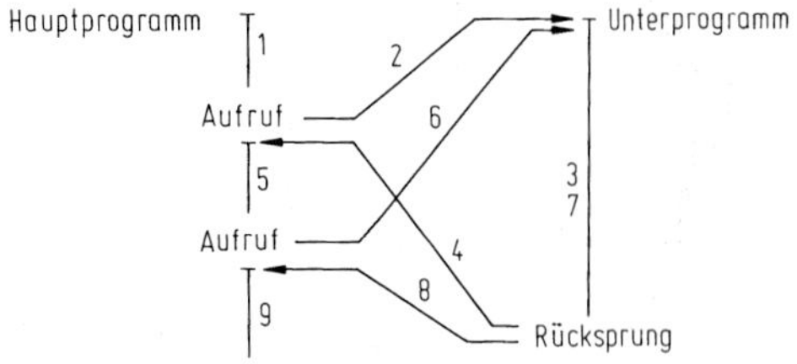

Bild 6-5. Zweimaliges Aufrufen eines Unterprogramms; zeitlicher Ablauf entsprechend der Nummerierung

Rückkehr erfolgt durch einen weiteren speziellen Sprungbefehl (z. B. return from subroutine, rts), der als letzter Befehl des Unterprogramms den obersten Stackeintrag bzw. den Inhalt des Link-Registers als Rücksprungadresse in den Befehlszähler lädt.

Parameterübergabe. Als Parameter werden beim Aufruf entweder die Werte von Operanden (*call by value*) oder deren Adressen (*call by reference*) übergeben. Die Wertübergabe erfordert lokalen Speicherplatz im Unterprogramm und ist für einzelne Werte geeignet. Die Adressübergabe ist bei zusammengesetzten Datenobjekten, z. B. Feldern, notwendig, da für die (vielen) Werte meist nicht genügend Speicherplatz zur Verfügung steht (z. B. in den allgemeinen Registern). Sie erlaubt außerdem auf einfache Weise die Parameterrückgabe (auch für einzelne Werte).

Grundsätzlich erfolgt die Parameterübergabe durch Zwischenspeicherung an einem Ort, der sowohl für das Hauptprogramm als auch für das Unterprogramm zugänglich ist. Übliche Orte sind

- der Registerspeicher des Prozessors, sofern die Anzahl der freien Register ausreicht,
- der Stack als Hauptspeicherbereich, der über das Stackpointerregister allgemein zugänglich ist.

Bild 6-6 zeigt die Wert- und Adressübergabe im Stack an einem Beispiel, erklärt durch die Zeilenkommentare und die in Bild 6-7 gezeigte dynamische Stackbelegung. Zur Vereinfachung der Programmierung von Stackzugriffen und allgemein von Feldern (arrays) werden Erweiterungen der registerindirekten Adressierung verwendet:

- *Registerindirekte Adressierung mit Prädekrement* oder *mit Postinkrement*: Bei -(sp) und -(ri) wird der

Oberprogramm:
```
              :
   x      ds.w    1             ;Variable x
   string ds.w    80            ;Textpuffer string
0.            :
          set     r1,x          ;Makro mit setl und setu zur Adressbildung
1.        st.w    -(sp),(r1)    ;Wert x auf den Stack schreiben
          set     r1,string
2.        st.w    -(sp),r1      ;Adresse string auf den Stack schreiben
3.        jsr     subr          ;Aufruf des Unterprogramms subr
12.       ld.w    r1,4(sp)      ;Ergebniswert vom Stack lesen
          st.w    x,r1          ;Ergebniswert als X speichern
13.       add.w   sp,sp,8       ;Parameterbereich freigeben
              :
```

Unterprogramm:
```
4.  subr: st.w    -(sp),r4      ;r4 auf den Stack retten
5.        st.w    -(sp),r5      ;r5 auf den Stack retten
6.        ld.w    r4,16(sp)     ;Wert x vom Stack lesen
7.        ld.w    r5,12(sp)     ;Adresse string vom Stack lesen
              :
8.        st.w    16(sp),r4     ;Rückgabewert auf den Stack schreiben
9.        ld.w    r5,(sp)+      ;r5 wiederherstellen
10.       ld.w    r4,(sp)+      ;r4 wiederherstellen
11.       rts                   ;Rücksprung in das aufrufende Programm
```

Bild 6-6. Parameterübergabe und Statusretten auf dem Stack, adressiert über das Stackpointerregister sp, bei einem Speicherwortformat von 32 Bit. Beim Aufruf des Unterprogramms „subr" werden an dieses der Wert „x" (call by value) und die Adresse „string" (call by reference) als Eingangsparameter übergeben; „x" erhält nach der Rückkehr in das aufrufende Programm den Ergebniswert und wirkt somit auch als Ausgangsparameter. Die Inhalte der vom Unterprogramm benutzten Prozessorregister r4 und r5 werden von ihm zunächst auf den Stack gerettet und später wiederhergestellt. Das aufrufende Programm gibt zum Abschluss den Parameterbereich auf dem Stack wieder frei

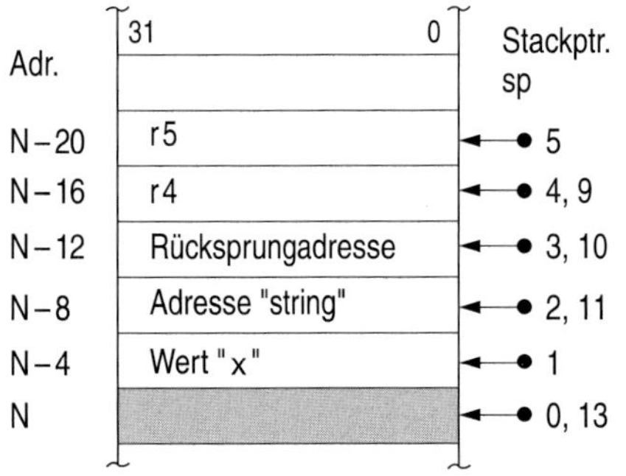

Bild 6-7. Zeitliche Abfolge für die Belegung und Freigabe des Stacks durch das Programm aus Bild **6-6**. Die Nummern spiegeln die Positionen des Stackpointers nach Ausführung der jeweiligen Programmzeile wider

Registerinhalt sp bzw. ri um die Byteanzahl des im Befehl angegeben Datenformats *vor* dem Speicherzugriff vermindert, bei (sp)+ und (ri)+ um diese Byteanzahl *nach* dem Speicherzugriff erhöht.
- *Registerindirekte Adressierung mit Displacement*: Bei d(sp) und d(ri) wird die effektive Adresse durch Addition des Registerinhalts sp bzw. ri und eines im Befehl stehenden Displacements d (2-Komplement) gebildet.

Schachtelung von Aufrufen. Ein Unterprogramm kann seinerseits Unterprogramme aufrufen und erhält damit die Funktion eines Oberprogramms. Der Aufrufmechanismus kann sich so über mehrere Stufen erstrecken. Man bezeichnet das als Schachtelung von Unterprogrammaufrufen und unterscheidet drei Arten:
Einfache Unterprogramme folgen dem behandelten Schema von Aufruf und Rückkehr, wobei der für das Retten der Rücksprungadresse benutzte Stack mit seinem LIFO-Prinzip genau der Schachtelungsstruktur entspricht. Lokale Daten und Parameter können in gesonderten Speicherbereichen oder auf dem Stack verwaltet werden.
Rekursive Unterprogramme können aufgerufen werden, bevor ihre jeweilige Verarbeitung abgeschlossen ist. Dies geschieht entweder direkt, wenn sich das Unterprogramm selbst aufruft, oder indirekt, wenn der Wiederaufruf auf dem Umweg über ein oder mehrere Unterprogramme erfolgt. Bei rekursiven Unterprogrammen muss dafür gesorgt werden, dass mit jedem Aufruf ein neuer Datenbereich bereitgestellt wird, damit der zuletzt aktuelle Bereich nicht beim erneuten Aufruf überschrieben wird. Hierfür bietet sich wiederum der Stack an.
Reentrante (wiedereintrittsfeste) Unterprogramme können wie rekursive Unterprogramme aufgerufen werden, bevor sie ihre jeweilige Verarbeitung abgeschlossen haben. Bei ihnen ist jedoch der Zeitpunkt des Wiederaufrufs nicht bekannt, so z. B. beim Aufruf durch Interruptroutinen. Das heißt, das an beliebigen Stellen von einem Interrupt unterbrechbare Unterprogramm muss bei jedem Wiederaufruf selbst für das Retten seines Datenbereichs und seines Status sorgen. Auch hier bietet sich wieder der Stack an. Diese Technik findet z. B. bei Mehrprogrammsystemen Einsatz (8.1.4).

7 Rechnersysteme

Rechnersysteme bestehen aus Funktionseinheiten, die durch Übertragungswege – Busse oder Punkt-zu-Punkt-Verbindungen – miteinander verbunden sind. Aktive Einheiten (*master*) sind in der Lage, Datentransfers auszulösen und zu steuern. Sie arbeiten entweder programmiert (Prozessoren) oder ihre Funktion ist fest vorgegeben bzw. in eingeschränktem Maße programmierbar (*Controller*). Passive Einheiten (*slaves*) werden von einem Master gesteuert (z. B. Speicher und passive Schnittstelleneinheiten zur Peripherie).
Einfache Rechnersysteme bestehen aus einem Zentralprozessor als einzigem Master, aus Speichern und passiven Ein-/Ausgabeeinheiten als Slaves sowie aus Übertragungswegen. Eine Erhöhung der Leistungsfähigkeit erhält man durch weitere Master zur Steuerung von Ein-/Ausgabevorgängen, z. B. Direct-memory-access-Controller (DMA-Controller) oder Ein-/Ausgabeprozessoren oder durch weitere Prozessoren zur Unterteilung der zentralen Datenverarbeitung. Dieser Weg führt zu parallelarbeitenden Rechnern hoher Rechenleistung.
Darüber hinaus werden Rechner und periphere Geräte über Verbindungsnetzwerke zu Rechnernetzen verbunden. Diese erlauben es dem Benutzer, mit anderen Netzteilnehmern Daten auszutauschen und die Rechen-, Speicher- und Ein-/Ausgabeleistung des gesamten Netzes mitzubenutzen.

7.1 Verbindungsstrukturen

Die herkömmlichen Verbindungsstrukturen zwischen den Funktionseinheiten eines Rechners sind parallele (und ggf. serielle) *Busse*, an die die Funktionseinheiten als „Buskomponenten" (Master und Slaves) über mechanisch, elektrisch und funktionell spezifizierte Schnittstellen angekoppelt sind. Sie erlauben es in einfacher Weise, Rechner hinsichtlich Art und Anzahl der Funktionseinheiten flexibel zu konfigurieren. Sie haben allerdings den Nachteil, dass immer nur zwei Busteilnehmer miteinander kommunizieren können und dass die erreichbaren Bustaktfrequenzen weit unter denen von Prozessoren liegen. Bei hohem Leitungsaufwand erzielt man ggf. unzureichende Übertragungsraten.
Busse werden deshalb verstärkt durch serielle und parallele *Punkt-zu-Punkt-Verbindungen* ersetzt, die jeweils nur zwei Funktionseinheiten miteinander verbinden. Diese Technik, verbunden mit differenzieller Signaldarstellung, wie sie für die serielle Übertragung gebräuchlich ist, ermöglicht sehr viel höhere Taktfrequenzen und damit höhere Übertragungsraten. Ausgehend von seriellen Punkt-zu-Punkt-Verbindungen kann die Übertragungsrate zwischen zwei Übertragungspartnern individuell angepasst werden, indem ggf. mehrere serielle Verbindungen parallel betrieben werden. Als weiterer Vorteil gegenüber Bussen können mehrere Punkt-zu-Punkt-Verbindungen gleichzeitig aktiv sein, also mehr als nur zwei Übertragungspartner gleichzeitig miteinander kommunizieren. – Vertiefend zu Abschnitt 7.1 siehe z. B. [2].

7.1.1 Ein- und Mehrbussysteme

Einbussysteme. Bei Einbussystemen sind alle Funktionseinheiten eines Rechners über einen zentralen Bus, den *Systembus*, der im Wesentlichen die Signalleitungen des Prozessors umfasst (*Prozessorbus*) miteinander verbunden (Bild 7-1a). Die Datenübertragung geschieht parallel über mehrere Datenleitungen (paralleler Bus), z. B. im Byteformat (8-Bit-Bus bei 8-Bit-Prozessoren) oder in geradzahligen Vielfachen von Bytes (z. B. 32-Bit-Bus bei 32-Bit-Prozessoren). Typisch ist eine solche Struktur für die Steuerungstechnik (*embedded control*), wobei die Gesamtstruktur oft in einem einzigen Halbleiterbaustein, einem sog. *Mikrocontroller* untergebracht ist. Einbussysteme haben den Nachteil, dass immer nur ein einziger Datentransport stattfinden kann und somit bei mehreren Mastern im Rechner (im Bild 7-1a Prozessor und DMA-Controller, DMAC) Engpässe auftreten können. Ferner ist der Bus durch die erforderliche Buslänge und ggf. die Vielzahl der angeschlossenen Buskomponenten mit einer großen kapazitiven Buslast in seiner Übertragungsgeschwindigkeit beschränkt, was sich insbesondere beim Hauptspeicherzugriff nachteilig auswirkt.

Mehrbussysteme mit Bridges. Bei Mehrbussystemen sind die Funktionseinheiten eines Rechners entsprechend ihren unterschiedlichen Übertragungsgeschwindigkeiten und ihren Wirkungsbereichen auf Busse unterschiedlicher Leistungsfähigkeit verteilt, die wiederum durch Steuereinheiten miteinander verbunden sind. Bild 7-1b zeigt eine solche Mehrbusstruktur mit Prozessorbus, Systembus und Peripheriebus in einer bzgl. ihrer Übertragungsgeschwindigkeiten hierarchischen Anordnung. Der *Prozessorbus* als sehr schneller Bus (z. B. 64 Bit breit) verbindet die Komponenten hoher Übertragungsgeschwindigkeit, d. h. Prozessor/Cache und Hauptspeicher. Der *Systembus* (z. B. PCI-Bus, 32 Bit breit, siehe 7.1.5) dient den „langsameren" Komponenten, hauptsächlich den Schnittstellen und Steuereinheiten für die Ein-/Ausgabe, weshalb er häufig auch als *Ein-/Ausgabebus* bezeichnet wird. Verbunden sind die beiden Busse über eine Überbrückungssteuereinheit, eine sog. *Bridge*, die einerseits die Busaktivitäten entkoppelt und andererseits die Datenübertragung zwischen den Komponenten der verschiedenen Busse koordiniert. Sie enthält ggf. zusätzliche Steuereinheiten, wie DMA-Controller, Interrupt-Controller und Busarbiter.
Der *Peripheriebus* ist üblicherweise als Kabelverbindung ausgeführt mit serieller oder paralleler (8 oder 16 Bit breiter) Datenübertragung für den Anschluss eigenständiger Geräte (rechnerintern oder -extern, z. B. SCSI) oder Prozesskomponenten (rechnerextern, z. B. Feldbusse). Seine Verbindung mit dem Systembus erfolgt über eine Steuereinheit (oft als *Host-Adapter* bezeichnet). In einfacherer

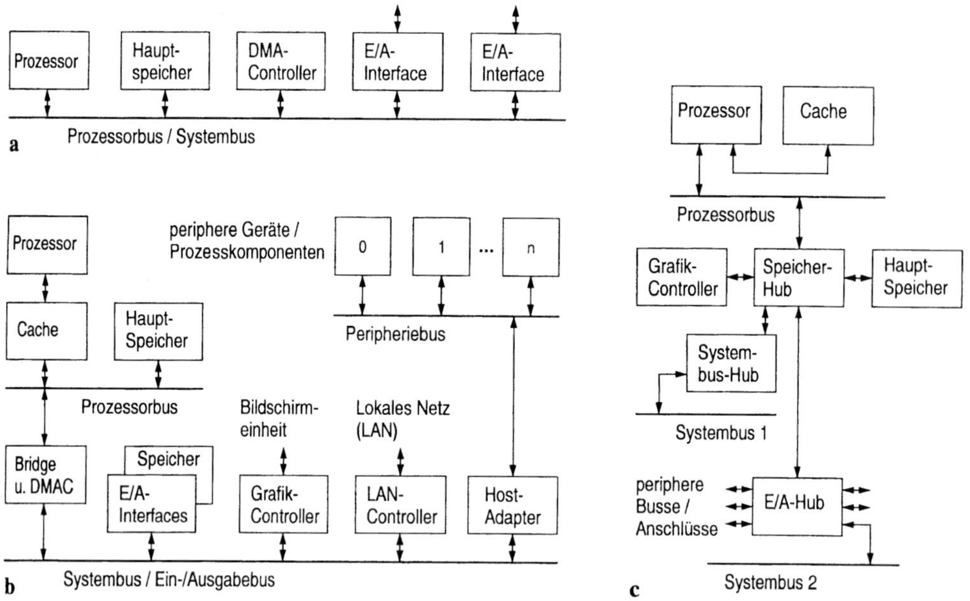

Bild 7-1. Rechnersysteme. **a** Einbussystem mit Prozessorbus/Systembus (z. B. 16 Bit parallel); **b** bridge-basiertes Mehrbussystem mit Prozessorbus (z. B. 64 Bit parallel), Systembus/Ein-/Ausgabebus (z. B. 32 Bit parallel), Peripheriebus (seriell oder 8 Bit parallel) und einem Anschluss an ein lokales Rechnernetz (seriell); **c** hub-basiertes Rechnersystem (PC) mit Punkt-zu-Punkt-Verbindungen und Bussen

Ausführung reduziert sich der Peripheriebus auf eine *Punkt-zu-Punkt-Verbindung* mit passiver Anbindung an den Systembus (z. B. IDE/ATA). Moderne Peripherie"busse" verbinden eine Vielzahl von Geräten Punkt-zu-Punkt, entweder aneinandergereiht als Kabel"bus" (z. B. FireWire) oder in netzähnlicher Struktur (z. B. USB). – Bild 7-1b zeigt darüber hinaus die (serielle) Ankopplung des Rechners an ein lokales Netz über eine Netzsteuereinheit (LAN-Controller, local area network controller).
Gegebenenfalls ist in einer solchen Mehrbusstruktur der Systembus/Ein-/Ausgabebus in zwei Busse aufgeteilt, die dann über eine weitere Bridge miteinander verbunden sind. Typisch ist dies bei älteren PC-Strukturen mit PCI-Bus (Systembus) und langsamerem ISA-Bus (Ein-/Ausgabebus). Letzterer ist fast nur noch in Industrieanwendungen zu finden.

Mehrbussysteme mit Hubs. Eine für neuere PCs typische Mehrbusstruktur zeigt Bild 7-1c. Sie weist anstelle der Bridges sog. *Hubs* (zentrale Verteiler) und darüber hinaus weitere Strukturverbesserungen auf: (1.) Der Cache kommuniziert mit dem Prozessor nicht mehr über dessen Busschnittstelle (Frontside-Cache, z. B. 64 Bit), sondern über eine zusätzliche, höher getaktete Punkt-zu-Punkt-Verbindung mit ggf. breiterem Datenweg (Backside-Cache, z. B. 128 Bit). (2.) Der Speicher-Hub vermittelt sämtliche Datenübertragungen zwischen den ihn umgebenden schnellen Komponenten, wobei Übertragungen zwischen unterschiedlichen Übertragungspartnern *gleichzeitig* stattfinden können. Mit Ausnahme des Prozessorbusses (64 Bit), sind sämtliche Datenwege als schnelle parallele Punkt-zu-Punkt-Verbindungen ausgelegt: zum Hauptspeicher (z. B. 2 × 64 Bit), zur Grafikeinheit (z. B. 16 Bit), zum Systembus-Hub (z. B. 16 Bit) und zum E/A-Hub (z. B. 8 Bit). Der Speicher-Hub ist für die Übertragungen mit Pufferspeichern ausgestattet, außerdem enthält er die Steuerung für den Hauptspeicher (DRAM-Controller). Der Systembus-Hub versorgt den schnellen Systembus 1 (z. B. PCI-X-Bus, 64 Bit breit, siehe 7.1.5). (3.) Der E/A-Hub steuert sämtliche peripheren Busse (z. B. USB, FireWire) und Anschlüsse (z. B. für Festplatten, LAN) sowie den langsameren Systembus 2 (z. B.: PCI-Bus, 32 Bit breit, siehe 7.1.5). Durch die schnelle

Punkt-zu-Punkt-Verbindung zum Speicher-Hub und durch Pufferspeicher im E/A-Hub können diese Einheiten ggf. *gleichzeitig* mit Daten versorgt werden. Der E/A-Hub enthält zusätzliche Funktionseinheiten, wie DMA-Controller, Interrupt-Controller, Timer. (4.) Die peripheren Busse und Anschlüsse des E/A-Hubs übertragen mit hohen Übertragungsraten seriell, der Systembus 2 parallel. – Man bezeichnet die aufeinander abgestimmten Hubs (bzw. Bridges) eines Rechners als dessen *Chipsatz*.

7.1.2 Systemaufbau

Rechner für allgemeine Anwendungen werden üblicherweise als modulare Mehrkartensysteme aufgebaut, sodass man in ihrer Strukturierung flexibel ist. Dabei werden zwei alternative Prinzipien verfolgt. Entweder wird ein festes Grundsystem durch zusätzliche Karten über Steckverbindungen *erweitert*, wobei Anzahl und Funktion der Karten in gewissem Rahmen wählbar sind, oder das System insgesamt wird durch steckbare Karten *konfiguriert*, sodass auch das Grundsystem als Karte wählbar bzw. austauschbar ist. Erwünscht ist dabei eine möglichst große Auswahl an Karten, was durch die Standardisierung von Systembussen und Punkt-zu-Punkt-Verbindungen gefördert wird; Prozessorbusse sind als „proprietäre" Busse nicht standardisiert.

Das Prinzip des Erweiterns eines Grundsystems findet man bevorzugt bei Arbeitsplatzrechnern (PCs, Workstations) und Servern. Hier sind elementare Funktionseinheiten, wie Chipsatz, Taktgeber (Clock) und das BIOS-Flash-RAM (Basic I/O System, Treibersoftware des Betriebssystems), fest auf einer Grundkarte (*main board*) untergebracht. Weitere Komponenten, wie Prozessor, prozessorexterner Cache, Hauptspeicher und Grafik-Controller, sind mittels spezieller, vom Chipsatz versorgter Stecksockel (slots) zusteckbar. Darüber hinaus bietet der Systembus universelle Steckplätze für quasi beliebige Zusatzkomponenten, womit ein solches System vielfältig erweiterbar ist. Man bezeichnet den Systembus deshalb auch als *Erweiterungsbus*. Weitere elementare Komponenten, wie Festplatte, DVD-Laufwerk, LAN, Tastatur und Monitor, werden mittels Kabelverbindungen mit dem Chipsatz bzw. mit dem Grafik-Controller verbunden. Externe Speicher und Ein-/Ausgabegeräte werden mittels serieller Verbindungen oder paralleler Verbindungen vom Chipsatz aus betrieben. Solche Verbindungen sind entweder als *Kabelbusse* ausgelegt, d. h., die Geräte sind in Reihe miteinander verbunden, oder sie werden über interne und ggf. externe Hubs netzartig betrieben, d. h., die Geräte sind in einer Stern- oder Baumstruktur miteinander verbunden.

Erkennt ein Rechnersystem beim Hochfahren seines Betriebssystems seine Komponenten (Steckkarten, Geräte am Kabelbus und an externen Hubs) selbst und führt es daraufhin z. B. die Vergabe von Interruptprioritäten, das Zuordnen von DMA-Kanälen und Adressbereichen an die Komponenten selbst durch, so spricht man von dem Prädikat „*Plug and Play*"; ist das Hinzufügen von Komponenten während des laufenden Betriebs möglich, von „*Hot Plug and Play*".

Das Prinzip des Konfigurierens eines ganzen Systems wird bei Rechnern für den industriellen Einsatz angewandt, um in der Strukturierung eine noch höhere Flexibilität als bei Arbeitsplatzrechnern zu erreichen. Dazu werden die Funktionseinheiten (Baugruppen) grundsätzlich als Steckkarten realisiert und diese dann als Einschübe nebeneinander in z. B. einem 19 Zoll breiten Baugruppenträger (19-Zoll-Rack) mit bis zu 20 Steckplätzen untergebracht. Zur Zusammenschaltung der Karten werden ihre Signalleitungen über Steckverbindungen auf eine Rückwandverdrahtung geführt. Diese Verdrahtung wird durch eine Leiterplatine (*backplane*) realisiert. Man bezeichnet einen solchen Bus auch als *Backplane-Bus*.

7.1.3 Busfunktionen

Ein Bus vermittelt die unterschiedlichen Funktionsabläufe zwischen den Busteilnehmern. Diese Abläufe unterliegen Regeln, die als sog. *Busprotokolle* Bestandteil der Busspezifikation sind. Zur Einhaltung dieser Regeln, in denen sich die Funktion der Bussignale, ihr Zeitverhalten und ihr Zusammenwirken widerspiegeln, sind bei den Busteilnehmern entsprechende Steuereinheiten erforderlich. Die wesentlichen Funktionen sind

- die Datenübertragung zwischen Master und Slave,
- die Busarbitration (Buszuteilung) bei mehreren Mastern,
- die Interruptpriorisierung und

– Dienstleistungen (utilities), wie Stromversorgung, Taktversorgung (Systemtakt, Bustakt), Systeminitialisierung (Reset-Signal), Anzeige einer zu geringen Versorgungsspannung und Anzeige von Systemfehlern.

Hinzu kommen ggf. Funktionen, wie

– die Selbstidentifizierung von an den Bus angeschlossenen Komponenten (indem z. B. Steckkarten während einer Systeminitialisierung Statusinformation liefern, Plug and Play) und
– das Testen elektronischer Bauteile von Buskomponenten zur Fehlererkennung während des Betriebs (IEEE 1149.1: JTAG Boundary Scan).

Zur Realisierung dieser Funktionen unterscheidet man bei einem parallelen Bus fünf Leitungsbündel: Datenbus, Adressbus, Steuerbus, Versorgungsbus und Testbus.

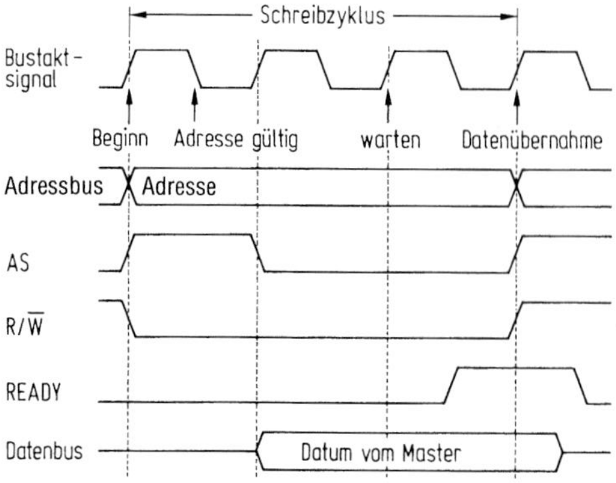

Bild 7-2. Buszyklus (Schreiboperation) bei einem synchronen Bus; Buszykluszeit von drei Takten einschließlich eines Wartezyklus; gegenpolige Doppellinien stehen für unterschiedliche Signalzustände bei mehreren Leitungen, die Mittellinie zeigt den Signalzustand Tristate an (vgl. 3.3.2)

Buszyklus bei synchronem und asynchronem Bus. Die Datenübertragung für eine Schreib- oder Leseoperation wird vom Master ausgelöst und umfasst die Adressierung des Slave und die Synchronisation der Übertragung. Die Regeln, nach denen ein solcher *Buszyklus* abläuft, sind als Busprotokoll festgelegt.
Bei einem *synchronen Bus* (als der vorherrschenden Busart) sind Master und Slave durch einen gemeinsamen *Bustakt* miteinander synchronisiert, d. h., die Übertragung unterliegt einem festen Zeitraster mit fest vorgegebenen Zeitpunkten für die Bereitstellung und Übernahme von Adresse und Datum (Bild 7-2). Gesteuert wird der Ablauf durch ein Adressgültigkeitssignal (Address-Strobe-Signal AS), das die Bereitstellung der Adresse und somit den Beginn des Zyklus anzeigt, und durch ein Read/Write-Signal (R/$\overline{\text{W}}$), das dem Slave die Transportrichtung vorgibt. Um den Bustakt nicht an den langsamsten Busteilnehmer anpassen zu müssen, wird das Protokoll durch ein Bereit-Signal (READY) erweitert. Dieses ist zunächst inaktiv und wird vom Slave aktiviert, sobald er zur Datenübernahme (Schreibzyklus) bzw. zur Datenabgabe (Lesezyklus) bereit ist. Der Busmaster fragt dieses Signal erstmals nach der für ihn kürzestmöglichen Buszykluszeit von 2 Takten (je ein Takt für die Adress- und für die Datenübertragung) ab. Ist es inaktiv, so verlängert er den Buszyklus taktweise um *Wartezyklen* (wait states), bis er den Bereitzustand vorfindet (siehe Bild 7-2). Da sich das Aktivieren und Inaktivieren der Signale AS und READY gegenseitig bedingen (AS → READY → $\overline{\text{AS}}$ → $\overline{\text{READY}}$), spricht man auch von *Handshake-Synchronisation* und von *Handshake-Signalen.*
Bei einem *asynchronen Bus* gibt es keinen gemeinsamen Bustakt. Die Synchronisation erfolgt aber auch hier durch *Handshake-Signale*; diese sind jedoch getrennt getaktet oder ungetaktet. Der Master zeigt die Gültigkeit von Adresse und Datum durch ein Adress- und ein Datengültigkeitssignal an, und der Slave signalisiert asynchron dazu seine Datenübernahme bzw. -bereitstellung durch Aktivieren eines Bereit-Signals. Abhängig von diesem führt der Master einen Buszyklus ohne oder mit Wartezyklen durch.
Bei beiden Busarten kann das Ausbleiben des Bereit-Signals bei defektem oder fehlendem Slave durch einen Zeitbegrenzer (*watch-dog timer*) überwacht werden, der dem Master das Überschreiten einer Höchstzeit mittels eines Trap-Signals meldet (bus error trap, 8.2.2), worauf dieser den Zyklus abbricht und eine Programmunterbrechung einleitet. Diese Möglichkeit wird insbesondere bei Steuerungssystemen genutzt.

Adressierung und Busankopplung. Die Anwahl eines Slave innerhalb eines Buszyklus geschieht durch

Decodierung der vom Master ausgegebenen Adresse (Bild 7-3). Dabei wird genau ein Slave aktiviert (Signal SELECT), der sich daraufhin mit seinen Datenleitungen an den Bus ankoppelt. Ausgangspunkt für die Decodierung ist die Festlegung der Größe der Adressräume der Slaves in Zweierpotenzen. Bei einem Slave-Adressraum der Größe 2^m und einem Gesamtadressraum der Größe 2^n ($n \geq m$), bilden die m niederwertigen Adressbits die Distanz (offset) im Adressraum des Slave. Die verbleibenden $n - m$ höherwertigen Bits dienen, wie Bild 7-3 zeigt, zu dessen Anwahl. – Im entkoppelten Zustand sind die Datenanschlüsse des Slave hochohmig, d. h. offen (Tristate-Technik, siehe 3.3.2).

Busarbitration. Befinden sich an einem Bus mehrere Master, so muss der Buszugriff verwaltet werden, um Konflikte zu vermeiden. Dazu muss jeder Master, wenn er den Bus benötigt, diesen anfordern (bus request). Ein sog. *Busarbiter* (arbiter: Schiedsrichter) entscheidet anhand der Auswertung der Prioritäten der Master („Priorisierung") über die Busgewährung (bus grant). Grundsätzlich muss dabei ein Master niedrigerer Priorität den Bus frühestens nach Abschluss des momentanen Buszyklus abgeben. – Busse, die die Busarbitration ermöglichen, bezeichnet man als *multimasterfähig*.

Bei *zentraler Priorisierung* ist jedem Master eine Priorität in Form einer Request- und einer Grant-Leitung als eigenes Leitungspaar zum Busarbiter zugewiesen (Bild 7-4a). Bei *dezentraler Priorisierung* werden sämtliche Anforderungssignale auf einer gemeinsamen Leitung zusammengefasst und dem Busarbiter zugeführt (Bild 7-4b). Dieser schaltet bei

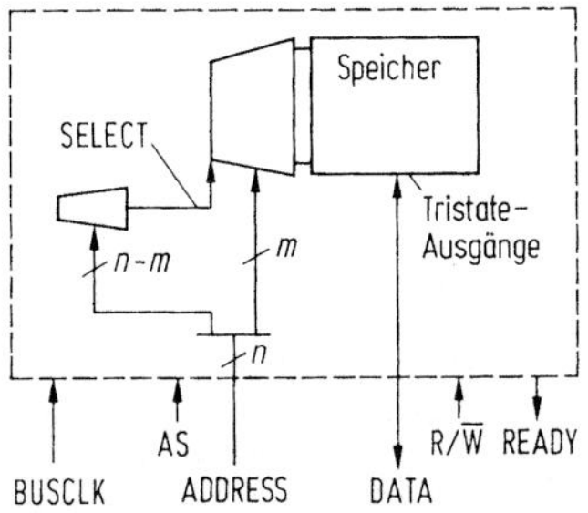

Bild 7-3. Adressierung und Busankoppelung einer Speichereinheit bei einem synchronen Bus

Freiwerden des Busses das Grant-Signal auf eine sog. *Daisy-chain-Leitung*, die die Anforderer miteinander verkettet. Die Priorisierung besteht darin, dass ein Anforderer seinen Daisy-chain-Ausgang blockiert und den Bus übernimmt, sobald das Grant-Signal an seinem Daisy-chain-Eingang anliegt. Master hingegen, die keine Anforderung haben, schalten das Daisy-chain-Signal durch. So erhält der Anforderer, der dem Busarbiter in der Kette am nächsten ist, die höchste Priorität; die nachfolgenden Master haben entsprechend abnehmende Prioritäten.

Die dezentrale Lösung hat den Vorteil einer geringeren Leitungsanzahl, aber den Nachteil, dass die Buspriorität eines Masters durch seine Position in der Daisy-Chain festgelegt ist (bei einem Erweiterungsbus durch den verwendeten Stecksockel). Bei zentraler Priorisierung können dagegen auf einfache Weise unterschiedliche Priorisierungsstrategien realisiert werden, z. B. nach jeder Buszuteilung automatisch rotierende Prioritäten (Gleichverteilung, faire Zuteilung) oder programmierte Prioritäten.

Interruptpriorisierung. Interruptsignale werden von Buskomponenten mit Slave-Funktion, z. B. passiven Ein-/Ausgabeeinheiten, aber auch von solchen mit Master-Funktion, z. B. DMA-Controllern, erzeugt. Wie bei der Busarbitration müssen die Anforderungen priorisiert werden. Dies geschieht zum einen prozessorintern, sofern der Prozessor codierte Interruptanforderungen zulässt (z. B. sieben Prioritätsebenen bei drei Interrupteingängen und einem vorgeschalteten Prioritätencodierer), zum andern prozessorextern, wenn es nur einen Interrupteingang

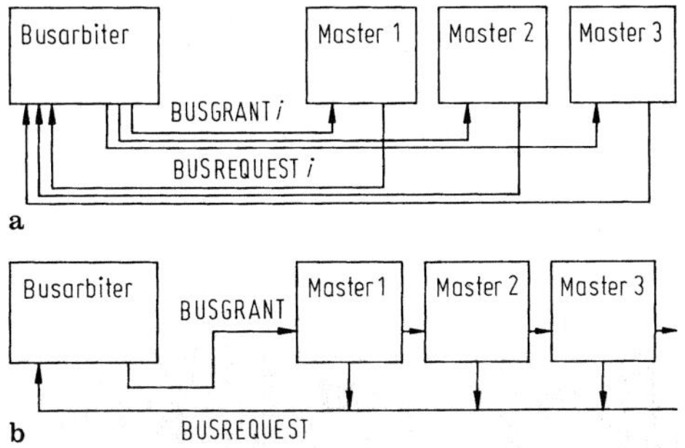

Bild 7-4. Busarbitration. **a** Zentrale Priorisierung im Arbiter; **b** dezentrale Priorisierung im Arbiter und in der Daisy-Chain

gibt oder wenn bei codierten Anforderungen einzelne Interruptebenen des weiteren nach Prioritäten unterteilt werden müssen (siehe 8.2.2).

Bei *zentraler Priorisierung* werden die Interruptsignale über eigene Interrupt-Request-Leitungen einem *Interrupt-Controller* zugeführt (in Bild 7-5a für einen Prozessor mit nur einem Interrupteingang gezeigt). Dieser priorisiert sie und unterbricht den Prozessor (u. U. in der Bearbeitung einer Interruptroutine niedrigerer Priorität), indem er ihm die Anforderung durch ein Interrupt-Request-Signal (IREQ) signalisiert. Bei einem maskierbaren Interrupt entscheidet der Prozessor anhand seiner Interruptmaske, ob er der Anforderung stattgibt. Wenn ja, quittiert er die Unterbrechung durch sein Interrupt-Acknowledge-Signal (IACK) und übernimmt in einem damit aktivierten Lesezyklus (Interrupt-Acknowledge-Zyklus) die vom Interrupt-Controller der Anforderung zugeordnete Vektornummer (zur Identifikation,siehe 8.2.3). In einem Mehrmastersystem muss der Prozessor dazu den Bus anfordern (Busarbitration).

Bei *dezentraler Priorisierung* werden die Interruptsignale auf einer einzigen Interrupt-Request-Leitung (IREQ) zusammengefasst dem Interrupteingang des Prozessors zugeführt, der die Unterbrechungsgewährung über seine Interrupt-Acknowledge-Leitung (IACK) allen Interruptquellen mitteilt (Bild 7-5b). Die Priorisierung und somit die Anwahl des Anforderers höchster Priorität geschieht durch eine *Daisy-chain-Leitung*, deren Anfang mit dem Signalzustand „aktiv" belegt ist. Die erste Quelle in der „Kette" hat die höchste Priorität; die daran anschließenden Quellen haben abnehmende Prioritäten. Diese

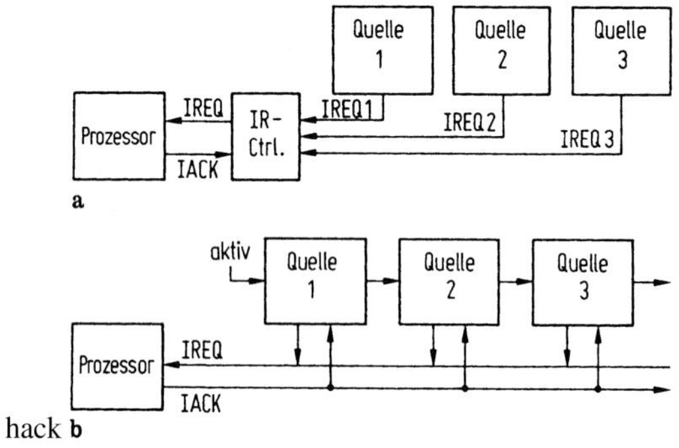

Bild 7-5. Interruptpriorisierung, **a** zentral im Interrupt-Controller, **b** dezentral in der Daisy-Chain

Konfiguration ermöglicht ein Interruptprotokoll, das es einem Anforderer erlaubt, eine Interruptroutine niedrigerer Priorität zu unterbrechen (sofern die Interruptmaske des Prozessors zuvor explizit zurückgesetzt wurde; siehe auch [2]). Der Anforderer gibt sich danach in dem durch das IACK-Signal ausgelösten Lesezyklus durch seine Vektornummer zu erkennen.

Bei den (seriellen) *Punkt-zu-Punkt-Verbindungen* mit der für sie typischen paketorientierten Übertragung gibt es üblicherweise keine Steuersignale mehr, so auch keine Interruptsignale. Hier erfolgt die Signalisierung auf den Datenleitungen durch spezielle Anforderungspakete.

7.1.4 Busmerkmale

Datenbus- und Adressbusbreite. Bei Prozessorbussen sind Daten- und Adressbus in ihrer Leitungsanzahl an die Verarbeitungsbreite bzw. die Adresslänge des Prozessors angepasst. Bei einfacheren Prozessoren umfasst der Datenbus 8 oder 16 Bit mit typischen Werten für den Adressbus von 16 oder 24 Bit (Adressräume von 64 Kbyte bzw. 16 Mbyte). Leistungsfähigere Prozessoren haben Datenbusbreiten von 32 oder 64 Bit mit Adressbusbreiten von üblicherweise 32 Bit (Adressraum von 4 Gbyte). Systembusse gibt es mit denselben Busbreiten. Diese müssen in einem Mehrbussystem nicht mit denen des Prozessorbusses übereinstimmen (siehe Funktion von Bridges und Hubs, 7.1.1, Bild 7-1).

Übertragungsrate und Bustaktfrequenz. Die maximal mögliche *Übertragungsrate*, die sog. *Busbandbreite*, wird bei *parallelen Bussen* (Verbindungen) in der Einheit Mbyte/s oder Gbyte/s angegeben. Sie ergibt sich als Produkt aus Bustaktfrequenz und *Datenbusbreite* in Bytes, geteilt durch die Anzahl der für die Übertragung eines Datums benötigten Bustakte. Die *Bustaktfrequenz* ist dabei die maximale Frequenz, mit der die Signalleitungen eines Busses arbeiten können. Bei synchronen Bussen ist diese Frequenz durch das für Master und Slave gemeinsame Bustaktsignal bestimmt; bei asynchronen Bussen obliegt deren Einhaltung den Buskomponenten, die die Handshake-Signale erzeugen. Da die Anzahl an Bustakten pro Datenübertragung auch unter eins liegen kann, z. B. bei Übertragungen mit Double- und

Quad-Data-Rate, gibt man die Leistungsfähigkeit von Bussen häufig auch als Anzahl an Datentransfers pro Sekunde an, z. B. als MT/s, woraus sich mittels der Datenbusbreite wiederum die Busbandbreite ermitteln lässt. Bei *seriellen Bussen* (Verbindungen) wird die Übertragungsrate aufgrund der bitseriellen Übertragung in Mbit/s oder Gbit/s angegeben. – Die Busbandbreite ist eine idealisierte Größe; die real erreichbaren Übertragungsraten sind meist geringer.
Bei seriellen *Punkt-zu-Punkt-Verbindung* wird kein eigenes Taktsignal geführt. Hier wird der für den Datenempfang erforderliche Takt aus den Pegelübergängen des Datensignals abgeleitet. Dazu wird das Datensignal so codiert, dass die für die Taktgewinnung erforderlichen Pegelübergänge quasi unabhängig von der Datenbitfolge gewährleistet werden (z. B. 8b/10b-Codierung, [13]).

Geteilter Bus und Multiplexbus. Die bisher zugrundegelegte Aufteilung der Busse in Datenbus und Adressbus (*split bus*) erfordert einen hohen Leitungsaufwand. Dieser wird z. B. bei Bussen, die für Mehrprozessorsysteme konzipiert sind, dazu genutzt, den Adress- und den Datenbus den Prozessoren getrennt, d. h. einzeln zuzuweisen. Auf diese Weise können Adress- und Datenübertragungen mehrerer Prozessoren überlappend ablaufen (*split transactions*), wodurch die Busauslastung verbessert werden kann. Beim sog. Multiplexbus (*mux bus*) werden die Daten und Adressen hingegen auf denselben Leitungen im Zeitmultiplexbetrieb übertragen. Auf diese Weise lässt sich (bei gleicher Leitungsanzahl, bezogen auf den geteilten Bus) die Busbandbreite verdoppeln. Ein solcher Adress-/Datenbus arbeitet z. B. mit 64-Bit-Datenübertragung und 32- oder 64-Bit-Adressierung. Multiplexbusse zahlen sich insbesondere bei Blockbuszyklen aus. Auch sie erlauben Split-Transaktionen von Prozessoren, nämlich zeitlich verzahnt.

Buszyklusarten. Bei parallelen Bussen gibt es neben dem Buszyklus des Prozessors für das Lesen oder Schreiben eines einzelnen Datums (*single cycle*, minimal 2 Takte, Bild 7-6a, vgl. 7.1.3) weitere Buszyklusarten für die zusammenhängende Übertragung von Daten.
Beim *Blockbuszyklus* (*burst cycle*), der zum Laden und Rückschreiben von Cache-Blöcken dient, werden vier (ggf. acht) aufeinanderfolgend gespeicherte Datenwörter übertragen, wobei der Datenübertragung der Transport der Adresse des ersten Datums vorangestellt wird (minimal 5 Takte, 2-1-1-1-Burst, Bild 7-6b). Aufgrund der Übertragung der Daten im Taktabstand spricht man auch von einfacher Übertragungsrate (*single data rate, SDR*). Die Steuerung des Zyklus obliegt dem Cache-Controller, die Adressfortzählung den Speicherbausteinen.
Beim *langen Blockbuszyklus* (*long burst cycle*), den es auf Systembussen gibt (z. B. PCI- und PCI-X-Bus) und der durch die Bridge oder durch Master am Bus gesteuert wird, folgt auf die Adresse des ersten Datums ein größerer Datenblock fester oder ggf. beliebiger Länge (Bild 7-6c). In einer Variante dieses Zyklus werden beide Flanken des Bustaktes für die Übertragungssteuerung genutzt, d. h., die Übertragung erfolgt mit doppelter Übertragungsrate (*double data rate, DDR*, z. B. PCI-X-Bus 2.0, Bild 7-6d). Blockbuszyklen ermöglichen eine gute Leitungsnutzung.

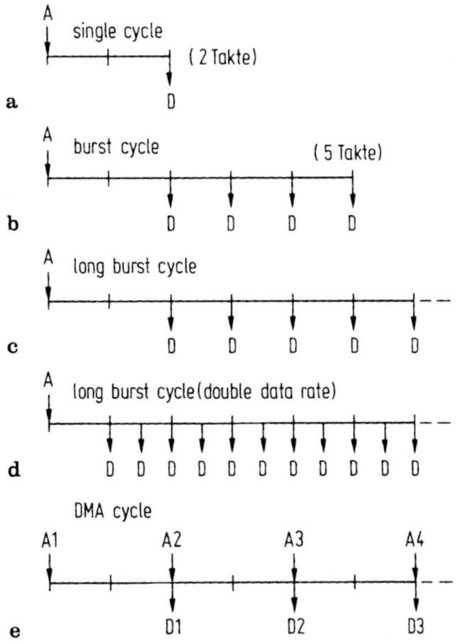

Bild 7-6. Zeitverhalten verschiedener Buszyklenarten bei Angabe der Zeitpunkte des Anlegens einer Adresse, A, und des Abschlusses des Datentransports, D, gemessen in Bustaktschritten. **a** Einzelner Buszyklus eines Prozessors; **b** Blockbuszyklus eines Cache-Controllers; **c** langer Blockbuszyklus eines Systembusses, gesteuert durch eine Bridge oder einen Master am Bus; **d** wie c, jedoch mit doppelter Datenrate; **e** DMA-Zyklus eines DMA-Controllers

Beim *DMA-Zyklus* (DMA cycle) wird ein Datenblock beliebiger Länge übertragen, wobei bei Übertragungen auf Bussen zu jedem Datentransport auch ein Adresstransport gehört (Bild 7-6e). Den DMA-Zyklus gibt es außerdem mit Double-Data-Rate, nämlich bei Festplattenübertragungen (IDE/ATA, SCSI); hier aber ohne explizite Adressierung. – *Bemerkung:* Die Nutzung beider Taktflanken zur Verdoppelung der Übertragungsrate findet man nicht nur bei Bussen, sondern auch bei Punkt-zu-Punkt-Verbindungen und Speicherbausteinen (z. B. DDR-SRAM, DDR-SDRAM).

7.1.5 Zentrale Busse und Punkt-zu-Punkt-Verbindungen

Tabelle 7-1 zeigt einige gebräuchliche zentrale Busse (Systembusse, Ein-/Ausgabebusse) und zentrale Punkt-zu-Punkt-Verbindungen mit ihren Übertragungsraten, ergänzt um die Anzahl an Datenleitungen, die Übertragungstaktfrequenzen und weitere Angaben. Die Busse übertragen parallel, mit Taktfrequenzen, die aus physikalischen Gründen (Reflexionen, kapazitive Lasten, Übersprechen) wesentlich unter denen von Prozessoren liegen. Die Punkt-zu-Punkt-Verbindungen hingegen erlauben sehr hohe Taktfrequenzen, da ihre Leitungen aufgrund der nur zwei Übertragungsteilnehmer mit geringen Reflexionen und geringen kapazitiven Lasten betrieben werden können. Außerdem erlauben sie aufgrund der geringen Anzahl an Datenleitungen die differenzielle Signaldarstellung, wodurch sich Störungen auf den Leitungen weitgehend aufheben. Sie erzielen so bei geringerer Leitungsanzahl sehr viel höhere Übertragungsraten als die Busse. Darüber hinaus sind sie hinsichtlich der Übertragungsrate skalierbar, indem serielle Verbindungen zu mehreren parallel betrieben werden können. – Die in der Tabelle aufgeführten Busse und Verbindungen sind in ihren Einsatzbereichen typisch für ältere PCs (ISA, EISA, PCI), für heutige PCs/Workstations/Server (PCI, PCI-X, PCI-Express, HyperTransport) und für industrielle Rechnersysteme (iPSB, VME).

ISA, EISA. Als System- bzw. Ein-/Ausgabebus in PCs war lange Zeit der *ISA-Bus* (Industry Standard Architecture) mit einer Datenbusbreite von 16 Bit und einer Bustaktfrequenz von 8,33 MHz vorherrschend. Er zeichnet sich als Erweiterungsbus durch bis zu 10 Steckplätze und eine große Vielfalt kostengünstiger Steckkarten aus. Heute kommt er bei PCs nur noch als Sonderausstattung vor, ist aber in industriellen Systemen traditionell noch verbreitet.

Höhere Prozessortakte und damit höhere Anforderungen an die Busbandbreite führten (unter Wahrung der Kompatibilität zum ISA-Bus) zum *EISA-Bus* (Exten-

Tabelle 7-1. Merkmale einiger zentraler Busse (parallel) und zentraler Punkt-zu-Punkt-Verbindungen (seriell)

Bus, Punkt-zu-Punkt-Verbindung	Datenleitungen Anzahl	Taktfreq. MHz	Art	Idealisierte (Netto-) Übertragungsrate Mbyte/s	Mbit/s	Fußnoten
parallel:						
ISA	16	8,33		8,33	66	1
EISA	32	8,33		33	266	1
PCI 2.2	32	33		132	1064	2
PCI-X 1.0	64	133		1064	8512	2
PCI-X 2.0	64	133	DDR	2128	17 024	2
iPSB	32	10		40	320	2
VME	32	10		40	320	1
VME320	64	20	DDR	320	2560	2
seriell:						
PCI-Express	2 × (diff.)	2500		2 × 250	2 × 2000	3, 4, 5
Hypertransport	2 × 2 (diff.)	1400	DDR	2 × 700	2 × 5600	3, 5

[1] Geteilter Bus; [2] Multiplexbus; [3] Punkt-zu-Punkt-Verbindung; [4] 8b/10b-Codierung; [5] Duplexbetrieb 2 × … , (diff.) steht für Leitungspaar

ded ISA-Bus) mit einer Datenbusbreite von 32 Bit und annähernder Wahrung der Bustaktfrequenz von 8,33 MHz. Er fand jedoch aufgrund höherer Kosten keine weite Verbreitung.

PCI/PCI-X-Bus. Weiter steigende Anforderungen führten schließlich 1992 zum *PCI-Bus* (Peripheral Component Interconnect Bus, [6, 8]), einem Multiplexbus mit in der Standardausführung 32 Bit Breite (in einer Erweiterung 64 Bit) und mit einer Bustaktfrequenz von meist 33 aber auch 66 MHz. Als Erweiterungsbus erlaubt er (bei 33 MHz) maximal vier Steckplätze; für mehr Steckplätze (und feste Komponenten) ist er kaskadierbar. Aufgrund seiner hohen Leistungsfähigkeit wird der PCI-Bus auch in Workstations eingesetzt.
Eine zum PCI-Bus weitgehend kompatible Weiterentwicklung ist der *PCI-X-Bus*, der in der Revision 1.0 von 1999 [7] als 64-Bit-Multiplexbus mit 100 und 133 MHz getaktet ist, aber auch herkömmliche PCI-Komponenten mit geringerer Frequenz akzeptiert. Die gegenüber dem PCI-Bus erhöhte Taktfrequenz von 133 MHz wird durch Fließbandtechnik erreicht, indem die Signallaufzeiten auf dem Bus und durch die Decodierlogik des Empfängers auf zwei Taktschritte halber Schrittweite aufgeteilt werden. Die höheren Frequenzen verringern die Anzahl an Steckplätzen auf zwei bzw. einen. Eine effiziente Busnutzung ist durch *Split-Transactions* gegeben, bei denen der Slave eine Übertragung (Lesezugriff) nach der Adressierung unterbrechen und sie später fortsetzen kann. Zwischenzeitlich ist der Bus anderweitig nutzbar. (In der Revision 2.0 wird der Bus mit Double-Data-Rate übertragen, vorgesehen ist außerdem Quad-Data-Rate.)

PCI-Express (PCI-E, PCIe). PCI und PCI-X genügen manchen heutigen Anforderungen nicht mehr, so den hohen Übertragungsraten von z. B. 10-Gigabit-Ethernet und InfiniBand sowie den Zeitabhängigkeiten bei z. B. Video- und Audio-Daten (streaming data) und bei Echtzeitdaten in eingebetteten Systemen. Hinzu kommt der Anspruch, Übertragungen vollduplex und darüber hinausgehend generell mehrere Übertragungen gleichzeitig durchführen zu können. So wurde als Nachfolger der beiden Busse und softwarekompatibel zu diesen die serielle Punkt-zu-Punkt-Verbindung *PCI-Express* mit paketorientierter Übertragung eingeführt. Sie wird als Verbindung zwischen Bausteinen und zwischen Karten (Grundkarte, Steckkarten) eingesetzt (*chip-to-chip* und *board-to-board interconnect*) und wird in einer PC-Struktur, wie der in Bild 7-1c gezeigten, künftig die parallelen Punkt-zu-Punkt-Verbindungen wie auch die Systembusse ersetzen. Übertragen werden 2×1 Bit über zwei differenzielle Leitungspaare, die vollduplex arbeiten, eine sog. Lane, mit einer Taktfrequenz von derzeit 2,5 GHz (künftig 5 Ghz). Unter Berücksichtigung der zur Taktrückgewinnung eingesetzten 8b/10b-Datencodierung [13] ergibt sich daraus eine Nettoübertragungsrate von 2×2 Gbit/s. Eine PCI-Express-Verbindung kann aus 1, 2, 4, 8, 12, 16 oder 32 solcher Lanes bestehen, d. h., durch Parallelbetrieb mehrerer Lanes kann die Übertragungsrate vervielfacht werden. Überbrückbar sind Entfernung bei z. B. 16 parallelen Lanes (×16) von bis zu 20 Zoll (50, 8 cm). – Zur Vertiefung siehe [1].

Hypertransport (HT). *HyperTransport* ist wie PCI-Express eine serielle Punkt-zu-Punkt-Verbindung, überträgt paketorientiert mit differenzieller Signalübertragung und wird ebenfalls als Verbindung zwischen Bausteinen und zwischen Karten eingesetzt [5]. Sie nutzt jedoch die Double-Data-Rate-Übertragung und verzichtet auf die 8b/10b-Codierung, was sie insbesondere befähigt, den Prozessorbus zu ersetzen. Die einfachste Verbindung, ein Link, ist sowohl für den Halbduplex- als auch für den Vollduplexbetrieb konzipiert und überträgt 2 Bit pro Richtung parallel mit einer maximalen Übertragungsrate von 2×5600 Mbit/s bei einer Taktfrequenz von derzeit bis zu 1, 4 GHz (künftig 2, 6 GHz). Eine HyperTransport-Verbindung kann aus 1, 2, 4, 8 oder 16 solcher Links bestehen, womit eine Parallelität pro Richtung von bis zu 32 Bit erreicht wird. Die beiden Übertragungsrichtungen müssen dabei nicht symmetrisch ausgelegt sein. Die maximale Leitungslänge beträgt 24 Zoll (61 cm).

iPSB (Multibus II). Zwei wichtige industrielle Busse sind die Firmenstandards iPSB und VMEbus. Der *iPSB* (intel Parallel System Bus), ein 32-Bit-Multiplexbus, ist einer von drei miteinander kombinierbaren und sich ergänzenden Backplane-Bussen

(Multibus-II-Standard). Als zentraler Systembus ist er an allen Stecksockeln der Backplane zugänglich. Ergänzt wird er durch den iLBX-II-Bus (intel Local Bus Extension), einen schnellen Split-Bus für Prozessor-Speicher-Übertragungen mit kurzer Leitungsführung zwischen benachbarten Stecksockeln, und den seriellen iSSB-Bus (intel Serial System Bus), der als sog. Nachrichtenbus innerhalb einer Backplane wie auch zwischen den Backplanes verschiedener Baugruppenträger eingesetzt werden kann.

VMEbus. Der VMEbus (Versa Module Europe Bus), ebenfalls ein Backplane-Bus, wurde als asynchroner Split-Bus mit einer Datenbusbreite von 32 Bits und einer Busbandbreite von 40 Mbyte/s entwickelt. Er wurde dann zum 64-Bit-Multiplexbus erweitert, zunächst mit Single-Data-Rate (VME64), dann mit Double-Data-Rate (VME64x), jeweils mit Verdoppelung der Busbandbreite. Inzwischen überträgt er synchron mit Double-Data-Rate und einer Busbandbreite von 320 Mbyte/s (VME320, [11]). Den Bustakt liefert der jeweilige Sender, auf eine Empfangsquittierung wird verzichtet (*source synchronous protocol*). – Wie der iPSB wird der VMEbus durch einen schnellen Speicherbus, den VMXbus (VME extended bus), und einen seriellen Nachrichtenbus, den VMSbus (VME serial bus), ergänzt.

7.1.6 Periphere Busse und Punkt-zu-Punkt-Verbindungen

Periphere Verbindungen werden (abgesehen von Funk- und Infrarot-Übertragungen) mit Kabeln realisiert. Es gibt sie zum einen als *Gerätebusse* für die Anbindung von Ein-/Ausgabegeräten und Hintergrundspeichern an den Rechner, zum andern als sog. *Feldbusse* zur Anbindung von Sensoren, Aktoren (auch Aktuatoren genannt) und übergeordneten Einheiten, insbesondere in der Prozess-, Automatisierungs- und Steuerungstechnik. Gerätebusse sind entweder parallele oder serielle Busse mit einem Trend zur seriellen Übertragung, Feldbusse sind dagegen fast ausschließlich serielle Busse. – Der Begriff Bus spiegelt die logische Betrachtung wider. Physikalisch werden die Busse fast ausschließlich durch Punkt-zu-Punkt-Verbindungen realisiert. Gebräuchlich ist hier das Hintereinanderschalten der Komponenten, d. h. die Form des Strangs, sowie das Verbinden der Komponenten unter Verwendung von Verteilern (Hubs), d. h. die Form des Baums.

Serielle Busse sind gegenüber parallelen Bussen kostengünstiger (Kabel, Stecker, Anpasselektronik), einfacher zu verlegen und ermöglichen aufgrund geringerer Übersprechprobleme größere Leitungslängen und höhere Taktfrequenzen, d. h. Übertragungsraten. Maximale Leitungslänge und Taktfrequenz hängen vom Leitungsmaterial und der Leitungsart ab, und zwar mit steigenden Werten für (1.) Kupfer in Form von unverdrillten Zweidrahtleitungen, verdrillten Zweidrahtleitungen (*twisted pair*, TP) und Koaxialleitungen, (2.) Glas in Form von Glasfaserkabeln (Lichtwellenleitern, LWL) mit unterschiedlichen Übertragungsmodi. Serielle Busse unterscheiden sich in ihren technischen und strukturellen Aspekten oft nur wenig von lokalen Netzen (siehe 7.5.3). – Tabelle 7-2 zeigt die wichtigsten Daten der folgenden Busse/Punkt-zu-Punkt-Verbindungen.

SCSI. SCSI (Small Computer System Interface Bus, ANSI-Standard) ist ein paralleler Gerätebus für den Anschluss prozessorinterner und -externer Geräte, wie Festplatte, CD/DVD-Laufwerk, Drucker, Scanner. Es gibt ihn in verschiedenen Entwicklungsstufen mit 8 Bit (narrow) oder 16 Bit (wide) Datenbusbreite für bis zu 7 bzw. 15 durch ein Kabel miteinander in Reihe verbundene Teilnehmer (Strangstruktur), mit Taktfrequenzen von 5, 10, 20 und 40 MHz und der maximalen Übertragungsrate von 320 Mbyte/s. Mittels einer Disconnect-/Reconnect-Steuerung können auf ihm Wartezeiten, z. B. das Positionieren des Schreib-/Lesearms einer Festplatte, durch zwischenzeitliches Zuteilen des Busses an einen anderen Busteilnehmer überbrückt werden. Die Gerätesteuerung insgesamt erfolgt auf einer hohen Kommandoebene. – SCSI wird vorwiegend bei Rechnern mit hohen Leistungsanforderungen eingesetzt, so bei Servern.

Serial Attached SCSI (SAS). Serial Attached SCSI ist der serielle Nachfolger von SCSI mit einer Übertragungsrate von zunächst 3 Gbit/s (8b/10b-Codierung: 2,4 Gbit/s netto, d. h. 300 Mbyte/s). Der Anschluss

Tabelle 7-2. Parallele und serielle Gerätebusse und Punkt-zu-Punkt-Verbindungen mit ihren maximalen Übertragungsraten (abhängig von der Leitungsart). Bei Serial Attached SCSI, Serial ATA, Fibre Channel und InfiniBand ist mit Mbyte/s die Nettoübetragungsrate angegeben (8b/10b-Codierung!). Der maximale Geräteabstand soll die Einsatzmöglichkeiten verdeutlichen: rechnernah, rechnerfern

Bus, Punkt-zu-Punkt-Verbindung	max. Übertragungsrate Mbyte/s	Mbit/s	Leitungsart	max. Reichweite
parallel:				
SCSI (wide)	320		Kupfer	12 m
IDE/ATA	133		Kupfer	0,45 m
seriell:				
Serial Attached SCSI	300	3000	Kupfer	6 m
Serial ATA	150	1500	Kupfer	1 m
Serial ATA II	300	3000	Kupfer	1 m
Fire Wire (IEEE 1394a)	50	400	Kupfer	4,5 m
Fire Wire (IEEE 1394b)	100	800	Kupfer/Glasfaser	100 m
USB 1.1: low speed	0,18	1,5	Kupfer	3 m
USB 1.1: full speed	1,5	12	Kupfer	4,5 m
USB 2.0: high speed	60	480	Kupfer	20 m
Fibre Channel	400	4000	Kupfer	50 m
			Glasfaser	10 km
InfiniBand (×4)	1000	10 000	Kupfer oder	17 m oder
InfiniBand (×12, DDR)	6000	60 000	Glasfaser	10 km

an den SAS-Controller erfolgt punkt-zu-punkt; mittels eines sog. Fan-out-Expander sind jedoch mehrere Geräte anschließbar. Überbrückt werden bis zu 6 m, übertragen wird vollduplex über zwei differenzielle Leitungspaare. Die SCSI-Kommandostruktur ist beibehalten. Aufgrund gleicher Kabel und Stecker wie bei SATA (siehe unten) und da der SAS-Controller das SATA-Protokoll beherrscht, können an ihm auch SATA-Geräte betrieben werden. – Seit Jahren gibt es bereits andere serielle Realisierungen des SCSI-Kommandosatzes: FireWire und Fibre Channel (siehe unten) sowie Serial Storage Architecture.

IDE/ATA. IDE (Integrated Drive Electronics), auch als ATA (AT Attachment) bezeichnet, ist eine 16 Bit parallele Schnittstelle (Punkt-zu-Punkt-Verbindung), die ursprünglich für den Anschluss von bis zu zwei rechnerinternen Festplatten an den ISA-Bus (AT-Bus) mit einer Kabellänge von max. 45 cm ausgelegt wurde. Diese Funktionalität wurde inzwischen hinsichtlich anderer Systembusse (PCI) und einer größeren Vielfalt an Gerätetypen (wie bei SCSI) erweitert. Des Weiteren wurde die ursprüngliche, programmierte Datenübertragung (programmed I/O, PIO) mit Übertragungsraten von 3 bis 20 Mbyte/s um die DMA-gesteuerte Übertragung mit Double-Data-Rate und Übertragungsraten von 33 bis 133 Mbyte/s (Ultra ATA/133) ergänzt. Die Gerätesteuerung erfolgt auf hoher Kommandoebene. Die für die Geräteerweiterung erforderlichen Kommandosätze sind in dem ursprünglichen ATA-Kommandoformat „verpackt", weshalb man auch von ATAPI-Schnittstelle spricht (ATA Package Interface). – IDE wird vorwiegend bei PCs, verstärkt aber auch bei Servern eingesetzt. IDE-Festplatten sind preiswerter als SCSI-Festplatten, mit dem Nachteil geringerer Zugriffsraten, Speicherkapazitäten und Zuverlässigkeit.

Serial ATA (SATA). Serial ATA ist der serielle Nachfolger von IDE/ATA und mit diesem softwarekompatibel. Die Übertragungsrate beträgt bei SATA 1,5 Gbit/s, was bei 8b/10b-Codierung 1,2 Gbit/s netto, d. h. 150 Mbyte/s bedeutet. In der Version SATA II wird bei doppelter Frequenz mit 3 Gbit/s übertragen, geplant ist SATA III mit 6 Gbit/s. Die Verbindung arbeitet punkt-zu-punkt (jetzt mit nur noch einem einzigen Gerät), mit je einem differenziellen Leitungspaar pro Richtung und über eine Entfernung von bis zu 1 m. Die Übertragung erfolgt halbduplex für Daten und vollduplex für die Synchronisation.

FireWire. FireWire ist ein serieller Bus mit Strang- oder Sternstruktur, an dem bis zu 64 Geräte mit einem maximalen Geräteabstand von 4,5 m (Twisted-Pair-Kabel) betrieben werden können. Übertragen wird mit 400 Mbit/s (IEEE 1394a) und 800 Mbit/s (IEEE 1394b), geplant sind 1600 und 3200 Mbit/s. Konzipiert wurde er für Multimedia-Anwendungen im Konsumbereich und sieht dafür u. a. die *isochrone Datenübertragung* vor, d. h., er garantiert die Übertragung innerhalb eines bestimmten Zeitrahmens, wie dies für Audio- und Video-Übertragungen erforderlich ist. Geräte am Bus können dabei direkt miteinander kommunizieren, ohne den Rechner über den Host-Adapter (Bild 7-1b) zu beanspruchen (*peer-to-peer*). Darüber hinaus wird FireWire für den Anschluss prozessorexterner Geräte, z. B. Festplatten, eingesetzt. – FireWire steht in Konkurrenz zu USB.

Universal Serial Bus. Der Universal Serial Bus (USB) ist ein serieller Bus und wird wie FireWire für Multimedia-Anwendungen, insbesondere aber als Gerätebus bei PCs zur Versorgung langsamer Geräte, wie Tastatur und Maus, und schneller Geräte, wie externe Festplatten, Scanner usw., eingesetzt. Es gibt ihn derzeit mit drei verschiedenen Übertragungsraten mit Abwärtskompatibilität: USB 1.1 mit 1,5 Mbit/s (low speed) und 12 Mbit/s (full speed), USB 2.0 mit 480 Mbit/s (high speed). Er hat eine Stern-Strang-Struktur mit Hubs als Sternverteiler, von denen jeweils mehrere Punkt-zu-Punkt-Verbindungen ausgehen. Die Übertragung erfolgt grundsätzlich asynchron, Multimedia-Anwendungen werden durch die isochrone Übertragung unterstützt. Die Übertragungen laufen immer über den Host-Adapter (Bild 7-1b), d. h. über den Rechner.

Fibre Channel. Der Fibre Channel (FC, ANSI-Standard) ist eine serielle Verbindung mit Übertragungsraten von bis zu 4 Gbit/s, bei Entfernungen von bis zu 50 m (Kupferleitungen) und 10 km (Lichtwellenleiter). Aufgrund der 8b/10b-Codierung der Daten resultiert daraus eine Nettoübertragungsrate von 400 Mbyte/s pro Richtung. Eingesetzt wird Fibre Channel in drei unterschiedlichen Verbindungsformen: (1.) „Point-to-Point-Topology". Hier wird nur ein einziges Gerät mit einem Rechner verbunden. (2.) „Arbitrated Loop Topology". Hier werden in der ursprünglichen Ausführung bis zu 126 Geräte und Rechner punkt-zu-punkt in einer Ringstruktur miteinander verbunden (oft als Doppelring ausgelegt, Dual Loop). Heute wird anstelle des Rings bevorzugt eine Sternstruktur verwendet, in der ein Hub als zentraler Vermittler fungiert. Der Arbitrated Loop ist eine der seriellen SCSI-Varianten. (3.) „Fabric Topology". Hier können sehr viele Rechner und Geräte (bis zu 16 Millionen adressierbar) in großen, netzförmigen Systemen miteinander verbunden werden. Dies wird insbesondere für die Realisierung von *Speichernetzen* (*storage area networks*, *SAN*s) genutzt, bei denen die Server lokaler Netze mit ihren Speichereinheiten, sog. RAIDs (redundand arrays of independent/inexpensive disks), zu einem eigenen Netz zusammengefasst werden, um unabhängig vom lokalen Netz auf Dateien schnell und wahlfrei zugreifen zu können. Die Netzstruktur ist hier üblicherweise eine sog. *Switched Fabric* (Schaltgewebe), bei der mittels mehrerer Switches Mehrwegeverbindungen zwischen allen Netzteilnehmern herstellbar sind (*any-to-any network*).

InfiniBand. InfiniBand, zunächst als PCI-Bus-Nachfolger vorgesehen, hat seinen Einsatzbereich bei der Vernetzung von Servern und Hintergrundspeichern (Storage Area Networks). Diese findet in Form der Switched Fabric statt (siehe dazu Fibre Channel). Übertragen wird vollduplex über zwei differenzielle Leitungspaare (1×-Link) mit 2,5 GHz-Takt und mit 8b/10b-Codierung, d. h. mit 2×2,5 Gbit/s brutto bzw. 2×250 Mbyte/s netto. Erhöht wird die Übertragungsrate durch den Parallelbetrieb von 4 oder 12 solcher Verbindungen (4×-, 12×-Link), ggf. ergänzt um die Double-Data-Rate- oder Quad-Data-Rate-Technik.

Feldbusse. Kommunikationssysteme in der Prozess-, Automatisierungs- und Steuerungstechnik bestehen meist aus hierarchisch strukturierten Netzen, basierend auf ggf. unterschiedlichen Feldbussen, die über Gateways und Bridges (siehe 7.5.3) miteinander verbunden sind. Von den in lokalen Netzen (LANs) gebräuchlichen Techniken unterscheiden sich Feldbusse jedoch durch geringere Installationskosten, geringere Komplexität der Protokolle und ihre „Echtzeitfähigkeit". Sie haben außerdem eine hohe Zuverlässigkeit, hohe Fehlertoleranz, geringe Störanfälligkeit und sind ggf. multimasterfähig. Die meisten dieser seriellen Busse benutzen auf der untersten, der physikalischen Ebene die Schnittstellennorm RS-485 (Electronic Industries Association, EIA) und erreichen, abhängig von der Streckenlänge, Übertragungsraten von 100 kbit/s (bis zu 1000 m) bis zu 1 Mbit/s (unter 50 m). Zu den bekanntesten der gut 50 Feldbusse zählen: Profi-Bus, FIP-Bus, CAN-Bus, Bitbus und Interbus S.

Der sog. *IEC-Bus* (General Purpose Interface Bus, GPIB, IEC 625, IEEE 488) ist ein 8 Bit paralleler Bus für den Datenaustausch zwischen einem Rechnersystem und Mess- und Anzeigegeräten, z. B. in Laborumgebungen (Messbus). Seine Länge ist auf 20 m beschränkt, die maximale Übertragungsrate beträgt 1 Mbyte/s. Die bis zu 15 möglichen Busteilnehmer haben Senderfunktion (talker, z. B. Messgeräte) oder Empfängerfunktion (listener, z. B. Signalgeneratoren, Drucker) oder beides (z. B. Messgeräte mit einstellbaren Messbereichen). Verwaltet wird der Bus von einer Steuereinheit (Rechner), die gleichzeitig auch Sender und Empfänger sein kann.

7.2 Speicherorganisation

Speicher sind wesentliche Bestandteile von Rechnern und werden für die heutzutage großen Programmpakete und Datenmengen mit entsprechend großen Kapazitäten benötigt. Da Speicherzugriffe den Durchsatz und damit die Leistungsfähigkeit eines Rechners stark beeinflussen, müssen Speicher kurze Zugriffszeiten haben. Beide Forderungen, große Kapazitäten und kurze Zugriffszeiten, führen zu hohen Kosten bzw. sind technisch nicht herstellbar. Einen Kompromiss zwischen niedrigen Kosten und hoher Leistungsfähigkeit stellt eine hierarchische Speicherstruktur dar mit Speichern, die im einen Extrem große Kapazitäten mit langen Zugriffszeiten und im andern Extrem kurze Zugriffszeiten bei geringen Kapazitäten aufweisen (Bild 7-7).

Zentraler Speicher einer solchen Hierarchie ist der *Hauptspeicher* (Arbeitsspeicher, Primärspeicher; ein Halbleiterspeicher) als der vom Prozessor direkt adressierbare Speicher, i. Allg. ergänzt um eine Speicherverwaltungseinheit. Dieser wird versorgt von Hintergrundspeichern (Sekundärspeichern) mit großen Kapazitäten (z. B. magnetischen und optischen Plattenspeichern, langsameren Halbleiterspeichern, Magnetbandspeichern). Zur Beschleunigung des Prozessorzugriffs auf den Hauptspeicher werden zwischen Prozessor und Hauptspeicher ein oder mehrere kleinere Pufferspeicher, sog. Caches, geschaltet. Als schnelle Halbleiterspeicher erlauben sie die Anpassung an die vom Prozessor vorgegebene Zugriffszeit. Schließlich gibt es in dieser Hierarchie den Registerspeicher (Registerblock) des Prozessors und ggf. einen Befehlspuffer (instruction queue/pipe) mit Zugriffszeiten gleich dem Verarbeitungstakt des Prozessors (siehe auch 5.4.1).

Der Hauptspeicher, die Caches und die Prozessorregister sind als Halbleiterspeicher sog. flüchtige Speicher, d. h., ihr Inhalt geht beim Abschalten der Versorgungsspannung verloren. Hintergrundspeicher mit magnetischer oder optischer Speicherung sind hingegen nichtflüchtig. – Zur Speicherorganisation siehe z. B. auch [2].

7.2.1 Hauptspeicher

Der Hauptspeicher realisiert einen Speicherraum mit fortlaufend nummerierten Speicherzellen und direktem Zugriff auf diese (man spricht von wahlfreiem Zugriff). Die Kapazitäten der Hauptspeicher von PCs liegen bei 256 Mbyte bis zu mehreren Gbyte. Eingesetzt werden derzeit Speicherbausteine (dynamische

Bild 7-7. Speicherhierarchie

RAMs: *DRAMs*) mit Kapazitäten von 64 Mbit bis zu 1 Gbit und mit Zugriffsbreiten von z. B. 4, 8 oder 16 Bit. Mehrere solcher Bausteine (z. B. acht oder 16) werden zu steckbaren Modulen, sog. DIMMs (*dual in-line memory modules*) mit 64-Bit-Zugriffsbreite zusammengefasst. Im Hinblick auf den Datentransfer mit Caches werden DRAM-Bausteine verwendet, die den 4-Wort- und 8-Wort-Blockbuszyklus von Cache-Controllern unterstützen, indem sie Folgezugriffe mit gegenüber dem Erstzugriff (*lead-off cycle*) verkürzten Zugriffszeiten erlauben (Bild 7-6).

Gebräuchlich sind hier *synchrone*, d. h. getaktete *DRAMs* (*SDRAMs*), anfänglich mit Single-Data-Rate-Datenzugriff. Seit der zweiten Generation arbeiten sie mit *Double-Data-Rate*, d. h. mit zwei Folgezugriffen pro Takt (DDR-SDRAM), bei Taktfrequenzen von z. B. 133 und 200 MHz (DDR266, DDR400). In der dritten Generation (DDR2-SDRAM) weisen sie eine erneute Verdoppelung der Übertragungsrate auf, und zwar durch Verdoppelung der Übertragungstaktfrequenz gegenüber der chipinternen Taktfrequenz (z. B. DDR2-800 mit 400 MHz Übertragungsfrequenz und Double-Data-Rate). Zur Aufrechterhaltung des Datenflusses wird bei den DDR-SDRAMs mit jedem Interntakt auf zwei Daten, bei DDR2-SDRAMs auf vier Daten gleichzeitig zugegriffen. Die Folgegeneration der DDR3-SDRAMs arbeitet mit 8-fachem Internzugriff, wodurch die Übertragungstaktfrequenz erneut verdoppelt werden kann. – Schnittstelle zu den DIMMs ist der DRAM-Controller, der die Speicherzugriffe durch Kommandos steuert. Verbunden ist er mit ihnen entweder (herkömmlich) über einen oder zwei busartige 64-Bit-Speicherkanäle oder (künftig) punkt-zu-punkt mit serieller Übertragungstechnik (10 Bit breit schreiben, 14 Bit breit lesen) und ggf. höherer Kanalanzahl.

Die Speicherung eines Bits erfolgt bei DRAMs mittels der Ladung eines Kondensators, mit dem Vorteil eines geringen Chipflächenbedarfs der Speicherzelle und dem Nachteil des Zerstörens der Speicherinformation beim Auslesen von Zellen wie auch durch Leckströme. Der Speicherinhalt muss deshalb lokal bei jedem Auslesen und zusätzlich global, d. h. der gesamte Bausteininhalt, in einem vorgegebenen Zeitintervall „aufgefrischt" werden (refresh). Die Steuerung hierfür übernimmt der DRAM-Controller.

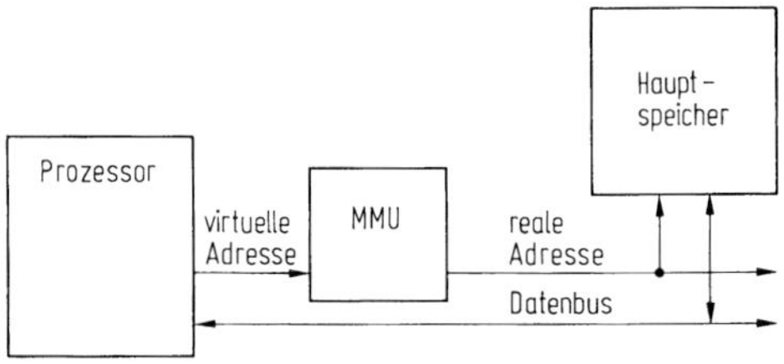

Bild 7-8. Rechnerstruktur mit Speicherverwaltungseinheit (MMU)

7.2.2 Speicherverwaltungseinheiten

Bei Rechnersystemen mit Mehrprogrammbetrieb (siehe 8) werden Programme und ihre Daten (Prozesse) mit Unterbrechungen ausgeführt und dazu ggf. zwischenzeitlich aus dem Hauptspeicher entfernt und bei Bedarf wieder geladen. Eine dabei evtl. notwendige Änderung des Ladeorts erfordert, dass Programme und Daten im Hauptspeicher verschiebbar (relocatable) sein müssen. Diese Verschiebbarkeit wird in flexibler Weise durch eine *Speicherverwaltungseinheit* (*memory management unit, MMU*) erreicht, die als Bindeglied zwischen dem Adressbus des Prozessors und dem Adresseingang des Hauptspeichers wirkt (Bild 7-8; zu anderen Techniken siehe 8.3.3). Sie setzt die vom Prozessor während der Programmausführung erzeugten sog. *virtuellen, logischen Programmadressen* in *reale, physische Speicheradressen* um und führt dabei zusätzlich eine Zugriffsüberwachung durch. Die hierfür erforderliche Information wird vom Betriebssystem in sog. Umsetztabellen bereitgestellt. Um deren Umfang gering zu halten, bezieht man die Adressumsetzung und den Speicherschutz nicht auf einzelne Adressen, sondern auf zusammenhängende Adressbereiche, und zwar auf Segmente oder Seiten.

Segmente und Seiten. Bei einer Speicherverwaltung mittels *Segmenten* werden die Bereiche so groß gewählt, dass sie logische Einheiten, wie Programmcode, Daten oder Stack, vollständig umfassen; sie haben dementsprechend variable Größe. Bei einer Speicherverwaltung mittels *Seiten* (*pages*) wird eine logische Einheit in Bereiche einheitlicher Länge unterteilt. Für den *Zugriffsschutz* (*Speicherschutz*) werden den Segmenten bzw. Seiten

Schutzattribute zugeordnet, die von der MMU bei der Adressumsetzung unter Bezug auf die vom Prozessor erzeugten Statussignale ausgewertet werden. Adressumsetzinformation, Schutzattribute und zusätzliche Statusangaben eines Bereichs bilden dessen *Deskriptor*. Deskriptoren werden wiederum in Umsetztabellen zusammengefasst.

Die folgenden Darlegungen beziehen sich auf jene Aspekte der Speicherverwaltung, die mit der Hardware von MMUs zusammenhängen. Zu den mehr softwaretechnischen Aspekten sei auf 8.3.3 verwiesen.

MMU mit Segmentverwaltung (segmentation). Das Bilden von Segmenten erfordert eine Strukturierung des virtuellen wie auch des realen Adressraums und somit des Hauptspeichers. Im Virtuellen wird dazu (als eine Möglichkeit) das virtuelle Adresswort unterteilt: in eine Segmentnummer als Kennung eines Segments, bestimmt durch die n höchstwertigen Adressbits (z. B. $n = 8$), und in eine Bytenummer als Abstand zum Segmentanfang (offset), festgelegt durch die verbleibenden m niederwertigen Adressbits (z. B. $m = 24$ bei 32-Bit-Adressen). Das heißt, der virtuelle Adressraum wird in Bereiche der Größe 2^m (hier 16 Mbyte) eingeteilt, die die maximal mögliche Segmentgröße haben. Er wird daher bei kleineren Segmenten nur lückenhaft genutzt, was jedoch ohne Nachteil ist, da die eigentliche Speicherung auf einem Hintergrundspeicher erfolgt und dort Lücken durch eine weitere Adressumsetzung durch das Betriebssystem vermieden werden. Bei der Strukturierung des realen Adressraums ist man allerdings auf eine möglichst gute Hauptspeicherausnutzung angewiesen. Ein lückenloses Speichern von Segmenten erreicht man dadurch, dass man der virtuellen Segmentnummer eine Byteadresse (hier 32-Bit-Adresse) als Segmentbasisadresse zuordnet, zu der bei der Adressumsetzung die virtuelle Bytenummer addiert wird. Segmente können dadurch an jeder beliebigen Byteadresse beginnen. Eine solche Adressumsetzung zeigt Bild 7-9. Die Umsetztabelle einschließlich der Schutz- und Statusangaben, die sog. *Segmenttabelle*, hat hier den geringen Umfang von bis zu 256 Deskriptoren ($n = 8$) und wird deshalb insgesamt in einem „schnellen" Registerspeicher der MMU gehalten.

Bei einer anderen Möglichkeit der Strukturierung im Virtuellen wird das Adresswort um die Segmentnummer erweitert. Hierfür hat die MMU mehrere Segmentnummerregister, die durch den Zugriffsstatus des Prozessors, nämlich Code- (Programm-), Daten- oder Stack-Zugriff angewählt werden. Der Vorteil gegenüber einer MMU mit Unterteilung des Adressworts ist, dass Segmente in ihrer Größe nicht beschränkt sind und in größerer Anzahl verwaltet werden können (abhängig von der Breite der Segmentnummerregister). Die dementsprechend größere Segmenttabelle wird nicht mehr in der MMU, sondern im Hauptspeicher untergebracht. Um dennoch schnell auf die aktuellen Deskriptoren zugreifen zu können, werden diese in Pufferregister der MMU, die den Segmentnummerregistern zugeordnet sind, kopiert.

Nachteilig an der Segmentverwaltung ist, dass der beim Mehrprogrammbetrieb erforderliche Austausch von Speicherinhalten (*swapping*) abhängig von der Segmentgröße sehr zeitaufwändig sein kann und dass ein zu ladendes Segment immer einen zusammenhängenden Speicherbereich benötigt, somit freie Speicherbereiche ggf. nicht genutzt werden können. Dieser Nachteil tritt bei der Seitenverwaltung nicht auf.

MMU mit Seitenverwaltung (paging). Bei der Seitenverwaltung wird der virtuelle Adressraum in *Seiten* (*pages*) als relativ kleine Bereiche einheitlicher Größe (512 Byte bis 8 Kbyte) unterteilt, die im Speicher auf *Seitenrahmen* (*page frames*) gleicher Größe abgebildet werden (Bild 7-10a). Dazu werden bei der Adress-

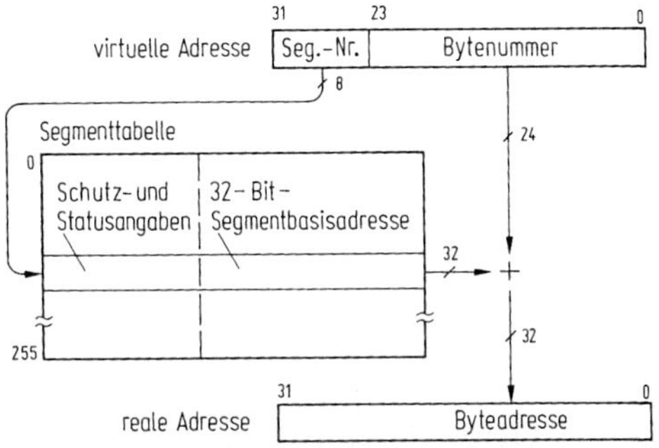

Bild 7-9. Adressumsetzung für Segmente, deren Segmentnummern aus einem Teil der virtuellen Adresse gebildet werden. Virtueller Adressraum von 4 Gbyte (32-Bit-Adressen), aufgeteilt in 256 Segmente mit jeweils bis zu 16 Mbyte

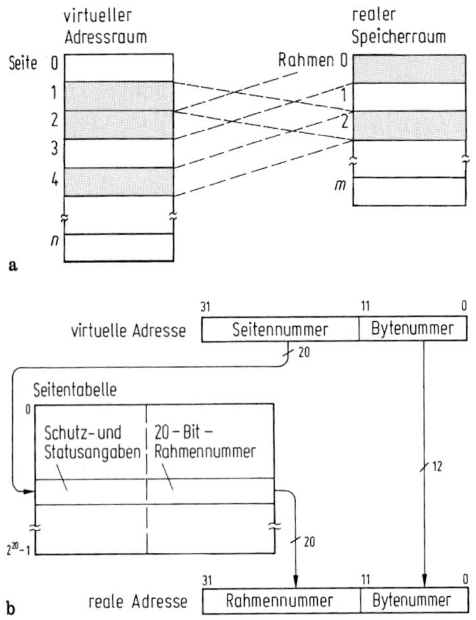

Bild 7-10. Seitenverwaltung. **a** Abbildung der Seite 2 auf den Speicherrahmen 0 und der Seiten 1 und 4 auf den Speicherrahmen 2 (shared memory, siehe auch im Folgenden: MMU mit zweistufiger Seitenverwaltung); **b** Adressumsetzung bei einer Seitengröße von 4 Kbyte

umsetzung die n höchstwertigen Adressbits der virtuellen Adresse (Seitennummer) durch n Bits der realen Adresse (Rahmennummer) ersetzt (z. B. $n = 20$). Die verbleibenden m Bits der virtuellen Adresse (Bytenummer, Relativadresse der Seite) werden als Relativadresse des Rahmens unverändert übernommen (z. B. $m = 12$ bei 32-Bit-Adressen, Bild 7-10b). Der virtuelle Adressraum wird somit in Seiten unterteilt, die in beliebige freie, nicht notwendigerweise zusammenhängende Seitenrahmen geladen werden können und so eine bessere Nutzung des Speichers erlauben. Diese Technik ermöglicht es auch, nur die aktuellen Seiten eines Prozesses (*working set*) im Speicher zu halten. Das Betriebssystem muss dann jedoch so ausgelegt sein, dass es bei einem Zugriffsversuch auf eine nicht geladene Seite die Zugriffsoperation unterbricht, den Prozess blockiert, die fehlende Seite in den Speicher lädt und danach die Zugriffsoperation und damit den Prozess wieder aufnimmt (*demand paging*). Da bei diesem Vorgehen der verfügbare Hauptspeicherplatz geringer sein kann als der insgesamt benötigte, spricht man auch von *virtuellem Speicher*.

Die *Seitentabelle* wird wegen ihres großen Umfangs (im obigen Beispiel bis zu 2^{20} Seitendeskriptoren) in Teilen im Hauptspeicher und auf dem Hintergrundspeicher gehalten, wobei sie u. U. selbst der Seitenverwaltung unterworfen wird. Um einen schnellen Deskriptorzugriff zu ermöglichen, werden die aktuellen Seitendeskriptoren in einen speziellen Cache der MMU, den sog. *Translation-look-aside-Buffer* (*TLB*) kopiert. In einer MMU-Variante lässt sich die Seitentabelle als sog. *invertierte Seitentabelle* auf die Größenordnung der Anzahl an Seitenrahmen reduzieren, indem sie mittels Hash-Adressierung verwaltet wird (Umcodieren der Seitennummern; siehe auch 10.7).

MMU mit zweistufiger Seitenverwaltung. Um Segmente einerseits als logische Einheiten verwalten und andererseits in kleineren Einheiten speichern zu können, kombiniert man die Verwaltung von logischen Einheiten (Segmenten) mit der Seitenverwaltung und erhält so eine zweistufige Adressabbildung, wie Bild 7-11 für die Segmentverwaltung durch Unterteilung des Adressworts zeigt. Da hier die Segmente als Zusammenfassungen von Seiten gebildet werden, spricht man von *zweistufiger Seitenverwaltung*. Ausgangspunkt der Adressabbildung ist die Segmenttabelle (das Seitentabellenverzeichnis), die für jedes Segment einen Deskriptor mit den Schutzattributen, dem Status und einem Zeiger auf eine Seitentabelle enthält. Die Seitentabelle wiederum enthält für jede Seite des Segments einen Deskriptor mit der Rahmennummer, dem Status (z. B. Seite geladen) und den seitenspezifischen Schutzattributen. Weicht ein Schutzattribut einer Seite von dem des Segments ab, so gilt z. B. das strengere Attribut. Diese Technik erlaubt es u. a., Segmente verschiedener Benutzer sich in Teilen (Seiten) überlappen zu lassen und den Benutzern unterschiedliche Zugriffsrechte für den gemeinsamen Speicherbereich (shared memory) einzuräumen. – Als Erweiterung dieser Technik gibt es MMUs mit mehr als zwei Tabellenebenen, z. B. mit dreistufiger Adressumsetzung.

7.2.3 Caches

Systemstrukturen. Ein Cache ist ein schneller Speicher, der in der Speicherhierarchie als Puffer

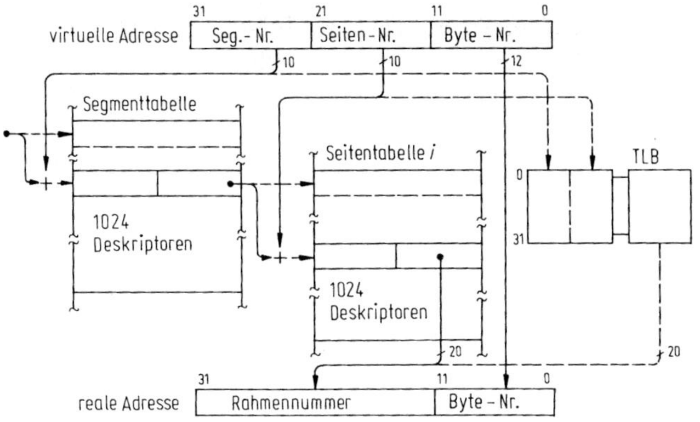

Bild 7-11. Zweistufige Adressumsetzung für Segment- und Seitenverwaltung. Virtueller Adressraum von 4 Gbyte (32-Bit-Adressen), aufgeteilt in 1024 Segmente mit jeweils bis zu 1024 Seiten von je 4 Kbyte. Von 1024 möglichen Seitentabellen ist nur eine dargestellt

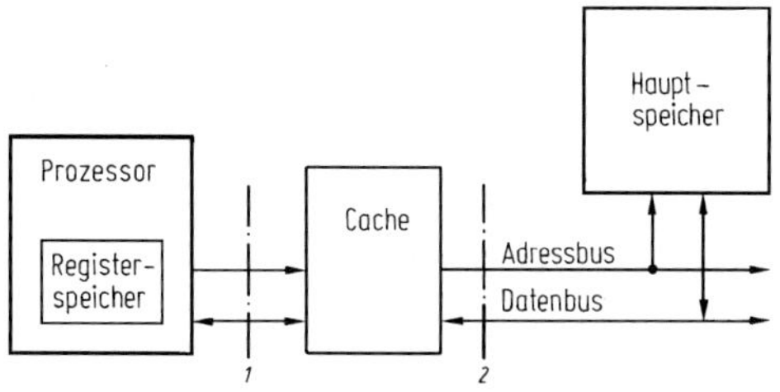

Bild 7-12. Struktur einer Prozessor-Cache-Hauptspeicher-Hierarchie. Schnittstelle *1*: Off-chip-Cache, Schnittstelle *2*: On-chip-Cache

zwischen dem Hauptspeicher und dem Prozessor angeordnet ist (Bild 7-12). Er ist üblicherweise in den Prozessorbaustein integriert (*on-chip cache*) und meist in zwei Caches für Befehle und Daten getrennt (*split caches*); derzeit mit einer Gesamtkapazität von bis zu 64 Kbyte, aber auch mehr. Ferner gibt es prozessorexterne Caches (*off-chip caches*), üblicherweise mit gemeinsamer Speicherung von Befehlen und Daten (*unified cache*) und mit einer Kapazität von 1 Mbyte und mehr. Bei der Kombination von On-chip-Cache und Off-chip-Cache wird der erste als First-level- und der zweite als Second-level-Cache bezeichnet (*L1- bzw. L2-Cache*). Häufig ist auch der L2-Cache in den Prozessorbaustein integriert, dann gibt es ggf. einen Off-chip-L3-Cache.

Ein On-chip-Cache hat bei begrenzter räumlicher Ausdehnung auf dem Halbleitersubstrat, d. h. bei begrenzter Speicherkapazität, üblicherweise dieselbe kurze Zugriffszeit wie die Prozessorregister, d. h. einen Taktschritt mit der hohen prozessorinternen Taktfrequenz. Bei einen Off-chip-Cache hingegen kommt es darauf an, wie er mit dem Prozessor verbunden ist. Ist er an die Prozessorbusschnittstelle angeschlossen (*frontside cache*, Bild 7-1b), so kommt die sehr viel niedrigere Taktfrequenz des Prozessorbusses zur Wirkung. Hat er einen eigenen Prozessoranschluss, der dann als Punkt-zu-Punkt-Verbindung ausgelegt ist (*backside cache*, Bild 7-1c), kann er mit z. B. halber oder auch ungeteilter Internfrequenz des Prozessors getaktet sein, benötigt ggf. aufgrund seiner Größe aber mehr als einen Takt pro Zugriff. Grundsätzlich erfolgt der Datenaustausch mit dem On-chip-Cache durch Blockbuszyklen (im günstigsten Fall als 2-1-1-1-Bursts, Bild 7-6b).

Off-chip-Caches werden mit *statischen RAMs* (*SRAMs*) mit Zugriffsbreiten von 16 oder 32 Bit aufgebaut. Wie bei den DRAMs gibt es auch hier getaktete Varianten mit Unterstützung des Blockbuszyklus. Das *DDR-SRAM* überträgt mit Double-Data-Rate mit Taktfrequenzen von derzeit bis zu 333 MHz. Das *DDR2-SRAM* hat ihm gegenüber die doppelte Übertragungsrate durch Verdoppelung der Übertragungs- gegenüber der Interntaktfrequenz. Anders als bei DRAMs erfolgt die Bitspeicherung als Zustand einer Transistorschaltung (Flipflop, siehe 4.1.1), was sie im Zugriff schneller als DRAMs macht. Ihr Nachteil ist der höhere Chipflächenbedarf, d. h. eine geringere Speicherkapazität pro Baustein von derzeit bis zu 32 Mbit.

Laden und Aktualisieren. Da ein Cache eine wesentlich geringere Kapazität als der Hauptspeicher hat, sind besondere Techniken für das Laden und Aktualisieren sowie für das Adressieren seiner Inhalte erforderlich. Bei Lesezugriffen des Prozessors wird zunächst geprüft, ob sich das zur Hauptspeicheradresse gehörende Datum im Cache befindet. Bei einem Treffer (*cache hit*) wird es von dort gelesen; bei einem Fehlzugriff (*cache miss*) wird es aus dem Hauptspeicher gelesen und dabei gleichzeitig in den Cache geladen. Dieses Laden umfasst nicht nur das eigentlich adressierte Datum, sondern einen Block von 16, 32 oder 64 Bytes (*data prefetch*) entsprechend 4 oder 8 Übertragungen auf einem 32- oder 64-Bit-Datenbus (Blockbuszyklus, Bild 7-6b). Wird mit jedem Cache-Zugriff vorsorglich stets auch ein Speicherzugriff initiiert, der bei einem Cache-Hit abgebrochen wird, so spricht man von einem *Look-aside-Cache* (Zeitersparnis bei Einprozessorsystemen; veraltete Technik). Erfolgt ein Speicherzugriff stets erst mit Eintreten eines Cache-Miss, wie heute üblich, so spricht man von einem *Look-through-Cache* (geringe Busbelastung in Mehrmastersystemen, insbesondere in speichergekoppelten Mehrprozessorsystemen, siehe 7.4.3).

Schreibzugriffe auf den Cache gibt es in der Regel nur auf Daten, nicht auf Befehle. Sie erfordern immer auch das Aktualisieren des Hauptspeichers. Beim *Write-through-Verfahren* erfolgt dies bei jedem Schreibzugriff, wobei der Cache für Schreibzugriffe seine Vorteile einbüßt. Teilweise Abhilfe schafft hier ein sog. *Write-Buffer*, ein Register, in dem das Datum für den Speicherschreibvorgang zwischengespeichert wird, damit der Cache sofort wieder für Prozessorzugriffe frei wird. Beim *Copy-back-Verfahren* hingegen erfolgt das Rückschreiben erst dann, wenn ein Block im Cache überschrieben werden muss. Dieses Verfahren ist aufwändiger in der Verwaltung, gewährt jedoch den Zugriffsvorteil auch für einen Großteil der Schreibzugriffe. Auch hier wird für das Schreiben in den Hauptspeicher ein Write-Buffer verwendet, jedoch mit der Kapazität eines Cache-Blocks.

Eine besonders hohe Trefferquote (*hit rate*) bei Cache-Zugriffen erhält man bei wiederholtem Zugriff, z. B. bei Befehlszugriffen in Programmschleifen, die sich vollständig im Cache befinden sowie bei Operationen, die sich auf eine begrenzte Anzahl von Operanden beziehen. Trefferquoten zwischen 40 und 95% werden genannt.

Adressierung. Die Adressierung eines Cache erfolgt entweder durch virtuelle Adressen mit dem Vorteil einer zur MMU parallelen, d. h. unverzögerten Adressauswertung oder, heute vorwiegend, durch reale Adressen mit dem Vorteil, dass die Cache-Steuerung – auch bei Hauptspeicherzugriffen anderer Master – immer in der Lage ist, Hauptspeicher und Cache gemeinsam zu aktualisieren. Bei virtueller Adressierung muss u. U. nach dem Schreiben in den Hauptspeicher, z. B. durch einen DMA-Controller, der gesamte Cache-Inhalt als ungültig, da nicht aktualisiert, verworfen werden. Grundsätzlich ist bei beiden Adressierungsarten eine Adressumsetzung von einem großen Adressraum auf den kleineren des Cache erforderlich, wozu sich assoziative Speicherstrukturen anbieten.

Bei einem *vollassoziativen Cache* wird zusätzlich zum Datenblock dessen Blockadresse als Blockkennung (*tag*) gespeichert, und das Auffinden eines Datums erfolgt durch parallelen Vergleich des Blockadressteils der anliegenden Adresse mit allen gespeicherten Blockkennungen. Der Vorteil ist hierbei, dass ein Block an beliebiger Position im Cache stehen kann, dafür ist allerdings der Hardwareaufwand mit je einem Vergleicher pro Cache-Block sehr hoch.

Weniger Vergleicher erfordern *teilassoziative Caches*, bei denen jeweils zwei, vier, sechs oder mehr Blöcke im Cache zu einem Satz (set) zusammengefasst werden und nur ein Teil der Blockadresse als satzbezogene Blockkennung gespeichert wird. Der andere Teil der Blockadresse wird als Index bezeichnet und zur direkten Anwahl der Sätze benutzt (decodiert). Nachteilig ist, dass die Positionen der Speicherblöcke im Cache jetzt nicht mehr beliebig sind. Bei nur einem Block pro Satz, wo jede Blockadresse über ihren Indexteil auf eine bestimmte Position abgebildet wird, dafür aber auch nur ein einziger Vergleicher benötigt wird, spricht man von einem einfach assoziativen oder *direkt zuordnenden Cache* (*direct mapped cache*), hingegen bei mehreren (n) Blöcken pro Satz und damit n möglichen Positionen für jeden Speicherblock (bei n Vergleichern) von einem *n-fach assoziativen Cache* (*n-way set associative cache*).

Bild 7-13 zeigt einen zweifach assoziativen Cache mit 1024 Sätzen zu je zwei Blöcken mit je 16 Bytes (32 Kbyte). Der mittlere Teil der am Cache anliegenden Hauptspeicheradresse (Index) adressiert die Sätze in herkömmlicher Weise und wählt jeweils zwei Datenblöcke (Cache-Zeilen) mit ihren Tag-Feldern aus. Der höherwertige Adressteil wird mit den Einträgen der beiden Tag-Felder verglichen. Bei Übereinstimmung mit einem der Einträge wird der niederwertige Adressteil (Offset) zur Byteadressierung im Datenblock herangezogen. – Zwei Statusbits für jeden Block, Valid und Dirty (im Bild nicht dargestellt), zeigen an, ob ein Block insgesamt gültig ist bzw. ob er seit dem Laden verändert wurde. Vom Valid-Bit hängt die endgültige Trefferaussage (cache hit), vom Dirty-Bit das Rückschreiben beim Copy-back-Verfahren ab. – Leistungswerte von Caches bezüglich Assoziativität und Dimensionierung finden sich in [4].

Vollassoziative Caches und teilassoziative Caches mit wenigstens 2 Blöcken pro Satz benötigen für das Laden von Blöcken eine in Hardware realisierte Ersetzungsstrategie, die bei vollem Cache bzw. Satz vorgibt, welcher Eintrag überschrieben werden soll. Das kann z. B. der am längsten nicht mehr adressierte (*least recently used*) oder auch ein zufällig ausgewählter Eintrag sein (random).

7.2.4 Hintergrundspeicher

Hintergrundspeicher dienen zur Speicherung großer Datenmengen sowohl zur Bereithaltung für die aktuelle Verarbeitung als auch zu deren Sicherung und Archivierung. Die wichtigsten Datenträger sind Magnetplatten, optische und magnetooptische Platten sowie Magnetbänder (Streamer-Kassetten). Kennzeichnend für diese Datenspeicher sind ihre (verglichen mit Hauptspeichern) großen Kapazitäten bei wesentlich geringeren Kosten pro Bit. Nachteilig sind jedoch die durch die mechanische Wirkungsweise bedingten langen Zugriffszeiten. Diese liegen um Größenordnungen über denen von Halbleiterspeichern und erst

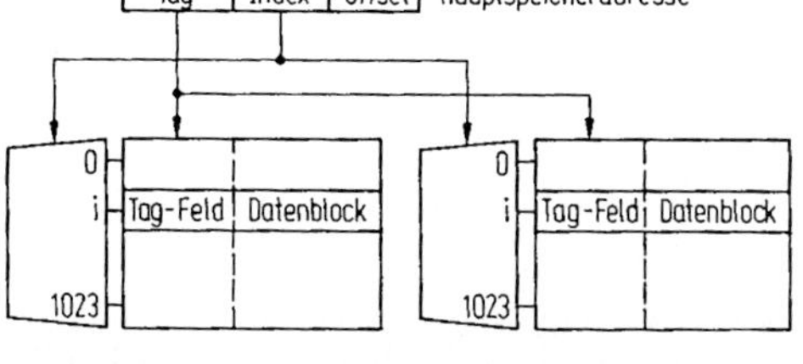

Bild 7-13. Adressierung eines zweifach assoziativen Cache mit 1024 Sätzen

recht über den Taktzeiten von Prozessoren. Die Datenspeicherung erfolgt stets blockweise mit sequentiellem Zugriff; der beim Hauptspeicher übliche direkte Zugriff auf Einzeldaten ist nicht möglich. – Die Einbaugröße eines solchen Speichers wird durch den sog. Formfaktor bestimmt. Dieser basiert auf kreisscheibenförmigen Speichermedien und entspricht den Abmessungen ihrer Hüllen, z. B. 3,5 oder 5,25 Zoll. – Zu Hintergrundspeichern siehe z. B. [12].

Magnetplattenspeicher. Bei Magnetplattenspeichern wird die Information bitseriell in konzentrischen Spuren (tracks) einer rotierenden, auf einer oder beiden Oberflächen magnetisierbaren kreisförmigen Scheibe (disk) gespeichert. Der Zugriff auf die Spuren erfolgt mit einem auf einen radial bewegbaren Arm montierten Schreib-/Lesekopf. Die Spuren sind in Sektoren einheitlicher Größe eingeteilt, wovon jeder aus einem Datenfeld (z. B. 256 oder 512 Datenbytes) und einem vorangehenden Erkennungsfeld (identifier field, ID-Feld) mit der für den Zugriff benötigten Information besteht: Spurnummer, Oberflächenbezeichnung, Sektornummer und Datenfeldlänge. Ergänzt werden beide Felder durch vorangestellte Kennungsbytes (address marks) und angehängte Blocksicherungsbytes (CRC-Bytes, siehe 6.2). Der Zugriff auf einen Magnetplattenspeicher erfordert dementsprechend zwei Schritte: zunächst die Spur- und Sektoranwahl und dann das Schreiben bzw. Lesen der Bytes des Sektors. – Vor der ersten Benutzung muss eine Magnetplatte formatiert werden. Dazu wird sie in allen Spuren beschrieben, wobei die Datenfelder mit Platzhalter-Information gefüllt werden.

Magnetplattenspeicher existieren in unterschiedlichen Ausführungen. *Festplattenspeicher* bestehen aus 1, 2 oder 3 übereinander angeordneten starren Magnetscheiben mit Speicherkapazitäten pro Scheibe (bei Nutzung beider Oberflächen) von derzeit bis zu 200 Gbyte (Formfaktor 3,5 Zoll, in PCs) und 100 Gbyte (2,5 Zoll, in Notebooks). Die Scheiben als Speichermedium und das eigentliche Laufwerk bilden dabei eine untrennbare Einheit, was hohe Umdrehungszahlen (derzeit bis zu 15 000 U/min) und damit hohe Zugriffsraten ermöglicht (bis zu 90 Mbyte/s). Der Vorteil mehrerer Scheiben ist, dass nach Positionierung der übereinanderliegenden

Schreib-/Leseköpfe (Schreib-/Lesekamm) ein ganzer „Zylinder", d. h. mehrere übereinanderliegende Spuren, erreichbar ist (Bild 7-14). Festplattenspeicher dienen zur ständigen Programm- und Datenbereithaltung für den Hauptspeicher und sind deshalb feste Komponenten von Rechnern mit IDE/ATA- oder SCSI-Anschluss (ältere Ausführungen) oder mit SATA- oder SAS-Anschluss (neuere Ausführungen). Sie können aber auch als transportable Speichermedien eingesetzt werden, z. B. als Rechnereinschübe oder als prozessorexterne Geräte mit z. B. SCSI-, FireWire- oder USB-Kabelanschluss.

Bei *Wechselplattenspeichern* ist das Speichermedium eine einzelne, in einer starren Kunststoffhülle untergebrachte, meist biegsame Scheibe/Folie, die als sog. Diskette vom Laufwerk trennbar ist. Beispiele sind die Floppy-Disk, die Super-Disk und die Zip-Diskette. Mit Ausnahme der 3,5-Zoll-Floppy-Disk, die ggf. noch zum Versenden kleinerer Dateien (bis 1,44 Mbyte) benutzt wird, sind sie durch die sog. Flash-Speicher weitgehend vom Markt verdrängt worden, insbesondere durch den USB-Stick (siehe unten).

Optische Plattenspeicher. Optische Plattenspeicher nutzen als Informationsträger eine starre, rotierende Scheibe, die in Durchmesser (12 cm) und Handhabung (Wechselmedium ohne Hülle) der Audio-Compact-Disc (Audio-CD) entspricht. Auch der Zugriff erfolgt wie bei ihr, berührungslos mit Laserlicht. Zu unterscheiden sind im zeitlichen Auftreten und mit zunehmenden Speicherkapazitäten (1.) Speicher mit herkömmlicher CD-Technik,

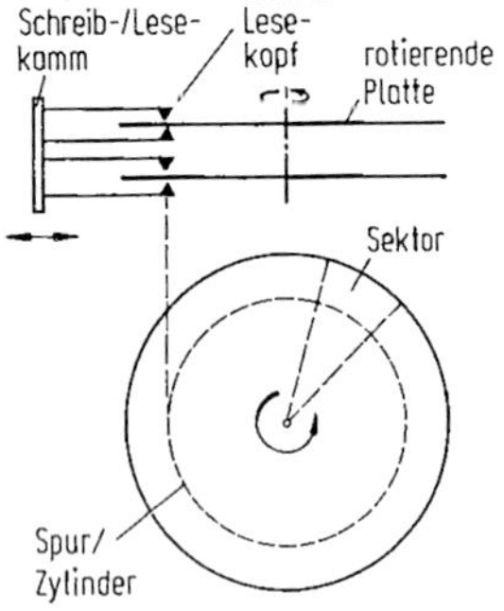

Bild 7-14. Zugriff auf den Plattenstapel eines Festplattenspeichers

(2.) die DVD und (3.) die Blu-ray Disc in Konkurrenz zur High Definition DVD, jeweils mit Varianten hinsichtlich Nurlesbarkeit (ROM, *Read-Only Memory*), Einmalbeschreibbarkeit (R, *Recordable*) und Wiederbeschreibbarkeit (RW, *ReWriteable*).

Compact Disc (*CD*). Die *CD-ROM* ist ein nur lesbares Medium mit Kapazitäten von 650 Mbyte und darüber. Wie bei Magnetplattenspeichern werden die Daten in Sektoren und Spuren abgelegt, jedoch spiralförmig. Die Datendarstellung erfolgt durch Übergänge zwischen der Oberfläche (land) des Mediums und in sie eingeprägte Vertiefungen (pits). Die CD-ROM dient zur Bereitstellung großer Datenmengen, z. B. von Softwarepaketen, Lexika, Versandkatalogen usw.

Die *CD-R* entspricht im Aufbau der CD-ROM, ist jedoch einmal (ggf. in mehreren Sitzungen) beschreibbar. Dabei werden die Vertiefungen durch den Laserstrahl in eine organische Schicht eingebrannt. Sie hat Kapazitäten zwischen 650 und 900 Mbyte und dient zur Datenarchivierung und auch zur Erstellung von Audio-CDs.

Die *CD-RW* mit 700 Mbyte Speicherkapazität ist wiederholt (ca. 1000-mal) beschreibbar. Gespeichert werden die Daten mittels des Laserstrahls durch unterschiedlich starke Erhitzung der Bitpositionen, wodurch sich die Bitmuster als amorphe (unstrukturierte) bzw. kristalline Oberflächenbereiche realisieren lassen, die den Laserstrahl beim Lesen unterschiedlich gut reflektieren (Phase-Change-Verfahren). Die CD-RW dient zur Sicherung von Daten, die von Zeit zu Zeit aktualisiert werden, d. h. als sog. Backup-Medium.

Die Übertragungsraten dieser Speicher werden als Vielfache von 150 kbyte/s, der Übertragungsrate einer Audio-CD, angegeben (z. B. Lesen einer CD-ROM 52-fach, d. h. 7,8 Mbyte/s).

Digital Versatile Disc (*DVD*). Die DVD-Speicherung basiert auf der CD-Technik, hat aber eine sehr viel höhere Speicherkapazität von zunächst 4,7 Gbyte. Diese wird durch geringeren Spurabstand und geringere Pit-Abmessung erreicht. Sie kann durch Verwendung von zwei übereinander liegenden Informationsschichten oder/und durch zusätzliche Nutzung der Rückseite der Scheibe auf 8,5 und 17 Gbyte erhöht werden. Entwickelt wurde die DVD zur Speicherung von

Video/Audio-Daten in komprimierter Form, sie wird aber auch allgemein als Datenträger eingesetzt.
Bei den einmal- und den wiederbeschreibbaren DVDs hat sich kein einheitlicher Standard durchgesetzt. Zwar gibt es Aufzeichnungsgeräte, die alle vorhandenen Formate beherrschen; aber nicht alle Formate sind mit allen Wiedergabegeräten abspielbar. Die *DVD-ROM* ist wie die CD-ROM nur lesbar. Sie wird bevorzugt zum Vertrieb von Filmen eingesetzt. Die *DVD-R*, *DVD+R*, *DVD-RW* und *DVD+RW* sind wie die CD-R bzw. CD-RW nur einmal- bzw. wiederbeschreibbar. Sie werden bevorzugt zur Aufzeichnung von Filmen genutzt und lösen die VHS-Videoaufzeichnung ab. Die Datenraten für die Aufzeichnung und Wiedergabe werden in Vielfachen von 1,35 Mbyte/s angegeben, derzeit in der Größenordnung 2-, 4- und 8- und 16-fach, abhängig vom Format und von Aufzeichnung/Wiedergabe. – DVD-Geräte übernehmen zusätzlich die Funktion von CD-Geräten und lösen diese ab.

Blu-ray Disc (*BD*), *High Definition DVD* (*HD DVD*). Beide Speicher arbeiten mit einem gegenüber der DVD geänderten (blauen) Laserlicht, sodass sie zu dieser inkompatibel sind. Hierdurch und durch andere Veränderungen lassen sich jedoch die Speicherkapazitäten bei einlagigen Medien auf ca. 30 Gbyte erhöhen. Bis zu acht Lagen sind derzeit in der Erprobung. Die Datenrate wird in Vielfachen von 36 Mbit/s, d. h. 4,5 Mbyte/s angegeben. Eingesetzt werden diese Medien insbesondere für Filmaufzeichnungen hoher Bildqualität.

Magnetooptische Plattenspeicher. Magnetooptische Plattenspeicher (magneto-optical disks, *MO*s, *MOD*s) haben als Wechselmedium eine in einer Hülle gelagerte Scheibe mit magnetisierbarer Oberfläche und einer Datenspeicherung in konzentrischen Spuren. Für das Schreiben wird der Effekt genutzt, dass ein ferromagnetischer Stoff bei Überschreitung der sog. Curie-Temperatur seine Magnetisierbarkeit verliert. Die Speicherstelle wird dazu mit einem Laserstrahl punktuell erhitzt, und es wird eine magnetische Ausrichtung durch einen Elektromagneten erzeugt. Für das Lesen wird der Kerr-Effekt genutzt, wobei polarisiertes Licht unter Einfluss eines Magnetfeldes in seiner Polarisationsebene gedreht wird. MOs haben derzeit Kapazitäten von 230 Mbyte bis zu 2,3 Gbyte (3,5 Zoll) und von 650 Mbyte bis zu 17,3 Gbyte (5,25 Zoll). Sie zeichnen sich insbesondere durch ihre häufige Wiederbeschreibbarkeit (ca. 1 Million mal) bei großer Datensicherheit aus. Sie werden zur Datensicherung und -archivierung eingesetzt.

Magnetbandspeicher, Streamer. Magnetbandspeicher verwenden als Datenträger ein flexibles Kunststoffband, das auf einer Seite eine magnetisierbare Schicht trägt und zum Beschreiben und Lesen an einem Schreib-/Lesekopf mit (bei manchen Geräten ohne) Berührung vorbeigezogen wird. Das Band – früher als sog. Langband auf einer offenen Spule aufgewickelt – ist heute kompakt in einer Kassette untergebracht. Während beim Langband die Speicherung parallel erfolgte, z. B. 8 Bits plus 1 Paritätsbit (Bild 7-15a), gibt es bei den Kassetten zwei bitserielle Aufzeichnungstechniken: das *Längsspurverfahren* (*linear recording*) mit spurweiser, serpentinenartiger Aufzeichnung (ggf. auch mehrere Spuren parallel, z. B. 8), bei dem das Band wechselweise in beiden Laufrichtungen betrieben wird (Bild 7-15b), und das *Schrägspurverfahren* (*helical scan recording*), bei dem die Schreib- und Leseköpfe auf einer rotierenden, schräg zum Band gestellten Trommel untergebracht sind (wie bei Video-Recordern, Bild 7-15c). Die meisten Kassetten (cartridges) haben zwei Bandwickel (Spulen). Beim Längsspurverfahren wird dann der Schreib-/Lesekopf in einer Kassettenaussparung an das Band angelegt (ähnlich der Audiokassette). Beim Schrägspurverfahren wird hingegen das Band aus der Kassette herausgeführt und mittel Führungsrollen um die Schreib-/Lesetrommel gelegt (ähnlich der Videokassette). Es gibt aber auch Kassetten mit nur einem Wickel, sodass mehr Platz für das Band zur Verfügung steht (DLT- und LTO-Streamer). Hier ist der zweite Wickel im Laufwerk untergebracht, und das Band wird im Betrieb aus der Kassette herausgezogen, über mehrere Rollen am Schreib-/Lesekopf vorbeigeführt und am externen Wickel festgeklemmt. – Die Schrägspurtechnik bewirkt eine höhere Bandabnutzung als die Längsspurtechnik.
Sowohl beim Längsspur- als auch beim Schrägspurverfahren erfolgt die blockweise Speicherung – anders als beim Langband – nicht im Start-Stopp-

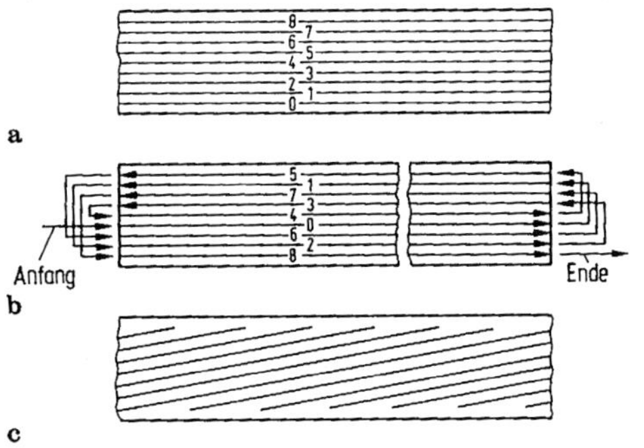

Bild 7-15. Datenspeicherung auf Magnetband. **a** Langband mit z. B. 9 parallelen Spuren; **b** Streamer-Band bei Längsspurverfahren mit serpentinenartigen Spuren; **c** Streamer-Band bei Schrägspurverfahren

Tabelle 7-3. Speicherkapazitäten und Übertragungsraten von Streamer-Kassetten (exemplarisch) bei unkomprimierter Speicherung. Die Angaben „linear" und „helical" stehen für das Längs- bzw. Schrägspurverfahren

Streamertyp	Breite des Bandes	Speicherkapazität Gbyte	Übertragungsrate Mbyte/s	Aufzeichnung
DAT/DDS-5	4 mm	36	3	helical
SLR 140	0,25 Zoll	70	6	linear
VXA-2	8 mm	80	6	helical
AIT	8 mm	200	24	helical
SDLT 600	0,5 Zoll	300	36	linear
LTO-3	0,5 Zoll	400	80	linear
SAIT-1	0,5 Zoll	500	30	helical
DLT-S4	0,5 Zoll	800	120	linear

Betrieb mit seiner aufwändigen Bandsteuerung, sondern bei geringerem gerätetechnischen Aufwand mit kontinuierlichem Datenstrom, woraus die Gerätebezeichnung *Streamer* resultiert.
Die Speicherkapazitäten von Streamern unterscheiden sich grundsätzlich nach der Streamer-Technologie aber auch innerhalb einer Technologie. Tabelle 7-3 zeigt dazu einige Beispiele unter Angabe der jeweils höheren Kapazitäten bei unkomprimierter Speicherung; bei Zuschaltung der in Hardware realisierten Datenkompression werden Werte in zwei- bis dreifacher Höhe erreicht. Streamer werden entsprechend ihrer Leistungsdaten (und Kosten) bei kleinen Rechnersysteme (PCs) bis hin zu Hochleistungssystemen (Servern) eingesetzt. Da Streamer insbesondere für die Datensicherung (backup) eingesetzt werden, ist darauf zu achten, dass ihre Speicherkapazitäten denen der zu sichernden Festplatten genügen. – Die Geräteabkürzungen bedeuten: DAT/DDS digital audio tape/digital data storage, SLR scalable linear recording, AIT advanced intelligent tape, DLT digital linear tape, ADR advanced digital recording, LTO linear tape open.

Flash-Speicher. Im Gegensatz zu allen bisher genannten Hintergrundspeichern haben *Flash-Speicher* als rein elektronische Speicher keine beweglichen Teile. Ähnlich den DRAM-Speicherbausteinen wird ein Bit durch eine elektrische Ladung dargestellt, hier mittels eines Feldeffekttransistors (FET) mit spezieller Struktur. Die besondere Eigenschaft dieses Transistors ist, dass er die Ladung nach Abschalten der Versorgungsspannung nicht verliert, also die gespeicherte Information behält. Die Speicherinformation kann durch entsprechendes Ansteuern des Transistors geschrieben und gelesen werden.
Die Art des Speichermediums, ein Halbleitersubstrat, hat unterschiedliche Erscheinungsformen von Flash-Speichern zur Folge. So gibt es diese einerseits als in Rechner und Peripheriegeräte integrierte Flash-Bausteine (Flash ROMs) und andererseits als externe Speicher, z. B. in Form von Steckkarten kleiner Baugröße (Flash Card, Memory Card), wie man sie insbesondere im Multimediabereich findet (Audio, Bild, Video), und als sog. *USB-Sticks* (USB-Geräte) in Form eines verlängerten USB-Steckers, wie man sie als Hintergrundspeicher zur Datensicherung verwendet. Es gibt sie außerdem als Pufferspeicher in sog. Hybrid-Festplatten. – Die Kapazitäten von Flash-Speichern reichen von einigen 10 Mbyte bis in den Gbyte-Bereich, wobei ggf. mehrere Flash-Bausteine zusammengeschaltet werden. Die Lebensdauer der Speicherzellen liegt je nach Technologie bei 10 000 bis zu mehreren 100 000 Lösch-/Schreibzyklen.

7.3 Ein-/Ausgabeorganisation

Die Ein-/Ausgabeorganisation umfasst die Hardware und Software, um Daten zwischen Hauptspeicher und Peripherie (Geräten, devices) zu übertragen. Zur Peripherie gehören die Hintergrundspeicher und die Ein-/Ausgabegeräte. Hinzu kommen anwendungsspezifische Ein-/Ausgabeeinheiten, z. B.

zur Übertragung von Steuer-, Zustands-, Mess- und Stellgrößen in der Prozessdatenverarbeitung. – Zur Ein-/Ausgabeorganisation siehe vertiefend z. B. [2].

Funktionen. Abhängig vom Peripheriegerät umfasst ein Ein-/Ausgabevorgang meist mehrere Aktionen, wie

- Starten des Vorgangs, z. B. durch Starten des Geräts,
- Ausführen spezifischer Gerätefunktionen, z. B. Positionieren des Schreib-/Lesearms bei einem Magnetplattenspeicher,
- Übertragen von Daten, meist in Blöcken fester oder variabler Byteanzahl,
- Lesen und Auswerten von Statusinformation, z. B. zur Fehlererkennung und -behandlung,
- Stoppen des Vorgangs, z. B. durch Stoppen des Geräts.

Systemstrukturen. Die Unterschiede der Arbeitsgeschwindigkeiten und Datendarstellungen zwischen dem Systembus oder dem Ein-/Ausgabe-Hub (Bild 7-1) und den Peripheriegeräten erfordern eine Anpassung der Geräte an den Bus bzw. Hub (Bild 7-16). Bei einfachen *Geräteschnittstellen* geschieht dies durch *passive Anpassbausteine* (*interfaces*, *i/o ports*). Die Geräteinitialisierung, die Übertragungssteuerung und die Statusauswertung übernimmt dabei der Prozessor. Er kann durch eine zusätzliche Steuereinheit mit Busmasterfunktion, einen DMA-Controller (DMAC), unterstützt werden, der ihn von der Datenübertragung entlastet. Bei Geräteschnittstellen mit komplexeren Steuerungsabläufen werden *aktive Anpassbausteine* (*host adapter*, *hubs*) eingesetzt. Sie entlasten den Prozessor, da die Steuerung auf einer höheren Kommandoebene erfolgt. Die Datenübertragung selbst wird auch hier meist von einem DMA-Controller durchgeführt. Sowohl die passiven als auch die aktiven Systembus- bzw. Hub-Anschlüsse erfordern auf der Geräteseite eine Elektronik gleicher Art. Diese bildet zusammen mit der gerätespezifische Steuerungselektronik die Gerätesteuereinheit (*device controller*).

Synchronisation. Da bei einem Ein-/Ausgabevorgang zwei oder mehr Steuereinheiten gleichzeitig aktiv sind, müssen die in ihnen ablaufenden Prozesse, die entweder als Programm oder als Steuerung realisiert sind, miteinander synchronisiert werden. Synchronisation bedeutet hier „aufeinander warten“; das gilt sowohl auf der Ebene der Einzeldatenübertragung (z. B. zwischen Interface und Device-Controller) als auch auf der Ebene der Block- oder Gesamtübertragung (z. B. zwischen Prozessor und DMA-Controller). Die Synchronisation einer Einzeldatenübertragung erfordert abhängig vom Zeitverhalten der Übertragungspartner verschiedene Techniken. Unter der Voraussetzung, dass der eine Partner immer vor dem anderen für eine Übertragung bereit ist, genügt es, wenn der langsamere Partner seine Bereitschaft signalisiert. Haben beide Partner variable Reaktionszeiten, so ist vor jeder Datenübertragung ein Signalaustausch in beiden Richtungen erforderlich. Man bezeichnet dieses Aufeinander-Warten auch als *Handshake-Synchronisation* (handshaking).

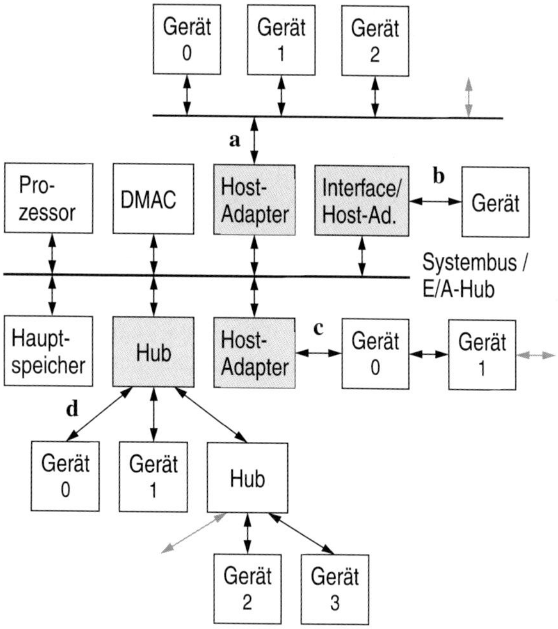

Bild 7-16. Rechner mit unterschiedlichen Geräteanbindungen, jeweils parallel oder seriell und mittels Kabel übertragend. **a** Peripheriebus, **b** Punkt-zu-Punkt-Verbindung für ein Einzelgerät, **c** kettenförmige und **d** baumförmige Struktur mit Punkt-zu-Punkt-Verbindungen zwischen den Geräten

7.3.1 Prozessorgesteuerte Ein-/Ausgabe

Bei der prozessorgesteuerten Ein-/Ausgabe übernimmt der Prozessor im Zusammenwirken mit einem (passiven) Interface die gesamte Steuerung eines Ein-/Ausgabevorgangs, d. h. das Ausgeben und Einlesen von Steuer- und Statusinformation sowie das Übertragen und Zählen der einzelnen Daten. Bild 7-17 zeigt dazu eine Konfiguration mit einem Interface für byteweise Datenübertragung. Sie erfolgt über ein Pufferregister (data register, DR), unterstützt durch zwei Steuerleitungen (Ready-Signale RDY1, RDY2). Ein ladbares Steuerregister (control register, CR) erlaubt das Programmieren unterschiedlicher Interface-Funktionen, z. B. die Einsignal-Synchronisation, die Handshake-Synchronisation oder das Sperren und Zulassen von Interruptanforderungen an den Prozessor. Ein lesbares Statusregister (SR) zeigt dem Prozessor den Interface-Status an, z. B. den Empfang des Signals RDY2.

Der Ablauf einer Einzeldatenübertragung sei anhand einer Byteausgabe an ein Peripheriegerät demonstriert. Der Prozessor schreibt das Byte in DR, sodass die Bits auf dem peripheren Datenweg anliegen. Das wird dem Gerät durch das (Bereitstellungs-)Signal RDY1 angezeigt. Das Gerät übernimmt das Datum in ein eigenes Register oder einen Pufferspeicher und bestätigt die Übernahme durch das (Quittungs-)Signal RDY2. Das Interface setzt daraufhin ein Ready-Bit in SR und nimmt sein RDY1-Signal zurück; daraufhin setzt auch das Gerät sein RDY2-Signal zurück. Das Ready-Bit signalisiert dem Prozessor den Abschluss der Übertragung und kann von diesem entweder programmgesteuert, d. h. durch wiederholtes Lesen von SR und Abfragen des Ready-Bits (*busy waiting*, *polling*), oder interruptgesteuert, d. h. durch Freigeben des Ready-Bits als Interrupt-Request-Signal, ausgewertet werden.

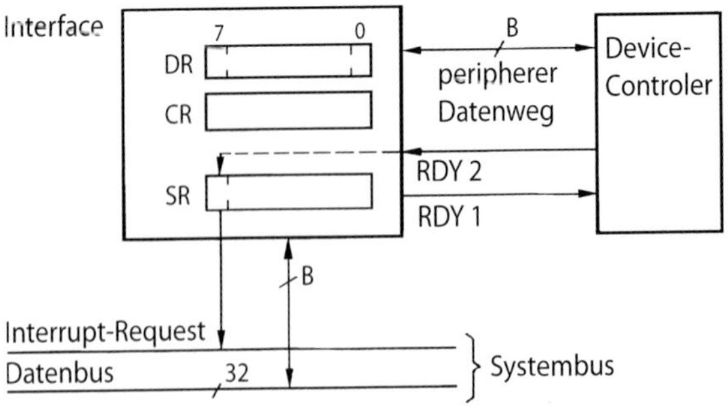

Bild 7-17. Byteorientiertes Interface mit Handshake-Synchronisation

7.3.2 DMA-Controllergesteuerte Ein-/Ausgabe

Ein *DMA-Controller* entlastet den Prozessor von der Datenübertragung, indem er, von diesem einmal initialisiert und gestartet, die Übertragung eines Datenblocks oder mehrerer, miteinander verketteter Datenblöcke selbstständig und parallel zur Verarbeitung im Prozessor durchführt. Man bezeichnet diese Organisationsform, bei der die Daten ohne Prozessoreingriff direkt zum/vom Speicher fließen, als Ein-/Ausgabe mit *Direktspeicherzugriff* (*direct memory access*, *DMA*). Da die Übertragungssteuerung des DMA-Controllers (DMAC) in Hardware realisiert ist, werden höhere Übertragungsgeschwindigkeiten als bei der prozessorgesteuerten Ein-/Ausgabe erreicht.

Die für die Übertragung erforderlichen Parameter, wie Speicheradresse, Interface-Adresse, Datenformat, Blockgröße und Übertragungsrichtung, werden vom Prozessor bei der Initialisierung in dafür vorgesehene Register des Controllers geladen. Weitere Register speichern den Status. Ist ein solcher Registersatz mehrfach vorhanden, so spricht man von mehreren *DMA-Kanälen*. Sie benutzen das Steuerwerk des Controllers im Multiplexbetrieb. Die einzelnen Daten eines Blocks werden entweder *direkt* übertragen, d. h. in jeweils einem Buszyklus, indem der Controller gleichzeitig den Speicher über den Adressbus und das Interface-Datenregister über ein Anwahlsignal adressiert, oder *indirekt*, d. h. in zwei aufeinanderfolgenden Buszyklen, indem der Controller nacheinander beide Einheiten adressiert und jedes einzelne Datum zwischenspeichert. Die indirekte Technik ist zeitaufwändiger, ermöglicht aber Speicher-zu-Speicher-Übertragungen, z. B. zur Durchführung des Kompaktifizierens (siehe 8.3.3).

Die Synchronisation von Prozessor und DMA-Controller auf der Ebene der Blockübertragung erfolgt mit denselben Techniken wie bei der prozessorgesteuerten Einzeldatenübertragung, d. h.,

der Controller signalisiert den Abschluss seiner Übertragung entweder durch eine vom Prozessor abzufragende Statusinformation oder durch eine Unterbrechungsanforderung.
Während der Initialisierungsphase ist der DMA-Controller Slave des Prozessors, sonst eigenständiger Busmaster, der sich in einem Einbussystem den Systembus mit dem Prozessor teilt. Bezüglich des Buszugriffs hat er höhere Priorität als der Prozessor. Arbeitet er im *Cycle-stealing-Modus*, so verdrängt er den Prozessor jeweils für die Übertragung eines Datums vom Bus und gibt danach den Bus bis zur nächsten Übertragung frei (für langsame Übertragungen geeignet). Arbeitet er im *Burst-Modus*, so belegt er den Bus für die Dauer einer Blockübertragung, wodurch der Prozessor für längere Zeit vom Bus verdrängt wird (für schnelle Übertragungen erforderlich). Siehe dazu auch 7.1.3, Busarbitration.

7.3.3 Ein-/Ausgabeprozessor

Ergänzt man den DMA-Controller-Baustein durch einen eigenen Prozessor, der ein im Hauptspeicher oder in einem lokalen Speicher stehendes Ein-/Ausgabeprogramm ausführen kann, so erhält man einen *Ein-/Ausgabeprozessor*. Dieser kann außer der eigentlichen Datenübertragung auch eine Datenvor- und Datennachverarbeitung vornehmen, z. B. eine Datentransformation oder -formatierung. Ferner kann er Statusmeldungen auswerten und so z. B. bei fehlerhafter Übertragung eines Datenblocks dessen Übertragung nochmal veranlassen. Für einen Ein-/Ausgabevorgang stellt der Zentralprozessor dabei nur noch ein Parameterfeld bereit, und der Ein-/ Ausgabeprozessor führt diesen Vorgang anhand dieser Angaben selbstständig durch.
Frühere Einheiten dieser Art mit einem auf die Ein-/Ausgabe zugeschnittenen Kommandosatz wurden als *Ein-/Ausgabekanäle* bezeichnet. Heutige Ein-/Ausgabeprozessoren haben universelle Befehlssätze. Sie sind vielfach zu *Ein-/Ausgaberechnern* ausgebaut, indem sie zusätzlich zum DMA-Controller mit einem lokalen Bus und lokalen Buskomponenten ausgestattet sind, z. B. mit einem Speicher für Programme und Daten und mit verschiedenen Interfaces. Der lokale Bus und die Systembusschnittstelle sind dabei häufig standardisiert (z. B. PCI) und durch eine On-chip-Bridge (PCI-zu-PCI) miteinander verbunden, wodurch sich der Systementwurf vereinfacht. Modernere Konzepte sehen Punkt-zu-Punkt-Verbindungen an der Bausteinschnittstelle vor.

7.3.4 Schnittstellen

Der Anschluss von Hintergrundspeichern und Ein-/Ausgabegeräten an einen Rechner erfolgt auf der Grundlage von Schnittstellenvereinbarungen, d. h. mit standardisierten Geräteschnittstellen. Als Vermittler fungieren Steuereinheiten (Host-Adapter, Hubs, Bild 7-16); übertragen wird seriell oder parallel.
Hinsichtlich der eingesetzten Standards hat sich in den letzten Jahren ein vollständiger Wandel vollzogen. So wurden die inzwischen in die Jahre gekommenen, insbesondere bei PCs eingesetzten Schnittstellen PS/2 und RS-232-C (seriell) sowie Centronics und IEEE-1284 alias Parallel Port (parallel) durch moderne serielle Schnittstellen, nämlich USB und FireWire abgelöst. Desgleichen werden die parallelen Geräteverbindungen IDE/ATA und SCSI durch deren serielle Nachfolger SATA und SAS ersetzt. Zu diesen modernen Schnittstellen, die alle als Punkt-zu-Punkt-Verbindungen ausgelegt sind, ggf. aber Busfunktion haben, siehe 7.1.6.
Für spezielle Geräteanbindungen in technischen Umgebungen gibt es jedoch weiterhin herkömmliche serielle und parallele Schnittstellen, die es erlauben, einfache Übertragungsprotokolle mit geringem Hardwareaufwand zu realisieren. Als serielle Schnittstellen mit Busfunktion seien hier I^2C (Inter-Integrated Circuit) und das *Serial Peripheral Interface* (SPI) erwähnt, die zur Kommunikation zwischen Digitalbausteinen eingesetzt werden. Sie arbeiten mit nur zwei bzw. drei Signal- und Taktleitungen und erlauben Übertragungsraten bis hin zu einigen Mbit/s. Sie sind zu ergänzen um den große Bereich der Feldbusse (7.1.6). Als „universelle" parallele Schnittstellen gibt es die sog. Ein-/Ausgabetore (i/o ports), meist mit mehreren 8 Bit breiten Datenverbindungen, die aber auch bitweise für die Übertragung von Steuersignalen genutzt werden können. Sie sind als einfache, passive Interfaces realisiert und eignen sich sowohl für parallele Übertragungen, synchronisiert durch Steuersignale, als auch für die davon unabhängige Übermittlung bitweiser Steuerinformation.

7.3.5 Ein-/Ausgabegeräte

Zu den Ein-/Ausgabegeräten zählen zum einen die Hintergrundspeicher (7.2.4), zum anderen jene Geräte, die die Mensch-Maschine-Schnittstellen für das Ein- und Ausgeben von Zeichen (Programme, Daten, Text) und von Grafik bilden. Dargestellt wird die Information vorwiegend nach dem Rasterprinzip, d. h. durch spalten- und zeilenweises Aufteilen der Darstellungsfläche in Bildpunkte (picture elements, *pixels*), die Schwarzweiß-, Grau- oder Farbwerte repräsentieren. Daneben gibt es das Vektorprinzip, d. h. die Bilddarstellung durch Linien, deren Anfangs- und Endpunkte durch x,y-Koordinaten festgelegt sind. Hinzu kommen Multimediageräte mit digitalen Daten für Sprache, Musik, Fotos und Filme.

Terminal. Ein Terminal besteht aus einer *Tastatur* (*keyboard*) zur Eingabe von Zeichen im ASCII oder EBCDIC und einer *Bildschirmeinheit* (Monitor, video display) zur Ausgabe von Zeichen und Grafik. Als Tastatur ist bei der deutschen ASCII-Version die sog. MF2-Tastatur (Multifunktionstastatur) mit 102 Tasten gebräuchlich.
Ältere Bildschirmeinheiten, sog. *Röhrenmonitore*, haben eine Elektronenstrahlröhre zur Bilddarstellung (cathode ray tube, *CRT*). Sie arbeiten nach dem Punktrasterprinzip und stellen die Bildpunkte üblicherweise in Farbe, aber auch schwarzweiß oder in Graustufen dar. Aufgebaut wird das Farbbild durch drei Elektronenstrahlen (für Rot, Grün und Blau: RGB), die zeilenweise über den Schirm geführt werden und dabei eine Phosphorschicht beschreiben. Die Positionen der Bildpunkte werden dabei durch eine Loch- oder Streifenmaske vorgegeben. Wichtig ist hier eine Bildwiederholfrequenz von wenigstens 75 Hz, um ein flimmerfreies Bild zu erhalten (besser 85 Hz). Wichtig ist auch die Anzahl an Bildpunkten, da sie die Bildauflösung bestimmt. Als gering auflösend gelten die älteren Maße 640 × 480 (video graphics array, *VGA*) und 800 × 600 (super VGA, SVGA); heute gebräuchlich sind 1024 × 768 (extended GA, XGA), 1280 × 1024 (super XGA, SXGA) und 1600 × 1200 (ultra XGA, UXGA). Die Bildflächengröße wird durch das Diagonalenmaß bezeichnet, das einen nicht nutzbaren Bildrand mit einschließt. Üblich sind hier Größen zwischen 15 und 22 Zoll. Der Vorteil von Röhrenmonitoren liegt in der weitgehenden Farbkonstanz bei unterschiedlichen Blickwinkeln. Nachteile sind das Flimmern (unbewusst wahrgenommen) und eine eingeschränkte Bildschärfe.
Die Röhrenmonitore wurden inzwischen vielfach durch die platz- und energiesparenden *Flachbildschirme* verdrängt. Ihre Leuchtfähigkeit basiert entweder auf chemischen Substanzen, die unter Einfluss eines elektrischen Feldes Licht emittieren (wie beim Elektrolumineszenz-Display) oder, als heute vorherrschende Technik, Licht absorbieren (wie beim Flüssigkristall-Display, liquid crystal display, *LCD*), hier das Licht einer Hintergrundbeleuchtung. Bei den heute weniger gebräuchlichen, passiven LCDs (double super twisted nematic, *DSTN*) werden dazu die Kristalle durch gitterförmig angeordnete Leiterbahnen angesteuert. Bei den vorherrschenden aktiven LCDs hat jeder Bildpunkt einen eigenen Steuertransistor (thin film transistor, *TFT*), was eine sehr gute (und schnelle) Bilddarstellung erlaubt. Die Bildschirmdiagonalen liegen bei Notebooks derzeit bei bis zu 17 Zoll mit Auflösungen von bis zu 1920 × 1200 Bildpunkten, bei Standgeräten sind auch größere Diagonalen mit bis zu 23 Zoll (1920 × 1200) oder auch 30 Zoll (2560 × 1600) gebräuchlich. Gegenüber Röhrenmonitoren ist die durch das Diagonalmaß bezeichnete Bildfläche vollständig genutzt, ein Bildflimmern ist nicht wahrnehmbar, und die Bilddarstellung ist sehr scharf. Je nach Bildschirm kann es jedoch eine starke Farbabhängigkeit vom Blickwinkel geben. Außerdem ist das röhrenübliche 4:3-Format zugunsten der Bildschirmbreite verändert.
Bildschirme werden durch Grafikeinheiten angesteuert. Diese speichern Bildinformation und unterstützen den rechenintensiven Bildaufbau durch Spezialhardware (Grafik-Controller). Moderne Grafikeinheiten weisen eine hohe Leistungsfähigkeit in der 3D-Darstellung von Bewegtbildern auf.

Beamer. Beamer dienen zur Präsentation von Bildschirminhalten (Festbilder, Bewegtbilder) mittels Lichtstrahl auf einer Projektionsfläche, z. B. einer Leinwand. Dabei werden zwei Projektionstechniken unterschieden. Bei der (älteren) LCD-Technik wird mittels einer Metalldampflampe und monochromatischen Spiegeln das auf drei kleinen TFT-Schirmen dargestellte Bild in drei Teilbilder in den Farben Rot, Grün und Blau (RGB) erzeugt, diese dann in einem Prisma zusammengefügt und über eine Linsenoptik als Farbbild projiziert. Als Nachteil dieser Technik können aufgrund der Bildzusammenfügung Konvergenzprobleme (Unschärfe) und bei Verschmutzen der TFT-Schirme Farbstiche auftreten.

Bei der (neueren) DLP-Technik (digital light processing) wird das Bild mittels eines optischen Halbleiterbausteins erzeugt, der für jeden darzustellenden Bildpunkt einen sehr kleinen Spiegel hat. Diese Spiegel reflektieren das Licht einer Lichtquelle und projizieren es über ein Linsensystem. Sie werden dabei abhängig von der digital vorliegenden Bildinformation (Bildpunkthelligkeit) bzgl. des Lichteinfalls gekippt und erzeugen so ein Helligkeitsspektrum zwischen Weiß und Schwarz. Für die Farbdarstellung wird das Licht nicht direkt, sondern durch ein Farbrad (RGB) hindurch auf die Spiegel gelenkt, wodurch das Farbbild durch drei aufeinanderfolgende Teilbilder (RGB) entsteht. Bei scharfem und kontrastreichem Bild können hier als Nachteil Farbschlieren auftreten. Beamer der höheren Leistungsklasse, wie sie auch für die Kinoprojektion eingesetzt werden, verwenden für jeden Farbanteil einen eigenen Spiegelbaustein und fassen die so erzeugten drei Teilbilder wiederum durch ein Prisma zusammen.

Beamer gibt es mit Bildauflösungen von VGA bis UXGA (siehe oben: Terminal); gebräuchlich sind 800 × 600 (SVGA) und 1024 × 768 (XGA) Bildpunkte. Die Güte der Bildprojektion hängt außerdem von der Bildhelligkeit (gängig 1000 bis 4000 ANSI Lumen) und vom Kontrast (gängig 400:1 bis 1000:1) ab.

Maus. Eine sog. Maus besteht aus einem handlichen Gehäuse, das auf dem Tisch (mechanische Maus mit Rollkugel) bzw. auf einer reflektierenden Unterlage (optische Maus) verschoben wird und dessen Position auf einem Bildschirm durch eine Marke angezeigt wird. Über Tasten und ggf. ein Rändelrad am Mausgehäuse können – im Zusammenwirken mit der unterstützenden Software – bestimmte Funktionen ausgelöst werden, z. B. das Anwählen von Feldern einer menügesteuerten Benutzeroberfläche, das Fixieren von Bezugspunkten für grafische Objekte eines Zeichenprogramms oder das Scrollen bei Bildschirmfenstern (Verschieben des Ausschnitts).

Tablett (tablet). Das Tablett ist ein grafisches Eingabegerät, das eine entsprechende Arbeitsweise wie mit Bleistift und Papier erlaubt. Es erfasst die Position eines mit der Hand geführten Stiftes auf einer rechteckigen Fläche und überträgt dessen x,y-Koordinaten zum Rechner, der diese ggf. auf einem Bildschirm anzeigt. Die Erfassung der Koordinaten geschieht durch galvanische, akustische, kapazitive, magnetische oder magnetostriktive Kopplung von Stift und Fläche. – Bei den sog. Tablet-PCs ist der Flachbildschirm (eines Notebooks) um die Funktion des Tabletts erweitert, d. h., der Bildschirm dient als Anzeige- und als Eingabemedium, wobei beide Darstellungsebenen gleichzeitig zur Anzeige kommen.

Abtaster (scanner). Ein Scanner tastet eine zweidimensionale Vorlage mittels Helligkeits-(Reflexionsgrad-)Messung zeilenweise Punkt für Punkt ab und speichert die Abtastwerte der Bildpunkte in Pixel-Darstellung. Diese kann auf einem Rechner weiterverwendet werden, entweder als Pixel-Grafik (Grafik oder Text) oder nachbearbeitet als ASCII- oder EBCDIC-Textdarstellung. Bei der Nachbearbeitung wird die Pixel-Darstellung von einem Segmentierungsprogramm in die Pixel-Bereiche der einzelnen Zeichen zerlegt, die dann von einem Zeichenerkennungsprogramm klassifiziert und im ASCII oder EBCDIC dargestellt werden (optical character recognition, OCR).

Drucker (printer). Drucker dienen zur Ausgabe von Text, codiert im ASCII oder EBCDIC, sowie von Grafik.

Nadeldrucker (Matrixdrucker) arbeiten als reine Textausgabegeräte mit Zeichenmatrizen von z. B. 9 vertikalen Punkten (dots) bei ca. 3 mm Schriftzeichenhöhe. Die vertikalen Bildpunkte werden durch „Nadeln“, die in einem horizontal bewegten Schreibkopf untergebracht sind, mittels eines Farbbandes auf das Papier übertragen. Höher auflösende Nadeldrucker haben ein feineres Raster von z. B. 2 × 12 gegeneinander versetzten vertikalen Bildpunkten, womit ein wesentlich besseres Schriftbild erreicht wird. Darüber hinaus erlauben sie bei punktweisem Walzenvorschub auch die Ausgabe von Grafik. Nadeldrucker sind vergleichsweise langsam und laut und liefern ein verhältnismäßig schlechtes Druckbild.

Sie haben jedoch den Vorteil eines dokumentenechten Drucks mit Durchschlägen und werden nur noch dafür eingesetzt.

Tintenstrahldrucker arbeiten wie Nadeldrucker mit horizontal bewegtem Druckkopf und mit punktweiser Darstellung von Zeichen und Grafik. Anstelle der Nadeln haben sie jedoch bis zu 24 oder 48 feine Düsen, über die Tintentröpfchen gezielt auf das Papier gespritzt werden. Getrennte Tintenstrahlsysteme für Schwarz, Gelb („Yellow"), Cyan und Magenta erlauben den Farbdruck. Tintenstrahldrucker zeichnen sich durch hohe Auflösung und geringe Geräuschentwicklung aus.

Laserdrucker sind die aufwändigsten Drucker. Bei ihnen wird die Information einer Druckseite durch einen Laserstrahl punktweise auf eine photoleitende Selenschicht auf einer rotierenden Trommel geschrieben. Ähnlich wie bei einem Kopiergerät wird diese Information durch Tonerpartikel auf Papier übertragen und fixiert. Farb-Laserdrucker verwenden schwarzen Toner sowie Toner in den drei Standardfarben Gelb („Yellow"), Cyan und Magenta. Laserdrucker zeichnen sich durch hohe Auflösung, große Präzision in der Darstellung sowie durch verhältnismäßig hohe Druckgeschwindigkeiten aus.

7.4 Parallelrechner

Die Geschwindigkeitssteigerungen der Rechner basieren einerseits auf technologischen Fortschritten, wie sie sich in steigenden Speicherkapazitäten und Taktfrequenzen niederschlagen, und andererseits auf strukturellen Entwicklungen, wie z. B. Parallelisierung von Abläufen in Prozessoren und Rechnern. Nach einer groben, 1972 von Flynn eingeführten Klassifizierung [3] gibt es hinsichtlich der Parallelität von gleichzeitig wirkenden Befehls- und Datenströmen drei grundsätzliche Strukturformen. Mit *SISD* (single-instruction, single-data, Bild 7-18a) bezeichnet er Prozessoren, bestehend aus einer Befehlseinheit I und einer Verarbeitungseinheit D, die die Befehle eines Programms nacheinander ausführen. Solche Prozessoren arbeiten durchaus auch parallel, aber nur „intern", z. B. im Pipelining, ggf. verbunden mit der Superskalar- oder der VLIW-Technik (siehe hierzu 5.5). Man bezeichnet sie aber nicht als Parallelrechner.

Mit *SIMD* (single-instruction, multiple-data, Bild 7-18b) bezeichnet Flynn Spezialprozessoren (proprietäre Prozessoren) mit nur einer Befehlseinheit (I), aber mehreren Verarbeitungseinheiten (D) mit lokalen Speichern, die von der Befehlseinheit einheitlich gesteuert werden. Diese Prozessoren werden bereits als *Parallelrechner* bezeichnet. Zu ihnen zählen die Vektorrechner und die Feldrechner. Als *MIMD* (multiple-instruction, multiple-data, Bild 7-18c) bezeichnet er die echten Parallelrechner mit mehreren eigenständigen, heute meist standardisierten Prozessoren. Je nachdem, ob es sich dabei um gleichartige oder unterschiedliche Prozessoren handelt, spricht man von *homogenen* bzw. *inhomogenen Mehrprozessorsystemen*. Hinsichtlich der Kommunikation zwischen den Prozessoren unterscheidet man zwischen *speichergekoppelten* und *nachrichtengekoppelten Mehrprozessorsystemen*. – Zu den SIMD- und MIMD-Systemen siehe vertiefend z. B. [10].

7.4.1 Vektorrechner

Vektorrechner (genauer: Vektorprozessoren) sind charakterisiert durch *Vektorbefehle*, das sind Befehle, die eine ganze Reihe von Operandenpaaren adressieren und in gleicher Weise verknüpfen. Unter einem „Vektor" wird hier ganz allgemein eine geordnete Menge gleichartig zu behandelnder Operanden verstanden. Der Flynn'schen Klassifizierung entsprechend müssten die Einzeloperationen eines Vektorbefehls – üblicherweise Gleitpunktoperationen – von entsprechend vielen Gleitpunktrecheneinheiten ausgeführt werden (SIMD), tatsächlich erfolgt die Ausführung jedoch effizienter in Fließbandverar-

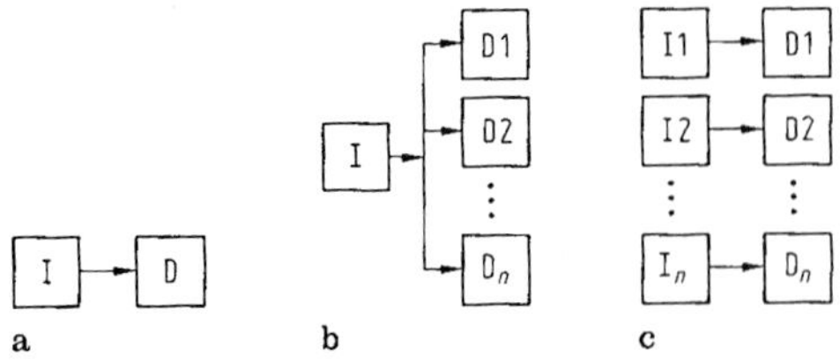

Bild 7-18. Grobe Einteilung von Rechnern nach einfacher (S) und mehrfacher (M) Befehls- (I) und Datenverarbeitung (D). **a** SISD; **b** SIMD; **c** MIMD. Die Pfeile symbolisieren den Steuerungsfluss

beitung in einer sog. *Vektor-Pipeline*. Im Gegensatz zu einer „skalaren" Gleitpunktrecheneinheit mit Pipelining, die in Vektorrechnern meist zusätzlich vorhanden ist und die pro Befehl nur ein Operandenpaar verarbeitet, werden in die Vektor-Pipeline nach der Initiierung eines Befehls nacheinander sämtliche Vektorelemente eingespeist. Da dies taktweise geschieht, muss eine genügend schnelle Versorgung der Pipeline gewährleistet sein, z. B. durch *Vektorregister* (Registerspeicher für einen gesamten Vektor) und durch breite Verbindungswege zum Hauptspeicher, unterstützt durch parallele Zugriffsmöglichkeiten auf diesen (ggf. durch dessen Aufteilung in Speicherbänke).

Vektorprozessoren haben meist mehrere, parallel arbeitende Vektor-Pipelines, die ggf. auch miteinander verkettet werden können (vector chaining). Dabei werden die Elemente eines Resultatvektors einem nachfolgenden Vektorbefehl als Elemente zugeführt, noch bevor die Ausführung des ersten Vektorbefehls abgeschlossen ist.

Vektorrechner bestehen üblicherweise aus einer Vielzahl von Vektorprozessoren (z. B. als MIMD-Struktur), womit sich sehr hohe Rechenleistungen erzielen lassen, z. B. bis zu 40 TFLOPS (nach Linpack, siehe 7.6) beim sog. „Earth Simulator" (5120 Vektorprozessoren NEC SX-6). Sie eignen sich nur für Spezialaufgaben, hauptsächlich zur Lösung großer Differenzialgleichungssysteme, wie sie bei der Simulation kontinuierlicher Vorgänge auftreten (z. B. Wettervorhersage).

7.4.2 Feldrechner

Feldrechner (*array computers*) sind wie Vektorrechner für eine hohe Rechenleistung ausgelegt. Anders als diese führen sie jedoch aufeinanderfolgende Operationen nicht überlappend aus, sondern führen gemäß dem „reinen" SIMD-Prinzip einen Befehl gleichzeitig mit vielen Operandenpaaren aus. Feldrechner haben dementsprechend zahlreiche gleiche Verarbeitungseinheiten, die zentral und taktsynchron gesteuert werden. Diese sind als Zeile, Gitter oder Quader regelmäßig angeordnet und haben üblicherweise lokale Speicher. Nachbarschaftsbeziehungen werden für den Datenaustausch genutzt. Die Verarbeitung erfolgt im Format der Wortlänge, z. B. mit 64 Bit, aber auch mit nur 1 Bit.

Feldrechner dienen hauptsächlich zur Lösung numerischer Probleme. Ein Beispiel sind die MasPar-Rechner MP-1 und MP-2. Der MP-2 hat 1 K bis 32 K 32 Bit breite Verarbeitungseinheiten, die über ein lokales (festes) Netz und ein globales (wahlfreies) Netz miteinander verbunden sind (siehe [10]).

Bemerkung. Das Prinzip des Feldrechners ist auch in heutigen Standardprozessoren als Zusatz zur Unterstützung von Multimedia-Anwendungen zu finden.

7.4.3 Speichergekoppelte Mehrprozessorsysteme

Ein speichergekoppeltes (eng gekoppeltes) Mehrprozessorsystem besteht aus mehreren, meist gleichen Prozessoren, die sich den Adressraum des Hauptspeichers teilen (*shared memory system*). Die Verbindungsstruktur ist entweder ein Bus oder ein Kreuzschienenverteiler. Darüber hinaus gibt es Varianten dieser Strukturen, basierend auf modernen zentralen Punkt-zu-Punkt-Verbindungen wie HyperTransport und PCI-Express (7.1.5).

Der Bus kann ein für diese Struktur ausgelegter Prozessorbus sein (Bild 7-19a), der es erlaubt, die Adressbus- und Datenbuszuteilung voneinander zu trennen und Adress- und Datenübertragungen für mehrere Prozessoren zeitlich überlappend auszuführen mit dem Ziel einer effizienten Busnutzung (split transactions, siehe auch 7.1.4).

Bei einem *Kreuzschienenverteiler* (*crossbar switch*, Bild 7-19b) ist der Hauptspeicher in Module gegliedert, die mit den Prozessormodulen über eine Matrix von Schaltern verbunden sind.

Beim Bus wie beim Kreuzschienenverteiler wird die Anzahl der direkten Speicherzugriffe durch den Einsatz von L2-Caches großer Kapazität gering gehalten (siehe 7.2.3). Um dabei dennoch die Datenkohärenz zu gewährleisten, müssen sich die Cache-Controller bei Cache- und Speicherzugriffen untereinander verständigen, z. B. mittels des sog. MESI-Protokolls. Dieses steuert übergreifend die Zugriffe auf den gemeinsamen Adressraum, wobei es die jeweiligen Zustände ggf. adressierter Cache-Einträge auswertet (MESI: modified, exclusive, shared, invalid; siehe z. B. [2, 4]). – Da der Speicherzugriff in solchen Systemen im Prinzip von jedem Prozessor aus gleich schnell ist, spricht man auch von *UMA-Architektur* (unified memory access).

Der Vorteil eines speichergekoppelten Mehrprozessorsystems liegt in dem relativ einfachen Übergang vom Ein- zum Mehrprozessorsystem, bei dem im Wesentlichen das Betriebssystem dafür zu sorgen hat, dass die bisher auf einem einzigen Prozessor quasiparallel ausgeführten Prozesse auf die nun mehrfach vorhandenen Prozessoren verteilt werden. Dabei sind alle Prozessoren gleichrangig, auch bei der Entscheidung, auf welchem Prozessor das Betriebssystem läuft, weshalb man auch von symmetrischen Mehrprozessorsystemen bzw. *SMP-Systemen* spricht (symmetrical multiprocessing). Der Nachteil der UMA-Architektur ist die eingeschränkte *Skalierbarkeit*, d. h. die begrenzte Erweiterbarkeit um zusätzliche Prozessoren. Heutige UMA-Architekturen mit Busstruktur haben bis zu acht, solche mit Kreuzschienenverteiler bis zu 64 Prozessoren. Abhängig von der Anzahl *n* an Prozessoren spricht man von *n*-Wege-System.
Mit dem Einsatz von Mehrkernprozessoren (multicore processors) entstehen kompakte UMA-Strukturen, bei denen die Prozessoren bzw. Prozessorkerne und deren Caches sowie die Verbindungsstruktur und ggf. der DRAM-Controller innerhalb eines einzigen Chips aufgebaut sind.

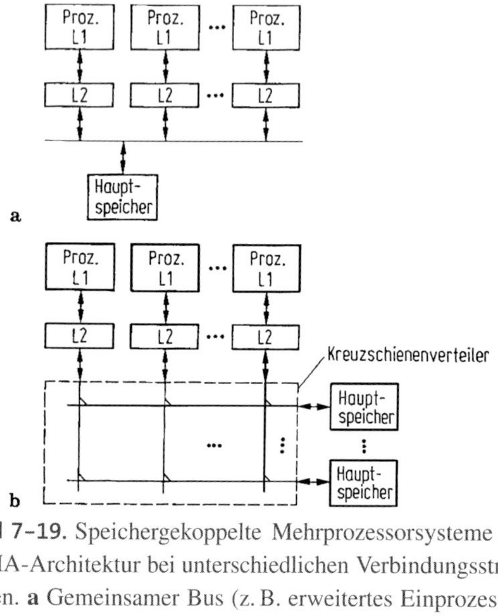

Bild 7-19. Speichergekoppelte Mehrprozessorsysteme mit UMA-Architektur bei unterschiedlichen Verbindungsstrukturen. **a** Gemeinsamer Bus (z. B. erweitertes Einprozessorsystem nach Bild 7-1 b); **b** Kreuzschienenverteiler. Jeweils gemeinsamer Speicher mit gleich schnellen Zugriffen für alle Prozessoren

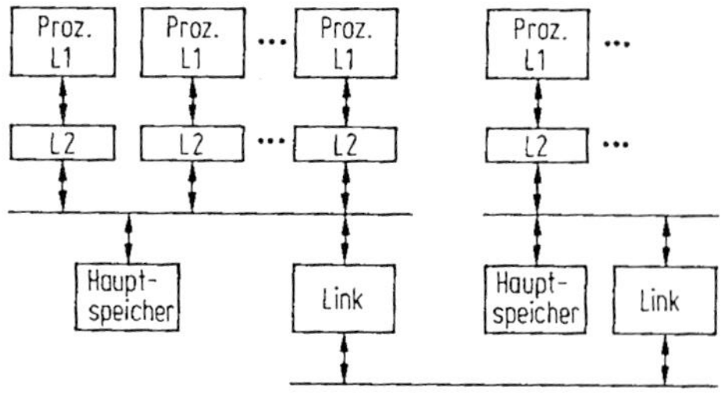

Bild 7-20. Speichergekoppeltes Mehrprozessorsystem mit NUMA-Architektur (als über Links verbundene UMA-Systeme gemäß Bild 7-19 a). Verteilter gemeinsamer Speicher mit unterschiedlich schnellen Zugriffen für die Prozessoren

Die Skalierbarkeit läßt sich verbessern, indem man Rechner*knoten* mit lokalen Speichern bildet und sie über spezielle Interfaces (links) miteinander verbindet (Bild 7-20). Dabei haben die Prozessoren wieder einen gemeinsamen Adressraum, der Hauptspeicher ist jetzt jedoch auf die Knoten verteilt. Man bezeichnet ein solches System deshalb auch als *DSM-System* (*distributed shared memory*) oder, da die lokalen bzw. nichtlokalen Speicherzugriffe unterschiedlich schnell sind, als *NUMA-Architektur* (non-unified memory access). Ein NUMA-Knoten kann z. B. aus mehreren Prozessoren in UMA-Architektur bestehen.

7.4.4 Nachrichtengekoppelte Mehrprozessorsysteme

Ein nachrichtengekoppeltes (lose gekoppeltes) Mehrprozessorsystem ähnelt in seiner Struktur der NUMA-Architektur (Bild 7-21), besteht also aus Rechnerknoten (Prozessor-Speicher-Paaren), die über ein Verbindungsnetz miteinander gekoppelt sind. Hier gibt es jedoch keinen gemeinsamen Adressraum, vielmehr sind die lokalen Speicher nur von ihren jeweiligen lokalen Prozessoren aus zugreifbar. Die Kommunikation zwischen den Rechnerknoten ist daher nur durch Versenden von Nachrichten mittels des Verbindungsnetzes möglich. Sie wird, um die Prozessoren zu entlasten, durch spezielle Kommunikationshardware unterstützt. Die Unabhängigkeit der Rechnerknoten wird durch ein jeweils eigenes Betriebssystem unterstrichen.
Der Vorteil nachrichtengekoppelter Systeme liegt in ihrer fast unbegrenzten Skalierbarkeit. Gebräuchlich

sind Systeme mit bis zu mehreren tausend Rechnerknoten (häufig auch SMP-Systeme als Knoten) unter Verwendung von standardisierten Mikroprozessoren. Wegen der damit erreichbaren hohen Parallelität spricht man auch von *MPP-Systemen* (*massive parallel processing*). Ihr Nachteil liegt in der Programmierung, da die Parallelisierung der Anwendersoftware individuell vorzunehmen ist. Erreicht werden derzeit Rechenleistungen von bis zu 300 TFLOPS (nach Linpack, siehe 7.6) beim sog. „Blue Gene/L" (ca. 131 000 PPC440-Prozessoren, IBM). Kurzfristig angestrebt wird die PFLOPS-Grenze (2^{50} FLOPS). Eingesetzt werden MPP-Systeme zur Lösung von Spezialaufgaben hoher Komplexität, z. B. im Bereich der Simulation.

7.5 Rechnernetze

Rechner sind heute in hohem Maße in Rechnernetzen miteinander verbunden, mit der Möglichkeit der Kommunikation zwischen den Rechnern wie auch deren Benutzern. Gegenüber dem isolierten Einsatz von Rechnern reicht das Spektrum der zusätzlichen Möglichkeiten vom „Resource-Sharing", d. h. der gemeinsamen Benutzung von Geräten und Dateien, bis hin zum weltweiten Informationsaustausch im Internet.
Grundlegend unterscheidet man zwischen *lokalen Netzen* (inhouse nets, *local area networks*, *LANs*), *Weitverkehrsnetzen* (Telekommunikationsnetzen, *wide area networks*, *WANs*) und *globalen Netzen* (*global area networks*, *GANs*). LANs sind Verbunde von geringer räumlicher Ausdehnung meist innerhalb von Gebäuden oder Grundstücken, die von einzelnen Nutzern (Unternehmen, Institutionen) betrieben werden. WANs haben landesweite Ausdehnung (üblicherweise flächendeckend) und werden

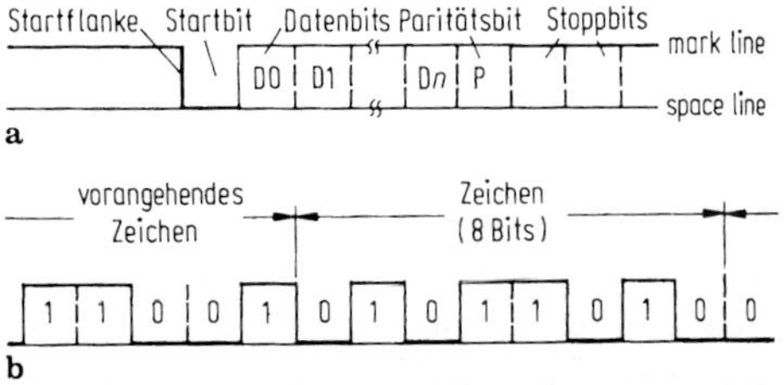

Bild 7-21. Serielle Datenübertragung, **a** asynchron; **b** synchron

meist von den Telekommunikationsgesellschaften betrieben. GANs haben mittels Überseekabel und Satelliten globale Reichweiten und stehen üblicherweise im Verbund mit den regionalen WANs. Als Zwischenform von LAN und WAN gibt es die sog. *Metronetze* (*metropolitan area networks*, *MANs*). Sie sind Stadtnetze (Regionalnetze) und wirken innerhalb oder zwischen Ballungsräumen, oft als Hochgeschwindigkeitsnetze. – Zu Rechnernetzen siehe z. B. [9].

7.5.1 Serielle Datenübertragung

Um den Leitungsaufwand in den Netzen gering zu halten, werden Daten grundsätzlich bitseriell übertragen, wobei die Bitfolge einem definierten Zeitraster zugeordnet wird.
Bei *asynchron-serieller Übertragung* werden wahlweise fünf bis acht Datenbits eines Zeichens (ggf. plus Paritätsbit) in einem zur Synchronisation benötigten Rahmen (frame), bestehend aus einem Startbit und einem oder mehreren Stoppbits, zusammengefasst (Bild 7-21a). Bei der Übertragung aufeinanderfolgender Zeichen synchronisieren sich Sender und Empfänger bei jedem Zeichen anhand der fallenden Flanke des Startbits, sodass der Zeitabstand zwischen zwei Zeichen beliebig variieren darf.
Bei der *synchron-seriellen Übertragung* bilden die Datenbits aufeinanderfolgender Zeichen einen lückenlosen Bitstrom (Bild 7-21b) und die Synchronisation geschieht laufend anhand der Pegelübergänge im Datensignal. Um auch bei längeren 0- oder 1-Folgen Pegelwechsel zu erzwingen, werden besondere Signalcodierungen verwendet, oder es werden vom Sender zusätzliche Synchronisationszeichen oder -bits eingefügt (*character/bit stuffing*). Diese Einfügungen werden vom Empfänger erkannt und eliminiert. Die Übertragung erfolgt blockweise, wozu auf logischer Ebene Rahmen mit ggf. zusätzlicher Adressierungs- und Steuerinformation gebildet werden.
Die reziproke Schrittweite des Zeitrasters bezeichnet man als *Schrittgeschwindigkeit* (Einheit *Baud*, Bd). Die *Übertragungsgeschwindigkeit* oder *Übertragungsrate* in bit/s kann ein Vielfaches der Schrittgeschwindigkeit betragen, nämlich dann, wenn pro Taktschritt mehrere Bits codiert übertragen werden. Die erreichbare Übertragungsrate hängt

u. a. von der Leitungsart ab. Sie wächst in folgender Reihenfolge: unverdrillte Doppelader (Telefonleitung, Kupfer), nichtabgeschirmte oder abgeschirmte verdrillte Doppelader (unshielded/shielded twisted pair, UTP/STP, Kupfer), Koaxialkabel (Kupfer), Lichtwellenleiter (Glasfaser).

7.5.2 Weitverkehrsnetze (WANs)

Strukturen. Bei Weitverkehrsnetzen besteht das Übertragungssystem aus Übertragungsleitungen und Vermittlungseinrichtungen, sog. *Knotenrechnern* (Vermittlungsrechner, interface message processor, IMP), die für die Durchschaltung der Übertragungsleitungen zuständig sind. Die Datenübertragung zwischen zwei Anwendungsrechnern erfolgt jeweils über die beiden ihnen zugeordneten Knotenrechner. Sind diese zwei Knotenrechner nicht direkt miteinander verbunden, so müssen die Daten über andere Knotenrechner geleitet werden (*Punkt-zu-Punkt-Netz*).

Bei den *paketvermittelnden Netzen* erfolgt dieser Transport in Datenpaketen, die in den Knotenrechnern zunächst zwischengespeichert und dann weitergeleitet werden (*store-and-forward network*, packet switching, connectionless). Zusammengehörige Pakete können dabei unterschiedliche Wege mit unterschiedlichen Laufzeiten durchlaufen, je nachdem welche Verbindungsleitungen zwischen den Netzknoten jeweils verfügbar sind (Wegewahl, routing). Sie werden dabei nummeriert und können so dem Empfänger in der korrekten Reihenfolge zugestellt werden.

Bei den *leitungsvermittelnden Netzen* hingegen wird für die Dauer der Datenübertragung ein Verbindungsweg fest durchgeschaltet (connection-oriented).

Den Punkt-zu-Punkt-Netzen stehen die sog. *Broadcast-Netze* gegenüber. Bei ihnen werden die Datenpakete vom Sender gleichzeitig an mehrere oder an alle Netzteilnehmer übertragen, und der gemeinte Empfänger erkennt an der mitgelieferten Adressinformation, dass die Nachricht für ihn bestimmt ist. Typisch sind hier Funkübertragungen, z. B. mittels Satelliten.

Datenfernübertragung. Als Datenfernübertragung (*DFÜ*) bezeichnet man die Datenübertragung

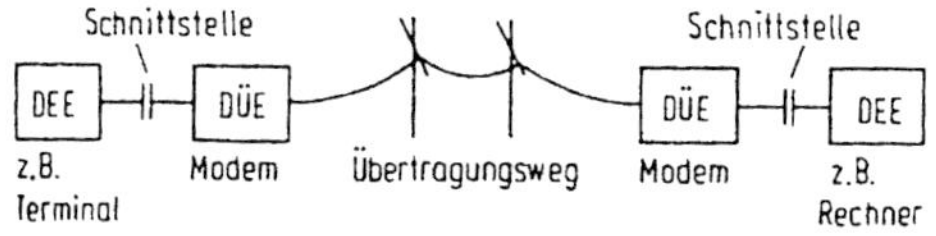

Bild 7-22. Datenfernübertragung zwischen zwei Datenendeinrichtungen (DEE) mittels zweier Datenübertragungseinrichtungen (DÜE). Als Übertragungssystem wurde das analoge Fernsprechnetz angenommen, dementsprechend sind als DÜE Modems eingesetzt

zwischen sog. Datenendgeräten (*Datenendeinrichtungen, DEE*), z. B. zwei Rechnern, unter Benutzung von WANs, d. h. von Übertragungsleitungen und Vermittlungseinrichtungen der Telekommunikationsgesellschaften. Die Anpassung der Datenendgeräte an die Signaldarstellung und Übertragungsvorschriften dieser Unternehmen erfordert an der Teilnehmerschnittstelle *Datenübertragungseinrichtungen (DÜE)*, die bei analoger Übertragung als Modems und bei digitaler Übertragung als Datenanschlussgeräte oder als Adapter bezeichnet werden (Bild 7-22).

Protokolle. Die Kommunikation zwischen zwei Rechnern bzw. Anwenderprozessen umfasst zahlreiche Funktionen, die von den übertragungstechnischen Voraussetzungen bis zu den logischen und organisatorischen Vorgaben auf der Anwenderebene reichen. Hierzu gehören: Aufbau, Aufrechterhaltung und Abbau einer Verbindung, Übertragen eines Bitstroms, Aufteilen eines Bitstroms in Übertragungsblöcke, Sichern der Datenübertragung sowie Fehlerbehandlung, Wegewahl im Netz, Synchronisieren der Übertragungspartner, Herstellen einer einheitlichen Datenrepräsentation, Aufteilen der zu übertragenden Information in logische und physikalische Abschnitte usw. Zur Beherrschung dieser Komplexität wurde von der ISO das *OSI-Referenzmodell* entwickelt (Open Systems Interconnection), das die Kommunikation in sieben hierarchischen Schichten (layers) beschreibt.

Analoges Fernsprechnetz. Das analoge Fernsprechnetz (Telefonnetz) ist das älteste öffentliche Telekommunikationsnetz und hat eine relativ geringe Übertragungsleistung entsprechend dem für Sprachsignale erforderlichen schmalen Frequenzbereich von 300 bis 3400 Hz. Der Netzzugang erfolgt über ein *Modem* (Modulator/Demodulator), welches das zu sendende digitale Signal in ein analoges und das zu empfangene Analogsignal in ein digitales umsetzt. Das Analogsignal wird mit einer in diesem Frequenzbereich liegenden sinusförmigen Trägerschwingung erzeugt, auf den das digitale Signal aufmoduliert wird. Man benutzt hier die aus der Nachrichtentechnik bekannten Modulationsarten Amplituden-, Frequenz- und Phasenmodulation. Setzt man zur Signalcodierung mehr als zwei Amplituden, zwei Frequenzen oder zwei Phasenwinkel ein oder kombiniert man die Modulationsverfahren, so lassen sich pro Übertragungstaktschritt mehr als nur ein Bit codieren.

Mit solchen Verfahren erreicht man bei der für das analoge Fernsprechnetz kennzeichnenden Schrittgeschwindigkeit von 2400 Baud Übertragungsraten von bis zu 9600 bit/s (V.32-Modem). Durch Erhöhung der Bitanzahl pro Taktschritt erreicht man bis zu 14 400 bit/s (V.32bis) und bei zusätzlicher Erhöhung der Schrittgeschwindigkeit bis zu 33 600 bit/s (V.34). Mit einer anderen Technik, bei der die Daten nicht analog durch modulierte Schwingungen, sondern digital als diskrete Spannungspegel dargestellt werden, erreicht man bis zu 56 000 bit/s (*56k-Modem*, V.90).

Digitales Fernsprechnetz, ISDN. Das analoge Fernsprechnetz wird durch das jüngere, digitale Netz ISDN (Integrated Services Digital Network) ergänzt bzw. ersetzt. Das ISDN erlaubt den direkten digitalen Netzzugang und bietet dazu für jeden Anschluss zwei (logische) Übertragungskanäle (B-Kanäle) zur gleichzeitigen Nutzung mit Übertragungsraten von je 64 kbit/s (ca. 8 000 Zeichen pro Sekunde) sowie einen Signalisierkanal (D-Kanal) mit 16 kbit/s, an die in einer Art Busstruktur bis zu acht Datenendgeräte, einschließlich Telefon, angeschlossen werden können. Die höhere Übertragungsleistung des ISDN ergibt sich durch eine Erweiterung des nutzbaren Frequenzbereichs auf bis zu 120 kHz bei digitaler Datendarstellung (digital subscriber line, *DSL*; Subscriber: Fernmeldeteilnehmer). Für die Teilnehmeranbindung an das Netz werden wie beim analogen Fernsprechnetz Zweidrahtleitungen verwendet.

Mit beiden Fernsprechnetzen steht eine Vielzahl von Diensten für die Übertragung von Sprache, Daten, Text, Festbildern und bedingt auch von Bewegtbildern zur Verfügung, so u. a. das Fernsprechen (Telefon, auch Bildtelefon) und das Fernkopieren (Telefax). Generell handelt es sich hierbei um relativ geringe Datenaufkommen.

Reine Datennetze. Für höhere Datenaufkommen gibt es reine Datennetze, bei denen der Zugang entweder über analoge oder digitale Fernsprechanschlüsse oder über spezielle Netzanschlüsse (Twisted-pair-, Koaxial- oder Glasfaserkabel) erfolgt. Im Gegensatz zu der bei den beiden Fernsprechnetzen gebräuchlichen Leitungsvermittlung arbeiten sie üblicherweise mit Paketvermittlung. Die hier verfügbaren Übertragungsraten reichen bis zu einigen Gbit/s. – Technisch möglich und erprobt sind bei Lichtwellenleitern Übertragungsgeschwindigkeiten im THz-Bereich.

xDSL-Techniken. Die Übertragungsraten von analogen und von ISDN-Teilnehmeranschlüssen können wesentlich erhöht werden, wenn auf der Leitungsverbindung zwischen Teilnehmer und Vermittlungsstelle keine zusätzliche Frequenzbandbegrenzung durch Signalverstärker auftritt und somit breitere bzw. mehr Frequenzbänder genutzt werden können (d. h. oberhalb von 3400 Hz bzw. 120 kHz). Hierfür kommen verschiedene Verfahren digitaler Datendarstellung zum Einsatz, die unter dem Begriff xDSL zusammengefasst werden (Tabelle 7-4). Sie sind

Tabelle 7-4. xDSL-Techniken und ihre maximal gängigen Übertragungsraten. Die tatsächlich erreichbaren Werte hängen von der Leitungsdämpfung ab (zu überbrückende Entfernung, Leitungsqualität). Benötigt wird jeweils ein Adernpaar, bei HDSL ggf. zwei oder drei (zur Verringerung von Störeinflüssen). Im Vergleich dazu die maximalen Modem- und ISDN-Datenübertragungsraten

xDSL-Technik	Übertragungsrate/Mbit/s	
	Hinkanal	Rückkanal
ADSL (asymmetric)	0,512	6
ADSL2 (asymmetric)	1	16 (20)
HDSL (high data rate)	1,54 oder 2	1,54 oder 2
SDSL (single line)	3	3
VDSL2 (very high data rate)	5 (10)	25 (50)
Modem	0,033	0,056
ISDN	0,144	0,144

eine Weiterentwicklung des für ISDN genutzten DSL-Verfahrens (x steht als Platzhalter für das jeweilige Verfahren) und dienen insbesondere dem Internet-Zugang, was eine ggf. höhere Datenübertragungsrate für den *Rückkanal* (Daten aus dem Netz, *download*) als für den *Hinkanal* (*upload*) rechtfertigt (asymmetrische Übertragung). Die Signaldarstellung erfolgt entweder im *Basisbandverfahren* (unmoduliertes Digitalsignal) oder im *Breitbandverfahren* (modulierter Träger).

In Deutschland ist das asymmetrische *ADSL* am weitesten verbreitet, mit Übertragungsraten von derzeit bis zu 6 Mbit/s im Rückkanal, bei den neueren Varianten ADSL2 mit bis zu 12 und ADSL2+ mit bis zu 16 und 20 Mbit/s. Es erlaubt Datenübertragung und Telefonie gleichzeitig; zur Signaltrennung ist zum ADSL-Modem ein sog. Splitter erforderlich. VDSL2 schließt sich in der Leistung an ADSL2+ an, mit sowohl symmetrisch als auch asymmetrisch spezifizierten Übertragungsraten. Als erreichbarer Spitzenwert werden 200 Mbit/s angegeben; derzeitige Realisierungen sehen bis zu 50 Mbit/s vor. Der Bedarf wird im Übertragen von hochaufgelöstem Fernsehen (HDTV) gesehen. – DSL-Modems werden entweder direkt mit dem PC verbunden (USB, Punkt-zu-Punkt-Ethernet), oder sie sind als Router eines lokalen Netzes ausgelegt (WLAN, Ethernet-Switch mit mehreren Ports).

7.5.3 Lokale Netze (LANs)

Lokale Netze sind in ihrem Ursprung Broadcast-Netze mit Bus- oder Ringstruktur, die im Gegensatz zu Weitverkehrsnetzen keine Knotenrechner enthalten. Statt dessen hat jeder Anwendungsrechner eine Netzsteuereinheit (network controller) in Form einer Interface-Karte (siehe LAN-Controller in Bild 7-1b), und das Übertragungssystem besteht im einfachsten Fall (Bus) nur aus einer Leitung. Davon abweichend haben heute Stern- und Baumstrukturen eine große Verbreitung (strukturierte Verkabelung). Hier kommen dann Vermittlungseinheiten zum Einsatz. – Zu beachten ist, dass die logische Struktur eines LAN von den im Folgenden betrachteten physikalischen Strukturen durchaus verschieden sein kann.

Ring. Bei der Ringstruktur (*Token Ring*) sind alle Teilnehmer punkt-zu-punkt in einem Ring miteinander verbunden. Die Kommunikation erfolgt in fest vorgegebenem Umlaufsinn, wobei freie Übertragungskapazitäten durch umlaufende Marken (tokens) gekennzeichnet werden (Bild 7-23a). Der sendende Teilnehmer übergibt einem freien Token seine Nachricht zusammen mit seiner Adresse und der des Empfängers. Der durch die Empfängeradresse angesprochene Netzteilnehmer übernimmt die Nachricht und übergibt dem Token eine Empfangsbestätigung für den Sender, nach deren Empfang dieser das Token wieder freigibt. Vorteil der Ringstruktur ist die kollisionsfreie Übertragung, was eine gute Nutzung der Übertragungsraten erlaubt, sowie der geringe Aufwand. Sie hat jedoch den Nachteil, dass bei nur einer Unterbrechung im Ring der gesamte Ring funktionsunfähig wird.

Ein Beispiel für die Ringstruktur ist der Token-Ring von IBM mit Übertragungsraten von 4 oder 16 Mbit/s (IEEE 802.5). Ein weiterer Token-Ring, das *FDDI* (Fiber Distributed Data Interface), vermeidet den oben geschilderten Nachteil durch Verdoppelung des Rings (ANSI X3T9.5). Die maximale Länge für den „primären" wie auch für den „sekundären" Ring beträgt hier 200 km, die Übertragungsrate 100 Mbit/s. FDDI gilt als Hochgeschwindigkeits-LAN und wird insbesondere auch als sog. *Backbone* eingesetzt, um LANs miteinander zu verbinden.

Bus. Bei der Busstruktur kommunizieren die Teilnehmer über einen Bus als passiven Vermittler (Bild 7-23b). Das Übertragungsmedium ist z. B. ein Koaxialkabel, an das auch während des Betriebs des Netzes neue Teilnehmer angeschlossen werden können. Der Ausfall eines Teilnehmers beeinträchtigt die Funktionsfähigkeit des Netzes nicht. Die Möglichkeit des gleichzeitigen Zugriffs auf den Bus macht jedoch eine Strategie zur Vermeidung von Kollisionen erforderlich. So muss (ähnlich der Busarbitration in

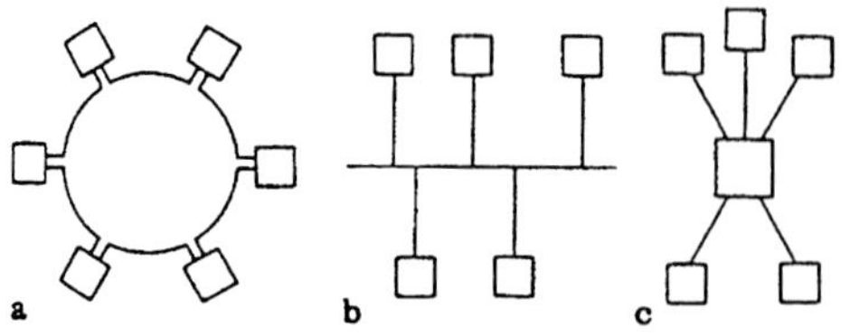

Bild 7-23. LAN-Strukturen. **a** Ring; **b** Bus; **c** Stern

Rechnern) ein Sender vor Sendebeginn anhand des Signalpegels auf dem Bus zunächst prüfen, ob der Bus frei ist; und er muss mit Sendebeginn erneut prüfen, ob nicht gleichzeitig ein zweiter Sender zu senden begonnen hat. Im Konfliktfall muss er die Übertragung aufschieben bzw. abbrechen, um sie z. B. nach einer zufallsbestimmten Wartezeit erneut zu versuchen. Ein Verfahren mit dieser Organisationsform ist das CSMA/CD-Verfahren (Carrier Sense Multiple Access/Collision Detection), nach dem das weit verbreitete *Ethernet* von Xerox mit einer Übertragungsrate von 10 Mbit/s arbeitet (IEEE 802.3). – Weiterentwicklungen von Ethernet ermöglichen Übertragungsraten von 100 Mbit/s (*Fast-Ethernet*), 1 Gbit/s (*Gigabit-Ethernet*) und 10 Gbit/s (*10-Gigabit-Ethernet*) mit üblicherweise Stern- oder Baumstruktur.
Eine andere Organisationsform hat der *Token-Bus*, bei dem wie beim Token-Ring ein Token zyklisch weitergereicht wird, wodurch sich eine eindeutige Zuteilung der Sendeberechtigung ergibt (IEEE 802.4). Ein Beispiel ist das *MAP* (manufacturing automation protocol) mit Übertragungsraten von 1, 5 bis zu 20 Mbit/s.

Stern und Baum. Bei der Sternstruktur sind alle Teilnehmer über einen zentralen Knoten (als passive oder aktive Vermittlungseinrichtung) miteinander verbunden, über den die gesamte Kommunikation läuft (Bild 7-23c), z. B. einen Hub oder einen Switch (siehe unten). Diese Technik birgt zwar eine größere Ausfallgefahr des gesamten Netzes, erleichtert aber den Netzaufbau und die Netzerweiterung wesentlich. Sie wird deshalb z. B. bei heutigen Ethernet-LANs bevorzugt eingesetzt. Die Baumstruktur entsteht durch Zusammenschluss von Bussen oder Sternstrukturen, wobei je nach Anpassungsbedarf zwischen den Teilnetzen unterschiedliche Netzverbinder eingesetzt werden.

Netzverbinder. Für den Aufbau von LANs und für den Übergang zwischen Netzen oder Netzsegmenten werden unterschiedliche Netzverbinder eingesetzt, abhängig davon, auf welcher Ebene des ISO/OSI-Referenzmodells der Übergang stattfindet:

Repeater. Ein Repeater verbindet zwei gleichartige Netze in der untersten Schicht 1, z. B. zwei 10-Mbit/s-Ethernets. Er wirkt als Zwischenverstärker und führt eine reine Bitübertragung durch, d. h., er nimmt keine Protokollumsetzung vor.

Hub. Ein Hub („Nabe“, „Zentrum“) ist eine Verteilereinrichtung in der Schicht 1, die einen zentralen Anschluss sternförmig auf mehrere Anschlüsse aufteilt bzw. in der umgekehrten Richtung diese Anschlüsse zusammenfasst (Konzentratorfunktion). Hubs haben entweder Verstärkerfunktion (aktiver Hub) oder nicht (passiver Hub). Erstere wirken wie Repeater. Aufgrund der bei Hubs zentralisiert aufgebauten Netzsteuerung eignen sie sich insbesondere auch für die Realisierung logischer Bus- und Ringstrukturen.

Bridge. Eine Bridge ist ein Netzverbinder in der Schicht 2. Sie verbindet zwei unterschiedliche Netze mit jedoch gleicher Realisierung in der Schicht 1, z. B. ein Ethernet und einen Token-Bus. Sie entscheidet anhand der den Daten mitgegebenen Adressinformation, was weitergeleitet werden soll, hat also Filterfunktion.

Switch. Ein Switch („Schalteinrichtung“) ist ähnlich einem Hub ein sternförmiger Verteiler/Konzentrator. Im Gegensatz zum Hub, der die ankommenden Daten grundsätzlich an alle Netzteilnehmer weiterleitet und bei dem sich die Netzteilnehmer die Netzkapazität teilen müssen, schaltet ein Switch die Datenpakete anhand ihrer Adressen gezielt an einzelne Netzteilnehmer durch. Dabei kann er die Übertragungskapazität eines Anschlusses hoher Übertragungsrate (z. B. 1 Gbit/s) auf mehrere Anschlüsse mit geringeren Übertragungsraten (z. B. 100 oder 10 Mbit/s) aufteilen, wodurch ein hoher Datendurchsatz im Netz erreicht wird. Hinsichtlich der adressspezifischen Weiterleitung ist er der Schicht 2 (und ggf. darüber) zuzuordnen.

Router. Ein Router stellt eine Netzverbindung in der Schicht 3 her. Er fungiert als Verbinder unterschiedlicher Netze mit unterschiedlichen Übertragungsmedien und ist mit entsprechenden Schnittstellen ausgestattet. Ankommende Datenpakete werden von ihm auf den richtigen Zielweg geschickt. Die Wegewahl bestimmt er anhand gespeicherter Routing-Tabellen. Er führt keine Filterung durch.

Brouter. Ein Brouter ist eine Kombination aus Bridge und Router (Schichten 2 und 3).

Gateway. Ein Gateway schließlich stellt eine Netzverbindung auf der jeweils obersten Netzebene her. Es ist erforderlich, wenn die Netze nicht dem Referenzmodell entsprechen und es somit keine gemeinsame Schicht gibt. Dementsprechend führt ein Gateway neben der Routing-Funktion auch Protokoll- und Codeumwandlungen durch.

Funknetze. Funknetze als drahtlose Verbindungen lösen kabelgebundene Verbindungen ab. Derzeit am weitesten verbreitet ist das sog. WLAN (wireless LAN). Es folgt dem Basisstandard IEEE 802.11 mit Varianten, die durch eine zusätzliche Buchstabenkennung bezeichnet sind. Sein Netzaufbau im sog. Infrastruktur-Modus erfolgt über die WLAN-Adapter der einzelnen Netzteilnehmer und durch einer vermittelnde Basistation (access point, AP), die die Verbindung zu einem drahtgebundenen lokalen Netz, z. B. einem Ethernet herstellt. In einer einfacheren Version, dem Ad-hoc-Modus, können die Netzteilnehmer auch direkt mittels der WLAN-Adapter (und ohne eine Netzanbindung) miteinander kommunizieren (Peer-to-Peer-Netz). Die maximalen Übertragungsraten betragen 1 und 2 Mbit/s (802.11), 11 Mbit/s (802.11b), 54 Mbit/s (802.11g, 802.11a) und künftig zwischen 100 und 540 Mbit/s (802.11n). Die Funkreichweiten liegen innerhalb von Gebäuden bei 30 bis 80 m, im Freien bei mehreren 100 m. – Nachfolger von WLAN könnte das lizenzpflichtige Wimax (worldwide interoperability for microwave access) werden, das Reichweiten von (theoretisch) bis zu 50 km vorsieht.

Für die drahtlose Vernetzung von Geräten, z. B. Computer und Peripheriegeräte, Mobiltelefone, PDAs (personal digital assistant), hat das sog. *Bluetooth* (IEEE 802.15.1) eine weite Verbreitung. Seine Übertragungsraten liegen bei 723 kbit/s bis maximal 2,1 Mbit/s für den Download und 57 kbit/s für den Upload. Überbrückt werden geringe Entfernungen von bis zu 10 m in Gebäuden. – Als Nachfolger von Bluetooth gilt UWB (ultrawideband) mit zunächst 55 Mbit/s und künftig 480 Mbit/s.

7.6 Leistungskenngrößen von Rechnersystemen und ihre Einheiten

Die Leistungsfähigkeit eines Rechners wird bei pauschaler Beschreibung durch eine Reihe von Leistungskenngrößen seiner Komponenten gekennzeichnet, die nachfolgend mit den üblichen Einheiten alphabetisch geordnet aufgelistet sind.

Dabei ist zu beachten, dass die Vorsätze M (Mega), G (Giga) und T (Tera) je zwei verschiedene Bedeutungen haben: bei Speicherkapazitäten als Potenzen von 2 ($M = 2^{20}$, $G = 2^{30}$, $T = 2^{40}$) und für zeitbezogene Angaben (z. B. Frequenz, Übertragungsrate, Durchsatz) als Potenzen von 10 ($M = 10^6$, $G = 10^9$, $T = 10^{12}$). Beim Vorsatz Kilo sind die beiden Bedeutungen durch die Schreibweise unterschieden ($K = 2^{10} = 1024$, $k = 10^3$).

Aufzeichnungsdichte (*bit/recording density*): bpi (bit per inch), bpi^2 (bit per square inch); bei Speichermedien mit beschreibbaren Oberflächen, z. B. Magnetbändern und Magnetplatten.

Bildauflösung von Bildschirmen (*resolution*): $n \times m$ Pixel (picture elements, Bildpunkte, Spaltenanzahl n mal Zeilenanzahl m).

Bildwiederholfrequenz (*refresh rate*): Hz; bei Röhrenmonitoren; Werte zwischen 50 und 100 Hz, annähernd flimmerfrei ab 85 Hz.

bpi, bpi^2: siehe Aufzeichnungsdichte.

bps: siehe Übertragungsrate bei serieller Übertragung.

Busbandbreite (*bus bandwidth*): byte/s (bytes per second); maximal mögliche Übertragungsrate bei parallelen Bussen/Verbindungen; ermittelt aus Bustaktfrequenz, multipliziert mit der Datenbusbreite in Bytes, geteilt durch die für eine Übertragung erforderliche Anzahl von Taktschritten.

Bustaktfrequenz (*bus clock frequency*): MHz; Frequenz der Taktschritte bei Datenübertragungen auf einem Bus.

Buszykluszeit (*bus cycle time*): bei parallelen Bussen Maß für die Dauer eines Buszyklus; üblicherweise als Anzahl der Taktschritte für die Durchführung des Buszyklus angegeben.

cpi: siehe Zeichendichte, horizontale.

cps: siehe Geschwindigkeit der Zeichendarstellung.

Dhrystone: D/s (dhrystones per second); Integer-Benchmark, bestehend aus einem synthetischen Mix von z. B. C-Anweisungen für Ganzzahloperationen. Gemessen wird die Anzahl der Schleifendurchläufe pro Sekunde. Für die Ermittlung des Prozessordurchsatzes (in MIPS) herangezogen.

dpi, dpi^2: siehe Punktdichte.

Geschwindigkeit der Zeichendarstellung (*character rate*): cps (characters per second); auf Bildschirmen und durch Drucker.

Linpack: MFLOPS (millions of floating-point operations per second); Floating-Point-Benchmark mit z. B. in Fortran geschriebenen Matrizenrechnungen. Heute auch in Java verfügbar.

MFLOPS: siehe Prozessordurchsatz für Gleitpunktoperationen.

MIPS: siehe Prozessordurchsatz.

MWIPS: siehe Whetstone.

Prozessorbustaktfrequenz (*processor bus clock frequency*): MHz; Frequenz der Taktschritte bei Datenübertragungen über die Datenanschlussleitungen eines Prozessors. Bei Prozessoren mit hoher Prozessortaktfrequenz ist sie technisch bedingt um einen Teiler geringer als diese.

Prozessordurchsatz (*throughput, processing speed*): MIPS (millions of instructions per second). Einigermaßen vergleichbare Aussagen sind nur bei im Befehlssatz ähnlichen Prozessoren und bei gleichen Programmen, z. B. Benchmark-Programmen oder einheitlichem Befehlsmix sinnvoll.

Prozessordurchsatz für Gleitpunktoperationen: MFLOPS (millions of floating-point operations per second, Megaflops), oft auch mit den Vorsätzen G (Gigaflops) und T (Teraflops); entweder als theoretischer Höchstwert (Ausführungszeit von Gleitpunktmultiplikation und -addition) oder als Durchschnittswert (siehe Linpack) angegeben.

Prozessortaktfrequenz (*processor clock frequency*): MHz, GHz; Frequenz der prozessorinternen Operationsschritte.

Punktdichte (*resolution*): dpi (dots per inch), dpi^2 (dots per square inch); bei Text- und Grafikausdrucken.

Schrittgeschwindigkeit bei serieller Datenübertragung (*baud/modulation rate*): Bd (Baud); Anzahl der Übertragungsschritte pro Sekunde (häufig inkorrekt als „Baudrate" bezeichnet). Bei Übertragung von nur einem Bit pro Schritt ist die Schrittgeschwindigkeit gleich der Übertragungsrate.

SPEC CPU2006: Leistungsangaben, basierend auf Benchmarks der Organisation SPEC (Standard Performance Evaluation Corporation) zur Bewertung der Integer- und Floating-Point-Leistungsfähigkeit eines Rechners unter Berücksichtigung des Prozessors, Hauptspeichers und Compilers. Hierzu werden die Laufzeiten von 12 (SPECint2006) bzw. 17 (SPECfp2006) ausgesuchten Programmen in Relation zu vorgegebenen Bezugswerten gesetzt und aus diesen 12 bzw. 17 Verhältniszahlen jeweils das geometrische Mittel gebildet. – Benchmarks für andere Bereiche, z. B. für Grafikeinheiten und Server, sind verfügbar.

Speicherkapazität von Haupt- und Hintergrundspeichern (*memory/storage capacity*): byte, B (Byte); wird in Kbyte (KB), Mbyte (MB), Gbyte (GB) oder Tbyte (TB) angegeben.

Spurdichte (*track density*): tpi (tracks per inch); bei Speichermedien mit beschreibbaren Oberflächen, z. B. bei Magnetbändern und Magnetplatten.

Suchzeit, mittlere (*average seek time*): ms; bei Sekundärspeichern mit mechanischen Zugriffsmechanismen: die Zeitdauer von der Speicheranwahl bis zur Bereitschaft, Daten zu liefern (Lesen) bzw. Daten zu übernehmen (Schreiben).

tpi: siehe Spurdichte.

Transferrate (*transfer rate*): T/s (transfers per second); Anzahl der maximal möglichen Datenübertragungen pro Sekunde; wird in MT/s oder GT/s angegeben.

Übertragungsgeschwindigkeit (*transmission speed*): synonym mit Übertragungsrate.

Übertragungsrate bei paralleler Übertragung (*data transfer rate*): Bps, byte/s, B/s (bytes per second); wird in kbyte/s, Mbyte/s oder Gbyte/s angegeben.

Übertragungsrate bei serieller Übertragung (*data transfer rate*): bps, bit/s, b/s (bits per second); wird in kbit/s, Mbit/s oder Gbit/s angegeben.

Wartezyklen (*wait cycles*): zusätzliche Taktschritte eines Busmasters, z. B. Prozessors, bei Überschreiten der minimalen Buszykluszeit (häufig auch als wait states bezeichnet).

Whetstone: MWIPS (millions of whetstone instructions per second); Floating-Point-Benchmark mit Schwerpunkt auf Gleitpunktoperationen in mathematischen Funktionen.

Zeichendichte, horizontale (*character density*): cpi (characters per inch); bei Textausgabe auf Bildschirmen und durch Drucker.

Zugriffszeit (*access time*): ns; bei Halbleiterspeichern: die Zeitdauer von der Speicheranwahl bis zur Datenbereitstellung (Lesen) bzw. Datenübernahme (Schreiben).

Zykluszeit (*cycle time*): ns; bei Halbleiterspeichern: die Zeitdauer von der Speicheranwahl bis zur Bereitschaft für den nächsten Zugriff.

8 Betriebssysteme

Die Software eines Rechners wird grob unterteilt in die Systemsoftware zur Verwaltung der Rechnerfunktionen und in die Anwendersoftware zur Lösung von Anwenderproblemen. Basis der Systemsoftware ist das *Betriebssystem* (*operating system*). Es „sitzt" unmittelbar auf der Hardware und bietet der übrigen Systemsoftware sowie der Anwendersoftware eine von der Hardware abstrahierte, leichter handhabbare Schnittstelle in der Form von Systemaufrufen (Bild 8-1). Die übrige Systemsoftware unterstützt den Anwender beim Erstellen, Verwalten und Ausführen von Programmen. Zu ihr zählen z. B. die sog. Benutzerschnittstelle (über die der Benutzer mit dem Rechner kommuniziert), z. B. ein Kommandointerpreter oder eine grafische Oberfläche, weiterhin ein einfacher Editor sowie Assembler und Compiler für unterschiedliche Programmiersprachen. Die Anwendersoftware umfasst Programme wie Text- und Grafikprogramm (desktop publishing), Datenbankanwendungen, E-Mail-Programm, Internet-Browser usw. – Zur Vertiefung des Themas Betriebssysteme siehe z. B. [1, 4, 5].

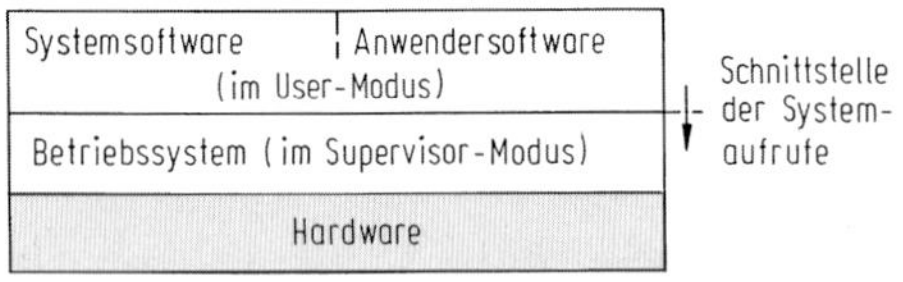

Bild 8-1. Systemstruktur bei zwei Softwareebenen

8.1 Betriebssystemarten

Die Begriffe für Betriebssysteme sind stark durch die Entwicklung der Rechnertechnik geprägt, beginnend mit dem Großrechner (main frame) als der zentralen Recheneinheit für viele Benutzer, anfangs ohne, später mit der Möglichkeit des Dialogbetriebs. Es folgte der Kleinrechner als persönlicher bzw. lokaler Arbeitsplatzrechner für den einzelnen Benutzer (Personal Computer, Workstation) bzw. in der Prozessdatenverarbeitung zur Steuerung technischer Systeme (Prozessrechner). Hinzu kamen die sog. eingebetteten Systemen (embedded control systems) als Steuerungen in z. B. Automobilen und Geräten allgemein. Heute dominiert die Vernetzung von Rechnern jeder Größenordnung mit ausgeprägter Kommunikation zwischen diesen und ihren Benutzern.

8.1.1 Stapelbetrieb

In den Anfängen der Rechnertechnik wurde die Abwicklung eines Rechenauftrags (*job*) durch den Bediener (operator) der Rechenanlage manuell über ein Bedienpult gesteuert. Dazu mussten das in Lochkarten gestanzte Programm und seine Daten in einem Lochkartenlesegerät bereitgestellt und das Programm eingelesen, übersetzt und gestartet werden. Mit den ersten Betriebssystemen wurde dieser Ablauf automatisiert und durch eingefügte Steueranweisungen einer Jobsteuersprache (job control language) gesteuert (Bild 8-2). Hinzu kam der automatische Jobwechsel, indem mehrere Jobs zu einem Stapel (batch)

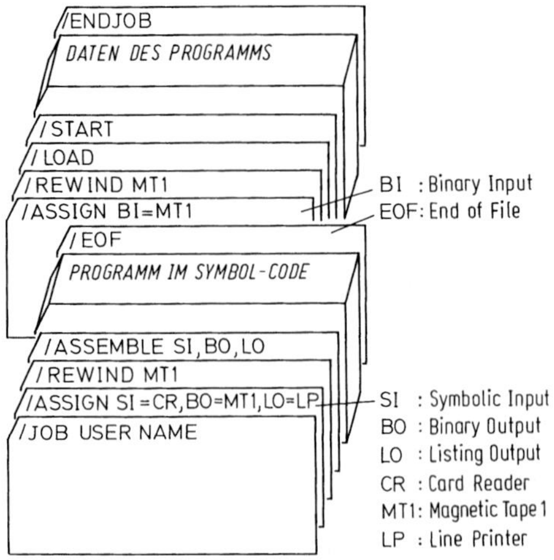

Bild 8-2. Lochkartenstapel mit Anweisungen zum Assemblieren, Laden und Starten eines Programms im Stapelbetrieb

zusammengefasst und nacheinander abgearbeitet wurden (Stapelbetrieb, *batch processing*).
Nachteilig für den Benutzer waren die langen Wartezeiten von der Abgabe eines Programms bis zum Erhalt der Ergebnisse. Durch den Einsatz von Magnetbandgeräten konnten die Wartezeiten reduziert und „gerechtere“ Strategien eingeführt werden, indem die Jobs nach ihrer Laufzeit vorsortiert und kürzere Jobs zuerst ausgeführt wurden. Eine weitere Verbesserung wurde durch die Überlappung von zentraler Verarbeitung und der Ein-/Ausgabe erreicht, indem für die Eingabe der Jobs und die Ausgabe ihrer Ergebnisse selbstständig arbeitende Ein-/Ausgabeeinheiten (DMA-Kanäle) eingesetzt wurden, unterstützt durch Magnetplattenspeicher für die Speicherung der Programme und Daten des Jobs und deren Ergebnisse.
Heutzutage ist der Stapelbetrieb allenfalls eine Zusatzfunktion von interaktiven Betriebssystemen. Verarbeitungsabläufe werden dabei in sog. Script- oder Batch-Programmen festgelegt. Durch Zuweisung einer niedrigen Priorität kann die Jobbearbeitung in den Hintergrund gedrängt werden, sie kann jedoch einen Rechner auch in Zeiten schwacher Beanspruchung besser auslasten.

8.1.2 Dialogbetrieb

Beim Dialogbetrieb teilen sich wie beim Stapelbetrieb viele Benutzer einen zentralen Rechner. Sie sind jedoch über eigene Terminals mit diesem verbunden und arbeiten interaktiv. Sie erhalten dazu den Rechner reihum für eine kurze Zeitscheibe zugeteilt (*time slicing*), sodass jeder Benutzer den Eindruck hat, den Rechner für sich allein zur Verfügung zu haben. Man sagt, jeder Benutzer habe seine eigene „virtuelle“ Maschine, und bezeichnet das Betriebssystem als *Teilnehmersystem* (*time sharing system*).

Eine typische Anwendung des Dialogbetriebs sind die *Transaktionssysteme*, Teilnehmersysteme für die Verwaltung von Datenbanken mit sich laufend verändernden Datenbasen, wie sie etwa bei Kontoführungssystemen oder Buchungssystemen vorkommen. Sie müssen besonders die Konsistenz der Datenbasis gewährleisten und dementsprechend Simultanzugriffe auf einen Datensatz sicher verhindern.

8.1.3 Einbenutzer- und Netzsysteme

Die gesunkenen Hardwarekosten haben es ermöglicht, anstelle des Einsatzes eines gemeinsamen „Zentralrechners“ jedem Benutzer einen eigenen „kleineren“ Rechner als Personal Computer oder Workstation zur Verfügung zu stellen. Die Betriebssysteme solcher Rechner sind zunächst Einbenutzersysteme (*single-user systems*), die sich durch eine komfortable Benutzeroberfläche auszeichnen.
Innerhalb gemeinsamer Arbeitsumgebungen ist es üblich, solche Rechner miteinander zu vernetzen, um Ressourcen gemeinsam nutzen zu können. Am gebräuchlichsten sind hier Netze, in denen die gemeinsamen Ressourcen durch speziell ausgestattete Rechner, sog. *Server*, bereitgestellt werden, auf die die Benutzer als Klienten zugreifen: sog. *Client-Server-Systeme*.
Ihnen gegenüber stehen die sog. *Peer-to-peer-Systeme*, bei denen es keine Server gibt, sondern sich die Benutzer ihre Ressourcen über das Netz gegenseitig und mit gleichberechtigtem Zugriff zur Verfügung stellen. Jeder der Rechner hat bei dieser Vernetzung sein eigenes Betriebssystem, das jedoch um die für die Netzanbindung erforderliche Kommunikationssoftware erweitert ist.

Bemerkung. Ein Client-Server-System ist ggf. durch ein Speichernetz, ein sog. *Storage Area Network* (*SAN*) ergänzt, das Server und Hintergrundspeicher (Festplatten, Streamer) unabhängig vom vorhandenen Rechnernetz miteinander verbindet (siehe 7.1.6: Fibre Channel, InfiniBand).

8.1.4 Mehrbenutzer- und Mehrprogrammsysteme

Rechnernetze werden vielfach auch dazu genutzt, dem einzelnen Benutzer Rechenleistung auf anderen Rechnern im Netz zur Verfügung zu stellen. Dazu wählt sich der Benutzer von seinem Rechner aus in einen solchen anderen Rechner ein (*remote log-in*) und arbeitet dann unter dessen Betriebssystem. Dieses muss dementsprechend als *Mehrbenutzersystem* (*multiuser system*) ausgelegt sein, d. h., es muss gleichzeitig das Arbeiten des eigenen Benutzers wie auch das von externen Benutzern erlauben. Grundlage hierfür ist der *Mehrprogrammbetrieb* (*multiprogramming*), der üblicherweise auf der Basis des Prozesskonzeptes realisiert wird (siehe 8.3.1). Hierbei können mehrere Programme in Form sog. Prozesse (*tasks*) gleichzeitig aktiv sein, wobei die Aktivitäten voreinander geschützt sind (*multitasking*). Steht dem einzelnen Rechner nur ein Prozessor zur Verfügung, so werden die Prozesse quasiparallel, d. h. zeitlich ineinander verzahnt ausgeführt; bei Mehrprozessorsystemen werden sie vom Betriebssystem auf die Prozessoren aufgeteilt. – *Bemerkung:* Das Multitasking wird häufig auch schon bei Einbenutzersystemen realisiert, um kürzere Wartezeiten durch quasiparallele bzw. echt parallele Ausführung von Anwender- und Systemprozessen zu erreichen.

8.1.5 Verteilte Systeme

Eine gegenüber dem Mehrbenutzerbetrieb verbesserte Nutzung der Leistungsfähigkeit eines Rechnernetzes erreicht man durch verteiltes Rechnen. Hierbei werden freie Rechenkapazitäten des Netzes in die Problembearbeitung eines Benutzers mit einbezogen, und zwar in der Weise, dass diese Aktivitäten für den Benutzer unsichtbar, man sagt transparent, bleiben. Die Rechner haben dabei keine individuellen Betriebssysteme mehr, vielmehr gibt es nur noch ein gemeinsames Betriebssystem, dessen Funktionen über die einzelnen Rechner verteilt sind. Man bezeichnet dies als ein verteiltes System.

8.1.6 Echtzeitsysteme

Eine gewisse Sonderstellung nehmen Rechnersysteme zur Steuerung technischer Systeme ein, da die Kommunikation mit ihnen primär nicht durch einen Benutzer, sondern durch ein technisches System erfolgt. Sie erfordern Betriebssysteme hoher Zuverlässigkeit, die in der Lage sind, auf kritische Zustände, wie sie z. B. durch Interruptsignale angezeigt werden, in vom technischen System diktierten Zeiträumen, d. h. in „Echtzeit“ zu reagieren. Die maximal zulässigen Reaktionszeiten liegen dabei im Bereich von Millisekunden. Diese sog. *Echtzeitsysteme* (*real-time operating systems*) sehen eine hierfür ausgewiesene Interrupt- und Prozessverwaltung vor (präemptives Multitasking, siehe 8.3). Sie müssen außerdem für eine effektive Fehlerbehandlung, d. h. Fehlerentdeckung und möglichst auch Fehlerbehebung ausgelegt sein.

8.2 Prozessorunterstützung

Wesentlich für die Betriebssicherheit eines Rechners ist der Schutz der für den Betrieb erforderlichen Systemsoftware vor unerlaubten Zugriffen durch die Anwendersoftware (Benutzerprogramme). Grundlage hierfür sind die in der Prozessorhardware verankerten Betriebsarten (Modi) zur Vergabe von Privilegierungsebenen. Hier gibt es Systeme mit zwei oder mehr Ebenen. Eng verknüpft mit den Betriebsarten ist die *Ausnahmeverarbeitung* (*exception processing*), d. h. die Verwaltung von Programmunterbrechungen durch den Prozessor.

8.2.1 Privilegierungsebenen

In einem System mit zwei Privilegierungsebenen laufen die elementaren Betriebssystemfunktionen im privilegierten *Supervisor-Modus* und die Benutzeraktivitäten im nichtprivilegierten *User-Modus* ab. Den Benutzeraktivitäten rechnet man hierbei auch diejenigen Systemprogramme zu, die als Betriebssystemerweiterungen gelten, z. B. Compiler. Bestimmt wird die jeweilige Betriebsart durch ein Modusbit im Statusregister des Prozessors. Der Schutzmechanismus besteht zum einen in der prozessorexternen Anzeige der jeweiligen Betriebsart durch die Statussignale des Prozessors. Dies kann von einer *Speicherverwaltungseinheit* dazu genutzt werden, Zugriffe von im User-Modus laufenden Programmen auf bestimmte Adressbereiche einzuschränken (z. B. nur Lesezugriffe erlaubt) oder ganz zu unterbinden (siehe 7.2.2). Andererseits können der Supervisor-Ebene die vollen Zugriffsrechte eingeräumt werden. Der Schutzmechanismus besteht zum andern in der Aufteilung der Stack-Aktivitäten in einen Supervisor- und einen User-Stack. Dazu sieht die Hardware oft zwei Stackpointerregister vor, die abhängig von der Betriebsart „sichtbar“ werden.
Einen weiteren Schutz bieten die sog. *privilegierten Befehle*, die nur im Supervisor-Modus ausführbar sind. Zu ihnen zählen alle Befehle, mit denen die sog. Modusbits im Statusregister verändert werden können, so auch die Befehle für die Umschaltung in den User-Modus. Programmen, die im User-Modus laufen, ist neben der Einschränkung des Zugriffs auf die privilegierten Adressbereiche auch die Ausführung privilegierter Befehle verwehrt. Versuche, dies

zu durchbrechen, führen zu Programmunterbrechungen in Form von sog. Fallen (traps, siehe 8.2.2).
Der Übergang vom Supervisor- in den User-Modus erfolgt durch einen der privilegierten Befehle (z. B. rte, return from exception), der Übergang vom User- in den Supervisor-Modus durch sog. *Systemaufrufe* (*system calls*, supervisor calls), realisiert durch Trap-Befehle.

8.2.2 Traps und Interrupts

Programmunterbrechungen resultieren aus Anforderungen an den Prozessor, die Programmausführung zu unterbrechen und die Verarbeitung mit einer Unterbrechungsroutine fortzusetzen. Solche Anforderungen treten als Traps und Interrupts auf.

Traps. Traps werden immer durch eine Befehlsausführung verursacht, lösen eine Anforderung also „synchron" mit der Programmausführung aus. Sie entstehen dementsprechend vorwiegend prozessorintern, es gibt aber auch von außen kommende Trap-Signale. Typische Trap-Ursachen sind:

- Division durch null (zero-divide trap),
- Bereichsverletzung bei Operationen mit ganzen Zahlen in 2-Komplement-Darstellung (overflow trap),
- Bereichsunterschreitung oder -überschreitung bei Gleitpunktoperationen (floating-point underflow bzw. floating-point overflow trap),
- Aufruf eines privilegierten Befehls im User-Modus (privilege violation trap),
- Aufruf eines Befehls mit nicht anwendbarem Operationscode (illegal instruction trap),
- Fehler im Buszyklus, z. B. Ausbleiben des Bereit-Signals (bus error trap),
- Zugriff auf eine nicht geladene Speicherseite (page fault trap; ermöglicht das Nachladen der Seite),
- Ausführen eines Trap-Befehls (trap instruction trap als supervisor call, d. h. Betriebssystemaufruf),
- Ausführen eines beliebigen Befehls bei gesetztem Trace-Bit im Prozessorstatusregister (trace trap; erlaubt das schrittweise Durchlaufen eines Programms für Testzwecke; die Trace-Trap-Routine dient dabei zur Statusanzeige).

Interrupts. Interrupts werden durch prozessorexterne Ereignisse erzeugt, z. B. durch Anforderungen von Ein-/Ausgabeeinheiten oder von externen (technischen) Prozessen. Daher treten diese Anforderungen unvorhersehbar, d. h. „asynchron" zur Programmausführung auf. Sie werden dem Prozessor als Interruptsignale zugeführt, die von ihm üblicherweise nach jeder Befehlsabarbeitung abgefragt werden.
Maskierbare Interrupts bewirken bei Annahme einer Anforderung durch den Prozessor das Blockieren weiterer Anforderungen, indem dieser in seinem Prozessorstatusregister eine sog. Interruptmaske setzt. Abhängig davon, ob der Prozessor nur einen einzigen Interrupteingang hat oder ob er Interruptanforderungen codiert über mehrere Eingänge entgegennimmt, besteht diese Maske aus einem oder aus mehreren Bits. Bei z. B. einem 3-Bit-Interruptcode und einer 3-Bit-Interruptmaske können sieben Prioritätsebenen unterschieden werden (das übrige Codewort besagt, dass keine Anforderung vorliegt). Den 3-Bit-Code erzeugt ein externer Prioritätencodierer. Die Interruptmaske wird mit Abschluss der Interruptroutine (Befehl rte, siehe unten) durch Laden des ursprünglichen Prozessorstatus (Befehlszähler, Statusregister) wieder zurückgesetzt. Ein explizites Zurücksetzen kann, da die Maske zu den Modusbits des Statusregisters gehört, nur durch einen privilegierten Befehl erfolgen (8.2.1).
Nichtmaskierbare Interrupts sind nicht blockierbar. Dies gewährleistet eine schnelle Reaktion bei nichtaufschiebbaren Anforderungen, z. B. das Retten des Rechnerstatus auf einen Hintergrundspeicher, wenn die Versorgungsspannung einen kritischen Grenzwert unterschreitet (power fail save).
Ein spezieller Interrupt (Reset-Signal) dient zur Systeminitialisierung. Er setzt u. a. im Prozessorstatusregister den Supervisor-Modus (8.2.1), lädt den Befehlszähler und ein ggf. für den Supervisor-Modus eigenes Stackpointerregister mit zwei vorgegebenen Adressen des Betriebssystems und leitet dann die Programmausführung ein.
Allen Interruptsignalen oder Interruptcodes sind *Prioritäten* zugeordnet, die für die Unterbrechbarkeit von Interruptroutinen maßgeblich sind. Höchste Priorität hat dabei das Reset-Signal. Interrupts können prozessorextern weiter nach Prioritätsebenen klassifiziert werden, womit sich mehrere Interruptquellen pro Signaleingang verwalten lassen (siehe 7.1.3). Bei der oben beschriebenen Mehrebenenstruktur für

maskierbare Interrupts bezieht sich diese Maßnahme auf die einzelnen Eingänge des Prioritätencodierers.

8.2.3 Ausnahmeverarbeitung (exception processing)

Eine Unterbrechungsanforderung bewirkt, sofern sie nicht durch den Prozessorstatus blockiert wird, eine Unterbrechung des laufenden Programms und führt zum Aufruf einer Unterbrechungsroutine (Bild 8-3). Damit verbunden sind das Retten des aktuellen Prozessorstatus (Befehlszähler, Statusregister) auf den Supervisor-Stack, das Setzen der Interruptmaske bei einer maskierbaren Anforderung, das Umschalten in den Supervisor-Modus, das Lesen der Startadresse der Unterbrechungsroutine aus einer sog. Vektortabelle, das Laden der Adresse in den Befehlszähler und das Starten der Unterbrechungsroutine.
Die Rückkehr erfolgt durch einen privilegierten Rücksprungbefehl, der den alten Status wieder lädt (return from exception, rte).
Wurde die Unterbrechung durch einen maskierbaren Interrupt ausgelöst, so ist sie wegen der dabei gesetzten Interruptmaske durch eine Anforderung gleicher Art nicht unterbrechbar, es sei denn, die Maske wurde innerhalb der Routine explizit zurückgesetzt. Das automatische Rücksetzen erfolgt erst mit dem Laden des alten Prozessorstatus durch den Rücksprungbefehl.
Die *Vektortabelle* (*Trap- und Interrupttabelle*) ist eine vom Betriebssystem verwaltete Tabelle im Speicher für die Startadressen aller Trap- und Interruptroutinen. Bei der Unterbrechungsbehandlung erfolgt der Zugriff auf die Tabelle über eine der Anforderung zugeordnete *Vektornummer*, die der Prozessor als Tabellenindex benutzt. Bei einem Trap oder einem sog. *nichtvektorisierten Interrupt* wird die Vektornummer, abhängig von der Trap-Ursache bzw. der aktivierten Interruptleitung, prozessorintern generiert. Bei einem sog. *vektorisierten Interrupt* wird sie von der anfordernden Interruptquelle bereitgestellt und vom Prozessor in einem Lesezyklus übernommen. Die der Quelle zugeordnete Vektornummer ist hierbei aus einem größeren Vorrat wählbar, d. h., es können bei nur einer Anforderungsleitung viele unterschiedliche Anforderungen verwaltet werden. Zu deren Priorisierung siehe 7.1.3.

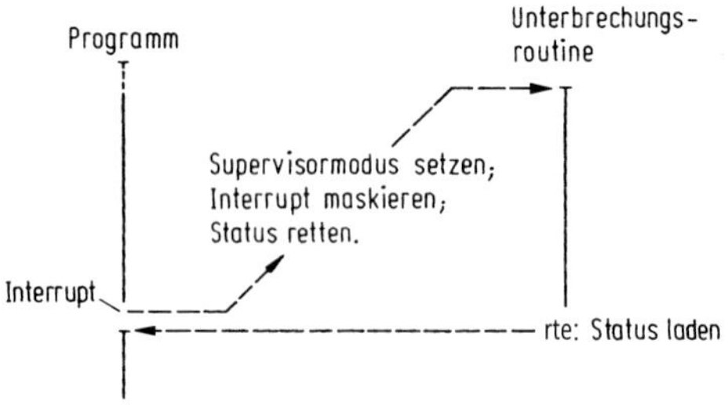

Bild 8-3. Aufruf einer Unterbrechungsroutine, ausgelöst durch einen maskierbaren Interrupt

8.3 Betriebssystemkomponenten

Zu den wesentlichen Aufgaben eines Betriebssystems gehören:

- die Abstraktion (als grundsätzliche, übergeordnete Aufgabe) durch Verbergen der Hardware und Herstellen des Rechnerzugangs auf einer höheren, logischen Ebene (siehe Bild 8-1),
- das Verwalten der *Betriebsmittel* (*resources*, Hardware und Software), d. h. des Prozessors (oder der Prozessoren), des Hauptspeichers, der Hintergrundspeicher und der Ein-/Ausgabegeräte wie auch von Programmen (z. B. Editoren, Compiler, Textsysteme) und Daten,
- das Gewährleisten der Systemsicherheit durch Schutzmechanismen, einerseits zwischen dem Betriebssystem und den übrigen Systemprogrammen sowie den Anwenderprogrammen, andererseits zwischen den Programmen verschiedener Benutzer,
- das Bereitstellen einer Schnittstelle für die nicht zum Betriebssystem gehörende Systemsoftware sowie für die Anwendersoftware in Form von Systemaufrufen (system calls).

Eine weitere Aufgabe, nämlich das Bereitstellen der Benutzerschnittstelle, wird durch das Betriebssystem sehr stark unterstützt. – Die wichtigsten Komponenten zur Durchführung dieser Aufgaben werden im Folgenden beschrieben.

8.3.1 Prozessverwaltung

Heutige Rechnersysteme sind durch parallel ablaufende Aktivitäten charakterisiert (*multipro-*

gramming/-tasking). Hierbei handelt es sich entweder um echte Parallelität, z. B. bei der gleichzeitigen Ausführung eines Programms durch den Prozessor sowie der Abwicklung eines Ein-/ Ausgabevorgangs durch eine Ein-/Ausgabeeinheit (DMA-Controller) oder bei gleichzeitiger Ausführung mehrerer Programme, die auf mehrere Prozessoren oder mehrere Prozessorkerne verteilt sind (Mehrprozessor-/Mehrkernsystem). Oder es handelt sich um eine *Quasiparallelität*, z. B. wenn verschiedene Programme den Prozessor im Wechsel für eine begrenzte Zeit zugeteilt bekommen. „Von weitem" betrachtet, kann auch diese Arbeitsweise als parallel angesehen werden.

Um von den relativ komplizierten zeitlichen und örtlichen Abhängigkeiten dieser Abläufe zu abstrahieren, beruhen moderne Betriebssysteme auf dem *Prozesskonzept*. Als *Prozess* bezeichnet man im Prinzip ein Programm in seiner Ausführung [5], genauer, den zeitlichen Ablauf einer Folge von Aktionen, beschrieben durch ein Programm und die zu seiner Ausführung erforderliche Information. Diese umfasst den Befehlszähler, den Stackpointer und weitere Prozessorregister sowie die vom Programm benutzten Daten, z. B. die Variablenbereiche, Pufferadressen für die Ein-/Ausgabe und den aktuellen Status benutzter Dateien. Zur Verwaltung von Prozessen wird jedem ein *Prozesskontrollblock* zugeordnet, der dessen aktuellen Ausführungszustand (Prozessstatus) anzeigt.

Während seiner „Lebenszeit" befindet sich ein Prozess stets in einem von drei Zuständen (Bild 8-4). Er ist aktiv (running), wenn ihm ein Prozessor zugeteilt ist und sein Programm ausgeführt wird; er ist blockiert (blocked), wenn seine Weiterführung von einem Ereignis, z. B. der Beendigung eines Ein-/ Ausgabevorgangs, abhängt; und er ist bereit (ready, runnable), wenn dieses Ereignis eingetreten ist und er auf die Zuteilung eines Prozessors wartet. Prozesse im Zustand bereit sind in eine Warteschlange (*process queue*) eingereiht. Die Zuteilung des Prozessors übernimmt der *Scheduler* des Betriebssystems.

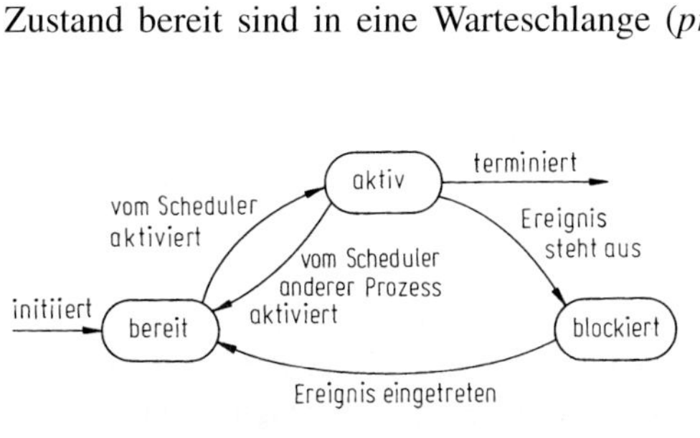

Bild 8-4. Prozesszustände

Bei einfachen Betriebsystemen leiten die Prozesse einen erforderlichen *Prozesswechsel* (Abgabe und Neuvergabe des Prozessors) selbst ein, indem sie eine entsprechende Systemfunktion aufrufen (*kooperatives Multitasking*). Bei Betriebssystemen mit höheren Anforderungen, insbesondere mit Echtzeitfähigkeit, erfolgt der Prozesswechsel zeitscheibengesteuert (*time slicing*), d. h. zentral durch eine Zeitgeberfunktion gesteuert (*präemptives Multitasking*).

8.3.2 Interprozesskommunikation

Die parallele bzw. quasiparallele Ausführung von Prozessen erfordert eine Kommunikation zwischen Prozessen, z. B. hinsichtlich des Wartens auf den Abschluss eines Ein-/Ausgabevorgangs oder des Konkurrierens zweier Prozesse um dasselbe Betriebsmittel. Abstrakt betrachtet handelt es sich dabei um die Synchronisation, d. h. das Aufeinander-Abstimmen von Prozessaktionen. Beim kooperativen Multitasking kann diese Synchronisation wegen des von den Prozessen selbst gesteuerten Prozesswechsels problemlos über einen ihnen gemeinsam (global) zugänglichen Speicherbereich erfolgen. Beim präemptiven Multitasking hingegen genügt ein solches Vorgehen nicht. Hier besteht nämlich die Gefahr, dass durch den zentral gesteuerten Prozesswechsel eine logisch zusammenhängende Zugriffsfolge eines Prozesses vorzeitig abgebrochen wird und dadurch Daten in einem inkonsistenten Zustand hinterlassen werden, z. B. bei Schreibzugriffen auf eine Datei. Eine solche Inkonsistenz wäre für einen später aktivierten Prozess, der lesend auf diese Datei zugreift, nicht erkennbar. Gelöst wird dieses Problem z. B. durch Synchronisation mit Hilfe von *Semaphoren* [3] als einer von mehreren gebräuchlichen Techniken. – *Bemerkung:* Zur grafischen Darstellung von Synchronisationsproblemen sind z. B. Petri-Netze in Gebrauch (siehe 2.2.3).

Beim Zugriff mehrerer Prozesse auf ein gemeinsames Betriebsmittel ist der Semaphor eine binäre Größe; mit 0 zeigt er den Belegt- und mit 1 den Freizustand des Betriebsmittels an. Bevor ein Prozess, der dieses Betriebsmittel benötigt, in den kritischen Programmabschnitt (*critical section*) des Zugriffs eintritt, prüft er den Semaphor. Ist dieser 0, so wird der Prozess in eine dem Betriebsmittel zugeordnete Warteschlange eingereiht; ist er 1, so betritt der Prozess den kritischen Abschnitt und setzt den Semaphor auf 0. Damit werden andere Prozesse vom Zugriff ausgeschlossen (gegenseitiger Ausschluss, *mutual exclusion*). Beim Verlassen des kritischen Abschnitts setzt der Prozess den Semaphor wieder auf 1, wodurch ggf. ein in der Warteschlange befindlicher Prozess aktiviert wird.

Voraussetzung für das Funktionieren des Semaphorprinzips ist die Nichtunterbrechbarkeit der geschilderten Semaphoroperation. In Einprozessorsystemen lässt sich dies durch Blockieren des Interruptsystems, in speichergekoppelten Mehrprozessorsystemen durch Blockieren des Arbitrationssystems erreichen. Letzteres wird von der Hardware unterstützt, z. B. durch einen Befehl, der das Abfragen und Ändern eines Semaphors in einer nichtunterbrechbaren Folge von Buszyklen durchführt.

Zusätzlich besteht bei konkurrierenden Zugriffen auf mehrere Betriebsmittel die Gefahr einer Verklemmung (*deadlock*), wenn Prozesse auf Betriebsmittel warten, die sie wechselseitig festhalten (Bild 8-5).

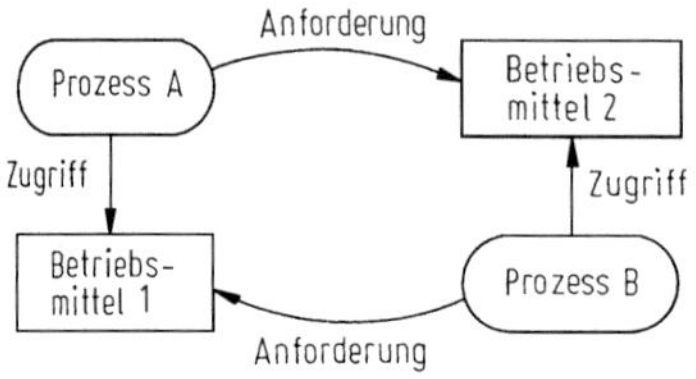

Bild 8-5. Verklemmung zweier Prozesse A und B durch gegenseitiges Festhalten der Betriebsmittel 1 und 2

8.3.3 Speicherverwaltung

Zu den wichtigsten Aufgaben jedes Betriebssystems gehört die Speicherverwaltung, d. h. über freie und belegte Speicherbereiche Buch zu führen, Prozessen Speicherplatz zuzuweisen (*allocation*) und wieder freizugeben (*deallocation*), die Übertragung zwischen Hintergrundspeicher und Hauptspeicher durchzuführen, Tabellen für die Adressumsetzungen bereitzustellen und Speicherbereiche gegen unzulässige Zugriffe zu schützen.

Statische Speicherverwaltung. Bei einfachen Systemen mit *Einprogrammbetrieb* entfallen viele dieser Teilaufgaben, da bei ihnen immer nur ein Programm in den Speicher geladen ist, d. h. immer nur ein Prozess vorliegt. Die Speicherplatzzuweisung erfolgt dementsprechend statisch, weshalb der Hauptspeicher von vornherein in je einen Bereich für das Betriebssystem und für den Benutzer aufgeteilt werden kann. Beide Bereiche werden ggf. mittels einer einfachen Erweiterung der Speicheranwahllogik zur Auswertung der aktuellen Privilegierungsebene des Programms gegeneinander geschützt (siehe 8.2.1: Supervisor-/User-Modus).

Dynamische Speicherverwaltung. Bei Systemen mit *Mehrprogrammbetrieb* werden Prozesse dynamisch erzeugt, sodass jeweils Speicherplatz für den Programmcode, den Stack und die Daten bereitgestellt werden muss, der nach Ablauf der „Lebenszeit" eines Prozesses wieder frei wird. Ein Prozess seinerseits kann, sobald er aktiv ist, Speicherplatz innerhalb des für ihn bereitgestellten Speicherbereichs anfordern und auch wieder freigeben, wozu ihm Systemaufrufe zur Verfügung stehen (z. B. allocate, free).

Für die Speicherplatzvergabe an die Prozesse ist eine dynamische Verwaltung des Hauptspeichers erforderlich, d. h., Programme und ihre Daten müssen an beliebige Speicherorte ladbar (verschiebbar, *relocatable*) sein. Grundsätzlich wird die Verschiebbarkeit dadurch erreicht, dass zu sämtlichen (relativen) Programmadressen die aktuelle Ladeadresse (Basisadresse) addiert wird. Bei sehr einfachen Systemen kann diese Addition vor oder bei dem Ladevorgang vorgenommen werden. Effizienter und flexibler ist es jedoch, die Addition zur Laufzeit eines Programmes durchzuführen, z. B. mittels der Adressierungsarten des Prozessors, indem bei der Programmerstellung für Datenzugriffe nur die *basisrelative Adressierung* und für Sprungbefehle nur die *befehlszählerrelative Adressierung* verwendet werden. Beide Adressierungsarten entsprechen der registerindirekten Adressierung mit Displacement (siehe 6.4.4). Im ersten Fall hält eines der allgemeinen Register die Datenbasisadresse, im zweiten Fall fungiert der Befehlszähler als Sprungbasis. Die Verschiebbarkeit erfordert lediglich das Initialisieren des *Basisadressregisters* und des Be-

fehlszählers (Laden der Startadresse) vor dem Programmstart.
Eine aufwändigere, heute aber gängige Lösung bietet der Einsatz einer *Speicherverwaltungseinheit* (*MMU*). Sie ermöglicht neben einer flexiblen Adressumsetzung insbesondere auch den Speicherschutz. Dabei wird der Hauptspeicher in Bereiche einheitlicher fester Länge (*Seiten*, genauer Seitenrahmen), oder variabler Länge (*Segmente*) aufgeteilt. Bezüglich der Realisierung von Seiten- und Segmentverwaltung einschließlich der Technik des virtuellen Speichers sowie zu den entsprechenden MMUs sei auf 7.2.2 verwiesen.

Freispeicherverwaltung. Ein mit der Seitenverwaltung und mit der Segmentverwaltung verknüpftes Problem, das weitgehend durch Software gelöst wird, ist das Verwalten der aktuell freien bzw. belegten Bereiche des Hauptspeichers, die sog. Freispeicherverwaltung.
Bei der *Seitenverwaltung* (paging) mit ihren Bereichen einheitlicher Größe ist die Freispeicherverwaltung relativ einfach, da sich jeder der freien Seitenrahmen des Hauptspeichers in gleicher Weise für eine Speicherplatzzuweisung eignet. Ein Problem ergibt sich dann, wenn beim Laden einer Seite alle Seitenrahmen belegt sind und entschieden werden muss, welche der vorhandenen Seiten überschrieben werden soll. Hier muss ggf. der Inhalt des ausgewählten Rahmens, falls er nach dem Laden verändert wurde, zuvor auf den Hintergrundspeicher zurückgeschrieben werden. Entscheidungshilfe bieten hier verschiedene *Alterungsstrategien* (wie sie z. T. auch bei Caches üblich sind), die entweder Statusbits in den Deskriptoren (R: referenced, d. h. lesend zugegriffen, M: modified, d. h. schreibend zugegriffen) oder eine Liste der belegten Seiten (z. B. verkettet nach der Reihenfolge ihres Ladens) oder beides auswerten.
Bei der *Segmentverwaltung* (*segmentation*) hingegen ist die Freispeicherverwaltung relativ aufwändig. Hier führen die unterschiedlich großen Bereiche bei ihrer Freigabe ggf. zu einer *Fragmentierung* (*fragmentation*) des Hauptspeichers, indem Lücken entstehen, die nicht zusammenhängend nutzbar sind. Diese Zerstückelung kann gemindert werden, indem freiwerdende Bereiche mit ggf. direkt benachbarten freien Bereichen vereinigt werden. Daneben gibt es das sehr viel zeitaufwändigere, dafür aber wirkungsvollere Verfahren des *Kompaktifizierens*, bei dem die belegten Bereiche in gewissen Zeitabständen so verschoben werden, dass ein zusammenhängender Freispeicherbereich entsteht (garbage collection). Von einer alleinigen Segmentierung wird deshalb meist abgesehen, der Vorteil der Segmentierung jedoch bei der zweistufigen Seitenverwaltung genutzt (siehe 7.2.2). Bei ihr reduziert sich das Freispeicherproblem auf das der Seitenverwaltung.
Die Möglichkeit von Prozessen, zur Programmlaufzeit Speicherplatz für Daten mittels Systemaufrufen anzufordern und diesen auch wieder freizugeben, führt auf eine weitere Ebene der Speicherverwaltung. Diese findet jeweils innerhalb des von der MMU verwalteten Gesamtdatenbereichs eines Prozesses statt und wird allein von der Software durchgeführt. Da die Speicherplatzanforderungen variabel sind, kann es bei der Freigabe solcher Bereiche ebenfalls zu einer Zerstückelung des Speichers kommen. Das Betriebssystem verwaltet die Bereiche, indem es z. B. je eine verkettete Liste der freien und der belegten Bereiche führt. Die Bereiche werden dazu mit einem „Kopfeintrag" (header) versehen, der ihren Zustand (frei, belegt), ihre Größe sowie einen Zeiger auf den nächsten Bereich in der Liste angibt. Bei einer Speicherplatzanforderung wird ein genügend großer Bereich aus der Freiliste ausgewählt und in die Belegtliste eingehängt. Ein Überhang wird ggf. abgetrennt und in der Freiliste weitergeführt. Die Auswahl des Bereichs wird hinsichtlich der Suchzeit und einer möglichst guten Bereichsnutzung optimiert, wofür es verschiedene Verfahren gibt. Beim First-fit-Verfahren wird der erste ausreichend große Bereich in der Liste gewählt (kurze Suchzeit), beim Best-fit-Verfahren der Bereich mit dem kleinsten Restbereich (geringsten Verschnitt), beim Worst-fit-Verfahren der Bereich mit dem größten Restbereich (beste Weiternutzbarkeit). Ferner wird auch hier die Technik des Verschmelzens benachbarter Freibereiche angewandt.

8.3.4 Dateiverwaltung

Programme und Daten sind auf Hintergrundspeichern als *Dateien* (*files*) abgelegt und werden vom Betriebssystem verwaltet. Dateien abstrahieren von den physischen und funktionellen Eigenschaften der Hintergrundspeicher und ermöglichen dem Anwender einen

einheitlichen Zugriff mit symbolischer Dateiadressierung. Bei einigen Betriebssystemen, z. B. UNIX [2], werden Ein-/Ausgabegeräte in das Dateikonzept mit einbezogen und Zugriffe auf diese wie Dateizugriffe behandelt. Details wie blockweiser oder zeichenweiser Zugriff sind dabei dem Benutzer verborgen.
Aufgrund der Ähnlichkeit der Abläufe bei Zugriffen auf Hintergrundspeicher und auf Ein-/Ausgabegeräte können diese einheitlich unter dem Begriff der Ein-/Ausgabe betrachtet werden (siehe 8.3.5).

Dateioperationen. Das *Filesystem* des Betriebssystem stellt für die *Dateiverwaltung* (*file handling*) Operationen in Form von Systemaufrufen bereit, z. B. create, remove, open, close, read und write (hier angelehnt an Aufrufe in der unter dem Betriebssystem UNIX verwendeten Programmiersprache C). Create erzeugt eine Datei, indem der Dateiname in ein Dateiverzeichnis (*file directory*) eingetragen wird und diesem Eintrag dateispezifische Angaben zugeordnet werden: die erlaubte Zugriffsart (read, write, execute, ggf. spezifiziert nach Dateiinhaber, Benutzergruppe und globaler Benutzung), die Gerätebezeichnung des zugeordneten Hintergrundspeichers und ein Zeiger auf den ersten Bytespeicherplatz der Datei in diesem Speicher. Mit create wird die Datei gleichzeitig für den Zugriff geöffnet. Remove hebt die Wirkung von create wieder auf.
Lese- und Schreibzugriffe durch read bzw. write erfolgen bytesequenziell, wobei auf dem aktuellen Stand des Bytezeigers aufgesetzt und der Zeiger jeweils aktualisiert wird. Zuvor werden die Zugriffsrechte des Aufrufers überprüft. Mit close wird eine Datei geschlossen. Das Öffnen einer geschlossenen Datei erfolgt mit open unter Berücksichtigung der erlaubten Zugriffsart, z. B. read. Hierbei wird geprüft, ob der Aufrufer das erforderliche Zugriffsrecht hat und ob die Datei etwa bereits geöffnet ist. Erlaubt eine Datei den gemeinsamen Zugriff mehrerer Benutzer (shared program, shared data), so kann sie zwar gleichzeitig von mehreren lesenden, aber nur von einem schreibenden Benutzer geöffnet werden.

Dateiverzeichnisse. Die Verwaltung von Dateien erfolgt mittels Verzeichnissen von Verweisen auf andere Verzeichnisse oder unmittelbar auf Dateien. Ausgehend von einem Hauptverzeichnis (*root directory*) erhält man so, bei mehrfacher Stufung, eine Baumstruktur (Bild 8-6). Diese ist nützlich für eine hierarchische Vergabe von Zugriffsrechten an Benutzergruppen und Einzelbenutzer und ermöglicht es dem Benutzer, ausgehend von seinem individuellen Benutzerverzeichnis (*home directory*) seine Dateisammlung zu strukturieren. Die hierarchische Struktur zeigt sich auf dem Bildschirm in Form ineinandergeschachtelter Fenster, als tabellen-/listenähnliches Verzeichnis oder als Textzeile aneinandergereihter Verzeichnis- und Dateibezeichnungen (Pfadname, Bild 8-6).

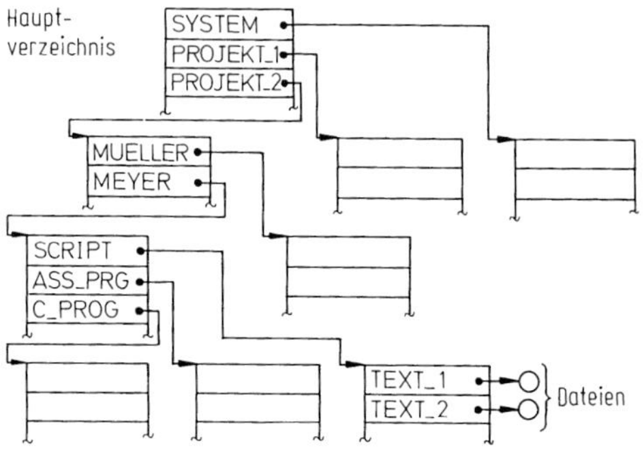

Bild 8-6. Hierarchische Dateiverwaltung. Beispiel eines Pfadnamens: PROJECT_2/MEYER/SCRIPT/TEXT_1

8.3.5 Ein-/Ausgabeverwaltung

Ein-/Ausgabevorgänge (Dateizugriffe) sind hardwarenahe Abläufe, bei denen Daten zwischen dem Hauptspeicher und Hintergrundspeichern oder Ein-/Ausgabegeräten (devices) mittels Steuereinheiten (device controllers) übertragen werden, häufig mit Unterstützung eines DMA-Controllers. Dem Betriebssystem obliegt es, diese Abläufe zu organisieren, sie jedoch vor dem Benutzer in ihren physischen Details zu verbergen und diesem eine von der Hardware abstrahierte logische Schnittstelle zur Verfügung zu stellen. Dementsprechend besteht die Systemsoftware aus einer unteren Schicht gerätespezifischer Routinen, den sog. *Gerätetreibern* (*device drivers*), und aus einer höheren Schicht geräteunabhängiger Routinen, als der eigentlichen Betriebssystemschnittstelle in Form von Systemaufrufen.

Bibliotheksroutinen. Die Schnittstelle der Systemaufrufe ist für den Benutzer üblicherweise durch *Bibliotheksroutinen* verdeckt, die er als vom System vorgegebene Dienstprogramme in sein Programm einbinden muss. Sie erlauben ihm Funktionsaufrufe, wie create, remove, open, close, read und write (siehe 8.3.4), unter Angabe der für den Vorgang erforderlichen *Ein-/Ausgabeparameter* (z. B. bei read und write: Datei- bzw. Gerätebezeichnung, Adresse eines Ein-/Ausgabepuffers, Anzahl der zu übertragenden Bytes). Aufgabe der entsprechenden Bibliotheksroutine ist es dann, den Funktionsaufruf dem zuständigen Systemaufruf in Form eines Trap-Befehls zuzuordnen und diesem die Parameter an vorgegebenem Ort bereitzustellen. Darüber hinaus wertet eine solche Routine ggf. Formatierungsinformation aus und wandelt diese mit darzustellenden Werten in eine Zeichenkette um (und umgekehrt). Als Rückgabewert einer solchen Funktion wird z. B. die Anzahl der gelesenen Bytes oder ggf. ein Fehlercode geliefert.

Geräteunabhängige Software. Die hinter den Systemaufrufen stehende geräteunabhängige Software des Betriebssystems prüft die Zugiffsberechtigung des Benutzers und weist dessen Ein-/Ausgabeanforderung ggf. zurück. Sie prüft, ob das angeforderte Gerät verfügbar ist, wenn nicht, reiht sie den Auftrag in eine Warteschlange ein. Sie stellt Pufferbereiche für die einzelnen Ein-/Ausgabevorgänge bereit. Bei blockweise arbeitenden Geräten abstrahiert sie dabei von deren physischer Blockgröße (z. B. von den unterschiedlichen Sektorlängen von Hintergrundspeichern) und arbeitet stattdessen mit einer für alle Geräte einheitlichen logischen Blockgröße. In gleicher Weise abstrahiert sie bei zeichenweise arbeitenden Geräten von der Anzahl gleichzeitig zugreifbarer Bytes (z. B. Byte, Halbwort, Wort), d. h., sie arbeitet immer byteweise. Dem Benutzer wird die Möglichkeit gegeben, auf Teile eines Blocks zuzugreifen, selbst dann, wenn der Datenaustausch mit dem Gerät nur blockweise möglich ist. Schließlich obliegt es dieser Software, Fehlermeldungen der Gerätetreiber auszuwerten und auf sie zu reagieren.

Geräteabhängige Software. Die geräteabhängige Software sieht für jeden Gerätetyp einen Gerätetreiber vor. Diesem sind die Merkmale und der Zustand der Gerätehardware bekannt, d. h., er kennt die Register der Steuereinheit und ihre Funktion, die Kommandos, die die Steuereinheit ausführen kann, die technischen Eigenschaften eines Geräts, z. B. die Sektorgröße, die Oberflächen- und die Zylinderanzahl einer Festplatte, sowie den aktuellen Status eines Geräts, z. B. Motor läuft oder Gerät beschäftigt.

Die Aufgaben eines Gerätetreibers sind dementsprechend vielfältig. Er nimmt Ein-/Ausgabeaufträge von der über ihm liegenden geräteunabhängigen Software entgegen, ermittelt bei einer blockweisen Übertragung aus der logischen Blocknummer den physischen Speicherort (z. B. Oberflächen-, Zylinder- und Sektornummer einer Festplatte), bereitet den Datentransport vor (z. B. Laden eines Kommandos für das Positionieren des Schreib-/Lesearms) und initiiert dann den eigentlichen Datenzugriff (Laden eines Kommandos für den Lese- oder Schreibzugriff). Die erforderliche Synchronisation zwischen Treiber mit Gerätehardware erfolgt meist über Interrupts und entsprechende Interruptroutinen. Dabei kann es ggf. zu Wartezeiten kommen, in denen der Treiber dann blockiert ist. Der Treiber hat weiterhin die Aufgabe, Fehler zu erkennen und möglichst zu beheben. Dazu wertet er z. B. bei einem Lesevorgang die den Daten beigefügte Prüfinformation aus und veranlasst im Fehlerfall z. B. das Wiederholen des Ein-/Ausgabevorgangs.

Programmierung

P. Rechenberg, H. Mössenböck

Programmieren im Sinne der Informatik heißt, ein Lösungsverfahren für eine Aufgabe so formulieren, dass es von einem Computer ausgeführt werden kann. Der Programmierer muss dazu verschiedene Lösungsverfahren (*Algorithmen*) und *Datenstrukturen* kennen, mit denen sich die Lösung am günstigsten beschreiben lässt, und er muss eine *Programmiersprache* beherrschen. Je größer die Programme werden, umso mehr spielen zusätzlich Methoden der Projektplanung, Projektorganisation, Qualitätssicherung und Dokumentation eine Rolle, die man unter dem Begriff *Softwaretechnik* zusammenfasst.

9 Algorithmen

9.1 Begriffe

Die Bezeichnung *Algorithmus* ist von dem Namen des arabischen Mathematikers Al-Chwarizmi (Al-Khorezmi, etwa 780–850) abgeleitet. Definition:

> Ein Algorithmus ist ein endliches schrittweises Verfahren zur Berechnung gesuchter aus gegebenen Größen, in dem jeder Schritt aus einer Anzahl eindeutig ausführbarer Operationen und gegebenenfalls einer Angabe über den nächsten Schritt besteht.
> Zur mathematischen Präzisierung siehe z.B. [7, 8, 9, 12].

Ein Algorithmus hat i. Allg. einen *Namen*; die gegebenen Größen heißen *Eingangsparameter*, die gesuchten *Ausgangsparameter*. Man beschreibt den Aufruf (d. h. die Ausführung) des Algorithmus Q mit dem Eingangsparameter x und dem Ausgangsparameter y durch $Q(x,y)$ oder deutlicher durch $Q(\downarrow x \uparrow y)$.
Wenn ein Algorithmus in einer Programmiersprache abgefasst ist, sodass er (nach Übersetzung in eine rechnerinterne Darstellung) von einer Maschine ausgeführt werden kann, nennt man ihn *Programm*.

Wegen der engen Verwandtschaft von Algorithmus und Programm werden beide Begriffe oft synonym gebraucht.
Ablaufstrukturen. Die Anordnung der Schritte in Algorithmen folgt wenigen Mustern: Sequenz, Verzweigung und Schleife.
Die *Sequenz* entspricht der sukzessiven Ausführung von Schritten:

Ausführung von Schritt 1
Ausführung von Schritt 2
Ausführung von Schritt 3

Die *Verzweigung* entspricht der Auswahl von einer unter mehreren Möglichkeiten:

Falls Bedingung B erfüllt ist,
  führe Schritt X aus,
  sonst führe Schritt Y aus.

Die *Schleife* entspricht der wiederholten Ausführung eines Schritts:

Solange Bedingung B erfüllt ist,
  wiederhole Schritt X.

Hier wird Schritt X wiederholt ausgeführt, bis die Bedingung B nicht erfüllt ist (Schritt X muss dazu den Wert von B ändern).
Die Abläufe aller Algorithmen setzen sich aus diesen wenigen Grundstrukturen und einigen Modifikationen davon zusammen. Näheres siehe 11.3.

9.2 Darstellungsarten

Algorithmen lassen sich auf verschiedene Weisen darstellen, die jeweils ihre Vor- und Nachteile haben.
Stilisierte Prosa. Jeder Schritt wird nummeriert und unter Benutzung von Umgangssprache halbformal beschrieben.
Programmablaufplan (Ablaufdiagramm). Eine Darstellung mit grafischen Elementen zur Hervorhebung der Ablaufstrukturen. Die wichtigsten genormten Symbole zeigt Bild 9-1. Die Norm ist allerdings veraltet.

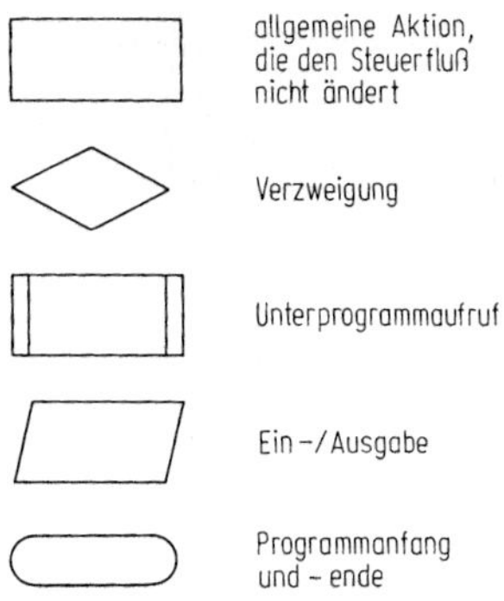

Bild 9-1. Die wichtigsten Symbole für Ablaufdiagramme (DIN 66 001)

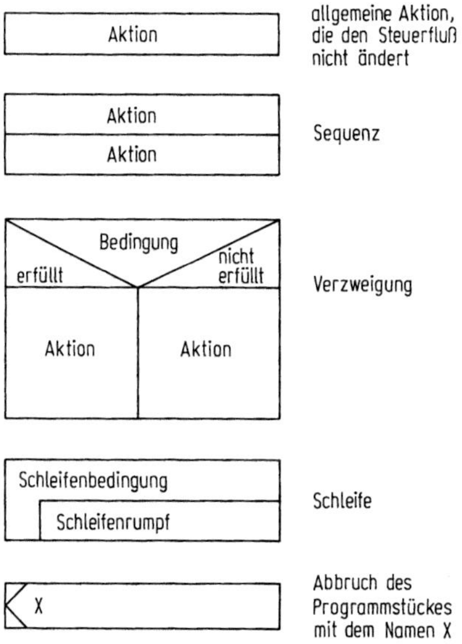

Bild 9-2. Die wichtigsten Symbole für Struktogramme (DIN 66 261)

Struktogramm (Nassi-Shneiderman-Diagramm). Benutzt noch einfachere grafische Symbole und beschränkt sich auf wenige bewährte Grundmuster für Sequenz, Verzweigung und Schleife. Die wichtigsten genormten Symbole zeigt Bild 9-2.

Algorithmenbeschreibungssprache (Pseudocode). Programmiersprachenähnliche Darstellung, jedoch frei vom syntaktischen Ballast einer echten Programmiersprache (damit der Algorithmus klar hervortritt).

Programmiersprache. Das präziseste Instrument zur Darstellung eines Algorithmus.

Beispiel für die verschiedenen Darstellungen sei das einfache Suchproblem: Gegeben ist eine Liste aus n Zahlen $z_1, z_2, \ldots, z_n$, mit $n \geq 1$ und eine Zahl x. Es soll festgestellt werden, ob x in der Liste enthalten ist und wenn ja, an welcher Stelle es steht. Ergebnis soll eine Zahl y sein, deren Wert der Index des gesuchten Listenelements ist oder 0, wenn x nicht in der Liste enthalten ist. Die Ausführungsreihenfolge der einzelnen Schritte ist, wenn nicht anders angegeben, sequentiell.

Stilisierte Prosa.

S. 1 *Initialisiere*. Setze y auf n.

S. 2 *Prüfe*. Wenn $z_y = x$ ist, ist der Algorithmus zu Ende, sonst vermindere y um 1.

S. 3 *Ende*? Wenn $y > 0$ ist, gehe nach S. 2 zurück, andernfalls ist der Algorithmus zu Ende.

Ablaufdiagramm s. Bild 9-3.
Struktogramm s. Bild 9-4.

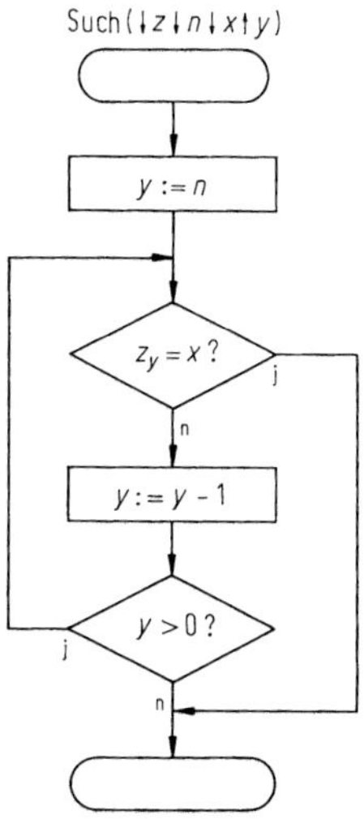

Bild 9-3. Suchen in einer Liste (Ablaufdiagramm)

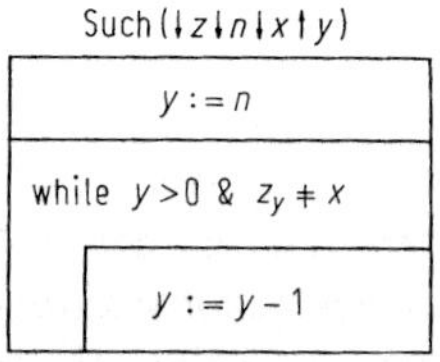

Bild 9-4. Suchen in einer Liste (Struktogramm)

Algorithmenbeschreibungssprache. In der Pascal und Modula-2 ähnlichen Algorithmenbeschreibungssprache Adele [13] lautet der Algorithmus:

```
Such (↓z ↓n ↓x ↑y):
begin
  y:=n;
  while y > 0 and z[y] ≠ x do
    y:=y-1
  end
end Such                                    (1)
```

Programmiersprache. Nur in dieser Darstellung sind Algorithmen einer direkten maschinellen Ausführung zugänglich. Eine Formulierung in Modula-2 lautet:

```
TYPE Liste = ARRAY [1..n] OF INTEGER;
PROCEDURE Such (z: Liste; n, x: INTEGER;
                VAR y: INTEGER);
BEGIN
  y:=n;
  WHILE (y > 0) AND (z[y] <> x) DO
    y:=y-1
  END
END Such;                                   (2)
```

Tabelle 9-1 zeigt die Vor- und Nachteile der verschiedenen Darstellungsarten.

9.2.1 Abstraktionsschichten

Je nach dem Zweck kann man einen Algorithmus in verschiedenen Abstraktionsschichten darstellen. In der abstraktesten, höchsten Schicht, wenn sein innerer Aufbau nicht interessiert, besteht er nur aus seinem Namen und den Parametern. Eine Verfeinerung davon kann seinen inneren Aufbau auf eine Weise darstellen, die noch nicht alle Einzelheiten enthält, weitere Verfeinerungen können diese hinzufügen.

Beispiel. Algorithmus zur aufsteigenden Sortierung einer Zahlenliste *list*[1] bis *list*[*n*] in verschiedenen Abstraktionsschichten:
Abstrakteste Schicht:

```
Sort(↕list ↓n):
```

Da *list* verändert wird, ist es ein *Übergangsparameter* (sowohl Eingangs- wie Ausgangsparameter).
Die *erste Verfeinerung* zeigt, dass das *Austauschverfahren* zum Sortieren benutzt wird: Man sucht das kleinste Element in der gesamten Liste und vertauscht es mit dem ersten. Dann sucht man das kleinste Element in der Teilliste *list*[2] bis *list*[*n*] und vertauscht es mit dem zweiten, usw.:

```
Sort(↕list ↓n):
  local i, j;
begin
  for i:=1 to n-1 do
    Suche den Index j des kleinsten Elements
      von list[i] bis list[n];
    Vertausche list[i] mit list[j]
  end
end Sort
```

Die *zweite* Verfeinerung detailliert die Prosatexte der ersten:

```
Sort(↕list ↓n):
  local i, j, k, h;
begin
  for i:=1 to n-1 do
    j:=i; - Suche Min. aus list[i] bis list[n]
    for k:=i+1 to n do
      if list[k] < list[j] then j:=k end
    end;
    h:=list[i]; - Vertausche list[i] mit list[j]
    list[i] := list[j];
    list[j] := h
  end
end Sort
```

9.3 Einteilungen

Algorithmen können z. B. nach ihrer Struktur, nach den von ihnen verwendeten Datenstrukturen und nach ihrem Aufgabengebiet charakterisiert werden.

9.3.1 Einteilung nach Strukturmerkmalen

Algorithmen als Funktionen. Diese Algorithmen kommunizieren mit ihrer Umgebung nur über ihre Parameter. Variablen, die nur innerhalb des Algorithmus benutzt werden (*lokale* Variablen) bleiben nicht über eine Ausführung des Algorithmus hinaus erhalten. Solche Algorithmen haben kein „Gedächtnis", d. h. keinen Zustand, der von einem Aufruf zum nächsten erhalten bleibt. Ihre Ausgangsparameter sind allein eine Funktion der Eingangsparameter. Beispiele sind die meisten mathematischen Funktionen, wie $\sin(x)$ und die Algorithmen *Such* und *Sort* aus 9.2.
Algorithmen mit Gedächtnis. Diese Algorithmen besitzen einen Zustand, der von ihrer Vorgeschichte

Tabelle 9-1. Charakteristik der Darstellungsarten von Algorithmen

Darstellungsart	Anwendungsbereich	Vorteile	Nachteile
Stilisierte Prosa	Übersichts- und Detaildarstellung	Durch Abwesenheit von Formalismus für jeden verständlich. Programmiersprachenunabhängig. Erläuterungen und Kommentare leicht hinzuzufügen.	Unübersichtlich. Struktur tritt schlecht hervor. Gefahr der Mehrdeutigkeit.
Ablaufdiagramm	Übersichtsdarstellung	Anschaulich. Unübertroffen gute (da zweidimensionale) Darstellung von Verzweigungen und Schleifen.	Nur für Steuerfluss. Deklarationen schlecht unterzubringen. Undisziplinierte Anwendung beim Entwurf fördert unklare Programmstrukturen.
Struktogramm	Übersichtsdarstellung	Beschränkung auf wenige Ablaufstrukturen. Fördert dadurch einfache Programmstrukturen.	Struktur weniger klar hervortretend als in Ablaufdiagrammen. Deklarationen und Kommentare schwer unterzubringen.
Algorithmenbeschreibungssprache (Pseudocode)	Übersichts- und Detaildarstellung	Flexibel und (meist) genügend präzise.	Linear und unanschaulich. Setzt Kenntnis der Sprache voraus.
Programmiersprache	Detaildarstellung	Größte Präzision. Nach Übersetzung unmittelbar für eine Maschine verständlich.	Sprachabhängig. Mit Details überladen. Setzt Kenntnis der Sprache voraus.

abhängt. Ihre Ergebnisse sind eine Funktion ihrer Eingangsparameter *und* ihres Zustands. Der Zustand wird durch Variablen repräsentiert, deren Werte von Aufruf zu Aufruf erhalten bleiben (*statische* Variablen). Beispiel: ein Algorithmus, der bei jedem Aufruf die Position eines Roboters verändert und sich diese merkt. Algorithmen mit Gedächtnis werden vor allem in der modularen und objektorientierten Programmierung verwendet.

Rekursive Algorithmen. Die Lösung eines Problems lässt sich oft rekursiv auf die Lösung gleichartiger Teilprobleme zurückführen (z. B. die Suche in einer Liste auf die Suche in zwei halb so großen Teillisten). Ein Algorithmus heißt rekursiv, wenn er sich bei seiner Ausführung selbst aufruft (möglicherweise über andere Algorithmen als Zwischenstufen). Rekursion ist ein wohlbekanntes Mittel der Mathematik. In der Programmierung kommt sie überall dort vor, wo Aufgaben (z. B. Suchprobleme) oder Datenstrukturen (z. B. Bäume, siehe Kap. 10.5) auf natürliche Weise rekursiv definiert sind. 10.5 enthält ein Beispiel.

Exhaustionsalgorithmen. Bei manchen Problemen kann man die Lösung nur durch erschöpfendes Ausprobieren aller Möglichkeiten finden. Es handelt sich hier typischerweise um Suchprobleme (z. B. Suche eines Auswegs aus einem Labyrinth) oder um Optimierungsprobleme (z. B. Auswahl einer Teilmenge von Gegenständen, sodass ihr Gewicht minimal und ihr Wert maximal wird). Durch Speicherung von bereits als optimal erkannten Zwischenergebnissen kann man manchmal die Anzahl der zu prüfenden Möglichkeiten reduzieren (dynamische Programmierung). Exhaustionsalgorithmen sind oft rekursiv und aufgrund der vielen zu prüfenden Lösungsmöglichkeiten langsam.

Tabellengesteuerte (interpretative) Algorithmen. Oft lassen sich die Ergebnisse eines Algorithmus mithilfe einer Tabelle aus den Argumenten berechnen. Tabelle 9-2 zeigt z. B., wie die Schnittgeschwindigkeit bei spanender Bearbeitung von der Bearbeitungsart (*Drehen*, *Hobeln*, *Bohren*) und der Werkstoffbeschaffenheit (*weich*, *hart*) abhängt.

Tabelle 9–2. Schnittgeschwindigkeit in m/min bei spanender Bearbeitung x_1: Bearbeitungsart; x_2: Werkstoffbeschaffenheit

x_1	x_2	
	weich	hart
Drehen	1500	300
Hobeln	2500	400
Bohren	200	150

Ein Algorithmus zur Berechnung der Schnittgeschwindigkeit kann die Tabelle als Matrix speichern und braucht dann nur zu den Argumentwerten den entsprechenden Tabelleneintrag zu suchen. Das Spezifische der Aufgabe ist hier in der Tabelle enthalten, nicht im Algorithmus. Tabellen einer bestimmten Art (sog. *Entscheidungstabellen*) sind in DIN 66 241 genormt.

Wenn man in einer Tabelle Operationen statt Zahlen speichert und der Algorithmus diese Operationen ausführt, nennt man den Algorithmus *interpretativ*. Da Algorithmen als Schaltwerke (siehe Kap. 2) mit Zuständen und Übergängen angesehen werden können und Schaltwerke als Tabellen darstellbar sind, lassen sich auch Algorithmen als Tabellen verschlüsseln. Ein Algorithmus, der solche Tabellen interpretiert, ist folglich ein *universeller Algorithmus*, weil er jeden in Tabellenform codierten Algorithmus ausführen kann. Interpretation und universeller Algorithmus haben dementsprechend in der Informatik weit reichende Bedeutung.

Weitere Klassen von Algorithmen sind *nichtdeterministische* (die bei mehrfacher Ausführung womöglich verschiedene Schritte durchlaufen, aber immer dasselbe Ergebnis liefern), *probabilistische* (die bei mehrfacher Ausführung womöglich verschiedene Ergebnisse liefern), *parallele* (bei denen mehrere Schritte gleichzeitig ablaufen können), *verteilte* (deren Abschnitte auf verschiedene Computer verteilt sind) und *genetische* (die Methoden der Evolution wie Mutation, Selektion und Kreuzung benutzen).

9.3.2 Einteilung nach Datenstrukturen

Die von Algorithmen verwendeten Datenstrukturen sind in mancher Hinsicht charakteristisch für sie und ermöglichen deshalb eine nützliche Einteilung (siehe Kap. 10).

9.3.3 Einteilung nach Aufgabengebiet

Ohne die Berücksichtigung der Aufgaben spezieller Fachgebiete, wie Physik, Chemie usw., ergibt sich etwa folgende Einteilung der Algorithmen.

Numerische Algorithmen betreffen Methoden der numerischen Mathematik, wie die Lösung von Gleichungssystemen, Approximation von Funktionen, numerische Integration, Lösung von Differentialgleichungssystemen [5, 14, 16].**Seminumerische**

Algorithmen. Dieser Begriff bezeichnet Algorithmen, die zwischen numerischem und symbolischem Rechnen stehen. Hierzu gehört die Erzeugung von Zufallszahlen, die Gleitpunktarithmetik, das Rechnen mit mehrfacher Genauigkeit, mit Brüchen und Polynomen [8].

Symbolisches Rechnen. Hierher gehören Algorithmen, die mathematische Formeln einem Kalkül gemäß transformieren (z. B. Differenzieren und Integrieren komplizierter Formelausdrücke) und Algorithmen zum automatischen Beweisen (z. B. von Formeln des Prädikatenkalküls) [1, 2].

Such- und Sortieralgorithmen treten in vielen Formen auf. Suchen und Sortieren im Arbeitsspeicher ist Teil fast aller größeren Programmsysteme, Suchen und Sortieren in externen Speichern ist eine zentrale Operation in Datenbanken.

Kombinatorische Algorithmen suchen Lösungen in einem vorgegebenen Lösungsraum aus endlich vielen diskreten Punkten; wichtig in Künstlicher Intelligenz, Operations Research, Analyse von Netzen aller Art, Optimierung.

Algorithmen zur Textverarbeitung oder *syntaktische Algorithmen* verarbeiten lange Zeichenfolgen, wie sie bei der maschinellen Bearbeitung von Dokumenten auftreten. Typische Anwendungen sind Mustersuche in Editoren, Syntaxanalyse in Sprachübersetzern, Datenkompression und -expansion.

Algorithmen der digitalen Signal- und Bildverarbeitung analysieren und transformieren Signale, die bei der digitalen Signalübertragung auftreten. Typische Anwendungen: digitale Filterung, Schnelle Fourier-Transformation (FFT) [11,12].

Geometrische Algorithmen lösen Aufgaben im Zusammenhang mit Punkten, Linien und anderen einfachen geometrischen Objekten, z. B. Bildung der konvexen Hülle eines Punkthaufens, Feststellen, ob und wo sich Objekte schneiden, zweidimensionales Suchen [10].

Algorithmen der grafischen Datenverarbeitung schließen sich an geometrische Algorithmen an und behandeln die Darstellung zwei- und dreidimensionaler Objekte auf Bildschirmen und in Zeichnungen (z. B. Auffinden verdeckter Kanten, schnelle Rotation, realistische Oberflächengestaltung durch Schattierung und Reflexion) [3, 4].

9.4 Komplexität

Für jede Aufgabe der Datenverarbeitung gibt es mehrere Algorithmen, die sich in bestimmten Merkmalen unterscheiden, wie z. B. Laufzeit, Speicherplatzbedarf, statische Länge des Algorithmus und Schachtelungsstruktur. Um Algorithmen miteinander vergleichen oder für sich allein kennzeichnen zu können, versucht man, die Merkmale in Abhängigkeit von geeigneten Messgrößen zu quantifizieren. Die Messgrößen geben Auskunft über die „Komplexität" eines Algorithmus. Ihre Berechnung nennt man „Komplexitätsanalyse".

Eines der wichtigsten Merkmale eines Algorithmus ist seine Laufzeit in Abhängigkeit von den Eingabedaten. Sie wird „Zeitkomplexität" genannt.

Zeitkomplexität:
Laufzeit = f (*Umfang der Eingabedaten*)

Für den Umfang n der Eingabedaten gibt es kein einheitliches, vom betrachteten Algorithmus unabhängiges Maß. Tabelle 9-3 zeigt natürliche Maße für verschiedene Aufgabenklassen.

Tabelle 9-3. Maße für den Umfang von Eingabedaten

Aufgabenklasse	Natürliches Maß für den Umfang der Eingabedaten
Sortieren, Suchen	Elementeanzahl
Matrixoperationen	Zeilen- mal Spaltenanzahl
Textverarbeitung	Länge des Eingabetextes
Mehrfachgenaue Multiplikation	Gesamtstellenanzahl der Operanden

Die Laufzeit eines Algorithmus lässt sich durch Laufzeit*berechnung* (analytisch auf dem Papier) oder durch Laufzeit*messung* (unmittelbar auf der Maschine) bestimmen. Meist begnügt man sich aber mit viel gröberen Angaben, insbesondere damit, dass sich die Laufzeit des einen Algorithmus „für große n" wie die Funktion n^2 verhält, die eines anderen dagegen wie n^3; d. h., mit der Eingabegröße $2n$ läuft der erste viermal, der zweite achtmal so lange wie mit der Eingabegröße n. Diese sog. *asymptotische Zeitkomplexität* beschreibt man durch die O-Notation. Man schreibt $f(n) = O(g(n))$, gelesen: „$f(n)$ ist von der Ordnung $g(n)$", wenn es eine positive Konstante c gibt, sodass

$$\lim_{n\to\infty} |g(n)/f(n)| \le c$$

oder, ohne Limes ausgedrückt, wenn es positive Konstanten c und n_0 gibt, sodass gilt:

$$f(n) \le c \cdot g(n) \quad \text{für alle } n \ge n_0$$

Das heißt: „Mit unbeschränkt wachsendem n wächst $f(n)$ nicht schneller als $g(n)$."

Typische asymptotische Komplexitäten und ihre Eigenschaften sind (in Anlehnung an [15]):

$O(1)$ *Konstante Komplexität.* Die Laufzeit ist unabhängig von der Eingabegröße. Das ist der Idealfall, bedeutet aber möglicherweise, dass die Eingabegröße unpassend gewählt wurde.

$O(\log n)$ *Logarithmische Komplexität.* Sehr günstig. Verdopplung von n bedeutet nur einen Anstieg der Laufzeit um log 2, d. h. um eine Konstante. Erst bei der Quadrierung von n wächst $\log n$ auf das Doppelte.

$O(n)$ *Lineare Komplexität.* Immer noch günstig. Tritt auf, wenn auf jedes Eingabeelement eine feste Verarbeitungszeit entfällt. Verdopplung von n bedeutet Verdopplung der Laufzeit.

$O(n \log n)$ *Leicht überlineare Komplexität.* Nicht viel schlechter als die lineare Komplexität, weil der Logarithmus von n klein gegen n ist. Tritt oft auf, wenn ein Problem fortgesetzt in Teilprobleme zerlegt wird, die unabhängig voneinander gelöst werden.

$O(n^2)$ *Quadratische Komplexität.* Ungünstig. Tritt z. B. auf, wenn der Algorithmus auf alle n^2 Paare der n Eingabedaten angewandt wird oder zwei geschachtelte Schleifen enthält, deren Ausführungshäufigkeit mit n wächst. Verdopplung von n bedeutet Vervierfachung der Laufzeit.

$O(n^3)$ *Kubische Komplexität.* Sehr ungünstig und nur bei kleinen n akzeptabel. Verdopplung von n bedeutet Verachtfachung der Laufzeit.

$O(2^n)$ *Exponentielle Komplexität.* Katastrophal für große n. Tritt auf, wenn zur Lösung eines Problems alle Kombinationen der n Eingabedaten exhaustiv geprüft werden müssen. Verdopplung von n bedeutet Quadrierung der Laufzeit. Bild 9-5 zeigt das Wachstum der verschiedenen Funktionen.

10 Datentypen und Datenstrukturen

Algorithmen arbeiten mit Daten, die in verschiedener Form vorliegen können (z. B. als Zahlen, Zeichen, Listen, Tabellen). Einfache Daten können zu komplexeren Datenstrukturen gruppiert werden. Die Wahl der für eine Problemlösung am besten geeigneten Datenstrukturen ist ebenso wichtig wie die Wahl der am besten geeigneten Algorithmen. Beide hängen eng zusammen und müssen zusammen gesehen werden.

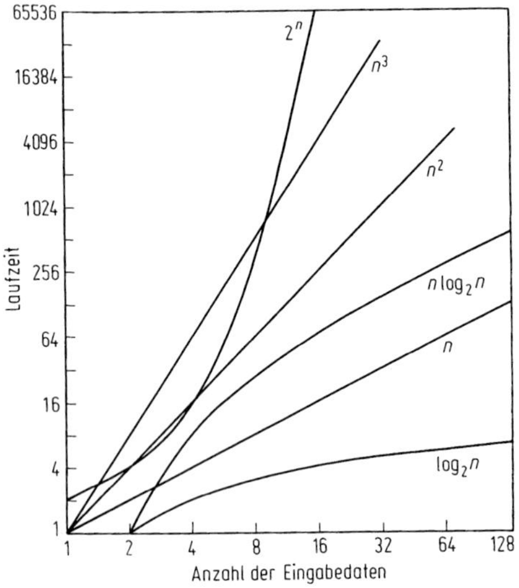

Bild 9-5. Wachstum einiger Funktionen, die bei der Komplexitätsanalyse benutzt werden (doppeltlogarithmische Darstellung!)

10.1 Begriffe

10.1.1 Datentyp

Ein Datentyp definiert eine Menge von Werten und die damit ausführbaren Operationen. So beschreibt z. B. der Datentyp *Integer* in Pascal die Menge der ganzen Zahlen (in einem von der Sprache festgelegten Bereich) samt den Operatoren + (Addition), − (Subtraktion), * (Multiplikation), div (Division) sowie den Vergleichsoperatoren (=, <>, >, >=, <, <=).

Datentypen sind Eigenschaften von Variablen und Werten. Eine Variable ist ein Behälter für Werte. Der Datentyp einer Variablen bestimmt die Art der Werte, die in dieser Variablen gespeichert werden dürfen. In einer *Integer*-Variablen dürfen z. B. nur ganze Zahlen gespeichert werden und keine Gleitpunktzahlen oder Zeichen.

Ähnlich wie Variablen haben auch Werte einen Datentyp. Der Wert 17 hat z. B. in Pascal den Datentyp *Integer*, der Wert ‚a' hat den Datentyp *Char* (Zeichen). Ein Ausdruck berechnet aus den Werten seiner Operanden einen neuen Wert, der ebenfalls einen Datentyp hat, welcher nach den Regeln der Sprache aus den Operandentypen ermittelt wird.

Bei der Übersetzung von Programmiersprachen spielen Datentypen eine wichtige Rolle. Der Compiler kann prüfen, ob die Operandentypen in Ausdrücken miteinander kompatibel sind oder ob in einer Zuweisung der Typ der rechten Seite zum Typ der linken Seite passt. Die Typregeln einer Programmiersprache gestatten es dem Compiler, viele Programmierfehler bereits zur Übersetzungszeit zu entdecken.

Die Speicherzellen einer Maschine enthalten lediglich eine Folge von Bits und haben keine von der Maschine vorgegebene Bedeutung. Indem man einer Speicherzelle (Variablen) einen Typ gibt, versieht man ihre Bitfolge mit einer Bedeutung. Dieselbe Bitfolge kann z. B. je nach Datentyp als Zahl, als Zeichen oder als Menge aufgefasst werden.

10.1.2 Datenstruktur

Eine Datenstruktur besteht aus mehreren Elementen mit gleichem oder unterschiedlichem Datentyp. Die gebräuchlichsten Datenstrukturen sind *Felder* (Folgen gleichartiger Elemente) und *Verbunde* (Folgen unterschiedlicher Elemente), die in 10.3 näher beschrieben werden. Felder und Verbunde sind so häufig, dass sie in den meisten Programmiersprachen als eigene Datentypen vorkommen. Es gibt jedoch auch anwendungsspezifische Datenstrukturen, die z. B. ein Straßennetz, eine Zeichnung in einem Grafikeditor oder eine Stückliste in einem Fertigungsprogramm modellieren können. Indem man die Details einer Datenstruktur vor dem Benutzer verbirgt und den Zugriff nur über einige wenige genau definierte Operationen gestattet, gelangt man von einer *konkreten Datenstruktur* zu einer *abstrakten Datenstruktur* oder zu einem *abstrakten Datentyp* (10.10, 12.3.1).

Man unterscheidet ferner zwischen statischen und dynamischen Datenstrukturen. Eine *statische Datenstruktur* wird durch ihre Deklaration vollständig festgelegt. Ihre Größe ist zur Übersetzungszeit bekannt, und der Compiler sorgt dafür, dass Speicherplatz für sie angelegt wird, sobald der Programmteil, in dem sie deklariert ist, ausgeführt wird. Die Größe der Datenstruktur kann sich anschließend nicht mehr ändern. Eine *dynamische Datenstruktur* besteht hingegen aus einer nicht festgelegten Anzahl von Objekten, die über Zeiger (Referenzen) miteinander verknüpft sind. Die Objekte werden durch spezielle Anweisungen während der Programmausführung erzeugt und zur Datenstruktur hinzugefügt. Eine dynamische Datenstruktur kann also wachsen und schrumpfen. Die häufigsten dynamischen Datenstrukturen sind *verkettete Listen*, *Bäume* und *Graphen*.

10.2 Elementare Datentypen

Die meisten Programmiersprachen stellen elementare Datentypen für ganze Zahlen, Gleitpunktzahlen, Wahrheitswerte und Zeichen zur Verfügung (sog. *Standardtypen*). Tabelle 10-1 zeigt den Namen sowie die Schreibweise für Konstanten dieser Standardtypen für einige bedeutende Programmiersprachen.

Ganze Zahlen. Zur Darstellung siehe 6.3.4. Ganze Zahlen werden im Rechner immer exakt dargestellt, und arithmetische Operationen mit ihnen (mit Ausnahme der Division) liefern immer exakte Ergebnisse (sofern der Wertebereich nicht überschritten wird).

Gleitpunktzahlen. Über die Darstellung durch Mantisse und Exponent siehe 6.3.5. Man beachte, dass Gleitpunktzahlen im Rechner nur als Approximation der wirklichen Zahlenwerte dargestellt sind. Bei Folgen von Rechenoperationen können sich dadurch Abweichungen vom wahren Resultat ergeben. Die Abfrage, ob eine berechnete Gleitpunktvariable x den Wert a hat, sollte deshalb niemals auf Gleichheit stattfinden, sondern immer eine Toleranz ε berücksichtigen, nicht *IF* $x = a$ *THEN* ..., sondern *IF ABS*$(x - a)$ $<$ *eps THEN* ... (die Funktion *ABS* liefert den Betrag ihres Arguments). Um die Auswirkungen der approximativen Zahlendarstellung zu prüfen oder zu verringern, verwendet man oft Gleitpunktzahlen sog. *doppelter Genauigkeit.*

Wahrheitswerte (*Boole'sche* oder *logische* Werte) sind die beiden Werte „wahr" (*true*) und „falsch" (*false*). Sie treten besonders in den Bedingungsteilen von If- und Schleifenanweisungen auf. Zum Beispiel kann eine Boole'sche Variable *looping* zum Abbruch einer Schleife so benutzt werden:

```
VAR looping: BOOLEAN;
...
looping := true;
WHILE looping DO ... looping := false; ... END
```

Damit die Schleife verlassen wird, muss *looping* in der Schleife auf den Wert *false* gesetzt werden.

Zeichen. Zeichen werden meist als Byte im sog. ASCII, in der Sprache Java auch als zwei Bytes im sog. Unicode verschlüsselt (vgl. 6.1).

Aufzählungstypen. Ein Aufzählungstyp definiert eine Menge benannter Werte durch erschöpfende Aufzählung dieser Werte, z. B. in Pascal:

```
TYPE
  Jahreszeit = (fruehling, sommer, herbst, winter);
  Farbe = (rot, gruen, blau);
```

Hier sind *fruehling*, *sommer*, *herbst*, *winter* Konstanten vom Typ *Jahreszeit*, die man Variablen dieses Typs zuweisen und auf die man Variablen dieses Typs abfragen kann, z. B.:

```
VAR heute: Jahreszeit;
    kleid: Farbe;
...
IF heute = sommer THEN kleid := blau END;
```

Aufzählungstypen erweisen sich zur sprechenden Bezeichnung von Werten als nützlich.

Tabelle 10-1. Elementare Datentypen in Programmiersprachen

	Fortran	Pascal	Ada	Java
Ganze Zahlen	INTEGER	INTEGER	INTEGER	int
Konstanten	314	314	314	314
Gleitpunktzahlen	REAL	REAL	FLOAT	float
Konstanten	3.14, 314E-2	3.14, 314E-2	3.14, 314E-2	3.14, 314E-2
Wahrheitswerte	LOGICAL	BOOLEAN	BOOLEAN	boolean
Konstanten	.FALSE., .TRUE.	FALSE, TRUE	FALSE, TRUE	false, true
Zeichen	CHARACTER	CHAR	CHARACTER	char
Konstanten	'A'	'A'	'A'	'A'

10.3 Zusammengesetzte Datentypen

Aus elementaren Datentypen lassen sich neue Datentypen zusammensetzen. Man unterscheidet dabei zwischen *Feldern* (bestehend aus Elementen gleichen Typs) und *Verbunden* (bestehend aus Elementen unterschiedlichen Typs). Die meisten Programmiersprachen bieten auch *Zeigertypen* an, deren Werte auf Objekte anderer Datentypen verweisen und mit denen sich dynamische Datenstrukturen bilden lassen.

10.3.1 Felder

Ein eindimensionales Feld (auch *array* oder *Vektor* genannt) ist die geordnete Folge von Elementen desselben Typs. Das Feld hat einen Namen; seine Elemente werden über Indizes angesprochen. Die Indizes sind ganze Zahlen zwischen einem unteren Grenzindex u (in manchen Programmiersprachen immer 0 oder 1) und einem oberen Grenzindex o. Zum Beispiel wird ein Feld a aus 5 Elementen des Typs INTEGER mit $u = 1$, $o = 5$ in Modula-2 so deklariert:

```
VAR a: ARRAY [1..5] OF INTEGER;
```

a[1] ist sein erstes, a[5] sein letztes Element. Die Elemente werden auch als *indizierte Variablen* bezeichnet und in aufeinander folgenden Speicherzellen gespeichert (Bild 10-1b). Indizierte Variablen kann man wie einfache Variablen in Ausdrücken verwenden und ihnen Werte zuweisen. Charakteristisch für Felder sind die Eigenschaften: ein gemeinsamer Name für alle Elemente, alle Elemente haben denselben Typ, die Elemente sind geordnet, gleich schneller Zugriff zu allen Elementen, die Indizes sind meist Zahlen, d. h., man kann mit ihnen rechnen.

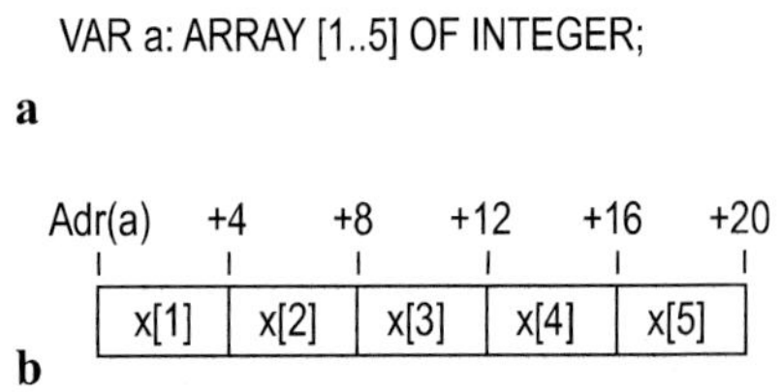

Bild 10-1. Eindimensionales Feld. **a** Deklaration in Modula-2, **b** Repräsentation im Speicher (Adressen in Byte unter der Annahme: 1 Feldelement = 4 Byte)

Besondere Bedeutung haben Felder mit dem Elementtyp *Zeichen*, denn sie werden zur Speicherung von Texten benutzt. Da Felder in den meisten Programmiersprachen eine feste, durch Deklaration bestimmte Länge haben, Texte in ihrer Länge aber stark variieren können, gibt es in einigen Programmiersprachen einen besonderen Datentyp (*String*), der einem Zeichenfeld mit unspezifiziertem oberen Grenzindex entspricht:

```
TYPE String = ARRAY [0..?] OF CHAR;
```

In den meisten Programmiersprachen sind auch mehrdimensionale Felder mit mehreren Indizes zugelassen. Die Modula-2-Deklarationen

```
VAR m: ARRAY [1..10, 1..20] OF REAL;
    p: ARRAY [1..2, 1..10, 1..30] OF REAL;
```

definieren z. B. ein zweidimensionales Feld m (Matrix) mit 10 Zeilen zu je 20 Spalten und ein dreidimensionales Feld p mit 2 Matrizen zu 10 Zeilen zu 30 Spalten. Die Elemente sind hier jeweils Gleitpunktzahlen. Die Speicherung einer Matrix geschieht entweder zeilenweise (Pascal, Ada) oder spaltenweise (Fortran). Dadurch besteht eine lineare Ordnung zwischen allen Elementen, die es gestattet, mehrdimensionale auf eindimensionale Felder zurückzuführen.

10.3.2 Verbunde

Verbunde (*records*, Strukturen) sind geordnete Folgen von Elementen verschiedenen Typs (Bild 10-2). Zum Beispiel wird in Modula-2 ein Verbund x aus Elementen s_i mit den Typen T_i so deklariert:

```
VAR x: RECORD s1: T1; ...; Sn: Tn END;
```

Die Elemente eines Verbundes heißen *Komponenten* (in manchen Sprachen leider auch mehrdeutig *Felder* genannt); sie sind durch die „Punktschreibweise“ über ihren Namen ansprechbar. Für Bild 10-2 gilt z. B.: *anschrift.name* bezeichnet die Komponente *name*, *anschrift.name*[1] bezeichnet den ersten Buchstaben des Namens, *anschrift.adresse.plz* bezeichnet die Postleitzahl.

10.3.3 Zeiger

Zeiger (*pointer*, Verweise, Referenzen) verweisen auf Objekte anderer Datentypen. Ihre Werte sind Adressen. Die so referenzierten Objekte liegen in einem besonderen Speicherbereich (Halde, *heap*) und müssen vom Programmierer zur Laufzeit durch spezielle Anweisungen dynamisch erzeugt werden. In vielen Sprachen sind die durch Zeiger referenzierbaren Objekte auf Verbunde eingeschränkt. Die Deklaration eines Zeigertyps in Modula-2 sieht so aus:

```
TYPE NodePtr = POINTER TO Node;
  Node = RECORD
    val: INTEGER;
    next: NodePtr
  END;
```
(1)

Eine Variable p vom Typ *NodePtr* wird durch *VAR p: NodePtr*; deklariert. Zur Laufzeit kann durch den Prozeduraufruf *NEW*(p) Speicherplatz für ein neues Objekt vom Typ *Node* angelegt werden, auf das p dann zeigt (d. h. p enthält die Adresse dieses Objekts). Auf seine Komponenten kann man mit *p^.val* und *p^.next* zugreifen. Das Zeichen „^“ nennt man den *Dereferenzierungsoperator*; *p^* bezeichnet das durch p referenzierte Objekt.

Die Komponente *next* von *Node* verweist wieder auf ein *Node*-Objekt. Auf diese Weise kann man eine beliebig lange Kette (Liste) von *Node*-Objekten (Knoten) bilden. Bild 10-3 zeigt eine solche Liste mit vier Knoten. Ihr erster Knoten wird durch eine Variable *first* vom Typ *NodePtr* referenziert. Die *next*-Komponente des letzten Knotens hat den Wert *nil* (oder *null*), d. h. sie zeigt auf keinen weiteren Knoten. In älteren Programmiersprachen wie Pascal, Modula-2 oder C müssen dynamisch (d. h. mit NEW) erzeugte Objekte vom Programmierer freigegeben werden, sobald sie nicht mehr benötigt werden. Dies geschieht z. B. in Modula-2 mit *DISPOSE*(p). Der

```
VAR anschrift: RECORD
      anrede: (Herr, Frau);
      name: ARRAY [1..30] OF CHAR;
      adresse: RECORD
        strasse:  ARRAY [1..30] OF CHAR;
        staat:    (D, A, CH, I);
        plz:      ARRAY [1..5] OF CHAR;
        ort:      ARRAY [1..20] OF CHAR;
      END;
    END;
```

a

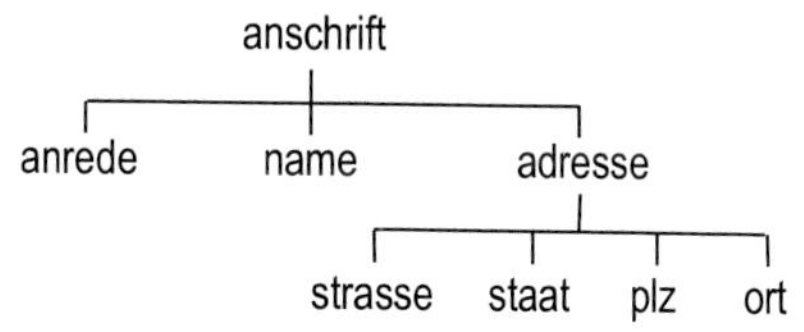

b

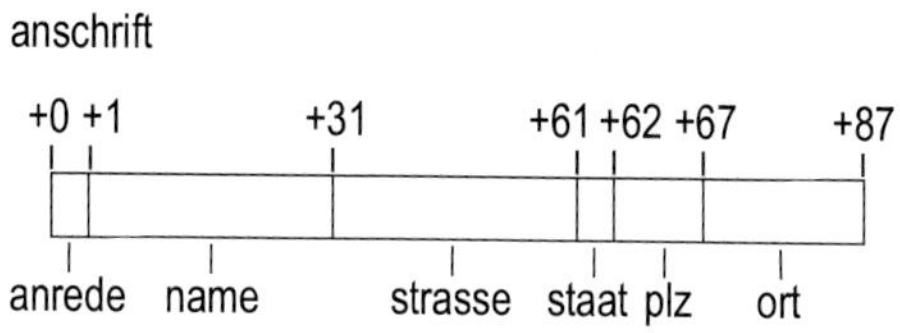

c

Bild 10-2. Verbund. **a** Deklaration in Modula-2; **b** Struktur als „Baum“, **c** Repräsentation im Speicher (Adressen in Byte unter der Annahme dichtester byteweiser Speicherung)

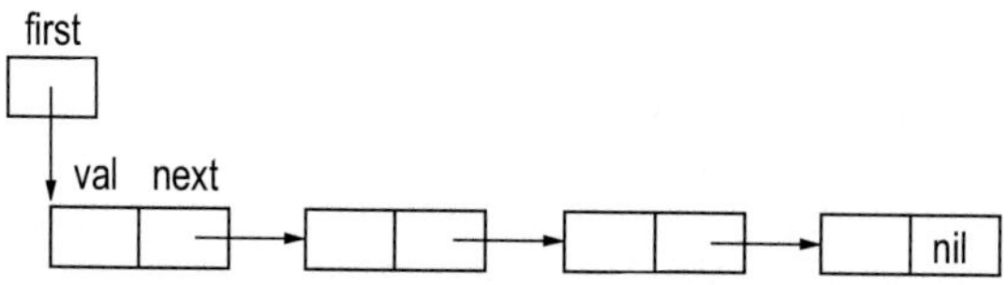

Bild 10-3. Liste aus vier Knoten gemäß Deklaration (1)

Speicherplatz des durch *p* referenzierten Objekts wird dadurch freigegeben und steht dann wieder für weitere NEW-Operationen zur Verfügung. Da die explizite Freigabe von Objekten fehleranfällig ist, benutzen neuere Sprachen wie Java oder C# eine sog. *automatische Speicherbereinigung* (*garbage collection*). Dabei handelt es sich um ein Systemprogramm, das Objekte automatisch freigibt, sobald sie nicht mehr referenziert werden.

Manche Sprachen wie Java oder C# fassen Zeigertypen und die durch sie referenzierten Verbunde zu einer Einheit (einer sog. Klasse) zusammen. Der in (1) beschriebene Typ lautet z. B. in Java:

```
class Node {
    int val;
    Node next;
}
```

Node ist hier ein Zeiger auf einen Verbund mit den Komponenten *val* und *next*. Komponenten solcher Objekte werden in Java einfach mit Punktschreibweise angesprochen; der Dereferenzierungsoperator fällt hier weg (z. B. *p.val*, *p.next*).

Zeiger sind die Grundlage für dynamische Datenstrukturen wie verkettete Listen, Bäume oder Graphen, die in den nächsten Abschnitten beschrieben werden.

10.4 Verkettete Listen

Eine *verkettete Liste* ist eine Folge von Datenobjekten (Knoten), die über Zeiger (Kanten) derart verknüpft sind, dass jeder Knoten außer dem letzten genau einen Nachfolger hat (Bild 10-3). Eine verkettete Liste ähnelt aus logischer Sicht einem Feld, hat jedoch den Vorteil, dass sie beliebig wachsen und schrumpfen kann und dass das Einfügen und Löschen von Knoten an jeder Listenposition gleich effizient ist; dafür hat sie den Nachteil, dass nicht auf alle Knoten gleich schnell zugegriffen werden kann. Ein Zugriff auf den Knoten an Position *i* erfordert das Durchlaufen der *i*-1 Vorgängerknoten. Typische Listenoperationen sind Einfügen, Löschen und Suchen von Werten.

Wenn *list* eine Variable vom Typ *NodePtr* aus 10.3.3 ist, die auf den ersten Knoten der Liste zeigt, so kann man einen Wert *val* wie folgt als ersten Knoten der Liste einfügen:

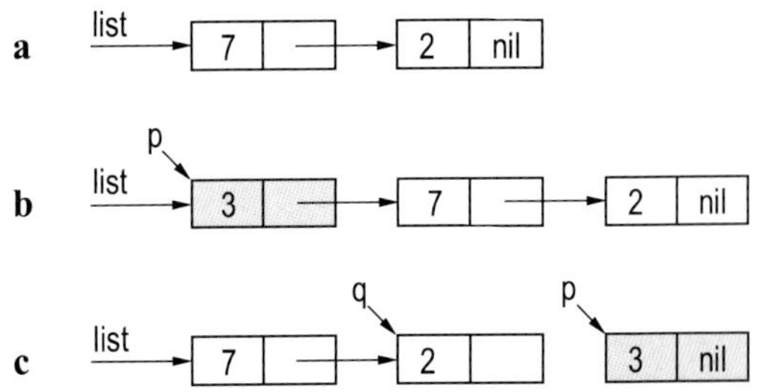

Bild 10-4. Einfügen in eine verkettete Liste. **a** Ursprüngliche Liste; **b** nach *Insert*(↕*list* ↓3); **c** nach *Append*(↕*list* ↓3)

```
Insert(↕list ↓val):
   param list: NodePtr; val: Integer;
   local p: NodePtr;
begin
   NEW(p); p^.val := val;
   p^.next := list; list := p
end Insert
```

Das Einfügen am Listenende erfordert hingegen einen Durchlauf der gesamten Liste bis zum letzten Knoten:

```
Append(↕list ↓val):
   param list: NodePtr; val: Integer;
   local p, q: NodePtr;
begin
   p := list;
   while p ≠ nil do q := p; p := p^. next end;
   NEW(p); p^.val := val; p^.next := nil;
   if list = nil then list := p else q^.next := p end
end Append
```

Am Ende der Schleife zeigt *q* auf den letzten Knoten der Liste, außer die Liste ist leer. Wenn die Liste leer ist (*list* = *nil*) wird der neue Knoten, auf den *p* zeigt (d. h. *p*^), zum ersten und einzigen Knoten der Liste. Andernfalls wird *p*^ zum Nachfolger von *q*^ . Bild 10-4 zeigt die Auswirkungen von *Insert* und *Append* an einem Beispiel. Die Laufzeitkomplexität der meisten Listenoperationen ist $O(n)$, d. h. die Laufzeit ist proportional zur Anzahl n der Listenknoten.

Neben *einfach verketteten Listen*, bei denen jeder Knoten lediglich einen Zeiger auf seinen Nachfolger hat, gibt es auch *doppelt verkettete Listen*, bei denen jeder Knoten sowohl einen Zeiger auf seinen Nachfolger als auch einen Zeiger auf seinen Vorgänger hat. Doppelt verkettete Listen können in beiden Richtungen durchlaufen werden.

10.5 Bäume

Ein *Baum* ist wie eine verkettete Liste eine dynamische Datenstruktur aus Knoten und Kanten. Im Gegensatz zu einer verketteten Liste kann jeder Knoten mehrere Nachfolger (*Söhne*) haben. Hingegen hat jeder Knoten genau 1 Vorgänger (*Vater*), mit Ausnahme des ersten Knotens, der *Wurzel*, die keinen Vorgänger hat. Die Söhne eines Knotens sind zueinander *Brüder*. Knoten, die keine Söhne haben, nennt man *Blätter*. Die Söhne eines Knotens können als Wurzeln von *Unterbäumen* dieses Knotens betrachtet werden.

Ein Baum beschreibt eine Hierarchie und kann aus logischer Sicht auf vielerlei Art dargestellt werden (Bild 10-5). Da hierarchische Strukturen in vielen Anwendungen vorkommen (Gliederung einer Formel, eines Programmsystems, eines Schriftstücks, einer Firma), sind Bäume von großer Bedeutung.

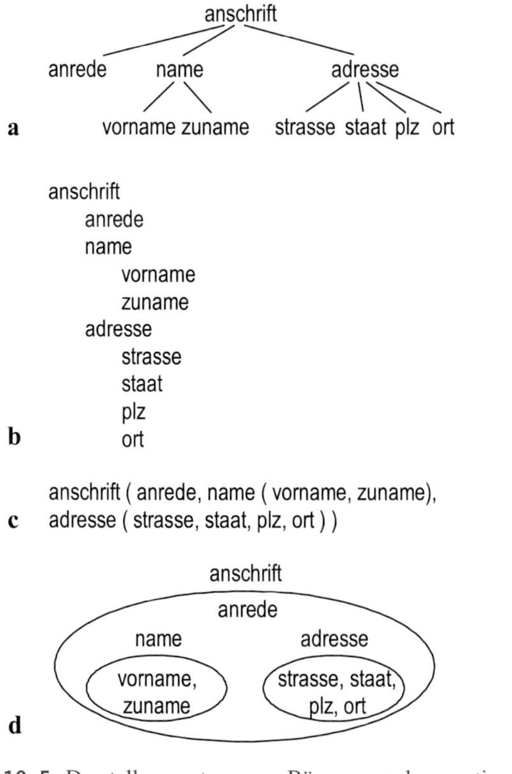

Bild 10-5. Darstellungsarten von Bäumen. **a** baumartig; **b** Zeilen mit Einrückungen; **c** Zeichenfolge mit Klammern; **d** geschachtelte Mengen

Ein Baum, in dem alle Knoten höchstens zwei Söhne haben, heißt *binärer Baum*, alle anderen Bäume heißen *Vielwegbäume*.

Binäre Bäume

Binäre Bäume sind von besonderer Bedeutung, weil sie einfach und regulär gebaut sind und besonders oft vorkommen. Auch Vielwegbäume lassen sich auf binäre Bäume zurückführen. Bild 10-6 zeigt das Verfahren. Es beruht auf der Idee, dass ein Knoten im transformierten Baum nicht Zeiger auf alle seine Söhne hat, sondern nur einen Zeiger auf den ersten Sohn, während alle Brüder über einen weiteren Zeiger verkettet sind. Auf diese Weise benötigt man in jedem Knoten nur zwei Zeiger.

Repräsentation. Die Knoten eines binären Baums bestehen aus Daten beliebigen Typs und zwei Zeigern *left* und *right* zu seinen Unterbäumen. Der Baum selbst wird durch einen Zeiger *tree* auf seine Wurzel repräsentiert. Bild 10-7 zeigt ein Beispiel.

```
TYPE NodePtr = POINTER TO Node;
     Node = RECORD
       data: AnyDataType;
       left, right: NodePtr
     END;
VAR tree: NodePtr;
```

Baumdurchwandern. Um festzustellen, ob ein gegebener Baum einen Knoten mit einem bestimmten Datenwert enthält, muss man ihn durchsuchen. Eine wichtige Operation im Zusammenhang mit Bäumen ist deshalb das „Durchwandern" eines Baums, so dass jeder Knoten „besucht" wird. Dazu gibt es zwei Vorgangsweisen: Beim *Breitensuchen* (*breadth-first search*) besucht man zuerst die Wurzel, dann al-

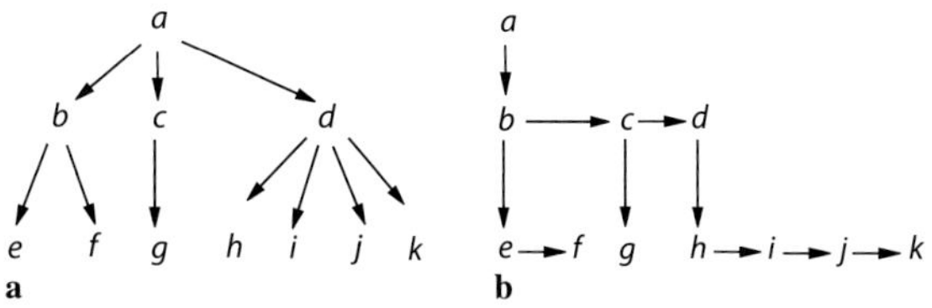

Bild 10-6. Transformation eines Vielwegbaums in einen binären Baum. **a** Vielwegbaum mit Zeigern vom Vater zu allen Söhnen; **b** binärer Baum mit Zeigern zum ersten Sohn und zum nächsten Bruder

```
TYPE NodePtr = POINTER TO Node;
     Node = RECORD
        data: AnyDataType;
        left, right: NodePtr
     END;
VAR tree: NodePtr;
```

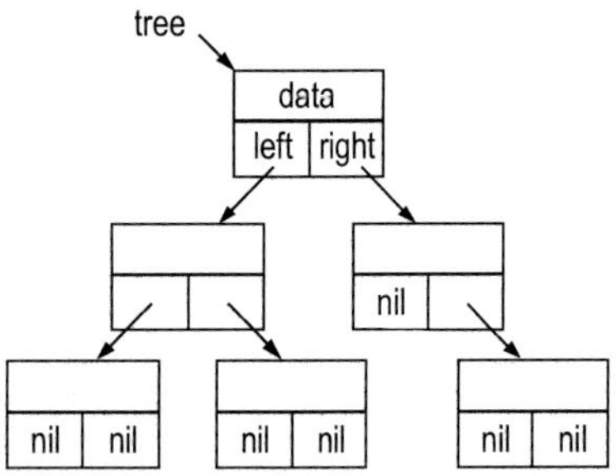

Bild 10-7. Repräsentation eines binären Baums als Knoten mit Zeigern

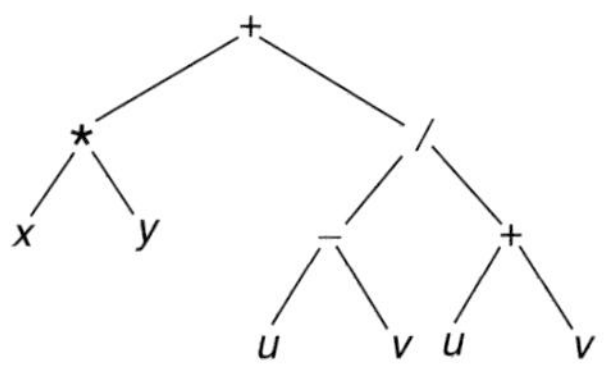

a	+	*	/	x	y	−	+	u	v	u	v
b	+	*	x	y	/	−	u	v	+	u	v
c	x	y	*	u	v	−	u	v	+	/	+
d	x	*	y	+	u	−	v	/	u	+	v

Bild 10-8. Besuchsreihenfolge beim Durchwandern binärer Bäume. **a** Breitensuchen; **b** Tiefensuchen in Präordnung; **c** Tiefensuchen in Postordnung; **d** Tiefensuchen in symmetrischer Ordnung

le Söhne, dann die Söhne der Söhne usw. Beim *Tiefensuchen* (*depth-first search*) versucht man, von der Wurzel aus möglichst schnell „in die Tiefe" zum ersten Blatt vorzustoßen. Hier lassen sich nach der Reihenfolge, in der man die Wurzel und ihre beiden Unterbäume besucht, drei Varianten unterscheiden: *Präordnung* (*preorder*): Wurzel – linker Unterbaum – rechter Unterbaum; *Postordnung* (*postorder*): Linker Unterbaum – rechter Unterbaum – Wurzel; *Symmetrische Ordnung* (*inorder*): linker Unterbaum – Wurzel – rechter Unterbaum. Bild 10-8 zeigt die verschiedenen Besuchsreihenfolgen. Jede ist eine linearisierte Darstellung des Baums (aus Darstellung d kann der Baum jedoch nicht rekonstruiert werden).

Das Tiefensuchen ist für die meisten Anwendungen die besser geeignete Vorgehensweise. Ein Algorithmus, hier für den Durchlauf eines Baumes in Präordnung, wird am einfachsten rekursiv formuliert:

```
DepthFirst(↓p):
  param p: NodePtr;   - Wurzel des Baumes
begin
  Process(p);          - Verarbeitung der Wurzel
  if (p^.left ≠ nil) then DepthFirst(↓p^.left) end;
  if (p^.right ≠ nil) then DepthFirst(↓p^.right) end
end DepthFirst
```

Dieser Algorithmus hat die Laufzeitkomplexität $O(n)$, wenn n die Knotenanzahl des Baums ist.

Binäre Suchbäume. Außer zur Darstellung hierarchischer Beziehungen werden Bäume auch zur geordneten Speicherung von Daten verwendet. Für jeden Knoten K eines solchen Baums gilt, dass alle Werte im linken Unterbaum von K kleiner und alle Werte im rechten Unterbaum von K größer oder gleich dem Wert von K sind. Bild 10-9 zeigt einen solchen *binären Suchbaum*, der so entstanden ist, dass folgende Namen bedeutender Informatiker in den anfangs leeren Baum eingefügt wurden: *Gries*, *Floyd*, *Dijkstra*, *Conway*, *Knuth*, *Wirth*, *Hoare*, *Earley*, *Giloi*, *Naur*. Der erste Name, *Gries*, ergibt die Wurzel; der zweite Name, *Floyd*, steht alphabetisch vor *Gries* und bildet deshalb die Wurzel des linken Unterbaums, usw.

So organisierte Bäume heißen *Suchbäume*, da sie sich gut zum schnellen Suchen eignen, besonders dann, wenn der Suchbaum „ausgeglichen" ist, d. h. wenn seine Höhe (die Anzahl seiner Schichten) minimal ist. Ein ausgeglichener binärer Suchbaum mit n Knoten enthält höchstens $\log_2 n + 1$ Schichten. Man kann

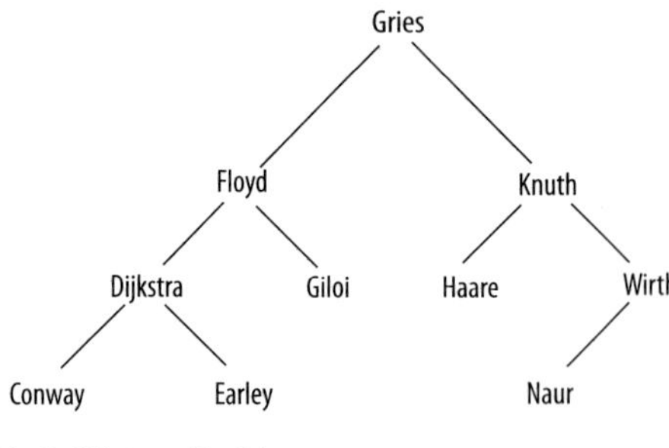

Bild 10-9. Binärer Suchbaum

in ihm jeden Wert durch den Besuch von maximal $\log_2 n + 1$ Knoten finden, also in logarithmischer Zeit. Der folgende rekursive Algorithmus für das Suchen in binären Suchbäumen ähnelt der Tiefensuche:

```
TreeSearch(↓root ↓x ↑y):
  param root: NodePtr;    - Wurzel des Baumes
      x: AnyDataType;     - Gesuchter Wert
      y: NodePtr;         - Gelieferter Knoten
begin
  if root = nil then y := nil
  else
    if x = root^.data then y := root
    else
      if x < root^.data then
        TreeSearch(↓root^.left ↓x ↑y)
      else TreeSearch(↓root^.right ↓x ↑y)
      end
    end
  end
end TreeSearch
```

Das Einfügen und Löschen von Knoten in ausgeglichenen Bäumen erfordert ebenfalls nur logarithmische Zeit. Dabei geht die Ausgeglichenheit verloren, es gibt jedoch Verfahren, bei denen ausgeglichene Bäume beim Einfügen und Löschen wieder in ausgeglichene Bäume transformiert werden (siehe Allg. Literatur).

10.6 Graphen

Ein Graph ist die allgemeinste und flexibelste dynamische Datenstruktur. Im Gegensatz zu Bäumen kann ein Knoten eines Graphen nicht nur mehrere Nachfolger, sondern auch mehrere Vorgänger haben. Auch Zyklen sind nicht ausgeschlossen, d. h. man kann von einem Knoten über Kanten zu anderen Knoten und wieder zurück gelangen. Ein zyklenfreier Graph kann mehrere Wurzeln (Knoten ohne Vorgänger) haben, wogegen ein zyklenbehafteter Graph u. U. keinen einzigen Knoten ohne Vorgänger hat. Bild 10-10 zeigt ein Beispiel eines zyklenfreien und eines zyklenbehafteten Graphen.

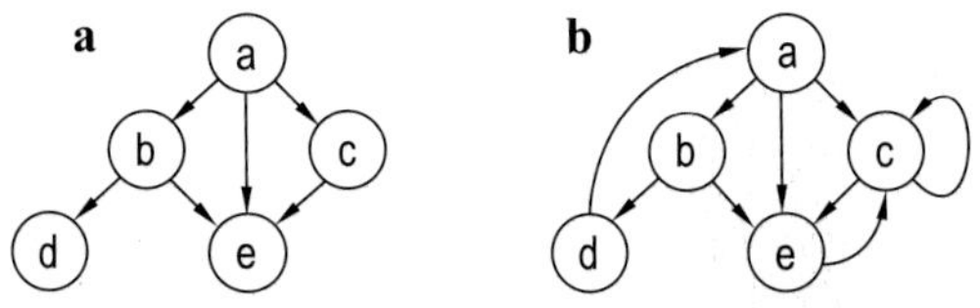

Bild 10-10. Graphen. **a** zyklenfrei; **b** zyklenbehaftet

Mit Graphen lassen sich komplexe Zusammenhänge diverser Anwendungsgebiete beschreiben, z. B. Abhängigkeiten zwischen Aufgaben, Wege zwischen Orten, Leiterbahnen auf Halbleiterplatinen usw. Graphen sind daher in vielen Aufgabengebieten nützlich. Typische Anwendungen sind das Auffinden kürzester Wege, die Prüfung auf Zyklenfreiheit, das Feststellen der Erreichbarkeit von Knoten und viele weitere graphentheoretische Eigenschaften.

Repräsentation. Zur Darstellung von Graphen gibt es verschiedene Datenstrukturen (Bild 10-11): Die *Adjazenzmatrix* enthält in Zeile i und Spalte j den Wert 1, wenn es eine Kante zwischen dem Knoten i und dem Knoten j gibt, sonst den Wert 0. Die *Adjazenzliste* speichert für jeden Knoten eine Liste seiner Nachfolger.

Die Adjazenzliste wird oft so implementiert, dass jeder Knoten eine Liste seiner Nachfolger enthält, z. B. in Form eines Feldes von Zeigern:

```
CONST maxNodes = 50;
TYPE NodePtr = POINTER TO Node;
     Node = RECORD
       visited: Boolean;       - bereits besucht?
       data: AnyDataType;
       nSuccessors: Integer;  - Anzahl der Nachfolger
       successor: ARRAY [1..maxNodes] OF NodePtr
     END;
VAR graph: NodePtr;                              (1)
```

Beim Durchlaufen eines Graphen unterscheidet man wie bei Bäumen zwischen Breitensuche und Tiefensuche, wobei man allerdings berücksichtigen muss, dass ein Knoten wegen Zyklen oder mehreren einmündenden Kanten u. U. mehrmals besucht wird. Um Doppelbesuche zu vermeiden, merkt man sich in jedem Knoten, ob er bereits besucht wurde (*visited*).

a

	a	b	c	d	e
a	0	1	1	0	1
b	0	0	0	1	1
c	0	0	1	0	1
d	1	0	0	0	0
e	0	0	1	0	0

b

a	b, c, e
b	d, e
c	c, e
d	a
e	c

Bild 10-11. Darstellungsarten des Graphen aus Bild 10-10b. **a** Adjazenzmatrix; **b** Adjazenzliste

Der Durchlauf durch einen wie in (1) deklarierten Graphen mittels Tiefensuche sieht so aus:

```
Visit(↓p):
  param p: NodePtr;   - zu besuchender Knoten
  local i: Integer;
begin
  if p ≠ nil and not p^.visited then
    Process(p);       - verarbeite Knoten p^
    p^.visited := true;
    for i := 1 to p^.nSuccessors do
      Visit(p^.successor[i])
    end
  end
end Visit
```

10.7 Hashtabellen

Eine Hashtabelle ist eine Datenstruktur, in der man Werte unter bestimmten Suchbegriffen (*Schlüsseln*) ablegen und suchen kann (z. B. die Telefonnummer einer Person unter ihrem Namen). Die beiden wichtigsten Operationen auf Hashtabellen lauten:

Insert(↕tab ↓key ↓val) fügt den Wert *val* unter dem Schlüssel *key* in die Hashtabelle *tab* ein.

Search(↕tab ↓key ↑val) liefert den unter *key* gespeicherten Wert *val* aus *tab*.

Diese Operationen werden wie folgt implementiert: Zuerst wird der Schlüssel (z. B. der Name „Meier") mit Hilfe einer sog. *Hashfunktion* (*to hash* = zerhacken) auf eine ganze Zahl im Bereich 0 ... $n-1$ abgebildet. Diese Zahl wird dann als Index verwendet, unter dem der Wert (z. B. die Telefonnummer 12345) in einem Feld der Länge n abgelegt oder gesucht wird. Da es meist wesentlich mehr Schlüssel als Elemente dieses Feldes gibt, kann die Hashfunktion nicht eindeutig sein, d. h. sie bildet manchmal verschiedene Schlüssel auf denselben Feldindex ab, was man als *Kollision* bezeichnet. Kollisionen werden meist so behandelt, dass alle Schlüssel, die auf denselben Index abgebildet werden, in einer verketteten Liste gespeichert werden, die im entsprechenden Feldelement verankert ist. Bild 10-12 zeigt ein Beispiel für eine Hashtabelle, wobei angenommen wird, dass „Kunz" auf 0, „Meier" und „Huber" auf 1 und „Hinz" auf 3 abgebildet werden.

Wenn die Feldlänge etwa der Anzahl der abzuspeichernden Schlüssel/Wert-Paare entspricht und die

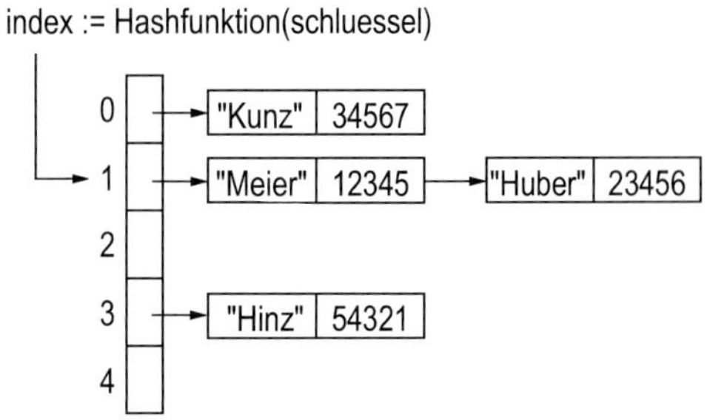

Bild 10-12. Hashtabelle

Hashfunktion gut „streut" (d. h. die Schlüssel gleichmäßig auf den Indexbereich abbildet), treten nur wenige Kollisionen auf und die Laufzeitkomplexität für das Abspeichern und Suchen ist $O(1)$, d. h. der Zeitaufwand ist für alle Paare konstant. Es gibt noch zahlreiche andere Techniken zur Implementierung von Hashtabellen und Kollisionsstrategien (siehe Allg. Literatur).

Hashfunktion. Eine Hashfunktion hat die Aufgabe, k Schlüssel möglichst gleichmäßig auf n Indexwerte abzubilden, wobei k meist wesentlich größer als n ist. Eine gleichmäßige Streuung erreicht man zum Beispiel, indem man die Bytes des Schlüssels bitversetzt aufaddiert und die so berechnete Zahl modulo der Tabellenlänge n rechnet, wobei n eine Primzahl sein sollte.

Bewertung. Die Operationen zum Einfügen und Suchen in Hashtabellen sind effizienter ($O(1)$) als die entsprechenden Operationen bei Listen ($O(n)$) oder binären Suchbäumen ($O(\log_2 n)$). Die abgespeicherten Elemente sind allerdings nicht geordnet und das Durchlaufen der Elemente ist aufwändiger als bei Listen oder Bäumen.

10.8 Mengen

Obwohl der Mengenbegriff grundlegend für die Mathematik ist, gibt es in keiner der in Kap. 11 behandelten Programmiersprachen einen Datentyp, der dem allgemeinen Mengenbegriff entspricht. Wer mit Mengen arbeiten will, muss sich deshalb abstrakte Datenstrukturen dafür konstruieren [1]. Pascal und seine Abkömmlinge haben zwar einen konkreten Datentyp *SET*, der dem allgemeinen Mengenbegriff jedoch nur teilweise entspricht. Er gestattet nämlich nur Mengen mit Elementen einfacher Typen und kleiner Mächtigkeit. Die Idee besteht darin, dass man zu einem Aufzählungstyp, wie *Grundfarbe*, einen Datentyp *Farbe* definiert, dessen Werte Mengen aus den Grundfarben sind:

```
TYPE Grundfarbe = (rot, gruen, blau);
TYPE Farbe = SET OF Grundfarbe;
```

Damit lassen sich aus den 3 Grundfarben 2^3 Farben bilden:

```
{}          - die leere Menge
{rot}, {gruen}, {blau}
{rot, gruen}, {rot, blau}, {gruen, blau}
{rot, gruen, blau}
```

Variablen vom Typ *Farbe* können diese 8 Werte annehmen und keine anderen. Der Wertebereich eines Typs *SET OF T*, dessen Basistyp T n Elemente hat, besteht aus den 2^n Werten aller Teilmengen von T, einschließlich der leeren Menge (Potenzmenge).

Repräsentation. Mengen kleiner Mächtigkeit lassen sich im Speicher Platz sparend durch Bitfelder darstellen. Für die obige Menge *Farbe* braucht man z. B. nur 3 Bits. Eine 1 in Bit 1 bedeutet „rot ist in der Menge enthalten", eine 0 bedeutet „rot ist nicht in der Menge enthalten". Entsprechendes gilt für Bit 2 (grün) und Bit 3 (blau). Üblicherweise werden Mengen in einem einzigen Maschinenwort gespeichert, deshalb ist die Mächtigkeit des Mengentyps maschi nenabhängig (z. B. 16 bei 16-Bit-Maschinen, 32 bei 32-Bit-Maschinen usw.).

Operationen. In Pascal und seinen Abkömmlingen können mit Konstanten und Variablen vom Typ *SET* die typischen mengenspezifischen Operationen ausgeführt werden:

`x in A`	liefert *true*, wenn $x \in A$ ist, sonst *false*
`A + B`	liefert die Vereinigung $A \cup B$.
`A * B`	liefert den Durchschnitt $A \cap B$.
`A - B`	liefert die Mengendifferenz $A \mid B$.

10.9 Dateien

Eine Datei (*file*) ist eine Sammlung von Daten, die auf einem externen Speichermedium gehalten wird. Sie ist damit eine *externe Datenstruktur*, die sich von den bisher behandelten (internen) Datenstrukturen in folgenden Punkten unterscheidet: (1) Eine Datei bleibt über das Ende des Programms, das sie erzeugt hat, hinaus erhalten; (2) eine Datei ist meist so umfangreich, dass nur ein Teil von ihr im Hauptspeicher gehalten werden kann; (3) der Transport eines solchen Dateiteils vom oder zum Hauptspeicher ist eine Ein-/Ausgabe-Operation und ist um mehrere Zehnerpotenzen langsamer als ein Hauptspeicherzugriff.

Ältere Programmiersprachen wie Fortran oder Pascal besitzen eigene Sprachmittel zur Handhabung von Dateien. Neuere Sprachen wie C++ oder Java lagern diese Aufgabe hingegen in Bibliotheken aus, was den Vorteil hat, dass man auf diese Weise unterschiedliche Zugriffsmechanismen für Dateien anbieten kann, ohne die Sprache zu ändern.

Die Verwaltung von Dateien und ihre Übertragung vom und zum Arbeitsspeicher obliegt dem Betriebssystem (siehe 8.3.4), das dem Programmierer eine Abstraktion einer Datei zur Verfügung stellt. Die Abstraktion besteht darin, dass der Programmierer eine Datei als eine lineare Folge von nummerierten Bytes ansehen kann. Somit ist eine Datei für den Programmierer ein eindimensionales Bytefeld von variabler Länge.

Dateiname, Datei öffnen und Datei schließen Dateien haben einen programmexternen Namen, unter dem sie das Betriebssystem kennt, und als programminternen Namen eine Variable, die die Datei repräsentiert. Eine Datei muss vor dem Lesen oder Schreiben des ersten Bytes geöffnet und nach dem Lesen oder Schreiben des letzten Bytes geschlossen werden. Durch das Öffnen macht das Betriebssystem die Datei dem Programm zugänglich, durch das Schließen wird dieser Zugang wieder aufgehoben.

Zugriffsarten. In der Regel werden die einzelnen Bytes einer Datei sequentiell gelesen und geschrieben. Dabei wird eine Dateiposition mitgeführt, die nach dem Öffnen der Datei auf den Dateianfang verweist und bei jeder Lese- und Schreiboperation weitergesetzt wird. Meist kann man die Dateiposition aber auch explizit an eine bestimmte Stelle der Datei setzen und dann von dort weiter lesen oder schreiben. In älteren Programmiersprachen wie PL/I gibt es noch wesentlich leistungsfähigere Zugriffsarten. Zum Beispiel kann man dort die Daten einer Datei in sog. *Sätze* gliedern und darauf über Suchbegriffe (Schlüssel) direkt zugreifen. Heute benutzt man für diese Art von Aufgaben Datenbanken.

Textdateien und binäre Dateien. Der Wert einer Variablen kann auf zwei verschiedene Weisen auf eine Datei geschrieben werden: entweder als Bitmuster, so wie es im Arbeitsspeicher steht oder als Zeichenfolge, die der textuellen Darstellung des Werts entspricht. Eine Integer-Variable mit dem Wert 12345 kann z. B. entweder als Bitfolge 0011000000111001 oder als Zeichenfolge „12345" (in ASCII codiert durch fünf Bytes) geschrieben werden.

Man nennt Dateien aus speicherinternen Bitmustern *binäre Dateien* (*binary files*). Das Schreiben und Lesen binärer Dateien geht schnell und ist sparsam im externen Speicherplatzverbrauch, aber die binäre Darstellung ist i. Allg. programm- und maschinenabhängig und nicht druckbar. Man benutzt sie zur Speicherung von Objektprogrammen und für Zwischenergebnisse. Dateien, die nur aus druckbaren Zeichen bestehen (z. B. druckbaren ASCII-Zeichen), nennt man *Textdateien*. Bei der Ausgabe auf eine Textdatei muss jedes Datenobjekt vor dem Schreiben entsprechend einem vorgegebenen Format in eine Zeichenkette konvertiert werden; bei der Eingabe muss die externe Zeichenkette in die maschineninterne Binärdarstellung konvertiert werden. Das kostet Zeit, ist aber erforderlich, wenn die externe Darstellung gedruckt oder auf andere Maschinen übertragen werden soll.

Dateioperationen. Bibliotheksmodule zur Dateiverarbeitung bieten üblicherweise die folgenden Operationen an. Die Variable *f* ist dabei vom Bibliothekstyp *File*, die Variable *x* ist vom Typ *Byte* (in manchen Bibliotheken auch von einem beliebigen elementaren Typ).

Open(↓*fn* ↑f):	Öffne eine neue Datei *f* mit dem Dateinamen *fn*.
Write(↓*f* ↓*x*):	Schreibe *x* auf die Datei *f* (füge *x* an das Ende von *f* an).
Read(↓*f* ↑*x*):	Lies *x* von der Datei *f*.
Seek(↓*f* ↓*pos*):	Setze die Lese-/Schreibposition der Datei *f* auf *pos*.
Close(↓*f*):	Schließe die Datei *f* (beende die Ein- /Ausgabe mit der Datei *f*).

Um beim Lesen feststellen zu können, wann das Dateiende erreicht ist, bedient man sich einer Dateiende-Markierung (*eof* = *end of file*), deren Erreichen man (bei den einzelnen Programmiersprachen in unterschiedlicher Weise) feststellen kann.

10.10 Abstrakte Datentypen

Die von einer Programmiersprache angebotenen Datentypen nennt man *konkrete Datentypen*. Sie können entweder elementar sein (INTEGER, REAL, CHAR, usw.) oder zusammengesetzt (Felder, Verbunde, Zeiger). Darüber hinaus kann man sich in vielen Sprachen seine eigenen *abstrakten Datentypen* bauen. Ein abstrakter Datentyp besteht aus einer (meist für den Benutzer verborgenen) Datenstruktur und den darauf ausführbaren Operationen. In objektorientierten Sprachen werden abstrakte Datentypen durch sog. *Klassen* dargestellt (siehe 11.3.6).

Ein abstrakter Datentyp bildet eine Abstraktion, die aus logischer Sicht genau so verwendet werden kann wie ein konkreter Datentyp. Die Daten des konkreten Typs INTEGER sind z. B. die Bits, mit denen die Zahl dargestellt wird; die Operationen sind +, –, * und /. Die Daten eines abstrakten Datentyps *File* sind der Dateiname, die Dateiposition, Datenpuffer, usw.; Die Operationen sind *Open*, *Close*, *Read*, *Write* und *Seek*. Manche Sprachen enthalten konkrete Datentypen, die in anderen Sprachen fehlen und dort durch abstrakte Datentypen nachgebaut werden müssen. In Fortran gibt es z. B. für komplexe Zahlen den konkreten Datentyp COMPLEX. Man kann Variablen dieses Typs deklarieren (z. B. *COMPLEX x*, *y*, *z*) und auf sie alle arithmetischen Operationen anwenden (z. B. $z = x + y$). In Sprachen wie Modula-2 muss man komplexe Zahlen hingegen als abstrakten Datentyp implementieren, etwa durch die Typdeklaration *TYPE Complex = RECORD re*, *im*: *REAL END*; und die Operationen *Add*(↓ *x* ↓ *y* ↑ *z*), *Subtract*(↓ *x* ↓ *y* ↑ *z*), *Multiply*(↓ *x* ↓ *y* ↑ *z*) und *Divide*(↓ *x* ↓ *y* ↑ *z*), wobei *x*, *y* und *z* Variablen vom Typ *Complex* sind.

Im Folgenden werden als Beispiele zwei abstrakte Datentypen vorgestellt, die in vielen Problemstellungen der Informatik nützlich sind, aber von keiner Programmiersprache als konkrete Datentypen angeboten werden: der *Keller* und die *Schlange*.

Keller. Ein Keller (auch *Stapel*, *stack*) ist eine Folge von Datenobjekten mit zwei charakteristischen Operationen: Man kann ein Objekt an das Ende des Kellers anfügen (*einkellern*, *push*), und man kann ein

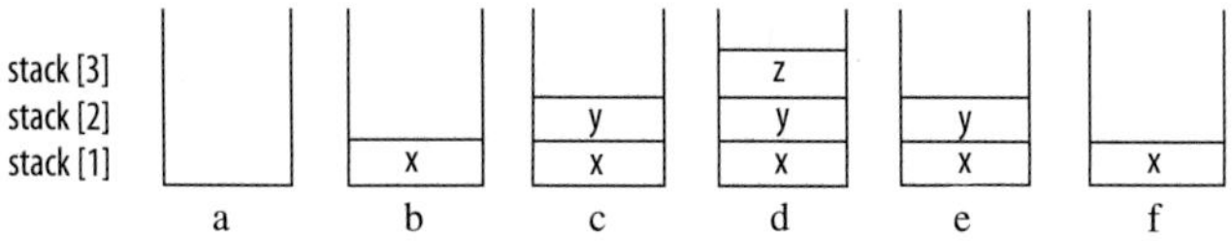

Bild 10-13. Der abstrakte Datentyp Keller. **a** Leerer Keller, **b** nach Einkellern von x; **c** nach Einkellern von y; **d** nach Einkellern von z; **e** nach Auskellern von z; **f** nach Auskellern von y

Objekt vom Ende des Kellers lesen und entfernen (*auskellern*, *pop*). Das zuletzt eingekellerte Objekt wird immer als erstes ausgekellert. Man denke an einen Bücherstapel, bei dem man ebenfalls nur an das oberste Buch bequem heran kann. Keller werden deshalb auch *LIFO-Speicher* (*l*ast *i*n *f*irst *o*ut) genannt. Ein Keller wird in einfachster Weise durch ein eindimensionales Feld repräsentiert (siehe Bild 10-13). Einkellern heißt, ein Objekt an das Ende des belegten Teils des Feldes anfügen, Auskellern heißt, das Objekt vom Ende des belegten Teils entfernen.
Folgende Operationen werden meist auf Keller angewandt (s ist vom abstrakten Datentyp *Stack*):

NewStack($\uparrow s$). Liefert einen neuen leeren Keller s.
Push($\updownarrow s \downarrow x$). Kellert das Element x als oberstes in Keller s ein.
Pop($\updownarrow s \uparrow x$). Kellert das oberste Element x aus Keller s aus.
Full($\downarrow s$). Liefert den Funktionswert true, wenn Keller s voll ist, sonst false.
Empty($\downarrow s$). Liefert den Funktionswert true, wenn Keller s leer ist, sonst false.

Keller lassen sich überall da einsetzen, wo die Reihenfolge der Bearbeitung von Datenobjekten durch eine Klammerstruktur im weitesten Sinn festgelegt ist, z. B. bei der Übersetzung geklammerter Ausdrücke, bei der Ausführung geschachtelter Prozeduraufrufe und bei der Unterbrechung eines laufenden Rechenprozesses durch einen anderen höherer Dringlichkeit.
Schlangen. Eine Schlange (*queue*, Puffer) ist eine lineare Datenstruktur, an deren Ende (*tail*) Datenelemente angefügt und von deren Anfang (*head*) Datenelemente entnommen werden. Schlangen werden auch *FIFO-Speicher* (*f*irst *i*n *f*irst *o*ut) genannt, da das als erstes eingetragene Element als erstes entnommen wird. Die für Schlangen typischen Operationen sind (q ist vom abstrakten Datentyp *Queue*):

NewQueue($\uparrow q$). Liefert eine neue leere Schlange q.
Enqueue($\updownarrow q \downarrow x$). Fügt Element x am Ende der Schlange q an.
Dequeue($\updownarrow q \uparrow x$). Holt Element x vom Anfang der Schlange q.
Full und *Empty* analog zum Keller.

Schlangen werden zur Datenpufferung benutzt, d. h., wenn Datenelemente zwar in der Reihenfolge ihres Eintreffens, aber nicht Schritt haltend damit, bearbeitet werden sollen.

11 Programmiersprachen

Programmiersprachen gestatten die Beschreibung von Algorithmen und Datenstrukturen in einer so präzisen Weise, dass die Algorithmen von einer Maschine ausgeführt werden können. Sie sind damit das wichtigste Verbindungsglied zwischen Mensch und Maschine. Bei niederen Programmiersprachen bestehen die Programme aus den *Befehlen* einer bestimmten Maschine. Bei höheren oder „problemorientierten" Programmiersprachen bestehen sie aus maschinenunabhängigen *Anweisungen* und müssen vor der Ausführung von einem *Übersetzer* (*Compiler*) in die Maschinensprache übersetzt werden. Hier werden nur höhere Programmiersprachen behandelt (über Maschinen- und Assemblersprachen siehe 6.4).

11.1 Begriffe und Einteilungen

Seit dem Erscheinen der ersten höheren Programmiersprache (FORTRAN, 1957) sind viele hundert Programmiersprachen entstanden, von denen aber nur wenige größere Verbreitung erfahren haben. Von diesen sind wiederum, wenn man von Sprachen für spezielle Zwecke absieht, heute 10 bis 20 von größerer Bedeutung (Tabelle 11-1). Über die Geschichte der Programmiersprachen orientiert [31, 47].

11.1.1 Universal- und Spezialsprachen

Universalsprachen sind für ein breites Anwendungsgebiet konzipiert, etwa für technisch-wissenschaftliche Probleme (Fortran-, Pascal- und C-Familie) oder für kommerzielle Probleme (Cobol). Spezialsprachen sind auf ein engeres Anwendungsgebiet zugeschnitten, etwa auf die Simulation (GPSS), auf Datenbanken (SQL) oder auf die Berechnung elektrischer Netze. Einige Sprachen stehen dazwischen; sie arbeiten mit speziellen Datenstrukturen, wie Vektoren (APL) oder Bäumen (Lisp, Prolog), sind aber nicht auf ein schmales Anwendungsgebiet spezialisiert.

11.1.2 Sequenzielle und parallele Sprachen

Ein auf einer Maschine (Prozessor) ablaufendes Programm wird auch „Prozess" genannt. Ältere imperative Sprachen gestatten nur die Formulierung eines einzigen Prozesses, der für sich allein abläuft, ohne Kommunikation mit anderen Prozessen auf demselben Prozessor oder parallel arbeitenden Prozessoren. Einige Programmiersprachen bieten jedoch Möglichkeiten zur Formulierung paralleler Prozesse (z. B. Ada, Java, C#). Die hierbei auftretenden Probleme betreffen die Synchronisation und den Informationsaustausch zusammenarbeitender Prozesse [13]. Von diesen Sprachen zu unterscheiden sind solche für Parallel- und Vektorrechner, bei denen umfangreiche, meist mathematisch-physikalische Berechnungen (z. B. Matrixoperationen) in Teile zerlegt und auf vielen Prozessoren gleichzeitig ausgeführt werden oder bei denen bestimmte Rechenoperationen gleichzeitig auf einen ganzen Vektor von Werten angewendet werden. Hier gibt es bis heute fast nur Erweiterungen von FORTRAN [25,39].

11.1.3 Imperative und nichtimperative Sprachen (Denkmodelle)

Nach dem einer Programmiersprache zugrunde liegenden Denkmodell (d. h. der Denkweise, der der Programmierer folgt) unterscheidet man imperative und nichtimperative Sprachen.

Imperative Sprachen

Sie beruhen auf dem Denkmodell, dass ein Programm aus einer Folge von *Anweisungen* besteht, Aktionen

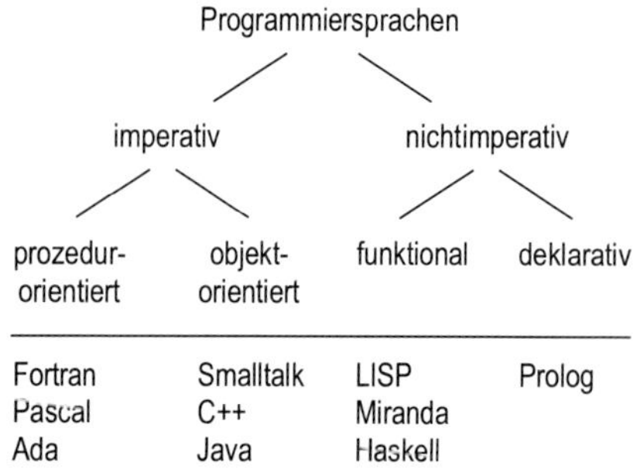

Bild 11-1. Imperative und nichtimperative Programmiersprachen

auszuführen. Sie benutzen *Variablen* im Sinne von Behältern (Speicherplätzen), in die man in zeitlicher Folge verschiedene Datenwerte legen kann. Sie lassen sich in prozedurorientierte und objektorientierte Sprachen gliedern (Bild 11-1).

Prozedurorientierte (prozedurale) Sprachen. Hier konzentriert man sich auf die Operationen und betrachtet die Daten als passiv. Um z. B. ein Datenelement x in eine Liste L einzufügen, schreibt man $Insert(L, x)$. Man ruft die Prozedur *Insert* auf und übergibt ihr L und x als Parameter. Ältere Programmiersprachen (wie Fortran, C, Pascal) sind prozedurorientiert, einige haben Erweiterungen für die Objektorientierung.

Objektorientierte Sprachen. Hier werden Daten und die auf sie anwendbaren Operationen zu einem Ganzen zusammengefasst, das man *Objekt* nennt:

$$Objekt = Daten + Operationen$$

Objekte sind aktiv in dem Sinn, dass man sie auffordern kann, gewisse „Aufträge" auszuführen, wodurch eine ihrer Prozeduren aufgerufen wird. Im objektorientierten Jargon sagt man „man sendet einem Objekt eine Nachricht (*message*)". Die dadurch aufgerufene Prozedur nennt man *Methode*. Um ein Element x in eine Liste L einzufügen, schreibt man $L.Insert(x)$. Man gibt dem Objekt L den Auftrag, das Element x einzufügen. Das führt zum Aufruf der Methode *Insert*. Einzelobjekte mit gleichem Verhalten werden zu *Klassen* zusammengefasst (z. B. mehrere Listen-Objekte zu einer Klasse *List*). Abschnitt 11.3.6 enthält Näheres über Klassen.

Man unterscheidet zwischen *rein objektorientierten Sprachen* wie Smalltalk [19], bei denen alle Daten

Tabelle 11-1. Bedeutende Programmiersprachen

Name	Abkürzung von	Erscheinungsjahr	Literatur	Bemerkungen
FORTRAN	formula translation	≈1957	[4, 30]	Siehe 11.4.2
ALGOL 60	algorithmic language	1960	[12]	Ursprung der Algol-Familie. Bahnbrechende Ideen.
COBOL	common business oriented language	≈1960	[2]	Für kommerzielle Anwendungen auch heute noch die am meisten verwendete Sprache.
LISP	list processing language	1962	[27, 28]	Hauptsprache der „Künstlichen Intelligenz". Einzige Datenstruktur ist der binäre Baum (= Liste).
PL/I	programming language I	≈1965	[3]	Sehr umfangreiche Sprache für techn.-wiss. und kommerzielle Anwendungen. Veraltet.
Pascal	–	1971	[5, 21]	Siehe 11.4.3
Prolog	programming in logic	1972	[11, 15, 46]	Modelliert das logische Schließen. Besonders für „Künstliche Intelligenz" geeignet. Einzige Datenstruktur ist der binäre Baum.
C	–	≈1973	[8, 22]	Siehe 11.4.5
Modula-2	–	≈1980	[10, 32]	Siehe 11.4.3
Ada	–	≈1980	[7, 38]	Siehe 11.4.4
Smalltalk	–	≈1980	[19]	Erste konsequent objektorientierte Sprache mit großer Klassenbibliothek.
C++	–	≈1982	[9, 17, 29]	Siehe 11.4.5
Java	–	1995	[41]	Siehe 11.4.5
C#	–	2001	[45]	Siehe 11.4.5

(auch Zahlen und Zeichen) Objekte sind und alle Operationen (auch + und −) Methoden, und *hybriden objektorientierten Sprachen* wie C++ [29] und Java [41], bei denen nur komplexe Daten wie Listen Klassen sind, einfache Daten wie Zahlen oder Zeichen jedoch nicht. Hybride Sprachen ergeben effizientere Programme als rein objektorientierte Sprachen, sind aber nicht so flexibel.

Im Gegensatz zu prozedurorientierten Sprachen gestatten objektorientierte Sprachen eine bessere Strukturierung von Programmen, da man zusammengehörige Daten und Operationen als Klassen modellieren kann, die Dinge der realen Welt abbilden (z. B. Personen, Konten, Maschinen).

Nichtimperative Sprachen

Sie beruhen auf Denkmodellen, in denen ein Programm beschrieben wird, ohne die explizite Reihenfolge seiner Operationen anzugeben. Sie sind dadurch abstrakter als imperative Sprachen. Man unterscheidet funktionale und deklarative Sprachen (Bild 11-1).

Funktionale (*applikative*) *Sprachen* beruhen auf dem Denkmodell der mathematischen *Funktion*. Jeder Algorithmus kann als Funktion aufgefasst werden, die Argumente in Ergebnisse abbildet. Die schrittweise Ausführung ist dabei implizit in der Schachtelung von Funktionsaufrufen und rekursiven Funktionsdefinitionen enthalten. Der Wert von $x * y + z$ wird hier durch den geschachtelten Funktionsaufruf *Plus* (*Mal* (x, y), z) ausgedrückt. Hauptvertreter der funktionalen Sprachen (mit vielen imperativen Unreinheiten) ist LISP. Rein funktionale Sprachen wie Miranda [20] und Haskell [1] kommen ohne Variablen aus (x, y und z sind im Beispiel als Konstanten aufzufassen, die man nicht verändern kann – wie in der Mathematik).

Deklarative Sprachen beschreiben nur Daten und Beziehungen zwischen ihnen, der Algorithmus ist in der Semantik der Sprache verborgen. Die z. Z. einzige deklarative Sprache von Bedeutung, *Prolog*, beruht auf der Semantik der Prädikatenlogik. Eine Gleichung, wie $u = x * y$, wird als Beziehung (*Relation*, *Prädikat*) zwischen den Variablen x, y und u angesehen, die je nach der Belegung mit Werten wahr oder falsch sein kann. Man schreibt dafür *mal*(*X*, *Y*, *U*). *mal* ist ein *Prädikat*, das eine *Relation* zwischen *X*, *Y* und *U* bezeichnet, *X*, *Y*, *U* sind *Terme* (Parameter). *mal*(2, 4, 8) ist wahr, *mal*(2, 4, 10) ist falsch. Das Prädikat *mal*(2, 4, *U*) bedeutet: „Suche alle Belegungen der Variablen *U* derart, dass 2 * 4 = *U* ist"; *U* bekommt dadurch den Wert 8. Der Wert von $x * y + z$ wird in Prolog als „Regel" geschrieben:

```
malplus(X, Y, Z, H) := mal(X, Y, U), plus(U, Z, H)
```

Gelesen: „Das Prädikat *malplus* (*X*, *Y*, *Z*, *H*) ist dann wahr, wenn es eine Variable *U* gibt, sodass *mal* (*X*, *Y*, *U*) und *plus* (*U*, *Z*, *H*) beide wahr sind". Ein Algorithmus, der für gegebene Werte von *X*, *Y* und *Z* solche Werte von *U* und *H* berechnet, dass die Regel erfüllt wird, ist in Prolog eingebaut. Man beachte, dass durch die Regel das Problem nur spezifiziert, aber kein Lösungsalgorithmus beschrieben wird. Die Ausführungsreihenfolge mehrerer Regeln (mit bedingten Anteilen und Schleifen) wird in deklarativen Sprachen implizit beschrieben und tritt deshalb in den Hintergrund.

Für technische Anwendungen werden fast nur imperative Sprachen eingesetzt, nichtimperative können aber auf Spezialgebieten (z. B. Künstliche Intelligenz) vorteilhaft sein.

11.2 Beschreibungsverfahren

Wer Programmiersprachen benutzt, muss die Form (*Syntax*) und die Bedeutung (*Semantik*) ihrer Konstruktionen genau kennen. Beides soll in einem Dokument, der *Sprachdefinition*, möglichst vollständig und eindeutig niedergelegt sein. Während man für die Beschreibung der Syntax zufrieden stellende formale Verfahren gefunden hat, ist das für die Beschreibung der Semantik bisher nicht gelungen, weshalb man sich hierzu meist der Umgangssprache bedient. Grundkenntnisse der Beschreibungstechnik von Programmiersprachen sind für jeden, der eine Programmiersprache erlernen will, unerlässlich.

11.2.1 Syntax

Programmiersprachen setzen sich syntaktisch aus zwei Schichten zusammen. In der *lexikalischen* (unteren) Schicht besteht ein Programm aus einer Folge von *Symbolen*, die sich ihrerseits aus *Zeichen* zusammensetzen. In den meisten Programmiersprachen finden sich folgende Symbolarten:

- *Schlüsselwörter* (*IF*, *DO*, *VAR*, ...); das sind Buchstabenfolgen fester Bedeutung, die den Charakter einer Erweiterung des Zeichenvorrats haben;
- *Bezeichner* (*i*, *x*, *result*, ...); das sind vom Programmierer vergebene Namen zur Bezeichnung von Variablen, Konstanten, Typen, Prozeduren;
- *Zahlen* (1, 3.14, ...);
- *Zeichenketten* ("abracadabra"); das sind Zeichenfolgen, meist in Apostrophe oder Anführungszeichen eingeschlossen;
- *Einzelzeichen* (+, *, [,], ...) und *Verbundzeichen* (:=, <=, ...).

Neben Symbolen gehören zur lexikalischen Schicht auch *Kommentare* (z. B. /*Kommentar*/). Kommentare sind Erläuterungen für den Programmierer und haben keine Auswirkungen auf die Arbeitsweise des Programms.

Über der lexikalischen Schicht liegt die eigentliche *syntaktische* Schicht, in der man die Symbole als atomar betrachtet und ihre Gruppierung zu Ausdrücken, Anweisungen und Deklarationen beschreibt. Die Menge der Syntaxregeln einer Sprache nennt man ihre *Grammatik*.

Als Grammatik-Schreibweise benutzt man die *Backus-Naur-Form* (*BNF*) oder eine ihrer Erweiterungen (*EBNFs*). Die Syntax arithmetischer Ausdrücke wird z. B. durch folgende drei BNF-Regeln beschrieben:

```
expr → term | expr + term | expr - term
```

Gelesen: „Ein arithmetischer Ausdruck *expr* ist definiert als *term* oder als die Folge von *expr*, *Pluszeichen*, *term* oder als die Folge *expr*, *Minuszeichen*, *term*." Der senkrechte Strich trennt Alternativen.

```
term → fact | term * fact | term / fact
```

Gelesen: „Ein Term *term* ist definiert als *fact* oder als die Folge *term*, *Malzeichen*, *fact* oder als die Folge *term*, *Divisionszeichen*, *fact*."

```
fact → ident | number | ( expr )
```

Gelesen: „Ein Faktor *fact* ist definiert als ein Bezeichner oder eine Zahl oder ein Ausdruck in Klammern."

Durch diese drei Regeln ist die syntaktische Struktur aller arithmetischen Ausdrücke aus Bezeichnern, Zahlen, den Operatoren +, –, *, / und Klammern eindeutig beschrieben (Bild 11-2). Die rekursiven Alternativen beschreiben Wiederholungen und Schachtelungen. Manche Autoren schreiben die Symbole der BNF in spitzen Klammern, also ⟨*expr*⟩ statt *expr*. Eine empfehlenswerte moderne EBNF ist die von Wirth [32]. Bei ihr wird das Gleichheitszeichen anstelle des Pfeils benutzt, jede Regel wird durch einen Punkt beendet, und Zeichenfolgen, die sich selbst bedeuten, werden in Anführungszeichen gesetzt. Runde Klammern werden zur Zusammenfassung, eckige als Optionssymbol und geschweifte als Wiederholungssymbol benutzt. *a*[*b*] bedeutet *a* oder *ab*, *a*{*b*} bedeutet *a* oder *ab* oder *abb* oder *abbb* ... Die geschweiften Klammern gestatten den weitgehenden Verzicht auf Rekursion und machen die Grammatik leichter lesbar. Die Grammatik der arithmetischen Ausdrücke lautet in dieser EBNF:

```
expr = term {("+" | "-") term}.
term = fact {("*" | "/") fact}.
fact = ident | number | "(" expr ")".
```

11.2.2 Semantik

Die Bedeutung der Konstruktionen einer Programmiersprache nennt man ihre *Semantik* (im engeren Sinn). Zum Beispiel bedeutet die Anweisung $a := b + c*d$, dass der Wert des Ausdrucks $b + c*d$ nach den Vorrangregeln der Mathematik berechnet

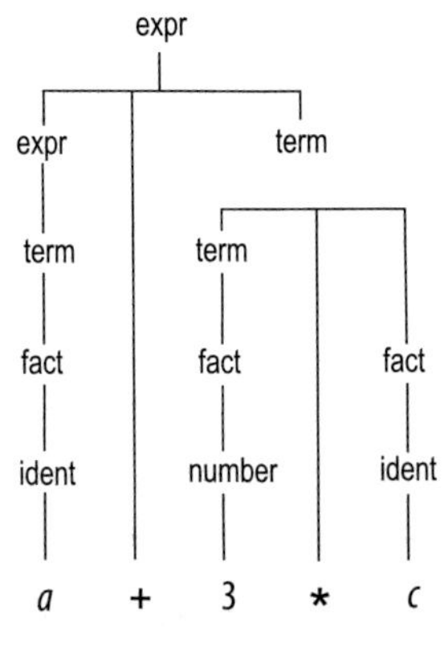

Bild 11-2. Syntaxbaum des Ausdrucks $a + 3 * c$ gemäß der im Text angegebenen Grammatik

und anschließend der Variablen *a* zugewiesen wird. Die hier verwendeten Begriffe *Berechnung*, *Wert*, *Ausdruck*, *Zuweisung*, *Variable* werden dabei als bekannt vorausgesetzt (ihre Semantik muss also schon vorher erklärt worden sein). Die Semantik mancher Konstruktionen ist umgangssprachlich nur ungenau beschreibbar; eine exakte formale Beschreibung lässt sich dagegen entweder nur unvollständig durchführen, oder sie wird so unhandlich und nur für den Spezialisten verständlich, dass man bei der Sprachdefinition auf sie verzichtet. Techniken zur formalen Semantikbeschreibung sind Forschungsgegenstand der Informatik. Im weiteren Sinn umfasst der Begriff Semantik alle Sprachregeln, die sich nicht durch eine formale Syntaxbeschreibung wie BNF ausdrücken lassen. Zum Beispiel ist der Text

```
PROGRAM Unsinn;
  VAR x: ARRAY [10..1] OF INTEGER;
BEGIN a := 1 END.
```

ein syntaktisch korrektes Pascal-Programm, aber er verstößt gegen die Sprachregeln: „Alle Namen, die im Anweisungsteil vorkommen, müssen zuvor deklariert worden sein“ und „In einer Felddeklaration muss der erste Grenzindex kleiner oder gleich dem zweiten sein“. Solche die Syntax ergänzenden Sprachregeln nennt man *Kontextbedingungen* (auch *statische Semantik*) und rechnet sie traditionell zur Semantik, da sie sich nicht in BNF ausdrücken lassen, obwohl sie mit der eigentlichen Semantik weniger als mit der Syntax zu tun haben.

Algol60 [12] war die erste Programmiersprache, die mittels BNF und umgangssprachlicher Semantik definiert wurde. Ähnliche Sprachdefinitionen (*language reports*) gibt es von Pascal [21], Modula-2 [32], Ada [7] und Java [41], aber leider von vielen anderen Sprachen nicht.

11.3 Konstruktionen imperativer Sprachen

Die wichtigsten Konstruktionen imperativer Programmiersprachen sind *Deklarationen* zur Definition von Konstanten, Variablen, Typen und Prozeduren, *Anweisungen* zur Ausführung von Aktionen, *Ausdrücke* zur Berechnung von Werten und *Module* zur Gliederung von Programmen. Bei den meisten objektorientierten Sprachen kommen noch *Klassen* hinzu.

11.3.1 Deklarationen

Deklarationen beschreiben die im Anweisungsteil eines Programms verwendeten Elemente. Sie legen für jedes Element einen Namen und gewisse Eigenschaften (z. B. Typ, Größe, Wert) fest. Der Compiler benutzt die so definierten Eigenschaften, um die statische Korrektheit des Programms zu prüfen. Beispiel eines Deklarationsteils in Modula-2:

```
CONST                                  (*Konstanten*)
  pi = 3.14159; imax = 10;
TYPE                                   (*Typ*)
  String = ARRAY [0..imax] OF CHAR;
VAR                                    (*Variablen*)
  i, j, k: INTEGER; name: String;
PROCEDURE Sort ... END Sort;           (*Prozedur*)
```

Das Prinzip, jedem Programmelement durch Deklaration einen (und nur einen) Typ zuzuordnen, sodass der Compiler die Typen aller Ausdrücke feststellen kann, nennt man „statische Typisierung“ (*static typing*, *strong typing*). Einige ältere Programmiersprachen gestatten implizite Deklarationen; z. B. werden in Fortran alle nichtdeklarierten Variablen, die mit *I* bis *N* anfangen, als ganzzahlige Größen, alle anderen als Gleitpunkt-Größen angesehen. In manchen Sprachen werden Variablen ohne Typ deklariert (z. B. in Smalltalk). Ihr Typ wird erst zur Laufzeit aus dem Typ des zugewiesenen Wertes bestimmt (*dynamic typing*).

11.3.2 Ausdrücke

Ausdrücke setzen sich in den meisten Sprachen wie in der Mathematik aus Konstanten, Variablen, Operatoren und Klammern in beliebig tiefer Schachtelung zusammen. Zur Indizierung von Feldern werden in manchen Sprachen runde Klammern verwandt: $a(i)$ (Fortran, PL/I, Ada), in anderen eckige: $a[i]$ (Pascal, C, Java). Die Typen der Operanden müssen nach den Regeln der Sprache miteinander kompatibel sein. Zum Beispiel ist es nicht erlaubt, eine Zahl mit einer Zeichenkette zu multiplizieren. Der Typ eines Ausdruck wird aus den Typen seiner Operanden bestimmt.

11.3.3 Anweisungen

Die wichtigsten Anweisungsarten sind Zuweisung, Verzweigung, Schleife, Prozeduraufruf und Ein-/Ausgabe-Anweisung.

Zuweisung. Einfachste und häufigste Anweisung, von der Form

```
Variable := Ausdruck        (in Pascal, Ada)
Variable = Ausdruck         (in Fortran, C, Java)
```

Das Zuweisungssymbol „=“ bedeutet hier eine Operation und darf nicht mit der Gleichheitsrelation der Mathematik verwechselt werden!

Verzweigungsanweisungen. Die unbedingte Verzweigung zu der Anweisung mit der Marke *m* lautet meist *goto m*, die bedingte Verzweigung *if Bedingung then goto m*. Bessere Programmstrukturen (siehe 12.3.2) ergeben Verzweigungsanweisungen der Form

```
if Bedingung then Anweisungsfolge end
if Bedingung then
  Anweisungsfolge 1
else
  Anweisungsfolge 2
end
```

Diese Anweisungen ermöglichen nur binäre Verzweigungen. Für Vielwegverzweigungen bieten moderne Sprachen die Fallunterscheidung, die in Modula-2 folgende Struktur hat:

```
case Ausdruck of
   1: Anweisungsfolge 1
  |2: Anweisungsfolge 2
  |3: Anweisungsfolge 3
end
```

Abhängig davon, ob der Ausdruck den Wert 1, 2 oder 3 hat, wird hier die Anweisungsfolge 1, 2 oder 3 ausgeführt.

Schleifenanweisungen. Eine Schleife dient zum wiederholten Durchlaufen einer Anweisungsfolge. Bei der *induktiven* Schleife (Zählschleife) durchläuft eine Laufvariable eine Folge von Werten, z. B. *i* die Werte 1 bis 10, wie in

```
FOR i := 1 TO 10 DO
  y[i] := x[i] * 2
END
```

Bei der *iterativen* Schleife wird eine Anweisungsfolge wiederholt ausgeführt, solange die Bedingung am Anfang jedes Durchlaufs erfüllt ist. Das folgende Programmstück berechnet die Anzahl *i* der Dezimalstellen der positiven ganzen Zahl *n*, wobei es *n* so oft ohne Rest durch 10 dividiert, bis *n* zu 0 geworden ist:

```
i := 0;
WHILE i > n DO
  n := n DIV 10;
  i = i + 1
END
```

Hier hängt die Anzahl der Schleifendurchläufe vom Anfangswert der Variablen *n* ab. Manche Sprachen bieten auch eine iterative Schleife mit der Bedingungsprüfung am Schleifenende, z. B.

```
i := 0;
REPEAT
  n := n DIV 10;
  i := i + 1
UNTIL n = 0
```

Ein-/Ausgabe-Anweisungen sind sehr unterschiedlich ausgebildet. Ältere Sprachen bieten eigene Anweisungen zur Ein- und Ausgabe für die verschiedenen Speichermedien, mit oder ohne Zusatzangaben für die Formatierung, mit einem oder mehreren Datenelementen pro Anweisung und vielen anderen Wahlmöglichkeiten. Neuere Sprachen haben keine Ein-/Ausgabe-Anweisungen in der eigentlichen Sprache, sondern benutzen Bibliotheksprozeduren dafür.

11.3.4 Prozeduren

Prozeduren sind benannte Anweisungsfolgen, die mit Parametern versehen werden können und lokale Deklarationen enthalten dürfen. Man unterscheidet zwischen der Prozedur*deklaration* (Text aus Name, Parameter, lokale Deklarationen, Anweisungen) und dem Prozedur*aufruf*, bei dem eine Prozedur über ihren Namen aufgerufen, d. h. ausgeführt, wird.

Beispiel
Deklaration einer Prozedur zur Berechnung von x^n in Modula-2:

```
PROCEDURE Potenz(x, n: INTEGER; VAR y: INTEGER);
  VAR i: INTEGER;
BEGIN
  y := 1;
  FOR i := 1 TO n DO y := y * x END
END Potenz;
```

Die Prozedur ist die wichtigste Programmstruktur in prozeduralen Sprachen. Sie erfüllt die Aufgaben: *Gliederung* eines Programms in überschaubare Teile; *Codeersparnis*, da der Anweisungsteil der Prozedur nur einmal gespeichert wird, aber beliebig oft aufgerufen werden kann; *Abstraktion* des Anweisungsteils durch den Prozedurnamen (beim Aufruf).

Parameter. Prozeduren haben i. Allg. Parameter, die zur Beschreibung der Eingangs- und Ausgangsgrößen dienen und somit die Schnittstelle zwischen der Prozedur und ihrem Benutzer (Rufer) bilden. Die im Prozedurtext verwendeten Parameter sind einfache Namen. Sie heißen „formale Parameter" und haben nur den Charakter von Platzhaltern, die beim Aufruf durch die „aktuellen Parameter" ersetzt werden. Im vorhergehenden Beispiel sind *x*, *n*, *y* formale Parameter.

Beispiel. Durch den Aufruf *Potenz*(3, 4, *result*) der im letzten Beispiel definierten Prozedur wird zur Ausführungszeit im Anweisungsteil *x* durch 3, *n* durch 4 und *y* durch *result* ersetzt; ausgeführt wird der nunmehrige Anweisungsteil

```
result := 1;
FOR i := 1 TO 4 DO result := result * 3 END
```

mit dem Ergebnis *result* = 81.
Man unterscheidet *Eingangsparameter*, deren Werte in der Prozedur benutzt, aber nicht verändert werden, *Ausgangsparameter*, deren Werte in der Prozedur eingestellt, aber davor nicht benutzt werden und *Übergangsparameter*, deren Werte in der Prozedur benutzt, verändert und an den Rufer zurückgegeben werden. Im Beispiel sind *x* und *n* (formale) Eingangsparameter, *y* ist (formaler) Ausgangsparameter. Die Art der Parameterübergabe ist nicht in allen Sprachen gleich, was in den meisten Fällen unerheblich ist, manchmal aber zu Fehlern führen kann (*Call by value*, *Call by reference*). 6.4.4 enthält ein Beispiel für die Parameterübergabe in Assemblersprachen.

Funktionen. Eine Funktionsprozedur (oder einfach *Funktion*) ist eine Prozedur, deren Aufruf einen Wert liefert und diesen Wert repräsentiert, wie in der Mathematik, wo $f(x)$ auch die Berechnungsvorschrift und zugleich den Funktionswert bedeutet. Funktionsaufrufe sind keine selbstständigen Anweisungen, sondern treten als Operanden in Ausdrücken auf.

Beispiel. Eine Funktionsprozedur *Exp*(x, n) zur Berechnung von x^n für ganzzahliges x und nichtnegatives ganzzahliges n lautet in Modula-2:

```
PROCEDURE Exp(x, n: INTEGER): INTEGER;
  VAR y: INTEGER;
BEGIN
  y := 1;
  FOR i := 1 TO n DO y := y * x END;
  RETURN y
END Exp;
```

Die Beendigung der Funktionsprozedur und die Rückgabe des Funktionswertes geschieht hier durch die Return-Anweisung. Der Aufruf von *Exp* findet innerhalb von Ausdrücken statt, wie in *result* := 10 + *Exp* (3, 4) mit dem Ergebnis *result* = 10 + 81 = 91.

Gültigkeitsbereiche. Jede Prozedur bildet einen eigenen Gültigkeitsbereich für Namen. Eine in der Prozedur deklarierte Variable x (sog. *lokale* Variable) ist nur innerhalb der Prozedur gültig (sichtbar) und bezeichnet ein anderes Objekt als ein x, das außerhalb der Prozedur deklariert wurde. Eine in einem umschließenden Gültigkeitsbereich deklarierte Variable y (*globale* Variable) kann aber in der Prozedur angesprochen werden, sofern sie dort nicht neu deklariert wurde. Bild 11-3 zeigt ein Beispiel: Im Anweisungsteil der Prozedur P sind die lokalen Variablen x_p, z, der formale Parameter a und die globale Variable y gültig, im Anweisungsteil

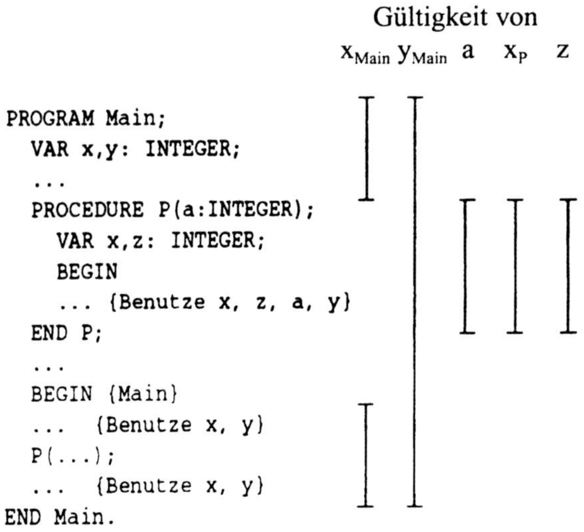

Bild 11-3. Gültigkeitsbereiche von Variablen (Pascal). x_{Main} bezeichnet das x im Programm *Main*, x_P das x in Prozedur P

des Hauptprogramms nur die Variablen x_{Main} und y_{Main}. Getrennte Gültigkeitsbereiche erhöhen die Freiheit bei der Wahl von Namen und ermöglichen erst die unabhängige Arbeit mehrerer Personen an einem Programmsystem. Sie sind deshalb von großer Bedeutung für die Entwicklung größerer Programme.

Lebensdauer. Lokale Variablen leben nur während der Ausführung der Prozedur, in der sie deklariert sind. Zu Beginn der Prozedur wird Speicherplatz für sie angelegt, am Ende der Prozedur wird er wieder freigegeben. Hingegen leben globale Variablen, die in einem Modul deklariert sind, während der gesamten Programmausführung. Die Tatsache, dass bei jedem Aufruf einer Prozedur ein neuer Satz lokaler Variablen angelegt wird ermöglicht erst Rekursion; anderenfalls würde ein rekursiver Aufruf die Variablenwerte des Rufers zerstören.

11.3.5 Module

In älteren Programmiersprachen ist die Prozedur die einzige Strukturierungsmöglichkeit für Programme, und große Programmsysteme bestehen aus vielen hundert Prozeduren. In Sprachen wie Modula-2 oder Ada kann man zur weiteren Strukturierung mehrere Prozeduren und Daten zu einem höheren Ganzen, einem Modul, zusammenfassen (nach Duden: das *Modul*, die *Module*). Module werden in verschiedenen Programmiersprachen unterschiedlich benannt: *module* in Modula-2, *package* in Ada. Prinzipielles Aussehen (ähnlich Modula-2):

```
MODULE modulname;
  IMPORT Liste importierter Namen
  EXPORT Liste exportierter Namen
  CONST  Konstantendeklarationen
  TYPE   Typdeklarationen
  VAR    Variablendeklarationen
  PROCEDURE p1; ... END p1;
  PROCEDURE p2; ... END p2;
  PROCEDURE p3; ... END p3;
BEGIN
  Modulrumpf
END  modulname;
```

Module bilden einen eigenen Gültigkeitsbereich für die in ihnen deklarierten Namen, d. h., die Modulgrenzen wirken wie eine für Namen undurchlässige Hülle; innen deklarierte Namen sind außen unsichtbar, und außen deklarierte Namen sind innen unsichtbar (Letzteres im Gegensatz zur Prozedur). In-

nen deklarierte Namen von Typen, Daten und Prozeduren können jedoch *exportiert* werden, dann sind sie auch außerhalb des Moduls sichtbar, und außen deklarierte Namen können vom Modul *importiert* werden, dann sind sie auch im Modul sichtbar (*Import-* und *Exportliste*). Die in einem Modul deklarierten Variablen leben während der gesamten Ausführung des Programms, zu dem das Modul gehört (*statische* Variablen). Der Anweisungsteil zwischen *BEGIN* und *END* wird ein einziges Mal ausgeführt, und zwar am Beginn des Programms. Er dient zur Initialisierung der Variablen des Moduls. Module werden nicht wie Prozeduren aufgerufen, sondern sind nur Konstruktionen zur Abgrenzung der Gültigkeitsbereiche von Namen.
Module sind u. a. aus folgenden Gründen nützlich:

- Wenn die in dem Modul zusammengefassten Daten und Prozeduren ein logisch zusammenhängendes Ganzes bilden, kann das Modul als Abstraktion davon angesehen werden. Beispiel: Keller (siehe 10.10). Das Modul ist dann die konkrete Implementierung einer abstrakten Datenstruktur (siehe auch 12.3.1).
- Ein Modul kann für sich allein übersetzt werden. Ein Programmsystem besteht dann aus einer Anzahl von getrennt übersetzbaren Modulen.

11.3.6 Klassen

Klassen sind Konstruktionen objektorientierter Sprachen und bestehen wie Module aus Daten und Operationen. Im Gegensatz zu Modulen sind Klassen aber Typen und können zur Deklaration von Variablen benutzt werden. Folgendes Beispiel zeigt eine Klasse für grafische Figuren in Java:

```
class Figure {
  int x, y; // Position
  void setOrigin (int a, int b) {x = a; y = b; }
  void move (int dx, int dy) {x = x + dx; y = y + dy;}
  void draw () {...}
  ...
}
```

Die Klasse *Figure* hat zwei Integer-Variablen *x* und *y* (die Position der Figur) sowie drei Prozeduren (sog. *Methoden*): *setOrigin* zum Setzen der Position, *move* zum Verschieben und *draw* zum Zeichnen der Figur. *Figure* ist ein benutzerdefinierter Typ, von dem man beliebig viele Exemplare (sog. *Objekte*) erzeugen kann, z. B.:

```
Figure f1, f2;      // deklariert zwei
                       Figure-Variablen
f1 = new Figure(); // erzeugt ein Figure-Objekt
f2 = new Figure(); // erzeugt ein weiteres
                       Figure-Objekt
f1.setOrigin(0, 0); ... f1.move(10, 20);
f2.setOrigin(100, 100); ... f2.draw();
```

Jedes *Figure*-Objekt hat einen eigenen Satz von Variablen *x* und *y*, der den Zustand des Objekts darstellt. Dieser Zustand kann durch die Methoden des Objekts manipuliert werden. *f*1.*move*(10, 20) ruft z. B. die *move*-Methode von *f*1 auf und erhöht *f*1.*x* um 10 und *f*1.*y* um 20. Die Variablen und Methoden einer Klasse kann man wie bei Modulen exportieren oder privat halten und damit vor anderen Klassen verbergen.
Klassen modellieren Dinge der realen Welt wie Figuren, Personen oder Konten. Objektorientierte Programme bestehen aus Objekten solcher Klassen, wobei jede Klasse für einen eigenen Aufgabenbereich (z. B. Figurenbehandlung, Personenbehandlung) zuständig ist und alle dafür nötigen Daten und Operationen enthält. Auf diese Weise kann man Programme sauber nach Aufgabenbereichen strukturieren.
Zur Gliederung sehr großer Programme können mehrere Klassen in Java zu einem *Paket* (in C++ und C# zu einem *Namensraum*) zusammengefasst werden. Ein Paket ist wie ein Modul lediglich ein Gültigkeitsbereich für Namen samt Import- und Exportmöglichkeit.

Vererbung

Von einer bestehenden Klasse (*Oberklasse*) kann man neue Klassen (*Unterklassen*) ableiten, die alle Variablen und Methoden der Oberklasse erben und somit als eine Erweiterung der Oberklasse betrachtet werden können. Folgende Klasse *Rectangle* ist eine Unterklasse von *Figure*:

```
class Rectangle extends Figure {
  int width, heigth; // neue Variablen
  void draw () {...} // überschreibt geerbtes draw
  void fill (Pattern pat) {...} // neue Methode
  ...
}
```

Rectangle erbt *x* und *y* von *Figure* und deklariert zusätzliche Variablen *width* und *height*; ebenso erbt es

setOrigin, *move* und *draw* und deklariert eine neue Methode *fill*. Geerbte Methoden wie *draw* können in einer Unterklasse *überschrieben* werden (Neudeklaration mit gleicher Parameterliste aber unterschiedlicher Implementierung).
Die Vererbung fördert die Wiederverwendung, da man auf bestehenden Klassen aufbauen und diese erweitern kann. Noch wichtiger ist aber die Kompatibilität zwischen Unterklasse und Oberklasse: Eine Unterklasse ist eine Spezialisierung ihrer Oberklasse. *Rectangle*-Objekte sind spezielle Figuren, die alle Variablen und Methoden von Figuren aufweisen. Daher kann man *Rectangle*-Objekte in *Figure*-Variablen speichern und sie wie *Figure*-Objekte behandeln.

Dynamische Bindung

In objektorientierter Sprechweise sagt man zum Aufruf *f.draw*() „man gibt *f* den Auftrag *draw*". Je nachdem, welches Objekt in *f* gespeichert ist, wird dieser Auftrag anders ausgeführt. Enthält *f* ein *Figure*-Objekt, wird die *draw*-Methode von *Figure* aufgerufen; enthält *f* ein *Rectangle*-Objekt, wird das *draw* von *Rectangle* aufgerufen. Der Auftrag *draw* wird also dynamisch (zur Laufzeit) an eine von mehreren möglichen Implementierungen gebunden.
Dynamische Bindung erlaubt es, mit verschiedenen Unterklassen zu arbeiten, ohne sie zu unterscheiden. Hätte *Figure* neben *Rectangle* auch die Unterklassen *Circle* und *Line*, so könnte man Objekte all dieser Klassen in *f* speichern und mit *f.draw*() zeichnen, ohne Fallunterscheidungen zu benötigen.
Objektorientierte Programme benutzen oft *Klassenhierarchien* mit einer Oberklasse wie *Figure* als Abstraktion und Unterklassen wie *Rectangle* oder *Circle* als Ausprägungen davon. Da manche Methoden in der Oberklasse noch nicht sinnvoll implementierbar sind, kann man ihre Implementierung weglassen und nur ihren Namen und ihre Parameter angeben. Man spricht dann von einer *abstrakten Klasse*, deren Methoden in Unterklassen überschrieben werden müssen. Eine vollständig abstrakte Klasse (alle Methoden ohne Anweisungsteil) nennt man in Java ein *Interface*. Eine Klasse kann von mehreren Interfaces erben und wird damit zu ihnen kompatibel.
Ein Programm, das mit abstrakten Klassen oder Interfaces arbeitet, die man später durch konkrete Unterklassen ersetzen kann, nennt man ein Rahmenprogramm (*framework*). Es ist ein Halbfabrikat, das man durch „Einstecken" konkreter Klassen zu einem Endfabrikat ausbauen kann.
Zusammenfassend kann man die objektorientierte Programmierung folgendermaßen charakterisieren:

Objektorientierte Programmierung = Klassen + Vererbung + dynamische Bindung

11.3.7 Ausnahmebehandlung

In jedem nichttrivialen Programm treten Fehler oder Ausnahmesituationen auf, auf die reagiert werden muss. Wenn z. B. ein Benutzer einen falschen Dateinamen eingibt, kann die Datei nicht geöffnet werden. Oft kann man einen solchen Fehler aber nicht an der Stelle seines Auftretens behandeln, sondern muss ihn an eine rufende Prozedur melden, da erst diese sinnvoll reagieren kann. In älteren Programmiersprachen verwendete man dazu Fehlernummern, die an den Rufer zurückgegeben wurden. Der Rufer musste die Fehlernummer prüfen und geeignet reagieren.
Neuere Sprachen wie C++, Java oder C# bieten einen speziellen Ausnahmebehandlungs-Mechanismus (*exception handling*), dessen Ziel es ist, den Regelfall eines Programms von der Fehlerbehandlung zu trennen. Kern der Ausnahmebehandlung ist die sog. *Try-Anweisung*, die in Java folgendermaßen aussieht:

```
try {
   ... // Code für den Regelfall
   ...
} catch (Exception1 e) {
   ... // Fehlerbehandlung: Reaktion auf Exception1
} catch (Exception2 e) {
   ... // Fehlerbehandlung: Reaktion auf Exception2
}
```

Wenn im Try-Block oder in einer von dort aufgerufenen Prozedur eine Ausnahme (*exception*) auftritt, wird der Block abgebrochen und es wird zum passenden Catch-Block verzweigt. Passt kein Catch-Block, wird die Suche im Rufer fortgesetzt. Nach Ausführung des Catch-Blocks setzt das Programm hinter der Try-Anweisung fort.
Eine Ausnahme der Art *Exception1* wird in Java durch die Anweisung *throw new Exception1*(); ausgelöst. *Exception1* ist eine Klasse mit Informationen über die Fehlerart. Man kann eigene Ausnahme-Klassen für spezifische Fehlerarten implementieren. In Java muss man außerdem für jede Prozedur

spezifizieren, welche Ausnahmen sie möglicherweise auslöst. Der Compiler stellt dann sicher, dass der Rufer auf all diese Ausnahmen reagiert.

11.3.8 Parallelität

Programme bestehen oft aus Aktionen, die gleichzeitig stattfinden sollen. Während ein Teil des Programms z. B. Berechnungen durchführt, soll ein anderer Teil Benutzereingaben verarbeiten. Gleichzeitig ablaufende Aktionen nennt man *parallele Prozesse* (siehe auch 8.3.1). Man unterscheidet zwischen schwergewichtigen und leichtgewichtigen Prozessen. *Schwergewichtige Prozesse* sind unabhängig voneinander ablaufende Programme; zwischen ihnen gibt es kaum Wechselwirkungen. *Leichtgewichtige Prozesse* (sog. *Threads*) sind parallele Aktivitäten innerhalb eines Programms; sie kommunizieren über gemeinsame globale Variablen.

Neuere Programmiersprachen wie Java oder C# haben Mechanismen zum Starten und Beenden eines Threads sowie zur Synchronisation des Zugriffs auf gemeinsam benutzte Variablen. In anderen Sprachen wie C++ sind diese Mechanismen über Bibliotheken realisiert.

Ein Thread wird gestartet, indem man eine Prozedur P angibt, die parallel zum gerade laufenden Programm ausgeführt werden soll. Alle von P aufgerufenen Prozeduren gehören ebenfalls zum Thread von P. Ein Thread endet, wenn seine Prozedur P endet. Threads laufen *quasiparallel*, d. h. verzahnt; das Betriebssystem entzieht in kurzen Intervallen dem jeweils aktiven Thread den Prozessor und gibt ihn dem nächsten Thread. Der Benutzer des Programms merkt davon nichts und hat den Eindruck als liefen alle Threads gleichzeitig.

Wenn Threads gemeinsame globale Variablen benutzen, muss man sicherstellen, dass sie nicht gleichzeitig schreibend darauf zugreifen. Würde inmitten eines Zugriffs ein Thread-Wechsel stattfinden, wäre der Inhalt der Variablen unvorhersagbar (*race condition*). Daher erlauben Sprachen wie Java oder C#, eine Anweisungsfolge, in der auf gemeinsame Variablen zugegriffen wird, zu sperren, sodass sie nie von mehreren Threads gleichzeitig ausgeführt wird. Nur ein einziger Thread wird eingelassen, die anderen müssen warten (Wechselseitiger Ausschluss, *mutual exclusion*).

11.4 Programmiersprachen für technische Anwendungen

Dieser Abschnitt porträtiert die für Anwendungen in den Ingenieurwissenschaften wichtigsten imperativen Programmiersprachen.

11.4.1 Sprachfamilien

Manche Programmiersprachen sind miteinander verwandt (bilden eine *Sprachfamilie*), weil sie vom selben Entwickler stammen, Weiterentwicklungen älterer Sprachen sind oder auch, weil sie nach ihrem Erscheinungsbild (Syntax) mit anderen zusammengehören. Bei den Sprachen für technische Anwendungen lassen sich etwa folgende Familien unterscheiden:

- Fortran-Familie mit Fortran 77, Fortran 90 und Fortran 95.
- Pascal-Familie mit Pascal, Modula-2, Modula-3, Oberon, Oberon-2.
- Ada-Familie mit Ada 83 und Ada 95.
- C-Familie mit C, C++, Java, C#.

Tabelle `11-2` zeigt, welche dieser Sprachen folgende wünschenswerte Eigenschaften haben:

- *abstrakte Datentypen*;
- *Objektorientiertheit* durch Klassen, Vererbung und dynamische Bindung;
- *automatische Speicherbereinigung*, die den Programmierer davon befreit, einmal angelegte Objekte selbst wieder freigeben zu müssen, wenn sie nicht mehr gebraucht werden;
- eine in die Sprache integrierte *Ausnahmebehandlung*;
- die Möglichkeit, miteinander kommunizierende *parallele Prozesse* zu formulieren.

Im Folgenden wird jede Sprachfamilie kurz charakterisiert. Um einen Eindruck vom Aussehen einer Prozedur in den betreffenden Familien zu geben, wird die Berechnung eines Polynoms mit dem Hornerschema in einer Sprache aus jeder Familie gezeigt. Die Prozedur berechnet den Wert des Polynoms

$$y = a_0 + a_1 x + a_2 x^2 + \ldots + a_n x^n$$

Gegeben sind die Koeffizienten $a[0]$ bis $a[n]$ als Feld a und die Variable x; gesucht ist der Polynomwert y.

Tabelle 11-2. Bedeutende Programmiersprachen

Sprache	Abstrakte Datentypen	Klassen + Vererbung	Dynamische Bindung	Autom. Speicher-bereinigung	Ausnahme-behandlung	Parallelität
Fortran 77	nein	nein	nein	nein	nein	nein
Fortran 90/95	ja	nein	nein	nein	nein	mit Modul
Fortran 2003	ja	ja	ja	nein	f. Gleitpunkt-operationen	mit Modul
Pascal	nein	nein	nein	nein	nein	nein
Modula-2	ja	nein	nein	nein	nein	mit Modul
Modula-3	ja	ja	ja	ja	ja	ja
Oberon	ja	ja	nein	ja	nein	mit Modul
Oberon-2	ja	ja	ja	ja	nein	mit Modul
Ada 83	ja	nein	nein	nein	ja	ja
Ada 95	ja	ja	ja	nein	ja	ja
C	ja	nein	nein	nein	nein	ja
C++	Ja	ja	wahlweise	nein	ja	ja
Java	ja	ja	ja	ja	ja	ja
C#	ja	ja	ja	ja	ja	ja

Zum besseren Verständnis sind in jedem Programm die Schlüsselwörter und sog. *Standardnamen* (Namen mit festgelegter Bedeutung) fett gedruckt. Alle übrigen Namen wurden frei gewählt. Die Schreibweise mit großen oder kleinen Buchstaben folgt dem überwiegenden Gebrauch. Einige Sprachdefinitionen sehen *a* und *A* ausdrücklich als verschieden an (Java), einige ausdrücklich als gleich (Pascal) und wieder andere lassen diese Frage offen. Der Kommentar in jedem Beispiel zeigt, wie Kommentare in der betreffenden Sprache geschrieben werden. Die Zeilennummern am Rand gehören nicht mit zum Programm.

11.4.2 Die Fortran-Familie

Fortran ist die älteste prozedurale Programmiersprache und ist besonders für technisch-wissenschaftliche Berechnungen geeignet. Fortran wurde bei der Firma IBM entwickelt, erstmals 1957 bekannt gemacht und später als FORTRAN II, FORTRAN IV, FORTRAN 66, FORTRAN 77 und Fortran 95 in vielen Dialekten (auch für die Echtzeitverarbeitung) weiterentwickelt. Die letzte genormte Fassung heißt *Fortran 2003*; sie hat sich in vielen Punkten modernen Programmiersprachen angenähert. Aus historischen Gründen wird hier jedoch FORTRAN 77 beschrieben, in dem noch immer viele Programme existieren. Die Syntax von FORTRAN 77 ist veraltet, die Möglichkeiten der Bildung von Datenstrukturen sind auf ein- und mehrdimensionale Felder beschränkt. Die als Standard vorhandenen Datentypen *Double Precision* und *Complex* sind jedoch ein Komfort, den man anderswo oft vergebens sucht. Fortran-Programme setzen sich aus unabhängig voneinander übersetzten Prozeduren (*Subroutinen* genannt), die nicht ineinander geschachtelt werden können, bausteinartig zusammen und ermöglichen damit die Anlage von Programmbibliotheken auf einfachste Weise. Die Gültigkeit der Namen ist auf eine Prozedur beschränkt. Durch die *Common-Anweisung* können jedoch prozedurübergreifende Namen eingeführt werden. Fortran hat keinen Deklarationszwang für einfache Variablen. Es gibt keine dynamisch angelegten Objekte, demzufolge auch keine Verweise und keine rekursiven Prozeduren. Die Konstruktionen von Fortran sind relativ einfach und maschinennah, woraus sich kurze Übersetzungszeiten und schnelle Objektprogramme ergeben. Programm (1) zeigt die Prozedur Horner in FORTRAN 77.

```
1     SUBROUTINE HORNER (A, N, X, Y)
2        REAL A(0:N)
3 C - Keine globalen Groessen vorhanden
4        Y = A(N)
5        DO 100 I = N - 1, 0, -1
6 100      Y = Y * X + A(I)
7        RETURN
8     END                                    (1)
```

In Zeile 2 wird der Parameter *A*, das Koeffizientenfeld, deklariert, die übrigen Parameter und die Laufvariable *I* sind implizit deklariert: *I* und *N* als Integer-Variablen, da alle Namen, die mit *I* bis *N* anfangen, automatisch vom Typ *INTEGER* sind, *X* und *Y* vom Typ *REAL*, da alle übrigen nichtdeklarierten Namen vom Typ *REAL* sind. Zeile 5 zeigt die Zählschleife. 100 ist die Marke der letzten Anweisung, die zur Schleife gehört. Der Ablauf einer Fortran-Prozedur endet mit der letzten Anweisung vor dem *END* oder kann schon vorher mit einer Return-Anweisung beendet werden. Programm (1) kann für sich allein und unabhängig von den Programmen, in denen es aufgerufen wird, übersetzt werden.

Fortran 2003 ist eine Obermenge von FORTRAN 77 und bietet viele neue Sprachmittel: wählbare Genauigkeit numerischer Datentypen; dynamische Daten und Verweise; die Ablaufstrukturen Fallunterscheidung, Durchlauf- und Endlos-Schleife; Rekursion; Module; Objektorientierung. Eine (nichtgenormte) Variante von Fortran ist HPF (High-Performance Fortran). Es enthält Sprachelemente für Parallelverarbeitung, Objektorientierung und Ausnahmebehandlung.

Literatur: [4, 30].

11.4.3 Die Pascal-Familie

Pascal wurde um 1970 von N. Wirth entwickelt. Sein Ziel war Einfachheit und Klarheit der Prinzipien, Einführung der von Hoare vorgeschlagenen Konstruktionen zur Erzeugung neuer Datenstrukturen und Sicherheit durch weitgehende Typisierung. Pascal war zuerst mehr für didaktische Zwecke als für die Herstellung großer Programmsysteme gedacht und kannte deshalb keine getrennte Übersetzbarkeit. Erweiterungen der Sprache mit getrennter Übersetzbarkeit sind aber heute üblich, wenn auch für jede Implementierung verschieden. Pascal gestattet die Deklaration von Konstanten, Typen, Variablen und Prozeduren; es gibt Zeigertypen, dynamische Speicherplatzverwaltung und rekursive Prozeduren.

Modula-2 stammt ebenfalls von N. Wirth, ist eine Weiterentwicklung von Pascal (um 1980) und besitzt u.a. folgende über Pascal hinausgehende Eigenschaften: (1) Systematischere Syntax, (2) Module mit getrennter Übersetzbarkeit und Schnittstellenprüfung, (3) Variablen, die Prozeduren enthalten können, (4) bei Bedarf Zugriff auf Maschineneigenschaften (Adressen, Bytes, Wörter), Durchbrechung der Typisierung, Coroutinen als Grundlage der Programmierung paralleler Prozesse. (1) bis (3) machen Modula-2 zu einer Sprache, in der sich Algorithmen sehr gut maschinenunabhängig formulieren lassen. (4) macht Modula-2 zu einer *Systemprogrammierungssprache*, in der man maschinennahe Software schreiben kann (z. B. Betriebssysteme), ohne auf eine Assemblersprache zurückgreifen zu müssen. Trotz dieser Vielseitigkeit ist der Sprachumfang relativ klein, Compiler sind ebenfalls klein und schnell. Programm (2) zeigt die Prozedur *Horner* in Modula-2.

```
1 PROCEDURE Horner( a: ARRAY OF REAL;
2                   n: INTEGER:
3                   x: REAL;
4                   VAR y: REAL);
5   VAR i: INTEGER; (*Keine glob.Groessen*)
6 BEGIN
7   y := a [n];
8   FOR i := n - 1 TO 0 BY -1 DO
9     y := y * x + a[i]
10  END
11 END Horner;                              (2)
```

Die Zeilen 1 bis 4 enthalten die Deklaration aller Parameter. Der Feld-Parameter *a* ist ein sog. „open array“, dessen Feldlänge unspezifiziert bleibt. Die For-Schleife wird durch ein eigenes *END* abgeschlossen. Alles übrige gleicht Pascal und FORTRAN. Eine Return-Anweisung ist nicht erforderlich. Programm (2) ist Bestandteil eines größeren Programms, kann aber leicht zu einem separat übersetzbaren Modul erweitert werden.

Die Sprache *Oberon* wurde um 1990 von N. Wirth als Nachfolger von Modula-2 entwickelt. Sie verzichtet auf einige entbehrliche Konstruktionen von Modula-2, bringt aber die Neuheit der sog. *Typerwei-*

terungen, die die objektorientierte Programmierung ohne Klassen ermöglichen. *Oberon-2* ist eine Weiterentwicklung von Oberon, die die objektorientierte Programmierung in Oberon erleichtert.
Literatur: [14, 26, 32, 40, 42, 43].

11.4.4 Die Ada-Familie

Ada wurde um 1980 aufgrund einer Ausschreibung des amerikanischen Verteidigungsministeriums entwickelt und 1983 standardisiert (*Ada 83*). Sie war als die zentrale Sprache für militärische Projekte gedacht, wird inzwischen aber auch für nichtmilitärische Aufgaben eingesetzt. Ada wurde 1995 revidiert und auf Objektorientierung hin erweitert (*Ada 95*). Ada ist eine der umfangreichsten Sprachen, da die Bedürfnisse verschiedener Benutzerkreise (parallele Prozesse, Echtzeitanwendungen, Zugriff auf Maschineneigenschaften u. a.) befriedigt werden sollten. Aus diesem Grund ist die Sprache nicht leicht zu erlernen, und die Compiler für sie sind groß und langsam. Ada baut auf Pascal auf, weicht aber weit von ihm ab. Es hat u. a. folgende Eigenschaften: (1) Gleitpunktarithmetik mit definierten Genauigkeitsschranken, (2) Module, hier *Pakete* (*packages*) genannt, in verschiedenen Varianten, (3) Ausnahmebehandlung, (4) parallele Prozesse mit einem Synchronisations-Mechanismus (dem *Rendezvous-Konzept*). Programm (3), Zeilen 4 bis 13, zeigt die Prozedur *Horner* in Ada. Um die Entstehung von Ada-Dialekten zu vermeiden, werden Ada-Compiler validiert (d. h. geprüft, ob sie die Sprache normenkonform übersetzen) und bekommen daraufhin ein Zertifikat.

```
1  n: constant INTEGER := 10;
2  type Coeff is array(INTEGER <>) of FLOAT;
3  a: Coeff (0..n);
4  procedure Horner ( a: in Coeff; n: in INTEGER;
5                     x: in FLOAT;
6                     y: out FLOAT) is
7   result: FLOAT;
8  -Coeff ist global
9  begin
10   result := a(n);
11   for i in reverse 0 .. n-1 loop
12     result := result * x + a(i);
13   end loop;
14   y := result;
15 end Horner;
```
(3)

Der Parametertyp *Coeff* muss in dem umschließenden Programm als „unconstrained array" deklariert sein (Zeile 2). Die formalen Parameter von *Horner* werden durch *in* und *out* als Eingangs- und Ausgangsparameter gekennzeichnet (Zeilen 4–6). Die ungewohnte Schleifenanweisung in Zeile 11 besagt, dass i die Werte von 0 bis $n-1$ in umgekehrter Folge durchlaufen soll. y kann nicht im Prozedurrumpf zum Rechnen benutzt werden, weil es als Ausgangsparameter nicht in wertliefernder Position verwendet werden darf.
Literatur: [14, 26, 32, 42, 43].

11.4.5 Die C-Familie

Die Sprache C wurde von D. Ritchie am Anfang der siebziger Jahre zur Programmierung des Betriebssystems Unix entwickelt. Große Teile von Unix und viele Unix-Bibliotheksprogramme sind in C geschrieben, sodass der Erfolg von Unix zugleich der von C war. C enthält außer den Konstruktionen höherer Sprachen (Datentypen, Abfragen, Schleifen, Prozeduren) auch solche niederer Sprachen (Bit-Operationen, Register-Variablen). Datentypen sind ganze und Gleitpunktzahlen, Zeichen und Zeiger; Boole'sche Daten fehlen, d. h. werden durch die Zahlen 0 und 1 ausgedrückt. Datenstrukturen sind Felder und Verbunde (hier *structures* genannt). Prozeduren dürfen rekursiv aufgerufen, aber textlich nicht geschachtelt werden. Die einzige Parameterübergabeart ist „call by value". Durch Übergabe einer Adresse als Parameter kann man allerdings Ausgangsparameter simulieren. C hat sehr lockere Typregeln: der Typ eines Werts kann z. B. beliebig geändert werden, Indexüberschreitungen bei Feldern werden nicht geprüft, mit Zeigern kann auf beliebige Speicherzellen zugegriffen werden. Das macht C-Programme fehleranfällig, aber auch effizient, weil zur Laufzeit kaum Prüfungen stattfinden.
C++ ist eine objektorientierte Erweiterung von C und kann als sein Nachfolger angesehen werden. C++ ist eine der am weitesten verbreiteten objektorientierten Sprachen und ermöglicht das Arbeiten mit Klassen, Vererbung und dynamischer Bindung. Dazu kommen Sprachmittel für Ausnahmebehandlung und parametrisierte Typen (*templates*). C++ bietet größere Typsicherheit als C, ist aber wesentlich umfangreicher und komplexer. Im Gegensatz zu den meisten anderen objektorientierten Sprachen hat C++ keine automatische Speicherbereinigung.

Java ist eine objektorientierte Programmiersprache mit automatischer Speicherbereinigung, Ausnahmebehandlung, Parallelität und parametrisierbaren (generischen) Typen. Java ist zwar syntaktisch ähnlich zu C, geht aber in den Konzepten weit über C hinaus, weshalb es nur bedingt zur C-Familie zu zählen ist.

Java ist statisch typisiert und im Gegensatz zu C oder C++ typsicher: Der Compiler und das Laufzeitsystem garantieren, dass die Typregeln der Sprache nicht verletzt werden, dass keine Indexüberschreitungen stattfinden und dass Zeiger nur auf Objekte erlaubter Typen verweisen.

Java-Programme werden nicht in Maschinencode übersetzt, sondern in sog. *Bytecode*-Befehle einer *virtuellen Maschine*, die interpretativ ausgeführt werden. Dadurch sind Java-Programme auf jeder Maschine lauffähig, auf der es einen Java-Interpretierer gibt. Sie können sogar über das Internet verschickt und auf der Empfängermaschine ausgeführt werden. Manche Java-Systeme übersetzen den Bytecode unmittelbar vor der Ausführung (*just in time*) in Maschinencode, was seine Geschwindigkeit steigert.

Java ist einfacher und moderner als C++, allerdings auch weniger effizient. Für maschinennahe Programmierung ist es nicht geeignet. Programm (4) zeigt das Hornerschema (als Methode einer Klasse geschrieben) in Java.

```
1 public float horner(float[] a, int n, float x) {
2   float y; int i;
3   // Keine globalen Groessen
4   y = a[n];
5   for (i = n - 1; i >= 0; i --) {
6     y = y * x + a[i];
7   }
8   return y;
9 }
```
(4)

Zeile 1 definiert *horner* als exportierte (public) Funktionsprozedur mit dem Ergebnistyp *float* und den Parametern. Die geschweiften Klammern umfassen Anweisungsblöcke, die jeweils auch Deklarationen lokaler Variablen enthalten können. Man beachte die ungewöhnliche Form der For-Schleife. Der Teil *i*-- ist eine Abkürzung für $i = i - 1$; und wird erst am Ende jedes Schleifendurchlaufs ausgeführt.

C# (sprich „see sharp") ist eine Konkurrenzsprache zu Java, die ihr äußerlich so stark ähnelt, dass das Hornerschema in C# genauso aussieht wie das Java-Programm (4). C# ist wie Java objektorientiert, hat automatische Speicherbereinigung, Ausnahmebehandlung, Parallelität und generische Typen. Darüber hinaus hat es Verbunde, Eingangs-, Ausgangs- und Übergangsparameter, Mechanismen zur Ereignisbehandlung, Variablen, die Methoden enthalten können (*delegates*) sowie einige Merkmale, die das Programmieren bequemer machen (*properties*, *indexer*, selbst definierbare Operatoren). Wie Java ist C# absolut typsicher, man kann aber gewisse Typprüfungen in systemnahen Programmteilen ausschalten. Auch C#-Programme werden in einen Bytecode übersetzt, der aber vor der Ausführung immer in den Maschinencode der aktuellen Maschine transformiert wird. C# ist Teil der Microsoft-Plattform .NET (sprich „dot net"), die auf dem Betriebssystem Windows aufbaut. C#-Programme laufen nur unter .NET oder damit kompatiblen Systemen.

Literatur: [8, 16, 17, 22, 29, 41, 44, 45].

11.5 Programmbibliotheken für numerisches Rechnen

Es gibt eine Fülle von Programmbibliotheken zur Lösung numerischer Aufgaben. Sie sind in vielen Bearbeiterjahren entstanden, verwenden sehr effiziente Algorithmen, die auch Sonderfälle im Problem berücksichtigen, und sind weitgehend fehlerfrei. Sie sind fast durchweg in Fortran geschrieben. Die beiden umfangreichsten und bedeutendsten sind:

NAG [34]: Eine in England entstandene Bibliothek zur Lösung numerischer und statistischer Aufgaben mit über 1400 Unterprogrammen in Fortran und C. Teile davon existieren auch in Ada. Die NAG-Bibliothek gibt es für viele verschiedene Maschinen und Betriebssysteme in getrennten Fassungen für einfache und doppelte Genauigkeit.

IMSL [35]: Das amerikanische Gegenstück zu *NAG*.

Für Teilgebiete der numerischen Mathematik gibt es spezielle Fortran-Softwarepakete, z. B. *Linpack* zum Lösen von linearen Gleichungssystemen, *Eispack* zur Lösung von Eigenwertproblemen, *Lapack* für lineare Algebra (1992, Nachfolger von Linpack und Eispack), *Quadpack* zur numerischen Integration, *Fitpack* zur Approximation von Kurven und Flächen. Über Details und Beschaffung dieser und vieler weiterer Pakete siehe [30].

11.6 Programmiersysteme für numerisches und symbolisches Rechnen

Von immer größerer Bedeutung für den Ingenieur werden Softwarepakete, mit denen man (oft ohne eigentliche Programmierung) numerische und algebraische Aufgaben lösen kann. Sie haben eine grafische Benutzeroberfläche, zeigen mathematische Formeln gut lesbar an, visualisieren numerische Ergebnisse durch Grafiken und gestatten auch symbolische Rechnungen. Die „Programmierung" ist ein Frage- und Antwortspiel zwischen Benutzer und Maschine. Diese Programmiersysteme dürften sich auf die Arbeit des praktisch tätigen Ingenieurs ebenso dramatisch auswirken wie seinerzeit die Einführung des Taschenrechners. Besondere Eigenschaften:

1. Rationale Arithmetik beliebiger Genauigkeit (Rechnen mit Brüchen und beliebig langen ganzen Zahlen).
2. Visualisierung von Kurven und Raumflächen.
3. Lösung numerischer Aufgaben (z. B. Nullstellenbestimmung, Interpolation, numerisches Differenzieren und Integrieren, Anfangswertproblem von Differentialgleichungen).
4. Symbolisches Rechnen (Multiplizieren, Dividieren, Differenzieren, Integrieren und mehr) mit Polynomen, rationalen Ausdrücken, Matrizen, transzendenten Ausdrücken.
5. Vereinfachen von symbolischen Ausdrücken.

Verbreitete Programmiersysteme dieser Art sind *Mathematica* [33], *Derive* [23, 37], *Reduce* [37] und *Maple* [36]. Eine Einführung in das Arbeiten mit ihnen vermittelt [24].

12 Softwaretechnik

12.1 Begriffe, Aufgaben und Probleme

12.1.1 Eigenschaften großer Programme

Programmsysteme können von sehr unterschiedlicher Größe sein. Tabelle 12-1 zeigt eine mögliche Einteilung in 4 Klassen; im folgenden wird aber nur zwischen „kleinen" und „großen" Programmen unterschieden.

Wenn ein Programmsystem mit 500 Anweisungen von einem Programmierer ohne den Einsatz besonderer Techniken geschrieben werden kann, darf man nicht daraus schließen, dass die Herstellung eines Programmsystems mit 50 000 Anweisungen nur ein Vielfaches an Personal und einige zusätzliche Koordination erfordert. Ein quantitativer Unterschied von 1 : 100 schlägt sich vielmehr auch in qualitativen Unterschieden nieder. Während bei kleinen Programmen meist Hersteller und Benutzer dieselbe Person und die Hauptkriterien für die Qualität des Programms seine Korrektheit und Effizienz sind, liegen die Verhältnisse bei großen Programmen völlig anders. Viele Software-Ingenieure müssen zusammenarbeiten, Hersteller und Benutzer sind verschiedene Personengruppen, und es gibt viele Benutzer. Große Programme haben eine lange Lebensdauer (5 bis 20 Jahre) und werden häufig geändert. Zuverlässigkeit, Flexibilität und Übertragbarkeit auf andere Maschinen können hier wichtigere Qualitätskriterien sein als die Effizienz. In Tabelle 12-2 sind Unterschiede zwischen kleinen und großen Programmen zusammengestellt.

12.1.2 Begriff der Softwaretechnik

Herstellung, Qualitätssicherung, Wartung, Dokumentation und Management großer Programmsysteme, die *von mehreren für viele* geschrieben werden, erfordern besondere Techniken, Methoden und Werkzeuge, die man unter dem Namen *Softwaretechnik* (*software engineering*) zusammenfasst. Einige Facetten dieses Begriffs ergeben sich aus den folgenden Definitionen:

- *Das Ziel der Softwaretechnik ist die wirtschaftliche Herstellung zuverlässiger und effizienter Software.*
- *Softwaretechnik ist die praktische Anwendung wissenschaftlicher Erkenntnisse auf den Entwurf und die Konstruktion von Computerprogrammen, verbunden mit der Dokumentation, die zur Entwicklung, Benutzung und Wartung der Programme erforderlich ist.*

Softwaretechnik hat den Charakter einer Ingenieurdisziplin: Es werden Produkte von mehreren für viele produziert, die sich in der Praxis bewähren müssen; das Kostendenken spielt eine Rolle, die Bearbeitung eines Projekts muss mit durchschnittlich Befähigten

Tabelle 12-1. Einteilung von Programmsystemen nach ihrer Größe Annahme: 1 Seite Programmtext = 50 Programmzeilen

	Programmgröße			
	klein	mittel	groß	sehr groß
Codezeilen	<1000	1000–10 000	10 000–100 000	<100 000
Seiten	<20	20–200	200–2000	<2000
Beispiele	Programmierübungen, kurzlebige Hilfsprogramme	kleine Werkzeuge und Echtzeitsysteme	Compiler, große Werkzeuge und Echtzeitsysteme Programmierumgebungen, größere Echtzeitsysteme	Betriebssysteme, Datenbanksysteme, Entwicklungsumgebungen, Auskunftssysteme

Tabelle 12-2. Merkmale kleiner und großer Programme

„Kleine" Programme	„Große" Programme
Hersteller = Benutzer	Mehrere Hersteller, viele Benutzer
Seltene Benutzung	Oftmalige Benutzung (5–20 Jahre Lebensdauer)
Kaum Änderungen	Laufende Änderungen
Fehler führen zum Programmabbruch und richten keinen Schaden an	Fehler dürfen oft nicht zum Programmabbruch führen und keinen Schaden anrichten
Qualitätsmerkmale: • Korrektheit • Effizienz	Qualitätsmerkmale: • Korrektheit • Effizienz • Zuverlässigkeit • Robustheit • Benutzerfreundlichkeit • Wartbarkeit • Portabilität
Kaum Qualitätssicherung	Qualitätssicherung ist wichtiger Bestandteil der Herstellung
Kaum Wartung	Vieljährige Wartung erforderlich, Wartungskosten können Herstellungskosten übersteigen
Keine oder einfache Dokumentation	Umfangreiche, schwer aktuell zu haltende Dokumentation
Kein Management	Umfangreiches und schwieriges Management

stattfinden können, das Ergebnis darf nicht vom Talent einiger abhängen. Im Gegensatz zu Projekten in anderen Ingenieurdisziplinen sind für Softwareprojekte folgende Eigenschaften spezifisch:

- Jedes Programm wird nur einmal entwickelt, eine Serienfertigung gibt es nicht. Planung und Aufwandabschätzungen sind darum besonders schwierig.
- Die technischen Bedingungen (Schnittstellen zur Hardware und Systemsoftware) ändern sich besonders schnell.
- Software als immaterielles Produkt unterliegt nicht den üblichen Schranken der Technik. Sie ist „im Prinzip" jeder Situationsveränderung leicht anpassbar; in Wirklichkeit zerstören nachträgliche Anpassungen mehr und mehr die Systemarchitektur und führen dadurch zu Fehlern und Chaos.

Das Hauptproblem der Softwaretechnik ist der Kampf mit der logischen Komplexität großer Programme. Wenn n Prozeduren oder n Mitarbeiter Informationen austauschen (jeder mit jedem), ergeben sich $n(n-1)/2$ Verbindungen zwischen ihnen, d. h., die Anzahl der Verbindungen wächst quadratisch mit der Anzahl der verbundenen Objekte. Viele Methoden der Softwaretechnik, insbesondere Entwurfsmethoden, laufen deshalb darauf hinaus, durch Einschränkung der erlaubten Verbindungen und durch Abstraktion die Komplexität herabzusetzen.

12.1.3 Software-Qualität

Die Qualität eines Programms hängt von vielen Eigenschaften ab, zu denen u. a. die folgenden gehören:

Korrektheit. Es soll sich seiner Spezifikation gemäß verhalten, also für korrekte Eingaben korrekte Ergebnisse liefern. Es soll außerdem über einen festgelegten Zeitraum hinweg fehlerfrei funktionieren, was man als *Zuverlässigkeit* bezeichnet.
Robustheit. Es soll sich auch bei fehlerhaften Eingaben „angemessen" verhalten. Auf keinen Fall sollen Fehler zum Programmabbruch führen. Fehlerhafte Eingaben und Programmzustände müssen erkannt werden. Fehlerhafte Ergebnisse müssen auf einfache Weise rückgängig gemacht werden können.
Benutzerfreundlichkeit. Es soll einfach zu erlernen und intuitiv zu bedienen sein. Bedienungsfehler sollen weitgehend ausgeschlossen werden.
Effizienz. Es soll statisch kurz sein und zur Laufzeit sparsam mit Speicherplatz und Rechenzeit umgehen.
Wartbarkeit. Änderungen und Erweiterungen sollen einfach vorgenommen werden können und möglichst lokal bleiben. Dazu muss der Programmcode klar strukturiert und lesbar sein. Das Programm soll in Komponenten gegliedert sein, die abgeschlossene Aufgabengebiete bearbeiten und bei Bedarf gegen andere Komponenten mit gleicher Schnittstelle ausgetauscht werden können.
Portabilität. Es soll einfach auf andere Rechner oder Betriebssysteme übertragen und an andere Programmbibliotheken angepasst werden können. Man erreicht das durch Vermeidung systemspezifischer Sprachen, Operationen und Datenformate sowie durch Trennung portabler von nichtportablen Programmteilen.
Je größer ein Programmsystem ist, desto wichtiger sind seine Qualitätsanforderungen. Besteht ein Programm z. B. aus 100 voneinander abhängigen Komponenten, die jeweils zu 99% korrekt sind, so beträgt die Korrektheit des Gesamtsystems nur noch 37% ($0{,}99^{100} = 0{,}37$).
Die einzelnen Qualitätskriterien widersprechen sich teilweise. Bei Maximierung der Effizienz eines Programms kann seine Wartbarkeit und Portabilität leiden. Hier gilt es, einen vernünftigen Kompromiss zu finden.

12.1.4 Vorgehensmodelle

Die Arbeit an einem Softwareprojekt gliedert sich in Phasen, wobei sich folgende Einteilung bewährt hat:

- Phase 1: *Problemanalyse.* Das zu lösende Problem wird in Zusammenarbeit mit dem Auftraggeber definiert und analysiert. Das Ergebnis ist die Anforderungsdefinition (Pflichtenheft).
- Phase 2: *Entwurf.* Das Softwaresystem wird in Module oder Klassen zerlegt (Grobentwurf) und diese anschließend in Prozeduren (Feinentwurf). Dabei werden die Schnittstellen der einzelnen Teile sowie ihr Zusammenspiel mit anderen Systemteilen spezifiziert. Das Ergebnis ist die Systemarchitektur.
- Phase 3: *Implementierung.* Die Module oder Klassen werden programmiert und für sich getestet.
- Phase 4: *Test.* Die Module oder Klassen werden zusammengesetzt, und das Gesamtsystem wird getestet. Das Ergebnis ist die Abnahme durch den Auftraggeber.
- Phase 5: *Wartung.* Im Betrieb entdeckte Fehler werden beseitigt, und das Programmsystem wird den sich verändernden Anforderungen angepasst.

Hinzu kommen Qualitätssicherung, Dokumentation, und Management, die sich über alle Phasen erstrecken.
Man unterscheidet verschiedene *Vorgehensmodelle*, die sich im Ablauf der Phasen und im Grad ihrer Verzahnung unterscheiden.
Wasserfall-Modell. Die Phasen laufen wie ein Wasserfall strikt sequenziell ab. Jede Phase produziert ein Dokument, das zum Ausgangspunkt der nächsten Phase wird (Bild 12-1). Wenn in einer Phase Fehler entdeckt werden, muss man zurückgehen und eine oder mehrere Vorgängerphasen erneut durchlau-

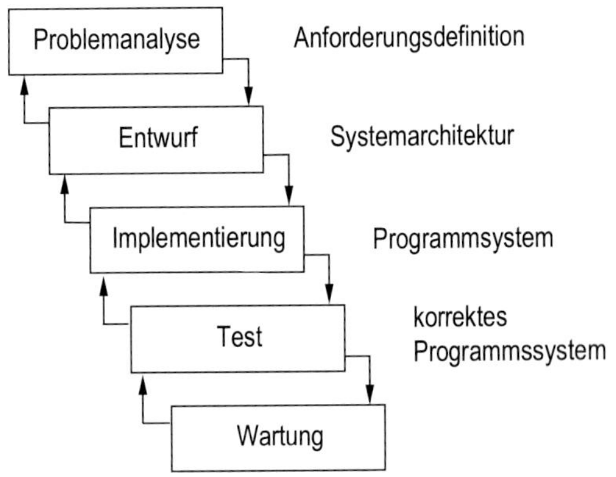

Bild 12-1. Software-Lebenszyklus (Wasserfall-Modell)

fen. Dadurch ergibt sich ein Kreislauf, den man den *Lebenszyklus* des Softwaresystems nennt.

Prototyping-Modell. Es hat sich gezeigt, dass es in der Praxis kaum möglich ist, eine Phase vollständig abzuschließen, bevor die nächste beginnt. Manche Anforderungen treten erst nach der Implementierung zu Tage, und die Richtigkeit von Entwurfsentscheidungen kann oft erst am laufenden System geprüft werden. Daher ist man dazu übergegangen, bereits bei der Problemanalyse oder beim Entwurf sog. *Prototypen* zu entwickeln, d. h. vereinfachte Vorversionen des Softwareprodukts, an denen man frühzeitig die Erfüllung der Anforderungen sowie die Eignung von Entwurfsentscheidungen überprüfen kann [11,12]. Man unterscheidet zwischen experimentellem Prototyping, bei dem der Prototyp anschließend weggeworfen wird, und evolutionärem Prototyping, bei dem der Prototyp schrittweise zum endgültigen Produkt ausgebaut wird.

Spiralmodell. Das Spiralmodell vereinigt Wasserfall-Modell und Prototyping und bezieht auch eine Risikoanalyse mit ein [15]. Die Entwicklung eines Softwaresystems vollzieht sich dabei in spiralförmigen Zyklen, wobei in jedem Zyklus ein Prototyp entwickelt wird, an dem die Anforderungen überprüft und die verbleibenden Risiken für die weitere Entwicklung analysiert werden.

Agile Modelle. Als Gegensatz zum Wasserfall-Modell mit seiner strikten Phasentrennung wurden in letzter Zeit Vorgehensmodelle entwickelt, die durch kurze Entwicklungszyklen, geringe Formalisierung und hohe Flexibilität bei Änderungen gekennzeichnet sind [16, 17]. Sie werden daher auch Agile Modelle genannt. Die gewünschten Teile der Software werden dabei inkrementell in der Reihenfolge ihrer Priorität entwickelt, wobei jeder Zyklus alle oben geschilderten Phasen durchläuft. Die Zyklen sind kurz und enden immer mit einer lauffähigen Version des Produkts. Die Entwicklung wird durch ständiges Testen des Gesamtsystems und durch laufende Einbeziehung des Auftraggebers begleitet. Dadurch wird sichergestellt, dass der jeweilige Entwicklungsstand des Produkts korrekt ist und den Anforderungen entspricht.

12.2 Problemanalyse und Anforderungsdefinition

Am Anfang eines Softwareprojekts müssen Aufgabenstellung und Leistungsumfang vom Auftraggeber und Auftragnehmer gemeinsam festgelegt werden. Die hierfür in Frage kommenden Verfahren treten bei der Planung anderer technischer Projekte ebenso auf und gehören damit mehr der Systemtechnik als der Softwaretechnik an (Zustandsanalyse, Systemabgrenzung, Systembeschreibung, Machbarkeits- und Risikoanalyse u. a.).

Methoden und Hilfsmittel, um Anforderungen zu erheben, sind Interviews, Fragebögen, die Analyse bestehender Abläufe und Formulare sowie die Mitarbeit im Betrieb. Beschreibungsmittel sind Zeichnungen und Tabellen aller Art, insbesondere Hierarchiediagramme, Ablaufdiagramme, Datenflusspläne und Entscheidungstabellen. Die erhobenen Anforderungen sollten benannt und nach einem hierarchischen Klassifizierungsschema nummeriert werden, damit man sich in späteren Phasen des Projekts darauf beziehen kann.

Man unterscheidet zwischen funktionalen und nichtfunktionalen Anforderungen. *Funktionale Anforderungen* beziehen sich auf die Aufgaben, die das Softwaresystem erfüllen soll (z. B. Roboterarm positionieren, Geschwindigkeit einstellen, Druck anzeigen). *Nichtfunktionale Anforderungen* sind Eigenschaften wie Zuverlässigkeit, Effizienz oder Benutzerfreundlichkeit.

Eine bewährte Methode zur Erhebung der funktionalen Anforderungen ist die sog. *Use-Case-Analyse*, bei der die verschiedenen Benutzungsszenarien des Systems und die verschiedenen Benutzergruppen identifiziert und aufgelistet werden. Ein Benutzungsszenario (*use case*) ist eine abgeschlossene Interaktion zwischen dem Benutzer und dem System (z. B. Buch entleihen, Buch suchen, Mahnung verschicken). Sie wird als Folge von Aktionen beschrieben, wobei sich jeweils Benutzeraktionen und Aktionen des Softwaresystems abwechseln. Zur Beschreibung eines Benutzungsszenarios gehört außerdem die Spezifikation der möglichen Fehlerfälle, der Vorbedingungen und der Nachbedingungen.

Die Erfahrung zeigt, dass Anforderungen selten bereits zu Beginn des Projekts vollständig erfasst wer-

den können und dass sie sich oft im Laufe der Zeit ändern. Der Ansatz, die endgültigen Anforderungen aufgrund eines Prototyps der zu entwickelnden Software zu ermitteln, hat sich daher in der Praxis bewährt.
Das Ergebnis der Problemanalyse ist ein Dokument, die „Anforderungsdefinition". Sie stellt das Pflichtenheft dar, also die Vereinbarung zwischen Auftraggeber und Auftragnehmer über das zu liefernde Produkt. Eine ausführliche Behandlung dieses Themas findet man in der Allgemeinen Literatur.

12.3 Entwurf und Implementierung

Mit dem Entwurf wird die Architektur eines Softwaresystems festgelegt. Dazu wird das Gesamtsystem in Teilsysteme zerlegt, und die Teilsysteme und ihr Zusammenwirken werden spezifiziert. Je nachdem, ob die Zerlegung geschickt oder ungeschickt gewählt wird, ergibt sich später ein strukturell gutes, leicht verstehbares und leicht änderbares Softwareprodukt oder das Gegenteil. Da die Entwurfsentscheidungen zu einem Zeitpunkt getroffen werden müssen, wo man nur wenig über die Zusammenhänge weiß, ist der Entwurf eine schwierige, Erfahrung voraussetzende, schöpferische Tätigkeit. Entwurfsmethoden können ihn unterstützen, garantieren aber nicht ein hochwertiges Softwareprodukt. Die Frage, wie man eine softwaretechnische Aufgabe in Teilaufgaben zerlegen muss, nimmt eine zentrale Stellung in der Softwaretechnik ein. Man unterscheidet zwischen dem *Grobentwurf* (der Zerlegung eines Systems in Module oder Klassen) und dem *Feinentwurf* (der Zerlegung einzelner Prozeduren in Unterprozeduren und Abläufe).

12.3.1 Grobentwurf

Beim Grobentwurf geht es um die Zerlegung eines Softwaresystems in seine Grundbausteine, d. h. in seine Module oder (in objektorientierten Sprachen) in seine Klassen. Alles was hier über Module gesagt wird, gilt in gleicher Weise auch für Klassen.
Modularität. Grundlegend für die Konstruktion technischer Geräte ist heute die Modultechnik (Bausteintechnik). Jedes Modul führt eine in sich abgeschlossene Aufgabe aus und kann als Ganzes gegen andere Module mit unterschiedlicher Funktionalität ausgetauscht werden. Dazu muss jedes Modul eine festgelegte *Schnittstelle* zu den anderen Modulen des Gerätes besitzen, und alle Informationen müssen über diese Schnittstelle laufen. Man überträgt diesen Modulbegriff auf die Softwaretechnik und modelliert auch ein Programm als eine Menge in sich abgeschlossener Module, die mit anderen Modulen über eine festgelegte Schnittstelle kommunizieren und voneinander so weit unabhängig sind, dass sie durch verschiedene Bearbeiter programmiert werden können.
Ein Modul besteht aus zusammengehörigen Daten und Prozeduren und bildet einen für sich verständlichen Baustein, der verwendet werden kann, ohne sein Inneres zu kennen und der implementiert werden kann, ohne zu wissen, wo er später verwendet wird. Das Innere eines Moduls besteht aus Daten und Hilfsprozeduren, die außerhalb des Moduls nicht sichtbar sind und nur über Zugriffsprozeduren angesprochen werden können, die die Schnittstelle des Moduls bilden (Bild 12-2).
Das Verstecken der Modulimplementierung hinter einer einfachen Prozedurenschnittstelle entspricht dem *Geheimnisprinzip* (*information hiding*) [10] und hat folgende Vorteile:

- *Abstraktion*. Ein Modul stellt eine Abstraktion dar (z. B. eine Liste, eine Maschine, ein Konto) und bietet alle Operationen an, um mit dieser Abstraktion zu arbeiten.
- *Einfache Bedienung*. So wie ein technisches Gerät (z. B. ein Telefon) an seiner Oberfläche nur wenige Tasten und Regler hat, über die es bedient werden kann, hat auch ein Modul nur wenige einfache Pro-

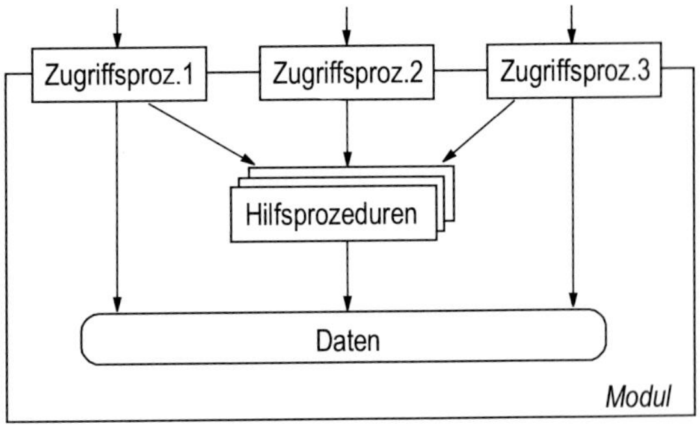

Bild 12-2. Modul mit öffentlichen Zugriffsprozeduren und privaten Daten und Hilfsprozeduren

zeduren, über die es angesprochen werden kann. Die Implementierung des Inneren interessiert den Benutzer nicht, genauso wenig wie einen Benutzer das Innere eines Telefons interessiert.

- *Änderbarkeit.* Solange die Schnittstelle unverändert bleibt, kann das Innere eines Moduls geändert werden, ohne dass benutzende Module adaptiert werden müssen. Änderungen bleiben dadurch lokal und sind einfach durchzuführen.
- *Sicherheit.* Da private Daten nur über Zugriffsprozeduren zugänglich sind, ist es einfach, ihre Konsistenz zu garantieren. Fremde Module haben keinen direkten Zugriff auf private Daten und können sie somit auch nicht zerstören.

Das Geheimnisprinzip wird nicht immer strikt eingehalten. In Ausnahmefällen kann es sinnvoll sein, den direkten Zugriff zu gewissen Daten zu erlauben, z. B. aus Effizienzgründen oder um die Modulschnittstelle nicht mit Zugriffsprozeduren zu überladen.

Sprachen wie Modula-2 oder Ada bieten Module als Sprachkonstrukt an (11.3.5). In objektorientierten Sprachen wie Java oder C++ werden Module hingegen als Klassen realisiert (11.3.6), was den Vorteil hat, dass es mehrere Exemplare davon geben kann. In manchen älteren Sprachen wie PL/I kann man Module durch Prozeduren mit mehreren Eintrittspunkten realisieren.

Bindung und Kopplung. Die Modularisierung eines Softwaresystems gilt als gelungen, wenn der innere Zusammenhang der Module (*Modulbindung*) groß und die Abhängigkeit zwischen den Modulen (*Modulkopplung*) klein ist. Ein Maß für die Modulbindung ist die Anzahl der Zugriffe auf modulinterne Daten und Hilfsprozeduren. Ein Maß für die Modulkopplung ist die Anzahl der Zugriffe auf modulfremde Daten und Prozeduren.

Der Zugriff auf fremde Module sollte in der Regel über Prozeduraufrufe erfolgen. Das ist die leichtgewichtigste Kopplungsart, da Prozeduraufrufe meist unverändert bleiben, wenn sich die Daten eines Moduls ändern. Der direkte Zugriff auf modulfremde Daten stellt hingegen eine stärkere Kopplung dar: Wenn sich die Daten ändern, müssen auch alle Zugriffe angepasst werden. Am stärksten sind zwei Module gekoppelt, wenn eines davon implizite Annahmen über die Daten des anderen macht (z. B. über die Länge eines Feldes). Solche Kopplungen sollten unbedingt vermieden werden, da sie nicht explizit im Programmtext sichtbar sind und bei Änderungen der Daten leicht übersehen werden.

Schnittstellenentwurf. Die Benutzbarkeit eines Moduls hängt stark von der Eleganz seiner Schnittstelle ab, also von der Art, wie die Zugriffsprozeduren und ihre Parameter gewählt wurden. Folgende Kriterien sind für einen guten Schnittstellenentwurf wichtig:

- *Einfachheit.* Vermeide ausgefallene oder kompliziert zu benutzende Operationen. Je kleiner die Schnittstelle, desto einfacher ist ein Modul zu benutzen.
- *Vollständigkeit.* Biete alle aus abstrakter Sicht nötigen Operationen für das Modul an.
- *Redundanzfreiheit.* Vermeide es, gleiche Dienste auf verschiedene Weise anzubieten.
- *Elementarität.* Fasse Operationen nicht zusammen, wenn sie auch einzeln benötigt werden.
- *Konsistenz.* Halte dich konsequent an Regeln (z. B. betreffend Namensgebung, Groß-/Kleinschreibung, Parameterreihenfolge in ähnlichen Prozeduren).

Einige dieser Kriterien widersprechen sich (z. B. Einfachheit und Vollständigkeit). Die Kunst eines erfahrenen Softwaretechnikers besteht darin, einen ausgewogenen Kompromiss zwischen ihnen zu finden.

Modelle. Bevor man ein technisches System implementiert, baut man meist ein Modell, an dem man die Eigenschaften des Systems erproben und seine Vollständigkeit und Zweckmäßigkeit überprüfen kann. Elektrotechniker benutzen dazu Schaltpläne, Architekten Baupläne. Auch in der Softwaretechnik gibt es grafische Notationen, mit denen man Modelle von Softwaresystemen beschreiben kann. Als Standardnotation für diesen Zweck hat sich die *Unified Modeling Language* (UML) etabliert [19]. Es handelt sich dabei um eine Sammlung von Diagrammarten, mit denen man verschiedene Sichtweisen auf ein (objektorientiertes) Softwaresystem darstellen kann. Zu den wichtigsten Diagrammarten gehören Klassendiagramme, Sequenzdiagramme und Zustandsdiagramme.

Klassendiagramme beschreiben die Klassen eines Programms mit ihren Variablen und Methoden sowie die Beziehungen zwischen den Klassen (Benutzung, Vererbung, Aggregation). Bild 12-3 zeigt ein Beispiel: Klassen werden durch Kästchen beschrieben,

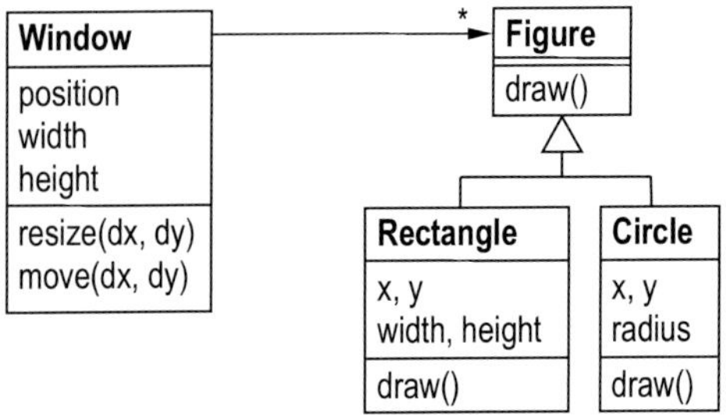

Bild 12-3. Klassendiagramm

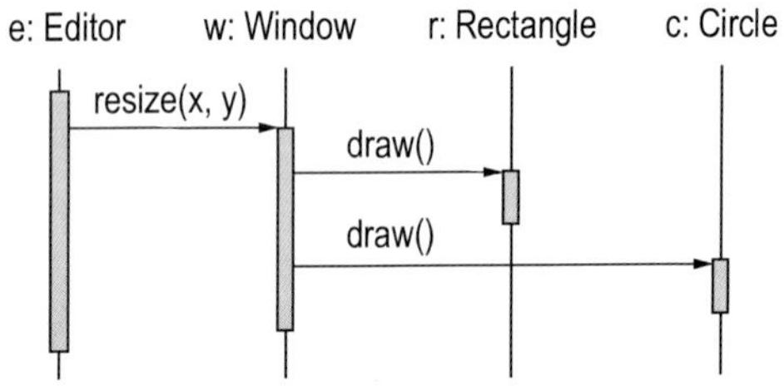

Bild 12-4. Sequenzdiagramm

in denen ihr Name, ihre Variablen und ihre Methoden dargestellt werden. Ein Pfeil zwischen Klassen deutet eine Benutzt-Beziehung an, ein hohler Pfeil eine Vererbungs-Beziehung (*Rectangle* und *Circle* sind Unterklassen von *Figure*).

Sequenzdiagramme beschreiben die Interaktion zwischen Objekten in Form einer zeitlich geordneten Folge von Nachrichten. Bild 12-4 zeigt ein einfaches Beispiel: Objekte werden durch senkrechte Striche dargestellt, Nachrichten durch Pfeile. Das *Editor*-Objekt *e* sendet die Nachricht *resize*(x, y) an das *Window*-Objekt *w*, welches seinerseits *draw*()-Nachrichten an ein *Rectangle*- und ein *Circle*-Objekt sendet.

Zustandsdiagramme beschreiben die Zustände, in denen sich ein Objekt befinden kann sowie die Ereignisse, die einen Übergang zwischen den Zuständen bewirken. Zustandsdiagramme ähneln Automaten, wie sie in 2.3 beschrieben wurden.

12.3.2 Feinentwurf

Nachdem man ein Softwaresystem in Module zerlegt und deren Schnittstellen durch Zugriffsprozeduren spezifiziert hat, geht man daran, das Innere der Module zu entwerfen. Dabei werden die Zugriffsprozeduren schrittweise verfeinert und schließlich in einer Programmiersprache implementiert.

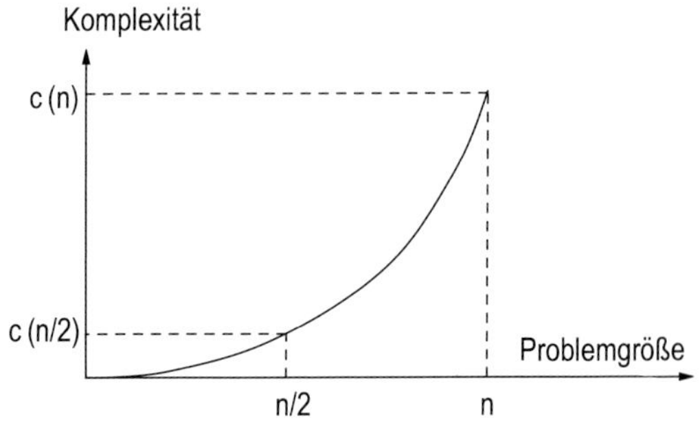

Bild 12-5. Die Komplexität eines Problems wird durch Halbierung seiner Größe mehr als halbiert

Schrittweise Verfeinerung. Die schrittweise Verfeinerung ist eine Entwurfsmethode, bei der man eine gegebene Aufgabe in Teilaufgaben zerlegt und diese wieder in kleinere Teilaufgaben, bis die Teilaufgaben so klein und klar sind, dass man sie direkt in einer Programmiersprache formulieren kann. Der Entwurf schreitet also vom Groben zum Detail oder von oben nach unten (*top-down*) fort. Das Ergebnis ist ein hierarchischer Graph von Prozeduren und Unterprozeduren. Ausführliche Beispiele findet man in [13,14].

Obwohl man die schrittweise Verfeinerung im Prinzip auch beim Grobentwurf anwenden kann, eignet sie sich doch eher für den Feinentwurf, bei dem es darum geht, einzelne Prozeduren in Unterprozeduren und Anweisungsfolgen zu zerlegen. Beim Grobentwurf geht es hingegen um die Modellierung eines größeren Programmsystems, das meist viele gleichwertige Aufgaben hat. Man findet dort schwerer einen Startpunkt, bei dem die Zerlegung beginnen kann.

Einer der Vorteile der schrittweisen Verfeinerung liegt darin, dass die Komplexität eines Problems durch seine Zerlegung reduziert wird. Bild 12-5 zeigt, dass die Komplexität eines Problems mit zunehmender Problemgröße überproportional wächst. Wenn man daher ein Problem der Größe n und der Komplexität $c(n)$ in zwei Teilprobleme der Größe $n/2$ zerlegt, so reduziert man dadurch deren Komplexität auf weniger als die Hälfte ($c(n/2) < c(n)/2$). Mit anderen Worten: Die Teilprobleme sind in Summe wesentlich einfacher zu lösen als das Gesamtproblem.

Strukturiertes Programmieren. Viele ältere Programmiersprachen enthalten sog. *Goto-Anweisungen* (Sprünge zu andern Programmstellen), die früher auch ausgiebig benutzt wurden. Es hat sich allerdings gezeigt, dass der uneingeschränkte Gebrauch von Goto-Anweisungen verworrene Programmstrukturen entstehen lässt, die schwer zu verstehen, schwer zu prüfen und schwer zu ändern sind (Dijkstra: *„Die Qualität eines Programmierers ist umgekehrt proportional zu der Häufigkeit von Gotos in seinen Programmen“* [18]). Um eine einfache Programmstruktur zu erreichen, soll man sich auf Bausteine mit *einem* Eingang und *einem* Ausgang beschränken, wie sie die fünf nach Dijkstra benannten *D-Diagramm-Konstruktionen*

```
action                          (einfache Aktion),
action; action                  (Sequenz),
if ... then ... end             (bedingte Aktion),
if ... then ... else ... end    (binäre Auswahl),
while ... do ... end            (Abweisschleife)
```

und die *erweiterten D-Diagramm-Konstruktionen*

```
case ... of ... end             (Fallunterscheidung),
repeat ... until ...            (Durchlaufschleife),
for ... do ... end              (Zählschleife),
loop ... exit ... end           (Endlosschleife)
```

ergeben. Wenn man kleine Effizienzeinbußen in Kauf nimmt, lassen sich alle denkbaren Programmstrukturen allein mit ihnen, ohne Goto-Anweisungen, konstruieren [4, 9]. In einigen Programmiersprachen gibt es als Konsequenz davon keine Goto-Anweisung.

12.3.3 Mensch-Maschine-Kommunikation

Der Einsatz von Bildschirmarbeitsplätzen, die mit hochauflösenden Grafik-Bildschirmen und Maus ausgerüstet sind, lässt die Schnittstelle zwischen Mensch und Maschine immer mehr in den Vordergrund treten. Die heutige Mensch-Maschine-Kommunikation, ist durch vier Schlagworte gekennzeichnet: *Fenster*, *Sinnbilder*, *Menüs*, *Schreibtischmodell*. In mehreren Fenstern lassen sich Dateien, Tabellen, Grafiken zugleich auf einem Bildschirm darstellen. Sinnbilder (*icons*) für gespeicherte Dokumente lassen sich mit der Maus auf dem Bildschirm verschieben, öffnen und schließen wie die Dokumente selbst, und über Menüs kann man Kommandos auswählen, ohne sich Namen merken und eingeben zu müssen. Der Bildschirm wird damit zum Modell eines Schreibtisches (*Schreibtischmodell*, *desktop metaphor*).

Während früher das Programm den Ablauf steuerte und dem Menschen nur gelegentliches Eingreifen an wenigen vorbedachten Stellen gestattete, steuert nun der Mensch den Ablauf, und das Programm wartet, nachdem es eine Aufgabe ausgeführt hat, auf das nächste Eingabeereignis (*ereignisgesteuerte Programmierung*). Die Mensch-Maschine-Kommunikation ist dadurch zu einer wichtigen Komponente der Programmentwicklung geworden, in die oft großer Aufwand investiert wird.

Die Gestaltung der Mensch-Maschine-Kommunikation in einer psychologisch und ergonomisch möglichst günstigen Weise ist das Arbeitsgebiet der sog. *Software-Ergonomie* [8].

12.4 Testen

Ziel des Testens ist es, zu prüfen, ob ein Programm seine Anforderungen erfüllt. Da Testen immer nur die Anwesenheit von Fehlern zeigen kann, aber nie ihre Abwesenheit (weil dazu i. Allg. unendlich viele Testfälle nötig wären), definiert man Testen etwas bescheidener als die Tätigkeit, Fehler in einem Programm zu finden und zu eliminieren [20, 21].

Man unterscheidet zwischen *statischen Testmethoden*, bei denen man das zu testende Programm untersucht, ohne es auszuführen, und *dynamischen Testmethoden*, bei denen man es mit verschiedenen Eingabedaten (*Testfällen*) ausführt und die gelieferten Ergebnisse mit den erwarteten vergleicht. Bei den dynamischen Testmethoden unterscheidet man nach der Phase, in der sie eingesetzt werden, zwischen *Modultest*, *Integrationstest* und *Abnahmetest*. Nach der Art der Testfallauswahl unterscheidet man zwischen *Funktionstest* und *Strukturtest*. Maßnahmen, um die allgemeine Qualität eines Programms zu verbessern, fasst man unter dem Begriff der *Qualitätssicherung* zusammen.

12.4.1 Statische Testmethoden

Verifikation. Idealerweise möchte man mit mathematischen Methoden beweisen, dass ein Programm korrekt ist. Das ist jedoch bei heutigem Stand der Technik nur für sehr kleine und einfache Programme möglich [22]. Außerdem beziehen sich solche Beweise nur auf die Algorithmen eines Programms, nicht auf seine Codierung in einer bestimmten Programmiersprache oder gar auf seine Ausführung auf einer bestimmten Maschine.

Statische Programmanalyse. Es gibt Werkzeuge, mit denen man den Quelltext eines Programms auf typische Fehler im Daten- oder Steuerfluss untersuchen kann. Auf diese Weise können uninitialisierte oder unbenutzte Variablen gefunden werden oder nicht erreichbare Anweisungen (z. B. solche, die unmittelbar nach einer Return-Anweisung stehen). Auch Stilschwächen können auf diese Weise entdeckt werden.

Schreibtischtest. Noch bevor ein Programm zum ersten Mal läuft, kann man es am Schreibtisch mit Papier und Bleistift für einige Eingabedaten durchsimulieren. Dabei legt man sich eine Tabelle aller Variablen an und notiert ihre Werte, die sie während der Simulation annehmen. Schreibtischtests sind sehr zu empfehlen, da sie das Vertrauen in die Korrektheit des Programms erhöhen und Fehler frühzeitig aufdecken. Je früher ein Fehler gefunden wird, desto einfacher ist seine Behebung.

Codeinspektion. Wie beim Schreibtischtest simuliert man bei der Codeinspektion ein Programm gedanklich durch, ohne es auszuführen. Im Gegensatz zum Schreibtischtest tut man das aber in einer Gruppe. Der Programmierer erklärt sein Programm Schritt für Schritt; die anderen Teilnehmer denken mit und versuchen, Fehler zu finden. Für den Ablauf von Codeinspektionen gibt es Empfehlungen und Checklisten [23].

12.4.2 Dynamische Testmethoden

Modultest (*unit test*). Sobald ein Modul implementiert ist, kann man es bereits unabhängig vom Rest des Systems testen. Dazu muss man einen sog. *Testtreiber* schreiben, d. h. ein Programm, das die Prozeduren des Moduls zu Testzwecken aufruft. Wenn das Modul andere (noch nicht implementierte) Module benutzt, muss man auch diese (sog. *Teststümpfe*, *stubs*) rudimentär implementieren. Es empfiehlt sich daher, ein Programmsystem beginnend mit den untersten Modulen zu testen, da man sich so die Implementierung der Stümpfe erspart. Nach der Art, wie die Testfälle ausgewählt werden, unterscheidet man zwischen Funktionstest und Strukturtest.

Funktionstest (*black box test*). Beim Funktionstest betrachtet man das Testobjekt als „schwarzen Kasten" (*black box*), dessen Inneres man nicht kennt. Man ermittelt die Testfälle ausschließlich aufgrund der Spezifikation des Testobjekts: Wenn das Testobjekt z. B. n Eingabeparameter mit je m möglichen Werten hat, so ergeben sich m^n Testfälle. Hinzu kommen noch Testfälle für ungültige Parameterwerte. Da sich auf diese Weise rasch eine astronomisch hohe Anzahl von Testfällen ergäbe, beschränkt man sich bei den gültigen Parameterwerten auf solche, die unterschiedliches Programmverhalten hervorrufen. Aus ihnen bildet man Testfälle mit allen möglichen Wertekombinationen und wählt auch je einen Testfall für jeden ungültigen Parameterwert.

Strukturtest (*white box test*). Beim Strukturtest sieht man sich den Quelltext des Testobjekts an und versucht ihn durch Testfälle möglichst gut „abzudecken". Dabei unterscheidet man zwischen *Anweisungsabdeckung* (jede Anweisung muss mindestens einmal ausgeführt werden), *Bedingungsabdeckung* (jede Abfrage im Programm muss mindestens einmal wahr und einmal falsch liefern) und *Pfadabdeckung* (jeder Pfad durch das Programm muss mindestens einmal durchlaufen werden). Während es einfach ist, Testfälle für die Anweisungsabdeckung zu wählen, sind zur Pfadabdeckung potenziell unendlich viele Testfälle nötig (ein Programm mit einer Schleife kann unendlich viele Pfade haben). Die Anweisungsabdeckung garantiert nicht, dass alle Pfade durchlaufen wurden, sodass ein Fehler in einem nicht durchlaufenen Pfad unentdeckt bleibt.

Regressionstest und Testwerkzeuge. Ein Modul soll nicht nur ein einziges Mal getestet werden, sondern nach jeder Änderung wieder. Daher sollte man die Testfälle aufbewahren, damit man die Tests jederzeit wiederholen kann. Eine Menge von Testfällen nennt man eine *Testsuite*, ihre Wiederholung einen *Regressionstest*. Um Tests einfach wiederholen zu können, muss man die Testtreiber so schreiben, dass sie für jeden Testfall prüfen, ob das gelieferte Ergebnis dem erwarteten entspricht. In Abhängigkeit davon wird der Test als fehlerfrei oder fehlerhaft betrachtet. Es gibt Werkzeuge für den Regressionstest, die eine Menge von Testfällen ausführen und als Ergebnis die Anzahl der fehlerfreien und fehlerhaften Testfälle liefern [24].

Integrationstest. Nachdem alle Module einzeln getestet wurden, kann man sie schrittweise zu größeren Einheiten zusammensetzen und ihr Zusammenspiel testen. Hier kann i. Allg. nur ein Funktionstest durchgeführt werden. Die subtilsten Fehler treten oft gerade bei der Interaktion zwischen Modulen auf. Der Integrationstest kann daher Fehler finden, die im Modultest nicht entdeckt wurden. Als abschließenden Integrationstest führt man oft einen sog. *Leistungstest* oder *Stresstest* durch, bei dem man das Programm mit einer großen Menge von Eingabedaten testet, die oft sogar zufällig ermittelt wurden und daher auch sinnlose Kombinationen enthalten. Auf diese Weise testet man die Robustheit des Programms bei unsinnigen Eingaben.

Abnahmetest. Beim Abnahmetest wird das Programm unter Betriebsbedingungen mit realen Daten getestet, und zwar über einen längeren Zeitraum, damit man auch seine Zuverlässigkeit feststellen kann. Der Abnahmetest findet meist beim Auftraggeber statt und entscheidet über die Abnahme des Produkts.

12.4.3 Qualitätssicherung

Hierunter versteht man alle Maßnahmen, die die Verbesserung der Qualität eines Softwareprodukts zum Ziel haben. Man unterscheidet zwischen konstruktiven und analytischen Maßnahmen.

Konstruktive Maßnahmen. Hier handelt es sich um vorbeugende Maßnahmen wie die Vorgabe eines bestimmten Programmierstils (z. B. betreffend Namensgebung, Kommentierung, Zeileneinrückung) oder die Vorschreibung von Projektstandards (z. B. betreffend Codeinspektionen, Regressionstests, Versionsverwaltung, Dokumentation).

Analytische Maßnahmen. Ihr Ziel ist die Messung der Qualität des fertigen Produkts und die Ermittlung von Planungsdaten für Nachfolgeprodukte. Um die Qualität eines Programms messbar zu machen, hat man versucht, Qualitätsmerkmale (sog. *Metriken*) zu definieren, was jedoch bisher nur unvollkommen gelungen ist.

Ein häufig gemessenes Merkmal ist die *softwaretechnische Komplexität* eines Programms, die aussagen soll, wie schwierig ein Programm zu verstehen und zu warten ist. Ein einfaches Komplexitätsmaß ist die Programmlänge in Zeilen (*lines of code*, LOC); Da ein Programm jedoch Leerzeilen, Kommentarzeilen und Zeilen mit mehreren Anweisungen enthalten kann, ist die Anzahl der Anweisungen eines Programms ein besseres Maß als die Anzahl der Zeilen.

Ein weiteres bekanntes Komplexitätsmaß wurde von McCabe [7] definiert und lautet:

Softwaretechnische Komplexität eines Programms = 1 + Anzahl der binären Verzweigungen.

Es beruht auf dem Gedanken, dass ein Programm umso schwerer zu verstehen und zu testen ist, je mehr Pfade vom Eingang zum Ausgang verlaufen. Viele andere Komplexitätsmaße sind vorgeschlagen worden, die jedoch alle mit dem viel einfacher zu ermittelnden Maß der Anweisungsanzahl korrelieren und daher selten verwendet werden. Hinzu kommt, dass diese Maße nur für das Programmieren im Kleinen, also innerhalb eines Moduls gelten. Beim Programmieren im Großen sind aber vielmehr die Anzahl und Größe der Module und die Kopplungen zwischen ihnen ausschlaggebend. Hier hat sich noch kein brauchbares Komplexitätsmaß durchgesetzt.

12.5 Dokumentation

Software ist wie andere technische Produkte auf Dokumentation angewiesen. Die Qualität der Dokumentation ist deshalb ein wesentliches Merkmal der Softwarequalität. Alle Phasen eines Softwareprodukts sollen von Dokumentation begleitet sein. Die Herstellung einer guten Dokumentation ist schwierig; noch schwieriger ist es aber, die Dokumentation aktuell und konsistent zu halten. Welche Dokumente im einzelnen Fall erforderlich sind, hängt von der Projektgröße und der Projektart ab. Tabelle 12-3 zeigt typische Zusammenstellungen von Dokumenten für kleine, mittlere und große Projekte.

Man unterscheidet verschiedene Arten der Dokumentation (Kommentare, Benutzerdokumentation, Entwicklungsdokumentation, Hilfetexte), die für unterschiedliche Leserkreise gedacht sind.

Kommentare. Kommentare sind Erläuterungen im Quelltext eines Programms. Neben dem Quelltext sind sie die detaillierteste und zuverlässigste Informationsquelle für Entwickler, da sie bei Programmänderungen am ehesten nachgeführt werden. Gute Kommentare sollten nicht einfach wiederholen, was auch aus dem Programmtext ersichtlich ist, sondern Zusatzinformationen geben, die den Programmtext besser verständlich machen. Es ist empfehlenswert, bei der Deklaration wichtiger Variablen sowie am Anfang jeder Prozedur und jedes

Tabelle 12–3. Aufbau der Dokumentation je nach Projektgröße

Projekt	Dokumente
klein	Bedienungsanleitung
	Implementierungsbeschreibung
mittel	Benutzerdokumentation
	Systemübersicht
	Benutzerhandbuch
	Entwicklungsdokumentation
	Anforderungsdefinition
	Implementierungsbeschreibung
	Architekturbeschreibung
	Modulbeschreibungen
groß	Produktbeschreibung
	Benutzerdokumentation
	Systemübersicht
	Benutzerhandbuch
	Installationsbeschreibung
	Entwicklungsdokumentation
	Anforderungsdefinition
	Arbeitskonventionen
	Implementierungsbeschreibung
	Architekturbeschreibung
	Datenbankschema und Dateiformate
	Modulbeschreibungen
	Schnittstellen
	Algorithmen und Datenstrukturen
	Testprotokolle
	Organisationsdokumente
	Terminpläne
	Verwaltungsakten
	Projekttagebuch
	Wartungsunterlagen

Moduls einen Kommentar anzubringen. Ferner ist es ratsam, ein Programm mit sog. *Assertionen* zu kommentieren, d. h. mit Aussagen über den Zustand des Programms an Schlüsselstellen (z. B. am Anfang einer Schleife, nach einer Schleife, am Anfang eines Else-Zweiges).

Benutzerdokumentation. Die Benutzerdokumentation beschreibt, wie ein Programm zu bedienen ist. Neben der Installationsanleitung und den Systemvoraussetzungen gibt sie Auskunft über den Zweck und die Hauptfunktionen des Programms. Sie erklärt, wie man das Programm startet und welche Parameter man dabei angeben kann. Bei Programmen mit grafischer Benutzeroberfläche beschreibt sie den Bildschirmaufbau (eventuell gibt es mehrere Bildschirmmasken) sowie die verschiedenen Eingabeelemente und Menükommandos. Typische Anwendungsszenarien des Programms sollten in Form von Anleitungen (*tutorials*) dokumentiert werden. Auch Fehlermeldungen und die geeignete Reaktion darauf sollte man dokumentieren. Es hat sich als nützlich erwiesen, eine Grobversion der Bedienungsanleitung bereits vor der Implementierung des Programms zu erstellen. Sie dient dann als Teil der Anforderungsdefinition und als erster „Papierprototyp" des Programms.

Entwicklungsdokumentation. Sie richtet sich an den Wartungsprogrammierer und umfasst alle Dokumente, die bei der Entwicklung der Software angefallen sind, also Anforderungsdefinition, Entwurfsdokumente, Implementierungsbeschreibung, Testprotokolle und sonstige Wartungsunterlagen.

Kern der Entwicklungsdokumentation ist die *Implementierungsbeschreibung*, die die Architektur des Programms erläutert und das Innere jedes Moduls beschreibt. Wenn das Programm eine Datenbank benutzt, dokumentiert sie auch das Datenbankschema, d. h. die Struktur der Datenbanktabellen und ihre Beziehungen. Ebenso wird das Format von Ein- und Ausgabedateien sowie von eventuellen Konfigurationsdateien spezifiziert. Das Innere der Module sollte nicht zu detailliert beschrieben werden, weil sonst die Gefahr besteht, dass die Dokumentation bei Programmänderungen nicht nachgeführt wird und veraltet. Zum genauen Verständnis des Programms muss man sich ohnehin den Quelltext ansehen, der (mit Kommentaren versehen) ebenfalls Teil der Dokumentation ist.

Ein wichtiger Teil der Implementierungsbeschreibung ist die Spezifikation der *Modulschnittstellen*, die für Programmierer gedacht ist, welche einzelne Module des Programms verwenden wollen. Sie listet die exportierten Variablen und Prozeduren jedes Moduls auf und versieht sie mit Erläuterungen. Für jede Prozedur wird ihr Zweck sowie die Bedeutung ihrer Parameter beschrieben, wenn möglich auch die Fehler, die bei ihrer Ausführung auftreten können. Die Schnittstellendokumentation kann oft mit Werkzeugen aus den Kommentaren des Quelltexts erzeugt werden.

Hilfetexte. Viele Programme (vor allem solche mit grafischer Benutzeroberfläche) enthalten sog. Hilfetexte. Das sind Kurzfassungen der Benutzerdokumentation, die man unter einem bestimmten Menüpunkt abrufen kann oder die kontextabhängig bei gewissen Aktionen, die man mit der Maus durchführt, angezeigt werden. Solche integrierte Hilfestellungen sind nützlich, weil sie das Nachschlagen im Benutzerhandbuch überflüssig machen.

12.6 Werkzeuge der Softwaretechnik

Wie in jeder Ingenieurdisziplin gibt es in der Softwaretechnik neben schöpferischen Tätigkeiten auch Routinearbeiten, die man durch Werkzeuge zu unterstützen versucht. Es gibt heute zahlreiche solcher Werkzeuge, die in verschiedenen Phasen der Softwareentwicklung eingesetzt werden, vor allem in der Implementierungsphase, aber auch in der Entwurfs- und Testphase sowie zur Dokumentation.

Entwicklungsumgebungen. Programme werden heute meist mit integrierten Entwicklungsumgebungen (*integrated development environments*, IDEs) erstellt. Solche Umgebungen enthalten meist einen komfortablen Editor, der einzelne Programmdateien zu „Projekten" zusammenfasst, Schlüsselwörter durch Farben hervorhebt (*syntax coloring*), Programmteile faltet (d. h. aus- und einblendet) sowie Funktionen zum konsistenten Ändern von Programmen anbietet (*refactoring*). Daneben enthalten sie einen Compiler zum Übersetzen der Programme, einen „Debugger" zur Fehlersuche sowie Mechanismen, um alle Teile eines Projekts „zusammenzubinden" und auszuführen. Manche Entwicklungsumgebungen bieten auch Editoren, mit denen man grafische Benutzeroberflächen entwerfen und automatisch in Programmcode umsetzen kann.

Entwurfswerkzeuge. Für den Entwurf von Programmen gibt es nicht so ausgereifte Werkzeuge wie für die Implementierung. Meist beschränkt sich das Angebot auf Diagrammeditoren, mit denen man Softwarearchitekturen z. B. in UML beschreiben kann. Manchmal liegt dahinter auch eine Datenbank, in der die Module und ihre Beziehungen festgehalten werden, und aus der man Teile der Implementierung generieren kann.

Versionsverwaltungswerkzeuge. In großen Softwareprojekten, an denen viele Entwickler arbeiten und in denen Programmversionen für verschiedene Kunden, Maschinen und Betriebssysteme entstehen, kann es leicht zum Chaos kommen, wenn jeder Entwickler Programmteile nach Gutdünken ändert und sie teilweise auf seinem eigenen Rechner, teilweise auf gemeinsamen Rechnern speichert. Daher gehört es in solchen Projekten zum Standard, Werkzeuge zur Versionsverwaltung zu benutzen, die von jedem Modul sowohl seine geschichtlich gewachsenen Revisionen als auch seine verschiedenen Varianten (z. B. für unterschiedliche Kunden) verwalten können. Man kann damit jederzeit auf ältere Programmversionen zurückgreifen und „auf Knopfdruck" ein Softwareprodukt für einen bestimmten Kunden aus den passenden Varianten zusammensetzen.

Testwerkzeuge. Hier gibt es einerseits Werkzeuge für den *Regressionstest*, die es erlauben, eine Menge von Testfällen automatisiert auszuführen und die gelieferten mit den erwarteten Ergebnissen zu vergleichen. Andererseits gibt es auch Werkzeuge für den *Strukturtest*, die prüfen, ob durch eine Menge von Testfällen alle Anweisungen, Bedingungen oder Pfade eines Programms abgedeckt werden. Zu den Testwerkzeugen im weiteren Sinne gehören auch *statische Programmanalysatoren*, die Anomalien in Programmtexten aufdecken (z. B. uninitialisierte Variablen) oder Komplexitätsmaße berechnen.

Werkzeuge zur Ermittlung des Programmprofils. Nach einer Faustregel verbringt ein Programm 90% seiner Laufzeit in 10% seines Codes. Es gibt Werkzeuge (sog. *Profiler*), die bei der Ausführung eines Programms die Ausführungshäufigkeiten einzelner Anweisungen oder Prozeduren messen. Man kann dann gezielt versuchen, die am häufigsten ausgeführten Programmteile zu verbessern, um dadurch die Geschwindigkeit des Programms zu steigern.

Dokumentationswerkzeuge. Die Schnittstellenbeschreibungen von Modulen oder Klassen werden häufig aus Kommentaren generiert, die bei der Deklaration von Variablen und Prozeduren im Quelltext stehen. Es gibt auch Werkzeuge, die zu Dokumentationszwecken aus dem Quelltext eine grafische Darstellung der Softwarearchitektur erzeugen (z. B. in Form von UML-Diagrammen).

13 Ausblick: Informatik und Kommunikation

Da sich Buchteil J auf die Technische Informatik beschränkt, blieben andere Teile der Informatik unberücksichtigt.

Neue Teilgebiete betreffen besonders die Kommunikation zwischen Rechner und Rechner, zwischen Rechner und Mensch und schließlich zwischen Mensch und Mensch mit dem Rechner als verbindendem Element. Das ändert an den Mathematischen Modellen nichts, an den Digitalen Systemen wenig. Bei der Rechnerorganisation kommen *Verteilte Systeme* hinzu und das *Schichtenmodell der Kommunikation in heterogenen Rechnernetzen*.

Besonders durch das *Internet* wurde klar, welche Probleme die weltweite Kommunikation in heterogenen Netzen aufwirft. Man will alle Arten von Daten übertragen: Texte, Grafiken, Musik, Festbilder, Fernsehaufzeichnungen. Die großen Datenmengen, die dabei in kurzer Zeit transportiert werden müssen, brachten das algorithmische Problem der *Datenkompression* mit sich. Zugleich zeigte es sich, dass bei der Verbindung aller mit allen das einzelne Rechnersystem gegen Eindringlinge nur schwer geschützt werden kann. Da zugleich der *elektronische Handel* aufblühte, bei dem es auf Vertraulichkeit, fälschungssichere Unterschriften und ähnliches ankommt, spielen *Sicherheitsfragen* in der elektronischen Kommunikation eine große Rolle.

Die Fülle der Dokumente im Internet erfordert die Entwicklung von Programmen zur *Dokumentsuche und Dokumenterschließung*. Eine der neuesten Entwicklungen untersucht die Kommunikationsmöglichkeiten, die Prozessoren mit sich bringen, die in großer Anzahl in Gegenstände des täglichen Lebens, wie Aktentaschen und Wäschestücke oder gar den menschlichen Körper unsichtbar „implantiert" werden, sich selbst drahtlos mit vorhandenen Netzen verbinden, dadurch allgegenwärtig sind und keine Bedienung durch ihren Besitzer mehr erfordern.

Es ist charakteristisch für diese neuen Teilgebiete der Informatik, dass Hardware und Software meist eng verbunden sind, wenn auch die Software das Übergewicht hat.

Formelzeichen zur Programmierung

$\downarrow$	Eingangsparameter	9.1
$\uparrow$	Ausgangsparameter	9.1
$\updownarrow$	Übergangsparameter	9.2.1
$O(n)$	O-Notation	9.4
{ }	Mengenklammern	10.8
{ }	Wiederholungssymbol	11.2.1
[ ]	Optionssymbol	11.2.1
$\vert$	Alternativentrennsymbol	11.2.1
$\lfloor\ \rfloor$	Floor	10.5

Literatur

Handbücher und Nachschlagewerke

Claus, V.; Schwill, A.: Duden Informatik. 4. Aufl. Mannheim: Dudenverlag 2006

Rechenberg, P.; Pomberger, G. (Hrsg.): Informatik-Handbuch. 4. Aufl. München: Hanser 2006

Siemers, Ch.; Sikora, A. (Hrsg.): Taschenbuch Digitaltechnik. München: Hanser 2003

Allgemeine Literatur zu Kapitel 1 und 2

Hermes, H.: Aufzählbarkeit, Entscheidbarkeit, Berechenbarkeit. 3. Aufl. Berlin: Springer 1978

Hilbert, D.; Ackermann, W.: Grundzüge der theoretischen Logik. 6. Aufl. Berlin: Springer 1972

Hopcroft, J.E.; Motwani, R., Ullman, J.D.: Einführung in die Automatentheorie, Formale Sprachen und Komplexitätstheorie. 2. Aufl. Pearson Studium 2002

Liebig, H.: Logischer Entwurf digitaler Systeme. 4. Aufl. Berlin: Springer 2005

Allgemeine Literatur zu Kapitel 3 und 4

Liebig, H.: Logischer Entwurf digitaler Systeme. 4. Aufl. Berlin: Springer 2005

Lipp, H.M.: Grundlagen der Digitaltechnik. 4. Aufl. München: Oldenbourg 2002

Mano, M.M.; Kime, Ch.R.: Logic and Computer Design Fundamentals. 3rd. ed. Pearson Education 2004

Unger, S.H.: The essence of logic circuits. 2nd ed. New York: IEEE Press 1996
Tietze, U; Schenk, C.: Halbleiter-Spannungstechnik. 12. Aufl. Berlin: Springer 2002

Allgemeine Literatur zu Kapitel 5 und 6

Bode, A.: Rechnerarchitektur und Prozessoren. In: Rechenberg, P.; Pomberger, G.: Informatik-Handbuch. 4. Aufl. München: Hanser 2006
Flik, Th.: Mikroprozessortechnik und Rechnerstrukturen. 7. Aufl. Berlin: Springer 2005
Flik, Th.; Liebig, H.: Mikroprozessortechnik. 5. Aufl. Berlin: Springer 1998
Flynn, M.J.: Computer architecture. Boston: Jones and Bartlett 1995
Hennessy, J.L.; Patterson, D.A.: Computer architecture. 3rd ed. San Mateo: Kaufmann 2003
Herrmann, P.: Rechnerarchitektur. 3. Aufl. Braunschweig: Vieweg 2002
Liebig, H.: Rechnerorganisation. 3. Aufl. Berlin: Springer 2003
Menge, M.: Moderne Prozessorarchitekturen. Berlin: Springer 2005
Patterson, D.A.; Hennessey, J.L.: Rechnerorganisation und -entwurf. München: Elsevier 2005
Stallings, W.: Computer organization and architecture. 7th ed. Englewood Cliffs: Prentice Hall 2006

Allgemeine Literatur zu Kapitel 7

Flik, Th.: Mikroprozessortechnik. 7. Aufl. Berlin: Springer 2005
Flynn, M.J.: Computer architecture. Boston: Jones and Bartlett 1995
Hellwagner, H.: Arbeitsspeicher- und Bussysteme. In: Rechenberg, P.; Pomberger, G.: Informatik-Handbuch. 4. Aufl. München: Hanser 2006
Proebster, W.; Schwarzstein, D.: Externe Speicher und Peripheriegeräte. In: Rechenberg, P.; Pomberger, G.: Informatik-Handbuch. 4. Aufl. München: Hanser 2006
Steinmetz, R.; Mühlhäuser, M.; Welzl, M.: Rechnernetze. In: Rechenberg, P.; Pomberger, G.: Informatik-Handbuch. 4. Aufl. München: Hanser 2006
Tanenbaum, A.S.: Computernetzwerke. 4. Aufl. München: Pearson/Addison-Wesley 2003
Ungerer, T.: Parallelrechner und parallele Programmierung. Heidelberg: Spektrum 1997
Völz, H.: Wissen, Erkennen, Information. Digitale Bibliothek 2007
Volkert, J.: Parallelrechner. In: Rechenberg, P.; Pomberger, G.: Informatik-Handbuch. 4. Aufl. München: Hanser 2006

Allgemeine Literatur zu Kapitel 8

Borrmann, L.: Betriebssysteme. In: Rechenberg, P.; Pomberger, G.: Informatik-Handbuch. 4. Aufl. München: Hanser 2006
Stallings, W: Betriebssysteme. 4. Aufl. München: Pearson/Prentice Hall 2003
Tanenbaum, A.S.: Moderne Betriebssysteme. 2. Aufl. München: Pearson/Prentice Hall 2002

Allgemeine Literatur zu Kapitel 9 und 10

Aho, A.V.; et. al.: Data structures and algorithms. Reading, Mass.: Addison-Wesley 1994
Knuth, D.E.: The art of computer programming. vol. 1: Fundamental algorithms. 3rd. ed. Reading, Mass.: Addison-Wesley 1997
Nievergelt, J.; Hinrichs, K.H.: Algorithms and data structures. Englewood Cliffs, N.J.: Prentice-Hall 1993
Ottmann, T.; Widmayer, P.: Algorithmen und Datenstrukturen. Heidelberg: Spektrum 2002
Sedgewick, R.: Algorithmen. München: Addison-Wesley Longman 2002
Wirth, N.: Algorithmen und Datenstrukturen mit Modula-2. 5. Aufl. Stuttgart: Teubner 1996

Allgemeine Literatur zu Kapitel 11

Goos, G.: Programmiersprachen. In: Rechenberg, P.; Pomberger G.: Informatik-Handbuch. 4. Aufl. München: Hanser 2006
Pratt, T.W.: Programming languages. 4th ed. London: Prentice-Hall 2001

Allgemeine Literatur zu Kapitel 12

Balzert, H.: Lehrbuch der Software-Technik. 2 Bde. Heidelberg: Spektrum 2000
Pomberger, G.; Pree, W.: Software Engineering, Architektur-Design und Prozessorientierung. 3. Aufl. München: Hanser 2004

Sommerville, I.: Software engineering. 7th ed. Amsterdam: Addison-Wesley Longman 2004

Spezielle Literatur zu Kapitel 1

1. Giloi, W.K.; Liebig, H.: Logischer Entwurf digitaler Systeme. 2. Aufl. Berlin: Springer 1980
2. Hill, J.H.; Peterson, G.R.: Computer aided logical design with emphasis on VLSI. 4th ed. New York: John Wiley 1993
3. (Hilbert/Ackermann 1972)

Spezielle Literatur zu Kapitel 2

1. Liebig, H.: Rechnerorganisation. 3. Aufl. Berlin: Springer 2003

Spezielle Literatur zu Kapitel 3

1. Mead, C.; Convay, L.: Introduction to VLSI systems. Reading, Mass.: Addison-Wesley 1980
2. (Liebig 2005)
3. Omondi, A.R.: Computer Arithmetic Systems. Englewood Cliffs: Prentice Hall 1994

Spezielle Literatur zu Kapitel 4

1. (Liebig 2005)
2. Mead, C.; Conway, L.: Introduction to VLSI systems. Reading, Mass.: Addison-Wesley 1980
3. IEEE standards VHDL language reference manual. IEEE Std 1076-1993

Spezielle Literatur zu Kapitel 5

1. (Liebig 2003)
2. (Menge 2005)

Spezielle Literatur zu Kapitel 6

1. Bohn, W.F.; Flik, Th.: Zeichen- und Zahlendarstellungen. In: Rechenberg, P.; Pomberger, G.: Informatik-Handbuch. 4. Aufl. München: Hanser 2006
2. (Flik 2005)
3. Goldberg, D.: Computer arithmetic. In: Patterson, D.A.; Hennessey, J.L.: Computer architecture. San Mateo, Calif.: Kaufmann 1990
4. Goldberg, D.: What every computer scientist should know about floating point arithmetic. ACM Computing Surv. 23 (1991) 5–8
5. Hamming, R.W.: Information and Codierung: Fehlererkennung und -korrektur. Weinheim: VCH 1987
6. Hoffmann, R.: Rechnerentwurf. 3. Aufl. München: Oldenbourg 1993
7. (Liebig)
8. Omondi, A.R.: Computer Arithmetic Systems. Englewood Cliffs: Prentice Hall 1994
9. Stalling, W: Computer Organization & Architecture. 7th ed. Prentice Hall: Pearson 2006
10. Tanenbaum, A.S.: Computernetzwerke. 4. Aufl. München: Pearson/Addison-Wesley 2003
11. The Unicode Consortium: The Unicode Standard. Version 4.0. Reading: Addison-Wesley 2003

Spezielle Literatur zu Kapitel 7

1. Budruk, R.; Anderson, D.; Shanley, T: PCI express system architecture. 4rd ed. Boston: Addison-Wesley 2004
2. (Flik 2005)
3. Flynn, M.J.: Some computer organizations and their effectiveness. IEEE Trans. Computers C-21 (1972) 948–960
4. (Flynn 1995)
5. HyperTransport i/o link specification, Revision 2.00. HyperTransport Technology Consortium 2004
6. PCI local bus specification, rev. 2.2. Portland: PCI Special Interest Group 1998
7. PCI-X addendum to the PCI local bus specification. Hillsboro: PCI Special Interest Group 1999
8. Shanley, T.; Anderson, D.: PCI system architecture. 4rd ed. Reading: Addison-Wesley 1999
9. (Tanenbaum 2003)
10. (Ungerer 1997)
11. VITA 1.5: 2eSST draft standard 1.8 Scottsdale: VITA 1999
12. (Völz 2007)

Spezielle Literatur zu Kapitel 8

1. (Borrmann 2006)
2. Bourne, S.R.: Das UNIX-System V. 2. Aufl. Bonn: Addison-Wesley 1992
3. Dijkstra, E.W.: Co-operating sequential processes. In: Genuys, F. (Ed).: Programming languages. London: Academic Pr. 1968
4. (Stallings 2003)
5. (Tanenbaum 2002)

Spezielle Literatur zu Kapitel 9

1. Buchberger, B. (Hrsg.): EUROCAL '85. (Lecture Notes in Computer Science, 203). Berlin: Springer 1985 (Proceedings einer Tagung über symbolisches Rechnen)
2. Buchberger, B.; u. a.; Rechnerorientierte Verfahren. Stuttgart: Teubner 1986
3. Encarnaçao, J.; Straßer, W.; Klein, R.: Grafische Datenverarbeitung, 2 Bde. 4. Aufl. München: Oldenbourg 1998
4. Foley, J.D.; u. a.: Introduction to computer graphics. Reading, Mass.: Addison-Wesley 1993
5. Henrici, P.: Elemente der numerischen Analysis, 2 Bde. Mannheim: Bibliogr. Inst. 1972, 1973
6. Knuth, D.E.: The art of computer programming, vol. 1: Fundamental algorithms. 3rd ed. Reading, Mass.: Addison-Wesley 1997
7. Knuth, D.E.: The art of computer programming, vol. 2: Seminumerical algorithms. 3rd ed. Reading, Mass.: Addison-Wesley 1997
8. Manna, Z.: Mathematical theory of computation. Dover Publications 1993
9. Mehlhorn, K.: Multi-dimensional searching and computational geometry. Berlin: Springer 1984
10. Oppenheim, A.V.; Schafer, R.W.: Digital signal processing. Englewood Cliffs, N.J.: Prentice-Hall 1975
11. Oppenheim, A.V. (Ed.): Applications of digital signal processing. Englewood Cliffs, N.J.: Prentice-Hall 1978
12. Rechenberg, P.; Pomberger, G. (Hrsg.): Informatik-Handbuch. 4. Aufl. München: Hanser 2006
13. Überhuber, C.: Computer-Numerik (2 Bde.). Berlin: Springer 1995
14. Sedgewick, R.: Algorithmen. München: Addison-Wesley Longman 2002
15. Stetter, H.J.: Numerik für Informatiker. München: Oldenbourg 1990

Spezielle Literatur zu Kapitel 10

1. (Aho u. a. 1994)

Spezielle Literatur zu Kapitel 11

1. ACM Sigplan Notices 27 (1992), 5. (Das ganze Heft ist der Sprache Haskell gewidmet, mit Sprachdefinition.)
2. DIN 66028: Programmiersprache COBOL
3. DIN 66255: Programmiersprache PL/I (05.80)
4. ISO/IEC 1539-1:2004; Information technology; Programming languages; Fortran
5. DIN EN 27185: Informationstechnik; Programmiersprachen; Pascal
6. DIN ISO/IEC 8652: Informationstechnik; Programmiersprachen; Ada
7. DIN EN 29899: Programmiersprachen; C
8. ISO/IEC 14882 Informationstechnik; Programmiersprachen; C++
9. ISO/IEC 10514-1 Informationstechnik; Programmiersprachen; Modula-2
10. ISO/IEC 13211-1 Informationstechnik; Programmiersprachen; Prolog
11. Backus, J.W.; u. a.: Revised report on the algorithmic language ALGOL 60. Numer. Mathematik 4 (1963) 420–453
12. Herrtwich, R.G.; Hommel, G.: Nebenläufige Programme. 2. Aufl. Berlin: Springer 1994
13. Blaschek, G.; Pomberger, G.; Ritzinger, F.: Einführung in die Programmierung mit Modula-2. Berlin: Springer 1990
14. Clocksin, W.F.; Mellish, C.S.: Programming in Prolog. 5th ed. Berlin: Springer 2003
15. Coplien, J.O.: Advanced C++, Programming Styles and Idioms. Reading, Mass.: Addison-Wesley 1992
16. Ellis, M.A.; Stroustrup, B.: The annotated C++ reference manual. Amsterdam: Addison-Wesley Longman 1996
17. Goldberg, A.; Robson, D.: Smalltalk-80. Reading, Mass.: Addison-Wesley 1995
18. Hinze, R.: Einführung in die funktionale Programmierung mit Miranda. Stuttgart: Teubner 1992
19. Jensen, K.; Wirth, N.: Pascal user manual and report (revised for the ISO Pascal standard). 4th ed. New York: Springer 1991
20. Kernighan, B.W.; Ritchie, D.M.: Programmieren in C. 2. Aufl. München: Hanser 1990
21. Koepf, W.; u. a.: Mathematik mit DERIVE. Braunschweig: Vieweg 1993
22. Kutzler, B.; u. a.: Softwaresysteme zur Formelmanipulation. Ehningen: Expert-Vlg. 1990
23. Perrot, R.H.; Zarea-Aliabadi, A.: Supercomputer languages. Computing Surveys 18 (1986) 5–22
24. Pomberger, G.; Pree, W.: Software Engineering, Architektur-Design und Prozessorientierung. 3. Aufl. München: Hanser 2004
25. Steele, G.L.: Common LISP. 2nd ed. Bedford, Mass.: Digital Pr. 1990
26. Stoyan, H.; Görz, G.: LISP. 1. korr. Nachdruck, Berlin: Springer 1986
27. Stroustrup, B.: The C++ programming language. 3rd ed. Amsterdam: Addison-Wesley Longman 1998
28. Metcalf, M.; Reid, J.; Cohen, M.: Fortran 95/2003 explained. Oxford University Press 2004

29. Wexelblat, R.L. (Ed.): History of programming languages. New York: Academic Pr. 1981
30. Wirth, N.: Programmieren in Modula-2. 2. Aufl. Berlin: Springer 1991
31. Wolfram, S.: The Mathematica book. 4th ed. Cambridge University Press 1999
32. Information über die NAG-Bibliothek: Numerical Algorithms Group, Wilkinson House, Jordan Hill Road, Oxford 0X2 8DR, GB
33. Information über die IMSL-Bibliothek: In Deutschland: IMSL, Adlerstr. 74, D-40211 Düsseldorf, in Österreich: Uni Software Plus, Softwarepark Hagenberg, A-4232 Hagenberg
34. Information über Maple: Symbolic Computation Group, The University of Waterloo, Waterloo, Ontario, N2L 3G1, Canada
35. Information über Derive and Reduce: Uni Software Plus, Softwarepark Hagenberg, A-4232 Hagenberg
36. Ada 95 Reference Manual. Berlin: Springer 1997
37. Burkhart, H.: Parallele Programmierung. In: Rechenberg, P.; Pomberger, G.: Informatik-Handbuch. 4. Aufl. München: Hanser 2006
38. Böszörményi, L.; Weich, C.: Programmieren mit Modula-3. Berlin:Springer 1995
39. Gosling, J.; u. a.: The Java language specification. 3rd ed. Reading: Addison-Wesley 2005
40. Reiser, M.; Wirth, N.: Programmieren in Oberon. Korr. Nachdr. Bonn: Addison-Wesley Longman 1997
41. Mössenböck, H.: Objektorientierte Programmierung in Oberon-2. 3. Aufl. Berlin: Springer 1998
42. Mössenböck, H.: Sprechen Sie Java? 3. Aufl. Heidelberg: dpunkt 2005
43. Mössenböck, H.: Softwareentwicklung mit C# 2.0. 2. Aufl. Heidelberg: dpunkt 2003
44. Bratko, I.: Prolog programming for artificial intelligence. 3rd ed. Addison-Wesley 2000
45. Gibson, R.G.; Bergin, T.J.: History of programming languages II. Addison-Wesley 1996

Spezielle Literatur zu Kapitel 12

1. McCabe, T.: A complexity measure. IEEE Trans. Software Engineering SE-2 (1976) 308–320
2. Nievergelt, J.; Ventura, A.: Die Gestaltung interaktiver Programme. Stuttgart: Teubner 1983
3. Oulsnam, G.: Unravelling unstructured programs. Computer J. 25 (1982) 379–387
4. Parnas, D.L.: On the criteria to be used in decomposing systems into modules. Commun. ACM 15 (1972) 1053–1058
5. Pomberger, G.; Bischofberger, W.: Prototyping-oriented software development. Berlin: Springer 1992
6. Pomberger, G.; Pree, W.: Software Engineering, Architektur-Design und Prozessorientierung. 3. Aufl. München: Hanser 1996
7. Wirth, N.: Program development by stepwise refinement. Commun. ACM 14 (1971) 221–227
8. Wirth, N.: On the composition of well-structured programs. Computing Surveys 6 (1974) 247–259
9. Boehm, B.: A spiral model of software development and enhancement. IEEE Computer 21 (5) 61–72
10. Beck, K.: Extreme programming explained. Addison-Wesley 2000
11. Schwaber, K.; Beedle, M.: Agile software development with Scrum. Prentice Hall 2002
12. Dijkstra, E.W.: Go to statement considered harmful. Commun. ACM 11 (1968) 147–148
13. Kappel, G.; Hitz, M.; Retschitzegger, W.; Kapsammer, E.: UML@work. dpunkt 2005
14. Myers, G.; J., Sandler, C.; Badgett, T.; Thomas, T.M.: The art of software testing. 2nd ed. Wiley 2004
15. Spillner, A.; Linz, T.: Basiswissen Softwaretest. 3. Aufl. dpunkt 2005
16 Gries, D.: The science of programming. Springer 1989
17. Gilb, T.; Graham, D.: Software inspection. Addison-Wesley 1993
18. Beck, K.: JUnit pocket guide. O'Reilly 2004

K Entwicklung und Konstruktion

K.-H. Grote
F. Engelmann
W. Beitz†
M. Syrbe
J. Beyerer

1 Produktentstehung

1.1 Lebensphasen eines Produkts

1.1.1 Technischer Lebenszyklus

Ein technisches Produkt durchläuft einen Lebenszyklus, der Grundlage für Aktivitäten beim Produkthersteller und Produktanwender ist.
Bild 1-1 zeigt die wesentlichen Lebensphasen eines Produkts in der Reihenfolge des Herstellungsfortschritts und der Anwendung. Der Lebenszyklus technischer Produkte ist verknüpft mit dem allgemeinen „Materialkreislauf“, siehe Bild D 1-1. Der Zyklus beginnt bei einer Produktidee, die sich aus einem Markt- oder Kundenbedürfnis ergibt und im Zuge einer Produktplanung so weit konkretisiert wird, dass sie durch eine Entwicklung und Konstruktion in ein realisierbares Produkt umgesetzt werden kann. Es folgt der Herstellungsprozess mit Teilefertigung, Montage und Qualitätsprüfung. Der Ablauf beim Produkthersteller endet beim Vertrieb und Verkauf. Diese Phase ist die Schnittstelle zur Produktanwendung, die sich als Gebrauch oder Verbrauch darstellen kann. Zur Verlängerung der Nutzungsdauer können zwischengeschaltete Instandhaltungsschritte dienen. Nach der Primärnutzung folgt das Produkt-Recycling, das zu einer weiteren Nutzung bei gleichbleibenden oder veränderten Produktfunktionen (Wieder- bzw. Weiterverwendung) oder zur Altstoffnutzung bei gleichbleibenden oder veränderten Eigenschaften der Sekundärwerkstoffe (Wieder- bzw. Weiterverwertung) führen kann. Nicht recyclingfähige Komponenten enden dann auf der Deponie oder in der Umwelt.
Dieser Lebenszyklus gilt sowohl für materielle Produkte des Maschinen-, Apparate- und Gerätebaus als auch, abgesehen von Recycling bzw. Deponierung, für Software-Produkte. Er wird in einem Unternehmen zweckmäßigerweise durch eine Produktverfolgung überwacht.

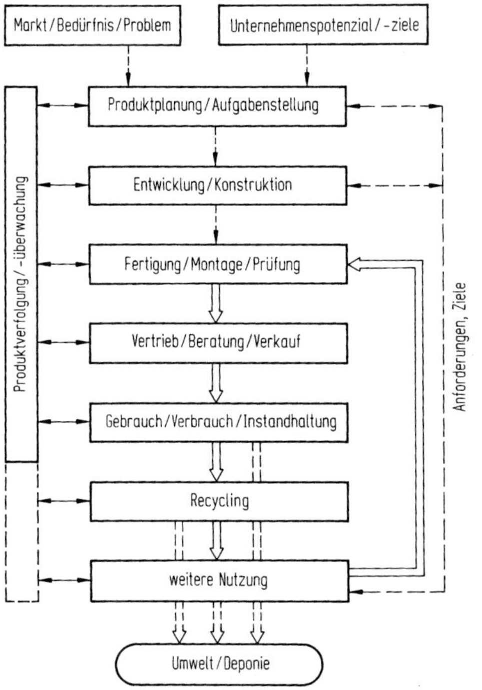

Bild 1-1. Lebensphasen eines technischen Produkts. In Anlehnung an [1, 2]

1.1.2 Wirtschaftlicher Lebenszyklus

Der Lebenszyklus eines Produkts kann nicht nur hinsichtlich der aufeinanderfolgenden Konkretisierungsstufen von Herstellung und Anwendung betrachtet werden, sondern auch hinsichtlich der wirtschaftlichen Daten, bezogen auf die jeweilige Phase des Produktlebens. Bild 1-2 zeigt den Bezug der Produktphasen auf Umsatz, Gewinn und Verlust.

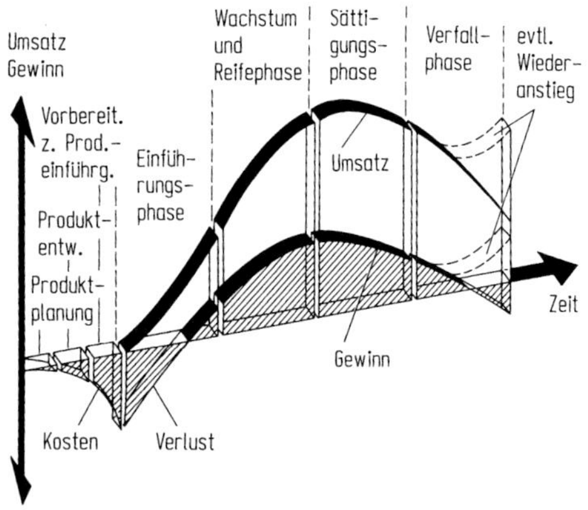

Bild 1-2. Lebenszyklus eines Produkts, gekennzeichnet durch Umsatz, Erlöse und Aufwendungen [3, 5]

Man erkennt, dass vor Umsatzbeginn Realisierungskosten vom Unternehmen aufgebracht werden müssen (Aufwendungen), die bei einsetzendem Umsatz zunächst ausgeglichen werden müssen, ehe das Produkt in die Gewinnzone kommt. Diese erlebt dann eine Wachstums- und Sättigungsphase am Markt, ehe ein Verfall durch Umsatz- und Gewinnrückgang erfolgt. Eine Wiederbelebung von Umsatz und Gewinn, z. B. durch besondere Vertriebs- und Werbemaßnahmen, ist meistens nur von kurzer Dauer, sodass es erfolgversprechender ist, rechtzeitig durch Entwicklung neuer Produkte einen Ausgleich abfallender Lebenskurven alter Produkte durch ansteigende Lebenskurven neuer Produkte zu erreichen.

1.2 Produktplanung

1.2.1 Bedeutung

Die Planung und Entwicklung marktfähiger Produkte gehören zu den wichtigsten Aufgaben der Industrie. Wegen der unvermeidbaren Abstiegsphasen der vorhandenen Produkte oder Produktgruppen (siehe 1.1) muss eine systematische Planung neuer Produkte erfolgen, was auch als innovative Produktpolitik bezeichnet wird [5]. Strategien zur Produktplanung dürfen dabei gute Ideen von Erfindern und phantasiereichen Unternehmern nicht abblocken, vielmehr sollen diese durch methodische Hilfsmittel unterstützt und in einen notwendigen Zeitrahmen eingeordnet werden.

1.2.2 Grundlagen

Grundlage einer Produktplanung sind die Verhältnisse am Absatzmarkt, im Umfeld des Unternehmens und innerhalb des Unternehmens. Diese können gemäß Bild 1-3 als externe und interne Einflüsse auf ein Unternehmen und insbesondere auf seine Produktplanung definiert werden.

Externe Einflüsse: Sie kommen

- aus der Weltwirtschaft (z. B. Wechselkurse),
- aus der Volkswirtschaft (z. B. Inflationsrate, Arbeitsmarktsituation),
- aus Gesetzgebung und Verwaltung (z. B. Umweltschutz),
- aus dem Beschaffungsmarkt (z. B. Zuliefer- und Rohstoffmarkt),
- aus der Forschung (z. B. staatlich geförderte Forschungsschwerpunkte),
- aus der Technik (z. B. Entwicklungen der Informationstechnik oder Lasertechnik) sowie
- aus dem Absatzmarkt.

Dabei sind die Verhältnisse des Absatzmarktes von entscheidender Bedeutung. Es wird unterschieden zwischen einem *Käufermarkt* und einem *Verkäufermarkt*. Beim ersten ist das Angebot größer, beim zweiten kleiner als die Nachfrage. Beim Verkäufermarkt ist also die Produktion der Engpass, beim

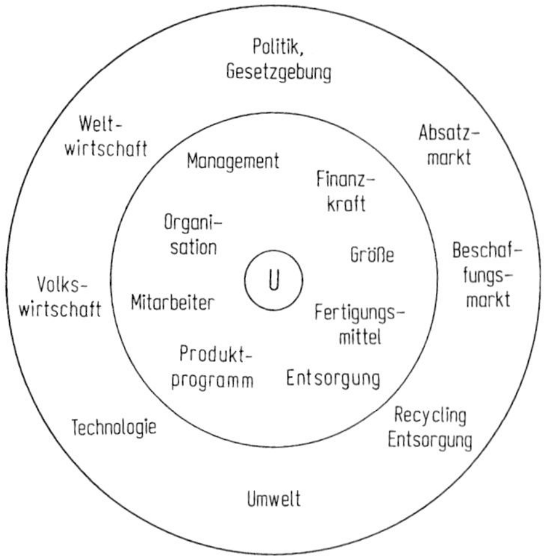

Bild 1-3. Externe und interne Einflüsse auf ein Unternehmen. In Anlehnung an [4]

Käufermarkt müssen dagegen Produkte geplant und entwickelt werden, die sich im Wettbewerb behaupten können.
Weitere Merkmale zur Kennzeichnung von Märkten sind:

- Wirtschaftsgebiete: Binnenmarkt, Exportmärkte.
- Neuheit für das Unternehmen: Derzeitiger Markt, neuer Markt.
- Marktposition: Marktanteil, strategische Freiräume des Unternehmens, technische Wertigkeit seiner Produkte.

Interne Einflüsse: Sie kommen, vgl. Bild 1-3,

- aus der Organisation des Unternehmens (z. B. produktorientierte Vertikal- oder aufgabenorientierte Horizontalorganisation),
- aus dem Personalbestand (z. B. Vorhandensein qualifizierten Entwicklungs- und Fertigungspersonals),
- aus der Finanzkraft (z. B. den Investitionsmöglichkeiten),
- aus der Unternehmensgröße (z. B. hinsichtlich des verkraftbaren Umsatzes),
- aus dem Fertigungsmittelpark (z. B. hinsichtlich bestimmter Fertigungstechnologien),
- aus dem Produktprogramm (z. B. hinsichtlich übernehmbarer Komponenten und Vorentwicklungen),
- aus dem Know-how (z. B. Entwicklungs-, Vertriebs- und Fertigungserfahrungen) sowie
- aus dem Management (z. B. als Projektmanagement).

Die aufgeführten Einflüsse werden auch als Unternehmenspotenzial bezeichnet.

1.2.3 Vorgehensschritte

Eine systematische Produktplanung ist durch einen Ablaufplan gekennzeichnet, dessen Inhalt die in 1.2.2 genannten internen und externen Einflüsse berücksichtigen muss. Der in Bild 1-4 vorgeschlagene Ablauf fasst Vorschläge mehrerer Autoren zusammen [6, 7].
Der Markt, das Umfeld (externe Einflüsse) und das Unternehmen (interne Einflüsse) bilden die Eingangsinformationen für eine Produktplanung. Diese müssen zunächst nach mehreren Gesichtspunkten analysiert werden (Bild 1-4). Von besonderer Bedeutung ist dabei das Aufstellen einer Produkt-Markt-Matrix, aus der hervorgeht, in welche Märkte das Unternehmen seine derzeitigen Produkte mit welchem Umsatz, Gewinn und Marktanteil absetzt. Hieraus ergeben sich schon Stärken und Schwächen einzelner Produkte. Ergebnis dieses 1. Arbeitsschrittes ist die *Situationsanalyse*, die Grundlage zum Aufstellen von Suchstrategien ist. Diese sollen zum Erkennen strategischer Freiräume sowie von Bedürfnissen und Trends bei Berücksichtigung von Zielen, Fähigkeiten und Potenzialen des Unternehmens führen. So liefert z. B. die Produkt-Markt-Matrix nicht nur den Istzustand des Unternehmens, sondern zeigt auch Möglichkeiten auf, mit vorhandenen Produkten in neue Märkte, mit neuen Produkten in vorhandene Märkte und mit neuen Produkten in neue Märkte zu gehen. Die letztgenannte Strategie ist die am weitesten gehende, daher auch risikoreichste, aber in vielen Fällen auch die lohnendste. Ergebnis dieses 2. Arbeitsschrittes ist ein *Suchfeldvorschlag*, der denjenigen Bereich abgrenzt, in dem das Suchen nach neuen Produktideen lohnt und unter den einschränkenden Bedingungen möglich ist.
Der 3. Arbeitsschritt umfasst folgerichtig das Suchen und Finden von Produktideen. Dabei können neue Produktfunktionen (Aufgaben) und/oder neue Lösungsprinzipien gesucht werden (siehe 1.3 und 3). Es gibt zwei Vorgehensrichtungen bei der Innovation: Einmal eine neue Aufgabenstellung als neues Marktbedürfnis (Produktfunktion), die mit einem bekannten oder neuen Lösungsprinzip realisiert wird, oder ein bekanntes oder neues Lösungsprinzip, mit dem eine neue oder bekannte Aufgabenstellung (Produktfunktion) gelöst wird. Bei jeder Variante handelt es sich um eine Neuentwicklung oder Innovation. Ergebnisse dieser Phase sind neue *Produktideen*.
Diese müssen nun nach technisch-wirtschaftlichen Kriterien beurteilt werden, um die entwicklungswürdigen Ideen zu erkennen. Auswahlkriterien sind dabei die Unternehmensziele, die Unternehmensstärken und das Umfeld.
Die ausgewählten Produktideen werden schließlich in einem letzten Arbeitsschritt präzisiert, möglicherweise danach nochmals selektiert und als *Produktvorschläge* definiert.

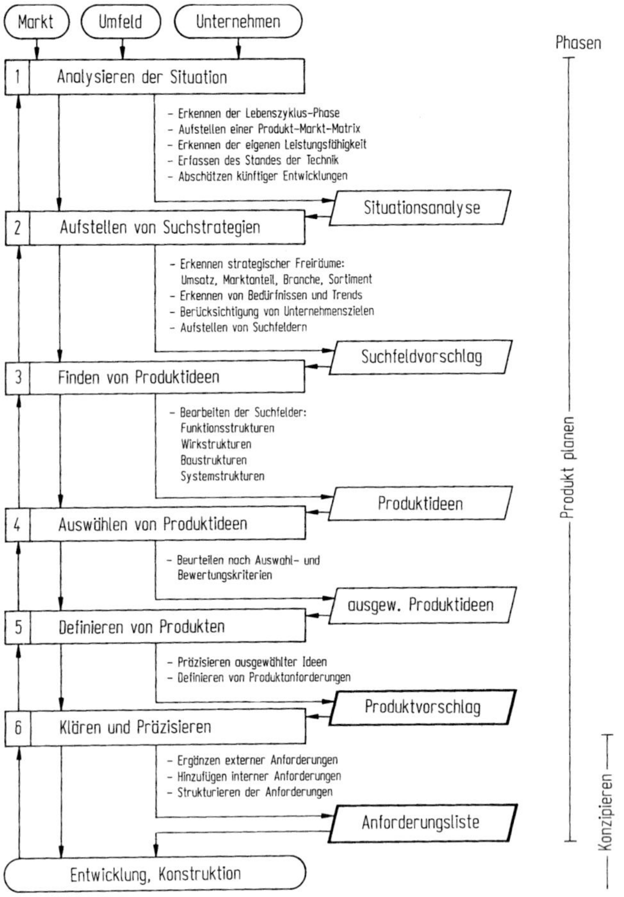

Bild 1-4. Vorgehensschritte einer Produktplanung [5–7]

Ein Produktvorschlag als Ergebnis der Produktplanung ist dann die Grundlage für die eigentliche Produktentwicklung und Konstruktion.

1.3 Produktentwicklung

1.3.1 Generelles Vorgehen

Auch für die Produktentwicklung haben sich Ablaufpläne mit aufeinanderfolgenden Arbeitsschritten eingeführt, die auf allgemeinen Lösungsmethoden bzw. arbeitsmethodischen Ansätzen (siehe 3.1) sowie den generellen Zusammenhängen beim Aufbau technischer Produkte (siehe 2) aufbauen. Trotz der Unterschiedlichkeit der Produktentwicklungen ist es möglich, einen einheitlichen branchenunabhängigen Ablaufplan aufzustellen, dessen Arbeitsschritte natürlich für die speziellen Bedingungen jeder Aufgabenstellung modifiziert werden müssen, Bild 1-5.

Das Vorgehen beginnt mit dem Klären und Präzisieren der Aufgabenstellung, was insbesondere bei neuen Konstruktionsaufgaben von großer Bedeutung ist. Der Konstrukteur muss aus der Fülle der vorgegebenen Anforderungen die wesentlichen zu lösenden Probleme erkennen und diese in der Sprache seines Konstruktionsbereiches formulieren. Ergebnis: *Anforderungsliste.*

Die lösungsneutralste, d.h. Lösungen mit nicht vorfixierender Definition von Aufgaben, erfolgt zweckmäßigerweise in Form von Funktionen, deren Verknüpfung zu Funktionsstrukturen führt (siehe 2.1). Solche Funktionsstrukturen stellen bereits eine abstrakte Form eines Lösungskonzepts dar und müssen anschließend schrittweise realisiert werden. Ergebnis: *Funktionsstruktur.*

Die Erarbeitung von Wirkprinzipien für die einzelnen Teilfunktionen der Funktionsstruktur ist die Grundlage für die Generierung einer für die Lösung der Aufgabenstellung geeigneten Wirkstruktur. Bei mechanischen Produkten beruhen die einzelnen Wirkprinzipien im Wesentlichen auf der Nutzung physikalischer Effekte und deren prinzipieller Realisierung mithilfe der Festlegung geeigneter geometrischer und stofflicher Merkmale. Bei Software-Produkten dagegen sind es im Wesentlichen Algorithmen und Datenstrukturen. Die Beantwortung der Frage, welche physikalischen Effekte als Grundlage für die einzelnen benötigten Wirkprinzipien geeignet sind, kann mithilfe von z. B. intuitiv- oder diskursivbetonten Lösungsfindungsmethoden unterstützt werden. Die erarbeiteten Wirkprinzipien, i. d. R. 3 bis 4 für jede zu realisierende Teilfunktion, werden dann mithilfe des Ordnungsschemata *morphologischer Kasten* zu Wirkstrukturen verknüpft. Unter der Nutzung von Bewertungsverfahren erfolgt die Festlegung, welche Wirkstruktur für die weitere Bearbeitung freigegeben wird (siehe 2.2, 3.2, 3.6.2). Ergebnis: Prinzipielle Lösung, Konzept.

Das Aufgliedern der prinzipiellen Lösung in realisierbare Module soll zu einer Baustruktur führen (siehe 2.3), die zweckmäßige Entwurfs- oder Gestaltungsschwerpunkte vor der arbeitsaufwändigen Konkretisierung erkennen lässt sowie eine fertigungs- und montagegünstige, instandhaltungs- und recyclingfreundliche und/oder baukastenartige Struktur erleichtert. Ergebnis: *Modulare Struktur.*

Das Gestalten maßgebender Module der Baustruktur, d. h. zum Beispiel bei mechanischen Systemen das Festlegen der Gruppen, Teile und Verbindungen zum Erfüllen der für das Produkt wesentlichen Hauptfunktionen bzw. zum Konkretisieren der für diese gefundenen prinzipiellen Lösungen, umfasst vor allem folgende Tätigkeiten: Verfahrenstechnische Durchrechnungen, Spannungs- und Verformungsanalysen, Anordnungs- und Designüberlegungen, Fertigungs- und Montagebetrachtungen u. dgl. (siehe 3.3). Diese Arbeiten dienen in der Regel noch nicht fertigungs- und werkstofftechnischen Detailfestlegungen, sondern zunächst der Festlegung der wesentlichen Merkmale der Baustruktur, um diese nach technisch wirtschaftlichen Gesichtspunkten optimieren zu können. Ergebnis: *Vorentwürfe.*

Der nächste Arbeitsschritt umfasst das Gestalten weiterer, in der Regel abhängiger Funktionsträger, das Feingestalten aller Gruppen und Teile sowie deren Kombination zum Gesamtentwurf. Hierzu werden eine Vielzahl von Berechnungs- und Auswahlmethoden, Kataloge für Werkstoffe, Maschinenelemente, Norm- und Zukaufteile sowie Kalkulationsverfahren zur Kostenerkennung eingesetzt (siehe 4). Ergebnis: *Gesamtentwurf.*

Der letzte Arbeitsschritt dient dem Ausarbeiten der Ausführungs- und Nutzungsangaben, d. h. der Werkstattzeichnungen, Stücklisten oder sonstigen Datenträger zur Fertigung und Montage sowie von Bedienungsanleitungen, Wartungsvorschriften u. dgl. (siehe 5). Ergebnis: *Produktdokumentation.*

In der Praxis werden häufig mehrere Arbeitsschritte zu Entwicklungs- bzw. Konstruktionsphasen zusammengefasst, z. B. aus organisatorischen oder tätigkeitsorientierten Gründen. So werden im Maschinenbau die ersten drei Abschnitte als *Konzeptphase*, die nächsten drei Abschnitte als *Entwurfsphase* und der letzte Abschnitt als *Ausarbeitungsphase* bezeichnet.

1.3.2 Produktspezifisches Vorgehen

Das generelle Vorgehen nach 1.3.1 muss bei Aufgabenstellungen bzw. Produkten modifiziert werden, bei denen *mehrere Fachgebiete* so beteiligt sind, dass die entsprechenden Fachaufgaben weitgehend unabhängig voneinander, aber koordiniert durchgeführt werden. Solche Verhältnisse liegen z. B. bei Anlagen der Energie- und Verfahrenstechnik vor, bei denen der Maschinenbau, das Bauingenieurwesen, die Technische Chemie und die Elektrotechnik beteiligt sind, z. B. Geräte für die Medizin oder Biomedizin, bei denen die Konstruktion des mechanischen Teils, die Entwicklung des elektrischen und elektronischen Schaltungs- und Steuerungsteils und die Entwicklung von Software zunächst weitgehend unabhängig von unterschiedlichen Spezialisten durchgeführt werden. Bei derartig interdisziplinär geprägten Projekten ist es aber erforderlich, genaue Schnittstellen zu definieren und festzulegen. Während das Aufstellen der Anforderungsliste und der Funktionsstruktur zweckmäßigerweise für das Gesamtprodukt erfolgt,

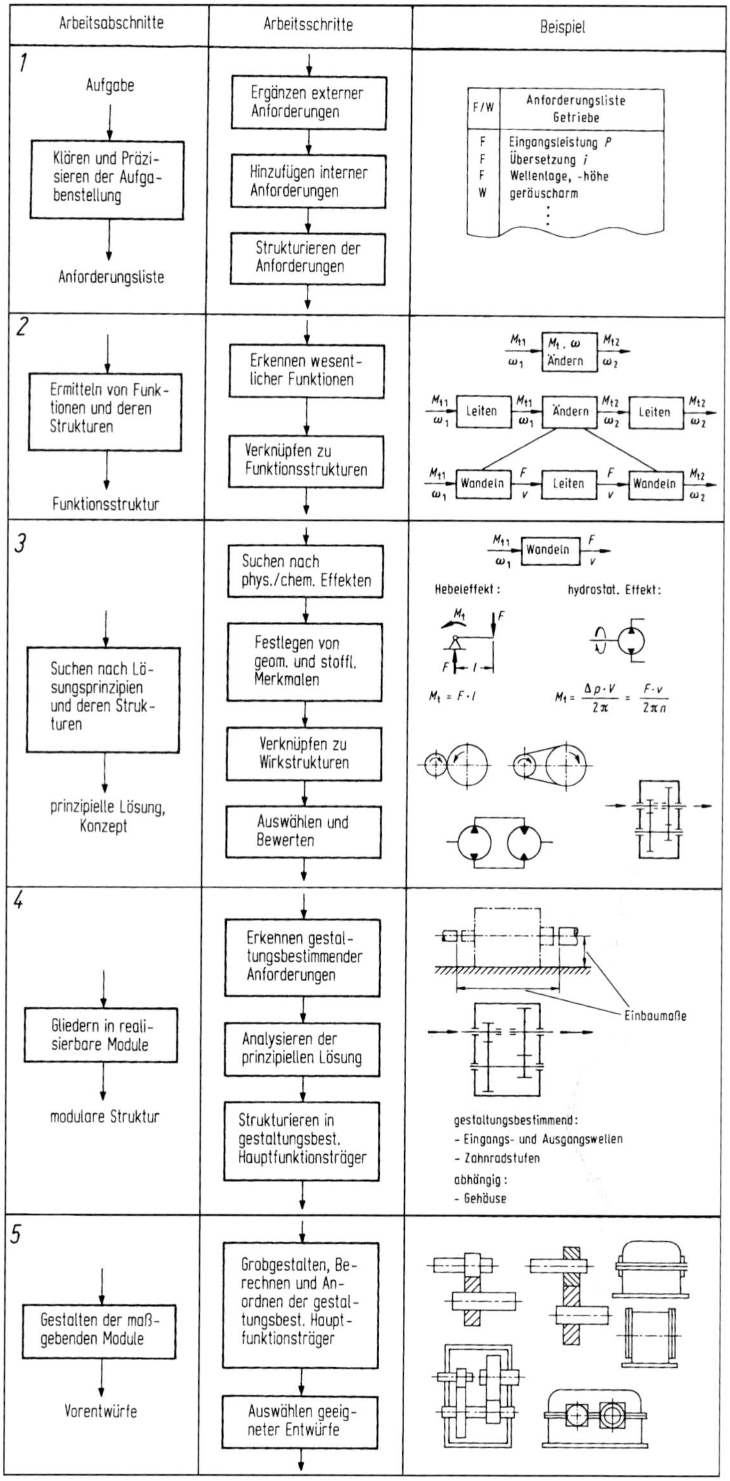
Arbeitsabschnitte
Arbeitsschritte
Beispiel
1
Aufgabe
Klären und Präzisieren der Aufgabenstellung
Anforderungsliste
Ergänzen externer Anforderungen
Hinzufügen interner Anforderungen
Strukturieren der Anforderungen
F/W
Anforderungsliste Getriebe
F Eingangsleistung P
F Übersetzung i
F Wellenlage, -höhe
W geräuscharm
2
Ermitteln von Funktionen und deren Strukturen
Funktionsstruktur
Erkennen wesentlicher Funktionen
Verknüpfen zu Funktionsstrukturen
Ändern
Leiten
Ändern
Leiten
Wandeln
Leiten
Wandeln
3
Suchen nach Lösungsprinzipien und deren Strukturen
prinzipielle Lösung, Konzept
Suchen nach phys./chem. Effekten
Festlegen von geom. und stoffl. Merkmalen
Verknüpfen zu Wirkstrukturen
Auswählen und Bewerten
Wandeln
Hebeleffekt:
hydrostat. Effekt:
$M_t = F \cdot l$
$M_t = \frac{\Delta p \cdot V}{2\pi} = \frac{F \cdot v}{2\pi n}$
4
Gliedern in realisierbare Module
modulare Struktur
Erkennen gestaltungsbestimmender Anforderungen
Analysieren der prinzipiellen Lösung
Strukturieren in gestaltungsbest. Hauptfunktionsträger
Einbaumaße
gestaltungsbestimmend:
- Eingangs- und Ausgangswellen
- Zahnradstufen
abhängig:
- Gehäuse
5
Gestalten der maßgebenden Module
Vorentwürfe
Grobgestalten, Berechnen und Anordnen der gestaltungsbest. Hauptfunktionsträger
Auswählen geeigneter Entwürfe

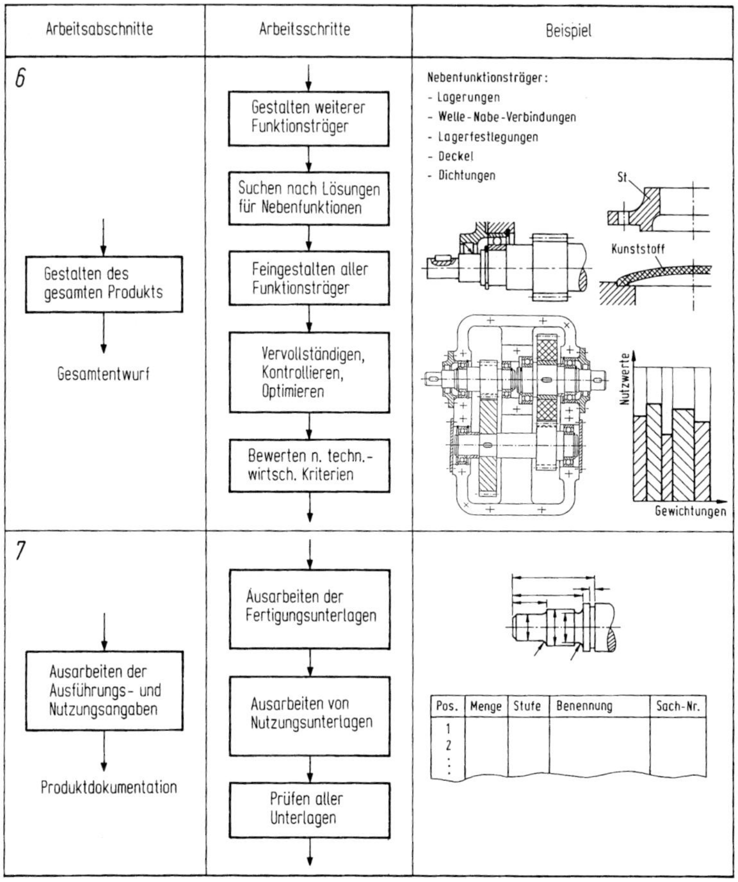

Bild 1-5. Vorgehensschritte einer Produktentwicklung: Arbeitsabschnitte nach VDI2221 [1], Arbeitsschritte nach [6]

verzweigen sich die weiteren Arbeitsschritte auf die parallelen Entwicklungspfade, natürlich in enger Abstimmung miteinander. Hierzu ist es hilfreich, nach größeren Konkretisierungssprüngen, z. B. nach Festlegen der modularen Baustruktur und nach Vorliegen der einzelnen Feinentwürfe, die Arbeitsergebnisse zusammengefasst zu dokumentieren (System-Baustruktur, Systementwurf), um fehlende Abstimmungen zu erkennen und ein homogenes Gesamtprodukt zu erhalten. Die Produktdokumentation erfolgt dann für das Gesamtprodukt.

Während bei *Neuentwicklungen* alle Arbeitsabschnitte durchlaufen werden müssen, fallen bei *Weiterentwicklungen* oft die Abschnitte 2 und 3 (Bild 1-5) oder bei *Anpassungskonstruktionen* zusätzlich die Abschnitte 4 und 5 weg. In vielen Fällen hat es sich aber als zweckmäßig erwiesen, auch diese Entwicklungsschritte nochmals zu kontrollieren bzw. nachzuvollziehen, um sie mit dem aktuellen Wissensstand zu vergleichen. Der dargestellte Entwicklungsablauf erfolgt bei Produkten in *Einzelfertigung* in der Regel nur einmal, wobei einzelne Arbeitsabschnitte bei unbefriedigendem Arbeitsergebnis erneut durchlaufen werden. Hierbei ist zu bemerken, dass der gesamte Produktentwicklungsprozess stark von einer iterativen Vorgehensweise geprägt ist (siehe auch 3.1.1. Bei Produkten mit *Serienfertigung*, z. B. Kraftfahrzeugen oder Haushaltsgeräten, wäre eine direkte Realisierung als Endprodukt zu risikoreich. Bei solchen Produkten ist es üblich, den Entwicklungs- und Fertigungsdurchlauf mehrmals durchzuführen, um nach Fertigung zunächst von Funktions- bzw. Labormustern und gegebenenfalls von zusätzlichen Prototypen bzw. Nullserien in zwischengeschalteten Versuchs-

und Erprobungsphasen Schwachstellen erkennen zu können, die dann in einem erneuten Konstruktions- und Fertigungsvorgang verbessert werden.

2 Aufbau technischer Produkte

Der Aufbau technischer Produkte ist durch mehrere generelle Zusammenhänge gekennzeichnet, die auch die unterschiedlichen Konkretisierungsstufen einer Produktentwicklung bestimmen (siehe 1.3).

2.1 Funktionszusammenhang

2.1.1 Allgemeines

Unter *Funktion* wird der allgemeine Zusammenhang zwischen Eingang und Ausgang eines Systems mit dem Ziel, eine Aufgabe zu erfüllen, verstanden: Bild 2-1.
Bei technischen Produkten oder Systemen sind die Ein- und Ausgangsgrößen *Energie-* und/oder *Stoff-* und/oder *Signalgrößen*. Da ein Signal die physikalische Realisierung einer Informationsübertragung ist, wird statt des Signals auch häufig die *Information* als Ein- und Ausgangsgröße gewählt.
Die Soll-Funktion oder die Soll-Funktionen sind eine abstrakte, lösungsneutrale und eindeutige Form einer Aufgabenstellung. Sie ergeben sich bei der Entwicklung neuer Produkte aus der Anforderungsliste.
Entsprechend Bild 2-2 unterscheidet man zwischen

- der Gesamtfunktion zur Beschreibung einer zu lösenden Gesamtaufgabe eines Produkts oder Systems und
- Teilfunktionen, die durch Aufgliederung einer Gesamtfunktion mit dem Ziel einfacher zu lösender Teilaufgaben entstehen. Dabei ist der zweckmäßigste Aufgliederungsgrad abhängig vom Neuheitsgrad einer Aufgabenstellung, von der Komplexität des zu entwickelnden Produkts sowie vom Kenntnisstand über Lösungen zur Erfüllung der Funktionen.

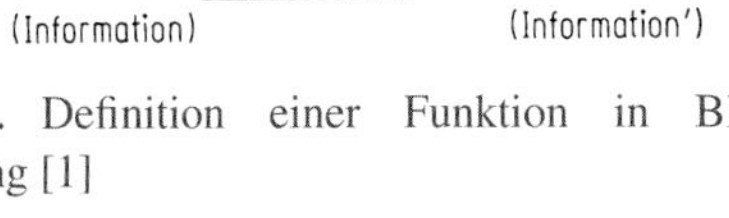

Bild 2-1. Definition einer Funktion in Black-box-Darstellung [1]

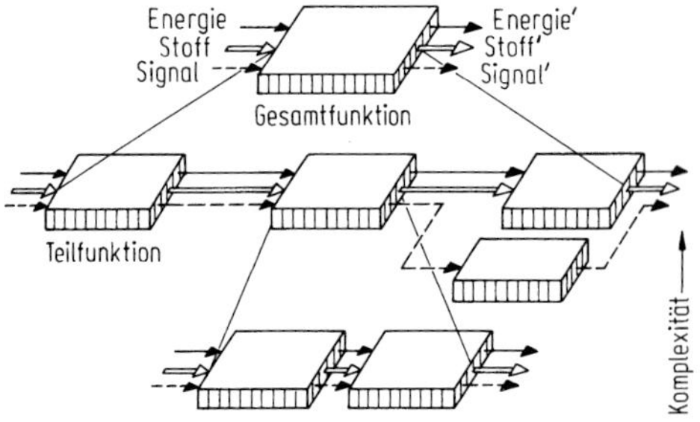

Bild 2-2. Funktionsstruktur eines technischen Produkts [1]

Teilfunktionen werden zu einer *Funktionsstruktur* verknüpft, wobei die Verknüpfungen durch logische und/oder physikalische Verträglichkeiten bestimmt werden (siehe 3.6.2).
Wesentlich ist dabei, dass eine oft sehr komplexe zu realisierende Gesamtfunktion mithilfe von einzelnen Teilfunktionen so strukturiert wird, dass die Erarbeitung von optimalen Lösungen möglich ist (siehe auch 3.1.3).
Zusammenfassend kann festgestellt werden: Es gibt keinen Stoff- oder Signalfluss ohne begleitenden Energiefluss, auch wenn die benötigte Energie sehr klein sein oder problemlos bereitgestellt werden kann. Ein Signalumsatz ohne begleitenden Stoffumsatz ist aber, z. B. bei Messgeräten, möglich. Auch ein Energieumsatz zur Gewinnung z. B. elektrischer Energie ist mit einem Stoffumsatz verbunden, wobei der begleitende Signalfluss zur Steuerung ein wichtiger Nebenfluss ist.

2.1.2 Spezielle Funktionen

Logische Funktion:
Beim Entwurf und bei der Beschreibung technischer Systeme spielen häufig zweiwertige oder „binäre" Größen eine Rolle: Bedingungen (erfüllt – nicht erfüllt), Aussagen (wahr – falsch) und z. B. Schalterstellungen (ein – aus).
Der Entwurf von Systemen, die geforderte Abhängigkeiten zwischen binären Größen realisieren, heißt logischer Entwurf. Er bedient sich der mathematischen Aussagenlogik in Form der Boole'schen Algebra (A 1.3) mit den Grundverknüpfungen UND und ODER und der Negation.

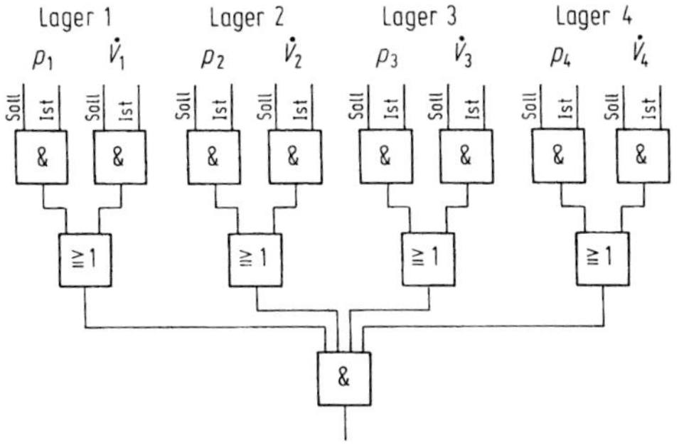

Bild 2-3. Logische Funktionen zur Überwachung einer Lagerölversorgung [1]. Druckwächter überwachen p, Strömungswächter überwachen $\dot{V}$

Mit Boole'schen Verknüpfungsgliedern können komplexe Schaltungen aufgebaut werden, die z. B. die Sicherheit von Steuerungs- und Meldesystemen erhöhen.
Bild 2-3 zeigt als Beispiel die Überwachung einer Lagerölversorgung, bei der die Soll- und Istwerte jeweils der Druckwächter und der Strömungswächter durch eine UND-Funktion verknüpft sind, während die Ausgangssignale der Druck- und Strömungswächter miteinander durch eine ODER-Funktion verknüpft sind. Alle Lager sind untereinander wieder durch eine UND-Verknüpfung verknüpft, d. h. alle Lager müssen mindestens eine wirksame Ölüberwachung haben, damit die Maschine betriebsbereit ist.
Allgemein anwendbare Funktionen: Diese sind in technischen Produkten immer wiederkehrende Funktionen, die als Ordnungsmerkmale für Lösungskataloge, als Grundlage für Funktionsstruktur-Variationen und als Abstraktionshilfe bei der Analyse vorhandener Produkte nach ihren grundlegenden Funktionszusammenhängen dienen können.
In Bild 2-4 sind fünf derartige Funktionen zusammengestellt, die mithilfe einer Zuordnungsvariation von Eingang und Ausgang einer Funktion hinsichtlich Art, Größe, Anzahl, Ort und Zeit abgeleitet wurden. Weitere Vorschläge für allgemeine Funktionen siehe [1].

2.2 Wirkzusammenhang

Die Teilfunktionen und die Funktionsstruktur des Funktionszusammenhanges eines technischen Produkts müssen durch einen Wirkzusammenhang erfüllt werden. Dieser besteht dementsprechend aus *Wirkprinzipien* zur Erfüllung der Teilfunktionen und aus einer *Wirkstruktur* zur Erfüllung der

Merkmal Eingang E/Ausgang A	Allgemein anwendbare Funktionen	Symbole	Erläuterungen	Beispiele
Art	Wandeln		Art und Erscheinungsform von E und A unterschiedlich	Elektromotoren versch. Bauart (M 3~); Hebel ($M_t \cdot \Delta\varphi$, $F \cdot \Delta s$)
Größe	Ändern – Vergrößern		E < A	Rädergetriebe (M_{t1}, M_{t2}); Hebel (F_1, F_2)
	Ändern – Verkleinern		E > A	
Anzahl	Verknüpfen – Verknüpfen		Anzahl von E > Anzahl von A	Rohrleitungen ($\dot{V}_a$, $\dot{V}_b$, $\dot{V} = \dot{V}_a + \dot{V}_b$)
	Verknüpfen – Verzweigen		Anzahl von E < Anzahl von A	Mehrweggetriebe
Ort	Leiten – Leiten		Ort von E ≠ Ort von A	Rohrleitungen ($\dot{V}, w$)
	Leiten – Sperren		Ort von E = Ort von A	Sperrventil
Zeit	Speichern		Zeitpunkt von E ≠ A	Schwungrad (Rot.) (J, ω); potenzielle Energie (m, h)

Bild 2-4. Allgemein anwendbare Funktionen [2]

Funktionsstruktur. Die Wirkstruktur besteht also aus einer Verknüpfung mehrerer Wirkprinzipien. Ein Wirkprinzip wird durch einen physikalischen oder chemischen oder biologischen Effekt oder eine Kombination mehrerer Effekte sowie durch deren prinzipielle Realisierung mit geometrischen und stofflichen Merkmalen (wirkstrukturelle Merkmale) bestimmt.
Zur Realisierung von Funktions- und Datenstrukturen bei DV-Programmen (Software-Entwicklungen (siehe 1.3.2)) beinhalten Wirkprinzipien bzw. Wirkstrukturen Algorithmen zum Datentransfer zu und von Datenbasen, zum Erzeugen von Ausgangsdaten aus Eingangsdaten einer Funktion durch arithmetische und/oder logische Operationen sowie zur Kommunikation mit dem Programmbenutzer. Wirkstrukturelle Merkmale sind Strukturmerkmale, Leistungsmerkmale und Realisierungsmerkmale.

2.2.1 Physikalische, chemische und biologische Effekte

Bei stofflichen Produkten des Anlagen-, Maschinen-, Apparate- und Gerätebaus wird die Lösungsgrundlage durch Effekte vor allem aus der Physik aber auch aus der Chemie und/oder der Biologie gebildet. Effekte sind durch Gesetze, die die beteiligten Größen einander zuordnen, auch quantitativ beschreibbar. Zum Beispiel werden bei der Schaltkupplung in Bild 2-5 die Teilfunktion „Schaltkraft F_S in Normalkraft F_N ändern" durch den physikalischen Hebeleffekt und die Teilfunktion „Umfangskraft F_U erzeugen" durch den Reibungseffekt realisiert. Vor allem Rodenacker [3], Koller [4] und Roth [5] haben physikalische Effekte für Konstruktionen zusammengestellt.
Die Erfüllung einer Teilfunktion kann oft erst durch Verknüpfen mehrerer Effekte erzielt werden, wie

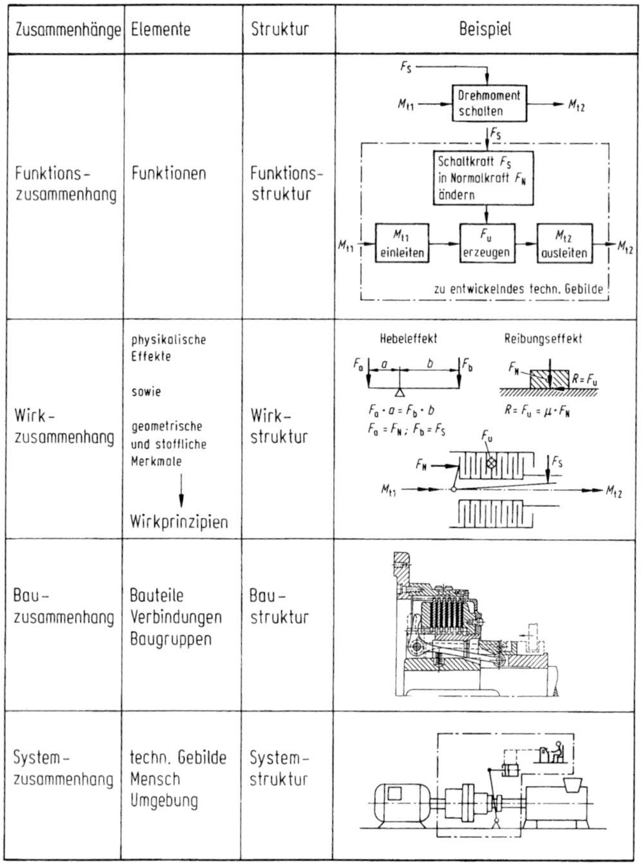

Bild 2-5. Zusammenhänge in technischen Systemen [1]

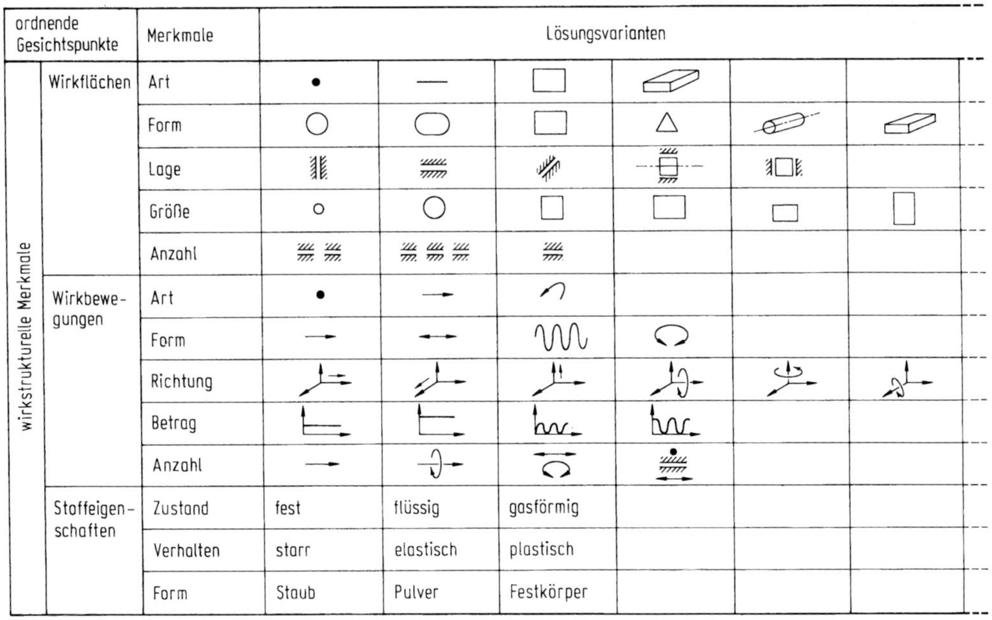

Bild 2-6. Variation von wirkstrukturellen Merkmalen

z. B. bei der Wirkungsweise eines Bimetalls, die sich aus dem Effekt der thermischen Ausdehnung und dem des Hooke'schen Gesetzes (Spannungs-Dehnungs-Zusammenhang) aufbaut, vgl. D 12.

In der Regel kann eine Teilfunktion durch verschiedene Effekte erfüllt werden, z. B. die in Bild 2-5 aufgeführte „Kraftänderungsfunktion" durch den Hebeleffekt, Keileffekt, elektromagnetischen Effekt oder hydraulisch/pneumatischen Effekt. Hieraus können sich bereits für eine Aufgabenstellung unterschiedliche Lösungen und damit Produkte mit unterschiedlichen Eigenschaften ergeben.

2.2.2 Geometrische und stoffliche Merkmale

Die Stelle, an der ein Effekt oder eine Effektkombination zur Wirkung kommt, ist der *Wirkort*. Hier wird die Erfüllung der Funktion bei Anwendung des betreffenden Effekts durch die *Wirkgeometrie*, d. h. durch die Anordnung von Wirkflächen oder Wirkräumen und durch die Wahl von *Wirkbewegungen* (bei bewegten Systemen), erzwungen.

Mit der Wirkgeometrie müssen bereits Werkstoffeigenschaften festgelegt werden, damit der Wirkzusammenhang erkennbar wird, Bild D 12-1. Nur die Verbindung von Effekt und geometrischen

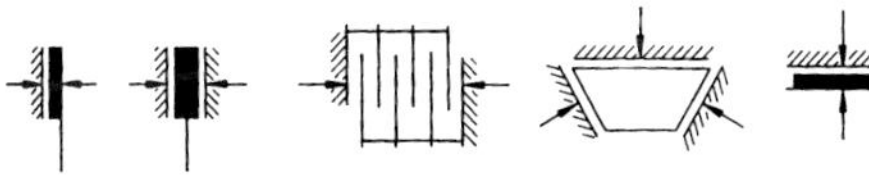

Bild 2-7. Variation der Wirkflächen einer fremdgeschalteten Reibungskupplung [6]

sowie stofflichen Merkmalen (Wirkgeometrie, Wirkbewegung und Werkstoff) bildet das Prinzip der Lösung. Dieser Zusammenhang wird als Wirkprinzip bezeichnet. Die Kombination mehrerer Wirkprinzipien führt zur Wirkstruktur einer Lösung (auch Lösungsprinzip genannt).

In Bild 2-5 sind die beteiligten Wirkflächen, z. B. in Form der Kupplungslamellen (Reibscheiben), und die rotatorische Wirkbewegung des Hebels zur Erzeugung der Anpresskraft erkennbar. Auch die geometrischen und stofflichen Merkmale bieten eine Grundlage zur Lösungsvariation. So lässt sich die Gestalt der Wirkfläche, die Wirkbewegung und die Art des Werkstoffs gemäß Bild 2-6 variieren.

Als Beispiel für eine solche Variation kann Bild 2-7 dienen, auf dem die Reibflächen einer Schaltkupplung gemäß Bild 2-5 nach ihrer Anzahl, Form und Lage variiert sind. Entsprechende Kupplungsbauformen sind in der Konstruktionspraxis bekannt (siehe 4.3).

2.3 Bauzusammenhang

Die gestalterische Konkretisierung des Wirkzusammenhangs führt zur *Baustruktur*. Diese verwirklicht die Wirkstruktur durch einzelne Bauteile, Baugruppen und Verbindungen (Bild 2-5), die vor allem nach den Notwendigkeiten der Auslegung, der Fertigung, der Montage und des Transports mithilfe der Gesetzmäßigkeiten der Festigkeitslehre (siehe E5), Werkstofftechnik (siehe D), Thermodynamik (siehe F), Strömungsmechanik (siehe E 7–10), Fertigungstechnik u. a. festgelegt werden. Wichtige Grundlage sind auch bewährte Maschinenelemente [7] (siehe 4).

Bei DV-Programmen bedeutet der Bauzusammenhang im übertragenen Sinne die programmtechnische Realisierung der Funktions- und Datenmodule mithilfe geeigneter Programmiersprachen.

2.4 Systemzusammenhang

Technische Produkte sind Bestandteile übergeordneter Systeme, die von Menschen, anderen technischen Systemen und der Umgebung gebildet sein können (Bild 2-5). Dabei ist ein *System* durch Systemelemente und Teilsysteme bestimmt, die von einer Systemgrenze umgeben und mit Energie-, Stoff- und/oder Signalgrößen untereinander und mit der Umgebung verknüpft sind, Bild 2-8. Ein System bzw. Produkt ist zunächst durch seine eigene *Systemstruktur* gekennzeichnet. (Bild 2-9 zeigt eine solche für die Schaltkupplung in Bild 2-5 in Kombination mit einer drehnachgiebigen Kupplung.) In einem übergeordneten System bildet diese die Zweckwirkung (Soll-Funktion). Hinzu kommen Störwirkungen aus der Umgebung, Nebenwirkungen nach außen und innerhalb des Systems sowie Einwirkungen vom Menschen und Rückwirkungen zum Menschen,

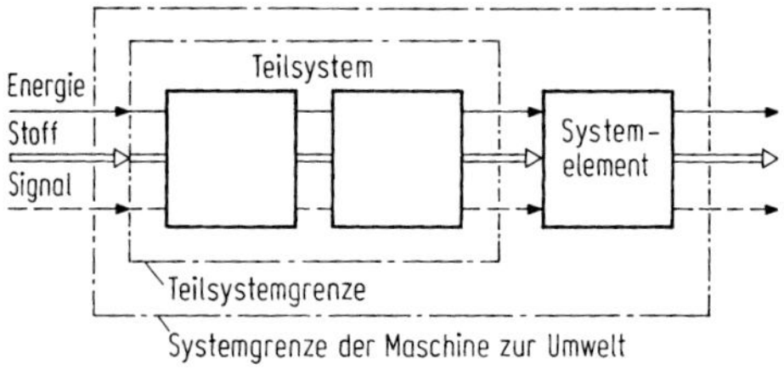

Bild 2-8. Genereller Aufbau eines technischen Systems

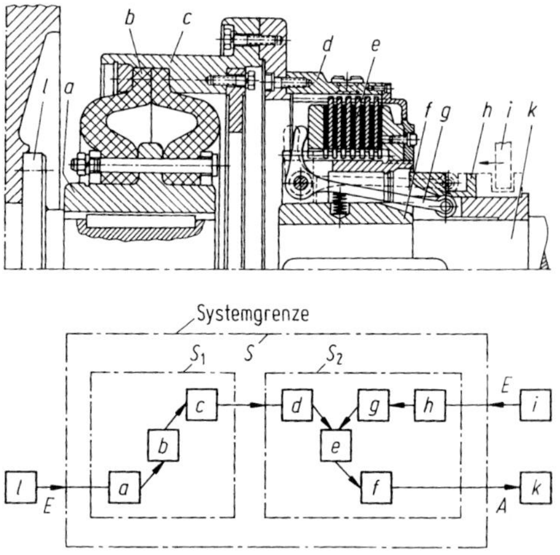

Bild 2-9. Systemstruktur der in Bild 2-5 dargestellten Schaltkupplung in Kombination mit einer drehnachgiebigen Kupplung [1]

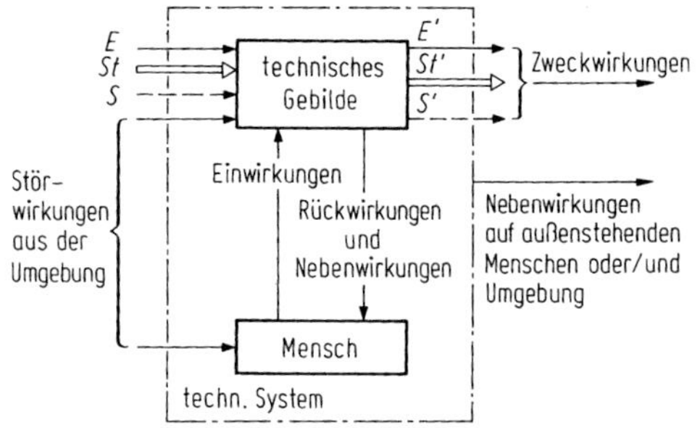

Bild 2-10. Wirkungen in technischen Systemen unter Beteiligung des Menschen [1]

Bild 2-10. Alle Wirkungen müssen im Zusammenhang gesehen werden (Systemzusammenhang).

2.5 Generelle Zielsetzungen für technische Produkte

Zielsetzungen und Restriktionen für technische Produkte sind zunächst als Forderungen und Wünsche in der Anforderungsliste (Aufgabenstellung) als Grundlage einer speziellen Produktentwicklung enthalten. Es können aber darüber hinaus generelle Zielsetzungen genannt werden, die zwar mit unterschiedlicher Gewichtung im Einzelfall, im Wesentlichen allgemeine Gültigkeit besitzen. Solche Zielsetzungen dienen als Leitlinie für die Aufstellung von Anforderungslis-

Tabelle 2-1. Generelle Zielsetzungen für materielle Produkte

Funktion erfüllen
Sicherheit gewährleisten
Ergonomie beachten
Fertigung vereinfachen
Montage erleichtern
Qualität sicherstellen
Transport ermöglichen
Gebrauch verbessern
Instandhaltung unterstützen
Recycling anstreben
Kosten minimieren

Tabelle 2-2. Generelle Zielsetzungen für Software-Produkte

Anwenderfunktionen erfüllen
Fehlerfreiheit sicherstellen
Modularität anstreben
Laufzeit reduzieren
Speicherbedarf minimieren
Anwendbarkeit verbreitern
Anlagenunabhängigkeit ermöglichen
Schnittstellen definieren
Dokumentation sicherstellen

ten sowie zur Lösungsauswahl in den verschiedenen Konkretisierungsstufen des Konstruktionsprozesses. Tabelle 2-1 enthält solche generellen Zielsetzungen für materielle Produkte, die sich an den Lebensphasen eines Produkts orientieren (siehe Bild 1-1).
Bei DV-Programmen sind entsprechende Zielsetzungen formulierbar, Tabelle 2-2.

2.6 Anwendungen

Die generellen Zusammenhänge, die den Aufbau technischer Produkte bestimmen, sind für mehrere Anwendungen wichtige Grundlage.
Bei der Produktentwicklung ermöglichen sie ein schrittweises Vorgehen, bei dem von den geforderten Soll-Funktionen ausgehend zunächst die prinzipiellen Lösungen gesucht werden, die dann durch Gestalt- und Werkstofffestlegungen konkretisiert werden. In jeder Konkretisierungsstufe kann eine Lösungsvielfalt als Grundlage einer Lösungsoptimierung durch Variation von Lösungsmerkmalen bzw. Merkmalen des jeweiligen Zusammenhangs aufgebaut werden. Solche Variationen können auch mithilfe von CAD-Systemen durchgeführt werden (siehe 5.2).
Ein weiteres wichtiges Anwendungsgebiet ist die Analyse vorhandener technischer Produkte mit dem Ziel einer Verbesserung, Weiterentwicklung oder Anpassung an spezielle Bedingungen [8]. Für solche Systemanalysen sind Vorgehensschritte und Merkmale erforderlich, die sich aus den generellen Zusammenhängen ableiten lassen. Als wichtiges Beispiel ist die Wertanalyse zu nennen, die die Funktionskosten technischer Produkte zu minimieren sucht [9].
Kennzeichnende Produktmerkmale, auch *Sachmerkmale* genannt [10, 11], sind für die Ordnung von Konstruktionskatalogen und Datenbanken sowie als Suchhilfen für gespeicherte Lösungen und Daten aus solchen Informationsspeichern hilfreich [12]. Für die Ableitung von Sachmerkmalen haben sich ebenfalls die generellen Zusammenhänge und generellen Zielsetzungen bewährt [13].

3 Konstruktionsmethoden

3.1 Allgemeine Lösungsmethoden

Unabhängig vom Konkretisierungsgrad im Laufe einer Lösungssuche haben sich mehrere allgemeine Methoden eingeführt, die auch als allgemeine Arbeitsmethodik angesehen werden können [1–3]. Voraussetzungen für methodisches Vorgehen sind:

- Ziele definieren,
- Bedingungen aufzeigen,
- Vorurteile auflösen,
- Varianten suchen,
- Beurteilen,
- Entscheidungen fällen.

3.1.1 Allgemeiner Lösungsprozess

Das Lösen von Aufgaben besteht aus einer Analyse und einer anschließenden Synthese und läuft in abwechselnden Arbeits- und Entscheidungsschritten ab. Dabei wird in der Regel vom Qualitativen immer

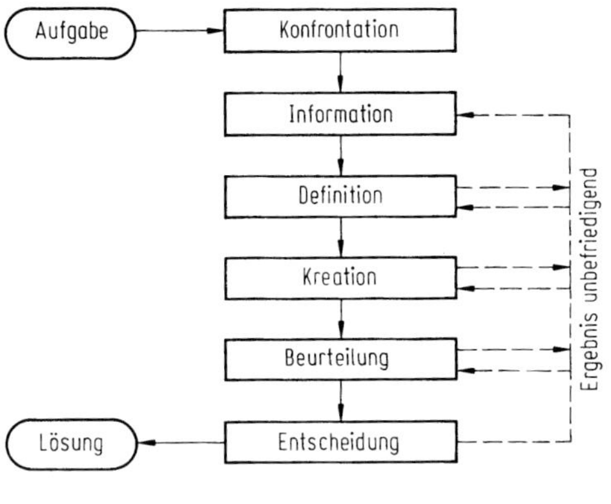

Bild 3-1. Allgemeiner Lösungsprozess [6]

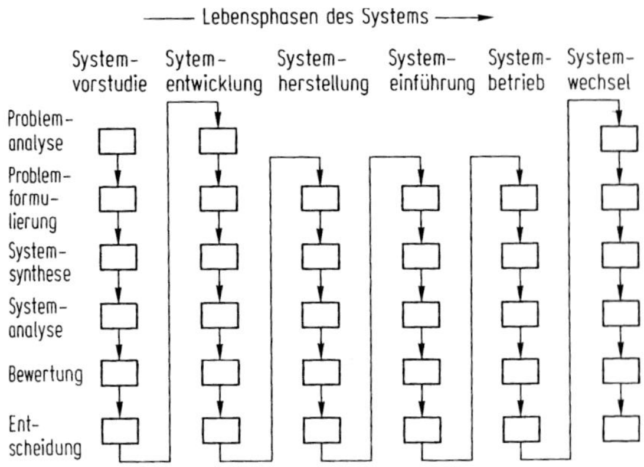

Bild 3-2. Systemtechnisches Vorgehensmodell [8, 9]

konkreter werdend zum Quantitativen fortgeschritten. Die Gliederung in Arbeits-und Entscheidungsschritte stellt sicher, dass die notwendige Einheitlichkeit von Zielsetzung, Planung, Durchführung und Kontrolle gewahrt bleibt.

In Anlehnung an [4, 5] zeigt Bild 3-1 ein Grundschema eines allgemeinen Lösungsprozesses. Jede Aufgabenstellung bewirkt zunächst eine Konfrontation mit zunächst Unbekanntem, die durch Beschaffung zusätzlicher Informationen mehr oder weniger aufgelöst werden kann. Eine anschließende Definition der wesentlichen zu lösenden Probleme präzisiert die Aufgabenstellung ohne Vorfixierung von Lösungen und öffnet damit die denkbaren Lösungswege. Die anschließende schöpferische Phase der Kreation umfasst die eigentliche Lösungssuche. Bei Vorliegen mehrerer geeigneter Lösungsmöglichkeiten müssen diese beurteilt werden, um eine Entscheidung für die beste Lösung treffen zu können. Bei unbefriedigendem Ergebnis eines Arbeitsschrittes muss dieser – oder müssen mehrere – wiederholt werden, wobei das dann vorhandene höhere Informationsniveau beim erneuten Durchlaufen des Arbeitsprozesses auch bessere Arbeitsergebnisse erwarten lässt. Dieser iterative Prozess kann deshalb auch als Lernprozess aufgefasst werden.

3.1.2 Systemtechnisches Vorgehen

Die Systemtechnik als interdisziplinäre Wissenschaft hat Methoden zur Analyse, Planung, Auswahl und optimalen Gestaltung komplexer Systeme entwickelt [7]. Aufbauend auf der Systemdefinition (siehe 2.4) hat sich ein Vorgehensmodell eingeführt, das für die unterschiedlichen Lebensphasen eines Systems (siehe Bild 1-1) einsetzbar ist, Bild 3-2. Es kann entnommen werden, dass die Arbeitsschritte praktisch mit denen in Bild 3-1 identisch sind und dass der zeitliche Werdegang eines Systems vom Abstrakten zum Konkreten verläuft.

3.1.3 Problem- und Systemstrukturierung

Neue und komplexe Aufgabenstellungen werden in der Regel leichter lösbar, wenn man das zu lösende Gesamtproblem zunächst in Teilprobleme und Einzelprobleme aufgliedert, um für diese dann nach Teil- oder Einzellösungen zu suchen, Bild 3-3. Methodi-

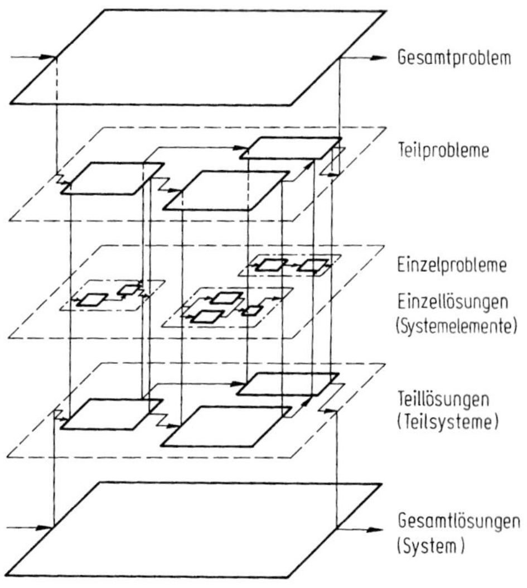

Bild 3-3. Problem- und Systemstrukturierung [10]

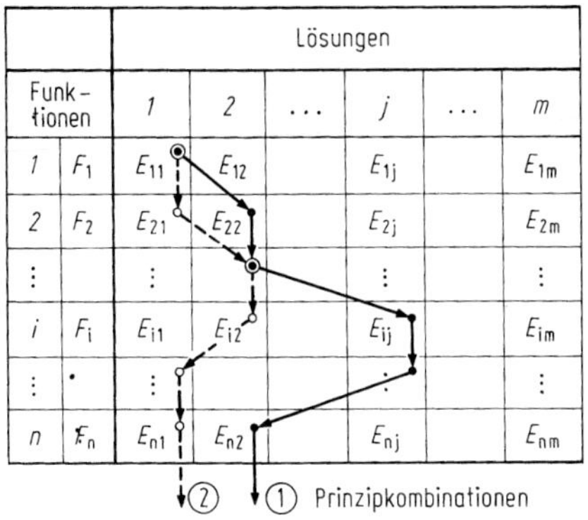

Bild 3-4. Kombinationsschema „Morphologischer Kasten" [6]

sche Grundlage für dieses Vorgehen ist eine Strukturierung von Systemen in Teilsysteme und Systemelemente zum besseren Erkennen von Zusammenhängen und Wirkungen innerhalb des Systems und nach außen zur Umgebung (siehe 2.4). Der Aufgliederungsgrad richtet sich nach Zweckmäßigkeitsüberlegungen und hängt vom Neuheitsgrad des Problems und dem Kenntnisstand des Bearbeiters ab.

Eine solche Strukturierung fördert auch die Übernahme bekannter und bewährter Teillösungen, das Erarbeiten alternativer Lösungen. Eine Systematisierung zur Nutzung von Lösungskatalogen und Datenbanken, das Erkennen ganzheitlicher Zusammenhänge sowie das Einführen rationeller Arbeitsteilungen.

Während das Aufgliedern von Gesamtproblemen in Einzelprobleme das Finden von Teillösungen erleichtert, kann der anschließende Kombinationsprozess, der die Teillösungen zur Gesamtlösung verknüpfen muss, Probleme hinsichtlich der Verträglichkeit der Teillösungen untereinander mit sich bringen. Als wichtiges Hilfsmittel hat sich das von Zwicky [11] als Morphologischer Kasten bezeichnete Kombinationsschema nach Bild 3-4 erwiesen, das die Teillösungen den zu erfüllenden Teilfunktionen in einem zweidimensionalen Ordnungsschema zuordnet.

In Bild 3-5 ist dieses Vorgehensprinzip der Problemaufgliederung und Lösungskombination auf den Ablauf einer Produktentwicklung übertragen (siehe 1-3). Dieses Vorgehen ist auch Grundlage für den Rechnereinsatz beim Entwicklungsprozess, bei dem aus Datenbanken Einzel- oder Teillösungen abgerufen, bewertet und anschließend nach Verträglichkeitsregeln verknüpft werden.

Es gibt aber auch Aufgabenstellungen, bei denen eine Problemaufgliederung zu Beginn des Lösungsprozesses nicht hilfreich wäre, sondern zunächst die Erarbeitung eines ganzheitlichen Lösungskonzepts notwendig ist. Typisch hierfür sind Produkte, bei denen das *Industrial Design* eine besondere Bedeutung hat, z. B. Kraftfahrzeuge oder Haushaltsgeräte. Bei diesen hat die Konzeption des Gesamterscheinungsbildes einschließlich seiner ergonomischen Merkmale eine höhere Priorität als konstruktive Einzelheiten [12]. Industrial Design und methodische Problemlösung be-

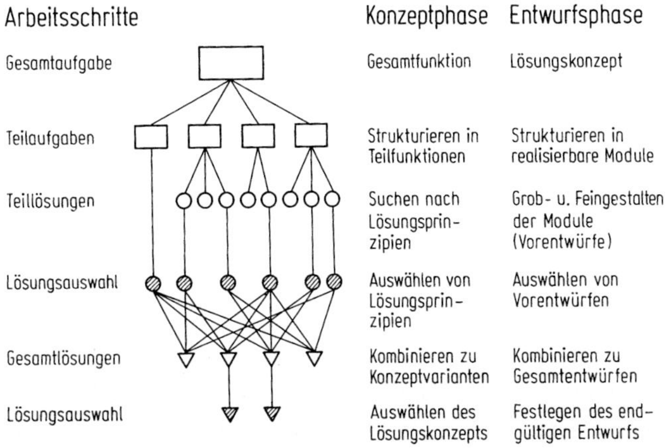

Bild 3-5. Arbeitsschritte des Aufgliederns, Kombinierens und Auswählens in der Konzept- und Entwurfsphase einer Produktentwicklung

deuten keinen Gegensatz. Vielmehr setzt in diesem Fall eine methodische Problemaufgliederung und Lösungssuche erst nach Festlegung eines Gesamtentwurfs für das äußere Erscheinungsbild des Produkts ein.

3.1.4 Allgemeine Hilfsmittel

Literaturrecherchen in Fachbüchern, Fachzeitschriften, Patenten und Firmenunterlagen geben einen Überblick über den Stand der Technik und der Wettbewerber. Sie bieten darüber hinaus dem lösungssuchenden Konstrukteur neue Anregungen.

Durch *Analyse natürlicher Systeme* (Bionik, Biomechanik) kann man Formen, Strukturen, Organismen und Vorgänge der Natur erkennen und deren Prinzipien für technische Lösungen nutzen. Für die schöpferische Phantasie des Konstrukteurs kann die Natur viele Anregungen geben [13,14].

Durch *Analyse bekannter technischer Systeme*, sei es des eigenen Unternehmens, sei es der Wettbewerber, kann man bewährte Lösungen auf neue Aufgabenstellungen übertragen sowie auch lohnende Weiterentwicklungen oder Lösungsvarianten erkennen [6].

Analogiebetrachtungen ermöglichen die Übertragung eines zu lösenden Problems oder zu realisierenden Systems auf ein analoges, gelöstes Problem bzw. realisiertes System. Insbesondere wird hiermit die Ermittlung oder Abschätzung der Systemeigenschaften sowie eine Simulation oder Modellierung erleichtert [6].

Messungen an ausgeführten Systemen und *Modellversuche* unter Ausnutzung der Ähnlichkeitsmechanik gehören zu den wichtigsten Informationsquellen des Konstrukteurs, um insbesondere von neuen Lösungen Eigenschaften zu ermitteln und schrittweise Weiterentwicklungen durchzuführen.

Heuristische Operationen nach Tabelle 3-1 erhöhen die Kreativität bei der Lösungssuche, insbesondere beim konventionellen Vorgehen durch den Menschen. Sie sind aber auch als Strategien bei der rechnerunterstützten Lösungssuche einsetzbar. Diese Operationen werden auch Kreativitätstechniken genannt und sind als Handwerkzeug zur methodischen Lösungssuche und zur Anleitung für ein Denken und Arbeiten in geordneter und effektiver Form aufzufassen. Sie tauchen deshalb auch bei speziellen Lösungs- und Vorgehensmethoden immer wieder auf [3].

Tabelle 3-1. Heuristische Operationen

• Verallgemeinern, Assoziieren, Explorieren
• Definieren, Aktivieren, Aktualisieren
• Analysieren, Abstrahieren, Zergliedern
• Synthetisieren, Verbinden, Kombinieren
• Ordnen, Klassifizieren, Schematisieren
• Konkretisieren, Realisieren, Detaillieren
• Kontrollieren, Beurteilen, Vergleichen
• Aufnehmen, Speichern, Lernen, Erfassen
• Negieren, Ändern, Anpassen

3.2 Methoden des Konzipierens

Wenn man unter Konzipieren das Erarbeiten eines grundlegenden Lösungsprinzips oder Lösungskonzepts für eine Aufgabenstellung (Funktion) versteht (siehe 1.3, Bild 1-5), so sind die folgenden Methoden insbesondere zum Suchen prinzipieller Lösungen geeignet. Sie sind natürlich im Einzelfall auch für konkretere Gestaltungsaufgaben einsetzbar.

3.2.1 Intuitiv-betonte Methoden

Intuitiv-betonte Methoden nutzen gruppendynamische Effekte aus, mit denen die Intuition des Menschen durch gegenseitige Assoziationen zwischen den Partnern angeregt werden soll. Dabei wird unter Intuition ein einfallsbetontes, kaum beeinflussbares oder nachvollziehbares Vorgehen verstanden, das Lösungsideen aus dem Unterbewusstsein oder Vorbewusstsein hervorbringt und bewusst werden lässt: Man spricht auch von „primärer Kreativität“ [15]. Die folgenden Methoden sind in [6] ausführlich beschrieben:

Bei der *Dialogmethode* diskutieren zwei gleichwertige Partner über eine Problemlösung, wobei in der Regel von einem ersten Lösungsansatz ausgegangen wird.

Beim *Brainstorming* findet eine Gruppensitzung mit möglichst interdisziplinärer Zusammensetzung ohne Hilfsmittel statt. Ideen sollen ohne Kritik und Bewertung geäußert werden, „Quantität geht vor Qualität“.

Bei der *Synetik* werden während der Gruppensitzung zusätzlich Analogien aus nichttechnischen oder halbtechnischen Bereichen zur Ideenfindung genutzt.

Methode 635 ist eine Brainwriting-Methode, bei der 6 Teilnehmer in schriftlicher Form in 5 Runden je

3 Lösungsideen äußern, wobei die Vorschläge der vorangehenden Suchrunde den Teilnehmern bekannt sind und so ständig das Informationsniveau gesteigert wird.
Die *Galeriemethode* verbindet Einzelarbeit mit Gruppenarbeit derart, dass einzeln erarbeitete Lösungsvorschläge in Form von Skizzen der Gruppe in einer Art Galerie vorgelegt werden, um durch Diskussion dieser Lösungsvorschläge mit entsprechenden Assoziationen zu weiteren Lösungen oder Verbesserungen zu kommen, die dann aber wieder von den Gruppenmitgliedern einzeln erarbeitet werden sollen. Die Beurteilung und Selektion findet dann wieder in einer Gruppensitzung statt.

3.2.2 Diskursiv-betonte Methoden

Diskursiv betonte Methoden suchen Lösungen durch bewusst schrittweises, beeinflussbares und dokumentierbares Vorgehen („Sekundäre Kreativität“ [15]).

Bei der *systematischen Untersuchung des physikalischen Geschehens* werden aus einer bekannten physikalischen Beziehung (einem physikalischen Effekt) mit mehreren physikalischen Größen verschiedene Lösungen dadurch abgeleitet, dass die Beziehung zwischen einer abhängigen und einer unabhängigen Veränderlichen analysiert wird, wobei alle übrigen Einflussgrößen konstant gehalten werden. Eine weitere Möglichkeit besteht darin, bekannte physikalische Wirkungen in Einzeleffekte zu zerlegen und für diese nach einer Realisierung zu suchen [16].

Eine *systematische Suche mithilfe von Ordnungsschemata* geht davon aus, dass ein Ordnungsschema (z. B. als zweidimensionale Tabelle) zum Suchen nach weiteren Lösungen in bestimmten Richtungen anregt, andererseits das Erkennen wesentlicher Lösungsmerkmale und entsprechender Verknüpfungsmöglichkeiten erleichtert. Ausgangspunkt sind eine oder mehrere bekannte Lösungen, die nach ordnenden Gesichtspunkten oder unterscheidenden Merkmalen gekennzeichnet werden. Solche Ordnungsgesichtspunkte bzw. Variationsmerkmale sind z. B. die Energiearten sowie die wirkstrukturellen Merkmale Wirkgeometrie, Wirkbewegung und Stoffart (siehe Bild 2-6). Ein solches Ordnungsschema ist auch der Morphologische Kasten nach Zwicky (siehe Bild 3-4).

Gliederungsgesichtspunkte			Lösungen oder Elemente		Auswahlmerkmale		
1	2	3 usw.			1	2	3 usw.
1	1.1	1.1.1	Anordnungsbeispiele, Gleichungen, Schaubilder	1	Beurteilung oder Beschreibung der Lösungen oder Elemente		
		1.1.2		2			
	1.2	1.2.1		3			
		1.2.2		4			
		1.2.3		5			
		1.2.4		6			
2	2.1	2.1.1		7			
		2.1.2		8			
		2.1.3		9			
	usw.	usw.		10			

Bild 3-6. Aufbau von Konstruktionskatalogen [17]

Durch *Verwendung von Konstruktionskatalogen* als Sammlungen bekannter und bewährter Lösungen unterschiedlicher Konkretisierungs- und Komplexitätsgrade kommt der Konstrukteur schnell zu Lösungsvorschlägen, die aber häufig noch weiterentwickelt oder angepasst werden müssen [17]. Wichtig ist die Zuordnung von Auswahlmerkmalen im Zugriffsteil eines Katalogs, um die Eignung einer Lösung zur Realisierung einer geforderten Funktion (Aufgabe) zu erkennen, Bild 3-6. Kataloge und Datenbanken sind naturgemäß auch bei der Suche nach Gestaltungsmöglichkeiten in der Entwurfsphase einer Produktentwicklung wichtige Arbeitsmittel.

3.3 Methoden der Gestaltung

Das Gestalten (Grobgestalten, Feingestalten) beim Entwurf eines Produktes (siehe 1.3) erfordert zunächst die Anwendung von Mechanik und Festigkeitslehre (E 5–E 6), Strömungsmechanik (E 7–E 10) und weiterer Fachgebiete.
Die folgenden Methoden und Regeln sind dagegen Empfehlungen und Strategien für den Konstrukteur, mit denen er ohne aufwändige Berechnungs- und Optimierungsverfahren die Voraussetzungen für eine gute Konstruktion legen kann [6].

3.3.1 Grundregeln der Gestaltung

Die Beachtung der Grundregeln

- eindeutig,
- einfach und
- sicher

führt zur eindeutigen Erfüllung der technischen Funktion, zu ihrer wirtschaftlichen Realisierung und zu Sicherheit für Mensch und Umwelt.

Die Beachtung der Grundregel *eindeutig* hilft, Wirkung und Verhalten von Strukturen zuverlässig vorauszusagen. Bild 3-7 zeigt als Beispiel das bekannte Lagerungsprinzip „Festlager – Loslager", das die thermische Wellenausdehnung beherrscht und eine eindeutige axiale Fixierung der Welle ergibt.

Die Beachtung der Grundregel *einfach* ergibt normalerweise eine wirtschaftliche Lösung.

Die Forderung nach *Sicherheit* zwingt zur konsequenten Gestaltung hinsichtlich Haltbarkeit, Zuverlässigkeit, Unfallfreiheit und Umweltschutz. Dem Konstrukteur stehen hierbei die Prinzipien der unmittelbaren Sicherheitstechnik („Sicheres Bestehen", „Beschränktes Versagen", „Redundante Anordnungen") und der mittelbaren Sicherheitstechnik (Schutzsysteme, Schutzeinrichtungen) zur Verfügung [6]. Bild 3-8 zeigt die wesentlichen Bereiche der Sicherheit.

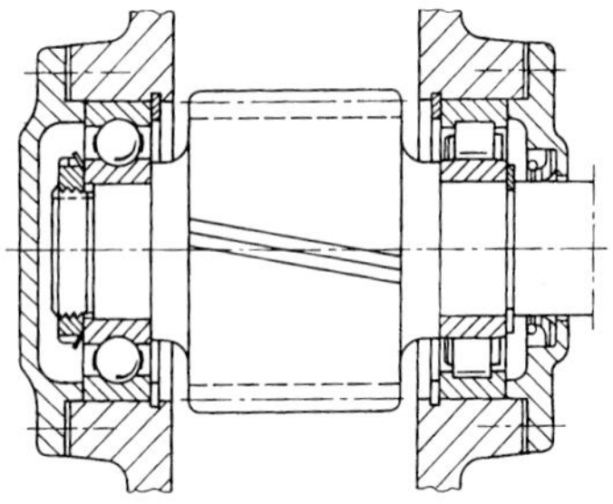

Bild 3-7. Eindeutige Lagerung einer Welle durch Fest- und Loslager

Bild 3-8. Bereiche der Sicherheit [6]

Das *Prinzip des sicheren Bestehens* (Safe-life-Verhalten) stellt sicher, dass alle Bauteile und ihr Zusammenhang im Produkt die vorgesehene Beanspruchung und Einsatzzeit ohne ein Versagen oder eine Störung überstehen.

Das *Prinzip des beschränkten Versagens* (Fail-safe-Verhalten) lässt während der Einsatzzeit eine Funktionsstörung oder einen Schaden zu, ohne dass es dabei zu schweren Folgeschäden kommen darf.

Das *Prinzip der redundanten Anordnung* erhöht die Sicherheit, indem Reserveelemente bei Ausfall des regulären Elements die volle oder eingeschränkte Funktion übernehmen. Bei aktiver Redundanz beteiligen sich Normalelemente und Reserveelemente aktiv an der Funktionserfüllung, bei passiver Redundanz steht das Reserveelement im Normalbetrieb nur in Reserve. Prinzipredundanz liegt vor, wenn Normalelement und Reserveelement auf unterschiedlichen Wirkprinzipien beruhen. Redundante Elemente können in Parallel-, Serien-, Quartett-, Quartett-Kreuz-, 2-aus-3- und Vergleichsredundanz geschaltet werden.

3.3.2 Gestaltungsprinzipien

Allgemein anwendbare Gestaltungsprinzipien stellen Strategien zur optimalen Auslegung und Anordnung von Baustrukturen dar. Sie sind aber nicht in jedem Fall zweckmäßig, sondern müssen auf die speziellen Anforderungen einer Gestaltungsaufgabe abgestimmt werden [6].

Prinzipien der Kraftleitung dienen einer gleichen Gestaltfestigkeit, der wirtschaftlichen und beanspruchungsgünstigen Führung des Kraft- oder Leistungsflusses, der Abstimmung der Bauteilverformungen sowie einem Kraftausgleich:

- *Gleiche Gestaltfestigkeit* strebt über die geeignete Wahl von Werkstoff und Gestalt von Bauteilen eine überall gleich hohe Ausnutzung der Festigkeit an.
- Das *Prinzip der direkten und kurzen Kraftleitung* wählt den direkten und kürzesten Kraft-(Momenten)leitungsweg mit vorzugsweise Zug-/Druckbeanspruchung, um die Verformung klein zu halten und den Werkstoffaufwand durch gleichmäßige Spannungsverteilung zu senken.
- Das *Prinzip der gewollten großen Verformung* wählt dagegen einen langen Kraftleitungsweg und eine bewusst ungleichmäßige Spannungsverteilung

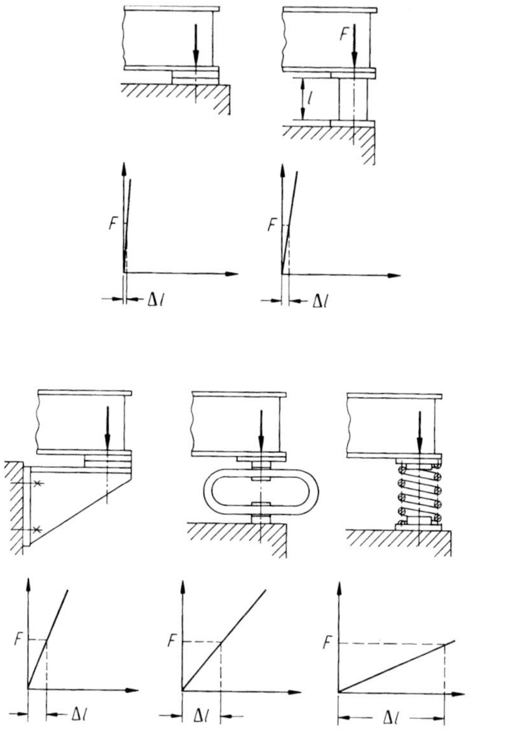

Bild 3-9. Abstützung eines Maschinenrahmens mit unterschiedlichen Steifigkeiten [6]

über den Querschnitt, damit also vorzugsweise Biege- und Torsionsbeanspruchung. Bild 3-9 erläutert diese Verhältnisse bei der Abstützung eines Maschinenrahmens anhand der Federkennlinien der Varianten.

- Das *Prinzip der abgestimmten Verformungen* gestaltet bei Fügeverbindungen die beteiligten Bauteile so, dass unter Last eine weitgehende Anpassung ihrer Verformungen erfolgt, was durch gleichgerichtete und gleich große Verformungen erreicht wird. Bild 3-10 zeigt als Beispiel eine drehmomentbelastete Welle-Nabe-Verbindung in günstiger und ungünstiger Gestaltung, Bild 3-11 die Möglichkeiten einer Verformungsabstimmung bei Kranlaufwerken, ohne die ein Schieflauf der Laufwerke eintreten würde.
- Das *Prinzip des Kraftausgleichs* sucht mit Ausgleichselementen oder durch eine symmetrische Anordnung die die Funktionshauptgrößen begleitenden Nebengrößen auf möglichst kleine Zonen zu beschränken, damit Bauaufwand und

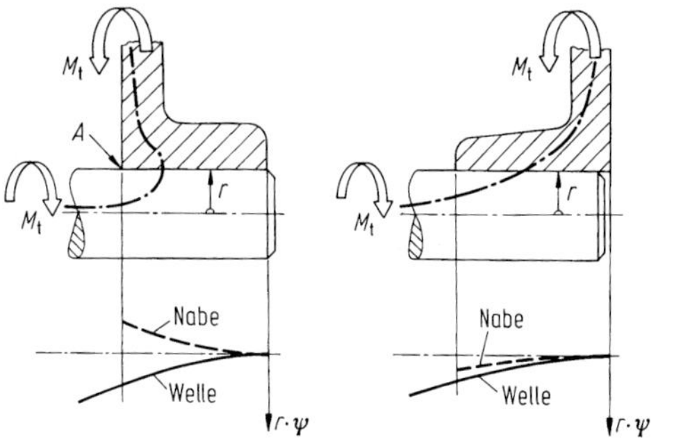

Bild 3-10. Welle-Nabe-Verbindungen mit unterschiedlicher Kraftflussumlenkung [6]

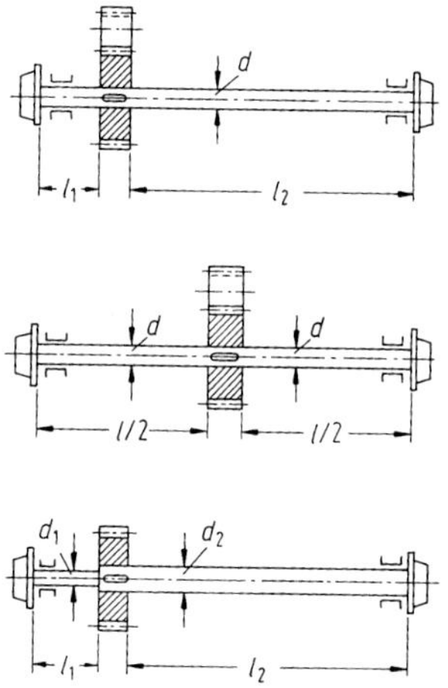

Bild 3-11. Verformungsabstimmung beim Antrieb von Kranlaufwerken [6]

Energieverluste möglichst gering bleiben. Beispiel: Bild 3-12.

Das *Prinzip der Aufgabenteilung* ermöglicht durch Zuordnung von Bauteilen oder Baugruppen, Werkstoffen oder sonstigen Konstruktionselementen zu einzelnen Teilfunktionen eines Lösungskonzepts ein eindeutiges und sicheres Verhalten dieser Funktionsträger, eine bessere Materialausnutzung und eine höhere Leistungsfähigkeit. Dieses Prinzip einer „Differenzialbauweise" steht damit im Gegensatz zur in der Regel kostengünstigeren „Integralbauweise". Die Zweckmäßigkeit der Anwendung ist im Einzelfall zu überprüfen. Bild 3-13 zeigt als Beispiel eine Festlageranordnung, bei der die Radialkräfte durch ein Rollenlager und die Axialkräfte durch ein Rillenkugellager übertragen werden. Diese Anord-

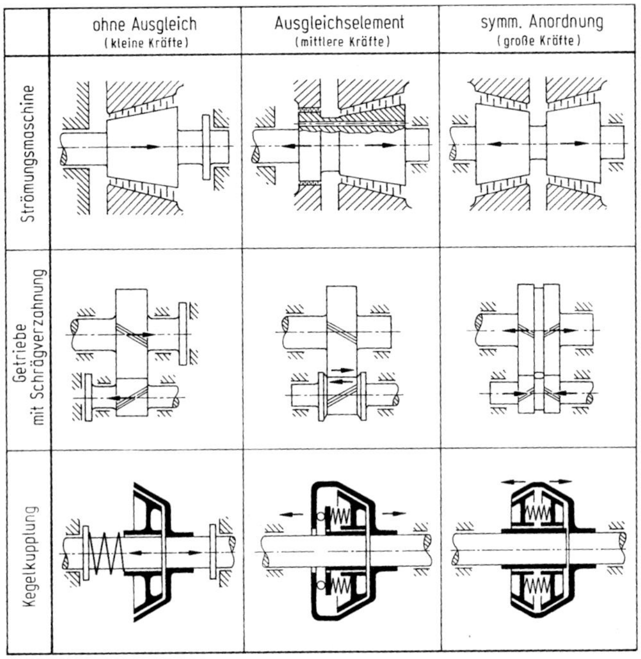

Bild 3-12. Möglichkeiten des Kraftausgleichs bei unterschiedlichen Maschinen [6]

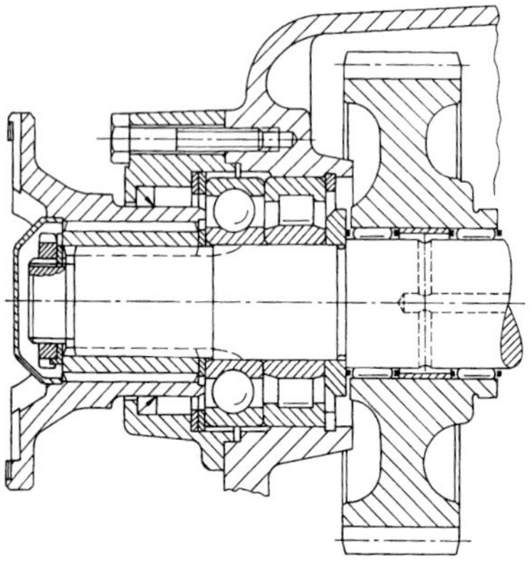

Bild 3-13. Festlager mit Trennung der Radial- und Axialkraftübernahme [6]

nung ist bei hohen Belastungen der sonst üblichen Ausführung mit nur einem Rillenkugellager, das gleichzeitig die Radial- und Axialkräfte überträgt, überlegen.

Das Prinzip der Aufgabenteilung wird auch zur Aufteilung von Belastungen auf mehrere gleiche Übertragungselemente angewendet, wenn bei nur einem Übertragungselement die Grenzbelastung überschritten würde. Beispiele hierfür sind leistungsverzweigte Mehrweggetriebe und Keilriemengetriebe mit mehreren parallelen Keilriemen.

Das *Prinzip der Selbsthilfe* führt durch geeignete Wahl und Anordnung von Komponenten in einer Baustruktur zu einer wirksamen gegenseitigen Unterstützung, die hilft, eine Funktion besser, sicherer und wirtschaftlicher zu erfüllen [18]. Dabei kann eine selbstverstärkende und selbstausgleichende Wirkung bei Normallast und eine selbstschützende Wirkung bei Überlast ausgenutzt werden. Bild 3-14

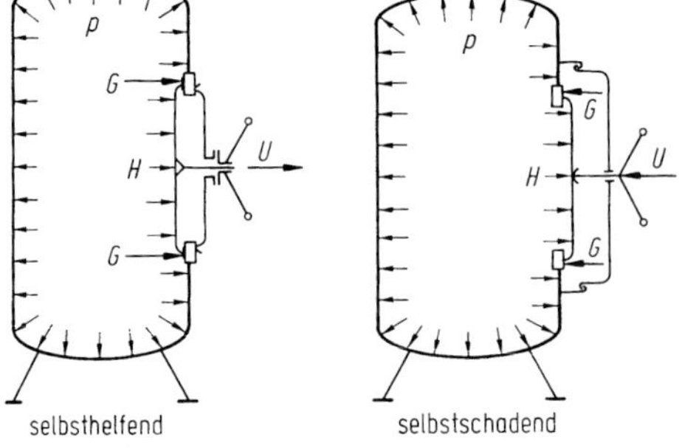

Bild 3-14. Selbstverstärkender Verschluss eines Druckbehälters [18]

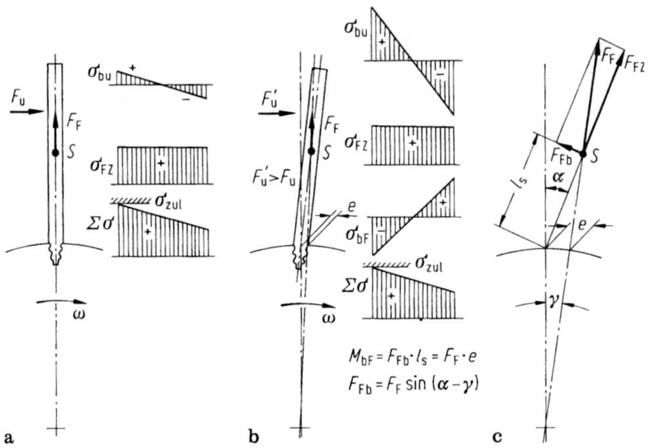

Bild 3-15. Selbstausgleichende Schaufeleinspannung bei Strömungsmaschinen [6]; **a** konventionelle, **b** selbstausgleichende Lösung, **c** Kräftediagramm

zeigt die *selbstverstärkende* Lösung eines Verschlusses bei Druckbehältern, bei der die Dichtkraft des Deckels durch den Innendruck des Behälters proportional erhöht wird. Eine *selbstausgleichende* Lösung liegt vor bei der schief eingespannten Schaufel eines Strömungsmaschinenläufers, bei der das Fliehkraftmoment das von der Umfangskraft herrührende Biegemoment ausgleicht, Bild 3-15. Eine *selbstschützende* Lösung schützt ein Element vor Überbeanspruchung durch Änderung der Beanspruchungsart bei Einschränkung der Funktionsfähigkeit, wie Bild 3-16 am Beispiel von Federn zeigt.

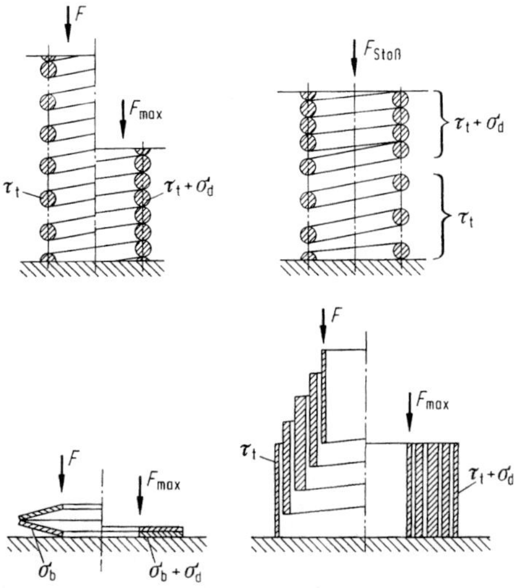

Bild 3-16. Selbstschützende Federn [6]

Das *Prinzip der Stabilität* hat zum Ziel, dass Störungen eine sie selbst aufhebende kompensierende oder mindestens abschwächende Wirkung hervorrufen. Bild 3-17 zeigt dieses Prinzip an einer Ausgleichskolbendichtung, die bei Erwärmung (Störung) entweder anschleift (labile Lösung) oder sich von der Gegenwirkfläche abhebt (stabile Lösung).

Mit dem *Prinzip der Bistabilität* erzielt man durch eine gewollte Störung Wirkungen, die die Störung so unterstützen und verstärken, dass bei Erreichen eines Grenzzustandes ein neuer deutlich unterschiedlicher Zustand ohne unerwünschte Zwischenzustände erreicht wird. Das Prinzip dient damit auch der Eindeutigkeit einer Wirkstruktur. Bild 3-18 zeigt dieses Prinzip an einem Sicherheitsventil, das schnell von dem geschlossenen Grenzzustand in den geöffneten Grenzzustand kommen soll (durch schlagartige Ver-

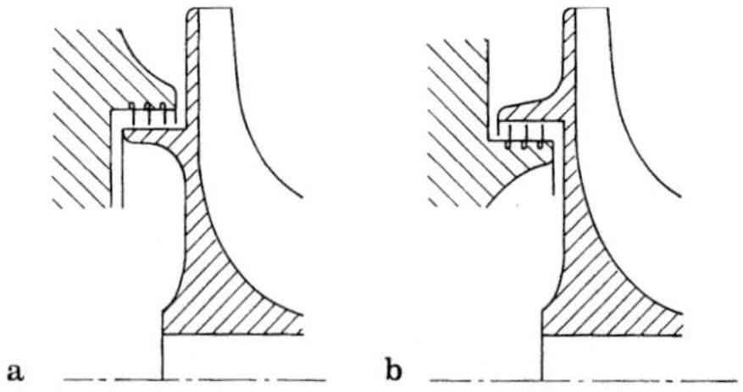

Bild 3-17. Ausgleichskolbendichtung an einem Turboladerrad [19]; **a** wärmelabil, **b** wärmestabil

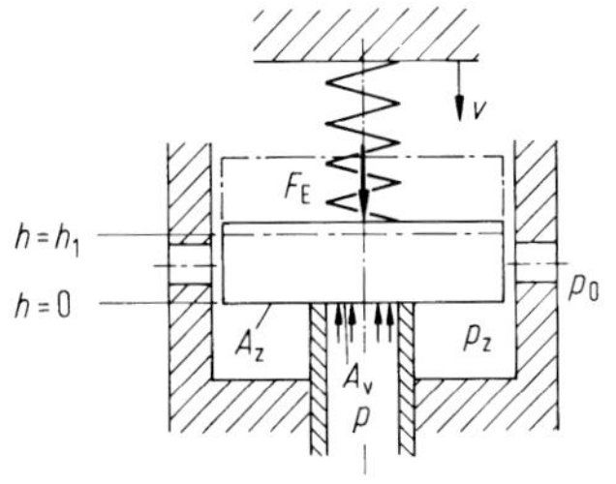

Bild 3-18. Bistabil öffnendes Ventil [6]

größerung der Druckfläche A_V zu A_Z nach Anheben des Ventiltellers).

3.3.3 Gestaltungsrichtlinien

Die folgenden Gestaltungsrichtlinien sind Empfehlungen für den Konstrukteur, die er beachten sollte, um den allgemeinen und speziellen Zielsetzungen einer Aufgabenstellung gerecht zu werden (siehe 2.5). Eine ausführliche Beschreibung dieser Gestaltungsrichtlinien ist in [6] zu finden.

Beanspruchungsgerecht gestalten bedeutet, zunächst für die äußeren Belastungen, die am Bauteil angreifen, vgl. D 8, die Längs- und Querkräfte, Biege- und Drehmomente, die durch diese entstehenden Normalspannungen als Zug- und Druckspannungen sowie Schubspannungen als Scher- und Torsionsspannungen (Spannungsanalyse) und die elastischen und/oder plastischen Verformungen (Verformungsanalyse) zu berechnen. Diesen Beanspruchungen werden die für den Belastungsfall gültigen Werkstoffgrenzwerte unter Beachten von Kerbwirkungen, Oberflächen- und Größeneinflüssen mithilfe von Festigkeitshypothesen gegenübergestellt, um die Sicherheit gegen Versagen ermitteln oder Lebensdauervorhersagen machen zu können. Dabei ist nach dem Prinzip der *gleichen Gestaltfestigkeit* anzustreben, dass alle Gestaltungszonen etwa gleich hoch ausgenutzt werden (siehe 3.3.2).

Schwingungsgerecht gestalten bedeutet, auftretende Eigenfrequenzen (Resonanzgebiete) zu beachten bzw. durch konstruktive Maßnahmen hinsichtlich Steifigkeiten und Massenanordnung so zu verändern, dass Maschinenschwingungen und Geräusche beim Betrieb minimiert werden (vgl. E 4).

Ausdehnungsgerecht gestalten heißt, thermisch und spannungsbedingte Bauteilausdehnungen, insbesondere Relativausdehnungen zwischen Bauteilen, so durch Führungen aufzunehmen und durch Werkstoffwahl auszugleichen (siehe Bild D 9-11 und Tabelle D 9-7), dass keine Eigenspannungen, Klemmungen oder sonstige Zwangszustände entstehen, wodurch die Tragfähigkeit der Strukturen herabgesetzt würde. Führungen sind in der Ausdehnungsrichtung oder in der Symmetrielinie des thermisch oder mechanisch bedingten Verzerrungszustandes des Bauteils anzuordnen.
Bei instationären Temperaturveränderungen sind die thermischen Zeitkonstanten benachbarter Bauteile anzugleichen, um Relativbewegungen zwischen diesen zu vermeiden [6].

Kriechgerecht gestalten heißt, die zeitabhängige plastische Verformung einzelner Werkstoffe, insbesondere bei höheren Temperaturen oder von Kunststoffen, durch Werkstoffauswahl und Gestaltung zu berücksichtigen, z. B. einen Spannungsabbau (Relaxation) bei verspannten Systemen (Schraubenverbindungen, Pressverbindungen) durch elastische Nachgiebigkeitsreserven weitgehend zu vermeiden (vgl. D 9.2.4). Durch Belastungs- und Temperaturhöhe, Werkstoffwahl und Beanspruchungszeit ist der Bereich des tertiären Kriechens zu vermeiden [6].

Korrosionsgerecht gestalten heißt, die Ursachen bzw. Voraussetzungen für die einzelnen Korrosionsarten

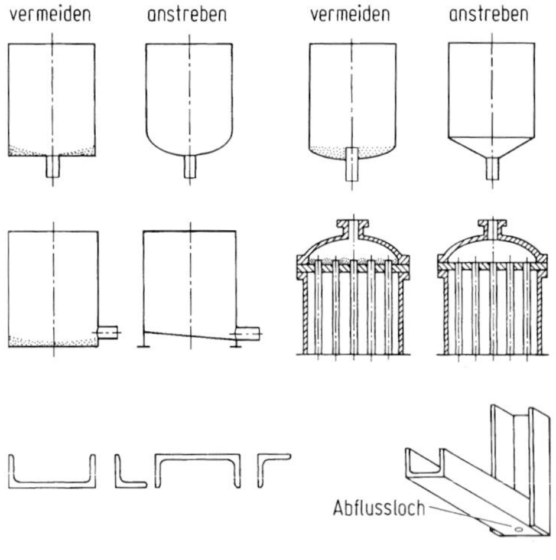

Bild 3-19. Flüssigkeitsabfluss bei korrosionsbeanspruchten Bauteilen [20]

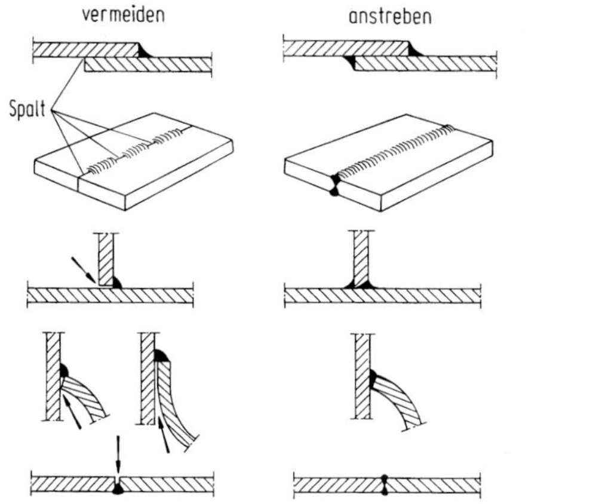

Bild 3-20. Beispiele für hinsichtlich Spaltkorrosion ungünstig und günstig gestaltete Schweißverbindungen [20]

zu vermeiden (Primärmaßnahmen) oder durch Werkstoffauswahl, Beschichtungen oder sonstige Schutz- bzw. Instandhaltungsmaßnahmen (Sekundärmaßnahmen) die Korrosionserscheinungen in zulässigen Grenzen zu halten (vgl. D 10.4) [21]. Bild 3-19 zeigt konstruktive Möglichkeiten zum Vermeiden von Feuchtigkeitssammelstellen, Bild 3-20 von Spaltkorrosionsstellen.

Verschleißgerecht gestalten heißt, durch tribologische Maßnahmen im System Werkstoff, Oberfläche, Schmierstoff die für den Betrieb erforderlichen Relativbewegungen zwischen Bauteilen möglichst verschleißarm aufzunehmen. Dabei können Verbundkonstruktionen mit hochfesten Randschichten und gestaltgebenden Basiswerkstoffen eine wirtschaftliche Lösung sein (vgl. D 10.6) [22].

Ergonomiegerecht gestalten heißt, die für den Produktgebrauch wesentlichen Eigenschaften, Fähigkeiten und Bedürfnisse des Menschen zu berücksichtigen. Dabei spielen biomechanische, physiologische und psychologische Aspekte eine Rolle. Man muss ferner zwischen einem aktiven Beitrag des Menschen (z. B. bei der Produktbedienung) und einem passiven Betroffensein (Rück- und Nebenwirkungen durch das Produkt) unterscheiden [23].

Formgebungsgerecht (Industrial Design [12, 24]) gestalten heißt, zu berücksichtigen, dass insbesondere Gebrauchsgegenstände nicht nur einer reinen Zweckerfüllung dienen, sondern auch ästhetisch ansprechen

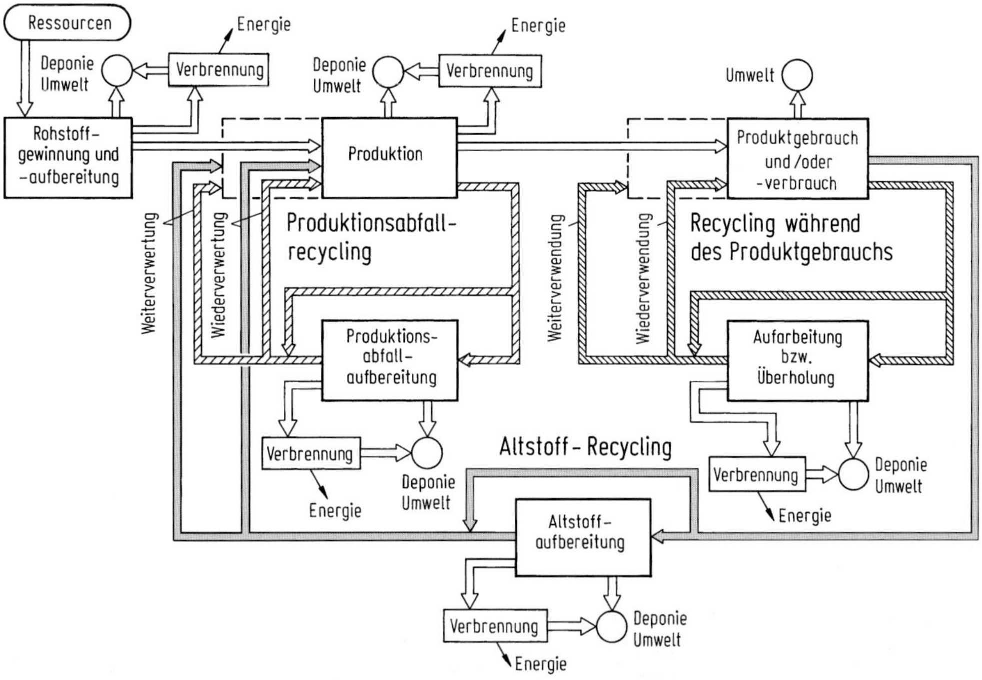

Bild 3-21. Recyclingmöglichkeiten [25, 26]

sollen. Das gilt vor allem für das Aussehen (Form, Farbe und Beschriftung).

Fertigungsgerecht gestalten heißt, den bedeutenden Einfluss konstruktiver Entscheidungen auf Fertigungskosten, Fertigungszeiten und Fertigungsqualitäten zu erkennen und bei der Bauteiloptimierung zu berücksichtigen [6]. Zur fertigungsgünstigen Gestaltung von Teilen (Werkstücken) müssen dem Konstrukteur die Eigenschaften der Fertigungsverfahren und die speziellen Gegebenheiten der jeweiligen Fertigungsstätte (Eigen- oder Fremdfertigung) bekannt sein. Tabelle 3-2 zeigt das Beziehungsfeld zwischen Konstruktion und Fertigung, aus dem die Einflussmöglichkeiten des Konstrukteurs auf die Fertigung erkennbar sind.

Montagegerecht gestalten heißt, die erforderlichen Montageoperationen durch eine geeignete Baustruktur sowie durch die Gestaltung der Fügestellen und Fügeteile zu reduzieren, zu vereinfachen, zu vereinheitlichen und zu automatisieren [6].
Bei den Gestaltungsmaßnahmen zur Vereinfachung der Teilefertigung wie auch der Montage müssen Gesichtspunkte der Prüfung und Fertigungskontrolle beachtet werden: *Qualitätsgerecht* gestalten.

Normgerecht gestalten heißt, die aus sicherheitstechnischen, gebrauchstechnischen und wirtschaftlichen Gründen erforderlichen Normen und sonstigen technischen Regeln als anerkannte Regeln der Technik im Interesse von Hersteller und Anwender zu beachten (siehe 5.3).

Tabelle 3-2. Beziehungsfeld zwischen Konstruktions- und Fertigungsbereich nach [6]

	Konstruktionsbereich	Fertigungsbereich
Baustruktur:	Baugruppengliederung Werkstücke Zukaufteile Normteile Füge- und Montagestellen Transporthilfen Qualitätskontrollen	Fertigungsablauf Montage- und Transportmöglichkeiten Losgröße der Gleichteile Anteil Eigen-/ Fremdfertigung Qualitätskontrolle
Werkstückgestaltung:	Form und Abmessungen Oberflächen Toleranzen Passungen an Fügestellen	Fertigungsverfahren Fertigungsmittel, Werkzeuge Messzeuge Eigen-/Fremdfertigung Qualitätskontrolle
Werkstoffwahl:	Werkstoffart Nachbehandlung Qualitätskontrollen Halbzeuge technische Lieferbedingungen	Fertigungsverfahren Fertigungsmittel, Werkzeuge Materialwirtschaft (Einkauf, Lager) Eigen-/Fremdfertigung Qualitätskontrolle
Standard- und Fremdteile:	Wiederholteile Normteile Zukaufteile	Einkauf Lagerhaltung Lagerfertigung
Fertigungsunterlagen:	Werkstattzeichnungen Stücklisten Rechnerintern gespeicherte Geometrie- und Technologiedaten Montageanweisungen Prüfanweisungen	Auftragsabwicklung Fertigungsplanung Fertigungssteuerung Qualitätskontrolle CAM, CAP/CAQ, CIM

Transport- und verpackungsgerecht gestalten heißt, bei Großmaschinen die Transportmöglichkeiten, bei Serienprodukten die genormten Verpackungs- und Ladeeinheiten (Container, Paletten) zu berücksichtigen [6].

Recyclinggerecht gestalten heißt, die Eigenschaften von Aufbereitungs- und Aufarbeitungsverfahren zu kennen und ihren Einsatz durch die Baugruppen- und Bauteilgestaltung (Form, Fügestellen, Werkstoffe) zu unterstützen. Dabei dienen aufarbeitungsfreundliche konstruktive Maßnahmen (erleichterte Demontage und Remontage, Reinigung, Prüfung sowie Nachbearbeitungs- oder Austauschfreundlichkeit) zugleich einer *instandhaltungsgerechten* Gestaltung (Inspektion, Wartung, Instandsetzung). Bild 3-21 zeigt die Recyclingmöglichkeiten für materielle Produkte, an denen sichkonstruktive Maßnahmen zur Recycling-Erleichterung orientieren müssen [25–28].

3.4 Baustrukturen

3.4.1 Baureihen

Unter einer Baureihe versteht man eine Gruppe technischer Produkte, die *dieselbe* Funktion mit der *gleichen* Lösung in *mehreren* Größenstufen mit weitgehend *gleicher* Fertigung erfüllen. Das Prinzip der Baureihe dient der wirtschaftlichen Realisierung eines Bereichs von Abmessungen und Eigenschaften eines Produkts.

Die Baureihenentwicklung geht vom „Grundentwurf" aus und leitet von diesem für die gewünschten Baugrößen „Folgeentwürfe" ab. Bild 3-22 zeigt als Beispiel eine Getriebebaureihe in der Darstellung als Strahlenfigur, aus der die geometrische Ähnlichkeit hervorgeht.

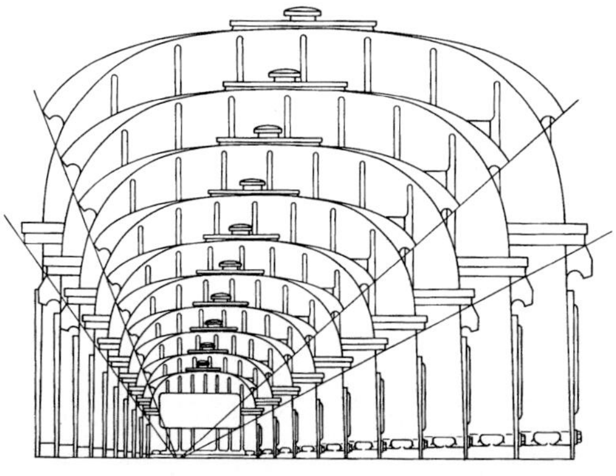

Bild 3-22. Getriebebaureihe

Tabelle 3-3. Normzahlreihen, DIN 323

Hauptwerte Grundreihen R 5	R 10	R 20	R 40
1,00	1,00	1,00	1,00
			1,06
		1,12	1,12
			1,18
	1,25	1,25	1,25
			1,32
		1,40	1,40
			1,50
1,60	1,60	1,60	1,60
			1,70
		1,80	1,80
			1,90
	2,00	2,00	2,00
			2,12
		2,24	2,24
			2,36
2,50	2,50	2,50	2,50
			2,65
		2,80	2,80
			3,00
	3,15	3,15	3,15
			3,35
		3,55	3,55
			3,75
4,00	4,00	4,00	4,00
			4,25
		4,50	4,50
			4,75
	5,00	5,00	5,00
			5,30
		5,60	5,60
			6,00
6,30	6,30	6,30	6,30
			6,70
		7,10	7,10
			7,50
	8,00	8,00	8,00
			8,50
		9,00	9,00
			9,50

Hilfsmittel:

- Dezimalgeometrische Normzahlenreihen, Tabelle 3-3.
- Ähnlichkeitsgesetze zur Ableitung von Kenngrößen der Folgeentwürfe aus dem Grundentwurf [6]. Man unterscheidet geometrisch *ähnliche* Baureihen (alle drei Koordinaten verändern sich mit dem gleichen Stufensprung) und geometrisch *halbähnliche* Baureihen (die drei Koordinaten weichen in ihren Stufensprüngen voneinander ab). Letztere werden häufig wegen des Wirksamwerdens mehrerer Ähnlichkeitsgesetze, wegen übergeordneter Forderungen aus der Aufgabenstellung und aus wirtschaftlichen Erfordernissen der Fertigung notwendig.

3.4.2 Baukästen

Unter einem Baukasten versteht man technische Produkte (Maschinen und Baugruppen), die mit *Bausteinen* oft unterschiedlicher Art durch deren Kombination *verschiedene Gesamtfunktionen* bzw. Funktionsstrukturen ermöglichen.

Die wirtschaftliche Realisierung von Funktionsvarianten erfolgt durch Auflösung der Funktionsstruktur in Grund-, Hilfs-, Sonder-, Anpass- und auftragsspezifische Funktionen bzw. der Baustruktur in Grund-, Hilfs-, Sonder-, Anpass- und Nichtbausteine sowie deren unterschiedliche Kombination, Bild 3-23.
Tabelle 3-4 enthält weitere Begriffe der Baukastensystematik. Bild 3-24 zeigt als typisches Beispiel für ein geschlossenes Baukastensystem einen Getriebebaukasten, Bild 3-25, als Beispiel für offene Systeme einen Baukasten aus der Fördertechnik.
Die Baukastentechnik ist in allen Branchen ein weitverbreitetes Konstruktionsprinzip, das eine vom Markt erwartete Variantenfülle rationell bereitstellt. Für den Entwurf eines wirtschaftlichen Baukastensystems müssen jedoch die Marktanforderungen genau bekannt sein.

3.4.3 Differenzialbauweise

Unter Differenzialbauweise versteht man die Auflösung eines Einzelteils (Träger eines oder mehrerer Funktionen) in mehrere fertigungstechnisch und

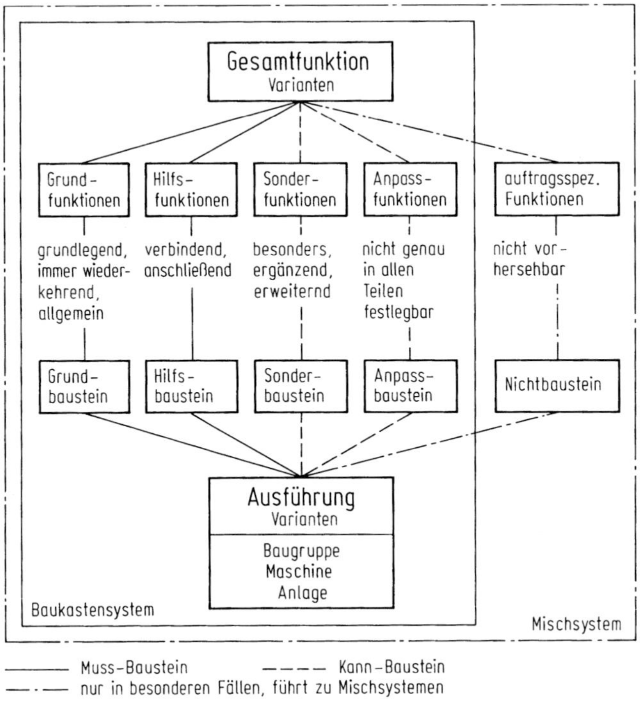

Bild 3-23. Funktions- und Bausteinarten bei Baukasten- und Mischsystemen [6]

Tabelle 3-4. Begriffe der Baukastensystematik nach [6]

Ordnende Gesichtspunkte	Unterscheidende Merkmale
Bausteinarten:	Funktionsbausteine – Grundbausteine – Hilfsbausteine – Sonderbausteine – Anpassbausteine – Nichtbausteine Fertigungsbausteine
Bausteinbedeutung:	Muss-Bausteine Kann-Bausteine
Bausteinkomplexität:	Großbausteine Kleinbausteine
Bausteinkombination:	nur gleiche Bausteine nur verschiedene Bausteine gleiche und verschiedene Bausteine Bausteine und Nichtbausteine
Baustein- und Baukastenauflösungsgrad:	Anzahl der Einzelteile je Baustein Anzahl der Bausteine und ihre Kombinationsmöglichkeit
Baukastenkonkretisierungsgrad:	nur als gegliederter Datensatz vorhanden unterschiedliche Konkretisierung einzelner Teile voll konkretisiert
Baukastenabgrenzung:	geschlossenes System mit Bauprogramm offenes System mit Baumusterplan

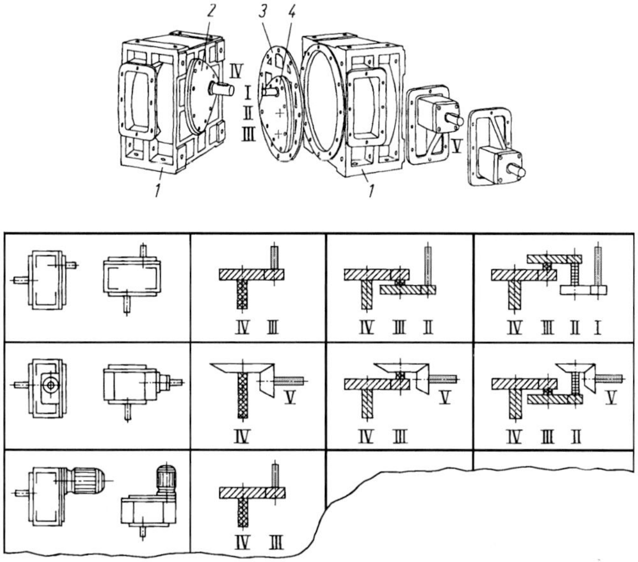

Bild 3-24. Getriebebaukasten „Hansen-Patent" [6]

kostenmäßig günstigere Werkstücke (Prinzip der fertigungsgerechten Teilung). Sie kann damit als fertigungsorientierte Ausprägung der Baustein- oder Baukastentechnik betrachtet werden und unterstützt somit auch die wirtschaftliche Realisierung von funktionsorientierten Baukastensystemen. Sie

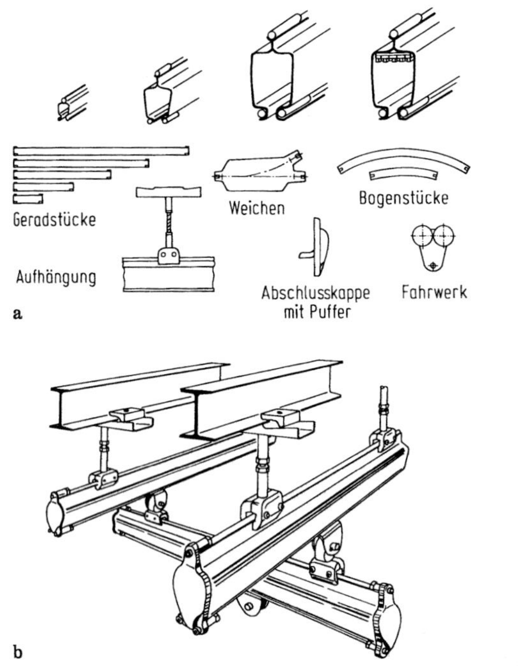

Bild 3-25. Offene Baukastensysteme der Fördertechnik (nach Werkbild Demag, Duisburg), **a** Bausteine, **b** Kombinationsbeispiel

ist ferner bei Baureihenkonstruktionen nützlich und entspricht dem Prinzip der Aufgabenteilung. Bild 3-26 zeigt einen Maschinenläufer, der entweder als Schmiedestück oder als Plattenkonstruktion (in Differenzialbauweise) gestaltet werden kann. Letztere erlaubt nicht nur eine rationelle Fertigung aus handelsüblichen Platten, sondern auch die Realisierung unterschiedlicher Läuferlängen durch Zwischenschalten weiterer Platten.

3.4.4 Integralbauweise

Unter Integralbauweise wird das Vereinigen mehrerer Einzelteile zu einem komplexeren Werkstück verstanden (z. B. Guss- und Schmiedekonstruktionen statt Schweißkonstruktionen, Strangpressprofile statt gefügter Normprofile). Bild 3-27 zeigt eine Radlagerung eines Kraftfahrzeugs, bei dar das bisher übliche zweireihige Schrägkugellager durch ein zweireihiges Rillenkugellager ersetzt wurde, dessen Innen- und Außenringe in die Radnabe bzw. Felge integriert wurden.
Wann die Differenzial- oder die Integralbauweise günstiger ist, hängt im Einzelfall von der Stückzahl, den Instandhaltungsanforderungen, den Volumenerwartungen, den verwendeten Werkstoffen, den Fertigungsgegebenheiten und den Montagemöglichkeiten ab.

3.4.5 Verbundbauweise

Unter Verbundbauweise wird die

– *unlösbare* Verbindung mehrerer unterschiedlicher Rohteile oder Einzelteile aus gegebenenfalls unter-

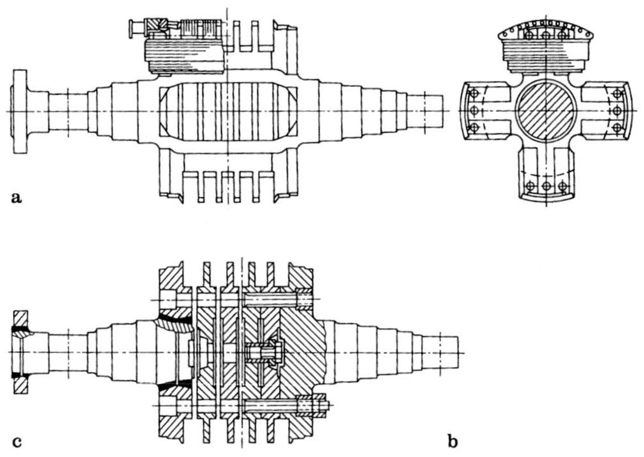

Bild 3-26. Maschinenläufer in Kammbauart, **a** als Schmiedeteil, **b** als Plattenkonstruktion, **c** mit angeschweißten Flanschplatten

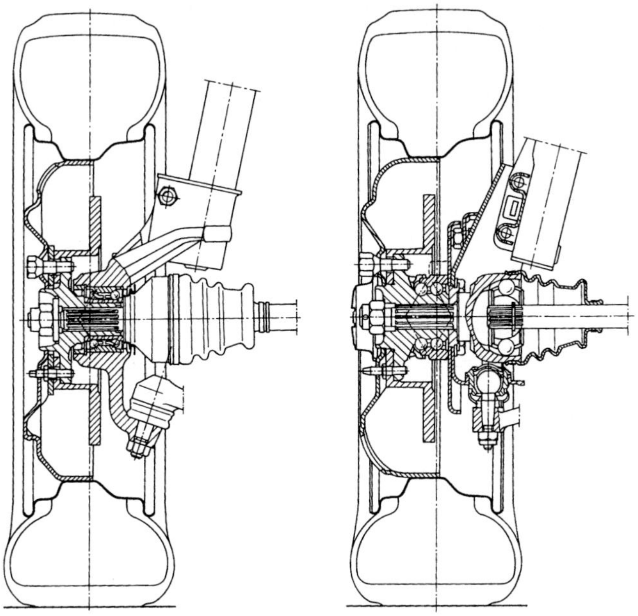

Bild 3-27. Radlagerung in Differenzial und Integralbauweise (nach Werkbild SKF)

schiedlichen Werkstoffen zu einem Werkstück bzw. Bauteil *oder* die

- *gleichzeitige* Anwendung mehrerer Fügeverfahren an einem Fügeflächenpaar (z. B. Kombination von Verschraubung oder Punktschweißung mit Klebung) verstanden.

Verbundbauweisen haben ihre große Bedeutung z. B. bei Kunststoffbauteilen, in die Metallteile aus Funktions- und Festigkeitsgründen integriert sind, oder bei verschleiß- und korrosionsbeanspruchten Bauteilen, bei denen nach dem Prinzip der Aufgabenteilung die Tragstruktur und die Oberflächenschicht aus unterschiedlichen Werkstoffen gefertigt sind.

3.5 Methoden der Auswahl

Auswahlmethoden dienen in jeder Konstruktionsphase oder Konkretisierungsstufe des Entwicklungs- bzw. Konstruktionsprozesses zur Beurteilung und Selektion von Lösungsvarianten mit dem Ziel, aus der Menge der Lösungsmöglichkeiten diejenigen zu erkennen, für die sich eine weitere Realisierung lohnt. Beispielhaft kann die Bewertung einzelner erarbeiteter Wirkstrukturen aufgeführt werden. Es ist erforderlich festzulegen, welche Wirkstruktur zur Baustruktur ausgearbeitet wird. Je nach dem Kenntnisstand über die Eigenschaften einer zu beurteilenden Lösung werden Verfahren zur Grobauswahl oder zur genaueren Feinauswahl eingesetzt.

Eine Grobauswahl ist durch die Tätigkeiten *Ausscheiden* (−) und *Bevorzugen* (+) gekennzeichnet.

Mithilfe einer Auswahlliste (Bild 3-28) können zunächst die absolut ungeeigneten Lösungen ausgeschieden werden. Bleiben mehrere Lösungen übrig, sind die offenbar besseren zu bevorzugen. Die Auswahlkriterien sind den Zielen der Produktentwicklung und des Unternehmens anzupassen. Eine weitere Möglichkeit zur Grobauswahl bietet die relative Beurteilung nach Bild 3-29.

Für eine genauere Auswahl haben sich Bewertungsverfahren eingeführt, insbesondere die VDI-Richtlinie 2225 [30] und die Nutzwertanalyse Verfahren arbeiten mit etwa gleichen Vorgehensschritten:

- Formulieren von Bewertungskriterien aufgrund der Wünsche der Anforderungsliste und weiterer Zielsetzungen.

Institution / Firma	Auswahlliste für	Blatt: Seite:

Lösungsvariante (Lv) eintragen:

Lösungsvarianten (Lv) nach
AUSWAHLKITERIEN beurteilen:
(+) ja
(-) nein
(?) Informationsmangel
(!) Anforderungsliste überprüfen

A: Verträglichkeit gegeben
B: Forderungen der Anforderungsliste erfüllt
C: Grundsätzlich realisierbar
D: Aufwand zulässig
E: Unmittelbare Sicherheitstechnik gegeben
F: Im eigenen Bereich bevorzugt
G: Bemerkungen (Hinweise, Begründungen)

ENTSCHEIDEN
Lösungsvarianten (Lv) kennzeichnen:
(+) Lösung weiter verfolgen
(-) Lösung scheidet aus
(?) Information beschaffen (Lösung erneut beurteilen)
(!) Anforderungsliste auf Änderung prüfen

Lv		A	B	C	D	E	F	G	Bemerkungen (Hinweise, Begründungen)	Entscheidung
	1									
	2									
	3									
	4									
	5									
	6									
	7									
	8									
	9									
	10									
	11									
	12									
	13									
	14									
	15									
	16									
	17									
	18									
	19									
	20									

Datum:	Bearbeiter:	

Bild 3-28. Auswahlliste [6]

Im Vergleich zu Variante	Variante 1	2	3	4	5	6	7
1	—	1	0	1	0	1	0
2	0	—	0	1	0	0	0
3	1	1	—	1	0	1	0
4	0	0	0	—	0	0	0
5	1	1	1	1	—	1	1
6	0	1	0	1	0	—	0
7	1	1	1	1	0	1	—
Summe	3	5	2	6	0	4	1
Rang	4	2	5	1	7	3	6

1 ≙ besser 0 ≙ nicht besser

Bild 3-29. Relative Bewertung von Lösungsvarianten nach [29]

– Gewichten der Bewertungskriterien mithilfe von Gewichtungsfaktoren $g_i (\sum g_i = 1)$.
– Zusammenstellen der Lösungseigenschaften bezogen auf die Bewertungskriterien.
– Beurteilen dieser Eigenschaften hinsichtlich des Erfüllungsgrades der Bewertungskriterien nach den Wertvorstellungen des Beurteilers (0 bis 4 oder 0 bis 10 Punkte): w_{ij}.
– Bestimmen der Teilwerte $wg_{ij} = g_i \cdot w_{ij}$ und des Gesamtwertes $Gw_j = \sum_{i=1}^{n} g_i \cdot w_{ij}$ der einzelnen Lösungsvarianten. Bild 3-30 zeigt für dieses Vorgehen ein Formblatt.
– Ermitteln der besten Lösung durch Vergleichen der Gesamtwerte der Lösungsvarianten oder durch Bestimmen von Wertigkeiten Wg_j

$$= \frac{G_{w_j}}{w_{\max} \sum_{i=1}^{n} g_i} \text{ für jede Lösungsvariante .}$$

Die Wertigkeit bezieht den Gesamtwert auf eine gedachte Ideallösung (maximale Punktzahl) und zeigt damit die absolute Güte einer Lösung. Man unterscheidet auch zwischen *technischer Wertigkeit* W_t (berücksichtigt nur die technischen Bewertungskriterien) und *wirtschaftlicher Wertigkeit* W_w (berücksichtigt nur die wirtschaftlichen Bewertungskriterien, insbesondere die Herstellkosten). Bild 3-31 zeigt ein Wertigkeitsdiagramm, aus dem die generelle Zielsetzung einer Produktentwicklung erkennbar wird, möglichst ausgeglichene Lösungen zu bevorzugen.

– Erkennen der Schwachstellen einer Lösung, insbesondere der besten Lösung, durch Auswertung des Bewertungsergebnisses als Wertprofil, bei dem die Teilwerte aller Bewertungskriterien den Idealwerten gegenübergestellt werden.
– Abschätzen der Beurteilungsunsicherheiten des Bewertungsverfahrens, die sich durch die Subjektivität der Bewertung und durch die Toleranzen der Eigenschaftsgrößen der Lösungsvarianten ergeben.

Bewertungskriterien			Eigenschaftsgrößen		Variante V_1 (z.B. M_I)			Variante V_2 (z.B. M_V)			...	Variante V_j			...
					Eigensch.	Wert	gew. Wert	Eigensch.	Wert	gew. Wert		Eigensch.	Wert	gew. Wert	
Nr.		Gew.		Einh.	e_{i1}	w_{i1}	wg_{i1}	e_{i2}	w_{i2}	wg_{i2}		e_{ij}	w_{ij}	wg_{ij}	
1	geringer Kraftstoffverbr.	0,3	Kraftstoff-verbrauch	g/kWh	240	8	2,4	300	5	1,5	...	e_{1j}	w_{1j}	wg_{1j}	...
2	leichte Bauart	0,15	Leistungs-gewicht	kg/kW	1,7	9	1,35	2,7	4	0,6	...	e_{2j}	w_{2j}	wg_{2j}	...
3	einfache Fertigung	0,1	Einfachheit der Gussteile	—	kompliziert	2	0,2	mittel	5	0,5	...	e_{3j}	w_{3j}	wg_{3j}	...
4	hohe Lebensdauer	0,2	Lebensdauer	Fahr-km	80 000	4	0,8	150 000	7	1,4	...	e_{4j}	w_{4j}	wg_{4j}	...
⋮	⋮	⋮	⋮	⋮	⋮	⋮	⋮	⋮	⋮	⋮		⋮	⋮	⋮	
i		g_i			e_{i1}	w_{i1}	wg_{i1}	e_{i2}	w_{i2}	wg_{i2}	...	e_{ij}	w_{ij}	wg_{ij}	...
		$\sum_{i=1}^{i} g_i = 1$				Gw_1 W_1	Gwg_1 Wg_1		Gw_2 W_2	Gwg_2 Wg_2			Gw_j W_j	Gwg_j Wg_j	

Bild 3-30. Bewertungsliste (Beispiel) [6]

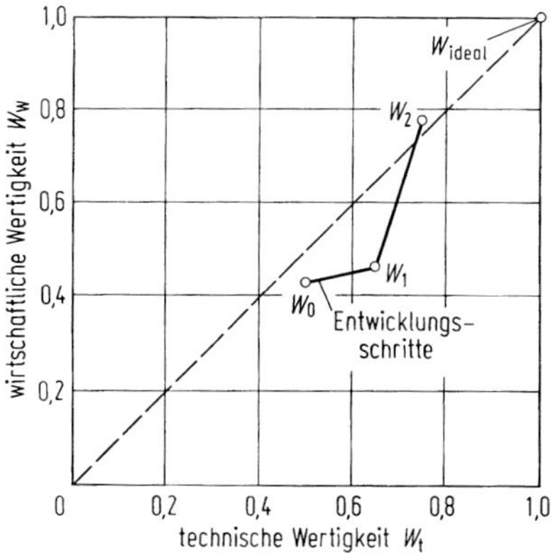

Bild 3-31. Wertigkeitsdiagramm in Anlehnung an [30] nach [6]

3.6 Praxisbeispiel

Das methodische Vorgehen bei der Entwicklung und Konstruktion von technischen Systemen hat sich nahezu in allen Konstruktionsabteilungen etabliert. Auch in der Lehre der Ingenieurwissenschaften an Universitäten und Fachhochschulen ist die Vermittlung von Fachwissen über das methodische Konstruieren ein fester Bestandteil.

Basierend auf den zuvor dargestellten theoretischen Grundlagen, soll in diesem Kapitel anhand eines praktischen Beispiels aus dem interdisziplinären Fachgebiet Biomedizinische Technik das methodische Vorgehen bei der Entwicklung eines technischen Systems verdeutlicht werden.

Da es sich um ein interdisziplinäres Entwicklungsprojekt handelt, ist es insbesondere vordergründig wichtig, nur wenige, aber zugleich alle für eine ausreichende Strukturierung der Aufgabenstellung notwendigen problem-/aufgabenbezogenen (Teil-)Funktionen zu erarbeiten und in einer Funktionsstruktur darzustellen (Kapitel 2.1). Dabei ist es erforderlich, ein allgemein verständliches Vokabular zu verwenden. Dadurch kann eine erfolgreiche Integration der Mitarbeiter der einzelnen beteiligten Fachgebiete gewährleistet werden.

3.6.1 Präzisierung der Aufgabenstellung

3.6.1.1 Aufgabenstellung

Es handelt sich bei dem zu entwickelnden technischen System um einen Versuchsaufbau für Experimente mit lebenden menschlichen Zellen. Die Aufgabenstellung für den Konstrukteur wurde von den verantwortlichen Medizinern erarbeitet. Im Folgenden ist ein Auszug daraus dargestellt.

Seit Jahrzehnten ist bekannt, dass bestimmte Zellen des menschlichen Immunsystems in der Schwerelosigkeit praktisch funktionsunfähig werden. Das kann bei Langzeitaufenthalten im Weltraum auf der ISS, oder bei Flügen zum Mars, ein schwerwiegendes Problem darstellen. Mittels Experimenten in Schwerelosigkeit mithilfe von Parabelflügen soll dem zugrunde liegenden Mechanismus nachgegangen werden. Dazu ist eine Experimentiervorrichtung zu konstruieren, mit der an Bord von Parabelflügen und in Schwerelosigkeit Versuche mit lebenden Zellen durchgeführt werden können. Diese Experimente sollen auch die Frage beantworten, ob Menschen überhaupt in der Lage sind, längere Zeit in Schwerelosigkeit zu leben. Weiterhin können die Befunde für die Therapie von Krankheiten des Immunsystems auf der Erde nutzbar gemacht werden. Dabei ist es notwendig, die lebenden menschlichen Zellen mit einer Aktivatorflüssigkeit und nach einer gewissen Zeit mit einer Stoppflüssigkeit zu vermischen. Es sind alle erforderlichen sicherheitstechnischen Anforderungen zu beachten. Die Aufgabe des Konstrukteurs besteht darin, diese Aufgabenstellung zu präzisieren. Das bedeutet, es muss zu Beginn eine technische Funktionsbeschreibung erarbeitet werden. Ziel ist es, die Gesamtfunktion und alle Ein- und Ausgangsgrößen für das zu entwickelnde technische System zu erarbeiten (Kapitel 2.2.1).

3.6.1.2 Funktionsbeschreibung

Die technische Funktionsbeschreibung erfolgt durch den verantwortlichen Konstrukteur. Sie dient der Verdeutlichung der ihm übergebenen Aufgabenstellung. Gleichzeitig ist sie eine Diskussionsgrundlage mit den anderen Teammitgliedern. So kann frühzeitig erkannt werden, ob Verständigungsprobleme existieren. Bei interdisziplinären Projekten ist es besonders wichtig, die Informationen der nichtingenieurwissenschaftlichen Teammitglieder in die technischen Ausarbeitungen zu integrieren und somit eine Basis für weiteres methodisches Vorgehen zu schaffen. Die Funktionsbeschreibung erfolgt in der Regel verbal. Häufig werden aber auch Diagramme oder sogar erste Skizzen angefertigt, um die zu erfüllende Gesamtfunktion transparent darzustellen. Im Bild 3-32 ist die Grobtechnologie für den zu entwickelnden Versuchsaufbau dargestellt.

Basis für diese grobe Strukturierung waren Gesprächsnotizen aus Teamgesprächen und eine von den medizinisch-biologischen Teammitgliedern erstellte Funktionsstruktur (Bild 3-33).

Diese ist bereits sehr fein strukturiert. Die Darstellung entspricht aber nicht der in der Konstruktionsmethodik üblichen Form [6]. Weiterhin werden durch eine derartig präzisierte Beschreibung einer fokussierten möglichen Lösung des Problems schon im Vorfeld andere Lösungsansätze ausgeschlossen. Die technische Funktionsbeschreibung bzw. die zu erfüllende Gesamtfunktion für den Versuchsaufbau kann wie folgt dargestellt werden:

Es soll ein Versuchsaufbau entwickelt werden, der es ermöglicht, drei unterschiedliche Zelllinien zu Beginn der Phase der Schwerelosigkeit mit bestimmten Aktivatorflüssigkeiten weitgehend homogen zu vermischen. Kurz vor dem Ende der Phase der Schwerelosigkeit sollen den mit einer Zellart und einer Aktivatorflüssigkeit befüllten Zellgefäßen eine Stoppflüssigkeit zugeführt werden.

Um die geforderten medizinischen Anforderungen zu erfüllen, müssen Kombinationen aus drei unterschiedlichen Zellflüssigkeiten, drei unterschiedlichen Aktivatorflüssigkeiten und zwei Stoppflüssigkeiten (Bild 3-32) realisiert werden.

Der Zustand der Schwerelosigkeit wurde mithilfe von Parabelflügen realisiert. Das bedeutet, dass ein Flugzeug eine genau definierte Parabel fliegt und sich dabei für ca. 22 bis 25 Sekunden der Zustand der Schwerelosigkeit (Mikrogravitation) einstellt (Bild 3-34).

Eine Hauptforderung ist die Erfüllung aller sicherheitstechnischen Anforderungen an den Versuchsaufbau. Primär ist zu realisieren, dass unter keinen Umständen während der Parabelflüge Flüssigkeiten aus dem Versuchsaufbau austreten dürfen. Es handelt sich bei den eingesetzten Zelllinien zum Teil um genetisch veränderte Tumorzellen und von Blutspendern isolierte Immunzellen, sowie toxische Flüssigkeiten, wie Formaldehyd. Diese könnten in der Phase der Schwerelosigkeit eine Gefährdung des mitfliegenden Personals bedeuten. Das hat zur Folge, dass alle Medien bzw. Zell-, Aktivator- oder Stoppflüssigkeiten berührende Teile, doppelwandig ausgelegt sein müssen.

Eine weitere Forderung ist, dass die Temperatur der Zell- und Aktivatorflüssigkeiten 37 °C und die der Stoppflüssigkeiten 4 °C betragen muss (Bild 3-32). Weitere Punkte einer ersten technischen Funktionsbeschreibung sind:

- schnelles und einfaches Bestücken mit Flüssigkeiten ermöglichen,
- Realisierung der Stufe der unmittelbaren Sicherheitstechnik [6], d. h. Dichtheit unter den Bedingungen im Flugzeug,
- eindeutige Funktionsabläufe,
- gute Durchmischbarkeit der Flüssigkeiten während des Experimentes im Zellkulturbeutel,
- Füllen unter Ausschluss von Luft,
- weitgehend transparente Ausführung zur Beobachtung, ob Lufteinschlüsse vorhanden sind,
- geringe Masse,
- geringer Bauraum und
- gutes Preis-/Leistungsverhältnis.

Diese erste Funktionsbeschreibung ist die Grundlage für die Erarbeitung einer Anforderungsliste.

3.6.1.3 Anforderungsliste

Im Zuge der Präzisierung der Aufgabenstellung werden weitere individuelle Kennwerte und spezielle Anforderungen ermittelt. Dabei ist es notwendig, alle gestellten Forderungen qualitativ und quantitativ hinreichend zu beschreiben (Kapitel 1.3.1). Das erfolgte in diesem Projekt

- durch Gespräche mit den anderen Teammitgliedern (Biologen, Mediziner),
- durch Literatur- und Patentrecherchen und
- die Analyse und Auswertung aller zutreffenden Regularien (technische Forderungen des Flugzeugbetreibers).

Die Ergebnisse der Präzisierung der Aufgabenstellung werden in der Anforderungsliste dokumentiert. Diese enthält alle zu realisierenden Ziele und die vorherrschenden Bedingungen in Form von Forderungen und Wünschen [6]. Dabei sind die Forderungen immer zu erfüllen. Die aufgeführten Wünsche sind nach Möglichkeit zu realisieren. Die Grenze zwischen Forderungen und Wünschen ist insbesondere bei interdis-

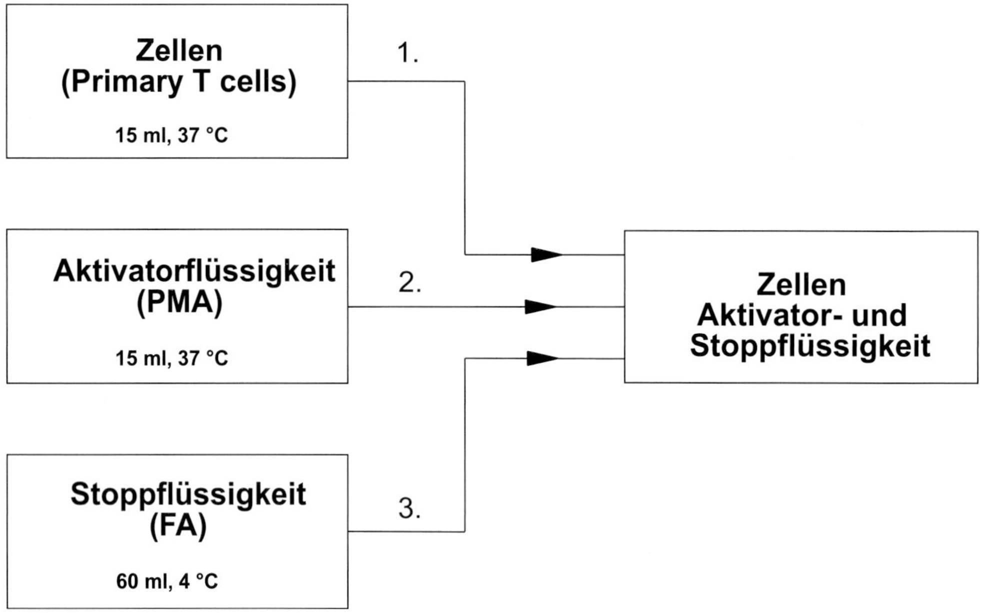

Bild 3-32. Zu mischende Flüssigkeiten

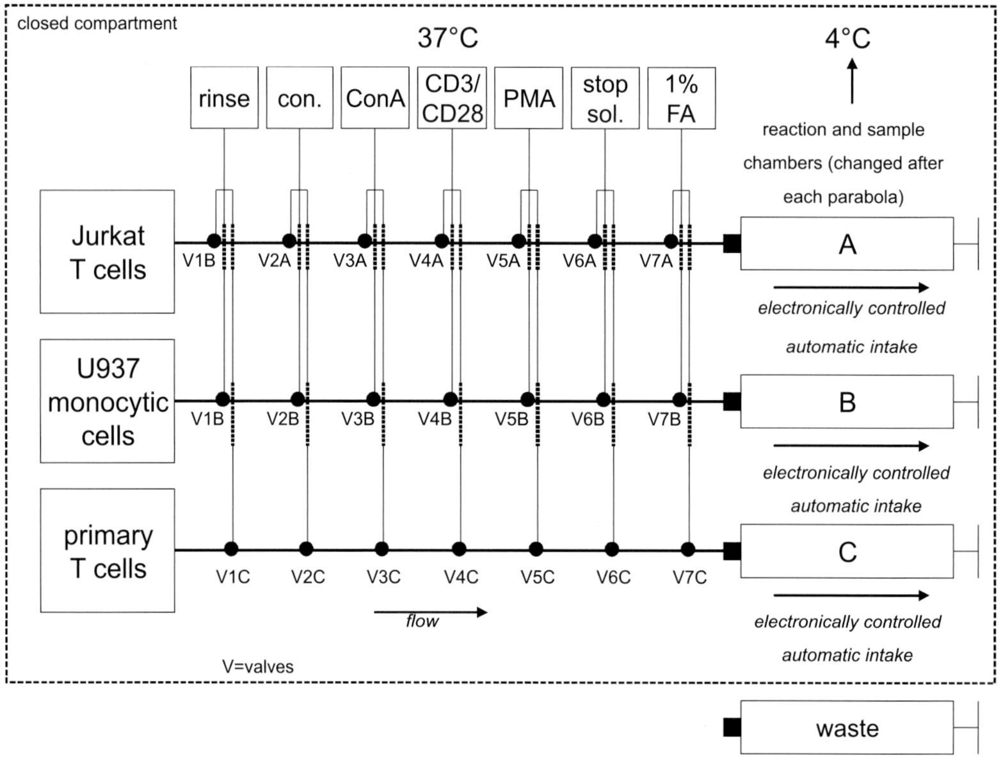

Bild 3-33. Funktionsbeschreibung aus medizinischer Sicht

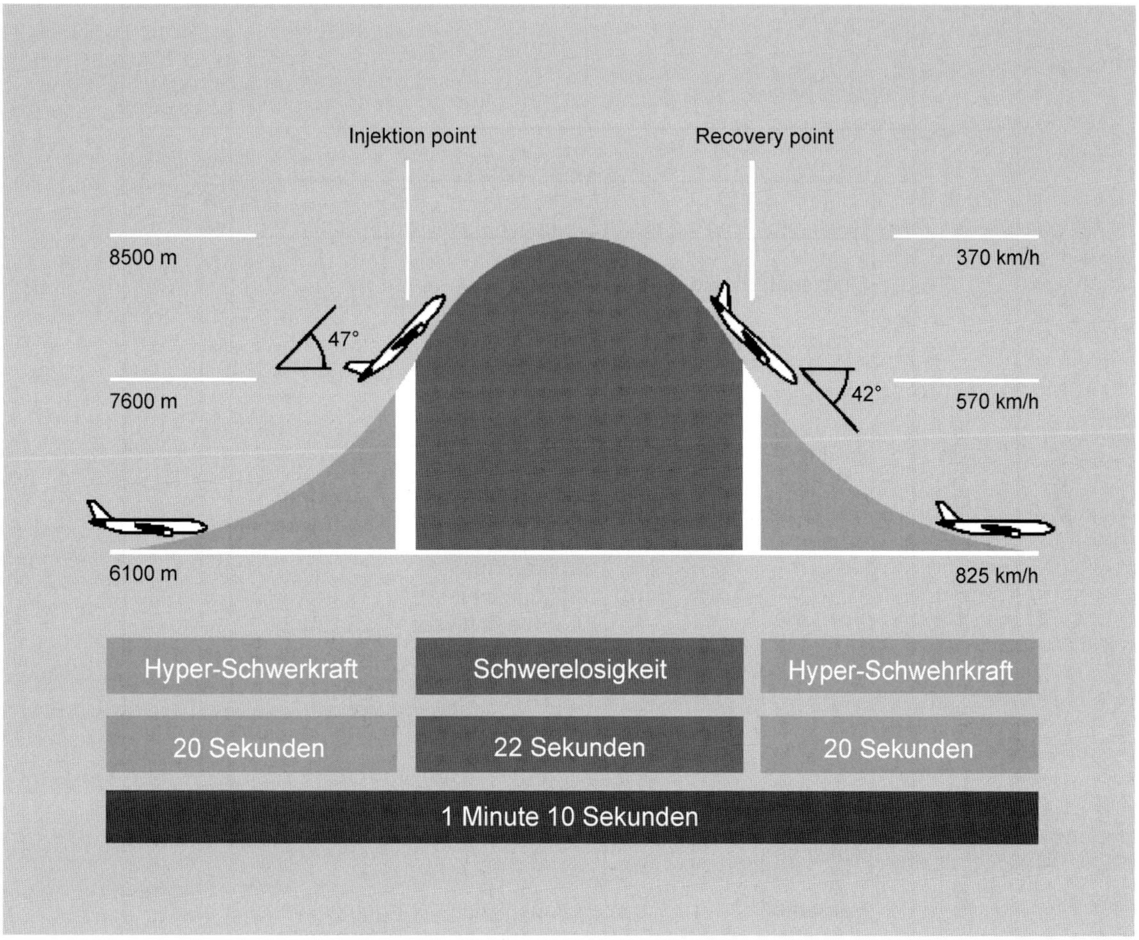

Bild 3-34. Flugparabel zur Generierung von Schwerelosigkeit (Mikrogravitation) [32]

ziplinären Projekten oft nicht eindeutig bestimmbar. Aus diesem Grund wurde bei der Bearbeitung dieses Projektes auf eine derartige Unterscheidung verzichtet. Ein Auszug aus der erarbeiteten Anforderungsliste ist im Bild 3-35 dargestellt. Gleichzeitig stellt auch bei diesem Projekt die Anforderungsliste die rechtliche Grundlage für alle weiteren Tätigkeiten dar.

3.6.2 Konzipieren

Im Arbeitsschritt Konzipieren wurde die erarbeitete Gesamtfunktion strukturiert. Als Ergebnis liegt eine Funktionsstruktur vor (Bild 3-36). Das bedeutet, dass das Gesamtsystem in seine Teilfunktionen und deren Verknüpfungen gegliedert wird (Kapitel 2.1).

Diese Vorgehensweise ermöglicht die optimale Analyse des Gesamtsystems. Im Anschluss wurden den Teilfunktionen Wirkprinzipien zugeordnet.

Die Grundlage von Wirkprinzipien sind wie im Kapitel 2.2 erläutert, physikalische Effekte, welche die Funktionserfüllung ermöglichen. Diese werden mit geometrischen und stofflichen Merkmalen kombiniert. Für die Erarbeitung geeigneter Wirkprinzipien kamen in diesem Projekt konventionelle, intuitive und diskursive Lösungsfindungsmethoden [6] zum Einsatz. Im Einzelnen:

- konventionell, z. B. Literatur- oder Patentrecherchen,
- intuitiv, z. B. Brainstorming und

		Produkt: *Parabelflug*		Datum 06.02.06	Blatt 03
		ANFORDERUNGEN			Quelle verant-wortlich
	Nr.	Beschreibende Angaben	Zahlenangaben/Bemerkungen		
Bauraum / Anschlussmaße / Einbaubedingungen		Flugzeugtürbreite	- 1,07 m		
		Flugzeugtürhöhe	- 1,93 m		
		Kabinenlänge	- 20 m		
		maximale Rackhöhe	- 1.500 mm		
		Befestigungspunkte für experimentellen Aufbau	- mittlerer Schienenabstand (y-Achse) a) 503 mm b) 1006 mm - Lochdurchmesser für Schraube M10 = 12 mm - Lochabstand in x-Richtung = n * 25,4 mm > 20 inches (1 inch = 25,4 mm)		
		maximale Flächenlast auf 1 m Befestigungsschienenlänge	- 100 kg		
		Rackaufbau	- Grundplatte oder Rahmenkonstruktion, die mit Sitzschienensystem des Flugzeugsverbunden ist - es dürfen keine Teile in Richtung Fussboden unter der Grundplatte hervorstehen		

Bild 3-35. Auszug aus der Anforderungsliste

- diskursiv, z. B. die Nutzung von Konstruktionskatalogen.

Wenn für die Funktionserfüllung geeignete Wirkprinzipien ermittelt sind, werden diese in einem Ordnungsschema den Teilfunktionen zugeordnet. Dafür wurde bei diesem Projekt der morphologische Kasten (Bild 3-37) genutzt.

Die erarbeiteten Wirkprinzipien zur Erfüllung der einzelnen Teilfunktionen müssen im Anschluss sinnvoll miteinander verknüpft werden. Dabei war es bei der Konzipierung des Versuchsaufbaus vordergründig wichtig, dass mit allen ausgewählten Wirkprinzipien die hohen Sicherheitsanforderungen erfüllt werden können. Somit ergeben sich unterschiedliche Wirkstrukturen. In der Praxis ist es üblich, maximal 3 Wirkstrukturen zu erarbeiten. Im Bild 3-38 ist der Gang durch den morphologischen Kasten dargestellt. Die generierten Wirkstrukturen werden weiter konkretisiert und zu prinzipiellen Lösungen weiterentwi-

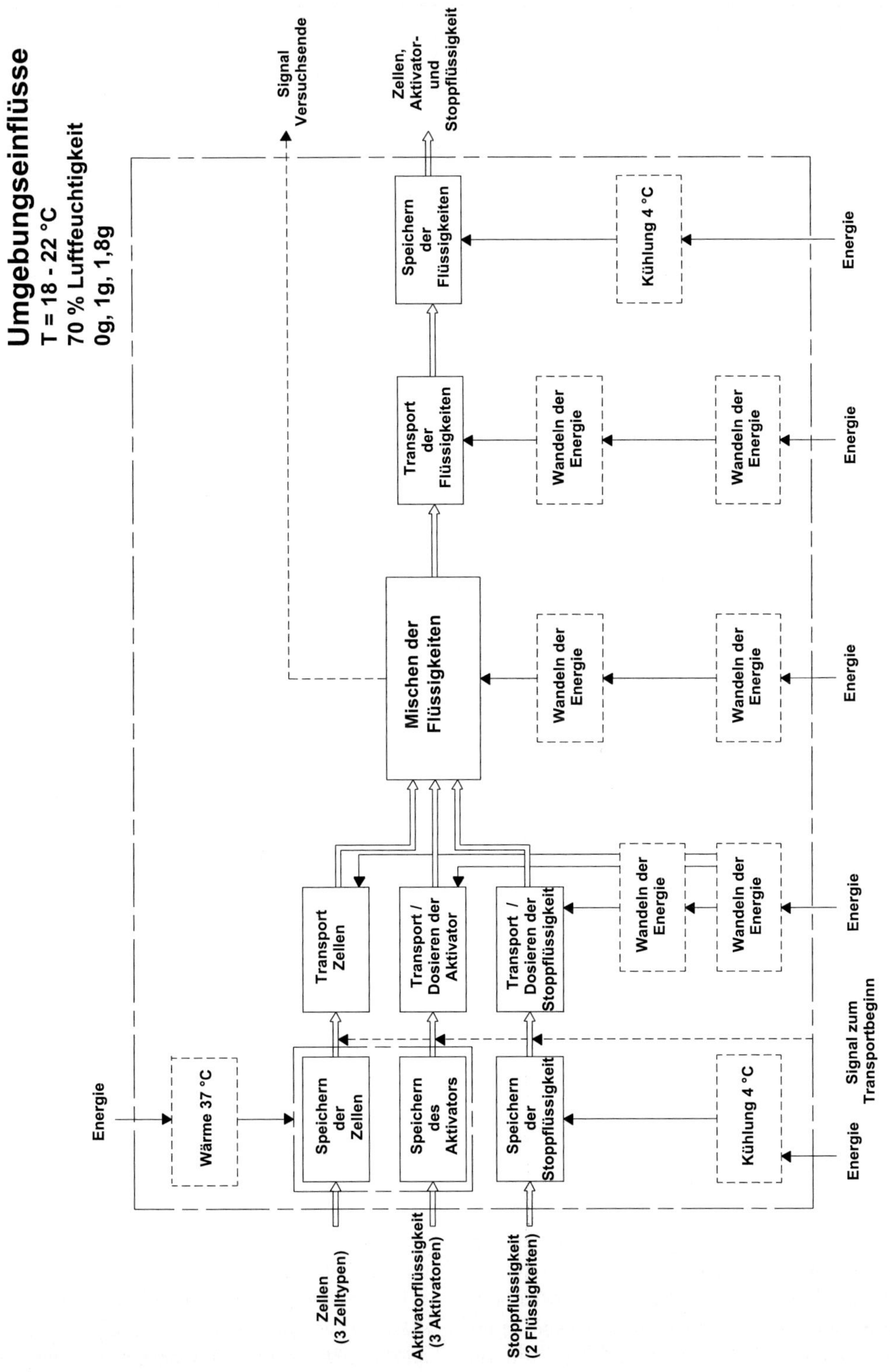

Bild 3-36. Vereinfachte Funktionsstruktur

Funktion \ Variante	1.	2.	3.	4.
Kühlen	Kälteakkus  Quelle: Katalog novedirekt S. 133	Peltiekühler  Quelle: Rübsamen & Herr GmbH	Kryotechnik	Kühlschrankprinzip (Kompressor + Wärmetauscher)
Erwärmen	Flächenheizelemente (Silikonheizmatten)  Quelle: Hewid GmbH	Heizpatronen  Quelle: Hewid GmbH	Infrarotstrahler  Quelle: Hewid GmbH	Chemische Reaktion (Wärmeakkus)  Quelle:www.riedborn-apotheke.de
Transport / Dosieren	Schlauchpumpe 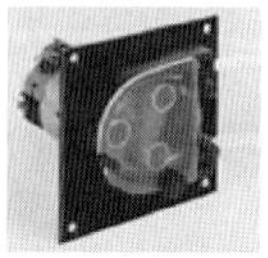 Quelle: www.ismatec.com	Kolbenpumpe  Quelle: Katalog novedirekt S. 338	Membranpumpe  Quelle: Katalog novedirekt S. 349	Zahnradpumpe  Quelle: Katalog novedirekt S. 346
Mischen	Nutzung des Druckstoßes der Pumpen	Prinzip Magnetrührer 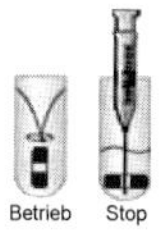 Quelle: Katalog novedirekt S. 793	Schwenkbewegung der Gefäße (Schüttler, Rüttler)	

Bild 3-37. Morphologischer Kasten

ckelt. Im Anschluss erfolgt die Bewertung der einzelnen prinzipiellen Lösungen. Die in diesem Projekt vorgenommene Bewertung ist im Bild 3-39 auszugsweise dargestellt. Die Erarbeitung der Bewertungskriterien und die Bewertung erfolgten durch das gesamte Projektteam.

Als Ergebnis wurde eine prinzipielle Lösung zur Ausarbeitung freigegeben. In der Regel, wie auch in diesem Projekt, ist das die Wirkstruktur mit der besten Bewertung. Sie bildet die Grundlage für den Arbeitsschritt Entwerfen. Diese kann dem Bild 3-40 entnommen werden.

Die prinzipielle Lösung besteht aus zwei separaten Modulen. Das erste Modul ist das eigentliche Arbeitsmodul, in dem die Zellen, die Aktivator- und Stoppflüssigkeiten sowie alle notwendigen Aggregate zu deren Förderung installiert sind. Dieses Modul ist in drei übereinander liegende Ebenen/Untermodule geteilt. In Ebene 1 befinden sich die Pumpe für die Stoppflüssigkeiten und durch eine Wand davon abgetrennt die für das Befüllen gespeicherten Zellgefäße. Darüber liegend ist die Ebene für die Energieversorgung und Steuerungstechnik. Im oberen Bereich befindet sich die Pumpe für die Aktivatoren und durch eine Wand davon getrennt werden die aktuell zu befüllenden Zellgefäße angeschlossen. Nach Rücksprache mit den Medizinern erfolgte die Information, dass drei einzelne Zellgefäße parallel befüllt werden. Das zweite Modul ist das Kühlmodul, in dem alle befüllten Zellgefäße nach dem Experiment bei 4 °C eingelagert werden.

Eine wesentliche Grundlage für diesen Entwurf ist die gemeinsam getroffene Festlegung zwischen Medizinern und Ingenieuren des Projektteams, dass sich die Zellflüssigkeit bereits in einer vorher genau festgelegten Menge in speziellen Zellgefäßen befindet. In diese Zellgefäße werden anschließend die Aktivator- und Stoppflüssigkeiten gepumpt. Das Ergebnis stellt

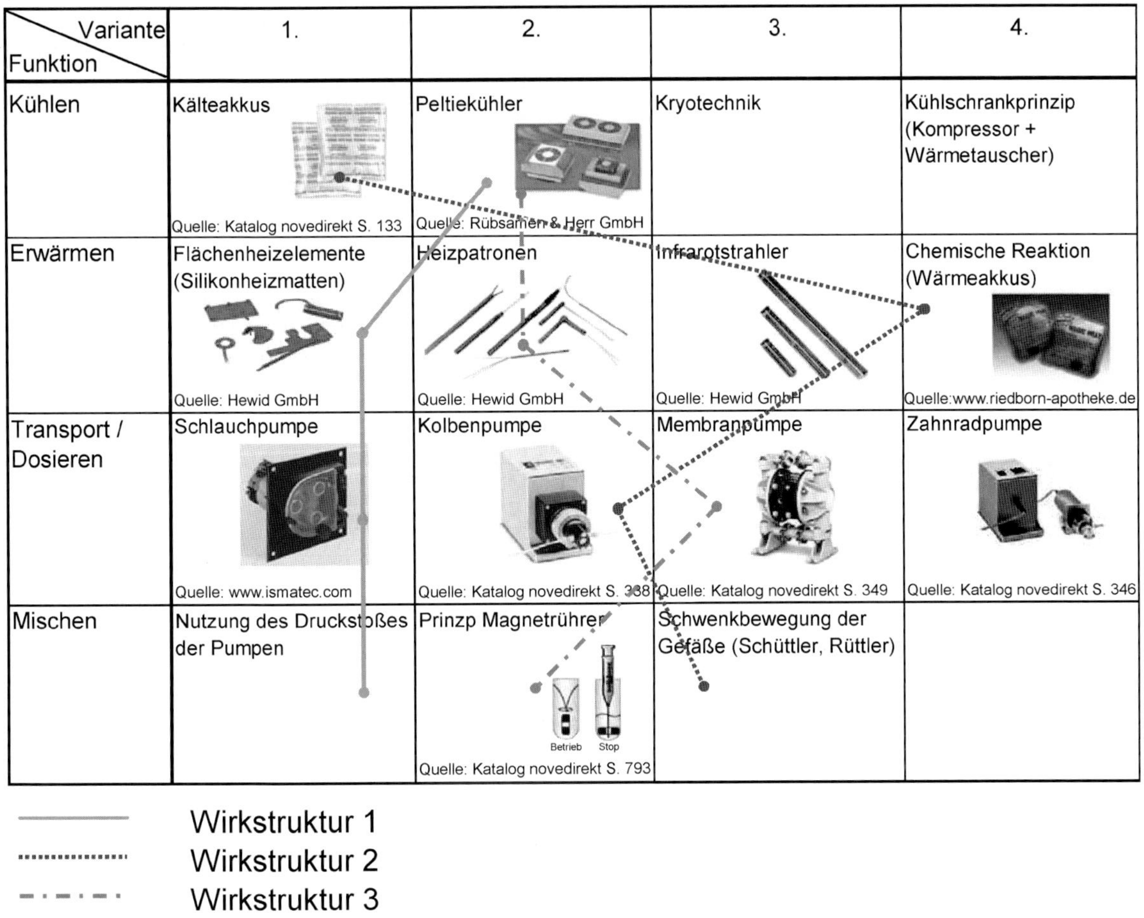

Bild 3-38. Gang durch den morphologischen Kasten

eine einfachere und bessere Lösung, als die der zuvor in Bild 3-33 von den Medizinern vorgeschlagene Lösung dar. In dem neuen Lösungsansatz wird vermieden, dass die Zellen selbst durch eine Pumpe in den installierten Zellgefäßen dosiert werden. Dadurch würden sich negativ auf die Zellen auswirkende Scherkräfte erzeugt und die Zellen wären erheblichem „Stress" ausgesetzt. Zudem werden vermehrte Spülungen der Leitungen für den Flüssigkeitstransport vermieden. Dieser Sachverhalt hat somit eine Minimierung der Bauteilanzahl (Pumpen, Ventile, Leitungen) und somit der anfallenden Kosten zur Folge. Zusätzlich werden die Kosten für die zu fördernden Flüssigkeiten (weniger spülen → weniger Abfall) minimiert. Das war ein wesentlicher Aspekt, die konstruktive Grundregel „einfach" zu erfüllen.

3.6.3 Entwerfen

Der Arbeitsschritt Entwerfen untergliedert sich in:

- Grobgestalten
- Feingestalten
- Vervollständigen und Kontrollieren.

Die Lösung wird während des Entwerfens weiter präzisiert bzw. (aus-) gestaltet, bis eine vollständige Baustruktur vorliegt [6]. Es müssen alle technischen und wirtschaftlichen Anforderungen eindeutig und vollständig erarbeitet sein. Das Ergebnis ist die

Bewertungskriterien	Wertigkeit (W)	Var.1 Pkt. (P)	W*P	Var.2 Pkt. (P)	W*P	Var.3 Pkt. (P)	W*P
37 °C gleichverteilt im Bereich der Zellaufbewahrung und der Aktivatorflüssigkeiten	0,8	4	**3,2**	1	**0,8**	3	**2,4**
4 °C gleichverteilt im Bereich der Stoppflüssigkeiten und im anschließenden Aufbewahrungssystem	1	4	**4**	1	**1**	4	**4**
Geringer Energiebedarf	0,6	2	**1,2**	4	**2,4**	2	**1,2**
⋮							
geringe Masse	0,7	3	**2,1**	3	**2,1**	2	**1,4**
steriles Fördersystem mit wenig mechnischen Bauteilen im Kantakbereich zu den Fördermedien	0,5	4	**2**	2	**1**	2	**1**
Summe			**30**		**25,3**		**27,1**
Prozent			**0,83**		**0,70**		**0,75**

Bild 3-39. Auszug der Bewertungsliste

Gestaltung der Lösungsvariante. Es ist erforderlich, alle Merkmale hinsichtlich Geometrie, Stoff und Zustand festzulegen. In diesem gesamten Arbeitsschritt sind die 3 konstruktiven Grundregeln „einfach", „eindeutig" und „sicher" (Kapitel 3.3.1) zu beachten. Im Bild 3-41 sind auszugsweise die Hauptarbeitsschritte beim Entwerfen dargestellt.
Im Folgenden werden die einzelnen Arbeitsschritte bezüglich der Entwicklung des Versuchsaufbaus für Experimente mit menschlichen Zellen erläutert.

3.6.3.1 Erkennen gestaltungsbestimmender Anforderungen und Klären der räumlichen Bedingungen

Die maßgeblichen Anforderungen werden wesentlich durch

- die Umgebungsbedingungen, wie z. B. Bauraum,
- wirkende und zulässige Beanspruchungen und Belastungen sowie
- die Vorgaben durch den Arbeitsablauf,

gestellt.
Die Hauptanforderungen wurden für den zu entwickelnden Versuchsaufbau durch das Benutzerhandbuch des Flugzeugbetreibers und somit die dort enthaltenen Angaben gestellt [33]. Diesem Dokument konnten Informationen zu den Innenabmessungen der Flugzeughülle und somit maximale Bauhöhen und Breiten, Art und Lage der Befestigungspunkte, Türabmessungen für die Beladung, zu den maximal zulässigen Flächenlasten, Angaben zur Energieversorgung usw. entnommen werden (Bild 3-42).
Anordnungsbestimmte Anforderungen wie Flussrichtungen und Handhabungsabläufe wurden durch die biomedizinische Experimentbeschreibung festgelegt.

3.6.3.2 Strukturieren und Grobgestalten gestaltungsbestimmender Hauptfunktionsträger, sowie Auswählen geeigneter Entwürfe

In diesem Arbeitsschritt wurde ein grob strukturiertes Diagramm für den Hauptstofffluss erstellt. In diesem sind die vorläufig gewählten Hauptkomponenten benannt. Der Hauptstofffluss ist das Fördern der Aktivator- und Stoppflüssigkeiten von ihrem Speicher zum Zellgefäß. Für diese Aufgabe wurden Schlauchpumpen und entsprechend geeignete Ventile und Schläuche gewählt. Die Auswahl der Pumpen- und Ventilgröße erfolgte aufgrund der Zeit- und

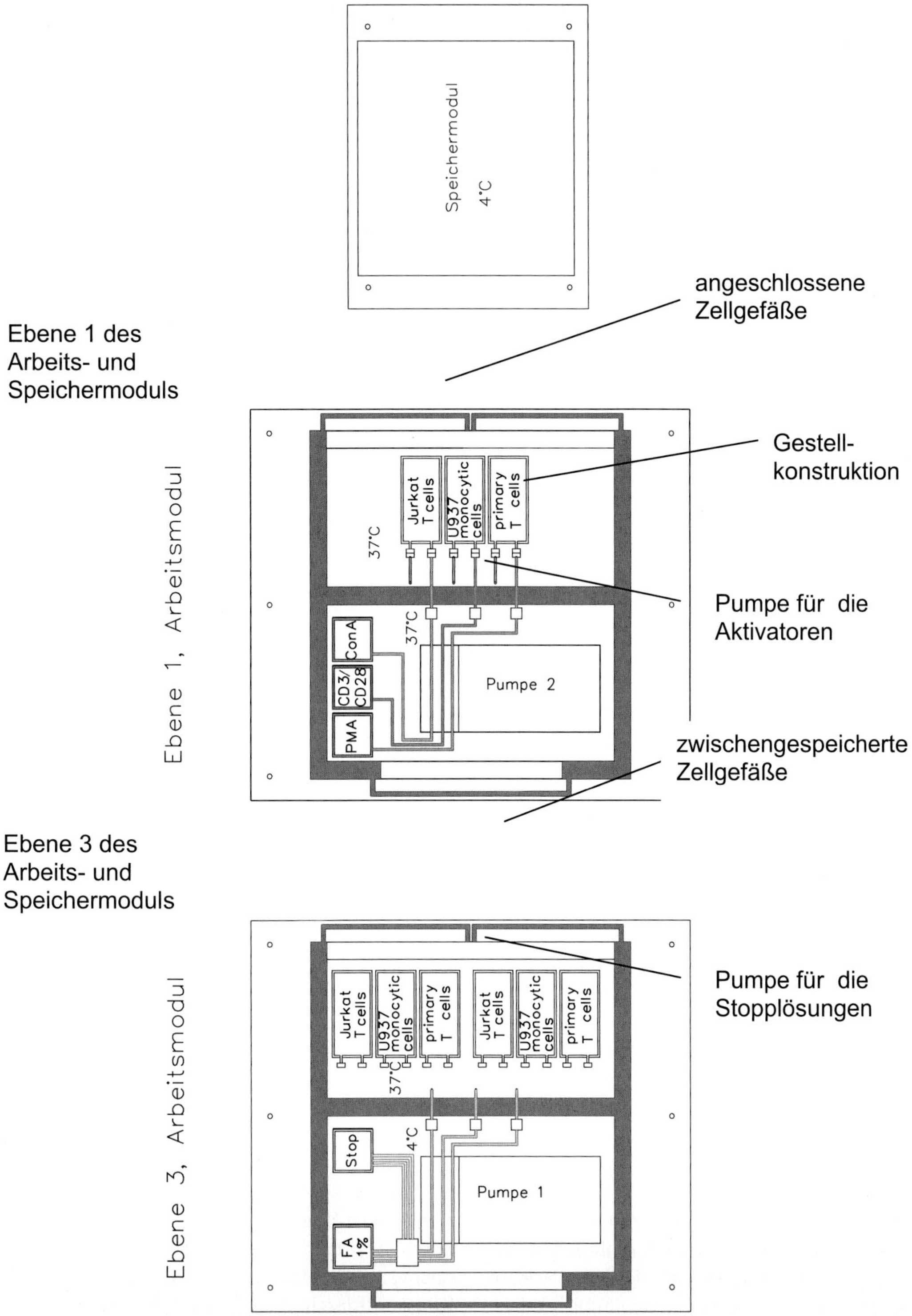

Bild 3-40. Prinzipielle Lösung, die zur Ausarbeitung freigegeben wurde

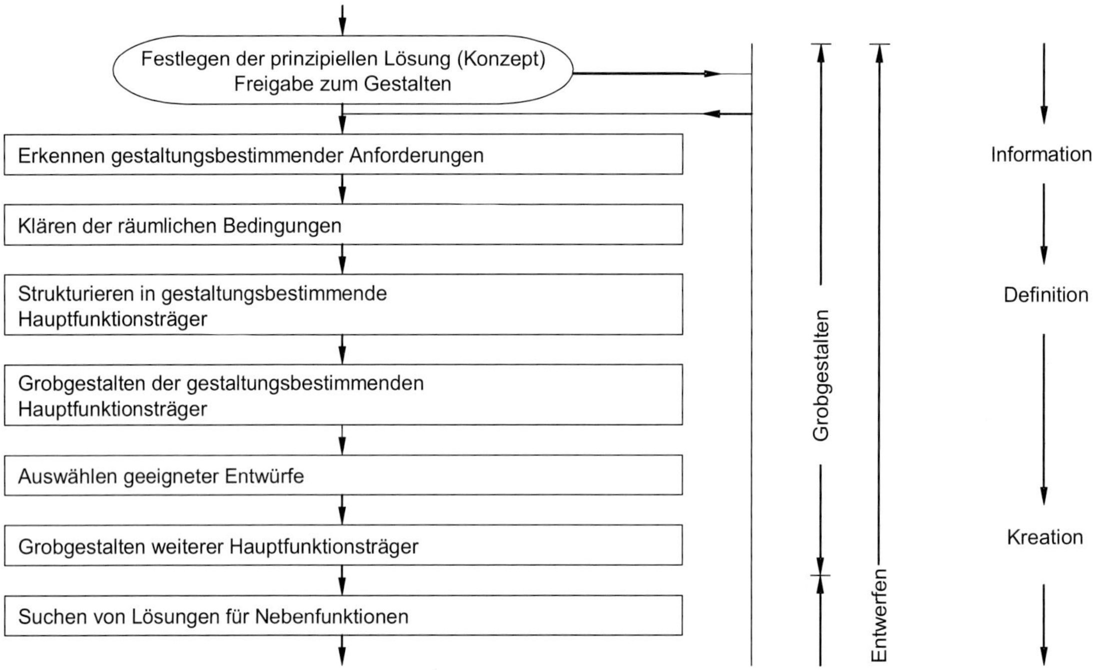

Bild 3-41. Auszug der Hauptarbeitsschritte beim Entwerfen [6]

Fördermengenvorgaben durch die biomedizinischen Prozessgrößen. Bedingt durch diese Vorgaben, mussten für die ursprünglich geplante Schlauchpumpe mit Dreifachkopf für je alle Aktivatoren und die gleiche Pumpe für alle Stoppflüssigkeiten sechs separate Pumpen für das Erreichen der Zielstellung gewählt werden.

Ein weiterer Hauptfunktionsträger ist das Gestell der Module. Hierfür wurden Aluminiumstranggussprofile und deren Zubehör, welches als Baukastensystem (Kapitel 3.4.2) verfügbar ist und häufig im Bereich der Automatisierungstechnik eingesetzt wird, bei der Gestaltung verwendet. Die Wahl der Profilgröße richtete sich nach der berechneten auftretenden Belastung. Das Bild 3-44 zeigt den Erstentwurf für das Arbeitsmodul.

3.6.3.3 Feingestalten der Haupt- und Nebenfunktionsträger

Die Gestaltung der Haupt- und Nebenfunktionsträger ist ein Vorgang der im Konstruktionsalltag parallel abläuft, da sich beide Gruppen unter Umständen stark beeinflussen. Die Pumpe-Ventil-Baugruppe (siehe Bild 3-45) ist eine der Hauptfunktionsträger. Bei ihrer Gestaltung gingen maßgeblich die Forderungen aus den biomedizinischen Prozessgrößen (Größe des Dosiervolumens) und die Randbedingungen, resultierend aus den technischen Anforderungen (geringe Masse, kleiner Bauraum, usw.) ein.

Ein Nebenfunktionsträger ist das Zellgefäß, in dem sich zu Beginn 15 ml Zellflüssigkeit befinden und in das vor Beginn der Schwerelosigkeit der Aktivator injiziert wird und nach ca. 22–25 Sekunden die Stopplösung. Das Füllen muss unter Ausschluss von Luft und unter sterilen Bedingungen möglich sein. Weiterhin muss dieses Gefäß aufgrund der Sicherheitsanforderungen doppelwandig ausgeführt sein und eine schnelle Entnahme der inneren Flüssigkeiten nach dem Experiment ermöglichen. Aus biologischen und wirtschaftlichen Gründen sollte der innere Gefäßteil ein Einmalprodukt und der äußere wieder verwendbar sein. Auf Grundlage dieser Anforderungen wurden mehrere Lösungsmöglichkeiten erarbeitet und getestet (siehe Bild 3-46).

Variante 1 besteht aus einem innen liegenden Infusionsbeutel, der in eine herkömmliche 1 Liter Kunststoffflasche integriert ist. Die Anschlüsse werden über in den Verschluss der Flasche einge-

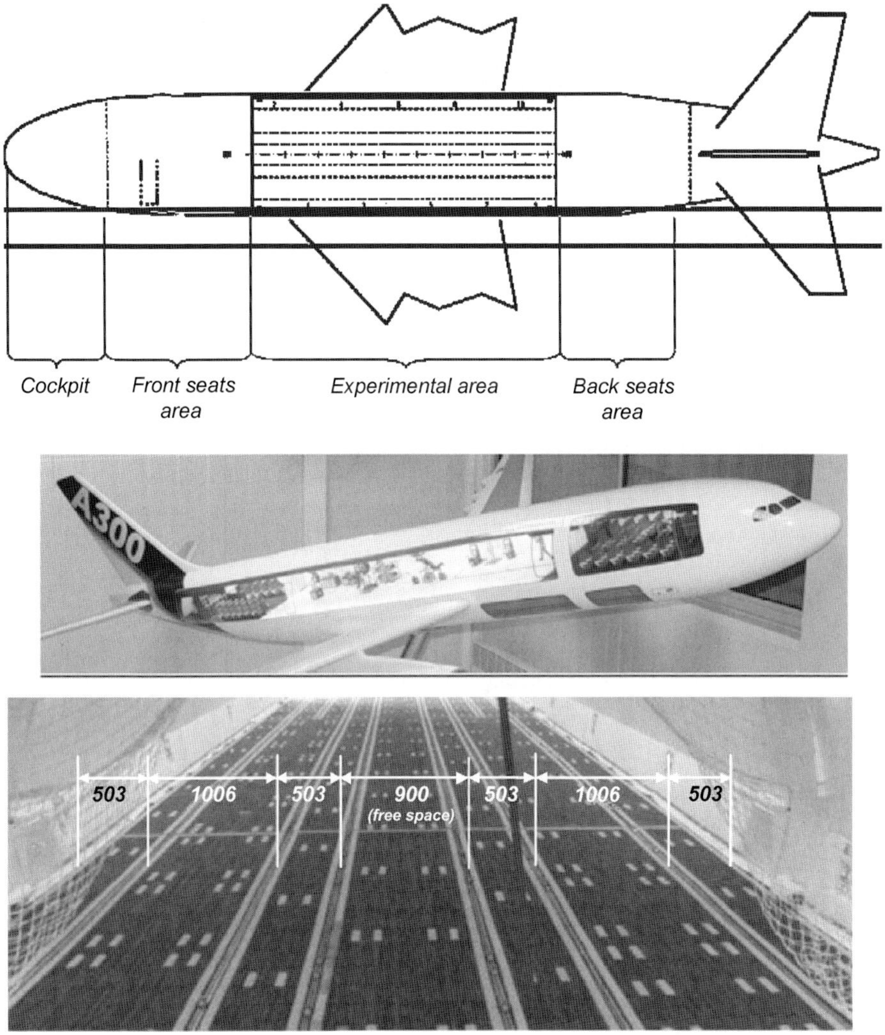

Bild 3-42. Bauraum und Befestigungsmöglichkeiten im Airbus A300 [33]

schraubte Schlaucholiven realisiert. Einen ähnlichen Aufbau zeigt Variante 2. Bei ihr bildet ein zweiter Flüssigkeitsbeutel mit Schraubverschluss die zweite Wandung. Bei der dritten Lösung wird die äußere Hülle durch eine speziell mit einen Rapid Prototyping Verfahren hergestellte Plastikhülle gebildet.

Die beiden ersten Varianten zeichnen sich durch einen sehr günstigen Preis aus, da alle Komponenten Zukaufprodukte sind. Sie weisen jedoch in ihrer Funktionserfüllung (Befüllen unter Luftausschluss) erhebliche Mängel auf. Grund hierfür ist, dass beim Einschrauben des inneren Infusionsbeutels dieser sich irreversibel verdreht. Dadurch ist kein eindeutiger Stofffluss möglich. Das heißt, die konstruktive Grundregel „eindeutig" wurde nicht erfüllt. Die dritte Variante ist die kostenintensivste. Durch sie wird aber eine vollständige Funktionserfüllung entsprechend den Anforderungen ermöglicht. Diese Variante wird bevorzugt und zum optimierenden Gestalten freigegeben. Das Ergebnis der Gestaltung unter Verwendung kontinuierlicher Funktionstest während der Optimierungsphase zeigt das Bild 3-47.

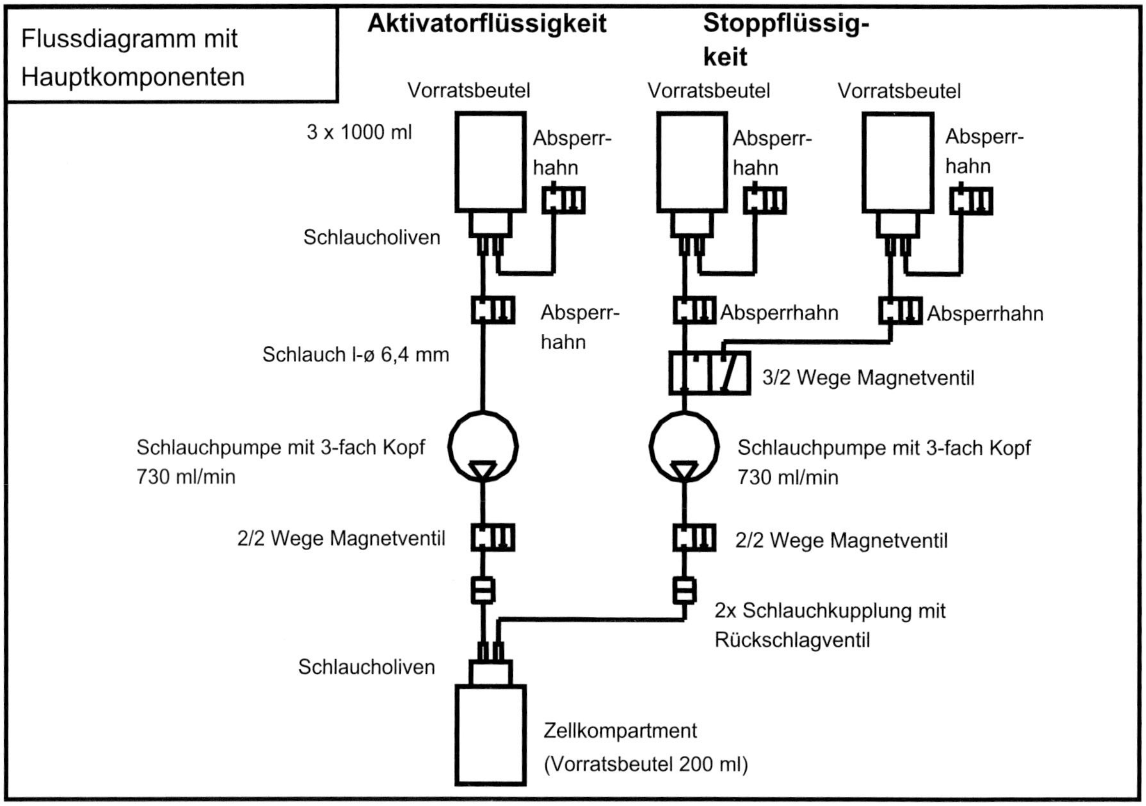

Bild 3-43. Flussdiagramm für ein zu befüllendes Zellgefäß

Bild 3-44. Gestell des Arbeitsmoduls, Vorderseite, Rückseite, Wandaufbau

3.6.3.4 Bewerten nach technischen u. wirtschaftlichen Kriterien und Festlegen des vorläufigen Gesamtentwurfs

Während des Gestaltens und dem damit verbundenen stetig durchgeführten Prüf- und Kontrollprozess zeigte sich, dass einzelne technische Anforderungen wie

- Einhaltung der maximalen Modulabmessungen,
- Einhaltung der maximalen Masse und
- Einhaltung des elektrischen Verbrauchs

nicht realisiert werden konnten. Es mussten Abweichungen zu den in der Anforderungsliste aufgeführten Forderungen festgestellt werden.
Weiterhin wurde in dieser Phase der Entwicklungstätigkeit die Funktionserfüllung überprüft. Hier gab es keine Abweichungen zur Anforderungsliste. Die vorgegebenen Förderleistungen der Pumpen wurden erfüllt. Die zu realisierenden Temperaturbereiche konnten eingehalten werden und der gesamte Bedienablauf war eindeutig.
Bezüglich der zu realisierenden wirtschaftlichen Kriterien konnten ebenfalls keine Abweichungen zur Anforderungsliste festgestellt werden. Alle Vorgaben wie Materialkosten oder Fertigungs- und Montagekosten, wurden eingehalten.

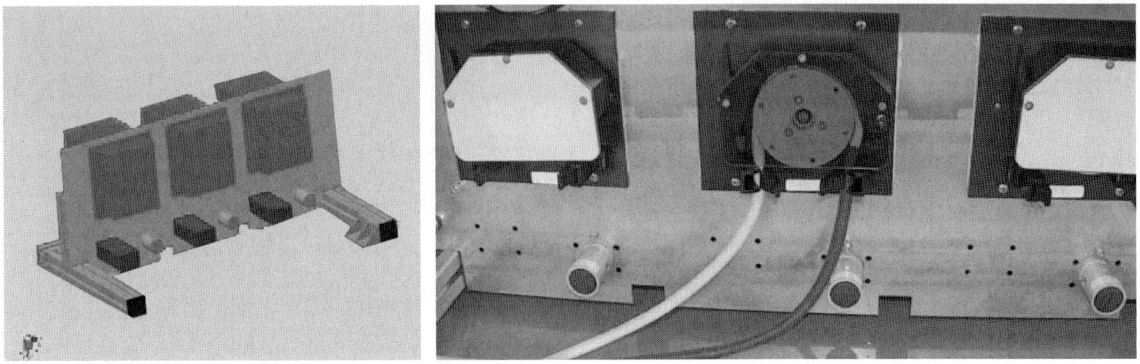

Bild 3-45. Pumpen-Ventil-Baugruppe (während der Entwicklung und der Montage)

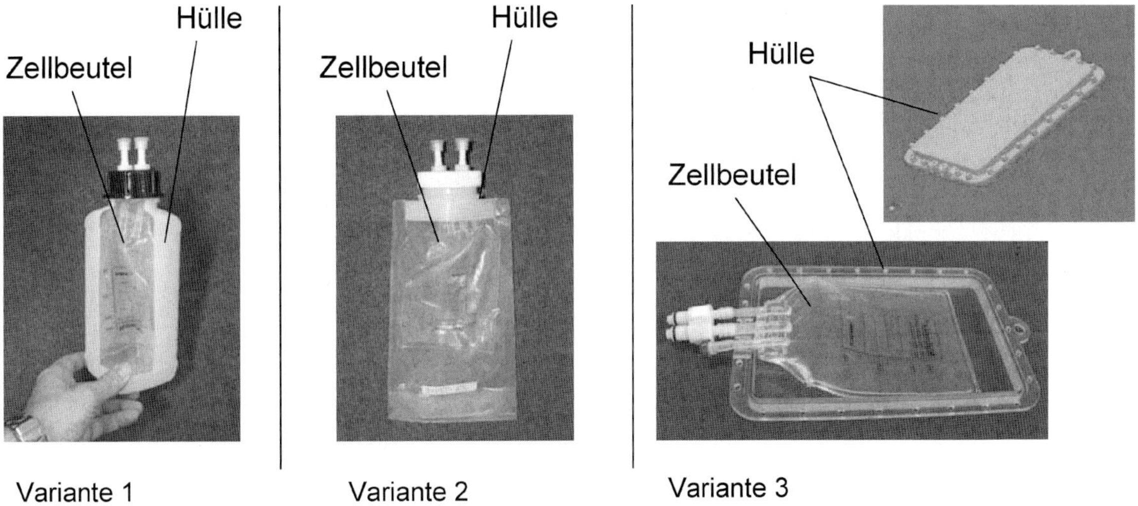

Bild 3-46. Varianten des Nebenfunktionsträgers Zellgefäß (Zellkompartment)

Auf der Grundlage der Abweichungen von der Anforderungsliste wurde ein zweiter Entwurf ausgearbeitet. Dieser sieht drei getrennte Module vor (siehe Bild 3-48).

Modul 1: das Wärmemodul zum Speichern der Zellkompartments vor dem Experiment bei 37 °C (Inkubator)

Modul 2: das eigentliche Arbeitsmodul, in dem die Zellgefäße befüllt werden

Modul 3: das Kühlmodul zum Speichern der Zellgefäße nach dem Experiment (4 °C)

Mit diesem Entwurf konnten alle gestellten technischen und wirtschaftlichen Anforderungen erfüllt werden. Dieser Entwurf wurde für die weitere Ausarbeitung freigegeben.

In der letzten Phase des Arbeitsschrittes Entwerfen ist es erforderlich, die Lösung an bestehende Normen und Vorschriften anzupassen. Den einzelnen Bauteilen werden verbindlich Werkstoffe zugeordnet. In dieser Phase werden unter anderem die vollständige Baustruktur und die Produktdokumentation erstellt. Bild 3-49 zeigt das Ergebnis der Entwicklung.

3.6.3.5 Nachbetrachtung, Fehleranalyse und Verbesserung

Die Hauptarbeitsschritte beim Entwerfen nach [6] beinhalten den Punkt „Kontrollieren auf Fehler

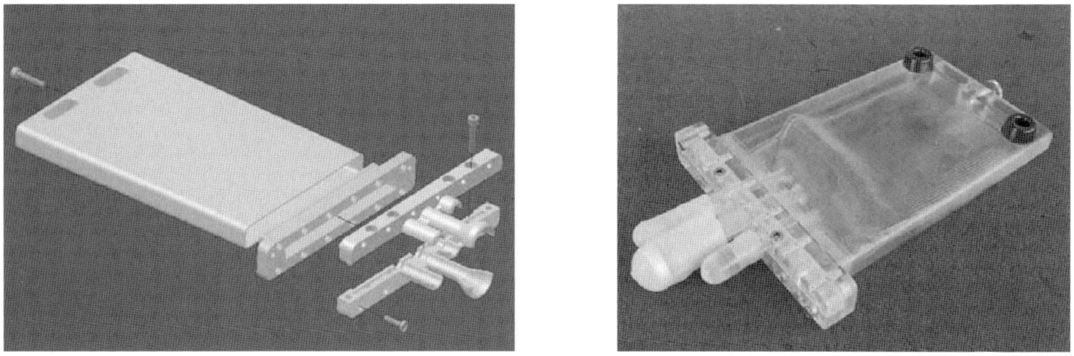

Bild 3-47. Zellgefäßaufbau

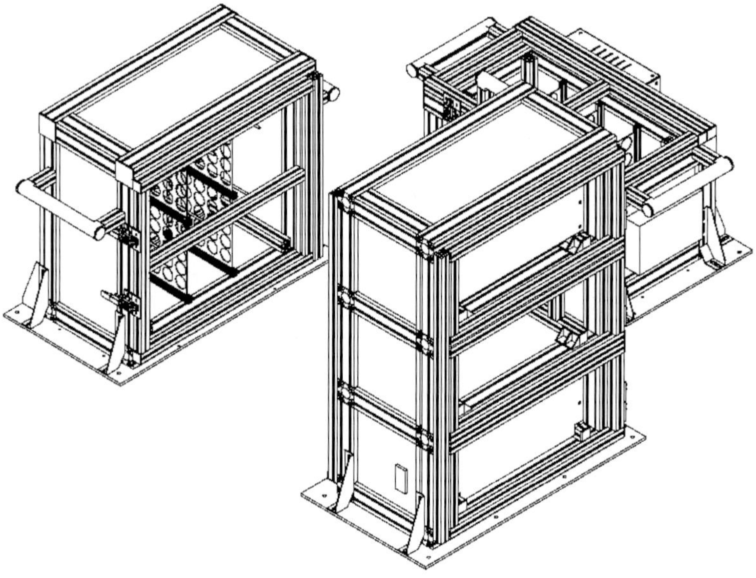

Bild 3-48. 2. Entwurf für die Experimentmodule

und Störeinfluss“. Dies ist ein notwendiger Arbeitsschritt im Rahmen einer Entwicklung, um Fehlentwicklungen vorzubeugen. Eine systematische Fehleranalyse für die entwickelten Module war jedoch nur bedingt möglich. Im Unterschied zu anderen Projekten, in denen bereits Erfahrungswerte vorliegen, Prozessabläufe leicht nachvollziehbar sind oder den Entwicklungsprozess parallel begleitende Tests oder Vorversuche die Kontrolle von Fehlern oder Störungen unterstützen, sind die durchgeführten Analysen für die hier beschriebenen Experimentmodule weitgehend auf Annahmen gestützt. Es war während der Entwicklungstätigkeit nicht möglich, den Zustand der Mikrogravitation für die Testung der Module des Versuchsaufbaus zu realisieren. Aus diesem Grund war es wichtig, den Ablauf und die Funktionsweise der Module während der Parabelflüge zu dokumentieren und auszuwerten. Nur so können gezielt Fehlerbehebungen und Verbesserungen ermöglicht werden. Nachfolgend sind einige Beispiele für Modifikationen an den Modulen aufgeführt.

- Weitestgehendes Ersetzen von Medium führenden Schläuchen durch starre Rohrleitungen.
- Integration von Sicherheitssensoren, die das Vorhandensein der zu befüllenden Gefäße vor dem Start der Injektion erkennen.

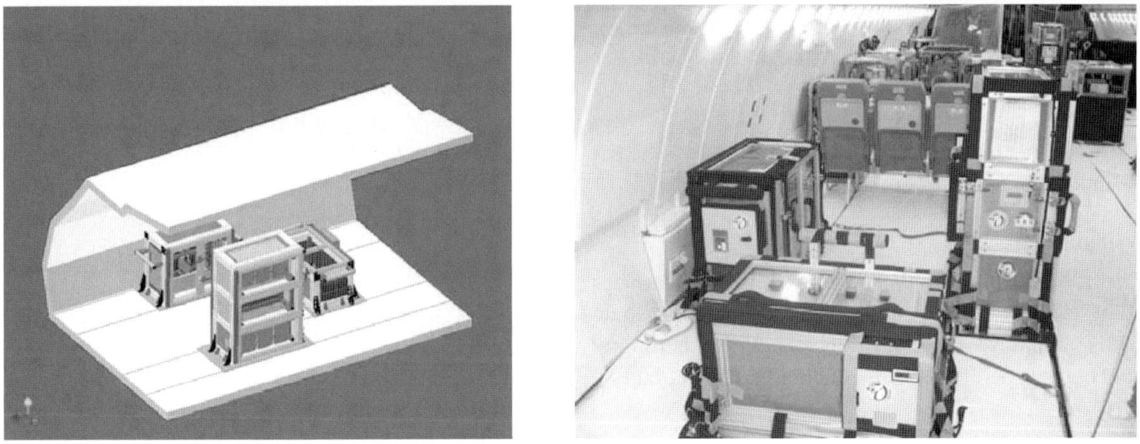

Bild 3-49. Experimentmodule

- Ersetzen der manuell zu öffnenden Entlüftungsventile an den Zellgefäßen durch automatisch öffnende Entlüftungsventile.
- Verbesserung der Fixierung (Stopper) der Zellgefäße im Wärme- und Kühlmodul.

Diese Modifikationen werden im Arbeitsschritt Weiterentwicklung realisiert.

4 Konstruktionselemente

Konstruktionselemente, auch unter der Bezeichnung Maschinenelemente bekannt, werden als Komponenten in Produkten des Maschinen-, Apparate- und Gerätebaus vielseitig eingesetzt. Sie gehören deshalb zu den wichtigsten Lösungen des Konstrukteurs zur Erfüllung von Funktionen. Während speziell entwickelte Konstruktionsteile mithilfe ingenieurwissenschaftlicher Grundlagen und der in 3 behandelten Konstruktionsmethoden konzipiert und gestaltet werden, liegen für Konstruktionselemente zumindest Wirkprinzipien und Wirkstrukturen bereits vor, in vielen Fällen sind sie sogar als handelsübliche oder genormte Komponenten unmittelbar einsetzbar. Bedingt durch die lange Entwicklung stehen heute eine Vielzahl unterschiedlicher Prinzipien und Bauformen zur Verfügung, die dem Konstrukteur die Auswahl einer für seinen Anwendungsfall geeigneten Lösung gestatten. Dieses Lösungsfeld und die erforderlichen Auslegungs- und Auswahlverfahren sind in einem umfangreichen Schrifttum [1], in Konstruktionskatalogen und in Datenbanken verfügbar. Es sollen deshalb im Folgenden nur die wesentlichen Wirkzusammenhängen und strukturellen Merkmale der wichtigsten Konstruktionselemente dargestellt werden, um die gemeinsamen Wirkprinzipien sowie wichtige strukturelle Merkmale als Kriterien zur Auslegung und zur Abschätzung ihrer Eigenschaften zu zeigen.

4.1 Bauteilverbindungen

4.1.1 Funktionen und generelle Wirkungen

Funktionen (Bild 4-1):

Übertragen von Kräften, Momenten und Bewegungen zwischen Bauteilen bei eindeutiger und fester Lagezuordnung.

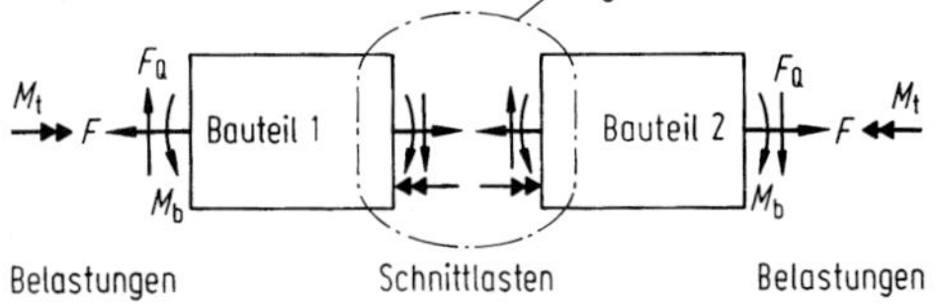

Bild 4-1. Belastungen und aufzunehmende Schnitttasten an der Fügestelle zweier Bauteile. F Axialkraft, F_Q Querkraft, M_b Biegemoment, M_t Drehmoment

Gegebenenfalls zusätzlich:

Aufnehmen von Relativbewegungen außerhalb der Belastungsrichtung.

Abdichten gegen Fluide.

Isolieren oder Leiten von thermischer oder elektrischer Energie.

Wirkungen:

Die Wirkfläche und Gegenwirkfläche an der Fügestelle werden durch eine montagebedingte (vorspannungs- und/oder eigenspannungsbedingte) und betriebsbedingte Beanspruchung beaufschlagt.

4.1.2 Formschluss

Wirkprinzip (Bild 4-2):

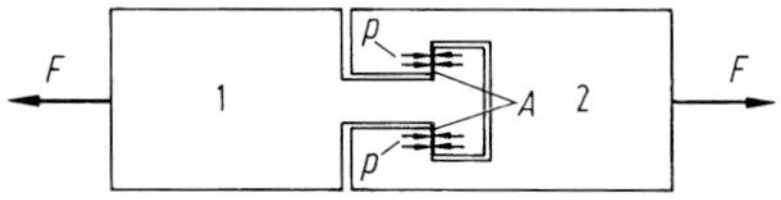

Bild 4-2. Formschlussverbindung zweier Bauteile bei einachsiger Kraftbelastung. *A* tragendes Wirkflächenpaar *p* Flächenpressung

Übertragen von Kräften und Erfüllen von Zusatzfunktionen (Dichten, Isolieren, Leiten) an Wirkflächenpaaren von Formschlusselementen durch Aufnehmen von Flächenpressungen p und Beanspruchungen nach dem Hooke'schen Gesetz $\sigma = E \cdot \varepsilon$ (vgl. D 9.2.1 und E 5.3):

$$p = \frac{\text{Kraft}}{\text{Wirkfläche}} = \frac{F}{A} = E \cdot \varepsilon < p_{\text{zul}} \, .$$

Strukturelle Merkmale:

Form, Lage, Anzahl und Größe der Wirkflächenpaare (Formschlusselemente).

Lasteinleitung in die Fügezone.

Lastaufteilung (Pressungsverteilung) auf Formschlusselemente.

Werkstoffpaarung.

Steifigkeiten der Bauteile und Formschlusselemente.

Beanspruchung der Wirkflächenumgebung.

Vorspannungsmöglichkeiten und Toleranzausgleich.

Montage- und Demontagemöglichkeiten (Lösbarkeit).

Lockerungsmöglichkeit und -sicherung.

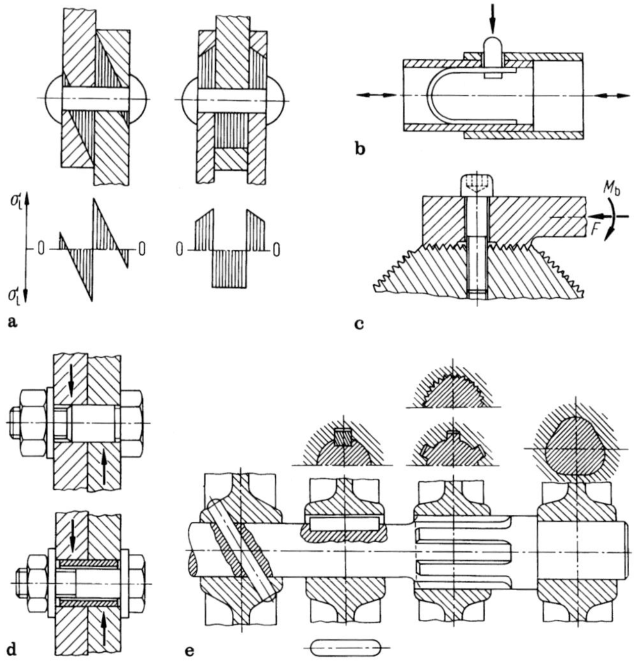

Bild 4-3. Bauformen von Formschlussverbindungen (Auswahl). **a** ein- und zweischnittige Nietung, **b** Schnappverbindung, **c** vorgespannte Kerbverzahnung, **d** querbeanspruchte Schraubenverbindungen, **e** Welle-Nabe-Formschlussverbindungen

Bauformen (Bild 4-3):

Keil-, Bolzen-, Stift- und Nietverbindungen [1].
Welle-Nabe-Verbindungen [2, 10].
Elemente zur Lagesicherung [3, 4, 64–66].
Schnapp-, Spann- und Klemmverbindungen [5, 6, 67].

4.1.3 Reibschluss

Wirkprinzip (Bild 4-4):

Übertragen von Kräften an Wirkflächenpaaren durch Erzeugen von Normalkräften F_N und Reibungskräften F_R unter Ausnutzung des Coulomb'schen Reibungsgesetzes (siehe D 10.6.1 und E 2.5): $F \leqq F_R = \mu \cdot F_N$

Strukturelle Merkmale:

Reibungszahl (Werkstoffpaarung).
Aufbringen der Normalkraft.
Flächenpressung.
Relativverformungen bei Montage und unter Last (Reibkorrosionszonen).
Anzahl der Wirkflächenpaare.
Steifigkeiten der Bauteile und Vorspannelemente.
Montage- und Demontagemöglichkeiten (Lösbarkeit).
Lockerungsmöglichkeit und -sicherung.

Bauformen (Bild 4-5):

Flansch- und Schraubenverbindungen [7–9, 57].
Welle-Nabe-Pressverbindungen ohne oder mit elastischen Zwischenelementen [2, 10, 11, 68].

4.1.4 Stoffschluss

Wirkprinzip (Bild 4-6):

Übertragen von Kräften, Biege- und Drehmomenten an der Fügestelle durch stoffliches Vereinigen der

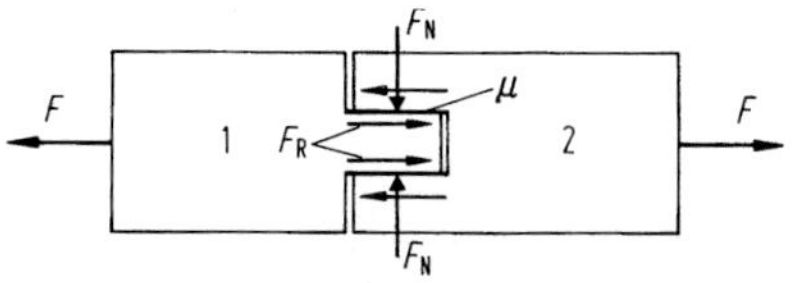

Bild 4-4. Reibschlussverbindung zweier Bauteile bei einachsiger Kraftbelastung. F_R Reibungskraft, F_N Normalkraft, μ Reibungszahl

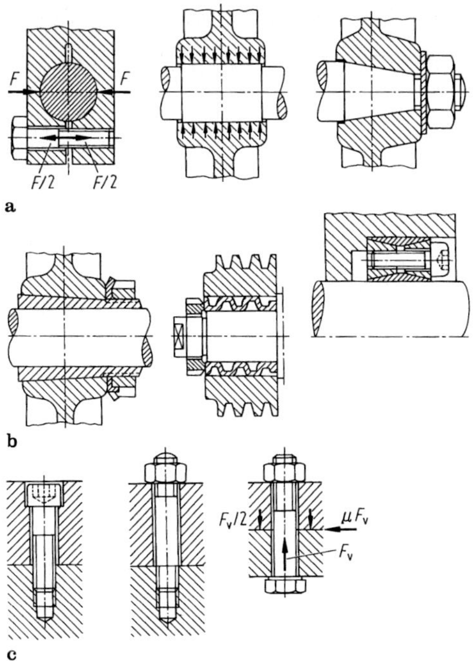

Bild 4-5. Bauformen von Reibschlussverbindungen (Auswahl). **a** Welle-Nabe-Reibschlussverbindungen ohne Zwischenelement, **b** Welle-Nabe-Reibschlussverbindungen mit elastischem Zwischenelement, **c** vorgespannte Schraubenverbindungen

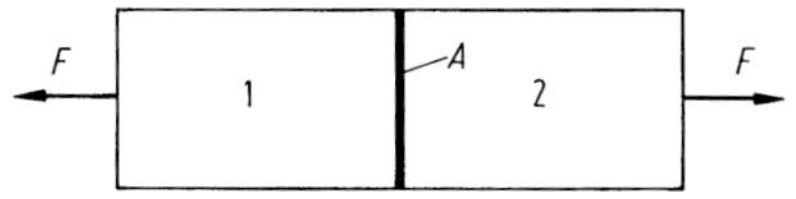

Bild 4-6. Stoffschlussverbindung zweier Bauteile bei einachsiger Kraftbelastung. A Fügefläche

Bauteilwerkstoffe ohne oder mit Zusatzwerkstoffen. Beanspruchungszustand nach Gesetzen der Festigkeitslehre (siehe E 5).

Strukturelle Merkmale:

Form, Lage, Größe und Anzahl der Fügeflächen.
Beanspruchungen der Fügestellen nach Fertigung (Eigenspannung) und unter Last.
Beteiligte Bauteil-Werkstoffe und Zusatzwerkstoffe.
Fertigungs- und Betriebstemperaturen.

Bauformen (Bild 4-7):

Schweißverbindungen [12–15].

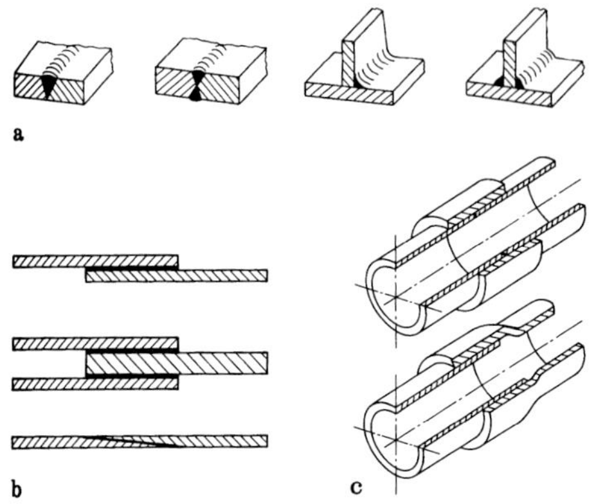

Bild 4-7. Bauformen von Stoffschlussverbindungen (Auswahl). **a** Schweißverbindungen, **b** Klebeverbindungen, **c** Lötverbindungen

Lötverbindungen [1, 16, 17].
Klebeverbindungen [1, 18].

4.1.5 Allgemeine Anwendungsrichtlinien

Formschlussverbindungen vorzugsweise zum

- häufigen und leichten Lösen,
- eindeutigen Zuordnen der Bauteile,
- Aufnehmen von Relativbewegungen,
- Verbinden von Bauteilen aus unterschiedlichen Werkstoffen.

Reibschlussverbindungen vorzugsweise zum

- einfachen und kostengünstigen Verbinden auch von Bauteilen aus unterschiedlichen Werkstoffen,
- Aufnehmen von Überlastungen durch Rutschen,
- Einstellen der Bauteile zueinander,
- Ermöglichen weitgehender Gestaltungsfreiheit für Bauteile.

Stoffschlussverbindungen vorzugsweise zum

- Aufnehmen mehrachsiger, auch dynamischer Belastungen,
- kostengünstigen Verbinden bei Einzelstücken und Kleinserien mit guter Reparaturmöglichkeit,
- Dichten der Fügestellen,
- Verwenden von genormten Bauteilen und Halbzeugen.

4.2 Federn

4.2.1 Funktionen und generelle Wirkungen

Funktionen:

Aufnehmen, Speichern und Abgeben mechanischer Energie (Kräfte, Momente, Bewegungen)

- zum Mildern von Stößen und schwingenden Belastungen,
- zum Erzeugen von Kräften und Momenten ohne Abbau (Kraftschluss, Reibschluss) oder mit Abbau (Federantriebe).

Wandeln mechanischer Energie in Wärmeenergie zum Dämpfen von Stößen und Schwingungen.

Wirkungen (Bild 4-8):
Federverhalten (vgl. E 5)

Formänderungsarbeit: $W = \int F \cdot \mathrm{d}f$;

$$W = \int M_t \cdot \mathrm{d}\varphi$$

Federsteifigkeit: $c = \dfrac{F}{f}$; $\quad c = \dfrac{\mathrm{d}F}{\mathrm{d}f}$

$$c_t = \frac{M_t}{\varphi} \; ; \quad c_t = \frac{\mathrm{d}M_t}{\mathrm{d}\varphi}$$

Nachgiebigkeit: $\delta = \dfrac{1}{c}$

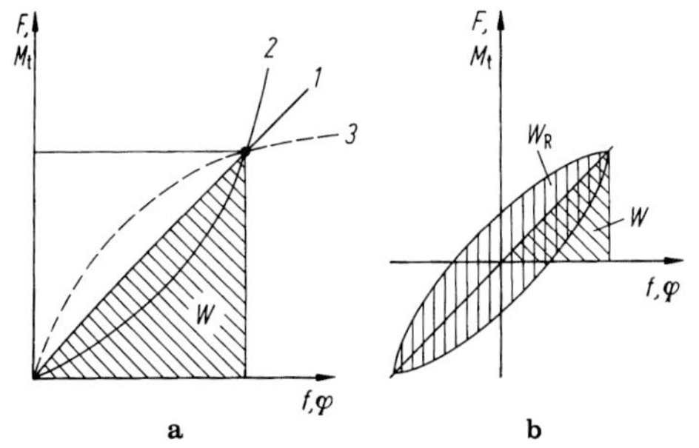

Bild 4-8. Federkennlinien bei Kraft-(F) oder Drehmoment-(M_t)belastung, f Federweg, φ Verdrehwinkel; **a** zügige Belastung: *1* gerade Kennlinie, *2* progressive Kennlinie, *3* degressive Kennlinie; **b** schwingende Belastung: W_R Verlustarbeit durch innere oder äußere Reibung, W elastische Verformungsenergie je Schwingspiel

Federschaltungen:

– Parallelschaltung $F_{\text{ges}} = \sum_{i=1}^{n} F_i$

$$c_{\text{ges}} = \sum_{i=1}^{n} c_i \, .$$

– Hintereinanderschaltung $f_{\text{ges}} = \sum_{i=1}^{n} f_i$

$$\frac{1}{c_{\text{ges}}} = \delta_{\text{ges}} = \sum_{i=1}^{n} \frac{1}{c_i} = \sum_{i=1}^{n} \delta_i \, .$$

Dämpfungsverhalten

– Verhältnismäßige Dämpfung

$$\psi = \frac{\text{Verlustarbeit}}{\text{Formänderungsarbeit}} = \frac{W_{\text{R}}}{W} \text{ je Schwingspiel}$$

– Logarithmisches Dekrement (siehe E 4.1.1)

$$\Lambda = \ln \frac{f_n}{f_{n+1}} \, .$$

4.2.2 Zug-druckbeanspruchte Metallfedern

Wirkprinzip (Bild 4-9):
Aufnehmen mechanischer Energie gemäß dem Hooke'schen Gesetz

$$\sigma = E \cdot \varepsilon$$

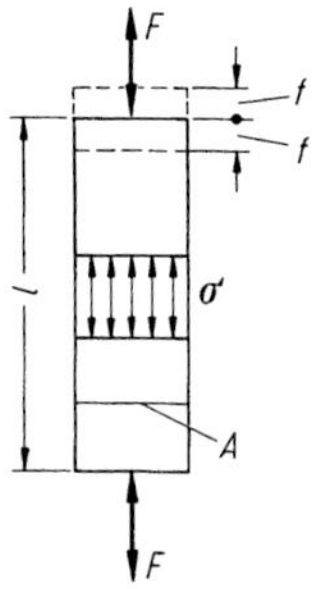

Bild 4-9. Zug-Druck-Stab mit einachsiger Kraftbelastung. A Stabquerschnitt, σ Normalspannung

Zug-Druck-Stab als Grundform:

$$\text{Formänderungsarbeit } W = \frac{E \cdot A}{l} \cdot \frac{f^2}{2} = \frac{A \cdot l}{2E} \sigma^2$$

$$\text{Federsteifigkeit} \quad c = \frac{F}{f} = \frac{E \cdot A}{l} \, .$$

Strukturelle Merkmale:

Form und Abmessungen der Federelemente.
Belastungseinleitung und Einspannung.
Anzahl und Schaltung der Einzelelemente bei Federsystemen.
Belastete Wirkflächenpaare mit Relativbewegung (Reibung).
Werkstoffeigenschaften.

Bauformen:

Zug-Druck-Stäbe, Ringfedern [1, 87].

4.2.3 Biegebeanspruchte Metallfedern

Wirkprinzip (Bild 4-10):
Aufnehmen mechanischer Energie durch Biegeverformung (vgl. E 5.7.2).
Eingespannte Rechteck-Blattfeder als Grundform:

$$\text{Formänderungsarbeit } W = \frac{b \cdot s \cdot l}{18E} \sigma_{\text{b}}^2 = \frac{2F^2 \cdot l^3}{E \cdot b \cdot s^3}$$

$$\text{Federsteifigkeit} \quad c = \frac{F}{f} = \frac{b \cdot s^3 \cdot E}{4l^3} \, .$$

Strukturelle Merkmale:

Form- und Abmessungen der Federelemente.
Belastungseinleitung und Einspannung.
Anzahl und Schaltung der Einzelelemente bei Federsystemen.

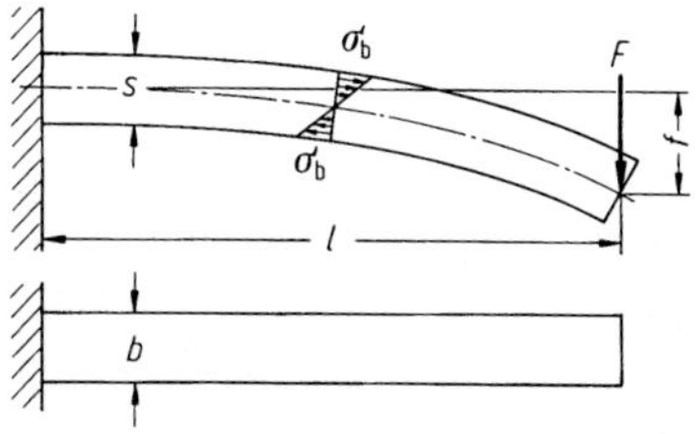

Bild 4-10. Einseitig eingespannte Rechteck-Blattfeder. σ_{b} Biegespannung

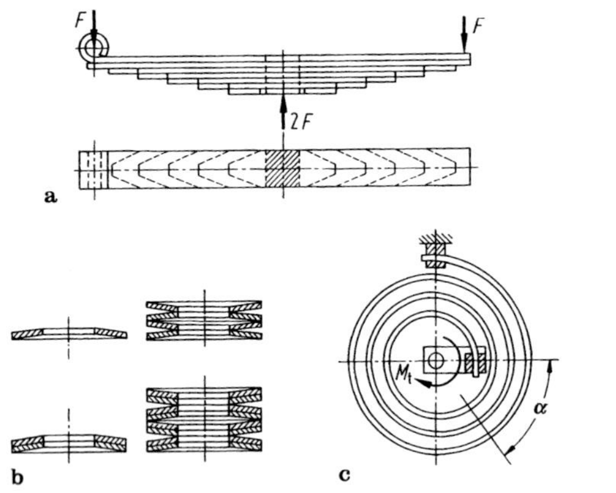

Bild 4-11. Bauformen biegebeanspruchter Metallfedern (Auswahl). **a** Geschichtete Blattfeder (vor allem bei Kfz), **b** Tellerfeder einzeln oder als Paket (vielseitig durch Variation der Kennlinie einsetzbar), **c** Spiralfeder

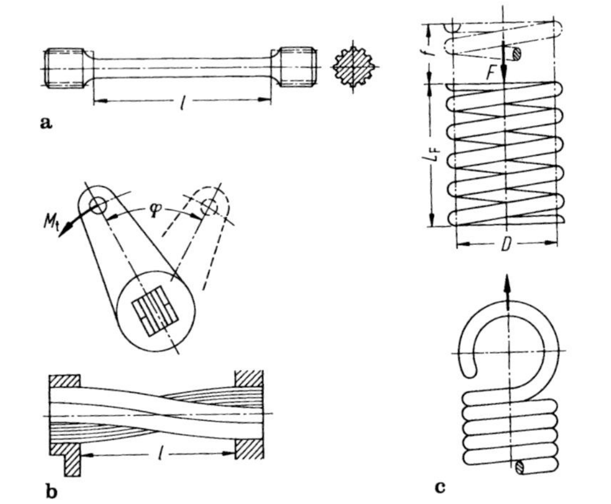

Bild 4-13. Bauformen verdrehbeanspruchter Metallfedern. **a** Drehstab, **b** gebündelte Rechteckfedern, **c** zylindrische Schraubenfederen

Belastete Wirkflächenpaare mit Relativbewegung (Reibung).
Werkstoffeigenschaften.

Bauformen (Bild 4-11):

Einfache und geschichtete Blattfedern, Spiralfedern, Tellerfedern [1, 19, 87].

4.2.4 Drehbeanspruchte Metallfedern

Wirkprinzip (Bild 4-12):

Aufnehmen mechanischer Energie durch Torsionsverformung (vgl. E 5.7.7) .
Eingespannter Drehstab als Grundform:

$$\text{Formänderungsarbeit } W = \frac{\pi d^2 \cdot l}{16\,G}\tau_t^2 = \frac{16\,M_t^2 \cdot l}{\pi G \cdot d^4}$$

$$\text{Federsteifigkeit} \qquad c_t = \frac{M_t}{\varphi} = \frac{\pi d^4 \cdot G}{32 l}\,.$$

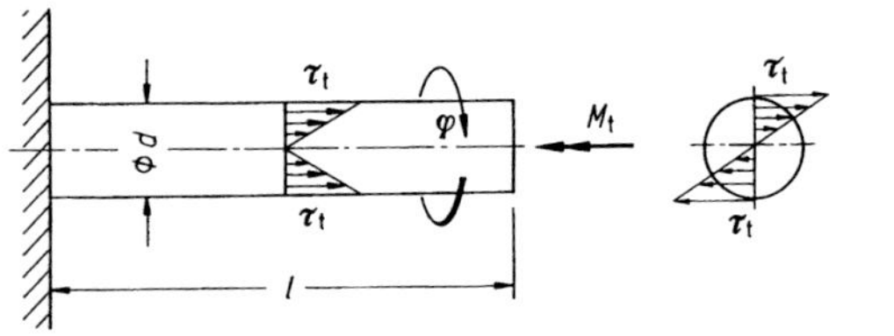

Bild 4-12. Einseitig eingespannter Drehstab. τ_t Torsionsschubspannung. φ Verdrehwinkel

Strukturelle Merkmale:

Form und Abmessungen der Federelemente.
Belastungseinleitung und Einspannung.
Anzahl und Schaltung der Einzelelemente bei Federsystemen.
Werkstoffeigenschaften.

Bauformen (Bild 4-13):

Runde, rechteckige (einfache und gebündelte) Drehstabfedern, zylindrische Schraubenfedern mit Rund- und Rechteckdrähten [1, 19, 87].

4.2.5 Gummifedern

Wirkprinzip (Bild 4-14):

Aufnehmen mechanischer Energie durch vorzugsweise Druck- und/oder Schubverformung (vgl. D 9.2.1).

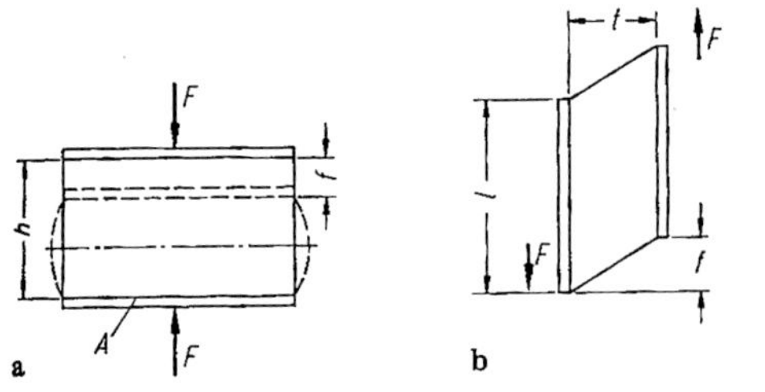

Bild 4-14. Gummifedern, **a** Druckfeder; **b** Parallelschubfeder. *A* Federquerschnitt, *b* Federbreite

Druck- und Parallelschubfedern als Grundformen:
Druckfeder:

$$\text{Formänderungsarbeit } W \approx \frac{E \cdot A}{h} \int \mathrm{d}f$$

$$\text{Federsteifigkeit} \quad c \approx \frac{E \cdot A}{h}\,.$$

Der Elastizitätsmodul hängt vom Verhältnis belastete/freie Oberfläche ab.
Parallelschubfeder:

$$\text{Formänderungsarbeit } W \approx \frac{G \cdot l \cdot b}{t} \int \mathrm{d}f$$

$$\text{Federsteifigkeit} \quad c \approx \frac{G \cdot A}{t} = \frac{G \cdot l \cdot b}{t}\,.$$

Strukturelle Merkmale:

Zusätzlich zu Metallfedern:

Werkstoffeigenschaften abhängig von Belastungsart, -höhe und -frequenz sowie Temperatur und Belastungszeit.
Feder- und Dämpfungseigenschaften werden vor allem vom Werkstoff bestimmt (Stofffederung).
Tragfähigkeit geringer als bei Metallfedern.

Bauformen (Bild 4-15):

Scheibenfedern unter Parallel- oder Drehschub, Hülsenfedern unter Axial- oder Drehschub, Gummipuffer unter Drucklast, Sonderformen mit kombinierter Beanspruchung [1, 19–21].

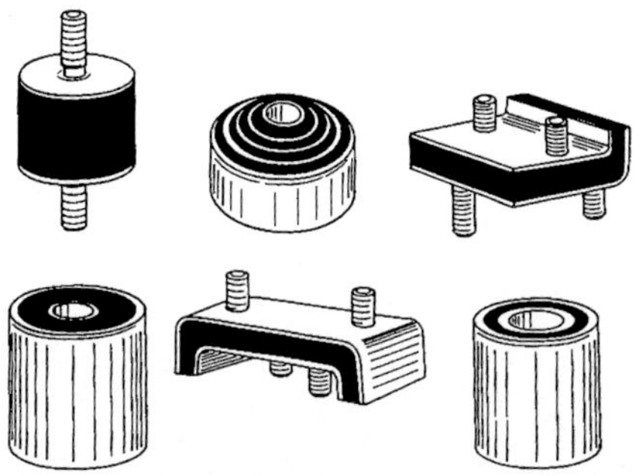

Bild 4-15. Bauformen von Gummifedern (bei hohen Stückzahlen große Gestaltungsfreiheit)

4.2.6 Gasfedern

Wirkprinzip (Bild 4-16):

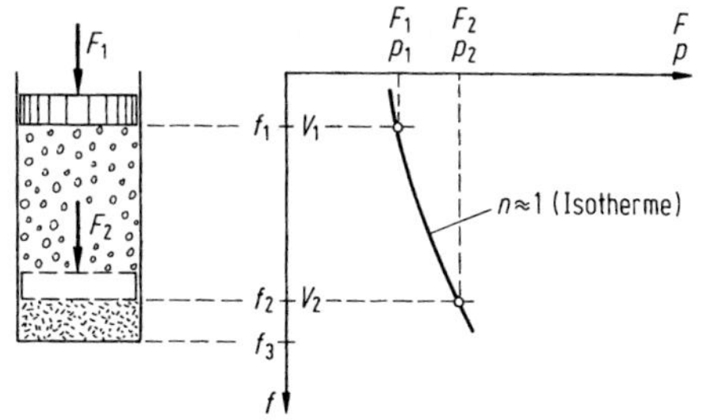

Bild 4-16. Gasfeder mit Druckbelastung

Aufnehmen mechanischer Energie durch Kompression gasförmiger Fluide nach allgemeiner Zustandsgleichung $p \cdot V^n = \text{const}$ (siehe B 8.2).

$$\text{Formänderungsarbeit } W = 0{,}5F_1(f_2 - f_1)(x + 1)$$

$$\text{Federsteifigkeit} \quad c = \frac{F}{f} = \frac{F_1(x-1)}{f_2 - f_1}$$

$$x = \frac{f_3 - f_1}{f_3 - f_2} = 1{,}01 \text{ bis } 1{,}6 \quad (\text{mit } n \approx 1)\,.$$

Strukturelle Merkmale:

Polytropenexponent der Gasfüllung.
Vordruck der Gasfüllung.
Dichtungselemente.
Niveauregelung durch Druck- und Zusatzflüssigkeit.

Bauformen (Bild 4-17) [1].

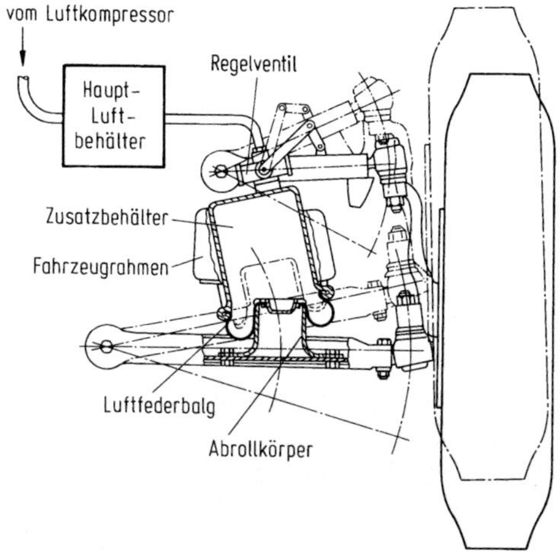

Bild 4-17. Luftfeder mit Niveauregelung (nach Werkbild Phoenix-Gummiwerke, Hamburg-Harburg)

4.2.7 Allgemeine Anwendungsrichtlinien

Zug/Druckbeanspruchte Metallfedern vorzugsweise zum

- Aufnehmen hoher Stoßenergien und Kräfte bei kleinem Werkstoffvolumen,
- Vorspannen von Klemmverbindungen,
- Dämpfen durch äußere Oberflächenreibung (Nachteil: Verschleiß).

Biege- und Drehbeanspruchte Metallfedern vorzugsweise zum

- weichen Abfedern von schwingenden Massen (Schwingungsisolierung),
- vielseitigen, kostengünstigen Einsatz als Normteil.

Gummifedern vorzugsweise zum

- Dämpfen durch verschleißlose innere Werkstoffreibung im Dauerbetrieb,
- weichen Abfedern von schwingenden Massen bei niedriger Belastungshöhe und Belastungsfrequenz,
- Anwenden mit großer Gestaltungsfreiheit nur bei großen Stückzahlen.

Gasfedern vorzugsweise zum

- verschleißfreien Abfedern von schwingenden Massen mit einstellbarer Federkennlinie und Niveauregelung.

4.3 Kupplungen und Gelenke

4.3.1 Funktionen und generelle Wirkungen

Funktionen:

Übertragen von Rotationsenergie (Drehmomenten, Drehbewegungen) zwischen Wellensystemen.
Gegebenenfalls zusätzlich:
Übertragen von Biegemomenten, Querkräften und/oder Längskräften.
Ausgleichen von Wellenversatz (radial, axial, winklig).
Verbessern der dynamischen Eigenschaften des Wellensystems durch Verändern der Drehfedersteifigkeit und Dämpfen von Drehschwingungen.
Schalten (Verknüpfen, Trennen) der Drehmoment- und Drehbewegungsleitung.

Wirkungen:

Die vom Drehmoment erzeugten Umfangskräfte, gegebenenfalls auch Biegemomente, Querkräfte und Längskräfte, werden an einem oder mehreren Wirkflächenpaaren durch Reibschluss, Formschluss oder anderen Kraftschluss übertragen, wobei durch Zwischenelemente zusätzliche Eigenschaften erzeugt werden können.

4.3.2 Feste Kupplungen

Wirkprinzip (Bild 4-18):

Übertragung von Umfangs-, Quer- und Längskräften durch Form- und Reibschluss an Wirkflächenpaaren. Wirksam sind das Hooke'sche und/oder das Reibungsgesetz (siehe 4.1).

Strukturelle Merkmale:

siehe 4.1.2 und 4.1.3.

Bauformen (Bild 4-19):

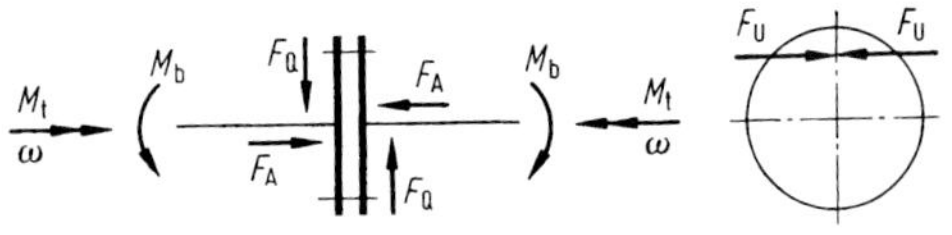

Bild 4-18. Belastungen an festen Kupplungen. M_t Drehmoment, M_b Biegemoment, ω Winkelgeschwindigkeit, F_A Axialkraft, F_Q Querkraft, F_U Umfangskraft

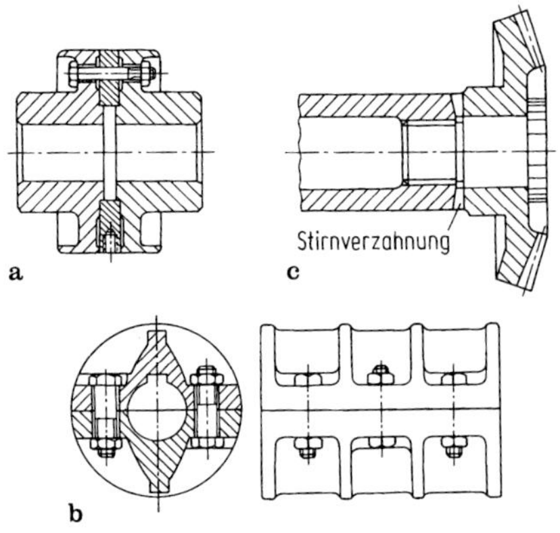

Bild 4-19. Bauformen fester Kupplungen (Auswahl). **a** Scheibenkupplung, **b** Schalenkupplung, **c** Stirnzahnkupplung

Flansch-, Scheiben-, Schalen- und Stirnzahnkupplungen [1, 22, 88].

4.3.3 Drehstarre Ausgleichskupplungen

Wirkprinzip (Bild 4-20):

Winkeltreue Drehmomentübertragung erfolgt bei radialen und/oder winkligen Fluchtfehlern und/oder Axialverschiebungen der Wellen durch Ausgleichsmechanismen, bei denen die erforderlichen Ausgleichsbewegungen entweder durch reibungsbeaufschlagte Relativbewegungen von Wirkflächenpaaren (Längsführungen, Dreh- und Kugelgelenken) oder durch elastische Biegeverformungen an Ausgleichselementen aufgenommen werden. Durch Ausgleichsmechanismen entstehen belastungsabhängige Reaktionskräfte auf die zu verbindenden Wellensysteme.
Grundform: Kreuzgelenk

$$\omega_{2,\max} = \omega_1 / \cos\beta; \quad \omega_{2,\min} = \omega_1 \cdot \cos\beta$$

$$M_{t,2,\min} = M_{t,1} \cdot \cos\beta; \quad M_{t,2,\max} = M_{t,1} / \cos\beta$$

Ungleichförmigkeitsgrad

$$u = (\omega_{2,\max} - \omega_{2,\min})/\omega_1 = \tan\beta \cdot \sin\beta .$$

Bei Hintereinanderschaltung von 2 Kreuzgelenken ($\beta_1 = \beta_2$, Gabeln der Verbindungswelle und An- und Abtriebswelle jeweils in einer Ebene) kann Pulsation ausgeglichen werden ($\omega_1 = \omega_3$).

Strukturelle Merkmale:

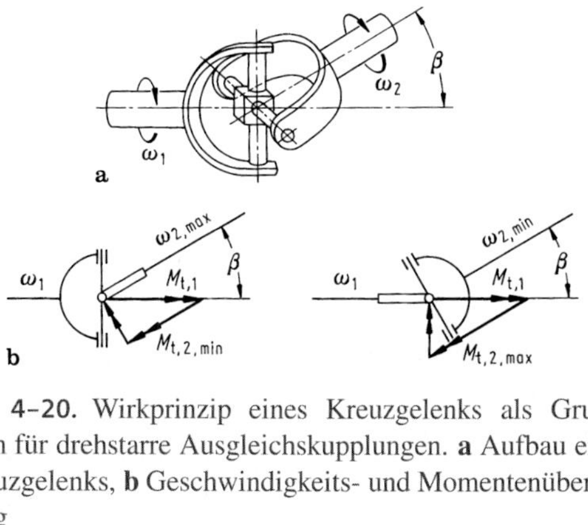

Bild 4-20. Wirkprinzip eines Kreuzgelenks als Grundform für drehstarre Ausgleichskupplungen. **a** Aufbau eines Kreuzgelenks, **b** Geschwindigkeits- und Momentenübertragung

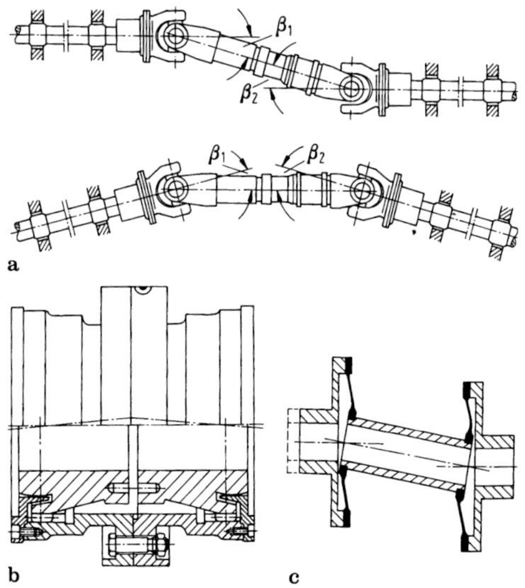

Bild 4-21. Bauformen drehstarrer Ausgleichskupplungen (Auswahl). **a** Gelenkwellen, **b** Doppelzahnkupplung, **c** Membrankupplung [59]

Form, Lage, Größe, Anzahl und Werkstoff der die Ausgleichsbewegung aufnehmenden Wirkflächenpaare.
Anzahl der Ausgleichsebenen (Bild 4-21a).
Ungleichförmigkeitsgrad der Drehbewegung.
Reaktionskräfte/-momente auf Wellensysteme.
Tribologische Anforderungen
(Werkstoff, Schmierung).
Montage- und Demontagemöglichkeiten.

Bauformen (Bild 4-21) [88]:

Klauen-, Parallelkurbel- und Kreuzscheibenkupplungen [1, 22].
Kreuzgelenke, Gelenkwellen, Gleichlaufgelenke [1, 23, 56].
Zahn- und Doppelzahnkupplungen [1, 24]. Membrankupplungen [1, 25].

4.3.4 Elastische Kupplungen

Wirkprinzip (Bild 4-22):
Aufnahme von Drehmomentschwankungen (Umfangskraftschwankungen) und von Versatz der zu verbindenden Wellen durch das Wirksamwerden von Federelementen bzw. Federsystemen (siehe 4.2), die zwischen Flanschen angeordnet sind.

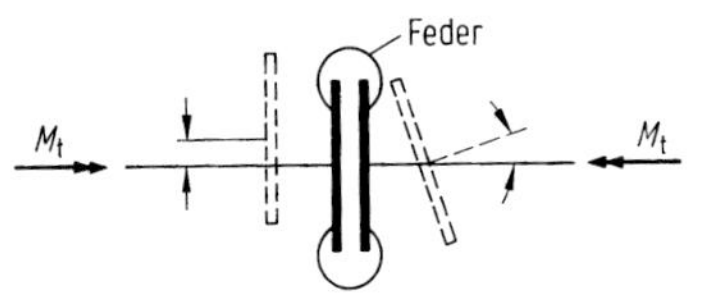

Bild 4-22. Wirkprinzip einer elastischen Kupplung

Feder- und Dämpfungseigenschaften können auch durch elektromagnetische Kräfte in Luftspalten und hydraulische Kräfte in Wirkräumen zwischen bewegten Wirkflächen entstehen.

Strukturelle Merkmale:

Art der Federung:
 Formfederung (Metallfedern), Stofffederung (Gummi- und Gasfedern, hydrostatische Federn), elektromagnetische Federung (elektrische Schlupfkupplungen), hydrodynamische Federung, (Föttinger-Kupplungen).
Anordnung und Beanspruchung der Federelemente.
Weitere Federmerkmale siehe 4.2.
Merkmale hydrodynamischer Kupplungen siehe 4.6.

Bauformen (Bild 4-23) [88]:

Metallische Kupplungen [1].
Elastomer-(gummielastische) Kupplungen [26].
Luftfederkupplungen [22].
Föttinger-Kupplungen, siehe 4.3.5.
Elektrische Schlupfkupplungen [1, 22].

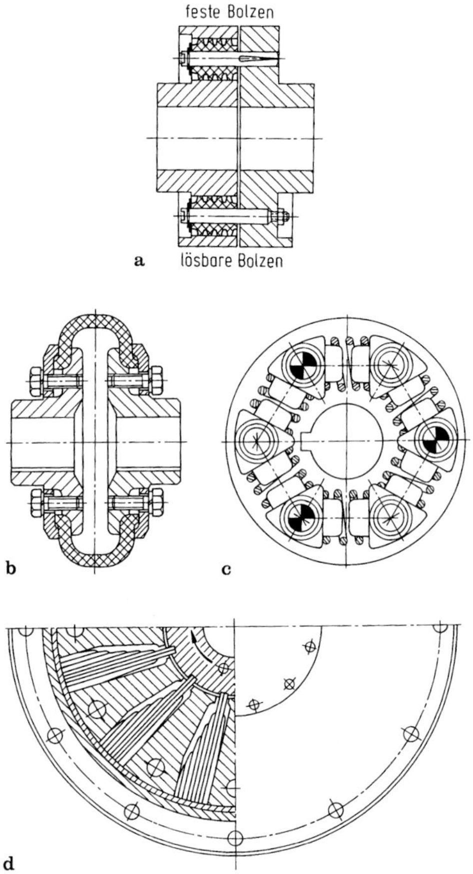

Bild 4-23. Bauformen elastischer Kupplungen (Auswahl). **a** Bolzenkupplung, **b** Wulstkupplung, **c** Schraubenfederkupplung, **d** Blattfederkupplung [59]

4.3.5 Schaltkupplungen

Wirkprinzip:

Mit Ausnahme formschlüssiger Klauenkupplungen, die nur im Stillstand schaltbar sind, erfolgt die Umfangskraftübertragung zwischen den Wirkflächenpaaren bei mechanischen Kupplungen durch Reibschluss, bei hydrodynamischen Kupplungen gemäß dem Impulssatz (Euler'sche Turbinengleichung, siehe E 8.5, (8-148) und bei elektrischen Schlupfkupplungen durch das Drehen von stromdurchflossenen Leiterschleifen in einem Magnetfeld (siehe G 13.4). Schaltmechanismen bei mechanischen Reibungskupplungen verwenden zur Normalkrafterzeugung mechanische Hebelsysteme, hydrostatische und elektromagnetische Kräfte, Fliehkräfte und verformungsbedingte elastische Kräfte. Bei hydrodynamischen Kupplungen erfolgt das Schalten durch Flüssigkeitsfüllung bzw. -entleerung des Wirkraums, bei elektrischen Schlupfkupplungen durch Schaltung der elektrischen Energie.

Das Wirkprinzip mechanischer Reibungskupplungen als wichtigste Bauform beruht auf dem Coulomb'schen Reibungsansatz, Bild 4-24:

Übertragbares Drehmoment:

$$M_{t,ü} = \mu_{stat/dyn} \cdot F_p \cdot r_m \cdot z_R$$

Schaltbares Moment für die Rutschzeit t_r gemäß Bild 4-25:

$$M_s (= M_{t,ü} \quad \text{bei} \quad \mu_{dyn}) = M_a + M_{L\,Kupp} + M_{A\,Kupp}$$

$$= \frac{J_1 \cdot J_2}{J_1 + J_2} \cdot \frac{\omega_{10} - \omega_{20}}{t_r} + M_L \frac{J_1}{J_1 + J_2} + M_A \frac{J_2}{J_1 + J_2} \,.$$

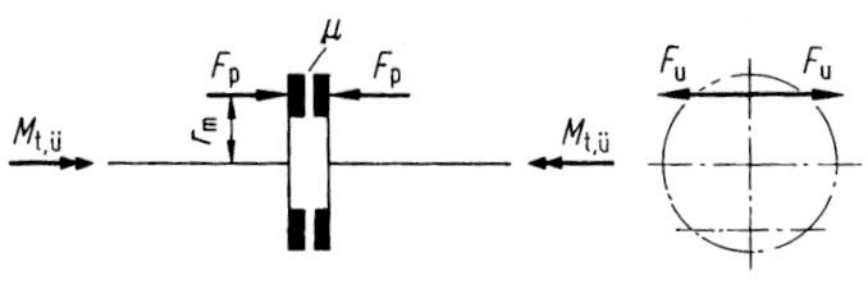

Bild 4-24. Wirkprinzip einer mechanischen Reibungskupplung. μ Reibungszahl, F_p Anpresskraft der Reibflächen. z_R Anzahl der Reibflächenpaare. $F_u = M_{t,ü}/r_m$ Umfangskraft = Reibungskraft

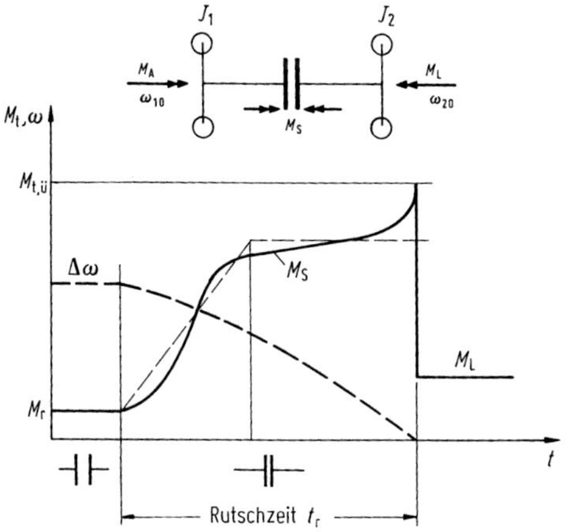

Bild 4-25. Drehmomente und Winkelgeschwindigkeiten bei Kupplung von zwei Massen (idealisierter Schaltvorgang). M_s Schaltmoment, M_r Leerlaufmoment, M_A Antriebsmoment, M_L Lastmoment, M_a Beschleunigungsmoment, t_r Rutschzeit, J_1 Massenträgheitsmoment des Antriebs, J_2 Massenträgheitsmoment des Abtriebs, ω_{10} Winkelgeschwindigkeit des Antriebs, ω_{20} Winkelgeschwindigkeit des Abtriebs

Das Wirkprinzip reibschlüssiger Schaltkupplungen wird auch für Bremsen eingesetzt.

Strukturelle Merkmale:

Lage, Form, Anzahl und Werkstoff der Reibflächen-(Wirkflächen-)paare.
Reibungszahl (Werkstoffpaarung).
Flächenpressung an Wirkflächen.
Erzeugen der Normalkraft (Energieart).
Betriebsart: Trocken oder nass (Ölkühlung).
Schaltungsart: Fremdschaltung, selbsttätige Schaltung (drehmoment-, drehzahl-, richtungsgeschaltet).
Art der Wärmeabfuhr: Luftkühlung, Ölkühlung.
Für hydrodynamische Kupplungen siehe 4.6.

Bauformen (Bild 4-26) [88]:

Fremdgeschaltete formschlüssige Kupplungen [1, 22].
Fremdgeschaltete reibschlüssige Kupplungen [1, 22, 27, 28].
Selbsttätig schaltende Kupplungen [1, 22, 29, 30].
Schaltbare Föttinger-Kupplungen [1, 31–33].
Schaltbare elektrische Schlupfkupplungen [1].
Bremsen [1].

4.3.6 Allgemeine Anwendungsrichtlinien

Feste Kupplungen vorzugsweise bei

- einfachen, kostengünstigen Antrieben,
- hohen Drehmomenten,

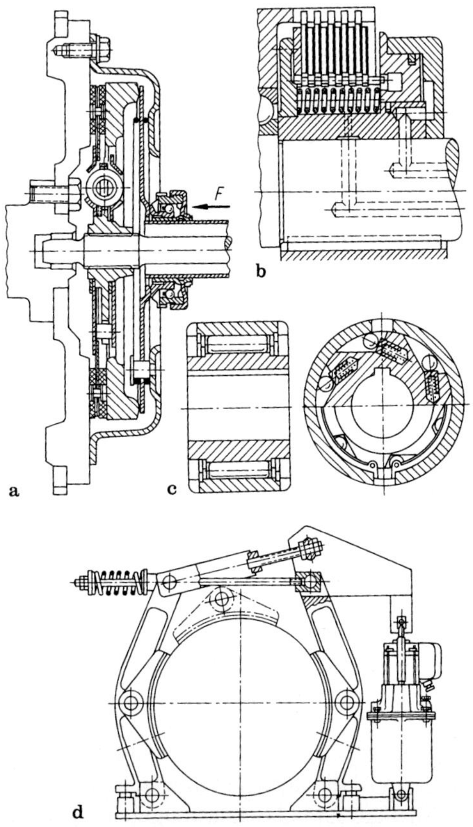

Bild 4-26. Bauformen von Schaltkupplungen und Bremsen (Auswahl). **a** Einscheiben-Trockenkupplung, **b** Lamellenkupplung, **c** Richtungsgeschaltete Kupplung (Klemmrollenfreilauf), **d** Doppelbackenbremse

- hohen Biege-, Querkraft- und Längskraftbelastungen,
- guter Ausrichtmöglichkeit der Wellen und steifen Lagerungen.

Drehstarre Ausgleichskupplungen vorzugsweise

- für winkeltreue Drehübertragung ohne besondere Anforderungen an die Drehschwingungsbeeinflussung,
- bei montage-, wärme- und belastungsbedingten Wellen- und Fundamentverlagerungen.

Elastische Metallfederkupplungen vorzugsweise zum

- Mildern von Drehmomentstößen,
- Verlagern von Dreheigenfrequenzen,
- Arbeiten bei rauen Betriebsverhältnissen.

Elastische Elastomerkupplungen vorzugsweise zum

- Dämpfen von Drehschwingungen,
- Aufnehmen von Wellenverlagerungen, zusätzlich zur Drehschwingungsbeeinflussung,
- Ausgleichen bei niedrigen Belastungsfrequenzen (Erwärmungsproblem),
- verschleißfreien Betrieb.

Elastische Luftfederkupplungen, Föttinger-Kupplungen und elektrische Schlupfkupplungen vorzugsweise zum

- Verändern der Kupplungseigenschaften während des Betriebs,
- Anpassen der Übertragungsenergie an vorhandene Energiesysteme,
- Übertragen hoher Drehmomente.

Fremdgeschaltete Reibungskupplungen vorzugsweise

- bei Trockenlauf für niedrige Schalthäufigkeit und bei guten Abdichtungsmöglichkeiten,
- bei Nasslauf für hohe Belastungen und für Einbau in ölgeschmierte Antriebssysteme,
- bei hydraulischen und elektromagnetischen Schaltmechanismen für automatische Steuerungssysteme.

Selbsttätig schaltende Kupplungen vorzugsweise

- bei drehmomentabhängigem Schalten als Sicherheitskupplung (Rutschkupplung, Brechbolzen-Kupplung),
- bei drehzahlabhängigem Schalten als Anlaufkupplung zum Überwinden hoher Trägheits- und Lastmomente,
- bei richtungsabhängigem Schalten (Freiläufe) zum Sperren einer Drehrichtung.

Schaltbare Föttinger-Kupplungen und elektrische Schlupfkupplungen vorzugsweise für

- große Baueinheiten bzw. Schaltleistungen.

4.4 Lagerungen und Führungen

4.4.1 Funktionen und generelle Wirkungen

Funktionen:

Aufnahme und Übertragen von Kräften zwischen relativ zueinander bewegten Komponenten, Begrenzen von Lageveränderungen der Komponenten, außer in vorgesehenen Bewegungsrichtungen (Freiheitsgraden).

Wirkungen:

Die von den Belastungen an den relativ zueinander bewegten Wirkflächen hervorgerufene Reibung wird durch zwischen den Wirkflächen angeordnete Wälzkörper und Schmierstoffe (bei Wälzlagern und -führungen), durch unter Druck stehende Fluide zwischen den Wirkflächen (bei hydrodynamischen und hydrostatischen Gleitlagern und -führungen) oder durch magnetische Kräfte verringert. Dabei können durch Gestaltung und Anordnung der Wälzkörper und durch Gestaltung der Wirkflächen und des Fluiddruckaufbaus und durch Anordnung der Magnetfelder bestimmte Freiheitsgrade und sonstige Betriebseigenschaften realisiert werden.

4.4.2 Wälzlagerungen und -führungen

Wirkprinzip (Bild 4-27):

Im bewegten Wälzkontakt unter Last entstehen an den Wälzkörpern und den beteiligten Wirkflächen Deformationen und durch diese Berührflächen, deren Größe

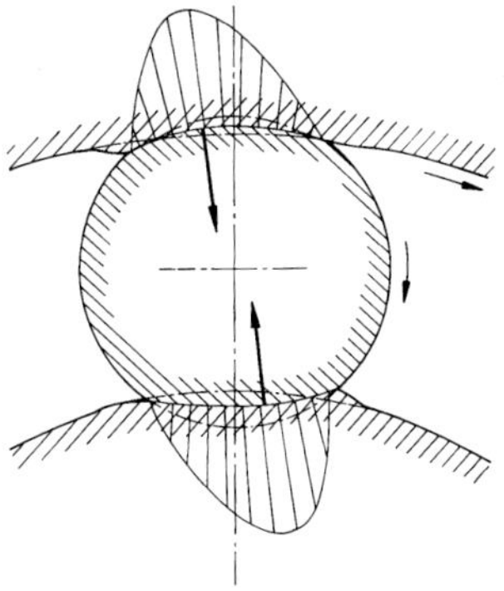

Bild 4-27. Wirkprinzip eines Wälzkontaktes

und Beanspruchung sich nach den Hertz'schen Gleichungen errechnen (siehe E 5.11.4) sowie Roll- und Reibungswiderstände.
Die Lebensdauer der Wälzpaarung errechnet sich aus der vom Lagertyp und den Betriebsbedingungen abhängigen Tragzahl C, die auch die Lagerlebensdauer L bestimmt nach der Zahlenwertgleichung.

$$L = \left(\frac{C}{P}\right)^p \quad \text{in} \quad 10^6 \text{ Umdrehungen} .$$

P äquivalente Lagerbelastung, die für Lastkombinationen und Lastschwankungen eine einachsige Vergleichsbelastung darstellt, die der einachsigen Tragzahl gegenübergestellt werden kann
p Beanspruchungsexponent, abhängig von der Wälzkörperform

Strukturelle Merkmale:

Form und Anordnung der Wälzkörper.
Ausführung des Käfigs.
Genormte Maßreihen und Toleranzklassen.
Lastrichtungen, Belastungs-Zeit-Verläufe, Umlaufverhältnisse, Temperaturverhältnisse.
Tragzahl, Lebensdauer, Drehzahlgrenzen.
Lageranordnung und Einbauverhältnisse (Gestaltung und Werkstoffe der benachbarten Komponenten).
Einstellbarkeit und Montageeigenschaften.
Schmierung- und Dichtungssysteme.

Bauformen (Bild 4-28):

Kugellager, Rollenlager,
Längsführungen [1, 34–36, 89].
Dichtungen [37, 38], (vgl. 4.8).

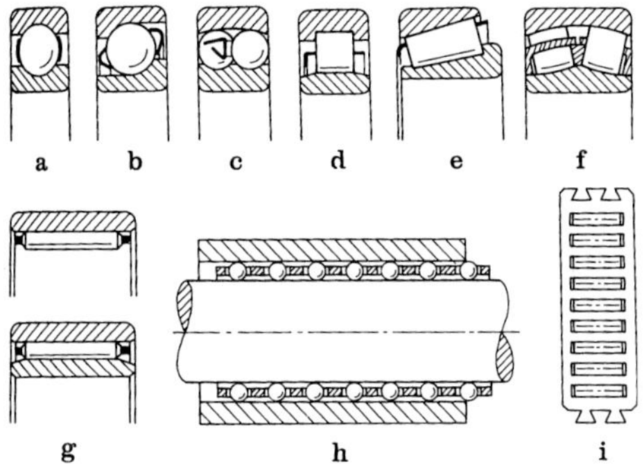

Bild 4-28. Bauformen von Wälzlagerungen und -führungen (Auswahl) [60]. **a** Rillenkugellager, **b** Schrägkugellager, **c** Pendelkugellager, **d** Rollenlager, **e** Kegelrollenlager, **f** Pendelrollenlager, **g** Nadellager, **h** Kugelführung, **i** Rollenführung

4.4.3 Hydrodynamische Gleitlagerungen und -führungen

Wirkprinzip (Bild 4-29):

Oberhalb einer Grenzdrehzahl bzw. Grenzrelativgeschwindigkeit baut sich zwischen zwei Wirkflächen bei Vorhandensein eines Newton'schen Fluids und bei Benetzbarkeit der Wirkflächen nach dem Newton'schen Schubspannungsansatz ein Fluiddruck auf, der den äußeren Belastungen das Gleichgewicht hält (siehe E 7.1). Dadurch werden die Wirkflächen trotz Normalbelastung mechanisch getrennt und es entsteht Flüssigkeitsreibung. Die Reibungszustände werden durch die Stribeck-Kurve, Bild 4-30, gekennzeichnet (vgl. Bild 10-3).
Hydrodynamische Tragfähigkeit in dimensionsloser Darstellung in Form der Sommerfeld-Zahl So ergibt sich für Radiallager durch Lösung der aus den Navier-Stokes-Gleichungen folgenden Reynolds'schen Differenzialgleichung (siehe E 8.3):

$$So = \frac{\bar{p} \cdot \psi^2}{\eta \cdot \omega}$$

($\bar{p} = F/(B \cdot D)$, $\psi = S/D$ relatives Lagerspiel, η dynamische Viskosität, ω Winkelgeschwindigkeit).
Reibungskennzahl:

$$So < 1 \text{ (niedrige Belastung)}: \quad \frac{\mu}{\psi} = \frac{k}{So}$$

$$So > 1 \text{ (hohe Belastung)}: \quad \frac{\mu}{\psi} = \frac{k}{\sqrt{So}} .$$

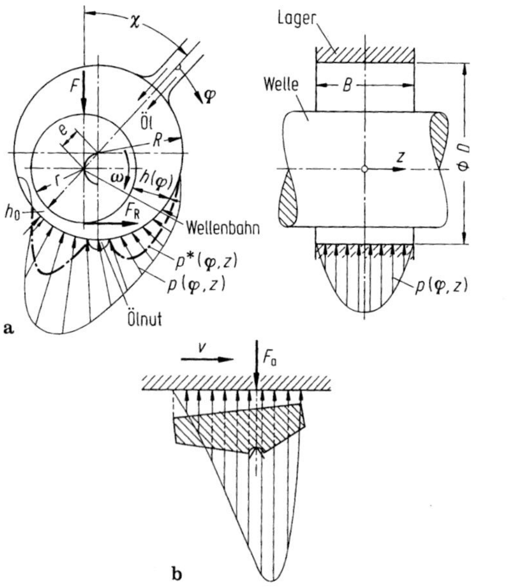

Bild 4-29. Hydrodynamisches Wirkprinzip [60]. **a** Radiallager. Bezeichnungen: F Lagerlast, R Lagerschalenradius, r Wellenradius, D Lagerdurchmesser, B Lagerbreite, p Öldrücke im Gleitraum, p^* Öldrücke bei Anordnung einer Ölnut in der Tragzone, ψ und z Koordinaten, e Exzentrizität, h Schmierspalthöhe, h_0 kleinste Schmierspalthöhe, ω Winkelgeschwindigkeit der Welle, χ Richtungswinkel der Wellenverschiebung, $R - r = s$ radiales Lagerspiel im Betrieb, $S = 2s$ Betriebslagerspiel, $e/s = \varepsilon$ relative Exzentrizität, $\psi = S/D$ relatives Betriebslagerspiel, F_R Reibungskraft. b Längsführung

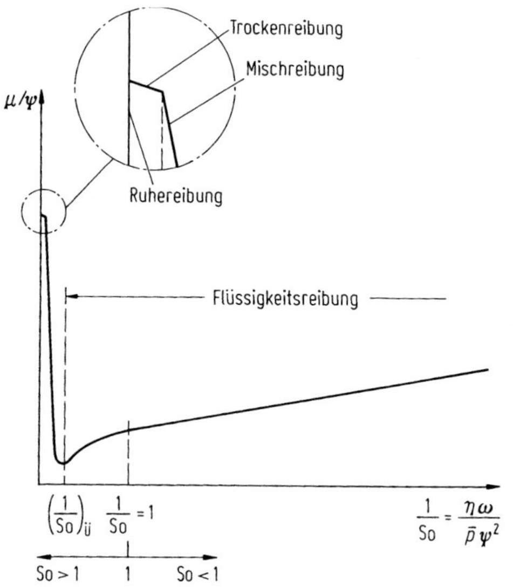

Bild 4-30. Reibungsverhalten von Gleitlagern- und führungen (ü Übergangsbereich von Misch- zu Flüssigkeitsreibung)

(k schwankt je nach Bauart zwischen 2 und 3,8)

Strukturelle Merkmale:

Abmessungen, Anzahl und Lage der Wirkflächen (Gleitflächen, Druckzonen).
Lagerspiel, Keilspaltverhältnis, Spaltweite.
Lagerwerkstoffe und Wirkflächen-Rauhigkeiten (wichtig für Mischreibungsgebiet).
Art und Viskosität des Fluids (Luft, Wasser, Öl, Fett).
Lastrichtungen, Bewegungsrichtungen, Relativgeschwindigkeit.
Steifigkeit der Lagerkomponenten.
Art der Wärmeabfuhr (Konvektion, Schmierstoffkühlung) und Temperaturniveau.
Schmierungs- und Dichtungssysteme.

Bauformen (Bild 4-31):

Ein- und mehrflächige Radialgleitlager, Axialgleitlager, Gleitführungen [1, 39–41, 93].
Dichtungssysteme [37, 38] (vgl. 4.8).

4.4.4 Hydrostatische Gleitlagerungen und -führungen

Wirkprinzip (Bild 4-32):

Fluiddruck wird außerhalb des Lagers mit einer Pumpe erzeugt und Druckkammern zugeführt. Fluid fließt über enge Spalte ab.

Lagerbelastung: $$F = (p_0 - p_a) \cdot (b_1 + b_2) \cdot l$$

Volumendurchfluss: $$\dot{V} = 2\frac{(p_0 - p_a) \cdot h_m^3 \cdot l}{12\eta \cdot b_2} .$$

Strukturelle Merkmale:

Zusätzlich zu hydrodynamischen Gleitlagerungen:
Abmessungen, Anzahl und Lage der Drucktaschen.
Höhe und Länge der begrenzenden Spalte.

Bauformen (Bild 4-33):

Hydrostatische Radiallager und Axiallager [1, 42].

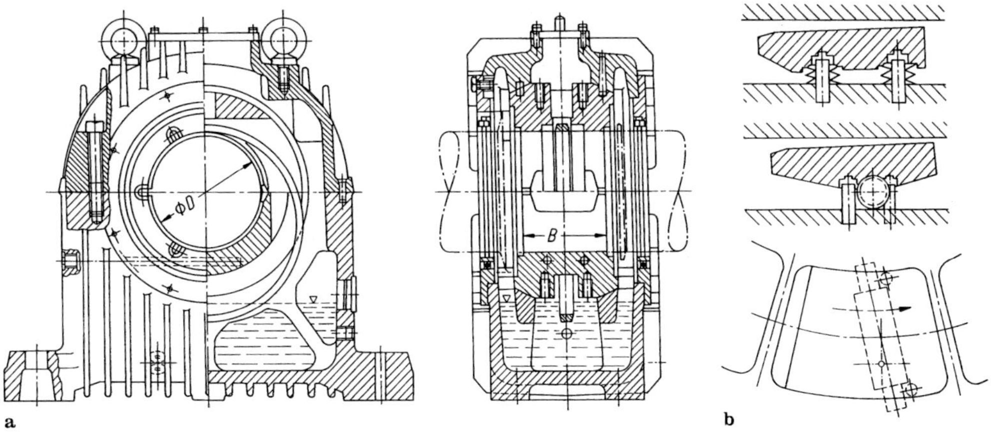

a b

Bild 4-31. Bauformen hydrodynamischer Gleitlagerungen und -führungen (Auswahl). **a** Radiallager (Desch Antriebstechnik, Arnsberg), **b** Axiallager/Längsführung

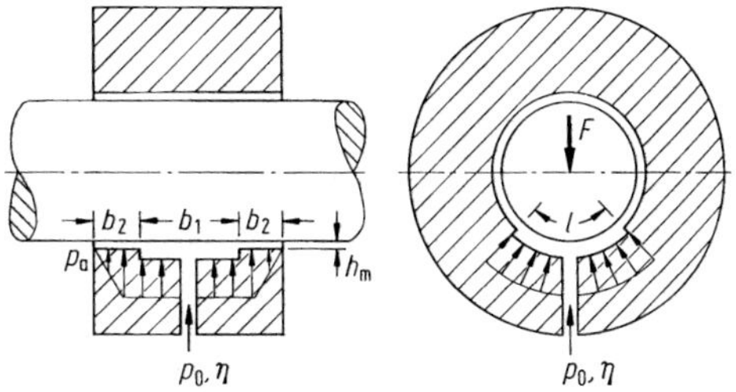

Bild 4-32. Hydrostatisches Wirkprinzip. p_0 Öldruck (Quellendruck), p_a Außendruck, η dynamische Viskosität des Öls

4.4.5 Magnetische Lagerungen und -führungen

Wirkprinzip (Bild 4-34):

Berührungsfreies Getrennthalten mit Luftspalt zweier relativ zueinander bewegter Körper durch magnetische Kräfte, die durch Elektromagnete erzeugt und mittels Stellungssensoren geregelt werden.

Strukturelle Merkmale:

Abmessungen, Anordnung und Stärke der Magnetfelder.
Luftspalte.
Ferromagnetische Werkstoffe.
Relativgeschwindigkeit.
Fangsystem für An- und Abfahren sowie Störfälle.

Bauformen (Bild 4-35):

Radial- und Axiallager, letztere auch als Längsführungen [55].

4.4.6 Allgemeine Anwendungsrichtlinien

Wälzlagerungen vorzugsweise

- als kostengünstiges, handelsübliches Einbaulager,
- für niedrige Anlaufreibung und niedrige Drehzahlen,

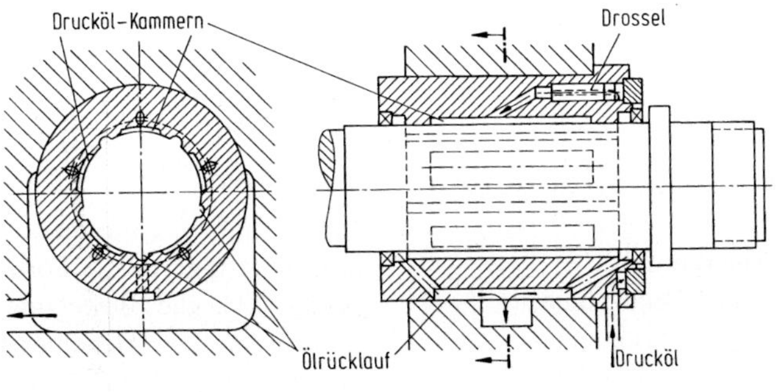

Bild 4-33. Bauform eines hydrostatischen Lagers

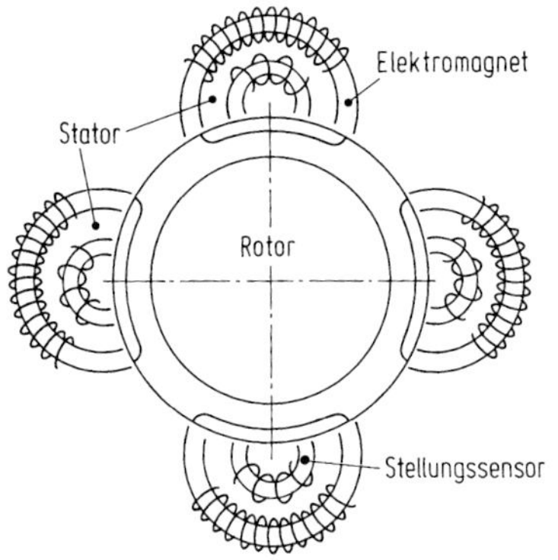

Bild 4-34. Wirkprinzip eines Magnetlagers [55]

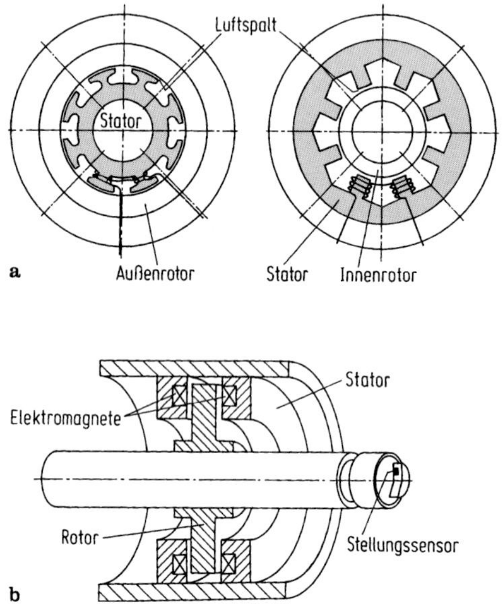

Bild 4-35. Bauformen von Magnetlagern [55]. **a** Radiallager, **b** Axiallager

- für genaue, spielfreie Präzisionslagerungen,
- zur einfachen Aufnahme von kombinierten Lagerbelastungen,
- für einfache Fettschmierung.

Hydrodynamische Gleitlagerungen vorzugsweise

- für verschleißfreien Dauerbetrieb,
- bei hohen Belastungen und Drehzahlen,
- zur Aufnahme stoßartiger Belastungen,
- als montagegünstiges geteiltes Lager,
- zur Anpassung an spezielle Einbaubedingungen,
- für große und größte Abmessungen.

Hydrostatische Gleitlagerungen vorzugsweise

- für verschleißfreie Präzisionslagerungen,
- für verschleißfreie Lager bei niedrigen Drehzahlen.

Magnetische Lagerungen vorzugsweise

- für berührungslosen, verschleißfreien Betrieb,
- für hohe Relativgeschwindigkeiten bei mittleren Belastungen,
- für einstellbare Steifigkeit und Dämpfung,
- für einstellbaren Luftspalt.

4.5 Mechanische Getriebe

4.5.1 Funktionen und generelle Wirkungen

Funktionen:

Übertragen von Leistungen $P = M_t \cdot \omega$ (Drehbewegung) oder $P = F \cdot v$ (Schubbewegung) bei Änderung von M_t bzw. F und Geschwindigkeiten:

- Vergrößern oder Verkleinern (Ändern) der Eingangsgrößen $M_t, \omega(n)$ bei gleichbleibender Bewegungsart (gleichförmig übersetzende Getriebe) ohne oder mit Richtungswechsel.
- Wandeln der Bewegungsart (ungleichförmig übersetzende Getriebe).

Beim Übertragen von Drehbewegungen:
Übersetzung $i = \omega_a/\omega_b = i_{a/2} \cdot i_{2/3} \ldots i_{j/b}$

$|i| > 1$ Übersetzung ins Langsame
$|i| < 1$ Übersetzung ins Schnelle

Bei Änderung des Drehsinns von Antrieb (a) und Abtrieb (b) wird i negativ.

Wirkungen:

Die Kraftübertragung an den beteiligten Wirkflächenpaaren erfolgt durch Form- und/oder Reibschluss (siehe 4.1), die Bewegungsänderung durch Wirksamwerden des Hebelgesetzes und kinematischer Gesetze (siehe E 1).

4.5.2 Zahnradgetriebe

Wirkprinzip (Bild 4-36):

Bedingt durch die am Berührungspunkt der Wälzkreise erforderliche gleiche Umfangsgeschwindigkeit ergibt sich:

$$v_1 = (d_1/2) \cdot \omega_1 = v_2 = (d_2/2) \cdot \omega_2$$

$$\rightarrow \frac{\omega_1}{\omega_2} = \frac{n_1}{n_2} = \frac{d_2}{d_1} \, .$$

Mit Teilkreisdurchmesser

$$d = m \cdot z \rightarrow \frac{\omega_1}{\omega_2} = \frac{d_2}{d_1} = \frac{z_2}{z_1} \, .$$

Ohne Berücksichtigung von Verlusten ergibt sich entsprechend:

$$P_1 = M_{t_1} \cdot \omega_1 = P_2 = M_{t_2} \cdot \omega_2 \rightarrow \frac{\omega_1}{\omega_2} = \frac{M_{t_2}}{M_{t_1}} \, .$$

Die durch die Tangentialkräfte an den Zahnflanken hervorgerufenen Zahnnormalkräfte belasten die Zähne durch Flächenpressung (Wälzpressung) und Biegung, ferner die Lagerungen der Zahnradwellen.

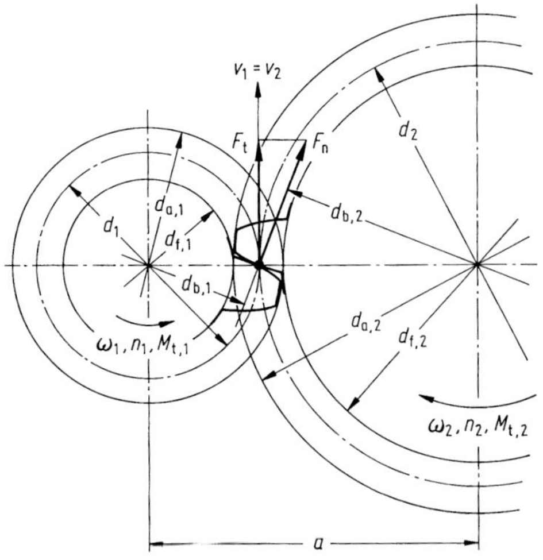

Bild 4-36. Kenngrößen einer Stirnradstufe mit Evolventenverzahnung als Getriebegrundtyp. z Zähnezahl, m Modul = Zahnteilung/π, ω Winkelgeschwindigkeit, F_t Tangentialkraft = $2M_t/d$, F_n Zahnnormalkraft, d_1, d_2 Teilkreis-Ø, $d_{b,1}, d_{b,2}$ Bezugskreis-Ø, $d_{a,1}, d_{a,2}$ Außenkreis-Ø, $d_{f,1}, d_{f,2}$ Fußkreis-Ø

Strukturelle Merkmale:

Lage der Verzahnung zur Wellenachse: Gerad-, Schräg-, Pfeil-, Doppelschrägverzahnung.

Lage der Wellenachsen zueinander: Parallel (Stirnräder als Außenradpaar oder Innenradpaar), sich schneidend (Kegelräder), sich kreuzend (Schraubenradpaar, Schneckenradsatz).

Lage der Verzahnung zum Radkranz: Außen- oder Innenverzahnung.

Zahnflankenform: Evolventen- ohne oder mit Profilverschiebung, Zykloiden-, Kreisbogen-, Triebstock- und Sonderverzahnungen.

Bewegungsmöglichkeiten der An- und Abtriebswellen und des Gehäuses: Übersetzungsgetriebe mit stillstehendem Gehäuse, Umlaufgetriebe (Planetengetriebe) mit drehbar gelagertem Gehäuse und mit diesem verbundener zusätzlicher Welle (Standgetriebe mit festen Achsen, Überlagerungsgetriebe als Differenzial- oder Summiergetriebe, Zweiwellengetriebe mit umlaufendem Steg).

Übersetzung: Konstant oder stufenweise veränderlich (Schaltgetriebe).

Zahnradwerkstoffe und Oberflächenbehandlungen.

Fertigungsverfahren und Toleranzen (Verzahnungsqualitäten).

Schmierungs- und Kühlungsarten.

Leistungs- und Geschwindigkeitsbereiche.

Gehäusegestaltung (Bauarten).

Bauformen (Bild 4-37):

Getriebe mit fester Übersetzung, Umlaufgetriebe, schaltbare Getriebe [1, 43, 44, 58, 90, 94].

4.5.3 Kettengetriebe

Wirkprinzip (Bild 4-38):

Kraftübertragung zwischen Kettenrad und Kette formschlüssig mit überlagertem Reibschluss oder nur reibschlüssig. Übersetzung abhängig von Durchmesser- und Zähnezahlverhältnis der Kettenräder wie bei Zahnradgetrieben.

Beanspruchungsverhältnisse ähnlich Zahnrädern.

Strukturelle Merkmale:

Kettenart: Antriebsketten, Last- und Förderketten.

Kettenanordnung.

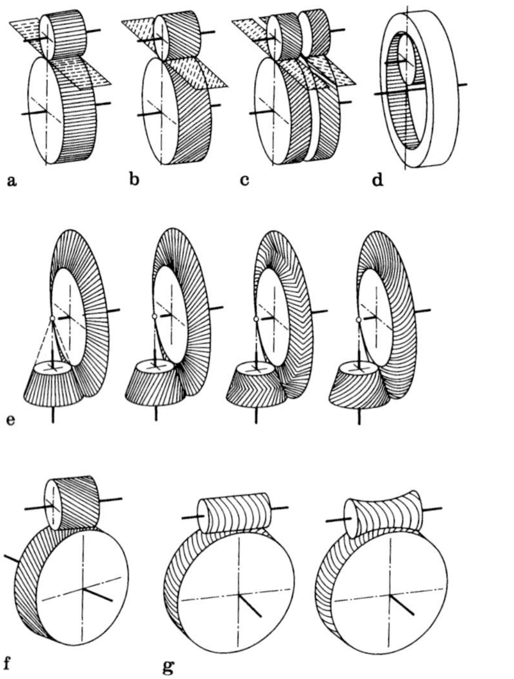

Bild 4-37. Bauformen von Zahnradgetrieben (Auswahl). Stirnrad-Außenradpaar mit **a** Geradverzahnung, **b** Schrägverzahnung, **c** Doppelschrägverzahnung, **d** Stirnrad-Innenradpaar, **e** Kegelradpaar mit Gerad-, Schräg-, Pfeil- und Bogenverzahnung, **f** Stirnschraubradpaar, **g** Schneckenradsätze

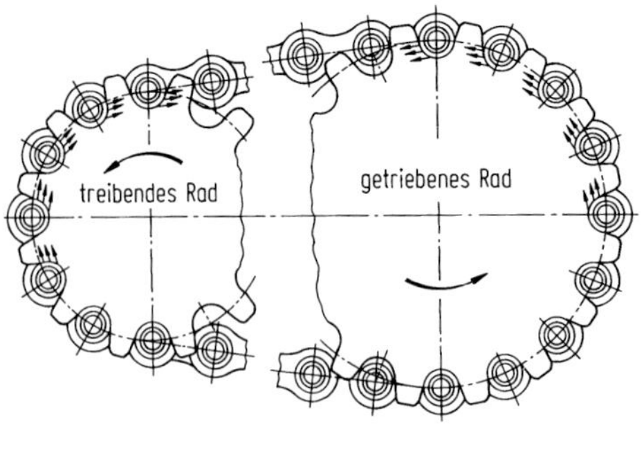

Bild 4-38. Wirkprinzip eines Kettengetriebes

Feste und veränderbare Übersetzung (in Stufen, stufenlos).
Anzahl der Kettenräder (treibend, getrieben, Leiträder).
Zahnform der Kettenräder.
Werkstoffe für Räder und Ketten.
Schmierungs- und Staubschutzarten.

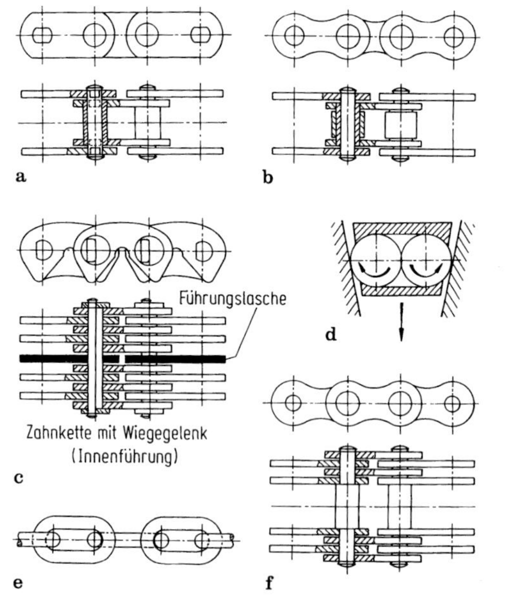

Bild 4-39. Bauformen von Kettengetrieben (Auswahl). Antriebsketten: **a** Buchsenkette, **b** Rollenkette, **c** Zahnkette, **d** kraftschlüssige Rollenkette; Last- und Förderketten: **e** Rundstahlkette, **f** Gallkette

Bauformen (Bild 4-39):
Offene und geschlossene Antriebskettengetriebe, Stell- und Regelkettengetriebe, Last- und Förderketten [1, 43].

4.5.4 Riemengetriebe

Wirkprinzip (Bild 4-40):

Kraftübertragung zwischen Riemenscheiben und Riemen rein reibschlüssig oder mit zusätzlichem Formschluss. Übersetzung abhängig vom Durchmesserver-

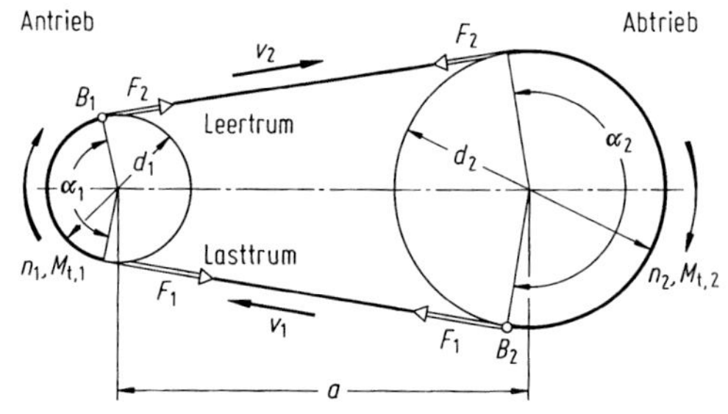

Bild 4-40. Wirkprinzip eines Riemengetriebes

hältnis der Riemenscheiben. Grundgleichung für Umschlingungsgetriebe nach Eytelwein (siehe E 2.5.2):

$$F_1 = F_2 \cdot e^{\mu\alpha} .$$

$$\text{Nutzlast: } F_t = F_1 - F_2 .$$

Erforderliche Vorspannung: $F_v \geqq 0{,}5\,(F_1 + F_2) + F_F$ je Riementrum.

Beanspruchung im Riemen durch Riemenkräfte (Trumkräfte), Fliehkräfte, Riemenbiegung, Riemenschränkung.

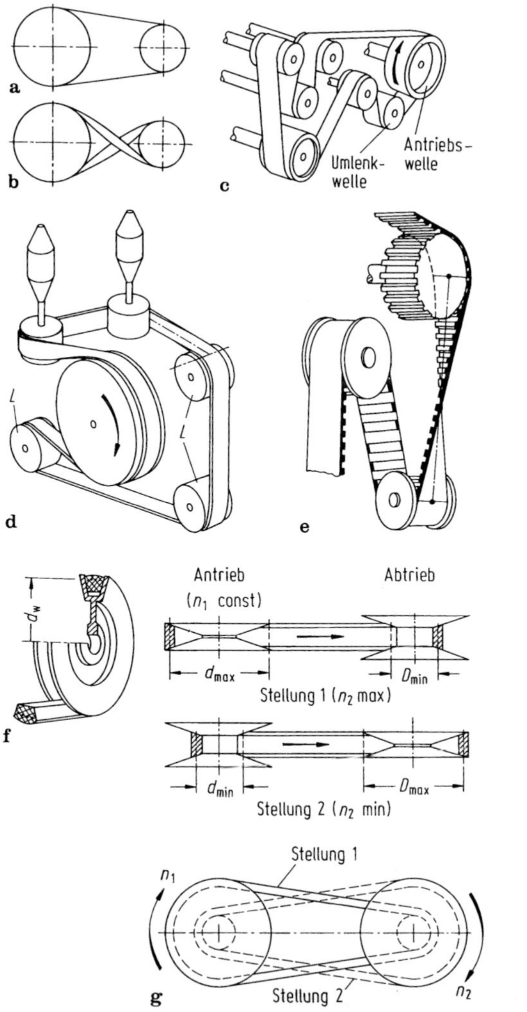

Bild 4-41. Bauformen von Riemengetrieben (Auswahl). **a** Offen, **b** gekreuzt, **c** Vielwellenantrieb, **d** räumliches Getriebe, **e** Zahnriemen, **f** Keilriemen, **g** Keilriemen-Verstellgetriebe

Strukturelle Merkmale:

Riemenart: Flach-, Keil-, Rund-, Zahnriemen.
Form der Riemenscheiben.
Riemenführung, Lage der Wellenachsen.
Art der Vorspannung (fest, Spannrolle, Selbstspannung).
Feste und veränderbare Übersetzung (in Stufen, stufenlos).
Werkstoffe und Aufbau der Riemen.
Art und Höhe des Schlupfes.

Bauformen (Bild 4-41):

Flachriemen-, Keilriemen-, Zahnriemen-, Verstellgetriebe [1, 43, 92].

4.5.5 Reibradgetriebe

Wirkprinzip (Bild 4-42):

Kraftübertragung zwischen Wirkflächenpaaren der Räder und gegebenenfalls Wälzkörper durch Wälzreibung. Übersetzung abhängig vom Durchmesserverhältnis der Räder bzw. wirksamen Radius der Berührungsstellen der Wälzkörper.

Beanspruchung an der Berührungsfläche durch Hertz'sche Pressung (siehe E 5.11.4).

Übertragbare Umfangskraft: $F_t = \mu \cdot F_n / S_R$.
S_R = Sicherheit gegen Rutschen

Strukturelle Merkmale:

Reibradform: Zylinder, Planscheiben, Kegel, Doppelkegel, Kugelkalotten, Kugeln, Torusflächen.

Aufbringen der Anpresskraft: Gewicht, Federkraft, elastische Vorspannung, Keilwirkung, Achskraft, Selbstspannung.

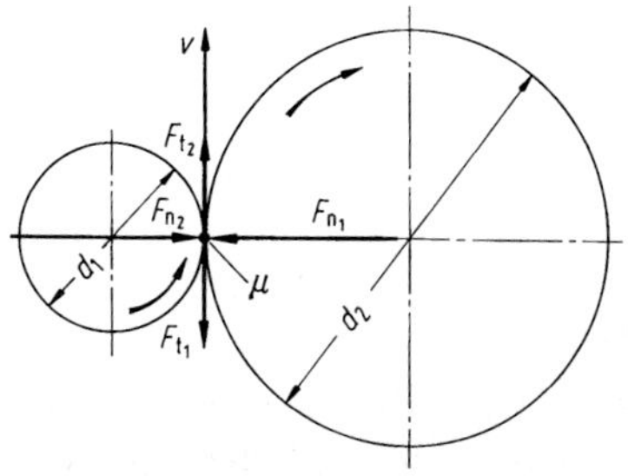

Bild 4-42. Wirkprinzip eines Reibradgetriebes. μ Reibungszahl, F_t übertragbare Umfangskraft, F_n aufgezwungene Normalkraft

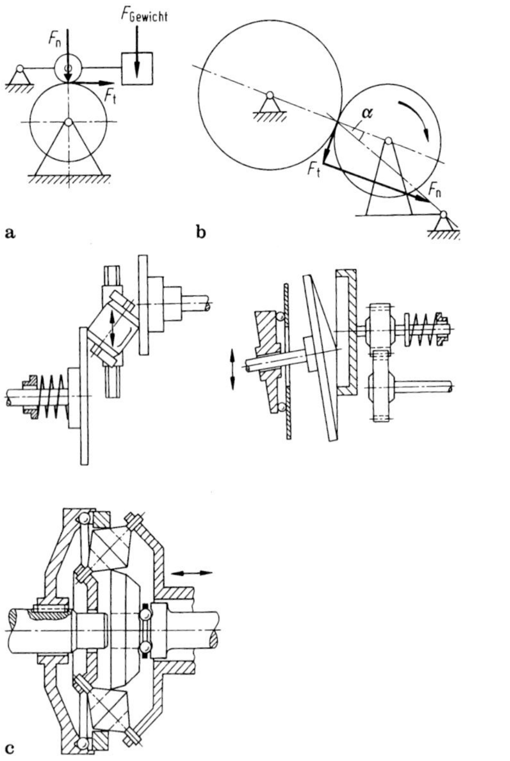

Bild 4-43. Bauformen von Reibradgetrieben (Auswahl). **a** konstante Anpresskraft durch Gewicht oder Feder **b** drehmomentabhängige Anpresskraft durch Keilwirkung, **c** einstellbare Wälzgetriebe

Feste und veränderbare Übersetzung.
Lage der Wellenachsen: Parallel, sich schneidend.
Reibradwerkstoffe (Gummi/Metall, Metall/Metall).
Betriebsart: Trocken oder ölgeschmiert.
Art und Höhe des Schlupfes.

Bauformen (Bild 4-43):

Reibradgetriebe mit konstanter und stufenlos einstellbarer Übersetzung (Wälzgetriebe) [1, 43, 45, 69].

4.5.6 Kurbel-(Gelenk-) und Kurvengetriebe

Wirkprinzip (Bild 4-44):

Grundtyp dieser Getriebeart zum Wandeln von Bewegungen und Energien ist das Gelenkviereck mit 4 Gliedern und 4 Drehgelenken. Getriebevarianten entstehen durch Ersetzen von Drehgelenken durch Schubgelenke, durch Erhöhung der Anzahl der Glieder, durch Festlegen unterschiedlicher Glieder als Gestell und durch Ersatz eines Gliedes durch eine Kurvenscheibe.

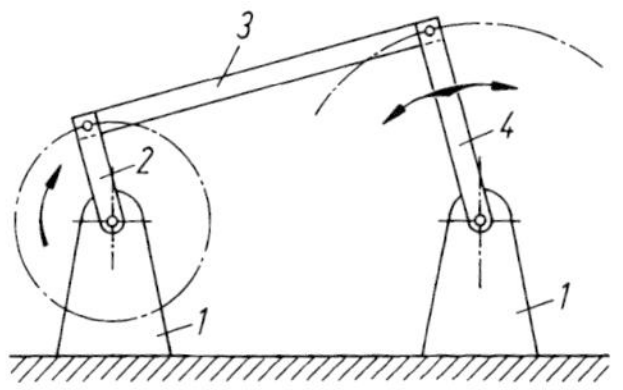

Bild 4-44. Wirkprinzip eines Gelenkvierecks als Grundtyp mechanischer Kurbel- und Kurvengetriebe. *1* Gestell, *2* Kurbel, *3* Koppel, *4* Schwinge

Bewegungsabläufe von Antrieb und Abtrieb sind abhängig von der Getriebeart, den Abmessungen und der Lage der Getriebeglieder sowie der Ausführung der Getriebegelenke bzw. Kurvenscheiben.
Bewegungsgesetze und Beanspruchungen von Gliedern und Gelenken sind mit den generellen Zusammenhängen der Kinematik (siehe E 1.6) und Kinetik (siehe E 3) bestimmbar.

Strukturelle Merkmale:

Anzahl der Glieder: Viergliedrig, mehrgliedrig.
Gelenkart: Drehgelenke, Schubgelenke.
Lage der Dreh- und Schubgelenke zueinander in der Ebene und im Raum.
Durchlauffähigkeit mit unterschiedlicher Verteilung von Umlauf- und Schwinggelenken.
Lage des festgelegten Gestellgliedes.
Zuordnung von An- und Abtrieb.
Form der Kurvenscheibe mit vollumrollter oder teilberollter Kurve.
Werkstoffe und Gestaltungsdetails.

Bauformen (Bild 4-45):

Kurbel-(Gelenk-)Getriebe: Kurbelschwinge, Schubkurbel, Kurbelschleife, Schubschwinge, Schubkurbel, Kreuzschubkurbel, Doppelschleife und -schieber. Kurvengetriebe, Sondergetriebe [1, 46, 47, 70, 91, 95].

4.5.7 Allgemeine Anwendungsrichtlinien

Zahnradgetriebe vorzugsweise

– für hohe und höchste Leistungen, Drehmomente und Drehzahlen,

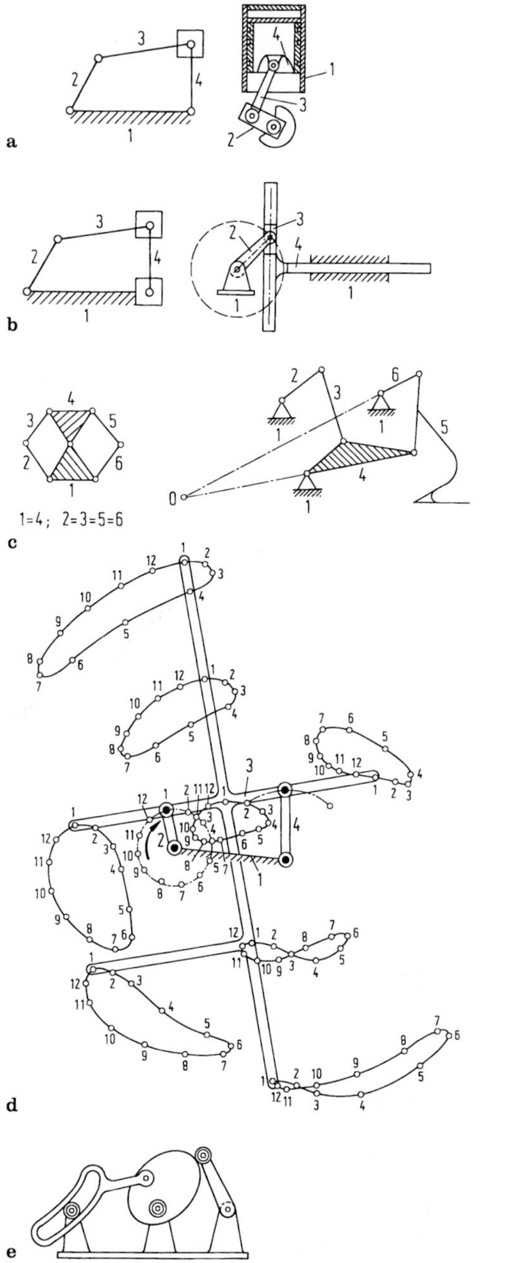

Bild 4-45. Bauformen von Kurbel- und Kurvengetriebe (Auswahl). **a** Schubkurbel, **b** Kreuzschubkurbel, **c** Sechsgliedriges Getriebe, **d** Kurbelschwinge mit Koppelkurven, **e** Kurvengetriebe

- für synchrone Drehbewegungsübertragung hoher Laufgüte,
- für hohe Stückzahlen,
- für Schaltgetriebe (Fahrzeuggetriebe),
- für Baukasten- und Baureihentechnik,
- für mittlere Übersetzungen und Abstände von An- und Abtriebswellen.

Kettengetriebe vorzugsweise

- für mittlere Leistungen, Drehmomente und Drehzahlen,
- für mittelgroße, grob tolerierte Achsabstände,
- für synchrone Drehbewegungsübertragung mit Mehrfachabtrieben beiderseitig der Kette,
- für kostengünstige, gut zugängliche und robuste Antriebssysteme.

Riemengetriebe vorzugsweise

- für kleine und mittlere Leistungen, Drehmomente und Drehzahlen,
- zur Überbrückung großer, grob tolerierter Achsabstände,
- für große Freiheiten hinsichtlich Drehsinn und Lage von An- und Abtriebswellen sowie Mehrfachabgriff,
- zur Überlastsicherung durch Rutschen,
- für Stoß und geräuscharmen Betrieb,
- für einfache, kostengünstige, ungeschmierte Antriebssysteme mit leichter Austauschbarkeit des Riemens,
- für stufenlose Übersetzungsänderung.

Reibradgetriebe vorzugsweise

- für kleine Leistungen, Drehmomente und Drehzahlen,
- für kleine Achsabstände und platzsparende Anordnungen,
- für einfache, kostengünstige Antriebssysteme,
- zur Überlastsicherung durch Rutschen,
- zum einfachen Ändern und Schalten der Antriebsbewegungen,
- auch für trockenlaufende Antriebssysteme.

Kurbel- und Kurvengetriebe vorzugsweise

- zur Wandlung von gleichförmigen Antriebsbewegungen in ungleichförmige Abtriebsbewegungen und umgekehrt,
- zur Realisierung spezieller Bewegungsgesetze,
- zur eindeutigen Zuordnung von An- und Abtriebsbewegungen hoher Laufgüte.

4.6 Hydraulische Getriebe

4.6.1 Funktionen und generelle Wirkungen

Funktionen:

Analog denen mechanischer Getriebe.

Wirkungen:

Die Leistungskopplung zwischen An- und Abtrieb erfolgt durch ein inkompressibles Fluid (Hydrauliköl, siehe D 7.2) unter Ausnutzung von Druckenergie (hydrostatische Getriebe) oder Geschwindigkeitsenergie (hydrodynamische Getriebe).

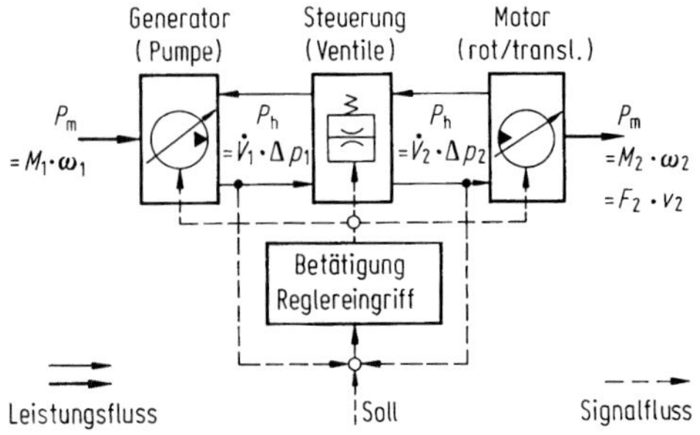

Bild 4-46. Wirkprinzip eines Hydrogetriebes (Hydrostatisches Getriebe) (Leistungsangaben ohne Wirkungsgrade) nach [61]

4.6.2 Hydrostatische Getriebe (Hydrogetriebe)

Wirkprinzip (Bild 4-46):

Mit einer Verdrängerpumpe wird ein Förderstrom

$$\dot{V}_1 = n_1 \cdot V_1 \cdot \eta_{1,v} = (\omega_1/2\pi) \cdot V_1 \cdot \eta_{1,v}$$

eines Fluids erzeugt, der über Rohrleitungen zu einem Verdrängermotor geleitet wird, der diesen als Schluckstrom $\dot{V}_2 = n_2 \cdot V_2/\eta_{2,v}$ aufnimmt.
Das Pumpen-Drehmoment ergibt sich zu:

$$M_{t,1} = \frac{\Delta p_1 \cdot \dot{V}_1}{\omega_1 \cdot \eta_{1,hm} \cdot \eta_{1,v}} .$$

Das Motor-Drehmoment ergibt sich zu:

$$M_{t,2} = \frac{\Delta p_2 \cdot \dot{V}_2}{\omega_2} \cdot \eta_{2,hm} \cdot \eta_{2,v}$$

Die Antriebsleistung ergibt sich zu:

$$P_{an} = \frac{\Delta p_1 \cdot \dot{V}_1}{\eta_{1,hm} \cdot \eta_{1,v}} .$$

Die Abtriebsleistung ergibt sich zu:

$$P_{ab} = \Delta p_2 \cdot \dot{V}_2 \cdot \eta_{2,hm} \cdot \eta_{2,v}$$

Drehzahlverhältnis (Übersetzung):

$$i_n = \frac{n_a}{n_b} = \frac{\dot{V}_1}{\dot{V}_2} \cdot \frac{V_2}{V_1} \cdot \frac{1}{\eta_{1,v} \cdot \eta_{2,v}} .$$

Hierin sind: V_1 and V_2 Verdrängervolumina von Pumpe und Motor, $\dot{V}_1$ und $\dot{V}_2$ Förderstrom der Pumpe bzw. Schluckstrom des Motors, $n_1, \omega_1, n_2, \omega_2$ Drehzahlen bzw. Winkelgeschwindigkeiten von Pumpe und Motor, Δp_1 und Δp_2 die Druckdifferenz zwischen Saug- und Druckseite bei Pumpe und Motor, $\eta_{1,v}$ und $\eta_{2,v}$ volumetrische Wirkungsgrade, $\eta_{1,hm}$ und $\eta_{2,hm}$ hydraulisch-mechanische Wirkungsgrade.
Bei Hubverdrängermaschinen sind die Leistungs- und Energiegrößen für Hubbewegungen anzusetzen ($F \mathrel{\hat{=}} M_t, v \mathrel{\hat{=}} \omega, P = F \cdot v$).

Strukturelle Merkmale:

Bauformen der Verdrängereinheiten.
Verstellung (Änderung) der Verdrängervolumina.
Regelung: Pumpen-, Motor-, Verbund- und Drosselregelung (letztere im Haupt- oder Nebenstrom).
Systemaufbau: Eigen- und fremdbetätigte Systeme, offene und geschlossene Stromkreise.
Art von Antriebs- und Abtriebsbewegung: Drehend, Hubbewegung.

Bauformen (Bild 4-47):
Hydropumpen, Hydromotoren, Hydroventile, Hydrokreise, Hydrogetriebe [1, 48, 49].

4.6.3 Hydrodynamische Getriebe (Föttinger-Getriebe)

Wirkprinzip (Bild 4-48):

Die hydrodynamische Leistungsübertragung erfolgt mit einer Kreiselpumpe (P) und einer Flüssigkeitsturbine (T) in einem gemeinsamen Gehäuse, wobei ein zwischengeschaltetes, mit dem Gehäuse verbundenes Leitrad (Reaktionsglied R) ein Differenzmoment zwischen Pumpe und Turbine aufnehmen kann.

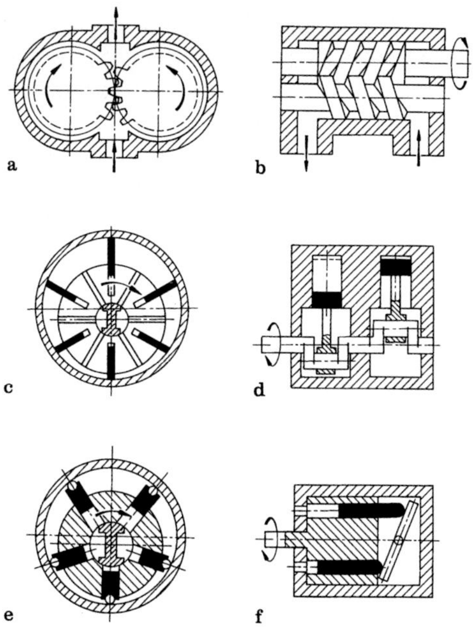

Bild 4-47. Bauformen von Verdrängereinheiten für Hydrogetriebe (Auswahl) [61]. **a** Zahnradpumpe, **b** Schraubenpumpe, **c** Flügelzellenpumpe, **d** Reihenkolbenpumpe, **e** Radialkolbenpumpe, **f** Axialkolbenpumpe

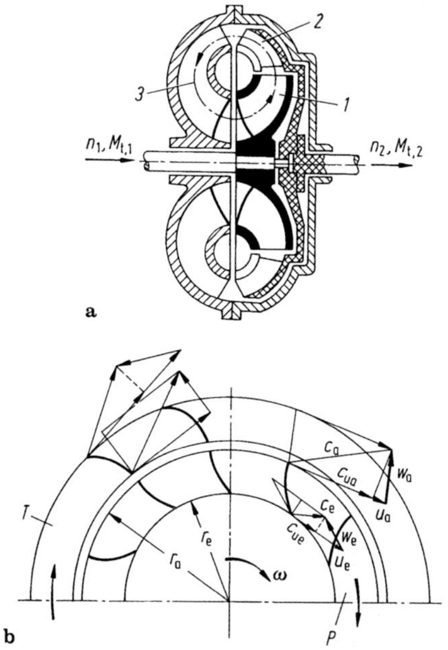

Bild 4-48. Wirkprinzip eines hydrodynamischen Getriebes. *1* Pumpe (P), *2* Turbine (T), *3* Leitrad (Reaktionsglied R). **a** prinzipieller Aufbau, **b** Geschwindigkeiten (*c* absolute Geschwindigkeiten, *w* relative Geschwindigkeiten)

Leistungsübertragung erfolgt nach der Euler'schen Turbinengleichung (Impulssatz, siehe E 8.5):

Hydraulische Leistung

$$P_h = \dot{V} \cdot \varrho \cdot \omega (c_{ua} \cdot r_a - c_{ue} \cdot r_e)$$
$$= \dot{m} \cdot \omega \cdot \Delta c_u \cdot r \, .$$

Strukturelle Merkmale:

Schaufelformen des Pumpen-, Turbinen- und Leitrades: Gerade (drehrichtungsunabhängig), gekrümmt (bessere Wirkungsgrade).

Verstellmöglichkeit der Leitradschaufeln zur Anpassung an Antriebs- und Abtriebsmaschinen-Kennlinien.

Schaltungen als mehrphasige Wandler und/oder mit Föttinger-Kupplungen, letztere mit Füllungssteuerung (Regel- und Schaltkupplung).

Bauformen (Bild 4-49):

Föttinger-Wandler [1, 31–33].

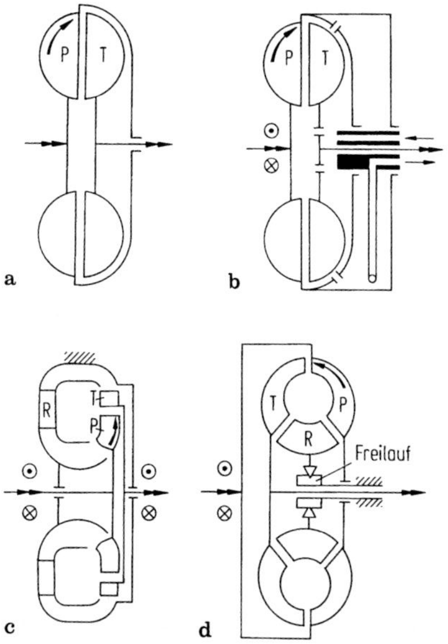

Bild 4-49. Bauformen von Föttinger-Getrieben (Auswahl) [62]. **a** Föttinger-Kupplung (nicht verstellbar), **b** Föttinger-Kupplung zur stufenlosen Drehzahlanpassung, **c** einphasiger, einstufiger Föttinger-Wandler zur stufenlosen Drehzahlanpassung und Drehmomentwandlung, **d** mehrphasiger Föttinger-Wandler

4.6.4 Allgemeine Anwendungsrichtlinien

Hydrostatische Getriebe vorzugsweise

- zur Übertragung großer Leistungen und Kräfte mit einfachen und betriebssicheren Komponenten bei kleiner Baugröße,
- zur flexiblen Anordnung von Antrieb und Abtrieb und bei größeren Abständen,
- zum einfachen Mehrfachabtrieb bei nur einer Antriebseinheit,
- zur einfachen, feinfühlig stufenlosen Drehzahl- und Drehmomentänderung mit großem Stellbereich,
- zur einfachen Wandlung von drehender in Hubbewegung und umgekehrt,
- für hohe Schaltgeschwindigkeiten,
- als kostengünstiges Getriebe mit handelsüblichen Bauelementen.

Hydrodynamische Getriebe vorzugsweise

- als Anfahrgetriebe,
- zur verschleißfreien, schwingungstrennenden Leistungsübertragung,
- für große und größte Leistungen,
- als automatisches Kraftfahrzeuggetriebe in Kombination mit Planetengetrieben.

4.7 Elemente zur Führung von Fluiden

4.7.1 Funktionen und generelle Wirkungen

Funktionen:

Führen eines Fluids auf definierten Wegen mit geringen Strömungs- und Leckverlusten, gegebenenfalls unter Verändern sowie zeitweisem Sperren des Fluidstromes.

Wirkungen:

Die Strömung von Flüssigkeiten (inkompressiblen Fluiden) erfolgt nach den Gesetzen der Hydrodynamik (siehe E 8), die von Gasen (kompressiblen Fluiden) nach den Gesetzen der Gasdynamik (siehe E 9). Kennzeichnend sind der Strömungszustand (laminar, turbulent; Kenngröße: Reynolds-Zahl $Re = v \cdot d/\nu$), die Rohrreibung, die Strömungsverluste in Rohrelementen, Rohrschaltern und sonstigen Einbauten sowie die mechanischen und thermischen Rückwirkungen des Strömungssystems auf das Rohrnetz (Verbindungen) und die Umgebung (Halterungen).

4.7.2 Rohre

Wirkprinzip (Bild 4-50):

Die Strömungsenergie (Gefälle- und/oder thermische Eigenenergie, Expansion bei Gasen, Fremdenergie durch Pumpen und Gebläse) gleicht die Strömungsverluste (sieheE 8.4) aus und erzeugt einen Volumenstrom mit gewünschter Geschwindigkeit und gewünschtem Druck. Mechanische Beanspruchungen durch Rohrkräfte und thermische Belastungen von Rohrleitungen und Rohrverbindungen sowie Zusatzforderungen, z. B. hinsichtlich Isolation und Korrosionsbeständigkeit, werden mit Mitteln der Mechanik und Werkstofftechnik beherrscht.

Strukturelle Merkmale:

Rohrarten und Abmessungen (Strömungsquerschnitte, Rohrlängen, Rohrwandstärken).
Verlegungs- und Einbauarten (Halterungen, Isolation, Korrosionsschutz).
Rohrverbindungen und Dichtungen.
Werkstoffe (Stahl, Gusseisen, Kupfer, Blei, Kunststoffe, Zement), Normen.

Bauformen (Bild 4-51):

Rohrarten, Verbindungsarten, Werkstoffe, Normen [1, 50–52], Apparateelemente [1, 53].

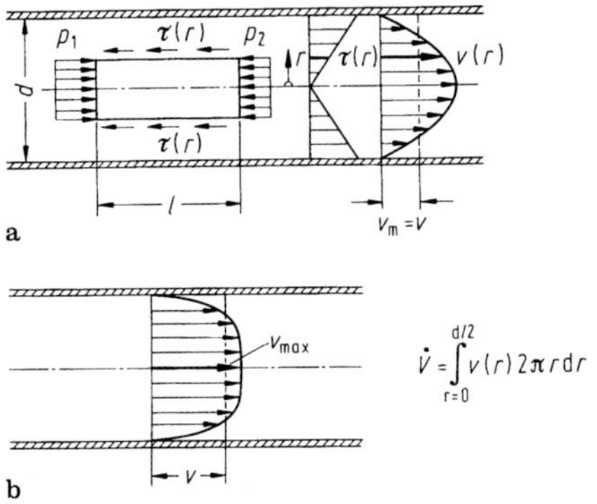

Bild 4-50. Strömungszustände flüssiger und gasförmiger Fluide [63]. **a** laminare, **b** turbulente Strömung

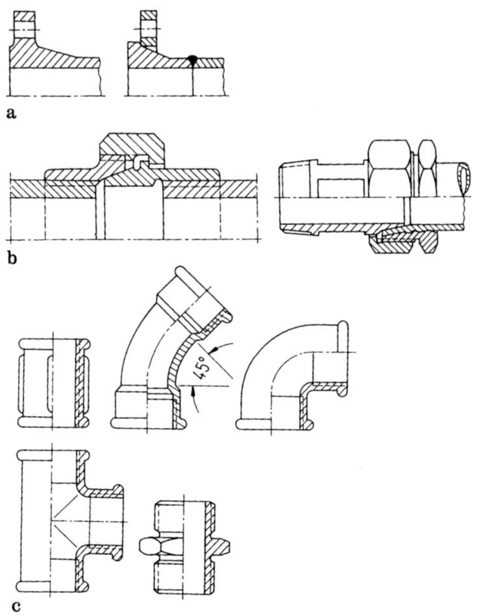

Bild 4-51. Bauformen von Rohrnetz-Komponenten (Auswahl) [64]. **a** Flanschformen, **b** Rohrverbindungen, **c** Rohrfittings

4.7.3 Absperr- und Regelorgane (Armaturen)

Wirkprinzip (Bild 4-52):

Das Absperren einer Fluidströmung erfolgt durch Betätigen eines Absperrorgans (eigen- oder fremdbetätigt), d. h. durch dichtes Unterbrechen des Strömungsweges.
Das Verändern (Steuern, Regeln) des Volumenstromes eines Fluids in Abhängigkeit von Stellgrößen, wie z. B. Druck, Temperatur oder Wasserstand, um einen bestimmten Betriebszustand im Rohrnetz einzustellen, erfolgt durch Verändern des Strömungsquerschnitts mit Erzeugen von Strömungsverlusten.

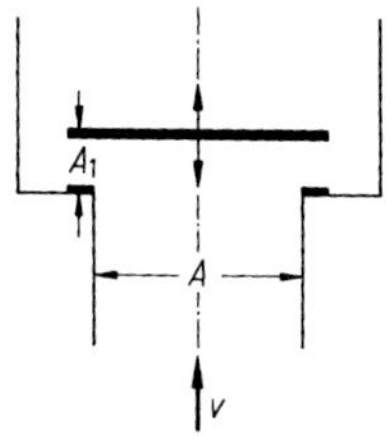

Bild 4-52. Wirkprinzip eines Absperr- und Regelorgans. Widerstandsbeiwert $\zeta = f(A_1/A)$ A_1 kleinster Durchflussquerschnitt, v Strömungsgeschwindigkeit

Strukturelle Merkmale:

Bewegungsrichtung des Drosselorgans (Ventil, Schieber, Klappe, Hahn) zur Strömungsrichtung.
Einbaumerkmale
(Gerad-, Schrägsitz-, Eck-Armaturen).
Steuerkennlinie (Strömungsverluste).
Öffnungs- und Schließzeiten.
Bereiche für Nennweite (DN) und Nenndruck (PN).
Betätigungsart (von Hand, durch hydraulische, pneumatische, elektrische Stellmotoren, durch Strömungskräfte).
Werkstoffe von Armaturengehäusen, Absperrorganen, Dichtungen.

Bauformen (Bild 4-53):

Ventile, Schieber, Klappen, Hähne, Rückschlagventile, Druckminderer, Kondensatableiter [1, 54].
Hydroventile
(Wegeventile, Druckventile, Stromventile) [1].

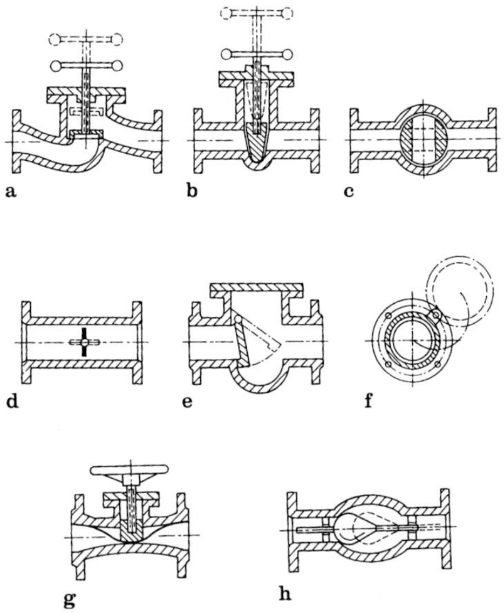

Bild 4-53. Bauformen von Absperrorganen (Auswahl) [64]. **a** Ventil, **b** Schieber, **c** Hahn, **d** Drehklappe im Rohr, **e** Klappe auf Rohrstutzen, **f** einklappbare Scheibe, **g** Ventil mit Membranabschluss, **h** tropfenförmiger Körper im Rohr

4.7.4 Allgemeine Anwendungsrichtlinien

Für Rohre und Rohrverbindungen gibt es eine Vielzahl von Normen, Vorschriften und Katalogen mit Abmessungs-, Werkstoff- und Anwendungsangaben [1].
Für Absperr- und Regelorgane gilt generell:

Ventile vorzugsweise

- als Rückschlagventil, Druckminderventil, Schwimmerventil, Kondensatableiter, Sicherheitsventil, Schnellschlussventil,
- als Geradsitzventil mit guter Bedienbarkeit und Wartung, aber hohem Druckverlust, deshalb auch als Drosselventil geeignet,
- als Schrägsitzventil mit niedrigem Druckverlust, deshalb vor allem als Absperrorgan,
- als Eckventil mit der Zusatzfunktion eines Krümmers.

Schieber vorzugsweise

- für große Nennweiten und hohe Strömungsgeschwindigkeiten,
- für kleine und mittlere Nenndrücke,
- für kleine Baulängen,
- für beide Strömungsrichtungen,
- als Absperrorgan dank geringer Strömungsverluste.

Hähne (Drehschieber) vorzugsweise

- bei geringem Platz und erforderlicher robuster Bauart,
- für rasches Schließen und Umschalten,
- als Absperrorgan dank geringer Strömungsverluste,
- auch für große Nennweiten (Kugelhähne),
- auch als Mehrweghähne mit mehreren Anschlussstutzen.

Klappen vorzugsweise

- als Absperr-, Drossel- und Sicherheitsklappen (Rückschlagklappen),
- für größere Nennweiten dank geringem Platzbedarf, der nicht viel größer als der Rohrquerschnitt ist,
- mit elektromotorischen, hydraulischen oder handbetätigten Verstellantrieben.

4.8 Dichtungen

4.8.1 Funktionen und generelle Wirkungen

Funktionen:

Sperren oder Vermindern von Fluid- oder Partikelströmungen durch Fugen (Spalte) miteinander verbundener Bauteile. Gegebenenfalls zusätzlich:
Übertragen von Kräften und Momenten,
Zentrieren der beteiligten Bauteile,
Aufnehmen von Relativbewegungen der Dichtflächen.

Wirkungen:

Verhindern oder Vermindern von Fluiddurchtritt durch *mechanische Kopplung* der Dichtflächen, *durch Druckabbau* in Spalten und Labyrinthen oder durch *Sperrmedien*.

4.8.2 Berührungsfreie Dichtungen zwischen relativ bewegten Teilen

Wirkprinzip (Bild 4-54):

Berührungsfreie Dichtungen sind dadurch gekennzeichnet, dass im Betriebszustand zwischen ruhender und bewegter Dichtfläche eine bestimmte Spaltweite eingehalten wird. In dem Spalt bzw. den Spaltenden wird das abzudichtende Druckgefälle mittels Flüssigkeitsreibung und/oder Verwirbelung abgebaut, was eine Strömung voraussetzt [38]. Strömungs- oder Drosseldichtungen sind deshalb nie vollständig dicht. Durch eine Sperrflüssigkeit oder durch Sperrfett im Spalt mit interner oder externer Druckerzeugung kann ebenfalls eine Dichtwirkung erzeugt werden.

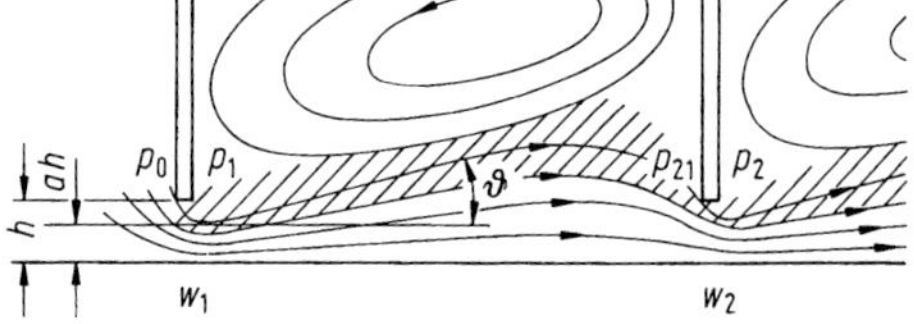

Bild 4-54. Strömungsprofil einer berührungsfreien Spaltdichtung [38]

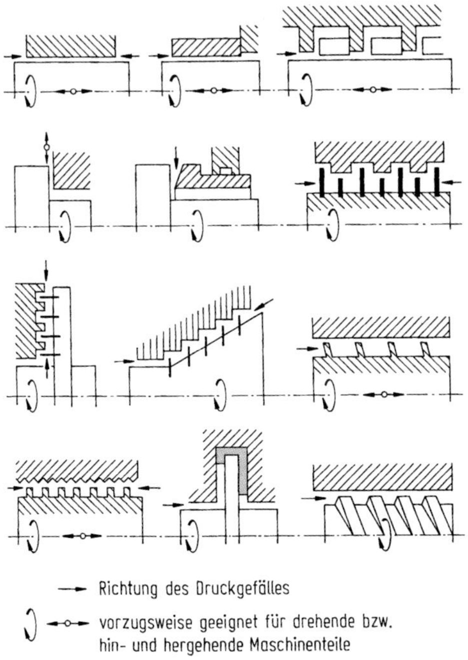

Bild 4-55. Bauformen berührungsfreier Dichtungen [72]

Strukturelle Merkmale:

Anzahl der Spalte: Spalt, Labyrinth.
Lage der Spalte: Axial, radial, schräg.
Spaltweite und -länge.
Ohne und mit Zusatzelementen, z. B. Schwimmringen oder Spaltbuchsen.
Eingesetzte Werkstoffe und Fluide.
Sperrdruckerzeugnisse innerhalb oder außerhalb der Dichtung.

Bauformen (Bild 4-55):

Spaltdichtungen, Labyrinthdichtungen, Labyrinthspaltdichtungen [38, 71, 72].
Dichtungen mit Sperrmedium [73].

4.8.3 Berührungsdichtungen zwischen relativ bewegten Teilen (Dynamische Dichtungen)

Wirkprinzip (Bild 4-56):

Berührungsdichtungen sind durch das Sperren von drei Undichtheitswegen gekennzeichnet; zwischen

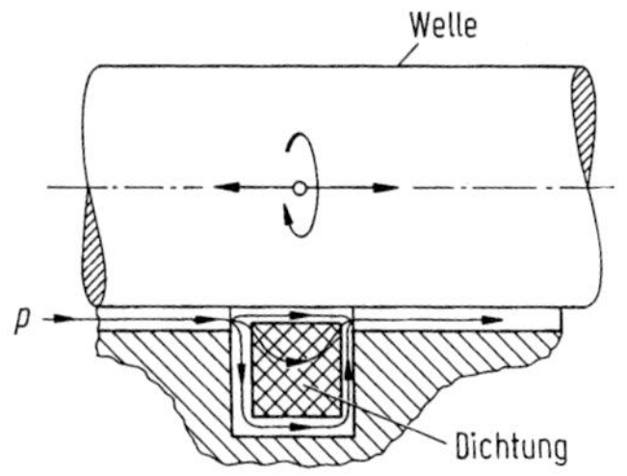

Bild 4-56. Undichtheitswege einer Berührungsdichtung [37, 45]

Welle bzw. Stange und Dichtung, zwischen Dichtung und Gehäuse sowie durch das Dichtungsmaterial. Die Dichtwirkung zwischen den Wirkflächen erfolgt durch mechanische Anpressung ohne oder mit Flüssigkeitsreibung zwischen den bewegten Teilen.

Strukturelle Merkmale:

Bewegungsrichtung: Rotierend, hin- und hergehend.
Lage und Form der Hauptdichtungsfläche: Zylindrische Fläche, Stirnfläche (Gleitringdichtungen).
Art des Dichtungselements: Packung, Ring, Lippen bzw. Manschetten, Formdichtungen.
Anzahl der Dichtungselemente: Einteilig, mehrteilig.
Aufbringen der Dichtkraft: Durch äußere und innere Kräfte.
Dichtungswerkstoff: Weichstoff, Metall-Weichstoff, Metall, Hartstoff.
Reibungsverhältnisse zwischen bewegten Dichtflächen: Trocken-, Misch-, Flüssigkeitsreibung.

Bauformen (Bild 4-57):

Packungsstopfbuchsen [37, 74–77].

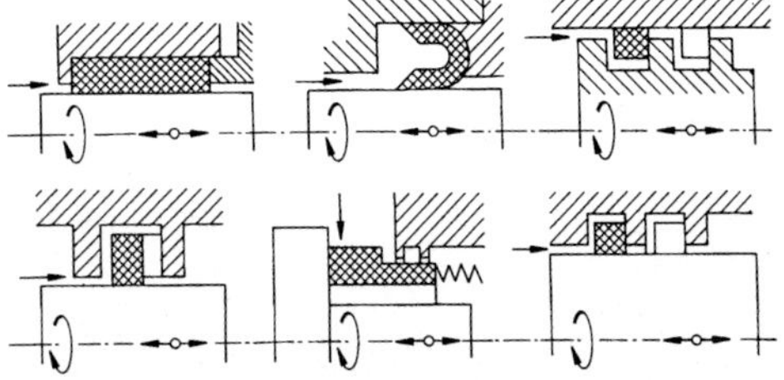

Bild 4-57. Bauformen von Berührungsdichtungen zwischen bewegten Teilen [72]

Wellendichtringe [37, 72, 75, 78, 79].
Gleitringrichtungen [79–83, 86].

4.8.4 Berührungsdichtungen zwischen ruhenden Teilen (Statische Dichtungen)

Wirkprinzip:

Dichtwirkungen entstehen durch lösbares oder unlösbares Verbinden der Bauteile ohne oder mit zwischengeschalteten Dichtungselementen (Zusatzelementen) mittels Stoff-, Reib- oder Formschluss.

Strukturelle Merkmale:

Lösbarkeit: Lösbar, bedingt lösbar, unlösbar.
Art und Form der Dichtungselemente: Flach-, Profil-, Muffendichtung.
Dichtungswerkstoff: Weichstoff, Hartstoff, Metall, Mehrstoff.
Dichtungsverformung: Starr, elastisch, plastisch.
Erzeugung der Dichtwirkung: Stoffschluss, Reibschluss durch Betriebskräfte oder äußere Kräfte, Formschluss, z. B. durch Schneiden.

Bauformen (Bild 4-58):

Unlösbare Dichtungen durch Schweißen, Löten, Kitten [1].
Lösbare Dichtungen: Flachdichtungen, Formdichtungen, stopfbuchsenartige Dichtungen [37, 75, 84, 85].

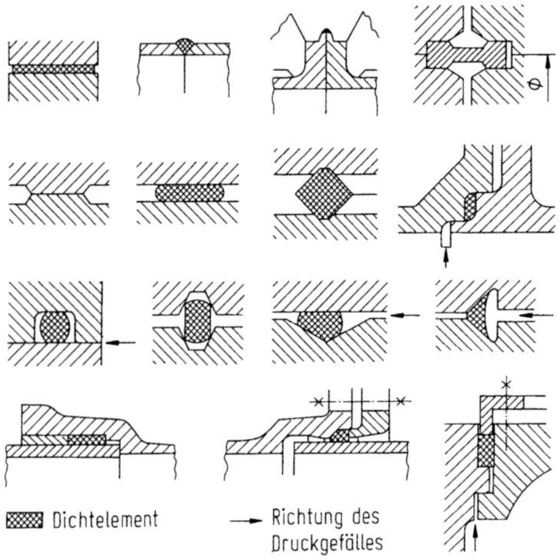

Bild 4-58. Bauformen von Berührungsdichtungen zwischen ruhenden Teilen [37, 72]

4.8.5 Membrandichtungen zwischen relativ bewegten Bauteilen

Wirkprinzip (Bild 4-59):

Verbinden zweier Bauteile mit geringeren Relativbewegungen durch hochelastische Elemente (ebene, Wellrohr- oder Rollmembrane).

Strukturelle Merkmale:

Form, Lage und Werkstoff der Membran.

Bauformen: [72]

4.8.6 Anwendungsrichtlinien

Berührungsfreie Dichtungen vorzugsweise

- bei hohen Relativgeschwindigkeiten der Bauteile mit der Forderung nach Verschleißfreiheit,
- bei Wärmedehnungen,
- bei hohen Druckunterschieden,
- bei nicht allzu hohen Anforderungen an die Dichtheit,
- mit zusätzlichen Fettfüllungen zur Abdichtung gegen Schmutz bei Freiluftaufstellung,
- für Fett- und Ölnebelschmierungen.

Berührungsdichtungen (dynamische Dichtungen) vorzugsweise

- für kleine und mittlere Relativgeschwindigkeiten bzw. -bewegungen der Bauteile,
- als handelsübliche und austauschbare Einbauelemente,
- als Gleitringdichtungen für höchste Anforderungen an Dichtheit und Lebensdauer,
- als Filzringdichtungen (nur für niedrige Relativgeschwindigkeiten),
- als Packungsstopfbuchsen vor allem für hin- und hergehende Bewegungen,

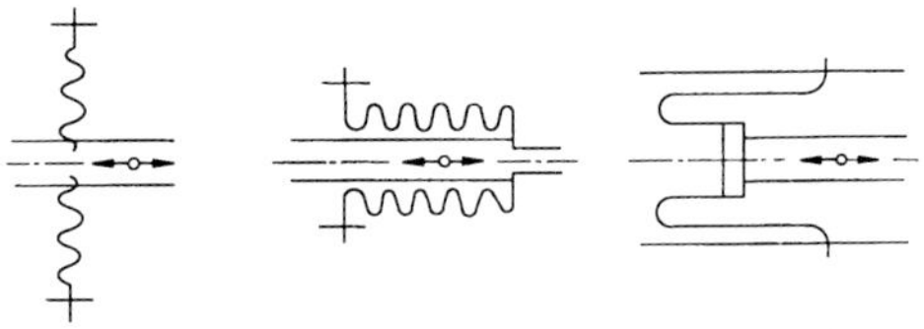

Bild 4-59. Prinzipieller Aufbau von Membrandichtungen [72]

– als Wellendichtringe zur Abdichtung von Medien aller Art (Austreten und Eindringen) bei niedrigen Drücken.

Membrandichtungen vorzugsweise

– bei geringen translatorischen Relativbewegungen,
– bei der Forderung nach absoluter Dichtheit und Verschleißfreiheit bei geringen Reaktionskräften,
– bei aggressiven Medien.

Berührungsdichtungen (statische Dichtungen) vorzugsweise

– für ruhende Dichtflächen mit geringen Wärmedehnungen,
– bei hohen Anforderungen an die Dichtheit,
– als unlösbare Dichtung (Stoffschluss, Pressverbindungen) für höchste Anforderungen an Dichtheit und mechanische Belastbarkeit.

5 Konstruktionsmittel

5.1 Zeichnungen

Die zeichnerische Darstellung von Lösungsideen, prinzipiellen Lösungen oder maßstäblich entworfenen Bauteilen und Baugruppen gehört zu den wichtigsten Aufgaben des Konstrukteurs. Mit der Einführung der grafischen Datenverarbeitung steht ein Arbeitsmittel zur Verfügung, mit dem die Erstellung von Fertigungsunterlagen erfolgt. Es bleibt aber für den Konstrukteur die Notwendigkeit, in allen Konkretisierungsstufen des Entwicklungs- und Konstruktionsprozesses die Zeichnung als Kommunikationsmittel zur Erstellung der Fertigungsunterlagen sowie zur Ordnung und Anregung seiner eigenen Ideen und Lösungsvorschläge einzusetzen. Hierbei ist es von sekundärer Bedeutung, ob die Zeichnung auf dem Papier oder auf dem Bildschirm entsteht. Bei beiden Vorgehensweisen muss der Konstrukteur die wesentlichen Regeln der zeichnerischen Darstellung beherrschen und sie mit räumlichem Vorstellungsvermögen und kreativem Drang einsetzen können.
Für den Erfinder und konzipierenden Konstrukteur ist die Freihandskizze zur Objektivierung seiner Gedanken und als Diskussionsgrundlage im Arbeitsteam die wichtigste Darstellungsform.

In DIN 199 sind die wesentlichen Begriffe des Zeichnungs- und Stücklistenwesens definiert. Danach kann unterschieden werden zwischen:

– Skizzen, die, meist freihändig und/oder grobmaßstäblich, nicht unbedingt an Form und Regeln gebunden sind,
– normgerechten maßstäblichen Zeichnungen,
– Maßbildern,
– Plänen,
– Diagrammen und
– Schema-Zeichnungen.

Hinsichtlich ihres Inhalts wird unterschieden zwischen:

– Gesamt-Zeichnungen als Haupt- oder Zusammenbau-Zeichnungen,
– Gruppen-Zeichnungen,
– Einzelteil-Zeichnungen,
– Anforderungs-Plänen,
– Rohteil-Zeichnungen,
– Modell-Zeichnungen und
– Schema-Zeichnungen.

Für die Anfertigung normgerechter Zeichnungen sei neben DIN ISO 128-30, DIN ISO 128-20, DIN 30, DIN 406, DIN 6771, DIN 6774 und DIN 6789 auf einschlägiges Schrifttum verwiesen [1,2].

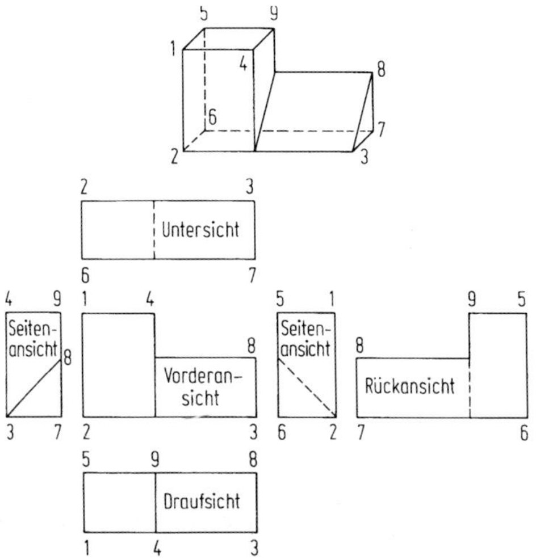

Bild 5-1. Anordnung der Ansichten und Schnitte bei Normalprojektion [3]

Gegenstände sind in Gesamt-Zeichnungen und Gruppen-Zeichnungen in der Gebrauchslage, in Einzelteil-Zeichnungen bevorzugt in der Fertigungslage darzustellen. Dabei werden Ansichten und Schnitte in der Regel in Normalprojektion angeordnet, Bild 5-1. Weitere Projektionsarten siehe A 5.

5.2 Rechnerunterstützte Konstruktion

5.2.1 Grundlagen

Der Einsatz der Datenverarbeitung in der Konstruktion dient der Produktverbesserung sowie zur Senkung des Konstruktions- und Fertigungsaufwands. Die mit dem Rechnereinsatz verbundene Arbeitstechnik des Konstruierens unter Nutzung entsprechender Geräte und Programme wird international als *Computer Aided Design* (*CAD*) bezeichnet. Bei Verknüpfung von Konstruktionsprogrammen mit DV-Systemen für andere technische Aufgaben spricht man von *Computer Aided Engineering* (*CAE*), bei Einbindung in die Datenverarbeitung und -verwaltung eines Gesamtunternehmens von *Computer Integrated Manufacturing* (*CIM*).

Von besonderer Bedeutung für CAD-Systeme ist die *rechnerinterne Darstellung geometrischer Objekte* (*RID*), die aus dem realen Objekt so hervorgeht: Durch Abstraktion entsteht ein mentales Modell, daraus durch Formalisierung ein Informationsmodell und aus diesem schließlich durch Abbildung ein rechnerinternes Modell, Bild 5-2.

5.2.2 Rechnereinsatz in den Konstruktionsphasen

Für die Bearbeitung einzelner Konstruktionsaufgaben bzw. -tätigkeiten sind eine Vielzahl von Einzelprogrammen und Programmsystemen verfügbar [4, 5]. Ein Programmpool zur Unterstützung des Konstrukteurs kann wie folgt gegliedert sein:

- Berechnungsprogramme zur festigkeitsmäßigen, thermischen, verfahrenstechnischen u. dgl. Nachrechnung, Auslegung und Optimierung von Bauteilen und Baustrukturen. Hierzu zählen auch Simulationsprogramme, die die Abhängigkeit von Objektmerkmalen von der Zeit berechnen und darstellen.
- Gestaltungsprogramme, die Geometriedarstellung, Berechnung und Konstruktionsdatenbereitstellung in einem kontinuierlichen Dialogbetrieb integriert ausführen können. Insbesondere muss die Variation (Modellierung) der Geometrie dreidimensional rechnerintern und in der Projektion möglich sein.
- Programme zur bloßen Informationsbereitstellung, z. B. über Lösungsprinzipien, Normteile, Werkstoffe, Zukaufteile, Kostendaten u. dgl. (Datenbanksysteme). Solche Datenbanken werden durch dialogfähige Suchprogramme anwendungsfreundlicher.
- Programme zur reinen Zeichnungserstellung.
- Programme zur Unterlagenerstellung bei Baureihen-, Baukasten- oder Anpassungskonstruktionen, die für eingegebene Aufgabenstellungen durch Kombination von Bausteinen in Form von Bauteilen und Baugruppen sowie durch Parametervariation die Fertigungsunterlagen für das gewünschte Produkt ausgeben.

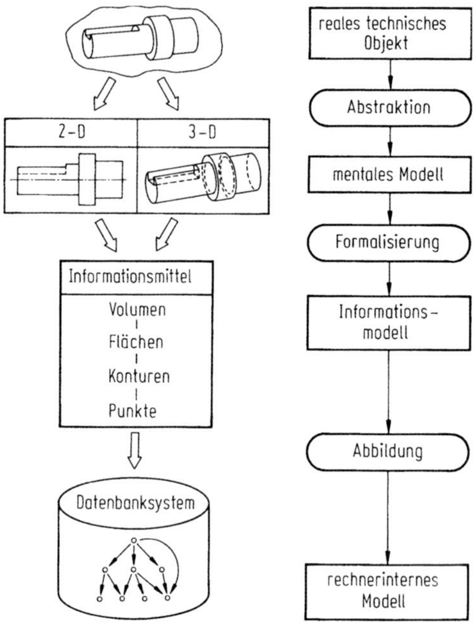

Bild 5-2. Modelle für technische Objekte [5]

Zur Unterstützung der kreativen Konstruktionstätigkeit sind vor allem Programme zur Geometriemodellierung, zur Simulation und zur Informationsbereitstellung über bewährte Lösungen hilfreich, da mit diesen schnell Variationsmöglichkeiten und Auswirkungen konstruktiver Maßnahmen sowie die Eigenschaften und Fähigkeiten bekannter Lösungen und der Stand der Technik ermittelt werden können.

Beim Arbeiten mit CAD-Systemen helfen auch zahlreiche Hilfsfunktionen, wie z. B. sog. Explosionsdarstellungen, Perspektiven, Durchsichten, Umwandlungen von 2D- in 3D-Darstellungen, Ausschnittsvergrößerungen, Maßstabsveränderungen, Körperdrehungen und Bewegungen, Einfärbungen und mehr. Insofern wirkt dieses Arbeitsverfahren sowohl rationalisierend als auch kreativitätsfördernd. Neben rein zeichnerischen Darstellungen hat die Verknüpfung von Berechnungsschritten mit der geometrischen Ergebnisausgabe große Bedeutung für die Optimierung der Konstruktionen und die Entwurfsarbeit des Konstrukteurs. Zu nennen wären hierfür die Finite-Elemente-Methode (FEM) (siehe E 5.13) zur Spannungs- und Verformungsanalyse komplexer geometrischer Strukturen und Simulationsprogramme, z. B. für kinematische Probleme [8, 9].

5.3 Normen

Das Beachten von Normen (vgl. Teil O Normung) und sonstigen technischen Regeln während der einzelnen Entwicklungs- und Konstruktionsschritte ist eine wichtige Voraussetzung für international marktfähige Produkte bzw. zum Bestehen des Innovationswettlaufs zwischen den Industrienationen. Sie haben die Rolle von Spielregeln zwischen Produktherstellern und Produktbenutzern und sind eine Fixierung technischen Wissens, das der Allgemeinheit zur freiwilligen Nutzung als unverbindliche Empfehlung zur Verfügung gestellt wird. Nur in dem Maße, in dem sie Anwendung in der Praxis finden, können sie den Stand der Technik widerspiegeln. Daneben erfüllen technische Normen einen Zweck schon dadurch, dass sie bevorzugte technische Lösungen, Begriffsbestimmungen, Abmessungen zu allgemeinen machen und dadurch die Rationalisierung fördern [10].
Nach der Herkunft können folgende im Teil O genauer beschriebene Normen und technische Regeln unterschieden werden:

- Werknormen der einzelnen Unternehmen.
- DIN-Normen des DIN (Deutsches Institut für Normung) einschließlich VDE-Bestimmungen der DKE (Deutsche Elektrotechnische Kommission im DIN).
- EN-Normen (Europäische Normen von CEN-Comité Européen de Normalisation – und CENELEC – Comité Européen de Normalisation Electrotechnique).
- IEC- und ISO-Normen und -Empfehlungen (Internationale Normen von IEC – International Electrotechnical Commission – und ISO – International Organization for Standardization).
- Vorschriften der Vereinigung der Technischen Überwachungsvereine.
- Richtlinien des Vereins Deutscher Ingenieure (VDI).

Für die Bereitstellung überbetrieblicher technischer Regeln ist das Deutsche Informationszentrum für technische Regeln (DITR) zuständig, das diese entweder im Direktanschluss an die DITR-Datenbank zur Verfügung stellt oder über den DIN-Katalog mit vollständigem Nummern- und Stichwortverzeichnis [11].
Daten über Normteile werden in Normteildatenbanken bereitgestellt [12].
Die Einführung und Anwendung überbetrieblicher Normen und auch von Werknormen wird unterstützt durch den ANP (Ausschuss Normenpraxis im DIN) und durch die IFAN (Internationale Föderation der Ausschüsse Normenpraxis).
Die Entwicklung von Normen kann sinnvoll mit der methodischen Entwicklung eines technischen Produkts verglichen werden [13].

5.4 Kostenerkennung, Wertanalyse

5.4.1 Beeinflussbare Kosten

Ein rechtzeitiges Erkennen von Kosten in allen Entwicklungs- und Konstruktionsphasen sowie bei der Arbeitsplanung ist für das Einhalten von Kostenzielen von größter Bedeutung. Bild 5-3 zeigt in einer Übersicht Entstehung und Zusammensetzung von Kosten. Bei den Herstellkosten wird zwischen *Einzelkosten* (direkt einem Kostenträger, z. B. Einzelteil, zuordenbar) und *Gemeinkosten* (nicht direkt einem Kostenträger zuordenbar) unterschieden. Ferner unterscheidet man zwischen *fixen Kosten* (für einen Zeitraum unveränderlich anfallend) und *variablen Kosten* (abhängig von Auftragsmenge, Losgröße, Beschäftigungsgrad), die zusammen die Herstellkosten ausmachen. Entscheidungen bei der Produktentwicklung beeinflussen vor allem die variablen Kosten, sodass diese insbesondere

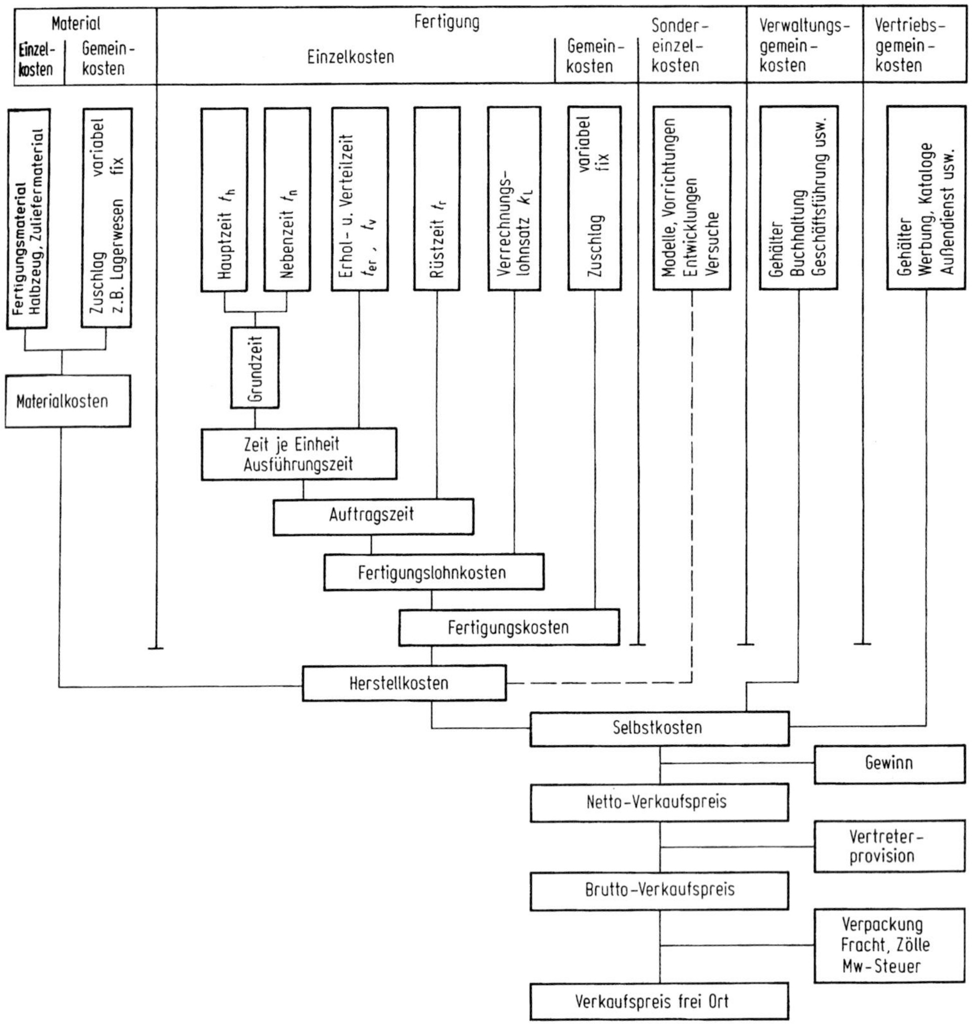

Bild 5-3. Entstehung und Zusammensetzung von Kosten [4]

zur frühzeitigen Kostenabschätzung herangezogen werden.

5.4.2 Methoden der Kostenerkennung

Kalkulieren mit variablen Anteilen der Herstellkosten, VHK

Ansatz: VHK = MEK + $\sum$ FLK

$$\text{MEK} = k_G \cdot G = k_v \cdot V \quad \text{Materialeinzelkosten}$$

(k_G Materialpreis/Gewicht, k_v Materialpreis/Volumen, G Gewicht, V Volumen des Einzelteils)

$$\text{FLK} \approx k_L(t_h + t_n + t_r) \quad \text{Fertigungslohnkosten}$$

(k_L Verrechnungslohnsatz, t_h Fertigungshauptzeit, t_n Fertigungsnebenzeit, t_r Fertigungsrüstzeit).
Die Fertigungslohnkosten beziehen sich auf die Fertigungszeiten der einzelnen Fertigungs- und Montageoperationen. Sie werden additiv zu dem variablen Anteil der fertigungsbedingten Herstellkosten zusammengesetzt.
Kenngrößen und genauere Berechnungsverfahren siehe [14].
Allgemeiner Berechnungsansatz als Kostenfunktion:

$$\mathrm{VHK} = \sum_{i=1}^{n} C_i \cdot \prod_{j=1}^{m} x_{ij}^{p_{ij}}$$

(C Konstante, x kostenbeeinflussender Parameter, p zu x zugehöriger Exponent, n Anzahl der Kostenanteile, m Anzahl der Parameter x_j im Kostenanteil i).
Bei Zusammenfassung aller Kostenparameter zu nur einer variablen kennzeichnenden Größe, z. B. eine Abmessung oder das Gewicht, kann die Kostenfunktion vereinfacht geschrieben werden:

$$\mathrm{VHK} = a + bx^p \,.$$

Vergleichen mit Relativkosten

Relativkosten sind Kosten oder Preise, zu einer Bezugsgröße ins Verhältnis gesetzt. Die Werte von Relativkosten sind dadurch weniger von Preisschwankungen abhängig als die von Absolutkosten.

$$k^*_{\mathrm{G,V}} = \frac{k_{\mathrm{G,V}}}{k_{\mathrm{G,V\,(Bezugsgröße)}}}$$

Relativkostenkataloge für Werkstoffe, Halbzeuge und Zukaufteile siehe [4, 14].

Schätzen über Materialkostenanteil

Ist in einem bestimmten Anwendungsbereich das Verhältnis m von Materialkosten MK zu Herstellkosten HK bekannt und für alle Produkte annähernd gleich, können die Herstellkosten aus den ermittelten Materialkosten abgeschätzt werden:

$$\mathrm{HK} = \mathrm{MK}/m \,,$$

m-Werte nach VDI 2225 [15].

Schätzen mit Regressionsrechnungen

Durch statistische Auswertung von Gesamtkosten mithilfe von Regressionsrechnungen können Kosten bzw. Preise in Abhängigkeit von charakteristischen Größen (z. B. Leistung, Gewicht, Durchmesser) ermittelt werden.
Beispiele für solche Regressionsanalysen und mit diesen ermittelte Kostenfunktionen siehe [6, 16].

Hochrechnen mit Ähnlichkeitsbeziehungen

Entsprechend den Entwicklungsstrategien bei Baureihen (siehe 3.4.1) können auch Kostenwachstumsgesetze aus Ähnlichkeitsbeziehungen abgeleitet werden, wobei die ermittelten Kosten eines Grundentwurfs als Basis dienen.

$$\text{Ansatz:}\quad \varphi_{\mathrm{VHK}} = \frac{\mathrm{VHK}_q}{\mathrm{VHK}_0} = \frac{\mathrm{MEK}_q + \sum \mathrm{FLK}_q}{\mathrm{MEK}_0 + \sum \mathrm{FLK}_0}$$

(q Index für Folgeentwurf, 0 Index für Grundentwurf, φ_{VHK} Stufensprung der VHK).
Bei bekannten Kostenwachstumsgesetzen der Einzelanteile ergibt sich:

$$\varphi_{\mathrm{VHK}} = a_{\mathrm{m}} \cdot \varphi_{\mathrm{MEK}} + \sum_k a_{\mathrm{F}_k} \cdot \varphi_{\mathrm{FLK}_k}$$

$$\left(a_{\mathrm{m}} = \frac{\mathrm{MEK}_0}{\mathrm{VHK}_0}\,, \quad a_{\mathrm{F}_k} = \frac{\mathrm{FLK}_{k_0}}{\mathrm{FLK}_0} \quad \text{je } k \cdot \begin{matrix}\text{Fertigungs-}\\ \text{operation}\end{matrix} \right) .$$

Berechnung für geometrisch ähnliche Teile siehe [4, 17].

5.4.3 Wertanalyse

Die Wertanalyse hat das Ziel, Kosten zu senken. Ihr Vorgehen ist in einem genormten Ablaufplan festgelegt [18, 19]. Dieser schreibt Teamarbeit und funktionsorientierte Kostenentscheidungen zwingend vor. Entsprechend ergeben sich zwei Schwerpunkte des Vorgehens:

- Arbeitsergebnisse entstehen durch interdisziplinäre Zusammenarbeit von Fachleuten aus Vertrieb, Einkauf, Konstruktion, Fertigung und Kalkulation.
- Die Kosten werden als Funktionskosten definiert und ermittelt. Dazu werden die vom Produkt bzw. dem untersuchten Bauteil zu erfüllenden Funktionen Funktionsträgern zugeordnet, die aus einem oder mehreren Einzelteilen gebildet werden können. Aus den kalkulierten Kosten der Einzelteile lässt sich dann abschätzen, welche Kosten zur Realisierung der geforderten Gesamtfunktion und notwendigen Teilfunktionen entstehen. Durch Wahl anderer Lösungen können sowohl einzelne Teilfunktionen eingespart oder diese kostengünstiger realisiert werden (Reduzierung der Funktionskosten).

Mensch-Maschine-Wechselwirkungen, Anthropotechnik

M. Syrbe, J. Beyerer

Mensch-Maschine-Systeme sind im Berufs- und Privatumfeld alltäglich. Die Aufgaben solcher Systeme werden zwischen dem Menschen als Nutzer und Bediener und der Maschine (technischen Einrichtung) so aufgeteilt, dass die automatisierbaren, d. h. selbsttätig lösbaren, Aufgaben der Maschine und alle anderen Aufgaben dem Menschen zugewiesen werden. In Mensch-Maschine-Systemen wirken aufgrund gestellter und aufgeteilter Aufgaben die instrumentierte, (teil)automatisierte Maschine, eine Schnittstelle zwischen Mensch und Maschine sowie ein oder mehrere Menschen mit erstaunlich begrenzten Wahrnehmungs-, Kognitions- und Handlungsfähigkeiten zusammen. Werden die Eigenschaften des/der Menschen zu wenig berücksichtigt, entstehen oft Unfälle durch menschliches Versagen, aber weniger durch das Versagen des Nutzers bzw. Bedieners sondern das der Gestalter.

Anthropotechnik umfasst die Anpassung von Maschinen und anderen technischen Einrichtungen an die Eigenschaften und Bedürfnisse des Menschen und vice versa so, dass beide bestmöglich zusammen wirken (z. B. gemessen an Leistung, Zuverlässigkeit, Gebrauchstauglichkeit, Wirtschaftlichkeit). Die Anthropotechnik gehört mit der Arbeitstechnik, Arbeitsmedizin und Weiterem zur Ergonomie (Arbeitswissenschaft).

6 Anthropotechnisches Basiswissen für Mensch-Maschine-Wechselwirkungen

6.1 Phänomene und Begriffe

Technische Einrichtungen (Fahrzeuge eingeschlossen) und Dienstleistungen (wie z. B. Auskünfte) werden überwiegend rechnergestützt betrieben mit dem Ziel, durch eine Aufgabenteilung zwischen dem Bediener/Nutzer und der Maschine (Einrichtung, der Anlage bzw. dem Prozess) eine optimale Leistung des ganzen Systems zu erzielen. Damit ist die Aufgaben- und die Systembeschreibung mit den eingeschlossenen Wechselwirkungen wesentlich.

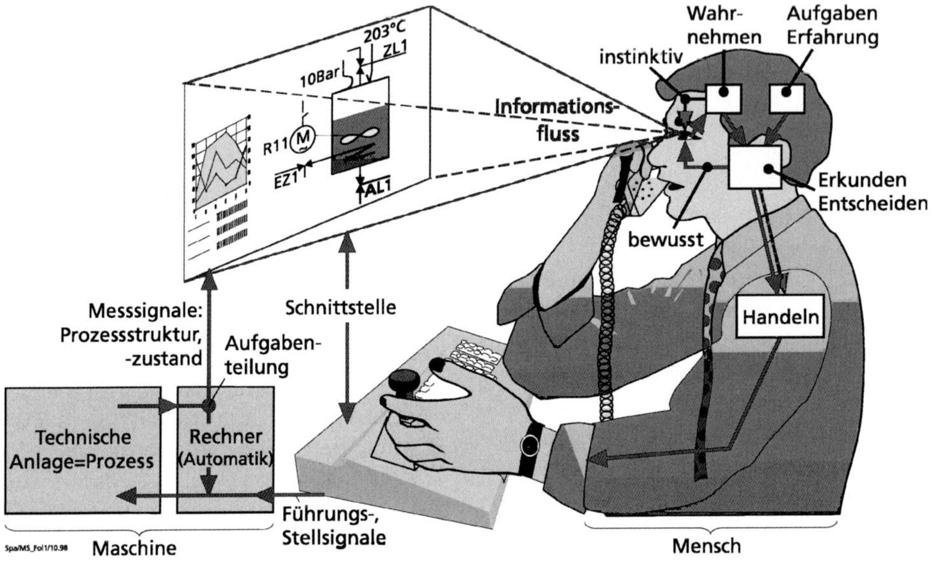

Bild 6-1. Phänomene und Wirkungsbeziehungen in Mensch-Maschine-Systemen am Beispiel des Führens/Bedienens einer technischen Anlage; hier Rührkessel-Reaktor

Die dabei zu beachtenden Phänomene und Wirkungsbeziehungen zeigt Bild 6-1 am Beispiel der Führung (Beobachten, Bedienen) einer technischen Anlage; hier eines chemischen Rührkesselreaktors:

- Für die *Aufgabenteilung* beim rechnergestützten, automatischen Betrieb wird ein geteilter *Informationsfluss* genutzt, direkt zum Rechner und über Anzeigen zum Menschen.
- Der Teilfluss über den Menschen läuft über folgende *Schnittstellen*:
  - *Informationsdarstellung für den Menschen* insbesondere Prozessstruktur und -zustand;
  - *Informationseingabe durch den Menschen* insbesondere Führungs- und Stellsignale.
- Der Mensch hat den Informationsfluss über die Informationsdarstellung *wahrzunehmen*, wobei er auf seine Aufgaben und Erfahrungen zurückgreift, die zu instinktiven bzw. bewussten *Entscheidungen* führen mit dem Ziel
  - die Wahrnehmung zu verbessern (z. B. Hinsehen) und
  - zu *Handeln* (Schließen des Wirkungskreises).

Die Ergebnisse des Handelns führen rückkoppelnd zu neuen Informationen für die Maschine/den Prozess über die Informationseingabe. Dadurch entsteht ein Mensch-Maschine-Dialog.
Anstelle der Führung einer technischen Anlage gibt es andere, immer wichtigere Anwendungsfälle, wie das Fahren von Kraftfahrzeugen mit Navigations- und anderen Assistenzsystemen, das Flug- und Verkehrslotsen, das Flugzeug- und Schiffsführen, das e-business insbesondere mit Spracherkennen und Sprachübersetzen, den Menschen mit unmittelbarer Computerassistenz (wearable and ubiquitous computing, auch als Fußgänger), den Arzt bzw. das Ärzteteam bei Diagnose und Therapie bzw. Operation, und weitere.
Es sind folgende Phänomene und Begriffe wichtig:

- *Wahrnehmen*
- *Auffälligkeit*
- *Kognition*
- *Entscheiden*
- *Aufgabe*
- *(Psychische) Belastung*
- *(Psychische) Beanspruchung*
- *Leistung*
- *Menschliche Fehler, Fehlhandlung*
- *Zuverlässigkeit eines Systems*
- *Nutz- und Störinformation*

die im Weiteren erläutert werden.

Wahrnehmen: Prozess der Aufnahme von Reizen aus der Umwelt durch die Sinne und deren stufenweise Verarbeitung im Menschen bis zur Erkennung der Reizbedeutung (Bild 6-2).
Auffälligkeit: Die von den Sinnesorganen aufgenommenen Reize werden im Laufe des Wahrnehmungsprozesses zu Signalen, zur Information. Dabei ist die Wahrnehmung eines Reizes an einem Punkt der Mensch-Maschine-Schnittstelle (x, y, t) nicht unabhängig von den Reizen der Umgebung. Diese Abhängigkeit bestimmt seine Auffälligkeit, die durch ein Kontrastmaß gemessen werden kann [1], wie das Beispiel eines Zeigerinstrumentes zeigt:
Die Information I entsteht durch die Zeigerstellung vor der Skala:

$$I(x,y,t) = I[I_Z(x,y,t)\ ,\ I_S(x,y,t)]$$

Hierbei bezeichnen:
I: Information der Szene „Zeiger vor Skala“
I_Z: Zeigerinformation
I_S: Skaleninformation (Bildinformation)
Für die Struktur der funktionalen Abhängigkeit der Information I von Ort und Zeit hat sich

$$I(x,y,t) = I[F(x,y),t]$$

als Arbeitshypothese bewährt. F definiert dabei eine optische Auffälligkeit, die auf die lokale Intensität f zurückgeführt wird:

$$F(x,y) := \int_{-\infty}^{\infty}\int_{-\infty}^{\infty} (f(x,y) - f(x-\xi, y-\eta))^2\, g(\xi,\eta)\, \mathrm{d}\xi\, \mathrm{d}\eta$$

Die Intensität f am Ort (x, y) wird mit Nachbarwerten verglichen und das Integral über die quadratische Abweichung gebildet. g bezeichnet hierbei eine positive, monoton mit $\|(\xi,\eta)\|$ fallende Gewichtsfunktion, die als Fensterfunktion (gaußverteilt mit der Standardabweichung B) die Lokalität des Konzeptes definiert. Typisch wählt man:

$$g(\xi,\eta) := (2\pi B^2)^{-1} \exp\left(-(\xi^2+\eta^2)/2B^2\right)\ .$$

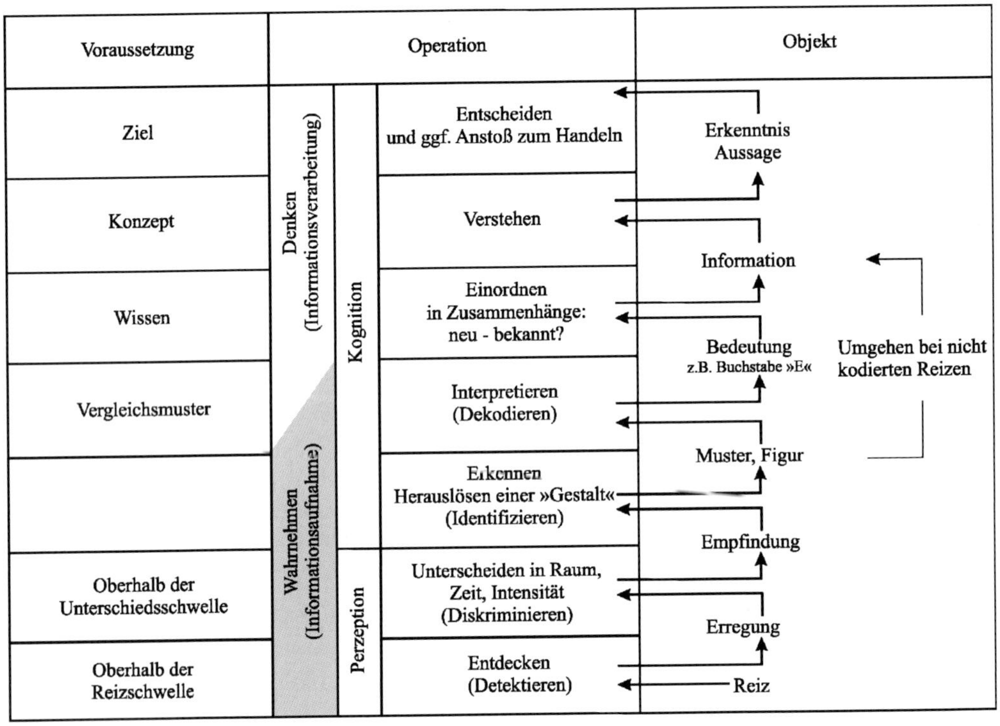

Bild 6-2. Stufenmodell des Wahrnehmens nach Charwat, ergänzt durch Geisler [7]

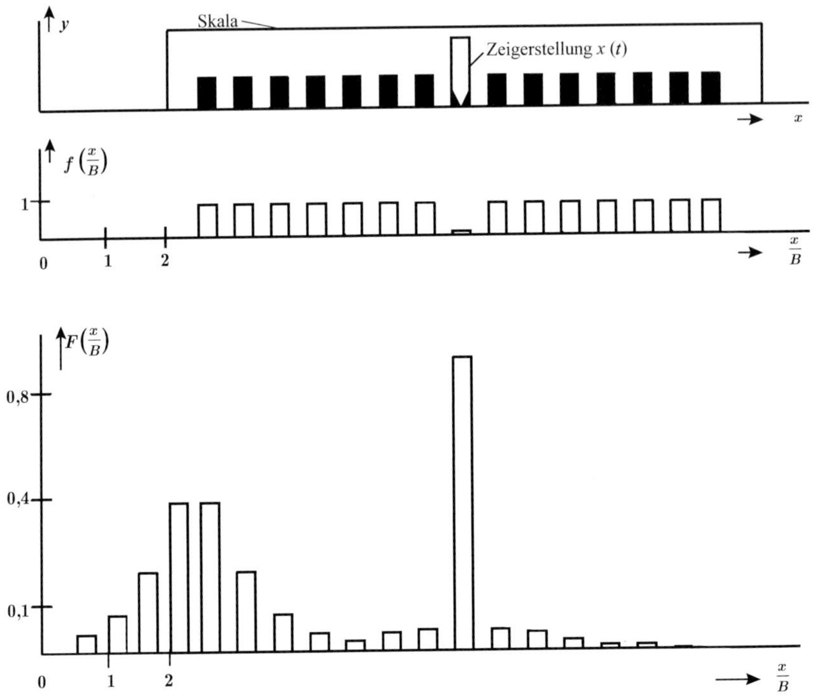

Bild 6-3. Auffälligkeit als Kontrastmaß für die Helligkeitsverteilung bei einem Zeigerinstrument [1]

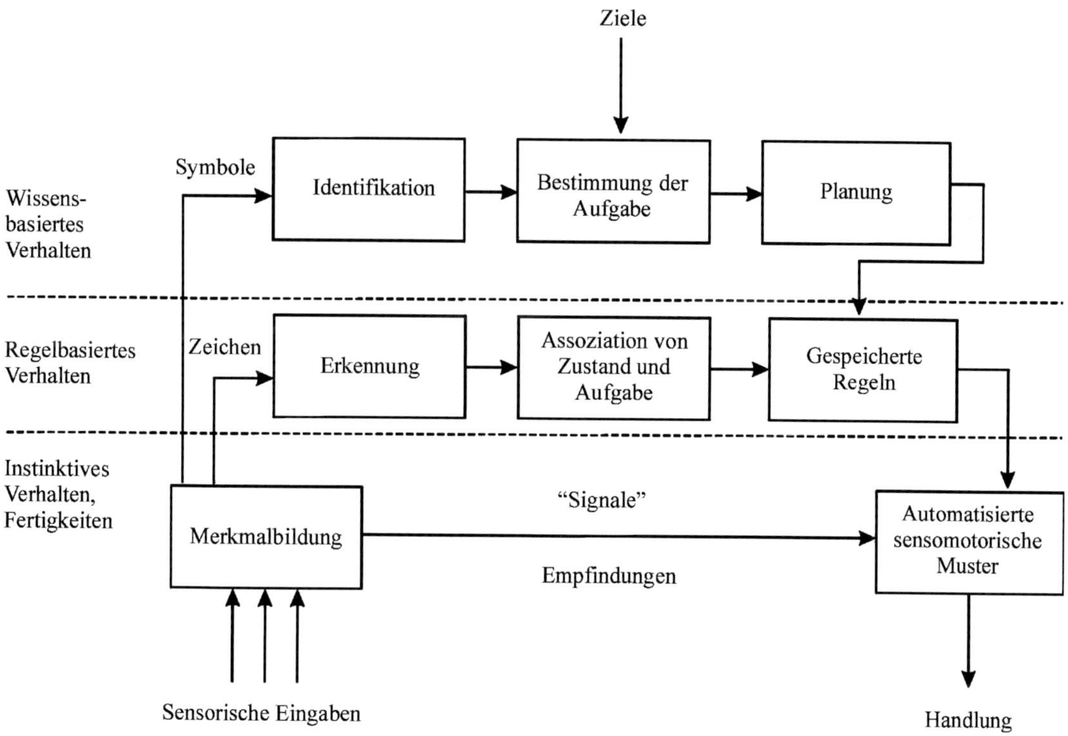

Bild 6-4. 3-Ebenen-Modell menschlicher Verhaltenskategorien nach Goodstein und Rasmussen [2]. Zeichen (signs) fungieren in dieser Darstellung als Auslöser gespeicherter Verhaltensmuster, die in Regelwerken formuliert sind. Symbole (symbols) hingegen sind als mit Bedeutung beladen zu verstehen, sodass im Gegensatz zu Zeichen nicht der syntaktische, sondern vielmehr der semantische Aspekt bei Symbolen im Vordergrund steht

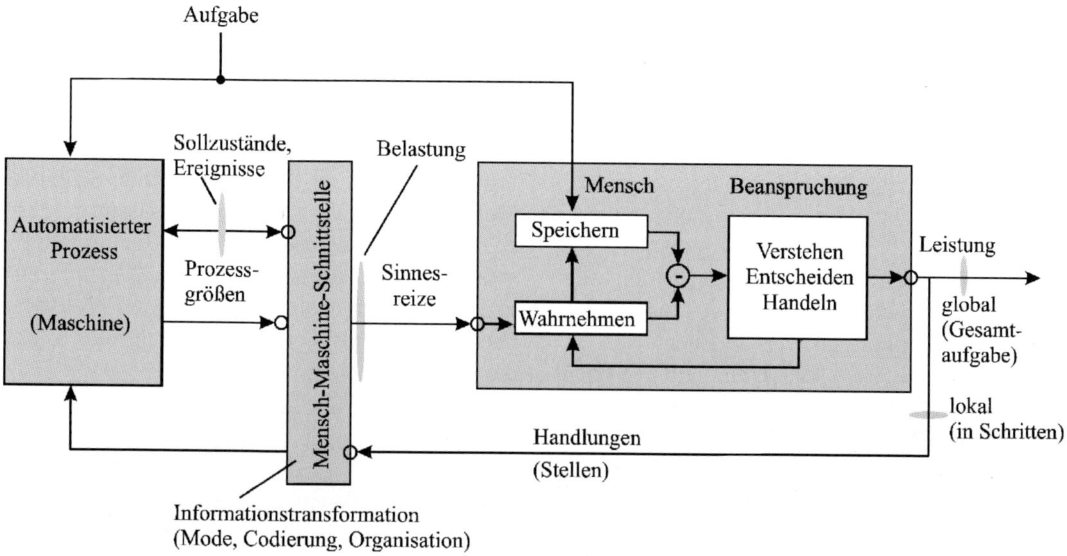

Bild 6-5. Leistungserbringung in dem Wirkungskreis Maschine-Mensch-Maschine

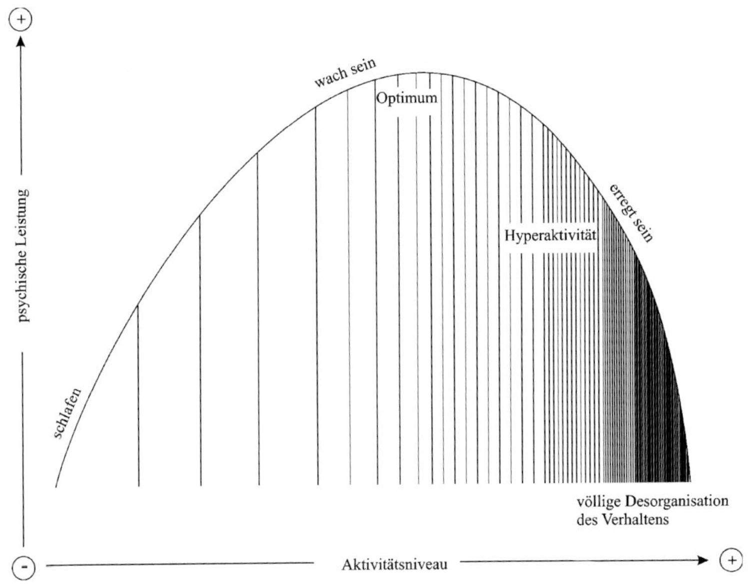

Bild 6-6. Nichtlineare Beziehung zwischen Aktivitätsniveau und Leistung nach Radl [3]

Ein eindimensionales Beispiel in diskreter und normierter Form illustriert das Kontrastmaß in Bild 6-3.

Kognition: Prozess der Informationsverarbeitung im Menschen vom Interpretieren bis zu Entscheidungen auf der Basis wahrgenommener Reize (Bild 6-2).

Entscheiden: Prozess, bei dem die Wahl zwischen mindestens zwei alternativen Möglichkeiten des Handelns zu treffen ist.

Kognition, Entscheiden und Handeln können intuitiv oder bewusst erfolgen, was mit einem 3-Ebenen-Verhaltensmodell beschreibbar ist [2] (Bild 6-4).

Aufgabe: Vorgabe des globalen Ziels und des Zweckes einer Tätigkeit, die sich selbst aus *Handlungen*, Operationen und Muskelaktionen zusammensetzt. Sie ist Grundlage der Definition menschlicher Leistung (Bild 6-5).

(Psychische) Belastung: Alle von außen auf den Menschen psychisch einwirkenden Einflüsse, insbesondere die mit der Arbeitsaufgabe verbundenen.

(Psychische) Beanspruchung: Unmittelbare (nicht langfristige) Auswirkung der Belastung im Individuum in Abhängigkeit von seinem psychischen Zustand insbesondere von seinen Fähigkeiten und seiner Aktivität (Bild 6-6).

Leistung: Menschliche Leistung ist erfüllter Aufgabenumfang pro Zeit(einheit) bzw. vollständiger Aufgabenumfang gemindert um den nicht oder fehlerhaft erfüllten Aufgabenumfang pro Zeit(einheit), jeweils gemessen mit der Menge der gewichteten Teil- (Elementar)aufgaben. Als Gewicht kann z. B. die Zahl der benötigten Operationen und Merkeinheiten (*Chunk* [1] ; siehe Charwat) verwendet werden.

Menschliche Fehler, Fehlhandlung: Jede menschliche Handlung, welche die gesetzten Akzeptanzgrenzen überschreitet.

Zuverlässigkeit eines Systems: Grad der Eignung (z. B. Wahrscheinlichkeit), die vorgesehenen Aufgaben unter bestimmten Betriebsbedingungen während einer bestimmten Zeitspanne (fehlerfrei) zu erfüllen; ist eine Qualitätseigenschaft (Attribut) der Leistung.

Der Informationsfluss Maschine-Schnittstelle-Mensch, der auch als Forderungsstrom gesehen werden kann, und zurück zur Maschine (Bild 6-5) setzt sich aus aufgabenrelevanter *Nutzinformation* und aufgabenirrelevanter *Störinformation* zusammen. Die Nutzinformation soll deutlich auffälliger sein als die Störinformation.

[1] Der englische Begriff *Chunk* bedeutet Brocken oder Klumpen, im vorliegenden Kontext mit „Merkeinheit" übersetzt [7]. Eine solche Merkeinheit kann auf unterschiedlichem Aggregationsniveau liegen. So kann ein *Chunk* ein einzelnes Zeichen aber auch eine Zusammenfassung vieler Zeichen zu einem Superzeichen bedeuten, das als Einheit behandelt wird.

6.2 Sinnesorgane, Eigenschaften

Der wahrzunehmende Informationsfluss läuft über die Sinnesorgane des Menschen (des Informationsempfängers) (Bild 6-7), deren Eigenschaften besonders zu beachten sind.

Besonders wichtige Sinnesorgane sind Auge und Ohr mit den Haupteigenschaften:

Gesichtsfeld: Leicht geneigt, farbabhängig, scharf ca. ± 15° binokular, d. h. mit beiden Augen (Bild 6-8). Im Armabstand (ca. 70 cm) entspricht dies etwa einen 19-Zoll-Bildschirm.

Sinnesorgane bzw. Sinne		Sinnesmodalität	Anzeigeart
Sehsinn	„5 Sinne"	visuell	optisch
Hörsinn		auditiv	akustisch
Geruchssinn		olfaktorisch	-
Geschmackssinn		gustatorisch	-
Gleichgewichtssinn		vestibulär	-
Drucksinn	Hautsinn, Tastsinn	taktil	haptisch
Berührungssinn			
Vibrationssinn			
Kältesinn			
Wärmesinn			
Schmerzsinn			
Stellungssinn	Proprio-zeptoren	kinästhetisch	
Kraftsinn			

Bild 6-7. Sinne des Menschen, Bezeichnung der Sinnesmodalitäten und Anzeigeformen nach Geiser

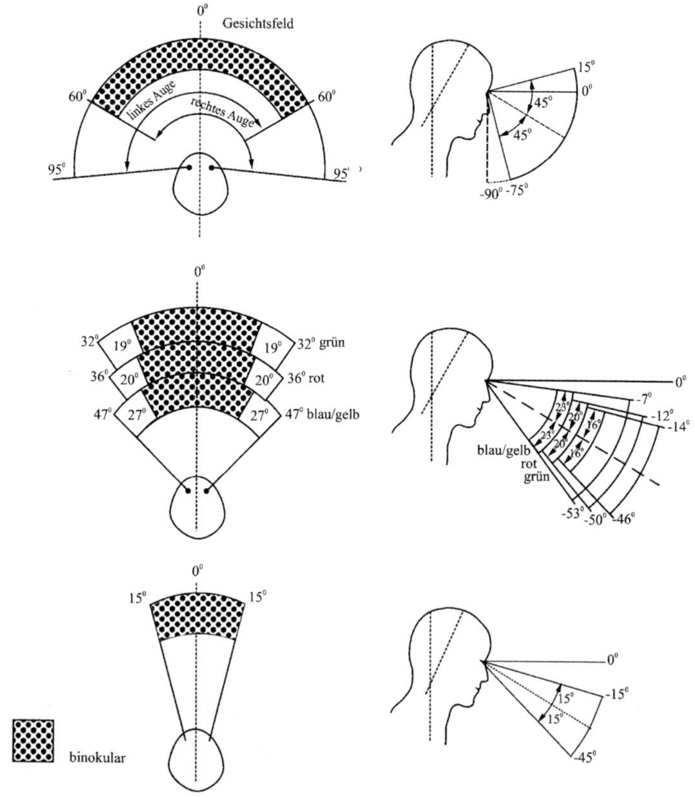

Bild 6-8. Größe des Gesichtsfeldes nach Geiser

Sehschärfe: Winkelabhängig mit starkem Abfall von der Mitte aus, zur Schläfe hin blinder Fleck (Bild 6-9).

Die *Spektralempfindlichkeit* (Bild 6-10) ist unterschiedlich beim hell- (maximal bei 555 nm) oder dunkeladaptierten Auge (maximal bei 510 nm).

Beim Hörsinn beschreibt die sogenannte *Hörfläche* (Hörfeld) die begrenzte Wahrnehmungsfähigkeit von Schall (Bild 6-11).

Das *zeitliche Auflösungsvermögen* der Sinnesorgane (Bild 6-12) ist zu beachten (fotochemische bzw. kinematische Prozesse).

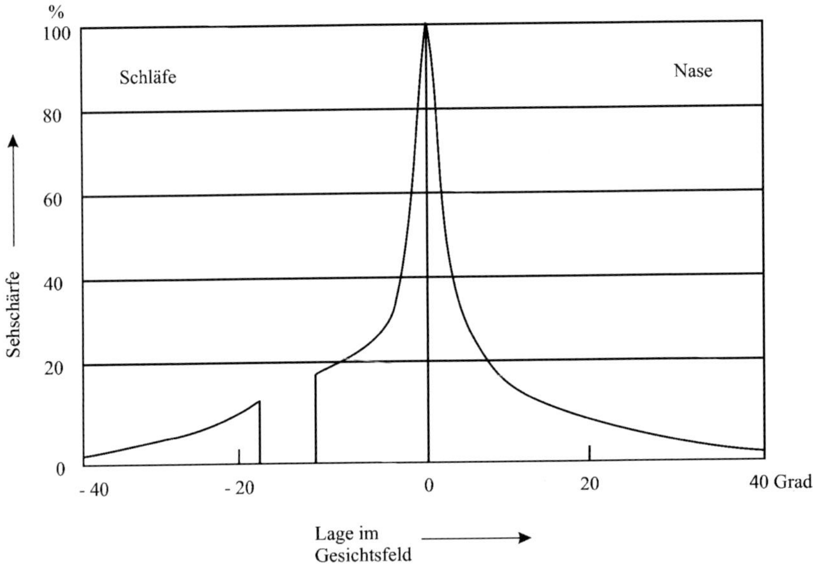

Bild 6-9. Örtlicher Verlauf der Sehschärfe nach Charwat

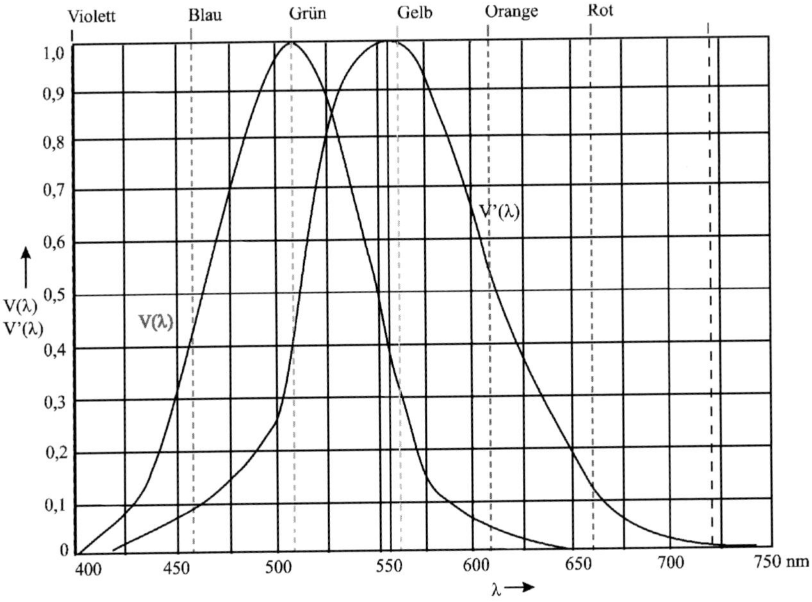

Bild 6-10. Spektrale Empfindlichkeit nach Charwat; links dunkeladaptiert, rechts helladaptiert

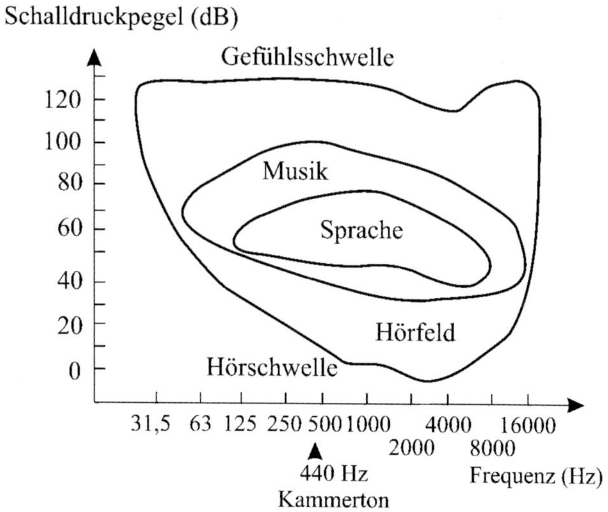

Bild 6-11. Hörfläche. Die bei 1 kHz gemessene Hörschwelle (Schalldruck) dient als Bezugswert für den Schallpegel. Sie beträgt $p_0 = 2 \cdot 10^{-5}\ \mathrm{N\,m^{-2}}$

Sinnesorgan	zeitliche Auflösung
Auge	20 .... 30 ms (Millisekunden)
Gehör	2 .... 5 ms
Hautsinn	ca. 10 ms
Diese Werte sind individuell verschieden (→ interindividuell).	

Es besteht der folgende Zusammenhang:

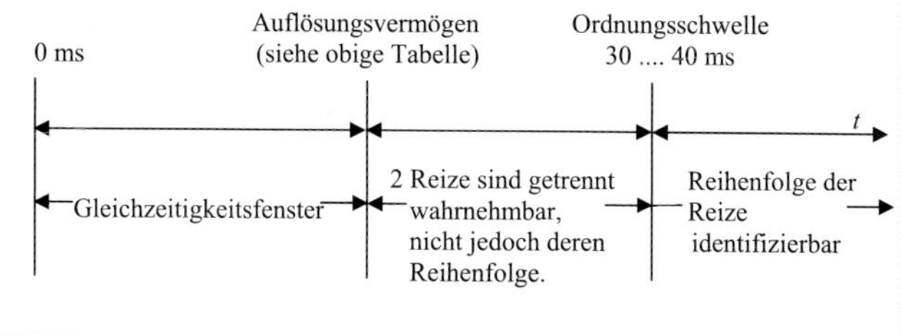

Bild 6-12. Kategorien zeitlicher Auflösung

6.3 Informationsverarbeitung des Menschen, Modelle

Der Mensch ist Teil des Mensch-Maschine-Systems wie in Bild 6-1 und 6-5 dargestellt. Die aufgabenbezogene Informationsverarbeitung im Menschen selbst wurde mit Bild 6-2 beschrieben. Für eine Systemoptimierung wird damit eine quantifizierbare Aufgabenbeschreibung benötigt und ein systemtheoretisches (technisches) Modell des wahrnehmenden und kognitiv handelnden Menschen.

Eine quantifizierbare Aufgabenbeschreibung geht von der Zerlegung der Aufgabe(n) in Teilaufgaben, im Idealfall in Elementaraufgaben, und deren Struktur aus, grafisch dargestellt z. B. mittels bewerteter/gewichteter UML-Aktivitäts-Diagramme [4] (Bild 6-13). Das Bild zeigt am Beispiel einer Szenenanalyse mit einem Bildauswertesystem (hier die Belegung von Parkplätzen aufgrund von Luftbildern) welche Hauptaufgaben (Szenenanalyse) und welche Neben-/Bedienaufgaben der Mensch in welcher zeitlichen Struktur als Handlung abarbeiten muss. An den Teilaufgaben/-handlungen ist jeweils ein „Notizzettel" angefügt, der die bewertenden Attribute, wie Zahl der Operationen bzw. den Informationsumfang gemessen in *Chunks*, d. h. die jeweilige Belastung des Menschen durch die Bearbeitung der Teilaufgabe angeben.

Verbunden mit der schrittweisen Aufgabenbearbeitung hat der Mensch eine Folge von Zustandsänderungen/Ereignissen wahrzunehmen und kognitiv zu bearbeiten. Eine Systemoptimierung baut auf einem systemtheoretischen (technischen) Modell des wahrnehmenden und kognitiv handelnden Menschen auf, wie dieses in Form eines 3-Prozessor-3-Speicher-Modells von Card, Moran, Newell angegeben wurde [5] (Bild 6-14).

Die Modelldaten wurden durch reproduzierbare Elementaraufgaben/Aufgabenprimitive wie Wiedergabe einer Buchstaben-Matrix, Wahrnehmen von Ton-„Klicks", schnelle Bewegung eines Stiftes zwischen 2 Grenzen, Betätigungsgeschwindigkeit von Tastaturen (Fitts's Gesetz [6]) und bei Anzeige-zu-Tastaturzuordnung ermittelt.

Dieses Modell zeigt einen wichtigen Engpass der Kognition auf: Der Arbeitsspeicher des kognitiven Prozessors, das Kurzzeitgedächtnis, ist sehr klein und auch vergänglich [7]. Müssen mehrere Aufgaben parallel bearbeitet werden bzw. folgen mehrere Ereignisse kurz hintereinander, werden Teile des Informationsflusses (Forderungen) nicht wahrgenommen bzw. verdrängt, wie Schumacher zeigte [8].

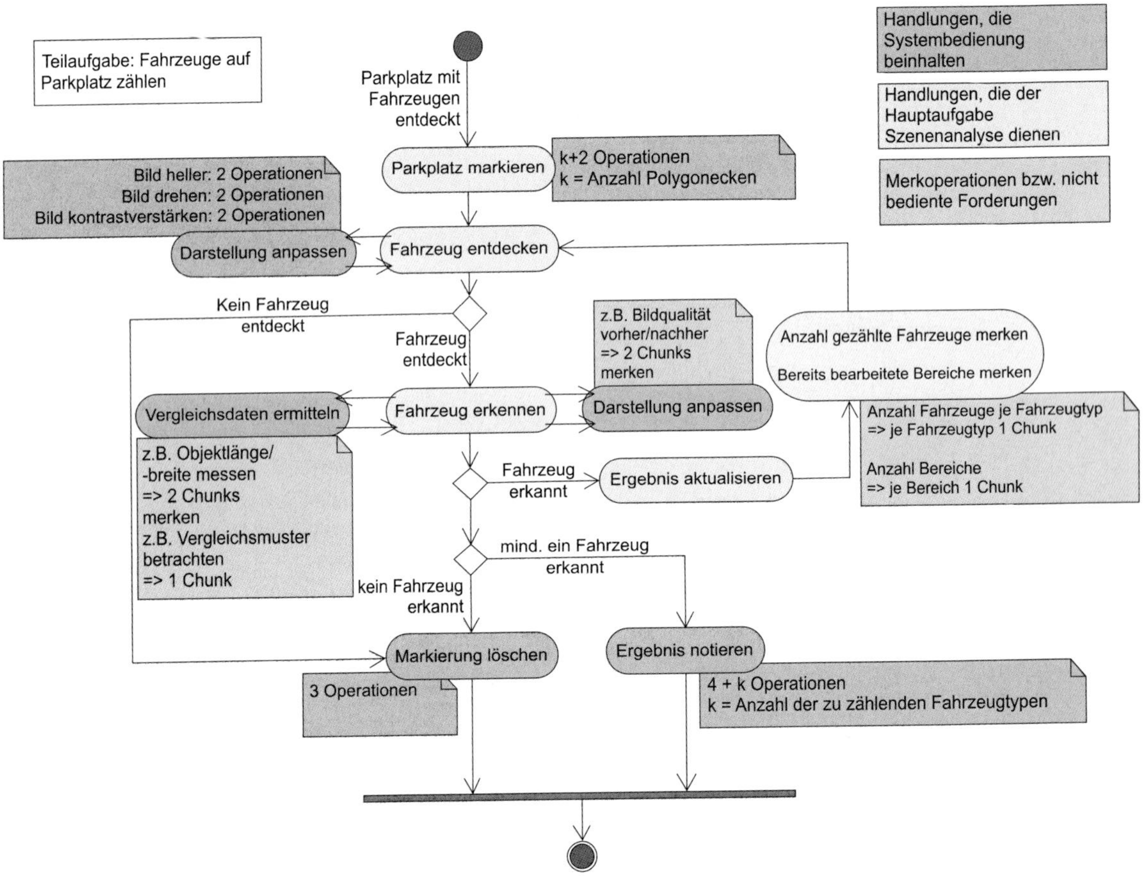

Bild 6-13. Bewertetes UML-Diagramm (Notizzettel) einer Teilaufgabe einschließlich Bedienung, hier Fahrzeuge auf Parkplatz zählen nach Peinsipp [4]. UML steht für *Unified Modelling Language*

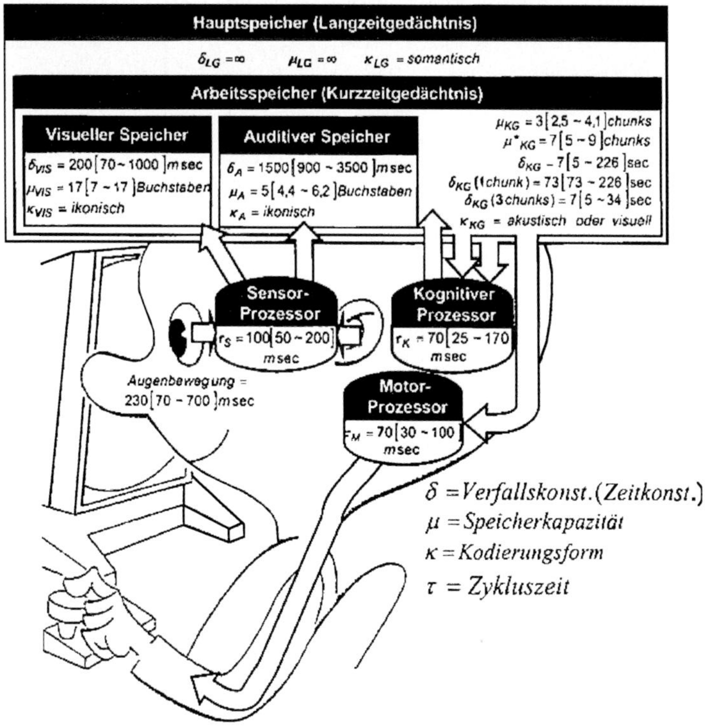

Bild 6-14. Systemtheoretisches Modell des Menschen nach Card, Moran, Newell [5]

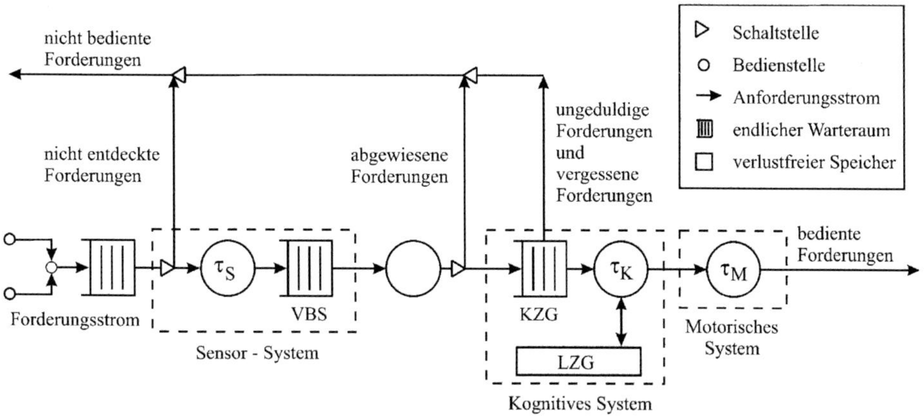

Bild 6-15. Zusammenführung des CMN- und des Schumacher-Modells in Form eines Bedienmodells [4, 9] nach Peinsipp [4]. VBS: Visueller Bildspeicher, KZG: Kurzzeitgedächtnis, LZG: Langzeitgedächtnis

Dies wird deutlich, wenn man beide Modelle (Card, Moran, Newell (CMN) und Schumacher) in übliche Bedien(Warteschlangen)-Modelle übersetzt, wie diese zur Berechnung von Bedienleistungen von Computern verwendet werden [4, 9], Bild 6-15.

Der Forderungsstrom ist eine Folge von Teilaufgaben und Ereignissen, die über die Mensch-Maschine-Schnittstelle das Sinnes-/Sensor-System des Menschen erreicht. Forderungen gehen aber teilweise verloren aufgrund von Detektions- und Diskriminie-

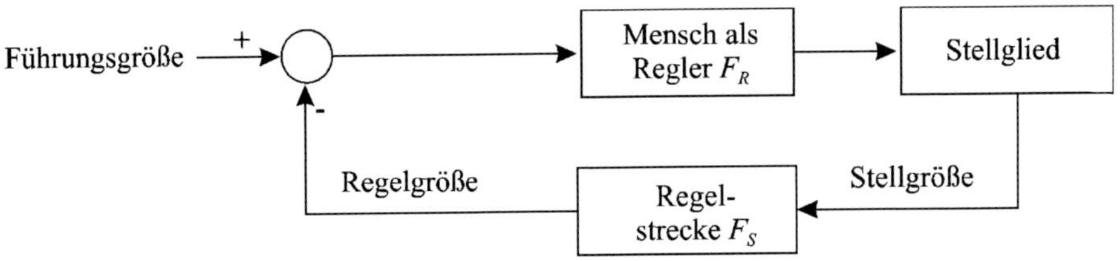

Bild 6-16. Der Mensch als „Schwarzer Kasten" bei Regelaufgaben beschrieben durch die Übertragungsfunktion F_R

rungsgrenzen der Sinne (siehe z. B. Bild 6-12 und [6]) sowie der begrenzten (Warteschlangen-)Länge und der Verfallseigenschaften des Kurzzeitgedächtnisses (siehe [5]). Dies tritt besonders bei konkurrierenden Forderungsströmen auf, wie dies beim Wechselspiel von Haupt- und Bedienaufgaben der Fall ist [7].

Für eine Klasse von Aufgaben, die aus (Servo-) Regelungen bestehen, z. B. die Verfolgung eines Fahrweges über die Lenkung eines Fahrzeuges, kann der Mensch als „Schwarzer Kasten" mit einer messbaren Übertragungsfunktion $F_R(p)$ beschrieben werden (Bild 6-16).

Mithilfe dieser quantifizierbaren Beschreibungs- bzw. Modellierungsmethoden ist eine Systemoptimierung in Grenzen möglich, welche durch die immer streuenden, teils nur schätzbaren Eigenschaften/Parameter des Menschen gegeben sind. Trotz dieser Grenzen gehört zu jedem Systementwurf ein Optimierungsversuch, um mindestens grobe Fehlauslegungen zu vermeiden, wie diese bei vielen Unfällen aufgrund „menschlichen Versagens" eigentliche Ursache sind.

6.4 Gestaltungssystematik für Mensch-Maschine-Systeme

Die Gestaltung (der Entwurf) eines Mensch-Maschine-Systems ist zu verstehen als Optimierung der Leistung eines solchen Systems unter Einhaltung von Zuverlässigkeits-, Sicherheits- und Kostengrenzen. Sie (er) ist ein rückgekoppelter, mehrschleifiger Prozess. Die Gestaltungsmöglichkeiten hierzu sind von Bild 6-17 abzulesen; sie verlaufen in Schritten. Die Schritte sind:

(1) Präzisierung der Aufgabe des Mensch-Maschine-Systems und der Systembeschreibung,
(2) Optimierung der Gliederung der Aufgabe(n) nach Struktur und Teilaufgaben (Elementen) und deren Teilung zwischen Mensch und Maschine,
(3) Optimierung der Wahrnehmung und Kognition des Menschen,
(4) Optimierung der Leistung des Systems durch Minimierung der Belastung des Menschen,
(5) Optimierung der Leistung des Menschen und damit auch des Systems durch Minimierung seiner Beanspruchung insbesondere durch Vergrößerung seiner Fähigkeiten durch Training,

wobei die Schritte (2) bis (5) im Folgenden genauer erläutert werden.

(2) Optimierung der Gliederung der Aufgabe(n) nach Struktur und Teilaufgaben (Elementen) und deren Teilung zwischen Mensch und Maschine und zwar so, dass alle vorhersehbaren und automatisierbaren Aufgaben (einschließlich evtl. Assistenz) der Maschine (dem Computer) zugeordnet werden und dem Menschen die nicht automatisierbaren Aufgaben bleiben. Dabei sind seine Leistungsgrenzen zu beachten (siehe Abschnitt 6.2 und 6.3). Erleichternd sind dabei Rückgriffe auf bekannte und erprobte Teilaufgaben, deren Attribute bekannt und z. B. über einen Katalog zugänglich sind.

(3) Optimierung der Wahrnehmung und Kognition des Menschen durch Gestaltung der Mensch-Maschine-Schnittstelle bezüglich des Auflösungsvermögens der Sinnesorgane und des Verhältnisses von Nutz- zu Störinformation jeweils in Bezug auf die erwarteten Aufgaben- bzw. Situationsphasen. Entwurfs- und Gestaltungsfreiheitsgrade für die Schnittstelle und die Kommunikation (Bild 6-18) sind insbesondere

- Codierung der Information (Bild 6-19 und 6-20) und

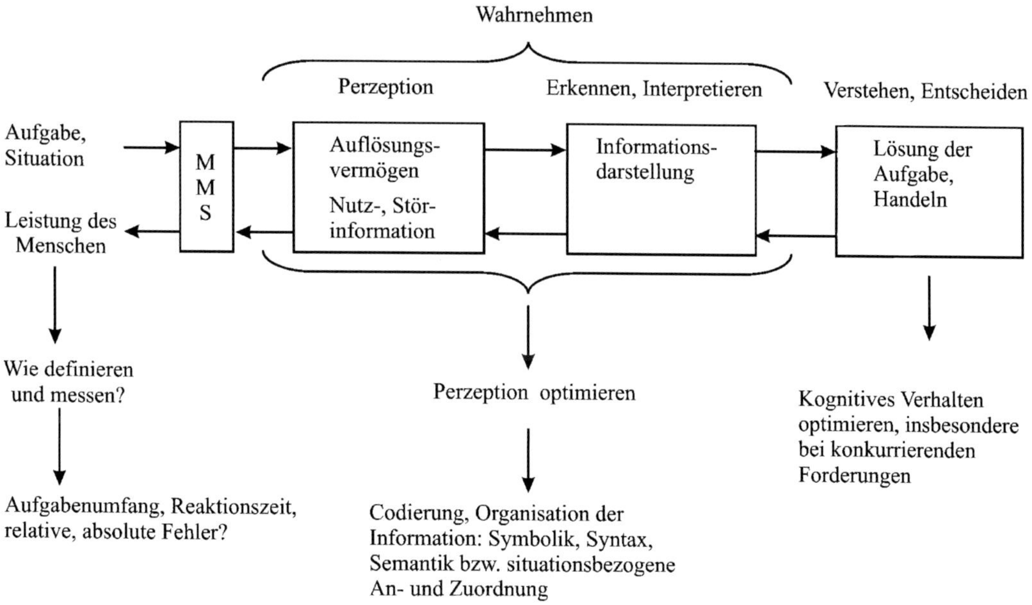

Bild 6-17. Gestaltung von Mensch-Maschine-Systemen

Gestaltungsbereiche / Gestaltungsaufgaben	Technische Systeme: Eingabeelemente	Dialog	Anzeigeelemente
Anpassung an Motorik und Sensorik	Eingabeparameter	Motorische und sensorische Anforderungen	Anzeigeparameter
Codierung der Information	Eingabemodalität und -code	Eingabe- und Anzeigemodalitäten und -codes	Anzeigemodalität und -code
Organisation der Information	Struktur der Eingabeelemente	Benutzerführung	Struktur der Anzeigeelemente

Bild 6-18. Systematik zur Gestaltung der Mensch-Maschine-Schnittstelle nach Geiser

- Organisation der Information (Bild 6-21) einschließlich Adaption. Bekannte Gestaltungsklassen, die sowohl in „Blechausführung" als auch auf Bildschirm-/Sichtgeräten realisiert werden, sind der
  a) Organisationstyp *„Blockstruktur"* *Blockstruktur* mit Gleichteilen (Komponenten) als Gruppe (Bild 6-22) mit einer einfachen mechanischen bzw. programmtechnischen Umsetzung, der aber kognitiv schwierig ist, und der
  b) Organisationstyp *„Fließbild"* mit einer hinterlegten Prozessstruktur (Bild 6-23) mit aufwändiger mechanischer bzw. programmtechnischer Umsetzung, der jedoch kognitiv einfach ist.

(4) Optimierung der Leistung des Systems durch Minimierung der Belastung des Menschen, insbesondere bei konkurrierenden Forderungen wie Haupt- gegen Bedienaufgabe, durch Überprüfung der Schritte (2) und (3) und ggf. durch Einfügen von Assistenten, um eine günstigere Aufgabenteilung zwischen Mensch und Maschine/Computer zu erreichen.

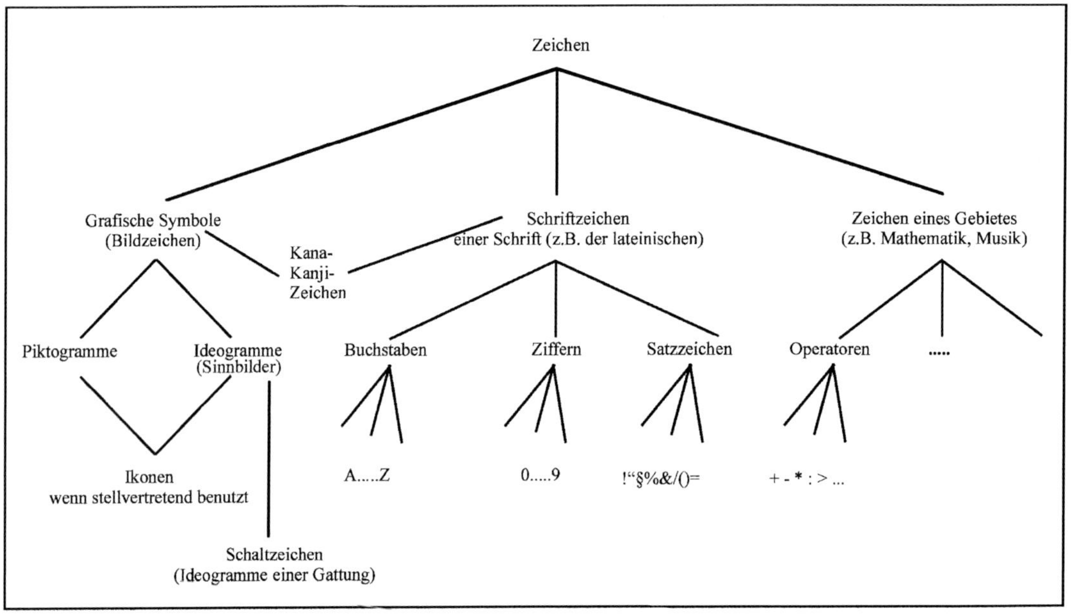

Bild 6-19. Zeichen zur Codierung nach Charwat

	OPTISCH	AKUSTISCH
Nachrichtenmenge	umfangreich	klein
Komplexität der Nachrichten	hoch	gering
Länge der Nachrichten	groß	klein
Art der Nachrichten	örtlich/zeitlich diskret/kontinuierlich	zeitlich/diskret
Nachrichtennutzung	mehrmals	einmalig
Nachrichtenannahme	beliebig	sofort
Nachrichtendarstellung	simultan/sequenziell	sequenziell
Beobachter-Standort	fixiert	variabel
Nachrichtenübermittlung	Einzelperson/Gruppe	Gruppe
Langzeitauffälligkeit	gering	hoch
Platzbedarf	im Blickfeld	---
Umgebungslärm/-licht	hoch/niedrig	niedrig/hoch

Bild 6-20. Auswahl optischer und akustischer Codierung in Abhängigkeit vom Aufgabentyp und den Umfeldbedingungen nach Geiser

(5) Optimierung der Leistung des Menschen und damit auch des Systems durch Minimierung seiner Beanspruchung insbesondere durch Vergrößerung seiner Fähigkeiten durch Training. Dieser Schritt geht von dem 3-Ebenen-Verhaltensmodell (Bild 6-4) aus mit dem Ziel, die jeweilige Teilaufgabe auf möglichst niedriger Ebene, d. h. instinktiv oder regelbasiert zu lösen. Hierzu benutzt man Lernmechanismen nach Bild 6-24 [10]. Diese können besonders durch Simulation unterstützt werden, die die Maschine und die Schnittstelle einschließlich Aufgabe und Ereignismengen/-folgen nachbildet und damit ein gefahrloses Training mit objektiver Leistungsbestimmung ermöglicht.

Organisations-formen	Erläuterung	Beispiele
Örtliche Organisation	Anordnung der Elemente auf der Anzeigefläche, Darstellung von Relationen	Tabellen, Graphen; ort- und inhaltsabhängige Auflösung
Zeitliche Organisation	Reihenfolge der Darstellung, Bewegung, Verformung der Elemente	Folgen von Bildern, Animation
Inhaltliche Organisation	Gewichtung der Elemente durch Codierung	Hervorheben durch Form, Farbe, Blinken
Benutzerbezogene Organisation	Netzwerk von Knoten und Zeigern	Hypertext, Hypermedia

Bild 6-21. Organisationsformen bei Anzeigen nach Geiser [1]

Kennzeichen:

- Gleichartige Instrumente (einschließlich Tasten und Schalter) werden zu Gruppen zusammengefasst.
- Das Fließbild wird vermieden oder als totes Bild außerhalb der Bedienflächen angelegt.
- Die Prozesszuordnung der Instrumente erfolgt über Beschriftungen (Namen).

Anthropotechnische Probleme:

- Die Struktur des Prozesses und z.T. der Prozesszustand müssen im Gedächtnis behalten werden.
- Die Anwahl der Instrumente zur Beobachtung bzw. zur Betätigung erfordert mehrere kognitive Schritte:
    - Zuordnung zum Prozess,
    - Zuordnung zur Gruppe,
    - Zuordnung des Instrumentes in der Gruppe.
- Die alphanumerische Verschlüsselung ist aufwändig.
- Vom Bedienenden wird damit ein hohes Merk- und Abstraktionsvermögen verlangt.

Bild 6-22. Beispiele *„Blockstruktur“* aus einer Pkw-Montage und einem Kraftwerk

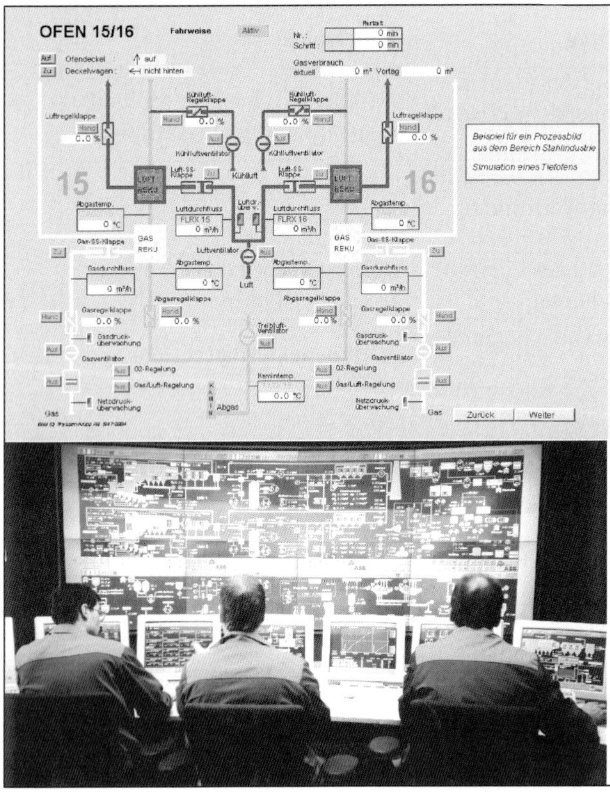

Kennzeichen:

- Eine Darstellung von Struktur und zugeordnetem Zustand des Prozesses ist gegeben (ähnlich Bild 6-1).
- Die Prozesszuordnung der Instrumente erfolgt durch „Einbau“ an der entsprechenden Stelle.
- Die Auswahl und Anwahl von Instrumenten erfolgt deshalb direkt.
- Die Information kann funktionsbezogen strukturiert und als Symbol codiert werden (z.B. Stellungsmelder).
- Die Prozessdarstellung ist großflächig.

Anthropotechnische Probleme:

- Bildschirmflächen sind i.Allg. kleiner als notwendig wäre.
- Änderungen erfordern Spezialkenntnisse und kosten mehr als bei Blockstruktur.

Bild 6-23. Beispiel „*Fließbild*“ einer Stahlwerk-Tiefofenanlage und „Leitstand“ einer verfahrenstechnischen Anlage

Lernmechanismen

- Belehrung (Vormachen)
- Analogieschluss
- Entdeckung
- Experimentieren
- Accretion (Angliederung neuen Wissens an bestehende Gedächtnis-Schemata)
- Strukturierung (Aufbau neuer Schemata und deren assoziative Verankerung in bestehenden Wissensstrukturen oder Rekonzeptualisierung von vorhandener Erfahrung. Diese Art des Lernens erfordert die meiste Anstrengung.)
- Tuning (Effiziente Anwendung vorhandener Wissensstrukturen durch lange Übung.)

Der Erwerb einer Fähigkeit bis zum Niveau der Fertigkeiten erfordert lange Übung. Dies gilt für die manuelle Regelung ebenso wie für mentale Aufgaben, z.B. die Benutzung eines Text-Editors.

Bild 6-24. Lernmechanismen nach Kraiss [10]

6.5 Qualitative Gestaltungsregeln, Standards (insbesondere Richtlinien, Normen)

Die Anwendung der im vorigen Abschnitt beschriebenen Gestaltungssystematik für Mensch-Maschine-Systeme kann sowohl durch qualitative Gestaltungsregeln als auch durch Standards, insbesondere Richtlinien und Normen, unterstützt werden. Solche Gestaltungsregeln sind z. B. die sieben Grundregeln zur Gestaltung von Mensch-Maschine-Schnittstellen nach Syrbe [11]:

1. Beachte die Eigenschaften der Sinnesorgane (z. B. Gesichtsfeld, Sehschärfe, Hörfläche, Zeitauflösung.
2. Wähle die Prozesszustandsdarstellung Aufgabenabhängigkeit (z. B. für genaue Ablesung digital, für Tendenzablesung analog, für Ablesung von Grenzüberschreitungen binärer Wechsel von Farbe, Symbol/Piktogramm oder Frequenz).
3. Wähle eine der Aufgabe direkt entsprechende Darstellung (z. B. Lichtgriffel oder Berührschirm statt Cursoranwahl, Drehrichtung statt +, −).
4. Vermeide hinsichtlich der Aufgabenstellung unnütze Information, d. h. Störinformation (z. B. Dauermeldungen hoher Auffälligkeit wie Blinken. Hilfreich ist ein betriebszustandsabhängiger Anzeigewechsel: der ruhenden Maschine (Anlage) ist eine geringe Auffälligkeit zuzuordnen).
5. Beachte die unbewusste Aufmerksamkeitssteuerung des Menschen (z. B. in der Natur übliche Gefahrenrelevanz: Bewegung, Blinken, kritische Geräusche).
6. Beachte populationsstereotype Erwartungen (z. B. Potenziometer nach rechts gibt größere Werte).
7. Gestalte zusammengehörige Anzeige- und Bedienelemente auffällig gleich und nicht zusammengehörige besonders ungleich (z. B. Farbe, Form, Anordnung).

Während diese 7 Regeln im Wesentlichen durch anthropotechnische Betrachtungen motiviert sind und mithin die Beschränktheit der menschlichen Wahrnehmung und Interaktionsfähigkeit zugrunde legen, fußen die 8 goldenen Regeln nach Shneiderman und Plaisant empirisch auf Erfahrungen von Nutzern und auf deren Wünschen. Zudem beziehen sich die 7 Regeln nach Syrbe ganz allgemein auf Mensch-Maschine-Systeme, wohingegen die 8 goldenen Regeln speziell auf Bildschirmarbeitsplätze zugeschnitten sind.

Die acht goldenen Regeln nach Shneiderman und Plaisant lauten:

1. Strebe Konsistenz an.
   Verwende übereinstimmende Aktionsfolgen in ähnlichen Situationen, identische Terminologie in Kommandozeilen, Anzeigen, Menüs und Hilfefenstern sowie durchweg konsistente Kommandos.
2. Ermögliche häufigen Nutzern Kurzkommandos.
   Bei häufiger Nutzung entsteht der Wunsch, die Zahl der Interaktionsschritte zu verringern. Abkürzungen, Funktionstasten, verdeckte Kommandos und Makrogenerierung sind für den geübten Nutzer sehr hilfreich.
3. Biete informative Rückmeldungen an.
   Auf jede Benutzeraktion sollte eine Rückmeldung des Systems erfolgen. Während für häufige und weniger wichtige Aktionen die Rückmeldung moderat ausfallen kann, sollte für seltene und wichtige Aktionen die Rückmeldung entsprechend gewichtiger sein.
4. Entwerfe Dialoge mit einem gezielten Ende.
   Interaktionssequenzen sollten in Beginn, Mittelteil und Ende aufgeteilt sein. Die informative Rückmeldung nach Abschluss eines Abschnittes gibt dem Nutzer das Gefühl, ein Etappenziel erreicht zu haben. Es erleichtert ihn, er kann Alternativpläne und Optionen aus seinem Gedächtnis streichen und sie signalisiert ihm, dass der Weg frei ist, sich auf den nächsten Interaktionsabschnitt vorzubereiten.
5. Biete eine einfache Fehlerbehandlung.
   Entwerfe soweit als möglich ein System so, dass der Nutzer keine schwerwiegenden Fehler machen kann. Wurde ein Fehler gemacht, sollte das System diesen erkennen und eine einfache verständliche Vorgehensweise zu Behandlung des Fehlers anbieten.
6. Erlaube eine einfache Handlungsumkehrung.
   Diese Eigenschaft nimmt die Sorge vor Fehlbedienungen, da der Nutzer weiß, dass er diese wieder rückgängig machen könnte. Das ermutigt zum Erkunden bislang nicht vertrauter Optionen. Die Möglichkeit Aktionen rückgängig

zu machen, kann sich auf einzelne Schritte, Dateneingaben oder auf komplette Gruppen von Aktionen erstrecken.

7. Lokalisiere die Kontrolle beim Nutzer.
   Erfahrene Nutzer wünschen das Gefühl zu haben, dass das System auf ihre Eingaben reagiert, dass sie das System dominieren. Entwerfe das System so, dass der Nutzer Initiator von Aktionen ist anstatt ihn auf Aktionen des Systems reagieren zu lassen. Vermittle dem Nutzer das Gefühl, die Kontrolle über das System zu haben.
8. Reduziere die Belastung des Kurzzeitgedächtnisses.
   Die Grenzen der menschlichen Informationsverarbeitungsfähigkeiten im Kurzzeitgedächtnis erfordert, dass Anzeigen einfach gehalten, mehrseitige Anzeigen zusammengelegt und Fensterbewegungen reduziert werden. Für das Training von Codes, mnemonischen Bezeichnungen und Aktionsfolgen muss genügend Zeit vorgesehen werden.

Beide Regelsätze ergänzen sich sinnvoll, indem sie in teils komplementärer Weise notwendige und sinnvolle Forderungen für den Entwurf von Mensch-Maschine-Schnittstellen festlegen.
Weiter greifende Probleme entstehen insbesondere mit Schnittstellen, die heute meist als Bildschirm-Schnittstellen ausgeführt sind, mit denen eine Vielzahl von Menschen unterschiedlicher Ausbildung und betraut mit unterschiedlichen Aufgaben arbeiten, sodass Probleme auftreten, wie beim eindeutigen Verstehen von Umgangssprachen: Babylon-Effekt. Eine Möglichkeit, dieses Problem zu reduzieren, sind Standards (Richtlinien, Normen): Diese

- *erzeugen* den „Stand der Technik"; gilt für Lieferungen und Leistungen: Vertrags-, Handels-, Strafrecht,
- *erweitern* „Kenntnisse, Fähigkeiten"; da bewährte Varianten genauer beschrieben sind,
- *erleichtern* „Kommunikation, Absprachen" zwischen den Beteiligten durch Verwendung definierter Begriffe und Verfahren.

Nachteil: Die Erarbeitung und Abstimmung /Durchsetzung braucht Zeit, manchmal auch Kompromisse.

Inhaltsverzeichnis der „Richt-Linie VDI/VDE 3699, Blatt 3: Fließbilder" (verkürzte Darstellung: ohne dritte Gliederungsstufe).

Inhalt

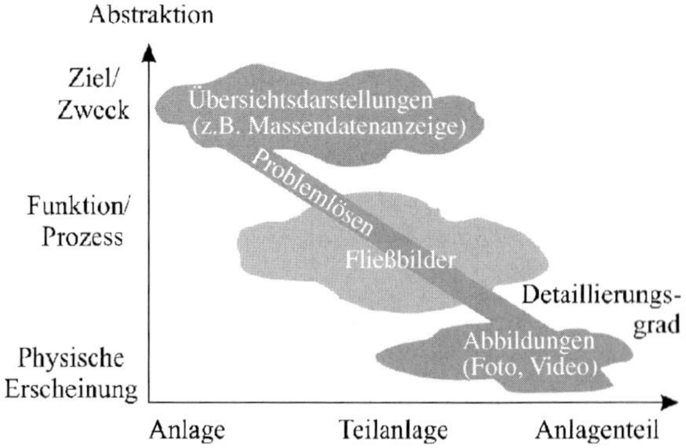

Bild 6–25. Inhalt der Richtlinie VDI/VDE 3699, Blatt 3, und Fließbilder in ihrem Umfeld

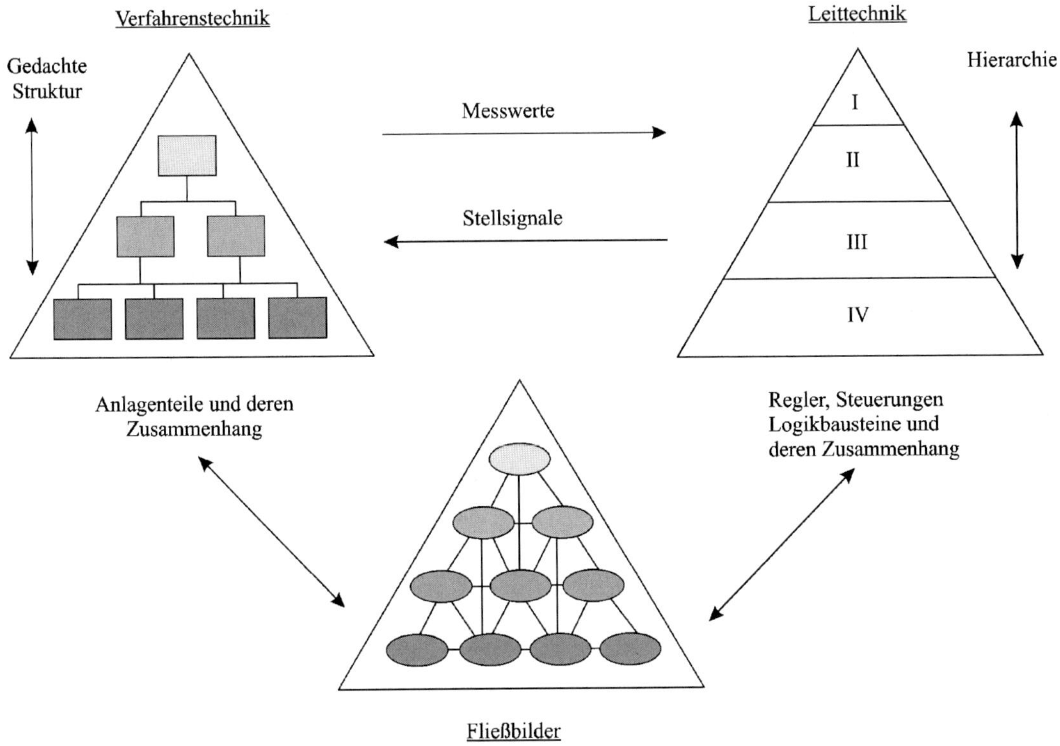

Bild 6–26. Einflüsse der Verfahrens- und Leittechnik auf die Gestaltung von Fließbildern

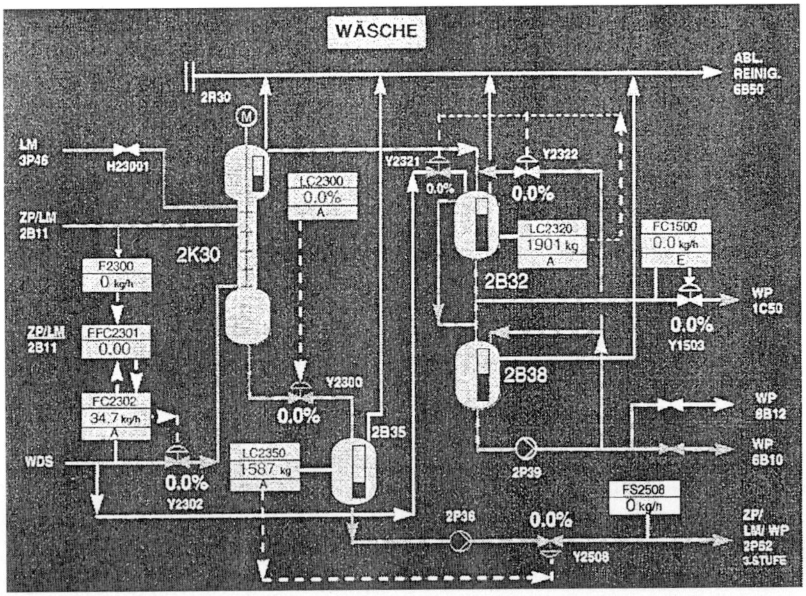

Bild 6–27. Beispiel für ein Fließbild einer Teilanlage mit verfahrens- und leittechnischer Information; aus VDI/VDE 3699

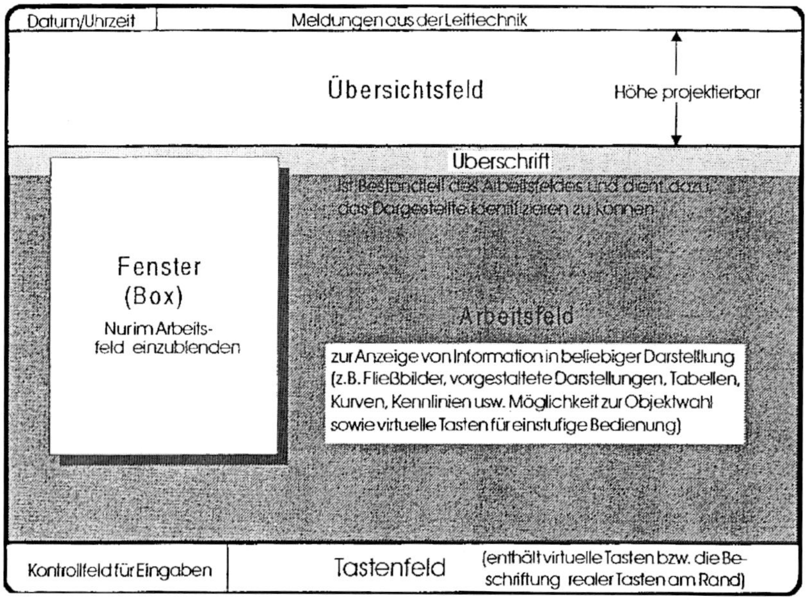

Bild 6-28. Empfohlene Aufteilung des Bildschirmes; aus VDI/VDE 3699

Einschlägige Standards sind vor allem:

- DIN 33 400 Gestaltung von Arbeitssystemen nach arbeitswissenschaftlichen Erkenntnissen
- ISO 6385 Grundsätze der Ergonomie für die Gestaltung von Arbeitssystemen
- ISO 9241 Ergonomische Anforderungen für Bürotätigkeiten mit Bildschirmgeräten
- ISO 10 075 Ergonomische Grundlagen bezüglich psychischer Arbeitsbelastung
- VDI 4006 Menschliche Zuverlässigkeit, Methoden zur quantitativen Bewertung
- VDI/VDE 3699 Regeln und Empfehlungen für die Gestaltung von Darstellungen und Bedienung bei Verwendung vollgrafischer Bildschirmsysteme zur Prozessführung

Beispiel: Richtlinie VDI/VDE 3699, speziell Blatt 3 „Fließbilder" vom August 1997 (Bild 6-25).
Fließbilder sind in Bild 6-25 rechts in ihr Umfeld eingeordnet. Ein Fließbild muss die verfahrenstechnische und die leittechnische Anlage abbilden können (Bild 6-26), was beispielsweise zu einer Darstellung nach Bild 6-27 führt.

Die Richtlinie VDI/VDE 3699 empfiehlt eine Aufteilung des Bildschirmes für die gesamte benötigte Information gemäß Bild 6-28:

- 1. Zeile: Datum/Uhrzeit, akute Meldungen aus dem ganzen Leitsystem als Symbol bzw. Kurzbezeichnung insbesondere Blockierungen und Ausfälle im Leitsystem selbst.
- Nicht überschreibbares Übersichtsfeld: akuter Zustand des Gesamtsystems, vorzugsweise Sammelmeldungen und Anzeige der Hauptprozessgrößen.
- Arbeitsfeld: z. B. Fließbild wie Bild 6-1 und 6-23.
- Verschiebbare Fenster: z. B. Kurvendarstellung von Zustandsgrößen oder Hilfetexte.
- Nicht überschreibbares Tastenfeld: für Fließbild unabhängige Eingaben.
- Kontrollfeld für Eingaben

Beispiel: Zitat aus: Europäische Norm + Norm der International Standard Organisation EN ISO 9241 mit einer Einführung in Teil 1, S. 1: Urheber, Fassungen und S. 6: Richtlinien zur Anwendung, Inhaltsübersicht sowie dem wichtigen Teil 10, S. 3: Grundsätze der Dialoggestaltung, d. h. der Interaktion zwischen Mensch und Maschine:

Die folgenden sieben Grundsätze sind für die Gestaltung und Bewertung eines Dialogs als wichtig erkannt worden:

- Aufgabenangemessenheit;
- Selbstbeschreibungsfähigkeit;
- Steuerbarkeit;
- Erwartungskonformität;
- Fehlertoleranz;
- Individualisierbarkeit;
- Lernförderlichkeit.

Diese Grundsätze werden dann durch kurze Beschreibungen und typischen Empfehlungen mit Anwendungsbeispielen dem Nutzer angeboten.
Diese Grundsätze sind auch Akzeptanzkriterien, die generell für Mensch-Maschine-Systeme gültig sind, wie die Einführung des Begriffs *Gebrauchstauglichkeit* (Usability) mit den praktisch gleichen Kriterien zeigt (ISO 9241, Teil 11: Anforderungen an die Gebrauchstauglichkeit – Leitsätze).

Literatur

Allgemeine Literatur zu den Kapiteln 1, 2, 3 und 5

Analysing Design Activity (Cross, N.; Christiaans, H.; und Dorst, K., Hrsg.): Chichester: John Wiley & Sons, 1997
Andreasen, M. M.; Hein, L.: Integrated product development, Neuauflage. Lyngby: Institut für Produktentwicklung, Techn. Universität Dänemark, 2000
Bralla, J. G.: Design for Excellence, New York: McGraw-Hill, 1996
DABEI-Handbuch für Erfinder und Unternehmer. (Hrsg.: Dt. Aktionsgem. Bildung, Erfindung, Innovation). Düsseldorf: VDI-Verl. 1987
DIN 69910: Wertanalyse (08.87)
Dubbel: Taschenbuch für den Maschinenbau (Hrsg.: K.-H. Grote, J. Feldhusen). 21. Aufl. Berlin: Springer 2004
Ehrlenspiel K.; Kiewert A.; Lindemann, U.: Kostengünstig Entwickeln und Konstruieren, 5. Auflage, Berlin: Springer 2005
Ehrlenspiel, K.: Integrierte Produktentwicklung, 2. Aufl. München: Hanser 2003
Frankenberger, E.; Badke-Schaub, P. und Birkhofer, H.: Designers, The key to Successfull Product Development, London: Springer 1998
Grundnormen. (DIN-Taschenbuch, 1). 21. Aufl. Berlin: Beuth 1988
Hansen, F.: Konstruktionssystematik. Berlin: Verl. Technik 1966
Hubka, V.: Theorie technischer Systeme. 2. Aufl. Berlin: Springer 1984
Hubka, V.; Eder W. E.: Einführung in die Konstruktionswissenschaft. Berlin: Springer 1992
Koller, R.: Konstruktionslehre für den Maschinenbau. 3. Aufl. Berlin: Springer 1994
Kramer, F.: Innovative Produktpolitik. Berlin: Springer 1988
Leyer, A.: Maschinenkonstruktionslehre. (Technica Reihe, 1–6). Basel: Birkhäuser 1963–1971
Mechanical Design, Theory & Methodology (Waldron M.; Waldron K., Hrsg.): New York: Springer 1996
Müller, J.: Arbeitsmethoden der Technikwissenschaften. Berlin: Springer 1990
Normen für Studium und Praxis. (DIN-Taschenbuch, 3). 12. Aufl. Berlin: Beuth 2003
Pahl, G.: Konstruieren mit 3D-CAD-Systemen. Berlin: Springer 1990
Pahl, G.; Beitz, W.; Feldhusen, J.; Grote, K.-H.: Konstruktionslehre. 7. Aufl. Berlin: Springer 2007
Pugh, St.: Total design: Integrated methods for successfull product engineering. Reading, Mass.: Addison-Wesley 1991
Rodenacker, W.: Methodisches Konstruieren. (Konstruktionsbücher, 27). 4. Aufl. Berlin: Springer 1991
Roth, K.: Konstruieren mit Konstruktionskatalogen. 3. Aufl., Bd. 1: Grundlagen, Bd. 2.: Konstruktionskataloge. Berlin: Springer 2001
Seeger, H.: Design technischer Produkte, Programme und Systeme. 2. Aufl. Berlin: Springer 2005
Systems Engineering (W. F. Daenzer, Hrsg.). 6. Aufl. Zürich: Verl. Industrielle Organisation 1989
TRIZ – Der systematische Weg zur Innovation (R. Herb; T. Herb; V. Kohnhauser, Hrsg.), Landsberg: Moderne Industrie, 2000
VDI 2221: Methodik zum Entwickeln und Konstruieren technischer Systeme und Produkte (05.93)
VDI 2223: Methodisches Entwerfen technischer Produkte (Entwurf) (03.99)
Warnecke, J. J.; u. a.: Planung in Entwicklung und Konstruktion. Grafenau: expert 1980
Zeichnungswesen. (DIN-Taschenbuch, 2). 10. Aufl. Berlin: Beuth 1988

Spezielle Literatur zu Kapitel 1

1. [VDI 2221]
2. VDI 2243: Recyclingorientierte Gestaltung technischer Produkte (10.93)

3. Systematische Produktplanung. (VDI-Taschenbuch, T76). 2.Aufl. Düsseldorf: VDI-Verlag 1983
4. Kehrmann, H.: Die Entwicklung von Produktstrategien. Diss. TH Aachen 1972
5. [Kramer]
6. [Pahl, Beitz, Feldhusen, Grote]
7. VDI 2220: Produktplanung; Ablauf, Begriffe und Organisation (Mai 1980)
8. Brunthaler, St.: Methodische Entwicklung technischer Systeme mit Software- und Hardwarekomponenten für integrierte Messdatenverarbeitung. (Schriftenreihe Konstruktionstechnik (Hrsg.: W. Beitz), 9). Berlin: TU Berlin 1986

Spezielle Literatur zu Kapitel 2

1. [Pahl, Beitz, Feldhusen, Grote]
2. Krumhauer, P.: Rechnerunterstützung für die Konzeptphase der Konstruktion. Diss. TU Berlin 1974
3. [Rodenacker]
4. [Koller]
5. [Roth]
6. [Dubbel]
7. Petra, H.: Systematik, Erweiterung und Einschränkung von Lastausgleichslösungen für Standgetriebe mit zwei Leistungswegen. Diss. TU München 1981
8. EN 1325-1:2000: Wertanalyse (Aug. 1987)
9. Sachmerkmale, DIN 4000 – Anwendung in der Praxis. (Hrsg.: DIN). Berlin: Beuth 2006
10. DIN 4000 (z. Zt. mit Entwürfen 163 Teile): Sachmerkmal-Leisten [für Norm- und Konstruktionsteile]
11. CAD-Normteiledatei nach DIN. (DIN-Fachber., 14). 3. überarb. Aufl. Berlin: Beuth 1984
12. Krauser, D.: Methodik zur Merkmalbeschreibung technischer Gegenstände. (DIN-Normungskunde, 22). Berlin: Beuth 1986

Spezielle Literatur zu Kapitel 3

1. Holliger-Uebersax, H.: Handbuch der allgemeinen Morphologie. 4. Aufl. Zürich: MIZ-Verlag 1980
2. Müller, J.: Grundlagen der systematischen Heuristik. Berlin: Dietz 1970
3. Schmidt, H. G.: Heuristische Methoden als Hilfen zur Entscheidungsfindung beim Konzipieren technischer Produkte. (Schriftenreihe Konstruktionstechnik (Hrsg.: W. Beitz), 1). Berlin: TU Berlin 1980
4. Krick, V.: An introduction to engineering and engineering design. 2nd ed. New York: Wiley 1969
5. Penny, R. K.: Principles of engineering design. Postgraduate J. 46 (1970) 344–349
6. [Pahl, Beitz, Feldhusen, Grote]
7. [Systems Engineering]
8. Blass, E.: Verfahren mit Systemtechnik entwickelt. VDI-Nachr. Nr. 29 (1981)
9. Franke, H. M.: Der Lebenszyklus technischer Produkte. (VDI-Ber., 512). Düsseldorf: VDI-Verlag 1984
10. [VDI 2221]
11. Zwicky, F.: Entdecken, Erfinden, Forschen im morphologischen Weltbild. 2. Aufl. Glarus: Baeschlin 1989
12. Seeger, H.: Industrie-Designs. Grafenau: expert 1983
13. Hertel, H.: Biologie und Technik. Mainz: Krausskopf 1963
14. Kerz, P.: Konstruktionselemente und -prinzipien in Natur und Technik. Konstruktion 39 (1987) 474–478; Natürliche und technische Konstruktionen in Sandwichbauweise. Konstruktion 40 (1988) 41–47; Zugbeanspruchte Konstruktionen in Natur und Technik. Konstruktion 40 (1988) 277–284
15. Kroy, W.: Abbau von Kreativitätshemmungen in Organisationen. In: Personal-Management in der industriellen Forschung und Entwicklung. (Schriftenreihe Forschung, Entwicklung, Innovation; 1) Köln: Heymanns 1984
16. [Rodenacker]
17. [Roth]
18. Kühnpast, R.: Das System der selbsthelfenden Lösungen in der maschinenbaulichen Konstruktion. Diss. TH Darmstadt 1968
19. Reuter, H.: Stabile und labile Vorgänge in Dampfturbinen. BBC-Nachr. 40 (1958) 391–398
20. Spähn, H.; Rubo, E.; Pahl, G.: Korrosionsgerechte Gestaltung. Konstruktion 25 (1973) 455–459
21. Rubo, E.: Kostengünstiger Gebrauch ungeschützter korrosionsanfälliger Metalle bei korrosivem Angriff. Konstruktion 37 (1985) 11–20
22. Habig, K.-H.: Verschleiß und Härte von Werkstoffen. München: Hanser 1980
23. VDI 2242 Blatt 1 und 2: Konstruieren ergonomiegerechter Erzeugnisse (April 1986)
24. Klöcker, I.: Produktgestaltung. Berlin: Springer 1981
25. VDI 2243 Blatt 1: Konstruieren recyclinggerechter technischer Produkte; Grundlagen und Gestaltungsregeln (10.93)
26. Meyer, H.: Recyclingorientierte Produktgestaltung. (Fortschrittber. VDI-Z., Reihe 1, Nr. 98). Düsseldorf: VDI-Verlag 1983
27. Pourshirazi, M.: Recycling und Werkstoffsubstitution bei technischen Produkten als Beitrag zur Ressourcenschonung. (Schriftenreihe Konstruktionstechnik (Hrsg.: W. Beitz), 12). Berlin: TU Berlin 1987
28. Weege, R.-D.: Recyclinggerechtes Konstruieren. Düsseldorf: VDI-Verlag 1981

29. Feldmann, K.: Beitrag zur Konstruktionsoptimierung von automatischen Drehmaschinen. Diss. TU Berlin 1974
30. VDI 2225 Blatt 1 und 2: Technisch-wirtschaftliches Konstruieren (Juli 1998)
31. Zangemeister, Ch.: Nutzwertanalyse in der Systemtechnik. 4. Aufl. München: Wittemann 1976
32. Deutsches Zentrum für Luft- und Raumfahrt e.V. (Hrsg.): DLR-Parabelflüge: Forschen in Schwerelosigkeit. 2006. – Projektflyer
33. Fa. novespace, Parabolic Flight Campaign with A300 ZERO-G User's Manual, Edition 5, July 99

Allgemeine Literatur zu Kapitel 4

Decker, K.-H.: Maschinenelemente. 15. Aufl. München: Hanser 2001

Dubbel: Taschenbuch für den Maschinenbau. (Hrsg.: K-H. Grote, J. Feldhusen). 21. Aufl. Berlin: Springer: 2004

Künne, B.; Köhler, G.; Rögnitz, H.: Maschinenteile, Teil 1 und 2. 9. Aufl. Stuttgart: Teubner 2003

Niemann, G.; Winter, H.; Höhn, B.-R.: Maschinenelemente Bd. I. 4. Aufl. Berlin: Springer 2005

Niemann, G.; Winter, H.: Maschinenelemente, Bd. II und III. 2. Aufl. Berlin: Springer 2003

Roloff, H.; Matek, W.: Maschinenelemente. 13. Aufl. Braunschweig: Vieweg 2005

Steinhilper, W.; Sauer, B.: Maschinen- und Konstruktionselemente. Bd. 1: Grundlagen der Berechnung und Gestaltung, 6. Aufl. 2005; Bd. 2 Verbindungselemente, 5. Aufl. 2006; Bd. 3: Elastische Elemente, Achsen und Wellen. Dichtungstechnik, 6. Aufl. 2005. Berlin: Springer

Tochtermann, W.; Bodenstein, F.: Konstruktionselemente des Maschinenbaus, Teile 1 u. 2. 9. Aufl. Berlin: Springer 1979

VDI-Handbuch Konstruktion. Düsseldorf: VDI-Verl.

Wächter, K. (Hrsg.): Konstruktionslehre für Maschineningenieure. 2. Aufl. Berlin: Verl. Technik 1989

Zeitschrift Konstruktion. Berlin: Springer

Spezielle Literatur zu Kapitel 4

1. [Dubbel]
2. Kollmann, F. G.: Welle-Nabe-Verbindungen. (Konstruktionsbücher, 32). Berlin: Springer 1984
3. Heinrich, J.: Kerbwirkung an Sicherungsringnuten und Berechnung von Sicherungsringverbindungen. Diss. TH Darmstadt 1984 (auch: FVA-Heft 181)
4. Pfeiffer, B.: Einfluss von Sicherungsverbindungen auf die Dauerschwingfestigkeit dynamisch belasteter Wellen. Diss. TU Berlin 1985 (auch: FVA-Heft 182)
5. Gertig, I.: Tragfähigkeit von Gestaltungsvarianten linienhafter Kraftformschlussverbindungen aus Thermoplasten. (Schriftenreihe Konstruktionstechnik (Hrsg.: W. Beitz), 3). Berlin: TU Berlin 1981
6. Bruchhold, I.: Untersuchung der Tragfähigkeit und des Füge- und Trennverhaltens von lösbaren Verbindungen. (Schriftenreihe Konstruktionstechnik (Hrsg.: W. Beitz), 15). Berlin: TU Berlin 1988
7. Galwelat, M.: Rechnerunterstützte Gestaltung von Schraubenverbindungen. (Schriftenreihe Konstruktionstechnik (Hrsg.: W. Beitz), 2). Berlin: TU Berlin 1980
8. Grote, K.-H.: Untersuchungen zum Tragverhalten von Mehrschraubenverbindungen. (Schriftenreihe Konstruktionstechnik (Hrsg.: W. Beitz), 6). Berlin: TU Berlin 1984
9. VDI 2230: Systematische Berechnung hochbeanspruchter Schraubenverbindungen – Zylindrische Einschraubenverbindungen (Februar 2003)
10. Seefluth, R.: Dauerfestigkeitsuntersuchungen an Wellen-Naben-Verbindungen. Diss. TU Berlin 1970
11. Galle, G.: Tragfähigkeit von Querpressverbänden. (Schriftenreihe Konstruktionstechnik (Hrsg.: W. Beitz), 4). Berlin: TU Berlin 1981
12. Ruge, J.: Handbuch der Schweißtechnik. Bd. I und II. 3. Aufl. Berlin: Springer 1993
13. Scheermann, H.: Leitfaden für den Schweißkonstrukteur. 2. Aufl. Düsseldorf: Deutscher Verlag für Schweißtechnik (DVS) 1997
14. Neumann, A.: Schweißtechnisches Handbuch für Konstrukteure, Teil 1 7. Aufl. 1996, Teil 2 5. Aufl. 1988, Teil 3 5. Aufl. 1997. Düsseldorf: Deutscher Verlag für Schweißtechnik (DVS)
15. Dorn, L.: Schweißgerechtes Konstruieren. Ehningen bei Böblingen: expert 1991
16. Dorn, L: Hartlöten und Hochtemperaturlöten. Sindelfingen: expert 2006
17. Zaremba, H.: Hart- und Hochtemperaturlöten. Düsseldorf: DVS-Verl. 1988
18. Habenicht, G.: Kleben. Wiesbaden. 4. Aufl. Vieweg 2006
19. Meissner, M.; Wanke, K.: Handbuch Federn. 2. Aufl. Berlin: Verl. Technik 1993
20. Göbel, E. F.: Gummifedern. (Konstruktionsbücher, 7). 3. Aufl. Berlin: Springer 1969
21. Battermann, W.; Köhler, R.: Elastomere Federung, elastische Lagerungen. Berling: Ernst 1982
22. Schalitz, A.: Kupplungsatlas. 5. Aufl. Ludwigsburg: AGT-Verl. 1975
23. Dittrich, O.; Schumann, R.: Anwendungen der Antriebstechnik, Bd. II: Kupplungen. Mainz: Krausskopf 1974

24. Fleiss, R.: Das Radial- und Axialverhalten von Zahnkupplungen. (FKM-Heft, 68). Frankfurt: Forschungskuratorium Maschinenbau 1977
25. Henkel, F.: Membrankupplungen: Theoretische und experimentelle Untersuchung ebener und konzentrisch gewellter Kreisringmembranen. Diss. TU Hannover 1980
26. Peeken, H.; Troeder, C.: Elastische Kupplungen. (Konstruktionsbücher, 33). Berlin: Springer 1986
27. Winkelmann, S.; Hartmuth, H.: Schaltbare Reibkupplungen. (Konstruktionsbücher, 34). Berlin: Springer 1985
28. VDI 2241 Blatt 1 und 2: Schaltbare fremdbetätigte Reibkupplungen und -bremsen (Juni 1982; Sept. 1984)
29. Timtner, K.: Berechnung der Drehfederkennlinie und zulässiger Drehmomente bei Freilauf-Kupplungen mit Klemmkörpern. Diss. TH Darmstadt 1974
30. Stölzle, K.; Hart, S.: Freilaufkupplungen. (Konstruktionsbücher, 19). Berlin: Springer 1961
31. Wolf, M.: Strömungskupplungen und Strömungswandler. Berlin: Springer 1962
32. Kickbusch, E.: Föttinger-Kupplungen und Föttinger-Getriebe. (Konstruktionsbücher, 21). Berlin: Springer 1963
33. VDI 2153: Hydrodynamische Leistungsübertragung; Begriffe, Bauformen, Wirkungsweise (April 1994)
34. Hamp, W.: Wälzlagerungen. (Konstruktionsbücher, 23). Berlin: Springer 1971
35. Bartz, W. J.: Wälzlagertechnik. Sindelfingen: expert 1988
36. Kataloge der Wälzlager-Hersteller
37. Trutnovsky, K.: Berührungsdichtungen. (Konstruktionsbücher, 17). 2. Aufl. Berlin: Springer 1975
38. Trutnovsky, K.: Berührungsfreie Dichtungen. 4. Aufl. Düsseldorf: VDI-Verl. 1981
39. Lang, O. R.; Steinhilper, W.: Gleitlager. (Konstruktionsbücher, 31). Berlin: Springer 1978
40. Vogelpohl, G.: Betriebssichere Gleitlager. 2. Aufl. Berlin: Springer 1967
41. Bartz, W. J.; u. a.: Gleitlagertechnik, Teil 1 und 2. Grafenau; Sindelfingen: expert 1981; 1986
42. Peeken, H.: Dimensionierung und Optimierung hydrostatischer Querlager. (VDI-Ber., 196). Düsseldorf: VDI-Verl. 1973
43. Niemann, G.; Winter, H.: Maschinenelemente, Bd. 2 und 3. 4. Aufl. Berlin: Springer 2005
44. Müller, H. W.: Die Umlaufgetriebe. (Konstruktionsbücher, 20). 2. Aufl. Berlin: Springer 1998
45. VDI 2155: Gleichförmig übersetzende Reibschlußgetriebe; Bauarten und Kennzeichen (April 1977) (zurückgezogen)
46. Hagedorn, L.: Konstruktive Getriebelehre. 4. Aufl. Düsseldorf: VDI-Verl. 1986
47. Kiper, G.: Katalog einfachster Getriebebauformen. Berlin: Springer 1982
48. Findeisen, D.: Ölhydraulik. 5. Aufl. Berlin: Springer 2006
49. Matthies, H. J., Renius, K. Th.: Einführung in die Ölhydraulik. Wiesbaden: Teubner 2006
50. Recknagel, H.; Sprenger, E.; Hönmann, W.: Taschenbuch für Heizung und Klimatechnik. 66. Aufl. München: Oldenbourg 1992
51. Taschenbuch Rohrleitungstechnik. (Hrsg.: L. Steinmüller; C. Steinmüller). Essen: Vulkan 1995
52. Schwaigerer, S.: Rohrleitungen. Reprint 1. Aufl., Berlin: Springer 1986
53. Klapp, E.: Apparate- und Anlagentechnik. Berlin: Springer 2002
54. Industriearmaturen. 5. Aufl. Essen: Vulkan 1997
55. ACTIDYNE. Prospekt der Société de Mécanique Magnétique, Vernon, France
56. Schmelz, F.: Graf von Seherr-Thoss, H.-C.; Aucktor, E.: Gelenke und Gelenkwellen. (Konstruktionsbücher, 36). 2. Aufl., Berlin: Springer 2002
57. Wiegand, H.; Kloos, K.-H.; Thomala, W.: Schraubenverbindungen. (Konstruktionsbücher, 5). 5. Aufl., Berlin: Springer 2004
58. Looman, J.: Zahnradgetriebe. (Konstruktionsbücher, 26). 3. Aufl., Berlin: Springer 1996
60. Peeken, H.: Wälzlagerungen, Gleitlagerungen. In: [Dubbel], G4, G5
61. Röper, R.: Ölhydraulik und Pneumatik. In: [Dubbel], H1
62. Siekmann, H.: Föttinger-Getriebe. In: [Dubbel], R5
64. Klamka, H.: Einfluß von Fertigungs- und Nachbehandlungsvarianten auf die dauerfestigkeitsbestimmenden Parameter bei Wellen mit axialkraftbelasteten Sicherungsringnuten. Diss. TU Berlin 1990
65. Meyer-Eschenbach, A.; Beitz, W.: Dauerschwingfestigkeit von Wellen mit Sicherungsringverbindungen für Werkstoff-, Nachbehandlungs- und Fertigungsvarianten. Konstruktion 45 (1993), 263–268
66. Beitz, W.; Meyer-Eschenbach, A.: Dauerschwingfestigkeit von Wellen mit Sicherungringverbindungen. Antriebstechnik 32 (1993), Nr. 12, 58–61
67. Schmidt-Kretschmer, M.: Untersuchungen an recyclingunterstützenden Bauteilverbindungen. (Schriftenreihe Konstruktionstechnik (Hrsg.: W. Beitz), 19). TU Berlin 1994
68. Romanos, G.: Reibschluss- und Tragfähigkeitsverhalten umlaufbiegebelasteter Querpreßverbinde. (Schriftenreihe Konstruktionstechnik (Hrsg.: W. Beitz), 26). TU Berlin 1991

69. Peeken, H.: Reibradgetriebe. In: [Dubbel], G7
70. Kerle, H.: Getriebetechnik. In: [Dubbel], G9
71. Haas, W.; Müller, H. K.: Berührungsfreie Wellendichtungen für flüssigkeitsbespritzte Dichtstellen. Konstruktion 39 (1986) 107–113
72. Neugebauer, G.: Dichtungen. In: Konstruktionslehre für Maschineningenieure (Hrsg.: K. Wächter). 2. Aufl. Berlin: Verl. Technik 1989, S. 951–966
73. Seifert, H.; Schulte, W.: Berührungslose radiale Gleitringdichtungen mit Öl als Sperrmedium. Konstruktion 38 (1986) 473–477
74. Prokop, J.; Müller, H. K.: Reibverhalten und Reibungszahlen von Hydraulik-Stangendichtungen aus PTFE. Konstruktion 39 (1987) 131–137
75. [Steinhilper, W.; Sauer, B.], Bd. 2, 2006
76. Tückmantel, H.-J.: Entwicklung einer leistungsfähigen Stopfbuchspackung aus flexiblem Graphit für Hochdruck/Hochtemperatur-Armaturen. Konstruktion 40 (1988) 179–181
77. Tückmantel, H.-J.: Beitrag zur Verbesserung der Berechenbarkeit von Abdichtungen mittels Stopfbuchspackungen. Konstruktion 38 (1986) 135–138
78. Fritz, E.; Haas, W.; Müller, H. K.: Abdichtung von Werkzeugmaschinenspindeln. Konstruktion 41 (1989) 229–238
79. Müller, H. K.: Abdichtung bewegter Maschinenteile. Waiblingen: Medienvlg. U. Müller 1990
80. Müller, H. K.; Falalejew, S. W.: Gasgeschmierte Gleitringdichtung als Lagerabdichtung für Flugtriebwerke. Konstruktion 43 (1991) 31–35
81. Mayer, E.: Axiale Gleitringdichtungen. 7. Aufl. Düsseldorf: VDI-Verl. 1982
82. Müller, G. S.; Müller, H. K.: Verwirbelungsverluste bei Gleitringdichtungen. Konstruktion 42 (1990) 227–232
83. Müller, H. K.; Waidner, P.: Niederdruck-Gleitringdichtungen: Vorgänge im Dichtspalt. Konstruktion 40 (1988) 67–72
84. Tückmantel, H.-J.: Über das elastische Verhalten von Flanschverbindungen. Konstruktion 39 (1987) 209–216
85. Tückmantel, H.-J.: Die Berechnung statischer Dichtverbindungen unter Berücksichtigung der maximal zulässigen Leckmenge auf der Basis einer neuen Dichtungstheorie. Konstruktion 40 (1988) 116–120
86. Steyer, H.; Neugebauer, G.: Grundlegende Untersuchungen und Entwicklung von Gleitringdichtungen für Hochdruck-Kreiselpumpen. Konstruktion 43 (1991) 219–224
87. Federn. (DIN-Taschenbücher, 29). 10. Aufl. Berlin: Beuth 2006
88. VDI 2240: Wellenkupplungen. (Juni 1971)
89. Wälzlager. (DIN-Taschenbücher, 24). 6. Aufl. Berlin: Beuth 1989
90. Weck, M.: Moderne Leistungsgetriebe. Berlin: Springer 1992
91. VDI 2727, Bl. 1 u. Bl. 2: Lösung von Bewegungsaufgaben mit Getrieben. (Mai 1991)
92. VDI 2700: Ladungssicherung auf Straßenfahrzeugen (Nov. 2004)
93. VDI 2204, Bl. 1, B. 2 und Bl. 3: Auslegung von Gleitlagerungen (Sept. 1992)
94. VDI 2127: Getriebetechnische Grundlagen; Begriffsbestimmungen der Getriebe (Feb. 1993)
95. VDI 2142 E, Bl. 1 u. Bl. 2: Auslegung ebener Kurvengetriebe (Okt. 1994)

Spezielle Literatur zu Kapitel 5

1. Zeichnungswesen Teil 1. (DIN-Taschenbücher, 2). 12. Aufl. Berlin: Beuth 2000
2. Geschke, H. W.; Heller, W.; Wehr, W.: Technisches Zeichnen. 22. Aufl. Stuttgart: Teubner 1994
3. Feldhusen, J.; Pahl, G.: Grundlagen der Konstruktionstechnik. In: [Dubbel], F6
4. [Pahl, Beitz, Feldhusen, Grote]
5. Spur, G.; Krause, F.-L.: CAD-Technik. München: Hanser 1984
6. Farny, B.: Rekonstruktion eines 3D-Getriebemodells aus Orthogonalprojektionen beim rechnerunterstützten Konstruieren. Diss. TU Braunschweig 1985
7. Jansen, H.; Meyer, B.: CASUS: ein System zur Rekonstruktion von Volumenmodellen aus handskizzierten Ansichten. ZWF 79 (1984) 420–434
8. Daßler, R.: Variable Geometriemodelle und ausgewählte Anwendungen. Diss. TU Berlin 1985
9. Feng, P.-E.: Optimierungsmethodik für Arbeitseinrichtungen von Hydraulikbaggern. (Schriftenreihe Konstruktionstechnik (Hrsg.: W. Beitz), 8). Berlin: TU Berlin 1985
10. Grundlagen der Normungsarbeit des DIN. (DIN-Normenheft, 10). 7. Aufl., Berlin: Beuth 2001
11. DIN-Katalog für technische Regeln. Berlin: Beuth (jährlich)
12. DIN: CAD-Normteildatenbank – wann? Berlin: Beuth 1984
13. Susanto, A.: Methodik zur Entwicklung von Normen. (DIN-Normungskunde, 23). Berlin: Beuth 1988
14. DIN 32992 Teil 3: Kosteninformationen; Berechnungsgrundlagen; Ermittlung von Relativkosten-Zahlen (März 1987)
15. VDI 2225 Blatt 1: Technisch-wirtschaftliches Konstruieren; Vereinfachte Kostenermittlung (Nov. 1997)

16. Klasmeier, U.: Kurzkalkulationsverfahren zur Kostenermittlung beim methodischen Konstruieren. (Schriftenreihe Konstruktionstechnik (Hrsg.: W. Beitz), 7). Berlin: TU Berlin 1985
17. Pahl, G.; Rieg, F.: Kostenwachstumsgesetze für Baureihen. München: Hanser 1984
18. DIN 69910
19. Wertanalyse. (VDI-Taschenbücher, T35). 5. Aufl., Düsseldorf: VDI-Verl. 1995

Handbücher und Nachschlagwerke

Charwat, H.J.: Lexikon der Mensch-Maschine-Kommunikation. München, Oldenbourg Verlag 1994

Allgemeine Literatur zu Kapitel 6

Geiser, G.: Mensch-Maschine-Kommunikation. München, Oldenbourg Verlag 1990

Preim, B.: Entwicklung interaktiver Systeme. Berlin, Springer-Verlag 1999

Timpe, K.-P., Jürgensohn, T., Kolrep, H. (Hrsg.): Mensch-Maschine-Systemtechnik – Konzepte, Modellierung, Gestaltung, Evaluation. Düsseldorf, Symposion Publishing 2000

Schneiderman, B., Plaisant, C.: Designing the User Interface: Strategies for Effective Human-Computer Interaction. 4. Auflage. Addison-Wesley, 2005

Spezielle Literatur zu Kapitel 6

1. Geiser, G.: Zur Auffälligkeit optischer Muster. Dissertation an der Fakultät für Elektrotechnik der Universität Karlsruhe (TH) 1973
2. Goodstein, L.P.: Discriminative Display Support for Process Operators. In Human Detection and Diagnosis of System Failures, edited by Rasmussen, J., Rouse W. B., Plenum Press, New York, 1981, 433–449
3. Radl, G. W.: Psychische Beanspruchung und Arbeitsunfall. Bundesanstalt für Arbeitsschutz und Unfallforschung und TÜV Rheinland, Institut für Unfallforschung, Forschungsbericht 145, Dortmund, 1975
4. Peinsipp-Byma, E.: Leistungserhöhung durch Assistenz in interaktiven Systemen zur Szenenanalyse. Dissertation an der Fakultät für Informatik der Universität Karlsruhe (TH) 2007
5. Card, S., Moran, T., Newell, A.: The Model Human Processor – An Engineering Model of Human Performance. Handbook of Perception and Human Performance, New York, Wiley 1986, Chapter 45
6. Oel, P.: Optimierung der Bedienzeit von mausgesteuerten grafischen Mensch-Maschine-Schnittstellen. Dissertation an der Fakultät für Informatik der Universität Karlsruhe (TH) 2002
7. Geisler, J.: Leistung des Menschen am Bildschirmarbeitsplatz: Das Kurzzeitgedächtnis als Schranke menschlicher Belastbarkeit in der Konkurrenz von Arbeitsaufgabe und Systembedienung. Dissertation an der Fakultät für Informatik der Universität Karlsruhe (TH) 2006
8. Schumacher, W.: Bedienungsstrategien des Menschen bei konkurrierenden Forderungen in Mensch-Maschine-Systemen. Fortschr.-Ber. VDI-Z. Reihe 10, Nr. 11, 1981
9. Syrbe, M.: Über die Notwendigkeit einer Systemtheorie in der Wissenschaftsdisziplin Informatik. Informatik-Spektrum 18 (1995) S. 222–227
10. Kraiss, K.-F.: Anthropotechnik in der Fahrzeug- und Prozessführung. Lehrstuhl für Technische Informatik der RWTH, Aachen, 1995
11. Syrbe, M.: Anthropotechnik, eine Disziplin der Anlagenplanung. Elektrotechnische Zeitschrift, Ausgabe A, VDE-Verlag, 91 (1970) 12, S. 692–697

Anmerkung des Herausgebers:

Das Kapitel K basiert auf den Ausführungen der vorherigen Auflagen bzw. den von W. Beitz erarbeiteten Unterlagen. Die Kapitel K 1 bis K 3 sowie das Kapitel K 5 wurden grundlegend überarbeitet. Das Kapitel K 4 wurde im Wesentlichen beibehalten, das Literaturverzeichnis aktualisiert.

Produktion

G. Spur

1 Grundlagen

1.1 Produktionsfaktoren

Produktion ist die Erzeugung von Sachgütern und nutzbarer Energie sowie die Erbringung von Dienstleistungen durch Kombination von Produktionsfaktoren. Produktionsfaktoren sind alle zur Erzeugung verwendeten Güter und Dienste. Aus volkswirtschaftlicher Sicht besteht der Zweck der Produktion im Überwinden der Knappheit von Gütern und Diensten zur Befriedigung menschlicher Bedürfnisse [1,2]. Die Produktion steht als Erzeugungssystem der Konsumtion als Verbrauchssystem gegenüber (Bild 1-1).

Die *primäre Produktion* oder Urproduktion umfasst Land- und Forstwirtschaft, Fischerei und Jagd sowie Bergbau und Meereswirtschaft. Die *sekundäre Produktion* oder Güterproduktion umfasst die handwerkliche und industrielle Verarbeitung von Rohstoffen zu Sachgütern. Die *tertiäre Produktion* erbringt die Dienstleistungen.

Die Gütererzeugung beginnt mit der Urproduktion, der Gewinnung und Aufbereitung der Rohstoffe. Die Umwandlung der Rohstoffe in Materialien ist Gegenstand der Verfahrens- und Verarbeitungstechnik, deren Entwicklung und Veredelung zu Sachgütern Aufgabe der Fertigungs- und Montagetechnik.

Die Volkswirtschaftslehre begreift als Produktion auch die logistische Verteilung (Transport, Lagerung und Absatz) der hergestellten Güter.

Produktionsfaktoren

Arbeit ist jede Tätigkeit, die zur Befriedigung von Bedürfnissen und in der Regel gegen Entgelt verrichtet wird. *Boden* sind in weiterem Sinne alle Ressourcen, die der Natur für den Produktionsprozess entnommen werden. *Kapital* umfasst alle realen Kapitalgüter, mit denen ein Produktionssystem ausgestattet ist,

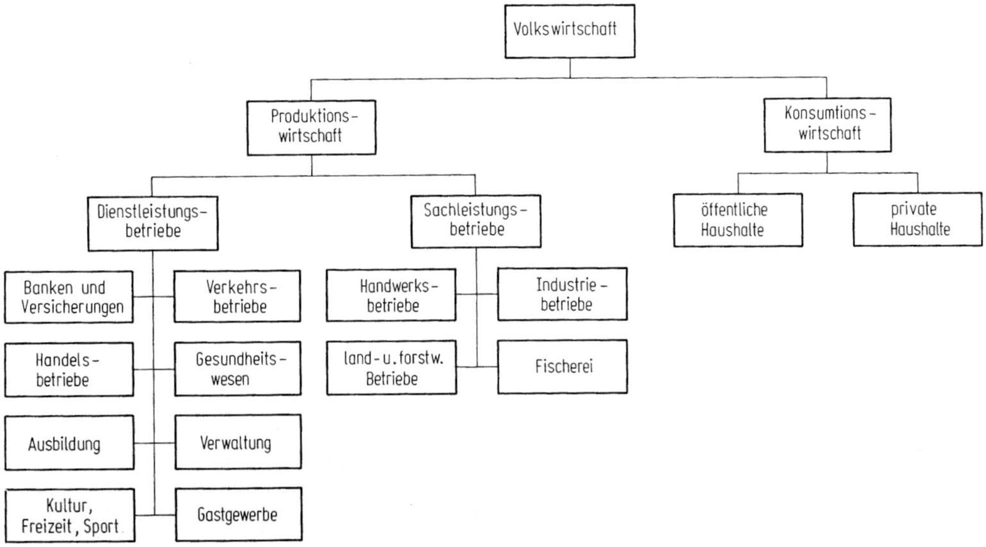

Bild 1-1. Wirtschaftsbereiche der Betriebe und der Haushalte

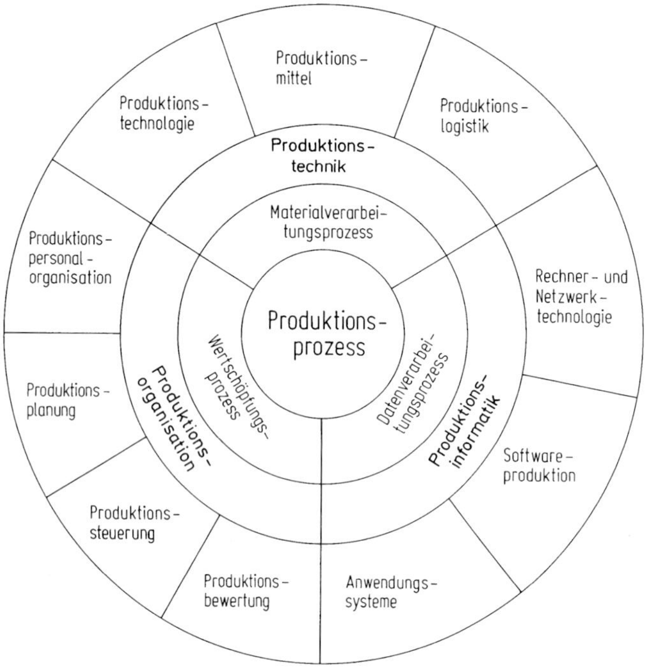

Bild 1-2. Verbund von Produktionstechnik, Produktionsinformatik und Produktionsorganisation

um durch Kombination mit den Faktoren Arbeit und Boden deren Ergiebigkeit zu steigern.

Produktionsprozesse sind aus ökonomischer Sicht materielle Transformationsprozesse mit Wertschöpfung.

Das Zusammenwirken der Produktionsfaktoren macht letztlich den produktionswissenschaftlichen Erkenntnisgegenstand aus. Von Bedeutung sind nicht nur material- und energieorientierte Fragestellungen zum Produktionsprozess, sondern auch die informationsorientierten Phasen, wie Produktentwicklung und Produktionsplanung sowie Produktionssteuerung und Qualitätssicherung.

Planungsstrategien zur Erreichung eines Produktionsziels unter Ausnutzung gegebener Produktionsfaktoren heißen *Produktionsstrategien*. Durch eine organisatorische Gliederung von Produktionsprozessen werden *Produktionsstrukturen* geschaffen. Die *Produktionsorganisation* leistet die Analyse, Planung, Steuerung, Kontrolle, und Bewertung der Produktionsprozesse. Die Aufgaben der *Produktionsinformatik* ergeben sich aus den Erfordernissen rechnerunterstützter Produktionssysteme.

Ein Produktionsprozess ist aus technischer Sicht geplante Materialverarbeitung, aus wirtschaftlicher Sicht geplante Wertschöpfung und aus informationeller Sicht geplante Datenverarbeitung (Bild 1-2). Die Realisierung von Produktion erfolgt im Zusammenwirken von Energie, Material und Information.

1.2 Produktionssysteme

Produktionsprozesse vollziehen sich in Produktionssystemen durch Transformation von Material aus einem Rohzustand in einen Fertigzustand. Die Produktion geschieht dabei durch aufeinander folgende Produktionsoperationen. Dazu können Änderungen von Stoffeigenschaften, des Stoffzusammenhalts sowie der räumlichen Lagebeziehungen vollzogen werden.

Produktionssysteme können am zweckmäßigsten durch Anwendung formalisierter systemtechnischer Methoden auf den Produktionsprozess entwickelt werden. Diese bezwecken eine systemgerechte Darstellung der Sachgütererzeugung im Sinne der gestellten Produktionsaufgabe.

Zur *Produktionsenergie* gehören alle Energieformen bzw. Energieträger, die dem Produktionsprozess zugeführt werden, damit auch die menschliche Muskelarbeit.

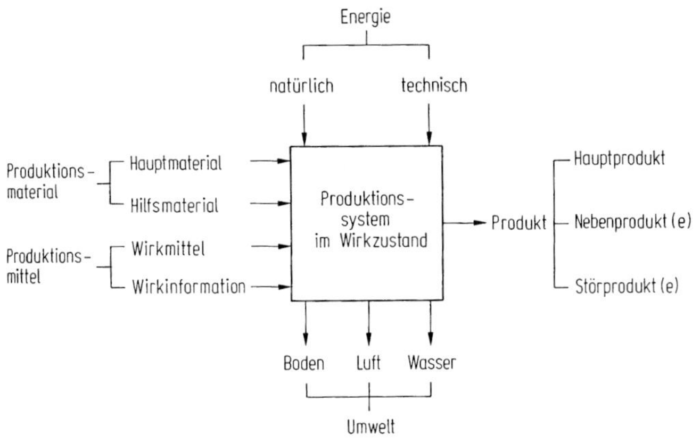

Bild 1-3. Wirkprozesse von Produktionssystemen

Das *Produktionsmaterial* umfasst alle am Produktionsprozess beteiligten Stoffe. Man unterscheidet zwischen Hauptmaterial und Hilfsmaterial. Das Hauptmaterial wird zum Produkt verarbeitet und dabei verbraucht. Hilfsmaterialien, wie Gase, Kühlmittel, Schmierstoffe, Reinigungsmittel und Verpackungen, dienen dem Produktionsprozess in unterschiedlicher Weise; sie sind teilweise rückführbar.

Zur Realisierung eines Produktionsprozesses sind *Produktionsmittel* erforderlich, bei denen man zwischen direkten und indirekten unterscheidet. Direkte Produktionsmittel sind Arbeitsmaschinen, Vorrichtungen, Geräte, Werkzeuge, Messzeuge, Spannzeuge und Kraftanlagen. Zu den indirekten Produktionsmitteln gehören die Produktionsinformationen. Sie sind das in Plänen und Programmen niedergelegte Wissen, das benötigt wird, um die Produktionsprozesse durchführen zu können. Sie betreffen die Produktkonstruktion, die Produktionsplanung und Produktionsorganisation sowie die Qualifizierung der Mitarbeiter.

Ausgabeelemente eines Produktionssystems sind die angestrebten Hauptprodukte, anfallende Nebenprodukte mit und ohne Marktwert sowie umweltwirksame Störprodukte (Bild 1-3).

1.3 Produktivität

Produktivität bezeichnet stets ein Verhältnis von Ausbringung zu Einsatz. Das Verhältnis von Ausbringungsmengen zu Einsatzmengen führt zu *Produktivitätskenngrößen*. Ein Produktivitätskennwert trifft eine Aussage über einen Wirkungsgrad eines Produktionsprozesses. Hinsichtlich der Art der zu vergleichenden Größen lassen sich unterscheiden:

- die technische Produktivität, gemessen in Mengen- oder Zeiteinheiten,
- die wirtschaftliche Produktivität, gemessen in Geldbeträgen sowie
- die Faktoren-Produktivität.

Wichtige Produktivitätskenngrößen sind

- die Produktionsmittelproduktivität als Verhältnis der Menge der produzierten Güter zur Menge der eingesetzten Produktionsmittel,
- die Arbeitsproduktivität als Verhältnis der Menge der produzierten Güter zur aufgewendeten Arbeitszeit sowie
- die Materialproduktivität als Verhältnis der Menge der produzierten Güter zur Menge des verwendeten Materials.

1.4 Produktionstechnik

Die Produktionstechnik gliedert sich (vgl. Bild 1-2) in folgende Bereiche:

- Die *Produktionstechnologie* ist als Verfahrenskunde der Gütererzeugung die Lehre von der Umwandlung und Kombination von Produktionsfaktoren in Produktionsprozessen unter Nutzung materieller, energetischer und informationstechnischer Wirkflüsse.
- *Produktionsmittel* sind Anlagen, Maschinen, Vorrichtungen, Werkzeuge und sonstige Produktionsgerätschaften. Für sie existiert eine spezielle

Konstruktionslehre, gegliedert in den Entwurf von Universal-, Mehrzweck- und Einzwecksystemen. Zur Produktionsmittelentwicklung gehört ferner die Erarbeitung geeigneter Programmiersysteme.
- Die *Produktionslogistik* umfasst alle Funktionen von Gütertransport und -lagerung im Wirkzusammenhang eines Produktionsbetriebes. Sie gliedert sich in die Bereiche Beschaffung, Produktion und Absatz.

Aufgabe der *Produktionstechnik* ist die Anwendung geeigneter Produktionsverfahren und Produktionsmittel zur Durchführung von Produktionsprozessen bei möglichst hoher Produktivität. Die Produktionstechnik betrifft den gesamten Prozess der Gütererzeugung. Sie beginnt als Teil des Materialkreislaufs (vgl. Bild D1-1) im Bereich der Urproduktion durch Gewinnungs- und Aufbereitungstechnik mit der Erzeugung von Rohstoffen. Diese werden durch die Verfahrenstechnik zu Gebrauchsstoffen oder Werkstoffen umgewandelt. Durch Fertigungs- und Montagetechnik erfolgt die Formgebung der Werkstoffe zu Bauteilen und ihre Kombination zu gebrauchsfertigen Gütern (Bild 1-4, Bild 1-5).

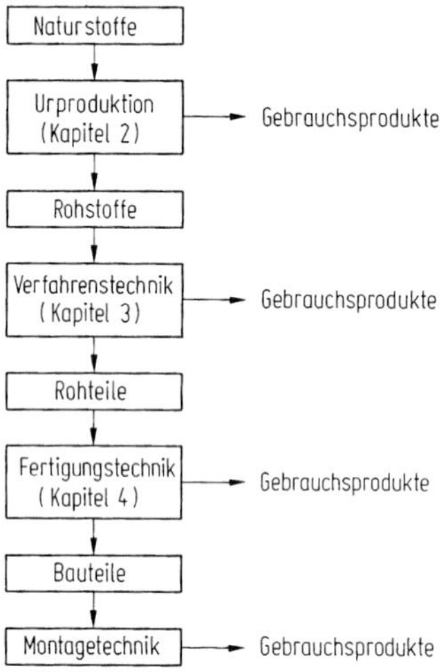

Bild 1-4. Materieller Prozess der Gütererzeugung

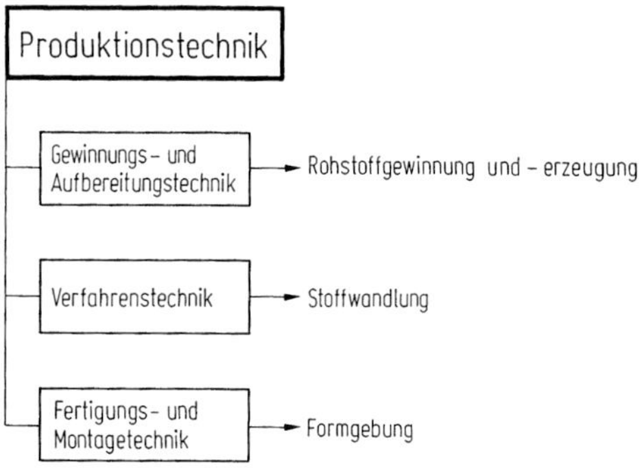

Bild 1-5. Gliederung der Produktionstechnik nach der Art des stofflichen Prozesses der Gütererzeugung

2 Rohstoffgewinnung und -erzeugung durch Urproduktion

2.1 Biotische und abiotische Rohstoffe

Rohstoffe sind die Grundlage der gesamten Energiewandlung und Güterproduktion. Nur wenige Rohstoffe sind als Naturstoff unmittelbar verwendbar. Die meisten werden durch spezielle Verfahren gewonnen. Um ihrem Gebrauchszweck dienen zu können, müssen sie i. Allg. vorher aufbereitet werden.
Es sind biotische und abiotische Rohstoffe zu unterscheiden (Bild 2-1). Zu den biotischen Rohstoffen zählen die tierischen und pflanzlichen Produkte, die größtenteils zur landwirtschaftlichen oder forstwirtschaftlichen Urproduktion zu rechnen sind. Zu den abiotischen Rohstoffen zählen die geotechnisch abbaubaren Stoffe, die im weitesten Sinne den Bergbauprodukten zugeordnet werden. Eine Sonderstellung nehmen die frei zugänglichen Rohstoffe wie Luft und bedingt auch Wasser ein, soweit sie im Sinne der Rohstoffmärkte keine Handelsware darstellen.

2.2 Energierohstoffe und Güterrohstoffe

Energie- und Güterrohstoffe haben eine grundlegende ökonomische und ökologische Bedeutung. Die unterschiedlichen Nutzungsweisen als Energierohstoff zur Gewinnung nutzbarer Energie oder als Güterrohstoff zur Umwandlung in nutzbare Güter sind in Bild 2-2 dargestellt.
Energierohstoffe (primäre Energieträger) und Güterrohstoffe kommen in der Natur im festen, flüssigen oder gasförmigen Zustand vor. Sekundärrohstoffe sind Altstoffe, die bestimmt sind durch Rückführung wiederverwertet zu werden [1,2].

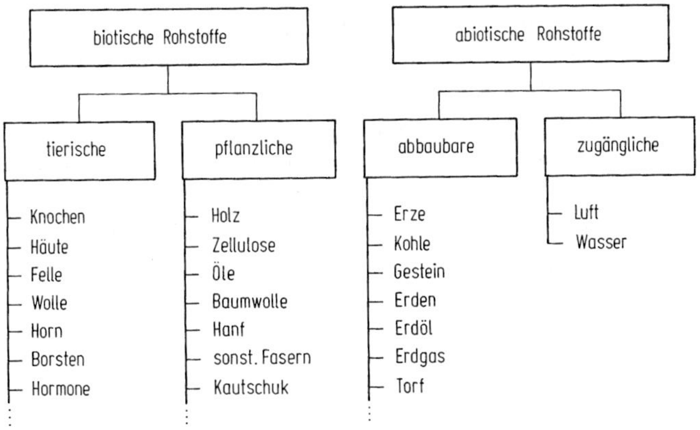

Bild 2-1. Einteilung der Rohstoffe

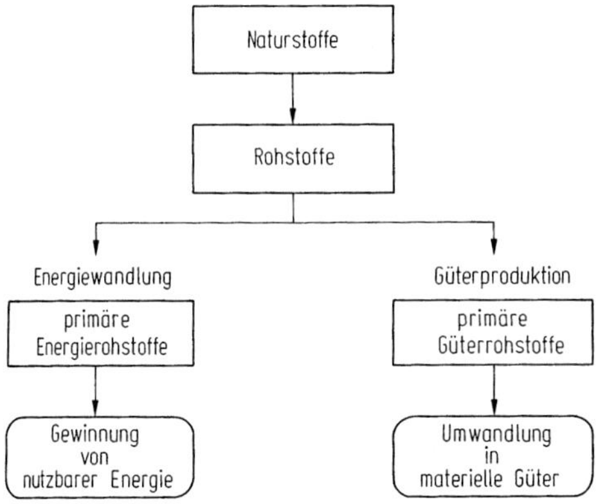

Bild 2-2. Nutzung von Rohstoffen

Fossile und rezente Brennstoffe
sind Stein- und Braunkohle, Torf, Holz und Pflanzenrückstände, die neben unverbrennbaren Ballaststoffen Schwefel enthalten können. Diese Brennstoffe unterscheiden sich untereinander durch ihr geologisches Alter und, damit korreliert, in den Gehalten an Wasser und flüchtigen Bestandteilen.

Erdöle
Erdöle enthalten als Begleitstoffe Schwefel, Natrium, Vanadium und Metallverbindungen. Von den festen fossilen Brennstoffen unterscheiden sie sich durch geringe Ballastanteile und bestehen im Wesentlichen aus Alkanen (Paraffinen), Cycloalkanen (Naphthenen) und Aromaten. Außer als Brennstoff ist Erdöl als Rohstoff für die Kunststoffe von überragender Bedeutung.

Erdgas
Erdgasvorkommen sind eng mit der Erdölentstehung verbunden. Erdgas liegt im Erdöl gelöst oder getrennt vor. Das meist unter hohem Druck vorliegende Erdgas wird durch Sonden gefördert und enthält überwiegend Methan daneben Ethan, Propan, Butane, Stickstoff, Kohlendioxid sowie Schwefelverbindungen.

Kernbrennstoffe
Kernenergie wird aus der Kernspaltung oder zukünftig möglicherweise durch Kernverschmelzung (Fusion) gewonnen. Der im Reaktor nicht genutzte Brennstoffanteil wird aus wirtschaftlichen Gründen in Wiederaufbereitungsanlagen von den hochradioaktiven Spaltstoffen getrennt. Die dabei anfallenden Spaltprodukte müssen bis zum Abklingen der Radioaktivität strahlungssicher aufbewahrt werden.
Zu den wichtigsten Rohstoffen, die für die Produktion von Gebrauchsgütern verfahrenstechnisch aufbereitet werden, gehören [3]:

Metallerze
Erze sind im Sinne der Bergbauindustrie hoch metallhaltige Mineralvorkommen in abbauwürdiger Menge und Konzentration. Die Abbauverfahren sind abhängig von der Beschaffenheit der Lagerstätte und der Größe der Erzgrube. Metallvorkommen sind im Vergleich zu anderen Rohstoffvorkommen durch eine größere Unregelmäßigkeit gekennzeichnet, wodurch das Auffinden von Metallerzen erheblich erschwert wird. Metallerzlagerstätten sind daher ebenso verschiedenartig wie die Abbauverfahren des Metallerzbergbaus.

Die größte technische Bedeutung haben Eisenerze. Die reichsten Vorkommen besitzen Eisengehalte von 65 Gew.-%. Technisch wichtige Nichteisenmetallerze sind die der Leichtmetalle Aluminium, Mangan und Titan, der Schwermetalle Kupfer, Zink, Zinn und Blei der Edelmetalle sowie der sog. Stahlveredler Chrom, Kobalt, Mangan, Molybdän, Nickel, Vanadium und Wolfram.

Mineralische Rohstoffe
Zu den anorganisch-nichtmetallischen (mineralischen) Rohstoffen zählen Minerale (Schwerspat, Flussspat, Erden) und Lockergestein (Ton, Sand, Kies) sowie Naturstein (Granit, Sandstein, Kalkstein). Die Gewinnung erfolgt in der Regel im Tagebau.

Zu den mineralischen Rohstoffen zählen ferner die Salze, deren wichtigste die Kalisalze sind, die im Bergbau gewonnen werden. Neben Stickstoff, Phosphat, Kalk und Magnesium ist der Mineralstoff Kalium Hauptpflanzennährstoff. Dementsprechend werden über 90% der Kalisalzproduktion zu Düngemitteln verarbeitet. Die Salzlagerstätten sind i. Allg. durch Eindampfen von Salzwasser entstanden. Abbauwürdig sind vor allem Kaliumsalze wie Sylvinit, Carnallit und Kainit.

Organische Rohstoffe
Die größte Bedeutung für die Erzeugung organischer Werkstoffe besitzt das Erdöl, das aus einer Mischung im Wesentlichen gesättigter Kohlenwasserstoffe (Alkanen, Cycloalkanen und Aromaten) besteht.

2.3 Erschließen und Gewinnen

Nachwachsende Rohstoffe werden der lebenden Natur entnommen. Hierbei ist die Erhaltung des ökologischen Gleichgewichts von großer Bedeutung. Zur Versorgung des Marktes wird die wachstumsabhängige Produktion tierischer und pflanzlicher Rohstoffe in zunehmendem Maße künstlich angeregt.

Abiotische Rohstoffe werden durch Abbau aus der uns zugänglichen Erdkruste gewonnen. Die Wahl der Gewinnungsverfahren hängt von der örtlichen Situation, den stofflichen Gegebenheiten, von Lagerstätteninhalt und Konzentration sowie von den ökonomischen und ökologischen Bedingungen ab.

Bergbau umfasst das Aufsuchen, Erschließen, Gewinnen, Fördern und Aufbereiten von Lagerstätteninhalten. Das Aufsuchen geschieht mithilfe geologischer und geophysikalischer Methoden. Daran schließt sich das Untersuchen durch Bemustern und Bewerten des Durchschnittsgehalts und des Lagerstätteninhalts an. Beim Erschließen von Lagerstätten werden Tagebau, Untertagebau und Bohrlochbergbau unterschieden.

Im *Tagebau* werden Lagerstätten abgebaut, die an der Erdoberfläche liegen oder deren Überdeckung auf wirtschaftliche Weise abgeräumt werden kann. Leistungsfähige Betriebsmittel, wie Bagger, Bohrgeräte und Fördermittel, erlauben auch tiefer gelegene Vorkommen im Tagebau abzubauen. Aus Tagebauen stammen, mit Ausnahme von Nickel und Uran, mehr als drei Viertel aller Erze und sonstiger Mineralien. Steine und Erden werden fast ausschließlich im Tagebau gewonnen [3].

Die ursprüngliche Form des *Untertagebaus* ist der Stollenbau, der historisch älter als der Tagebau ist. Er kann im geneigten Gelände angewandt werden und bietet gegenüber dem Bergbau mit einfallender Strecke oder mit Schacht Vorteile hinsichtlich Wasserhaltung und Förderung.

Bei Lagerstätten unterhalb der Talsohle oder in der Ebene erfolgt der Tiefbau durch eine nach unten geneigte Strecke oder durch einen Schacht. Beim Aufschließen tiefer Lagerstätten herrschen senkrechte („seigere") Schächte vor. Schrägschächte („tonnlägige" Schächte) sind im Erzbergbau bei stärker geneigten Lagerstätten anzutreffen.

Abbauverfahren sind durch Bauweise, Dachbehandlung und Abbauführung definiert. Gewinnungsverfahren nennt man dagegen die Art und Weise, wie Mineral oder taubes Gestein aus dem anstehenden Gebirge gelöst wird. Im deutschen Steinkohlenbergbau herrscht heute die vollmechanische Gewinnung vor. An der langen Front im Streb werden durchweg schälende oder schneidende Maschinen angewendet. Bei der vollmechanisierten schälenden Gewinnung herrscht der Kohlenhobel vor. Er eignet sich besonders für geringmächtige Flöze. Bei mächtigen Flözen ist dagegen die schneidende Gewinnung mit Walzenschrämladern üblich. Die Gewinnung von Hand mit dem Abbauhammer findet man noch beim Herstellen von Aufhauen zum Einrichten der langen Front und gelegentlich beim Abbau steillagernder Flöze im Schrägfrontbau.

Der *Bohrlochbergbau* zur Gewinnung der Fluide, in der Regel unter erheblichem Druck stehenden Medien Erdöl und Erdgas, weicht deutlich vom Tage- oder Untertagebergbau ab. Durch die Fluidität und den Druck auf den Rohstoffen ist ihre Gewinnung erleichtert, da es zunächst genügt, Bohrlöcher in die Lagerstätten niederzubringen, durch die dann das Erdgas oder das Erdöl zu Tage strömt (primäre Gewinnung).

2.4 Aufbereiten

Aufbereiten dient dem Anreichern und Veredeln eines Rohstoffs durch Stoffumwandlungen, die eine Änderung der Zusammensetzung, der Eigenschaften und der Stoffart bewirken können. Bestimmte Stoffumwandlungen gehen stets nach demselben Prinzip vor sich. Sie werden daher Grundverfahren genannt und sind unabhängig vom Produkt, das in einem Gesamtprozess erzeugt wird. Je nach der Beschaffenheit eines Rohstoffs werden physikalische, chemische oder biologische Grundverfahren zur Rohstoffaufbereitung angewendet, die auch gleichzeitig und kontinuierlich oder diskontinuierlich ablaufen können.
Rohöl wird in der Raffinerie zunächst bei Atmosphärendruck destilliert. Leichtbenzin, Gasöl und Rohöl werden mittels verschiedener Verfahren, wie Kracken, Hydrokracken oder partielle Oxidation, in Ether, Acetylen und andere ungesättigte Kohlenwasserstoffe umgewandelt. Das Kracken geschieht durch kurzes Erhitzen auf 450 bis 500 °C entweder mit anschließendem Abschrecken, wobei Drücke von 20 bis 70 bar nötig sind, oder mit Zeolithen als Katalysator bei geringerem Druck. Die Krackgase enthalten verhältnismäßig viele ungesättigte Kohlenwasserstoffe, welche entweder wie Ethylen und Propylen direkt zu Synthesen verwendet werden oder katalytisch zu Verbindungen mit der doppelten oder dreifachen C-Zahl polymerisiert werden.
Aufbereitungsanlagen sind in der Regel aufwändig, da eine Vielzahl verfahrenstechnischer Aufgaben gelöst werden muss, um bestimmte Erzeugniseigenschaften zu erreichen, wie z. B. Homogenität, bestimmte Korngröße, -form und -verteilung, Rieselfähigkeit und eine bestimmte Schüttdichte. Die Aufbereitung erfolgt in heiz- oder kühlbaren Mischaggregaten, um die Komponenten gleichmäßig zu vermischen. Überwiegend flüssige Komponenten werden in Rührwerken gemischt. Pulver werden in rotierenden Behältern, in ruhenden Behältern mit langsamlaufenden Einbauten, wie Schaufelarmen oder Bandspiralen sowie in Schnellmischern mit hochtourigen Rührorganen gemischt.

3 Stoffwandlung durch Verfahrenstechnik

3.1 Verfahrenstechnische Prozesse

Gegenstand der Verfahrenstechnik sind industrielle Produktionsprozesse, die der Stoffwandlung dienen und marktfähige Gebrauchsprodukte oder auch Rohprodukte liefern, die einer weiteren Verarbeitung bedürfen. Es handelt sich um einen Industriebereich, der sich mit der Gewinnung, Aufbereitung und Veredelung, aber auch mit der Entsorgung von Stoffen befasst.
Verfahrenstechnische Prozesse beruhen auf chemischen, physikalischen und biologischen Vorgängen, die i. Allg. in Mehrphasenströmungen ablaufen. In den meist produktspezifischen Produktionsanlagen werden die Prozesse schrittweise durchgeführt. Man unterscheidet die Vorstufe (Stoffvorbereitung), die Reaktionsstufe (Stoffumwandlung) und die Nachstufe (Stoffnachbereitung). Als Industriezweig umfasst die Verfahrenstechnik sowohl die technologische Realisierung der gesamten Prozesskette, als auch die Entwicklung der hierfür erforderlichen Apparate und Maschinen sowie ihre Integration zu Anlagen unter Einschluss der erforderlichen Mess- und Regelungstechnik.
Die Verfahrenstechnik findet Anwendung in der chemischen und pharmazeutischen Industrie, der Kunststoff-, Textil- und Papierindustrie, in der Lebensmittelindustrie sowie in der Industrie der Steine und Erden. Alle Prozesse sind so zu gestalten und zu führen, dass ihre Wirkung auf die Umwelt auf ein Minimum beschränkt wird. Die schonende Nutzung aller stofflichen Ressourcen stellt eine der größten Herausforderungen an die Verfahrenstechnik dar.

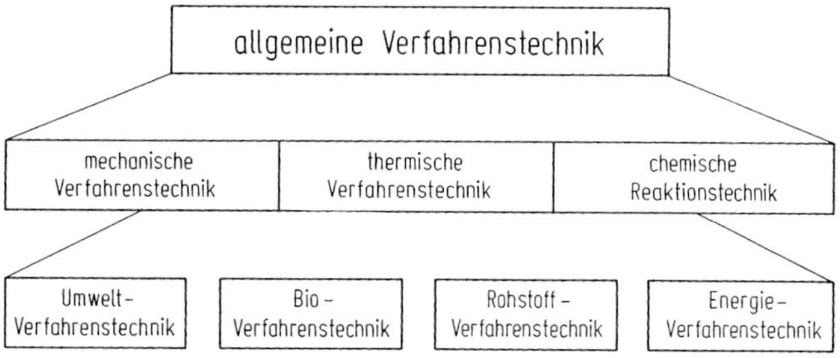

Bild 3-1. Einteilungen der allgemeinen Verfahrenstechnik

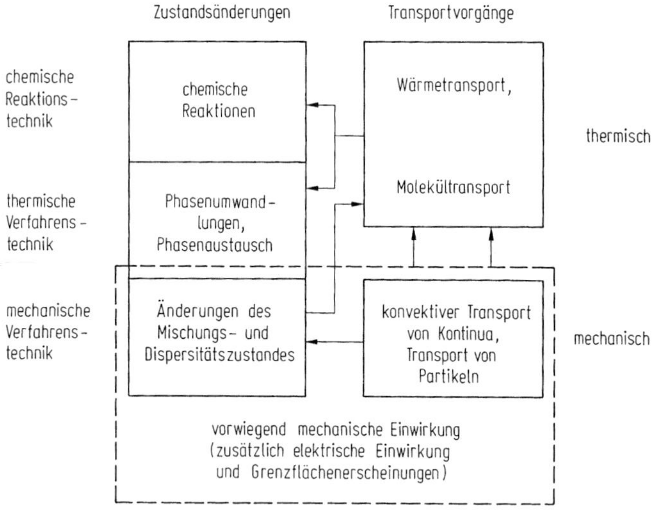

Bild 3-2. Zustandsänderungen und Transportvorgänge der Verfahrenstechnik [2]

Verfahrenstechnische Anlagen werden u. a. eingesetzt zur Reinigung von Industrieabgasen und Abwässern, zur Verarbeitung fester Abfallstoffe, zur Gewinnung von Kraft- und Brennstoffen aus Erdöl, von Koks und Brenngasen aus Kohle und zur Aufbereitung von Erzen sowie zur Herstellung von Metallen, Zement, Glas, Keramik und hochspeziellen Werkstoffen für die Elektronik. Die Verfahrenstechnik lässt sich nach Bild 3-1 prozessbezogen allgemein in die *mechanische* und die *thermische Verfahrenstechnik* sowie die *chemische Reaktionstechnik* gliedern. Anwendungsgebiete sind die Umwelt-, Bio-, Rohstoff- und Energieverfahrenstechnik.

Die Verfahrenstechnik bewirkt Zustandsänderungen, die auf thermisch und/oder mechanisch induzierten Transportvorgängen beruhen. Bild 3-2 zeigt, dass die Zustandsänderungen oftmals nicht eindeutig nur einem Zweig der allgemeinen Verfahrenstechnik zuzuordnen sind. Die sich einstellenden Systemzustände hängen von den Kräften der Systemelemente und den durch sie verursachten Bewegungen ab [1,2].

3.2 Mechanische Verfahrenstechnik

Die Operationen der mechanischen Verfahrenstechnik dienen der stofflichen Umwandlung unter vorwiegend mechanischer Einwirkung. Außerdem ermöglichen mechanische Verfahren als vorgeschaltete oder unmittelbar verbundene Verfahrensstufe eine wirksamere Durchführung chemischer und thermischer Prozesse.

Die Elemente disperser Systeme sind i. Allg. voneinander unterscheidbare Partikel, während in einheitlichen Systemen einzelne Phasen einander durchdringen können. Durch die stoffliche Umwandlung können in dispersen Systemen Zustandsänderungen bezüglich Größe, Gestalt und Oberflächenzustand von Partikeln bewirkt werden [3].

Grundverfahren sind Zerkleinerungs- und Kornvergrößerungsverfahren sowie mechanische Trenn- und Mischverfahren. Dazu gehört auch die Behandlung von Kontinua, wie das Rühren von Flüssigkeiten oder das Kneten hochviskoser Massen.

Mechanische Trennverfahren

Die Trennverfahren der mechanischen Verfahrenstechnik werden nach Stoffzustand der dispergierten und der Trägerphase, die beide fest, flüssig oder gasförmig sein können, unterschieden. Zu den mechanischen Verfahren der Oberflächenvergrößerung zählen das Zerkleinern von Feststoffen durch Brechen und Mahlen sowie die Flüssigkeitszerteilung durch Rieseln, Zerstäuben und Verspritzen.

Mechanisches Zerkleinern von Feststoffen
Die wichtigsten Maschinen zum *Grob-* und *Feinbrechen* harter Stoffe sind Backen-, Kegel-, Prall- und Rundbrecher (Bild 3-3). Weichere Stoffe werden vorwiegend durch Hammer-, Schnecken- und Walzenbrecher zerkleinert. Der Durchmesser des zerkleinerten Gutes liegt beim Grobbrechen in der Regel über 50 mm und beim Feinbrechen zwischen 5 und 50 mm [1,3].

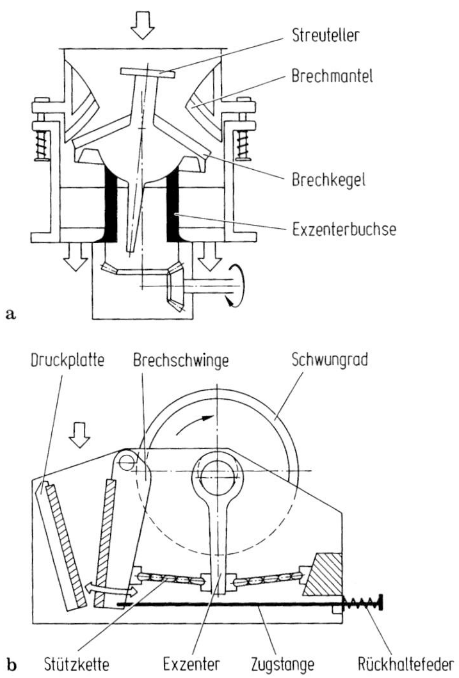

Bild 3-3. Maschinen zur Grobzerkleinerung harter Stoffe. **a** Kegelbrecher; **b** Backenbrecher [1]

Für die *Fein-* und *Feinstzerkleinerung* auf Teilchendurchmesser zwischen 5 und 500 μm besitzen Mühlen mit frei beweglichen Mahlwerkzeugen große Bedeutung. Die Mahlwerkzeuge (Mahlkörper) können Kugeln, Stäbe, kurze Zylinderstücke oder auch die groben Körner des Mahlgutes selbst sein. Sie werden während des Mahlvorganges durch Dreh-, Planeten- oder Schüttelbewegungen beschleunigt. Durch Relativbewegungen der Mahlkörper gegeneinander wird das Gut zerkleinert.
Mühlen mit rotierendem, zylindrischem oder konischem Mahlraum heißen je nach der Form der Mahlkörper oder des Behälters Kugel-, Stab- bzw. Trommel-, Konus- oder Rohrmühlen. Kugelmühlen als der wichtigste Typ werden von der Labormühle bis zur Großmühle in jeder Baugröße hergestellt (Bild 3-4).

Mechanisches Zerteilen von Flüssigkeiten
Die Flüssigkeitszerteilung ist von Bedeutung, wenn Absorption, Wärmeübertragung oder eine chemische Reaktion zwischen gasförmigen und flüssigen Stoffen angestrebt wird oder wenn eine Trennung von Flüssigkeitsgemischen durch Rektifikation und Extraktion nachfolgen soll. Die Flüssigkeitszerteilung geschieht durch Schwerkraft, Fliehkraft, Druck, Schlag, Stoß oder Prall. Anwendungsbeispiele sind Sprühwäscher zur Gasreinigung, Klimaanlagen, Befeuchter, Beschichter, Feuerlöscher, Zerstäuber in Feuerungen und Kühlaggregaten.

Mechanisches Zerlegen von Feststoffgemischen
Das Zerlegen von Feststoffgemischen erfolgt durch Klassieren (wie Siebklassieren, Sichten und Strom-

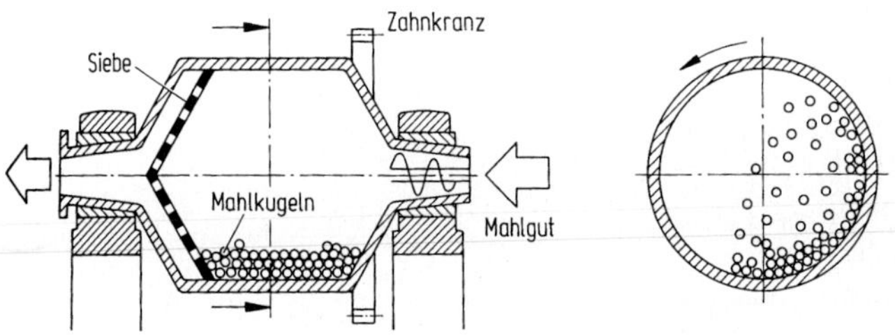

Bild 3-4. Kugelmühle zur Fein- und Feinstzerkleinerung [4]

klassieren) sowie durch *Sortieren* als Dichtesortieren, Flotieren, Magnet- und Elektrosortieren. *Klassieren* ist das Zerlegen eines Kornspektrums in bestimmte Kornklassen. *Sortieren* hingegen ist das Zerlegen eines Haufwerks in Komponenten unterschiedlicher stofflicher Beschaffenheit [1].

Durch *Sieben* wird ein Kollektiv mithilfe eines Siebbodens in Korngrößenklassen zerlegt. Die Trennkorngröße ist dabei maßgeblich durch die Weite der Sieböffnungen bestimmt. Wichtige Parameter sind die Korngrößenverteilung des Siebgutes, die Aufgabemenge, die Bewegung des Siebbodens und die Siebzeit. Die für die Siebung wirksamen Kräfte sind die Schwerkraft, Strömungskräfte sowie Stoß- und Reibungskräfte.

Beim *Sichten* werden Haufwerke aufgrund der unterschiedlichen Sinkgeschwindigkeit von Teilchen verschiedenen Durchmessers im Luftstrom zerlegt. Neben Schwerkraftsichtern sind Zentrifugalsichter, Zyklonumluft- und Streusichter von Bedeutung.

Bedingt durch Massenkraft und Auftrieb vollführen die Partikel beim *Stromklassieren* eine Relativbewegung zum Medium. Die Massenkraft kann die Schwerkraft, die Fliehkraft oder eine sonstige Trägheitskraft sein. Einfache Beispiele sind die Sedimentation im ruhenden Medium und die Fliehkraftklassierung im Hydrozyklon.

Bei der *Dichtesortierung* muss die Dichte des Trägermittels zwischen den Dichten der zu trennenden Fraktionen liegen. Bei der Schwertrübesortierung wird als Medium ein mit feinkörnigem Ferrosilicium, Magnetit oder Schwerspat angereichertes Wasser benutzt. Eine solche Suspension verhält sich wie eine homogene Flüssigkeit, in der leichtere Stoffe aufschwimmen, während schwerere absinken.

Die *Flotation* ist ein Schaumschwimmverfahren, bei dem sich an die Partikel einer Komponente Luftblasen anlagern. Entweder wird die Luft aus der übersättigten Lösung ausgeschieden, bzw. tritt sie aus porösen Materialien oder Kapillaren aus, oder es werden die Luft und die Trübe in einer Einspritzdüse intensiv gemischt. Die mit Luftblasen verbundenen Partikel schwimmen an die Oberfläche der Trübe. Um eine selektive Anlagerung von Luftblasen zu erzielen, ist es notwendig, dass die Partikel unterschiedlich benetzbar sind, da die Adhäsion von Luft nur an nicht benetzten Partikeln auftritt; dies wird durch Zugabe sog. Sammler erreicht.

Obwohl eigentlich nicht zur mechanischen Verfahrenstechnik zugehörig, sollen hier auch magnetische und elektrische Sortierverfahren erwähnt werden. Bei der *Magnetsortierung* werden Stoffe aufgrund ihrer unterschiedlichen Magnetisierbarkeit (Permeabilität) sortiert. Übliche Magnetscheidertypen sind Band-, Walzen- und Trommelabscheider. Schwachmagnetische Stoffe lassen sich nur durch die Trockenmagnetscheidung bei Korngrößen unter 1 bis 3 mm trennen. Bei ferromagnetischen Materialien, wie Magnetit und Ilmenit, lassen sich durch Nassmagnetabscheidung weitaus größere Partikel trennen. Die Hauptanwendung der Magnetscheidung ist die Aufbereitung von Eisenerzen und die Sortierung von Schwermineralsanden. Eine bedeutende Rolle spielt das Verfahren auch bei der Enteisenung von Rohstoffen der Glas- und der keramischen Industrie und generell für die Abscheidung von Eisenteilen aus Schüttgütern oder Suspensionen [2].

Bei der *Elektrosortierung* wird die Kraft auf geladene Teilchen im elektrischen Feld ausgenutzt. Das Prinzip ist nur dann anwendbar, wenn die Komponenten eines Haufwerks nur teilweise aufladbar sind. Die Sortierung geschieht meist auf Walzenscheidern.

Die Elektrosortierung ist hauptsächlich auf die Abscheidung feiner Stäube oder Tröpfchen im Elektrofilter beschränkt (Bild 3-5).

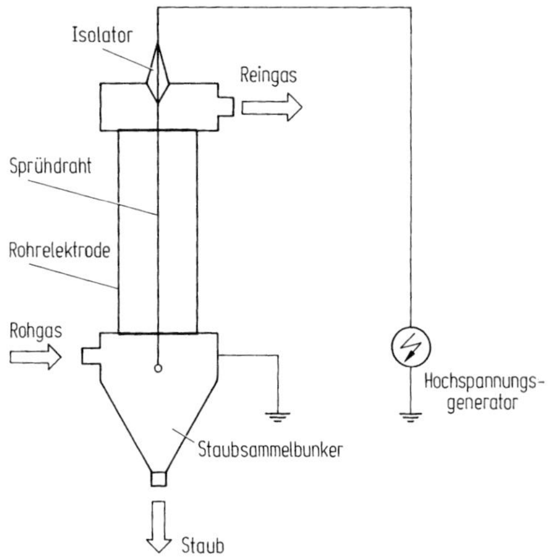

Bild 3-5. Funktionsprinzip eines Rohrelektrofilters [2]

Mechanisches Abtrennen von Flüssigkeiten
Bei dispersen Systemen werden Verfahren zur mechanischen Flüssigkeitsabtrennung angewendet. Die wichtigsten sind die zur Sedimentation, wie z. B. die Flieh- und Schwerkraftsedimentation, sowie die Filtration, das Auspressen und die Emulsionstrennung [1,3].
Voraussetzung der *Sedimentation* ist ein Dichteunterschied zwischen disperser Phase und Dispersionsphase. Die Abtrennung erfolgt unter der Einwirkung von Fliehkräften oder der Schwerkraft. Hierfür werden Absetzbecken verwendet, die im Falle der Schlammgewinnung als Eindicker und bei Gewinnung der feststofffreien Flüssigkeit als Klärbecken bezeichnet werden. Nach Bauart und Verfahren werden Lamelleneindicker, Vollmantelzentrifugen, Hydrozyklone und andere Anlagen unterschieden.
Bei der *Filtration* wird die feste von der flüssigen Phase mithilfe poröser Filterstoffe abgetrennt. Man unterscheidet zwischen Klärfiltration zur Reinigung von Flüssigkeiten und Scheidefiltration zur Gewinnung von Feststoffen. Nach der wirkenden Kraft werden Überdruck-, Unterdruck-, Schwerkraft-, Fliehkraft-, Kapillarkraft- und Druckkraftfilterverfahren unterschieden und nach der Filtermethode Druck-, Saug- und Kapillarbandfilter sowie Scheidepressen und Siebzentrifugen. Wichtige Filterapparate sind Kammer- und Rahmenfilterpressen sowie Vakuumfilter verschiedener Bauart [1].

Gasreinigungsverfahren
Weitere Trennverfahren sind das Entstauben mittels Schwer- oder Fliehkraft, durch Filtration oder Elektroabscheidung und Gasreinigung durch Absorption, Adsorption oder mit Katalysatoren. Entstaubung ist die Abscheidung fester Stoffe aus einer Gasphase, während die *Gasreinigung* die Trennung fester, flüssiger und gasförmiger Stoffe umfasst. Außer Zwecken des Umweltschutzes dient Gasreinigung der Erzeugung reiner Prozessgase sowie der Rückgewinnung von Wertstoffen.

Mechanische Stoffvereinigung

Verfahren zur *Kornvergrößerung*, wie Agglomerieren und Formpressen, dienen zur Stückigmachung pulverförmiger Stoffe, um z. B. Formfüllvermögen,

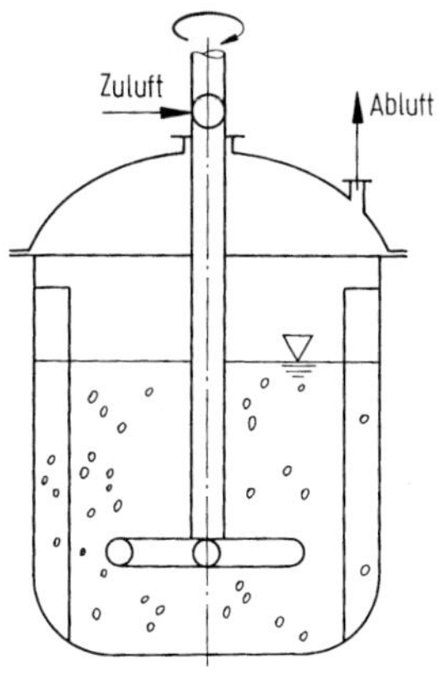

Bild 3-6. Hohlrührer zur Abwasserbelüftung [2]

Riesel- und Lagerfähigkeit zu verbessern. *Mischen* erfolgt durch Rühren und Kneten. Durch Rühren werden Flüssigkeiten miteinander sowie gasförmige oder feste Stoffe mit Flüssigkeiten vermischt (Bild 3-6). Kneten ist das Vermischen hochviskoser Komponenten.

3.3 Thermische Verfahrenstechnik

Wärme- und Stofftransport sind Grundlage der thermischen Verfahrenstechnik. Neben der technischen Wärmeübertragung umfasst sie auch die thermischen Trennverfahren [4].
Bei der konvektiven Wärmeübertragung erfolgt der Wärmetransport durch einen strömenden Wärmeträger. Bei der freien Konvektion beruht die Bewegung auf Temperaturunterschieden im Fluid. Bei der erzwungenen Konvektion hingegen ist die Strömung des Fluids von außen aufgezwungen. Die Wärmestrahlung ist bei höheren Temperaturen von Bedeutung.

Thermische Verfahren zur Feststoffabtrennung

Thermische Feststoffabtrennung umfasst das Trocknen, Eindampfen, Kristallisieren, Sublimieren und Extrahieren.
Trocknen ist die thermische Abtrennung von Flüssigkeit aus Feststoffen. Dabei wird die dem Feststoff anhaftende oder an ihn gebundene Feuchtigkeit durch Wärme in die Gasphase überführt und zum Teil anschließend wieder kondensiert.

Trocknungsverfahren können nach Art der Energiezuführung in Konvektionstrocknung, bei der ein heißes Gas das Gut umspült, in Kontakttrocknung, bei der das Trockengut eine Heizfläche berührt, und in Strahlungstrocknung eingeteilt werden. Ein weiterer Gesichtspunkt ist die Gutförderung im Trockner. Sie kann sowohl ruhend auf fester oder bewegter Unterlage, als auch umbrechend durch Rührorgane oder umwälzend durch Schwerkraft oder Strömung sein. Trocknungsanlagen sind z. B. Trockenschränke, Etagentrockner, Zerstäubungstrockner (Bild 3-7) sowie Walzen-, Taumel- und Schaufeltrockner. Anwendungsbeispiele sind die Endtrocknung von Pigmenten, Waschmitteln, Polymerisaten und zahlreichen Pharmazeutika sowie die Trocknung von Rohstoffen wie Holz, Erzen, Sand und Kalk. *Eindampfen* ist das Abtrennen eines Lösemittels aus einer Lösung durch Wärmezufuhr und Verdampfen. Die Verdampferbauarten werden in direkt oder indirekt beheizte, kontinuierlich und diskontinuierlich arbeitende sowie in Ein- oder Mehrkörperverdampfer unterteilt.

Kristallisation ist die Gewinnung von kristallisierten Feststoffen aus übersättigten Lösungen, die zu diesem Zweck verdampft oder abgekühlt werden. Daher wird

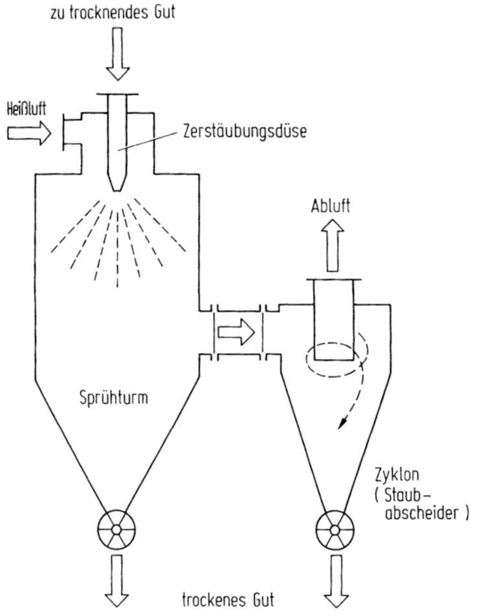

Bild 3-7. Schematische Darstellung eines Zerstäubungstrockners

zwischen Verdampfungs- und Kühlkristallisation unterschieden.

Sublimieren ist der direkte Stoffübergang vom festen in den gasförmigen Aggregatzustand mittels Wärmezufuhr. Umgekehrt wird die Kristallisation aus der Dampfphase Desublimation genannt. Beispiele für das Sublimieren sind die Gefriertrocknung und die Reinigung sublimierbarer kristalliner Stoffe, die mit nichtsublimierbaren Verunreinigungen behaftet sind.

Extrahieren ist das selektive Herauslösen von Bestandteilen aus Stoffen, Stoffgemischen oder Lösungen durch Lösemittel. Folglich kann zwischen Fest-Flüssig- und Flüssig-Flüssig-Extraktion unterschieden werden. Ein Beispiel ist die Gewinnung von Aroma- und Duftstoffen aus Feststoffen durch Lösemittel. Extrakteure werden in ein- und mehrstufige sowie in kontinuierlich und diskontinuierlich arbeitende Apparate eingeteilt.

Thermische Verfahren zur Trennung von Flüssigkeits- und Gasgemischen

Die Trennung homogener Flüssigkeitsgemische geschieht häufig durch thermische Trennverfahren. Unterscheiden sich die Komponenten eines Flüssigkeitsgemisches in ihren Siedepunkten, so eignen sich Destillation und Rektifikation zur Gemischtrennung. Bei unterschiedlicher Löslichkeit einzelner Komponenten findet hingegen die Flüssig-Flüssig-Extraktion Anwendung, die auch Solventextraktion genannt wird. Die Abtrennung gasförmiger Komponenten aus Gasgemischen wird mittels Sorptionsverfahren durchgeführt [1,3].

Thermische Verfahren zur Trennung von Flüssigkeitsgemischen

Das häufigste thermische Trennverfahren ist die *Destillation*. Bei der einfachen Destillation, die häufig zur Trennung von Zweistoffgemischen dient, wird aus einer siedenden Mischung Dampf abgeführt und als Destillat kondensiert. Entsprechend dem Phasengleichgewicht ist die leichter siedende Komponente im Destillat angereichert. Zur Verstärkung des Trenneffektes können durch wiederholtes Destillieren kondensierte Gemischdämpfe in weitere Fraktionen aufgetrennt werden. In diesem Fall spricht man von fraktionierter Destillation, deren Hauptanwendungsgebiet die Zerlegung von Rohöl in verschiedene Fraktionen ist.

Bei der *Rektifikation* oder *Gegenstromdestillation* strömt dem aufsteigenden Dampf aus dem Kondensator Flüssigkeit entgegen. Zwischen Dampf und Flüssigkeit findet dabei ein Wärme- und Stoffaustausch derart statt, dass Schwersiedendes aus dem Dampf in die Flüssigkeit kondensiert und Leichtsiedendes durch freiwerdende Kondensationswärme aus der Flüssigkeit in den Dampf gelangt. Durch die Anreicherung von Leichtsiedendem im Dampf und Schwersiedendem in der Flüssigkeit wird gegenüber der Destillation eine deutlich bessere Trennwirkung erzielt. Rektifiziersäulen (Trennkolonnen) werden als Bodenkolonnen, Kolonnen mit Gewebepackung und Füllkörperkolonnen gebaut. Die Gegenstromdestillation wird angewandt, wenn Komponenten mit großen Reinheitsanforderungen aus einem Gemisch abgetrennt werden sollen [1].

Solventextraktion ist die Abtrennung von Komponenten aus einem Flüssigkeitsgemisch mithilfe eines selektiv wirkenden flüssigen Lösemittels. Diese Flüssig-Flüssig-Extraktion wird angewendet, wenn eine Komponententrennung durch Destillation oder Rektifikation nicht möglich ist, etwa wegen ungünstiger Gleichgewichtsbedingungen oder thermischer Empfindlichkeit des Extraktionsgutes. Die Solventextraktion kann diskontinuierlich, kontinuierlich und im Gegenstromverfahren durchgeführt werden. Als Extraktionsapparate werden u. a. Rührwerkskessel, Extraktionskolonnen und Extraktionszentrifugen eingesetzt.

Thermische Verfahren zur Trennung von Gasgemischen

Bei der Sorption wird zwischen Adsorbieren und Absorbieren unterschieden. *Adsorption* ist das Anreichern einer Gaskomponente an einer Feststoffoberfläche. Adsorptionsverfahren dienen vielfach der Gasreinigung.

Unter *Absorption* versteht man dagegen die Abtrennung einer oder mehrerer Komponenten aus Gasgemischen durch Waschen mit einem Lösemittel. Zur Vervielfachung des Gleichgewichtseffekts wendet man auch hier das Gegenstromprinzip an. Da in der Regel das Lösungsmittel wieder eingesetzt wird und oft auch die absorbierten Gase gewonnen werden sollen, gehört zu einer Absorptionsanlage meist eine zweite Kolonne, in welcher der umgekehrte Prozess, eine Desorption, stattfindet.

3.4 Chemische Reaktionstechnik

Die chemische Reaktionstechnik ist der Teil der Verfahrenstechnik, der sich mit der Durchführung chemischer Reaktionen befasst.

Unabhängig vom Maßstab ist eine Reaktion immer mit dem Austausch von Stoff, Wärme und Impuls verknüpft. Je größer die Dimensionen eines Prozesses sind, um so länger sind die Transportwege und um so größer ist der Einfluss der Transportvorgänge. Die Beherrschung des Zusammenspiels von chemischen und Transportvorgängen ist eine Aufgabe der chemischen Reaktionstechnik.

Im Gegensatz zu den physikalischen Grundverfahren sind chemische Grundverfahren nicht bloße Bausteine einer chemischen Reaktion. Wichtige Grundverfahren sind thermische, elektrochemische, katalytische und Polyreaktionsverfahren. Zu den thermischen Verfahren gehören das Rösten, Brennen und Kalzinieren. Katalytische Verfahren werden häufig in Autoklaven für Synthesen angewendet. Zu den elektrochemischen Verfahren zählen z. B. die Schmelzflusselektrolyse und die Polyreaktionen, die zur Produktion von Kunststoffen durch Polyaddition, Polykondensation oder Polymerisation dienen.

Wesentliche Apparate der chemischen Reaktionstechnik sind die Reaktoren, in denen die chemischen Reaktionen stattfinden. Reaktionsapparate können in Reaktionstürme und -behälter für niedrige Temperaturen, Reaktionsöfen für hohe Temperaturen, Wirbelschichtapparate und Hochdruckapparate eingeteilt werden. Beispiele sind Brennkammern, Rührkessel, Konverter, Tiegel, Drehrohröfen, Wirbelschichtreaktoren und Umlaufreaktoren.

4 Formgebung und Fügen durch Fertigungstechnik

4.1 Fertigungsverfahren und Fertigungssysteme: Übersicht

4.1.1 Einteilung der Fertigungsverfahren

Fertigung ist die Herstellung von Bauteilen mit vorgegebenen Werkstoffeigenschaften und Abmessungen sowie das Fügen solcher Bauteile zu Erzeugnissen. Die *Fertigungstechnik* bewirkt Formgebung sowie

Eigenschaftsänderungen von Stoffen. Man kann abbildende, kinematische, fügende und beschichtende Formgebung sowie die Änderung von Stoffeigenschaften unterscheiden. *Fertigungslehre* ist die Lehre der Formgebung von „stofflichen Zusammenhalten" fester Körper. Formgebung kann durch bzw. unter Schaffen, Beibehalten, Vermindern oder Vermehren des Zusammenhalts erfolgen. Die Fertigungslehre beschreibt die physikalischen Zusammenhänge auch unter technologischen und ökonomischen Gesichtspunkten, sie ist Formgebungskunde mit engen Beziehungen zur Werkstoffkunde (Teil D).
Der Einteilung der Fertigungsverfahren nach DIN 8580 liegt als leitendes Merkmal der Begriff des Zusammenhaltes zugrunde (Bild 4-1), der sowohl den Zusammenhalt von Teilchen eines festen Körpers wie auch den Zusammenhalt der Teile eines zusammengesetzten Körpers bezeichnet.
Die Umwandlung der Rohform zur Fertigform soll in der Regel mit einer möglichst geringen Anzahl von Zwischenformen erfolgen. Die Formgebung erfolgt entweder durch Abbildung von Formmerkmalen des Werkzeuges und/oder durch geeignete Relativbewegungen zwischen Werkzeug und Werkstück. Ausgangspunkt der Bearbeitung sind Rohformen, wie sie durch Urformen oder Umformen entstehen, z. B. Guss- und Schmiedeteile oder Halbzeuge, wie Stangen, Rohre oder Bleche.
Zur weiteren Bearbeitung sind, abhängig vom gewählten Verfahren, Werkzeugmaschinen, Werkzeuge, Spannzeuge, Messzeuge, Hilfszeuge und Hilfsstoffe erforderlich. Bild 4-2 zeigt technologische Merkmale, die die Grundlage der Bewertung von Fertigungsverfahren bilden.

Bild 4-2. Technologische Bewertungsmerkmale in der Fertigungstechnik

4.1.2 Fertigungsgenauigkeit

Durch die Fertigung werden definierte Oberflächen erzeugt. Man unterscheidet hier folgende Flächenarten:

– *Funktionsflächen* sind erforderlich, damit das Einzelteil seine Funktion erfüllen kann.
– *Hilfsflächen* dienen zur Bearbeitung oder Prüfung, z. B. Spann- bzw. Messflächen.
– *Freie Flächen*, das sind die übrigen Körperoberflächen eines Einzelteils.

Fertigungsgenauigkeit ist Ausdruck der Qualität des Fertigungsprozesses. Hohe Fertigungsgenauigkeit ist dementsprechend stets das Ergebnis eines Feinverfahrens. Der Begriff der Fertigungsgenauigkeit umfasst folgende Sachverhalte:

Maßgenauigkeit liegt vor, wenn die Maßabweichungen eines Werkstücks die geltenden Maßtoleranzen

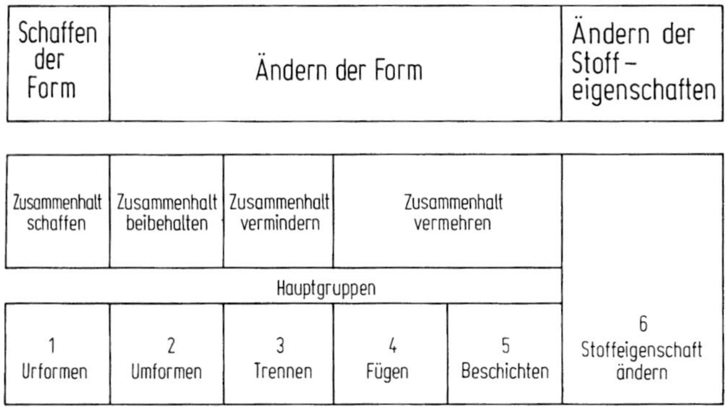

Bild 4-1. Einteilung der Fertigungsverfahren nach DIN 8580

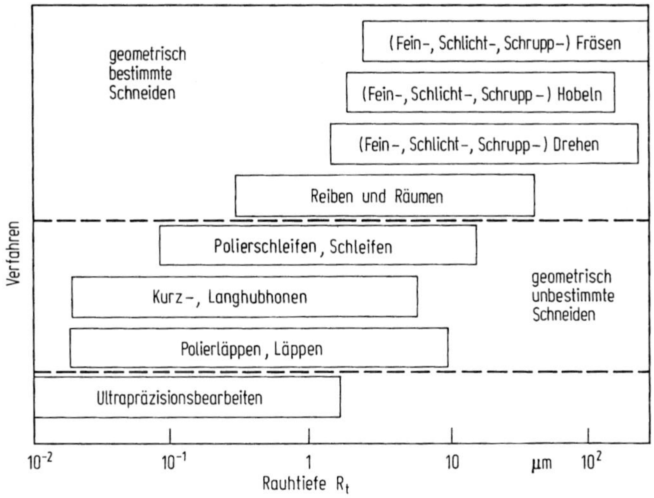

Bild 4-3. Erreichbare Rauhtiefe in Abhängigkeit vom Bearbeitungsverfahren (in Anlehnung an DIN 4766)

einhalten, d. h., wenn die Maße im entsprechenden Toleranzfeld liegen.

Lagegenauigkeit liegt vor, wenn die Lageabweichungen der geometrischen Formelemente eines Werkstücks die geltenden Lagetoleranzen einhalten.

Formgenauigkeit liegt vor, wenn die Formabweichungen eines Werkstücks die für sie geltenden Formtoleranzen einhalten, d. h., wenn die Form innerhalb des entsprechenden Toleranzfeldes liegt. Formabweichungen sind z. B. Abweichungen von der Ebenheit, Parallelität, Rundheit, Kegelverjüngung, Zylindrizität und im Winkel.

Oberflächengüte. Die Oberflächengüte wird anhand von Gestaltabweichungen verschiedener Ordnung geprüft (DIN 4760 bis DIN 4764). Der Abstand zwischen Bezugs- und Grundprofil ist die Rauhtiefe. DIN 3141 gibt die Beziehungen zwischen den Bearbeitungszeichen auf den Werkstattzeichnungen und der zulässigen Rauhtiefe an, DIN 4766 gibt die bei einzelnen Fertigungsverfahren erreichbaren Bereiche der Rauhtiefe an (Bild 4-3).

Der Begriff der Qualität umfasst sowohl die geometrische als auch die stoffliche Beschaffenheit der Bauteile. Die Feinbeschaffenheit der Fertigteile betrifft nicht nur ihre Maß-, Form- und Oberflächengenauigkeit, sondern auch die Stoffeigenschaften, vor allem in der Oberflächenzone [1].

Fertigen ist ein werkstückbezogener Begriff: Werkstücke sind geometrisch und stofflich definierte Teile während ihrer Fertigung. Kennmerkmale eines Werkstücks sind: Geometrie, Werkstoff, Identifizierungsnummer, Klassifizierungsnummer, Auftragsnummer, Losgröße und Stückzahl. Für die technologische Fertigungsvorbereitung hat die Werkstückklassifizierung Bedeutung. Dieses Konzept ist auch durch die Begriffe Gruppentechnologie oder Teilefamilienfertigung bekannt geworden (Bild 4-4).

Feinteile müssen stofflich wie auch geometrisch enge Toleranzen einhalten. Die zur Erfüllung bestimmter Anforderungen geeigneten Feinbearbeitungsverfahren können DIN 8580 entnommen werden.

Höchste Fertigungsgenauigkeiten werden durch Maschinensysteme der *Ultrapräzisionstechnik* erreicht. Sie beruhen in der Regel auf Bearbeitungsverfahren mit geometrisch bestimmter Schneidenform, beispielsweise auf der Anwendung von monokris-

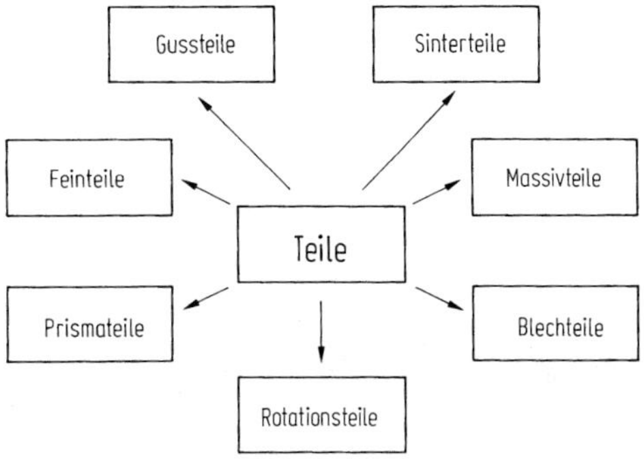

Bild 4-4. Gruppentechnologische Werkstückklassifizierung

tallinen Diamantwerkzeugen, die unter definierten Umgebungsbedingungen Fertigungstoleranzen von 5 nm (= 0,005 µm) ermöglichen. Solche Qualität wurde ursprünglich für die Feinstbearbeitung metalloptischer Komponenten der Hochleistungslasertechnik erforderlich (vgl. Bild 4-5). Vergleichbare Genauigkeiten werden nun auch von Ultrapräzisionsschleif- und -poliermaschinen bei der Bearbeitung harter und spröder Werkstoffe erreicht [1].

4.1.3 Fertigungssysteme und Fertigungsprozesse

Fertigungssysteme enthalten alle Fertigungsmittel, die der Durchführung von Fertigungsprozessen dienen: Fertigungsmaschinen, Vorrichtungen, Werkzeuge, Wirkmedien, Spannzeuge, Messzeuge und Hilfszeuge.

Werkzeuge sind Fertigungsmittel, die durch Relativbewegung gegenüber dem Werkstück unter Energieübertragung die Bildung oder Änderung seiner Form und Lage, bisweilen auch seiner Stoffeigenschaften, bewirken.

Wirkmedien sind Stoffe als Fertigungsmittel, die durch bestimmte physikalische Energieformen oder durch chemische Reaktionen geometrische oder stoffliche Veränderungen des Werkstücks bewirken. Werkstück und Werkzeug bzw. Wirkmedium bilden zusammen ein *Wirkpaar*. Wird einem Wirkpaar eine bestimmte Fertigungsaufgabe zugeordnet, so entsteht durch diese Zuordnung unter Einbeziehung der erforderlichen Energie-, Material- und Informationsflüsse ein *Fertigungssystem* [3].

Fertigungsprozesse gehen in Fertigungssystemen vonstatten, indem Fertigungsmittel und Fertigungsverfahren zur Lösung einer Fertigungsaufgabe geeignet (zeitlich und räumlich) verknüpft sind. Das Wirkpaar muss bestimmte Relativbewegungen ausführen, um die gewünschte Werkstückform zu erzeugen. Die Richtungen der Bewegung sind weitgehend von der Form des Werkstücks abhängig, während ihr Betrag von technologischen Gesichtspunkten bestimmt wird. Dem Wirkpaar wird die Fertigungsaufgabe in Form eines Programms übermittelt, das geometrische und technologische Informationen enthält. Dieser Informationsfluss steuert den Energiefluss und den Materialfluss für die Fertigungsschritte. Die Verknüpfung der Fertigungsaufgabe mit dem Fertigungssystem durch ein Programmiersystem veranschaulicht Bild 4-6.

Fertigungssysteme werden nach ihrer Entwicklungsstufe in handwerkliche, mechanisierte und automatisierte Systeme eingeteilt. In handwerklichen Fertigungssystemen werden dem Wirkpaar Energie und Information unmittelbar vom Menschen zugeführt. In mechanisierten Fertigungssystemen findet die Energieumsetzung im Wesentlichen in Werkzeugmaschinen statt. In automatisierten Fertigungssystemen sind die Werkzeugmaschinen mit

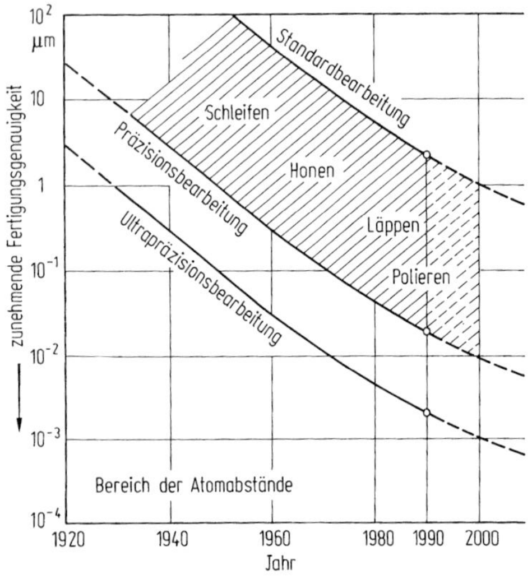

Bild 4-5. Entwicklung der erreichbaren Fertigungsgenauigkeiten [2]

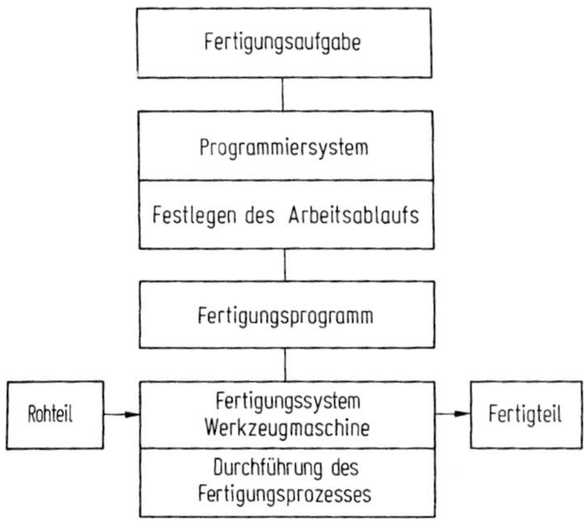

Bild 4-6. Verknüpfung von Programmierung und Fertigungsablauf

Informationsspeichern und selbsttätigen Steuerungen ausgestattet. Dem Menschen bleibt die Programmierung und Überwachung des Fertigungsprozesses.
Fertigungsprozesse bestehen aus einer zeitlichen und räumlichen Abfolge von Einzelprozessen. Diese Fertigungsschritte bewirken eine Veränderung des stofflichen Zusammenhalts oder der räumlichen Anordnung durch Anwendung von Fertigungsverfahren. Die Mittel, die gezielte Einwirkung auf das Werkstück insgesamt ermöglichen und daher den Fertigungsprozess kennzeichnen, sind stofflicher, energetischer und informatorischer Art. Gemäß DIN 8580 lassen sich

- urformende,
- umformende,
- trennende,
- fügende,
- beschichtende und
- stoffeigenschaftändernde Fertigungssysteme

unterscheiden.

In der Umformtechnik, der Trenntechnik und teilweise auch in der Fügetechnik ist anstelle des Ausdrucks Fertigungsmaschine der Ausdruck Werkzeugmaschine üblich.

4.1.4 Integrierte flexible Fertigungssysteme

Je nach Wahl der Systemgrenzen kann man Fertigungssysteme unterschiedlicher Komplexität definieren. Durch die rechnergeführte Fertigung mit integriertem Informationssystem gewinnen sehr weit gesteckte Systemgrenzen an Bedeutung. Die Datenverarbeitung wird nicht nur für die technologische Durchführung des Fertigungsprozesses genutzt, sondern für die Gesamtheit der Fertigung im Sinne eines umfassenden Systems. Hierfür ist der Begriff des rechnerintegrierten Fertigungssystems entstanden [4].
Kennzeichnendes Merkmal flexibler Fertigungssysteme ist die automatisierte Verkettung von Fertigungseinrichtungen bezüglich des Material- und des Informationsflusses (Bild 4-7). Die Bearbeitung von unterschiedlichen Werkstücken wird hierbei nicht durch Umrüsten unterbrochen.
Der Materialfluss umfasst alle Lager- und Bewegungsvorgänge bei der Zu- und Abfuhr von Rohstoffen, Werkstücken, Betriebsmitteln und Abfallstoffen. Die informationstechnische Verkettung erfolgt über ein sog. Direct-Numerical-Control-System (DNC), das die Steuerdatenverteilung und -verwaltung sowie die Betriebsdatenerfassung für mehrere Arbeitsstationen und die Materialflusssteuerung und -überwachung zentral übernimmt.
Die Automatisierung einer Fertigung setzt eine integrierte Datenverarbeitung voraus. Dann sind Programme zur Generierung von Arbeitsplänen und Steuerdaten sowie für die Fertigungssteuerung

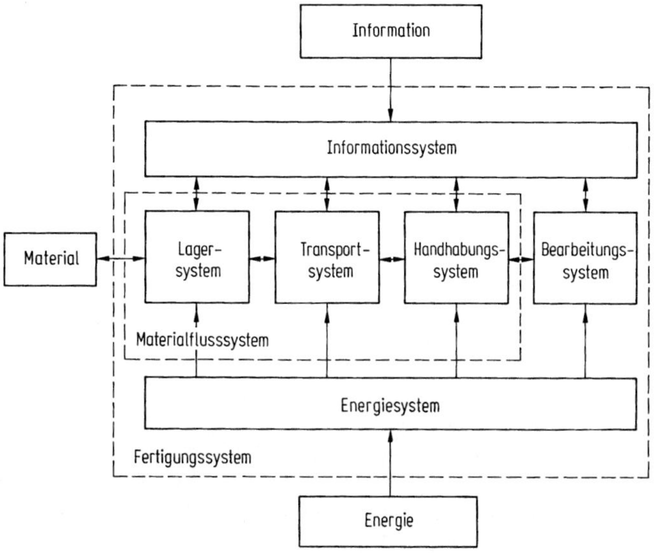

Bild 4-7. Teilsysteme flexibler Fertigungssysteme

und Betriebsdatenerfassung erforderlich. In Fertigungszellen sind die Programme zur Steuerung der Funktionen Fertigen, Handhaben, Prüfen und Ordnen zu einem Steuerungssystem zusammengefasst.
Kriterien für die Beurteilung von Fertigungssystemen sind die wirtschaftliche und technologische Leistungsfähigkeit, aber auch der Automatisierungsgrad, die Wirkungen auf die Bediener und die Belastung der Umwelt [5].

4.2 Urformen

Urformen ist Fertigen eines festen Körpers aus formlosem Stoff durch Schaffen des Zusammenhaltes (Bild 4-8).

4.2.1 Gießen

Die Wahl der Werkstoffe und der Entwurf der Teileform sind die Grundentscheidungen eines Produkts. Schon früh ist zu prüfen, durch welches Verfahren des Urformens der stoffliche Zusammenhalt geschaffen werden soll. Große Bedeutung hat hier das Gießen als Urformen aus dem (überwiegend) flüssigen Zustand. Es werden Eisen-, Leichtmetall- und Schwermetall-Gusswerkstoffe unterschieden. Die Auswahl ergibt sich aus den geforderten Eigenschaften der Fertigteile sowie aus den anwendbaren Gießverfahren. Auswahlkriterien sind Festigkeit, Dichte, elektrische und thermische Leitfähigkeit, Zerspanungseigenschaften, Korrosions- und Verschleißverhalten sowie die Herstellkosten [6].
Bei der Wahl des Gießverfahrens ist zu berücksichtigen, dass nicht jeder Werkstoff nach jedem Verfahren geformt werden kann. Außer dem Werkstückgewicht sind insbesondere Stückzahl und Formgenauigkeit ausschlaggebend.
Bei den Formverfahren werden Hand- und Maschinenformverfahren unterschieden. *Handformverfahren* kommen vor allem bei großen Gussstücken sowie bei niedrigen Stückzahlen in Frage. Handformen wird eingeteilt in

- Herdformen (Formen im Gießereiboden),
- Schablonenformen (Verwendung von Dreh- oder Ziehschablonen mit den Umrissen des Gussstücks),
- Kastenformverfahren (Formen mit ein- oder mehrteiligen Modellen in zwei oder mehr Kästen, die zum Abguss zusammengesetzt werden) und
- kastenloses Handformen.

Maschinenformverfahren werden bei größeren Serien von Klein- und Mittelguss angewendet. Die maschinellen Arbeitsgänge der Formherstellung (Sand-

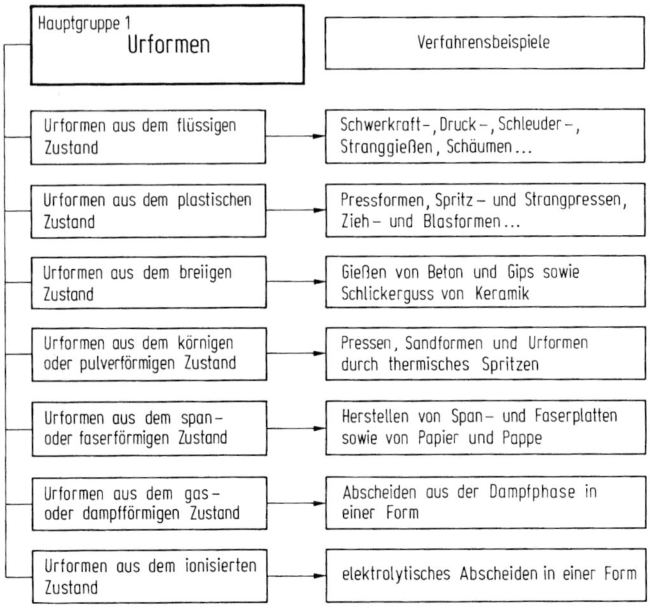

Bild 4-8. Verfahrenseinteilung des Urformens nach DIN 8580

einfüllen, Verdichten, Heben, Senken, Wenden, Umsetzen, Kerneinlegen, Zulegen, Übersetzen, Transportieren, Beschweren, Gießen, Ausleeren, Trennen, Reinigen) sind grundsätzlich dieselben wie beim Handformen.

Über die in DIN 8580 gegebene Einteilung hinaus können Gießverfahren nach der Art der Gießform sowie der Bindung des verwendeten Formstoffs eingeteilt werden. Neben verlorenen Formen für lediglich einen Abguss werden Dauerformen verwendet. Verlorene Formen können tongebunden, chemisch oder physikalisch gebunden sein. Zu den Verfahren mit chemisch gebundenen verlorenen Formen gehören Zementsand-, Wasserglas-, Fließsand-, Kaltharz-, Maskenform-, Warmkammer-, Kaltkammer-, Genau- und Feingießen. Beim Gießen mit physikalisch gebundenen Formstoffen wird die Verfestigung des Formstoffs durch Schwerkraft, Unterdruck oder das magnetische Feld bewirkt. Bild 4-9 zeigt den typischen Aufbau einer verlorenen Form.

Zum Guss mit Dauerformen werden metallische Gießwerkzeuge, aber auch Formen aus Grafit oder Keramik verwendet. Prinzipiell haben Dauer- und verlorene Formen denselben Aufbau. Dauerformen dominieren heute bei den vergleichsweise niedrig schmelzenden Nichteisenmetallen, wie Zink-, Aluminium-, Magnesium- und Kupferlegierungen. Aber auch Gusseisen und in Sonderfällen hochschmelzender Stahl werden zum Teil bereits in Dauerformen vergossen. Die Gussstücke zeichnen sich durch hohe Maßgenauigkeit und ein durch die rasche Abkühlung bestimmtes Gussgefüge aus [6].

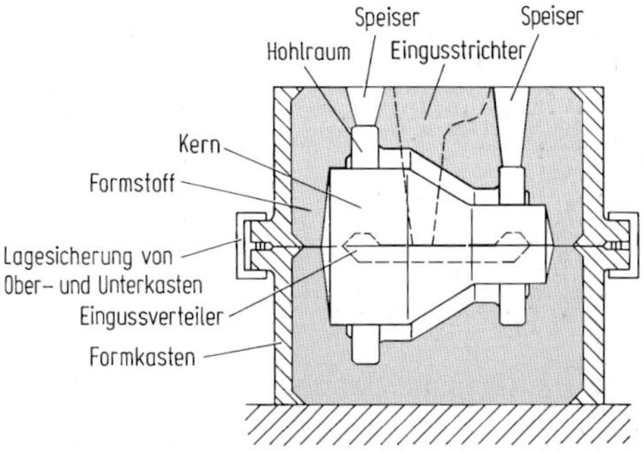

Bild 4-9. Gießfertige Form des Hand- oder Maschinenformens [7]

Beim *Kokillengießen* wird eine ruhende Dauerform, meist aus Stahl oder Gusseisen, i. Allg. drucklos gefüllt. Die Gestalt des Gussstücks ist durch die Form bestimmt. Sind auch die Kerne zur wiederholten Verwendung aus Eisenwerkstoffen hergestellt, so spricht man von Vollkokillen. Durch Einlegen von Sandkernen (Gemischtkokillen) lässt sich eine höhere Gestaltungsfreiheit erreichen. Kokillenguss zeichnet sich durch dichtes Gefüge, hohe Maßhaltigkeit und gute Oberflächenbeschaffenheit aus.

Beim *Niederdruck-Kokillengießen* wird die Form über ein Steigrohr von unten mit geringem Überdruck oder elektromagnetisch gefüllt. Nach ruhigem Füllen der Form erstarrt das Gussstück unter dem Überdruck.

Beim *Druckgießen* wird die Schmelze maschinell unter hohem Druck und mit großer Geschwindigkeit in eine genau gefertigte metallische Dauerform gepresst. Der Druck wird bis zum Ende der Erstarrung aufrechterhalten. Druckgussteile lassen sich wegen des hohen Aufwandes für Maschinen und Formen nur bei großen Serien wirtschaftlich fertigen. Sie haben hohe Maßhaltigkeit und sehr gute Oberflächenbeschaffenheit sowie einen geringen Putzaufwand. Im Gegensatz zum Kokillen- und Sandformguss ist das Druckgießen auf dünnwandige Teile beschränkt.

Beim *Schleudergießen* wird die Schmelze in eine um ihre Achse rotierende rohr- oder ringförmige Kokille geführt, in der sie bei Einwirkung der Zentrifugalkraft erstarrt. Übliche Gussstücke sind Ringe, Rohre, Büchsen und Rippenzylinder. Ihre Wanddicke hängt von der Menge des zugeführten Metalls ab. Schleuderformguss ist ganz entsprechend das Gießen in einer Form unter Ausnutzung der Fliehkraft.

Mit fast allen Gießverfahren lassen sich auch verbundgegossene Teile herstellen. *Verbundgießen* ist das Ein- oder Angießen von Teilen aus anderem Werkstoff oder auch das Umgießen mit einem anderen Werkstoff.

Stranggießen ist ein kontinuierliches Gießverfahren zur Herstellung von Voll- und Hohlprofilen. Dabei wird die Schmelze in eine beidseitig offene Kokille gegossen, die nur beim Angießen auf der Gegenseite geschlossen ist. In der Kokille kühlt die Schmelze gerade so weit ab, dass sich eine tragfähige Außenschale bildet. Der teilerstarrte Strang wird dann aus der Form gezogen. Außer Halbzeugen lassen sich auch direkt verwertbare Profile und Rohre erzeugen [6].

4.2.2 Pulvermetallurgie

ISO 3252-1982 bezeichnet die *Pulvermetallurgie* als den Teil der Metallurgie, der sich mit der Herstellung von Metallpulvern oder von Gegenständen aus solchen Pulvern durch die Anwendung eines Formgebungs- und Sinterprozesses befasst. Die hierbei verwendeten Technologien lassen sich sowohl für metallische als auch für nichtmetallische Werkstoffe verwenden. Durch den Verdichtungsprozess lassen sich sowohl dichte Werkstoffe als auch solche mit kontrolliertem Porenanteil herstellen. Hieraus ergibt sich ein breites Anwendungsspektrum für Sinterwerktstoffe. So sind diese in vielen Konstruktionen der mechanischen und elektronischen Industrie unentbehrlich geworden [8].
Die pulvermetallurgische Fertigungstechnik hat eine Reihe von Aufgaben, die der Schmelzmetallurgie verschlossen sind. So ist es möglich, aus den Pulvern hochschmelzender Metalle massive Halbzeuge, wie Bleche, Bänder und Drähte, mit feinem Gefüge herzustellen. Pulvermetallurgische Verfahren werden auch dann angewandt, wenn schmelzmetallurgische Methoden nicht mehr ausreichen, um einen verarbeitbaren Block herzustellen, oder wenn gießtechnische Methoden eine angemessene Verarbeitung der Schmelze nicht zulassen, wie z. B. bei Superlegierungen, die in Triebwerken verwendet werden.
Durch die Wahl geeigneter Rohstoffe und Herstellbedingungen können Sinterkörper mit *gesteuerter Porosität* hergestellt werden. Hochporöse Sinterkörper werden beispielsweise als Filter, Dämmelemente, Drosseln oder Flammensperren benutzt. Bei ihnen kann der Porenraum 45 bis 90% des Volumens ausmachen. Poröse Sinterkörper aus Eisen und Bronze werden auch als selbstschmierende wartungsfreie Gleitlager eingesetzt. Bei ihnen dient der Porenraum als Reservoir eines Schmiermittels, das während des Betriebs zum Aufbau des Schmierkeils dient und beim Stillstand durch die Kapillarkräfte des Porensystems in den Sinterkörper zurückgesaugt wird.
Pulvermetallurgische Verfahren können auch als reine Formgebungsverfahren zur Herstellung von Genauteilen aus metallischen Werkstoffen dienen, wobei die Werkstoffeigenschaften weniger interessieren. Die Pulvermetallurgie wird dabei zu einem urformenden Verfahren, das im Wettbewerb mit anderen Verfahren steht.
Urformen führt allerdings nur zu einem ungesinterten Pressling aus Metallpulver, der auch als Grünling bezeichnet wird und nur in Ausnahmefällen, wie beispielsweise als Massekerne, für eine technische Verwendung geeignet ist. Um zum Sinterwerkstoff oder zum Sinterformteil zu kommen, ist eine Sinterung erforderlich.

4.2.3 Galvanoformen

Durch *Galvanoformen* können dünnwandige metallische Werkstücke von komplizierter Oberflächenform mit geringer Rauhtiefe und hoher Maß- und Formgenauigkeit mithilfe von Modellen hergestellt werden.
Die Herstellung von solchen galvanogeformten Teilen geschieht zu folgenden Teilschritten [9]:

- Herstellen des Badmodells und geeignete Vorbehandlung vor dem galvanischen Beschichten. Das Badmodell ist die Negativform des gewünschten Teils.
- Galvanisches Abscheiden einer ausreichend dicken Metallschicht auf dem Badmodell.
- Trennen des galvanogeformten Teils vom Badmodell und Nacharbeiten des Teils.

Die Galvanoformung hat folgende Vorteile [10]:

- Hohe Arbeitsgenauigkeit,
- geringe oder keine Nachbehandlung der Werkstücke,
- Nachformgenauigkeit der Mikrogeometrie mit Rauhtiefen bis zu $R_t = 0{,}05\,\mu m$ beim Abformen der Modelloberfläche,
- leichte Wiederholbarkeit bei der Herstellung gleicher Teile,
- einfache Herstellung von komplizierten räumlichen Formen und
- Möglichkeit des Herstellens dünner Wände.

Neben der üblichen Galvanoformung (Bild 4-10) gibt es Sonderverfahren für spezielle Aufgaben. So können im kontinuierlichen Verfahren nahtlose Endlosbänder hergestellt werden [11]. Durch Dispersionsabscheidung können in die Metallschicht Stoffe einge-

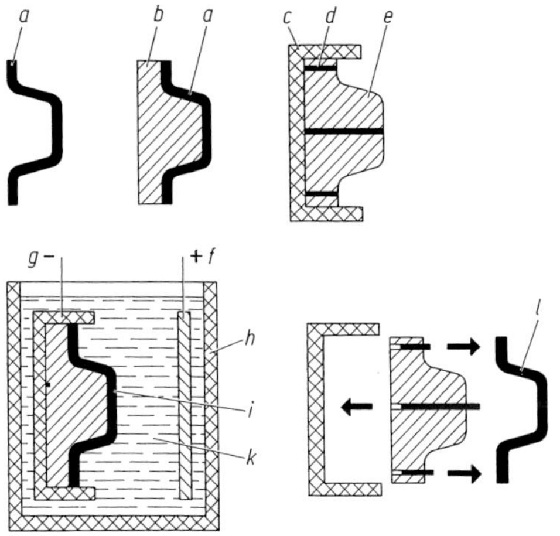

Bild 4-10. Arbeitsweise der Galvanoformung. **a** Urmodell; **b** Badmodell; **c** Abdeckung; **d** Auswerfer; **e** Trenn- bzw. Leitschicht; **f** Anode; **g** Kathode; **h** Elektrolysebehälter; **i** abgeschiedene Metallschicht; **k** Elektrolyt; **l** Galvanoform [9]

baut werden, die die Eigenschaften der Schicht modifizieren [12].

4.3 Umformen

Umformen ist Fertigen durch bildsames (plastisches) Ändern der Form eines festen Körpers unter Erhaltung von Masse und Stoffzusammenhang (Bild 4-11). Umformen beruht auf der bildsamen Formbarkeit zahlreicher Werkstoffe und diese wiederum auf der Fähigkeit des Werkstoffgefüges, Schiebungen längs kristalliner Gleitebenen zu ertragen, ohne dass der Stoffzusammenhang zerstört wird. Plastische Formbarkeit ist eine wichtige Eigenschaft der Metalle, die eine überragende Bedeutung in der Umformtechnik besitzen [13].

Das Umformen ist materialsparend, da es im Grundsatz abfalllos erfolgt. Gegenüber dem Urformen ist der Fertigungsweg länger, da ein vorgeformter Rohling erstellt werden muss. Wie beim Urformen ist man bestrebt, auch beim Umformen direkt ein möglichst fertiges Teil zu erhalten, um eine teure spanende Nachbearbeitung zu vermeiden.

Die in Bild 4-11 dargestellten Gruppen sind in den Normen nach Kinematik, Werkzeug- und Werkstückgeometrie sowie deren Zusammenhängen weiter untergliedert. In der Praxis hat sich darüber hinaus die Einteilung in Massiv- und Blechumformung durchgesetzt.

4.3.1 Walzen

Die *Walzverfahren* sind in DIN 8583 nach der Kinematik in Längs-, Quer- und Schrägwalzen, nach der Walzengeometrie in Flach- und Profilwalzen sowie nach der Werkstückgeometrie in Voll- und Hohlprofilwalzen eingeteilt. Nahezu 90% des erschmolzenen Metalls wird durch Walzen weiterverarbeitet. Dabei werden durch Umformung der Gussstruktur sowie durch Verschließen oder Verschweißen der durch den Guss bedingten Poren die geforderten Eigenschaften erzielt.

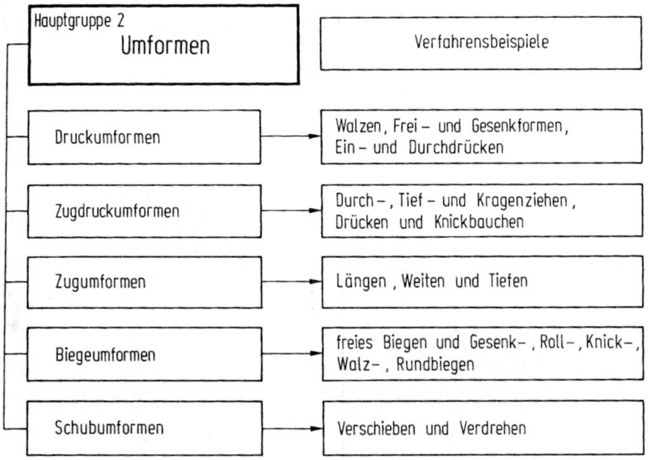

Bild 4-11. Verfahrenseinteilung des Umformens nach DIN 8582 bis DIN 8587

Warmwalzen besteht aus einer Reihe von Produktionsschritten, beginnend mit der Erwärmung des Ausgangsmaterials über die Umformung bis zur Abkühlung.

Das Walzen erfolgt nach einem sog. Stichplan, in dem die einzelnen Umformschritte festgelegt sind. Diese sind vom Ausgangs- und Endquerschnitt, dem Werkstoff, der Auslegung von Gerüst, Antrieben und Walzen sowie von der Blocktemperatur abhängig. Nach Abkühlung werden die Walzprodukte entzundert, geprüft und die Oberflächenfehler beseitigt.

Walzstraßen bilden oft geschlossene Einheiten mit eigenem Ofen. Es haben sich halb- oder vollkontinuierliche Walzstraßensysteme durchgesetzt. Walzstraßen für Großprofile werden häufig mit Blockstraßen oder mit Block-Brammen-Straßen kombiniert. Dickere Stäbe ab etwa 70 mm Durchmesser können auf Halbzeugstraßen gefertigt, mittlere und kleine Stabquerschnitte auf Mittelstahl- und Feinstahlwalzanlagen gewalzt werden.

Auch *Drahtstraßen* bilden in sich abgeschlossene Anlagen mit Stoß- und Hubbalkenöfen. Zum Einsatz kommen vorgewalzte und stranggegossene Knüppel und Vorblöcke. Neben halb- und vollkontinuierlichen Duo-Drallstraßenbauarten und den mehradrigen Drahtstraßen mit einzeln angetriebenen Fertiggerüsten werden heute Drahtblöcke eingesetzt. Daneben gibt es noch Spezialdrahtstraßen für hochlegierte Drahtgüten in halbkontinuierlicher Bauform.

Die *Rohrwalzverfahren* haben ein gemeinsames Prinzip: Aus einem Vollblock wird durch Lochen mit einer Presse oder durch Schrägwalzen über einem Lochdorn ein dickwandiger Hohlblock erzeugt. Dieser wird durch Längswalzen auf einem zylindrischen Innenwerkzeug gestreckt und durch Längswalzen ohne Innenwerkzeug auf den gewünschten Außendurchmesser gebracht. Wichtige Rohrwalzverfahren zeigt Bild 4-12.

Kaltwalzen dient vorwiegend zum Fertigen von Teilen, die nicht mehr spanend nachbearbeitet werden. Dazu zählen

- das Kaltwalzen von Flacherzeugnissen,
- Profilkaltwalzen,
- Oberflächenfeinwalzen,
- Gewindewalzen und
- Drückwalzen.

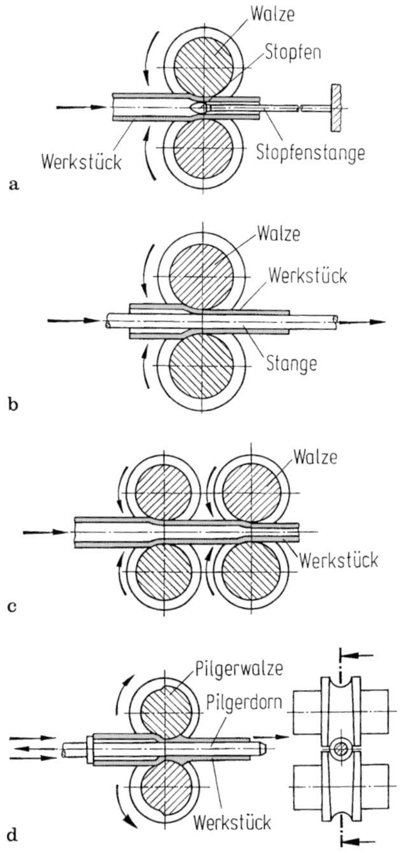

Bild 4-12. Rohrwalzverfahren. **a** Stopfwalzen von Rohren über einen im Walzspalt fest angeordneten Stopfen; **b** Walzen von Rohren über einer Stange, die durch ein oder mehrere Walzenpaare mitgeschleppt oder gemeinsam mit dem Walzgut durch den Walzspalt geführt wird; **c** Walzen von Rohren ohne Innenwerkzeug; **d** Pilgerschrittwalzen von Rohren über einem Dorn [13]

Beim *Kaltwalzen von Bändern* wird das Vormaterial in der Regel vom Warmwalzwerk als Breitband angeliefert und im Kaltwalzwerk meist nach einer Vorbereitung der Oberfläche zu Feinblech verarbeitet. Wegen der starken Verfestigung des Feinblechs durch das Kaltwalzen ist für die Weiterverarbeitung eine Glühbehandlung oberhalb der Rekristallisationstemperatur erforderlich. Das folgende Nachwalzen hat die Aufgabe, die Planheit des Bandes zu verbessern, der Bandoberfläche eine bestimmte Rauheit oder Glattheit zu verleihen und die ausgeprägte Streckgrenze des geglühten Bandes sowie die damit zusammenhängende Neigung zum Fließen zu beseitigen. Da beim Kaltwalzen von Stahl an der Grenze zwischen Walzen und Band Temperaturen über 200 °C auftreten können, sind Kühl- und Schmiermittel aus Emulsionen auf Mineralölbasis üblich.

4.3.2 Schmieden

Schmiedeteile sind praktisch frei von Innenfehlern und hochbelastbar. Hinzu kommt, dass das Schmieden als Genau- oder Präzisionsschmieden betrieben werden kann. Dadurch kann eine Schruppbearbeitung entfallen, oder es können bei noch höheren Genauigkeiten Schmiedeteile direkt eingebaut werden. Eine Weiterentwicklung der Schmiedetechnik sind Verfahrenskombinationen, wie die Verknüpfung von Gesenkschmieden mit Warmfließpressen, Kaltfließpressen, Kaltprägen oder auch mit Schweißverfahren.

4.3.3 Strang- und Fließpressen

Strang- und Fließpressen gehören nach DIN 8583 zum Durchdrücken. *Strangpressen* ist das Durchdrücken eines von einem Aufnehmer umschlossenen Blocks vornehmlich zum Erzeugen von Strängen mit vollem oder hohlem Querschnitt. *Fließpressen* ist Durchdrücken eines zwischen Werkzeugteilen aufgenommenen Werkstücks, vorwiegend zum Erzeugen einzelner Werkstücke. Gliederungsmerkmale beider Verfahren sind die Richtung des Stoffflusses, bezogen auf die Wirkrichtung der Maschine, und zum anderen die erzeugte Werkstückgeometrie. Fließpressen wird häufiger bei Raumtemperatur durchgeführt, während beim Strangpressen die Rohteile überwiegend über die Rekristallisationstemperatur erwärmt werden [13].

Bild 4-13 zeigt am Beispiel des Hohl-Vorwärts-Strangpressens eine Prinzipdarstellung des Verfahrens mit starren Werkzeugen. Der vom Blockaufnehmer umschlossene Block wird mittels eines Stempels über eine lose oder feste Pressscheibe durch eine Matrize gedrückt. Ein die Werkstückinnenkonturen bestimmender Dorn kann fest oder mitlaufend sein.

Zum Strangpressen werden überwiegend Stähle, Aluminium, Magnesium und Kupfer sowie deren Legierungen verwendet, in geringerem Maße auch Blei- und Zinnlegierungen.

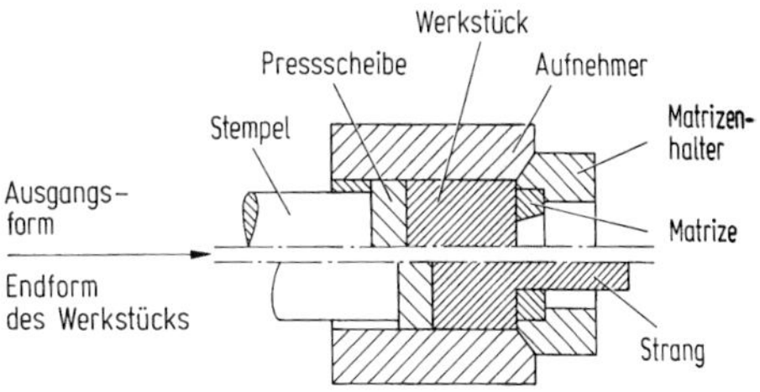

Bild 4-13. Hohl-Vorwärts-Strangpressen nach DIN 8583

Die Presswerkzeuge werden in direkt bzw. nicht direkt mit dem Werkstoff in Berührung kommende eingeteilt. Werkzeuge, die direkte Berührung mit dem Presswerkstoff haben, werden thermisch und mechanisch hoch belastet, sodass für sie warmfeste und anlassbeständige Werkstoffe erforderlich sind.

4.3.4 Blechumformung

Bei der Blechumformung werden aus flächenhaft beschreibbaren Rohteilen Hohlteile mit etwa gleichbleibender Wanddicke hergestellt. Wichtige Beispiele sind das Tiefziehen und das Biegen, die für die Massenfertigung besondere Bedeutung haben.

Tiefziehen ist nach DIN 8584 das Zugdruckformen eines Blechzuschnitts zu einem Hohlkörper oder das Zugdruckumformen eines Hohlkörpers zu einem Hohlkörper kleineren Umfangs ohne beabsichtigte Veränderung der Blechdicke. Unterschieden wird zwischen Tiefziehen mit Werkzeugen, mit Wirkmedien und mit Wirkenergie.

Der prinzipielle Aufbau von Ziehwerkzeugen für Erst- und Weiterzug ist in Bild 4-14 dargestellt.

Ziehring und Stempel bestimmen die Gestalt des Werkstücks. Der Niederhalter hat die Aufgabe, eine Faltenbildung während des Ziehvorgangs zu verhindern. Die erforderliche Niederhalterkraft wird mithilfe von Federn oder durch einen in der Presse angeordneten pneumatischen oder hydraulischen Ziehapparat erzeugt. Der Auswerfer stößt nach dem Umformen das Werkstück beim Auseinanderfahren der Werkzeughälften aus. Lässt sich die Werkstückform nicht im Erstzug herstellen, erfolgt die weitere Bearbeitung im Weiterzug [13].

Beim *Tiefziehen mit Wirkmedium und Wirkenergie* werden gegenüber dem Tiefziehen mit starrem Werkzeug erheblich größere Ziehverhältnisse erreicht. Die

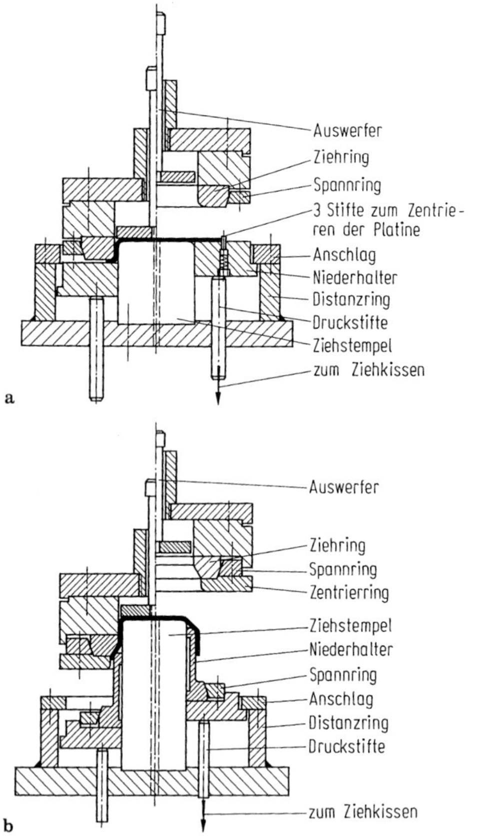

Bild 4-14. Ziehwerkzeug. **a** Erstzug; **b** Weiterzug [14]

Fertigung von Blechteilen kann dadurch in einem Arbeitsgang erfolgen. So kann das Tiefziehen mittels Wirkmedien (z. B. Sand oder Stahlkugeln, Flüssigkeit oder Gas) mit kraftgebundener Wirkung (Kraft, Druck) unter ein- oder zweiseitiger Druckanwendung erfolgen. Tiefziehen mit Wirkmedien mit energiegebundener Wirkung kann mittels Sprengstoffdetonation oder elektrischer Entladung erfolgen.

Das Tiefziehen mit Wirkmedien mit energiegebundener Wirkung stellt eine Besonderheit dar, da die Umformvorgänge in extrem kurzen Zeiten ablaufen. Der Vorteil besteht darin, dass aufgrund der hohen Ziehgeschwindigkeiten auch hochfeste Werkstoffe umgeformt werden können.

4.4 Trennen

Trennen ist Fertigen durch Ändern der Form eines festen Körpers, wobei der Zusammenhalt örtlich aufgehoben wird. Die Endform ist dabei in der Ausgangsform enthalten. Auch das Zerlegen zusammengesetzter Körper wird zum Trennen gerechnet (vgl. Bild 4-15).

Unter den trennenden Fertigungsverfahren nimmt die *spanende* Bearbeitung im Hinblick auf ihre vielfältigen Anwendungsmöglichkeiten und die erreichbare hohe Fertigungsgenauigkeit eine dominierende Stellung ein. Dabei zeichnen sich die spanenden Fertigungsverfahren durch folgende Merkmale aus:

- hohe Universalität der erzeugbaren Formen,
- hohe Fertigungsgenauigkeit,
- gute Automatisierbarkeit der einzelnen Verfahren,
- wirtschaftliche Anpassungsfähigkeit und
- kaum Beschränkungen in der Werkstoffwahl.

Das Spanen wird in Spanen mit geometrisch bestimmten Schneiden und in Spanen mit geometrisch unbestimmten Schneiden unterteilt. Ersteres ist nach DIN 8589 ein Spanen, zu dem ein Werkzeug verwendet wird, dessen Schneidenzahl, Geometrie der Schneidkeile und Lage der Schneiden zum Werkstück bestimmt ist. Spanen mit geometrisch unbestimmten Schneiden ist nach DIN 8589 Spanen, zu dem ein Werkzeug verwendet wird, dessen Schneidenzahl, Geometrie der Schneidkeile und Lage der Schneiden zum Werkstück unbestimmt ist. Zum Spanen mit geometrisch unbestimmten Schneiden zählen die Schleifverfahren, das Honen, das Läppen und das Strahlspanen sowie das Gleitspanen.

Die beiden Gruppen werden weiter nach den herkömmlichen Fertigungsverfahren, die überwiegend durch das verwendete Werkzeug bestimmt sind, unterschieden. Eine weitere Unterteilung erfolgt nach den zu erzeugenden Flächen: Plan-, Rund-, Schraub-, Wälz-, Profil- und Formflächen.

Eine feinere Klassifikation ist nach folgenden Merkmalen möglich: Werkzeugart, Schneidstoff, Mechanisierungs- oder Automatisierungsgrad, Art der Werkzeugmaschine, Art der Steuerung der Bewegung, Beziehung zwischen Schnitt- und Vorschubrichtung, Kühlschmierstoff, Temperatur, Werkstoff, Bearbeitungsstelle am Werkstück, Werkstückart und -form, Werkstückaufnahme, Art der Werkstückzuführung, zu erzeugende Oberflächenstruktur und sonstige Verfahrensmerkmale.

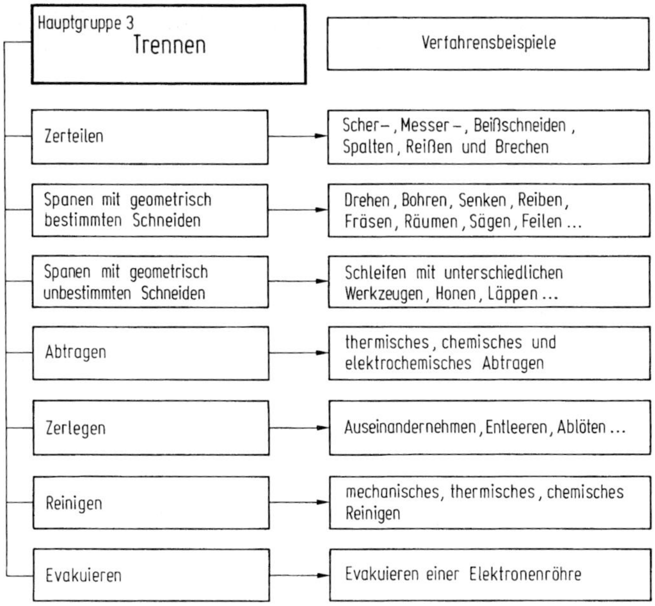

Bild 4-15. Verfahrenseinteilung des Trennens nach DIN 8589 bis DIN 8590

4.4.1 Scherschneiden

Das *Scherschneiden* gehört nach DIN 8580 zur Gruppe Zerteilen die außerdem Keilschneiden, Reißen und Brechen enthält. Die größte wirtschaftliche Bedeutung aller Zerteilverfahren hat das Scherschneiden, hauptsächlich in der Blechbearbeitung. Kennzeichnend ist die durch Schubspannung bewirkte Werkstofftrennung, wobei sich das Werkstück zwischen zwei Werkzeugschneiden befindet, die sich parallel aneinander vorbeibewegen. Als Werkzeuge werden Scherschneidmesser und Rollschneidmesser eingesetzt. Aus der Differenzierung nach der Lage der Schnittfläche zur Werkstückbegrenzung ergeben sich die in Bild 4-16 dargestellten Scherschneidverfahren.

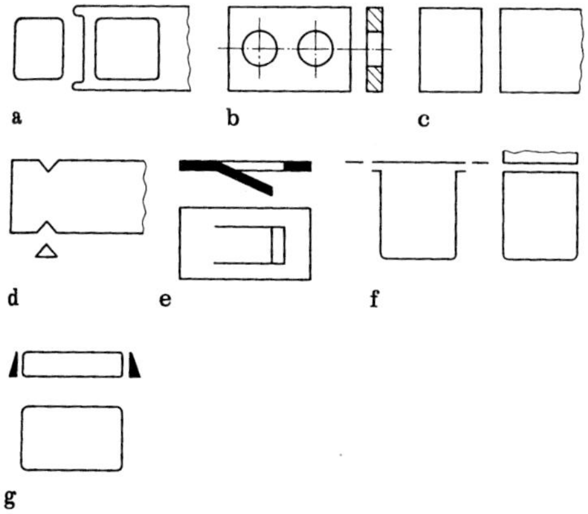

Bild 4-16. Scherschneidverfahren. **a** Ausschneiden; **b** Lochen; **c** Abschneiden; **d** Ausklinken; **e** Einschneiden; **f** Beschneiden; **g** Nachschneiden

4.4.2 Drehen

Drehen ist nach DIN 8589 definiert als Spanen mit geschlossener, i. Allg. kreisförmiger Schnittbewegung und beliebiger, quer zur Schnittrichtung liegender Vorschubbewegung. Die Drehachse der Schnittbewegung behält ihre Lage relativ zum Werkstück unabhängig von der Vorschubbewegung bei. Man unterscheidet zwischen Drehen mit rotierendem Werkstück und Drehen mit umlaufendem Werkzeug. Die Vorschubbewegung erfolgt durch das Werkzeug oder das Werkstück. Die Einteilung der Drehverfahren kann nach folgenden Gesichtspunkten erfolgen [15]:

Oberfläche:
Form: Plan-, Rund-, Schraub-, Wälz-, Profil-, Formdrehen,
Lage: Innen-, Außendrehen,
Güte: Schrupp-, Schlicht-, Feindrehen, Hochpräzisions-, Ultrapräzisionsdrehen.

Kinematik des Zerspanvorgangs:

Vorschubbewegung: Längs-, Quer-, Form-, Wälzdrehen,
Schnittbewegung: Rund-, Unrunddrehen.

Werkstückaufnahme:
Im Futter, zwischen Spitzen, auf der Planscheibe und in der Spannzange.

Vorrichtungen und Sonderkonstruktionen der Drehmaschine:
Kegel-, Kugel-, Nachform-, Exzenter-, Hinter- und Unrunddrehen.
Nach DIN 8589 dienen als Ordnungsgesichtspunkte neben der Art der erzeugten Fläche, der Kinematik des Zerspanungsvorgangs und dem Werkzeugprofil auch die Richtung der Vorschubbewegung, Werkzeugmerkmale sowie beim Formdrehen die Art der Steuerung. Allgemein unterscheidet man zwischen Längsdrehen (Vorschub parallel zur Drehachse) und Quer- und Plandrehen (Vorschub senkrecht zur Drehachse).
Plandrehen ist das Drehen zum Erzeugen ebener Flächen, die senkrecht zur Drehachse des Werkstücks liegen. Beim Quer-Plandrehen (Bild 4-17a) mit konstanter Drehzahl ist zu beachten, dass die Schnittgeschwindigkeit dem Zerspandurchmesser proportional ist. Durch Drehzahlanpassung an den Werkstückdurchmesser kann ein bestimmter Schnittgeschwindigkeitsbereich eingehalten werden, wodurch eine gleichmäßige Oberflächengüte, eine wirtschaftliche Standzeit und eine Verkürzung der Hauptzeit erreicht wird. Beim Quer-Abstechdrehen (Bild 4-17c) sind die Werkzeuge schmal ausgeführt, um den Werkstoffverlust gering zu halten. Damit ist jedoch bei hoher Belastung eine verstärkte Ratterneigung verbunden, sodass die Schnittwerte auf die Werkzeuggeometrie und die jeweilige Bearbeitungsaufgabe besonders abzustimmen sind. Beim Längs-Plandrehen ist die Schneide des Drehmeißels mindestens so breit zu wählen, dass sie der Breite der zu erzeugenden ringförmigen ebenen Fläche entspricht.
Drehen zur Erzeugung kreiszylindrischer Flächen, die koaxial zur Drehachse liegen, wird *Runddrehen* genannt. Beim Längs-Runddrehen (Bild 4-18a) erfolgt der Vorschub im Gegensatz zum Quer-Runddrehen parallel zur Drehachse des Werkstücks.

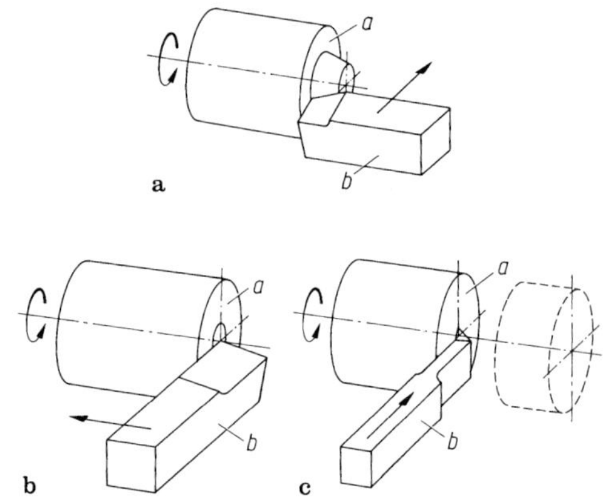

Bild 4-17. Drehen zur Erzeugung ebener Flächen nach DIN 8589. **a** Quer-Plandrehen; **b** Längs-Plandrehen; **c** Quer-Abstechdrehen. *a* Werkstück, *b* Werkzeug

Kennzeichnend beim Quer-Runddrehen (Bild 4-18b) ist neben der Vorschubrichtung, dass die Schneide des Drehmeißels mindestens so breit ist wie die zu erzeugende Zylinderfläche. Schäldrehen (Bild 4-18c) ist Längsdrehen mit großem Vorschub, meist unter Verwendung eines umlaufenden Werkzeugs mit mehreren Schneiden und kleinen Einstellwinkeln der Nebenschneiden des Schälwerkzeugs. Beim Breitschlichtdrehen kommen Werkzeuge mit sehr großem Eckenradius und sehr kleinem Einstell-

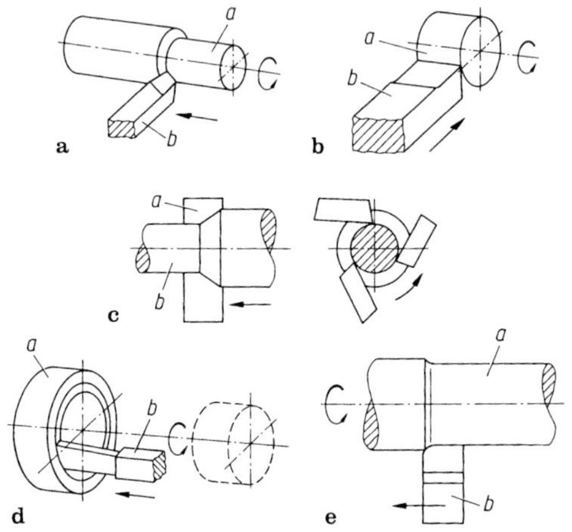

Bild 4-18. Drehen zur Erzeugung koaxialer, kreiszylindrischer Flächen nach DIN 8589. **a** Längs-Runddrehen; **b** Quer-Runddrehen; **c** Schäldrehen; **d** Längs-Abstechdrehen; **e** Breitschlichtdrehen. *a* Werkstück, *b* Werkzeug

winkel der Nebenschneide zum Einsatz, wobei der Vorschub kleiner als die Länge der Nebenschneide gewählt wird. Das Längs-Abstechdrehen dient zum Ausstechen runder Scheiben.

Schraubdrehen geschieht mittels eines Profilwerkzeugs zur Erzeugung von Schraubflächen, wobei der Vorschub je Umdrehung gleich der Steigung der Schraube ist. Beim Gewindedrehen, -strehlen und -schneiden ist die Vorschubrichtung parallel zur Drehachse des Werkstücks. Beim Gewindedrehen wird die Schraubfläche mit einem einzahnigen Drehmeißel erzeugt, beim Gewindestrehlen mit einem Werkzeug, das in Vorschubrichtung mehrere Zähne aufweist, während beim Gewindeschneiden das Werkzeug in Vorschub- und Schnittrichtung mehrere Zähne besitzt. Liegt die Vorschubrichtung schräg zur Drehachse des Werkstücks, so spricht man von Kegelgewindedrehen oder -strehlen. Beim Spiraldrehen wird eine spiralförmige Fläche (Nut oder Erhebung) an einer Planfläche mittels eines einzahnigen Profilwerkzeugs erzeugt.

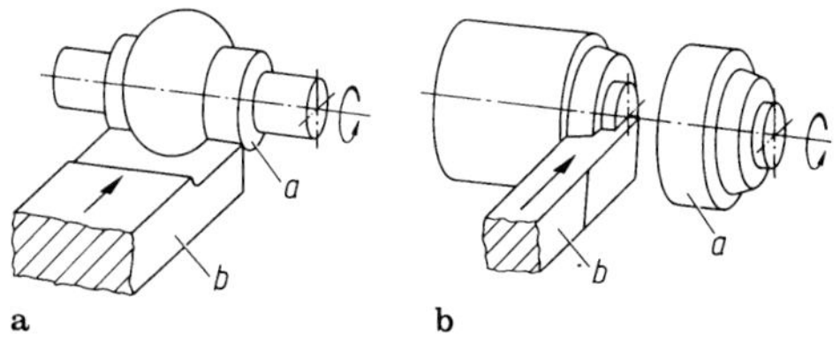

Bild 4-19. Drehen zur Erzeugung beliebiger, durch ein Profilwerkzeug bestimmter Flächen nach DIN 8589. **a** Profildrehen; **b** Quer-Profilabstechdrehen. *a* Werkstück, *b* Werkzeug

Wälzdrehen ist Drehen mit einer Wälzbewegung als Vorschubbewegung eines Drehwerkzeugs mit Bezugsprofil zur Erzeugung von rotationssymmetrischen oder schraubenförmigen Wälzflächen.

Profildrehen ist das Drehen mit einem Profilwerkzeug zur Erzeugung rotationssymmetrischer Körper, bei dem sich das Profil des Werkzeugs auf das Werkstück abbildet. Quer-Profildrehen (Bild 4-19a) ist Querdrehen mit einem Profildrehmeißel, dessen Schneide mindestens so breit ist wie die zu erzeugende Fläche. Beim Quer-Profileinstechdrehen erzeugt der Profilmeißel einen ringförmigen Einstich auf der Umfangsfläche des Werkstücks, während mit dem Quer-Profilabstechdrehen (Bild 4-19b) gleichzeitig ein Abtrennen bezweckt wird. Die Einteilung der Längs-Profildrehverfahren geschieht entsprechend.

Beim *Formdrehen* wird die Form des Werkstücks durch die Steuerung der Vorschub- und der Schnittbewegung erzeugt. Die Verfahrensvarianten unterscheiden sich in der Art der Steuerung. So wird die Vorschubbewegung beim Freiformdrehen von der Hand frei gesteuert, beim Nachformdrehen (Bild 4-20a) über ein Bezugsformstück, beim Kinematisch-Formdrehen (Bild 4-20b) durch ein mechanisches Getriebe und beim NC-Formdrehen (Bild 4-20c) durch gespeicherte Daten in einer nummerischen Steuerung. Beim Unrunddrehen werden durch eine periodisch gesteuerte Schnittbewegung nicht-rotationssymmetrische Flächen erzeugt.

Form und Abmessungen von Drehwerkzeugen werden hauptsächlich durch die Arbeitsaufgabe und die Werkzeugaufnahmen der Maschinen bestimmt. Der Schneidkeil muss in geeigneter Arbeitsstellung auf

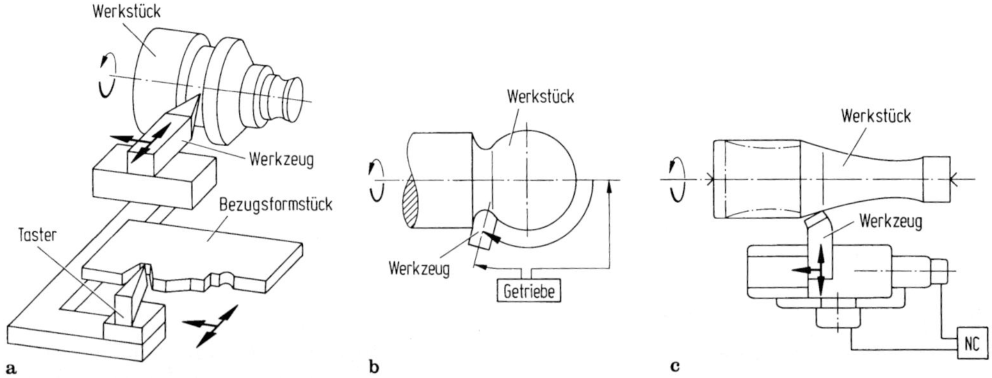

Bild 4-20. Drehen zur Erzeugung beliebiger, durch Steuerung der Vorschubbewegung bestimmter Flächen nach DIN 8589. **a** Nachformdrehen; **b** Kinematisch-Formdrehen; **c** NC-Formdrehen

das Werkstück einwirken, und der Schaft muss die aus dem Zerspanungsprozess resultierenden statischen und dynamischen Kräfte bei möglichst geringen Verformungen und schwingungsarm aufnehmen.
Auch beim Drehen wird verstärkt zu automatischem Werkzeugwechsel übergegangen. Neben Werkzeugrevolvern werden Werkzeugwechselsysteme verwendet, die sich aus Werkzeugwechslern und Werkzeugmagazinen zusammensetzen. Diese Systeme können anders als Werkzeugrevolver i. Allg. sehr viele Werkzeuge aufnehmen und bringen weniger Einschränkungen im Arbeitsraum sowie geringere Kollisionsgefahr mit sich.

4.4.3 Bohren, Senken, Reiben

Bohren umfasst nach DIN 8589 spanende Fertigungsverfahren mit kreisförmiger Schnittbewegung, die vom Werkzeug und/oder vom Werkstück ausgeführt werden können. Ein Vorschub wirkt nur in Richtung der Drehachse. (Im Gegensatz dazu ist beim Innendrehen auch ein Quervorschub möglich.) Ausgewählte Bohrverfahren sind in Bild 4-21 dargestellt.
Plansenken ist ein mit einem Flachsenker durchgeführtes Bohren zum Herstellen von senkrecht zur Drehachse der Schnittbewegung liegenden ebenen

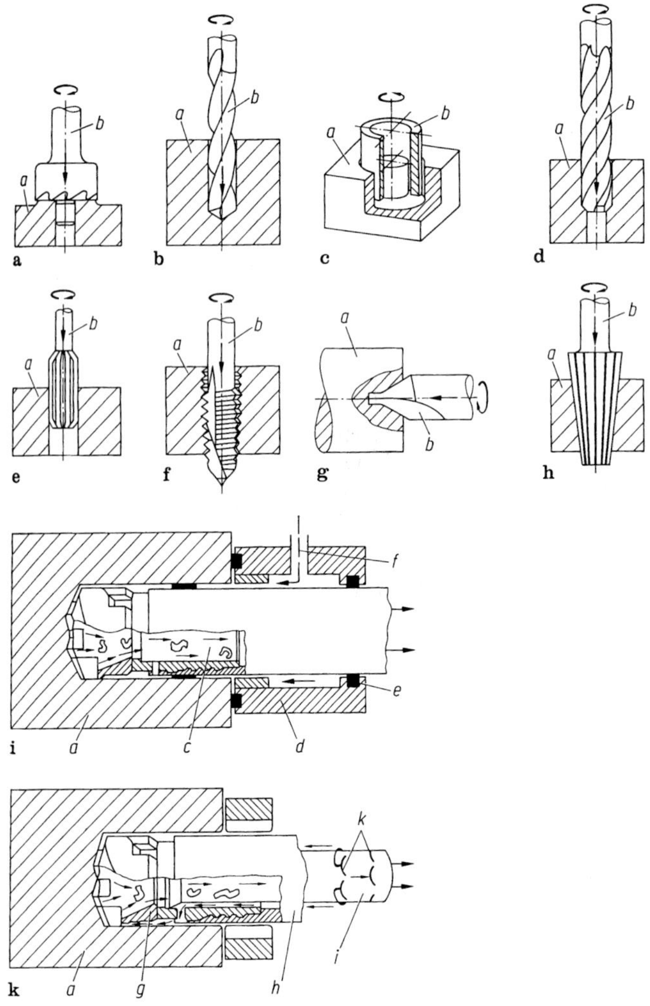

Bild 4-21. Bohrverfahren nach DIN 8589. **a** Plansenken; **b** Bohren ins Volle; **c** Kernbohren; **d** Aufbohren; **e** Reiben mit Hauptschneidenführung; **f** Gewindebohren; **g** Profilbohren ins Volle; **h** Profilreiben; **i** BTA-Verfahren; **k** Ejektor-Verfahren.
a Werkstück, *b* Werkzeug, *c* Späneabfuhr, *d* Bohrbuchse, *e* Abdichtung, *f* Ölzufuhr, *g* Bohrkopf mit Hartmetall-Schneidplatten und Führungsleisten, *h* äußeres Anschlussbohrrohr, *i* inneres Rohr für Spänerückführung, *k* Düsen für Ejektorwirkung

Flächen. Durch *Plananseken* werden überstehende Flächen erzeugt (Bild 4-21a). Unter *Planeinsenken* versteht man ein Plansenken zur Erzeugung vertieft liegender Flächen [16].

Rundbohren ist ein Verfahren zum Erzeugen von kreiszylindrischen Innenflächen. Man unterscheidet zwischen Bohren ins Volle, Kernbohren, Aufbohren und Reiben. Bohren ins Volle ist Rundbohren in den vollen Werkstoff (Bild 4-21b), beim Kernbohren wird der Werkstoff ringförmig zerspant, und es entsteht ein zylindrischer Kern (Bild 4-21c). Das Aufbohren dient zum radialen Vergrößern einer vorhandenen Bohrung (Bild 4-21d).

Reiben ist Aufbohren mit geringer Spanungsdicke mit einem Reibwerkzeug zum Erzeugen von maß- und formgenauen Innenflächen mit hoher Oberflächengüte. Man unterscheidet Reiben mit Hauptschneidenführung (Bild 4-21e) und Reiben mit Einmesser-Reibwerkzeugen [16]. Bohrungen zur Aufnahme von Wellen, Buchsen, Bolzen und Passstiften werden häufig durch Reiben fertig gestellt. Beim Reiben von Bohrungen mit Reibahlen werden kleinste Späne abgetrennt und an der Bohrungswand zurückgebliebene Vorschubriefen und Unebenheiten beseitigt.

Reibwerkzeuge sind in der Regel mehrschneidig, wobei die Schneiden geradlinig oder mit Drall versehen sind. Die eigentliche Schneidarbeit leistet der Anschnitt einer Reibahle. Mit den Schneiden am Umfang des Werkzeuges werden vor allem Maßhaltigkeit, Rundheit und Oberflächengüte der Bohrung erzielt. In der Einzelfertigung und für Nach- und Reparaturarbeiten werden häufig Handreibahlen benutzt, deren Schneiden auch verstellbar sein können. Im Vergleich zu Handreibahlen haben Maschinenreibahlen einen kürzeren Anschnitt und kürzeren Schneidenteil, da sie in der Spindel fest aufgenommen und sicher geführt werden können [16].

Schraubbohren ist Bohren mit einem Schraubenprofil-Werkzeug in ein vorhandenes Loch zum Erzeugen von Innenschraubflächen, deren Achse koaxial zur Drehachse des Werkzeugs ist. Beim Gewindebohren wird das Innengewinde mit einem Gewindebohrer erzeugt (Bild 4-21f) [16].

Das *Profilbohren* benutzt ein Profilwerkzeug zum Erzeugen von rotationssymmetrischen Innenflächen, die durch das Hauptschneidenprofil des Werkzeugs bestimmt werden. Die Untergruppen sind hier Profilsenken, Profilbohren ins Volle (Bild 4-21g), Profilaufbohren und Profilreiben (Bild 4-21h).

Beim Tiefbohren ist definitionsgemäß die Bohrungstiefe im Verhältnis zum Bohrungsdurchmesser besonders groß. Bei den waagerecht bohrenden, drehmaschinenähnlichen Tiefbohrmaschinen führt das Werkstück die rotierende Schnittbewegung aus, während der Vorschub vom Werkzeug vollzogen wird. Zur besseren Spanabfuhr und Kühlschmierwirkung werden hier insbesondere Bohrer verwendet, durch die der Kühlschmierstoff in die Schneidzone geführt wird. Neben dem zum Tiefbohren geeigneten Einlippenbohren unterscheidet man bei dieser Technologie das BTA- und das Ejektor-Bohrverfahren (Bild 4-21i, k).

Beim BTA-Verfahren (Boring and Trepanning Association) wird die Bohrung durch Druckspülung ständig sauber gehalten. Die Späne kommen mit der Bohrungswand nicht in Berührung, sondern fließen zusammen mit dem Kühlschmierstoff im Inneren des Werkzeuges ab. Die Besonderheit des Ejektorbohrers besteht darin, dass ein Teil des Kühlschmierstoffs durch eine Ringdüse unmittelbar, d. h. ohne die Schneiden zu erreichen, mit großer Geschwindigkeit in das Innenrohr zurückgeleitet wird. Dadurch entsteht in den Spankanälen des Bohrkopfes ein Unterdruck, durch den der übrige Kühlschmierstoff zusammen mit den Spänen durch das Innenrohr abgesaugt wird.

4.4.4 Fräsen

Fräsen ist nach DIN 8589 Spanen mit kreisförmiger, einem meist mehrzahnigen Werkzeug zugeordneter Schnittbewegung und mit senkrecht oder auch schräg zur Drehachse des Werkzeugs verlaufender Vorschubbewegung zum Erzielen beliebiger Werkstückoberflächen. Fräsen ist neben dem Drehen das am häufigsten angewandte spanende Bearbeitungsverfahren. Das Spektrum bearbeitbarer Werkstücke erstreckt sich von sehr kleinen bis zu sehr großen Werkstücken. Die Formabweichungen liegen bei 30 bis 40 μm für mittlere Maschinengrößen. Die erzielbaren Oberflächengüten sind stark vom Fräsverfahren sowie von der konstruktionsbedingten Stabilität abhängig [17].

Die Fräsverfahren werden nach der Art des Schneideneingriffs und nach der Form der erzeugten

Werkstückfläche eingeteilt. Hinsichtlich der Art des Schneideneingriffs werden Umfang-, Stirn- und Umfangstirnfräsen unterschieden. Weiterhin ist es möglich, die Verfahren nach ihrer Kinematik in *Gegenlauf-* und *Gleichlauffräsen* einzuteilen. Wichtige Fräsverfahren sind als Prinzipdarstellung in Bild 4-22 gezeigt. Das meist mehrschneidige Werkzeug führt eine kreisende Schnittbewegung aus. Die Vorschubbewegung kann vom Werkstück und/oder vom Werkzeug ausgeführt werden.

Das *Umfangplanfräsen* wird häufig auch als *Walzenfräsen* bezeichnet. Der Walzenfräser besitzt nur am Umfang Schneiden, die auch drallförmig verlaufen. Werkzeuge zum *Umfangstirnfräsen* haben sowohl an ihrem zylindrischen Umfang als auch an der Stirnseite Schneiden. Die Hauptzerspanung wird von den Umfangsschneiden ausgeführt, die Stirnschneiden bearbeiten die Planfläche. Das Erzeugen kreiszylindrischer Flächen wird in der Praxis häufig mit außen- oder innenverzahnten Scheibenfräsern durchgeführt. Ein weiteres Verfahren zum Erzeugen von kreiszylindrischen Flächen ist das *Stirnrundfräsen.* Das Erzeugen von Schraubflächen durch Fräsen erfolgt i. allg. mit Nuten- oder Scheibenfräsern. Zu dieser Verfahrensgruppe gehören auch *Lang-* und *Kurzgewindefräsen.* Das *Wälzfräsen* ist das wichtigste Verfahren zum Erzeugen zylindrischer Verzahnungen. Es handelt sich um ein kontinuierliches Verzahnungsverfahren, bei dem Werkzeug und Werkstück kinematisch gekoppelt sind. Während der Wälzbewegung drehen sich Werkzeug und Werkstück wie Schnecke und Schneckenrad, wobei die Fräserdrehung die Schnittgeschwindigkeit bestimmt.

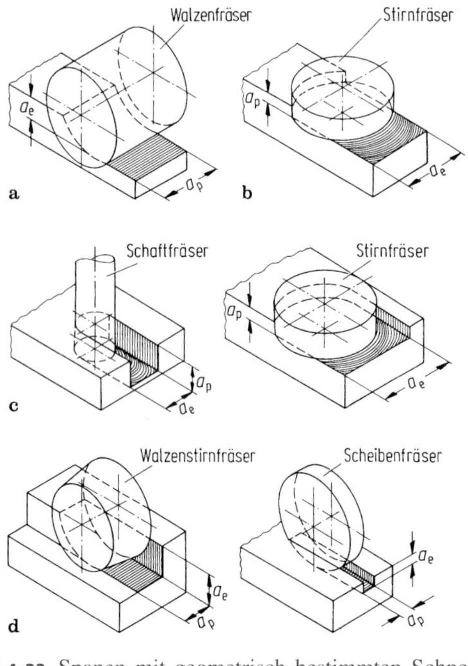

Bild 4-22. Spanen mit geometrisch bestimmten Schneiden am Beispiel des Fräsens. a_e Arbeitseingriff, a_p Schnitttiefe [18]

Beim *Gegenlauffräsen* ist die auf das Werkstück bezogene Vorschubrichtung zum Zeitpunkt des Zahneingriffs der Schnittrichtung des Werkzeugs entgegengesetzt. Die Spanungsdicke wächst von null zu ihrem Größtwert beim Austritt des Zahnes aus dem Werkstück. Daher tritt ein Gleiten der Schneide über einen Teil der von der vorhergehenden Schneide erzeugten Fläche auf. Diese Schneidenbeanspruchung kann zu einem beschleunigten Werkzeugverschleiß und bei sehr elastischen Werkstoffen zu einer größeren Welligkeit auf der Werkstückoberfläche führen.

Beim *Gleichlauffräsen* ist dagegen die auf das Werkstück bezogene Vorschubrichtung zum Zeitpunkt des Zahnaustritts aus dem Werkstück der Schnittrichtung des Werkzeuges gleich. Der Span wird an der Stelle seiner größten Spanungsdicke angeschnitten, die dann allmählich bis auf null abnimmt. Hinsichtlich der Standzeit des Fräswerkzeugs ist das Gleichlauffräsverfahren günstiger als das Gegenlauffräsen, sofern nicht in eine harte Walz-, Guss- oder Schmiedehaut eingeschnitten werden muss [17].

Die hauptsächlich angewendeten Fräswerkzeuge sind Walzenfräser, Walzenstirnfräser, Scheibenfräser, Nutenfräser und Fräsmesserköpfe. Letztere haben besondere Bedeutung erlangt. Die Gründe sind: Einsparung hochwertiger Schneidstoffe, vereinfachte Instandhaltung durch die Auswechselbarkeit einzelner Schneiden, leichtere Einhaltung der Maßgenauigkeit durch die Nachstellbarkeit der Schneiden, kostengünstige Herstellung der Schneiden.

Ursprünglich zur Herstellung ebener Flächen entwickelt, hat sich das Fräsen die Bearbeitung beliebig gekrümmter Flächen erobert. Durch die nummerischen Steuerungen ist es möglich, eine Bewegung des Werkzeugs in fünf oder mehr Achsen simultan zu realisieren und damit komplizierte Werkstückformen sowie gekrümmte Flächen ohne Anfertigung eines Modells wirtschaftlich zu erzeugen.

4.4.5 Hobeln, Stoßen, Räumen, Sägen

Hobeln und *Stoßen* gehören zu den ältesten Verfahren der spanenden Fertigung. Gemeinsames Merkmal ist das Spanen mit einschneidigem, nicht ständig im Eingriff stehenden Werkzeug. Der Unterschied liegt darin, dass beim Hobeln das Werkstück eine i. Allg. geradlinig reversierende Schnittbewegung und das Werkzeug eine intermittierende Vorschubbewegung ausführt, während dies beim Stoßen umgekehrt ist (Bild 4-23). *Räumen* ist Spanen mit mehrzahnigem Werkzeug mit gerader, auch schrauben- oder kreisförmiger Schnittbewegung. Die Vorschubbewegung ist durch eine Staffelung der Schneidzähne des Werkzeugs ersetzt (Bild 4-24) [19].

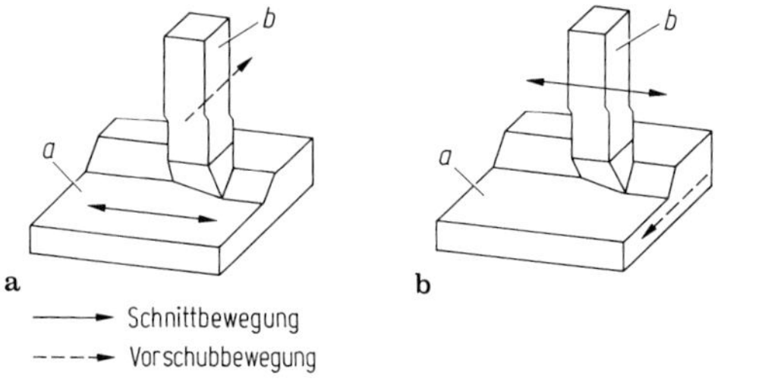

Bild 4-23. Arbeitsprinzip. **a** Hobeln; **b** Stoßen nach DIN 8589. *a* Werkstück, *b* Werkzeug

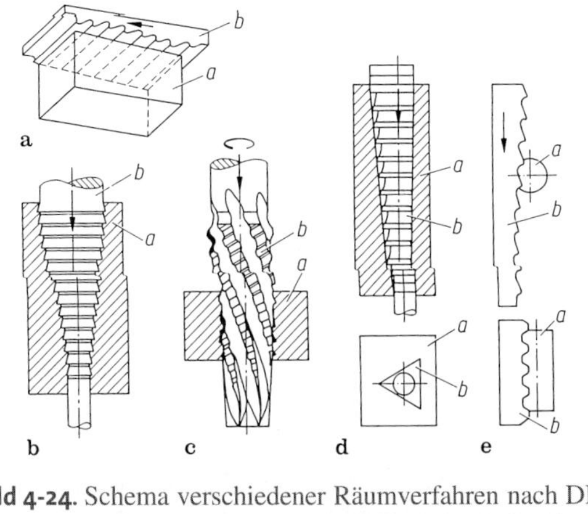

Bild 4-24. Schema verschiedener Räumverfahren nach DIN 8589. **a** Planräumen; **b** Innen-Rundräumen; **c** Schraubräumen; **d** Innen-Profilräumen; **e** Außen-Profilräumen. *a* Werkstück, *b* Werkzeug

Die Translationsbewegung wird meist vom Räumwerkzeug bei feststehendem Werkstück ausgeführt. Ausnahmen sind das Außenräumen auf Kettenräummaschinen und das Innenräumen auf Hebetischmaschinen, bei denen das Werkzeug feststeht und das Werkstück bewegt wird [19].

Das Innenräumen kann häufig das Bohren, Drehen, Stoßen, Reiben oder Schleifen ersetzen. Dagegen konnte sich das Außenräumen zunächst nur langsam gegenüber dem Fräsen, Wälzfräsen, Hobeln, Stoßen und Schleifen durchsetzen, weil die Werkzeuge komplizierter und die Spannvorrichtungen aufwändiger sind.

Das *Sägen* wird bei den meisten üblichen Werkstoffen angewandt. Zur Verminderung des Verschleißes an den Schneidzähnen müssen je nach den zu bearbeitenden Werkstoffen Kühl- und Schmierstoffe eingesetzt werden [20].

Nach Art und Bewegung des Werkzeugs werden die folgenden Sägeverfahren unterschieden: Hub-, Band-, Kreis- und Kettensägen. Nach der Form der erzeugten Oberfläche lassen sich drei Verfahren unterscheiden: Sägen zum Erzeugen ebener Flächen mit den Untergruppen Trenn-, Plan- und Schlitzsägen, Sägen zum Erzeugen zylindrischer Flächen wie Rund- und Stirnsägen sowie Sägen zum Erzeugen beliebig geformter Flächen durch Steuerung der Vorschubbewegung als Nachformsägen durch Abtasten oder durch nummerische Steuerung.

Feilen ist Spanen mit meist gerader oder kreisförmiger Schnittbewegung und mit geringer Spanungsdicke mit einem mehrschneidigen Feilwerkzeug, dessen Zähne geringer Höhe dicht aufeinander folgen. Man unterscheidet Hubfeilen mit meist geradliniger Schnittbewegung, Bandfeilen mit meist geradliniger Schnittbewegung unter Verwendung eines umlaufenden, endlosen Feilbandes oder einer Feilkette sowie Scheibenfeilen mit kontinuierlicher, kreisförmiger Schnittbewegung unter Verwendung einer umlaufenden Feilscheibe [21].

Schaben ist nach VDI 3220 Spanen mit vorzugsweise einschneidigem, nicht ständig im Eingriff stehenden, in einer Hauptrichtung bewegten Werkzeug zur Verbesserung von Form, Maß und Oberfläche vorbearbeiteter Werkstücke. Die Oberflächen weisen unregelmäßig gekreuzte muldige Bearbeitungsspuren auf. In Anlehnung an DIN 8589 kennt man das Hand- und das Maschinenschaben. Hinsichtlich der Schnittrichtung lassen sich weiter das Stoß- und das Ziehschaben unterscheiden. Schaben dient vor allem zur Bearbeitung von Führungsbahnen und von Gleitflächen an Maschinentischen und -schlitten zur Erzeugung von Pass- und Anschraubflächen und zur Herstellung von Öltaschen in Gleitführungen [22].

4.4.6 Schleifen

Schleifen mit rotierendem Werkzeug
Nach DIN 8589-11 handelt es sich beim Schleifen mit rotierendem Werkzeug um Spanen mit vielschneidigen Werkzeugen, deren geometrisch undefinierte Schneiden von einer Vielzahl gebundener Schleifkörner gebildet werden und die mit hoher Geschwindigkeit meist unter nichtständiger Berührung den Werkstoff abtrennen. Weitere Merkmale der Schleifverfahren mit rotierendem Werkzeug sind die geringen Spanungsquerschnitte bzw. -dicken, der gleichzeitige Eingriff mehrerer Schneiden am Werkstück sowie der negative Spanwinkel. In Anlehnung an DIN 8589 kann Schleifen mit rotierendem Werkzeug in die im Folgenden genannten sechs Verfahren unterteilt werden:
Planschleifen dient zum Erzeugen ebener Flächen, während *Rundschleifen* kreiszylindrische Flächen liefert. Schraubflächen, wie Gewinde oder Schnecken, können durch *Schraubschleifen* erzeugt werden. Die Herstellung von Verzahnungen kann durch *Wälzschleifen* mit einem Bezugsprofilwerkzeug im Abwälzverfahren erfolgen. *Profilschleifen* ist Schleifen, bei dem die Profilform des Schleifwerkzeuges auf das Werkstück abgebildet wird, während beim *Formschleifen* die Werkstückkontur durch eine gesteuerte Vorschubbewegung erzeugt wird.
Weitere Varianten des Schleifens mit rotierendem Werkzeug können anhand geometrischer und kinematischer Merkmale definiert werden, siehe Tabelle 4-1.
Ferner ist eine Einteilung der Schleifverfahren nach der Art der Werkstückaufnahme möglich. Beim Durchlaufschleifen werden die Werkstücke ohne feste Einspannung durch die Schleifzone geführt, wobei sie in einem Durchlauf mit einem auf das vorgesehene Maß eingestellten Zustellweg fertiggeschliffen werden. Auch das Rundschleifen kann ohne ein Spannen der Werkstücke als spitzenloses Schleifen durchgeführt werden. Hierbei wird das Werkstück durch eine Auflage, eine Regelscheibe sowie die Schleifscheibe geführt.
Schleifkraft, Zerspanleistung, Verschleiß, Prozesstemperatur und Schleifzeit sowie die technologischen und wirtschaftlichen Kenngrößen des Arbeitsergebnisses hängen in komplexer Weise von den Kenngrößen und Bedingungen des Schleifprozesses und von Störeinflüssen, wie Schwingungen, Temperaturgang oder Drehzahlschwankungen, ab. Zu den Einflussgrößen gehören neben dem Maschinensystem und dem Werkstück vor allem die Kühlschmierbedingungen und die Einstellparameter Zustellung, Vorschubgeschwindigkeit und Schnittgeschwindigkeit. Darüber hinaus wird der Schleifprozess durch die Geometrie, die verwendeten Schleifscheiben sowie die Konditionierbedingungen beeinflusst.
Zum Schleifen mit rotierendem Werkzeug werden Schleifkörper aus gebundenen Schleifmitteln sowie Schleifkörper mit Diamant- oder Bornitridbesatz verwendet. Erstere werden in DIN 69 111 nach ihrer Form und ihrem Einsatz eingeteilt. Sie bestehen aus Kornmaterial, Bindung und Porenraum. Ihre bestimmenden Merkmale, die unter Einbeziehung von Form und Abmessungen sowie der zulässigen Umfangsgeschwindigkeit zur Kennzeichnung von Schleifscheiben nach DIN 69 100 dienen, sind das Schleifmittel, die Körnung, der Härtegrad, das Gefüge und die Bindung. An Schleifmittel für Schleifscheiben werden hohe Anforderungen vor allem in Bezug auf Härte, Wärmebeständigkeit und chemische Beständigkeit gestellt. In Schleifkörpern kommen insbesondere Korund und Siliciumcarbid zur Anwendung. Korundschleifscheiben werden in erster Linie bei langspanenden Werkstoffen hoher Festigkeit, wie Stählen oder zähen Bronzen eingesetzt, Siliciumcarbidwerkzeuge dagegen bei der Zerspanung von kurzspanenden Werkstoffen geringerer Festigkeit, wie Grauguss oder Hartmetall. Schleifkörper mit Diamant- oder Bornitridbesatz nach DIN 69 800 bestehen aus Kostengründen aus einem Grundkörper und dem in der Regel 3 bis 5 mm dicken Schleifbelag, dessen Bezeichnung zusammen mit der Schleifscheibenform und den Abmessungen eine Diamant- oder Bornitridschleif-

Tabelle 4-1. Verfahrensvarianten des Schleifens

Kriterium	Verfahrensvarianten
Lage der Bearbeitungsstelle am Werkstück	Außenschleifen – Innenschleifen
Lage der Wirkfläche am Werkzeug	Umfangsschleifen – Seitenschleifen
Richtung des Vorschubs in Bezug auf die Bearbeitungsfläche	Längsschleifen, Querschleifen, Schrägschleifen
(beim Wälzschleifen): Verlauf der Wälzbewegung	kontinuierliches W. – diskontinuierliches W.
(beim Formschleifen): Vorschub gesteuert	
– von Hand	Freiformschleifen
– durch Bezugsformstück	Nachformschleifen
– durch mechanisches Getriebe	kinematisches Formschleifen
– durch NC-Steuerung	NC-Formschleifen
relativer Richtungssinn von Schnittbewegung und Vorschub	Gleichlaufschleifen – Gegenlaufschleifen
(beim Planschleifen): relative Größe von Zustellung und Vorschub	Pendelschleifen – Tiefschleifen [23,24]

scheibe beschreibt. Die Merkmale des Schleifbelags sind das Schleifmittel, die Körnung, die Bindung, die Bindungshärte und die Konzentration. Diamant wird aufgrund seiner extrem hohen Härte und Verschleißfestigkeit bei schwerzerspanenden, harten und kurzspanenden Werkstoffen, wie Hartmetall, Glas, Keramik, Halbleiterwerkstoffen oder Gestein eingesetzt. Bornitrid als der nach Diamant härteste Stoff kann insbesondere bei schwerzerspanbaren und gehärteten Stählen sowie von Superlegierungen vorteilhaft verwendet werden.

Vor ihrem Einsatz müssen Schleifscheiben konditioniert und ausgewuchtet werden. Das Konditionieren umfasst einerseits das Abrichten, das in das Profilieren und das Schärfen unterteilt werden kann, andererseits das Reinigen [25–27].

Zur Steigerung der Produktivität wird das *Hochgeschwindigkeitsschleifen* angewendet. Hierbei lässt sich unter Verwendung von Bornitridschleifscheiben das Zeitspanungsvolumen bei hoher Qualität des Arbeitsergebnisses erheblich steigern, wobei die erhöhten Prozesstemperaturen jedoch eine angepasste Kühlschmierung erfordern. Außerdem kann das Zeitspanungsvolumen auch durch eine Beeinflussung des Werkzeuges während des Schleifprozesses gesteigert werden. Für konventionelle Schleifscheiben wurde dazu das CD-Schleifen (continuous dressing) entwickelt, bei dem die Schleifscheibe durch kontinuierliches Abrichten mit einer Diamantrolle ständig schneidfähig gehalten wird [28]. Ein ähnlicher Effekt lässt sich bei Diamant- oder Bornitridschleifscheiben durch kontinuierliches „In-Prozess-Schärfen“ erzielen, dabei können zur Erhöhung der Genauigkeit Messsteuerungen angewendet werden.

Bandschleifen

Bandschleifen ist nach DIN 8589-12 ein Spanen mit einem vielschneidigen Werkzeug aus Schleifkörpern auf bandförmiger Unterlage, dem Schleifband. Dieses läuft über Rollen um und wird in der Kontaktzone geeignet an das Werkstück angepresst. Schleifmittel auf Unterlage ermöglichen die Bearbeitung von Werkstücken großer Breite und fast beliebiger Form, auch von leicht verformbaren Werkstücken [29]. Durch die Flexibilität der Schleifbänder können schwer zugängliche Stellen sowie Werkstücke mit kleinen Krümmungsradien bearbeitet werden [30]. Die bearbeitbare Werkstoffpalette umfasst Metalle, Holz, Leder, Glas, Keramik, Stein, Kunststoffe und deren Kombinationen [31].

Die Bandschleifverfahren gliedern sich in Plan-, Rund-, Profil- und Form-Bandschleifen für Außen- und Innenbearbeitung. Eine weitere Unterscheidung ist die zwischen Umfangs- und Seitenschleifen. Beim Umfangs-Bandschleifen ist das Schleifband überwiegend am Umfang über einer der Umlenkwalzen mit dem Werkstück in Kontakt, beim Seiten-Bandschleifen an einer seiner geraden Längsseiten. Des Weiteren wird zwischen Längs- und Quer-Bandschleifen unterschieden, wobei die Vorschubbewegung beim Längs-Bandschleifen parallel, beim Quer-Bandschleifen senkrecht zu der zu bearbeitenden Oberfläche gerichtet ist. Bei der

Planbearbeitung unterscheidet man zudem bei gleich- bzw. gegensinniger Vorschub- und Schnittbewegung zwischen Gleichlauf- und Gegenlauf-Bandschleifen. Das *Bandschleifen mit konstanter Anpresskraft* wird vorwiegend zur Oberflächenverfeinerung oder zum Abspanen großer Zeitspanungsvolumina angewandt, das *Bandschleifen mit konstanter Zustellung* zum Erzielen hoher Form- und Maßgenauigkeiten [33].
Schleifbänder sind im Wesentlichen aus Schleifkorn, Bindemittel (Deck- und Grundbindung) sowie der Unterlage aufgebaut (Bild 4-25) [31,34]. Die Grundbindung sorgt für die Haftung der Schleifkörner auf der Unterlage, die Deckbindung für ihre Abstützung. Als Bindemittel werden Hautleim, Kunstharze oder Lacke verwendet. Die Unterlage besteht aus Gewebe bei höheren Anforderungen oder aus Papieren für das Schleifen mit Handmaschinen. Als Kornstoffe finden Korunde und Siliciumcarbid (SiC), aber auch Diamant und CBN Anwendung [29].
Gegenüber konventionellen, einschichtigen Schleifbändern (Bild 4-25a) ermöglichen mehrschichtige Ausführungen in einer Hohlkugel- (Bild 4-25b) oder Kompaktkornstruktur (Bild 4-25c) erheblich längere Standzeiten [32] sowie über die gesamte Werkzeuglebensdauer gleichmäßige Oberflächengüten [31,36]. Zudem tritt ein Selbstschärfeffekt auf [37]. Neuere Entwicklungen haben zu mikrokristallinen

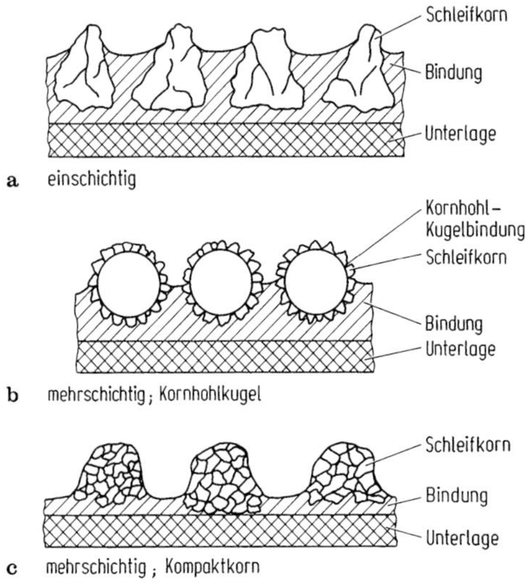

Bild 4-25. Aufbau ein- und mehrschichtiger Schleifbänder. **a** Konventionell; **b** Kornhohlkugelsystem; **c** Kompaktkorn [35]

Schleifkörnern, einer Art Sinterkorund, geführt, die auch an einschichtigen Schleifwerkzeugen einen Selbstschärfeffekt ergeben können. Hierbei besteht das Schleifkorn aus 0,2 μm großen Kristallpartikeln [38].

4.4.7 Honen

Honen ist nach VDI 3220 das Spanen mit einem vielschneidigen Werkzeug aus gebundenem Korn unter ständiger Flächenberührung zwischen Werkstück und Werkzeug und dient zur Verbesserung von Maß, Form und Oberfläche vorbearbeiteter Werkstücke. Zwischen Werkzeug und Werkstück findet ein Richtungswechsel der Längsbewegung statt. Gehonte Oberflächen weisen parallele, sich kreuzende Bearbeitungsspuren auf.
Zum Honen von Werkstücken der unterschiedlichsten Formen und Abmessungen sind verschiedene Verfahren entwickelt worden. Die wichtigste Unterteilung ergibt sich aus der Kinematik des Bearbeitungsvorganges. Je nach der Umkehrlänge von Werkzeug- bzw. Werkstückbewegung unterscheidet man zwischen Langhub- und Kurzhubhonen. Nach Form und Lage der Bearbeitungsstelle am Werkstück unterscheidet man Innenhonen, Außenhonen und Planhonen.
Beim *Langhubhonen* wird mit feinkörnigen, keramisch oder durch Kunststoff gebundenen Honsteinen, in vielen Fällen auch mit Diamant- oder Bornitrid-Honleisten, Werkstoff von der Werkstückoberfläche abgetrennt. Das Honwerkzeug, der Trägerkörper für die Honleisten, führt gleichzeitig eine Dreh- und eine Hubbewegung aus (Bild 4-26). Dabei werden die Honleisten durch einen Spreizmechanismus des Honwerkzeugs an die zu bearbeitende Fläche gedrückt. Dabei entstehen kleine Späne, die mit einem Kühlschmierstoff, dem Honöl, weggeschwemmt werden. Aus der dauernden Überlagerung der beiden Bewegungsrichtungen ergibt sich eine Überschneidung der Bearbeitungsspuren im Oberflächenbild. Die Honspuren werden immer wieder durch neu hinzukommende überdeckende Spuren in jeweils anderer Schnittrichtung überschrieben. Dies ergibt die spezielle Honstruktur der Oberfläche (Bild 4-26) [40].
Beim *Kurzhubhonen* wird ein feinkörniger Honstein auf das rotierende Werkstück gedrückt und dabei

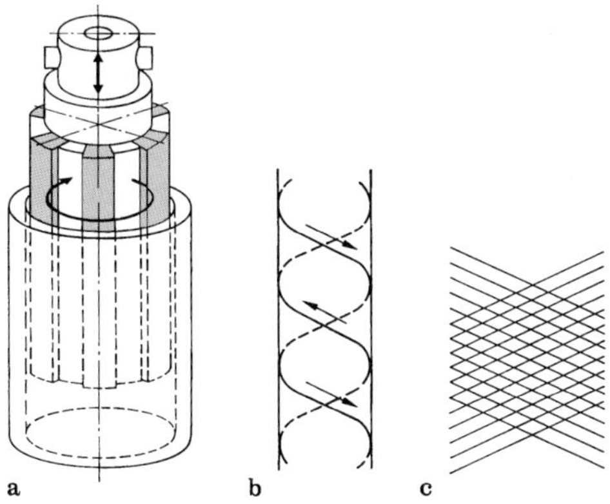

Bild 4-26. Arbeitsprinzip des Langhubhonens. **a** Arbeitsprinzip; **b** Honbewegung des Werkzeugs; **c** Oberflächenstruktur [39]

parallel zur Drehachse in Schwingungen versetzt (Bild 4-27). Die Schwingbewegung wird mit Druckluft oder elektromechanisch erzeugt. Das Anpressen erfolgt in der Regel mit Druckluft. Härte und Körnung der Honsteine werden so gewählt, dass sie sich selbsttätig schärfen. Der Abrieb wird mit gefiltertem Honöl weggespült [39].

Weitere Unterteilungen ergeben sich aus Lage und Form der zu honenden Flächen. Als Reihenfolge der Praxisbedeutung gilt für das Langhubhonen Folgendes [39]:

Innenrundhonen wird am häufigsten angewendet. Es ist das Honen kreiszylindrischer Innenflächen und kann für glatte und unterbrochene Durchgangsbohrungen und Stufenbohrungen mit gleicher Bohrungsachse eingesetzt werden.

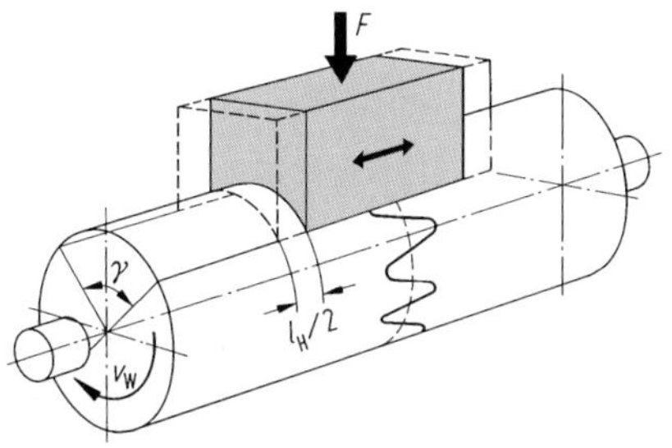

Bild 4-27. Arbeitsprinzip des Kurzhubhonens. *F* Anpresskraft des Honsteins, L_H Hublänge des Honsteins, v_w Umfangsgeschwindigkeit des Werkstücks, γ Umschlingungswinkel [39]

Dornhonen wurde für die Herstellung hochgenauer zylindrischer Bohrungen entwickelt. Es lassen sich auch Bohrungen mit Unterbrechungen und komplizierten Konturen bearbeiten. Beim Dornhonen wird der Werkstoff in nur einem Arbeitshub abgetrennt.

Innenprofilhonen ist das Honen nicht zylindrischer, z. B. kegeliger oder unrunder Innenflächen. Hierzu kann auch die Bearbeitung von Axial- und Drallnuten sowie von Verzahnungen in kreiszylindrischen Innenflächen gerechnet werden. Das Honwerkzeug ist hierbei auf die Form der Innenfläche abgestimmt. Bei der Verzahnung wälzt sich ein als Zahnrad ausgebildetes Honwerkzeug mit Hubbewegung innen im sich drehenden Werkstück ab.

Außenprofilhonen wird im Wesentlichen zur Oberflächenverbesserung der Zahnflanken von Außenverzahnungen angewendet. Das Honwerkzeug ist als Zahnrad ausgebildet [39].

4.4.8 Läppen

Beim Läppen mit formübertragendem Gegenstück gleiten Werkstück und Werkzeug unter Anwendung losen Korns und bei fortwährendem Richtungswechsel aufeinander. Die vorzugsweise maschinell ausgeführten Läppverfahren können in vier Hauptgruppen (Bild 4-28) und verschiedene Sonderverfahren eingeteilt werden [41]:

Planläppen (Bild 4-28a) ist das Läppen von ebenen Flächen zur Erzeugung von sowohl geometrisch als auch hinsichtlich der Oberflächengüte hochwertigen

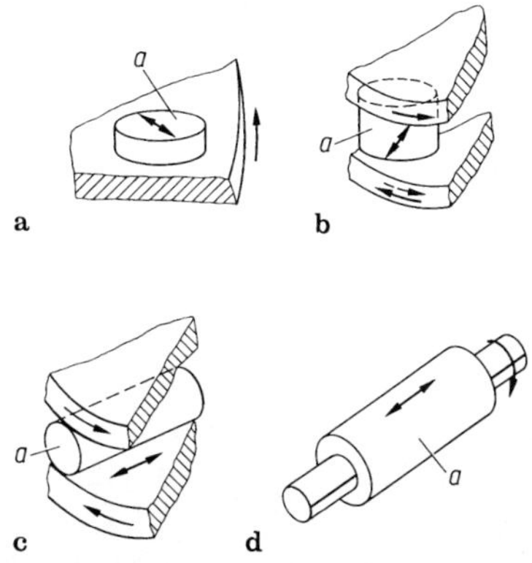

Bild 4-28. Hauptgruppen der Läppverfahren. **a** Planläppen; **b** Planparallelläppen; **c** Außenrundläppen; **d** Bohrungsläppen. *a* Werkstück [41]

Oberflächen. Hierzu dienen vorzugsweise Einscheibenläppmaschinen. *Planparallelläppen* (Bild 4-28b) ist das gleichzeitige Läppen zweier paralleler ebener Flächen. Hierbei werden geometrisch hochwertige Flächen, geringe Maßstreuungen innerhalb einer Ladung sowie von Ladung zu Ladung erreicht.
Außenrundläppen (Bild 4-28c) dient zur Bearbeitung kreiszylindrischer Außenflächen. Dabei werden die Werkstücke auf einer Zweischeibenläppmaschine radial in einem Werkstückhalter geführt und rollen unter Exzenterbewegung zwischen den beiden Läppscheiben ab. Das Verfahren wird zum Erzielen sehr genauer Kreiszylinder von hoher Oberflächengüte angewandt, wie beispielsweise bei Düsennadeln für Einspritzpumpen, Präzisions-Hartmetallwerkzeugen, Kaliberlehren und Hydraulikkolben.
Für das *Läppen von Bohrungen* (Bild 4-28d) sind spezielle Verfahren entwickelt worden, um hochwertige geometrische Formen und Oberflächengüten zu erreichen, die anders nicht zu erzielen sind. Dabei wird vorausgesetzt, dass die Werkstücke überwiegend vorgehont oder vorgeschliffen sind. Geläppt wird mit einer zylindrischen Läpphülse, die eine Dreh- und Hubbewegung ausführt. Beispiele sind die Bearbeitung von Zylindern für Einspritzpumpen und von Hydraulikzylindern. Außerdem kommt Bohrungsläppen auch für präzise Maschinenteile in Betracht, bei denen von feingedrehten oder geriebenen Oberflächen ausgegangen werden kann.
Zu den Sonderverfahren zählen die folgenden vier [41]: *Strahlläppen* erfolgt mit losem, in einem Flüssigkeitsstrahl geführten Korn zur Verbesserung der Oberfläche vorgearbeiteter Werkstücke. Dabei wird das Läppgemisch mit hoher Geschwindigkeit auf die Werkstückoberfläche gestrahlt. Diese zeigt gleichmäßige Bearbeitungsspuren, die je nach Strahlmittel unterschiedliche Struktur aufweisen. Eine Formverbesserung kann durch Strahlläppen nicht erzielt werden.
Tauchläppen erfolgt mit losem Korn, indem Werkstücke nahezu beliebiger Form in ein strömendes Läppgemisch eingetaucht werden. Es dient nur zur Oberflächenverbesserung. Die Oberflächen zeigen unregelmäßigen, geraden oder gekreuzten Rillenverlauf.
Einläppen ist Läppen zum Ausgleichen von Form und Maßabweichungen zugeordneter Flächen an Werkstücken. Als Läppmittel werden Pasten oder Flüssigkeiten verwendet. So werden z. B. Zahnflanken an Stirnrädern oder Ventilsitze von Verbrennungsmotoren bearbeitet.
Kugelläppen ist ein Sonderfall der Zweischeibenmethode, bei dem die obere Läppscheibe plan, die untere aber mit einer halbkreisförmigen Nut versehen ist. Durch Kugelläppen wird bei dauernder Änderung der Bewegungsrichtung die Form der Kugeln wie die der Nut verbessert.

4.4.9 Polieren

Beim Polieren werden zwei Grundverfahren unterschieden. Das eine dient dem Erzeugen von Oberflächen extrem geringer Rauhtiefe, wobei die Ebenheit bzw. Parallelität von untergeordneter Bedeutung ist. Hierfür ist vom Polierfilz bis zu synthetischen Poliertüchern oder -folien eine Vielzahl von Hilfsmitteln üblich. Beim anderen Grundverfahren sollen Oberflächen mit sowohl extrem geringer Rauhtiefe als auch großer Ebenheit bzw. Parallelität erzeugt werden. Dazu werden Polierscheiben aus festeren Werkstoffen, z. B. Kupfer oder Zinn-Antimon, verwendet. Hiermit werden z. B. Hartmetall- und Keramiklaufringe, Ferrit-Tonköpfe und Endmaße bearbeitet [41].

4.4.10 Abtragen

Durch die mechanischen Eigenschaften der Werkstoffe sind spanenden Bearbeitungsverfahren Grenzen gesetzt. Insbesondere komplexe Formen in keramischen Werkstoffen, Superlegierungen, Hartmetallen und vergüteten Stählen können spanend wenn überhaupt, nur unter großem Aufwand realisiert werden. Die Fertigung komplexer Geometrien in schwer bearbeitbaren Werkstoffen hat zur Entwicklung abtragender Fertigungsverfahren geführt mit den Untergruppen

- thermisches Abtragen,
- chemisches Abtragen und
- elektrochemisches Abtragen.

Die Verminderung des Stoffzusammenhaltes erfolgt nichtmechanisch.
Thermisch werden die Werkstoffpartikel im festen, flüssigen oder gasförmigen Zustand abgetragen, wobei die Wirkenergie in thermischer Form zugeführt

wird. Dies bedeutet jedoch nicht, dass das Herauslösen der Teilchen aus dem Werkstoffverbund in jedem Fall auf thermischem Wege erfolgt.

Funkenerosives Abtragen

Das Abtragprinzip der Funkenerosion (EDM, Electrical Discharge Machining) beruht auf der erodierenden Wirkung elektrischer Gasentladungen an ihren Fußpunkten auf den Elektroden [42]. Dabei wird jedes Mal ein mikroskopisch kleines Stoffvolumen abgetragen. Eine makroskopische Formgebung erfolgt durch unipolare Funkenentladungen hoher Frequenz zwischen zwei Elektroden. Eine Elektrode wirkt hierbei als Werkzeug, während das Werkstück die andere bildet. Der Bearbeitungsprozess muss so gesteuert werden, dass der Abtrag am Werkstück möglichst hoch und an der Werkzeugelektrode möglichst gering ist.

Die Funkenerosion ist bei vielen Bearbeitungsaufgaben im Werkzeugbau heute von zentraler Bedeutung [43]. Neben dem nichtmechanischen Werkstoffabtrag ist die Kräftefreiheit ein weiterer Vorteil des Verfahrens. Hierdurch wird eine hohe Genauigkeit der Bearbeitung ermöglicht und bei spröden Materialien die Bruchgefahr erheblich vermindert.

In den vergangenen Jahren hat sich das Anwendungsspektrum der Funkenerosion durch die Entwicklung neuer hochharter und hochabrasiver nichtmetallischer Werkstoffe erheblich erweitert.

Sind diese elektrisch leitfähig, so sind sie für die funkenerosive Bearbeitung gut geeignet. Beispiele sind polykristalliner Diamant (PKD) sowie Nichtoxidkeramiken, wie SiC, B_4C und TiB_2 [44]. Die beiden Elektroden sind durch ein Dielektrikum, das aus einem Kohlenwasserstoff oder aus deionisiertem Wasser besteht, galvanisch getrennt. Nach Anlegen einer Spannung zwischen den Elektroden wird die Durchschlagfestigkeit des Dielektrikums örtlich überschritten, sodass ein Funkendurchschlag eintritt, der durch Verdampfung an den Elektrodenoberflächen kleine Krater erzeugt. Die Überlagerung dieser Krater ergibt die typische Struktur funkenerosiv bearbeiteter Flächen. Zum Erzeugen räumlicher Formen wird meist das funkenerosive Senken, für Durchbrüche überwiegend das funkenerosive Schneiden (mittels eines Messingdrahtes) angewendet.

Bild 4-29 zeigt das Schema einer Anlage zum funkenerosiven Senken mit ihren drei Hauptkomponenten:

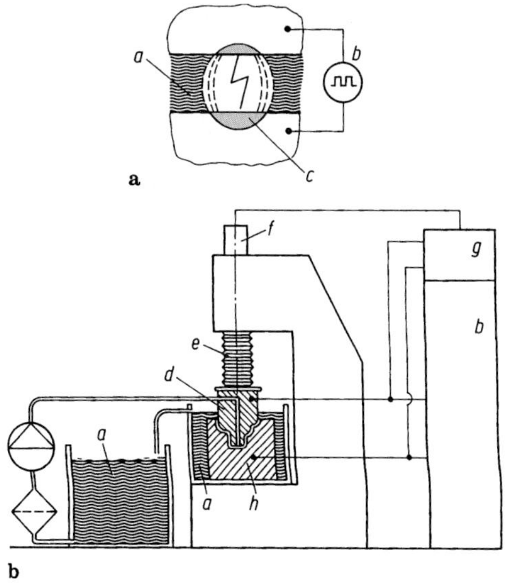

Bild 4-29. Funkenerosive Bearbeitung. **a** Abtragprinzip; **b** Maschinenschema. *a* Dielektrikum, *b* Impulsgenerator, *c* elektrische Entladung, *d* Werkzeug, *e* Pinole, *f* Pinolenantrieb, *g* Regeleinrichtung, *h* Werkstück

Die Maschine mit Werkstück- und Werkzeugaufspannung, die Dielektrikumeinheit zur Kühlung und Aufbereitung des Dielektrikums und den Generator, der die für die Bearbeitung notwendigen elektrischen Impulse liefert.

Laserstrahlbearbeitung

Für die Materialbearbeitung sind drei Eigenschaften der Laserstrahlung entscheidend: Die geringe Strahldivergenz, die hohe Strahlungsintensität sowie die gute Fokussierbarkeit [45]. Der Laser dient industriell überwiegend zum Schneiden, Schweißen und Oberflächenveredeln. Meistverwendet ist der CO_2-Laser (λ = 10,6 µm), auf den 90% aller in der Materialbearbeitung eingesetzten Laser entfallen [46]. Bedingt ist dies durch seine hohen erreichbaren Leistungen (25 kW). Zunehmende Bedeutung gewinnt der Neodym-YAG Festkörperlaser, dessen Strahlung wegen seiner kleineren Wellenlänge (λ = 1,06 µm) von den meisten Metallen stärker absorbiert wird. Darüberhinaus kann sie in Lichtleitern geführt werden, was die Anwendung des Lasers in der Produktion erleichtert.

Abhängig von der Laserleistung können Bleche bis zu einer Dicke von 20 mm und dünne Bleche

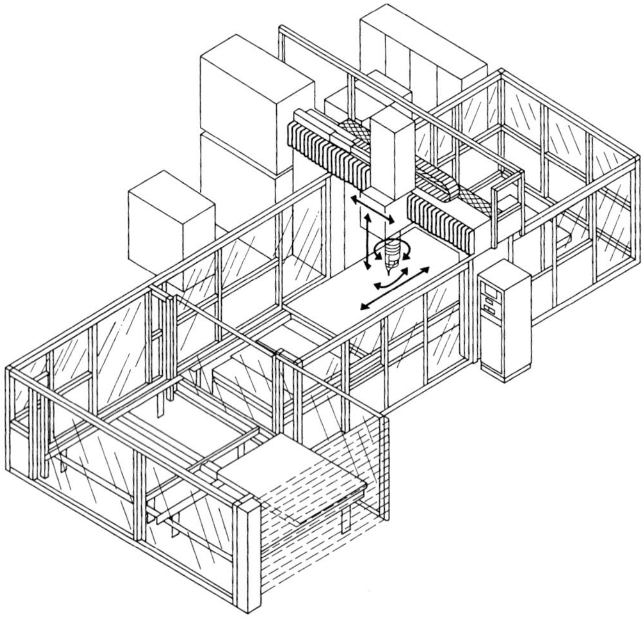

Bild 4-30. Laserstrahlbearbeitungszentrum zum Schneiden und Schweißen dreidimensionaler Werkstücke (Trumpf)

mit einer Geschwindigkeit von bis zu 10 m/min geschnitten werden. Die Schneidgeschwindigkeit nimmt bei Stahlblechen mit zunehmendem Gehalt an Legierungsbestandteilen ab [47]. Noch niedriger liegen die Schneidgeschwindigkeiten in Kupfer und Aluminium, die beide ein hohes Reflexionsvermögen und eine hohe Temperaturleitfähigkeit besitzen. Ferner lassen sich Kunststoffe sowie keramische Werkstoffe gut mit dem Laserstrahl schneiden.

Bild 4-30 zeigt ein Bearbeitungszentrum zur Bearbeitung dreidimensionaler, fast beliebig geformter Teile. Das Werkstück führt eine Bewegung in einer Richtung aus, während die übrigen vier Bewegungen durch den Laserstrahl realisiert werden. Bei dem zugrunde liegenden „Prinzip der fliegenden Optik“ wird der Laserstrahl durch Verfahren von Umlenk- und Fokussierspiegeln auf die Bearbeitungsstelle gelenkt.

4.5 Fügen

Fügen ist nach DIN 8593 das dauerhafte Zusammenbringen von zwei oder mehr Werkstücken oder von Werkstücken mit formlosem Stoff (Bild 4-31).

Der Begriff Fügen umfasst ausschließlich Wirkvorgänge, die unmittelbar für das Zustandekommen einer dauerhaften Verbindung erforderlich sind. Dagegen fallen Vorgänge, die nur unmittelbar zum Herstellen einer Verbindung erforderlich sind, wie Handhabungs- und Kontrolloperationen, nicht unter den Begriff Fügen, ebenso nicht vorübergehendes Verbinden, wie Halten oder Spannen.

Unter Fertigen werden alle Vorgänge verstanden, die der Herstellung von geometrisch bestimmten Körpern dienen. Dies umfasst immer auch das „Bewirken von Materialfluss“, insbesondere Handhaben, sowie das Kontrollieren. Unter diesem Gesichtspunkt ist zwischen Fügen und Montieren zu unterscheiden. *Montieren* umfasst die Gesamtheit aller Vorgänge, die dem Zusammenbau von geometrisch bestimmten Körpern dienen. Dabei kann zusätzlich formloser Stoff zur Anwendung kommen (Bild 4-32).

Die Einteilung der Fertigungsverfahren des Fügens in Gruppen erfolgt im DIN 8593 (09.85) nach dem Ordnungspunkt der „Art des Zusammenhalts unter Berücksichtigung der Art der Erzeugung“. Hieraus ergeben sich die in Bild 4-31 dargestellten neun Gruppen, denen die folgenden Arten des Zusammenhalts entsprechen:

- Schwerkraft oder Federkraft,
- Einschluss,
- Kraftschluss,

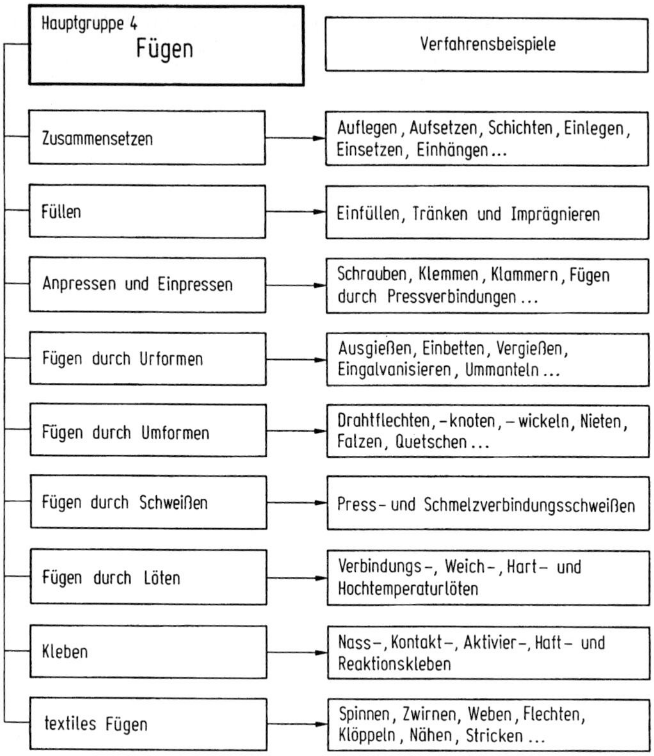

Bild 4-31. Verfahrenseinteilung des Fügens nach DIN 8593

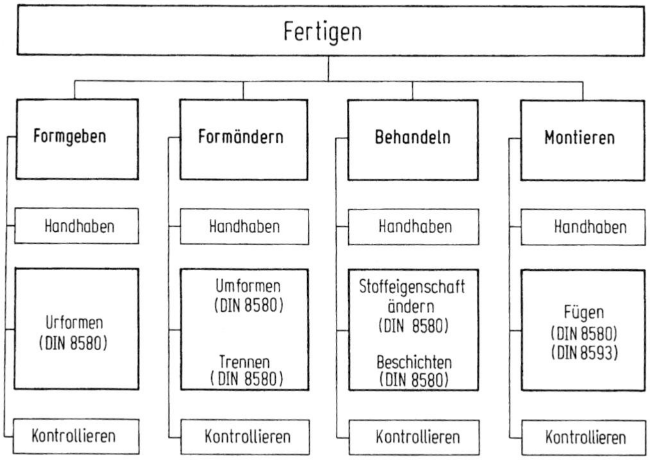

Bild 4-32. Einordnung der Begriffe Fügen und Montieren

- Formschluss, bewirkt durch Urformen,
- Formschluss, bewirkt durch Umformen,
- Stoffvereinigung,
- Stoffverbindung,
- Haftschluss sowie
- Form- und Kraftschluss bei textilen Werkstoffen.

Zusammensetzen ist ein Sammelbegriff für das Fügen von Werkstücken durch Auflegen, Einlegen, Ineinanderschieben, Einhängen und Einrenken. Das Verbleiben im gefügten Zustand wird i. Allg. durch Schwerkraft und/oder Formschluss bewirkt. Gelegentlich wird das Federn des Werkstücks oder eines Hilfsteils zur Sicherung von Fügeverbindungen benutzt.

Füllen ist für das Einbringen von gas- oder dampfförmigen, flüssigen, breiigen oder pastenförmigen Stoffen oder kleinen Körpern in hohle oder poröse Körper. Man unterscheidet zwischen Einfüllen, Tränken und Imprägnieren.

Anpressen und (*Einpressen*) umfasst die Verfahren, bei denen beim Fügen die Fügeteile sowie etwaige Hilfsfügeteile im Wesentlichen nur elastisch verformt werden und ungewolltes Lösen durch Kraftschluss verhindert wird, Untergruppen des Anpressens sind Schrauben, Klemmen, Klammern, Fügen durch Pressverbindung, Nageln (Einschlagen) und Verkeilen.

Fügen durch Urformen ist ein Sammelbegriff für Verfahren, bei denen zu einem Werkstück ein Ergänzungsstück aus formlosem Stoff gebildet wird oder mehrere Fügeteile durch dazwischengebrachten formlosen Stoff verbunden werden oder bei denen in den formlosen Stoff feste Körper eingelegt werden. Fügen durch Urformen umfasst Ausgießen, Einbetten (Eingießen, Einvulkanisieren), Vergießen, Eingalvanisieren, Ummanteln sowie Kitten.

Fügen durch Umformen umfasst die Verfahren, bei denen die Fügeteile örtlich, bisweilen auch ganz, umgeformt werden. Die Verbindung ist i. Allg. durch Formschluss gegen ungewolltes Lösen gesichert. Untergruppen sind:

- Fügen durch Umformen drahtförmiger, bandförmiger und ähnlicher Körper. Hierzu gehören Flechten, gemeinsam Verdrehen, Verseilen, Spleißen, Knoten und Wickeln mit Draht,
- Fügen durch Umformen bei Blech-, Rohr- und Profilteilen. Hierzu zählt das Fügen durch Körnen oder Kerben, gemeinsam Fließpressen, gemeinsam Ziehen, Fügen durch Weiten, Engen, Aufweiten, Rundkneten, Einhalsen, Sicken und Bördeln sowie Falzen, Wickeln, Verlappen, umformend Einspreizen und Rohreinwalzen sowie
- Fügen durch Umformen von Hilfsfügeteilen, das Nieten und Hohlnieten.

Fügen durch Schweißen ist nach DIN 1910 dadurch gekennzeichnet, dass der Zusammenhalt durch Stoffvereinigung unter Anwendung von Wärme und/oder Kraft mit oder ohne Schweißzusatz erzielt wird. Die Trennfuge zwischen zwei Werkstücken wird durch Verschmelzung ihrer Werkstoffe beseitigt. Dies kann durch Schweißhilfsstoffe, wie Schutzgase, Schweißpulver oder Pasten, ermöglicht oder erleichtert werden.

Pressschweißen erfolgt unter Anwendung von Kraft ohne oder mit Schweißzusatz. Örtlich begrenztes Erwärmen, auch bis zum Schmelzen, ermöglicht oder erleichtert das Schweißen. *Schmelzschweißen* ist ein Vereinigen bei örtlich begrenztem Schmelzfluss ohne Anwendung von Kraft mit oder ohne Schweißzusatz. Des weiteren wird in DIN 8593 nach dem Energieträger unterschieden zwischen Verbindungsschweißen durch

- feste Körper,
- Flüssigkeit,
- Gas,
- elektrische Gasentladung (Lichtbogen, Funken, Plasma),
- Lichtstrahl,
- Bewegung und
- elektrischen Strom (Widerstandsschweißen).

Fügen durch Löten ist durch Stoffverbinden gekennzeichnet. Hierbei wird die Trennfuge zwischen zwei Werkstücken durch ein flüssiges Metall vollständig ausgefüllt und so eine stoffschlüssige Verbindung hergestellt. Nach DIN 8505 wird zwischen folgenden Verfahren unterschieden:

- Weichverbindungslöten,
- Hartverbindungslöten und
- Hochtemperaturverbindungslöten.

Kleben ist nach DIN 16920 Fügen unter Verwendung eines Klebstoffs, d. h. eines nichtmetallischen Werkstoffs, der Fügeteile durch Flächenhaftung und innere Festigkeit (Adhäsion und Kohäsion) verbinden kann. Nach der Art des Klebstoffs werden Klebeverfahren unterteilt in

- Kleben mit physikalisch abbindenden Klebstoffen, also Nasskleben, Kontaktkleben, Aktivierkleben und Haftkleben sowie
- Kleben mit chemisch abbindenden Klebstoffen, wie Reaktionskleben.

Textiles Fügen, also das Fügen von oder mit textilen Werkstoffen, umfasst alle Fertigungsverfahren von der Erzeugung von Fäden, Garnen und Vliesen aus textilen Fasern bis zur Herstellung der Halb- und Fertigprodukte.

4.6 Beschichten

Beschichten ist nach DIN 8580 das Aufbringen einer fest haftenden Schicht aus formlosem Stoff auf ein Werkstück. Maßgebend ist der unmittelbar vor dem Beschichten herrschende Zustand des Beschichtungsstoffes (Bild 4-33).
Beschichten ist eine Veredelung, durch welche Oberflächen bestimmten Anforderungen besser genügen. Häufig wird dabei ein Verbundsystem angestrebt: Das Bauteil besteht dann aus einem Grundwerkstoff mit Stützfunktion sowie einem Oberflächenwerkstoff mit Schutzfunktion. Die Schutzfunktion umfasst nicht nur den unmittelbaren Schutz des Bauteils vor Korrosion oder Verschleiß, sondern z. B. auch die Verbesserung der Dauerfestigkeit durch Eigenspannungen in der Schicht. Die Schichtfunktionen lassen sich wie folgt einteilen:

- Verschleißschutz,
- Korrosionsschutz,
- Festigkeitsverbesserung,
- thermische Funktionen,
- elektrische und elektronische Funktionen,
- Signal-Funktionen.

Die einzelnen Funktionen können bei komplexer Beanspruchung in einer Vielzahl von Kombinationen auftreten. Zu diesen funktionellen Aufgaben haben Schichten bisweilen auch überwiegend dekorativen Charakter. Ein weiterer Ordnungsgesichtspunkt ergibt sich aus der stofflichen Natur der Schicht (Bild 4-34).

Beschichten aus dem flüssigen, pastenförmigen oder breiigen Zustand
Diese Verfahrensgruppe umfasst das Beschichten mit organischen, mit nichtmetallischen-anorganischen und mit metallischen Überzügen. Korrosionsschutzüberzüge für Eisenwerkstoffe werden überwiegend durch Eintauchen des Werkstücks in eine Schmelze des Überzugmetalls erzeugt. Beispielsweise sei das Feuerverzinken genannt. Ferner sind Zinn und Aluminium zu erwähnen, während Blei nur noch in Einzelfällen durch Schmelztauchen aufgebracht wird [48].
Typisch für das Beschichten mit nichtmetallischanorganischen Stoffen ist das *Emaillieren*, bei dem das

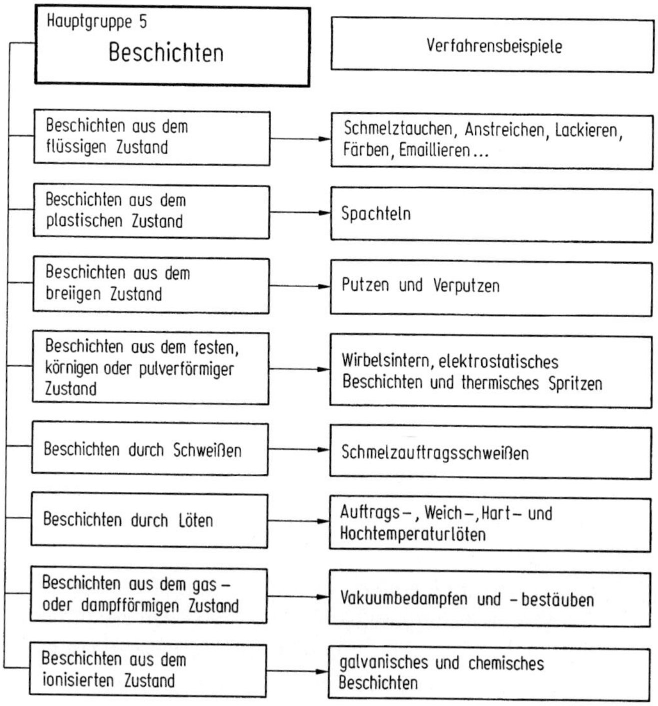

Bild 4-33. Verfahrenseinteilung des Beschichtens nach DIN 8580

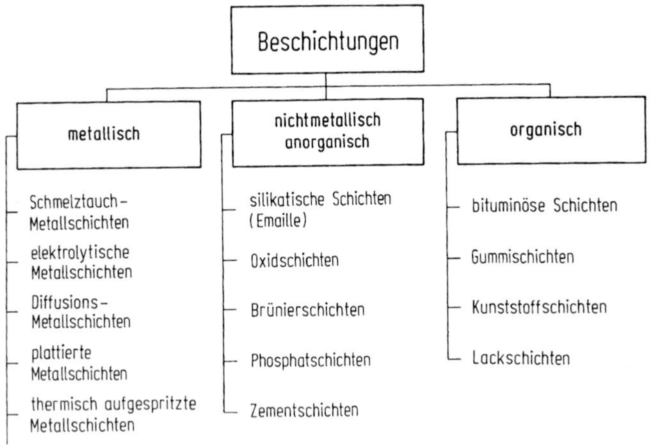

Bild 4-34. Stoffliche Einteilung wichtiger Beschichtungen [48]

Auftragen durch Spritzen, Tauchen und Elektrotauchen erfolgen kann.

Dem Auftragschweißen ähnliche Anwendungen hat das *thermische Spritzen*, das nach der Art des Energieträgers z. B. in Flammspritzen, Flammschockspritzen sowie Lichtbogen- und Plasmaspritzen (Bild 4-35) unterteilt werden kann. Ferner sei das Spritzen elektrisch leitender Schichten auf Kunststoffe erwähnt.

Beschichten aus dem festen, körnigen oder pulverförmigen Zustand

Diese Verfahren erlauben ebenfalls, Metalle und organische Schichten aufzubringen. Das *Aufhämmern* wird noch in geringem Umfang genutzt, um beispielsweise auf Schüttgut Zinkschichten von 8 bis 26 μm aufzutragen. Die Werkstücke werden dazu mit dem Metallpulver und Glaskugeln von 0,05 bis 30 mm Durchmesser in eine sich drehende Trommel gegeben. Die Kugeln hämmern die Metallpartikel auf die Werkstückoberfläche und verschweißen sie dort.

Organische Schichten lassen sich durch *Pulverbeschichten* erzielen. Dabei liegt der Pulverlack als körnige Schüttung vor, die unter Anlegen eines elektrischen Feldes durch Sprühen auf das Werkstück gebracht wird. Erst beim Einbrennen schmilzt das Pulver und vernetzt sich zu einem geschlossenen Film.

Beim *Wirbelsintern* liegt der Schichtwerkstoff ebenfalls als Pulver vor und wird in einer Kammer oder einem Trog fluidisiert. Beim Eintauchen des vorgewärmten Werkstücks kommt es zu einem Aufschmelzen der Kunststoffpartikel an die Oberfläche.

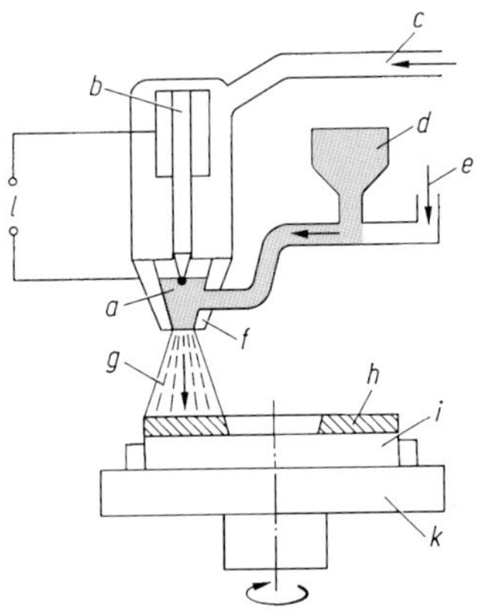

Bild 4-35. Plasmaspritzen nach DIN 32 530. *a* Lichtbogen, *b* Wolfram-Dauerelektrode, *c* Plasmagas, *d* Spritzzusatz, *e* Trägergas, *f* Spritzdüse, *g* Plasmastrahl, *h* Spritzschicht, *i* Grundwerkstoff, *k* Drehvorrichtung, *l* Stromquelle

Beschichten durch Schweißen

Die bekannten Schweißverfahren können für das Plattieren durch *Auftragschweißen* Verwendung finden. Anwendungen sind chemikalienbeständige Schichten im Apparatebau und verschleißbeständige Überzüge im Maschinenbau.

Beschichten aus dem gas- oder dampfförmigen Zustand

Durch *Aufdampfen* können fast alle Werkstoffe mit Metallen, Legierungen und auch vielen Nichtmetallen, wie Sulfiden, Oxiden und Carbiden, beschichtet werden. Die Schichtdicken betragen zwischen 0,1

und 2 μm, in Sonderfällen bis zu 20 μm. Anwendungen gibt es in der Optik, in der Elektronikindustrie, in der Schmuck- und Uhrenindustrie sowie beim Metallisieren von Kunststoffen und Papier.
Das Kathodenzerstäuben oder *Sputtern* führt zu Schichten mit besserer Haftfestigkeit als das Aufdampfen. Das Aufbringen hochschmelzender Metalle und Legierungen stellt keine Schwierigkeit dar, es können sogar Dielektrika durch Sputtern erzeugt werden. Wie beim Aufdampfen können zusätzliche Reaktionen mit Restgasen zu Oxid-, Nitrid-, Sulfid- oder Carbidschichten führen.
Durch energiereiche Ionen und Neutralteilchen wird beim *Ionenplattieren* der zuvor durch Elektronenstrahlen erschmolzene und verdampfte Schichtwerkstoff zur Kondensation gebracht. Noch höhere Haftfestigkeiten und das gezielte Beeinflussen von Schichtstruktur, -härte, -dichte und -porosität sind kennzeichnend für das Ionenplattieren, das ebenfalls zum Herstellen von Verschleißschutzschichten, Korrosionsschutzschichten und für dekorative Anwendungen geeignet ist. Im Gegensatz dazu steht das Verfahren der chemischen Abscheidung aus der Gasphase, das beim Herstellen von Halbleiterbauelementen, oxidationshemmenden Überzügen und verschleißfesten Schichten zur Anwendung gelangt. Die üblichen Schichtdicken liegen über 2 μm. Die Schichtbildung erfolgt in einem geschlossenen Behälter durch Reduktion eines metallhaltigen Gases an der erhitzten Substratoberfläche.

Beschichten aus dem ionisierten Zustand durch Galvanisieren
Metallische Schichten werden überwiegend aus wässrigen Lösungen, vereinzelt aber auch aus wasserfreien, lösemittelhaltigen Bädern oder aus Salzschmelzen abgeschieden. Beim elektrolytischen Metallbeschichten (*Galvanisieren*) werden metallische Überzüge auf ein als Kathode geschaltetes Werkstück aufgebracht. Der Anwendungsbereich des Galvanisierens wird durch die Möglichkeit erweitert, Legierungsschichten und Werkstoffverbunde zu erzeugen, um beispielsweise Siliciumcarbid oder Polytetrafluorethylen (PTFE) in eine metallische Matrix einzulagern, oder um eine Dispersion abzuscheiden.
Hauptzweck des Galvanisierens ist der Korrosionsschutz und das Verbessern des Aussehens. Funktionelle Anwendungen erlangen aber immer größere Bedeutung, wie für die Leiterplattentechnik, für elektronische und elektromagnetische Bauelemente oder für den Verschleiß- sowie Korrosionsschutz im Maschinenbau und in der Luftfahrttechnik. Vergleichbar mit der chemischen Metallabscheidung können nach geeigneter Vorbehandlung Kunststoffe mit Metallschichten versehen werden. Herausragende Bedeutung haben als Schichtmetalle Kupfer, Nickel, Chrom, Zink, Zinn, Silber, Gold und Rhodium erlangt. Das Galvanisieren kann entweder mithilfe von Warenträgern durchgeführt werden, die manuell oder automatisch von Badbehälter zu Badbehälter transportiert werden, oder bei schüttfähigem Galvanisiergut in Trommeln, Glocken, Sieben oder vibrierenden Gefäßen erfolgen [48].

4.7 Stoffeigenschaft ändern

Stoffeigenschaft ändern ist nach DIN 8580 Fertigen eines festen Körpers durch Umlagern, Aussondern oder Einbringen von Stoffteilchen, wobei eine etwaige unwillkürliche Formänderung nicht zum Wesen der Verfahren gehört (Bild 4-36).
Thermische Verfahren gehören zu den häufigsten stoffeigenschaftsändernden Fertigungsverfahren. Nach
DIN 17014 ist eine *Wärmebehandlung* ein Vorgang, in dessen Verlauf ein Werkstück oder ein Bereich eines Werkstücks absichtlich Temperatur-Zeit-Folgen und gegebenenfalls zusätzlich anderen physikalischen oder chemischen Einwirkungen ausgesetzt wird, um ihm Eigenschaften zu verleihen, die für seine Weiterverarbeitung oder Verwendung erforderlich sind. Die Grundverfahren lassen sich einteilen in:

- Wärmebehandlung *ohne Veränderung der Randschichtzusammensetzung* (rein thermisches Verfahren), wobei durch Erwärmen und anschließendes Abkühlen das Gefüge des Werkstoffs ohne absichtliche Beeinflussung seiner chemischen Zusammensetzung verändert wird, wie z. B. beim Glühen, Anlassen und Härten.
- Wärmebehandlung *mit Veränderung der Randschichtzusammensetzung* (thermochemische Verfahren), die eine gezielte Änderung der chemischen Zusammensetzung durch Ein oder Ausdiffundieren eines oder mehrerer Elemente

Bild 4-36. Verfahrenseinteilung Stoffeigenschaftändern in Anlehnung an DIN 8580

beinhaltet, wie z. B. Nitrieren, Borieren und Aufkohlen.

- Wärmebehandlung *in Verbindung mit Umformvorgängen* (thermomechanische Behandlungen, z. B. Austenitformhärten).

Für die Wärmebehandlung von Eisenwerkstoffen geben Zustandsschaubilder (Bild 4-37) Auskunft über die einzuhaltenden Temperaturen für die wichtigsten Glühbehandlungen.

Glühen ist Erwärmen auf eine bestimmte Temperatur und Halten dieser Temperatur mit nachfolgendem, in der Regel langsamem Abkühlen.

Normalglühen ist bei untereutektoiden Stählen ein Erwärmen auf eine Temperatur von 30 bis 50 °C oberhalb von Ac_3 (bei übereutektoiden Stählen oberhalb Ac_1) mit anschließendem Abkühlen in ruhender Luft. Es entsteht ein feinkörniges, feinlamellares perlitisches Gefüge, das sich bei Bedarf wieder auf ein Gefüge mit körnigen Carbide glühen lässt. Normalglühen wird angewendet, wenn grobkörniges Gefüge vermieden oder beseitigt werden soll. Alle durch Vergüten, Schweißen, Kalt- und Warmumformung bewirkten Gefüge und Eigenschaftsänderungen können durch Normalglühen rückgängig gemacht werden. Aufgetretene Werkstoffehler, wie Härterisse und Überlappungen, können dadurch jedoch nicht beseitigt werden.

Grobkornglühen ermöglicht es in Stählen mit geringem Kohlenstoffgehalt ein zerspantechnisch vorteilhaftes Gefüge zu erzeugen. Es erfolgt bei etwa 80 bis 150 °C oberhalb von Ac_3. Es wird angestrebt, dass sich beim Abkühlen eine geschlossene Ferrithülle um den Perlit bildet. Bei der Zerspanung des gleichmäßig grobkörnigen Gefüges erfolgt die Scherung vorwiegend im weichen Ferrit, dessen Verformungsfähigkeit nahezu erschöpft ist, wenn ihn die Schneide erreicht. Dadurch verringern sich Trennarbeit sowie Klebneigung und Spanstauchung [49].

Weichglühen ist ein längeres Halten dicht unter Ac_1 oder um Ac_1 pendelnd mit nachfolgender langsamer Abkühlung zur Erzeugung überwiegend kugliger Carbide. Es soll einen weichen und spannungsarmen Zustand erzeugen.

Rekristallisationsglühen ist Glühen oberhalb der Rekristallisationstemperatur. Dadurch können Verfestigungen, die durch Kaltumformungen entstanden sind, unter Bildung neuer, ungestörter Kristallite aufgehoben werden. Hierdurch erhält der Stahl z. B. seine Umformbarkeit zurück. Zu beachten ist, dass nur solches Gefüge rekristallisiert, dessen Formänderung größer als die kritische Formänderung ist; sonst tritt nur ein *Erholen* ein, was mit inhomogenen Werkstoffeigenschaften über dem Werkstückquerschnitt verbunden ist.

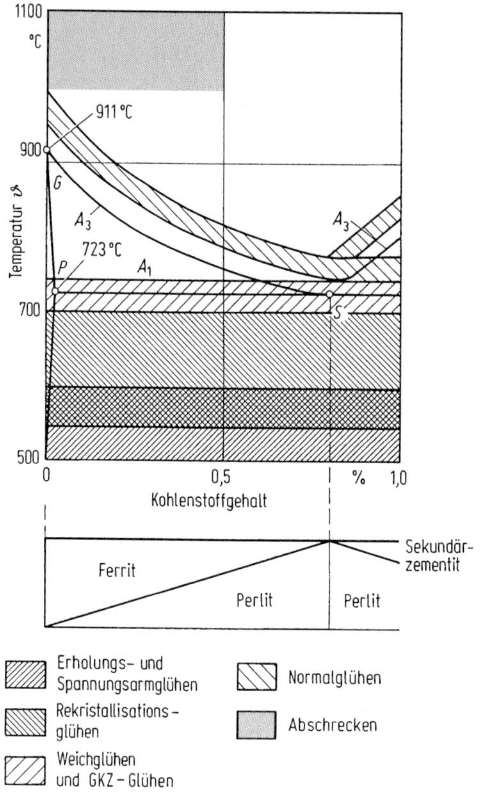

Bild 4-37. Glühtemperaturen für Eisenwerkstoffe in Abhängigkeit vom C-Gehalt

Spannungsarmglühen ist das Erwärmen auf Temperaturen unter Ac_1 mit anschließendem langsamen Abkühlen zur Verringerung innerer Spannungen ohne beabsichtigtes Ändern des Gefüges. Bei Nichteisenmetallen wird Weich-, Rekristallisations-, Erholungs- und Spannungsarmglühen ebenfalls durchgeführt.
Härten, bei Stählen bestehend aus *Austenitisieren* und *Abschrecken*, bewirkt eine örtliche oder durchweisende Härtesteigerung durch Martensitbildung. Wird das Abschrecken in zwei verschiedenen Abkühlmitteln nacheinander, ohne zwischenzeitlichen Temperaturausgleich durchgeführt, so handelt es sich um *gebrochenes Härten*. Wird das Abkühlen unterbrochen, z. B. zum Temperatur- und/oder Spannungsausgleich über den Werkstückquerschnitt, so liegt *unterbrochenes Härten* vor. Je nach dem Abkühlmittel wird auch von Wasser-, Öl- oder Lufthärten gesprochen. *Randschichthärtung* verschleißbeanspruchter Bauteile erfolgt durch Austenitisierung mittels Gasbrenner beim Flammhärten, mittels Induktionswirkung beim Induktionshärten oder durch kurzzeitiges Eintauchen in heiße Metall- oder Salzbäder beim Tauchhärten.
Ausscheidungshärtung kann bei vielen NE-Metallen sowie bei einigen Stählen Härte und Festigkeit steigern. Bei dieser dreistufigen Wärmebehandlung wird zunächst durch Lösungsglühen eine homogene Lösung der Legierungselemente hergestellt. Anschließend erfolgt, meistens in kaltem Wasser, das Abschrecken. Das Kaltauslagern der Werkstücke bei Raumtemperatur, oder bei höheren Temperaturen das Warmauslagern, führt aufgrund von Ausscheidungsvorgängen zu einer merklichen Härte- und Festigkeitssteigerung.
Vergüten (von Stahl) bei mittleren und hohen Temperaturen ist eine Kombination von Härten und Anlassen. Beim Abschrecken von der Härtetemperatur entsteht Martensit. Die fast gleichmäßige Verteilung des Kohlenstoffs, wie sie beispielsweise im Austenit vorliegt, bleibt erhalten. Wird der Stahl anschließend bei einer Temperatur zwischen 250 °C und Ac_1 angelassen, so scheidet sich der Kohlenstoff zunächst in sehr fein verteilter Form im Carbid aus und erst bei höheren Temperaturen entstehen größere Carbidkörner. Vergütungsgefüge ergeben die gleichmäßigste Verteilung des Carbids. Durch das Anlassen nehmen mit steigender Temperatur Zugfestigkeit, Härte und Streckgrenze ab, während Bruchdehnung, Einschnürung und Kerbschlagzähigkeit zunehmen.
Wärmebehandlungsverfahren mit Veränderung der Randschichtzusammensetzung dienen zur Erzeugung harter Oberflächen. Mit zunehmender Härte und Verschleißfestigkeit der Randschicht wächst jedoch die Empfindlichkeit gegen schlagartige Beanspruchungen [50].
Beim *Einsatzhärten* in kohlenstoffabgebenden Mitteln diffundiert Kohlenstoff durch Glühen des Stahls bei 900 bis 1000 °C in die Randschicht. Die Dicke der aufgekohlten Schicht nimmt mit der Zeit und Temperatur zu. Nach dem Aufkohlen wird der Stahl gehärtet. *Nitrieren* beruht auf dem Anreichern der Randschicht eines Werkstücks mit Stickstoff. Nach dem Nitriermittel wird zwischen Gas-, Salzbad-, Pulver- und Plasmanitrieren unterschieden. *Borieren* bewirkt i. Allg. eine Steigerung des Widerstands gegen abrasiven und adhäsiven Verschleiß.

5 Produktionsorganisation

5.1 Produktplanung

Produktionstechnik, Produktionsinformatik und Produktionsorganisation gestalten gemeinsam den Produktionsprozess (Bild 1-2).

Organisation beinhaltet sowohl das Organisieren als auch dessen Ergebnis (vgl. M 4.3.1). Produktionsorganisation befasst sich mit der Aufbau- und Ablauforganisation sowie der Bewertung der Produktion. In der Betriebswirtschaftslehre sind diese Fragen Gegenstand der Produktionswirtschaft [1]. Produktionsorganisatorische Gestaltung erfordert eine enge Verknüpfung technischen und betriebswirtschaftlichen Wissens, wobei soziale und ökologische Ziele zu berücksichtigen sind.

Produktionsorganisation umfasst Produktionspersonalorganisation, Produktionsplanung, Produktionssteuerung und Produktionsbewertung (Bild 5-1). Als Managementaufgaben stehen vor allem dispositive Funktionen des Planens, Steuerns und Bewertens im Vordergrund. Dazu gehören die Personalentwicklung sowie die systematische Rationalisierung.

Die Gestaltung einer Produktion setzt produktbezogene Bewertungsprozesse als Teilfunktionen der *Produktplanung* voraus. Dazu gehört die Produktentwicklung als Innovationsaufgabe, die strategisch orientierte Produktprogrammplanung als Managementaufgabe, die Festlegung der Produktqualität, die Berücksichtigung der Produkthaftungsrisiken sowie die Ermittlung und Optimierung der Kosten. Die Produktplanung sieht den Entstehungsprozess eines Produktes strategisch als Beitrag zur Sicherung des Unternehmenserfolges.

Eine solche strategisch orientierte Produktplanung operiert im Rahmen langfristiger Entscheidungen über die Geschäftspolitik. Sie berücksichtigt dabei langfristig nutzbare Potenzialfaktoren sowie die Verbrauchsfaktoren. Die Vorbereitung von Produktinnovationen ist Teil des Innovationsmanagements des Unternehmens. Es umfasst die systematische Ideenproduktion, Planung, Forschung und Entwicklung, Erprobung sowie Einführung von Produkten, die für den Betrieb neu sind. Die *Produktvariation* bildet zusammen mit der *Produktinnovation* und der *Produkteliminierung* das Aufgabengebiet der Produktplanung [1].

Die Produktplanung legt auch die Produktqualität fest, deren Gewährleistung Sache der Qualitätssicherung ist. Unter Produktqualität versteht man die Gesamtheit von Eigenschaften und Merkmalen eines Produkts, die sich auf die Erfüllung gegebener Erfordernisse beziehen. Zur Qualitätssicherung gehören begleitende Planungs-, Steuerungs-, Durchführungs- und Kontrollaufgaben. Mit dem Inverkehrbringen von Produkten sind Risiken durch Produkthaftung verbunden. Die Haftung für Schäden aus dem Gebrauch

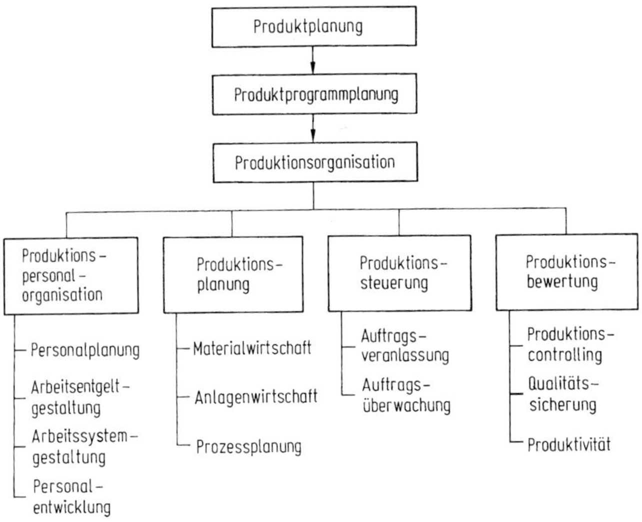

Bild 5-1. Gliederung der Produktionsorganisation

von Produkten ist gesetzlich geregelt. Zur möglichen Vermeidung einer Inanspruchnahme aus der Produkthaftung sind daher im Zusammenwirken mit Konstruktion und Produktion geeignete Maßnahmen zu planen, durchzuführen und zu überwachen.

Die *produktbezogene Kosten- und Erlösermittlung* liefert ein wichtiges Steuerungsinstrument für das Unternehmen und stellt eine Grundlage für kurz und mittelfristige Entscheidungen dar. Die Ermittlung dieser Größen wirft Grundsatzfragen auf, insbesondere hinsichtlich der verursachungsgerechten Erfassung und Zurechnung der Kosten. Zwischen Produktplanung und Produktionsorganisation steht die *Produktprogrammplanung*, die Mengen, Ort und Zeit der Produktion festlegt, Fertigungstiefen und Losgrößen bestimmt sowie die benötigten Kapazitäten ermittelt. Die *strategische* Produktprogrammplanung bestimmt den langfristigen Bedarf nach Art und Menge.

Die *operative* Produktprogrammplanung als Teil der Produktionsplanung bezieht diese Vorgaben auf mittel- und kurzfristige Zeitabschnitte. Selbstverständlich werden Produktprogramme in Abhängigkeit von den verfügbaren Produktionstechnologien und Produktionsmitteln geplant [6].

5.2 Produktionspersonalorganisation

Voraussetzung einer erfolgreichen Produktionsorganisation ist eine geeignete Personalorganisation (vgl. M 4.3.2), deren Aufgabe die Bereitstellung der benötigten Arbeitsleistung ist. Der Einsatz von Mitarbeitern wird durch eine unternehmensbezogene Personalplanung, Entgeltgestaltung, Arbeitssystemgestaltung und Personalentwicklung zur Qualifizierung von Mitarbeitern bestimmt.

Führung ist die aufgabenbezogene Einflussnahme von Vorgesetzten auf Mitarbeiter. Führen heißt also: das Handeln von Mitarbeitern auf Ziele zu lenken. Es dient der Steuerung von Verhalten.

Managen dagegen orientiert sich vornehmlich an den Aufgaben der Gestaltung von Gütern und Wirksystemen sowie der Steuerung von Prozessen. Die wichtigsten Managementaufgaben sind das Planen, Organisieren, Steuern und Überwachen der Produktionsprozesse. Führen und Managen werden häufig synonym verwendet.

Zur Führung in der Produktion gehören die Bestimmung und Verteilung von Aufgaben, Verantwortung und Kompetenzen sowie eventuell die Beteiligung der Mitarbeiter am Informations- und Entscheidungsprozess (vgl. M 4.3.3). Führung im Produktionsbereich unterliegt zunehmend folgenden Erfordernissen und Bedingungen:

- Flexibilität aufgrund neuer Produkte, kleinerer Stückzahlen, kürzerer Lieferzeiten, großer Variantenvielfalt, hoher Qualitätsanforderungen,
- Koordinierungserfordernisse aufgrund der häufig hohen organisatorischen Komplexität von Stückfertigungen,
- schnelle Reaktion auf kurzfristige Problemstellungen oder Störungen,
- veränderte Wertvorstellungen der Mitarbeiter und
- Einsatz innovativer Produktionstechnologien und Produktionsmittel.

Führung in der Wirtschaft erfordert neben der Verfolgung der Sachziele auch die Berücksichtigung mitarbeiterbezogener Ziele, wie Steigerung der Qualifikation, Förderung der Motivation und Gewährleistung eines leistungsfreundlichen Arbeitsumfeldes.

Die Zuordnung von Personen und Produktionsmitteln zu Aufgabenbereichen ist Gegenstand der Aufbauorganisation. Die Regelung der Aufgabenerfüllung wird durch die Ablauforganisation bestimmt. In dieser Zweiteilung von Beziehungsstrukturen (Aufbau) und Prozessstrukturen (Ablauf) ist die traditionelle arbeitsteilige Arbeitsorganisation sichtbar [2]. Unter dem Einfluss zunehmender Automatisierung, Dezentralisierung und Flexibilisierung der Produktion gewinnen jedoch Organisationsformen an Bedeutung, die durch innovativen Aufgabenzuschnitt eine Verringerung der Tiefe der Arbeitsteilung bezwecken. Angestrebt werden flache Organisationsstrukturen, die jedoch bei den Mitarbeitern eine höhere Kompetenz erfordern.

Die technische Entwicklung hat eine erhöhte Flexibilität der Produktionssysteme bezüglich ihrer Anpassung an die Mitarbeiter mit sich gebracht. Auf der organisatorischen Seite wurden hierzu folgende Formen der Arbeitsgestaltung entwickelt [3]:

Arbeitserweiterung (Job-enlargement)
Kennzeichen der Arbeitserweiterung ist eine Verringerung der horizontalen Arbeitsteilung. Dadurch wird

das Aufgaben- und Tätigkeitsspektrum der Mitarbeiter auf gleichem Qualifikationsniveau erweitert.

Arbeitsbereicherung (Job-enrichment)
Das Konzept der Arbeitsbereicherung zielt auf eine Verringerung der vertikalen Arbeitsteilung durch Vergrößerung des Handlungs- und Entscheidungsspielraumes unter Einbeziehung höher qualifizierter Funktionen. Die Arbeitsbereicherung ist eher als die Arbeitserweiterung geeignet, einen Mitarbeiter zu motivieren.
Die Maßnahmen der Arbeitserweiterung wie der Arbeitsbereicherung sollen Folgendes bewirken:

- Bessere Nutzung der Fähigkeiten der Mitarbeiter,
- Reduzierung von Monotonie und damit von Ermüdung und Desinteresse,
- Motivationssteigerung,
- Erhöhung der Flexibilität des Arbeitssystems,
- Verbesserung der Produktqualität,
- Steigerung von Qualität und Wirtschaftlichkeit.

Arbeits(platz)wechsel (Job-rotation)
Der Arbeits(platz)wechsel als Gestaltungsmaßnahme sieht einen planmäßigen Wechsel zu jeweils unterschiedlichen Tätigkeiten vor. Dies kann durch periodische Umrüstung des jeweiligen Arbeitsplatzes erfolgen, aber auch durch Wechsel des Mitarbeiters zwischen verschiedenen Arbeitsstationen (Arbeitsplatzwechsel). Dabei sind nicht nur breiteres fachliches Wissen und Können erforderlich sondern auch soziale Kompetenz, wie Kooperations- und Kommunikationsfähigkeit, für die der Mitarbeiter häufig erst qualifiziert werden muss.

Gruppenarbeit
Teilautonome Arbeitsgruppen erfüllen Aufgabenkomplexe in eigener Verantwortung. Die Gruppe regelt selbstständig, wie die Teilaufgaben unter ihren Mitgliedern verteilt werden. Dabei herrscht in der Regel keine feste Arbeitsteilung sondern es werden bestimmte Teilaufgaben im Wechsel ausgeführt. Voraussetzung dafür ist, dass innerhalb der Gruppe ein ausreichendes Mindestqualifikations- und -leistungsniveau besteht.
Teilautonome Arbeitsgruppen können Vorteile bieten, da in ihnen gleichzeitig neuere Formen der Arbeitsgestaltung wie Arbeitserweiterung, Arbeitsbereicherung und Arbeits(platz)wechsel realisiert werden können.

Arbeitsentgeltgestaltung
Wirtschaftlicher Ausdruck der Leistung der Arbeitspersonen ist das Arbeitsentgelt. Es kann auf der Basis der Anforderungen des Arbeitsplatzes der Arbeitsmenge, der geleisteten Arbeitszeit und/oder der Qualifikation des Mitarbeiters bestimmt werden. In der Fabrik verlieren im Zuge der Verbreitung rechnerunterstützter Produktionstechnik, aber auch der Gruppenarbeit, mengenbezogene Entgeltformen an Bedeutung. Häufig werden stattdessen Formen der Prämienentlohnung, wie Qualitäts- oder Ersparnisprämien, angewendet.

5.3 Produktionsplanung

Produktionsplanung ist die ablauforganisatorische Gestaltung eines Produktionsprozesses. Diese Aufgaben werden im Rahmen der Material- und Anlagenwirtschaft sowie der Prozessplanung wahrgenommen.
Grundlage der Produktionsplanung ist das operative Produktionsprogramm (Bild 5-2). Die Produktprogrammplanung bestimmt aufgrund der Kundenaufträge bzw. des Verkaufsprogramms den Primärbedarf an herzustellenden Erzeugnissen. Das Produktprogramm bildet den Ausgangspunkt für die Bestimmung des Bedarfs an Teilen und Werkstoffen für die Herstellung. Es wird so bestimmt, dass vorhandene Konstruktions-, Fertigungs-, Montage- und sonstige benötigte Kapazitäten möglichst optimal ausgelastet werden. Im Rahmen der Produktprogrammplanung werden die voraussichtlichen Liefertermine festgelegt. Eine umfassende Produktprogrammplanung beinhaltet außerdem die Vorlaufsteuerung der Arbeiten zur Erstellung

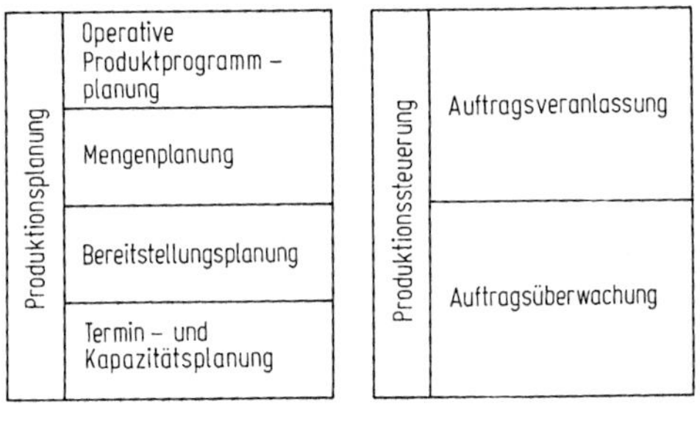

Bild 5-2. Einzelaufgaben der Produktionsplanung und -steuerung

der Konstruktionsunterlagen und Arbeitspläne. Aufgabe der *Materialwirtschaft* ist die Bereitstellung von Roh-, Hilfs- und Betriebsstoffen sowie Halb- und Zulieferprodukten für die Produktion. Sie behandelt auch Probleme der umweltgerechten Entsorgung von Abfällen.

Aufgaben der Materialwirtschaft sind Beschaffung, Lagerung, Transport und Entsorgung von Material, wobei insbesondere die Kapitalbindung in den Beständen eine wirtschaftliche Optimierung erfordert. Derartige Optimierungsaufgaben sind oft schwierig zu lösen, da unvollständige Informationen über Bedarf, Preis und Liefertermine verwendet werden müssen. Viele materialwirtschaftliche Bereitstellungsaufgaben sind mit innerbetrieblichen Dienstleistungen verbunden, wie Transport-, Montage- und Instandhaltungsleistungen, aber auch mit Rechenleistungen.

Mengenplanung hat die Ermittlung des Bedarfs an Materialien zur Erzeugnisherstellung sowie an Betriebs- und Hilfsmitteln zur Aufgabe. Aufgrund des operativen Produktprogramms wird zunächst die termin-, art- und mengenmäßige Bestimmung des Bruttobedarfs an Teilen und Werkstoffen (Sekundärbedarf) sowie an Betriebs- und Hilfsstoffen (Tertiärbedarf) vorgenommen. Unter Berücksichtigung verfügbarer Bestände wird der Nettobedarf ermittelt. Die Beschaffungsrechnung erarbeitet aufgrund dieser Daten Vorschläge für den Einkauf bzw. ein Programm für die Eigenfertigung benötigten Materials. Neben der buchhalterischen Erfassung der Bestände (Bestandsführung) ist die Mengenplanung auch für das Bestellwesen (Bestandsdisposition) zuständig. *Anlagenwirtschaft* umfasst Beschaffung, Bereitstellung, Bestandserhaltung, Werterhaltung und Instandhaltung, Verwaltung und Ausmusterung von Produktionsmitteln, weiterhin Planung und Neubau von Gebäuden. Insbesondere die Planung von Kapazitäten und des Layouts von Anlagen sowie die Instandhaltung erfordern die Anwendung betriebswirtschaftlicher Methoden, wie Investitionsrechnung, Kostenanalyse und Simulationsverfahren.

In der *Prozessplanung* werden die Ergebnisse der vorausgegangenen Planungen auf die Produktionsbedingungen abgestimmt. Im Rahmen der Termin- und Kapazitätsplanung wird der Ablauf der Fertigungsaufträge festgelegt. Dazu wird aufgrund der Arbeitsplandaten der Termin für den Beginn und den Abschluss eines jeden Auftrages sowie der in ihm enthaltenen Arbeitsgänge ermittelt und anschließend ein Abgleich von Kapazitätsbestand und -bedarf vorgenommen.

In der Durchlaufterminierung werden die Komponenten der Durchlaufzeit (Bearbeitungszeit, Transportzeit, Prüfzeit und Liegezeit) bestimmt. Danach kann für die einzelnen Arbeitsgänge der Kapazitätsbedarf berechnet und mit dem Auftragsvolumen abgestimmt werden. Mit statistischen oder heuristischen Methoden wird die optimale Bearbeitungsreihenfolge der Aufträge ermittelt. Diese Ergebnisse der Produktionsplanung sind Eingabegrößen für die Produktionssteuerung [6].

In der Produktionsplanung wird somit festgelegt, mit welcher Technologie, mit welchen Produktionsmitteln, in welchem Zeitraum und in welchen Mengen Teile, Baugruppen und Produkte hergestellt werden sollen. Sie umfasst auch die Planung von Transport und Lagerung sowie die Sicherung der Verfügbarkeit der Maschinenprogramme. Die Produktionsplanung kann langfristig-strategisch oder kurzfristig-operativ durchgeführt werden.

Zur Produktionsplanung werden neben konventionellen Hilfsmitteln zunehmend rechnerunterstützte Systeme eingesetzt. Breite Anwendung finden kommerzielle Softwarelösungen, die mit relativ geringem Aufwand an die Gegebenheiten des Unternehmens angepasst werden können.

5.4 Produktionssteuerung

Aufgabe der Produktionssteuerung ist die kurzfristige Realisierung des Produktprogramms unter Berücksichtigung von Abweichungen infolge von Störungen. Produktionssteuerung ist Ausführungsplanung innerhalb eines durch die Produktionsplanung vorgegebenen zeitlichen Rahmens. Sie kann auf einige Tage oder Stunden bezogen sein und enthält eine detaillierte Festlegung des Produktionsprozesses. Hierbei wird bestimmt, auf welchen Maschinen bestimmte Mengen von Teilen, unterteilt in Lose optimaler Größe, gefertigt werden sollen.

Die Produktionssteuerung gliedert sich in Auftragsveranlassung und Auftragsüberwachung. Zur *Auftragsveranlassung* gehört die Überprüfung der Verfügbarkeit der notwendigen Kapazitäten, Betriebsmittel und Programme. Ist das Ergebnis positiv, kann der Auftrag zur Ausführung freigegeben werden. Ferner werden die notwendigen Auftragspapiere zur Verfügung gestellt sowie der Material- und Transportfluss gesteuert.

Die *Auftragsüberwachung* beinhaltet die Zustandserfassung und -verwaltung der Aufträge sowie der zu ihrer Realisierung benötigten Kapazitäten. Durch die Auftragsüberwachung ist es möglich, aktuell die Belastung der Fertigungskapazitäten sowie den Bearbeitungsstand der Fertigungsaufträge zu ermitteln. Damit ist die Auftragsüberwachung eine wichtige Voraussetzung für die Berücksichtigung kurzfristig erforderlicher Änderungen des Produktprogramms.

Zur *Termin- und Kapazitätsplanung* ist eine Reihe von Verfahren entwickelt worden, die insbesondere bei den Zielkonflikten nützlich sind, die zwischen der Maximierung der Kapazitätsauslastung und der Minimierung der Durchlaufzeiten sowie der Kapitalbindung in Vorräten vor allem Halberzeugnissen entstehen. Sämtliche Teilziele sind mit den Mitteln des Stufenplanungskonzeptes (Sukzessivplanung) kaum erreichbar. Um die Durchgängigkeit von Produktionsplanung und -steuerung zu verwirklichen, werden u. a. folgende Konzepte der Produktionssteuerung angewendet [4]:

Belastungsorientierte Auftragsfreigabe

Die Auftragsfreigabe erfolgt bei der belastungsorientierten Auftragsfreigabe in Abhängigkeit von der aktuellen Belastungssituation. Die Grundidee des Verfahrens ist, den Arbeitsvorrat jedes Arbeitsplatzes, die Belastung, als Steuergröße zu verwenden, und diese so zu dosieren, dass an jedem Arbeitsplatz ein hinreichend hoher Belastungszustand erreicht wird. Arbeitsplätze und Produktionsmittel sind dabei durch eine spezifische Belastungsschranke gekennzeichnet. Aufträge werden zur Ausführung freigegeben, wenn alle Arbeitsgänge im Rahmen der aktuellen, möglichst hohen Belastungssituation ausgeführt werden können, ohne dass die Belastungsschranke überschritten wird. Die belastungsorientierte Auftragsfreigabe ist vor allem für die Werkstattfertigung, d. h. bei Einzel- und Kleinserienfertigung geeignet [5].

Kanban-Konzept

Das von japanischen Unternehmen entwickelte Kanban-Konzept orientiert sich am Prinzip horizontal vernetzter Regelkreise derart, dass ein übergeordnetes Steuerungssystem nicht erforderlich ist. Es ist allgemein nach dem Holprinzip organisiert, wobei Mindestbestände maßgeblich sind. Bei Unterschreitung des vorgegebenen Mindestbestandes in einer Produktionsstufe (Regelkreis) wird für die ihr vorgeschaltete Stufe ein Fertigungsauftrag erzeugt, der zur schnellstmöglichen Auffüllung der entstandenen Lücke führt. Damit kann das Kanban-Prinzip vor allem bei Fertigungen mit hoher und stetiger Produktion zu einer Reduzierung der Bestände führen.

Fortschrittszahlensystem

Eine Fortschrittszahl ist ein aus kumulierten Fertigungs- bzw. Bedarfsmengen berechneter Wert, der zur Steuerung des Fertigungsprozesses verwendet wird. Die Differenzen von Soll- und Ist-Fortschrittszahlen kennzeichnen Vorlauf bzw. Rückstand einzelner Produktionsstufen etwa in Produktionseinheiten oder in Tagen. Aufgrund der hohen Auftragswiederholhäufigkeit und des Vorhandenseins aufeinander abgestimmter Informationssysteme bei Zulieferern und Abnehmern, eignet sich das Fortschrittszahlensystem vorwiegend für die Steuerung von Mittel- und Großserienfertigungen in Unternehmen mit stabilen Zulieferbeziehungen.

OPT-Ansatz (Optimized Production Technology)

Dieser Ansatz zur Reduzierung der Planungskomplexität beruht auf der Teilung des Auftragsspektrums in kritische, z. B. engpassverdächtige, und unkritische Aufträge. Kritische Aufträge werden mit Vorwärtsterminierung eingelastet. Unkritische Aufträge werden mit Rückwärtsterminierung anschließend an die Termine der bereits eingeplanten Aufträge angepasst.

Für bestimmte Teile und Baugruppen kann es Ziel sein, eine montagesynchrone Fertigung und fertigungssynchrone Zulieferung („just-in-time") zu erreichen. Neben den behandelten Planungssystemen finden Anwendungen der Künstlichen Intelligenz Eingang in die Produktionssteuerung. Die Entwicklung konzentriert sich auf wissensbasierte Fertigungsleitstände und Simulationssysteme.

Der zentralen Produktionssteuerung mit einem hohen Maß an Arbeitsteilung und Spezialisierung ihrer Arbeitsplätze steht heute die dezentrale Werkstatterneuerung gegenüber. Hier werden Arbeitsplätze produktorientiert zusammengefasst, Arbeitsteilung abgebaut und Planungs-, Steuerungs- sowie Kontrollaufgaben von Werkern selbst übernommen.

5.5 Produktionsbewertung

Jedes Produktionsmanagement ist entscheidend von der Verfügbarkeit adäquater Informationen abhängig. Die Durchsetzung der Unternehmensziele setzt daher ein effektives Informationsmanagement voraus [1].

Die Produktionsbewertung hat ein Zahlen- und Mengengerüst zu schaffen, das die wirtschaftliche Bewertung betrieblicher Aktivitäten ermöglicht. Ausgangspunkt dabei sind die Betriebsdatenerfassung sowie die Erfassung der Input- und Outputgrößen, die zu Kosten-, Erfolgs- und Wirtschaftlichkeitsrechnungen herangezogen werden. Die Produktionsbewertung erfüllt die Aufgabe des sog. Controlling im Produktionsbereich. Planungs-, Steuerungs- und Kontrollaufgaben werden in allen Bereichen der Produktion wahrgenommen: Zielplanung, Produktgestaltung, Materialwirtschaft, Produktionsprozess, Instandhaltung bis hin zur Qualitätssicherung.

Die *Qualitätssicherung* als Bestandteil des *Qualitätsmanagements* kann einen entscheidenden Beitrag zum Unternehmenserfolg leisten. Sie ist eine gesamtbetriebliche Aufgabe, die insbesondere auch die Produktplanung betrifft. Qualitätssicherung umfasst die Funktionen Qualitätsplanung, Qualitätsprüfung sowie Qualitätslenkung.

Die *Qualitätsplanung* umfasst Auswahl, Klassifizierung und Gewichtung von Qualitätsmerkmalen eines Produktes. Bei der Planung von Merkmalswerten werden Einzelanforderungen an die Beschaffenheit eines Produktes (oder einer Tätigkeit) festgelegt. Bei der Qualitätsplanung geht es daher im Wesentlichen um die Auswahl der qualitätsbestimmenden Merkmale eines Produktes sowie um die Festlegung von Toleranzbereichen. Absatzentscheidende Qualitätsmerkmale leiten sich im Wesentlichen von den Nutzenerwartungen potenzieller Anwender ab. Weitere Qualitätsmaßstäbe setzt der Gesetzgeber, die Konkurrenz oder das eigene Unternehmensprofil.

Durch die *Qualitätsprüfung* wird festgestellt, inwieweit Produkte oder Tätigkeiten den Qualitätsforderungen genügen. Bei einer indirekten Bestimmung der Qualitätsmerkmale werden messbare Merkmale als Indikatoren benutzt und die Qualitätsmerkmalswerte aus ihnen errechnet. Zur Qualitätsprüfung gehören Prüfplanung, Prüfausführung sowie die Prüfauswertung. Die Prüfplanung umfasst die Prüfplanerstellung und -anpassung sowie die Programmierung der Messeinrichtungen. Im langfristigen Rahmen gehört zur Prüfplanung auch die Prüfmethodenplanung, die Prüfmittelplanung und -überwachung sowie die Versuchsplanung.

Anhand von Ergebnissen der Qualitätsprüfung ist es Ziel der *Qualitätslenkung*, die Anforderungen der Qualitätsplanung zu erfüllen, um damit die Qualitätssicherungsmaßnahmen überwachen und ggf. korrigieren zu können. Die unmittelbare Qualitätslenkung beeinflusst direkt den Fertigungsablauf, während die mittelbare Qualitätslenkung auf die Beseitigung von Fehlerursachen sowie auf die Qualitätsförderung zielt.

Zunehmend gilt bei der Qualitätssicherung, dass jeder Funktionsbereich für seine Aufgaben auch die Qualitätsverantwortung trägt, d. h., die Qualitätssicherung muss unmittelbar an der Stelle ansetzen, wo Fehler entstehen können. Damit verknüpft ist der Gedanke der vorbeugenden Qualitätssicherung. Dies führt zu einer zunehmenden Rechnerunterstützung der Qualitätssicherung, deren Ziel es ist, Fehlereinflüsse, vor allem bei manuellen Routinetätigkeiten der Qualitätsprüfung, zu minimieren.

6 Produktionsinformatik

6.1 Aufgaben

Produktionsinformatik ist die Anwendung der Informatik auf Aufgabenstellungen des Fabrikbetriebs [1]. Sie ermöglicht die Entwicklung und den Betrieb von Systemen zur integrierten Informationsverarbeitung in Industrieunternehmen. Man unterscheidet kommerzielle, administrative und technische Informatikanwendungen. Sie schließen textliche, geometrische, kaufmännische sowie verwaltende Datenverarbeitung ein. Die Aufgaben der Produktionsinformatik ergeben sich aus den Informationsverarbeitungserfordernissen moderner Fabriken. Wegen der Verknüpfung von Informations- und Materialflüssen kommt der Produktionsin-

formatik eine vergleichbare Bedeutung zu wie der Konstruktion und Fertigungstechnik und dem kaufmännisch-administrativen Bereich.
Der Einsatz rechnerunterstützter Systeme in der Produktionstechnik stellt neue Anforderungen an Entwickler und Benutzer moderner Steuerungssysteme und erfordert eine sehr qualifizierte Zusammenarbeit von Informatik und Maschinenbau.
Die Anwendersoftware ist ein Produktionsmittel von besonderer Bedeutung, weil sie den Informationsfluss und die Informationsverarbeitung im Fabrikbetrieb bestimmt. Rechnersysteme werden am Markt beschafft. Für Anwendersoftware gilt dies höchstens eingeschränkt, da in jedem Fall Anpassungs- und Weiterentwicklungsarbeiten erforderlich sind. Software als immaterielles Produkt verbraucht sich nicht, unterliegt keinem Verschleiß und erfordert keine Ersatzteile. Die Software als flexibelste Komponente in einem Fertigungssystem ermöglicht Anpassung und Integration durch relativ einfache Änderungen.

6.2 Informationsfluss

Bei der gewachsenen Leistungsfähigkeit der Informationstechnik ist es folgerichtig, die im Unternehmen verteilten informationsverarbeitenden Inseln zusammenzubinden. Eine Erschwerung der wirtschaftlichen Nutzung von Rechnern ist das wiederholte Eingeben derselben Daten. Daten sollen nur einmal ermittelt werden und dann den Nutzern zur Verfügung stehen. Informationsfluss kann z. B. durch programmmäßig nacheinander ablaufende Einzelaufgaben entstehen. Dies kann durch Verarbeitung jedes Programmoduls und manuelle Eingabe der Daten für das nächste Modul oder durch programmierte Kopplung der Module erfolgen.
Die Hardwareausstattung einer Fabrik lässt sich einteilen in

- Rechnersysteme einschließlich ihrer Peripherie,
- Kommunikationssysteme,
- Benutzerstationen, wie Datenterminals, grafische Arbeitsstationen einschließlich Druckern und Plottern sowie
- maschinelle Benutzerstationen, wie Bearbeitungs-, Transport-, Handhabungs- und Messsysteme.

Bei hierarchischem Systemverbund werden Programme großer Komplexität auf Großrechner und kleine, benutzernahe Programme auf Kleinrechner übernommen. Wichtige Eigenschaften für die Auswahl der Hardwarekomponenten sind Bedienungskomfort, Zuverlässigkeit, Verfügbarkeit, Rechengeschwindigkeit und Kopplungsfähigkeit. Der aufgabenbezogene Informationsfluss kann unterschiedlich gestaltet werden, und zwar

- auf der Basis von Methoden bzw. Programmen,
- auf der Basis von Dateien oder
- unter Nutzung derselben Programme für verschiedene Aufgabenbereiche.

Ein integrierter Informationsfluss kann auch Datenbasen einbeziehen, sodass bei Programmketten Daten programmintern übergeben werden. Dabei sind zu unterscheiden die Kopplung

- mittels gemeinsamer Datenbasis,
- durch Kopplungsmodul und
- unter Verwendung von Datenformaten.

Eine zusammenhängende rechnerunterstützte Bearbeitung aller Einzelaufgaben zieht Änderungen des herkömmlichen technischen Informationsflusses nach sich:

- Darstellungsform,
- Vollständigkeit,
- Aktualität,
- Archivierung,
- Detaillierungsgrad,
- Verteilung,
- Zuverlässigkeit und
- Bereitstellung der Informationen.

Die Darstellung geometrischer Information wandelt sich beispielsweise von der Werkstattzeichnung zum rechnerinternen Werkstückmodell [2]. Für eine rechnerunterstützte Aufgabenbearbeitung müssen die benötigten Informationen ausreichend detailliert vorliegen. Die Rechnerunterstützung beschleunigt das Bereitstellen aktueller und archivierter Daten. Durch Mehrfachverwendung von Daten vermindert sich die Häufigkeit von Eingabefehlern, woraus eine höhere Zuverlässigkeit des Informationsflusses resultiert.

6.3 Rechnerintegrierter Fabrikbetrieb

Eine einheitliche rechnerunterstützte Informationsbereitstellung ist wesentliche Voraussetzung für eine koordinierte Bearbeitung von Aufgaben der gesamten Produktion. In der Fabrik wird die Realisierung von Konzepten angestrebt, die durch einen umfassenden produktionsbezogenen Rechnereinsatz neue Werkzeuge bieten, welche nicht nur der Rationalisierung im Sinne einer Mengen- und Qualitätssteigerung dienen. Vielmehr unterstützen diese Konzepte in der modernen flexiblen Fabrik auch die an Bedeutung gewinnende Aufgabe des Zeitmanagements durch eine effiziente Nutzung aller Kapazitäten.
Der Übergang zur rechnerintegrierten Fabrik geschieht als Evolution. Vorteile der rechnerintegrierten Produktion sind höhere Produktionsgeschwindigkeiten, Flexibilität, Qualität und Zuverlässigkeit. Rechnerintegrierte, flexibel automatisierte Fabriken umfassen eine informationstechnische Kopplung aller informationsverarbeitenden Maschinen, Fertigungsprozesse, Transportsysteme und Rechner. Die Entwicklung zu rechnerintegrierten Produktionsstrukturen muss jedoch von einer Analyse der bisherigen Stückfertigung und Montage, der Unternehmensorganisation und des Produktprogramms begleitet werden. Bei der Vielfalt der Informationen ist eine allseitige Nutzung der Datenbestände nur dann möglich, wenn alle Beteiligten dieselben Konventionen und Abläufe erhalten.
Die rechnerintegrierte Fertigung beruht auf der Kopplung und Integration der technischen und der administrativen Informationsprozesse. Daten erzeugende und Daten verarbeitende Anlagen oder Maschinen sind in einen durchgängigen Informationsstrom eingebunden, um möglichst alle betrieblichen Prozesse transparent, verfügbar und redundanzfrei abzubilden. In integrierten Fabriken verbindet die Datenverarbeitung mit einem bereichsübergreifenden Informationssystem alle mit der Produktion zusammenhängenden Betriebsbereiche: Vom Entwurf des Produktes über seine Herstellung bis zum Versand.
Die rechnerintegrierte Fabrik gliedert sich in die rechnerunterstützte Entwicklung und Konstruktion (CAD), die rechnerunterstützte Arbeitsplanung (CAP), die rechnerunterstützte Fertigung (CAM) und die rechnerunterstützte Qualitätssicherung (CAQ) (Bild 6-1). Der Begriff Computer Aided Design (CAD) umfasst konstruktionsbegleitende Tätigkeiten wie die Berechnung und Simulation von Entwürfen sowie alle rechnerunterstützten Tätigkeiten bei der Konstruktion. Rechnerunterstütztes Konstruieren im engeren Sinn bezieht sich auf die grafisch-interaktive Erzeugung, Modellierung und Darstellung von Ge-

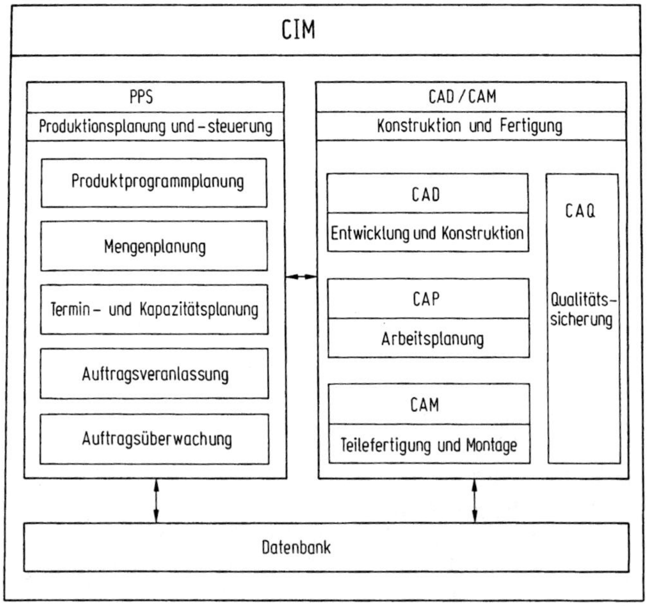

Bild 6-1. Struktur des rechnerintegrierten Fabrikbetriebs

genständen mit dem Rechner. Ein bedeutender Schritt zur rechnerintegrierten Fabrik ist die Möglichkeit Konstruktionsdaten in den nachfolgenden Stationen direkt zu verarbeiten.
Die rechnerunterstützte Arbeitsplanung wird auch als CAP (Computed Aided Planning) bezeichnet. Hierbei handelt es sich um Planungsaufgaben, die auf Arbeitsergebnisse der Konstruktion zurückgreifen, um rechnerunterstützt Arbeitsvorgänge zu planen sowie die Produktionstechniken und Produktionsmittel auszuwählen [3,4].
Als CAM (Computer Aided Manufacturing) wird die rechnerunterstützte Steuerung von Arbeitsmaschinen, verfahrenstechnischen Anlagen, Handhabungsgeräten sowie von Transport- und Lagersystemen bezeichnet. Der momentane Zustand der einzelnen Prozesse kann erfasst und zur Auswertung an übergeordnete Rechner weitergemeldet werden [4].
Rechnerunterstützte Produktionsplanungs- und Steuerungssysteme (PPS) dienen der Planung, Steuerung und Überwachung der Produktionsabläufe unter dem Mengen-, Termin- und Kapazitätsaspekt. Die wesentlichen PPS-Funktionen sind Produktprogrammplanung, Mengenplanung, Termin- und Kapazitätsplanung sowie Auftragsveranlassung und -überwachung. Der Einsatz geeigneter PPS-Systeme ermöglicht Bestandsreduzierungen, ferner können Durchlaufzeiten, Termintreue und Kapazitätsauslastung verbessert werden. Produktplanungs- und Steuerungssysteme sind ein Bindeglied zwischen den organisatorischen und den technischen Funktionen der Fabrik [4,5,6,7].
Unter CAQ (Computer Aided Quality Assurance) wird die Aufstellung von Prüfplänen, Prüfprogrammen und Kontrollwerten verstanden sowie auch die Durchführung rechnerunterstützter Mess- und Prüfverfahren. CAQ hat sich an den in Konstruktion, Planung und Fertigung erfassten geometrischen technologischen und organisatorischen Daten zu orientieren.
Die Integration von Entwicklung und Konstruktion (CAD), von Arbeitsplanung (CAP), von Steuerung und Überwachung der Arbeitsmaschinen und technischen Systeme (CAM) und den jeweiligen Qualitätssicherungen (CAQ) wird als CAD/CAM (Computer Aided Design and Manufacturing) bezeichnet. Flexible Fertigungssysteme sind eine Variante der Anwendungen von CAM. Der integrierte Einsatz der Informationsverarbeitung in allen mit der Produktion zusammenhängenden Betriebsbereichen wird als Computer Integrated Manufacturing (CIM) bezeichnet. Nach einer verbreiteten Definition ist CIM das rechnerunterstützte Zusammenwirken von CAD, CAP, CAM, CAQ und PPS durch Nutzung einer gemeinsamen Datenbasis [3].

Literatur

Allgemeine Literatur

Hiersig, M.: Produktions- und Verfahrenstechnik. Düsseldorf: VDI-Verlag 1995

Kern, W. (Hrsg.): Handwörterbuch der Produktionswirtschaft. Stuttgart: Poeschel, 2. Aufl. 1996

Spur, G.; Stöferle, Th. (Hrsg.): Handbuch der Fertigungstechnik. Bd. 1: Urformen (1981); Bd. 2/1: Umformen (1983); Bd. 2/2: Umformen (1984); Bd. 2/3: Umformen und Zerteilen (1985); Bd. 3/1: Spanen (1979); Bd. 3/2: Spanen (1980); Bd. 4/1: Abtragen und Beschichten (1987); Bd. 4/2: Wärmebehandeln (1987); Bd. 5: Fügen, Handhaben und Montieren (1986); Bd. 6: Fabrikbetrieb (1994). München: Hanser

Spur, G.: Vom Wandel der industriellen Welt durch Werkzeugmaschinen. München: Hanser 1991

Spur, G.: Die Genauigkeit von Maschinen. München: Hanser 1996

Spur, G.; Krause, F.-L.: Das virtuelle Produkt. München: Hanser 1997

Spezielle Literatur

Kapitel 1

1. Gutenberg, E.: Grundlagen der Betriebswirtschaftslehre, Bd. 1: Die Produktion. 24. Aufl. Berlin: Springer 1983
2. Kern, W. (Hrsg.): Handwörterbuch der Produktionswirtschaft. Stuttgart: Poeschel, 2. Aufl. 1996

Kapitel 2

1. Kern, W. (Hrsg.): Handwörterbuch der Produktionswirtschaft. Stuttgart: Poeschel, 2. Aufl. 1996
2. Fischer, C.; Mareske, A.: Energietechnik. In: Dubbel: Taschenbuch für den Maschinenbau. (K.-H. Grote u. J. Feldhusen, Hrsg.). 21. Aufl. Berlin: Springer 2005
3. Reuther, E.-U.: Einführung in den Bergbau. Essen: Glückauf 1982

Kapitel 3

1. Dialer, K.; u. a.: Grundzüge der Verfahrenstechnik und Reaktionstechnik. München: Hanser 1984
2. Winnacker, K.; Harnisch, H.; Steiner, R.: Chemische Technologie, Bd. 1. München: Hanser 1984
3. Hemming, W.; Verfahrenstechnik. 6. Aufl. Würzburg: Vogel 1991
4. Grassmann, P.; Einführung in die thermische Verfahrenstechnik. Berlin: de Gruyter 1982

Kapitel 4

1. Spur, G.: Die Genauigkeit von Maschinen. München: Hanser 1996
2. Taniguchi, N.: Current status and future trends of ultraprecision machining and ultrafine materials processing. Ann. CIRP 32 (1983), 2, 573–582
3. Spur, G.: Optimierung des Fertigungssystems Werkzeugmaschine. München: Hanser 1972
4. Spur, G.; Stute, G.; Weck, M.: Rechnergeführte Fertigung. München: Hanser 1977
5. Merchant, M. E.: Welttrends moderner Werkzeugmaschinenentwicklungen und Fertigungstechnik. ZwF 76 (1981) 2–7
6. Höner, K. E.: Gießen. In: [Spur/Stöferle, 1]
7. Meins, W.: Handbuch der Fertigungs- und Betriebstechnik. Braunschweig: Vieweg 1989
8. Zapf, G.: Pulvermetallurgie. In: [Spur/Stöferle, 1]
9. Warnecke, H.-J.: Galvanoforschung. In: [Spur/Stöferle, 1]
10. Winkler, L.: Galvanoformung. Metalloberfläche 21 (1967) 225–233; 261–267; 329–333
11. Carrington, E.: The electrodeposition of copper and bi-metal sheets. Electroplating and Metalfinishing 13 (1960), 9, 80–84; 126–129; 143
12. Metzger, W.; Ott, R.: Anwendungsbeispiele von elektrolytisch und stromlos abgeschiedenen Dispersionsschichten. Metalloberfläche 31 (1977) 404–408
13. Lange, K.: Lehrbuch der Umformtechnik. Berlin: Springer 1972
14. Kübert, M.: Verfahrensbeschreibung und Anwendungsbeispiele zum Tiefziehen dicker Bleche mit und ohne Faltenbildung. Bleche, Rohre, Profile 28 (1981) 405–408
15. Spur, G.: Drehen. In: [Spur/Stöferle, 3/1]
16. Stöferle, Th.: Bohren, Senken, Reiben. In: [Spur/Stöferle, 3/1]
17. Gunsser, O.: Berechnungsverfahren. In: [Spur/Stöferle, 3/1]
18. König, W.: Fertigungsverfahren, Bd. 1: Drehen, Fräsen, Bohren. 3. Aufl. Düsseldorf: VDI-Verlag 1990
19. Schweitzer, K.: Räumen. In: [Spur/Stöferle, 3/2]
20. Müller, K. G.: Sägen. In: [Spur/Stöferle, 3/2]
21. Bauschert, A.: Feilen. In: [Spur/Stöferle, 3/2]
22. Müller, K. G.: Schaben. In: [Spur/Stöferle, 3/2]
23. ISO 3002-5. Basic quantities in cutting and grinding – Part 5: Basic terminology for grinding processes using grinding wheels (1989-11-01)
24. VDI 3390: Tiefschleifen von metallischen Werkstoffen (10.91)
25. Saljé, E.: Feinbearbeitung als Schlüsseltechnologie. In: Tagungsbd. 5. Int. Braunschweiger Feinbearbeitungskoll. Braunschweig: 1987, 1–61
26. Spur, G.: Keramikbearbeitung. München: Hanser 1989
27. Saljé, E.: Abrichtverfahren mit unbewegten und rotierenden Abrichtwerkzeugen. In: Jahrbuch Schleifen, Honen, Läppen und Polieren. 50. Ausg. Essen: Vulkan-Verlag 1981
28. Uhlig, U.; Redecker, W.; Bleich, R.: Profilschleifen mit kontinuierlichem Abrichten. wt-Werkstattstechnik 72 (1982) 313–317
29. Becker, G.; Dziobek, K.: Bearbeitung mit Schleifmitteln auf Unterlage. In: [Spur/Stöferle, 3/2]
30. Pahlitzsch, G.; Windisch, H.: Einfluss der Schleifbandlänge beim Bandschleifen. Metall. Wissenschaft und Technik 9 (1955) 27–33

31. Stark, Chr.: Technologie des Bandschleifens. Düsseldorf: Dt. Industrieforum f. Technologie 1992
32. Dennis, P.: Hochleistungsbandschleifen. Düsseldorf: VDI-Verlag 1989
33. König, W.: Fertigungsverfahren, Bd. 2: Schleifen, Honen, Läppen. 2. Aufl. Düsseldorf: VDI-Verlag 1989
34. Stark, Chr.: Werkzeug- und Verfahrensentwicklung beim Hochleistungsbandschleifen. VDI-Z. 129 (1987), 11, 67–71
35. Becker, K.: Hochleistungsbandschleifen. Düsseldorf: Dt. Industrieforum f. Technologie 1992
36. Buchholz, W.; Dennis, P.: Späne machen mit dem Band. tz für Metallbearbeitung 83 (1989), 10, 55–58
37. Stark, Chr.: Aufbau, Herstellung und Anwendung von Schleifmitteln auf Unterlage. Düsseldorf: VDI-Bildungswerk 1988
38. Merkel, P.: Viel mehr Schneiden pro Schleifkorn. Ind.-Anz. 113 (1991), 7, 10–12
39. Haasis, G.: Honen. In: [Spur/Stöferle, 3/2]
40. Haasis, G.: Moderne Anwendungstechnik beim Diamanthonen. Tech. Mitt. HdT 67 (1974), 1/2, 23–28
41. Blum, G.; Läppen. In: [Spur/Stöferle, 3/2]
42. Zolotych, B. N.: Physikalische Grundlagen der Elektro-Funkenbearbeitung von Metallen. Berlin: Verl. Technik 1955
43. König, W.; Klocke, F.: Fertigungsverfahren, Bd. 3: Abtragen. 3. Aufl. Düsseldorf: VDI-Verlag 1997
44. König, W.; et al.: EDM: Future steps towards the machining of ceramics. Ann. CIRP 37 (1988), 2
45. Weber, H.; Herziger, G.: Laser. Weinheim: Physik-Verlag 1972
46. Benzinger, M.; Göbel, C.: Integration von CO_2 -Lasern in Fertigungssysteme für die Blechbearbeitung. VDI-Z. 132 (1990), 1, 40–45
47. Nuss, R.: Untersuchungen zur Bearbeitungsqualität im Fertigungssystem Laserstrahlschneiden. Diss. Univ. Erlangen-Nürnberg 1989
48. Thomer, K. W.; Ondratschek, D.: Beschichten. In: [Spur/Stöferle, 4/1]
49. Vieregge, G.: Zerspanung der Eisenwerkstoffe. Düsseldorf: Verlag Stahleisen 1959
50. Bergmann, W.; Dengel, D.: Bedeutung der Wärmebehandlungs- und Werkstofftechnik in der Produktionstechnik. ZwF 75 (1980) 301–304

Kapitel 5

1. Hahn, D.; Lassmann, G.: Produktionswirtschaft. Controlling industrieller Produktion. Bd. 1, 2. Aufl. 1990; Bd. 2, 1989
2. Kosiol, E.: Aufbauorganisation. In: Grochla, E. (Hrsg.): Handwörterbuch der Organisation. Stuttgart: Poeschel 1980
3. Blohm, H.; u. a.: Produktionswirtschaft. Herne: Verlag Neue Wirtschafts-Briefe 1987
4. Eversheim, W.: Organisation in der Produktionstechnik. Springer 1997
5. Wiendahl, H.-P.: Belastungsorientierte Fertigungssteuerung. München: Hanser 1990
6. [Spur/Stöferle, 6]
7. Warnecke, H.-J.: Der Produktionsbetrieb, Bd. 1-3. 2. Aufl. Berlin: Springer 1993
8. Spur, G.: Technologie und Management – Zum Selbstverständnis der Technikwissenschaft. München, Wien: Carl Hanser 1998

Kapitel 6

1. Spur, G.; Krause, F.-L.: CAD-Technik. München: Hanser 1986
2. Spur, G. (Hrsg.): CIM – Die informationstechnische Herausforderung. Produktionstechnisches Kolloquium Berlin: IPK/IWF 1986
3. AWF (Ausschuss für wirtschaftliche Fertigung e.V.): Integrierter EDV-Einsatz in der Produktion. CIM Computer Integrated Manufacturing. Begriffe, Definitionen, Funktionszuordnungen. Eschborn: Eigenverlag 1985
4. [Spur/Stöferle, 6]
5. Spur, G.; Krause, F.-L.: Das virtuelle Produkt. München, Wien: Carl Hanser 1997
6. Wiendahl, H. P.; u. a.: Planung modularer Fabriken. München: Hanser 2005
7. Krause, F.-L.; Tang, T. u. Ahle, U.: Integrierte virtuelle Produktionsentwicklung. Stuttgart: Fraunhofer IRB-Verlag 2002

Betriebswirtschaft

W. Plinke
M. Rese

1 Gegenstand der Betriebswirtschaftslehre

Betriebswirtschaftslehre und Volkswirtschaftslehre sind die Einzeldisziplinen der Wirtschaftswissenschaft. Die Volkswirtschaftslehre behandelt Probleme unterschiedlich aggregierter Wirtschaftsbereiche (Güterversorgung, Konjunktur, Einkommen, Beschäftigung, Wachstum und Inflation in einzelnen Märkten, Ländern oder Ländergruppen). Die Betriebswirtschaftslehre beschäftigt sich mit den Betrieben als den Elementen der Wirtschaftsbereiche. Der *Betrieb* (synonym: Unternehmen, Unternehmung) ist ein System, das Güter zur Fremdbedarfsdeckung hervorbringt. Da die aktiven Elemente des Systems „Betrieb“ Menschen und Maschinen sind, kann auch von einem soziotechnischen System gesprochen werden. Güter sind materielle und immaterielle (z. B. Dienstleistungen, Rechte) Mittel zur menschlichen Bedürfnisbefriedigung. Dabei ist die Aufgabe des Betriebes nicht die Hervorbringung freier Güter, sondern die Produktion knapper Güter. Freie Güter sind dadurch gekennzeichnet, dass selbst bei einem Preis von Null die Nachfrage das Angebot nicht übersteigt. Die Aufgabe der Hervorbringung von Gütern umfasst nicht nur die technische Herstellung der Güter, sondern sämtliche Funktionen, die dazu beitragen, marktreife Güter zu erstellen wie z. B. Entwicklung, Beschaffung, Lagerung, Absatz. Das Merkmal der Fremdbedarfsdeckung grenzt den Betrieb vom Haushalt ab, dessen Aufgabe in der Eigenbedarfsdeckung liegt [1].

Die Aufgabe der Betriebswirtschaftslehre liegt in der Formulierung von Aussagen über das Wirtschaften im Betrieb. Als Aussagenkategorien können beschreibende (deskriptive) und empfehlende (normative) Aussagen unterschieden werden. Deskriptive Aussagen entwerfen ein Abbild des realen betrieblichen Geschehens. Dazu gehören sowohl verbale und zahlenmäßige Beschreibungen von Zuständen und Geschehnisabläufen als auch Annahmen (Hypothesen) über Zusammenhänge zwischen Ereignissen. Soweit in der Betriebswirtschaftslehre Ursache-Wirkungs-Beziehungen beschrieben werden, dominieren stochastische und quasi-stochastische Aussagen (Wahrscheinlichkeitsaussagen). Normative Aussagen nehmen Bezug auf Ziele oder auch Werte und stellen Empfehlungen für zweckmäßiges Verhalten dar.

Die wichtigste normative Aussage der Betriebswirtschaftslehre ist das (formale) ökonomische Prinzip (Wirtschaftlichkeitsprinzip). Es besagt in seiner mengenmäßigen produktivitätsbezogenen Definition, dass alle wirtschaftlichen Wahlhandlungen so auszurichten sind, dass mit gegebenem Einsatz an Produktionsfaktoren der größtmögliche Gütertrag zu erzielen ist (Maximalprinzip) oder dass ein bestimmter Gütertrag mit geringstem möglichem Einsatz von Produktionsfaktoren (Betriebsmittel, Werkstoffe, objektbezogene und dispositive Arbeitsleistungen) erwirtschaftet wird (Minimalprinzip). Die wertmäßige Definition des ökonomischen Prinzips basiert auf der Wirtschaftlichkeit. Sie verlangt, so zu handeln, dass eine bestimmte in Geldeinheiten bewertete Leistung mit möglichst geringem in Geldeinheiten bewerteten Mitteleinsatz oder dass mit einem gegebenen bewerteten Mittelvorrat eine möglichst günstig bewertete Leistung erreicht wird. Die moderne Betriebswirtschaftslehre versteht sich als praktisch-normative Disziplin, die bestrebt ist, aufbauend auf der systematisierenden Beschreibung betrieblicher Zustände und Prozesse die Probleme der betrieblichen Praxis zu erkennen und Lösungs- und Gestaltungshilfen im Hinblick auf empirisch feststellbare Zielvorstellungen der Betriebe anzubieten.

2 Das Grundmodell der Betriebswirtschaftslehre

Durch die Ausrichtung der Betriebswirtschaftslehre am wirtschaftlichen Aspekt menschlichen Handelns steht das Entscheidungsverhalten der Menschen im Betrieb als Bestimmungsgröße betriebswirtschaftlicher Prozesse im Mittelpunkt der Betrachtung. Entscheidungen sind Prozesse der menschlichen Informationsverarbeitung und Willensbildung. Um entscheiden zu können, werden Informationen benötigt über das zu lösende Entscheidungsproblem und über Ziele, an denen sich die Entscheidung zu orientieren hat. Weiter interessieren die zur Verfügung stehenden Handlungsalternativen und deren Auswirkungen unter verschiedenen Umweltbedingungen. Durch *Zielentscheidungen* (Zielsetzungsentscheidungen) wird festgelegt, welche Ziele durch die betriebliche Betätigung erreicht werden sollen. Die Gesamtheit der Ziele eines Betriebes ist das *Zielsystem. Mittelentscheidungen* (Zielerreichungsentscheidungen) legen fest, auf welche Weise die gesetzten Ziele zu verwirklichen sind; sie sind insofern von den Zielentscheidungen abhängig, als sie immer auf die Erreichung der Ziele ausgerichtet sein müssen. Nebenbedingungen und -wirkungen müssen beachtet werden.

Entscheidungen werden durch Planungs- und Kontrollprozesse unterstützt. *Planung* ist die gedankliche Vorstrukturierung späterer Handlungen. Durch *Kontrolle* werden den Plangrößen Vergleichsgrößen gegenübergestellt und die Abweichungen ermittelt und analysiert. Entscheidungen im Betrieb beziehen sich auf konstitutive und funktionsbezogene Entscheidungstatbestände (Bild 2-1). *Konstitutive Entscheidungen* umfassen solche Entscheidungstatbestände, die für das Gesamtsystem „Betrieb" konstituierend sind. Sie wirken längerfristig und bilden den Rahmen für funktionsbezogene Entscheidungen. Durch konstitutive Entscheidungen wird das System „Betrieb" von anderen, den Betrieb umgebenden Systemen abgegrenzt. Konstitutive Entscheidungstatbestände sind die Gestaltung des Lebenszyklus des Betriebes (Gründung, Wachstum, Schrumpfung und Beendigung des Betriebes), die Betriebsverfassung und betriebliche Zusammenschlüsse. *Funktionsbezogene Entscheidungen* betreffen primär einzelne

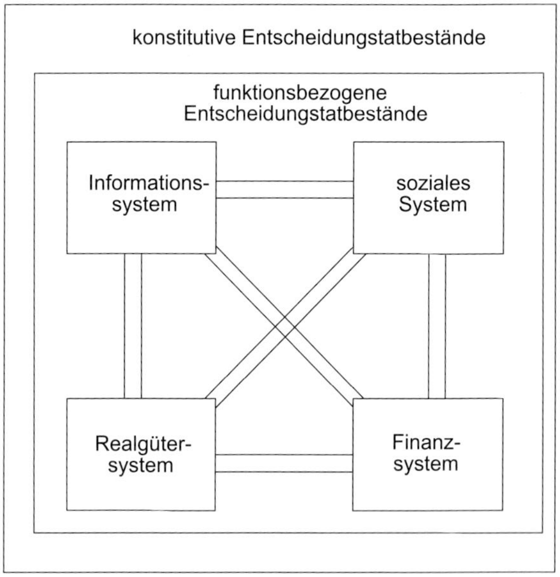

Bild 2-1. Grundmodell der Betriebswirtschaftslehre

Subsysteme des Betriebes. Die Subsysteme werden ganz häufig gebildet nach den vier Kategorien von Elementen, aus deren Kombination der Betriebsprozess entsteht: Menschen, Güter, Geld, Informationen. Entsprechend sind vier Betrachtungsebenen des Betriebsprozesses zu unterscheiden: Das soziale System (Organisation, Personalwirtschaft, Mitarbeiterführung), das Realgütersystem, das Finanz- oder Nominalgütersystem und das Informationssystem (Rechnungswesen und weitere Informationssysteme über Subsysteme des Betriebes). Der Betriebsprozess selbst vollzieht sich in der Realität als permanentes Zusammenwirken aller vier Subsysteme.

3 Konstitutive Entscheidungen

3.1 Die Gründung des Betriebes

3.1.1 Einflussfaktoren der Gründungsentscheidung

Unter Gründung eines Betriebes wird nicht nur der juristische oder finanzielle „Gründungsakt" verstanden, sondern ein Prozess, der die Gesamtheit aller Planungs- und Vorbereitungsschritte umfasst, die notwendig sind, um die Lebensfähigkeit des Betriebes herzustellen und zu sichern. Dazu gehören auch Fragen der Grundlagenentwicklung, der Produktentwicklung zur Serienreife und der Markteinführung. Der Erfolg einer Betriebsgründung wird durch eine Vielzahl von Einflussfaktoren bestimmt. Diese Erfolgsfaktoren lassen sich in sechs Kategorien zusammenfassen: Gründer, Gründungsvorgang, beschaffungs- und absatzbezogene Faktoren, behördliche Instanzen und Öffentlichkeit [2]. Teilmerkmale des Gründers sind seine Qualifikation, die verfügbaren Handlungsfreiräume, die Leistungsfähigkeit und -bereitschaft und die Motive, die zur Gründung führen. Zum Gründungsvorgang zählen die sorgfältige Gründungsplanung, die die Ziel- und Strategie- sowie die funktionsbezogene Maßnahmenplanung umfasst, die organisatorische Kompetenzabgrenzung, wenn bereits bei Gründung mehrere Mitarbeiter beschäftigt sind, und die Implementierung eines Kontrollsystems, das einen jederzeitigen Überblick über den Liquiditäts- und Erfolgsstatus ermöglicht, um Planabweichungen rechtzeitig erkennen und Gegenmaßnahmen ergreifen zu können. Beschaffungsprobleme bei der Betriebsgründung liegen neben der Beschaffung von Halb- und Fertigfabrikaten, Personal, Grundstücken und Gebäuden und Know-how vor allem in der Beschaffung finanzieller Mittel. Die mit einer erfolgreichen Gestaltung der Absatzbeziehungen verbundenen Probleme variieren je nachdem, ob die Gründung erfolgt, um in einen bestehenden Markt einzutreten oder ob ein neuer Markt erschlossen werden soll. Die notwendige Einschaltung behördlicher Instanzen bei der Betriebsgründung wirft zwei Hauptprobleme auf, die häufig die Gründung erschweren: fehlende Rechtskenntnis der Gründer und zum Teil immer noch langwierige Bearbeitungsdauer bei Gründungsvorgängen. Daneben prägt das gesellschaftliche Umfeld die Gründungsentscheidung.

3.1.2 Der betriebliche Standort

Als Standort eines Unternehmens werden die Orte bezeichnet, an denen ein Unternehmen dauerhaft tätig ist. Der Standort ist nicht identisch mit dem Sitz eines Unternehmens. Unternehmen in Form einer juristischen Person haben ihren Sitz an dem Ort, an dem die Verwaltung durchgeführt wird (§ 24 BGB [Bürgerliches Gesetzbuch]). Neben der unternehmerischen Tätigkeit an seinem Sitz kann ein Unternehmen aber auch an mehreren anderen Orten tätig sein. Neben der Betriebsgründung stellt sich das Problem der Standortwahl auch bei Unternehmensverlagerung und Filialisierung (Standortspaltung). Standortentscheidungen werden durch Standortfaktoren beeinflusst. Als *Standortfaktoren* werden Merkmale bezeichnet, die die Wahl eines Standorts beeinflussen, sofern überhaupt eine Wahlmöglichkeit existiert. Standorte können nämlich aufgrund von Beschaffungs-, Produktions- oder Absatzbedingungen vorgegeben sein. Ist der Standort grundsätzlich disponibel, wird ein Betrieb seinen Standort so wählen, dass der Einfluss der Standortfaktoren möglichst günstig auf das unternehmerische Zielsystem wirkt. Die Standortfaktorenlehre hat zum Ziel, alle potenziellen Standortfaktoren zu erfassen, zu systematisieren und in ihrer Bedeutung zu analysieren. Auf diesen Ergebnissen aufbauend können Aussagen zu einer möglichst ökonomisch-wirtschaftlichen Standortentscheidung, z. B. im Rahmen der Nutzwertanalyse, getroffen werden.

Standortfaktoren lassen sich im Wesentlichen auf durch den Standort bedingte Erlös- und Kostenunterschiede zurückführen. Im Einzelnen werden folgende Faktoren für die nationale und internationale Standortwahl als bedeutsam angesehen: Einflussfaktoren der Beschaffungsmärkte (Grund und Boden, Gebäude, Transport und Verkehr, Investitionsgüter-, Arbeits-, Kapital-, Energiemarkt), Einflussfaktoren der Absatzmärkte (Absatzpotenzial, Absatztransportkosten und -zeit, Absatzkontakte), Einflussfaktoren der staatlichen Rahmenbedingungen (Steuern, Gebühren, Zölle, Rechts- und Wirtschaftsordnung, Auflagen und Beschränkungen, staatliche Subventionen) und naturgegebene Einflussfaktoren (geologische Bedingungen, Umweltbedingungen) [3].

3.2 Das Wachstum des Betriebes

In der Regel verändert sich im Lebenszyklus eines Betriebes seine Größe. Unternehmenswachstum bezeichnet den Prozess einer positiven längerfristigen Größenveränderung. Zur Bestimmung der *Betriebsgröße* werden verschiedene Maßgrößen herangezogen wie Bilanzsumme, Umsatzerlöse, Zahl der Beschäftigten, Wertschöpfung und Marktanteil. Das Wachstum des Betriebes kann extern und intern erfolgen. *Externes Wachstum* erfolgt durch den Erwerb von Verfügungsmacht über bereits bestehende Kapazitäten, *internes Wachstum* durch vom Betrieb selbst neu erstellte Kapazitäten. Das interne Wachstum führt im Gegensatz zum externen Wachstum zu einer Erhöhung der gesamtwirtschaftlichen Kapazität. Wegen möglicher Konkurrenzwirkungen stößt das externe Wachstum an engere wettbewerbsrechtliche Grenzen als das interne Wachstum.

3.3 Die Beendigung des Betriebes

Ein Betrieb wird beendet (liquidiert), wenn er seine gesamte Tätigkeit oder wesentliche Teile davon einstellt. Nach Veranlassung der Beendigung kann zwischen freiwilliger oder erzwungener Beendigung unterschieden werden. Eine *freiwillige Betriebsbeendigung* erfolgt, weil die mit dem Betrieb verfolgten Ziele erreicht sind oder weil die verfolgten Ziele als unerreichbar angesehen werden. Gründe der *erzwungenen Betriebsbeendigung* können in der Person eines Gesellschafters, im Entzug der Gewerbeerlaubnis und in der Insolvenz liegen. Die *Insolvenz* ist eine rechtliche Konsequenz bestimmter ökonomischer Tatbestände, die äußerlich an Merkmalen der Finanzierungssituation anknüpfen. Insolvenzgründe sind (i) (drohende) Zahlungsunfähigkeit und (ii) Überschuldung des Betriebes. *Zahlungsunfähigkeit* (Illiquidität) liegt vor, wenn der Betrieb nicht in der Lage ist, seinen fälligen Zahlungsverpflichtungen nachzukommen. *Überschuldung* bedeutet, dass die Verbindlichkeiten des Betriebes den Wert des Betriebsvermögens übersteigen. Die Überschuldung ist als Insolvenzgrund im Wesentlichen nur für Kapitalgesellschaften zwingend. Vor einer endgültigen Liquidation des Unternehmens kann, wenn die wirtschaftlichen Voraussetzungen einer Insolvenz und die nötigen liquiden Mittel zur Deckung der Verfahrenskosten gegeben sind, auf Antrag des verschuldeten Betriebes oder der Gläubiger ein Insolvenzverfahren eröffnet werden. Ziel des Insolvenzverfahrens ist die gleichmäßige Befriedigung aller Gläubigerinteressen, vorrangig durch die Erhaltung und Sanierung des Betriebes.

3.4 Die Verfassung des Betriebes

3.4.1 Die Rechtsform des Betriebes

Zur Gestaltung des organisatorischen Zusammenschlusses von Wirtschaftssubjekten zum gemeinschaftlichen wirtschaftlichen Zweck werden für die Bundesrepublik Deutschland durch die Rechtsordnung verschiedene Grundtypen als mögliche Rechtsformen des Betriebes vorgegeben. Es handelt sich dabei um Organisationsmuster, die eine Vorabregelung wichtiger Konfliktfälle (insbesondere Leitungsbefugnis, Information und Kontrolle, Gewinnverteilung, Haftung) zwischen den Beteiligten durch die Bestimmung spezifischer Rechte und Pflichten vornehmen. Die Firma ist der Name des Unternehmens, an den aus rechtlicher Sicht je nach Rechtsform unterschiedliche Anforderungen gestellt werden. Die Rechtsformen können in solche des privaten und solche des öffentlichen Rechts eingeteilt werden (Bild 3-1). Die *Einzelunternehmung* wird von einer einzelnen natürlichen Person rechtlich repräsentiert, die für alle Verbindlichkeiten der Firma allein und unbeschränkt mit ihrem Gesamtvermögen (Betriebs- und Privatvermögen) haftet. Als Konsequenz der vollen Risikoübernahme ergibt sich

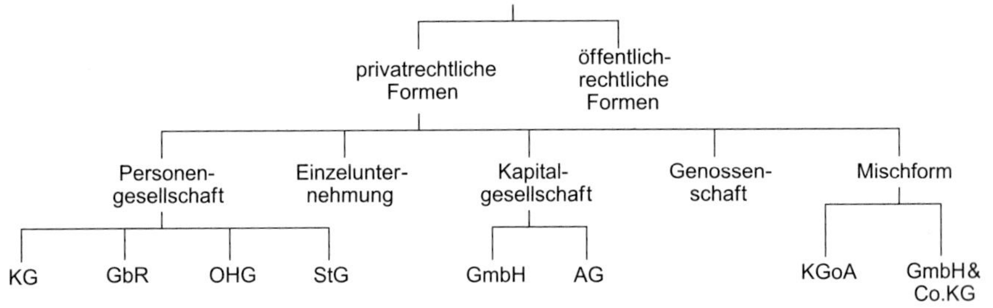

Bild 3-1. Rechtsformen

das alleinige Leitungs- und Entscheidungsrecht des Einzelunternehmers, das dieser allerdings in Form der Handlungsvollmacht oder Prokura teilweise delegieren kann. Die Einzelunternehmung ist die häufigste Rechtsform in der Bundesrepublik Deutschland. Aufgrund der Haftungsregelung und der in der Regel begrenzten Finanzierungsmöglichkeiten findet sie überwiegend für Kleinbetriebe Verwendung. Für die Einzelunternehmung gelten die Vorschriften des Handelsgesetzbuches (§§ 1–104 HGB).

Die *Gesellschaft bürgerlichen Rechts* (BGB-Gesellschaft, GbR) ist ein Zusammenschluss von natürlichen oder juristischen Personen, die sich durch Gesellschaftsvertrag verpflichten, die Erreichung eines gemeinsamen Zweckes zu fördern. Die GbR kann auf bestimmte Dauer oder unbefristet angelegt sein, der zu fördernde Zweck kann sowohl wirtschaftlicher als auch nichtkommerzieller Natur sein. Die Gesellschafter haften persönlich unbeschränkt als Gesamtschuldner, die Führung der Geschäfte steht ihnen gemeinsam zu. Geregelt ist die GbR in §§ 705 bis 740 BGB. Sie ist häufig in der Form der sogenannten Gelegenheitsgesellschaft (Arbeitsgemeinschaft, Konsortium) anzutreffen.

Die *Offene Handelsgesellschaft* (OHG) ist eine Gesellschaft, deren Zweck auf den Betrieb eines Gewerbes unter gemeinschaftlicher Firma gerichtet ist. Die Gesellschafter haften den Gläubigern persönlich unbeschränkt als Gesamtschuldner. Bei Fehlen anders lautender Regelungen im Gesellschaftsvertrag sind alle Gesellschafter zur Führung der Geschäfte berechtigt und verpflichtet. Die OHG besitzt wie alle Personengesellschaften keine eigene Rechtspersönlichkeit, kann jedoch unter ihrer Firma am Rechtsverkehr teilnehmen. Ihre Regelung findet sich in §§ 105 bis 160 HGB.

Die *Kommanditgesellschaft* (KG) ist ebenso wie die OHG eine Gesellschaft, deren Zweck der Betrieb eines Gewerbes unter gemeinschaftlicher Firma ist. Sie unterscheidet sich dadurch von der OHG, dass sie zwei Gruppen von Gesellschaftern kennt: den persönlich unbeschränkt haftenden Komplementär und den Kommanditisten, dessen Haftung auf den Betrag seiner Vermögenseinlage beschränkt ist. Entsprechend sind die Kommanditisten von der Führung der Geschäfte ausgeschlossen. Geregelt ist die KG in §§ 161 bis 177a HGB.

Die *Stille Gesellschaft* (StG) ist eine reine Innengesellschaft, die nach außen nicht transparent wird, da der stille Gesellschafter für Außenstehende nicht in Erscheinung tritt. Die Einlage des stillen Gesellschafters geht in das Vermögen des Inhabers über. Die Haftung des stillen Gesellschafters ist auf seine Einlage beschränkt. Er ist am Gewinn beteiligt, eine Verlustbeteiligung kann ausgeschlossen werden. Die Geschäftsführung erfolgt durch den Inhaber. Die StG ist in §§ 230 bis 237 HGB geregelt.

Die *Gesellschaft mit beschränkter Haftung* (GmbH) ist als Kapitalgesellschaft eine Gesellschaft mit eigener Rechtspersönlichkeit und ist im GmbH-Gesetz (GmbHG) geregelt. Sie kann auf der Grundlage eines Gesellschaftsvertrags von einer oder mehreren Personen zu jedem gesetzlich zulässigen Zweck errichtet werden. An der GmbH sind die Gesellschafter durch Stammeinlagen auf das Stammkapital beteiligt. Sowohl für Stammkapital als auch Stammeinlagen gelten Mindestvorschriften. Der Mindestnennbetrag des Stammkapitals beträgt 25 000 €, wovon mindestens die Hälfte einbezahlt sein muss. Die Mindesthöhe einer Stammeinlage beläuft sich auf 100 €. Die Haftung der Gesellschafter ist auf die Höhe der Stammeinlage beschränkt. Zu Geschäftsführern einer GmbH können Gesellschafter und andere Personen bestellt werden. Organe der GmbH sind die Geschäftsführung, der Aufsichtsrat (nicht immer zwingend) und die Gesellschafterversammlung.

Die *Aktiengesellschaft* (AG) ist wie die GmbH eine juristische Person. Sie ist im Aktiengesetz (AktG) geregelt. Die Anteilseigner (Aktionäre) sind mit ihren Einlagen an dem in Aktien zerlegten Grundkapital beteiligt. Ihre Haftung ist auf die Höhe der Einlage beschränkt. Den Gläubigern für die Verbindlichkeiten der Gesellschaft haftet nur das Gesellschaftsvermögen. Der Mindestnennbetrag des Grundkapitals ist 50 000 €. Der Mindestnennbetrag der Aktien beträgt 1 €. An der Gründung einer AG müssen mindestens fünf Personen beteiligt sein. Organe der AG sind der Vorstand, dem die Führung der Geschäfte und die Vertretung der Gesellschaft obliegt, der Aufsichtsrat, der die Vorstandsmitglieder bestellt und abberuft und ihre Geschäftsführung überwacht, und die Hauptversammlung als Organ der Aktionäre, dem die grundlegenden Entscheidungen in der AG zustehen, insbesondere Entscheidungen über die Kapitalstruktur und den Fortbestand des Unternehmens sowie die Wahl der Kapitalvertreter im Aufsichtsrat und die Entlastung der Mitglieder des Vorstands und des Aufsichtsrats.

Eingetragene Genossenschaften (eG) sind Gesellschaften mit nicht geschlossener Mitgliederzahl, welche die Förderung des Erwerbs oder der Wirtschaft ihrer Mitglieder mittels gemeinschaftlichen Geschäftsbetriebs bezwecken. Eine Genossenschaft ist eine juristische Person. Sie ist im Genossenschaftsgesetz (GenG) geregelt. Zur Errichtung einer Genossenschaft sind drei Mitglieder (Genossen) erforderlich, ein bestimmtes Grundkapital ist nicht vorgeschrieben. Für Verbindlichkeiten haftet den Gläubigern nur das Vermögen der Genossenschaft. Die Statuten der Genossenschaft bestimmen, ob die Genossen nur beschränkt mit ihrer Einlage haften oder ob eine Nachschusspflicht besteht. In letzterem Fall können die Nachschüsse entweder unbeschränkt oder auf eine bestimmte Haftsumme beschränkt sein. Organe der Genossenschaft sind Vorstand, Aufsichtsrat und General- oder Vertreterversammlung. Die Geschäftsführung obliegt dem Vorstand, der von der General- oder Vertreterversammlung gewählt wird.

Die *Kommanditgesellschaft auf Aktien* (KGaA) ist eine Kombination von KG und AG. Sie kennt wie die KG zwei Gruppen von Gesellschaftern: den persönlich und unbeschränkt haftenden Komplementär und die Kommanditaktionäre, die nur mit ihrer Einlage an dem in Aktien zerlegten Grundkapital haften. Die KGaA kennt keinen Vorstand, die Geschäftsführung steht den persönlich haftenden Gesellschaftern zu.

Die *GmbH & Co. KG* ist eine Kommanditgesellschaft, bei der in der Regel einziger Komplementär eine GmbH ist. Durch diese Konstruktion wird letztlich die Haftung aller natürlichen Personen auf ihre Kapitaleinlage beschränkt. Nicht selten sind die Gesellschafter der GmbH zugleich auch Kommanditisten der KG. Die Geschäftsführungsbefugnisse stehen der Geschäftsführung der GmbH zu [4].

3.4.2 Die Mitbestimmung

Träger betrieblicher Führungsentscheidungen sind die Eigentümer des Betriebes und die von den Eigentümern zur Führung des Betriebes bestellten Führungsorgane (Geschäftsführer, Manager). Daneben steht die Mitbestimmung der Arbeitnehmer als drittes Zentrum betrieblicher Willensbildung. Die Mitwirkung und Mitbestimmung der Arbeitnehmer in den Betrieben ist in drei verschiedenen Gesetzen geregelt, die die Tatsache und die Art der Mitbestimmung von Größenmerkmalen und Branchenmerkmalen des Betriebes abhängig machen: das Betriebsverfassungsgesetz (BetrVG) von 1952 in der Fassung von 1972, das Montan-Mitbestimmungsgesetz (MontanMitbestG) von 1951 und das Gesetz über die Mitbestimmung der Arbeitnehmer (MitbestG) von 1976. Die im Betriebsverfassungsrecht und im Tarifrecht geregelte Mitbestimmung wird als arbeitsrechtliche Mitbestimmung bezeichnet. Sie räumt den Arbeitnehmern in Einzelfragen, die insbesondere das tägliche Arbeitsleben, den Arbeitsplatz und die Lohngestaltung betreffen, ein Recht auf Information, Anhörung und Mitentscheidung ein. Die arbeitsrechtliche Mitbestimmung unterscheidet sich grundlegend von der unternehmerischen Mitbestimmung der Mitbestimmungsgesetze (qualifizierte Mitbestimmung), die den Arbeitnehmern eine unmittelbare Einflussnahme auf die unternehmerischen Entscheidungen und Planungen einräumt.

Im Rahmen der *arbeitsrechtlichen Mitbestimmung* sieht das Betriebsverfassungsgesetz für Betriebe mit mindestens fünf Arbeitnehmern eine Mitwirkung der Arbeitnehmer vor. Hauptorgan der Arbeitnehmer ist der *Betriebsrat*, der ab fünf Arbeitnehmern gebildet werden kann. Die Größe des Betriebsrates richtet sich nach der Zahl der im Betrieb beschäftigten wahlberechtigten Arbeitnehmer. Er setzt sich entsprechend dem zahlenmäßigen Verhältnis aus Vertretern der Arbeiter und Angestellten zusammen. Zur Vertretung der Arbeitnehmerinteressen sind dem Betriebsrat genau umschriebene Kompetenzen eingeräumt. Diese beziehen sich in sachlicher Hinsicht auf soziale, personelle und wirtschaftliche Angelegenheiten. Nach der Intensität der Einflussmöglichkeiten auf Entscheidungen lassen sich Mitwirkungs- und Mitbestimmungsrechte des Betriebsrates unterscheiden. Mitwirkungsrechte beinhalten Informationsrechte über Planungen zur Gestaltung von Arbeitsplatz, Arbeitsablauf und Arbeitsumgebung, Personalplanung, personelle Einzelmaßnahmen (Einstellung, Ein- und Umgruppierung, Versetzung), wirtschaftliche Angelegenheiten und Betriebsänderungen. Weiter bestehen das Recht auf Anhörung bei Kündigungen, das Recht auf Beratung und Verhandlung bei Fragen der Berufsbildung und das Recht auf Widerspruch bei Kündigung. Die Mitbestimmungsrechte des Betriebsrates sind der Anspruch auf Aufhebung bei personellen Einzelmaßnahmen, das Zustimmungs- oder Vetorecht bei sozialen Angelegenheiten, der Gestaltung von Personalfragebögen und Beurteilungs- und Auswahlrichtlinien und der Bestellung eines betrieblichen Ausbilders und das Initiativrecht bei sozialen Angelegenheiten, nicht menschengerechten Arbeitsplätzen, Personalauswahlrichtlinien, Durchführung betrieblicher Berufsbildungsmaßnahmen und bei der Aufstellung eines Sozialplans. Der Betriebsrat wird von der *Betriebsversammlung* gewählt, die aus den Arbeitnehmern des Betriebes besteht. Die Betriebsversammlung kann dem Betriebsrat keine Weisungen erteilen, sondern sie besitzt ein Recht auf Information und Beratung. Sie nimmt in vierteljährlichem Abstand den Tätigkeitsbericht des Betriebsrats entgegen. In Betrieben mit mehr als 100 ständig beschäftigten Arbeitnehmern ist ein *Wirtschaftsausschuss* zu bilden, der aus mindestens drei und höchstens sieben vom Betriebsrat bestimmten Mitgliedern besteht, wobei mindestens ein Mitglied zugleich dem Betriebsrat angehören muss. Aufgabe des Wirtschaftsausschusses ist es, wirtschaftliche Angelegenheiten mit dem Unternehmer zu beraten und den Betriebsrat zu unterrichten. In Betrieben mit mehr als fünf jugendlichen Arbeitnehmern ist die Wahl einer *Jugendvertretung* vorgeschrieben, die die besonderen Belange der jugendlichen Arbeitnehmer zu vertreten hat. Die *Einigungsstelle*, die sich aus einer gleichen Anzahl von Arbeitgeber- und Arbeitnehmervertretern und einem unparteiischen Vorsitzenden zusammensetzt, hat die Funktion, bei Nichteinigung zwischen den betrieblichen Parteien Entscheidungen zu treffen.

Die *unternehmerische Mitbestimmung* der Arbeitnehmer wird durch Vertretung der Arbeitnehmer im Aufsichtsrat realisiert. Es bestehen drei unterschiedliche gesetzliche Grundlagen. Das *Mitbestimmungsgesetz 1976* erfasst im Wesentlichen Betriebe mit eigener Rechtspersönlichkeit mit mehr als 2000 Arbeitnehmern. Ausgenommen sind Betriebe der Montanindustrie. Die Mitbestimmung soll durch einen paritätisch besetzten Aufsichtsrat gewährleistet werden. Der Aufsichtsrat besteht aus mindestens sechs Arbeitnehmer- und sechs Arbeitgebervertretern. Die Arbeitgebervertreter im Aufsichtsrat werden durch die Hauptversammlung bestimmt. Die Arbeitnehmervertreter setzen sich aus Arbeitnehmern des Betriebes und Repräsentanten der im Betrieb vertretenen Gewerkschaften zusammen (mindestens zwei Vertreter). Die Arbeitnehmer des Unternehmens bilden drei Gruppen: Arbeiter, nicht leitende Angestellte und leitende Angestellte. Diese Gruppen sind entsprechend ihrem zahlenmäßigen Verhältnis im Aufsichtsrat vertreten, mindestens stellt jedoch jede Gruppe einen Vertreter. Beschlüsse des Aufsichtsrats bedürfen der Mehrheit der abgegebenen Stimmen. Bei Stimmengleichheit kommt dem Vorsitzenden bei der zweiten Abstimmung eine doppelte Stimme zu. Das *Mitbestimmungsgesetz für die Montanindustrie* für Betriebe mit mehr als 1000 Arbeitnehmern sieht eine paritätische Besetzung des Aufsichtsrates mit Arbeitgeber- und Arbeitnehmervertretern vor. Ein zusätzliches Mitglied des Aufsichtsrates (der „Unparteiische") verhindert Pattsituationen. Dieses Mitglied wird von den übrigen Aufsichtsratsmitgliedern gewählt. Ein Vorstandsmitglied (Arbeitsdirektor) muss für Personal- und Sozialfragen zuständig sein. Der Arbeitsdirektor kann nicht gegen die Stimmen der Arbeitnehmervertreter im Aufsichtsrat berufen werden. Das *Betriebsverfassungsgesetz 1952* gilt in der Regel für Gesellschaften mit eigener Rechtspersönlichkeit und mehr als 500 Arbeitnehmern. Der Aufsichtsrat, der aus mindestens 3 Mitgliedern besteht, setzt sich aus Repräsentanten der Arbeitgeber und Arbeitnehmer im Verhältnis 2:1 zusammen [5].

3.5 Betriebliche Zusammenschlüsse

Betriebliche Zusammenschlüsse sind Vereinigungen rechtlich selbständiger Betriebe zu wirtschaftlichen Zwecken. Nach der Intensität der Bindung können Kooperation und Konzentration unterschieden werden. Die *Kooperation* ist eine auf Verträgen beruhende Zusammenarbeit rechtlich und wirtschaftlich selbständiger Betriebe in bestimmten Bereichen ihrer Tätigkeit. Dagegen ist die *Konzentration* eine Zusammenfassung von Betrieben unter einheitlicher Leitung, die von einer wirtschaftlichen Integration begleitet ist. Betriebliche Zusammenschlüsse streben durch Abstimmung des Verhaltens in einem oder mehreren Entscheidungstatbeständen ein günstigeres wirtschaftliches Ergebnis an, als es gegenüber nicht abgestimmtem Verhalten auftreten würde. Ziele abgestimmten Verhaltens sind die Erhöhung der Wirtschaftlichkeit durch Erzielung von Rationalisierungseffekten, die Stärkung der Wettbewerbsfähigkeit durch Verbesserung der Marktstellung gegenüber Abnehmern, Lieferanten oder potenziellen Kreditgebern sowie die Minderung des Risikos durch Aufteilung des Risikos auf mehrere Partner. Eine spezielle Kooperationsform ist das *Kartell*. Kartelle sind vertragliche Zusammenschlüsse rechtlich selbständiger Betriebe, die ein abgestimmtes Verhalten zum Gegenstand haben. Die Dispositionsfreiheit der dem Kartell angehörenden Betriebe wird je nach den vertraglichen Vereinbarungen unterschiedlich stark eingeschränkt. Das Gesetz gegen Wettbewerbsbeschränkungen (GWB) sieht ein Verbot von Kartellen vor, welche eine Verhinderung, Einschränkung oder Verfälschung des Wettbewerbs bezwecken oder bewirken, Kartelle, die den Handel zwischen Mitgliedstaaten der Europäischen Gemeinschaft (EG) behindern oder eine Verhinderung, Einschränkung oder Verfälschung des Wettbewerbs zwischen den Mitgliedstaaten der EG bewirken, sind laut Art. 81 des Vertrags zur Gründung der Europäischen Gemeinschaft (EGV) verboten und nichtig.

Die typische Form der Konzentration von Betrieben ist der *Konzern*. Konzerne sind Zusammenschlüsse rechtlich selbständiger Unternehmen unter einheitlicher Leitung. Im Gegensatz zur *Fusion* (Verschmelzung) geben die betroffenen Betriebe ihre rechtliche Selbständigkeit zugunsten eines neuen Einheitsbetriebes nicht auf. Zusammenschlüsse können durch das Bundeskartellamt oder die Europäische Kommission untersagt werden, wenn zu erwarten ist, dass durch den Zusammenschluss eine marktbeherrschende Stellung entsteht oder verstärkt wird [6]. Eine Zusammenschlusskontrolle durch das Bundeskartellamt findet Anwendung, wenn die weltweiten Umsatzerlöse der beteiligten Unternehmen im letzten Geschäftsjahr vor dem Zusammenschluss 500 Mio. € übersteigen und mindestens eines der beteiligten Unternehmen im Inland Umsatzerlöse von mehr als 25 Mio. € erzielt hat. Schließt sich ein unabhängiges Unternehmen, welches im letzten Geschäftsjahr vor der Fusion einen weltweiten Umsatz von weniger als 10 Mio. € hatte, mit einem anderen Unternehmen zusammen oder wurden auf dem betroffenen Markt seit mindestens 5 Jahren Waren angeboten und im letzten Jahr vor dem Zusammenschluss insgesamt weniger als 15 Mio. € umgesetzt, findet die Zusammenschlusskontrolle keine Anwendung. Zusammenschlüsse mit Bedeutung für die gesamte Europäische Gemeinschaft fallen in den Zuständigkeitsbereich der Europäischen Kommission. Laut der EG-Fusionskontrollverordnung von 2004 (VO (EG) Nr. 139/2004) liegt eine gemeinschaftsweite Bedeutung vor, wenn der weltweite Gesamtumsatz aller beteiligten Unternehmen 5 Mrd. € übersteigt oder wenn mindestens zwei Unternehmen einen gemeinschaftsweiten Umsatz von mehr als 250 Mio. € pro Jahr erzielen. Eine gemeinschaftsweite Bedeutung liegt auch dann vor, wenn der weltweite gemeinsame Jahresumsatz der beteiligten Unternehmen 25 Mrd. € übersteigt, der gemeinsame Umsatz in mindestens 3 Staaten der EU 100 Mio. € übersteigt und in diesen Staaten jeweils mindestens 2 Unternehmen einen jährlichen Umsatz von mehr als 25 Mio. € erzielen und wenn der Umsatz von mindestens zwei Unternehmen innerhalb der EU einen jährlichen Umsatz von mehr als 100 Mio. € überschreitet. Erzielen die beteiligten Unternehmen mehr als zwei Drittel ihres gemeinschaftsweiten Gesamtumsatzes innerhalb eines Mitgliedstaats der Europäischen Gemeinschaft, findet die EG-Fusionskontrollverordnung keine Anwendung. Unterliegen Unternehmen einer Zusammenschlusskontrolle, ist eine vorherige Anmeldung bei der zuständigen Behörde notwendig. Über die Genehmigung oder Ablehnung eines Zusammenschlusses wird jeweils im Einzelfall entschieden.

4 Funktionsbezogene Entscheidungen

4.1 Das Realgütersystem

4.1.1 Beschaffung

Die Beschaffung von Realgütern ist die Gesamtheit aller Aktivitäten, die ein Betrieb plant und durchführt, um die Verfügung über die zur Leistungserstellung erforderlichen materiellen und immateriellen Güter zu erlangen. Materielle Güter sind Material (Roh-, Hilfs- und Betriebsstoffe, Halbfabrikate, Teile). Immaterielle Güter sind Dienste und Rechte. *Strategische Beschaffungsentscheidungen* beziehen sich auf die langfristige Versorgung des Betriebes mit den benötigten Realgütern. Sie betreffen die grundsätzliche Auswahl der zu beschaffenden Güter und schließen Entscheidungen über „Eigenfertigung oder Fremdbezug“ ein. Weiter umfasst die strategische Beschaffungspolitik auch die Gestaltung langfristiger Kooperationsverträge mit Lieferanten (vertikale Kooperation) und anderen einkaufenden Betrieben mit ähnlichem Bedarf (horizontale Kooperation). Die *operativen Beschaffungsentscheidungen* umfassen die mengen- und zeitmäßige Planung der Bedarfe einschließlich der Fixierung der Liefermengen, der Lieferzeitpunkte und der jeweiligen Lieferanten, die Festlegung der Beschaffungsart (fallweise Beschaffung, fertigungssynchrone Beschaffung [Just-in-time-Systeme], Vorratsbeschaffung), die Festlegung der Kontrahierungspolitik (Preis-, Rabattpolitik, Liefer- und Zahlungsbedingungen) und Fragen der Beschaffungswerbung.

4.1.2 Produktion

Produktion ist der gelenkte Einsatz von Sachgütern und Dienstleistungen, um andere Sachgüter und Dienstleistungen zu erzeugen. Theoretischer Kern der wissenschaftlichen Durchdringung des Produktionsbereichs ist die Produktionsfunktion, die das Verhältnis des Faktoreinsatzes zum Produktionsergebnis quantitativ beschreibt. Die Betriebswirtschaftslehre hat mehrere Varianten von Grundmodellen der Produktionsfunktion entwickelt. Die modernen Produktionsfunktionen gehen wesentlich auf den theoretischen Grundansatz von E. Gutenberg zurück, der die Produktionsfunktion aus technischen Verbrauchsfunktionen ableitet [7]. Die Verbrauchsfunktion gibt die funktionalen, technisch bedingten Beziehungen wieder, die zwischen dem Leistungsgrad einer Maschine (Intensität) und dem Verbrauch an Produktionsfaktoren je Leistungseinheit bestehen. Bei der Formulierung von Zielen im Produktionsbereich ergeben sich besondere Schwierigkeiten daraus, dass Fertigungsentscheidungen keinen unmittelbaren Marktbezug haben. Sie sind eingebettet in marktbezogene Beschaffungs- und vor allem Absatzentscheidungen. Da sich der Erfolg des Betriebes letztlich immer erst am Markt entscheidet, ergeben sich Zurechnungsprobleme bei der Formulierung produktionswirtschaftlicher Erfolgsziele. Im Produktionsbereich stehen daher Mengen- und Zeitgrößen als Unterziele im Vordergrund. Inhalte fertigungswirtschaftlicher Ziele sind z. B. die Produktivitätssteigerung als Steigerung des Wirkungsgrades der eingesetzten Produktionsfaktoren, die Minimierung der Auftragsdurchlaufzeiten und die Verbesserung der Humanität der Arbeitsorganisation. Produktionswirtschaftliche Entscheidungen können strategischen und operativen Charakter besitzen. Die längerfristig wirkenden strategischen Entscheidungen beziehen sich auf die Bestimmung der Produktarten sowie die globalen mengenmäßigen Begrenzungen (Produkt-Höchst- und -Mindestmengen), den Gesamtumfang der technisch-wirtschaftlichen Forschung und Entwicklung sowie die Auswahl von Projekten der Produkt- und Verfahrensforschung, die Auswahl der Fertigungsverfahren, die Festlegung der Kapazitäten der zugehörigen Kombinationen von Maschinen und Anlagen und die Festlegung der Basisorganisation für den Produktionsvollzug (Einsatzfolge bzw. Anordnung der Produktionsanlagen). Durch in der Regel kurzfristig ausgelegte operative Produktionsentscheidungen werden die strategischen Rahmenbedingungen ausgefüllt. Operative Produktionsentscheidungen sind die Produktionsprogrammplanung, im Rahmen derer, ausgehend von den Daten der Absatzplanung, der art- und mengenmäßige Output in einer gegebenen Periode festgesetzt wird, und die Produktionsprozessplanung, im Rahmen derer alle Entscheidungen zur Realisierung des geplanten Produktionsprogramms getroffen werden. Die Prozessplanung umfasst Entscheidungen über die einzusetzenden Verfahren, die Maschinenbelegung, Arbeitsverteilung, Auftragsterminierung, Festlegung der Losgrößen und die innerbetriebliche Steuerung von Fertigungsmaterial, Zwischenprodukten und Betriebsstoffen [8].

4.1.3 Absatz

Absatzpolitik ist die bewusste Beeinflussung und Steuerung des Absatzes zur Erreichung der betrieblichen Ziele. Die Art absatzpolitischer Anstrengungen hängt stark davon ab, ob der Betrieb auf einem Verkäufer- oder einem Käufermarkt operiert. Auf Verkäufermärkten sind die Anbieter aufgrund von Güterknappheit und geringen Ausweichmöglichkeiten der Nachfrager in einer günstigen Lage. Auf Käufermärkten ist dagegen das Angebot relativ zur Nachfrage im Überfluss vorhanden, und die Käufer haben für sich befriedigende Ausweichmöglichkeiten unter konkurrierenden Anbietern. Jeder Anbieter in einem Käufermarkt muss danach streben, in den Augen seiner aktuellen und potenziellen Käufer gewisse Vorteile gegenüber seinen Konkurrenten bieten zu können, wenn sein Angebot nicht dem Angebot eines Konkurrenten unterliegen soll. Darüber hinaus wird ein Betrieb zur Sicherung seiner Existenz und seines Wachstums danach trachten, mit neuen Produkten in neue Märkte einzutreten. Diese Bestrebungen setzen voraus, dass sich die Absatzpolitik an den aktuellen und potenziellen Käuferwünschen und -bedürfnissen orientiert. Die Konzeption der Absatzpolitik, die sich zur Erreichung der Ziele des Betriebes an den Bedürfnissen der Käufer orientiert, wird als *Marketing* bezeichnet. Ausgangspunkt der planmäßigen Gestaltung des Marketings ist die Abgrenzung des *relevanten Marktes*, der gegebenenfalls in mehrere Teilmärkte gegliedert werden kann (*Marktsegmentierung*). Marketing-Entscheidungen zielen sodann auf die Beeinflussung der Märkte des Betriebes und die Nutzung der Marktsituation im Interesse des Betriebes ab. Inhalte von Marketing-Zielen sind der Markteintritt, die Entwicklung, Verteidigung und Stärkung der Marktposition, die Änderung der Marktposition sowie der Marktaustritt. Als Mittel zur Erreichung der Marketing-Ziele stehen verschiedene Instrumente zur Verfügung: Produkt- und Sortiments-, Kommunikations-, Vertriebs- und Kontrahierungspolitik. Die *Produkt- und Sortimentspolitik* umfasst alle Entscheidungen, die sich auf die Gestaltung einzelner Sach- und Dienstleistungen oder auf das ganze Sortiment (Vertriebsprogramm) beziehen. Die *Kommunikationspolitik* ist der Gesamtbereich aller Maßnahmen eines Unternehmens, die auf die Beeinflussung der Käufer durch Kommunikation gerichtet sind. Durch *Werbung* werden Käufer mittels nicht persönlicher Kommunikation über Medien angesprochen. Im Rahmen der Werbeentscheidung ist festzulegen, für welche Werbeobjekte (Leistungen des Betriebes), für welche Werbesubjekte (Adressaten der Werbung), mit welchen Werbebotschaften (Inhalt der Werbung), mit welchen Werbemitteln (gestalterische Umsetzung der Werbebotschaft), in welchen Werbemedien (Träger der Werbemittel [Presse, Rundfunk, Fernsehen usw.]) und mit welchem finanziellen Einsatz (Werbebudget) geworben werden soll. Der *Persönliche Verkauf* dient der unmittelbaren Bearbeitung der Kunden durch persönliche Kommunikation. *Verkaufsfördernde Maßnahmen* (sales-promotion) unterstützen Werbung und persönlichen Verkauf durch überwiegend kurzfristig wirkende Maßnahmen (Gutscheine, Preisausschreiben, zeitlich begrenzte Preisnachlässe). Im Rahmen der *Vertriebspolitik* ist zunächst über den *Absatzweg* (Vertriebsweg) der Leistungen des Betriebes zu entscheiden. Durch Direktvertrieb werden im Gegensatz zum indirekten Vertrieb die Verwender unmittelbar unter Ausschaltung potenzieller Absatzmittler (Handel) bearbeitet. Weitere Entscheidungen betreffen die *Marketing-Logistik*, die alle Entscheidungen zur physischen Bereitstellung der Güter umfasst. Die *Kontrahierungspolitik* umfasst zunächst Entscheidungen über die Höhe des Preises einer Einzelleistung, über das Verhältnis des Preises eines bestimmten Marktgutes zum Preis anderer Absatzgüter, über die Preisermittlungsmethode einschließlich der Rabattgewährung und über die Einflussnahme auf die Preisentscheidung nachgelagerter Marktstufen. Darüber hinaus sind Entscheidungen über die Liefer- und Zahlungsbedingungen und über Kreditgewährungen (Finanzierungsangebote) zu treffen.

4.2 Das Finanzsystem

Dem Realgüterstrom entgegen läuft der Strom an Nominalgütern. Nominalgüter sind Geld und in Geldwerten ausgedrückte Güter (Forderungs- und Schuldtitel). Die aus der betrieblichen Tätigkeit hervorgebrachten Absatzgüter werden durch Verkauf auf den Absatzmärkten zu Geld. Dieses Geld wird wiederum dazu verwandt, Produktionsfaktoren zu beschaffen, Kredite zurückzuzahlen und Zahlungen an den Eigentümer und den Staat (Fiskus) zu leisten. Die Notwendigkeit von Finanzierungsentscheidungen ergibt sich aus drei Problemkreisen. Die Sicherstellung der

Kapitalaufbringung ist das erste Grundproblem der Finanzierung. Real- und Nominalgüterstrom fließen nicht zeitgleich. Bevor aus der betrieblichen Tätigkeit Einzahlungen zu erwarten sind, müssen Auszahlungen für die Gründung des Betriebes, die Beschaffung von Produktions- und Verwaltungseinrichtungen und die Produktion selbst vorgeleistet werden. Da für die Güterbeschaffung in der Regel Auszahlungen geleistet werden müssen, bevor aus dem Absatz der Güter Einzahlungen erzielt werden, entsteht ein Kapitalbedarf (Bild 4-1). Der Kapitalbedarf wird durch Finanzzahlungen von Kapitalgebern gedeckt. Das zweite Grundproblem der Finanzierung ist die jederzeitige Sicherstellung des *finanziellen Gleichgewichts*. Der laufende Betrieb leistet täglich an verschiedene Empfänger Auszahlungen und erhält ebenso täglich von verschiedenen Geldgebern Einzahlungen. Diese Zahlungsströme müssen so gesteuert werden, dass das finanzielle Gleichgewicht des Betriebes gesichert ist, d. h. dass alle in einer Planperiode fälligen Zahlungsverpflichtungen ausgeglichen werden können. Ist dies nicht möglich, droht aufgrund der Rechtsordnung wegen Zahlungsunfähigkeit die Insolvenz.
Das dritte Grundproblem der Finanzierung ist die Sicherung der *Eigenkapitalzuführung* bei großen Verlusten. Durch Erwirtschaftung von Verlusten wird das Eigenkapital aufgezehrt. Für den Fall der Aufzehrung des Eigenkapitals durch Verluste droht bei bestimmten Rechtsformen die Insolvenz des Betriebes.

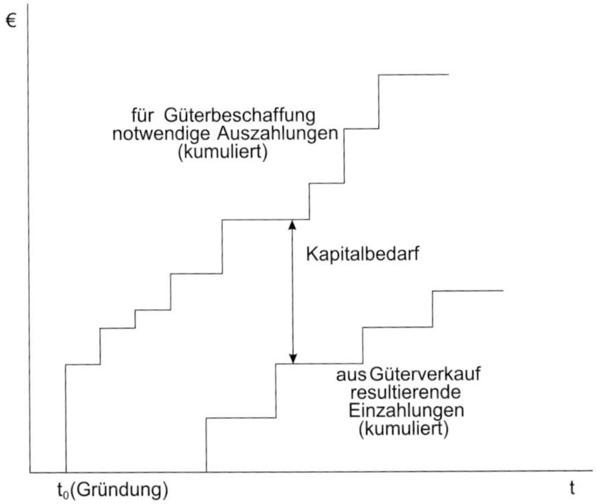

Bild 4-1. Kapitalbedarf [9]

Bezüglich der Arten der Finanzierung kann nach der Kapitalherkunft in Außen- und Innenfinanzierung unterschieden werden. *Außenfinanzierung* bedeutet, dass das Kapital dem Betrieb von außen aus Kapitaleinlagen oder Kreditgewährung zufließt. Von *Innenfinanzierung* wird gesprochen, wenn die finanziellen Mittel aus dem Umsatzprozess stammen. Dabei ist zwischen neu gebildeten Mitteln (z. B. Gewinn) und solchen Mitteln zu unterscheiden, die aus Vermögensumschichtung stammen (z. B. Verkauf von Anlagen). Nach der Rechtsstellung der Kapitalgeber kann zwischen *Eigenfinanzierung* (Zuführung von Eigenkapital, das die Haftung für die Verbindlichkeiten trägt) und *Fremdfinanzierung* (Zuführung von Gläubigerkapital) unterschieden werden. Beide Formen können Außen- und Innenfinanzierung sein [10].

4.3 Das soziale System

4.3.1 Die Organisation des Betriebes

Die Bewältigung komplexer Problemstellungen zur Erreichung der betrieblichen Ziele erzwingt eine Zerlegung und Verteilung der Aufgaben. Die Aufgabenteilung bedingt gleichzeitig ein sachliches, zeitliches und personelles Abstimmungs-(Koordinations-)Problem, wenn die Gesamtaufgabe zielgerecht erfüllt werden soll. Durch organisatorische Regelungen wird die Aufgabenteilung und Koordination der Teilaufgaben im Sinne einer möglichst reibungslosen Verwirklichung der Gesamtziele des Betriebes gestaltet.
Die Aufbauorganisation des Betriebes zeigt die Teilaufgaben der Aufgabenträger und die zwischen diesen bestehenden Beziehungen. Stehen demgegenüber die sachlichen, in Raum und Zeit ablaufenden Prozesse im Vordergrund, die sich bei und zwischen den Aufgabenträgern vollziehen, spricht man von Ablauforganisation. Die Gestaltungsvariablen der Organisationsstruktur des Betriebes lassen sich unterteilen in Aufgabenverteilung, Verteilung von Weisungsrechten, Verteilung von Entscheidungsrechten, Programmierung und das Kommunikationssystem. Die *Aufgabenverteilung* (Spezialisierung) ist der Ausgangspunkt jeder Strukturierung einer Organisation. Sie umfasst die Zerlegung der Gesamtaufgabe

in Teilaufgaben und die Bildung organisatorischer Einheiten als Träger dieser Teilaufgaben. Als Aufgabenträger kommen Stellen, Abteilungen und Kollegien in Frage. Eine Stelle ist wiederum ein Aufgabenkomplex, der von einer dafür qualifizierten Person normalerweise bewältigt werden kann und der grundsätzlich unabhängig vom jeweiligen Stelleninhaber gebildet wird. Je nach den mit der Stelle verbundenen Handlungsrechten (Kompetenzen) können Ausführungs-, Leitungs- und Stabsstellen unterschieden werden. Ausführungsstellen sind im Wesentlichen mit Ausführungs- und Zugriffskompetenzen ausgestattet. Bei Leitungsstellen konzentrieren sich Weisungs- und Entscheidungsrechte. Stabsstellen besitzen im Wesentlichen Kompetenzen für die Durchführung der Planung und Kontrolle von Entscheidungen. Sie sollen bestimmte Leitungsstellen entlasten und besitzen üblicherweise keine Entscheidungs- oder Weisungsrechte. Abteilungen sind nach einem bestimmten Kriterium dauerhaft zusammengefasste Stellen, die von einer Leitungsstelle (Instanz) geleitet werden. Kollegien (Projektgruppen, Komitees) werden von mehreren Personen auf Zeit gebildet, um eine ihnen zugewiesene Spezialaufgabe gemeinschaftlich zu bewältigen. Ansonsten erfüllen die Mitglieder des Kollegiums eigene Stellenaufgaben in ihrem eigentlichen Aufgabenbereich.

Die Aufgabenverteilung auf der von oben gesehen zweiten organisatorischen Ebene entscheidet über den sachlichen Globalaufbau des Betriebes (Abteilungsspezialisierung) [11]. Bei der verrichtungs- oder funktionsorientierten Organisation findet das Verrichtungskriterium bei der Aufgabengliederung Verwendung (Bild 4-2). Bei Anwendung des Objektkriteriums gestaltet sich die Organisation objektorientiert (Sparten-, Geschäftsbereichs- oder divisionalisierte Organisation; Bild 4-3). Die Objekte der Leistungserstellung können nach Produktart,

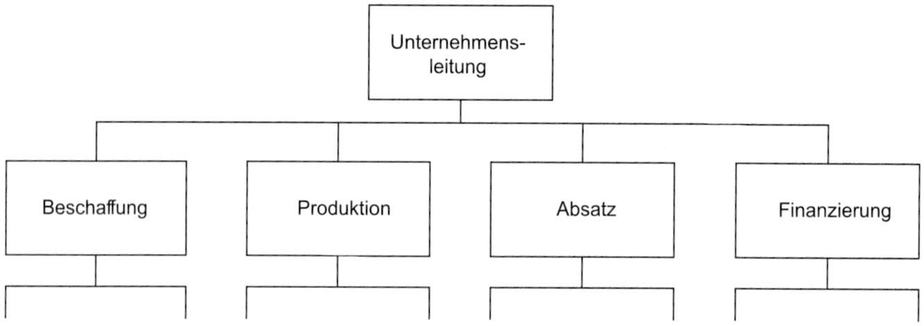

Bild 4-2. Funktionsorientierte Organisation des Betriebs (Beispiel) [11]

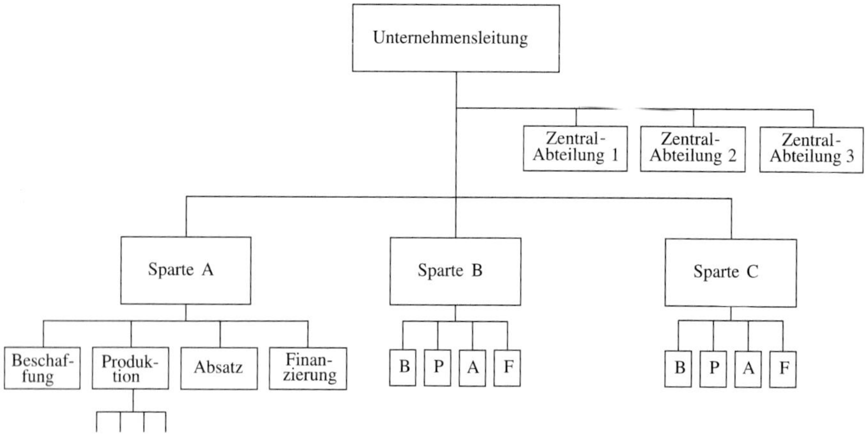

Bild 4-3. Objektorientierte Organisation des Betriebs (Beispiel) [11]

Kundengruppe und Absatzregion differenziert werden. In der Praxis dominieren sowohl auf der zweiten als auch auf der dritten Gliederungsebene Mischformen der Gliederungsprinzipien. Bei der echten Matrixorganisation wird unterhalb der Betriebsleitungsebene quer zur verrichtungsorientierten Organisation eine objektorientierte Organisation, die nach Produkten, Regionen, Kunden oder Projekten gegliedert ist, eingeführt (Bild 4-4). Die Stellen mit verrichtungs- und objektorientierter Aufgabenzuordnung sind gleichberechtigt gegenüber Unterabteilungen. Durch die spezialisierte Weisungsbefugnis nach den beiden Kriterien soll eine qualifizierte und zugleich rechtzeitige Koordination erreicht werden.

Die *Verteilung von Weisungsrechten* soll zu einer möglichst reibungslosen Abstimmung der Teilaufgabenerfüllung zwischen den organisatorischen Einheiten durch persönliche Einflussnahme und Verantwortung eines Vorgesetzten beitragen. Die Gestaltung des Weisungsrechts wird im sogenannten Einliniensystem dadurch geregelt, dass jeder Untergebene nur von seinem direkten Vorgesetzten Weisungen erhält, dem er auch allein für die Aufgabenerfüllung verantwortlich ist (Einheit der Auftragserteilung). Zur Bewältigung des Überforderungsproblems von Vorgesetzten kann das Einlinien- zum Stabliniensystem erweitert werden, indem spezialisierte Stabsstellen außerhalb der Linie eingerichtet werden. Im Mehrliniensystem sind nachgeordnete Stellen mehrfach unterstellt. Dies ist beispielsweise bei der Matrixorganisation der Fall.

Durch *Verteilung von Entscheidungsrechten* wird die inhaltliche Gestaltungskompetenz der Aufgabenerfüllung in Betrieben geregelt. Durch Delegation werden Entscheidungsrechte weitergegeben. Partizipation betrifft die Frage, in welchem Ausmaß die Personen einer nachgeordneten Ebene an der Entscheidungsfindung der übergeordneten Ebene beteiligt sind. Durch *Programmierung* wird das Problemlösungsverhalten von Aufgabenträgern im Betrieb durch Vorgabe all-

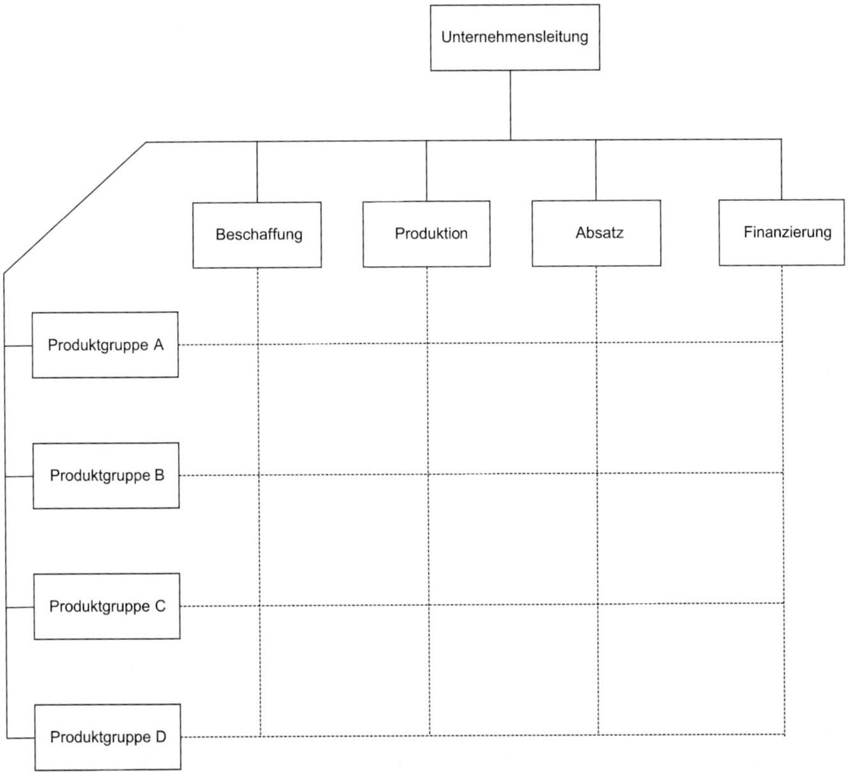

Bild 4-4. Matrixorganisation (objekt- und funktionsorientiert) (Beispiel) [11]

gemeiner Instruktionen gesteuert. Diese können sich im Wesentlichen auf Abläufe, Verfahrensrichtlinien, Planungs- und Kontrollsysteme und das Ausmaß der Dokumentation des betrieblichen Geschehens beziehen. Durch das *Kommunikationssystem* wird die Art und Weise der Informationsübertragung zwischen Personen geregelt. Die Kommunikation kann direkt oder indirekt, offen oder gebunden und synchron oder asynchron erfolgen [11].

4.3.2 Personalwirtschaft

Das Grundproblem der Personalwirtschaft besteht darin, einen quantitativ, qualitativ, zeitlich und räumlich differenzierten Personalbedarf mit einem entsprechend differenzierten Personalbestand zu decken. Zu den weiteren Kernaufgaben der Personalwirtschaft gehört die Qualifizierung und Förderung des Personals, die Bereitstellung von Anreizen sowie die Steuerung des Verhaltens durch strukturelle und personelle Führung. Sämtliche Aufgabenfelder können dabei unter der Perspektive der Planung, der Realisation und der Kontrolle betrachtet werden [12]. Der *Personalbedarf* leitet sich aus den Teilplänen der Bereiche des Betriebes ab. Ermittelte Abweichungen zwischen vorhandener (Istbestand) und benötigter personeller Kapazität (Sollbestand) führen zum jeweiligen Betrachtungszeitpunkt zum Ausweis einer erwarteten personellen Über- oder Unterdeckung bzw. einer Deckung.
Entscheidungen über die *Personalbeschaffung* werden bedingt durch das Angebot auf den Beschaffungsmärkten und die Dauer des Personalbedarfs. Die Personalbeschaffung kann auf dem betriebsinternen Arbeitsmarkt durch die Veränderung bestehender Arbeitsverträge/-bedingungen (Überstunden, Versetzung, Übergang von Teil- zu Vollzeitarbeit, Entwicklung) oder auf dem externen Arbeitsmarkt durch Abschluss neuer Verträge (Einstellung, Personalleasing) erfolgen.
Personalabbau kann auf dem betriebsinternen Arbeitsmarkt durch Abbau von Überstunden, Kurzarbeit, Übergang von Voll- zu Teilzeitarbeit und Versetzung erfolgen. Auf den externen Arbeitsmarkt bezogene Maßnahmen sind die Förderung freiwilligen Ausscheidens und die Entlassung.
Durch *Personalentwicklung* wird die Qualifikation der Mitarbeiter für die Zukunft zu sichern gesucht. Es geht dabei um die Veränderung persönlicher Merkmale, die für die Ausübung beruflicher Tätigkeiten relevant sind (Kenntnisse, Erfahrungen, Fähigkeiten), die Maßnahmen, die auf diese Veränderungen einwirken sollen (z. B. Weiterbildung, Erfahrungsvermittlung) sowie um die Maßnahmen, mit denen auf die Veränderungen reagiert wird (Zuweisung neuer Aufgaben, Erweiterung bzw. Veränderung des Zuständigkeitsbereichs der Mitarbeiter) [12]. Aufbauend auf der Analyse des Qualifikationsbedarfs sind z. B. Entscheidungen über ein Bildungsprogramm zu treffen. Dabei kann zwischen selbst erstellten Bestandteilen des Bildungsprogramms (Weiterbildung am Arbeitsplatz, firmeneigene Bildungszentren) und fremd beschafften Bestandteilen (Bildungsurlaub, Weiterbildung auf betriebsexternen Seminaren) unterschieden werden.
Zur *Förderung der Leistungsbereitschaft* der Mitarbeiter muss über den Einsatz monetärer und nichtmonetärer Anreize entschieden werden. Monetäre Anreize werden primär durch das *Entlohnungssystem* vermittelt. Die Formen des Entgelts für die menschliche Arbeitsleistung zur Realisierung von Leistungsgerechtigkeit sind Zeit-, Akkord- und Prämienlohn [13]. Beim Zeitlohn dient die Arbeitszeit als Bemessungsgrundlage für die Ermittlung der Lohnhöhe, mit der jedoch eine bestimmte Leistungserwartung mittelbar verbunden ist. Zur Schaffung eines unmittelbar wirksamen Lohnanreizes kann der reine Zeitlohn durch Leistungszulagen, die auf subjektiv eingeschätzten Kriterien von Vorgesetzten beruhen, ergänzt werden. Akkordlöhne werden für eine vorgegebene Zeit (Zeitakkord) oder als fester Geldwert für eine Produktionseinheit (Geldakkord) gezahlt und sind damit unmittelbar abhängig vom Leistungsergebnis. Beim Prämienlohn erhält der Mitarbeiter zum Grundlohn nach objektiven, vorher festgelegten Kriterien ein Zusatzentgelt (Prämie) für eine bestimmte erbrachte Leistung. Die Prämie kann sich dabei auf die Qualität der hergestellten Produkte, die Ersparnis an Rohstoffen, die Einhaltung von Terminen etc. beziehen.
Nichtmonetäre Leistungsanreize können u.a. durch die *Gestaltung des Personaleinsatzes* vermittelt werden. Ziel der Personaleinsatzplanung ist die Realisierung der bestmöglichen Zuordnung von Arbeitskräften und Arbeitsplätzen unter Berücksichtigung von Arbeitsplatzsicherheit und Aufstiegsmöglichkeiten.

Mitarbeiterführung ist die beabsichtigte, d. h. zielgerichtete Beeinflussung des Verhaltens und der Einstellung von einzelnen Mitarbeitern sowie die Beeinflussung der Interaktionen in und zwischen innerbetrieblichen Systemen. Dabei wird zwischen direkter, interaktiver Führung und indirekter bzw. struktureller Führung unterschieden. Zur Wahrnehmung ihrer Führungsaufgabe können die Vorgesetzten unterschiedliche Verhaltensweisen wählen, d. h. sie können unterschiedliche Führungsstile pflegen. Der Führungsstil besteht in einem relativ konstanten Führungsverhalten, das durch eine persönliche Grundeinstellung des Vorgesetzten gegenüber Mitarbeitern geprägt wird.
Führungsstile können nach dem Ausmaß der Anwendung von Autorität durch den Vorgesetzten und dem Ausmaß an Entscheidungsfreiheit der Mitarbeiter auf einem Kontinuum vom extrem vorgesetzten-zentrierten (autoritären) zum extrem mitarbeiter-zentrierten (demokratischen) Führungsverhalten geordnet werden. Bei autoritärem Führungsstil entscheidet der Vorgesetzte und ordnet an. Bei patriarchalischer Führung entscheidet der Vorgesetzte zwar, er ist aber bestrebt, die Mitarbeiter von seinen Entscheidungen vor deren Anordnung zu überzeugen. Beratender Führungsstil liegt vor, wenn der Vorgesetzte vor seiner Entscheidung Fragen gestattet, um durch deren Beantwortung die Akzeptierung seiner Entscheidung zu erreichen. Ein Führungsstil ist kooperativ, wenn der Vorgesetzte, bevor er die endgültige Entscheidung trifft, die Mitarbeiter informiert und zum Entscheidungsgegenstand befragt. Ein partizipativer Führungsstil beinhaltet die Entwicklung von Vorschlägen durch die Mitarbeiter, aus denen der Vorgesetzte auswählt. Beim demokratischen Führungsstil entscheidet die Gruppe, nachdem der Vorgesetzte zuvor das Problem aufgezeigt und die Grenzen des Entscheidungsspielraums festgelegt hat, oder der Vorgesetzte fungiert lediglich als Koordinator der Entscheidung [14].

4.4 Das Informationssystem

4.4.1 Informationssysteme des Betriebes

Elemente eines Informationssystems sind Menschen, Organisationseinheiten und Maschinen (Datenverarbeitungsanlagen). Die Elemente stehen zum Informationsaustausch in Wechselbeziehung zueinander. Informationssysteme sollen die Informationen liefern, die zur Planung, Entscheidung, Durchführung und Kontrolle der Maßnahmen in den betrieblichen Funktionsbereichen benötigt werden. Informationssysteme sollen geeignet sein, das Problemlösungsverhalten im Sinne einer zieladäquaten Betriebsführung zu verbessern. Teilinformationssysteme eines umfassenden betrieblichen Informationswesens (Management-Informations-System) sind das Personalinformationssystem [15], das Marketinginformationssystem [16], das Produktionsinformationssystem [18], das Logistikinformationssystem [19] und das Finanzinformationssystem [20]. Alle genannten Systeme setzen sich aus verschiedenen Subsystemen zusammen. Im Folgenden werden zwei der wichtigsten Subinformationssysteme – das externe und das interne Rechnungswesen – erläutert.

4.4.2 Das externe Rechnungswesen

Das Rechnungswesen als Informationssystem des Betriebes stellt Informationen über wirtschaftliche Tatbestände wie den Erfolg des Betriebes, seine Zahlungsfähigkeit und sein Wachstum zur Verfügung. Die Anforderungen an das externe Rechnungswesen sind für die nationale Sphäre Deutschland im Handelsgesetzbuch (HGB) geregelt. Danach umfasst es den Jahresabschluss mit der Bilanz, die Gewinn- und Verlustrechnung und gegebenenfalls den Anhang und den Lagebericht. Parallel zu den nationalen Regeln gibt es auch internationale Vorgaben, die nicht vollständig deckungsgleich sind mit den nationalen Vorschriften. Diese müssen heutzutage von allen kapitalmarktorientierten europäischen Konzernmutterunternehmen erfüllt werden. Für deutsche Unternehmen am bedeutsamsten sind die International Accounting Standards bzw. International Financial Reporting Standards (IAS/IFRS). Hier werden z. B. schon für den Einzeljahresabschluss ein Segmentbericht und eine Kapitalflussrechnung erstellt, die nach HGB lediglich für den Konzernabschluss relevant sind.
Im Gegensatz zu den Rechenwerken des internen Rechnungswesens sind Aufstellung, Inhalt, Prüfung und Veröffentlichung der externen Rechnungslegung gesetzlich reglementiert. Die Interessentengruppen

der externen Rechnungslegung sind Gläubiger, die Informationen über die Zahlungsfähigkeit des Betriebes nachfragen, Anteilseigner, die Informationen über die Erfolgsentwicklung und Ausschüttungspolitik des Betriebes benötigen, der Staat zum Zweck der Steuerbemessung, Belegschaft und Öffentlichkeit, die über die wirtschaftliche Entwicklung des Betriebes informiert sein wollen, und die Leitung des Betriebes, für die der Jahresabschluss die Grundlage für die Finanzierungs- und Ausschüttungspolitik darstellt. Während nach HGB die Ermittlung der Ausschüttungsbemessung für Kapitaleigner und Fiskus im Vordergrund steht, zielen die IAS/IFRS primär auf die Informationsfunktion des Jahresabschlusses für Kapitalinvestoren ab. Zur Befriedigung der teilweise konkurrierenden Informationsbedürfnisse ist im HGB geregelt, dass der Jahresabschluss ein den tatsächlichen Verhältnissen entsprechendes Bild der Vermögens-, Finanz- und Ertragslage zu vermitteln hat. Besonders umfangreiche gesetzliche Vorschriften existieren für große Kapitalgesellschaften. Diese werden im Folgenden zugrunde gelegt.

Während alle Kaufleute gesetzlich verpflichtet sind, einen Jahresabschluss zu erstellen (Bilanz und Gewinn- und Verlustrechnung), müssen Kapitalgesellschaften ihren Jahresabschluss um den sogenannten Anhang erweitern und einen Lagebericht erstellen. In der *Bilanz* werden in zusammengefasster Form die Vermögensteile (Aktiva) und die Schulden (Passiva) eines Betriebes gegenübergestellt und durch das Reinvermögen (Eigenkapital) zum Ausgleich gebracht. Grundlage der Bilanz ist das Inventar, das ein ausführliches, nach Art, Menge und Wert gegliedertes Verzeichnis aller Vermögensgegenstände und Schulden darstellt. Das Inventar seinerseits ist Ergebnis der Inventur, die die obligatorische Tätigkeit der jährlichen art-, mengen- und wertmäßigen Bestandsaufnahme aller Vermögensteile und Schulden des Betriebes umfasst. Der Grundaufbau der Bilanz kann entsprechend den Gliederungsvorschriften des § 266 HGB in folgender Form dargestellt werden (Bild 4-5). Auf internationaler Ebene werden im sogenannten Framework und im IAS 1 im Gegensatz zum prinzipienorientierten HGB die Anforderungen an Struktur und Bewertung regelbasiert formuliert.

Aktiv- und Passivseite der Bilanz geben in unterschiedlicher Weise Auskunft über das im Betrieb vorhandene Kapital. Die rechte Seite der Bilanz (Pas-

Aktiva	Passiva
A. Anlagevermögen	A. Eigenkapital
I. Immaterielle Vermögensgegenstände	I. Gezeichnetes Kapital
II. Sachanlagen	II. Kapitalrücklagen
III. Finanzanlagen	III. Gewinnrücklagen
	IV. Gewinnvortrag / Verlustvortrag
	V. Jahresüberschuß / -fehlbetrag
B. Umlaufvermögen	B. Rückstellungen
I. Vorräte	
II. Forderungen und sonstige Vermögensgegenstände	C. Verbindlichkeiten
III. Wertpapiere	D. Rechnungsabgrenzungsposten
IV. Schecks, Kassenbestand, Guthaben bei Kreditinstituten	
C. Rechnungsabgrenzungsposten	

Bild 4-5. Bilanz

sivseite) zeigt, wer die zur Anschaffung der Vermögensgegenstände erforderlichen Mittel zur Verfügung gestellt hat. Die Passivseite weist somit die Quellen des Kapitals, die Kapitalherkunft, aus (Eigen- oder Fremdkapital). Die Aktivseite zeigt dagegen die Kapitalverwendung auf (Vermögensformen). Eine direkte Zuordnung der Positionen der Passivseite zu bestimmten Positionen der Aktivseite der Bilanz ist nicht möglich. Die Summe beider Bilanzseiten ist stets gleich. Der Ausgleich erfolgt durch die Positionen „Jahresüberschuss" bzw. „Jahresfehlbetrag".
Unter dem Anlagevermögen werden sämtliche Vermögensgegenstände des Betriebes ausgewiesen, die dauernd dem Geschäftsbetrieb zu dienen bestimmt sind. Immaterielle Vermögensgegenstände des Anlagevermögens beinhalten Konzessionen, Lizenzen, Schutzrechte und den Geschäfts- oder Firmenwert. Sachanlagen sind materielles Anlagevermögen, das dem Betrieb zur Nutzung bereitsteht wie Grundstücke und Anlagen. Zu Finanzanlagen gehören insbesondere Beteiligungen und Ausleihungen an verbundene Unternehmen. Das Umlaufvermögen umfasst Vermögensgegenstände, die dem Betrieb nur kurzfristig dienen.

Das gezeichnete Kapital ist der Teil des Eigenkapitals, auf den die Haftung der Gesellschafter oder Aktionäre für die Verbindlichkeiten des Betriebes gegenüber den Gläubigern beschränkt ist. In die Kapitalrücklage sind im Wesentlichen die Differenzbeträge zwischen Emissionskurswert und Nennwert bei der Ausgabe von Anteilen und Schuldverschreibungen einzustellen. In der Gewinnrücklage werden Beträge ausgewiesen, die aus Gewinnen gebildet worden sind (thesaurierte Gewinne). Der Gewinn- oder Verlustvortrag ist der Rest, der nach der Ergebnisverwendung im Vorjahr verblieben ist. Der Jahresüberschuss oder -fehlbetrag zeigt die Höhe des im abgelaufenen Geschäftsjahr erwirtschafteten Ergebnisses an und entspricht dem in der Gewinn- und Verlustrechnung ausgewiesenen Saldo aus Aufwendungen und Erträgen. Rückstellungen sind Verpflichtungen gegenüber Dritten, die aber dem Grunde und/oder der Höhe nach ungewiss sind und in der Periode ihrer Entstehung aufwandswirksam passiviert werden. Unter Verbindlichkeiten sind im Gegensatz zu den Rückstellungen ausschließlich Verpflichtungen verbucht, die hinsichtlich der Höhe und der Fälligkeit feststehen. Aktive und passive Rechnungsabgrenzungsposten berichtigen Aufwendungen bzw. Erträge, die infolge des Auseinanderfallens von Zahlungsbewegung und Aufwands- und Ertragsentstehung einem vorherigen oder späteren Geschäftsjahr zuzuordnen sind.

Bei der Bilanzaufstellung sind zwei grundsätzlich voneinander verschiedene, aber aufeinander folgende Bilanzierungsentscheidungen zu treffen. Zunächst ist zu entscheiden, ob ein Wirtschaftsgut (Vermögensgegenstände, Schulden) in die Bilanz aufzunehmen ist (Bilanzierung dem Grunde nach). Wenn diese Entscheidung positiv ausfällt, ist zu entscheiden, mit welchem Wert das Wirtschaftsgut anzusetzen ist (Bilanzierung der Höhe nach). Die Entscheidung, ob ein Wirtschaftsgut in die Bilanz aufzunehmen ist, orientiert sich zunächst am Grundsatz der vollständigen Aufnahme aller Vermögensgegenstände und Schulden. Ausnahmen dieses Bilanzierungsgebots ergeben sich durch Bilanzierungsverbote und Bilanzierungswahlrechte. Bilanzierungsverbote liegen insbesondere vor, wenn das rechtliche oder wirtschaftliche Eigentum fehlt, wenn es sich um selbst geschaffene immaterielle Werte handelt oder wenn ein selbst geschaffener Geschäfts- oder Firmenwert vorliegt. Bei den Bilanzierungswahlrechten bleibt es dem Betrieb überlassen, ob ein Gut in die Bilanz aufgenommen werden soll. Wahlrechte bestehen z. B. beim entgeltlich erworbenen Geschäfts- oder Firmenwert, beim Damnum von Verbindlichkeiten oder bei bestimmten Rückstellungen. Bei der Bilanzierung der Höhe nach geht es um die Prinzipien zur Bewertung der Wirtschaftsgüter, die der Gesetzgeber für die Wertansätze in der Bilanz vorschreibt. Zur Begrenzung des Bewertungsspielraums und um überhöhte Gewinnausschüttungen zu Lasten der Haftungssubstanz zu vermeiden (Gläubigerschutz), muss die Bewertung dem Vorsichtsprinzip entsprechen. Konkretisiert wird das Vorsichtsprinzip bei der Bewertung der Aktiva durch Höchstwertvorschriften und bei der Bewertung von Passiva durch Mindestwertvorschriften. Vermögensgegenstände sind höchstens mit deren Anschaffungs- oder Herstellungskosten bzw. Verbindlichkeiten mindestens mit deren Rückzahlungsbetrag anzusetzen. Damit andererseits durch eine zu großzügige Auslegung des Vorsichtsprinzips ein zu niedriger Erfolgsausweis aus Gründen des Anteilseignerschutzes verhindert wird, müssen Mindestwertvorschriften bei der Bewertung von Aktiva und Höchstwertvorschriften bei der Bewertung von Passiva berücksichtigt werden. Aus dem Vorsichtsprinzip leiten sich das Realisationsprinzip für die Berücksichtigung von Gewinnen und das Imparitätsprinzip für die Behandlung von vorhersehbaren Verlusten ab. Das Realisationsprinzip besagt, dass Gewinne nur auszuweisen sind, wenn sie am Abschlusstag realisiert, d. h. durch Umsatz in Erscheinung getreten sind. Dadurch soll die Ausschüttung noch nicht erzielter Gewinne verhindert werden. Im Gegensatz zum Verbot des Ausweises nicht realisierter Gewinne im Jahresabschluss müssen nach dem Imparitätsprinzip alle vorhersehbaren Verluste (also auch nicht realisierte) berücksichtigt werden, die bis zum Abschluss-Stichtag oder zwischen Abschluss-Stichtag und Tag der Aufstellung des Jahresabschlusses bekannt geworden sind. Das strenge Niederstwertprinzip gilt für die Bewertung des Umlaufvermögens am Abschluss-Stichtag. Es besagt, dass von zwei möglichen Wertansätzen (Anschaffungskosten versus Wert am Abschluss-Stichtag) stets der niedrigere anzusetzen ist. Das gemilderte Niederstwertprinzip gilt für das Anlagevermögen. Hier muss nur dann der niedrigere Wert angesetzt werden, wenn es sich um eine voraussichtlich dauernde Wertminderung des Anlagegegenstandes handelt. Entsprechend gilt für die Bewertung der Passiva das Höchstwertprinzip, das besagt, dass für die Bewertung von Verbindlichkeiten bei einem höheren aktuellen Wert der Verbindlichkeit gegenüber dem Wert zum Zeitpunkt des Eingangs der Verbindlichkeit der Höhere zu passivieren ist. Nach IAS/IFRS dominieren im Gegensatz zum Vorsichtsprinzip der Grundsatz der periodengerechten Gewinnermittlung („Accrual Principle" und „Matching Principle"). Das Accrual Principle fordert eine Zuordnung der Aufwendungen und Erträge zu den Perioden, denen sie wirtschaftlich zuzuordnen sind, unabhängig vom Zeitpunkt der Ein- und Auszahlungen in der Berichtsperiode. Nach dem Matching Principle müssen Aufwendungen, die in direktem Zusammenhang mit entsprechenden Erträgen stehen, in der Periode erfolgswirksam berücksichtigt werden, in der die Erträge erfasst werden. Das Realisationsprinzip wird nach IFRS insoweit weniger restriktiv gehandhabt. Bedeutsam ist der Grundsatz der periodengerechten Gewinnermittlung.

Im Gegensatz zur zeitpunktbezogenen Bestandsrechnung der Bilanz ist die *Gewinn- und Verlustrechnung* eine periodenbezogene Rechnung mit Stromgrößen. Das HGB schreibt für alle Kaufleute vor, am Schluss eines jeden Geschäftsjahres die Aufwendungen und Erträge des Geschäftsjahres einander gegenüberzustellen. Der Saldo aus Erträgen und Aufwendungen weist den wirtschaftlichen Erfolg des Betriebes (Jahresüberschuss, -fehlbetrag) in der betrachteten Periode aus. Aufwand ist der bewertete Verbrauch an Wirtschaftsgütern in einer Periode. Der Aufwand des Betriebes gliedert sich in Zweckaufwand und neutralen Aufwand. Der Zweckaufwand ist derjenige Teil des Gesamtaufwands, der auf den Betriebszweck gerichtet und in der betrachteten Periode verursacht worden ist. Neutraler Aufwand ist entweder nicht auf den Betriebszweck gerichtet (betriebsfremder Aufwand), in einer anderen Periode verursacht (periodenfremder Aufwand) oder er ist in der Höhe nach außerordentlich (außerordentlicher Aufwand). Der Ertrag umfasst den Bruttowertzuwachs in einer Periode. Analog zum Aufwand kann zwischen Zweckertrag und neutralem Ertrag unterschieden werden. Folgt man dem Gesamtkostenverfahren als einer vom Handelsgesetz vorgesehenen Möglichkeit zur Aufstellung der Gewinn- und Verlustrechnung (§ 275 Abs. 2 HGB), zeigt sich folgender Grundaufbau (Bild 4-6). Ausgangspunkt der Gewinn- und Verlustrechnung sind die Umsatzerlöse, die sich aus Verkauf, Vermietung und Verpachtung von Waren und Erzeugnissen sowie der Erbringung von Dienstleistungen ergeben. Da nach dem Gesamtkostenverfahren den Umsatzerlösen sämtliche Aufwendungen der Periode gegenübergestellt werden, müssen Abweichungen zwischen produzierter und abgesetzter Menge zur periodengerechten Erfolgsermittlung berücksichtigt werden. Für den Fall, dass die Produktionsmenge die Absatzmenge übersteigt, werden die Lagerbestandserhöhungen als Erträge erfasst. Für den Fall, dass die Absatzmenge die Produktionsmenge übersteigt, wird die Minderung des Bestandes an fertigen und unfertigen Erzeugnissen als Aufwand erfasst. Unter Berücksichtigung aller weiteren Erträge und der Aufwendungen des Betriebes in der Periode wird durch entsprechende Saldierung der Größen der Jahresüberschuss bzw. -fehlbetrag festgestellt.

	Umsatzerlöse
+ / –	Erhöhung oder Verminderung des Bestandes an fertigen und unfertigen Erzeugnissen
+	betriebliche Erträge
–	betriebliche Aufwendungen
	Ergebnis der gewöhnlichen Geschäftstätigkeit
+	außerordentliche Erträge
–	außerordentliche Aufwendungen
	außerordentliches Ergebnis
–	Steuern von Einkommen, vom Ertrag und sonstigen Steuern
	Jahresüberschuß / Jahresfehlbetrag

Bild 4-6. Der Grundaufbau der Gewinn- und Verlustrechnung

Der *Anhang* stellt den dritten konstitutiven Teil des Jahresabschlusses dar. Im Anhang sind die einzelnen Positionen der Bilanz und der Gewinn- und Verlustrechnung entsprechend den gesetzlichen Vorschriften ausführlich zu erläutern, und es sind diejenigen Angaben zu machen, die aufgrund eines Wahlrechtes nicht in der Bilanz oder Gewinn- und Verlustrechnung erscheinen. Über den Jahresabschluss hinaus ist von Kapitalgesellschaften ein *Lagebericht* aufzustellen. Dieser soll auf Vorgänge von besonderer Bedeutung, die nach dem Schluss des Geschäftsjahres eingetreten sind, die voraussichtliche Entwicklung der Kapitalgesellschaft und den Bereich Forschung und Entwicklung eingehen. Zusätzlich verlangen IAS/IFRS eine Segmentberichterstattung auch für Einzeljahresabschlüsse. Die Segmentberichte sollen eine differenzierte Betrachtung der Ertrags- und Finanzkraft der heterogenen Geschäftsbereiche eines Unternehmens und nicht nur eines Konzerns ermöglichen. Die Kapitalflussrechnung, die ebenfalls nach IAS/IFRS sowohl für Konzern- als auch für Einzeljahresabschlüsse erstellt wird, stellt die Zahlungsströme, d. h. die Ein- und Auszahlungen, in der Abrechnungsperiode dar, um die Veränderungen des Liquiditätsbestands offen zu legen und Aufschluss über die Finanzlage und vor allem die Liquidität zu geben [21].

4.4.3 Das interne Rechnungswesen

Adressat des internen Rechnungswesens sind die Entscheidungsträger im Betrieb. Das interne Rechnungswesen wird aus rein innerbetrieblichen Überlegungen heraus gestaltet, um die Steuerung der betrieblichen Prozesse zu ermöglichen. Es wird freiwillig erstellt, es gibt keine bindenden Vorschriften wie beim externen Rechnungswesen, und seine Ergebnisse werden nicht veröffentlicht. Spezielle Rechenwerke des internen Rechnungswesens sind die Kosten- und Leistungsrechnung [22] und die Investitionsrechnung. Die *Kosten- und Leistungsrechnung* verfolgt verschiedene Zwecke. In den Fällen, in denen kein Marktpreis für Produkte gegeben ist, kann die Kostenrechnung der Preiskalkulation dienen [23]. Soll geprüft werden, ob zu einem bestimmten vorgegebenen Preis eine Leistung angeboten werden soll, spricht man von Preisbeurteilung. Die Wirtschaftlichkeitskontrolle soll Unwirtschaftlichkeiten aufdecken. Aufgabe der Kostenrechnung ist in diesem Fall die Vorgabe von Höchstwerten, wie viel je Kostenart für eine bestimmte Forschungs-, Entwicklungs-, Produktions- oder Vertriebsaufgabe verbraucht werden darf, ohne dass die Durchführung unwirtschaftlich wird. Weiter dient die Kostenrechnung der Gewinnung von Unterlagen für Entscheidungsrechnungen, mit denen der relative Nutzen von Handlungsmöglichkeiten bestimmt wird (z. B. Verfahrensvergleiche, Programmplanung, Auftragsentscheidungen). Die Aufgabe der Erfolgsermittlung wird durch Gegenüberstellung von Leistung und Kosten für den Betrieb als ganzen oder für bestimmte Bereiche desselben in einer Periode durch die Kosten- und Leistungsrechnung bewältigt. Schließlich kann die Kosten- und Leistungsrechnung die notwendigen Informationen für die Bewertung von fertigen und unfertigen Erzeugnissen im Jahresabschluss bereitstellen. Die Rechengrößen der Kosten- und Leistungsrechnung sind Kosten und Leistung. *Kosten* sind betriebszweckbezogener, bewerteter Güterverzehr. Im Gegensatz zum Aufwand des externen Rechnungswesens wird in den Kosten nicht der gesamte Güterverzehr einer Periode erfasst, sondern ausschließlich der Verzehr, der dem Betriebszweck innerhalb einer Periode dient. Betriebsfremde, außerordentliche und periodenfremde Güterverzehre werden also nicht berücksichtigt. Auf der anderen Seite werden als Kosten Güterverzehre berücksichtigt, die nicht (Zusatzkosten) oder nicht in gleicher Höhe (Anderskosten) Aufwand sind. Diese Kosten werden als kalkulatorische Kosten bezeichnet. Anderskosten sind der Sache nach zwar sowohl Aufwand als auch Kosten, sie werden jedoch in ihrem Mengen- und/oder Wertgerüst unterschiedlich behandelt. Von Zusatzkosten spricht man, wenn der Position überhaupt kein Aufwand entspricht. *Leistung* ist die bewertete, betriebszweckbezogene Güterentstehung in einer Periode. Analog zur Abgrenzung der Kosten vom Aufwand umfasst die Leistung nicht die betriebsfremde, außerordentliche und periodenfremde Entstehung von Gütern. Auf der anderen Seite kann Leistung im Prinzip auch über den im externen Rechnungswesen ermittelten Ertrag hinausgehen, wenn kalkulatorisch zusätzliche Güterentstehung berücksichtigt wird.

Kosten können nach verschiedenen Merkmalen klassifiziert werden. Nach der Abhängigkeit der Kostenhöhe von Kosteneinflussgrößen unterteilt man in fixe und variable Kosten. Als Kosteneinflussgröße wird in der Regel die Beschäftigung (Leistungs- bzw. Ausbringungsmenge) herangezogen. Fixe Kosten (Bereitschaftskosten) sind in ihrer Höhe unabhängig, variable Kosten (Leistungskosten) sind in ihrer Höhe abhängig von Beschäftigungsänderungen. Die Unterscheidung von Einzel- und Gemeinkosten zielt auf die Verursachung der Kosten und auf die Zurechnung der Kosten zu den Bezugsobjekten der Kostenrechnung (z. B. Leistungseinheit, Auftrag) ab. Einzelkosten sind Kosten, die von einem Bezugsobjekt einzeln verursacht und der einzelnen Leistungseinheit aufgrund genauer Aufzeichnungen unmittelbar zugeordnet werden. Gemeinkosten sind solche Kosten, die dem einzelnen Bezugsobjekt nicht unmittelbar zugerechnet werden. Sie sind Kosten, die für mehr als eine Leistungseinheit gemeinsam anfallen. Die Unterstützung der betrieblichen Steuerung durch die Kosten- und Leistungsrechnung setzt voraus, dass die Zahlen, die als Kosten und Leistung erfasst werden, die realen Gegebenheiten des Betriebes wirklich widerspiegeln. Die Zahlen müssen objektiv, d. h. prinzipiell durch Belege überprüfbar sein. Ferner müssen die Kosten vollständig, genau und aktuell erfasst werden. Dabei geht es bei all diesen Prinzipien nicht um größtmögliche Erfüllung, vielmehr tritt das Prinzip der Wirtschaftlichkeit der Kostenerfassung und -verrechnung als Korrektiv neben die genannten Prinzipien. Die Erfassung der Kosten erfolgt im Zeitpunkt des Güterverbrauchs durch z. B. Materialentnahmescheine, Lohnzettel, Gehaltslisten. Die betriebliche Leistung ergibt sich aus den Rechnungsbelegen einer Periode (verkaufte Leistung, Erlös), die nicht verkaufte Leistung wird durch Inventur erfasst. Die Zurechnung von Kosten bzw. Leistung auf das Bezugsobjekt erfolgt grundsätzlich nach dem Verursachungsprinzip, das eine Zurechnung nur dann zulässt, wenn Kosten bzw. Leistung tatsächlich von diesem Bezugsobjekt allein verursacht worden sind. Die Zurechnung nach dem Verursachungsprinzip ist nur bei Einzelkosten und einzeln zurechenbarer Leistung möglich. Wenn allerdings in einer Vollkostenrechnung alle Kosten der Periode auf die Bezugsobjekte zugerechnet werden sollen (Kostenüberwälzungsprinzip), müssen für die Zurechnung der Gemeinkosten Hilfsprinzipien herangezogen werden. Nach dem Beanspruchungsprinzip werden die Kosten von Produktionsfaktoren, die in unterschiedlichen Quanten beschafft und verbraucht werden (Potenzialfaktoren, z.B. Maschine), nach Maßgabe von deren Inanspruchnahme durch die Bezugsobjekte zugerechnet. Nach dem Durchschnittsprinzip werden die Gemeinkosten in gleichen Anteilen auf die Bezugsobjekte verteilt. Nach dem Kostentragfähigkeitsprinzip werden die Gemeinkosten nach Maßgabe der Kostentragfähigkeit der Produkte bzw. Aufträge im Markt auf die Bezugsobjekte verteilt.

Je nach Art der Entscheidung, die durch Informationen der Kosten- und Leistungsrechnung fundiert werden soll, und je nach den Umständen, unter denen die Entscheidung getroffen wird, müssen unterschiedliche Informationen bereitgestellt werden. Auf diese Weise ist eine Fülle von verschiedenen Rechnungsarten entstanden, die jeweils ihre eigenständige Bedeutung haben. Die Rechnungsarten können durch vier Merkmale beschrieben werden. a) Nach dem Bezugsobjekt der Rechnung kann unterschieden werden, ob die Kosten bzw. Leistung für den Gesamtbetrieb in einer Periode, für Bereiche des Gesamtbetriebs in einer Periode oder für Einzelobjekte (das einzelne Erzeugnis, Projekt oder der einzelne Auftrag) ermittelt werden. b) Nach dem Umfang der Kostenerfassung und -verrechnung bei dem Bezugsobjekt wird in Voll- und Teilrechnung differenziert. Bei der Vollrechnung werden alle Kosten des Betriebes in der Periode auf die Bezugsobjekte verteilt. Bei der Teilrechnung werden nur bestimmte Teile der Gesamtkosten (Einzelkosten oder variable Kosten) bei den Bezugsobjekten ausgewiesen, die verbleibenden Kosten müssen durch Überschüsse der Erlöse über die Teilkosten (Deckungsbeiträge) gedeckt werden. c) Nach ihrer Stellung im Planungs- und Kontrollprozess kann zwischen einer Ist-Rechnung (die Kosten- und Leistungsinformationen beruhen auf tatsächlich eingetretenen Entwicklungen), einer Planrechnung (die Informationen werden als Vorgaben benutzt) und einer Soll-Ist-Rechnung (der Kontrollaspekt steht im Vordergrund) unterschieden werden. d) Schließlich können die Rechnungsarten danach unterschieden werden, ob eine ausschließliche Kostenrechnung oder eine Kosten-Leistungsrechnung (Erfolgsrechnung) vorliegt. Bild 4-7 gibt einen Überblick über die verschiedenen Systeme.

Im traditionellen internen Rechnungswesen, das die Grundlage jeder Kosten- und Leistungsrechnung im Industriebetrieb darstellt, werden im Hinblick auf die Bezugsobjekte Gesamtbetrieb, Bereich des Betriebes und Objekt die Kostenarten-, Kostenstellen- und Kostenträgerstückrechnung unterschieden. Aufgabe der *Kostenartenrechnung* ist die belegmäßige Erfassung sämtlicher in einer Periode im Gesamtbetrieb angefallenen Kosten (Dokumentationsaufgabe) und deren sachliche Gliederung nach der Art der verzehrten Güter (Gliederungsfunktion). Die Kostenartenrechnung erfasst nur primäre Kostenarten, die sich aus dem Verbrauch von Produktionsfaktoren ergeben, die der Betrieb von außen bezogen hat. Im Gegensatz dazu ergeben sich sekundäre Kostenarten aus dem Verbrauch selbst erstellter Güter (innerbetriebliche Leistung). In der *Kostenstellenrechnung* wird die unterschiedliche Kostenentstehung in den einzelnen Teilbereichen des Betriebes (Kostenstellen) transparent gemacht. Kostenstellen sind Bereiche eines Betriebes, in denen Kosten entstehen und denen Kosten angelastet werden. In der Kostenstellenrechnung (Bild 4-8) werden keine Einzelkosten der Leistungseinheiten erfasst (1), sondern lediglich die Gemeinkosten: die Kostenstellenrechnung ist insoweit eine Gemeinkostenrechnung. Sie erfasst die Entstehung der Gemeinkosten in den Kostenstellen (2), verrechnet die so erfassten primären Kostenstellenkosten zum Teil auf andere Kostenstellen (3) und hält schließlich die Kostenstellenkosten bereit für die Weiterverrechnung auf die Leistungseinheit (4).

Da die Gemeinkosten nicht direkt auf die Leistungseinheit zugerechnet werden können, erfolgt ihre Verrechnung indirekt über Kostenstellen. Dabei wird soweit wie möglich das Beanspruchungsprinzip berücksichtigt, d. h. Leistungseinheiten (Kostenträger) sollen jeweils in dem Maße Kosten tragen, in dem sie die Kostenstellen beansprucht haben (4a). Die *Kostenträgerstückrechnung (Kalkulation)* ermittelt die Kosten, die der einzelne Kostenträger (die einzelne Leistungseinheit wie Stück, m, kg oder die Verkaufseinheit [Auftrag]) tragen soll. Diesen Kostenbetrag nennt man Selbstkosten. Je nach der Methode der Verteilung der Gemeinkosten des Betriebes auf die einzelnen Kostenträger stehen verschiedene Kalkulationsverfahren zur Verfügung.

Im Gegensatz zur Kostenrechnung, die den Güterverzehr und die Leistungsentstehung unter kurzfristigem Aspekt behandelt (Periodenrechnung) und die in der Regel im Rahmen der gegebenen Kapazität oder Betriebsmittelausstattung operiert, dient die *Investitionsrechnung* der fallweisen Ermittlung der Vorteilhaftigkeit von Entscheidungsalternativen bei Investitionen oder investitionsähnlichen Situationen, in denen unter langfristigem Aspekt über Veränderungen der Kapazität des Betriebes entschieden werden muss. Sie basiert in der Regel nicht auf Kosten und Leistungen bzw. Erlösen, sondern auf diskontierten (abgezinsten) Ein- und Auszahlungen und steht eigenständig ne-

			Gesamtbetriebsrechnung	Bereichsrechnung	Objektrechnung
Vollrechnung	Vollrechnung als reine Istrechnung	als reine Kostenrechnung	Kostenartenrechnung	Kostenstellenrechnung (BAB)	Kostenträgerstückrechnung (Nachkalkulation)
		als Kosten-Leistungsrechnung = Nettoerfolgsrechnung	Betriebsabrechnung (kurzfristige Erfolgsrechung)	Kostenartenrechnung	Kostenartenrechnung
	Vollrechnung als Soll-Ist-Rechnung	als reine Kostenrechnung		Plankostenstellenrechnung	Plankostenträgerrechnung (Plankalkulation, Vorkalkulation)
		als Kosten-Leistungsrechnung = Nettoerfolgsrechnung	Planbetriebserfolgsrechnung	Planbereichserfolgsrechnung	Planauftragserfolgsrechnung (Projekt-Controlling)
Teilrechung	keine Differenzierung nach reiner Istrechnung und Soll-Ist-Rechnung	als reine Kostenrechnung	Betriebsmodelle (Einflussgrößenrechnung)	Plankostenstellenrechnung auf Grenzkostenbasis (Grenzplankostenrechnung)	Grenzkostenkalkulation Einzelkostenkalkulation Primärkostenrechnung
		als Kosten-Leistungsrechnung = Bruttoerfolgsrechnung	Wertschöpfungsrechnung Deckungsbeitragsrechnung auf Einzelkostenbasis mit offenen Perioden	bereichsbezogene Deckungsbeitragsrechnung	Stückdeckungsbeitragsrechnung

Bild 4-7. Die Systeme der Kosten- und Leistungsrechnung

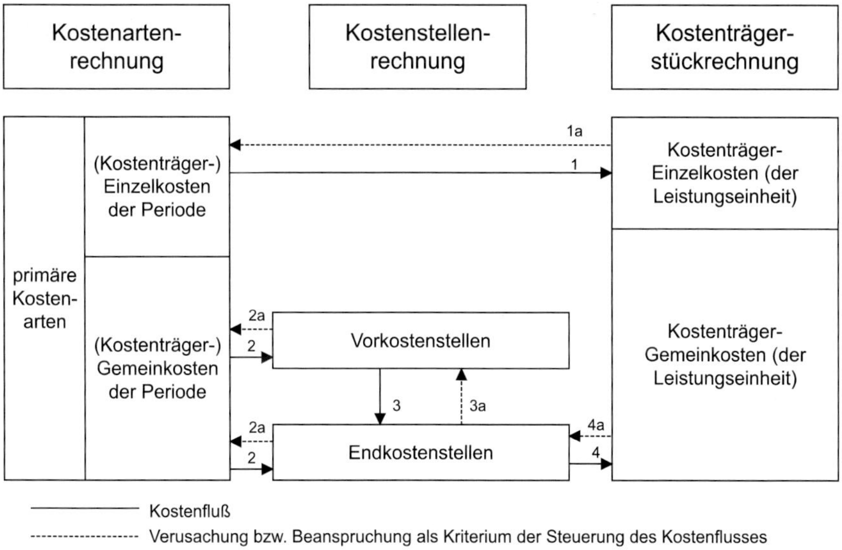

Bild 4–8. Kostenfluss zwischen Kostenarten-, Kostenstellen- und Kostenträgerstückrechnung

ben der Kosten- und Leistungsrechnung. Investitionen sind in betriebswirtschaftlicher Sicht durch eine Zahlungsreihe gekennzeichnet, die sich aus Auszahlungen und Einzahlungen zusammensetzt. Saldiert man alle einem Zahlungszeitpunkt zuzurechnenden Ein- und Auszahlungen, so erhält man die Nettozahlungen für diesen Zahlungszeitpunkt. Es ergeben sich entweder Einzahlungs- oder Auszahlungsüberschüsse. Die Nettozahlungen können in drei Bestandteile zerlegt werden. Die Investitionsauszahlungen umfassen die Auszahlungen für die Beschaffung oder Herstellung des Investitionsobjekts. Die Rückflüsse sind die Differenzen aus laufenden Ein- und Auszahlungen während des Investitionszeitraums. Der Liquidationserlös ist die Einzahlung aus der Veräußerung oder Verschrottung des Investitionsobjekts am Ende des Investitionszeitraums. Nach der *Kapitalwertmethode* wird zur Beurteilung der Vorteilhaftigkeit einer Einzelinvestition der Barwert ihrer Nettozahlungen (Kapitalwert) ermittelt. Der Kapitalwert bringt die zu erwartende Erhöhung oder Verminderung des Geldvermögens bei einem gegebenen Verzinsungsanspruch in Höhe des Kalkulationszinssatzes i zum Ausdruck. Dabei wird die erwartete Veränderung des Geldvermögens auf den Beginn des Planungszeitraums bezogen. Der Kapitalwert ist definiert als:

$$C_0 = \sum_{t=0}^{T} N_t \,(1+i)^{-t} \ ,$$

wobei:

N_t Nettozahlung zum Zeitpunkt t,
t Zahlungszeitpunkt (t= 0 ist der Zeitpunkt der ersten Investitionszahlung
T bezeichnet das Ende der Zahlungskonsequenzen der Investition) und
i Kalkulationszinssatz.

Ist der Kapitalwert einer Investition null, dann verzinst sich das zu jedem Zahlungszeitpunkt noch gebundene Kapital genau zum Kalkulationszinssatz i; ist der Kapitalwert positiv, so wird darüber hinaus ein Vermögenszuwachs erzielt. Ist der Kapitalwert einer Investition negativ, dann verzinst sich das zu jedem Zahlungszeitpunkt noch gebundene Kapital zu einem Zinssatz, der unter dem Kalkulationszinssatz liegt. Unter der Voraussetzung, dass der Kalkulationszinssatz ein Kapitalmarktzinssatz ist, zu dem der Investor unbeschränkt finanzielle Mittel anlegen und aufnehmen kann, ist die Realisierung eines Investitionsprojekts im Vergleich zu einer Anlage auf dem Kapitalmarkt dann vorteilhaft, wenn der Kapitalwert größer als null ist [24].

Literatur

Allgemeine Literatur
Handbücher, Formelsammlungen

Backhaus, K.; Plinke,W.: Rechtseinflüsse auf betriebswirtschaftliche Entscheidungen. Stuttgart: Kohlhammer 1986

Bea, F.X.; Friedl, B., E.; Schweitzer, M. (Hrsg.): Allgemeine Betriebswirtschaftslehre. Bd. 1: Grundfragen, Bd. 2: Führung, Bd. 3: Leistungsprozeß. 9. Aufl. Stuttgart: Lucius & Lucius 2004, 2005, 2006

Handelsblatt Wirtschafts-Lexikon. Das Wissen der Betriebswirtschaftslehre, Bde. 1–12. Stuttgart: Schäffer-Poeschel: 2006

Heinen, E.: Einführung in die Betriebswirtschaftslehre. 9. Aufl. Wiesbaden: Gabler 1992

Heinen, E. (Hrsg.): Industriebetriebslehre. 9. Aufl. Wiesbaden: Gabler 1991

Picot, A.; Reichwald, R.; Wigand, R.T.: Die grenzenlose Unternehmung. 5. Aufl. Wiesbaden: Gabler 2003

Schneider, D.: Betriebswirtschaftslehre, Bd. 1: Grundlagen, 2. Aufl. 1995; Bd. 2: Rechnungswesen, 2. Auf. 1996; Bd. 3: Theorie der Unternehmung, 1997. München: Oldenbourg

Vahlens Kompendium der Betriebswirtschaftslehre, Bd. 1, 2. 5. Aufl. (Bitz, M., u.a. (Hrsg.)) München: Vahlen 2005

Wöhe, G.; Döring, U.: Einführung in die Allgemeine Betriebswirtschaftslehre. 22. Aufl. München: Vahlen 2005

Spezielle Literatur

Die im Folgenden verwendeten Titelangaben der Form (Autor, Erscheinungsjahr) beziehen sich auf die Allgemeine Literatur.)

1. Schweitzer, M.: Der Gegenstand der Betriebswirtschaftlehre. In: Bea et al. (Hrsg.), 2004, Bd. 1, Kap. 1
2. Szyperski, N.; Nathusius, K.: Probleme der Unternehmensgründung. Lohmar: Eul 1999
3. Steiner, M.: Konstitutive Entscheidungen. In: (Vahlens Komp., 2005), Bd. 1. S. 62–64
4. Steiner, M. Konstitutive Entscheidungen. In: (Vahlens Komp., 2005), Bd. 1, S. 76–89
5. (Wöhe; Döring, 2005), S. 74–81 Steinmann, H.; Gerum, E.: Unternehmensordnung. In: (Bea et al. (Hrsg.), 2004), Bd. I, Abschnitt 3.3
6. (Wöhe; Döring, 2005), S. 285–303 Kappler, E.; Wegmann, M.: Konstitutive Entscheidungen. In: (Heinen (Hrsg.), 1991), S. 215–231
7. Gutenberg, E.: Grundlagen der Betriebswirtschaftslehre, Bd. 1: Die Produktion. 24. Aufl. Berlin: Springer 1983 Kern, W: Industrielle Produktionswirtschaft. 5. Aufl. Stuttgart: Poeschel 1992, S. 25–41
8. Hoitsch, H.-J.: Produktionsplanung. In: Hdwb. d. Betriebswirtschaft (Hrsg. E. Grochla; W. Wittmann). 5. Aufl. Stuttgart: Poeschel 1993, S. 3450–3467
9. (Backhaus/Plinke, 1986), S. 179
10. (Wöhe, 2005), S. 583–587
11. Weber, W.: Einführung in die Betriebswirtschaftslehre, 4. Aufl. Wiesbaden: Gabler, 2001, S. 161–172
12. Weber, W.; Mayrhofer, W.; Nienhüser, W.; Kabst, R.: Grundbegriffe der Personalwirtschaft, 2. Aufl. Stuttgart: Schäffer-Poeschel 2005, Stichworte Personalwirtschaft und Personalentwicklung
13. Weber, W.: Einführung in die Betriebswirtschaftslehre, 4. Aufl. Wiesbaden: Gabler, 2001, S. 230–238
14. Weber, W.: Einführung in die Betriebswirtschaftslehre, 4. Aufl. Wiesbaden: Gabler, 2001, S. 153–154
15. Mülder, W.: Personalinformationssysteme. In: Gaugler, E.; Oechsler, W. A.; Weber, W. (Hrsg.): Handwörterbuch des Personalwesens, 3. Aufl., Stuttgart: Schäffer-Poeschel, 2004, S. 1534–1546
16. Homburg, C.: Absatzorganisation. In: Schreyögg, G.; Werder, A. (Hrsg.): Handwörterbuch Unternehmensführung und Organisation, 4. Aufl., Stuttgart: Schäffer-Poeschel, 2004, S. 1–11
17. Wilde, K. D.; Schweiger, A.: Marketing-Informationssysteme. In: Tietz, B.: Köhler, R.; Zentes, J. (Hrsg.): Handwörterbuch des Marketing, 2. Aufl., Stuttgart: Schäffer-Poeschel, 1995, S. 1554–1566
18. Gleitner, U. W.: CIM (Computer Integrated Manufacturing). In: Kern, W.; Schröder, H.-H.; Weber, J. (Hrsg.): Handwörterbuch der Produktionswirtschaft, 2. Aufl., Stuttgart: Schäffer-Poeschel, 1996,S. 292–310
19. Delfmann, W.: Organisation der Logistik, In: Schreyögg, G.; Werder, A. (Hrsg.): Handwörterbuch Unternehmensführung und Organisation, 4. Aufl., Stuttgart: Schäffer-Poeschel, 2004,S. 746–755
20. Pfaff, D.; Gabor, G.: Rechnungswesen und Organisation. In: Schreyögg, G.; Werder, A. (Hrsg.): Handwörterbuch Unternehmensführung und Organisation, 4. Aufl., Stuttgart: Schäffer-Poeschel, 2004, S. 1244–1252
21. Wöhe, G.: Bilanzierung und Bilanzpolitik. 9. Aufl., München: Vahlen 1997 Bähr, G.;Fischer-Winkelmann, W.F.: Buchführung und Jahresabschluss. 5. Aufl., Wiesbaden: Gabler 1996 Pellens, B.; Fülbier, R.U.; Gassen, J.: Internationale Rechnungslegung. 6. Aufl., Stuttgart: Schäffer-Poeschel, 2006, S. 101–125
22. Plinke, W.; Rese, M.: Industrielle Kostenrechnung für Ingenieure. 7. Aufl. Berlin: Springer 2006
23. Riebel, P.: Einzelkosten und Deckungsbeitragsrechung, 7. Aufl., Wiesbaden: Gabler 1994, S. 204–268
24. Blohm H.; Lüder, K.; Schäfer, Ch.: Investition. 9. Aufl. München: Vahlen 2006

N Management

H. Buck, J. Leyh
P. Ohlhausen
M. Richter
D. Spath
J. Warschat

Dem Begriff Management wird eine lateinische Herkunft nachgesagt („manum agere“ = „an der Hand führen“) – heute ist er zum Synonym für Organisation und Führung von und in Unternehmen geworden. Management kann institutional und prozessual verstanden werden. Management im institutionalen Sinn ist die Personengruppe, die eine Organisation führt, während im prozessualen Sinn die damit verbundenen Tätigkeiten und Aufgaben gemeint sind. Allgemein umfasst das prozessuale Management die Aufgabenbereiche

- Zielsetzung
- Planung
- Entscheidung
- Umsetzung/Durchführung
- Kontrolle.

Entsprechend der vielfältigen Aufgaben in einem Unternehmen haben sich zahlreiche Management-Begriffe entwickelt, mit denen entweder themenspezifische (z. B. Qualitätsmanagement) oder organisationsspezifische (z. B. Projektmanagement) Teilaufgaben der Unternehmensführung gefasst werden.
In diesem Kapitel werden drei Management-Felder aufgezeigt und erläutert, die in jedem Unternehmen eine hohe Aufmerksamkeit und Professionalität verdienen:

- Qualitätsmanagement
- Personalmanagement
- Projektmanagement.

Qualitätsmanagement

M. Richter, D. Spath

Gegenstand

Qualität ist ein wesentlicher Schlüssel für den Markterfolg von Produkten und Dienstleistungen – Qualitätsmanagement muss daher als eine Kernaufgabe im Unternehmen verstanden werden. In Produktionsunternehmen erstreckt es sich von der Qualitätsplanung in der Entwicklungsphase über die Qualitätssicherung und Qualitätskontrolle in der Produktionsphase bis hin zur Bearbeitung und Auswertung von Reklamationen und Defekten in der Gebrauchsphase von industriell hergestellten Produkten. Damit verteilen sich Aufgaben des Qualitätsmanagements auf alle Unternehmensbereiche – im Wesentlichen sind sie aber der Produktentwicklung, dem Industrial Engineering, sowie Produktion und Logistik zuzuordnen. Das Aufgabenspektrum umfasst sowohl präventive Aufgaben – wie z. B. die qualitätsgerechte Auslegung von Komponenten und Systemen, die Entwicklung von robusten Prozessen oder die vorbeugende Instandhaltung von Betriebsmitteln –, als auch Überwachungs- und Kontrollaufgaben, wie z. B. die ständige Messung und Anzeige von Prozessparametern oder die 100%-Prüfung der gefertigten Produkte.
Im Qualitätsmanagement sind i. d. R. keine wertschöpfenden Funktionen enthalten – es handelt sich um zusätzliche Aufwände, die im Unternehmen geleistet werden müssen, um die Risiken von qualitativ unbefriedigenden Produkten (Folge: Misserfolg oder Imageverlust im Markt) oder von nicht abgesicherten, unzuverlässigen Produktionsprozessen (Folge: Wirtschaftlichkeitsziele werden nicht erreicht) zu reduzieren. Damit ist für ein modernes Qualitätsmanagement aber auch das Ziel vorgegeben, den Aufwand möglichst auf ein erforderliches Minimum zu reduzieren – d. h., Qualitätsmanagement umfasst neben den technisch und organisatorisch geprägten Aufgaben in hohem Maß auch eine betriebswirtschaftliche Betrachtung.

Definitionen

Qualitätsmanagement ist keineswegs ein ganz junges Thema, wesentliche Definitionen stammen aus den 70er und 80er Jahren des 20. Jahrhunderts. Im Folgenden wird eine Auswahl von Definitionen aufgeführt.

- **Qualität**: diejenige Beschaffenheit, die eine Ware oder Dienstleistung zur Erfüllung vorgegebener Forderungen geeignet macht [1].
- **Qualitätssicherung**: System im Unternehmen, das die Aktivitäten der verschiedenen Unternehmensbereiche zur Entwicklung, Aufrechterhaltung und der Qualität wirkungsvoll so integriert, dass Produkte und Dienstleistungen unter größtmöglicher Berücksichtigung der Wirtschaftlichkeit die Bedürfnisse des Kunden ausreichend befriedigen [1].
- **Qualitätskosten**: Kosten, die vorwiegend eine Folge festgelegter Qualitätsforderungen sind. Sie bestehen aus den Fehlerverhütungskosten, Fehlerkosten und Prüfkosten [2].
- **Qualitätsmanagement**: Alle Tätigkeiten der Gesamtführungsaufgaben, welche die Qualitätspolitik, Ziele und Verantwortung festlegen sowie diese durch Mittel wie Qualitätsplanung, Qualitätslenkung, Qualitätssicherung und Qualitätsverbesserung im Rahmen des Qualitätsmanagementssystems verwirklichen. DIN EN ISO 9000:2000 [5].
- **Qualitätsmanagementsystem** (QMS): Ein Qualitätsmanagementsystem besteht aus der Aufbauorganisation, den Verantwortungen, Verfahren, Prozessen und Mitteln für die Verwirklichung des Qualitätsmanagements DIN EN ISO 9001 [4] (Die Neufassung nach DIN EN ISO 9000:2000 [5] sagt eher unkonkreter „Als QMS wird das System bezeichnet, in dessen Rahmen die Tätigkeiten des Qualitätsmanagements durchgeführt werden").

1 Entwicklung des Qualitätsmanagements

Mit der Entwicklung der industriellen Produktion manifestierte sich auch die Arbeitsteilung zwischen Fertigen/Montieren und Prüfen/Kontrollieren. Der Schwerpunkt eines ursprünglichen Qualitätsmanagements lag in der Planung und Organisation der entsprechenden Maßnahmen zur Produktprüfung. Erst Mitte/Ende der 1970er Jahre mit den Überlegungen zur Humanisierung der Arbeitswelt und den Konzepten für Gruppenarbeit wurde systematisch begonnen, Maßnahmen zur Qualitätssicherung in die Verantwortung der „direkt produktiven" Mitarbeiter zu übertragen und damit die klassische Arbeitsteilung aufzuheben. Dieses organisatorische Konzept wurde durch technische Entwicklungen unterstützt: einerseits ermöglichte der Einzug der Informationstechnologie in die Produktionsmittel eine verbesserte Steuerung und Überwachung von Prozessen, andererseits stellte die zunehmende Automatisierung aber auch deutlich höhere Anforderungen an die Qualität der in den Fertigungsprozess eingehenden Teile und Komponenten. Ein Schraubautomat konnte im Gegensatz zum Mensch defekte Gewinde der Schrauben nicht erkennen – mit den entsprechenden Konsequenzen für Produkt und/oder Betriebsmittel.
Historisch gesehen spricht man etwa seit 1992 nicht mehr von Qualitätssicherung, sondern vom Qualitätsmanagement. Die Qualitätssicherung selbst ist nur noch eine der Aufgaben des QM. Qualitätsmanagement ist heute als übergeordnete Funktion zu verstehen, der sich alle qualitätsrelevanten Aktivitäten zuordnen lassen. Es tangiert somit alle Teilbereiche eines Unternehmens, von der Entwicklung und dem Materialeinkauf über die Produktion bis hin zur Organisation des Kundendienstes und zur Motivierung von Mitarbeitern. Qualitätsmanagement schließt technische, wirtschaftliche, mathematisch-statistische, psychologische, und – bedingt durch das Produkthaftungsgesetz – auch juristische Aspekte ein.

1.1 Aufgaben des Qualitätsmanagements

Die Aufgaben des Qualitätsmanagements wurden in der DIN EN ISO 8402 wie folgt beschrieben: Das QM umfasst alle Tätigkeiten des Gesamtmanagements, die im Rahmen des QM-Systems beschrieben sind.
Im Folgenden werden die Aufgaben Qualitätspolitik, Qualitätsplanung, Qualitätslenkung und Qualitätssicherung/Qualitätsverbesserung kurz erläutert.

Bild 1-1. Aufgaben des Qualitätsmanagements

Qualitätspolitik

Die Unternehmensleitung legt im Rahmen der Qualitätspolitik fest, wer im Unternehmen welche Aufgaben, Kompetenzen und Verantwortlichkeiten hat. Darüber hinaus ist es Aufgabe der Qualitätspolitik, das Unternehmen zum Thema Qualität strategisch zu positionieren, das heißt eine qualitätsbezogene Unternehmensmission, Vision und Ziele zu definieren.

Qualitätsplanung

Die Qualitätsplanung hat die Aufgabe, zu ermitteln, welche Aufgaben, Tätigkeiten und Prozesse sich qualitativ auf die Produkte auswirken. Dies kann im Zweifelsfall viele planende, vorbereitende und ausführende Prozesse im Unternehmen betreffen. Bei jedem dieser Prozesse muss untersucht werden, wie er die Qualität beeinflusst und was sichergestellt sein muss, um die Ergebnisse erreichen zu können. Dies beinhaltet auch die Fragen, welche Informationen benötigt werden, welche Informationen wem zugeleitet werden müssen usw. Hierbei handelt es sich um technische Informationen, aber auch um ablauforganisatorische Daten. Die umfassende Beschreibung der qualitätsrelevanten Prozesse findet sich dann in den Dokumenten des QM (z. B. QM-Handbuch, Verfahrens- und Arbeitsanweisungen) wieder.

Qualitätslenkung

Die Qualitätslenkung hat die Aufgabe, die betroffenen Bereiche und Mitarbeiter mit den qualitätsrelevanten Informationen und Dokumenten zu versorgen, die für die spezifische Arbeit benötigt werden. Dies beinhaltet auch das „Herunterbrechen" von Unternehmenszielen auf operative Ziele der einzelnen Bereiche, Gruppen und Mitarbeiter.

Qualitätssicherung und Qualitätsverbesserung

Die Überwachung der Produktions- und Dienstleistungsprozesse ist Gegenstand der Qualitätssicherung. Dabei können die Prozesse sowohl direkt über ihre technischen Parameter kontrolliert und korrigiert werden als auch indirekt über die Kontrolle der Produkte. Die Produkte können am Ende des Prozesses zu 100% oder stichprobenartig kontrolliert werden. Darüber hinaus stehen detaillierte Methoden der Prozess-Audits und Produkt-Audits zur Verfügung. Sie beschäftigen sich sehr intensiv mit Schwachstellen. Die Ergebnisse der Kontrollen und Audits dienen dazu, erkannte Fehler zu korrigieren und abzustellen und Prozesse und Produkte weiter zu verbessern.

1.2 Total Quality Management

Mit den Begriff Qualitätsmanagement ist ein unternehmerisches Anspruchsdenken verknüpft, das sich wie folgt formulieren lässt:

- Das QM sieht sich als Stellvertreter des Kunden in Bezug auf die Qualität.

- Das QM möchte sicherstellen, dass nicht nur das Endprodukt den Kundenansprüchen genügt bzw. die Qualitätsvorstellungen der Kunden verkörpert, sondern auch eine hohe Qualität für die internen Produktions- und Dienstleistungsprozesse existiert.
- Die Betrachtung der Prozessqualität umfasst bei Produktions- und Dienstleistungsprozessen neben technischen auch wirtschaftliche Merkmale.
- Das QM befasst sich, soweit diese Einfluss auf die qualitätsbezogenen Aktivitäten des Produktionsbereiches haben, mit den der Produktion vorgeschalteten Bereichen der Entwicklung und den nachgelagerten Aktivitäten im Vertrieb.

Dieser weitreichende Ansatz führte zum Konzept des Total Quality Management (TQM). Darunter ist ein umfassendes Führungskonzept zu verstehen, das sich auf die Mitwirkung aller Mitarbeiter eines Unternehmens stützt, Qualität in den Mittelpunkt stellt und durch Zufriedenstellung der Kunden den langfristigen Geschäftserfolg sichert. Die damit verbundene Veränderung von Aufgaben und Positionen im Unternehmen erfordert mehr als „nur" die Einführung neuer Methoden. Es bedarf hier vielmehr eines Prozesses der Reorganisation mit Neuverteilung von Aufgaben, Kompetenzen und Verantwortung im Unternehmen. Darüber hinaus ist das Qualitätsverständnis so zu formulieren und aufzubereiten, dass es für alle Mitarbeiter verständlich und bei der operativen Arbeit umsetzbar ist.

Ein systematisches Qualitätsmanagement, das in einem unternehmensspezifischen QM-System beschrieben ist, kann auch „nach außen" demonstriert und als Marketing-Instrument eingesetzt werden. In einigen Branchen, z. B. Automobil, ist es auch unabdingbare Voraussetzung, um im Markt agieren zu können. Als Nachweis können Unternehmen ihr QM-System von unabhängigen Organisationen (z. B. TÜV, DGQ) zertifizieren lassen. In diesem Zusammenhang von zentraler Bedeutung ist die Zertifizierungsnorm DIN EN ISO 9001:2000 [6], welche die Forderungen an ein QM-System festlegt und konkrete Hinweise liefert, wie ein QM-System normkonform aufzubauen und weiterzuentwickeln ist. Als Weiterentwicklung der DIN ISO 9000-Familie wurde sie im Sinne von Total Quality Management mit folgender Zielsetzung hinterlegt:

- die ständige Verbesserung des QM-Systems und damit der Produkte und Dienstleistungen zur Erhöhung der Kundenzufriedenheit

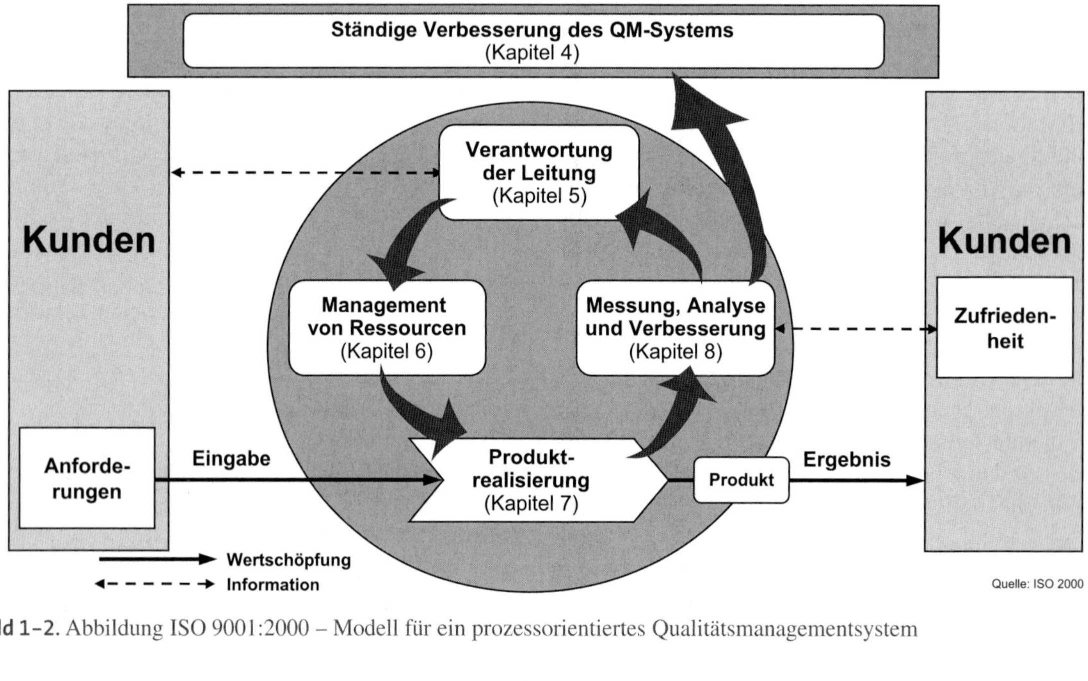

Bild 1-2. Abbildung ISO 9001:2000 – Modell für ein prozessorientiertes Qualitätsmanagementsystem

- die stärkere Orientierung an den Unternehmensprozessen
- die Gestaltung des QM-Systems nach acht Qualitätsmanagement-Grundsätzen:
  - Kundenorientierung
  - Führung
  - Einbeziehung der Personen
  - Prozessorientierter Ansatz
  - Systemorientierter Managementansatz
  - Ständige Verbesserung
  - Sachbezogener Ansatz zur Entscheidungsfindung
  - Lieferantenbeziehungen zum gegenseitigen Nutzen.

Der stärkeren Prozessorientierung wird auch durch ein Prozessmodell für das Qualitätsmanagement Rechnung getragen, das in Bild 1-2 dargestellt ist.
Im Automobilsektor ist für Zulieferer von Serienteilen darüber hinaus die ISO/TS 16 949 von Bedeutung. Die **ISO/TS 16 949** [10] (2. Ausgabe 2002, kurz *TS2* genannt) ist eine weltweit anerkannte **ISO Technische Spezifikation** und fasst die Anforderungen der internationalen Automobilhersteller zusammen, die bisher überwiegend in nordamerikanischen und europäischen Standards nicht einheitlich beschrieben waren. Sie basiert auf der ISO 9001:2000 und enthält weitere allgemeine Anforderungen der Automobilhersteller an die Unternehmensprozesse ihrer Lieferanten. Mit ihr wird nun vermieden, dass sich Lieferanten verschiedener Autohersteller mehrfach zertifizieren lassen müssen.

2 Bedeutung des Qualitätsmanagements

Das BGB (Bürgerliche Gesetzbuch) verpflichtet im Mängelfall „nur" zu Nachbesserung, Wandlung oder Rückabwicklung – und zieht damit verhältnismäßig geringe wirtschaftliche Auswirkungen nach sich. Durch die Einführung des Produkthaftungsgesetzes und die damit verbundene Umkehr der Beweislast (das Unternehmen muss die Fehlerfreiheit seines Produktes nachweisen), kann der Hersteller auch im privaten „End"-Kunden-Sektor für Mängel-bedingte Folgeschäden haftbar gemacht werden. Im gewerblichen Bereich können fehlerhafte Lieferungen eines kleinen Unternehmens an seinen Großkunden allerdings Existenz-bedrohende Auswirkungen haben. Der einfache Spruch „Qualität ist, wenn die Kunden zurückkommen, und nicht die Waren" drückt die Anforderungen an das Qualitätsmanagement sehr gut aus.

Qualitätsmanagement im Rahmen Ganzheitlicher Produktionssysteme

Qualitätsmanagement erstreckt sich über den „Lifecycle" eines Produkts, der in vier wesentliche Phasen unterteilt werden kann:

- Entwicklungsphase
- Herstellungsphase
- Nutzungs-/Gebrauchsphase
- Recycling-/Entsorgungsphase.

In der **Entwicklungsphase** beginnt das Qualitätsmanagement mit der Produktspezifikation. In der Produktspezifikation werden die wesentlichen Leistungs- und Qualitäts-Merkmale vorerst als Anforderungen (Lastenheft) definiert. Entwicklung, Konstruktion, Arbeitsplanung und Betriebsmittelbau sind dann mit der Aufgabe gefordert, Produkt und Herstellungsprozesse so auszulegen, dass die Anforderungen erfüllt werden. Um die Erreichung der Zielsetzung bereits im sogenannten „Produktentstehungsprozess" zu verfolgen und zu kontrollieren, sind in den Prozessmodellen häufig „Quality Gates" definiert, an denen bestimmte Entwicklungsstände, z. B. digitale Produktmodelle oder physische Prototypen vorliegen müssen. In diesem Kontext werden auch Erprobungen und Tests festgelegt, mit denen die Produkteigenschaften überprüft und „validiert", d. h. für gut befunden werden. In dieser Phase ist es besonders wichtig,

- Die Anforderungen nicht zu „überziehen", d. h. nicht das technisch Mögliche, sondern das aus Kundensicht Erforderliche oder „Gewünschte" in die Produktspezifikation einzutragen – um ein „Over-Engineering" zu vermeiden und den Qualitätssicherungsaufwand in Grenzen zu halten
- Die Erfahrungen aus Produktion und Service von Vorgänger- oder ähnlichen Produkten systema-

tisch in den Entwicklungsprozess einzubringen – um die Wiederholung von Fehlern zu vermeiden und mögliche Verbesserungen zu realisieren
- Soweit als möglich und wirtschaftlich realisierbar mögliche Fehler im Herstellungsprozess konstruktiv zu vermeiden und erforderliche Prüfungen einfach und sicher zu ermöglichen – um die Prozesssicherheit zu erhöhen und Prüfaufwand zu reduzieren.

In der **Herstellungsphase** werden die Produkte bezüglich der definierten Qualitätsmerkmale, wie z. B. Funktionalität, Maßhaltigkeit, Oberflächengüte geprüft. Diese Prüfungen sind in der Regel sehr aufwändig – deshalb versucht man, eine 100%-Kontrolle durch Stichproben zu ersetzen. Das ist dann möglich, wenn die Produktionsprozesse überwacht werden und ein sicherer Zusammenhang zwischen Produktionsprozess-Merkmal und Produkt-Qualitätsmerkmal gegeben ist – so lässt sich z. B. die Qualität einer Schraubverbindung über den Drehmomentverlauf beim Schraubvorgang überprüfen. Ein weiterer Vorteil dieser Prozesskontrolle ist der zeitnahe Zusammenhang zwischen Fehler-Entdeckung und Fehler-Entstehung. Dadurch wird vermieden, dass ein Fehler im Herstellungsprozess erst in der eventuell Stunden später durchgeführten Produktprüfung erkannt wird und die in der Zwischenzeit produzierten Teile alle mit dem selben Fehler behaftet sind. Zur Vermeidung von möglichen Prozessfehlern trägt eine präventive Wartung und Instandhaltung der Betriebsmittel in hohem Maße bei. Diese kann entweder periodisch, in Abhängigkeit von bestimmten Betriebsstunden-Werten, oder auf Basis von regelmäßigen Verschleiß-Messungen durchgeführt werden. Hierbei sollte das Augenmerk nicht nur auf den Herstellungsprozess gelegt werden, sondern auch auf Support-Prozesse und -Funktionen, wie z. B. Logistik, und die dafür eingesetzten Betriebsmittel.

In die Gruppe der präventiven Maßnahmen fällt auch Qualifizierung und Motivation der Mitarbeiter – das Qualitätsbewusstsein sollte im Unternehmen richtig verankert werden. Damit greift Qualitätsmanagement auch in die Gestaltung der Aufbauorganisation ein – in der Arbeitswissenschaft wird immer die richtige Abstimmung von Aufgabe, Kompetenz und Verantwortung propagiert. Mitarbeiter sollen für die von ihnen wahrgenommenen Aufgaben und durchgeführten Tätigkeiten auch die Verantwortung übernehmen. Dies erfordert allerdings die Konsequenz, den verantwortlichen Mitarbeitern auch die Kompetenz für die Reklamation von „importierten“ Fehlern, wie z. B. die Anlieferung fehlerhafter Teile, und für qualitätssichernde Maßnahmen im Prozess, wie z. B. Reparatur oder Verbesserung von Werkzeugen, zu übertragen.

In der **Nutzungs- und Gebrauchsphase** befindet sich das Produkt in der Hand des Kunden, damit entzieht sich die Mehrheit der Produkte der Einflussnahme des Herstellers. Mögliche Qualitätsmaßnahmen reduzieren sich auf Wartung und Instandhaltung für Investitions- und hochwertige Gebrauchsgüter, sowie ggf. erforderliche Reparaturen. Allerdings ist diese Phase nahezu allein für das Qualitätsimage der Produkte und damit des Unternehmens verantwortlich. Wenn fehlerhafte Produkte ausgeliefert wurden oder nach kurzem Gebrauch untypische Mängel auftreten, kann ein professionelles Reklamationsmanagement viel zur Schadensbegrenzung beitragen. Die direkten Kosten für Reparatur oder Ersatzleistung an den Kunden sind meist deutlich geringer als die möglichen Folgekosten, z. B. durch Verlust von Aufträgen, Kunden oder Marktanteilen. Bestandteil des QM in dieser Phase müssen aber auch die Ursachen-Analyse und ggf. die Ableitung von Maßnahmen zur Behebung der Fehlerquellen sein. Auch ohne konkreten Anlass wie auftretende Defekte können Qualitätsmaßnahmen durchgeführt werden, wie z. B. Zustandsanalysen oder Verbesserungen im Rahmen von Routine-Wartungsarbeiten, oder Kundenzufriedenheitsanalysen. In einem erweiterten Scope gehört auch die Auswertung von Tests und Befragungen unabhängiger Organisationen, wie z. B. der Stiftung Warentest dazu. In jedem Fall muss durchdacht werden, wie die Ergebnisse aufbereitet, bewertet und zu den verantwortlichen Stellen/Funktionen kommuniziert werden.

Die **Recycling-/Entsorgungsphase** schließlich bietet die Möglichkeit, die Produkte am Ende ihrer Gebrauchsphase eingehend zu untersuchen und Rückschlüsse für die Entwicklung/Konstruktion zukünftiger Produkte zu ziehen.

Vorbeugung
- Qualitätsplanung
- Qualitätssicherung
- Qualitätsvergleiche
- Qualitätsprogramme
- Qualitätsschulung
- Lieferantenauswahl
- Lieferantenschulung
- Kundenumfragen
- Anforderungsanalyse
- Entwurfsanlage
- Prototypen
- Modellierung, Simulation
- Vorbeugende Wartung
- Bereitstellung von Entwicklungswerkzeugen
- Schaffung von Entwicklungsumgebungen

Überprüfung
- Eingangskontrollen
- Materialprüfungen
- geplante Inspektionen
- Tests und Auswertungen
- Pflege und Wartung von Testhilfsmitteln und -geräten
- Materialverbrauch bei zerstörenden Tests

Fehler intern
- Fehlererkennung
- Fehlerbeseitigung
- Entwurfsänderung
- Nachinspektionen
- Wiederholungstests
- Ausschuss
- Irrläufer
- Ausfall

Fehler extern
- Reklamationen
- Rückläufer
- Fehlerbehebung und Instandsetzung beim Kunden
- Garantieleistungen
- Wertminderung
- Produkthaftung
- Vertragsstrafen

Bild 2-1. Qualitätskosten – Übersicht

Die wirtschaftliche Betrachtung – Verursachung und Entstehung von Qualitätskosten

Qualität gibt es nicht zum Nulltarif – einerseits verursacht der Aufwand für das Qualitätsmanagement Kosten, andererseits entstehen Kosten durch „schlechte" Qualitätsleistung, z. B. für Nacharbeit oder Garantie- und Kulanzleistungen an die Kunden.

In der folgenden Übersicht sind die Qualitätskosten nach [8] zusammengestellt.

Die wesentlichen Kosten entstehen in der Regel durch Qualitätskontrolle und Nacharbeitsaufwand im Unternehmen – hier muss das Unternehmen Strategie-, Produkt- und Kunden-abhängig entscheiden, welches Risiko bei der Auslieferung der Produkte eingegangen wird.

Qualitätsaufwand in der Produktion wird zum „indirekten" Aufwand gerechnet, d. h. er wird in der Regel als nicht wertschöpfend klassifiziert. In der Konsequenz muss versucht werden, diesen Aufwand so gering wie möglich zu halten. Eine 100 %-Prüfung aller Produkte ist sehr arbeitsintensiv oder erfordert hohe Investitionen für die technischen Vorrichtungen, deshalb wird in modernen Arbeitssystemen die Prozessüberwachung stark fokussiert. Der höchste Einfluss auf die Qualitätskosten ist natürlich im Produktentstehungsprozess gegeben, viele Qualitätsrisiken in der Produktion können durch einfache konstruktive Maßnahmen am Produkt oder durch ein qualitätsorientiertes Prozess- und Anlagen-Engineering vermieden werden.

3 Wesentliche Methoden des Qualitätsmanagements

In diesem Kapitel werden einige wesentliche Methoden des Qualitätsmanagements kurz beschrieben:

- Quality Function Deployment (QFD)
- Fehlermöglichkeits- und Einfluss-Analyse (FMEA), Produkt-, Prozess-, und System-
- Qualitätsregelkartentechnik
- Six Sigma
- 8d-Reports

3.1 Quality Function Deployment (QFD)

Das Quality Function Deployment (QFD) ist eine Methode zur systematischen Planung der Qualität eines Zielproduktes ausgehend von kunden- und marktseitigen Qualitätsanforderungen [12]. Darüber

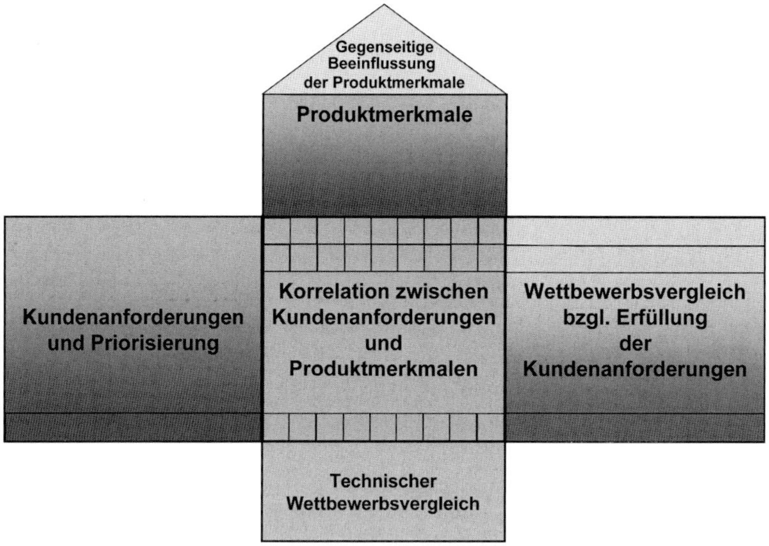

Bild 3-1. Quality Function Deployment – Struktur des House of Quality

hinaus werden Anforderungen an die zur Herstellung des Zielproduktes notwendigen Produktionsprozesse und Qualitätssicherungsmaßnahmen abgeleitet. Die Maxime des QFD lautet, dass bei qualitätsrelevanten Entscheidungen der Stimme des Kunden stets Vorrang einzuräumen ist. Zentrale Bedingung des Quality Function Deployment ist eine konsequente Kundenorientierung des Gesamtunternehmens und seiner Teilbereiche. Darüber hinaus müssen in ausreichendem Umfang Informationen über die Qualitätsanforderungen der Kunden verfügbar sein. Bis heute existiert keine umfassende und einheitliche Definition der Methode des Quality Function Deployment [12]. So liegt insbesondere keine entsprechende Norm der bekannten Organisationen vor. Es gibt vielmehr unterschiedliche methodische Varianten und Entwicklungstendenzen. Die gegenwärtig vorherrschende Anwendungspraxis in den USA und Europa orientiert sich an der durch das Institut der Amerikanischen Zulieferindustrie (American Supplier Institute, ASI) formalisierten Vorgehensweise.
Die QFD-Methode nach ASI gliedert sich in die folgenden vier Phasen:

- PHASE I: „Produktplanung“
  Erfassung kunden- und marktseitiger Qualitätsanforderungen (Kundenforderungen) und Ableitung lösungsneutraler Qualitätsanforderungen an die Konstruktion (Konstruktionsanforderungen).
- PHASE II: „Teileplanung“
  Ausgehend von den Qualitätsanforderungen an die Konstruktion werden Konstruktionskonzepte sowie Qualitätsanforderungen an Teilsysteme und Bauteile (Teileanforderungen) abgeleitet.
- PHASE III: „Prozessplanung“
  Hier werden ausgehend von den Qualitätsanforderungen an die Teile Produktionskonzepte und -prozesse ausgewählt sowie die Prozessparameter festgelegt.
- PHASE IV: „Produktionsplanung“
  Abschließend werden ausgehend von den Produktionsprozessen Qualitätssicherungsmaßnahmen abgeleitet und die Parameter der Maßnahmen festgelegt.

Zentrales Element der QFD-Methode ist die Erstellung von Planungstafeln zur Darstellung der Zusammenhänge zwischen den Qualitätsplanungsinformationen der verschiedenen Arbeitsbereiche. Das Quality Function Deployment weist eine hohe Verflechtung mit bereichsspezifischen Arbeitstechniken auf. So werden in der ersten, zweiten, dritten und vierten Phase schwerpunktmäßig Techniken aus den Bereichen Marketing, Konstruktionstechnik, Produktionsplanung bzw. Qualitätsmanagement integriert.

Bekannt ist insbesondere das House of Quality als Planungstafel der Produktplanung, das in 8 Schritten erstellt wird (vgl. [9]). Dabei werden u. a. Kundenanforderungen ermittelt, gewichtet und diese mit Qualitäts-/Produktmerkmalen korreliert. Daraus lässt sich schließlich die Bedeutung der Produktmerkmale ermitteln.

Im Rahmen der QFD-Methode werden häufig die Begriffe Merkmal, Sollwert und Anforderung verwendet. Hier steht der Begriff Merkmal für eine variable Stellgröße und ist damit ein freier Parameter. Ein Beispiel für ein Merkmal ist die maximale Leistung eines Antriebs. Eine Anforderung ist demgegenüber ein Merkmal zusammen mit einem quantitativen oder qualitativen Sollwert.

3.2 Fehlermöglichkeits- und -Einfluss-Analyse (FMEA)

Die FMEA (Fehler-Möglichkeits- und -Einfluss-Analyse, Failure Mode and Effects Analysis) ist eine formalisierte analytische Methode zur systematischen und vollständigen Erfassung potenzieller Fehler in der Konstruktion (System- und Konstruktions-FMEA), Planung und Produktion (Prozess-FMEA). Die FMEA ist seit 1980 als **Ausfalleffektanalyse** in die DIN 25 448 [3] aufgenommen. Diese wurde 2006 ersetzt durch die DIN EN 60 812 [7]. Die Methodik der FMEA soll schon in der frühen Phase der Produktentwicklung eingesetzt werden, da eine Kosten-/Nutzenoptimierung in der Entwicklungsphase am wirtschaftlichsten ist. Die nachstehende Abbildung zeigt das grundsätzliche Vorgehen bei einer FMEA. Im Folgenden wird der Ablaufplan am Beispiel einer Prozess-FMEA näher erläutert.

Erläuterungen am Beispiel der Prozess-FMEA

Im ersten Schritt ist ein interdisziplinäres Projekt-Team, in dem Experten für Fertigung, Fertigungsplanung und Qualitätssicherung vertreten sind, zu bilden. Dieses Team sollte seine Tätigkeit spätestens dann aufnehmen, wenn mit der Prozess-, Fertigungs- und Prüfmittelplanung begonnen wird. Die Arbeiten und die notwendigen Verbesserungsmaßnahmen müssen vor Beginn der (Serien-)Produktion durchgeführt sein. In der Praxis kommt es allerdings oft vor, dass eine Prozess-FMEA für einen laufenden Prozess erstellt wird, wenn die Fertigungsergebnisse aus nicht näher bekannten Gründen den Qualitätsvorgaben nicht entsprechen.

Im zweiten Schritt einer FMEA sind die potenziellen Fehler im Produktionsprozess zu ermitteln und zu analysieren. Grundsätzlich sind dabei nicht nur bekannte Fehler aufzulisten; entscheidend für den Erfolg einer FMEA ist vielmehr ein analytisches Vorgehen, das geeignet ist, alle nur denkbaren Fehler aufzufinden.

Dazu muss der Produktionsprozess fein genug strukturiert und damit das Projekt-Team in die Lage versetzt werden, alle möglichen Fehlermerkmale eindeutig beschreiben und voneinander abgrenzen zu können. Den einzelnen Elementen des Prozesses können dann potenzielle Fehler, deren Auswirkungen und Ursachen sowie zur Entdeckung geeignete Prüfmaßnahmen und Abstellmaßnahmen zugeordnet werden. Zur Ermittlung der potenziellen Fehler sind für jede Prozessfunktion folgende Fragen zu beantworten:

- Welcher Fehler könnte bei der Prozessfunktion auftreten?
- In welcher Weise könnte das bearbeitete Teil der Spezifikation nicht entsprechen?
- Was könnte der Kunde eventuell auch unabhängig von der Spezifikation für unbefriedigend halten?

Besondere Sorgfalt muss auf die Identifikation und Zuordnung der potenziellen Fehlerursachen verwendet werden. Zum einen bleibt mit einer nicht erkannten Ursache möglicherweise ein Risiko unentdeckt und zum anderen können zielgerichtete Maßnahmen zur Abstellung des Fehlers nur bei bekannten Fehlerursachen angesetzt werden. Die sich aus potenziellen Fehlern ergebenden Fehlerfolgen werden in der FMEA in ihrer Wirkung so beschrieben, wie sie sich beim Kunden bemerkbar machen. In Bild 3-3 wird dies an einem Ausschnitt aus dem Prozessanalyse-Teil einer FMEA verdeutlicht.

Um für die Maßnahmen zur Vermeidung der Fehler eine geeignete Reihenfolge festlegen zu können, sind die Fehler, Fehlerfolgen und -ursachen zu bewerten. Die Bewertungszahl, die so genannte ***Risikopriori-***

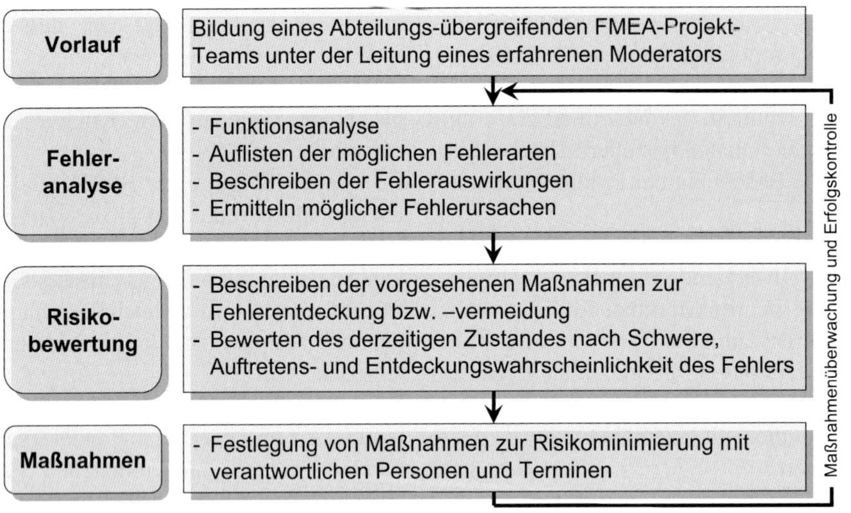

Bild 3-2. Vorgehensweise bei einer FMEA

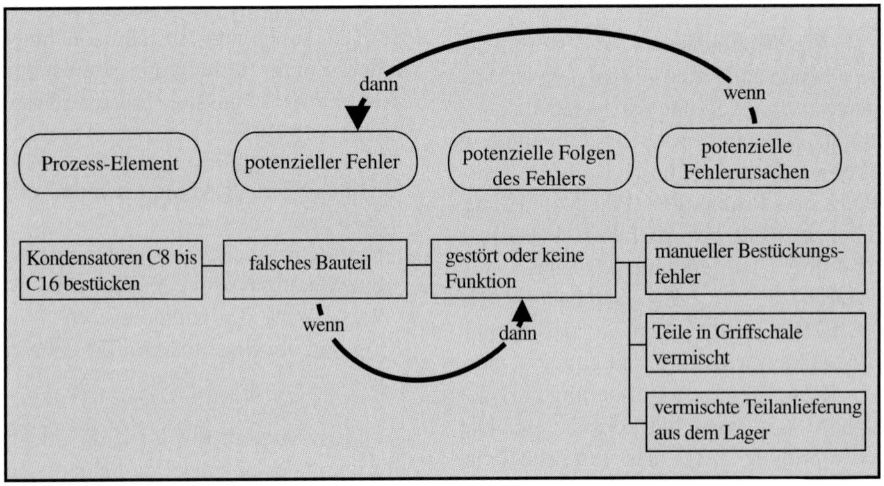

Bild 3-3. Beispiel zur Fehler- und Folgeanalyse in einer Prozess-FMEA

***tätszahl* (*RPZ*)**, setzt sich multiplikativ aus Einzelbewertungen für

- die Wahrscheinlichkeit des Auftretens (**A**),
- die Bedeutung des Fehlers für den Kunden (**B**) und
- die Wahrscheinlichkeit der Entdeckung vor Auslieferung an den Kunden (**E**) als Bewertung für die derzeit zur Entdeckung des Fehlers durchgeführten Prüfungen zusammen.

Im Allgemeinen werden die Kennzahlen A, B und E nach einem 10-Punkte-Schema vergeben. Bild 3-4 zeigt eine mögliche Bewertungsskala für die Kennzahl B, ein ähnliches Schema kann für die Kennzahl E angelegt werden. Für die Kennzahl A kann bei der Prozess-FMEA die Bewertungszahl auch von der Prozessfähigkeitskennzahl Cpk abgeleitet werden.

Die Risikoprioritätszahl $\mathbf{RPZ} = \mathbf{A} \times \mathbf{B} \times \mathbf{E}$ ist ein Maß für das Gesamtrisiko jeder einzelnen möglichen Ursache eines potenziellen Fehlers. Je größer die RPZ, desto dringlicher sind qualitätssichernde Maßnahmen, um das entsprechende Risiko zu senken. Üblich ist eine Einteilung in die drei Prioritätskategorien

Bedeutung (Auswirkungen auf den Kunden)	Bedeutungspunkte
Es ist unwahrscheinlich, dass der Fehler irgendeine wahrnehmbare Auswirkung auf das Verhalten des Produktes oder Systems haben könnte. Der Kunde wird den Fehler wahrscheinlich nicht bemerken.	1
Der Fehler ist unbedeutend und der Kunde wird nur geringfügig belästigt. Der Kunde wird wahrscheinlich eine geringfügige Beeinträchtigung des Systems bemerken.	2–3
Mittelschwerer Fehler, der Unzufriedenheit bei einigen Kunden auslöst (z.B.Lautsprecher brummt). Der Kunde wird Beeinträchtigungen des Systems bemerken.	4–6
Schwerer Fehler, der den Kunden verärgert (z.B. das Radio defekt). Sicherheitsaspekte oder gesetzliche Bestimmungen sind nicht betroffen.	7–8
Äußerst schwerwiegender Fehler, der möglicherweise die Sicherheit und/oder die Einhaltung gesetzlicher Vorschriften gefährdet.	9–10

Bild 3-4. Bewertungsschema für die Fehlerbedeutung (Beispiel)

- hoch: RPZ $\geq$ 125
- mittel: 50 < RPZ < 125
- niedrig: RPZ < 50.

Diese ist jedoch nur als grobe Richtlinie zu verstehen. Für eine Einschätzung des Risikos sollten immer auch einzelne besonders niedrige oder hohe Bewertungszahlen (A, B und E) berücksichtigt werden. Die potenziellen Ursachen werden in der Reihenfolge ihrer Risikopriorität geordnet und hinsichtlich möglicher Abstellmaßnahmen genauer untersucht. Abstellmaßnahmen lassen sich in Maßnahmen unterteilen, die

- die Wahrscheinlichkeit des Auftretens durch Konstruktions- und/oder Produktionsprozessänderungen beeinflussen,
- die Bedeutung des Fehlers durch Konstruktionsänderungen reduzieren und
- die Wahrscheinlichkeit der Entdeckung, bevor das Produkt das Werk verlässt, durch verbesserte Prüfmaßnahmen erhöhen.

Grundsätzlich sind dabei die fehlervermeidenden (Abschwächen des Faktors A) den fehlerkompensierenden (Reduzierung des Faktors B) und den fehlerentdeckenden Maßnahmen (Verkleinerung von E) vorzuziehen. Durch ein Abwägen zwischen dem Risiko, den entstehenden Fehlerkosten und dem für die Abstellung nötigen Aufwand kann eine Reihenfolge festgelegt werden, in der die einzelnen Maßnahmen abzuarbeiten sind. Für die zur Durchführung anstehenden Maßnahmen wird eine verantwortliche Stelle benannt. Nach der Durchführung wird als Erfolgskontrolle in einem weiteren Iterationsschritt die FMEA wiederholt. Als Erfolgsmaßstab gilt die Differenz zwischen alter und neuer RPZ. Im Allgemeinen wird die FMEA auf jeden Fall so lange weitergeführt, wie noch potenzielle Fehlerursachen mit einer „kritischen" RPZ (oft RPZ > 125) vorhanden sind. Ein Beispiel für ein FMEA-Formblatt wird in Bild 3-5 gezeigt.

3.3 Qualitätsregelkartentechnik im Rahmen der statistischen Prozesslenkung (SPC)

„Qualitätsregelkarten sind die wichtigsten Werkzeuge, die im Rahmen von statistischer Prozesslenkung (Statistical Process Control, SPC) eingesetzt werden. Sie sind sowohl bei der Prozessanalyse als auch bei der Prozesslenkung in der Serienphase notwendig" [11]. Mithilfe der Qualitätsregelkarte (kurz QRK) kann das Prozessverhalten bezüglich seiner Lage und Streuung visualisiert werden. Dazu werden Kennwerte (z. B. Anzahl der fehlerhafter Einheiten,

	Fehler-Möglichkeits- und Einfluß-Analyse ☐ System-FMEA Produkt ☐ System-FMEA Prozeß								FMEA-Nr.:
Typ/Modell/Fertigung/Charge:				Sach-Nr: Änderungsstand:		Verantw. Firma:			Abt.: Datum:
System-Nr./Systemelement: Funktion/Aufgabe:				Sach-Nr: Änderungsstand:		Verantw. Firma:			Abt.: Datum:
Mögliche Fehlerfolgen	B	Möglicher Fehler	Mögliche Fehlerursachen	Vermeidungs-maßnahmen	A	Entdeckungs-maßnahmen	E	RPZ	V/T

B: Bewertungszahl für die Bedeutung
A: Bewertungszahl für die Auftretenswahrscheinlichkeit
E: Bewertungszahl für die Entdeckungswahrscheinlichkeit

Risikoprioritätszahl RPZ = B*A*E
V: Verantwortlichkeit
T: Termin für die Erledigung

Bild 3-5. Beispiel für FMEA-Formblatt

Anzahl Fehler je Einheit, Urwerte, Mittelwerte, Mediane (Zentralwerte), Standardabweichungen und Spannweiten) zur Lage- und Streuungsbeurteilung über die Zeit dargestellt und mit Grenzlinien (sog. Eingriffsgrenzen) verglichen. Anhand dieser Vergleiche kann eine Aussage über die Güte (Stabilität) der Prozesse getroffen werden. Zur Darstellung der Qualitätsregelkarte (Bild 3-6) wird auf der horizontalen Achse (Abszisse, x-Achse) alternativ

- die Nummer der Stichprobe
- der Zeitpunkt (Datum/Uhrzeit) der Stichprobenentnahme oder
- die Chargennummer bzw. eine sonstige Kennzeichnung

aufgetragen – bei manuell geführten Karten werden 25 bis 30 Stichproben dargestellt. Bei rechnergeführten Karten können je nach Auflösung wesentlich mehr Stichproben dargestellt werden. Die vertikale Achse (Ordinate, y-Achse) ist von der Merkmalausprägung abhängig, bei kontinuierlich veränderlichen Merkmalen bestimmt der jeweilige Kennwert die Skalierung der Ordinate:

- eine Skala für die Urwerte oder
- eine Skala für die Kennwerte der Stichprobe (Mittelwert, Median (Zentralwert), Standardabweichung oder Spannweite).

Bei diskreten Merkmalen ist die Skalierung der Ordinate entweder die „Anzahl fehlerhafter Einheiten" bzw. der „Anteil fehlerhafter Einheiten" oder „Anzahl Fehler je Einheit". In Abhängigkeit der Qualitätsregelkarte können:

- Mittellinie (M)
- Warngrenze (WG) – werden nur noch selten verwendet
- Eingriffsgrenze (EG)

berechnet und eingezeichnet werden. Damit entsteht das in Bild 3-6 dargestellte Bild, in das die „Werte" eingetragen werden.

Anwendung einer Qualitätsregelkarte

Der laufenden Fertigung werden in möglichst gleichen Zeitabständen Stichproben des Umfangs n entnommen, und das mit der Qualitätsregelkarte

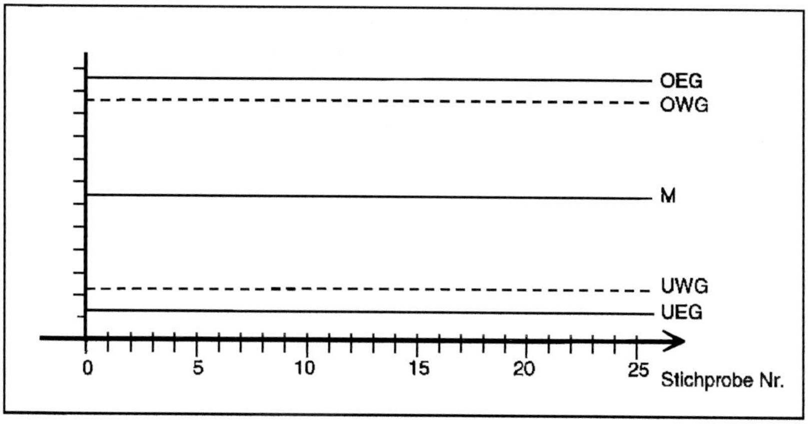

OWG = obere Warngrenze
OEG = obere Eingriffsgrenze
UWG = untere Warngrenze
UEG = untere Eingriffsgrenze

Bild 3-6. Schematische Darstellung einer Qualitätsregelkarte

überwachte Merkmal ist zu prüfen. Handelt es sich um ein diskretes Merkmal, ist die Anzahl fehlerhafter Einheiten bzw. die Anzahl Fehler je Einheit festzustellen und in die Regelkarte einzutragen, der Stichprobenumfang kann von Stichprobe zu Stichprobe variieren. Im Gegensatz dazu muss bei kontinuierlichen Merkmalsarten der Stichprobenumfang n immer konstant sein, unvollständige Stichproben dürfen nicht in die Betrachtung mit einbezogen werden. Alle Teile der Stichprobe werden bezüglich der definierten Merkmal(e) geprüft. Aus den n Urwerten können statistische Kennwerte wie Mittelwert oder Standardabweichung errechnet werden. Je nach Qualitätsregelkartentyp sind die Urwerte selbst oder die statistischen Kennwerte in die Grafik einzutragen. In Abhängigkeit vom Erreichen oder Überschreiten der definierten Grenzwerte muss die verantwortliche Prozessführung reagieren (Bild 3-7).

3.4 Six Sigma

Six Sigma ist ein Begriff aus der Statistik und bedeutet, dass auf 1 Million Möglichkeiten maximal 3, 4 fehlerhafte Ergebnisse entstehen. Für Prozessergebnisse werden quantitative Messgrößen definiert – unter der Annahme einer Normalverteilung der Messwerte (Gauß'sche Glockenkurve) beschreibt Sigma die Standard-Abweichung vom mittleren Erwartungswert. Insoweit baut Six Sigma auf der statistischen Prozessregelung (SPC) auf – es wurde aber zur Null-Fehler-Philosophie weiterentwickelt.

Möglichkeiten	Folgerung
Ur- oder Kennwert(e) innerhalb der Warngrenzen	Fertigung läuft wie gehabt weiter
Ur- oder Kennwert(e) außerhalb der Warngrenzen aber innerhalb der Eingriffsgrenzen	Fertigung läuft wie gehabt weiter aber häufiger prüfen; ggf. sofort neue Stichprobe
Ur- oder Kennwert(e) außerhalb der Eingriffsgrenzen	Fertigung neu einstellen; ggf. seit letzter Prüfung gefertigte Teile aussortieren

Bild 3-7. Kriterien zur Beurteilung einer Qualitätsregelkarte

Damit ist Six Sigma als Management-Konzept zu verstehen, das als zentrale Ziele Qualitätssteigerung und Kosteneinsparung fokussiert. Six Sigma betrifft nicht nur die Produktqualität selbst, sondern schließt als Ziel die Fehlerfreiheit aller direkten und indirekten Prozesse mit ein. Die Einsatzmöglichkeiten umfassen sowohl Fertigungsprozesse als auch Serviceprozesse, wie z. B. die Serienfertigung von Produkten oder Standard-Dienstleistungen mit hoher Wiederholhäufigkeit (z. B. Call-Center-Abläufe).

Die Vorgehensweise baut auf der Durchführung von Six Sigma-Projekten auf, die für (Teil-)Prozesse mit erkannten Schwachstellen oder Potentialen definiert werden. Grundvoraussetzung ist die Festlegung und Messung von relevanten Prozess-Kennzahlen, damit eine faktenbasierte Entscheidungsfindung und Erfolgskontrolle ermöglicht wird. Die Projekte sollen dann in kurzen Zeiträumen (typisch sind weniger als drei Monate) unter der Leitung eines Six Sigma Experten in Kooperation mit den Prozessbeteiligten durchgeführt werden. Zentraler methodischer Bestandteil ist der **„DMAIC"-Zyklus**, in dem die Buchstaben für die Begriffe „Design" (Lösung entwickeln), „Make" (Umsetzung), „Analyze" (Effekte analysieren), „Improve" (Lösung verbessern) und „Check" (Laufende Kontrolle) stehen.

Das Management-Konzept Six Sigma fordert auch eine **Six Sigma-Organisation**. Es werden Experten ausgebildet, die den Status „Green Belt", „Black Belt" und „Master Black Belt" erreichen können. Ab dem Status Black Belt sollen die Experten von operativen Aufgaben freigestellt werden und ausschließlich Six Sigma-Projekte im Unternehmen identifizieren und durchführen.

Ein weiteres Handlungsfeld wird als **„Design for Six Sigma"** (DFSS) bezeichnet und verfolgt die Zielsetzung, bereits in der Entwicklungsphase Produkte und Prozesse so auszulegen, dass in der Produktion eine möglichst hohe Prozesssicherheit erreicht werden kann.

3.5 8D-Report

Die 8D-Methode ist eine Methode zur systematischen Analyse und dauerhaften Abstellung von Fehlern, die typischerweise dann zum Einsatz kommt, wenn wiederholt fehlerbehaftete Lieferungen an Kunden erfolgt und von diesen reklamiert worden sind. Das Kürzel „8D" steht für 8 Disziplinen und beschreibt die 8-stufige Vergehensweise der Methode. Leitfaden für die 8D-Methode ist ein Flussdiagramm, das Ergebnis wird in einem Formblatt, dem „8D-Report" zusammengefasst. Der Problemlösungsprozess nach der 8D-Methode umfasst die Schritte:

- Teambildung – Personen mit Prozesskenntnis und zeitlicher Verfügbarkeit, Patenschaft auf Managementebene
- Problembeschreibung – Effekte mit quantifizierten Daten hinterlegen
- Maßnahmen zur direkten Schadensbegrenzung – Umsetzung von Sofortlösungen zur Vermeidung des Fehlers beim Kunden)
- Ursachenermittlung – Identifikation der (wahrscheinlichen) Problemursache, Überprüfung durch Tests

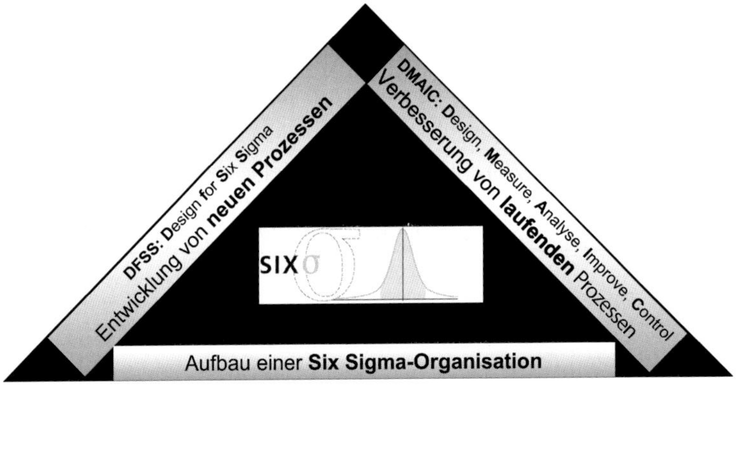

Bild 3-8. Management-Konzept Six Sigma – Handlungsfelder

- Erarbeitung von Abstellmaßnahmen – Verifizierung der Wirksamkeit hinsichtlich Problemursache und Fehlervermeidung aus Kundensicht
- Dauerhafte Umsetzung der Maßnahmen – Einführung von Kontrollmechanismen
- Verhinderung der Fehler-Wiederholung – Anpassung des Qualitätsmanagementsystems
- Abschluss der Teamarbeit – Sicherung der Erfahrung und Teamwürdigung!

Vorteilhaft an dieser Methode ist ihre leichte Verständlichkeit und die Anwendung im Team. Diese Zweistufigkeit der Vorgehensweise – zunächst eine Sofortlösung einzuführen und dann nach der Problemursache zu suchen – erhöht zwar die Praktikabilität der Methode, beinhaltet aber auch die Gefahr, bei einer provisorischen Lösung zu bleiben, insbesondere, wenn die Ursachenanalyse einen hohen Aufwand erfordert.

4 Bewertung von Qualitätsmanagementsystemen

Unter einem Qualitätsmanagementsystem (QMS) versteht man die festgelegte Aufbau- und Ablauforganisation sowie die Mittel zur Durchführung des Qualitätsmanagements. In vielen Wirtschaftsbranchen wird heute erwartet, dass ein Unternehmen ein Qualitätsmanagementsystem definiert hat und danach arbeitet, teilweise ist es sogar eine Voraussetzung für die erfolgversprechende Bewerbung um Aufträge. Zur Darlegung der Erfüllung dieser Voraussetzung können sich Unternehmen zertifizieren lassen, dabei handelt es sich um die Beurteilung und Anerkennung des nachgewiesenen QMS von einer neutralen Institution.
Die DIN EN ISO 9000:2000 stellt wesentliche Grundlagen für den Aufbau eines QMS bereit und hat die Terminologie festgelegt – in der Darlegungsnorm DIN EN ISO 9001:2000 sind die Anforderungen an ein QMS beschrieben, für den Fall, dass sich die Organisation zertifizieren lassen will. Das Qualitätsmanagementsystem muss dokumentiert sein in Form eines Qualitätshandbuchs, von QM-Richtlinien und Verfahrensanweisungen sowie von Arbeits- und Prüfanweisungen. Mit der Dokumentation des QM-Systems sind folgende Vorteile verbunden:

- Schaffung einer transparenten Darstellung der qualitätssichernden Tätigkeiten im Unternehmen für die eigenen Mitarbeiter
- Erzeugung von Vertrauen in die Qualitätsfähigkeit des Unternehmens gegenüber Kunden
- Erfüllung von Nachweispflichten, die sich aus der Produkthaftung ergeben
- Erleichterung der Überprüfung des QM-Systems im Rahmen eines internen Reviews oder Audits, durch Abnehmer oder neutrale Institutionen.

Im Automobil-Bereich, dem eine gewisse Führungsrolle hinsichtlich der Implementierung von Qualitätsmanagementsystemen zukommt, ist auf der Grundlage der internationalen ISO 9000-Norm die VDA 6-Richtlinie als Qualitätsstandard der deutschen Automobilindustrie mit mehreren Bänden entstanden, die in den Regelungen weiter reicht. Im Zuge einer Harmonisierung wurde dann 1999 die ISO/TS 16 949 geschaffen, die international als Standard-Regelwerk für Qualitätsmanagementsysteme in der Automobilindustrie anerkannt wird. Die Überprüfung und „Abnahme" eines Qualitätsmanagementsystems durch eine neutrale Institution bezeichnet man als **Zertifizierung** – ein Verfahren, mit deren Hilfe die Einhaltung bestimmter Standards für Produkte/Dienstleistungen und ihrer jeweiligen Herstellungsverfahren einschließlich der Handelsbeziehungen nachgewiesen werden können. Im Allgemeinen besteht die Zertifizierung in der Ausstellung eines Zeugnisses. Eine Zertifizierung erfolgt i. d. R. über vier Stufen, wie in Bild 4-1 dargestellt [13].
Wesentliches Element in einer Zertifizierung ist das Audit, das im folgenden Kapitel erläutert wird.

4.1 Das Qualitäts-Audit

Das Wort AUDITIEREN kommt aus der lateinischen Sprache von dem Wort „audire", was soviel wie „hören, anhören" bedeutet. Unter Audit versteht man die systematische, unabhängige Untersuchung einer Aktivität und ihrer Ergebnisse, durch welche Vorhandensein und sachgerechte Anwendung spezifischer

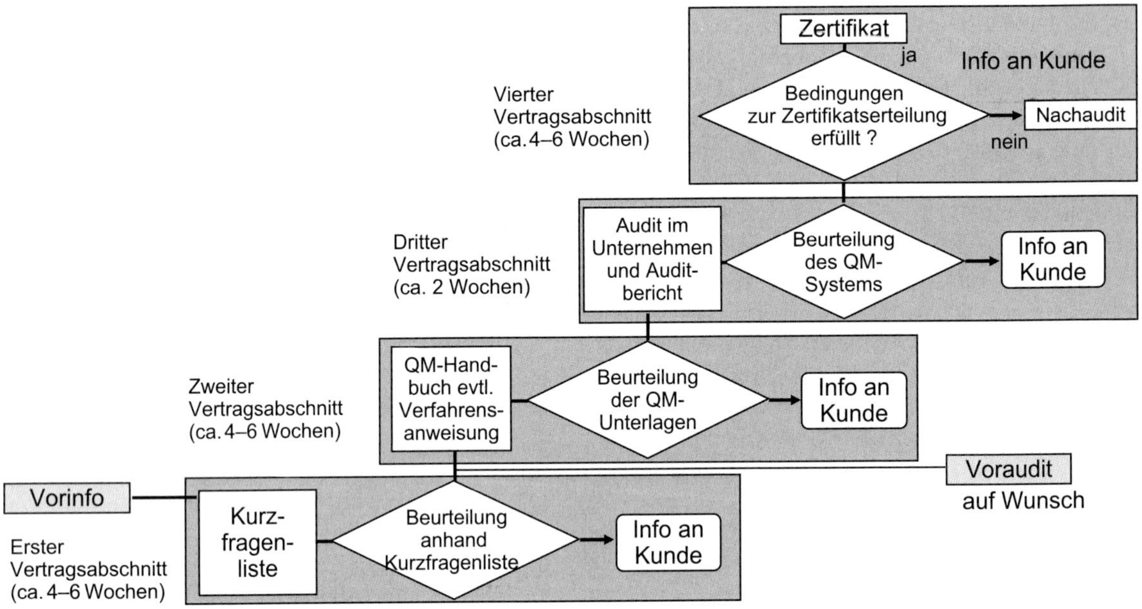

Bild 4-1. Ablauf einer Zertifizierung

Anforderungen beurteilt und dokumentiert werden. Die entsprechende DIN-Definition lautet: „Audit ist die Beurteilung der Wirksamkeit des Qualitätssicherungssystems oder seine Elemente“. Audits sind also Instrumente, mit denen man zu einem bewertenden Bild über Wirksamkeit und Problemangemessenheit qualitätssichernder Aktivitäten kommen kann. Neben dem Produkt- und Verfahrensaudit kommt dem sogenannten Systemaudit eine besondere Bedeutung zu, weil es dem Nachweis der Wirksamkeit und Funktionsfähigkeit einzelner Elemente oder eines gesamten Qualitätsmanagementsystems dient:

- Systemaudits stellen ab auf eine Zertifizierung des Qualitätssicherungssystems zumeist durch externe Organisationen oder Behörden.
- Verfahrensaudits untersuchen Arbeitsabläufe (Fertigung, Dienstleistungen) auf Sicherheit, Qualitätsfähigkeit und Zuverlässigkeit der Methoden, Mitarbeiter oder Mittel für den Arbeitsvorgang.
- Produkt- oder Ergebnisaudits schließlich überprüfen Prozesse auf Übereinstimmung mit den vorgegebenen Standards oder Normen. Aus diesen zumeist als Stichprobe durchgeführten Untersuchungen lassen sich Qualitätstrends ablesen.

Bild 4-2 zeigt eine allgemeine Vorgehensweise auf.

Gründe für Audit-Durchführungen

Audits werden nicht nur im Rahmen einer Zertifizierung durchgeführt – sie können auch ganz grundsätzlich durch Qualitätsprobleme oder Veränderungen von Produkten und/oder Prozessen veranlasst werden. Im Folgenden werden einige wesentliche Gründe aufgelistet:

- Allgemeine Gründe
  - Um nach Verbesserungen im Qualitätsmanagementsystem zu suchen
  - Um die Übereinstimmung mit der ISO 9000 und allen anderen Standard sicherzustellen
  - Um Übereinstimmung und Abweichungen festzustellen
  - Um gesetzliche Anforderungen zu erfüllen
  - Um die Zertifizierung möglich zu machen
- Gründe für Produktaudits
  - Verstärkte Reklamationen

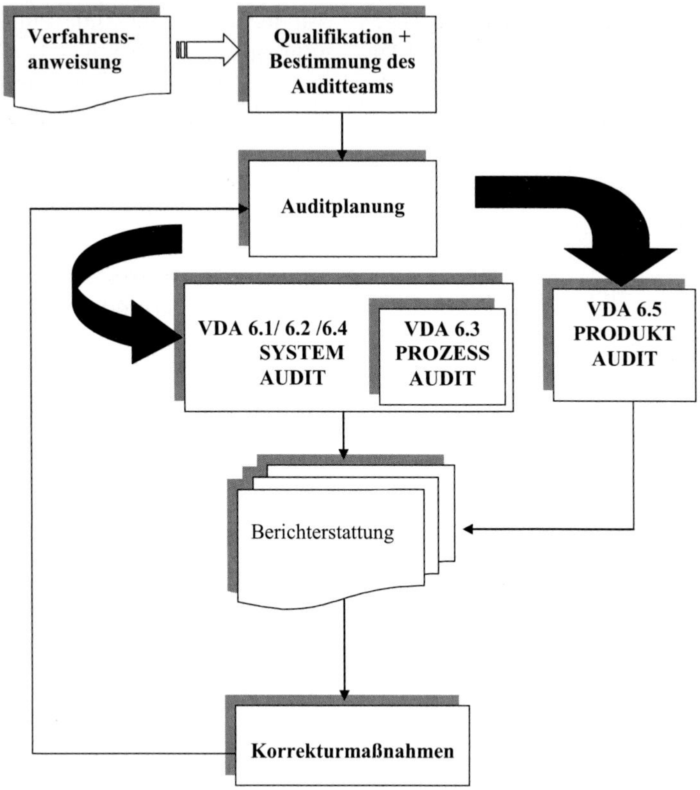

Bild 4–2. Vorgehensweise zur Durchführung von Audits nach VDA

- Interne Fehlerauswertungen/Statistiken
- Schlechte Prozessfähigkeiten
- Neue Werkzeuge/Werkzeugänderungen
- Produktveränderungen/Entwicklungsänderungen
- Produktneuanläufe/Neuentwicklungen

▶ Gründe für Prozessaudits
- Auswertung der Instandhaltung/Statistiken
- Schlechte Prozessfähigkeiten
- Prozessveränderungen/Prozessverlagerungen
- Neue Maschinen
- Produktneuanläufe/Prozessneuentwicklungen

Audit-Ablauf

Der Ablauf eines Audits ist – unabhängig von der zu untersuchenden Größe – strikt formalisiert und in drei Phasen aufgeteilt:

▶ Vor-Audit Management:
- Vorbereitung und Planung
- Detaillierte Planung

▶ Das Audit:
- Eröffnungsbesprechung
- Das eigentliche Audit
- Vorbereitung der Berichtserstattung
- Abschlussbesprechung

▶ Nachfolgende Aktionen:
- Auditbericht schreiben und übermitteln
- Korrekturmaßnahmen abschließen
- Überwachungsaudit/Überprüfung/Reaudit planen
- Aufzeichnungen erstellen und aufbewahren

Bewertungsregeln nach VDA 6.3

Gemäß dem VDA Band 6 Teil 3 werden die einzelnen Fragen Prozess-Elementen zugeordnet. Jede Frage erhält als Ergebnis eine Punktzahl, die Punktzahlen aller Fragen zu einem Prozesselement werden aufaddiert, und durch Verhältnisbildung zur maximal mögliche Punktzahl wird ein prozentualer Erfüllungsgrad

für das Prozesselement berechnet. Letztendlich wird das gesamte Auditergebnis als Erfüllungsgrad aller bewerteten Elemente dargestellt.
Bei einem Prozessaudit sollen z. B. folgende Prozesselemente bewertet werden:

- Produktentwicklung E(DE)
- Prozessentwicklung E(PE)
- Vormaterial/ Kaufteile E(Z)
- Prozessschritte E(PG) – Mittelwert aus
  - Personal/ Qualifikation E(U1)
  - Betriebsmittel/ Einrichtungen E(U2)
  - Transport /Teilehandling/ Lagerung/ Verpackung E(U3)
  - Fehleranalyse/ Korrekturen/ Kontinuierliche Verbesserung E(U4)
- Kundenbetreuung/ Kundenzufriedenheit E(K)

Abschließend wird der Gesamterfüllungsgrad für das Audit als Mittelwert der Ergebnisse für die einzelnen Prozessschritte berechnet und bis auf eine ganze Zahl gerundet.

Audit-Abschluss, Auditbericht

Ein Audit muss mit einem Auditbericht abgeschlossen werden, in dem neben den Ergebnissen auch der Audit-Umfang und ggf. die geforderten Verbesserungsmaßnahmen dokumentiert sind. Im Auditbericht sollten nur Punkte stehen, die auch während des Audits und beim Abschlussgespräch dargelegt wurden. Nach VDA gilt ein Audit als bestanden, wenn mindestens 90% der maximal möglichen Punktzahl erreicht wurden und zusätzlich keine auffälligen Schwächen bei einzelnen Prozesselementen und definierten Schlüsselfragen festgestellt wurden. Ein Zertifikat wird in der Regel für den Zeitraum von drei Jahren ausgestellt, muss aber jährlich überprüft werden.

4.2 EFQM-Modell

Die European Foundation of Quality Management wurde 1988 von führenden europäischen Unternehmen gegründet, mit der Zielsetzung, die nachhaltige Exzellenz europäischer Organisationen zu fördern. Als Eigentümerin des EFQM-Modells für Excellence organisiert die EFQM den Europäischen Qualitätspreis „European Quality Award“ [14]. Das EFQM-Modell geht weit über Qualitätsmanagement im eigentlichen Sinn hinaus. Es versteht sich als Modell und Bewertungsschema für „Business Excellence“. Ein wesentlicher Unterschied zum Qualitätsmanagementsystem und der damit meist verbundenen Zertifizierung durch eine neutrale Institution liegt auch darin, dass das EFQM-Schema auf eine Selbst-

Punkteschema für die Bewertung von Einzelfragen

Punktzahl:	Forderung	Abweichungen
10	Voll erfüllt	Keine
8	Überwiegend erfüllt	Geringfügig
6	Teilweise erfüllt	Größere
4	Unzureichend erfüllt	Schwerwiegend
0	Forderung nicht erfüllt	Schwerwiegend

Prozent-Bewertung für ein Audit-Element
(Addition der Punktbewertung der zugeordneten Einzelfragen)

$$E(E) = \frac{\text{Summe erreichter Punkte}}{\text{Anzahl max. erreichbarer Punkte}} \times 100\,[\%]$$

Bild 4–3. Bewertungsschema im Audit nach VDA

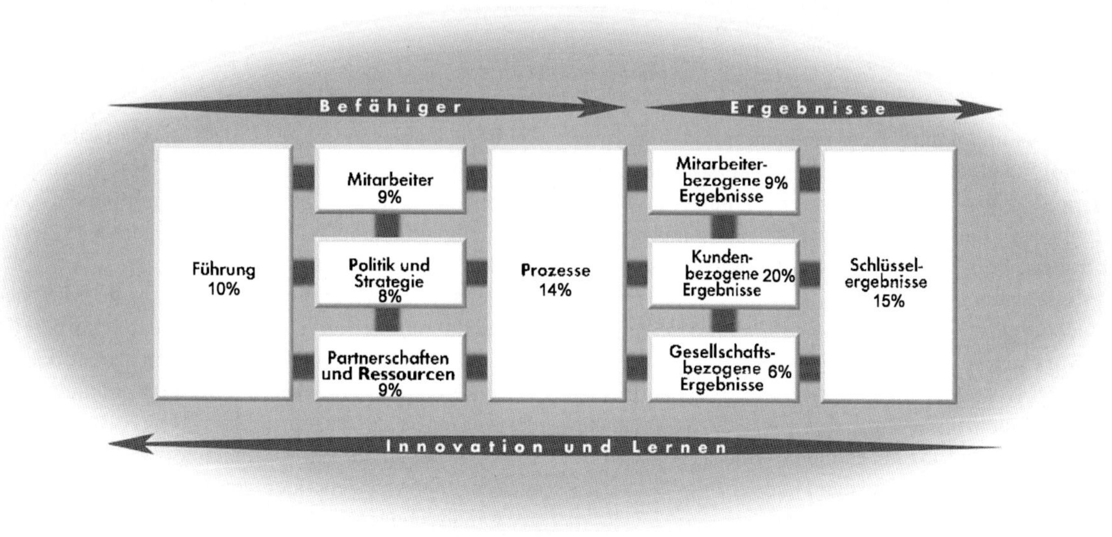

Bild 4-4. EFQM-Modell

bewertung des Unternehmens setzt. In der Bewertung wird zwischen Ergebnissen und Befähigern unterschieden, dies wird als „RADAR"-Logik bezeichnet. RADAR steht für Results (Ergebnisse), Approach (Vorgehen), Deployment (Umsetzung), Assessment (Bewertung) und Review (Überprüfung). Ergebnisse und Befähiger tragen mit ihren Bausteinen in Summe jeweils 50% zum Bewertungsergebnis bei. Bausteine im Ergebnis-Block sind„Schlüssel-Ergebnisse", sowie „Gesellschafts"-, „Kunden"- und „Mitarbeiter"-bezogene Ergebnisse, während im Befähiger-Block „Prozesse", „Mitarbeiter", „Politik und Strategie", „Partnerschaften und Ressourcen" sowie „Führung" jeweils mit definierten Anteilen verortet sind. Das Bewertungsmodell arbeitet mit dezidierten Fragen in den Feldern, die mit qualitativen Antworten auf unterschiedlichen Reifegrad-Stufen hinterlegt sind. In der Excellence-Philosophie erfolgt die Umsetzung aus eigenem Antrieb und legt eine ganzheitliche Betrachtung der Organisation zugrunde.

Personalmanagement
H. Buck, D. Spath

Unter *Personalmanagement* versteht man den gesamten Aufgabenbereich, der sich mit personellen Fragen im Unternehmen befasst [1]. Unterschiedliche Aspekte des Funktionsbereichs Personalmanagement sind: *Personalmarketing, Personalplanung, Personalpolitik, Personalorganisation, Personalwesen, Personalwirtschaft.* Die Begriffe *Personalmanagement* und *Human Ressource Management (HRM)* signalisieren eine stärker strategisch ausgerichtete Auseinandersetzung mit allen Fragen, die den Einsatz von Personal und die Verknüpfung der Personal- mit der Unternehmensstrategie zum Gegenstand haben.

5 Aufgaben des Personalmanagements

Die beiden klassischen Aufgaben des Personalmanagements bestehen darin, (1) die *Verfügbarkeit* und (2) die *Wirksamkeit* von Personal sicherzustellen. Während der erste Sachverhalt, die Frage nach der quantitativen Verfügbarkeit von Arbeitskräften, sicherlich problemlos nachvollzogen werden kann, stellt der zweite eine weitaus komplexere Fragestellung dar. Hier geht es um ein Geflecht von zum Teil messbaren Kriterien wie der Qualifikation, aber auch um wesentlich schwieriger messbare Aspekte, wie die Innovations- oder Anpassungsfähigkeit von Mitarbeitern, bis hin zu lediglich qualitativ erfassbaren Kriterien wie Loyalität oder Engagement.
Die Ausführung der Aufgaben des Personalmanagements kann sowohl durch eigens dafür geschaffene Bereiche, wie die Personalabteilung, als auch durch Personen wie Führungskräfte mit Personalverantwortung wahrgenommen werden. Hauptaufgaben des Personalmanagements sind [2]:

- Prognose des Personalbedarfs: Wieviele Mitarbeiter welcher Qualifikation werden wann und wo gebraucht?
- Rekrutierung: Wie können die benötigten Mitarbeiter mit der erforderlichen Qualifikation gewonnen werden?
- Personaleinsatz: Wie können die Mitarbeiter im Hinblick auf die Anforderungen des Arbeitsplatzes und unter Berücksichtigung ihrer persönlichen Fähigkeiten und Wünsche optimal eingesetzt werden?
- Personalentwicklung: Wie können die Mitarbeiter auf qualifiziertere Aufgaben gezielt vorbereitet werden? Wie können ihre Kenntnisse und Fähigkeiten den veränderten Anforderungen angepasst werden?
- Personalabbau: Wie können überzählige Mitarbeiter unter weitgehender Vermeidung sozialer Härten abgebaut werden?
- Personalcontrolling: Welche Kosten ergeben sich aus den geplanten personellen Maßnahmen? Wie sind diese Kosten zu steuern?

Im Unterschied zu einer an kurzfristigen betriebswirtschaftlichen Größen ausgerichteten Praxis des Personalmanagements wird sich – nicht zuletzt aufgrund des demographischen Wandels – eine erfolgreiche Personalpolitik in Zukunft durch eine längerfristige Orientierung auszeichnen müssen. Sie ist durch die systematische Begleitung der Erwerbsbiographie der Mitarbeiter charakterisiert, um eine schnelle Integration neu rekrutierter Mitarbeiter zu gewährleisten aber auch um Leistungspotenziale von Arbeitnehmern im höheren Alter zu nutzen. Hervorzuheben sind aus Unternehmenssicht drei Phasen:

- Personalrekrutierung und -integration: Es geht nicht mehr nur um die Rekrutierung qualifizierter und leistungsstarker Mitarbeiter, sondern auch um ihre bestmögliche und schnelle Integration in das Unternehmen (z. B. durch Mentoring).
- Personaleinsatz und -entwicklung: Optimaler Einsatz der Mitarbeiter unter Nutzung der vorhandenen Qualifikationen sowie individuelle Weiterentwicklungsmöglichkeiten durch herausfordernde lernförderliche Tätigkeiten, mittels vertikaler, aber vor allem auch horizontaler Karrierepfade.

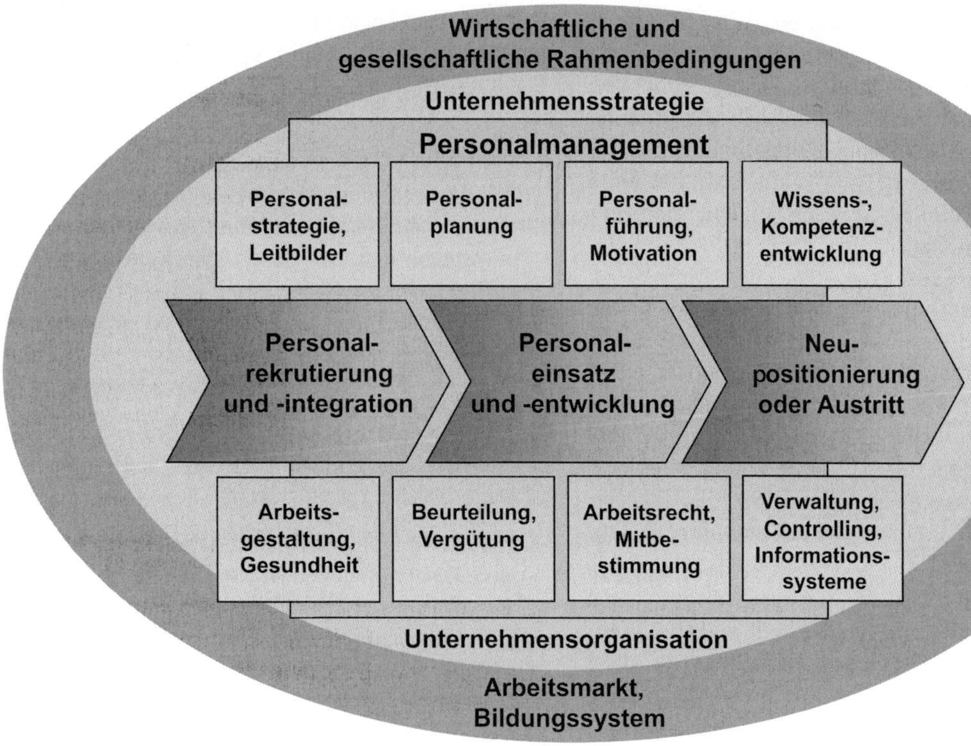

Bild 5-1. Typische Aufgaben des Personalmanagements

- Neu-Positionierung oder Austritt: Unterstützung der Mitarbeiter beim Wechsel des Tätigkeitsfeldes (z. B. Wegfall von Geschäftsfeldern, Neuorientierung auf Wunsch der Mitarbeiter) oder Eröffnen neuer Perspektiven des Arbeitseinsatzes. Dazu gehören Optionen auf zeitlich begrenzte Ausstiege (Sabbaticals) und gleitende Übergänge in den Ruhestand.

Personalmanagement versucht einen ständigen Interessenausgleich zwischen der unternehmerischen Zielsetzung und den Erwartungen der einzelnen Mitarbeiter herbeizuführen. Die Mitarbeiter sind autonome Individuen, die selbstständig handeln, auf Maßnahmen reagieren sowie Bedürfnisse und Wünsche haben.

5.1 Der zentrale Fokus des Personalmanagements: Der Mensch

Der Strukturierung und Organisation von Arbeitstätigkeiten liegen immer Menschenbilder zugrunde, auch wenn diese nicht explizit formuliert werden. Im Spannungsfeld von Humanisierung und Wirtschaftlichkeit gibt es eine Vielzahl von Sichtweisen auf den arbeitenden Menschen:

- **als Instrument:** technische Sichtweise, verrichtungs- und zielorientiert
- **als biologischer Organismus:** ergonomische Sichtweise, Bewegung, Sinne, organisches System …
- **als aktives, denkendes, bewertendes Individuum:** psychologische Sichtweise, Anforderungen, Informationsverarbeitung, individuelle Entwicklung, subjektives Empfinden
- **im sozialen Kontext:** soziologische Sichtweise, soziale Beziehungen, gesellschaftliche Prozesse, Entscheidungsprozesse
- **als Lernender:** pädagogische Sichtweise, Qualifikation, Qualifizierung, Können

Die erste Phase der Entwicklung von Arbeitswissenschaft und Arbeitspsychologie war wesentlich durch den Taylorismus geprägt und betrachtete den Menschen als economic man. Ebenso wie beim *homo oeconomicus* der Ökonomie wird beim economic man davon ausgegangen, dass er nach der Maxime des größten Gewinns handelt und in erster Linie durch monetäre Anreize motivierbar ist. Im Zuge der Human-Relations-Bewegung bildete sich ein neues Menschenbild heraus, der *Social Man*. Es wurde davon ausgegangen, dass der Mensch in seinem Verhalten weitgehend von den Normen seiner (Arbeits-)Gruppe bestimmt wird, d. h. er wird in erster Linie durch soziale Anreize motiviert. Die Annahme, dass nur ein geringer Teil der Interessen und Fähigkeiten des arbeitenden Menschen im Arbeitsprozess gefordert wird, führte zur Entwicklung des *self-actualizing man*, der in erster Linie nach Autonomie und Unabhängigkeit am Arbeitsplatz strebt.

5.2 Herausforderung: Unternehmenskultur und Leitbilder als handlungsleitenden Rahmen gestalten

Unternehmenskultur wird als ein wichtiger Faktor für langfristigen Erfolg eingestuft, da Unternehmen Gemeinschaften sind, die eine gemeinsame Orientierung für den Umgang miteinander und mit Anderen brauchen. Der Begriff Unternehmenskultur adressiert diejenigen Werte, Orientierungen und kognitiven Fähigkeiten, die von den meisten Beschäftigten geteilt, getragen und gelebt werden. Ausdrucksformen von Unternehmenskultur werden in unterschiedlichen Erscheinungen erkennbar, beispielsweise in Entscheidungsarchitekturen und Entscheidungsprozessen des Unternehmens (*Corporate Behavior*), in der Art und Weise, wie miteinander kommuniziert wird (*Corporate Communication*), in der Visualisierung (*Corporate Design*) etc. [3].

Leitbilder werden in fast allen Unternehmen als Führungsinstrument eingesetzt. Als Fixpunkte sollen sie die Strategie widerspiegeln und so die Leistung fördern. Ein Leitbild sollte Antworten geben auf die Frage, was wichtig und wertvoll ist im Unterschied zu anderen Unternehmen. Leitbilder können bei der Orientierung helfen, setzen Maßstäbe für das Handeln und ermöglichen eine klare Positionierung in einer von Veränderung geprägten Welt.

Folgende Aussagen zeigen einen Ausschnitt aus einem Unternehmensleitbild [4]:

- Wir fordern nichts, was wir nicht selbst leisten.
- Unser Vorstand richtet sein Handeln an diesem Leitbild aus.
- Unsere Führungskräfte sind Vorbilder.
- Unsere Mitarbeiterinnen und Mitarbeiter stehen zu Metabo und sind bereit, sich weiter zu entwickeln.
- Unsere Zusammenarbeit beruht auf den gemeinsamen Werten dieses Leitbildes.
- Wir pflegen ein offenes und faires Miteinander.

Ein ausformuliertes und propagiertes Leitbild muss sich an der Umsetzung messen lassen. Es bestehen folgende Gefahren [5]:

- Die Zustimmung zu einem Leitbild bedeutet nicht, dass die betrieblichen Akteure ihr eigenes Verhalten ändern.
- Die Leitsätze eines Leitbildes werden unterschiedlich verstanden.
- Jeder projiziert in das Leitbild das hinein, was ihm besonders wichtig ist.

Die bisherigen Erfahrungen beim Entwicklungsprozess und beim Roll-Out von Leitbildern weisen auf die Notwendigkeit einer stärkeren Verknüpfung zwischen der Ebene der Unternehmensführung und der bereichsspezifischen Arbeitswirklichkeit hin. Zusätzlich zu den expliziten Anforderungen und Beschreibungen von Zielen und Werten existieren auf der Arbeitsebene noch andere Mechanismen oder Werte, die geeignet sind, eine hohe Identifikation und eine gute Orientierung für Mitarbeiter zu erzeugen.

Performanz-Leitbilder sind im Kern als arbeitsbereichsspezifischer Rahmen an Zielen, Werten und Normen aufzufassen, der das gemeinsame und individuelle Arbeitshandeln steuert. Eine innovationsförderliche Unternehmenskultur wird befördert, wenn es gelingt, die übergreifenden Ziele der strategischen Unternehmensführung mit den handlungsleitenden Einsichten der Arbeitseinheiten abzustimmen und in arbeitsorientierten Performanz-Leitbildern zu integrieren. Performanz-Leitbilder dienen insbesondere als Ansatzpunkte, um die operative Arbeit der Beschäftigten stärker am Leit-

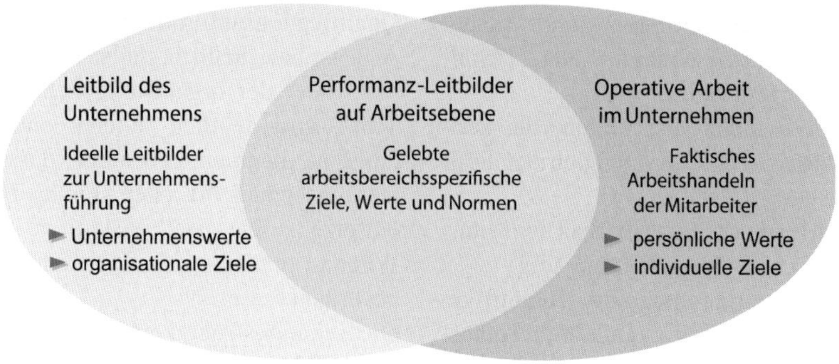

Bild 5-2. Performanz-Leitbilder

bild des Gesamtunternehmens auszurichten und somit die Performanz einzelner Arbeitsbereiche zu steigern.

5.3 Herausforderung: Wissensintensivierung und Kompetenzentwicklung

Neue Produktionskonzepte wie *Lean Production, Business Reengineering* oder die *Fraktale Fabrik* erhöhten in den 90er Jahren des letzten Jahrhunderts auch dann die Qualifikationsanforderungen der Produktionsbelegschaften, wenn sie nicht unmittelbar mit Team- oder Gruppenarbeit verbunden waren. Die Mitarbeiter mussten und müssen weiterhin lernen, an mehreren Arbeitsstellen mit unterschiedlichen Aufgaben tätig zu sein, dabei komplexe Betriebsmittel und Informationstechnik zu handhaben und einen nicht geringen Teil der Abstimmungs- und Vermittlungsprozesse, welche bisher Aufgabe der Führungskräfte waren, selbst zu übernehmen. Nicht nur die fachlich-technischen, sondern auch die kommunikativen und sozialen Arbeitsanforderungen haben sich erhöht [6]. Demnach stellt der Bedarf nach ständigem Wandel tradierte Lernprozesse gewissermaßen auf den Kopf: Es reicht nicht mehr aus, das Lernen auf bekannte und definierte Anforderungen auszurichten. Das Verändern von Organisation und das Verhalten in der Organisation wird zu einer neuartigen Lernaufgabe. Es geht nicht mehr nur um die Optimierung und Verbesserung vorgegebener Strukturen, sondern um die Fähigkeit zur Initiierung, Gestaltung und Auswertung von Veränderungsprozessen sowie den Einsatz kommunikativer und kooperativer Kompetenzen.

Die Einführung neuer Technologien, die Arbeit in inner- und überbetrieblichen Projekten und die intensivere Integration von Kunden in den Leistungserstellungs- und -erbringungsprozess sind u. a. Ursachen dafür, dass Mitarbeiter immer weniger Fachspezialisten und immer mehr Problemlöser und Wissensintegratoren sein müssen [7]. Aufgrund der Wissensintensivierung werden zukünftig mehr Hochqualifizierte und fast ebenso viele Facharbeiter als heute benötigt. An diese Fachkräfte werden jedoch zunehmend höhere Anforderungen gestellt. Die Mitarbeiter müssen zu „grenzübergreifendener Arbeit" befähigt werden und die Möglichkeit erhalten, die für ihre Tätigkeit erforderlichen Kompetenzen systematisch aufzubauen und weiterzuentwickeln. Die Fähigkeit, in einem sich rasant veränderndem Wettbewerb zielsicher mit Wissen und Informationen umzugehen, wird immer wichtiger.

Kompetenzmanagement hat die Aufgabe, Mitarbeiter-Kompetenzen anhand eines Modells zu erfassen und zu beschreiben sowie die Nutzung und Entwicklung der Kompetenzen hinsichtlich strategischer Unternehmensziele sicherzustellen. So wird Kompetenzmanagement bei der Deutschen Bahn folgendermaßen beschrieben [8]:

- Es ist ein ganzheitliches Personalentwicklungsinstrument,
- definiert die spezifischen Anforderungen und Erwartungen an eine Tätigkeit und macht diese transparent,

- unterstützt die anforderungs- und potenzialgerechte Stellenbesetzung, da Soll-Profil = Anforderungsprofil,
- ermöglicht die individuelle Feststellung der Qualifizierungsbedarfe durch den Abgleich der Soll-Ist-Profile,
- ermöglicht die Messbarkeit des Erfolgs der Mitarbeiterentwicklung und - qualifizierung und
- ermöglicht die frühzeitige Integration zukünftiger Anforderungen an eine Tätigkeit durch Anpassung der Soll-Profile.

In der Regel ist mit dem Begriff Kompetenz eine Kombination aus Fachwissen, Methodenwissen und Schlüsselqualifikationen sowie Umsetzungsbefähigung gemeint, die je nach Unternehmen unterschiedlich beschrieben und gewichtet ist. Kompetenz beruht nicht nur auf Fähigkeiten, sondern auch auf Motivationen (dem Wollen) und Überzeugungen bzw. Werten und ist nur indirekt über das Handeln messbar [9].

In der Studie „Kompetenzmanagement in Unternehmen" [10] wird festgestellt, dass die Hälfte der befragten Unternehmen die Kompetenzen der Mitarbeiter unregelmäßig oder gar nicht erheben. Die Studie belegt, dass Unternehmen, wenn sie den Bedarf nach systematischem Kompetenzmanagement erkennen, mit dessen Umsetzung Probleme haben. Sie stützen sich häufig auf die bewährten Instrumente der Personalarbeit, wie Leistungsbeurteilungen und Zielvereinbarungen, die jedoch nur begrenzt geeignet sind, Kompetenzen zu erfassen und weiterzuentwickeln. Für die Kompetenzentwicklung der Mitarbeiter sind vorrangig die direkten Vorgesetzten (58%) zuständig. Mehr als zwei Drittel der befragten Unternehmen glauben, dass ihre Führungskräfte in der Lage sind, den Qualifikationsstand der Mitarbeiter richtig einzuschätzen. Etwa die Hälfte gibt an, dass diese Führungskräfte sich auch aktiv um die Weiterentwicklung der Mitarbeiterkompetenzen kümmern. Nur ein knappes Drittel der Befragten geht davon aus, dass die Führungskräfte ihre persönlichen Qualifikationsdefizite gut einschätzen können und nur ein Fünftel ist der Meinung, dass die Führungskräfte sich aktiv um ihre eigene Weiterbildung kümmern. Die häufigste Reaktion auf Kompetenzdefizite oder Verschiebungen in den Qualifikationsanforderungen ist das Anlernen am Arbeitsplatz. Selbstorganisiertes Lernen am Arbeitsplatz oder der organisierte Erfahrungsaustausch im Team wird deutlich seltener eingesetzt. Nur 20% der Unternehmen geben an, dass sie bei Qualifizierungsbedarf oft oder immer *Blended Learning* einsetzen. Die viel diskutierte Einrichtung von Wissensportalen wird nur von 5% der Befragten bevorzugt.

Qualifikationsfrüherkennung [11] ermöglicht Betrieben und Mitarbeitern, besser mit strukturellen, organisatorischen und technischen Veränderungen umzugehen. Die Erkenntnisse tragen dazu bei, Qualifikationsentwicklungen frühzeitig im betrieblichen Umfeld zu berücksichtigen und stärken damit die Innovations- und Wettbewerbsfähigkeit. Im Mittelpunkt der Qualifikationsfrüherkennung steht dabei die Beantwortung der folgenden Fragen:

- Welche Trends und Innovationen wirken sich auf den Qualifikationsbedarf von Unternehmen und deren Mitarbeiter aus?
- Für welche Berufsgruppen, Arbeitsaufgaben und Tätigkeiten werden neue Qualifikationen benötigt?
- Welche spezifischen Qualifikationen werden zu welchem Zeitpunkt benötigt?
- Welche Qualifizierungsangebote sind geeignet, um diesen Bedarf zu decken?
- Wie kann es gelingen, Qualifikationen an einen sich entwickelnden Bedarf kontinuierlich anzupassen?

5.4 Herausforderungen des demographischen Wandels für die betriebliche Personalpolitik

Obwohl der zahlenmäßige Rückgang der deutschen Bevölkerung erst ab 2020 spürbar wird, erfolgt die Änderung der Alterszusammensetzung der Erwerbstätigen hauptsächlich in den Jahren 2000 bis 2020. Aufgrund der Alterung der geburtenstarken Jahrgänge gibt es erstmals deutlich mehr über 50-jährige als unter 30-jährige Erwerbspersonen. Dies schlägt sich auch in den betrieblichen Altersstrukturen nieder [12]. Welche Konsequenzen sind zu erwarten?

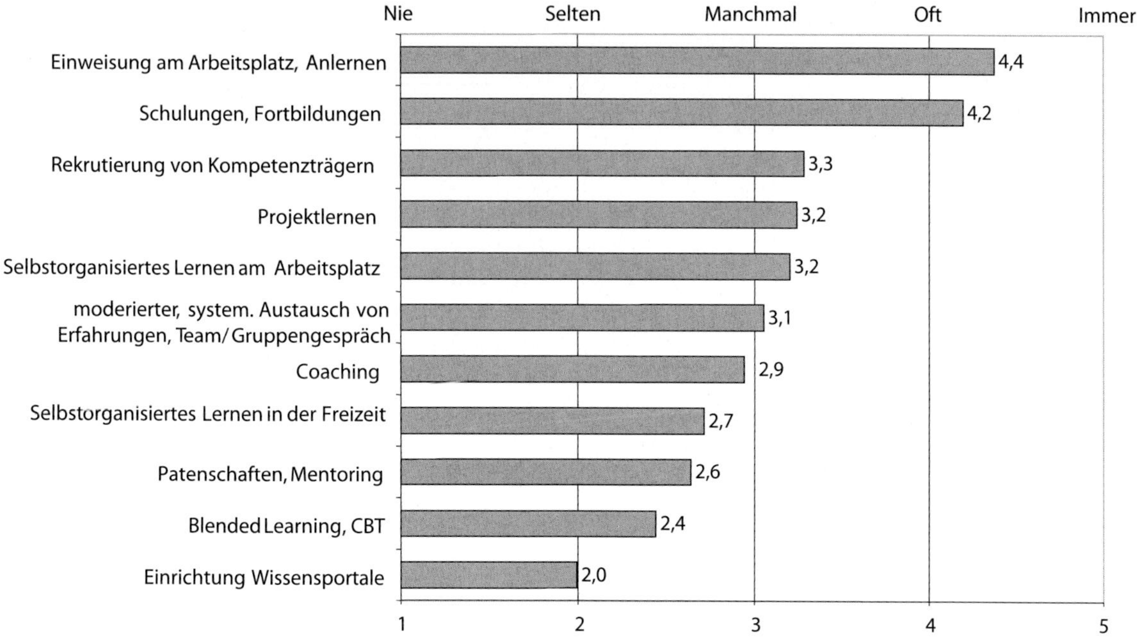

Bild 5-3. Welche Maßnahmen setzen Sie in Ihrem Unternehmen bei Kompetenzdefiziten/ Verschiebungen in den Qualifikationsanforderungen ein?

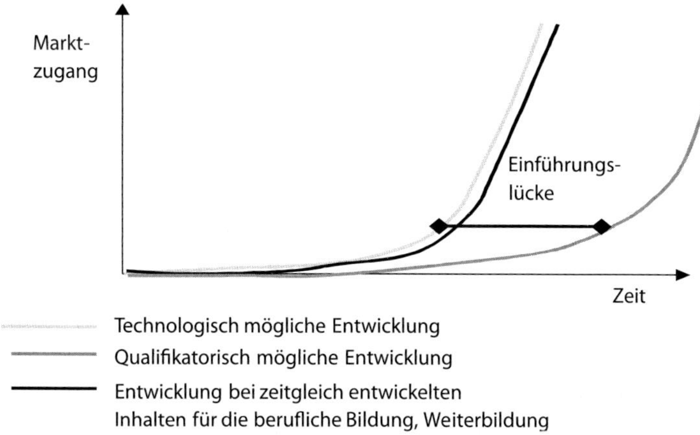

Bild 5-4. Ein schnell reagierendes (Weiter-)Bildungswesen beschleunigt die Technologiediffusion

- Die Wahrscheinlichkeit von qualifikatorischen und regionalen Ungleichgewichten zwischen Arbeitskraftangebot und -nachfrage wird steigen.
- Der Rekrutierungsspielraum der Unternehmen im Segment der jüngeren Alterskohorten wird insbesondere bei Hochqualifizierten eingeschränkt. Eine Verknappung und Verteuerung von jungen Fachkräften wird wahrscheinlich.
- Eine deutliche Alterung der Stammbelegschaften in Unternehmen ist sicher.

Wenn Unternehmen Konsequenzen aus dem demographischen Wandel befürchten, dann ist es in erster Linie der erwartete Mangel an Fach- und Führungskräften bzw. an qualifiziertem Nachwuchs. Qualifizierte Mitarbeiter sind für die meisten

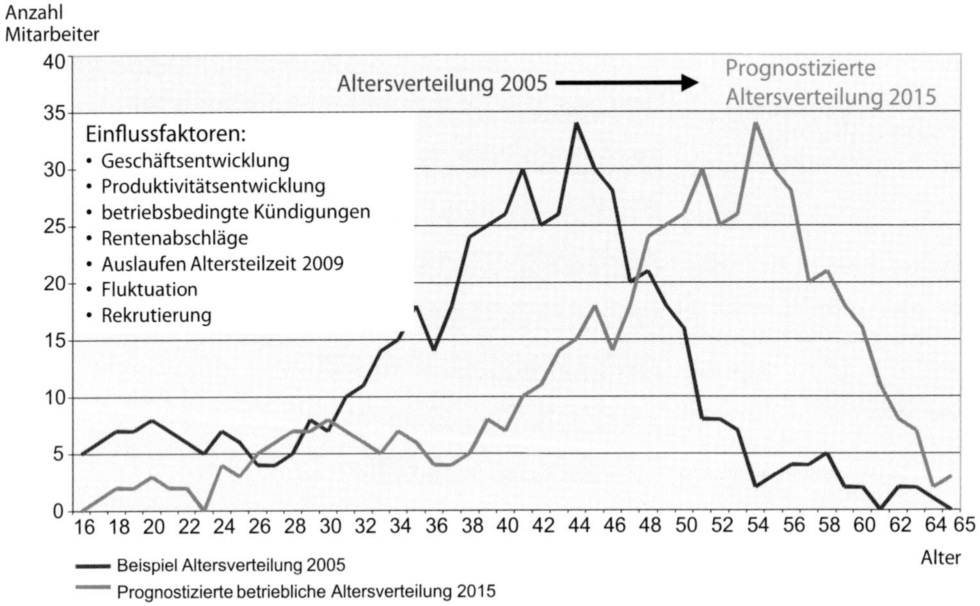

Bild 5-5. Beispielhafte Entwicklung einer betrieblichen Altersstruktur

Unternehmen eine unverzichtbare Basis ihres Erfolges. Viele Unternehmen verstärken ihr Personalmarketing. Neue Rekrutierungskanäle und Rekrutierungswege sollen frühzeitig erschlossen werden.

Die zukünftigen Auswirkungen der aktuellen Gesundheits- und Weiterbildungspolitik eines Unternehmens können anhand von betriebs- und bereichsspezifischen Szenarien (siehe Bild 5-5) bewertet werden, welche den quantitativen Anstieg der Zahl älterer Arbeitnehmer sowie deren heutiges Gesundheits- und Weiterbildungsverhalten berücksichtigen. Diese Szenarien dienen der Überprüfung der Zukunftstauglichkeit der aktuellen Arbeits- und Personalpolitik. Eine quantitative und qualitative Personalplanung bildet die Grundlage für frühzeitige Strategiewechsel und präventive Gestaltungsansätze.

Die Alterung der Belegschaften stellt eine zentrale Herausforderung für die nächsten Jahre dar. Wenn von einer deutlichen Erhöhung des Altersdurchschnitts in verschiedenen Betriebsbereichen auszugehen ist, besteht die zentrale Fragestellung darin, ob durch diese Alterungsprozesse eine Einschränkung der Leistungsfähigkeit (z. B. bei Produktivität und Flexibilität der Organisation) zu erwarten ist und welche Maßnahmen frühzeitig ergriffen werden können, um Fehlentwicklungen zu vermeiden. Zu den wichtigsten betrieblichen Gestaltungsoptionen zur Bewältigung des altersstrukturellen Wandels der Belegschaften zählen:

- Eine alternsgerechte Arbeitsgestaltung und betriebliche Gesundheitsprävention, um eine Berufsverweildauer bis zum Erreichen der Altersgrenze zu ermöglichen.
- Die ständige Aktualisierung der Wissensbasis durch die Realisierung lebenslangen Lernens im Unternehmen. Mehr und auch ältere Beschäftigte müssen künftig in einen kontinuierlichen Prozess betrieblicher Weiterbildung einbezogen werden.
- Die Vermeidung einseitiger Spezialisierungen, stattdessen eine systematische Förderung von Kompetenzentwicklung und Flexibilität durch Tätigkeits- und Anforderungswechsel im Rahmen betrieblicher Laufbahngestaltung.

Angesichts der unausweichlichen Alterung der Belegschaften geht es zukünftig für die Unternehmen nicht mehr nur darum, qualifizierte und leistungsfähige Mitarbeiter zu rekrutieren und diese zu binden, sondern bei allen Beschäftigten einen Prozess der lebensbegleitenden Kompetenzentwicklung zu fordern und zu fördern, um auch die Leistungsfähigkeit älterer Mitarbeiter nutzen zu können. Betriebe müssen umdenken und verstärkt in die Qualifikation von heute noch teilweise lernentwöhnten 40- und 50-Jährigen investieren. Deren Ressourcen und spezifische Potenziale werden oftmals nur unsystematisch oder gar nicht genutzt.

Die Anforderungen in der Arbeit und die organisatorischen Abläufe müssen zunehmend so gestaltet werden, dass die älteren und die jüngeren Mitarbeiter ihre Potenziale an Wissen und Erfahrung einbringen wollen und können. Entwicklungschancen dürfen nicht bei einer Altersgrenze von 40 Jahren für die meis-

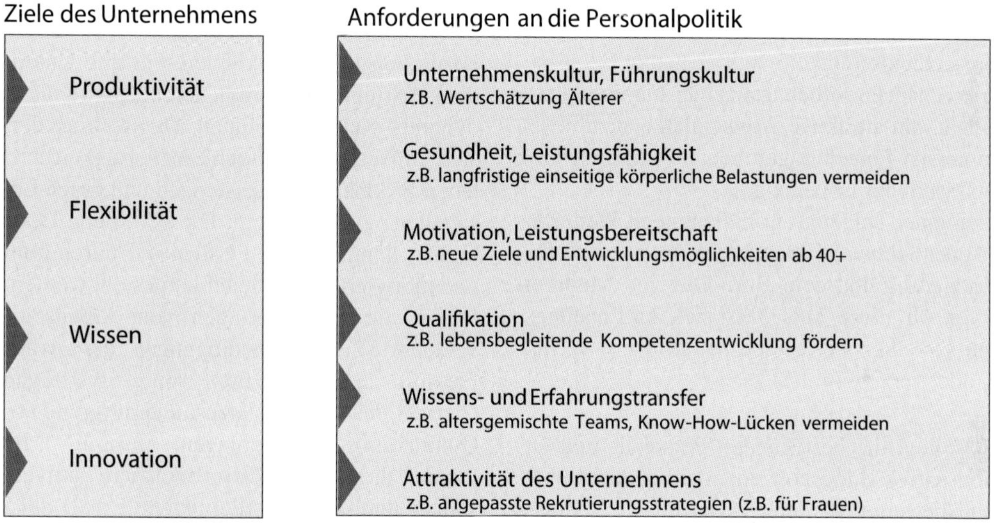

Bild 5-6. Personal- und Organisationsentwicklung für alternde Belegschaften überdenken

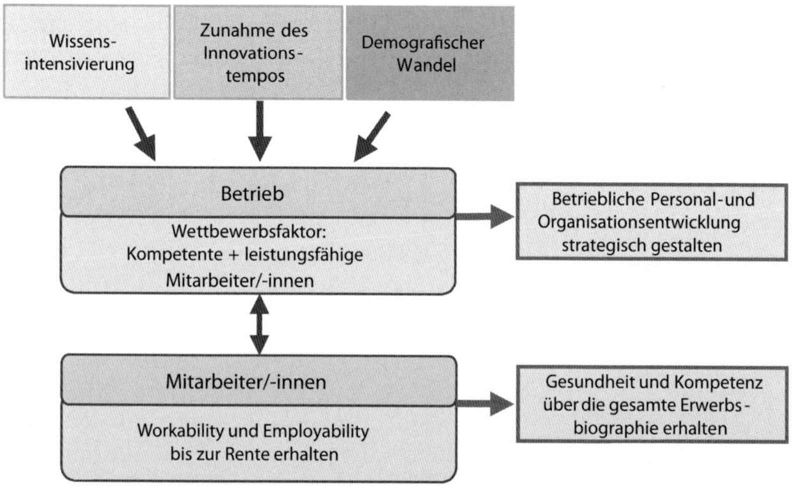

Bild 5-7. Anforderungen an die Unternehmen und die Mitarbeiter

ten Mitarbeiter enden. Vielmehr muss Förderung und Entwicklung nicht nur bei Führungskräften und beim Führungskräftenachwuchs, sondern gerade auch bei Mitarbeitern der unteren Hierarchieebenen ansetzen. Eine einmalige Schulung reicht dafür nicht aus:

- In Zeiten verschlankter Hierarchien müssen der Stellenwert und das Prestige horizontaler Karrieren gehoben werden. Die Bereitschaft und die Fähigkeit zur fachlichen Umorientierung und zum Aufgabenwechsel erhöhen die betriebliche Personaleinsatzflexibilität.
- Karrierechancen sollten trotz einer Familienphase bestehen, um attraktive Arbeitsplätze anzubieten, denn gerade Frauen tragen heute immer noch die Hauptlast in der Erziehung.
- Phasen einer längeren, grundlegenden Weiterbildung oder Sabbaticals beugen der sukzessiven Dequalifizierung und dem Burn-Out von Mitarbeitern vor. Auf diese Weise lässt sich der Leistungsabbau von älter werdenden Mitarbeitern verhindern oder verzögern.

Generell sollten die bestehenden Personal- und Organisationsentwicklungskonzepte dahingehend überdacht und bewertet werden, inwieweit sie geeignet sind, die Leistungsfähigkeit alternder Belegschaften zu unterstützen. Die Möglichkeit, betriebliche Ziele wie Produktivität, Flexibilität, Wissensbeherrschung und Innovationsfähigkeit mit einem steigenden Anteil Älterer zu erreichen, muss jedes Unternehmen individuell für sich bewerten und entsprechende Maßnahmen einleiten. Zu bewerten ist, wie sich der aktuelle und zukünftige Alterungsprozess auf Leistungsfähigkeit und Leistungsbereitschaft auswirkt.

5.5 Ausblick

Der heutige Wandlungs- und Innovationsdruck erfordert neue Konzepte und Maßnahmen für das Personalmanagement, um auch unter schwierigen Bedingungen einen sichtbaren Beitrag zum Unternehmenserfolg beisteuern zu können. Für alle Unternehmen, dienstleistende und produzierende, wird die Umweltdynamik weiter zunehmen. Damit steigt der Druck, sich im Wettbewerb durch Einzigartigkeit der angebotenen Produkte und Leistungen und durch Leistungsexzellenz zu behaupten. Die geforderte Leistungsfähigkeit kann in vielen Fällen nur durch kompetente und motivierte Mitarbeiter hergestellt werden.

Durch die Veränderungen von Arbeitstätigkeiten, veränderte Rahmenbedingungen der Arbeit, z. B. Flexibilisierung, Zunahme von Zeitverträgen, Unsicherheit des Arbeitsplatzes, und aufgrund steigender Qualifikationsanforderungen müssen Mitarbeiter lernen, die eigene Erwerbskarriere aktiver zu gestalten und die Anforderungen „Erhalt der eigenen Gesundheit, Lernen und Arbeiten" auszubalancieren. Viele Arbeitnehmer planen sehr rational und effektiv ihre täglichen Arbeitstätigkeiten, nicht aber ihre Erwerbsbiografie, die aufgrund des verschobenen Renteneintrittsalters länger andauern wird.

PROJEKTMANAGEMENT

J. Leyh, P. Ohlhausen, D. Spath, J. Warschat

6 Projektmanagement

6.1 Grundlagen des Projektmanagement

Seit den 1990er Jahren richten immer mehr Unternehmen ihre aufbau- und ablauforganisatorische Organisation nach Gesichtspunkten des Projektmanagements aus [4]. Gerade im Produktentstehungsprozess setzt sich die Abkehr von starr getrennten Aufgaben und Tätigkeiten in funktional definierten Abteilungen hin zu einer teamorientierten Projektarbeit immer mehr durch.
Projektmanagement ist in verschiedenen Ausprägungsstufen realisierbar. Angefangen bei der Festlegung von Projekten ohne Änderung der organisatorischen Abläufe über das Einfluss- und Matrix-Projektmanagement bis hin zur durchgängigen Projektorganisation des Unternehmens sind viele Mischformen möglich.
Die wesentlichsten Merkmale eines auf den Entwicklungsprozess neuer Produkte angepassten Projektmanagements sind:

- frühe Integration der Bereiche,
- durchgängiger Informationsfluss,
- bereichsübergreifende Teams,
- angepasste Planung und Steuerung,
- klare Kompetenzzuteilung für Projekt und Linie,
- Entkopplung des magischen Dreiecks (Zeit-Qualität-Kosten),
- Integration von Qualitätssicherung in die Produktentstehung,
- Integration externer Partner in den Entwicklungsprozess und
- Senkung von Reibungsverlusten und Änderungsaufwand.

Die Projektabwicklung und damit auch ihre Planung und Steuerung läuft in einem organisatorischen Rahmen ab. Um ein reibungsloses Ineinandergreifen von Planung, Steuerung und Organisation zu gewährleisten, müssen diese aufeinander abgestimmt sein. Dazu sollte die Gestaltung der Planung und Steuerung soweit wie möglich der Organisation des Unternehmens entsprechen. Jedoch müssen auch die organisatorischen Rahmenbedingungen an die Planungs- und Steuerungsmethode angepasst werden. Die gemeinsame Optimierung sollte mit Blick auf einen integrierten Entwicklungsablauf erfolgen.

7 Wesentliche Definitionen des Projektmanagements

7.1 Das „Projekt“

Ein Projekt ist eine einmalige, komplexe Aufgabe, das auf einer Zielsetzung beruht, die meist aus grundsätzlichen Entscheidungen im Rahmen der strategischen Unternehmensplanung getroffen wurden. Die Ziele eines Projekts sind innerhalb einer zeitlichen Begrenzung mit einem aufgabenspezifischen Budget zu erreichen [1, 7, 20, 23, 25].
Die Projektmerkmale stellen eine mögliche Abgrenzung des Projekts gegenüber anderen Aufgaben im Unternehmen dar. Diese sind:

- Zeitliche Begrenzung der Aufgabenstellung
- Komplexe, nicht routinemäßige Aufgabe
- Klare und eindeutige Ziele, die relativ neuartig sein können
- Aufgabenteilung erfordert Teamarbeit
- Loslösen von Ressort- und Abteilungsdenken
- Eigenständige Projektorganisation
- Verantwortlicher Leiter

Projekte können unterschiedlich eingeteilt werden. Eine Möglichkeit der Projekteinteilung ist die Einteilung in drei Bereiche (klein, mittel, groß) mit den Faktoren Projektgröße und Projektkomplexität:

- Kleines Projekt (z. B. Planung eines neuen Produkts für ein Unternehmen der Antriebstechnik).
- Mittleres Projekt (z. B. Konzeption und Erstellung einer neuen Fertigungsstätte).
- Großes Projekt (z. B. Erweiterung eines Flughafens)

Bei dieser Art der Einteilung muss die Größe des Unternehmens ebenfalls betrachtet werden, da die Größen (groß, mittel, klein) in Bezug auf das Unternehmen (das ebenfalls „klein“, „mittel“ oder „groß“ sein kann) definiert werden und bei der auch die Anzahl der Mitarbeiter eines Projekts herangezogen werden können.
Eine weitere Möglichkeit Projekte einzuteilen ist eine Kategorisierung nach Forschungs- und Entwicklungsprojekten (z. B. Auftragsentwicklung im Sondermaschinenbaus, Medikamentenentwicklung), Planungs- und Entwurfsprojekten (z. B. Erstellung eines Marketingkonzepts), Investitionsprojekten (z. B. Anschaffung einer Anlage, Aufbau einer Fertigungsstätte) und Organisationsprojekten (z. B. Optimierung von Fertigungsprozessen) [2, 5, 6].

7.2 Das „Projektmanagement“

Ein Projekt, als Vorhaben, das durch die Einmaligkeit seiner Rahmenbedingungen im Hinblick auf seine zeitliche und kapazitätsmäßige Begrenzung, Komplexität, Größe und Anzahl der beteiligten Stellen gekennzeichnet ist, ist ein soziotechnisches System.
Das Projektmanagement ist die Leitung dieses soziotechnischen Systems in personen- und sachbezogener Hinsicht mithilfe von professionellen Methoden. In der sachbezogenen Dimension des Managements geht es um die Bewältigung der Aufgaben, die sich aus den obersten Zielen des Systems ableiten, in der personenbezogenen Dimension um den richtigen Umgang mit allen Menschen, auf deren Kooperation das Management zur Aufgabenerfüllung angewiesen ist [21]. Somit bedeutet Projektmanagement die Leitung eines Projekts und die das Projekt leitende Institution. Mit Hilfe des Projektmanagements werden alle Einzelaktivitäten eines Projekts koordiniert. Die Koordination ordnet die einzelnen Aktivitäten in entscheidungslogische Zusammenhänge, indem sie unter Berücksichtigung einer Koordinationseffizienz die einzelnen Bausteine integriert und gegebenenfalls harmonisiert. Für Schwarzer etal. [28] resultiert aus der Arbeitsteilung die Notwendigkeit zur Koordination, also die Abstimmung auf ein Ziel, i. S. der Kooperation hinsichtlich des gemeinsamen Ziels. Im gleichen Kontext sieht Frese [22] die Koordination als die Ausrichtung von Einzelaktivitäten in einem arbeitsteiligen System auf ein übergeordnetes Gesamtziel. Die im angloamerikanischen Sprachgebrauch gebräuchliche Definition von Malone [27] bezieht den handelnden Mensch oder Akteur mit in die Betrachtung ein: „... a body of principles about activities can be coordinated, that is, a-bout how actors can work together harmoniously...“. Koordination ist die Ausrichtung der Leistungen einzelner Organisationsmitglieder und -einheiten auf das gemeinsame Organisationsziel [22].
Für die Unternehmensleitung ist das Projektmanagement damit ein Koordinations- und Leitungsinstrument, das die Zukunft überschaubar macht und damit die Führungsaufgaben erleichtert.
Probleme, die während des Projektablaufs auftreten und das planmäßige Erreichen der drei Hauptziele (Leistung, Gesamtkosten und Endtermin) in Gefahr bringen, können mit den Methoden des Projektmanagements leichter erkannt und gelöst werden. Dies ist notwendig, da mit dem Trend zur Übertragung von möglichst großen Auftragseinheiten durch den Auftraggeber an den Auftragnehmer und der Tendenz zu immer kürzeren Realisierungszeiten das Auftragnehmerrisiko stark zugenommen hat.
Dies erfordert meist eine eigenständige Projektorganisation, in deren Folge auch eine Loslösung vom Ressort- und Abteilungsdenken notwendig ist. Ein der Unternehmensleitung (Auftraggeber) gegenüber verantwortlicher Projektleiter koordiniert und leitet das Vorhaben und das Projektteam.

8 Rollen im Projekt

In einem Projekt sind eine Vielzahl von Personen und Personengruppen beteiligt. Diese Personen können Angehörige des Unternehmens aber auch Mitarbeiter anderer Unternehmen sowie öffentlichen Einrichtungen wie auch Forschungsorganisationen sein. Das Zusammenspiel der Beteiligten, insbesondere das Zusammenspiel vom Projektleiter und seinem Team, ist einer der wichtigsten Erfolgsfaktoren im Projektmanagement.

8.1 Projektleiter

Der Projektleiter stellt zu Projektbeginn in Abstimmung mit den jeweiligen Linienvorgesetzten die Mitglieder seines Projektteams zusammen. Er beruft das Projektteam zu der ersten Besprechung ein. Damit konstituiert sich das Projektteam. In Abstimmung mit den Teammitgliedern legt der Projektleiter die Regelung der Arbeitsteilung und Informationswege sowie die Art und Weise der Dokumentation der Teilergebnisse fest.

Zentrale Aufgabe des Projektleiters ist es, das Projekthandbuch kontinuierlich zu führen und die Planung stets auf einem aktuellen Stand zu halten. Somit stellt er die Informationszentrale im Projekt dar.

Im Verlauf des Projekts beruft der Projektleiter bei Bedarf und an jedem Meilenstein (oder anderen wichtigen Ereignissen) Projektteam-Besprechungen ein. Entsprechend der zu behandelnden Themen entscheidet er, welcher zusätzlicher Personenkreis beteiligt sein soll. Weiterhin setzt er die Gesprächspunkte des Meetings fest und leitet die Sitzung.

Die Aufgaben des Projektleiters als Ansprechpartner für alle mit dem Projekt in Zusammenhang stehenden Probleme und Aufgaben konzentrieren sich auf

- die Koordination und zielgerichtete Steuerung des Projektteams zur Sicherstellung der Einhaltung der Zeit- und Kostenziele des Projekts
- die Delegation der anfallenden Aufgaben an das Projektteam
- Entscheidungen über für das Projekt relevante Änderungen gemäß dem ihm eingeräumten Entscheidungsrahmen
- die Lösung von Konflikten innerhalb des Projektes und mit den Linienverantwortlichen der Mitarbeiter des Projektteams
- der Vorbereitung und Moderation der Projektsitzungen (insbesondere die Sitzungen des Lenkungskreises und des Kernteams)
- die Gewährleistung des aktuellen Informationsstands der Unternehmungsleitung.

Damit fungiert der Projektleiter als Integrationsfigur: er ist die entscheidende Führungspersönlichkeit im Projekt. Er muss bereichsübergreifend koordinativ tätig sein. Um im Projekt erfolgreich zu sein, sollte er einige grundsätzliche Fähigkeiten besitzen:

- persönliche Fähigkeiten (z. B.. Kommunikationsbereitschaft, Führungsgeschick, Integrations- und Koordinationsfähigkeit, Entscheidungsfreudigkeit),
- systematische Arbeitsmethodik,
- fachübergreifendes Wissen als Systemintegrator und
- einen Kenntnisschwerpunkt entsprechend den speziellen fachlichen Anforderungen des Projekts.

8.2 Projektteam

Für jedes Projekt ist zu Beginn ein Projektteam zu bilden, in dem alle betroffenen Fachabteilungen vertreten sein sollten. Die Zusammensetzung des Projektteams richtet sich nach der Art des Projektes und kann von Projekt zu Projekt unterschiedlich sein. In Abhängigkeit von den Projektzielen sollten die Kernbereiche des Unternehmens, also Marketing, Vertrieb, Entwicklung, Fertigung und Qualitätssicherung durch jeweils eine Fachkraft vertreten sein. Je nach Art des Projekts werden Spezialisten aus anderen Abteilungen hin-zugezogen.

Damit bei umfangreichen Projekten das Team nicht durch seine Größe unflexibel wird, kann es sinnvoll sein, mehrstufige Projektteams einzurichten. Dies bedeutet, dass einige Mitglieder des Projektteams eine eigene Arbeitsgruppe darstellen, in der sie spezielle Probleme des durch sie vertretenen Fachgebietes bearbeiten.

Die Aufgaben des Projektteams und seiner Mitglieder bestehen im Wesentlichen in der

- Strukturierung und Planung der jeweiligen für das Erreichen der Projektziele notwendigen Aufgaben
- Bearbeitung der Aufgaben der Arbeitspakete gemäß der geplanten Projektstruktur
- projekt- und bereichsinternen Weitergabe projektrelevanter Informationen (Projektstatus, Projektänderungen, Probleme und Lösungen) über die jeweiligen Projektsitzungen.

Im Projektteam sollte jedes Mitglied die Belange seines Fachgebietes vertreten und von Beginn an die Verantwortung dafür tragen. In der Arbeit des Projektteams sollten dann die Interessen und Forderungen der Fachabteilungen auf das übergeordnete Projektziel hin ausgerichtet werden. Daher sollten Projektteammitglieder folgende Anforderungen erfüllen:

- Teamfähigkeit,
- Kooperationsbereitschaft,

- Akzeptanz für die Anforderungen anderer Bereiche und
- Verständnis für die Anforderungen des Projektmanagements.

Um eine zügige Realisierung komplexer Projekten zu gewährleisten, wird häufig eine mehrstufige Projektorganisation eingesetzt. Ihr Grundaufbau gliedert sich in die drei Ebenen „Lenkungskreis", „Kernteam" und „Fachgruppen":

- Der Lenkungskreis setzt sich aus dem Projektleiter und den wichtigsten Führungskräften des Unternehmens zusammen. Er übernimmt die Zielfestlegung für das Projekt, bewertet den Projektfortschritt und setzt neue Ziele.
- Das Kernteam wird aus dem Projektleiter, den Teilprojektleitern, sowie direkt und indirekt betroffenen Mitarbeitern gebildet. Neben der gestalterischen Aufgabe kommt dem Kernteam im weiteren Verlauf des Projekts vor allem die Erarbeitung und Koordination der Schwerpunktthemen sowie eine steuernde Funktion im Rahmen der Umsetzungsbegleitung zu. Bei den Schwerpunktthemen handelt es sich um Fragestellungen, für deren Lösung u. a. das spezifische Wissen der betroffenen Mitarbeiter notwendig ist. Es sollen auf Basis der Schwerpunktthemen Maßnahmen zur Lösung der Fragestellungen erarbeitet und die operative Umsetzung verantwortlich durchgeführt bzw. unterstützt werden. Dem Kernteam ist es freigestellt zu besonderen Fragestellungen zeitlich begrenzte Fachgruppen einzuberufen, die diese Fragestellungen fokussiert lösen. Die erreichten Ergebnisse werden im Kernteam konsolidiert.
- Die Fachgruppen bilden die dritte Ebene der Projektorganisation. Sie werden situations- und bedarfsorientiert zur Lösung fokussierter Fragestellungen eingesetzt. Die Fachgruppen werden durch jeweils ein Mitglied des Kernteams geleitet. Weitere Fachgruppenmitglieder werden entsprechend der zugeordneten Aufgaben ausgewählt. Direkt betroffene Mitarbeiter werden eingebunden, um die Akzeptanz der erarbeiteten Ergebnisse zu erhöhen.

Darüber hinaus existieren noch weitere Projektrollen und Gremien. Grundsätzlich kann zwischen formalen Rollen, wie z. B. Projekt Controller, Projektstakeholdern, Programm Manager, funktionalen Rollen, wie z. B. Moderator, Stratege, Krisenmanager, und sozialen Rollen, wie z. B. Motivator, Multiplikator, Informant, Entertainer, unterschieden werden [24]. Die formalen Rollen werden für die Projektarbeit in einer sog. Verantwortlichkeitsmatrix zusammengeführt, mit deren Hilfe die Aufgaben, Kompetenzbereiche und Verantwortlichkeiten eines Projektes bestimmt werden. [3, 20, 26]

9 Aufbauorganisation

Projekte sind fast immer in eine Basisorganisation, sog. Linien- oder Stammorganisation eingebunden. Organisation und Führung sind die grundsätzlichen Leitungsfunktionen, mit deren Hilfe das Verhalten der Projektmitglieder so strukturiert und koordiniert wird, dass die in der Unternehmenspolitik umrissenen und in der Planung konkretisierten Ziele und Maßnahmen realisiert werden können.

Organisation und Führung hängen eng zusammen, d. h. sie beeinflussen sich gegenseitig und müssen untereinander widerspruchsfrei sein. Ihr grundsätzlicher Unterschied liegt in der Form, in der die Verhaltenserwartungen gegenüber den Mitarbeitern gefestigt und durchgesetzt werden.

Organisieren heißt: Formalisieren (formales Regeln) von Verhaltenserwartungen. „Formal" sind Regelungen, die durch dazu legitimierte Personen (Kerngruppe) in einen bewussten Gestaltungsakt gesetzt, unpersönlich, d. h. unabhängig von bestimmten Individuen als gültig erklärt und (meist) schriftlich fixiert sind. Damit werden durch formale Regelungen, also die Festlegung von Entscheidungskompetenzen (Inhalte und Umfänge), hierarchische Ordnung, Aufgabenteilung, Koordination, Kommunikations- und Informationsstrukturen, eine längerfristig gültige Organisationsstruktur der Unternehmung festgelegt [21, 22].

Führen heißt: Persönliche Beeinflussung des Verhaltens anderer Individuen oder einer Gruppe in Richtung auf gemeinsame Ziele, die Unternehmungs- oder Projektziele. Die Verhaltungserwartungen werden hier nicht durch formale Regelungen durchgesetzt, sondern sie werden erreicht mithilfe von [21, 22]:

- Fachautorität (Argumente),
- Persönlichkeitsautorität (Ausstrahlung) und
- Positionsautorität (Sanktionsgewalt).

Bei der Projektorganisation wird grundlegend zwischen drei Organisationsformen unterschieden [20]:

- Einfluss (= Stabs)projektorganisation
- Reine (= autonome) Projektorganisation
- Matrixorganisation

In der Einflussprojektorganisation hat der Projektleiter eine Stabsfunktion. Damit besitzt der Projektleiter gegenüber anderen Stellen der Linienorganisation keine Weisungsbefugnisse. Der Projektleiter hat nur Koordinationsbefugnisse, sodass er nur über sein Verhandlungsgeschick und seine fachliche Autorität das Projekt beeinflussen kann. Wichtige Entscheidungen werden nicht von ihm getroffen. In dieser Organisationsform fungiert der Projektleiter als Informationssammler und -verteiler sowie als Entscheidungsvorbereiter, sodass zwar auf der einen Seite dieser Projektorganisation zwar sehr geringe organisatorische Eingriffe verbunden sind, auf der anderen Seite aber bei Projektstörungen auch keine schnelle Reaktion möglich ist.
Bei der reinen Projektorganisation ist der Projektleiter für die Entscheidungen im Projekt verantwortlich. Er steht an der Spitze einer Organisationseinheit, der alle Projektmitarbeiter zugeordnet werden. Zwischen den Projektabteilungen und den funktionalen Abteilungen entstehen kaum Konflikte, da zum einen die projektbezogenen Einsatzmittel direkt dem Projekt zugeordnet werden können und der Projektleiter gleichzeitig der disziplinarische Vorgesetzte der Projektbeteiligten ist. Auf der anderen Seite kann die Re-Integration der Projektbeteiligten in die Linienorganisation nach Abschluss eines Projektes unter Umständen mit Problemen verbunden sein.
Bei der Matrixorganisation, der am häufigsten vorkommenden Projektorganisation, werden Befugnisse und Verantwortung zwischen den Fachabteilungen und den Projektinstanzen aufgeteilt. Damit haben die Projektmitarbeiter zwei disziplinarische Vorgesetzte, den Linienvorgesetzten und den Projektleiter, sodass automatisch Konflikte zwischen Fach-/Linienabteilung und Projektleitung entstehen. Sofern diese Konflikte konstruktiv genutzt werden können, fallen kaum organisatorische Umstellkosten an und die Projektmitarbeiter können aufgrund des Verbleibs in ihren Fachabteilungen ihre Qualifikation weiterentwicklen.
Die Globalisierung und die neuen Kommunikationstechniken haben einen eindeutigen Einfluss auf die Projektorganisationen ausgeübt. Modernere Organisationsformen von Projekten sind hauptsächlich durch Flexibilität, Dezentralisierung und Autonomie gekennzeichnet.
Diese Trends werden in neuen Arbeitsvorgängen wahrgenommen, wie das Work at Distance oder das aktuell diskutierte Homeworking. In solchen Fällen sinken die Kosten mit der Struktur und die Reaktionszeiten verkürzen sich. Demgegenüber wächst die Kapazität des Projektsystems und die Anzahl von Projektalternativen. Diese Bedingungen favorisieren die Entstehung von agileren Projektorganisationen, beispielsweise die Netzwerk- und die fraktale Projektorganisationen.
Die Netzwerk-Projektorganisationen sind vordergründig durch die physische oder funktionelle Entfernung ihrer Einheiten gekennzeichnet. Sie erlauben schnelleren Zugriff auf Informationen, weisen informellere Verbindungen zwischen ihren Elementen auf und können nach Bedarf schnell zu- oder abnehmen. Außerdem ersparen sie die mit der Aufrechterhaltung und Wartung einer permanenten Struktur verbundenen fixen Kosten. Dadurch wird nicht nur der Aufwand von der zentralen Projektorganisation entlastet, sondern mehr Kreativität und Vielfältigkeit gefördert. Auf der anderen Seite kann diese erweiterte Autonomie zu größeren Schwierigkeiten mit der Koordinationsarbeit im Projektsystem führen. Deswegen werden bei der Auswahl von einem Projektmanager für eine Netzwerk-Projektorganisation besondere Kompetenzen bezüglich Führung und Umgang mit Fernarbeit erwartet.
In den fraktalen Projektorganisationen ist die Struktur des ganzen Projekts durch eigenständige Projekteinheiten bzw. Projektmitglieder gesetzt, die sich selbst verwalten, optimieren und kontrollieren [16]. Diese Einheiten sind durch drei Eigenschaften gekennzeichnet: Selbstorganisation (eine Operation oder Regeneration erfordert keinen Eingriff von einer höheren Autorität), Selbstähnlichkeit (jede Einheit besitzt ähnli-

che Ziele und Kompatibilität zu Dritten), Selbstoptimierung (jede Einheit leistet interne Verbesserungen). Fraktale Projektorganisationen tendieren zu einer höheren Autonomie, Selbstkontrolle und Expansions- bis zu Reproduktionsmöglichkeiten. Sie eignen sich insbesondere für Projekte in einem dynamischen Umfeld, die stets mit neuen Risiken, Opportunitäten und Anpassungsbedarf konfrontiert werden.

10 Projektplanung, -steuerung und -abschluss

Eine gute Planung und der Projekterfolg stehen in einem engen Zusammenhang. Die Komplexität heutiger Projekte und die zunehmende Dynamik aller Projektparameter zwingen zu gezielter und bewusster Planung. Projektplanung kann als die systematische Informationsgewinnung über den zukünftigen Ablauf des Projektes und die gedankliche Vorwegnahme des notwendigen Handelns im Projekt verstanden werden.
Die Planung beginnt mit dem Ermitteln aller zukünftigen Aktivitäten, die zur Erreichung des Projektzieles beitragen. Dabei ist es wesentlich, die besonders wichtigen Aktivitäten zu erkennen. Da Planung in die Zukunft gerichtet ist, beruht sie grundsätzlich auf unvollständigen Informationen und ist daher immer mit Unsicherheit behaftet. Planung im Projekt findet auf vier Ebenen statt [20, 18, 25]:

- Organisation des Projektes,
- technischer Inhalt des Ergebnisses,
- technischer Prozess der Ergebnisstellung und
- Ablauf des Projektes.

Unter „Projektplanung" wird hier die operative Planung des Ablaufs mit der Ermittlung von Aufwand, Kapazitäten und Terminen verstanden. Zu den Schwerpunktaufgaben zählen:

- Projektstrukturplanung (Zerlegung der Gesamtaufgabe in sinnvolle Teilaufgaben),
- Definition von Arbeitspaketen,
- Ablaufplanung (Festlegung der logischen Ablauffolge für die Arbeitspakete) und
- Planung von Sachleistungen (End-, Zwischenergebnisse), Ressourcen (Personal etc.), Terminen und Kosten.

Das wichtigste Prinzip der Projektplanung ist die Strukturierung der Aufgaben eines Projekts vor dem Hintergrund der verfolgten Ziele. Duch die Zerlegung der Gesamtaufgabe in kleinere Aufgaben mithilfe des sogenannten Projektstrukturplans wird eine effektive und effiziente Projektsteuerung ermöglicht. Oberstes Ziel der Projektplanung ist die Ermittlung realistischer Sollvorgaben für Aufwand, Kapazität und Termine des Projektes sowie von Einzelschritten der Projektdurchführung im Rahmen der gegebenen Randbedingungen [8, 9, 10].
Der Steuerung des Projektes kommt eine besonders große Bedeutung zu. Während Projektorganisation, Phaseneinteilung und Zieldefinition schwerpunktmäßig zu Beginn des Projektes liegen und die Planung von Aufwand und Terminen an bestimmten Fixpunkten erfolgt, beschäftigt die Projektsteuerung den Projektleiter während der gesamten Laufzeit des Projektes.
Die Planung kann den Projektablauf nur theoretisch vorwegnehmen, sodass sie immer mit Fehlern behaftet sein wird. Diese führen zu Abweichungen zwischen dem realen Projektablauf und der Planung. Ein Projektziel kann daher nur erreicht werden, wenn die wirkungsvolle Steuerung die Abweichungen zwischen Projektplan und realem Projektablauf permanent ausgleicht. Die Projektsteuerung bezieht sich auf die drei Zielgrößen „Ergebnis", „Kosten" und „Termine" und auf die Produktionsparameter „Produktivität" und „Kapazität" des Projektes.

10.1 Projektziele

Im Allgemeinen lassen sich die vielfältigen Ziele, die mit dem Einsatz des Projektmanagements verbunden werden, auf drei grundlegende Ziele eingrenzen:

- Sachleistung (Qualitätsverbesserung),
- Termine (Termintreue) und
- Kosten (Kostenbegrenzung).

Diese Ziele können nur erreicht werden, wenn die Zusammenarbeit aller am Projekt Beteiligten gewährleistet ist, die Delegation von Verantwortung tatsächlich realisiert wird und eine Anpassung der Aufbau- und Ablauforganisation an die speziellen Probleme und Eigenarten des Projektes stattgefunden hat.

Diese Teilziele sind voneinander abhängig. So hat zum Beispiel die Verlängerung der Entwicklungszeit in der Regel eine Erhöhung der Kosten zur Folge, die Verkürzung der Entwicklungszeit meist eine Qualitätsminderung. Darum können die Teilziele nicht isoliert betrachtet werden. Dies ist vor allem bei Änderungen von Zielgrößen zu beachten. Man spricht daher auch vom „magischen Dreieck“. [9, 10, 11, 12]

10.2 Projektstrukturplan

Der Projektstrukturplan ist ein Hauptinstrument für die Projektplanung, Projektsteuerung und Projektkontrolle. Zur Erstellung des Projektstrukturplans muss das Projekt in überschaubare Teilaufgaben gegliedert werden. Die Ziele des Projektstrukturplans sind:

- vollständige Übersicht über das ganze Projekt
- kleine, möglichst eigenständig zu bearbeitende Teilaufgaben
- Rahmen für Planung, Steuerung und Überwachung
- Basis für die Kontrolle der Termine, Leistungen und Kosten
- Festlegung aller für die Projektabwicklung notwendigen Ressourcen
- Überblick über die Projektkosten

Die Projektgliederung orientiert sich an den Objekten, Funktionen oder sonstigen Gesichtspunkten. Das Ergebnis ist eine hierarchische Struktur, in der die Teilaufgaben weiter untergliedert werden. Auf der jeweils untersten Ebene sind in sich geschlossene Aufgaben definiert, die einem verantwortlichen Teammitglied zugeordnet werden können. Diese Aufgaben werden als Arbeitspakete bezeichnet. Art und Umfang eines Projektstrukturplans sind projektspezifisch. Gliederungskriterien dafür sind:

- Unternehmensstruktur,
- Komplexität und Größe des Projekts,
- Auftraggeber und
- Kosten.

Folgend werden die drei Arten des Projektstrukturplans beschrieben:

- Funktions- bzw. verrichtungsorientierter Projektstrukturplan:
  Bei einem funktionsorientierten Projektstrukturplan stehen Aufgaben zur Projektplanung und Realisierung im Vordergrund. Diese werden untergliedert. Der Projektgegenstand verliert seine Konturen.
- Objektorientierter Projektstrukturplan:
  Der Projektgegenstand wird entsprechend seiner Systemgliederung in Teil- und Untersysteme, Hauptbaugruppen, Baugruppen etc. unterteilt. Die objektorientierte Struktur wird auch als ergebnis- oder erzeugnisorientiert bezeichnet.
- Gemischt-orientierter Projektstrukturplan:
  Meist wird jedoch eine Kombination von objekt- und funktionsorientierter Struktur angewandt. Sie bietet den höchsten Erfüllungs- und Anpassungsgrad. Der Projektstrukturplan wird vom Projektleiter gemeinsam mit dem Projektteam erarbeitet. Dabei kann ein Standard-Projektstrukturplan oder der Projektstrukturplan eines Vorgängerprojektes als Ausgangsbasis dienen, darf aber nicht ohne weiteres übernommen werden, da jedes Projekt spezifische Eigenheiten aufweist. In der Grobplanungsphase genügen zunächst wenige Gliederungsebenen. Es muss aber die Aufgabenstellung in ihrer Gesamtheit erfasst werden. Im Laufe des Planungsprozesses wird der Projektstrukturplan weiter detailliert, bis alle Arbeitspakete festgelegt sind.

Für jedes Arbeitspaket wird ein Verantwortlicher bestimmt werden. Die Arbeitspakete dienen als Basis für die Auftragserteilung. Die Arbeitspakete stellen den Orientierungspunkt für die Projektplanung, Projektüberwachung und Projektsteuerung der Termine, Kosten und Leistungen dar.
Aufgaben, die eine mögliche Gefährdung des Projekts darstellen, müssen soweit untergliedert werden, dass eine Risikoanalyse möglich ist. Daraus resultiert auch die Größe der Arbeitspakete. Die Anzahl der Arbeitspakete beeinflussen den Steuerungsaufwand. Eine zu große Menge von Arbeitspaketen lässt sich zeitlich nicht mehr bearbeiten, selbst mit dem Hilfsmittel EDV nicht. Deshalb sollten Großprojekte in übersichtliche Teilprojekte untergliedert werden, die besser handhabbar sind. Dies erfordert auch eine entsprechende Projektorganisation, in der die Teilprojektleiter bzw. die Verantwortlichen für größere Aufgabenpakete zum einem mit der gleichen Arbeits-

systematik und Hilfsmitteln ausgestattet werden und zum anderen, dass die Koordination dieser Schnittstellen – dies gilt besonders bei standortübergreifenden Aufgaben – durch entsprechende Entscheidungs- und Kommunikationsregeln erreicht wird.

Der Projektstrukturplan stellt die Basis für die Projektsteuerung und Projektüberwachung errichtet [20, 18, 25].

10.3 Projektsteuerung

Die Projektsteuerung erfolgt mithilfe der Überwachung des Leistungsfortschritts, der Terminüberwachung, einer Überwachung der eingesetzten Ressourcen sowie in der Regel der Earned-Value-Analyse.

Bei der Überwachung des Leistungsfortschritts, wird der Projektfortschritt, also der Stand des Projektes in Bezug auf die Zielerreichung zu einem bestimmten Projektzeitpunkt im Vergleich zur Planung gemessen. Dies erfolgt mithilfe des Fertigstellungs- oder Fortschrittsgrads und dem Fertigstellungswert. Der Fertigstellungswert entspricht den Soll-Kosten einer Ist-Leistung (Earned Value, Soll-Kosten der Ist-Leistung, Budgeted Cost of Work Performed). Vom Fertigstellungsgrad der Betrachtungseinheiten kann auf den Gesamtfertigstellungsgrad bzw. Gesamtfortschrittsgrad geschlossen werden [19].

Der auf Basis des Projektstrukturplans erstellte Terminplan bestimmt den für die Terminüberwachung herangezogenen Netzplan, in dem der Status der geplanten Vorgänge (Anfangs- und Endzeitpunkte der geplanten, gestarteten und abgeschlossenen Vorgänge) und Anordnungsbeziehungen (Vorgänger-Nachfolger-Beziehungen) graphisch dokumentiert werden. Der mithilfe der Vorwärts und Rückwärtskalkulation errechnete kritische Pfad bestimmt jene Aufgaben, auf deren Termineinhaltung besonders geachtet werden muss, weil die Nichteinhaltung von

Tabelle 10–1. Kennzahlen zur Analyse von Projekten [17, 25]

Kennzahl	Abkürzung	Formel
PLAN-Kosten *Budgeted Cost of Work Scheduled*	PK oder *BCWS*	PLAN-Menge × PLAN-Preis
IST-Kosten *Actual Cost of Work Performed*	IK oder *ACWP*	IST-Menge × IST-Preis
SOLL-Kosten *Budgeted Cost of Work Performed*	SK oder *BCWP*	SOLL-Menge × Plan-Preis
Projektbudget *Budget at completion*	PB oder *BAC*	PK bei PLAN-Termin Fertigstellung
SOLL-Menge	SM	PLAN-Menge × IST-FG [%]
IST-Fortschrittsgrad [%]	IST-FG	(1-RK/PK) × 100 oder (IK/GK-prog) ×100
Abweichung Gesamtkosten	δK	IK-PK
Leistungsvarianz *Schedule Variance*	LV oder *SV*	SK-PK oder *BCWP-BCWS* LV < 0 → Leistungsverzug
Kostenvarianz *Cost Variance*	KV oder *CV*	SK-IK oder *BCWP-ACWP* KV < 0 → Kostenüberschreitung
Leistungsvarianz [%]	LV [%]	(LV/PK) × 100
Kostenvarianz [%]	KV [%]	(KV/SK) × 100
Leistungsindex *Schedule Performance Index*	LI [%] *SPI*	(SK/PK) × 100 *BCWP / BCWS*
Kostenindex *Cost Performance Index*	KI [%] *CPI*	(SK/IK) × 100 *BCWP / ACWP*
Preiseffekt	EP	IST-Menge × (IST-Preis – PLAN-Preis)
Preisindex	PI [%]	(IST-Preis-PLAN-Preis)/PLAN-Preis

Terminen auf dem kritischen Pfad eine Nichteinhaltung des Projektendzeitpunkts mit sich bringt. Für die Überwachung der Termineinhaltung werden Terminüberwachungslisten und Meilensteintrendanalysen herangezogen [18].

10.4 Projektabschluss

Die Earned-Value-Analyse ist eine integrierte Methode zur Kostenüberwachung – und -prognose. Neben einer vollständigen Planung des Projekts (Leistung, Aufwände, Termine und Kosten) ist die stichtagsbezogene Erfassung der Ist-Situation, also die Ermittlung der Plan-Kosten (geplante Kosten für die geplante Leistung, Planned Value, BCWS = Budgeted Costs of Work Scheduled), der Soll-Kosten (geplante Kosten für die erbrachte Leistung, Earned Value, BCWP = Budgeted Costs of Work Performed) und der Ist-Kosten (tatsächliche Kosten für die erbrachte Leistung, Actual Costs, ACWP = Actual Costs of Work Performed) von Bedeutung. Auf Basis dieser Ist-Situation kann der Leistungsindex (SPI = Schedule Performance Index, Indikator für den tatsächlichen zeitbezogenen Leistungs- bzw. Projektfortschritt), der Kostenindex (CPI = Cost Performance Index, Index zur Messung der Effizienz des Ressourceneinsatzes) sowie verschiedene Indikatoren im Hinblick auf die Prognose des weiteren Projektverlaufs berechnet werden [18, 19, 25].

In der nachfolgenden Tabellen 10-1 bis 10-3 sind gängige Kennzahlen zur Analyse, Prognose und Bewertung von Projekten zusammengefasst, die sich in der Literatur in Nuancen unterscheiden können [17, 18, 19, 25]:Demleitner2005,Meredith2006

In Abhängigkeit von den während des Projektverlaufs berechneten Kennzahlen und dem damit berechneten Projektstatus, werden dann Maßnahmen ergriffen, die

Tabelle 10-2. Kennzahlen zur Prognose von Projekten [17, 25]

Kennzahl	Abkürzung	Formel
Restaufgaben [%]	Rest [%]	100% – IST-FG [%]
Restkosten	RK	Rest [%] × (IK/IST-FG [%])
Prognostizierte Gesamtkosten *Estimate at completion*	GK-prog. oder *EAC*	IK + RK oder PB/KI [%]
Prognostizierte Gesamtdauer	T-ges. prog.	PLAN-Dauer/LI [%]
Restdauer	T-Rest.	T-ges. prog – IST-Dauer

Tabelle 10-3. Kennzahlen zur Bewertung von Projekten [17]

Kennzahl	Abkürzung	Formel
Umsatz	U	Projektvolumen
Deckungsbeitrag	DB-PLAN	U-PB
Deckungsbeitrag [%]	DB-PLAN [%]	DB-PLAN/U
Deckungsbeitrag prog.	DB-prog.	DB-PLAN – (GK prog. – PB)
Deckungsbeitrag prog. [%]	DB-prog. [%]	DB-prog./U
Liquiditätsbeanspruchung	LB	Min. (EIN-AUS)kum + Bürgschaften
Liquiditätsbeanspruchung [%], V1	LB 1 [%]	LB/PB
Liquiditätsbeanspruchung [%], V2	LB 2 [%]	LB/U
Anteil Personalkosten	Pers-K [%]	Pers-K/Gesamtkosten
Anteil Materialkosten	Mat-K [%]	Mat-K/Gesamtkosten
Anteil Fremdleistungen	FK [%]	FK/Gesamtkosten
Termintreue	TT [%]	(PLAN-Dauer – Verzug)/PLAN-Dauer × 100
Meilenstein-Quote	MS [%]	(Anz. MS < 1 Woche)/Anz. MS × 100
Zahlungsziele (EIN)	ZZ [%]	(Anz. Re-Abw. < 1 Woche)/Anz. Re × 100
Risiko-Quote	RQ [%]	Anz. eingetretene Risiken/ Anz. prognostizierte Risiken × 100

sich auf eine Anpassung der Ressourcen (Aufwände), der Projektziele (Leistungen) und auf eine Erhöhung der Produktivität beziehen können. Maßgeblich ist dabei, dass Kennzahlen nicht einzeln, sondern immer im Zusammenhang mit anderen Kennzahlen und vor dem Hintergrund der jeweiligen Projektsituation betrachtet werden müssen.

Während des Projektabschlusses werden die erzielten Projektergebnisse vom Kunden (intern oder extern) abgenommen und die relevanten Projektabschlussdokumente, vor allem der Abschlussbericht erstellt. Besondere Bedeutung beim Projektabschluss hat die Auswertung und Beurteilung des Projekts in Bezug auf „Lessons Learned", um die mit dem Projekt verbundenen Erfahrungen als Lernpotenziale für zukünftige Projekte zu sichern.

11 Zertifizierung des Projektmanagers

Der Aufbau von Fähigkeiten im Projektmanagement bezieht sich auf vielfältige Disziplinen. Neben den eigentlichen Techniken und Methoden des Projektmanagements sind die sogenannten Soft Skills von hoher Bedeutung. Die Qualifizierung im Projektmanagement kann über vielfältige Bildungseinrichtungen erfolgen. Die Qualifizierung bezieht sich dabei immer auf die Kerndisziplinen des Projektmanagements, die für einen Projektmanager unentbehrlich sind, wie z. B. Projektplanung und -controlling, Personal-, Qualitäts-, Kommunikations- und Risikomanagement.

Während sich die Qualifizierung auf die Ausbildung von Personen konzentriert, richtet sich die Projektmanagement-Zertifizierung auf die formelle Anerkennung von Projektmanagementkompetenzen. Mithilfe der Zertifizierung wird die Anwendung etablierter Projektmanagement-Standards innerhalb von Unternehmen unterstützt und damit ein Beitrag dazu geleistet, dass Projekte systematisch geplant, gesteuert und abgeschlossen werden. Eine Projektmanagement-Zertifzierung ist in der Regel nur für eine begrenzte Zeit gültig und muss dann erneuert werden. Damit wird sichergestellt, dass zertifizierte Projektmanager den State-of-the-Art des Projektmanagements beherrschen.

Zu den wichtigsten Einrichtungen, die eine Zertifzierung im Projektmanagement vornehmen, zählt das amerikanische „Project Management Institute – PMI" [13], die „International Project Management Association – IPMA", [15], die auch die Dachorganisation für die „Deutsche Gesellschaft für Projektmanagement – GPM" [14] darstellt.

Literatur

Allgemeine Literatur zu Kapitel 1 bis 4

DGQ: Wirksame Managementsysteme – Mit internen Audits Verbesserungspotenziale erschließen; Leitfaden, 2. Auflage 2005

DIN EN ISO 9000:2005 Qualitätsmanagementsysteme – Grundlagen und Begriffe

DIN EN ISO 9004:2000 Qualitätsmanagementsysteme – Leitfaden zur Leistungsverbesserung

DIN EN ISO 19011:2002, Leitfaden für Audits von Qualitätsmanagement- und/oder Umweltmanagementsystemen

Hansen, W., Jansen, H.H. und Kamiske, G.F.: Qualitätsmanagement im Unternehmen – Grundlagen, Methoden und Werkzeuge, Praxisbeispiele; Springer Verlag, Berlin, Heidelberg, 2001

Pfeifer, T., Schmitt, R.: Masing Handbuch Qualitätsmanagement; Carl Hanser Verlag, München, 5. Auflage, 2007

Spezielle Literatur zu Kapitel 1 bis 4

1. Deutsche Gesellschaft für Qualität: 22–23, Organisation der Qualitätsicherung im Unternehmen, Teil 1: Aufbauorganisation, Teil 2: Abläufe der Qualitätssicherung, DGQ-Schrift, 1. Aufl., Beuth-Verlag, Frankfurt; 1976
2. Deutsche Gesellschaft für Qualität: 14–17, Qualitätskosten – Rahmenempfehlungen zu ihrer Definition, Erfassung und Beurteilung. DGQ-Schrift, 5. Aufl., Beuth Verlag, Berlin; 1985
3. DIN 25448: Ausfalleffektanalyse; Norm, 1980

4. DIN EN ISO 9001: Qualitätssicherungssysteme – Modell zur Darlegung der Qualitätssicherung in Design/Entwicklung, Produktion, Montage und Kundendienst; 1987
5. DIN EN ISO 9000:2000: Qualitätsmanagementsysteme – Grundlagen und Begriffe; 2000
6. DIN EN ISO 9001:2000: Qualitätsmanagementsysteme – Anforderungen; 2000
7. DIN EN 60 812: Analysetechniken für die Funktionsfähigkeit von Systemen – Verfahren für die Fehlzustandsart- und -auswirkungsanalyse (FMEA), November 2006
8. Haist, F.; Fromm, H.-J.; Qualität im Unternehmen, Prinzipien – Methoden – Techniken; Carl Hanser Verlag; München Wien, 1991
9. Gienke, H.;Kämpf, R. (Hrsg.): Praxishandbuch Produktion: innovatives Produktionsmanagement: Organisation, Konzepte, Controlling, Verlag dt. Wirtschaftsdienst: Köln, 2001
10. IATF ISO/TS16949:2002 – Technische Spezifikation – Norm, 2. Auflage 2002
11. Jürgen, J.: Statistische Prozesslenkung (SPC) – Qualitätsregelkarten-Technik; in: Qualitätsmanagement, Hrsg.: G.F. Kamiske; Digitale Fachbibliothek auf CD-ROM, Symposion Publishing, Düsseldorf, 2002
12. Pfeifer, T.: Praxishandbuch Qualitätsmanagement. Hanser Verlag: München, 2001
13. Schloske, A.: Qualitätsmanagement; Skript zur Vorlesung an der Universität Stuttgart; 2006
14. Deutsche EFQM: EFQM – Excellence einführen; Internet-Homepage http://www.deutsche-efqm.de/; 2003

Allgemeine Literatur zu Kapitel 5

Berner, W.: Praktische Strategien zur Veränderung der Unternehmenskultur. In: Sonderdruck aus dem Loseblatt Handbuch „Praxis Handbuch Unternehmensführung“. Freiburg: Rudolf Haufe Verlag, 2000

Buck, H.; Weidenhöfer, J.: Betriebliche Personalpolitik – Demographische Herausforderungen bewerten und annehmen. In: Prager, J., Schleiter, A. (Hrsg.): Länger leben, arbeiten und sich engagieren. Chancen werteschaffender Beschäftigung bis ins Alter. Gütersloh: Bertelsmann Stiftung, 2006, S. 103–116

Bullinger, H.-J.; Witzgall, E. (Hrsg.): Qualifikationsmanagement in der Produktion. Pläne und Werkzeuge für die Baustelle Lernende Organisation. Stuttgart: Fraunhofer IRB, 2002

Bullinger, H.-J.; Buck, H.: Arbeitsbedingungen. In: Handelsblatt (Hrsg.): Wirtschaftslexikon. Das Wissen der Betriebswirtschaftslehre. Band 1, Stuttgart: Schäffer-Poeschel, 2006, S. 338–343

Bullinger, H.-J.; Buck, S. L.; Buck, H.: Entwicklungstrends in der Arbeit – Veränderung der Qualifikationsanforderungen. In: Prager, J.; Wieland, C. (Hrsg.). Duales Ausbildungssystem – Quo Vadis? Gütersloh: Bertelsmann Stiftung, 2007, S. 48ff

Ganz, W.; Graf, N. (Hrsg.): PerLe: Leitbilder – gelebte Werte oder nur Worte? Ergebnisse einer Kurzstudie zu Leitbildern in der betrieblichen Praxis, Stuttgart, 2006

Grote, S.; Kauffeld, S.; Frieling, E. (Hrsg.): Kompetenzmanagement. Grundlagen und Praxisbeispiele. Stuttgart: Schäffer-Poeschel, 2006

Jung, H.: Personalwirtschaft. 5. überarb. und erw. Aufl., München: Oldenbourg, 2003

Mühlenhoff + Partner Managementberatung; Fraunhofer IAO: Kompetenzmanagement in Unternehmen. Düsseldorf, 2006

Polzer, H.: DB Bildung – Präsentation zur Werkstattreihe Bahn NRW am 23.06.2005, Vortrag

Spath, D.: Arbeit der Zukunft – Working, Learning and Performance. In: Spath, D.; Ganz, W.; Becker, T. (Hrsg.): e3World: Work, learning, performance – Lernen für die Arbeit von morgen, Wiesbaden: Universum, 2005, S. 7–9

Spath, D.; Ganz, W.: Erfolgsfaktor Unternehmenskultur. Gelebte Werte oder nur Worte? In: Horvath, P. (Hrsg.): Wertschöpfung braucht Werte. Wie Sinngebung zur Leistung motiviert. Stuttgart: Schäffer-Poeschel, 2006, S. 141–154

http://www.metabo.de/Unternehmensleitbild.20266.0 .html, 2007.

Spezielle Literatur zu Kapitel 5

1. Jung, H.: Personalwirtschaft. 5. überarb. und erw. Aufl., München: Oldenbourg, 2003, S. 7
2. Jung, H.: Personalwirtschaft. 5. überarb. und erw. Aufl., München: Oldenbourg, 2003, S. 6
3. Ganz, W.; Graf, N. (Hrsg.): PerLe: Leitbilder – gelebte Werte oder nur Worte? Ergebnisse einer Kurzstudie zu Leitbildern in der betrieblichen Praxis, Stuttgart: Fraunhofer IRB, 2006

4. http://www.metabo.de/Unternehmensleitbild.20266.0.html, 2007
5. Berner, W.: Praktische Strategien zur Veränderung der Unternehmenskultur. In: Sonderdruck aus dem Loseblatt Handbuch „Praxis Handbuch Unternehmensführung“. Freiburg: Rudolf Haufe, 2000
6. Bullinger, H.-J.; Witzgall, E. (Hrsg.): Qualifikationsmanagement in der Produktion. Pläne und Werkzeuge für die Baustelle Lernende Organisation. Stuttgart: Fraunhofer IRB, 2002
7. Bullinger, H.-J.; Buck, H.: Arbeitsbedingungen. In: Handelsblatt (Hrsg.): Wirtschaftslexikon. Das Wissen der Betriebswirtschaftslehre. Band 1, Stuttgart: Schäffer-Poeschel, 2006, S. 338-343
8. Vortrag Polzer, H.: DB Bildung – Präsentation zur Werkstattreihe Bahn NRW am 23.06.2005
9. Grote, S.; Kauffeld, S.; Frieling, E. (Hrsg.): Kompetenzmanagement. Grundlagen und Praxisbeispiele. Stuttgart: Schäffer-Poeschel, 2006
10. Mühlenhoff + Partner Managementberatung, Fraunhofer IAO: Kompetenzmanagement in Unternehmen, 2006, (149 befragte Unternehmen)
11. Bullinger, H.-J.; Buck, S. L.; Buck, H.: Entwicklungstrends in der Arbeit – Veränderung der Qualifikationsanforderungen. In: Prager, J.; Wieland, C. (Hrsg.): Duales Ausbildungssystem – Quo Vadis? Gütersloh: Bertelsmann Stiftung, 2007, S. 48ff
12. Buck, H.; Weidenhöfer, J.: Betriebliche Personalpolitik – Demographische Herausforderungen bewerten und annehmen. In: Prager, J., Schleiter, A. (Hrsg.): Länger leben, arbeiten und sich engagieren. Chancen werteschaffender Beschäftigung bis ins Alter. Gütersloh: Bertelsmann Stiftung, 2006, S. 103–116

Spezielle Literatur zu Kapitel 6 bis 11

1. Bogner, J.: Simultaneous Engineering vom Projektauftrag an sehr effektiv. In: Integrierte Produktentwicklung Handelsblatt Dokumentation 1990 S. 29–30
2. Brunner, W.; Schnauber, H.: Simultane Produkt- und Montagesystemgestaltung. In: VDI-Z 132 (1990) Nr. 11 S. 77–84
3. von Eiff, W.: Prozess optimieren – Nutzen erschließen. In: IBM-Nachrichten 41 (1991) Heft 305 S. 23–27
4. Bullinger, H.-J.: F&E-heute, Industrielle Forschung und Entwicklung in der Bundesrepublik Deutschland. gfmt – Gesellschaft für Management und Technologie München 1990
5. Eversheim, W.: Simultaneous Engineering – eine organisatorische Chance. In: VDI Berichte 758 (1989)
6. de Jong, H.: Warum Simultaneous Engineering? In: Fördertechnik 7/90 S. 13-15
7. Ley, W.: Simultaneous Engineering in der variantenreichen kundenauftragsspezifischen Anlagenproduktion. In: VDI Berichte 758 (1989)
8. Pantele, E. F.; Lacey, C.: Mit SE die Entwicklungszeiten kürzen. In: io new Management Zeitschrift 58 (1989) Nr. 11 S. 56–58
9. Schönwald, B.: Von der Idee zum Produkt – Simultaneous Engineering als Bestandteil von Forschung und Entwicklung. In: VDI Berichte 758 (1989)
10. Stotko, G.: Simultaneous Engineering: Produktentwicklung im CIM-Zeitalter. In: VDI Berichte 758 (1989)
11. Wallace, J. W.: Die Rolle des Werkzeugmaschinenherstellers im Simultaneous Engineering aus Anwendersicht. In: VDI Berichte 758 (1989)
12. Witte, K.-W.: Marktgerechte Produkte und kostengünstige Produktion durch Simultaneous Engineering. In: VDI Berichte 758 (1989)
13. http://www.pmi.org/
14. http://www.gpm-ipma.de
15. http://www.ipma.ch
16. Warnecke, H.-J.: The Fractal Company: A Revolution in Corporate Culture. Berlin: Springer, 1999
17. Demleitner, K.: Projekt-Controlling: die kaufmännische Sicht der Projekte. Renningen: expert-Verlag, 2006
18. Schreckeneder, B.C.: Projektcontrolling: Projekte überwachen, steuern und präsentieren. Kennzahlen, Termine und Kosten im Griff. 2., überarb. Aufl., Freiburg [Breisgau], u. a.: Haufe-Mediengruppe, 2005
19. Fleming, Q.W.; Koppelman, Joel M.: Earned value project management. Newtown Square, PA: Project Management Institute, 2005.
20. Schelle, H.; Ottmann, R.; Pfeiffer, A.: ProjektManager. Nürnberg, GPM (Deutsche Gesellschaft für Projektmanagment e.V.), 2005
21. Ulrich, P.; Fluri, E.: Management: eine konzentrierte Einführung. 5., durchges. Aufl., Bern [u. a.]: Haupt, 1988
22. Frese, E.: Grundlagen der Organisation – entscheidungsorientiertes Konzept der Organisationsgestaltung. 9., vollst. überarb. Aufl., Wiesbaden: Gabler, 2005
23. Project Managemenent Institute (PMI): A guide to the project management body of knowledge: PMBOK guide. An American national standard, ANSI/PMI 99-001-2004. 3. ed., Newtown Square, PA, Project Management Institute, 2004

24. Keßler, H.; Winkelhofer, G.A.: Projektmanagement: Leitfaden zur Steuerung und Führung von Projekten. 4., überarb. Aufl., Berlin u. a.: Springer, 2004
25. Meredith, J.R.; Matel, S.J.: Project management. A managerial approach. 6. ed., Hoboken, NJ: Wiley, 2006
26. Wysocki, R.K.; Effective Project Management: Traditional, Adaptive, Extreme. 4., Aufl., New York, NY: Wiley, 2006
27. Malone, T.; Crowston, K.; The Interdisciplinary Study of Coordination, In: ACM Computing Surveys 26 (1994) Nr. 1, S. 87–119
28. Schwarzer, B.; Zerbe, S.; Krcmar, H.: Kooperation, Koordination und IT in neuen Organisationsformen. Arbeitspapier des Lehrstuhls für Wirtschaftsinformatik der Universität Hohenheim Nr. 93; Helmut Krcmar (Hrsg.); 1995

O Normung

T. Bahke

1 Normung in Deutschland

1.1 Normung: eine technischwissenschaftliche und wirtschaftliche Optimierung

Normung ist die planmäßige, durch die interessierten Kreise gemeinschaftlich durchgeführte Vereinheitlichung von materiellen und immateriellen Gegenständen zum Nutzen der Allgemeinheit (DIN 820-1). Normung fördert die Rationalisierung und Qualitätssicherung in Wirtschaft, Technik, Wissenschaft, Verwaltung und dient der Verständigung, der Sicherheit von Menschen und Sachen, dem Umweltschutz sowie der Qualitätsverbesserung in allen Lebensbereichen. Normen einschließlich der internationalen und europäischen DIN-Normen (DIN EN, DIN ISO) dienen dem Abbau von Handelshemmnissen weltweit in Einklang mit den WTO-Anforderungen.
Die Wirtschaft braucht aus Kostengründen Normen und Spezifikationen auch in den sich schnell entwickelnden Technologiefeldern, in immer kürzeren Zeiträumen. Das DIN hat als Dienstleister für die Wirtschaft, die öffentliche Hand und die Verbraucher die Forderung nach Normen mit hoher Marktrelevanz im Zeitalter der Globalisierung angenommen.
Da DIN-Normen Empfehlungen zu einem gleichgerichteten Verhalten von unterschiedlichen Marktteilnehmern darstellen, genießen sie die besondere Aufmerksamkeit der Kartellbehörden.

1.2 DIN Deutsches Institut für Normung e.V.: Grundsätze der Normungsarbeit

Die Normung wird im DIN als eine dem Gemeinwohl verpflichtete Aufgabe der Selbstverwaltung der an der Normung interessierten Kreise, insbesondere der Wirtschaft, unter Einschluss des Staates durchgeführt.

Bereits 1975 haben die Bundesrepublik Deutschland und das DIN einen Vertrag geschlossen, in dem das DIN als die zuständige Normenorganisation für Deutschland sowie als die nationale Normenorganisation in den nicht staatlichen internationalen und westeuropäischen Normenorganisationen anerkannt wird. Das DIN hat sich verpflichtet, bei der Normungsarbeit das öffentliche Interesse gemäß den Normungsregeln (DIN 820) zu beachten, zur internationalen Verständigung beizutragen, zwischenstaatliche Vereinbarungen zur Liberalisierung des Handelns zu fördern und damit den Abbau technischer Handelshemmnisse zu erleichtern. Das DIN hat sich ferner verpflichtet, eine Datenbank über sämtliche in Deutschland gültigen technischen Regeln (DIN-Normen, technische Regeln des Staates und von Körperschaften des öffentlichen Rechts sowie technische Regeln anderer privater Regelsetzer) zu unterhalten und Dritten zugänglich zu machen.
Normen sind das Ergebnis einer gewollten Konsensbildung aller interessierten Kreise. Sie haben den Charakter von Empfehlungen, deren Anwendung freiwillig ist. Normen werden in der Praxis angewendet, weil sie die Bedürfnisse und Erwartungen der interessierten Kreise erfüllen und deren Tätigkeit erleichtern. Im Zusammenhang mit allgemein formulierten Rechtsvorschriften erleichtern sie dem Hersteller eines Produktes ferner, durch Beachtung der genormten Anforderungen die Konformität des Produktes mit den Rechtsvorschriften nachzuweisen.
Die Normungsarbeit des DIN orientiert sich an zehn Grundsätzen:

Freiwilligkeit: Jedermann – wenn die Gegenseitigkeit gewährleistet ist, auch am Markt vertretene Ausländer – hat das Recht mitzuarbeiten.

Öffentlichkeit: Alle Normungsvorhaben und Entwürfe zu DIN-Normen werden öffentlich bekannt gemacht, Kritiker an den Verhandlungstisch gebeten.

Beteiligung aller interessierten Kreise: Jedermann kann sein Interesse einbringen. Der Staat ist dabei ein wichtiger Partner neben anderen. Ein Schlichtungs- und Schiedsverfahren sichert die Rechte von Minderheiten.

Konsens: Die der Normungsarbeit des DIN zugrunde liegenden Regeln garantieren ein für alle interessierten Kreise faires Verfahren, dessen Kern die ausgewogene Berücksichtigung aller Interessen bei der Meinungsbildung ist. Konsens benötigt aber Zeit. Unter Konsens ist nach DIN EN 45 020 die allgemeine Zustimmung, die durch das Fehlen aufrechterhaltenen Widerspruchs gekennzeichnet ist, zu verstehen.

Einheitlichkeit und Widerspruchsfreiheit: Das Deutsche Normenwerk befasst sich mit allen technischen Disziplinen. Die Regeln der Normungsarbeit sichern seine Einheitlichkeit. Vor der Herausgabe werden neue Normen auf Widerspruchsfreiheit zu den bestehenden DIN-Normen geprüft.

Sachbezogenheit: Das DIN normt keine Weltanschauung. DIN-Normen sind ein Spiegelbild der Wirklichkeit. Sie werden auf der Grundlage technisch-naturwissenschaftlicher Erkenntnis abgefasst, ohne sich darin zu erschöpfen.

Ausrichtung am allgemeinen Nutzen: DIN-Normen haben gesamtgesellschaftliche Ziele einzubeziehen. Es gibt keine wertfreie Normung. Der Nutzen für alle steht über dem Vorteil einzelner.

Ausrichtung am Stand der Technik: Die Normung vollzieht sich in dem Rahmen, den die naturwissenschaftliche Erkenntnis setzt. Sie sorgt für die schnelle Umsetzung neuer Erkenntnisse. DIN-Normen sind Niederschrift des Standes der Technik.

Ausrichtung an den wirtschaftlichen Gegebenheiten: Jede Normensetzung ist auf ihre wirtschaftlichen Wirkungen hin zu untersuchen. Es darf nur das unbedingt Notwendige genormt werden. Normung ist kein Selbstzweck.

Internationalität: Die Normungsarbeit des DIN unterstützt das volkswirtschaftliche Ziel eines von technischen Hemmnissen freien Welthandels und des Gemeinsamen Marktes in Europa. Das erfordert Internationale Normen und, gegebenenfalls aus diesen abgeleitet, für den Europäischen Binnenmarkt auch Europäische Normen.

1.3 DIN-Normen: Verfahren zu ihrer Erarbeitung

DIN-Normen werden in einem in DIN 820-4 *geregelten Verfahren* erarbeitet, das u. a. festlegt (vgl. Bild 1-1):

- Jedermann kann die Erarbeitung einer Norm beantragen, tunlichst unter Hinzufügen einer Norm-Vorlage. (Derzeit gehen 85% aller Normungsanträge auf supranationale Initiativen zurück.)
- DIN-Normen werden in Arbeitsausschüssen von Fachleuten aus den interessierten Kreisen, die in einem angemessenen Verhältnis zueinander vertreten sein sollen, erarbeitet.
- Die vorgesehene Fassung jeder DIN-Norm muss vor ihrer endgültigen Festlegung der Öffentlichkeit zur Stellungnahme vorgelegt werden.
- Jeder zu einem Norm-Entwurf eingegangene Einspruch muss mit dem Einsprecher verhandelt werden. Der Einsprecher und gegebenenfalls Minderheitsvertreter im Normenausschuss können die Durchführung eines Schlichtungs- und Schiedsverfahrens beantragen, wenn ihr Einspruch verworfen wird.
- Die Normenprüfstelle prüft die Norm-Entwürfe vor ihrer Aufnahme ins Deutsche Normenwerk daraufhin, ob die Regeln und Grundsätze für die Normungsarbeit eingehalten wurden, insbesondere, ob der Norm-Entwurf nicht im Widerspruch zu bereits bestehenden Normen steht.
- Die bestehenden DIN-Normen müssen spätestens alle 5 Jahre daraufhin überprüft werden, ob sie noch dem Stand der Technik entsprechen und, falls dies nicht der Fall ist, überarbeitet oder zurückgezogen werden.
- DIN-Normen haben den jeweiligen Stand der Technik unter Einschluss wissenschaftlicher Erkenntnisse und die wirtschaftlichen Gegebenheiten zu berücksichtigen.
- Die in Bearbeitung befindlichen Normungsvorhaben und die Herausgabe der Norm-Entwürfe und der DIN-Normen werden öffentlich bekannt gemacht.

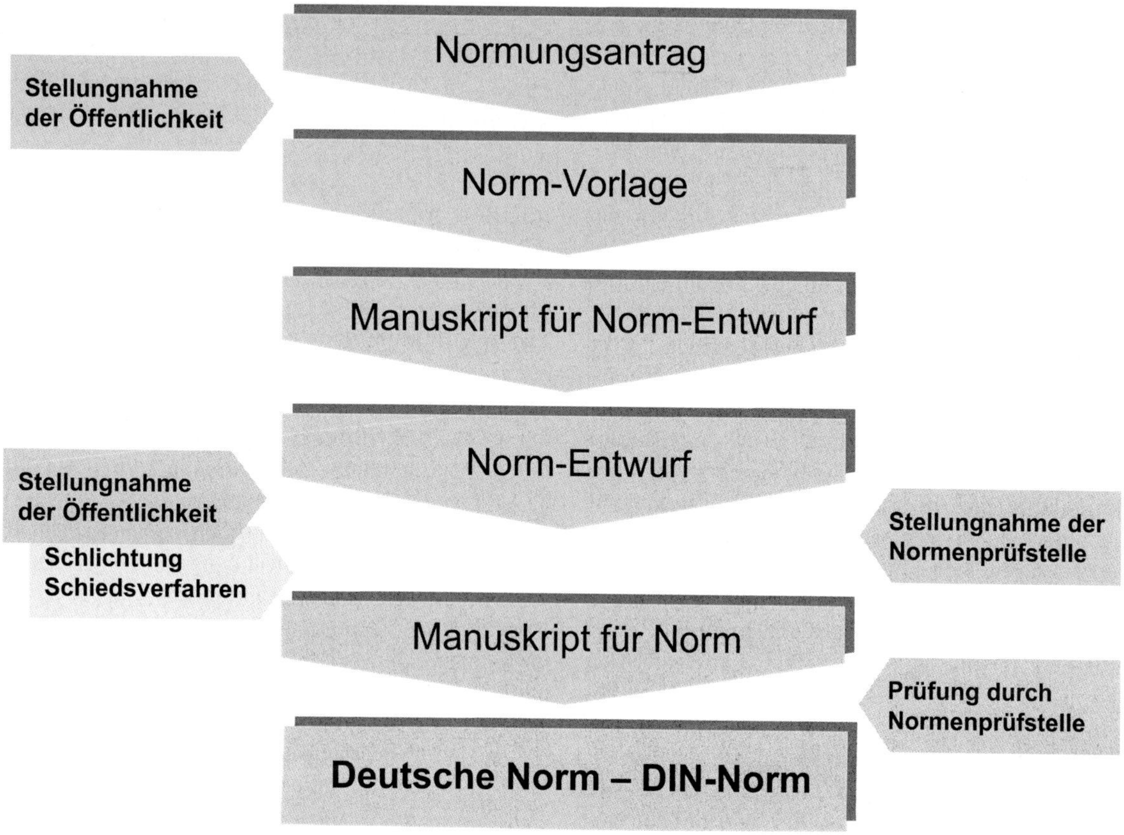

Bild 1-1. Werdegang einer DIN-Norm

1.4 DIN-Normen: Rechtliche Bedeutung

Das DIN ist ein privater Verein und unterliegt nicht der parlamentarischen Kontrolle. Insofern sind DIN-Normen keine Vorschriften, sondern freiwillige Technische Regeln. Diese resultieren aus den Grundsätzen der Normungsarbeit. Durch die besonderen Verfahrensregeln enthalten DIN-Normen den Sachverstand aller interessierten Kreise. Dennoch können DIN-Normen eine rechtliche Bedeutung erlangen.

DIN-Normen werden als Maßstab herangezogen, so in Ausschreibungen und Verträgen zwecks Bestimmung der Leistung, in Rechts- und Verwaltungsvorschriften, um anzugeben, wie der Zweck einer Vorschrift erfüllt werden kann, in der Rechtsprechung, wenn es um die Fragen des Fehlers, der Fahrlässigkeit oder um die Ausfüllung der Begriffe „anerkannte Regel der Technik“ oder „Stand der Technik“ geht.

Für die *Rezeption von DIN-Normen durch die Rechtsordnung* kommen drei Methoden in Frage:

Die starrste Methode der Rezeption ist die *Inkorporation*. Der Inhalt einer DIN-Norm wird wörtlich auszugsweise oder vollständig – in die Rechtsvorschrift selbst aufgenommen und in einem amtlichen Veröffentlichungsorgan als Teil der Rechtsvorschrift abgedruckt.

Bei der *Verweisung* nimmt das Gesetz Bezug auf eine DIN-Norm, indem deren Nummer und Titel zitiert werden. Man spricht von einer starren Verweisung, wenn auch das Ausgabedatum angegeben wird, und von einer gleitenden Verweisung, wenn die DIN-Norm in ihrer jeweils neuesten Fassung gelten soll.

Die dynamischste Verknüpfung zwischen Rechtsnorm und technischer Norm ist die *Generalklausel*. Durch die Verwendung eines unbestimmten Rechtsbegriffes, z. B. des Begriffes der anerkannten

Regeln der Technik, wird ein konkret nicht bestimmter Standard der Technik generalisierend angesprochen. Zur Ausfüllung dieses unbestimmten Rechtsbegriffes werden dann die einschlägigen DIN-Normen vom zuständigen Ministerium bezeichnet. Beispiele sind die Bauordnungen der Länder, das Bundesimmissionsschutzgesetz und das Geräte- und Produktsicherheitsgesetz.

In der Europäischen Union wird eine Mischform von starrer Verweisung und Generalklausel angewandt, derart, dass sich die Europäischen Richtlinien auf die Festlegung „allgemeiner Anforderungen" beschränken. Nur diese müssen eingehalten werden. Ihre Konkretisierung erfolgt beispielhaft in „harmonisierten Europäischen Normen", die von den europäischen Normungsorganisationen CEN, CENELEC und ETSI erarbeitet werden. Wer diese Normen befolgt, hat die Vermutung auf seiner Seite, dass er die „allgemeinen Anforderungen" erfüllt.

DIN-Normen gewinnen durch entsprechende Vereinbarung rechtliche Verbindlichkeit zwischen den Vertragspartnern, insbesondere im Kauf- und Werkvertragsrecht. Da es zweckmäßig ist, vertragsgemäß zu erbringende Leistungen so genau wie möglich zu bestimmen, machen die Parteien gern einschlägige DIN-Normen zum Inhalt ihres Vertrages mit der Folge, dass bei Abweichungen je nach dem Vertragstyp entsprechende Gewährleistungsansprüche erhoben werden können. Somit kommt den Normen wegen der Anknüpfung der Haftung an die Fehlerhaftigkeit des Produkts rechtliche Bedeutung zu. Als Fehler definiert das Produkthaftungsgesetz in § 3 nämlich das Fehlen der Sicherheit, die man berechtigterweise erwarten darf, und zwar u. a. in Anbetracht des Gebrauchs, mit dem billigerweise gerechnet werden kann. Hierfür bieten die DIN-Normen einen geeigneten Beurteilungsmaßstab, denn sie enthalten die Sicherheitsanforderungen, die nach Auffassung von Fachleuten im Normalfall ausreichen, um für Personen und Sachen die erwartete Sicherheit zu bieten.

Darüber hinaus durchzieht der schuldrechtliche Grundsatz (§ 276 BGB), dass der Schuldner für das Außerachtlassen der im Verkehr erforderlichen Sorgfalt haftet, sämtliche Schuldverhältnisse bis hin zur unerlaubten Handlung. Für den Anwender von DIN-Normen spricht der Beweis des ersten Anscheins, dass er die im Verkehr erforderliche Sorgfalt beachtet hat. Damit kann er dem Vorwurf der Fahrlässigkeit begegnen.

DIN-Normen sind keine Rechtsvorschriften im Sinne des Produkthaftungsgesetzes (§ 1 Abs. 2 Nr. 4 ProdHaftG).

Die *Anwendung von DIN-Normen* steht jedermann frei. Eine Anwendungspflicht kann sich aus Rechts- oder Verwaltungsvorschriften, Verträgen oder aus sonstigen Rechtsgrundlagen ergeben. DIN-Normen bilden als Ergebnis technisch-wissenschaftlicher Gemeinschaftsarbeit aufgrund ihres Zustandekommens nach hierfür geltenden Grundsätzen und Regeln einen Maßstab für einwandfreies technisches Verhalten. Dieser Maßstab ist auch im Rahmen der Rechtsordnung von Bedeutung. DIN-Normen sollen sich als „anerkannte Regeln der Technik" einführen.

Um Kollisionen mit gewerblichen Schutzrechten, z. B. Patenten, bei der Anwendung von DIN-Normen zu vermeiden, besteht der Grundsatz, dass in DIN-Normen keine Festlegungen getroffen werden sollen, die Schutzrechte berühren. Lässt sich dies in Ausnahmefällen nicht vermeiden, dann ist zuvor mit dem Berechtigten eine Vereinbarung zu treffen, die die allgemeine Anwendung der Norm ermöglicht.

DIN-Normen sind urheberrechtlich geschützt. Die *Urhebernutzungsrechte* nimmt das DIN wahr. Vervielfältigungen von DIN-Normen, auch das Einspeichern von DIN-Normen und Norm-Inhalten in elektronische Netzwerke, müssen zuvor durch das DIN genehmigt worden sein. Mit dem Verkauf von Normen finanziert das DIN einen Großteil seiner gemeinnützigen Arbeit.

1.5 Neuartige Erfordernisse zur Erstellung technischer Regeln

Die globale technologische und ökonomische Entwicklung zwingt zu Innovationen in den Prozeduren der Normung. Die traditionelle Definition der anerkannten Regel der Technik verweist ausdrücklich auf den Konsens der Fachleute, gar der Fachleute im europäischen und weltweiten Rahmen, einen Konsens, der in einem zeitaufwändigen Verfahren zu ermitteln ist, mit einer Entwurfsveröffentlichung, einer Einspruchsfrist zum Norm-Entwurf, einer Einspruchsberatung, ggf. einem Schlichtungs- und Schiedsverfahren und einer nationalen sowie einer

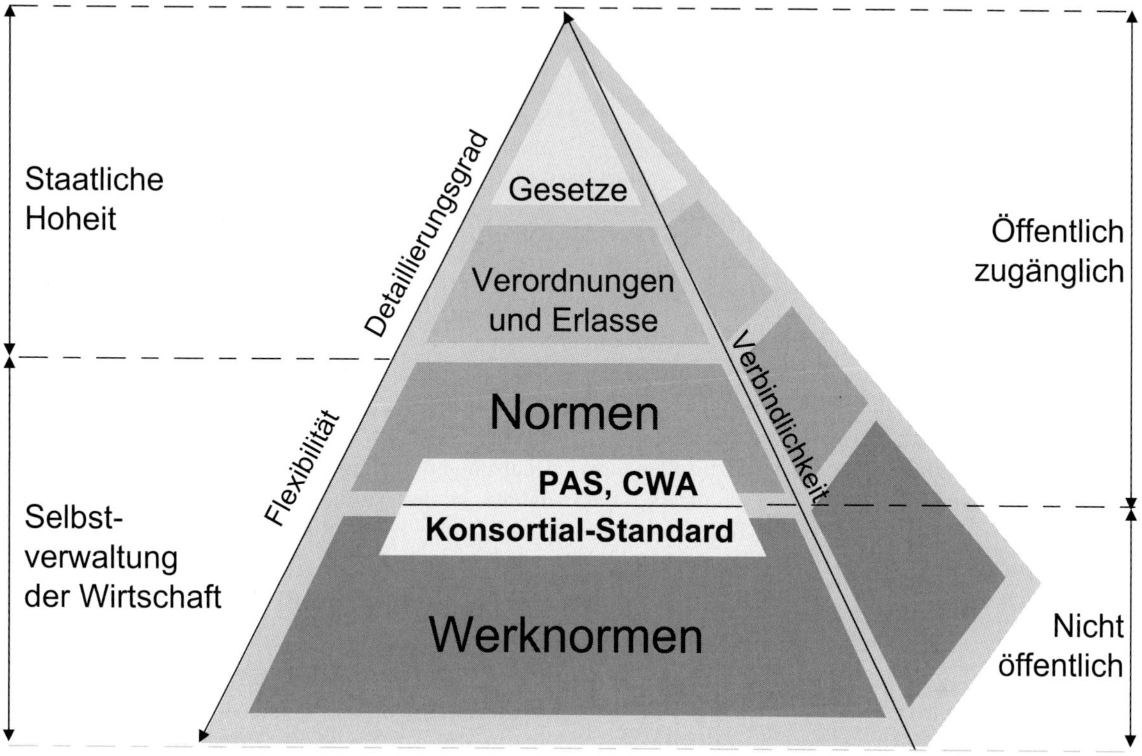

Bild 1-2. Hierarchie der technischen Regeln

supranationalen Abstimmung. Ferner fordert die traditionelle Definition ausdrücklich die Bewährung in der Praxis. Im Gegensatz dazu stellen Gebiete mit einem besonders hohen Grad der technischen Innovation neuartige Anforderungen an das DIN.

1.6 Entwicklungsbegleitende Normung (EBN)

Es gibt in wachsendem Maß Bereiche, in denen die Normung der Entwicklung eine Richtung geben muss, ehe noch ein fester Stand der Technik erreicht sein kann. Es ist heute notwendig, den richtigen Zeitpunkt der Normung neu zu bestimmen, d. h. vorzuverlegen. Normung, Forschung und Entwicklung müssen parallel arbeiten, Festlegungen iterativ treffen, diese in der Entwicklung anwenden und erproben, ggf. kurzfristig abändern oder weiterentwickeln. Dieses Vorgehen wird als *Entwicklungsbegleitende Normung (EBN)* bezeichnet. Das entsprechende Ergebnis kann eine öffentlich verfügbare Spezifikation (PAS) auf nationaler oder internationaler Ebene sein.

1.7 Öffentlich verfügbare Spezifikation (PAS)

Heute verlangt die Fachöffentlichkeit – insbesondere in Gebieten schneller Innovationen – nach schnelleren Verfahren und Publikationsweisen.
Dies sind eine „Publicly Available Specification“ (PAS) oder eine Europäische Fachvereinbarung „CEN Workshop Agreement“ (CWA). Beide sind Dokumentarten, die lediglich auf dem Konsens eines begrenzten, ad hoc zusammengekommenen, nicht mehr jedermann zugänglichen Interessentenkreises beruhen, also Konsortial-Standards. Z. B. PAS und CWA stehen zwischen Werknormen und DIN-Normen (vgl. Bild 1-2). Es existiert danach eine abgestufte Palette von Arbeitsergebnissen, neben

Normen und Vornormen auch Fachvereinbarungen (CWA) und öffentlich verfügbare Spezifikationen (PAS). In der Sache geht es um Systemdefinition und Produktspezifizierung.
Angesichts der Globalisierung der Märkte werden PAS und CWA nicht nur auf nationaler und europäischer, sondern gerade auch auf internationaler Ebene erarbeitet.
Allerdings kommt PAS und CWA in der Regel nur temporäre Bedeutung zu. Sie sind ferner nicht geeignet, eine Vermutung der Konformität mit Rechtsvorschriften zu begründen. Aber für den weiten Bereich marktnaher, gesetzlich nicht geregelter wirtschaftlicher Tätigkeit sind die Normungsorganisationen gefordert, Verfahren und Strukturen bereitzustellen, um solche Bestrebungen zu kanalisieren, rechtzeitig auf drohende Systembrüche aufmerksam zu machen und langfristig die Einheitlichkeit der technischen Regelwerke zu wahren.

2 Internationale und Europäische Normung

Die Normung findet auf vier Ebenen statt (siehe Bild 2-1), im unternehmensbezogenen Werknormenbereich, auf nationaler Ebene in Deutschland mit der Erarbeitung von DIN-Normen, auf europäischer Ebene mit der Erarbeitung Europäischer Normen durch CEN, CENELEC und ETSI und auf internationaler Ebene mit der Erarbeitung Internationaler Normen von ISO, IEC und ITU-T.

2.1 Internationale Normung

Die ISO (International Organization for Standardization) und die IEC (International Electrotechnical Commission) sind Vereine nach Schweizer Recht mit Sitz in Genf; sie bilden gemeinsam mit ITU-T, dem Normungszweig der ITU (International Telecommunications Union), das System der Internationalen Normung. Jedes Land hat die Möglichkeit, mit seinem nationalen Normungsinstitut Mitglied von ISO und IEC zu sein. Der ISO gehören 157 Mitglieder an (davon 102 Vollmitglieder mit Stimmrecht), der IEC 67 Mitglieder (Juli 2006). Deutschland ist in der ISO durch das DIN, in der IEC durch die DKE Deutsche Kommission Elektrotechnik Elektronik Informationstechnik im DIN und VDE vertreten. Die Internationalen Normen werden in Technischen Komitees, Unterkomitees und Arbeitsgruppen (derzeit ca. 4000) der ISO und IEC erarbeitet. Die Betreuung der Technischen Sekretariate obliegt jeweils nationalen Mitgliedern. Das DIN betreut 18% aller Technischen Sekretariate und hat einen ständigen Sitz in den Lenkungs- und Fachgremien von ISO und IEC.
Internationale Normen sind Empfehlungen zur Angleichung nationaler Normen. In einigen Ländern werden Internationale Normen auch direkt angewendet; in den meisten Industrieländern (u. a. auch Deutschland) erfolgt ihre Anwendung nach Übernahme in die nationalen Normenwerke oder nach Vereinbarung bei bestimmten Exportgeschäften.

2.2 Europäische Normung

Das CEN (Comité Européen de Normalisation) und das CENELEC (Comité Européen de Normalisation Electrotechnique) sind gemeinnützige Vereine mit Sitz in Brüssel. Zusammen mit dem 1988 gegründeten ETSI (European Telecommunications Standards Institute) bilden sie das Europäische Normungssystem. Mitglieder von CEN bzw. CENELEC sind die nationalen Normungsinstitute der Mitgliedsländer der Europäischen Union (EU) und der Europäischen Freihandelszone (EFTA) sowie solcher Länder, deren Beitritt zur EU zu erwarten ist. Mitte 2006 umfasst die CEN-Mitgliedschaft insgesamt 29 Länder, neben den derzeitigen EU- und EFTA-Mitgliedern auch Rumänien. Als Vorstufe zur vollen Mitgliedschaft können diese Länder (Affiliate) Mitglieder von CEN bzw. CENELEC werden.
Die europäische Normung folgt den gleichen Grundsätzen wie die nationale Normung, jedoch setzen sich die Technischen Komitees aus nationalen Delegationen zusammen. Normungsvorhaben werden eingeleitet durch Normungsanträge von Mitgliedsinstituten von CEN bzw. CENELEC, von europäischen Verbänden oder durch sog. Normungsmandate, die der Ständige EU-Ausschuss „Normen und Technische Vorschriften" (in aller Regel in Verbindung mit einer EG-Richtlinie) verabschiedet und die den Normungsgegenstand und die Bearbeitungsfristen fest-

Ziel:
Eine Norm – eine Prüfung – weltweite Anerkennung

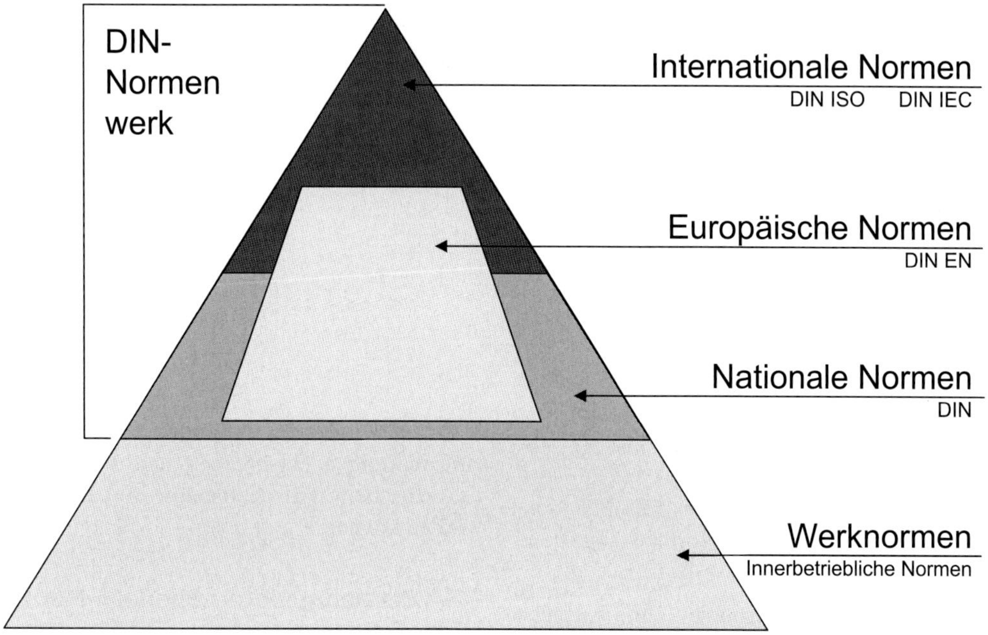

Bild 2-1. Die sog. Normenpyramide

legen. EG-Richtlinien nach dem sog. *Neuen Konzept* enthalten nur grundlegende Sicherheits- und Gesundheitsanforderungen und bedürfen zu ihrer Konkretisierung Europäischer Normen.
CEN bzw. CENELEC haben mit der EU und der EFTA entsprechende Vereinbarungen getroffen wie das DIN mit der Bundesrepublik Deutschland.
Europäische Normen entstehen

a) durch eigene Facharbeit in Technischen Komitees und Arbeitsgruppen.

Das Verfahren entspricht dem nationalen Beratungsverfahren (Erarbeitung einer Norm-Vorlage, Konsensbildung über deren technischen Inhalt, öffentliches Umfrageverfahren, Einspruchsberatung und Verabschiedung des Schlussentwurfes). Einschlägige Internationale Normen werden oftmals den Beratungen zugrunde gelegt.

b) durch die Übernahme von anderen normativen Dokumenten, namentlich Internationalen Normen mit oder ohne eigene Facharbeit im CEN bzw. CENELEC und daraus ggf. resultierenden gemeinsamen Abänderungen.

CEN und CENELEC haben mit ihren Partnern ISO bzw. IEC Vereinbarungen über die technische Zusammenarbeit geschlossen, die der internationalen Normungsarbeit den Vorrang einräumt derart, dass für neue europäische Normungsvorhaben untersucht wird, ob diese Arbeit fristgerecht bei ISO bzw. IEC erledigt werden kann. Um Doppelarbeit zu vermeiden, sind Absprachen getroffen über

- die gegenseitige Unterrichtung über Arbeitsprogramme,
- die Beteiligung von ISO- oder IEC-Beobachtern an europäischen Sitzungen und umgekehrt,
- Absprachen zur Arbeitsteilung oder zur Übertragung von Normungsvorhaben,
- Verknüpfung der Normungsergebnisse durch parallele Abstimmungen über koordinierte Norm-

Tabelle 2-1. Bestand und Zuwachs des deutschen Normenwerkes in den Jahren 1985 bis 2005

Jahr	1985	1990	2000	2005
Bestand am Jahresende				
DIN, insgesamt	20 566	20 988	25 560	29 583
nationalen Ursprungs[a]	19 744	19 362	14 333	12 940
Europäische Normen[b]	231	518	9458	14 800
Internationale Normen[c]	561	1108	1769	1843
Zuwachs (brutto) im Jahr				
DIN, insgesamt	1473	1425	2426	2484
nationalen Ursprungs[a]	1193*	1163	556	490
Europäische Normen[b]	23*	81	1722	1862
Internationale Normen[c]	88*	181	148	132

[a] DIN, DIN VDE
[b] DIN EN, DIN ETS, DIN EN ISO
[c] DIN ISO, DIN IEC
* 1986

Entwürfe auf internationaler und europäischer Ebene.

Heute sind rund zwei Drittel des europäischen Normenwerkes von Internationalen Normen abgeleitet oder mit ihnen identisch.

– Europäische Normen (EN) müssen ohne Ausnahme als nationale Normen übernommen werden. Entgegenstehende nationale Normen müssen zurückgezogen werden.

Bei den Schlussabstimmungen über Europäische Normen haben, orientiert an der Wirtschaftskraft der Länder, die einzelnen Mitglieder unterschiedliche Stimmgewichte, z. B. Dänemark 7, Deutschland 29, angepasst an die Stimmgewichte des Vertrages von Nizza. Das Zustandekommen einer EN erfordert eine qualifizierte Mehrheit (71% der gewichteten Ja-Stimmen ohne Enthaltungen).
Die Übernahmeverpflichtung für Europäische Normen gilt für sämtliche CEN- bzw. CENELEC-Mitglieder; sie wirkt im Sinne einer fortwährenden Angleichung der nationalen Normenwerke in Europa (Tabelle 2-1).
Wie die DIN-Normen sind Europäische Normen Empfehlungen – sie erscheinen in Deutschland als DIN EN bzw. DIN EN ISO –, es sei denn, der Gesetzgeber nimmt verbindlich auf sie Bezug. Wenn für bestimmte Produkte EU-Richtlinien nach dem Neuen Konzept bestehen, gilt die Vermutung, dass die nach den sog. harmonisierten Europäischen Normen hergestellten Produkte den gesetzlichen Anforderungen entsprechen und somit im ganzen Europäischen Wirtschaftsraum in Verkehr gebracht werden können.

2.3 Übernahme Internationaler Normen in das Deutsche Normenwerk

Das DIN unterscheidet zwischen der unveränderten, der modifizierten und der teilweisen Übernahme von Internationalen Normen in das Deutsche Normenwerk (siehe DIN 820-15).
Bei der *unveränderten Übernahme* wird die Internationale Norm in autorisierter deutscher Übersetzung – und/oder originalsprachiger Fassung – vollständig, unverändert und im Aufbau formgetreu wiedergegeben. Unverändert übernommene Internationale Normen werden als DIN ISO 0000 bzw. DIN IEC 0000 benummert.
Modifizierte Übernahme ist das Verfahren, bei dem in einer DIN-Norm der Inhalt einer Internationalen Norm in autorisierter deutscher Übersetzung vollständig und im Aufbau formgetreu wiedergegeben, jedoch durch gekennzeichnete nationale Modifizierungen (Änderungen, Ergänzungen, Streichungen) verändert wird. Sie erhalten eine reine DIN-Nummer. Auf die Internationale Norm wird jedoch im Titel der DIN-Norm hingewiesen.
Teilweise Übernahme ist das Verfahren, bei dem in einer DIN-Norm der Inhalt einer Internationalen Norm

verändert (geändert, ergänzt, gekürzt) und im Regelfall im Aufbau nicht formgetreu wiedergegeben wird. Solche Normen erhalten eine reine DIN-Nummer. Im Vorwort wird auf den Zusammenhang mit der Internationalen Norm und auf die Abweichungen vom sachlichen Inhalt der Internationalen Norm hingewiesen.

3 Ergebnisse der Normung

Über die gültigen DIN-Normen und weitere Regelwerke unterrichtet der jährlich erscheinende „DIN-Katalog für technische Regeln“ im „klassischem“ Papierformat und „elektronisch“ auf CD-ROM, zu dem es monatliche Ergänzungen gibt. Der Bezug von Original-Normen erfolgt über den Beuth Verlag, Berlin. Sie stehen darüber hinaus in zahlreichen Hochschulbibliotheken zur Einsichtnahme zur Verfügung. Ferner bietet der Beuth Verlag über die Datenbank „Perinorm“ bibliografische Daten mit den europa- und weltweit wichtigsten Fakten über Normen und technische Regelwerke inklusive Rechtsvorschriften an (1 Mio. Datensätze, Stand: 2006).

3.1 Terminologie

Die Fachsprachen erfordern besonders präzise definierte Begriffe, deren Gesamtheit man als Terminologie bezeichnet. Genormte Benennungen und Definitionen unterstützen die fachliche Kommunikation.
DIN 2330 (Begriffe und Benennungen – Allgemeine Grundsätze) enthält folgende Grundgedanken: Jeder Mensch lebt in einer Umwelt von *Gegenständen*, die wahrnehmbar oder nur vorstellbar sind und durch Sprache dargestellt werden können. Die gedankliche Zusammenfassung derjenigen gemeinsamen Merkmale, welche bestimmten Gegenständen zukommen, führt zu Denkeinheiten, die man als *Begriffe* bezeichnet. *Merkmale* sind diejenigen Eigenschaften einer Klasse von Gegenständen, welche zur jeweiligen Begriffsbildung dienen.
Begriffe stehen in mannigfachen Beziehungen zu anderen Begriffen; häufig können *diese Beziehungen als Begriffssystem* dargestellt werden. Begriffssysteme dienen der Ordnung des Wissens und bilden die Grundlage für eine Vereinheitlichung und Normung der Terminologie.

In einer *Definition* wird ein Begriff durch Bezug auf andere Begriffe innerhalb eines Begriffssystems festgelegt, beschrieben und damit gegen andere Begriffe abgegrenzt. Definitionen bilden die Grundlage für die Zuordnung von Benennungen zu Begriffen; ohne sie ist es nicht möglich, einem Begriff eine Benennung zweifelsfrei zuzuordnen. *Benennungen* sollen Begriffe möglichst genau, knapp und am anerkannten Sprachgebrauch orientiert bezeichnen. Jedem Begriff soll möglichst nur eine Benennung und jeder Benennung nur ein Begriff zugeordnet sein, d. h., es soll unnötige Benennungsvielfalt (Synonymie) bzw. Mehrdeutigkeit (Homonymie) vermieden und die fachliche Verständigung vereinfacht werden.

3.2 Sicherheit

Die Sicherheit von Menschen und Sachen sowie die Qualitätsverbesserung in allen Lebensbereichen ist herausragender Grundsatz der Normungsarbeit des DIN. Für die Grundbegriffe der Sicherheitstechnik gilt die DIN 820-120 Leitfaden für die Aufnahme von Sicherheitsaspekten in Normen (identisch mit ISO/IEC Guide 51:1999). Diese Norm bietet bei der Normungsarbeit Hilfestellung für die Aufnahme von Sicherheitsaspekten in Normen in Form von Leitlinien an. Die DIN 820-120 ist auf jeden Sicherheitsaspekt anwendbar, der sich auf Menschen, Güter, die Umwelt oder auf Kombinationen davon (z. B. Menschen allein, Menschen und Güter, Menschen, Güter und die Umwelt) bezieht. Diese Norm setzt damit eine Konzeption um, die auf die Reduzierung des Risikos gerichtet ist, welches aus der Nutzung von Erzeugnissen, Verfahren oder Dienstleistungen entsteht. Es wird der vollständige Lebenszyklus eines Erzeugnisses, eines Verfahrens oder einer Dienstleistung einschließlich der bestimmungsgemäßen Verwendung und des vernünftigerweise vorhersehbaren Missbrauchs in Betracht.
Nach DIN 820-120 wird *Gefährdung* als potenzielle Schadensquelle definiert. Die Benennung Gefährdung kann spezifiziert werden, um den Ursprung oder die Art des erwarteten Schadens näher zu bezeichnen (z. B. Gefährdung durch elektrischen Schlag, Gefährdung durch Stoß, Gefährdung durch Schneiden, Gefährdung durch Gift, Gefährdung durch Feuer, Gefährdung durch Ertrinken). *Schaden* ist die phy-

sische Verletzung oder Schädigung der Gesundheit von Menschen oder Schädigung von Gütern oder der Umwelt. Unter *Risiko* versteht man die Kombination der Wahrscheinlichkeit eines Schadenseintrittes und seines Schadensausmaßes. Das *vertretbare Risiko* ist ein Risiko, das in einem bestimmten Zusammenhang nach den gültigen Wertvorstellungen der Gesellschaft akzeptiert wird. *Schutzmaßnahmen* sind Mittel zur Verminderung des Risikos. Das nach der Anwendung von Schutzmaßnahmen verbleibende Risiko ist das *Restrisiko*. Die systematische Auswertung verfügbarer Informationen, um Gefährdungen zu identifizieren und Risiken einzuschätzen, ist die *Risikoanalyse*. Zur *Risikobewertung* wird ein auf der Risikoanalyse basierendes Verfahren festgelegt, nach dem festgestellt wird, ob das vertretbare Risiko erreicht wurde.

Sicherheit wird in der Normungsarbeit in vielen unterschiedlichen Formen, über weite Bereiche der Technik und im Zusammenhang mit den meisten Erzeugnissen, Verfahren und Dienstleistungen behandelt. Die wachsende Komplexität der auf den Markt kommenden Erzeugnisse, Verfahren und Dienstleistungen macht es erforderlich, dass der Berücksichtigung von Sicherheitsaspekten eine hohe Priorität eingeräumt wird. Sicherheit wird erreicht durch Verminderung des Risikos auf ein vertretbares Niveau (vertretbares Risiko).

Seit dem 1. Mai 2004 regelt das Geräte- und Produktsicherheitsgesetz (GPSG) Sicherheitsanforderungen an technische Arbeitsmittel und Verbraucherprodukte.

Das GPSG wendet sich an Wirtschaft, Behörden und vor allem an Verbraucher. Nach § 2 Abs. 3 GPSG sind Verbraucherprodukte Produkte, die unter vernünftigerweise vorhersehbaren Bedingungen von Verbrauchern benutzt werden können, selbst wenn sie nicht für diese bestimmt sind, also auch fast alle Arbeitsmittel. Mit dem Begriff technische Arbeitsmittel werden nur noch Produkte bezeichnet, die ausschließlich bei der Arbeit verwendet werden. Zur Konkretisierung der grundlegenden Anforderungen der jeweiligen EG-Richtlinien und der diese in nationales Recht umsetzenden Einzelverordnungen zum Geräte- und Produktsicherheitsgesetz werden nationale und europäische Normen sowie technischen Spezifikationen verwendet.

Die *DIN EN ISO 12100-1 „Sicherheit von Maschinen – Grundbegriffe, allgemeine Gestaltungsleitsätze – Teil 1: Grundsätzliche Terminologie, Methodik“* (April 2004) legt die grundsätzliche Terminologie und Methodik fest, die für das Erreichen der Sicherheit von Maschinen angewandt werden. Die Norm wurde auf der Grundlage eines Mandats der Europäischen Kommission zur Maschinenrichtlinie erarbeitet. Die Festlegungen in dieser Norm sind hauptsächlich für Konstrukteure vorgesehen.

Vorrangiges Ziel der *DIN EN ISO 14121-1 „Sicherheit von Maschinen – Risikobeurteilung – Teil 1: Leitsätze“* (vorgesehen in 2007) ist die Beschreibung eines systematischen Verfahrens zur Risikobeurteilung, damit angemessene und miteinander abgestimmte Schutzmaßnahmen ausgewählt werden können. In einem iterativen Prozess wird die Risikoverminderung solange fortgeführt, bis Sicherheit erreicht wird. Der ergänzende Fachbericht *ISO/TR 14121-2 „Sicherheit von Maschinen – Risikobeurteilung – Teil 2: Praktischer Leitfaden und Methodenbeispiele“* (vorgesehen in 2007) gibt eine praktische Anleitung zur Risikobeurteilung und stellt fallspezifisch anwendbare Verfahrensbeispiele vor.

Im Beuth Verlag ist der „Leitfaden Maschinensicherheit in Europa“ erschienen.

Der Leitfaden ist eine Orientierungshilfe und Arbeits- und Planungsgrundlage für alle, die Maschinen konstruieren, herstellen, vertreiben, kaufen, aufstellen oder daran arbeiten, denn europaweit gelten die gleichen sicherheitstechnischen Maßstäbe.

3.3 Ergonomie

Nach der DIN EN ISO 6385 „Grundsätze der Ergonomie für die Gestaltung von Arbeitssystemen (Mai 2004)“ ist *Ergonomie* die wissenschaftliche Disziplin, die sich mit der Aufklärung der Wechselwirkungen zwischen menschlichen und anderen Elementen eines Systems befasst, und der Berufszweig, der die Theorie, Prinzipien, Daten und Methoden auf die (System-)Gestaltung anwendet mit dem Ziel, das Wohlbefinden des Menschen und die Leistung des Gesamtsystems zu optimieren. Sie dient dazu, Sicherheit, Gesundheit und Wohlbefinden zu fördern, indem gleichzeitig die Leistungsfähigkeit erhöht und das Arbeitsergebnis verbessert wird.

Europäische Richtlinien und nationale Gesetze und Verordnungen fordern die Berücksichtigung ergonomischer Erkenntnisse bei der Gestaltung von Produkten (z. B. Maschinen) oder Mensch-Maschine-Systemen (z. B. Bildschirmarbeit, Multimedia, Warten). Normen mit ergonomischen Anforderungen werden für die folgenden Bereiche erarbeitet:

- Arbeitssysteme, Begriffe und allgemeine Leitsätze
- Gestaltungsgrundsätze für Maschinen
- Berührbare Oberflächen
- Gefahrensignale
- Gestaltung von Anzeigen und Stellteilen
- Bildschirmarbeitsplätze

Bei der Gestaltung von Arbeitssystemen muss der Mensch im Mittelpunkt stehen und integraler Bestandteil des zu gestaltenden Systems, einschließlich des Arbeitsablaufs und der Arbeitsumgebung, sein. Die wichtigsten Entscheidungen, die sich auf die Gestaltung auswirken, werden bereits am Anfang des Gestaltungsprozesses getroffen. Die Ergonomie muss daher eine präventive Rolle spielen, indem sie von Anfang an angewendet wird, anstatt sie nachträglich für die Lösung von Problemen einzusetzen, wenn die Gestaltung des Arbeitssystems bereits abgeschlossen ist. Auch bei der Umgestaltung eines bestehenden unzulänglichen Arbeitssystems kann sie erfolgreich eingesetzt werden. Die DIN EN ISO 6385 legt die Grundsätze der Ergonomie in Form von grundlegenden Leitlinien zur Gestaltung von Arbeitssystemen fest und definiert die relevanten grundsätzlichen Begriffe.

3.4 Qualitätsmanagement

DIN EN ISO 9000:2005 „Qualitätsmanagementsysteme – Grundlagen und Begriffe" definiert „Qualität – Grad, in dem ein Satz inhärenter Merkmale Anforderungen erfüllt". In den Anmerkungen erläutert die Norm: „inhärent bedeutet im Gegensatz zu zugeordnet, einer Einheit innewohnend, insbesondere als ständiges Merkmal". Dabei ist eine Einheit zum Beispiel ein Erzeugnis, eine Tätigkeit, ein industrieller Prozess, eine Dienstleistung, ein Datenverarbeitungsprogramm oder ein Konstruktionsentwurf. Als Beschaffenheit kann man die Gesamtheit der Merkmale und Merkmalswerte einer Einheit ansehen. Die in der Definition erwähnten Anforderungen bilden zusammen die Qualitätsanforderung. Diese ist die Gesamtheit der betrachteten Einzelanforderungen an die Beschaffenheit einer Einheit in der jeweils betrachteten Konkretisierungsstufe der Einzelanforderungen.

Für ein herstellendes Unternehmen oder für eine Dienstleistungsorganisation, das heißt zum Beispiel auch für eine Behörde oder ein Krankenhaus, ist es notwendig, aufgrund der Kundenbedürfnisse sowie der eigenen Zielsetzungen die Qualitätsanforderung festzulegen. Qualitätsmanagement ist in DIN EN ISO 9000 definiert als „Aufeinander abgestimmte Tätigkeiten zum Leiten und Lenken einer Organisation bezüglich Qualität". In der Anmerkung erläutert die Norm: „Leiten und Lenken bezüglich Qualität umfassen üblicherweise das Festlegen der Qualitätspolitik und der Qualitätsziele, die Qualitätsplanung, die Qualitätslenkung, die Qualitätssicherung und die Qualitätsverbesserung". Die eingesetzten Mittel bilden das Qualitätsmanagementsystem. Die Beurteilung der Wirksamkeit des Qualitätsmanagementsystems mit all seinen Elementen durch eine unabhängige systematische Untersuchung erfolgt unter anderem durch ein Audit.

Laut DIN EN ISO 9004:2000 „Qualitätsmanagementsysteme – Leitfaden zur Leistungsverbesserung" hat jede Organisation interessierte Parteien, die jeweils bestimmte Erfordernisse und Erwartungen haben. Zu diesen Parteien gehören Kunden, Endabnehmer, Personen in der Organisation, Eigentümer, Investoren, Lieferanten, Partner und die Gesellschaft als die in diesem Zusammenhang von der Organisation oder ihren Produkten betroffene Gemeinschaft und Öffentlichkeit. Dazu führt die Norm weiter aus:

„Der Erfolg der Organisation hängt vom Verstehen und Zufriedenstellen der gegenwärtigen und zukünftigen Erfordernisse und Erwartungen tatsächlicher und potenzieller Kunden und Endabnehmer sowie vom Verstehen und Berücksichtigen der Erfordernisse und Erwartungen anderer interessierter Parteien ab. Um die Erfordernisse und Erwartungen interessierter Parteien zu verstehen und ihnen zu entsprechen, sollte eine Organisation

– ihre interessierten Parteien ermitteln und stets ausgewogen auf deren Erfordernisse und Erwartungen reagieren,

- erkannte Erfordernisse und Erwartungen in Anforderungen umsetzen,
- diese Anforderungen auf allen Ebenen der Organisation vermitteln und
- sich auf die Prozessverbesserung konzentrieren, um Wert für die ermittelten interessierten Parteien zu sichern.“

DIN EN ISO 9001:2000 „Qualitätsmanagementsysteme – Anforderungen“ ist anwendbar, wenn eine Organisation ihre Fähigkeit zur ständigen Bereitstellung von Produkten darzulegen hat, die die Anforderungen der Kunden und die zutreffenden behördlichen Anforderungen erfüllen, und wenn die Organisation danach strebt, die Kundenzufriedenheit durch wirksame Anwendung des QM-Systems zu erhöhen, einschließlich der Prozesse zur ständigen Verbesserung des QM-Systems und der Zusicherung der Einhaltung der genannten Anforderungen. Die Erfüllung von DIN EN ISO 9001 kann durch ein Audit nachgewiesen werden. Audits gliedern sich in drei Arten, nämlich Erstparteienaudits oder interne Audits, Zweitparteienaudits oder Kundenaudits und Drittparteienaudits oder Zertifizierungsaudits. Für die Durchführung der Audits sollte DIN EN ISO 19011:2002 „Leitfaden für Audits von Qualitätsmanagement- und/oder Umweltmanagementsystemen“ herangezogen werden.

3.5 Normung und Verbraucherschutz

Normung und Verbraucherschutz sind in vielfältiger Weise miteinander verknüpft. Ein allgemeines Prinzip beschreibt die Formel: Verbrauchervertretung in der Normung = Verbraucherschutz durch Normen. Konkret ist es die Einhaltung der in Normen enthaltenen Anforderungen bezüglich der Sicherheit, Gebrauchstauglichkeit und Haltbarkeit von Produkten, die den jeweiligen Nutzen des Produktes wie der Normung für den Verbraucher ausmachen. Mit dem ständig steigenden Anteil gebrauchsfertiger Konsumprodukte an den Normungsgegenständen steigt auch die Bedeutung von Normen für das Alltagsleben. Die Zunahme der Normung bezüglich von Dienstleistungen verstärkt diese Entwicklung.

Sicherheitsnormen gibt es nicht nur für große Haushaltsgeräte, sondern auch für Möbel, Sport- und Freizeitgeräte. Besondere Berücksichtigung erfordern Normen über Gegenstände und Einrichtungen für Kinder (Spielzeug, Spielplatzgeräte) sowie für Behinderte als risikobehaftete Beispiele aus dem Bereich der Verbraucherprodukte. Circa 2500 DIN-Normen beziehen sich unmittelbar auf gebrauchsfertige Produkte.

Eine weitere Beziehung zwischen Normung und Verbraucherschutz besteht in der normorientierten Bereitstellung von *Verbraucherinformationen* über Produkte sowie Dienstleistungen. Dem Verbraucher begegnet sie entweder als Warenkennzeichnung oder als leistungsorientierte Warenbeschreibung.

Das Informationsbedürfnis der Verbraucher und ein fairer Leistungswettbewerb erfordern Objektivität, Verständlichkeit und Vergleichbarkeit der Informationen. Zur Befriedigung dieser Informationsbedürfnisse haben sich drei Möglichkeiten bewährt: Warenkennzeichnungssysteme, Warenbeschreibungssysteme und Warentests.

Unter *Warenkennzeichnung* wird die Bestätigung durch Bild-/Schriftzeichen oder formalisierte Kurzbezeichnungen verstanden, dass eine Ware bestimmten nachprüfbaren Anforderungen genügt. Warenkennzeichnung dient der Übermittlung von nachprüfbaren Informationen über Waren in jeweils einheitlicher Form als Unterrichtung von Nachfragern durch die Anbieter.

Eine *Warenbeschreibung* ist eine nach bestimmten Prinzipien geordnete, vergleichbare und nachprüfbare Information über die Gesamtheit von Merkmalen oder die wesentlichen Einzelmerkmale einer Ware auf der Grundlage genormter Prüfmethoden. Wie die Warenkennzeichnung dient die Warenbeschreibung der Übermittlung von nachprüfbaren Informationen über Waren in jeweils einheitlicher Form zum Zweck der Unterrichtung der Nachfrager durch die Anbieter. Normen spielen darüber hinaus eine wichtige Rolle beim vergleichenden Warentest. Sei es, dass sie den Gegenstand und/oder das Verfahren einer Prüfung bestimmen, sei es, dass sie als Orientierungshilfe bei der Bewertung dienen.

Freilich: Normen sind nicht per se Instrumente des Verbraucherschutzes und der Stand der Technik ist kein objektives Kriterium. Um die Interessen der Verbraucher im Normungsgeschehen zu vertreten und die Verbraucherschutzaspekte der Normen zu wahren, organisiert der Verbraucherrat des DIN die Verbrauchervertretung oder nimmt diese stellvertretend wahr. Der

Verbraucherrat des DIN ist ferner mit anderen nationalen und internationalen Verbraucherorganisationen und -institutionen verbunden.

3.6 Konformitätsbewertung

Konformität bedeutet Übereinstimmung mit festgelegten Anforderungen. Ihre Bewertung und die entsprechenden Nachweise sind heute unabdingbare Erfordernisse sowohl für den Anbieter als auch den Verwender.
Zu den Elementen der Konformitätsbewertung gehören Prüfung, Bewertung, Bestätigung und Überwachung von Erzeugnissen und Dienstleistungen. Prüfung und Bestätigung können hierbei unterschiedliche Formen annehmen: von der Einzelstückprüfung über die Bauartprüfung bis zur Beurteilung des angewandten Qualitäts- oder Umweltmanagementsystems, von der Konformitätserklärung des Herstellers/Anbieters bis zum Zertifikat einer unabhängigen Stelle.

3.6.1 Zeichen

Das DIN ist Inhaber der Verbandszeichen DIN und DIN EN, die ein Hersteller in Eigenverantwortung zur Kennzeichnung der Normenkonformität nutzen kann. Dies setzt voraus, dass die damit gekennzeichneten Erzeugnisse und Dienstleistungen die in der betreffenden DIN- bzw. DIN EN-Norm festgelegten Anforderungen erfüllt und der Anbieter registriert wurde.

Die DIN-Zertifizierungszeichen dokumentieren die Übereinstimmung eines Erzeugnisses, einer Dienstleistung oder einer Person mit den in DIN-, DIN EN- oder DIN EN ISO-Normen und in Zertifizierungsprogrammen festgelegten Anforderungen. Dazu wird das Erzeugnis, die Dienstleistung oder die Person von unabhängigen Stellen geprüft, bewertet und regelmäßig überwacht.

Die Keymark ist das gemeinsame europäische Zertifizierungszeichen der europäischen Normungsorganisationen CEN und CENELEC. Mit diesem Zeichen wird die Übereinstimmung von Erzeugnissen und Dienstleistungen mit den Anforderungen europäischer Normen dokumentiert. Das zugrunde liegende Verfahren beinhaltet Prüfung, Bewertung und regelmäßige Überwachung des Erzeugnisses bzw. der Dienstleistung und des Qualitätssystems durch unabhängige Stellen.

3.6.2 CE-Kennzeichnung

Mit der EG-Konformitätserklärung und der CE-Kennzeichnung bestätigt der Hersteller, dass sein Erzeugnis den Anforderungen aller anwendbaren Europäischen Richtlinien entspricht. Als Freiverkehrszeichen richtet sich die CE-Kennzeichnung dabei nicht an den Verbraucher, sondern an die Behörden.
Die Auswahl des anwendbaren Konformitätsbewertungsverfahrens wird in den Europäischen Richtlinien festgelegt und stützt sich auf das Modulare Konzept. Dabei wird zwischen der Produktentwurfs- und der Produktfertigungsstufe unterschieden. Für jedes Modul sind die Konformitätsbewertungsmaßnahmen spezifiziert, die von der Konformitätserklärung des Herstellers bis zur Prüfung und Bewertung durch unabhängige Stellen reichen. Mit dem Modularen Konzept hat der Gesetzgeber ein weit gefächertes Instrumentarium an der Hand um sicherzustellen, dass Produkte, die in der EU in den Verkehr gebracht werden, den grundlegenden Anforderungen an Sicherheit und Gesundheitsschutz genügen.

3.7 Umweltschutz

3.7.1 Einleitung

Umweltschutz wird in der DIN EN 45 020 als Schutz der Umwelt vor unvertretbaren Schädigungen durch Auswirkungen und Betriebsabläufe von Produkten,

Prozessen und Dienstleistungen definiert. Umweltschutz ist im Verständnis des DIN ebenso ein Bestandteil technischen Handelns wie die Funktionstüchtigkeit, die Sicherheit und die Wirtschaftlichkeit technischer Systeme. Umweltschutz ist ebenso wie die Rationalisierung, die Qualitätssicherung, die Sicherheit und die Verständigung in Wirtschaft, Wissenschaft, Verwaltung und Öffentlichkeit bereits seit vielen Jahren satzungsgemäßes Ziel des DIN.

Im Rahmen der nationalen, europäischen und internationalen Normung kann man drei Bereiche der Umweltnormung unterscheiden:

1. die medienorientierte Prüfnormung (Normen über Messtechnik, Messplanung und Messverfahren u. a. in den Bereichen Akustik, Boden, Luft und Wasser),
2. die managementorientierte Umweltnormung (Normen der Reihe ISO 14 001 ff. über Umweltmanagementsysteme, Umweltaudits, Umweltbewertung von Standorten und Organisationen, Umweltleistungsbewertungen, Umweltkennzeichnungssysteme und Ökobilanzen sowie Normen zum Klimaschutz) und
3. die Normung mit Umweltbezug wie beispielsweise zur sinnvollen Verwendung von Ressourcen, zur Wiederverwendung von Produkten oder zur Minimierung von Emissionen.

3.7.2 Prüfnormen

Zur Bestimmung von schädlichen Stoffen in Boden, Luft und Wasser sowie Überprüfung von Emissions- und Immissionsschutzmaßnahmen und der Einhaltung von Grenzwerten für schädliche Stoffe sind Prüfverfahren genormt. Im folgenden Abschnitt werden beispielhaft einige Normen genannt:

DIN 19 730: Bodenbeschaffenheit – Extraktion von Spurenelementen mit Ammoniumnitratlösung,

DIN 33 962: Messen gasförmiger Emissionen – Kontinuierlich arbeitende Messeinrichtungen für Einzelmessungen von Stickstoffmonoxid und Stickstoffdioxid,

DIN 38 407-2: Deutsche Einheitsverfahren zur Wasser-, Abwasser- und Schlammuntersuchung – Gemeinsame erfassbare Stoffgruppen (Gruppe F) – Gaschromatografische Bestimmung von schwerflüchtigen Halogenkohlenwasserstoffen (F 2).

In Einzelfällen, in denen der Gesetzgeber bisher keine Grenzwerte vorgegeben hat, finden sich Richtwerte in DIN-Normen, wie die für die Blei- und Kadmiumabgabe aus Geschirr (DIN 51 032). Für die Bestimmung der Schwermetallgehalte in Lacken und Farben gilt DIN ISO 3856-1 (Lacke und Anstrichstoffe – Bestimmung des löslichen Metallgehaltes). Die Bestimmung des Gehalts und der Abgabe von Formaldehyd aus Spanplatten ist in einer Serie von DIN EN 312 und DIN 717-2).

Luftschadstoffe breiten sich über große Entfernungen aus. Normen zur *Luftreinhaltung* bedürfen deshalb der internationalen Abstimmung. DIN ISO 7168-1 (Luftbeschaffenheit – Datenaustausch – Teil 1: Allgemeines Datenformat) beschreibt ein allgemeines Format für den Austausch von Luftbeschaffenheitsdaten und damit in Zusammenhang stehenden Informationen und ist für den internationalen Austausch von Luftbeschaffenheitsdaten bestimmt.

DIN 18 005-1 (Schallschutz im Städtebau – Teil 1: Grundlagen und Hinweise für die Planung) enthält schalltechnische Orientierungswerte. Ihre Festlegungen sollen den Menschen sowohl vor Geräuschbelästigung von der Straße wie aus der näheren Umgebung schützen. Insbesondere mit Geräuschen, die in Gebäuden entstehen, befasst sich DIN 4109 (Schallschutz im Hochbau)

– Anforderungen und Nachweise. Vorzug vor defensiven Maßnahmen gegen den Lärm hat die Vermeidung von Lärm an der Quelle. Um hier Grenzwerte festlegen zu können, sind Prüfnormen erforderlich, wie DIN ISO 362 (Akustik – Messung des von beschleunigten Straßenfahrzeugen abgestrahlten Geräusches) oder DIN 45 648 (Geräuschmessungen an Kommunalfahrzeugen).

Zur Konkretisierung des Abwasserabgabengesetzes, des Wasserhaushaltsgesetzes, der Abwasserverordnung und der Trinkwasserverordnung erarbeitet das DIN Normen für Analyseverfahren zur Bestimmung *schädlicher Wasserinhaltsstoffe.* DIN EN ISO 10 301 (Wasserbeschaffenheit – Bestimmung leichtflüchtiger halogenierter Kohlenwasserstoffe) behandelt das Analyseverfahren zur Bestimmung von leichtflüssigen Halogenkohlenwasserstoffen, die vielfältig gewerblich verwendet werden und nicht in das Grund- und Oberflächenwasser gelangen sollen. Da der Boden durch zivilisatorischen Stoffeintrag stark belastet sein kann, hat der Bundestag 1998 das Bundes-Bodenschutzgesetz beschlossen. Das DIN erarbeitet die für den Vollzug des untergesetzlichen Regelwerkes sowie weiterer Bodenschutzkonzeptionen erforderlichen Normen.

3.7.3 Umweltmanagementsystem-Normen

Der zweite Bereich der umweltbezogenen Normung bezieht sich auf die ISO 14 000'er Reihe, die folgenden Bereiche umfasst: Umweltmanagementsysteme, Umweltaudit, Umweltleistungsbewertung, Umweltberichte, Umweltkommunikation, Produkt-Ökobilanzen, Umweltkennzeichnung, umweltgerechte Produktgestaltung und Klimaschutz.
Ein *Umweltmanagementsystem* verschafft Unternehmungen den organisatorischen Rahmen, um sich den Umweltproblemen durch die Zuteilung von Ressourcen, durch die Festlegung von Verantwortlichkeiten und durch die laufende Bewertung von Praktiken, Verfahren und Prozessen zu stellen.
Ein Umweltmanagementsystem verschafft Unternehmen den organisatorischen Rahmen, um sich den Umweltproblemen durch die Zuteilung von Ressourcen, durch die Festlegung von Verantwortlichkeiten und durch die laufende Bewertung von Praktiken, Verfahren und Prozessen zu stellen.
DIN EN ISO 14 001 „Umweltmanagementsysteme – Anforderungen mit Anleitung zur Anwendung" legt die Anforderungen an ein Umweltmanagementsystem fest, die es einer Organisation ermöglichen, eine Umweltpolitik und entsprechende Zielsetzungen unter Berücksichtigung von rechtlichen Anforderungen und Informationen über bedeutende Umweltauswirkungen zu entwickeln. Diese Norm ist am Prinzip der kontinuierlichen Verbesserung ausgerichtet, d. h. an der Weiterentwicklung des Umweltmanagementsystems, um – in Übereinstimmung mit der Umweltpolitik der Organisation – Verbesserungen des Umweltverhaltens zu erreichen. Die Norm beruht auf der Methode Planen-Ausführen-Kontrollieren-Optimieren, auch bekannt als Plan-Do-Check-Act (PDCA).
Viele Unternehmen führen bereits Prüfungen (*Audits*) zur Ermittlung und Bewertung der Auswirkungen ihrer Aktivitäten auf die Umwelt durch. Die ISO 19 011 stellt hierzu Leitlinien für Auditoren und Organisationen, die interne oder externe Qualitätsmanagement- oder Umweltmanagementsystem-Audits durchführen oder Auditprogramme handhaben müssen, bereit.
Die DIN ISO 14 015 gibt eine Anleitung zur Durchführung einer *Umweltbewertung* von Standorten und Organisationen durch einen systematischen Prozess der Erfassung und Bewertung von Umweltaspekten und Umweltthemen sowie ggf. der Bestimmung ihrer wirtschaftlichen Auswirkungen. Die Norm umfasst die Aufgaben und Verantwortlichkeiten der an der Bewertung Beteiligten (Auftraggeber, Sachverständiger, Repräsentant des Bewertungsobjektes) und der Stadien des Bewertungsprozesses (Planung, Informationssammlung und -validierung, Beurteilung und Berichterstattung).
DIN 33 922 über *Umweltberichte* zielt auf Transparenz und Verständlichkeit des Bildes, das die umweltrelevanten Aktivitäten des Unternehmens bieten. Sie behandelt einen wichtigen Aspekt eines verantwortlichen Umweltverhaltens seitens Wirtschaft und Verwaltung: Den Dialog mit der Öffentlichkeit.
Auf der internationalen Ebene wurde 2006 außerdem die ISO 14 063 „Umweltkommunikation" veröffentlicht. Diese Norm unterstützt eine Organisation, Kommunikationsgrundsätze, Kommunikationspolitik und Kommunikationsstrategien festzulegen und diese, sowohl für die interne als auch für die externe Umweltkommunikation, umzusetzen.
Ziel der Normen der ISO 14 020er-Reihe ist die Formulierung einheitlicher Grundlagen für Instrumente zur produktbezogenen *Umweltinformation* durch *Umweltkennzeichen* und produktbezogene *Umweltdeklarationen*. Die Normen tragen damit zu einer transparenten und vergleichbaren Praxis der Umweltinformation bei und geben zugleich den Unternehmen praktische Hilfestellung. Ziel von Umweltkennzeichnungen und -deklarationen ist es, Angebot und Nachfrage von Produkten zu unterstützen, die weniger Umweltbelastungen verursachen, wodurch das Potenzial von marktgetriebenen kontinuierlichen Verbesserungen angeregt wird.
Ökobilanzen als weiteres Umweltmanagementinstrument sind eine methodische Fortentwicklung der Erfassung und Bewertung umweltbezogener Aspekte der Produktentwicklung.

Ökobilanzen – im Englischen als Life Cycle Assessment (LCA) bezeichnet – dienen der Analyse von Umweltaspekten während der gesamten Existenz von Produkten, Prozessen und Dienstleistungen und zur Abschätzung potenzieller Umweltwirkungen auf der Basis der erhobenen Informationen. DIN EN ISO 14 040 legt Grundsätze und Rahmenbedingungen an Ökobilanzen fest. Die DIN EN ISO 14 044 „Umweltmanagement – Ökobilanz – Anforderungen und Anleitungen" legt die Anforderungen und Verfahren fest, die für eine Ökobilanz notwendig sind.

Im DIN-Fachbericht ISO/TR 14 062 zum *Produktdesign* und zur *Produktentwicklung* werden die wichtigsten Prozesse zur Integration von Umweltaspekten beschrieben – und zwar von der ersten Konzeption bis hin zur praktischen Umsetzung. Der Leitfaden wendet sich in erster Linie an die Produktentwickler und an die Entscheidungsträger in Unternehmen. Seine Empfehlungen richten sich an alle Branchen und können für alle Produkte angewendet werden. Er bietet weltweit einen Orientierungs- und Kommunikationsrahmen, der die Ziele des ökologischen Design darstellt und auf die organisatorische Verknüpfung von Design und Umweltmanagementsystemen in den Unternehmen eingeht.

Die Berücksichtigung von Umweltaspekten in Produktdesign und -entwicklung ist ein kontinuierlicher und flexibler Prozess, der die Kreativität fördert und optimale Bedingungen für Innovationen und Umweltverbesserungen schafft.

3.7.4 Produktnormen mit Umweltbezug

Den Umweltaspekten von Produkten bzw. Produktnormen kommt in Deutschland auch wegen der Anforderungen des Kreislaufwirtschafts- und Abfallgesetzes eine besondere Bedeutung zu.

Im DIN werden bereits seit Mitte der achtziger Jahre verstärkt Anstrengungen unternommen, institutionell-organisatorische Strukturen wie inhaltliche Strategien zur Berücksichtigung von Umweltschutzaspekten in der Produktnormung zu etablieren. Hierzu gehören die Einrichtung der Koordinierungsstelle Umweltschutz (KU) im DIN sowie das nach dem Vorbild der KU im Jahr 1999 bei der europäischen Normungsorganisation CEN gegründete europäische Pendant, der CEN Environmental Helpdesk (CEN/EHD), gegründet.

Die Koordinierungsstelle Umweltschutz (KU) im DIN berät und unterstützt die Normenausschüsse in Fragen des produktorientierten Umweltschutzes. Sie trägt mit dazu bei, die Interessen des Umweltschutzes verstärkt in die nationale, europäische und internationale Normung einzubringen. Wesentliche Aufgabe des EHD ist es, die Technischen Komitees bei CEN von Anfang an bei der Einbeziehung von Umweltaspekten in die Produktnormung zu beraten und zu unterstützen. Dadurch sollen mögliche negative Effekte auf die Umwelt, die durch Produkte, die auf der Grundlage entsprechender Normen entwickelt werden, verringert werden.

Im Rahmen der internationalen Normungsorganisation ISO ist zur Berücksichtigung von Umweltaspekten in Produktnormen der Leitfaden Nr. 64 (ISO Guide 64) erarbeitet worden, der von CEN als CEN Guide 4 übernommen wurde und im DIN als Fachbericht 59 veröffentlicht wurde. Für die Elektrotechnik wurde, analog zum Modell des ISO-Leitfadens, der IEC-Leitfaden Nr. 109 erstellt und als DIN-Fachbericht 54 herausgebracht. Weitergehende Anforderungen wurden national als DIN Fachbericht 108 veröffentlicht, der u. a. eine Beispielnorm für Waschmaschinen enthält.

Die Guides geben praktische Handreichungen dafür, Umweltwirkungen während des gesamten Lebensweges eines Produktes systematisch zu erfassen, um entsprechende Anforderungen zur Minderung oder Vermeidung negativer Umweltwirkungen in die Norm aufnehmen zu können.

3.8 Informationstechnik

Informationstechnik (IT) als Informationsmodellierung, Informationsverarbeitung und Informationslogistik ist eine Querschnittstechnik, die heute nahezu alle Bereiche von Mensch und Technik beeinflusst und immer mehr integriert. Diese Integrationsfähigkeit setzt Normen und Standards voraus, für die Modellierung und Kommunikation von Daten und Information ebenso wie für deren Verarbeitung und Nutzung.

Informationstechnik implementiert und nutzt Plattformen auf der Basis von Rechnertechnik, Netzwerktechnik und Software. Solche Plattformen sind weitgehend unabhängig vom Kontext ihrer Anwendungen und unterstützen damit in sehr wirksamer Weise die

Integration und Portabilität von Anwendungssystemen der IT. Auch hier sind Normen und Standards für anwendungsübergreifende Schnittstellen und Funktionen unerlässlich.
Die Dynamik der technologischen Entwicklung wie der Anwendungsfelder von IT ist hoch und ungebrochen. Diese Dynamik erfordert eine stetige und frühzeitige Begleitung und Steuerung durch zugehörige Normung und Standardisierung, deren Grundsätze im Kapitel 1 bereits dargestellt wurden. Die Vielfalt und Vernetzung entsprechender Normen und Standards ist bei der IT allerdings so umfangreich, dass die notwendige, auch entwicklungsbegleitende Normung mittels der konsensbasierten Normungsverfahren den Anforderungen des Marktes an schnelle Verfügbarkeit von Standards immer weniger entspricht. Viele der in der IT heute erfolgreichen Standards (z. B. Ethernet, CD/DVD, GSM) sind daher in Standardisierungskonsortien der Industrie entstanden, die aufgrund ihrer homogenen Interessenlage eine schnelle, marktgetriebene Festlegung von Schnittstellen und Funktionalitäten ermöglichen. Solche in der IT häufigen Konsortial- und teilweise Produktstandards (z. B. UNIX, MS WINDOWS, Adobe Acrobat) gewinnen ihre Bedeutung durch ihre Verbreitung im Markt, die den Konsens des Normungsprozesses in gewissem Maße ersetzt. Sie sind geeignet, den raschen funktionalen Fortschritt der IT in Standards zu fassen, bedürfen jedoch der Unterstützung von konsensbasierten Normungsprozessen, insbesondere wenn regulatorische Fragen, etwa der Sicherheit betroffen sind.
Hier ist zu unterscheiden zwischen der Informationssicherheit („Security") und der funktionalen Sicherheit („Safety"), die beide in der IT von Bedeutung sind. Dies ist unmittelbar einsichtig für die Daten- und Informationssicherheit. Da heute zunehmend sicherheitskritische Systemfunktionen mithilfe von IT realisiert werden und, wegen ihrer Komplexität, realisiert werden müssen, ist neben der Standardisierung von Funktionen und Schnittstellen aller Art eine Normung von sicherheitsrelevanten Aspekten der IT Systeme erforderlich. Die Verknüpfung von marktgetriebener Standardisierung und konsensbasierter Normung auf dem Gebiet der IT ist ein wichtiges Anliegen des DIN, das durch die Einrichtung von querschnittsorientierten Gremien, für die IT das Gremium „FOCUS-ICT", verfolgt wird. IT ist ein Gebiet der Technologiekonvergenz, deren Förderung in der Deutschen Normungsstrategie explizit enthalten ist.

3.8.1 Standardisierung und Normung von Architekturen, Plattformen, Netzen und Schnittstellen der IT

In Systemen mit vernetzten Funktionen ist die Standardisierung und Normung von Architekturen und den zugehörigen Schnittstellen von herausragender Bedeutung für die Gestaltung solcher Systeme. Dabei haben sich Architekturen bewährt, die sich aus wohldefinierten Systemkomponenten, deren Hüllflächen und darauf angeordneten Schnittstellen zusammensetzen. Eine grundlegende, hierarchisch definierte Architektur von IT Systemen normt DIN EN ISO/IEC 7498 (Schichtenmodell der Kommunikation). Die Bedeutung dieser Norm als strukturelles und funktionales Denkmodell für das Verständnis vernetzter IT Systeme ist unverändert hoch, auch wenn die Realisierung solcher Systeme auch nicht hierarchische Konzepte einsetzt.
Zahlreiche Standards und Normen existieren für die einzelnen Schichten dieses Architekturmodells. Bekannte Standards für die physikalische Kommunikation wurden von IEEE entwickelt, u. a. die: Lokalen Netze (IEEE 802.x) als ETHERNET oder als Funkstrecken. Die Zukunft der Kommunikation von Daten und Informationen gehört unzweifelhaft den paketorientierten Systemen, auch bei der Übertragung und Nutzung von analog erfassten Daten und Informationen in Echtzeitsystemen.
Als anwendungsunabhängige Implementierung solcher Architekturen haben sich sogenannte Plattformen durchgesetzt, die vielfach von Konsortien und Unternehmen standardisiert wurden. Als Konsortialstandard der OMG (Object Management Group) ist hier CORBA (Common Object Request Broker Architecture) zu nennen. Ein viel genutzter Industriestandard ist DCOM (Distributed Component Object Model) von Microsoft, das derzeit durch ein weiter entwickeltes Produkt mit Namen .NET abgelöst wird. Beide Plattformen sind für die Kommunikation und Kooperation von Objekten ausgelegt, wobei das Konzept der Objekte in DIN EN 61346 festgelegt ist. Seit einigen Jahren werden über das Objektkonzept hinaus gehende Plattformen für sogenannte

Software Agenten (FIPA = Foundation for Intelligent Physical Agents) entwickelt und verfügbar gemacht. Solche Agenten können eigenständige Aktionen aufgrund von enthaltenem Wissen über ihre Umgebung und erhaltenen Aufträgen durchführen. Weitere, auch explizit echtzeitfähige Plattformen werden von der OPC Foundation u. a. auf der Basis der objektorientierten Programmiersprache JAVA zur Verfügung gestellt.

Solche Plattformen unterstützen die Portabilität von Anwendungen, die Effizienz der Systementwicklung und die Erweiterbarkeit sowie Pflege von IT Systemen. Insbesondere ermöglichen sie die Konstruktion von Softwaresystemen unter Einschluss bereits verfügbarer System- bzw. Softwarekomponenten (COTS = Components off the shelf) und damit die Wiederverwendung von Software.

3.8.2 Standards und Normen für Anwendungen der IT

Die zahllosen Anwendungen der IT in Wirtschaft und Gesellschaft basieren auf Daten- und Informationsmodellen, die mithilfe von Datenbanksystemen und zugehörigen Programmen realisiert sind. Die heute noch vorwiegend genutzten relationalen Datenbanksysteme sind Industriestandards. In neuerer Zeit hat sich die Open Source Initiative eine freie Verfügbarkeit von relationalen und objektorientierten Datenbanksystemen zum Ziel gesetzt.

Von besonderer Bedeutung sind Standards und Normen für die Beschreibung von Strukturen und Eigenschaften technischer Systeme, insbesondere von Produkten und Produktionsprozessen. Für die Produktbeschreibung hat der Konsortialstandard eCl@ss eine weite Verbreitung gefunden und soll über DIN in die internationale Normung überführt werden. Eine weiteres Produktbeschreibungssystem wurde als NE 100 von der NAMUR (deutsche chemische Industrie) entwickelt. Eine vollständige, generische Beschreibung von Prozessen jeder Art wurde als VDI/VDE Richtlinie 3682 veröffentlicht.

Für die Modellierung der Daten solcher Anwendungssysteme hat sich die Sprache XML (Extensible Markup Language) entwickelt und, betreut vom World Wide Web Consortium (W3C), durchgesetzt; XML darf nicht verwechselt werden mit UML (Unified Modeling Language), einer Modellierungssprache für Softwaresysteme, die von der OMG (s. o.) entwickelt und betreut wird. Ein branchenübergreifender Standard für elektronisch übertragene Daten in Administration und Handel ist EDIFACT (Electronic Data Interchange For Administration, Commerce and Transport), ein von der UN entwickelter Standard, der durch das UN-Konsortium CEFACT (United Nations Centre for Trade Facilitation and Electronic Business) betreut wird.

Die Programmierung von Funktionen geschieht, je nach Anforderungen und unternehmensinternen Richtlinien, durch Programmiersprachen, unter denen die operationale Sprache C (ISO/IEC 9899: 1999), die objektorientierte Sprache C++ (ISO/IEC 14 882:2003) und die ebenfalls objektorientierte Sprache JAVA (Sun Microsystems) zu erwähnen sind. Solche Programmiersysteme sind zwischen verschiedenen IT Plattformen portabel und bewirken dadurch eine Portabilität der mit ihrer Hilfe realisierten Anwendungssysteme.

Als standardisierte Anwendungssysteme in der Produktion sind neben den Unternehmens-Informationssystemen (MIS) die sogenannten Manufacturing Execution Systems (MES) zu nennen, die durch MESA (Manufacturing Enterprise Solutions Association) unterstützt werden. Für die Realisierung von durch Feldbusse (DIN EN 61158-x) vernetzten Automatisierungssystemen sind Beschreibungs- und Kommunikationsfunktionen unter DIN EN IEC 61131-x genormt.

IT Systeme dienen der Automatisierung von Prozessen aller Art, wenn diese vollständig modellierbar sind. Bei unvorhersehbarem oder unvorhergesehenem Systemverhalten muss der Mensch eingreifen. IT Systeme müssen dazu einen geeigneten Zugang für die Mensch-System- bzw. Mensch-Prozess-Kommunikation bereitstellen. Dieser Zugang wird sowohl durch ergonomische Aspekte (siehe 3.4) wie auch durch geeignete Funktionalitäten (u. a. gemäß DIN EN ISO 9241, Teile 10 und 11) und die zugehörige Systemauslegung (DIN EN ISO 13407) bestimmt.

3.8.3 Standards und Normen für den Lebenszyklus von IT Systemen

Die Komplexität heutiger IT Systeme sowohl im Unternehmen wie im Produkt erfordert ein wohl geordnetes Vorgehen während des gesamten Lebenszyklus solcher Systeme und Produkte. Seit Beginn der 1980er Jahre wurden Lebenszyklusmodelle entwickelt, die alle Phasen von der Definition (Lastenheft) über die Implementation (Pflichtenheft, Hardware, Software) und den Betrieb bis zur Entsorgung solcher Systeme umfassen. Parallel zu generischen Modellen der Prozesssteuerung und des Qualitätsmanagements (ISO 9000) in Unternehmen sind spezielle Normen für die Definition, Evaluierung und Validierung von IT Systemen entstanden. Hier sind zum einen die Lebenszyklusmodelle gemäß ISO/IEC 15 504:2004 (Prozesse im Unternehmen) sowie ISO/IEC 12207 (Lebenszyklus von Softwaresystemen) und ISO/IEC 15 288:2002 („Generisches Lebenszyklusmodell für jegliche Art von Systemen, die durch Menschen gemacht sind"), zum anderen das im militärischen Bereich verbindlich vorgeschriebene sogenannte V-Modell (V-Modell XT Ver. 1.3, 2006) zu nennen.

Eine strikte Vorgehensweise nach diesen Modellen sorgt für eine effiziente Projektabwicklung und vermeidet hohe Kosten bei der Beseitigung von Systemfehlern, die erst in späteren Phasen des Lebenszyklus entdeckt werden.

3.8.4 Standards und Normen für die Sicherheit von IT Systemen

Vernetzte IT Systeme in Wirtschaft und Gesellschaft enthalten heute die Daten, die Informationen und das Wissen ihrer Anwender. Damit sind sie Angriffen Dritter ausgesetzt, sei es durch Intrusion der technischen Systeme, sei es durch direkte Angriffe seitens der Menschen, die mit den IT Systemen umgehen.

Neben solchen feindlichen Angriffen sind IT Systeme als technische Systeme durch technische Defekte bedroht, die den Zugriff auf die Daten und Informationen bzw. das Wissen behindern oder unmöglich machen. Die Sicherheit von IT Systemen muss auch diese Aspekte einbeziehen.

Da die Übertragungskanäle, insbesondere bei Funkübertragung, ein Sicherheitsrisiko darstellen, sind sichere Übertragungsprotokolle entwickelt und genormt worden. Zu nennen sind IPsec und VPN (Virtual Private Network), beide betreut von der Internet Engineering Task Force (IETF). Diese Protokolle, zusammen mit sogenannten Firewalls (Hard- und Softwaresysteme zur Kontrolle von Datenverkehr auf vorgegebene Vertrauensmodelle), ergeben, zusammen mit genormten Verfahren der Datenverschlüsselung (ITU-T X.509) und Signaturen (Bundesministerium für Wirtschaft und Technologie, Teletrust e.V.) eine Sicherheitsarchitektur. Zur Überprüfung der Wirksamkeit solcher Architekturen wurden von ISO sogenannte Common Criteria for Information Technology Security Evaluation (CC; ISO 1540) genormt.

Der Mensch als Sicherheitsfaktor ist wesentlich schwieriger in Standards oder Normen zu fassen. Das deutsche Bundesamt für Informationssicherheit (BSI) hat ein Grundschutz-Handbuch zur IT Sicherheit herausgegeben, das neben den technischen Normen auch die organisatorische Absicherung gegen interne Angriffe durch Menschen enthält. Das British Standards Institute hat den Standard BS 7799 herausgegeben, der international auch als ISO 17 799 bezeichnet wird und sich explizit mit organisatorischen Maßnahmen zum Schutz von IT Systemen befasst. Schließlich existiert ein deutscher de-facto-Standard ITIL zum Sicherheitsmanagement für IT Systeme.

3.8.5 Standards und Normen für Internet und Semantic Web

Ein unverzichtbarer Baustein heutiger IT-Systeme sind das Internet bzw. die sogenannten Internet-Technologien zum Aufbau von Intranets. Das W3C Konsortium (s. o.) betreibt, zusammen mit IETF (s. o.) und ISO/IEC, die Standardisierung aller Aspekte, die eine internationale Nutzbarkeit des Internets als Informations- und Wissensquelle sowie als Medium für die weltweite elektronische Kommunikation durch Paketvermittlung zwischen Rechnern sicherstellen. Die Protokollentwürfe werden von ITEF als so genannte RFCs (Request for Comments) veröffentlicht. Durch die breit angelegte Kommentierung seitens der Fachwelt erhalten solche W3C Dokumente des Charakter einer harmonisierten Norm. Da W3C jedoch keine international anerkannte Normungseinrichtung ist, werden die Ergebnisse ihres Standardisierungsverfahrens als „Empfehlungen (Recommendations)" bezeichnet.

Die Internet-Anwendungsprotokolle nutzen als Basis das IP-Protokoll (RFC 1700, RFC 2460) und die Transportprotokolle TCP (allgemeine Daten), UDP (Multimediadaten) und SCTP (RFC 3286; stream control). Die Internet-Anwendungsprotokolle wie HTTP (Hypertext), FTP (Dateiübertragung), SMTP (elektronische Post) oder MBS/IP (sichere Übertragung von Geschäftsdaten über IP, oft im EDIFACT – Format) und weitere mehr sind ebenso bei W3C standardisiert. Das SSL (Secure Socket Layer) Protokoll als Firmenentwicklung sorgt für die sichere Übertragung von HTTP Nachrichten (https://) und hat sich zu einem de-facto-Standard entwickelt.

Alle diese Protokolle arbeiten unabhängig von der Bedeutung des Nachrichteninhaltes, den sie transferieren. Auch Suchmaschinen im Internet (World Wide Web, WWW) suchen nicht nach der Bedeutung (Semantik) sondern nur nach der Form (Syntax) der vorgegebenen Suchanfrage. Tim Berners-Lee, der Erfinder des WWW, machte daher im Jahre 2001 den Vorschlag, die im WWW vorhandenen Daten entsprechend ihrer Bedeutung so zu annotieren, dass eine inhaltlich orientierte maschinelle Verarbeitung von Suchanfragen möglich sei. Er nannte dieses Vorgehen „Semantic Web" und schlug vor, durch Ontologien repräsentierte Wissenszusammenhänge mittels einer Annotationssprache (RDF) bzw. der darauf aufbauenden „Web Ontology Language (OWL)" mit den üblichen HTML Dokumenten zu verknüpfen. Als zukünftiges Ergebnis eines solchen, angesichts des Bestandes an Dokumenten im WWW immensen Aufwandes sollen Suchmaschinen hoch komplexe Fragen direkt beantworten können, während heute nur syntaktische Treffer übergeben werden und die Verknüpfung solcher Information Sache des Menschen ist. Da dieser Ansatz noch Forschung in erheblichem Maße bedeutet, sind außer der Definition von RDF/OWL noch keine Standards verfügbar.

3.8.6 Ausblick

Die Normung und Standardisierung auf dem Gebiet der IT hat wesentlichen Einfluss auf viele Anwendungsgebiete dieses Technikfeldes. IT Normen und Standards werden in komplexe IT *Systeme* integriert und bestimmen damit deren Leistung und Funktionalität. Die hohe Dynamik der IT ist zudem Ursache für die Notwendigkeit einer ständigen Anpassung der IT Normen und Standards in immer kürzeren Zeiträumen. Diese Normung muss daher an der Front der technischen Entwicklung ablaufen und dafür sorgen, dass die Konvergenz von Technologien und Anwendungen in möglichst einheitlicher Weise in den Normen abgebildet wird.

3.9 Dienstleistungs-Normung

Prägendes Merkmal des gegenwärtigen wirtschaftlichen und gesellschaftlichen Strukturwandels ist die wachsende Bedeutung des Dienstleistungssektors für den Wettbewerb und den Arbeitsmarkt. Das spiegelt sich in den zunehmenden Anteilen des Dienstleistungssektors an Wertschöpfung und Beschäftigung wider. Zunehmend wird daher der Dienstleistungsbereich in die Normung einbezogen.

Eine Untersuchung innerhalb des CEN ergab, dass es in den bestehenden Normen bereits zahlreiche Aspekte gibt, die sich auf Dienstleistungen beziehen (z. B. Prüfung, Kennzeichnung, Verpackung, Transport, Lagerung), dass diese in der Regel aber in Zusammenhang mit Produktnormen genormt sind.

Normen, die als Ganzes Dienstleistungen betreffen, existieren bisher nur vereinzelt auf bestimmten Gebieten, wie Instandhaltung, Umzugsdienste, Bauleistungen, Telekommunikationsdienstleistungen, Tourismus-Dienstleistungen, Reinigungsdienstleistungen, Facility Management, öffentlicher Personenverkehr, psychologische Testverfahren, Wach- und Sicherheitsdienste und postalische Dienstleistungen. Genormt werden entweder Merkmale der Dienstleistung selbst, z. B. durch Kenngrößen bzw. Prozessdefinitionen, oder es werden Anforderungen an den Dienstleister aufgestellt, z. B. hinsichtlich des benutzten technischen Gerätes, oder hinsichtlich der erforderlichen Qualifikation der ausführenden Personen.

Die Normung von Dienstleistungen dient folgenden Zielen:

- Festlegung des Umfangs und der Merkmale einer Dienstleistung sowie der relevanten Ausstattungsmerkmale des Dienstleisters, um insofern die Qualitätsmanagementsysteme nach ISO 9000 ff. zu ergänzen,
- Gewährleistung der Vergleichbarkeit von Dienstleistungsangeboten für den Nachfrager, dies insbe-

sondere vor dem Hintergrund der Europäisierung des Dienstleistungsmarktes,
- Erarbeitung von Begriffskonventionen, um beispielsweise ein präzises Vertragsvokabular anzubieten und für Informationssysteme eindeutige Benennungen zur Verfügung zu stellen,
- Unterstützung und Förderung der Vermarktung von Dienstleistungen,
- Stärkung des Verbraucherschutzes durch qualifizierte Unterrichtung der Nachfrager,
- Schaffung eines Bezugssystems für die nationale und die europäische Rechtsprechung und Rechtssetzung.

Literatur

Allgemeine Literatur

Klein: Einführung in die DIN-Normen. 14. Aufl. Stuttgart: Teubner; Berlin: Beuth 2007

Spezielle Literatur

Normen und Wettbewerb: Beuth Verlag, 2002

DIN-Normenheft 10: Grundlagen der Normungsarbeit des DIN. Berlin: Beuth Verlag, 2001

Freemann, H. G.: Wörterbuch technischer Begriffe mit 6500 Definitionen nach DIN. Berlin: Beuth Verlag, 2003

Feuchter, H.: Werknormung. Berlin: Beuth Verlag, 1996

Anselmann, N.; Dirschel, C.: Europäisches Recht der Technik, EG-Richtlinien, Bekanntmachungen, Normen. Berlin: Beuth Verlag, 1990 (Loseblattsammlung)

Schulz, K.-P.: Stichwörter zur Europäischen Normung. Berlin: Beuth Verlag, 2002

Gesamtwirtschaftlicher Nutzen der Normung; Zusammenfassung der Ergebnisse. Berlin: Beuth Verlag, 1996

Marburger, P.: Die Regeln der Technik. Köln: Heymann, 1974

Barthel, J.: Steffensen, B.: Koordination im Innovationsprozess, Standardisierung als Motor des technischen Wandels. Baden-Baden: Nomos, 2000

Kreibisch, R.; Oertel, B.: Erfolg mit Dienstleistungen. Stuttgart: Schäffer-Poeschel Verlag, 2004

Wege zu erfolgreichen Dienstleistungen. Berlin: Beuth Verlag, 2005

Graebig, K.: Qualitätsmanagement – Statistik – Umweltmanagement. Gesamtwerk (Loseblattwerk). Berlin: Beuth Verlag, 2003

Wloka, M.: Konformitätsbewertung, Akkreditierung, Zertifizierung, Inspektion, Prüfung. Berlin: Beuth Verlag, 2001

Umweltmanagement DIN EN ISO 14 001 ff; Dokumentensammlung, CD-ROM. Berlin: Beuth Verlag, 2005

Praxishandbuch Elektrotechniker-Handwerk, DIN-Normen und technische Regeln für die Elektroinstallation. Berlin: Beuth Verlag, 2004

P Recht

W. Frenz

1 Recht

Das Recht ist eine Ordnung menschlichen Zusammenlebens. Die diese Ordnung konstituierenden Regeln sind objektives Recht. Subjektive Rechte sind die aus diesem objektiven Recht resultierenden Ansprüche.

Das Recht besteht nicht nur aus den Regeln der innerstaatlichen Ordnung, sondern umfasst auch das über- und das zwischenstaatliche Recht. Dieses kann auch auf die innerstaatliche Rechtsordnung einwirken. Das gilt insbesondere für das Europarecht. Die innerstaatliche Rechtsordnung gliedert sich in (nationales) öffentliches Recht und Privatrecht.

Das öffentliche Recht ist die Gesamtheit der Normen, die ausschließlich den Staat zu einem Tun oder Unterlassen berechtigen oder verpflichten. Dazu gehören:

- Staatsrecht
- Verwaltungsrecht
- Strafrecht
- Steuerrecht
- Sozialrecht
- Gerichtsverfassungs- und Prozessrecht
- Kirchenrecht.

Das Privatrecht besteht aus den Normen, die nicht ausschließlich eine staatliche Einheit als ein Zuordnungssubjekt haben. Sie ordnen also regelmäßig die Rechtsverhältnisse der Privatrechtssubjekte untereinander. Hauptgebiete sind das Bürgerliche Recht, das Handels-, Gesellschafts- und Arbeitsrecht.

2 Europarecht

Das Europarecht im weiteren Sinne bezeichnet die normativen Regelungen aller überstaatlichen europäischen Organisationen, so auch des europäischen Wirtschaftsraumes (EWR), der Westeuropäischen Union (WEU) und des Europarats und damit insbesondere auch die Konvention zum Schutz der Menschenrechte und Grundfreiheiten (EMRK).

Das Europarecht im engeren Sinne wird durch den Vertrag über die Europäische Union (EUV) und das Recht der beiden europäischen Gemeinschaften konstituiert. Das europäische Gemeinschaftsrecht lässt sich unterteilen in das primäre und das sekundäre Gemeinschaftsrecht. Das primäre Gemeinschaftsrecht wird gebildet aus den Bestimmungen der Verträge einschließlich der ungeschriebenen allgemeinen Rechtsgrundsätze des Gemeinschaftsrechts und des Gewohnheitsrechts. Das sekundäre Gemeinschaftsrecht ist das abgeleitete, also das auf der Grundlage der Verträge erlassene Recht der Gemeinschaftsorgane.

2.1 Europäische Union, Europäische Gemeinschaften und Mitgliedstaaten

Die Europäische Union ist der Überbau und auf die Fortentwicklung der Integration angelegt. Ihre Grundlage sind die Europäischen Gemeinschaften. Hinzu treten auf der Basis des EUV die gemeinsame Außen- und Sicherheitspolitik (GASP) und die Zusammenarbeit in den Bereichen Justiz und Inneres.

Die Europäischen Gemeinschaften sind die Europäische Gemeinschaft (EG, ursprünglich: Europäische Wirtschaftsgemeinschaft, EWG) und die Europäische Atomgemeinschaft (EAG); früher gab es auch noch die Europäische Gemeinschaft für Kohle und Stahl (EGKS). Mit den diese Gemeinschaften konstituierenden Verträgen (EGV und EAGV) haben die Mitgliedstaaten einen Teil ihrer Hoheitsrechte auf diese übertragen. Insoweit haben sie ihre Souveränitätsrechte beschränkt und einen Rechtskörper geschaffen, der für sie selbst wie für ihre Staatsangehörigen verbindlich ist.

Konstituiert somit das Gemeinschaftsrecht eine eigenständige Rechtsordnung, muss diese gegenüber dem Recht der Mitgliedstaaten vorrangig sein. Das gilt sowohl für das Primärrecht als auch für das Sekundärrecht, das dieser autonomen Rechtsordnung entspringt und damit an ihrem Vorrang teilhat.
Durch die Öffnung der innerstaatlichen Rechtsordnung für Rechtsakte von Gemeinschaftsorganen und die Übertragung von Hoheitsrechten auf diese können europäische Rechtsakte wie Handlungen deutscher Staatsgewalt unmittelbar den Bürger in der Bundesrepublik Deutschland zu einem Tun oder Unterlassen berechtigen oder verpflichten. Damit vermögen auch seine Freiheitsrechte eingeschränkt zu werden. Daher können nach der Konzeption des Bundesverfassungsgerichts im sog. Maastricht-Urteil auch Rechtsakte von Gemeinschaftsorganen an deutschen Grundrechten zu messen sein, wenn die aus nationaler Sicht unabdingbaren Grundrechtstandards durch den Europäischen Gerichtshof nicht sichergestellt werden. Nähme dieses Recht jedes nationale Verfassungsgericht in Anspruch, würde dies indes die für das Zusammenwachsen Europas notwendige einheitliche Geltung des Gemeinschaftsrechts gefährden. Daher ist die Konzeption des Bundesverfassungsgerichts abzulehnen. Der Vorrang des Gemeinschaftsrechts bezieht sich deshalb in vollem Umfange auch auf die deutschen Grundrechte.

2.2 Gemeinschaftsorgane

2.2.1 Der Rat

Zusammensetzung:
Je ein Vertreter der Mitgliedstaaten, Vorsitz wechselt alle sechs Monate, Art. 203 EGV.

Aufgaben:

- Hauptrechtsetzungsorgan für sekundäres Gemeinschaftsrecht (Art. 251 f. EGV)
- Koordination der Tätigkeit Kommission – Mitgliedstaaten (Art. 202 EGV: Abstimmung der Wirtschaftspolitik der Mitgliedstaaten)
- Außenbeziehungen: Art. 300 ff. EGV: insbesondere Abkommen mit dritten Staaten oder Organisationen
- Haushalt: Art. 272 EGV.

Beschlussfassung nach Mehrheit, Zusammenwirken mit Kommission und Europäischem Parlament, in der Regel gemäß Art. 251 f. EGV.

Unterschiede:
Die im Rat vereinigten Vertreter der Regierungen: Sie fassen uneigentliche Ratsbeschlüsse, nunmehr insbesondere relevant im Rahmen der gemeinsamen Außen- und Sicherheitspolitik sowie der Zusammenarbeit in den Bereichen Justiz und Inneres nach dem EUV.

Europäischer Rat der Regierungschefs:
Er kann auch grundlegende Entscheidungen fällen, insbesondere eine Änderung der Verträge beschließen.

2.2.2 Kommission

Zusammensetzung:
Die Mitglieder werden von den Mitgliedstaaten im gegenseitigen Einvernehmen ernannt.

Aufgaben:

- Treffen von Entscheidungen und Mitwirkung an Handlungen der anderen Organe nach Maßgabe des EGV (Art. 211 EGV)
- Initiativmonopol (Art. 251 f. EGV)
- Kontrolle und Sanktionierung der Einhaltung von Gemeinschaftsrecht (Art. 211, 226 EGV)
- Möglichkeit der Ermächtigung zur Durchführung von Vorschriften durch den Rat (Art. 202 3. Spiegelstrich EGV)
- Aushandeln von Abkommen (Art. 300 EGV), Vertretung der Gemeinschaft in internationalen Organisationen (Art. 302 EGV).

Beschlussfassung:
kollegial, die Vorbereitung erfolgt ressortmäßig. In der Regel gilt das Mehrheitsprinzip, Art. 219 EGV.

2.2.3 Europäisches Parlament

Zusammensetzung:
In den einzelnen Mitgliedstaaten gewählte Abgeordnete, Art. 189 EGV.

Aufgaben:

- Beteiligung an der Rechtsetzung durch Mitentscheidung (Art. 251 EGV) oder durch Zusammenarbeit (Art. 252 EGV)
- Kontrolle: Misstrauensvotum gegen die Kommission (Art. 201 EGV), Erörterung der Jahresberichte der Kommission (Art. 200 EGV).

2.2.4 Europäischer Gerichtshof

Zusammensetzung:
15 Richter, die von den Regierungen der Mitgliedstaaten im gegenseitigen Einvernehmen ernannt werden, Art. 221, 223 EGV.

Aufgaben:
Sicherung der Wahrung des Rechts bei der Auslegung und Anwendung der Gemeinschaftsverträge einschließlich des Sekundärrechts (Art. 220 EGV).

2.2.5 Ausschüsse

Insbesondere Wirtschafts- und Sozialausschuss, Ausschuss der Regionen: Sie sind Nebenorgane, üben eine beratende Tätigkeit aus und besitzen Anhörungsrechte (Art. 257 ff. EGV).

2.2.6 Europäische Investitionsbank

finanziert europäische Investitionsprojekte, Art. 266 f. EGV.

2.3 Rechtsetzung

Die Rechtsetzung der Gemeinschaftsorgane ist durch zwei Prinzipien beschränkt.

Prinzip der begrenzten Ermächtigung (Art. 5 Abs. 1 EGV):
Die Gemeinschaftsorgane besitzen keine generelle Befugnis zum Erlass von Rechtshandlungen, sondern ihnen sind nur Einzelermächtigungen im Vertrag zugewiesen. Sie dürfen daher weder über die in den Verträgen geregelten Sachgebiete und für sie geltenden Ziele hinausgehen noch andere als in den Einzelermächtigungen eingeräumte Arten von Rechtshandlungen erlassen.

Subsidiaritätsprinzip (Art. 5 Abs. 2, 3 EGV):
Die Gemeinschaftsorgane dürfen nur tätig werden, sofern und soweit Ziele

- auf Ebene der Mitgliedstaaten nicht ausreichend erreicht werden können und
- (deutlich) besser auf Gemeinschaftsebene erreicht werden können.

Was die Regelungsintensität anbetrifft, dürfen die Maßnahmen der Gemeinschaft nicht über das für die Erreichung der Ziele erforderliche Maß hinausgehen. Art. 249 EGV sieht folgende Arten von Rechtsakten vor:

2.3.1 Verordnungen (Art. 249 Abs. 2 EGV)

- haben allgemeine Geltung.
- sind in allen ihren Teilen verbindlich (Gesamtverbindlichkeit).
- gelten unmittelbar in jedem Mitgliedstaat (Durchgriffswirkung, bedürfen keiner Umsetzung).

2.3.2 Richtlinien (Art. 249 Abs. 3 EGV)

- sind für jeden Mitgliedstaat hinsichtlich des zu erreichenden Zieles verbindlich.
- überlassen den innerstaatlichen Stellen die Wahl der Form und der Mittel.
- gelten also grundsätzlich nicht unmittelbar, sondern bedürfen der Umsetzung durch die Mitgliedstaaten. Das muss nicht förmlich und wörtlich erfolgen, aber so klar und deutlich, dass die Begünstigten in der Lage sind, von allen ihren Rechten Kenntnis zu erlangen und diese gegebenenfalls vor nationalen Gerichten geltend zu machen.
- gelten allerdings dann und insoweit unmittelbar, als sie von einem Mitgliedstaat nicht ordnungsgemäß umgesetzt wurden, hinreichend genau und bestimmt sind und nicht lediglich zwischen Privaten Pflichten begründen.

Besonders wichtig für den Bereich der Technik sind Harmonisierungsrichtlinien. Sie vereinheitlichen die nationalen Rechtsordnungen, um den grenzüberschreitenden Warenverkehr im Binnenmarkt zu erleichtern, beschränken sich aber regelmäßig auf die grundlegenden Anforderungen an die Sicherheit der Produkte und die sonstigen Anforderungen im Interesse des Gemeinwohls. Um hier eine bessere Kohärenz der einzelnen Maßnahmen zu erreichen, sind eine Verordnung über die Vorschriften für die Akkreditierung und Marktüberwachung im Zusammenhang mit der Vermarktung von Produkten[1] und ein Beschluss über einen gemeinsamen Rechtsrahmen für die Vermarktung von Produkten[2] vorgesehen.

Technische Details werden in harmonisierten europäischen Normen (CEN, CENELEC, ETSI) festgelegt, deren Anwendung bleibt freiwillig. Hersteller können andere technische Spezifikationen benutzen; sie müssen dann nachweisen, dass die Mindestanforderungen der betreffenden Richtlinie erfüllt sind.

Erzeugnisse dürfen in der Europäischen Union erst dann in den Verkehr gebracht werden, wenn der Hersteller nachgewiesen hat, dass die grundlegenden Anforderungen der betreffenden EG-Richtlinie erfüllt sind. Anforderungen an die Sicherheit von Verbraucherprodukten sind in der Richtlinie 2001/95 EG festgelegt. Jedes in der EU hergestellte oder in die EU eingeführte Produkt, das einen Personen- oder Sachschaden verursacht, fällt unter die Produkthaftungsrichtlinie 85/374 EWG, die mit dem Produkthaftungsgesetz umgesetzt wurde. Für die Benutzer von Erzeugnissen enthalten die nach dem neuen Konzept verfassten Richtlinien keine Bestimmungen.

Für den Nachweis der Erfüllung der grundlegenden Anforderungen an technische Produkte hat der Europäische Rat ein Konformitätsbewertungssystem mit standardisierten Modulen erlassen:

- Konformitätserklärung des Herstellers (in einer der Amtssprachen der EU)
- Baumusterpüfbescheid einer Prüfstelle
- Konformitätsbescheinigung einer Prüfstelle.

Das Konformitätsbewertungssystem ist verbunden mit internationalen Normen für die Qualitätssicherung (Normenreihe EN ISO 9000) und für Anforderungen, denen die für die Qualitätssicherung zuständigen Stellen, z. B. durch Akkreditierung, genügen müssen (Normenreihe EN 45000). Die Koordinierung der im Rahmen der Konformitätsbewertung in Deutschland erfolgenden Tätigkeiten zur Anerkennung von Prüflaboratorien, Kalibrierlaboratorien, Zertifizierungs- und Überwachungsstellen sowie das Führen eines zentralen Akkreditierungs- und Anerkennungsregisters erfolgen durch den Deutschen Akkreditierungsrat, DAR (Geschäftsstelle: BAM, Berlin). Einzelstaatliche Stellen, denen spezielle (nationale) Aufgaben zur Konformitätsbewertung übertragen werden, sind der Kommission durch die Mitgliedstaaten zu benennen (Notifizierung). Bei erfolgreich durchgeführtem Zertifizierungsverfahren der Konformitätsbewertung sind Hersteller grundsätzlich verpflichtet, das CE-Zeichen an ihrem Produkt anzubringen. Die Kontrolle der CE-Kennzeichnung erfolgt durch Marktaufsichtsbehörden. Allerdings ist darauf zu achten, dass die Funktionsfähigkeit der Geräte tatsächlich sichergestellt ist.[3]

[1] Vorschlag der Kommission vom 14.2.2007, KOM (2007) 37 endg.

[2] Vorschlag der Kommission vom 14.2. 2007,KOM (2007) 53 endg.

2.3.3 Entscheidungen (Art. 249 Abs. 4 EGV)

- sind in allen ihren Teilen verbindlich.
- für diejenigen, die sie bezeichnen: d. h. sie haben stets unmittelbare Wirkung, wenn sie an Individuen adressiert sind; wenn sie an Mitgliedstaaten gerichtet sind, unter den Voraussetzungen einer Richtlinie, da sie dann grundsätzlich umsetzungsbedürftig sind.

2.3.4 Empfehlungen und Stellungnahmen (Art. 249 Abs. 5 EGV)

sind nicht verbindlich.

2.3.5 Sonstige Rechtsakte

Art. 249 EGV führt die möglichen Arten von Rechtsakten nicht abschließend auf. Zur wirksamen Durchführung zahlreicher Politiken sind etwa auch Warnungen, Empfehlungen etc. erforderlich. Eine Beschränkung auf die in Art. 249 EGV genannten Rechtshandlungen ergibt sich aber dann, wenn eine Vorschrift explizit auf diese Formen verweist.

[3] Frenz, GewArch. 2006, 49 ff.

2.4 Grundfreiheiten

Die Grundfreiheiten wirken unmittelbar. Sie verpflichten daher die innerstaatlichen Organe und können von Individuen vor den nationalen Gerichten eingefordert werden. Es existieren folgende Grundfreiheiten:

- Zollfreiheit, Art. 23 f. EGV
- Warenverkehrsfreiheit, Art. 28 ff. EGV
- Arbeitnehmerfreizügigkeit, Art. 39 ff. EGV
- Niederlassungsfreiheit, Art. 43 ff. EGV
- Dienstleistungsfreiheit, Art. 49 ff. EGV
- Kapitalverkehrsfreiheit, Art. 56 ff. EGV

gleichzustellen:

- Wettbewerbsfreiheit, Art. 81 ff. EGV

2.4.1 Grundschema der Grundfreiheiten

I. Verbotstatbestand, der zugleich den Schutzbereich umschreibt.
II. Rechtfertigung von Einschränkungen der Grundfreiheit
   a) Rechtfertigungsgrund
   b) Rechtfertigung im konkreten Fall
      aa) keine willkürliche Diskriminierung
      bb) Wahrung des Verhältnismäßigkeitsprinzips, d. h., die Maßnahme muss sinnvoll, also für den angestrebten Zweck geeignet, sowie erforderlich (kein milderes Mittel) und angemessen (Proportionalität zwischen verfolgtem Zweck und beeinträchtigter Grundfreiheit) sein.

2.4.2 Die Warenverkehrsfreiheit

2.4.2.1 Verbotstatbestand

Art. 28 EGV verbietet mengenmäßige Einfuhrbeschränkungen sowie alle Maßnahmen gleicher Wirkung. Eine Maßnahme gleicher Wirkung ist grundsätzlich jede Handelsregelung eines Mitgliedstaates, die geeignet ist, den innergemeinschaftlichen Handel unmittelbar oder mittelbar, aktuell oder potenziell zu behindern. Vertriebsbezogene Maßnahmen, das heißt solche, die bestimmte Verkaufsmodalitäten beschränken oder verbieten, fallen darunter nur bei hinreichendem Produktbezug; sie müssen tatsächlich nachteilige Wirkungen auf den Warenverkehr haben.

2.4.2.2 Rechtfertigung

1. Rechtfertigungsgrund
   a) Art. 30 EGV nennt insbesondere:
      · Gründe der öffentlichen Sicherheit und Ordnung
      · Schutz der Gesundheit und des Lebens von Menschen
      · Schutz des gewerblichen und kommerziellen Eigentums
   b) Immanente Schranken (Cassis-Formel) sind insbesondere folgende zwingende nationale Erfordernisse:
      · wirksame steuerliche Kontrollen
      · Schutz der öffentlichen Gesundheit
      · Lauterkeit des Handelsverkehrs
      · Verbraucherschutz
      · sowie Umweltschutz
2. Rechtfertigung im Einzelnen
   a) keine willkürliche Diskriminierung
   b) Verhältnismäßigkeitsgrundsatz
      aa) Geeignetheit
      bb) Erforderlichkeit
      cc) Angemessenheit

2.4.3 Arbeitnehmerfreizügigkeit

Art. 39 EGV gewährleistet die Freizügigkeit der Arbeitnehmer aus anderen EU-Mitgliedstaaten. Diese müssen sich in gleicher Weise wie Einheimische um Beschäftigungsmöglichkeiten bewerben können, gleichermaßen entlohnt werden und den gleichen Arbeitsbedingungen unterliegen. Eingeschlossen ist, dass sie sich zu diesem Zweck im Hoheitsgebiet der anderen Mitgliedstaaten frei bewegen und aufhalten können. Dieses Recht zum Eintritt und zum Aufenthalt erstreckt sich auf Familienangehörige, die z. B. auch an den Sozialleistungen dieses anderen Mitgliedstaates teilhaben.
Das Recht auf Freizügigkeit nach Art. 39 EGV wird etwa dadurch beeinträchtigt, dass bestimmte Tätigkeiten nicht durch Inländer ausgeübt werden können, aber auch durch verdeckte mittelbare Diskrimi-

nierungen zum Beispiel aufgrund der Notwendigkeit der Zurücklegung bestimmter Wohnzeiten oder der Erfüllung bestimmter Sachverhalte im Inland. Auch Beschränkungen fallen darunter, welche Angehörige aus anderen EU-Staaten von einer grenzüberschreitenden Tätigkeit abhalten könnten, selbst wenn sie formal gleich wie Inländer behandelt werden (Beschränkungsverbot).
Ausgenommen von der Freizügigkeit der Arbeitnehmer sind gemäß Art. 39 Abs. 4 EGV Tätigkeiten in der öffentlichen Verwaltung. Dazu zählen entsprechend dem Ausnahmecharakter der Vorschrift aber nur solche Tätigkeiten, die eine Ausübung hoheitlicher Befugnisse mit sich bringen oder die Wahrnehmung von Aufgaben beinhalten, die auf die Wahrung der allgemeinen Belange des Staates oder anderer öffentlicher Körperschaften gerichtet sind.
Nach Art. 39 Abs. 3 EGV besteht für die Mitgliedstaaten die Möglichkeit, das Recht der Arbeitnehmer auf Freizügigkeit aus Gründen der öffentlichen Ordnung, Sicherheit und Gesundheit zu beschränken. Diese Begriffe sind als gemeinschaftsrechtliche Begriffe und als Ausnahmetatbestand auszulegen. Die Beschränkung setzt eine tatsächliche und hinreichend schwere Gefährdung voraus, die ein Grundinteresse der Gesellschaft berührt und bedingt ist durch die Anwesenheit oder durch das Verhalten der von der Freizügigkeit Profitierenden. Zudem können wie bei der Warenverkehrsfreiheit sonstige berechtigte nationale Belange Beschränkungen legitimieren.

2.4.4 Niederlassungsfreiheit

Die Niederlassungsfreiheit nach Art. 43 EGV beinhaltet, dass Staatsangehörige aus anderen Mitgliedstaaten sich unter den gleichen Bedingungen wie die einheimischen Staatsangehörigen frei niederlassen oder eine Zweigstelle gründen dürfen. Im Gegensatz zur Arbeitnehmerfreizügigkeit nach Art. 39 EGV begründet Art. 43 EGV die Freizügigkeit der Selbständigen. Sie genießen gleiche Zugangsrechte und gleiche Berufsbedingungen. Der Grundsatz der Gleichbehandlung schließt allerdings – wie bei der Arbeitnehmerfreizügigkeit – nicht ein, dass ihre Abschlüsse ohne Weiteres in dem anderen Mitgliedstaat anerkannt werden. Hierzu bedarf es einer Harmonisierungsrichtlinie. Existiert eine solche nicht, müssen die vorhandenen Kenntnisse und Diplome nur angemessen berücksichtigt werden. Art. 43 EGV schützt vor unmittelbaren wie vor mittelbaren Beeinträchtigungen, die etwa darin bestehen können, dass Anforderungen für die Eröffnung eines Betriebes festgelegt werden, die auf inländische Unternehmen zugeschnitten sind, aber auch vor nichtdiskriminierenden Beschränkungen, die Unionsbürger aus anderen Staaten behindern können.
Ausgenommen von der Niederlassungsfreiheit sind gemäß Art. 45 EGV, vergleichbar zur Arbeitnehmerfreizügigkeit, solche Tätigkeiten, die in einem Mitgliedstaat dauernd oder zeitweise mit der Ausübung öffentlicher Gewalt verbunden sind. Dazu zählen aber aufgrund der für Ausnahmebestimmungen zu Grundfreiheiten gebotenen restriktiven Auslegung nur solche Tätigkeiten, die eine unmittelbare oder spezifische Teilnahme an der Ausübung öffentlicher Gewalt (zum Beispiel Notar) aufweisen.
Einschränkungen sind wie bei der Arbeitnehmerfreizügigkeit aus Gründen der öffentlichen Ordnung, Sicherheit oder Gesundheit sowie sonstigen gewichtigen Gemeinwohlbelangen gerechtfertigt und müssen nichtdiskriminierend sowie verhältnismäßig sein.

2.4.5 Freier Dienstleistungsverkehr

Art. 49 EGV gewährleistet, dass Dienstleistungen über die Grenzen eines Mitgliedstaates hinaus ausgetauscht werden können. Beschränkungen können darin bestehen, dass Unternehmer, die in einem anderen Mitgliedstaat ansässig sind und von dort aus in der Bundesrepublik Deutschland Handwerksleistungen erbringen oder Abfälle entsorgen wollen, besonderen Bedingungen unterworfen oder sonstwie behindert werden.
Von der Dienstleistungsfreiheit ausgenommen sind wie bei der Niederlassungsfreiheit gemäß Art. 55 in Verbindung mit Art. 45 EGV Tätigkeiten, die eine unmittelbare und spezifische Teilnahme an der Ausübung öffentlicher Gewalt aufweisen. Das gilt etwa nicht für die Abfallentsorgung. Beschränkungen sind wie bei der Niederlassungsfreiheit gemäß Art. 55 in Verbindung mit Art. 46 EGV gerechtfertigt aus Gründen der öffentlichen Ordnung, Sicherheit oder Gesundheit, ebenso durch andere gewichtige Gründe des Gemeinwohls.

2.4.6 Kapitalfreiheit

Art. 56 ff. EGV gewährleisten die Freiheit des Kapital- und Zahlungsverkehrs. Zum Kapitalverkehr gehören alle einseitigen Wertübertragungen aus einem Mitgliedstaat in einen anderen, die zugleich eine Vermögensanlage darstellen, nicht hingegen der Austausch von Leistung und Gegenleistung. Insoweit greifen die für die Hauptleistung anwendbaren Vorschriften, insbesondere die Waren- und die Dienstleistungsfreiheit. Eine zusätzliche Liberalisierung bewirkt Art. 56 Abs. 2 EGV, der Beschränkungen des Zahlungsverkehrs verbietet. Beide Vorschriften sind unmittelbar anwendbar. Die beiden Freiheiten können von den Mitgliedstaaten gem. Art. 58 EGV durch Ausnahmeregelungen insbesondere aus Gründen der Steuererfassung und Bankenaufsicht, aber auch zur Bekämpfung hinreichend schwerwiegender Rechtsverstöße wie Geldwäsche, Drogenhandel und Terrorismus beschränkt werden. Diese Beschränkungen dürfen aber kein Mittel zur willkürlichen Diskriminierung bilden und müssen verhältnismäßig sein.

2.4.7 Wettbewerbsfreiheit

2.4.7.1 Verbot wettbewerbsbehindernder Vereinbarungen und Beschlüsse

Art. 81 Abs. 1 EGV erfasst Vereinbarungen zwischen Unternehmen, Beschlüsse von Unternehmensvereinigungen und aufeinander abgestimmte Verhaltensweisen, worunter auch ein bloßes paralleles Verhalten fällt, sofern es koordiniert erfolgt.
Diese Verhaltensweisen sind dann mit dem Gemeinsamen Markt unvereinbar und verboten, wenn sie

- den Handel von Mitgliedstaaten zu beeinträchtigen geeignet sind. Es genügt also, wenn sie dem Handel zwischen den Mitgliedstaaten schaden können, etwa durch Abschotten nationaler Märkte oder eine Veränderung der Konkurrenzstruktur. Es muss sich mit hinreichender Wahrscheinlichkeit voraussehen lassen, dass die entsprechende Verhaltensweise unmittelbar oder mittelbar, tatsächlich oder potenziell den Warenverkehr zwischen Mitgliedstaaten beeinflussen kann. Die zu befürchtenden Auswirkungen dürfen mithin nicht lediglich national sein, sondern müssen eine gemeinschaftliche Dimension haben.
- eine Verhinderung, Einschränkung oder Verfälschung des Wettbewerbs innerhalb des Gemeinsamen Marktes bezwecken oder bewirken. Wenn also zwei Wirtschaftssubjekte die Absicht haben, den Wettbewerb zu beeinträchtigen, muss dieses Resultat nur wahrscheinlich sein, selbst wenn das Verhalten keine wettbewerbsbeeinträchtigenden Auswirkungen hat. Wenn zwei Wirtschaftssubjekte keine wettbewerbsbeeinträchtigende Absicht haben, genügt es, wenn wettbewerbsbeeinträchtigende Wirkungen auftreten, sofern dieses Resultat nur vorhersehbar ist.

Solche Verhaltensweisen können etwa auftreten, wenn sich alle nationalen Unternehmen einer Branche aufeinander abstimmen, um eine bestimmte Quote oder ein bestimmtes Umweltziel zum Beispiel in Form einer Produktverbesserung zu erreichen, ohne die Unternehmen aus dem EU-Ausland einzubeziehen. Diese müssen dann, auf sich allein gestellt, diese Entwicklung nachvollziehen oder sich den entsprechenden Anforderungen anpassen, was ihre Wettbewerbsfähigkeit mindert.
Von Art. 81 Abs. 1 EGV erfasste Verhaltensweisen können gemäß Art. 81 Abs. 3 EGV unter folgenden Voraussetzungen dem Verbotsverdikt entrinnen:

- sie müssen zur Verbesserung der Warenerzeugung oder -verteilung oder zur Förderung des technischen oder wirtschaftlichen Fortschritts beitragen, etwa durch verbesserten Umweltschutz,
- an dem dabei entstehenden Gewinn die Verbraucher angemessen beteiligen,
- dürfen lediglich für die Verwirklichung der verfolgten Ziele unerlässliche Wettbewerbsbeschränkungen wählen und
- nicht die Möglichkeit eröffnen, für einen wesentlichen Teil der betreffenden Waren den Wettbewerb gänzlich auszuschalten.

2.4.7.2 Missbrauch den Markt beherrschender Stellungen

Art. 82 EGV erfasst, dass

- ein Unternehmen eine beherrschende Stellung auf dem Gemeinsamen Markt oder einen wesentlichen Teil desselben hat, das heißt in einem je nach Marktverhältnissen ausreichend großen Gebiet eine dominante Position in einem bestimmten Produktbereich besitzt, die es ihm erlaubt, sich unabhängig von den Konkurrenten zu verhalten und damit die Aufrechterhaltung eines wirksamen Wettbewerbs zu verhindern.

- diese beherrschende Position missbräuchlich ausnutzt. Das setzt ein Verhalten voraus, das ein objektiv schädliches Resultat für die Konkurrenz hat, auch wenn dieses von dem Unternehmen nicht beabsichtigt wurde. Beispiele dafür sind etwa die Erzwingung von unangemessenen Einkaufs- oder Verkaufspreisen oder sonstigen Geschäftsbedingungen, Absatzbeschränkungen, Koppelungen von Produktabnahmen etc.
- dies dazu führen kann, den Handel zwischen den Mitgliedstaaten zu beeinträchtigen. Insoweit gilt das zu Art. 81 EGV Ausgeführte.

2.4.7.3 Beihilfenverbot

2.4.7.3.1 Tatbestand

Art. 87 Abs. 1 EGV will vor einer Verfälschung des Wettbewerbs durch staatliche Beihilfen schützen. Der Begriff „staatliche oder aus staatlichen Mitteln gewährte Beihilfen gleich welcher Art“ ist daher weit und zweckorientiert zu verstehen. Entscheidend ist die Wirkung einer Maßnahme, unabhängig von ihrer Bezeichnung und von ihrem Ziel. Beihilfen sind somit alle Begünstigungen, soweit sie nicht durch eine marktgerechte Gegenleistung des Begünstigten kompensiert oder aber durch eine vorherige Abgabe aufgehoben werden. Es werden daher nicht nur direkte finanzielle Zuwendungen erfasst, sondern alle Entlastungen von Kosten, die ein Unternehmen bei unverfälschtem wirtschaftlichem Ablauf zu tragen hat. Auch die fehlende Inanspruchnahme von bestimmten Unternehmen durch den Staat oder deren spezifische Aussparung von einer gesetzlichen Regelung können eine Beihilfe darstellen.

Erforderlich ist allerdings, dass die Beihilfe staatlich ist oder zumindest aus staatlichen Mitteln gewährt wird. Das bedeutet, dass nicht notwendig staatliche Einheiten die Vergünstigung vergeben müssen. Indes muss der Staat hinter einer solchen Vergabe stehen. Letztlich muss die Beihilfe zu einer finanziellen Belastung staatlicher Mittel führen. Daran fehlt es bei Zahlungspflichten Privater etwa zur Förderung erneuerbarer Energien.

Mit dem Gemeinsamen Markt unvereinbar sind gemäß Art. 87 Abs. 1 EGV nur solche Beihilfen, die durch die Begünstigung bestimmter Unternehmen oder Produktionszweige den Wettbewerb verfälschen oder zu verfälschen drohen. Es genügt also die Gefahr einer Wettbewerbsverzerrung. Eine solche ist bereits durch die Entlastung von bestimmten Produktionszweigen von Zahlungs- und auch Verhaltenspflichten gegeben.

Um mit dem Gemeinsamen Markt unvereinbar zu sein, müssen Beihilfen schließlich den Handel zwischen Mitgliedstaaten beeinträchtigen. Sie müssen also grenzüberschreitende Auswirkungen haben können.

2.4.7.3.2 Ausnahmen

Art. 87 Abs. 2 EGV nennt verschiedene Fälle, in denen zwar der Beihilfetatbestand des Art. 92 Abs. 1 EGV erfüllt ist, die aber gleichwohl mit dem Gemeinsamen Markt vereinbar sind. Dazu gehören Beihilfen sozialer Art an einzelne Verbraucher, wenn sie ohne Diskriminierung nach der Herkunft der Waren gewährt werden (lit. a), sowie Beihilfen zur Beseitigung von z. B. durch Naturkatastrophen entstandene Schäden (lit. b).

Art. 87 Abs. 3 EGV legt Konstellationen fest, für die Beihilfen als mit dem Gemeinsamen Markt vereinbar angesehen werden können. Dazu gehören namentlich Beihilfen zur Förderung der Entwicklung gewisser Wirtschaftszweige oder Wirtschaftsgebiete (lit. b). Umweltschützende Maßnahmen können die Bedingungen in Wirtschaftszweigen verbessern und damit deren Entwicklung fördern. Genehmigungsfähig sind etwa auch Beihilfen zur Förderung wichtiger Vorhaben von gemeinsamem europäischem Interesse (lit. c), zu denen auch Umweltprojekte gehören können.

2.4.7.3.3 Verfahren

Art. 87 Abs. 1 EGV legt nur die Unvereinbarkeit von bestimmten Beihilfen mit dem Gemeinsamen Markt fest. Diese Unvereinbarkeit muss jedoch gemäß Art. 88 Abs. 2 EGV erst von der Kommission positiv festgestellt werden, bevor die Mitgliedstaaten eine bestehende Beihilfe aufheben oder umgestalten müssen. Jede neue Beihilfe ist anzumelden. Vor einer Genehmigung besteht aber ein Durchführungsverbot: Die Beihilfe darf nicht ausgezahlt werden. Zur Konkretisierung dieser Praxis kann der Rat gemäß Art. 89 EGV Durchführungsverordnungen erlassen. Der Rat kann gemäß Art. 88 Abs. 2 Unterabs. 3 EGV selbst Beihilfen für vereinbar mit dem Gemeinsamen Markt erklären.

2.5 Diskriminierungsverbot

Art. 12 EGV verbietet jede Diskriminierung aus Gründen der Staatsangehörigkeit. Diese Bestimmung beinhaltet den Grundsatz der Inländergleichbehandlung: Staatsangehörige aus anderen EU-Mitgliedstaaten dürfen nicht schlechter behandelt werden als eigene, sondern müssen vergleichbare Rechte genießen. Das gilt umfassend. Es werden also auch versteckte Diskriminierungen erfasst.

Ein Verstoß gegen Art. 12 EGV liegt nach der Rechtsprechung des EuGH nicht vor, wenn eine unterschiedliche Behandlung aus Gründen der Staatsangehörigkeit objektiv gerechtfertigt werden kann. Eine solche Rechtfertigungsmöglichkeit besteht im Umweltbereich etwa auf der Basis des in Art. 174 Abs. 2 Satz 2 EGV aufgestellten Prinzips, Umweltbeeinträchtigungen vorrangig an ihrem Ursprung zu bekämpfen.

2.6 Grundrechte

Art. 6 Abs. 2 EUV verlangt von der Europäischen Union, die Grundrechte zu achten. Diese ergeben sich aus den Gewährleistungen der Europäischen Konvention zum Schutz der Menschenrechte und Grundfreiheiten sowie aus den gemeinsamen Verfassungsüberlieferungen der Mitgliedstaaten. Einzelne Grundrechte nennt die – allerdings unmittelbar verbindliche – Europäische Grundrechtecharta. Im Ergebnis besteht ein mit den deutschen Grundrechten weitgehend vergleichbarer Standard. Fest anerkannt sind etwa die Eigentums- und die Berufsfreiheit. Eine Beeinträchtigung dieser Grundrechte ist allerdings nach der ständigen Rechtsprechung des EuGH bereits dann gerechtfertigt, „sofern

- diese Beschränkungen tatsächlich den gemeinwohldienenden Zwecken der Gemeinschaft entsprechen und
- nicht einen im Hinblick auf den verfolgten Zweck unverhältnismäßigen, nicht tragbaren Eingriff darstellen,
- der die so gewährleisteten Rechte in ihrem Wesensgehalt antastet.“

Dem Gemeinschaftsgesetzgeber und den Mitgliedstaaten wird ein weitgehender Gestaltungsspielraum bei der Regelung wirtschaftlicher Sachverhalte zugebilligt. So prüfte der EuGH im Bananenurteil nur, ob

- die fragliche Maßnahme zur Erreichung des verfolgten Zieles offensichtlich ungeeignet ist und
- ob sie bei Unsicherheiten bezüglich der künftigen Auswirkungen offensichtlich irrig erscheint, und zwar ausgehend von den zur Zeit des Erlasses vorhandenen Erkenntnissen.

3 Staatsrecht

3.1 Rangordnung der Rechtsquellen

Das objektive Recht besteht aus den verschiedensten Rechtsquellen. Diese haben jeweils eine bestimmte Stellung. Grundsätzlich geht die höherstehende Norm den nachfolgenden vor. Man spricht daher auch von der Normenhierarchie. Für das deutsche Recht stellt sich die Rangfolge folgendermaßen dar:

- Europarecht
- Bundesverfassung
- Allgemeine Regeln des Völkerrechts (Art. 25 GG)
- Bundesgesetze
- Rechtsverordnungen (Bund)
- Landesverfassung
- Landesgesetze
- Rechtsverordnungen (Land und nachgeordnete Stellen)
- Satzungen (z. B. Gemeinden)
- Verwaltungsvorschriften (jedenfalls bei Selbstbindung der Verwaltung)
- Gewohnheitsrecht
- allgemeine Rechtsgrundsätze
- Richterrecht.

3.2 Die Grundrechte

3.2.1 Allgemeines

Die Grundrechte bilden die Basis, auf der die gesamte Rechtsordnung aufbaut. Sie sind in erster Linie dazu bestimmt, die Freiheitssphäre des Einzelnen vor Eingriffen der öffentlichen Gewalt zu sichern. Daneben bilden sie objektive Wertentscheidungen. Als solche können sie nach der Rechtsprechung des Bundesverfassungsgerichts staatliche Schutzpflichten begründen und beeinflussen auch die Privatrechtsordnung (Drittwirkung). Man unterscheidet zwischen Freiheitsrechten, Gleichheitsrechten und Verfahrensrechten. Die Gleichheitsrechte verbieten den Staatsorganen, einen wesentlich gleichen Sachverhalt ohne sachlichen Grund ungleich zu behandeln. Die Verfahrensgrundrechte gewährleisten die Möglichkeit von Rechtsschutz und die Einhaltung bestimmter Verfahrensgrundsätze. Die Freiheitsrechte begründen für den Einzelnen Handlungsfreiheiten und bilden insbesondere Abwehrrechte, teilweise auch Leistungsrechte. Träger von Grundrechten kann jede natürliche Person sein, wobei das Grundgesetz zwischen sog. Bürger- und Deutschenrechten differenziert. Die Grundrechtsfähigkeit inländischer juristischer Personen bestimmt sich nach Art. 19 Abs. 3 GG. Juristische Personen des Privatrechts sind grundsätzlich Grundrechtsträger, juristische Personen des öffentlichen Rechts prinzipiell nicht.

3.2.2 Prüfung der Verletzung eines Freiheitsrechts

I. Eröffnung des Schutzbereichs
- Persönlicher Schutzbereich
- Sachlicher Schutzbereich

II. Eingriff in den Schutzbereich
- Klassischer Eingriffsbegriff: finales staatliches Handeln durch Rechtsakt, das mit Befehl und Zwang durchsetzbar ist und unmittelbar das grundrechtlich geschützte Verhalten einschränkt
- Im modernen Staat erweitert auch auf faktische Maßnahmen
- Mittelbare Eingriffe dann, wenn in Intensität unmittelbaren Eingriffen vergleichbar

III. Rechtfertigung
- Einschränkung durch Gesetz, wenn vorgesehen
- jedenfalls verfassungsimmanente Schranken (angemessener Ausgleich zwischen kollidierenden verfassungsrechtlichen Positionen, also i. E. Verhältnismäßigkeit)

IV. Schranken-Schranken
- v. a. Grundsatz der Verhältnismäßigkeit
  - Herausarbeitung des verfolgten Zwecks und des eingesetzten Mittels
  - Geeignetheit: das eingesetzte Mittel muss den angestrebten Zweck fördern können
  - Erforderlichkeit: kein ebenso wirksames, weniger belastendes und damit milderes Mittel
  - Angemessenheit bzw. Zumutbarkeit bzw. Proportionalität: Vorteile für angestrebten Zweck überwiegen Nachteile für eingeschränktes Grundrecht (Verhältnismäßigkeit im engeren Sinne)
- Zitierung des eingeschränkten Grundrechts gem. Art. 19 Abs. 1 S. 2 GG

3.2.3 Die Grundrechtsprüfung am Beispiel der Berufsfreiheit

I. Eröffnung des Schutzbereiches des Art. 12 GG
1. Persönlich: Deutsche, ggf. Erweiterung auf Unionsbürger
2. Sachlich: Vorliegen eines Berufes: jede auf Dauer angelegte Tätigkeit zur Schaffung und Erhaltung einer Lebensgrundlage, die nicht schlechthin gemeinschädlich ist
3. Geschützt sind Berufswahl einschließlich Ausbildung und Berufsausübung

II. Eingriff in den Schutzbereich
1. Unmittelbar, wenn das „Ob" oder „Wie" des Berufes betroffen ist
2. Mittelbar, wenn die Maßnahme objektiv eine berufsregelnde Tendenz aufweist

III. Verfassungsrechtliche Rechtfertigung mit Schranken-Schranken
1. Einschränkungsmöglichkeit: einheitlicher Gesetzesvorbehalt (Art. 12 Abs. 1 S. 2 GG), d. h. Eingriff muss durch oder aufgrund eines formell und materiell verfassungsmäßigen Gesetzes erfolgen

2. Verstoß gegen Art. 19 Abs. 1 S. 2 GG
3. Prüfung des Übermaßverbots mithilfe der Drei-Stufen-Theorie
   a) Eingriffsstufe: 1. Stufe: Regelung der Berufsausübung; 2. Stufe: subjektive Berufswahlregelung: Berufszulassung von subjektiven Voraussetzungen abhängig; 3. Stufe: objektive Berufswahlregelung: Berufszulassung von objektiven Voraussetzungen abhängig
   b) Verfassungsrechtlich legitimierter Zweck des Eingriffs: 1. Stufe setzt vernünftige Erwägungen des Allgemeinwohls voraus; 2. Stufe erfordert den Schutz eines überragend wichtigen Gemeinschaftsgutes vor abstrakten Gefahren; auf 3. Stufe kann nur die Abwehr nachweisbarer oder höchstwahrscheinlicher schwerer Gefahren für ein überragendes Gemeinschaftsgut mit Verfassungsrang den Eingriff rechtfertigen
   c) Geeignetheit des Eingriffs
   d) Erforderlichkeit des Eingriffs (vor allem, ob Eingriff in weniger beeinträchtigende Stufe zur Erreichung des Zwecks ausreichen würde)
   e) Angemessenheit des Eingriffs

3.2.4 Die Eigentumsgarantie gemäß Art. 14 GG

Art. 14 GG gewährleistet neben dem Erbrecht insbesondere das Eigentum. Damit der Schutzbereich eröffnet ist, muss Eigentum gegeben sein. Dieses wird grundsätzlich zu einem bestimmten Zeitpunkt durch das einfache Recht ausgeformt und von daher durch dieses selbst definiert. Eigentum ist die Zuordnung einer vermögenswerten Position. Dieser Schutzgegenstand umfasst das Sacheigentum, private vermögenswerte Forderungen und öffentlich-rechtliche Positionen, wenn sie ein Äquivalent eigener Leistung sind. Keine vermögenswerten Positionen sind Erwartungen und rechtswidrige Rechtspositionen. Geschützt sind sowohl der Bestand als auch die Nutzung des Eigentums.

Schutzbereichseingriffe können durch eine Inhalts- und Schrankenbestimmung gemäß Art. 14 Abs. 1 S. 2 GG oder durch eine Enteignung nach Art. 14 Abs. 3 GG erfolgen. Inhalts- und Schrankenbestimmungen legen generell und abstrakt die Rechte und Pflichten des Eigentümers fest.

Die Enteignung ist dagegen auf die Entziehung konkreter subjektiver Rechtspositionen für öffentliche Zwecke gerichtet. Die Entziehung kann durch Gesetz (Legalenteignung) oder durch behördlichen Vollzugsakt (Administrativenteignung) erfolgen.

Die verfassungsrechtliche Rechtfertigung von Inhalts- und Schrankenbestimmungen erfordert gemäß Art. 14 Abs. 1 S. 2 GG ein formell und materiell verfassungsmäßiges Gesetz. Der Grundsatz der Verhältnismäßigkeit ist hier von besonderer Struktur. Gegeneinander abzuwägen sind die grundsätzliche Anerkennung des Privateigentums durch Art. 14 Abs. 1 S. 1 GG und die Sozialbindung des Eigentums gemäß Art. 14 Abs. 2 GG, wonach der Gebrauch des Eigentums zugleich der Allgemeinheit dienen soll. Im Einzelnen sind die Eigenart des vermögenswerten Guts oder Rechts, deren Bedeutung für den Eigentümer sowie Härteklauseln und Übergangsregelungen zu berücksichtigen. Eine verfassungswidrige Inhaltsbestimmung stellt nicht zugleich einen „enteignenden Eingriff" im verfassungsrechtlichen Sinne dar und kann wegen des unterschiedlichen Charakters von Inhaltsbestimmung und Enteignung auch nicht in einen solchen umgedeutet werden.

Eine Enteignung muss gem. Art. 14 Abs. 3 S. 2 GG durch Gesetz oder aufgrund eines Gesetzes erfolgen. Enteignungen sind gemäß Art. 14 Abs. 3 S. 1 GG nur zum Wohl der Allgemeinheit zulässig. Die sog. Junktimklausel des Art. 14 Abs. 3 S. 2 GG verlangt, dass das Gesetz Art und Ausmaß einer Entschädigung regelt.

3.2.5 Grundrechtliche Schutzpflichten: Art. 2 Abs. 2 S. 1 GG

Art. 2 Abs. 2 S. 1 GG enthält nicht lediglich ein subjektives Abwehrrecht, sondern zugleich eine objektivrechtliche Wertentscheidung der Verfassung, die für alle Bereiche der Rechtsordnung gilt. Diese begründet nach der Konzeption des Bundesverfassungsgerichts auch grundrechtliche Schutzpflichten. In seiner ständigen Rechtsprechung hält es den Staat aufgrund von Art. 2 Abs. 2 S. 1 GG für verpflichtet, sich schützend und fördernd vor die Rechtsgüter Leben und

körperliche Unversehrtheit zu stellen, d.h. auch, sie vor rechtswidrigen Eingriffen Privater zu bewahren. Diese Pflichten bestehen z.B. zum Schutz gegen die Gefahren durch Aids, gegen terroristische Anschläge, gegen atomare Gefahren, gegen chemische Verseuchung und Schädigung von Luft und Wald oder gegen Flug- und Straßenverkehrslärm.
Dem Gesetzgeber wie der vollziehenden Gewalt kommt bei der Erfüllung dieser Schutzpflichten aber ein weiter Einschätzungs-, Wertungs- und Gestaltungsbereich zu, der auch Raum lässt, etwa konkurrierende öffentliche und private Interessen zu berücksichtigen. Diese weite Gestaltungsfreiheit kann von den Gerichten je nach Eigenart des in Rede stehenden Sachbereichs, den Möglichkeiten, sich ein hinreichend sicheres Urteil zu bilden, und der Bedeutung der auf dem Spiele stehenden Rechtsgüter nur in begrenztem Umfang überprüft werden.

3.3 Staatsstrukturprinzipien des Grundgesetzes

- Demokratie
- Rechtsstaat
  - Gewaltenteilung (Art. 20 Abs. 2 S. 2 GG)
  - Rechts- und Gesetzesbindung (Art. 20 Abs. 3, 97 Abs. 1 GG): Vorrang des Gesetzes (kein Handeln gegen das Gesetz) / Vorbehalt des Gesetzes (kein Handeln ohne Gesetz); Bestimmtheit und Transparenz von staatlichen Maßnahmen
  - Gewährleistung von Rechtsschutz (vgl. Art. 19 Abs. 4; 92; 97 Abs. 1; 101; 103; 104 GG)
  - Entschädigung für rechtswidrige staatliche Maßnahmen
  - Rechtssicherheit
  - Vertrauensschutz
- Sozialstaatsprinzip
- Bundesstaat

  Trennender Rahmen:
  - eigene Verfassungsordnung und Organisationshoheit
  - Aufteilung der Staatsgewalt zwischen Bund (Zentralstaat) und Ländern (Gliedstaaten) (Art. 20 Abs. 1 GG; vgl. auch Art. 23, 28 ff., 50, 70 ff., 83 ff., 92 ff., 104 a ff. GG)
  - Länder haben grds. keine Befugnisse nach außen (vgl. Art. 32 Abs. 3 GG)

  Verbindende Ausfüllung:
  - Homogenitätsprinzip (Art. 28 Abs. 1 S. 1 GG)
  - Länder haben kein Recht zum Austritt
  - Länder können neu gegliedert werden (Art. 29 GG; vgl. aber Art. 79 Abs. 3)
  - Bund hat verschiedene Aufsichts- und Einwirkungsbefugnisse (Art. 37, 84, 85 GG)
  - Gebot zu bundesfreundlichem Verhalten (Bundestreue)
- Umweltstaat
  - Schutz der natürlichen Lebensgrundlagen, Art. 20 a GG
- Einbindung in vereintes Europa und Völkerrechtsgemeinschaft
  - Präambel, Art. 23 ff. GG

3.4 Die Gesetzgebung des Bundes

- Gesetzgebungskompetenz des Bundes (Art. 70 ff. GG)
- Gesetzesinitiative (Art. 76 Abs. 1 GG)
- Vorverfahren (Art. 76 Abs. 2, 3)
- Gesetzesbeschluss (Art. 77 Abs. 1 GG)
- Ein Zustimmungsgesetz kommt nur zustande, wenn
  - der Bundesrat zustimmt
- Ein Einspruchsgesetz kommt zustande, wenn
  - der Bundesrat zustimmt oder
  - den Antrag gem. Art. 77 Abs. 2 GG auf Einberufung des Vermittlungsausschusses nicht stellt oder
  - innerhalb der Frist des Art. 77 Abs. 3 GG keinen Einspruch einlegt oder
  - den Einspruch zurücknimmt oder
  - der Einspruch vom Bundestag überstimmt wird (Art. 77 Abs. 4 GG)
- Gegenzeichnung der Regierung (Art. 58 GG)
- Ausfertigung durch Bundespräsidenten (Art. 82 Abs. 1 GG)
- Verkündung im Bundesgesetzblatt (Art. 82 Abs. 1 GG)
- Abweichungsgesetzgebung: Die Länder können abweichende Regelungen treffen (Art. 72 Abs. 3 GG; z. B. Teile des Naturschutzes)

3.5 Der Verwaltungsaufbau

- Bund
  - Unmittelbare Bundesverwaltung (Staat wird selbst durch seine Behörden tätig)
  - Mittelbare Bundesverwaltung (Staat überträgt Verwaltungsaufgaben auf von ihm geschaffene, rechtlich verselbständigte Körperschaften, Anstalten und Stiftungen oder auf Beliehene)
- Bundesländer
  - Unmittelbare Landesverwaltung (Landesbehörden)
  - Mittelbare Landesverwaltung (insbes. Landkreise, kreisfreie Städte, Gemeinden im übertragenen Wirkungsbereich)

4 Verwaltungsrecht

4.1 Das Verwaltungsrecht

Das Verwaltungsrecht ist ein Bestandteil des öffentlichen Rechts. Es ist die Summe der (geschriebenen und ungeschriebenen) Rechtssätze, die speziell auf die Erfüllung von Verwaltungsaufgaben bezogen sind. Es handelt sich demnach um das Sonderrecht der öffentlichen Verwaltung.
Das Verwaltungsrecht regelt die Verwaltungstätigkeit, das Verwaltungsverfahren und die Verwaltungsorganisation sowie die Rechtsbeziehungen der Bürger zur Verwaltung.

4.2 Die Handlungsformen der Verwaltung

- Verwaltungsakt
  - §§ 35 ff. VwVfG
- Sonstige verwaltungsrechtliche Willenserklärungen
  - §§ 104 ff., 133 ff. BGB analog, außer Sonderregeln
- Verwaltungsvertrag
  - §§ 54 ff. VwVfG
- Rechtsverordnung
  - Art. 80 GG
- Satzung
- Plan
- Rechtsakte im Innenverhältnis
  - Verwaltungsvorschrift
  - Einzelweisung
- Schlichtes Verwaltungshandeln
  - Realhandlungen / Realakte
  - Wissenserklärungen
- Verwaltungsprivatrechtliches Handeln

4.3 Abgrenzung des öffentlich-rechtlichen vom privatrechtlichen Handeln der Verwaltung

Öffentlich-rechtliches Handeln liegt vor, wenn ein Träger öffentlicher Gewalt aufgrund eines Rechtssatzes tätig wird, der ausschließlich einen Träger öffentlicher Gewalt zu einem Tun oder Unterlassen berechtigt oder verpflichtet. Bei öffentlichen Rechtsträgern ist im Zweifel davon auszugehen, dass sie bei der Erfüllung öffentlicher Aufgaben öffentlich-rechtlich handeln.

4.4 Der Verwaltungsakt

4.4.1 Definition

Gemäß § 35 VwVfG ist Verwaltungsakt „jede Verfügung, Entscheidung oder andere hoheitliche Maßnahme, die eine Behörde zur Regelung eines Einzelfalles auf dem Gebiet des öffentlichen Rechts trifft und die auf unmittelbare Rechtswirkung nach außen gerichtet ist. Allgemeinverfügung ist ein Verwaltungsakt, der sich an einen nach allgemeinen Merkmalen bestimmten oder bestimmbaren Personenkreis richtet oder die öffentlich-rechtliche Eigenschaft einer Sache oderihre Benutzung durch die Allgemeinheit betrifft“ (z. B. Widmung einer Straße, Benutzungsregelung).

4.4.2 Begriffsmerkmale des Verwaltungsaktes (VA)

- Behörde: jede Stelle, die Aufgaben der öffentlichen Verwaltung wahrnimmt.
- Maßnahme: jedes Verhalten mit Erklärungsgehalt, das innerhalb von Rechtssätzen ergeht.
- Auf dem Gebiet des öffentlichen Rechts: öffentlich-rechtliches Handeln.
- Regelung: einseitige, verbindliche Maßnahme, die unmittelbar die Herbeiführung von Rechtsfolgen bezweckt.

- Einzelfall: konkret-individuell, auch Allgemeinverfügung.
- Außenwirkung: keine behördeninterne Maßnahme

4.4.3 Die Nebenbestimmung

4.4.3.1 Begriff

Die in einem Verwaltungsakt begriffswesentlich enthaltene Hauptregelung kann durch eine Nebenaussage ergänzt oder beschränkt werden. Trifft diese zusätzliche Bestimmung eine vom Hauptverwaltungsakt unterscheidbare Regelung, liegt eine sog. Nebenbestimmung vor.
Keine Nebenbestimmung ist

- der Hinweis auf eine bereits bestehende Rechtslage
- die nähere Bezeichnung des Inhalts des Hauptverwaltungsakts
- die Teilgenehmigung (Antragsteller erhält weniger als beantragt: stets selbständiger VA)
- die modifizierte Genehmigung (Antragsteller bekommt etwas anderes als beantragt: stets selbständiger VA)

4.4.3.2 Arten der Nebenbestimmungen

Die Arten der Nebenbestimmungen sind gemäß § 36 Abs. 2 VwVfG

- Befristung: Geltung des VA ist von bestimmtem Zeitpunkt/-raum abhängig.
- Bedingung: Geltung des VA ist von ungewissem Eintritt eines bestimmten Ereignisses abhängig.
- Widerrufsvorbehalt: Wirksamkeit des VA endet nach Widerruf, der selbst VA ist.
- Auflage: Neben VA wird Tun, Dulden oder Unterlassen vorgeschrieben.
- modifizierende Auflage: Regelung einer modifizierenden Gewährung erhält Anordnungsqualität.
- Auflagenvorbehalt: Es wird im VA vorbehalten, nachträglich eine Auflage aufzunehmen, zu ändern oder zu ergänzen.

4.4.3.3 Rechtmäßigkeit einer Nebenbestimmung

Liegen keine Spezialvorschriften vor, die die Rechtmäßigkeit von Nebenbestimmungen regeln, ist auf die allgemeine Vorschrift des § 36 VwVfG abzustellen. Besteht auf den Grundverwaltungsakt ein Anspruch, ist die Nebenbestimmung rechtmäßig, wenn sie durch Rechtsvorschrift zugelassen ist oder wenn sie sicherstellen soll, dass die gesetzlichen Voraussetzungen des Verwaltungsaktes erfüllt werden, § 36 Abs. 1 VwVfG. Steht der Hauptverwaltungsakt im Ermessen, so muss auch das Ermessen in Bezug auf die Beifügung einer Nebenbestimmung pflichtgemäß ausgeübt worden sein, § 36 Abs. 2 VwVfG. Nach § 36 Abs. 3 VwVfG darf eine Nebenbestimmung dem Zweck des Verwaltungsaktes nicht zuwiderlaufen.

4.4.3.4 Anfechtbarkeit von Nebenbestimmungen

Ansatzpunkt für die isolierte Anfechtbarkeit von Nebenbestimmungen ist, ob diese vom Hauptverwaltungsakt abtrennbar sind und damit Teilbarkeit besteht. Das ist dann der Fall, wenn der verbleibende begünstigende Verwaltungsakt rechtmäßig ist. So setzt etwa die isolierte Aufhebung der einer Genehmigung beigefügten Auflage voraus, dass die Genehmigung mit einem Inhalt weiterbestehen kann, der der Rechtsordnung entspricht. Der nicht aufgehobene Teil des Verwaltungsakts muss danach ohne Änderung seines Inhalts sinnvoller- und rechtmäßigerweise bestehen bleiben können.
Bei der modifizierenden Auflage ist eine Teilbarkeit von Nebenbestimmung und Hauptverwaltungsakt grundsätzlich abzulehnen, weil die Inhaltsänderung auch Inhalt der Auflage ist. Inhaltsänderung und Auflage sind mithin untrennbar miteinander verbunden, denn sie regeln dem Gegenstand nach das Gleiche.

4.4.4 Die formelle Rechtmäßigkeit des Verwaltungsaktes

Die formelle Rechtmäßigkeit eines Verwaltungsaktes setzt die Wahrung folgender Punkte voraus:

- Zuständigkeit
  - sachlich
  - örtlich
  - instanziell
- Verfahren
  - Handeln durch geeignete Amtsträger, §§ 20 f. VwVfG
  - Richtige Verfahrensart, vgl. etwa § 17 FStrG
  - ggf. Antragsbedürfnis, § 22 VwVfG; Heilung nach § 45 Abs. 1 Nr. 1 VwVfG

  - Untersuchungsgrundsatz, § 24 Abs. 1 S. 1 VwVfG
  - Mitwirkung anderer Stellen/Behörden, vgl. etwa § 36 BauGB; Heilung nach § 45 Abs. 1 Nr. 3 (Abs. 3) VwVfG
  - Beteiligung Betroffener, § 13 VwVfG
  - Anhörung Beteiligter, § 28 VwVfG
  - Beratung und Information Beteiligter, § 25 VwVfG
  - Rechtsbehelfsbelehrung, vgl. §§ 59, 73 Abs. 3 S. 1 VwGO
  - Gestattung von Akteneinsicht, §§ 29 f. VwVfG
  - ggf. besondere Anforderungen: förmliches Verwaltungsverfahren, §§ 70 ff. VwVfG, v.a. Planfeststellungsverfahren, §§ 72 ff. VwVfG
- Form
  - § 37 Abs. 2–4 VwVfG
- Bekanntgabe
  - § 41 Abs. 1 VwVfG; vgl. auch § 43 Abs. 1 VwVfG: Wirksamkeitsvoraussetzung!
- Begründung
  - § 39 Abs. 1 VwVfG, Heilung nach § 45 Abs. 1 Nr. 2 (Abs. 3) VwVfG

4.4.5 Die materielle Rechtmäßigkeit des Verwaltungsaktes

Die materielle Rechtmäßigkeit eines Verwaltungsaktes setzt voraus:

- Rechtsgrundlage für Erlass des Verwaltungsaktes
- Rechtmäßigkeit der Rechtsgrundlage
- Tatbestandsvoraussetzungen der Rechtsgrundlage
- richtiger Adressat
- rechtmäßige Ermessensausübung
- Beachtung von anderen Rechtssätzen; v. a. einschlägige andere Gesetze, Grundrechte und Übermaßverbot
- Bestimmtheit, § 37 Abs. 1 VwVfG
- VA auf tatsächlich und rechtlich möglichen Erfolg gerichtet

4.4.6 Aufhebung von Verwaltungsakten nach Unanfechtbarkeit

- rechtmäßig nicht begünstigend: Widerruf im Ermessen der Verwaltung, § 49 Abs. 1 VwVfG
- rechtmäßig begünstigend: Widerruf nur nach Voraussetzungen des § 49 Abs. 2, 3 VwVfG
- rechtswidrig nicht begünstigend: Rücknahme im Ermessen der Verwaltung, § 48 Abs. 1 VwVfG
- rechtswidrig begünstigend: Rücknahme im Ermessen der Verwaltung, § 48 Abs. 1 VwVfG, außer

bei geldlichem VA, § 48 Abs. 2 VwVfG	bei nichtgeldlichem VA, § 48 Abs. 3 VwVfG
• Vertrauen des Empfängers	• Vermögensnachteil nicht ausgleichbar und
• Schutzwürdigkeit des Vertrauens	• Vertrauen des Begünstigten überwiegt

- erweiterte Aufhebbarkeit im Rechtsbehelfsverfahren auf Anfechtung eines Dritten, § 50 VwVfG
- Wiederaufgreifen des Verfahrens nach § 51 VwVfG

4.5 Weitere Grundbegriffe des Verwaltungsrechts

4.5.1 Ermessen

Verwaltungsrechtliche Rechtsnormen bestehen aus Tatbestand und Rechtsfolge. Die Rechtsfolge tritt ein, wenn der Tatbestand erfüllt ist. Ermessen liegt vor, wenn die Verwaltung bei Verwirklichung eines gesetzlichen Tatbestandes durch das Gesetz ermächtigt wird, die Rechtsfolge innerhalb mehrerer Handlungsvarianten bzw. eines gewissen Handlungsspielraumes eigenständig festzulegen. Beim sog. Entschließungsermessen kann die Verwaltung entscheiden, ob sie eine bestimmte Maßnahme überhaupt treffen will. Beim sog. Auswahlermessen kann sie von verschiedenen denkbaren Maßnahmen eine wählen. Ermessensfehler liegen bei Ermessensnichtgebrauch, Ermessensüberschreitung (Rechtsfolge liegt außerhalb Ermessensnorm) und Ermessensfehlgebrauch (Zweckverfehlung) vor. Hat sich die Wahlmöglichkeit im Einzelfall auf eine Alternative reduziert, ist nur diese Entscheidung ermessensfehlerfrei (Ermessensreduzierung auf Null).

4.5.2 Unbestimmter Rechtsbegriff

Während das Ermessen auf der Rechtsfolgenseite einer Vorschrift erscheint, ist der unbestimmte

Rechtsbegriff Gegenstand des gesetzlichen Tatbestandes. Beispiele sind etwa: die Begriffe Eignung, Gemeinwohl und öffentliches Interesse. Die Rechtsanwendung erfordert eine inhaltliche Festlegung dieser Begriffe. Sie bedarf also der Wertung sowie prognostischer Erwägungen. Unbestimmte Rechtsbegriffe sind gerichtlich grundsätzlich voll überprüfbar. Nur ausnahmsweise gesteht die Rechtsprechung der Verwaltung einen von den Gerichten nur beschränkt überprüfbaren Beurteilungsspielraum zu, nämlich wenn es sich um Prüfungs- oder prüfungsähnliche Entscheidungen, Beurteilungen der Eignung und Befähigung von Beamten, verwaltungspolitische Entscheidungen, Risikobewertungen oder Entscheidungen wertender Art handelt.

4.5.3 Subjektiv-öffentliches Recht

Ein subjektiv-öffentliches Recht ist gegeben, wenn durch eine Vorschrift des öffentlichen Rechts die Rechtsmacht eingeräumt wird, vom Staat zur Verfolgung eigener Interessen ein bestimmtes Verhalten verlangen zu können. Dass dem Bürger ein subjektiv-öffentliches Recht zusteht, setzt zunächst voraus, dass ein objektiver Rechtssatz die Verwaltung zu einem bestimmten Tun verpflichtet. Darüber hinaus muss diese Rechtsnorm zumindest auch dem Schutz von Individualinteressen dienen. Dies gilt insbesondere auch bei Ermessensspielräumen, sodass ein allgemeiner Anspruch auf ermessensfehlerfreie Entscheidung nicht besteht.
Das subjektiv-öffentliche Recht kann im Klagewege durchgesetzt werden. Zuständig sind die Verwaltungsgerichte. Die VwGO kennt folgende Klagearten:

- Anfechtungsklage: Kläger begehrt Aufhebung eines VA, § 42 Abs. 1, 1. Alt. VwGO (vorheriger Widerspruch notwendig)
- Verpflichtungsklage: Kläger begehrt Erlass eines abgelehnten oder unterlassenen VA, § 42 Abs. 1, 2. Alt. VwGO (teilweise vorheriger Widerspruch notwendig)
- Fortsetzungsfeststellungsklage: Kläger begehrt Feststellung der Rechtswidrigkeit eines VA nach Erledigung (str., ob vorheriger Widerspruch notwendig)
- Allgemeine Leistungsklage: Kläger begehrt Vornahme oder Unterlassung einer Handlung, die keinen VA darstellt, also eines Realaktes, ggf. auch einer Rechtsnorm (str.)
- Feststellungsklage: Kläger begehrt Feststellung des Bestehens oder Nichtbestehens eines Rechtsverhältnisses oder der Nichtigkeit eines VA, § 43 Abs. 1 VwGO
- Normenkontrollklage: Antragsteller will Gültigkeit einer Rechtsnorm überprüfen lassen, § 47 Abs. 1 VwGO

Begehren einstweiligen Rechtsschutzes nach

- §§ 80, 80 a VwGO: bei Anfechtungsklage
- § 123 VwGO: nicht für Anfechtungsklage
- § 47 Abs. 8 VwGO: bei Normenkontrolle

4.6 Der öffentlich-rechtliche Vertrag

Ein öffentlich-rechtlicher Vertrag ist ein Vertrag (Einigung über die Herbeiführung einer Rechtsfolge), durch den ein Rechtsverhältnis auf dem Gebiet des öffentlichen Rechts begründet, geändert oder aufgehoben wird, § 54 S. 1 VwVfG.
Rechtmäßigkeit des Verwaltungsvertrages:

- Zulässigkeit der Vertragsform, § 54 VwVfG
- Schriftform, § 57 VwVfG
- Zustimmung von Dritten und Behörden, § 58 VwVfG
- Inhaltliche Rechtmäßigkeit des Vertrages (bestimmt sich nach materiellem Recht)
- Bei einem Austauschvertrag muss die Gegenleistung des Bürgers für einen bestimmten Zweck vereinbart werden, der Erfüllung öffentlicher Aufgaben dienen, angemessen sein und in sachlichem Zusammenhang mit der vertraglichen Leistung stehen.

5 Anlagenzulassungsrecht

5.1 System

Regelungen zum Immissionsschutz enthält vor allem das Bundes-Immissionsschutzgesetz (BImSchG), auf dessen Grundlage eine Reihe von Verordnungen erlassen wurde. Anlagen, die aufgrund ihrer Beschaffenheit oder ihres Betriebes in besonderem Maße geeignet sind, schädliche Umwelteinwirkungen her-

vorzurufen oder in anderer Weise die Allgemeinheit oder die Nachbarschaft zu gefährden, erheblich zu benachteiligen oder zu belästigen, bedürfen gem. § 4 BImSchG einer Genehmigung, unabhängig von dieser Qualifizierung alle ortsfesten Anlagen zur Lagerung oder Behandlung von Abfällen.
Die Genehmigung kann gem. § 6 Nr. 1 i.V.m. § 5 BImSchG nur dann erteilt werden, wenn durch die Errichtung und den Betrieb der Anlage

- schädliche Umwelteinwirkungen und sonstige Gefahren, erhebliche Nachteile und erhebliche Belästigungen für die Allgemeinheit und die Nachbarschaft nicht hervorgerufen werden können (§ 5 Abs. 1 Nr. 1)
- Vorsorge gegen schädliche Umwelteinwirkungen getroffen wird, insbesondere durch die dem Stand der Technik entsprechenden Maßnahmen zur Emissionsbegrenzung (§ 5 Abs. 1 Nr. 2),
- Abfälle möglichst vermieden, jedenfalls ordnungsgemäß und schadlos verwertet oder – subsidiär – ohne Beeinträchtigung des Wohls der Allgemeinheit beseitigt werden (§ 5 Abs. 1 Nr. 3) und
- entstehende Wärme für Anlagen des Betreibers genutzt oder an Dritte abgegeben wird, soweit zumutbar und technisch möglich.

Genehmigungsbedürftige Anlagen sind weiter so zu betreiben und stillzulegen, dass auch nach einer Betriebseinstellung

- von der Anlage oder dem Anlagegrundstück keine schädlichen Umwelteinwirkungen oder sonstige Gefahren, erhebliche Nachteile und erhebliche Belästigungen für die Allgemeinheit und die Nachbarschaft hervorgerufen werden können (§ 5 Abs. 3 Nr. 1) und
- vorhandene Abfälle ordnungsgemäß und schadlos verwertet oder ohne Beeinträchtigung des Wohls der Allgemeinheit beseitigt werden.

Damit die genannten Anforderungen eingehalten werden, müssen bestehende Anlagen laufend überwacht werden. Weiterhin können die zuständigen Behörden gem. § 17 BImSchG nachträgliche Anordnungen treffen, um bestehende Pflichtverletzungen des Anlagenbetreibers zu unterbinden. Falls dieser den Anordnungen nicht nachkommt, erlischt die Genehmigung (§ 18 BImSchG).
Auch die Betreiber von Anlagen, die nicht derart gefährlich und daher nicht genehmigungsbedürftig sind, müssen diese gem. § 22 BImSchG so errichten und betreiben, dass

- schädliche Umwelteinwirkungen verhindert werden, die nach dem Stand der Technik vermeidbar sind (§ 22 Abs. 1 S. 1 Nr. 1),
- nach dem Stand der Technik unvermeidbare schädliche Umwelteinwirkungen auf ein Mindestmaß beschränkt werden (§ 22 Abs. 1 S. 1 Nr. 2) und
- die beim Betrieb der Anlage entstehenden Abfälle ordnungsgemäß beseitigt werden können (§ 22 Abs. 1 S. 1 Nr. 3).

Auch bei nicht genehmigungsbedürftigen Anlagen kann die zuständige Behörde Einzelfallanordnugen treffen, um die Einhaltung dieser Anforderungen sicherzustellen (§ 24 BImSchG) und für den Fall von deren Nichtbeachtung den Betrieb der Anlage nach § 25 BImSchG untersagen.

5.2 Begriffe

Der Inhalt des Gesetzes hängt maßgeblich davon ab, wie die genannten Begriffe definiert werden. Aus diesem Grund hat der Gesetzgeber in § 3 BImSchG einige Legaldefinitionen getroffen.

5.2.1 Anlage

Nach § 3 Abs. 5 BImSchG sind Anlagen im Sinne dieses Gesetzes

- Betriebsstätten und sonstige ortsfeste Einrichtungen
- Maschinen, Geräte und sonstige ortsveränderliche technische Einrichtungen sowie Fahrzeuge, soweit sie nicht der Vorschrift des § 38 unterliegen (dazu unten), und
- Grundstücke, auf denen Stoffe gelagert oder abgelagert oder Arbeiten durchgeführt werden, die Emissionen verursachen können, ausgenommen öffentliche Verkehrswege.

Beim Anlagenbegriff ist unerheblich, ob die Emissionen ungewollt entstehen oder gerade beabsichtigt sind, wie zum Beispiel beim Betrieb von Sirenen oder einer Stereoanlage.

5.2.2 Emissionen/Immissionen

Nach § 3 Abs. 2 BImSchG sind Immissionen auf Menschen, Tiere und Pflanzen, den Boden, das Wasser, die Atmosphäre sowie Kultur- und sonstige Sachgüter einwirkende Luftverunreinigungen, Geräusche, Erschütterungen, Licht, Wärme, Strahlen und ähnliche Umwelteinwirkungen. Im Gegensatz dazu sind Emissionen nach Absatz 3 die von einer Anlage ausgehenden Erscheinungen, die in Absatz 2 aufgezählt wurden.

5.2.3 Luftverunreinigungen

Unter Luftverunreinigungen fallen Veränderungen der natürlichen Zusammensetzung der Luft, insbesondere Rauch, Ruß, Gase, Aerosole, Dämpfe oder Geruchsstoffe (§ 3 Abs. 4 BImSchG).

5.2.4 Schädliche Umwelteinwirkungen

Unter schädlichen Umwelteinwirkungen versteht man nach § 3 Abs. 1

BImSchG Immissionen, die nach Art, Ausmaß oder Dauer geeignet sind, Gefahren, erhebliche Nachteile oder erhebliche Belästigungen für die Allgemeinheit oder die Nachbarschaft herbeizuführen. Die Begriffe Immissionen und Umwelteinwirkungen verwendet der Gesetzgeber synonym.

Aus der genannten Definition ergibt sich, dass nicht bereits jede Einwirkung, die irgendwie negativ wahrnehmbar ist, unter den Begriff der schädlichen Umwelteinwirkung fällt, sondern dass eine bestimmte Qualität dafür erforderlich ist. Keine Probleme ergeben sich, wenn die Gesundheit von Menschen betroffen ist, weil es sich dann immer um eine Gefahr handelt. Anders ist es, wenn es sich um Nachteile und Belästigungen handelt, die nach dem Wortlaut „erheblich" sein müssen.

Unter Nachteilen sind solche Vermögenseinbußen zu verstehen, die zwar physisch einwirken, aber nicht unmittelbar zu einem Schaden in Form einer Substanzverletzung führen, sondern zu anderen Vermögensnachteilen. Darunter fällt zum Beispiel die Wertminderung eines Grundstücks, nicht aber die Erhöhung des Unfall- und Haftungsrisikos eines benachbarten Betriebes. Nachteile sind außerdem Beeinträchtigungen des persönlichen Lebensraums, etwa wenn es unmöglich wird, sich im Garten aufzuhalten. Belästigungen sind Einwirkungen, die das Wohlbefinden der Menschen nachteilig beeinflussen, ohne eine Gefahr für die Gesundheit zu sein, wie zum Beispiel Lärm, der die Verständigung oder die Konzentrationsfähigkeit mindert.

Wann diese Nachteile und Belästigungen als erheblich anzusehen sind, ist nicht nach dem subjektiven Empfinden der Betroffenen, sondern nach einem objektiven Maßstab zu beurteilen. Bei dieser Einschätzung stellt man auf das Interesse eines durchschnittlichen und verständigen Bürgers an einem vor besonderen Umweltgefahren geschützten Lebensraum ab.

5.2.5 Stand der Technik

Gemäß § 3 Abs. 6 BImSchG ist der Stand der Technik im Sinne des Gesetzes der Entwicklungsstand fortschrittlicher Verfahren, Einrichtungen oder Betriebsweisen, der die praktische Eignung einer Maßnahme zur Begrenzung von Emissionen gesichert erscheinen lässt. Bei der Bestimmung des Standes der Technik sind insbesondere vergleichbare Verfahren, Einrichtungen oder Betriebsweisen heranzuziehen, die mit Erfolg im Betrieb erprobt wurden. Diese Voraussetzungen erfüllen jeweils nicht nur die allerneuesten Maßnahmen und Techniken, sondern auch ältere, soweit diese in ihrer Wirkung den neueren nahekommen und überhaupt nützlich sind. Indem die Legaldefinition auf die praktische Eignung abstellt, wird auch deren wirtschaftliche Eignung angesprochen. Ausgeschlossen sind dadurch aber nur im Verhältnis von Kosten und Nutzen völlig unzumutbare Maßnahmen.

5.3 Verfahren

Im Bundes-Immissionsschutzgesetz (v. a. in § 10) sowie in der darauf basierenden 9. BImSchV wird auch das Verfahren der immissionschutzrechtlichen Anlagegenehmigung geregelt. Durch dieses Verfahren soll vor allem gewährleistet werden, dass die Entscheidung materiell richtig ist. Die entsprechenden Vorschriften haben in der Praxis erhebliche Bedeutung.

5.3.1 Verlauf des Verfahrens

Nach diesen Vorschriften hat das Genehmigungsverfahren folgenden Verlauf:

- Genehmigungsantrag durch den Anlagenbetreiber,
- falls erforderlich Umweltverträglichkeitsprüfung (§ 1 Abs. 2 S. 1 der 9. BImSchV),
- Beteiligung anderer Behörden, soweit deren Genehmigung durch die nach BImSchG ersetzt wird oder diese eine selbständige Entscheidung treffen müssen,
- Beteiligung der Öffentlichkeit durch Bekanntmachung des Vorhabens und Auslegung des Antrags und der übrigen Unterlagen für die Dauer von einem Monat,
- Einwendungen, mit denen sich jedermann, also nicht nur von der Errichtung der Anlage Betroffene, bis zwei Wochen nach Auslegung der Unterlagen gegen das gesamte Vorhaben oder bestimmte Teile davon wenden kann,
- ein Erörterungstermin, in dem nach Ablauf der Einwendungsfrist die zuständige Behörde zusammen mit dem Antragsteller und denjenigen, die Einwände erhoben haben, deren Vorbehalte erörtert,
- Erteilung der Genehmigung, wenn alle formellen und materiellen Voraussetzungen erfüllt sind. Die Frist dafür beträgt beim förmlichen Genehmigungsverfahren sieben Monate, bei vereinfachten Verfahren (§ 19 BImSchG) drei Monate; allerdings wird die Erteilung der Genehmigung nach Ablauf dieser Frist nicht fingiert,
- Zustellung der Genehmigungsentscheidung an den Antragsteller und die Einwender (§ 10 Abs. 7 BImSchG), wobei Letzeres nach § 10 Abs. 8 BImSchG durch öffentliche Bekanntmachung ersetzt werden kann.

5.3.2 Präklusion

Nach § 10 Abs. 3 S. 3 BImSchG sind mit Ablauf der Frist sämtliche Einwendungen ausgeschlossen, die nicht auf einem besonderen privatrechtlichen Titel beruhen. Das heißt, dass erstens diejenigen, die verspätet Einwendungen erhoben haben, nicht mehr zum Erörterungstermin zugelassen werden und zweitens für sie eine Klage vor dem Verwaltungsgericht unzulässig wird. Diese Wirkungen treten aber nur ein, wenn vorher das Verfahren ordnungsgemäß durchgeführt wurde, insbesondere die Dauer der Auslegung der Unterlagen wirklich einen Monat betrug und die Materialien vollständig und für Dritte verständlich waren. Die Präklusion greift auch nicht ein, wenn Einwendungen erst nach dem Ende der Frist entstehen, etwa wenn sich der wissenschaftliche Erkenntnisstand maßgeblich geändert hat.

6 Abfallrecht

Das Kreislaufwirtschafts- und Abfallgesetz setzt die EG-Abfallrahmenrichtlinie um und sucht entsprechend dem Verursacherprinzip die private Verantwortung weitestmöglich zu verwirklichen.

6.1 Abfallbegriff

Nach § 3 Abs. 1 KrW-/AbfG sind Abfälle alle beweglichen Sachen, die unter die in Anhang I aufgeführten Gruppen fallen und deren sich der Besitzer entledigt, entledigen will oder entledigen muss. Die in Anhang I aufgeführten Gruppen erfassen aufgrund der Ziffer Q 16, die auch Stoffe oder Produkte aller Art einbezieht, die nicht in einer der ansonsten erwähnten Gruppen angehören, praktisch sämtliche Materialien. Entscheidend ist daher die Entledigungsabsicht (subjektiver Abfallbegriff) bzw. die Pflicht zur Entledigung (objektiver Abfallbegriff).
Eine Entledigung liegt gem. § 3 Abs. 2 KrW-/AbfG dann vor, wenn der Besitzer bewegliche Sachen einer Verwertung im Sinne des Anhangs II B oder einer Beseitigung im Sinne des Anhangs II A zuführt oder die tatsächliche Sachherrschaft über sie unter Wegfall jeder Zweckbestimmung aufgibt. Die Vornahme einer privaten Verwertung schließt die Abfalleigenschaft nicht aus. Denn auch dann wird der entsprechende Stoff entsprechend § 3 Abs. 2 KrW-/AbfG einem Verwertungsverfahren zugeführt. Auf diese Weise können auch Wertstoffe und Wirtschaftsgüter erfasst werden.
Abzugrenzen ist allerdings die Abfall- von der Produkteigenschaft. Produkte und damit keine Abfälle

liegen entsprechend § 3 Abs. 3 KrW-/AbfG insbesondere dann vor, wenn der Anfall des Stoffes einem Nebenzweck einer bestimmten Handlung entspricht, der ihn weiterhin als Produkt verwendbar macht. Maßgeblich dafür ist,

- ob dieser Stoff allgemeine oder gewerbliche Produktnormen oder Spezifikationen erfüllt,
- einen positiven Marktwert hat
- oder von einem Handelsvertrag erfasst wird, mit welchem der Empfänger ihn vom Hersteller oder Besitzer erwirbt oder zur Umarbeitung übernimmt.

Ein Beispiel ist 98%iger Schwefel aus Rauchgasreinigungsanlagen. Diese Stoffe müssen aber nach dem EuGH ohne weitere Verarbeitung und sofort weiterverwendet werden können.

6.2 Objektiver Abfallbegriff

Abfall im objektiven Sinne besteht aus solchen Stoffen, derer sich der Erzeuger oder Besitzer aufgrund ihrer Gefährlichkeit entledigen muss. Diese Stoffe müssen also

- Gefahren für das Gemeinwohl und damit etwa für Wasser oder Boden gegenwärtig oder künftig erwarten lassen.
- Diese Gefahren dürfen nur durch eine den Bestimmungen des Abfallrechts entsprechende Entsorgung ausgeschlossen werden können.

6.3 Verwertung und Beseitigung

Die so definierten Abfälle unterfallen in zwei Gruppen.

a) Abfälle zur Verwertung sind Abfälle, die verwertet werden. Dann ersetzen sie Primärrohstoffe. Lediglich unter dieser Voraussetzung liegt auch eine energetische Verwertung vor.
b) Abfälle zur Beseitigung sind solche, die nicht verwertet werden (§ 3 Abs. 1 S. 2 KrW-/AbfG).

Die Entsorgungsverantwortung obliegt nunmehr grundsätzlich nicht mehr öffentlich-rechtlichen Entsorgungskörperschaften, sondern gem. §§ 5 Abs. 2, 11 Abs. 1 KrW-/AbfG den Erzeugern und Besitzern von Abfall selbst.

Gewerbliche Abfälle können nach § 13 Abs. 1 S. 2 KrW-/AbfG von vornherein nur dann von der öffentlich-rechtlichen Entsorgungsverantwortung erfasst werden, wenn es sich um solche zur Beseitigung handelt; gewerbliche Abfälle zur Verwertung bleiben ausgeschlossen. Aber auch Abfälle zur Beseitigung können nur dann der öffentlich-rechtlichen Entsorgungspflicht unterliegen, wenn

- die Gewerbetreibenden sie nicht in eigenen Anlagen beseitigen
- oder überwiegende öffentliche Interessen dies erfordern. Zu ihnen gehört insbesondere die Wahrung der Funktionsfähigkeit öffentlich-rechtlicher Entsorgungssysteme.

6.4 Grundsätzlicher Vorrang der Vermeidung und Produktverantwortung

Die Vermeidung hat gem. § 4 Abs. 1 KrW-/AbfG Vorrang vor der Verwertung und damit vor der Entsorgung insgesamt. Sie ist allerdings nicht als konkrete Rechtspflicht festgelegt. Wie § 5 Abs. 1 KrW-/AbfG belegt, bedarf sie der Ausgestaltung durch Rechtsverordnungen. Diese erfolgt im Rahmen der Produktverantwortung.
Die Produktverantwortung ist in § 22 KrW-/AbfG als solche festgeschrieben und definiert. Aus ihr erwachsen jedoch keine konkreten Rechtspflichten.
§ 22 Abs. 4 KrW-/AbfG sieht vielmehr vor, dass die Bundesregierung durch Rechtsverordnungen die Verpflichteten der Produktverantwortung und die von ihr betroffenen Erzeugnisse bestimmt. Die Produktverantwortung ist also konkretisierungsbedürftig. Eine solche Ausgestaltung kann in der Verpackungsverordnung gesehen werden. Im Übrigen sieht § 25 KrW-/AbfG freiwillige Selbstverpflichtungen als zweiten Weg zur Verwirklichung der Produktverantwortung vor. Durch solche freiwilligen Selbstverpflichtungen oder durch Rechtsverordnungen werden nach § 26 KrW-/AbfG Hersteller und Vertreiber entsorgungspflichtig.

6.5 Betriebsorganisation und Beauftragter für Abfall

Betreiber einer immissionsschutzrechtlich genehmigungsbedürftigen Anlage sowie Hersteller und Ver-

treiber, die konkreten Pflichten aus der Produktverantwortung unterliegen, müssen aus ihrer Betriebsorganisation nach § 53 KrW-/AbfG einen Ansprechpartner für die Behörden benennen.
§ 54 KrW-/AbfG verlangt von demselben Personenkreis sowie von Entsorgern die Bestellung eines Betriebsbeauftragten für Abfall mit den Aufgaben des § 55 KrW-/AbfG.

7 Strafrecht

Bei der Beurteilung der Strafbarkeit von Personen in (größeren) Unternehmen ist zum einen zu berücksichtigen, inwieweit die Unternehmensführung und leitende Mitarbeiter für Handlungen von Mitarbeitern zur Verantwortung gezogen werden können, durch die der Tatbestand einer Straftat erfüllt wurde. Im Regelfall kommt hier eine fahrlässige Begehung in Betracht, wenn Überwachungs- und Kontrollpflichten verletzt wurden.
Zum anderen bereitet es Probleme, einen Verstoß gegen Pflichten, die nur den Unternehmer bzw. das Unternehmen betreffen, zu ahnden, wenn eine Person die Tatbestandshandlung ausgeführt hat, die ursprünglich nicht zum Täterkreis des entsprechenden Sonderdelikts gehört. Hier ist eine Lösung über § 14 StGB, der die strafrechtliche Haftung bei Handlungen für eine andere Person normiert, möglich.

7.1 Haftung für Handlungen von untergeordneten Mitarbeitern

7.1.1 Vorsätzliches Verhalten der Unternehmensleitung

Nach den allgemeinen Regeln ist der Fall zu beurteilen, dass der Leiter des Unternehmens bzw. leitende Mitarbeiter einen anderen Unternehmensangehörigen vorsätzlich zu einer Handlung verleitet haben, die zur Erfüllung eines Tatbestandes der §§ 324 ff. StGB führt. Handelt es sich dabei um ein Sonderdelikt, weil ein spezifischer Pflichtverstoß Tatbestandsmerkmal ist, so kann der untergeordnete Mitarbeiter kein Normadressat und damit auch kein Täter sein. Hier haftet der Anweisende als mittelbarer Täter gem. § 25 Abs. 1 2. Var. StGB, wobei ihm unter Umständen die jeweilige Sonderpflicht über § 14 zugerechnet werden muss. Verstößt der Mitarbeiter gegen ein Allgemeindelikt, so ist in der Regel gem. § 25 Abs. 2 StGB Mittäterschaft anzunehmen, wenn die allgemeinen Voraussetzungen vorliegen. Unter Umständen kommt bei einer streng hierarchischen Organisationsstruktur auch mittelbare Täterschaft nach den Grundsätzen des Täters hinter dem Täter in Betracht. Lediglich dann, wenn dem unmittelbar Handelnden weitgehende Freiheit bei der Ausführung der Anweisungen gelassen wird, kann die Tatherrschaft entfallen, sodass ausnahmsweise Anstiftung gem. § 26 StGB anzunehmen ist.

7.1.2 Fahrlässiges Handeln der Unternehmensleitung

Schwieriger ist die Beurteilung der Haftungsfrage, wenn die Unternehmensleitung nicht vorsätzlich gehandelt hat, sie also keine Kenntnis von Vorgängen hatte, die zu einem Verstoß gegen strafrechtliche Normen führten. Hier kommt eine Bestrafung nur in Betracht, wenn das jeweilige Delikt auch eine fahrlässige Begehung erfasst.
Folgende Grundsätze können dann für die strafrechtliche Haftung aufgestellt werden. So ist die Unternehmensführung zunächst für die Vorgänge innerhalb des Unternehmens in ihrer Gesamtheit verantwortlich. Allerdings können einzelne Aufgabenbereiche gebildet werden, sodass der Bereichsleiter die innerhalb seines Aufgabenbereiches bestehenden Pflichten eigenständig zu erfüllen hat. Bei der Gesamtunternehmensführung verbleiben aber weiterhin Überwachungs- und Organisationspflichten. Das bedeutet zum einen, dass jedenfalls dann, wenn Verdachtsmomente dafür bestehen, dass einzelne Verantwortliche ihre Aufgaben nicht pflichtgemäß erfüllen, deren Tätigkeit genauer zu kontrollieren ist. Zum anderen müssen die Strukturen innerhalb des Unternehmens so klar gegliedert sein, dass Verantwortlichkeiten genau festgelegt sind und eine Erfüllung der umweltrechtlichen Anforderungen gewährleistet ist.
Damit kommt eine Strafbarkeit wegen eines fahrlässigen Normverstoßes in Betracht, wenn die jeweiligen Verantwortlichen diese Pflichten nicht erfüllen und ein schädigendes oder gefährdendes Verhalten untergeordneter Mitarbeiter nicht verhindern. Es handelt

sich mithin um eine Strafbarkeit durch Unterlassen, wobei die insofern gem. § 13 StGB notwendige Garantenstellung aus den oben skizzierten unternehmerischen Pflichten erwächst.

7.2 Organ- und Vertreterhaftung bei Sonderdelikten

Bei rechtsfähigen Gesellschaften (z. B. GmbH, AG) hat das in dieser Form organisierte Unternehmen als juristische Person eine eigene Rechtspersönlichkeit, sodass das Unternehmen auch Träger der spezifischen rechtlichen Pflichten wird. Das Unternehmen kann jedoch nicht selbständig handeln, sondern es agiert durch seine Organe (z. B. Geschäftsführer, Vorstand). Aber auch bei Personengesellschaften, die keine eigene Rechtspersönlichkeit haben, ist es im arbeitsteiligen Wirtschaftsleben häufig der Fall, dass der Inhaber des Unternehmens zwar als Täter eines Sonderdeliktes in Frage kommt, da er der Adressat der relevanten umweltrechtlichen Regelungen ist, er jedoch nicht persönlich in strafrechtlich relevanter Weise tätig wird. In diesen Situationen können die tatsächlich Handelnden, die nicht zum gesetzlich festgelegten Täterkreis des Sonderdelikts gehören, nach den allgemeinen Regeln nicht belangt werden.
Diese Strafbarkeitslücke wird durch § 14 StGB geschlossen. Demnach wird der Täterkreis des Sonderdelikts auf solche Personen ausgeweitet, die als Organ einer Gesellschaft oder als Mitglied dieses Organs (Abs. 1 Nr. 1), als vertretungsberechtigter Gesellschafter einer Personengesellschaft (Abs. 1 Nr. 2), als gesetzlicher Vertreter eines anderen (Abs. 1 Nr. 3) handeln, oder die zur Leitung des Betriebes oder eines Teils des Betriebes (Abs. 2 Nr. 1) bzw. zur eigenverantwortlichen Wahrnehmung von Aufgaben des Inhabers des Betriebes (Abs. 2 Nr. 2) beauftragt wurden. Diese Personen werden dann als Täter des Sonderdelikts bestraft, wenn sie aufgrund eines der o.g. Verhältnisse die strafbare Handlung begangen haben, also im Interesse des Unternehmens oder des Vertretenen gehandelt haben. Weiterhin muss dieses Verhältnis nur faktisch bestanden haben, sodass gem. § 14 Abs. 3 StGB die mangelnde zivilrechtliche Wirksamkeit des Grundverhältnisses unbeachtlich ist.
Handelt der direkt oder gem. § 14 StGB Sonderpflichtige nicht unmittelbar, sondern gibt er an untergeordnete Mitarbeiter Anweisungen, so liegen wegen der mangelnden Tätertauglichkeit des Mitarbeiters bei dem Sonderpflichtigen mittelbare Täterschaft gem. § 25 Abs. 1, 2. Var. StGB und bei dem Mitarbeiter Beihilfe dazu gem. § 27 Abs. 1 StGB vor.

8 Zivilrecht

8.1 Wesen und Vorgehen

Das BGB ist Teil des Zivil- bzw. Privatrechts. Im Gegensatz zum Öffentlichen Recht wird hier der Staat nicht als Träger hoheitlicher Gewalt tätig, wie zum Beispiel im Strafrecht oder Polizeirecht, wo der Staat gegenüber der Privatperson berechtigt ist, Anordnungen zu treffen, sondern die einzelnen Rechtssubjekte sind hier grundsätzlich gleichberechtigt. Die gesetzlichen Regeln sind vor allem im Bürgerlichen Gesetzbuch (BGB) festgelegt. Das Handels- und Gesellschaftsrecht ist darüber hinaus in Spezialgesetzen niedergelegt.
Inhalt der zivilrechtlichen Falllösung ist die Beantwortung der Frage, ob eine Person gegen eine andere einen Anspruch aufgrund einer gesetzlichen Norm hat. Es geht also um die Frage: Wer (Gläubiger: z. B. Käufer oder Verkäufer) hat gegen wen (Schuldner) einen Anspruch auf was (Anspruch auf Leistung: z. B. Übereignung einer Sache; Zahlung des Kaufpreises) woraus (gesetzliche Norm: z. B. § 433 Abs. 1 oder § 433 Abs. 2 BGB). Die Beantwortung dieser Fragen ergibt den Obersatz. In der weiteren Falllösung ist zu prüfen, ob dieser Obersatz mit dem Lebenssachverhalt übereinstimmt. Bei einem positiven Ergebnis besteht der überprüfte Anspruch zu Recht.
Die gesetzliche Norm, aus der sich für jemanden ein Anspruch ergibt, ist die Anspruchsgrundlage. Dabei ist zwischen einer gesetzlichen (Anspruch leitet sich direkt aus dem Gesetz ab) und einer vertraglichen (Anspruch entsteht erst durch einen Vertrag, der durch die gesetzliche Norm näher bezeichnet wird) Anspruchsgrundlage zu unterscheiden. Eine solche Anspruchsgrundlage beinhaltet mehrere Voraussetzungen. Nur wenn alle genannten Voraussetzungen erfüllt sind, steht demjenigen, der den Anspruch geltend gemacht hat, dieses Recht zu.

8.2 Die Vertragsentstehung

Ein Vertrag kommt in der Regel durch Angebot gem. § 145 BGB und Annahme gem. § 146 BGB zustande. Das Angebot auf Abschluss eines Vertrages muss von der anderen Partei angenommen werden. Daneben können beide Parteien auch eine gemeinsame Erklärung formulieren, z. B. gemeinsam einen Vertragstext aufsetzen und unterzeichnen.

Ein solches Angebot muss, wie auch die Annahme, sämtliche Tatbestandsmerkmale einer empfangsbedürftigen Willenserklärung enthalten. Der äußere Tatbestand einer Willenserklärung setzt voraus:

- den Handlungswillen; dieser liegt vor, wenn der Erklärende nach dem äußeren Erscheinungsbild bewusst tätig wird;
- den Rechtsbindungswillen; für einen objektiven Erklärungsempfänger ist erkennbar, dass der Erklärende eine rechtliche Bindung erstrebt;
- den bestimmten Geschäftswillen; d. h. die wesentlichen Voraussetzungen eines Rechtsgeschäftes sind durch die Erklärung festgelegt.

Der innere Tatbestand der Willenserklärung ist gegeben, wenn der äußere Tatbestand dem Erklärenden zuzurechnen ist. Dazu müssen folgende beide Elemente vorliegen:

- das Handlungsbewusstsein; d. h. der Erklärende muss bewusst handeln;
- das Erklärungsbewusstsein; d. h. der Erklärende muss sich bewusst sein, dass seine Handlung rechtliche Folgen bewirkt.

Das Aussprechen oder Niederschreiben einer Willenserklärung reicht für deren Wirksamkeit noch nicht aus. Aus § 130 BGB ergibt sich, dass eine empfangsbedürftige Willenserklärung von dem Erklärenden abgegeben werden und dem Erklärungsempfänger zugehen muss, ohne dass sie vorher oder zeitgleich widerrufen wurde.

Notwendig für einen Vertragsschluss ist die Willenseinigung von mindestens zwei Personen. Eine Willenseinigung liegt dann vor, wenn diese inhaltlich übereinstimmende Willenserklärungen abgegeben haben, die dem anderen zugegangen sind, wobei die zeitlich erste Erklärung das Vertragsangebot und die darauf nachfolgende die Vertragsannahme beinhaltet.

8.3 Der Kaufvertrag

Beim Kaufvertrag handelt es sich um einen gegenseitigen Vertrag. Der Verkäufer verpflichtet sich, einen Vermögensgegenstand sach- und rechtsmangelfrei zu übergeben und zu übereignen, § 433 Abs. 1 BGB, während für den Käufer die Verpflichtung begründet wird, den vereinbarten Kaufpreis zu zahlen und die Sache abzunehmen, § 433 Abs. 2 BGB. Während die Mängelfreiheit der Kaufsache eine Hauptleistungspflicht des Verkäufers darstellt, verkörpert die Abnahmepflicht des Käufers grundsätzlich keine synallagmatische Hauptleistungs-, sondern eine Nebenpflicht. Ausnahmen können jedoch vertraglich vereinbart werden (z. B. Räumungsverkauf).

Vertragsgegenstand können Sachen (Sachkauf in Form des Gattungs- oder Stückkaufs) oder Rechte (z. B. Forderungen aller Art, Hypotheken, Patente) sowie darüber hinaus alle verkehrsfähigen Güter (z. B. Elektrizität) sein. Beim Sachkauf muss der Verkäufer dem Käufer die Sache mangelfrei übereignen und übergeben, beim Rechtskauf, auf den nach § 453 Abs. 1 BGB die Vorschriften zum Sachkauf entsprechend anzuwenden sind, muss der Käufer Inhaber des Rechts werden.

Leistet der Verkäufer nicht, so finden die allgemeinen Regeln des Schuldrechts Anwendung, §§ 280 ff. BGB (Unmöglichkeit, Verzug). Erweist sich der geleistete Kaufgegenstand dagegen als mangelhaft i. S. v. § 434 f. BGB, so ist das besondere Gewährleistungsrecht nach §§ 437–442 BGB einschlägig. Die Rechte des Käufers richten sich dann nach § 437 BGB (Nacherfüllung, Rücktritt, Minderung, Schadensersatz bzw. Aufwendungsersatz), dessen Grundvoraussetzung ein zur Zeit des Gefahrübergangs vorhandener Sachmangel gemäß § 434 BGB oder ein diesem gleichgestellter Rechtsmangel nach § 435 BGB ist.

Für den Verbrauchsgüterkauf sind die besonderen Normen der §§ 474 ff. BGB zu beachten. Diese führen in Umsetzung von EG-Richtlinien zu einer Besserstellung des Verbrauchers nach § 13 BGB.

8.4 Werkvertrag

Bei einem Werkvertrag verpflichtet sich der Unternehmer zur Herstellung eines mangelfreien Werkes, der Besteller zur Zahlung der Vergütung, §§ 631 f.

BGB, zur Abnahme des Werkes, § 640 BGB, sowie ferner zur Stellung einer Sicherheit, § 648 BGB.
Der Werkunternehmer muss das versprochene Werk herstellen, wobei er regelmäßig nicht persönlich tätig zu werden braucht, es sei denn, die Herstellung hängt entscheidend von seinen Fähigkeiten und Kenntnissen ab. Des weiteren gehört es zu seiner Hauptleistungspflicht, das Werk mangelfrei herzustellen. Der Begriff des Mangels nach § 633 BGB ist dabei ebenso wie im Kaufrecht subjektiv zu verstehen. Auch im Werkrecht sind Sach- und Rechtsmangel gleichgestellt.
Im Rahmen der Pflichten des Bestellers ist hervorzuheben, dass bei einem Werkvertrag die Abnahmepflicht eine Hauptleistungspflicht darstellt. Unter einer Abnahme wird nach der h. M. die körperliche Entgegennahme des Werkes und die ausdrückliche oder stillschweigende Erklärung des Bestellers verstanden, dass er das Werk als vertragsgemäße Erfüllung anerkenne.
Sie ist auch Voraussetzung für die Fälligkeit des Vergütungsanspruchs des Unternehmers, § 641 Abs. 1 S. 1 BGB. Die Abnahmepflicht besteht jedoch nur hinsichtlich eines mangelfreien Werkes.
Auch für das Gewährleistungsrecht nach §§ 633 ff. BGB ist zentral, dass eine Abnahme stattgefunden hat. Vor der Abnahme bestehen dagegen der Herstellungsanspruch aus § 631 BGB bzw. grundsätzlich die Ansprüche nach dem allgemeinen Leistungsstörungsrecht, §§ 280 ff. BGB. Nach der Abnahme greift das Gewährleistungsrecht der §§ 633 ff. BGB, das sich von dem des Kaufrechts unterscheidet. Nach § 634 BGB sind die Rechte des Bestellers bei der Mangelhaftigkeit des abgenommenen Werkes Nacherfüllung (§§ 634 Nr. 1, 635 BGB), Aufwendungsersatz für die Selbstvornahme (§§ 634 Nr. 2, 637 BGB), Rücktritt (§§ 634 Nr. 3, 323 bzw. 326 Abs. 5 BGB) oder Minderung (§§ 634 Nr. 3, 638 BGB), Schadensersatz (§§ 634 Nr. 3, 280, 281, 283 bzw. 311a BGB) oder alternativ zu Letzterem Aufwendungsersatz (§§ 634 Nr. 3, 284 BGB).
Der Nacherfüllungsanspruch setzt einen Werkvertrag und einen Mangel zum Zeitpunkt des Gefahrenübergangs voraus. Anders als im Kaufrecht steht das Wahlrecht zwischen Nachbesserung und Neuherstellung nicht dem Besteller, sondern dem Unternehmer zu.
Macht der Besteller den Aufwendungsersatz für die Selbstvornahme, Rücktritt oder Minderung geltend, so muss überdies grundsätzlich erfolglos eine angemessene Frist zur Nacherfüllung gesetzt worden sein. Die Ansprüche auf Schadensersatz oder Aufwendungsersatz erfordern zusätzlich ein Vertretenmüssen des Unternehmers i.S.v. § 280 Abs. 1 S. 2 BGB.
Die Rechte, die in § 634 BGB aufgeführt sind, können jedoch ausgeschlossen sein. Insbesondere ist auf § 640 Abs. 2 BGB hinzuweisen: Kannte der Besteller den Mangel bei der Abnahme, so sind die Rechte aus § 634 Nr. 1 bis 3 BGB ausgeschlossen, wenn er sich eine Geltendmachung nicht vorbehält.
Ein Werkvertrag ist dann anzunehmen, wenn nicht das bloße Bemühen geschuldet ist, wie dies beim Dienstvertrag nach §§ 611 ff. BGB der Fall ist, sondern der Erfolg selbst.
Abschließend ist jedoch zu betonen, dass das Werkrecht nach §§ 631 ff. BGB seit der Schuldrechtsreform in 2002 nur noch einen eingeschränkteren Anwendungsbereich hat, vgl. § 651 BGB. Das Werkrecht ist daher nur noch in drei Fallgruppen einschlägig: Herstellung unkörperlicher, geistiger Leistungen (z. B. Gutachten, Planungsentwürfe), Reparaturarbeiten und Herstellung unbeweglicher Sachen (insb. Gebäudearbeiten).

9 Arbeitsrecht

Das Arbeitsrecht ist als Sonderrecht (Schutzrecht) der Arbeitnehmer das Recht der abhängigen Arbeit. Der vom Arbeitsrecht geregelte Lebenssachverhalt betrifft das Recht derjenigen Beschäftigten (Arbeitnehmer), die eingegliedert in einen Betrieb und abhängig von Weisungen verpflichtet sind, einem anderen (Arbeitgeber) Dienste zu leisten.
Der Arbeitnehmer arbeitet also auf fremde Rechnung, seine Tätigkeit ist fremdnützig. Der unmittelbare Arbeitserfolg kommt dem Arbeitgeber zugute. Daher trägt der Arbeitgeber die Verantwortung für die wirtschaftliche Effektivität der Arbeit. Demgegenüber trägt der Arbeitnehmer nicht das unmittelbare wirtschaftliche Risiko für Produktion und Absatz, weil er den Arbeitsprozess nicht steuern kann.

Sozialstaatsprinzip und Demokratieprinzip verlangen im Rahmen einer sozialen Marktwirtschaft einen arbeitsrechtlichen Interessenausgleich, der die Nachteile für den wirtschaftlich und sozial schwächeren Arbeitnehmer beim Vertragsschluss und bei der Vertragsdurchführung abmildert. Dies wird dadurch erreicht, dass das Dienstvertragsrecht der §§ 611 ff. BGB durch zahlreiche Sonderregeln und Schutzvorschriften ergänzt und modifziert wird.

Der Inhalt des Arbeitsverhältnisses wird von verschiedenen Rechtsquellen bestimmt. Von maßgebender Bedeutung sind die allgemeinen Rechtsquellen, nämlich supranationales Recht (vor allem EG-Recht), die Verfassung (insbesondere Art. 3, 6, 9, 12 GG), formelle Gesetze, Rechtsverordnungen, Satzungen und Gewohnheitsrecht einschließlich des Richterrechts. Wichtige Besonderheit im Arbeitsrecht sind darüber hinaus sog. Kollektivvereinbarungen. Dabei handelt es sich einerseits um von den Tarifvertragsparteien (Gewerkschaften und Arbeitgeberverbände bzw. einzelne Arbeitgeber) abgeschlossene Tarifverträge und andererseits um Betriebsvereinbarungen, die zwischen dem Arbeitgeber und dem Betriebsrat zustande kommen. Als individueller Gestaltungsfaktor kommt der Einzelarbeitsvertrag hinzu, der durch den arbeitsrechtlichen Gleichbehandlungsgrundsatz, die betriebliche Übung (aufgrund ständiger betrieblicher Übung können Ansprüche des Arbeitnehmers auf freiwillige Leistungen des Arbeitgebers entstehen) und das Direktionsrecht des Arbeitgebers ergänzt wird. Schließlich sind auch dispositives Gesetzesrecht und dispositive Kollektivvereinbarungen zu berücksichtigen.

Das Arbeitsrecht unterscheidet individuelles und kollektives Arbeitsrecht. Das Individualarbeitsrecht regelt die Rechtsbeziehungen zwischen Arbeitgeber und Arbeitnehmer. Das kollektive Arbeitsrecht beinhaltet das Recht der arbeitsrechtlichen Koalitionen und Belegschaftsvertretungen.

10 Handels-, Gesellschafts- und öffentliches Wirtschaftsrecht

Das Recht der Kaufleute ist im Handelsgesetzbuch (HGB) geregelt. Kaufleute sind natürliche oder juristische Personen, die im Handelsregister eingetragen sind oder ein Gewerbe betreiben, es sei denn, dass es nach Art oder Umfang einen in kaufmännischer Weise eingerichteten Geschäftsbetrieb nicht erfordert. Unter einer Firma versteht man den Namen, unter dem ein Kaufmann seinen Gewerbebetrieb betreibt. Es gibt Einzelkaufleute (eK), Offene Handelsgesellschaften (OHG) und Kommanditgesellschaften (KG). Diese Kaufleute haben gemeinsam, dass mindestens einer der „Inhaber“ persönlich – also auch mit seinem Privatvermögen – für die Schulden des Betriebes haftet. Der Kommanditist hat nur die Verpflichtung, seine Kommanditeinlage einzuzahlen und ist darüber hinaus von der Haftung der Gesellschaftsschulden befreit, vertritt auch die Gesellschaft nicht nach außen.

Daneben gibt es Kapitalgesellschaften, die gemeinsam haben, dass die Haftung gegenüber Dritten sich auf das Gesellschaftsvermögen beschränkt, dass also weder Vertretungsorgane noch Gesellschafter für die Gesellschaftsschulden haften. Dazu zählen die Aktiengesellschaft (AG) und – für den selbständigen Ingenieur eher geeignet – die Gesellschaft mit beschränkter Haftung (GmbH). Die GmbH wird durch den Geschäftsführer vertreten. Auch er kann in die persönliche Haftung geraten, wenn er die ihm nach dem GmbH-Gesetz oder der Insolvenzordnung obliegenden Verpflichtungen verletzt. Der Gesellschaftsvertrag einer GmbH bedarf der notariellen Beurkundung. Alle Anmeldungen zum Handelsregister müssen grundsätzlich in notariell beglaubigter Form abgegeben werden.

Jeder Kaufmann ist verpflichtet, Bücher zu führen. Er muss nach vorgeschriebenen Grundsätzen bilanzieren. Im HGB befinden sich besondere Vorschriften über bestimmte wichtige Handelsgeschäfte, insbesondere den Handelskauf, für den gegenüber dem BGB verschärfte Vorschriften bestehen. Gewerbeunternehmen müssen eine Vielzahl von Gesetzen beachten, die zum Schutz der Allgemeinheit der Verbraucher und der Konkurrenten bestehen, z. B. das Gesetz gegen Wettbewerbsbeschränkungen (Kartellgesetz), das Gesetz gegen den unlauteren Wettbewerb (UWG). Die Gewerbeordnung gilt für alle Gewerbetreibende, also auch für Nichtkaufleute. Grundsätzlich ist die Aufnahme eines Gewerbebetriebes frei, einige Betriebe benötigen jedoch Genehmigungen, z. B. die Betreiber von Privatkrankenanstalten, Spielgeräten, das Bewachungsgewerbe und Bauträger. Bei Unzuverlässigkeit kann die Gewerbeausübung durch die Verwaltungsbehörde untersagt werden. Weitere Einschränkungen bringt die Handwerksordnung mit sich, die für eine ganze Reihe handwerklicher Betätigungen vorschreibt, dass die selbständige Ausübung nur Personen gestattet ist, die die Meisterprüfung in dem Handwerk bestanden haben.

Im Übrigen bestimmt die Handwerksordnung, dass die im Zusammenhang mit der Berufsregelung anfallenden öffentlichen Aufgaben durch Handwerkskammern in Selbstverwaltung des Berufsstandes geregelt werden. Nach gleichen Modellen gibt es Kammern für die Kaufleute (Industrie und Handelskammern) und für die freien Berufe (z. B. Architekten).

Literatur

Kapitel 2–4

Frenz: Öffentliches Recht, 3. Aufl. Köln u. a: Heymanns 2007

Europarecht 1–3, Heidelberg: Springer 2004 ff.

Lorz: Fallrepetitorium Europarecht, Berlin: Springer 2006

Sodan/Ziekow: Grundkurs Öffentliches Recht, 2.Aufl. München: Beck 2007

Kapitel 5–7

Frenz: Umweltrecht für Ingenieure, http://www.rwth-aachen.de/bur/Ww/download/Skript_Umweltrecht.pdf

Kotulla: Umweltrecht, 3. Aufl. Stuttgart: Boorberg 2006

Kapitel 8

Palandt: Bürgerliches Gesetzbuch, 66. Aufl. München: Beck 2006

Kapitel 9

Schaub: Arbeitsrechts-Handbuch, 11. Aufl. München: Beck 2004

Kapitel 10

Frenz: Handwerklich Qualifikation und EU-Recht, Alfeld: Gildebusch 2006

Ziekow: Öffentliches Wirtschaftsrecht, München: Beck 2007

Q Patente

J. Schade
V. Winterfeldt

1 Gewerbliche Schutzrechte

Gewerbliche Schutzrechte regeln die Nutzung und Verwertung von Produkten des menschlichen Geistes und machen sie einem geordneten Wettbewerb zugänglich. Während der Urheberrechtsschutz ohne formales Verfahren bereits durch die *Schaffung* eines Werkes entsteht, setzen andere Schutzrechte ein Antrags- oder Eintragungsverfahren voraus. Zu diesen gewerblichen Schutzrechten gehören beispielsweise Marken (Kennzeichnungsmittel für Waren und Dienstleistungen), Geschmacksmuster (Designschutz für Farb- und Formgestaltungen), typografische Schriftzeichen, Topografien (dreidimensionale Strukturen von mikroelektronischen Halbleitererzeugnissen), Pflanzensorten sowie Patente und Gebrauchsmuster. Alle Schutzrechte sind jeweils für sich oder in ihrem Zusammenwirken unentbehrliche Instrumente im technischen und wirtschaftlichen Wettbewerb, sie bieten den einzig wirksamen Schutz gegen Nachahmung und sind die Grundlage für Maßnahmen gegen Produktpiraterie: Ohne bestehendes Schutzrecht kann meist kein Unterlassungs- oder Schadensersatzanspruch durchgesetzt werden.

1.1 Technische Schutzrechte

Technische Schutzrechte (*Patente* und *Gebrauchsmuster*) sollen den *Schöpfern fortschrittlicher Technik* den *gerechten Lohn* für die von ihnen zum Wohle der Allgemeinheit erbrachten Leistungen sichern. Dies geschieht durch die Gewährung eines Ausschließlichkeitsrechts, kraft dessen *allein* der Erfinder oder sein Rechtsnachfolger über die Nutzung der geschützten Erfindung verfügen kann.
Technische Schutzrechte fördern den Fortschritt, sie sind unabdingbare Voraussetzung für die Umsetzung technischer Erkenntnisse in konkurrenzfähige neue Produkte, da Forschung und Entwicklung hohe Investitionen erfordern. Die damit verbundenen Risiken können nur dann getragen werden, wenn Nachahmer durch Schutzrechte abgewehrt werden können.

1.2 Patente und Wirtschaft

1.2.1 Informationsgehalt von Patenten

Die Gewährung von rechtlichem Schutz wirkt dem Bestreben entgegen, durch Geheimhaltung tatsächliche Ausschließlichkeit und damit die totale Verfügungsmöglichkeit über neue technische Ergebnisse zu behalten. Daraus ergibt sich die dem Patentwesen von Anfang an zugeordnete zweite wichtige Funktion, nämlich die Vermittlung technischer Information an alle mit technischen Neuerungen befassten Stellen. Die Patentämter veröffentlichen die angemeldeten Erfindungen in der Regel 18 Monate nach dem Anmelde- oder Prioritätstag und berücksichtigen bei der Beurteilung der Patentfähigkeit den weltweiten Stand der Technik (sog. *Prüfstoff*).
Der Prüfstoff des Deutschen Patent- und Markenamts (DPMA) umfasst rund 50 Millionen Patentdokumente und Literaturfundstellen aus aller Welt, die nach der Internationalen Patentklassifikation (IPC) abgelegt sind, einem international vereinbarten Ordnungssystem mit etwa 70 000 Klassifikationseinheiten; jährlich werden dieser Sammlung circa 1 Million neue Dokumente zugeführt. Als damit eine der wohl vollkommensten technischen Informationseinrichtungen steht sie in der Auslegehalle des Patentamts in München, dem Technischen Informationszentrum in Berlin sowie den regional verteilten Patentinformationszentren weitgehend auch der Öffentlichkeit zur Verfügung. Um den schnellen Zugriff auf die weltweit vorhandene technische Information sicherzustellen, ist diese nach verschiedenen Kriterien (technisches Fachgebiet, Nummer der

Tabelle 1-1. Patentanmeldungen nach Herkunftsländern mit Wirkung in der Bundesrepublik Deutschland

	Anmeldungen beim DPMA[1]				Anmeldungen beim EPA[1]			
	2002	2003	2004	2005	2002	2003	2004	2005
Deutschland	51 513	52 425	48 448	48 367	20 974	22 701	22 968	23 703
USA	2829	2955	2702	3245	29 970	31 863	32 481	32 608
Japan	3426	3422	3407	3449	15 838	18 534	20 392	21 286
Großbritannien	114	190	100	120	4696	4843	4775	4623
Schweiz	1505	1543	976	943	3876	4180	4655	5008
Schweden	255	314	313	338	2554	2562	2425	2479
Österreich	832	816	511	640	926	1010	998	1050
Frankreich	299	289	280	312	6824	7431	8039	8008
Niederlande	154	107	118	104	5033	6459	6957	7785
Italien	148	122	89	85	3327	3676	3991	4193
Sonstige	2369	2335	2290	2619	11 797	13 354	15 453	17 358
Insgesamt	63 444	64 518	59 234	60 222	105 815	116 613	123 134	128 101

[1] Direktanmeldungen und PCT-Anmeldungen in nationaler bzw. regionaler Phase

Patentschrift oder allgemeine Suchbegriffe) geordnet und steht dem Anwender größtenteils auch in elektronisch aufbereiteter Form zur Verfügung (vgl. 1.3.1).

1.2.2 Anmeldestatistik und -analyse

Im Jahre 2005 wurden beim Deutschen Patent- und Markenamt 166 210 Patentanmeldungen registriert. Davon wurden 57 751 beim DPMA direkt und 107 490 als internationale Anmeldungen nach dem Patentzusammenarbeitsvertrag (PCT) angemeldet. Damit setzt sich die bereits in den letzten Jahren zu beobachtende positive Entwicklung der Anmeldezahlen fort.

Das gilt auch für die Anmeldungen aus Deutschland. Die 48 367 im Jahre 2005 eingegangenen Inlandsanmeldungen belegen, dass sich das deutsche Patentwesen bei der heimischen Wirtschaft hoher Attraktivität erfreut; zugleich sind sie ein Spiegelbild von deren Erfindungs- und Innovationskraft. 2005 wurden rund 200 Anmeldungen pro Arbeitstag von inländischen Patentanmeldern eingereicht; das sind 590 pro eine Million Einwohner im Jahr.

Schlüsselt man die eingereichten Patentanmeldungen nach den Ländern ihrer Herkunft auf, vermitteln die Zahlen des DPMA für sich allein betrachtet nur ein unvollkommenes Bild der für Deutschland wirksamen Patentanmeldungen. Die nationalen Zahlen sind durch die beim Europäischen Patentamt eingereichten Anmeldungen zu ergänzen. Der Zugang zum deutschen Markt über das Europäische Patentsystem hat sich – insbesondere im Hinblick auf die Möglichkeiten des sog. PCT-Verfahrens (vgl. 5.2) – für viele ausländische Anmelder als günstige Alternative zum nationalen Weg erwiesen, wie die Tabelle 1-1 im Einzelnen zeigt.

In Verbindung damit hat sich die Gesamtzahl der für die Bundesrepublik wirksamen Patentanmeldungen stetig erhöht, sie liegt bei 164 600 im Jahr 2005. Nicht mitgerechnet sind bei dieser Zählweise die beim Europäischen Patentamt eingereichten Anmeldungen aus der Bundesrepublik Deutschland. Die darin dokumentierten Erfindungen sind in den Anmeldungen beim Deutschen Patent- und Markenamt im Wesentlichen bereits enthalten, da einer europäischen bzw. PCT-Anmeldung in aller Regel eine nationale vorgeschaltet ist.

Unter Berücksichtigung dieser Korrektur ergibt sich für die wichtigsten Herkunftsländer ausländischer Anmelder, die auf dem deutschen Markt agieren, folgende Reihenfolge: USA 21,8%, Japan 15,0%, Frankreich 5,1%, Schweiz 3,6%, Großbritannien 2,9%.

Die Aufgliederung nach technischen Fachgebieten zeigt, dass in 13 IPC-Klassen jeweils mehr als 1030 Patentanmeldungen eingingen. Der IPC-Bereich B 60 (Fahrzeuge allgemein) nimmt seit 1995 die Spitzenposition mit derzeit 5276 Anmeldungen im Jahr ein (Tabelle 1-2).

Tabelle 1-2. Patentanmeldungen nach IPC-Klassen (mit mehr als 1030 Anmeldungen im Jahr 2005)

		2002	2003	2004	2005
B 60	Fahrzeuge allgemein	4252	4953	5118	5276
F 16	Maschinenelemente oder -einheiten	3473	3784	3829	4007
H 01	Grundlegende elektrische Bauteile	3414	3568	3612	3425
G 01	Messen, Prüfen	3261	3500	3663	3916
A 61	Medizin oder Tiermedizin; Hygiene	2567	2594	2760	3063
H 04	Elektrische Nachrichtentechnik	2102	2166	2157	2163
G 06	Datenverarbeitung; Rechnen; Zählen	1825	1696	1672	1538
B 65	Fördern, Packen, Lagern; Handhaben von Stoffen	1722	1674	1737	1787
F 02	Brennkraftmaschinen	1437	1853	1851	1759
H 02	Erzeugung, Umwandlung oder Verteilung elektr. Energie	1378	1479	1521	1506
C 07	Organische Chemie	1320	1184	1125	1035
B 62	Gleislose Landfahrzeuge	1075	1114	1108	1087
F 01	Kraft- und Arbeitsmaschinen allg.	818	1043	1021	1058

Die Bedeutung gewerblicher Schutzrechte wird deutlich, wenn man bedenkt, dass im DPMA allein im Jahr 2005 insgesamt knapp 300 000 Schutzrechtsanmeldungen (Patente, Gebrauchsmuster, Marken, Geschmacksmuster) eingereicht wurden. Der Bestand der für die Bundesrepublik Deutschland erteilten und in Kraft befindlichen Patente beträgt derzeit 434 723.

1.3 Patentämter

1.3.1 Deutsches Patent- und Markenamt (DPMA)

Zuständig für alle Arten gewerblicher Schutzrechte (ausgenommen Sortenschutz) in Deutschland ist das 1877 zunächst in Berlin errichtete Patentamt, das am 1. November 1998 in „Deutsches Patent- und Markenamt" umbenannt wurde und seit 1949 seinen Sitz in München hat. Es ist insbesondere zuständig für die Anmeldung, Prüfung und Erteilung von Patenten, für die Eintragung von Gebrauchsmustern und für die Verwaltung dieser Schutzrechte bis zu deren Erlöschen; es ist weiterhin zuständig für die Registrierung von Marken und Geschmacksmustern sowie die Erteilung von ergänzenden Schutzzertifikaten (siehe 2.6.2) und übt die Aufsicht über urheberrechtliche Verwertungsgesellschaften aus.

Um die Zugriffsmöglichkeiten zu den im DPMA vorhandenen Patentdokumenten zu verbessern, wurde im Deutschen Patent- und Markenamt das **De**utsche **Pa**ten**t**informations**s**ystem (DEPATIS) eingerichtet. Das Herzstück von DEPATIS ist das *Archiv*, in dem die für die Prüfungsarbeit relevanten Patentdokumente besonders wichtiger Staaten als Faksimiledaten gespeichert sind. Eine Blättergeschwindigkeit von unter 0,7 Sekunden für den Wechsel von einer Seite zur nächsten garantiert eine reibungslose Recherchearbeit. Darüber hinaus erlaubt die Volltext-Datenbank eine Recherche in den seit 1987 erstellten Patentdokumenten des DPMA. Zusammen mit den weiteren Datenbeständen, wie z. B. technischen Wörterbüchern, Stich- und Schlagwortverzeichnissen und externen Datenbanken, wird insbesondere mit der eigens entwickelten vereinheitlichten Suchsprache für den Zugriff auf alle diese Datenbestände ein integrierter Zugang zu allen für die Prüfung relevanten Patentdokumenten ermöglicht. Über die in der Auslegehalle des DPMA in München sowie über das Internet (www.depatisnet.de) hat auch die Öffentlichkeit die Möglichkeit, dieses System zu nutzen.

Das DPMA hat 2599 Mitarbeiter (Stand 31. 12. 2005). Die Gebühreneinnahmen betrugen 2005 244,9 Mio. Euro; die Ausgaben lagen bei 218,1 Mio. Euro.

Nähere Einzelheiten, Informationen, Merkblätter und Anmeldeunterlagen sind beim Deutschen

Patent- und Markenamt, Zweibrückenstr. 12, 80331 München oder über Internet (http://www.patent-und-markenamt.de) erhältlich.

1.3.2 Europäisches Patentamt (EPA)

Seit dem Inkrafttreten des Europäischen Patentübereinkommens (EPÜ) am 7. Oktober 1977 können Patente auch beim Europäischen Patentamt (EPA) mit Sitz in München und Den Haag angemeldet werden, die in den (benannten) Vertragsstaaten Wirkung entfalten. Das EPA ist für diese Patentanmeldungen *zentrale Prüfungs- und Erteilungsbehörde;* erteilte europäische Patente gelten als nationale Patente und werden während der verbleibenden Laufzeit von den Patentämtern in den vom Anmelder benannten Vertragsstaaten verwaltet. Für den Übergang in die nationale Phase sind die jeweiligen Übergangsvorschriften zu beachten. Nähere Einzelheiten kann man direkt beim Europäischen Patentamt, Erhardtstr. 27, 80331 München oder über das Internet (http://www.european-patent-office.org) erfahren.

1.3.3 Das Internationale Büro der WIPO

Im Jahr 1978 trat der Vertrag über die internationale Zusammenarbeit auf dem Gebiet des Patentwesens (Patent Cooperation Treaty – PCT) in Kraft. Die damit verbundenen Verwaltungsaufgaben werden vom *Internationalen Büro* der Weltorganisation für geistiges Eigentum (WIPO) in Genf wahrgenommen (Art. 55 PCT). Das Internationale Büro wirkt als Koordinator zwischen den einzelnen Stellen, die sog. internationale Anmeldungen bearbeiten. Die Aufgaben dieses Büros im Einzelnen ergeben sich aus den nachstehenden Ausführungen zum PCT-Verfahren.
Nähere Einzelheiten sind direkt bei der WIPO, 34, Chemin des Colombettes, CH-1211 Genf, oder über das Internet (http://www.wipo.int) erhältlich.

2 Patente

Das Patent ist das wichtigste gewerbliche Schutzrecht; es ist ein *geprüftes* Schutzrecht. Es wird in einem förmlichen Verfahren vor dem Patentamt erteilt, wenn die Voraussetzungen der Patentfähigkeit vorliegen.

2.1 Grundvoraussetzungen der Patentfähigkeit

Patente werden nur für technische Erfindungen erteilt, die *neu* sind, auf einer *erfinderischen Tätigkeit* beruhen und *gewerblich anwendbar* sind (§ 1 Abs. 1 PatG).

2.1.1 Technischer Charakter der Erfindung

Nur *technische Erfindungen* sind dem Patentschutz zugänglich. Als *technisch* gilt eine Lehre zum planmäßigen Handeln unter Einsatz beherrschbarer Naturkräfte zur Erreichung eines kausal übersehbaren Erfolges, der ohne Zwischenschaltung menschlicher Verstandestätigkeit die unmittelbare Folge des Einsatzes dieser Naturkräfte ist.
Demgemäß werden als *nicht patentfähige Erfindungen* insbesondere folgende angesehen: Entdeckungen, wissenschaftliche Theorien und mathematische Methoden; ästhetische Formschöpfungen; Pläne, Regeln und Verfahren für gedankliche Tätigkeiten, für Spiele oder für geschäftliche Tätigkeiten und die Wiedergabe von Informationen, sofern für diese Gegenstände als solche Schutz begehrt wird; auch Computerprogramme *als solche* werden nicht als Erfindungen angesehen (§ 1 Abs. 3 und 4 PatG). Diese gehören zu den durch das Urheberrecht geschützten Werken (§§ 2 Abs. 1 Nr. 1, 69a ff. UrhG).
Programmbezogene Erfindungen können aber technischen Charakter besitzen und dem Patentschutz zugänglich sein, wenn zur Lösung der erfindungsgemäßen Aufgabe von Naturkräften oder technischen Maßnahmen Gebrauch gemacht werden muss.

2.1.2 Neuheit

Nur *neue* Erfindungen sind dem Patentschutz zugänglich. Eine Erfindung gilt als *neu*, wenn sie nicht zum *Stand der Technik* gehört. Der Stand der Technik umfasst alle Kenntnisse, die vor dem für den Zeitrang der Anmeldung maßgeblichen Tag der Öffentlichkeit durch Beschreibung, Benutzung oder in sonstiger Weise zugänglich gemacht worden sind (§ 3 Abs. 1 PatG). Nach § 3 Abs. 2 PatG gilt als Stand der Technik z. B. auch der Inhalt deutscher Patentanmeldungen mit älterem Zeitrang, die erst an oder nach dem für den Zeitrang der jüngeren

Anmeldung maßgeblichen Tag veröffentlicht worden sind. Das gilt sinngemäß auch für europäische Patentanmeldungen, wenn mit der Anmeldung für die Bundesrepublik Deutschland Schutz begehrt wird und die Benennungsgebühr für Deutschland nach Art. 79 Abs. 2 EPÜ gezahlt ist, sowie für internationale Anmeldungen nach dem PCT (vgl. 5.1), wenn für die Anmeldung das Deutsche Patent- und Markenamt Bestimmungsamt ist.

Unter bestimmten Voraussetzungen kann auch der Zeitpunkt einer früheren Anmeldung (Priorität) beansprucht werden. Dies gilt vor allem für die *Priorität einer ausländischen Anmeldung* (Unionspriorität) nach der Pariser Verbandsübereinkunft zum Schutz des gewerblichen Eigentums (PVÜ). Danach genießt derjenige, der in einem der Verbandsländer eine Patent- oder Gebrauchsmusteranmeldung vorschriftsmäßig hinterlegt hat, für die Anmeldung derselben Erfindung in anderen Ländern innerhalb von zwölf Monaten seit Einreichung der ersten Anmeldung ein Prioritätsrecht (§ 41 PatG).

Wer die Priorität einer früheren ausländischen Anmeldung derselben Erfindung in Anspruch nimmt, hat vor Ablauf des 16. Monats nach dem Prioritätstag Zeit, Land und Aktenzeichen der früheren Anmeldung anzugeben und eine Abschrift der früheren Anmeldung einzureichen, soweit dies nicht bereits geschehen ist (§ 41 PatG). Unter den Voraussetzungen des § 40 PatG kann auch der Altersrang einer früheren *inländischen Anmeldung* beansprucht werden (innere Priorität).

Besondere Bedeutung gewinnt die Priorität deshalb, weil sich grundsätzlich auch die eigene Voranmeldung oder eine andere frühere Veröffentlichung des Anmelders „neuheitsschädlich" auswirken kann. Eine sog. *Neuheitsschonfrist* (Unschädlichkeit der eigenen Offenbarung z. B. innerhalb von sechs Monaten vor dem Anmeldetag) kommt dem Anmelder nur noch unter den sehr engen Voraussetzungen des § 3 Abs. 4 PatG und für Gebrauchsmusteranmeldungen (§ 3 Abs. 1 Satz 3 GebrMG) zugute.

2.1.3 Erfinderische Tätigkeit

Voraussetzung der Patentfähigkeit ist ferner, dass die angemeldete Erfindung auf einer *erfinderischen Tätigkeit* beruht (§ 1 Abs. 1 PatG).

Eine Erfindung gilt als auf einer erfinderischen Tätigkeit beruhend, wenn sie sich für den (durchschnittlichen) Fachmann nicht in nahe liegender Weise aus dem Stand der Technik in seiner Gesamtheit ergibt (§ 4 Satz 1 PatG). Nur eine schöpferische technische Leistung, die über das Können des Durchschnittsfachmanns hinausgeht, rechtfertigt den Patentschutz.

2.1.4 Gewerbliche Anwendbarkeit

Eine Erfindung gilt als *gewerblich anwendbar*, wenn ihr Gegenstand auf irgendeinem gewerblichen Gebiet einschließlich der Landwirtschaft hergestellt oder benutzt werden kann (§ 5 Abs. 1 PatG).

Verfahren zur chirurgischen oder therapeutischen Behandlung des (lebenden) menschlichen oder tierischen Körpers und Diagnoseverfahren (die nur durch den Arzt vorgenommen werden) gelten nicht als gewerblich anwendbare Erfindungen, wohl aber Erzeugnisse (insbesondere Stoffe oder Stoffgemische) zur Anwendung in einem Heil- oder Diagnoseverfahren, wie Arzneimittel oder medizinische Apparate und Instrumente (§ 5 Abs. 2 PatG).

Da eine Erfindung schon dann als gewerblich anwendbar gilt, wenn das Erfundene *seiner Art nach geeignet* ist, entweder in einem technischen Gewerbebetrieb hergestellt zu werden oder technische Verwendung in einem Gewerbe zu finden, bereitet das Kriterium der gewerblichen Anwendbarkeit in der Regel keine Probleme.

2.1.5 Schutz von biotechnologischen Erfindungen

Das Patentgesetz schließt zwar Patente auf dem Gebiet der belebten Natur für Erfindungen aus, die in § 2 Abs. 2 PatG oder § 5 Abs. 2 PatG genannt sind. Alle anderen Erfindungen auf dem Gebiet der Biologie sind jedoch grundsätzlich dem Patentschutz zugänglich, soweit sie nicht gegen die öffentliche Ordnung oder die guten Sitten verstoßen. Im Patentgesetz ist sogar ausdrücklich festgelegt, dass *mikrobiologische Verfahren* und die mithilfe dieser Verfahren gewonnenen Erzeugnisse patentierbar sind (§ 2a Abs. 2 Nr. 2 PatG). Durch die EG-Biotechnologie-Richtlinie 98/44/EG wird der rechtliche Schutz biotechnologischer Erfindungen in der Europäischen Union harmonisiert. Diese Richtlinie wurde inzwischen für die BRD in nationales Recht umgesetzt durch Gesetz vom 21. 1. 2005; BGBl. I S. 146.

Es sind daher gemäß § 1 Abs. 2 PatG u. a. physikalisch, chemisch oder gentechnisch veränderte Pflanzen, Tiere, Mikroorganismen oder auch Teile davon patentfähig, sofern sie die für die Patentierbarkeit notwendigen Kriterien erfüllen, nicht aber der menschliche Körper einschließlich seiner Gene (§ 1a Abs. 1 PatG).

Das bloße Auffinden eines Naturstoffes wie beispielsweise eines Proteins, eines Mikroorganismus oder das Entschlüsseln einer Erbinformation als Gensequenz selbst ist allerdings noch keine Erfindung, sondern nur eine Entdeckung und damit (ebenso wie eine reine Entdeckung auf einem anderen Gebiet) dem Patentschutz nicht zugänglich (§ 1 Abs. 2 Nr. 1 PatG). Jedoch kann z. B. bereits die Isolierung oder die Züchtung des Mikroorganismus eine Erfindung sein, sodass ein so hergestellter Mikroorganismus eine patentfähige Erfindung darstellen kann.

Betrifft eine Erfindung biologisches Material (z. B. einen Mikroorganismus), das der Öffentlichkeit nicht zugänglich ist und in einer Schutzrechtsanmeldung auch nicht so beschrieben werden kann, dass ein Fachmann diese Erfindung danach ausführen kann, oder wird ein solches Material bei der Erfindung verwendet, so ist es gemäß § 2 BioMatHintV (Biomaterial-Hinterlegungsverordnung vom 24. 1. 2005) notwendig, dass eine lebensfähige Probe dieses Materials bei einer anerkannten Hinterlegungsstelle gemäß dem Budapester Vertrag hinterlegt wird. Diese zugängliche Probe dient dann in Verbindung mit der Beschreibung dazu, die Durchführbarkeit der Erfindung sicherzustellen.

2.2 Die Patentanmeldung

Das Recht auf das Patent steht dem Erfinder oder seinem Rechtsnachfolger zu (§ 6 Satz 1 PatG). Im Verfahren vor dem Patentamt gilt jedoch der Anmelder als berechtigt, die Erteilung des Patents zu verlangen (§ 7 Abs. 1 PatG).

Die Anmeldung ist beim DPMA oder einem dazu ermächtigten Patentinformationszentrum schriftlich einzureichen und muss enthalten: den Namen des Anmelders; einen Antrag auf Erteilung des Patents, in dem die Erfindung kurz und genau bezeichnet ist; einen oder mehrere Patentansprüche, in denen angegeben ist, was als patentfähig unter Schutz gestellt werden soll; eine Beschreibung der Erfindung sowie Zeichnungen, falls sich die Patentansprüche oder die Beschreibung darauf beziehen (§ 34 Abs. 3 PatG).

Patent- und Gebrauchsmusteranmeldungen können auch in Fremdsprachen abgefasst sein, sofern eine deutsche Übersetzung innerhalb von drei Monaten nachgereicht wird (§§ 35 Abs. 1, 126 PatG).

In den Patentansprüchen ist anzugeben, was als patentfähig unter Schutz gestellt werden soll. Der Patentanspruch besteht regelmäßig (nicht zwingend) aus zwei Teilen, nämlich dem *Oberbegriff* und dem *kennzeichnenden Teil* (§ 9 Abs. 1 PatV).

In den *ursprünglichen* Anmeldungsunterlagen muss die Erfindung *so deutlich und vollständig offenbart* werden, dass ein Durchschnittsfachmann sie ausführen kann (§ 34 Abs. 4 PatG). Aus nachträglichen Änderungen, die den Gegenstand der Anmeldung erweitern, können Rechte nicht hergeleitet werden (unzulässige Erweiterung, § 38 PatG).

Mit der Einreichung der Anmeldung beim DPMA oder einem Patentinformationszentrum ist eine Anmeldegebühr fällig. Wird sie nicht gezahlt, gilt die Anmeldung als zurückgenommen, ohne dass von Amts wegen gemahnt wird (§ 6 Abs. 2 PatKostG). Der Anmeldung ist ferner eine *Zusammenfassung* beizufügen, die ausschließlich der technischen Unterrichtung der Öffentlichkeit dient. Sie kann innerhalb von fünfzehn Monaten nach dem Anmelde- oder Prioritätstag nachgereicht werden (§ 36 PatG). Innerhalb der gleichen Frist ist die Erfinderbenennung vorzulegen (§ 37 Abs. 1 PatG).

Mit der Wahrung seiner Interessen im Patentverfahren *kann* der Anmelder einen Vertreter (z. B. einen Patent- oder Rechtsanwalt) beauftragen. Ein Anmelder, der im Inland weder Wohnsitz noch Niederlassung hat, *muss* einen Patentanwalt oder Rechtsanwalt als Vertreter (Inlandsvertreter) bestellen (§ 25 PatG).

2.3 Recherche

Auf Antrag ermittelt das DPMA die öffentlichen Druckschriften, die für die Beurteilung der Patentfähigkeit der konkreten angemeldeten Erfindung in Betracht zu ziehen sind. Es erfolgt jedoch keine patentrechtliche Bewertung dieser Druckschriften. Diese sog. „isolierte“ Recherche nach § 43 PatG

bietet sich bei patentrechtlich erfahrenen Anmeldern an, die bereits aufgrund der vom Patentamt genannten Druckschriften die Erfolgsaussicht einer Anmeldung abschätzen können. Andernfalls sollte von vornherein Prüfungsantrag gestellt werden, da der Anmelder dann zusätzlich eine vorläufige amtliche Beurteilung in Form eines Prüfungsbescheids erhält (siehe 2.4.2).
Für die Prüfungs- und Recherchetätigkeit stehen den Prüfern des DPMA alle wichtigen Patent- und Literaturdatenbanken zur Verfügung, die seit Jahren selbstverständliches Arbeitsmittel der Prüfer sind. Mit dem im DPMA entwickelten Patentinformationssystem DEPATIS (siehe 1.3.1) wurde ein intelligent aufbereitetes System geschaffen, das den Prüfer bei seiner Recherche äußerst wirksam unterstützt.

2.4 Prüfungsverfahren vor dem Patentamt

Für die Bearbeitung der Patentanmeldungen sind die *Prüfungsstellen* zuständig. Sie werden von *technischen Mitgliedern* des Patentamts (Prüfern) geleitet (§ 27 Abs. 2 PatG).
Das Prüfungsverfahren erfolgt in mehreren Stufen (Klassifizierung, Offensichtlichkeits- und Formalprüfung, Recherche und materielle Prüfung), die schematisch im Bild 2-1 dargestellt sind.

2.4.1 Klassifizierung, Offensichtlichkeitsprüfung und Offenlegung

Unabhängig von der Stellung eines Prüfungsantrages erfolgt zunächst die *Klassifizierung* der Anmeldung. Diese ist zum einen das Ordnungskriterium für die Einordnung von Patentdokumenten nach technischen Sachgebieten, um den Zugriff zu der darin enthaltenen Information zu erleichtern. Zum anderen dient sie bei Stellung eines Recherche- bzw. Prüfungsantrags der Zuweisung an den zuständigen Fachprüfer.
Das Straßburger Abkommen über die Internationale Patentklassifikation sieht eine international einheitliche Klassifikation für Erfindungspatente einschließlich veröffentlichter Patentanmeldungen und Gebrauchsmuster vor. Dies ist die sog. „Internationale Patentklassifikation" (IPC).
Im Rahmen der *Offensichtlichkeitsprüfung* (§ 42 PatG) in Verbindung mit der *Formalprüfung* (§§ 34 bis 38) wird der Frage nachgegangen, ob die Anmeldung den *förmlichen* Erfordernissen entspricht oder ob sie einen *offensichtlich* nicht patentfähigen Gegenstand betrifft (bspw. keine Erfindung, fehlende gewerbliche Anwendbarkeit). Behebt der Anmelder die gerügten formalen Mängel nicht rechtzeitig oder wird die Anmeldung aufrechterhalten, obwohl ihr Gegenstand *offensichtlich* nicht patentfähig ist, wird sie durch Beschluss zurückgewiesen.
Achtzehn Monate nach dem Anmelde- oder Prioritätstag wird die Anmeldung vom Patentamt *offengelegt.* Nach der Veröffentlichung eines entsprechenden Hinweises steht die Einsicht in die Akten der Anmeldung jedermann frei (§ 31 Abs. 2 Nr. 2 PatG). Vorher wird Dritten Akteneinsicht nur bei Glaubhaftmachung eines berechtigten Interesses gewährt (§ 31 Abs. 1 Satz 1 PatG). Mit der Offenlegung werden die ursprünglich eingereichten Unterlagen der Patentanmeldung in Form der *Offenlegungsschrift* veröffentlicht (§ 32 Abs. 2 PatG).
Nach der Offenlegung der Patentanmeldung kann bis zur Erteilung des Patents jedermann die veröffentlichte Erfindung (befugt) benutzen. Der Anmelder hat lediglich einen Anspruch auf eine nach den Umständen angemessene Entschädigung gegen jeden Dritten, der den Gegenstand der Anmeldung benutzt hat; weitergehende Ansprüche sind ausgeschlossen (§ 33 Abs. 1 PatG).
Über offengelegte Patentanmeldungen und erteilte Patente führt das Patentamt das Patentregister (§ 30 PatG). Es enthält Namen und Wohnort des Anmelders oder Patentinhabers, die Bezeichnung des Gegenstands der Anmeldung oder des Patents sowie bestimmte Verfahrensstandsdaten (Anfang, Teilung, Ablauf, Erlöschen, Beschränkung, Widerruf, Erklärung der Nichtigkeit, Erhebung eines Einspruchs oder einer Nichtigkeitsklage).
Wichtig ist die *Legitimationswirkung* des Patentregisters: Nur der eingetragene Anmelder oder Patentinhaber kann Verfahrenshandlungen vor dem Patentamt oder dem Patentgericht vornehmen (vgl. § 30 Abs. 3 Satz 2 PatG).

2.4.2 Materielle Prüfung auf Patentfähigkeit

Die Prüfung der Anmeldung auf das Vorliegen der Voraussetzungen der Patentfähigkeit wird vom Patentamt nicht von Amts wegen, sondern nur auf besonderen Antrag (*Prüfungsantrag*) vorgenommen.

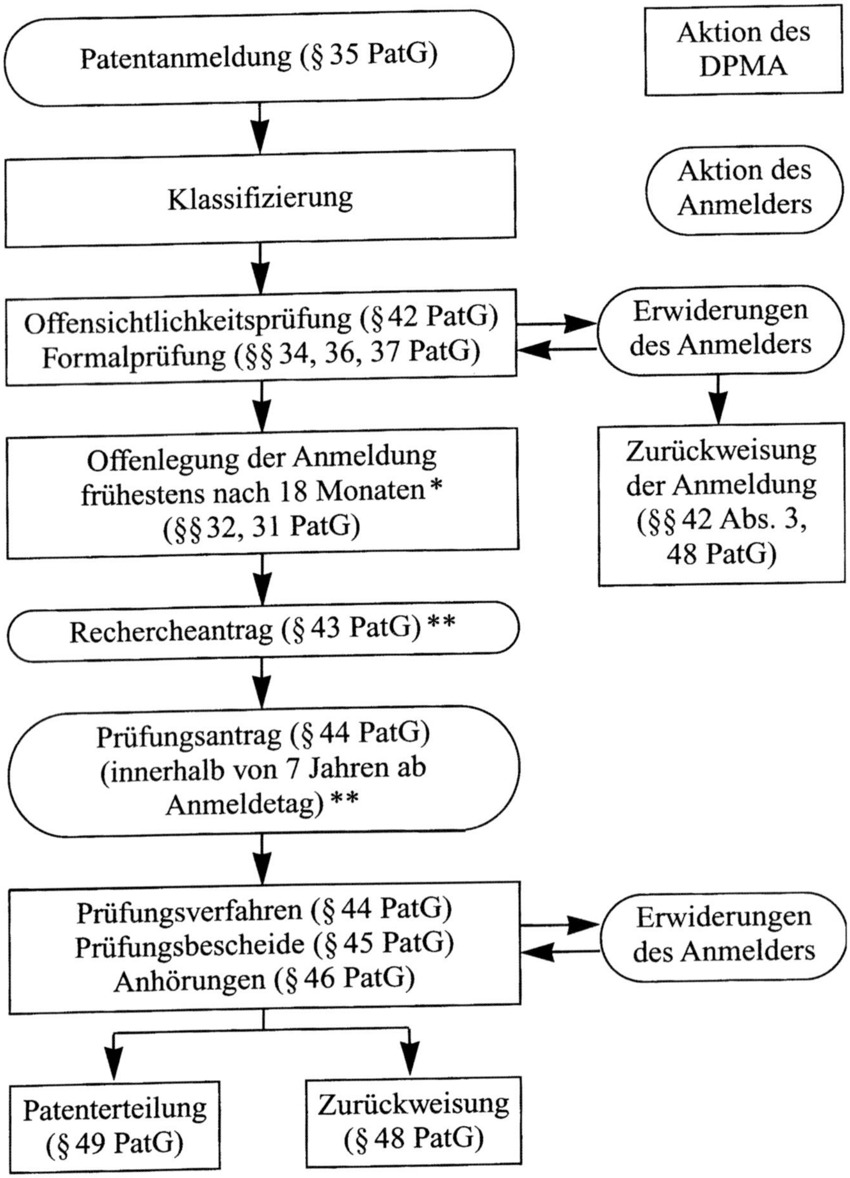

* ab Anmelde- bzw. Prioritätstag, sofern nicht Antrag auf vorzeitige Offenlegung gestellt ist

** auf Grund eines gebührenpflichtigen, gesonderten Antrags; Prüfungsantrag schließt Recherche mit ein

Bild 2-1. Prüfungsverfahren vor dem DPMA

Mit dem Antrag ist die *Antragsgebühr* zu entrichten. Wird sie nicht gezahlt, gilt der Antrag als nicht gestellt (§ 6 Abs. 2 PatKostG). Der Prüfungsantrag kann von dem Patentsucher und jedem Dritten bis zum Ablauf von sieben Jahren nach Einreichung der Anmeldung gestellt werden.

Die Prüfungsantragsgebühr beträgt 350 Euro; sie ermäßigt sich auf 150 Euro, wenn vorher die Gebühr für den Recherchenantrag nach § 43 PatG entrichtet wurde. Wird bis zum Ablauf der Prüfungsantragsfrist ein Prüfungsantrag nicht gestellt, so gilt die Anmeldung als zurückgenommen (§ 58 Abs. 3 PatG).

Stellt die Prüfungsstelle fest, dass die Anmeldung den Anforderungen der §§ 34 (Inhalt der Patentanmeldung), 37 (Erfinderbenennung) und 38 PatG (Änderungen der Anmeldung, unzulässige Erweiterung) nicht genügt, so fordert sie den Anmelder in einem Prüfungsbescheid auf, die Mängel innerhalb einer bestimmten Frist zu beseitigen (§ 45 Abs. 1 PatG). Kommt die Prüfungsstelle zu dem Ergebnis, dass eine nach den §§ 1 bis 5 PatG patentfähige Erfindung nicht vorliegt, benachrichtigt sie den Anmelder hiervon unter Angabe von Gründen und fordert ihn auf, sich innerhalb einer bestimmten Frist zu äußern (§ 45 Abs. 2 PatG). Im Verlauf des Prüfungsverfahrens kann die Prüfungsstelle jederzeit die Beteiligten laden und anhören sowie Zeugen und Sachverständige vernehmen (§ 46 Abs. 1 Satz 1 PatG). Beseitigt der Anmelder die nach § 45 Abs. 1 PatG gerügten Mängel nicht oder wird die Anmeldung aufrechterhalten, obgleich eine patentfähige Erfindung nicht vorliegt, so weist die Prüfungsstelle die Anmeldung durch Beschluss zurück (§ 48 PatG).

Stellt die Prüfungsstelle fest, dass die Anmeldung den gesetzlichen Voraussetzungen genügt und der Gegenstand der Anmeldung patentfähig ist, so erlässt sie den *Erteilungsbeschluss* (§ 49 Abs. 1 PatG).

Die Erteilung des Patents wird im Patentblatt veröffentlicht; gleichzeitig wird die Patentschrift herausgegeben. Erst mit der Veröffentlichung der Erteilung im Patentblatt treten die Wirkungen des Patents ein (§ 58 Abs. 1 PatG).

2.4.3 Beschwerde gegen Entscheidungen der Prüfungsstellen des DPMA

Gegen die Beschlüsse der Prüfungsstelle findet die *Beschwerde* zum Bundespatentgericht statt, die innerhalb eines Monats nach Zustellung des Beschlusses schriftlich *beim Patentamt* einzulegen ist (§ 73 Abs. 2 Satz 1 PatG). Innerhalb der Beschwerdefrist ist auch die Beschwerdegebühr zu entrichten. Wird sie nicht rechtzeitig gezahlt, gilt die Beschwerde als nicht erhoben (§ 6 Abs. 2 PatKostG).

Die Beschwerde gelangt in der Regel zu den *technischen Beschwerdesenaten* des Bundespatentgerichts. Diese sind mit drei technischen Mitgliedern und einem juristischen Mitglied besetzt. Der Vorsitzende Richter des Senats ist ebenfalls ein Techniker (d. h. mit abgeschlossenem Studium einer technischen oder naturwissenschaftlichen Fachrichtung). Die Beschwerdesenate bestehen somit aus technisch sachkundigen Mitgliedern und können direkt und ohne Heranziehung eines Gutachters über das weitere Schicksal der Anmeldung entscheiden.

2.5 Einspruchsverfahren

Innerhalb von drei Monaten nach der Veröffentlichung der Erteilung kann jedermann, im Falle der widerrechtlichen Entnahme nur der Verletzte, Einspruch erheben (§ 59 Abs. 1 Satz 1 PatG). Innerhalb der Einspruchsfrist ist eine Gebühr von 200 Euro zu entrichten. Wird sie nicht gezahlt, gilt der Einspruch als nicht erhoben. Der Einspruch kann nur auf die Behauptung gestützt werden, dass einer der Widerrufsgründe des § 21 PatG vorliegt (§ 59 Abs. 1 Satz 3 PatG), nämlich fehlende Patentfähigkeit der Erfindung (§§ 1 bis 5 PatG), mangelnde Offenbarung der Erfindung (§ 34 Abs. 4 PatG), widerrechtliche Entnahme (der Gegenstand des Schutzrechts beruht auf der unbefugten Inanspruchnahme fremder technischer Leistungen) oder unzulässige Erweiterung (§ 38 PatG).

Die Patentabteilung (§§ 61 Abs. 1 Satz 1, 27 Abs. 1 Nr. 2 und Abs. 2 PatG) entscheidet durch Beschluss, ob und in welchem Umfang das Patent aufrechterhalten oder widerrufen wird (§ 61 Abs. 1 Satz 1 PatG). Mit einem *Widerruf* gelten die Wirkungen des Patents und der Anmeldung in dem Umfang, in dem das Patent widerrufen wurde, als von Anfang an nicht eingetreten (§ 21 Abs. 3 PatG). Bei beschränkter Aufrechterhaltung ist diese Bestimmung entsprechend anzuwenden.

Gegen die Entscheidungen der Patentabteilung findet die Beschwerde statt (§ 73 Abs. 1 PatG).

Nach einer inzwischen ausgelaufenen Übergangsvorschrift des § 147 PatG hat über den Einspruch ein Beschwerdesenat des Bundespatentgerichts entschieden, wenn die Einspruchsfrist nach dem 1. Januar 2002 begonnen hat und der Einspruch vor dem 1. Juli 2006 eingelegt worden ist. Auch nach dem Auslaufen dieser Übergangsregelung bleibt das Bundespatentgericht weiterhin für die vor dem 1. Juli 2006 eingelegten Einsprüche zuständig. Gegen die Entscheidung des Gerichts über den Einspruch ist dann die bisherige Beschwerde nicht mehr möglich, sondern nur noch, unter engen Voraussetzungen, die Rechtsbeschwerde zum Bundesgerichtshof.

2.6 Gültigkeitszeitraum

2.6.1 Schutzdauer

Die Patentlaufdauer beträgt höchstens 20 Jahre. Sie beginnt mit dem Tag, der auf die Anmeldung der Erfindung folgt (§ 16 Abs. 1 PatG).
Nach Maßgabe von Verordnungen der Europäischen Gemeinschaft über die Schaffung von *ergänzenden Schutzzertifikaten* kann ein ergänzender Schutz beantragt werden, der sich an den Ablauf des Patents nach § 16 Abs. 1 PatG unmittelbar anschließt (§ 16a Abs. 1 PatG). Die Laufzeit des ergänzenden Schutzzertifikats beträgt maximal 5 Jahre.

2.6.2 Ergänzende Schutzzertifikate

Durch die (im Folgenden beide als VO abgekürzten) Verordnungen (EWG) Nr. 1768/92 des Rates vom 18. Juni 1992 bzw. (EG) Nr. 1610/96 des Europäischen Parlaments und des Rates vom 23. Juli 1996 (abgedruckt im Tabu DPMA; siehe Literatur) wurden ergänzende Schutzzertifikate für Arzneimittel bzw. Pflanzenschutzmittel geschaffen. Danach muss aus dem in seiner Schutzdauer zu verlängernden, in Deutschland wirksamen Patent, dem „Grundpatent", (mindestens) ein zugelassenes Arznei- oder Pflanzenschutzmittel hervorgegangen sein. Für den Wirkstoff oder die Wirkstoffzusammensetzung (das „Erzeugnis") eines solchen Mittels kann auf Antrag beim DPMA ein ergänzendes Zertifikat erteilt werden (Art. 2 in Verbindung mit Art. 10 VO).
Zusätzliche Erteilungsvoraussetzungen sind neben der Erfüllung einiger Formerfordernisse, dass in Deutschland zum Zeitpunkt der Zertifikatsanmeldung für das Erzeugnis nicht bereits ein Zertifikat erteilt wurde und dass die vorstehend erwähnte Zulassung in Deutschland die *erste* Genehmigung für das Inverkehrbringen dieses Erzeugnisses als Arznei- oder Pflanzenschutzmittel ist (Art. 3 VO). In den Grenzen des durch das Grundpatent gewährten Schutzes erstreckt sich dann der durch das Zertifikat gewährte Schutz allein auf das Erzeugnis, das von der (den) Zulassung(en) dieses Mittels erfasst wird (Art. 4 VO).
Sinn der Erteilung eines Zertifikats ist es, dem Patentinhaber einen Ausgleich dafür zu gewähren, dass er während der Dauer des Zulassungsverfahrens sein Patent nicht zur Amortisierung seiner Entwicklungskosten nutzen konnte. Es wird unterstellt, dass eine solche Nutzung ab dem Tag der ersten Zulassung des betreffenden Mittels in der Gemeinschaft möglich ist. Es sollen daher ab diesem Tag fünfzehn Jahre Ausschließlichkeit eingeräumt werden, jedoch darf eine Gesamtlaufzeit aus Patent und Zertifikat von 25 Jahren nicht überschritten werden. Neben der Anmeldegebühr (300 Euro) sind Jahresgebühren zu entrichten.

2.6.3 Erlöschen

Das Patent kann vorzeitig erlöschen, wenn der in das Patentregister eingetragene Patentinhaber durch schriftliche Erklärung an das Patentamt darauf *verzichtet* (§ 20 Abs. 1 Nr. 1 PatG) oder die Erfinderbenennung und die Erklärung, dass weitere Personen an der Erfindung nicht beteiligt sind (§ 37 PatG), nicht rechtzeitig zu den Akten des Patentamts gelangen (§ 20 Abs. 1 Nr. 2 PatG).
Das Patent erlischt ferner, wenn die Jahresgebühr (bei verspäteter Zahlung einschließlich des tarifgemäßen Zuschlags) nicht rechtzeitig entrichtet wird (§ 20 Abs. 1 Nr. 3 PatG). In diesen Fällen erlischt das Patent für die Zukunft (ex nunc), also *nicht rückwirkend.*

2.7 Jahresgebühren und Zahlungserleichterungen

Für jede Patentanmeldung und jedes Patent ist für das dritte und jedes folgende Jahr, gerechnet vom Anmeldetag an, eine Jahresgebühr zu entrichten (§ 17 Abs. 1 PatG). Die Jahresgebühren sind der Höhe nach für die einzelnen Jahre gestaffelt (von 70 Euro für

das dritte und vierte Patentjahr bis 1940 Euro für das zwanzigste Patentjahr; für den ergänzenden Schutz bei Arzneimitteln von 2650 Euro bis 4120 Euro).
Wird die Jahresgebühr nicht rechtzeitig gezahlt, so muss der tarifmäßige Zuschlag in Höhe von 50 Euro entrichtet werden (§ 7 Abs. 1 PatKostG).
Wird der Verspätungszuschlag nicht rechtzeitig gezahlt, so gilt die Patentanmeldung als zurückgenommen (§ 6 Abs. 2 PatKostG) bzw. das Patent erlischt (§ 20 Abs. 1 PatG).
Erklärt der Patentanmelder die sog. *Lizenzbereitschaft* (siehe 2.8), so halbieren sich die Jahresgebühren.

2.8 Verfügungen über das Patent und Lizenzvereinbarungen

Das Recht auf das Patent (§ 6 PatG), der Anspruch auf Erteilung des Patents (§ 7 PatG) und das Recht aus dem Patent (§§ 9, 10 PatG) sind vererblich und können beschränkt oder unbeschränkt auf andere übertragen werden (§ 15 Abs. 1 Satz 1 und 2 PatG). Diese Rechte können ganz oder teilweise Gegenstand von *ausschließlichen* oder *nichtausschließlichen Lizenzen* sein (§ 15 Abs. 2 Satz 1 PatG). Bei einer einfachen (nichtausschließlichen) Lizenz ist der Lizenzgeber nicht gehindert, Dritten weitere Lizenzen zu erteilen. Dagegen kann bei einer ausschließlichen Lizenz keine weitere Lizenz an Dritte vergeben werden. Die Einräumung der ausschließlichen Lizenz kann auf Antrag im Patentregister vermerkt werden (§ 30 Abs. 4 PatG).
Erklärt sich der Patentsucher oder der im Register (§ 30 Abs. 1 PatG) als Patentinhaber Eingetragene dem Patentamt gegenüber schriftlich bereit, jedermann die Benutzung der Erfindung gegen angemessene Vergütung zu gestatten, so ermäßigen sich die für das Patent nach Eingang der Erklärung fällig werdenden Jahresgebühren auf die Hälfte des im Tarif bestimmten Betrages (§ 23 Abs. 1 PatG).
Diese in das Patentregister eingetragene *Lizenzbereitschaftserklärung* (§ 23 PatG) kann jederzeit gegenüber dem Patentamt schriftlich zurückgenommen werden, solange dem Patentinhaber noch nicht die Absicht angezeigt worden ist, die Erfindung zu nutzen; der Betrag, um den sich die Jahresgebühren ermäßigt haben, ist innerhalb eines Monats nach der Zurücknahme der Erklärung zu entrichten (§ 23 Abs. 7 PatG). Nach dem Wirksamwerden der Zurücknahme ist die Vergabe *ausschließlicher* Lizenzen möglich.
Seit 1. Juli 1985 besteht die Möglichkeit, eine unverbindliche sog. *Lizenzinteresseerklärung* abzugeben, die jederzeit widerrufen werden kann und die Vergabe ausschließlicher Lizenzen ermöglicht; sonstige Vorteile (z. B. Halbierung der Jahresgebühren) treten dadurch nicht ein. Dadurch kann ein nicht unwesentlicher Beitrag zur Vermarktung von geschützten Erfindungen geleistet werden.

2.9 Wirkungen des Patents und Patentverletzung

Das Patent hat vor allem die Wirkung, dass allein der Patentinhaber befugt ist, die patentierte Erfindung zu benutzen; ohne sein Einverständnis ist Dritten die Benutzung verboten (§ 9 PatG). Die Wirkung des Patents erstreckt sich *nicht* auf die in § 11 PatG ausdrücklich genannten *erlaubten* Handlungen, z. B. Handlungen, die zu Versuchszwecken oder im privaten Bereich zu nicht gewerblichen Zwecken vorgenommen werden.
Nach dem Grundsatz der *Territorialität* des Patentrechts sind die Wirkungen des erteilten Patents auf das Gebiet des Staates beschränkt, für dessen Geltungsbereich das Patent erteilt wurde.
Für die Wirkungen des erteilten Patents ist dessen *Schutzbereich* maßgebend, der durch den Inhalt der *Patentansprüche* bestimmt wird, wobei die Beschreibung und die Zeichnungen zur Auslegung der Ansprüche heranzuziehen sind (§ 14 PatG). Die Ansprüche wegen Verletzung des Patentrechts können auch verjähren (§ 141 PatG).
Gegen einen Verletzer steht dem Patentinhaber ein *Unterlassungsanspruch* zu (§ 139 Abs. 1 PatG), bei *vorsätzlicher* oder *fahrlässiger* Patentverletzung hat der Geschädigte einen *Schadenersatzanspruch* (§ 139 Abs. 2 Satz 1 PatG).
Der *Vernichtungsanspruch* gemäß § 140a PatG bedeutet, dass der Patentinhaber verlangen kann, dass das im Besitz oder Eigentum des Verletzers befindliche Erzeugnis, das Gegenstand des Patents ist oder aus einem patentierten Verfahren gewonnen wurde, *vernichtet* wird.
Gemäß § 139 Abs. 2 PatG besteht ein *Bereicherungsanspruch* hinsichtlich dessen, was der Patentverletzer auf Kosten des Patentinhabers erlangt hat. Dieser

Anspruch kann auch nach Ablauf der Verjährungsfrist geltend gemacht werden. Der *Auskunftsanspruch* (§ 140b PatG) betrifft die Auskunft bezüglich Herkunft, Vertriebsweg und -menge des widerrechtlich benutzten Erzeugnisses.
Für Verletzungsklagen und alle weiteren Klagen, durch die ein Anspruch aus einem im Patentgesetz geregelten Rechtsverhältnis geltend gemacht wird (*Patentstreitsachen*), sind die Zivilkammern der Landgerichte ohne Rücksicht auf den Streitwert erstinstanzlich ausschließlich zuständig (§ 143 Abs. 1 PatG). § 143 Abs. 2 PatG ermächtigt die Landesregierungen, durch Rechtsverordnung die Patentstreitsachen für die Bezirke *mehrerer* Landgerichte *einem von ihnen* zuzuweisen, so ist z. B. das LG Hamburg zuständig für Hamburg, Bremen, Mecklenburg-Vorpommern und Schleswig-Holstein.
Das Verfahren in Patentstreitsachen kennt drei Instanzen: LG (Zivilkammer) als Eingangsgericht, OLG (Zivilsenat) als Berufungsgericht, BGH (X. Zivilsenat) als Revisionsgericht.

2.10 Nichtigkeitsverfahren

Das erteilte Patent kann (*nach Abschluss* eines etwaigen Einspruchsverfahrens) während der gesamten Laufzeit (und bei bestehendem Rechtsschutzinteresse auch noch rückwirkend) mit einer *Nichtigkeitsklage* angegriffen werden. Für nichtig wird ein Patent erklärt, wenn einer der in § 21 Abs. 1 PatG genannten Widerrufsgründe vorliegt oder wenn der Schutzbereich des Patents unzulässig erweitert worden ist (§ 22 Abs. 1 PatG). Zur Erhebung der Nichtigkeitsklage ist grundsätzlich jedermann berechtigt (Popularklage). Im Falle der widerrechtlichen Entnahme ist nur der dadurch Verletzte klagebefugt (§ 81 Abs. 3 PatG).
Die Nichtigkeitsklage ist beim Bundespatentgericht schriftlich zu erheben (§ 81 Abs. 4 Satz 1 PatG). Über die Klage wird durch Urteil entschieden (§ 84 Abs. 1 PatG). Es kann lauten auf *Klageabweisung*, *Nichtigerklärung* oder *Teilnichtigerklärung*.
Gegen die Urteile der Nichtigkeitssenate des Patentgerichts findet die Berufung an den Bundesgerichtshof statt (§ 110 Abs. 1 Satz 1 PatG).
Mit der Nichtigerklärung des Patents gelten die Wirkungen des Patents und der Anmeldung in dem Umfang, in dem das Patent für nichtig erklärt wurde, als von Anfang an (ex tunc) nicht eingetreten (§ 21 Abs. 3 Satz 1 PatG).
Eine Zusammenstellung der möglichen Rechtszüge für den Patentbereich einschließlich Patentverletzung, Berufung und Revision zum BGH zeigt Bild 2-2.

3 Europäisches Patentrecht

Der Europäischen Patentorganisation gehören derzeit (2006) 31 Vertragsstaaten (Belgien, Bulgarien, Dänemark, Deutschland, Estland, Frankreich, Finnland, Griechenland, Irland, Island, Italien, Lettland, Liechtenstein, Litauen, Luxemburg, Monaco, Niederlande, Österreich, Polen, Portugal, Rumänien, Schweden, Schweiz, Slowakei, Slowenien, Spanien, Tschechische Republik, Türkei, Ungarn, Vereinigtes Königreich, Zypern) an. Daneben gibt es noch fünf sog. Erstreckungsstaaten, in denen europäische Patente kraft Vereinbarung Wirkung entfalten (Albanien, Bosnien-Herzegowina, Kroatien, Mazedonien, Serbien und Montenegro).
Das Europäische Patentamt erteilt Europäische Patente, die in jedem Vertragsstaat, der in der europäischen Patentanmeldung benannt wurde, dieselbe Wirkung wie ein in dem jeweiligen Staat erteiltes nationales Patent haben (Art. 2 EPÜ). Das Europäische Patent stellt ein zentral erteiltes Bündel europäischer Einzelpatente mit jeweils nationaler Wirkung dar, die nach der rechtskräftigen Erteilung in die Verwaltung der nationalen Ämter übergehen (nationale Phase). Rechtsbeständigkeit und Schutzumfang werden von nationalen Gerichten beurteilt.
Nach derzeitiger Regelung muss für nicht in deutscher Sprache erteilte Europäische Patente (mit Bestimmungsland Deutschland) innerhalb von drei Monaten nach der Veröffentlichung des Hinweises auf die Erteilung eine deutsche Übersetzung beim DPMA eingereicht werden, das eine entsprechende Veröffentlichung veranlasst. Andernfalls gelten die Wirkungen des Europäischen Patents in Deutschland als von Anfang an nicht eingetreten (Art. II § 3 IntPatÜG i. d. F. v. 20. 12. 1991).
Die Voraussetzungen der Patentfähigkeit entsprechen im Wesentlichen denen des deutschen Patentgesetzes. Auch Europäische Patente werden nur für Erfindungen erteilt, die *neu* sind, auf einer *erfinderischen*

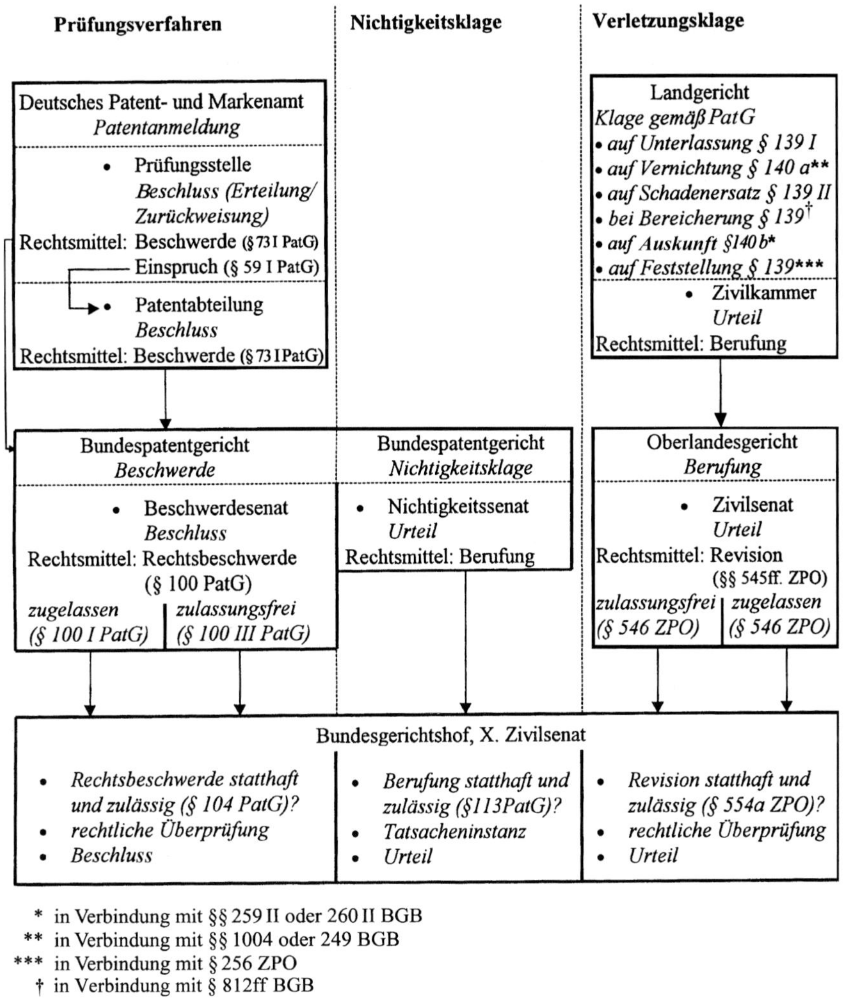

Bild 2-2. Übersicht der möglichen Rechtszüge im Patentverfahren.

Tätigkeit beruhen und *gewerblich anwendbar* sind (Art. 52 Abs. 1 EPÜ).

Das einheitliche Patenterteilungsverfahren ist insbesondere von Vorteil für solche Anmelder, die eine Erfindung in mehreren Vertragsstaaten schützen lassen wollen. Nach den bisherigen Erfahrungen werden in jeder europäischen Patentanmeldung durchschnittlich acht Vertragsstaaten benannt.

3.1 Die europäische Patentanmeldung

Die europäische Patentanmeldung kann beim Europäischen Patentamt oder bei einem nationalen Patentamt eingereicht werden (Art. 75 Abs. 1 EPÜ, Art. II § 4 Abs. 1 IntPatÜG).

In Deutschland können europäische Patentanmeldungen gemäß Art. II § 4 Abs. 1 IntPatÜG durch das Zweite Gesetz zur Änderung des Patentgesetzes und anderer Gesetze vom 16. Juli 1998 sowohl beim Deutschen Patent- und Markenamt als auch über ein Patentinformationszentrum eingereicht werden. Das Bundesministerium der Justiz hat bisher elf Patentinformationszentren gemäß § 34 Abs. 2 PatG bekanntgemacht, die zur Entgegennahme befugt sind (BGBl. 1999 I S. 648). Entsprechende Informationen sind über die Website des DPMA verfügbar.

Die mit der Anmeldung fälligen Gebühren (Anmeldegebühr und Recherchegebühr) sind in jedem Fall unmittelbar an das Europäische Patentamt zu entrichten (Art. II § 4 Abs. 1 IntPatÜG).
Die europäische Patentanmeldung muss enthalten: den Antrag auf Erteilung des Europäischen Patents, die Beschreibung der Erfindung, einen oder mehrere Patentansprüche, die ggf. erforderliche(n) Zeichnung(en) und eine Zusammenfassung (Art. 78 EPÜ). Im Erteilungsantrag muss mindestens ein Vertragsstaat des Übereinkommens benannt werden (Art. 79 Abs. 1 EPÜ). Europäische Anmeldungen können in den Amtssprachen Deutsch, Englisch oder Französisch eingereicht werden (Art. 14 Abs. 1 EPÜ). Nach der Pariser Verbandsübereinkunft zum Schutz des gewerblichen Eigentums besteht die Möglichkeit, die Priorität einer früheren Anmeldung derselben Erfindung in Anspruch zu nehmen (Art. 87 bis 89 EPÜ).

3.2 Das europäische Verfahren

Im Rahmen der Formalprüfung (Art. 91 EPÜ) wird untersucht, ob die Anmeldung den förmlichen Erfordernissen genügt. Gleichzeitig wird der europäische Recherchebericht erstellt, der ohne patentrechtliche Bewertung diejenigen druckschriftlichen Veröffentlichungen aufführt, die für die Beurteilung von Neuheit und Erfindungshöhe in Betracht zu ziehen sind (Art. 92 EPÜ).
Nach Ablauf von 18 Monaten nach dem Anmelde- oder Prioritätstag wird die europäische Anmeldung zusammen mit dem Recherchebericht veröffentlicht (Art. 93 EPÜ). Mit dem Hinweis auf die Veröffentlichung des europäischen Rechercheberichts im Europäischen Patentblatt beginnt die Frist von sechs Monaten für den Prüfungsantrag. Wird der Prüfungsantrag nicht fristgerecht gestellt, gilt die europäische Patentanmeldung als zurückgenommen (Art. 94 EPÜ). Genügt die Anmeldung den Erfordernissen des Übereinkommens, wird die Erteilung des Europäischen Patentes beschlossen (Art. 97 Abs. 2 EPÜ). Mit dem Hinweis auf die Patenterteilung im Europäischen Patentblatt entsteht der Patentschutz (Art. 97 Abs. 4 EPÜ). Die Laufzeit des Europäischen Patents beträgt zwanzig Jahre vom Anmeldetag an (Art. 63 Abs. 1 EPÜ).
Erweist sich die Erfindung als nicht patentfähig, wird die Patentanmeldung zurückgewiesen (Art. 97 Abs. 1 EPÜ). Gegen den Zurückweisungsbeschluss kann der Anmelder Beschwerde beim Europäischen Patentamt einlegen.
Innerhalb von neun Monaten nach der Bekanntmachung des Hinweises auf die Erteilung kann jedermann gegen das Europäische Patent Einspruch erheben. Der Einspruch kann nur darauf gestützt werden, dass der Gegenstand des Patents nicht patentfähig ist, die Erfindung nicht vollständig offenbart wurde oder das Patent über den Inhalt der ursprünglichen Anmeldungsunterlagen hinausgeht (Art. 99, 100 EPÜ). Die Entscheidungen im Einspruchsverfahren (nach Art. 102 EPÜ Widerruf des erteilten Patents, Zurückweisung des Einspruchs oder Aufrechterhaltung des Patents in beschränktem Umfang) sind ebenfalls mit der Beschwerde anfechtbar.
Die Kosten für eine europäische Patentanmeldung betragen (Stand: 1. April 2006): Anmeldegebühr: 95 Euro bei Online-Anmeldung, sonst 170 Euro, Recherchegebühr für eine europäische Recherche oder eine ergänzende europäische Recherche: 1000 Euro, Benennungsgebühr für jeden benannten Vertragsstaat: 80 Euro (mit der Maßgabe, dass mit der Zahlung des siebenfachen Betrags dieser Gebühr die Benennungsgebühren für *alle* Vertragsstaaten als entrichtet gelten), Prüfungsgebühr: 1490 Euro, Erteilungsgebühr: 750 Euro. Darüber hinaus fallen während der Dauer des europäischen Patenterteilungsverfahrens an das Europäische Patentamt für das dritte und jedes folgende Jahr, gerechnet vom Anmeldetag an, Jahresgebühren an, die der Höhe nach für die einzelnen Jahre gestaffelt sind (von 400 Euro für das 3. Jahr über 770 Euro für das 7. Jahr bis 1065 Euro für das 10. und jedes weitere Jahr).
Für die Jahre, die auf das Jahr folgen, in dem der Hinweis auf die Erteilung des Europäischen Patents bekanntgemacht wurde, sind Jahresgebühren an die betreffenden nationalen Patentämter zu entrichten (Art. II § 7 IntPatÜG, §§ 17 bis 19 PatG). Ein Anteil von derzeit 50% wird von den nationalen Ämtern an das Europäische Patentamt abgeführt.
In jedem Fall ist es empfehlenswert, zunächst eine nationale Anmeldung einzureichen und unter Inanspruchnahme von deren Priorität innerhalb von zwölf Monaten das europäische Patent (nach)anzumelden.

84,9% der europäischen Patentanmeldungen beruhen auf einer nationalen Erstanmeldung.

3.3 Das erteilte Europäische Patent

Das erteilte Europäische Patent hat in jedem der benannten Vertragsstaaten grundsätzlich dieselbe Wirkung und unterliegt regelmäßig denselben Vorschriften wie ein in diesem Staat erteiltes nationales Patent (Art. 2 Abs. 2 EPÜ). Gegen das Europäische Patent mit Wirkung für Deutschland kann Nichtigkeitsklage beim Bundespatentgericht erhoben werden, jedoch nur aus den in Art. 138 Abs. 1 EPÜ und Art. II § 6 IntPatÜG genannten Gründen, die im Wesentlichen den Nichtigkeitsgründen des § 22 PatG für ein deutsches Patent entsprechen. Auch die Verletzung eines europäischen Patents wird nach nationalem Recht behandelt (Art. 64 EPÜ).

4 Entwurf eines Gemeinschaftspatents

Die bereits in den sechziger Jahren diskutierte Idee eines gemeinsamen Patents für alle Mitgliedstaaten der Europäischen Wirtschaftsgemeinschaft erschien seinerzeit nicht ausreichend, um den Bedürfnissen der Wirtschaft in Europa gerecht zu werden. Deshalb wurde parallel zum Entwurf eines Übereinkommens über Gemeinschaftspatente das Europäische Patentübereinkommen abgeschlossen, das zur Gründung des Europäischen Patentamts führte. Während die durch das Europäische Patentamt erteilten Patente in allen Mitgliedstaaten der Europäischen Patentorganisation als nationale Patente unabhängig voneinander gelten, sollte das Gemeinschaftspatent von Anfang an ein einheitliches Schicksal in allen Mitgliedstaaten haben.

Das Gemeinschaftspatentübereinkommen (GPÜ), das eine einheitliche Rechtswirkung innerhalb der Gemeinschaft vorsah (Erteilung, aber auch beispielsweise Nichtigerklärung für die gesamte Gemeinschaft) trat nicht in Kraft, da es nicht von allen Mitgliedsstaaten ratifiziert wurde. Im Jahr 2003 legte die Europäische Kommission einen Vorschlag für eine Verordnung über das Gemeinschaftspatent sowie einen Vorschlag zur Revision des Europäischen Patentübereinkommens vor, wonach vorgesehen ist, dass die EU dem Europäischen Patentübereinkommen beitritt und wie ein einheitlicher Vertragsstaat behandelt wird. Eine Realisierung ist bisher nicht erfolgt und in naher Zukunft auch nicht zu erwarten.

5 Internationaler Patentzusammenarbeitsvertrag (PCT)

Dem Vertrag über die Internationale Zusammenarbeit auf dem Gebiet des Patentwesens (Patent Cooperation Treaty, PCT) gehören derzeit 128 Staaten an, darunter alle wichtigen Industrieländer. Er eröffnet dem Anmelder einer Erfindung die Möglichkeit, durch eine einzige internationale Anmeldung Patentschutz in mehreren Staaten zu erlangen. Der PCT schafft ein einheitliches Anmeldeverfahren mit einer internationalen Neuheitsrecherche, Veröffentlichung der Anmeldung durch die WIPO (vgl. 1.3.3) und – auf gesonderten Antrag – einem vorläufigen Gutachten zur Patentfähigkeit (internationale Phase), während die endgültige Prüfung der internationalen Anmeldung und die Erteilung des Patents in jedem der vom Anmelder bestimmten Staaten gesondert und nach dem dort geltenden Recht erfolgen (nationale Phase).

5.1 Die PCT-Anmeldung

In der internationalen Phase wird die Anmeldung vom zuständigen Anmeldeamt entgegengenommen, an das Internationale Büro der Weltorganisation für geistiges Eigentum (WIPO) in Genf weitergereicht, von diesem veröffentlicht und an die Bestimmungsämter geleitet. Anmelder mit deutscher Staatsangehörigkeit oder mit Sitz oder Wohnsitz in der Bundesrepublik Deutschland können internationale Anmeldungen wahlweise beim Deutschen Patent- und Markenamt, über ein Patentinformationszentrum (vgl. 3.1), beim Europäischen Patentamt oder beim Internationalen Büro der WIPO einreichen (Art. 10 PCT, Art. III § 1 Abs. 1 IntPatÜG, Art. 151 EPÜ, Regel 19.1 AusfOPCT). Die Anmeldung muss enthalten: einen Antrag (u. a. mit dem Namen des Anmelders bzw. Erfinders), die Beschreibung, einen oder mehrere Patentansprüche, (erforderlichenfalls) Zeichnungen, eine Zusammenfassung und die Bestimmung eines oder mehrerer Ver-

tragsstaaten, in denen um Schutz nachgesucht wird (Art. 4 bis 7 und 11 PCT).
Bei der Auswahl der Bestimmungsämter kann der Anmelder statt oder neben den nationalen Ämtern auch das Europäische Patentamt bestimmen und die entsprechenden europäischen Staaten für den Patentschutz benennen („Euro-PCT Anmeldung“ – Art. 45 PCT, Art. 153 EPÜ).
Wird die internationale Anmeldung beim Deutschen Patent- und Markenamt eingereicht, sind folgende Gebühren (Stand: 1. April 2006) an das Deutsche Patent- und Markenamt zu entrichten (Art. III § 1 Abs. 3, IntPatÜG Art. 3(4) PCT, Regel 14–16 AusfO-PCT): Anmeldegebühr (900 Euro), Übermittlungsgebühr (90 Euro), Recherchegebühr (1615 Euro), Bestimmungsgebühr (für jedes Bestimmungsamt 96 Euro, höchstens jedoch 480 Euro). Für sog. PCT-EASY-Anmeldungen (Einreichung auf elektronischem Weg) ermäßigt sich die Anmeldegebühr um 64 Euro). Für die internationale Anmeldung kann die Priorität einer oder mehrerer in einem oder für einen Mitgliedstaat der Pariser Verbandsübereinkunft eingereichten früheren Anmeldungen in Anspruch genommen werden.

5.2 Das PCT-Verfahren

Während nationale Anmeldungen beim DPMA auch in einer Fremdsprache eingereicht werden können, *muss* die Einreichung einer PCT-Anmeldung beim DPMA in *deutscher Sprache* erfolgen (Art. III § 1 Abs. 2 IntPatÜG). Insofern sind die Anforderungen beim PCT strenger als das nationale Patentrecht.
Während der internationalen Phase wird obligatorisch für jede internationale Anmeldung eine internationale Recherche zum Stand der Technik durchgeführt (Art. 15 Abs. 1 und 2 PCT), die keine patentrechtliche Bewertung enthält. Achtzehn Monate nach dem Anmelde- oder Prioritätstag wird die Anmeldung in der Regel zusammen mit dem internationalen Recherchebericht veröffentlicht (internationale Veröffentlichung gem. Art. 21 PCT).
Innerhalb von 30 Monaten nach dem Anmelde- oder Prioritätsdatum hat der Anmelder die Erfordernisse für den Eintritt in die nationale Phase vor den jeweiligen Bestimmungsämtern zu erfüllen (Art. 22 PCT). Ist das Deutsche Patent- und Markenamt Bestimmungsamt, so gelten folgende Erfordernisse: Grundsätzlich ist die Anmeldegebühr zu entrichten. Wenn das DPMA Anmeldeamt war, fällt keine Anmeldegebühr mehr an. Für Anmeldungen, die nicht in deutscher Sprache eingereicht worden sind, ist eine Übersetzung erforderlich; die Erfinderbenennung nach den Vorschriften des Patentgesetzes ist vorzulegen. Erforderlichenfalls muss ein Inlandsvertreter bestellt werden.
Beantragt der Anmelder die internationale vorläufige Prüfung (Art. 31 ff. PCT), wird ein vorläufiges, nicht bindendes Gutachten über das Vorliegen von Neuheit, erfinderischer Tätigkeit und gewerblicher Anwendbarkeit erstellt. Durch diesen Antrag wird die Frist für den Eintritt in die nationale Phase von 20 auf 30 Monate verlängert (Art. 39 Abs. 1 PCT, Art. III § 6 Abs. 2 IntPatÜG).
Der PCT erleichtert und verbessert die Möglichkeit internationaler Patentanmeldungen wesentlich. Die Anmeldeunterlagen und Prioritätsbelege sind nur *einmal* und *in einer Sprache* einzureichen. Durch eine einzige Hinterlegung und die einmalige Zahlung in einer Währung können die wichtigsten Anmeldeerfordernisse für *alle* benannten Länder erreicht werden. Bis zum Eintritt der nationalen Phase kann der Anmelder frei entscheiden, ob und in welchen Ländern er sein Patentbegehren letztendlich weiterverfolgen will.
Nach dem Eintritt in die nationale oder regionale Phase (bei Euro-PCT-Anmeldungen) gelten die nationalen bzw. regionalen Bestimmungen, d. h. beispielsweise für die nationalen deutschen Anmeldungen das deutsche Recht und für die Euro-PCT-Anmeldungen das europäische Recht.

6 Gebrauchsmuster

Das Gebrauchsmuster hat große praktische Bedeutung. Es ist einfach zu erlangen, nicht mit hohen Gebühren belastet und gewährt den vollen Schutz gegen die unbefugte Benutzung einer geschützten Erfindung. Es wird deshalb zu Recht als „kleines Patent“ bezeichnet.
Gesetzliche Grundlage des Gebrauchsmusterschutzes und des patentamtlichen Eintragungsverfahrens ist das Gebrauchsmustergesetz (GebrMG) in der Fassung vom 28. August 1986, zuletzt geändert durch das Gesetz zur Umsetzung der Richtlinie über den

rechtlichen Schutz biotechnologischer Erfindungen vom 21. Januar 2005. Es gilt für alle nach dem 1. November 1998 angemeldeten Gebrauchsmuster.

6.1 Grundvoraussetzungen der Schutzfähigkeit

Das Gebrauchsmuster ist wie das Patent ein Schutzrecht für *technische* Erfindungen. Schutzfähig sind technische Neuerungen – mit Ausnahme von Verfahren –, die auf einem erfinderischen Schritt beruhen und gewerblich anwendbar sind (§ 1 Abs. 1 GebrMG). Dies entspricht damit weitgehend den Voraussetzungen für die Erteilung des Patents nach § 1 Abs. PatG.

Insgesamt handelt es sich um ein in seinen Wirkungen dem Patent gleiches Schutzrecht, es ist aber im Gegensatz zum Patent ein in einem reinen Registrierverfahren zu erteilendes, materiell-rechtlich ungeprüftes Schutzrecht, d. h., eine Prüfung auf Neuheit oder auf Vorliegen eines erfinderischen Schritts erfolgt *nicht*.

Abweichungen vom Patentrecht ergeben sich hinsichtlich der Neuheit und der erfinderischen Tätigkeit: Neuheitsschädlich sind neben schriftlichen Beschreibungen *nur inländische offenkundige Vorbenutzungshandlungen*; öffentliche *mündliche* Beschreibungen sind nicht Stand der Technik. Eine innerhalb von sechs Monaten vor dem für den Zeitrang der Anmeldung maßgeblichen Tag erfolgte Beschreibung oder Benutzung ist nicht neuheitsschädlich, wenn sie auf der Ausarbeitung des Anmelders oder seines Rechtsnachfolgers beruht („Neuheitsschonfrist" § 3 Abs. 1 Satz 3 GebrMG).

An das Vorliegen des „erfinderischen Schritts" (§ 1 Abs. 1 GebrMG) werden geringere Anforderungen als beim Patent gestellt. Die Inanspruchnahme des Altersrangs (Priorität) einer ausländischen Anmeldung oder einer inländischen früheren Patent- oder Gebrauchsmusteranmeldung ist prinzipiell in gleicher Weise geregelt wie im Patentgesetz (§ 6 GebrMG).

Der Anmelder kann den für eine früher eingereichte Patentanmeldung maßgebenden Anmeldetag für eine Gebrauchsmusteranmeldung in Anspruch nehmen, die denselben Gegenstand betrifft. Ein für die Patentanmeldung beanspruchtes Prioritätsrecht bleibt dann auch für die Gebrauchsmusteranmeldung erhalten (§ 5 Abs. 1 Satz 1 und 2 GebrMG). Dieses Recht auf *Abzweigung* kann bis zum Ablauf von zwei Monaten nach dem Ende des Monats ausgeübt werden, in dem die Patentanmeldung oder ein etwaiges Einspruchsverfahren endgültig erledigt ist, jedoch längstens bis zum Ablauf des zehnten Jahres nach dem Anmeldetag der Patentanmeldung (§ 5 Abs. 1 Satz 3 GebrMG). Bei Patenterteilung kann die Abzweigung bis zum Ablauf von zwei Monaten nach Rechtskraft des Erteilungsbeschlusses erklärt werden.

6.2 Anmeldung und Eintragung

Die schriftliche Anmeldung muss enthalten (§ 4 Abs. 3 GebrMG): den Namen des Anmelders, einen Antrag auf Eintragung des Gebrauchsmusters mit einer kurzen und genauen Bezeichnung des Gegenstandes, einen oder mehrere Schutzansprüche, eine Beschreibung und die Zeichnungen, auf die sich die Schutzansprüche oder die Beschreibung beziehen. Mit der Anmeldung ist eine Gebühr (40 Euro bzw. 30 Euro bei elektronischer Anmeldung) zu zahlen. Wird diese nicht fristgerecht entrichtet, so gilt die Anmeldung als zurückgenommen.

Das Gebrauchsmuster ist schneller als das Patent zu erlangen, weil im Eintragungsverfahren – zuständig ist die *Gebrauchsmusterstelle* (§ 10 Abs. 1 GebrMG) – nur das Vorliegen der (förmlichen) Erfordernisse der Anmeldung (§ 4a GebrMG) und der materiell-rechtlichen *Voraussetzungen der Gebrauchsmusterfähigkeit* (§§ 1 und 2 GebrMG) geprüft wird. Eine Prüfung auf Neuheit, erfinderischen Schritt und gewerbliche Anwendbarkeit findet nicht statt (§ 8 Abs. 1 Satz 2 GebrMG). Diese erfolgt erst im Löschungsverfahren (§§ 15ff. GebrMG), das vor der *Gebrauchsmusterabteilung* (§ 10 Abs. 3 GebrMG) auf Antrag Dritter durchgeführt wird.

Das Patentamt ermittelt auf Antrag (Gebühr 250 Euro) die öffentlichen Druckschriften, die für die Beurteilung der Schutzfähigkeit des Gegenstandes der Gebrauchsmusteranmeldung oder des eingetragenen Gebrauchsmusters in Betracht zu ziehen sind (§ 7 Abs. 1 GebrMG). Der Antrag kann von dem Anmelder, dem Inhaber des Gebrauchsmusters und jedem Dritten gestellt werden (§ 7 Abs. 2 GebrMG). Sinn dieser Gebrauchsmusterrecherche ist es, dem Anmelder Klarheit darüber zu verschaffen, ob sein Schutzrecht rechtsbeständig ist oder – wegen fehlender Neuheit oder wegen fehlenden erfinderischen Schritts – nur ein Scheinrecht darstellt. Für denjenigen, der ein

Löschungsverfahren einleiten möchte, ermöglicht die Recherche die Abschätzung des Verfahrensrisikos.

6.3 Wirkungen und Laufzeit

Durch die Eintragung des Gebrauchsmusters in das Register entsteht ein *Ausschließlichkeitsrecht* (§ 11 Abs. 1 GebrMG). Die Schutzdauer beträgt zunächst drei Jahre ab dem auf den Anmeldetag folgenden Tag und kann nach Ablauf dieser Zeit gegen Zahlung einer Gebühr in Höhe von 210 Euro zunächst auf sechs Jahre verlängert werden. Danach ist die Schutzdauer gegen Zahlung einer Gebühr in Höhe von 350 Euro um weitere zwei Jahre und nach deren Ablauf gegen eine Gebühr von 530 Euro nochmals um zwei Jahre auf dann insgesamt zehn Jahre verlängerbar (§ 23 Abs. 1, 2 und 6 GebrMG).

Ein besonderer Vorteil des Gebrauchsmusters besteht darin, dass bei gleichzeitiger Patent- und Gebrauchsmusteranmeldung die häufig längere Dauer des Patenterteilungsverfahrens bis zum Entstehen des vollen Patentschutzes durch den Schutz überbrückt werden kann, der mit der Eintragung des Gebrauchsmusters alsbald nach Einreichung der Anmeldung eintritt.

7 Arbeitnehmererfindungsrecht

Das Gesetz über Arbeitnehmererfindungen vom 25. Juli 1957 (ArbEG; zuletzt geändert am 18. Januar 2002) regelt Rechte und Pflichten an patent- oder gebrauchsmusterfähigen Erfindungen und technischen Verbesserungsvorschlägen von Arbeitnehmern im privaten und im öffentlichen Dienst, von Beamten und Soldaten (§§ 1 bis 3 ArbEG).

Das Gesetz geht von dem Grundsatz aus, dass auch eine *Diensterfindung* oder *gebundene* Erfindung ursprünglich dem Erfinder zusteht (§ 6 PatG). Es gewährt jedoch dem Arbeitgeber ein Aneignungsrecht. Der Arbeitgeber kann durch einseitige Erklärung die Diensterfindung (beschränkt oder unbeschränkt) in Anspruch nehmen. Mit der Inanspruchnahme gehen die Rechte an der Diensterfindung (ganz oder teilweise) auf den Arbeitgeber über. Dem Arbeitnehmererfinder erwächst mit der Inanspruchnahme der Erfindung ein Anspruch auf angemessene Vergütung. Bei sogenannten *freien Erfindungen* ist der Erfinder verpflichtet, dem Arbeitgeber zumindest ein nichtausschließliches Recht zur Benutzung der Erfindung zu angemessenen Bedingungen anzubieten.

7.1 Freie und gebundene Erfindungen

Gebundene Erfindungen (Diensterfindungen) sind nach § 4 Abs. 2 ArbEG die während der Dauer des Arbeitsverhältnisses gemachten Erfindungen, die entweder aus der dem Arbeitnehmer im Betrieb oder in der öffentlichen Verwaltung obliegenden Tätigkeit entstanden sind oder maßgeblich auf Erfahrungen oder Arbeiten des Betriebs oder der öffentlichen Verwaltung beruhen.

Sonstige Erfindungen von Arbeitnehmern sind *freie Erfindungen*. Sie unterliegen jedoch gewissen Beschränkungen (§§ 4 Abs. 3, 18, 19 ArbEG).

Nach dem Wegfall des sogenannten *Hochschullehrerprivilegs* gelten für Erfindungen der an einer Hochschule Beschäftigten folgende Bestimmungen: Der Erfinder ist berechtigt, die Diensterfindung im Rahmen seiner Lehr- und Forschungstätigkeit zu offenbaren, wenn er dies dem Dienstherrn rechtzeitig angezeigt hat. Lehnt ein Erfinder aufgrund seiner Lehr- und Forschungsfreiheit die Offenbarung seiner Diensterfindung ab, so ist er nicht verpflichtet, die Erfindung dem Dienstherrn zu melden. Will der Erfinder seine Erfindung zu einem späteren Zeitpunkt offenbaren, so hat er dem Dienstherrn die Erfindung unverzüglich zu melden. Dem Erfinder bleibt im Fall der Inanspruchnahme der Diensterfindung ein nichtausschließliches Recht zur Benutzung im Rahmen seiner Lehr- und Forschungstätigkeit. Verwertet der Dienstherr die Erfindung, beträgt die Höhe der Vergütung 30 vom Hundert der durch die Verwertung erzielten Einnahmen.

7.2 Meldung und Inanspruchnahme

Der Arbeitnehmer, der eine Diensterfindung gemacht hat, ist verpflichtet, sie unverzüglich (ohne schuldhaftes Zögern, § 121 BGB) dem Arbeitgeber gesondert schriftlich zu melden und hierbei kenntlich zu machen, dass es sich um die Meldung einer Erfindung handelt. Der Arbeitgeber hat den Zeitpunkt des Eingangs der Meldung unverzüglich schriftlich zu bestätigen (§ 5 Abs. 1 ArbEG). Der Arbeitgeber kann eine Diensterfindung unbeschränkt oder beschränkt in Anspruch nehmen (§ 6 Abs. 1 ArbEG). Die Inanspruchnahme erfolgt durch schriftliche Erklärung gegenüber dem Arbeitnehmer, die innerhalb von 4 Monaten nach Eingang der ordnungsgemäßen Meldung abzugeben ist. Die Erklärung *soll* sobald wie möglich, sie *muss* spätestens bis zum Ablauf von vier Monaten nach Eingang der ordnungsgemäßen Erfindungsmeldung abgegeben werden (§ 6 Abs. 2 ArbEG). Die Diensterfindung wird frei, wenn sie der Arbeitgeber nicht innerhalb dieser Frist in Anspruch nimmt (§ 8 Abs. 1 Nr. 3 ArbEG).

Mit Zugang der Erklärung der unbeschränkten Inanspruchnahme gehen alle Rechte an der Diensterfindung auf den Arbeitgeber über (§ 7 Abs. 1 ArbEG).

Mit der Erklärung der beschränkten Inanspruchnahme erwirbt der Arbeitgeber nur ein nichtausschließliches Recht zur Benutzung der Diensterfindung (§ 7 Abs. 2 ArbEG). Die beschränkte Inanspruchnahme hat zur Folge, dass die Diensterfindung im Übrigen frei wird (§ 8 Abs. 1 Nr. 2 ArbEG).

Auch während der Dauer des Arbeitsverhältnisses entstandene freie Erfindungen sind unverzüglich dem Arbeitgeber schriftlich mitzuteilen (§ 18 Abs. 1 ArbEG), es sei denn, dass die Erfindung offensichtlich im Arbeitsbereich des Betriebs nicht verwendbar ist (§ 18 Abs. 3 ArbEG).

Bevor der Arbeitnehmer eine freie Erfindung anderweitig verwertet, hat er zunächst dem Arbeitgeber mindestens ein nichtausschließliches Recht zur Benutzung der Erfindung zu angemessenen Bedingungen anzubieten, wenn die Erfindung in den vorhandenen Arbeitsbereich des Betriebes fällt (§ 19 Abs. 1 ArbEG). Dieses Vorrecht erlischt, wenn der Arbeitgeber das Angebot innerhalb von drei Monaten nicht annimmt (§ 19 Abs. 2 ArbEG).

7.3 Pflichten des Arbeitgebers

Der Arbeitgeber ist *verpflichtet und allein berechtigt,* eine gemeldete Diensterfindung *im Inland* zur Erteilung eines Schutzrechts (Patent oder Gebrauchsmuster) anzumelden. Eine patentfähige Erfindung ist zum Patent anzumelden, wenn die maximale Schutzdauer eines Gebrauchsmusters (derzeit 10 Jahre) zur Absicherung der wirtschaftlichen Verwertung nicht ausreicht; die Anmeldung hat unverzüglich zu erfolgen (§ 13 Abs. 1 ArbEG). Zur Durchführung des Schutzrechtserteilungsverfahrens und zur Übernahme der dadurch entstehenden Kosten ist der Arbeitgeber nur bei unbeschränkter Inanspruchnahme der Diensterfindung verpflichtet. Ist die Diensterfindung z. B. durch beschränkte Inanspruchnahme frei geworden (§ 8 Abs. 1 Nr. 2 ArbEG), so entfällt die Verpflichtung des Arbeitgebers zur Anmeldung (§ 13 Abs. 2 ArbEG). Nur der Arbeitnehmer ist dann zur Schutzrechtsanmeldung berechtigt. Rechte aus einer vom Arbeitgeber bereits vorgenommenen Schutzrechtsanmeldung gehen auf den Arbeitnehmer über (§ 13 Abs. 4 ArbEG).

Nach unbeschränkter Inanspruchnahme ist der Arbeitgeber berechtigt, die Diensterfindung auch im Ausland zur Erteilung von Schutzrechten anzumelden (§ 14 Abs. 1 ArbEG); andernfalls muss er die Diensterfindung insoweit freigeben und dem Arbeitnehmer den Erwerb von Auslandsschutzrechten ermöglichen (§ 14 Abs. 2 ArbEG). Der Arbeitgeber hat den Arbeitnehmer über den Fortgang von Schutzrechtserteilungsverfahren zu unterrichten (§ 15 Abs. 1 ArbEG); der Arbeitnehmer hat den Arbeitgeber beim Erwerb von Schutz rechten zu unterstützen und die erforderlichen Erklärungen abzugeben (§ 15 Abs. 2 ArbEG).

Im Übrigen sind beide Seiten zur Geheimhaltung der Diensterfindung verpflichtet (§ 24 Abs. 1 und 2 ArbEG).

Die Pflicht zur Schutzrechtsanmeldung im Inland entfällt, wenn berechtigte Belange des Betriebes es erfordern (*Betriebsgeheimnisse*) und der Arbeitgeber die Schutzfähigkeit der Diensterfindung anerkennt (§ 17 Abs. 1 ArbEG).

7.4 Vergütungsanspruch

Sobald der Arbeitgeber die Diensterfindung unbeschränkt in Anspruch genommen hat, steht dem Arbeitnehmer ein Anspruch auf angemessene Vergütung zunächst nur dem Grunde nach zu (§ 9 Abs. 1 ArbEG). In zahlbarer Höhe hat der Arbeitnehmererfinder einen Vergütungsanspruch, wenn und sobald der Arbeitgeber Vorteile aus der Benutzung des Schutzrechts bzw. der Schutzrechtsanmeldung erzielt.

Bei beschränkter Inanspruchnahme ist Voraussetzung des Anspruchs auf angemessene Vergütung, dass der Arbeitgeber die Diensterfindung *benutzt* (§ 10 Abs. 1 ArbEG); auf die Existenz eines Schutzrechts kommt es dabei nicht an.

Für technische Verbesserungsvorschläge, die dem Arbeitgeber eine ähnliche Vorzugsstellung gewähren wie ein Schutzrecht, hat der Arbeitnehmer ebenfalls einen Anspruch auf angemessene Vergütung, sobald der Arbeitgeber sie *verwertet* (§ 20 Abs. 1 ArbEG).

Für die Bemessung der Vergütung sind insbesondere die wirtschaftliche Verwertbarkeit der Diensterfindung, die Aufgaben und die Stellung des Arbeitnehmers im Betrieb sowie der Anteil des Betriebs an dem Zustandekommen der Diensterfindung maßgebend (§§ 9 Abs. 2, 10 Abs. 1 Satz 2 ArbEG). Die vom Bundesminister für Arbeit und Sozialordnung gemäß § 11 ArbEG erlassenen Vergütungsrichtlinien regeln Einzelheiten über die Bemessung der Vergütung.

Im Regelfall beträgt die Vergütung des Arbeitnehmererfinders einen Anteil (der Anteilsfaktor beträgt in den meisten Fällen 10% bis 20%) der marktüblichen Lizenzgebühr, die für die Benutzung des Diensterfindungsschutzrechts bezahlt werden müsste.

Die Art und Höhe der Vergütung soll in angemessener Frist nach der Inanspruchnahme der Diensterfindung zwischen dem Arbeitgeber und dem Arbeitnehmer vereinbart werden (§ 12 Abs. 1 ArbEG). Kommt eine solche Vereinbarung nicht zustande, so hat der Arbeitgeber die Vergütung durch eine begründete schriftliche Erklärung festzusetzen (§ 12 Abs. 3 ArbEG). Die Festsetzung der Vergütung wird für beide Teile verbindlich, wenn der Arbeitnehmer nicht innerhalb von zwei Monaten schriftlich widerspricht (§ 12 Abs. 4 ArbEG).

Die Vergütungshöhe hängt von den speziellen Gegebenheiten ab. Ein Blick in die Schiedsstellenpraxis (siehe 7.5) zeigt über alle Industriezweige hinweg eine deutliche maximale Häufigkeit der pro Erfindung gezahlten Jahresvergütungsbeträge im Bereich zwischen 500 und 1000 Euro. Der bisher höchste jährliche Vergütungsbetrag aus der Schiedsstellenpraxis der letzten acht Jahre lag bei 20 000 Euro.

Vereinbarungen über Diensterfindungen sind unwirksam, soweit sie in erheblichem Maße unbillig sind. Dies gilt auch für die Festsetzung der Vergütung (§ 23 Abs. 1 ArbEG).

7.5 Streitigkeiten

In allen Streitfällen zwischen Arbeitgeber und Arbeitnehmer kann jederzeit die beim Deutschen Patent- und Markenamt errichtete Schiedsstelle angerufen werden. Diese hat zu versuchen, eine gütliche Einigung herbeizuführen (§ 28 ArbEG) und den Beteiligten einen begründeten Einigungsvorschlag zu machen, der als angenommen gilt, wenn nicht innerhalb eines Monats nach Zustellung des Vorschlags ein schriftlicher Widerspruch eines der Beteiligten bei der Schiedsstelle eingeht (§ 34 Abs. 2 und 3 ArbEG).

Für das Verfahren vor der Schiedsstelle werden keine Gebühren oder Auslagen erhoben (§ 36 ArbEG). Es besteht kein Vertretungszwang. Die den Beteiligten entstandenen Verfahrenskosten müssen diese jeweils selbst tragen.

Rechte oder Rechtsverhältnisse nach dem Arbeitnehmererfindungsgesetz können im Wege der Klage grundsätzlich erst geltend gemacht werden, *nachdem* ein Verfahren vor der Schiedsstelle vorausgegangen ist (§ 37 Abs. 1 ArbEG), wobei es sich allerdings auch um ein wegen Nichteinlassung der Antragsgegnerseite erfolglos beendetes Verfahren handeln kann. Klage kann u. a. sofort erhoben werden, wenn der Arbeitnehmer aus dem Betrieb ausgeschieden ist (§ 37 Abs. 2 Nr. 3 ArbEG). Bei einem Streit über die Höhe der Vergütung kann die Klage auch auf Zahlung eines vom Gericht zu bestimmenden angemessenen Betrages gerichtet werden (§ 38 ArbEG).

Mit Ausnahme von Rechtsstreitigkeiten, die ausschließlich Ansprüche auf Leistung einer festgestellten oder festgesetzten Vergütung für eine Erfindung zum Gegenstand haben, sind für alle Rechtsstreitigkeiten über Erfindungen eines Arbeitnehmers die Landgerichte in erster Instanz ohne Rücksicht auf den Streitwert ausschließlich zuständig (§ 39 ArbEG; § 143 PatG).

Literatur

Taschenbuch des gewerblichen Rechtsschutzes (Tabu DPMA). Köln: C. Heymanns (Diese Loseblattsammlung, herausgegeben vom Deutschen Patent- und Markenamt, wird laufend aktualisiert und enthält alle amtlichen Gesetzestexte, Verordnungen, Richtlinien, Verwaltungsvorschriften, sowohl für das DPMA als auch für das EPA und den PCT.)

Bartenbach, K.; Volz, F.-E.: Arbeitnehmererfindergesetz. 4. Aufl. Köln: C. Heymanns 2002

Bartenbach, K. und Volz, F.-E.: Arbeitnehmererfindungen. 4. Aufl. Köln: C. Heymanns 2006

Benkard, G.: Patentgesetz/Gebrauchsmustergesetz. 10. Aufl. München: C. H. Beck 2006

Bühring, M.: Gebrauchsmustergesetz. 7. Aufl. Köln: C. Heymanns 2006

Busse, R.: Patentgesetz. 6. Aufl. Berlin: de Gruyter 2003

Deutsches Patent- und Markenamt: Jahresbericht 2005

Hellebrand, O.; Kaube, G.: Lizenzsätze für technische Erfindungen. Köln: C. Heymanns 2001

Hees, A. van: Verfahrensrecht in Patentsachen. 2. Aufl. Köln: C. Heymanns 2002

Schade, J.: Patent-Tabelle. 9. Aufl. Köln: C. Heymanns 2005

Schulte, R.: Patentgesetz. 7. Aufl. Köln: C. Heymanns 2005

Singer, R.; Stauder, D.: Europäisches Patentübereinkommen. 4. Aufl. Berlin: de Gruyter 2007

Sachverzeichnis